《现代电气工程师实用手册》编写组　编

现代电气工程师实用手册

（上册）

附光盘

中国水利水电出版社
www.waterpub.com.cn

内 容 提 要

本手册是为电气工程师精心编写的一部反映最新科技成果的大型实用案头工具书。全书共分 20 篇 164 章，其内容主要包括：电气工程总论、电气工程师必备科学素质、电气工程理论、电气工程材料、电气工程设备器件、电气工程测量与试验、电源工程、新能源发电工程、电网工程、配电工程、电力系统工程、移动式独立电力系统工程、电气传动和自动控制系统、厂矿企业用电工程、交通用电工程、建筑用电工程、电热工程、电化学工程、电气环境健康安全工程、电气工程师实践技能等。

本手册可供在各行各业供职的电气工程师查用，也可供有条件参加注册电气工程师资格考试的在职工程师参考，对即将走上工作岗位的理工科院校大学生无疑也是一部择业宝典，还可供电气专业的管理人员、高级技术工人、技师学习参考。对关心我国电气化事业的有识之士来说，本手册也是一本拓展知识面的电气百科全书。

为方便读者查阅和使用，本书附光盘一张，包含了本书的全部内容。读者可按图书目录导航方式或通过检索模式在电脑上查阅、检索本书内容；还可根据需要对书中内容进行打印和复制。

图书在版编目（CIP）数据

现代电气工程师实用手册. 上册 /《现代电气工程师实用手册》编写组编. -- 北京 : 中国水利水电出版社, 2014.6
ISBN 978-7-5170-2037-0

Ⅰ. ①现… Ⅱ. ①现… Ⅲ. ①电工技术－技术手册 Ⅳ. ①TM-62

中国版本图书馆CIP数据核字(2014)第104845号

书　名	**现代电气工程师实用手册（上册）（附光盘）**
作　者	《现代电气工程师实用手册》编写组　编
出版发行	中国水利水电出版社 （北京市海淀区玉渊潭南路 1 号 D 座　100038） 网址：www.waterpub.com.cn E-mail：sales@waterpub.com.cn 电话：(010) 68367658（发行部）
经　售	北京科水图书销售中心（零售） 电话：(010) 88383994、63202643、68545874 全国各地新华书店和相关出版物销售网点
排　版	中国水利水电出版社微机排版中心
印　刷	北京市北中印刷厂
规　格	210mm×285mm　16 开本　85.5 印张　3984 千字
版　次	2014 年 6 月第 1 版　2014 年 6 月第 1 次印刷
定　价	**298.00** 元（附光盘 1 张）

《现代电气工程师实用手册》编写组

成员名单

主　　编　何金良　赵　伟

副 主 编　李军华　王晋生　李云红

编写人员　丁毓山　乔　屹　李禹萱　张秀然　王　平　杨　军
王鸿明　何丽静　刘延文　李　培　周　娟　李佳辰
乔静宇　许详佑　魏　争　赵义松　于德龙　张师华
吴荣樵　杨建东　李宇贤　肖　明　赖　旭　徐则民
杨传德　唐富初　田胜清　翟贵华　章靖武　刘承新
程和平　刘国明　张金城　孙明生　龚云峰　姜锡驹
王显德　李坤眉　段抗生　华　旦　章连贵　许澍京
薛　峰　丁　健　徐昌华　张俊京　张晓丽　张　利
王　辉　赵振辉　霍建明　王天君　马为民　刘　江
江素霞　刘辉煌　徐英杰　何佑生　肖如泉　毛锦庆
相铨和　钟连声　傅世海　马云昌　柏　昱　江尧钟
王　芳　张绍纲　白忠凯　彭建明　赵作玺　曲金潭
张余昌　林连照　鲁　英　孙成宝　尹　力　陈化钢
吕六和　张怀林　侯紫达　冀振国　吴海燕　窦　钰
张安成　牛建坤　刘湘云　范罗栓　史广福　张鹏翼
石桂蓉　郑家锡　郭　健　张　禔　赵忠仁　张端卿
贺小洛　霍建国　翁广宗　范荣华　张绛云　李林林
王万禄　成志奋　赵俊卿　刘占基　张　双　张　帆
杭　飞　杨耀生　肖　瑛　金敏慧　董济生　崔恕林
张保林　梁肇奋　叶常容　谈文华　李建基　赵君有

郭重仪　王智雷　薛来斌　王守信　王更生　张　智
张宏伟　王学魁　施俊生　兰喜图　田安寿　李文毓
王明声　杨树林　王解新　杨重石　杨贵盛　王翠莲
张泰峰　吕晋东　何仰先　俞少明　张遵运　何金镖
朱晋元　李秀亭　赵文彬　王九蕴　黄三诚　柳根泰
蒋佩玲　郝世文　李　征　王如堂　黄淑芳　张粉莲
卢蒙宽　郭宝崇　陈占华　薛凤琴　闫庭福　曲继成
陈道深　李树平　白尚忠　李淑媛　崔新昌　孙玉玲
王俊卓　赵仁安　林　放　郑雅琴　李　康　吴忠宝
李凤荣　郑四喜　杨志贵　方伊静　段蔚华　刘小宁
王　政　胡中流　林　春　王　娜　焦玉林　许　杰
周小云　张　徽　李　轩　李晓晖　邱志帆　刘小林
任　毅　白朝晖　刘长军　李立华　钟磊波　陈昌伟
钟晓玲　程宝光　刘安然　白燕山　赵日昌　薛润民
左元兰　彭利军　侯国宁　李晓玲　马瑞芹　刘树宏
李耕生　庄伟民　施荣高　龚兴泉　林钟蔚　汪德明
张秋明　郑子江　王　适　季晓明　张庆年　郑德迈
刘德发　张纪雄　欧阳德海　徐文杰　范永武　林剑锋
赵建华　吴大海　李双平　徐义斌

审稿人员　丁毓山　许详佑　梁曦东　崔文静　肖如泉　王宏硕
左文英　蒋明昌　刘景祥　高玉明　恽惠祖　周健清
刘玉仁　唐富初　张连贵　于　勇　芮静康　戴钟达
顾永昌　李鹤轩　韩礼钟　袁元豪

《现代电气工程师实用手册》

（上册、下册）

篇章目录

篇　目	章　目
第十四篇　厂矿企业用电工程	第一章　静电技术应用 第二章　电动工具 第三章　电加工 第四章　电的其他应用实例 第五章　起重运输机械 第六章　泵 第七章　压缩机和风机 第八章　冶金机械 第九章　造纸工业 第十章　纺织工业 第十一章　各种电动机在其他工业领域的应用
第十五篇　交通用电工程	第一章　铁路线路和牵引动力 第二章　列车运行理论 第三章　电力机车 第四章　牵引变电所 第五章　电气化铁路接触网 第六章　铁路信号及通信 第七章　电气化铁路对通信广播线路及其他设施的影响与防护 第八章　城市轨道交通 第九章　电动汽车
第十六篇　建筑用电工程	第一章　建筑电气概述 第二章　建筑电气工程设计、监理和验收 第三章　建筑电气工程图阅读 第四章　低压供配电系统 第五章　照明工程设计 第六章　照明技术的应用 第七章　日用电器 第八章　电梯 第九章　建筑消防监控系统 第十章　智能建筑
第十七篇　电热工程	第一章　电热工程概述 第二章　电阻炉 第三章　电弧炉 第四章　感应炉 第五章　其他电热设备 第六章　电焊

篇　　目	章　　目
第十八篇　电化学工程	第一章　电解 第二章　金属腐蚀与防腐技术 第三章　电化学合成与电化学加工 第四章　化学电源
第十九篇　电气环境健康安全工程	第一章　火力发电厂环境保护 第二章　核电厂辐射源安全与辐射防护 第三章　防雷和防火 第四章　静电危害及其防治 第五章　触电致死的原因分析和触电急救 第六章　我国对电气安全的若干规定 第七章　生产厂房和工作场所在安全技术上的要求 第八章　电工安全用具和常用工具 第九章　电气作业安全技术措施和组织措施 第十章　电气设备运行、检修和试验工作中的安全技术 第十一章　电力线路运行、检修工作中的安全技术 第十二章　带电作业的安全技术 第十三章　电网企业安全技术劳动保护七项重点措施 第十四章　电气化铁路安全工程
第二十篇　电气工程师实践技能	第一章　基本操作技能 第二章　作业程序技能 第三章　电气工程送电和试车技能 第四章　消缺排障和修理检修技能 第五章　节能减排技能 第六章　招标投标技能 第七章　合同订立履行和争议处理技能 第八章　建设工程勘测设计和质量安全管理技能 第九章　工程经济管理技能 第十章　工程信息检索与科研能力拓展技能

前言

本手册定名为《现代电气工程师实用手册》，就是突出“现代”和“实用”。

“现代”：虽然电气电子技术已有一百多年的历史，但为了适应我国的国家发展战略，必须能尽量反映当代电气工程各专业领域的最新科研成果、设计经验和发展态势。

“实用”：就是手册内容要满足现代科技人员的现实需要，从手册中获得最新的技术资料，以解决实际工作中遇到的各种问题。

全书共分20篇164章，其内容主要包括：电气工程总论、电气工程师必备科学素质、电气工程理论、电气工程材料、电气工程设备器件、电气工程测量与试验、电源工程、新能源发电工程、电网工程、配电工程、电力系统工程、移动式独立电力系统工程、电气传动和自动控制系统、厂矿企业用电工程、交通用电工程、建筑用电工程、电热工程、电化学工程、电气环境健康安全工程、电气工程师实践技能等。按内部逻辑关系，全书20篇可归纳为八大部分。

第一部分为电气工程总论。主要内容有：电气工程学科、电气工程发展史、中国电气工程大典、电工新技术、电气工程师等。

第二部分为电气工程师必备科学素质。此部分内容为工科院校大学生必修的基础课，也是现代工程的知识基础。过去的大学生毕业，要带上课本笔记和铺盖卷离开母校来到工作单位。当代的大学生几乎是只拿上毕业证书和学士学位证书就离开校园了。为此，我们从现行的教材中选择重点定律定理、公式、数据资料编入手册，省却用时找教材之烦劳。主要内容有：数学、物理学、化学、工程数学、工程力学、工程流体力学和电子计算机技术等。

第三部分为电气工程基础。包括理论、材料、设备器件和测量试验。这其中的逻辑关系不言自明。理论主要内容有：电路与电磁场、模拟电子技术、数字电子技术、电力电子技术等。材料主要内容有：绝缘材料，导电材料，磁性材料和特殊光、电功能材料等。设备和器件主要内容有：电机、变压器、互感器、电抗器、电容器、高压断路器、高压隔离开关、导电线缆、蓄电池、低压电器、电力电子器件等。测量和试验主要内容有：电测技术基础，控制屏、台常用指示仪表，直流仪表，电能表，互感器接线和负载，自动记录仪表及遥测仪表，试验用可携式电工仪表，电子仪器与示波器，检流计，电位差计，磁测量，数字式仪表，微机化仪器与自动测试系统，非电量的电测量，电气试验及其方法，电气设备交接试验，电气设备预防性试验，输变电设备状态检修试验等。

第四部分为电力工程。从电源建设到输配电、电力系统。电源工程主要内容有：水力发电、火力发电、供热发电、燃汽轮机发电、燃气—蒸汽联合发电和柴油发电。新能源发电工程主要内容有：我国新能源发电政策和发展概况、可再生能源发电、核能发电、新能源发电。电网工程主要内容有：电网概述、输电线路的路径和杆塔设计、架空线路电气设计、架空导线弧垂应力计算、电缆线路设计和敷设、高压直流输电、架空输电线路的带电作业、变电所、配电网络、中性点接地方式、计算机在变电站的应用、主要电网公司简介等。配电工程主要内容有：配电网概述、配电网电气性能、配电网管理、配电网运行及规划、配电线路、配电变电所和中压配电网工程等。电力系统工程主要内容有：电力系统概述、电力系统解析、电力系统继电保护装置、电力系统过电压及其保护、电力系统调度与通信、计算机在电力系统调度自动化中的应用、管理信息系统在电力工业中的应用、计算机辅助设计在电力工业中的应用、几种硬件在电气领域里的应用、几种软件技术在电力工业中的应用和智能电网等。

第五部分为移动式独立电力系统工程。这是一种独立的电力系统，它不与任何电力系统联网而且是可移动的。主要内容有：汽车电气工程、船舶电气工程、飞机电气工程、航天器电气工程。现代电气工程的任何发现和创新、任何新产品和新技术都能应用在这里。

第六部分为电在各行各业的应用。包括电气传动和自动控制系统、厂矿企业用电工程、交通用电工程、建筑用电工程、电热工程和电化学工程等。电气传动和自动化控制系统的主要内容有：电气传动概述、传动电动机的选择、电动机的控制方式、自动控制系统概述、顺序控制、反馈控制基础、伺服机构、过程控制、反馈控制系统的特性与校正、几种常用变频装置技术规格等。厂矿企业用电工程的主要内容有：静电技术应用、电动工具、电加工、电的其他应用实例、起重运输机械、泵、压缩机和风机、冶金机械、造纸工业、纺织工业、各种电动机在其他工业的应用等。交通用电工程主要内容有：铁路线路和牵引动力、列车运行理论、电力机车、牵引变电所、电气化铁路接触网、铁路信号及通信、电气化铁路对通信广播线路及其他设施的影响与防护、城市轨道交通、电动汽车等。建筑用电工程主要内容有：建筑电气概述，建筑电气工程设计、监理和验收，建筑电气工程图阅读，低压供配电系统，照明工程设计，照明技术的应用，日用电器，电梯，建筑消防监控系统，智能建筑等。电热工程主要内容有：电热工程概述、电阻炉、电弧炉、感应炉、其他电热设备、电焊等。电化学工程主要内容有：

电解、金属防腐与防腐技术、电化学合成与电化学加工、化学电源等。

第七部分为电气环境健康安全工程。主要内容有：火力发电厂环境保护，核电厂辐射源安全与辐射防护，防雷和防火，静电危害及其防止，触电致死的原因分析和触电急救，我国对电气安全的若干规定，生产厂房和工作场所在安全技术上的要求，电工安全用具和常用工具，电气作业安全技术措施和组织措施，电气设备运行、检修和试验工作中的安全技术，电力线路运行、检修工作中的安全技术，带电作业的安全技术，电网企业安全技术劳动保护七项重点措施，电气化铁路安全工程等。

第八部分为电气工程师实践技能。主要内容有：基本操作技能、作业程序技能、电气工程送电和试车技能、消缺排障和检修检修技能、节能减排技能、招标投标技能、合同订立履行和争议处理技能、建设工程勘测设计和质量安全管理技能、工程经济管理技能、工程信息检索与科研能力拓展技能等。

由上述对内容的介绍可以看出，本手册是专为电气工程师精心编写的一部最新的、实用的大型的综合性的案头工具书。为了保证本书质量，做到数据准确，资料翔实，实用便查，开卷有益，我们组织了几百位在各行各业从事电气工程的教授、高级工程技术人员按照既定的编写大纲进行编写。其中有20世纪五六十年代毕业的老大学生，他们历经沙场，有丰富的工作经验和人生体味；也有20世纪80年代大学毕业的新一辈，他们已成为单位的顶梁柱；还有21世纪初毕业的大学生，他们也已成为单位的技术骨干，有极强的创新能力和独立见解。因此，本手册的各篇、各章在编写风格上不尽统一，遣词造句各有所好，但目的只有一个：现代、实用。

本手册可供在各行各业供职的电气工程师查用，也适用于有条件参加注册电气工程师资格考试的在职工程师学习参考，对即将走上工作岗位的理工科院校大学生无疑也是一部择业宝典，还可供电气专业的管理人员、高级技术工人、技师学习参考。对关心我国电气化事业的有识之士来说，本手册也是一本拓展电气工程知识面的百科全书。

本手册由清华大学何金良教授、赵伟教授主编。

提供资料并参与部分编写工作的还有：张强、张方、高水、石峰、王卫东、石威杰、贺和平、任旭印、潘利杰、程宾、张倩、张娜、李俊华、石宝香、成冲、张明星、郭荣立、王峰、李新歌、尹建华、苏跃华、刘海龙、李小方、李爱丽、胡兰、王志玲、李自雄、陈海龙、李亮、韩国民、刘力侨、任翠兰、张洋、吕洋、任华、李翱翔、孙雅欣、李红、王岩、李景、赵振国、任芳、魏红、薛军、吴爽、李勇高、王慧、杜涛涛、李启明、郭会霞、霍胜木、邢烟、李青丽、谢成康、杨虎、马荣花、张贺丽、薛金梅、李荣芳、马良、孙洋洋、胡毫、余小冬、丁爱荣、王文举、冯娇、徐文华、陈东、毛玲、李健、孙运生、尚丽、王敏州、杨国伟、李红、刘红军、白春东、林博、魏健良、周凤春、黄杰、董小玫、郭贞、吕会勤、王爱枝、孙金力、孙建华、孙志红、孙东生、王彬、王惊、李丽丽、吴孟月、闫冬梅、孙金梅、张丹丹、李东利、王奎淘、吕万辉、王忠民、赵建周、刁发良、胡士锋、王桂荣、谢峰、秦喜辰、张继涛、徐信阳、牛志刚、杨景艳、乔可辰、张志秋、史长行、姜东升、宋旭之、田杰、温宁、乔自谦、史乃明、郭春生、高庆东、吉金东、李耀照、吕学彬、马计敏、朱英杰、焦现峰、李立国、刘立强、李炜、郝宗强、王力杰、闫国文、苗存园、权威、蒋松涛、张平、黄锦、田宇鲲、曹宝来、王烈、刘福盈、崔殿启、白侠、陈志伟、李志刚、张柏刚、王志强、史春山、戴晓光、刘德文、隋秋娜、崔元春、崔连秀、张宏彦、周海英、冷化新、初春、张丽、张鹏罡、王立新、曲宏伟、梁艳、王松岩、于福荣、崔连华、潘瑞辉、孙敬东、都业国、孟令辉、张晓东、万志太、方向申、郭宏海、赵长勇、栾相东、迟文仲、仲维斌、莫金辉、莫树森、黄金东、朱晓东、金昌辉、金美华、姜德华、白明、刘涛、万莹、霍云、邢志艳、邵清英、赵世民、初宝仁、林自成、何建新、王佩其、骆耀辉、石鸿侠、皮爱珍、何利红、徐军、邓花菜、吴皓明、曹明、金明、周武、田细和、林露、邹爱华、罗金华、宋子云、谢丽华、刘文娟、李菊英、肖月娥、李翠英、于利、傅美英、石章超、刘雅莹、甘来华、喻秀群、唐秀英、廖小云、杨月娥、周彩云、金绵曾、唐冬秀、刘菊梅、焦斌英、曾芳桃、谢翠兰、王学英、王玉莲、刘碧辉、宋菊华、李淑华、路素英、许玉辉、余建辉、黄伟玲、冠湘梅、周勇、秦立生、曹辉、周月均、张金秀、程淑云、李福容、卿菊英、许建纯、陈越英、周玉辉、周玉兰、黄大顺、曹冻平、蒋兴、彭罗、胡三姣、邓青莲、谢荣柏、何淑媛、高爱华、曹伍满、程淑莲、刘招良、黄振山、周松江、王灿、叶军、李仑兵等。

在本手册的编写过程中，我们参阅、吸收了大量中外文书刊、网站资料及公开发表的有关研究成果，由于引用文献资料较多，未能逐一注明出处，主要参考文献列于书末，谨向有关文献作者、资料提供者和数据资料编制者致以衷心的感意。

由于现代电气工程涉及面非常广泛，又是一门不断发展并向其他领域渗透、交叉融合的学科，限于作者的学识、从业经历、能力和水平，缺点、疏漏甚至错误在所难免，恳请各位专家、同行、学者和广大读者不吝赐教、批评指正。

值此《现代电气工程师实用手册》出版之际，谨向参与本手册编写和编辑出版的全体人员、资料收集提供人员及有关单位表示诚挚的感谢。

作者

2012 年 1 月

目　录

第二篇　电气工程师必备科学素质

第三篇 电气工程理论

第四篇 电气工程材料

第五篇　电气工程设备器件

第六篇 电气工程测量与试验

第七篇 电 源 工 程

第八篇 新能源发电工程

下　册

第九篇　电 网 工 程

第十篇　配电工程

第十一篇 电力系统工程

第十二篇 移动式独立电力系统工程

第十三篇 电气传动和自动控制系统

第十四篇 厂矿企业用电工程

第十五篇 交通用电工程

第十六篇 建筑用电工程

第十七篇 电热工程

第十八篇 电化学工程

第十九篇　电气环境健康安全工程

第二十篇　电气工程师实践技能

第一篇

电气工程总论

第一章 电气工程学科

与人们生产生活息息相关的现代五大工程是，土木工程、机械工程、化学工程、管理工程和电气工程，五大工程中最年轻而又最具活力的无疑是电气工程。土木工程、机械工程、化学工程以及管理工程都是来源于人类文明发展的自我需要，但电气工程纯属于科学发现，一经发现便势不可挡地迅猛发展。获得这个全新的能量形态，离不开土木工程、机械工程、化学工程和管理工程为她作嫁衣裳，反之电气工程不仅渗透到土木工程、机械工程、化学工程和管理工程中，而且还渗透到现代社会的各个领域、方方面面，极大地提高了人类生活的质量。20 世纪 20 年代的列宁就预言：共产主义等于苏维埃政权加全国电气化。社会的发展充分验证了电气化对人类进步的卓越贡献，把人类带入了辉煌的电气时代。

电气工程起源于将其他能量转换为电能的发电工程以及输配电工程，现代电力系统已经成为地球上最大的人造工程。但现代电气工程已不仅仅是电源工程，它的发展已伴生了电子工程，从而孕育出通信、计算机、网络等工程领域，为信息时代的出现奠定了基础。人们说 21 世纪是信息时代，电既是能量的形态又是信息的载体。在信息时代，电气工程科学技术不仅面临着挑战，也遇到了前所未有的发展机遇。

电气科学发展至今，虽然从它衍生出的电子技术、计算机技术、通信技术和自动化技术都相继成为独立的学科和专业，但由于它们与电气工程学科之间难以分割的历史渊源，使得这些学科交叉的密切程度，远非其他学科所能比拟。近几十年来，电气学科与生命科学、物理学、化学、军事科学等学科的许多领域存在广泛的交叉，形成了许多新的学科生长点。可以认为，学科交叉和相互渗透是电气科学之所以能保持长期生命力的重要因素。例如，电机的控制，电力系统的稳定性分析，高电压的在线监测技术，电力电子系统与装置，建筑智能化技术等几乎所有的电气新技术都势必涉及大量电子技术、计算机及网络通信技术、自动控制技术的一些相关知识。可以说，当今的电气工程是一个现代高科学技术综合应用的、多学科交叉的前沿科学，具有广阔的应用前景。

电气工程涉及的学科和工程类别如表 1-1-1 所示。

表 1-1-1　电气工程涉及的学科和工程类别

序号	大类	子　类
1	电磁学与电路理论	(1) 电磁场分布与传播 (2) 电磁与物质相互作用 (3) 电磁场分析 (4) 电磁场与其他场的耦合 (5) 物理电磁学 (6) 高频电磁学 (7) 化学电磁学 (8) 环境电磁学 (9) 电磁测量学 (10) 电网络分析与综合 (11) 静电学理论及应用
2	电机电器学	(1) 电接触与电弧 (2) 电机与电器分析、运行与控制 (3) 新型电机 (4) 微机电系统 (5) 新型电器
3	电力系统	(1) 电力系统分析 (2) 电力系统运行与优化 (3) 电力系统保护与控制 (4) 新型输配电系统 (5) 直流输电系统 (6) 电力系统自动化 (7) 电力系统远动与通信 (8) 电能质量 (9) 电力市场 (10) 电力系统信息集成与安全
4	电工材料学	(1) 材料的介电特性与介电理论 (2) 介电材料的性能测试、结构表征与应用 (3) 导电材料及其特性 (4) 磁性材料及其特性 (5) 电工半导体 (6) 能量转换材料 (7) 表面和薄膜电磁学 (8) 纳米电磁材料
5	高电压与绝缘	(1) 高电压的生成与控制 (2) 高电压设备的绝缘诊断与监测 (3) 过电压及其防护 (4) 高电压测量技术 (5) 绝缘的老化和击穿 (6) 超常环境下的绝缘特性与理论
6	电力电子学	(1) 电力电子元器件及集成 (2) 电力电子变流技术 (3) 电力电子控制技术 (4) 电力电子系统
7	脉冲功率技术	(1) 脉冲功率储能技术与器件 (2) 脉冲功率开关技术与器件 (3) 脉冲功率的形成与控制 (4) 脉冲功率能量转换及应用
8	放电理论与放电等离子体	(1) 气体放电特征与理论 (2) 特殊条件下的放电 (3) 非平衡等离子体的产生和应用 (4) 热电离等离子体的产生和应用 (5) 等离子体诊断
9	超导电工学	(1) 超导材料电磁特性 (2) 超导电器件与应用 (3) 超导与电力系统
10	生物电磁学	(1) 电磁成像技术 (2) 生物细胞、神经及器官电工学 (3) 生物电磁信息检索、分析、处理及应用 (4) 电磁场生物效应机理 (5) 仿生电磁学 (6) 生物医学中的电工技术
11	电磁兼容	(1) 电磁兼容性分析与预测 (2) 电磁兼容性试验技术 (3) 电磁环境污染及控制
12	新能源与新发电技术	(1) 可再生能源发电 (2) 新发电原理与技术 (3) 节电新技术 (4) 电能储存新技术 (5) 分布式电源系统与独立电力系统

第二章 电气工程发展史

虽然人们早就发现了雷电、静电现象，但真正实现将其他能量转化为电能却是19世纪末的事情。世界电气工程发展简史如表2-1-1所示。

表2-1-1 世界电气工程发展简史

年代	事件
古代	中国人从自然界的雷电现象发现电，因为雷电总是同时发生的，中国人创造了“雷公”、“电婆”的神话来解释雷电现象。考古发现，公元前1100～前771年，中国的青铜器上就出现了篆文的“電”字，上部是“雨”字，下部是闪电的象形字，说明电是一种在有雨的天气中出现的光闪现象
古代	中国战国时期，出现了用磁石指示方向的仪器——司南，被誉为中国古代四大发明之一。《论衡》中描述了司南的形状和用法
古代	古希腊哲学家泰勒斯描述琥珀经摩擦会产生电
公元1世纪	中国汉代王充所著《论衡》一书中，记载了“顿牟掇芥，磁石引针”的现象（顿牟：琥珀；掇：吸引；芥：很轻的植物种子），是世界上第一个将静电现象和磁现象并提的科学家
1600	（1）英国的W. 吉尔伯特（William Gilbert，1504～1603）用拉丁文发表了《论磁石》（De Magnete，英语译为On the Magnet）一书，系统地论述了地球的磁性。他认为，地球是个大磁石，可以用磁倾角来判断地球上各处的纬度 （2）现代英语中Electricity这个单词，中文译作“电”，是吉尔伯特根据“琥珀”的希腊文（ηλεκτρον）和拉丁文（electrum）创造的。从此，所有采用拼音文字的国家都用本国文字音译英语这个单词来称为电 （3）吉尔伯特的实验和研究发展了有关电的知识。他设计制作了一台验电器：由一个尖顶支承一根能够灵活转动的指针。他摩擦钻石、宝石、玻璃、水晶、硫磺、树脂等物体后靠近指针，看指针是否被吸引转向这些物体。通过实验，他得出以下结论：琥珀的性质是许多其他物质所共有的，可称之为“带电体”，而不具备这种性质的物质，如金属称为“非带电体”。当时他还未认识到，金属在摩擦时所产生的静电荷会瞬间流失，而不是不会产生电荷
1660	奥托·冯·库克发明了摩擦起电机
1733	杜斐描述了点的两种力——吸引力和排斥力
1745	荷兰莱顿大学的克里斯特与莫什布鲁克发现电可以存储在装有铜丝或水银的玻璃瓶里。格鲁斯拉根据他们的这一发现制成莱顿瓶，莱顿瓶可以储存摩擦起电机产生的电荷，莱顿瓶就成为电容器的前身
1752	英国北美殖民地（美国独立前）本杰明·富兰克林（Benjamin Franklin，1706～1790）通过著名的风筝实验得出闪电等同于电的结论，首次将正、负号用于电学中。 随后，普里斯特里、泊松、库仑、卡文迪许等一批杰出的科学家对电学的理论做出了重要贡献：普里斯特里发现了电荷间的平方反比定律；泊松把数学理论应用于电场计算
1777	库仑（Charles Augustin de Coulomb，1736～1806）发明了能够测量电荷量的扭力天平，利用扭力天平，库仑发现电荷引力或斥力的大小与两个小球所带电荷电量的乘积成正比，而与两小球球心之间的距离平方成反比的规律，这就是著名的库仑定律。人们以库仑的名字命名电荷的单位“C”

续表

年代	事件
1800	意大利科学家伏特（Alessandro Volta，1745～1827，旧译为伏打）发明了世界上第一个化学电池——伏打电池（伏打电堆），使化学能可以转化为电能，人们开始获得连续的电流。伏打电池使电不再是微弱的或转瞬即逝的现象，让电学迈出了静电学的范围，极大地推动了电学的研究与应用。随后，安培、欧姆、亨利、法拉第、爱迪生、西门子、楞次、基尔霍夫、麦克斯韦、赫兹、特斯拉、威斯汀豪斯等一大批电气工程界的伟大先驱们创造了一系列理论与实践成果。因此，伏打电池被称为电学的一个重要里程碑。人们将他的名字命名为电压的单位“V”
1809	英国著名化学家戴维（Humphry Davy）用2000个伏打电池供电，通过调整木炭电极间的距离使之产生放电而发出强光，这就是电用于照明的开始
1820	（1）丹麦科学家奥斯特（Hans Christian Oersted，1777～1851）在实验中发现了电可以转化磁的现象 （2）法国科学家安培（Andre Marie Ampere，1775～1836）发现了两根通电导线之间会发生吸引或排斥。在此基础上，安培提出了载流导线之间的相互作用力定律，后被称为安培定律，成为电动力学的基础。人们以他的名字命名电流的单位“A”
1827	德国科学家欧姆（Georg Simon Ohm，1789～1854）用数学公式描述了电流、电压、电阻三个物理量之间的关系，创立了电学中最基本的定律——欧姆定律。人们以他的名字命名电阻的单位“Ω”
1831年8月29日	英国科学家法拉第（Michael Faraday，1791～1867）成功地进行了“电磁感应”实验，发现了磁可以转化为电的现象，于是，法拉第创立了电磁感应定律。至此，电与磁之间的关系终于被人类发现和认识，并诞生了一门新的学科——电磁学。法拉第是一位杰出的实验物理学家，他还发现了载流体的自感与互感现象，并提出电力线与磁力线的概念。为纪念法拉第的功绩，人们将电容的单位以他的名字命名“F”
1831年10月	法拉第创制了世界上第一部感应发电机模型——法拉第盘
1832	法国科学家皮克斯（Hippolyte Pixii，1808～1835）在法拉第的影响下发明了世界上第一台实用的直流发电机，这台发电机能够发出直流电的关键部件——换向器，参考了安培的建议
1834	德籍俄国物理学家雅可比（Moritz Hermann von Jacobi，1801～1874）发明了功率为15W的棒状铁芯电动机，被公认为是世界上第一台实用的电动机
1836	美国机械工程师达文波特（1802～1851）用电动机驱动木工车床
1839	雅可比在俄国圣彼得堡的涅瓦河上做了用电动机驱动船舶的实验
1840	达文波特又用电动机驱动印报机
1845	英国物理学家惠斯通（Charls Wheatstone，1802～1875）通过外加伏打电池电源给线圈励磁，用电磁铁取代永久磁铁获得成功。随后又改进了电枢绕组，从而制成了世界上第一台电磁铁发电机

续表

年代	事　件
19 世纪初～19 世纪中期	19 世纪初提出的电磁理论导致了物理学的一次革命。从奥斯特、安培发现电流的磁效应开始，到法拉第对电磁学进行实验研究和完善，直至电磁学理论的建立，经历了半个世纪的历程。19 世纪中期又有一大批科学家为电气科学与电气工程做出了杰出贡献。他们中间有韦伯（Wilhelm Eduard Weber，1804～1891）、亨利（Andrew Henry，1797～1878）、赫尔姆霍兹（Hermann Ludwing Ferdinand von Helmholtz，1821～1894）、基尔霍夫（Gustav Kirchhoff，1824～1887）、麦克斯韦(James Clerk Maxwell，1831～1879)
1862	炭精棒电弧灯首次用于英国肯特郡海岸的灯塔，后来很快用于街道照明
1864	英国物理学家麦克斯韦发表《电磁场的动力学理论》，用数理科学方法使电磁学理论体系最终建立起来。在前人的研究成果基础上，利用数学进行分析与综合，进一步把光与电磁的关系统一起来，建立了麦克斯韦方程。麦克斯韦方程是现代电磁学最重要的理论基础，成为 20 世纪科学技术迅猛发展最主要的动力之一
1866	西门子发明了自激式发电机，并预见电力技术从此一定会有发展前途，将会开创一个新纪元。几乎同时，王尔德（Wilde）等人也发明了自激式发电机，但优先权归西门子拥有
1870	比利时的格拉姆（Gramme）制成往复式蒸汽发电机供工厂电弧灯照明用电
1873	（1）麦克斯韦完成了划时代的科学理论著作——《电磁通论》 （2）英国人罗伯特·戴维森研制成第一辆用蓄电池驱动的电动汽车
1875	法国巴黎北火车站建成世界上第一个火力发电厂，用直流发电供附近照明
1879	（1）美国旧金山建成世界上第一座商用发电厂，两台发电机供 22 盏电弧灯，收费为每灯每周 10 美元。同年在法国和美国装设了试验性电弧路灯 （2）西门子设计制造了一台能乘坐 18 人的三节敞开式车厢的小型电力机车
1879 年 5 月	上海虹口装设的 10 马力（1 马力＝0.735kW）直流发电机供电的弧光灯在外滩点燃，这是中国使用电气照明之始
1879 年 10 月	美国科学家、发明家爱迪生发明了白炽灯，由于工艺简单，成本低廉，长时间稳定发光，使其立刻转化为商品，在世界上得到广泛应用，这一发明被认为是电能进入人类日常生活的转折点
1881	第一座以水力为动力的小型水电站建于英国
1882	英商创办的上海电光公司是中国的第一家公用电业公司。在上海乍浦路创建的中国第一个发电厂，装机容量 12kW，后改为上海电力公司，由美国人经营
1882 年 9 月	爱迪生在美国纽约珍珠街建成世界上第一座正规的发电厂，装有 6 台蒸汽直流发电机，总容量为 662kW (900 马力)，通过 110V 地下电缆供电，最大送电距离为 1 英里，供 59 个用户，1284 盏白炽灯照明用电，收费为 25 美分/kWh。装设了熔丝、开关、断路器和计算电能表等，建成了世界上第一个简单的电力系统
1882 年 9 月	美国威斯康辛州富克斯（Fox）河上建立了一座 25kW 的水电站，之后水力发电逐步发展起来
1882 年	法国人德普勒（Deprez）在德国慕尼黑世界博览会上表演了电压为 1500～2000V 的直流发电机经 57km 线路驱动当地的电动泵，成为最早的最长直流输电

续表

年代	事　件
1883	（1）世界上最早的电气化铁路在英国开始营业 （2）美国纽约和英国伦敦等大城市先后建成中心发电厂 （3）法国人高兰德和英国人约翰·吉布斯研制成功第一台变压器，并获得照明和动力用电分配办法专利
1884	英国制成第一台汽轮机
1885	意大利物理学家加利莱奥·费拉里斯（1841～1897）提出了旋转磁场原理，并研制出二相异步电动机模型
1885	制成交流发电机和变压器，变压器是交流输配电系统中最关键设备
1886	（1）美国尼古拉·特斯拉（Nikola Tesla，1856～1943）独立地研制出二相异步电动机 （2）在美国马萨诸塞州大巴林顿建立了第一个单相交流送电系统，电源侧升压至 3000V，经 1.2km 到受端降压至 500V，显示了交流输电优越性
1888	俄国工程师多利沃—多勃罗沃利斯基（Mikhail Osipovich Dolivo Dobrovoliskii，1861～1919）研制成功世界上第一台实用的三相交流单鼠笼异步电动机
1888	由英国工程师费郎蒂（Sebastian Ferranti，1864～1930）设计，建设在伦敦泰晤士河畔的大型交流发电站开始输电，电压高达 10000V，经两级变压送到终端用户
1888 年 4 月	中国开始自建电厂，以 15kW 发电机供皇宫用电
1889	爱迪生在 1889 年巴黎世博会上展示了他获得的约 4000 项专利，使他成为巴黎世博会的中心人物
1891	（1）布洛在瑞士制造出高压油浸变压器，后来又研制出巨型高压变压器，由于变压器的不断改进，使远距离高压交流输电取得了长足的进步 （2）德国在劳芬电厂安装了第一台三相 100kW 交流发电机，通过第一条三相输电线路用 8500V 高压送电到 18km 外的法兰克福电气技术博览会上 （3）建立了直流电枢绕组的理论
1893	为庆祝哥伦布发现新大陆 400 周年而在美国芝加哥举办的世界哥伦布博览会，最引人注目的是电器工业技术的应用，而美国也正是以此确立了它“电器王国”的地位。由于当时电力的远程输送已获得成功，故博览会首次完全采用人工照明，几十万盏彩灯装饰了整个会区。彩灯分组开关，形成了灯光上下滚动的效果。博览会的照明、铁路、移动人行道、菲利斯大转轮，发光喷泉、电话电报等，全部是由一台 1.5 万 kW 的发电机带动的，发电机是由一台 2.5 万马力的蒸汽发动机驱动的。通用电气公司和西屋电气公司提供了大部分设备。博览会期间还召开了第三届国际电气工程会议，会议决定把发明者的名字作为国际电气单位的名称，如欧姆、安培、伏特、焦耳、瓦特、亨利、法拉第等
1891～1896	美国在纽约州建成尼亚加拉大瀑布水电站，该电站总容量近 10 万 kW，并于 1896 年采用三相交流输电，以 11000V 电压送至 35km 外的巴法罗。电力工业实践结束了自 1880 年以来交、直流电孰优的争论，也为以后 30 年间大量开发水电创造了条件。电力的作用已经不仅仅限于照明，开始成为新兴工业的动力和能源
1898	纽约建立了容量为 3 万 kW 的火力发电站，用 87 台锅炉推动 12 台大型蒸汽机为发电机提供动力
1899	美国加利福尼亚州柯尔盖特（Colgate）水电站至萨克拉门托（Sacramento）建成 112km 的 40kV 交流输电线，这也是当时受针式绝缘子限制可能达到的最高输电电压
1900	第五届世界博览会在法国巴黎举行，以检阅人类在 19 世纪获得的伟大成就。博览会上最吸引人的展品是分别由法国吕米埃兄弟和美国爱迪生发明的电影，当电影配上同步录音在博览会上放映时，观众深感神奇

续表

年代	事 件
1903	美国西屋电气公司装设了第一台5000kW汽轮发电机组，因受当时锅炉蒸汽参数的限制，汽轮发电机组容量未能扩大，大容量发电机主要建在水电站
1904	意大利在拉德瑞罗地热田首次实验成功552W地热发电装置
1904～1906	二极真空电子管、三极真空电子管研制成功
1907	美国工程师爱德华（Edward）和哈罗德（Harold）发明了悬式绝缘子，为提高输电电压开辟了道路，第一次世界大战前夕，输电电压达到150kV
1907	中国兴建第一座水电站——石龙坝水电站，装机容量2×240kW，1912年建成
1908	中国交通大学的前身南洋大学堂设置了电机专科，这是中国最早的电气工程专业
1910	W. D. 库里奇将爱迪生灯泡里的碳化竹丝改用钨丝
1911	中国民族资本经营的电力达到12275kW
1870～1913	其间以电气化为主要特征的第二次工业革命，彻底改变了世界的经济格局。发电、输电、配电已经形成了以汽轮机、水轮机等为原动机，以交流发电机为核心，以变压器与输配电线路等组成的输配电系统为“动脉”的输电网，电力的生产、应用达到较高水平，并具有相当大的规模。在工业生产、交通运输、电力拖动、电力牵引、电动工具、电加工、电加热等得到普遍应用
1916	美国建成第一条90km的132kV输电线路
1920	世界装机容量为3000万kW，其中美国占2000万kW
1922	美国加利福尼亚州建成220kV线路，于1923年投运
1929	美国制成第一台20万kW汽轮机组，美国工业企业中以电动机为动力的比重从1914年的30%上升到70%
1926～1933	英国于1926年成立中央电气委员会，1933年建成全国电网
1932	苏联建成第聂伯水电站，单机容量为6.2万kW。 在俄国十月革命后不久，列宁就提出了全俄电气化计划，并留下“苏维埃政权加全国电气化就是共产主义”的名言
1934	美国建成432km的287kV高压输电线路
20世纪30年代	欧美发达国家先后完成了电气化，电力取代了蒸汽，使人类迈进了电气化时代，使20世纪成为“电气化世纪”。1930年前后，吸尘器、电动洗衣机、家用电冰箱、电灶、空调器、全自动洗衣机等各类家用电器相继问世
二战期间	德国试验4分裂导线，解决了380kV线路电晕问题；并制成440kV汞弧整流器，建成从易伯（Elbe）至柏林的100km地下直流电缆，大大促进了超高压交流输电的发展和直流输电的振兴
二战期间	(1) 核技术开发将为电力提供新能源 (2) 1939～1940年纽约世博会，电视摄影机和电视接收机首次出现 (3) 1940年第一台模拟电子计算机；1943年第一台数字电子计算机 (4) 1945年美国贝尔电话实验室制出第一块硅太阳能电池
1948	晶体管研制成功
1949	中国装机总容量为1849MW，世界排名21位；当年发电量为43.1亿kWh，列世界第25位，年人均电量8kWh

续表

年代	事 件
1954	(1) 苏联研制成功世界第一台5000kW核电机组，在奥布宁斯克建成世界上第一座核电站，开启了人类和平利用核能的新纪元 (2) 瑞典首先建立了380kV输电线路，采用2分裂导线，将北极圈内的哈斯普朗盖特（Harspranget）水电站电力送至960km外的瑞典南部 (3) 可控硅整流器面世
1955	美国制成并投运30万kW汽轮发电机组
1958	第一块集成电路板研制成功
1960	(1) 美国制成并投运50万kW汽轮发电机组 (2) 单片运算放大器制成
1963	美国制成并投运100万kW汽轮发电机组
1964	(1) 美国建成500kV交流输电线路 (2) 苏联完成了500kV输电系统
1965	(1) 加拿大建成765kV交流输电线路 (2) 苏联建成±400kV的470km高压直流输电线路，输送容量为75万kW
1970	(1) 美国建成±400kV的1330km高压直流输电线路，输送容量达144万kW (2) 美国制成并投运115万kW汽轮发电机组 (3) 中国在广东丰顺开始利用地下热水发电
1971	第一块微处理器出现并大量生产，人类进入电子技术新时代
1973	(1) 美国制成并投运130万kW汽轮发电机组 (2) 法国试制成功120万kW核反应堆
1975	中国西藏羊八井地热电站始建
1977	中国西藏羊八井地热电站第一台1000kW机组投运
1978	中国全国装机容量达到5712万kW，年发电量达到2566亿kWh
1980	中国全国装机容量为6587万kW，列居世界第8位；年发电量为3006亿kWh，列居世界第6位
1985	中国国民经济发展第六个五年计划完成，发电装机容量为8000万kW，升至世界第5位；年发电量4000亿kWh。全国正形成六大跨省区电力系统，汽轮发电机、水轮发电机单机容量分别达到60万kW和30万kW，在运行调度管理中，普遍采用了计算机等先进技术
1987	中国全国装机容量超过1亿kW
1989	苏联建成一条世界上最高电压1150kV、长1900km交流输电线路
1989	中国第一条±500kV直流输电线路建成投入运行，将华中电网（葛洲坝）与华东电网（上海）互联，线路长达1080km，形成中国第一个跨大区联合电力系统
1993	(1) 中国大陆第一座核电站——秦山核电站（300MW）建成投产（1984年8月动工） (2) 年投产300万kW水电机组
1994	(1) 中国大亚湾核电站（2×984MW）建成投产（1986年动工） (2) 年投产400万kW水电机组 (3) 三峡工程开工
1995	中国“八五”计划期间装机容量以年均1500万kW的速度增长，装机总容量增至3.17亿kW。大电厂、大机组成为电力工业的主力，全国拥有百万千瓦级电厂40座，装机占全国总装机的22.9%。全国有90万kW级机组2台，60万kW级机组7台，30万～35万kW级机组95台，20万kW级机组312台，总计达8920亿kW，占全国总装机容量的42.4%
1996	中国1991～1996年共增加水电机组1800万kW

续表

年代	事件
1996	中国"九五"计划第一年，装机容量 2.36 亿 kW，超过日本（2.2 亿 kW）和俄罗斯（1.8 亿 kW）居世界第二位，但远落后于美国（7 亿 kW）。年发电量达 10700 亿 kWh，列世界第二
1997	中国 500kV 输电线路架设 13000km，大电网已覆盖全部城市和大部分农村。全国拥有百万千瓦级电厂 59 座，装机容量占全国总装机容量的 29%，单机容量 90 万 kW 核电机组 2 台，60 万 kW 机组 10 台，30 万～35 万 kW 机组 174 台，20 万 kW 机组 191 台。三峡工程截流成功
1998	6 月中国二滩水电站（6×55 万 kW）正式发电
2000	（1）中国全国装机容量达 3.19 亿 kW，发电量 13684 亿 kWh （2）火、水、核电比例为 80.86%、17.76%、1.22% （3）中国台湾（约占大陆人口 2%）拥有装机容量 3000 万 kW，发电量 1300 亿 kWh （4）供电煤耗下降 34g/kWh，线损率下降 1% （5）风力发电装机达 20 万 kW
二战后到 20 世纪末	科学技术发展迅猛，传统学科发生分化。传统电气工程也分化出了电子技术、计算机技术等新兴学科，这些技术在电气工程领域的应用又使电气工程得到迅速长足地发展，登上一个又一个新台阶 （1）电磁场和电网络的数字计算机分析使一些过去依赖于复杂分析与精密实验才能解决的难题迎刃而解 （2）电工装备的计算机辅助设计（CAD）使整个电工制造业的设计翻开新的一页 （3）微型计算机控制技术的发展使电力系统和各种电气设备的自动控制实现了全面变革，成为工业的强劲动力 （4）电力电子技术的迅速发展使大功率整流，逆变、变频设备实现了革新，进一步拓宽了电能的应用，提高了用电效率，创造了巨大效益 （5）计算机和微电子专用设备的研制成为电工新技术发展的重要分支 当今世界电能的应用已经渗透到人类生产、生活的各个领域，不仅创造了极大的生产力，而且促进了人类文明的巨大进步，彻底改变了人类的社会生活方式。因此，电气工程当之无愧地被人们誉为"现代文明之轮"
21 世纪初	（1）2003 年 7 月中国三峡工程第一台机组发电 （2）2003 年中国拥有百万千瓦电厂 107 座，20 万 kW 及以上火电机组 553 台，占火电装机总容量 3 亿 kW 的 56.64%；20 万 kW 及以上水电机组 104 台，占水电装机总容量 1 亿 kW 的 33.82%；核电机组 8 台，单机容量为 30 万～90 万 kW （3）2009 年长江三峡工程 26 台 70 万 kW 机组全部投产（总装机容量为 1820 万 kW），是世界上最大的水电厂 （4）核能发电稳步发展，秦山核电站、大亚湾核电站、岭澳核电站相继并网发电 （5）地热发电、太阳能发电、风力发电、潮汐发电成功应用 （6）中国进入"大电厂"、"大电网"、"高电压"、"高自动化"新阶段，形成东北、华北、西北、华东、华中、南方四省区等 6 个跨省区电网和新疆、西藏、海南、台湾等四个独立省区电网。2009 年 1 月 6 日中国首条自主研发设计和建设的"晋东南—南阳—荆门"特高压 1000kV 交流输电工程投入商业运行。2009 年"云南—广东"、"向家坝—上海"±800kV 特高压直流输电工程投产 （7）形成以三峡水电站为中心，沿长江展开的中国中部电网；以华北煤电基地为中心，中国华北电网与华中电网、山东电网互连；以黄河上游水电站为中心，西北电网与华北电网互连，以红水河、澜沧江、乌江流域水电站和贵州煤电基地为中心，形成中国南部电网；到 2015 年，全国将实现以三峡为中心的全国统一的联合电网

续表

年代	事件
2010 年 8 月 25 日	中国水电装机容量突破 2 亿 kW 大关，居世界第一
2010 年 9 月 20 日	（1）以广东岭澳核电站二期工程一号机组投产为标志，中国电力装机容量突破 9 亿 kW （2）中国电网规模已超过美国，跃居世界首位 （3）已投运百万千瓦超临界机组 27 台 （4）中国核电装机容量 1000 万 kW，位列世界第 9 位 核电在建施工规模 2773 万 kW，在建施工规模居世界首位。再过 5 年实现核电装机 4000 万 kW 目标 （5）中国并网风电装机容量 2294 万 kW，累计装机达 2580 万 kW，位居世界第二 （6）中国燃煤发电占全国总发电量的比重为 78%，比世界平均水平高出 37%，煤电机组容量为 6.6 亿 kW 中国能源结构不合理矛盾十分突出
21 世纪中叶	21 世纪电气工程学科及其应用展望 （1）以应用性基础研究为主的电气工程学科将在与信息科学、材料科学、生命科学以及环境科学等学科的交叉和融合中获得进一步发展 （2）超导材料、半导体材料与永磁材料的最新发展对电工领域有特别重大的意义，为电气工程的发展展示了更加美好的前景 （3）微型计算机、电力电子和电磁执行器件的发展，使得电气控制响应快、灵活性高、可靠性强的优点越来越突出，"线控"汽车、全电舰船、多电/全电飞机、电驱动战车新兴工业产品问世 （4）在建筑中综合计算机技术、自动控制技术和电气工程技术，构成了楼宇自动化技术（智能楼宇技术），从而提供安全、舒适、快捷的优质服务，建立先进的管理机制，节省能耗，低碳生活，降低人工成本。智能楼宇涉及的电气工程内容如下： 1）智能建筑的供配电 2）电驱动与自动控制 3）智能建筑的电气照明 4）智能建筑的通信技术 5）有线电视系统 6）广播音响系统 7）办公自动化系统 8）建筑物自动化系统 9）综合布线系统 10）建筑物自动化系统 11）智能建筑的系统集成 12）智能建筑的电气安全 13）智能建筑的防火、防盗 14）智能建筑的节能 （5）电磁技术在生物医学中的广泛应用，寻找生物电能源，人体内部的偶极子型电流源的分布随时间变化的规律是生物医学电磁技术研究的基本课题。外界电磁场与生物相互作用的机理，也是生物医学工程的热点课题 （6）将电气科学与电气工程跟近代数学、物理学、化学、生命科学、材料科学以及系统科学、信息科学等的前沿融合，加强从整体上对大型复杂系统的研究，加深对微观现象及过程规律性的认识，同时利用信息科学的成就改造与提升电气工程并开创新的研究方向 1）电力大系统 2）电力传动系统 3）电力电子变流系统 4）生物、医学与健康领域中的电磁方法与新技术 5）气体放电及多相混合体放电问题 6）基于新材料、新原理或为开拓新应用领域的电机、电器 7）反映各类电气设备电气或绝缘性能演变的多因子规律及其观察和测量技术 8）电能质量的理论及其测量、控制 9）可再生能源发电及其储存、变换技术 10）现代测量原理及传感技术 11）脉冲功率技术与低温等离子体应用基础 12）电力电磁兼容问题 13）复杂电力系统的经济安全运行、控制及规划的理论及其应用

第三章 中国电气工程大典

20世纪后半叶以来，电气科学的进步使电气工程得到了突飞猛进的发展，其发展深度与广度远远超出人们的预期和想象。不仅在电子技术、计算机技术、通信技术、自动化技术等方面得到了空前的发展，相继建立了各自的独立学科和专业，仅就电气工程本身而言，在电能的产生、传输、分配、使用过程中，无论就其系统（网络），还是相关的设备，其规模和质量，检测、监视、保护和控制水平都获得了极大的提高。

正因为如此，电气工程在国家科技体系中具有特殊的重要地位，它既是国民经济的一些基本工业（电力、电工制造等）所依靠的技术科学，又是另一些基本工业（能源、电信、交通、铁路、冶金、化工、机械等）必不可少的支持技术，是一些高新技术的主要科技组成部分。在与生物、环保、自动化、光学、半导体等民用和军工技术的交叉发展中又是能形成尖端技术和新技术分支的促进因素：在一些综合性高科技成果（如卫星、飞船、导弹、空间站、航天飞机等）中，也必须有电气工程的新技术和新产品。所以，在工农业和国防力量的发展以及人民生活水平的提高过程中，电气工程的发展水平具有巨大的作用和广泛的影响。

在我国电气工程已经形成较完整的科研、设计、制造、建设、运行体系，成为世界电力工业大国之一，拥有一批具有自主知识产权的科技成果和产品，新原理、新技术、新产品、新工艺获得广泛应用的今天，在原机械工业部陆燕荪、电力工业部陆延昌两位老部长的倡议和领导下，由中国电工技术学会、中国机械工程学会、中国电机工程学会、中国动力工程学会和中国水力发电工程学会等五个学会，联合组织了电气工程各领域近2000位专家和学者，历时4年多，编撰的《中国电气工程大典》由中国电力出版社于2009年出版了。

《中国电气工程大典》由江泽民同志题写了书名。徐匡迪同志为大典的出版专门写了“序”，他称赞这套内容新颖、实用的巨著是电气工程领域一项重要的基础性工作，也是我国电气工程技术人员对社会的一项公益性奉献。这部鸿篇巨制不仅具有电气工程技术的知识魅力，同时也具有鲜明的时代特色。他相信会为广大读者营造一个开卷有益的氛围，他希望这套著作能对电气工程的教学、科研、设计和管理人员有所裨益，用更新的科学知识武装每一位电气工作者。

《中国电气工程大典》共15卷139篇约5000万字，展示了各专业领域的最新技术数据、设计经验、科技成果和发展动态，现将其篇章目录列于表3-1-1中，供读者把握电气工程的基本科技脉络，查阅选读。

表3-1-1 中国电气工程大典内容总揽

卷目	篇目	章目
第1卷 现代电气工程基础	第1篇 电磁场基础	第1章 静电场 第2章 恒定电场 第3章 恒定磁场 第4章 时变电磁场 第5章 电磁场数值计算
	第2篇 电路与电网络分析基础	第1章 绪论 第2章 简单线性电阻电路分析 第3章 电阻电路分析的一般方法和定理 第4章 非线性电阻电路分析 第5章 正弦稳态分析 第6章 线性动态电路分析 第7章 非线性动态电路分析 第8章 线性时变电路 第9章 分布参数电路 第10章 电网络分析基础 第11章 计算机辅助电路分析
	第3篇 电磁兼容基础	第1章 电磁兼容的基本概念 第2章 电磁骚扰源 第3章 传导耦合的基本理论 第4章 低频场耦合的基本理论 第5章 高频场耦合的基本理论 第6章 传输线耦合的基本理论 第7章 电磁兼容试验场所 第8章 电磁骚扰的测量及常用分析仪器 第9章 电磁兼容的标准 第10章 电磁屏蔽技术 第11章 接地与搭接技术 第12章 电磁干扰滤波、隔离及抑制技术
	第4篇 现代电磁测量技术基础	第1章 概述 第2章 电磁量标准器和量值传递 第3章 电测量原理和方法 第4章 电能表和自动抄表系统 第5章 电测量仪器仪表及其检定装置 第6章 电工较量仪器和记录仪表 第7章 信号发生器和标准源 第8章 数字式电测量仪器仪表及应用 第9章 微机化仪器及应用 第10章 磁测量 第11章 非电量的电测量
	第5篇 电工材料基础	第1章 磁性材料 第2章 绝缘材料 第3章 驻极体材料 第4章 纳米介质 第5章 铁电体材料
	第6篇 高电压技术基础	第1章 高压电场理论及算法 第2章 电介质的基础理论 第3章 高电压下绝缘介质的性能 第4章 高电压的产生与测量技术 第5章 高压电气设备的绝缘

续表

卷目	篇目	章　目
第1卷　现代电气工程基础	第6篇　高电压技术基础	第6章　线路和绕组中的波过程 第7章　雷电过电压及其防护 第8章　内部过电压及其防护 第9章　超特高压交直流架空线路的电气强度特性 第10章　超特高压交直流变电站（换流站）绝缘结构 第11章　绝缘设计和绝缘配合 第12章　绝缘评估及其特性试验方法
	第7篇　脉冲功率技术基础	第1章　概述 第2章　初级储能与纳秒脉冲的获取 第3章　脉冲功率开关技术 第4章　脉冲功率负载技术 第5章　纳秒电脉冲测量技术
	第8篇　电气安全技术基础	第1章　静电及其防护 第2章　人身电气安全 第3章　设备的电气安全 第4章　电气防火防爆 第5章　雷电防护
	第9篇　电工新技术	第1章　高电压大电流脉冲放电效应及应用 第2章　低温等离子体技术 第3章　微机电系统 第4章　磁流体技术 第5章　太空电气系统 第6章　超导与强磁体技术 第7章　环保电工技术 第8章　生物电工技术 第9章　电加工技术
	第10篇　电工标准化与合格评定、电工计量	第1章　标准化 第2章　合格评定 第3章　电工计量
	附录	附录A　核定系统框图 附录B　实施标准化科技创新　提升标准水平　推进电工行业技术进步 附录C　电气工程相关国家标准及行业标准目录（光盘）
	参考文献	
第2卷　电力电子技术	第1篇　概论	
	第2篇　电力电子器件	第1章　概述 第2章　双极型电力电子器件 第3章　场控型电力电子器件 第4章　电力电子专用控制集成电路、微控制器和系统芯片（SOC） 第5章　电力电子模块 第6章　多芯片封装 第7章　宽禁带半导体电力电子器件 第8章　电力电子技术的相关电子器件 第9章　电力电子技术发展趋势
	第3篇　电力电子器件应用基础	第1章　概述 第2章　电力电子器件门极驱动技术

续表

卷目	篇目	章　目
第2卷　电力电子技术	第3篇　电力电子器件应用基础	第3章　电力电子器件保护技术 第4章　缓冲与吸收技术 第5章　电力电子器件串并联技术 第6章　电力电子器件散热技术
	第4篇　基本电力电子电路	第1章　概述 第2章　直—直变换电路 第3章　整流电路 第4章　直—交逆变电路 第5章　交—交变换电路
	第5篇　电力电子控制技术	第1章　概论 第2章　脉冲宽度调制（PMW）策略 第3章　基于线性反馈理论的控制器设计 第4章　滑模变结构理论在电力电子控制中的应用 第5章　模糊控制在电力电子控制中的应用 第6章　神经网络在电力电子控制中的应用 第7章　数字技术在电力电子控制中的应用
	第6篇　电力电子软开关技术	第1章　概述 第2章　无源软开关技术 第3章　谐振型软开关技术 第4章　控制型软开关技术
	第7篇　电力电子多电平技术	第1章　概述 第2章　直—交多电平逆变器 第3章　交—直多电平整流器 第4章　直—交三电平变流器 第5章　多电平变流器控制技术
	第8篇　电源技术	第1章　概论 第2章　开关电源 第3章　UPS电源 第4章　工业感应加热电源 第5章　气体放电灯电子镇流器 第6章　直流电源 第7章　交流电源 第8章　高压电源及高压脉冲电路
	第9篇　电力电子系统中的磁技术	第1章　概述 第2章　磁的基本概念和基本定律 第3章　磁性元件的磁心材料 第4章　磁性元件的绕组 第5章　磁性元件的等效电路模型 第6章　开关电源中常用磁性元件的设计 第7章　磁放大器及尖峰抑制器的设计 第8章　平面磁性元件的应用与设计 第9章　集成磁性元件的应用与设计 第10章　磁性元件的电磁场有限元仿真方法 第11章　回转器——电容磁性电路仿真模型 第12章　磁性元件的制作与测试

续表

卷目	篇目	章目
第2卷 电力电子技术	第10篇 电力电子技术在电力传动中的应用	第1章 概述 第2章 电力电子技术在直流传动中的应用 第3章 电力电子技术在交流传动中的应用 第4章 电力传统变流装置的电力谐波
	第11篇 电力系统中的电力电子装置	第1章 概述 第2章 输电系统中的电力电子技术 第3章 配电系统中的电力电子技术 第4章 直流输电（HVDC）技术 第5章 电力系统固态短路限流器 第6章 分布式发电与可再生能源 第7章 电力系统中电力电子技术应用展望
	第12篇 电力电子电路/系统建模及计算机仿真	第1章 概述 第2章 电力电子器件建模及电路仿真 第3章 电力电子系统动态建模 第4章 电力电子系统电磁干扰仿真建模
	第13篇 电力电子电路/系统电磁兼容设计	第1章 概述 第2章 电力电子电路/系统电磁干扰及耦合途径 第3章 电力电子电路/系统电磁干扰抑制技术 第4章 电力电子电路/系统的电磁敏感度 第5章 电力电子电路/系统的电磁兼容标准 第6章 电力电子电路/系统电磁兼容技术的发展趋势
	第14篇 电力电子/系统集成	第1章 概述 第2章 电力电子变流电路拓扑的标准化 第3章 电力电子系统集成方法学 第4章 电力电子集成系统稳定性和可靠性
第3卷 电气工程材料及器件	第1篇 绝缘材料	第1章 概述 第2章 漆、树脂 第3章 浸渍纤维制品 第4章 层压制品 第5章 电工塑料 第6章 云母制品 第7章 薄膜、胶粘带及复合材料 第8章 其他绝缘材料
	第2篇 磁性材料	第1章 概述 第2章 永磁材料 第3章 软磁材料 第4章 新型磁功能材料 第5章 其他磁性材料 第6章 磁性材料测量

续表

卷目	篇目	章目
第3卷 电气工程材料及器件	第3篇 导体材料及其制品	第1章 概述 第2章 铜导体 第3章 铜合金导体 第4章 铝导体 第5章 铝合金导体 第6章 双金属复合导体和镀层导体 第7章 超导体 第8章 特种导体
	第4篇 电气功能材料	第1章 电触头材料 第2章 热双金属 第3章 电瓷材料 第4章 压电材料 第5章 焊料
	第5篇 电线电缆	第1章 电力电缆及其附件 第2章 架空绝缘电缆 第3章 输配电用架空导线 第4章 绕组线 第5章 电气装备用电线及电缆 第6章 通信电缆和通信光缆
	第6篇 电池	第1章 概述 第2章 原电池 第3章 锌负极电池 第4章 金属/空气电池 第5章 锂原电池 第6章 贮备电池 第7章 蓄电池 第8章 铅酸电池 第9章 碱性蓄电池 第10章 锂蓄电池与锂离子蓄电池 第11章 钠/硫电池 第12章 其他新型电化学贮能装置和器件 第13章 燃料电池 第14章 太阳电池 第15章 单晶硅太阳电池 第16章 砷化镓太阳电池 第17章 薄膜太阳电池 第18章 温差发电器
第4卷 火力发电工程	第1篇 概论	第1章 我国的电力工业现状 第2章 火力发电厂综述 第3章 火力发电工程建设 第4章 火力发电工程发展动向
	第2篇 火力发电厂设计	第1章 概述 第2章 厂址选择与总图运输 第3章 锅炉及其附属系统 第4章 汽轮机及其附属系统 第5章 发电机及其相关系统 第6章 仪表和控制 第7章 主厂房布置 第8章 运煤系统 第9章 水工设施及系统 第10章 水处理系统及设备 第11章 建筑、结构与暖通 第12章 环境保护、劳动安全与职业卫生 第13章 技术经济 第14章 空冷发电厂

续表

卷目	篇目	章　目
第4卷　火力发电工程	第3篇　锅炉	第1章　锅炉总体设计、燃料、物质平衡与热平衡 第2章　燃烧设备 第3章　除渣设备 第4章　蒸发系统 第5章　过热器和再热器 第6章　省煤器 第7章　空气预热器 第8章　锅炉构架、炉墙及管道保温、膨胀密封和支吊装置 第9章　锅炉用钢材 第10章　锅炉计算 第11章　锅炉可靠性 第12章　典型压临界压力锅炉
	第4篇　汽轮机	第1章　汽轮机总体设计 第2章　热力循环 第3章　通流部分热力设计 第4章　汽轮机变工况 第5章　通流部分气动设计 第6章　动叶片 第7章　转子与轴系 第8章　轴承、轴承座、盘车装置 第9章　汽缸、隔板、持环、喷嘴组、汽封 第10章　本体阀门与管道 第11章　汽轮机控制、监测与保护系统 第12章　汽轮机辅助系统 第13章　寿命与可靠性 第14章　强度设计基础 第15章　汽轮机用钢 第16章　大型转子动平衡及试验室
	第5篇　汽轮发电机（同步发电机）	第1章　概述 第2章　设计 第3章　制造要点及关键材料 第4章　励磁系统与设备 第5章　辅助系统与设备 第6章　发电机验收、吊运和存放 第7章　安装 第8章　试验 第9章　发电机运行 第10章　维护检查和检修 第11章　网机关系及协调 第12章　发电机故障诊断
	第6篇　自动控制系统	第1章　热工过程自动控制的理论基础 第2章　锅炉自动控制系统 第3章　汽轮机自动控制系统 第4章　协调控制系统 第5章　炉膛安全监控系统 第6章　顺序控制 第7章　分散控制系统 第8章　电站控制对象仿真与优化
	第7篇　电站系统与辅机设备	第1章　火力发电厂概述 第2章　火力发电厂的热力系统 第3章　火力发电厂的辅助汽水系统 第4章　汽轮机旁路系统 第5章　燃料运送系统

续表

卷目	篇目	章　目
第4卷　火力发电工程	第7篇　电站系统与辅机设备	第6章　煤粉制备系统 第7章　烟、风道系统 第8章　除灰渣和烟气净化系统 第9章　凝汽设备 第10章　给水加热器设备 第11章　给水除氧设备 第12章　给水处理设备 第13章　煤粉制备设备 第14章　吹灰、除尘、除灰 第15章　电站风机 第16章　电站用泵 第17章　电站阀门
	第8篇　超临界、超超临界机组	第1章　超临界、超超临界机组的发展现状与趋势 第2章　超临界、超超临界机组的技术经济性能 第3章　超临界、超超临界机组材料 第4章　超临界、超超临界锅炉 第5章　超临界、超超临界汽轮机 第6章　1000MW级汽轮发电机 第7章　超临界、超超临界机组的运行
	第9篇　大型循环流化床锅炉	第1章　循环流化床锅炉的原理及特点 第2章　循环流化床锅炉的流体动力特性 第3章　循环流化床锅炉中的传热和传质 第4章　燃料在循环流化床锅炉内的燃烧过程 第5章　循环流化床锅炉内脱硫脱硝机理及排放控制 第6章　循环流化床锅炉的启停、运行和控制 第7章　循环流化床锅炉的总体布置 第8章　循环流化床锅炉的气固分离设备 第9章　固体物料回送装置 第10章　循环流化床锅炉的其他关键部件 第11章　循环流化床锅炉金属件和耐火材料的磨损及预防 第12章　循环流化床锅炉的发展前景
	第10篇　大型空冷式汽轮机组	第1章　概述 第2章　空冷式汽轮机组冷却系统的技术特点 第3章　空冷机组汽轮机的技术特点 第4章　空冷机组汽轮机结构设计 第5章　直接空冷系统和间接空冷系统的结构设计 第6章　汽轮机与空冷系统的运行控制和维护
	第11篇　热电联产机组	第1章　概述 第2章　热电联产汽轮机的设计 第3章　热电联产汽轮机的结构

续表

卷目	篇目	章目
第4卷 火力发电工程	第11篇 热电联产机组	第4章 热电联产汽轮机的运行 第5章 汽轮机的工况图 第6章 分布式发电冷热电联产
	第12篇 燃气轮机及联合循环机组	第1章 概述 第2章 燃气轮机的热力循环分析 第3章 轴流压气机 第4章 燃烧室 第5章 燃气透平 第6章 燃气轮机主要部件的结构与材料 第7章 燃气轮机的总体设计 第8章 燃气轮机装置 第9章 燃气轮机的变工况性能 第10章 燃气轮机的控制与保护 第11章 常规的燃气—蒸汽联合循环机组 第12章 燃气轮机和联合循环机组的试验、运行与维护
	第13篇 燃煤的燃气—蒸汽联合循环机组	第1章 概述 第2章 几种典型的燃煤燃气—蒸汽联合循环方式 第3章 整体煤气化燃气—蒸汽联合循环 第4章 燃煤的增压流化床联合循环 第5章 燃用低热值煤气的燃气—蒸气联合循环 第6章 煤气化—燃料电池—燃气—蒸汽联合循环 第7章 以合成气源为核心的多联产技术
	第14篇 内燃机电站	第1章 概述 第2章 内燃机电站特征的确定 第3章 内燃机电站主要构成的选型和设计方法 第4章 内燃机电站的使用与维护
	第15篇 电站环保技术	第1章 概述 第2章 烟气排放与监测 第3章 除尘器 第4章 固体废弃物的处理 第5章 火电厂烟气脱硫技术 第6章 火电厂烟气脱硝技术
	第16篇 火力发电厂运行	第1章 概述 第2章 火电机组启动调试 第3章 机组性能试验 第4章 安全生产运行 第5章 火电厂运行故障预防处理及重大事故预防 第6章 火力发电厂经济运行 第7章 火力发电厂技术监督 第8章 火力发电厂运行自动控制 第9章 火力发电厂设备检修与维护 第10章 火力发电厂综合节能、节水技术 第11章 火力发电厂管理信息系统
	参考文献	
	本卷后记	

续表

卷目	篇目	章目
第5卷 水力发电工程	第1篇 水力发电工程通论	第1章 水力发电及水力资源 第2章 水电站的水工建筑物 第3章 水电工程与环境 第4章 水电工程勘测设计 第5章 水工建筑物施工 第6章 水电站的机电设备 第7章 水电站金属结构 第8章 水电科学技术 第9章 水电技术标准 第10章 国内外著名水电站简介
	第2篇 水轮机	第1章 概论 第2章 水轮机的研发 第3章 水轮机选型 第4章 混流式水轮机的结构设计 第5章 轴流式水轮机的结构设计 第6章 贯流式水轮机的结构设计 第7章 冲击式水轮机的结构设计 第8章 水轮机进水阀门的设计
	第3篇 水轮发电机	第1章 概述 第2章 水轮发电机主要参数 第3章 水轮发电机结构 第4章 水轮发电机通风冷却系统 第5章 蒸发冷却水轮发电机 第6章 贯流式水轮发电机 第7章 水轮发电机安装及试验
	第4篇 电气主接线和电气设备	第1章 电气主接线 第2章 主变压器 第3章 高压配电装置 第4章 过电压保护 第5章 接地
	第5篇 水电站自动控制综合系统与装置	第1章 概述 第2章 水电站计算机监控系统 第3章 水轮机调速系统 第4章 水轮发电机励磁系统 第5章 水电厂继电保护 第6章 水电厂自动化元件及轴机控制系统 第7章 水电厂水情自动测报系统 第8章 水电站闸门控制系统 第9章 水轮发电机组状态监测系统 第10章 水电站管理信息系统 第11章 水电工程安全监测 第12章 水电站通信系统
	第6篇 水电站运行	第1章 概述 第2章 水电站及水库动力特性 第3章 水轮发电机组运行 第4章 水电站厂内经济运行原理与应用 第5章 水库及流域梯级优化运行 第6章 水库及流域梯级防洪优化运行

续表

卷目	篇目	章　目
第5卷　水力发电工程	第7篇　抽水蓄能电站	第1章　抽水蓄能技术的应用和发展 第2章　混流式水泵水轮机的水力性能和试验 第3章　混流式水泵水轮机机械设计 第4章　水泵水轮机的关键技术问题 第5章　发电电动机主要数据 第6章　抽水蓄能机组的双向推力轴承 第7章　发电电动机的通风冷却技术 第8章　发电电动机的启动与工况转换 第9章　可变速双馈异步电机 第10章　抽水蓄能电站的运行和管理 第11章　抽水蓄能电站的现场试验
第6卷　核能发电工程	第1篇　概论	第1章　核能发电概述 第2章　核电厂厂址选择 第3章　核电厂的环境影响 第4章　核电厂安全监督管理 第5章　核电厂的质量管理 第6章　核燃料循环
	第2篇　压水堆核电厂	第1章　概述 第2章　反应堆 第3章　核电厂的主要系统 第4章　核电厂关键设备 第5章　核电厂的控制、仪表和电气 第6章　核电厂建、构筑物
	第3篇　核电厂的建造	第1章　综述 第2章　核电厂建设的前期工作 第3章　核电厂的设备采购与监造 第4章　核电工程的土建施工 第5章　核电厂核岛系统的安装施工 第6章　业主（或项目公司）的施工管理
	第4篇　核电厂的调试及营运	第1章　核电厂调试 第2章　核电厂的运营管理
	第5篇　先进压水堆核电厂	第1章　先进非能动压水堆核电站 第2章　先进能动压水堆核电站 第3章　其他先进压水堆核电站 第4章　数字化仪表和控制系统 第5章　先进控制室系统 第6章　概率安全评价与严重事故分析
	第6篇　下一代先进核能系统	第1章　钠冷快中子增殖堆核电厂 第2章　高温气冷堆 第3章　加速器驱动的次临界核能系统（ADS） 第4章　其他先进核能系统

续表

卷目	篇目	章　目
第7卷　可再生能源发电工程	第1篇　概论	第1章　可再生能源资源及发电技术 第2章　开发现状和发展趋势
	第2篇　太阳能光伏发电技术	第1章　太阳能辐射原理 第2章　晶体硅太阳电池 第3章　薄膜太阳电池 第4章　其他太阳电池 第5章　光伏发电系统 第6章　光伏系统应用
	第3篇　太阳热发电	第1章　概述 第2章　太阳辐射能 第3章　太阳热发电基础 第4章　太阳热发电系统 第5章　前景展望
	第4篇　风力发电	第1章　概述 第2章　风特性与风能资源 第3章　风力发电机组 第4章　离网型风力发电 第5章　并网型风力发电 第6章　风电场 第7章　风力发电标准、检测和认证
	第5篇　生物质能发电	第1章　综述 第2章　生物质资源 第3章　生物质燃烧发电 第4章　生物质气化发电 第5章　垃圾发电 第6章　生物质发电的环境性和经济性
	第6篇　海洋能发电	第1章　海洋能分类及海洋能利用原理技术 第2章　海洋能资源与评价 第3章　潮汐能发电 第4章　波浪能发电 第5章　潮流能发电 第6章　温差能发电
	第7篇　地热发电	第1章　地热发电现状前景及发展战略 第2章　地热电力资源 第3章　地热发电的工程热力学基础 第4章　地热干蒸汽发电 第5章　地热水发电 第6章　地热湿蒸汽发电 第7章　地热发电的特殊能量转换系统 第8章　地热发电相关技术
第8卷　电力系统工程	第1篇　电力系统规划	第1章　电力系统规划设计的主要内容和原则 第2章　我国电网发展现状（2005年有关数据） 第3章　我国能源资源概况 第4章　电力系统负荷预测 第5章　电源规划 第6章　电网规划设计 第7章　主要电气计算 第8章　电源电网项目建设管理 第9章　电网二次系统规划 第10章　经济比较方法

续表

卷目	篇目	章　目
第8卷　电力系统工程	第2篇　远距离大容量交流输电系统	第1章　概述 第2章　超高压及特高压交流输电系统特性 第3章　超高压及特高压交流输电系统无功电压控制问题 第4章　提高超高压及特高压交流输电系统输电能力的措施 第5章　超高压及特高压交流输电系统工频过电压 第6章　潜供电流及其恢复电压 第7章　超高压及特高压交流输电系统操作过电压 第8章　固定串联补偿电容与可控高压并联电抗器
	第3篇　高压直流输电系统	第1章　高压直流输电技术特点与发展趋势 第2章　高压直流输电系统构成 第3章　换流站主接线及主要设备 第4章　直流输换流技术 第5章　换流站产生的谐波及滤波措施 第6章　换流站消耗的无功及无功补偿 第7章　直流输电系统的控制保护 第8章　直流输电系统稳态运行特性 第9章　交、直流混合系统运行特性 第10章　直流输电过电压保护及绝缘配合 第11章　直流输电线路 第12章　直流输电接地极 第13章　直流输电工程的现场调试 第14章　背靠背直流输电 第15章　多端直流输电 第16章　特高压直流输电 第17章　电压源换流器型直流输电
	第4篇　灵活交流输电系统	第1章　概论 第2章　并联型FACTS控制器 第3章　串联型FACTS控制器 第4章　复合型FACTS控制器 第5章　其他FACTS控制器 第6章　FACTS技术应用
	第5篇　电力系统互联	第1章　互联电力系统的发展与规划 第2章　互联电力系统运行与管理 第3章　互联电力系统分析 第4章　互联电力系统控制 第5章　大型互联电力系统简介
	第6篇　电力市场	第1章　绪论 第2章　电力市场基本理论 第3章　电力市场模型与计算方法 第4章　电厂运行优化与决策 第5章　供用电市场 第6章　电力市场监管和市场建设 第7章　电力市场运营系统的动能要求与实例

续表

卷目	篇目	章　目
第8卷　电力系统工程	第7篇　电力系统可靠性	第1章　可靠性基本概念和可靠性技术适用范围 第2章　可靠性数学基础知识 第3章　电力系统可靠性评估 第4章　电力系统可靠性统计评价 第5章　电力系统可靠性管理 第6章　电力可靠性技术和管理的发展
	第8篇　电力系统分析与仿真	第1章　电力系统分析仿真及其分析仿真工具 第2章　电力系统稳态分析 第3章　电力系统机电暂态过程分析和仿真 第4章　电力系统电磁暂态过程分析和仿真 第5章　电力系统长期动态过程分析和仿真 第6章　电力系统物理和数字物理混合实时仿真 第7章　电力系统全数字实时仿真
	第9篇　电力系统有功功率调整和频率控制	第1章　概述 第2章　发电厂自动发电控制 第3章　电力系统自动发电控制 第4章　三次调频 第5章　有功安全校正控制与紧急控制 第6章　电力市场中的有功频率控制
	第10篇　电力系统无功补偿和电压控制	第1章　概述 第2章　电力系统无功功率 第3章　电力系统电压 第4章　无功补偿设备及其特性 第5章　电力系统无功补偿 第6章　电力系统无功电压控制
	第11篇　电力系统稳定性及稳定控制	第1章　绪论 第2章　电力系统稳定性分析的数学模型 第3章　电力系统稳定性分析的数学基础 第4章　电力系统小干扰稳定性 第5章　电力系统暂态稳定性 第6章　电力系统电压稳定性 第7章　电力系统次同步振荡 第8章　电力系统中长期稳定性 第9章　电力系统稳定控制
	第12篇　电力系统控制理论与方法	第1章　绪论 第2章　经典控制 第3章　线性最优控制 第4章　非线性控制 第5章　鲁棒控制 第6章　智能控制 第7章　其他先进控制
	第13篇　电力系统调度及调度自动化	第1章　概述 第2章　数据采集和监控（SCADA）系统 第3章　能量管理系统（EMS）高级应用软件 第4章　调度员培训仿真系统 第5章　电网调度中心的其他应用子系统 第6章　电力市场环境下的调度自动化系统

续表

卷目	篇目	章　目
第8卷　电力系统工程	第14篇　电力系统继电保护和安全自动装置	第1章　电力系统继电保护作用原理和要求
		第2章　微机继电保护基础
		第3章　输电线路继电保护
		第4章　电力变压器保护
		第5章　发电机保护
		第6章　母线保护
		第7章　电力系统安全自动装置
		第8章　变电站自动化
		第9章　继电保护运行管理
		第10章　同步相量测量技术及其应用
	第15篇　电能质量	第1章　绪论
		第2章　常规电能质量分析与改善措施
		第3章　电压波动与闪变
		第4章　电压暂降与短时间中断
		第5章　电力系统谐波
		第6章　电能质量监测技术
		第7章　电能质量控制技术
	第16篇　配电系统及其自动化	第1章　概述
		第2章　配电系统分析
		第3章　配电系统负荷分布预测
		第4章　配电变电站规划
		第5章　配电网络规划
		第6章　配电系统计算机辅助规划
		第7章　配电系统自动化
		第8章　配电能量管理系统
		第9章　配电自动化指标
	第17篇　电力系统通信	第1章　通信基础知识
		第2章　光纤通信技术
		第3章　无线通信技术
		第4章　电力载波通信技术
		第5章　交换技术
		第6章　接入技术
		第7章　电力通信网络支撑系统
	第18篇　电力信息系统	第1章　信息技术基础
		第2章　电力信息化
		第3章　电力信息网络
		第4章　电力系统信息安全
		第5章　电力信息资源
		第6章　电力企业的信息化应用
	第19篇　超导电力技术	第1章　超导电工学电子学应用技术
		第2章　超导电性基础
		第3章　实用超导材料
		第4章　超导磁体技术
		第5章　超导限流器
		第6章　超导储能及其衍生系统
		第7章　超导输电电缆
		第8章　超导变压器
		第9章　超导电机
		第10章　超导电力装置的低温制冷技术及电绝缘材料
	第20篇　分布式能源电力系统	第1章　概述
		第2章　分布式发电技术
		第3章　分布式能源系统技术及结构
		第4章　分布式发电（电源）与配电网互联技术
		第5章　分布式能源系统的经济性和环保性评估
		第6章　分布式发电的发展前景

续表

卷目	篇目	章　目
第9卷　电机工程	第1篇　电机通论	第1章　电机工作原理分类及技术要求
		第2章　电机设计及分析基础
		第3章　电机的现代设计方法
		第4章　电机结构
		第5章　电机绝缘
		第6章　电机的发热与冷却
		第7章　电机振动、噪声与电磁兼容
		第8章　电机试验
		第9章　电机的选用、运行节能和维护
	第2篇　同步电机	第1章　同步电机特征结构分类与用途
		第2章　同步电机的基本原理
		第3章　透平发电机
		第4章　水轮发电机
		第5章　柴油发电机
		第6章　同步电动机和同步调相机
		第7章　其他类型同步电机
		第8章　同步电机励磁系统
		第9章　异步化同步发电机
	第3篇　感应电机	第1章　感应电机特征结构分类和技术指标
		第2章　感应电机工作原理
		第3章　三相感应电动机设计
		第4章　感应电动机的起动、制动和调速
		第5章　一般用途三相感应电动机
		第6章　感应电动机节能及高效电机
		第7章　感应电动机变频调速及双馈调速
		第8章　多速三相感应电动机
		第9章　防爆感应电动机
		第10章　起重及冶金用三相感应电动机
		第11章　潜水及潜油感应电动机
		第12章　其他派生及专用三相感应电动机
		第13章　一般用途单相感应电动机及其设计要点
		第14章　规定用途和特殊用途单相感应电动机
		第15章　感应发电机
	第4篇　直流电机	第1章　直流电机特征分类结构和用途
		第2章　工作原理
		第3章　运行特性
		第4章　换向
		第5章　电枢绕组
		第6章　整流电源对直流电动机性能的影响
		第7章　电磁设计
		第8章　结构设计
		第9章　试验、安装和维护
		第10章　主要产品

续表

卷目	篇目	章目
第9卷 电机工程	第5篇 特种电机	第1章 特种电机种类特点要求和应用领域 第2章 永磁电机磁路计算基础 第3章 永磁直流电动机 第4章 永磁同步电动机 第5章 永磁同步发电机 第6章 永磁无刷电动机 第7章 伺服电动机控制系统 第8章 步进电动机及驱动系统 第9章 开关磁阻电动机驱动系统 第10章 低速同步电动机 第11章 磁滞电动机 第12章 交直流两用电动机 第13章 直线电机 第14章 有限转角电动机 第15章 角位传感电动机 第16章 调速发电机 第17章 电机扩大机 第18章 超声波电机 第19章 其他非传统电磁原理电机
第10卷 输变电工程	第1篇 输电系统	第1章 概论 第2章 架空输电线路 第3章 电力电缆输电线路 第4章 其他输电方式
	第2篇 变电系统	第1章 概述 第2章 变电站电气主接线 第3章 变电站的主要电气设备和导体 第4章 变电站电气设备布置 第5章 气体绝缘金属封闭开关设备GIS和HGIS 第6章 变电站的控制、保护及自动装置 第7章 变电站其他设施及要求 第8章 变电站的运行及维护
	第3篇 变压器、电抗器、互感器、电容器和调压器	第1章 变压器 第2章 电抗器 第3章 互感器 第4章 电力电容器 第5章 调压器
	第4篇 高压开关设备	第1章 概论 第2章 高压开关设备基础知识 第3章 断路器 第4章 隔离开关、接地开关 第5章 负荷开关、接触器及其组合电器 第6章 柱上开关设备 第7章 交流金属封闭开关设备 第8章 气体绝缘金属封闭开关设备 第9章 预装式变电站 第10章 操动机构 第11章 试验
	第5篇 绝缘子和避雷器	第1章 绝缘子 第2章 避雷器
	第6篇 直流输电设备	第1章 概述 第2章 换流阀 第3章 换流变压器 第4章 平波电抗器

续表

卷目	篇目	章目
第10卷 输变电工程	第6篇 直流输电设备	第5章 换流站直流开关设备 第6章 换流站滤波设备 第7章 换流站无功补偿设备 第8章 换流站直流避雷器 第9章 换流站直流绝缘子 第10章 直流控制保护设备 第11章 换流站直流测量装置 第12章 直流输电线路 第13章 直流接地极
	第7篇 特高压输电技术	第1章 特高压技术概况 第2章 交流特高压输电和示范工程选择 第3章 交流特高压工程系统研究和技术研究成果 第4章 交流特高压工程设计 第5章 交流特高压设备选择及参数 第6章 交流特高压工程环境影响 第7章 特高压交流试验示范工程系统调试及运行 第8章 特高压直流系统研究和成套设计 第9章 特高压直流输电工程设计 第10章 特高压直流设备 第11章 特高压直流工程环境影响
	第8篇 输变电系统过电压与绝缘配合	第1章 绪论 第2章 电力系统过电压理论 第3章 交流电力系统中性点接地方式 第4章 雷电过电压 第5章 交流电力系统的暂时过电压 第6章 交流电力系统操作过电压 第7章 电力系统过电压的研究分析方法 第8章 交流电力系统的绝缘配合
	第9篇 输变电系统的电磁环境	第1章 概述 第2章 交流输变电系统电磁环境 第3章 直流输电系统电磁环境 第4章 低频电场和磁场的生态效应 第5章 电磁环境测试及试验技术 第6章 电磁环境及电磁兼容标准和限值 第7章 输变电系统的电磁兼容技术
	第10篇 高电压试验设备与电气绝缘试验	第1章 高电压试验设备 第2章 电气绝缘试验
	第11篇 设备状态在线监测与故障诊断技术	第1章 概论 第2章 输变电设备在线监测与故障诊断系统的构成 第3章 变压器、电抗器的在线监测与故障诊断

续表

卷目	篇目	章　目
第10卷　输变电工程	第11篇　设备状态在线监测与故障诊断技术	第4章　互感器的在线监测与故障诊断
		第5章　金属氧化物避雷器的在线监测与故障诊断
		第6章　电力电缆的在线监测与故障诊断
		第7章　高压开关的在线监测与故障诊断
		第8章　GIS在线监测
		第9章　绝缘子的在线监测与故障诊断
		第10章　架空输电线路和变电站的过电压在线监测
		第11章　输变电设备故障的红外诊断
		第12章　电力网谐波的在线监测
		第13章　输变电设备的老化和寿命预测
第11卷　配电工程	第1篇　概论	第1章　低压配电工程与低压配电系统
		第2章　低压配电工程发展展望
	第2篇　低压电器	第1章　低压电器用途分类和主要特征
		第2章　低压电器基本理论
		第3章　低压开关电器的开断过程与开关电弧
		第4章　低压电器的虚拟样机技术
		第5章　低压断路器
		第6章　自动转换开关电器
		第7章　低压开关、隔离器、隔离开关、熔断器组合电器
		第8章　低压熔断器
		第9章　剩余电流动作保护器
		第10章　接触器和起动器
		第11章　电动机软起动器
		第12章　控制与保护开关电器
		第13章　终端电器
		第14章　电涌保护器（SPD）
		第15章　基于现场总线的低压电器和系统
		第16章　低压电器标准
		第17章　低压电器主要工艺
	第3篇　低压成套开关设备和控制设备	第1章　概论
		第2章　低压成套设备
		第3章　低压动力配电柜（箱）
		第4章　母线干线系统（母线槽）
		第5章　照明配电板（箱）
		第6章　建筑土地用成套设备（ACS）
		第7章　动力配电网用电缆分线箱
		第8章　智能型低压成套设备
		第9章　直流开关设备和控制设备
		第10章　交流电动机软起动控制设备
		第11章　无功功率功率补偿装置
		第12章　谐波补偿装置
		第13章　电缆桥架
		第14章　高压/低压预装式变电站
		第15章　低压成套设备壳体
		第16章　低压成套辅助设备

续表

卷目	篇目	章　目
第11卷　配电工程	第3篇　低压成套开关设备和控制设备	第17章　低压成套开关设备和控制设备的设计
		第18章　低压成套设备的生产设备及加工工艺
	第4篇　低压电器与成套设备可靠性技术	第1章　概述
		第2章　失效密度函数及累积失效分布函数
		第3章　低压电器可靠性特征量
		第4章　低压电器可靠性抽样检查
		第5章　低压电器可靠性试验理论与方法
		第6章　低压电器可靠性设计
		第7章　控制继电器的可靠性指标与考核方法
		第8章　接触器的可靠性指标与考核方法
		第9章　小型断路器的可靠性指标与考核方法
		第10章　剩余电流动作保护器的可靠性指标与考核方法
		第11章　低压熔断器的可靠性指标与考核方法
		第12章　过载继电器的可靠性指标与考核方法
		第13章　低压成套开关设备与控制设备可靠性指标与分析
		附录
	第5篇　低压电器试验与检测技术	第1章　概述
		第2章　低压电器试验中测量的基本知识
		第3章　试验参数的测量
		第4章　低压电器试验的计算机测试技术
		第5章　电器试验参数高速采集与处理技术
		第6章　电器特殊参数的测量技术
		第7章　常用仪器仪表
		第8章　低压电器试验及常用设备
	第6篇　低压成套开关设备和控制设备试验与检测技术	第1章　概述
		第2章　常规试验
		第3章　低压成套开关设备试验
		第4章　母线干线系统试验（母线槽）
		第5章　配电板试验
		第6章　建筑工地用成套设备（ACS）试验
		第7章　动力配电网用电缆分线箱（CDCS）试验
		第8章　低压成套开关设备和控制设备空壳体试验
		第9章　高压/低压预装式变电站试验
		第10章　交流电动机电力电子软起动装置试验
		第11章　低压直流成套开关设备和控制设备试验
		第12章　自耦减压起动控制装置试验

续表

卷目	篇目	章目
第11卷 配电工程	第6篇 低压成套开关设备和控制设备试验与检测技术	第13章 低压无功功率补偿装置试验
		第14章 低压无功补偿控制器试验
		第15章 节电装置试验
		第16章 电控配电用电缆桥架试验
		第17章 低压成套辅助设备试验
第12卷 船舶电气工程	第1篇 概论	第1章 船舶电气工程概述
		第2章 船舶综合电力系统概述
		第3章 船舶电气设备的使用条件
		第4章 船舶电能质量
	第2篇 船舶电机与电器	第1章 船用电机
		第2章 船用电器
		第3章 船用灯具
		第4章 船用日用电器
		第5章 船用电缆
		第6章 船用变压器
	第3篇 船舶电站	第1章 船舶电站用途组成设计和成套试验
		第2章 船用发电机组
		第3章 船用特种电源
		第4章 船用电池
		第5章 船用配电板
		第6章 船舶电站的监测与控制
	第4篇 船舶电力系统	第1章 船舶电力网络
		第2章 船舶电力系统保护
		第3章 船舶电能质量分析与控制
		第4章 船舶电力系统分析与仿真
	第5篇 船舶电力推进	第1章 概述
		第2章 船舶电力推进装置
		第3章 船舶推进电机
		第4章 船舶电力推进的变流与调速
		第5章 特种电力推进装置
		第6章 船舶电力推进的监测与控制
	第6篇 船舶机械电气控制	第1章 船舶电气传动与控制
		第2章 船舶甲板机械电气控制
		第3章 船舶舱室机械电气控制
		第4章 船舶特种机械电气控制
		第5章 电磁弹射装置
	第7篇 综合船桥系统	第1章 概述
		第2章 船舶主机遥控
		第3章 船舶机舱自动化
		第4章 船舶导航与通信
		第5章 船舶操纵及控制
		第6章 船舶安全监控系统
	第8篇 船舶电磁防护技术	第1章 船舶磁性防护技术概述
		第2章 船舶磁场测量与计算
		第3章 船舶固定磁场消磁
		第4章 船舶消磁绕组
		第5章 船舶消磁电源
		第6章 船舶消磁电流控制仪
		第7章 船舶电场防护技术

续表

卷目	篇目	章目
第12卷 船舶电气工程	第9篇 船舶电磁兼容	第1章 船舶电磁环境效应
		第2章 船舶电磁兼容性测量
		第3章 船舶电磁兼容分析
		第4章 船舶电磁兼容设计
	第10篇 船舶电气工艺	第1章 船舶电气设备安装工艺
		第2章 船舶电缆敷设工艺
		第3章 船舶电磁兼容工艺
第13卷 交通电气工程	第1篇 汽车电气	第1章 概论
		第2章 汽车电源与起动机
		第3章 动力传动电气控制系统
		第4章 汽车安全运行电气控制系统
		第5章 汽车辅助电气系统
		第6章 汽车车上网络
		第7章 智能交通系统
		第8章 电动汽车
	第2篇 轨道交通电气	第1章 总论
		第2章 牵引电气系统
		第3章 牵引电气设备
		第4章 客车电气设备
		第5章 牵引供电系统与设备
		第6章 通信信号与信息技术
		第7章 磁浮交通系统
		第8章 电磁兼容
第14卷 建筑电气工程	第1篇 概论	第1章 建筑工程概述
		第2章 建筑电气概论
	第2篇 建筑电气的规范及标准	第1章 法规
		第2章 工程建设标准化体系
		第3章 标准设计
	第3篇 建筑物电气装置标准	第1章 建筑物电气装置的国际标准
		第2章 电流通过人体的效应
		第3章 低压电气装置基本原则
		第4章 建筑物电气装置的安全保护
		第5章 电气设备的选择和安装
	第4篇 建筑中压配电系统工程	第1章 概述
		第2章 建筑工程中压配电系统的构成
		第3章 短路电流计算
		第4章 继电保护
		第5章 中压配电系统自动化
		第6章 中压配电系统的所用电及操作电源
		第7章 电力系统中性点接地
		第8章 常用高压电器和开关柜
		第9章 操作电源
		第10章 箱式变电站
	第5篇 低压供配电系统	第1章 概述
		第2章 负荷分级
		第3章 低压供配电系统
		第4章 应急电源及其供配电系统
		第5章 民用建筑供配电系统
		第6章 供配电设计的原始资料
		第7章 导体选择
		第8章 开关电器和保护电器的选用
		第9章 特低电压配电
		第10章 电气设备布置
		第11章 电能质量

续表

卷目	篇目	章　目
第14卷　建筑电气工程	第5篇　低压供配电系统	第12章　电动机的起动、控制、保护 第13章　电动机起动设备特性及应用 第14章　电击防护
	第6篇　建筑工程常用电器系统	第1章　常用电线电缆 第2章　建筑工程空调系统 第3章　建筑工程运输系统
	第7篇　建筑照明	第1章　概述 第2章　照明的基础概念 第3章　照明质量和照明标准 第4章　照明光源 第5章　照明灯具 第6章　照度计算 第7章　居住建筑照明 第8章　博物馆和美术馆照明 第9章　剧院照明系统 第10章　体育场馆照明 第11章　夜景照明 第12章　学校照明
	第8篇　建筑电气消防系统	第1章　术语 第2章　概述 第3章　消防报警系统设备 第4章　消防报警系统分类及设计 第5章　系统供电及消防设备电源 第6章　火灾应急照明 第7章　火灾应急广播 第8章　消防联动控制的设计 第9章　系统调试及验收
	第9篇　建筑设备监控系统	第1章　建筑设备监控系统概述 第2章　相关标准规范介绍 第3章　建筑设备监控系统网络 第4章　建筑设备监控系统管理层 第5章　建筑设备监控系统控制层 第6章　建筑设备监控系统现场层 第7章　建筑设备监控系统控制原理
	第10篇　安全防范系统与工程	第1章　安全防范技术概述 第2章　安全防范产品、系统与系统集成 第3章　安全防范系统的基本构成 第4章　安全防范工程
	第11篇　通信网络及信息系统	第1章　综合布线系统 第2章　数字程控用户交换机系统 第3章　会议系统 第4章　扩声与公共广播系统 第5章　计算机网络系统
	第12篇　防雷与接地	第1章　防雷与接地概述 第2章　雷电及其防护 第3章　建筑物的防雷措施 第4章　建筑物的雷电侵入波防护 第5章　建筑物电子信息系统防雷防护等级的确定 第6章　接地 第7章　等电位联结 第8章　通用电气设备接地 第9章　接地电阻的计算 第10章　高土壤电阻率地区降低接地电阻的措施

续表

卷目	篇目	章　目
第14卷　建筑电气工程	第13篇　建筑物电磁兼容技术	第1章　概述 第2章　供配电系统谐波防治技术 第3章　防静电工程 第4章　电子与信息系统的抗干扰技术 第5章　人类生活环境与电磁场
第15卷　电气传动自动化	第1篇　概论	第1章　电气自动化系统及其结构 第2章　技术标准 第3章　电磁兼容性与可靠性
	第2篇　电气自动控制策略	第1章　自动控制的原理和自动控制系统分类 第2章　自动控制系统的建模 第3章　自动控制系统的性能分析 第4章　基于经典控制理论的自动控制系统设计 第5章　基于状态空间模型的自动控制系统分析与设计 第6章　智能控制 第7章　非线性系统控制与先进控制技术
	第3篇　计算机控制技术	第1章　计算机与计算机控制系统 第2章　控制计算机与处理器 第3章　总线与通信接口 第4章　计算机输入/输出接口技术 第5章　系统软件与控制软件 第6章　基本控制单元 第7章　分布式控制系统 第8章　互联网技术在计算机控制系统中的应用 第9章　计算机控制系统中的可靠性技术
	第4篇　电气传动控制系统	第1章　电气传动基础 第2章　直流电动机调速系统 第3章　交流异步电动机调速系统 第4章　交流同步电动机调整系统 第5章　伺服系统（随动系统） 第6章　电气传动控制系统调节器的工程设计方法
	第5篇　装备制造电气自动化	第1章　装备制造电气自动化概述 第2章　数控机床的电气系统 第3章　工业机器人控制系统 第4章　柔性加工自动化 第5章　装备制造中的新型驱动技术
	第6篇　电气传动自动化的应用	第1章　电动机调速节能的应用 第2章　电气传动自动化在钢铁工业中的应用 第3章　电气传动自动化在有色金属工业中的应用 第4章　电气传动自动化在采矿工业中的应用 第5章　电气传动自动化在石油钻井机械中的应用 第6章　电气传动自动化在港口机械设备及起重机械中的应用 第7章　电气传动自动化在造纸工业中的应用 第8章　谐波治理和无功补偿

第四章 电 工 新 技 术

第一节 电工新技术的发展态势

一、电工新技术的分类

在电力生产、电工制造与其他工业发展，以及国防建设与科学实验的实际需要的有力推动下，在新原理、新理论、新技术和新材料发展的基础上，发展起来了多种电气工程新技术（简称电工新技术，new electrotechnics），成为近代电工科学技术发展中最为活跃和最有生命力的重要分支。在这些电工新技术中，有一些已发展成为新兴产业或对传统产业的技术改造发挥了重大作用，另一些将为21世纪电力生产、电工制造、交通运输及其他工业的发展带来重大的革新性变化，导致一些新兴高技术产业的产生与壮大。对于国民经济的发展和科学技术的进步来说，电工新技术的发展都有着重大的意义。

图4-1-1所示为电工新技术的分类，从中可以看出，电工新技术的分支常常是由多种基础技术的交叉融合产生的。

二、工厂自动化发展动向

工厂自动化的发展主要建立在计算机技术及其推广应用方面，特别是机器人、机械手、智能控制等方面的硬件及软件系统，见表4-1-1。

表4-1-1 工厂自动化发展动向

项 目	内 容
建立工厂自动化网络	利用数据通信局域网把各个车间、生产线、供应系统之间连接起来，加之软件的支持，实现生产自动化
工厂自动化计算机	建立在32位计算机应用的基础上，使制造管理功能与综合控制功能一体化，同时使计算辅助设计和计算机辅助制造在线化。这样，机械设备、电气设备、辅助设备及其元件上将有很大的进步或改进
工厂自动化控制器将广泛应用	它是实现上述技术的基本元件。它使更广范围的群控系统化和系统微型组件化
可编程序控制器	可编程序控制器、机器人控制器、数字控制器将进一步提高控制功能，进一步智能化，加强与工厂自动化控制器的在线功能。低压电器、高压电器、电动机及动力装置的结构和应用上，会有更大改进，特别是控制接口上将有很大的突破
计算机辅助设计	计算机辅助设计软件将广泛应用，使分析系统、分析要求、评价工具的多用化、通用化、多元化将大大改进，进一步促进模拟技术的应用，使上述软件系统与软件结合，提高控制功能和产品质量
生产管理软件	生产管理软件将普及应用，软件将实现插件化和模块化，并利用简易语言使程序简化，大大便利于人们的操作和使用、同时计算机将普及运用到各个岗位，将手工操作降到最低点，有力促进自动化生产体系

续表

项 目	内 容
制造管理软件	制造管理软件，与其他车间和各个系统实现网络一体化和工厂自动化；与计算机辅助设计和计算机辅助制造实现在线化；建立系统高效运转的软件，实现联网调度，提高效率；系统采用并推广使用简易语言、简化程序，提高工效
网络化	设备的综合控制将实现系统网络化，各种控制器与系统接口标准化，可与各种控制器进行数据通信；软件插件化和模块化；控制系统的控制语言将简化程序，便于应用。同时与生产管理软件相辅相成，实现生产、工艺、调度、供应自动化
群控	设备的群控将扩充群控功能，群控的软件插件化和模块化，控制用语言简化程序，便于操作和应用
在线功能	加强重要设备的控制及与工厂自动化控制器的在线功能，为重要设备的运行状态提供数据，供分析和查看。同时普及应用高级语言，扩充智能功能和控制功能
无人搬运	扩大无人搬运装置的应用，使搬运高速化，提高搬运定位精度，利用自动识别技术，提高搬运和分类精度，减少人工体力劳动
交流伺服	扩大交流伺服机构的应用，实现控制高级化和控制装置小型化，适应特殊环境、扩大运用范围，如机器人、机械手、狭小空间、精密制造、无尘超净等环境
传感技术	传感器技术，自动检测技术，自动控制技术，防火、防盗、防灾、防震技术，应用越来越广，工厂自动化实现智能化、智能控制
接口兼容性	新型、先进、智能电气设备元件应用越来越多，接口兼容性越来越强

三、智能控制和仿真控制

随着计算机技术、传感器技术、自动控制技术的普及，智能控制及仿真控制将有很大的发展潜力。

（1）智能控制包括模糊控制和人工神经元网络非线性控制，都是建立在各种反馈系统的控制。

模糊控制中的模糊化接口、推理机、触模糊接口及知识库是急需普及和推广应用的元件。

人工神经元网络非线性控制可分为监督控制、直接逆控制、模型参考控制及预测控制。这些控制系统中的网络控制器、网络预测模型是急需普及和推广应用的元件。

（2）仿真控制是建立在矩阵变换计算、多项式运算、微积分、线性及非线性方程、常微分方程、偏微分方程、插值与拟合、统计及优化教学基础上的加以C语言的控制系统。仿真控制急需在开发、普及、推广上下功夫，特别是与计算机系统接口以及解决元件简化、程序简便方面仍需人们下很大的功夫，其发展动向深不可测，是控制系统的尖端学科。

四、新型电工电子功能材料

电工材料是电气工程中最重要的部分之一。它永远在发展、革新的征途上领先其他学科的发展。

（1）电气绝缘材料包括绝缘涂料、绝缘胶、绝缘纸及薄膜、复合柔软绝缘（绝缘带、漆布、漆管、绝缘纸、云母片、纸、带等）、电工橡胶制品、电工塑料制品、层压制品、硬质云母板、绝缘陶瓷、玻璃及绝缘子等。

（2）半导体材料。

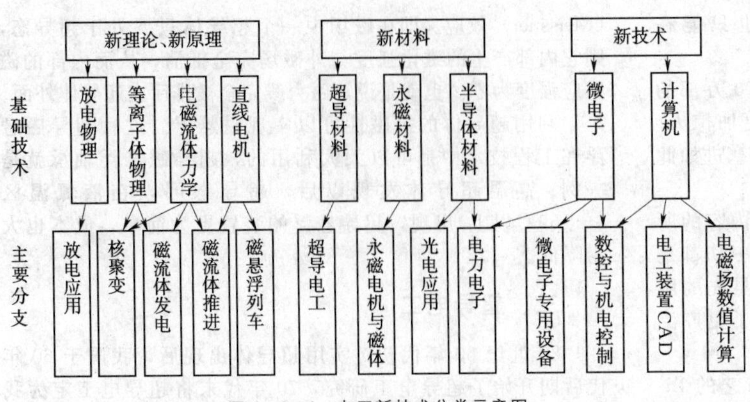

图 4-1-1 电工新技术分类示意图

(3) 磁性材料。

(4) 光电功能材料，包括具有光电效应的光电材料、光敏二极管等，能把其他能量转变为光能的材料（发光二极管、荧光材料、激光器材料等），液晶、高电容率材料、驻极体、压电材料以及敏感材料（压敏、热敏、力敏、湿敏、气敏、磁敏材料）等传感器材料。

(5) 超导材料。

(6) 电工合金材料（包括电阻合金、电热合金、开关触头材料、熔体材料、热双金属材料、热电材料及热电偶等）。

(7) 导线、电缆、电磁线、通信电缆及光缆等材料。

五、智能化开关设备

开关设备智能化，包括低压开关设备、高压开关设备及其辅助装置能与计算机网络及自动化技术直接接口，保证自动控制系统畅通无阻。智能化开关设备的开关、应用、运行方面发展前景很大。

1. 智能开关设备的基本特点

智能开关设备的基本特点见表 4-1-2。

表 4-1-2 智能开关设备的基本特点

特点	说明
现场参量处理数字化	不仅大大提高了测量和保护精度，减小了产品保持特性的分散性，而且可以通过软件改变处理算法，不需修改硬件结构设计，就可以实现不同的保护功能
电器设备的多功能化	如作为数字化仪表，可以实时地显示要求的各种运行参数；可以根据工作现场的具体情况设置保护类型、保护特性和保护阈值；对运行状态进行分析和判断，完成监控对象要求的各种保护；真实记录并显示故障过程，以便用户进行事故分析；按用户要求保存运行的历史数据，编制并打印报表等
电器设备的网络化	采用数字通信技术，组成电器智能化通信网络，完成信息的传输，实现网络化管理和设备资源共享
真正实现分布式管理与控制	智能开关设备的监控单元能够完成对电器设备本身及其监管对象要求的全部监控和保护，使现场设备具有完善的、独立的处理事故和完成不同操作的能力，可以组建成完全不同于集中控制或集散控制系统的分布式控制系统
可以组成真正的全开放式系统	采用计算机通信网络中的分层模型建立起来的电器智能化通信网络，可以把不同生产厂商、不同类型但具有相同通信协议的智能电器互连，实现资源共享，不同厂商产品可以互换，达到系统的最优组合。通过网络互连技术，还可以把不同地域、不同类型的电器智能化通信网络连接起来，实现全国乃至世界范围内的开放式系统

2. 智能开关设备的一般组成结构

智能开关设备由一次电路中的开关电器元件和一个物理结构上相对独立的智能监控单元组成。开关设备一次元件应包含开关柜内所有安装在一次电路侧的电器元件，如电压互感器、电流互感器、隔离开关、执行电器（断路器、接触器、负荷开关）、接地开关等。

智能监控单元含有输入、中央处理与控制、输出、监测及通信等主要模块。

六、工业与民用建筑

(1) 节能建筑发展潜力很大。

(2) 火灾报警与消防联动装置亟待开发新产品。

(3) 建筑物内网络、通信、电视亟待开发新产品。

(4) 智能建筑，包括防盗报警、智能控制、电子巡更、停车场管理、门禁及对讲系统、楼宇设备控制监测系统，亟待开发新产品。

七、电热

电加工、电加热、电阻加热、电弧炉、感应炉、特殊电加热、电弧焊机、电阻焊机等焊接设备、静电加工技术亟待开发新产品和推广应用。

八、通信及网络系统

通信及网络是现代科技发展的必然，是人们工作生活离不了的通信方式。有很多元件、接口装置及功能等亟待开发新产品并推广应用。

当今世界已经进入电子时代，即网络时代。美国《时代》周刊网站于 2010 年 12 月 10 日推出了 2010 年十大最佳技术，无一不与电子、网络有关。

(1) iPad。它并不是电脑历史上的首款触摸屏平板电脑，但到目前为止很可能是最成功的。在推向市场的第一个月，iPad 就取得了 300 万台的销量。苹果终于让平板电脑出尽风头。

(2) 三星 Galaxy S 手机。在手机领域，2010 年是 Android 的一年。在 Android 手机中，三星的 Galaxy S 是 2010 年发布的最好的一款手机。与 iPhone 不同，Galaxy S 与许多运营商兼容，而且有各种型号。Galaxy S 最突出的特点是屏幕：即使在白天，也惊人的亮。它比传统的液晶屏手机更薄，耗电量更低。

(3) 11 英寸的 MacBook Air。作为大公司推出的首款闪存技术主流笔记本，苹果的 11.6 英寸 MacBook Air 凭借超快的启动时间、极薄的设计以及只有 1 公斤的重量，证明了其较高起售价格的合理性。

(4) 运行 Google TV 软件的罗技 Revue 机顶盒。技术高手多年来一直在说，人们很快就能放弃有线电视，在互联网上看节目。今年推出的 Google TV 是有价值的过渡尝试。该软件可以在许多不同的设备上运行，但大多数人认为最可能成功的是能在目前的电视机上使用的罗技 Revue 机顶盒。当你想要用 Google TV 时，可以通过 Revue 浏览网页，在电视上看视频。当你不想用 Google TV 时，可以在沙发上通过遥控器以传统的方式浏览电视频道。

(5) Nexus One 手机。Nexus One 是谷歌第一款也是唯一专门针对 Android 软件平台设计的手机。谷歌称之为“超级手机”，但它并没有成为这家搜索引擎公司所期望的热销产品。即使可以不签合同购买裸机，消费者也只能在AT&T和T-Mobile这两家运营商之间进行选择。

(6) iPhone 4。虽然在上市前三天就取得了170万部的惊人销量，但iPhone 4的960×640屏幕分辨率更加惊人。没有一个竞争对手能够在3.5英寸的液晶显示屏中塞进如此多的像素。

(7) Apple TV。Apple TV试图根本改变网络内容的所有权：只能浏览，不能下载。没有永久的所有权。一切都是供出租的。9月，Apple TV的最新版本问世。与早先的版本不同，使用者可以登录Netflix账户，因此吸引了更广泛的人群。

(8) 东芝Libretto双屏笔记本。今年夏天，东芝的Libretto W100终于实现了人们对双屏无键盘笔记本的梦想。它拥有两个7英寸的屏幕。Libretto W100可以像书本一样竖直使用，也可以像一般的笔记本一样平放使用。可以个性化设定两个屏幕的用途。

(9) Kinect。微软的这款体感游戏机不需要玩游戏者拿任何控制器。你的身体就是控制器。随着时间的推移，在一贯逃避游戏的人群当中，Kinect可能比Wii更受欢迎。

(10) Nook Color。如果你认为小说中唯一的颜色存在于作品之中，那你错了。2010年，许多制造商推出了彩色电子书阅读器。但大多数价格低廉，屏幕效果差。巴恩斯-诺布尔公司的Nook Color拥有与iPad类似的IPS触摸屏，但比苹果的这款热销产品要便宜许多。

第二节 超导技术

一、概述

实用超导线（superconducting line）与超导磁体（superconducting magnet）技术与应用的发展，以及初步产业化的实现是20世纪下半叶电工新技术的重大成就。在21世纪上半叶，无论是聚变电站，磁流体发电，还是磁悬浮列车、磁流体推进船的商业化，均将促使超导电工（superconducting electrician)继续长足地向前发展，成为一个重要的电工产业。与此同时，还可期望，随着高临界温度超导体的实用发展，超导输电与超导飞轮储能将得到实际应用，工频超导技术的发展将使超导限流器、超导变压器、超导发电机与电动机投入运行，大能量的超导储能得到了示范和推广，超导电力技术成为电力发展的重要支柱。如果实现了临界温度达到室温的实用超导体，整个面貌还将发生革命性的改观。

我国在超导技术研究方面，包括有关的工艺技术的研究和实验型样机的研制上，都建立了自己的研究开发体系，有自己的知识积累和技术储备，解决了一系列的关键技术问题，多数方面都接近或达到世界先进水平，这为在21世纪建立我国的超导高技术产业打下了较好的基础。

二、超导态及其性质

1911年，荷兰科学家昂纳斯（H. Kamerlingh Onnes）在测量低温下水银电阻率的时候发现，当温度降到−269℃附近，水银的电阻突然消失。电阻的消失叫做零电阻性(zero resistance)。后来有人曾在超导材料做成的环中把电流维持两年半之久而毫无衰减。由此可以推论，电阻率的上限为10～23Ω·cm，还不到最纯的铜的剩余电阻率的百万亿分之一。零电阻效应是超导态的两个基本性质之一。

超导态的另一个基本性质是完全抗磁性，又称迈斯纳(Meissner) 效应。即在磁场中一个超导体只要处于超导态，则它内部产生的磁化强度与外磁场完全抵消，从而内部的磁感应强度为零。也就是说，磁力线完全被排斥在超导体外面。

利用超导体的抗磁性可以实现磁悬浮。这种超导磁悬浮在工程技术中是可以大大利用的，超导磁悬浮轴承就是一例。高温超导体发现以后，超导态可以在液氮温区(−169℃以上)出现，超导悬浮的装置更为简单，成本也大为降低。

三、超导电工

20世纪60年代初，实用超导体出现后，我国于60年代后期开始了超导电工研究，70年代末将超导电工定为我国电工研究领域的重点发展方向之一，以超导磁体技术与应用为主积极开展了工作。20世纪90年代以来，随着实用的高临界温度超导体与超导线的发展，掀起了新的世界范围内的超导电力热潮，包括输电、限流器、变压器、飞轮储能等多方面的应用，超导电力被认为可能是21世纪最主要的电力新技术储备。

我国已经在高临界温度超导输电电缆、限流器与变压器方面做出了可喜的成绩。最近，美、日等国正积极支持技术经济性能较目前的铋系高温超导线有显著提高的YBCO涂层的第二代超导线的研究、发展与产业化，如能取得成功，超导电力的实用化与产业化进程将大大加速。另一方面，经过20年的持续努力，超导磁体技术已成熟到可按要求提供15万Gs以下、不同形态的大体积实用强磁场系统，已开始形成了低温超导线与磁体系统产业，目前全世界正在积极探索开拓强磁场的新应用。

超导电工已由最初的超导磁体技术扩展到了包括超导电力应用与强磁场应用，并由以研究发展为主，向着实用化与产业化方向前进。

四、超导电机

超导电机（cryomachine）的研究对象主要是超导同步发电机（super-conducting synchronous generator）和超导单极电机（super-conducting homopolar maohine)。早在20世纪60年代，美国AVCO公司就试制成一台立式旋转电枢的8kW超导发电机；1969年，麻省理工学院试验成功一台45kW超导发电机模拟机组：从而证明了在发电机上采用超导励磁绕组的现实可能性。1972年美国西屋电气公司研制出一台5000kW超导发电机，1973年麻省理工学院又研制出一台2000kW的超导发电机。美国西屋电气公司在美国电力协会的支持下，提出试制300MW实用化超导发电机的计划。同一时期，苏联、日本和联邦德国也都积极开展超导发电机的研制工作。苏联曾制成一台300MW超导同步发电机，并进行了低温实验，后来由于低温存储器有漏泄问题，致使实验停顿。日本从20世纪70年代开始着手发展超导发电机的试制工作，先后研制了6250kW、30MW和50MW的超导发电机。1988年，日本又开始执行一个70MW超导发电机的研究计划，1999年已经完成样机，并成功地与7万V电网进行了并网试验，最近又将功率提高到83MW，这是目前世界最大的超导发电机。

我国上海发电设备成套设计研究所于1977年试制了一台400kW超导同步发电机，其转子励磁线圈由NbTi超导线绕制，最大磁感应强度达1T。在此基础上，于1988年又研制成一台400～800kW超导同步发电机，并进行了短时间发电并网试验，发电容量达到167kW，最大输出容量达 400kW。

与常规发电机相比，超导同步发电机具有效率高（比常规发电机可提高 0.5%～0.8%）、重量轻、体积小（可减小 1/3～1/2）、单机容量大（可达 1000kW）和稳定性能好（如同步电抗可减少 1/4）等优点，但是要使超导同步发电机达到实用要求，还要在电机设计、制造和安全可靠运行等方面解决一系列关键的技术问题。由于超导励磁绕组是运行在极低的温度下（如液氦温区），它通过的电流密度以及产生的磁场强度比常规发电机高得多，因此超导发电机的设计与常规发电机是有所不同的。例如，超导励磁绕组的电磁设计、超导励磁绕组的阻尼屏蔽结构等都将不同于常规发电机的设计。此外，由于超导绕组必须安放在低温容器内，因此带来真空绝热技术、液氦输送技术以及超导发电机冷却技术等一系列问题。目前已基本解决了上述关键技术问题，但要使得超导发电机获得实际应用，除上述技术问题外，还取决于它的经济性。目前普遍认为，只有大容量超导发电机，如容量达 300MW 以上，在经济上才有优越性。因此，超导同步发电机的应用要立足于大容量。

高温超导体的出现进一步拓展了超导技术的应用领域，因为它的制冷费用比运行在液氦温区的传统超导磁体要大大降低。近年来人们开始注意高温超导材料在电动机方面的应用，它不仅可提高电动机的功率，同时还可降低电动机的损耗。在电力应用方面，电动机负载占很大比重——全世界的电力负载中有大约 65%是电动机，而且大型电动机占一半左右。现在常规的大型电动机效率最高可达 97%左右，如果采用超导电动机，其效率可提高到 98.3%（包括制冷机维持超导绕组运行在低温下所消耗的功率）。对长期连续运行的电动机而言，采用超导绕组后其节约的电能是十分可观的。

美国近年来已开始进行高温超导电动机的研究，电动机的转子磁场线圈采用高温超导材料，定子电枢绕组仍采用常规的铜线圈。1993 年研制了一个 3.7kW 高温超导同步电动机，其后他们又进行 93kW、1800r/min 超导同步电动机的研制工作。最近又研制出舰船推进超导电动机。我国也研制成功了 300kW 船用超导电动机。瑞士 ABB 公司还研制出以超导电动机为动力的吊舱式推进器。

五、超导变压器

20 世纪 60 年代出现实用超导材料后，人们就对研究超导变压器（superconducting Voltuge transformer）表现出很大的兴趣，因为变压器是静止设备，低温冷却问题比旋转的电机要容易解决。但是普通的超导线在交变磁场作用下或在传输交变电流时将产生交流损耗，致使采用超导材料后的铜损耗增大，补偿不了由交流损耗引起的热损耗，在经济上没有明显的优越性，因此在 20 世纪 80 年代前超导变压器的研究没有什么进展。20 世纪 80 年代初，法国首先研制出丝径小于 1μm 的极细丝超导线，同时采用铜镍等高阻值的导体做超导线的基底材料，使超导线的交流损耗大幅度下降。加之低温冷却技术的改善，使超导变压器显示出明显的优越性，因而超导变压器的研究又引起人们的兴趣。超导变压器的优点是重量轻、体积小、效率高、故障时短路电流将比常规变压器小。分析表明，超导变压器的重量仅为常规变压器的 40%或更小。当变压器容量超过 300kW 时，其优越性更加明显。

20 世纪 80 年代末以来，法、日、美等国都积极进行超导变压器的研究，并先后研制出几百千瓦至兆瓦级的超导变压器。目前超导变压器的设计一般都采用与常规变压器一样的铁芯结构，仅高、低压绕组采用超导线绕组，超导绕组置于非金属低温容器中，以减小运行过程中在容器中产生涡流引起的附加热损。变压器铁芯一般仍处在室温条件下。

由于近年来高温超导材料研究取得很大进展，用高温超导材料研制超导变压器引起人们的很大兴趣。日本于 1996 年研制出一台 500kW 高温超导变压器，变压器运行在 −196℃的液氮中，其效率达 99.1%。随后他们将变压器运行温度降低到 −207℃，变压器容量提高到 800kW，效率达 99.3%。与此同时，瑞士 ABB 公司和美国应用超导公司等合作，于 1997 年也研制成 630kW 三相高温超导变压器样机，采用液氮冷却，并接入电网进行试验。美国在能源部支持下已研制出 1000kW 单相高温超导变压器。我国科学院电工研究所等单位也研制出 26kW 高温超导变压器。

随着实用化高温超导材料性能的提高与价格下降，超导变压器可望在 5～10 年内实现产业化。至 2010 年超导变压器的世界需求量已达到约 15 亿美元。

六、超导输电

随着大城市用电量的日益增加，高压架空线深入城市负荷中心又受到许多因素的影响，因此往往需要采用大容量电力电缆将电能输往负荷中心。目前采用的常规高压输电电缆，由于受其容量和临界长度的限制，很难满足日益增长的电能传输要求，在这方面超导输电（superconducting power trunsmission）显现出了巨大的优越性。超导输电主要通过超导电缆来实现，它具有载流能力大、损耗低和体积小的优点，是解决大容量、低损耗输电的一个重要途径。图 4-2-1 所示是高温超导电缆的结构。

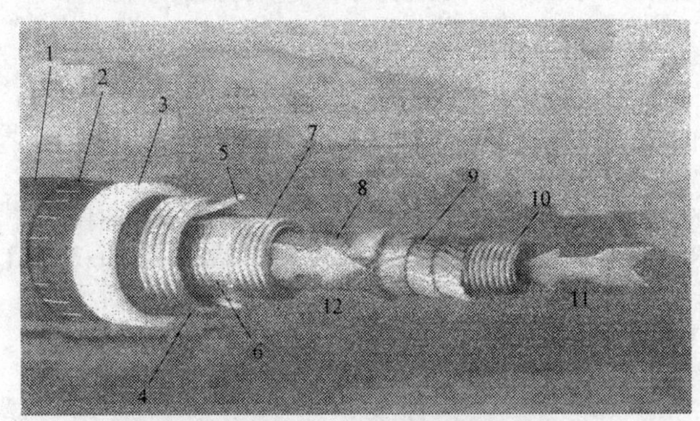

图 4-2-1 2000A 高温超导电缆结构

1—外套；2—铜屏蔽层；3—主绝缘；4—低温保持器外管；5—支持管；6—多层绝缘；7—低温保持器内管；8—绝缘材料；9—HTS 带材；10—电缆骨架；11—液氮进；12—液氮出

超导输电电缆有直流和交流两种。直流超导电缆没有交流损耗，输送同样功率的电缆尺寸较小，但如用于电力系统，则与直流输电一样，电缆两端需要有整流和逆变装置，所以只有输电距离达一定长度后，例如在 200km 以上，经济上的优越性才能显现出来。交流输电电缆由于有交流损耗和绝缘层介质损失等问题，其额定功率将受到限制。但一般认为，当输送大容量电能，如 1000MW 以上时，交流超导输电电缆还是有竞争力的。当然，由于常规的超导电缆必须运行在液氦温区下，因此超导电缆结构将更为复杂。

自 20 世纪 70 年代以来，美国、苏联、联邦德国和日本等都相继开展了超导电缆的研究工作。美国先后研制成三根 10m 长的超导输电电缆模型，并进行多次运行试验和交流损耗测试，最后还研制了两根 115m 长、输送容量为 980MW、电压为 138kV 的超导输电电缆。苏联在这期间也研制了 50m 长、110kV、12.5kA 的超导电缆模型，进了交、直流输电试验。德国西门子公司也曾研制了一条35m长、110kV、10kA的单相超导输电电缆。

由于当时超导线的价格较贵，存在有交流损耗，同时又要在液氦温区下运行，在经济技术上，超导输电电缆的优越性并不明显，因此20世纪80年代后超导输电电缆的研究没有取得很大进展。

1986年发现高温超导体后，许多国家如日本、美国等相继提出高温超导输电的研究计划，并相应开展高温超导输电电缆模型的研究。高温超导电缆采用液氮做冷却介质，不仅价格大大低于液氦，而且低温冷却系统更加简化，同时液氮的电气绝缘强度也与变压油相当，因此高温超导输电电缆与液氦冷却的低温超导电缆及高压充油常规电缆相比更有竞争力。目前，美国、日本等国主要开展高温超导交流输电电缆研究，其目标是希望首先实现短距离（<500m）、低损耗、高功率的输电。1998年，我国也成功地研制出1m长、1000A的高温超导电缆模型。高温超导直流输电电缆几乎没有损耗，虽然电缆终端需要整流和逆变装置，但在传输一定功率的情况下输电电压可以比常规电缆的电压低，因此整流和逆变装置也更为简单。

我国科学院电工研究所2003年研制出了10m长的10.5kV、1.5kA交流超导输电电缆。我国云电英纳超导电缆公司2003年研制出了30m长的35kV、2kA高温超导电缆。

目前高温超导电缆已经不存在大的技术障碍，并且已经走向实际应用。在短期内可望走向大规模的应用，特别是在短距离内传输大电流的场合将得到实际应用。高温超导电缆的国际市场在2010年已达到约15亿美元。

七、超导储能

超导储能装置（superconducting energy storage）是利用超导线圈（superconducting coil）将电磁能直接储存起来，需要时再将电磁能返回电网或其他负载的一种电力设施，一般由超导线圈、低温容器、制冷装置、变流装置和测控系统几个部件组成。其中超导线圈是超导储能装置的核心部件，它可以是一个螺旋管线圈或环形线圈。图4-2-2所示是超导储能装置的环形线圈。

图4-2-2 超导储能装置的储能线圈

超导储能装置的工作原理是在电网运行处于低谷时把多余的电能储存起来，而在电网运行处于高峰时，将储存的电能送回电网。由于储能线圈由超导线绕制且维持在超导态，线圈中所储存的能量几乎可以无损耗地永久储存下去直到需要释放时为止。超导储能装置不仅可用于调节电力系统的峰谷，而且可用于降低甚至消除电网的低频功率振荡从而改善电网的电压和频率特性，同时还可用于无功和功率因素的调节以改善电力系统的稳定性。超导储能装置可长期无损耗地储存能量，其转换效率可达95%；可通过采用电力电子器件的变流器实现与电网的连接，响应速度快（毫秒级）；由于其储能量与功率调制系统的容量可独立地在大范围内选取，可建成所需的大功率和大能量系统；除了真空和制冷系统外没有转动部分，使用寿命长；在建造时不受地点限制，维护简单、污染小。

八、超导磁悬浮列车

常导磁悬浮列车（magetically lievitated vihicle at normal temperature conducting）的技术难题之一是悬浮列车与轨道之间的间隙不能太大，否则电机的容量与耗能将极大，电机的体积也将非常巨大。但气隙太小，会给轨道的施工带来困难，也对列车的安全运行带来挑战。利用超导线圈的零电阻特性制成同步电机的励磁线圈，除了维持低温的所需要的能量以外，超导线圈的巨大电流一经形成就不用外加电源，因此既可以减小电机励磁线圈的体积也可以节能。由于不必担心耗能，气隙可以比普通电机大几十倍以上，电机定子甚至可以做成无铁芯的空心线圈。如日本超导列车，定转子之间的机械间隙就有100mm，列车的悬浮力也是同一台超导励磁线圈与地面的8字形悬浮线圈通过相对运动产生感应电流发生的，因此属于电动式磁悬浮。所以可以说，日本超导磁悬浮列车实际上是一台大型悬浮转子超导直线同步电动机。

日本超导磁悬浮列车开发较早，因此超导励磁线圈是用铌钛合金NiTi低温超导线制造的（在−269℃以下呈现超导状态）。日本高速超导磁悬浮列车经过40多年的研究开发与试验，经过多次改进，解决了一系列高技术难题，包括防止超导体在温度变化和震动下失超造成灾难的危险，目前已经接近实用化。

还有一种完全不同的“超导磁悬浮”列车，与上述磁悬浮列车电动式原理不同，而是直接利用超导磁体块（Bulk）与永久磁铁之间的完全抗磁性产生悬浮力，因此并不需要励磁线圈，磁悬浮本身是无源的（维持低温环境的能量消耗除外）。一般方案是在车上安放低温的容器，容器内安装高温超导体块材，地面铺设永久磁铁，再配备驱动直线电机。由于抗磁性磁悬浮在控制上不需要闭环，这种磁悬浮列车的优点是实现悬浮比较简单。但这种方案还有许多技术问题需要解决，例如，悬浮力难以根据载重量大小来控制，永磁轨道如何维护和清理等。包括我国在内的一些国家正在研究，但仍然在实验室阶段，离实用化还有较大距离。

九、超导在电气工程的其他应用

电气工程领域中，超导还有很多其他应用。例如，在托克马克装置、磁流体发电机等设备中，高强电磁铁是必不可少的，为了降低设备成本、减小体积、节省能源，也必须采用超导电磁线圈。

磁悬浮轴承完全没有机械摩擦，可以大幅度提高旋转部件的转速，同时普通常导电磁轴承用电量大、稳定性差，采用超导磁悬浮轴承则可以解决这些问题。当然，由于超导低温设备复杂，只能用于大型旋转设备上，例如飞机燃气发电机转子和大型风力发电机转子轴承和超高速飞轮电池转子轴承等。

第三节 聚变电工技术

一、核裂变与核聚变

当今人类社会每年消耗的煤、石油、天然气等碳氢能源达数十亿吨。如果按这个消耗速度，全世界的碳氢能源不到200年就会枯竭。因此，核能将是人类今后的最重要能源之一。

最早被人发现的核能（nuclear energy）是重元素的原子核裂变时产生的能量，人们利用了这一原理制造出了原子弹。科学家们又从太阳上的热核反应受到启发，制造了氢弹，这就是核聚变（Fusion）。

把核裂变（nuclear fission）反应控制起来，让核能按需要释放，就可以建成核裂变发电站，这一技术已经成熟。但是核裂变的安全运行问题与核废料的污染问题一直困扰着人类，而且所需要的铀等蕴藏量也是有限的。同样，把核聚变反应控制起来，也可以建成核聚变发电站。与核裂变相比，核聚变的燃料取之不尽用之不绝，而且运行相对安全，因为核聚变反应堆不会产生大量强放射性物质，而且核聚变燃料用量极少。所以，受控核聚变的实现将为人类提供实际上用之不竭的洁净能源，从根本上解决人类能源、环境与生态的持续协调发展的问题。但是，核聚变的控制技术远比核裂变的控制技术复杂。目前世界上还没有一座实用的核聚变电站，但世界各国都投入了巨大的人力物力进行研究。

二、核聚变燃料和受控核聚变反应条件

与核裂变采用放射性元素铀等不同，核聚变需要的燃料是重氢（heavy hydrogen）。而地球上的重氢氘和氚却是取之不尽、用之不竭的。因为在天然水分子中，约7000个分子内就含1个重水分子，2kg重水中含有4g氘，1L水内约含0.02g氘，相当于燃烧400t煤所放出的能量。地球表面有13.7亿km^3海水，其中含有25万亿t氘，它至少可以供人类使用10亿年。因而，海水中的重氢将是解决人类能源危机的最大希望所在。

实现受控核聚变反应的必要的条件是：要把氘和氚加热到上亿摄氏度的超高温等离子体状态，这种离子体粒子密度要达到每立方厘米100万亿个，并要使能量约束时间达到1s以上。这也就是核聚变反应点火条件，此后只需补充燃料（每秒补充约1g），核聚变反应就能继续下去。在高温下，通过热交换产生蒸汽，就可以推动汽轮发电机发电。

三、托克马克环形核聚变反应堆装置

但是无论什么样的固体容器都经受不起这样的超高温，所以，人们采用高强磁场把高温等离子体“箍缩”在真空容器中平缓地进行核聚变反应。但是高温等离子体很难约束得住，也很难保持稳定，有时会变得弯曲，最终触及器壁。人们研究得较多的是一种叫做托克马克的环形核聚变反应堆装置，如图4-3-1所示。另一种方法是惯性约束，即用强功率驱动器（激光、电子或离子束）把燃料微粒高度压缩加热，实现一系列微型核爆炸，然后把产生的能量取出来，惯性约束不需要外磁场，系统相对简单，但这种方法也还有一系列技术难题有待解决。

显然，如果能实现室温条件下的核聚变是最为理想的，各国科学家正在为此进行不懈的努力。1989年，国外有几个科学家声称实现了室温核聚变，但最终被发现是虚假的。

与裂变反应堆主要依靠核工技术与热工技术的结合而发展起来的历史不同，聚变反应堆的发展主要依赖于核工技术与电工新技术的结合，因为需要的关键技术如超导技术、大体积强磁场技术、大能量脉冲电源技术、辅助加热技术、等离子体控制技术都属于电工新技术。

1982年底，美国建成了一座为了使输出能量等于输入

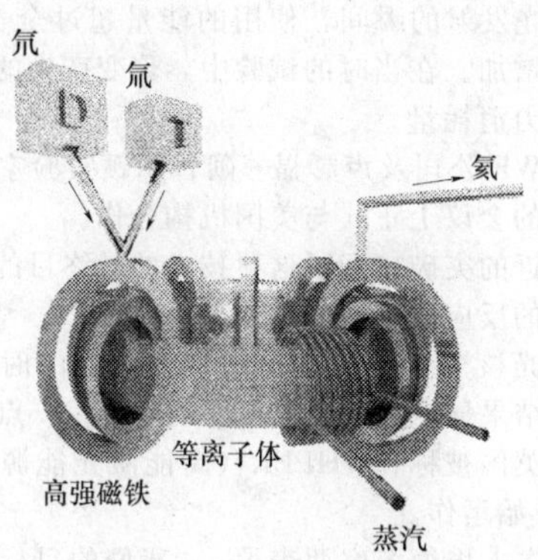

图4-3-1 托克马克装置原理

能量，以证明受控核聚变具有现实可能的大型“托克马克”（Tokamak）型核聚变实验室反应堆。近年来美国、英国、俄罗斯三国正在联合建设一座输出功率为62万kW的国际核聚变反应堆，希望其输出能量能够超过输入能量而使核聚变发电的可能性得到证实。1984年9月，我国自行建成了第一座大型托克马克装置——中国环流器一号，经过20年的努力，最近又建成中国环流器新一号，其纵向磁场2.8T，等离子体电流320kA，等离子体存在时间4s，辅助加热功率5MW，达到世界先进水平。此外，人们还在试图开发聚变一裂变混合堆，以期降低聚变反应的启动难度。1991年11月8日，在英国南部世界最大的核聚变实验设施内首次成功进行了运用氘和氚实现的核聚变，在1s内产生了超过1MW的电能。

经过20世纪下半叶的巨大努力，已在大型的托克马克磁约束聚变装置上达到了“点火”条件，证实了聚变反应堆的科学现实性，正在进行聚变试验堆的国际联合的设计研制工作，期望在21世纪初能建成、运行试验堆，预期可在21世纪四五十年代建成第一座商用的核聚变电站。要实现实用化的核聚变发电，还要在今后相当长的一段时期内继续努力地研究、探索。

四、激光核聚变简介

英国和美国联合研究出能产生清洁能源的高科技新方法：向氢芯块发射大量高能量激光阵列。

这种方法使得氢原子聚变成氦，与氢弹及恒星如太阳的反应相同，不过这种反应是受到控制的，可以给家庭和商业提供能量。

2011年9月在美国国家点燃实验设施（NIF）的试验已经通过这项技术产生了大量能量，试验使用一个体育场大小的建筑物，用192个激光阵列发射500TW的闪光照射直径仅有1mm的氢分子团，见图4-3-2。

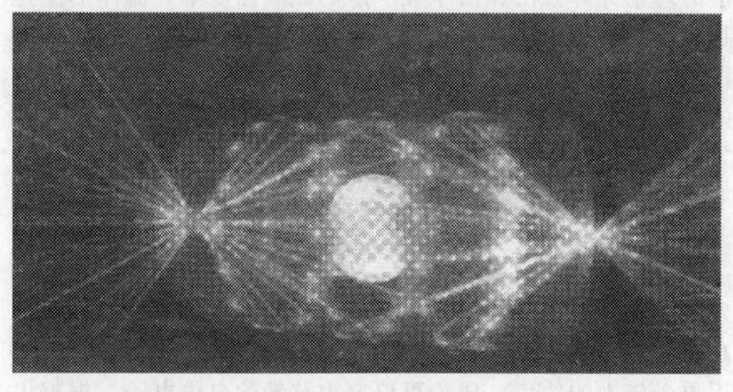

图4-3-2 美国国家点燃实验设施的激光照射试验

NIF激光发射的瞬间，使用的能量超过全美电力消耗。不过回报在增加。在当时的试验中，聚变产生的能量爆发等于全球的电力消耗量。

英国AWE公司及卢瑟福—阿普尔顿实验室也在伦敦英国皇家学会的会议上正式与美国机构合作。

美国最近的突破接近了这项技术的最终目的：能产生大于消耗能量的反应。

达到激光核聚变比磁性控制聚变需要的时间长，不过NIF最近的结果显示，激光核聚变的“盈亏”点可能比想象中来得早。英国被称作HIPER（高能激光能源研究）的项目2005年开始运作。

NIF负责人埃德·摩西表示：“我们的目标是在未来数年点火。”

点火是种能自我维持的反应，可产生远超“盈亏”点的大量能量。

想要达到“点火”点，释放的能量需要以约1000的系数上涨。技术挑战很可观。

欧洲HIPER项目的约翰·帕里斯表示：“这是拯救世界的技术。聚变是对未来能源需求的唯一严肃答案，是能源界的‘圣杯’。人类对能源有大量的、贪婪的需求。聚变将是未来清洁能源行列里的完美解决方案。”

NIF已经开始工作。该机构使用在“重水”及氚中发现的氢的同位素氘的芯块，发射激光把这些芯块压缩成其初始大小的数百分之一。

反应把这些原子聚变成氦原子，释放被称为中子的高速运动的亚原子颗粒，能用于加热水或推动蒸汽涡轮。

NIF预计全面运转的聚变设备每秒需要10个氢能量芯，每次都发射激光阵列。迄今为止，该设备总共只发射了305次，使用的是储存在大型电池样电容器中的能量。

第四节　磁流体发电技术

一、磁流体

磁流体是“电磁—流体动力学（Magneto-hydrodynamic Power Generation）”的简称。这一技术研究导电流体（并非“磁性流体”）如等离子体、海水等在磁场中运动的规律。尽管法拉第发现电磁感应定律时，切割磁力线的对象是固体导线，但他很快在1832年又提出有关流体切割磁力线的电磁学问题。他根据海水切割地球磁场产生电动势的想法，测量英国泰晤士河两岸间的电位差，希望间接地测出流速，但因河水电阻大、地球磁场弱和当时的测量技术水平低，没有达到目的。1937年哈特曼根据法拉第的想法，对水银在磁场中的流动进行了实验，并成功地提出黏性不可压缩磁流体力学的理论计算方法。由于在一定的磁场强度下，流体的流速越大感生的电流也越大，而液体的流速很难提高，所以20世纪50年代末期，人们提出用高温、高速流动的电离气体（等离子体）通过强磁场来更高效地产生电流，从而发展成为现在的磁流体发电技术。

二、磁流电发电原理

高温、高速流动的气体通过磁场时，这些气体在高温下发生电离，出现了一些自由电子，就使它变成了能够导电的高温等离子气体。所谓“电离”，就是气体原子外层的电子不再受核力的约束，成为可以自由移动的自由电子。根据电磁感应定律，当高温等离子气体以高速流过一个强磁场时，就切割了磁力线，于是就产生了感应电流，如图4-4-1所示。

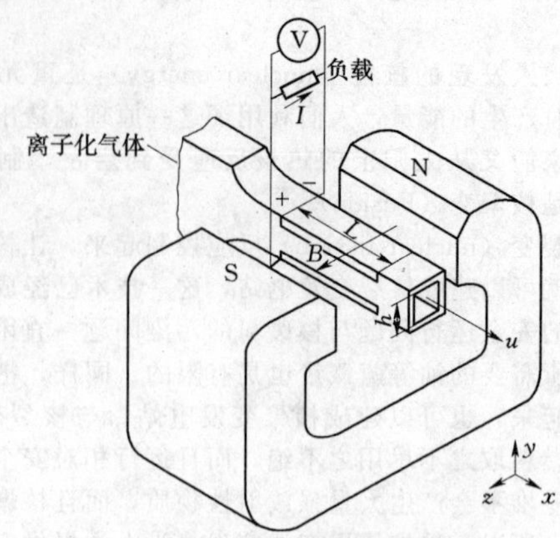

图4-4-1　磁流体发电原理

普通气体在7000℃左右的高温下才能被电离成磁流体发电所需要的等离子体。如果在气体中加入少量容易电离的低电位碱金属（一般为钾、钠、铯的化合物，如碳化钾）蒸气，在3000℃时气体的电离程度就可达到磁流体发电的要求。在这种情况下，就可采用抽气的方法，使电离的气体高速通过强磁场，即可产生直流电。加热气体使之电离所用的热源，可以是煤炭、石油或天然气燃烧所产生的热能，也可以是核反应堆提供的热能。

当前，世界各国的电力主要来源仍旧是火力发电，但是，这种发电方式的热效率很低，最高只有40%，浪费了大量的燃料，而且产生的废气、废渣污染环境。因此，人们要寻求和研制各种新型的发电方法，而磁流体发电经实践证明是一种可靠的新发电技术，因为将燃煤直接燃烧也可以产生热平衡等离子体，通过磁流体发电可以将燃料热能直接变成电能。

磁流体发电为高效率利用煤炭资源提供了一条新途径，所以世界各国都在积极研究燃煤磁流体发电。目前，世界上有17个国家在研究磁流体发电，而其中有13个国家研究的是燃煤磁流体发电，包括中国、印度、美国、波兰、法国、澳大利亚、俄罗斯等。

我国于20世纪60年代初期开始研究磁流体发电，先后在北京、上海、南京等地建成了试验基地。根据我国煤炭资源丰富的特点，我国将重点研究燃煤磁流体发电，并将它作为“863”计划中能源领域的两个研究主题之一，争取在短时间内赶上世界先进水平。

三、磁流体发电的优越性

磁流体发电（MHD power generation）作为一项发电新技术，它比一般的火力发电具有的优越性主要表现在以下几个方面：

(1) 综合效率高。磁流体的热效率可以从火力发电的30%～40%提高到50%～60%，预计将来还会再提高。

(2) 启动快。在几秒钟的时间内，磁流体发电就能达到满功率运行，这是其他任何发电装置无法相比的，因此，磁流体发电不仅可作为大功率民用电源，而且还可以作为高峰负荷电源和特殊电源使用，如作为风洞试验电源、激光武器的脉冲电源等。

磁流体发电虽然也可以使用煤炭、石油等燃料，但由于它使用的是细煤粉，而且高温气体还掺杂着少量的钾、钠和铯的化合物等，容易和硫发生化学反应，生成硫化物，在发电后回收这些金属的同时也将硫回收了。从这一点来说，磁流体发电可以充分利用含硫较多的劣质煤。另外，由于磁流体发电的热效率高，因而排放的废热也少，产生的污染物自然就少多了。磁流体发电没有高速旋转的部件，噪音小，设备结构简单，体积和重量也大大减小。由于磁流体发电时的温度高，所以可将磁流体发电与其他发电方式联合组成效率高的大型发电站，作为经常满载运行的基本负荷电站。例如，将与一般火力发电组成磁流体—蒸汽联合循环发电，即让从磁流体发电机排出的高温气体再进入余热锅炉生产蒸汽，去推动汽轮发电机发电，其热效率可达50%～60%。苏联在1971年建造了一座磁流体—蒸汽联合循环试验电站，装机容量为7.5万kW，其中磁流体发电机容量为2.5万kW。美国是世界上研究磁流体发电最早的国家，1959年，美国就研制成功了11.5kW磁流体发电的试验装置。20世纪60年代中期以后，美国将它应用在军事上，建成了作为激光武器脉冲电源和风洞试验电源用的磁流体发电装置。日本和苏联都把磁流体发电列入国家重点能源攻关项目，并取得了引人注目的成果。1986年，苏联开始兴建世界上第一座50万kW的磁流体—蒸汽联合电站，这座电站使用的燃料是天然气，它既可供电，又能供热，与一般的火力发电站相比，它可节省燃料20%。

磁流体发电是将高温导电燃气或液体与磁场相互作用而将热能直接转化成电能的新型发电方式。由于其初温可高达2727℃，与已有的燃气及蒸汽发电组成联合循环，可望将燃煤电站的热电转换效率提高到50%以上，具有高效率、低污染、少用水的重大优越性。磁流体发电自20世纪60年代初原理性实验成功以来，经过50多年的持续努力，已达到了最高发电功率几万千瓦、持续数百小时的水平。再经过试验电站、示范电站与商用电站几个阶段的发展，有望在21世纪二三十年代实现商业化。磁流体发电的发展过程表明，所遇到的困难比最初设想的要大得多，特别是采用燃煤的长时间可靠发电，需要大力发展电工、热工、材料、化工等多方面的新技术，在电工方面要解决电站系统、发电通道、超导磁体、功率调节与逆变等一系列关键技术问题，在现有基础上还要做出巨大努力。由于我国属于燃煤为主和电力迅速发展的国家，燃煤磁流体发电的商业化具有特别重大的意义。

磁流体发电从开始研究到现在已有几十年的历史，目前，短时间磁流体发电装置已得到应用，而燃烧天然气的长时间磁流体发电站和燃煤磁流体发电站都已投入运行，从而使磁流体发电的研究进入到大规模工业试验阶段。

随着科学技术的迅速发展，磁流体发电这项新技术必将获得进一步提高，为合理而有效地利用化学燃料创出一条新路。

第五节　磁流体推进技术

一、磁流体推进船

磁流体推进船（magetohydrodynamic propulsion boat）船底有线圈，通上电流，就会在海水中产生磁场。同时，在船底水下设置电极，利用海水的导电特性，形成通电回路，使海水带电。这样，带电的海水在强大的磁场的作用下，产生了使海水发生运动的电磁力，而船体就在反作用力的推动下向相反方向运动。由于超导电磁船是依靠电磁力作用而前进的，所以它不需要螺旋桨。

磁流体推进船的优点在于利用海水作为导电流体。而处在超导线圈形成的强磁场中的这些海水“导线”，必然会受到电磁力的作用，其方向可以用物理学上的左手定则来判定。所以，在预先设计好的磁场和电流方向的配置下，海水这根“导线”被推向后方。同时，超导电磁船所获得的推力与通过海水的电流大小、超导线圈产生的磁场强度成正比。由此可知，只要控制进入超导线圈和电极的电流大小和方向，就可以控制船的速度和方向，并且可以做到瞬间起动、瞬时停止、瞬时改变航向，具有其他船舶无法与之相比的机动性。

但是由于海水的导电率不高，要产生强大的推力，线圈内必须通过强大的电流产生强磁场。如果用普通线圈，不仅体积庞大，而且极为耗能，所以必须采用超导线圈。

超导磁流体船舶推进是一种正在发展的新技术。由于它不用螺旋桨，具有无声、高速的优点，将引起船舶推进技术的重大革命。随着超导强磁场的顺利实现，从20世纪60年代开始了认真的研究发展工作。20世纪90年代初，国外载人试验船就已经顺利地进行了海上试验。我国科学院电工研究所也进行了超导磁流体模型船试验。

二、等离子磁流体航天推进器

目前航天器是依靠燃烧火箭上装载的燃料推进的，这使得火箭的发射质量很大，效率也比较低。为了节约燃料，提高效率，减小火箭发射质量，国外已经开始研究开发不需要燃料的新型电磁推进器。等离子磁流体推进器（Magnetoplasmadynamic Thruster）就是其中一种，也称为离子发动机。与船舶的磁流体推进器不同，等离子磁流体推进器是利用等离子体作为导电流体。等离子磁流体推进器由同心的芯柱（阴极）与外环（阳极）构成，在两极之间施加高电压可同时产生等离子体和强磁场，在强磁场的作用下，等离子体将高速运动并喷射出去，推动航天器前进。1998年10月24日美国发射了深空1号探测器，任务是探测小行星Braille和遥远的彗星Borrelly，主发动机就采用了离子发动机。欧洲航天局（ESA）的新型离子推进动力“SMART－1号”月球探测器计划2005年展开环绕月球轨道探测飞行，据介绍，“SMART－1号”月球探测器上安装的离子推进器，其实际飞行驱动效率是传统火箭推进系统的十倍。

第六节　可再生能源发电

根据电力发展规划预测，我国发电总装机容量将由目前的3.5亿kW增加至2020年的约9亿kW，将火电与水电建设到可以设想的最大限度，还缺近1亿kW。由于核能材料与技术的限制，核电实际可能的总容量不会超过0.4亿kW。从而，可再生能源发电作为一个组成部分进入我国电力市场已提上日程。从长远发展看，对用改变能源结构来实现电力可持续发展，意义更加重大。当前，除水电外，已进入大电力系统的可再生能源发电（renewable sources of energy power generation，也译为可更新能源发电）还有风力、生物质能、光伏、光热、地热与潮汐发电，而近年来发展最快的是风力发电（wind power）。

德国可再生能源法之父赫尔曼·谢尔对发展可再生能源充满信心，他说：“可再生能源发展应该再快一些。”德国2000年出台《可再生能源法》，到2010年德国可再生电能就由当时的仅占总消耗电能的5%上升到16%，预计到2020年德国可再生电能占总消耗电能的比例可达到47%。

德国的《可再生能源法》保证了可再生能源市场的成长，现在已经有约50个国家效仿德国推出了可再生能源法。中国于2005年颁布《中华人民共和国可再生能源法》，又于2009年进行修正，修正后的《中华人民共和国可再生能源法》从2010年4月1日起施行。依据法律，中国将设立可再生能源发展基金，实行对可再生能源发电的全额保障性收购，为可再生能源的发展构筑"绿色通道"。赫尔曼·谢尔认为"对中国来说，复制工业国家的传统模式没有意义。中国应该跳过这一步，直接跨入可再生能源时代。"他建议中国最好将全部精力集中于可再生能源发展，不要再新投资任何传统能源项目。已有传统能源设施可以继续使用，等待可再生能源的规模足够大时完全撤出。谢尔认为中国在使用水能方面已经有了很好的基础，中国在风能发展方面有很大的动作。他说："风能与水能的互补是完美的，由于季节特点，风力在某一季节会产生大量过多的电力，需要庞大的蓄电设施来支持。而水库就是一个大电池，它很好地弥补了风能不能连贯的特点。太阳能与水能的配置也是同样道理。因此，我们应该重新思考和定位水库的功能。"

将现在新投资的风力电厂和煤电厂比较，风力发电已经更便宜了。数年后太阳能发电成本也将降到这个水平，而这才仅仅是开始。

安永会计师事务所称，在该所每季度编制一次的可再生能源投资市场吸引力指数表上，中国首次超过美国，位列榜首。

中国超过世界第一大经济体美国，成为对风能和太阳能投资项目最具吸引力的国家。在2010年第一季度，中国和美国并列榜首。美国之所以落后是因为美国未能在拟定的能源法案中把清洁能源标准囊括进去。

安永会计师事务所环境和能源基础设施领域的咨询主管本·沃伦说："我们可能有望看到中国保持这一主导地位。中国拥有资本优势，政府也有意愿，而且中国是一个巨大的市场。"

中国是世界上最大的能源消费国，该国设定了一个目标，要在2020年之前使可再生能源的发电量占到全国发电量的15%。中国国家开发银行2010年同意向中国市值最高的三家太阳能公司提供高达1160亿元人民币的贷款。

中国2009年下半年的可再生能源发电消费者补贴翻了近一番。而且在2010年第二季度，中国吸引的用于清洁能源技术的资产融资超过了欧洲和美国的总和。

安永的榜单包括27个国家和地区，其中德国、印度、意大利、英国、法国、西班牙、加拿大和葡萄牙位列第三至第十位。沃伦说，安永在编制榜单时，考虑到监管、资金、土地、规划壁垒、补贴和销售渠道等多个方面。

据香港《南华早报》网站2011年9月3日文章报道，中国大陆的一个空间研究机构说，政府应该在太空建立太阳能发电站，以解决中国的能源问题。

中国航天科技集团下属的空间技术研究院2011年9月1日在其网站说，已经向中央政府提交了一份计划，在太空建立一个大型设施，捕捉太阳能，将太阳能传输到地球发电。

该网站的文章说，中国空间技术研究院在一次会议上提出的这项雄心勃勃的计划得到了热情的反馈。参加会议的有国家发改委、国家能源局和其他机构的官员。

《纽约时报》9月2日的一篇报道说，中国大陆拥有世界上最大的太阳能电池板制造厂，随着美国三个制造厂8月破产，大陆公司现在主导世界太阳能电池板的供应，占总能力的将近五分之三。

规模经济、低工资和技术进展使中国公司能够以低廉的成本生产太阳能电池板，从而激发了大陆科学家的雄心。该建议的主要起草者王希季教授在科技部的报纸《科学时报》上撰文说，中国已经奠定了稳固的工业基础，获得了足够的技术，有足够的资金实施历史上最雄心勃勃的太空工程。他写道，这个发电能力为100MW的太阳能发电站至少$1km^2$，将使国际空间站相形见细，并将成为太空中最大的人造物体。王希季说，这个太阳能发电站将克服地球上太阳能发电站的几个缺点，例如对天气的敏感、土地使用的浪费以及夜间彻底关闭。如果把它建在地球静止轨道上，高度足以避开地球的大部分阴影，它就会在全年99%的时间提供持续不断的能源。王希季说，如果中国不迅速采取行动，那就会让其他国家特别是美国和日本领先一步，占据空间有利的重要位置。美国航天局早在20世纪60年代就提议建立一个太阳能发电站，而日本宇宙航空研究开发机构在2009年选择了一些公司和科研人员设计和建造太空太阳能发电系统，预计2020年发射。但是一些科学家说，太空太阳能发电站面临一些技术难题，靠当今的技术无法解决。这些难题包括如何将大量的建筑材料运送到太空、如何将它们拼装到一起以及如何将能源传输到地球。

第七节 磁悬浮列车技术

一、磁悬浮列车的优越性

20世纪下半叶铁路的电气化使常规轮轨铁路的运营时速提高到了200多km。为了进一步提高时速，磁悬浮列车技术受到关注，它是一种采用磁悬浮，直线电动机驱动的新型无轮高速地面交通工具，具有速度高、客运量大、对环境影响（噪音、振动等）小、能耗低、维护便宜、运行安全平稳、无脱轨危险、爬坡能力强等一系列优点。高速磁悬浮列车有常导与超导两种技术方案，采用超导的优点是悬浮气隙大、轨道结构简单、造价低、车身轻。随着高温超导的发展与应用，将具有更大的优越性。经过近30年的持续努力，常导高速磁悬浮列车已达到500km/h的试验时速，达到实用化试验阶段。我国上海引进德国的捷运高速磁悬浮系统已经投入运营，时速达到400km/h以上。磁悬浮列车的实现要解决磁悬浮、直线电动机驱动、车辆设计与研制、轨道设施、供电系统、列车检测与控制等一系列高、新技术的关键问题，推动着电工新技术登上新的高峰。

磁悬浮铁路系统是一种新型的有导向轨的交通系统。磁悬浮列车主要依靠电磁力实现传统铁路中的支承、导向和牵引功能。由于运行的磁悬浮列车和线路之间无机械接触或大大避免机械接触，从根本上突破了轮轨铁路中轮轨关系和弓网关系的约束，因而磁悬浮列车可以比轮轨铁路更经济地达到较高的速度（400～550km/h），且对环境的影响较小。低速运行的磁悬浮列车，在环境保护方面也比其他公共交通工具有优势。

二、磁悬浮列车的分类

任何磁悬浮列车都需要解决三个问题，即悬浮、驱动与导向。磁悬浮的方式目前主要有三种，即电磁式（EMS）、电动式（EDS）和永磁式。而由于在运行时没有轮轨之间的接触，驱动都采用直线电动机。驱动直线电动机主要分为两类：同步直线电动机和异步直线电动机。导向分为主动（有源）导向与被动（无源）导向。

目前已经运行的磁悬浮列车的分类，如表 4-7-1 所示。

表 4-7-1 磁悬浮列车的分类

驱动直线电动机类型	悬浮方式	导向方式
长定子同步电动机	电动式（EDS） 永磁式 电磁式（EMS）	主动（有源） 被动（无源）
短定子异步电动机	电磁式 电动式	

1. 长定子同步电机

同步机的转子在车上，由谐波发电机与电池给转子磁场供电或采用超导线圈，避免了接触网/轨，可实现高速。同步电机定子（铁芯与电枢绕组）在地面，需要地面供电，结构复杂，成本高。由于速度高，既可以采用可静态悬浮的电磁式，也可以采用高速运动条件下悬浮的电动式。典型代表是德国 Transrapid（电磁悬浮）与日本超导磁悬浮（电动悬浮）。

由于同步电机是双边激磁，长定子与短定子在材料成本上相差不大，但如果采用短定子就必须向车上大功率供电，必须采用接触网/轨，或额外的直线变压器供电。采用接触式供电将限制列车的速度，直线变压器则需要额外的投资，而长定子则仅需要向在地面上的线圈供电，因此，高速磁悬浮列车都采用长定子同步电机驱动。

2. 短定子异步电机

异步电机定子在车上，因此需要接触网/轨供电，或采用额外的直线变压器供电。速度受到限制。转子在地面，采用感应板（无转子绕组），单边激磁，结构简单，经济。由于速度低，悬浮一般采用可静态悬浮的电磁式（如日本 HSST）。如果采用无接触的直线变压器供电，速度也可提高到 400km/h 以上，也可以采用电动式磁悬浮（瑞士 Swiss Metro 的一个方案）。由于异步电机功率因数与效率都较低，悬浮需要另外的电磁铁，所以对于大功率的高速列车，一般不采用异步电机。

由于异步电机是单边激磁，转子不需要供电，长定子比短定子在材料成本上要高得多，经济性能明显不如短定子，除非有特殊需要（如列车无法供电），一般不采用长定子方案。

三、日本超导磁悬浮列车

超导磁悬浮列车的车辆上装有车载超导磁体并构成感应动力集成设备，列车的驱动绕组和悬浮导向绕组均安装在地面导轨两侧，车辆上的感应动力集成设备由动力集成绕组、感应动力集成超导磁铁和悬浮导向超导磁铁三部分组成。地面轨道两侧的驱动绕组加三相交流电时，产生行波电磁场，列车上的车载超导磁体就会受到一个与移动磁场相同步的推力，推动列车前进。电动式（EDS），无静止悬浮力，故有轮子。2003 年，日本高速磁悬浮列车达到 581km/h 的时速。

日本超导磁悬浮系统的悬浮力来自于车辆两侧。在导轨两侧的侧壁上，排列着一组组的悬浮一导向线圈。当车辆高速通过时，车辆上的超导磁场会在导轨侧壁的悬浮线圈中产生感应电流和感应磁场。控制每组悬浮线圈上侧的磁场极性与车辆超导磁场的极性相反从而产生引力，下侧极性与超导磁场极性相同产生斥力，使得车辆悬浮起来，同时起到导向作用。

四、德国超导磁悬浮列车 Transrapid

Transrapid 磁悬浮列车系统的悬浮和导向系统是按照电磁悬浮原理，即利用在车体底部的可控悬浮电磁铁和安装在路轨底面的铁磁反应轨（定子部件）之间的吸引力工作的，悬浮磁铁从路轨下面利用吸引力使列车浮起，导向磁铁从侧面使车辆保持运行轨迹。每一节车拥有 15 个独立的悬浮磁铁和 13 个独立的导向磁铁。悬浮磁铁和导向磁铁安装在列车的两侧，驱动和制动靠同步长定子直线电动机实现。列车的悬浮磁铁与电动机的转子是一体的。三相绕组的铁磁定子部件安装在路轨上，沿全长分布。

由于电磁式悬浮是不稳定的，必须在磁铁和轨道之间设置传感器，通过闭环控制将它们的间距控制在一定范围内。

因此，德国高速磁悬浮列车 Transrapid 本质上也是一台“悬浮转子大型直线同步电动机”，转子磁极兼悬浮磁铁、同步电机励磁和齿谐波发电机电枢的三项功能于一身。我国已经引进 Transrapid，用于上海浦东机场线。美国也初步确定引进一条 Transrapid 磁悬浮线路。

五、日本常导磁悬浮列车 HSST

HSST 的工作原理与德国的 Transrapid 原理类似，均使用磁吸式工作原理。HSST 将电磁铁安装在车辆上，导轨的下部是吸附用的轨道。安装在车体的电磁铁从下方产生吸引轨道的吸力，列车利用此吸力而悬浮。磁铁和轨道的间距也必须采用闭环控制。

HSST 与德国 Transrapid 的主要不同在于驱动电机，Transrapid 采用长定子同步电机，而 HSST 采用短定子异步电机。HSST 的电机定子绕组安装在车辆上，电机的铝制长转子（反应轨）沿列车前进方向铺设在轨道上。利用车辆上的磁铁的磁场与导轨磁铁铝板之间的电磁作用驱动列车行驶，车辆上装有电源，需要通过导电轨向车辆输送电流，因此限制了车速。日本曾在名古屋市建设了一条运营线，为 2005 年世界博览会服务。

我国和韩国等，也研制了类似的磁悬浮列车，但目前还没有正式运营线。

六、永磁磁悬浮列车

永久磁铁虽然可以产生吸力和斥力，但完全采用永久磁铁不能独立实现稳定磁悬浮——除非在空间的 6 个自由度中有至少一个其他约束——这已经在 19 世纪就得到证明，称为“Earnshaw 定律”。但采取其他措施后，仍可以利用永磁材料来实现稳定悬浮，一般有以下几种方法：

(1) 定转子全用永久磁铁，利用同性相斥或异性相吸产生悬浮，但不稳定，需采用机械导向轮或限位轮。因为定转子之间存在机械接触，不属于完全的磁悬浮，称为“半磁悬浮”，所以不适用于高速磁悬浮列车。德国柏林曾经运行过的“磁悬浮”城轨列车 Magnet-Bahn 即采用这种方案。

(2) 定转子全用永久磁铁，利用同性相斥或异性相吸产生悬浮；或转子用永久磁铁，定子用铁板，但均需在转子（车辆）上安装补偿电磁铁，形成稳定的磁悬浮。

(3) 用永磁材料代替磁悬浮的超导磁铁，与地面感应线圈作用，产生悬浮力（属于电动式磁悬浮，是美国“磁飞机”的方案之一）。

(4) 用永磁材料作为一边（一般为定子，即轨道一边），与超导材料互相作用，产生稳定的完全抗磁性悬浮力（高温超导车)。

(5) 在车上安装用永磁材料做成的高速自转磁轮，与地面导电材料轨面产生悬浮力，也可以实现稳定悬浮。

七、其他磁悬浮列车

各国正在研究开发的磁悬浮列车种类很多，如美国的城市磁悬浮列车 (Urban Maglev) 和磁飞机 (Magplane)、瑞士的 SwissMetro 等，但这些方案目前还没有运营线或样车。另外，美国在短程磁悬浮轨道发射装置的开发上投入了很大力量，主要是为将来航天飞机或导弹的电磁发射做准备。

第八节 燃料电池技术

一、燃料电池工作原理

燃料电池 (fuel cell) 的雏形是1839年由英国科学家格罗夫 (William Robert Grove，1811～1896) 提出的 (当时称为“气体伏打电池”)。到1932年，科学家在理论上进行了论证，为研制现代燃料电池打下了基础。1958年，燃料电池正式问世，其输出功率为5kW，工作温度为200℃，所产生的电力足以开动风钻和电车。20世纪60年代，燃料电池作为“阿波罗”等宇宙飞船的电源，为宇宙开发立下了汗马功劳。

众所周知，水电解以后可以生成氢和氧，其逆反应则是氢和氧化合生成水。燃料电池正是利用水电解及其逆反应获取电能的装置。由天然气、石油、甲醇、煤等原料为燃料制造氢气，然后与空气中的氧反应，便可以轻易地得到需要的电能。

燃料电池虽然也是电池家庭的成员，但是它与干电池、蓄电池都不同，它的化学燃料不是装在电池的内部，而是储存在电池的外部，可以按电池的需要，源源不断地提供化学燃料，就像往炉膛里添加煤和油一样，所以人们称它为燃料电池。

燃料电池主要由燃料电极和氧化剂电极及电解质组成，加速燃料电池电化学反应的催化剂是电催化剂。作为燃料电极的电催化剂有过渡金属和贵金属铂、钯、钌、镍等，作氧电极用的电催化剂有银、金、汞等，常用的燃料有氢气、甲醇、肼液氨、烃类和天然气，氧化剂一般用空气或纯氧气，也有用过氧化氢水溶液的。航天用的燃料电池大部分用氢或肼作燃料。那么，电催化剂是怎样驱动燃料电池发电的呢？原来，由电催化剂和防水剂组成的燃料电极和氧电极形成负、正两极，负、正两极之间用电解质 (碱溶液或酸溶液) 隔开，燃料和氧化剂分别通入两个电极，在电催化剂的催化作用下，同电解质一起发生氧化-还原反应。反应中产生的电子由导线引出，这样就产生电流。因此，只要向电池的工作室不断输入燃料和氧化剂，燃料电池就能持续不断地供电。这是燃料电池和一般化学电池 (如干电池、蓄电池) 的主要差别，因为干电池和蓄电池的反应物质消耗完了，电池就报废了。

燃料电池能把燃料所具有的化学能连续而直接地转变成电能，其发电效率比现在应用的火力发电还高，因此，也有人称它为“新型发电机”。但它又比一般的发电机优越，在发电的同时还可获得质量优良的水蒸气。也就是说，大型燃料电池既能发电，又可供热，故其总的热效率可望达到80%。

二、燃料电池发电厂

近年来，输出直流电4.8MW的燃料电池发电厂 (fuel cell power plants) 的试验已获成功，人们正在进一步研究设计11MW的燃料电池发电厂。燃料电池在结构上与蓄电池相似，也是由正极、负极和电解质组成。其正极和负极大都是用铁和镍等惰性、微孔材料制成；从电池的正极把空气或者氧气输送进去，而从负极将氢气、碳氢化合物、甲醇、甲烷、天然气、煤气和一氧化碳等气体燃料输送进去，这时，在电池内部，气体燃料和氧发生电化学反应，于是，燃料的化学能便直接转变成了电能。作为燃料的氢在负极上与电解质一起进行氧化反应，生成带正电的离子和带负电的电子，而电子通过外电路跑到正极上，与作为氧化剂的氧和电解质一起进行还原反应，最后生成带负电的离子。带电正离子和负离子在电解质中结合而生成水蒸气，因此，只要不断地把燃料供给电池，并及时把电极上的反应产物和废电解质排走，就可以源源不断地提取电能和水蒸气。

燃料电池与一般火力发电相比，具有以下几个优点：

(1) 发电效率高，而且稳定。一般的火力发电的能源转换效率只有30%～40%，而燃料电池在所有的发电装置中转换效率是最高的，目前已达到50%～70%，预计将来可达到80%。

(2) 工作可靠，不产生污染和噪音。燃料电池在反应过程中只产生水蒸气，所以不会污染环境，由于它没有运动部件，自然不会产生噪音。

(3) 使用方便，电损耗低。燃料电池可以安装在用户跟前，既简化了输电设备，又降低了输电线路的电损耗。

(4) 建发电站用的时间短，而且还可根据需要随时扩大规模。燃料电池本身是由模式组合件构成的，几百上千瓦的发电部件可以预先在工厂里做好，然后再把它运到燃料电池发电站去进行组装。因此，可大大缩短建站时间，而且电站规模可随着电力需求量的增加而不断扩大。

(5) 体积小、重量轻、使用寿命长，单位体积输出的功率大，可以实现大功率供电。目前，燃料电池主要在宇航工业、海洋开发和电气货车、通信电源等方面得到实际应用。例如，美国的一艘潜艇用燃料电池代替铅蓄电池后，其潜水时间增加了3倍。

美国曾在20世纪70年代初期，建成了一座1000kW的燃料电池发电装置，随后，这套发电装置并入电网运行，成功地运行了1000多h。目前，美国的一些住宅区和商业区已开始用上40kW的燃料电池。这种电源装置结构简单，使用维修方便，又不污染环境，因而很受用户欢迎。

目前，高效能的燃料电池还处在研制阶段。人们预计，用来驱动汽车的小型燃料电池将会在2020年前后得到实际应用，它的大小与现在汽车上的大蓄电池相似，可以输出50kW电力，供开动车辆使用。而且这种新颖的燃料电池还将在其他方面发挥作用，国外准备将它用作战地发电机，以及作为无声电动坦克和卫星上的电源。

三、燃料电池家族

(1) 燃料电池中效率最高的是碱性燃料电池，这是燃料电池家庭中的第一代，它的效率达70%。但是尽管1984年就完成了1kW级燃料电池的模型制造和运行，但以后未能继续进行深入研究，主要是因为这类以氢氧化钾为电解质的电池，成本非常昂贵。

(2) 磷酸型燃料电池是燃料电池的第二代，无论是技术方面还是实用方面，都非常引人注目。国外20世纪80年代就开发出1000kW和5000kW大型磷酸型燃料电池，以用作人口密度高地区的发电电源，也开发出携带式小型磷酸型燃料电池。

(3) 熔融碳酸盐型(MCFC)电池是燃料电池的第三代产品。它以碳酸钾和碳酸锂的混合液为电解质，发电效率比磷酸型要高得多，燃料也不仅仅限于氢气，与主要用于小规模发电的磷酸型相比，MCFC是一种大容量发电燃料电池。

(4) 未来更受人瞩目的是第四代燃料电池，即固体电解质型燃料电池(SOFC)。SOFC是以氧化锆等固体为电解质的，它不仅在性能方面优于磷酸型电池和MCFC，而且，由于它的电解质是固体，免去了腐蚀和溢漏的危险。

(5) 燃料电池家庭中的第五代是聚合物电解质型薄膜燃料电池(PEMFC)。PEMFC与氢能源关系十分密切，科学家们发现，要将氢能用于汽车和飞机，PEMFC是最为适用的。

(6) 最近，在燃料电池的行列中又出现了生物燃料电池。一般燃料电池的催化剂都用贵金属，价格昂贵，阻碍了大功率燃料电池或大型燃料电池发电站的建造和发展。国外从细菌细胞中提炼出一种叫做甲醇脱氢酶的生物催化剂，能够加速氢气的释放，从而加快电子从甲醇中脱出的速度，使到达电极的电子数目大大增加。由于酶催化剂做出了新贡献，使刚刚问世的生物燃料电池显示出功率大、体积小、效率高(达60%～70%)、成本低等突出优点。

(7) 以锂空气电池、全固体电池及有机电池为代表的新一代锂离子电池，正成为当今最领先的研发领域。对此，美国、日本投入已经进行开发。例如，丰田公司于2008年6月新设了电池研究部，正在积极推进锂空气电池、全固体电池及锂离子电池新材料等新一代电池的研究。锂空气电池以大气中的氧气为正极，与目前的锂离子电池相比，可将能量密度在理论值上提高到以前的15倍以上，堪与汽油媲美，所以作为终极电池备受关注。然而，该电池正极的结构与燃料电池相同，需要使用催化剂促使氧进行反应。而且，作为充电电池使用时，还需要还原在空气极发生反应的Li2O2等物质。此外，也存在着作为反应中间体的活性氧会与电解液发生反应的问题。针对这方面的研发目前主要集中在美国、日本等国家。

由麻省理工学院的研究人员研发的一种催化剂使锂—空气电池的充电效率有了显著的提高——这使这种高能量密度电池向适用于电动汽车及其他领域的目标迈近了一步。

该催化剂由金和铂的合金纳米微粒组成；在测试中，它能将充电能量的77%作为电能释放出来。研究人员说，这比之前公布的70%左右的记录还要高。该研究提出了一种制造锂—空气电池催化剂的新方法，它甚至能达到比商用电池所需的85%～90%更高的效率。

锂—空气电池通过锂和空气中的氧反应来产生电能，由于其具有储存能量高的潜力而受到关注。与相同重量的如今使用的锂离子电池相比，锂—空气电池可以实际存储多达3倍的能量，比如，可以延长电动汽车的行驶距离。

但锂—空气电池样品也存在一些问题。除了非常的低效之外，它们通常只能持续几十个充电和放电周期。它们也不活跃，只能缓慢地释放能量，并容易被二氧化碳和水污染。作为其中一个电极的金属锂非常活跃，具有危险性，并最终形成会导致短路的树状晶体。

为了提高电池的效率，这项新的催化剂研究由麻省理工学院材料科学工程和机械工程教授杨绍红领导，与机械工程和生物工程教授金柏莉·哈迈德-斯契费尔利合作，设法解决其中最重要的问题。该催化剂有助于延长电池寿命。

当锂—空气电池放电时，金属锂与氧气起反应生成氧化锂并释放电子。当充电时，氧气被释放，金属锂被还原。新的催化剂促进了这些反应，由此减少了电池充放电时能量的损失。催化剂里的金原子可以促进锂和氧的结合；而铂原子则有助于还原反应，释放氧。

在某些方面，研究结果有悖于之前的假设。铂是已知的能促进燃料电池中氢氧结合的最好的催化剂之一，是最早试用于锂—空气电池用来催化锂和氧的材料之一。但是实验表明，铂的表现并不好，所以它被放弃了。

麻省理工学院的研究人员发现，铂在锂—空气电池中是有用的，但只是在逆向反应——充电过程中从氧化锂中释放氧——中有用。杨绍红说："大家都知道铂在电池放电时不活跃，但我们发现，铂在充电反应中是最好的催化剂之一。"

杨绍红表示，由于金的惰性，它通常被认为是一种不良的催化剂。事实上，麻省理工学院的研究人员是第一次使用金控制实验，来测量使用不良催化剂的反应。他们发现，金在催化锂和氧的结合时表现出色——比铂好很多。此外，研究人员发现，这两种催化剂在纳米微粒状态下结合时效率更高。杨绍红表示："它们在一起工作时会相互促进。"

除了提高效率，促进这些反应还有望增加锂—空气电池可充电的次数——通过减少会阻塞电池的氧化锂。当麻省理工学院的研究人员继续研发锂—空气电池时，他们将探讨这种可能性；他们会更细致地研究金铂催化剂，以了解它们是如何工作的；并通过对不同材料的组合来研发新的催化剂。

2011中国(国际)锂电新能源高峰论坛在工业与信息化部、商务部、深圳市人民政府、中国电子学会支持下，由中国电子器材总公司、宜春国家锂电新能源高新技术产业化基地共同主办，于2011年4月9日在深圳会展中心举办。此次高峰论坛部委领导、院士专家、优秀企业代表，共同交流与研讨国家"十二五"规划关于新能源、新能源汽车、新材料以及节能环保等领域的政策措施；当今国际锂电池前沿技术发展，包括锂离子电池市场发展展望、锂离子电池正/负极材料、锂离子电池隔膜、锂电子电池电解液等开发与应用，动力锂离子电池、储能型锂离子电池相关技术与产业发展，锂电未来技术——锂空气电池的研发进展，锂离子电池电动汽车、混合动力汽车的设计与安全性评估，锂离子电池组电控系统开发，电池充放电技术与充电基础设施建设以及锂电新能源的产业化与产业基地建设等。同期2011中国深圳消费电子展之电源电池展，有近百家领先企业展示锂电新能源最新技术与产品。作为锂电大国，尤其要做未来的新能源大国，对未来技术的关注、开发和产业化显得尤为重要。幸好，在锂空气电池方面，国人已有自己的研发成果和专利技术。4月9日，华南理工大学教授、中美通用电池有限公司总经理黄穗阳博士对锂空气电池的研发进展做了专题演讲。黄穗阳博士是美籍华人著名材料科学家和证券金融家。1993年，黄博士从法国波尔多第一大学毕业并获工学博士学位后，即在法国国家固体化学实验室从事锂离子电池及其纳米材料电极的制备等项目的博士后研究。1994年转入瑞士洛桑联邦工学院，主持新型纳米Ti02多晶膜太阳能电池和纳米锂离子电池的博士后研究课题。1995年受聘于美国国家能源部再生能源实验室工作，继续从事纳米太阳能电池和锂离子电池的研究。1997年任密之根州锂离子能源公司总工程师，为美国三大汽车公司开发和生产电动汽车用锂离子动力电池。1998年迁到美国加州创立美国爱太科公司任董事长。2002年回国，在广州创立广东国光电子有限公司。

2003年创办深圳市中美通用电池有限公司。黄博士的发明专利高能安全聚合物锂离子电池的设计及其生产工艺于2003年在第十四届全国发明展览会上获得金奖，是目前国内电池行业中最先进的高新技术。锂空气电池是黄博士最新的研究领域。

(8) NASA开发出直接甲醇燃料电池样机。美国宇航局（NASA）喷气推进实验室和南加州大学的科学家日前联合开发出未来应用于国防和商业应用系统的300W直接甲醇燃料电池工程样机。

该燃料电池技术采用液态甲醇作为燃料产生电能，而且不需要任何燃料的处理。纯净水和二氧化碳是燃料电池唯一副产品，没有污染物排放。直接甲醇燃料电池与目前的燃料电池系统相比有许多优点，设计简单且能量密度更高，将是无污染的军事和消费应用的首选电源。德国SFC能源公司美国子公司获得了该直接甲醇燃料电池技术的技术许可，将有助于该公司的甲醇燃料电池产品大幅进入美国市场。这种直接甲醇燃料电池技术转移计划旨在提高美国公司在全球经济中的竞争地位。

(9) 美开发出新型氢燃料电池催化剂。美国洛斯阿拉莫斯和橡树岭国家实验室的研究人员日前开发出一种不需要贵金属的新型氢燃料电池催化剂，有望解决氢燃料电池推广过程中的主要障碍，使氢燃料电池从个人设备到汽车等多个领域具有广泛应用。

该新型碳—铁—钴催化剂通过加热聚苯胺、铁、钴盐生成，不含贵金属铂，但几乎与铂催化剂一样有效耐用。使用该催化剂的燃料电池能有效地将氢气和氧气变成水，而不会产生大量不需要的过氧化氢。大量过氧化氢的产生会使燃料电池的产出能量减少50%，同时还可能破坏燃料电池的膜。通常情况下，由非贵金属制备的类似催化剂容易在高度酸性情况下降解，但这种新型催化剂却能保持稳定。研究结果证实，这种新催化剂使氢燃料电池的能量更高、效率更高且寿命更长，且能让电池在不断充放电的过程中损耗更小。

目前燃料电池已经开始逐渐走出实验室，走向市场。现代化燃料电池实际上是座无污染、无噪音的发电厂，发电容量可达到数十万千瓦。燃料电池的用途也不仅仅限于发电，它同时可以用作一般家庭用电源、电动汽车的动力源和携带用电源等，此外，燃料电池推进船也正在开发研制之中。

第九节 飞轮储能系统

一、飞轮储能原理

飞轮储能（flywheel energy storge）已经有几千年的历史，远古的人类就懂得用旋转的轮盘储存能量来制造圆形的陶器。在汽车、拖拉机中也用飞轮来使直线运动转换成旋转运动时更加平稳。但是，这一类飞轮只是将动能存储在旋转的飞轮中，释放能量时也仍然是直接将动能输出，这样就势必限制了飞轮的转速。而现代飞轮储能时是通过高速电动机带动飞轮旋转，将电能转换成动能；释放能量时，再通过飞轮带动发电机发电，转换为电能输出。这样一来，飞轮的转速与接受能量的设备转速无关。根据牛顿定律，飞轮的储能为

$$W=\frac{1}{2}J\omega^2$$

显然，为了尽可能多地储能，主要应该增加飞轮的转速ω，而不是增加转速惯量J。所以现代飞轮转速至少都是几万转/分钟，以增加功率密度与能量密度。

早在20世纪50年代就有人进行了飞轮储能的试验，但一直没有突破性的进展。近年来，由于以下三方面的突破，给飞轮储能带来了新的活力：一是采用高强度碳素纤维和玻璃纤维飞轮转子，使得飞轮允许线速度可达500～1000m/s，大大增加了单位质量的动能储量；二是电力电子技术的新进展，给飞轮电机与系统的能量交换提供了强大的支持；三是电磁悬浮、超导磁悬浮技术的发展，配合真空技术，极大地降低了机械摩擦与风力损耗。

飞轮储能系统由高速飞轮和同轴的电动/发电机构成，为了最大限度地增加动能，飞轮常采用轻质高强度纤维复合材料制造，并用磁力轴承悬浮在真空罐内。如航天用飞轮储能装置由外壳、磁悬浮轴承、飞轮转子、电动/发电机、后备轴承、电力电子变流器组成。

目前世界转速最高的飞轮最高可达20万r/min以上，因此能量非常大，理论上可达到铅酸电池的6倍。飞轮电池寿命为15年以上，效率约90%，且充电迅速、无污染，是21世纪最有前途的绿色储能电源之一，因此发达国家均在加紧研究。美国“空军研究所与航空航天局飞轮储能项目”的研发目标是：近期用于大型航天器、轨道机车和城市客车与卡车，中远期用于中小型航天器、战车、航天飞机、民用飞机、电力调峰和电动轿车等。目前，将飞轮电池用于城市公交车、电瓶车和铁路轨道车等环保要求严格、运行路线规则的中低速车辆的储能电源，在技术上比较容易实现，而且会带来巨大的经济效益与社会效益。

二、飞轮储能与电力调峰

电力调峰是电力系统必须要充分考虑的重要问题。飞轮储能能量输入、输出快捷，可就近分散放置，不污染、不影响环境，因此，国际上很多研究机构都在研究采用飞轮实现电力调峰。德国1996年着手研究储能5MWh/100MWh的超导磁悬浮储能飞轮电站，电站由10个飞轮模块组成，每只模块重30t、直径3.5m、高6.5m，转子运行转速为2250～4500r/min，能量输入、输出采用电动/发电机来实现，系统效率为96%。20世纪90年代以来，美国马里兰大学一直致力于储能飞轮的应用开发，1991年开发出用于电力调峰的24kWh电磁悬浮飞轮系统，飞轮重172.8kg，工作转速范围11610～46345r/min，破坏转速为48784r/min，系统输出恒压110/240V，全程效率为81%。

三、飞轮储能与电动车辆飞轮电池

将飞轮储能系统安装在纯电动汽车里，作为电动汽车的动力源，称为飞轮电池。研究表明，重2200kg的汽车，为维持200～250km的行程和10s的10～96km/h的加速过程，大约需要78kWh的储能量以及94kW的发电功率。20世纪80年代初，瑞士Oerlikon工程公司，研制成功完全由飞轮供能的第一辆公共汽车。飞轮直径1.63m，重1.5t，在氢气环境里以3000r/min运行以降低风损。该车乘客70名，行程大约0.8km，在每一靠站停车时，飞轮将需要充电2min。美国研制的ASF20飞轮轿车，充电15min可以行驶560km。英国研制的飞轮有轨电车，充电90s可行驶10km，比内燃机节能2/3。

四、飞轮储能与再生制动系统

车辆在制动时，多余的动能便转化为刹车片摩擦产生的热量消耗掉。电力机车与地铁车辆虽然可以采用再生制动，

但目前在技术上还有一定问题。对于内燃机车与汽车最常用的是采用电阻制动等消耗能量的办法，因为没有接触网系统，更无法采用向接触网回馈电能的再生制动方式。由于内燃机车辆，仅仅在起动和加速时，发电机组的容量才需要完全发挥出来，在运行情况下，车辆只需要很少的能量维持行驶，因此车载发电机组容量冗余很大。例如普通汽车稳定运行时，功率需求仅为峰值功率的1/4。对于电力机车与地铁等，牵引变压器也有容量冗余的问题。采用飞轮储能装置，可以在车辆制动过程中，将制动能耗通过电动机转化成飞轮的机械动能储存起来，成为再生能源。当列车需大功率工作时（如起动、上坡、加速等），飞轮再通过发电机将动能释放，以供系统使用，这不仅可以节能，还可以减小车载发电机组或地面供电系统的容量。所以，各种电气传动车辆（电力机车、地铁列车、无轨电车、电传动内燃机车等）和混合电动汽车都可以使用飞轮储能实现再生制动。

（1）内燃机车车载飞轮再生制动系统：可用于电传动内燃机车的再生制动，将飞轮储能系统放在内燃机车上，与内燃发电机组配合，向牵引电动机供电。美国得克萨斯大学已经开发出一种飞轮储能燃气轮机轻型机车，称为“下一代高速列车”，已经在纽约和波士顿之间进行了多次运行试验。德国也开发出采用飞轮储能装置的LIREX混合动力轻轨列车。

（2）混合电动汽车飞轮储能系统：与内燃机车飞轮再生制动类似，在制动过程中，将制动能耗通过电动机转化成飞轮的机械动能储存起来，成为再生能源。当汽车需大功率工作时（如起动、上坡、加速等），飞轮再通过发电机将动能释放，以供系统使用。这样就迫切需要引入大功率输出储能系统，而飞轮系统具有满足这种输出功率和能量密度的特别要求。研究表明，合理设计混合飞轮电池，可节约能耗30%，并能减少废气排放量75%。美国从1992年开始对采用飞轮电池的6辆公交车在洛杉矶、得克萨斯州哈利斯两地进行了试验。

（3）轨道车辆轨旁飞轮再生制动系统：可用于接触网/轨供电的电力机车或地铁车辆的再生制动。列车进站前，牵引电动机将多余的动能通过接触网/轨送给车站上的飞轮储能系统，当列车再次起动时，飞轮可以反过来向列车供电，不仅节能，而且可以减小车站牵引变压器的容量。纽约、伦敦的地铁已经进行了试验。

五、飞轮储能与风力发电系统不间断供电

风力发电由于风速不稳定，给风力发电用户在使用上带来了困难。传统的做法是安装柴油发电机。由于柴油机组本身的特性要求，在起动后30min才能停机，而风力常常会间断数秒、数分钟。这样不仅柴油机组起动频繁，影响使用寿命，而且风机重起动后与柴油发电机同时作用，又会造成电能过剩。因此国外不少科研机构已将储能飞轮引入风力发电系统。美国将飞轮引入到风力发电系统中实现全程调峰，飞轮机组的发电功率为300kW，大容量储能飞轮的储能为277kWh。试验表明，风力发电系统电能输出性能及经济性能良好，对电能质量有很大改善。

六、飞轮储能与卫星姿态控制

飞轮高速旋转，不仅可以储能，还可以起到陀螺仪的作用。因此美国航天局（NASA）已开发出卫星姿态控制用飞轮系统，并进行了太空飞行试验，成为飞轮应用最早的领域。

七、飞轮储能在其他方面的应用

（1）航天飞机电磁发射。现在每发射一次运载火箭就会造成大气污染和发生巨大浪费。美国正在研究一种磁悬浮直线电动机托架（太空电梯）来发射航天飞机。太空电梯需要功率巨大、放电时间却非常短促的电源，显然，为此而专门建设一个容量巨大的电力系统提供能量是不合理的。而采用飞轮储能就可以用一个小容量的电力系统长时间向飞轮储能系统充电，以满足发射时的瞬时大功率需要。

（2）电磁炮发射、舰载飞机起飞助推、托克马克装置点火等，也都可以采用飞轮储能脉冲放电装置。美国研制的电磁炮可以在几毫秒内输出数百千安的强电流脉冲。

（3）作为不间断供电系统。储能飞轮在太阳能发电、风力发电、潮汐发电、地热发电以及电信系统不间断电源中都有良好的应用前景。

第十节 脉冲功率技术

一、脉冲功率技术的原理

脉冲功率技术（plusepower technique）是研究高功率脉冲的产生及应用的一门专门学问，是电气工程的一个非常有发展前途的分支。脉冲功率技术的原理是：以较慢的速度将能量储藏在电容器中或电感线圈中，然后将此电场能或磁场能迅速地释放出来，产生幅值极高的、但持续时间极短的脉冲电压及脉冲电流，从而导致极高功率的脉冲。

二、脉冲功率技术的发展

脉冲功率技术的基础是冲击电压发生器，也叫马克斯发生器或冲击机，是德国人马克斯（E. Marx）在1924年发明的。世界各大强国进行了大规模的军备竞赛，强流相对论电子束加速器被用于核武器效应模拟和闪光X射线机，从而得到了迅速的发展。惯性约束核聚变的研究也大大推动了高功率脉冲技术的发展，这包括早期提出的激光核聚变、粒子束惯性约束核聚变方案，以及近年来提出的高功率Z箍缩驱动约束的惯性约束核聚变方案。这些方案均要求更高的脉冲功率。上述研究实际上是同一研究的两个方面：从民用角度是研究惯性约束核聚变，探索获得聚变能的途径；在军事上是用同样的实验设备，进行类似的物理试验，以便达到改进核武器性能的目的。这就是各军事大国热衷于研究脉冲功率技术的原因。

目前，脉冲功率技术总的发展方向仍是提高功率水平，具体的主攻方向是：提高储能密度，研制大功率和高重复率的转换开关，向着高电压、大电流、窄脉冲、高重复率的方向发展。

脉冲功率技术已应用到许多科技领域，如核爆炸模拟器、高能闪光X射线照相、惯性约束聚变驱动器、电磁脉冲、高功率激光（准分子激光、自由电子激光）、强脉冲中子源、高功率微波、等离子体的加热和约束、电磁发射器等。脉冲功率技术与国防建设及各种尖端技术紧密相连，已成为当前国际上非常活跃的一门前沿科学技术，具有广阔的发展前景。

三、脉冲功率技术的应用

1. 强激光的研究

脉冲功率技术在强激光研究中占据很重要的位置。以美

国利弗摩尔国家实验室在20世纪80年代建造的Nova激光聚变装置为例，它是一个大型的固体激光装置，投资约2亿美元，整个装置由13.8kV、2万～3万kW的三相线路供电。美国正建造的“国家点火装置”(NIF)，其设计目标是实现核聚变点火，并达到5～10倍的中等程度的能量增益。NIF激光束由192个子束组成；192束分成4大路，每大路由4×2列组成；输出的激光总能量达1.8MJ。可以想象NIF所需的脉冲功率装置将更为复杂。

在脉冲形成线的负载端接上发射二极管，可得到强流相对论电子束，此电子束可作为高功率气体激光器激发源。1972年，首次用强流电子束激发，成功获得激光输出，总的效率高达25%。

高功率激光器的发展离不开脉冲功率技术和强流电子束的进步。高功率激光器是一种惯性约束核聚变的驱动器，也是一种可能的定向能武器。

2. 强脉冲X射线

核武器在高空爆炸后，它产生很强的软X射线，软X射线的能量占总能量的70%～80%，X射线将直接引起杀伤和破坏作用。为了模拟核爆炸X射线的效应，美国军方海军水面武器研究所建造了CASINO装置，可产生电压为1MV、电流为4×1 MA、脉宽为60ns的脉冲。这种高功率脉冲加在一根金属丝上，快速上升的大电流使金属丝急剧发热而发生爆炸，产生高温等离子体，这种等离子体能发出强烈的脉冲软X射线。以上称为X射线的效应研究。

强脉冲X射线还可用于闪光X射线照相，闪光X射线机的工作原理类似于普通的医疗上用来做透视的X射线机。X射线透过物体后，在底片上成像，底片上的图形即可反映物体内部结构。闪光X射线机是一种曝光时间可短到几十纳秒的X射线照相机，它可用于观察物体在动载荷作用下的高速运动过程，可以透过外壳层物质观察到内部的瞬态变化状况，是研究快速运动、爆炸流体力学、等离子体物理的重要诊断手段之一。脉冲功率技术将马克斯发生器和脉冲形成线结合起来，可得到纳秒级的高压脉冲，可以在X射线管上施加更高的电压，而且不易在其中形成电弧，从而得到持续时间更短、穿透能力更强的X射线，极大地提高了闪光X射线机的性能。

3. 核电磁脉冲

核武器爆炸而辐射出的γ射线、X射线和高能粒子与空气分子相互作用，将产生所谓的康普敦电子。这些高能的康普敦电子以高速从爆心向外运动，并和空气分子碰撞使空气电离。康普敦电子电流、回流电流以及空间电荷都随时间而变化，从而激发起一个强的脉冲电磁场，这就是所谓的核电磁脉冲。核电磁脉冲的特点是：电磁场很强，电场可达10^4～10^5V/m；频谱宽，而且大部分能量集中在100kHz以下；作用范围大，可从几十公里到上千公里。

在现代通信指挥系统和武器系统中大量使用半导体器件和集成电路，它们对核电磁脉冲的效应非常敏感。例如集成电路失灵的最低能量仅为4×10^{-9}J。核电磁脉冲可以造成大面积通信指挥系统的失灵和武器系统的损坏；在民用方面，则会造成电力网的大面积瘫痪。因此，核电磁脉冲作为一种核爆炸破坏因素受到军事部门的高度重视。美国等国家建设了大型的脉冲功率装置，产生高幅值的电磁脉冲，去研究核电磁脉冲的破坏效应，以加强通信指挥系统的抗核能力、增加武器系统的生存能力及保证电力系统供电的安全。

4. 高功率微波武器

利用强流相对论电子束可以产生高功率微波。高功率微波一般是指功率在千兆瓦量级以上、主频率在千兆赫量级以上的微波辐射。它是未来高技术战争中的一种有力的软杀伤和电子对抗手段。它主要用于破坏军用电子硬件，如军用卫星、精确制导武器、通信和雷达设备、隐形武器等，使敌方的武器系统、通信和指挥系统失灵。

5. 电磁炮

电磁发射是利用脉冲电磁能发射弹丸或其他物体的技术，用以代替化学推进剂火炮或火箭，用于军事目的称电磁炮。对于现代多层装甲车等军事装备，要求弹丸具有很高的速度，才能将装甲穿透。因此，提高弹丸的速度具有很重要的意义。普通的单级火炮发射装置的发射速度最高只能达到2km/s左右。相比起来，电磁发射具有许多优点，它发射的速度高，可从几千米每秒到几百千米每秒；发射的重量范围广，可从几毫克到几百千克。电磁轨道炮是一种典型的电磁发射器。脉冲功率装置的输出电压接到两根固定的导体轨道后在弹丸后部发生击穿，称为等离子体电枢。脉冲大电流I将通过轨道和等离子体电枢形成回路，并产生磁场H。经过等离子体电枢的电流和磁场相互作用将产生作用在电枢上的方向朝外的力F，电枢将推动弹丸高速射出。

早在1901年就有人提出了用电磁力发射弹丸的概念。在第二次世界大战中，德国、日本、美国等国都研究过电磁发射，但当时的脉冲功率技术的水平较低，输出功率小、脉冲成型技术难以产生电磁发射所需的各种电流波形，没能取得满意的结果。当今正在研究的电磁炮主要有线圈炮和轨道炮两种，如图4-10-1所示。如果磁悬浮技术用于电磁炮，可以进一步提高发射速度，如图4-10-1所示。1978年，澳大利亚的马歇尔等利用储能为550MJ的单极发电机和等离子体电枢，在5km长的轨道上，把3g的聚碳酸酯弹丸加速到5.9km/s的速度，取得了突破性的进展。美国在1982年曾把317g的弹丸用电磁发射器加速到4.2km/s的速度；在1993年将1～2kg的弹丸加速到2～4km/s。目前美国在这方面的研究处于领先地位，还曾把它作为定向能武器列入“星球大战”计划。

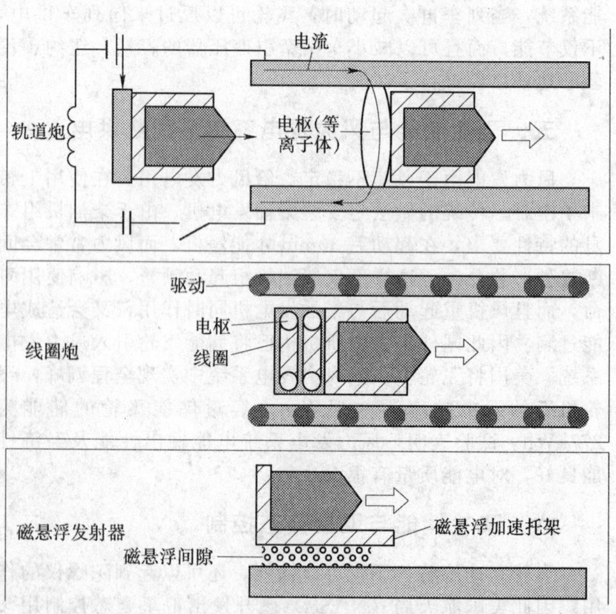

图4-10-1 电磁发射装置

第十一节 微机电系统

一、微机电系统的目标

微机电系统（Micro Electro-Mechanical Systems，简称MEMS），是融合了硅微加工、光刻铸造成型和精密机械加工等多种微加工技术制作的集微型传感器、微型执行器以及信号处理和控制电路、接口电路、通信和电源于一体的微米尺度微型机电系统。

微机电系统技术的目标是通过系统的微型化、集成化来探索具有新原理、新功能的元件和系统。它将电子系统和外部世界有机地联系起来，不仅可以感受运动、光、声、热、磁等自然界信号，并将这些信号转换成电子系统可以认识的电信号，而且还可以通过电子系统控制这些信号，进而发出指令，控制执行部件完成所需要的操作。

二、微机电系统的加工技术

微机电系统的加工技术主要有三种：第一种是以美国为代表的利用化学腐蚀或集成电路工艺技术对硅材料进行加工，形成硅基MEMS器件；第二种是以日本为代表的利用传统机械加工手段，先利用大机器制造出小机器，再利用小机器制造出微机器的方法；第三种是以德国为代表的LIGA［德文Lithograple（光刻）、Galvanoformung（电铸）和Abformung（塑铸）三个词的缩写］技术，它是利用X射线光刻技术，通过电铸成型和铸塑形成深层微结构的方法，其中硅加工技术与传统的集成电路工艺兼容，可以实现微机械和微电子的系统集成，而且该方法适合于批量生产，已经成为目前微机电系统的主流技术。

在当前微机电系统所能达到的尺度下，宏观世界的基本物理规律仍然起作用，但由于尺寸缩小带来的影响（Scaling Effects），许多物理现象与宏观世界已经有很大区别，因此许多原来的理论基础都会发生变化，如力的尺寸效应、微结构的表面效应、微观摩擦机理等，因此必须对微动力学、微流体力学、微热力学、微摩擦学、微光学和微结构学进行深入的研究。

三、微机电系统技术的优点和发展前景

微机电系统技术开辟了一个全新的领域和产业。它们不仅可以降低机电系统的成本，而且还可以完成许多大尺寸机电系统无法完成的任务。例如3mm长的能够开动的小汽车，可以飞行的蝴蝶大小的飞机等。

1987年，美国加州大学伯克莱分校率先用微机电系统技术制造出微电机。20世纪90年代，众多发达国家先后投巨资并设立国家重大项目以促进微机电系统技术发展。1993年，美国ADI公司采用该技术成功地将微型加速度计商品化，并大批量应用于汽车防撞气囊，标志着微机电系统技术商品化的开端。此后，微机电系统技术发展迅速，多种新型产品不断问世。一次性血压计是最早的MEMS产品之一，目前国际上每年都有几千万只的用量。

微机电系统技术具有许多传统传感器无法比拟的优点，因此在航空、航天、汽车、生物医学、环境监控、军事以及几乎人们接触到的所有领域中都有着十分广阔的应用前景。现代汽车采用的安全气囊、防抱死制动系统（ABS）、电喷控制、转向控制和防盗器等系统都使用了大量的微机电系统器件。为了防止汽车紧急刹车时发生方向失控和翻车事故，目前各汽车制造公司除了装备ABS系统之外，又研制出电子稳定程序（ESP）系统与ABS系统配合使用。发生紧急刹车情况时，这一系统可以在几微秒之内对每个车轮进行制动，以稳定车辆行车方向。国外已经开始研究基于微机电系统的微型卫星，这种卫星重量仅有1kg，但可以完成目前成吨重卫星所能完成的任务。

据美国每日科学网站2011年8月24日报道，人类的步伐不久将为便携式电器充电。在《自然通讯》上发表的一篇论文中，汤姆·克鲁片金和阿什利·泰勒这两位威斯康星－麦迪逊大学的工程研究人员介绍了一种新型能源获取技术，能大大降低我们对电池的依赖，并借以获取人类运动的能源来为便携式电器充电。机械工程学教授克鲁片金解释道：一般来说，人类是非常强大的产能机器。一个人在快跑时，可以产生多达1kW的功率。克鲁片金指出，仅仅收集一小部分人类产生的能量，就足以为许多移动电器充电，这些设备包括掌上电脑、手机、闪光灯等所有便携电器。他指出，一直以来所缺乏的，是可以确保这种电能利用形式正常工作的机电能源转换技术。”目前的能源获取技术要么针对像风风能或太阳能这种高能利用，要么针对像计算器、手表或传感器这类低耗能电器应用。泰勒认为：一直缺失的是几瓦特范围内的能源。这种能源范围正是便携式电器所需要的。研究人员解释说，太阳能可以被用来为便携式电器提供电力，但与人类运动不同的是，直接的太阳光通常不能轻而易举地为移动电器用户提供电力来源。在《自然通讯》上发表的报告中，克鲁片金和泰勒推出了一种被称为反向电浸湿的创新型能源获取技术，这是威斯康星－麦迪逊大学的研究人员发现的一种现象。机械能可借助一种由成千上万个微小液滴构成的微流体装置与一种创新型纳米结构的酶作用物相互作用后被转化成电能。这项技术可能将促成一种装嵌在鞋子里的创新式能量收集器，可捕捉人类走路时产生的能量（这种能量通常都以热量散失掉了），并将其转化为多达20W的电能，以用于为移动电器设备充电。不同于传统电池的是，这种能量收集器从不需要再充电，因为在正常的走路过程中始终在产生着新的能源。

第十二节 生物电工技术

医用仪器及设备是生物医学与机电工程技术相互结合、相互渗透、相互促进的产物。当今，医疗仪器及设备已成为临床医学、预防医学和医学研究不可缺少的物质手段。

医用仪器及设备按功能特征可以分为诊断、治疗两大类。医用诊断仪器及设备主要用于如下几个方面：生物电检测；非电生理参数检测（生理功能诊断）；临床检验分析；病人监护；人体组织结构形态的影像重建诊断等。医用治疗仪器及设备的原理是利用某种形式的电能或机械能作用于人体组织，使之产生热效应或化学效应，使肌体兴奋或抑制，促进血液循环或恢复某种正常生理功能，起到镇痛、止痒、解痉、消炎等治疗作用。

一、生物电检测仪器

生物体活动时，会产生生物电（bioeletricity），如心电、眼电、神经电和细胞电等，生物电信号基本参数见表4－12－1。采用生物电检测仪器记录这些微弱的生物电信号，可以进行疾病的诊断和医学研究。生物电检测仪器的结构原理框图见图4－12－1。

表 4-12-1　　**生物电信号基本参数**

生物电	幅　值	频　谱 (Hz)	信号源阻抗 (kΩ)	极化电压 (mV)	干扰电压 (50Hz)
心电	0.1～8mV	0.2～100	数～数十	±300	数伏
脑电	10μV～1mV	1～60		±100	
皮电	50μV～0.2mV	1～100		±300	
肌电	20μV～30mV	10～3000		±300	
眼电	50μV～200μV	直流～20		几十	
胃电	50μV～2mV	0.001～20		几	
细胞电	100μV～100mV	直流～10^4	数千	几	
胎心电	20μV～100μV	5～60		几十	

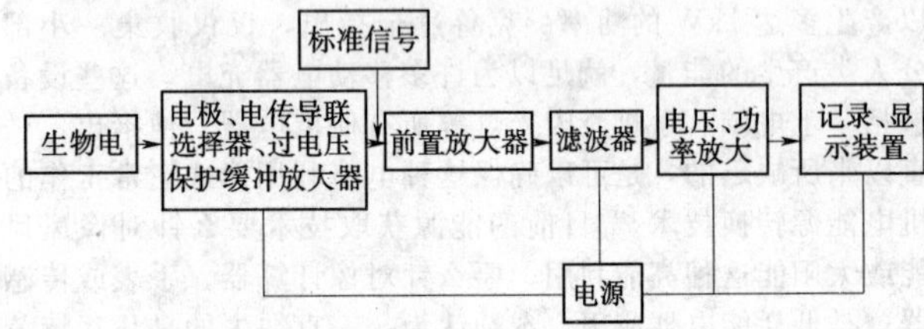

图 4-12-1　生物电放大记录仪原理框图

（一）心电图机

心电图机用来记录心脏活动时心肌的生物电信号。自体表引出的典型心电图波形和各波的名称见图 4-12-2。心电图的变化，可帮助判断心脏功能是否正常，可以提示多种心脏疾病的发生和存在。

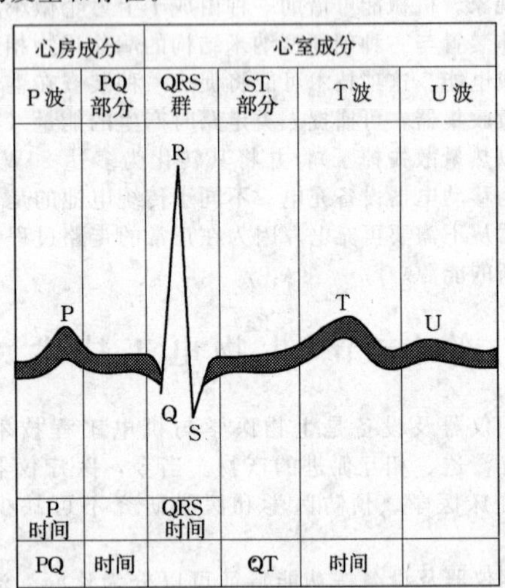

图 4-12-2　典型心电波形图

心电图机主要由放大器、记录装置、导子和导联选择器组成。其结构框图见图 4-12-3。

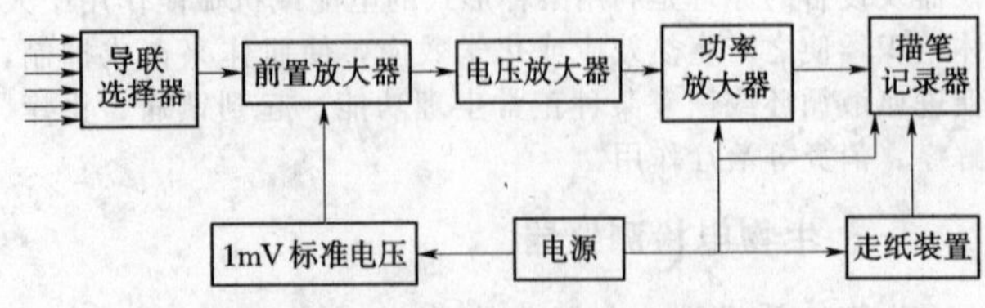

图 4-12-3　心电图机的结构框图

ECG—5403 型三导自动控制心电图机，可自动完成下列工作：标准 12 导联自动切换；灵敏度调整；基线判断和记录。它的主要技术指标如下：

（1）输入阻抗：100MΩ。

（2）共模抑制比：100dB 以上。

（3）频响特性：0.05～100Hz（-3dB 以内）。

（4）时间常数：3.2s 以上。

（5）最大灵敏度：40mm/mV（分为四档：40、20、10、5mm/mV）。

（6）走纸速度：2.5mm/s、5mm/s、10mm/s、25mm/s、50mm/s、100mm/s。

（7）患者漏电流：10μA 以下。

（8）外壳漏电流：10μA 以下。

（9）安全标准：符合 IEC 的Ⅰ级、CF 型安全规定。

（10）线性：精度在±2%以内。

（11）电源：100V、110V、117V、125V、220V、240V，50Hz、60Hz，80VA。

（二）脑电图机

脑电图机用来记录大脑皮层神经细胞的生物电信号。它描绘的频率不同的波形对应于脑部的不同工作状态，如睡眠、激动等。从脑电图的波形、频率、连续性和不同电极信号的差别等，可获得有用的诊断信息。

脑电图机主要由电极、输入部分、放大装置、记录器和电源等几部分组成，其结构框图见图 4-12-4。

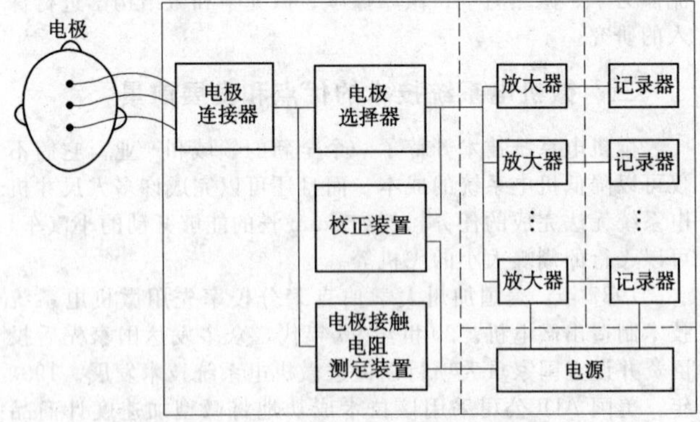

图 4-12-4　脑电图机的结构框图

1A73 型脑电图机为 8 导脑电图机，其特点如下：

（1）可记录 1μV/mm、时间常数为 1s 的微弱脑电。

（2）采用银—氯化银电极，可记录慢波、小振幅。

（3）可记录重叠在心电图上的呼吸曲线。

（4）数字时钟，实时显示。

（5）自动切换光刺激频率。

（6）自动图形转换。

（7）采用新型宝石笔。

(8) 漏电流低于 50μA（符合国际安全标准）。

(9) 同时记录时标和光刺激。

主要技术指标如下：

(1) 最大振幅：11mm。

(2) 线性：±10mm 为 2%。

(3) 频率响应：DC 60Hz±10%。

(4) 时间常数：0.1s、0.3s、1s，全通道同时切换。

(5) 高频滤波器：30Hz，全通道同时切换。

(6) 交流声滤波器：滤除率 1/15。

(7) 共模抑制比：80dB。

(8) 预选器：可选择 24 种信号。

(9) 校正电压：自动输入 50μV 2s 方波。

(10) 图形选择：6 种图形。

(11) 电极阻抗测定：交流电极盒，本机自测定。

(12) 瞬动：走纸，输入转换，图形选择，时间常数切换。

(13) 外形尺寸：113cm×96cm×68cm。

(14) 重量：约 110kg。

(15) 电源：220V，50Hz，110VA。

（三）肌电图机

肌电图机用来记录神经和肌肉的生物电信号。肌电图不仅对肌肉本身的生理分析有用，对于诊断运动神经、肌内障碍等都是有用的手段。此外，肌电图也用于常规检查和康复医学中。

肌电图机由电极、放大器、观测记录装置构成，其结构框图见图 4-12-5。

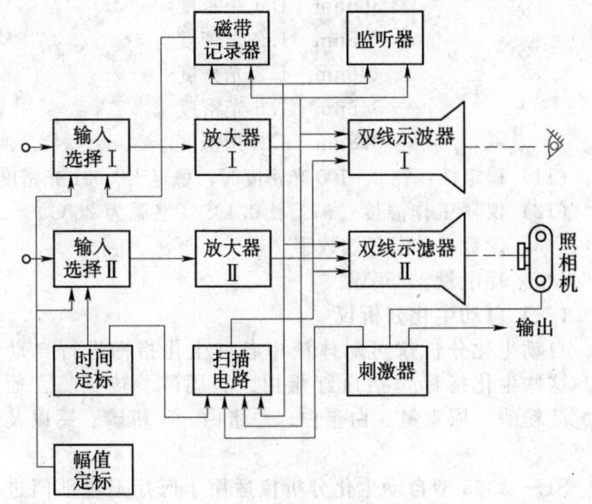

图 4-12-5 肌电图机框图

JD—2 型肌电图机主要技术指标如下：

(1) 灵敏度：20μV/cm，50μV/cm，100μV/cm，200μV/cm，500μV/cm，1000μV/cm，2000μV/cm，5000μV/cm，10000μV/cm。

(2) 输入阻抗：20MΩ。

(3) 共模抑制比：80dB 以上。

(4) 噪声：10μV（峰－峰值）。

(5) 频响特性：500kHz、2kHz、5kHz、2Hz、20Hz、50Hz。

(6) 幅度定标：10mV、400Hz。

(7) 肌电输出幅度：1kΩ 负载时 0.5V（峰－峰值）。

(8) 50Hz 干扰抑制：20dB 以上。

(9) 扫描速度：1ms/cm，2ms/cm，5ms/cm，10ms/cm，20ms/cm，50ms/cm，100ms/cm，200ms/cm，误差 15%。

(10) 扫描非线性：小于 10%。

(11) 触发方式：内触发、外触发、刺激触发连续摄影、外触发大于 10V 负脉冲。

(12) 刺激强度：负载 10kΩ 时，输出 0～500V。

(13) 刺激器工作方式：单次、重复、序列。

(14) 重复频率：1～10 次/s、10～100 次/s，误差 20%。

(15) 脉冲宽度：100～1000μs，误差 10%。

(16) 序列宽度：200～900ms，误差 10%。

(17) 刺激同步输出幅度：负载为 10kΩ，大于 5V。

(18) 监听放大器不失真功率：8W（负载 8Ω）。

(19) 监听器频响：100Hz～10kHz（－3dB）。

(20) 电源：220V±10%，50Hz，耗电 120VA。

二、非电生理参数检测仪器

常见的非电生理参数有体温、心音、脉搏、血压、血流、呼吸等。非电生理参数检测仪通过各种医用换能器，将非电生理参数变成电信号，放大后进行显示或记录。在非电生理参数检测仪中，医用换能器是关键部分，它应满足下列要求：

(1) 与生物体耦合良好，重复性要。

(2) 具有足够的灵敏度，适当的频率响应，良好的线性。

(3) 对生物体的生理扰动小。

(4) 多功能，可互换，小型化。

(5) 力求对生物体的无创伤检测。

(6) 用电安全，绝缘可靠。

（一）心音计

心脏活动的机械振动传达到胸壁上的可听部分，称为心音。心脏活动不正常时的心音，称为心杂音。心脏活动的一个周期中，有两个过滤的心音，即第一心音和第二心音。正常心音的波形见图 4-12-6。心音的基本频率为 20～800Hz，心音以 200Hz 以下的成分为主，而心杂音以 200Hz 以上成分为主，且比心音微弱。

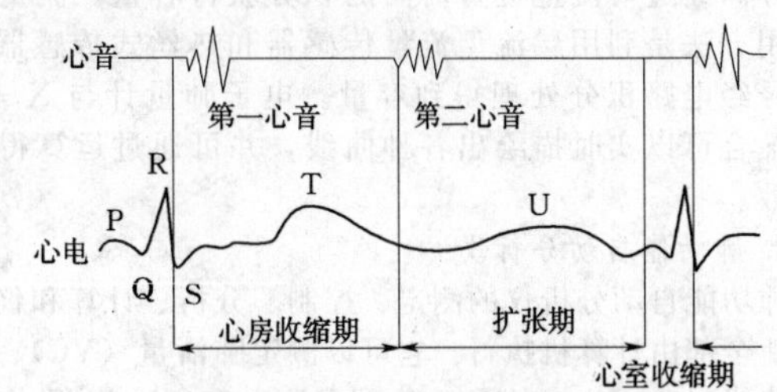

图 4-12-6 心音波形示意图

心音计利用心音换能器，将心音及心杂音变换成电信号后进行显示或记录。其原理框图见图 4-12-7。

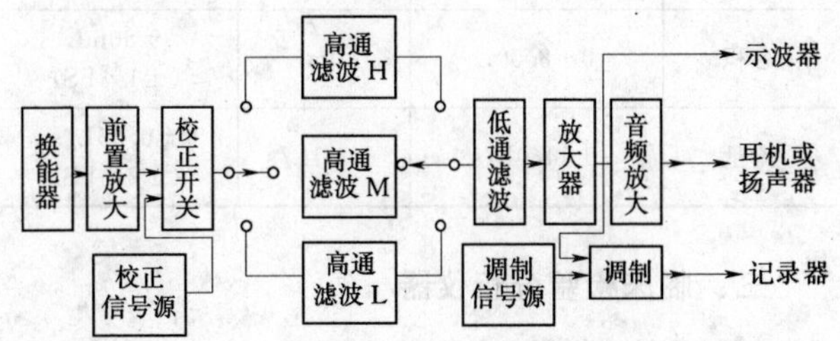

图 4-12-7 心音计原理框图

(二) 脉象仪

脉象仪是模拟中医切脉全过程，客观地描记和分析中医脉象图形的仪器。它由换能器、放大部分、记录和显示部分三部分组成。

脉象仪输出信号可直接记录得到脉象图形（见图4-12-8），也可以经适当的数据处理后，得到脉波斜率、脉波传播速度等图形。

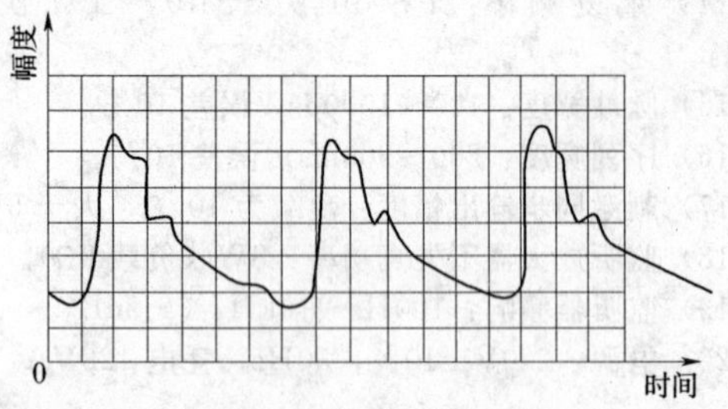

图4-12-8　脉象图形的一种

(三) 血压检测装置

血压检测装置用于检测医学上最常测量的生理参数——血压。每一心动周期中，血压的最大值（收缩压）和最小值（舒张压）能够反映某些重要的血管状态和心脏机能，血压的瞬时值能够反映更多的有用信息。人体血压的最大范围为0～40kPa，频谱范围可取为8～100Hz。

血压检测装置通过血压换能器，将血压转换为电信号后进行测量。一般血压换能器由弹性膜和压敏元件组成。弹性膜将单位面积上的压力转换为正比变化的位移量，然后经压敏元件再转换成为电量。常用的血压换能器按压敏元件可分为电阻丝式、硅压阻器件式、差动变压器式三种。

(四) 肺功能检测装置

人体肺功能主要包括通气功能、换气功能、呼吸力学和小气道功能等。

1. 电子肺量计

电子肺量计是一种间接式测量仪器，实质上也是一种流量计。经过对流量进行时间的积分获得容量。流量检出的常用方法是利用层流型流量传感器和热丝式传感器。流量信号经电路积分处理得到容量。电子肺量计与X—Y记录仪配合可以实时描绘出各种曲线，并可通过运算得出多项参数。

2. 肺功能自动分析仪

肺功能自动分析仪的测定、控制、分析、计算和仪器自我判断全部由计算机执行。它可以测定肺活量（VC）、流量容积曲线（Q—V）、大通气量（MVV）和闭合容积（CV）。主要技术指标见表4-12-2。

表4-12-2　肺功能自动分析装置的技术指标

项目名称	测量范围	分辨力	精度
容积	0～8.00L	40mL	±80mL (±1%FS)
流量	±14.0L/s	±0.1L/s	±0.25L/s (±2%FS)

三、临床检验分析仪器

(一) 血液分析仪

现代小型血液分析仪可完成血红素、白蛋白、胆固醇、转氨酶等20多项化验。它为键盘操作，数字显示，打印输出。仪器的检测程序可完成单项测定或多项测定。微型计算机控制的小型、快速血液分析仪的框图见图4-12-9。

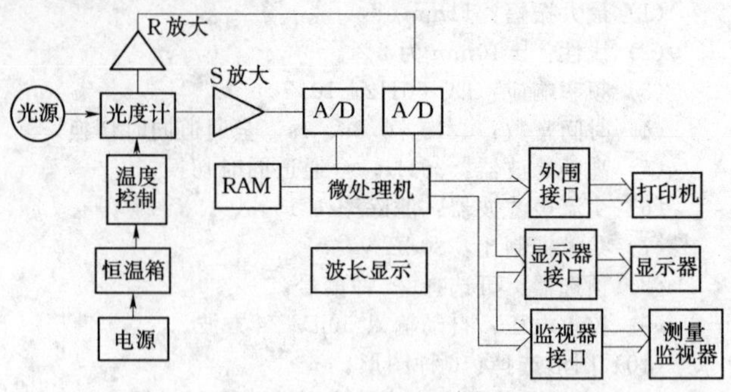

图4-12-9　血液分析仪框图

RaBA—S型血液分析仪的主要技术指标如下：

(1) 比色方式：双光束比色。

(2) 可用波长：366nm，405nm，436nm，546nm，578nm。

(3) 环境温度：10～30℃。

(4) 光源：40W高压汞灯。

(5) 光电器件：硅半导体光电池。

(6) 比色环：圆筒，外径15mm。

(7) 最小比色液量：3mL。

(8) 测量时间：0.5～4.5min，可调。

(9) 测量区域：<1.6光密度。

(10) 线性范围：相对误差在2%以内时

366nm　1.6光密度

405nm　1.2光密度

436nm　1.2光密度

546nm　1.6光密度

578nm　1.6光密度

(11) 稳定性：在0～1.0光密度时，稳定±0.001光密度。

(12) 仪器工作温度：37℃±0.1℃（室温为25℃）。

(13) 读数：4位有效数字。

(14) 耗电量：250W。

(二) 自动生化分析仪

自动生化分析仪可对体液中各种生化指标进行自动分析。这些生化指标包括血红蛋白、胆固醇、转氨酶、葡萄糖、淀粉酶、尿素氮、白蛋白、总蛋白、无机磷、钙以及尿酸等。

SH—3365型自动生化分析仪适用于医疗卫生部门进行血液及其他体液多种生化分析。它是单通道半自动分析仪，其框图见图4-12-10。

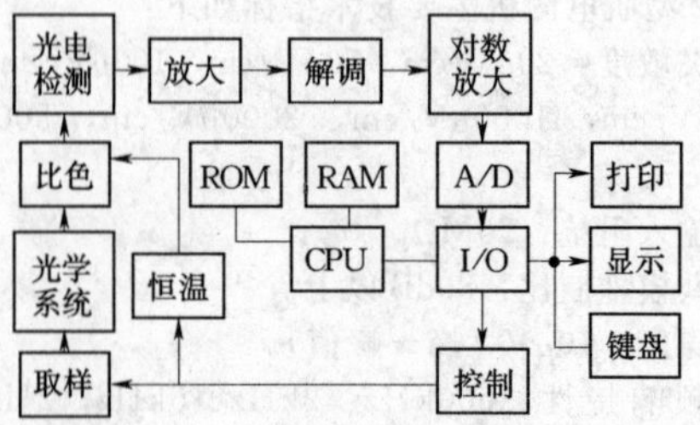

图4-12-10　SH—3365型自动生化分析仪框图

SH—3365型自动生化分析仪主要技术指标如下：

(1) 波长：325～650nm，连续可调。

(2) 波长精度：±2nm。

（3）比色池温度：25℃、30℃、37℃、室温。

（4）池温精度：±0.3℃。

（5）池温稳定度：±0.1℃。

（6）微型计算机：CPUZ80A，ROM12K，RAM4K。

（7）存贮测试参数：18 套。

（8）断电保护时间：21 天。

（9）显示、打印：$3\frac{1}{2}$位数显、16 位打印。

（三）细胞计数器

细胞计数器又称血细胞分析器，是进行白血球（WBC）、红血球（RBC）及血小板（PLT）计数的数字式自动仪器，也可以用于其他不良导体微粒的计数。细胞计数器具有迅速、准确、操作方便、数字显示和故障时自动报警等功能，已成为血液常规检验的一种重要仪器。

血细胞计数器的框图见图 4-12-11。

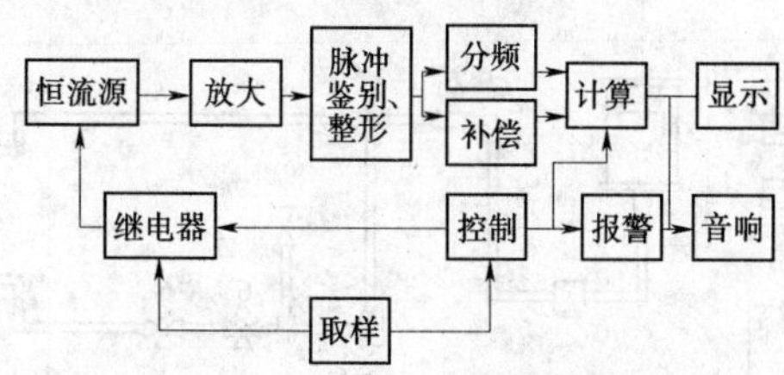

图 4-12-11　血细胞计数器框图

XF503 型细胞计数器计要技术指标如下：

（1）测定项目：RBC、WBC、HGB、WBC CV＜3%，HGB CV＜2%。

（2）测定时间：11s。

（3）稀释比：RBC 1：50000，WBC、HGB 1：500。

（4）样品量：血液 20μL。

（5）重复性：RBC CV≤2%。

（四）血气分析仪

血液气体分析仪简称血气分析仪。

它用于测量血液中酸碱度（pH 值）、二氧化碳分压（P_{CO_2}）和氧分析（P_{O_2}）。由此可求出血液中碳酸氢根浓度、标准碳酸氢根浓度、血液缓冲碱、血浆二氧化碳总量及全血血氧饱和度等。

血气分析仪广泛应用于昏迷、休克、严重外伤等危急患者抢救，外科大手术的监视和治疗效果的观察和研究。

血气分析仪由测量电极、测量电路、管道系统、控制、计算机系统和电源等部分组成，见图 4-12-12。

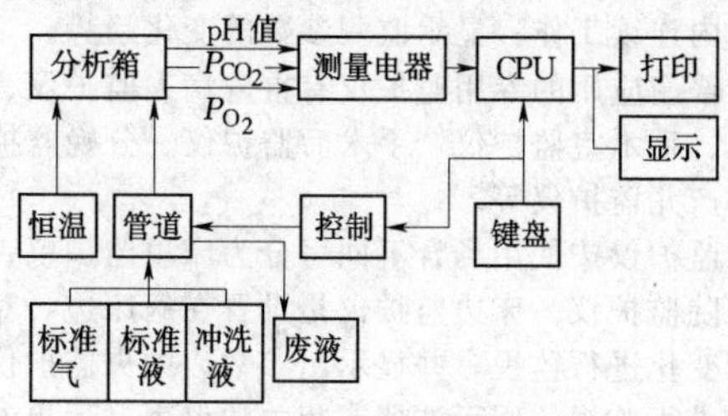

图 4-12-12　血气分析仪框图

ABL_3 型血气分析仪利用电极检测血液中的 pH 值、P_{CO_2}、P_{O_2}三项参数，利用光电比色检测血红蛋白。根据所测得的各项参数，计算并显示（打印）血液中 HCO_3（碳酸氢根）、T_{CO_2}（二氧化碳总量）、ABE（实际剩余碱）、SBE（标准剩余碱）、SBC（标准碱酸氢）、SAT（氧饱和度）和 O_2CT（氧含量）等 7 项参数。

四、生理功能辅助仪器

（一）助听器

助听器是为听力障碍者研制的专用装置。它分为空气传导型、骨传导型、双耳型（或单耳型）。助听器的框图见图 4-12-13。

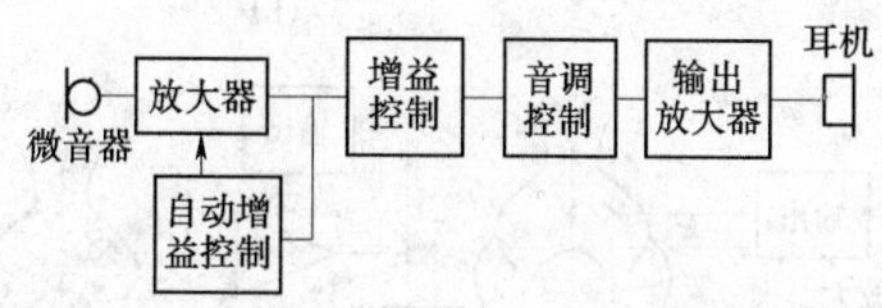

图 4-12-13　助听器框图

助听器的主要技术指标如下：

（1）最大增益（1000Hz）：53dB±5dB。

（2）最大声音输出（1000Hz）：120dB±3dB。

（3）频率范围：200～3000Hz。

（4）谐波失真：≤10%。

（5）随机噪声（1000Hz、增益为 40dB）：≤65dB。

（二）心脏起搏器

心脏起搏器是产生周期电脉冲的电刺激器。通过电极把电脉冲施加于心脏表面、心肌内或心腔内，使心脏按一定频率收缩与舒张。

1. 心脏起搏器组成

各类型心脏起搏器由脉冲发生器、感受放大器、输出电路与电极、电源等组成，见图 4-12-14。

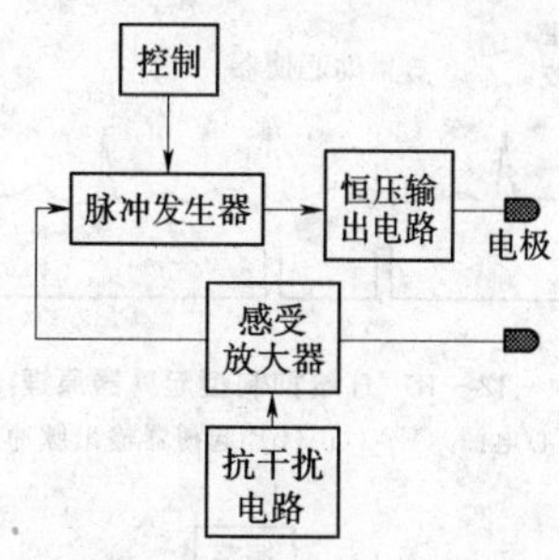

图 4-12-14　心脏起搏器组成

2. 心脏起搏器代码与类型

（1）代码。代码用三个字母组成的序列表示，以反映起搏器的特征。第一个符号表示起搏位置，A 代表心房，V 代表心室，D 代表两个心腔（心房和心室）；第二个符号表示反应模式，I 代表输出抑制或阻断作为对感受信号的反应，T 代表激励或同步输出，O 代表与其他无关。例如 VOO，表示心室起搏，并不感受心脏活动，不能由心脏自发活动修正输出信号。VAT 表示心室起搏，其输出由感受心房信号触发。

（2）类型。心脏起搏器按照刺激方法分为如下几种：

1）不可控刺激型心脏起搏器（或固定节律起搏器，VOO、AOO）。

2）可控刺激型心脏起搏器或同步起搏器，分为：①R 波控制型按需心脏起搏器（VVT、VVI）；②P 波同步型心脏起搏器（AAT、AAI）；③房室顺序型和全自动型心脏起搏器（DVI、DDD）。

心脏起搏器的类型及其电极安放位置见图 4-12-15。

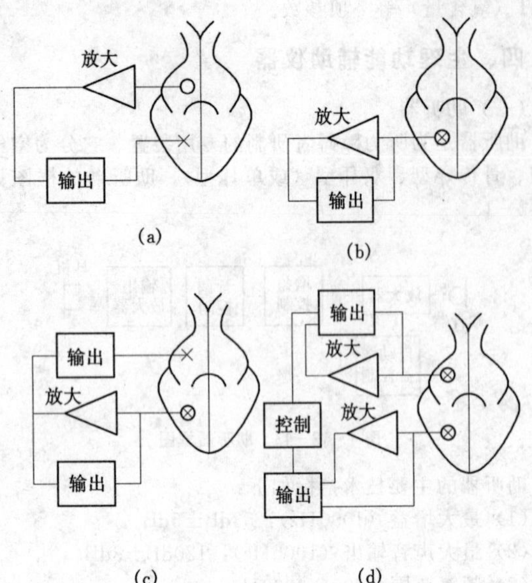

图 4-12-15 心脏起搏器类型及其电极安放位置

(a) AAI；(b) VVI；(c) DVI；(d) DDD

○—感受电极；×—刺激电极

3. 按需式心脏起搏器

按需式心脏起搏器由自动心搏的心电图检测 R 波，当 R 波间隔在正常范围内时，不施加刺激。只有当 R 波间隔过长，或不出现自动心搏时，才以一定节律刺激心脏，其原理见图 4-12-16。R 波抑制型按需心脏起搏器电路框图见图 4-12-17。

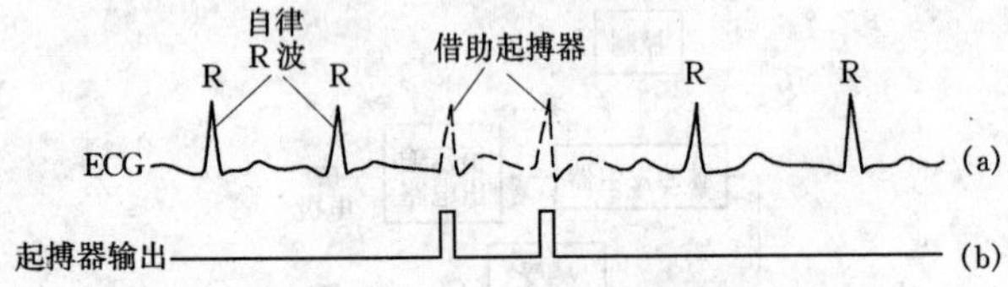

图 4-12-16 R 波抑制型起搏器原理

(a) 心电图 (ECG)；(b) 起搏器输出脉冲

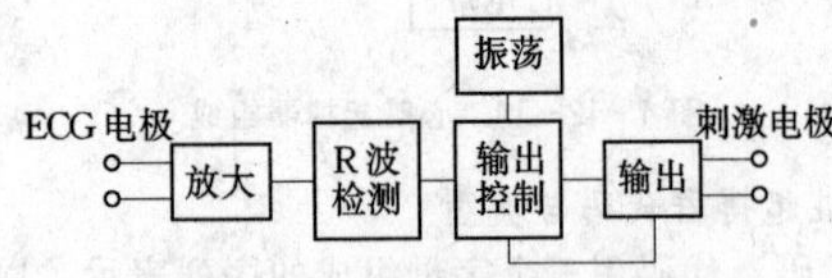

图 4-12-17 R 波抑制型起搏器电器框图

按需式心脏起搏器主要技术指标如下：

(1) 起搏频率：(72±3) 次/min。

(2) 强干扰转换频率：(82±3) 次/min。

(3) 幅度：6V±0.5V。

(4) 脉冲宽度：0.5ms±0.1ms。

(5) 灵敏度：±1.5mV±0.5mV。

(6) 反拗期：270ms±50ms。

(7) 使用寿命：7 年。

(三) 多功能呼吸机

多功能呼吸机适用于临床抢救、治疗各种通气功能障疾病，对缺氧、通气不足、急性或慢性呼吸衰竭等重症进行间歇指令通气（间歇强制呼吸，SIMV）和间歇深呼吸(SIGH)。

多功能呼吸机的控制参数如下：

(1) 通气量：0.5～20L/min。

(2) 呼吸频率：6～60L/min。

(3) 吸入供气时间：15%，20%，25%，33%，50%呼吸周期。

(4) 屏气时间：0，5%，10%，15%，20%呼吸周期。

(5) 吸入氧浓度：21%～100%。

(6) 吸气触发压力：0～1.96Pa (0～45cm H_2O)。

(7) 压力限制：0.98～9.8Pa (10～100cm H_2O)。

(8) 预置工作压力：0.98～9.8Pa (10～100cm H_2O)。

(四) 血液透析装置

血液透析装置用于抢救和治疗急性和慢性肾功能衰竭以及严重创伤、中毒引起的肾功能疾病，对病人进行血液透析、序量超滤透析、单纯超滤等治疗。血液透析装置的管路见图 4-12-18。

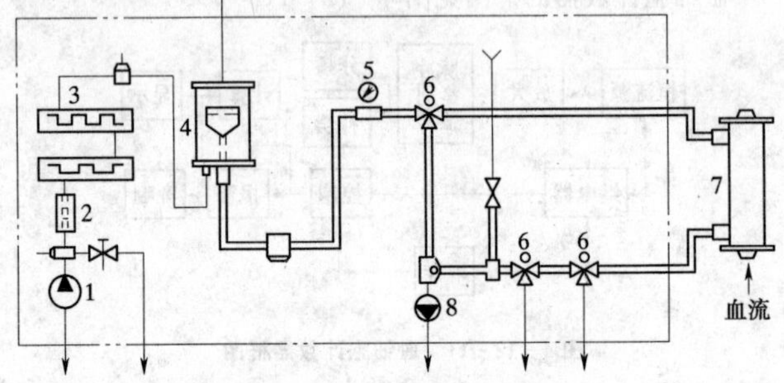

图 4-12-18 血液透析装置管路图

1—输液泵；2—流量表；3—加热管；4—稳定器；
5—负压表；6—电磁阀；7—透析器；8—透析泵

血液透析装置的主要技术指标如下：

(1) 进液温度：10～35℃。

(2) 透析流量可调范围：300～600mL/min。

(3) 透析液温度可调范围：(36～40)℃±0.5℃。

(4) 透析液报警温度：4.5℃±0.5℃。

(5) 透析液压力可调范围：0～-53.3kPa。

(6) 静脉压力范围：-13.3～40kPa。

(7) 消毒温度：80℃±8℃。

(8) 消毒报警温度：91℃，均伴声光报警。

五、病人监护仪器

(一) 概述

病人监护仪器连续检测和控制患者的生理参数，在临床上得到了广泛的应用。监护仪器与诊断仪器不同，必须在一定的时间内连续工作，显示监测参数的变化趋势。

现已普遍应用的专用监护仪有重危病人监护仪、冠心病人监护仪、手术室监护仪、手术后监护仪、分娩监护仪、新生儿及早产儿监护仪等。

病人监护仪按使用场合不同可分为床边监护仪、中央监护仪和离院监护仪。床边监护仪是设置在病床边，对病人的某些病情变化进行监视，并显示出参数。中央监护仪集中了若干病人进行监视，用示波器或相关的仪表显示出参数，可随时了解某个病人的情况，必要时可做记录。离院监护仪一般是病人可随身携带的小型仪器，它可监视某种生理参数，例如 24h 心电监护仪。

监护装置实际上是依监护项目将多种装置按要求加以组合而构成的，它们的功能包括检测、信号处理、信号运算、分析与诊断、显示、记录和报警以及治疗等，见图 4-12-19。

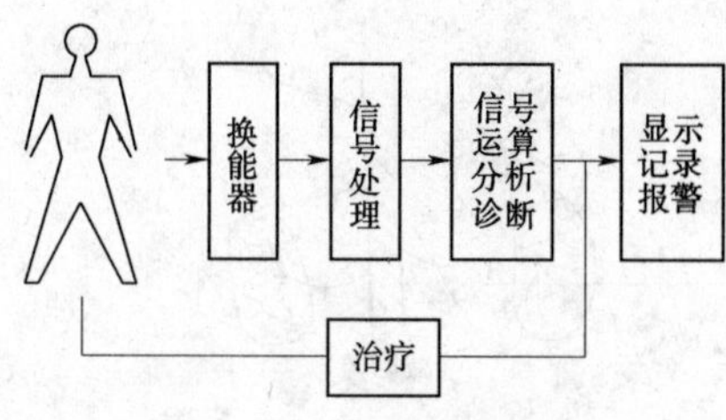

图 4-12-19 病人监护仪框图

(二) 心电监护仪

心电监护仪用于连续监测和报警心电、心率、脉搏和血压。在屏幕上显示心电波形、心率、血压、脉搏等。对心电波形进行冻结和滚动显示。心电监护仪的框图见图 4-12-20。

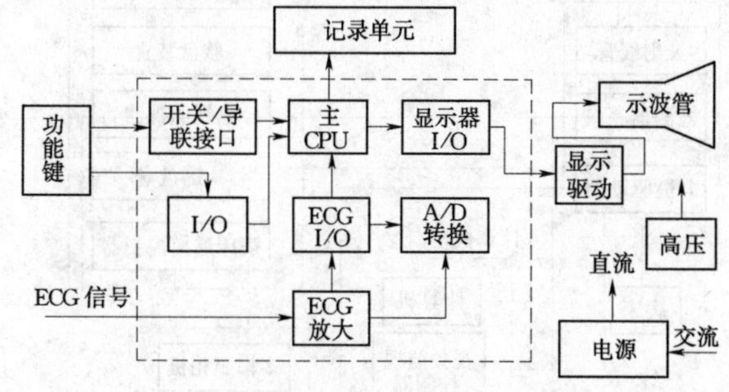

图 4-12-20 心电监护仪框图

(三) 动态心电监护仪

动态心电监护仪分为回放型和实时分析型。回放型动态心电监护仪在病人携带的记录器中只具有记录心电信息的磁带机，在病人动态（日带活动）下记录 24h 心电信息，然后将已经记录心电信号的磁带放在回放分析系统内进行回放分析，作出分析报告，供诊断时使用。

实时分析型动态心电监护仪在病人携带式记录器中配备微处理器，除记录心电信号外，还利用微处理器实时分析心电信号，提取异常心电信号片段，并存储在磁记录器或 RAM 中，可以在发现异常信号时，发出报警号。利用数据压缩算法和大量静态 RAM，可以连续记录 24h 的心电信号。

(四) 重危病人监护仪

重危病人一般指心力衰竭、肾衰竭、危性中毒、急性中毒、急性大量出血和大手术后等患者。重危病人监护仪就是对重危病人的各种症状情况进行监护并及时进行处理的设备。

重危病人监护仪监视的主要生理资料如下：

(1) 循环系统：脉搏、心搏频率、血压、静脉压、左心房压力、皮肤温度、直肠温度、尿量、末梢脉搏、心电图、心音图、心输出量、循环血液流量、循环时间以及红血球的容积等。

(2) 呼吸系统：呼吸数、呼吸深度、换气量、氧消耗量、血液的 pH 值、P_{O_2}、P_{CO_2} 等。

(3) 神经系统：意识状态，脑电波。

(4) 新陈代谢：血清中钠、钾、氯、氨、氮、肌酐。

(5) 其他。

六、医学影像成像装置

医学影像（medical imaging）的成像是利用各种不同类型的能源（超声、放射线等）经人体各组织的吸收或反射，并借助各种换能器择取其有关信息转换为电参数或直接产生光化反应成像，供医学临床上诊断。

(一) X 射线成像装置

医用诊断 X 射线成像装置是直接应用 X 射线在感光胶片上成像的诊断设备。成像质量取决于摄片的管电压、管电流、曝光时间、X 射线管焦点尺寸以及散射线的消除程度。X 射线成像装置规格较多，它的规格及适用范围见表 4-12-3。

表 4-12-3 **X 射线成像装置规格及适用范围**

摄片参数			X 射线管容量 (kW)	高压整流方式	适用范围	主要配套装备
最大管电流 (mA)	最高管电压 (峰值) (kV)	限时范围 (s)				
15	75	0.25～10		单峰	携带式，作透视、摄片，或牙科摄片	简易支架
30～50	90	0.2～6		单峰或双峰	透视、普通摄片异物定位及骨科	轻便诊视床，简易点片装置
100	100	0.1～6		双峰	透视、普通摄片及胃肠检查	诊视床，活动滤线器
200	100	0.04～6	30	双峰	透视、胃肠检查及简易断层摄片、胸片	诊视床，简易直线断层床胸片架、立柱
300	100 125	0.04～6	40	双峰	透视、胃肠检查及简易断层摄片、胸片	诊视床、简易直线断层床、胸片架、立柱
400	100 125	0.02～6	40	双峰	透视、胃肠检查及简易断层摄片、胸片	诊视床、简易直线断层床、胸片架、立柱
500	125 150	0.02～6	50	双峰	透视、胃肠检查多轨迹断层及脑血管循环系统、造影胸片	诊视床、多轨迹断层床、吊架胸片架、影像增强电视系统
800	125 150	0.006～6	50	6～12 峰	上述各方面及单向心血管造影	诊视床，多轨迹断层床吊架胸片架，影像增强电视系统快速换片机压力注射器
1000	150	0.003～6	80	12 峰	透视、胃肠检查、多轨迹断层胸片、各种造影及间接摄片	诊视床，多轨迹断层床，导管床，吊架、C形吊架（U形臂）胸片架，快速换片机压力注射器，电视系统，35mm 照相机 70mm 照相机
1250	150	0.001～6	100	12 峰		

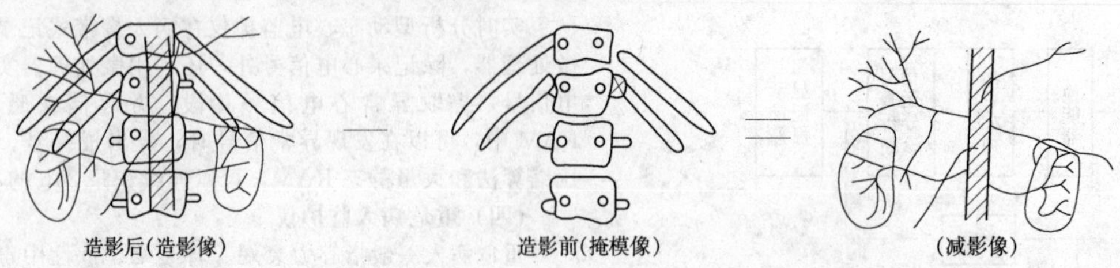

图 4-12-21 DSA 工作原理图

(二) X 射线数字减影成像设备

X 射线数字减影成像设备简称 DSA 设备，是一种采用影像增强电视及计算机图像处理技术的新型 X 射线设备。它一般用于 X 射线血管造影。

DSA 的工作原理见图 4-12-21。在血管造影时，当患者从静脉注入造影剂之后，将造影剂到达诊断部位时的图像与造影剂到达前的图像相减，即可将血管之外的像消除，便可在监视器上实时得到高对比度的血管图像。

DSA 设备的框图见图 4-12-22。在实际使用过程中，为消除因患者移动或脏器本身的运动而产生的移动赝象，一般采用再度掩模、再度配准等后处理技术，以提高图像质量。进行距离、离度、容积等计算，可对心脏功能进行分析。

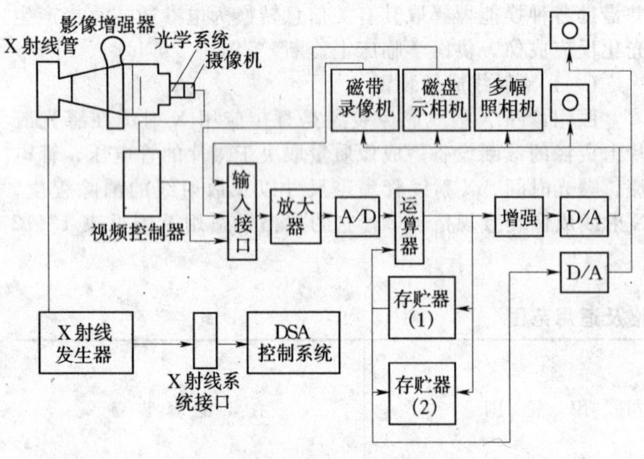

图 4-12-22 DSA 设备框图

(三) X 射线断层成像设备

X 射线断层成像设备简称 CT，是从断层扫描技术上发展起来的。利用 X 射线探测器（以替代 X 射线断层摄影的软片）取得的信号，经过计算机处理重建图像。它在诊断上对人体组织密度的分辨能力及对三维物体的显示都具有独特优点，确诊率很高。它对脑出血、脑栓塞、脑脓肿、脑肿瘤等分辨效果甚佳，对利用传统 X 射线机难以分辨的耳听道、眼底、脊椎、心脏血管、肺脏等组织更有其无法比拟的优点。X—CT 设备标准配置见图 4-12-23。

CT350 型 X—CT 主要技术指标如下。

(1) 检测器数量：576。

(2) 扫描区域直径：36cm、45cm、54cm。

(3) 每次扫描层数：1。

(4) 扫描层厚：1.5mm、3mm、4.5mm、9mm、12mm。

(5) 扫描时间：快速扫描，3s；精密扫描，4.8s；高精密扫描，9.6s；扫描定位图，6s。

(6) X 线球管：电压为 100～120kV，脉冲宽度为 2ms，脉冲频率为 125/s，每次扫描脉冲数为 384、600、1200，球管电流为 100～600mA。

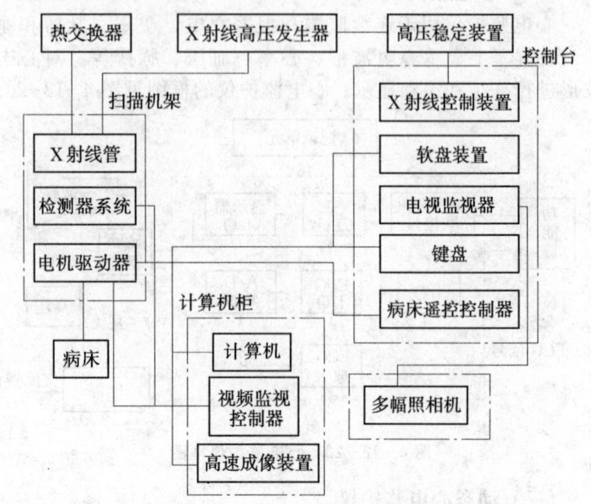

图 4-12-23 X—CT 设备标准配置图

(7) 图像重建：测量次数为 227184（快速扫描）、345600（精密扫描）、691200（高精密扫描）、130176（扫描定位图），像素尺寸为 0.1～1.8mm，图像灰度为 64 级，重建图像矩阵为 256×256、512×512，重建图像时间为 10s（快速扫描）、13s（精密扫描）、23s（高精密扫描）、9s（扫描定位图），空间分辨率为 0.45mm、100%对比度。

(8) 计算机系统：计算机为 P857—128K16，快速图像处理为陈列处理器 AP400，系统磁盘为 2×5.4M 字节。

(四) 核磁共振成像系统 (NMR)

核磁共振成像系统（NMR）是描绘人体氧原子核密度分布图像的新型成像设备。NMR 的原理是在恒定均匀磁场中具有奇数质子和中子的原子核都按一定的方向自旋，当射频脉冲电流频率与原子核旋转的固有频率相同时，吸收了射频能量的原子核便产生共振并沿磁轴方向运动。在射频电流消失后原子核将释放获得的能量以射频波形成发射电信号，其强度反映了原子核的密度，而电信号的衰变弛豫时间 T_1、T_2 反映了组织的结构。由于人体绝大部分由水组成而且人体的病变直接引起氢原子核密度及弛豫时间 T_1、T_2 的改变，因此目前医疗上均以探测氢原子核为主。

NMR 的特点是在生物效应上属于非致电离辐射，是无损伤性检查，可获得人体纵横截面及任意角度的断层图像，对软组织的对比度、分辨率均较好，除显示人体组织结构外尚能检查人体生化结构的改变。

NMR 的结构见图 4-12-24，G—10，G—50 型 NMR 的主要技术指标见表 4-12-4。

表 4-12-4 核磁共振成像装置性能

项 目	常规导磁体	超导导磁体
型号	G—10	G—50
静磁场强度	0.5T	0.5T
成像部位	全身	全身
共振原子核	氢	氢
成像方式	二维傅里叶变换	二维傅里叶变换
成像种类	SR像、SE像、IR像、弛豫时间计算值像	SR像、SE像、IR像、弛豫时间计算值像
断层厚度	5mm、7.5mm、10mm、12.5mm、15mm	2.5mm、5mm、15mm、20mm
断层面	额状面、矢状面、横断面、任意倾斜断面	额状面、矢状面、横断面、任意倾斜断面
图像视野	头部 260mm×260mm（标准） 全身 360mm×360mm（标准）	头部 260mm×260mm（标准） 全身 450mm×450mm（标准）
空间分辨率	1.5mm以下	1.0mm以下
摄影时间	标准 2min，最短 30s	标准 2min，最短 30s
断层数	最大 16 个断层/扫描	最大 32 个断层/扫描
反射波	最多 3	最多 5
摄影矩阵	128×128，256×256	128×128，256×256
显示矩阵	512×512	512×512
灰度	256	256

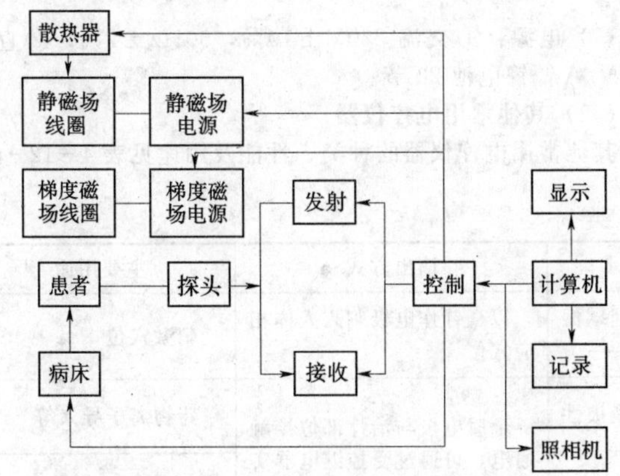

图 4-12-24 NMR 的结构

（五）超声成像设备

超声成像设备（medical ultrasound imuging instrument）向人体组织发射超声波，然后接收反射回来或透射的超声波信号，经放大和处理后显示（见图 4-12-25）。根据人体不同组织对超声波的传播特性的差异，取得信号，供医生诊断。由于超声对人体无损伤，显示迅速，尤对软组织分辨率高，故应用广泛。

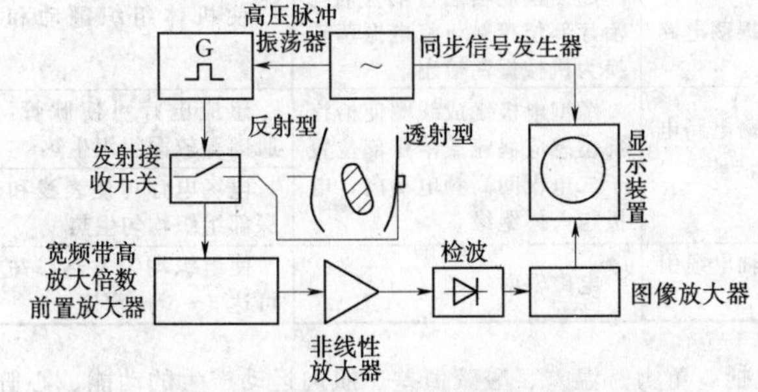

图 4-12-25 超声成像设备原理框图

超声成像设备按工作原理的分类见表 4-12-5。

每一种超声成像设备都有自己的特点和应用范围。A型超声成像设备适用于占位性病变和指导穿刺检查方面；M型超声成像设备适用于检查心脏各腔室和瓣膜活动情况；B型超声成像设备使用比较普遍，适用于观察脏器断层图像。

表 4-12-5 超声成像设备分类

利用超声透过的设备		超声摄影仪 超声全息摄影仪
利用超声反射的设备	利用脉冲超声波的设备	A型设备（脉冲波反射） B型设备（反射波调制亮度，合成反射波形成图像） M型设备（循环器官各部分动态显示） 脉冲多普勒设备 综合型诊断设备（或称多功能显像仪）
	利用连续超声波的设备	连续波多普勒（回声）仪 连续波多普勒显像仪

B型超声成像设备的框图见图 4-12-26。

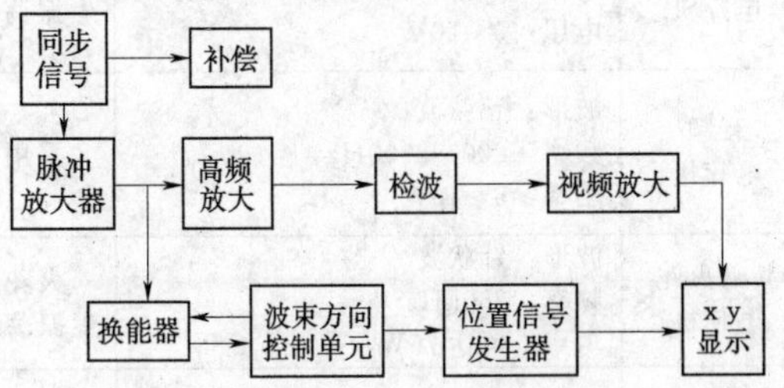

图 4-12-26 B型超声成像设备框图

B型超声成像设备的特点是能显示脏器切面图形，实时成像和反映脏器动态情况。

M型超声心动图仪的框图见图 4-12-27。

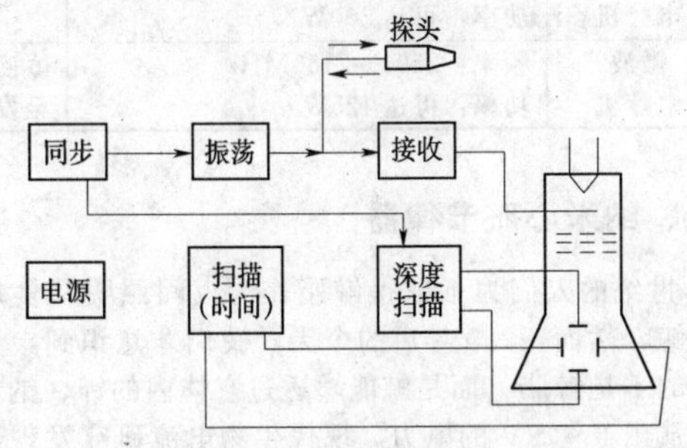

图 4-12-27 M型超声心动图仪框图

M型超声心动图仪显示位置时间曲线，适用于运动脏器（如心脏）的检查。

七、电疗仪器

电疗仪器利用不同形式的电能，刺激人身组织，引起物理、化学变化，使人体组织发生应激（如发热、神经兴奋或抑制、离子移动、超微结构共振等），起到镇痛、止痒、解痉、消炎、促进血液循环或心脏除颤等作用。

（一）心脏除颤器

心脏除颤器（cardiac defibrillator）是利用电击的方法治疗心律失常的电子仪器。临床应用的除颤器分为四种类型，即交流电除颤器、电容器放电除颤器、方波除颤器、电容器放电延迟线除颤器。电容器放电除颤器又分为非同步型除颤器（见图4-12-28）和R波同步型除颤器（见图4-12-29）。

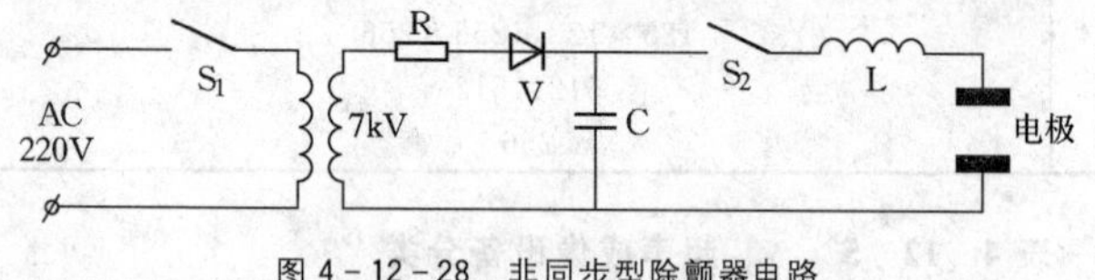

图4-12-28　非同步型除颤器电路

C—高压电容器（16μF）；L—空心线圈（50mH）；R—充电电阻；V—高压二极管

QC—11型除颤器主要技术指标如下：

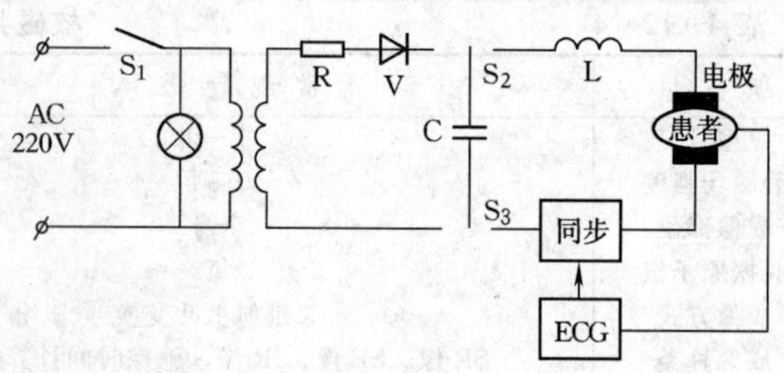

图4-12-29　R波同步型除颤器电路

（1）最大贮能：400J。

（2）能量指标误差：≤15%。

（3）除颤能量：0～400J任意可调。

（4）贮能充电时间：不大于20s。

（5）除颤方式：①同步除颤；②非同步除颤；③机内放电时间小于10s。

（6）同步装置：①输入阻抗大于100kΩ；②对峰—峰值电压为0.5～2.5V的QRS波群不少于200次/min均能可靠触发；③外部干扰为触发脉冲的25%时仍能可靠工作。

（7）电源：①交流220V±10%，50Hz±2%；②直流1.25V/A镉镍电池20节。

（二）其他常用电疗仪器

其他常用电疗仪器的种类、性能及用途见表4-12-6。

表4-12-6　电疗仪器的种类

<table>
<tr><th colspan="2">种类</th><th>主要技术指标（输出）</th><th>电路特点</th><th>输出方式</th><th>主要用途</th></tr>
<tr><td colspan="2">电针麻治疗仪</td><td>波形：双向尖峰波
电压：0～20V（峰—峰值）</td><td>常采用电容接地式间歇振荡器</td><td>以毫针作电极刺入人体相应穴位</td><td>刺激穴位</td></tr>
<tr><td rowspan="3">低频电疗机</td><td>直流电疗机</td><td>电流：0～100mA</td><td>有正反向开关可变换极性</td><td rowspan="2">金属电极与治疗部位接触通电，可通过受控继电器实行间断输出，间断频率为1～3Hz</td><td>药物离子导入等</td></tr>
<tr><td>感应电疗机</td><td>波形：规则或不规则针状波
频率：100～400Hz
电压：0～20V</td><td>用蜂鸣器或间歇振荡器产生振荡波经过变压器输出</td><td>兴奋肌肉的活动能力</td></tr>
<tr><td>音频电疗机</td><td>波形：正弦波
频率：200～2000Hz
功率：5～10W</td><td>采用RC（文氏）振荡器</td><td>金属电极与治疗部位接触通电</td><td>促进血液循环
松弛神经肌肉的痉挛</td></tr>
<tr><td rowspan="5">高频电疗机</td><td>共鸣火花电疗机</td><td>波形：针状波
频率：350kHz
功率：可达75W</td><td>火花放电，LC振荡器产生振荡波经过互感器输出</td><td>玻璃真空电极与治疗部位接触，以分布电容构成回路作火花放电</td><td>使局部皮肤，皮下组织生热</td></tr>
<tr><td>超声波治疗机</td><td>频率：800kHz
功率：可达3W/cm²</td><td>调阳电感反馈式振荡电路</td><td>超声换能器通过耦合剂与治疗部位接触，将电振荡转换为机械振荡输出</td><td>使机体组织颤动和生热</td></tr>
<tr><td>短波电疗机</td><td>频率：13.56MHz
功率：可达200W</td><td rowspan="2">调阳调栅推挽振荡电路电容调谐
感应输出</td><td rowspan="2">缆型电极绕成线圈使治疗部位感应涡流或治疗部位置于二电极间高频电场内，电极与人体绝缘</td><td>感应电疗可使脉管，肌肉等较深组织生热</td></tr>
<tr><td>超短波电疗机</td><td>频率：40.68MHz
功率：可达200W</td><td>电场电疗可使表浅和深部组织均匀生热</td></tr>
<tr><td>微波电疗机</td><td>频率：2300～2450MHz
功率：可达125W</td><td>磁控管振荡经同轴电缆引至发射电极输出</td><td>电磁辐射</td><td>使组织均匀发热，并可达3～5cm深度</td></tr>
</table>

八、纳米心脏节律器

18世纪的人们为了取得鲸脂作为夜间照明及食用油而四处捕鲸，然而，250年后的今天，我们才意识到，真正令人称奇的不是鲸脂，而是鲸能够透过它体内的钾、钠、钙就可以创造出6～12V的电力。现代生物电流研究发现，地球上的许多生物早已学会用多种能量来源的组合来产生电力，包括：重力、温差、酸碱值差、肌肉运动产生的动能、心脏和血液移动产生的压电能、二氧化碳等，这些有效的发电系统早已在生物圈存在很久了。那么，是否像人类制造的电力系统一样，在生物体内存在电池发电和电线传导电流呢？

科学家雷诺慈用非侵入性的方式追踪鲸的心跳已经30多年了。这个只靠磷虾和小鱼维生的巨大生物从前是生活在陆地上的哺乳动物，后来演变成地球上最大、最有智慧的动物，尽管其肌肉、瓣膜、静脉和动脉会随着时间演化，但是把电流传送到庞大的身体各处并协调脉动的韵律仍不是件简单的事情。雷诺慈研究团队搜集了上万只鲸的心电图，并且对搁浅的鲸进行解剖研究，推测鲸体内有些细胞管是专门传导心脏的电流，这些电流行走的时候会自动调整路径，绕过受损的组织。

我们知道现在使用的心脏节律器是把电池启动的装置连到心脏深处，取代人体自然产生电流的能力，虽然成功延长了数百万人的寿命，却也有许多缺陷。雷诺慈团队在鲸的启发下，运用纳米碳管仿效那些如细胞般细小的管子，改善心脏里的电流传送。他所设计出的精细的“纳米心脏节律器”，长度仅700nm，由最新发明的微处理器掌握，灵感来自鲸的导电管道，在实验室里已证实可行。

在好奇心的驱使下，雷诺慈把研究拓展到心脏血液传输之外，进一步了解钾、钠、钙是如何结合，才能不用金属或电池驱动电流？他发现，鲸、人类以及其他哺乳类动物，甚至连苍蝇都不用靠电池或联机就能发电与传导电流。

于是他接连设计了好几个运作上类似自然物种的医学装置，即不用电池和电线自动产生电力。雷诺慈研发出来的医学装置和身体追踪系统，完全只靠身体和周围的能量来运作。相较过去，心律不齐的患者需要耗费庞大的医药费及医疗资源，而雷诺慈的创新发明——纳米大小的管线，运用导管安装，手术过程无须全身麻醉，患者装好管线后几乎不需用药，整个过程只需500美元。

九、纳米级侦测设备

哈佛大学的一项最新研究表明，一种新型纳米级侦测设备可以让研究人员了解细胞的内部运行情况。

这种设备有一个能获取电子读数的晶体管，它镶嵌在一层可嵌入单个活体细胞中的薄膜里面。这种比许多病毒还小的微型探测器是首个能进行细胞内部探测的半导体设备。

研究小组负责人、哈佛大学化学系教授查尔斯·利伯说，这种纳米探测器能在不损伤细胞的情况下进入细胞，这比目前的细胞探测技术有了大幅的提高。

用研究人员的话说，这种纳米级场效应晶体管能使科学家对细胞进行“询问”，以了解细胞的电脉冲情况。

现有的晶体管探测器只能在细胞外部进行工作，就像一个在地面上方盘旋的金属探测器。晶体管需要两个电接触器来测量电压的不同，而把两个大型的电接触器插入细胞就会对细胞造成损伤。新的设备用的是发卡型的纳米电线。弯曲的尖端插入细胞，两个臂则挂在外面，作为晶体管的电接触器。

这种新的设备比其他电子监测设备更容易插入细胞，因为研究人员设法让细胞吸收了它。他们在设备上涂了双层脂质（这跟细胞膜的成分相同），细胞就用吞入病毒和细菌的同样过程吸收了这种设备。

十、电子电位传感器

英国研究人员开发出电子电位传感器。这种仪器可在1m外探测到人体的心脏跳动，还可在距离颅骨3mm的范围内进行脑电图检测。除了在医疗上的应用外，该设备在金属材料、陶瓷裂缝检测，以及大坝、桥梁探伤等领域也有广泛的应用前景。

第五章 电气工程师

第一节 工程师

工程师（Engineer）指具有从事工程系统操作、设计、管理、评估能力的人员，一般从工科院校毕业，接受过系统正规的工程教育。

工程师和科学家（Scientists）不同，科学家努力探索大自然，以便发现一般性法则（general principles），工程师则遵照此既定原则，从而在数学和科学的基础上，解决一些技术问题。科学家研究事物，工程师建立事物。或者说，“科学家们问为什么？工程师们问为什么不能呢？”（Scientists ask why，Engineers ask why not?）最好的例子莫过于大庆油田了。科学家李四光发现大庆地域有大油田，工程师们便想方设法将油从地下抽出来，选准打井位置，解决一系列的难题，在以王进喜为代表大庆石油工人的操劳下，终于把中国贫油的帽子甩到太平洋了。这就是科学家—工程师—工人的有机联系。

工程师的称谓，通常只用于在工程学中持有专业性学位或相等工作经验的人士。如在前苏联，从工科大学毕业的大学生就自然获得工程师的称谓，在参加工作后，在工作实践中逐步取得职位，如工段长、车间主任等。在西欧，工程师称谓的使用被法律所限制，必须用于持有学位的人士，而没有学位的人士使用这一称谓属违法。在美国大部分州及加拿大一些省份亦有类似法律存在，通常只有在专业工程考试中合格后才可被称为工程师。

由于工程项目有很多种类，所以工程师也自然有很多种类，最常见的还是建筑工程师、机械工程师、化学工程师、电气工程师、网络工程师、销售工程师、安全工程师、品质工程师等。

中国改革开放前，工程师由人事部门认定工资系列里技术员和工程师有交错的几级，工程师称谓不分级，只有工资级别，当时规定4级及以上工程师归国务院管辖。

近30年中国将工程师分为四个等级，助理工程师、工程师（中级）、高级工程师、教授级（研究员级、优秀）高级工程师（简称优高工，研高工，教授级高工）。一开始职称和职位挂钩，现在职称和职位已脱钩、工程师认证考试成了最普遍的一种认定方式。

国家规定，大学专科毕业、从事助理工程师工作5年以上；获得学士学位或大学本科毕业，从事助理工程师工作3年以上；获得硕士学位或取得第二学士学位，从事助理工程师工作2年左右，获得博士学位后，经考察合格，所在单位会向上级主管部门申请，组织评审。

就业问题是关系国计民生和社会和谐的大事。对于我国这样一个有着全球最大的高等教育体系的国家来说，培养创业型人才，扩大创业的就业倍增效应，是解决就业问题的有效途径。

在大学教育阶段亟待引入创业教育，从某种程度上看，它比加强专业课教学显得更为重要。

在发达国家，创业教育被纳入教学体系。大学生在本科阶段就能了解并掌握创业理论及技能，如专业技术能力、驾驭市场能力、经营管理能力、社交沟通能力、风险承受能力等。

大学只有在激励创新的体制和环境中才能出成果，大学应追求能造福于人类的“功利”，而不是个人的私利。中国要建立创新型国家，需要大学提供强大的智力支持，理想的大学应该是创新的引领者，这需要大学有一种非功利性的理想主义。

美国斯坦福大学创业中心执行主任蒂娜·齐莉格（Tina Seeling）推出，我们的使命是培养科学家和工程师的创业精神，让他们无论扮演何种角色都能展现创业精神。我们和全世界愈来愈多的大学一样，相信学生只接受纯粹的技术教育已经不够，他们如果想要成功，就必须了解无论在任何工作环境中，也无论在人生的任何层面，他们应该如何扮演富有创业精神的领导人。

齐莉格指出，我们努力培养T型人，T型人至少具备一个领域的深度知识，同时又对于创新和创业有广博的知识，能和其他领域的专才合作无间、实现创意。从每天面对的小小挑战，到需要全球共同关注和解决的重大危机，无论扮演什么角色，解决问题的关键都在于他们的创业心态。事实上，创业精神有助于培养人生中许多重要的能力，包括领导力、团队运作能力，以及谈判、创新和决策力等。没有疑问，就没有解决方案，更不会有创新的机会。外面的世界和学校恰恰相反，每个问题都存在各种可能的答案。更为重要的是，现实人生容许失败。

所谓机会面前人人平等。齐莉格指出，到处都充满机会，无论在何时何地，只要你环顾四周，都可以找到需要解决的问题，有些是世俗的问题，有些是和世界议题相关的大问题。成功创投家科斯拉说得很清楚，问题愈大，机会也愈大。没有人会付钱请你解决不是问题的问题。

无论问题多大，通常都可以通过创意，利用手边既有的资源来解决问题。创业家随时都在寻找可以转变为机会的问题，并且以深具创意的方式，善用有限资源来达到目标。

第二节 担任工程师职务应具备的基本条件

《工程技术人员职务试行条例》中规定的担任工程师职务应具备的基本条件如下。

一、生产、技术管理部门

(1) 基本掌握现代生产管理和技术管理的方法，有独立解决比较复杂的技术问题的能力。

(2) 能够灵活运用本专业的基础理论知识和专业技术知识，熟悉本专业国内外现状和发展趋势。

(3) 有一定从事生产技术管理的实践经验、取得有实用价值的技术成果和经济效益。

(4) 能够指导助理工程师的工作和学习。

二、研究、设计部门

(1) 有独立承担较复杂项目的研究、设计工作能力，能解决本专业范围内比较复杂的技术问题。

(2) 较系统地掌握本专业的基础理论知识和专业技术知识，熟悉本专业国内外现状和发展趋势。

(3) 有一定从事工程技术研究、设计工作的实践经验，能吸收、采用国内外先进技术，在提高、研究、设计水平和经济效益方面取得一定成绩。

(4) 能够指导助理工程师的工作和学习。

第三节 注册电气工程师

一、注册电气工程师的称谓和由来

电气工程师一般是指从事电气系统设计的技术人员，是一种职业称呼，也是一种职业技术等级。

注册电气工程师是指取得《中华人民共和国注册电气工程师执业资格证书》和《中华人民共和国注册电气工程师执业资格注册证书》，从事电气专业工程设计及相关业务的专业技术人员。

国家对从事电气专业工程设计活动的专业技术人员从2003年5月1日起实行执业资格注册管理制度。

2003年3月27日，人事部、建设部以人发〔2003〕25号文印发《注册电气工程师执业资格制度暂行规定》、《注册电气工程师执业资格考试实施办法》和《注册电气工程师执业资格考核认定办法》。注册电气工程师是根据人发〔2001〕5号《人事部、建设部关于发布〈勘察设计注册工程师制度总体框架及实施规划〉及〈全国勘察设计注册工程师管理委员会组成人员名单〉的通知》要求制定的。其目的是为了加强对电气专业工程设计人员的管理，保证工程质量，维护社会公共利益和人民生命财产安全。从事发电、输变电、供配电、建筑电气、电气传动、电力系统等工程设计及相关业务的专业技术人员均可以报名参加执业资格考试。

二、注册电气工程师执业资格考试

注册电气工程师执业资格考试实行全国统一大纲、统一命题的考试制度，原则上每年一次。执业资格考试由基础考试和专业考试组成。电气专业委员会负责拟定电气专业考试大纲的命题，建立并管理考试试题库，组织阅卷评分，提出评分标准和合格标准建议。全国勘察设计注册工程师管理委员会负责审定考试大纲、年度试题、评分标准与合格标准。

注册电气工程师执业资格考试合格者，由省、自治区、直辖市人事行政部门颁发人事部统一印制，人事部、建设部用印的“中华人民共和国注册电气工程师执业资格证书”。

执业注册资格考试是资格认证程序的核心环节。执业注册资格考试严格按照相应的考试大纲执行。

全国勘察设计注册工程师执业资格考试大纲是在建设部执业资格注册中心的领导下，根据我国建设行业的具体情况以及与国际接轨的要求制定的。考试大纲由专业考试大纲和基础考试大纲两个部分组成，前者规定了申请者专业能力的测试标准，后者则体现对申请者工程科学背景的要求。

(1) 执业工程师的工程科学背景要求是从行业的角度对从业者提出的要求，它并不完全等同于工科院校的基础和专业基础教育的要求，执业注册资格基础考试并不是工科高校基础教学考试的简单重复；

(2) 执业资格考试是一种按照独立标准进行的公平认证程序，它原则上不受申请者的学历、学位、职务等传统条件的严格限制。因此，申请者所受的工程基础教育背景差异甚大，有必要在统一的标准下进行检验。

所以，对于基础考试，申请者不可消极应考。正确的做法应当是：根据自身的具体情况，按照基础考试大纲的内容进行系统的学习与准备，切实地充实、强化自身的工程科学基础，从容应对考试。

鉴于申请者教育背景、毕业年限、工作性质、工作岗位及工作经历等诸多因素的影响，基础考试大纲的内容对申请者而言或欠缺或遗忘的情况是普遍存在的，所以为申请者提供适当的考试辅导是必要的、有益的。勘察设计注册工程师资格考试公共基础考试大纲如表 5-3-1 所示。

表 5-3-1　勘察设计注册工程师资格考试公共基础考试大纲

考试科目	考 试 大 纲
数学	(1) 空间解析几何 向量的线性运算；向量的数量积、向量积及混合积；两向量垂直、平行的条件；直线方程；平面方程；平面与平面、直线与直线、平面与直线之间的位置关系；点到平面、直线的距离；球面、母线平行于坐标轴的柱面、旋转轴为坐标轴的旋转曲面的方程；常用的二次曲面．方程；空间曲线在坐标面上的投影曲线方程
	(2) 微分学 函数的有界性、单调性、周期性和奇偶性；数列极限与函数极限的定义及其性质；无穷小和无穷大的概念及其关系；无穷小的性质及无穷小的比较；极限的四则运算；函数连续的概念；函数间断点及其类型；导数与微分的概念；导数的几何意义和物理意义；平面曲线的切线和法线；导数和微分的四则运算；高阶导数；微分中值定理；洛必达法则；空间曲线的切线及法平面；曲面的切平面及法线；函数单调性的判别；函数的极值；函数曲线的凹凸性、拐点；偏导数与全微分的概念；二阶偏导数；多元函数的极值和条件极值；多元函数的最大、最小值及其简单应用
	(3) 积分学 原函数与不定积分的概念；不定积分的基本性质；基本积分公式；定积分的基本概念和性质（包括定积分中值定理）；积分上限的函数及其导数；牛顿—莱布尼兹公式；不定积分和定积分的换元积分法与分部积分法；有理函数、三角函数的有理式和简单无理函数的积分；广义积分；二重积分与三重积分的概念、性质、计算和应用；两类曲线积分的概念、性质和计算；求平面图形的面积、平面曲线的弧长和旋转体的体积
	(4) 无穷级数 数项级数的敛散性概念；收敛级数的和；级数的基本性质与级数收敛的必要条件；几何级数与 p 级数及其收敛性；正项级数敛散性的判别法；任意项级数的绝对收敛与条件收敛；幂级数及其收敛半径、收敛区间和收敛域；幂级数的和函数；函数的泰勒级数展开；函数的傅里叶系数与傅里叶级数
	(5) 常微分方程 常微分方程的基本概念；变量可分离的微分方程；齐次微分方程；一阶线性微分方程；全微分方程；可降阶的高阶微分方程；线性微分方程解的性质及解的结构定理；二阶常系数齐次线性微分方程
	(6) 线性代数 行列式的性质及计算；行列式按行展开定理的应用；矩阵的运算；逆矩阵的概念、性质及求法；矩阵的初等变换和初等矩阵；矩阵的秩；等价矩阵的概念和性质；向量的线性表示；向量组的线性相关和线性无关；线性方程组有解的判定；线性方程组求解；矩阵的特征值和特征向量的概念与性质；相似矩阵的概念和性质；矩阵的相似对角化；二次型及其矩阵表示；合同矩阵的概念和性质；二次型的秩；惯性定理；二次型及其矩阵的正定性

续表

考试科目	考 试 大 纲
数学	(7) 概率与数理统计 随机事件与样本空间；事件的关系与运算；概率的基本性质；古典型概率；条件概率；概率的基本公式；事件的独立性；独立重复试验；随机变量；随机变量的分布函数；离散型随机变量的概率分布；连续型随机变量的概率密度；常见随机变量的分布；随机变量的数学期望、方差、标准差及其性质；随机变量函数的数学期望；矩、协方差、相关系数及其性质；总体；个体；简单随机样本；统计量；样本均值；样本方差和样本矩；χ^2 分布；t 分布；F 分布；点估计的概念；估计量与估计值；矩估计法；最大似然估计法；估计量的评选标准；区间估计的概念；单个正态总体的均值和方差的区间估计；两个正态总体的均值差和方差比的区间估计；显著性检验；单个正态总体的均值和方差的假设检验
物理学	(1) 热学 气体状态参量；平衡态；理想气体状态方程；理想气体的压强和温度的统计解释；自由度；能量按自由度均分原理；理想气体内能；平均碰撞频率和平均自由程；麦克斯韦速率分布律；方均根速率；平均速率；最概然速率；功；热量；内能；热力学第一定律及其对理想气体等值过程的应用；绝热过程；气体的摩尔热容量；循环过程；卡诺循环；热机效率；净功；致冷系数；热力学第二定律及其统计意义；可逆过程和不可逆过程
	(2) 波动学 机械波的产生和传播；一维简谐波表达式；描述波的特征量；波阵面；波前；波线；波的能量、能流、能流密度；波的衍射；波的干涉；驻波；自由端反射与固定端反射；声波；声强级；多普勒效应
	(3) 光学 相干光的获得；杨氏双缝干涉；光程和光程差；薄膜干涉；光疏介质；光密介质；迈克耳孙干涉仪；惠更斯—菲涅尔原理；单缝衍射；光学仪器分辨本领；衍射光栅与光谱分析；X 射线衍射；布喇格公式；自然光和偏振光；布儒斯特定律；马吕斯定律；双折射现象
电工电子技术	(1) 电磁学概念 电荷与电场；库仑定律；高斯定律；电流与磁场；安培环路定律；电磁感应定律；洛仑兹内
	(2) 电路知识 电路组成；电路的基本物理过程；理想电路元件及其约束关系；电路模型；欧姆定律；基尔霍夫定律；支路电流法；等效电源定理；迭加原理；正弦电路稳态分析的相量法；交流电路功率；功率因数；三相配电电路及用电安全；电路暂态；RL、RC 电路暂态特性；电路频率特性；RL、RC 电路频率特性
	(3) 电动机与变压器 理想变压器；变压器的电压变换、电流变换和阻抗变换原理；三相异步电动机接线、启动、反转及调速方法；三相异步电动机运行特性；简单继电—接触控制电路
	(4) 模拟电子技术 晶体二极管；双极型晶体三极管；共射极放大电路；输入阻抗与输出阻抗；射极跟随器与阻抗变换；运算放大器；反相运算放大电路；同相运算放大电路；基于运算放大电路的比较器电路；二极管单相半波整流电路；二极管单相桥式整流电路
	(5) 数字电子技术 "与"、"或"、"非"门的逻辑功能；简单组合逻辑电路；D 触发器；JK 触发器；数字寄存器；脉冲计数器

续表

考试科目	考试大纲
信号与信息技术	物理信号和数据信息；模拟信号描述；模拟信号处理；数字信号与信息；数字信号的逻辑编码与逻辑演算；数字信号的数值编码与数值运算；数字信号的显示编码
化学	（1）物质的结构和物质状态 原子结构的近代概念；原子轨道和电子云；原子核外电子分布；原子和离子的电子结构；原子结构和元素周期律；元素周期表；周期族；元素性质及氧化物及其酸碱性；离子链的特征；共价键的特征和类型；杂化轨道与分子空间构型；分子结构式；键的极性和分子的极性；分子间力与氢键；晶体与非晶体；晶体类型与物质性质
	（2）溶液 溶液的浓度；非电解质稀溶液通性；渗透压；弱电解质溶液的电离平衡；分压定律；电离常数，水解常数同离子效应；缓冲溶液；水的离子积及溶液的 pH 值；盐类的水解及溶液的酸碱性；溶度积常数；溶度积规则
	（3）化学反应速率及化学平衡 氧化还原与电化学；化学反应动力学；化学热力学；化学反应方向的判别；化学平衡
	（4）有机化合物及有机高分子化合物 有机化合物的特点、分类和命名；有机化合物的主要反应；典型有机化合物的性质和用途；有机高分子化合物的三种力学状态和一般共性；几种重要的高分子合成材料
理论力学	（1）静力学 平衡；刚体；力；约束及约束力；受力图；力矩；力偶及力偶矩；力系的等效和简化；力的平移定理；平面力系的简化；主矢；主矩；平面力系的平衡条件和平衡方程式；物体系统（含平面静定桁架）的平衡；摩擦力；摩擦定律；摩擦角；摩擦自锁
	（2）运动学 点的运动方程；轨迹；速度；加速度；切向加速度和法向加速度；平动和绕定轴转动；速度；角加速度；刚体内任一点的速度和加速度
	（3）动力学 牛顿定律；质点的直线振动；自由振动微分方程；固有频率；周期；振幅；衰减振动；阻尼对自由振动振幅的影响——振幅衰减曲线；受迫振动；受迫振动频率；幅频特性；共振；动力学普遍定理；动量；质心；动量定理及质心运动定理；动量及质心运动守恒；动量矩；动量矩定理；动量矩守恒；刚体定轴转动微分方程；转动惯量；回转半径；平行轴定理；功；动能；势能；动能定理及机械能守恒；达朗贝原理；惯性力；刚体作平动和绕定轴转动（转轴垂直于刚体的对称面）时惯性力系的简化；动静法
材料力学	（1）材料在拉伸、压缩时的力学性能 低碳钢、铸铁拉伸，压缩实验的应力—应变曲线；力学性能指标
	（2）拉伸和压缩 轴力和轴力图；杆件横截面和斜截面上的应力；强度条件；胡克定律；变形计算
	（3）剪切和挤压 剪切和挤压的实用计算；剪切面；挤压面；剪切强度；挤压强度
	（4）扭转 扭矩和扭矩图；圆轴扭转切应力；切应力互等定理；剪切胡克定律；圆轴扭转的强度条件；扭转角计算及刚度条件

续表

考试科目	考试大纲
材料力学	（5）截面几何性质 静矩和形心；惯性矩和惯性积；平行轴岔式；形心主轴及形心主惯性矩概念
	（6）弯曲 梁的内力方程；剪力图和弯矩图；分布载荷、剪力、弯矩之间的微分关系；正应力强度条件；切应力强度条件；梁的合理截面；弯曲中心概念；求梁变形的积分法、叠加法
	（7）应力状态 平面应力状态分析的解析法和应力圆法；主应力和最大切应力；广义胡克定律；四个常用的强度理论
	（8）组合变形 拉/压—弯组合、弯—扭组合情况下杆件的强度校核；斜弯曲
	（9）压杆稳定 压杆的临界载荷；欧拉公式；柔度；临界应力总图；压杆的稳定校核
流体力学	（1）流体的主要物性与流体静力学； （2）流体动力学基础； （3）流体阻力与水头损失； （4）孔口、管嘴、管道流动； （5）明渠恒定流； （6）渗流、井和集水廊道； （7）相似原理和量细分析
电子计算机技术	（1）电子计算机分类和特点； （2）电子计算机系统； （3）支撑软件和计算机语言； （4）信息表示； （5）Winclows 操作系统； （6）计算机网络
工程经济	（1）资金的时间价值 资金时间价值的概念；利息及计算；实际利率和名义利率；现金流量及现金流量图；资金等值计算的常用公式及应用；复利系数表的应用
	（2）财务效益与费用估算 项目的分类；项目计算期；财务效益与费用；营业收入；补贴收入；建设投资；建设期利息；流动资金；总成本费用；经营成本；项目评价涉及的税费；总投资形成的资产
	（3）资金来源与融资方案 资金筹措的主要方式；资金成本；债务偿还的主要方式
	（4）财务分析 财务评价的内容；盈利能力分析（财务净现值、财务内部收益率、项目投资回收期、总投资收益率、项目资本金净利润率）；偿债能力分析（利息备付率、偿债备付率、资产负债率）；财务生存能力分析；财务分析报表（项目投资现金流量表、项目资本金现金流量表、利润与利润分配表、财务计划现金流量表）；基准收益率
	（5）经济费用效益分析 经济费用和效益；社会折现率；影子价格；影子汇率；影子工资；经济净现值；经济内部收益率；经济效益费用比
	（6）不确定性分析 盈亏平衡分析（盈亏平衡点、盈亏平衡分析图）；敏感性分析（敏感度系数、临界点、敏感性分析图）
	（7）方案经济比选 方案比选的类型；方案经济比选的方法（效益比选法、费用比选法、最低价格法）；计算期不同的互斥方案的比选

续表

考试科目	考 试 大 纲
法律法规	(1) 中华人民共和国建筑法 总则；建筑许可；建筑工程发包与承包；建筑工程监理；建筑安全生产管理；建筑工褪质量管理；法律责任
	(2) 中华人民共和国安全生产法 总则；生产经营单位的安全生产保障；从业人员的权利和义务；安全生产的监督管理；生产安全事故的应急救援与调查处理
	(3) 中华人民共和国招标投标法 总则；招标；投标；开标；评标和申标；法律责任
	(4) 中华人民共和国合同法 一般规定；合同的订立；合同的效力；合同的履行；合同的变更和转让；合同的权利义务终止；违约责任；其他规定
	(5) 中华人民共和国行政许可法 总则；行政许可的设定；行政许可的实施机关；行政许可的实施程序；行政许可的费用
	(6) 中华人民共和国节约能源法 总则；节能管理；合理使用与节约能源；节能技术进步；激励措施；法律责任
	(7) 中华人民共和国环境保护法 总则；环境监督管理；保护和改善环境；防治环境污染和其他公害；法律责任
	(8) 建设工程勘察设计管理条例 总则；资质资格管理；建设工程勘察设计发包与承包；建设工程勘察设计文件的编制与实施；监督管理

三、注册电气工程师执业资格注册

取得《中华人民共和国注册电气工程师执业资格证书》者，可向所在省、自治区、直辖市勘察设计注册工程师管理委员会提出申请，由该委员会向电气专业委员会报送办理注册的有关材料。

电气专业委员会向准予注册的申请人核发由建设部统一制作，全国勘察设计注册工程师管理委员会和电气专业委员会用印的《中华人民共和国注册电气工程师执业资格注册证书》和执业印章。申请人经注册后，方可在规定的业务范围内执业。注册电气工程师执业资格注册有效期为2年，有效期满需继续执业的，应在期满前30日内办理再次注册手续。

执业资格注册制度为我国工程技术人员个人的执业资格确立了符合国际惯例的规格、标准及严格的认证程序，它的建立和实施，必将进一步推动人才的社会化、市场化和国际化的进程，为我国市场经济的可持续发展提供更加规范的人才保障。

四、注册电气工程师的执业范围

(1) 电气专业工程设计。

(2) 电气专业工程技术咨询。

(3) 电气专业工程设备招标、采购咨询。

(4) 电气工程的项目管理。

(5) 对本专业设计项目的施工进行指导和监督。

(6) 国务院有关部门规定的其他业务。

注册电气工程师只能受聘于一个具有工程设计资质的单位。注册电气工程师执业，由其所在设计单位接受委托并统一收费。

注册电气工程师有权以注册电气工程师的名义从事规定的专业活动。在电气专业工程设计、咨询及相关业务工作中形成的主要技术文件，应当由注册电气工程师签字盖章后生效。注册工程师应当保守在执业中知悉的商业技术秘密；不得准许他人以本人名义执业。注册电气工程师应按规定接受继续教育，并作为再次注册的依据。

五、注册电气工程师专业划分

注册电气工程师新旧专业的对照，如表5-3-2所示。

表5-3-2　注册电气工程师新旧专业对照表

专业划分	新专业名称	旧专业名称
本专业	电气工程及其自动化	电力系统及其自动化 高电压与绝缘技术 电气技术（部分） 电机电器及其控制 电气工程及其自动化
相近专业	自动化	工业自动化 自动化 自动控制 流体传动及控制（部分） 飞行器制导与控制（部分）
	电子信息工程	电子工程 信息工程 应用电子技术
	通信工程	电磁场与微波技术 广播电视工程 无线电技术与信息系统
	计算机科学与技术	电子与信息技术 通信工程 计算机通信 计算机及应用

注　1. 新专业名词指中华人民共和国教育部高等教育司1998年颁布的《普通高等学校本科专业目录》中规定的专业名称。

2. 旧专业名称指1998年《普通高等学校本科专业目录》颁布前各院校所采用的专业名称。

第二篇

电气工程师必备科学素质

第一章　数　学

第一节　初等数学

一、数学常数

$\pi=3.1415\ 92653\ 58979\ 32384\ 62643$

$\pi^{-1}=0.31830\ 98861\ 83790\ 67153\ 77675$

$e=2.7182\ 81828\ 45904\ 52353\ 60287$

$e^{-1}=0.36787\ 94411\ 71442\ 32159\ 55238$

$\sqrt{2}=1.4142\ 13562\ 37309\ 50488$

$\sqrt{3}=1.7320\ 50807\ 56887\ 72935$

$\sqrt{5}=2.2360\ 67977\ 49978\ 96964$

$\sqrt{10}=3.1622\ 77660\ 16837\ 93320$

$\sqrt{\pi}=1.7724\ 53850\ 90551\ 60272$

$\lg 2=0.30102\ 99956\ 63981\ 19521$

$\lg 3=0.47712\ 12547\ 19662\ 43729$

$\ln 2=0.6931\ 47180\ 55994\ 53094$

$\ln 3=1.0986\ 12288\ 66810\ 96913$

$\ln 10=2.3025\ 85092\ 99404\ 56840$

$1\text{rad}=57.2957\ 79513\ 08232\ 08767°$

$1°=0.0174\ 53292\ 51994\ 32957\text{rad}$

$\gamma=0.5772\ 15664\ 90153\ 28606\ 06512$

$\ln\gamma=-0.5495\ 39312\ 98164\ 48223\ 37662$

二、阶乘、排列和组合、二项式定理

(1) 阶乘

$$n!=1\cdot2\cdot3\cdot\cdots\cdot(n-2)\cdot(n-1)n$$

$$(2n)!!=2\cdot4\cdot6\cdot\cdots\cdot(2n-2)\cdot(2n)$$

$$(2n+1)!!=1\cdot3\cdot5\cdot\cdots\cdot(2n-1)\cdot(2n+1)$$

$$0!=1,0!!=0,(-1)!!=0$$

(2) 排列。

从 n 个不同元素中每次取 m 个元素的排列。

$$P_n^m(\text{或 }A_n^m)=\frac{m!}{(n-m)!}$$

(3) 组合。

从 n 个不同元素中每次取 m 个元素的组合。

$$C_n^m=\frac{n!}{m!\ (n-m)!}$$

(4) 二项式定理。

$$(a+b)^n=\sum_{i=0}^{n}C_n^i a^{n-i}b^i$$

三、复数

(1) 复数的表示法。

直角坐标形式（图 1-1-1）

$$\dot{Z}=a+\text{j}b$$

三角函数形式（图 1-1-2）

$$\dot{Z}=r(\cos\theta+\text{j}\sin\theta)$$

极坐标形式

$$\dot{Z}=\sqrt{a^2+b^2}\ \angle\arctan\frac{b}{a}=r\angle\theta$$

指数函数形式

$$\dot{Z}=re^{\text{j}\theta}$$

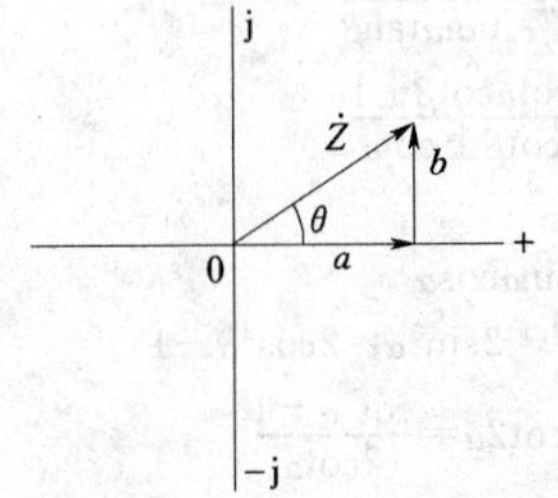

图 1-1-1　直角坐标形式

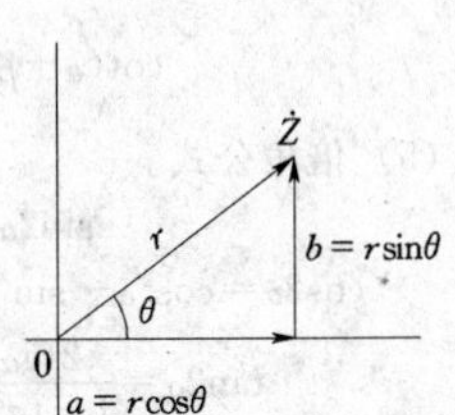

图 1-1-2　三角函数形式

(2) 复数的和与差。

$$(a_1+\text{j}b_1)+(a_2+\text{j}b_2)=(a_1+a_2)+\text{j}(b_1+b_2)$$

$$(a_1+\text{j}b_1)-(a_2+\text{j}b_2)=(a_1-a_2)+\text{j}(b_1-b_2)$$

(3) 复数的积与商。

$$(a_1+\text{j}b_1)(a_2+\text{j}b_2)=(a_1a_2-b_1b_2)+\text{j}(b_1a_2+a_1b_2)$$

$$\frac{a_1+\text{j}b_1}{a_2+\text{j}b_2}=\frac{a_1a_2+b_1b_2}{a_2^2+b_2^2}+\text{j}\frac{b_1a_2-a_1b_2}{a_2^2+b_2^2}$$

(4) 复数的绝对值。

$$\dot{A}=a+\text{j}b,\ |\dot{A}|=\sqrt{a^2+b^2}$$

$$\dot{B}=a-\text{j}b,\ |\dot{B}|=\sqrt{a^2+b^2}$$

$$\dot{C}=\frac{a+\text{j}b}{c-\text{j}d},\ |\dot{C}|=\frac{\sqrt{a^2+b^2}}{\sqrt{c^2+d^2}}$$

(5) 复数的相位角。$\dot{Z}=a+\text{j}b$ 的相位角为 θ，$\tan\theta=\dfrac{b}{a}$（图 1-1-1）。

(6) 共轭复数。复数 $\dot{Z}=a+\text{j}b$ 对应的共轭复数为 $\overline{Z}=a-\text{j}b$。二者的积为 $\dot{Z}\,\overline{Z}=(a+\text{j}b)(a-\text{j}b)=a^2+b^2$。

四、三角函数

(1) 四个象限中的角的三角函数符号，见表 1-1-1。

表 1-1-1　四个象限中的角的三角函数符号

象限	sin	cos	tan	cot
Ⅰ	+	+	+	+
Ⅱ	+	−	−	−
Ⅲ	−	−	+	+
Ⅳ	−	+	−	−

(2) 任意角的三角函数，见表 1-1-2。

表 1-1-2　任意角的三角函数

函数	$-\alpha$	$90°\pm\alpha$	$180°\pm\alpha$	$270°\pm\alpha$	$360°-\alpha$
sin	$-\sin\alpha$	$+\cos\alpha$	$\mp\sin\alpha$	$-\cos\alpha$	$-\sin\alpha$
cos	$+\cos\alpha$	$\mp\sin\alpha$	$-\cos\alpha$	$\pm\sin\alpha$	$+\cos\alpha$
tan	$-\tan\alpha$	$\mp\cot\alpha$	$\pm\tan\alpha$	$\mp\cot\alpha$	$-\tan\alpha$
cot	$-\cot\alpha$	$\mp\tan\alpha$	$\pm\cot\alpha$	$\mp\tan\alpha$	$-\cot\alpha$

(3) 基本恒等式。

$$\sin\alpha\ \cos\alpha=\cos\alpha\ \sec\alpha=\tan\alpha\ \cot\alpha=1$$
$$\sin^2\alpha+\cos^2\alpha=1$$
$$\csc^2\alpha-\cot^2\alpha=1$$
$$\sec^2\alpha-\tan^2\alpha=1$$
$$\tan\alpha=\frac{\sin\alpha}{\cos\alpha}\quad \cot\alpha=\frac{\cos\alpha}{\sin\alpha}$$

(4) 和(差)角公式。

$$\sin(\alpha\pm\beta)=\sin\alpha\ \cos\beta\pm\cos\alpha\ \sin\beta$$
$$\cos(\alpha\pm\beta)=\cos\alpha\ \cos\beta\mp\sin\alpha\ \sin\beta$$
$$\tan(\alpha\pm\beta)=\frac{\tan\alpha\pm\tan\beta}{1\mp\tan\alpha\tan\beta}$$
$$\cot(\alpha\pm\beta)=\frac{\cot\alpha\cot\beta\pm1}{\cot\beta\pm\cot\alpha}$$

(5) 倍角公式。

$$\sin2\alpha=2\sin\alpha\cos\alpha$$
$$\cos2\alpha=\cos^2\alpha-\sin^2\alpha=1-2\sin^2\alpha=2\cos^2\alpha-1$$
$$\tan2\alpha=\frac{2\mathrm{tg}\alpha}{1-\mathrm{tg}^2\alpha}\quad \cot2\alpha=\frac{\cot^2\alpha-1}{2\cot\alpha}$$

(6) 半角公式。

$$\sin\frac{\alpha}{2}=\pm\sqrt{\frac{1-\cos\alpha}{2}}$$
$$\cos\frac{\alpha}{2}=\pm\sqrt{\frac{1+\cos\alpha}{2}}$$
$$\tan\frac{\alpha}{2}=\pm\sqrt{\frac{1-\cos\alpha}{1+\cos\alpha}}=\frac{1-\cos\alpha}{\sin\alpha}=\frac{\sin\alpha}{1+\cos\alpha}$$

(7) 和差与积互化公式。

$$a\sin\alpha+b\cos\alpha=(a^2+b^2)^{\frac{1}{2}}\sin\left(\alpha+\arctan\frac{b}{a}\right)$$
$$\sin\alpha+\sin\beta=2\sin\frac{\alpha+\beta}{2}\cos\frac{\alpha-\beta}{2}$$
$$\sin\alpha-\sin\beta=2\cos\frac{\alpha+\beta}{2}\sin\frac{\alpha-\beta}{2}$$
$$\cos\alpha+\cos\beta=2\cos\frac{\alpha+\beta}{2}\cos\frac{\alpha-\beta}{2}$$
$$\cos\alpha-\cos\beta=-2\sin\frac{\alpha+\beta}{2}\sin\frac{\alpha-\beta}{2}$$
$$\tan\alpha\pm\tan\beta=\frac{\sin(\alpha\pm\beta)}{\cos\alpha\cos\beta}$$
$$2\sin\alpha\cos\beta=\sin(\alpha+\beta)+\sin(\alpha-\beta)$$
$$2\cos\alpha\cos\beta=\cos(\alpha+\beta)+\cos(\alpha-\beta)$$
$$2\sin\alpha\sin\beta=-\cos(\alpha+\beta)+\cos(\alpha-\beta)$$

(8) 反三角函数。

$$\sin(\arcsin x)=x,|x|\leqslant1$$
$$\cos(\arccos x)=x,|x|\leqslant1$$
$$\tan(\arctan x)=x,|x|\leqslant\infty$$
$$\sin(\arccos x)=\sqrt{1-x^2},|x|\leqslant1$$
$$\tan(\arcsin x)=\frac{x}{\sqrt{1-x^2}},|x|\leqslant1$$
$$\cos(\mathrm{arccot}x)=\frac{x}{\sqrt{1+x^2}},|x|<+\infty$$
$$\arcsin(\sin x)=x,|x|\leqslant\frac{\pi}{2}$$
$$\arccos(\cos x)=x,0\leqslant x\leqslant\pi$$
$$\arctan(\tan x)=x,|x|<\frac{\pi}{2}$$
$$\arcsin x+\arccos x=\frac{\pi}{2}$$
$$\arctan x+\mathrm{arccot}x=\frac{\pi}{2}$$

(9) 三角形基本定理。设三角形三个角 A,B,C 的三条对边分别为 a,b,c,外接圆半径为 R,有

正弦定理 $\frac{a}{\sin A}=\frac{b}{\sin B}=\frac{c}{\sin C}=2R$

余弦定理 $a^2=b^2+c^2-2bc\cos A$

正切定理 $\tan\frac{A-B}{2}=\frac{a-b}{a+b}\cot\frac{C}{2}$

面积公式

$$S=\frac{1}{2}ab\sin C=\sqrt{p(p-a)(p-b)(p-c)}$$
$$\left[p=\frac{1}{2}(a+b+c)\right]$$

内切圆半径 $r=4R\sin\frac{A}{2}\sin\frac{B}{2}\sin\frac{C}{2}$

$$=\sqrt{\frac{(p-a)(p-b)(p-c)}{p}}$$

五、双曲函数、反双曲函数和对数函数

(1) 双曲函数。

双曲正弦 $\sinh x=\frac{e^x-e^{-x}}{2}$

双曲余弦 $\cosh x=\frac{e^x+e^{-x}}{2}$

双曲正切 $\tanh x=\frac{\sinh x}{\cosh x}=\frac{e^x-e^{-x}}{e^x+e^{-x}}$

双曲余切 $\coth x=\frac{\cosh x}{\sinh x}=\frac{e^x+e^{-x}}{e^x-e^{-x}}$

双曲正割 $\mathrm{sech}x=\frac{1}{\cosh x}=\frac{2}{e^x+e^{-x}}$

双曲余割 $\mathrm{csch}x=\frac{1}{\sinh x}=\frac{2}{e^x-e^{-x}}$

(2) 双曲函数的基本关系。

$\sinh(-x)=-\sinh x,\cosh(-x)=\cosh x$

$\tanh x\coth x=1,\cosh^2x-\sinh^2x=1$

$\mathrm{sech}^2x+\tanh^2x=1,\coth^2x-\mathrm{csch}^2x=1$

$\cosh x+\sinh x=e^x,\cosh x-\sinh x=e^{-x}$

(3) 反双曲函数。

反双曲正弦 $\mathrm{arsinh}x=\ln(x+\sqrt{x^2+1})$

反双曲余弦 $\mathrm{arcosh}x=\pm\ln(x+\sqrt{x^2-1})$ $(x\geqslant1)$

反双曲正切 $\mathrm{artanh}x=\frac{1}{2}\ln\frac{1+x}{1-x}$ $(|x|<1)$

反双曲余切 $\mathrm{arcoth}x=\frac{1}{2}\ln\frac{x+1}{x-1}$ $(|x|>1)$

(4) 反双曲函数的基本关系。

$\mathrm{arsinh}x=\pm\mathrm{arcosh}(\sqrt{x^2+1})$

$\mathrm{arcosh}x=\pm\mathrm{arsinh}(\sqrt{x^2-1})$

$\mathrm{artanh}x=\mathrm{arsinh}\left(\frac{x}{\sqrt{1-x^2}}\right)$

$\mathrm{arsinh}x\pm\mathrm{arsinh}y=\mathrm{arsinh}(x\sqrt{1+y^2}\pm y\sqrt{1+x^2})$

$\mathrm{arcosh}x\pm\mathrm{arcosh}y=\mathrm{arcosh}[xy\pm\sqrt{(x^2-1)(y^2-1)}]$

$\mathrm{artanh}x\pm\mathrm{artanh}y=\mathrm{artanh}\frac{x\pm y}{1\pm xy}$

(5) 对数函数。

$\log_a a=1$,$\log_a 1=0$,$\log_a x^n=n\log_a x$

$a^{\log_a^x}=x$

$\log_a(x\cdot y)=\log_a x+\log_a y$

$\log_a\left(\frac{x}{y}\right)=\log_a x-\log_a y$

$\log_a x=\frac{\log_b x}{\log_b a}$，$\log_a b\cdot\log_b a=1$

六、三角函数、双曲函数和指数函数的关系

$e^{jx}=\cos x+j\sin x$，$e^x=\cosh x+\sinh x$

$\sin x=\frac{e^{jx}-e^{-jx}}{2j}$，$\sinh x=\frac{e^x-e^{-x}}{2}$

$\cos x=\frac{e^{jx}+e^{-jx}}{2}$，$\cosh x=\frac{e^x+e^{-x}}{2}$

$\sin jx=j\sinh x$，$\cos jx=\cosh x$

$\sinh jx=j\sin x$，$\cosh jx=\cos x$

七、级数

$1-\frac{1}{3}+\frac{1}{5}-\frac{1}{7}+\cdots=\frac{\pi}{4}$

$\frac{1}{1^2}+\frac{1}{2^2}+\frac{1}{3^2}+\cdots=\frac{\pi^2}{6}$

$\frac{1}{1^2}+\frac{1}{3^2}+\frac{1}{5^2}+\cdots=\frac{\pi^2}{8}$

$\frac{1}{1^3}-\frac{1}{3^3}+\frac{1}{5^3}-\cdots=\frac{\pi^3}{32}$

$1+2+3+\cdots+n=\sum_1^n r=\frac{n(n+1)}{2}$

$1^2+2^2+3^2+\cdots+n^2$

$=\sum_1^n r^2=\frac{n(n+1)(2n+1)}{6}$

$1^3+2^3+3^3+\cdots+n^3$

$=\sum_1^n r^3=\frac{n^2(n+1)^2}{4}$

(1) 算术级数。

$$a+(a+d)+(a+2d)+\cdots+[a+(n-1)d]=\frac{n}{2}[2a+(n-1)d]$$

(2) 几何级数。

$$1+x+x^2+x^3+\cdots+x^{n-1}=\begin{cases}\frac{1-x^n}{1-x} & (x\neq 1)\\ \frac{1}{1-x} & (|x|<1,\ n\to\infty)\end{cases}$$

(3) 指数级数和对数级数。

$e^x=1+x+\frac{x^2}{2!}+\frac{x^3}{3!}+\cdots$

$a^x=1+x\ln a+\frac{(x\ln a)^2}{2!}+\frac{(x\ln a)^3}{3!}+\cdots$

$\ln(1+x)=x-\frac{x^2}{2}+\frac{x^3}{3}\frac{x^4}{4}+\cdots$

$(|x|<1)$

(4) 三角级数。

$\sin x=x-\frac{x^3}{3!}+\frac{x^5}{5!}-\cdots$

$\cos x=1-\frac{x^2}{2!}+\frac{x^4}{4!}-\cdots$

$\tan x=x+\frac{x^3}{3}+\frac{2x^5}{15}+\frac{17x^7}{315}+\cdots$

$\left(|x|<\frac{\pi}{2}\right)$

$\arcsin x=x+\frac{x^3}{6}+\frac{1\times 3}{2\times 4}\frac{x^5}{5}+\frac{1\times 3\times 5}{2\times 4\times 6}\frac{x^7}{7}+\cdots\ (|x|<1)$

$\arctan x=x-\frac{x^3}{3}+\frac{x^5}{5}-\cdots\ (|x|<1)$

$\mathrm{sh}x=x+\frac{x^3}{3!}+\frac{x^5}{5!}+\cdots$

$\mathrm{ch}x=1+\frac{x^2}{2!}+\frac{x^4}{4!}+\cdots$

$\mathrm{th}x=x-\frac{x^3}{3}+\frac{2x^5}{15}-\frac{17x^7}{315}+\cdots$

$\left(|x|<\frac{\pi}{2}\right)$

第二节 空间解析几何

一、向量代数

（一）向量（vector quantity）和向量的线性运算

1. 定义

既有大小又有方向的量，如位移、速度、力等这类量，称为向量。向量 $\boldsymbol{a}$ 的大小称为向量 $\boldsymbol{a}$ 的模，记做 $|\boldsymbol{a}|$。

向量的加减法、向量与数的乘法统称为向量的线性运算(linear operation)。

向量 $\boldsymbol{a}$ 与向量 $\boldsymbol{b}$ 的和 $\boldsymbol{a}+\boldsymbol{b}$ 是一个向量 $\boldsymbol{c}$，利用平行四边形法则或三角形法则可得向量 $\boldsymbol{c}$，如图 1-2-1、图 1-2-2 所示。

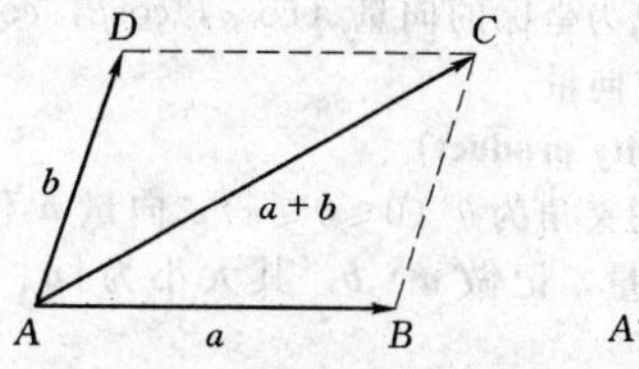

图 1-2-1 平行四边形法则

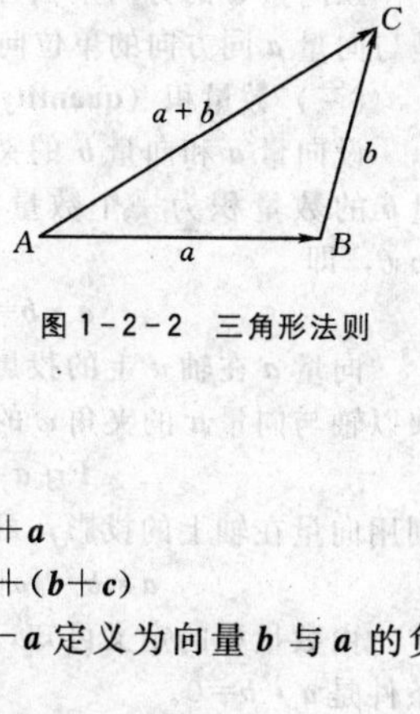

图 1-2-2 三角形法则

2. 运算规律

(1) 向量加法：

1) 交换律 $\boldsymbol{a}+\boldsymbol{b}=\boldsymbol{b}+\boldsymbol{a}$

2) 结合律 $(\boldsymbol{a}+\boldsymbol{b})+\boldsymbol{c}=\boldsymbol{a}+(\boldsymbol{b}+\boldsymbol{c})$

(2) 向量 $\boldsymbol{b}$ 与向量 $\boldsymbol{a}$ 的差 $\boldsymbol{b}-\boldsymbol{a}$ 定义为向量 $\boldsymbol{b}$ 与 $\boldsymbol{a}$ 的负向量 $-\boldsymbol{a}$ 的和，即

$$\boldsymbol{b}-\boldsymbol{a}=\boldsymbol{b}+(-\boldsymbol{a})$$

由向量加法的三角形法则可知：

$$|\boldsymbol{a}+\boldsymbol{b}|\leqslant|\boldsymbol{a}|+|\boldsymbol{b}|,|\boldsymbol{a}-\boldsymbol{b}|\leqslant|\boldsymbol{a}|+|\boldsymbol{b}|$$

(3)向量 $\boldsymbol{a}$ 与实数 λ 的积记作 $\lambda\boldsymbol{a}$，它是一个向量，它的模

$$|\lambda\boldsymbol{a}|=|\lambda||\boldsymbol{a}|$$

它的方向当 $\lambda>0$ 时，与向量 $\boldsymbol{a}$ 相同；当 $\lambda<0$ 时，与向量 $\boldsymbol{a}$ 相反。

(4)向量与数的乘积：

1)结合律 $\lambda(\mu\boldsymbol{a})=\mu(\lambda\boldsymbol{a})=(\lambda\mu)\boldsymbol{a}$

2) 分配律 $(\lambda+\mu)\boldsymbol{a}=\lambda\boldsymbol{a}+\mu\boldsymbol{a}$

$\lambda(\boldsymbol{a}+\boldsymbol{b})=\lambda\boldsymbol{a}+\lambda\boldsymbol{b}$

由向量与数的乘积的定义，可得以下定理。

定理 如果向量 $\boldsymbol{a}\neq\boldsymbol{0}$，那么，向量 $\boldsymbol{b}$ 与向量 $\boldsymbol{a}$ 平行的

充分必要条件是：存在唯一的实数 λ，使 $\boldsymbol{b}=\lambda\boldsymbol{a}$。

（二）向量的坐标（vector coordinate）

1. 定义

设有空间直角坐标系 $O-xyz$，$\boldsymbol{i}$、$\boldsymbol{j}$、$\boldsymbol{k}$ 分别表示沿 x、y、z 轴正向的单位向量，$\boldsymbol{a}=\overrightarrow{M_1M_2}$ 是以 M_1（x_1，y_1，z_1）为起点，M_2（x_2，y_2，z_2）为终点的向量，则向量 $\boldsymbol{a}$ 可表示为

$$\boldsymbol{a}=\overrightarrow{M_1M_2}=(x_2-x_1)\boldsymbol{i}+(y_2-y_2)\boldsymbol{j}+(z_2-z_1)\boldsymbol{k}$$

或
$$\boldsymbol{a}=(x_2-x_1,y_2-y_1,z_2-z_1)$$

其中 x_2-x_1，y_2-y_1，z_2-z_1 称为向量 $\boldsymbol{a}$ 的坐标。

2. 运算规律

设 $\boldsymbol{a}=(a_x,a_y,a_z)$，$\boldsymbol{b}=(b_x,b_y,b_z)$，则

$$\boldsymbol{a}+\boldsymbol{b}=(a_x+b_x,a_y+b_y,a_z+b_z)$$
$$\boldsymbol{a}-\boldsymbol{b}=(a_x-b_x,a_y-b_y,a_z-b_z)$$
$$\lambda\boldsymbol{a}=(\lambda a_x,\lambda a_y,\lambda a_z)$$

3. 向量的模与方向余弦

非零向量 $\boldsymbol{a}$ 与三条坐标轴正向的夹角 α、β、γ 称为它的方向角。向量的模、方向角与坐标之间有如下关系

$$a_x=|\boldsymbol{a}|\cos\alpha,\ a_y=|\boldsymbol{a}|\cos\beta,\ a_z=|\boldsymbol{a}|\cos\gamma$$

其中 $\cos\alpha$、$\cos\beta$、$\cos\gamma$ 称为向量 $\boldsymbol{a}$ 的方向余弦。

利用向量的坐标可得向量的模与方向余弦如下

$$|\boldsymbol{a}|=\sqrt{a_x^2+a_y^2+a_z^2}$$

$$\cos\alpha=\frac{a_x}{\sqrt{a_x^2+a_y^2+a_z^2}},\ \cos\beta=\frac{a_y}{\sqrt{a_x^2+a_y^2+a_z^2}}$$

$$\cos\gamma=\frac{a_z}{\sqrt{a_x^2+a_y^2+a_z^2}}$$

由上式可得

$$\cos^2\alpha+\cos^2\beta+\cos^2\gamma=1$$

以向量 $\boldsymbol{a}$ 的方向余弦为坐标的向量（$\cos\alpha$，$\cos\beta$，$\cos\gamma$）是与向量 $\boldsymbol{a}$ 同方向的单位向量。

（三）数量积（quantity product）

设向量 $\boldsymbol{a}$ 和向量 $\boldsymbol{b}$ 的夹角为 θ（$0\leqslant\theta\leqslant\pi$），向量 $\boldsymbol{a}$ 和向量 $\boldsymbol{b}$ 的数量积为一个数量，记做 $\boldsymbol{a}\cdot\boldsymbol{b}$，其大小为 $|\boldsymbol{a}||\boldsymbol{b}|\cos\theta$，即

$$\boldsymbol{a}\cdot\boldsymbol{b}=|\boldsymbol{a}||\boldsymbol{b}|\cos\theta$$

向量 $\boldsymbol{a}$ 在轴 u 上的投影（记作 $\mathrm{Prj}_u\boldsymbol{a}$）等于向量 $\boldsymbol{a}$ 的模乘以轴与向量 $\boldsymbol{a}$ 的夹角 φ 的余弦，即

$$\mathrm{Prj}_u\boldsymbol{a}=|\boldsymbol{a}|\cos\varphi$$

利用向量在轴上的投影，可将数量积表示为

$$\boldsymbol{a}\cdot\boldsymbol{b}=|\boldsymbol{a}|\mathrm{Prj}_a\boldsymbol{b}=|\boldsymbol{b}|\mathrm{Prj}_b\boldsymbol{a}$$

由数量积的定义可知，向量 $\boldsymbol{a}$ 与向量 $\boldsymbol{b}$ 垂直的充分必要条件是 $\boldsymbol{a}\cdot\boldsymbol{b}=0$。

向量的数量积运算规律：

（1）交换律　$\boldsymbol{a}\cdot\boldsymbol{b}=\boldsymbol{b}\cdot\boldsymbol{a}$

（2）分配律　$(\boldsymbol{a}+\boldsymbol{b})\cdot\boldsymbol{c}=\boldsymbol{a}\cdot\boldsymbol{c}+\boldsymbol{b}\cdot\boldsymbol{c}$

（3）结合律　$(\lambda\boldsymbol{a})\cdot\boldsymbol{b}=\lambda(\boldsymbol{a}\cdot\boldsymbol{b})$（$\lambda$ 为实数）

（四）向量积（vector product）

向量 $\boldsymbol{a}$ 和向量 $\boldsymbol{b}$ 的向量积为一个向量 $\boldsymbol{c}$，记做 $\boldsymbol{a}\times\boldsymbol{b}$，即 $\boldsymbol{c}=\boldsymbol{a}\times\boldsymbol{b}$，$\boldsymbol{c}$ 的模

$$|\boldsymbol{c}|=|\boldsymbol{a}\times\boldsymbol{b}|=|\boldsymbol{a}||\boldsymbol{b}|\sin\theta$$

$\boldsymbol{c}$ 的方向垂直于 $\boldsymbol{a}$ 与 $\boldsymbol{b}$ 所决定的平面，$\boldsymbol{c}$ 的指向按右手法则确定。

设向量 $\boldsymbol{a}=(a_x,a_y,a_z)$，$\boldsymbol{b}=(b_x,b_y,b_z)$，则

$$\boldsymbol{a}\cdot\boldsymbol{b}=a_xb_x+a_yb_y+a_zb_z$$
$$\boldsymbol{a}\times\boldsymbol{b}=(a_yb_z-a_zb_y,a_zb_x-a_xb_z,a_xb_y-a_yb_x)$$

或
$$\boldsymbol{a}\times\boldsymbol{b}=\begin{vmatrix}\boldsymbol{i}&\boldsymbol{j}&\boldsymbol{k}\\a_x&a_y&a_z\\b_x&b_y&b_z\end{vmatrix}$$

由向量积的定义可知，向量 $\boldsymbol{a}$ 与向量 $\boldsymbol{b}$ 平行的充分必要条件是 $\boldsymbol{a}\times\boldsymbol{b}=0$。

向量的向量积运算规律：

（1）$\boldsymbol{b}\times\boldsymbol{a}=-\boldsymbol{a}\times\boldsymbol{b}$ 交换律对向量积不成立。

（2）分配律 $(\boldsymbol{a}+\boldsymbol{b})\times\boldsymbol{c}=\boldsymbol{a}\times\boldsymbol{c}+\boldsymbol{b}\times\boldsymbol{c}$

（3）结合律 $(\lambda\boldsymbol{a})\times\boldsymbol{b}=\boldsymbol{a}\times(\lambda\boldsymbol{b})=\lambda(\boldsymbol{a}\times\boldsymbol{b})$，$\lambda$ 为实数

（五）混合积（composite product）

三个向量 $\boldsymbol{a}$、$\boldsymbol{b}$ 和 $\boldsymbol{c}$ 的混合积是一个数量，这个数量通过先作向量积 $\boldsymbol{a}\times\boldsymbol{b}$，再作数量积 $(\boldsymbol{a}\times\boldsymbol{b})\cdot\boldsymbol{c}$ 得到，混合积记作 $[\boldsymbol{a}\,\boldsymbol{b}\,\boldsymbol{c}]$，即

$$[\boldsymbol{a}\,\boldsymbol{b}\,\boldsymbol{c}]=(\boldsymbol{a}\times\boldsymbol{b})\cdot\boldsymbol{c}$$

设 $\boldsymbol{a}=(a_x,a_y,a_z)$，$\boldsymbol{b}=(b_x,b_y,b_z)$，$\boldsymbol{c}=(c_x,c_y,c_z)$，则

$$[\boldsymbol{a}\,\boldsymbol{b}\,\boldsymbol{c}]=\begin{vmatrix}a_x&a_y&a_z\\b_x&b_y&b_z\\c_x&c_y&c_z\end{vmatrix}$$

向量的混合积 $[\boldsymbol{a}\,\boldsymbol{b}\,\boldsymbol{c}]$ 几何意义如下：

$[\boldsymbol{a}\,\boldsymbol{b}\,\boldsymbol{c}]$ 是这样一个数，它的绝对值表示以向量 $\boldsymbol{a}$、$\boldsymbol{b}$、$\boldsymbol{c}$ 为棱的平行六面体的体积，它的符号由向量 $\boldsymbol{a}$、$\boldsymbol{b}$、$\boldsymbol{c}$ 组成右手系还是左手系来确定，前者为正，后者为负。

二、平面

（一）平面的方程（equation of plane）

设平面 Π 过点 $M_0(x_0,y_0,z_0)$，它的一个法向量 $\boldsymbol{n}=(A,B,C)$，则平面 Π 的方程为

$$A(x-x_0)+B(y-y_0)+C(z-z_0)=0$$

此方程称为平面的点法式方程。

平面的一般方程为

$$Ax+By+Cz+D=0$$

其中 $\boldsymbol{n}=(A,B,C)$ 为该平面的法向量。

设一平面与 x、y、z 轴分别交于 $P(a,0,0)$，$Q(0,b,0)$ 和 $R(0,0,c)$ 三点（其中 $a\neq0$，$b\neq0$，$c\neq0$），则该平面的方程为

$$\frac{x}{a}+\frac{y}{b}+\frac{z}{c}=1$$

此方程称为平面的截距式方程，a、b、c 依次称为平面在 x、y、z 轴上的截距。

（二）两平面的夹角（cone angle of two planes）

两平面的法向量的夹角称为两平面的夹角（通常指锐角）。设有平面 Π_1：$A_1x+B_1y+C_1z+D_1=0$ 和平面 Π_2：$A_2x+B_2y+C_2z+D_2=0$，则 Π_1 和 Π_2 的夹角 θ 的余弦

$$\cos\theta=\frac{|\boldsymbol{n}_1\cdot\boldsymbol{n}_2|}{|\boldsymbol{n}_1||\boldsymbol{n}_2|}=\frac{|A_1A_2+B_1B_2+C_1C_2|}{\sqrt{A_1^2+B_1^2+C_1^2}\sqrt{A_2^2+B_2^2+C_2^2}}$$

由此可得：

若 Π_1 与 Π_2 互相垂直，则有　$A_1A_2+B_1B_2+C_1C_2=0$

若 Π_1 与 Π_2 平行，则有　$\dfrac{A_1}{A_2}=\dfrac{B_1}{B_2}=\dfrac{C_1}{C_2}$

（三）点到平面的距离

空间一点 $P_0(x_0,y_0,z_0)$ 到平面

$$Ax+By+Cz+D=0$$

的距离，由以下公式计算

$$d=\frac{|Ax_0+By_0+Cz_0+D|}{\sqrt{A^2+B^2+C^2}}$$

三、直线

（一）空间直线的一般方程、对称式方程和参数式方程

（1）设空间直线 L 是平面 Π_1：$A_1x+B_1y+C_1z+D_1=0$ 和平面 Π_2：$A_2x+B_2y+C_2z+D_2=0$ 的交线，则 L 的方程为

$$\begin{cases}A_1x+B_1y+C_1z+D_1=0\\A_2x+B_2y+C_2z+D_2=0\end{cases}$$

此方程称为空间直线的一般方程。

（2）设直线 L 过点 $M_0(x_0, y_0, z_0)$，它的一个方向向量为 $s=(m, n, p)$，则直线 L 的方程为

$$\frac{x-x_0}{m}=\frac{y-y_0}{n}=\frac{z-z_0}{p}$$

此方程称为直线的对称式方程。

（3）如设参数 t 如下：

$$\frac{x-x_0}{m}=\frac{y-y_0}{n}=\frac{z-z_0}{p}=t$$

则
$$\begin{cases}x=x_0+mt\\y=y_0+nt\\z=z_0+pt\end{cases}$$

此方程组称为直线的参数式方程。

（二）两直线的夹角

两直线的方向向量的夹角叫做两直线的夹角（通常指锐角）。设直线 L_1

$$\frac{x-x_1}{m_1}=\frac{y-y_1}{n_1}=\frac{z-z_1}{p_1}$$

和直线 L_2

$$\frac{x-x_2}{m_2}=\frac{y-y_2}{n_2}=\frac{z-z_2}{p_2}$$

则 L_1 和 L_2 的夹角 φ 的余弦

$$\cos\varphi=\frac{|s_1\cdot s_2|}{|s_1||s_2|}=\frac{|m_1m_2+n_1n_2+p_1p_2|}{\sqrt{m_1^2+n_1^2+p_1^2}\sqrt{m_2^2+n_2^2+p_2^2}}$$

由此可得：

若 L_1 和 L_2 互相垂直，则有 $m_1m_2+n_1n_2+p_1p_2=0$

若 L_1 和 L_2 相互平行，则有 $\frac{m_1}{m_2}=\frac{n_1}{n_2}=\frac{p_1}{p_2}$

（三）直线与平面的夹角

（1）直线和它在平面上的投影的夹角 φ 称为直线与平面的夹角，通常规定 $0\leqslant\varphi\leqslant\frac{\pi}{2}$。设直线的方程是

$$\frac{x-x_0}{m}=\frac{y-y_0}{n}=\frac{z-z_0}{p}$$

平面的方程是

$$Ax+By+Cz+D=0$$

则直线与平面的夹角 φ 的正弦

$$\sin\varphi=\frac{|Am+Bn+Cp|}{\sqrt{A^2+B^2+C^2}\sqrt{m^2+n^2+p^2}}$$

（2）由此可得：

若直线与平面垂直，则有 $\frac{A}{m}=\frac{B}{n}=\frac{C}{p}$

若直线与平面平行或直线在平面上，则有 $Am+Bn+Cp=0$

（四）点到直线的距离

设 M_0 是直线 L 外一点，M 是直线 L 上任意一点，且直线的方向向量为 s，则由向量积的几何意义知 $|\overrightarrow{M_0M}\times s|$ 表示以 $\overrightarrow{M_0M}$、s 为棱的平行四边形的面积，而 $\frac{|\overrightarrow{M_0M}\times s|}{|s|}$ 表示以 $|s|$ 为边长的该平行四边形的高，即为点 M_0 到直线 L 的距离 d，则

$$d=\frac{|\overrightarrow{M_0M}\times s|}{|s|}$$

四、曲面

（一）柱面（cylindrical）

（1）平行于定直线并沿定曲线 C 移动的直线 L 形成的轨迹叫做柱面，定曲线 C 叫做柱面的准线，动直线 L 叫做柱面的母线。例如，以 xOy 平面上的圆 $x^2+y^2=R^2$ 为准线，平行于 z 轴的直线为母线的圆柱面

$$x^2+y^2=R^2$$

以 xOy 平面上的抛物线 $y^2=2x$ 为准线，平行于 z 轴的直线为母线的抛物柱面

$$y^2=2x$$

（2）在空间直角坐标系中，如果曲面方程 $F(x, y, z)=0$ 中，缺少某个变量，那么该方程一般表示一个柱面。例如，方程 $F(x, y)=0$ 一般表示一个母线平行于 z 轴的柱面，方程 $G(x, y)=0$，$H(y, z)=0$ 依次表示一个母线平行于 y 轴、x 轴的柱面。以下三个方程

$$\frac{x^2}{a^2}+\frac{y^2}{b^2}=1$$

$$\frac{x^2}{a^2}-\frac{y^2}{b^2}=1$$

$$x^2=ay$$

依次表示母线平行于 z 轴的椭圆柱面、双曲柱面、抛物柱面。

（二）旋转曲面（rotating curve surface）

以一条平面曲线绕其平面上的一条直线旋转一周所成的曲面叫做旋转曲面，旋转曲线和定直线依次叫做旋转曲面的母线和轴。例如，顶点在坐标原点 O，旋转轴为 z 轴，半顶角为 α 的圆锥面

$$z^2=a^2(x^2+y^2), (a=\cot\alpha)$$

已知旋转曲面的母线 C 的方程为

$$\begin{cases}f(y, z)=0\\x=0\end{cases}$$

旋转轴为 z 轴，只要将母线的方程 $f(y, z)=0$ 中的 y 换成 $\pm\sqrt{x^2+y^2}$，便得曲线 C 绕 z 轴旋转所成的旋转曲面的方程，即

$$f(\pm\sqrt{x^2+y^2}, z)=0$$

同理，曲线 C 绕 y 轴旋转所成的旋转曲面的方程为

$$f(y,\pm\sqrt{x^2+z^2})=0$$

（三）二次曲面（quadric surface）

三元二次方程所表示的曲面叫做二次曲面。例如：

球面 $(x-x_0)^2+(y-y_0)^2+(z-z_0)^2=R^2$

圆锥面 $\frac{x^2}{a^2}+\frac{y^2}{a^2}=z^2$

椭圆锥面 $\frac{x^2}{a^2}+\frac{y^2}{b^2}=z^2\ (a\neq b)$

椭球面 $\frac{x^2}{a^2}+\frac{y^2}{b^2}+\frac{z^2}{c^2}=1$

椭圆抛物面 $\frac{x^2}{a^2}+\frac{y^2}{b^2}=z$，$\frac{x^2}{a^2}+\frac{y^2}{b^2}=-z$

双曲抛物面 $\frac{x^2}{a^2}-\frac{y^2}{b^2}=z$

单叶双曲面 $\frac{x^2}{a^2}+\frac{y^2}{b^2}-\frac{z^2}{c^2}=1$

双叶双曲面 $\frac{x^2}{a^2}-\frac{y^2}{b^2}-\frac{z^2}{c^2}=1$

五、空间曲线

(一) 空间曲线的一般方程

空间曲线可以看做是两个曲面的交线。若空间曲线 C 是曲面

$$F(x, y, z)=0 \text{ 和 } G(x, y, z)=0$$

的交线，则 C 的方程可用下述方程组表示

$$\begin{cases}F(x, y, z)=0\\G(x, y, z)=0\end{cases}$$

此方程组称为空间曲线 C 的一般方程。

(二) 空间曲线的参数方程

若将空间曲线 C 上动点的坐标 x、y、z 表示为参数 t 的函数，即

$$\begin{cases}x=x(t)\\y=y(t)\\z=z(t)\end{cases}$$

该方程组称为空间曲线 C 的参数方程。

例如，参数方程

$$\begin{cases}x=a\cos\theta\\y=a\sin\theta\\z=b\theta\end{cases}$$

表示的空间曲线是螺旋线。

(三) 空间曲线在坐标面上的投影

将空间曲线 C 的一般方程中的变量 z 消去后所得的方程为

$$H(x, y)=0$$

这表示母线平行于 z 轴，且包含曲线 C 的柱面。以曲线 C 为准线、母线平行于 z 轴的柱面称为曲线 C 关于 xOy 面的投影柱面，投影柱面与 xOy 面的交线称为曲线 C 在 xOy 面上的投影。因此方程 $H(x, y)=0$ 必定包含投影柱面，而方程

$$\begin{cases}H(x, y)=0\\z=0\end{cases}$$

所表示的曲线必定包含空间曲线 C 在 xOy 面上的投影。

第三节 微 分 学

一、函数

(一) 函数 (function) 的特性

1. 函数的有界性

设函数 $f(x)$ 的定义域为 D，数集 $X\subset D$。若存在数 K_1，使得 $f(x)\leqslant K_1$，对任一 $x\in X$ 都成立，则称函数 $f(x)$ 在 X 上有上界，而 K_1 称为函数 $f(x)$ 在 X 上的一个上界；若存在数 K_2，使得 $f(x)\geqslant K_2$ 对任一 $x\in X$ 都成立，则称函数 $f(x)$ 在 X 上有下界，而 K_2 称为函数 $f(x)$ 在 X 上的一个下界；若存在正数 M，使得 $|f(x)|\leqslant M$ 对任一 $x\in X$ 都成立，则称函数 $f(x)$ 在 X 上有界；若这样的 M 不存在，就称函数 $f(x)$ 在 X 上无界。

函数 $f(x)$ 在 X 上有界的充分必要条件是它在 X 上既有上界又有下界。

2. 函数的单调性

设函数 $f(x)$ 的定义域为 D，区间 $I\subset D$。若对于区间 I 上任意两点 x_1 及 x_2，当 $x_1<x_2$ 时，恒有 $f(x_1)<f(x_2)$，则称函数 $f(x)$ 在区间 I 上是单调增加的；若对于区间 I 上任意两点 x_1 及 x_2，当 $x_1<x_2$ 时，恒有 $f(x_1)>f(x_2)$，则称函数 $f(x)$ 在区间 I 上是单调减少的。单调增加和单调减少的函数统称为单调函数。

3. 函数的奇偶性

设函数 $f(x)$ 的定义域 D 关于原点对称。若对于任一 $x\in D, f(-x)=f(x)$ 恒成立，则称函数 $f(x)$ 为偶函数；若对于任一 $x\in D$，$f(-x)=-f(x)$ 恒成立，则称函数 $f(x)$ 为奇函数。

偶函数的图形关于 y 轴是对称的；奇函数的图形关于原点是对称的。

4. 函数的周期性

设函数 $f(x)$ 的定义域为 D。若存在一个不为零的数 T，使得对于任一 $x\in D$ 有 $(x\pm T)\in D$，且

$$f(x+T)=f(x)$$

恒成立，则称 $f(x)$ 为周期函数，T 称为 $f(x)$ 的周期。通常说周期函数的周期是指最小正周期。

(二) 函数的极限

1. 无穷小与无穷大

函数的极限按自变量的变化趋向 $x\to x_0$ 与 $x\to\infty$ 可分成以下两种。

当 $x\to x_0$ 时，$f(x)$ 无限趋近于常数 A，称作 $f(x)$ 当 $x\to x_0$ 时的极限为 A，记成 $\lim\limits_{x\to x_0}f(x)=A$ 或 $f(x)\to A(x\to x_0)$；

当 $x\to\infty$ 时，$f(x)$ 无限趋近于常数 A，称作 $f(x)$ 当 $x\to\infty$ 时的极限为 A，记成 $\lim\limits_{x\to\infty}f(x)=A$ 或 $f(x)\to A(x\to\infty)$。

2. 函数极限的性质

定理 1 如果极限 $\lim\limits_{x\to x_0}f(x)$ 存在，那么这极限唯一（函数极限的唯一性）。

定理 2 如果 $\lim\limits_{x\to x_0}f(x)=A$，那么存在常数 $M>0$ 和 $\delta>0$，使得当 $0<|x-x_0|<\delta$ 时，有 $|f(x)|\leqslant M$（函数极限的局部有界性）。

定理 3 如果 $\lim\limits_{x\to x_0}f(x)=A$，而且 $A>0$（或 $A<0$），那么存在常数 $\delta>0$，使得当 $0<|x-x_0|<\delta$ 时，有 $f(x)>0$（或 $f(x)<0$）。

定理 4（函数极限与数列极限的关系） 如果极限 $\lim\limits_{x\to x_0}f(x)$ 存在，$\{x_n\}$ 为函数 $f(x)$ 的定义域内任一收敛于 x_0 的数列，且满足：$x_n\neq x_0$（$n=1, 2, 3, \cdots$），那么相应的函数值数列 $\{f(x_n)\}$ 必收敛，且 $\lim\limits_{n\to\infty}f(x_n)=\lim\limits_{x\to x_0}f(x)$（函数极限的局部保号性）。

3. 对于 $x\to\infty$ 时，函数极限的性质

在函数极限的定义中，若 $f(x)$ 当 $x\to x_0$（或 $x\to\infty$）时的极限 $A=0$，则称 $f(x)$ 为当 $x\to x_0$（或 $x\to\infty$）时的无穷小。

若当 $x\to x_0$（或 $x\to\infty$）时，$f(x)$ 的绝对值 $|f(x)|$ 无限增大，则称 $f(x)$ 为当 $x\to x_0$（或 $x\to\infty$）时的无穷大，记成 $\lim\limits_{x\to x_0}f(x)=\infty$[或 $\lim\limits_{x\to\infty}f(x)=\infty$]。

按函数极限的定义，$f(x)$ 为无穷大是极限不存在的一种特殊情形，但习惯上也称“函数的极限为无穷大”。

4. 无穷小与函数极限的关系

定理 在自变量的同一变化过程 $x\to x_0$（或 $x\to\infty$）

中，函数 $f(x)$ 具有极限 A 的充分必要条件是 $f(x)=A+\alpha$，其中 α 是无穷小。

无穷小与无穷大，有如下关系：

定理 在自变量的同一变化过程中，如果 $f(x)$ 为无穷大，则 $\frac{1}{f(x)}$ 为无穷小；反之，如果 $f(x)$ 为无穷小，且 $f(x)\neq 0$，则 $\frac{1}{f(x)}$ 为无穷大。

5. 左、右极限

在函数极限的概念中，自变量 $x\to x_0$ 的变化趋向，x 可以从 x_0 的左、右两侧趋向于 x_0。但有时只需考虑 x 仅从 x_0 的左侧趋向于 x_0（记成 $x\to x_0^-$），或 x 仅从 x_0 的右侧趋向于 x_0（记成 $x\to x_0^+$）。

若当 $x\to x_0^-$ 时，$f(x)$ 无限趋近于常数 A，则称 $f(x)$ 当 $x\to x_0$ 时的左极限为 A，记成 $\lim\limits_{x\to x_0^-} f(x)=A$ 或 $f(x_0^-)=A$。

类似地，有 $f(x)$ 当 $x\to x_0$ 时的右极限，记成 $\lim\limits_{x\to x_0^+} f(x)$ 或 $f(x_0^+)$，以及 $\lim\limits_{x\to+\infty} f(x)$，$\lim\limits_{x\to-\infty} f(x)$。

函数 $f(x)$ 当 $x\to x_0$（或 $x\to\infty$）时的极限存在的充分必要条件是函数的左、右极限均存在且相等，即

$$f(x_0^-)=f(x_0^+)(\text{或}\lim_{x\to+\infty} f(x)=\lim_{x\to-\infty} f(x))$$

6. 极限运算法则

定理1 有限个无穷小的和也是无穷小。

定理2 有界函数与无穷小的乘积是无穷小。

定理3 若 $\lim f(x)=A$，$\lim g(x)=B$，则

(1) $\lim[f(x)\pm g(x)]=\lim f(x)\pm \lim g(x)$。

(2) $\lim[f(x)\cdot g(x)]=\lim f(x)\cdot \lim g(x)$。

(3) $\lim\frac{f(x)}{g(x)}=\frac{\lim f(x)}{\lim g(x)}$（当 $\lim g(x)=B\neq 0$ 时）。

公式中的“lim”下面的自变量变化过程可以是 $x\to x_0$，$x\to\infty$，$x\to x_0^-$，$x\to x_0^+$，$x\to-\infty$，$x\to+\infty$，但等号两端出现的必须是同一种。定理3是极限的四则运算法则。

定理4 如果 $\varphi(x)\geqslant\psi(x)$，而 $\lim\varphi(x)=a$，$\lim\psi(x)=b$，那么 $a\geqslant b$。

公式中的“lim”下面是同一自变量的变化过程。

定理5 设函数 $y=f[g(x)]$ 是由函数 $y=f(u)$ 与函数 $u=g(x)$ 复合而成，$f[g(x)]$ 在点 x_0 的某去心领域内有意义，若 $\lim\limits_{x\to x_0} g(x)=u_0$，$\lim\limits_{u\to u_0} f(u)=A$，且存在 $\delta_0>0$，当 $x\in\mathring{U}(x_0,\delta_0)$ 时，有 $g(x)\neq u_0$，则

$$\lim_{x\to x_0} f[g(x)]=\lim_{u\to u_0} f(u)=A$$

定理5是复合函数的极限运算法则。

（三）极限存在准则及其两个重要极限

1. 夹逼准则和极限 $\lim\limits_{x\to 0}\frac{\sin x}{x}=1$

准则Ⅰ （数列情形）若数列 x_n，y_n 及 z_n 满足条件：$y_n\leqslant x_n\leqslant z_n$（$n=1,2,3,\cdots$）且 $\lim\limits_{n\to\infty} y_n=\lim\limits_{n\to\infty} z_n=a$，则数列 x_n 的极限存在且 $\lim\limits_{n\to\infty} x_n=a$。

准则Ⅰ′ （函数情形）若函数 $f(x)$，$g(x)$ 及 $h(x)$ 满足条件：

(1) 当 $0<|x-x_0|<\delta$（或 $|x|>M$）时，有 $g(x)\leqslant f(x)\leqslant h(x)$。

(2) $\lim\limits_{\substack{x\to x_0\\(x\to\infty)}} g(x)=\lim\limits_{\substack{x\to x_0\\(x\to\infty)}} h(x)=A$，则 $\lim\limits_{\substack{x\to x_0\\(x\to\infty)}} f(x)$ 存在，且 $\lim\limits_{\substack{x\to x_0\\(x\to\infty)}} f(x)=A$。

利用准则Ⅰ′，可得一个重要极限

$$\lim_{x\to 0}\frac{\sin x}{x}=1$$

2. 单调有界准则和极限 $\lim\limits_{x\to\infty}\left(1+\frac{1}{x}\right)^x=\mathrm{e}$

准则Ⅱ 单调有界的数列（或函数）必有极限。

利用准则Ⅱ，可得另一个重要极限

$$\lim_{n\to\infty}\left(1+\frac{1}{n}\right)^n=\mathrm{e}$$

或 $$\lim_{x\to\infty}\left(1+\frac{1}{x}\right)^x=\mathrm{e},\lim_{z\to 0}(1+z)^{\frac{1}{z}}=\mathrm{e}$$

其中 e 是一个无理数，e=2.71828…。

（四）无穷小的比较

设 α 及 β 都是在同一个自变量变化过程中的无穷小，且 $\alpha\neq 0$，$\lim\frac{\beta}{\alpha}$ 也是在这个变化过程中的极限。

(1) 若 $\lim\frac{\beta}{\alpha}=0$，就称 β 是比 α 高阶的无穷小，记做 $\beta=o(\alpha)$，并称 α 是比 β 低阶的无穷小。

(2) 若 $\lim\frac{\beta}{\alpha}=C\neq 0$，就称 β 是与 α 同阶的无穷小。

(3) 若 $\lim\frac{\beta}{\alpha}=1$，就称 β 是与 α 等价的无穷小，记做 $\alpha\sim\beta$。

关于等价无穷小，有以下性质：

若 $\alpha\sim\alpha'$，$\beta\sim\beta'$，且 $\lim\frac{\beta'}{\alpha'}$ 存在，则

$$\lim\frac{\beta}{\alpha}=\lim\frac{\beta'}{\alpha'}$$

当 $x\to 0$ 时，有以下常用的等价无穷小：

$$x\sim\sin x\sim\tan x,1-\cos x\sim\frac{1}{2}x^2$$

$$\ln(1+x)\sim x,\mathrm{e}^x-1\sim x,\sqrt[n]{1+x}-1\sim\frac{1}{n}x$$

（五）函数的连续性与间断点

1. 函数的连续性

设 $f(x)$ 在 x_0 的某个领域内有定义，在此前提下：

若 $\lim\limits_{x\to x_0} f(x)=f(x_0)$，则称 $f(x)$ 在 x_0 连续；

若 $\lim\limits_{x\to x_0^-} f(x)=f(x_0)$，则称 $f(x)$ 在 x_0 左连续；

若 $\lim\limits_{x\to x_0^+} f(x)=f(x_0)$，则称 $f(x)$ 在 x_0 右连续。

若函数 $f(x)$ 在区间 I 上每一点都连续，则称 $f(x)$ 在该区间上连续。特别，当 $I=[a,b]$ 时，$f(x)$ 在 $[a,b]$ 上连续，是指 $f(x)$ 在 (a,b) 内每一点处连续，且在 a 处右连续，在 b 处左连续。

2. 函数的间断点

由函数在一点连续的定义可知，函数 $f(x)$ 在一点 x_0 处连续的条件是：

(1) $f(x_0)$ 有定义；

(2) $\lim\limits_{x\to x_0} f(x)$ 存在；

(3) $\lim\limits_{x\to x_0} f(x)=f(x_0)$。

若上述条件中任何一条不满足，则 $f(x)$ 在 x_0 处就不连续，不连续的点就称函数的间断点。间断点分成以下两类。

第一类间断点：x_0 是 $f(x)$ 的间断点，但 $f(x_0^-)$ 及 $f(x_0^+)$均存在。

第二类间断点：不是第一类的间断点。

在第一类间断点中，若 $\lim\limits_{x\to x_0^-}f(x)$，$\lim\limits_{x\to x_0^+}f(x)$ 均存在但不相等，则称这种间断点为跳跃间断点；若 $f(x_0^-)$、$f(x_0^+)$ 均存在而且相等，则称这种间断点为可去间断点。

（六）初等函数的连续性

1. 基本初等函数和初等函数

幂函数、指数函数、对数函数、三角函数和反三角函数统称为基本初等函数。

由常数和基本初等函数经过有限次的四则运算和有限次的复合步骤所构成并可用一个式子表示的函数，称为初等函数。

2. 初等函数的连续性

一切初等函数在其定义区间内都是连续的，定义区间是指包含在定义域内的区间。

（七）闭区间上连续函数的性质

设函数 $f(x)$ 在闭区间 $[a, b]$ 上连续，则：

(1) $f(x)$ 在 $[a, b]$ 上有界（有界性定理）；

(2) $f(x)$ 在 $[a, b]$ 上必有最大值和最小值（最大值最小值定理）；

(3) 当 $f(a)f(b)<0$ 时，在(a,b)内至少有一点 ξ，使得 $f(\xi)=0$（零点定理）；

(4) 对介于 $f(a)=A$ 及 $f(b)=B$ 之间的任一数值 C，在 (a, b) 内至少有一点 ξ，使得 $f(\xi)=C$（介值定理）。

二、导数

（一）导数（derivative）的定义及其几何意义和物理意义

1. 导数的定义

设函数 $f(x)$ 在 x_0 的某领域内有定义，若极限

$$\lim_{\Delta x\to 0}\frac{\Delta y}{\Delta x}=\lim_{\Delta x\to 0}\frac{f(x_0+\Delta x)-f(x_0)}{\Delta x}$$

存在，则称函数 $f(x)$ 在 x_0 处可导，并称此极限为 $f(x)$ 在 x_0 处的导数，记成 $y'\Big|_{x=x_0}$，或$\frac{dy}{dx}\Big|_{x=x_0}$ 或 $f'(x_0)$。

若 $f(x)$ 在区间 I 内处处可导，则对每一 $x\in I$，都对应一个导数值，这就构成了一个新函数，这个函数叫做函数 $f(x)$的导函数（也简称作导数），记作 y'，或$\frac{dy}{dx}$，或 $f'(x)$。

2. 导数的几何意义

函数 $f(x)$ 在 x_0 处的导数 $f'(x_0)$，在几何上表示曲线 $y=f(x)$ 在点 $[x_0, f(x_0)]$ 处的切线的斜率。由此可知曲线 $y=f(x)$ 在点 $[x_0, f(x_0)]$ 处的切线方程为

$$y-y_0=f'(x_0)(x-x_0)$$

其中 $y_0=f(x)$。若 $f'(x_0)\neq 0$，则曲线 $y=f(x)$ 在点 $[x_0, f(x_0)]$ 处的法线方程为

$$y-y_0=-\frac{1}{f'(x_0)}(x-x_0)$$

3. 导数的物理意义

导数是描述函数变化率的一个概念，对于函数 $y=f(x)$，$\frac{\Delta y}{\Delta x}=\frac{f(x_0+\Delta x)-f(x_0)}{\Delta x}$表示函数在 $[x_0, x_0+\Delta x]$ 上的平均变化率，而导数 $f'(x_0)=\lim\limits_{\Delta x\to 0}\frac{\Delta y}{\Delta x}$表示函数在一点 x_0 处的瞬时变化率。如果沿直线运动的物体在时刻 t 的位置函数是 $s=s(t)$，则导数 $s'(t_0)$表示该物体在时刻 t_0 的瞬时速度 $v(t_0)$，即

$$v(t_0)=\frac{ds}{dt}\Big|_{t=t_0}$$

物理学中速度、加速度、角速度、线密度、电流强度、功率等，都是函数变化率的实例，都可用导数来描述。

（二）函数可导性与连续性的关系

若函数 $y=f(x)$ 在 x_0 处可导，则函数 $f(x)$ 在 x_0 处必定连续。反之，若函数 $y=f(x)$ 在 x_0 处连续，则函数 $f(x)$ 在 x_0 处不一定可导。例如，函数 $y=\sqrt{x^2}$在 $(-\infty, +\infty)$ 上处处连续，但函数 $y=\sqrt{x^2}$ 在 $x_0=0$ 处不可导。

（三）求导公式

$(C)'=0$	$(x^\mu)'=\mu x^{\mu-1}$
$(\sin x)'=\cos x$	$(\cos x)'=-\sin x$
$(\tan x)'=\sec^2 x$	$(\cot x)'=-\csc^2 x$
$(\sec x)'=\sec x\tan x$	$(\csc x)'=-\csc x\cot x$
$(a^x)'=a^x\ln a$	$(e^x)'=e^x$
$(\log_a x)'=\frac{1}{x\ln a}$	$(\ln x)'=\frac{1}{x}$
$(\arcsin x)'=\frac{1}{\sqrt{1-x^2}}$	$(\arccos x)'=-\frac{1}{\sqrt{1-x^2}}$
$(\arctan x)'=\frac{1}{1+x^2}$	$(\text{arccot}\, x)'=-\frac{1}{1+x^2}$

（四）求导法则

1. 函数的和、差、积、商的求导法则

设 $u=u(x)$，$v=v(x)$ 均可导，则：

$(u\pm v)'=u'\pm v'$

$(Cu)'=Cu'$(C是常数)

$(uv)'=u'v+uv'$

$\left(\frac{u}{v}\right)'=\frac{u'v-uv'}{v^2}$

2. 反函数的求导法则

若 $x=\varphi(y)$ 在区间 I_y 内单调、可导且 $\varphi'(y)\neq 0$，则它的反函数 $y=f(x)$ 在对应的区间 I_x 内也可导，且

$$\frac{dy}{dx}=\frac{1}{\frac{dx}{dy}}$$

即　　$$f'(x)=\frac{1}{\varphi'(y)}$$

3. 复合函数的求导法则

设 $y=f(u)$，$u=\varphi(x)$ 均可导，则复合函数 $y=f[\varphi(x)]$也可导，且

$$\frac{dy}{dx}=\frac{dy}{du}\frac{du}{dx}\text{或}\ y'(x)=f'(u)\varphi'(x)$$

4. 隐函数的求导法则

设方程 $F(x, y)=0$ 确定一个隐函数 $y=y(x)$，F_x、F_y 连续且 $F_y\neq 0$，则隐函数 $y=y(x)$ 可导，且

$$\frac{dy}{dx}=-\frac{F_x}{F_y}$$

5. 由参数方程所确定的函数的求导法则

若函数 $y=y(x)$ 由参数方程

$$\begin{cases}x=\varphi(t)\\y=\psi(t)\end{cases}$$

所确定，且 $x=\varphi(t)$，$y=\psi(t)$ 都可导，$\varphi'(t)\neq 0$，则

$$\frac{dy}{dx}=\frac{\frac{dy}{dt}}{\frac{dx}{dt}}=\frac{\psi'(t)}{\varphi'(t)}$$

（五）高阶导数

1. 高阶导数的定义

若函数 $y=f(x)$ 的导函数 $y'=f'(x)$ 仍可导，则 $y'=f'(x)$ 的导数叫做函数 $y=f(x)$ 的二阶导数，记做 y'' 或 $\frac{d^2y}{dx^2}$ 或 $f''(x)$。

类似地，有 $y=f(x)$ 的三阶导数 y'''，四阶导数 $y^{(4)}$……

一般地，$y=f(x)$ 的 $n-1$ 阶导数 $y^{(n-1)}$ 的导数，叫做 $f(x)$ 的 n 阶导数，记做 $y^{(n)}$ 或 $\frac{d^ny}{dx^n}$ 或 $f^{(n)}(x)$。

2. 常见函数的 n 阶导数公式

$(e^x)^{(n)}=e^x$

$(\sin x)^{(n)}=\sin\left(x+n\frac{\pi}{2}\right)$

$(\cos x)^{(n)}=\cos\left(x+n\frac{\pi}{2}\right)$

$(x^\mu)^{(n)}=\mu(\mu-1)\cdots(\mu-n+1)x^{\mu-n}$

$[\ln(1+x)]^{(n)}=(-1)^{n-1}\frac{(n-1)!}{(1+x)^n}$

3. 高阶导数的求导法则

若 $u=u(x)$ 及 $v=v(x)$ 都在点 x 处有 n 阶导数，则

$(u\pm v)^{(n)}=u^{(n)}\pm v^{(n)}$

$(uv)^{(n)}=\sum_{k=0}^{n}C_n^k u^{(n-k)}v^{(k)}$

其中后一个公式称为莱布尼兹公式。

若函数 $y=y(x)$ 由参数方程

$$\begin{cases}x=\varphi(t)\\y=\psi(t)\end{cases}$$

所确定，且 $x=\varphi(t)$，$y=\psi(t)$ 二阶可导，$\varphi'(t)\neq0$，则

$$\frac{d^2y}{dx^2}=\frac{d}{dx}\left(\frac{dy}{dx}\right)=\frac{d}{dt}\left(\frac{\psi'(t)}{\varphi'(t)}\right)\frac{dt}{dx}$$

$$=\frac{\psi''(t)\varphi'(t)-\psi'(t)\varphi''(t)}{\varphi'^2(t)}\frac{1}{\varphi'(t)}$$

$$=\frac{\psi''(t)\varphi'(t)-\psi'(t)\varphi''(t)}{\varphi'^3(t)}$$

三、微分

（一）微分（differentiation）

设函数 $y=f(x)$ 在某区间 I 内有定义，$x_0\in I$，$x_0+\Delta x\in I$。若函数的增量

$$\Delta y=f(x_0+\Delta x)-f(x_0)=A\Delta x+o(\Delta x)$$

其中 A 是不依赖于 Δx 的常数，则称 $y=f(x)$ 在点 x_0 可微分，$A\Delta x$ 叫做 $y=f(x)$ 在点 x_0 相应于自变量增量 Δx 的微分，记做 dy，即

$$dy=A\Delta x$$

函数 $y=f(x)$ 在点 x 的微分称为函数 $y=f(x)$ 的微分，记作 dy 或 $df(x)$。

函数 $y=f(x)$ 在点 x_0 可微分的充要条件是 $f(x)$ 在点 x_0 可导，且当 $f(x)$ 在点 x_0 可导时，其微分一定是

$$dy=f'(x_0)\Delta x$$

函数的微分是

$$dy=f'(x)\Delta x$$

通常把 Δx 称为自变量的微分，记做 dx，即

$$dx=\Delta x$$

于是函数的微分可写成

$$dy=f'(x)dx$$

（二）微分公式

$d(x^\mu)=\mu x^{\mu-1}dx$　　$d(\sin x)=\cos x dx$

$d(\cos x)=-\sin x dx$　　$d(\tan x)=\sec^2 x dx$

$d(\cot x)=-\csc^2 x dx$　　$d(\sec x)=\sec x\tan x dx$

$d(\csc x)=-\csc x\cot x dx$　　$d(a^x)=a^x\ln a dx$

$d(e^x)=e^x dx$　　$d(\log_a x)=\frac{1}{x\ln a}dx$

$d(\ln x)=\frac{1}{x}dx$　　$d(\arcsin x)=\frac{1}{\sqrt{1-x^2}}dx$

$d(\arccos x)=-\frac{1}{\sqrt{1-x^2}}dx$　　$d(\arctan x)=\frac{1}{1+x^2}dx$

$d(\text{arccot} x)=-\frac{1}{1+x^2}dx$

（三）微分法则

1. 函数和、差、积、商的微分法则

设函数 $u=u(x)$，$v=v(x)$ 均可微，则

$$d(u\pm v)=du\pm dv$$
$$d(Cu)=Cdu$$
$$d(uv)=vdu+udv$$
$$d\left(\frac{u}{v}\right)=\frac{vdu-udv}{v^2}$$

2. 复合函数的微分法则

设 $y=f(u)$，$u=\varphi(x)$ 均可微，则 $y=f[\varphi(x)]$ 也可微，且

$$dy=f'(u)du=f'(u)\cdot\varphi'(x)dx$$

四、中值定理

（1）罗尔定理

若函数 $f(x)$ 在闭区间 $[a, b]$ 上连续，在开区间 (a, b) 内可导，且 $f(a)=f(b)$，则至少有一点 $\xi\in(a, b)$，使得 $f'(\xi)=0$。

（2）拉格朗日中值定理

若函数 $f(x)$ 在闭区间 $[a, b]$ 上连续，在开区间 (a, b) 内可导，则至少有一点 $\xi\in(a, b)$，使得下式成立

$$f(b)-f(a)=f'(\xi)(b-a)$$

五、导数的应用

（一）求未定式的值的方法——洛必达法则

1. 未定式 $\frac{0}{0}$ 与 $\frac{\infty}{\infty}$ 的情形

（1）关于 $\frac{0}{0}$ 的情形。

设：1）当 $x\to a$（或 $x\to\infty$）时，$f(x)\to0$ 且 $F(x)\to0$；

2）在点 a 的某去心邻域内（或当 $|x|>N$ 时），$f'(x)$ 及 $F'(x)$ 都存在且 $F'(x)\neq0$；

3）$\lim\limits_{\substack{x\to a\\(x\to\infty)}}\frac{f'(x)}{F'(x)}$ 存在（或为无穷大）。

则
$$\lim_{\substack{x\to a\\(x\to\infty)}}\frac{f(x)}{F(x)}=\lim_{\substack{x\to a\\(x\to\infty)}}\frac{f'(x)}{F'(x)}。$$

若 $\lim\limits_{\substack{x\to a\\(x\to\infty)}}\frac{f'(x)}{F'(x)}$ 仍属 $\frac{0}{0}$ 型，且 $f'(x)$、$F'(x)$ 满足上述三个条件，则可继续运用洛必达法则，即

$$\lim_{\substack{x\to a\\(x\to\infty)}}\frac{f(x)}{F(x)}=\lim_{\substack{x\to a\\(x\to\infty)}}\frac{f'(x)}{F'(x)}=\lim_{\substack{x\to a\\(x\to\infty)}}\frac{f''(x)}{F''(x)}$$

（2）对于 $\frac{\infty}{\infty}$ 型，也有相应的洛必达法则。

2. 其他形式未定式的情形

其他尚有 $0\cdot\infty$、$\infty-\infty$、0^0、1^∞、∞^0 型的未定式，它们均可通过变形化成 $\frac{0}{0}$ 或 $\frac{\infty}{\infty}$ 的情形。如 $0\cdot\infty$ 型可变形成 $\frac{0}{\frac{1}{\infty}}$ 或 $\frac{\infty}{\frac{1}{0}}$，$\infty-\infty$ 型通过通分变形，0^0、1^∞、∞^0 通过取对数变形。

(二) 函数性态的判定

1. 函数单调性的判定

利用一阶导数的符号判定函数的单调性，有以下定理：

定理 设函数 $y=f(x)$ 在 $[a,b]$ 上连续，在 (a,b) 内可导：

(1) 如果在 (a,b) 内 $f'(x)>0$，那么函数 $y=f(x)$ 在 $[a,b]$ 上单调增加；

(2) 如果在 (a,b) 内 $f'(x)<0$，那么函数 $y=f(x)$ 在 $[a,b]$ 上单调减少。

以上判别法，可简单地用表 1-3-1 表示。

表 1-3-1 用导数符号判定单调性

x	区间 I	区间 I
$f'(x)$	+	−
$f(x)$	↗	↘

2. 函数极值

定义 设函数 $f(x)$ 在 x_0 的某邻域 $U(x_0)$ 内有定义，如果对于去心邻域 $\mathring{U}(x_0)$ 内的任一 x，有

$$f(x)<f(x_0)\,[\text{或}\ f(x)>f(x_0)]$$

那么就称 $f(x_0)$ 是函数 $f(x)$ 的一个极大值（或极小值）。

函数的极大值与极小值统称为函数的极值，使函数取得极值的点称为极值点。

3. 判定函数取得极值的必要条件的定理

定理 1 （必要条件）设函数 $f(x)$ 在点 x_0 处可导，且在 x_0 处取得极值，则 $f'(x_0)=0$。

通常称函数的导数等于零的点为函数的驻点。定理 1 就是说，可导函数的极值点必定是函数的驻点。但反过来，函数的驻点却不一定是函数的极值点。关于判定函数取得极值的充分条件，有以下两个定理。

定理 2 （第一充分条件）设函数 $f(x)$ 在 x_0 处连续，且在 x_0 的某去心邻域 $\mathring{U}(x_0,\delta)$ 内可导：

(1) 若 $x\in(x_0-\delta,x_0)$ 时，$f'(x)>0$，而 $x\in(x_0,x_0+\delta)$ 时，$f'(x)<0$，则 $f(x)$ 在 x_0 处取得极大值；

(2) 若 $x\in(x_0-\delta,x_0)$ 时，$f'(x)<0$，而 $x\in(x_0,x_0+\delta)$ 时，$f'(x)>0$，则 $f(x)$ 在 x_0 处取得极小值；

(3) 若 $x\in\mathring{U}(x_0,\delta)$ 时，$f'(x)$ 的符号保持不变，则 $f(x)$ 在 x_0 处没有极值。

定理 2 是利用一阶导数的符号判定函数的极值，简单地可用表 1-3-2 表示。

表 1-3-2 用一阶导数判定极值

x	x_0 左侧	x_0	x_0 右侧
$f'(x)$ $f(x)$	−	0 极小值	+
$f'(x)$ $f(x)$	+	0 极大值	−

定理 3 （第二充分条件）设函数 $f(x)$ 在 x_0 处具有二阶导数且 $f'(x_0)=0$，$f''(x_0)\neq0$，则：

(1) 当 $f''(x_0)<0$ 时，函数 $f(x)$ 在 x_0 处取得极大值；

(2) 当 $f''(x_0)>0$ 时，函数 $f(x)$ 在 x_0 处取得极小值。

定理 3 是利用二阶导数的符号判定函数的极值，简单地可用表 1-3-3 表示。

表 1-3-3 用二阶导数判定极值

x	x_0	x_0
$f'(x)$ $f''(x)$ $f(x)$	0 − 极大值	0 + 极小值

4. 曲线凹、凸性及其拐点的判定

关于利用函数的二阶导数的符号判定曲线的凹、凸性，有以下定理。

定理 （曲线凹、凸性的判定定理）设 $f(x)$ 在 $[a,b]$ 上连续，在 (a,b) 内具有一阶和二阶导数：

(1) 若在 (a,b) 内 $f''(x)>0$，则 $f(x)$ 在 $[a,b]$ 上的图形是凹的；

(2) 若在 (a,b) 内 $f''(x)<0$，则 $f(x)$ 在 $[a,b]$ 上的图形是凸的。

以上判别法，可简单地用表 1-3-4 表示。

表 1-3-4 用二阶导数判定曲线的凹、凸性

x	区间 I	区间 I
$f''(x)$ $y=f(x)$ 的图形	+ 凹	− 凸

连续曲线 $y=f(x)$ 上凹弧与凸弧的分界点称为这曲线的拐点。若 $f''(x_0)=0$ 或 $f''(x_0)$ 不存在，而 $f''(x)$ 在 x_0 的左、右两侧邻近异号，则点 $[x_0,f(x_0)]$ 就是曲线的一个拐点。

六、偏导数和全微分

1. 偏导数定义

函数 $z=f(x,y)$ 对 x、y 的偏导数依次记作 $\frac{\partial z}{\partial x}$ [或 $f_x(x,y)$]，$\frac{\partial z}{\partial y}$ [或 $f_y(x,y)$]，它们的定义如下：

$$\frac{\partial z}{\partial x}=\lim_{\Delta x\to0}\frac{f(x+\Delta x,y)-f(x,y)}{\Delta x}$$

$$\frac{\partial z}{\partial y}=\lim_{\Delta y\to0}\frac{f(x,y+\Delta y)-f(x,y)}{\Delta y}$$

类似地，可以定义三元函数 $f(x,y,z)$ 的偏导数 $f_x(x,y,z)$、$f_y(x,y,z)$、$f_z(x,y,z)$ 等。

2. 多元复合函数的求导法则

设 $u=\varphi(x,y)$、$v=\psi(x,y)$ 均具有偏导数，而 $z=f(u,v)$ 具有连续偏导数，则复合函数 $z=f[\varphi(x,y),\psi(x,y)]$ 的偏导数存在，且

$$\frac{\partial z}{\partial x}=\frac{\partial z}{\partial u}\cdot\frac{\partial u}{\partial x}+\frac{\partial z}{\partial v}\cdot\frac{\partial v}{\partial x}$$

$$\frac{\partial z}{\partial y}=\frac{\partial z}{\partial u}\cdot\frac{\partial u}{\partial y}+\frac{\partial z}{\partial v}\cdot\frac{\partial v}{\partial y}$$

上面这一求导法则，简称为 2×2 法则或标准法则。由标准法则的公式结构，得如下特征：

(1) 由于函数 $z=f[\varphi(x,y),\psi(x,y)]$ 有两个自变量，所以法则中包含 $\frac{\partial z}{\partial x}$ 及 $\frac{\partial z}{\partial y}$ 的两个偏导数公式。

（2）由于函数的复合结构中有两个中间变量，所以每一偏导数公式都是两项之和，这两项分别含有$\frac{\partial z}{\partial u}$及$\frac{\partial z}{\partial v}$。

（3）每一项的构成与一元复合函数的求导法则相类似，即“因变量对中间变量的导数再乘以中间变量对自变量的导数”。

3. 结构图

为直观地显示变量之间的复合结构，可用结构图（或称树形图）1-3-1来表示出因变量z经过中间变量u、v再通向自变量x、y的各条途径。

按照上述标准法则的三个特征，我们可以将多元复合函数的求导法则推广。

如，特别当$u=\varphi(x)$，$v=\psi(x)$，$z=f(u,v)$时，由于函数$z=f[\varphi(x),\psi(x)]$只有一个自变量，偏导数变成导数（这时称为全导数）；函数复合结构中有两个中间变量，所以全导数公式中是两项之和；每项构成与一元复合函数求导法则类似。于是，有全导数公式

$$\frac{\mathrm{d}z}{\mathrm{d}x}=\frac{\partial z}{\partial u}\cdot\frac{\mathrm{d}u}{\mathrm{d}x}+\frac{\partial z}{\partial v}\cdot\frac{\mathrm{d}v}{\mathrm{d}x}$$

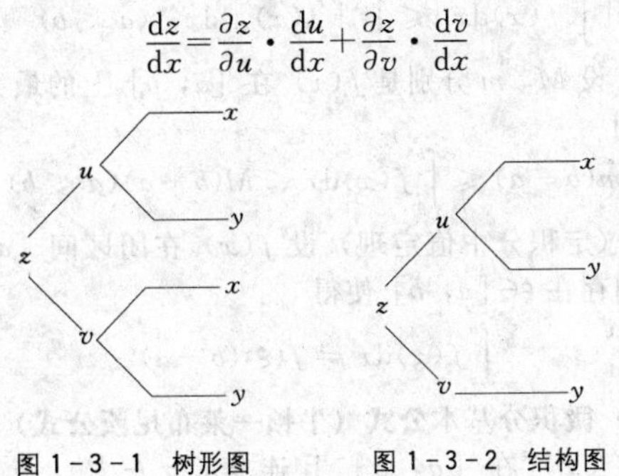

图 1-3-1　树形图　　图 1-3-2　结构图

又如，$u=\varphi(x,y)$，$v=\psi(y)$，$z=f(u,v)$，复合函数$z=f[\varphi(x,y),\psi(y)]$的结构图如图1-3-2所示。类似地依以上分析，则有

$$\frac{\partial z}{\partial x}=\frac{\partial z}{\partial u}\cdot\frac{\partial u}{\partial x}$$

$$\frac{\partial z}{\partial y}=\frac{\partial z}{\partial u}\cdot\frac{\partial u}{\partial y}+\frac{\partial z}{\partial v}\cdot\frac{\mathrm{d}v}{\mathrm{d}y}$$

4. 隐函数求导法则

设方程$F(x,y,z)=0$确定一个隐函数$z=f(x,y)$，函数$F(x,y,z)$具有连续偏导数且$F_z\neq0$，则有

$$\frac{\partial z}{\partial x}=-\frac{F_x}{F_z},\ \frac{\partial z}{\partial y}=-\frac{F_y}{F_z}$$

5. 高阶偏导数

二阶及二阶以上的偏导数统称高阶偏导数，如$z=f(x,y)$的二阶偏导数按求导次序不同有下列4个：

（1）$\frac{\partial}{\partial x}\left(\frac{\partial z}{\partial x}\right)=\left(\frac{\partial^2 z}{\partial x^2}\right)=f_{xx}(x,y)$

（2）$\frac{\partial}{\partial x}\left(\frac{\partial z}{\partial y}\right)=\left(\frac{\partial^2 z}{\partial y\partial x}\right)=f_{yx}(x,y)$

（3）$\frac{\partial}{\partial y}\left(\frac{\partial z}{\partial x}\right)=\left(\frac{\partial^2 z}{\partial x\partial y}\right)=f_{xy}(x,y)$

（4）$\frac{\partial}{\partial y}\left(\frac{\partial z}{\partial y}\right)=\left(\frac{\partial^2 z}{\partial y^2}\right)=f_{yy}(x,y)$

$\frac{\partial^2 z}{\partial x\partial y}$与$\frac{\partial^2 z}{\partial y\partial x}$称二阶混合偏导数，当这两个二阶混合偏导数均连续时，有

$$\frac{\partial^2 z}{\partial x\partial y}=\frac{\partial^2 z}{\partial y\partial x}$$

6. 全微分

（1）全微分概念。若函数$z=f(x,y)$的全增量

$$\Delta z=f(x+\Delta x,y+\Delta y)-f(x,y)=A\Delta x+B\Delta y+o(\rho)$$

其中A，B仅与x，y有关，而$\rho=\sqrt{(\Delta x)^2+(\Delta y)^2}$，则称函数$z=f(x,y)$在点$(x,y)$可微分，并称$A\Delta x+B\Delta y$为函数$z=f(x,y)$在点$(x,y)$的全微分，记做$\mathrm{d}z$，即

$$\mathrm{d}z=A\Delta x+B\Delta y$$

（2）函数可微分的条件。若函数$z=f(x,y)$在点(x,y)可微分，则偏导数$\frac{\partial z}{\partial x}$，$\frac{\partial z}{\partial y}$必定存在，且全微分

$$\mathrm{d}z=\frac{\partial z}{\partial x}\Delta x+\frac{\partial z}{\partial y}\Delta y$$

函数可微分的充分条件是函数具有连续偏导数。

习惯上，记$\Delta x=\mathrm{d}x$，$\Delta y=\mathrm{d}y$，故

$$\mathrm{d}z=\frac{\partial z}{\partial x}\mathrm{d}x+\frac{\partial z}{\partial y}\mathrm{d}y$$

7. 多元函数连续、可偏导、可微分的关系

对于一元函数来说，函数可导必定连续，而可导与可微分两者是等价的。但对于多元函数来说，可（偏）导（即存在偏导数）与连续没有必然的联系，可（偏）导与可微分也并不等价。多元函数可微分必定可（偏）导，但反之不真。当偏导数存在且连续时，函数必定可微分。

上述多元函数连续、可（偏）导与可微分的关系，可用图1-3-3表示。

图 1-3-3　多元函数连续、可（偏）导与可微分的关系

8. 多元函数的极值

定义　设函数$z=f(x,y)$的定义域为D，$P_0(x_0,y_0)$为D的内点。若存在P_0的某个邻域$U(P_0)\subset D$，使得对于该邻域内异于P_0的任何点$P(x,y)$，都有

$$f(x,y)<f(x_0,y_0)$$

则称函数$f(x,y)$在点(x_0,y_0)有极大值$f(x_0,y_0)$，点(x_0,y_0)称为函数$f(x,y)$的极大值点；若对于该邻域内异于P_0的任何点$P(x,y)$，都有

$$f(x,y)>f(x_0,y_0)$$

则称函数$f(x,y)$在点(x_0,y_0)有极小值$f(x_0,y_0)$，点(x_0,y_0)称为函数$f(x,y)$的极小值点。极大值、极小值统称为极值，使得函数取得极值的点称为极值点。

判定多元函数取得极值的必要条件、充分条件的定理如下。

定理1　（必要条件）设$z=f(x,y)$在点(x_0,y_0)具有偏导数，则它在点(x_0,y_0)取得极值的必要条件是

$$f_x(x_0,y_0)=0,\ f_y(x_0,y_0)=0$$

定理2　（充分条件）设$z=f(x,y)$在点(x_0,y_0)的某邻域内具有二阶连续偏导数，且

$$f_x(x_0,y_0)=f_y(x_0,y_0)=0,\ f_{xx}(x_0,y_0)=A$$
$$f_{xy}(x_0,y_0)=B,\ f_{yy}(x_0,y_0)=C$$

则有：

（1）当$AC-B^2>0$时，具有极值$f(x_0,y_0)$，且当$A<0$时，$f(x_0,y_0)$为极大值，当$A>0$时，$f(x_0,y_0)$为极小值；

（2）当$AC-B^2<0$时，$f(x_0,y_0)$不是极值。

9. 条件极值

对函数的自变量具有约束条件的极值问题，称为条件极值问题。对于有些条件极值问题，可以利用约束条件将问题化为无条件极值问题；一般地，则采用拉格朗日乘数法求解。

拉格朗日乘数法：要求函数 $z=f(x, y)$ 在约束条件 $\varphi(x, y)=0$ 下的可能极值点，可先作拉格朗日函数

$$F(x, y)=f(x, y)+\lambda\varphi(x, y)$$

其中 λ 为参数；再解方程组

$$\begin{cases}F_x(x, y)=f_x(x, y)+\lambda\varphi_x(x, y)=0\\F_y(x, y)=f_y(x, y)+\lambda\varphi_y(x, y)=0\\\varphi(x, y)=0\end{cases}$$

得到 x、y 及 λ，则这样得到的 (x, y) 就是函数 $f(x, y)$ 在约束条件 $\varphi(x, y)=0$ 下的可能极值点。

拉格朗日乘数法可推广到自变量多于两个、约束条件多于一个的情形。

10. 多元函数的最大值和最小值

设函数 $f(x, y)$ 在有界闭区域 D 上连续、在 D 内可微分且只有有限个驻点。求 $f(x, y)$ 在 D 上的最大、最小值的一般方法是：

(1) 求 $f(x, y)$ 在 D 内的一切驻点，并计算函数在这些驻点处的函数值；

(2) 求函数 $f(x, y)$ 在 D 的边界上的最大、最小值；

(3) 将由 (1)、(2) 中所得的函数值进行比较，其中最大的就是最大值，最小的就是最小值。

(4) 函数的最大（小）值一定在 D 的内部取得，而函数在 D 内只有一个驻点，则可以肯定该驻点处的函数值就是函数 $f(x, y)$ 在 D 上的最大（小）值。

第四节 积 分 学

一、不定积分与定积分

(一) 不定积分 (anindefinite integral)

1. 不定积分的概念

若在区间 I 内，$F'(x)=f(x)$，则称函数 $F(x)$ 为函数 $f(x)$ 在区间 I 内的原函数，而函数 $f(x)$ 的带有任意常数项的原函数 $F(x)+C$ 称为函数 $f(x)$ 在区间 I 内的不定积分，记作 $\int f(x)\mathrm{d}x$，即

$$\int f(x)\mathrm{d}x=F(x)+C$$

2. 不定积分的性质

(1) $\int[f(x)\pm g(x)]\mathrm{d}x=\int f(x)\mathrm{d}x\pm\int g(x)\mathrm{d}x$。

(2) $\int kf(x)\mathrm{d}x=k\int f(x)\mathrm{d}x$（$k$ 是非零常数）。

(二) 定积分 (definite integral)

1. 定积分的概念

设函数 $f(x)$ 在 $[a, b]$ 上有界，将 $[a, b]$ 任意划分成 n 个小区间

$[x_0, x_1]$，$[x_1, x_2]$，…，$[x_{n-1}, x_n]$ $(x_0=a, x_n=b)$

任取 $\xi_i\in[x_{i-1}, x_i]$ $(i=1, \cdots, n)$，记 $\lambda=\max\{\Delta x_1, \cdots, \Delta x_n\}$。若极限

$$\lim_{\lambda\to0}\sum_{i=1}^{n}f(\xi_i)\Delta x_i$$

总存在（即极限不依赖于对 $[a, b]$ 的分法与 ξ_i 的取法），则称函数 $f(x)$ 在 $[a, b]$ 上可积，并称上述极限为 $f(x)$ 在 $[a, b]$ 上的定积分，记做 $\int_a^b f(x)\mathrm{d}x$，即

$$\int_a^b f(x)\mathrm{d}x=\lim_{\lambda\to0}\sum_{i=1}^{n}f(\xi_i)\Delta x_i$$

(1) 当 $a=b$ 时，$\int_a^b f(x)\mathrm{d}x=0$。

(2) 当 $a>b$ 时，$\int_a^b f(x)\mathrm{d}x=-\int_b^a f(x)\mathrm{d}x$。

在 $[a, b]$ 上 $f(x)\geqslant0$ 时，定积分 $\int_a^b f(x)\mathrm{d}x$ 在几何上表示由曲线 $y=f(x)$、两条直线 $x=a$，$x=b$ 与 x 轴所围成的曲边梯形的面积。

2. 定积分的性质

(1) $\int_a^b[f(x)\pm g(x)]\mathrm{d}x=\int_a^b f(x)\mathrm{d}x\pm\int_a^b g(x)\mathrm{d}x$

(2) $\int_a^b kf(x)\mathrm{d}x=k\int_a^b f(x)\mathrm{d}x$（$k$ 为常数）

(3) $\int_a^b f(x)\mathrm{d}x=\int_a^c f(x)\mathrm{d}x+\int_c^b f(x)\mathrm{d}x$

(4) $\int_a^b \mathrm{d}x=b-a$

(5) 若在区间 $[a, b]$ 上，$f(x)\leqslant g(x)$，则

$$\int_a^b f(x)\mathrm{d}x\leqslant\int_a^b g(x)\mathrm{d}x\quad(a<b)$$

(6) $\left|\int_a^b f(x)\mathrm{d}x\right|\leqslant\int_a^b|f(x)|\mathrm{d}x\quad(a<b)$

(7) 设 M，m 分别是 $f(x)$ 在 $[a, b]$ 上的最大值、最小值，则

$$m(b-a)\leqslant\int_a^b f(x)\mathrm{d}x\leqslant M(b-a)(a<b)$$

(8)（定积分中值定理）设 $f(x)$ 在闭区间 $[a, b]$ 上连续，则存在 $\xi\in[a, b]$ 使得

$$\int_a^b f(x)\mathrm{d}x=f(\xi)(b-a)$$

(三) 微积分基本公式（牛顿—莱布尼茨公式）

设 $f(x)$ 在 $[a, b]$ 上连续，$x\in[a, b]$，则称 $\int_a^x f(t)\mathrm{d}t$ 为上限函数。

记 $F(x)=\int_a^x f(t)\mathrm{d}t$，$x\in[a, b]$，则 $F'(x)=f(x)$，即 $F(x)$ 是 $f(x)$ 的一个原函数。这表明连续函数 $f(x)$ 的原函数一定存在，且可表示为 $\int_a^x f(t)\mathrm{d}t$。

一般地，有

$$\frac{\mathrm{d}}{\mathrm{d}x}\int_a^{\varphi(x)}f(t)\mathrm{d}t=f[\varphi(x)]\varphi'(x)$$

由以上结果，可得微积分基本公式：

若在 $[a, b]$ 上有 $F'(x)=f(x)$，则

$$\int_a^b f(x)\mathrm{d}x=F(x)\Big|_a^b=F(b)-F(a)$$

此公式被称为牛顿—莱布尼茨公式。

(四) 积分法

1. 基本积分表

$$\int k\mathrm{d}x=kx+C\text{（}k\text{ 是常数）}$$

$$\int x^\mu\mathrm{d}x=\frac{x^{\mu+1}}{\mu+1}+C(\mu\neq-1)$$

$$\int\frac{\mathrm{d}x}{x}=\ln|x|+C$$

$$\int\frac{\mathrm{d}x}{1+x^2}=\arctan x+C$$

$$\int\frac{\mathrm{d}x}{\sqrt{1-x^2}}=\arcsin x+C$$

$$\int\cos x\mathrm{d}x=\sin x+C$$

$$\int\sin x\mathrm{d}x=-\cos x+C$$

$$\int \frac{dx}{\cos^2 x} = \int \sec^2 dx = \tan x + C$$

$$\int \frac{dx}{\sin^2 x} = \int \csc^2 x dx = -\cot x + C$$

$$\int \sec x \tan x dx = \sec x + C$$

$$\int \csc x \cot x dx = -\csc x + C$$

$$\int e^x dx = e^x + C$$

$$\int a^x dx = \frac{a^x}{\ln a} + C$$

$$\int \text{sh} x dx = \text{ch} x + C$$

$$\int \text{ch} x dx = \text{sh} x + C$$

$$\int \tan x dx = -\ln|\cos x| + C$$

$$\int \cot x dx = \ln|\sin x| + C$$

2. 不定积分第一类换元法

设函数 $f(u)$ 有原函数，$u=\varphi(x)$ 可导，则有

$$\int f[\varphi(x)]\varphi'(x)dx \xlongequal{令\varphi(x)=u} \left[\int f(u)du\right]_{u=\varphi(x)}$$

第一类换元法也叫凑微分法。一些常见的凑微分的形式如下：

$$f(ax+b)dx = \frac{1}{a}f(ax+b)d(ax+b)(a\neq 0)$$

$$f(x^n)x^{n-1}dx = \frac{1}{n}f(x^n)dx^n, f(\sqrt{x})\frac{dx}{\sqrt{x}} = 2f(\sqrt{x})d\sqrt{x}$$

$$f(\ln x)\frac{dx}{x} = f(\ln x)d\ln x$$

$$f(e^x)e^x dx = f(e^x)de^x$$

$$f(\sin x)\cos x dx = f(\sin x)d\sin x$$

$$f(\cos x)\sin x dx = -f(\cos x)d\cos x$$

$$f(\tan x)\frac{dx}{\cos^2 x} = f(\tan x)d\tan x$$

$$f(\cot x)\frac{dx}{\sin^2 x} = -f(\cot x)d\cot x$$

$$f(\arcsin x) = \frac{dx}{\sqrt{1-x^2}} = f(\arcsin x)d\arcsin x$$

$$f\left(\arcsin\frac{x}{a}\right)\frac{dx}{\sqrt{a^2-x^2}} = f\left(\arcsin\frac{x}{a}\right)d\arcsin\frac{x}{a}$$

3. 不定积分第二类换元法

设 $x=\psi(t)$ 是单调的可导函数，且 $\psi'(t)\neq 0$，又设 $f[\psi(t)]\psi'(t)$有原函数，则有

$$\int f(x)dx \xlongequal{令x=\psi(t)} \left[\int f[\psi(t)]\psi'(t)dt\right]_{t=\psi^{-1}(x)}$$

其中 $t=\psi^{-1}(x)$ 是 $x=\psi(t)$ 的反函数。

第二类换元法，常用的代换有：三角代换、倒代换。如果被积函数含有 $\sqrt{a^2-x^2}$，$\sqrt{x^2+a^2}$，$\sqrt{x^2-a^2}$，可以依次作代换 $x=a\sin t$，$x=a\tan t$，$x=a\sec t$ 用来化去根式，即

$$\sqrt{a^2-x^2} \xlongequal{x=a\sin t} a\cos t$$

$$\sqrt{x^2+a^2} \xlongequal{x=a\tan t} a\sec t$$

$$\sqrt{x^2-a^2} \xlongequal{x=a\sec t} a\tan t$$

以上各式中，均假设 $a>0$。

倒代换主要用于消去被积函数的分母中的变量因子 x。

4. 定积分换元法

假设函数 $f(x)$ 在区间 $[a,b]$ 上连续，函数 $x=\varphi(t)$ 满足条件：

(1) $\varphi(\alpha)=a, \psi(\beta)=b$；

(2)$\varphi(t)$在$[\alpha,\beta]$(或$[\beta,\alpha]$)上具有连续导数，且其值域 $R_\varphi \subset [a,b]$。

则有

$$\int_a^b f(x)dx \xlongequal{x=\varphi(t)} \int_\alpha^\beta f[\varphi(t)]\varphi'(t)dt$$

奇、偶函数在关于原点对称的区间上的积分的性质如下：

性质 1 若 $f(x)$在$[-a,a]$上连续且为偶函数，则

$$\int_{-a}^a f(x)dx = 2\int_0^a f(x)dx$$

性质 2 若 $f(x)$在$[-a,a]$上连续且为奇函数，则

$$\int_{-a}^a f(x)dx = 0$$

利用定积分的换元法，可得下面的重要公式

$$\int_0^{\frac{\pi}{2}} \sin^n x dx = \int_0^{\frac{\pi}{2}} \cos^n x dx = \begin{cases} \dfrac{(n-1)!!}{n!!}, & n\text{为大于1的正奇数}, \\ \dfrac{(n-1)!!}{n!!}\cdot\dfrac{\pi}{2}, & n\text{为正偶数}。\end{cases}$$

5. 分部积分法

对不定积分，有

$$\int u(x)dv(x) = u(x)v(x) - \int v(x)du(x)$$

对定积分，有

$$\int_a^b u(x)dv(x) = [u(x)v(x)]_a^b - \int_a^b v(x)du(x)$$

分部积分法可用于被积函数是两个不同类型的函数乘积的积分。

(1)被积函数是幂函数和对数函数或幂函数和反三角函数的乘积，就可考虑用分部积分法，并设对数函数或反三角函数为 $u(x)$。

(2)被积函数是幂函数和正(余)弦函数或幂函数和指数函数的乘积，就可考虑用分部积分法，并设幂函数为 $u(x)$。

(3)被积函数为三角函数与指数函数的乘积，可连续进行两次分部积分，均设三角函数为 $u(x)$，得到一个所求积分满足的恒等式，从而求得积分。

6. 有理函数的积分

有理函数是：

$$\frac{P(x)}{Q(x)} = \frac{a_0x^n + a_1x^{n-1} + \cdots + a_{n-1}x + a_n}{b_0x^m + b_1x^{m-1} + \cdots + b_{m-1}x + b_m}$$

其中 $a_0\neq 0$，$b_0\neq 0$。当 $n<m$ 时，称为真分式；当 $n\geqslant m$ 时，称为假分式。假分式可化成一个多项式与一个真分式之和。

直分式的分解方法如下：

设 $Q(x)=b_0(x-a)^\alpha\cdots(x-b)^\beta(x^2+px+q)^\lambda\cdots(x^2+rx+s)^\mu$，其中 $p^2-4q<0$，…，$r^2-4s<0$，则真分式

$$\begin{aligned}\frac{P(x)}{Q(x)} = & \frac{A_1}{(x-a)^\alpha} + \frac{A_2}{(x-a)^{\alpha-1}} + \cdots + \frac{A_\alpha}{x-a} + \cdots \\ & + \frac{B_1}{(x-b)^\beta} + \frac{B_2}{(x-b)^{\beta-1}} + \cdots + \frac{B_\beta}{x-b} \\ & + \frac{M_1x+N_1}{(x^2+px+q)^\lambda} + \frac{M_2x+N_2}{(x^2+px+q)^{\lambda-1}} + \cdots \\ & + \frac{M_\lambda x+N_\lambda}{x^2+px+q} + \cdots + \frac{R_1x+S_1}{(x^2+rx+s)^\mu} \\ & + \frac{R_2x+S_2}{(x^2+rx+s)^{\mu-1}} + \cdots + \frac{R_\mu x+S_\mu}{x^2+rx+s}\end{aligned}$$

其中 A_i，…，B_i，M_i，N_i，…，R_i，S_i 等均为常数，有以下两种确定方法。

方法一：等式两端去分母，比较等式两端 x 的同次幂的系数使之分别相等，将得出的等式求解。

方法二：在等式两端分别代入一些特殊的 x 值，得出若干个等式，然后将得出的等式求解。

7. 三角函数的有理式的积分

三角函数有理式通过诱导公式都可化成 $\sin x$、$\cos x$ 的有理式，记做 $R(\sin x,\cos x)$。作变换 $u=\tan\dfrac{x}{2}$，则

$$\sin x=\frac{2\tan\dfrac{x}{2}}{1+\tan^2\dfrac{x}{2}}=\frac{2u}{1+u^2}$$

$$\cos x=\frac{1-\tan^2\dfrac{x}{2}}{1+\tan^2\dfrac{x}{2}}=\frac{1-u^2}{1+u^2}$$

$$\mathrm{d}x=\frac{2}{1+u^2}\mathrm{d}u$$

从而 $\int R(\sin x,\cos x)\mathrm{d}x=\int R\left(\dfrac{2u}{1+u^2},\dfrac{1-u^2}{1+u^2}\right)\dfrac{2}{1+u^2}\mathrm{d}u$

即通过变换 $u=\tan\dfrac{x}{2}$，这种积分总可化为 u 的有理函数的积分，然后用有理函数的积分方法求解。

8. 简单无理函数的积分

对于被积函数为 $R(x,\sqrt[n]{ax+b})$ 及 $R\left(x,\sqrt[n]{\dfrac{ax+b}{cx+h}}\right)$ 这两类函数的积分，可分别作变换：令 $\sqrt[n]{ax+b}=u$ 及 $\sqrt[n]{\dfrac{ax+b}{cx+h}}=u$，去掉根号，原积分就化为有理函数的积分，其中 $R(x,u)$ 表示 x，u 的有理函数。

二、定积分应用

（一）平面图形的面积

1. 直角坐标下

设平面图形由曲线 $y=f(x)$，$y=g(x)$ $[f(x)\geqslant g(x)]$ 和直线 $x=a$，$x=b$ 所围成（图 1-4-1），则其面积

$$A=\int_a^b[f(x)-g(x)]\mathrm{d}x$$

2. 极坐标下

设平面图形由曲线 $\rho=\varphi(\theta)$ 及射线 $\theta=\alpha$，$\theta=\beta$ 所围成（图 1-4-2），则其面积

$$A=\frac{1}{2}\int_\alpha^\beta[\varphi(\theta)]^2\mathrm{d}\theta$$

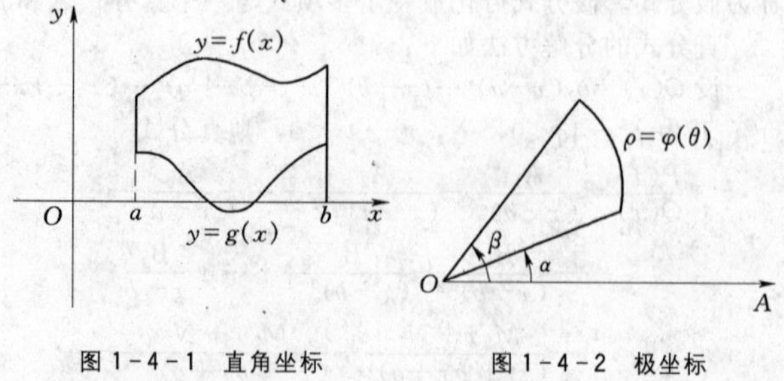

图 1-4-1　直角坐标　　图 1-4-2　极坐标

（二）旋转体的体积

设旋转体由曲线 $y=f(x)$ 与直线 $x=a$，$x=b$ 及 x 轴所围成的平面图形绕 x 轴旋转一周而成（图 1-4-3），则其体积

$$V=\int_a^b\pi[f(x)]^2\mathrm{d}x$$

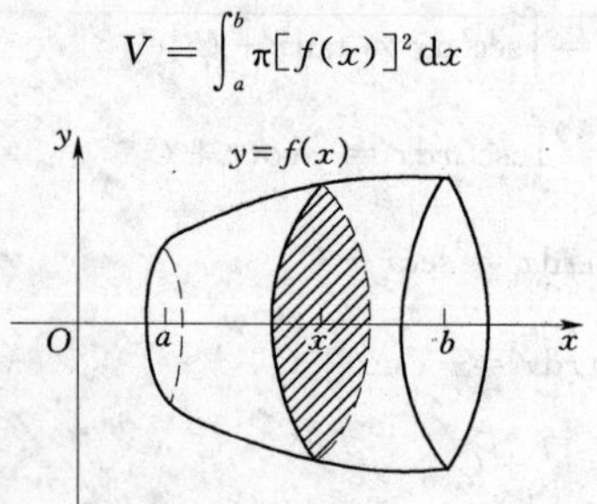

图 1-4-3　旋转体的体积

（三）平面曲线的弧长

1. 直角坐标

设曲线的方程为 $y=f(x)$ $(a\leqslant x\leqslant b)$，$f(x)$ 在 $[a,b]$ 上具有一阶连续导数，则其弧长

$$s=\int_a^b\sqrt{1+y'^2}\mathrm{d}x$$

2. 参数方程

设曲线的参数方程为 $x=\varphi(t)$，$y=\psi(t)$ $(\alpha\leqslant t\leqslant\beta)$，$\varphi(t)$，$\psi(t)$ 在 $[\alpha,\beta]$ 上具有连续导数，则其弧长

$$s=\int_\alpha^\beta\sqrt{[\varphi'(t)]^2+[\psi'(t)]^2}\mathrm{d}t$$

3. 极坐标

设曲线的极坐标方程为 $\rho=\rho(\theta)$ $(\alpha\leqslant\theta\leqslant\beta)$，$\rho(\theta)$ 在 $[\alpha,\beta]$ 上具有连续导数，则其弧长

$$s=\int_\alpha^\beta\sqrt{[\rho(\theta)]^2+[\rho'(\theta)]^2}\mathrm{d}\theta$$

三、广义积分

（一）无穷极限的广义积分

若极限

$$\lim_{t\to+\infty}\int_a^t f(x)\mathrm{d}x$$

存在，则称此极限为 $f(x)$ 在 $[a,+\infty]$ 上的广义积分，记作 $\int_a^{+\infty}f(x)\mathrm{d}x$，即

$$\int_a^{+\infty}f(x)\mathrm{d}x=\lim_{t\to+\infty}\int_a^t f(x)\mathrm{d}x$$

这时，称广义积分 $\int_a^{+\infty}f(x)\mathrm{d}x$ 收敛；若上述极限不存在，则称广义积分 $\int_a^{+\infty}f(x)\mathrm{d}x$ 不收敛或发散。

类似地定义广义积分

$$\int_{-\infty}^b f(x)\mathrm{d}x=\lim_{t\to-\infty}\int_t^b f(x)\mathrm{d}x$$

当且仅当广义积分

$$\int_{-\infty}^0 f(x)\mathrm{d}x 与 \int_0^{+\infty}f(x)\mathrm{d}x$$

都收敛时，定义广义积分

$$\int_{-\infty}^{+\infty}f(x)\mathrm{d}x=\int_{-\infty}^0 f(x)\mathrm{d}x+\int_0^{+\infty}f(x)\mathrm{d}x$$

由定义，易知广义积分 $\int_a^{+\infty}\dfrac{\mathrm{d}x}{x^p}(a>0)$ 当 $p>1$ 时收敛，当 $p\leqslant1$ 时发散。

（二）无界函数的广义积分

若 $f(x)$ 在 $(a,b]$ 上连续，而在点 a 的右邻域内无界，极限

$$\lim_{t\to a^+}\int_t^b f(x)\mathrm{d}x$$

存在，则称此极限为 $f(x)$ 在 $(a,b]$ 上的广义积分，记作 $\int_a^b f(x)\mathrm{d}x$，即

$$\int_a^b f(x)\mathrm{d}x = \lim_{t\to a^+}\int_t^b f(x)\mathrm{d}x$$

这时，称广义积分 $\int_a^b f(x)\mathrm{d}x$ 收敛。

若 $f(x)$ 在 $[a,b)$ 上连续，而在点 b 的左邻域内无界，类似地定义广义积分

$$\int_a^b f(x)\mathrm{d}x = \lim_{t\to b^-}\int_a^t f(x)\mathrm{d}x$$

由定义，易知广义积分 $\int_a^b \frac{\mathrm{d}x}{(x-a)^q}$ 当 $q<1$ 时收敛，当 $q\geqslant 1$ 时发散。

四、重积分

(一) 二重积分 (double in tegral)

1. 二重积分的概念

设 $f(x,y)$ 在平面有界闭区域 D 上有界，将闭区域 D 任意划分成 n 个小闭区域

$$\Delta\sigma_1,\ \Delta\sigma_2,\ \cdots,\ \Delta\sigma_n$$

任取点 $(\xi_i,\eta_i)\in\Delta\sigma_i$ $(i=1,2,\cdots,n)$。记小区域 $\Delta\sigma_i$ 的直径为 d_i，$\lambda=\max\{d_1,d_2,\cdots,d_n\}$。

若极限

$$\lim_{\lambda\to 0}\sum_{i=1}^n f(\xi_i,\eta_i)\Delta\sigma_i$$

总存在，则称此极限为函数 $f(x,y)$ 在有界闭区域 D 上的二重积分，记成 $\iint\limits_D f(x,y)\mathrm{d}\sigma$，即

$$\iint\limits_D f(x,y)\mathrm{d}\sigma = \lim_{\lambda\to 0}\sum_{i=1}^n f(\xi_i,\eta_i)\Delta\sigma_i$$

当 $f(x,y)\geqslant 0$，$(x,y)\in D$ 时，二重积分 $\iint\limits_D f(x,y)\mathrm{d}\sigma$ 在几何上表示以曲面 $z=f(x,y)$ 为顶、闭区域 D 为底的曲顶柱体的体积。

2. 二重积分的性质

(1) $\iint\limits_D [f(x,y)\pm g(x,y)]\mathrm{d}\sigma$

$=\iint\limits_D f(x,y)\mathrm{d}\sigma \pm \iint\limits_D g(x,y)\mathrm{d}\sigma$；

(2) $\iint\limits_D kf(x,y)\mathrm{d}\sigma = k\iint\limits_D f(x,y)\mathrm{d}\sigma$（$k$ 为常数）；

(3) $\iint\limits_D f(x,y)\mathrm{d}\sigma = \iint\limits_{D_1} f(x,y)\mathrm{d}\sigma + \iint\limits_{D_2} f(x,y)\mathrm{d}\sigma$，其中 $D=D_1\cup D_2$，且 $D_1\cap D_2$ 无内点；

(4) $\iint\limits_D 1\mathrm{d}\sigma = \iint\limits_D \mathrm{d}\sigma = \sigma$，其中 σ 为 D 的面积；

(5) 若在 D 上，$f(x,y)\leqslant g(x,y)$，则

$$\iint\limits_D f(x,y)\mathrm{d}\sigma \leqslant \iint\limits_D g(x,y)\mathrm{d}\sigma;$$

(6) $\left|\iint\limits_D f(x,y)\mathrm{d}\sigma\right| \leqslant \iint\limits_D |f(x,y)|\mathrm{d}\sigma$；

(7) 设 M，m 分别是 $f(x,y)$ 在 D 上的最大、最小值，σ 是 D 的面积，则 $m\sigma \leqslant \iint\limits_D f(x,y)\mathrm{d}\sigma \leqslant M\sigma$；

(8) 设 $f(x,y)$ 在闭区域 D 上连续，σ 是 D 的面积，则存在点 $(\xi,\eta)\in D$，使得 $\iint\limits_D f(x,y)\mathrm{d}\sigma = f(\xi,\eta)\sigma$。

3. 二重积分的计算法

(1) 利用直角坐标计算二重积分。

在直角坐标下，二重积分也表示成 $\iint\limits_D f(x,y)\mathrm{d}x\mathrm{d}y$。若积分区域 D（图 1-4-4）可表示成

$$D=\{(x,y)\mid\varphi_1(x)\leqslant y\leqslant\varphi_2(x),x\in[a,b]\}$$

则二重积分可化成先对 y、后对 x 的二次积分，即

$$\iint\limits_D f(x,y)\mathrm{d}x\mathrm{d}y = \int_a^b\left[\int_{\varphi_1(x)}^{\varphi_2(x)} f(x,y)\mathrm{d}y\right]\mathrm{d}x$$

或记成

$$\iint\limits_D f(x,y)\mathrm{d}x\mathrm{d}y = \int_a^b\mathrm{d}x\int_{\varphi_1(x)}^{\varphi_2(x)} f(x,y)\mathrm{d}y$$

若积分区域 D（图 1-4-5）可表示成

$$D=\{(x,y)\mid\psi_1(y)\leqslant x\leqslant\psi_2(y),y\in[c,d]\}$$

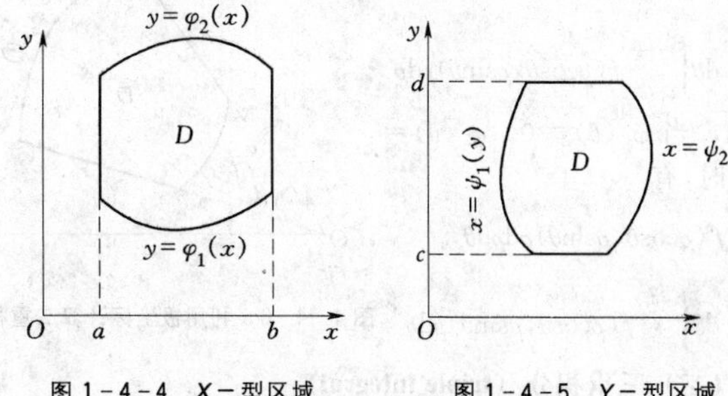

图 1-4-4　X-型区域　　图 1-4-5　Y-型区域

则二重积分可化成先对 x、后对 y 的二次积分，即

$$\iint\limits_\Omega f(x,y)\mathrm{d}x\mathrm{d}y = \int_c^d\mathrm{d}y\int_{\psi_1(y)}^{\psi_2(y)} f(x,y)\mathrm{d}x$$

图 1-4-4 所示的积分区域称为 X-型区域，图 1-4-5 所示的积分区域称为 Y-型区域。若积分区域既是 X-型的，也是 Y-型的，则二重积分可表成两个不同次序的二次积分，于是有

$$\int_a^b\mathrm{d}x\int_{\varphi_1(x)}^{\varphi_2(x)} f(x,y)\mathrm{d}y = \int_c^d\mathrm{d}y\int_{\varphi_1(y)}^{\varphi_2(y)} f(x,y)\mathrm{d}x$$

在二重积分的计算中，利用积分区域的对称性及被积函数相关的奇偶性，可以简化二重积分的计算。常见的有以下几种情形［以下假设 $f(x,y)$ 在积分区域 D 上连续，并记 $I=\iint\limits_D f(x,y)\mathrm{d}\sigma$］。

1) 如果积分区域 D 关于 y 轴对称，那么相关的函数奇偶性是关于变量 x 的。

当 $f(-x,y)=-f(x,y)$ 时［此时称 $f(x,y)$ 关于 x 是奇函数］，$I=0$；

当 $f(-x,y)=f(x,y)$ 时［此时称 $f(x,y)$ 关于 x 是偶函数］，$I=2\iint\limits_{D_1} f(x,y)\mathrm{d}\sigma$，其中 $D_1=\{(x,y)\in D,x\geqslant 0\}$。

2) 如果积分区域 D 关于 x 轴对称，那么相关的函数奇偶性是关于变量 y 的。

当 $f(x,-y)=-f(x,y)$ 时［此时称 $f(x,y)$ 关于 y 是奇函数］，$I=0$；

当 $f(x,-y)=f(x,y)$ 时［此时称 $f(x,y)$ 关于 y 是偶函数］，$I=2\iint\limits_{D_2} f(x,y)\mathrm{d}\sigma$，其中 $D_2=\{(x,y)\in D,y\geqslant 0\}$。

3) 如果积分区域 D 关于原点 O 对称，那么相关的奇偶性是关于变量 x，y 的。

当 $f(-x,-y)=-f(x,y)$ 时，$I=0$；

当 $f(-x,-y)=f(x,y)$ 时，$I=2\iint\limits_{D_1}f(x,y)\mathrm{d}\sigma=2\iint\limits_{D_2}f(x,y)\mathrm{d}\sigma$。

（2）利用极坐标计算二重积分。

直角坐标和极坐标有如下关系

$$x=\rho\cos\theta,\ y=\rho\sin\theta$$

积分的变换公式是

$$\iint\limits_D f(x,y)\mathrm{d}x\mathrm{d}y=\iint\limits_D f(\rho\cos\theta,\rho\sin\theta)\rho\mathrm{d}\rho\mathrm{d}\theta$$

若积分区域 D（图 1-4-6）可表示成

$$D=\{(\rho,\theta)\mid\varphi_1(\theta)\leqslant\rho\leqslant\varphi_2(\theta),\theta\in[\alpha,\beta]\},$$

则二重积分可化成先对 ρ、后对 θ 的二次积分，即

$$\iint\limits_D f(\rho\cos\theta,\rho\sin\theta)\rho\mathrm{d}\rho\mathrm{d}\theta=\int_\alpha^\beta\mathrm{d}\theta\int_{\varphi_1(\theta)}^{\varphi_2(\theta)}f(\rho\cos\theta,\rho\sin\theta)\rho\mathrm{d}\rho$$

特别，当 $\varphi_1(\theta)\equiv0$，$\varphi_2(\theta)=\varphi(\theta)$时，有

$$\iint\limits_D f(\rho\cos\theta,\rho\sin\theta)\rho\mathrm{d}\rho\mathrm{d}\theta=\int_\alpha^\beta\mathrm{d}\theta\int_0^{\varphi(\theta)}f(\rho\cos\theta,\rho\sin\theta)\rho\mathrm{d}\rho$$

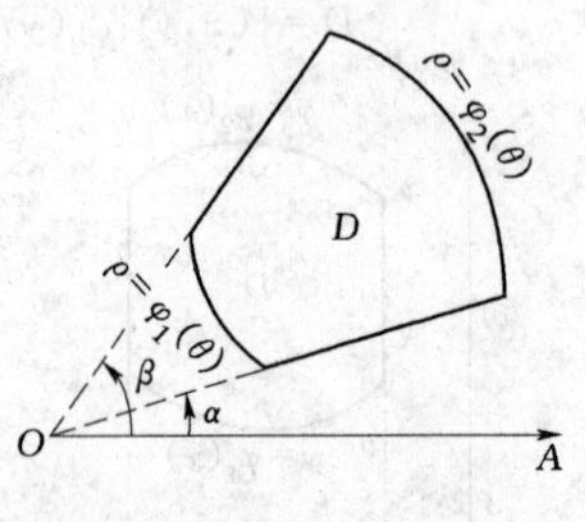

图 1-4-6　利用极坐标计算二重积分

（二）三重积分（triple integral）

1. 三重积分的概念

设 $f(x,y,z)$ 在空间有界闭区域 Ω 上有界，与二重积分的定义类似地有 $f(x,y,z)$ 在 Ω 上的三重积分的定义，即

$$\iiint\limits_D f(x,y,z)\mathrm{d}v=\lim_{\lambda\to0}\sum_{i=1}^n f(\xi_i,\eta_i,\zeta_i)\Delta v_i$$

若 $f(x,y,z)$ 表示某物体在点 (x,y,z) 处的密度，Ω 表示该物体占有的空间区域，则三重积分 $\iiint\limits_D f(x,y,z)\mathrm{d}v$ 就表示该物体的质量 M，即

$$M=\iiint\limits_D f(x,y,z)\mathrm{d}v$$

2. 三重积分的性质

三重积分具有与二重积分类似的性质。

3. 三重积分的计算法

（1）利用直角坐标计算三重积分

在直角坐标下，三重积分可表示成 $\iiint\limits_\Omega f(x,y,z)\mathrm{d}x\mathrm{d}y\mathrm{d}z$。

若空间闭区域 Ω 可表示成

$$\Omega=\{(x,y,z)\mid z_1(x,y)\leqslant z\leqslant z_2(x,y),(x,y)\in D\}$$

则三重积分可化成先对 z 的积分，然后再在 D 上作二重积分，即

$$\iiint\limits_\Omega f(x,y,z)\mathrm{d}x\mathrm{d}y\mathrm{d}z=\iint\limits_D\left[\int_{z_1(x,y)}^{z_2(x,y)}f(x,y,z)\mathrm{d}z\right]\mathrm{d}x\mathrm{d}y$$

对二重积分再化为二次积分，从而三重积分化为三次积分计算。

若空间闭区域 Ω 可表示成

$$\Omega=\{(x,y,z)\mid(x,y)\in D_z,c_1\leqslant z\leqslant c_2\}$$

则三重积分可化为先计算一个二重积分、再计算一个定积分，即

$$\iiint\limits_\Omega f(x,y,z)\mathrm{d}v=\int_{c_1}^{c_2}\mathrm{d}z\iint\limits_{D_z}f(x,y,z)\mathrm{d}x\mathrm{d}y$$

（2）利用柱面坐标计算三重积分

直角坐标和柱面坐标的关系是

$$x=\rho\cos\theta,\ y=\rho\sin\theta,\ z=z$$

积分的变换公式是

$$\iiint\limits_\Omega f(x,y,z)\mathrm{d}x\mathrm{d}y\mathrm{d}z=\iiint\limits_\Omega F(\rho,\theta,z)\rho\mathrm{d}\rho\mathrm{d}\theta\mathrm{d}z$$

其中 $F(\rho,\theta,z)=f(\rho\cos\theta,\rho\sin\theta,z)$。

化为柱面坐标后的三重积分可化为三次积分计算。

（3）利用球面坐标计算三重积分

直角坐标和球面坐标的关系是

$$x=\rho\sin\varphi\cos\theta,\ y=\rho\sin\varphi\sin\theta,\ z=\rho\cos\varphi$$

积分的变换公式是

$$\iiint\limits_\Omega f(x,y,z)\mathrm{d}x\mathrm{d}y\mathrm{d}z=\iiint\limits_\Omega F(\rho,\varphi,\theta)\rho^2\sin\varphi\mathrm{d}\rho\mathrm{d}\varphi\mathrm{d}\theta$$

其中 $F(\rho,\varphi,\theta)=f(\rho\sin\varphi\cos\theta,\rho\sin\varphi\sin\theta,\rho\cos\varphi)$。

（三）重积分的应用

1. 曲面的面积

设曲面 Σ 的方程为 $z=f(x,y)$，Σ 在 xOy 面上的投影区域为 D，$f(x,y)$ 在 D 上具有一阶连续偏导数，则曲面 Σ 的面积

$$A=\iint\limits_D\sqrt{1+\left(\frac{\partial z}{\partial x}\right)^2+\left(\frac{\partial z}{\partial y}\right)^2}\mathrm{d}x\mathrm{d}y$$

2. 平面薄片及空间物体的质量、重心与转动惯量

（1）设平面薄片占有 xOy 面上的区域 D，薄片在 D 上任一点 $P(x,y)$ 处的面密度为 $\mu(x,y)$，则薄片的质量为

$$M=\iint\limits_D\mu(x,y)\mathrm{d}\sigma$$

薄片重心的坐标为

$$\overline{x}=\frac{1}{M}\iint\limits_D x\mu(x,y)\mathrm{d}\sigma,\overline{y}=\frac{1}{M}\iint\limits_D y\mu(x,y)\mathrm{d}\sigma$$

薄片关于 x 轴，y 轴的转动惯量为

$$I_x=\iint\limits_D y^2\mu(x,y)\mathrm{d}\sigma,I_y=\iint\limits_D x^2\mu(x,y)\mathrm{d}\sigma$$

（2）设空间物体占有空间闭区域 Ω，在点 (x,y,z) 处的密度为 $\rho(x,y,z)$［假定 $\rho(x,y,z)$ 在 Ω 上是连续的］，则物体的质量为

$$M=\iiint\limits_D\rho(x,y,z)\mathrm{d}v$$

物体重心的坐标为

$$\overline{x}=\frac{1}{M}\iiint\limits_\Omega x\rho(x,y,z)\mathrm{d}v,\overline{y}=\frac{1}{M}\iiint\limits_\Omega y\rho(x,y,z)\mathrm{d}v,$$

$$\overline{z}=\frac{1}{M}\iiint\limits_\Omega z\rho(x,y,z)\mathrm{d}v$$

物体关于 x 轴，y 轴，z 轴的转动惯量为

$$I_x=\iiint\limits_\Omega(y^2+z^2)\rho(x,y,z)\mathrm{d}v$$

$$I_y=\iiint\limits_\Omega(z^2+x^2)\rho(x,y,z)\mathrm{d}v$$

$$I_z=\iiint\limits_\Omega(x^2+y^2)\rho(x,y,z)\mathrm{d}v$$

五、曲线积分

（一）对弧长的曲线积分的概念与性质

1. 定义

设 L 为平面内一条光滑曲线弧，$f(x,y)$ 在 L 上有界，将 L 任意划分成 n 个小段，第 i 个小段的长度为 Δs_i，(ξ_i,η_i) 为第 i 小段上任一点，$\lambda=\max\{\Delta s_1,\cdots,\Delta s_n\}$。若

极限

$$\lim_{\lambda\to 0}\sum_{i=1}^{n}f(\xi_i,\eta_i)\Delta s_i$$

总存在，则称此极限为 $f(x,y)$ 在 L 上对弧长的曲线积分或第一类曲线积分，记作 $\int_L f(x,y)\mathrm{d}s$，即

$$\int_L f(x,y)\mathrm{d}s=\lim_{\lambda\to 0}\sum_{i=1}^{n}f(\xi_i,\eta_i)\Delta s_i$$

若一曲线形构件 L 在点 (x,y) 处的线密度为 $\mu(x,y)$，则曲线积分 $\int_L \mu(x,y)\mathrm{d}s$ 就表示此构件的质量 M，即

$$M=\int_L \mu(x,y)\mathrm{d}s$$

当 L 为闭曲线时，曲线积分记为 $\oint_L f(x,y)\mathrm{d}s$。

2. 性质

第一类曲线积分的性质如下：

(1) $\int_L[f(x,y)\pm g(x,y)]\mathrm{d}s=\int_L f(x,y)\mathrm{d}s\pm\int_L g(x,y)\mathrm{d}s$；

(2) $\int_L kf(x,y)\mathrm{d}s=k\int_L f(x,y)\mathrm{d}s$（$k$ 为常数）；

(3) $\int_L f(x,y)\mathrm{d}s=\int_{L_1}f(x,y)\mathrm{d}s+\int_{L_2}f(x,y)\mathrm{d}s$ $(L=L_1+L_2)$。

3. 计算法

设 $f(x,y)$ 在曲线弧 L 上连续，L 的参数方程为

$$\begin{cases}x=\varphi(t)\\ y=\psi(t)\end{cases}\quad(\alpha\leqslant t\leqslant\beta)$$

其中：$\varphi(t)$，$\psi(t)$ 具有一阶连续导数，且 $\varphi'^2(t)+\psi'^2(t)\neq 0$，则

$$\int_L f(x,y)\mathrm{d}s=\int_\alpha^\beta f[\varphi(t),\psi(t)]\sqrt{\varphi'^2(t)+\psi'^2(t)}\mathrm{d}t$$

其中 $\alpha<\beta$。

（二）对坐标的曲线积分

1. 定义

设 L 为平面内从点 A 到点 B 的一条有向光滑曲线弧，$P(x,y)$，$Q(x,y)$ 在 L 上有界，将 L 任意分成 n 个有向小弧段 $\widehat{M_{i-1}M_i}$ $(i=1,2,\cdots,n;\ M_0=A,\ M_n=B)$，$\Delta x_i=x_i-x_{i-1}$，$\Delta y_i=y_i-y_{i-1}$。任取 $(\xi_i,\eta_i)\in\widehat{M_{i-1}M_i}$，设 $\lambda=\max\{\Delta s_1,\cdots,\Delta s_n\}$，若极限

$$\lim_{\lambda\to 0}\sum_{i=1}^{n}P(\xi_i,\eta_i)\Delta x_i$$

总存在，则称此极限为 $P(x,y)$ 在有向曲线弧 L 上对坐标 x 的曲线积分，记做 $\int_L P(x,y)\mathrm{d}x$，即

$$\int_L P(x,y)\mathrm{d}x=\lim_{\lambda\to 0}\sum_{i=1}^{n}P(\xi_i,\eta_i)\Delta x_i$$

类似地定义 $Q(x,y)$ 在有向曲线弧 L 上对 y 的曲线积分 $\int_L Q(x,y)\mathrm{d}y$，即

$$\int_L Q(x,y)\mathrm{d}y=\lim_{\lambda\to 0}\sum_{i=1}^{n}Q(\xi_i,\eta_i)\Delta y_i$$

对坐标的曲线积分也称为第二类曲线积分。$\int_L P(x,y)\mathrm{d}x+\int_L Q(x,y)\mathrm{d}y$ 通常写成 $\int_L P(x,y)\mathrm{d}x+Q(x,y)\mathrm{d}y$。

若某质点沿有向曲线弧 L 移动，受变力 $F=[P(x,y),Q(x,y)]$ 作用，则变力做的功为

$$W=\int_L P(x,y)\mathrm{d}x+Q(x,y)\mathrm{d}y$$

2. 性质

第二类的曲线积分具有如下性质：

(1) $\int_L P\mathrm{d}x+Q\mathrm{d}y=\int_{L_1}P\mathrm{d}x+Q\mathrm{d}y+\int_{L_2}P\mathrm{d}x+Q\mathrm{d}y$ $(L=L_1+L_2)$；

(2) $\int_L P(x,y)\mathrm{d}x=-\int_{L^-}P(x,y)\mathrm{d}x$，$\int_L Q(x,y)\mathrm{d}y=-\int_{L^-}Q(x,y)\mathrm{d}y$，其中 L^- 表示与 L 反向的有向曲线弧。

3. 计算法

设 $P(x,y)$，$Q(x,y)$ 在有向曲线弧 L 上连续，L 的参数方程为

$$\begin{cases}x=\varphi(t)\\ y=\psi(t)\end{cases}$$

当参数 t 单调地由 α 变到 β 时，对应的动点从 L 的起点 A 运动到终点 B。$\varphi(t)$，$\psi(t)$ 具有一阶连续导数，且 $\varphi'^2(t)+\psi'^2(t)\neq 0$，则

$$\int_L P(x,y)\mathrm{d}x+Q(x,y)\mathrm{d}y$$
$$=\int_\alpha^\beta\{P[\varphi(t),\psi(t)]\varphi'(t)+Q[\varphi(t),\psi(t)]\psi'(t)\}\mathrm{d}t$$

其中：α 对应起点 A，β 对应终点 B，α 不一定小于 β。

第五节　无穷级数

一、常数项级数

（一）常数项级数的概念

数列 $u_n(n=1,2,\cdots)$ 的各项依次相加的表达式 $\sum_{n=1}^{\infty}u_n$ 称为无穷级数，第 n 项 u_n 称为级数的一般项或通项，前 n 项之和 $S_n=\sum_{i=1}^{n}u_i$ 称为级数 $\sum_{n=1}^{\infty}u_n$ 的部分和。若 $\lim_{n\to\infty}S_n=S$ 存在，称级数 $\sum_{n=1}^{\infty}u_n$ 收敛，并称级数 $\sum_{n=1}^{\infty}u_n$ 的和为 S；若 $\lim_{n\to\infty}S_n$ 不存在，则称级数 $\sum_{n=1}^{\infty}u_n$ 发散。当级数 $\sum_{n=1}^{\infty}u_n$ 收敛时，$r_n=\sum_{i=n+1}^{\infty}u_i$ 称为级数的余项，此时有 $\lim_{n\to\infty}r_n=0$。

（二）常数项级数的性质

(1) 若 $\sum_{n=1}^{\infty}u_n=S$，则 $\sum_{n=1}^{\infty}ku_n=k\sum_{n=1}^{\infty}u_n=kS$（$k$ 为常数）。

(2) 若 $\sum_{n=1}^{\infty}u_n=S$，$\sum_{n=1}^{\infty}v_n=T$，则 $\sum_{n=1}^{\infty}(u_n\pm v_n)=\sum_{n=1}^{\infty}u_n\pm\sum_{n=1}^{\infty}v_n=S\pm T$。

(3) 收敛级数加括号后所成的级数仍收敛于原来的和。

(4) 在级数中改变有限项，不影响其收敛性。

(5) 若级数 $\sum_{n=1}^{\infty}u_n$ 收敛，则 $\lim_{n\to\infty}u_n=0$；反之，不一定成立。

（三）常数项级数的审敛法

1. 正项级数审敛法

若级数 $\sum_{n=1}^{\infty}u_n$，其中 $u_n\geqslant 0$ $(n=1,2,\cdots)$，则称级数

$\sum_{n=1}^{\infty}u_n$ 为正项级数。

正项级数收敛的充分必要条件是其部分和有界。

(1) 比较审敛法：设 $\sum_{n=1}^{\infty}u_n$，$\sum_{n=1}^{\infty}v_n$ 为正项级数，对某个 $N>0$，当 $n>N$ 时，$0\leqslant u_n\leqslant Cv_n$ ($C>0$ 为常数)。若 $\sum_{n=1}^{\infty}v_n$ 收敛，则 $\sum_{n=1}^{\infty}u_n$ 收敛；若 $\sum_{n=1}^{\infty}u_n$ 发散，则 $\sum_{n=1}^{\infty}v_n$ 发散。

比较审敛法的极限形式：若 $\lim\limits_{n\to\infty}\frac{u_n}{v_n}=l$ ($v_n\neq0$)，则当 $0<l<+\infty$ 时，$\sum_{n=1}^{\infty}u_n$ 和 $\sum_{n=1}^{\infty}v_n$ 同时收敛或同时发散。

(2) 比值审敛法：设 $\sum_{n=1}^{\infty}u_n$ 为正项级数，若 $\lim\limits_{n\to\infty}\frac{u_{n+1}}{u_n}=l$，则当 $l<1$ 时，级数收敛；当 $l>1$ 或 $l=+\infty$ 时，级数发散；当 $l=1$，级数可能收敛也可能发散。

(3) 根值审敛法：设 $\sum_{n=1}^{\infty}u_n$ 为正项级数，若 $\lim\limits_{n\to\infty}\sqrt[n]{u_n}=l$，则当 $l<1$ 时，级数收敛；当 $l>1$ 或 $l=+\infty$ 时，级数发散；当 $l=1$ 时，级数可能收敛也可能发散。

2. 任意项级数审敛法

若级数 $\sum_{n=1}^{\infty}u_n$，其中 u_n ($n=1, 2, \cdots$) 为任意实数，则称级数 $\sum_{n=1}^{\infty}u_n$ 为任意项级数。

若级数的各项正负交替出现，即可写作 $\sum_{n=1}^{\infty}(-1)^n u_n$ ($u_n>0$) 或 $\sum_{n=1}^{\infty}(-1)^{n+1}u_n$ ($u_n>0$)，则称级数为交错级数。

若级数 $\sum_{n=1}^{\infty}u_n$ 为任意项级数，而级数 $\sum_{n=1}^{\infty}|u_n|$ 收敛，则称级数 $\sum_{n=1}^{\infty}u_n$ 绝对收敛；若 $\sum_{n=1}^{\infty}u_n$ 收敛，而 $\sum_{n=1}^{\infty}|u_n|$ 发散，则称级数 $\sum_{n=1}^{\infty}u_n$ 条件收敛。

(1) 莱布尼兹判别法：若交错级数 $\sum_{n=1}^{\infty}(-1)^n u_n$ ($u_n>0$) 满足：$u_n\geqslant u_{n+1}$ ($n=1, 2, \cdots$) 及 $\lim\limits_{n\to\infty}u_n=0$，则级数 $\sum_{n=1}^{\infty}(-1)^n u_n$ 收敛，且有余项 $|r_n|\leqslant u_{n+1}$ ($n=1, 2, \cdots$)。

(2) 若任意项级数 $\sum_{n=1}^{\infty}u_n$ 绝对收敛，则该级数收敛。

(3) 设 $\sum_{n=1}^{\infty}u_n$ 为任意项级数，若 $\lim\limits_{n\to\infty}\left|\frac{u_{n+1}}{u_n}\right|=l$（或 $\lim\limits_{n\to\infty}\sqrt[n]{|u_n|}=l$），则当 $l<1$ 时，级数绝对收敛；当 $l>1$ 或 $l=+\infty$ 时，级数发散；当 $l=1$ 时，级数可能收敛也可能发散。

(四) 典型级数

(1) 几何级数 $\sum_{n=1}^{\infty}aq^{n-1}$，当 $|q|<1$ 时，收敛于 $\frac{a}{1-q}$，当 $|q|\geqslant1$ 时，级数发散。

(2) p－级数 $\sum_{n=1}^{\infty}\frac{1}{n^p}$ ($p>0$)，当 $p>1$ 时，级数收敛，当 $0<p\leqslant1$ 时，级数发散。

二、幂级数和泰勒级数

(一) 幂级数 (power series) 的概念和性质

1. 幂级数的概念

$\sum_{n=0}^{\infty}a_n(x-x_0)^n$ 称为幂级数，令 $t=x-x_0$，可化为 $\sum_{n=0}^{\infty}a_n t^n$。

2. 幂级数的收敛性

定理 (阿贝尔定理) 若级数 $\sum_{n=0}^{\infty}a_n x^n$ 当 $x=x_0$ ($x_0\neq0$) 时收敛，则对适合 $|x|<|x_0|$ 的一切 x，级数 $\sum_{n=0}^{\infty}a_n x^n$ 绝对收敛；若级数 $\sum_{n=0}^{\infty}a_n x^n$ 当 $x=x_0$ 时发散，则对适合 $|x|>|x_0|$ 的一切 x，级数 $\sum_{n=0}^{\infty}a_n x^n$ 发散。

3. 幂级数的收敛半径及其求法

若幂级数 $\sum_{n=0}^{\infty}a_n x^n$ 在某些点收敛，在某些点发散，则必存在唯一的正数 R，使当 $|x|<R$ 时，级数绝对收敛，当 $|x|>R$ 时，级数发散。这个 R 称为幂级数的收敛半径，若幂级数只在 $x=0$ 处收敛，则规定收敛半径 $R=0$；若幂级数对一切 x 都收敛，则规定收敛半径 $R=+\infty$。

定理 对幂级数 $\sum_{n=0}^{\infty}a_n x^n$，若

$$\lim_{n\to\infty}\left|\frac{a_{n+1}}{a_n}\right|=\rho\text{（或}\lim_{n\to\infty}\sqrt[n]{|a_n|}=\rho\text{）},$$

则它的收敛半径

$$R=\begin{cases}\frac{1}{\rho}, & \text{当 }\rho\neq0\text{ 时},\\ +\infty & \text{当 }\rho=0\text{ 时},\\ 0, & \text{当 }\rho=+\infty\text{ 时}。\end{cases}$$

4. 幂级数的性质

若幂级数 $\sum_{n=0}^{\infty}a_n x^n$ 的收敛半径为 R，则称开区间 $(-R, R)$ 为幂级数的收敛区间；根据幂级数在 $x=\pm R$ 处的收敛情况，可以决定幂级数的收敛域（即收敛点的全体）是四个区间：$(-R, R)$，$[-R, R)$，$(-R, R]$，$[-R, R]$ 之一。

幂级数具有以下性质：

(1) 幂级数 $\sum_{n=0}^{\infty}a_n x^n$ 的和函数在其收敛域上连续；

(2) 幂级数 $\sum_{n=0}^{\infty}a_n x^n$ 的和函数在其收敛区间内可导，且有逐项求导、逐项积分公式

$$S'(x)=\left(\sum_{n=0}^{\infty}a_n x^n\right)'=\sum_{n=0}^{\infty}a_n(x^n)'=\sum_{n=0}^{\infty}a_n n x^{n-1}$$

$$\int_0^x S(x)\mathrm{d}x=\int_0^x\left(\sum_{n=0}^{\infty}a_n x^n\right)\mathrm{d}x=\sum_{n=0}^{\infty}a_n\int_0^x x^n\mathrm{d}x=\sum_{n=0}^{\infty}\frac{a_n}{n+1}x^{n+1}$$

逐项求导、逐项积分后所得到的幂级数和原级数有相同的收敛半径。

(二) 泰勒级数 (Taglor series)

1. 泰勒级数的概念

若 $f(x)$ 在点 x_0 处具有各阶导数，则幂级数 $\sum_{n=0}^{\infty}\frac{1}{n!}f^{(n)}(x_0)(x-x_0)^n$ 称为函数 $f(x)$ 在点 x_0 处的泰勒级数，特别当 $x_0=0$ 时，级数 $\sum_{n=0}^{\infty}\frac{1}{n!}f^{(n)}(0)x^n$ 称为函数 $f(x)$

的马克劳林级数。

2. 函数展开成泰勒级数的条件

设函数 $f(x)$ 在点 x_0 的某邻域 $U(x_0)$ 内具有各阶导数，则 $f(x)$ 在该邻域内能展开成泰勒级数（即 $f(x)$ 的泰勒级数收敛于 $f(x)$ 本身）的充分必要条件是 $f(x)$ 的泰勒公式中的余项 $R_n(x)=\frac{f(n+1)(\xi)}{(n+1)!}(x-x_0)^{n+1}\to 0(n\to\infty)$（其中 $\xi=x_0+\theta(x-x_0)$，$0<\theta<1$）。

3. 函数展开成幂级数的方法

(1) 直接法。要把函数 $f(x)$ 展开成 x 的幂级数，可以按照下列步骤进行。

第一步：求出 $f(x)$ 的各阶导数 $f'(x)$，$f''(x)$，…，$f^{(n)}(x)$，…，如果在 $x=0$ 处的某阶导数不存在，就停止进行，例如在 $x=0$ 处，$f(x)=x^{\frac{7}{3}}$ 的三阶导数不存在，它就不能展开为 x 的幂级数。

第二步：求函数及其各阶导数在 $x=0$ 处的值

$$f(0),\ f'(0),\ f''(0),\ \cdots,\ f^{(n)}(0),\ \cdots$$

第三步：写出幂级数

$$f(0)+f'(0)x+\frac{f''(0)}{2!}x^2+\cdots+\frac{f^{(n)}(0)}{n!}x^n+\cdots$$

并求出收敛半径 R。

第四步：考察当 x 在区间 $(-R,R)$ 内时余项 $R_n(x)$ 的极限

$$\lim_{n\to\infty}R_n(x)=\lim_{n\to\infty}\frac{f^{(n+1)}(\xi)}{(n+1)!}x^{n+1}\quad(\xi\text{在 0 与 }x\text{ 之间})$$

是否为零？如果为零，则函数 $f(x)$ 在区间 $(-R,R)$ 内的幂级数展开形式为

$$f(x)=f(0)+f'(0)x+\frac{f''(0)}{2!}x^2+\cdots+\frac{f^{(n)}(0)}{n!}x^n+\cdots\quad(-R<x<R)$$

(2) 间接法。即利用一些已知的函数展开式、幂级数的运算（如四则运算，逐项求导，逐项积分）以及变量代换等，将所给函数展开成幂级数。这种方法不但计算简单，而且可以避免研究余项。

如将 $\frac{1}{1+x^2}$ 展开成 x 的幂级数。

利用

$$\frac{1}{1-x}=1+x+x^2+\cdots+x^n+\cdots(-1<x<1)$$

把 x 换成 $-x^2$，得

$$\frac{1}{1+x^2}=1-x^2+x^4-\cdots+(-1)^nx^{2n}+\cdots(-1<x<1)$$

又如，将 $\ln(1+x)$ 展开成 x 的幂级数。

因为

$$[\ln(1+x)]'=\frac{1}{1+x}$$

而 $\frac{1}{1+x}=1-x+x^2-x^3+\cdots+(-1)^nx^n+\cdots(-1<x<1)$

将上式从 0 到 x 积分，得

$$\ln(1+x)=x-\frac{x^2}{2}+\frac{x^3}{3}-\frac{x^4}{4}+\cdots+(-1)^n\frac{x^{n+1}}{n+1}+\cdots\quad(-1<x\leqslant 1)$$

已知 $\sin x$ 的幂级数展开式

$$\sin x=x-\frac{x^3}{3!}+\frac{x^5}{5!}-\cdots+(-1)^{n-1}\frac{x^{2n-1}}{(2n-1)!}+\cdots\quad(-\infty<x<+\infty)$$

对上式逐项求导，就得

$$\cos x=1-\frac{x^2}{2!}+\frac{x^4}{4!}-\cdots+(-1)^n\frac{x^{2n}}{(2n)!}+\cdots\quad(-\infty<x<+\infty)$$

4. 常用函数的幂级数展开式

见表 1-5-1。

表 1-5-1　几种重要函数的幂级数展开式

函数	展　开　式	收敛域
$(1+x)^\mu$	$1+\mu x+\frac{\mu(\mu-1)}{2}x^2+\cdots+\frac{\mu(\mu-1)\cdots(\mu-n+1)}{n!}x^n+\cdots$	$\|x\|<1$
$\sin x$	$x-\frac{x^3}{3!}+\frac{x^5}{5!}-\cdots+(-1)^n\frac{x^{2n+1}}{(2n+1)!}+\cdots$	$\|x\|<+\infty$
$\cos x$	$1-\frac{x^2}{2!}+\frac{x^4}{4!}-\cdots+(-1)^n\frac{x^{2n}}{(2n)!}+\cdots$	$\|x\|<+\infty$
$\tan x$	$x+\frac{1}{3}x^3+\frac{2}{15}x^5+\frac{17}{315}x^7+\cdots+\frac{2^{2n}(2^{2n}-1)B_n}{(2n)!}x^{2n-1}+\cdots$①	$\|x\|<\frac{\pi}{2}$
$\arcsin x$	$x+\frac{1}{6}x^3+\frac{3}{40}x^5+\frac{15}{336}x^7+\cdots+\frac{(2n-1)!!}{(2n+1)(2n)!!}x^{2n+1}+\cdots$	$\|x\|<1$
$\arccos x$	$\frac{\pi}{2}-x-\frac{1}{6}x^3-\frac{3}{40}x^5-\cdots-\frac{(2n-1)!!}{(2n+1)(2n)!!}x^{2n+1}-\cdots$	$\|x\|<1$
e^x	$1+x+\frac{x^2}{2}+\frac{x^3}{6}+\cdots+\frac{x^n}{n!}+\cdots$	$\|x\|<+\infty$
$a^x=e^{x\ln a}$	$1+\ln a\cdot x+\frac{(\ln a\cdot x)^2}{2}+\frac{(\ln a\cdot x)^3}{6}+\cdots+\frac{(\ln a\cdot x)^n}{n!}+\cdots$	$\|x\|<+\infty$
$\ln x$	$2\left[\frac{x-1}{x+1}+\frac{1}{3}\left(\frac{x-1}{x+1}\right)^2+\cdots+\frac{1}{2n+1}\left(\frac{x-1}{x+1}\right)^n+\cdots\right]$	$x>0$
$\ln x$	$(x-1)-\frac{1}{2}(x-1)^2+\frac{1}{3}(x-1)^3-\cdots(-1)^{n+1}\frac{1}{n}(x-1)^n+\cdots$	$0<x\leqslant 2$
$\ln(1+x)$	$x-\frac{x^2}{2}+\frac{x^3}{3}-\frac{x^4}{4}+\cdots+(-1)^{n+1}\frac{x^n}{n}+\cdots$	$-1<x\leqslant 1$
$\sinh x$	$x+\frac{x^3}{3!}+\frac{x^5}{5!}+\frac{x^7}{7!}+\cdots+\frac{x^{2n+1}}{(2n+1)!}+\cdots$	$\|x\|<+\infty$
$\cosh x$	$1+\frac{x^2}{2!}+\frac{x^4}{4!}+\frac{x^6}{6!}+\cdots+\frac{x^{2n}}{(2n)!}+\cdots$	$\|x\|<+\infty$

① B_n 为贝努利系数，由下式确定：$1+\frac{1}{2^{2n}}+\frac{1}{3^{2n}}+\frac{1}{4^{2n}}+\cdots+\frac{1}{m^{2n}}+\cdots=\frac{\pi^{2n}2^{2n-1}}{(2n)!}B_n$。

三、傅里叶级数

(一) 三角函数系的正交性

三角函数系（trigonometric function systerm）如下：

$$1,\ \cos x,\ \sin x,\ \cos 2x,\ \sin 2x,\ \cdots,\ \cos nx,\ \sin nx,\ \cdots$$

在区间 $[-\pi,\pi]$ 上正交，就是指上述三角函数系中任何不同的两个函数的乘积在区间 $[-\pi,\pi]$ 上的积分等于零，即

$$\int_{-\pi}^{\pi}\cos nx\,dx=0\quad(n=1,2,3,\cdots)$$

$$\int_{-\pi}^{\pi}\sin nx\,dx=0 \quad (n=1, 2, 3, \cdots)$$

$$\int_{-\pi}^{\pi}\sin kx\cos nx\,dx=0 \quad (k, n=1, 2, 3, \cdots)$$

$$\int_{-\pi}^{\pi}\cos kx\cos nx\,dx=0 \quad (k, n=1, 2, 3, \cdots, k\neq n)$$

$$\int_{-\pi}^{\pi}\sin kx\sin nx\,dx=0 \quad (k, n=1, 2, 3, \cdots, k\neq n)$$

（二）傅里叶系数和傅里叶级数（Fourier coefficient & Fourier series）

设 $f(x)$ 是周期为 2π 的周期函数，且下面公式中出现的积分

$$a_n=\frac{1}{\pi}\int_{-\pi}^{\pi}f(x)\cos nx\,dx \quad (n=0,1,2,\cdots)$$

$$b_n=\frac{1}{\pi}\int_{-\pi}^{\pi}f(x)\sin nx\,dx \quad (n=1,2,\cdots)$$

都存在，则系数 a_0，a_1，b_1，…叫做函数 $f(x)$ 的傅里叶系数，级数

$$\frac{a_0}{2}+\sum_{n=1}^{\infty}(a_n\cos nx+b_n\sin nx)$$

叫做函数 $f(x)$ 的傅里叶级数。

（三）狄利克莱收敛定理

设 $f(x)$ 是周期为 2π 的周期函数，若它满足条件：

（1）在一个周期内连续，或只有有限个第一类间断点；

（2）在一个周期内至多只有有限个极值点。

则 $f(x)$ 的傅里叶级数收敛，且当 x 是 $f(x)$ 的连续点时，级数收敛于 $f(x)$；当 x 是 $f(x)$ 的间断点时，级数收敛于 $\frac{1}{2}[f(x^+)+f(x^-)]$。

（四）正弦级数（sine series）

若 $f(x)$ 是周期为 2π 的奇函数，则它的傅里叶系数为

$$a_n=0 \quad (n=0,1,2,\cdots)$$

$$b_n=\frac{2}{\pi}\int_{0}^{\pi}f(x)\sin nx\,dx \quad (n=1,2,\cdots),$$

它的傅里叶级数是只含有正弦项的正弦级数

$$\sum_{n=1}^{\infty}b_n\sin nx$$

（五）余弦级数（cosine series）

若 $f(x)$ 是周期为 2π 的偶函数，则它的傅里叶系数为

$$a_n=\frac{2}{\pi}\int_{0}^{\pi}f(x)\cos nx\,dx \quad (n=0,1,2,\cdots),$$

$$b_n=0 \quad (n=1,2,\cdots)$$

它的傅里叶级数是只含有常数项和余弦项的余弦级数

$$\frac{a_0}{2}+\sum_{n=1}^{\infty}a_n\cos nx$$

（六）几种重要的函数的傅里叶级数

几种重要的函数的傅里叶级数见表 1-5-2。

表 1-5-2 几种重要函数的傅里叶级数及其波形

函　数	傅里叶级数$\left(\omega=\frac{2\pi}{T}\right)$	波　形
$f(t)=\begin{cases}-h & \left(-\frac{T}{2}<t<0\right)\\ h & \left(0<t<\frac{T}{2}\right)\end{cases}$	$f(t)=\frac{4h}{\pi}\sum_{n=1}^{\infty}\frac{\sin(2n-1)\omega t}{2n-1}$	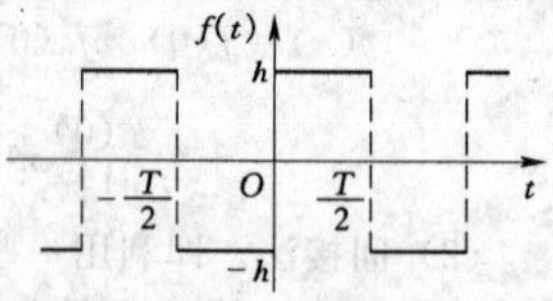
$f(t)=\begin{cases}h & (0<t<a)\\ 0 & (a<t<T)\end{cases}$	$f(t)=\frac{ah}{T}+\frac{2h}{\pi}\sum_{n=1}^{\infty}\frac{1}{n}\sin\frac{n\omega a}{2}\cos n\omega\left(t-\frac{a}{2}\right)$	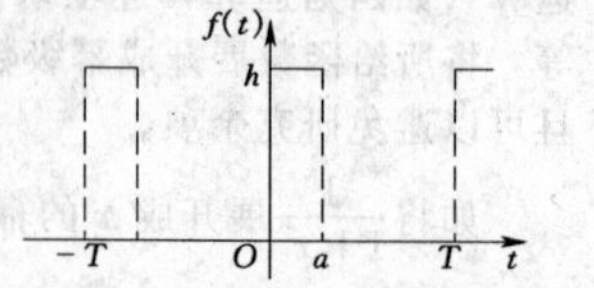
$f(t)=\begin{cases}\frac{h}{a}(a-\|t\|) & (-a\leqslant t\leqslant a)\\ 0 & (a<t<T-a)\end{cases}$	$f(t)=\frac{ah}{T}+\frac{hT}{a\pi^2}\sum_{n=1}^{\infty}\frac{(1-\cos n\omega a)\cos n\omega t}{n^2}$	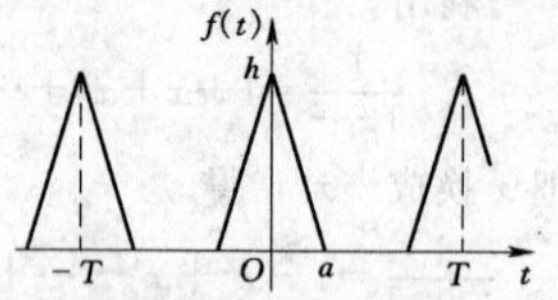
$f(t)=\frac{ht}{T} \quad (0<t<T)$	$f(t)=\frac{h}{2}-\frac{h}{\pi}\sum_{n=1}^{\infty}\frac{\sin n\omega t}{n}$	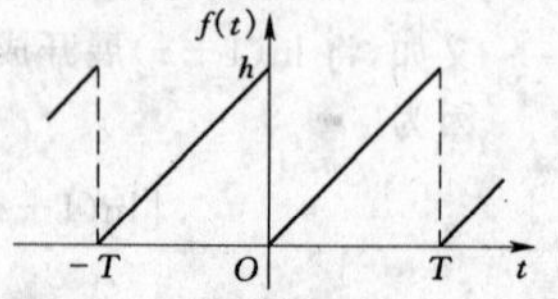
$f(t)=\begin{cases}-h & (-T+a\leqslant t<-a)\\ \frac{h}{a}t & (-a\leqslant t<a)\\ h & (a\leqslant t<T-a)\\ \frac{h}{a}(T-t) & (T-a\leqslant t<T+a)\end{cases}$	$f(t)=\frac{hT}{a\pi^2}\sum_{m=1}^{\infty}\frac{\sin m\omega a\sin m\omega t}{m^2}\left(m=\frac{2n-1}{2}\right)$	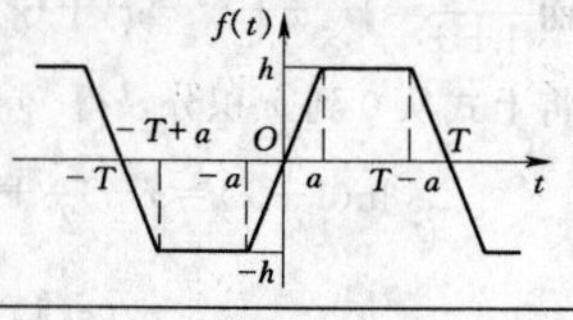
$f(t)=\frac{4ht^2}{T^2} \quad \left(-\frac{T}{2}<t<\frac{T}{2}\right)$	$f(t)=\frac{h}{3}+\frac{4h}{\pi^2}\sum_{n=1}^{\infty}\frac{(-1)^n\cos n\omega t}{n^2}$	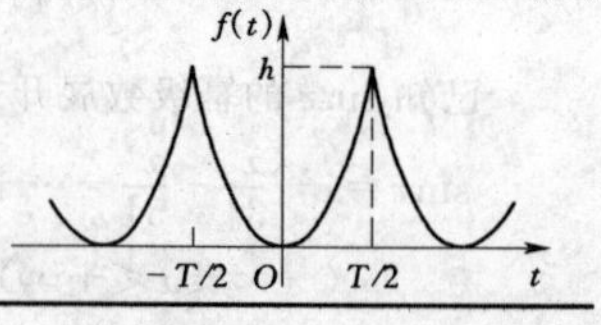

续表

函　数	傅里叶级数$\left(\omega=\frac{2\pi}{T}\right)$	波　形
$f(t)=\begin{cases}E\sin\omega t & (0\leqslant\omega t\leqslant\pi)\\0 & (\pi<\omega t<2\pi)\end{cases}$	$f(t)=\frac{E}{2}\sin\omega t+\frac{2E}{\pi}\left(\frac{1}{2}-\sum_{n=1}^{\infty}\frac{\cos 2n\omega t}{4n^2-1}\right)$	$f(t)$, E, $-T/2$, O, $T/2$, T, t
$f(t)=E\|\sin\omega t\|$	$f(t)=\frac{4E}{\pi}\left(\frac{1}{2}-\sum_{n=1}^{\infty}\frac{\cos 2n\omega t}{4n^2-1}\right)$	$f(t)$, E, $-T/2$, O, $T/2$, t
$f(t)=E\sin(\omega t+\pi/6)\left(0\leqslant\omega t\leqslant\frac{2\pi}{3}\right)$	$f(t)=\frac{3\sqrt{3}E}{\pi}\left(\frac{1}{2}-\sum_{n=1}^{\infty}\frac{\cos 3n\omega t}{9n^2-1}\right)$	$f(t)$, E, $\frac{E}{2}$, O, $T/3$, T, t
$f(t)=E\sin(\omega t+\pi/3)\left(0\leqslant\omega t\leqslant\frac{\pi}{3}\right)$	$f(t)=\frac{6E}{\pi}\left(\frac{1}{2}-\sum_{n=1}^{\infty}\frac{\cos 6n\omega t}{36n^2-1}\right)$	$f(t)$, E, O, $T/6$, T, t

四、傅里叶变换（Fourier transform）

函数 $f(t)$ 的傅里叶变换为

$$F(\omega)=\int_{-\infty}^{\infty}f(t)e^{-j\omega t}dt$$

$F(\omega)$ 的逆变换为

$$f(t)=\frac{1}{2\pi}\int_{-\infty}^{\infty}F(\omega)e^{j\omega t}d\omega$$

若 $f(t)$ 是偶函数，则 $F(\omega)$ 变为傅里叶余弦变换

$$F_c(\omega)=2\int_0^{\infty}f(t)\cos\omega t\,dt$$

和

$$f(t)=\frac{1}{\pi}\int_0^{\infty}F_c(\omega)\cos\omega t\,d\omega$$

若 $f(t)$ 是奇函数，则 $F(\omega)$ 变为傅里叶正弦变换

$$F_s(\omega)=2\int_0^{\infty}f(t)\sin\omega t\,dt$$

和

$$f(t)=\frac{1}{\pi}\int_0^{\infty}F_s(\omega)\sin\omega t\,d\omega$$

傅里叶变换的卷积定理为，若 $F(\omega)$、$G(\omega)$ 是 $f(t)$、$g(t)$ 的傅里叶变换，则 $F(\omega)$、$G(\omega)$ 为 f 和 g 的卷积变换，即

$$f*g=\int_{-\infty}^{\infty}f(\tau)g(t-\tau)d\tau$$

常见波形的傅里叶变换见表 1-5-3。

五、拉普拉斯变换（拉氏变换）（Laplace trans for mation）

(1) 拉氏变换对。设 $f(t)$ 是实变数 t $(t>0)$ 的函数，且在 $[0,+\infty)$ 上有定义，它是连续函数或分段连续函数；$f(t)$ 是指数级的，即当 $t>T$（T 是某一相当大正数）时，$|f(t)|\leqslant Me^{at}$，M、a 是实常数，则 $f(t)$ 的拉氏变换定义为

$$F(s)=\int_0^{+\infty}f(t)e^{-st}dt$$

相应地有拉普拉斯逆变换式（拉普拉斯变换的反演公式）

$$f(t)=\frac{1}{2\pi j}\int_{\beta-j\infty}^{\beta+j\infty}F(s)e^{st}ds$$

此式亦简称拉氏逆变换式（或拉氏逆变换）。式中，$F(s)$称为 $f(t)$ 的象函数；$f(t)$ 称为 $F(s)$ 的原函数。象函数和相应的原函数构成拉氏变换对。

为了照顾电路和系统可能在 $t=0$ 时有冲激信号 $A\delta(t)$ 存在，拉氏变换的积分下限应取 $t=0^-$，$f(t)$ 的定义域应从 0^- 到∞，这样就能把冲激 $\delta(t)$ 包括进去。

表 1-5-3　傅里叶变换表

图　形	$f(t)=\int_{-\infty}^{\infty}F(j\omega)e^{j\omega t}\frac{d\omega}{2\pi}$	$F(j\omega)=\int_{-\infty}^{\infty}f(t)e^{-j\omega t}dt$	图　形
1, $-\frac{T}{2}$, 0, $\frac{T}{2}$	$\mathrm{rect}\,\frac{t}{T}=\begin{cases}1(\|t\|<T/2)\\0(\|t\|>T/2)\end{cases}$	$T\mathrm{sinc}\,\frac{\omega T}{2\pi}\equiv T\frac{\sin\frac{\omega T}{2}}{\frac{\omega T}{2}}$	T, $-\frac{4\pi}{T}$, 0, $\frac{4\pi}{T}$
1, $-2T$, 0, $2T$	$\mathrm{sinc}\,\frac{t}{T}\equiv\frac{\sin\frac{\pi t}{T}}{\frac{\pi t}{T}}$	$T\mathrm{rect}\,\frac{\omega T}{2\pi}=\begin{cases}0\left(\|\omega\|<\frac{\pi}{T}\right)\\T\left(\|\omega\|>\frac{\pi}{T}\right)\end{cases}$	T, $-\frac{\pi}{T}$, 0, $\frac{\pi}{T}$

续表

图形	$f(t)=\int_{-\infty}^{\infty}F(j\omega)e^{j\omega t}\frac{d\omega}{2\pi}$	$F(j\omega)=\int_{-\infty}^{\infty}f(t)e^{-j\omega t}dt$	图形
1; $-T$ 0 T	$\begin{cases}1-\frac{\|t\|}{T} & (\|t\|<T)\\ 0 & (\|t\|\geqslant T)\end{cases}$	$T\mathrm{sinc}^2\frac{\omega T}{2\pi}\equiv T\left(\frac{\sin\frac{\omega T}{2}}{\frac{\omega T}{2}}\right)^2$	T; $-\frac{4\pi}{T}$ 0 $\frac{4\pi}{T}$
1 $\frac{1}{e}$; $-T$ 0 T	$e^{-\frac{\|t\|}{T}}$	$\frac{2T}{(\omega T)^2+1}$	$2T$ T; $-\frac{1}{T}$ 0 $\frac{1}{T}$
1 $e^{\frac{1}{2}}$; $-T$ 0 T	$e^{-\frac{1}{2}\left(\frac{t}{T}\right)^2}$	$\sqrt{2\pi}Te^{-\frac{1}{2}(\omega T)^2}$	$T\sqrt{2\pi}$; $-\frac{1}{T}$ 0 $\frac{1}{T}$
∞; T	$\delta(t-T)$	$e^{-j\omega T}$	
$-\frac{2\pi}{\omega_0}$ 1 $\frac{2\pi}{\omega_0}$; 0	$\cos\omega_0 t$	$\pi[\delta(\omega-\omega_0)+\delta(\omega+\omega_0)]$	∞ ∞; $-\omega_0$ 0 ω_0
$-\frac{2\pi}{\omega_0}$ 1; 0 $\frac{2\pi}{\omega_0}$	$\sin\omega_0 t$	$\frac{\pi}{j}[\delta(\omega-\omega_0)-\delta(\omega+\omega_0)]$	
∞; $-2T$ 0 $2T$	$\sum_{k=-\infty}^{\infty}\delta(t-kT)\equiv\frac{1}{T}\sum_{i=-\infty}^{\infty}e^{2\pi ij\frac{t}{T}}$	$\frac{2\pi}{T}\sum_{i=-\infty}^{\infty}\delta\left(\omega-\frac{2\pi i}{T}\right)\equiv\sum_{k=-\infty}^{\infty}e^{jk\omega T}$	∞; $-\frac{4\pi}{T}$ 0 $\frac{4\pi}{T}$

(2)拉氏变换若干性质和定理见表1-5-4。

(3)拉氏变换简表见表1-5-5。

表1-5-4　拉氏变换若干性质和定理 $L[f_i(t)]=F_i(s)$

特性与定理	表达式	条件和说明
线性	$L[af_1(t)+bf_2(t)]=aL[f_1(t)]+bL[f_2(t)]$ $L^{-1}[aF_1(s)+bF_2(s)]=aL^{-1}[F_1(s)]+bL^{-1}[F_2(s)]$	a、b为常数
位移特性	时域延迟：$\xi[f(t-\tau)]=e^{-s\tau}F(s)$	τ为非负实数
	频域延迟：$\xi[e^{at}f(t)]=F(s-a)$	$Re(s-a)>c$
微分	$L[f'(t)]=sF(s)-f(0)$ $L[f^{(n)}(t)]=s^nF(s)-[s^{n-1}f(0)+s^{n-2}f'(0)+\cdots+f^{(n-1)}(0)]$	$Re(s)>c$。若初值为零则$\xi[f'(t)]=sF(s)$，$\xi[F^{(n)}(t)]=s^nF(s)$
积分	$L\left[\int_0^t f(t)dt\right]=\frac{1}{s}L[f(t)]=\frac{1}{s}F(s)$ $L\left[\underbrace{\int_0^t dt\int_0^t dt\cdots\int_0^t f(t)dt}_{n次}\right]=\frac{1}{s^n}F(s)$	
初值定理	$\lim\limits_{t\to 0}f(t)=\lim\limits_{x\to\infty}sF(s)$或$f(0)=\lim\limits_{s\to\infty}sF(s)$	$\lim\limits_{s\to\infty}sF(s)$存在
终值定理	$\lim\limits_{t\to\infty}f(t)=\lim\limits_{s\to 0}sF(s)$或$f(\infty)=\lim\limits_{s\to 0}sF(s)$	$sF(s)$所有奇点均在s平面左半部
卷积定理	$L[f_1(t)\cdot f_2(t)]=F_1(s)\cdot F_2(s)$ $L^{-1}[F_1(s)\cdot F_2(s)]=f_1(t)\cdot f_2(t)$	

表 1-5-5 拉氏变换简表

$F(s)$	$f(t)$
$\frac{1}{s}$	$u(t)=\begin{cases}1 & (t\geqslant 0)\\ 0 & (t<0)\end{cases}$
1	$\delta(t)$
$\frac{1}{s^n}(n=1,2,\cdots)$	$\frac{t^{(n-1)}}{(n-1)!}u(t)$
$\frac{1}{s(s+a)}$	$\frac{1}{a}(1-e^{-at})$
$\frac{1}{s+a}$	e^{-at}
$\frac{1}{(s+a)^2}$	te^{-at}
$\frac{1}{(s+a)(s+b)}$	$\frac{e^{-at}-e^{-bt}}{b-a}$
$\frac{1}{s^2(s+a)}$	$\frac{1}{a^2}(e^{-at}+at-1)$
$\frac{a}{s^2+a^2}$	$\sin at$
$\frac{s}{s^2+a^2}$	$\cos at$
$\frac{s}{s^2-a^2}$	$\cosh at$
$\frac{1}{s(s^2+a^2)}$	$\frac{1}{a^2}(1-\cos at)$
$\frac{a}{s^2-a^2}$	$\sinh at$
$\frac{1}{s^2(s^2+a^2)}$	$\frac{1}{a^3}(at-\sin at)$
$\frac{s}{(s+a)(s+b)}$	$\frac{ae^{-at}-be^{-bt}}{a-b}$

(4) 用部分分式法求拉氏逆变换（海维塞德展开定理）。计算拉氏逆变换的基本方法是部分分式法，即将 $F(s)$ 展开成部分分式，成为可在拉氏变换表中查到的 s 的简单函数，然后通过反查拉氏变换表求取原函数 $f(t)$。

设 $F(s)=F_1(s)/F_2(s)$，$F_1(s)$ 的阶次不高于 $F_2(s)$ 的阶次，用 $F_1(s)$ 除以 $F_2(s)$，以得到一个 s 的多项式与一个余式之和。下面是三种基本部分展开式：

当 $F_1(s)/F_2(s)$ 有 n 个单极点时

$$F(s)=\frac{F_1(s)}{(s+p_1)(s+p_2)\cdots(s+p_n)}=\frac{a_1}{s+p_1}+\frac{a_2}{s+p_2}+\cdots+\frac{a_n}{s+p_n}$$

当 $-p_1$ 和 $-p_2$ 为共轭复数极点时

$$F(s)=\frac{F_1(s)}{(s+p_1)(s+p_2)(s+p_3)\cdots(s+p_n)}$$

$$=\frac{a_1s+a_2}{(s+p_1)(s+p_2)}+\frac{a_3}{s+p_3}+\cdots+\frac{a_n}{s+p_n}$$

当 $-p_1$ 是 r 阶极点，其他均为单极点时

$$F(s)=\frac{F_1(s)}{(s+p_1)^r(s+p_{r+1})\cdots(s+p_n)}$$

$$=\frac{b_r}{(s+p_1)^r}+\frac{b_{r-1}}{(s+p_1)^{r-1}}+\cdots+\frac{b_1}{s+p_1}$$

$$+\frac{a_{r+1}}{s+p_{r+1}}+\frac{a_{r+2}}{s+p_{r+2}}+\cdots+\frac{a_n}{s+p_n}$$

式中：a_1，a_2，…，a_{r+1}，a_{r+1}，…，a_n 和 b_r，b_{r-1}，…，b_1 为常数。为了确定这些常数，用 $F_2(s)$ 的一个因子 $(s+p_k)$ 乘以 $F_1(s)/F_2(s)$ 及其展开式的各项（$k=1$，2，…，n）所得的恒等式对所有 s 的值都成立，相继令 $s=-p_k$，即可一一确定各常数。

六、Z 变换

(1) Z 变换。连续信号被采样后就得到离散函数，处理这类函数应用 Z 变换法。它在离散系统中所起的作用犹如拉氏变换之于连续系统。设 $z=e^{sT}$，Z 变换定义为

$$Z[x(t)]=X(z)=\sum_{k=0}^{\infty}x(kT)z^{-k}$$

(2) Z 变换表，见表 1-5-6。

表 1-5-6 Z 变换表

$x(t)$ 或 $x(k)$	$X(z)$
$\delta(t)$	1
$\delta(t-kT)$	z^{-k}
$u(t)$	$\frac{z}{z-1}$
t	$\frac{Tz}{(z-1)^2}$
e^{-at}	$\frac{z}{z-e^{-aT}}$
$1-e^{-at}$	$\frac{(1-e^{-aT})_z}{(z-1)(z-e^{-aT})}$
$\sin\omega t$	$\frac{z\sin\omega T}{z^2-2z\cos\omega T+1}$
$\cos\omega t$	$\frac{z(z-\cos\omega T)}{z^2-2z\cos\omega T+1}$
te^{-at}	$\frac{Tze^{-aT}}{(z-e^{-aT})^2}$
$e^{-at}\sin\omega t$	$\frac{ze^{-aT}\sin\omega T}{z^2-2ze^{-aT}\cos\omega T+e^{-2aT}}$
$e^{-at}\cos\omega t$	$\frac{z^2-ze^{-aT}\cos\omega T}{z^2-2ze^{-aT}\cos\omega T+e^{-2aT}}$
t^2	$\frac{T^2z(z+1)}{(z-1)^3}$
a^k	$\frac{z}{z-a}$
$a^k\cos k\pi$	$\frac{z}{z+a}$

第六节 常微分方程

一、微分方程

（一）微分方程和微分方程的阶

凡表示未知函数、未知函数的导数与自变量之间的关系的方程，称为微分方程。

微分方程中所出现的未知函数的最高阶导数的阶数，称为微分方程的阶。

如方程

$$\frac{dy}{dx}=2x$$

是一阶微分方程；又如，方程

$$x^3y'''+x^2y''-4xy'=3x^2$$

是三阶微分方程。

一般地，n 阶微分方程的形式是

$$F(x,y,y',\cdots,y^{(n)})=0, \quad (1-6-1)$$

其中 F 是 $n+2$ 个变量的函数，$y^{(n)}$ 是必须出现的，而 x，y，y'，…，$y^{(n-1)}$ 等变量则可以不出现。

（二）微分方程的解与通解

微分方程的解是一个函数，把这函数代入微分方程能使该方程成为恒等式。确切地说，对于 n 阶微分方程（1-6-1），设函数 $y=\varphi(x)$ 在区间 I 上有 n 阶导数，且在区间 I 上满足

$$F[x,\varphi(x),\varphi'(x),\cdots,\varphi^{(n)}(x)]\equiv 0,$$

则称函数 $y=\varphi(x)$ 为微分方程（1-6-1）在区间 I 上的解。

如果二元代数方程 $\Phi(x, y)=0$ 所确定的隐函数是某微分方程的解，那么 $\Phi(x, y)=0$ 就称为该微分方程的隐式解。

如果微分方程的解中含有任意常数，且任意常数的个数（这里所说的任意常数是互相独立的）与微分方程的阶数相同，这样的解叫做微分方程的通解。

如方程

$$\frac{d^2x}{dt^2}+k^2x=0$$

是二阶微分方程。而函数

$$x=C_1\cos kt+C_2\sin kt$$

满足该方程，即此函数是方程的解，又因为函数中含有两个独立的任意常数，故这函数是上述微分方程的通解。

（三）微分方程的初始条件与特解

能用来确定通解中的任意常数的条件称为初始条件。通常一阶微分方程的初始条件为

$$y\mid_{x=x_0}=y_0$$

二阶微分方程的初始条件为

$$y\mid_{x=x_0}=y_0,\ y'\mid_{x=x_0}=y'_0$$

其中 x_0，y_0 和 y'_0 都是给定的值。

通解中的任意常数全部确定后，就得到一个确定的解，这种解称为微分方程的特解。

二、可分离变量的方程

一阶微分方程

$$\frac{dy}{dx}=\frac{f(x)}{g(y)} \qquad (1-6-2)$$

称可分离变量的方程。把式中的 y 的函数和 dy 归入方程的一端，x 的函数和 dx 归入另一端，成为

$$g(y)dy=f(x)dx$$

这一步骤称为分离变量。分离变量后，两端可分别积分

$$\int g(y)dy=\int f(x)dx$$

设 $g(y)$，$f(x)$ 的原函数依次为 $G(y)$ 与 $F(x)$，即得方程（1-6-2）的通解

$$G(y)=F(x)+C$$

三、齐次微分方程

方程

$$\frac{dy}{dx}=\varphi\left(\frac{y}{x}\right) \qquad (1-6-3)$$

称为齐次微分方程。

令 $u=\dfrac{y}{x}$，则 $y=ux$，$\dfrac{dy}{dx}=u+x\dfrac{du}{dx}$，于是原方程化为

$$u+x\frac{du}{dx}=\varphi(u)$$

这是可分离变量的方程。可用分离变量法求得方程的通解。

四、一阶线性方程

$$y'+P(x)y=Q(x) \qquad (1-6-4)$$

称为一阶线性方程。当 $Q(x)\equiv 0$ 时，式（1-6-4）称为线性齐次方程；当 $Q(x)$ 不恒等于零时，式（1-6-4）称为线性非齐次方程。

线性齐次方程 $y'+P(x)y=0$ 是一个变量可分离的方程。经分离变量并积分，得通解

$$\ln|y|=-\int P(x)dx+C_1，或\ y=Ce^{-\int P(x)dx}$$

非齐次方程(1-6-4)的通解为

$$y=e^{-\int P(x)dx}\left[\int Q(x)e^{\int P(x)dx}dx+C\right] \qquad (1-6-5)$$

五、全微分方程

若方程

$$P(x,y)dx+Q(x,y)dy=0 \qquad (1-6-6)$$

的左端恰好是某个函数 $u=u(x, y)$ 的全微分，则方程（1-6-6）就称为全微分方程，且

$$u(x,y)=C$$

就是方程（1-6-6）的隐式通解。

当函数 $P(x, y)$、$Q(x, y)$ 在某单连通域 G 内具有一阶连续偏导数，且满足

$$\frac{\partial P}{\partial y}=\frac{\partial Q}{\partial x}$$

在区域 G 内恒成立时，方程（1-6-6）就是全微分方程，其通解为

$$u(x,y)\equiv\int_{x_0}^{x}P(x,y)dx+\int_{y_0}^{y}Q(x_0,y)dy=C \qquad (1-6-7)$$

其中 $M_0(x_0, y_0)$ 为 G 内适当选定的点。

六、几种可降阶的方程

（一）$y^{(n)}=f(x)$

这类方程可直接积分，积分一次得

$$y^{(n-1)}=\int f(x)dx+C,$$

即把原方程降低一阶。积分 n 次，即可得通解

$$y=\int\cdots\int f(x)dx\cdots dx+C_1x^{n-1}+C_2x^{n-2}+\cdots+C_n$$

（二）$y''=f(x,y')$

这是不显含 y 的二阶方程，令 $y'=p$，则 $y''=p'$，代入即得

$$p'=f(x, p),$$

这样就把二阶方程降为一阶方程。设求得此一阶方程的通解为 $p=\varphi(x, C_1)$，则原方程的通解为

$$y=\int\varphi(x,C_1)dx+C_2$$

（三）$y''=f(y, y')$

这是不显含 x 的二阶方程，令 $y'=p$，则

$$y''=p'=\frac{dp}{dx}=\frac{dp\,dy}{dy\,dx}=p\frac{dp}{dy}$$

代入方程得

$$p\frac{dp}{dy}=f(y, p)$$

即把二阶方程降为一阶方程。设求得此一阶方程的通解为 $p=\varphi(y, C_1)$，即 $\dfrac{dy}{dx}=\varphi(y, C_1)$，分离变量并积分得原方程的通解为

$$\int \frac{dy}{\varphi(y,C_1)} = x + C_2$$

七、二阶线性微分方程

(1) 设有二阶齐次线性方程

$$y'' + P(x)y' + Q(x)y = 0 \qquad (1-6-8)$$

则有：

1)（性质定理）如果 $y_1(x)$ 与 $y_2(x)$ 是方程（1-6-8）的两个解，那么 $y=C_1y_1(x)+C_2y_2(x)$ 就是方程（1-6-8）的解，其中 C_1、C_2 是两个任意常数；

2)（结构定理）如果 $y_1(x)$ 与 $y_2(x)$ 是方程（1-6-8）的两个线性无关的特解，那么 $y=C_1y_1(x)+C_2y_2(x)$ 就是方程（1-6-8）的通解，其中 C_1、C_2 是两个任意常数。

(2) 设有二阶非齐次线性方程

$$y'' + P(x)y' + Q(x)y = f(x) \qquad (1-6-9)$$

则有：

1)（结构定理）如果 $y^*(x)$ 是方程（1-6-9）的一个特解，$Y(x)$ 是与方程（1-6-9）对应的齐次方程（1-6-8）的通解，那么

$$y = Y(x) + y^*(x)$$

就是方程（1-6-9）的通解；

2)（迭加原理）设方程（1-6-9）的右端 $f(x)=f_1(x)+f_2(x)$，而 $y_1^*(x)$ 与 $y_2^*(x)$ 分别是方程

$$y'' + P(x)y' + Q(x)y = f_1(x)$$

与

$$y'' + P(x)y' + Q(x)y = f_2(x)$$

的特解，那么 $y_1^*(x)+y_2^*(x)$ 就是原方程（1-6-9）的特解。

八、二阶常系数齐次线性微分方程

二阶常系数齐次线性微分方程的一般形式是

$$y'' + py' + qy = 0 \qquad (1-6-10)$$

其中 p，q 为常数。

以 r^k 代替上式中的 $y^{(k)}(k=0，1，2)$，得一代数方程

$$r^2 + pr + q = 0$$

这方程称为微分方程（1-6-10）的特征方程，特征方程的根称为特征根。

按特征根的情况，可直接写出方程（1-6-10）的通解如下：

(1) 特征方程有两个不相等的实根 $r_1 \neq r_2$，方程（1-6-10）的通解为

$$y = C_1 e^{r_1 x} + C_2 e^{r_2 x}$$

(2) 特征方程有两个相等的实根 $r_1=r_2=r$，方程（1-6-10）的通解为

$$y = (C_1 + C_2 x)e^{rx}$$

(3) 特征方程有一对共轭复根 $r_1=\alpha+i\beta$，$r_2=\alpha-i\beta$（$\beta \neq 0$），方程（1-6-10）的通解为

$$y = e^{\alpha x}(C_1\cos\beta x + C_2\sin\beta x)$$

上述结果，如表 1-6-1 所示。

表 1-6-1　二阶常系数齐次线性微分方程的特征方程和通解

特征方程 $r^2+pr+q=0$ 的两个根 r_1，r_2	微分方程 $y''+py'+qy=0$ 的通解
两个不相等的实根 r_1，r_2	$y=C_1e^{r_1x}+C_2e^{r_2x}$
两个相等的实根 $r_1=r_2=r$	$y=(C_1+C_2x)e^{rx}$
一对共轭复根 $r_{1,2}=\alpha\pm i\beta$	$y=e^{\alpha x}(C_1\cos\beta x+C_2\sin\beta x)$

第七节　向量微积分

一、向量微分

假定 $\boldsymbol{A}$、$\boldsymbol{B}$、φ 和 ψ 的偏导数存在。

梯度　$\mathrm{grad}\varphi = \nabla\varphi$

散度　$\mathrm{div}\boldsymbol{A} = \nabla \cdot \boldsymbol{A}$

旋度　$\mathrm{rot}\boldsymbol{A} = \nabla \times \boldsymbol{A}$

$\nabla(\varphi+\psi) = \nabla\varphi + \nabla\psi$

$\nabla(\varphi\psi) = \psi\nabla\varphi + \varphi\nabla\psi$

$\nabla\cdot(\boldsymbol{A}+\boldsymbol{B}) = \nabla\cdot\boldsymbol{A} + \nabla\cdot\boldsymbol{B}$

$\nabla\times(\boldsymbol{A}+\boldsymbol{B}) = \nabla\times\boldsymbol{A} + \nabla\times\boldsymbol{B}$

$\nabla\cdot(\psi\boldsymbol{A}) = \nabla\psi\cdot\boldsymbol{A} + \psi(\nabla\cdot\boldsymbol{A})$

$\nabla\times(\psi\boldsymbol{A}) = \nabla\psi\times\boldsymbol{A} + \psi(\nabla\times\boldsymbol{A})$

$\nabla\cdot(\boldsymbol{A}\times\boldsymbol{B}) = \boldsymbol{B}\cdot(\nabla\times\boldsymbol{A}) - \boldsymbol{A}\cdot(\nabla\times\boldsymbol{B})$

$\nabla\times(\boldsymbol{A}\times\boldsymbol{B}) = (\boldsymbol{B}\cdot\nabla)\boldsymbol{A} - (\boldsymbol{A}\cdot\nabla)\boldsymbol{B} - \boldsymbol{B}(\nabla\cdot\boldsymbol{A}) + \boldsymbol{A}(\nabla\cdot\boldsymbol{B})$

$\nabla\cdot(\nabla\varphi) \equiv \nabla^2\varphi$

$\nabla\times(\nabla\times\boldsymbol{A}) = \nabla(\nabla\cdot\boldsymbol{A}) - \nabla^2\boldsymbol{A}$

$\nabla\times(\nabla\varphi) = 0$，$\nabla\cdot(\nabla\times\boldsymbol{A}) = 0$

二、向量积分

斯托克斯定理 $\oint_l \boldsymbol{A}\cdot dl = \int_S \nabla\times\boldsymbol{A}\cdot dS$

高斯定理 $\oint_S \boldsymbol{A}\cdot dS = \int_V \nabla\cdot\boldsymbol{A}dV$

$\oint_S d\boldsymbol{S}\times\boldsymbol{A} = \int_V \nabla\times\boldsymbol{A}dV$

$\oint_S \psi d\boldsymbol{S} = \int_V \nabla\psi dV$

$\oint_l \psi dl = \int_S d\boldsymbol{S}\times\nabla\psi$

格林第一公式

$$\int_V (\varphi\nabla^2\psi + \nabla\psi\cdot\nabla\varphi)dV = \oint_S (\varphi\nabla\psi)\cdot d\boldsymbol{S}$$

格林第二公式

$$\int_V (\varphi\nabla^2\psi - \psi\nabla^2\varphi)dV = \oint_S (\varphi\nabla\psi - \psi\nabla\varphi)dS$$

三、向量正交曲面坐标系表示与坐标变换

直角坐标系 $\boldsymbol{A} = \boldsymbol{e}_x A_x + \boldsymbol{e}_y A_y + \boldsymbol{e}_z A_z$

圆柱坐标系 $\boldsymbol{A} = \boldsymbol{e}_\rho A_\rho + \boldsymbol{e}_\phi A_\phi + \boldsymbol{e}_z A_z$

球坐标系 $\boldsymbol{A} = \boldsymbol{e}_r A_r + \boldsymbol{e}_\theta A_\theta + \boldsymbol{e}_\phi A_\phi$

$$\begin{bmatrix} A_x \\ A_y \\ A_z \end{bmatrix} = \begin{bmatrix} \cos\phi & -\sin\phi & 0 \\ \sin\phi & \cos\phi & 0 \\ 0 & 0 & 1 \end{bmatrix} \begin{bmatrix} A_\rho \\ A_\phi \\ A_z \end{bmatrix}$$

$$\begin{bmatrix} A_\rho \\ A_\phi \\ A_z \end{bmatrix} = \begin{bmatrix} \cos\phi & \sin\phi & 0 \\ -\sin\phi & \cos\phi & 0 \\ 0 & 0 & 1 \end{bmatrix} \begin{bmatrix} A_x \\ A_y \\ A_z \end{bmatrix}$$

$$\begin{bmatrix} A_x \\ A_y \\ A_z \end{bmatrix} = \begin{bmatrix} \sin\theta\cos\phi & \cos\theta\cos\phi & -\sin\phi \\ \sin\theta\sin\phi & \cos\theta\sin\phi & \cos\phi \\ \cos\theta & -\sin\theta & 0 \end{bmatrix} \begin{bmatrix} A_r \\ A_\theta \\ A_\phi \end{bmatrix}$$

$$\begin{bmatrix} A_r \\ A_\theta \\ A_\phi \end{bmatrix} = \begin{bmatrix} \sin\theta\cos\phi & \sin\theta\sin\phi & \cos\theta \\ \cos\theta\cos\phi & \cos\theta\sin\phi & -\sin\theta \\ -\sin\phi & \cos\phi & 1 \end{bmatrix} \begin{bmatrix} A_x \\ A_y \\ A_z \end{bmatrix}$$

$$\begin{bmatrix} A_\rho \\ A_\phi \\ A_z \end{bmatrix} = \begin{bmatrix} \sin\theta & \cos\theta & 0 \\ 0 & 0 & 1 \\ \cos\theta & -\sin\theta & 0 \end{bmatrix} \begin{bmatrix} A_r \\ A_\theta \\ A_\phi \end{bmatrix}$$

$$\begin{bmatrix} A_r \\ A_\theta \\ A_\phi \end{bmatrix} = \begin{bmatrix} \sin\theta & 0 & \cos\theta \\ \cos\theta & 0 & -\sin\theta \\ 0 & 1 & 0 \end{bmatrix} \begin{bmatrix} A_\rho \\ A_\phi \\ A_z \end{bmatrix}$$

四、正交坐标系中的微分运算

1. 直角坐标系

$$\nabla\varphi = \boldsymbol{e}_x \frac{\partial\varphi}{\partial x} + \boldsymbol{e}_y \frac{\partial\varphi}{\partial y} + \boldsymbol{e}_y \frac{\partial\varphi}{\partial z}$$

$$\nabla\cdot\boldsymbol{A} = \frac{\partial A_x}{\partial x} + \frac{\partial A_y}{\partial y} + \frac{\partial A_z}{\partial z}$$

$$\nabla\times\boldsymbol{A} = \boldsymbol{e}_x\left(\frac{\partial A_z}{\partial y} - \frac{\partial A_y}{\partial z}\right) + \boldsymbol{e}_y\left(\frac{\partial A_x}{\partial z} - \frac{\partial A_z}{\partial x}\right) + \boldsymbol{e}_z\left(\frac{\partial A_y}{\partial x} - \frac{\partial A_x}{\partial y}\right)$$

$$\nabla^2\varphi = \frac{\partial^2\varphi}{\partial x^2} + \frac{\partial^2\varphi}{\partial y^2} + \frac{\partial^2\varphi}{\partial z^2}$$

$$\nabla^2\boldsymbol{A} = \boldsymbol{e}_x\nabla^2 A_x + \boldsymbol{e}_y\nabla^2 A_y + \boldsymbol{e}_z\nabla^2 A_z$$

2. 圆柱坐标系

$$\nabla\varphi = \boldsymbol{e}_\rho \frac{\partial\varphi}{\partial\rho} + \boldsymbol{e}_\phi \frac{1}{\rho}\frac{\partial\varphi}{\partial\phi} + \boldsymbol{e}_z \frac{\partial\varphi}{\partial z}$$

$$\nabla\cdot\boldsymbol{A} = \frac{1}{\rho}\frac{\partial}{\partial\rho}(\rho A_\rho) + \frac{1}{\rho}\frac{\partial A_\phi}{\partial\phi} + \frac{\partial A_z}{\partial z}$$

$$\nabla\times\boldsymbol{A} = \boldsymbol{e}_\rho\left(\frac{1}{\rho}\frac{\partial A_z}{\partial\phi} - \frac{\partial A_\phi}{\partial z}\right) + \boldsymbol{e}_\phi\left(\frac{\partial A_\rho}{\partial z} - \frac{\partial A_z}{\partial\rho}\right) + \frac{\boldsymbol{e}_z}{\rho}\left(\frac{\partial}{\partial\rho}(\rho A_\phi) - \frac{\partial A_\rho}{\partial\phi}\right)$$

$$\nabla^2\varphi = \frac{1}{\rho}\frac{\partial}{\partial\rho}\left(\rho\frac{\partial\varphi}{\partial\rho}\right) + \frac{1}{\rho^2}\left(\frac{\partial^2\varphi}{\partial\phi^2}\right) + \frac{\partial^2\varphi}{\partial z^2}$$

$$\nabla^2\boldsymbol{A} = \boldsymbol{e}_\rho\left(\nabla^2 A_\rho - \frac{A_\rho}{\rho^2} - \frac{2}{\rho^2}\frac{\partial A_\phi}{\partial\phi}\right) + \boldsymbol{e}_\phi\left(\nabla^2 A_\phi - \frac{A_\phi}{\rho^2} + \frac{2}{\rho^2}\frac{\partial A_\rho}{\partial\phi}\right) + \boldsymbol{e}_z\nabla^2 A_z$$

3. 球坐标系

$$\nabla\varphi = \boldsymbol{e}_r\frac{\partial\varphi}{\partial r} + \boldsymbol{e}_\theta\frac{1}{r}\frac{\partial\varphi}{\partial\theta} + \boldsymbol{e}_\phi\frac{1}{r\sin\theta}\frac{\partial\varphi}{\partial\phi}$$

$$\nabla\cdot\boldsymbol{A} = \frac{1}{r^2}\frac{\partial}{\partial r}(r^2A_r) + \frac{1}{r\sin\theta}\frac{\partial}{\partial\theta}(A_\theta\sin\theta) + \frac{1}{r\sin\theta}\frac{\partial A_\phi}{\partial\phi}$$

$$\nabla\times\boldsymbol{A} = \frac{\boldsymbol{e}_r}{r\sin\theta}\left[\frac{\partial}{\partial\theta}(A_\phi\sin\theta) - \frac{\partial A_\theta}{\partial\phi}\right] + \frac{\boldsymbol{e}_\theta}{r}\left[\frac{1}{\sin\theta}\frac{\partial A_r}{\partial\phi} - \frac{\partial}{\partial r}(rA_\phi)\right] + \frac{\boldsymbol{e}_\phi}{r}\left[\frac{\partial}{\partial r}(rA_\theta) - \frac{\partial A_r}{\partial\theta}\right]$$

$$\nabla^2\varphi = \frac{1}{r^2}\frac{\partial}{\partial r}\left(r^2\frac{\partial\varphi}{\partial r}\right) + \frac{1}{r^2\sin\theta}\frac{\partial}{\partial\theta}\left(\sin\theta\frac{\partial\varphi}{\partial\theta}\right) + \frac{1}{r^2\sin^2\theta}\frac{\partial^2\varphi}{\partial\phi^2}$$

$$\nabla^2\boldsymbol{A} = \boldsymbol{e}_r\left[\nabla^2A_r - \frac{2}{r^2}\left(A_r + \cot\theta A_\theta + \csc\theta\frac{\partial A_\phi}{\partial\phi} + \frac{\partial A_\theta}{\partial\theta}\right)\right] + \boldsymbol{e}_\theta\left[\nabla^2A_\theta - \frac{1}{r^2}\left(\csc^2\theta A_\theta - 2\frac{\partial A_r}{\partial\theta} + 2\cot\theta\csc\theta\frac{\partial A_\phi}{\partial\phi}\right)\right] + \boldsymbol{e}_\phi\left[\nabla^2A_\phi - \frac{1}{r^2}\left(\csc^2\theta A_\phi - 2\csc\theta\frac{\partial A_r}{\partial\phi} - 2\cot\theta\csc\theta\frac{\partial A_\theta}{\partial\phi}\right)\right]$$

第二章 物 理 学

第一节 量和单位

一、法定计量单位

我国法定计量单位是以国际单位制（SI）的单位为基础，同时选用一些非国际单位制的单位构成的。

（1）国际单位制的基本单位见表 2-1-1。

表 2-1-1 国际单位制（SI）的基本单位

量的名称	单位名称	单位符号	定 义
长度	米	m	米是光在真空中 1/299792458s 时间间隔内所经路径的长度（1983 年第 17 届国际计量大会决议）
质量	千克（公斤）	kg	千克等于国际千克原器的质量（1889 年第 1 届和 1901 年第 3 届国际计量大会决议）
时间	秒	s	秒是铯－133 原子基态的两个超精细能级之间跃迁所对应的辐射 9192631770 个周期的持续时间（1967 年第 13 届国际计量大会决议 1）
电流	安［培］	A	在真空中，截面积可忽略的两根相距 1m 的无限长平行圆直导线内通以等量恒定电流时，若导线间相互作用力在每米长度上为 2×10^{-7}N，则每根导线中的电流为 1A（1946 年国际计量委员会决议 2，1948 年第 9 届国际计量大会批准）
热力学温度	开［尔文］	K	开尔文是水三相点热力学温度的 1/273.16（1967 年第 13 届国际计量大会决议 4）
物质的量	摩［尔］	mol	摩尔是一系统物质的量，该系统中所包含的基本单元数与 0.012kg 碳－12 的原子数目相等，使用摩尔时，基本单元应予指明：可以是原子、分子、离子、电子及其他粒子，或是这些粒子的特定组合（1971 年第 14 届国际计量大会决议 3）
发光强度	坎［德拉］	cd	坎德拉是一光源（频率为 540THz 的单色辐射）在给定方向上的发光强度，且在该方向上的辐射强度为（1/683）W/sr（1979 年第 16 届国际计量大会决议 3）

注 1.［ ］内的字，是在不致混淆的情况下，可以省略的字，下同。
2.（ ）内的字为前者的同义语，下同。
3. 单位名称栏下的中文，可作为单位符号的中文形式使用，如 5m 或 5 米，下同。

（2）国际单位制的辅助单位见表 2-1-2。

表 2-1-2 国际单位制的辅助单位

量的名称	单位名称	单位符号
［平面］角	弧度	rad
立体角	球面度	sr

（3）国际单位制中具有专门名称的导出单位见表2-1-3。

表2-1-3 国际单位制中具有专门名称的导出单位

量 的 名 称	单位名称	单位符号	其他表示式例
频率	赫［兹］	Hz	s^{-1}
力、重力	牛［顿］	N	$kg \cdot m/s^2$
压力、压强、应力	帕［斯卡］	Pa	N/m^2
能［量］，功，热量	焦［耳］	J	$N \cdot m$
功率，辐［射能］通量	瓦［特］	W	J/s
电荷［量］	库［仑］	C	$A \cdot s$
电压、电动势，电位，（电势）	伏［特］	V	W/A
电容	法［拉］	F	C/V
电阻	欧［姆］	Ω	V/A
电导	西［门子］	S	A/V
磁通［量］	韦［伯］	Wb	$V \cdot s$
磁通［量］密度，磁感应强度	特［斯拉］	T	Wb/m^2
电感	亨［利］	H	Wb/A
摄氏温度	摄氏度	C	K
光通量	流［明］	lm	$cd \cdot sr$
［光］照度	勒［克斯］	lx	lm/m^2
［放射性］活度	贝可［勒尔］	Bq	s^{-1}
吸收剂量	戈［瑞］	Gy	J/kg
剂量当量	希［沃特］	Sv	J/kg

（4）国家选定的非国际单位制单位见表2-1-4。

表2-1-4 国家选定的非国际单位制单位

量的名称	单位名称	单位符号	换算关系和说明
时间	分	min	1min=60s
	［小］时	h	1h=60min=3600s
	日［天］	d	1d=24h=86400s
［平面］角	［角］秒	（″）	1″=（π/648000）rad（π为圆周率）
	［角］分	（′）	1′=60″=（π/10800）rad
	度	（°）	1°=60′=（π/180）rad
旋转速度	转每分	r/min	1r/min=（1/60）s^{-1}
长度	海里	n mile	1n mile=1852m（只用于航程）
速度	节	kn	1kn=1n mile/h =（1852/3600）m/s（只用于航行）
质量	吨	t	$1t=10^3kg$
	原子质量单位	u	$1u \approx 1.6605655 \times 10^{-27}kg$
体积，容积	升	L（l）	$1L=1dm^3=10^{-3}m^3$
能	电子伏	eV	$1eV \approx 1.6021892 \times 10^{-19}J$
级差	分贝	dB	
线密度	特［克斯］	tex	1tex=1g/km

注 1. 角度单位度、分、秒的符号不处于数字后时，用括弧。
2. r为“转”的符号。
3. 升的符号中，小写字母l为备用符号。

（5）由以上单位构成的组合形式的单位。

（6）用于构成十进倍数和分数单位的词头见表2-1-5。

表2-1-5 用于构成十进倍数和分数单位的词头

所表示的因数	词头名称	词头符号
10^{24}	尧［它］	Y
10^{21}	泽［它］	Z
10^{18}	艾［可萨］	E
10^{15}	拍［它］	P
10^{12}	太［拉］	T
10^{9}	吉［咖］	G
10^{6}	兆	M
10^{3}	千	k
10^{2}	百	h
10^{1}	十	da
10^{-1}	分	d
10^{-2}	厘	c
10^{-3}	毫	m
10^{-6}	微	μ
10^{-9}	纳［诺］	n
10^{-12}	皮［可］	p
10^{-15}	飞［母托］	f
10^{-18}	阿［托］	a
10^{-21}	仄［普托］	z
10^{-24}	约［科托］	y

注 10^4称为万，10^8称为亿，10^{12}称为万亿，这类数词的使用不受词头名称的影响，但不应与词头混淆。

二、常用物理量及其单位

常用物理量及其单位见表2-1-6。

表2-1-6 常用物理量及其单位

（摘自GB3102.1～10）

量的名称	量符号	单位名称	单位符号
时间和空间			
［平面］角	α，β，γ，θ，φ等	弧度	rad
立体角	Ω	球面度	sr
长度	l，(L)	米	m
宽	b	米	m
高	h	米	m
厚	δ，(d, t)	米	m
半径	r，R	米	m
直径	d，D	米	m
程长，距离	s	米	m
面积	A，(S)	平方米	m^2
体积，容积	V	立方米	m^3
时间，时间间隔，持续时间	t	秒	s
角速度	ω	弧度每秒	rad/s
角加速度	α	弧度每二次方秒	rad/s^2
速度	v，u，w，c	米每秒	m/s
加速度	a	米每二次方秒	m/s^2
重力加速度，自由落体加速度	g	米每二次方秒	m/s^2
周期			
周期	T	秒	s
时间常数	τ，(T)	秒	s
频率	f，(ν)	赫［兹］	Hz
转速	n	每秒	s^{-1}
		转每分	r/min

续表

量的名称	量符号	单位名称	单位符号
角频率	ω	弧度每秒 每秒	rad/s s^{-1}
力学			
质量	m	千克	kg
密度	ρ	千克每立方米	kg/m^3
相对密度	d		
线密度	ρl	千克每米	kg/m
动量	p	千克米每秒	kg·m/s
动量矩，角动量	L	千克二次方米每秒	$kg\cdot m^2/s$
转动惯量	I，(J)	千克二次方米	$kg\cdot m^2$
力	F	牛［顿］	N
重力	W，(P, G)	牛［顿］	N
力矩	M	牛［顿］米	N·m
转矩，力偶矩	T	牛［顿］米	N·m
压力，压强	p	帕［斯卡］	Pa
弹性模量	E	帕［斯卡］	Pa
摩擦系数	μ，(f)		
功	W，(A)	焦［耳］	J
能［量］	E，(W)	焦［耳］	J
势能，位能	Ep，(V)	焦［耳］	J
动能	E_k，(T)	焦［耳］	J
功率	P	瓦［特］	W
热学			
热力学温度	T，Θ	开［尔文］	K
摄氏温度	t，θ	摄氏度	℃
线［膨］胀系数	al	每开尔文	K^{-1}
热，热量	Q	焦［耳］	J
热流量	Φ	瓦［特］	W
热导率，（导热系数）	λ，k	瓦［特］ 每米开［尔文］	W/ (m·K)
传热系数	h，a	瓦［特］ 每平方米开［尔文］	W/ $(m^2\cdot K)$
热容	C	焦［尔］ 每开［尔文］	J/K
比热容	c	焦［尔］ 每千克开［尔文］	J/ (kg·K)
熵	S	焦［尔］ 每开［尔文］	J/K
比熵	s	焦［尔］ 每千克开［尔文］	J(kg·K)
内能	U，(E)	焦［尔］	J
焓	H，(I)	焦［尔］	J
比内能	u，(e)	焦［尔］ 每千克	J/kg
比焓	h，(i)	焦［尔］ 每千克	J/kg
电学和磁学			
电流	I	安［培］	A
电荷［量］	Q，(q)	库［仑］	C
电荷［体］密度	ρ，(η)	库［仑］ 每立方米	C/m^3
电荷面密度	σ	库［仑］ 每平方米	C/m^2

续表

量的名称	量符号	单位名称	单位符号
电场强度	E，(K)	伏［特］每米	V/m
电位，（电势）	v，φ	伏［特］	V
电位差，（电势差），电压	U	伏［特］	V
电动势	E	伏［特］	V
电通［量］密度，电位移	D	库［仑］ 每平方米	C/m^2
电通［量］，电位移通量	Ψ	库［仑］	C
电容	C	法［拉］	F
介电常数，（电容率）	ε，$\in$	法［拉］ 每米	F/m
真空介电常数，（真空电容率）	ε_0，$\in_0$	法［拉］ 每米	F/m
电极化强度	P	库［仑］ 每平方米	C/m^2
电偶极矩	p，(p_t)	库［仑］米	C·m
电流密度	J，(S, δ)	安［培］ 每平方米	A/m^2
电流线密度	A，(a)	安［培］每米	A/m
磁场强度	H	安［培］每米	A/m
磁位差，（磁势差）	U_m	安［培］	A
磁通势，（磁位势）	F，F_m	安［培］	A
磁通［量］密度，磁感应强度	B	特［斯拉］	T
磁通［量］	Φ	韦［伯］	Wb
磁矢位，（磁矢势）	A	韦［伯］每米	Wb/m
自感	L	亨［利］	H
互感	M，L_{12}	亨［利］	H
磁导率	μ	亨［利］每米	H/m
真空磁导率	μ_0	亨［利］每米	H/m
［面］磁矩	m	安［培］平方米	$A\cdot m^2$
磁化强度	H_i，M	安［培］每米	A/m
磁极化强度	B_i，J	特［斯拉］	T
［直流］电阻	R	欧［姆］	Ω
［直流］电导	G	西［门子］	S
电阻率	ρ	欧［姆］米	Ω·m
电导率	γ，σ，κ	西［门子］每米	S/m
磁阻	R_m	每亨［利］	H^{-1}
磁导	A，(P)	亨［利］	H
绕组的匝数	N		
相数	m		
极对数	p		
相［位］差，相［位］移	φ	弧度	rad
阻抗，（复数阻抗）	Z	欧［姆］	Ω
阻抗模，（阻抗）	$\|Z\|$	欧［姆］	Ω
电抗	X	欧［姆］	Ω
［交流］电阻	R	欧［姆］	Ω
品质因数	Q		
导纳，（复数导纳）	Y	西［门子］	S

续表

量的名称	量符号	单位名称	单位符号
导纳模，(导纳)	$\|Y\|$	西［门子］	S
电纳	B	西［门子］	S
［交流］电导	G	西［门子］	S
功率，有功功率	P	瓦［特］	W
无功功率	Q，(P_q)	乏	var
表观功率，视在功率	S，(P_s)	伏安	VA
电能［量］	W	焦［耳］或千瓦［特］［小］时	J或kW·h
光			
发光强度	I，(I_v)	坎［德拉］	cd
光通量	Φ，(Φ_v)	流［明］	lm
光量	Q，(Q_v)	流［明］秒	lm·s
［光］亮度	L，(L_v)	坎[德拉]每平方米	cd/m²
光出射度	M，(M_v)	流［明］每平方米	lm/m²
［光］照度	E，(E_v)	勒［克斯］	lx
爆光量	H	勒［克斯］秒	lx·s
光视效能	K	流[明]每瓦[特]	lm/W
折射率	n		
声学			
波长	λ	米	m
声速	c	米每秒	m/s
声［源］功率	W，P	瓦［特］	W
声能通量	Φ	瓦［特］	W
声强度	I	瓦[特]每平方米	W/m²
声阻抗率	Z_s	帕［斯卡］秒每米	Pa·s/m
［声］特性阻抗	Z_c	帕[斯卡]秒每米	Pa·s/m
声阻抗	Z_a	帕［斯卡］秒每立方米	Pa·s/m³
声质量	M_a	千克每四次方米	kg/m⁴
声压级	L_p，(L)	分贝	dB
声强级	L_I	分贝	dB
声功率级	L_W	分贝	dB

续表

量的名称	量符号	单位名称	单位符号
隔声量，传声损失	R	分贝	dB
吸声量	A	平方米	m²
物理化学和分子物理学			
物质的量	n，(ν)	摩［尔］	mol
摩尔质量	M	千克每摩［尔］	kg/mol
摩尔体积	V_m	立方米每摩［尔］	m³/mol
摩尔内能	U_m	焦[耳]每摩[尔]	J/mol
扩散系数	D	平方米每秒	m²/s
原子物理学和核物理学			
电子［静止］质量	m_e	千克	kg
质子［静止］质量	m_p	千克	kg
元电荷	e	库［仑］	C
波尔半径	a_0	米	m
核半径	R	米	m
［放射性］活度	A	贝可［勒尔］	Bq
衰变常数	λ	每秒	s⁻¹
半衰期	$T_{1/2}$	秒	s
核反应和电离辐射			
反应能	Q	焦［耳］	J
截面	σ	平方米	m²
粒子注量	Φ	每平方米	m⁻²
吸收剂量	D	戈［瑞］	Gy
剂量当量	H	希［沃特］	Sy
比释动能	K	戈［瑞］	Gy
照射量	X	库［仑］每千克	C/kg

三、常用法定计量单位及其换算

常用法定计量单位及其换算见表2-1-7，工程常用计量单位与国际单位制单位换算因数见表2-1-8。

表2-1-7　常用法定计量单位及其换算

物理量名称	法定计量单位		非法定计量单位		单位换算
	单位名称	单位符号	单位名称	单位符号	
长度	米 海里	m n mile	费密 埃 英尺 英寸 英里 密耳	 Å ft in milc mil	1费密＝1fm＝10^{-15}m 1Å＝0.1nm＝10^{-10}m 1ft＝0.3048m 1in＝0.0254m 1milc＝1609.344m 1mil＝25.4×10^{-6}m
面积	平方米	m²	公亩 公顷 平方英尺 平方英寸 平方英里	a ha ft² in² mile²	1a＝10^2m² 1ha＝10^4m² 1ft²＝0.0929030m² 1in²＝6.4516×10^{-4}m² 1mile²＝2.58999×10^6m²
体积、容积	立方米 升	m³ L，(l)	立方英尺 立方英寸 英加仑 美加仑	ft³ in³ UKgal USgal	1ft³＝0.0283168m³ 1in³＝1.63871×10^{-5}m³ 1UKgal＝4.54609dm³ 1USgal＝3.78541dm³

续表

物理量名称	法定计量单位		非法定计量单位		单位换算
	单位名称	单位符号	单位名称	单位符号	
质量	千克（公斤） 吨 原子质量单位	kg t u	磅	lb	1lb＝0.45359237kg
			英担	cwt	1cwt＝50.8023kg
			英吨	ton	1ton＝1016.05kg
			短吨	sh ton	1sh ton＝907.185kg
			盎司	oz	1oz＝28.3495g
			格令	gr，gn	1gr＝0.06479891g
			夸特	qr，qtr	1qr＝12.7006kg
			米制克拉		1 米制克拉＝2×10^{-4}kg
温度	开［尔文］ 摄氏度	K ℃			表示温度差和温度间隔时： 1℃＝1K 表示温度的数值时： t＝T－273.15
			华氏度	℉	表示温度差和温度间隔时： 1℉＝$\frac{5}{9}$℃ 表示温度的数值时： $T=\frac{5}{9}(T_F+459.67)$ $t=\frac{5}{9}(T_F-32)$
			兰氏度	°R	表示温度差和温度间隔时： 1°R＝$\frac{5}{9}$K 表示温度数值时： $t=\frac{5}{9}T_R-273.15$ 式中　t—摄氏温度（℃） T—热力学温度（K） T_F—华氏温度（℉） T_R—兰氏温度（°R）
旋转速度	每秒 转每分	s^{-1} r/min		rpm	1rpm＝1r/min＝（1/60）s^{-1}
力；重力	牛［顿］	N	达因	dyn	1dyn＝10^{-5}N
			千克力	kgf	1kgf＝9.80665N
			磅力	lbf	1lbf＝4.44822N
			吨力	tf	1tf＝9.80665×10^3N
压力， 压强；应力	帕［斯卡］	Pa	巴	bar	1bar＝10^5Pa
			千克力每平方厘米	kgf/cm^2	1kgf/cm^2＝0.0980665MPa
			毫米水柱	mmH_2O	1mmH_2O＝9.80665Pa
			毫米汞柱	mmHg	1mmHg＝133.322Pa
			托	Torr	1Torr＝133.322Pa
			工程大气压	at	1at＝98066.5Pa＝98.0665kPa
			标准大气压	atm	1atm＝101325Pa＝101.325kPa
			磅力每平方英尺	lbf/ft^2	1lbf/ft^2＝47.8803Pa
			磅力每平方英寸	lbf/in^2	1lbf/in^2＝6894.76Pa ＝6.89476kPa
能量；功；热	焦［耳］ 电子伏 千瓦小时	J eV kW·h	尔格	erg	1erg＝10^{-7}J
			千克力米	kgf·m	1kgf·m＝9.80665J
			英马力小时	hp·h	1hp·h＝2.68452MJ
			卡	cal	1cal＝4.1868J
			热化学卡	cal_{th}	1cal_{th}＝4.1840J
			马力小时		1 马力小时＝2.64779MJ
			电工马力小时		1 电工马力小时＝2.68560MJ
			英热单位	Btu	1Btu＝1055.06J＝1.05506kJ
					1kW·h＝3.6MJ

续表

物理量名称	法定计量单位		非法定计量单位		单位换算
	单位名称	单位符号	单位名称	单位符号	
功率辐射通量	瓦［特］	W	千克力米每秒 马力，米制马力 英马力 电工马力 卡每秒 千卡每小时 热化学卡每秒 伏安 乏 英热单位每小时	kgf・m/s 法 ch，CV 德 PS hp cal/s kcal/h cal_{th}/s VA var Btu/h	1kgf・m/s=9.80665W 1ch=735.499W 1hp=745.700W 1电工马力=746W 1cal/s=4.1868W 1kcal/h=1.163W $1cal_{th}/s=4.184W$ 1VA=1W 1var=1W 1Btu/h=0.293071W
电导	西［门子］	S	姆欧	Ω^{-1}	$1\Omega^{-1}=1S$
磁通量	韦［伯］	Wb	麦克斯韦	Mx	$1Mx=10^{-8}Wb$
磁通量密度，磁感应强度	特［斯拉］	T	高斯	Gs，G	$1Gs=10^{-4}T$
光照度	勒［克斯］	lx	英尺烛光	lm/ft^2	$1lm/ft^2=10.76lx$
速度	米每秒 节 千米每小时 米每分	m/s kn km/h m/min	英尺每秒 英寸每秒 英里每小时	ft/s in/s mile/h	1ft/s=0.3048m/s 1in/s=0.0254m/s 1mile/h=0.44704m/s 1km/h=0.277778m/s 1m/min=0.0166667m/s
加速度	米每二次方秒	m/s^2	英尺每二次方秒伽	ft/s^2 Gal	$1ft/s^2=0.3048m/s^2$ $1Gal=10^{-2}m/s^2$
线密度，纤度	千克每米 特［克斯］	kg/m tex	旦［尼尔］ 磅每英尺 磅每英寸	den lb/ft lb/in	$1den=0.111112\times10^{-6}kg/m$ 1lb/ft=1.48816kg/m 1lb/in=17.8580kg/m
密度	千克每立方米	kg/m^3	磅每立方英尺 磅每立方英寸	lb/ft^3 lb/in^3	$1lb/ft^3=16.0185kg/m^3$ $1lb/in^3=27679.9kg/m^3$
比容（比体积）	立方米每千克	m^3/kg	立方英尺每磅 立方英寸每磅	ft^3/lb in^3/lb	$1ft^3/lb=0.0624280m^3/kg$ $1in^3/lb=3.61273\times10^{-5}m^3/kg$
质量流率	千克每秒	kg/s	磅每秒 磅每小时	lb/s lb/h	1lb/s=0.453592kg/s $1lb/h=1.25998\times10^{-4}kg/s$
体积流率	立方米每秒 升每秒	m^3/s L/s	立方英尺每秒 立方英寸每小时	ft^3/s in^3/h	$1ft^3/s=0.0283168m^3/s$ $1in^3/h=4.55196\times10^{-9}m^3/s$
转动惯量	千克二次方米	$kg\cdot m^2$	磅二次方英尺 磅二次方英寸	$lb\cdot ft^2$ $lb\cdot in^2$	$1lb\cdot ft^2=0.0421401kg\cdot m^2$ $1lb\cdot in^2=2.92640\times10^{-4}kg\cdot m^2$
动量	千克米每秒	kg・m/s	磅英尺每秒	lb・ft/s	1lb・ft/s=0.138255kg・m/s
角动量	千克二次方米每秒	$kg\cdot m^2/s$	磅二次方英尺每秒	$lb\cdot ft^2/s$	$1lb\cdot ft^2/s=0.0421401kg\cdot m^2/s$
力矩	牛顿米	N・m	千克力米 磅力英尺 磅力英寸	kgf・m lbf・ft lbf・in	1kgf・m=9.80665N・m 1lbf・ft=1.35582N・m 1lbf・in=0.112985N・m
［动力］粘度	帕斯卡秒	Pa・s	泊 厘泊 千克力秒每平方米 磅力秒每平方英尺 磅力秒每平方英寸	P，Po cP $kgf\cdot s/m^2$ $lbf\cdot s/ft^2$ $lbf\cdot s/in^2$	$1P=10^{-1}Pa\cdot s$ $1cP=10^{-3}Pa\cdot s$ $1kgf\cdot s/m^2=9.80665Pa\cdot s$ $1lbf\cdot s/ft^2=47.8803Pa\cdot s$ $1lbf\cdot s/in^2=6894.76Pa\cdot s$
运动粘度，热扩散率	二次方米每秒	m^2/s	斯［托克斯］ 厘斯［托克斯］ 二次方英尺每秒 二次方英寸每秒	St cSt ft^2/s in^2/s	$1St=10^{-4}m^2/s$ $1cSt=10^{-6}m^2/s$ $1ft^2/s=9.29030\times10^{-2}m^2/s$ $1in^2/s=6.4516\times10^{-4}m^2/s$

续表

物理量名称	法定计量单位		非法定计量单位		单位换算
	单位名称	单位符号	单位名称	单位符号	
比能	焦耳每千克	J/kg	千卡每千克 热化学千卡每千克 英热单位每磅	kcal/kg $kcal_{th}$/kg Btu/lb	1kcal/kg=4186.8J/kg 1$kcal_{th}$/kg=4184J/kg 1Btu/lb=2326J/kg
比热容，比熵	焦耳每千克开尔文	J/(kg·K)	千卡每千克开尔文 热化学千卡每千克开尔文 英热单位每磅华氏度	kcal/(kg·K) $kcal_{th}$/(kg·K) Btu/(lb·℉)	1kcal/(kg·K)=4186.8J/(kg·K) 1$kcal_{th}$/(kg·K)=4184J/(kg·K) 1Btu/(lb·℉)=4186.8J/(kg·K)
传热系数	瓦特每平方米开尔文	W/(m^2·K)	卡每平方厘米秒开尔文 千卡每平方米小时开尔文 英热单位每平方英尺小时华氏度	cal/(cm^2·s·K) kcal/(m^2·h·K) Btu/(ft^2·h·℉)	1cal/(cm^2·s·K)=41868W/(m^2·K) 1kcal/(m^2·h·K)=1.163W/(m^2·K) 1Btu/(ft^2·h·℉)=5.67826W/(m^2·K)
热导率	瓦特每米开尔文	W/(m·K)	卡每厘米秒开尔文 千卡每米小时开尔文 英热单位每英尺小时华氏度	cal/(cm·s·K) kcal/(m·h·K) Btu/(ft·h·F)	1cal/(cm·s·K)=418.68W/(m·K) 1kcal/(m·h·K)=1.163W/(m·K) 1Btu/(ft·h·℉)=1.73073W/(m·K)

表 2-1-8　　工程常用计量单位与国际单位制单位换算因数表

量	单　位	SI 换算因数
1. 长度	1英寸 (inch) (in.)	=25.4mm
	1英尺 (foot) (ft)	=0.3048m
	1码 (yard) (yd) (=3ft)	=0.9144m
	1英寻 (fathom) (=6ft)	=1.8288m
	1链 (chain) (=22yd)	=20.1168m
	1弗隆 (furlong) (=10chain)	=201.168m
	1英里 (mile) (=8furlongs)	=1.60934km
	1国际海里 (international nautical mile)	=1.852km
	1英海里 (UK nautical mile)	=1.85318km
	1工程链 (engineer's chain) (=100ft)	=30.48m
2. 面积	1平方英寸 (in^2)	=6.4516cm^2
	1平方英尺 (ft^2) (=144in^2)	=0.092903cm^2
	1平方码 (yd^2) (=9ft^2)	=0.836127m^2
	1英亩 (acre) (=4roods=4840yd^2)	=4046.86m^2 =0.404686ha (hectare)
	1平方英里 (sq. mile) (=640acre)	=2.58999km^2 =258.999ha
3. 体积	1英量滴 (UK minim) (=0.960760 US m；nim)	=0.0591938cm^3
	1英液打兰 (UK fluid drachm) (=0.960760 US dram)	=3.5163cm^3
	1英液盎司 (UK fluid ounce) (=0.960760 US fluid ounce)	=28.4131cm^3
	1美液盎司 (US fluid ounce) (=1.04084 UK fluid ounce)	=29.5735cm^3
	1美液品脱 (US liquid pint) (=0.832674 US fluid pint)	=473.176cm^3
	1美干品脱 (US dry pint) (=0.968930UK pint)	=550.610cm^3
	1英品脱 (Imperial pint) (=1.20095 US liquid pint)	=568.261cm^3
	1英加仑 (UK gallon) (=4quarts=8pint=160fluid ounces=1.20095 US gal)	=4.54609dm^3
	1美加仑 (US gallon) (=2quart=4pt=128fluid oz=0.832674 UK gal)	=3.78541dm^3
	1英蒲式耳 (UK bushel) (=4 pecks=1.03206 US bu)	=0.0363687m^3 =36.3687dm^3
	1美蒲式耳 (US bu) (=4 pecks=8dry quarts=32dry pints=0.968939 UK bu)	=0.0352391m^3 =35.2391dm^3
	1立方英寸 (in^3)	=16.3871cm^3
	1立方英尺 (ft^3) (=1728in^3)	=0.0283168m^3
	1立方码 (yd^3) (=27ft^3)	=0.764555m^3
	1板英尺 (board ft) (=144in^3) (木材用)	=0.00245974m^3 =2.35974dm^3
	1捆 (cord) (=128ft^3) (木材用)	=3.62456m^3
4. 面积二次矩	1 (英寸)^4 (in^4)	=41.6231cm^4
	1 (英尺)^4 (ft^4)	=0.00863097m^4 =86.3097dm^4
5. 惯性矩	1磅平方英尺 (1bft^2)	=0.0421401kgm^2
	1块平方英尺 (slug ft^2)	=1.35582kgm^2
6. 质量	1格令 (grain)	=0.0647989g =64.7989mg
	1打兰 (常衡) [dram (avoir)]	=1.77185g =0.00177185kg
	1打兰 (药衡) [drachm (apoth)]	=3.88793g =0.00388793kg
	1英两 (金衡或药衡) [ounce (troy or apoth)]	=31.1035g =0.0311035kg
	1英两 (常衡) [oz (avoir)]	=28.3495g
	1磅 (pound)	=0.45359237kg
	1斯勒格 (slug)	=14.5939kg
	1短担 (US hundredweight) (sh cwt)	=45.3592kg
	1英担 (UK hundredweight) (cwt)	=50.8023kg
	1英吨 (UK ton) (=2240lb)	=1016.05kg =1.01605t
	1短吨 (short ton) (=2000lb)	=907.185kg =0.907t
7. 质量每单位长度	1磅/码 (1b/yd)	=0.496055kg/m
	1英吨/英里 (UK ton/mile)	=0.631342kg/m
	1英吨/千码(UK ton/1000yd)	=1.11116kg/m
	1英两/英寸 (oz/in)	=1.11612kg/m =11.1612g/cm
	1磅/英尺 (lb/ft)	=1.48816kg/m
	1磅/英寸 (lb/in)	=17.8580kg/m

续表

量	单　　位	SI换算因数
8. 质量每单位面积	1磅/亩（lb/acre）	=0.112085kg/m^2 =1.12085×10^{-4}kg/m^2
	1英担/亩（UK cwt/acre）	=0.0125535kg/m^2
	1英两/平方码（lb/yd^2）	=0.0339057kg/m^2
	1英吨/亩（UK ton/acre）	=0.251071kg/m^2
	1英两/平方英尺（oz/ft^2）	=0.305152kg/m^2
	1磅/平方英尺（lb/ft^2）	=4.88243kg/m^2
	1磅/平方英寸（lb/in^2）	=703.070kg/m^2
	1英吨/平方英里（UK ton/mile^2）	=0.392298g/m^2 =3.92298×10^{-4}kg/m^2
9. 交通和运输	1英吨英里（UK ton mile）	=1.63517t·km
	1英吨英里/英加仑（UK ton mile/Uk gal）	=0.359687t·kn/L
	1英加仑/英里（UK gal/mile）（耗油量）	=2.82481L/km
	1美加仑/英里（US gal/mile）（耗油量）	=2.352.15L/km
	1英里/英加仑（mile/UK gal）（耗油量）	=0.354006km/L
	1英里/美加仑（mile/US gal）（耗油量）	=0.425144km/L
10. 密度	1磅/立方英尺（lb/ft^3）	=16.0185kg/m^3
	1谤/英加仑（lb/UK gal）	=99.7763kg/m^3 =0.09978kg/L
	1磅/美加仑（lb/US gal）	=119.826kg/m^3 =0.1198kg/L
	1斯勒格/立方英尺（slug/ft^3）	=515.379kg/m^3
	1吨/立方码（ton/yd^3）	=1328.94kg/m^3 =1.32894t/m^3
	1磅/立方英寸（lb/in^3）	=27.6979Mg/m^3 =27.6799g/cm^3
11. 比体积	1立方英寸/磅（in^3/lb）	=36.1273cm^3/kg
	1立方英尺/磅（ft^3/lb）	=0.0624280m^3/kg =62.4280dm^3/kg
12. 速度	1英寸/分（in/min）	=0.042333cm/s
	1英尺/分（ft/min）	=0.00508m/s =0.3048m/min
	1英尺/秒（ft/s）	=0.3048m/s =1.09728km/h
	1英里/小时（mile/h）	=1.60934km/h =0.44704m/s
	1英海里速率（UK knot）（=6080ft/h）	=1.85318km/h =0.514733m/s
	1国际海里速率（international knot）	=1.852km/h =0.514444m/s
13. 加速度	1英尺/平方秒（fl/s^2）	=3048m/s
14. 质量流率	1磅/小时（lb/h）	=0.125998g/s =1.25998×10^{-4}kg/s
	1英吨/小时（UK ton/h）	=0.282235kg/s
15. 力或重量	1达因（dyne）	=10^{-5}N
	1磅达（poundai）	=0.138255N
	1英两力（ozf）	=4.44822N
	1磅力（lbf）	=4.44822N
	1千克力（kgf）	=9.80665N
	1吨力（tonf）	=9.96402N

续表

量	单　　位	SI换算因数
16. 力或重量每单位长度	1磅力/英尺（lbf/ft）	=14.5439N/m
	1磅力/英寸（lbf/in）	=175.127N/m =0.175127N/mm
	1吨力/英尺（tonf/in）	=32.6903kN/m
17. 力（重量）每单位面积或压力或应力	1磅达/平方英尺（pdl/ft^2）	=1.48816N/m^2
	1磅力/平方英尺（lbf/ft^2）	=47.8803N/m^2
	1毫米汞柱（mmHg）	=133.322N/m^2
	1英寸水柱（inH_2O）	=249.089N/m^2
	1英尺水柱（ftH_2O）	=2989.07N/m^2 =0.0298907bar
	1英寸汞柱（inHg）	=3386.39N/m^2 =0.0338639bar
	1磅力/平方英寸（lbf/in^2）	=6.89476kN/m^2 =0.0689476bar
	1巴（bar）	=10^5N/m^2
	1标准大气压（Std. atm.）	=101.325kN/m^2 =1.01325bar
	1吨力/平方英尺（tonf/ft^2）	=107.252kN/m^2
	1吨力/平方英寸（tonf/in^2）	=15.4443MN/m^2 =1.54443hbar
18. 比重	1磅力/立方英尺（lbf/ft^3）	=157.088N/m^3
	1磅力/英加仑（lbf/UK gal）	=978.471N/m^3
	1吨力/立方码（tonf/yd^3）	=13.0324kN/m^3
	1磅力/立方英寸（lbf/in^3）	=271.477kN/m^3
19. 力矩、扭矩或力偶	1英两力英寸（ozf in）	=0.00706155N·m
	1磅达英尺（pdl ft）	=0.0421401N·m
	1磅力英寸（lbf in）	=0.112985N·m
	1磅力英尺（lbf ft）	=1.35582N·m
	1吨力英尺（tonf ft）	=3037.03N·m =3.03703kN·m
20. 能	1尔格（erg）	=10^{-7}J
	1马力时（horse power hour）	=2.68452MJ
	1兆卡（thermic=10^6cal$_{15}$）①	=4.1855MJ
	1克卡（therm=100000Btu）	=105.506MJ
21. 功	1马力（hp=550ft lbf/s）	=0.745700kW
	1公制马力（metric hp）（Ch, PS）②	=735.499W
22. 热	1国际表称卡（cal$_T$）③	=4.1868J
	1英热单位（Btu）	=1.05506kJ
23. 比热	1英热单位/磅华氏度（Btu/lb℉）	=4.1868kJ/kg·℃
	1百度热单位/磅摄氏度（Chu/lb℃）④	
	1卡每克摄氏度（Cal/g℃）	
24. 热流率	1英热单位/时（Btu/h）	=0.293071W
	1千卡/时（Kcal/h）	=1.162W
	1卡/秒（cal/s）	=4.1868W
25. 热流率强度	英热单位/平方英尺时（Btu/ft^{2}h）	=3.15459W/m^2
26. 电能	千瓦时（kWh）	=3.6MJ
27. 电应力	千瓦/英寸（kV/in）	=0.0393701kV/mm
28. 动力黏度	1磅/英尺秒（lb/fts）	=14.8816泊（Poise）（P）=1.48816kg/ms

续表

量	单　位	SI 换算因数
29. 运动黏度	1 平方英尺/秒（ft^2/s）	＝929.3 斯托克斯（Stocks） （St）＝$0.092903m^2/s$
30. 卡值或比熵	1 英热单位/立方英尺（Btu/ft^3）	＝$0.0372589J/cm^3$ ＝$37.2589kJ/m^3$
	1 英热单位/磅（Btu/lb）	＝2.326kJ/kg
	1 卡/克（cal/g）	＝$4.1868J/g^3$
	1 千卡/立方米（$kcal/m^3$）	＝$4.1868kJ/m^3$
31. 比熵	1 英热单位/磅兰氏度（Btu/lb°R）⑤	＝4.1868kJ/kgK
32. 导热系数	1 卡厘米/平方厘米秒摄氏度（cal cm/cm^{2}s degC）	＝$4.1868Wcm/cm^3degC$
	1 英热单位英尺/平方英尺时华氏度（Btu ft/ft^2 h degF）	＝$1.73073Wm/m^2$ degC
33. 气常数	(ft lbf/lb°R)	＝0.00538032kJ/kgK
34. 平面角	1 弧度（rad）	＝57.2958°
	1 度（deg）	＝0.0174533rad ＝1.1111 格雷得 grade⑥
	1 分（min）	＝2.908×10^{-4}rad ＝0.0185 格雷得 grade
	1 秒（sec）	＝4.84814×10^{-8}rad ＝0.0003 格雷得 grade
35. 转速	1 转/分（rev/min）	＝0.104720rad/s

① 在一个气压带压下加热一克 14.5℃的水到 15.5℃所需的热量为 cal_{15}。

② ch 原为法文 cheval vapeur 的缩写；PS 为德文 Pferdestärke 的缩写。

③ cal_T＝Intrenational Table calorie。

④ Chu＝Centigrade heat unit＝1.8Btu＝1900.4J（均值）。

⑤ 兰氏度（the degree Rankine）为热动温度（thermodynamic temperature），每度等于 1 华氏度。

⑥ grade 后将 1 直角分成 100 度。

第二节　物 理 数 据

一、物理常数

摩尔气体常数

$$R=(8.31441\pm0.00026)J/(mol\cdot K)$$

玻耳兹曼常数

$$k=(1.380662\pm0.000044)\times10^{-23}J/K$$

引力常数

$$G=(6.6720\pm0.0041)\times10^{-11}N\cdot m^2/kg^2$$

标准重力加速度

$$g_n=9.80665m/s^2$$

斯忒藩—玻耳兹曼常数

$$\sigma=(5.67032\pm0.00071)\times10^{-8}W/(m^2\cdot K^4)$$

阿伏伽德罗常数

$$N_A=(6.022045\pm0.000031)\times10^{23}mol^{-1}$$

普朗克常数

$$h=(6.626176\pm0.000036)\times10^{-34}J\cdot s$$

电磁波在真空中的传播速度

$$c=2.99792458\times10^8 m/s$$

真空介电常数

$$\varepsilon_0=8.854187818\times10^{-12}F/m$$

真空磁通率

$$\mu_0=4\pi\times10^{-7}H/m=12.5663706144\times10^{-7}H/m$$

元电荷

$$e=(1.6021892\pm0.0000046)\times10^{-19}C$$

电子［静止］质量

$$m_e=(0.9109534\pm0.0000047)\times10^{-30}kg$$

质子［静止］质量

$$m_p=(1.6726485\pm0.0000086)\times10^{-27}kg$$

中子［静止］质量

$$m_n=(1.6749543\pm0.0000086)\times10^{-27}kg$$

玻尔磁子

$$\mu_B=(9.274078\pm0.000036)\times10^{-24}A\cdot m^2$$

法拉第常数

$$F=(9.648456\pm0.000027)\times10^4 C/mol$$

热力学温度

$$T_0=273.15K$$

质子半径①

$$r_p=0.8768\times10^{-15}m$$

二、化学元素的物理性能

化学元素的物理性能见表 2-2-1。

表 2-2-1　　化学元素的物理性能

符号	名称	密度（20℃）（g/cm^3）	熔点（101323Pa）（℃）	沸点（101323Pa）（℃）	导热系数［$10^2W/(m\cdot K)$］	线胀系数（0～100℃）（10^{-6}/℃）	电阻率（0℃）（$10^{-8}\Omega\cdot m$）	电阻温度系数（0℃）（10^{-3}/℃）
Ag	银	10.49	960.8	2210	4.187	19.7	1.59	4.29
Al	铝	2.6984	660.1	2500	2.219	23.6	2.635	4.23
Ar	氩	1.784×10^{-3}	−189.2	−185.7	1.7×10^{-4}			
Au	金	19.32	1063	2966	2.973	14.2	2.065	3.5
B	硼	2.34	2300	2675		8.3（40℃）	1.8×10^{12}	

① 据 2010 年 7 月 8 日《自然》杂志，其封面刊登了中国台湾清华大学物理系副教授刘怡维的研究团队的突破性研究成果：组成物质的基本粒子之一的质子比原先预期小了近 4 个百分点。研究团队经过漫长并仔细的数据分析，将质子的半径数值推导为 0.84184 飞米（1 飞米＝10^{-15}m），明显与现今的公认值 0.8768 飞米不一致。刘怡维表示，虽然质子的大小相差只有 4 个百分点，对物理的影响却很大，以后实验也不排除会推翻现在的发现。但他预估，现在的发现 5 年内不会被打破。他说这项发现在物理上的意义包括百年来的原子物理必须重新检讨，在接下来几年里，这会是物理学中有待解决的最重要问题之一。如果该结论获得证实，那将意味着，要么阐释光和物质相互作用的量子电动力学理论本身有问题，要么基于现有质子大小计算所使用的里德泊常量是错误的。不管是哪种情况，都意味着要改写基础物理理论。

续表

符号	名称	密度 (20℃) (g/cm^3)	熔点 (101323Pa) (℃)	沸点 (101323Pa) (℃)	导热系数 [$10^2W/(m·K)$]	线胀系数 (0～100℃) (10^{-6}/℃)	电阻率 (0℃) ($10^{-8}Ω·m$)	电阻温度系数 (0℃) (10^{-3}/℃)
Ba	钡	3.5	710	1640		19.0	50	
Be	铍	1.84	1283	2970	1.465	11.6（20～60℃）	6.6	6.7
Br	溴	3.12（液态）	−7.1	58.4			$6.7×10^7$	
C	碳	2.25（石墨）	3727（高纯度）	1830	0.239	0.6～4.3	1375	0.6～1.2
Ca	钙	1.55	850	1440	1.256	22.3	3.6	3.33
Cd	镉	8.65	321.03	765	0.921	31.0	7.51	4.24
Cl	氯	$3.214×10^{-3}$	−101	−33.9	$0.72×10^{-4}$		$10×10^9$	
Co	钴	8.9	1492	2870	0.691	12.4	5.06（α）	6.6
Cr	铬	7.19	1903	2642	0.670	6.2	12.9	2.5
Cu	铜	8.96	1083	2580	3.936	17.0	1.67～1.68(20℃)	4.3
F	氟	$1.696×10^{-3}$	−219.6	−188.2				
Fe	铁	7.87	1537	2930	0.754	11.76	9.7（20℃）	6.0
Ga	镓	5.91	29.8	2260	0.293	18.3	13.7	3.9
Ge	锗	5.323	958	2880	0.586	5.92	$0.86×10^6$～$52×10^6$	1.4
H	氢	$0.0899×10^{-3}$	−259.04	−252.61	$17×10^{-4}$			
Hg	汞	13.546（液）	−38.87	356.58	0.082	182	94.07	0.99
I	碘	4.93	113.8	183	$43.54×10^{-4}$	93	$1.3×10^{16}$	
K	钾	0.87	63.2	765	1.005	83	6.55	5.4
Li	锂	0.531	180	1347	0.712	56	8.55	4.6
Mg	镁	1.74	650	1108	1.537	24.3	4.47	4.1
Mn	锰	7.43	1244	2150	0.05（−192℃）	37	185（20℃）	1.7
Mo	钼	10.22	2625	4800	1.424	4.9	5.17	4.71
N	氮	$1.25×10^{-3}$	−210	−195.8	$25.12×10^{-5}$			
Na	钠	0.9712	97.8	892	1.340	71	4.27	5.47
Ne	氖	$0.8999×10^{-3}$	−248.6	−246.0	0.00046			
Ni	镍	8.90	1453	2732	0.921	13.4	6.84	5.9～8.0
O	氧	$1.429×10^{-3}$	−218.83	−182.97	$247.02×10^{-8}$			
P	磷	1.83	44.1	280		125	$1×10^{17}$	−0.456
Pb	铅	11.34	327.3	1750	0.348	29.3	18.8	4.2
Pt	铂	21.45	1769	4530	0.691	8.9	9.2～9.6	3.99
S	硫	2.07	115	444.6	$26.42×10^{-4}$	64	$2×10^{23}$（20℃）	
Sb	锑	6.68	630.5	1440	0.188	8.5～10.8	39.0	5.1
Se	硒	4.808	220	685	(29.3～76.6) $×10^{-4}$	37	12	4.45
Si	硅	2.329	1412	3310	0.837	2.8～7.2	10	0.8～1.8
Sn	锡	7.298	231.91	2690	0.628	23	11.5	4.4
Ti	钛	4.508	1677	3260	0.151（α）	8.2	42.1～47.8	3.97
U	铀	19.05	1132	3930	0.297	6.8～14.1	79.0	1.95
V	钒	6.1	1910	3400	0.310	8.3	29.0	2.18～2.76
W	钨	19.3	3380	5900	1.662	4.6（20℃）	24.8～26	2.8
Xe	氙	$5.495×10^{-3}$	−112	−108			5.1	4.82
Zn	锌	7.134（25℃）	419.505	907	1.130	39.5	5.75	4.2

注 1. 数据旁括号内的温度指该数据的特定温度。

2. 对液体元素，线胀系数栏的数据为体胀系数。

三、常用材料的物理性能

（1）部分固体材料的物理性能见表 2-2-2。

（2）部分液体材料的物理性能见表 2-2-3。

（3）部分气体材料的物理性能见表 2-2-4。

（4）部分化学试剂的物理性能见表 2-2-5。

表 2-2-2　　部分固体材料的物理性能

材料名称	弹性模量 E (kN/mm^2)	切变模量 G (kN/mm^2)	体积模量 K (kN/mm^2)	泊松比 μ	屈服极限 σ_s (N/mm^2)	强度极限 σ_b (N/mm^2)
合金：						
黄铜（65/35）	105	38	115	0.35	62～430	330～530
康铜（60/40）	163	61	157	0.33	200～440	400～570
杜拉铝（4.4%铜）	70	27	70	0.33	125～450	230～500
锰铜（84%铜）	124	47				265
铁镍合金（77%镍）	220					540～910
镍铬合金（80/20）	186					170～900
磷青铜	100			0.38	110～670	330～750
钢（软）	210	81	170	0.30	240	480

续表

材料名称	弹性模量 E (kN/mm²)	切变模量 G (kN/mm²)	体积模量 K (kN/mm²)	泊松比 μ	屈服极限 σ_s (N/mm²)	强度极限 σ_b (N/mm²)	
钢	210	81	170	0.30	450	600	
非金属：						(拉伸)	(压缩)
矾土	200～400			0.24		140～200	1000～2500
砖（A级）	1～50						69～140
混凝土（28天）	10～17			0.1～0.21			27～55
玻璃	50～80			0.2～0.27		30～90	
花岗岩	40～70						90～235
尼龙6	1～2.5					70～85	50～100
有机玻璃	2.7～3.5					50～75	80～140
聚苯乙烯	2.5～4.0					35～60	80～110
聚乙烯	0.1～1.0					7～38	15～20
聚四氟乙烯	0.4～0.6					17～28	5～12
聚氯乙烯（可塑）	～0.3					14～40	75～100
橡胶（天然、加硫）	～0.001～1			0.46～0.49		14～40	
砂石	14～55						30～135
木材（沿纤维方向）	8～13					20～110	50～100

表 2-2-3　部分液体材料的物理性能

名称	分子式	密度 (kg/m³)	比热 [kJ/(kg·K)]	粘度 (N·s/m²)	导热系数 [W/(m·K)]	凝固点 (K)	熔解热 (kJ/kg)	沸点 (K)	汽化热 (kJ/kg)	介电常数 ε
醋酸	$C_2H_4O_2$	1049	2.18	0.001155	0.171	290	181	391	402	6.15
乙醇	C_2H_5OH	785.1	2.44	0.001095	0.171	158.6	108	351.46	846	24.3
甲醇	CH_3OH	786.5	2.54	0.00056	0.202	175.5	98.8	337.8	1100	32.6
丙醇	C_3H_8O	800.0	2.37	0.00192	0.161	146	86.5	371	779	20.1
氨(液态)	—	823.5	4.38		0.353					16.9
苯	C_6H_6	873.8	1.73	0.000601	0.144	278.68	126	353.3	390	2.2
溴	Br_2		0.473	0.00095		245.84	66.7	331.6	193	3.2
二硫化碳	CS_2	1261	0.992	0.00036	0.161	161.2	57.6	319.40	351	2.64
四氯化碳	CCl_4	1584	0.816	0.00091	0.104	250.35	174	349.6	194	2.23
蓖麻油	—	956.1	1.97	0.650	0.180	263.2				4.7
醚制冷剂	$C_4H_{10}O$	713.5	2.21	0.000223	0.130	157	96.2	307.7	372	4.3
R－11	CCl_3F	1476	0.870	0.00042	0.093	162		297.0	180(297K)	2.0
R－12	CCl_2F_2	1311	0.971		0.071	115	34.4	243.4	165(297K)	2.0
R－22	CHF_2Cl	1194	1.26		0.086	113	183	232.4	232 (297K)	2.0
甘油	$C_3H_8O_3$	1259	2.62	0.950	0.287	264.8	200	563.4	974	40
煤油	—	820.1	2.09	0.00164	0.145				251	—
亚麻仁油	—	929.1	1.84	0.0331		253		560		3.3
苯酚	C_6H_6O	1072	1.43	0.0080	0.190	316.2	121	455		9.8
海水	—	1025	3.76～4.10			270.6				—
水	H_2O	997.1	4.18	0.00089	0.609	273	333	373	2260	78.54

注　本表数据系在 101323Pa 气压、300K 温度下测定。

表 2-2-4　部分气体材料的物理性能

名称	分子式	密度(0℃) (g/l)	液化点 (K)	比热 c_p [×10³J/(kg·K)]	粘度 20℃ (×10⁶N·s/m²)	介电常数 ε (0℃)
空气		1.2929		1.0048	18.12	1.000576
二氧化碳	CO_2	1.9769	216	5.0074	14.57(15℃)	1.000946
一氧化碳	CO	1.2504	66	1.0383	18.40	1.000695
氨	NH_3	0.7710	198	2.1780(23～100℃)	10.2	1.0072
乙烷	C_2H_6	1.3566	101	1.6496	10.1	1.00150
氯化氢	HCl	1.6392	161.8	0.8122(13～100℃)	14.0	
硫化氢	H_2S	1.539	187	1.0262(20～206℃)	13.0	1.00332
沼气	CH_4	0.717	80.6	0.6573	12.01	1.000994
二氧化硫	SO_2	2.9269	197	0.6464(16～202℃)	12.9	1.00905
乙炔	C_2H_2	1.1747		1.6035(18℃)		

注　表中数据是在 101323Pa 气压下测定值。

表 2-2-5 **部分化学溶剂的物理性能**

溶剂名称	化学分子式	分子量	沸腾范围（温度,℃）	熔点（℃）	闪点（℃）	爆炸危险极限（%）		比重（对4℃水而言的20℃时溶剂的比重）	溶解能力
						下限	上限		
二氯甲烷	CH_2Cl_2	85	40～60	−97	不燃			1.369～1.375	溶解树脂、油脂、蜡、橡胶及部分溶解乙酰纤维类物质
四氯乙烷	$C_2H_2Cl_4$	168	144～147	−36	不燃			1.580～1.601	溶解硝化纤维、乙酰纤维、树脂、油脂、蜡、橡胶类物质
氯仿	$CHCl_3$	119	59.5～62	−63				1.477～1.486	溶解乙酰纤维、树脂、油脂、蜡、橡胶、乙基纤维类物质
丙酮	$(CH_2)_2CO$	58	55～57	−94	−9	2.15	13.0	0.792～0.799	溶解油脂、蜡、乙基纤维及部分溶解橡胶类物质
乙醇	C_2H_5OH	46	78～78.2	−117	12	3.28	19.0	0.790～0.804	溶解油脂、蜡、乙基纤维及部分溶解硝化纤维、树脂类物质
甲醇	CH_3OH	32	64～68	−98	9.5	6.0	36.5	0.791～0.796	溶解硝化纤维及部分溶解树脂类物质
二甲苯－异构体的混合物	$(CH_3)_2C_6H_4$	106	136.5～141.5		24	3.0	7.6	0.860～0.866	溶解树脂、油脂、蜡及部分溶解硝化纤维类物质
甲苯	$CH_3C_6H_5$	92	109.5～111	−92	7	1.27	7.0	0.862～0.868	溶解油脂、蜡、橡胶、乙基纤维及部分溶解树脂类物质
汽油(轻)			100以下	−150	24～38			0.65～0.70	溶解油脂、蜡及部分溶解树脂类物质
汽油(重)			100～150		24～38			0.73～0.75	溶解油脂、蜡及部分溶解树脂类物质
苯	C_6H_6	78	79.0～80.6	5	−11	1.4	8	0.875～0.88	溶解苄基纤维、油脂、蜡、橡胶、乙基纤维及部分溶解树脂类物质
二硫化碳	CS_2	76	45.5～47	−110				0.830～0.850	溶解硝化纤维、乙酰纤维、苄基纤维、油脂、蜡、乙基纤维及部分溶解树脂、橡胶类物质
松节油			155～190					0.868（15℃时值）	溶解树脂、油脂、蜡类物质

(5) 常用电工导体材料的电性能见表 2-2-6。

表 2-2-6 **常用电工导体材料的电性能（测量温度 20℃）**

名称	电阻率 ρ ($\Omega\cdot mm^2/m$)	电导数 γ [$m/(\Omega\cdot mm^2)$]	电阻温度系数 α_{20} (K^{-1})
铝	0.0278	36	−0.00390
锑	0.417	2.4	
铅	0.208	4.8	
铬－镍－铁	0.10	10	
纯铁	0.10	10	
低碳钢	0.13	7.7	−0.00660
金	0.0222	45	
石墨	8.00	0.125	−0.00020
铸铁	1	1	

续表

名称	电阻率 ρ ($\Omega\cdot mm^2/m$)	电导数 γ [$m/(\Omega\cdot mm^2)$]	电阻温度系数 α_{20} (K^{-1})
镉	0.076	13.1	
碳	40	0.025	−0.00030
康铜	0.48	2.08	−0.00003
导电器材用铜	0.0175	57	−0.00380
镁	0.0435	23	
锰铜	0.423	2.37	±0.00001
黄铜 Ms58	0.059	17	+0.00150
黄铜 Ms63	0.071	14	
德国银	0.369	2.71	+0.00070
镍	0.087	11.5	+0.00400
尼克林合金①	0.5	20	+0.00023
铂	0.111	9	+0.00390

续表

名称	电阻率 ρ ($\Omega\cdot mm^2/m$)	电导数 γ [$m/(\Omega\cdot mm^2)$]	电阻温度系数 α_{20} (K^{-1})
汞	0.941	1.063	+0.00090
银	0.016	62.5	+0.00377
钨	0.059	17	
锌	0.061	16.5	+0.00370
锡	0.12	8.3	+0.00420

① 尼克林合金是一种锌镍铜三元素的 α 单相组织合金。接近我国的 BZn15～20 牌号的锌白铜，化学成分（质量分数）：Cu62%，Ni+Co13.5～16.5%，余量为 Zn 和 0.9%的杂质。

（6）常用绝缘材料的电性能见表 2-2-7。

表 2-2-7 常用绝缘材料的电性能

名　　称	电阻率 ρ	相对介电常数 ε_r
聚四氯乙烯	10^{17}	2
聚苯乙烯		3
环氧树脂		3.6
聚酰胺		5
酚醛塑料	10^{13}	3.6
酚醛树脂		8
硬质胶		2.5
胶质不碎玻璃	10^{14}	3.2
石蜡油	10^{17}	2.2
石油		2.2
变压器油（矿物性）		2.2
变压器油（植物性）		2.5
电容器油	10^{15}～10^{16}	2.1～2.3
松节油		2.2
橄榄油		3
蓖麻油		4.7
云母板		5
石英		4.5
玻璃	10^{14}	5
云母	10^{16}	6
瓷	10^{13}	4.4
页岩		4
皂石		6
大理石	10^{9}	8
硬橡胶	10^{15}	4
软橡胶		2.5
人造琥珀	10^{17}	
电力电缆绝缘		4.2
通信电缆绝缘		1.5
电缆填料		2.5
纸		2.3

续表

名　　称	电阻率 ρ	相对介电常数 ε_r
刚纸（硬化纸板）		2.5
浸渍纸		5
油纸		4
胶纸板		4.5
层压纸板		4
真空		1
空气	10^{18}	1
水（蒸馏）	10^{6}	80
石蜡	10^{17}	2.2
马来树胶		4
虫胶		3.7

四、其他数据

（1）常用电磁波谱频率区段，见表 2-2-8。

表 2-2-8 常用电磁波谱频率区段

频率 (Hz)	应用说明
50/3～600	电力，电动机，电动工具
600～10^4	淬火，熔炼
50～10^9	感应加热
10^2～10^4	有线电话
10^3～2×10^5	无线电报
2×10^5～2×10^6	无线电广播
2×10^6～3×10^9	短波、超短波通信
3×10^9～3×10^{11}	微波
10^9～10^{12}	赫兹波
10^{12}～3.7×10^{14}	红外线热辐射
3.7×10^{14}～8.3×10^{14}	可见光
8.3×10^{14}～3×10^{16}	紫外线
3×10^{16}～10^{23}	伦琴射线
3×10^{18}～3×10^{21}	γ射线
3×10^{18}～10^{24}	宇宙线

（2）大气压力、温度与海拔的关系见表 2-2-9。

表 2-2-9 大气压力、温度与海拔的关系①

海拔 (m)	大气压力 (Pa)	温度 (K)
−300	104981	290.100
−250	104365	289.775
−200	103751	289.450
−100	102532	288.800
−50	101927	288.475

续表

海拔（m）	大气压力（Pa）	温度（K）
0	101325	288.150
250	98357.6	286.525
500	95461.3	284.900
600	94322.3	284.250
700	93194.4	283.601
800	92077.5	282.951
900	90971.5	282.301
1000	89876.3	281.651
1100	88791.8	281.001
1200	87718.0	280.351
1300	86654.8	279.702
1400	85602.0	279.052
1500	84559.7	278.402
1600	83527.7	277.753
1700	82505.9	277.103
1800	81494.3	276.453
1900	80492.9	275.804
2000	79501.4	275.154
2100	78519.9	274.505
2200	77548.3	273.855
2300	76586.4	273.205
2400	75634.2	272.556
2500	74691.7	271.906
2600	73758.8	271.257
2700	72835.3	270.607
2800	71921.3	269.958
2900	71016.6	269.309
3000	70121.2	268.659
3100	69234.9	268.010
3200	68357.8	267.360
3300	67489.7	266.711
3400	66630.6	266.062
3500	65780.1	265.413
3600	64939.0	264.763
3700	64106.4	264.114
3800	63282.5	263.465
3900	62467.2	262.816
4000	61660.4	262.166
4100	60862.2	261.517
4200	60072.3	260.868

续表

海拔（m）	大气压力（Pa）	温度（K）
4300	59290.8	260.219
4400	58517.6	259.570
4500	57752.6	258.921
4600	56995.7	258.272
4700	56246.9	257.623
4800	55506.1	256.974
4900	54773.2	256.325
5000	54048.3	255.676
5500	50539.3	252.431
6000	47217.6	249.187
6500	44075.5	245.943
7000	41105.3	242.700
7500	38299.7	239.457
8000	35651.6	236.215
8500	33154.2	232.974
9000	30800.7	229.733
10000	26499.9	223.252

① 资料来源：ISO 2533 标准大气．1 版．1975.05.15。

第三节 热 学

一、热学及其研究对象

热学是研究物质热运动规律的科学。

热学的研究对象是热力学系统，即由大量分子组成的系统。按其研究内容和研究方法的不同，热学可以分为两部分：一部分称为气体动理论；另一部分称为热力学。

（1）气体动理论是研究物质热运动的微观理论，它是从物质的微观结构和微观运动出发，采用统计的方法，确定微观量与宏观量之间的关系，从而提示宏观现象的微观本质。

（2）热力学是研究物质热运动的宏观理论，它是以实验为基础，用可测量的宏观量描述大量分子的集体行为和状态，从实践中总结归纳出热力学的有关规律，探索自然现象之间的联系。

二、气体状态参量和气体平衡态

（一）气体状态参量

对于一定量的某种气体，一般可用体积 V、压强 p 和温度 T 三个物理量来描写。这三个描写气体状态的量称为气体的状态参量。

1. 体积

气体的体积是气体分子所能到达的空间，不是气体分子本身体积的总和。盛放在容器中的气体，其体积即为容器的体积。气体体积的单位是 m^3（立方米）、L 或 l（升）。$1L=10^{-3}=m^3$。

2. 压强

压强是气体在容器器壁单位面积上指向器壁的垂直作用

力，是气体分子对器壁碰撞的结果。压强的单位是 Pa（帕[斯卡]），即 N/m^2（牛[顿]/平方米）。实际中还使用非 SI（国际单位制）单位，如：atm（标准大气压）、mmHg（毫米汞柱），$1atm = 1.013 \times 10^5 Pa$，$1mmHg = 1.333 \times 10^2 Pa$。

3. 温度

温度表示物体的冷热程度，是物体分子热运动强度的量度。温度数值的标定方法称为温标，常用的有两种：一个是热力学温标 T，单位是 K（开[尔文]）；另一个是摄氏温标 t，单位是℃（摄氏度）。两者的关系是：$t(℃) = T(K) - 273.15$。

标准状态是指压强为 1atm，温度为 0℃的状态。

（二）气体平衡态

当气体的状态不随时间变化时，则称气体处于平衡态。平衡态是指气体的宏观状态不随时间变化，但从微观角度看，气体分子仍在作永不停息的热运动。因此，气体的平衡态应该理解为热动平衡状态。

在平衡态下，气体各部分的温度、压强以及密度都是均匀的，此时气体的状态才能用状态参量来表示。

三、理想气体状态方程

（一）理想气体的微观模型

理想气体是实际气体的一个抽象化模型。宏观上讲，当密度不太高、压强不太大以及温度不太低时，能够严格遵从三个实验定律（即玻意耳-马略特定律、盖-吕萨克定律和查理定律）的气体定义为理想气体。从微观角度可对理想气体作如下描述：①气体分子的大小与气体分子间的距离相比较可以忽略不计；②气体分子处在无规则的热运动中且服从经典力学规律；③除碰撞的瞬间外，分子所受作用力可以忽略，而且分子之间以及分子与器壁之间的碰撞是弹性的，动量与动能均守恒。总之，气体可看作自由地、无规则地运动着的弹性球分子的集合，这是理想气体的微观模型。

（二）理想气体状态方程

当一定质量的理想气体从状态Ⅰ（p_1、V_1、T_1）变化到状态Ⅱ（p_2、V_2、T_2）时，两状态之间的关系为

$$\frac{p_1V_1}{T_1}=\frac{p_2V_2}{T_2}=\text{恒量} \tag{2-3-1}$$

这是理想气体状态方程的一种形式。

质量为 M、摩尔质量为 μ 的理想气体处在某平衡态下时，各状态参量间的关系为

$$pV=\frac{M}{\mu}RT \tag{2-3-2}$$

式中：p 的单位为 Pa；V 的单位为 m^3；T 的单位为 K；$R=8.31J/(mol\cdot K)$，称为普适气体常量。这是理想气体状态方程的常用形式，其中的 $\frac{M}{\mu}$ 是摩尔数。

由上述常用形式还可以导出理想气体状态方程的另一种形式为

$$p=nkT \tag{2-3-3}$$

式中：$n=\frac{N}{V}$ 为单位体积分子数（即分子数密度），其中 N 是分子总数；$k=\frac{R}{\sigma}=1.38\times10^{-23}J/K$，称为玻耳兹曼常数，其中 $\sigma=6.023\times10^{23}/mol$，称为阿伏伽德罗常数。

（三）理想气体的压强统计解释

气体的压强是大量分子对器壁不断碰撞的平均集体效果，是一个统计平均量。气体的压强在数值上应等于单位时间内与器壁单位面积发生碰撞的所有分子给予器壁的总冲量的统计平均值。

理想气体的压强公式为

$$p=\frac{1}{3}nm\overline{v^2}=\frac{2}{3}n\bar{\varepsilon}_k \tag{2-3-4}$$

式中：n 为单位体积分子数；m 为一个分子的质量；$\overline{v^2}$ 是分子速率平方的平均值；$\bar{\varepsilon}_k=\frac{1}{2}m\overline{v^2}$ 为气体分子的平均平动动能。由于 $n\bar{\varepsilon}_k$ 表示单位体积中的分子平均平动动能，因此压强是大量气体分子平均平动动能密度的量度，这是压强的微观意义。

单位体积分子数 n 和分子的平均平动动能 $\bar{\varepsilon}_k$ 都是微观量，不能经过实验直接测量，而压强是宏观量，可以直接测量。理想气体的压强公式揭示了宏观量与微观量之间的联系。

（四）理想气体的温度统计解释

将理想气体的压强公式 $p=\frac{2}{3}n\bar{\varepsilon}_k$ 与理想气体的状态方程 $p=nkT$ 比较，可得

$$\bar{\varepsilon}_k=\frac{3}{2}kT \tag{2-3-5}$$

由此可知，气体的温度是大量气体分子平均平动动能的量度，这是温度的微观意义。平均平动动能 $\bar{\varepsilon}_k$ 对应分子热运动的强度，因此也可以说，温度是大量气体分子热运动强度的量度。因为 $\bar{\varepsilon}_k$ 是统计平均值，所以温度也具有统计的意义。

平均平动动能 $\bar{\varepsilon}_k$ 是不能直接测量的微观量，而温度是可以直接测量的宏观量，上式揭示了宏观量与微观量之间的又一联系。

由上式可知，对任何理想气体，只要温度相同，则它们的平均平动动能就相同，而与气体的种类无关。

四、能量按自由度均分原理和理想气体内能

（一）分子自由度

确定一个物体在空间的位置所需要的独立坐标数目，称为该物体的自由度。

在常温下可不考虑分子内原子之间的振动，即认为分子是刚性的。

单原子分子可视为自由质点，只有 3 个平动自由度 $t=3$，其总自由度 $i=t=3$。如惰性气体：氦气、氖气、氩气等。

刚性双原子分子有 3 个平动自由度 $t=3$ 和 2 个转动自由度 $r=2$，其总自由度 $i=t+r=5$。如：氢气、氧气、氮气等。

刚性多原子分子有 3 个平动自由度 $t=3$ 和 3 个转动自由度 $r=3$，其总自由度 $i=t+r=6$。如：水分子。

（二）能量按自由度均分原理

从理想气体分子的平均平动动能公式

$$\bar{\varepsilon}_k=\frac{1}{2}m\overline{v^2}=\frac{3}{2}kT \tag{2-3-6}$$

出发，考虑到大量气体分子作无规则热运动应服从统计规律，即 $\overline{v_x^2}=\overline{v_y^2}=\overline{v_z^2}$，而 $\overline{v^2}=\overline{v_x^2}+\overline{v_y^2}+\overline{v_z^2}$，所以

$$\frac{1}{2}m\overline{v_x^2}=\frac{1}{2}m\overline{v_y^2}=\frac{1}{2}m\overline{v_z^2}=\frac{1}{2}m\left(\frac{1}{3}\overline{v^2}\right)$$
$$=\frac{1}{3}\left(\frac{1}{2}m\overline{v^2}\right)=\frac{1}{2}kT$$

此式表明，按照统计的观点，气体分子沿 x、y、z 三个方向运动的平均平动动能都相等，气体分子的平均平动动能$\bar{\varepsilon}_k=\frac{3}{2}kT$是均匀地分配到三个平动自由度上的，每个平动自由度分得的能量是$\frac{1}{2}kT$。

由于分子本身具有一定的大小和复杂的内部结构，分子除平动外，还会有转动以及分子内部原子之间的振动。对刚性分子，在讨论分子热运动动能时，除考虑分子平动动能外，还要考虑分子的转动动能。

将上述平均平动动能按自由度均分的结论推广到复杂分子，可得：在热平衡状态下，理想气体分子的每个自由度都具有相同的平均动能，其数值为$\frac{1}{2}kT$。这就是能量按自由度均分原理。

根据能量按自由度均分原理，总自由度为 i 的理想气体分子的平均能量为

$$\bar{\varepsilon}=\frac{i}{2}kT \tag{2-3-7}$$

单原子分子的平均能量为$\bar{\varepsilon}=\frac{3}{2}kT$，刚性双原子分子的平均能量为$\bar{\varepsilon}=\frac{5}{2}kT$，刚性多原子分子的平均能量为$\bar{\varepsilon}=\frac{6}{2}kT$。

（三）理想气体内能

气体的内能是指气体分子的能量以及分子之间势能的总和。对理想气体来说，忽略分子之间的相互作用力，因此分子之间的势能可以忽略。所以理想气体的内能就等于气体分子能量的总和。根据能量均分原理，每个分子的平均能量为$\bar{\varepsilon}=\frac{i}{2}kT$，将这个能量与分子总数 N 相乘，即可得到理想气体的内能 $E=N\bar{\varepsilon}$，由于 $N=\frac{M}{\mu}\sigma$，而 $\sigma k=R$，于是得到理想气体的内能公式为

$$E=\frac{M}{\mu}\ \frac{i}{2}RT \tag{2-3-8}$$

由此可知，处于平衡态下的一定量的理想气体的内能仅取决于气体分子运动的自由度 i 和气体的热力学温度 T，而与气体的压强和体积无关。由于理想气体的内能只是状态参量的单值函数，所以又称理想气体的内能为状态函数。

五、平均碰撞频率和平均自由程

（一）分子的平均碰撞频率

在气体中，大量分子作不停息的无规则热运动，彼此之间会不断发生碰撞。就单个分子来说，与其他分子的碰撞在时间和空间上都是随机的。但对大量分子来说，分子间的碰撞服从确定的统计规律。

一个分子在单位时间内与其他分子碰撞的平均次数，称为分子的平均碰撞频率，用$\overline{Z}$表示。从理论上可导出

$$\overline{Z}=\sqrt{2}\pi d^2\ \bar{v}n \tag{2-3-9}$$

式中：d 为分子的有效直径，这里假设分子是直径为 d 的小球，d 的数量级约为 10^{-10} m；n 如前所述为分子数密度；$\bar{v}=\sqrt{\frac{8kT}{\pi m}}=\sqrt{\frac{8RT}{\pi\mu}}$为分子的平均速率，公式来源详见下面有关麦克斯韦速率分布律的讨论。

由此可知，分子数密度 n 越大，温度 T 越高，分子之间的碰撞就越频繁，平均碰撞频率$\overline{Z}$值越大。

（二）分子的平均自由程

一个分子在相邻的两次碰撞之间所飞行的直线距离称为自由程。由于碰撞是随机的，单个分子的自由程也是随机的。然而，大量分子的自由程却具有确定的统计规律性。自由程的统计平均值称为平均自由程，用$\bar{\lambda}$表示。由于单位时间内气体分子运动的平均路程为$\bar{v}$，在此期间与其他分子的碰撞次数为$\overline{Z}$，所以分子的平均自由程为

$$\bar{\lambda}=\frac{\bar{v}}{\overline{Z}}=\frac{1}{\sqrt{2}\pi d^2 n} \tag{2-3-10}$$

此式说明，对一定的气体而言，$\bar{\lambda}$与分子数密度 n 成反比，而与平均速率$\bar{v}$无关。

根据 $p=nkT$，分子的平均自由程还可以表示为

$$\bar{\lambda}=\frac{kT}{\sqrt{2}\pi d^2 p} \tag{2-3-11}$$

这表明，$\bar{\lambda}$和温度与压强的比值 T/p 成正比关系。

在标准状态下，氢气分子的平均碰撞频率数量级约为 $10^9\,\mathrm{s}^{-1}$，平均自由程数量级约为 10^{-7} m。

六、麦克斯韦速率分布律

（一）麦克斯韦速率分布函数

气体中的大量分子在永不停息的热运动中频繁碰撞，彼此交换能量，速率在不断地改变。在平衡态下，速率处于各个区间中的分子数服从确定的统计规律。设分子总数为 N，速率处于 $v\sim v+\Delta v$ 区间中的分子数为 ΔN，其在分子总数中所占百分比为$\frac{\Delta N}{N}$。显然，$\frac{\Delta N}{N}$不但与区间宽度 Δv 有关，而且与区间 Δv 所处的速率 v 有关。当 $\Delta v\to 0$ 时，$\frac{\Delta N}{N\Delta v}$的极限$\frac{\mathrm{d}N}{N\mathrm{d}v}$是速率 v 的连续函数，记为 $f(v)$。麦克斯韦应用统计理论给出了 $f(v)$ 的具体表达式为

$$f(v)=\frac{\mathrm{d}N}{N\mathrm{d}v}=4\pi\left(\frac{m}{2\pi kT}\right)^{3/2}v^2\mathrm{e}^{-mv^2/2kT} \tag{2-3-12}$$

此式称为气体分子的麦克斯韦速率分布函数。速率分布函数 $f(v)$ 的物理意义如下：对大量气体分子而言，$f(v)$ 表示分布在速率 v 附近，单位速率间隔内的分子数占总分子数的百分比；对单个分子而言，$f(v)$ 表示分子速率处于 v 附近，单位速率间隔内的概率。即函数 $f(v)$ 表示概率密度。

麦克斯韦速率分布曲线如图 2-3-1 所示。

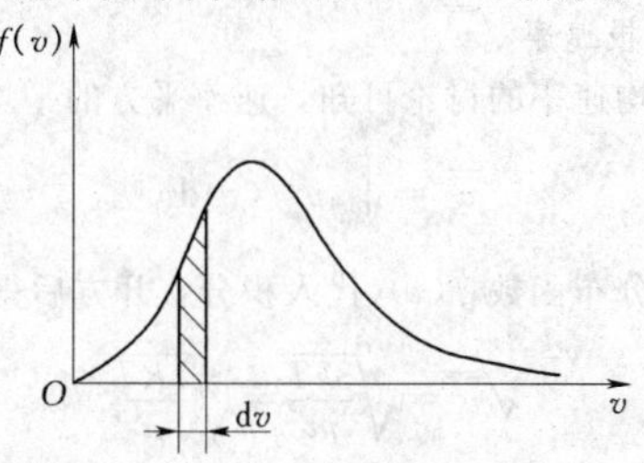

图 2-3-1　麦克斯韦速率分布曲线

在横轴上的速率 v 处，取小区间 $v \sim v+\mathrm{d}v$，则 $f(v)\mathrm{d}v=\frac{\mathrm{d}N}{N}$对应 $f(v)$ 曲线下 $\mathrm{d}v$ 宽度内的面积，数值上等于 $v \sim v+\mathrm{d}v$ 区间内的分子数占总分子数的百分比。将区间扩大为 $v_1 \sim v_2$，则积分 $\int_{v_1}^{v_2} f(v)\mathrm{d}v=\frac{\Delta N}{N}$ 对应 $f(v)$ 曲线下 $v_1 \sim v_2$ 区间内的面积，数值上等于 $v_1 \sim v_2$ 区间内的分子数 ΔN 占总分子数的百分比。如将区间进一步扩大为 $0 \sim \infty$，则积分 $\int_0^{\infty} f(v)\mathrm{d}v$ 对应 $f(v)$ 曲线下的全部面积，数值上等于 $0 \sim \infty$ 区间内的分子数占总分子数的百分比，其值为百分之百，所以有

$$\int_0^{\infty} f(v)\mathrm{d}v=1 \qquad (2-3-13)$$

此式称为速率分布函数的归一化条件。

(二) 气体分子热运动的三种速率

1. 最概然速率 v_p

最概然速率是指 $f(v)$ 曲线峰值对应的速率。由 $f(v)$ 的物理意义可知，在此速率附近，单位速率间隔内的分子百分数最大。令$\frac{\mathrm{d}f(v)}{\mathrm{d}v}=0$，可得

$$v_p=\sqrt{\frac{2kT}{m}}=\sqrt{\frac{2RT}{\mu}} \qquad (2-3-14)$$

将此式代入到 $f(v)$ 中，得 $f(v_p)=\frac{4}{\sqrt{\pi}\mathrm{e}}\frac{1}{v_p}$。可见，对同一气体而言，温度 T 越高，v_p 值越大，而 $f(v)$ 曲线峰值越小。由于受归一化条件限制，$f(v)$ 曲线下的总面积为定值，曲线峰值减小，必然使得曲线横向较宽。如图 2-3-2 所示。另一方面，对相同温度下的不同气体而言，分子质量 m 越大，v_p 值越小，而 $f(v)$ 曲线峰值越大，从而曲线横向较窄。如图 2-3-3所示。

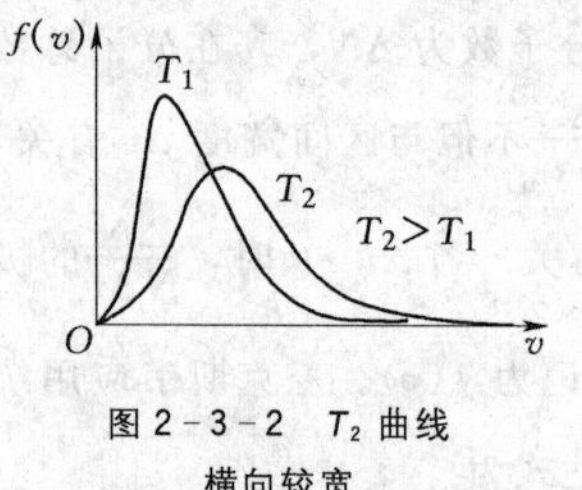

图 2-3-2 T_2 曲线横向较宽

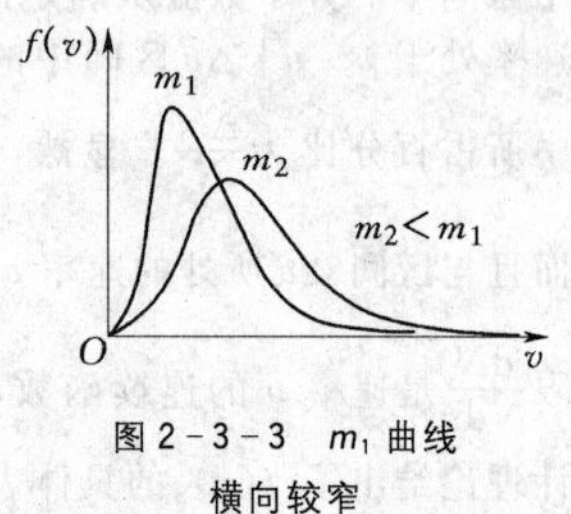

图 2-3-3 m_1 曲线横向较窄

2. 平均速率 $\overline{v}$

平均速率即分子速度大小的算术平均值，其定义为

$$\overline{v}=\frac{\sum v_i \Delta N_i}{N}=\frac{\int v\mathrm{d}N}{N}=\int_0^{\infty} vf(v)\mathrm{d}v$$

将速率分布函数 $f(v)$ 代入并积分，得

$$\overline{v}=\sqrt{\frac{8kT}{\pi m}}=\sqrt{\frac{8RT}{\pi\mu}} \qquad (2-3-15)$$

3. 方均根速率 $\sqrt{\overline{v^2}}$

仿照平均速率的讨论可知，速率平方的平均值为

$$\overline{v^2}=\int_0^{\infty} v^2 f(v)\mathrm{d}v$$

将速率分布函数 $f(v)$ 代入积分，开方后得方均根速率

$$\sqrt{\overline{v^2}}=\sqrt{\frac{3kT}{m}}=\sqrt{\frac{3RT}{\mu}} \qquad (2-3-16)$$

三种速率中，最概然速率 v_p 用于速率分布的讨论；平均速率 $\overline{v}$ 用于平均碰撞频率 $\overline{Z}$ 和平均自由程 $\overline{\lambda}$ 的讨论；方均根速率 $\sqrt{\overline{v^2}}$ 用于平均平动动能 $\overline{\varepsilon}_k$ 的讨论，而且 $\sqrt{\overline{v^2}}$ 亦可由 $\overline{\varepsilon}_k=\frac{1}{2}m\overline{v^2}=\frac{3}{2}kT$ 直接得出。

三种速率均与 $\sqrt{T}$ 成正比，与 $\sqrt{m}$（或 $\sqrt{\mu}$）成反比。三种速率的比例关系为

$$v_p : \overline{v} : \sqrt{\overline{v^2}}=\sqrt{2} : \sqrt{\frac{8}{\pi}} : \sqrt{3} \qquad (2-3-17)$$

其中 $\sqrt{\overline{v^2}}$ 最大，v_p 最小；常温下三种速率数量级约为每秒几百米，计算时采用 SI 单位制。

七、功、热量、内能

(一) 功

功是热力学系统与外界交换能量的一种方式。

如图 2-3-4 所示，气缸内有一定量的气体，气体压强为 p，活塞面积为 S，气体作用在活塞上的压力 $F=pS$，当活塞在此压力作用下，由左向右移动一微小距离 $\mathrm{d}l$ 时，气体对外所做元功为

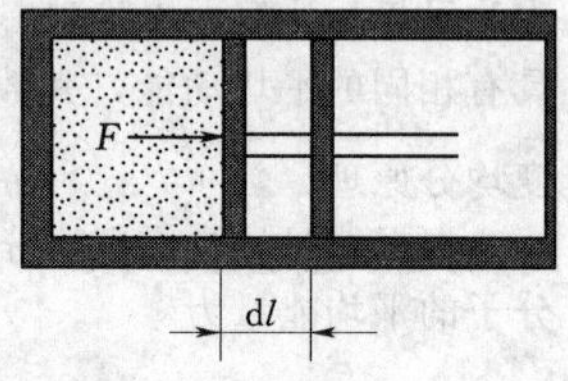

图 2-3-4 气缸活塞

$$\mathrm{d}W=F\mathrm{d}l=pS\mathrm{d}l=p\mathrm{d}V$$

式中 $\mathrm{d}V$ 为活塞移动 $\mathrm{d}l$ 距离时气体体积的微小变化量。当气体由 V_1 变化到 V_2 时，气体对外所做功为

$$W=\int_{V_1}^{V_2} p\mathrm{d}V \qquad (2-3-18)$$

上式是利用气体状态参量及其变化来计算气体所做功，是热力学中计算功的基本公式，公式成立的条件应为无摩擦的准静态过程。

由此可见，热力学系统可用 $p—V$ 图描述，$p—V$ 图上的一个点对应确定的压强、体积和温度，因而对应系统的一个平衡态。由于准静态过程中的任意中间态都是一个平衡态，所以在 $p—V$ 图上准静态过程可用一系列的点连成的曲线表示。非准静态过程不能在 $p—V$ 图上表示。准静态过程是为了处理问题方便而引入的一种理想化过程，是对实际过程一定程度上的近似。

在 $p—V$ 图上，一定量的气体所做的功，在数值上等于 $p—V$ 曲线下的面积，这就是功的几何意义。

(二) 热量

热量是热力学系统与外界交换能量的另一种方式。当系统与外界存在温度差且两者之间又没有隔热层时，将会产生热量的传递。

当质量为 M、摩尔质量为 μ 的气体从温度 T_1 准静态地变化到温度 T_2 时，系统与外界传递的热量为

$$Q=\frac{M}{\mu}C(T_2-T_1) \qquad (2-3-19)$$

式中，C 称为摩尔热容，其物理意义为：1mol 气体当温度升高（或降低）1K 时，所吸收（或放出）的热量，即

$$C=\frac{1}{M/\mu}\frac{\mathrm{d}Q}{\mathrm{d}T} \qquad (2-3-20)$$

摩尔热容是一个与具体过程有关的量，过程不同其摩尔热容的值也就不同。由此可知，热量也是一个过程量，只有给出具体的过程，才能知道相应的 C 值，热量 Q 才能由式（2-3-19）计算出来。

(三) 内能

热力学系统在一定状态下具有一定的内能。理想气体的

内能表达式为

$$E=\frac{M}{\mu}\ \frac{i}{2}RT$$

它只是温度 T 的单值函数。当一定量的理想气体，从温度为 T_1 的平衡状态变化到温度为 T_2 的平衡状态时，其内能从 E_1 变化到 E_2，内能的增量为

$$\Delta E=E_2-E_1=\frac{M}{\mu}\ \frac{i}{2}R(T_2-T_1) \quad (2-3-21)$$

其中除了温度 T 外，其他量都是定值，可知内能增量 ΔE 仅决定于前后两状态之间的温度变化，而与前后两状态之间所经历的具体过程无关，这是内能与功和热量的重要区别，内能是状态量，功和热量都是过程量。

八、热力学第一定律

（一）热力学第一定律

热力学第一定律：外界传给系统的热量，一部分用于增加系统的内能，另一部分用于系统对外做功。

数学表达式为

$$Q=\Delta E+W \quad (2-3-22)$$

其中，$\Delta E=E_2-E_1$ 是内能增量。当系统从外界吸收热量，$Q>0$；系统向外界放出热量，$Q<0$。系统对外界做功，$W>0$；外界对系统做功，$W<0$。

对于无限小的元过程，可以采用热力学第一定律的微分形式

$$dQ=dE+dW \quad (2-3-23)$$

热力学第一定律是普遍的能量守恒与转化定律在热力学中的具体体现。系统与外界的能量交换表现为功与热量的传递，系统内部的能量变化表现为内能的增减。三者之间满足热力学第一定律。

热力学第一定律适用于任何系统的任何过程。这里所说的“过程”包括：单一过程、复合过程或循环过程，以及非准静态过程。

（二）热力学第一定律对理想气体等值过程的应用

所谓等值过程是指三个状态参量 p、V 和 T 分别固定不变的过程。

1. 等体过程

等体过程也称等容过程，此过程气体体积保持不变，即 $dV=0$。等体过程在 p—V 图上是用一段与 p 轴平行的直线表示。如图 2-3-5 所示。由于体积不变，利用气体状态方程可得压强与温度两个状态参量之间的关系如下

$$\frac{p_1}{T_1}=\frac{p_2}{T_2}=\text{恒量} \quad (2-3-24)$$

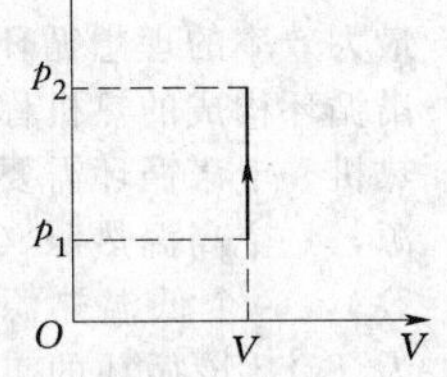

图 2-3-5　等体过程

此式称为等体过程的过程方程。根据热力学第一定律，在等体过程中，系统从外界吸收的热量全部用来增加气体的内能，即

$$Q_V=\Delta E=\frac{M}{\mu}\ \frac{i}{2}R(T_2-T_1) \quad (2-3-25)$$

反之，系统向外界放热则内能减少。将此式与前面式（2-3-19）对比可得等体过程的摩尔热容为

$$C_V=\frac{i}{2}R \quad (2-3-26)$$

这样，（2-3-25）式还可以写为

$$Q_V=\Delta E=\frac{M}{\mu}C_V(T_2-T_1) \quad (2-3-27)$$

公式中的角标“V”表示等体过程。

2. 等压过程

等压过程中压强不变，即 $dp=0$。等压过程在 p—V 图上是用一段与 V 轴平行的直线表示。如图 2-3-6 所示。利用气体状态方程可得体积与温度两个状态参量之间的关系

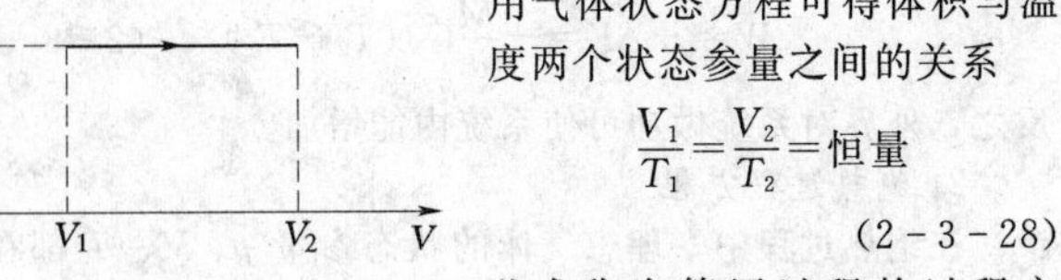

图 2-3-6　等压过程

$$\frac{V_1}{T_1}=\frac{V_2}{T_2}=\text{恒量} \quad (2-3-28)$$

此式称为等压过程的过程方程。气体对外所做的功为

$$W=\int_{V_1}^{V_2}p\mathrm{d}V=p(V_2-V_1)=\frac{M}{\mu}R(T_2-T_1) \quad (2-3-29)$$

内能增量为

$$\Delta E=\frac{M}{\mu}\ \frac{i}{2}R(T_2-T_1)=\frac{M}{\mu}C_V(T_2-T_1) \quad (2-3-30)$$

根据热力学第一定律，等压过程系统对外做功以及内能增加源于系统从外界吸收的热量，即

$$Q_p=\Delta E+W=\frac{M}{\mu}(C_V+R)(T_2-T_1) \quad (2-3-31)$$

反之，内能减少或外界对系统做功都有可能使系统向外界放热。将此式与前面式（2-3-19）对比可得等压过程的摩尔热容为

$$C_p=C_V+R \quad (2-3-32)$$

这样，式（2-3-32）还可以写为

$$Q_p=\frac{M}{\mu}C_p(T_2-T_1) \quad (2-3-33)$$

等压过程中的功、内能增量和热量均与 $\frac{M}{\mu}(T_2-T_1)$ 成正比，三者之间的比值仅由气体的自由度决定，如

$$\frac{W}{Q_p}=\frac{R}{C_p}=\frac{R}{C_V+R}=\frac{R}{(i/2)R+R}=\frac{2}{i+2}$$

$$\frac{\Delta E}{Q_p}=\frac{E_V}{C_p}=\frac{(i/2)R}{(i/2)R+R}=\frac{i}{i+2}$$

角标 p 表示等压过程。

3. 等温过程

等温过程中温度不变，即 $dT=0$。等温过程在 p—V 图上用一段曲线表示，它是 p 与 V 的反比曲线。如图 2-3-7 所示。利用气体状态方程可得压强与体积两个状态参量之间的关系

$$p_1V_1=p_2V_2=\text{恒量} \quad (2-3-34)$$

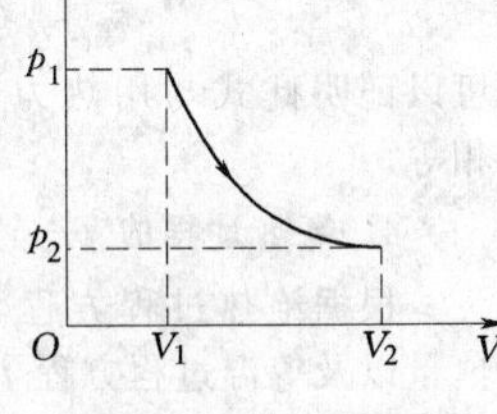

图 2-3-7　等温过程

此式称为等温过程的过程方程。等温过程内能不变，$\Delta E=0$。根据热力学第一定律，系统吸收的热量全部用来对外做功，即

$$Q_T=W=\int_{V_1}^{V_2}p\mathrm{d}V=\int_{V_1}^{V_2}\frac{M}{\mu}RT\frac{\mathrm{d}V}{V}$$

$$=\frac{M}{\mu}RT\ln\frac{V_2}{V_1}=\frac{M}{\mu}RT\ln\frac{p_1}{p_2} \quad (2-3-35)$$

角标 T 表示等温过程。反之，外界对系统做功可使系统向外界放热。

（三）绝热过程

绝热过程是指系统与外界无热量交换的过程。当一个过程进行得很快，系统与外界来不及交换热量时，也可认为该

过程是绝热过程。

1. 热力学第一定律对绝热过程的应用

绝热过程的特点是 $dQ=0$ 或 $Q=0$。根据热力学第一定律，系统对外做功使内能减少，即

$$W=-\Delta E=-\frac{M}{\mu}C_V(T_2-T_1) \qquad (2-3-36)$$

反之，外界对系统做功可使系统内能增加。

2. 绝热过程方程

在绝热过程中，理想气体的状态参量 p、V、T 都在变化，由理想气体的状态方程和热力学第一定律的微分形式可以推导出任意两个状态参量之间的变化关系，即绝热过程方程。

将理想气体的状态方程式（2-3-2）两边微分，得

$$p\mathrm{d}V+V\mathrm{d}p=\frac{M}{\mu}R\mathrm{d}T \qquad (2-3-37)$$

再由热力学第一定律的微分形式（2-3-23），得

$$0=\mathrm{d}E+\mathrm{d}W=\frac{M}{\mu}C_V\mathrm{d}T+p\mathrm{d}V \qquad (2-3-38)$$

联立式（2-3-37）和式（2-3-38），可得如下三个绝热过程方程：

$$pV^{\gamma}=C_1(\text{恒量}) \qquad (2-3-39)$$

$$V^{\gamma-1}T=C_2(\text{恒量}) \qquad (2-3-40)$$

$$p^{\gamma-1}T^{-\gamma}=C_3(\text{恒量}) \qquad (2-3-41)$$

其中，$\gamma=\frac{C_p}{C_V}$称为比热容比。表 2-3-1 列出了常用分子类型的参数值。

表 2-3-1　常用分子类型的参数值

分子类型	自由度	定容摩尔热容	定压摩尔热容	比热容比
单原子分子	$i=3$	$C_V=\frac{3}{2}R$	$C_p=\frac{5}{2}R$	$\gamma=\frac{5}{3}$
刚性双原子分子	$i=5$	$C_V=\frac{5}{2}R$	$C_p=\frac{7}{2}R$	$\gamma=\frac{7}{5}$
刚性多原子分子	$i=6$	$C_V=\frac{6}{2}R$	$C_p=\frac{8}{2}R$	$\gamma=\frac{8}{6}$

3. 利用功的积分定义求绝热过程的功

将式（2-3-40）代入到功的积分定义式（2-3-18），得

$$W=\int_{V_1}^{V_2}p\mathrm{d}V=\frac{p_1V_1-p_2V_2}{\gamma-1} \qquad (2-3-42)$$

可以证明此式与用热力学第一定律得出的式（2-3-37）相等。

4. 绝热过程的 p—V 图

根据绝热过程方程 $pV^{\gamma}=$恒量以及等温过程方程 $pV=$恒量作出的 p—V 曲线如图 2-3-8 所示。两曲线作在同一张图上便于比较其斜率。绝热曲线的斜率为$\frac{\mathrm{d}p}{\mathrm{d}V}=-\gamma\frac{p}{V}$，而等温曲线的斜率为$\frac{\mathrm{d}p}{\mathrm{d}V}=-\frac{p}{V}$。由于 $\gamma>1$，所以在同一点 $A(p, V)$ 处，绝热曲线斜率的绝对值大于等温曲线斜率的绝对值。从形态上看，绝热曲线比等温曲线更陡峭。若从同一 A 点出发，分别经历等温过程和绝热过程膨胀到同一体积，则有等温过程的功大于绝热过程的功，从比较两曲线下的面积大小便可知。

图 2-3-8　绝热过程

九、循环过程和卡诺循环

（一）循环过程

循环过程是指系统从某一状态出发，经历一系列过程又回到初始状态的过程，如图 2-3-9 所示。系统从初态 A 经 ACB 过程到达状态 B，再经 BDA 过程回到初态 A 完成一个循环。由于系统始末态相同，所以系统内能的变化 $\Delta E=0$。系统经过一个循环所做功的代数和称为净功，由功的几何意义可知，净功在数值上等于循环曲线所包围的面积。系统经过一个循环与外界交换热量的代数和称为净吸热。根据热力学第一定律，有 $Q_{净}=W_{净}$。

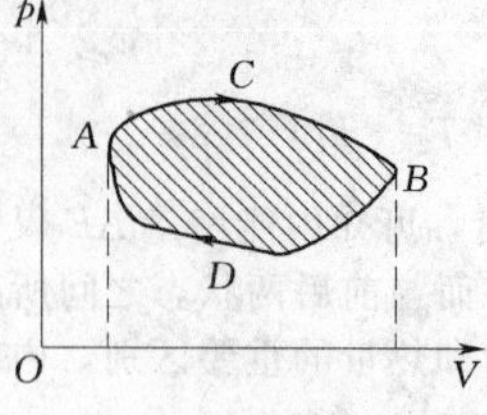

图 2-3-9　循环过程

循环过程有两类，在 p—V 图上，若循环过程是沿着循环曲线顺时针进行的，则该循环称为正循环；反之，则称为逆循环（或负循环）。正循环对应热机，是将热量转换为功的装置，蒸汽机、汽油机以及柴油机等都是常见的热机；逆循环对应制冷机，是消耗功以从目标系统吸取热量使之降温的装置，如电冰箱等。

正循环的净功 $W_{净}>0$，因而净吸热 $Q_{净}>0$。若每一循环中吸热总和为 $Q_1>0$，放热总和为 $Q_2<0$，则 $Q_{净}=Q_1-|Q_2|=W_{净}$。为了描述热机把所吸收的热量转化为净功（有用功）的能力，引入热机效率 η，它的定义为：系统在一次循环过程中，对外所做净功 $W_{净}$ 与吸热总和 Q_1 之比，即

$$\eta=\frac{W_{净}}{Q_1}=\frac{Q_1-|Q_2|}{Q_1}=1-\frac{|Q_2|}{Q_1} \qquad (2-3-43)$$

由此定义可知，热机效率 $\eta<1$。

逆循环的净功 $W_{净}<0$，净吸热 $Q_{净}<0$。若每一循环中吸热总和为 $Q_2>0$，放热总和为 $Q_1<0$，则 $Q_{净}=Q_2-|Q_1|=W_{净}$。为了描述制冷机的性能，定义制冷系数 ε 为：系统在一次循环过程中，吸热总和 Q_2 与净功 $W_{净}$ 的绝对值之比，即

$$\varepsilon=\frac{Q_2}{|W_{净}|}=\frac{Q_2}{|Q_1|-Q_2} \qquad (2-3-44)$$

制冷系数 ε 可以大于 1。

（二）卡诺循环

卡诺循环是卡诺在研究热机效率时提出的一种可以获得最大效率的理想循环。由卡诺循环构成的热机称为卡诺热机。卡诺循环需要两个热源，一个高温热源（温度为 T_1），一个低温热源（温度为 T_2）。该循环的工作物质（简称工质）为理想气体。卡诺循环的循环曲线由两条等温线和两条绝热线组成。如图 2-3-10 所示。气体先从状态 A 沿等温线膨胀做功至状态 B，同时从高温热源 T_1 吸热 Q_1，然后从状态 B 绝热膨胀做功至状态 C，接着从状态 C 沿等温线收缩至状态 D，同时向低温热源 T_2 放热 Q_2，最后从状态 D 绝热收缩至状态 A 完成一个循环。

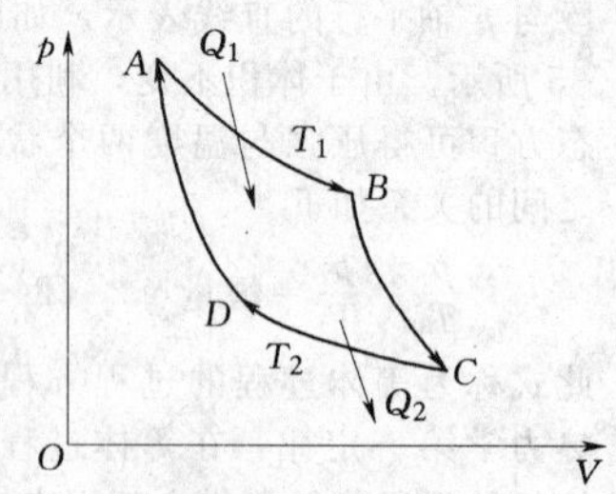

T_1—温度为 t_1 时的高温热源；

T_2—温度为 t_2 时的低温热源

图 2-3-10　卡诺循环

设状态 A、B、C、D 各处的体积依此为 V_1、V_2、V_3、V_4，系统从高温热源吸收的热量为

$$Q_1=\frac{M}{\mu}RT_1\ln\frac{V_2}{V_1} \qquad (2-3-45)$$

向低温热源放出的热量为

$$Q_2=\frac{M}{\mu}RT_2\ln\frac{V_4}{V_3} \qquad (2-3-46)$$

热机效率为

$$\eta_{卡}=1-\frac{|Q_2|}{Q_1}=1-\frac{\frac{M}{\mu}RT_2\ln\frac{V_3}{V_4}}{\frac{M}{\mu}RT_1\ln\frac{V_2}{V_1}}=1-\frac{T_2\ln\frac{V_3}{V_4}}{T_1\ln\frac{V_2}{V_1}} \qquad (2-3-47)$$

利用 $B—C$、$D—A$ 的两个绝热过程方程

$$V_2^{\gamma-1}T_1=V_3^{\gamma-1}T_2 \text{ 及 } V_1^{\gamma-1}T_1=V_4^{\gamma-1}T_2$$

两式相除，得

$$\frac{V_2}{V_1}=\frac{V_3}{V_4} \qquad (2-3-48)$$

将式（2-3-48）代入到式（2-3-47）中，得到卡诺热机的循环效率为

$$\eta_{卡}=1-\frac{T_2}{T_1} \qquad (2-3-49)$$

卡诺热机的循环效率取决于高温热源和低温热源的绝对温度，而与工作物质的成分无关。提高热机效率的方向是，提高高温热源的温度或降低低温热源的温度。

将卡诺循环的循环方向改为逆时针方向，则成为卡诺制冷机，卡诺制冷机的制冷系数为

$$\varepsilon_{卡}=\frac{T_2}{T_1-T_2} \qquad (2-3-50)$$

由此式可以看出，低温热源温度 T_2 越低，$\varepsilon_{卡}$ 越小，吸取同样的热量，就要花费更多的功。

十、热力学第二定律

（一）热力学第二定律的两种表述形式

(1) 开尔文表述：不可能从单一热源吸取热量，使之全部变为有用的功，而不引起其他变化。

(2) 克劳修斯表述：不可能把热量从低温物体传到高温物体，而不引起其他变化。

其他变化既包括系统本身的变化，也包括对外界环境的影响。

开尔文表述指出了功与热之间的自发转换具有一定的方向性；克劳修斯表述指出了热量的自发传导具有一定的方向性。可以证明，其实两种表述是等价的，即若其中一个不成立，则另一个也必然不成立。

（二）可逆过程与不可逆过程

如果系统从某一状态出发，经历一个过程到达另一状态，若存在另一过程使系统回到原来的状态，并且使外界恢复原状，则原来的过程称为可逆过程；反之，无论采用何种方法都不能使系统和外界完全复原，则原来的过程称为不可逆过程。

可逆过程是一个理想化过程。无摩擦的准静态过程是可逆过程。一切实际过程严格说来都不是可逆过程。

从过程不可逆角度来讲，开尔文表述实质上是说，功转化成热是不可逆过程。功可以完全转化为热，但热不能完全转化为功。克劳修斯表述实质上是说，热传导是不可逆过程。热量可以自动地从高温物体传到低温物体，但不能自动地从低温物体传到高温物体。

热力学第二定律的实质是，一切与热现象有关的、自动发生的实际宏观过程都是不可逆过程。

（三）热力学第二定律的统计意义

一个不受外界影响的孤立系统，其内部发生的过程，总是由出现概率小的状态向出现概率大的状态方向进行；由包含微观态数目少的宏观态向包含微观态数目多的宏观态方向进行；由有序状态向无序状态方向进行。这是热力学第二定律的微观解释，或称热力学第二定律的统计意义。

十一、焓和熵

焓的定义是物体内部分子内能和流动压力势能（或流能动）pv 之和，用 h（或 i）表示

$$h=u+Apv \quad (\text{kJ/kg}) \qquad (2-3-51)$$

其微分式为

$$\mathrm{d}h=\mathrm{d}u+A\mathrm{d}(pv) \qquad (2-3-52)$$

对于等压过程 $\mathrm{d}q=\mathrm{d}h$

对于理想气体，在任何过程中 $\mathrm{d}h=\mathrm{d}q=C_p\mathrm{d}T$。由此可见，焓是一个状态函数，它在过程中的变化仅决定于物体的开始及终了状态；在理想气体中，它仅决定于开始及终了的温度。

根据焓值的变化，可以简便地计算定压过程的热量

$$q=(u_2+Apv_2)-(u_1+Apv_2)$$
$$=h_2-h_1$$

熵的定义是：由热量和温度导出的工质状态参数，用 S 表示；绝对温度为 T 的某个系统，如果可逆地得到热量 $\mathrm{d}Q$，则系统熵的增加 $\mathrm{d}S$ 可用下式表示

$$\mathrm{d}S=\frac{\mathrm{d}Q_{(rev)}}{T} \qquad (2-3-53)$$

其中（rev）意指可逆过程。即工质熵的变化 $\mathrm{d}S$ 是它所吸收的热量 $\mathrm{d}q$ 与吸热时本身绝对温度 T 之比。由于 T 恒为正值，当工质从外界吸热时，$\mathrm{d}q>0$，熵增加；向外放热时，$\mathrm{d}q<0$，熵减少。所以熵的变化，反映过程中传热的方向。

现设系统从状态 A 变化到状态 B，热的进出是可逆地进行的，则熵将由 S_A 变为 S_B，可用下式表示

$$S_B-S_A=\int_A^B\frac{\mathrm{d}Q_{(rev)}}{T} \qquad (2-3-54)$$

此式右边所表示的过程，如果是可逆的，则像左边所表示的那样，只与初态的 S_A 和终态的 S_B 有关，而与途中的路径无关。也就是说，熵 S 是状态量。

假设有一个过程，从某个状态开始，经历了可逆变化后又回到了原来的状态，对于这种循环按照克劳修斯（Clausius）的论证，即便在过程中只有某一部分是不可逆的变化，则

$$\oint\frac{\mathrm{d}Q_{(rev)}}{T}=0 \qquad (2-3-55)$$

$$\oint\frac{\mathrm{d}Q_{(irv)}}{T}<0 \qquad (2-3-56)$$

这里，（irv）意指不可逆过程。现在假设从状态 A 经历不可逆过程变化到状态 B，然后又从状态 B 可逆地回到状态 A，这样的循环是一个不可逆过程，所以，与式（2-3-56）一样

$$\int_A^B\frac{\mathrm{d}Q_{(irv)}}{T}+\int_B^A\frac{\mathrm{d}Q_{(rev)}}{T}<0$$

$$\int_A^B\frac{\mathrm{d}Q_{(irv)}}{T}<\int_A^B\frac{\mathrm{d}Q_{(rev)}}{T}=S_B-S_A \qquad (2-3-57)$$

在不可逆过程中，如果没有热量流进或流出系统，则式（2-3-57）的左边将为零，所以 $0<S_B-S_A$，由此可见，一旦存在不可逆过程，熵就会增加。

现有相邻的两个系统——系统1和系统2，它们的绝对

温度分别为 T_1 和 T_2，$T_1>T_2$。设热量 dQ 从系统 1 传给系统 2，按照式（2-3-53），系统 1 只是熵减少了 dQ/T_1，系统 2 只是熵增大了 dQ/T_2，在系统 1 和系统 2 的组合系统中，熵的变化为 $dQ(1/T_2-1/T_1)>0$，熵将增大。也就是说，在存在着温度差的两个系统之间，如果只有热量的迁移而无功的传递，则熵的总和显然要增大。

同样，在存在着压力差、浓度差的系统之间发生物质迁移时，倘若不向外界输出能量，则熵也将增大。

用熵来表述热力学第二定律，则可表述为："如果存在不可逆过程，系统和外界的熵的总和将增大"。

熵是用来表示构成物质的分子、原子以怎样的不规则度存在和进行运动的一种尺度，它与不规则能（主要是热能）密切相关，假如有一种物质，它是由完全规则的排列所构成的，则可认为它的熵值等于零。一般地讲，温度越低，分子运动变慢，物质内的原子就越接近于规则的排列。在绝对零度（0K）时，物质成为静止的结晶构造，它的熵 S_{0K} 为零，即

$$S_{0K}(\text{纯粹的、完全的固体物质})=0 \quad (2-3-58)$$

这称为热力学第三定律。由此，任意绝对温度 T 下物质的熵值 S_T 为

$$\left.\begin{aligned}
S_T(\text{固体}) &= S_{0K}+\left(\int_0^T C_p\frac{dT}{T}\right)_s \\
S_T(\text{液体}) &= S_{0K}+\left(\int_0^{T_m} C_p\frac{dT}{T}\right)_s+\left(\frac{\Delta H_m}{T_m}\right)_{\text{熔化}} \\
&\quad +\left(\int_{T_m}^T C_p\frac{dT}{T}\right)_L \\
S_T(\text{气体}) &= S_{0K}+\left(\int_0^{T_m} C_p\frac{dT}{T}\right)_s+\left(\frac{\Delta H_m}{T_m}\right)_{\text{熔化}} \\
&\quad +\left(\int_{T_m}^{T_b} C_p\frac{dT}{T}\right)_L+\left(\frac{\Delta H_b}{T_b}\right)_{\text{气化}}+\left(\int_{T_b}^T C_p\frac{dT}{T}\right)_g
\end{aligned}\right\} \quad (2-3-59)$$

式中 T——温度；

ΔH——潜热；

C_p——定压热容量；

S_T——绝对熵。

下标 m 为熔化；b 为沸腾；s 为固体；L 为液体；g 为气体。

十二、㶲和𬉼

由于熵这个函数比较抽象，用来处理实际问题比较困难。又由于热力学第一定律未考虑到各种形式的能量的质量不同，掩盖了能量利用过程的价值性和方向性。

为了求出不可逆过程的能量损失与熵增量之间的关系，必须将热力学第一定律与热力学第二定律联系起来。因此，在 20 世纪 50 年代采用了一个参数，㶲。用㶲来分析能量转换问题，可以克服上述缺点。

一个热力系统中的工质，只要它的状态和周围环境（一般指给定的自然环境，例如大气、地壳、海水、湖水、河水、火力发电厂的循环水）有差别，那么系统和环境之间就存在有作功的能力。即不是系统对环境作功，就是环境对系统作功。从热力学可知，如果系统从某一已知状态，在可逆条件下，过渡到与环境平衡的状态，则系统对环境作的功达到最大值。这不仅适用于某定量工质一次进行的状态变化，而且也适用于连续工质的流动过程。1956 年在德国工程研究室杂志上郎特（Z.-Rant）把它称为"最大有用功"（Exergy），1957 年南京工学院动力系将它译为"㶲"。㶲一般以符号 E 表示，单位质量的㶲，称为"比㶲"，用符号 e 表示。

根据卡诺定理，热机从绝对温度为 T 的热源吸收热量 Q，并向绝对温度为 T_0 的环境放出热量，此时所能得到的最大功 W_{max} 可用下式计算

$$W_{max}=Q\frac{T-T_0}{T} \quad (2-3-60)$$

它的大小，与温度为 T 时的传热量 Q 所具有的㶲值 E 相等。即

$$E=W_{max} \quad (2-3-61)$$

根据能量守恒原理，加入热机的热量 Q，等于热机作出的机械功 W 与放出的热量 Q_0 的和

$$Q=W+Q_0 \quad (2-3-62)$$

假如使用的是理想热机，那么这时放出的热量就最少，设以 Q_{0min} 表示，则

$$Q=W_{max}+Q_{0min} \quad (2-3-63)$$

$$Q_{0min}=Q-W_{max}=Q\left[1-\frac{T-T_0}{T}\right]=\frac{T_0}{T}Q \quad (2-3-64)$$

$\frac{T_0}{T}Q$ 这部分能量，称为𬉼（anergy）。在传热量 Q 中，它占了 $\frac{T_0}{T}$ 的份额，是一种没有实用价值的能量。换句话说，绝对温度为 T 时的传热量，由 $(T-T_0)/T\times100\%$ 的㶲与 $\frac{T_0}{T}\times100\%$ 的𬉼所组成。

若热容量为 C_p 的物质具有任意的绝对温度 T，并取环境温度 T_0 作为基准，则该物质的焓 H 可用下式表示

$$H-H_0=\int_{T_0}^T C_p dT \quad (2-3-65)$$

式中：H_0 代表环境温度下该物质的焓值。

如将式（2-3-65）微分，则

$$dH=C_p dT \quad (2-3-66)$$

假如该物质的温度只下降 dT，那么放出的热量就相当于 dH 值，因此，当物质的温度由 T 变到 T_0 时，从所放出的热量可得到的最大功。也就是㶲，应为

$$\begin{aligned}
E &= \int_T^{T_0}\frac{T-T_0}{T}dQ=\int_{T_0}^T\frac{T-T_0}{T}dH \\
&= \int_{T_0}^T C_p\left(1-\frac{T_0}{T}\right)dT=\int_{T_0}^T C_p dT-T_0\int_{T_0}^T\frac{C_p}{T}dT \\
&= (H-H_0)-T_0(S-S_0)
\end{aligned} \quad (2-3-67)$$

式中：S、S_0 为绝对温度 T 和 T_0 下该物质的熵值。

因为 $H-H_0$ 代表该物质从 T 变到 T_0 时放给可逆热机的能量，所以从式（2-3-67）可以看出，$T_0(S-S_0)$ 就是𬉼。

物质所具有的㶲可以认为是一种状态量。现用小写的 h、s 和 e 分别代表物质的比焓、比熵和比㶲，如该物质与环境相平衡时的量分别为 h_0、s_0、$e_0=0$，则

$$e=(h-h_0)-T_0(s-s_0) \quad (2-3-68)$$

封闭系统中的物质，如果不受环境成分和压力的影响，而仅与环境温度 T_0 有关，则它的比㶲可用下式表示

$$e=(h-h_0)-T_0(s-s_0)-(P-P_0)v \quad (2-3-69)$$

式中 v——物质的比容；

P——物质的压力；

P_0——T_0 温度下物质的饱和压力。

只注重考虑能量的质量时，采用下式所定义的无因次值，即使用能质系数是很方便的。

$$\lambda=\frac{e}{h-h_0} \quad (2-3-70)$$

十三、水和蒸汽的㶲值

因为可以相当精确地求出水和蒸汽的焓和熵，所以从基本公式（2－3－67）就很容易地计算出它们的㶲值。表2－3－3、图2－3－11、图2－3－12是饱和蒸汽、饱和水的比㶲。

表2－3－3　饱和水蒸气和饱和水的比㶲（数值表）

温度(℃)	饱和蒸汽 焓(kcal/kg)	饱和蒸汽 熵[kcal/(kg·K)]	饱和蒸汽 㶲 环境温度(℃) 0	20	40	饱和水 焓(kcal/kg)	饱和水 熵[kcal/(kg·K)]	饱和水 㶲 环境温度(℃) 0	20	40
0	597.49	2.18729	0	－43.00	－84.67	－0.010	－0.00004	0	0.718	2.799
20	606.23	2.07041	40.67	0	－39.33	20.030	0.07077	0.698	0	0.665
40	614.88	1.97245	76.07	37.37	0	39.995	0.13665	2.668	0.653	0
60	623.32	1.88946	107.18	70.14	34.43	59.972	0.19848	5.756	2.504	0.615
80	631.45	1.81839	134.73	99.01	64.81	79.993	0.25682	9.842	5.422	2.367
100	639.15	1.75680	159.25	124.76	91.80	100.092	0.31214	14.830	9.304	5.142
120	646.31	1.70280	181.16	147.75	115.87	120.311	0.36486	20.649	14.069	8.852
140	652.78	1.65483	200.73	168.29	137.36	140.705	0.41535	27.251	19.661	13.435
160	658.43	1.61161	218.19	186.61	156.55	161.334	0.46395	34.605	26.043	18.845
180	663.10	1.57206	233.66	202.87	173.60	182.267	0.51096	42.697	33.195	25.057
200	666.60	1.53525	247.21	217.16	188.63	203.585	0.55667	51.530	41.113	32.061
220	668.75	1.50036	258.89	229.54	201.70	225.393	0.60136	61.131	49.821	39.874
240	669.30	1.46665	268.65	239.97	212.81	247.827	0.64536	71.546	59.356	48.529
260	667.91	1.43331	276.37	248.35	221.86	271.076	0.68903	82.867	69.803	58.103
280	664.09	1.39931	281.83	254.50	228.69	295.414	0.73285	95.235	81.295	68.719
300	657.07	1.36336	284.64	258.02	232.93	321.261	0.77748	108.891	94.059	80.590
320	645.76	1.32376	284.14	258.32	234.02	349.337	0.82402	124.255	108.491	94.092
340	627.25	1.27609	278.65	253.78	230.44	381.072	0.87456	142.185	125.411	110.000
360	593.64	1.20857	263.49	239.97	217.97	421.37	0.93652	165.56	147.55	130.90
374.15	503.34	1.06116	213.43	192.88	173.83	503.34	1.06116	213.48	192.98	173.83

注 1. 设比㶲为 e，比焓为 h，比熵为 s，则 $e=h-h_0-T_0(s-s_0)$

式中：T_0 为环境的绝对温度，下标 0 表示环境的意思。

换算成国际单位制（SI）时，要乘以 4.18605kJ/kcal。

2. 热量的单位换算，可以采用下面的数值

$1\text{cal}=4.18605\text{J}=\frac{1}{860}\text{W}\cdot\text{h}$

$1\text{J}=0.238889\text{cal}$

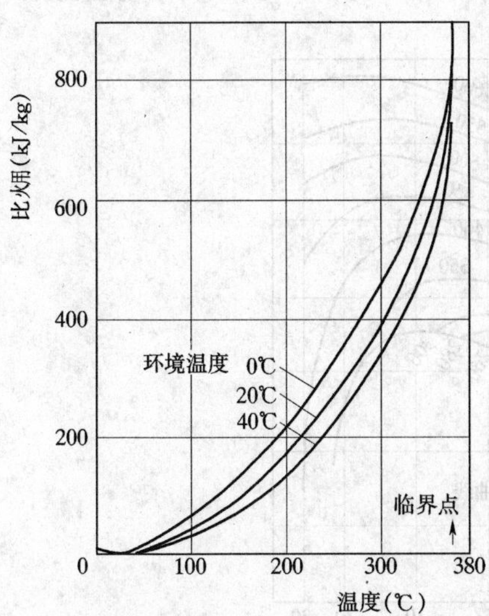

图2－3－11　饱和水的比㶲

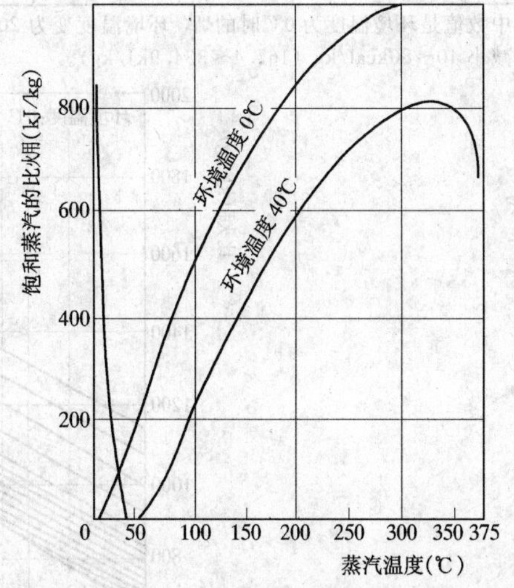

图2－3－12　密闭空间内饱和蒸汽的比㶲

对应于过热蒸汽的比㶲与蒸汽温度或环境温度的函数关系，见表2－3－4、图2－3－13、图2－3－14。

表 2-3-4　　过热蒸汽的㶲（环境温度 0℃）[kcal/kg(4.186kJ/kg)]

压力 (kg/cm²) \ 温度 (℃)	100	120	140	160	180	200	220	240	260	280	300	350	400	450	500
1.0	158.36	161.10	164.13	167.51	171.09	175.02	179.06	183.43	187.96	192.75	197.61	210.78	224.95	240.13	256.09
1.5		172.70	175.86	179.33	183.00	186.88	191.07	195.41	200.00	204.70	209.73	222.87	237.01	212.16	268.23
2.0		180.84	184.06	187.50	191.29	195.18	199.45	203.83	208.40	213.17	218.20	231.38	245.52	266.78	276.81
3.0			195.27	198.86	202.75	206.81	211.07	215.47	220.19	225.05	230.00	243.23	257.55	272.77	288.81
4				206.69	210.60	214.82	219.16	223.68	228.35	233.20	238.25	251.65	265.92	281.21	297.32
5				212.43	216.53	220.88	225.32	229.86	234.64	239.57	244.69	258.01	272.44	287.71	303.82
6				216.53	221.26	225.65	230.15	234.80	239.63	244.60	249.77	263.23	277.62	292.88	309.17
8					228.24	232.88	237.63	242.40	247.39	252.45	257.64	271.29	285.79	301.21	317.36
10					233.20	238.06	243.04	248.08	253.14	258.26	263.59	277.38	292.03	307.40	323.72
12						241.89	247.24	252.36	257.66	262.90	268.32	282.28	296.94	312.54	328.85
14						244.99	250.45	255.85	261.25	266.66	272.20	286.32	301.10	316.76	333.13

压力 (kg/cm²) \ 温度 (℃)	220	240	260	280	300	320	340	360	380	400	420	460	500	550	600
16	253.08	258.64	264.18	269.75	275.38	280.98	286.73	292.57	298.60	304.64	310.81	323.52	336.78	354.02	371.97
18	255.11	261.00	266.71	272.35	278.10	283.82	289.61	295.52	301.57	307.60	313.85	326.61	339.97	357.15	375.20
20	256.80	262.79	268.72	274.62	280.43	286.29	292.10	298.06	304.11	310.29	316.54	329.37	342.67	360.06	378.08
25		266.13	272.61	278.87	285.01	291.02	297.10	303.22	309.46	315.69	322.05	335.07	348.52	365.95	384.12
30		267.97	275.00	281.73	288.21	294.61	300.89	307.17	313.50	319.85	326.26	339.47	352.96	370.61	388.83
40			277.01	284.42	292.03	299.09	305.86	312.54	319.13	325.78	332.46	345.87	359.71	377.52	396.05

压力 (kg/cm²) \ 温度 (℃)	280	300	320	340	360	380	400	420	440	460	480	500	550	600
50	285.22	293.48	301.25	308.63	315.76	322.69	329.66	336.57	343.47	350.44	357.37	364.54	382.61	401.23
60	283.57	293.27	301.92	309.96	317.58	325.01	332.23	339.38	346.55	353.60	360.85	368.04	386.38	405.29
80		288.24	299.58	309.44	318.38	326.71	334.71	342.42	350.08	357.59	365.12	372.64	391.58	410.98
100			292.89	305.57	316.51	325.84	334.78	343.23	351.51	359.45	367.36	375.26	394.88	414.72
150					300.07	315.53	328.06	339.04	349.15	358.59	367.69	376.54	398.15	419.27
200						291.30	312.66	328.28	341.13	352.73	363.41	373.56	397.35	420.14
250						195.50	284.97	310.62	228.60	343.12	355.90	367.69	394.24	418.75
300						178.52	226.92	284.14	311.09	330.33	345.93	359.61	389.47	416.05

注　表中数值是环境温度为 0℃时的㶲，环境温度变为 20℃时，㶲值减小 20～40kcal/kg（83.7～167.4kJ/kg）；环境温度变为 40℃时，㶲值减小 40～80kcal/kg（167.4～334.9kJ/kg）。

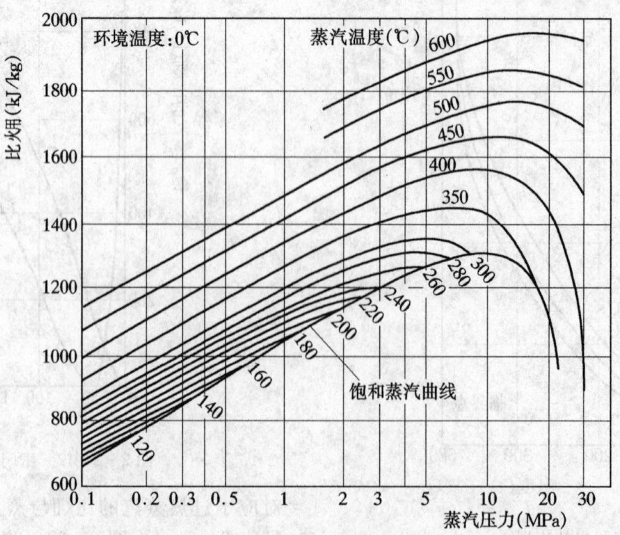

图 2-3-13　过热蒸汽的比㶲

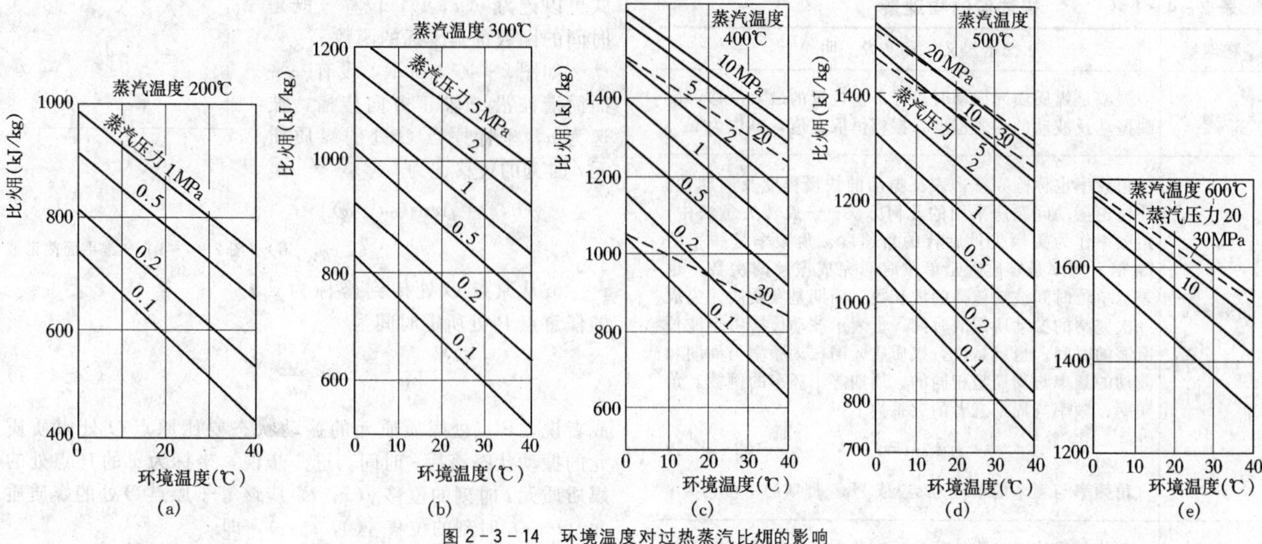

图 2-3-14 环境温度对过热蒸汽比㶲的影响

蒸汽的能质系数，如图 2-3-15、图 2-3-16 所示。

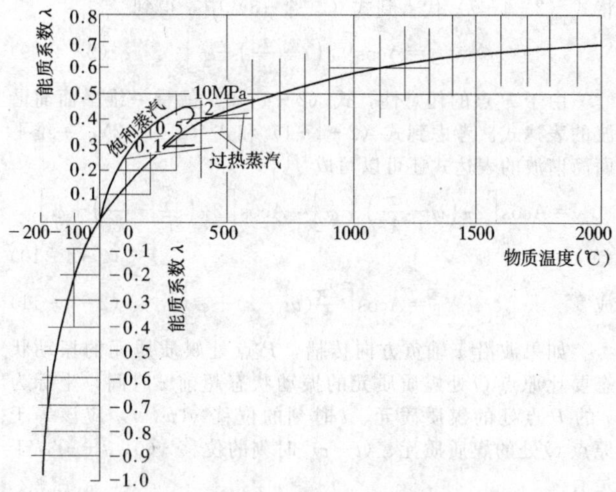

图 2-3-15 水蒸气和比热一定的物质的能质系数

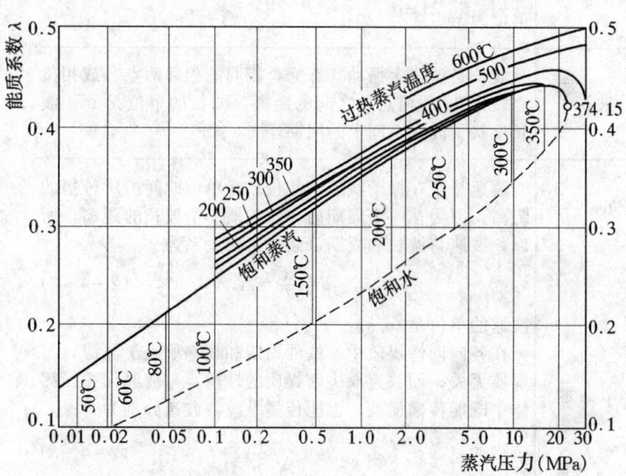

图 2-3-16 水蒸气的能质系数与蒸汽压蒸汽温度之间的关系

第四节 波 动 学

一、机械波

（一）波动与机械波

振动的传播过程称为波动（undulate）。

机械振动在弹性媒质中的传播过程称为机械波，或弹性波。

机械波产生的条件有两个：一是波源（或称振源）；二是弹性媒质。

机械波的传播依赖于媒质质元间的弹性作用力。当振源开始振动时，邻近的媒质质元受弹性力作用偏离平衡位置随之振动，而邻近媒质质元的振动又将带动较远些的媒质质元随之振动，于是，由近及远，依次带动各个媒质质元参与进来，形成机械波。

（二）几何描述波的几个术语

(1) 波阵面（wave surface）。在波的传播过程中，振动相位相同的点连成的面称为波阵面或波面。波面有无穷多个。

(2) 波前（wavefront）。在某时刻，由波源最初振动状态传播到的最远点连成的面称为波前，即最前面的那个波面。在任意时刻，只有一个波前。

(3) 波线（line of wave）。沿波的传播方向画出的一组射线称为波射线或波线。

波在各向同性媒质中传播时，波线与波面垂直。

（三）波的分类

按照媒质质元的振动方向与波的传播方向间的关系，可以将波分为两类：横波与纵波。如果媒质质元的振动方向与波的传播方向彼此垂直，则称为横波。例如抖动柔性绳形成的就是横波。如果媒质质元的振动方向与波的传播方向彼此平行，则称为纵波。例如在空气中传播的声波就是纵波。

按照波前的形状又可将波分为平面波、球面波及柱面波。

二、描述波的物理量

波是由振动引起的，因此，描述振动的物理量也用来描述波。其中有：振幅、角频率、频率、周期、相位。为了描述波动，还要再加上波长（wave-length）和波速（wave-speed），见表 2-4-1。

表 2-4-1 描述波的物理量

物理量	定 义 和 说 明
振幅 A	振幅是媒质质元振动时离开平衡位置的最大位移，反映振动及波动的强弱程度。振幅恒取正值，单位为 m
角频率 ω、频率 ν 与周期 T	角频率也称圆频率，表征振动的快慢程度及周期性。在讨论振动问题所采用的几何方法——旋转矢量法中，角频率作为振幅矢量旋转的角速度。角频率是频率的 2π 倍。频率是媒质质元单位时间完成振动的次数，也表示单位时间波动传播的波长数。周期是媒质质元完成一次完整的振动所需的时间，也表示波动传播一个波长所需的时间。也就是说，媒质质元的振动频率与周期和波动的频率与周期是相同的。周期等于频率的倒数。角频率、频率与周期三者的关系为 $$\omega=2\pi\nu=\frac{2\pi}{T} \quad (2-4-1)$$ 角频率与频率的单位为 s^{-1} 或 Hz。周期的单位为 s
相位 (phase)	相位是描述振动物体所处运动状态的物理量。振动相位用 $(\omega t+\varphi)$ 表示，其中 φ 是 $t=0$ 时的相位，称为初相位。描述波动的相位时，还需加入坐标参量。相位的单位为 rad
波长 λ	波长是波线上振动状态完全相同的相邻两点（或相位之差为 2π 的两点）之间的距离。波长的单位是 m。波长反映了波在空间上的周期性
波速 u	波速是某一振动状态（相位）在单位时间内所传播的距离。因为在一个周期内，波传播一个波长的距离，所以，波速与波长和周期（频率）的关系为 $$u=\frac{\lambda}{T}=\lambda\nu \quad (2-4-2)$$ 波速的单位是 m/s。 在各向同性媒质中，波的周期和频率取决于波源，与媒质无关；而波速取决于媒质的性质，与波源无关。固体中既能传播横波，也能传播纵波，波速分别为 横波 $$u=\sqrt{\frac{G}{\rho}} \quad (2-4-3)$$ 纵波 $$u=\sqrt{\frac{Y}{\rho}} \quad (2-4-4)$$ 式中 ρ—媒质的密度； G—媒质的切变弹性模量； Y—媒质的杨氏弹性模量。液体和气体中只能传播纵波，波速为 $$u=\sqrt{\frac{B}{\rho}} \quad (2-4-5)$$ 式中 B—媒质的容变（或体变）弹性模量。 由于周期和频率与媒质无关，而波速与媒质有关，根据式（2-4-2），可知波长与波源和媒质的性质均有关，同一频率的波在不同媒质中传播时，其波长将随媒质的不同而不同。 波速与媒质质元的振动速度不同，波速是波的相位传播的速度（也称相速度），是定值；媒质质元的振动速度是其相对平衡位置的运动速度，是变量

三、一维简谐波

（一）一维简谐波表达式的建立

一维是指波沿一个固定方向传播；简谐波是指波源以及传播媒质中的各质元均作简谐振动。由于一维简谐波的波阵面是平面，所以又称其为平面简谐波。也有将波动表达式称为波动方程或波函数。若一维简谐波沿 x 轴传播，则其表达式可以记为 $y(x, t)$，位移 y 既是时间的函数也是坐标的函数。

如图 2-4-1 所示，设有一平面简谐波沿 x 轴正方向传播，波速为 u，坐标原点 O 处的媒质质元 t 时刻的位移记为

$$y(0,t)=A\cos(\omega t+\varphi) \quad (2-4-6)$$

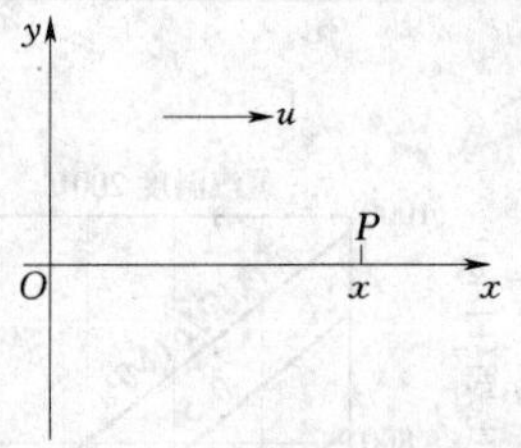

图 2-4-1 一维平面简谐波

波从原点 O 处传到坐标为 x 的任意点 P 处所需时间为

$$\tau=\frac{x}{u} \quad (2-4-7)$$

或者说，P 点处媒质质元的振动状态要比原点 O 处媒质质元的振动状态滞后 τ 时间。进一步说，坐标为 x 的 P 点处的媒质质元 t 时刻的位移 $y(x, t)$ 应该等于原点 O 处的媒质质元 $(t-\tau)$ 时刻的位移 $y(0, t-\tau)$，即

$$y(x,t)=y(0,t-\tau)=A\cos[\omega(t-\tau)+\varphi] \quad (2-4-8)$$

将式（2-4-7）代入到式（2-4-8）中，得到

$$y=A\cos\left[\omega\left(t-\frac{x}{u}\right)+\varphi\right] \quad (2-4-9)$$

由于 P 点的任意性，式（2-4-9）就是一维平面简谐波的表达式。考虑到式（2-4-1）和式（2-4-2），一维平面简谐波的表达式还可以写成

$$y=A\cos\left[2\pi\left(\nu t-\frac{x}{\lambda}\right)+\varphi\right]=A\cos\left[2\pi\left(\frac{t}{T}-\frac{x}{\lambda}\right)+\varphi\right] \quad (2-4-10)$$

或

$$y=A\cos\left[\frac{2\pi}{\lambda}(ut-x)+\varphi\right] \quad (2-4-11)$$

如果波沿 x 轴负方向传播，P 点处媒质质元的振动状态要比原点 O 处媒质质元的振动状态超前 τ 时间，坐标为 x 的 P 点处的媒质质元、t 时刻的位移 $y(x, t)$ 应该等于原点 O 处的媒质质元、$(t+\tau)$ 时刻的位移 $y(0, t+\tau)$，于是有

$$y(x,t)=A\cos\left[\omega\left(t+\frac{x}{u}\right)+\varphi\right] \quad (2-4-12)$$

这就是沿 x 轴负方向传播的一维平面简谐波的表达式。将式（2-4-12）与式（2-4-9）对比可知，形如式（2-4-10）与式（2-4-11）的 x 轴负向波表达式只需将式中 x 前面的负号换成正号即可。

（二）一维简谐波表达式 $y(x, t)$ 的意义

（1）当 $x=x_0$ 时，$y(x_0, t)$ 给出 x_0 处媒质质元的位移与时间的变化关系，即 $y(x_0, t)$ 表示 x_0 处的振动方程。

（2）当 $t=t_0$ 时，$y(x, t_0)$ 给出 t_0 时刻沿传播方向上各个媒质质元的位移分布情况，即 $y(x, t_0)$ 表示 t_0 时刻的波形方程。

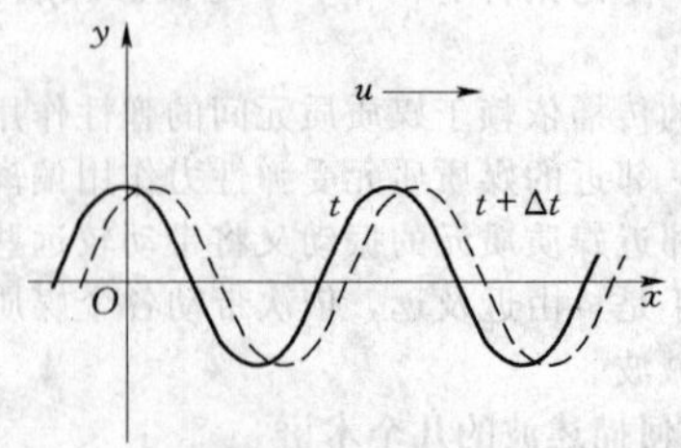

图 2-4-2 波动

（3）当坐标和时间都不固定时，$y(x, t)$ 给出波形的平

移，即波动。如图 2-4-2 所示，波沿 x 轴正向传播，实线为 t 时刻的波形，虚线为 $t+\Delta t$ 时刻的波形。经过 Δt 时间，波形向右平移了 $u\Delta t$ 距离。

一维简谐波表达式 $y(x, t)$ 中含有因子 $\left(t-\frac{x}{u}\right)$，其特征是同时包含时间和坐标，含有这种因子的表达式所描述的波是随时间行进的波，称为行波，因子 $\left(t-\frac{x}{u}\right)$ 称为行波因子，上面的一维简谐波也可称为一维简谐行波。

（三）一维简谐波表达式 $y(x, t)$ 的用途

1. 求描述波的各物理量

形如式（2-4-9）、式（2-4-10）等的各表达式可以称作波的标准形式，如果题目给出的波是用具体数值表示的，要求振幅、周期等物理量时，可写出对应的波的标准形式，经过简单计算得出所求物理量。

2. 求波线上两点间的相位差

设波沿 x 轴正向传播，在 x 轴上任意取两点 x_1 和 x_2，按式（2-4-10）用 x_2 点的相位减去 x_1 点的相位，得相位差

$$\begin{aligned}\Delta\varphi &= \left[2\pi\left(\frac{t}{T}-\frac{x_2}{\lambda}\right)+\varphi\right]-\left[2\pi\left(\frac{t}{T}-\frac{x_1}{\lambda}\right)+\varphi\right]\\ &= -\frac{2\pi}{\lambda}(x_2-x_1)\end{aligned} \quad (2-4-13)$$

若 $x_2>x_1$，则 $\Delta\varphi<0$，这表示沿波的传播方向，后面的点比前面的点相位滞后；反之，若 $x_2<x_1$，则 $\Delta\varphi>0$，表示前面的点比后面的点相位超前。

3. 求某一媒质质元的振动速度和加速度

坐标为 x 处的媒质质元的振动速度是位移对时间的一阶偏导数，即

$$v(x,t)=\frac{\partial y}{\partial t}=-\omega A\sin\left[\omega\left(t-\frac{x}{u}\right)+\varphi\right] \quad (2-4-14)$$

振动加速度是位移对时间的二阶偏导数

$$a(x,t)=\frac{\partial^2 y}{\partial t^2}=-\omega^2 A\cos\left[\omega\left(t-\frac{x}{u}\right)+\varphi\right] \quad (2-4-15)$$

四、波的能量、能量密度、能流、能流密度

见表 2-4-2。

表 2-4-2　波的能量描述

物理量	描　述
波的能量	设媒质密度为 ρ，质元的体积为 dV，质元的质量为 $dm=\rho dV$，质元的动能为 $dE_k=\frac{1}{2}dm\left(\frac{\partial y}{\partial t}\right)^2=\frac{1}{2}\rho A^2\omega^2\sin^2\left[\omega\left(t-\frac{x}{u}\right)+\varphi\right]dV$ (2-4-16) 质元的势能与其相对形变有关，相对形变表示为 $\frac{\partial y}{\partial x}=\frac{\omega A}{u}\sin\left[\omega\left(t-\frac{x}{u}\right)+\varphi\right]$ (2-4-17) 相对形变越大，势能越大。可以证明，质元的势能为 $dE_p=\frac{1}{2}\rho A^2\omega^2\sin^2\left[\omega\left(t-\frac{x}{u}\right)+\varphi\right]dV$ (2-4-18) 可见，$dE_k=dE_p$，质元的总能量为 $dE=dE_k+dE_p=\rho A^2\omega^2\sin^2\left[\omega\left(t-\frac{x}{u}\right)+\varphi\right]dV$ (2-4-19)
能量密度	在传播媒质中，单位体积中波的能量称为能量密度，表示为 $w=\frac{dE}{dV}=\rho A^2\omega^2\sin^2\left[\omega\left(t-\frac{x}{u}\right)+\varphi\right]$ (2-4-20) 可见，媒质中各处的能量密度也是随时间作周期性变化的。 一个周期内能量密度的平均值称为平均能量密度，表示为 $\overline{w}=\frac{1}{T}\int_0^T w\,dt=\frac{1}{2}\rho A^2\omega^2$ (2-4-21) 能量密度的单位为 J/m^3。
能流	单位时间内通过垂直于波的传播方向上面积 S 的平均能量，称为平均能流，表示为 $\overline{P}=\overline{w}uS$ (2-4-22)
能流密度	单位时间内通过垂直于波的传播方向上单位面积的平均能量，称为波的平均能流密度，也称波的强度，表示为 $I=\frac{\overline{P}}{S}=\overline{w}u=\frac{1}{2}\rho A^2\omega^2 u$ (2-4-23) 波的强度与波的振幅平方成正比。波的强度的单位为 W/m^2

五、波的衍射和波的干涉

（一）波的衍射

1. 惠更斯原理

惠更斯原理：在波的传播过程中，波前上的每一点都可看作是发射子波的波源，每个子波源发射球面波，此后任一时刻新的波前就是这些子波的包迹（共切面）。

按照惠更斯原理，只要知道某一时刻的波前，就可以确定下一时刻的波前。惠更斯原理是研究波的传播问题的几何方法。

图 2-4-3 和图 2-4-4 分别给出了利用惠更斯原理研究平面波和球面波传播的过程。

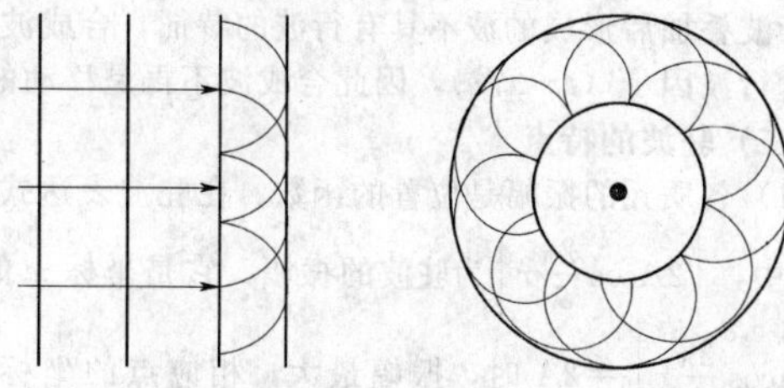

图 2-4-3　平面波传播过程　　图 2-4-4　球面波传播过程

2. 波的衍射

波在传播过程中遇到障碍物而改变传播方向的现象，称为波的衍射。

利用惠更斯原理通过作图可以定性地解释波的衍射现象。如图 2-4-5 所示，一列平面波遇到一狭缝形的障碍物时，在狭缝后面，只有正对狭缝方向，波仍沿原波线方向传播。狭缝两侧的波线发生偏转，不再保持原波线方向传播，

形成衍射。除了机械波可以产生衍射之外，电磁波（含光波）也会产生衍射。衍射是波的特征之一。

利用惠更斯原理还可以解释波在两种媒质界面上的反射与折射。

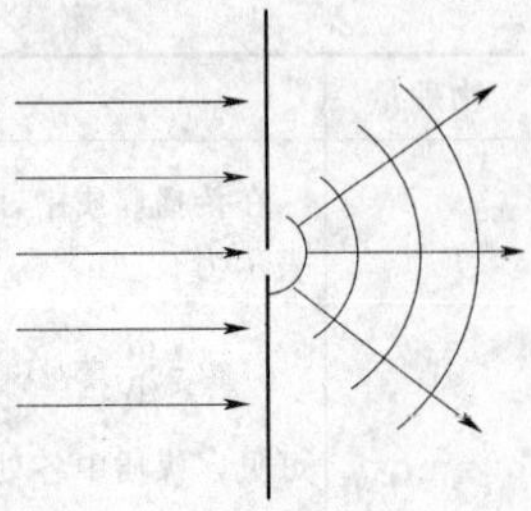

（二）波的干涉

1. 波的叠加原理

图 2-4-5 波的衍射现象

不同的波可以互不干扰地在空间中独立传播，它们各自的原有特性如频率、波长、振幅、传播方向等不因其他波的存在而发生改变。这是波的独立传播性质。

在不同波的相遇区域内，任一点处质元的振动位移是各个波在该点引起的位移的矢量和，称为波的叠加原理。

2. 波的干涉

两列（或多列）波发生干涉的条件为：各波的频率相同、振动方向相同、相位差恒定，称为波的相干条件。满足相干条件的波称为相干波，相应的波源称为相干波源。

波的干涉：两列（或多列）相干波在空间相遇，相遇区域内的各点有固定的相位差，有些点振动加强，有些点振动减弱，在空间形成稳定的图像，称为波的干涉现象。

六、驻波

（一）驻波形成的条件及驻波表达式

两列振幅相同的相干波沿相反方向传播时叠加而形成的波称为驻波。驻波是波的干涉现象的一种特殊情形。

设有两相干波，分别沿 x 轴的正、反向传播，它们的表达式分别为

$$y_1=A\cos 2\pi\left(\nu t-\frac{x}{\lambda}\right)$$

$$y_2=A\cos 2\pi\left(\nu t+\frac{x}{\lambda}\right)$$

两波叠加，利用三角函数的和差化积公式，得到驻波表达式为

$$y=y_1+y_2=2A\cos\frac{2\pi}{\lambda}x\cos 2\pi\nu t \qquad (2-4-24)$$

只有两波的初相 $\varphi_1=\varphi_2=0$ 时，驻波表达式才是上述形式。否则，须要自行计算驻波表达式。

从驻波表达式（2-4-24）可以看出，两个相向传播的相干行波叠加后形成的波不具有行波的特征，合成波表达式中不含行波因子（$t-x/u$），因此合成波不再是移动的。

（二）驻波的特点

(1) 各质元的振幅是位置的函数。在驻波表达式（2-4-24）中，$\left|2A\cos\frac{2\pi}{\lambda}x\right|$ 为驻波的振幅，它是坐标 x 的函数。当 $\left|2A\cos\frac{2\pi}{\lambda}x\right|=2A$ 时，振幅最大，相应点的坐标为 $x=\pm k\frac{\lambda}{2}$（$k=0$，1，2，…），这些点称为波腹。当 $\left|2A\cos\frac{2\pi}{\lambda}x\right|=0$ 时，振幅恒为零，相应点的坐标为 $x=\pm(2k+1)\frac{\lambda}{4}$（$k=0$，1，2，…），这些点称为波节。波腹和波节以外的点的振幅介于 0 与 $2A$ 之间。不难看出，波腹和波节等间距交替排列，相邻波腹（或相邻波节）之间的距离为 $\lambda/2$。

(2) 两相邻波节之间各质元振动相位相同；波节两侧各质元振动相位相反。当驻波中的各波腹点达到最大振幅 $2A$ 时，其他各点（波节除外）也各自达到自己的最大振幅，两相邻波节之间各质元的位移正负号相同，因而相位相同；波节两侧各质元的位移正负号相反，因而相位相反。如图 2-4-6 所示，其中实线为各质元振幅最大时刻的位移曲线，虚线为经过半个周期时的位移曲线。

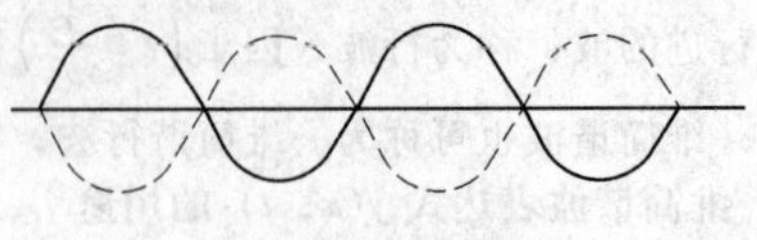

图 2-4-6 驻波

(3) 驻波既没有振动状态（即相位）的传播，也没有能量的传播。

（三）波阻和半波损失

媒质密度 ρ 和波速 u 的乘积称波阻。波阻 ρu 大的媒质称为波密媒质，波阻 ρu 小的媒质称为波疏媒质。理论和实验可以证明：当波从波疏媒质垂直入射到波密媒质而在分界面上发生反射时，在反射点处，反射波的振动相位与入射波的振动相位相反，或者说相位差为 π。由于沿波的传播方向相距半个波长的两点之间的相位差为 π，所以将上述反射时出现的 π 的相位突变称为半波损失。驻波常常是由两种媒质分界面上的入射波和反射波叠加而成，当反射波在分界面处出现半波损失时，反射点处的媒质质元固定不动形成波节。当波从波密媒质垂直入射到波疏媒质而在分界面上发生反射时，在反射点处，反射波的振动相位与入射波的振动相位相同，没有半波损失。形成驻波时，反射点处媒质质元的振动振幅最大，形成波腹。例如，在弦线上传播的波若反射点是固定端，相当于波节，反射波有半波损失；若反射点是自由端，相当于波腹，反射波没有半波损失。

类似情况还出现在波动光学中，当光波从折射率小的媒质垂直入射到折射率大的媒质界面而发生反射时，反射波有半波损失；反之，则无半波损失。

遇有半波损失的情况时，反射波的相位应减（或加）π。管弦乐器的发声原理可用驻波理论解释。

七、声波与声强级

（一）声波

在弹性媒质中传播的机械纵波，统称为声波。其中频率在 20～20000Hz 范围内、能够引起人类听觉的称可闻声波，简称声波。频率低于 20Hz 的称为次声波，频率高于 20000Hz 的称为超声波。

固体中的声速可按式（2-4-4）计算，液体和气体中的声速可按式（2-4-5）计算。在标准状态下空气中的声速为 331m/s。

（二）声压与声强

媒质中有声波传播时的压强与无声波传播时的静压强之间有一差额，这一差额称为声压。声波是疏密波，在媒质的稀疏区域，实际压强小于媒质原来的静压强，声压为负值；在媒质的稠密区域，实际压强大于媒质原来的静压强，声压为正值。

对于沿 x 轴正方向传播的平面简谐声波，仍可采用式（2-4-9）表示（由于声波是纵波，式中媒质质元的位移 y 的方向与 x 轴平行）。相应的声压可以写成

$$p=p_m\cos\left[\omega\left(t-\frac{x}{u}\right)+\varphi+\frac{\pi}{2}\right] \qquad (2-4-25)$$

式中，$p_m=\rho u\omega A$，为声压振幅。

声强就是声波的平均能流密度，即单位时间内通过垂直于声波传播方向单位面积的平均能量。根据波强公式（2-4-23）式，声强为

$$I=\frac{1}{2}\rho A^2\omega^2 u=\frac{1}{2}\cdot\frac{p_m^2}{\rho u} \qquad (2-4-26)$$

（三）声强级

能够引起人的听觉的声波，不仅有一定的频率范围，而且还有一定的声强范围。正常人对 $\nu=1000\text{Hz}$ 的声波能够引起听觉的声强范围为 $10^{-12}\sim1\text{W/m}^2$。声强太小，不能引起听觉；声强太大，则会引起痛觉，甚至造成听觉损伤。

由于可闻声强的数量级相差悬殊，通常采用声强级来描述声波的强弱。人们规定声强 $I_0=10^{-12}\text{W/m}^2$ 作为测定声强级的标准，称为可闻阈。某一声强 I 的声强级用 L 表示，其值为

$$L=\lg\frac{I}{I_0}$$

声强级的单位是 B（贝［尔］）。由于这个单位太大，通常采用 dB（分贝）为单位，1dB=0.1B。这样声强级可以表示为

$$L=10\lg\frac{I}{I_0}(\text{dB}) \qquad (2-4-27)$$

在这样的规定之下，人耳能够感受到的最弱声强 $I_0=10^{-12}\text{W/m}^2$ 所对应的声强级为 $L=10\lg\frac{I_0}{I_0}=0$；人耳能够承受的最大声强 $I_m=1\text{W/m}^2$ 所对应的声强级 $L=10\lg\frac{I_m}{I_0}=120\text{dB}$。

（四）超声波与次声波

超声波频率高、波长短，其传播时有良好的方向性，而且穿透本领大，这些特性使得超声波成为探伤、定位等技术的一种重要工具。次声波频率低、波长长，大气对它的吸收小，可以远距离传播。高强度的次声波对人及物体具有较大的破坏性。次声波在探测气象、地震及军事等方面得到广泛应用。

（五）声学物理量与计算公式

（1）各种介质中声速（c）计算公式如表 2-4-3 所示。

（2）一些有关声场物理量间的关系式见表 2-4-4。

（3）有关声场扩散物理量计算式见表 2-4-5。

（4）不同介质中的声速。

1）气体、液体见表 2-4-6。

2）固体见表 2-4-7。

（5）几种常用材料的吸声系数（参考值）见表 2-4-8。

表 2-4-3　各种介质中声速

传声介质	声速计算公式
在气体中	$c=\sqrt{\frac{\gamma p}{\rho}}$(m/s) 或 $c=\sqrt{\frac{\gamma}{M}RT}$(m/s) 式中　ρ—密度（kg/m³） p—大气压强（N/m²） γ—比热比 M—分子量 T—绝对温度（K） R—8315J/(kmol·deg)
在液体中	$c=\sqrt{\frac{1}{\rho K_j}}$(m/s) 或 $c=\sqrt{\frac{1}{\rho K_d}}$(m/s) 式中　K_j—绝热压缩系数(m·s²/kg) K_d—等温压缩系数(m·s³/kg)

续表

传声介质	声速计算公式
在固体中 （1）无限固体介质纵波 （2）无限固体介质横波 （3）板状固体 1）纵波(其波长 $\lambda>h$) 2）弯曲波(其波长 $\lambda\gg h$) （4）棒状固体 1）纵波(其波长 $\lambda>\sqrt{s}$) 其中，在空气中 2）弯曲波（其波长 $\lambda\gg\sqrt{s}$） 其中，矩形截面棒状固体（截面宽度为 b，厚度为 d，振动方向与 d 平行） 圆形截面棒状固体	$c=\sqrt{\frac{E(1-\mu)}{\rho(1+\mu)(1-2\mu)}}$ (m/s) $c=\sqrt{\frac{E}{2\rho(1+\mu)}}$ (m/s) $c=\sqrt{\frac{E}{\rho(1-\mu^2)}}$ (m/s) $c=\sqrt{\frac{E}{\rho(1-\mu^2)}}\sqrt{1.82fh}$ (m/s) $c=\sqrt{\frac{E}{\rho}}$ (m/s)
	$c=331.4\sqrt{1+\frac{\theta}{273}}$ $\approx331.4+0.6\theta$ (m/s) 式中　θ—空气温度（℃）
	$c=4\sqrt{\frac{EI}{\rho s}}\sqrt{2\pi f}$ (m/s) $c=4\sqrt{\frac{E}{12\rho}}\sqrt{2\pi fd}$ (m/s) $c=\frac{1}{2}4\sqrt{\frac{E}{\rho}}\sqrt{2\pi f2r}$ (m/s) 以上公式中： E—弹性模量（N/m²） ρ—密度（kg/m³） μ—泊松比 f—频率（Hz） h—板状固体厚度（m） s—棒状固体截面（m²） I—惯矩（m⁴） d—矩形截面的厚度（m） r—半径（m）

表 2-4-4　声场物理量间的关系式

物理量名称	关　系　式
声压——声速 声阻抗率	$\rho=Z_s v$ (N/m²) 式中　p—声压（N/m²） Z_s—声阻抗率（N·s/m³） v—声速数值（m/s） （1）在空气中平面声波 $Z_s=\rho c=Z_0$ (N·s/m³) 式中　ρ—密度（kg/m³） c—声速（m/s） Z_0—声特性阻抗（N·s/m³） （2）在空气中频率为 f 球面声波 $Z_s=\rho c\frac{1}{\sqrt{1+\left(\frac{\lambda}{2\pi r}\right)^2}}$ 式中　r—球面声波球心到波面的径向距离； λ—空气中波长，$\lambda=c/f$(m)
声速—声波振幅	$A=\frac{v}{2\pi f}$(m) 式中　A—声波振幅
声速—声加速度	$a=2\pi fv$(m/s²) 式中　a—声加速度

表 2-4-5　　声场扩散物理量计算式

物理量名称	计算公式
混响时间	$T=13.8\dfrac{4V}{Ac}$s 在 20℃、760mm 汞柱的空气中 $T=0.161\dfrac{V}{A}$s
等效吸音面	$A=\alpha S\text{m}^2$
有效声压	在闭空间内，其混响时间为 T，声源功率为 p 时的有效声压 $p_{\text{aff}}=101.5\sqrt{\dfrac{TP}{V}}$（N·m^{-2}） 在以上公式中： T—混响时间（s） V—闭空间的容积（m^3） A—等效吸声面（m^2） α—平均吸声系数 S—封闭室内的轮廓总面积（m^2） P—声源功率（W）

表 2-4-6　　气体、液体介质中的声速

介质名称	温度（℃）	声速（m/s）
空气	−20	319.2
	0	331.4
	20	343.4
	100	386.7
	500	548.5
二氧化碳	18	265.8
	100	297.2
氦	0	969
氢	0	1237
	20	1284
	100	1443
乙烯	0	317
水（蒸馏）	5	1426.5
	15	1466.2
	25	1497.0

续表

介质名称	温度（℃）	声速（m/s）
重水（D_2O）	25	1410
海水（含盐量 3.235%）	0	1440
	15	1498
在水面深 1500m 处	0	1456
	15	1511
乙醇	20	1168
甘油	20	1923
石蜡油	33.5	1420
汞		1451

表 2-4-7　　固体介质中的声速

介质名称	横断面收缩系数（μ）	杆中纵向声速（m/s）$d\ll\lambda$	无限介质中声速（m/s）$d\ll\lambda$
铝	0.34	5240	6400
铜	0.35	3580	4606
黄铜	0.35	3420	4250
铁	0.27	5170	5850
钢		5050	6100
铅	0.45	1250	2400
石英、水晶（x 切向）		5440	5720
石英玻璃		5370	5570
玻璃		3490～5300	3760～5660
花岗石		3232	
陶瓷刀具（三氧化二铝）		9600	
冰（−4℃）		3232	
砂		100～300	
酒石酸钾钠（45°Y 切向）		2470	
杉木（沿纤维方向）		5260	

表 2-4-8　　常用材料的吸声系数

材料名称	厚度（cm）	密度（kg/m^3）	各频率下的吸声系数（用驻波管法测量）①					
			125	250	500	1000	2000	4000
熟玻璃丝板	5	80	0.06	0.08	0.18	0.44	0.72	0.82
	5	100	0.07	0.10	0.25	0.65	0.77	0.94
	9	70	0.12	0.30	0.72	0.95	0.91	0.97
	9	100	0.18	0.44	0.89	0.98	0.98	0.99
生玻璃丝板	5	80	0.07	0.11	0.27	0.65	0.82	0.82
	5	130	0.12	0.21	0.54	0.95	0.94	0.94
超细玻璃棉板	5	20	0.10	0.35	0.85	0.85	0.86	0.86
	10	20	0.25	0.60	0.85	0.81	0.87	0.85
	15	20	0.50	0.80	0.85	0.85	0.86	0.80
矿渣棉板	6	240	0.25	0.55	0.78	0.95	0.87	0.91
	8	240	0.35	0.65	0.65	0.75	0.88	0.92
	8	300	0.35	0.43	0.55	0.67	0.78	0.92

续表

材料名称	厚度 (cm)	密度 (kg/m³)	各频率下的吸声系数（用驻波管法测量）①					
			125	250	500	1000	2000	4000
沥青矿棉毡	1.5	200	0.08	0.09	0.18	0.40	0.78	0.82
	3	200	0.10	0.18	0.50	0.68	0.81	0.89
	4	200	0.16	0.38	0.61	0.70	0.81	0.90
	6	200	0.19	0.51	0.67	0.70	0.85	0.86
工业毛毡	1	370	0.04	0.07	0.21	0.50	0.52	0.57
	3	370	0.10	0.28	0.55	0.60	0.60	0.59
	5	370	0.11	0.30	0.50	0.50	0.50	0.52
石棉屑板	2.5	210	0.06	0.35	0.50	0.46	0.52	0.65
木屑板	2.5	160	0.03	0.09	0.26	0.60	0.70	0.70
甘蔗板	1.3	190	0.09	0.13	0.21	0.40	0.35	0.40
	2	190	0.09	0.14	0.21	0.25	0.37	0.40
木丝板	2		0.15	0.15	0.16	0.34	0.78	0.52
	4		0.19	0.20	0.48	0.79	0.42	0.70
	8		0.25	0.53	0.82	0.63	0.84	0.59
向日葵杆芯板	2.2	150	0.07	0.09	0.22	0.42	0.55	0.56
	2.2	320	0.12	0.13	0.15	0.34	0.52	0.53
纸板、软木屑板	1.0	250	0.11	0.12	0.13	0.23	0.22	0.23
	2.5	260	0.05	0.11	0.25	0.63	0.70	0.70
聚胺酯泡沫塑料板	3	56	0.07	0.16	0.41	0.87	0.75	0.72
	4	56	0.09	0.25	0.65	0.95	0.73	0.79
	5	56	0.11	0.31	0.91	0.75	0.86	0.81
	3	71	0.11	0.21	0.71	0.65	0.64	0.65
	4	71	0.17	0.30	0.76	0.56	0.67	0.65
	5	71	0.20	0.32	0.70	0.62	0.68	0.65
聚醚乙烯泡沫塑料	1	26	0.04	0.04	0.06	0.08	0.18	0.29
	3	26	0.04	0.11	0.38	0.89	0.75	0.86
硬质酯氯乙烯泡沫塑料	2.5	10	0.04	0.04	0.17	0.56	0.28	0.58（光面）
	2.5	10	0.04	0.05	0.11	0.27	0.52	0.67（凹凸面）
	4.5	40	0.02	0.05	0.12	0.07	0.15	0.10（光面）
加气微孔砖	3.5	370	0.08	0.22	0.38	0.45	0.65	0.66
	5.5	620	0.20	0.40	0.60	0.52	0.65	0.62
	5.5	830	0.15	0.40	0.57	0.48	0.59	0.62
	5.5	1100	0.13	0.20	0.22	0.50	0.29	0.29
加气混凝土	5	500	0.07	0.13	0.10	0.17	0.31	0.33
	5②	500	0.11	0.17	0.48	0.33	0.47	0.35
	6	500	0.10	0.10	0.10	0.18	0.20	0.30
泡沫混凝土	4.4	210	0.09	0.31	0.52	0.43	0.50	0.50
	2.4	290	0.06	0.19	0.55	0.54	0.52	0.50
	4.2	300	0.11	0.25	0.45	0.45	0.57	0.53
	4.1	340	0.13	0.26	0.51	0.53	0.55	0.54

① 驻波管法能够测量声波垂直于材料表面方向传播时的吸声系数。

② 穿孔 ϕ_5。

八、机械波的多普勒效应

当波源或观察者相对于媒质运动时，观察者接收到的频率与波源的频率不同，这种现象称为多普勒效应（Doppler offect）。

设波源的频率为 ν_0，观察者接收到的频率为 ν，波在媒质中的传播速度为 u，波源相对于媒质的速度为 u_S，观察者相对于媒质的速度为 u_B。其中 u_S 与 u_B 本身含符号，规定为：波源趋近观察者时 u_S 为正，远离时 u_S 为负；观察者趋近波源时 u_B 为正，远离时 u_B 为负。

有了上述规定后，观察者接收到的频率 ν 与波源的频率 ν_0 之间满足关系为

$$\nu=\frac{u+u_B}{u-u_S}\nu_0 \tag{2-4-28}$$

此式表明，波源和观察者两者相互趋近时，观察者接收到的频率高于波源的频率；波源和观察者两者相互远离时，观察

者接收到的频率低于波源的频率。

第五节　光　　学

一、光和光强

光是电磁波，光在真空中的传播速度为 $c=10^8$ m/s。可见光波通常是指频率范围在 $3.9\times10^{14}\sim7.5\times10^{14}$ Hz 之间的电磁波，其真空中的波长约为 400～760nm，在电磁波谱中只占很窄的频段。电磁波是横波，其中电场强度 $\boldsymbol{E}$ 和磁场强度 $\boldsymbol{H}$ 彼此相互垂直且都与传播方向垂直。实验表明，能够引起人眼视觉以及产生光化学效应的是光波中的电场强度 $\boldsymbol{E}$，因此在光学中，将 $\boldsymbol{E}$ 矢量作为光矢量。由于波强与振幅平方成正比，光学中经常考察的是相对光强，所以在光学中，常将光矢量的振幅平方直接作为光强。

二、相干光

（一）光的相干条件

光的相干条件与机械波的相干条件相同，即频率相同、振动方向相同、相遇点的相位差恒定。满足相干条件的光称为相干光，相应光源称为相干光源。当两列（或多列）相干光在空间相遇时，在重叠区域合成光波的光强形成明暗相间的稳定分布，称为光的干涉现象。

（二）相干光的获得

普通光源发射的光波是光源内极大数目的发光原子所发光的总和。各个原子彼此独立地发光，每个原子发射的光是持续时间很短的一段波列，其初相位是随机分布的，即使它们的频率相同，光矢量的振动方向也不可能都相同，更重要的是相位差不能保持恒定，这样在重叠区域合成光波的光强不能形成稳定的分布，所以，两个分立的普通光源不具有相干性。

在实际中，利用普通光源获取相干光的方法都是基于将同一原子发射的同一光波波列一分为二，然后再让它们相遇产生相干叠加。由于它们源自同一光波波列，满足相干条件，所以可以产生干涉现象。

将同一光束分成两束从而获得相干光的方法有如下两种。

（1）分波阵面法：从同一波面分出两列子波，经不同路径后相遇而发生干涉，如杨氏双缝干涉等。

（2）分振幅法：同一束光波在薄膜的两个表面分别反射，两束振幅稍有不同的反射光经不同路径后相遇而发生干涉，如劈尖干涉、牛顿环干涉及等倾干涉等。

三、光程与半波损失

（一）光程（light path）

当两相干光波在同一媒质中传播时，在相遇点干涉加强或减弱取决于两相干光波在该点的相位差 $\Delta\varphi$。频率为 ν 的单色光经过不同的媒质时，频率不变，而传播速度和波长都要发生变化。对于折射率为 n 的媒质来说，光在该媒质中的传播速度

$$u=\frac{c}{n} \tag{2-5-1}$$

因此，频率为 ν 的单色光在该媒质中的波长为

$$\lambda_n=\frac{u}{\nu}=\frac{c}{n\nu}=\frac{\lambda}{n} \tag{2-5-2}$$

其中，$\lambda=c/\nu$，为该光在真空中的波长。

假如单色光在媒质界面处分成两束，这两束相干光分别在折射率为 n_1 和 n_2 的两种媒质中传播后再相遇，设两束光各自所经历的几何路程为 r_1 和 r_2，则在相遇处，这两束相干光的相位差按（2-3-10）式得

$$\Delta\varphi=2\pi\left(\frac{r_2}{\lambda_2}-\frac{r_1}{\lambda_1}\right)=2\pi\left(\frac{n_2r_2-n_1r_1}{\lambda}\right)=\frac{2\pi}{\lambda}\cdot\delta \tag{2-5-3}$$

其中，λ_1 和 λ_2 分别为该单色光在两种媒质中的波长。定义 nr 为光程，则 $\delta=n_2r_2-n_1r_1$ 为光程差。上式给出了相位差与光程差之间的关系。

关于光程的物理意义可以这样来理解，若光在折射率为 n 的媒质中通过几何路程 r 所用时间为 t，则 $nr=(c/u)ut=ct$，可见光程是把光在媒质中所走的几何路程折算为在相同时间内光在真空中所走的路程。相干光在各相遇点干涉加强或减弱取决于两束光的光程差，而不是几何路程之差。

（二）半波损失（half-wave coss）

在波动光学中，折射率较大的媒质称为光密媒质（或光密介质），折射率较小的媒质称为光疏媒质（或光疏介质）。

当光波垂直（或接近垂直）入射到两种媒质的分界面上时，反射光是否出现半波损失，须通过比较两种媒质的折射率大小而定。可以证明，如果光波是从光疏媒质射向光密媒质而发生反射，则反射光有半波损失；如果光波是从光密媒质射向光疏媒质而发生反射，则反射光没有半波损失。

遇到有半波损失的情况时，反射波的光程应加（或减）$\lambda/2$。

四、光的干涉

（一）杨氏双缝干涉（Young's double slit interference）

托马斯·杨首先用实验方法研究了光的干涉现象。

如图 2-5-1 所示。由光源发出的光照射在狭缝 S 上，由 S 出射的光照射到双狭缝 S_1 和 S_2 上，由 S_1 和 S_2 发出的光分别传到屏幕上的 P 点相遇。实验上要求 S 与 S_1 和 S_2 彼此平行，S_1 和 S_2 关于 S 对称，S_1 与 S_2 的间距 d 很小，双缝 S_1 和 S_2 到屏幕的距离 D 很大，即 $d\ll D$。由于 S_1 和 S_2 源自 S 发出的同一波阵面，因而由 S_1 和 S_2 发出的光为相干光，且两者的初相相等。设整个实验装置处于空气之中，空气的折射率近似为 1，S_1 和 S_2 发出的光到达 P 点相遇时的光程差

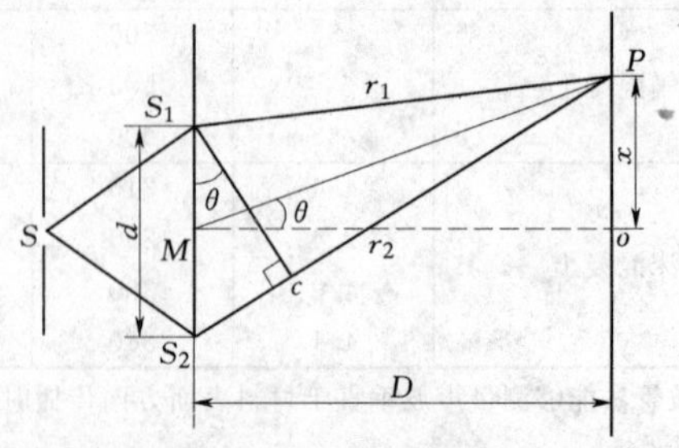

图 2-5-1　杨氏双缝干涉

$$\delta=r_2-r_1\approx d\sin\theta\approx d\tan\theta=d\,\frac{x}{D} \tag{2-5-4}$$

明、暗条纹出现的条件为

$$\delta=r_2-r_1=d\,\frac{x}{D}=\begin{cases}\pm k\lambda & (k=0,1,2,\cdots)\quad 明纹\\ \pm(2k-1)\dfrac{\lambda}{2} & (k=1,2,\cdots)\quad 暗纹\end{cases} \tag{2-5-5}$$

由此解出屏幕上明、暗条纹中心的位置为

$$x=\pm k\frac{\lambda D}{d} \quad 明纹 \qquad (2-5-6)$$

$$x=\pm(2k-1)\frac{\lambda D}{2d} \quad 暗纹 \qquad (2-5-7)$$

相邻明（或暗）条纹中心的间距为

$$\Delta x=\frac{\lambda D}{d} \qquad (2-5-8)$$

在双缝干涉条纹中，$k=0$ 的明纹称为中央零级明纹，以其为中心两侧等间距交替出现明暗相间的平行直线形干涉条纹。由于明、暗条纹之间的光强是渐变的，所以公式中的条纹位置均指中心位置。显然，当实验装置确定后，条纹位置及其间距均与波长有关。红光波长长，条纹较宽；紫光波长短，条纹较窄。

（二）薄膜干涉（thin film interference）

薄膜干涉利用分振幅法获得相干光。根据干涉条纹的形成条件，薄膜干涉可分为等厚干涉和等倾干涉。

1. 等厚干涉

(1) 劈尖干涉。

劈尖干涉属于等厚干涉。

用两块矩形平板玻璃，一边互相接触，另一边夹一薄片，在两片玻璃之间则形成劈尖形薄膜。如图 2-5-2 所示。当用单色光垂直玻璃表面入射到劈尖形薄膜上时，则劈尖上、下表面的反射光可在劈尖表面附近形成干涉条纹。由于两反射光的相遇点与劈尖距离极小，一般可认为干涉条纹就在壁尖上。

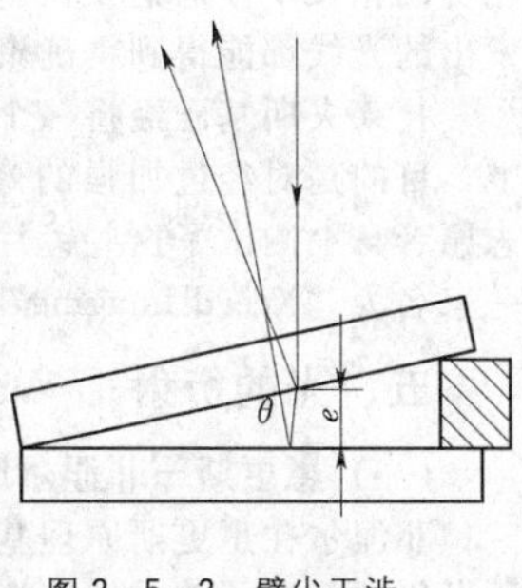

图 2-5-2 劈尖干涉

设入射点处劈尖膜的厚度为 e，则劈尖膜上、下表面两反射光的光程差为

$$\delta=2ne+\frac{\lambda}{2} \qquad (2-5-9)$$

式中：n 为劈尖膜的折射率，对于空气膜，n 近似为 1；等式右边第二项加 $\lambda/2$ 是因为空气膜下表面的反射光存在半波损失。明、暗条纹出现的条件为

$$\delta=2ne+\frac{\lambda}{2}=\begin{cases}k\lambda & (k=1,2,\cdots) \quad 明纹 \\ (2k+1)\frac{\lambda}{2} & (k=0,1,2,\cdots) \quad 暗纹\end{cases} \qquad (2-5-10)$$

由此解出明、暗条纹中心对应的劈尖膜厚度为

$$e=\frac{2k-1}{4n}\lambda \quad 明纹 \qquad (2-5-11)$$

$$e=\frac{k}{2n}\lambda \quad 暗纹 \qquad (2-5-12)$$

由此可见，同一 k 级条纹对应相等的劈尖膜厚度，故称其为等厚干涉。在劈尖薄膜上，厚度相等的点处在同一直线上，所以劈尖干涉的条纹为一系列明暗相间的平行直条纹；对于上面由两块矩形平板玻璃组成的劈尖，相接触的边为直线，干涉条纹与此直线相互平行。由于是空气膜，下表面存在半波损失，所以相接触的直边处为暗条纹（$k=0$）。如图 2-5-3 所示。

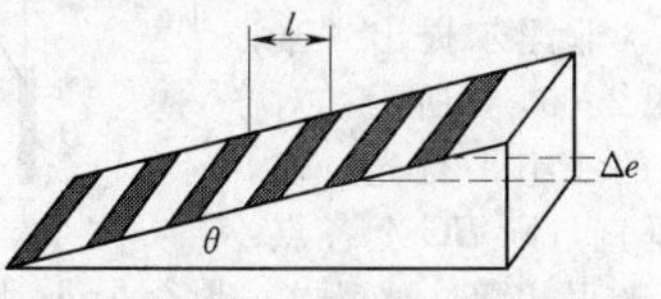

图 2-5-3 劈尖干涉的条纹

设相邻明（或暗）条纹中心间距为 l，劈尖角为 θ，则相邻明（或暗）条纹中心对应的劈尖膜厚度差为

$$\Delta e=\frac{\lambda}{2n}=l\theta \qquad (2-5-13)$$

其中用到了 $\Delta e=l\sin\theta\approx l\theta$，这是因为劈尖角 θ 很小的缘故。

劈尖干涉可用来测量微小长度、单色光波长、折射率，还可用来检验工件的平整度等。

(2) 牛顿环干涉（Newton's rings interference）

牛顿环干涉也属于等厚干涉。

在一块平板玻璃上面，放一曲率半径很大的平凸透镜，两者之间形成空气薄膜。单色光垂直照射到平凸透镜上，在空气薄膜上、下表面反射的两相干光形成干涉。在牛顿环干涉中，明、暗条纹出现的条件与劈尖中式（2-5-10）相同，两者的区别在于，在牛顿环的空气薄膜上，厚度相等的点处在同一圆周上，所形成的干涉条纹是一系列明暗相间的同心圆环。根据图 2-5-4 所示的几何关系，有 $R^2=r^2+(R-e)^2$，其中 R 为凸透镜的曲率半径，r 为干涉环的半径，e 为相应位置薄膜的厚度，其值很小。忽略 e^2，得

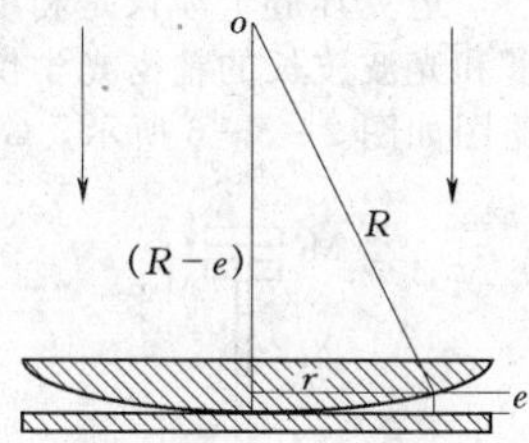

图 2-5-4 牛顿环干涉

$$e=\frac{r^2}{2R} \qquad (2-5-14)$$

将式（2-5-14）代入到式（2-5-10）中，得到反射光干涉明环和暗环的半径分别为

$$r=\sqrt{\frac{(2k-1)R\lambda}{2n}} \quad (k=1,2,\cdots) \quad 明环 \qquad (2-5-15)$$

$$r=\sqrt{\frac{kR\lambda}{n}} \quad (k=0,1,2,\cdots) \quad 暗环 \qquad (2-5-16)$$

式中 n——薄膜的折射率，对于空气膜，n 近似为 1。

在牛顿环干涉中，圆环中心为一暗斑（$k=0$），这是由于平凸透镜曲率半径很大，它和平板玻璃相接触的地方不是一个几何点所致。另外，相邻明（或暗）条纹中心对应的薄膜厚度之差仍可采用式（2-5-13）计算，与劈尖的区别在于，牛顿环的薄膜夹角 θ 不再是定值，而是由中心向外缘逐渐增大，在 $\Delta e=\frac{\lambda}{2n}$ 不变的情况下，相邻圆环的间距 l 由中心向外缘逐渐减小，使得干涉环内疏外密。

利用牛顿环可以测定入射单色光的波长或测定平凸透镜的曲率半径。

2. 等倾干涉（isocline interference）

如图 2-5-5 所示，厚度 e 各处均匀、折射率为 n_2 的薄膜，置于折射率为 n_1 的媒质中，设 $n_2>n_1$。从面光源发出的一束光以入射角 i 射向薄膜，经薄膜上、下表面反射后得到平行相干光 1 和 2，再经凸透镜 L 会聚到 P 点相遇形成干涉。1 和 2 两束光的光程差为

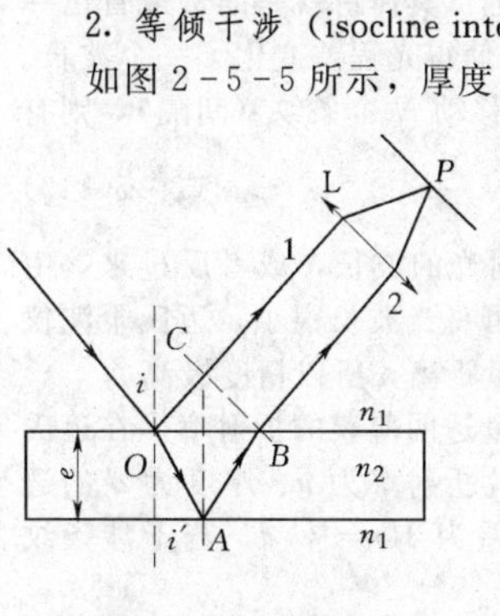

图 2-5-5 等倾干涉

$$\delta=2e\sqrt{n_2^2-n_1^2\sin^2 i}+\frac{\lambda}{2} \qquad (2-5-17)$$

明、暗干涉条纹出现的条件为

$$\delta=2e\sqrt{n_2^2-n_1^2\sin^2 i}+\frac{\lambda}{2}$$

$$=\begin{cases}k\lambda & (k=1,2,\cdots)\quad 明环\\(2k+1)\dfrac{\lambda}{2} & (k=0,1,2,\cdots)\quad 暗环\end{cases}\quad (2-5-18)$$

显然，同一级干涉环（k 固定）对应相等的入射角 i，入射角有时也称倾角，故称此种干涉为等倾干涉。面光源发出的相同入射角的光为一圆锥面，形成的反射光为圆环状。面光源可以发出各种不同入射角的光，因而等倾干涉条纹是一系列明暗相间的同心圆环。光程差与入射角之间呈非线性关系，使得干涉环内疏外密。

（三）迈克耳逊干涉仪（michelson interferometer）

迈克耳逊干涉仪是利用干涉原理制成的用于测量微小长度和光波波长的精密光学仪器。迈克耳逊干涉仪的结构及光路图如图 2-5-6 所示。G_1 和 G_2 是两块厚度相同（相互平行）的平板玻璃相对光源 S 方向以 45°固定安置，其中 G_1 右下表面镀有一层半透半反膜起分光作用。M_1 和 M_2 是两块平面反射镜彼此成 90°（用于等倾干涉）安置，其中 M_1 与沿光线方向的精密螺杆连动（称为动镜），其位置可精确测定。来自光源的光线经 G_1 下表面分成彼此垂直的两束光，一束经 M_1 反射后穿过 G_1 到达 E 点；另一束穿过 G_2 经 M_2 反射后原路返回到 G_1 下表面再反射到达 E 点。这里 G_2 称补偿板，起补偿光路的作用，使得两束光穿过相同次数的 G_1 或 G_2，这样在计算光程差时可不必考虑 G_1 或 G_2 的存在，直接考虑几何路程即可。

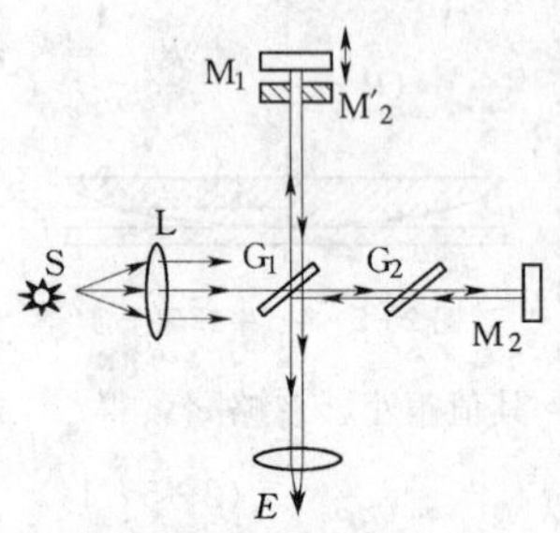

图 2-5-6 迈克耳孙干涉仪的结构及光路图

干涉条纹的形成如下：

(1) 等倾干涉：当 M_1 和 M_2 严格垂直时，M_2 借助 G_1 在 M_1 附近形成虚像 M_2'，M_2' 与 M_1 彼此平行形成厚度均匀的空气薄膜，在单色光入射时，可在 E 处观察到等倾干涉环。

(2) 等厚干涉：调节 M_2 使其与 M_1 偏离垂直位置，则 M_2' 与 M_1 形成空气劈尖，在单色光入射时，可在 E 处观察到等厚干涉直条纹。

利用迈克耳逊干涉仪的等倾干涉可进行精密测量。调节精密螺杆可使与其相连的 M_1 前后移动从而改变空气薄膜的厚度。根据式（2-5-18）可知，M_1 每移动 $\lambda/2$ 的距离，等倾干涉环将移动一个条纹间隔（具体讲就是缩进或冒出一个干涉环），这是由于光线往返使得光程差变化了一个波长。若 M_1 移动距离 Δx，干涉条纹移动 N 个条纹（间隔），则有

$$\Delta x=N\frac{\lambda}{2}\quad (2-5-19)$$

利用式（2-5-19）可测量入射光的波长，或者反过来，由已知波长测量微小距离。因为可见光波长很小，迈氏干涉仪相当于以 $\lambda/2$ 作为最小刻度测量距离，所以精度极高。

利用迈氏干涉仪还可以测量透明薄膜的折射率。在迈氏干涉仪的一支光路中，放入一片折射率为 n、厚度为 d 的透明薄膜，由此产生的附加光程差为 $2(n-1)d$，若干涉条纹移动 N 条，则有

$$2(n-1)d=N\lambda\quad (2-5-20)$$

利用式（2-5-20）可进行折射率、薄膜厚度及入射光波长的测量。

（四）新型眼镜

随着年龄的增长，我们眼睛里的晶状体通常会逐渐失去弹性，从而无法对靠近视网膜的物体进行聚焦——这一症状被称作老花眼。它使近视眼患者既无法看清近处的物体，也无法看清远处的物体。双光眼镜所提供的解决办法是在同一个镜框中安装两种镜片，但佩戴者必须习惯于频繁地抬头低头，以切换焦距。

以色列巴尔伊兰大学的泽夫·扎莱夫斯基开发出了一种新技术，它使标准镜片经过改造后能够精确聚焦从 33cm 远到位于地平线上的物体所发出的光线。

该技术包括在标准镜片的表面直径两毫米的范围内刻上由 25 个近圆形结构组成的网格，每个近圆形结构包含两个同心圆。每个圆环仅有数百微米宽、1μm 深。扎莱夫斯基说，不同镜片上的这种结构的数量和大小都会有所不同，这取决于镜片的大小和形状。

圆环将改变穿过镜片光线的轨迹，并同时形成相长干涉和相消干涉的结构。在利用电脑模型计算出直径和圆环位置的变化会如何改变这种结构之后，扎莱夫斯基提出了一种新的设计方案，即建立一个通过每一个近圆形结构与镜片垂直相交的相长干涉通道。在这些通道内，近处和远处的物体所发出的光线都能得到精确聚焦。

扎莱夫斯基已经将一个镜片安装在了一部手机的摄像头上，目的是对经过加强的聚焦效果进行确认。他还在 12 名志愿者身上测试了这些镜片。如今，他已经与人合伙建起了一家名为“Xceed Imaging”的公司，以开发这一技术。

五、光的衍射

（一）惠更斯－菲涅尔原理（Huygens-Fresnel principle）

菲涅尔在惠更斯原理基础上进一步假定，从同一波面上所发出的各个子波，经传播而在空间某点相遇时，通过相干叠加而产生干涉现象，这就是惠更斯－菲涅尔原理。根据此原理，通过积分方法可定量得出衍射波场中光强的分布规律和特点以及明、暗条纹的位置。

（二）单缝衍射

(1) 宽度为 a 的单狭缝，在平行单色光垂直照射下，通过狭缝的光将发生衍射。衍射角 φ 相同的平行光经凸透镜会聚到其焦平面上一点 R，如图 2-5-7 所示。同一衍射角的平行光给出相同的光强，不同衍射角的平行光会聚到焦平面上形成明、暗相间的直线形衍射条纹，这些条纹均与狭缝平行。这里的入射光和衍射光都是平行光，称此种衍射为夫琅禾费衍射。

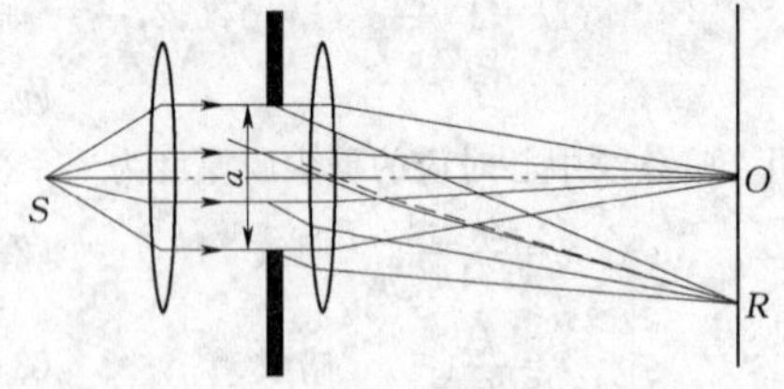

图 2-5-7 单缝衍射

(2) 为了讨论单缝衍射明、暗条纹的位置，菲涅尔提出“半波带法”。如图 2-5-8 所示，对于衍射角为 φ 的一组平行光，作 BC 平面与其垂直，则 BC 上各点到达会聚点的光程相等，光程差

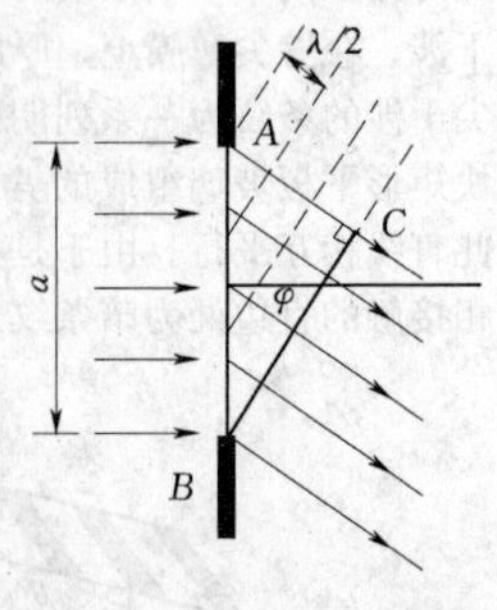

图 2-5-8 菲涅尔半波带法

只产生于 BC 平面之前。最大光程差为 AC 间距离，由几何关系，AB 与 BC 间夹角也等于衍射角 φ，所以 $AC=a\sin\varphi$。平行 BC 平面再作一组相距为 $\lambda/2$ 的平行平面，这组平面分割 AC 并将单缝处的波阵面分割成一组与狭缝平行的带状窄条，这些带状窄条称为菲涅尔半波带。

(3) 两个相邻半波带上的对应点发出的衍射角为 φ 的子光波，光程差为 $\lambda/2$，到达会聚点将干涉相消。显然，衍射角 φ 不同，单缝处的波阵面分割成的半波带数目 m（称菲涅尔数）也将不同。只有 φ 角取恰当值，半波带数才会是整数。这时，半波带数目 m 与衍射角 φ 及单缝宽度 a 之间的关系为

$$a\sin\varphi=m\frac{\lambda}{2} \quad (2-5-21)$$

当半波带数为偶数时，相邻半波带发出的光两两相消，会聚点为暗条纹；当半波带数为奇数时，相邻半波带两两相消后，还剩下一个半波带，会聚点为明条纹。若单缝后面所加凸透镜的焦距为 f、焦平面上的光波会聚点距中心位置为 x 时，计算中常用近似关系 $\sin\varphi\approx x/f$，于是得到单缝衍射明、暗条纹位置的计算公式为

$$a\frac{x}{f}=\begin{cases}\pm k\lambda & (k=1,2,3,\cdots)\ \text{暗条纹}\\ \pm(2k+1)\dfrac{\lambda}{2} & (k=1,2,3,\cdots)\ \text{明条纹}\end{cases} \quad (2-5-22)$$

按照式（2-5-22），在单缝衍射条纹中，相邻明（或暗）条纹的间距为

$$\Delta x=\frac{f\lambda}{a} \quad (2-5-23)$$

这表明中心 O 点两侧的衍射条纹是明、暗相间等间隔排列的。但式（2-5-22）不包含中心 O 点附近的光强情况，在 ±1 级暗纹之间有一较宽、较明亮的条纹，称为中央明条纹。通常以 ±1 级暗纹之间所夹的宽度作为中央明条纹的宽度。1 级（$k=1$）暗纹位置为 $x_1=\dfrac{f\lambda}{a}$，中央明条纹宽度为

$$l_0=2x_1=\frac{2f\lambda}{a} \quad (2-5-24)$$

可见，中央明条纹的宽度是其他各级明纹宽度的两倍。

(4) 由式（2-5-21）～式（2-5-24）可知，单缝宽度 a 对衍射现象起重要作用，当 a 与波长 λ 大小相当时，衍射现象明显；当 $a\gg\lambda$ 时，各级衍射条纹趋向于中心合并成一条亮纹，衍射现象消失。

(5) 理论上的单缝衍射光强分布曲线如图 2-5-9 所示。其中 1 级明纹的光强只有中央明纹光强的约 5%。

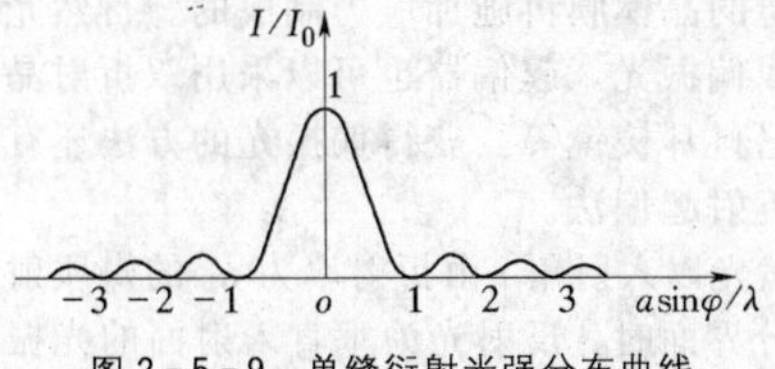

图 2-5-9 单缝衍射光强分布曲线

（三）光学仪器分辨本领

1. 圆孔夫琅禾费衍射

用单色平行光垂直照射在小圆孔上，经圆孔后面的凸透镜会聚，在位于其焦平面处的屏幕上形成明暗相间的衍射环，中心为一较明亮的圆斑，称为爱里斑。像单缝衍射中央明纹宽度用 ±1 级暗纹所夹区域定义一样，圆孔衍射中将第一暗环的直径定义为爱里斑直径。若所用单色光的波长为 λ，圆孔直径为 D，第一暗环对应的衍射角为 φ_1，理论计算给出

$$D\sin\varphi_1=1.22\lambda \quad (2-5-25)$$

设凸透镜焦距为 f，爱里斑半径为 r_0，则近似有 $\varphi_1\approx\sin\varphi_1\approx\tan\varphi_1=r_0/f$，代入上式得

$$r_0=1.22\frac{\lambda f}{D} \quad (2-5-26)$$

2. 瑞利判据

(1) 光学仪器前面的镜头相当于圆孔，光学仪器的成像所依据的是几何光学理论，按照几何光学，平行光通过镜头成像应聚焦为一个点。然而按照波动光学的衍射理论，镜头所成的像应为一系列衍射环，而且由式（2-5-26）式可知，镜头直径 D 越小，衍射现象越显著。所以，衍射现象将影响光学仪器成像的清晰度。

(2) 设远处有两个发光的物点，它们各自在仪器镜头的焦平面上形成衍射环，当两物点相对镜头的张角恰好等于第一暗环对应的衍射角 φ_1 时，在两组衍射环中心的连线上，一物点的第一暗环恰好与另一物点爱里斑的中心重合，连线中点处的光强约为爱里斑中心光强的 80%，一般认为此时的两物点恰好能被光学仪器所分辨，衍射角 φ_1 称为最小分辨角，记为 φ_R，由式（2-5-25），有

$$\varphi_R=1.22\frac{\lambda}{D} \quad (2-5-27)$$

式（2-5-27）称为瑞利判据（Rayleish criterion）。

(3) 光学仪器最小分辨角的倒数称为光学仪器的分辨率。最小分辨角越小，分辨率越高。提高光学仪器分辨率的方法有，加大前面的通光孔径（如天文望远镜），或减小入射光的波长（如电子显微镜）。

（四）衍射光栅与光谱分析

由大量等宽等间距的平行狭缝组成的光学器件称为衍射光栅。精密的光栅，每毫米狭缝数目可多达上千条。

光栅的透光部分宽度记为 a，不透光部分宽度记为 b，两者之和 $(a+b)$ 称为光栅常数。光栅作为分光器件，主要用于光谱分析。

1. 光栅公式

如图 2-5-10 所示，平行光垂直照射到衍射光栅上，每个透光缝产生单缝衍射，各个透光缝之间形成多光干涉，透射光栅的衍射条纹是衍射与干涉的合成效果。

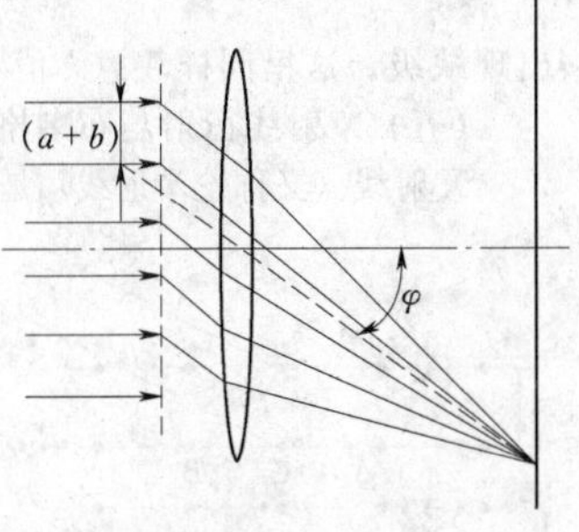

图 2-5-10 透射光栅的衍射

当相邻单缝出射光在某一衍射角 φ 方向的光程差等于波长整数倍时，干涉加强形成明条纹。由于其中含有多光干涉的成分，这里的明条纹又称为主极大明纹。这些主极大明纹细窄而明亮，是光栅衍射的特点。两相邻主极大明纹之间有大量次极大明纹和暗纹，次极大明纹很弱，实际看不到，因而形成大片暗区。光栅衍射只有明条纹公式，没有暗条纹公式。

光栅衍射明条纹公式为

$$(a+b)\sin\varphi=\pm k\lambda \quad (k=0,1,2,\cdots) \quad (2-5-28)$$

此式即为光栅公式。$k=0$ 的明条纹称为中央明纹，$k=1$，2 依次称为一级、二级明纹等。越是精密的光栅，光栅常数 $(a+b)$ 就越小，明条纹之间的间距（或角距）就越大，因而就越容易分辨，这是光栅的优点所在。

由于光栅的衍射角 φ 最大不能超过 90°，$\varphi=90°$ 的衍射光也看不到，因此，衍射级次 k 有一最大值（也称限级），

按（2-5-28）式，最大 k 值应取小于 $(a+b)/\lambda$ 的最大整数。假如 $(a+b)/\lambda=3.92$，则最大级次 $k_{\max}=3$。

当以含多种单色光成分的复合光或以白光入射时，由（2-5-28）式可知，除中央明纹以外，同一级次（k 值一定）的衍射光将按波长长短依次展开实现分光。波长较短的紫光离中央明纹较近；波长较长的红光离中央明纹较远。复合光（例如汞灯）将展开为彼此分立的单色明纹，颜色不同，位置也不同，这可用于光谱分析。若以白光入射将展开为连续彩带。每一级次都会分光，各自形成一定的张角。

2. 光栅的重级与缺级

以复合光入射光栅，各个级次分光形成各自的张角，当张角之间出现重叠时，会在同一衍射角 φ 处出现两种颜色的明条纹，称为重级。显然，重级出现在波长较长的低级次明纹与波长较短的高级次明纹之间。由（2-5-28）式得光栅重级公式

$$k_1\lambda_1=k_2\lambda_2 \qquad (2-5-29)$$

此条件要求 λ_1/λ_2 等于简单整数比。例如 $\lambda_1=400\text{nm}$，$\lambda_2=600\text{nm}$，则

$$\frac{\lambda_1}{\lambda_2}=\frac{k_2}{k_1}=\frac{2}{3}=\frac{4}{6}=\frac{6}{9}=\cdots$$

这表明，λ_1 的 3，6，9，…级明纹分别与 λ_2 的 2，4，6，…级明纹重叠。当然，这其中还要注意不要使 k 值超过相应波长的最大级次 $k_{\max}$。

若光栅衍射的某一级明条纹（k 级）恰好与单缝衍射的某一级暗条纹（k'级）出现在同一衍射角 φ 处，这时该级光栅明条纹不再出现，称为缺级。由光栅明条纹公式 $(a+b)\times\sin\varphi=k\lambda$ 和单缝衍射暗条纹公式 $a\sin\varphi=k'\lambda$，两式相除，得光栅缺级公式

$$k=\frac{a+b}{a}k' \quad (k'=1,2,3,\cdots) \qquad (2-5-30)$$

考虑到 k 和 k' 均应为整数，所以当 $\frac{a+b}{a}$ 等于简单整数比（或 $\frac{a}{b}$ 等于简单整数比）时，将出现缺级。例如，当 $\frac{a}{b}=2$ 时，$k=\frac{3}{2}k'$，与 $k'=2$，4，…对应的 $k=3$，6，…级光栅明纹出现缺级。这里同样注意 k 值不能超过 $k_{\max}$。

（五）X射线衍射与布喇格公式

X射线（又称伦琴射线）是一种波长很短的电磁波，波长的范围约在 $10^{-11}\sim10^{-8}$ m之间，与晶体的晶格常数相当。晶体中的晶格点阵相当于三维光栅，当X射线射向晶体时会产生衍射。如图2-5-11所示。当波长为 λ 的X射线以掠射角 θ 射向晶体表面时，被晶体中的原子所散射，当相距为 d 的两个原子层面（称晶面，晶面间距称晶格常数）的散射光光程差满足

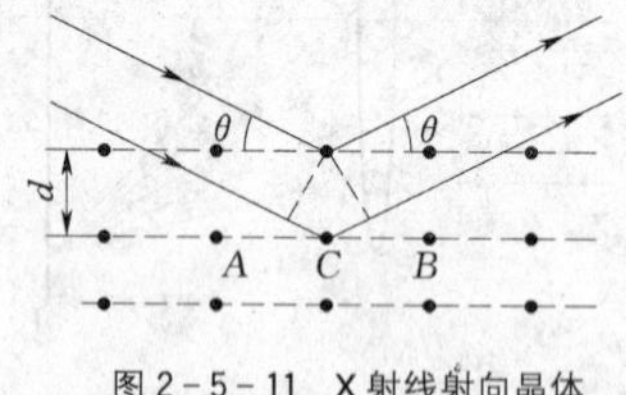

图2-5-11 X射线射向晶体时的衍射

$$2d\sin\theta=k\lambda \quad (k=1,2,\cdots) \qquad (2-5-31)$$

时为相干加强，式（2-5-31）称为布喇格公式（Bragg's formula）。利用此式可以实现晶格常数 d 与X射线波长 λ 的互求，式中定义的 θ 是掠射角。

六、光的偏振

（一）自然光和偏振光

1. 自然光

普通光源中大量原子的发光是随机的，光矢量沿各个方向的概率均等，没有哪个方向优先，这种光称为自然光。

为了用画图的方法形象地表示自然光，可将各个光矢量投影于两个相互垂直的方向，由于各方向概率均等，投影后两个相互垂直的振动振幅（强度）相等。图示法如图2-5-12（a）所示。其中圆点表示垂直纸面的振动，短线表示平行纸面的振动，圆点和短线数目一样多表示各振动方向概率均等，因而表示自然光。

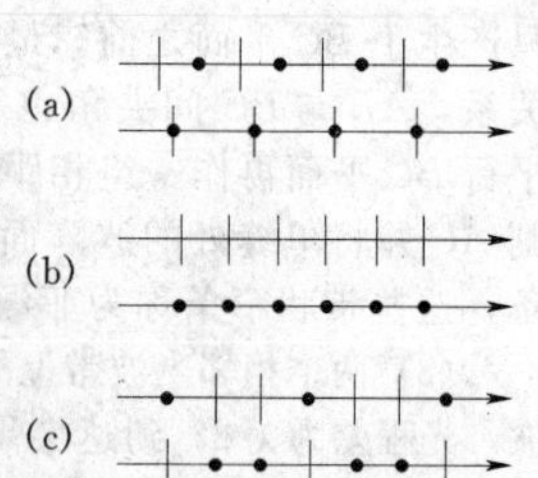

图2-5-12 自然光和偏振光图示法

（a）自然光；（b）线偏振光；（c）部分偏振光

2. 光的偏振

光的偏振源自于光是电磁横波。作为光矢量的电场强度 $\boldsymbol{E}$ 的振动方向与光的传播方向垂直。在与光的传播方向垂直的平面内，光矢量可取任意的方位，这种任意性引起光在传播时出现不对称性，这种现象称为偏振。偏振是横波区别于纵波的一个最明显的标志，因为纵波的振动方向与传播方向一致，波是对称的，只有横波才有偏振现象。

3. 线偏振光

将自然光中两个相互垂直的振动去掉一个，只剩下一个方向的振动，这种光称为线偏振光，或完全偏振光。线偏振光的图示法如图2-5-12（b）所示。

4. 部分偏振光

将自然光中两个相互垂直振动中的一个去掉一部分，使得两个相互垂直振动中的一个占优势，就成为部分偏振光，其图示法如图2-5-12（c）所示。

5. 圆或椭圆偏振光

若光矢量的方向以光的传播方向为轴随时间转动，并且振幅保持不变，沿光的传播方向看去，光矢量的端点描绘出一个圆，这种光称为圆偏振光；若光矢量的方向在转动的同时，振幅作周期变化，沿光的传播方向看去，光矢量的端点描绘出一个椭圆，则称为椭圆偏振光。图示方法是在光线上画带有箭头的闭合曲线并加以文字说明。

（二）布儒斯特定律（Brewster law）

从自然光获得偏振光的过程称为起偏，所采用的装置称为起偏器，检验是否为偏振光的装置称为检偏器。实际中起偏器和检偏器有时采用同一种器件。

通常采用的起偏器为偏振片，它是通过在透明基片上沉积一层极薄的晶体膜再施加应力制成的。自然光通过偏振片后就成为线偏振光。起偏器也可以采用双折射晶体制成，例如常用的尼科耳棱镜等。获得偏振光的方法还有下面的反射起偏法与折射起偏法。

当自然光以入射角 i 由折射率为 n_1 的媒质射向折射率为 n_2 的媒质分界面时，反射光为垂直入射面的光振动较强的部分偏振光，折射光为平行入射面的光振动较强的部分偏振光，它们的偏振程度与入射角 i 有关。如图2-5-13（a）所示。

当改变入射角 i 使得反射光线与折射光线垂直，即反射角与折射角之和等于90°时，理论与实验均证实，反射光为光振动垂直入射面的完全偏振光，折射光仍为平行入射面的光振动较强的部分偏振光，如图2-5-13（b）所示。此时的入射角记为 i_0，称为起偏振角或布儒斯特角。根据光的折射定律 $n_1\sin i_0=n_2\sin i'$ 及 $i_0+i'=90°$，得

$$\tan i_0=\frac{n_2}{n_1} \qquad (2-5-32)$$

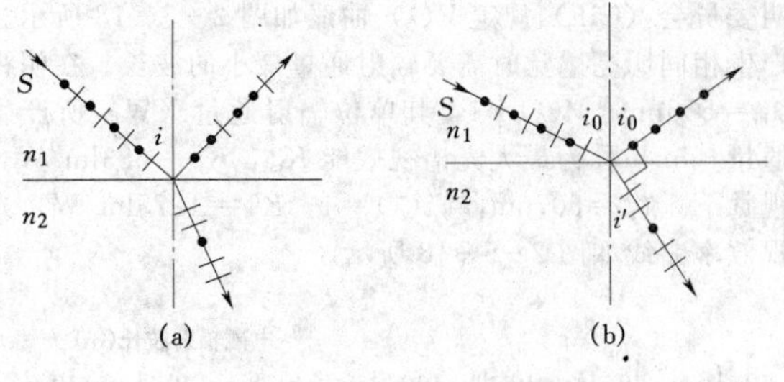

图 2-5-13　反射起偏法

(a) 振动较强的部分偏振光；(b) 起偏振角

此式称为布儒斯特定律。这种获得偏振光的方法称为反射起偏法。

当自然光以布儒斯特角入射到一片平板玻璃（或透明薄膜）上时，不但在玻璃的上表面满足布儒斯特定律，而且在玻璃的下表面也满足布儒斯特定律，这一点用式（2-5-32）式很容易证明。这样，在玻璃上、下表面的反射光均为光振动垂直入射面的完全偏振光。

实际中可用多层玻璃片堆叠在一起构成“玻璃堆”，当自然光以布儒斯特角入射时，不但反射光是光振动垂直入射面的完全偏振光，而且折射光中垂直入射面的光振动被多层玻璃片层层反射出去，使得折射光成为光振动平行入射面的近似偏振光，此法也称折射起偏法。

（三）马吕斯定律

图 2-5-14 所示为一偏振片，连线 OO' 表示偏振片允许透光的方向，称为偏振化方向。当振幅为 A_0 的线偏振光垂直入射到偏振片上时，若线偏振光的振动方向与 OO' 夹角为 θ，则透过偏振片射出的线偏振光的振幅为 $A=A_0\cos\theta$。由于光强与振幅平方成正比，所以入射线偏振光的光强 I_0 与出射线偏振光的光强 I 之间满足关系

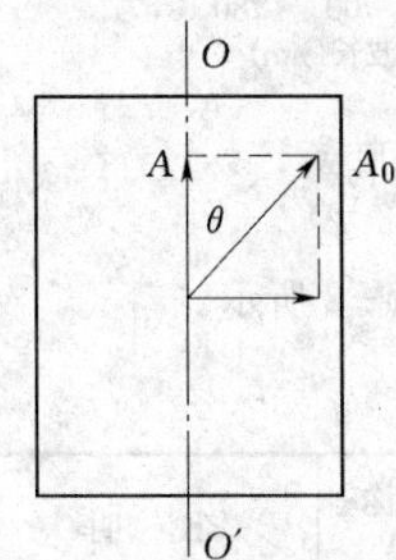

图 2-5-14　偏振片

$$I=I_0\cos^2\theta \quad (2-5-33)$$

此式称为马吕斯定律。

当自然光垂直射向偏振片时，自然光中的各个方向的光振动都可以投影到 OO' 方向和与其垂直的方向，由于两个方向的强度相同，而只有 OO' 方向的光可以通过，所以出射光强只有入射光强的 1/2。

上面给出的结果没有考虑偏振片对出射光强的吸收，当进行理论计算时可不必考虑吸收。

（四）双折射现象

1. 光的双折射现象

当一束自然光入射到一块各向异性的晶体时，晶体内部的折射光分成传播方向和偏振方向不同的两束光，这种现象称为双折射现象，如图 2-5-15 所示。

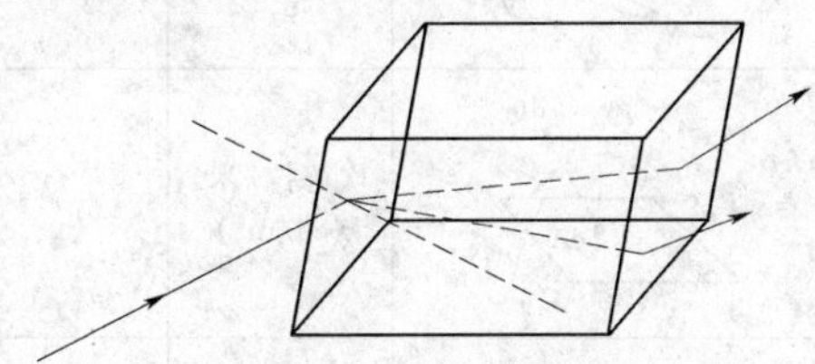

图 2-5-15　光的双折射现象

在两束折射光中，一束遵从通常的折射定律，称为寻常光或 o 光；另一束则不遵从通常的折射定律，称为非常光或 e 光。寻常光的折射率是常数，非常光的折射率与方向有关，不是常数。

2. 晶体的光轴

双折射现象的产生原因是晶体的各向异性，在晶体中寻常光沿各个不同方向传播的光速相同，而非常光沿各个不同方向传播的光速则不同。

在晶体中有一个特殊的方向，寻常光与非常光沿此方向传播的速度相同，垂直此方向传播的速度相差最大。这个特殊的方向称为晶体的光轴。光轴实际上是指一个方位，平行于该特殊方向的任何一条直线都是光轴，而不是特指某一条直线。

有些晶体只有一个光轴，称为单轴晶体。例如方解石、石英等；有两个光轴的晶体称为双轴晶体。

光线与光轴构成的平面称为主平面。o 光与 e 光都是线偏振光，o 光的振动方向垂直自己的主平面；e 光的振动方向平行自己的主平面。这里强调“自己的主平面”，是因为 o 光与 e 光两者的主平面可能重合，也可能不重合，视情况而定。

3. 单轴晶体中的波面

在单轴晶体中，o 光沿各个方向传播速度相同，从 A 点发出的 o 光其波面为球面；e 光仅在光轴方向上与 o 光传播速度相同，在垂直光轴的方向上，e 光与 o 光速度差别最大，也即折射率差别最大。从 A 点发出的 e 光其波面为旋转椭球面。o 光与 e 光的波面相切于光轴上。如果 o 光折射率 n_o 与 e 光沿垂直光轴方向的折射率 n_e（称为主折射率）之间，满足 $n_o \leqslant n_e$，该晶体称为正晶体，如石英。由于 $n=c/u$，有 $u_o \geqslant u_e$，即 o 光波速大于等于 e 光波速，e 光波面包含在 o 光波面内部。如图 2-5-16（a）所示。而如果满足 $n_o \geqslant n_e$，该晶体称为负晶体，如方解石。此时有 $u_o \leqslant u_e$，即 o 光波速小于等于 e 光波速，o 光波面包含在 e 光波面内部。如图 2-5-16（b）所示。

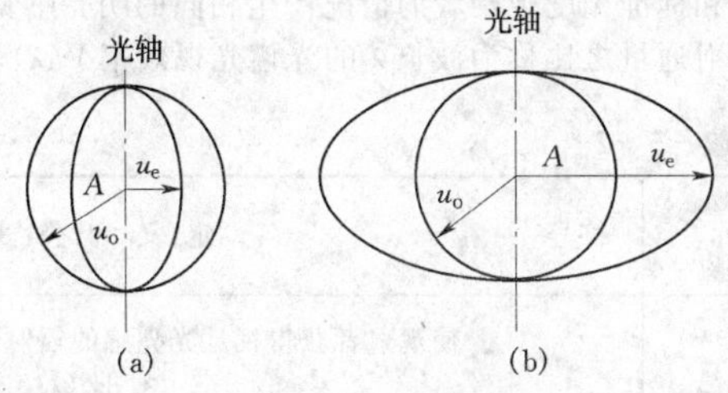

图 2-5-16　单轴晶体

(a) 正晶体；(b) 负晶体

根据惠更斯原理，采用作图的方法可以确定 o 光与 e 光的传播方向。例如图 2-5-17，自然光垂直晶体表面入射，设晶体光轴平行晶体表面（研磨而成）且为负晶体。在此种情形下，以入射点为中心，o 光波面为半球面，e 光波面为半个旋转椭球面，两者相切于通过入射点的光轴上。晶体中

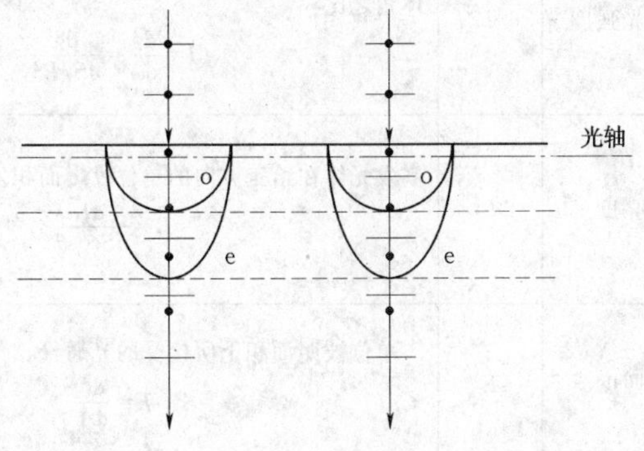

图 2-5-17　用作图法确定 o 光与 e 光的传播方向

的 o 光与 e 光仍沿原方向传播，两者虽没有分开，但波速不同，到达某同一位置时，两者具有一定的相位差。这里画出的只是一种较为简单的情况。

七、人眼睛的视觉特性和常用的光度量

（一）明暗视觉

光是以电磁波的形式传播，并为人眼感觉到的那一部分可见辐射，其波长范围为 380～780nm。明视觉是正常眼睛适应大于数坎德拉每平方米的亮度时的视觉，它主要由分布在视网膜上的锥状细胞起作用，通常照明属于明视觉条件。暗视觉是正常眼睛适应低于百分之几坎德拉每平方米的亮度时的视觉，主要由分布在视网膜上的杆状细胞起作用。

（二）颜色感觉

在明视觉时，人眼具有对波长 380～780nm 范围内电磁波不同的颜色感觉；暗视觉时无颜色感觉。不同颜色感觉的波长范围如表 2-5-1 所示。

表 2-5-1　　光谱颜色的波长范围

颜色感觉	波长范围（nm）	颜色感觉	波长范围（nm）
深红	660～730	蓝绿	460～510
橙	610～660	蓝	440～460
黄	560～610	蓝紫	420～440
绿	510～560	紫	380～420

（三）光谱光视效率

人眼对可见光范围内的各波长的辐射会产生不同的明亮感觉。当波长为 λ 与波长为 λ_m 的两束辐射，在规定的光度条件下和标准光度观察者的情况产生相同的明亮感觉时，该两束辐射通量之比称为波长 λ 的光谱光视效率 $V(\lambda)$。国际照明委员会（CIE）规定 $V(\lambda)$ 曲线如图 2-5-18 所示。λ_m 是产生相同明亮感觉时需要辐射通量最小的波长。在明视觉下 $\lambda_m=555$nm、$V(\lambda)=1$，其单位辐射通量（W）所产生的光通量（lm）称为最大光谱视效能 K_m，$K_m=683$lm/W。在暗视觉下，$\lambda'_m=507$nm，$V'(\lambda)=1$，$K_m=1275$lm/W。光谱光视效率曲线如图 2-5-18 所示。

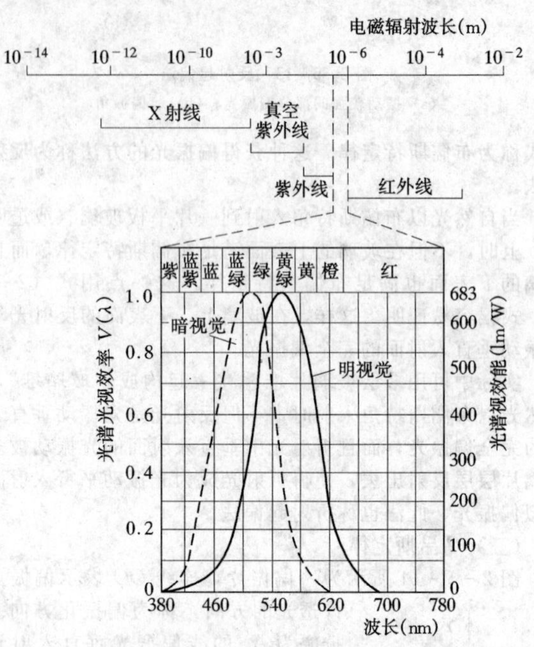

图 2-5-18　光谱光视效率曲线

（四）常用的光度量

照明工程中的常用光度量如表 2-5-2 所示。

表 2-5-2　　常用的光度量

名称	符号	定义和公式	图例	单位名称和符号	说明
光通量	ϕ	使观察者获得视觉光亮感的辐射通量 $\phi=K_m\int_0^\infty \frac{d\phi_e(\lambda)}{d\lambda}V(\lambda)d\lambda$ 式中 $\frac{d\phi_e(\lambda)}{d\lambda}$—辐射通量的光谱分布； $V(\lambda)$—国际照明委员会标准观察者相对光谱光视效率，详见图 2-5-18； K_m—国际照明委员会标准观察者最大光谱光视效能（即 683lm/W）		流明（lm）	$1lm=\frac{1cd}{1sr}$
发光强度	I	光源在给定方向的立体角元 $d\omega$ 内的光通量 $d\phi$ 与该立体角之比 $I=\frac{d\phi}{d\omega}=\frac{d\phi}{dS/R^2}$	球面 S 半径 R dS $d\phi$	坎德拉（cd）	$1cd=\frac{1lm}{1sr}$
亮度	L	发光体在给定方向的单位投影面积发出的发光强度 $L=\frac{dI}{dS\cos\theta}$	dI_0 θ dA	坎德拉/米²（cd/m²）	
照度	E	单位被照面积上所接受的光通量 $E=\frac{d\phi}{dA}$	$d\phi$ dA	勒克斯（lx）	$1lx=\frac{1lm}{1m^2}$

八、材料的光学性质

(一) 反射比、吸收比和透射比

通常所感到的光大多是经过物体反射或透射的光。在光的传播过程中，遇到介质（如玻璃、空气、墙壁等）时，入射光通量 ϕ 中的一部分被反射（ϕ_ρ），一部分被吸收（ϕ_α），还有一部分透过介质进入另一侧的空间（ϕ_τ），如图 2-5-19 所示。根据能量守恒定律，这三部分之和等于入射光通量，即

$$\phi=\phi_\rho+\phi_\alpha+\phi_\tau \qquad (2-5-34)$$

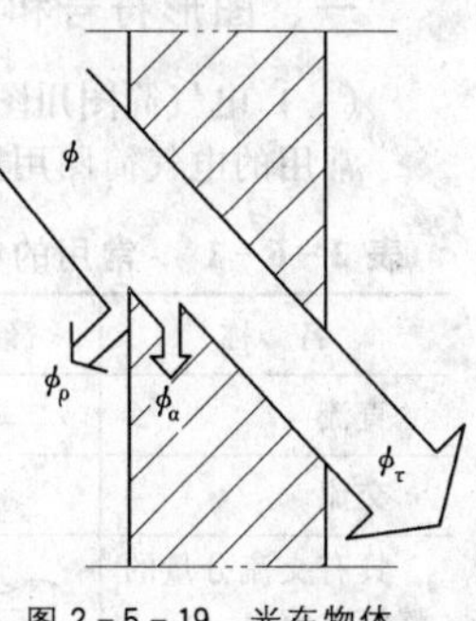

图 2-5-19 光在物体的传播

反射、吸收和透射光通量分别与入射光通量之比称为反射比 ρ、吸收比 α 和透射比 τ，即

$$\rho=\phi_\rho/\phi \qquad (2-5-35)$$

$$\alpha=\phi_\alpha/\phi \qquad (2-5-36)$$

$$\tau=\phi_\tau/\phi \qquad (2-5-37)$$

故

$$\rho+\alpha+\tau=1 \qquad (2-5-38)$$

(二) 常用建筑材料的光学性质

1. 反射

反射是辐射在不改变其单色成分的频率时被表面和介质折回的过程。反射性质如表 2-5-3 所示。

2. 透射

透射是辐射在不改变其单色成分的频率时穿过介质的过程。透射的性质如表 2-5-4 所示。

3. 折射

折射是光在透明介质中传播，由于介质密度大小不同引起光速变化，使光线方向变化的现象。光的折射规律是：

表 2-5-3 反 射 性 质

反射形式	特 性	图 例	材 料
规则反射	(1) 入射光线、反射光线及反射表面的法线处于同一平面 (2) 入射角等于反射角		玻璃镜面、磨光金属表面、不锈钢、阳极氧化或抛光铝板、镀铬铁板、镀铝玻璃
定向扩散反射	在规则反射方向的反射光束具有扩散性质		经冲砂、酸洗或锤点处理的毛糙金属表面
非均匀漫反射	(1) 反射光的分布与入射光方向无关 (2) 反射光分布不规则		无光泽的毛面材料或由微细晶粒、颜料颗粒构成的表面
均匀漫反射	(1) 反射光分布与入射光方向无关，表面上各向亮度 L 相等 (2) 反射光按下式规则分布 $I_\theta=I_0\cos\theta$		粉刷涂料、乳胶漆、无光塑料板、陶板面砖

表 2-5-4 透 射 性 质

透射形式	特 性	图 例	材 料
规则透射	入射光的背侧，物像清楚可见		玻璃
定向扩散透射	入射光的背侧，可见模糊的影像		磨砂玻璃
非均匀漫透射	看不见背侧的物像		玻璃上喷一层薄的白漆
均匀漫透射	完全看不见背侧的物像		乳白玻璃

（1）入射光线、折射光线与分界面的法线在一个平面上且分别位于法线的两侧（见图 2-5-20）。

（2）入射角的正弦和折射角的正弦对确定的两种介质是一个常数，即

$$\frac{\sin i}{\sin\gamma}=\frac{n_2}{n_1} \qquad (2-5-39)$$

式中　n_1——第一种介质的折射率；

n_2——第二种介质的折射率；

i——入射角；

γ——折射角。

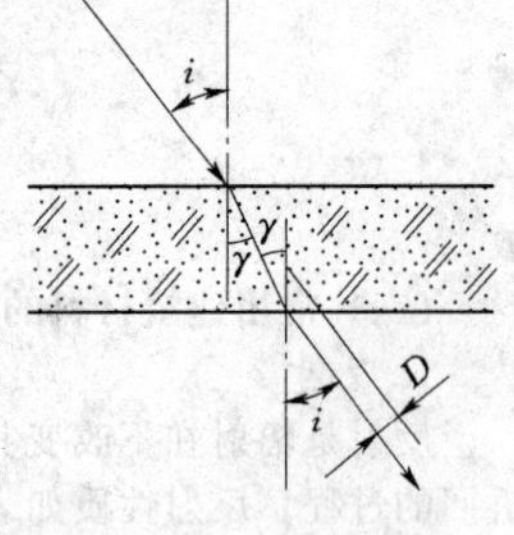

图 2-5-20　光的折射

4. 材料反射比和透射比的数值

常用照明工程材料的反射比 ρ 和透射比见表 2-5-5。

表 2-5-5　　照明工程常用材料的反射比 ρ 和透射比 τ 值

材料名称	颜色	厚度 (mm)	反射比 ρ	透射比 τ
1. 透光材料				
普通玻璃	无	3	0.08	0.82
普通玻璃	无	5～6	0.08	0.78
磨砂玻璃	无	3～6		0.55～0.60
乳白玻璃	白	1		0.60
有机玻璃	无	2～6		0.85
聚苯乙烯板	无	3		0.78
聚氯乙烯板	本色	2		0.60
聚碳酸酯板	无	3		0.74
2. 建筑饰面材料				
大白粉刷	白		0.75	
乳胶漆	白		0.84	
调和漆	白，米黄		0.70	
调和漆	中黄		0.57	
普通砖	红		0.33	
水泥砂浆抹面	灰		0.32	
混凝土地面	深灰		0.20	
水磨石地面	白间绿		0.66	
水磨石地面	白间黑灰		0.52	
胶合板	本色		0.58	
3. 金属材料及饰面				
光学镀膜的镜面玻璃			0.88～0.99	
阳极氧化光学镀膜的铝			0.75～0.97	
普通铝板抛光			0.60～0.70	
酸洗或加工成毛面的铝板			0.70～0.85	
铬			0.60～0.65	
不锈钢			0.55～0.65	
搪瓷	白		0.65～0.80	

第六节　电　学

一、图形符号和字母代码

（一）电气简图用图形符号

常用的电气简图用图形符号如表 2-6-1 所示。

表 2-6-1　　常用的电气简图用图形符号

名　称	符号	名　称	符号
直流		插头和插座	
交流		接通的连接片	或
具有交流分量的整流电流		断开的连接片	
低频（工频）		电缆终端头	
中频（音频）		电阻器的一般符号	
高频（超声频、载频或射频）		可变电阻器	
中性线	N	功能等电位联结	或
中间线	M	故障	
正极		闪络、击穿	
负极		导线间绝缘击穿	
手动操作件		导线对机壳绝缘击穿	或
贮存机械能操作		导线对地绝缘击穿	
凸轮操作		永久磁铁	
电动机操作		理想电流源	
气动或液压操作		理想电压源	
接地一般符号		导线、电缆和母线的一般符号	
功能性接地		三根导线的单线表示	或 3
保护接地			
同轴电缆			
屏蔽导线			
端子			
导线的 T 型连接	或		
导线的双 T 型连接	或		

续表

名　称	符号
软连接	
二股绞合连接	
压敏电阻器	U
热敏电阻器 注：θ 可用 t° 代替	θ
滑线式变阻器	
两个固定轴头的电阻器	
两个固定抽头的可变电阻器	
分流器	
滑动触点电位器	
预调电位器	
电容器的一般符号	
极性电容器	+
可变电容器	
预调电容器	
电感器、线圈、绕组、扼流圈	
带磁芯（铁芯）的电感器	
磁芯（铁芯）有间隙的电感器	
带磁芯（铁芯）连续可调的电感器	
有两个抽头的电感器	
可变电感器	
半导体二极管一般符号	

名　称	符号
发光二极管	优选形 其他形
隧道二极管	优选形 其他形
单向击穿二极管（稳压二极管）	优选形 其他形
双向击穿二极管（双向稳压二极管）	优选形 其他形
双向二极管、交流开关二极管	优选形 其他形
PNP 型半导体管	
NPN 型半导体管	
集电极接管壳的 NPN 型半导体管	
三极晶体闸流管 注：没必要规定控制极类型时，用于表示反向阻断三极晶闸管	优选形 其他形
反向阻断三极晶体闸流管（阴极侧受控）	优选形 其他形
可关断三极晶体闸流管（阴极侧受控）	优选形 其他形
具有 P 型双基极单结型半导体管	
具有 N 型双基极单结型半导体管	
P 型沟道结型场效应半导体管	
N 型沟道结型场效应半导体管	

续表

名　称	符号
增强型单栅 P 沟道和衬底无引出线的绝缘栅场效应半导体管	
增强型单栅 N 沟道和衬底无引出线的绝缘栅场效应半导体管	
耗尽型单栅 P 沟道和衬底无引出线的绝缘栅场效应半导体管	
耗尽型单栅 N 沟道和衬底无引出线的绝缘栅场效应半导体管	
光敏电阻	
光电二极管	
光电池	
两相绕组	
三个独立绕组	3　或
三角形连接的三相绕组	
开口三角形连接的三相绕组	
星形连接的三相绕组	
中性点引出的星形连接的三相绕组	
曲折形或双星形互相连接的三相绕组	
两个绕组 V 形（60°）连接的三相绕组	
六个独立绕组	6
双三角连接的六相绕组	
多边形连接的六相绕组	
星形连接的六相绕组	
电机换向绕组	
电机补偿绕组	
电机串励绕组	
电机并励或他励绕组	
集电环或换向器上的电刷	

名　称	符号
直流发电机	G
直流电动机	M
交流发电机	G ~
交流电动机	M ~
串励直流电动机	M
并励直流电动机	M
他励直流电动机	M
永磁直流电动机	M
单相交流串励电动机	M 1~
三相交流串励电动机	M 3~
单相永磁同步电动机	MS 1~
单相笼型异步电动机	M 1~
三相笼型异步电动机	M 3~
三相绕线转子异步电动机	M 3~
交流测速发电机	TG ~
电磁式直流测速发电机	TG
永磁式直流测速发电机	TG
铁芯 注：当不致引起混淆时，允许不画出铁芯，但要注意全书统一	

续表

名　称	符号
带间隙的铁芯	
双绕组变压器一般符号	或
三绕组变压器一般符号	或
自耦变压器一般符号	或
电抗器、扼流圈一般符号	或
电流互感器，一般符号	或
星形—三角形连接的三相变压器	或
星形—星形连接的三相变压器	或
单相变压器组成的三相变压器星形—三角形连接	3 △ 或
单相感应调压器	或
三相感应调压器	或
移相变压器，三相	φ 或 φ
电压互感器	或
具有两个铁芯和两个二次绕组的电流互感器	或
在一个铁芯上有两个二次绕组的电流互感器	或

续表

名　称	符号
直流/直流变换器	
整流器	
桥式全波整流器	
逆变器方框符号	
整流器/逆变器方框符号	
原电池或蓄电池	
蓄电池组或原电池组 注：注明电压值时允许的画法	或 48V
电能发生器一般符号 注：旋转发电机的外壳符号为圆形	G
动合（常开）触点，一般符号开关，一般符号	或
动断（常闭）触点	
先断后合的转换触点	
中间断开的双向触点	
当操作器件被吸合时延时闭合的动合（常开）触点	或
当操作器件被释放时延时断开的动合（常开）触点	或
当操作器件被释放时延时闭合的动断（常闭）触点	或
当操作器件被吸合时延时断开的动断（常闭）触点	或
吸合时延时闭合和释放时延时断开的动合（常开）触点	
手动操作开关，一般符号	
自动复位的手动按钮开关	
自动复位的手动拉拔开关	
带动断（常闭）和动合（常开）触点的按钮	
无自动复位的手动旋转开关	
位置开关和限制开关（动合触点）	
位置开关和限制开关（动断触点）	
热敏开关（动合触点） 注：θ可用动作温度代替	θ
三极开关（单线表示）	

续表

名 称	符号
三极开关（多线表示）	
接触器，接触器的主动合触点	
接触器，接触器的主动断触点	
断路器	
三极断路器	
隔离开关	
三极隔离开关	
负荷开关；负荷隔离开关	
三极负荷隔离开关	
电动机起动器一般符号	
驱动器，一般符号继电器线圈，一般符号	或
缓放继电器线圈	
缓吸继电器（快吸和快放）的线圈	
缓吸和缓放继电器线圈；延时继电器的线圈	
快速继电器线圈	
交流继电器线圈	

名 称	符号
过流继电器线圈	$I>$
欠压继电器线圈	$U<$
热继电器的驱动元件（发热元件）	
三相电路中三极热继电器的驱动元件	3 或
三相电路中二极热继电器的驱动元件	2 或
接近传感器件	
接近开关动合（常开）触点	
接触敏感开关	
接触开关动合（常开）触点	
熔断器，一般符号	
供电端由粗线表示的熔断器	
带机械连杆的熔断器（撞击器式熔断器）	
跌开式熔断器	
熔断器式开关	

续表

名 称	符号
熔断器式隔离开关	
熔断器负荷开关组合电器	
火花间隙	
避雷器	
电流表	A
电压表	V
功率表	W
电能表（瓦特小时计）	Wh
检流计	
示波器	
钟的一般符号	
灯的一般符号	
电喇叭	
音响信号装置，一般符号	
电阻加热装置	
电弧炉	
感应加热炉	
电解槽或电镀槽	
直流电焊机	
交流电焊机	
风扇一般符号	∞

名 称	符号
与门	&
或门	≥1
非门 反相器（在用逻辑非符号表示器件时）	1
反相器（在用逻辑极性符号表示器件时）	1
与非门	&
或非门	≥1
与或非门	& ≥1
异或门	=1
规定延迟时间的延迟单元	t_1 t_2
RS 触发器 RS 锁存器	S R
边沿下降沿 JK 触发器	1J C1 1K R
边沿上升沿 D 触发器	S 1D C1 R
加法器	Σ
减法器	P−Q
乘法器	π
算术逻辑单元	ALU
半加器	Σ CO
一位全加器	Σ CO CI
运算放大器	f ▷ m a_1 W_1 m_1 u_1 a_n W_n m_k u_k

续表

名　称	符号	名　称	符号
高增益差分放大器	∞◁ − + +	除法器	a—x $\frac{x}{y}$ —u b—y
放大系数为1的反相放大器	1 ◁ − +	数—模转换器	#/∩
乘法器	xy a—x —u b—y	模—数转换器	∩/#

（二）电气设备、装置和元器件常用字母代码

电气设备、装置和元器件常用单字母代码如表 2-6-2 所示。

表 2-6-2　电气设备、装置和元器件按用途或任务划分的项目类别及单字母代码

代码	项目的用途或任务	描述项目或功能件的用途或任务的术语举例	典型的电气产品举例	典型的机械/液压、气动产品举例
A	两种或两种以上的用途或任务 注：此类别仅供不能鉴别主要用途或任务的项目使用		触屏	
B	把某一输入变量（物理性质、条件或事件）转换为供进一步处理的信号	探测 测量（值的采集） 监控 感知 加重（值的采集）	气体继电器 检波器 火灾探测器 气体探测器 测量元件 测量继电器 测量分路器 测量变换器 话筒 运动探测器 光电池 监控开关 位置开关 接近开关 接近传感器 保护继电器 传感器 烟雾传感器 测速发电机 温度传感器 热过载继电器 视频摄像机	孔板（供测量用） 传感器
C	材料、能量或信息的存储	记录 存储	缓冲器（存储） 缓冲器电池 电容器 事件记录器（主要存储） 硬盘 存储器 RAM 蓄电池 磁带机（主要存储） 录像机（主要存储） 电压记录器（主要存储）	桶 缓冲器 贮水器 容器 蓄热水器 纸卷座 蓄压器 蓄汽器 箱 罐
D	为将来标准化备用			

续表

代码	项目的用途或任务	描述项目或功能件的用途或任务的术语举例	典型的电气产品举例	典型的机械/液压、气动产品举例
E	提供辐射能或热能	冷却 加热 发光 辐射	锅炉 荧光灯 电热器 灯 灯泡 激光器 发光设备 微波激射器 辐射器	锅炉 冷冻机 加热器 煤气灯 热交换器 核反应堆 煤油灯 散热器 冰箱
F	直接防止（自动）能量流、信号流、人身或设备发生危险的或意外的情况 包括用于防护的系统和设备	吸收 防护 防止 保护 保安 隔离	阴极保护阳极 法拉第罩 熔断器 小型断路器 浪涌保护器 热过载释放器	气囊 减震器 栅栏 防护罩 管道安全阀 安全隔膜 安全带 安全阀 护板 真空阀
G	启动能量流或材料流 产生用作信息载体或参考源的信号 生产一种新能量、材料或产品	装配 破碎 拆卸 生成 分馏 材料移动 磨碎 混合 生产 粉碎	干电池组 电机 燃料电池 发生器 发电机 旋转发电机 信号发生器 太阳能电池 波发生器	鼓风机 插元件机 传送带（被驱动） 破碎机 风扇 混合器 泵 真空泵 通风机
H	为将来标准化备用			
I	不用	—	—	—
J	为将来标准化备用			
K	处理（接收、加工和提供）信号或信息（用于防护的物体除外，见F类）	闭合（控制电路） 连续控制 延迟 开断（控制电路） 搁置 切换（控制电路） 同步	有或无继电器 模拟集成电路 自动并联装置 数字集成电路 接触器继电器 CPU 延迟元件 延迟线 电子阀 电子管 反馈控制器 滤波器 感应搅拌器 微处理器 过程计算机 可编程控制器 同步装置 时间继电器 晶体管	流体回流控制器 引导阀 阀定位器
L	为将来标准化备用			
M	提供驱动用机械能（旋转或线性机械运动）	激励 驱动	执行器 励磁线圈 电动机 直线电动机	内燃机 液压执行器 液压缸 液压马达 热机 机械执行器 弹簧承载执行器 涡轮机 水轮机 风轮机

续表

代码	项目的用途或任务	描述项目或功能件的用途或任务的术语举例	典型的电气产品举例	典型的机械/液压、气动产品举例
N	为将来标准化备用			
O	不用	—	—	—
P	提供信息	告（报）警 通信 显示 指示 通知 测量（量的显示） 呈现 打印 警告	音响信号装置 安培表 铃 钟 连续行记录器 显示器 机电指示器 事件计数器 盖氏计数器 LED（发光二极管） 扬声器 光信号装置 打印机 记录式伏特表 信号灯 信号振动器 同步示波器 伏特表 瓦特表 瓦时表	音响信号装置 衡器（称重用） 铃 钟 显示器 流量表 气量表 玻璃量具 压力表 机械指示器 打印机 窥视孔 温度计 水表
Q	受控切换或改变能量流、信号流或材料流 （对于控制电路中的信号，请参见K类和S类）	断开（能量、信号和材料流） 闭合（能量、信号和材料流） 切换（能量、信号和材料流） 连接	断路器 接触器（电力） 隔离开关 熔断器开关 熔断体隔离器式开关 电动机启动器 功率晶体管 滑环短路器 开关（电力） 晶闸管 （若主要用途为防护，请参见F类）	制动器 控制器 离合器 门 闸门 大门 关闭阀 百叶窗 水闸门 锁
R	限制或稳定能量、信息或材料的运动或流动	阻断 阻尼 限制 限定 稳定	二极管 电感器 限定器 电阻器	阻断装置 单向（止回）阀 阻尼装置 棘爪 互锁装置 闭锁装置 小孔板（限流） 压力控制阀 限制器 减震器 消音器 自动脱扣机构
S	把手动操作转变为进一步处理的信号	影响 手动控制 选择	控制开关 差值开关 键盘 光笔 鼠标器 按钮开关 选择开关 设定点调节器	按钮阀 选择开关
T	保持能量性质不变的能量变换 已建立的信号保持信息内容不变的变换 材料形态或形状的变换	放大 调制 变换 铸造 压缩 转变 切割 材料变形 膨胀 锻造 磨削 碾压 尺寸放大 尺寸缩小 镟削	AC/DC变换器 放大器 天线 解调器 变频器 测量变换器 测量发射机 调制器 电力变压器 整流器 整流器站 信号变换器 信号传变器 电话机 变换器	射流放大器 齿轮箱 测量变换器 测量发送器 压力增强器 力矩变换器 铸造机 锤锻 磨床（尺寸缩小） 车床 锯
U	保持物体在一定的位置	支承 承载 保持 支持	绝缘子	横梁 轴承 阻塞块 电缆梯架 电缆托盘 托架 支架 固定架 地基 吊架 隔离体 安装板 安装架 塔架 滚动轴承
V	材料或产品的处理（包括预处理和后处理）	涂覆 清洗 脱水 除锈 干燥 过滤 热处理 封装 预处理 恢复 再精饰 密封 分离 分选 搅拌 表面处理 包装	过滤器	离心机 脱脂设备 脱水设备 过滤器 研磨机（表面处理） 封装机 搅拌棒 分离器 自动喷涂机 真空清洗机 洗涤机 加湿器
W	从一地到另一地导引或输送能量、信号、材料或产品	传导 分配 导引 导向 安置 输送	汇流排 电缆 导体 信息总线 光纤 穿墙套管 波导	输送器（无驱动） 导管 软管 梯 链（机械） 镜 滚动台（无驱动） 管道 传动轴 往复式输送机

续表

代码	项目的用途或任务	描述项目或功能件的用途或任务的术语举例	典型的电气产品举例	典型的机械/液压、气动产品举例
X	连接物	连接 啮合 连结	连接器 插头 端子 端子板 端子排	法兰 钩 软管配件 管线配件 快脱扣联接器 连轴节 端子板
Y	为将来标准化备用			
Z	为将来标准化备用			

电气设备、装置和元器件常用单双字母代码如表 2-6-3 所示。

表 2-6-3 电气设备、装置和元器件常用双字母代码

字母代码	项目（实现目的或任务）
BB	布彻霍尔兹继电器
BB	保护继电器
BB	继电器，布彻霍尔兹
BB	继电器，（热）过载
BB	继电器，保护
BD	密度测量
BD	（热）过载继电器
BE	电流测量
BE	电流变压器（电流互感器）
BE	电单元，测量
BE	测量继电器
BE	（分流）测量电阻
BE	测量变压器
BE	分流（测量电阻）
BE	电压测量
BE	电压变压器（电压互感器）
BF	流量测量
BF	流量、吞吐量测量
BF	测量孔
BF	压差测量
BF	吞吐量测量
BG	振幅测量
BG	距离测量
BG	长度测量
BG	伸/张力测量
BG	位置测量
BG	运动传感器
BG	位置开关

续表

字母代码	项目（实现目的或任务）
BG	接近传感器
BG	接近开关
BG	雷达（距离测量）
BG	传感器，位置
BG	传感器，接近
BG	伸/张力测量
BG	开关，位置
BG	开关，接近
BJ	能量测量
BK	时间测量
BL	状态（或界面）测量
BL	雷达（高度，水平度）
BL	回声深度探测器
BL	测量状态（或界面）
BM	湿度测量
BM	湿量测量
BP	压力测量
BP	真空测量
BP	压力表
BP	压力测量
BP	压力传感器
BP	传感器，压力
BP	真空测量
BQ	酸度测量
BQ	分析测量
BQ	材料特性测量
BQ	分析值测量
BQ	质量参数测量
BQ	pH 值测量
BQ	X 射线单元
BR	中子流测量
BR	辐射值测量
BR	光电池、光电晶体管
BS	周期测量
BS	速度测量
BS	速率测量
BS	振动测量
BS	振动测量
BT	温度测量
BU	组合值，测量
BU	组合值的测量

续表

字母代码	项目（实现目的或任务）
BU	多样变量的测量
BU	多样变量，测量
BU	值，组合的，测量
BV	粘性测量
BW	质量测量
BW	重力测量
BX	音频传输
BX	图像传输
BX	麦克风
BX	摄影机
BZ	数目，测量
BZ	周期检测器
BZ	事件，数目，测量
BZ	事件的数目的测量
BZ	事件的数目，测量
BZ	电波探测器单元（测量事件的数目、数量）
CA	电容器
CA	电能存储器件
CB	线圈
CB	存储，电感的
CP	冰柜
CP	蒸汽存储
CP	冷能存储
CP	混合热存储
CP	地热能存储
CP	存储，热水
CP	存储，蒸汽
CP	冰柜
CP	热能存储系统
CP	地热存储
CQ	能量，机械式存储
CQ	飞轮
CQ	机械能，储存
CQ	机械能储存
EA	萤光管
EA	白炽灯
EA	通过制造电磁辐射生成电能用于照明
EA	紫外灯
EB	锅炉，电的
EB	电炉
EB	电锅炉

续表

字母代码	项目（实现目的或任务）
EB	电热器
EB	电蒸汽锅炉
EB	炉子（电的）
EB	转化电能制热
EB	加热器，电的
EB	电热棒
EB	电热丝
EB	红外加热元件
EB	（电）散热器
EC	冷却器（压缩，涡轮驱动）
EC	转化电能制冷
EC	压缩冷却器
EC	冷却单元
EC	（电）制冷器
EC	制冷单元
EC	（电）冷藏库
EF	探测器（声纳）
EF	制造其他电磁辐射
EF	红外辐射单元
EF	X 射线单元
EL	燃烧炉
EL	燃烧石油（机械能）制热
EL	（燃烧石油的）火炉
EL	煤气灯
EL	通过燃烧石油制造电磁辐射用以照明
EM	锅炉（通过转化化学能制热）
EM	火炉
EM	燃烧炉
EM	（鼓风）炉
EM	通过转化化学能制热
EM	炉蓖燃烧室
EM	来自核裂变的热能
EN	锅炉、发热蒸汽发电机
EN	低温泵（通过转化化学能制冷）
EN	节能装置
EN	通过制造热能进行能量转移
EN	转化化学能制冷
EN	热交换机
EN	发热蒸汽发电机
EN	预热器
EN	冷藏库（化学能式）

续表

字母代码	项目（实现目的或任务）
EP	由燃烧石油（机械能）制热的空调
EP	（燃烧石油的）锅炉
EP	（通过能量转移制造热能的）锅炉
EP	冷凝器
EP	节水器
EP	蒸发器
EP	给水加热器
EP	通过能量转移制造热能
EP	发电机，发热蒸汽的
EP	热交换机
EP	发热蒸汽发生器
EP	（燃烧）热炉
EP	加热器、散热器、锅炉、热炉
EP	散热器
EP	（燃烧石油的）散热器
EP	蒸汽发生器
EP	炉，制热
EQ	低温泵（通过能量转移制冷）
EQ	制冷器（机械式）
EQ	通过能量转移制冷
EQ	燃烧石油制造电磁辐射用以照明
EQ	冷藏库（能量转移式）
ER	空调
ER	空气调节系统
ER	冷能到热能的转换
ER	低温泵（转化机械能制热）
ER	转化机械能制热
ER	热能到冷能的转换
ER	热泵
ES	转化机械能制冷
ES	制造粒子辐射
ES	冷藏库（机械式的）
ET	核裂变产生热能
ET	核反应堆
ET	反应堆，核的
EU	制造粒子辐射
EU	发生器，中子的
EU	中子发生器
FA～FE	避雷器
FA～FE	法拉第杯
FA～FE	保险丝

续表

字母代码	项目（实现目的或任务）
FA～FE	微电路断路器
FA～FE	过载释放，热的
FA～FE	电涌放电器
FA～FE	热过载释放
FL	自动排水阀
FL	断裂盘
FL	安全阀
FL	真空断路器
FL	安全阀（或自动直接装载）
FM	火灾节气闸
FM	火灾防护门
FM	火灾防护设备（危险检测和防护措施启动）
FM	锁（用于火灾防护）
FN	安全气囊
FN	冲击防护
FN	防护器件
FN	防护罩
FN	热电偶保护衬套
FN	安全带
FN	安全耦合
FP	环境保护
FP	反应堆防护单元
FQ	栅栏
FQ	接触防护
FQ	门，逃生用
FQ	安全门
FQ	逃生窗
FQ	（安全）栅栏
FQ	大门
FQ	眩目防护
FQ	栏杆
FQ	视觉保护
FQ	窗，逃生用
FR	机械项目磨损防护
FR	阳极、阴极防护
FS	雪崩防护
FS	地球物理学防护
FS	气象防护
GA	发电机
GA	发电机组
GB	电池
GB	（干）电池

续表

字母代码	项目（实现目的或任务）
GB	干电池
GB	燃料电池
GC	太阳能电池
GF	信号发生器
GF	转换器
GI	皮带传动
GL	链传动
GL	连续运输固体物质
GL	发运人
GM	不连续运输固体物质
GM	起重机
GM	升降机
GM	提升机构
GM	操纵器
GN	连续运输固体物质
GN	铲车
GN	移动起重机
GN	敞棚货车
GN	卡车
GP	连续运输液体和易流动物质
GP	泵
GP	螺纹传动
GQ	吸气器
GQ	鼓风机
GQ	连续运输和压缩气体物质
GQ	压缩机
GQ	风扇
GQ	真空泵
GR	移动运输气体物质
GR	罐车
GS	传输有驱动介质驱动的液体和气体物质
GS	排出器
GS	注射器
GS	喷射（指传输液体和气体物质）
HL	耙子
HL	筛子/过滤器
HM	离心分离机
HM	气旋装置
HN	吹沉（沉淀）
HN	沉淀箱
HN	增厚

续表

字母代码	项目（实现目的或任务）
HP	脱水
HP	蒸馏杯
HP	烘干
HP	萃取设备
HP	Munters空气干燥剂
HQ	液体过渡器
HQ	气体过滤器
HR	静电沉淀器
HR	磁力分离器
HS	吸收洗衣机
HS	活性碳吸附器
HS	离子交换器
HS	水洗机
HT	气化器
HU	粉碎机
HU	压榨机
HV	煤球机
HV	制丸机
HV	烧结设备
HV	制片机
HW	乳化器
HW	加湿器（蒸汽）
HW	揉面机
HW	搅拌器
HW	混合皿
HW	静态混合器
HW	蒸汽加湿器
HW	搅拌器
HX	熔炉，反应
HX	反应炉
HX	反应堆
HY	堆肥
HY	发酵桶
KF	辅助电流接触器
KF	二进单元
KF	二进制模块
KF	中央处理单元（cpu）
KF	控制器
KF	控制器（信号处理指向，电的）
KF	延迟系统
KF	电子阀

续表

字母代码	项目（实现目的或任务）
KF	输入/输出模块
KF	微处理器
KF	光耦合器
KF	输出/输入模块
KF	平行连接器
KF	处理计算机
KF	程序控制器
KF	接收机
KF	继电器
KF	继电器（转换，定时）
KF	信号传输单元（互锁信号）（信号处理指向，电的）
KF	转换继电器
KF	同步单元
KF	测试单元（信号处理指向，电的）
KF	定时继电器
KF	晶体管
KF	发射机
KG	控制器（信号处理指向，光学的）
KG	反射镜（处理光学和声学信号）
KG	信号传输单元（互锁信号）（信号处理指向，光学的）
KG	测试单元（信号处理指向，光学的）
KH	控制器（信号处理指向，水力的，风力的）
KH	控制器（阀位控制器）（信号处理指向，水力的，风力的）
KH	领示阀（处理水力的，风力的信号）
KH	信号传输单元（互锁信号）（信号处理指向，水力的，风力的）
KH	测试单元（信号处理指向，水力的，风力的）
KH	气门组件
KJ	控制器（信号处理指向，机械的）
KJ	联接（制造电和电子信号）
KJ	信号传输单元（互锁信号）（信号处理指向，机械的）
KJ	测试单元（信号处理指向，机械的）
KK	控制器（制造各种信息输入/输出载体）
KK	电—液转换器
KK	领示阀（电的）（处理各种输入/输出信息载体，如电的、气的）
MA	电力驱动
MA	线性马达
MB	磁力驱动
ML	（机械）激励器
ML	弹簧力驱动

续表

字母代码	项目（实现目的或任务）
ML	储能弹簧激励器
ML	重力驱动
MM	激励器
MM	（液压）激励器
MM	液压缸
MM	液压驱动
MM	液压马达
MM	液压缸
MM	伺服电动机
MN	蒸汽涡轮
MP	燃气涡轮
MQ	风力涡轮
MR	水力涡轮
MS	内燃机
MT	（用于轮船的）喷射系统
MT	（用于轮船的）喷气舵
MT	（用于轮船的）明轮系统
MT	（用于轮船的）螺旋推进器系统
OD	滑动环短路器
PF	绘图仪
PF	打印机
PF	记录仪
PF	记录仪（条形图，电压）
PF	条形图记录仪
pF	电压记录器（信息表述，永久的）
PG	（电）声学信号
PG	（机械）声学信号传输器件
PG	电表、电能表、瓦时表
PG	秤
PG	（电子）铃
PG	（机械）铃
PG	滴管
PG	（电子）时钟
PG	（机械）时钟
PG	探测器
PG	机电指示器
PG	步调计数器
PG	流量计、电流表
PG	煤气表
PG	盖格计数器
PG	指示器（机械的）

续表

字母代码	项目（实现目的或任务）
PG	指示器，机电的
PG	发光二极管
PG	扩音器
PG	监视器
PG	光学信号传输装置
PG	窥镜
PG	信号灯
PG	信号传输器件，(电）声学
PG	信号传输器件，(机械）声学
PG	信号传输器件，光学
PG	信号传输器件，振动
PG	球帽
PG	同步指示器
PG	温度计
PG	振动信号传输器件
PG	电压表
PG	水表
PG	功率表
QA	电路断路器
QA	电动机启动器、接触器
QA	功率断路器
QA	功率晶体管
QA	闸流晶体管
QB	断路器（能源、安全）
QB	隔离开关
QB	载荷隔离器
QB	安全断路器
QB	安全阀
QC	接地开关
QD	旁路断路器
QL	闸
QM	消隐
QM	消隐盘
QM	排泄阀
QM	隔离/关闭阀
QM	阀
QN	控制节气阀
QN	控制阀
QN	气体控制通道
QP	（开放式外护物限流）阻板
QP	（开放式外护物限流）水坝

续表

字母代码	项目（实现目的或任务）
QP	有锁大门
QP	堰
QQ	门（开/关）
QQ	大门（如，人用，畜用）
QQ	大门（开/关）
QQ	十字转门
QQ	窗户（开/关）
QR	隔离器件（液体或易流动物质用，无阀）
QR	锁，旋转开/关
QR	开/关用旋转锁
QU	盖子
RA	二极管
RA	电抗线圈
RA	电阻
RF	均衡器
RF	过滤器
RF	低通
RL	闭锁器件
RL	闭锁
RL	锁定（防止非授权的（机械）操作和/或运动）
RL	停止
RM	止回阀
RM	单向阀
RN	液体限流器
RN	文氏管喷嘴
RP	噪音防护
RP	冲击减震器
RP	声音减震器
RQ	（热/冷绝缘）绝缘
RQ	（热/冷绝缘）上衣
RQ	（热/冷绝缘）绝缘层材料
RQ	（热/冷绝缘）衬套
RQ	热隔离用百页窗式节气闸
RQ	热隔离百页窗式节气闸
RR	（防机械效应）砖衬
RR	补偿
RR	衰减
RR	抑制
RR	冲击吸收
RR	振动吸收
RS	波纹管扩张结合点

续表

字母代码	项目（实现目的或任务）
RS	（防化学效应）砖衬
RS	（防化学效应）爆炸防护
RS	（防化学效应）气体泄露保护
RS	（防化学效应）防溅
RS	振动衰减
RS	摆动抑制
RT	阴影
RT	天窗挡板（遮光）
RT	屏风
RT	百页窗
RU	栅栏（区域内或点内限制或稳定运动）
SF	控制开关
SF	差异开关
SF	键盘
SF	光笔
SF	按钮开关
SF	选择开关
SF	定点调整器
SF	开关（手工操作转化为电信号）
SG	无线鼠标
SG	红外线
SG	光栅
SH	手工操作到机械信号的转换
SH	手轮
SH	手工操作到机械信号，转换
SH	选择开关（机械信号）
SJ	手工操作到流体或风力信号的转换
SJ	手工操作到流体或风力信号，转换
TA	DC/DC 转换器
TA	频率转换器（电的）
TA	变压器
TB	变极器
TB	整流器
TB	AC/DC 变压器
TF	天线
TF	放大器
FF	转换器
TF	转换器，频率
TF	转换器，信号
TF	解调器
TF	EHC

续表

字母代码	项目（实现目的或任务）
TF	电传感器
TF	频率转换器（信息和信号）
TF	脉冲放大器
TF	隔离转换器、光电耦合器、磁耦合器件
TF	调节器
TF	信号转换器
TF	信号传感器
TF	电话
TF	传感器，电的
TF	传感器，信号的
TL	自动传动装置
TL	以变速为主要目的控制耦合器
TL	齿轮，自动的
TL	齿轮，可切换的
TL	分度齿轮
TL	电压放大器
TL	速度转换器
TL	扭矩转换器
TM	变形，加工
TM	机床
TM	加工
TM	锯
TM	剪刀
TN	配平机
TN	研磨机（无屑表面处理）
TN	无屑（冷）操作和处理
TN	冷无屑操作和处理
TP	无屑（冷）变形
TP	冷拉设备
TP	冷轧设备
TP	深拉设备、冷轧、冷拉设备
TP	冷无屑变形
TQ	铸造设备
TQ	无屑（热）变形
TQ	热无屑变形
TQ	挤压设备
TQ	锻造设备
TQ	热拉设备
TQ	热轧设备
TR	放大镜
TR	抛物柱面镜

续表

字母代码	项目（实现目的或任务）
UA	入口
UA	柱形绝缘子（支撑和支持电能装置）
UA	支柱
UA	支撑结构
UB	导线架
UB	导线盘
UB	导线槽
UB	导管
UB	绝缘体
UB	杆
UB	柱形绝缘子（支撑和支持电缆和导线）
UC	封装（电能装置场所）
UC	机架（电能装置场所）
UF	机柜（用于 IC 件）
UF	印制电路板
UF	下架
UF	传感器架
UG	电缆管（用于 IC 电缆、导线，仅在不与 UB 重复情况下使用）
UG	电缆架（用于 IC 电缆、导线，仅在不与 UB 重复情况下使用）
UH	机柜（电子 IC 设备外护物）
UL	机床地基
UM	建筑物地基
UM	柱（建筑要素）
UM	管（建筑要素，非线缆管，见 UG）
UM	托梁（建筑要素）
UM	过梁（建筑要素）
UM	轴
UM	轴（建筑要素）
UM	建筑要素（如过梁、托梁、悬挂梁、柱）
UM	悬挂梁（建筑要素）
UN	管道系统支架
UN	管桥
UN	管、支架
UP	球轴承
UP	滚动轴承
UP	滑动轴承
UQ	装配和竖起辅助设备
UQ	对中器件
UQ	拉紧器件
UR	锚盘

续表

字母代码	项目（实现目的或任务）
UR	锚
UR	支架
UR	搬运器
UR	直立架
UR	直立板
VL	鼓形圆筒填充设备
VL	填充物
VL	袋子填充设备
VL	罐车填充设备
VM	包装
VM	打包机
VM	堆积机
VM	包装机械
VN	磨床
VN	喷漆机
VN	抛光机
VN	表面处理
VP	退火炉
VP	冲击炉
VP	热处理
VP	熔炉
VQ	建筑物清洁装置
VQ	清洗
VQ	真空清洁器
VQ	洗衣机
WA	（传导电能）母线
WA	不小于 1kV 的母线（分配电能）
WA	导线（传输电能）
WB	不小于 1kV 的套管（传输电能）
WB	不小于 1kV 的电缆、导线
WB	不小于 1kV 的导线、电缆
WB	（大于 1kV 的）发电机导线
WB	（大于 1kV 的）高压线
WB	架空线
WC	小于 1kV 的（分配电能的）母线
WC	小于 1kV 的动力电缆
WD	小于 1kV 的套管（传输电能）
WD	小于 lkV 的电缆、导线
WD	小于 lkV 的导线、电缆
WD	接地总线
WD	屏蔽连接总线

续表

字母代码	项目（实现目的或任务）
WE	传导接地电压或参考电压
WE	接地电压或参考电压，传导
WE	参考电压或接地电压，传导
WF	数据总线
WG	控制电缆
WG	数据线
WG	测量电缆
WH	玻璃纤维电缆
WH	激光器（光学信号和能量引导、路由）
WH	光波导
WL	燃烧炉
WL	传送器（非驱动）
WL	倾斜平面
WL	辊筒台
WM	水道（输送和传导液体和易流动液体的开放外护物）
WM	水槽
WN	软管
WP	空气输送管
WP	管
WP	堆栈
WQ	链条
WQ	联接（机械能传递）
WQ	转子
WQ	轴（发动机）
WQ	机械能传递
WQ	V形带
WR	轨式输送机导航
WR	定点系统
WR	铁路设备
WR	铁路
WS	通路系统
WS	人行道
WS	平台
WS	楼梯
WT	轨道
WT	公路
WT	船运路线
WT	运输路线
XA	连接大于1kV的项目
XA	插针（大于1kV）
XB	不小于1kV的电缆密封端
XB	夹子（小于1kV）
XB	不小于1kV的连接项目
XB	连接小于1kV的项目
XB	接线盒

续表

字母代码	项目（实现目的或任务）
XB	插座（小于1kV）
XB	不小于1kV的终端
XC	接地夹
XD	小于1kV的电缆密封端
XD	连接小于1kV的项目
XD	小于1kV的套管
XD	插座
XD	小于1kV的终端
XE	接地电压或参考电压的连接
XE	接地电压或参考电压，连接于
XE	接地终端
XE	参考电压或接地电压，连接于
XE	防护连接终端
XF	连接元件（信号连接）
XF	插头连接器（连接信号）
XF	信号分配器
XG	连接元件（信号（电）连接）
XG	信号（电）连接
XG	插头连接器（信号（电）连接）
XG	信号连接器
XH	信号（光学）连接
XH	连接器，光学的（信号（光学）连接）
XH	光学连接器（信号（光学）连接）
XL	耦合
XL	装配
XL	法兰
XL	管件
XM	软管连接
XM	软管接头
XN	耦合，刚性的
XP	控制耦合
XP	耦合，受控的
XP	耦合，绝缘的
XP	绝缘耦合
XQ	粘接
XQ	连接，永久的
XQ	用久连接
XQ	焊料连接
XQ	焊接
XR	连接，临时的
XR	吊钩
XR	接线片
XR	临时连接

二、电磁学

（一）电荷与电场

1. 电荷

物体带有电荷，电荷分为正电荷和负电荷，电荷所带电荷量为 $e=1.6\times10^{-19}$C（库仑）。

摩擦起电，就是物体在被摩擦时失去或获得电荷，物体上的正、负电荷不平衡从而显出电性。

2. 电场

电荷周围存在电场，静止电荷周围的电场为静电场，处在电场中的任何电荷都会受到力的作用，这个力称为电场力。

3. 库仑定律

真空中两个静止点电荷之间的相互作用力，与它们的电荷量的乘积成正比，与它们的距离的平方成反比，作用力的方向在它们的连线上。库仑定律的数学描述式为

$$F=K\frac{q_1q_2}{r^2} \tag{2-6-1}$$

式中：静电力常数 $K=\frac{1}{4\pi\varepsilon_0}=9.0\times10^9\text{N}\cdot\text{m}^2/\text{C}^2$ 与真空中的介电常数有关。其中

$$\varepsilon_0=8.85\times10^{-12}/\text{N}\cdot\text{m}^2$$

两个点电荷之间的作用力不因第三个点电荷的存在而有影响。

4. 电场强度

静止电荷产生的电场为静电场，它对电场中的其他电荷具有作用力。

电场的强弱以电场强度来度量，计算式如下

$$E=\frac{F}{q} \tag{2-6-2}$$

式中的电场力 F 由库仑定律确定，而电量 q 是在该点做测试用的带电体所带正电荷的电量。电场中某点电场强度的大小等于单位正电荷在该点所受电场力的大小，它的方向与正电荷的受力方向相同。

电场强度的单位是牛顿/库仑（N/C)，通常还采用伏特/米（V/m）为单位，两者具有相同的量纲。

电场中各点电场强度的大小和方向可用电场线描述。一个孤立点电荷周围的电场线在空间呈辐射状分布。对于正点电荷，其电场起始于正电荷，终止于无限远处；对于负点电荷，则电场起始于无限远处，终止于负电荷。一对正负电荷周围的电场分布起始于正电荷，终止于负电荷。电场线在电场中不相交。

5. 高斯定律

静电场对任意封闭曲面的电通量只与被包围该曲面内的电量有关，其数学表述形式为

$$\boldsymbol{\Phi}=\oiint_s \boldsymbol{E}\cdot \mathrm{d}\boldsymbol{S}=\frac{1}{\varepsilon_0}\sum_{i=1}^{n}q_i \tag{2-6-3}$$

式中：$\oiint_s \boldsymbol{E}\cdot \mathrm{d}\boldsymbol{S}$ 为通过任意闭合曲面 $\boldsymbol{S}$ 的电通量，用 $\boldsymbol{\Phi}$ 表示，它等于该闭合曲面所包围的所有电荷的代数和 $\sum_{i=1}^{n}q_i$ 与真空中介电常数 ε_0 的比。

电通量的引入是高斯的重要贡献，它是电场、磁场、电磁场以及其他场问题研究中的一个重要概念。

应用高斯定律需要注意两点：一是定律中的场强 E 是由全部电荷产生的；二是通过闭合曲面的电通量只决定于它所包含的电荷，闭合曲面外的电荷对电通量无贡献。

（二）电流与磁场

1. 电流和电流强度

由于电场的作用，导体中的电荷作定向运动，电荷的这种定向流动形成电流。电学中将正电荷流动的方向规定为电流的方向，以单位时间内通过导体横截面的电荷总量即电荷的流量来度量电流的强弱，称为电流强度，简称电流，通常用符号 I 来表示，

$$I=\frac{q_S}{t}=\frac{Q}{t} \tag{2-6-4}$$

式中　q——每 mm^2 导体横截面的电荷量，C/mm^2；

t——时间，s；

Q——电荷总量，C；

s——导体横截面积，mm^2。

电流强度的单位是安培（A)，1A=1C/s。

2. 磁场和磁感应强度

运动的电荷（电流）产生磁场，磁场中的磁针会因受到力的作用而发生偏转，这种力称为磁力。

可以用单位磁针在磁场中受力的大小来度量磁场的强弱，称为磁感应强度，用 B 来表示，其单位是特斯拉（T)，1T=1N/(A·m)。磁感应强度也用高斯（G）做单位，1T$=10^4$G。电学中将小磁针静止时 N 极所指的方向规定为该电流的磁感应强度的方向，用磁感线描述磁感应强度方向。同名磁极相互排斥，异名磁极相互吸引。

对于直线电流的磁场方向可以通过安培定则（右手定则）确定，即右手握住导线，伸直的拇指与电流方向一致，则弯曲的四指指向即为磁场的方向，如图 2-6-2（a）所示，磁感应强度为

$$B=\frac{\mu I}{2\pi r} \tag{2-6-5}$$

对于环形电流，如线圈［图 2-6-1(b)］，让右手弯曲的四指与环形电流方向一致，则伸开的拇指所指方向就是磁场的方向。

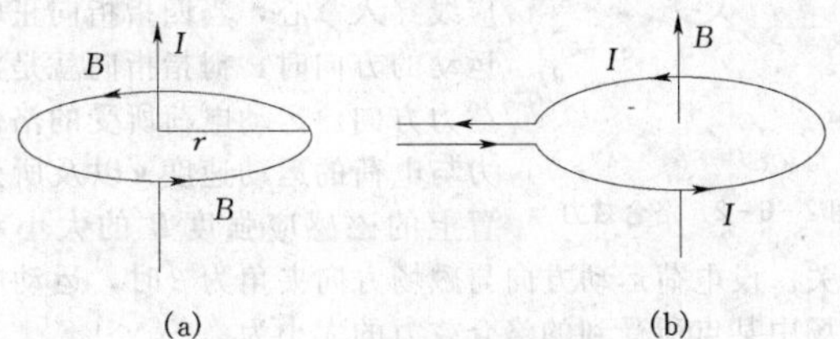

图 2-6-1　电流与磁场的方向关系

(a) 直导线的电流磁场；(b) 线圈的电流磁场

3. 安培环路定律

安培环路定律给出了磁场中磁场强度 $\boldsymbol{H}$ 和电流 I 的关系，即

$$\oint_l \boldsymbol{H}\cdot \mathrm{d}\boldsymbol{l}=\sum I \tag{2-6-6}$$

磁场强度 $\boldsymbol{H}$ 沿磁场中任意一个闭合曲线的线积分等于穿过闭合曲线所围面积内各个电流的代数和，而与闭合曲线的位置及形状无关。

磁场强度与磁感应强度及磁导率间有以下关系式

$$B=\mu H \tag{2-6-7}$$

磁场方向与积分路径方向符合右手定则关系的电流取正号；方向与积分路径方向不符合右手定则关系的电流取负号。

对于磁场中磁感应强度处处相等的均匀的磁场，将式（2-6-7）代入式（2-6-6）中，则有

$$B\oint_l \mathrm{d}l=Bl=\mu_0\sum I \tag{2-6-8}$$

(三) 电磁感应定律

当通过回路面积的磁通量Φ发生变化时，则在回路中产生感应电动势e，其大小与磁通量对时间的变化率成正比，其方向与磁通量Φ符合右手定则。

$$e=-K\frac{d\Phi}{dt} \tag{2-6-9}$$

当Φ的单位用韦伯（Wb），时间t的单位用秒（s），e的单位用伏特（V）时，比例系数$K=1$。所以，电磁感应定律通常写成

$$e=-\frac{d\Phi}{dt} \tag{2-6-10}$$

当磁通量减小时，$\frac{d\Phi}{dt}<1$，e为正，方向与图示方向相同；

当磁通量增加时，$\frac{d\Phi}{dt}>1$，e为负，方向与图示方向相反。

当导体回路由N匝线圈构成时，导体回路的磁通量为$N\Phi$（称为磁通链），通常用字母$\boldsymbol{\Psi}$表示，于是，线圈上的电磁感应关系通常表述为

$$e=-\frac{d\Psi}{dt}=-N\frac{d\Phi}{dt} \tag{2-6-11}$$

在导体中，电动势ε_i是电荷流动的驱动力，若导体回路闭合，则导体中就有电流I_i流通，I_i称为感应电流。

(四) 洛仑兹力

1. 洛仑兹力

运动电荷在磁场中所受到的力称为洛仑兹力。

运动电荷在磁场中所受的洛仑兹力方向与运动方向和磁感应强度的方向都垂直，如图2-6-2所示，根据左手定则很容易判定，即伸开左手，拇指与其余四指垂直，且在同一平面；让磁感应线穿入掌心，当四指指向正电荷运动的方向时，拇指指向就是洛伦兹力方向。运动电荷所受的洛伦兹力与电荷的运动速度$\boldsymbol{v}$以及所处位置上的磁感应强度$\boldsymbol{B}$的大小和方向有关。设电荷运动方向与磁场方向夹角为β时，运动电荷在磁场中某点所受到的洛仑兹力的大小为

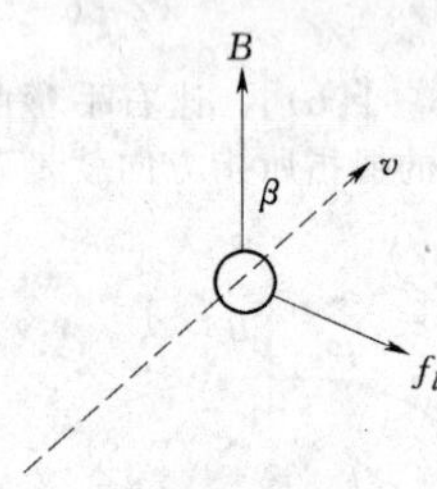

图2-6-2　洛仑兹力

$$f_l=qvB\sin\beta \tag{2-6-12}$$

其中q为电荷量。

2. 洛仑兹力与感应电动势

当导体在磁场中受力做切割磁场运动时，在导体的内部就会产生电动势。在感应电动势的作用下，自由电子聚集在一端，使该端带负电，另一端由于缺少电子而带正电，两端的正负电荷在导体中建立起电场形成电压，当电荷产生的电场力与导体所受洛仑兹力在该段导体中取得平衡后，导体两端形成一个稳定的电压。如果这一段导体与外接电路相连，则它在这个电压作用下就会有电流流通，电路最终处于稳定工作。发电机就是基于这个原理设计的。

图2-6-3表示一段导体在均匀磁场（磁场强度$\boldsymbol{B}$）中作垂直切割磁场运动时导体内部感应电动势形成及电荷移动的情况。导体l沿纸面向右运动（$\boldsymbol{v}$），根据左手定则，可以判断出自由电子所受的洛仑兹力的方向沿纸面向下。显然，导体内部电动势ε方向是沿纸面向上的，它的大小为

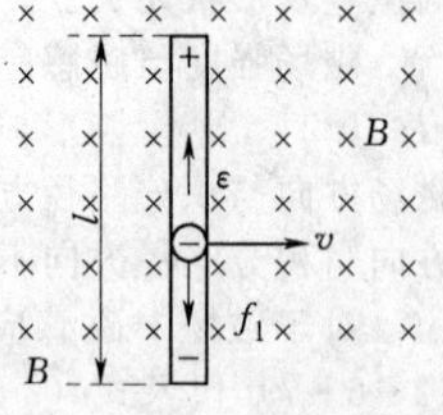

图2-6-3　运动导体的感生电动势

$$\varepsilon=Blv \tag{2-6-13}$$

它的单位是伏特（V），$1V=1T\cdot m^2/s$。

3. 磁场中载流导体受力

载流导体在磁场中要受到力的作用，如图2-6-4所示。一段垂直于均匀磁场的导体，当它通以电流I时，其所受力为

$$F=BlI \tag{2-6-14}$$

其中，l为导体的长度，B为磁感应强度。受力方向根据左手定则判定。

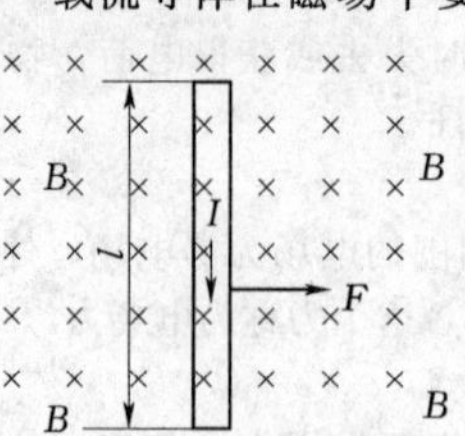

图2-6-4　载流导体在磁场中受力

显然，通电导体在磁场中会因为受力而运动并对外做功。因此，只要对导体持续通电，并保持电流与磁场的方向关系不变，则力$\boldsymbol{F}$驱动导体持续运动并对外做功。这就是各种电动机的基本设计依据。

三、电路

(一) 电路组成和电路的基本物理过程

1. 电路组成

为了实现一定目的，将有关元件、器件及设备按照一定方式连接在一起就形成了电路。用电目的不同，组建出的电路结构形式就不同。根据电路的连接目的和功能，电路可分为力能电路和信号电路两大类，但它们均包含电源、功能部件和连接导线三个组成部分。其中，电源为“电能的来源”，是驱动电路工作的激励能源，特指那些将非电能转换为电能的装置；功能部件是指实现电气装置功能所必需的元器件，包括电阻器、电容器、电感器、晶体管、集成电路芯片、控制开关以及其他电热的、电动的、光电的转换器件等；连接导线确保电路电能量或电信号的传输。

2. 电路的基本物理过程

电路工作时总是伴随着三种基本的物理现象，即：

(1) 电荷定向运动形成电流，电荷流动过程中在导电材料内部发生碰撞，摩擦起热，产生热效应，当热量被其他介质吸收后，出现电能量的消耗；

(2) 电荷流动产生磁场效应，出现电能量向磁场能的转换现象；

(3) 正负电荷之间产生电场效应，即电路中的电能量转换为电场能储存起来。

(二) 理想电路元件及其约束关系

1. 电阻元件R

(1) 元件约束。电阻元件表示消耗电能量，元件参数用R表示，其元件符号如图2-6-5所示。流过电阻R的电流i和两端的电压u的关系满足欧姆定律

$$u=\pm Ri \tag{2-6-15}$$

当电流i、电压u的参考方向按关联方向设定时［图2-6-5(a)］，式（2-6-15）取“+”号，反之，取“−”号，如图2-6-5（b）。

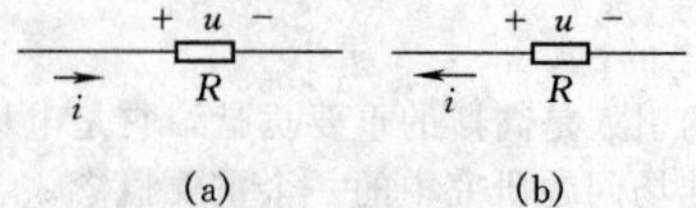

图2-6-5　电阻元件符号及元件约束

(a) u与i关联方向设定$u=Ri$；

(b) u与i非关联方向设定，$u=-Ri$

(2) 电阻 R 消耗的功率。若电压电流按关联方向设定，则 $P=ui$；若电压电流按非关联方向设定，$P=-ui$，但均可由

$$P=i^2R=u^2/R \tag{2-6-16}$$

计算。

2. 电感元件 L

(1) 元件约束。电感是一种可以将电能转换为磁场能（储能）而不消耗能量的电路元件，描述参数用电感量 L 表示。流过电感上的电流 i 和两端的电压 u 的方向按关联方向设定时（如图 2-6-6），它们具有约束关系

$$u=L\frac{di}{dt} \tag{2-6-17}$$

若电压电流按非关联方向，则有约束关系

$$u=-L\frac{di}{dt}$$

u 与 i 关联方向设定

图 2-6-6 电感元件符号

(2) 电感 L 储存的能量。当电流 i 通过电感元件时，可存储 W_L 磁场能，其计算式为

$$W_L=\frac{1}{2}Li^2 \tag{2-6-18}$$

W_L 与电感 L 和流过的电流 i 有关。

电感在直流电路中，$u=L\frac{di}{dt}=0$，相当于短路。

3. 电容元件 C

(1) 元件约束。电容是一种可以将电能转换为电场能（储能）而不消耗能量的电路元件，其参数用 C 表示。元件符号如图 2-6-7 所示，其元件约束关系为

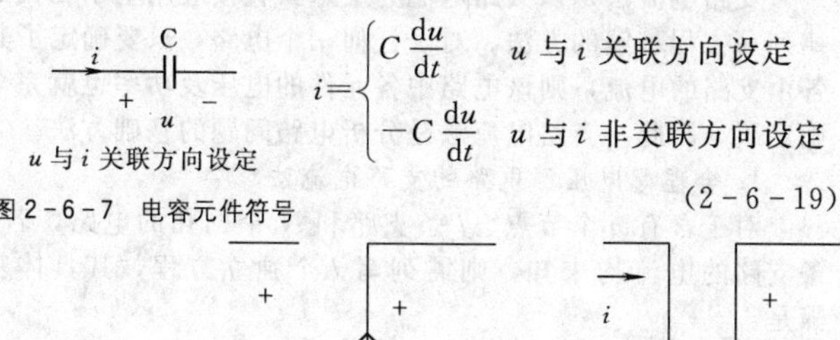

u 与 i 关联方向设定

图 2-6-7 电容元件符号

$$i=\begin{cases}C\dfrac{du}{dt} & u\text{ 与 }i\text{ 关联方向设定}\\ -C\dfrac{du}{dt} & u\text{ 与 }i\text{ 非关联方向设定}\end{cases} \tag{2-6-19}$$

(2) 电容 C 储存的能量。当电容元件两端存在电压 u 时，可存储 W_C 电场能，其计算式为

$$W_C=\frac{1}{2}Cu^2 \tag{2-6-20}$$

W_C 与电容参数 C 和其两端电压 u 有关。

电容在直流电路中，$i=C\frac{du}{dt}=0$，相当于开路。

4. 电源元件

电源可分为独立源和受控源。

(1) 独立源是能够单独对电路产生激励作用的电源，产生电压激励的电源为电压源，其符号如图 2-6-8（a），其两端电压 u 与通过的电流 i 无关，元件约束为 $u\equiv u_S$；产生电流激励的电源为电流源，其符号如图 2-6-8（b），其通过的电流 i 与两端电压 u 无关，元件约束为 $i\equiv i_S$。

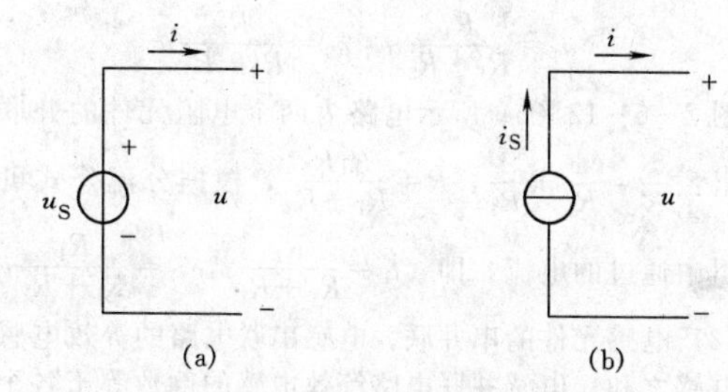

图 2-6-8 独立源元件符号

(a) 电压源；(b) 电流源

(2) 必须在电路其他部分的电压或电流的控制下才能对电路产生激励作用的电源称为受控源，共有 4 种形式，如图 2-6-9 所示。

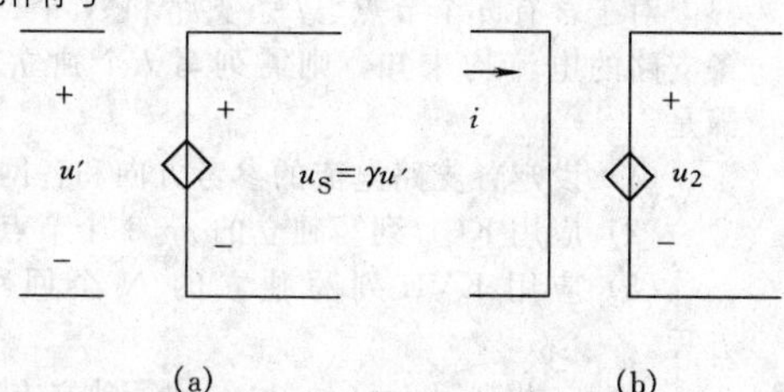

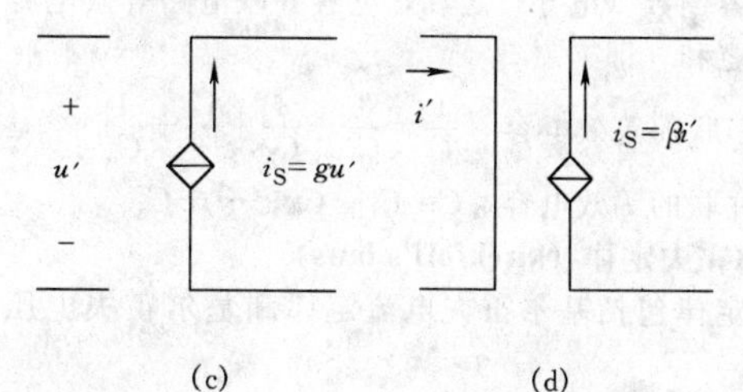

图 2-6-9 受控源元件符号

(a) 电压控制的电压源 VCVS；(b) 电流控制的电压源 CCVS；(c) 电压控制的电流源 VCCS；(d) 电流控制的电流源 CCCS

（三）电路模型

由电路元件模型组成的电路称为电路模型。

1. 实际电路部件的电路模型

(1) 对于实际电源可以由理想独立源与电阻组合表示，如图 2-6-10。

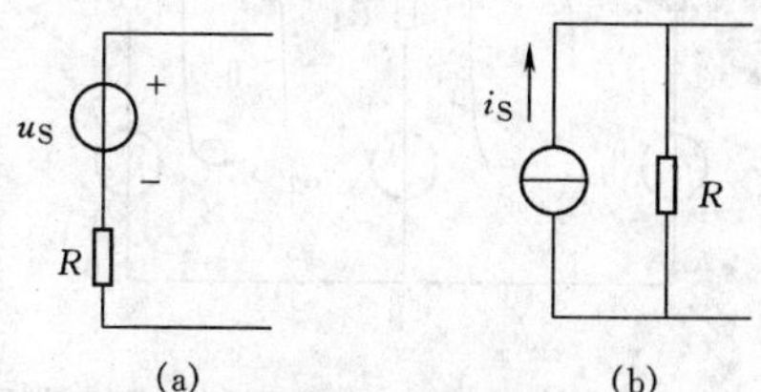

图 2-6-10 实际电源的电路模型

(a) 电压源；(b) 电流源

(2) 对于功能部件：

1) 单纯耗能的设备只消耗电能量，可通过电阻 R 元件描述。

2) 电感线圈工作于在低频交流电情况下，既有较强的磁场效应，又有热效应产生，可由电感元件 L 与电阻元件 R 串联表示，如图 2-6-11 所示。

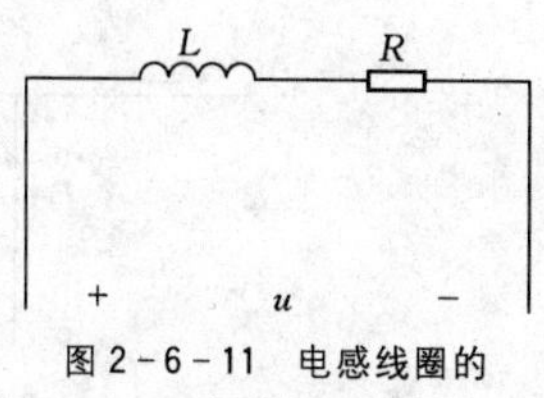

图 2-6-11 电感线圈的电路模型

3) 电容器工作时主要体现电场效应，可由电容元件 C 描述。

4) 连接导线则可用 $R=0$ 的导线表示。

2. 元件的串并联连接

几个元件按首尾相连原则一个接一个顺序连接称为元件的串联，串联元件流过同一个电流，各个元件电压之和等于总电压。几个元件均连接在两个结点之间称为元件的并联，并联元件承受同一个电压，流过各元件电流之和等于并联电路总电流。

(1) 电阻元件的串并联、电阻串联电路的总电阻等于各个电阻之和，电阻并联电路总电阻的倒数（电导）等于各个电阻倒数（电导）之和。

图 2-6-12 (a) 所示电路为两个电阻元件的串联，等效电阻：$R=R_1+R_2$，每个电阻上的电压分别为

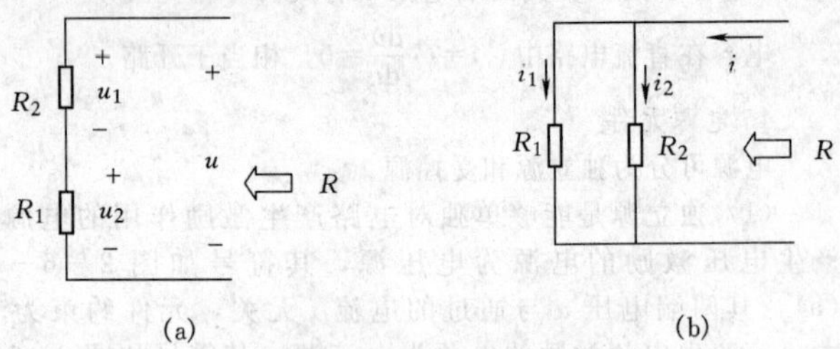

图 2-6-12　电阻的串并联

(a) 电阻串联；(b) 电阻并联

$$u_1=\frac{R_1}{R_1+R_2}u,\ u_2=\frac{R_2}{R_1+R_2}u$$

图 2-6-12 (b) 所示电路为两个电阻元件的并联，等效电阻：$\frac{1}{R}=\frac{1}{R_1}+\frac{1}{R_2}$，$R=\frac{R_1R_2}{R_1+R_2}$，根据分流公式可得每个电阻中通过的电流，即：$i_1=\frac{R_2}{R_1+R_2}i$，$i_2=\frac{R_1}{R_1+R_2}i$。

(2) 电感元件的串并联。电感串联电路的等效电感等于各个电感之和，电感并联电路等效电感的倒数等于各个电感倒数之和，即

n 个电感串联的等效电感　$L=L_1+L_2+\cdots+L_n$

n 个电感并联的等效电感　$\frac{1}{L}=\frac{1}{L_1}+\frac{1}{L_2}+\cdots+\frac{1}{L_n}$

(3) 电容元件的串并联。电容串联电路的等效电容的倒数等于各个电容倒数（电导）之和，电容并联电路等效电容等于各个电容之和，即

n 个电容串联的等效电容　$\frac{1}{C}=\frac{1}{C_1}+\frac{1}{C_2}+\cdots+\frac{1}{C_n}$

n 个电容并联的等效电容　$C=C_1+C_2+\cdots+C_n$

（四）基尔霍夫定律（kirchfoff's laws）

基尔霍夫定律包括基尔霍夫电流定律和基尔霍夫电压定律。

1. 基尔霍夫电流定律（KCL）

对任一节点，流入节点的各支路电流的总和等于流出节点的各支路电流的总和。对于图 2-6-13 所示节点 a 的 KCL，有：$i_1+i_2=i_3+i_4$。

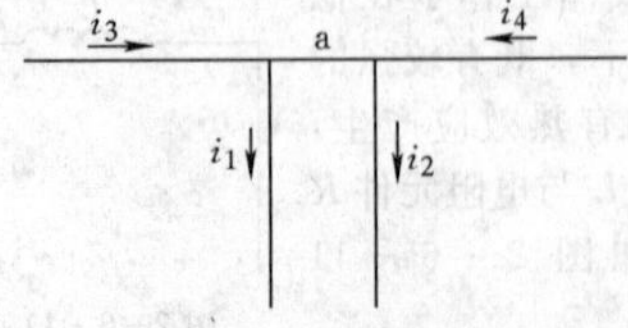

图 2-6-13　电路中的节点

若设定流入节点的电流取正号，流出节点的电流取负号，则图 2-6-13 所示节点 a 的 KCL，又可描述为

$$(i_3+i_4)-(i_1+i_2)=0$$

基尔霍夫电流定律可用公式表示

$$\sum i_{流入}=\sum i_{流出}或\sum i=0\qquad(2-6-21)$$

KCL 不仅适用于电路中的任一节点，它也适用于包围某一部分电路的封闭平面，这个封闭平面可视为广义节点，在图 2-6-14 电路中，虚线圈起来的部分电路可视为广义节点，则

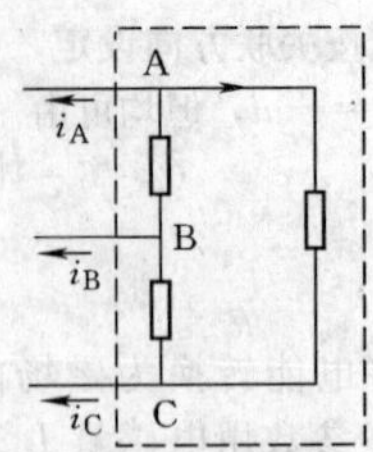

图 2-6-14　广义节点

$$i_A+i_B+i_C=0$$

2. 基尔霍夫电压定律（KVL）

对于任一回路（闭合或开口），循行一周，电压降落的总和等于电压上升的总和，即

$$\sum U_{电压升}=\sum U_{电压降}\qquad(2-6-22)$$

当规定回路中电压参考方向与循行方向一致者取正号、相反者取负号时，基尔霍夫电压定律可描述为：任一回路（闭合或开口），循行一周，各部分电压的代数和等于零，即

$$\sum U=0\qquad(2-6-23)$$

图 2-6-15 所示电路中，ADBCA 回路的 KVL 方程

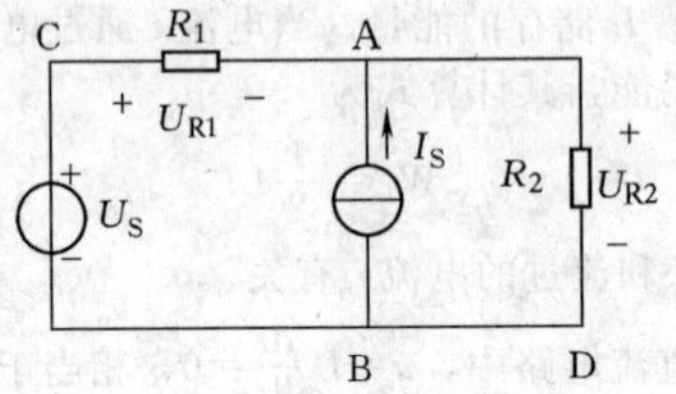

图 2-6-15　电路中的回路

$$U_{R2}+U_{R1}=U_S\ 或\ U_{R2}-U_S+U_{R1}=0$$

（五）支路电流法

支路电流法是以支路电流为变量，直接应用基尔霍夫定律列写方程求解的方法。对于任何一个电路，只要确定了其各个支路的电流，则该电路中各元件的电压及功率也就完全确定了。因此，支路电流法是分析电路问题的基础方法。

1. 含理想电压源电路的支路电流法

对于含有 n 个节点、l 条支路和 N 个网孔的电路，若 l 条支路的电流均未知，则需列写 l 个独立方程，其具体步骤是：

(1) 设定各支路电流的参考方向和各网孔的循回方向；

(2) 应用 KCL 列写独立的 $n-1$ 个节点电流方程；

(3) 应用 KVL 列写独立的 N 个回路（网孔）电压方程。

由此，共列写 $l=(n-1)+N$ 个独立方程。

以图 2-6-16 为例，说明支路电流法的应用。

(1) 图 2-6-16 所示电路共有 3 条支路，所以需要求解 3 个支路电流。首先设定 3 条支路电流参考方向，如图 i_1、i_2 和 i_3。

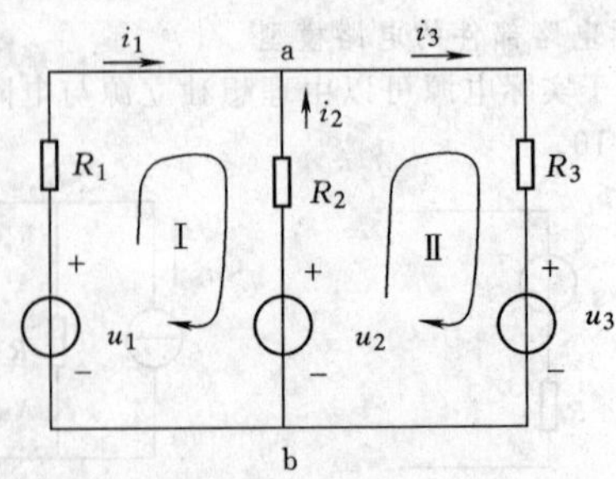

2-6-16　含理想电压源电路的支路电流法

(2) 电路共有 2 个节点（节点 a 和节点 b），需列写 1 个 KCL 方程，对于节点 a

$$i_1+i_2-i_3=0\qquad(2-6-24)$$

(3) 根据 KVL 列写 (3-1) 各独立的回路电压方程。

设两个网孔的循行方向均为顺时针，如图 2-6-16 所示。

$$\left.\begin{array}{ll}\text{对于网孔 I} & -u_1+i_1R_1-i_2R_2+u_2=0\\ \text{对于网孔 II} & -u_2+i_2R_2+i_3R_3+u_3=0\end{array}\right\} \quad (2-6-25)$$

整理方程组（2-6-25），并与方程（2-6-24）联立，获取求解图 2-6-16 所示电路关于 3 个未知支路电流的方程组，即

$$\begin{cases}i_1+i_2-i_3=0\\ i_1R_1-i_2R_2=u_1-u_2\\ i_2R_2+i_3R_3=u_2+u_3\end{cases} \quad (2-6-26)$$

2. 含理想电流源电路的支路电流法

如图 2-6-17 所示电路含有电流源，由于电流源的电激流已知，所以电流源所在支路的电流也就已知，这样所需求解的支路电流个数减少为 $l'=2$ 个。但是电流源的端电压未知，若采用一般方法求解，势必造成求解问题的复杂度，因此，在这种情况下所采取的求解策略是：

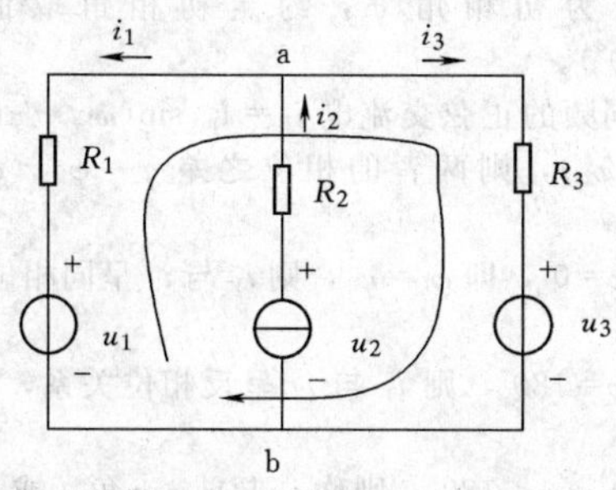

图 2-6-17 含理想电流源电路的支路电流法

(1) 设定各支路电流的参考方向和各网孔的循回方向；

(2) 应用 KCL 列写独立的 $n-1$ 个节点电流方程；

(3) 应用 KVL 列写独立的 $l'-(n-1)$ 个回路电压方程。

如果选择不包含电流源的回路作为列写对象。如图 2-6-16 所示电路所需列写的独立方程组为

$$\begin{cases}i_1+i_2-i_3=0\\ R_1i_1+R_3i_3=u_1-u_3\end{cases}$$

（六）电压源与电流源模型的等效互换

一个实际的独立电源可以用两种模型来表述，即电压源模型和电流源模型。当用这两种模型表述同一个电源时，它们之间是可以等效互换的，这两个互换的电源模型具有完全相同的外部特性。图 2-6-18 中电压源模型和电流源模型分别为实际电源的等效模型。

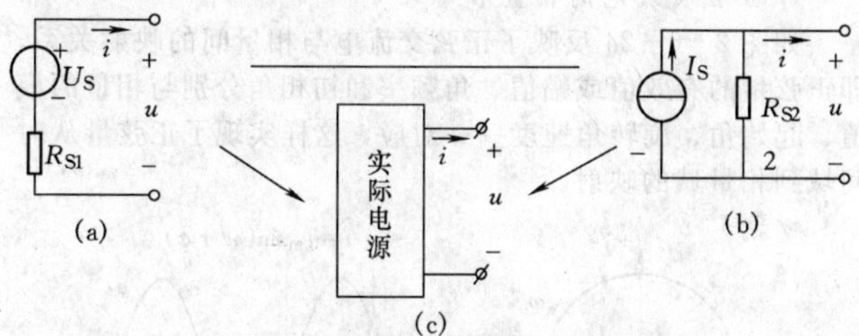

图 2-6-18 实际电源的两种等效电源模型

(a) 电压源模型；(b) 电流源模型；(c) 实际电源

根据基尔霍夫电压定律可列出电压源端口的伏安特性

$$u=U_S-R_{S1}i \quad (2-6-27)$$

根据基尔霍夫电流定律可得电流源端口的伏安特性

$$i_S=i+\frac{u}{R_{S2}}$$

经整理可得

$$u=R_{S2}i_S-R_{S2}i \quad (2-6-28)$$

由式（2-6-27）和式（2-6-28）推出电压源模型和电流源模型等效互换的条件为

$$R_{S1}=R_{S2}=R_S$$
$$u_S=i_SR_S, i_S=\frac{u_S}{R_S} \quad (2-6-29)$$

应注意电压源电压的方向和电流源电流的流出方向的对应关系。

（七）等效电源定理

电路分析中的等效方法是将复杂结构的电路问题用一个简单的结构去等效地替换它，从而形成一个新的结构相对简单电路的方法。

等效电源定理就是保证等效替换的一种有效方法。等效电源定理包括等效电压源定理和等效电流源定理。等效电压源定理，也称戴维南定理（Thevenin's theorem）。

戴维南定理：一个有源线性两端网络可以等效为一个理想电压源 U_S 和一个电阻 R_S 串联的电路。理想电压源 U_S 的电压等于有源线性两端网络开路时的端口电压，串联电阻 R_S 的值等于有源线性两端网络除源后的无源网络的端口等效电阻，如图 2-6-19 所示。

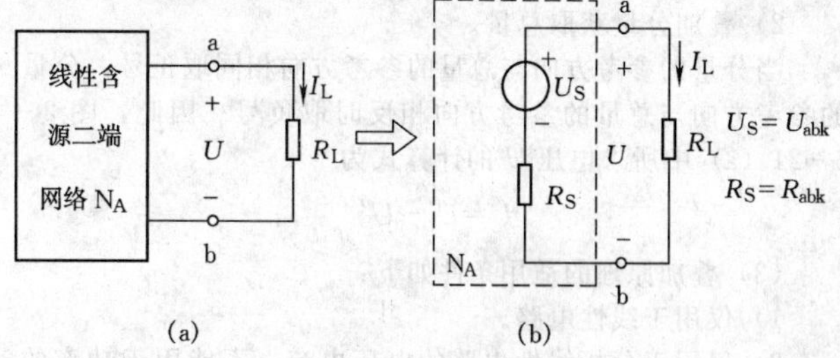

图 2-6-19 戴维南定理

(a) 有源线性两端网络；(b) 一个理想电压源和一个电阻串联的电路

如何将有源线性两端网络变为无源网络？这涉及除源原则，也就是除去有源线性两端网络中电源的作用。对于理想电压源供出电压为零，可将其视为“短路”；对于理想电流源供出电流为零，可将其视为“开路”，如图 2-6-20 所示。

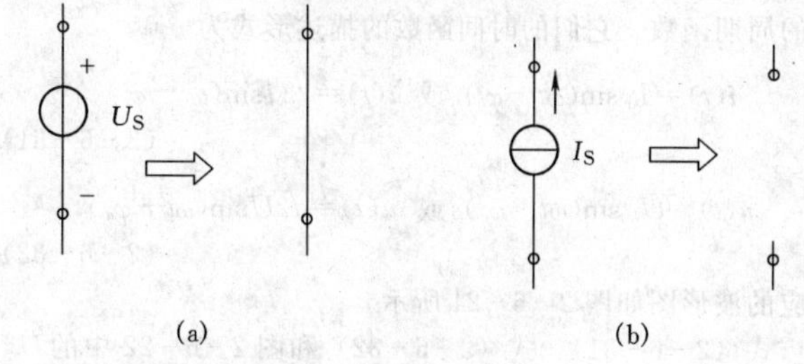

图 2-6-20 除源原则

(a) 理想电压源视为“短路”；(b) 理想电流源视为“开路”

（八）叠加原理

(1) 叠加原理是线性电路的叠加性的一种描述形式。其核心是在线性电路中，如果有多个电源共同作用，电路中各电流（电压）等于各个电源单独作用时产生电流（电压）的代数和。如图 2-6-21 所示，图（a）为两个电源共同作用的电路，电阻 R_3 上的电压 U 等于图（b）电压源 U_S 单独作用产生的电压 U' 和图（c）电流源 I_S 单独作用产生的电压 U'' 的代数和，即

$$U=U'+U'' \quad (2-6-30)$$

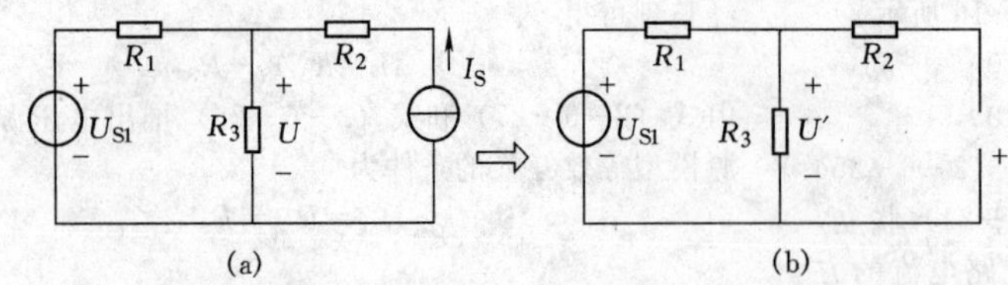
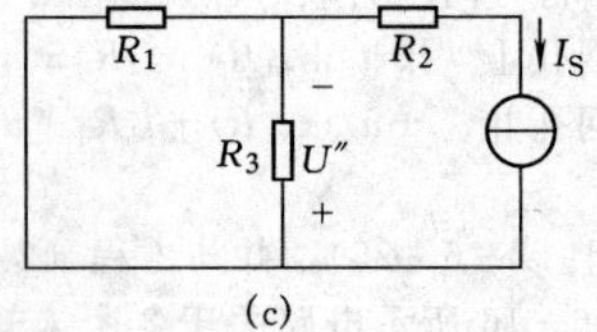

图 2-6-21　叠加原理求解电路

(a) 两个独立源共同作用电路；(b) 电压源单独作用电路；(c) 电流源单独作用电路

叠加原理中的除源原则与等效电源定理中的除源原则相同。

(2) 应用叠加原理求解问题的具体步骤如下。

1) 求解每个单电源电路作用下的响应分量。

由图 2-6-21 (b) 可得，当电压源单独作用于电路时的分量为

$$U'=\frac{R_3}{R_1+R_3}U_{S1}$$

由图 2-6-21 (c) 可得，当电流源单独作用于电路时的分量为

$$U''=\frac{R_1R_3}{R_1+R_3}I_S$$

2) 叠加分量获取总量。

当分量的参考方向与总量的参考方向相同取正号，分量的参考方向与总量的参考方向相反时取负号。因此，图 2-6-21 (a) 中所求电压 U 的计算式为

$$U=U'-U''$$

(3) 叠加原理的适用条件如下：

1) 仅用于线性电路。

2) 仅用于分析线性电路的电压电流，不能用于功率的求取。

3) 仅考虑独立电源单独作用下的响应量，受控电源的作用不遵循叠加原理。

四、正弦交流电

(一) 正弦交流电的三要素

正弦交流电是指按照正弦规律变化的电压或电流，是基本的周期函数。它们的时间函数的描述形式为

$$i(t)=I_m\sin(\omega t-\varphi_i)\ \text{或}\ i(t)=\sqrt{2}I\sin(\omega t-\varphi_i) \tag{2-6-31}$$

$$u(t)=U_m\sin(\omega t+\varphi_u)\ \text{或}\ u(t)=\sqrt{2}U\sin(\omega t+\varphi_u) \tag{2-6-32}$$

相应的波形图如图 2-6-24 所示。

式 (2-6-31)、式 (2-6-32) 和图 2-6-22 中的 U_m 和 I_m 为交流电压电流最大值或幅值，U 和 I 为电压电流有效值，ω 为角频率，φ_u (或 φ_i) 为初相角。幅值 (或有效值)、角频率、初相角称为正弦交流电的三要素。

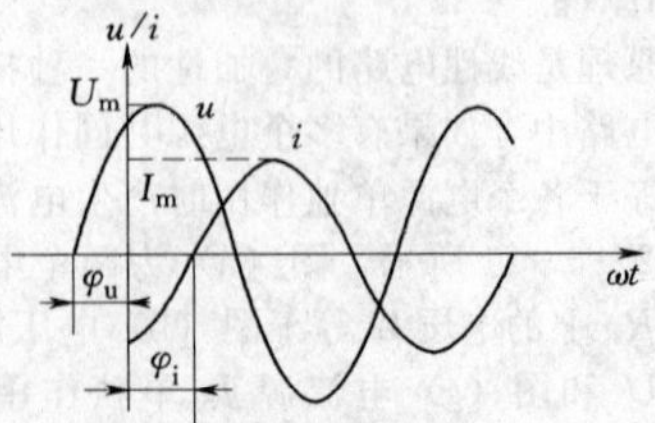

图 2-6-22　正弦交流电波形和三要素

1. 正弦交流电的最大值与有效值具有关系式

$$I_m=\sqrt{2}I\ \text{或}\ U_m=\sqrt{2}U \tag{2-6-33}$$

2. 周期 T、频率 f 和角频率 ω 的关系

$$\omega=2\pi f=\frac{2\pi}{T} \tag{2-6-34}$$

3. 初相角和相位差

正弦交流电 $I_m\sin(\omega t+\varphi_i)$ 中的 $(\omega t+\varphi_i)$ 为相位，$t=0$ 时的相位为初相角 φ_i，约定初相角取值范围为 (−180°, 180°)。

设两个同频的正弦交流电 $i_1=I_{m1}\sin(\omega_1 t+\varphi_1)$ 和 $i_2=I_{m2}\sin(\omega_2 t+\varphi_2)$，则两者的相位之差 $\varphi=\varphi_1-\varphi_2$ 为初相位差：

(1) 若 $\varphi=0°$，即 $\varphi_1=\varphi_2$，则 i_1 与 i_2 呈同相位关系，称 i_1 与 i_2 同相；

(2) 若 $\varphi=180°$，则 i_1 与 i_2 呈反相位关系，称 i_1 与 i_2 反相；

(3) 若 $0°<\varphi<180°$，则称 i_1 超前 $i_2\varphi$ 角，或 i_2 滞后 $i_1\varphi$ 角。

(二) 正弦交流电的相量表示

在电路分析中，将按逆时针方向以均匀角速度旋转的矢量，称为相量 (phasor)。用大写英文字母上加"·"来表示，如图 2-6-23 所示相量 $\dot{A}$ 可用代数形式、极坐标形式或指数形式表示。

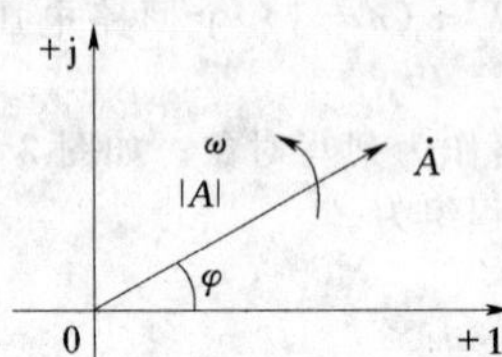

图 2-6-23　旋转的矢量表示相量

(1) 代数形式 $\dot{A}=|A|\cos(\omega t+\varphi)+\mathrm{j}|A|\sin(\omega t+\varphi)$。

(2) 极坐标形式 $\dot{A}=|A|\angle(\omega t+\varphi)$。

(3) 指数形式 $\dot{A}=|A|e^{\mathrm{j}(\omega t+\varphi)}$。

$|A|$ 为相量的模，ω 为旋转角速度，φ 为相量的起始角度。

1. 正弦交流电的相量形式

如图 2-6-24 反映了正弦交流电与相量间的映射关系，即正弦量的有效值或幅值、角频率和初相角分别与相量的模值、起始角、旋转角速度一一对应，这样实现了正弦量从时间域到相量域的映射。

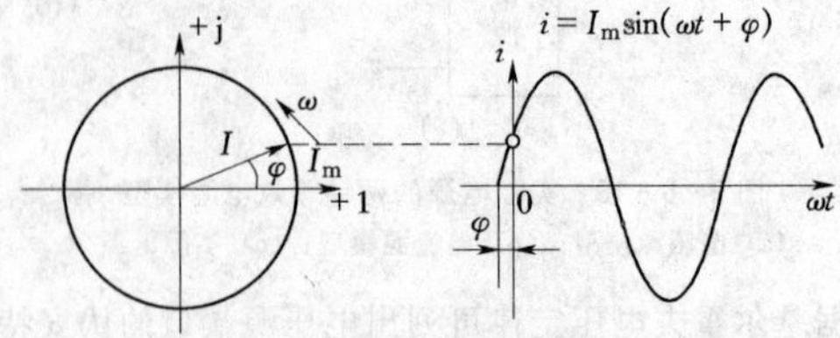

图 2-6-24　正弦量与相量的映射

正弦量的时域形式　正弦量的相量形式

$$i=\sqrt{2}I\sin(\omega t+\varphi)\quad\Leftrightarrow\quad \dot{I}=I\angle(\omega t+\varphi)$$

由于组成线性电路的无源元件电阻元件 R、电感元件 L 和电容元件 C 的元件约束分别为

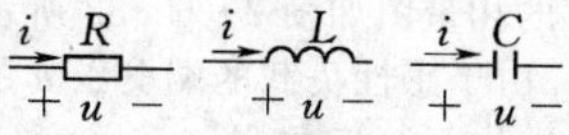

$$u=Ri \quad u=L\frac{di}{dt} \quad i=C\frac{du}{dt}$$

$$u=Ri \quad u=L\frac{di}{dt} \quad i=C\frac{du}{dt}$$

故交流电路中的激励和响应是同频率的交流电。由于在交流电路稳态分析中只涉及同频率正弦交流电的分析与计算。因此，正弦量的相量只保留最大值和初相位两个要素。另外，在不特意说明的情况下，正弦量的相量是指有效值相量，即用正弦量的有效值与相量的模相对应，于是相量简记为：$\dot I = I\angle\varphi$、$\dot I = I(\cos\varphi + j\sin\varphi)$ 和 $\dot I = Ie^{j\varphi}$。如果将正弦量的幅值与相量的模相对应，则称最大值相量，并加下标"m"进行标记。

正弦交流电与相量之间仅仅是映射关系，不是相等关系。

$$i=\sqrt{2}I\sin(\omega t+\varphi)\neq \dot I = I\angle\varphi \qquad (2-6-35)$$

$$i=\sqrt{2}I\sin(\omega t+\varphi)\Leftrightarrow \dot I = I\angle\varphi$$

2. 相量图（phasor diagram）

复平面上画出同频率的电压、电流相量可直观地表示这些电压、电流的大小和相位关系，这种几何表达方式称为相量图。如图 2-6-25 所示相量图，反映了 i 与 u 的相位关系是：电流 i 超前于电压 u。

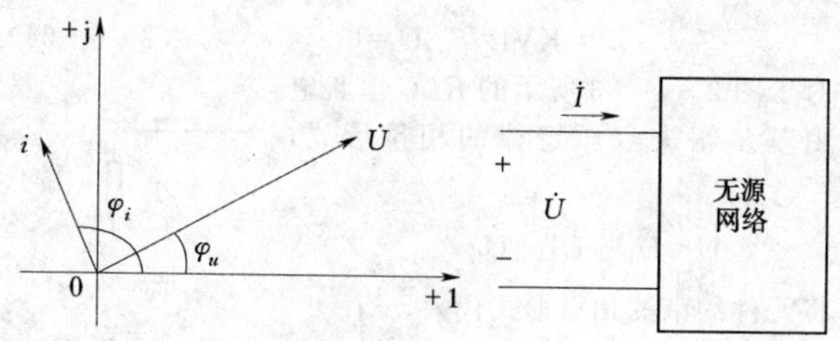

图 2-6-25 u 与 i 相量图　　图 2-6-26 无源二端网络

（三）复阻抗及阻抗

1. 复阻抗及阻抗的定义

对任何一个无源二端网络端口上的电压电流的相量之比称为该无源二端网络的复阻抗 Z，如图 2-6-26 所示无源二端网络的复阻抗为

$$Z=\frac{\dot U}{\dot I}=\frac{U\angle\varphi_u}{I\angle\varphi_i}=\frac{U}{I}\angle(\varphi_u-\varphi_i)$$

$$=z\angle\varphi \qquad (2-6-36)$$

其中：$z=\frac{U}{I}=|Z|$ 为阻抗，等于端口电压与端口电流有效值之比，也是复阻抗的模。$\varphi=\varphi_u-\varphi_i$，为阻抗角。

2. RLC 无源元件的复阻抗

流过无源元件 R、L、C 的电流 i 和两端的电压 u 参考方向按关联方向设定，而且电流 i、电压 u 可以用相量形式描述时，根据元件的时域约束形式，推得约束的相量形式分别为

电阻元件　$\dot U = R\dot I$　(2-6-37)

电感元件　$\dot U = j\omega L\dot I$　(2-6-38)

电容元件　$\dot U = \frac{1}{j\omega C}\dot I$　(2-6-39)

它们的相量域模型及元件约束的相量形式，如图 2-6-27 所示。

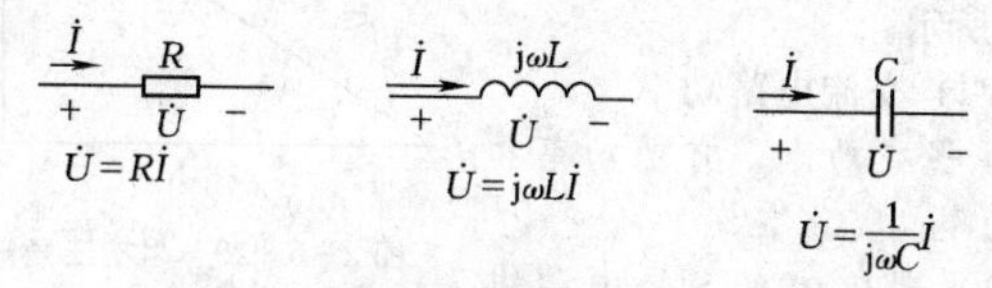

$\dot U = R\dot I$　　$\dot U = j\omega L\dot I$　　$\dot U = \frac{1}{j\omega C}\dot I$

图 2-6-27 无源元件的相量域模型及元件约束的相量形式

根据复阻抗的定义，可得：

（1）电阻元件的复阻抗：$Z=R$。

（2）电感元件的复阻抗：$Z=j\omega L=jX_L$，X_L 为电感抗，与频率成正比。

（3）电容元件的复阻抗：$Z=\frac{1}{j\omega C}=-jX_C$，$X_C$ 为电容抗，与频率成反比。

电感抗和电容抗合称为电抗，用 X 表示。

3. 无源二端网络的复阻抗

复阻抗的串联和并联的等效阻抗的计算方法和直流电路中电阻的串联和并联的计算方法相同，即

n 个复阻抗串联

$$Z=Z_1+Z_2+\cdots+Z_n \qquad (2-6-40)$$

n 个复阻抗并联

$$\frac{1}{Z}=\frac{1}{Z_1}+\frac{1}{Z_2}+\cdots+\frac{1}{Z_n} \qquad (2-6-41)$$

4. 复阻抗 Z 反映无源二端网络的性质

由电阻、电感、电容组成的任意一个无源二端网络总能等效为一个复阻抗 $Z=|Z|\angle\varphi=R+jX$，它反映了电路的性质。

（1）当阻抗角 $\varphi>0$ 或复阻抗的虚部 $X>0$ 时，该无源二端网络的等效电路可通过一个阻值为 R 的电阻和一个电感抗 $X_L=X$ 的电感元件的串联组合表示，如图 2-6-28（a），此时电路呈感性。

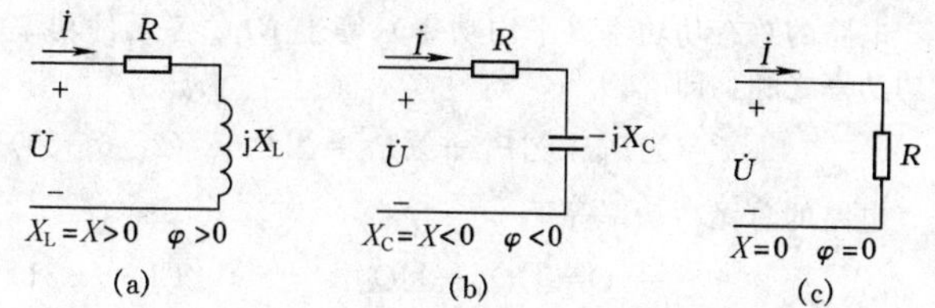

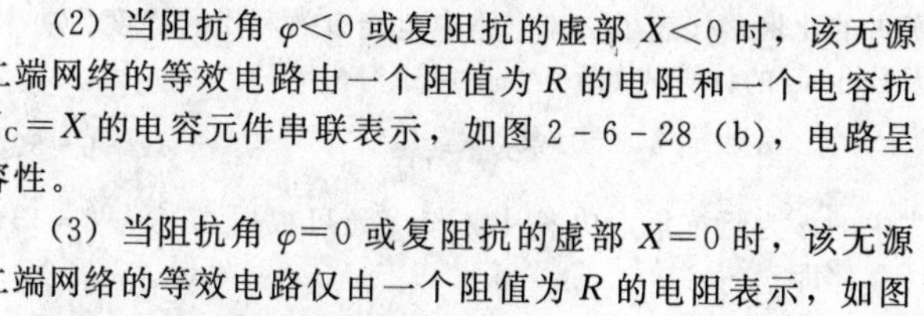

图 2-6-28 复阻抗 $Z=R+jX$

（a）感性电路；（b）容性电路；（c）阻性电路

（2）当阻抗角 $\varphi<0$ 或复阻抗的虚部 $X<0$ 时，该无源二端网络的等效电路由一个阻值为 R 的电阻和一个电容抗 $X_C=X$ 的电容元件串联表示，如图 2-6-28（b），电路呈容性。

（3）当阻抗角 $\varphi=0$ 或复阻抗的虚部 $X=0$ 时，该无源二端网络的等效电路仅由一个阻值为 R 的电阻表示，如图 2-6-29（c），电路呈阻性。

由 $Z=|Z|\angle\varphi=R+jX$ 可知

$$Z=\sqrt{R^2+X^2} \qquad (2-6-42)$$

$$\varphi=\arctan\frac{X}{R}=\arccos\frac{R}{|Z|}$$

$$=\arcsin\frac{X}{|Z|} \qquad (2-6-43)$$

$|Z|$、R 及 X 构成直角三角形，称为阻抗三角形，如图 2-6-29 所示。

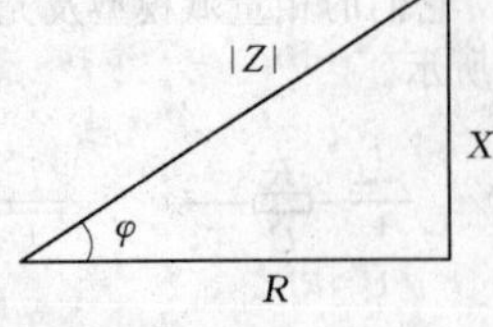

图 2-6-29　阻抗三角形

（四）交流电路功率

1. 视在功率、有功功率和无功功率

（1）视在功率 S 是电源供出的总电压和总电流的有效值的乘积

$$S=UI \tag{2-6-44}$$

它表示负载工作时所占用的电源容量，单位为"VA"。

（2）有功功率 P 是负载消耗的电能量，它的计算式为

$$P=UI\cos\varphi \tag{2-6-45}$$

这部分能量转变为电路对外部所做的有用功，单位为"W"。

（3）无功功率 Q 用于负载与电源之间的能量交换

$$Q=UI\sin\varphi \tag{2-6-46}$$

该功率并不转换为有用功，但要占用电源的容量，单位为"var"。

三个功率构成的直角三角形，称为功率三角形，如图 2-6-30 所示，三者满足关系式

$$S=IU=\sqrt{P^2+Q^2}$$

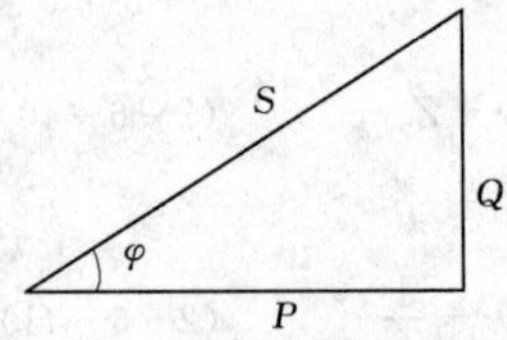

图 2-6-30　功率三角形

（4）电路功率与 RLC 各元件功率的关系。

对于电阻元件，只消电能量，不存在与电源间的能量交互，所以

$$P_R=U_RI_R=RI_R^2=U_R^2/R,Q_R=0 \tag{2-6-47}$$

对于电感元件，不断地吸收电能量和放出磁场能，它和电源之间只形成等量的能量交换，并不消耗能量，所以

$$P_L=0,Q_L=U_LI_L=X_LI_L^2=U_L^2/X_L \tag{2-6-48}$$

对于电容元件，同样是不断地和电源之间只形成等量的能量交换，而不消耗能量，所以

$$P_C=0,Q_C=U_CI_C=X_xI_x^2=U_C^2/X_C \tag{2-6-49}$$

电路的总有功功率（平均功率）等于 RLC 各元件功率有功功率之和，即

$$P=\sum P_R+\sum P_L+\sum P_C=\sum P_R \tag{2-6-50}$$

电路的总无功功率等于

$$Q=\sum Q_L-\sum Q_C \tag{2-6-51}$$

2. 功率因数

式（2-6-45）中的"$\cos\varphi$"称为交流电路的功率因数。它表示交流电路中实际消耗的有用功在整个电源容量中所占的比例，代表了交流电路中电能有效利用的程度。功率因数 $\cos\varphi$ 的计算式如下

$$\cos\varphi=\frac{P}{UI} \tag{2-6-52}$$

式中的 φ 为阻抗角，功率因数 $\cos\varphi$ 还可根据式（2-6-43）计算，即

$$\cos\varphi=\cos(\varphi_u-\varphi_i)=\cos\left(\arctan\frac{X}{R}\right)=\cos\left(\arcsin\frac{X}{|Z|}\right)$$
$$=\cos\left(\arccos\frac{R}{|Z|}\right) \tag{2-6-53}$$

由此不难看出，功率因数 $\cos\varphi$ 是由电路参数所决定的固有性质。

3. 提高功率因数的措施及过补偿问题

由于力能电路中的电感性质的负荷比重很大，因此，提高功率因数的有效办法之一是在感性负载两端并联一个适当的电容，如图 2-6-31 所示。

图 2-6-31 的相量图如图 2-6-32 所示。设电路外加电压初相位为 0，由于感性负载的端电压 u 超前流过的电流 i_{RL}，所以电流相量位于第四象限；又因为"电容电流超前电容电压 90°"和 $\dot{I}=\dot{I}_{RL}+\dot{I}_C$，得到电流 i 相量。由图看出，感性负载并联电容后，电路电压与电流间的相位差从 φ 变到了 φ'，因为 $\varphi'<\varphi$，所以 $\cos\varphi'>\cos\varphi$，功率因数得到了提高。

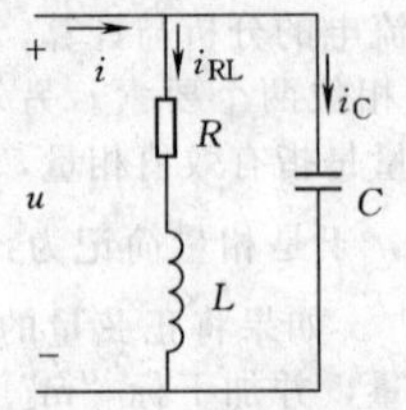

图 2-6-31　提高功率因数措施

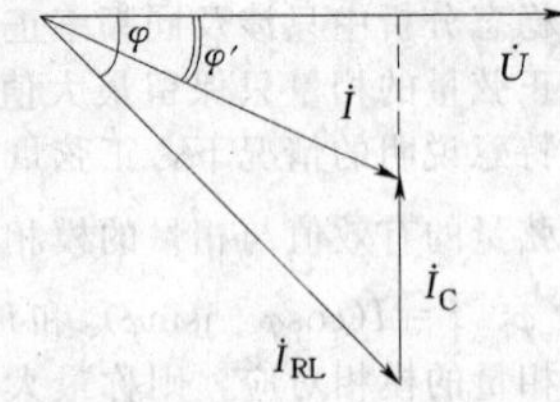

图 2-6-32　图 2-6-31 的相量图

当外加电源电压一定时，电容值越大，电容电流则越大，$\left(I_C=\frac{U_C}{X_C}=U_C\omega C\right)$，这会使 φ' 随电容的增大逐渐变小，φ' 过 0 后，如果继续增大电容，会因电流 I_C 继续增大，使 φ' 从 0 逐渐变负（绝对值变大），此后电容值越大，功率因数反而下降，这称之为过补偿。在力能电路不允许过补偿。

（五）正弦交流电路相量分析

1. 基尔霍夫电压定律的相量形式

$$\text{KVL}\quad \sum\dot{U}=0 \tag{2-6-54}$$

对于图 2-6-33 所示的 RLC 串联电路，由基尔霍夫点压定律的相量形式，可得

$$\dot{U}=\dot{U}_R+\dot{U}_L+\dot{U}_C$$

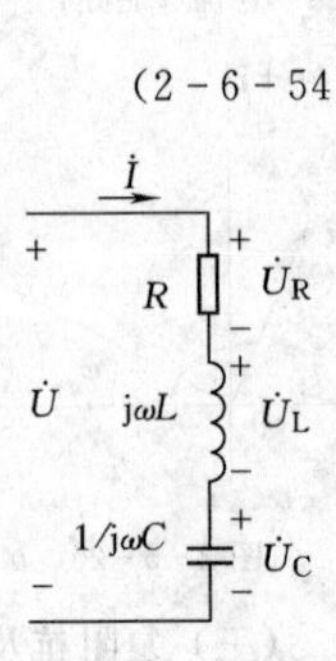

将元件约束的相量形式代入，有

$$\begin{aligned}\dot{U}&=RI\angle\varphi_i+\text{j}\omega LI\angle\varphi_i+\frac{1}{\text{j}\omega C}I\angle\varphi_i\\&=U_R\angle\varphi_i+\text{j}U_L\angle\varphi_i-\text{j}U_C\angle\varphi_i\\&=(U_R+\text{j}U_L-\text{j}U_C)\angle\varphi_i\\&=\sqrt{U_R^2+(U_L-U_C)^2}\angle\varphi_i\\&\quad+\arctan\frac{X_L-X_C}{R}\end{aligned}$$

图 2-6-33　RLC 串联电路

即总电压有效值

$$U=\sqrt{U_R^2+(U_L-U_C)^2} \tag{2-6-55}$$

而

$$U\neq U_R+U_L+U_C$$

2. 基尔霍夫电流定律的相量形式

$$\text{KCL}\quad \sum\dot{I}=0 \tag{2-6-56}$$

如图 2-6-34 所示 RLC 并联交流电路，设电流 $\dot{U}=U\angle\varphi_u$，根据基尔霍夫电流定律，有

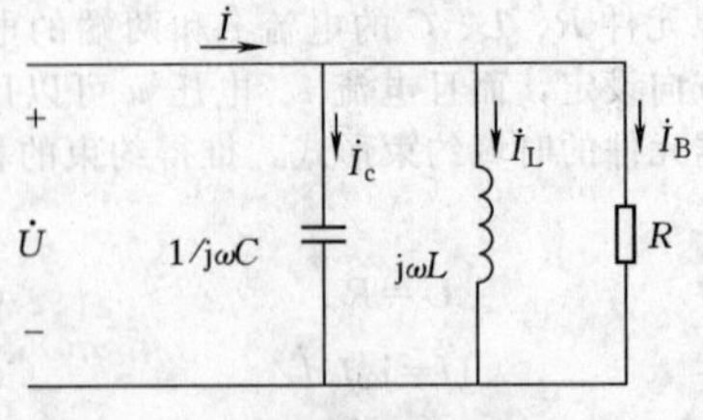

图 2-6-34　RLC 并联电路

$$\dot{I}=\dot{I}_R+\dot{I}_L+\dot{I}_C$$

代入 RLC 元件约束的相量形式，可得 RLC 并联电路总电流有效值和各支路电流有效值之间的特殊关系：

$$I=\sqrt{I_R^2+(L_L-I_C)^2} \qquad (2-6-57)$$

3. 相量分析方法

正弦交流电路由正弦交流电源激励其工作，电路中的基本元件电阻、电感和电容形成的阻抗分别是电阻 R、感抗 X_L 和容抗 X_C，当使用相量来描述电路中的电压及电流后，它们便以复数阻抗的形式（R、jX_L、$-jX_C$）出现在电路模型中，正弦交流电路稳态分析的相量法就是在这样的电路模型中进行。

（六）三相电路

三相电路是一种特殊的正弦交流电路，其特殊性表现在电源以及负载和电源的连接上。

1. 三相电源

三相电源是由三个频率相同、大小相同、相位相差 120°的单相电源按照星形或三角形连接后形成的，如图 2-6-35 所示。图中的 A、B、C 称为端线或相线，N 称为中性线，相线与中性线之间的电压为相电压、端线与端线之间的电压为线电压。

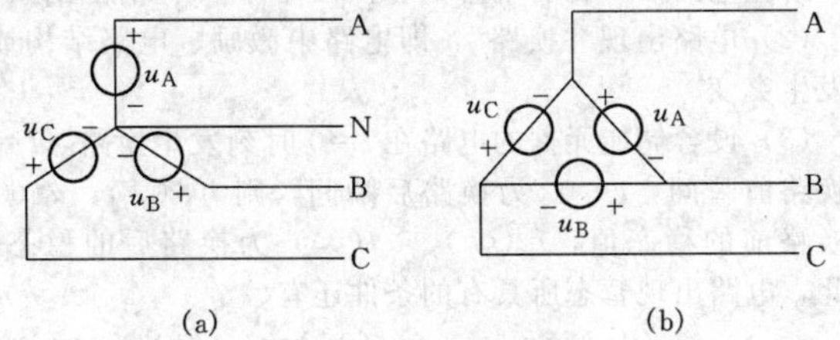

图 2-6-35 三相电源

(a) 带中线的星形连接“Y_n”；(b) 三角形连接“△”

设三个频率相同、大小相同、相位相差 120°的单相电源时域表达式分别为

$$u_A=\sqrt{2}U_p\sin\omega t$$
$$u_B=\sqrt{2}U_p\sin(\omega t-120°)$$
$$u_C=\sqrt{2}U_p\sin(\omega t+120°)$$

则它们的相量域形式为

$$\dot{U}_A=U_p\angle 0°,\ \dot{U}_B=U_p\angle -120°,\ \dot{U}_C=U_p\angle 120°$$

对于星形接法的三相电源，无论是有中线的星形接法（Y_n）或三相四线制接法，还是无中线的星形接法（Y），利用 KVL 和三相相电压推出线电压的描述式为

时间域 $u_{AB}=\sqrt{2}U_l\sin(\omega t+30°)$

$u_{BC}=\sqrt{2}U_l\sin(\omega t-90°)$

$u_{CA}=\sqrt{2}U_l\sin(\omega t+150°)$

相量域 $\dot{U}_{AB}=U_l\angle 30°$

$\dot{U}_{BC}=U_l\angle -90°$

$\dot{U}_{CA}=U_l\angle 150°$

且线电压有效值和相电压有效值的关系为

$$U_l=\sqrt{3}U_p \qquad (2-6-58)$$

我国低压供电系统中，三相电源相电压有效值 $U_p=220V$，$U_l=380V$。

三角形连接的相电压就是线电压。

2. 三相对称负载

(1) 对称负载星形连接。负载星形连接的电路如图 2-6-36 所示，如果

$$Z_A=Z_B=Z_C=Z=|Z|\angle\varphi$$

则称该三相电路为三相对称的电路。在此情况下，负载中的电流（称为相电流）为对称的电流，各相电流与相应的线电流相等，它们的有效值为

$$I_p=U_p/|Z|$$

根据 KCL 可得

$$\dot{I}_N=\dot{I}_A+\dot{I}_B+\dot{I}_C=0$$

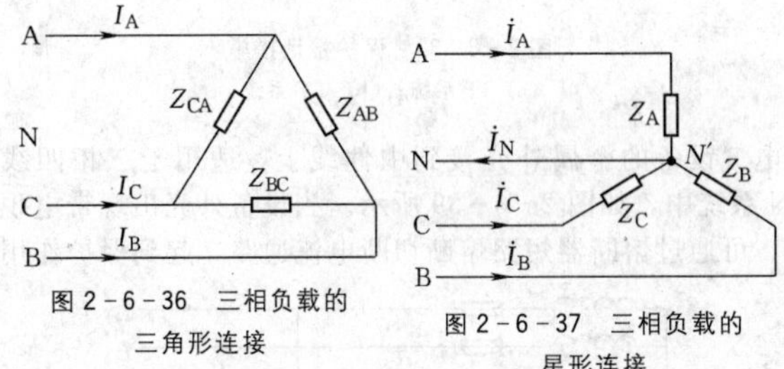

图 2-6-36 三相负载的三角形连接

图 2-6-37 三相负载的星形连接

可见，“对称负载星形连接电路的中线可以去掉”。

(2) 对称负载三角形连接。负载三角形连接的电路如图 2-6-37 所示，如果

$$Z_{AB}=Z_{BC}=Z_{CA}=Z=|Z|\angle\varphi$$

则三相对称的电路负载中的电流（相电流）也是对称的，相电流与线电流的有效值关系为

$$I_1=\sqrt{3}I_P=\sqrt{3}\cdot\frac{U_1}{|Z|} \qquad (2-6-59)$$

(3) 对称三相电路的功率。三相总功率等于各项功率之和，对于对称负载电路（无论是星形连接还是三角形连接）的总功率 S、P、Q 与电路的线电压 U_1、线电流 I_1 之间关系：

视在功率 $S=3U_PI_P=\sqrt{3}U_1I_1$

有功功率 $P=3U_PI_P\cos\varphi=\sqrt{3}U_1I_1\cos\varphi$ (2-6-60)

无功功率 $Q=3U_PI_P\sin\varphi=\sqrt{3}U_1I_1\sin\varphi$

式（2-6-60）中的 φ 是单相负载的阻抗角，或相电压和相电流的相位差。

3. 不对称三相电路中的中线作用

三相不对称星接电路中，构成三相负载的各单相负载不再相同，即 $Z_A\neq Z_B\neq Z_C$。当电路接有中性线时，各单相负载依然能够获得额定的相电压，可以保证负载正常工作。但是，如果去掉中性线，电源中性点 N 与负载中性点 N′间会出现电压（可通过节点电压法推出），根据基尔霍夫电压定律，可以推知，此时各单相负载上的电压有效值会大于或小于电源相电压有效值，从而造成负载因过压或欠压而不能正常工作，甚至造成负载的损坏。

4. 保护接地

大多数的用电设备均采用三相电源供电，正常情况下，用电设备的金属外壳是不带电的，但是，一旦它们出现漏电问题，就会存在安全隐患，当使用者触及漏电设备的外壳时，容易发生触电事故。为此，必须采取保护接地措施。

(1) 三相三线制或三相四线制下的保护接地（PE）。保护接地是将电气设备外壳（正常情况下是不带电的）通过良好的接地体与地相接，见图 2-6-38，这种保护措施用于三相三线制中性点不接地系统（IT 系统）中，或三相四线制中性点接地的 TT 系统中。当设备外壳出现带电现象时，可通过良好接地体将电流及时引入大地，避免接触者触电。

(2) 三相四线制下的保护接中（PEN）。保护接中就是

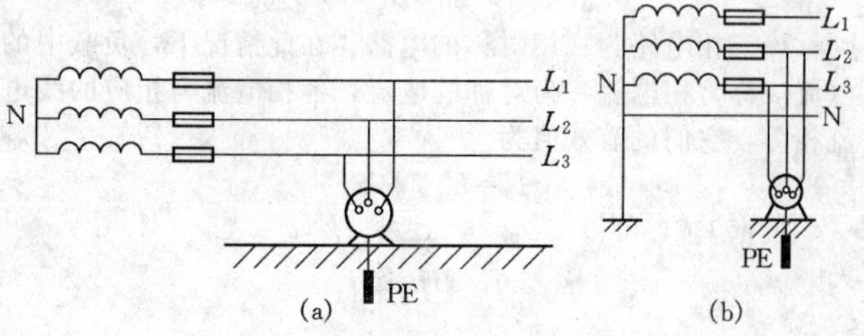

图 2-6-38　保护接地措施

(a) IT 系统；(b) TT 系统

将电气设备的金属外壳接到中性线上，适用于三相四线制 TN 系统中，如图 2-6-39 所示。当设备外壳出现带电现象时，可通过熔断器短路熔断切断电流通路，起到保护作用。

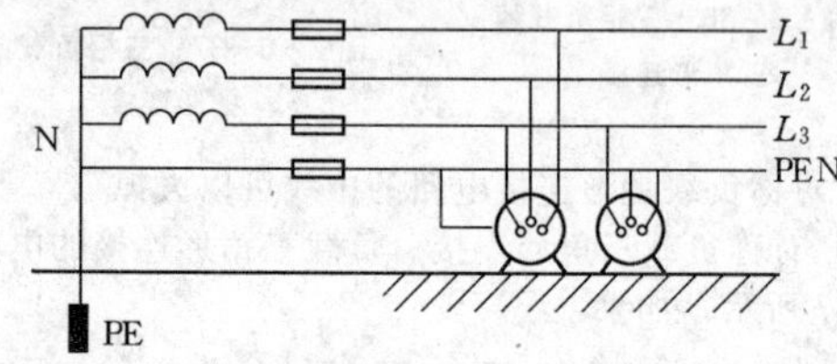

图 2-6-39　三相四线制下保护接中措施（TN-C 系统）

由于三相四线供电系统的中性线已在电源中性点接地，中性线和保护线共用一根导线，称为 TN－C 供电系统。该系统不允许有的电气设备接中，有的电气设备直接接地。如图 2-6-40 所示。当设备 b 的外壳因 A 相造成漏电时，电源 A、两个接地体通过大地形成回路，两个接地体的两端均存在端电压，使电源中线带电，造成原本正常运行着的、处于“保护接中”的设备 a 带电，这是很危险的。b 设备的接法是错误的。

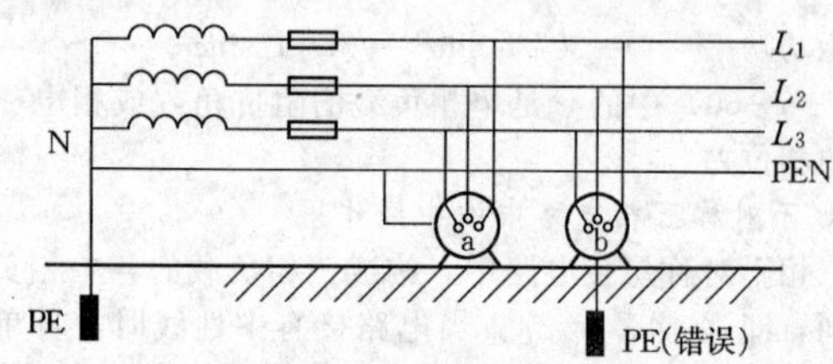

图 2-6-40　三相四线制下错误的保护接地方法

(3) 三线五线制下的保护措施。三线五线制系统即 TN－S 系统，特点是中性线 N 和保护线 PE 不共用，如图 2-6-41 所示。该系统下的保护措施是将电气设备的金属外壳直接与保护 PE 线相接，一旦设备出现漏电现象，也不会造成其他设备外壳带电。TN－S 系统是由 TN－C 系统重复接地后，中性线和保护线分开，也称 TN－C－S 系统。分开后的中性线与保护线不能再合并为一条线成为 TN－C－S－C。

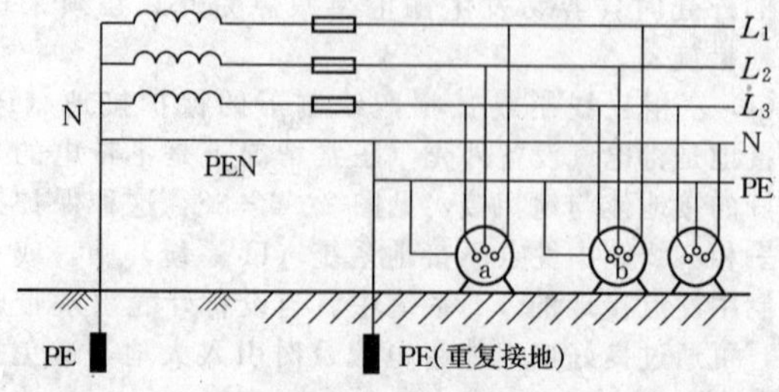

图 2-6-41　三相五线制下的保护措施（TN-C-S 系统）

五、电路暂态和电路频率特性

(一) 电路暂态

1. 电路暂态

电路的工作状态分稳态和暂态，如图 2-6-42 所示。当各支路电流和各元件电压取值恒定或随时间按周期规律变化时，电路处于稳态，否则电路处于暂态。从一个稳定状态到另一个稳定状态过渡的过程，称为过渡过程或暂态过程。

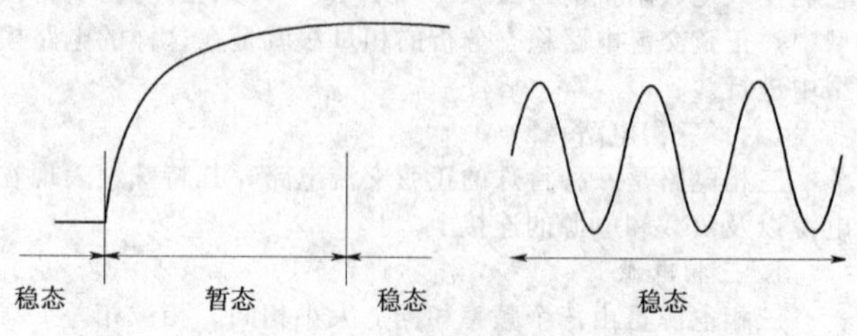

图 2-6-42　电路的稳态与暂态

电路的状态与组成电路的元件和激励有关。电路出现暂态的条件是：

(1) 电路必须含有电感电容惯性元件，即储能元件。

(2) 电路出现“换路”，即电路中激励、电路结构或参数发生突变。

(3) 设含储能元件的电路在 $t=0$ 时刻发生换路，$t=0_-$ 为换路前瞬间，$t=0_+$ 为换路后瞬间，则 $i_L(0_-)$、$u_C(0_-)$ 为换路前的稳态值，$i_L(\infty)$、$u_C(\infty)$ 为换路后的稳态值，因此，电路出现暂态所具有的条件还有

$$i_L(0_-)\neq i_L(\infty)、u_C(0_-)\neq u_C(\infty)$$

2. 换路定律

惯性元件中的能量是不能发生突变的，所以，电容元件 C 两端的电压 u_C 和流过电感元件 L 的电流 i_L 不能发生突变，电路严格受换路定律约束，即

$$\begin{aligned} i_L(0_+)&=i_L(0_-) \\ u_C(0_+)&=u_C(0_-) \end{aligned} \qquad (2-6-61)$$

(二) 一阶电路暂态分析

(1) 一阶电路。只含有一个（或等效为一个）储能元件的线性电路称为一阶电路，如图 2-6-43 所示。

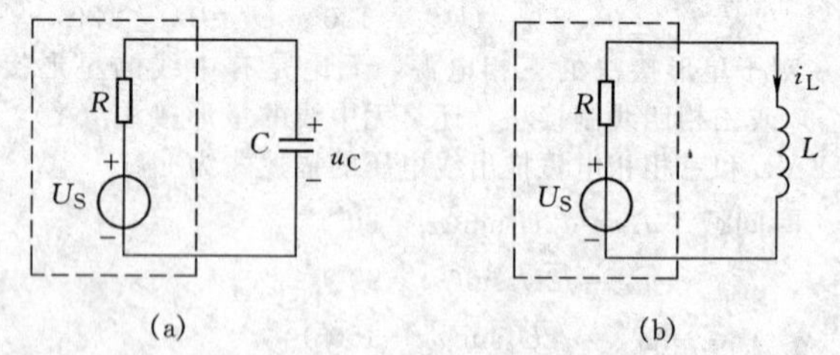

图 2-6-43　一阶电路

(a) 一阶 RC 电路；(b) 一阶 RL 电路

(2) 一阶电路暂态分析法——三要素法。暂态分析是指含储能元件电路发生换路后，从一个稳态向另一个稳态过渡过程中各物理量所遵循的规律。设图示电路在 $t=0$ 时刻发生换路，某响应 $f(t)$ 换路后瞬间取值为 $f(0_+)$、换路后的新稳态值为 $f(\infty)$，则 $f(t)$ 在暂态过程中的变化规律

$$f(t)=f(\infty)+[f(0_+)-f(\infty)]e^{-\frac{t}{\tau}}(t\geqslant 0) \qquad (2-6-62)$$

式 (2-6-62) 中的 $f(0_+)$ 初值、$f(\infty)$ 稳态值、τ 时间常数为 $f(t)$ 在暂态过程中的三要素。τ 的大小与电路结构有

关，对于图 2-6-47 所示电路，时间常数分别为

$$\tau=RC \quad 或 \quad \tau=\frac{L}{R} \qquad (2-6-63)$$

τ 决定了暂态进程的快慢，τ 越大、进程越慢，反之则快。

（3）三要素法求解步骤：

1）计算初值：

a. 由 $t=0_-$ 电路求 $i_L(0_-)$、$u_C(0_-)$；

b. 根据式（2-6-61）换路定律求 $i_L(0_+)$、$u_C(0_+)$；

c. 由 $t=0+$ 电路，在 $i_L(0_+)$、$u_C(0_+)$ 的条件下，根据 KVL、KCL、欧姆定律求其他的电压和电流的初值。

2）由换路后电路计算稳态值（或终值）。设定电路激励为恒定直流量，所以 $t\to\infty$ 电路中的电感视为短路，电容视为开路。

3）计算时间常数。针对换路后的电路，拿走电容或电感元件，将电路的剩余部分视为二端网络，求出该二端网络的无源网络等效电阻 R，则：

一阶 RC 电路的时间常数：$\tau=RC$。

一阶 RL 电路的时间常数：$\tau=L/R$。

（二）电路频率特性

1. 电路频率特性的含义

在交流电路中，电感和电容的阻抗为频率的函数，设信号的频率为 ω，则电感抗 $X_L=\omega L$，电容抗 $X_C=1/\omega C$，因此电路的等效复数阻抗也是频率的函数，即

$$Z=f(\mathrm{j}\omega)$$

即使电路参数和电路结构不变，对于不同频率的信号，电路也会做出不同的响应。这种响应取决于电源本身对外加信号频率的敏感性。

电路在不同频率的信号作用下所表现出的特性称为电路的频率特性。

对交流电路的频率特性分析，通常用传递函数加以描述。

2. 双端口网络及其传递函数

双端口网络如图 2-6-44 所示，激励源（电压源或电流源）作用端为输入口，信号送出端（响应端）为输出口。

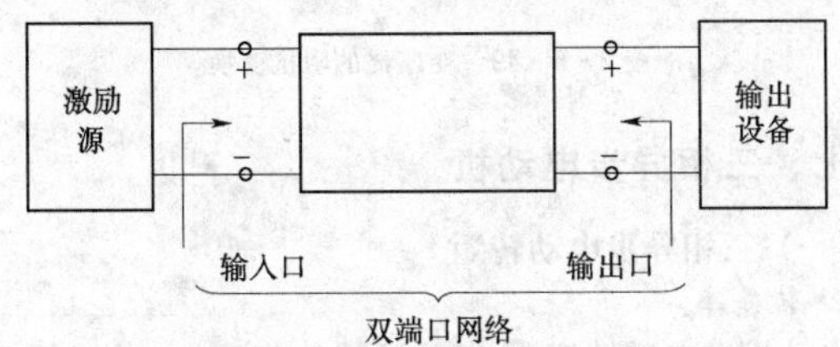

图 2-6-44 双端口网络

激励源借助双端口网络将信号传送到输出口设备上，所以，一般用传递函数来表示双端口网络传输处理信号的性能。设双端口网络的响应相量为 $\dot{R}$，激励相量为 $\dot{E}$，则响应与激励的关系为

$$\dot{R}=\dot{E}\cdot H(\mathrm{j}\omega)$$

$H(\mathrm{j}\omega)$ 反映出双端口网络对激励 $\dot{E}$ 的处理和传递能力，完全取决于双端口网络的结构和参数，定义其为该网络的传递函数，表示为

$$H(\mathrm{j}\omega)=\frac{\dot{R}}{\dot{E}} \qquad (2-6-64)$$

式（2-6-64）表述的定义中包含如下几个含义：

（1）响应量和激励量都是相量，传递函数则是复数。

（2）传递函数和响应量、激励量一样，都是复数域里频率的函数，所以也称它为复频域函数。

（3）激励量和响应量既可以是电压相量，也可以是电流相量，所以传递函数既可以是无量纲的电压比或电流比（称为电压放大倍数或电流放大倍数），也可能是有量纲的电压与电流之比或电流与电压之比（因为是两个端口之间的电压电流关系，所以称之为跨阻或跨导）。

3. 电路的频率特性分析

频率特性分为幅频特性和相频特性。

由于传递函数是一个复数，因此可以将其写成

$$H(\mathrm{j}\omega)=|H(\mathrm{j}\omega)|\angle\theta(\omega)$$

称 $|H(\mathrm{j}\omega)|$ 为幅频特性，$\theta(\omega)$ 为相频特性。幅频特性和相频特性均是角频率 ω 的实函数。

4. 由幅频特性界定的典型滤波器

从传递函数的幅频特性可以看出，双口网络对输入端口送入信号的传递实际上具有选择性，有一些频率的信号会被滤掉，通常称这样的网络为滤波器，典型的滤波器有低通、高通、带通和带阻几种类型。

（1）低通滤波器。图 2-6-45（a）所示 RC 电路是一个低通滤波器，传递函数如下：

$$H(\mathrm{j}\omega)=\frac{1/\mathrm{j}\omega C}{R+1/\mathrm{j}\omega C}=\frac{1}{1+\mathrm{j}\omega RC}=\frac{1}{1+\mathrm{j}\dfrac{\omega}{\omega_0}} \qquad (2-6-65)$$

其中，$\omega_0=\dfrac{1}{RC}$，它的幅频特性为

$$H(\omega)=\frac{1}{\sqrt{1+(\omega/\omega_0)^2}} \qquad (2-6-66)$$

当信号频率为 0 时，容抗趋于无穷，电容开路，输出电压等于输入电压。随着信号频率的升高，容抗越来越小，从电容端获得的输入信号也越来越小，待信号频率趋于无穷时，容抗趋于 0，输出信号为 0。$\omega=0$ 时，$|H(\mathrm{j}\omega)|=1$，$U_o=U_i$；$\omega=\omega_0$ 时，$|H(\mathrm{j}\omega)|=0.707$，$U_o=0.707U_i$；$\omega\to\infty$ 时，$|H(\mathrm{j}\omega)|=0$。可见，该电路选择低频信号进行传递，同时拒绝掉高频信号，因此具有“通低阻高”的频率特性，通频带为 $0\sim\omega_0$。该低通滤波器的幅频特性如图 2-6-45（b）所示。

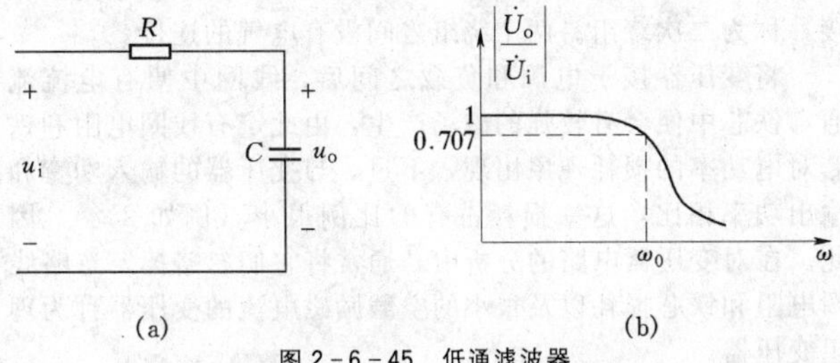

图 2-6-45 低通滤波器

（a）低通滤波电路；（b）幅频特性

（2）高通滤波器。图 2-6-46 所示 RC 电路是一个高通滤波器，传递函数和幅频特性如下：

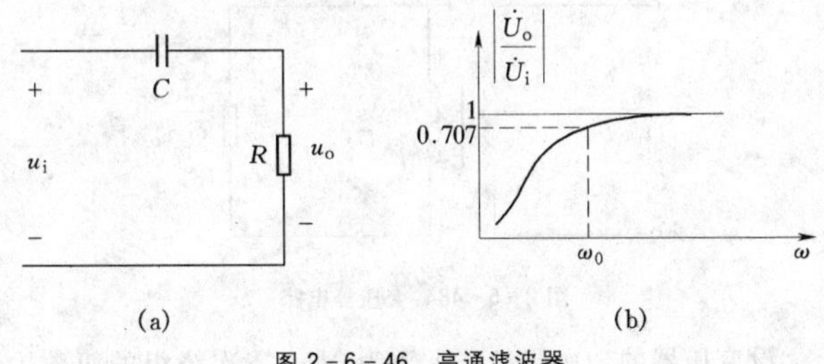

图 2-6-46 高通滤波器

（a）高通滤波电路；（b）幅频特性

$$H(\mathrm{j}\omega)=\frac{R}{R+1/\mathrm{j}\omega C}=\frac{\mathrm{j}\omega RC}{1+\mathrm{j}\omega RC}=\frac{\mathrm{j}\frac{\omega}{\omega_0}}{1+\mathrm{j}\frac{\omega}{\omega_0}},\ \omega_0=\frac{1}{RC} \quad (2-6-67)$$

$$|H(\mathrm{j}\omega)|=\frac{\frac{\omega}{\omega_0}}{\sqrt{1+\left(\frac{\omega}{\omega_0}\right)^2}} \quad (2-6-68)$$

从图示的幅频特性曲线可以看出，高通滤波器的频率特性是"通高阻低"，通频带为 $\omega_0\sim\infty$。

(3) 带通滤波器和带阻滤波器。带通滤波器和带阻滤波器的幅频特性如图 2-6-47 所示。带通滤波电路只会传递落入通频带的信号，而带阻滤波器将阻断落入阻带的信号。

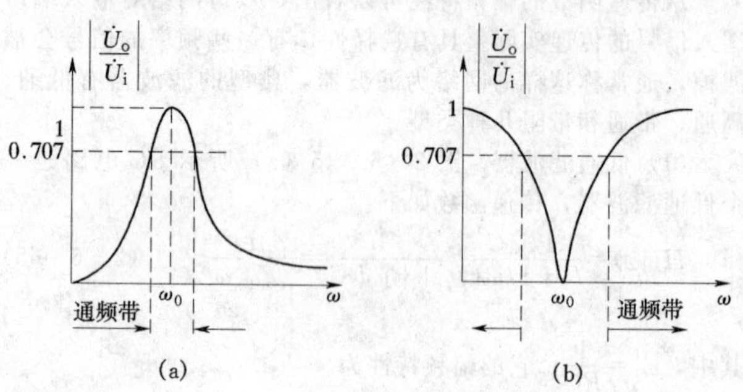

图 2-6-47　带通和带阻滤波器的幅频特性
(a) 带通；(b) 带阻

六、变压器

(一) 理想变压器

变压器是利用电磁感应作用传递交流电能和信号的电器设备，在某些场合，变压器也作为电流变换器、阻抗变换器或电气隔离器使用。

变压器由一个铁芯和绕在铁芯上的两个或多个匝数不等的线圈（绕组）组成，某中，一个（或一组）线圈与交流电源相接，称为一次绕组，另一个（或一组）线圈与负载相接，称为二次绕组。两个绕组之间没有电气的连接。

将变压器接于电源和负载之间后，线圈中便有电流流通，铁芯中便会有较强的磁场产生，由此定有线圈电阻和铁芯对电功率的损耗现象出现，不过，与变压器的输入功率和输出功率相比，这一损耗占有的比例很小（例如 2%）。因此。在对变压器电路的分析中，通常将它们忽略掉。忽略线圈电阻和铁芯损耗以及很小的空载励磁电流的变压器称为理想变压器。

(二) 变压器的电压变换、电流变换和阻抗变换原理

变压器的电路模型如图 2-6-48 所示。

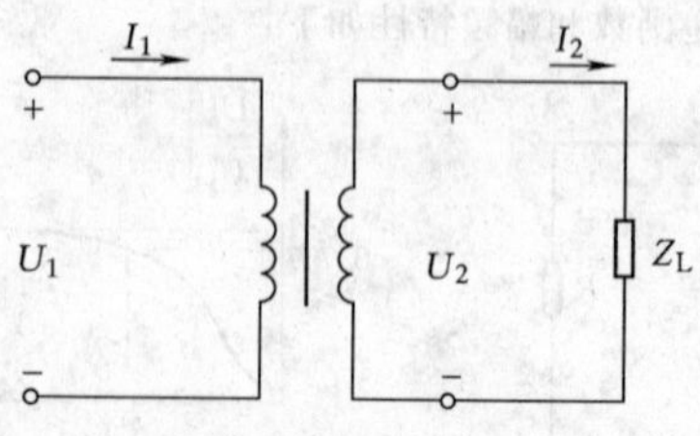

图 2-6-48　变压器电路

设变压器的一次绕组的匝数为 N_1，二次绕组的匝数为 N_2，则

$$k=\frac{N_1}{N_2}$$

k 为变压器的变比。变压器的变比决定了变压器的电压变换、电流变换以及阻抗变换能力。

1. 电压变换

$$\frac{U_1}{U_2}=\frac{N_1}{N_2}=k \quad (2-6-69)$$

电源端电压 $\dot{U}_1$ 通过变比为 k 的变压器将 $\dot{U}_2$ 送入负载 Z_L。

2. 电流变换

由于理想变压器自身没有损耗，所以输出功率等于输入功率，所以

$$U_1I_1=U_2I_2$$

根据式 (2-6-69) 得

$$\frac{I_1}{I_2}=\frac{1}{k}\ \text{或}\ I_2=kI_1 \quad (2-6-70)$$

3. 阻抗变换

将变压器和变压器的负载整体看作一个二端网络，该二端网络的等效阻抗设为 Z_L^*，如图 2-6-49 所示。由变压器的电压变换式 (2-6-69) 和电流变换式 (2-6-70) 可以推出 Z_L 与 Z_L^* 之间的关系式 (2-6-71)，即

$$Z_L^*=\frac{\dot{U}_1}{\dot{I}_1}=\frac{-\dot{U}_2\frac{N_1}{N_2}}{-\dot{I}_2\frac{N_2}{N_1}}=\left(\frac{N_1}{N_2}\right)^2\frac{\dot{U}_2}{\dot{I}_2}=k^2Z_L \quad (2-6-71)$$

利用阻抗匹配可以使电路的电源输出最大功率，或者说使电源的负载获得最大功率。

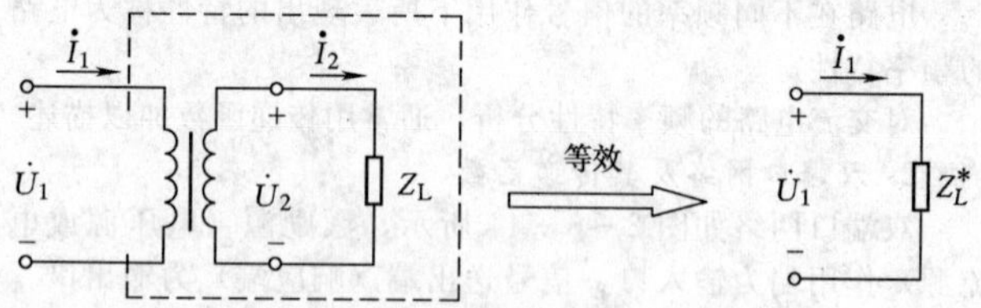

图 2-6-49　变压器的阻抗变换

七、三相异步电动机

(一) 三相异步电动转矩

1. 转差率

电动机靠电磁转矩 T 拖动机械负荷工作。三相异步电动机的转矩公式为

$$T=C_T\frac{sR_2}{R_2^2+(sX_{20})^2}U_1^2 \quad (2-6-72)$$

式中：C_T 是电动机机械参数的综合系数，它体现电动机转子的尺寸、气隙大小等对转矩的影响；R_2、X_{20} 是电动机转子绕组的等效电阻和静止状态下的感抗；U_1 是三相电源的线电压；s 是电动机的转差率，是电动机转子的转速 n 与内部磁场的同步转速 n_1 的相对差，即

$$s=\frac{n_1-n}{n_1} \quad (2-6-73)$$

其中

$$n_1=\frac{60f}{p} \quad (2-6-74)$$

p 为电动机的磁极对数，与定子绕组的结构有关。

电磁转矩与转差率的关系如图 2-6-50。

2. 三相异步电动机的电磁转矩

T 与电源线电压 U_1^2 成正比，即 $T\propto U_1^2$。电源电压下降

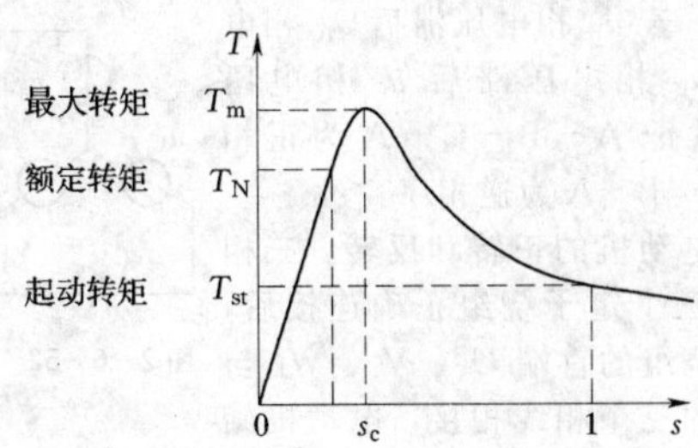

图 2-6-50 三相异步电动机的转矩特性

导致电动机带载能力下降，当电动机处于欠压状态运行时，可能会造成电动机的最大转矩低于负载转矩，使电动机的转速不断减小，导致最后停止运转，由于此时电动机与电源相连，因此，电动机又会因过热烧毁。

3. 三相异步电动机的启动转矩

电动机在启动瞬间，$n=0$，$s=1$，转子的漏电抗 X_2 达到最大值 X_{20}，而转子电阻 R_2 通常很小，使 $X_{20} \gg R_2$，于是启动转矩

$$T_{st}=C_T \frac{R_2}{X_{20}^2} U_1^2 \tag{2-6-75}$$

启动转矩几乎和转子绕组电阻成正比，所以，加大转子绕组的电阻可以提高电动机的启动能力。

当电网电压下降时就会导致电动机的启动转矩小于负载转矩，以致电动机因无法启动而被烧毁。

4. 三相异步电动机的额定转矩

电动机的额定转矩 T_N 是指其工作在额定状态下产生的转矩，计算公式如下：

$$T_N=\frac{P_N}{\frac{2\pi n_N}{60}}=9550\frac{P_N}{n_N} \tag{2-6-76}$$

其中：P_N 为额定功率，kW；n_N 为额定转速，r/min。

5. 三相异步电动机的运行转矩

电动机在运行期间，n 接近 n_1，转差率 s 很小，使式中的 $sX_{20} \ll R_2$，此时转矩公式

$$T=C_T \frac{s}{R_2} U_1^2 \tag{2-6-77}$$

也就是说，在转矩不变的情况下，加大转子绕组的电阻会同时加大电动机的转差率。

（二）三相异步电动机接线

三相异步电动机的工作电源是三相电源，为了便于接线，分别将三相定子绕组的6个端子引到电动机机壳上的接线盒中，6个端子的布局如图 2-6-51（a）所示。U_1、V_1、W_1 表示三个绕组的首端，U_2、V_2、W_2 表示三个绕组的末端。

如果三相电源从三个首端引入，并将三个尾端相接，则实现了电动机的星形连接，如图 2-6-51（b）所示；如果将三相电源从三个首端引入，将三个绕组的首尾端顺次相接，则实现了电动机的三角形连接，如图 2-6-51（c）所示。

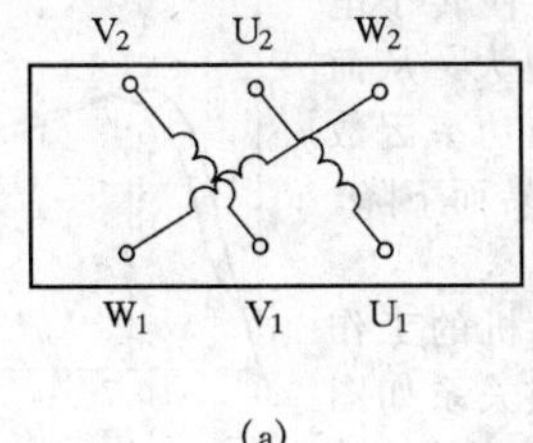

(a)

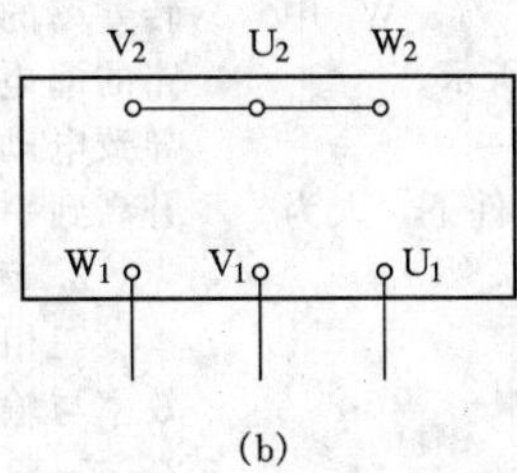

(b)

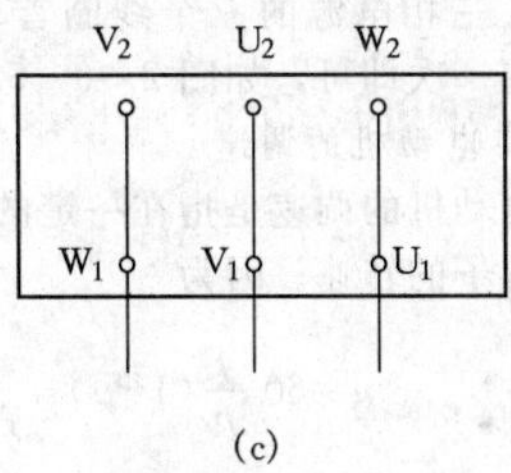

(c)

图 2-6-51 三相异步电动机的两种接线模式

(a) 接线柱布局；(b) 星形连接（Y接）；(c) 三角形连接（△接）

当电动机额定电压标注为380V，要求电源电压一定为380V，采用三角形接法（△接）；当电动机额定电压标注为220V/380V，接法视电源电压而定，对于线电压为220V电源，三个绕组应采用三角形接法（△接）；对于线电压为380V电源，三个绕组应采用星形接法（Y接）。

（三）三相异步电动机的启动

1. 全压启动

电动机从静止状态接通电源到稳定运行的过程称为启动过程。当外加电动机的额定电压启动时，称为全压启动，也称为直接启动。全压启动的启动电流是电动机额定运行时的工作电流的4～7倍，会造成电网电压的下降，严重时会影响电网上其他用电设备的正常工作。因此这种启动方法只适应于不频繁启动的小容量的异步机。

对于大容量的频繁启动的异步电动机必须采用以下特定的启动措施。

2. 降压启动

当负载阻抗一定时，负载电流有效值与外加电压有效值成正比，因此降压启动是降低启动电流的有效方案。

(1) Y－△降压启动。Y－△降压启动是指三相异步电动机正常运行时采用三角形连接方式，三个定子绕组在启动时改为星接方式连接。

设三相异步电动机的定子绕组阻抗为 $|Z|$，电源相电压 U_P、线电压 U_1，线电流 I_1。

绕组星形连接时，线电流 $I_{1Y}=I_P=\frac{U_P}{|Z|}$

若绕组三角形连接，则线电流

$$I_{1\triangle}=\sqrt{3}I_P=\sqrt{3}\frac{U_1}{|Z|}=\sqrt{3}\frac{\sqrt{3}U_P}{|Z|}=3I_{1Y} \tag{2-6-78}$$

这样，星形连接方式下的启动电流只是三角形连接启动时的1/3。

Y－△降压启动方法广泛应用于额定状态下定子绕组为△接法的鼠笼式异步电动机的启动，不适合于额定电压下定子绕组以星形连接的电动机。

(2) 自耦降压启动。自耦降压启动是借助专用的变压器——自耦调压器实现对电动机的降压启动。启动期间，调压器的一次线圈与电源相接，电压为 U_1，二次线圈与定子绕组相接，电压为 U_2，U_1 与 U_2 满足关系：$U_2=kU_1$，$k<1$。启动结束，定子绕组直接接入电源。

设全压启动时的线电流为 I_1，自耦降压启动时的电源线电流和负载线电流分别为 I'_{11}、I'_{12}，则根据变压器一次侧电流和二次侧电流的关系，可知

$$I'_{11}=kI'_{12}=k\frac{kU_P}{|Z|}=k^2 I_1 \tag{2-6-79}$$

可见，采用自耦降压启动的启动电流是全压启动时启动电流

的 k^2 倍。

由于三相异步电动机的电磁转矩 T 与电源线电压 U_1^2 成正比，所以三相异步电动机的启动转矩会随着启动电压的减小而降低，因此，降压启动只适合用于轻载甚至空载启动的场合。

(3) 转子绕组串电阻启动。这种启动方式是绕线式三相异步电动机的启动方式。绕线式异步电动机应用于重载启动场合，通过采用增加转子绕组电阻以增大电动机的启动转矩。

(四) 三相异步电动机反转及调速

1. 三相异步电动机的反转

(1) 电源的正相序和逆相序。如图 2-6-52 所示三相对称电源，若 u_B 相电压滞后 u_A 相电压 120°、u_B 相电压滞后 u_C 相电压 120°，则就记 A－B－C－A 为正相序、A－C－B－A 为逆相序。

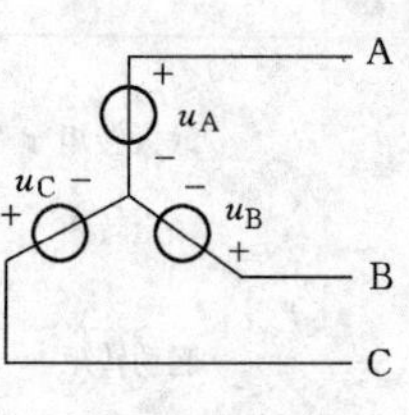

图 2-6-52　三相电源

(2) 电动机的正转和反转。三相电动机的三个定子绕组正确连接后，三个定子绕组的首端 U_1、V_1、W_1 与三相电源的三个相线相接，电动机旋转如果电源按正相序与电动机相连时，即三个绕阻首端 $U_1 \to V_1 \to W_1 \to U_1$ 时，加电压相序依次滞后 120°，如图 2-6-53 (a)；设电动机正向旋转，则按逆相序接入 $U_1 \to W_1 \to V_1 \to U_1$ 时，电动机反向旋转，如图 2-6-53 (b)。

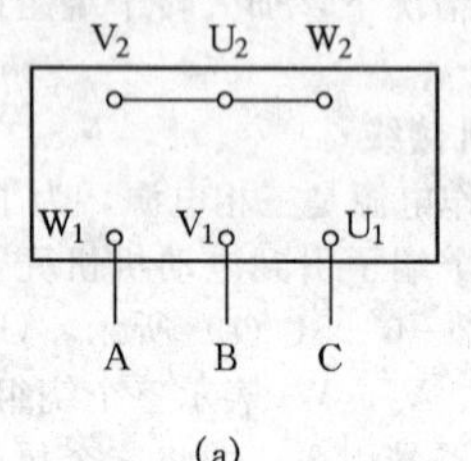

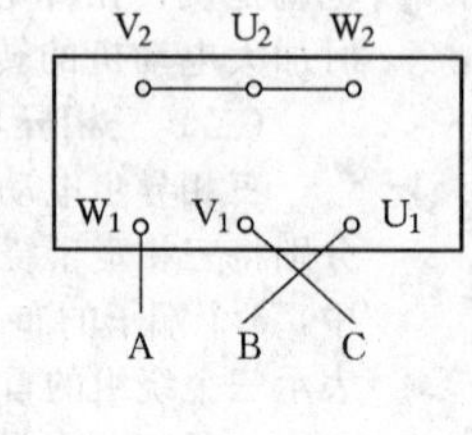

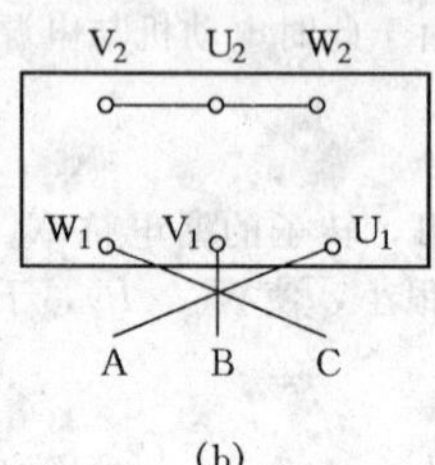

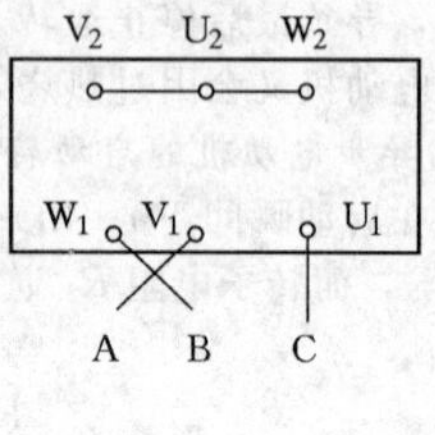

图 2-6-53　改变三相异步电动机旋转方向的接线方案

(a) 星接三相异步电动机正转接线；(b) 星接三相异步电动机的三种反转接线

实际上，若将电动机的旋转从一个方向改变到另一个方向，只需将接入三相电源的三个线圈首端 U_1、V_1、W_1 中的任何二个对调一次即可，如图 2-6-53 (b) 所示。

2. 三相异步电动机的调速

三相异步电动机的调速是指在一定的负载条件下，人为地改变电动机转子的转速。因为

$$n=60\frac{f}{p}(1-s) \tag{2-6-80}$$

所以，改变异步电动机转速的方法有：改变转差率 s（调转差率调速）、电动机的磁极对数 p（调磁极对数调速）和改变工作电源的频率 f（调频调速）。

(1) 调转差率调速。改变定子绕组电压，或改变绕线式电动机转子绕组的电阻，均可使同一转矩下的转差率发生变化，达到调速的目的。

(2) 调磁极对数调速。三相异步电动机的磁极对数与定子绕组的结构有关，其取值为有限的正整数，因此，调磁极对数调速方法属于有级调速，即电动机转子旋转速度转速不是平滑调节。

(3) 调频调速。调频调速是改变鼠笼式电动机定子绕组的供电频率 f_1，来改变同步转速 n_1 而实现调速的。供电频率的调整需要专用的变频器，它可以实现频率的平滑调节，可围绕 50Hz 工频上下调节，从而使电动机的转速 $n>n_N$（$f>50$Hz）或 $n<n_N$（$f<50$Hz）。

(五) 三相异步电动机运行特性

运行特性是指与电动机经济运行有关的特性，包括转矩、转速、功率因数、运行效率与输出机械功率 P_2 的关系。

1. 功率因数

三相异步电动机定子电路的功率因数与输出功率的关系如图 2-6-54 所示。

异步电动机空载运行时功率因数很低，仅为 0.2 左右。随着负载 P_2 的增大，电动机的有功功率迅速上升，无功功率不变，功率因数也随之增大。在额定负载（80%～100%）范围内的某一点达到最大值。当负载大于额定负载后，由于转差率的增加，会使转子电路的漏电抗 sX_{20} 增大，从而导致电动机电路的功率因数升高到一定程度后转而下降。

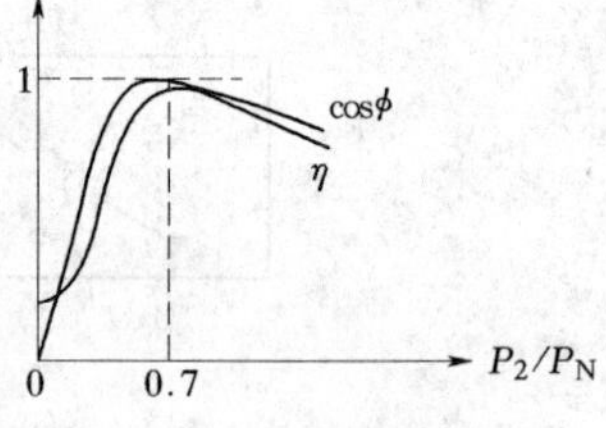

图 2-6-54　三相异步电动机运行特性

2. 运行效率

三相异步电动机的工作效率与输出功率的关系如图 2-6-54 所示。电动机的效率为

$$\eta=\frac{P_2}{P_1} \tag{2-6-81}$$

式中：P_1 为电动机的输入功率，计算式为

$$P_1=\sqrt{3}U_1I_1\cos\varphi_1 \tag{2-6-82}$$

由于电动机在实现能量转换的过程中伴随着各种内部的损耗，如定子绕组和转子绕组电阻的铜损耗 P_{Cu1} 和 P_{Cu2}，铁芯损耗 P_{Fe}，轴承摩擦等引起的机械损耗 P_m 和附加损耗 P_{ad} 等，所以根据功率平衡关系有如下等式存在：

$$P_1=P_{Cu1}+P_{Fe}+P_{Cu2}+P_{ad}+P_m+P_2=\sum P+P_2$$

将此等式代入式（2-6-81）可得

$$\eta=\frac{P_2}{P_1}=1-\frac{\sum P}{P}$$

电动机从空载运行到额定运行，主磁通和电动机转速变化不大，一般认为 P_{Fe} 和 P_m 基本不变，称为不变损耗，而 P_{Cu} 和 P_{ad} 随负载变化而变化，称为可变损耗。

空载运行时，输出功率 $P_2=0$，故效率 $\eta=0$，随着负载的逐渐增加，效率明显上升，当 $P_m+P_{Fe}=P_{ad}+P_{Cu}$ 时，效率最高。若负载继续加大，效率反而减小。

常用的中小型异步电动机，最高效率一般设计在（0.7～1.1）P_N 范围内，并且在该范围内，效率变化不大。

异步电动机的功率因数和工作效率都是在额定负载附近达到最大值，因此选用电动机时，应尽量使电动机在额定负载附近运行，以提高经济效益。

（六）简单继电接触控制电路

继电接触控制通过低压控制电器实现对被控对象——三相异步电动机的运行状态（如电动机的启动、电动机的正转和反转以及电动机的停止等）的控制，通常需要设计专门的控制电路。按钮和交流接触器是对电动机实施各种控制时必不可少的控制电器，而在需要对电动机实施时间控制时，则要增加时间继电器，在需要对电动机实施位置控制时，需要增加行程开关。

1. 基本低压电器

（1）按钮。按钮是一种手动主令电器，如图 2-6-55 所示。图中，SB 是按钮的文字符号，常闭触点为按钮动作时（称为常态）触点处于闭合状态，常开触点为常态下，触点处于断开状态。按下按钮，常开触点闭合、常闭触点断开，因此，常开触点又称作动合触点、常闭触点又称作动断触点。图中虚线表示该按钮的两个相关触点联动，即按动按钮，a－a′间断开，b－b′间连通。

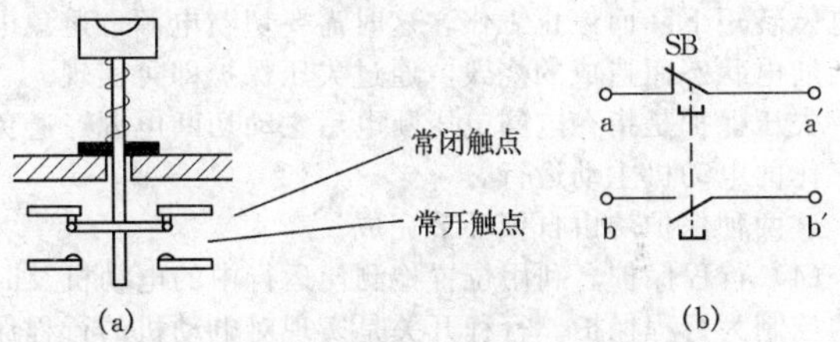

图 2-6-55　按钮触点

（a）按钮的结构示意图；（b）按钮触点的图形符号及其文字符号

（2）交流接触器。交流接触器是一种电磁式自动电器，它的最核心的电器部分包括励磁线圈、三对常开主触点及若干对常开、常闭辅助触点，主触点与辅助触点的区别在于主触点可以通过较大电流，设有隔离和灭弧装置，通常串接在主电路中三相电源刀闸（也可以是空气开关）与三相异步电动机的定子绕组之间，而流过辅助触点的电流较小，励磁线圈和辅助触点均在控制电路中。交流接触器的图形符号及文字符号如图 2-6-56 所示，QA 是交流接触器的文字符号。

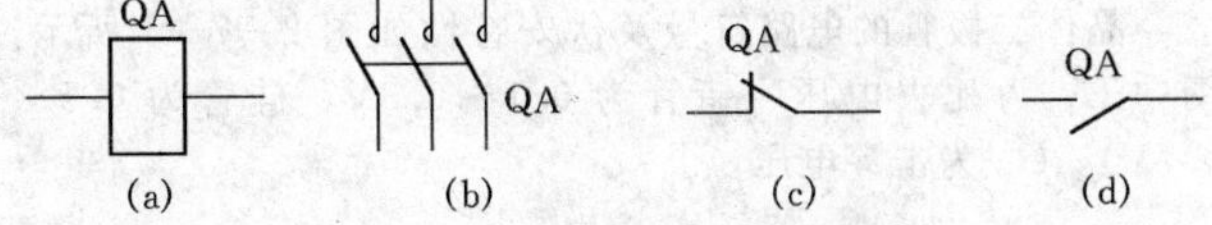

图 2-6-56　交流接触器电器部分的图形符号及文字符号

（a）励磁线圈；（b）主触点；（c）辅助常闭触点；（d）辅助常开触点

同一电器内的不同电器部分借助文字符号的下标来体现。

交流接触器的工作过程大致为：励磁线圈中一旦有足够强度的电流通过，就产生磁力，在电磁力的作用下，使器件中的所有常开触点立即闭合，所有常闭触点立即断开，线圈失电或电流强度不够时，所有触点立即恢复常态。

2. 基本控制电路

（1）电动机连续运行——自锁控制电路。通过自锁控制电路（图 2-6-57）实现电动机的连续运行控制。其中，电动机的供电电路称为主电路，由于交流接触器的常开主触点 QA_{1-3} 串接于主电路中，因此，当刀闸开关 QB 闭合后，只有 QA_{1-3} 闭合，电动机才能启动运行，又由于 QA_{1-3} 闭合的前提必须使交流接触器的励磁线圈通电，因此还要一个为线圈 QA 送电的电路，即控制电路部分。当按下 2SB 启动按钮后，接触器线圈 QA 得电，与 2SB 并联的常开辅助触点 QA_4 闭合，主电路中的常开主触点 QA_{1-3} 闭合，电动机旋转运行，由于 QA_4 触点与 2SB 并联，因此 2SB 抬起后，通过 1SB 按钮－QA_4 触点－QA 线圈电流通路，使 QA 线圈能继续得电，电动机继续工作。当需要电动机停止工作，只需按下 1SB 停止按钮，切断 QA 线圈的电通路，QA_{1-3} 恢复常态即可。

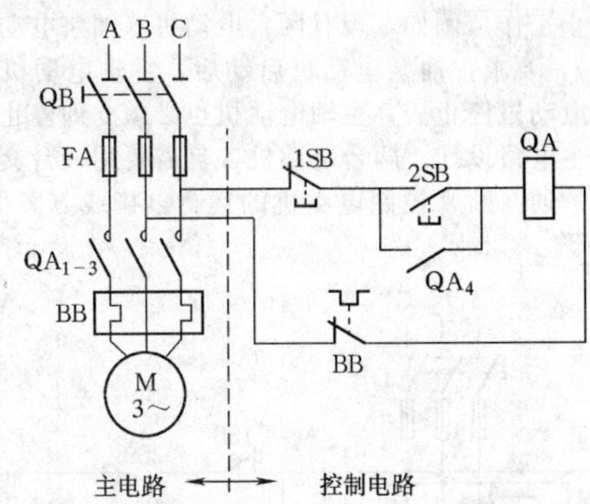

图 2-6-57　电动机启动、连续运行和停止的控制电路

由于 QA_4 触点与 2SB 并联，所以，电动机一旦启动正常工作，2SB 的状态再不会影响电动机的工作。去掉 QA_4 触点，2SB 按钮抬起，QA 线圈立即失电，电动机停止运行（这个控制过程称点动控制）。因此，2SB 上并接 QA_4 触点是电动机连续运行的关键，称此环节为自锁环节。由此实现的连续运行控制为自锁控制。

（2）电动机正反转控制——互锁控制电路。三相异步电动机正反转运行的控制电路如图 2-6-58，该电路有两个交流接触器。主电路中，交流接触器 1QA 的触点接通后电动机得到的电流相序和 2QA 的触点接通后的电流相序相反，若假设 $1QA_{1-3}$ 触点接通后电动机正转运行，则 $2QA_{1-3}$ 触点接通时电动机反转运行。但不允许 $1QA_{1-3}$ 触点和 $2QA_{1-3}$ 触点同时接通，否则，将出现电源短路事故。为了避免 $1QA_{1-3}$ 触点和 $2QA_{1-3}$ 触点同时接通，在正转控制回路中串入反转接触器 2QA 的常闭触点 $2QA_5$，在反转控制回路中串入正转接触器 1QA 的常闭触点 $1QA_5$。显然，电动机正转运行时，因接触器线圈 1QA 得电而使其常闭触点 $1QA_5$ 断开，造成接触器线圈 2QA 的通路处于断开状态。同样，当电动机反转运行时，由于常闭触点 $2QA_5$ 的存在，正转接触器线圈通路无法接通。$1QA_5$ 和 $2QA_5$ 构成互锁环节，包含互锁环节的控制方案通常称为互锁控制。

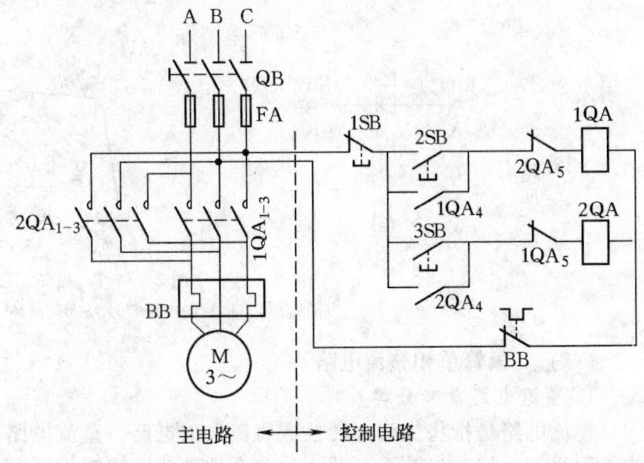

图 2-6-58　电动机正反转控制电路

图 2-6-63 电路中，$1QA_4$ 和 $2QA_4$ 为两个自锁环节，

保证电动机在正、反两个方向上均能连续运行，1SB为停止按钮，它的动作确保电动机停止工作。

3. 多台电动机顺序控制——联锁控制电路

在生产过程中往往需要多台电动机配合工作，根据工艺流程要求，需要它们按照预计的顺序投入工作，再按照预计的顺序停止工作。例如，现有两台电动机（油泵电动机和主轴电动机），要求：油泵电动机启动后，主轴电动机才能启动；油泵电动机停止后，主轴电动机也必须立即停止。

（1）主电路设计。两台电动机各自需要用一台交流接触器主触点的通与断来控制电动机的运行，接线方案如图2-6-59所示。

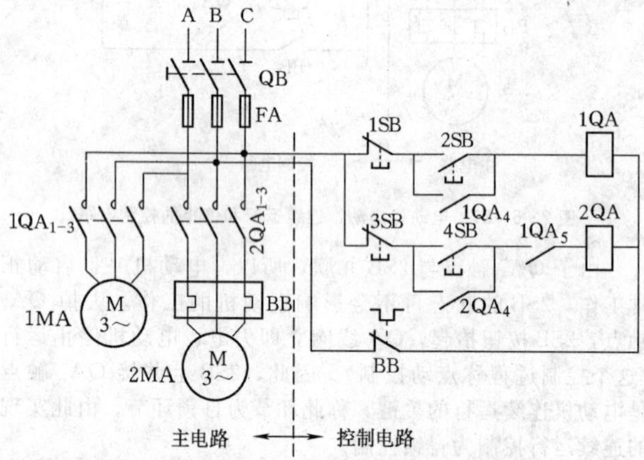

图2-6-59 电动机顺序控制电路

（2）控制电路设计。交流接触器1QA控制油泵电动机1MA，交流接触器2QA控制主轴电动机2MA。无论是油泵电动机还是主轴电动机，它们的运行状态都是连续运行，因此需要搭建各自的自锁控制电路。由于要求2QA支路的导通以1QA支路先导通，因此用1QA的常开辅助触点$1QA_5$与交流线圈2QA串联，这样保证了只有线圈1QA得电，油泵电动机启动运行，$1QA_5$才闭合，当按下4SB按钮（主轴电动机启动按钮）后，控制主轴电动机的接触器2QA才能得电，主轴电动机得以运转，实现了两台电动机顺序启动的要求；在两台电动机均处于运行状态时，按下了1SB，则会立即切断线圈1QA的通路，油泵电动机停止运行，与此同时，由于$1QA_5$触点的断开，造成2QA线圈失电，主轴电动机停止运行。

这种用一台交流接触器的触点去制约其他交流接触器线圈的通与断的控制方法称为联锁控制，它与自锁控制、互锁控制构成电动机的三种基本控制方式。

4. 继电接触控制的常规保护

（1）短路保护。电源下方的熔断器QB用于实现对电源的短路保护。

（2）过载保护。三相异步电动机的过载保护通常借助热继电器FR来完成。它的主要电器部分是过载检测元件（也称为热元件）和过载动作触点。热继电器的热元件串接在电动机的主电路中，常闭触点则串联在控制电路的干路上。正常情况下，常闭触点处于闭合状态，当电动机过载到一定程度时，热元件中的电流形成热量积累，就会在规定的时间内动作，诱发常闭触点动作（常闭触点断开），切断控制电路电源，使交流接触器失电，主触点打开，电动机停止工作。

（3）欠压（失压）保护。电网电压的下降会造成电动机因电磁转矩下降而停止工作，这时需要切断电源，避免电动机因通电状态而造成的烧毁。通过欠压保护即可实现。

失压保护是指在电网电压断电后主动切断电源，避免停止工作的电动机主动运行。

这两种保护均由自锁环节完成。

（4）行程保护。利用位置检测使运行中的电动机及时停转的控制为行程保护。行程开关是实现对电动机的行程保护的重要电器。

第七节 电 子 学

一、晶体二极管和二极管单相整流电路

（一）晶体二极管

晶体二极管是由PN结组成，具有单向导电性，即当二极管加正向电压（阳极电位高于阴极电位），二极管导通，管压降近乎为0（$u_D\approx0$），理想情况相当于短路；当二极管加反向电压后，电流几乎消失，$i_D\approx0$，二极管像是断开，因此，晶体二极管通常做“电子开关”使用。

晶体二极管的电路符号及伏安特性如图2-7-1所示，图中U_F为死去电压（锗管为0.1～0.3V，硅管为0.5～0.7V），U_B为击穿电压。

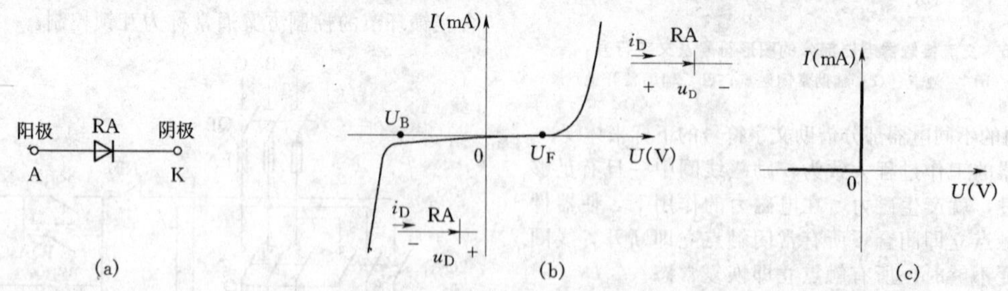

图2-7-1 晶体二级管的电路符号及伏安特性

（a）晶体二极管的电路符号；（b）晶体二极管的伏安特性；（c）理想二极管伏安特性

（二）二极管单相整流电路

1. 整流电路及其分类

整流电路是指将交流电转换成直流电的电路。整流电路的类型很多，按输出波形可分半波和全波整流，按输入电源的相数可分单相和多相整流电路，按元件的特性又可分为不可控整流和可控整流。

2. 单相半波整流电路

简单的单相整流电路如图2-7-2（a）所示。设电路的输入电压

$$u_i=\sqrt{2}U\sin\omega t$$

则当输入电压u_i为正半周0～π期间，二极管RA处于正向导通状态，如果忽略二极管正向电压，则$u_o=u_i$；而当输入

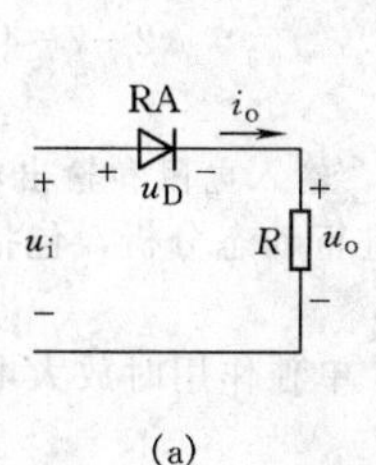

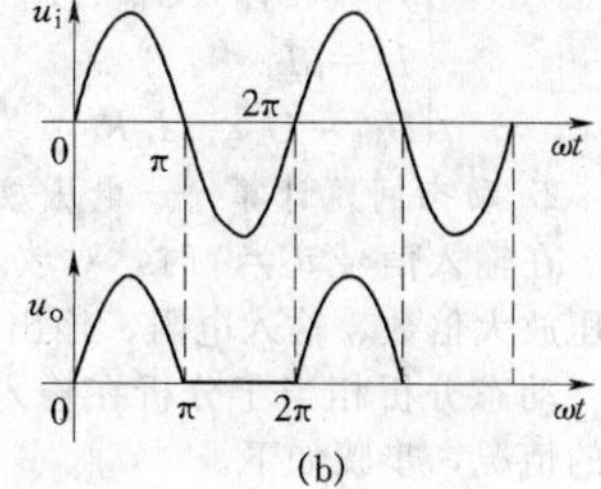

图 2-7-2 单相半波整流

(a) 单相半波整流电路；(b) 单相半波整流电路 u_i 与 u_o 的波形

电压 u_i 为负半周 $\pi \sim 2\pi$ 期间，二极管 RA 则处于反向截止状态，负载电阻上无电流流通，使 $u_o=0$。如此周而复始，得输出波形如图 2-7-2 (b) 所示。输出电压 u_o 的平均值 U_o 与输入电压的有效值 U_i 具有以下关系

$$U_o=0.45U_i \quad (2-7-1)$$

该电路实现了交流变直流，但由于在每一个周期中，只有输入电压的正半个周期得到利用，所以称图 2-7-2 (a) 电路为"半波整流"电路。

3. 单相桥式（全波）整流电路

半波整流电路只利用了输入电压的半个周期，所得整流电压的脉动较大。为了克服这些问题，采用四个二极管组成图 2-7-3 所示的全波整流电路。该电路在输入电压 u_i 为正半周 $0 \sim \pi$ 期间，二极管 RA_1、RA_4 处于正向导通状态，RA_2、RA_3 处于反向截止状态，a→RA_1→R_L→RA_4→b 形成电流 i_o 通路，如果忽略二极管正向电压，则负载电阻两端电压 $u_o=u_i$；而在输入电压 u_i 为负半周 $\pi \sim 2\pi$ 期间，二极管 RA_2、RA_3 处于正向导通状态，二极管 RA_1、RA_4 处于反向截止状态，b→RA_2→R_L→RA_3→a 形成电流 i_o 通路，于是负载电阻上电压 $u_o=-u_i$。如此周而复始，得输出波形如图 2-7-3 (b) 所示。

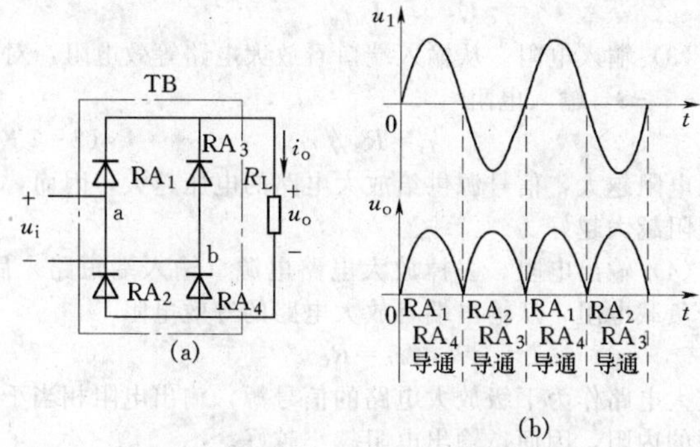

图 2-7-3 单相桥式全波整流电路

(a) 电路图；(b) 波形图

显然，输出电压的平均值与输入电压的有效值具有以下关系

$$U_o=0.9U_i \quad (2-7-2)$$

二、双极型晶体三极管

(一) 基本结构和图形符号

双极型晶体三极管又称三极管，通常简称晶体管。晶体管根据组成材料分为 NPN 型晶体管和 PNP 型晶体管，它们的图形符号如图 2-7-4 所示。两种材料的晶体管的工作特性类似。

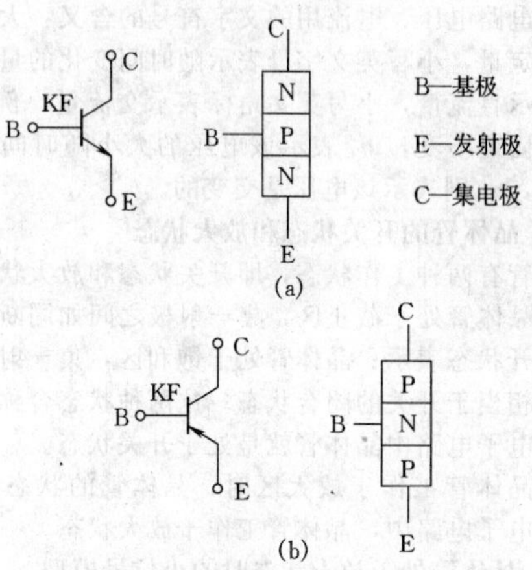

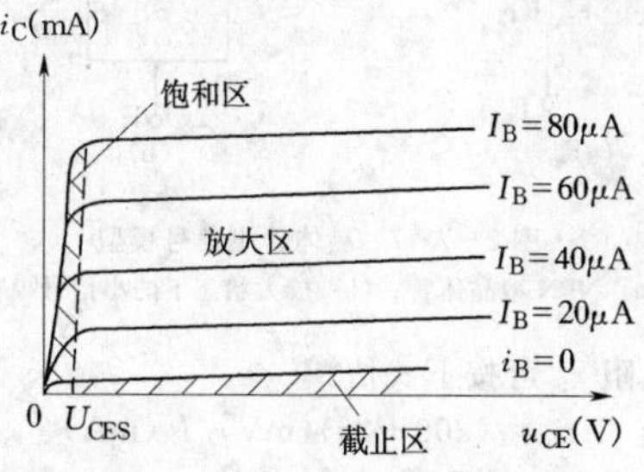

图 2-7-4 晶体管结构示意图及电路符号

(a) NPN 型晶体管；(b) PNP 型晶体管

(二) 晶体管的工作区

晶体管的工作区域如图 2-7-5 所示，共分为三个工作区，即截止区、放大区和饱和区，均由其外部条件决定。

图 2-7-5 晶体管的工作区域

1. 截止区

当晶体管的基-射极之间电压 $U_{BE}<U_T$（死去电压）时，基-射极之间电流为 0($i_B=0$)，这造成集-射极间电流也几乎为 0($i_C\approx 0$)，晶体管处于截止区，集-射极之间如同断开。

2. 饱和区

若晶体管的基-射极间及基-集极间均加正向电压，则其集-射极间几乎无电压，($u_{CE}\approx 0$)，晶体管处于饱和区，集-射极之间好似短路。

3. 放大区

若晶体管的基-射极间加正向电压、基-集极间加反向电压时，晶体管处于放大区。处于放大区的晶体管，集电极电流与基极电流成正比，二者满足关系式：$I_C=\beta I_B$（β 为晶体管的电流放大系数），因此，放大区也称线性区。此时，对于 NPN 型晶体管，存在以下关系：

$$U_{BE}\approx 0.7V,\ u_{CE}>U_{CES},\ i_C<I_{CS}$$

晶体管放大电路如图 2-7-6 所示。

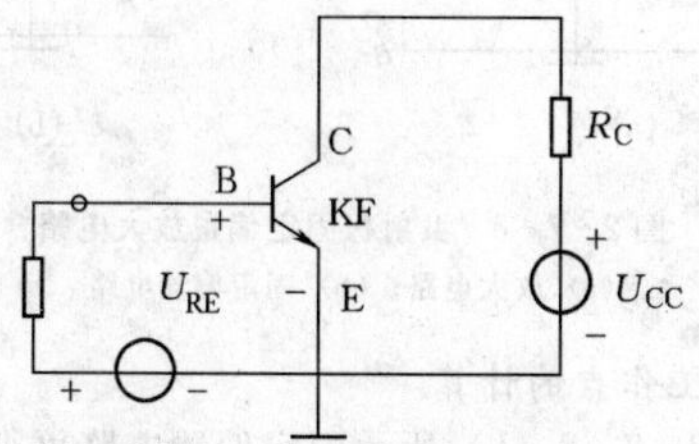

图 2-7-6 晶体管放大电路

以上描述电路电压、电流用的文字符号的含义：大写英文字母表示恒定量，小写英文字母表示随时间变化的量，大写英文角标表示直流量，小写英文角标表示交流量。例如 U_{CE} 表示该电压固定不变，u_{CE} 表示该电压的大小随时间变化、但方向不变，u_{ce} 则表示该电压是交变的。

（三）晶体管的开关状态和放大状态

晶体管有两种工作状态，即开关状态和放大状态。

（1）晶体管处于截止区，集－射极之间如同断开，可用开关的断开状态表示；晶体管处于饱和区，集－射极之间好似短路，相当于开关的闭合状态。这两种状态合称为开关状态，数字电子电路中晶体管就是处于开关状态。

（2）晶体管工作于放大区时，晶体管的状态为放大状态。模拟电子电路中，晶体管工作于放大状态。

（四）晶体管处于放大状态时的小信号模型

晶体管放大电路的主要目的是对小信号（微弱信号）进行无失真放大，可将晶体管用一个等效模型——小信号模型表示，如图 2-7-7（b）所示。

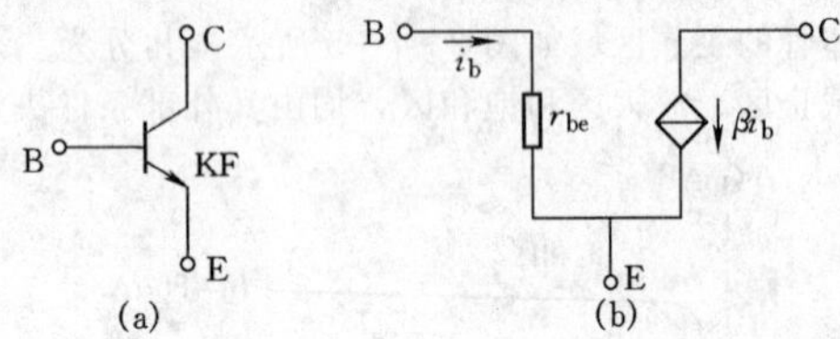

图 2-7-7 晶体管小信号模型

（a）NPN 型晶体管；（b）放大状态下的小信号模型

图中电阻 r_{be} 可按下式估算

$$r_{be}=(200+26)(\text{mV})/I_B(\text{mA}) \quad (2-7-3)$$

三、共射极放大电路

输入回路和输出回路共同包含发射极的电路称为共射极放大电路。

（一）直流偏置电路

为保证晶体管处于放大状态，即放大电路的静态工作点处在放大区，晶体管放大电路必须包含直流偏置电路。直流偏置电路的任务是使晶体管获得一个适当的静态工作点，直流偏置电路不同，放大电路的动态性能也不同。

（二）固定偏置放大电路

固定偏置放大电路如图 2-7-8（a）所示，R_B 为基极电阻，R_C 为集电极电阻，C_1、C_2 为耦合电容，R_L 为输出端的负载电阻，u_i 为输入电压，u_o 为输出电压。假设 β 值已知，且 $U_{BE}\approx 0.7$V。

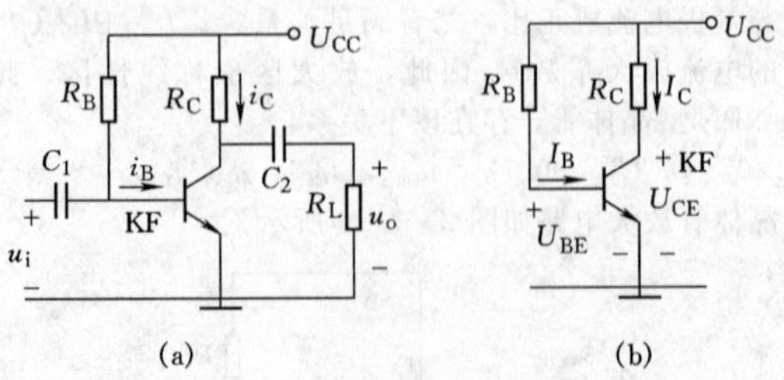

图 2-7-8 共射极固定偏置放大电路

（a）放大电路；（b）固定偏置电路

1. 静态工作点的计算

根据图 2-7-8（b）所示固定偏置电路可得静态工作点的三个计算量，即

$$\begin{cases}I_B=(U_{CC}-U_{BE})/R_B\approx(U_{CC}-0.7)/R_B\\ I_C=\beta I_B\\ U_{CE}=U_{CC}-I_CR_C\end{cases} \quad (2-7-4)$$

2. 动态问题计算——电压放大倍数、输入电阻和输出电阻

在输入信号 $u_i\neq 0$ 时，对放大电路进行动态分析，包括电压放大倍数、输入电阻、输出电阻。

动态分析相当于分析在输入信号 u_i 单独作用时放大电路的情况，步骤如下。

（1）画小信号模型。首先令放大电路中的直流电源 $U_{CC}=0$（将直流电源短路），在交流信号频率足够高的情况下电容可视为短路；然后在输入电压 u_i 为小信号情况下，用晶体管的小信号模型替换晶体管，图 2-7-9 为共射极固定偏置放大电路的小信号模型。

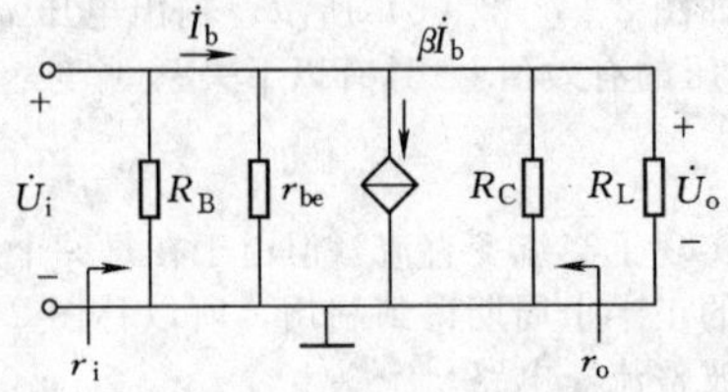

图 2-7-9 图 2-7-8 放大电路的小信号模型

（2）计算电压放大倍数。由图 2-7-9 可知，$\dot{U}_i=\dot{I}_br_{be}$，$\dot{U}_o=-\beta\dot{I}_b(R_C/\!/R_L)$，因此，该电路的电压放大倍数

$$A_u=\frac{\dot{U}_o}{\dot{U}_i}=\frac{-\beta\dot{I}_b(R_C/\!/R_L)}{\dot{I}_br_{be}}=-\frac{\beta(R_C/\!/R_L)}{r_{be}} \quad (2-7-5)$$

显然，电压放大倍数与负载 R_L 有关，R_L 越大，电压放大倍数越大，当输出端开路时，电压放大倍数最大，其计算式为

$$A_u=\frac{\dot{U}_o}{\dot{U}_i}=\frac{-\beta\dot{I}_bR_C}{\dot{I}_br_{be}}=-\frac{\beta R_C}{r_{be}} \quad (2-7-6)$$

（3）输入电阻。从输入端口看放大电路等效电阻，对于图 2-7-8，输入电阻

$$r_i=R_B/\!/r_{be} \quad (2-7-7)$$

输入电阻越大，信号源供给放大电路的电压越大，因而，输入电阻越大越好。

（4）输出电阻。去掉放大电路电源（输入端短路）后，断开负载电阻，从输出端看放大电路的等效电阻

$$r_o=R_C \quad (2-7-8)$$

把放大电路作为下级放大电路的信号源，输出电阻相当于信号源的内阻，因而，输出电阻越小越好。

（三）分压式偏置放大电路

图 2-7-8（a）放大电路，静态工作点不稳定，为了克服这个问题，引入反馈电阻 R_E，形成了静态工作点稳定的分压式偏置放大电路，如图 2-7-10。依然设定 u_i 为输入电压，u_o 为输出电压。假设 β 值已知，且 $U_{BE}\approx 0.7$V。

1. 静态工作点的计算

根据图 2-7-10（b）所示固定偏置电路可得

$$V_B=\frac{R_{B2}}{R_{B1}+R_{B2}}U_{CC},\ V_E=U_{BE}-V_B=0.7-\frac{R_{B2}}{R_{B1}+R_{B2}}U_{CC},$$

$$I_E=\frac{V_E}{R_E}$$

通过 I_E 的计算，即可获取静态工作点的三个计算量

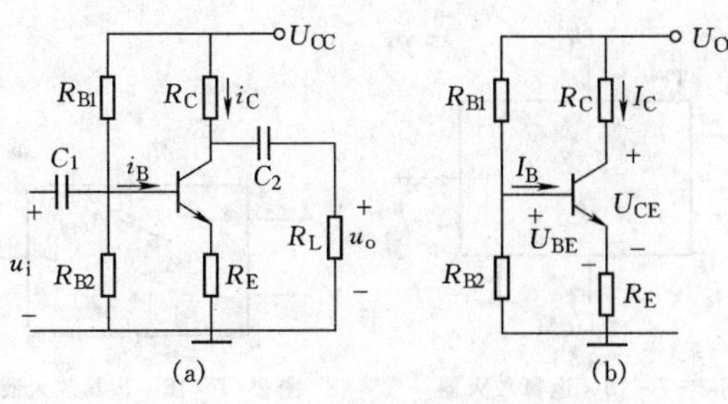

图 2-7-10 分压式偏置放大电路

(a) 放大电路；(b) 分压式偏置电路

$$\begin{cases}I_B=I_E/(1+\beta)\\ I_C=\beta I_B\\ U_{CE}=U_{CC}-I_CR_C\end{cases} \tag{2-7-9}$$

2. 动态问题计算——电压放大倍数、输入电阻和输出电阻

(1) 画小信号模型。将放大电路中的直流电源短路，电容视为短路，用晶体管的小信号模型替换晶体管，得图 2-7-11 为共射极固定偏置放大电路的小信号模型，模型中 $R_B=R_{B1}/\!/R_{B2}$。

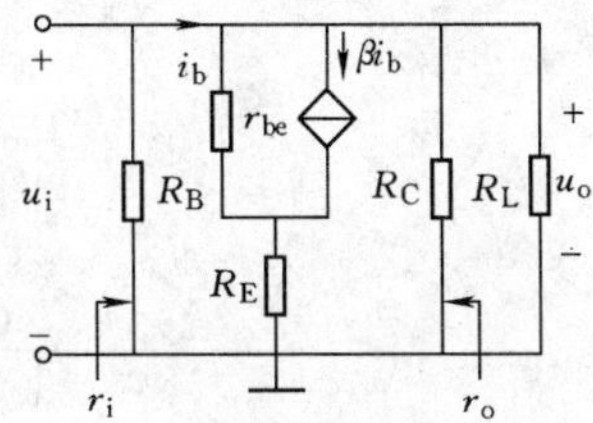

图 2-7-11 分压式偏置放大电路的小信号模型

(2) 计算电压放大倍数。由图 2-7-11 可知

$$\dot{U}_i=\dot{I}_br_{be}+(1+\beta)\dot{I}_bR_E$$

$$\dot{U}_o=-\beta\dot{I}_b(R_C/\!/R_L)$$

因此，该电路的电压放大倍数为

$$A_u=\frac{\dot{U}_o}{\dot{U}_i}=\frac{-\beta\dot{I}_b(R_C/\!/R_L)}{\dot{I}_b[r_{be}+(1+\beta)R_E]}=-\frac{\beta(R_C/\!/R_L)}{r_{be}+(1+\beta)R_E} \tag{2-7-10}$$

显然，当输出端开路时，电压放大倍数最大，其计算式

$$A_u=\frac{\dot{U}_o}{\dot{U}_i}=\frac{-\beta\dot{I}_bR_C}{\dot{I}_b[r_{be}+(1+\beta)R_E]}=-\frac{\beta R_C}{r_{be}+(1+\beta)R_E} \tag{2-7-11}$$

(3) 输入电阻

$$r_i=R_B/\!/[r_{be}+(1+\beta)R_E] \tag{2-7-12}$$

(4) 输出电阻。将输入端短路，断开负载电阻，从输出端看放大电路的等效电阻

$$r_o=R_C \tag{2-7-13}$$

四、射极跟随器与阻抗变换

射极跟随器也称射极输出器，如图 2-7-12 所示。因为直流电源 U_{CC} 对交流信号相当于短路，因此集电极成为输入与输出的公共端，所以，该电路是共集电极放大电路。对射极跟随器的分析包括静态分析和动态分析。

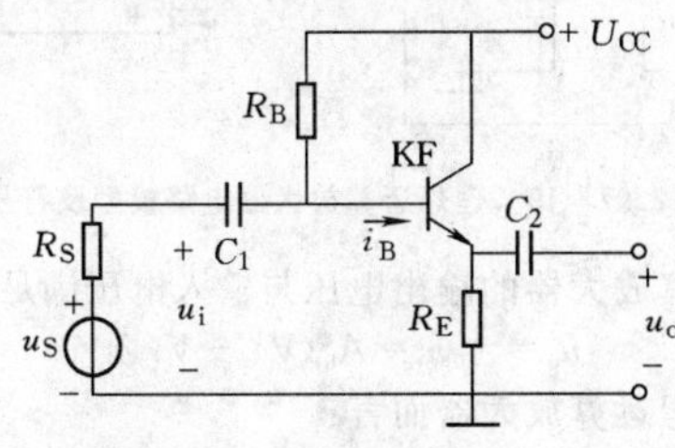

图 2-7-12 射极跟随器

(一) 静态分析

$$\begin{cases}I_B=\dfrac{U_{CC}-0.7}{R_B+(1+\beta)R_E}\\ I_C=\beta I_B\\ U_{CE}=U_{CC}-I_ER_E\approx U_{CC}-I_CR_E\end{cases} \tag{2-7-14}$$

(二) 动态分析

1. 电压放大倍数

该放大电路的小信号模型如图 2-7-13 所示。

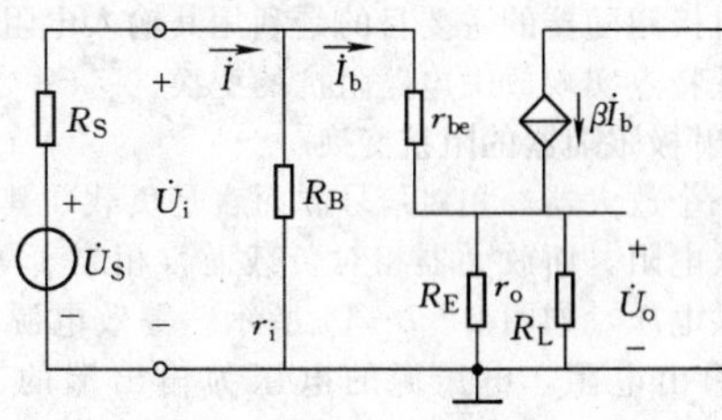

图 2-7-13 射极跟随器的小信号模型

由图 2-7-13 可知

$$\dot{U}_i\approx\dot{I}_b[r_{be}+(1+\beta)(R_E/\!/R_L)]$$

$$\dot{U}_o\approx\dot{I}_b[(1+\beta)(R_E/\!/R_L)]$$

$$A_u=\frac{\dot{U}_o}{\dot{U}_i}=\frac{(1+\beta)(R_E/\!/R_L)}{r_{be}+(1+\beta)(R_E/\!/R_L)} \tag{2-7-15}$$

由式 (2-7-15) 可以看出，射极跟随器的电压放大倍数总是小于 1，但由于$(1+\beta)(R_E/\!/R_L)\gg r_{be}$，电压放大倍数又接近于 1，$\dot{U}_o\approx\dot{U}_i$，因而输出电压总是跟随着输入电压变化，所以，该电路称为射极跟随器。

显然，射极跟随器没有电压放大能力，它的特点主要体现在输入电阻和输出电阻方面。

2. 射极跟随器的输入电阻和输出电阻

(1) 输入电阻。图 2-7-8 中，$\dot{I}_i=\dot{I}_b+\dot{U}_i/R_B$，$\dot{U}_i=\dot{I}_br_{be}+(1+\beta)\dot{I}_b(R_E/\!/R_L)$，使

$$\dot{I}_i=\dot{U}_i/[r_{be}+(1+\beta)(R_E/\!/R_L)]$$

于是，输入电阻 $r_i=\dfrac{\dot{U}_i}{\dot{I}_i}=R_B/\!/[r_{be}+(1+\beta)(R_E/\!/R_L)]$ (2-7-16)

射极跟随器的输入电阻与负载情况有关。

通常，电阻 R_B 的阻值很大，一般为取到 10^5 欧姆以上，r_{be}、R_E 数量级为 10^3，β 的数量级为 10^2，因此，射极跟随器的输入电阻很高，可达几十千欧到百千欧。

(2) 输出电阻。输出电阻 r_o 可由图 2-7-12 所示的小信号模型求取。

将信号源短路，保留内阻 R_S，输出端去掉负载电阻 R_L，加上一交流电压 $\dot{U}$，由此产生电流 $\dot{I}$。则射极跟随器的输出电阻为

$$r_o=\frac{\dot{U}}{\dot{I}}=\frac{(r_{be}+R'_S)}{1+\beta}/\!/R_E \tag{2-7-17}$$

其中：$R'_S=R_S/\!/R_B$。因为电阻 r_{be}、R_S 和 R_E 的数量级为 10^3，β 的数量级为 10^2，所以

$$r_o=\frac{\dot{U}}{\dot{I}}=\frac{(r_{be}+R'_S)}{\beta} \tag{2-7-18}$$

射极跟随器的输出电阻通常很小，仅有几十欧姆，甚至十几欧姆。

例如，$\beta=40$，$r_{be}=0.8\text{k}\Omega$，$R_S=50\Omega$，$R_B=120\text{k}\Omega$。由此得

$$R'_S=R_S /\!/ R_B=50 /\!/ (120\times10^3)\approx50\Omega$$

$$r_o=\frac{(r_{be}+R'_S)}{\beta}=\frac{(800+50)}{41}\approx21.5\Omega$$

尽管射极跟随器无电压放大能力，但与具有较高电压放大倍数的共射极放大电路相比，其输入电阻较高、输出电阻较低。

设计射极跟随器的主要目的是利用其输入电阻较高、输出电阻较低特点实现放大电路阻抗的变换。

（三）射极跟随器的阻抗变换

任意一个放大器，相对信号源而言是负载，其大小为放大器的输入电阻，而放大器相对负载而言相当于等效电源，为负载提供电压，如图 2-7-14 所示。等效电源的内阻为放大器的输出电阻，电压源的电压为输出端的开路电压 U_{oK}，其大小与输入端电压有关，即

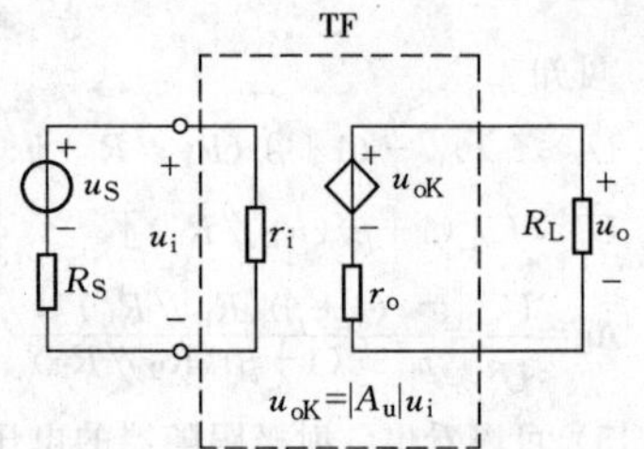

图 2-7-14 放大器等效电路图

$$u_{oK}=|A_u|U_i$$

由图可知：输入电阻 r_i 越大，放大器从信号源处获取的电压 U_i 越大；输出电阻越小，从负载电阻上获得输出电压越大，输出电压 U_o 与信号源电压 U_S 之间的关系如下：

$$U_o=\frac{R_L}{r_o+R_L}U_{oK}=\frac{R_L}{r_o+R_L}|A_u|U_i$$

$$=|A_u|\frac{R_L}{r_o+R_L}\frac{r_i}{r_i+R_S}U_S \qquad (2-7-19)$$

五、运算放大器

（一）运算放大器的特点

运算放大器是一个内含多级放大电路的电子集成电路，其输入级是差分放大电路，具有高输入电阻和抑制零点漂移能力；中间级主要进行电压放大，具有高电压放大倍数，一般由共射极放大电路构成；输出极与负载相连，具有带载能力强、低输出电阻特点。运算放大器的应用非常广泛。

（二）运算放大器的图形符号

运算放大器的图形符号如图 2-7-15，图中符号描述了信号流的流向（▷），电压放大倍数（A_o）。运算放大器的 5 个主要外部引线端功能：

(1) U_{CC} 和 $-U_{CC}$ 接入运算放大器正、负两个直流工作电源，通常为 ±12V 或 ±15V。

(2) V_+ 为同相输入端，若此端与输入信号连接，则输出信号与输入信号同相。

(3) V_- 为反相输入端，若此端与输入信号连接，则输出信号与输入信号反相。

习惯上以简化符号（如图 2-7-16）出现在各种应用电路的电路模型中。运算放大器的参照代号是 TF。

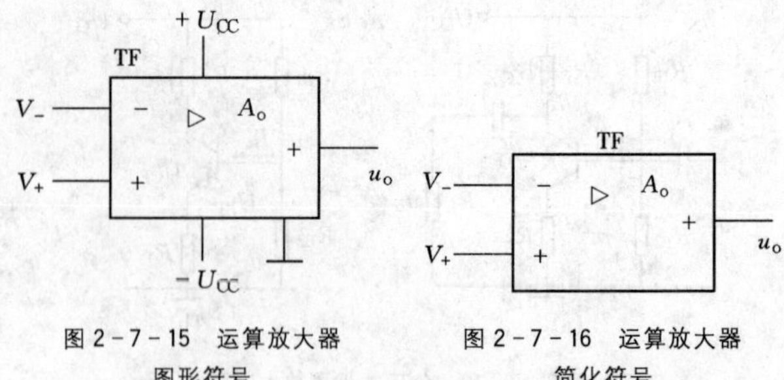

图 2-7-15 运算放大器图形符号　　图 2-7-16 运算放大器简化符号

（三）运算放大器的电压转移特性

运算放大器输出电压 u_o 与输入电压 $u_i=V_+-V_-$ 的关系曲线称为电压转移特性，如图 2-7-17 所示特性可分为三个区域：$u_i>+u_{ic}$，正向饱和区；$u_i<-u_{ic}$，负向饱和区，这两个区域统称为非线性区；$-u_{ic}<u_i<+u_{ic}$ 为线性区，$u_o=A_o u_i$。图中 U_{om} 为输出饱和电压。

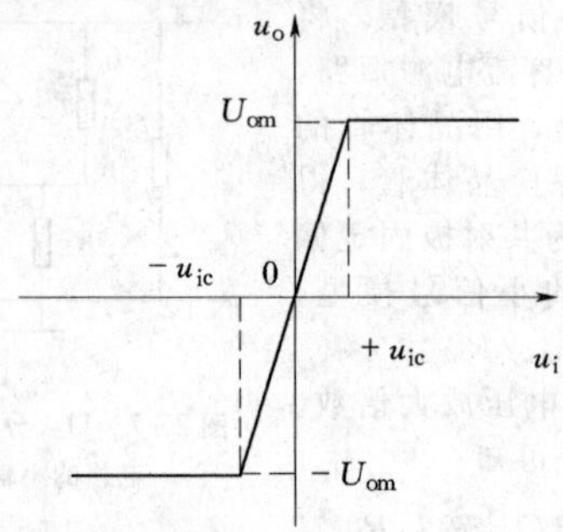

图 2-7-17 运算放大器电压转移特性

例如，运算放大器通用组件“741”，其工作电源为 ±15V，$U_{om}=13\text{V}$，$A_o=100000$。很容易求出其特性曲线中的特征点 $u_{ic}=U_{om}/A_o=0.13\text{mV}$。可见，$A_o$ 越大，u_{ic} 越小，运算放大器的线性工作区则越窄。

（四）理想运算放大器

所谓理想运算放大器是一种理想的电路元件，它的主要参数均为理想值，即：

输入电阻 $r_i\to\infty$；

输出电阻 $r_o\approx0$；

电压放大倍数 $A_o\to\infty$。

运算放大器的电路模型同样可以用放大器的电路描述，如图 2-7-18 所示。在应用电路中，理想运算放大器以图 2-7-19 所示的符号出现，并简称“运放”。

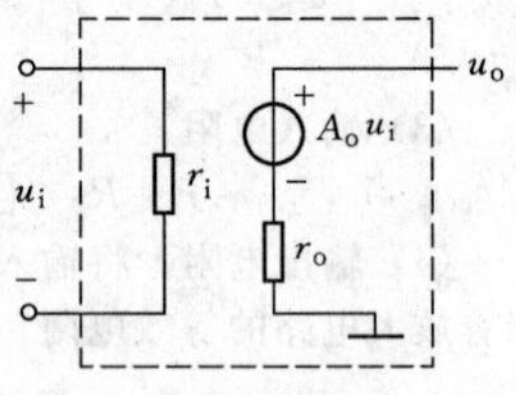

图 2-7-18 运算放大器电路模型

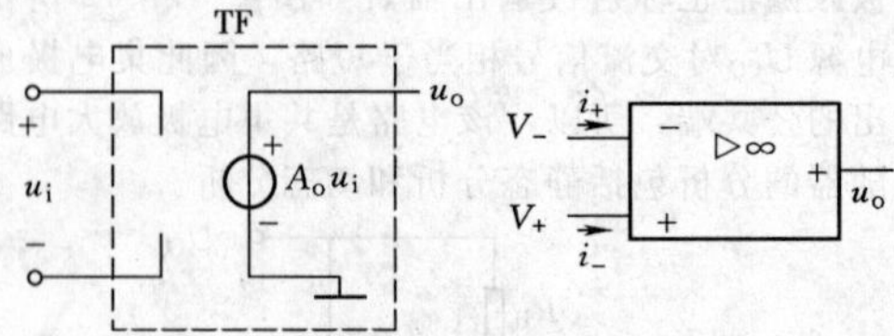

图 2-7-19 理想运算放大器电路模型及符号

由于运算放大器的输出电压与输入电压满足关系式：

$$u_o=A_0 u_i=A_0(V_+-V_-)$$

所以，就理想运算放大器而言：

(1) $A_0\to\infty$，又因输出 u_o 为有限值，使

$$V_+ - V_- \to 0,\ V_+ \approx V_- \qquad (2-7-20)$$

(2) $r_i \to \infty$，使

$$i_+ \approx 0,\ i_- \approx 0 \qquad (2-7-21)$$

这两个式子是分析运放线性应用电路（反相运算放大器和同相运算放大器）的重要依据。

六、反相运算放大电路

（一）反相运算放大器的基本结构

信号送入运算放大器的反相输入端，并将反相输入端与输出端通过元件相联，对于同相输入端则与“地”相联。典型的反相运算放大器有反相比例运算、反相求和运算、反相积分运算、反相微分运算等。

（二）反相比例运算

反相比例运算电路如图 2-7-20 所示。图中，因 $u_+ = 0$，有 $u_- \approx u_+ = 0$，然而 $i_- \approx 0$，即电路中的反相输入端电位为 0、但又未与“地”相接，故称此点为“虚地”点，借此容易做出以下分析：

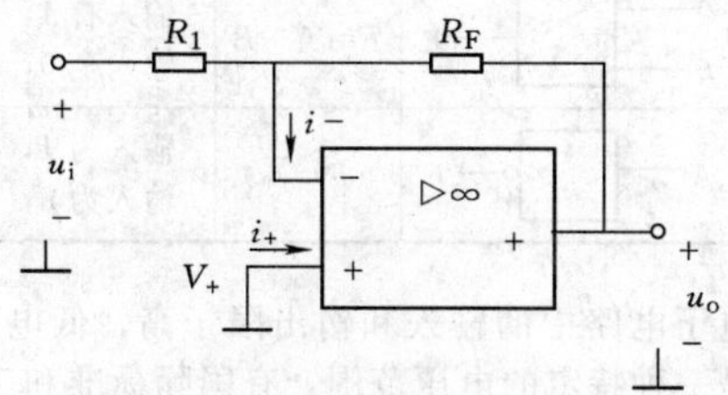

图 2-7-20 反相比例运算电路

因为 $i_- \approx 0$，有流通电阻 R_1 与电阻 R_F 的电流相同，又因 $V_+ = V_- = 0$，有：$\frac{u_i}{R_1} = -\frac{u_o}{R_F}$

于是

$$u_o = -\frac{R_F}{R_1}u_i \qquad (2-7-22)$$

式中，“−”表示电路的输出与输入呈反相关系，比例值可通过电阻值进行调节。

（三）反相加法运算

反相加法运算电路至少为两信号的加法运算，因此实现电路至少比反相比例运算电路多一条或多条输入支路，如图 2-7-21 所示。

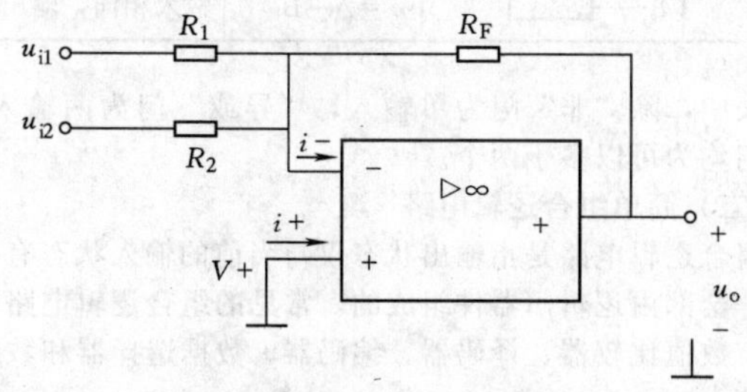

图 2-7-21 反相加法运算电路

利用叠加原理分析如下

令 u_{i1} 单独作用，即

$$u_{i2} = 0 \text{ 得 } u_o' = -\frac{R_F}{R_1}u_{i1}$$

令 u_{i2} 单独作用，即

$$u_{i1} = 0 \text{ 得 } u_o'' = -\frac{R_F}{R_2}u_{i2}$$

当 u_{i1}，u_{i2} 共同作用时

$$u_o = u_o' + u_o'' = -\left(\frac{R_F}{R_1}u_{i1} + \frac{R_F}{R_2}u_{i2}\right) \qquad (2-7-23)$$

（四）反相积分运算

把反相比例运算电路中的电阻 R_F 换成电容，即可实现对输入信号的积分运算，如图 2-2-22 所示。利用虚地点和反相输入端电流为 0，容易导出（推导略）：

$$u_o = -\frac{1}{RC}\int u_i \mathrm{d}t \qquad (2-7-24)$$

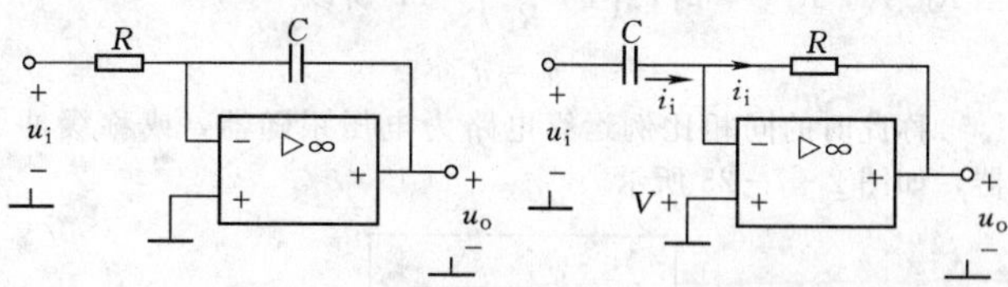

图 2-7-22 反相积分运算电路　图 2-7-23 反相微分运算电路

（五）反相微分运算

将反相积分运算电路中的电阻、电容对调位置，即可得到对信号的反相微分运算电路，如图 2-7-23 所示。

利用虚地点的概念和反相输入端电流为零的事实，设电容电流与电容电压取关联方向，则电容电流为

$$i_i = C\frac{\mathrm{d}u_i}{\mathrm{d}t}$$

该电流同样流过电阻 R，因此又有

$$i_i = -\frac{u_o}{R}$$

于是

$$u_o = -CR\frac{\mathrm{d}u_i}{\mathrm{d}t} \qquad (2-7-25)$$

七、同相运算放大电路

（一）同相运算放大电路的组成

同相运算放大电路通常包括同相比例运算放大电路和同相加法运算放大电路，这种电路的输出与输入之间呈现同相关系。同相运算放大电路中的输入信号从运算放大器的同相输入端送入。

在由运算放大器组成的同相运算电路中，因同相输入端不再接地，其反相输入端也就不再是虚地点，但仍有 $V_- \approx V_+$，$i_- \approx 0$，$i_+ \approx 0$。

（二）同相比例运算

同相比例运算放大器如图 2-7-24 (a)，由于 $i_- \approx 0$，因此反相输入端的电压

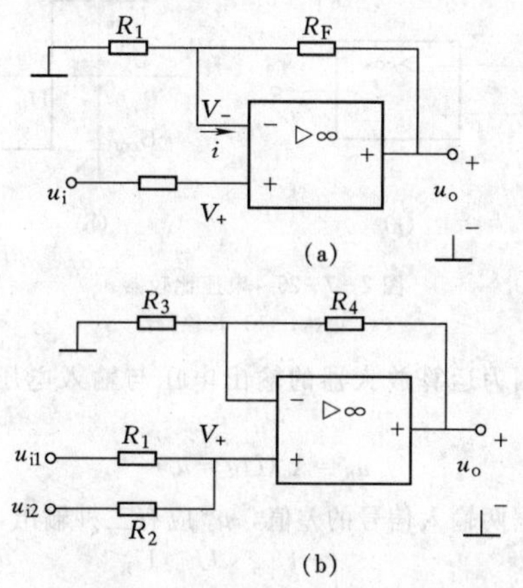

图 2-7-24 同相运算放大器

(a) 同相比例运算放大器；(b) 同相加法运算放大器

$$V_- = \frac{R_1}{R_1 + R_F}u_o$$

再利用 $V_- \approx V_+$，得 $u_i = V_+ = V_- = \dfrac{R_1}{R_1+R_F}u_o$

所以，同相运算关系

$$u_o = \left(1+\frac{R_F}{R_1}\right)u_i \qquad (2-7-26)$$

当 $R_F = 0$，$R_1 \to \infty$ 时，$\left(1+\dfrac{R_F}{R_1}\right)=1$，所以

$$u_o = u_i$$

称此时的同相比例运算电路为电压跟随器，或称缓冲器，如图 2-7-25 所示。

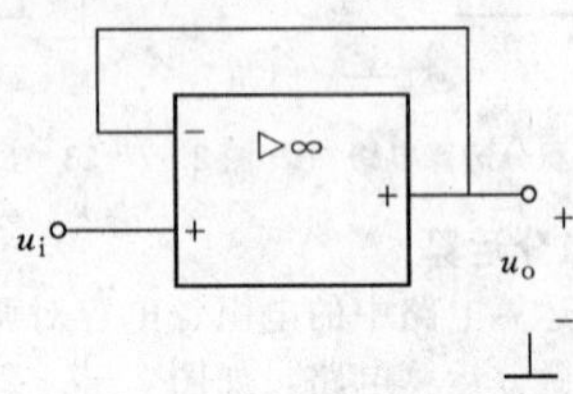

图 2-7-25 电压跟随器

(三) 同相求和运算

同相求和运算电路如图 2-7-24 (b) 所示，该电路有两个激励，利用叠加原理分析如下。

令 $u_{i2}=0$ 得

$$V_+ = \frac{R_2}{R_1+R_2}-u_{i1},u'_o=\left(1+\frac{R_4}{R_3}\right)V_+=\frac{R_2}{R_1+R_2}\left(1+\frac{R_4}{R_3}\right)u_{i1}$$

令 $u_{i1}=0$ 得

$$V_+ = \frac{R_1}{R_1+R_2}u_{i2},u''_o=\left(1+\frac{R_4}{R_3}\right)V_+=\frac{R_1}{R_1+R_2}\left(1+\frac{R_4}{R_3}\right)u_{i2}$$

当 u_{i1}、u_{i2} 共同作用时

$$u_o = u'_o + u''_o = \left(1+\frac{R_4}{R_3}\right)\left(\frac{R_2}{R_1+R_2}u_{i1}+\frac{R_1}{R_1+R_2}u_{i2}\right) \qquad (2-7-27)$$

八、运算放大电路的非线性应用——电压比较器

(1) 电压比较器的作用是比较输入电压和参考电压。就运算放大器本身来讲就可用于信号的"比较"运算。如图 2-7-26 (a)所示电路的输出为输入信号 u_i 与 U_R 的比较结果。

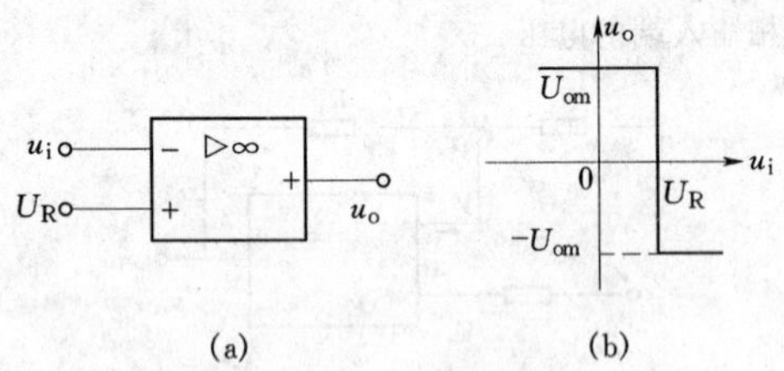

图 2-7-26 电压比较器
(a) 电路；(b) 传输特性

(2) 因为运算放大器的输出电压与输入电压满足以下关系

$$u_o = A_0(U_R - u_i)$$

所以，根据两输入信号的差值，u_o 应有三种输出，即

$$u_o = \begin{cases} -U_{om} & U_i > U_R \\ 0 & u_i = U_R \\ +U_{om} & u_i < U_R \end{cases}$$

图 2-7-26 (a) 所示电路的传输特性如图 2-7-26 (b) 所示。

当 $U_R = 0$ 时，称为过零比较器，常用于输入信号的极性鉴别和波形变换。

九、数字电子技术

(一) 逻辑门及逻辑功能

逻辑门电路是实现逻辑运算的电路总称，它的输入和输出之间存在着一定的因果关系，即逻辑关系。逻辑门电路除了有"与"、"或"、"非"基本逻辑电路外，还有"与非"门、"或非"门、"异或"门等。

1. 基本逻辑门

基本的逻辑门有："与"门、"或"门和"非（反）"门，见表 2-7-1。

表 2-7-1 基本逻辑门及逻辑功能

名称	图形符号	逻辑功能	功能说明
"与"门	A, B —[&]— F	$F=AB$	输入全 1，输出为 1 输入有 0，输出为 0
"或"门	A, B —[≥1]— F	$F=A+B$	输入有 1，输出为 1 输入全 0，输出为 0
"非"门	A —[1]o— F	$F=\overline{A}$	输入为 1，输出为 0 输入为 0，输出为 1

数字电子电路中的输入和输出限于高、低电平两种可能，电平是一种特定的电压范围，有国际标准和工程规范。通常记高电平信号为"1"、低电平信号为"0"。

2. 基本逻辑门电路的组合——复合门

用基本逻辑门可组合出多种复合门，包括："与非"门、"或非"门、"异或"门等，如表 2-7-2 所示。

表 2-7-2 基本逻辑门的组合逻辑功能

名称	图形符号	逻辑功能	功能说明
"与非"门	A, B —[&]o— F	$F=\overline{AB}$	输入全 1，输出为 0 输入有 0，输出为 1
"或非"门	A, B —[≥1]o— F	$F=\overline{A+B}$	输入有 1，输出为 0 输入全 0，输出为 1
"异或"门	A, B —[=1]— F	$F=A\overline{B}+\overline{A}B$ $=A\oplus B$	输入相异，输出为 1 输入相同，输出为 0

表中，除"非"门为单输入，"异或"门为两输入外，其他门均为可以多于两个。

(二) 简单组合逻辑电路

组合逻辑电路是指输出状态仅与当前的输入状态有关的电路，全部由逻辑门器件组成的。常见的组合逻辑电路有全加器、数值比较器、译码器、编码器、数据选择器和数据分配器等。

1. 组合逻辑电路功能表述

组合逻辑功能的常见表述方式有：经简化处理的逻辑表达式或真值表。

例如：逻辑表达式 $F=A\overline{B}+C$ 的真值表如表 2-7-3 的示。

表 2-7-3 $F=A\overline{B}+C$ 真值表

A	B	C	$\overline{B}$	$A\overline{B}$	F
0	0	0	1	0	0
0	0	1	1	0	1

续表

A	B	C	$\overline{B}$	$A\overline{B}$	F
0	1	0	0	0	0
0	1	1	0	0	1
1	0	0	1	1	1
1	0	1	1	1	0
1	1	0	0	0	0
1	1	1	0	0	1

2. 组合逻辑电路表达式的获取

组合逻辑电路是由逻辑门器件组成的，从输入到输出，逐级写出各门的输出，即可得到该组合逻辑电路的逻辑表达式。例如，图 2-7-27 所示组合逻辑电路的逻辑表达式为

$$F=\overline{\overline{\overline{A}B}\cdot\overline{A\overline{B}}}=\overline{A}B+A\overline{B}$$

3. 分析组合电路的逻辑功能

根据上一步的逻辑表达式可知：图 2-7-27 所示组合逻辑电路具有"异或"逻辑功能。

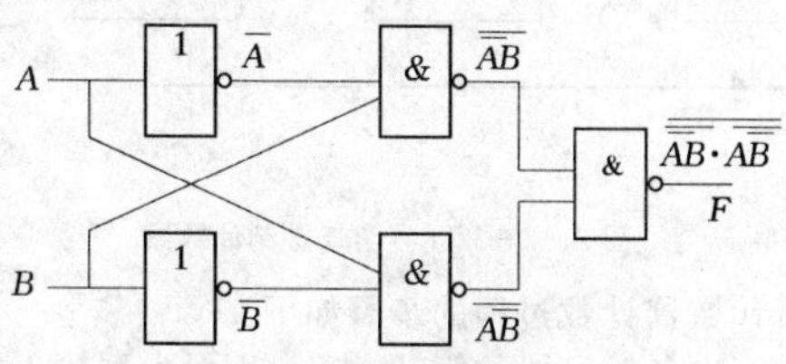

图 2-7-27 组合逻辑电路

(三) 触发器

触发器是一种组成时序逻辑电路的基本单元，是一种受控的多端逻辑器件，它的输入和输出之间的逻辑关系受控制端信号的控制。触发器的控制信号称为触发信号，也称为时钟脉冲 CP 信号（CP－clock pulse），它可以是单个的数字脉冲信号，也可以是一种等间距的节拍脉冲信号。在输入端逻辑状态确定的情况下，触发器输出端的逻辑状态在 CP 脉冲的触发下按既定的规律变化。

常用的触发器有 D 触发器、JK 触发器等。

1. D 触发器的图形符号

D 触发器的电路符号如图 2-7-28 所示，Q 和$\overline{Q}$为两个逻辑状态相反的输出端；S_D（Set）和 R_D（Reset）分别为直接置"1"输入端和直接置"0"输入端，又称为"置位"端和"复位"端，它们的作用是设置触发器的初始输出状态。$\overline{S}_D$ 和$\overline{R}_D$ 的意思是"低电平有效"，即当$\overline{S}_D=0$ 时触发器置位，输出 $Q=1$；当$\overline{R}_D=0$ 时，触发器复位，即 $Q=0$。D 和 CP 为两个输入端，CP 是触发时钟脉冲输入端，对于图 2-7-28 (a)。符号"∧"表示 CP 脉冲的前沿（上升沿）产生触发作用（触发有效），只有在 CP 脉冲有效时，输入端 D 才起作用；对于图 2-7-28 (b) CP 处有"○"符号表示 CP 脉冲后沿（下降沿）产生触发作用（触发有效）。

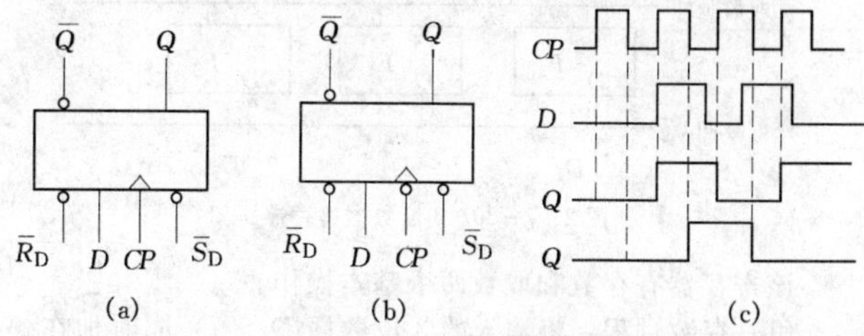

图 2-7-28 D 触发器符号

(a) 上升沿触发；(b) 下降沿触发；(c) 输出波形

D 触发器的逻辑状态表如表 2-7-4。Q_{n+1} 表示触发后的状态，不管触发前 Q（即 Q_n）处于何种状态，触发后的状态由输入信号 D 的状态决定，与 D 触发器的当前状态无关。

表 2-7-4 D 触发器的逻辑状态表

D	Q_{n+1}
0	0
1	1

2. JK 触发器的图形符号

JK 触发器具有 J 和 K 两个信号输入端，它的电路符号如图 2-7-29 所示，它的逻辑功能如表 2-7-5 所示。

表 2-7-5 JK 触发器的逻辑状态表

J	K	Q_{n+1}	功能
0	0	Q_n	保持
0	1	J	置 0
1	0		置 1
1	1	$\overline{Q}_n$	计数

由表 2-7-5 可以看出：JK 触发器具有置 0、置 1、计数和保持功能的触发器。图 2-7-29 (a) 是 CP 脉冲上升沿触发有效，而图 2-7-29 (b) 则是 CP 脉冲下降沿触发有效，只有在 CP 脉冲有效时，输入端 J、K 才起作用，否则，其他时间输入端 J、K 不起作用，输出口的状态不发生变化。

JK 触发器可以实现逻辑变量的组合处理。如图 2-7-29 (c)，JK 触发器的 J 端和 K 端与 J_1、J_2、K_1 和 K_2 的关系分别为：$J=J_1J_2$，$K=K_1K_2$，这进一步扩充了它的逻辑组合处理的能力。因此，JK 触发器是时序逻辑系统中使用最为灵活、应用最为广泛的一种逻辑器件。

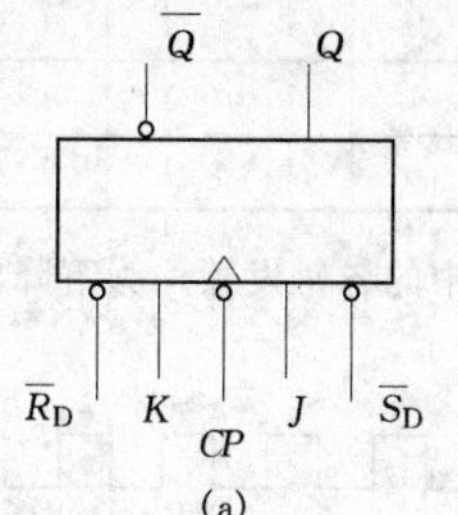

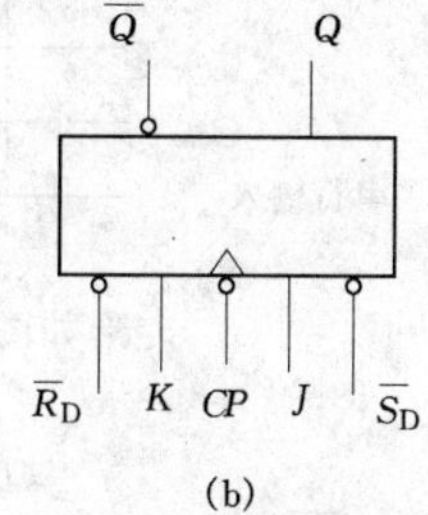

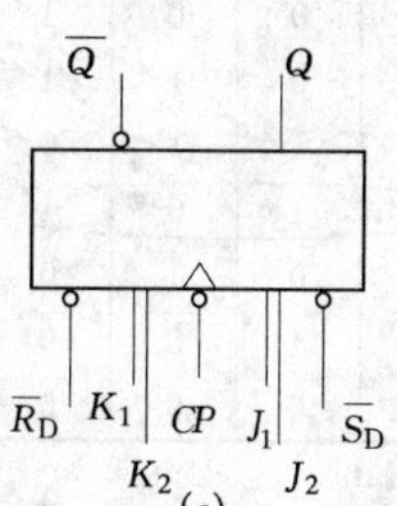

图 2-7-29 JK 触发器

(a) 下降沿触发的 JK 触发器；(b) 上升沿触发的 JK 触发器；(c) 多输入端的上升沿触发的 JK 触发器

(四) 数字寄存器

所谓寄存器是指能把二进制数据或代码暂时存储起来的电路。图 2-7-30 是由 D 触发器组成的 3 位数据寄

存器。

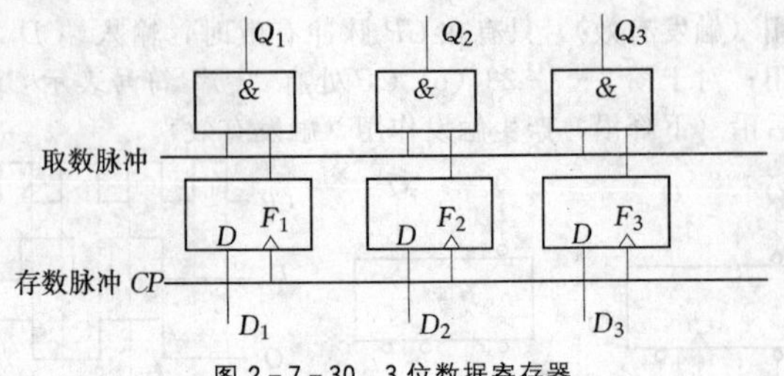

图 2-7-30　3 位数据寄存器

该寄存器有存数和取数两个基本操作。

(1) 存数过程：将输入的 3 位数据 $D_3 \sim D_1$ 同时加在触发器 $F_3 \sim F_1$ 的 D 输入端，在存数脉冲 CP 上升沿到来后，触发器被触发，使得 3 个 D 触发器的 Q 端状态保持为 $D_3D_2D_1$，完成了这 3 位数据的寄存；

(2) 取数过程：用 3 个"与"门来控制，取数脉冲到来之前，"与"门的输出 $Q_3Q_2Q_1=000$；取数脉冲到来时，各个"与"门将触发器的输出与"1"进行"与"运算，寄存在寄存器中的数据就被取出：$Q_3Q_2Q_1=D_3D_2D_1$。

（五）数字移位寄存器

移位寄存器是指既有存储数码的功能，又有移位功能的电路。所谓"移位"是指数据的二进制代码向左或向右逐位平移的操作。图 2-7-31 是一个 4 位移位寄存器。

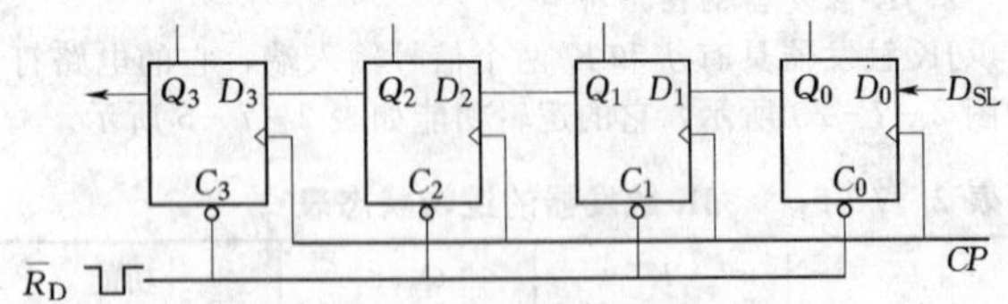

图 2-7-31　4 位右移寄存器

图 2-7-31 所示电路随从触发器的最低位输入串行数码 D_{SL} 的最高位，经过 4 个脉冲后，串行数码 D_{SL} 的数据按高位到低位反映在 $Q_3 \sim Q_0$ 端，实现了串行输入并行输出；在经过 4 个脉冲，又可在 Q_3 端得到和 D_{SL} 一样的信号，从而实现了串行输入串行输出。该移位寄存器的状态表如表 2-7-6。

表 2-7-6　4 位数字移位寄存器状态表

CP 顺序	寄存器中的数码				串行输入数码 D_{SL}
	Q_3	Q_2	Q_1	Q_0	
0	0	0	0	0	1
1	0	0	0	1	1
2	0	0	1	1	0
3	0	1	1	0	1
4	1	1	0	1	0
5	1	0	1	0	0
6	0	1	0	0	0
7	1	0	0	0	0

串行输入

并行输出

由此实现了输入串行数码 D_{SL} 的数据由低位按位移到了高位，这种移位寄存器称为左移移位寄存器。

在实际的数字系统中，通常使用集成电路的通用移位寄存器器件。这种器件具有综合性功能，通常包括左移、右移；串行输入/串行输出、并行输入/并行输出、串行输入/并行输出以及并行输入/串行输出等。

（六）脉冲计数器

脉冲计数器也是一种由触发器构成的数字电路，是组成数字逻辑电路的基本部件。它能累计输入脉冲的个数并以代码的形式表示这个数目。脉冲计数器可以进行加法计数、减法计数等。

1. 异步二进制计数器

图 2-7-32 所示电路是一种由 3 个 JK 触发器组成的脉冲计数器的实现电路，设 3 个触发器的初始状态为 0，由于计数脉冲从触发器 FF_0 的"C_0"端输入，而且低位触发器的输出作为高位触发器的脉冲直接与高位触发器的"C"端连接，也就是说，各个触发器所接受的脉冲信号不是同一个，造成各个触发器状态的变化有先有后，是异步的，所以称该电路为异步计数器。

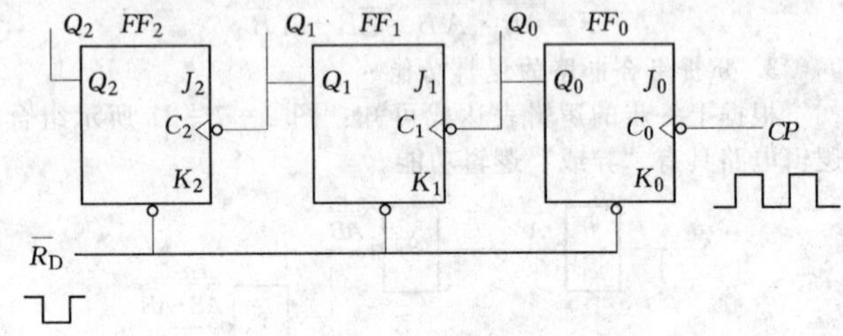

图 2-7-32　异步二进制计数器

分析计数器计数过程的步骤如下。

(1) 写出各触发器的驱动方程，即触发器输入端变量的表达式。

$$J_0=K_0=1,\ J_1=K_1=1,\ J_2=K_2=1$$

由于触发器的 J、K 端悬空，处于高电位状态。

(2) 填写状态转换表。

因为各触发器的 J、K 输入均为高电平，所以，每当触发脉冲的下降沿到来时，Q_0 翻转，即由 1 变为 0，或由 0 变为 1；每当 Q_0 由 1 变为 0 时，Q_1 翻转；当 Q_1 由 1 变为 0 时 Q_2 翻转。由此，得表 2-7-7。

表 2-7-7　分析计数器所用的状态转换表

CP	Q_2	Q_1	Q_0	J_2	K_2	J_1	K_1	J_0	K_0
0	0	0	0	1	1	1	1	1	1
1	0	0	1	1	1	1	1	1	1
2	0	1	0	1	1	1	1	1	1
3	0	1	1	1	1	1	1	1	1
4	1	0	0	1	1	1	1	1	1
5	1	0	1	1	1	1	1	1	1
6	1	1	0	1	1	1	1	1	1
7	1	1	1	1	1	1	1	1	1
8	0	0	0	1	1	1	1	1	1

(3) 图示电路中的各触发器均为下降沿触发，其工作波形如图 2-7-33 所示。

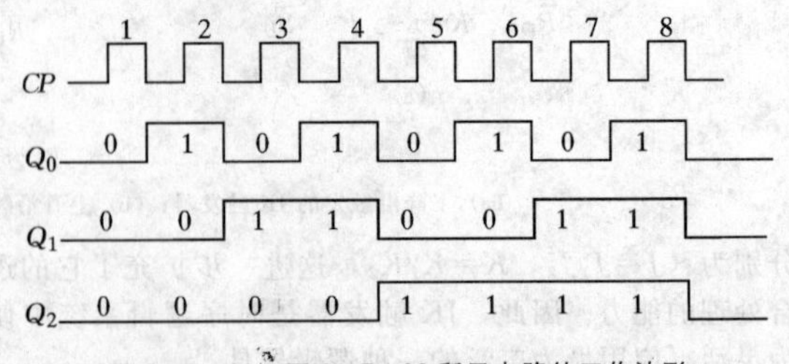

图 2-7-33　图 2-7-32 所示电路的工作波形

(4) 该计数器的工作方式为“异步”的；3个触发器的输出端 Q_2、Q_1、Q_0 以二进制形式表示输入的脉冲数，每一个触发器实质上完成的是一位二进制数的加法运算，从低位输出送入上一位 C 端的信号实质上是低位加法器的进位。

综上，该计数器是一种异步的4位二进制加法计数器。

从信号处理的角度看，Q_0 输出4个脉冲，是8个 CP 脉冲的1/2，所以，Q_0 为二分频输出端，同理可知，Q_1 和 Q_2 分别构成4分频和8分频。所以，二进制脉冲计数器也用来作为数字信号的分频器使用。

确定计数器进制数的方法还有一种，即根据计数器所能计的最大脉冲个数作为进制数，例如图2-7-29所示计数器最多能计8个脉冲，因此，它又是一个异步的1位8进制计数器。

2. 同步二进制计数器

同步是指计数器中各个触发器的脉冲来自同一个信号，致使触发器的输出状态同步变化。下面以例2-7-1说明同步计数器的工作。

【例2-7-1】 分析图2-7-34所示逻辑电路的逻辑功能，并用输入/输出逻辑信号波形图加以说明。

解： 电路中各触发器的驱动方程：$D_0=\overline{Q_0}\cdot\overline{Q_1}$，$D_1=Q_0$。

该电路各触发器的状态如表2-7-8所示。

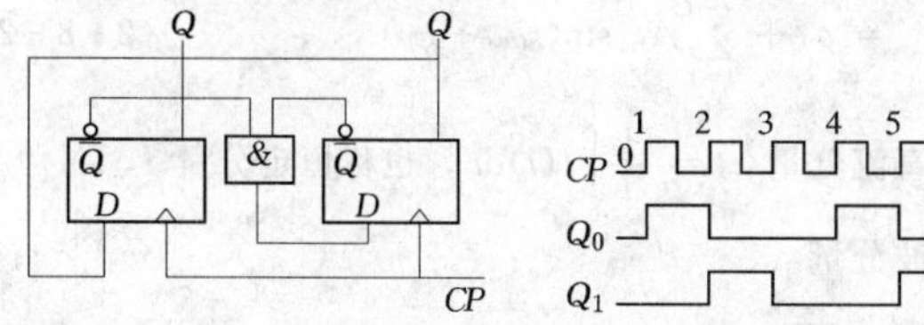

图2-7-34 三进制同步计数器　　图2-7-35 电路的工作波形

表2-7-8 各触发器的状态转换

CP	Q_1	Q_0	D_0	D_1
0	0	0	1	0
1	0	1	0	1
2	1	0	0	0
3	0	0	1	0

综上可知：电路为三进制同步计数器（上升沿触发）。

第八节 信号与信息学

一、物理信号和数据信息

1. 信号、信息及其关系

(1) 信号。信号指物理信号，是可以被观测到的物理现象。如通常所说的光的、热的、声的、机械振动等现象，都是物理信号。

(2) 信息。信息是具有特定含义的数据。数据是抽象的符号，用来表示和描述信息。只有数据按照确定的编码规则给予约定后才形成信息。

(3) 信号、信息相互关系。

信息是抽象的，信号是具体的、客观的。

信息隐含于信号之中，必须对信号进行必要的分析和处理才能从中提取出所需要的信息。信号是信息的表现形式。

信号是信息的载体，它借助物理媒介传送信息。

从信号中获取信息的渠道。

1) 直接观测对象——借助被测对象发出的真实信号直接获取信息。例如，通过观测化学反应器中的温度、压力、流量等随时间变化的信号可以获取化工过程的信息；通过观测机械零件和建筑结构中的应力、变形等信号可以获取机械或建筑物的状态信息等。

2) 通过人与人之间的交流——用符号对信息进行编码，然后以信号的形式传送出去，人们在收到这种编码信号并对它进行必要的处理（译码）之后间接获取信息。例如书籍、报刊用的是文字符号编码，交谈、演讲用的是语音信号编码，数字系统中使用的是数字信号编码等，它们传递的是预先编制好的信息。

2. 信号分类

根据信号自身的形态及其传送信息的方式，可分为多种类型。信号类型的不同，描述、分析、处理及应用方式也有所不同。例如：原始的物理信号、模拟信号、采样信号、数字信号以及确定性信号和不确定性信号等。

图2-8-1(a)所示的压力是由观测对象直接发出的信号，属于原始的物理信号。

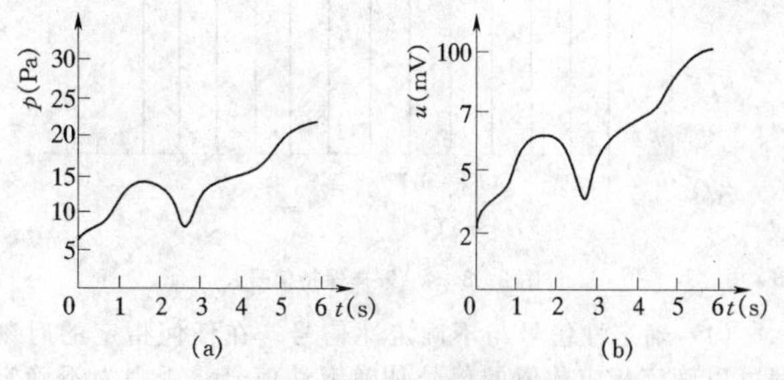

图2-8-1 原始信号和模拟信号

(a) 原始压力信号；(b) 压力的模拟信号

(1) 模拟信号与数字信号。模拟信号是由观测对象直接发出的原始形态的信号转换而来的电信号，如电压信号或电流信号。模拟信号在时间上和数值上都是连续取值的信号，如图2-8-1(b)所示模拟信号 u 是模拟压力信号 p 的电压信号。

这两个信号数值大小不同，量纲不同，但它们随时间变化的规律相同，所以模拟信号 u 所携带和传送的信息和原始信号 p 是相同的。

如图2-8-2所示数字信号是指在时间上和数值上都是离散取值的信号，它是经过人工处理后以数字编码形式出现的离散电脉冲序列，属于代码信号。

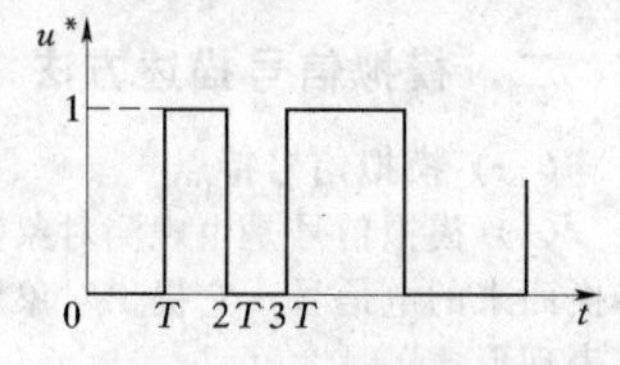

图2-8-2 数字信号

模拟信号具体、直观，便于人的理解和运用，而数字信号便于计算机处理，所以，在实际应用中经常将两者互相转换，以发挥各自的优点。

(2) 连续信号与离散信号。时间和数值都连续取值的信号称为连续信号；而时间或数值离散取值，或两者都离散取值的信号为离散信号。连续信号可以用连续的时间函数曲线描述，例如图2-8-1的模拟信号，就是连续的时间信号，可用

$$u=f(t)$$

描述；如图2-8-2所示信号属于离散信号，它只能用离散的时间序列表示，即

$$u^*=[f(0),f(T),f(2T),\cdots,F(nT),\cdots]$$

(3) 采样信号与采样保持信号。通过采用等时间间隔（称为采样周期）读取连续信号瞬时值方法所获取的信号为

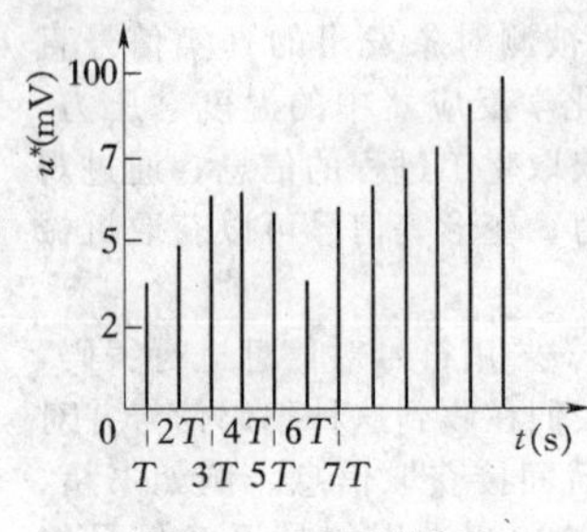

图 2-8-3　采样信号

采样信号。它是连续信号的离散化形式。

如图 2-8-3 所示采样信号是时间离散、幅值连续的离散信号，T 为采样周期。

将采样得到的每一个瞬时值在其采样周期内保持不变所形成的信号称为采样保持信号，如图 2-8-4。

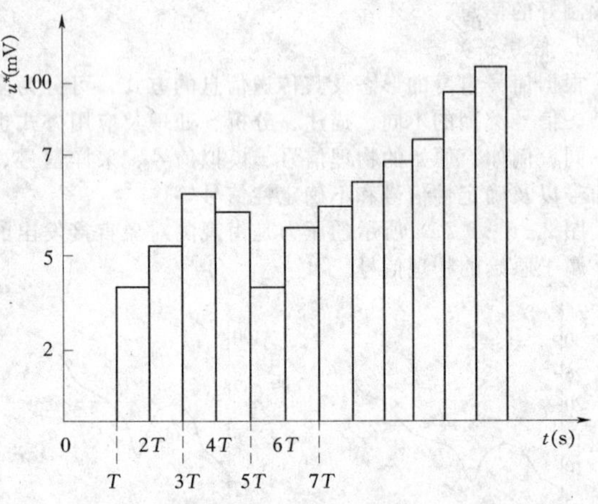

图 2-8-4　采样保持信号

(4) 确定性信号与不确定性信号。在任何指定的时刻都可以确定相应数值的信号是确定性信号，否则为不确定性信号或随机信号。确定性信号可以用一个确定的连续时间函数加以描述，例如正弦函数所描述的交流电信号，阶跃函数所描述的阶跃信号等；由于随机信号在指定的时刻无法确定它的准确数值，所以不能用确定的时间函数描述，只能给出它在指定时刻取某一数值的概率值，如电力系统中负荷变化信号以及气象领域中气温变化的信号均属于随机信号。

一般而言，确定性信号来自确定性对象；随机信号则源自不确定性对象。

二、模拟信号描述方法

(一) 模拟信号特点

(1) 模拟信号是由观测对象直接发出的原始形态的信号转换而来的电信号，它提供对象原始形态的信息，是"信息的表现形式"。

(2) 模拟信号是连续的时间信号，可以用连续的时间函数描述，也可以用时间函数的曲线形式表述。模拟信号借助时间函数的变化规律来反映被测对象的变化规律，某一时刻的数值表示了被测对象的状态。

(3) 模拟信号在频域里可以借助不同频率、不同相位和不同幅值的信号（谐波分量）的叠加表示。模拟信号不同，分解的谐波分量不同。因此，从频域角度看，信息载于模拟信号的谐波分量中。通过频域分析可以从中提取更加丰富、更加细微的信息。

(4) 模拟信号可以用连续的时间函数描述，也可以通过谐波分量来表示形式。

(二) 模拟信号的时域描述

1. 模拟信号的分类

模拟信号按时间函数的描述形式可分为周期信号和非周期信号。

周期信号随时间周期性地重复变化，如正弦交流电信号；非周期信号则不具有周期性，如阶跃信号。

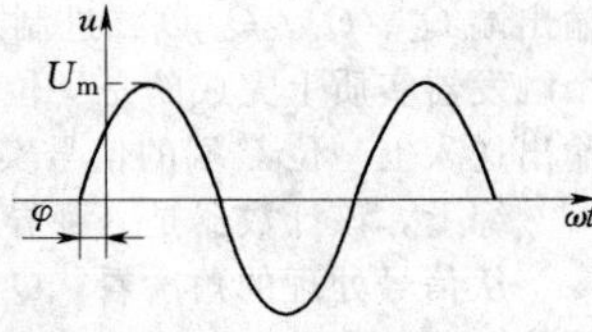

图 2-8-5　正弦周期信号

2. 周期信号的时域描述

(1) 正弦周期信号。正弦周期信号是最基本的周期信号，如图 2-8-5 所示，信号随时间按正弦规律变化，其时域描述形式为

$$u(t)=U_{\mathrm{m}}\sin(\omega t+\varphi)=\sqrt{2}U\sin(\omega t+\varphi) \qquad (2-8-1)$$

式中　U_{m}——最大值或幅值，U 为有效值，$U_{\mathrm{m}}=\sqrt{2}U$；

ω——角频率，$\omega=2\pi f=\dfrac{2\pi}{T}$；

φ——初相角。

(2) 非正弦周期信号。任何满足狄里赫利条件（函数在一个周期内包含有限个第一类间断点和有限个极大值和极小值）的非正弦周期信号都可以利用傅里叶级数分解为无穷多个谐波分量的叠加，即

$$\begin{aligned} f(t) = f(t+nT) &= a_0 + \sum_{k=1}^{\infty}(a_k\cos k\omega t + b_k\sin k\omega t) \\ &= a_0 + \sum_{k=1}^{\infty}A_{km}\sin(k\omega t+\varphi_k) \end{aligned} \qquad (2-8-2)$$

其中：直流分量 $a_0=\dfrac{1}{T}\int_0^T f(t)\mathrm{d}t$，也称恒定分量。

谐波分量

$$\sum_{k}^{\infty}A_{km}\sin(k\omega t+\varphi_k),k=1,2,\cdots,\infty \qquad (2-8-3)$$

$$\omega=\frac{2\pi}{T}$$

$$a_k=\frac{2}{T}\int_0^T f(t)\cos(k\omega t)\mathrm{d}t=f(k\omega)$$

$$b_k=\frac{2}{T}\int_0^T f(t)\sin(k\omega t)\mathrm{d}t=f(k\omega)$$

谐波分量的幅值

$$A_{km}=\sqrt{a_k^2+b_k^2} \qquad (2-8-4)$$

谐波分量的初相位

$$\varphi_k=\tan^{-1}\frac{a_k}{b_k} \qquad (2-8-5)$$

由式 (2-8-3) 可知：谐波分量形式都是正弦周期函数形式，各次谐波的频率是周期信号频率的整数倍（$k\omega$，$k=1,2,\cdots,\infty$）。$k=1$ 为一次谐波（也称为基波），$k=2$ 为二次谐波……周期函数的直流分量 a_0 也称为零次谐波。

不同的周期函数具有不同的谐波分量。

3. 非周期信号的时域描述

单位阶跃函数的描述为

$$1(t)=\begin{cases}1 & 当\ t>0 \\ 0 & 当\ t<0\end{cases} \qquad (2-8-6)$$

图 2-8-6 所示阶跃信号为非周期信号，可以用单位阶跃函数表示为

$$u(t)=U\cdot 1(t-t_0)$$

图 2-8-6　阶跃信号

(三) 频谱与模拟信号的频域描述

1. 周期信号的频谱

任何满足狄里赫利条件的非正弦周期信号都可以通过傅里叶级数表示，所以，对于图 2-8-7 所示的两个非正弦周期信号的时域描述分别为

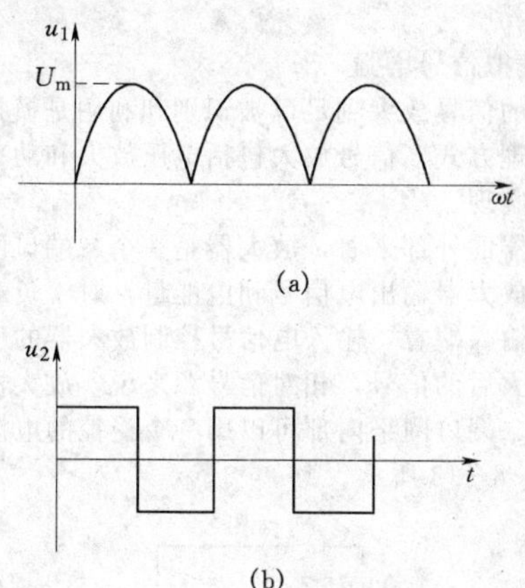

图 2-8-7 非正弦周期信号

(a) 全波整流信号；(b) 方波信号

$$u_1(t)=\frac{4U_m}{\pi}\left(\frac{1}{2}-\frac{1}{3}\cos2\omega t-\frac{1}{15}\cos4\omega t-\frac{1}{35}\cos6\omega t-\cdots\right) \quad (2-8-7)$$

$$u_2(t)=\frac{4U_m}{\pi}\left(\sin\omega t+\frac{1}{3}\sin3\omega t+\frac{1}{5}\sin5\omega t+\cdots\right) \quad (2-8-8)$$

以角频率 ω 为横坐标，分别以谐波的幅值或初相位为纵坐标，在平面上画出的谐波分布图称为幅值频谱或相位频谱，幅值频谱和相位频谱统称为频谱。根据式（2-8-7）和式（2-8-8）可分别画出图 2-8-7 所示的两个信号的频谱，如图 2-8-8 所示，图中的每一条谱线的长度代表该谐波分量的幅值或相位。

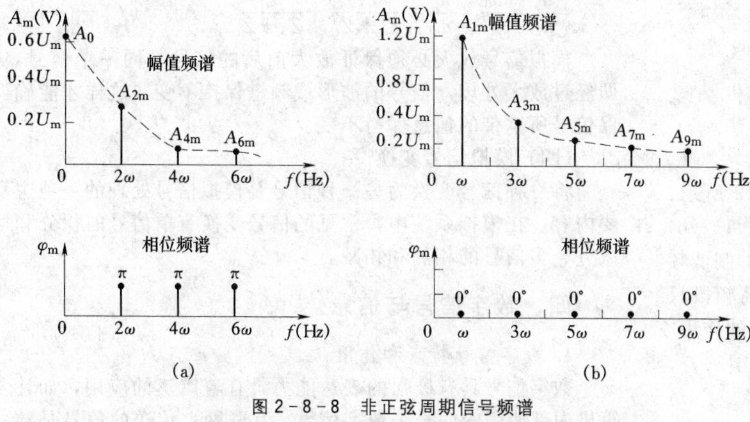

图 2-8-8 非正弦周期信号频谱

(a) 全波整流信号频谱；(b) 方波信号频谱

从图 2-8-8 可知：

(1) 周期信号的频谱是离散频谱，其谱线只能出现在周期信号频率 ω 的整数倍上。

(2) 随着信号周期的加长，各次谐波之间的距离在减小，谱线变密。

(3) 各条幅值谱线的高度随谐波次数的增大而减小。

(4) 任何周期信号都有自己的离散形式的频谱，不同的周期信号，它们的频谱分布也不同。

2. 非周期信号的频谱

信号一旦成为非周期信号，其周期 $T\to\infty$，频谱中各次谐波之间的距离趋于消失，因此，信号的频谱也从离散频谱变成了连续频谱。由于频谱是连续的，所以，用它的包络线（谱线顶点的连线）来表示非周期信号的频谱。图 2-8-9 给出了非周期矩形脉冲信号和非周期指数信号的幅值频谱分布形状。

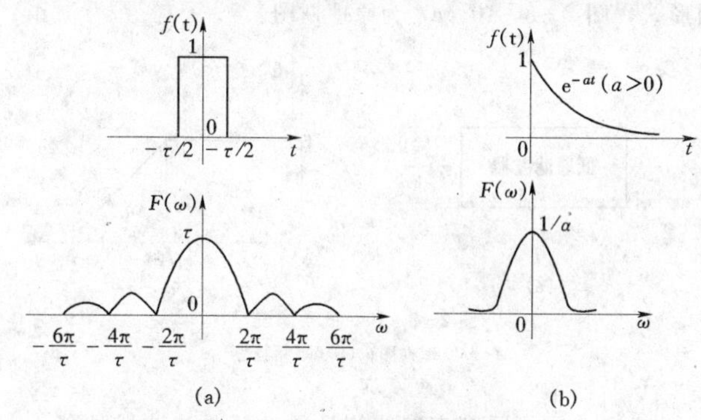

图 2-8-9 非周期信号的频谱

(a) 矩形脉冲信号；(b) 指数信号

由于非周期信号的周期趋于无穷大，$f(t)$ 的描述形式由傅里叶级数求和形式转化为傅里叶积分形式，即

$$f(t)=\frac{1}{2\pi}\int_{-\infty}^{+\infty}F(j\omega)e^{j\omega t}d\omega \quad (2-8-9)$$

所以，经过反变换可得

$$F(j\omega)=\int_{-\infty}^{+\infty}f(t)e^{-j\omega t}dt \quad (2-8-10)$$

$F(j\omega)$ 是一个复数，它的模 $F(\omega)$ 和幅角 $\varphi(\omega)$ 都是频率的连续函数。

3. 模拟信号的频域描述

(1) 经过傅里叶级数分解式（2-8-2）得到了周期信号的谐波分量描述形式，即若干个不同频率正弦函数离散序列形式。虽然这种描述形式仍然是时域的描述形式，但由于它与频率有关，所以，傅里叶级数形式也是周期信号的频域描述形式。

傅里叶变换式（2-8-10）进一步将模拟信号的时域描述形式变换为频域描述形式。

(2) 频域是一个复数域，而时域是实数域。在实数域中，模拟信号可描述为时间函数；在复数域中，模拟信号可描述为频率的函数。因此说：模拟信号既是时间的函数又是频率的函数。

满足狄里赫利条件的周期信号可描述为傅里叶级数形式，即一系列谐波分量，各谐波分量的幅度随着谐波次数的增高而迅速减小；周期信号频谱是离散频谱，其谱线只出现在周期信号频率 ω 整数倍的地方，所以，随着信号周期的加长，各次谐波之间的距离在缩短，它的谱线也变得越加密集。

三、模拟信号处理

(一) 模拟信号处理的目的和技术手段

模拟信号中含有多种信息。对信号的处理，如信号放大、信号变换及信号滤波等都必须服从于信息处理需要，以此实现增强、识别和提取信息。

(二) 模拟信号滤波

滤波就是从模拟信号中滤除部分谐波信号，它是实现从

模拟信号中祛除无用信息提取有用信息的一种重要技术手段。滤波有低通滤波、高通滤波和带通滤波三种类型。

1. 低通滤波

低通滤波是从模拟信号中滤除所有频率高于某一特定值频率（f_H）的谐波信号。模拟信号低通滤波由低通滤波器实现，图 2-8-10（b）给出了低通滤波的幅频特性的波特图形式，图 2-8-10（a）为原理框图。

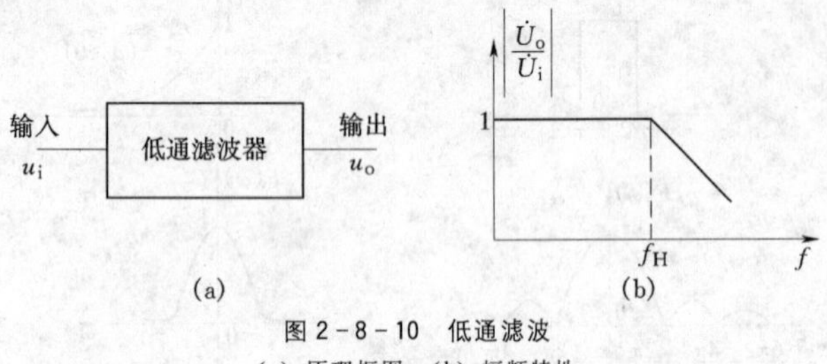

图 2-8-10 低通滤波
(a) 原理框图；(b) 幅频特性

$\left|\frac{\dot{U}_o}{\dot{U}_i}\right|$表示不同频率谐波信号通过低通滤波器的能力，由幅频特性可看出，凡是低于 f_H 频率的信号都能通过这个滤波器，而高于 f_H 频率的信号被这个滤波器不同程度的阻拦了，难于通过滤波器。称 f_H 为转折频率或界限频率，频率范围（0，f_H）称为通频带。

2. 高通滤波

高通滤波的原理框图与幅频特性如图 2-8-11 所示，高通滤波效果与低通滤波效果截然相反。凡是高于 f_L 频率的信号都能通过这个滤波器，而低于 f_L 频率的信号都被这个滤波器不同程度的阻拦了，难于通过滤波器。称 f_L 为转折频率或界限频率，频率范围（f_L，∞）称为通频带。

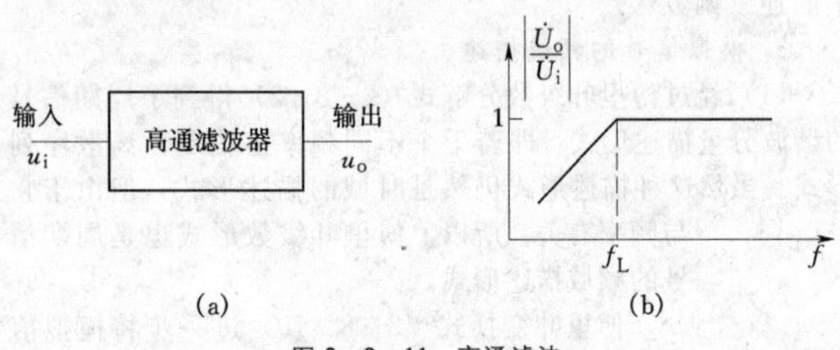

图 2-8-11 高通滤波
(a) 原理框图；(b) 幅频特性

3. 带通滤波

带通滤波的原理框图与幅频特性如图 2-8-12 所示，它只允许某一段频率的信号通过滤波器。由图 2-8-11（b）可看出：在低频段只允许高于 f_L 的高频信号通过，抑制低频信号，频率越低，输出越小，抑制效果就越好；在高频段只允许低于 f_H 的低频信号通过，起到了抑制高频信号的作用，频率越高，抑制效果越好，输出就越小。频率范围（f_L，f_H）称为通频带，称 f_L 为下限频率，f_H 为上限频率。

收音机天线可以接受不同频段信号，通过带通滤波将广播电台和电视台发射的不同频率的节目提取出来进行收听和观看；再信号在传输和处理过程中会有干扰信号出现，干扰信号的谐波与有用信号的谐波往往分布在频谱不同的频段上，所以通过滤波手段可以排除或削弱干扰信号。因此，利用滤波可以实现信号的识别、提取等，是模拟信号处理的一项核心技术。

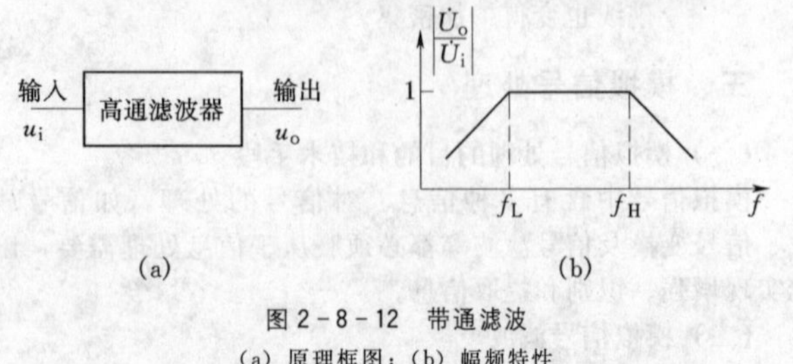

图 2-8-12 带通滤波
(a) 原理框图；(b) 幅频特性

（三）模拟信号增强

将微弱的信号放大到足以被识别和利用是模拟信号最基本的一种处理方式。信号放大包括电压放大和功率放大，可通过放大器实现。

从放大器的外部来看，放大器是一个二端口网络，从输出端口看，放大器输出电信号和电能量，对于负载相当于一个电源；从输入端看，输入电信号控制放大器的工作，使放大器输出放大后的信号，相对信号源来说，放大器相当于负载，所以，二端口网络内部可以用一个受控的电源模型来描述，如图 2-8-13 所示。

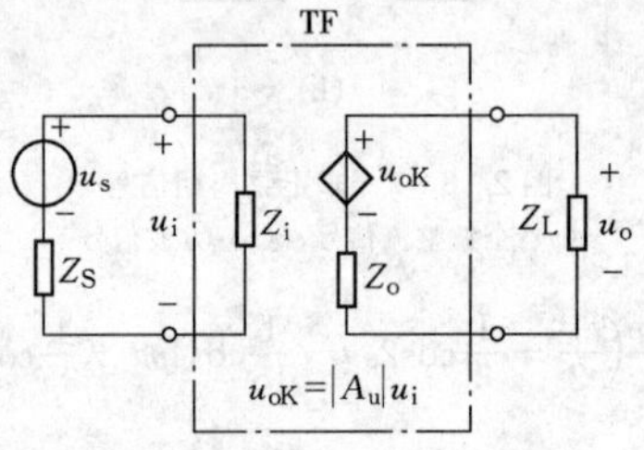

图 2-8-13 放大器示意图

图 2-8-13 中的 u_i 为输入电压信号，u_o 为输出电压信号；Z_i 称为放大器的输入阻抗，Z_o 称为放大器的输出阻抗；A_u 为放大器的电压放大系数。由于

$$\frac{u_o}{u_i}=\frac{Z_L}{Z_o+Z_L}\cdot|A_u| \qquad (2-8-11)$$

$$\frac{u_i}{u_S}=\frac{Z_i}{Z_S+Z_i} \qquad (2-8-12)$$

所以放大器放大能力 A 的描述为

$$A=\frac{u_o}{u_S}=\frac{u_o}{u_i}\cdot\frac{u_i}{u_S}=\frac{Z_L}{Z_o+Z_L}\cdot\frac{Z_i}{Z_S+Z_i}\cdot|A_u| \qquad (2-8-13)$$

模拟信号放大必须保证放大前后的信号是同一个信号，即经过放大处理，信号的波形或频谱保持不变，这样才能确保信号所携带的信息保持不变。

（四）模拟信号变换

将一种信号变换为另一种信号是模拟信号处理的一项主要内容。在模拟系统中，常见的信号变换有单信号的积分和微分、多信号的相加和相减。

四、数字信号与信息

1. 数字信号特点和作用

数字信号具有极强的表达能力，有着广泛的应用，如计算机内部使用的信号是数字信号，互联网上传送的信号是数字信号，现代通信及高清晰的广播、电视信号都是数字信号。所以说，数字信号是现代信息技术中最常用的一种信号。

通常使用的数字信号是取值为 0V 和 5V 的电压信号，而 0V 和 5V 分别用“0”和“1”两个抽象的符号或代码表示，这样，如图 2-8-14 所示数字信号的代码描述形式是 0100110。

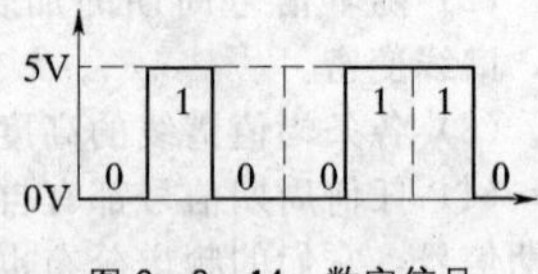

图 2-8-14 数字信号

数字信号可以用来对“数”进行编码，实现数值信

息的表示、运算、传送和处理；数字信号可以用来对符号进行编码，实现符号信息的表达、传送和处理；数字信号可以用来表示逻辑关系，实现逻辑演算、逻辑控制等。

2. 数字信号与数值信息

数字信号是二值信号，用它来表示数并进行数的运算，就必须采取二进制形式，并按照二进制数的运算法则进行数的运算。

二进制数用符号“0”和“1”两个数字、采取逢二进一的原则来表示。二进制数的位按从右向左的次序排列，分别记为第0位、第1位、第2位、…。每一位称为一个比特(bit)，最左边的位为最高位，记为MSB；最右边的位为最低位，记为LSB。二进制数基数是2，以2^n表示各个位的权值。例如，二进制数101表示的数是

$$101=1\times2^2+0\times2^1+1\times2^0$$

二进制数的每一位对应于数字信号的一个脉冲位置，所以，一个$n$bit的二进制数可以用一个$n$bit的数字信号来表示。图2-8-14是用一个7bit的数字信号，表示一个7bit二进制数的例子。

由于二进制数经常是位数很多，不便书写和记忆，因此在数字系统中，通常以4bit代码为基本单元来编码数，基本单元组可以表示$2^4=16$个数，多个基本单元组合起来可以表示更大的数，例如8bit、16bit、32bit、64bit数等等。

从技术的角度看，由于4bit基本单元表示16个数（0，1，2，…，15），所以，以16为基数按十六进制来表示数则更为合理。因此，在计算机技术中使用十六进制数或十六进制代码进行数的运算和信息的处理。十六进制与二进制之间的转换比较方便，每四位二进制数对应于一个十六进制数。表2-8-1列出了十进制、二进制和十六进制数的对照表。在十六进制中，十以上的数用大写英文字母A、B、C、D、E、F表示。为了便于区分，在十六进制数代码后面加上一个字母H作为标记。

表2-8-1 十、二、十六进制数对照表

十进制数	二进制数	十六进制数	十进制数	二进制数	十六进制数
0	0000	0H	8	1000	8H
1	0001	1H	9	1001	9H
2	0010	2H	10	1010	AH
3	0011	3H	11	1011	BH
4	0100	4H	12	1100	CH
5	0101	5H	13	1101	DH
6	0110	6H	14	1110	EH
7	0111	7H	15	1111	FH

3. 数字信号与符号信息

用“0”和“1”代码对包括文字在内的任何其他符号进行编码，并以数字信号的形式进行信息的传输和处理。

对于一些国际通用符号（如键盘上的字母、符号和数字），为了便于信息的交流和应用，有国际通用的符号标准编码，即ASCⅡ—America Standard Code for Information Interchange。除了国际标准外，还有国家标准、行业标准。按照这些标准进行编码的信息都可以用数字信号来描述，从而可以实现诸如文字信息、图像信息、语音信息等复杂的数字处理，并且可以在世界范围内自由地通信和交流。

4. 数字信号与逻辑信息

逻辑是人类思维方式的一种形式化描述体系，它以命题为基本演算单元。所谓命题是指可以精确判定真伪的一段简单的事实描述，如“今天我休息”、“李四喜欢打排球”等都是逻辑命题。

由于开关的“闭合”或“断开”、电路的“接通”或“断开”以及灯的“亮”或“灭”两种情况可以通过逻辑命题的状态“真”或“假”描述，而逻辑命题的“真”、“假”两个状态正好可以用数字信号的符号代码“0”和“1”来表示。因此，逻辑信息可以借助数字信号表示，并通过数字信号的处理方法进行逻辑命题的演算和推理。

五、数字信号的逻辑编码与逻辑演算

（一）数字信号的逻辑编码

数字逻辑是用数字信号表示并采用数字信号处理方法实现演算的逻辑体系，它是二值的，对应于逻辑学中的命题逻辑体系。

在应用中采用由布尔（Boole）所建立的数字逻辑体系来描述数字逻辑及其演算法则。由于采用了布尔代数描述逻辑关系，所以也称之为逻辑代数或布尔代数。

1. 符号

逻辑变量：用大写英文字母（$ABC\cdots XYZ$）表示。

数值：0、1表示逻辑变量的取值，0表示“假”（F），1表示“真”（T）。

运算符：“+”、“·”分别表示逻辑“或”和逻辑“与”运算，称为逻辑“加”和逻辑“乘”；逻辑求反运算用变量上方加一横杆表示，如$\overline{A}$、$\overline{B}$等。和代数运算一样，逻辑乘运算符“·”通常可以忽略。

逻辑代数符号和命题逻辑符号的对应关系表示在表2-8-2中。

表2-8-2 布尔代数符号

命题逻辑符号	逻辑代数符号	命题逻辑符号	逻辑代数符号
T	1	$A\vee B$	$A+B$
F	0	$\neg A$	$\overline{A}$
$A\wedge B$	AB		

2. 逻辑函数表达式

逻辑函数表达式是由逻辑变量和运算符组成，表述变量之间的逻辑关系。例如$Y=A+BC$、$Y=A+\overline{A}B+ABC$等。

逻辑函数表达式的右侧涉及到的变量（A、B、C）表示基本命题（原子命题），这些基本命题通过运算符的连接构成复合命题，用描述变量Y表示，Y出现在逻辑函数表达式的左侧。因此，逻辑函数表达式约束了复合命题取值和构成这个复合命题的原子命题取值之间的逻辑关系。

由于逻辑变量多个，每个变量的真值是二值的，所以可以用真值表（逻辑状态表）描述各变量状态所形成的不同组合。

例如：复合命题“开关A和开关B都闭合，电路Y接通”的真值表描述如表2-8-3。

表2-8-3 “开关A和开关B都闭合，电路Y接通”的真值表

原子命题A	原子命题B	复合命题Y	开关A、B状态 1—闭合 0—断开 电路Y状态 0—不通，1—接通
0	0	0	
0	1	0	
1	0	0	
1	1	1	

逻辑函数表达式可以借助原子命题 A、B 和复合命题 Y 间的逻辑蕴涵关系来建立。所谓逻辑蕴涵关系是逻辑命题之间的一种演绎推理关系，即自然语言中“如果（前提）则（结论）”所表述的关系。在逻辑函数表达式中，等式右边为结论，等式左边为前提。

下面以两个一位二进制数的加法为例，说明获取逻辑函数表达式的方法。

（1）根据命题描述，列写真值表。将“加数”（原子命题 A）与“被加数”（原子命题 B）作为前提，“和”（复合命题 S）及“进位”（复合命题 C）作为结论，根据二进制数加法原则，可得二进制数加法真值表，如表 2-8-4。

表 2-8-4　二进制数加法真值表

变量	前提（原因、条件）		结论（结果）	
	加数 A	被加数 B	和 S	进位 C
状态 1	0	0	0	0
状态 2	0	1	1	0
状态 3	1	0	1	0
状态 4	1	1	0	1

（2）逻辑蕴涵是充分条件下的推理，所以只考虑前提和结论都为真的状态。从真值表 2-8-4 不难看出：对于输出命题 S 只有两个状态为“1”的情况需考虑：即状态 2 和状态 3；对输出命题 C 则只考虑状态 4 即可。

（3）在每个被考虑的状态中，输入命题变量取“与”组合（因为前提必须全为“真”），构成复合前提。其中，取“真”的变量保留原命题；取“假”的变量则用其反命题加以替换，以保证前提变量都为“真”。

对状态 2，有 $\overline{A}B$

对状态 3，有 $A\overline{B}$

对状态 4，有 AB

（4）将各个被考虑状态按逻辑“或”组成逻辑函数表达式。对上述的半加运算有

$$S=\overline{A}B+A\overline{B}$$

$$C=AB \qquad (2-8-14)$$

半加运算是指不考虑从低位进位的 1 位二进制数加法。

（二）基本运算法则

逻辑函数和普通代数一样虽然用字母（A、B、C、…）表示变量，但变量的取值只有逻辑 0 和逻辑 1，它们只代表两种相反的逻辑状态。逻辑函数中只有与运算、或运算和非运算（求反运算）三种基本运算。根据这三种基本运算可以推导出逻辑运算的一些法则，这些法则表述的是一些逻辑等价关系，即相互等价的逻辑命题或表达式具有完全相同的两个真值表。

常用的基本运算法则（等价关系）如表 2-8-5 所示。

表 2-8-5　常用逻辑运算的基本法则

法则名称	运算法则			
交换律：	$A+B=B+A$	$AB=BA$		(2-8-15)
结合律：	$(A+B)+C=A+(B+C)$	$A(BC)=(AB)C$		(2-8-16)
分配律：	$A+BC=(A+B)(A+C)$	$A(B+C)=AB+AC$		(2-8-17)
自等律：	$A+0=A$	$A\times1=A$		(2-8-18)
0-1 律：	$A+1=1$	$A\times0=0$		(2-8-19)
互补律：	$A+\overline{A}=1$	$A\overline{A}=0$		(2-8-20)
重叠律：	$A+A=A$	$AA=A$		(2-8-21)
吸收律：	$A+\overline{A}B=A+B$	$A(A+B)=A$	$A+AB=A$	(2-8-22)
还原律：	$\overline{\overline{A}}=A$			(2-8-23)
反演律：	$\overline{AB}=\overline{A}+\overline{B}$	$\overline{A+B}=\overline{A}\times\overline{B}$		(2-8-24)

反演率也称为摩根定理（morgan theorem）。

以上这些基本运算法则都可以用逻辑函数真值表来证明。表 2-8-6 给出摩根定律式的证明。

表 2-8-6　摩根定理的真值表

A	B	$\overline{A}$	$\overline{B}$	$\overline{AB}$	$\overline{A}+\overline{B}$	$\overline{A+B}$	$\overline{A}\,\overline{B}$
0	0	1	1	1	1	1	1
0	1	1	0	1	1	0	0
1	0	0	1	1	1	0	0
1	1	0	0	0	0	0	0

（三）逻辑函数化简

根据真值表写出的逻辑函数表达式，以及由此画出的组合逻辑图，往往比较复杂，需要加以简化处理。简化后的逻辑表达式能清晰反映出逻辑变量内在的逻辑关系，同时减少了组合逻辑电路的组成器件，提高了电路的可靠性。

利用式（2-8-15）至式（2-8-24）逻辑代数的运算法则对逻辑函数表达式进行化简。由于比较常见的逻辑表达式是“与或”形式，因此这里所讲的逻辑函数化简是指逻辑表达式为最简的“与或”表达式，即逻辑函数“与或”表达式中所含“或”项的数目最少，每个“与”项中变量的个数最少。

（四）数字信号的逻辑演算

数字信号的逻辑运算是按位进行的。信号中的高位（5V）和低位（0V）分别表示命题的取值真（1）和假（0）。图 2-8-15 表示数字信号 A 和 B 之间进行“与”“或”“非”基本逻辑运算的结果。

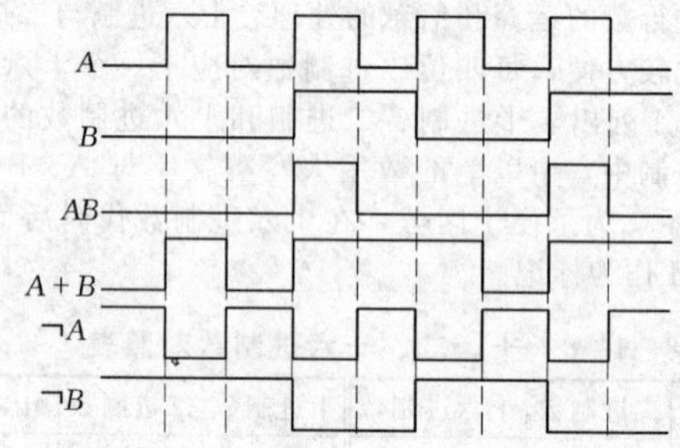

图 2-8-15　数字信号 A 和 B 之间进行“与”“或”“非”基本逻辑运算

数字信号逻辑关系以及任意复杂的逻辑函数演算可通过基本逻辑门搭建满足要求的组合逻辑电路来实现。

六、数字信号的数值编码与数值运算

通过数字信号可以描述数值信息，数字信号是二值（0V—5V）信号，可以采用一定位数的二进制数码来表示，因此可以按照二进制数的运算法则，以数字信号处理的方法实现数值运算。

二进制数的数值运算除了进位规则与十进制数不同外，二进制数的运算法则和十进制数的相同。如图 2-8-16 所示。

（1）加法运算。和十进制数加法一样，二进制数加法也是从最低位开始逐位完成两数相加和进位操作，如图 2-8-13（a）所示。

二进制数加法的进位原则是逢二进一。

（2）减法运算。在二进制数运算中采用补码的形式表示负数，从而将减法运算转化为被减数代码和减数补码之间的加法运算。

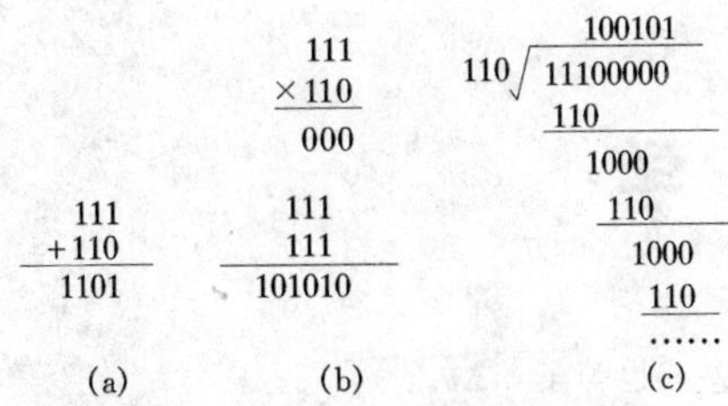

图 2-8-16 二进制数的数值运算实例

(a) 加法；(b) 乘法；(c) 除法

以 1110－1010 为例说明二进制数减法运算过程：

1）求被减数 1010 的补码。一个二进制数的补码等于这个数的反码加 1，而反码是一个二进制数按位取逻辑“反”（即 0 变 1，1 变 0）后的代码。例如，0101 是数 1010 的反码，由此可得：数 1010 的补码是 0110，即 0101（反码）＋1＝0110（补码）。

2）计算 1110－1010 如下：

1110－1010＝1110＋(－1010)＝1110＋0110＝(1)0100

舍去括号中的进位后，正好就是“1111－1010”的差 0100。

(3) 乘法运算。二进制数的乘法运算是从左向右操作的，其运算过程可以总结为一系列的“左移—相加”操作，即被乘数逐步左移并逐步相加即可完成乘法运算。值得注意的是：在进行左移操作过程中，被乘数左移的位数与乘数中取值“1”所处的位数相同。

二进制数乘法所依据的法则：0·0＝0，0·1＝0，1·0＝1，1·1＝1，所以，如果乘数位为“0”，则不进行任何操作。有关二进制数乘法运算示例如图 2-8-13（b）所示。

(4) 除法运算。二进制数的除法运算是从左向右操作的，其运算过程可以总结为一系列“右移—相减”操作，即以被除数逐步右移并逐步和被除数（或余数）相减的方式完成除法运算的。二进制数除法运算如图 2-8-13（c）所示。

从上述分析可知，二进制数的运算都可以用它的编码“移位”和“相加”（相减也转换为补码相加）两种操作来实现，这为用数字信号处理来实现数值信息处理提供了方便。二进制数的加法操作可通过加法器完成，二进制数的移位操作可通过数字移位寄存器实现。

七、数字信号的显示编码

在数字系统内部，数字、文字符号都是以二进制代码的形式存在和运用的。在生活中，人类通常是以十进制数来表示和运用数的。当数字系统把内部处理结果提供给人阅读和识别时，就需要将二进制数代码转换为十进制数代码，并以 0，1，2，…，9 的形式显示出来。因此，这就涉及二进制数/十进制数代码转换和十进制数/数字显示器代码转换问题。

（一）二—十进制编码（BCD 码）

所谓的二—十进制码（BCD 码）就是用 4 位二进制编码来表示十进制编码中的 0～9 十个数码，即 BCD 码采用 4bit 单元组来表示 0～9 等十个数字。例如：二进制码 0101 所表示的十进制数为 $0\times2^3+1\times2^2+0\times2^1+1\times2^0=5$，因此，这种 BCD 码称为 8421BCD 码。

8421BCD 码是 4 位二进制数的 0000（0）～1111（15）十六种组合中的前十种组合，当二进制码计到 1010（10_{10}）时就进位，然后再从头 0000 开始计数。例如：10 的代码是 0001 0000，87 的代码是 1000 0111。

（二）二进制—十进制译码（七段数码显示器）

为了便于人们用十进制数直接识别二进制数，可以采用七段数码显示器（二进制—十进制译码）解决。

七段数码显示器及其端线如图 2-8-17 所示，a～g 为七个数码管，通过控制不同管的亮与不亮（5V 数码管亮，0V 数码管不亮），可显示不同的数字。如图中显示的数字“3”七个数码管上的电压分布为 5V、5V、5V、5V、0V、0V、5V，相应的代码为 1111001。

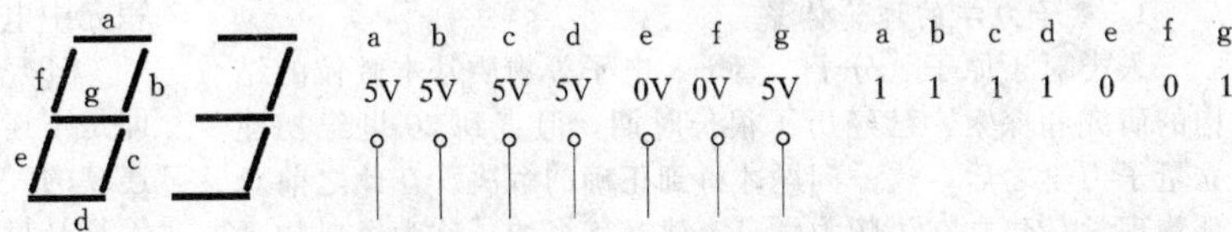

图 2-8-17 七段数码管结构和端线布局

但是，显示数字“3”的代码（1111001）并不是二进制数的代码（000 0011）。七段数码管也可以用来显示一些简单的字符，如 A、B、C、D、E、F 等，显示这些符号代码时需要使用专用的代码转换器。

图 2-8-18 表示一个数字直流电压表的系统组成，它以数字形式显示电压的数值。其中模数变换器（A/D 转换器）将被测量通过变换为二进制码，BCD 变换器实现二进制码到 BCD 码的变换，BCD 七段显示编码转换器完成从 BCD 码到七段显示码的转换。

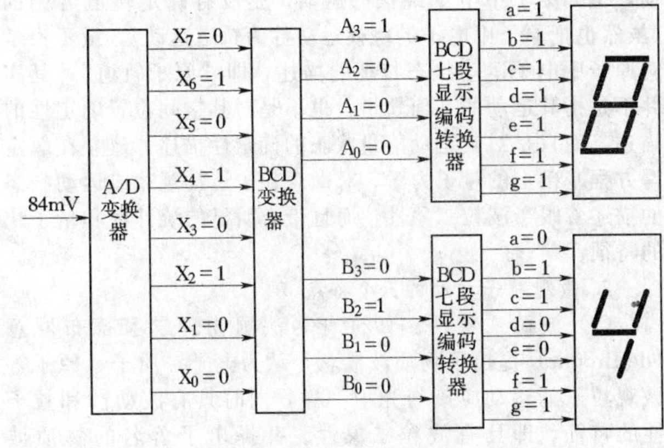

图 2-8-18 直流数字电压表组成

表 2-8-7 给出了 BCD 码、七段显示代码以及显示数码之间的对应关系。

表 2-8-7 数码显示与七段显示代码对应关系

显示	BCD 码				七段显示代码						
					a	b	c	d	e	f	g
0	0	0	0	0	1	1	1	1	1	1	0
1	0	0	0	1	0	1	1	0	0	0	0
2	0	0	1	0	1	1	0	1	1	0	1
3	0	0	1	1	1	1	1	1	0	0	1
4	0	1	0	0	0	1	1	0	0	1	1
5	0	1	0	1	1	0	1	1	0	1	1
6	0	1	1	0	1	0	1	1	1	1	1
7	0	1	1	1	1	1	1	0	0	0	0
8	1	0	0	0	1	1	1	1	1	1	1
9	1	0	0	1	1	1	1	0	0	1	1

第三章 化 学

第一节 物质结构

一、原子结构

（一）量子力学对原子结构的描述

1. 量子力学的理论体系

人类对于原子、分子、离子、电子等物质基本微粒的结构的研究和探索，已经历了很长时期，但直到20世纪初建立量子力学之后，这一问题才得到正确的解决。在此之前全部物理学是建立在牛顿力学三定律基础上的，称为经典物理学。经过数百年的发展，经典物理学在运动力学、热力学、光学、电磁学等各方面都建立起严密、完善的理论体系，达到一个辉煌的境界。但自从人类愈来愈深入地接触到微观世界，仍试图按经典物理学的理论来研究解释微观粒子的结构时，愈来愈多的实验事实（如各种原子发射光谱等）却显示出与经典物理学理论体系的根本性矛盾。这迫使科学家不得不抛弃用经典物理的方法、观念来解释微观世界的初衷。需要另辟蹊径，在一种全新的基础上用一种全新的观点去研究和解释微观粒子的运动规律及微观粒子的结构。而量子力学正是这一种新的理论体系。按量子力学观点，微观粒子的运动，例如原子中电子绕核的运动，是没有确定轨道可循的（虽然也把原子中电子的绕核运动称为轨道运动）。量子力学对原子中电子运动状态特征的描述，即"原子轨道"，其实并不是指其运动的几何轨道，也不是对其空间位置确定性的描述，而只是对其运动能量状态的确定性描述。建立在薛定谔方程基础上的量子力学，对微观粒子运动规律或运动状态的描述着眼于波粒二象性，而且带有明显的统计性和量子化的特征。

2. 微观粒子运动的三个特点

（1）波粒二象性。1924年，法国物理学家德布罗意（de Broglie）提出了物质波概念，认为电子、质子、原子等微观粒子的运动应该与光子一样，同时具有波动性和粒子性的特征，即具有波粒二象性。并提出了著名的物质波公式

$$\lambda=\frac{h}{mv} \tag{3-1-1}$$

此式亦称德布罗意关系式，式中λ为物质波的波长，也称德布罗意波长，德布罗意关系式把表征波动性特征的物理量λ与表征粒子性运动特征的动量（$p=mv$）有机地联系在一起了。后来由电子衍射实验成功地向人们揭示了电子运动的波动性特征，证实了德布罗意的预言。

（2）统计性。沿着确定的轨道，按确定的速度运动着的宏观物体，可以依据经典物理规则准确地确定其在任何指定时刻的位置和速度。而对微观粒子则不同，不可能同时指出其准确的位置与速率。它们的运动特点遵循海森堡测不准关系式

$$\Delta x\cdot\Delta p=h \tag{3-1-2}$$

式中：Δx为微观粒子的位置测量误差；Δp为微观粒子的动量测量误差，也等于$m\Delta v$。

海森堡关系式表明，微观粒子的运动速度和位置不能同时测准。因此，对微观粒子的运动而言，确定的轨迹已无意义。所以对微观粒子运动的描述常用统计的方法，给出一种统计的规律。微观粒子运动的物质波可以看做是一种几率波。在空间某点，电子的物质波的强度与该点附近一个微体积元中电子出现的几率密度成正比。

（3）量子化。微观粒子运动的第三个特点是量子化的，即是不连续的。与电子运动有关的各项物理量的变化都是不连续的，例如电子运动的稳定状态、它们的能级以及角动量等都是量子化的。

3. 波函数和原子轨道

波函数是量子力学描述微观粒子（电子）波动性质的一种数学形式，用符号Ψ表示。

描述氢原子核外电子运动状态的方程叫薛定谔方程。它是一个二阶偏微分方程，方程的每个解都是一个函数，即一个波函数Ψ，亦称一个原子轨道。求解薛定谔方程时，必须引入一系列的边界条件。这些边界条件是不连续的数，称为量子数。它们限定了电子运动状态和对应的能量和动量。

4. 四个量子数

（1）主量子数n。n又称为能量量子数，是决定电子能量大小的主要量子数。n取值为1，2，3，…正整数。n越大，表示电子运动的能量越高，电子出现几率最大的区域离核越远。n不同的原子轨道称为不同的电子层。用符号K，L，M，N，…分别表示$n=1$，2，3，4，…电子层。

（2）副量子数l。l又称为角量子数，是决定电子运动角动量的量子数。l的取值受n的限制，$l=0$，1，2，…（$n-1$），它和波函数的角度分布（空间形状）有关，是决定电子运动能量的次要量子数。

$l=0$ Ψ的空间形状是球形，用符号s表示。

$l=1$ Ψ的空间形状是无柄哑铃形的，用符号p表示。

$l=2$ Ψ的空间形状是四瓣梅花形，用符号d表示。

$l=3$ Ψ的空间形状更复杂，用符号f表示。

……

（3）磁量子数m。m是决定电子运动的角动量在外磁场方向上分量大小的量子数。m取值受l的限制，即对应每一个l，m可取$m=0$，±1，±2，…，$\pm l$，它和波函数Ψ在空间的取向有关。

波函数n，l相同而m不同的相应的电子运动状态，只是空间的取向不同，当原子单独存在时，这些m不同的轨道具有相同的能级称为简并轨道。如$n=2$，$l=1$时，m可能等于0、+1、−1，即$2p_z$、$2p_x$、$2p_y$三个等价轨道。而当该原子处于外电场中，或与其他原子相互作用时，这些轨道因空间取向不同而产生了能级分裂。

（4）自旋量子数m_s。考虑到电子自旋运动方向不同，造成电子能级的微小差别，引出了自旋量子数m_s，它的取值为$\frac{1}{2}$或$-\frac{1}{2}$。

四个量子数允许的取值范围和相应的波函数及核外电子运动可能的状态参见表3-1-1。

表 3-1-1 **核外电子运动的可能状态数**

主量子数	电子层符号	角量子数	原子轨道符号	磁量子数	空间取向不同的等价轨道数	同一电子层中轨道总数	自旋量子数	每类轨道的状态数	每个电子层中的状态总数
1	K	0	1s	0	1	1	$\pm\frac{1}{2}$	2	2
2	L	0	2s	0	1	4	$\pm\frac{1}{2}$	2	8
		1	2p	−1，0，+1	3		$\pm\frac{1}{2}$	6	
3	M	0	3s	0	1	9	$\pm\frac{1}{2}$	2	18
		1	3p	−1，0，+1	3		$\pm\frac{1}{2}$	6	
		2	3d	−2，−1，0，+1，+2	5		$\pm\frac{1}{2}$	10	
4	N	0	4s	0	1	16	$\pm\frac{1}{2}$	2	32
		1	4p	−1，0，+1	3		$\pm\frac{1}{2}$	6	
		2	4d	−2，−1，0，+1，+2	5		$\pm\frac{1}{2}$	10	
		3	4f	−3，−2，−1，0，+1，+2，+3	7		$\pm\frac{1}{2}$	14	

5. 几率密度和电子云

波函数 Ψ 是描写核外电子运动状态的数学函数式，目前很难对 Ψ 给出直观的物理意义。波函数的平方 Ψ^2 则相当于电子的几率密度（单位体积内出现的几率）。

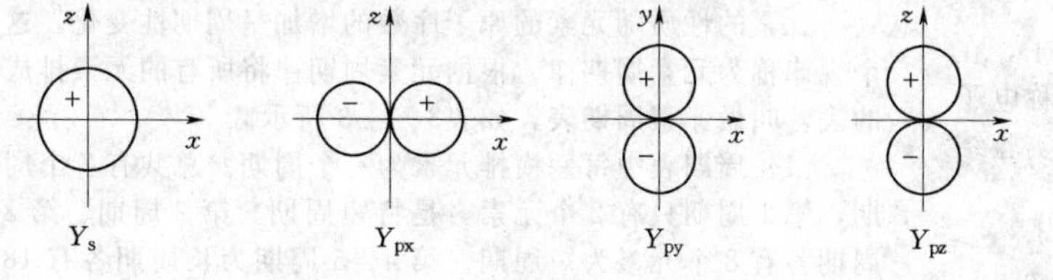

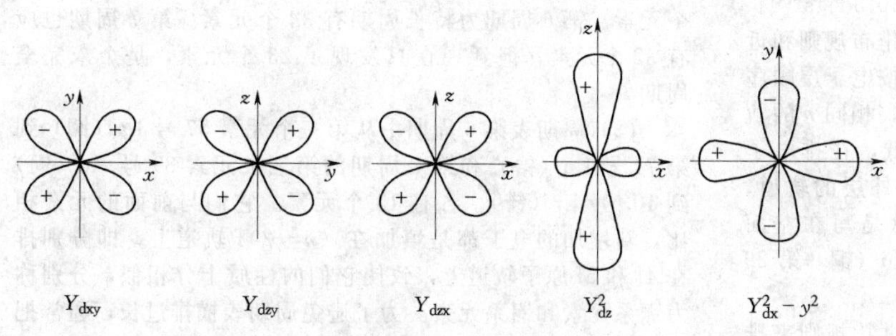

图 3-1-1 s、p、d 原子轨道的角度分布图的平面示意图

为了形象化表示出电子的几率密度分布，可以将其看做带负电荷的电子云。电子出现几率密度大的地方，电子云浓密一些；电子出现几率密度小的地方，电子云淡薄一些。电子云只是核外电子在空间出现的几率密度形象化表示。

6. 原子轨道及电子云的角度分布图

在指定条件（由确定的量子数表示）下，可求出薛定谔方程（Schrodinger equation）的解：$\Psi_{n,l,m}=\Psi(r,\theta,\Phi)$ 的函数表达式，这是包含 r，θ，Φ 3 个自变量的函数式，函数式的具体数学形式随指定的 n、l、m 取值的不同而不同。用数学上变量分离方法处理，可将 $\Psi(r,\theta,\Phi)$ 变成 2 个相应的函数的乘积：$\Psi_{n,l,m}=\Psi(r,\theta,\Phi)=R(r)Y(\theta,\Phi)$，其中 $R(r)$ 只是变量 r 的函数，与 θ、Φ 变量无关，这一部分称为原子轨道的"径向部分"，或称"径向函数"；而 $Y(\theta,\Phi)$ 则是仅与空间角度（θ，Φ）有关，而与离核距离远近无关，称为原子轨道的"角度部分"，或称"角度函数"。以不同的 θ、Φ 值，代入已求得的角度函数式 $Y=Y(\theta,\Phi)$ 中，求出一系列相应的 $Y(\theta,\Phi)$ 值，以 $Y(\theta,\Phi)-(\theta,\Phi)$ 作图，即得到原子轨道的角度分布图。虽然这是一种立体图形（如 s 轨道的空间分布形状为一球），但这只是 Ψ 函数（Y 部分）的几何表述形式，绝不是代表传统意义上的轨道形状。典型的原子轨道的角度分布图对于了解共价键的方向、分子的空间结构等具有十分重要的作用。最简单也是最基本的几种 s、p、d 轨道角度分布图的平面投影图，如图 3-1-1 所示。

轨道角度分布图中的正、负号是按不同的 (θ,Φ) 值代入后，实际得到的 $Y(\theta,\Phi)$ 值的正负号。用同样方法可求出 $\Psi^2_{n,l,m}=\Psi^2(r,\theta,\Phi)=R^2(r)Y^2(\theta,\Phi)$。以不同的 (θ,Φ) 值代入 $Y^2(\theta,\Phi)$ 中，可得出一系列 Y^2 值，用其对相应的 θ、Φ 值作图，即可得到电子云的角度分布图，通常使用其平面投影图。与图 3-1-1 所示原子轨道的角度分布图相比，电子云角度分布图在图形特征及空间取向上基本一致，易于记忆及辨认。不同之处在于：第一，电子云角度分布没有正、负号之分［因为在任何 θ、Φ 取值时 $Y^2(\theta,\Phi)$ 总是正值］；第二，电子云的角度分布要较原子轨道的角度分布显得更"瘦"些（这是因为 Y^2 与几率相关，而几率总是小于 1 的，即 $|Y|<1$，所以 $|Y^2|<|Y|$）。

（二）多电子原子中电子排布规律

在所有各种元素中，除 H 元素的原子仅含有一个电子外，其余元素的原子中都含有不止一个电子。

1. 多电子原子中核外电子排布的基本规律

（1）能量最低原理。电子总是尽量优先占据能量最低的原子轨道。由于原子轨道的能量主要决定于 n 和 l 两个量子数。原子轨道能量由低到高的近似能级顺序如表 3-1-2 所示。

表 3-1-2　　原子轨道能级

能级	(1s) < (2s, 2p) < (3s, 3p) < (4s, 3d, 4p) < (5s, 4d, 5p) < (6s, 4f, 5d, 6p) < (7s, 5f, 6d, 7p)					
能级组	1	2	3	4	5	6	7

(2) 泡利（Pauli）不相容原理。在同一原子中，不可能有两个电子处于完全相同的状态，即每个原子中，不可能有2个电子具有完全相同的四个量子数。因此，每一个轨道（以同一组 n、l、m 表示）最多只可能容纳2个电子，且自旋方向相反（即具有相同的 n、l、m，不同的 m_s）。

(3) 洪特（Hund）规则。量子数 n 和 l 相同的轨道，即等价轨道（例如 $3p_x$、$3p_y$、$3p_z$）。在同一原子中，电子在等价轨道中排布时将优先占据不同的等价轨道，并保持自旋相同。例如N原子最外层有5个电子，其中2个电子进入2s轨道中，它们的自旋相反，而另3个电子，分占3个不同的2p轨道，呈 $2px^1 2py^1 2pz^1$，保持自旋相同，而不会优先在某个2p轨道中配对。可表示为

$$\underset{2s}{\underline{\uparrow\downarrow}}\quad \underset{2p_x}{\underline{\uparrow}}\,\underset{2p_y}{\underline{\uparrow}}\,\underset{2p_z}{\underline{\uparrow}}$$

实验也表明，当等价轨道呈全充满、半充满或全空时的电子排布较稳定，其能量较低。洪特规则实际是最低能量原理的特例。

我国化学家徐光宪教授总结了一个近似能级的计算公式：$(n+0.7l)$，便于记忆近似能级顺序。

2. 原子的核外电子排布式和价层电子排布式

(1) 原子的核外电子排布式。多电子原子中的电子，在核外各个轨道上分布的表达式叫核外电子排布式，简称电子排布式（分布式）。填写核外电子排布式主要是根据实验结果，再结合排布原则进行填写。

如　K（钾　第19号元素）$1s^2 2s^2 2p^6 3s^2 sp^6 4s^1$

　　Cr（铬　第24号元素）$1s^2 2s^2 2p^6 3s^2 3p^6 3d^5 4s^1$

正确书写核外电子排布式，可先根据3个排布规则和近似能级的顺序将电子依次排入相应轨道上。再按电子层顺序整理一下排布式，按 n 由小到大自左向右排列，相同 n 的轨道排在一起。例如4s轨道的能级比3d轨道低，在排电子时，先排入4s，后排入3d，但4s是比3d更外层的轨道，因而在正确书写原子的电子排布式时，3d总是写在左面（紧跟3p后面），而4s写在3d的右边。例如Cu（铜　第29号元素）$1s^2 2s^2 2p^6 3s^2 3p^6 3d^{10} 4s^1$。

Cr和Cu的最后几个电子填写时，是根据洪特规则来排布的。

注意：对于核外电子比较多的元素（主要是第6、第7周期副族元素），由光谱测定的电子排布式，并不完全与理论预测的一致。对于这些特例，应该以实验事实为准。

(2) 原子的价层电子分布式。元素的外层电子是化学反应中可能得失的电子，对元素的化学性质有显著影响，称为价层电子。价层电子通常包括最外层电子和部分次外层电子，甚至某些 $(n-2)$f 层电子。描述电子在阶层轨道上分布的式子叫价层电子排布式，又叫价层电子结构。例如

C的价层电子构型　$2s^2 2p^2$

K的价层电子构型　$4s^1$

Cr的价层电子构型　$3d^5 4s^1$　或

$$\underset{3d}{\underline{\uparrow}\,\underline{\uparrow}\,\underline{\uparrow}\,\underline{\uparrow}\,\underline{\uparrow}}\ \underset{4s}{\underline{\uparrow}}$$（这种表达式称价层电子排布图式）

Cu的价层电子构型　$3d^{10} 4s^1$

3. 离子的核外电子分布式和价层电子分布式

原子失去电子的顺序是按核外电子分布式从外到里的次序失去，而不是按填充能级相反顺序失去。同层电子则是能级高的电子先失去。而原子得到电子变成负离子时新加电子总是加到最外层轨道上。

例如 Cr^{3+} 离子的核外电子排布式　$1s^2 2s^2 2p^6 3s^2 3p^6 3d^3$

Cu^{2+} 离子的核外电子排布式　$1s^2 2s^2 2p^6 3s^2 3p^6 3d^9$

Cl^- 离子的核外电子排布式　$1s^2 2s^2 2p^6 3s^2 3p^6$

离子的价层电子排布式就是离子价层轨道上的电子排布式。通常还会把价电子在等价轨道中排布的情况也补充画出。如

Cr^{3+}：$3d^3$，$\underset{3d}{\underline{\uparrow}\,\underline{\uparrow}\,\underline{\uparrow}\,\underline{\ }\,\underline{\ }}$

Ni^{2+}：$3d^8$，$\underset{3d}{\underline{\uparrow\downarrow}\,\underline{\uparrow\downarrow}\,\underline{\uparrow\downarrow}\,\underline{\uparrow}\,\underline{\uparrow}}$

Fe^{3+}：$3d^5$，$\underset{3d}{\underline{\uparrow}\,\underline{\uparrow}\,\underline{\uparrow}\,\underline{\uparrow}\,\underline{\uparrow}}$

二、元素周期表

（一）元素周期律和周期表

元素的性质随元素的原子序数的增加呈周期性变化。这个规律称为元素周期律。根据元素周期律将所有的元素排成的表，叫做元素周期表，如表3-1-3所示。

(1) 周期表中每一横排元素为一个周期。总共有7个周期，第1周期只有2个元素，是特短周期。第2周期、第3周期各有8个元素为短周期。第4、5周期为长周期各有18个元素。第6周期为特长周期有32个元素。第7周期也应有32个元素，但到现在只发现了23个元素，是个未完全周期。

(2) 周期表第6周期中从第三个元素57号La（镧）到第71号Lu（镥）和第7周期的第三个元素89号Ac（锕）到103号Lr（铹），各有15个元素。它们与前面的元素相比，新增加的电子都是填加在 $(n-2)$f 轨道上，即分别排在4f和5f原子轨道上，致使它们的性质十分相似，分别称为镧系元素和锕系元素。为了避免周期表横排过长，通常把它们列在周期表下方二个横排中。

(3) 周期表中的纵行称为族。族分为两类：一类为主族，另一类为副族。主族元素的电子排布特点是：最后填入的价电子是填入原子的最外层原子轨道 ns，np。周期表左面的两个族和右边的六个族为主族。它们分别是 $Ⅰ_A$、$Ⅱ_A$ 和 $Ⅲ_A$、$Ⅳ_A$、$Ⅴ_A$、$Ⅵ_A$、$Ⅶ_A$ 和0族（有的称为 $Ⅷ_A$）。周期表中间部分，从左到右共有10行分别属8个副族，它们是 $Ⅲ_B$、$Ⅳ_B$、$Ⅴ_B$、$Ⅵ_B$、$Ⅶ_B$、Ⅷ和 $Ⅰ_B$、$Ⅱ_B$。Ⅷ族占有3个纵行。副族元素的电子按能级顺序最后填入次外层 $(n-1)$d 原子轨道中，称为过渡元素。在ⅢB副族中还有镧系和锕系元素。镧系和锕系元素称为内过渡元素。

（二）原子结构与元素周期表

元素原子结构的周期性变化是元素性质周期性变化的微观基础，也是元素周期表的微观基础，两者间存在密切的内在联系。

表 3-1-3

元素周期表

原子序数 — 47 Ag — 元素符号
元素名称 — 银
注 * 的是人造元素 — $4d^{10}5s^1$ — 外圈电子层排布，括号指可能的电子层排布
107.9 — 原子量

族 周期	ⅠA	ⅡA	ⅢB	ⅣB	ⅤB	ⅥB	ⅦB	Ⅷ			ⅠB	ⅡB	ⅢA	ⅣA	ⅤA	ⅥA	ⅦA	0	电子层	0族电子数
1	1 H 氢 $1s^1$ 1.008																	2 He 氦 $1s^2$ 4.003	K	2
2	3 Li 锂 $2s^1$ 6.941	4 Be 铍 $2s^2$ 9.012											5 B 硼 $2s^22p^1$ 10.81	6 C 碳 $2s^22p^2$ 12.01	7 N 氮 $2s^22p^3$ 14.01	8 O 氧 $2s^22p^4$ 16.00	9 F 氟 $2s^22p^5$ 19.00	10 Ne 氖 $2s^22p^6$ 20.18	L K	8 2
3	11 Na 钠 $3s^1$ 22.99	12 Mg 镁 $3s^2$ 24.31											13 Al 铝 $3s^23p^1$ 26.98	14 Si 硅 $3s^23p^2$ 28.09	15 P 磷 $3s^23p^3$ 30.97	16 S 硫 $3s^23p^4$ 32.07	17 Cl 氯 $3s^23p^5$ 35.45	18 Ar 氩 $3s^23p^6$ 39.95	M L K	8 8 2
4	19 K 钾 $4s^1$ 39.10	20 Ca 钙 $4s^2$ 40.08	21 Sc 钪 $3d^14s^2$ 44.96	22 Ti 钛 $3d^24s^2$ 47.88	23 V 钒 $3d^34s^2$ 50.94	24 Cr 铬 $3d^54s^1$ 52.00	25 Mn 锰 $3d^54s^2$ 54.94	26 Fe 铁 $3d^64s^2$ 55.85	27 Co 钴 $3d^74s^2$ 58.93	28 Ni 镍 $3d^84s^2$ 58.69	29 Cu 铜 $3d^{10}4s^1$ 63.55	30 Zn 锌 $3d^{10}4s^2$ 65.39	31 Ga 镓 $4s^24p^1$ 69.72	32 Ge 锗 $4s^24p^2$ 72.61	33 As 砷 $4s^24p^3$ 74.92	34 Se 硒 $4s^24p^4$ 78.96	35 Br 溴 $4s^24p^5$ 79.90	36 Kr 氪 $4s^24p^6$ 83.80	N M L K	8 18 8 2
5	37 Rb 铷 $5s^1$ 85.47	38 Sr 锶 $5s^2$ 87.62	39 Y 钇 $4d^15s^2$ 88.91	40 Zr 锆 $4d^25s^2$ 91.22	41 Nb 铌 $4d^45s^1$ 92.91	42 Mo 钼 $4d^55s^1$ 95.94	43 Tc 锝 $4d^55s^2$ [98]	44 Ru 钌 $4d^75s^1$ 101.1	45 Rh 铑 $4d^85s^1$ 102.9	46 Pd 钯 $4d^{10}$ 106.4	47 Ag 银 $4d^{10}5s^1$ 107.9	48 Cd 镉 $4d^{10}5s^2$ 112.4	49 In 铟 $5s^25p^1$ 114.8	50 Sn 锡 $5s^25p^2$ 118.7	51 Sb 锑 $5s^25p^3$ 121.8	52 Te 碲 $5s^25p^4$ 127.6	53 I 碘 $5s^25p^5$ 126.9	54 Xe 氙 $5s^25p^6$ 131.3	O N M L K	8 18 18 8 2
6	55 Cs 铯 $6s^1$ 132.9	56 Ba 钡 $6s^2$ 137.3	57－71 La－Lu 镧系	72 Hf 铪 $5d^26s^2$ 178.5	73 Ta 钽 $5d^36s^2$ 180.9	74 W 钨 $5d^46s^2$ 183.9	75 Re 铼 $5d^56s^2$ 186.2	76 Os 锇 $5d^66s^2$ 190.2	77 Ir 铱 $5d^76s^2$ 192.2	78 Pt 铂 $5d^96s^1$ 195.1	79 Au 金 $5d^{10}6s^1$ 197.0	80 Hg 汞 $5d^{10}6s^2$ 200.6	81 Tl 铊 $6s^26p^1$ 204.4	82 Pb 铅 $6s^26p^2$ 207.2	83 Bi 铋 $6s^26p^3$ 209.0	84 Po 钋 $6s^26p^4$ [209]	85 At 砹 $6s^26p^5$ [210]	86 Rn 氡 $6s^26p^6$ [222]	P O N M L K	8 18 32 18 8 2
7	87 Fr 钫 $7s^1$ [223]	88 Ra 镭 $7s^2$ 226.0	89－103 Ac－Lr 锕系	104 Rf 𬬻 * $(6d^27s^2)$ [261]	105 Db 𬭊 * $(6d^37s^2)$ [262]	106 Sg 𬭳 * $(6d^47s^2)$ [263]	107 Bh 𬭛 * $(6d^57s^2)$ [264]	108 Hs 𬭶 * $(6d^67s^2)$ [265]	109 Mt 鿏 * $(6d^77s^2)$ [268]	110 Ds 𫟼 [269]	111 Rg * [272]	112Uub * [277]								

镧系	57 Ac 镧 $5d^16s^2$ 138.9	58 Ce 铈 $4f^15d^16s^2$ 140.1	59 Pr 镨 $4f^36s^2$ 140.9	60 Nd 钕 $4f^46s^2$ 144.2	61 Pm 钷 * $4f^56s^2$ [147]	62 Sm 钐 $4f^66s^2$ 150.4	63 Eu 铕 $4f^76s^2$ 152.0	64 Gd 钆 $4f^75d^16s^2$ 157.3	65 Tb 铽 $4f^96s^2$ 158.9	66 Dy 镝 $4f^{10}6s^2$ 162.5	67 Ho 钬 $4f^{11}6s^2$ 164.9	68 Er 铒 $4f^{12}6s^2$ 167.3	69 Tm 铥 $4f^{13}6s^2$ 168.9	70 Yb 镱 $4f^{14}6s^2$ 173.0	71 Lu 镥 $4f^{14}5d^16s^2$ 175.0
锕系	89 Ac 锕 $6d^17s^2$ 227.0	90 Th 钍 $6d^27s^2$ 232.0	91 Pa 镤 $5f^26d^17s^2$ 231.0	92 U 铀 $5f^36d^17s^2$ 238.0	93 Np 镎 $5f^46d^17s^2$ 237.0	94 Pu 钚 $5f^67s^2$ [244]	95 Am 镅 * $5f^77s^2$ [243]	96 Cm 锔 * $5f^76d^17s^2$ [247]	97 Bk 锫 * $5f^97s^2$ [247]	98 Cf 锎 * $5f^{10}7s^2$ [251]	99 Es 锿 * $5f^{11}7s^2$ [252]	100 Fm 镄 * $5f^{12}7s^2$ [257]	101 Md 钔 * $(5f^{13}7s^2)$ [258]	102 No 锘 * $(5f^{14}7s^2)$ [259]	103 Lr 铹 * $(5f^{14}6d^17s^2)$ [260]

注：
1. 原子量录自 1999 年国际原子量表，以 $^{12}C=12$ 为基准并全部取四位有效数字。
2. 原子量加括号的为放射性元素的半衰期最长的同位素的质量数。
3. 110 号元素中文名称读作 dá(𫟼)。

1. 元素周期与微观结构的关系

(1) 周期总数等于能级组总数。每个周期的序数，即周期数等于相应能级组中各原子轨道的最大主量子数。

(2) 每个周期包含的元素数目，等于相应能级组的原子轨道中可容纳的最多电子数，亦即在同一电子层可能出现的状态总数。参阅表 3-1-1 和表 3-1-3。

2. 元素在周期表中的位置与原子结构的关系

(1) 元素在周期表中的周期数与原子核外电子的最高电子层数相等。元素在周期表中的周期数等于该元素原子的核外电子所处的最高电子层数，即其相应的最大主量子数 n。例如，某元素的原子结构为 $1s^2$、$2s^2$、$2p^6$、$3s^2$、$3p^6$、$3d^5$、$4s^2$，则该元素必位于第 4 周期。

(2) 元素在周期表中的族数与原子的价层电子排布特点有关：

1) 主族（0 族除外）元素的族数等于相应元素的原子中最外层电子 ns 与 np 电子数的总和。如 Si 的原子结构为 $1s^2$、$2s^2$、$2p^6$、$3s^2$、$3p^2$，应为Ⅳ$_A$ 族元素。

2) Ⅲ$_B$-Ⅶ$_B$ 族元素的族数等于其原子价电子总数，包括最外层 ns 电子数和次外层 $(n-1)d$ 电子数之和。如 Cr 的原子结构为 $1s^2$、$2s^2$、$2p^6$、$3s^2$、$3p^6$、$3d^5$、$4s^1$，应处于Ⅵ$_B$ 族。

3) Ⅰ$_B$、Ⅱ$_B$ 族元素的族数等于其最外层 ns 轨道中的电子数。如 Cu 的价层电子式为 $3d^{10}$、$4s^1$，属Ⅰ$_B$ 族。

4) Ⅷ（或称Ⅷ$_B$）族元素包括第 8、9、10 三个纵行的 9 个元素，其原子最外层 ns 电子数和次外层 $(n-1)d$ 电子数之和分别为 8、9、10。如 Fe 的价层电子排布式为 $3d^6$、$4s^2$，应属Ⅷ族。

5) 0（或称Ⅷ$_A$）族元素的最外层电子数为 8，为 ns^2np^6 满层排布。如 Ar 的价层电子式为 $3s^23p^6$，应为 0 族。

3. 元素在周期表中的分区

根据元素的外层电子分布（外层电子构型）的特点，可将周期表分为 5 个区即 s 区、p 区、d 区、ds 区和 f 区，如图 3-1-2 所示。

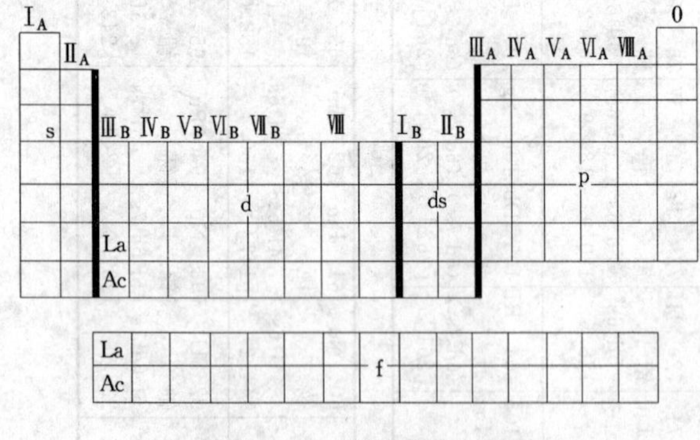

图 3-1-2 元素周期表分区图

(1) s 区：包括Ⅰ$_A$、Ⅱ$_A$ 族，外层电子分布为 $ns^{1\sim2}$。

(2) p 区：包括Ⅲ$_A$～0 族，外层电子分布为 $ns^2np^{1\sim6}$。

(3) d 区：包括Ⅲ$_B$～Ⅷ族，外层电子分布一般为 $(n-1)d^{1\sim8}ns^2$。

(4) ds 区：包括Ⅰ$_B$、Ⅱ$_B$ 族，外层电子分布为 $(n-1)d^{10}ns^{1\sim2}$。

(5) f 区：包括Ⅲ$_B$ 的镧系、锕系元素，其价层电子排布为 $(n-2)f^{1\sim14}(n-1)d^{0\sim1}ns^2$。

d 区、ds 区为过渡元素，f 区为内过渡元素。

(三)元素及其化合物性质的周期性变化

1. 金属性和非金属性

元素的金属性与非金属性并没有严格的定义。金属性与非金属性大体可理解为典型的金属与非金属所具有的典型特性。例如金属性可表现为化学反应中原子失去电子的能力，而非金属性可表现为化学反应中原子得到电子的能力。

同一周期自左到右随原子序数(原子核电荷数)增加，金属性减弱，非金属性增强。主族元素变化很明显，副族元素的变化缓慢，并出现一些不规则的情况。

同一族主族元素自上而下随周期数增大(电子层数增多)，原子半径一般也逐渐增大，原子核对外层电子的吸引力减弱，元素的金属性增强，非金属性减弱。副族元素除ⅢB 外，元素的金属性变化规律不明显，这是因为镧系收缩的缘故。

2. 元素的电离能、电子亲合能和电负性

(1)电离能。基态的气态原子失去一个电子形成 +1 价气态离子时所吸收的能量为元素的第一电离能(用 I_1 表示)，第一电离能数值越大，原子越难失去电子。以第二周期为例，总的来说第一电离能(I_1)自左至右增大。但是有两处例外即 B<Be，O<N，这是因为 Be 的价电子排布为 $2s^2$，是全充满，而 N 的价电子排布为 $2s^22p^3$ 为半充满，比较稳定的缘故。

(2)电子亲合能。基态的气态原子获得一个电子后形成 -1 价气态离子时所放出的能量称为元素的电子亲合能。

电子亲合能的值越大，原子越容易获得电子。同一周期中自左向右电子亲合能增加，同一族中从上向下，电子亲合能递减，这一规律在 p 区元素中比较明显。应当指出，元素的第一电离能和元素的电子亲合能的递变规律和元素的金属性、非金属性的变化规律通常是一致的，但并非完全相同。

(3)电负性。它是原子在形成共价分子后，原子吸引共用电子对的能力的相对大小。一般指定 F 元素的电负性等于 4.0，作为比较的标准。其他元素的电负性均小于 4，元素周期表右上角的元素有较大的电负性，而周期表中左下角的元素电负性较小。例如 Na 的电负性为 0.9，Cl 的电负性为 3.0。通常金属元素的电负性小于 2，非金属元素的电负性大于 2。

3. 氧化物及其水合物的酸碱性

(1)根据氧化物与酸、碱反应的不同，可将氧化物分为下列 4 类。

1)酸性氧化物：例如非金属氧化物、高价的金属氧化物。

2)碱性氧化物：例如碱金属、碱土金属(铍 Be 除外)的氧化物。

3)两性氧化物：例如 Al、Sn、Pb 等元素的氧化物，这些大多数是周期表中靠近非金属的一些金属元素的氧化物，其化合价为 +2～+4。

4)不成盐氧化物：例如 CO、NO 等，它们不与水、酸、碱作用。

(2) 氧化物的水合物都可看成是氢氧化物，用通式 $B(OH)_n$ 或 H_nBO_n 表示，n 是元素 B 的化合价。

氧化物的酸碱性与其对应水合物的（氢氧化物）的酸碱性是一致的。

4. 氧化物及其水合物的酸碱性的一般规律

(1) 同一周期从左到右各主族元素的最高价氧化物及其水合物的酸性逐渐增强（碱性减弱）。例如第三周期。各元素最高价氧化物及其水合物的酸碱性递变情况如下：

氧化物	Na_2O	MgO	Al_2O_3	SiO_2	P_2O_5	SO_3	Cl_2O_7
水合物	$NaOH$	$Mg(OH)_2$	$Al(OH)_3$	H_2SiO_3	H_3PO_4	H_2SO_4	$HClO_4$
酸碱性	强碱	中强碱	两性	弱酸	中强酸	强酸	极强酸

长周期副族元素的最高价氧化物及其水合物的酸碱性递变情况基本相似。例如第四周期副族元素的氧化物及水合物的酸碱性递变情况如下：

氧化物	Sc_2O_3	TiO_2	V_2O_3	CrO_3	Mn_2O_7
水合物	$Sc(OH)_3$	$Ti(OH)_4$	HVO_3	H_2CrO_4	$HMnO_4$
酸碱性	碱	两性	弱酸	中强酸	强酸

(2) 同一族中从上而下各元素相同价态的氧化物及其水合物的酸性逐渐减弱（碱性增强）。如VA族各元素生成的化合价为＋5的氧化物中N_2O_5、P_2O_5呈酸性，As_2O_5、Sb_2O_5呈两性，Bi_2O_5呈碱性，它们对应的水合物的酸碱性变化规律也是一样的。

(3) 同一元素不同价态的氧化物及其水合物的酸碱性变化规律是：高价氧化物或其水合物的酸性比低价的强。

例如 CrO　Cr_2O_3　CrO_3

碱性　两性　酸性

又例Cl的含氧酸的酸性：

$$HClO<HClO_2<HClO_3<HClO_4$$

(4) 用R—O—H原则解释氧化物的水合物的酸碱性递变的规律。

氧化物的水合物不论是酸或碱，都具有R—O—H的结构，它有下列两种电离方式

R ⋮ O—H　　R—O ⋮ H

碱式电离　　酸式电离

当R是电负性较小的活泼金属元素，R^{n+}离子的电荷数较少，半径较大，则R与O的联系较弱，易发生碱式电离，在水溶液中易形成OH^-离子，呈碱性，如NaOH、$Mg(OH)_2$等。

$$NaOH \xrightarrow{H_2O} Na^+ + OH^-$$

当R是电负性较大的活泼非金属元素，R^{n+}的电荷数较多，半径较小，则R与O联系较强，易发生酸式电离，在水溶液中易生成H^+，呈酸性如同H_2SO_4、$HClO_4$等。

$$HClO_4 \xrightarrow{H_2O} H^+ + ClO_4^-$$

三、分子结构

（一）化学键

物质通常是以分子或晶体的形式存在。除了稀有气体（0族元素的单质）是单原子分子外，其余绝大多数的分子或晶体都是由原子或离子结合而成。化学上把分子中或晶体内紧密相邻的两个或多个原子或离子之间强烈的相互作用力称为化学键，键能约为几百千焦每摩尔。

化学键分为离子键、共价键和金属键等。

1. 离子键

(1) 离子键的形成。活泼金属原子和活泼非金属原子相互接近时，前者失去电子变成正离子，后者得到电子变为负离子，由正、负离子之间的静电引力所形成的化学键叫离子键。由离子键形成的化合物称为离子化合物。在通常情况下，离子化合物以离子晶体（巨型大分子）存在，只有在较高温度下，气态离子化合物才以小分子存在。

(2) 离子键的特点。离子键的特点是没有饱和性，也没有方向性。这是因为离子的电荷分布是球形对称的，它从任何方向都可以与相反电荷离子相互吸引成键，而且只要空间体积允许，每种离子都能与尽可能多的相反电荷的离子吸引成键，在空间形成巨大的离子晶体。离子键的强弱主要取决于正、负离子间静电引力的大小。每个离子对其余离子的静电引力大小主要取决于离子势（Z/r）的大小，即正比于其离子电荷（绝对值）的大小，而反比于离子半径r。按此规律，即可根据元素的原子结构周期性变化的规律，大体判断典型离子键的强弱。例如比较KCl、$CaCl_2$、$ScCl_3$的作用强弱：上述三种化合物为离子化合物，负离子是相同的，而正离子K^+、Ca^{2+}、Sc^{3+}相比，Z不断加大，r变小，故$(Z/r)_{K^+}<(Z/r)_{Ca^{2+}}<(Z/r)_{Sc^{3+}}$，因此由$K^+$到$Sc^{3+}$，其与$Cl^-$离子间键逐渐变强，这些键的强度与键的数目无关。因为离子键是无饱和性的。同理，$MgCO_3$、$CaCO_3$与$SrCO_3$相比，离子键强度由Mg^{2+}到Sr^{2+}逐渐减弱。

2. 共价键的价键理论

价键理论亦称电子配对法。

(1) 共价键的形成。同种或不同种元素的原子之间由于彼此的不成对电子相互配对成为共用电子对，而形成的化学键称为共价键。由共价键形成的分子称为共价分子。例如：

H_2　H∶H　　N_2　∶N⋮⋮N∶

H_2O　H ×ₓO×ₓ H

共价分子中每一对共用电子对即构成一个共价键，用一个短横“—”表示。共价分子中各个元素的化合价等于分子中该元素一个原子所形成的共价键的数目，亦即该原子为形成共价键所提供的未成对电子的总数。如上述分子中H的化合价为1；N的化合价为3；O的化合价为2。

(2) 共价键的特点。共价键的特点是有饱和性和方向性。共价键的饱和性是指成键原子有多少未成对电子，那么最多可形成几个共价键。已经配对成键的电子，不会再成键。例如HCl分子中H原子和Cl原子分别都只有一个未成对电子，它们之间只能形成一个共价键。共价键有方向性是因为在电子配对时，原子轨道必须发生重叠，而且要求是最大程度的重叠。而原子轨道只有沿着特定方向发生重叠，才能达到最大程度的重叠，形成稳定的共价键，因此，共价键具有方向性。

(3) 共价键的分类。根据原子轨道重叠方式不同，共价键分为σ键和π键，见图3-1-3。

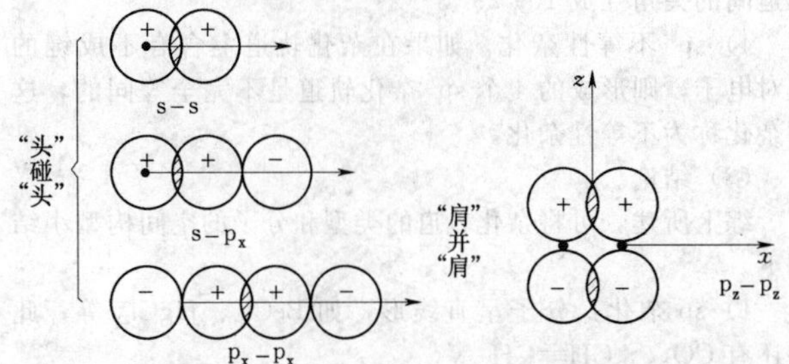

图3-1-3　原子轨道二种重叠方式

σ键——未成对电子所在的原子轨道即成键原子的成键轨道沿着两个原子核的联线（键轴），以“头”碰“头”的方式进行重叠所形成的共价键。

s—s　轨道重叠成键　如H—H

s—p_x　轨道重叠成键　如H—Cl

p_x—p_x　轨道重叠成键　如Cl—Cl

π键——未成对电子所在的原子轨道即成键的原子轨道沿着键轴以“肩”并“肩”的方式进行重叠所形成的共价键。例如CH_2═CH_2（乙烯）分子中的双键，是由一个σ键和一个π键组成。假定键轴方向为x轴方向，则p_x—p_x组成σ键，而p_y—p_y则组成π键。

σ 键相对于键轴呈圆柱形对称，σ 键可以绕键轴旋转。σ 键重叠程度大，比较稳定。

π 键相对于键轴平面呈双冬瓜形镜面反对称，π 键不可绕键轴旋转。π 键重叠程度比 σ 键的小，稳定性较差。

根据共用电子对的来源，共价键可分为一般共价键和配位键。配位键形成时二个成键原子中一个提供空的原子轨道，另一个提供电子对。

3. 共价键的杂化轨道理论

(1) 杂化轨道理论的要点如下。

1) 在原子化合成分子过程中，部分能量相近的原子轨道会重新组合，形成新的平均化的原子轨道。这种原子轨道混合、重组的过程称为杂化，杂化后的原子轨道叫杂化轨道。

2) 有多少个原子轨道参加杂化，就形成多少个杂化轨道。

3) 杂化轨道的成键能力比原来轨道强，形成的键更牢固，形成的分子更稳定。

(2) 几种典型的杂化类型：

1) sp 杂化。由 1 个 ns 轨道和 1 个 np 轨道，杂化成 2 个 sp 杂化轨道。每个 sp 杂化轨道都含有$\frac{1}{2}$s 轨道成分和$\frac{1}{2}$p轨道成分，两个 sp 杂化轨道间的夹角为 180°（呈直线形）。例如，在气态的 $BeCl_2$ 分子中。

2) sp^2 杂化。由 1 个 ns 轨道和 2 个 np 轨道组合成 3 个 sp^2 杂化轨道。每个 sp^2 杂化轨道都含有$\frac{1}{3}$s 轨道成分和$\frac{2}{3}$p 轨道成分，3 个 sp^2 杂化轨道位于同一平面，互成 120°。例如在 BF_3 分子中 B 的价电子构型为 $2s^2 2p^1$，成键过程中发生了 sp^2 杂化。

3) sp^3 杂化。由 1 个 ns 轨道和 3 个 np 轨道组合成 4 个 sp^3 杂化轨道。每个 sp^3 杂化轨道都含有$\frac{1}{4}$s 轨道成分和$\frac{3}{4}$p 轨道成分，4 个 sp^3 杂化轨道分别指向正四面体的 4 个顶角，轨道间的夹角互成 109°28′。

4) sp^3 不等性杂化。如果在杂化轨道上含有不成键的孤对电子，则形成的 4 个 sp^3 杂化轨道是不完全等同的，这种杂化称为不等性杂化。

(3) 结论。

综上所述，可将杂化轨道的类型和分子的空间构型小结如下。

1) sp 杂化：分子呈直线形，如 $BeCl_2$、$HgCl_2$ 等，此外还有 CO_2、$CH \equiv CH$ 等。

2) sp^2 杂化：分子呈平面三角形，如 BF_3、BCl_3 等，此外还有 $CH_2 = CH_2$ 等。

3) sp^3 杂化：分子呈四面体形，如 CH_4、$SiCl_4$ 等。

4) sp^3 不等性杂化：分子呈三角锥形（1 个轨道被孤对电子占据），如 NH_3、PCl_3 等；分子呈 V 形（2 个轨道被孤对电子占据），如 H_2O、H_2S 等，此外还有 SO_2 等。

（二）分子间力和氢键

1. 极性分子和非极性分子

(1) 非极性键和极性键。两个相同元素的原子以共价键结合时，其正、负电荷的中心正好重合，键两端的电性是一样的，这种键称为非极性键。两个不同元素的原子以共价键相结合时，由于电负性不同，电子云偏向电负性大的原子一方。这时两原子间电荷的分布是不对称的，正、负电荷的中心不能重叠在一起。键的一端带负电荷，键的另一端带正电荷，这种共价键称为极性共价键，简称极性键。两原子电负性值相差愈大，键的极性也愈大。

(2) 极性分子和非极性分子。正、负电荷中心相互重合的分子称为非极性分子，正、负电荷中心不能重合的分子称为极性分子，极性分子具有固有偶极。

对双原子分子来说，分子的极性是由键的极性决定的。如果键是非极性键，则分子是非极性分子；如果键是极性键，分子是极性分子。

对多原子分子来说，分子是否有极性，不仅取决于键的极性，而且更与分子的空间构型有关。例如，在 SO_2 和 CO_2 分子中，虽然都有极性键，但是，因为 CO_2 分子的空间构型是直线形，键的极性互相抵消，正、负电荷中心重合，所以 CO_2 是非极性分子。而 SO_2 分子的空间构型是 V 形，键的极性不能互相抵消，正、负电荷中心不能重合，因而 SO_2 分子是极性分子。一些物质分子的极性和分子的空间构型可参见表 3-1-4。

表 3-1-4　一些物质分子的极性和分子的空间构型

分子式	键的极性	分子的极性	分子的空间构型
N_2	非极性	非极性	直线形
H_2	非极性	非极性	直线形
CO	极性	极性	直线形
HCl	极性	极性	直线形
HCN	极性	极性	直线形
CS_2	极性	非极性	直线形
CO_2	极性	非极性	直线形
H_2O	极性	极性	V 形
SO_2	极性	极性	V 形
BF_3	极性	非极性	平面三角形
NH_3	极性	极性	三角锥形
CH_4	极性	非极性	正四面体形
$CHCl_3$	极性	极性	四面体形

2. 分子间力

分子间存在着各种较弱的相互作用，统称为分子间力，又称为范德华（Van de Waals）力，其结合能比分子内原子间的相互作用（化学键能）要小 1～2 个数量级。分子间力主要包括下列几种作用力。

(1) 取向力。当两个极性分子相互靠近时，极性分子的固有偶极间会发生同性相斥、异性相吸，使极性分子间调整方向，呈异极相邻的有序排列。这种由于固有偶极异极相吸而产生的作用力称为取向力。取向力的本质是静电作用力。

(2) 诱导力。当极性分子接近非极性分子时，由于极性分子的作用使非极性分子的正、负电荷中心发生偏移分离，从而产生一定的极性，这叫诱导偶极。诱导偶极与极性分子的固有偶极相互作用。这种作用力称为诱导力。

(3) 色散力。非极性分子之间也存在着相互作用力。非极性分子内的原子核和核外电子都在不断运动，它们的相对位置不断发生变化。尽管从统计平均结果看，非极性分子的非、负电荷中心必是重叠的。但在每一瞬间分子的正、负电荷中心实际总是不相重合的。这就产生了瞬时偶极。相邻的瞬时偶极之间就会产生相互作用，这种作用力称为色散力。色散力不仅存在于非极性分子之间，而且存在于所有分子之间。对同种类的分子来说，分子愈大，其半径、体积愈大，电子云的变形愈容易，瞬时极化愈大，色散力愈大（分子间力愈大）。

表 3-1-5 列出一些分子中 3 种分子间力的分配情况。

表 3-1-5　　各种分子间力的相对数值

物质	分子的相对极性	分子的相对变形性	取向力（%）	诱导力（%）	色散力（%）
H_2O	1.00	1.00	76.9	4.1	19.0
NH_3	0.80	1.49	45.0	5.3	49.7
HCl	0.56	1.78	14.4	4.2	81.4
HBr	0.44	2.42	3.3	2.2	94.5
HI	0.21	3.65	0.1	0.4	99.5

注　H_2O 的极性取为 1。

（4）结论。分子间力是一种十分重要的作用力，对于许多物质的聚集状态及熔点、沸点、硬度、溶解性、导电性等物理性质有很强的影响。因此可以按照分子结构、分子极性，判断该类物质分子间作用力的类型，粗略估计或比较其大小，并据此估计该物质的相应物理性质。

1）极性分子间（如 H_2O 分子间、NH_3 分子间、NH_3 与 H_2O 分子间等）的相互作用力包括取向力、诱导力、色散力三种形式。

2）在极性分子与非极性分子间（如 H_2O 分子与 CO_2 分子间）的作用力包括诱导力与色散力两种形式，而不可能有取向力。

3）而在非极性分子间（CCl_4 分子间、CCl_4 分子与 I_2 分子间）的相互作用力，只有色散力一种形式。

4）从另一个角度来看，色散力是存在于一切分子间的作用力；诱导力存在于极性分子与非极性分子间，或极性分子间，总之作用双方之间至少有一方是极性分子，才能有诱导力出现；而取向力则只能出现在极性分子之间。

（5）决定分子间力大小的因素。

1）取向力的大小取决于极性分子的极性大小。双原子分子的极性大小直接取决于键的极性大小，可由成键双方原子的电负性差 $\Delta x=|x_A-x_B|$ 来进行估计和比较。多原子分子的极性大小主要取决于分子本身的立体结构的对称性，这是比较复杂的，难以直接从理论上判断，一般以实测分子的偶极矩大小来判断。

2）诱导力的大小取决于两方面，即极性分子极性的大小，及受其作用的非极性分子变形的大小，极性分子本身极性越强，其对非极性分子的诱导作用就越强；而受其作用的非极性分子的变形性越强，则在相同作用下，诱导的效果就越大，产生的诱导力越强。

3）色散力的大小主要取决于瞬时偶极的大小，即取决于分子电子云的变形性大小。一般而言，分子愈大，其电子云的平均半径愈大，离核愈远，受核作用相对较弱，较易变形而导致瞬时偶极。因而分子愈大，其相应的色散力也愈大。例如稀有气体 He、Ne、Ar、Kr、Xe、Rn 都是单原子分子，都是非极性分子，其分子间的作用力主要是色散力，因此，随原子半径的增加，色散力递增，所以其中 He 是分子间作用力最小的，因此，在所有的物质中 He 是沸点最低的（4K）。同样在 F_2、Cl_2、Br_2、I_2 中，F_2 的沸点最低。

3. 氢键

大多数同系列氢化物的沸点随着相对分子质量的增大而升高。但是，NH_3、H_2O、HF 等的沸点不符合上述递变规律，这是因为它们的分子之间除了一般的分子间力以外，还存在着另一种特殊的作用力，即氢键。

分子中的氢原子与电负性大的原子 X 以共价键相结合时，还可以和另一个电负性大的原子 Y 形成一种特殊的键，这种键称为氢键。氢键可以用下式表示：

X—H　…Y

极性共价键　氢键

式中 X、Y 代表电负性大、原子半径小的原子（如 N、O、F），X、Y 可以是不同元素的原子，也可以是同一种元素的原子。氯原子的电负性虽然较大，但它的原子半径也较大，故 HCl 不会与其他分子形成明显的氢键。HF、H_2O、NH_3 等分子间都存在氢键。在无机含氧酸、有机羧酸、醇、胺、蛋白质等物质的分子之间也存在氢键。

氢键的强度通常比分子间力稍强一些，与弱的化学键属同一数量级。

氢键有类似共价键的方向性和饱和性。

四、晶体结构

1. 晶体基本类型

固态物质有晶体和非晶体两大类。若把组成晶体的基本微粒（原子、离子、分子等）看成是几何学上的点，这些点按一定规律组成的几何图形称为晶格或点阵。各种晶体都有自己的晶格，而且种类繁多。但如果按晶格内部微粒间的作用力来划分，晶体可分为离子晶体、原子晶体、分子晶体和金属晶体四种基本类型。晶体的四种基本类型及其有关性质见表 3-1-6。

表 3-1-6　　晶体的基本类型及其性质

晶体类型		离子晶体	原子晶体	分子晶体	金属晶体
晶体的性质	晶格结点上的微粒	正、负离子	原子	分子	金属原子或金属离子
	微粒间的作用力	离子键	共价键	分子间力，氢键	金属键①
	熔点　沸点	较高	高	低	一般较高
	硬度	较大	大	小	一般较大
	延展性	差	差	差	良
	导电性	水溶液或熔融体导电性良好	绝缘体或半导体	绝缘体	良导体
晶体实例		NaCl、MgO、K_2SO_4	金刚石、Si、Ge、SiO_2、SiC、CaAs	CO_2、H_2O、CH_4、CCl_4、I_2、He	Na、Al、Fe、Cu 合金

①　在金属晶体的晶格结点上排列着金属原子或金属正离子，其间有一些共用的自由电子。这些自由电子把许多金属原子、正离子“粘合”在一起形成金属键。

2. 晶体类型及其物理性质推测

晶体的物理性质，如熔点、沸点、熔解度、硬度、导电性等，都受其结构的影响。因而在推测或比较晶体的这些物理特性时，首先必须确定晶体的类型，按不同类型推测其应有什么样的特征，然后才能按照晶体内部作用力的特性，比较同类晶体的某些物理性能的强弱大小。例如物质的熔点、沸点、硬度等性质主要是由晶体内部的作用力大小决定的，要推测物质的熔点高低、硬度大小，首先要确定该物质属于哪一类晶体类型。在最常见最典型的四类晶体中，原子晶体是靠共价键力结合起来的，是所有晶体中结合力最强的，因而原子晶体通常具有很高的熔点和硬度。例如金刚石的熔点和硬度都是最高的。属原子晶体的物质并不多见，最为人们熟悉的也就是金刚石、单晶硅、单晶锗、碳化硅、氧化硅这些物质。离子晶体是靠离子键结合起来的，这也是一种很强的作用力，因而离子晶体的熔点通常较高，硬度也很大。大部分金属氧化物和无机盐类都属于离子晶体。至于各种金属，除汞常温下为液体外，其余都属金属晶体。其晶体内部结合力为金属键，这也是一种很强的作用力，因而金属大都具有较高的熔点和较强的硬度。不过不同金属之间彼此差别很大，例如铅、锡等熔点和硬度都较低，而铬、钨、钼、铁、锰等熔点和硬度都很高。而大部分有机化合物及非金属单质（如 O_2、F_2、Cl_2）及简单的非盐类化合物（如 CO_2、H_2O、H_2S、NH_3、HCl、HF 等）都属于分子晶体。其组成晶体的作用力是分子间力或氢键，这是一种弱作用力。因此，属分子晶体的物质通常熔点和硬度都较低。通过类似的分析可知除离子晶体在水中溶解性较好外，其余三类晶体一般皆难溶于水（少数能与水反应的除外）。而除金属晶体外，其余晶体在固态时皆为电和热的不良导体。但离子晶体在水溶液中或在熔融状态时能较好地导电。

第二节 溶 液

一、溶液的浓度和稀溶液的依数性

（一）溶液的浓度

一定量溶液（或溶剂）中所含溶质的量即为溶液的浓度。溶液的浓度可以用不同的方法表示，常用的有体积摩尔浓度、质量摩尔浓度、摩尔分数浓度等。

用 1L 溶液中所含溶质的量表示的浓度称为体积摩尔浓度，简称摩尔浓度，单位为 mol/L，或 mol/dm^3。用 1kg 溶剂中所含溶质的量表示的浓度称为质量摩尔浓度，单位为 mol/kg。此外，亦可用溶质的量占溶液总量的摩尔分数来表示浓度，即摩尔分数浓度

$$x_A = \frac{n_A}{n_A + n_B}$$

式中：n_A 和 n_B 分别为溶液中溶质 A 与溶剂 B 的量；x_A 则为溶液中溶质 A 的摩尔分数。

（二）稀溶液的依数性

溶液的性质可分两类：一类主要与溶质的本性有关，如溶液的酸碱性、颜色、化学性质等；另一类则与溶质的本性无关，而只与一定量溶液中所含溶质粒子的数量有关，即只与溶液的浓度有关，如溶液的饱和蒸汽压下降、沸点升高、冰点下降和渗透压等。这类性质即为稀溶液的依数性，又称稀溶液的通性。

溶液的依数性不仅在稀溶液中存在，在浓溶液中也同样存在，且更明显，只不过在稀溶液中，依数性与溶液浓度间存在很好的定量关系，即符合拉乌尔定律。而当浓度变大后，依数性渐渐偏离了拉乌尔定律所表述的定量关系，故通常只称为稀溶液的通性。

1. 溶液的蒸汽压下降

在一定温度下，液体表面的分子会脱离液面形成蒸气，这种过程称为蒸发，其逆过程称为凝结或冷凝：

$$\text{液相} \underset{\text{冷凝}}{\overset{\text{蒸发}}{\rightleftharpoons}} \text{蒸汽}$$

在一定温度下，当液相的蒸发与气相的冷凝达到平衡（即蒸发速率与凝结速率相等）时，蒸汽所具有的压力即为一定值，称为该液体在此温度的饱和蒸汽压，简称蒸汽压。随温度的升高，液体的蒸汽压也相应增大，图 3-2-1 中曲线 aa' 即为水的蒸汽压温度曲线。

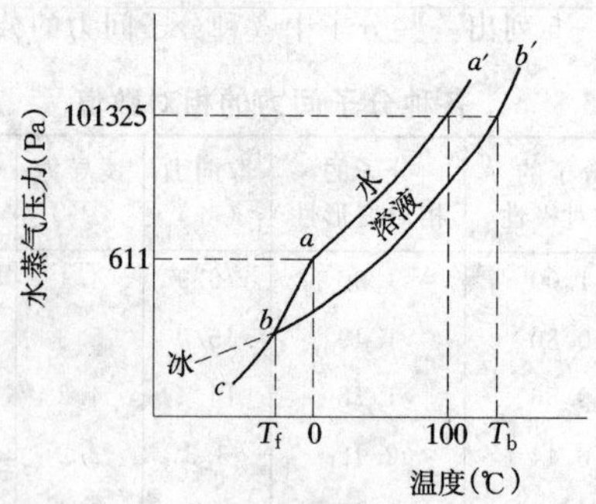

图 3-2-1 水、冰和溶液的蒸汽压曲线

实验表明，水溶液的蒸汽压总比在相同温度下纯水的蒸汽压低，这就称为溶液的蒸汽压下降，以 Δp 表示：$\Delta p = p^\circ - p$，p°为纯溶剂的蒸汽压，而 p 为溶液的蒸汽压。拉乌尔通过大量实验，得出结论，任何溶液的蒸汽压下降都是该溶液中溶质的摩尔分数 x_A 的函数

$$\Delta p = x_A p^\circ \tag{3-2-1}$$

这称为拉乌尔（Raoult）定律。溶液的其他依数性，都可解释为是由溶液的蒸汽压下降所引起的。

2. 溶液的沸点升高和凝固点下降

当液体的蒸汽压等于外界压力（标准大气压为 101325Pa）时，液体就沸腾，此时的温度称为沸点（T_b）。从图 3-2-1 看出，当水温为 100℃ 时，其蒸汽压为 101325Pa，此时水就沸腾了，故水的沸点为 100℃。在一定温度下，使单位物质量的某种液体（如水）全部汽化所需供给的热（能）量，称为该种液体在该温度的汽化热（或称为蒸发热）。每种纯液体都有确定的沸点，因此对于任何一种液体而言，其在沸点温度的汽化热是具有特征意义的。这一数据可以从化学化工手册中查出。在高原上由于大气压低，因此高原上水的沸点低于 100℃。由于水溶液的蒸汽压总是小于纯水的蒸汽压（如图 3-2-1 中 bb' 所示），所以在 100℃时，溶液的蒸汽压小于大气压，不会沸腾。必须在更高的温度下，才能使溶液的蒸汽压达到大气压。故溶液沸点总是高于纯溶剂的沸点。这称为溶液的沸点升高（ΔT_b）。

固体物质直接变为气态，这称为升华，也有相应的蒸汽压，图 3-2-1 中的 abc 线是冰的蒸汽压曲线。

在 0℃时水的蒸汽压和冰的蒸汽压相等，此温度既是水的冰点或凝固点，也是冰的熔点。由于溶液的饱和蒸汽压下降，因此要使溶液蒸汽压等于冰的蒸汽压，只有在低于 0℃，达到 T_f 时才能满足此条件。溶液的凝固点低于纯溶剂的凝固点的现象称为溶液凝固点下降（ΔT_f）。

实验结果表明，稀溶液的沸点升高和冰点下降与溶液的质量摩尔浓度成正比，也称拉乌尔定律，即

$$\Delta T_b = K_b m \tag{3-2-2}$$

$$\Delta T_f = K_f m \tag{3-2-3}$$

式中：m 表示溶液的质量摩尔浓度；K_b 为溶剂的沸点升高常数，它表示浓度为 1mol/kg 的溶液的沸点比纯溶剂升高的度数；K_f 为溶剂的凝固点下降常数，它表示浓度为 1mol/kg 的溶液的凝固点比纯溶剂降低的度数。

不同溶剂的 K_b 和 K_f 都不相同，常用溶剂的 K_b、K_f 值可从理化手册中查到。水的 K_b = 0.51K·kg/mol，K_f = 1.86K·kg/mol。

3. 溶液的渗透压

（1）渗透当溶液和溶剂间用半透膜隔开时，溶剂分子会通过半透膜进入溶液中，这种现象称为渗透。只允许溶液中

某一类组分自由通过，而不允许其余组分通过的膜称为半透膜。在这里应用的是一类只允许溶剂分子自由通过，而不允许溶质分子（或离子）通过的半透膜。例如动物的肠衣、膀胱壁等。如果在溶液的表面上施加一定压力，则可阻止溶剂分子的渗透。

(2) 这种可使渗透停止所必须在溶液表面施加的压力，称为渗透压。例如含少量杂质的水的净化，可利用半透膜及反渗透实现，即在溶液表面施加大于渗透压的压力，使溶液中溶剂分子“反渗透”到纯水一边，制成纯净水。实验结果表明，在一定温度时，溶液的渗透压与溶液的体积摩尔浓度成正比，在一定浓度时，稀溶液的渗透压与绝对温度成正比。即

$$\Pi = cRT \tag{3-2-4}$$

式中：Π为溶液的渗透压；R为摩尔气体常数；c是溶液的体积摩尔浓度；T为绝对温度。这个数学关系式和气体状态方程式十分相似，当然含义是不同的。

总之，稀溶液具有以下通性，即溶液的蒸汽压下降、沸点升高、凝固点下降和渗透压等特性仅与一定量溶剂或溶液中所含溶质的量成正比，而与溶质的本性无关。

二、溶液中的酸碱电离平衡

(一) 一元弱酸、弱碱的电离平衡

一元弱酸、弱碱在水中电离是水溶液中一类十分重要的平衡，称为水溶液中的酸碱电离平衡，也称酸碱平衡。酸碱平衡服从化学平衡的基本规律，可用一个相应的平衡常数来表示酸碱电离平衡的特征。这个平衡常数叫电离常数，用$K_i^{\ominus}$表示（弱酸也可用$K_a^{\ominus}$表示，弱碱用$K_b^{\ominus}$表示）。

例如：

$$HAc \xrightleftharpoons{K_a^{\ominus}} H^+ + Ac^- \tag{3-2-5}$$

$$K_a^{\ominus} = \frac{[H^+][Ac^-]}{[HAc]}$$

$$NH_3 \cdot H_2O \xrightarrow{K_b^{\ominus}} NH_4^+ + OH^-$$

$$K_b^{\ominus} = \frac{[NH_4^+][OH^-]}{[NH_3 \cdot H_2O]} \tag{3-2-6}$$

上二式中，[] 表示各平衡组分的相对平衡浓度。即相应组分的平衡浓度与标准浓度$c^{\ominus}$之比。例如$[Ac^-]=c_{Ac^-}/c^{\ominus}$，因此$[Ac^-]$是无量纲的数，这样就能保证$K_a^{\ominus}$、$K_b^{\ominus}$都是常数而无量纲。对任何指定的弱酸弱碱而言，或是对于任何一指定的酸碱平衡而言，在指定温度下，其$K_a^{\ominus}$或$K_b^{\ominus}$都是定值，并不随任何平衡组分的浓度（无论是起始浓度还是平衡浓度）而改变。

电离常数的大小反映了该电解质电离程度的大小。电离程度大小也可用电离度α来表示，即

$$\alpha = \frac{\text{已电离的电解质的量}}{\text{电解质总量}} \times 100\%$$

或

$$\alpha = \frac{\text{已电离电解质浓度}}{\text{电解质总浓度}} \times 100\%$$

但是任何指定的弱酸或弱碱的电离度都是随其初始浓度不同而变化的，起始浓度越大，其电离度α越小。这是α与$K_i^{\ominus}$不同之处。但对同一酸碱电离平衡而言，其$K_i^{\ominus}$与α之间是相关的，可以互相换算。

例如：	$HA \xrightleftharpoons{K_a^{\ominus}}$	H^+	$+A^-$
起始浓度（mol/dm^3）	c	0	0
平衡浓度（mol/dm^3）	$c-c\alpha$	$c\alpha$	$c\alpha$

$$K_a^{\ominus} = \frac{(c\alpha)^2}{(c-c\alpha)} = \frac{c\alpha^2}{1-\alpha} \tag{3-2-7}$$

由于α很小，可作近似计算：$1-\alpha=1$

$$K_a^{\ominus} = c\alpha^2 \tag{3-2-8}$$

$$\alpha = \sqrt{\frac{K_a^{\ominus}}{c}}$$

式中：c为一元弱酸的起始浓度；$K_a^{\ominus}$为电离常数；α为电离度。

上式亦称为稀释定律表达式，应注意到溶液浓度越大，电离度越小，但溶液中电离出来的离子浓度却越大，这是因为

$$[H^+]=[A^-]=c\alpha=c\sqrt{\frac{K_a}{c}}=\sqrt{K_a c}$$

(二) 多元弱酸的电离平衡

多元弱酸，像H_2S、H_2CO_3等在水中的电离是分步进行的，称为分级电离。每一级电离都形成独立的电离平衡，具有自己的电离常数。只有当各步分级电离都达到平衡时，多元弱酸或弱碱的多级电离才能达到平衡。反之，当多元弱酸弱碱体系达到整体酸碱平衡时，其任一分级电离必然都已达到平衡了。而当整个体系达到平衡后，体系中每项平衡组分的平衡浓度都只有一个唯一的值。如果体系中同时有几个平衡涉及到同一组分，那么该组分的平衡浓度必须同时满足所有这些平衡。根据这两点基本原则，就可以按已知条件，通过分级平衡或总体平衡常数计算各平衡组分的平衡浓度。以H_2S为例，分以下二级电离。

一级电离：$H_2S \xrightleftharpoons{K_{a1}^{\ominus}} H^+ + HS^-$

$$K_{a1}^{\ominus} = \frac{[H^+][HS^-]}{[H_2S]} \tag{3-2-9}$$

二级电离：$HS^- \rightleftharpoons H^+ + S^{2-}$

$$K_{a2}^{\ominus} = \frac{[H^+][S^{2-}]}{[HS^-]} \tag{3-2-10}$$

通常一级电离比二级电离容易得多，$K_{a1}^{\ominus} \gg K_{a2}^{\ominus}$，因此$H_2S$溶液中$H^+$离子主要是由一级电离产生，$H^+$离子浓度近似等于

$$[H^+]=\sqrt{K_{a1}^{\ominus} \cdot [H_2S]}=\sqrt{K_{a1}^{\ominus} c_{H_2S}^0}$$

$c_{H_2S}^0$为H_2S的起始浓度。

由于二级电离常数很小，远小于一级电离常数，因二级电离而引起的$[H^+]$与$[HS^-]$的变化可忽略不计，即使考虑了二级平衡，仍然可以认为平衡体系$[H^+]=[HS^-]$。

依据H_2S的第二级电离平衡，可以求出平衡体系中$[S^{2-}]=K_{a2}^{\ominus} \cdot \frac{[HS^-]}{[H^+]} \approx K_{a2}^{\ominus}$，因此在$H_2S$的水溶液中，由$H_2S$自然电离产生的游离酸根$S^{2-}$离子的平衡浓度，近似等于$H_2S$的第二级电离常数$K_{a2}^{\ominus}$，是个定值，但很小。对于二元弱酸的电离平衡不作更深一步要求。

(三)水的离子积和溶液的pH值

纯水是一种很弱的电解质，存在着以下电离平衡

$$H_2O \rightleftharpoons H^+ + OH^-$$

$$K_w^{\ominus} = \frac{[H^+][OH^-]}{[H_2O]}$$

1L 纯水中有 55.55mol H_2O，由于水的电离很弱，达电离平衡时，$[H_2O]$仍近似等于 55.55mol/L，为一常数。在常数表达式中可将其并入常数项中，故可写成

$$K_w^{\ominus} = [H^+][OH^-] \tag{3-2-11}$$

实验测得在22℃时，水中$[H^+]=[OH^-]=10^{-7}$mol/L

$$K_w^{\ominus} = 10^{-7} \cdot 10^{-7} = 10^{-14}$$

$K_w^{\ominus}$称为水的离子积常数。只要是水溶液，无论呈中性、酸

性或碱性，也不管溶质是什么，浓度是多少，溶液中

$$[H^+][OH^-]=K_w^{\ominus}=10^{-14} \quad (3-2-12)$$

弱酸或弱碱溶液的酸碱性可用其 H^+（或 OH^-）离子浓度来表示。在实际应用中，为了计算方便，常用 H^+ 离子浓度的负对数 pH，或 OH^- 离子浓度的负对数 pOH 来表示：

$pH=-\lg[H^+]$

$pOH=-\lg[OH^-]=14-pH$

$pH=7$，即 $[H^+]=10^{-7}=[OH^-]$，溶液呈中性

$pH<7$，即 $[H^+]>10^{-7}>[OH^-]$，溶液呈酸性

$pH>7$，即 $[H^+]<10^{-7}<[OH^-]$，溶液呈碱性

（四）同离子效应和缓冲溶液

在弱电解质溶液中，加入具有相同离子的强电解质，使弱电解质的电离度降低的现象，称为同离子效应。如醋酸 HAc 溶液中加入 NaAc 盐，结果使 HAc 的电离度降低，溶液中 H^+ 浓度减少。这与化学平衡中加入生成物，使平衡向逆方向移动的道理是一样的。

由弱酸及其盐（如 HAc-NaAc）、或弱碱及其盐（如 $NH_3\cdot H_2O$-NH_4Cl）组成的混合溶液，能在一定程度上抵消、减轻外加强酸或强碱对溶液酸度的影响，从而保持溶液的 pH 值相对稳定。这种溶液称为缓冲溶液。组成缓冲液的弱酸（或弱碱）与其盐组成了一个缓冲对。缓冲溶液的 pH 值计算公式如下：

弱酸及其盐组成的缓冲溶液（酸性缓冲液）为

$$[H^+]=K_a^{\ominus}\frac{c_{酸}}{c_{盐}}$$

$$pH=pK_a^{\ominus}-\lg\frac{c_{酸}}{c_{盐}} \quad (3-2-13)$$

式中：$c_{酸}$、$c_{盐}$ 为组成缓冲溶液的弱酸及弱酸盐的起始浓度；$K_a^{\ominus}$ 为弱酸的电离常数。由弱碱及其盐组成的缓冲溶液（碱性缓冲液）同样有：

$$[OH^-]=K_b^{\ominus}\frac{c_{碱}}{c_{盐}}$$

$$pOH=pK_b^{\ominus}-\lg(c_{碱}/c_{盐}) \quad (3-2-14)$$

$$pH=14-pOH=14-pK_b^{\ominus}+\lg\frac{c_{碱}}{c_{盐}}$$

式中：$K_b^{\ominus}$ 为组成缓冲对的弱碱的电离常数；$c_{碱}/c_{盐}$ 是缓冲液的组分配比。若 $c_{酸}/c_{盐}$ 或 $c_{碱}/c_{盐}$ 等于 1 时，则缓冲溶液的 pH（或 pOH）等于相应的弱酸或弱碱的 $pK_a^{\ominus}$（或 $pK_b^{\ominus}$）。

（五）盐类的水解平衡

弱酸盐或弱碱盐与水作用，生成弱酸或弱碱，这种反应称为盐类的水解。

如

$$NaAc+H_2O \rightleftharpoons Na^++OH^-+HAc$$

$$NH_4Cl+H_2O \rightleftharpoons Cl^-+H^++NH_3\cdot H_2O$$

$$NH_4Ac+H_2O \rightleftharpoons HAc+NH_3\cdot H_2O$$

盐类的水解反应，实质是盐的离子与 H_2O 作用，生成了难电离的弱酸或弱碱，引起水的电离平衡的移动，导致溶液 pH 值改变。弱酸强碱盐水解呈碱性；弱碱强酸盐水解呈酸性；弱酸弱碱盐水解结果呈现酸性或碱性则要视弱酸和弱碱的相对强弱而定。而强酸强碱盐则基本不发生水解。

盐类水解反应是酸碱中和反应的逆过程，反应的终点即达到平衡。这就是水解平衡。可用一般平衡规则来处理水解平衡，进行计算。以一元弱酸强碱盐 NaAc 为例，其水解平衡

$$NaAc+H_2O \rightleftharpoons Na^++OH^-+HAc$$

即

$$Ac^-+H_2O \xrightleftharpoons{K_h^{\ominus}} OH^-+HAc$$

所以 $K_h^{\ominus}=\frac{[OH^-][HAc]}{[Ac^-]}=\frac{[OH^-][HAc][H^+]}{[Ac^-][H^+]}=\frac{K_w^{\ominus}}{K_a^{\ominus}}$

式中，$K_h^{\ominus}$ 即为 NaAc（或 Ac^-）的水解平衡常数，简称水解常数。它可由相应的弱酸电离常数 $K_a^{\ominus}$ 与水的离子积常数 $K_w^{\ominus}$ 求出。同样对于像 NH_4Cl（或 NH_4^+）这样强酸弱碱盐而言，可以有

$$K_h^{\ominus}=\frac{K_w^{\ominus}}{K_b^{\ominus}} \quad (3-2-15)$$

从 $K_h^{\ominus}$ 的表达式可以看出，组成盐的弱酸（或弱碱）的酸性（或碱性）愈弱，即 $K_a^{\ominus}$（或 $K_b^{\ominus}$）越小，则由它们组成的盐的 $K_h^{\ominus}$ 越大，即该盐越易水解。

多元弱酸弱碱盐的水解是分级进行的。例如 Na_2CO_3 的水解：

$$CO_3^{2-}+H_2O \rightleftharpoons OH^-+HCO_3^{2-} \quad 一级水解$$

$$K_{h1}^{\ominus}=\frac{[HCO_3^-][OH^-]}{[CO_3^{2-}]}=\frac{K_w^{\ominus}}{K_{a2}^{\ominus}} \quad (3-2-16)$$

$$HCO_3^-+H_2O \rightleftharpoons OH^-+H_2CO_3 \quad 二级水解$$

$$K_{h2}^{\ominus}=\frac{[H_2CO_3][OH^-]}{[HCO_3^-]}=\frac{K_w^{\ominus}}{K_{a1}^{\ominus}} \quad (3-2-17)$$

由于多元弱酸 $K_{a1}^{\ominus}\gg K_{a2}^{\ominus}\gg K_{a3}^{\ominus}$，…，所以相应地 $K_{h1}^{\ominus}\gg K_{h2}^{\ominus}\gg K_{h3}^{\ominus}$，…。因此在判断盐类水解的结果（如溶液的酸碱性）时，实际上主要依据一级水解的结果，以后各级水解的影响通常可忽略不计。盐类水解程度也可用水解度（$h\%$）来表示。

$$h=\frac{已水解盐的量}{盐的总量}\times100\%，或\ h=\frac{已水解盐的浓度}{盐的起始浓度}\times100\% \quad (3-2-18)$$

水解度与水解常数的关系和电离度与电离常数的关系相似：

$$h=\sqrt{\frac{K_h}{c_{盐}}} \quad (3-2-19)$$

在盐溶液中加入相应的强酸（或强碱），即增加溶液中的 H^+（或 OH^-）离子浓度，可以抑制强酸弱碱盐（或强碱弱酸盐）的水解。

（六）酸碱质子理论

按酸碱质子理论，凡能给出质子的物质是酸（质子酸），能接受质子的物质是碱（质子碱）。

酸失去质子变成碱，碱得到质子就变成酸。这对酸和碱具有共轭关系，称为共轭酸碱对。

例如：

酸	⇌碱	$+H^+$	
HCl	$\rightleftharpoons Cl^-$	$+H^+$	HCl/Cl^- 为共轭酸碱对
HAc	$\rightleftharpoons Ac^-$	$+H^+$	HAc/Ac^- 为共轭酸碱对
H_2CO_3	$\rightleftharpoons HCO_3^-$	$+H^+$	H_2CO_3/HCO_3^- 为共轭酸碱对
HCO_3^-	$\rightleftharpoons CO_3^{2-}$	$+H^+$	HCO_3^-/CO_3^{2-} 为共轭酸碱对
ph-OH	$\rightleftharpoons$ ph-O^-	$+H^+$	ph-OH/ph-O^- 为共轭酸碱对（ph 代表苯基 C_6H_5—）
H_2O	$\rightleftharpoons OH^-$	$+H^+$	H_2O/OH^- 为共轭酸碱对
H_3^+O	$\rightleftharpoons H_2O$	$+H^+$	HO_3^+/H_2O 为共轭酸碱对
NH_4^+	$\rightleftharpoons NH_3$	$+H^+$	NH_4^+/NH_3 为共轭酸碱对
NH_3	$\rightleftharpoons NH_2^-$	$+H^+$	NH_3/NH_2^- 为共轭酸碱对
H_3PO_4	$\rightleftharpoons H_2PO_4^-$	$+H^+$	$H_3PO_4/H_2PO_4^-$ 为共轭酸碱对
$H_2PO_4^-$	$\rightleftharpoons HPO_4^{2-}$	$+H^+$	$H_2PO_4^-/HPO_4^{2-}$ 为共轭酸碱对
HPO_4^{2-}	$\rightleftharpoons PO_4^{3-}$	$+H^+$	HPO_4^{2-}/PO_4^{3-} 为共轭酸碱对

据此，水溶液中各类涉及质子的反应与平衡，实质都是质子传递的过程，是争夺质子的平衡：

$$酸1+碱2 \rightleftharpoons 碱1+酸2$$

酸碱中和 $H_3^+O + OH^- \rightleftharpoons H_2O + H_2O$

酸碱电离 $HAc + H_2O \rightleftharpoons Ac^- + H_3^+O$

$H_2O + NH_3 \rightleftharpoons OH^- + NH_4^+$

盐类水解 $H_2O + Ac^- \rightleftharpoons OH^- + HAc$

$NH_4^+ + H_2O \rightleftharpoons NH_3 + H_3^+O$

三、多相离子平衡

(一) 多相离子平衡

在一定温度下难溶电解质晶体与溶解在溶液中的离子之间存在溶解和结晶的平衡，称作多相离子平衡，也称沉淀溶解平衡。多相离子平衡也是水溶液中十分重要的平衡。它也遵循化学平衡的一般规律，每个多相离子平衡都具有一个特征的平衡常数，称为化合物的溶度积常数，用 $K_{sp}^{\ominus}$ 表示。

以难溶电解质 AgCl 在水中的多相离子平衡为例：

$$AgCl(s) \xrightleftharpoons{K_{sp}^{\ominus}} Ag^+(aq) + Cl^-(aq)$$

$$K_{sp}^{\ominus} = [Ag^+][Cl^-] \quad (3-2-20)$$

当 AgCl (s) 晶体仍然存在时，[AgCl] 可以认为是不变的，在 $K_{sp}^{\ominus}$ 表达式中可并入常数项中。

若难溶盐的组分离子比不是 1∶1 时，其多相离子平衡式中，相应离子的系数不是 1，则其 $K_{sp}^{\ominus}$ 的表达式及相关计算中，有关离子的浓度项，应以其平衡系数作指数的幂代替。

例如：$Mg(OH)_2(s) \xrightleftharpoons{K_{sp}^{\ominus}} Mg^{2+} + 2OH^-$

$$K_{sp}^{\ominus} = [Mg^{2+}][OH^-]^2$$

$$Ca_3(PO_4)_2(s) \xrightleftharpoons{K_{sp}^{\ominus}} 3Ca^{2+} + 2PO_4^{3-}$$

$$K_{sp}^{\ominus} = [Ca^{2+}]^3[PO_4^{3-}]^2$$

(二) 溶解度和溶度积

用溶解度来衡量或表征难溶盐在水中的溶解特性。广义地说，某物质的溶解度就是指一定温度下，一定量的溶液或溶剂中，能溶解该物质的最大量，通常可用该物质的饱和溶液的体积摩尔浓度 S 表示。

溶解度 S 和溶度积常数 $K_{sp}^{\ominus}$ 都能反映难溶电解质的溶解性的大小，并可相互换算。如对 AB (1∶1) 型难溶电解质，其饱和溶液（浓度为 S）中存在下列平衡：

$$AgCl(s) \xrightleftharpoons{K_{sp}^{\ominus}} Ag^+ + Cl^-$$

$$K_{sp,AgCl}^{\ominus} = [Ag^+][Cl^-] = S^2$$

$$S = \sqrt{K_{sp,AgCl}^{\ominus}}$$

对 AB_2 (1∶2) 型难溶电解质，其饱和溶液中存在下列平衡：

$$Mg(OH)_2(s) \xrightleftharpoons{K_{sp}^{\ominus}} Mg^{2+} + 2OH^-$$

$$K_{sp,Mg(OH)_2}^{\ominus} = [Mg^{2+}][OH^-]^2 = S(2S)^2 = 4S^3$$

$$S = \sqrt[3]{\frac{K_{sp,Mg(OH)_2}^{\ominus}}{4}}$$

其他类型难溶电解质的 $K_{sp}^{\ominus}$ 与 S 之间换算也可相似处理。

(三) 溶度积规则

在溶液中，有关离子能否生成难溶晶体析出，可用相应离子的实际浓度积与其溶度积常数相比较来作出判断，这就叫溶度积规则。这实际上是平衡和平衡移动规则在多相离子平衡中的应用。

例如，在含 $AgNO_3$ 和 K_2CrO_4 混合溶液中，可用溶度积规则来判断是否有 Ag_2CrO_4 沉淀生成：

$$2Ag^+ + CrO_4^{2-} \rightleftharpoons Ag_2CrO_4(s)$$

令 $[Ag^+]^2 \cdot [CrO_4^{2-}] = Q_c$，其中 $[Ag^+]$、$[CrO_4^{2-}]$ 分别表示指定溶液中 Ag^+ 和 CrO_4^{2-} 实际的相对浓度。而 Ag_2CrO_4 的溶度积常数 $K_{sp,Ag_2CrO_4}^{\ominus}$ 是可以查表得知的，是不随溶液中的 Ag^+ 和 CrO_4^{2-} 离子的实际浓度而变化的。

当 $Q_c < K_{sp,Ag_2CrO_4}^{\ominus}$ 时，溶液对 Ag_2CrO_4 晶体而言是未饱和的，无 Ag_2CrO_4 沉淀生成；

当 $Q_c = K_{sp,Ag_2CrO_4}^{\ominus}$ 时，溶液对 Ag_2CrO_4 饱和溶液，达多相离子平衡；

当 $Q_c > K_{sp,Ag_2CrO_4}^{\ominus}$ 时，溶液对 Ag_2CrO_4 是过饱和的，应有 Ag_2CrO_4 沉淀生成。

部分电解质的溶度积，如表 3-2-1 所示。

表 3-2-1 一些电解质的溶度积(18～25℃)

电解质	K_{sp}	微溶电解质	K_{sp}
AgBr	5.0×10^{-13}	$Ca_3(PO_4)_2$	2.0×10^{-29}
AgCl	1.8×10^{-10}	$Mg(OH)_2$	1.8×10^{-11}
Ag_2CrO_4	1.1×10^{-12}	$Cu(OH)_2$	2.2×10^{-20}
AgI	8.3×10^{-17}	CuS	6.3×10^{-36}
Ag_2S	6.3×10^{-50}	$Fe(OH)_2$	8.0×10^{-16}
$Al(OH)_3$	1.3×10^{-33}	$Fe(OH)_3$	4×10^{-38}
$BaCO_3$	5.1×10^{-9}	HgS(红色)	4×10^{-53}
$BaSO_4$	1.1×10^{-10}	PbS	8.0×10^{-28}
$CaCO_3$	2.8×10^{-9}	CaC_2O_4	4×10^{-9}
CaF_2	2.7×10^{-11}		

(四) 分步沉淀、沉淀转化与沉淀溶解

1. 分步沉淀

若溶液中存在两种以上离子，选用某种沉淀剂可使这些离子先后沉淀析出，这就称为分步沉淀。分步沉淀本质上是多种离子对同一种沉淀剂离子的争夺竞争。运用溶度积规则，可以计算出在指定条件下，哪种离子会最先沉淀，哪些会随后沉淀；还能计算出某种离子应在什么浓度开始沉淀，什么条件下可沉淀完全；以及当某种离子开始析出沉淀时，先前沉淀的一种离子在溶液中残存的浓度等等。若第二种离子刚开始沉淀时，第一种离子浓度已经降至 10^{-5} mol/L 以下，则可选用这种沉淀剂，用分步沉淀法将两种离子完全分离。

分步沉淀的次序有如下三种情况：

(1) 对于同种类型的沉淀（如 MA 型），KSP（溶度积）小的先沉淀。溶解积差别越大，后沉淀的离子浓度就越小，分离效果也就越好。

(2) 当一种试剂能沉淀溶液中多种离子时，生成沉淀所需试剂离子浓度越小的越先沉淀；如果生成各种沉淀所需试剂离子浓度相差较大，就能分步沉淀，从而达到分离的目的。

(3) 分步沉淀的次序还与被沉淀的各离子在溶液中的浓度有关。如果将生成沉淀物的离子浓度加以适当改变，也可能改变沉淀顺序。

2. 沉淀的转化

借助于某种试剂，将一种难溶电解质转变为另一种难溶电解质的过程，叫做沉淀的转化。

一般来讲，溶解度较大的难溶电解质容易转化为溶解度较小的难溶电解质。如果两种难溶电解质的溶解度相差越大，沉淀转化越完全。但是欲将溶解度较小的难溶电解质转化为溶解度较大的难溶电解质就比较困难；如果溶解度相差太大，则转化实际上不能实现。

3. 沉淀溶解

根据溶度积规则，沉淀溶解的必要条件是，只要采取一

定的措施，降低难溶电解质沉淀溶解平衡系统中有关离子的浓度，就可以使沉淀溶解。溶解方法有以下几种。

（1）利用酸、碱或某些盐类（如 NH^{4+} 盐）与难溶电解质组分离子结合成弱电解质（如弱酸，弱碱或 H_2O）可以使该难溶电解质的沉淀溶解。

例如，固体 ZnS 可以溶于盐酸中，其反应过程如下

$$ZnS(s) \rightleftharpoons Zn^{2+} + S^{2-} \quad (1)$$

$$S^{2-} + H^+ \rightleftharpoons HS^- \quad (2)$$

$$HS^- + H^+ \rightleftharpoons H_2S \quad (3)$$

由上述反应可见，因 H^+ 与 S^{2-} 结合生成弱电解质，而使 $c(S^{2-})$ 降低，使 ZnS 沉淀溶解平衡向溶解的方向移动，若加入足够量的盐酸，则 ZnS 会全部溶解。

将上式（1）+（2）+（3），得到 ZnS 溶于 HCl 的溶解反应式

$$ZnS(s) + 2H^+ \rightleftharpoons Zn^{2+} + H_2S$$

可见，这类难溶弱酸盐溶于酸的难易程度与难溶盐的溶度积和酸反应所生成的弱酸的电离常数有关。越大，值越小，其反应越容易进行。

（2）氧化还原反应。加入一种氧化剂或还原剂，使某一离子发生氧化还原反应而降低其浓度。如 CuS、PbS、Ag_2S 等都不溶于盐酸，但能溶于硝酸中。

$$3CuS(s) + 8HNO_3 \rightleftharpoons 3Cu(NO_3)_2 + 3S\downarrow + 2NO\uparrow + 4H_2O$$

硝酸将 S^{2-} 氧化成单质硫析出，$c(S^{2-})$ 降低了。

（3）生成配位化合物。在难溶电解质的溶液中加入一种配位剂，使难溶电解质的组分离子形成稳定的配离子，从而降低难溶电解质组分离子的浓度。例如，AgCl 溶于氨水

$$AgCl(s) + 2NH_3 \rightleftharpoons [Ag(NH_3)_2]^+ + Cl^-$$

由于生成了稳定的 $[Ag(NH_3)_2]^+$ 配离子，降低了 $c(Ag^+)$，所以 AgCl 沉淀溶解了。

上述使沉淀溶解的几种方法，都能降低难溶电解质组分离子的浓度。

第三节　氧化还原与电化学

一、氧化还原反应

（一）基本概念

1. 氧化还原反应的本质

氧化还原反应的本质是发生了电子转移。失电子过程叫氧化，得电子过程叫还原。氧化还原是一对矛盾，必须同时发生，相互依存。在反应中得电子的物质叫氧化剂；失电子的物质叫还原剂。

如氧化还原反应：

$$\overset{-2e}{\overbrace{Zn + Cu^{2+} \rightleftharpoons Zn^{2+}}} + Cu \quad (Cu^{2+} \xrightarrow{+2e} Cu)$$

可拆分为两个半反应：

氧化半反应　$Zn - 2e \rightleftharpoons Zn^{2+}$　　Zn 为还原剂，被氧化

还原半反应　$Cu^{2+} + 2e \rightleftharpoons Cu$　　Cu^{2+} 为氧化剂，被还原

在氧化反应中，还原剂由低价态 Zn 变为高价态 Zn^{2+}；在还原反应中，氧化剂由高价态 Cu^{2+} 变为低价态 Cu。

2. 书写和配平要求

氧化还原反应方程式书写时，反应物与生成物必须以实验事实为依据。方程式配平的基本原则：一是得失电子数必须相等；二是反应式左右元素种类相同和原子数必须相等。

3. 离子电子法配平步骤

（1）写出离子方程式。溶于水的强电解质在溶液中主要以离子形式存在，在方程式中应该用实际存在的离子式表示，而以沉淀形式存在的晶体或难电离的物质在方程式中应用其分子式表示。如：MnO_4^-（而不是 Mn^{7+}）、MnO_2（而不是 Mn^{4+}）、Hg_2Cl_2（而不是 Hg_2^{2+}，更不是 Hg^+）等。

（2）将完整的氧化还原反应式拆成氧化和还原两个半反应式。

如：$MnO_4^- + SO_3^{2-} + H^+ \longrightarrow Mn^{2+} + SO_4^{2-}$

拆成：$MnO_4^- + 5e \longrightarrow Mn^{2+}$　　还原半反应

$SO_3^{2-} - 2e \longrightarrow SO_4^{2-}$　　氧化半反应

（3）分别配平两个半反应。在氧化或还原半反应中，由于元素氧化态的变化，会引起与其结合的氧原子数发生变化，给反应式的配平带来困难。这是由于氧化还原反应在水溶液中进行，H_2O 的电离平衡与其相互影响的结果。因而，应用 H_2O 的电离平衡来参与氧化还原平衡，即可方便地配平有含氧物质参与的反应方程式。

具体方法如下。

1）在酸性条件下：用 H^+ 和 H_2O 来平衡。在含 O 原子多的一边，加入相当于 O 原子差数二倍的 H^+，而在另一边加相应数量的 H_2O 来配平。如：

$$SO_3^{2-} + H_2O \rightleftharpoons SO_4^{2-} + 2e + 2H^+$$

（SO_4^{2-} 比 SO_3^{2-} 多一个 O 原子，故在 SO_4^{2-} 一边加 2 个 H^+）

$$MnO_4^- + 5e + 8H^+ \rightleftharpoons Mn^{2+} + 4H_2O$$

（MnO_4^- 比 Mn^{2+} 多 4 个 O 原子，故在左边加 8 个 H^+）

2）在碱性条件下：用 OH^- 和 H_2O 来配平。即在含 O 原子多的一边，加入与 O 原子差数相同数量的 H_2O 分子，然后在另一边用二倍的 OH^- 来配平。如：

$$Mn^{2+} \rightleftharpoons MnO_4^{2-} + 4e$$

可配平为　$Mn^{2+} + 8OH^- \rightleftharpoons MnO_4^{2-} + 4e + 4H_2O$（$MnO_4^{2-}$ 比 Mn^{2+} 多 4 个 O 原子，故在右边加 4 个 H_2O，而在左边用 8 个 OH^- 加以平衡）

$$CrO_2^- \rightleftharpoons CrO_4^{2-} + 3e$$

可配平为　$CrO_2^- + 4OH^- \rightleftharpoons CrO_4^{2-} + 3e + 2H_2O$（$CrO_4^{2-}$ 比 CrO_2^- 多 2 个 O 原子，故用 2 个 H_2O 和 4 个 OH^- 平衡）

（4）将上述已配平的两个半反应式整合成一个完整的反应方程式。氧化半反应中放出电子总数与还原半反应中得到的电子总数应相等。若原来两个半反应中得失电子数不相等，可将两个半反应式各乘一个不同的系数，使得失电子数相等（等于两者的最小公倍数），然后将两式相加合并。

用离子电子法配平氧化还原反应比较方便，并有利于掌握后面电化学的电极反应的书写。完成配平以后，可检查核对反应方程式两边的原子总数及电荷总数是否相等。当物料平衡及电荷平衡皆达到平衡，则整个方程式就平衡了。以此可检验配平方程式的结果。

（二）原电池

1. 原电池的组成、电极反应和电对

原电池是将氧化还原反应的化学能转变为电能的装置。图 3-3-1 表示了一种典型的原电池——铜锌原电池的装置。原电池由两个半电池（电极）组成，原电池中电子流出的电极叫负极（Zn 极），电子流入的电极叫正极（Cu 极）。

负极发生氧化反应

$$Zn - 2e \rightleftharpoons Zn^{2+}$$

正极发生还原反应

$Cu^{2+}+2e \rightleftharpoons Cu$

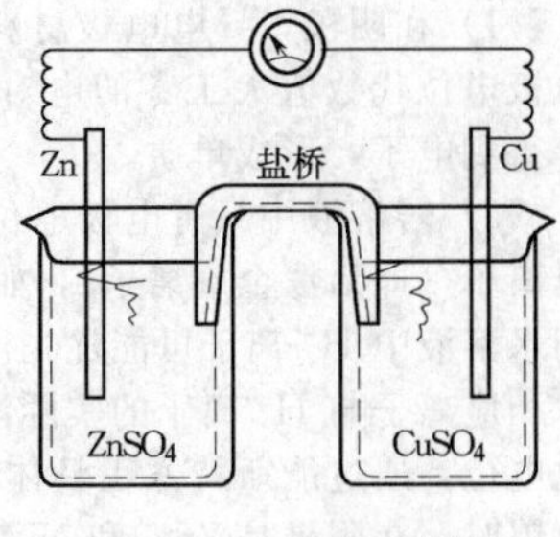

图 3-3-1 铜锌原电池装置示意图

这两个半电池用盐桥连通。盐桥是用饱和 KCl 水溶液调和的琼脂，充灌在 U 形玻璃管中结成凝胶。盐桥中含有大量 K^+、Cl^-，它们在外电场作用下发生电泳，可起到沟通内电路的作用。K^+ 流向正极（正极区因 SO_4^{2-} 多余而带负电），Cl^- 流向负极（负极区因 Zn^{2+} 多余而带正电），起着中和电性的作用，使电池能继续工作下去。

每个电极反应的实质是同种元素的不同价态间得失电子的变化，如 Cu^{2+} 与 Cu，CrO_4^{2-} 与 Cr^{3+} 等构成了一个电极反应的一对组分：原料与产物，我们称之为氧化还原电对，简称电对。电对中高价态称为氧化态，低价态称为还原态，电对书写为氧化态/还原态。如：Cu^{2+}/Cu，Zn^{2+}/Zn，O_2/H_2O，H_2O_2/OH^- 等。电对有金属电对 Zn^{2+}/Zn，非金属电对 Cl_2/Cl^-，离子电对 Fe^{3+}/Fe^{2+}，金属—难溶盐电对 AgCl/Ag 等，氧化还原反应实际上就是发生在两个电对之间的电子转移过程。

2. 电池符号

原电池可用符号表示，如图 3-3-1 所示电池，其符号表达式为

$$(-)Zn/Zn^{2+}(c_{Zn^{2+}})||Cu^{2+}(c_{Cu^{2+}})/Cu(+)$$

原则是把两个半电池分开来写，发生氧化反应的半电池写在左边，作为电池负极，并用（－）号表示；发生还原反应的半电池写在右边，作为电池正极，并用（＋）表示。两个半电池之间用两条平行直线代表盐桥，将其连接起来。每个半电池的电对中若有金属板（如 Cu 板），则直接用作电极板，若无金属固体，则必须外加一隋性电极（如 Pt、石墨）用以导电。在半电池的电对中若有不同的相，应用单斜线分开，表示相界面，若同为溶液相，则不用斜线而用逗号分开。

例如将氧化还原反应

$$Cl_2+2Fe^{2+} \rightleftharpoons 2Cl^-+2Fe^{3+}$$

$$2MnO_4^-+5SO_3^{2-}+6H^+ \rightleftharpoons 2Mn^{2+}+5SO_4^{2-}+3H_2O$$

组成原电池，则它们的电池符号为

$(-)\ Pt\ |\ Fe^{3+}\ (c_{Fe^{3+}}),\ Fe^{2+}\ (c_{Fe^{2+}})\ ||\ Cl^-\ (c_{Cl^-})\ |\ Cl_2(p_{Cl_2}),Pr(+)$

$(-)Pt|H^+(c_{H^+}),SO_3^{2-}(c_{SO_3^{2-}}),SO_4^{2-}(c_{SO_4^{2-}})||MnO_4^-(c_{MnO_4^-}),Mn^{2+}(c_{Mn^{2+}}),H^+(c_{H^+})|Pt(+)$

参加反应的所有离子包括 H^+、OH^- 等的浓度都要注上。

（三）电极电位

原电池之所以能产生电流，是由于两极具有不同的电位（电势）。电极所具有的电位（或电势）即称为电极电位（电极电势）。电流由电位高的正极流向电位低的负极，电子则由负极流向正极。人们无法测量电极电位的绝对值，但可以用比较的方法测定各电极之间的电位差，也就可以测出电极的相对电极电位值。

当构成电极（电对）的离子浓度为标准浓度（$1mol/dm^3$）、气体分压为标准压力（100kPa）时，该电极即称为标准电极，其电极电位就是该电极的标准电极电位，以 $E^{\ominus}$ 表示，单位是伏特（V）。

规定在 298K 时，标准氢电极（图 3-3-2）作为测量其他电极电位的标准，其电极电位等于 0V，记为 $E^{\ominus}_{H^+/H_2}=0V$。

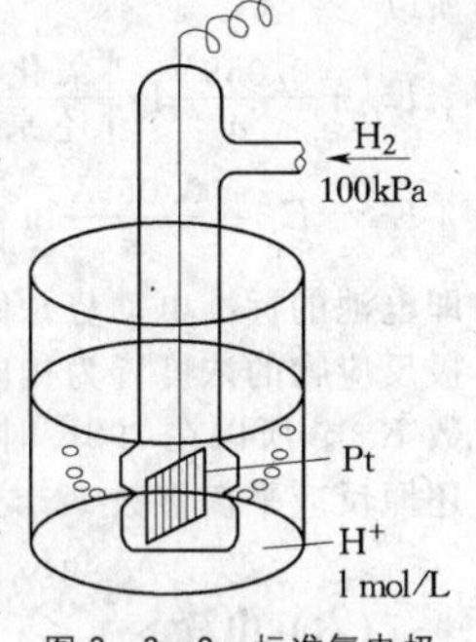

图 3-3-2 标准氢电极

常见电极在 298K 时的标准电极电位可在有关书和手册中查到。注意，电极电位的值与电极反应的方向无关，也就是说，Zn^{2+}/Zn 电对组成电极时，其标准电极电位等于－0.763V，不管实际发生的电极反应是氧化还是还原：

$$Zn-2e \rightleftharpoons Zn^{2+} \quad 或 \quad Zn^{2+}+2e \rightleftharpoons Zn$$

其标准电极电位值都是－0.763V。电极电位值的正负号只是相对于 $E^{\ominus}_{H^+/H_2}$ 而言的。另外，电极电位的值也不随电极反应式中化学计量数的不同而改变。例如

$$O_2+2H_2O+4e \rightleftharpoons 4OH^- \text{ 或 } 1/2O_2+H_2O+2e \rightleftharpoons 2OH^-$$

它们都是电对 O_2/OH^- 的电极反应式，其标准电极电位都等于 0.40V。

（四）浓度对电极电位的影响

能斯特研究得出了在 298K 时电极反应相关物质的浓度对电极电位影响的定量关系式，叫能斯特方程。

对任一电极反应：

氧化态$+ne \rightleftharpoons$还原态，其能斯特方程可写成

$$E_{氧化态/还原态}=E^{\ominus}_{氧化态/还原态}+\frac{0.059V}{n}\lg\frac{[氧化态]}{[还原态]}=E^{\ominus}_{氧化态/还原态}-\frac{0.059V}{n}\lg\frac{[还原态]}{[氧化态]} \quad (3-3-1)$$

式中：E 为该电极在任意指定条件下的电极电位；$E^{\ominus}$ 为该电极的标准电极电位，即电极在标准状态时的电位；0.059 为 298K 时的常数，通常在室温范围都可用此值进行计算；n 为电极反应式中得失电子数；[氧化态] 为指定状态下，氧化态物质的相对浓度，应以相应的化学计量数为指数；[还原态] 为指定状态下，还原状物质的相对浓度，应以相应的化学计量数为指数。

（五）电极电位的应用

1. 判断氧化剂或还原剂的相对强弱

电极电位代数值越大，表示电对中氧化态物质越易得到电子，其氧化性越强。反之，电极电位代数值越小，表示电对中还原态物质越易失去电子，其还原性越强。例如，已知

$$E^{\ominus}_{Fe^{2+}/Fe}=-0.40V \quad E^{\ominus}_{Sn^{4+}/Sn^{2+}}=+0.15V$$

$$E^{\ominus}_{Fe^{3+}/Fe^{2+}}=+0.77V \quad E^{\ominus}_{MnO_4^-/Mn^{2+}}=+1.51V$$

则氧化剂的氧化性依次为 $MnO_4^- > Fe^{3+} > Sn^{4+} > Fe^{2+}$，而还原剂的还原性依次为 $Fe > Sn^{2+} > Fe^{2+} > Mn^{2+}$。

2. 判断氧化还原反应进行的方向

氧化还原反应进行的方向是电极电位代数值最大的电对中氧化态物质作为氧化剂，氧化电极电位较小的电对中的还原态物质。即

强氧化剂＋强还原剂⟶弱还原剂＋弱氧化剂

3. 计算原电池的电动势及氧化还原反应的平衡常数

(1) 计算原电池的电动势。

$$E_{电池}=E_+-E_-$$

由于实际上电池的电动势总是大于零的，若根据计算 $E_+ < E_-$，说明设定的正负极应该反过来。

(2) 计算氧化还原反应的平衡常数。氧化还原反应达到平衡时，电池电动势为零，即 $E_{电池}=E_+-E_-=0$，$E_+=E_-$，

所以

$$E^{\ominus}_{+}+\frac{0.059\text{V}}{n}\lg\frac{[\text{氧化态}]_{+}}{[\text{还原态}]_{+}}=E^{\ominus}_{-}+\frac{0.059\text{V}}{n}\lg\frac{[\text{氧化态}]_{-}}{[\text{还原态}]_{-}}$$

$$E^{\ominus}_{+}-E^{\ominus}_{-}=\frac{0.059\text{V}}{n}\lg\frac{[\text{氧化态}]_{-}\cdot[\text{还原态}]_{+}}{[\text{还原态}]_{-}\cdot[\text{氧化态}]_{+}}=E^{\ominus}_{\text{电池}}$$

即电池的标准电动势。而当氧化还原反应达平衡时，各项电极反应物的浓度皆为相应的平衡浓度。它们的商即为平衡常数 $K^{\ominus}$。所以在 298K 时，原电池的标准电动势 $E^{\ominus}_{\text{电池}}$ 和氧化还原反应平衡常数 $K^{\ominus}$ 之间有如下定量关系：

$$\lg K^{\ominus}=nE^{\ominus}_{\text{电池}}/0.059\text{V}$$

（六）电解

一个不能自发进行的氧化还原反应，可通过外加直流电，强制该反应进行，这个过程叫电解。电解的实质是把电能转化为化学能。完成电解的装置叫电解池（图 3-3-3）。在电解池中，与直流电源负极相连的电极称为阴极，与直流电源正极相连的电极叫阳极。电解时，阴极发生还原反应，阳极发生氧化反应。例如，以石墨作电极材料，电解 1mol/dm^3 的 $CuCl_2$ 溶液。

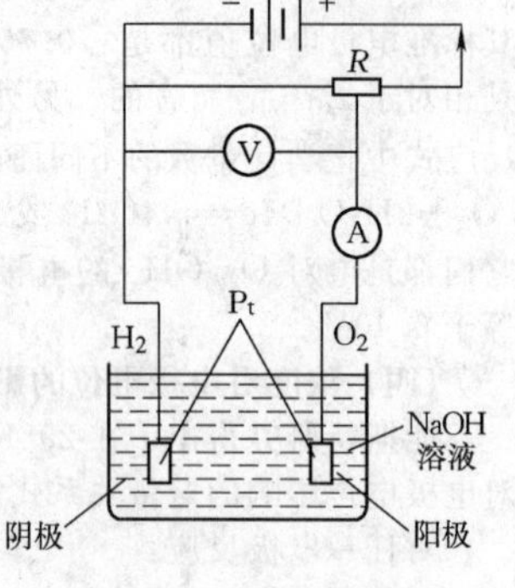

图 3-3-3　电解装置示意图

阴极 $Cu^{2+}+2e \rightleftharpoons Cu$，$Cu^{2+}$ 被还原

阳极 $2Cl^{-}-2e \rightleftharpoons Cl_2$，$Cl^{-}$ 被氧化

这里请注意，根据标准电极电位：$E^{\ominus}_{Cu^{2+}/Cu}=0.34\text{V}$，$E^{\ominus}_{Cl_2/Cl^{-}}=1.36\text{V}$，$Cu^{2+}$ 不可能氧化 Cl^{-}，电解过程是利用外加直流电，强迫电化学反应按人们指定的方向进行。

1. 决定电解产物的一般规律

（1）电解时，电解池中正离子向阴极移动，负离子向阳极移动。

（2）在阴极附近的电解质中，实际电极电位最高的电对中的氧化态物质，最易得到电子，通常首先在阴极放电，得到电子而被还原。在阳极附近的电解物质中，实际电极电位最低的电对中的还原态物质最易失去电子，通常首先在阳极放电，失去电子而被氧化。

（3）电解液为水溶液时，必须考虑水溶液中 H^{+} 和 OH^{-} 的放电。同时也应考虑到过电位对其实际放电电位的影响。由于 O_2 和 H_2 的电化学极化作用产生过电位，使 E_{H^{+}/H_2} 电极电位更负，$E_{O_2/OH^{-}}$ 电极电位更正，阻碍了 H^{+}、OH^{-} 在阴极和阳极放电。而对于金属离子在电极上放电时，过电位影响很小，可忽略不计。

2. 电解产物的确定

（1）阳极产物的析出次序：

1）若用金属包括 Cu、Ag 等作阳极材料，在电解时，阳极上首先发生的是作为阳极板的金属失去电子，变成金属离子进入溶液，这一过程称为阳极溶解。Pt、Au 是惰性金属，一般不发生阳极溶解。

2）若阳极用惰性电极（如 Pt、石墨）等作电极板，溶液中简单负离子（如 I^{-}、Br^{-}、Cl^{-} 等）将先于 OH^{-} 离子在阳极上失去电子形成单质析出。

3）若溶液中只有含氧酸根离子（如 SO_4^{2-}、NO_3^{-} 等），则水溶液中 OH^{-} 离子将在阳极放电，析出 O_2。

（2）阴极产物析出的次序：

1）在阴极，导电电极材料不参与反应，因此，首先是电极电位代数值大于零的电对中的金属离子如 Ag^{+}、Cu^{2+} 等得到电子，形成单质。

2）若溶液中只有电极电位代数值小于零的电对中的金属离子（即活泼金属离子），如 Na^{+}、K^{+}、Mg^{2+}、Ca^{2+} 等，则水溶液中 H^{+} 离子可能优先得到电子而析出氢气。但要考虑相应离子与 H^{+} 离子的实际浓度，及 H^{+} 在电极上放电的过电位，通过能斯特方程具体计算，才能确定，例如镀锌、镀镍时，在阴极是 Zn^{2+} 和 Ni^{2+} 得电子，析出 Zn、Ni。

（七）金属腐蚀与防护

1. 金属的电化学腐蚀

金属腐蚀有多种原因和不同的特征，其中最为普遍也是最具重要性的是电化学腐蚀。当金属与电解质溶液接触时，形成与原电池原理相同的腐蚀电池，自发发生电化学反应而使金属材料或制品变质损坏受到腐蚀，这种腐蚀即称为电化学腐蚀，由于电化学腐蚀无处不在，时时都在发生，难以根本杜绝，危害甚大，因此是研究金属腐蚀与防护的首要方向。腐蚀电池中发生氧化反应的极叫阳极（对应原电池的负极），发生还原反应的极为阴极（对应原电池的正极）。

2. 电化学腐蚀的主要类型

（1）析氢腐蚀。钢铁制品在酸性较强的环境中，易发生析氢腐蚀，其反应如下：

阳极(Fe)　$Fe(s) \rightleftharpoons Fe^{2}+2e$　（铁的腐蚀）

阴极(FeC_3,铁炭体)　$2H^{+}+2e \rightleftharpoons H_2(g)$　（氢的析出），由于 H^{+} 被还原成 H_2 析出，使阴极附近有多余的 OH^{-} 离子存在。

总反应　$2H^{+}+Fe(s) \rightleftharpoons H_2(g)+Fe^{2+}$

$Fe^{2+}+2OH^{-} \rightleftharpoons Fe(OH)_2$，$Fe(OH)_2$ 被空气氧化为 $Fe(OH)_3$，然后部分脱水变成 Fe_2O_3（铁锈）。

在这类腐蚀过程中，有 H_2 析出，故称析氢腐蚀。

（2）吸氧腐蚀。钢铁制品在酸性不强、近中性的环境中，一般发生吸氧腐蚀。其反应如下：

阳极(Fe)　$Fe(s)=Fe^{2+}+2e$

阴极(FeC_3)　$O_2(g)+2H_2O+4e=4OH^{-}$

总反应：$2Fe(s)+O_2(g)+2H_2O=2Fe(OH)_2$

$Fe(OH)_2$ 进一步被空气中的 O_2 氧化成 $Fe(OH)_3$，部分脱水后变成 Fe_2O_3（铁锈）。

这类腐蚀过程中有 O_2 参与，需从空气中吸入氧气，故称吸氧腐蚀。

（3）差异充气腐蚀（浓差腐蚀）。差异充气腐蚀是吸氧腐蚀的一种，它是因为在钢铁表面氧气分布不均匀引起的吸氧腐蚀。埋得较深的部位 O_2 浓度小（O_2 分压低），电极电位比较低，作为腐蚀阳极，Fe 发生阳极溶解而被腐蚀。接近大气的浅部，O_2 浓度较大，O_2 被还原成 OH^{-}。反应式如下：

阳极(Fe)　$Fe=Fe^{2+}+2e$

阴极(Fe)　$O_2+2H_2O+4e=4OH^{-}$

总反应　$2Fe+O_2+2H_2O=2Fe(OH)_2$

同样，$Fe(OH)_2$ 进一步被氧化成 $Fe(OH)_3$，并进一步脱水变成 Fe_2O_3，例如埋在土中的钢铁部件，由于空气扩散困难，靠近空气的暴露部位其附近水层中溶解的 O_2 浓度要比埋得较深部位处大，常发生差异充气腐蚀。其腐蚀部位在深埋土中的非暴露空气部位，铁锈则在暴露空气处堆积（OH^{-} 多处）。

在常温下，钢铁腐蚀以电化学腐蚀为主，在电化学腐蚀中，通常以吸氧腐蚀为主。

3. 金属腐蚀的防护方法

(1) 改善金属的性质。组成合金，如含铬不锈钢。

(2) 在金属表面形成保护层：

1) 在金属表面进行电镀、热涂，覆盖较稳定的金属如Zn、Cr、Cu等。

2) 对金属表面进行磷化钝化处理，形成耐腐蚀层，如磷酸盐致密氧化膜。

3) 在金属表面涂漆或镀高分子膜。

(3) 应用缓蚀剂法。在腐蚀介质中加入缓蚀剂，以防止或显著延缓腐蚀，缓蚀剂有 $NaNO_2$、Na_3PO_4、$(CH_2)_6N_4$（六次甲基四胺又称乌洛托品）等。

(4) 电化学保护法。电化学保护法是应用电化学原理达到或减缓腐蚀以保护金属的目的。常用阴极保护法，它又可分为牺牲阳极法和外加电流阴极保护法。

1) 牺牲阳极法：借助外加阳极（较活泼金属如Zn等），人为组成腐蚀电池，让外加阳极在电化学腐蚀中被腐蚀掉用以保护作为阴极的金属。例如，在海洋中行驶的轮船，通常把Zn板嵌在外甲板上，在海水中发生电化学腐蚀时，被腐蚀的是作为阳极的锌板，而使铁板被保护下来，这里用的Zn板即为“牺牲阳极”。

2) 外加电流阴极保护法：将需保护的金属构件（如输油管道、输气管道等），与外电源负极。

在酸性条件下：用 H^+ 和 H_2O 来平衡。在含O原子多的一边，加入相当于O原子差数二倍的 H^+，而在另一边加相应数量的 H_2O 来配平。如：

$$SO_3^{2-}+H_2O \rightleftharpoons SO_4^{2-}+2e+2H^+$$

（SO_4^{2-} 比 SO_3^{2-} 多一个O原子，故在 SO_4^{2-} 一边加2个 H^+）

$$MnO_4^-+5e+8H^+ \rightleftharpoons Mn^{2+}+4H_2O$$

（MnO_4^- 比 Mn^{2+} 多4个O原子，故在左边加8个 H^+）

二、电化学

(一) 概述

电化学是研究化学能与电能直接相互转换的学科。由化学能转换为电能的过程称为成流技术，如干电池、蓄电池的供电过程；由电能转换为化学能的过程称为电解过程，如电镀和电抛光的工作过程。

1. 电化学体系

电化学体系是由第一类导体与第二类导体联合组成。第一类导体以电子导电为特征，如金属铜；第二类导体以离子导电为特征，如硫酸铜水溶液。一个电化学体系，原则上至少包含一个第二类导体，即电解质溶液，以及与其两端相接触的两个第一类导体，即通称的电极，电化学反应就在两类导体的接触界面处发生。这种电子导体（e）与离子导体（i）的接合称为e—i接合，这种接合把界面一侧的单纯电子传导与另一侧的具有功能性的还原或氧化反应过程的电子得失联系起来，构成电路中电荷的传递。这种特殊功能的e—i接合可视为一种电气元件，两个e—i元件的组合将构成一个e—i—e电化学体系，其中电位高的一个e—i元件称为正极，电位低的一个称为负极。作为正极，在接通电路后发生还原反应。凡是发生还原反应的电极又称为阴极；与此相对应，在负极上发生的是氧化反应，发生氧化反应的电极又称为阳极。习惯上对于电池中的电极采用正极、负极的名称，对于电解中的电极则用阴极、阳极的名称。因此，电化学体系是由两类导体按一定方式相连接，并能同时发生氧化和还原两种电化学反应的体系。

2. 电化学应用

电化学应用广泛，几个主要方面的应用如下：

(1) 水溶液电解制取金属，有铜、银、金、锌、镉、铅、铁、钴、镍、铬、锰等。

(2) 熔盐电解制取金属，有锂、钠、钾、钙、镁、铝、钛、锆、铌、钽、钍、铀等。

(3) 水溶液电解制取非金属，有氢、重氢、氟、氯、烧碱、盐酸、氯酸盐、过氯酸盐及有机化合物等。

(4) 电化学加工与电铸（参见第二十四篇第五章）。

(5) 电镀与电化学防腐蚀。

(6) 界面电化学，有电泳、电渗等。

(7) 电化学电源，有干电池、蓄电池、熔断电池、储备电池等。

(8) 电化学传感器，有玻璃电极、离子选择电极、气敏电极、参比电极、酶电极、生物膜电极等。

(9) 电化学分析，有电位分析、电导分析、电解分析、极谱分析、伏安分析等。

3. 电化学反应装置

在电化学应用中需通过电化学反应装置，来实现化学能与电能的直接转换。由于功能目的和运行特点的不同，电化学反应装置分为电化学反应器和电化学转换器两类。电化学反应器是电化学反应以较大电流密度和较大电荷量运行，其目的是给化学电源提供电能，或者用于为电解提供产品或加工的装置；电化学转换器是电化学反应在弱电条件下运行，或在平衡状态下转换，其目的在于把与化学能有关的化学量转换为电压、电流等电量。

(二) 电流关系

1. 电流效率

电解时实际产生或消耗的物质数量与理论计算量的比值，以百分数表示，称为电流效率（η），即电解过程中，为获得目的产物时电流的有效利用率。其计算公式如下：

$$\eta=\frac{m}{Itk}\times 100\% \qquad (3-3-2)$$

式中 m——实际产生或消耗的物质数量，g；

I——电流强度，A；

t——通过电流的时间，h；

k——电化当量，g/(A·h)。

电流效率通常按阴极与阳极分别表示。针对阴（阳）极上反应的电流效率称为阴（阳）极电流效率。由于电解时各电极上发生的电化学反应不止一种，如果不是把全部的反应计算在内，而只计算指定的反应时，则电流效率总是小于100%。但有时由于存在化学溶解（非电化学反应过程），这时对于可溶性阳极的溶解，其阳极电流效率会大于100%；或者在有不同氧化态的离子（如 Cu^+ 及 Cu^{2+}）同时存在，并参加电化学反应时，如果仅按高价离子计算电沉积过程时，则阴极电流效率也会出现大于100%的现象。

2. 电流分布

电流分布是指电流在电极表面的分布。由于在电路中，电流通过电极与溶液界面各个位置时的阻力不同，因而在电极表面各处的电流大小也会不同。但是，多数电化学反应过程要求电极表面有均匀的电流分布，例如，电镀时若电流分布均匀，则可在作为阴极的镀件上获得均匀的镀层。

因为电化学反应时的电流与电位之间存在着函数关系，所以电流分布也就反映了电极表面的电位分布。根据影响电流分布因素的性质，可将电流分布分为两类：初级电流分布，仅考虑电压平衡中欧姆压降因素的影响，这类电流分布取决于电化学反应装置（槽体形状、电极形状与排布等）的几何结构，而与电化学反应的动力学因素无关；二级电流分布，对电压平衡中的极化因素也考虑在内（有时浓度极化未考虑在内时称二级电流分布，考虑在内时则称三级电流分布）。这时，电导电压与极化电压的影响将都考虑在内。在电化学反应装置几何结构相同的条件下，初级电流分布最不均匀，二级电流分布趋向均匀，并且也更接近电流分布的实际情况。

（三）电量关系

1. 法拉第定律（电解定律）(Faraday's law)

法拉第定律是关于电化学反应中电学量与化学量之间关系的定律。

法拉第第一定律指电极上通过电流产生化学变化的物质量与通过的电学量成正比。法拉第第二定律指电极上通过一定电学量所产生或消耗的物质量与该物质的化学当量成正比，即每通过96489C的电荷，电极上产生或消耗相当于接受或给出1mol电子的任何物质（即1g当量的物质）。

法拉第定律可用以下的关系式表示

$$m=\frac{ItA}{Fn} \tag{3-3-3}$$

式中 m——产生或消耗的物质量；

I——电流强度；

t——通过电流的时间；

A——该物质的原子量或分子量；

n——电子转移数（A/n 即克当量）；

F——法拉第常数（Faraday constant）（相当于1mol电子荷电量的库仑数，即 $1F=96489C$，习惯上近似取 $1F\approx96500C$，工业上取 $1F\approx26.8A\cdot h$）。

计算电荷量可以利用通过的电流强度与通电时间的乘积关系，或者基于这一原理制成的电量计（亦称库仑计）。也可以根据法拉第定律，利用电解过程中阴极上析出的物质量来计算电路中通过的电荷量。同样，也可利用基于这一原理制成的电量计。但是用于这类电量计的电化学反应要求其阴极电流效率应达到100%。其中最常用的是铜库仑计，它是根据通过电流时在阴极析出铜的数量来计算电荷量。铜库仑计的电解液组成为：$CuSO_4\cdot5H_2O$ 15%，H_2SO_4 15%，乙醇5%。阳极为纯铜，室温下适用的电流密度范围为20～200A/m^2。铜库仑计使用简便，但精确性不高。精确性要求高时，可用银库仑计。

2. 电化当量

法拉第定律表达式（3-3-3）中的 $\frac{A}{nF}$ 因子称为电化当量（k）。电化当量表示电解时每通过单位电荷量所产生或消耗的物质数量。当电荷量用A·s表示时，电化当量的单位为mg/C；当电荷量用A·h表示时，则电化当量的单位为g/(A·h)。一部分化学元素的电化当量见表3-3-1。

表3-3-1 元素的电化当量

元素	符号	原子量 A	价数 n	电化当量 k mg/C	电化当量 k g/(A·h)
银	Ag	107.868	1	1.1173	4.0226
铝	Al	26.982	3	0.09321	0.33560
砷	As	74.922	3	0.25882	0.93187
金	Au	196.967	1	2.0413	7.3495
			3	0.68044	2.4498
铍	Be	9.012	2	0.04670	0.16813
铋	Bi	208.980	3	0.72195	2.5992
钙	Ca	40.08	2	0.20769	0.74776
镉	Cd	112.41	2	0.58250	2.0972
氯	Cl	35.453	1	0.36743	1.3229
钴	Co	58.933	2	0.30539	1.0995
铬	Cr	51.996	3	0.17963	0.64672
			6	0.089813	0.32341
铜	Cu	63.54	1	0.65852	2.3709
			2	0.32926	1.1854
氟	F	18.998	1	0.19689	0.70888
铁	Fe	55.85	2	0.28941	1.0420
			3	0.19294	0.69465
氢	H	1.008	1	0.010446	0.03761
汞	Hg	200.59	1	2.0789	7.4847
			2	1.0395	3.7424
钾	K	39.098	1	0.40521	1.4589
锂	Li	6.939	1	0.07192	0.2589
镁	Mg	24.305	2	0.12595	0.45345
锰	Mn	54.398	2	0.28469	1.02496
			3	0.18979	0.6833
钠	Na	22.99	1	0.23827	0.85784
镍	Ni	58.69	2	0.30412	1.0950
氧	O	15.999	2	0.082905	0.29850
铅	Pb	207.2	2	1.0737	3.8657
钯	Pd	106.42	2	0.55146	1.9855
铂	Pt	195.08	2	1.0109	3.6396
			4	0.50505	1.8198
铑	Rh	102.906	2	0.53325	1.9199
			3	0.35550	1.2799
			4	0.26663	0.9599
锑	Sb	121.75	3	0.4206	1.5143
硒	Se	78.96	4	0.20458	0.73657
锡	Sn	118.69	2	0.61504	2.2144
			4	0.30752	1.1072
钛	Ti	47.88	4	0.12406	0.44664
钨	W	183.85	6	0.31757	1.1433
锌	Zn	65.38	2	0.33880	1.2198

（四）电压关系

1. 电极电位

当金属（电极）与电解质溶液接触时，在界面处产生的电位差，称为金属的电极电位 φ。当溶液中除了作为溶剂的水之外，只含有该金属盐的离子，并且达到平衡状态，这时的电极电位称为该金属的平衡电极电位 φ_e。平衡电极电位与离子的活度和温度的关系如下：

$$\varphi_e=\varphi^0+\frac{RT}{nF}\ln\alpha$$

式中 φ^0——标准电极电位；

R——气体常数，$R=8.314J/(K\cdot mol)$；

n——参加反应的电子数；

T——热力学温度，K；

F——法拉第常数；

α——离子的活度。

25℃时

$$\varphi_e=\varphi^0+\frac{0.059}{n}\ln\alpha$$

活度α又称有效浓度，它与浓度c的关系为$\alpha=\gamma c$，γ为比例系数，称为活度系数。

任何电解质溶液都是电中性的，因而电离后也必然存在正、负两种离子。既不存在单独一种离子，也不能测出单独一种离子的活度，但是可以采用平均活度（$\alpha_{\pm}$）来计算，它与α的关系为$\alpha=\alpha_{\pm}^{\nu}$，而$\nu$为一个电解质分子电离后的正离子数目与负离子数目之和。

电极反应的通式可表示为：氧化态$+ne=$还原态。因此，平衡电极电位可表示成

$$\varphi_e=\varphi^0+\frac{RT}{nF}\ln\frac{\alpha_{氧化态}}{\alpha_{还原态}}$$

这就是能斯特方程式（Nernst equation）。例如，当金属锌与锌离子的水溶液接触时，由于纯金属的活度规定为1，即$\alpha_{还原态}=\alpha_{Zn}=1$，而$\alpha_{氧化态}=\alpha_{Zn^{2+}}$，则此时锌的平衡电极电位可表示如下：

$$\varphi_{e,Zn}=\varphi^0+\frac{RT}{2F}\ln\alpha_{Zn^{2+}}$$

2. 标准电极电位

当能斯特方程中$\alpha_{氧化态}=\alpha_{还原态}=1$时，$\ln\frac{\alpha_{氧化态}}{\alpha_{还原态}}=0$，则$\varphi_e=\varphi^0$，此时的平衡电极电位即为标准电极电位。实际工作中，电极电位的绝对值是无法测定的，而是把氢在101.325kPa（即1atm）、$\alpha_{H^+}=1$条件下的标准电极电位规定为0，将待测电极与标准氢电极（即上述条件下的氢电极）组成电池后，用此测得的电动势来表示。按这种标准表示的电极电位，称为氢标电极电位。此外，由于单独一种离子的活度无法测定，在计算平衡电极电位时，对于可逆过程可以用平均活度代替单独一种离子的活度。在25℃时水溶液中一些常用电极的标准电极电位见表3-3-2。

表3-3-2　水溶液中的标准电极电位

（氢标，25℃）

电　极	电　位（V）
$Li^++e=Li$	−3.0401
$Rb^++e=Rb$	−2.98
$K^++e=K$	−2.931
$Ba^{2+}+2e=Ba$	−2.912
$Ca^{2+}+2e=Ca$	−2.868
$Na^++e=Na$	−2.71
$Mg^{2+}+2e=Mg$	−2.372
$Al^{3+}+3e=Al$	−1.662
$Ti^{2+}+2e=Ti$	−1.630
$Mn^{2+}+2e=Mn$	−1.185
$Zn^{2+}+2e=Zn$	−0.7628
$Cr^{3+}+3e=Cr$	−0.744
$Fe^{2+}+2e=Fe$	−0.447
$Cd^{2+}+2e=Cd$	−0.4030
$In^{3+}+3e=In$	−0.3382
$Tl^++e=Tl$	−0.336
$Co^{2+}+2e=Co$	−0.28
$Ni^{2+}+2e=Ni$	−0.257
$Sn^{2+}+2e=Sn$	−0.1375
$Pb^{2+}+2e=Pb$	−0.1262
$Fe^{3+}+3e=Fe$	−0.037
$2H^++2e=H_2$	0.0000
$Sn^{4+}+2e=Sn^{2+}$	0.151
$Cu^{2+}+e=Cu^+$	0.153
$Cu^{2+}+2e=Cu$	0.3419
$Cu^++e=Cu$	0.521
$I_2+2e=2I^-$	0.5355
$Fe^{3+}+e=Fe^{2+}$	0.771
$Ag^++e=Ag$	0.7996
$Hg^{2+}+2e=Hg$	0.851
$Pd^{2+}+2e=Pd$	0.951
Br_2（液）$+2e=2Br^-$	1.066
$Pb^{2+}+2e=Pt$	1.118
$O_2+4H^++4e=2H_2O$	1.229
$Au^{3+}+2e=Au^+$	1.401
$Cl_2+2e=2Cl^-$	1.35827
$Au^{3+}+3e=Au$	1.498
$Mn^{3+}+e=Mn^{2+}$	1.5415
$Ce^{4+}+e=Ce^{3+}$	1.61
$Au^++e=Au$	1.692
$Co^{3+}+e=Co^{2+}$	1.83
$F_2+2e=2F^-$	2.66

标准电极电位按大小顺序排列称为电化序。电化序能直观地反映金属或化合物的氧化、还原能力。标准电极电位较负的金属能从水溶液中把电位较正的金属的离子置换出来，也就是前者的还原能力强，后者的还原能力弱，而氧化能力则强。例如，锌的标准电极电位为−0.7628V，较铜的标准电极电位+0.3402V为负，则金属锌有较强的还原能力，可以把水溶液中含有的两价铜离子还原为金属铜。

3. 参比电极

电极电位数值的测量，是借助该电极与标准氢电极组成电池时的电动势数值。由于标准氢电极在实际使用中很不方便，并对杂质敏感，因此常用其他电极代替。这种替代电极，称为参比电极。

作为参比电极，其电极电位必须稳定，温度系数小，在小电流下不极化，重现性好。选用参比电极时应尽量采用与组成电池的溶液有相同离子的参比电极。例如，在氯化物溶液中选用甘汞电极或氯化银电极，在碱性溶液中选用氧化汞电极。常用的几种参比电极见表3-3-3。

表3-3-3　常用参比电极的组成和电极电位（25℃）

电极名称	电极组成	电极电位（V）
甘汞电极	Hg | Hg_2Cl_2（固），KCl（饱和溶液）	0.242
	Hg | Hg_2Cl_2（固），KCl（1mol/L溶液）	0.283
氯化银电极	Ag | AgCl（固），KCl（$a_{Cl}=1$）	0.222
	Ag | AgCl（固），KCl（0.1mol/L溶液）	0.290
氧化汞电极	Hg | HgO（固），NaOH（1mol/L溶液）	0.114
	Hg | HgO（固），NaOH（0.1mol/L溶液）	0.165
硫酸亚汞电极	Hg | Hg_2SO_4（固），H_2SO_4（$a_{SO_4^{2-}}=1$）	0.614
	Hg | Hg_2SO_4（固），H_2SO_4（0.5mol/L溶液）	0.674

4. 电极的极化与过电位

当电极上有电流通过时，电极电位偏离平衡电位的现象，称为电极的极化。极化值（$\Delta\varphi$）的大小可表示如下

$$\Delta\varphi=\varphi-\varphi_e$$

在阳极极化时，$\varphi>\varphi_e$，$\Delta\varphi$ 为正值；在阴极极化时，$\varphi<\varphi_e$，$\Delta\varphi$ 为负值。电极的极化又可用过电位（η）来表示。由于阳极极化值与阴极极化值的符号不同，习惯上过电位取极化的绝对值。

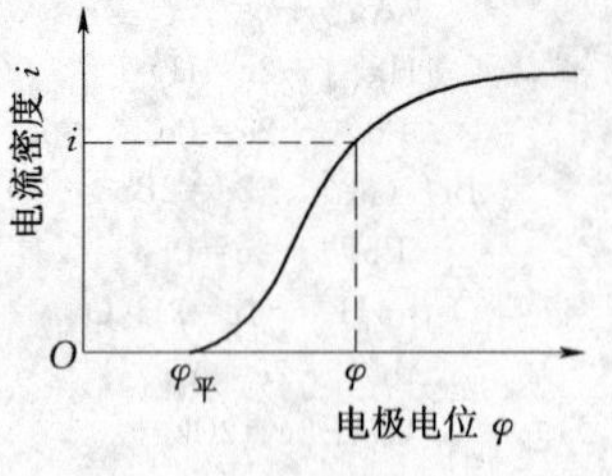

图 3-3-4 极化曲线

由于极化值与通过的电流密度有关，因此在对比极化的大小时，应取同一电流密度条件下的极化值作比较，并经常把表示电极电位随电流密度变化的关系绘制成曲线，称为极化曲线，见图 3-3-4。

产生极化的原因主要有两类：一类是由于电极表面的电化学反应速度小于电子的传递速度，称为电化学极化；另一类是由于溶液中的离子传递速度小于电子的传递速度，称为浓度极化。

在水溶液中进行电化学反应时，氢的过电位有很大实用意义，电位较负的金属离子在阴极能否从水溶液中电沉积出来，以及其阴极过程电流效率的大小，都与氢在该金属上的过电位大小密切相关。在这种情况下，只有当氢在该种金属上的过电位较大时，其阴极电沉积的可能性会大，电流效率也相应较高。若氢在铂上的过电位很小，而在铅、锌、汞上有较大的过电位。对于阳极，则氧的过电位很重要。因为除了采用可溶性阳极外，阳极过程经常是氧的析出。不同电极材料上氢与氧的过电位分别见表 3-3-4、表 3-3-5。

表 3-3-4 氢的过电位（25℃）

电流密度 (A/m²)	过电位 (V)								
	铂黑	光 Pt	Cu	Fe	石墨	Ni	Zn	Pb	Cd
0				0.2026					0.466
1	0.0034		0.351	0.2183	0.3166				0.651
10	0.0154	0.024	0.479	0.4036	0.5995	0.563	0.716	0.52	0.981
20	0.0208	0.034		0.4474	0.6520	0.633	0.726		
50	0.0272	0.051	0.548	0.5024	0.7250	0.705	0.726	1.060	1.086
100	0.0300	0.068	0.584	0.5571	0.7788	0.747	0.746	1.090	1.134
500	0.0376	0.186		0.7000	0.9032	0.890	0.926	1.168	1.211
1000	0.0405	0.288	0.801	0.8184	0.9774	1.048	1.064	1.179	1.216
2000	0.0420	0.355	0.988	0.9854	1.0794	1.130	1.168	1.217	1.228
5000	0.0448	0.573	1.186	1.2561	1.1710	1.208	1.201	1.235	1.246
10000	0.0483	0.676	1.254	1.2915	1.2200	1.241	1.229	1.262	1.254
15000	0.0495	0.768	1.269	1.2968	1.2208	1.254	1.243	1.290	1.257

表 3-3-5 氧的过电位（25℃）

电流密度 (A/m²)	过电位 (V)							
	铂黑	光 Ni	海绵 Ni	Cu	Ag	Au	石墨	光 Pt
10	0.398	0.353	0.414	0.442	0.53	0.673	0.525	0.721
50	0.480	0.461	0.511	0.546	0.674	0.727	0.795	0.80
100	0.521	0.519	0.563	0.580	0.729	0.963	0.896	0.85
200	0.561			0.605	0.813	0.996	0.963	0.92
500	0.605	0.670	0.653	0.637	0.912	1.064		1.16
1000	0.638	0.726	0.687	0.660	0.984	1.244	1.091	1.28
2000		0.775	0.714	0.687	1.038		1.142	1.34
5000	0.705	0.821	0.740	0.735	1.080	1.527	1.186	1.43
10000	0.766	0.853	0.762	0.793	1.131	1.63	1.240	1.49
15000	0.786	0.871	0.759	0.836	1.14	1.68	1.282	1.38

5. 电压平衡

电解槽（或电池）在有电流通过时，由其两个电极之间测出的总电压是电解槽（或电池）各部分电压降的代数和，这个等量关系称为电压平衡。

电解时电压平衡的关系式为

$$E=E_d+E_c+E_p$$

式中 E——总电压，即电解时向电解槽施加的电压，又称槽电压或端电压；

E_d——分解电压；

E_c——电导电压，即为克服电极和溶液的欧姆阻力所需的电压，可由欧姆定律求出；

E_p——极化电压。

为了分析电压平衡，各项常可分解为阳极部分和阴极部分的电压降。

电池工作时电压平衡的关系为

$$E=E_e-E_c-E_p$$

式中　E_e——电池的电动势。

6. 电压效率

电解时，理论分解电压与实际电解时的总电压的比值，以百分数表示，称为电压效率。由于在电压平衡关系式中，除了理论分解电压外，尚有导体阻力造成的欧姆电压降和电极极化造成的极化电压降，减小这两部分电压降有利于降低电能消耗，因为电能是电流和电压的乘积。所以对于电解工业，例如电解法生产氯碱以及电解炼铝的生产，不但要设法提高电流效率，而且还要提高电压效率，以达到节能的目的。对于电池，作为化学电源，同样要减小电导电压和极化电压这两部分的电压降，才有利于输出最大的电能。

第四节　化学反应动力学与化学热力学

一、化学反应动力学

（一）化学反应的速率和化学反应的进度

通常用单位时间内反应物浓度的减少或生成物浓度的增加来表示化学反应的速率 v

$$v_{平均}=-\Delta c_{反应物}/\Delta t$$

或

$$v_{平均}=\Delta c_{生成物}/\Delta t$$

由于反应物或生成物的浓度随反应的进行不断变化，其反应速率也是不断变化的。因而用上述公式表示的反应速率 v，实际上是在某一时间段 Δt 内的平均速率。对于指定时刻的瞬时速率则可用下式表示

$$v_{瞬时}=-\mathrm{d}c_{反应物}/\mathrm{d}t$$

或

$$v_{瞬时}=\mathrm{d}c_{生成物}/\mathrm{d}t$$

用反应物或生成物的浓度随时间的变化率来表示的化学反应速率比较直观，但有严重的局限性：当反应物与生成物的化学计量数①不是1时，选用不同的反应物或生成物作为测量标准，就会得出不同的 v 值，即在相同条件下，同一反应具有不同的反应速率。例如

$$3H_2(g)+N_2(g)\rightleftharpoons 2NH_3(g)$$

以 H_2 的浓度变化为准，得 $v_{H_2}=\dfrac{-\Delta c_{H_2}}{\Delta t}$

以 N_2 的浓度变化为准，得 $v_{N_2}=\dfrac{-\Delta c_{N_2}}{\Delta t}$

以 NH_3 的浓度变化为准，得 $v_{NH_3}=\dfrac{\Delta c_{NH_3}}{\Delta t}$

因 $|\Delta c_{H_2}|:|\Delta c_{N_2}|:|\Delta c_{NH_3}|=3:1:2$，所以

$$v_{H_2}:v_{N_2}:v_{NH_3}=3:1:2$$

为了避免这样的麻烦，国际纯粹及应用化学会建议改用化学反应进度随时间的变化来表示化学反应的速率。

定义：在化学反应某一阶段中任何一种反应物或生成物的量的变化 Δn（$\mathrm{d}n$）与其化学计量数 ν 之商为该化学反应的反应进度 ξ，其单位是mol。对于反应

$$3H_2(g)+N_2(g)=\!=\!=2NH_3(g)$$

$$\xi=\frac{\Delta n_{H_2}}{-3}=\frac{\Delta n_{N_2}}{-1}=\frac{\Delta n_{NH_3}}{2}$$

由于在反应中，反应物是减少的，其 Δn 为负值，而生成物是增加的，其 Δn 为正值。因此在计算反应进度时，规定反应物的 ν 取负值，生成物的 ν 取正值。

例如：

$$2H_2(g)+O_2(g)=\!=\!=2H_2O(g)$$

假定当上述反应进行到反应进度 ξ 时，消耗掉1.0mol的 H_2（g），即 $\Delta n_{H_2}=-1.0$mol，则按反应方程式可以推知同时消耗掉的 O_2（g）的量应为0.5mol，即 $\Delta n_{O_2}=-0.5$mol，而同时生成了1.0mol的 H_2O（g），即 $\Delta n_{H_2O}=1.0$mol，按反应进度的定义可求算 ξ：

$$\xi=\Delta n_{H_2}/\nu_{H_2}=\frac{-1.0\text{mol}}{-2}=0.5\text{mol}$$

或

$$\xi=\Delta n_{O_2}/\nu_{O_2}=\frac{-0.5\text{mol}}{-1}=0.5\text{mol}$$

$$\xi=\Delta n_{H_2O}/\nu_{H_2O}=\frac{1.0\text{mol}}{2}=0.5\text{mol}$$

由此可知，对于任何反应，在任何指定的反应进度，不管以任何反应物或生成物作测量标准，得出的 ξ 值是相同的。因此，用化学反应进度随时间的变化率来表示化学反应速率 ξ，将不随测量标准不同而不同。

$$\xi=\Delta\xi/\Delta t\quad 或\ \xi=\mathrm{d}\xi/\mathrm{d}t$$

现在国际上已通用这种反应速率表达式。

（二）影响化学反应速率的因素

1. 反应物浓度对反应速率的影响

化学家总结出了化学反应速率与反应物浓度间的关系，称为质量作用定律，即化学反应的速率与反应物浓度一定方次的幂成正比。例如，对于反应 $aA+bB\longrightarrow dD+eE$ 而言，反应速率 v 可表示为

$$v=kc_A^x c_B^y \tag{3-4-1}$$

式（3-4-1）称为质量作用定律表达式，亦称为化学反应速率方程式。式中 c_A、c_B 为反应物A、B的浓度。k 称为反应速率常数，其物理意义是当反应物的浓度都等于1mol/dm³时，该反应的速率大小。它表征了一个化学反应，在反应速率方面的本质特征。对于指定的化学反应而言，k 为一个条件常数。k 值与反应物浓度无关，而与温度及催化剂等因素有关。

反应速率方程式中，反应物浓度项的指数 x，y，…，一般不等于相应的反应物A、B的化学计量数 a、b。反应物浓度项指数的总和（$x+y$）值称为反应的级数。若 $x+y=2$，则为二级反应。

通常 x、y 的值是通过实验求出的，可以等于0或整数，也可以是小数（或分数）。反应级数不同，表示反应速率与各反应物浓度的定量关系不同。

当反应为一步完成的简单反应时，该反应称为基元反应，其反应速率方程式中浓度项的指数才等于相应的化学计量数。即只有基元反应 $aA+bB\longrightarrow dD+eE$，其反应速率方程式才能写作：$v=kc_A^a c_B^b$。

因此，通过实测反应的 x、y，并与 a、b 相比较，就可以判断某一化学反应是否属基元反应。

大多数反应都是由多步基元反应组成的复杂反应。复杂反应的每步可单独按基元反应处理，按反应化学计量数直接写出速率方程式中相关浓度项的指数。在实际的复杂反应中，各分步反应中速率最慢的一步，决定了整个反应的速率，称为反应速率的决定步骤。当人们在实践中希望加快某反应的速率时，首先应该设法提高反应速率决定步骤的速率。

2. 温度对反应速率的影响

化学反应速率通常随温度升高而增大，但不同的反应增大的程度不同。这是因为化学反应速率常数 k 随温度升高而

① 化学计量数就是化学反应方程式中物质前面的系数（化学反应系数）。

变大的缘故。阿伦尼乌斯公式表明了反应速率常数 k 随温度 T 变化的定量关系，即

$$\lg k=A-\frac{B}{T}$$

式中 A 和 B 为两个常数，可由实验求得。进一步研究表明常数 B 与反应的活化能 E_a 有关。故阿伦尼乌斯公式可改写为

$$\lg k=A-\frac{E_a}{2.303RT} \tag{3-4-2}$$

即 $B=\frac{E_a}{2.303R}$。R 为气体常数，其值取 8.315J/(mol·K)。利用式（3-4-2），可由两个不同的温度 T_1、T_2 时的速率常数 k_1、k_2，求得 E_a。亦可由某一温度时的反应速率常数及活化能 E_a 求算另一温度时的速率常数。

活化能 E_a 实质上代表了反应物分子发生反应时所必须首先克服的能垒。现代化学反应速率理论认为，化学反应的历程可以描述为：具有足够能量的反应物分子，在运动中相互接近，发生碰撞，有可能生成一种活泼的不稳定的过渡态，通常称为活化络合物或活性中间体，而后，活化络合物再分解形成生成物：

$$\underset{\text{具有足够能量的反应物}}{\mathrm{A{-}B+C}}\xrightarrow{\text{碰撞}}\underset{\text{活化络合物}}{[\mathrm{A\cdots B\cdots C}]}\rightleftharpoons\underset{\text{生成物}}{\mathrm{A+B{-}C}}$$

按照气体分子运动理论可知，在任何温度下反应体系中所有分子的能量总是高低不等的。这中间永远只有一部分能量足够高的分子，才可能在相互碰撞时引起化学变化，人们把这种碰撞称为有效碰撞。把那些具有足够高能量、能发生有效碰撞及化学变化的分子称为活化分子。活化分子所具有的最低能量与反应物分子的平均能量之差就是活化能。如果一个反应的活化能很小，那么反应物只需从环境中吸收少量的能量（如热和光），即能克服活化能。从定量式（3-4-2）也可以看出，在指定温度下，E_a 越大，反应速率常数越小，反应速率也越小。

3. 催化剂对化学反应速率的影响

在工业合成氨反应中要采用铁催化剂，实验室中分解 $KClO_3$ 制 O_2 需加 MnO_2 作催化剂，植物叶子发生光合作用必须要有叶绿素作催化剂等。催化剂是能增加反应速率而本身的组成、数量及化学性质在反应前后保持不变的物质。催化剂所起的作用称为催化作用。催化作用的本质是改变了反应的途径，生成了新的活性中间体，因而降低了反应的活化能，使反应速率增加。

催化剂的应用不仅可以提高化学反应速率，缩短反应周期，提高产品收率，降低成本，而且可以抑制副反应，提高产品纯度和质量。人们研究各类化学反应速率的特征和影响因素，很重要的目的就是为了寻找合适的催化剂，进而控制反应速率。

二、化学热力学

（一）化学热力学的研究内容与方法特点

热力学是研究热和其他能量形式间转换规律的科学。运用热力学基本原理来研究化学现象以及与化学变化相关的物理现象，探索化学变化与能量传递、能量转换间的关系及其变化规律，并用以判断化学变化的方向，这样一门科学就称为化学热力学。

化学热力学是以热力学第一定律、热力学第二定律及热力学第三定律为基础发展起来的。热力学的基本定律是从大量实验事实中总结归纳出来的，有着牢靠的实验基础，是物理化学中最基本的原理。它的方法论具有高度的可靠性和普遍性。热力学的研究对象是大量分子的集合体，其方法论具有统计意义。它只反映大量分子的平均行为，而不适用于个别分子的个体行为。热力学只注意某个变化造成的实际结果，而不考虑变化经过的具体途径。只考察体系宏观状态的变化，而不研究这种变化是如何发生的微观机理。化学热力学只能对发生的现象之间的联系作宏观的了解，而不能对其本质作微观的说明。热力学只能告诉我们，在某种条件下，某个化学变化能否发生，如发生反应，结果如何，可进行到什么程度，但不能告诉我们完成这些变化所需的时间，也不能说明化学变化的根本原因及其经历的具体过程。后面两个问题是化学反应动力学研究的内容。

（二）状态

1. 体系和环境

在化学中，把研究对象叫做体系，把体系外的一切，叫做环境。如果体系与环境之间，既有物质交换，又有能量交换，这种体系称为敞开体系。如果体系与环境之间没有物质交换，只有能量交换，这种体系称为封闭体系。如果体系与环境之间，既没有物质交换，又没有能量交换，这种体系称孤立体系。

2. 状态和状态函数

用热力学研究或描述一个体系，必须先确定体系的状态。当体系处于某一种状态时，其一系列性质都随之确定，如体系的组分，每种组分物质的量、温度、压力、体积、密度及各组分的聚集状态等也都是确定的。当体系的这些性质中有一种或几种发生了变化，那么体系的状态也就随之由一种状态改变到另一种状态。反之亦然。当体系的状态发生变化时，体系的性质中必然有些性质会发生变化。也就是说，体系的这些性质可以看做是体系所处的状态的函数，只随状态变化。因此，人们把体系的这类性质称作“状态函数”。

凡是属于状态函数的各种物理量（如体系的组分、每种组分物质的量、浓度、压力和温度等）的值，皆是由体系的实际状态所确定的，也仅仅随体系状态而变化。当体系由始态（状态 0）变到终态（状态 i）时，相应的任何一种状态函数（以 x 代表）将发生相应的变化，由 x_0 变到 x_i，其改变量 $\Delta x=x_i-x_0$ 的大小，只取决于变化的始态与终态，而与变化的实际过程、变化所经历的具体途径无关。只要始态和终态是确定的，那么体系的任何一项具有状态函数特征的性质 x 的改变量 Δx，也就是个确定值。而不管体系实际上经历什么样的途径完成这一变化过程，Δx 都是相同的。

例如，若某个由 H_2O 组成的体系，由始态（1mol，298K，100kPa，$1dm^3$）变到终态（1mol，348K，100kPa，$1dm^3$）作为状态函数之一的温度 T 的变化值 $\Delta T=348K-298K=50K$，只要上述始态、终态被确定了，那么这个 ΔT 的值也就随之确定了，而不管体系实际上是经过什么样的途径来完成这一变化。其 ΔT 总是同一值。比如，体系可以从 298K 直接加热到 348K；也可由 298K 降温到 278K 再升温到 348K；也可以先从 298K 加热到 388K，再降到 348K 等。还有很多可能的变化途径，但只要始态的温度与终态的温度指定为 298K 和 348K，则不管体系实际经过什么途径完成这一变化，其 ΔT 总是等于 50K。

由此，在热力学研究中，计算化学变化中任何一个状态函数的变化时，只要确定了始态和终态，就可借助任何设定的途径，从始态变到终态，并进行相应的热力学计算。而不必顾及变化的实际过程是如何完成的，是否与设计的过程相同。

3. 指定状态、平衡状态和标准状态

(1) 指定状态。指定状态是人为设定的或实际存在的任何一个确定的状态，在化学变化过程中，变化开始前体系的实际状态（始态）以及反应完成后体系的实际状态（终态）或反应进行到某一阶段（某一进度）时体系的可能状态（中间态、过渡态）等已知状态，都可以是指定状态。对某一化学反应，常可指定其反应物为始态，生成物为终态。

(2) 平衡状态。平衡状态是体系中发生的某个化学变化过程或其他热力学过程达到平衡时的状态。对于指定的过程，在指定的条件下，其平衡状态是确定的，并不因起始状态的不同而改变。

(3) 标准状态。标准状态是为了便于计算而人为设定的一种参比状态。热力学对标准状态的定义如下。

1）对气体物质而言，当其分压为 100kPa 时，该气体即处于标准状态。

2）对纯液态、纯固态物质而言，当其处于 100kPa 压力下，该纯液态、纯固态物质即处于标准状态。

3）对溶液而言，当溶质的浓度为 $1mol/dm^3$ 时，该溶质处于标准状态。

4）对于任何一体系而言，当其中所有组分物质都处于标准状态时，该整个体系即处于标准状态。

5）热力学在标准状态的规定中，并未规定统一的温度标准。因此，标准态的温度是可以任意选定的，实际上每个温度都存在一个标准态［可用标注（T）说明］。国际纯粹及应用化学会推荐用 298.15K 作参比标准，因此，若不特别指明标准态温度，则通常是指 298.15K（或 298K）。

综上所述，热力学标准状态的主要标志为

$$p_i = p^{\ominus} = 100\text{kPa}$$
$$c_i = c^{\ominus} = 1.00\text{mol/dm}^3$$

对于任何体系而言，其标准状态总是确定的，而不管该体系实际处于什么样的状态。

（三）热化学方程式

化学反应过程中，除发生物质的变化外，还伴随各种形式的能量变化，通常是化学能和热能之间的转换。化学反应中所放出或吸收的热量称为热效应，或称反应热，用符号 Q 表示。规定吸热反应的反应热为正值（$Q>0$），放热反应的反应热为负值（$Q<0$）。反应热的单位为千焦（kJ）。

当化学方程式不仅标明物质的变化，而且还标明反应的热效应，则称为热化学方程式。例如

$$H_2(g)+\frac{1}{2}O_2(g)=\!=\!=H_2O(l)\quad Q_1=-285.8\text{kJ}$$

$$HgO(g)=\!=\!=Hg(1)+\frac{1}{2}O_2(g)\quad Q_2=90.7\text{kJ}$$

(1) 化学式前的系数表示该物质的量，可以是整数，也可以是分数。−285.8kJ 是 1mol $H_2(g)$ 和 $\frac{1}{2}$ mol $O_2(g)$ 化合生成 1mol $H_2O(l)$ 时的反应热。

(2) 反应热和物质的聚集状态有关，要标明物质的聚集状态。如果生成物 H_2O 呈气态，则反应放出的热量将减少。这是因为液态 H_2O 变成气态的 H_2O 要吸收热量（H_2O 的汽化热为 44kJ/mol）。

(3) 反应热和反应温度、压力等条件也有一定关系，但通常影响不大。反应如在 298K、100kPa 下进行，则称为标准反应热。上列实例中的反应热数值都是标准反应热。

(4) 如果一个反应可以看成是两个或更多反应之和，则总反应的反应热必然是各分步反应的反应热之和。这称为盖斯（Hess）定律。例如下列反应

$$Sn(s)+Cl_2(g)=\!=\!=SnCl_2(s)\quad Q_1=-349.8\text{kJ}$$
$$SnCl_2(s)+Cl_2(g)=\!=\!=SnCl_4(l)\quad Q_2=-195.4\text{kJ}$$

将两式相加，可以得到下列热化学方程式

$$Sn(s)+2Cl_2(g)=\!=\!=SnCl_4(l)\quad Q=Q_1+Q_2=-545.2\text{kJ}$$

应用盖斯定律可从理论上计算一些难于直接测定的反应热。

(5) 按化学热力学的表示方法，可用热力学函数（焓，H）的变化来表示化学反应的热效应，一切在敞开体系中进行的化学反应，都可看做是在恒压（大气压力）下进行的，其反应热正好等于反应的焓变 ΔH，即 $\Delta H=Q_p$。由此上述热化学方程式可以写成另一种等价的形式，即

$$Sn(s)+Cl_2(g)=\!=\!=SnCl_2(s)\quad \Delta H_1=-349.8\text{kJ}$$
$$SnCl_2(s)+Cl_2(g)=\!=\!=SnCl_4(l)\quad \Delta H_2=-195.4\text{kJ}$$
$$Sn(s)+2Cl_2(g)=\!=\!=SnCl_4(l)\quad \Delta H=-545.2\text{kJ}$$

（四）混合气体中组分气体的分压力及气体分压定律

某一组分气体对器壁所施加的压力叫做该气体的分压力，它等于该气体单独占有与混合气体相同体积时所产生的压力。混合气体的总压力等于各组分气体的分压之和。称之为分压定律。如用 p 表示混合气体的总压，用 p_A、p_B、p_C、…表示混合气体中 A、B、C 等组分气体的分压，则分压定律可表达为

$$p=p_A+p_B+p_C+\cdots \tag{3-4-3}$$

若混合气体由 A、B 两种气体组成，其量分别为 n_A、n_B，V 为混合气体的体积，根据气体状态方程式可得

$$p_A=\frac{n_A}{V}RT$$

$$p_B=\frac{n_B}{V}RT$$

混合气体的总压力为

$$p=p_A+p_B=\frac{n_A+n_B}{V}RT$$

设 n 为混合气体的总量，即 $n=n_A+n_B$，则上式可写成

$$p=\frac{n}{V}RT$$

由此可见，气体状态方程不仅适用于单组分的气体，也适用于多组分混合气体的每个组分。

将上述关系稍加整理即得

$$\frac{p_A}{p}=\frac{n_A}{n}\quad 或\quad p_A=p\frac{n_A}{n}$$

$$\frac{p_B}{p}=\frac{n_B}{n}\quad 或\quad p_B=p\frac{n_B}{n}$$

混合气体中某组分气体的量与混合气体总量之比，称为该组分气体的摩尔分数。用 x 表示。$x_A=\frac{n_A}{n}$，$x_B=\frac{n_B}{n}$分别为组分 A、B 的摩尔分数，则可得到混合气体中任一指定组分 i 气体的分压力 p_i 与总压力 p 及该组分的摩尔分数 x_i 间的关系式：

$$p_i=px_i \tag{3-4-4}$$

直接测量分压是较困难的。而测定某一组分的摩尔分数及混合气体的总压力较方便，这样便可计算出该组分的分压。

在许多情况下，也可以测得各组分气体的体积分数，再进而求其分压力。各组分气体单独存在于混合气体所处的温度与压力下，占有的体积称为组分气体的分体积，每种组分气体的分体积与混合气体总体积之比即为该组分气体的体积分数。由气体状态方程式可以推导出，混合气体中任一组分

气体的体积分数与摩尔分数的数值是相等的。

三、重要的热力学函数

（一）热力学能 U

体系内部所具有的一切能量的总和，称为体系的热力学能，以前曾称为内能。体系热力学能是体系的一种本质特征，属于状态函数。体系在任何指定状态下的热力学能的绝对值无法求得，但当体系发生变化时，变化前后热力学能之差 ΔU 却是可以测求的。如果体系由状态（1）（其热力学能为 U_1），变化到状态（2）（其热力学能 U_2），在此过程中体系从环境中吸热 Q（热力学规定，体系从环境吸热，Q 取正值，体系向环境放热，Q 取负值），同时对环境做功 W（热力学规定，体系对环境做功 W 为正值，环境对体系做功，W 取负值），则按照能量守恒原则，有

$$\Delta U = U_2 - U_1 = Q - W \qquad (3-4-5)$$

这就是化学热力学第一定律的表达式。

（二）化学反应的热效应 Q 与焓 H

1. 化学反应的热效应

许多化学反应都伴随着放热或吸热，称为化学反应的热效应，也称为化学反应的反应热。如果化学反应是在恒压条件下进行的，则反应的热效应称为恒压热效应。许多化学反应都是在大气压力下进行的，在反应或变化过程中，大气压的变化很小，可认为是恒定不变的。因此，这些化学反应都可看做恒压反应，相应的热效应都是恒压热效应，通常用 Q_p 表示。若化学反应是在一个固定的容器中进行的，则为恒容反应，其相应的热效应为恒容热效应，通常用 Q_V 表示。

2. 焓 H 与焓变 ΔH

设体系经过一个恒压变化，由状态 1（U_1、p_1、V_1）变化到状态 2（U_2、p_2、V_2），并假定在变化过程中，体系不做非膨胀功，即体系在变化过程中，除因体积变化而做功外，不做其他任何功。则

$$W = p_2V_2 - p_1V_1 = p_{外}(V_2 - V_1) = p\Delta V$$

$$Q = Q_p$$

按能量守恒原则，代入式（3-4-5）得

$$\Delta U = U_2 - U_1 = Q - W = Q_p - p\Delta V$$

所以
$$Q_p = \Delta U + p\Delta V = (U_2 - U_1) + p(V_2 - V_1) = (U_2 + p_2V_2) - (U_1 + p_1V_1)$$

令 $H = U + pV$，H 称为焓，是由人们设定的一个热力学函数，既然 U 和 p、V 都是状态函数，由它们组合而成的 H 也必然是状态函数。

因为　$H_1 = U_1 + p_1V_1$，$H_2 = U_2 + p_2V_2$，所以

$$Q_p = (U_2 + p_2V_2) - (U_1 + p_1V_1) = H_2 - H_1 = \Delta H \qquad (3-4-6)$$

ΔH 代表了体系由状态 1 变化到状态 2 时，其焓值的变化，称为体系的焓变。只要状态 1 和状态 2 确定，ΔH 的值也随之确定，并可用在状态 1 到状态 2 之间的恒压变化过程的热效应来衡量。如果指定某一反应的反应物为始态（状态 1），而指定其生成物为终态（状态 2），则 $\Delta H = H_2 - H_1$，就是该反应的焓变，数值上等于该反应的恒压反应热。因此，任何一个化学变化所引起的体系焓变 ΔH，只取决于体系变化前后的状态，而与具体变化的途径无关。

早在 1840 年，俄国化学家盖斯（Hess）根据大量实验事实总结出：在恒压条件下，不管化学反应是一步完成，还是分几步完成，其反应的热效应总是相同的，这就是著名的盖斯定律。

根据盖斯定律，对于化学反应

$$aA + bB \xrightarrow{Q_p} dD + eE$$

只要反应物（状态 1）和产物（状态 2）确定，则不管反应过程如何，实际经过几步完成，实测或计算得到的反应热 Q_p 的值总是相同的，如图 3-4-1 所示。所以

$$\Delta H = (H_2 - H_1) = \Delta H_1 + \Delta H_2 = \Delta H_3 + \Delta H_4 + \Delta H_5$$

$$Q_p = \Delta H = Q_{p1} + Q_{p2} = Q_{p3} + Q_{p4} + Q_{p5}$$

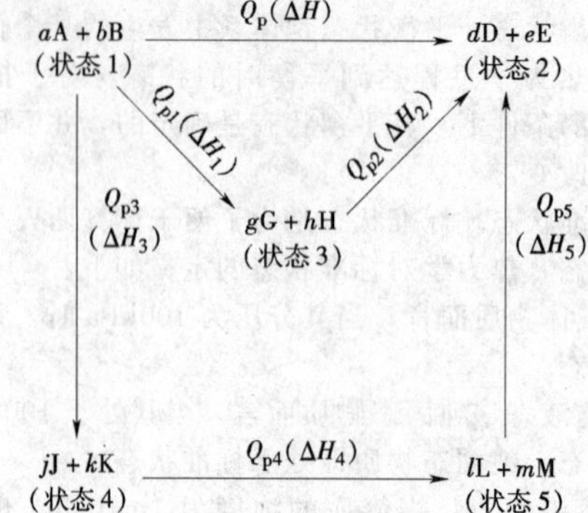

图 3-4-1　盖斯定律图示

显然，盖斯定律的结论实际上与焓变的状态函数性质是一致的。

根据盖斯定律，可以利用已知的反应热去求算一些未知或难以直接测定的反应热。

3. 反应的标准焓变与物质的标准生成焓

（1）对于一个化学反应而言，当参与反应的各种物质，包括反应物和生成物，都处于标准状态时，化学反应的焓变即称为反应的标准焓变，以 $\Delta_r H^{\ominus}$ 表示。下标“r”表示化学反应，上标“$\ominus$”表示标准状态（其他热力学函数也用同样方法标注）。

任何一个化学反应的焓变不仅与反应体系所处的状态有关，而且与反应过程中消耗的物质的量有关，也就是与反应进度 ξ 有关。因此定义，当化学反应进度为 ξ=1mol 时，化学反应的标准焓变为化学反应的标准摩尔焓变，以 $\Delta_r H_m^{\ominus}$ 表示，右下标“m”代表相应的化学反应的进度为 1mol；$\Delta_r H_m^{\ominus} = \Delta_r H^{\ominus}/\xi$，$\Delta_r H_m^{\ominus}$ 的单位是 kJ/mol。

（2）为了利用热力学规则方便地计算化学反应的焓变，人们希望能知道参与化学反应的每种物质，各自在指定条件下的焓值。但是焓的绝对值无法测得，因此，人们就设法通过比较，测其相对值。物质的标准生成焓就是这个相对值。由稳定的单质生成单位量（如 1mol）的某种物质的反应的标准焓变，被定义为该种物质的标准生成焓，以 $\Delta_f H_m^{\ominus}$ 表示。左下标 f 表示生成焓，右下标 m 表示生成物质的量为 1mol。$\Delta_f H_m^{\ominus}$ 的单位是 kJ/mol。

由物质的标准生成焓的定义可知，稳定单质本身的标准生成焓必然为零（因为始态与终态为同一个状态。故其 $\Delta_f H_m^{\ominus}$ 必为零）。例如，O_2（g）的标准生成焓为

$$O_2(g) \xrightarrow{\Delta_r H_m^{\ominus}} O_2(g) \quad \Delta_f H_m^{\ominus}[O_2(g)] = \Delta_r H_m^{\ominus} = 0$$

各种常见物质的标准生成焓，已经实验测得，在一般的理化手册中都可以查到，使用起来十分方便。

4. 焓变的计算

对指定的反应

$$aA + bB \xrightarrow{\Delta_r H_m^{\ominus}} dD + eE$$

只要查表得到 A、B、D、E 的标准生成焓值，就可按下式计算反应标准摩尔焓变 $\Delta_r H_m^{\ominus}$：

$$\Delta_r H_m^{\ominus} = [d\Delta_f H_m^{\ominus}(D) + e\Delta_f H_m^{\ominus}(E)] - [a\Delta_f H_m^{\ominus}(A) + b\Delta_f H_m^{\ominus}(B)] \quad (3-4-7)$$

（三）熵 S 与熵变 ΔS

1. 体系的混乱度与熵

任何体系都是由大量微观粒子组成的群体，体系内部的混乱程度或其微粒排列的有序性，是体系所处状态的一个重要特征。指定体系处于指定状态时，其混乱程度是确定的。而如果体系混乱度改变了，体系的状态也就随之发生相应的变化。这就表明，体系混乱度的变化具有状态函数的特征。

为了定量地描述体系的混乱度，人们引入了一个热力学函数——熵，用符号 S 表示。熵是描述、表征体系混乱度的函数，或者说熵是体系混乱度的量度。体系的混乱度越大，其熵值也越大，反之亦然。由于体系混乱度的变化具有状态函数的特性，所以熵也是一种状态函数。应该具有状态函数的一切特点。当体系由状态 1 变到状态 2 时，其熵值由 S_1 变到 S_2，体系的熵变 $\Delta S = S_2 - S_1$ 仅取决于指定的始态和终态，而与变化的实际过程和经历的途径无关。

2. 热力学第三定律与物质的规定熵

人们无法知道指定体系在指定状态时熵的绝对值，只能人为规定一个供比较的参考标准，进而求算熵的相对值。热力学第三定律给出了这样一个参比标准。热力学第三定律是在低温下研究凝聚体系的熵变的实验结果所推出的结论，第三定律的一个基本表述为："不能用有限的步骤把一个物体的温度降到绝对零度"。而化学热力学中最普遍采用的表述为："在绝对零度时任何纯物质的完整晶体的熵等于零。"这里有几个重要的限定性定语，首先指的是"纯物质"，表示物质纯净毫无杂质，这是一种在成分上的绝对"有序"。其次指的是"完整晶体"，即组成晶体的所有微粒都处于理想的晶格结点位置上，晶体内部不存在任何缺陷，这是一种在结构上的绝对"有序"。第三指的是"绝对零度"，此温度下，任何粒子的混乱运动都停止了。因此在绝对零度时任何物质的完整晶体应该是处于一种绝对有序的状态，也就是混乱度最低的状态，故其熵值为零。

用热力学方法，通过热力学测量，可以求得任何一种纯物质从绝对零度的完整晶体变到指定温度 T 这一过程的熵变：$\Delta S(T) = S_T - S_0$，式中 S_T 为指定温度 T 时的熵值，S_0 是绝对零度（始态）时的熵值。

因为 $S_0 = 0$，所以

$$S_T = \Delta S(T)$$

这就是说，用上述方法测得的熵变 $\Delta S(T)$，就等于被测物质在温度 T 时的熵值 S_T，S_T 称为该物质的规定熵（以前也称作绝对熵）。

在标准状态下，1mol 纯物质的规定熵，定义为该物质的标准摩尔规定熵，简称物质的标准熵。以 $S_m^{\ominus}(T)$ 表示，单位是 J/(K·mol)。常见物质在 298.15K 时的标准熵可以从理化手册中查到。由此可进而求算一个化学反应或一个变化过程的熵变 ΔS。但应注意任一稳定单质的规定熵与标准熵都不为零。

对于一个化学反应而言，可以把其反应物看做状态 1（始态，相应于 S_{T1}），将产物看做状态 2（终态，相应于 S_{T2}），则反应的熵变 $\Delta_r S = S_{T2} - S_{T1}$。

若反应物和产物都处于标准状态下，则反应的熵变为该反应的标准熵变。当反应的进度为 1mol 时，反应的标准熵变即为反应的标准摩尔熵变，以 $\Delta_r S_m^{\ominus}$ 表示，单位为 J/(K·mol)。根据反应物与生成物的标准熵，可以计算反应的标准摩尔熵变。

对于反应 $aA + bB = dD + eE$ 而言，有

$$\Delta_r S_m^{\ominus}(298) = [dS_m^{\ominus}(D) + eS_m^{\ominus}(E)] - [aS_m^{\ominus}(A) + bS_m^{\ominus}(B)] \quad (3-4-8)$$

（四）吉布斯自由能 G

1. 反应的标准摩尔吉布斯自由能变和物质的标准生成吉布斯自由能（Gibbs free energy）

自然界中各种物理、化学变化过程的发生与方向，至少要受到两大因素的制约：一是体系的自发变化将使体系的能量趋于降低；二是体系的自发变化将使体系的混乱度增加。用热力学函数来表述，即体系的自发变化将向减小和增大的方向进行。基于这个事实，为了便于综合考虑上述两方面的因素，美国物理化学家吉布斯定义了一个新的热力学函数 G：$G = H - TS$，称为吉布斯函数或吉布斯自由能。

由于 H、T、S 都是状态函数，因而 G 也是状态函数，具有状态函数的一切特征。

$$\begin{aligned}\Delta G &= G_2 - G_1 = (H - TS)_2 - (H - TS)_1 \\ &= (H_2 - T_2 S_2) - (H_1 - T_1 S_1) \\ &= (H_2 - H_1) - (T_2 S_2 - T_1 S_1) \\ &= \Delta H - \Delta(TS)\end{aligned}$$

对于等温过程而言：$T_2 = T_1 = T$，则

$$\Delta G = \Delta H - T\Delta S \quad (3-4-9)$$

式（3-4-9）称为吉布斯-亥姆霍兹方程（Gibbs-Helmholtz equation）。

当一个反应体系的所有物质都处于标准状态时，反应的吉布斯自由能变化，即为该反应的标准吉布斯自由能变。而当反应的进度为 1mol 时，反应的标准吉布斯自由能变即定义为该反应的标准摩尔吉布斯自由能变。以 $\Delta_r G_m^{\ominus}(T)$ 表示，单位为 kJ/mol。

在标准状态下，由最稳定的单质生成单位量（如 1mol）的纯物质的反应的标准吉布斯自由能变，定义为该物质的标准生成吉布斯自由能。以 $\Delta_r G_m^{\ominus}(T)$ 表示，单位为 kJ/mol。任何一种稳定单质的 $\Delta_f G_m^{\ominus}(T) = 0$，常见物质在 298.15K 时的标准生成吉布斯自由能值，可从一般的理化手册中查到，并可由此计算反应在 298K 时的标准摩尔吉布斯自由能变。对反应

$$aA + bB \xrightleftharpoons{\Delta_r G_m^{\ominus}} dD + eE$$

而言，有

$$\Delta_r G_m^{\ominus}(298K) = [d \cdot \Delta_r G_m^{\ominus}(D) + e \cdot \Delta_r G_m^{\ominus}(E)] - [a \cdot \Delta_r G_m^{\ominus}(A) + b \cdot \Delta_r G_m^{\ominus}(B)] \quad (3-4-10)$$

但是必须注意，用式（3-4-10）计算出来的只能是 298K 时的 $\Delta_r G_m^{\ominus}$。因为同一反应，在不同温度下，有着不同的 $\Delta_r G_m^{\ominus}(T)$。

2. 任意指定温度 T 时反应的标准摩尔吉布斯能变

由式（3-4-9）或式（3-4-10）求算任意温度 T 时的 $\Delta_r G_m^{\ominus}(T)$，必须先求出 298K 时的 $\Delta_r G_m^{\ominus}(298K)$，然后再用吉布斯—亥姆霍兹公式（3-4-9）求算 $\Delta_r G_m^{\ominus}(T)$：

$$\Delta_r G_m^{\ominus}(T) = \Delta_r H_m^{\ominus}(T) - T\Delta_r S_m^{\ominus}(T)$$

$\Delta_r H_m^{\ominus}(T)$ 及 $\Delta_r S_m^{\ominus}(T)$ 随温度 T 的变化不大，可用 298K 时的值近似代替，即

$$\Delta_r H_m^{\ominus}(T) \doteq \Delta_r H_m^{\ominus}(298K),\ \Delta_r S_m^{\ominus}(T) \doteq \Delta_r S_m^{\ominus}(298K)$$

$$\Delta_r G_m^{\ominus}(T) \doteq \Delta_r H_m^{\ominus}(298K) - T\Delta_r S_m^{\ominus}(298K) \quad (3-4-11)$$

3. 任意指定状态（非标准状态）时，反应的摩尔吉布斯自由能变

对于任何一个化学反应，在指定状态（非标准状态）时

的摩尔吉布斯自由能变 $\Delta_r G_m^\ominus(T)$，可由相应的标准摩尔吉布斯自由能变 $\Delta_r G_m^\ominus(T)$ 求得。

对反应 $a\text{A}+b\text{B}=\!=\!=d\text{D}+e\text{E}$ 而言有

$$\Delta_r G_m=\Delta_r G_m^\ominus+2.303RT\lg\frac{[\text{D}]^d[\text{E}]^e}{[\text{A}]^a[\text{B}]^b} \quad (3-4-12)$$

或

$$\Delta_r G_m(T)=\Delta_r G_m^\ominus(T)+2.303RT\lg\frac{p_D^d p_E^e}{p_A^a p_B^b} \quad (3-4-13)$$

式中：[D]、[E]、[A]、[B] 为指定状态下各物质的相对浓度；a、b、e、d 为各物质的反应系数；p_D、p_E、p_A、p_B 为指定状态下，物质的相对分压；d、e、a、b 则为相应的反应系数。

相对浓度是某物质的实际浓度（指定浓度）c_B 与标准浓度 $c^\ominus$ 之比，以符号 [] 表示，为一无量纲的数：

$$[\text{D}]=c_D/c^\ominus=c_D/1.0\text{mol}\cdot\text{dm}^{-3}$$

相对分压，是指某气体的实际分压（指定分压）p_D' 与标准压力 $p^\ominus$ 之比，亦为一无量纲的数：

$$p_D=p_D'/p^\ominus=p_D'/100\text{kPa}$$

如果指定状态正好是标准状态，即 $c_A=c_B=c_D=c_E=c^\ominus=1.0\text{mol/dm}^3$，或 $p_A'=p_B'=p_D'=p_E'=p^\ominus=100\text{kPa}$，那么该反应就完全处在标准状态下，此时反应的摩尔吉布斯自由能变也就成了其标准摩尔吉布斯自由能变。从式（3-4-10）与式（3-4-11）可得出相同的结论：

$$\Delta_r G_m(T)=\Delta_r G_m^\ominus(T)+2.303RT\lg 1=\Delta_r G_m^\ominus(T)$$

四、化学反应方向的判别

（一）自发过程与化学反应的方向性

自然界中发生的变化都具有一定的方向性。热力学中把那些无需外界干涉便可自动发生的反应或变化称为自发反应或自发变化。在指定条件下，如果某一反应能自发进行，则其逆反应必不能自发进行。反之，若某反应不能自发进行，则其逆反应必能自发进行。研究化学反应的方向性，就是要判别某一反应体系在指定状态下，能否自发反应，反应该向什么方向进行。化学热力学就是为判断化学反应方向性的方便而且可靠的判据。

（二）判别化学反应方向性的判据

1. 熵变判据

对于孤立体系而言，其中发生的任何反应变化都必然是自发的。热力学第二定律告诉我们：在孤立体系中发生的任何变化或化学反应，总是向着熵值增大的方向进行，即向着 $\Delta S_{孤立}>0$ 的方向进行的。

对于孤立体系中可能发生的反应

$$a\text{A}+b\text{B}\rightleftharpoons d\text{D}+e\text{E}$$

始态 S_1 终态 S_2

如能设法求出体系在始态（S_1）与终态（S_2）间的熵变：$\Delta S=S_2-S_1$，就可以按照热力学第二定律判别反应的方向。

若 $\Delta S>0$，即 $S_2>S_1$，反应可正向自发进行，即向着熵增的方向进行，随反应的进行，体系的熵值由 $S_1\rightarrow S_2$ 不断增大，当 S_1 增大到 S_2，即 $S_1=S_2$，$\Delta S=0$ 时，体系就由始态变到终态了，也就是变化过程终结了，这就是体系的平衡状态。

当 $\Delta S<0$，即 $S_2<S_1$，则正向反应不能自发进行，而其逆向反应可自发进行。因为对其逆反应而言，$\Delta S'=S_1-S_2>0$。

应该注意，利用熵变判据来判别变化的方向，仅适用于孤立体系。而实际上，反应体系往往不是孤立体系。在此情况下，可以把体系和周围环境加在一起，作为一个新的孤立体系来考虑。即要先求出某一反应或变化的始态与终态间体系的熵变 $\Delta S_{体系}$ 及环境的熵变 $\Delta S_{环境}$，然后把二者加起来：以 $\Delta S_{总}=\Delta S_{体系}+\Delta S_{环境}>0$ 作为判据来判别反应的方向。

2. 吉布斯自由能变与反应方向

热力学第二定律的另一表述方式是：在等温、等压、不做非膨胀功的条件下，自发的化学反应总是向着体系吉布斯自由能降低的方向进行。

由于一般化学反应都能符合等温、等压、不做非膨胀功的条件，所以用反应体系的吉布斯自由能变作为判据，可以方便地判断化学反应的方向。对于反应：

$$a\text{A}+b\text{B}\rightleftharpoons d\text{D}+e\text{E}$$

始态 G_1 终态 G_2

只要能设法求出在指定条件下，体系在反应前后的吉布斯自由能变 $\Delta_r G_m=G_2-G_1$，即可按热力学第二定律判别反应自发进行的方向。

若 $\Delta_r G_m=G_2-G_1<0$，表示 $G_2<G_1$，则正反应可自发进行，因为按照热力学第二定律，反应自发向着体系吉布斯自由能减小的方向进行。随反应的进行，体系的 G_1 逐渐变小，直到 G_1 减小到与 G_2 相等时，$\Delta_r G_m=0$，即达平衡状态，即反应的终结。

若 $\Delta_r G_m=G_2-G_1>0$，表示 $G_2>G_1$，则正反应不能自发进行，则其逆反应却可能自发进行，因 $\Delta_r G_m'=G_1-G_2<0$。

（三）反应温度对吉布斯自由能变及反应方向的影响

根据吉布斯—亥姆霍兹公式：

$$\Delta G=\Delta H-T\Delta S$$

对 $\Delta H<0$，$\Delta S>0$ 的反应，不管温度高低（不管 T 取什么值，但 T 恒大于零），ΔG 总小于零的。这类反应不论在任何温度下，都能自发进行。

对于 $\Delta H>0$，$\Delta S<0$ 的反应，不管温度高低，ΔG 总是大于零的。这类反应不论在任何温度下都不会自发进行。

而对于 $\Delta H<0$，$\Delta S<0$ 的反应，或 $\Delta H>0$，$\Delta S>0$ 的反应，则温度 T 的大小，将决定 ΔG 的符号。因而能决定反应的方向。对 $\Delta H<0$，$\Delta S<0$ 的反应，当温度较低，$T<\frac{|\Delta H|}{|\Delta S|}$时，$T|\Delta S|<|\Delta H|$，则 $\Delta G<0$，反应能自发进行。而 $T>\frac{|\Delta H|}{|\Delta S|}$时，$\Delta G>0$，反应不能自发进行。当 $T_{转}=\frac{|\Delta H|}{|\Delta S|}$时，$\Delta G=0$，体系达平衡，$T_{转}$ 称为该反应的转化温度，是这类反应能自发进行的最高温度。

对 $\Delta H>0$，$\Delta S>0$ 的反应，当 $T>\frac{|\Delta H|}{|\Delta S|}$时，则 $\Delta G<0$，反应能自发进行。而当 $T<\frac{|\Delta H|}{|\Delta S|}$时，$\Delta G>0$，反应不能自发进行。$T_{转}=\frac{|\Delta H|}{|\Delta S|}$代表该反应能自发进行的最低温度。

第五节 化 学 平 衡

一、可逆反应与化学平衡

在同一条件下，既能正向进行，又能逆向进行的反应称可逆反应。

虽然从宏观看，在指定条件下，任一反应总是向着某一确定方向进行的，且可用热力学判据判断其实际的方向。但即便如此，该反应本质上仍然是可逆的。而且事实上在任何反应正向进行时确实同时存在逆向反应，只不过逆反应不如正反应强，其结果被正反应的结果所掩盖。因而反应的净结果显示出反应是向不可逆的正向进行的。随着反应的进行，反应物不断转化为产物，ΔG 的绝对值不断减小（ΔG 逐渐趋近于零），推动正反应的动力逐渐减弱，正反应的速率逐渐减小，而逆反应的速率逐渐增大，直至最后正反应与逆反应的速率相等 $v_{正}=v_{逆}$，体系中正反应与逆反应间达到平衡，$\Delta G=0$，这就是化学平衡。任何一个自发反应的终结状态总是达到化学平衡。

二、平衡常数 K 的计算

（一）平衡浓度和平衡分压

体系达到平衡状态以后，所有平衡组分的浓度或分压都不再随时间而改变，即为该组分的平衡浓度或平衡分压。

对于指定反应 $a\text{A}+b\text{B}=\!=\!=d\text{D}+e\text{E}$ 而言，达到平衡时，各组分的平衡浓度 c_A、c_B、c_D、c_E 或平衡分压 p_A^0、p_B^0、p_D^0、p_E^0 都是确定的值，不再随时间而变化。故

$$\frac{(c_D/c^{\ominus})^d\cdot(c_E/c^{\ominus})^e}{(c_A/c^{\ominus})^a\cdot(c_B/c^{\ominus})^b}=K_c,\frac{(p_D^0/p^{\ominus})^d\cdot(p_E^0/p^{\ominus})^e}{(p_A^0/p^{\ominus})^a\cdot(p_B^0/p^{\ominus})^b}=K_p$$

都是常数，称为化学反应的平衡常数。用平衡浓度表示的常数 K_c 称浓度平衡常数，用平衡分压表示的常数 K_p 称压力平衡常数。

（二）平衡常数

化学反应平衡常数的大小，表示了反应进行的难易程度，也代表了一个反应达到平衡时产物与反应物的比例，因而也表示了反应进行的程度。K 值愈大，就表示这个反应在指定条件下，正向进行的倾向愈大，进行的程度也愈彻底，最后平衡体系中产物的比例愈高，残留的反应物愈少。

平衡常数 K 是随反应温度 T 而变化的条件常数。当反应温度保持一定时，指定反应的平衡常数 K 亦为定值，不因反应物浓度或生成物浓度的改变而变化。范荷甫公式表示了平衡常数 K 与反应温度 T 的定量关系，即

$$\lg K(T)=\alpha-\beta/T \qquad (3-5-1)$$

式中 α、β 为常数。

（三）化学反应的吉布斯自由能变与标准平衡常数

化学反应的浓度平衡常数 K_c 或压力平衡常数 K_p，是通过实测反应体系中各个平衡组分的平衡浓度或平衡分压求得的，属于经验常数，精确度较差，而且对于同一反应 K_c 和 K_p 的值不同。而在热力学研究及计算中通用的，是由热力学函数导出的更为精确的热力学常数，简称标准常数，用 $K^{\ominus}(T)$ 表示。

对于指定反应 $a\text{A}+b\text{B}=\!=\!=d\text{D}+e\text{E}$ 而言，达到化学平衡的标志是相应的 $\Delta_r G_m=0$。从前面介绍的热力学规律可知：

$$\Delta_r G_m(T)=\Delta_r G_m^{\ominus}(T)+2.303RT\lg\frac{[\text{D}]^d\cdot[\text{E}]^e}{[\text{A}]^a\cdot[\text{B}]^b}$$

或 $$\Delta_r G_m(T)=\Delta_r G_m^{\ominus}(T)+2.303RT\lg\frac{p_D^d\cdot p_E^e}{p_A^a\cdot p_B^b}$$

当反应达到平衡时，$\Delta_r G_m(T)=0$，而［A］、［B］、［E］、[D]，分别等于各物质的相对平衡浓度，p_D、p_E、p_A、p_B 则分别等于各物质的相对平衡分压。所以

$$\frac{[\text{D}]^d\cdot[\text{E}]^e}{[\text{A}]^a\cdot[\text{B}]^b}=K^{\ominus}(T),\frac{p_D^d\cdot p_E^e}{p_A^a\cdot p_B^b}=K^{\ominus}(T)$$

即 $\Delta_r G_m(T)=\Delta_r G_m^{\ominus}(T)+2.303RT\lg K^{\ominus}(T)=0$，得

$$\lg K^{\ominus}(T)=\frac{-\Delta_r G_m^{\ominus}(T)}{2.303RT} \qquad (3-5-2)$$

由此求得的 $K^{\ominus}(T)$ 即为反应的标准常数，而不再分 K_c 与 K_p。一个指定反应，在指定温度 T 下，只有一个 $K^{\ominus}(T)$ 值。因为对指定反应而言，在指定温度 T，其标准摩尔吉布斯自由焓变 $\Delta_r G_m^{\ominus}(T)$ 是定值，R 为常数，这从式（3-5-2）可以看出。而当 T 改变时 $K^{\ominus}(T)$ 也随着变化，所以反应的标准常数也是随温度而改变的条件常数。许多常见的反应在 298K 时的标准常数 $K^{\ominus}$（298K）已被测定，可从各种理化手册中查到。

对指定反应，当 T 变化时，$\Delta_r G_m^{\ominus}(T)$ 也会随之变化，但可通过热力学函数推算：

$$\lg K^{\ominus}(T)=\frac{-\Delta_r G_m^{\ominus}(T)}{2.303RT}=\frac{-\Delta_r H_m^{\ominus}(T)+T\Delta_r S_m^{\ominus}(T)}{2.303RT}$$

$$\doteq\frac{-\Delta_r H_m^{\ominus}(298\text{K})+T\Delta_r S_m^{\ominus}(298\text{K})}{2.303RT}$$

$$=\frac{\Delta_r S_m^{\ominus}(298\text{K})}{2.303R}-\frac{\Delta_r H_m^{\ominus}(298\text{K})}{2.303RT} \qquad (3-5-3)$$

从热力学函数导出的式（3-5-3）与从经验得出的范荷甫公式（3-5-1）是完全一致的。

利用式（3-5-3），可以由温度 T_1 时的常数 $K^{\ominus}(T_1)$，求算另一温度 T_2 时的 $K^{\ominus}(T_2)$。

三、化学平衡的移动

一个化学反应，在一定条件下达到平衡。若条件发生变化，平衡就会被打破，反应重新向某个方向（正向或逆向）进行，然后在新的条件下重新达到平衡。这样由平衡→不平衡→平衡的过程称为平衡的移动。吕·查德理原理指出了平衡移动的规律：当体系达到平衡后，若因外部原因，使平衡条件发生了变化，将打破平衡而使平衡移动，平衡移动的方向是使平衡向减弱外因所引起的变化的方向移动。比如，在平衡体系中增加反应物的量或减少产物的量，则引起平衡向正反应方向移动，消耗掉更多的反应物而生成更多的产物。若对体系加热升温就使平衡向吸热的方向移动，以消耗更多的能量。在平衡移动过程中，只要反应温度不变，则平衡常数值保持不变。

对于有气态物质参加的化学平衡体系来说，增加总压力，使平衡向气体分子总数减少的方向移动；降低总压力，使平衡向气体分子总数增加的方向移动。如果反应前后的气态物质的分子总数相同，例如

$$CO(g)+H_2O(g)\rightleftharpoons CO_2(g)+H_2(g)$$

则无论增加或减小总压力，都不影响化学平衡。

温度不仅对化学反应速率产生影响，并且温度变化会使平衡常数的数值改变，从而使平衡移动。如果正反应是吸热反应，则温度升高使平衡常数增大，即平衡向正反应方向移动；如果正反应是放热反应，温度升高使平衡常数减小，即平衡向逆反应方向移动。

总结浓度、压力和温度改变对化学平衡移动的影响，可以用一条普遍规律来表示。这就是吕·查德理（Le Chatelier）原理：当体系达到平衡后，如果改变体系平衡的条件之一（如浓度、压力或温度），平衡就向减弱这个改变的方向移动。

吕·查德理原理不仅适用于化学平衡，而且也适用于所

有的动态平衡（包括物理平衡）。

第六节　有机化合物及有机高分子化合物

一、有机化合物的特点、分类和命名

（一）有机化合物的特点

（1）绝大多数有机化合物的晶体是分子晶体，因此其熔点低，硬度小。

（2）有机化合物中含 C、H、O 等元素，易燃烧。

（3）有机化合物的分子多为非极性分子或极性较小的分子，根据相似相溶原理，有机化合物多半在水中溶解度小，易溶于有机溶剂，如乙醇、乙醚、苯等。

（4）有机化合物的反应较慢，常需要加热、加催化剂等办法加速反应的进行。反应中常伴随有副反应进行，因此，有机反应式中常用箭号代替等号，产物只写主要产物。

（5）有机化合物中常有同分异构现象，即存在化学组分相同但结构不同的同分异构体。如乙醇 CH_3CH_2OH 和甲醚 CH_3OCH_3 是同分异构体。因此，有机化合物通常用结构式或结构简式来表示。

例如：乙醇

```
    H  H
    |  |
H—C—C—O—H 或 CH3CH2OH
    |  |
    H  H
  结构式        结构简式
```

甲醚

```
   H     H
   |     |
H—C—O—C—H 或 CH3OCH3
   |     |
   H     H
  结构式        结构简式
```

（二）有机化合物的分类

从不同角度对有机化合物可以有多种分类方法。

1. 以相对分子质量大小分类

一般摩尔分子质量小于 1000g/mol 为低分子有机物；摩尔分子质量大于 1000g/mol 为高分子有机物。

2. 按碳链骨架分类

（1）开链化合物：又称脂肪族化合物。顾名思义，此类化合物是链状，首尾不相连的。只有 C 和 H 两种元素组成的开链化合物称为链烃。

（2）碳环化合物：有碳环状结构的有机化合物叫碳环化合物，根据性质不同可进一步分为以下 2 种。

1）脂环族化合物：这类环烃的性质与脂肪烃相似。例如：

H_2C—CH_2—CH_2（三元环）　　环丙烷

H_2C、CH_2、H_2C、CH_2、CH_2、CH_2（六元环）　　环已烷

2）芳香族化合物：此类碳环化合物含有苯的结构，它们的性质与脂环化合物不同。例如：

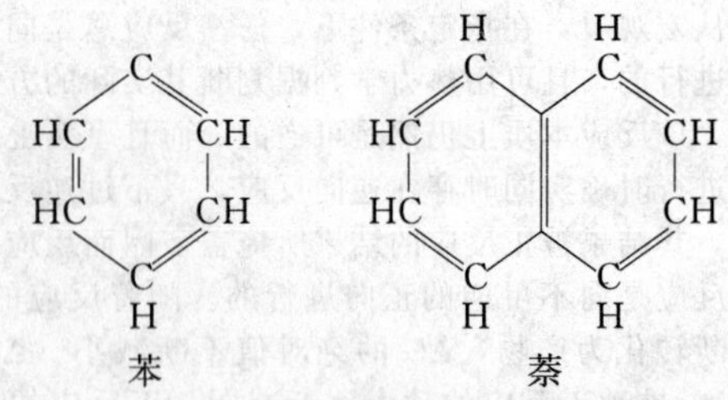

苯　　萘

（3）杂环化合物：环上的原子除了 C 原子外，还有 O、S、N 等杂质子，此类化合物性质与芳香族化合物比较相似。例如：

呋喃（HC=CH—CH=CH—O 五元环）　　噻唑（HC=CH—CH=CH—S 五元环）　　吡啶（CH 与 N 组成的六元环）

3. 按官能团分类

官能团是一些原子或原子团（还包括重键），它们是决定化合物的主要性质的基团。有机化合物中最基本化合物是烃，它们的成分最简单，只含 C、H 两种元素。根据烃分子中 C 原子与 C 原子间是否有重键，烃可分为烷烃（无重键）、烯烃（有双键）、炔烃（有三键）。

烃以外的有机化合物可看成烃分子中 H 原子被官能团取代的衍生物。

主要官能团和对应的有机化合物的名称、结构式和实例，如表 3-6-1 所示。

表 3-6-1　有机化合物的官能团和相应化合物的名称及结构式

官能团名称及结构式	化合物种类名称及结构式	化合物举例
卤素原子　—X	卤代烃　R①—X	C_2H_5Cl(氯乙烷)
羟基　—OH	醇　R—OH	CH_3CH_2OH(乙醇)
	酚　Ar—OH	（苯环）—OH（苯酚）
醚基　—O—	醚　R—O—R①	$C_2H_5OC_2H_5$（乙醚）
醛基　—C(=O)—H	醛　R—C(=O)—H	H_3C—C(=O)—H（乙醛）
羰基　>C=O	酮　R—C(=O)—R′	CH_3—C(=O)—CH_3（丙酮）
氨基　—NH_2	胺　R—NH_2(伯胺)	CH_3NH_2(甲胺)
—NH—	R—N(—R′)—H	$(CH_3)_2NH$(二甲胺)
>N—	仲胺　R″—N(—R)—R′(叔胺)	$(CH_3)_3N$(三甲胺)
>N⊕<	季铵盐(碱)　R—N⊕(R′)(R‴)—R″	$(CH_3)_4\overset{+}{N}Cl$(氯化四甲胺)

续表

官能团名称及结构式	化合物种类名称及结构式（季胺）	化合物举例
羧基 $-C(=O)OH$	酸 $R-C(=O)OH$	$CH_3C(=O)OH$（乙酸或醋酸）
酯基 $-C(=O)OR'$	酯 $R-C(=O)OR'$	$CH_3C(=O)OC_2H_5$（乙酸乙酯）
酰胺基 $-C(=O)NH_2$	酰胺 $R-C(=O)NH_2$	$H_2C-C(=O)NH_2$（乙酰胺）
	$R-C(=O)NHR'$	$H_3C-C(=O)NHCH_3$（乙酰N—甲胺）
氰基 $-C\equiv N$	腈 $R-C\equiv N$	$CH_2=CHCN$（丙烯腈）

① R代表开链烷烃，Ar代表芳香烃基。

（三）有机化合物系统命名法的三条原则

有机化合物的命名方法很多，通常用系统命名法，系统命名法的主要原则有三条。

（1）首先根据化合物中主要官能团确定母体，用含该官能团的特定名称命名之。次要官能团作取代基。如：

$$CH_3-CH(NH_2)-COOH$$

—COOH为主要官能团，定为母体，称为酸；$-NH_2$为取代基，称为氨基。

（2）选择含主要官能团的最长的碳链为主链，当主链上C原子数少于或等于10个时，C原子的数目用天干数字甲、乙、丙、…、壬、癸表示，当主链上碳原子数超过10个时，直接用数字表示。主链需要编号，编号原则是主要官能团所在碳原子的序号应最小，所以上述有机化合物主链碳原子编号为

$$\overset{3}{C}H_3-\overset{2}{C}H(NH_2)-\overset{1}{C}OOH$$　命名为2－氨基丙酸

（3）支链也作为取代基，其位置用主链上与其相连的C原子的序号表示。苯环上取代基的位置也用序号表示，编号顺序首先考虑主要官能团，使其序号最小。其次是取代基，使它们的序号之和最小。对于芳香族化合物而言也可以用取代基位于主要官能团的邻位、间位或对位位置表示，英文字母o、m、p分别代表邻、间、对位。例如：

$$\underset{4}{C}H_2=\underset{3}{C}(CH_3)-\underset{2}{C}H_2-\underset{1}{C}(=O)OCH_3$$　称为3－甲基3－丁烯酸甲酯

O_2N—（4）苯环（1）—OH，2位 NO_2　称为2，4－二硝基苯酚（或σ，p－二硝基苯酚）

二、有机化合物的主要反应

（一）取代反应

取代反应是指有机化合物中H原子被其他原子或原子团［如—X（卤素）、$-NO_2$（硝基）、$-SO_3H$（磺酸基）等］取代的反应。例如：

$$CH_4+Cl_2\xrightarrow{\text{日光}}CH_3Cl+HCl$$

此取代反应的产物还可进一步取代，生成二取代、三取代、四取代的产物。若控制CH_4和Cl_2的比例，可以使主要产物为一取代或四取代。卤素的取代反应亦可称为卤化反应。又如：

$$C_6H_6+HNO_3(l)\longrightarrow C_6H_5-NO_2+H_2O$$

硝基（$-NO_2$）的取代反应亦可称为硝化反应。

（二）消去反应

消去反应是指从有机化合物分子中消去一个小分子（如HCl、H_2O等），生成双键的反应。例如：

$$CH_2(H)-CH_2(OH)\xrightarrow[160\sim180^\circ C]{\text{浓}H_2SO_4}CH_2=CH_2+H_2O$$

$$CH_3-CH(H)-CH_2(Cl)+NaOH\xrightarrow{\text{醇作溶剂}}CH_3-CH=CH_2+H_2O+NaCl$$

（三）加成反应

含有重键（双键或三键，又称不饱和键）的有机化合物易发生加成反应。即重键中的π键断开，形成两个新的单键，结合两个原子或基团。如加H_2、X_2（卤素）、HX（卤化氢）等，以及同类分子间因加成而产生聚合。如：

$$CH_3-CH=CH_2+BR_2\xrightarrow{CCl_4}CH_3-CH(Br)-CH_2(Br)$$

$$CH\equiv CH+HCN\rightarrow CH_2=CH-CN\text{（丙烯腈）}$$

$$nCH_2=CH_2\xrightarrow{Al(C_2H_5)_3+TiCl_4}\!\left[CH_2-CH_2\right]_n\text{（聚乙烯）}$$

结构不对称的烯烃与极性分子（如H_2O、HCl）加成时，后者分子中带有正电的部分加到双键上H较多的碳原子上，这称为马氏规则。例如：

$$CH_3-CH=CH_2+H_2O\longrightarrow CH_3-CH(OH)-CH_3$$

不仅是烯烃和炔烃，其他含重键的化合物，如醛、酮、腈等也可以发生加成反应。

（四）缩合反应

反应物分子间相互作用，在脱去水、卤化氢等小分子的同时，其骨架的剩余部分（残基）彼此结合，生成新的有机化合物的反应叫缩合反应。以下四种反应都属于缩合反应。

1. 酯化反应

酸（有机酸、无机酸）和醇在催化剂作用下，失去水生成酯。例如：

$$CH_3-C(=O)OH+HO-CH_2-CH_3\xrightarrow{H^+}CH_3-C(=O)OCH_2CH_3$$

2. 醚化反应

二个醇分子在浓硫酸作用下，失去水，生成醚。如：

$$CH_3CH_2-OH+H-OCH_2CH_3\xrightarrow[413K]{H_2SO_4}CH_3CH_2OCH_2CH_3+H_2O$$

3. 置换反应

R－X 卤化物和 NaCN、NaOH 或 NaOR（醇钠）缩去 NaX，生成腈、醇和醚。如：

$CH_3CH_2Cl + NaCN \longrightarrow CH_3CH_2CN$(丙腈)$+ NaCl$

$CH_3CH_2Cl + NaOH \longrightarrow CH_2CH_2OH$(乙醇)$+ NaCl$

$CH_3CH_2Cl + NaOCH_2CH_3 \longrightarrow$

$CH_3CH_2OCH_2CH_3$(乙醚)$+ NaCl$

4. 酰胺化反应

酸、酰卤（$R-C(=O)-X$）、酸酐（$R-C(=O)-O-C(=O)-R$）与含有 H 原子的胺（如伯胺、仲胺）或氨作用，失去一些小分子（如 H_2O、H—X、$R-C(=O)-OH$）生成酰胺的反应。

如：

$CH_3-C(=O)-OH + H_2NCH_3 \longrightarrow CH_3-C(=O)-NHCH_3$（N－甲基乙酰胺）$+ H_2O$

$CH_3-C(=O)-Cl + H_2NCH_2CH_3 \longrightarrow CH_3-C(=O)-NHCH_2CH_3$（N－乙基乙酰胺）$+ HCl$

$[CH_3-C(=O)]_2O + H_2NCH_3 \longrightarrow CH_3-C(=O)-NHCH_3 + CH_3-C(=O)-OH$

(五) 氧化反应

有机化学中广义的氧化反应是指化合物与 O 原子结合或分子中失去 H 的反应。这些反应都使有机化合物中 C 原子的化合价（严格地讲是氧化数）升高。这里主要介绍有机化合物在氧化剂的作用下，生成含氧（或含氧量更多）的化合物的反应。

烷烃、烯烃、炔烃、醇、醛、酮等各类化合物在不同条件下，发生氧化反应，生成不同程度的氧化产物（如醇、醛、酮、酸和 CO_2 等）。

如：$CH_4 + 2O_2 \longrightarrow CO_2 + 2H_2O$

$CH_3-CH=CH_2 + 2KMnO_4 + 4H_2O \rightarrow$

$CH_3-CH(OH)-CH_2(OH) + 2MnO_2 + 2KOH$

$5CH_3C\equiv C-CH_3 + 8KMnO_4 + 24HCl \rightarrow$

$10CH_3COOH + 8MnCl_2 + 8KCl + 12H_2O$

$C_6H_5-CH_3 + 2KMnO_4 + 2HCl \longrightarrow$

$C_6H_5-COOH + 2MnO_2 + 2KCl + 2H_2O$

苯环一般不易发生因氧化反应而导致开环或解体。

$RCHO + 2[Ag(NH_3)_2]OH \longrightarrow$

$RCOONH_4 + 2Ag\downarrow + 2NH_3 + H_2O$　（银镜反应）

$RCHO + 2Cu(OH)_2 + NaOH \longrightarrow$

$RCOONa + Cu_2O\downarrow$(红色)$+ 2H_2O$

三、某些典型有机化合物的性质和用途

某些典型有机化合物的分子式、性质及用途如表 3－6－2 所示。

表 3－6－2　典型有机化合物的分子式、性质及用途

名称	分子式	性 质 及 用 途
甲烷	CH_4	是最简单的饱和烷烃，能发生卤化及氧化反应。主要用作能源及化工原料
乙炔	$HC\equiv CH$	是最简单的炔烃。具有炔烃的典型性质，可发生加成、水解、取代、氧化、聚合等反应。主要用途是用作基本化工原料及高聚物单体，并可用于乙氧焰切割及气焊
苯	（C_6H_6）	是最基本的芳香烃。具有芳香烃的典型性质，能发生取代、氧化反应。主要用途是用作基本化工原料及优质溶剂
甲苯	$C_6H_5-CH_3$	是取代芳香烃，具有芳香烃及取代烷烃的典型性质，可在苯环及—CH_3 基上发生取代反应、氧化反应。主要用途为基本化工原料及工业溶剂
乙醇	CH_3CH_2OH	是典型的醇类，具有醇类的各种典型性质，易发生脱水生成烯烃，亦可氧化为醛（酮）或羧酸甚至 CO_2，亦可发生取代、酯化、醚化，还可发生缩合反应，是一种重要的基本化工原料，也是一种良好的溶剂，还可作燃料，或作医用消毒剂
苯酚	C_6H_5-OH	兼具芳香族化合物及酚类特征，苯环上能发生典型的芳香环反应（如取代、氧化等）及酚、醇类的反应（如具有酸碱性，能发生酸化及醚化反应）。主要用作基本化工原料、聚合单体、溶剂及防腐消毒剂等
乙醛	$CH_3C(=O)-H$	是典型的一种醛，具有醛类的特性，其典型反应是可被氧化成羧酸或 CO_2，也可被还原成醇，再脱水成烯烃。乙醛是重要的化工合成原料，是合成高聚物的单体
乙酸	$CH_3C(=O)-OH$	俗称醋酸（亦可写做 HAc）。是一种重要的有机低碳羧酸。具有有机羧酸的典型性质，可还原成醇，亦可脱水成酸酐，还可进一步氧化为 CO_2。可与醇、胺、卤素作用生成酯或酰胺、酰卤等；还可在—CH_3 基上发生取代，生成卤代酸、氨基酸等并继而发生缩合和缩聚反应。可用作基本有机原料，醋酸—醋酸钠混合液是常用的缓冲溶液。醋酸还是食用调味品——醋的主要成分，也可用于环境杀菌消毒

续表

名称	分子式	性质及用途
乙酸乙酯	$CH_3C(=O)—OC_2H_5$	是一种重要的低碳有机酯类，具有酯类的典型性质，最重要的反应有水解反应、皂化反应、取代反应及缩聚反应等。主要用途是作为有机合成原料、高聚物单体，也是良好的有机溶剂
乙胺	$CH_3CH_2—NH_2$	是一种重要的低碳脂肪胺，具有胺类的典型性质，具有碱性及给电子性，是一种常用的有机碱类，也是优良的配体，能与多种金属离子生成配合物。乙胺可用作合成仲胺、叔胺和季胺盐的原料，可起酰胺化反应，还可起缩合反应和重氮化反应。主要用途是作为有机合成的原料、溶剂络合剂（即配体）、有机碱等
苯胺	$C_6H_5—NH_2$	是一种最基本的芳香胺，能起芳香烃及胺类的一些典型反应，如苯环的取代，$—NH_2$ 基的酰胺化及重氮化反应，特别是苯胺的重氮化反应可得相应的重氮盐，进而得到偶氮苯及其衍生物。苯胺及其重氮盐和偶氮化合物是重要的有机合成原料，特别是合成染料的基本原料

四、有机高分子化合物的基本概念

(一) 链节、聚合度

有机高分子化合物的相对分子质量很大，一般摩尔相对分子质量大于 1000g/mol，有的达到几万、十几万、几十万不等。但是它们的分子的化学组成比较简单，是由一些简单的结构单元多次重复而成。这种结构单元叫做链节。链节重复的次数叫作聚合度。例如，天然橡胶的分子是由链节 $—CH_2—C(CH_3)=CH—CH_2—$ 多次重复而成，天然橡胶分子式可写成

$$\left[CH_2—C(CH_3)=CH—CH_2 \right]_n$$

n 为聚合度。

在合成高分子化合物时，合成得到的高分子化合物的相对分子质量不可能像低分子有机化合物那样，具有完全相同的相对分子质量。高分子化合物实际是由链节相同、聚合度不同的同系物组成的混合物。实验测得的高分子化合物的聚合度是平均聚合度，相对分子质量是平均相对分子质量。

计算公式如下：

$$\overline{M}=m\times\overline{N}$$

式中：$\overline{M}$为平均相对分子质量；m 为链节的相对摩尔质量；$\overline{N}$为平均聚合度。

(二) 高分子化合物分子的几何形状

高分子化合物的分子形状可分为三种：线形、支链形和体形，见图 3-6-1。

线形高分子化合物的长度是直径的几万倍，这些分子链很柔顺，通常是卷曲或不规则的线圈状态。

有些高分子化合物在分子主链上连接了一些较短的侧链（支链），支链的长度和数量可以不同，这就是支链形高分子化合物。

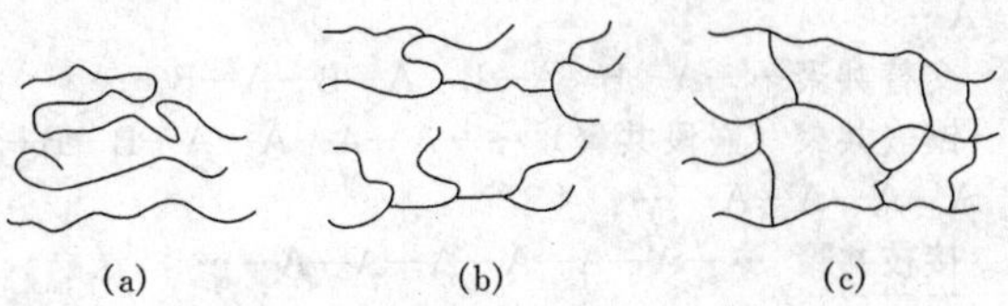

图 3-6-1 高分子的分子形状示意图
(a) 线形；(b) 支链形；(c) 体形

体形高分子是在线形或支链形高分子的分子链之间，以化学键联结起来（称为交联），形成空间网状结构。

高分子化合物的一些物理性质与其分子的几何形状有密切关系。线形和支链形高分子化合物一般可溶于适当溶剂，受热可以熔融，可以反复加热和冷却，具有热塑性；体形高分子化合物中，交联程度小的，受热时可以软化，但不能熔融。加入适当的溶剂可使其溶胀，但不能溶解。交联程度大的高分子化合物不溶和不熔。这类高分子化合物的成型加工，只能在其交联形成网状结构之前进行，一旦交联成为网状结构，就不能再改变形状，具有热固性。

线形、支链形高分子化合物分子链较长，它们一般不能像低分子那样排列整齐，形成晶体。大部分为非晶区，只有一些排列较齐的部分称为晶区。晶区含量很少的为非晶型高分子化合物；晶区含量较多的（约占 70%以上）为结晶型高分子。

(三) 合成高分子化合物的主要反应

合成高分子化合物的原料称为单体。合成高分子化合物的反应主要有二类：加成聚合反应（简称加聚反应）和缩合聚合反应（简称缩聚反应）。因此高分子化合物又叫高聚物。

1. 加成聚合反应

一般进行加成聚合反应的单体是含有重键的低分子有机化合物。加聚反应通常是游离基型（游离基是含单电子的物质。很活泼，不稳定，易发生反应。）连锁反应。它包括链的引发、链的生长和链的终止三步。

加聚反应可表示为

$$n\,CH_2=CH(Cl) \xrightarrow{\text{引发剂}} \left[CH_2—CH(Cl) \right]_n$$

加聚反应在几秒内即可完成。加聚反应合成的高聚物中链节的化学组成和原料单体的组成相同，但结构不同。

2. 缩合聚合反应

缩聚反应的单体必须含有二个或二个以上可发生缩合反应的官能团（或可反应的原子）。故缩合反应向二维或三维方向延伸，形成高分子化合物。这类高聚物的链节的化学组成和单体的化学组成不相同，因为反应时要失去小分子。

例如己二酸和己二醇缩合生成聚己二酸己二酯（聚酯）的反应。

3. 均聚和共聚

由一种单体加聚而成的高聚物叫均聚物，这种聚合反应叫均聚。由两种或多种单体加聚而成的高聚物叫共聚物，这种聚合反应叫共聚。

ABS 是最典型的共聚物。它是丙烯腈、丁二烯、苯乙烯三种单体的共聚物。

在共聚物中有不同的链节，根据不同链节排列情况，共聚物可分为如下四种：

无规共聚 …—A—A—A—B—B—A—A—B—B—B—

B—A…

交替共聚…—A—B—A—B—A—B—A—B—…

镶嵌共聚（嵌段共聚）…—A—A—A—A—B—B—B—B—A—A—A—A—…

接枝共聚　…—A—A—A—A—A—A—…

```
            |         |
            B         B
            |         |
            B         B
            |         |
            B         B
```

共聚类型不同，分子的微观结构不同，性能也不同。

五、有机高分子化合物的三种力学状态和一般共性

（一）高分子链的内旋转和柔性

在大多数高分子链中存在着许多单键，单键是 σ 键，形成 σ 键的原子可绕键轴旋转。高分子链中所有的 σ 键都可以绕键轴旋转，这就是内旋转，见图3-6-2。因此，高分子链有柔性（柔顺性）。

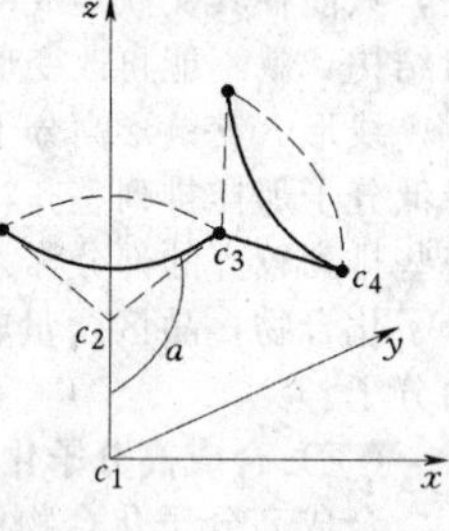

图 3-6-2　链节的旋转

（二）线形非晶态高分子化合物的柔性和弹性

线形非晶态高分子有多重运动单元。这是因为高分子链很长，除了高分子链是一个运动单元外，由若干个链节组成的链段也是一个个运动单元，这与小分子只有一个运动单元不同。由于这些链段的转动使线形非晶态高分子化合物具有柔性和弹性。

（三）线形非晶态高分子化合物的三种力学状态

线形非晶态高分子化合物在不同温度下处于不同的力学状态（参见图3-6-3），在受力时发生形变的特点不同。

（1）当温度不高时，在受到一定的应力作用时，高分子的链段只发生微小的伸缩和转动，去掉应力后链段将恢复原形。这种形变是"普弹形变"，像玻璃受力发生形变一样，这种力学状态叫玻璃态。

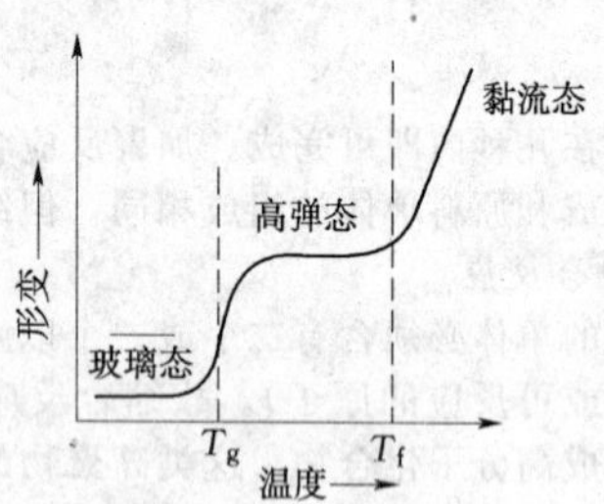

图 3-6-3　线形非晶态高分子化合物的力学状态与温度的关系

（2）升高温度，当温度超过一定值 T_g（玻璃化温度）时，高分子化合物的链段可以作较大程度旋转。这时，高分子化合物在应力作用下，形变率很大。若应力取消后，分子链中链段恢复原位。这种形变叫"高弹形变"，相应的力学状态即称为高弹态。

（3）再升高温度，当温度超过 T_f（黏流化温度）后，不仅高分子链中链段开始旋转，而且整个高分子链也开始发生位移，这时高分子化合物变成黏流液体。若把应力去掉，高分子链发生的形变不可逆转，这种力学状态即称为黏流态。

（四）三种力学状态的温度

高分子化合物的玻璃态温度区间是 $T_e \rightarrow T_g$。T_e 叫脆化温度，此时温度较低，高分子化合物很脆，在应力作用下无承受能力。高分子化合物的高弹态温度区间是 $T_g \rightarrow T_f$。高分子化合物的黏流态温度区间是 $T_f \rightarrow T_d$，T_d 是分解温度。高分子化合物的分子量很大，并且分子间相互缠绕，因此分子间作用力很大，可与化学键在同一数量级上，因此，当温度升高到一定程度下，高分子化合物尚未汽化前，它的共价键已经断裂，发生分解反应。

常温下处在玻璃态的高分子化合物称为塑料、纤维。T_e 越低，T_g 越高，塑料、纤维的使用温度范围越大。常温下处在高弹态的高分子化合物称为橡胶。T_g 越低、T_f 越高，橡胶的使用温度范围越大。常温下处于黏流态的高分子化合物称为流动性树脂。

结晶型、体形高分子化合物的力学状态与线形非晶态高分子化合物不同，它们一般无高弹态，体形高分子化合物亦无黏流态。

（五）高分子化合物一般共性

（1）密度小，相对密度轻。

（2）有可塑性，有的还有高弹性。

（3）是热、电的不良导体。

（4）化学稳定性好，耐腐蚀。

（5）溶解性服从相似相溶原则，随聚合度的提高，特别是交联程度增加，其溶解性迅速降低。

（6）强度和硬度不及金属材料，但比较度大。

六、几种重要高分子合成材料

（一）塑料

在一定温度和压力下可塑制成型的高分子合成材料称为塑料。

合成高分子化合物是塑料的主要成分，决定着塑料的类型和基本性能，此外还含有一些添加剂如填料、增强剂、增塑剂、稳定剂、润滑剂、色料、发泡剂、抗静电剂等。

塑料根据受热后性能的不同分为热塑性塑料和热固性塑料，前者的基料是线形或支链形高分子化合物，具有热塑性，可以反复加热成型。后者的基料是体形高分子化合物，具有热固性，只能一次加热成型，不能反复加工。塑料也可以根据用途不同分为通用塑料、工程塑料等。

1. 通用塑料

通用塑料是指应用范围广，产量大的塑料，主要有以下几种。

热塑性塑料：

①聚氯乙烯（PVC）$\left[CH_2—\underset{Cl}{CH} \right]_n$ 主要用做建筑管道、化工输送管道、农用薄膜等。

②聚苯乙烯（PS）$\left[CH_2—CH \right]_n$ 主要用做玩具、电器

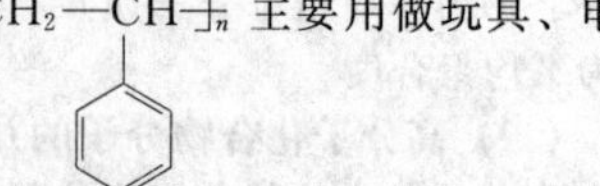

外壳、泡沫塑料及防震、隔音、隔热保暖材料。

③聚烯烃，如聚乙烯（PE）$\left[CH_2=CH_2 \right]_n$ 主要用做各种输送软管、食品包装材料等。

2. 工程塑料

工程塑料指有特种性能和特殊用途的塑料，如以下几种。

（1）聚甲醛（POM）$\{CH_2=O\}_n$ 用做汽车轴承、喷雾器喷嘴、自来水管、煤气管、阀门及泵体等。

（2）聚酰胺（PA 尼龙）

$$\left[\overset{\displaystyle O}{\overset{\|}{C}} - (CH_2)_4 - \overset{\displaystyle O}{\overset{\|}{C}} - NH - (CH_2)_6 - NH \right]_n$$

，尼龙 66，主要用做化纤，亦作缆绳，轴承等。

（3）聚碳酸酯（PC）

$$\left[O - C_6H_4 - C(CH_3)_2 - C_6H_4 - O - \overset{\displaystyle O}{\overset{\|}{C}} \right]_n$$

，可用做信号灯罩、汽车和飞机的挡风玻璃、驾驶员头盔等。

（4）聚甲基丙烯酸甲酯 $\left[CH_2 - \underset{\displaystyle COOCH_3}{\overset{\displaystyle CH_3}{C}} \right]_n$，俗称有机玻璃，用于各种光学透镜、光学仪器及光纤等。

（5）ABS 塑料，由丙烯腈、丁二烯和苯乙烯共聚而成。广泛用于电信器材、汽车和飞机零部件等。

（二）合成橡胶

橡胶是在室温下处于高弹态的高分子材料。橡胶的主要原料是线形高聚物，此外还需加入添加剂如硫化剂（把线形高聚物变成轻度网状结构的高聚物）、促进剂、助促进剂、填充剂、防老剂、软化剂等。

橡胶可分为通用橡胶和特种橡胶两大类。

1. 通用橡胶

如丁苯橡胶是由丁二烯和苯乙烯共聚的产物。

异戊橡胶由氯丁二烯均聚而成。

丁腈橡胶是丁二烯与丙烯腈的共聚物。

2. 特种橡胶

特种橡胶是生产量相对较少而有特殊用途的橡胶。

硅橡胶是二甲基二氯硅烷的均聚物。

氟橡胶（共聚物）是四氟乙烯与六氟丙烯等的共聚物。

（三）合成纤维

合成纤维是指可加工成纤维使用的合成高分子材料，一般具有以下特性：

（1）是线形高分子化合物；

（2）高分子化合物的聚集状态既要有晶区，又要有非晶区；

（3）高分子化合物的分子量分布要比较窄，即分子量大小不能相差太大；

（4）分子键之间作用力比较大，高分子链上要有极性基团，最好有可形成氢键的—OH 羟基或—NH—氨基。

常用的合成纤维有涤纶（聚酯—对苯二甲酸乙二酯）、锦纶（聚酰胺—尼龙）、腈纶（聚丙烯腈）、氯纶（聚氯乙烯）、丙纶（聚丙烯）等。

此外，重要的合成高分子材料还有合成胶粘剂、涂料、树脂等。

第四章　工　程　数　学

第一节　线 性 代 数

一、行列式

（一）n 阶行列式

设 a_{ij}（$i=1, \cdots, n$；$j=1, \cdots, n$）是 n^2 个实数，按如下排列，记号

$$\begin{vmatrix} a_{11} & a_{12} & \cdots & a_{1n} \\ a_{21} & a_{22} & \cdots & a_{2n} \\ \vdots & \vdots & & \vdots \\ a_{n1} & a_{n2} & \cdots & a_{nn} \end{vmatrix}$$

称为 n 阶行列式。为了方便，也简单记作 D_n。每个 n 阶行列式都对应一个数，这个数称为行列式的值。在不致引起混淆时，行列式的值就称为行列式。

用递推法来定义行列式的值如下：

在 n 阶行列式中，考虑元素 a_{ij}。把 a_{ij} 所在的第 i 行与第 j 列划去，剩下 $(n-1)^2$ 个元素构成一个 $n-1$ 阶行列式

$$M_{ij}=\begin{vmatrix} a_{1,1} & \cdots & a_{1,j-1} & a_{1,j+1} & \cdots & a_{1,n} \\ \vdots & & \vdots & \vdots & & \vdots \\ a_{i-1,1} & \cdots & a_{i-1,j-1} & a_{i-1,j+1} & \cdots & a_{i-1,n} \\ a_{i+1,1} & \cdots & a_{i+1,j-1} & a_{i+1,j+1} & \cdots & a_{i+1,n} \\ \vdots & & \vdots & \vdots & & \vdots \\ a_{n,1} & \cdots & a_{n,j-1} & a_{n,j+1} & \cdots & a_{n,n} \end{vmatrix}$$

称 M_{ij} 为 n 阶行列式中对应于元素 a_{ij} 的余子式。记号

$$A_{ij}=(-1)^{i+j}M_{ij}$$

称 A_{ij} 为 n 阶行列式中对应于元素 a_{ij} 的代数余子式。给定 n 阶行列式，它共有 n^2 个余子式，n^2 个代数余子式。

n 阶行列式的值定义为

$$\Delta(a_{ij})=\begin{cases} a_{11}, & \text{当 } n=1 \\ a_{11}A_{11}+a_{12}A_{12}+\cdots+a_{1n}A_{1n}, & \text{当 } n\geqslant 2 \end{cases}$$

这里用第一行的元素与其对应的代数余子式乘积和来规定行列式的值。行列式的性质将表明，这可以推广到任意一行或任意一列。

由行列式的定义得到：

1 阶行列式 $|a_{11}|=a_{11}$（注意不要与绝对值的记号混淆）

2 阶行列式 $\begin{vmatrix} a_{11} & a_{12} \\ a_{21} & a_{22} \end{vmatrix}=a_{11}|a_{22}|+a_{12}(-1)^{1+2}|a_{21}|=a_{11}a_{22}-a_{12}a_{21}$。

3 阶行列式 $\begin{vmatrix} a_{11} & a_{12} & a_{13} \\ a_{21} & a_{22} & a_{23} \\ a_{31} & a_{32} & a_{33} \end{vmatrix}=a_{11}\begin{vmatrix} a_{22} & a_{23} \\ a_{32} & a_{33} \end{vmatrix}+a_{12}(-1)^{1+2}\begin{vmatrix} a_{21} & a_{23} \\ a_{31} & a_{33} \end{vmatrix}+a_{13}(-1)^{1+3}\begin{vmatrix} a_{21} & a_{22} \\ a_{31} & a_{32} \end{vmatrix}=a_{11}(a_{22}a_{33}-a_{23}a_{32})-a_{12}(a_{21}a_{33}-a_{23}a_{31})+a_{13}(a_{21}a_{32}-a_{22}a_{31})$

（二）若干特殊行列式的值

（1）对角行列式。

如果行列式仅主对角线（即 a_{11}，a_{22}，…，a_{nn} 连线）上

元素可能非零，则此行列式的值等于主对角线上元素之积，即

$$\begin{vmatrix} a_{11} & & & 0 \\ & a_{22} & & \\ & & \ddots & \\ 0 & & & a_{nn} \end{vmatrix} = \prod_{i=1}^{n} a_{ii}$$

(2) 上（下）三角行列式。

如果行列式中元素仅当 $i \leqslant j$ 时 a_{ij} 可能非零，则此行列式称为上三角行列式，它的值等于主对角线上元素之积，即

$$\begin{vmatrix} a_{1,1} & a_{1,2} & \cdots & a_{1,n-1} & a_{1,n} \\ 0 & a_{2,2} & \cdots & a_{2,n-1} & a_{2,n} \\ \vdots & \vdots & \vdots & \vdots & \vdots \\ 0 & 0 & \cdots & a_{n-1,n-1} & a_{n-1,n} \\ 0 & 0 & \cdots & 0 & a_{n,n} \end{vmatrix} = \prod_{i=1}^{n} a_{ii}$$

类似地，如果行列式中元素仅当 $i \geqslant j$ 时 a_{ij} 可能非零，则此行列式称为下三角行列式，它的值仍等于主对角线上元素之积 $\prod_{i=1}^{n} a_{ii}$。

(3) 次对角行列式。

如果行列式仅次对角线（即 $a_{1,n}$，$a_{2,n-1}$，…，$a_{n,1}$ 连线）上元素可能非零，那么

$$\begin{vmatrix} 0 & & & a_{1,n} \\ & & a_{2,n-1} & \\ & \ddots & & \\ a_{n,1} & & & 0 \end{vmatrix} = (-1)^{\frac{1}{2}n(n-1)} a_{1,n} a_{2,n-1} \cdots a_{n,1}$$

(三) 行列式的性质

1. 行列式的基本性质

性质 1：对调行列式中任意两行或任意两列一次，则行列式的值改变符号，记号 $r_i \leftrightarrow r_j$ 表示第 i 行与第 j 行对调，记号 $c_i \leftrightarrow c_j$ 表示第 i 列与第 j 列对调。

性质 2：用常数 k 乘行列式中某一行或某一列的全体元素，则行列式的值等于 k 乘原行列式的值，记号 kr_i 表示第 i 行乘常数 k，记号 kc_j 表示第 j 列乘常数 k。

性质 3：把行列式的某一行（列）的全体元素乘常数后加到另一行（列）的对应元素上，则行列式的值不变。例如，以常数 k 乘第 i 行后加到第 j 行上（记作 $kr_i + r_j$），有

$$\begin{vmatrix} a_{11} & \cdots & a_{1n} \\ \vdots & \vdots & \vdots \\ a_{i1} & \cdots & a_{in} \\ \vdots & \vdots & \vdots \\ a_{j1} & \cdots & a_{jn} \\ \vdots & \vdots & \vdots \\ a_{n1} & \cdots & a_{nn} \end{vmatrix} \underline{\underline{kr_i + r_j}} \begin{vmatrix} a_{11} & \cdots & a_{1n} \\ \vdots & \vdots & \vdots \\ a_{i1} & \cdots & a_{in} \\ \vdots & \vdots & \vdots \\ a_{j1} + ka_{i1} & \cdots & a_{jn} + ka_{in} \\ \vdots & \vdots & \vdots \\ a_{n1} & \cdots & a_{nn} \end{vmatrix}$$

其中 $i \neq j$。

2. 行列式的其他性质

(1) 如果行列式中某行（列）元素全是 0，则行列式的值为 0。

(2) 如果行列式中有两行（列）元素对应相等，则行列式的值为 0。

(3) 如果行列式中有两行（列）元素对应成比例，则行列式的值为 0。

(4) 行列式经过“转置”后，其值不变，转置行列式记作 D^{T}，其意义是把原行列式 D 的第 i 行元素作为 D^{T} 的第 i 列元素，且不改变次序，$i=1, \cdots, n$，即

$$D = \begin{vmatrix} a_{11} & a_{12} & \cdots & a_{1n} \\ a_{21} & a_{22} & \cdots & a_{2n} \\ \vdots & \vdots & \vdots & \vdots \\ a_{n1} & a_{n2} & \cdots & a_{nn} \end{vmatrix}$$

$$D^{T} = \begin{vmatrix} a_{11} & a_{21} & \cdots & a_{n1} \\ a_{12} & a_{22} & \cdots & a_{n2} \\ \vdots & \vdots & \vdots & \vdots \\ a_{1n} & a_{2n} & \cdots & a_{nn} \end{vmatrix}, \text{且 } D^{T} = D$$

(5) 如果行列式中某一行（列）上的元素都可以表示成两数之和，例如 D 的第 i 行元素都是两数之和，即

$$D = \begin{vmatrix} a_{11} & \cdots & a_{1n} \\ \vdots & \vdots & \vdots \\ a_{i1} + a'_{i1} & \cdots & a_{in} + a'_{in} \\ \vdots & \vdots & \vdots \\ a_{n1} & & a_{nn} \end{vmatrix}$$

则 D 等于下列两个行列式之和，即

$$D = \begin{vmatrix} a_{11} & \cdots & a_{1n} \\ \vdots & & \vdots \\ a_{i1} & \cdots & a_{in} \\ \vdots & \vdots & \vdots \\ a_{n1} & \cdots & a_{nn} \end{vmatrix} + \begin{vmatrix} a_{11} & \cdots & a_{1n} \\ \vdots & \vdots & \vdots \\ a'_{i1} & \cdots & a'_{in} \\ \vdots & \vdots & \vdots \\ a_{n1} & \cdots & a_{nn} \end{vmatrix}$$

使用这个性质时要注意，如果行列式 D 的全体元素都可以表示成两数之和；则 D 等于 2^n 个行列式之和。

(6) 行列式中任意一行（列）的元素与其对应的代数余子式的乘积之和等于行列式的值，即对任意的 $i=1, \cdots, n$

$$a_{i1}A_{i1} + a_{i2}A_{i2} + \cdots + a_{in}A_{in} = D$$

对任意的 $j=1, \cdots, n$

$$a_{1j}A_{1j} + a_{2j}A_{2j} + \cdots + a_{nj}A_{nj} = D$$

这个性质是行列式值定义的推广。这将给具体计算行列式提供方便。

(7) 行列式中任意一行（列）的元素与另一行（列）元素的代数余子式的乘积之和总是等于 0，即对任意 i，$j=1, \cdots, n$，且 $i \neq j$

$$a_{i1}A_{j1} + a_{i2}A_{j2} + \cdots + a_{in}A_{jn} = 0$$

$$a_{1i}A_{1j} + a_{2i}A_{2j} + \cdots + a_{ni}A_{nj} = 0$$

(四) n 阶行列式的计算

当 $n \leqslant 3$ 时，称行列式为低阶行列式；当 $n \geqslant 4$ 时，称行列式为高阶行列式。

1. 低阶行列式的计算

低阶行列式也可以用计算高阶行列式的方法，但通常还是用“对角线法则”比较方便。

(1) 2 阶行列式

$$\begin{vmatrix} a_{11} & a_{12} \\ a_{21} & a_{22} \end{vmatrix} = a_{11}a_{22} - a_{12}a_{21}$$

(2) 3 阶行列式

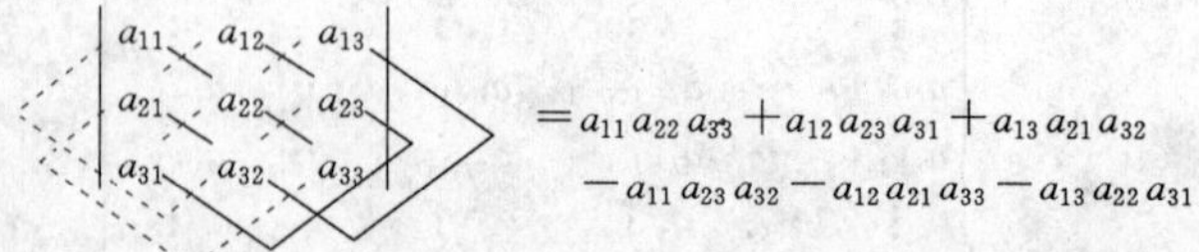

$$= a_{11}a_{22}a_{33} + a_{12}a_{23}a_{31} + a_{13}a_{21}a_{32} - a_{11}a_{23}a_{32} - a_{12}a_{21}a_{33} - a_{13}a_{22}a_{31}$$

2. 高阶行列式的计算

高阶行列式一般用递推的行列式定义来计算。首先利用行列式的性质把某行（列）上的元素尽可能多地化成0，通常只保留一个非零元素（特殊情况下也可以保留两个非零元素），这时，一个 n 阶行列式就“降阶”为一个 $n-1$ 阶行列式。

二、矩阵

矩阵是学习线性代数的基本工具。

（一）矩阵及其分类

设 $a_{ij}(i=1,\cdots,m,\ j=1,\cdots,n)$ 是 mn 个实数，按如下排列，记号（也可以用圆括号）

$$A=\begin{bmatrix} a_{11} & a_{12} & \cdots & a_{1n} \\ a_{21} & a_{22} & \cdots & a_{2n} \\ \vdots & \vdots & \vdots & \vdots \\ a_{m1} & a_{m2} & \cdots & a_{mn} \end{bmatrix}$$

称为 $m\times n$ 矩阵。为了方便，也简单记作 $(a_{ij})_{m\times n}$ 或 (a_{ij})。实数 a_{ij} 称为矩阵 A 的第 i 行第 j 列元素，或 A 的 (i,j) 元。

当 $m=n$ 时，A 称为 n 阶方阵（或 n 阶矩阵）。一阶方阵 $[a_{11}]=a_{11}$。

当 $m=1$ 时，A 称为行矩阵或行向量。

当 $n=1$ 时，A 称为列矩阵或列向量。

如果两个矩阵 A、B 的行数相等且列数相等，那么称 A 与 B 是同型矩阵。如果 $A=(a_{ij})_{m\times n}$ 与 $B=(b_{ij})_{m\times n}$ 是同型矩阵，且对一切 $i=1,\cdots,m,\ j=1,\cdots,n$，都有 $a_{ij}=b_{ij}$，则称矩阵 A 与矩阵 B 相等，记作 $A=B$。

全体元素都是0的矩阵称为零矩阵，记作 $O_{m\times n}$ 或 O。实数0只有一个，但零矩阵有无穷多个，因为不同型的零矩阵是不相等的。

如果一个 n 阶方阵主对角线上的元素全相等，且其余元素都是0，则称这个方阵为数量阵（或纯量阵）。例如，数量阵

$$\begin{bmatrix} \lambda & & 0 \\ & \ddots & \\ 0 & & \lambda \end{bmatrix}$$

如果数量阵中主对角线上的元素全是1，则称这个数量阵为单位阵，记作 E_n 或 E。如果一个 n 阶方阵除主对角线上的元素外，其余元素都是0，则称这个方阵为对角阵。例如，对角阵

$$\begin{bmatrix} \lambda_1 & & 0 \\ & \ddots & \\ 0 & & \lambda_n \end{bmatrix}$$

n 阶零矩阵、数量阵与单位阵都是特殊的对角阵。

（二）矩阵的运算及其性质

1. 矩阵的加法

设矩阵 $A=(a_{ij})_{m\times n}$ 与 $B=(b_{ij})_{m\times n}$ 是同型矩阵。矩阵 A 与 B 相加记做 $A+B$，规定

$A+B=(a_{ij}+b_{ij})_{m\times n}$ 矩阵的加法满足：

（1）交换律 $A+B=B+A$。

（2）结合律 $(A+B)+C=A+(B+C)$。

当 $A+B=O$ 时，称 B 是 A 的负矩阵，记做 $B=-A$。

2. 数乘矩阵

设 λ 是一个常数，矩阵 $A=(a_{ij})_{m\times n}$。数 λ 与矩阵 A 的乘积记做 λA 或 $A\lambda$，规定

$$\lambda A=(\lambda a_{ij})_{m\times n}$$

数乘矩阵满足：

（1）交换律 $\lambda A=A\lambda$

（2）结合律 $\lambda(\mu A)=(\lambda\mu)A=\mu(\lambda A)$

（3）分配律 $(\lambda+\mu)A=\lambda A+\mu A$

$$\lambda(A+B)=\lambda A+\lambda B$$

负矩阵 $-A=(-1)A$；零矩阵 $O=0A$；数量阵可表示成 λE。

矩阵的加法与数乘运算合称为矩阵的线性运算。

3. 矩阵与矩阵相乘

设矩阵 $A=(a_{ij})_{m\times l}$，$B=(b_{ij})_{l\times n}$。矩阵 A 与 B 的乘积记做 AB，规定 AB 是一个 $m\times n$ 矩阵，$AB=(c_{ij})_{m\times n}$，其中 $c_{ij}=a_{i1}b_{1j}+a_{i2}b_{2j}+\cdots+a_{il}b_{lj}$，$i=1,\cdots,m,\ j=1,\cdots,n$ 这表明 AB 的 (i,j) 元等于左阵（即左边的矩阵 A）的第 i 行元素与右阵（即右边的矩阵 B）的第 j 列元素对应乘积之和。于是，要使矩阵相乘有意义，必须满足左阵的列数等于右阵的行数。

行向量乘矩阵后仍是行向量；矩阵乘列向量后仍是列向量。但是，交换次序相乘无意义。

矩阵与矩阵相乘满足：

（1）结合律 $(AB)C=A(BC)$

$$\lambda(AB)=(\lambda A)B=A(\lambda B)$$

（2）分配律 $A(B+C)=AB+AC$

$$(A+B)C=AC+BC$$

矩阵相乘不具有交换律，即一般 $AB\neq BA$。但是，如果 B 是一个数量阵，那么 $AB=BA$，即数量阵与任意一个同阶方阵具有可交换性，这里要求 A 为同阶方阵是为了保证乘法有意义。特殊地，当 A 是 $m\times n$ 阵时，

$$E_mA=AE_n=A$$

数与数相乘的性质不能简单地用到矩阵与矩阵的乘法。例如

$$AB=O\not\Rightarrow A=O \text{ 或 } B=O$$
$$AX=AY\not\Rightarrow X=Y$$

列向量（$m\times 1$ 矩阵）与行向量（$1\times n$ 矩阵）相乘是一个 $m\times n$ 矩阵

$$\begin{bmatrix} a_1 \\ \vdots \\ a_m \end{bmatrix}[b_1,\cdots,b_n]=\begin{bmatrix} a_1b_1 & a_1b_2 & \cdots & a_1b_n \\ a_2b_1 & a_2b_2 & \cdots & a_2b_n \\ \vdots & \vdots & & \vdots \\ a_mb_1 & a_mb_2 & \cdots & a_mb_n \end{bmatrix}$$

这个矩阵任意两行、任意两列对应成比例。行向量（$1\times n$ 矩阵）与列向量（$n\times 1$ 矩阵）相乘是一个数（即 1×1 矩阵）

$$[a_1,\cdots,a_n]\begin{bmatrix} b_1 \\ \vdots \\ b_n \end{bmatrix}=a_1b_1+a_2b_2+\cdots+a_nb_n$$

4. 方阵的幂

设 A 是一个方阵，记 A 的 k 次幂为 A^k（k 是正整数），规定

$$A^1=A,\ A^{k+1}=A^kA,\ k\geqslant 1$$

这表明 A 的幂 A^k 是 k 个 A 相乘。对一般的 $m\times n$ 矩阵（$m\neq n$）A，A 的幂无意义。

方阵的幂运算满足

$$A^kA^l=A^{k+l},\ (A^k)^l=A^{kl}$$

其中 k，l 是正整数。

值得注意的是，由于 $AB\neq BA$，因此，一般地

$$(AB)^k\neq A^kB^k, k\geqslant 2$$
$$(A+B)^2\neq A^2+2AB+B^2$$
$$(A+B)(A-B)\neq A^2-B^2$$

但是，如果 $\boldsymbol{B}$ 是数量阵，那么上述式子左右相等。例如，当 $\boldsymbol{B}=\lambda\boldsymbol{E}$ 时，

$$(\boldsymbol{A}+\boldsymbol{B})^k=\boldsymbol{A}^k+\sum_{i=1}^{k-1}C_k^i\boldsymbol{A}^{k-i}\boldsymbol{B}^i+\boldsymbol{B}^k$$

其中 k 是正整数。

设 n 阶方阵 $\boldsymbol{A}=\boldsymbol{\alpha\beta}$，其中 $\boldsymbol{\alpha}=\begin{bmatrix}a_1\\ \vdots\\ a_n\end{bmatrix}$，$\boldsymbol{\beta}=[b_1,\ \cdots,\ b_n]$，

记 $\boldsymbol{\beta\alpha}=c$，$c=\sum_{i=1}^{n}a_ib_i$，则

$$\boldsymbol{A}^k=(\boldsymbol{\alpha\beta})^k=(\boldsymbol{\alpha\beta})(\boldsymbol{\alpha\beta})\cdots(\boldsymbol{\alpha\beta})(\boldsymbol{\alpha\beta})=\boldsymbol{\alpha}(\boldsymbol{\beta\alpha})(\boldsymbol{\beta\alpha})\cdots(\boldsymbol{\beta\alpha})\boldsymbol{\beta}$$
$$=\boldsymbol{\alpha}(c^{k-1})\boldsymbol{\beta}=c^{k-1}(\boldsymbol{\alpha\beta})=c^{k-1}\boldsymbol{A}$$

这种形式的幂可以方便地计算。

5. 矩阵的转置

设 $\boldsymbol{A}$ 是 $m\times n$ 矩阵，记矩阵 $\boldsymbol{A}$ 的转置矩阵为 $\boldsymbol{A}^{\mathrm{T}}$，$\boldsymbol{A}^{\mathrm{T}}$ 是一个 $n\times m$ 矩阵，规定

$$\boldsymbol{A}=\begin{bmatrix}a_{11}&a_{12}&\cdots&a_{1n}\\a_{21}&a_{22}&\cdots&a_{2n}\\\vdots&\vdots&\vdots&\vdots\\a_{m1}&a_{m2}&\cdots&a_{mn}\end{bmatrix},\boldsymbol{A}^{\mathrm{T}}=\begin{bmatrix}a_{11}&a_{21}&\cdots&a_{m1}\\a_{12}&a_{22}&\cdots&a_{m2}\\\vdots&\vdots&\vdots&\vdots\\a_{1n}&a_{2n}&\cdots&a_{mn}\end{bmatrix}$$

即 $\boldsymbol{A}^{\mathrm{T}}$ 的第 i 列恰是 $\boldsymbol{A}$ 的第 i 行，$i=1,\ \cdots,\ m$。

矩阵的转置满足

$$(\boldsymbol{A}^{\mathrm{T}})^{\mathrm{T}}=\boldsymbol{A},(\lambda\boldsymbol{A})^{\mathrm{T}}=\lambda\boldsymbol{A}^{\mathrm{T}}$$
$$(\boldsymbol{A}+\boldsymbol{B})^{\mathrm{T}}=\boldsymbol{A}^{\mathrm{T}}+\boldsymbol{B}^{\mathrm{T}},(\boldsymbol{AB})^{\mathrm{T}}=\boldsymbol{B}^{\mathrm{T}}\boldsymbol{A}^{\mathrm{T}}$$

当 $m\neq n$ 时，$m\times n$ 矩阵 $\boldsymbol{A}$ 及其转置矩阵 A^{T} 不是同型矩阵，因此 $\boldsymbol{A}\neq\boldsymbol{A}^{\mathrm{T}}$。如果 $\boldsymbol{A}$ 是方阵，且 $\boldsymbol{A}^{\mathrm{T}}=\boldsymbol{A}$，则称方阵 $\boldsymbol{A}$ 为对称阵。对称阵中的元素按主对角线对称相等，即 $a_{ij}=a_{ji}$，$i,\ j=1,\ \cdots,\ n$。例如，对角阵必定是对称阵。对任意一个 $m\times n$ 矩阵 $\boldsymbol{A}$，$\boldsymbol{A}^{\mathrm{T}}\boldsymbol{A}$ 与 $\boldsymbol{AA}^{\mathrm{T}}$ 都是对称阵，因为

$$(\boldsymbol{A}^{\mathrm{T}}\boldsymbol{A})^{\mathrm{T}}=\boldsymbol{A}^{\mathrm{T}}(\boldsymbol{A}^{\mathrm{T}})^{\mathrm{T}}=\boldsymbol{A}^{\mathrm{T}}\boldsymbol{A}$$
$$(\boldsymbol{AA}^{\mathrm{T}})^{\mathrm{T}}=(\boldsymbol{A}^{\mathrm{T}})^{\mathrm{T}}\boldsymbol{A}^{\mathrm{T}}=\boldsymbol{AA}^{\mathrm{T}}$$

但是，$\boldsymbol{A}^{\mathrm{T}}\boldsymbol{A}$ 是 n 阶对称阵，$\boldsymbol{AA}^{\mathrm{T}}$ 是 m 阶对称阵。

6. 方阵的行列式

设 $\boldsymbol{A}$ 是一个方阵，记 $\boldsymbol{A}$ 的行列式为 $|\boldsymbol{A}|$，规定 $|\boldsymbol{A}|$ 是由方阵 $\boldsymbol{A}$ 中全体元素构成的行列式，其中各元素的位置保持不变。方阵与行列式是两个不同的概念，只有对于一阶方阵 $\boldsymbol{A}=[a_{11}]$，才成立 $\boldsymbol{A}=|\boldsymbol{A}|$，因为它们都等于 a_{11}。

方阵的行列式满足：

$$|\boldsymbol{A}^{\mathrm{T}}|=|\boldsymbol{A}|,|\lambda\boldsymbol{A}|=\lambda^n|\boldsymbol{A}|$$
$$|\boldsymbol{AB}|=|\boldsymbol{BA}|=|\boldsymbol{A}||\boldsymbol{B}|$$

其中 $\boldsymbol{A}$，$\boldsymbol{B}$ 都是 n 阶方阵。要注意 $|\boldsymbol{A}+\boldsymbol{B}|\neq|\boldsymbol{A}|+|\boldsymbol{B}|$。

当 $|\boldsymbol{A}|=0$ 时，称 $\boldsymbol{A}$ 为奇异阵；当 $|\boldsymbol{A}|\neq0$ 时，称 $\boldsymbol{A}$ 为非奇异阵。n 阶零矩阵必定是奇异阵，但奇异阵不一定是零矩阵。当 $\boldsymbol{AB}=\boldsymbol{O}$ 时，由方阵行列式的性质推得，$\boldsymbol{A}$，$\boldsymbol{B}$ 中至少有一个是奇异阵，这里假定 $\boldsymbol{A}$ 与 $\boldsymbol{B}$ 都是方阵。如果 $\boldsymbol{A}=\boldsymbol{\alpha\beta}$，其中 $\boldsymbol{\alpha}$ 是 $n\times1$ 矩阵，$\boldsymbol{\beta}$ 是 $1\times n$ 矩阵，$n\geqslant2$，那么必定有 $|\boldsymbol{A}|=0$，因为 $\boldsymbol{A}$ 中有两行对应成比例。

7. 方阵的伴随矩阵

设 $\boldsymbol{A}$ 是一个 n 阶方阵，记 $\boldsymbol{A}$ 的伴随矩阵为 $\boldsymbol{A}^*$，规定

$$\boldsymbol{A}^*=\begin{bmatrix}A_{11}&A_{21}&\cdots&A_{n1}\\A_{12}&A_{22}&\cdots&A_{n2}\\\vdots&\vdots&\vdots&\vdots\\A_{1n}&A_{2n}&\cdots&A_{nn}\end{bmatrix}$$

其中 A_{ij} 是行列式 $|\boldsymbol{A}|$ 中 $(i,\ j)$ 元的代数余子式。

方阵的伴随矩阵满足

$$\boldsymbol{AA}^*=\boldsymbol{A}^*\boldsymbol{A}=|\boldsymbol{A}|\boldsymbol{E},\quad|\boldsymbol{A}^*|=|\boldsymbol{A}|^{n-1}$$

其中 $\boldsymbol{A}$ 是 n 阶方阵。前一个等式表明：任意一个方阵与其伴随矩阵的乘法具有可交换性。后一个等式表明：任意一个方阵与其伴随矩阵同为奇异阵或同为非奇异阵。

对于 2 阶方阵 $\boldsymbol{A}$

$$\boldsymbol{A}=\begin{bmatrix}a&b\\c&d\end{bmatrix},\boldsymbol{A}^*=\begin{bmatrix}d&-b\\-c&a\end{bmatrix}$$

8. 方阵的逆矩阵

设 $\boldsymbol{A}$ 是 n 阶方阵，如果存在 n 阶方阵 $\boldsymbol{B}$，满足

$$\boldsymbol{AB}=\boldsymbol{E}\text{ 或 }\boldsymbol{BA}=\boldsymbol{E}$$

那么称方阵 $\boldsymbol{A}$ 可逆，称 $\boldsymbol{B}$ 是方阵 $\boldsymbol{A}$ 的逆矩阵，记作 $\boldsymbol{A}^{-1}$。如果满足上述条件的方阵 $\boldsymbol{B}$ 不存在，那么称方阵 $\boldsymbol{A}$ 不可逆，或方阵 $\boldsymbol{A}$ 的逆矩阵不存在。

定理 1 方阵 $\boldsymbol{A}$ 可逆的充分必要条件是 $|\boldsymbol{A}|\neq0$。当 $\boldsymbol{A}$ 可逆时，$\boldsymbol{A}^{-1}$ 是唯一的，且

$$\boldsymbol{A}^{-1}=\frac{1}{|\boldsymbol{A}|}\boldsymbol{A}^*$$

方阵 $\boldsymbol{A}$ 可逆的充分必要条件也可以表达成"$\boldsymbol{A}$ 是非奇异阵"。换言之，方阵 $\boldsymbol{A}$ 不可逆的充要条件是 $\boldsymbol{A}$ 为奇异阵。

方阵的逆矩阵满足

$$(\boldsymbol{A}^{-1})^{-1}=\boldsymbol{A},(\lambda\boldsymbol{A})^{-1}=\frac{1}{\lambda}\boldsymbol{A}^{-1},(\boldsymbol{A}^{\mathrm{T}})^{-1}=(\boldsymbol{A}^{-1})^{\mathrm{T}},$$
$$|\boldsymbol{A}^{-1}|=|\boldsymbol{A}|^{-1},(\boldsymbol{AB})^{-1}=\boldsymbol{B}^{-1}\boldsymbol{A}^{-1}$$

要注意 $(\boldsymbol{A}+\boldsymbol{B})^{-1}\neq\boldsymbol{A}^{-1}+\boldsymbol{B}^{-1}$。

当 $\boldsymbol{A}$ 是 2 阶方阵时，有

$$\begin{bmatrix}a&b\\c&d\end{bmatrix}^{-1}=\frac{1}{ad-bc}\begin{bmatrix}d&-b\\-c&a\end{bmatrix}$$

当 $\boldsymbol{A}$ 是 n 阶对角阵时

$$\begin{bmatrix}\lambda_1&&0\\&\ddots&\\0&&\lambda_n\end{bmatrix}^{-1}=\begin{bmatrix}\frac{1}{\lambda_1}&&0\\&\ddots&\\0&&\frac{1}{\lambda_n}\end{bmatrix}$$

$$\begin{bmatrix}0&&\lambda_1\\&\iddots&\\\lambda_n&&0\end{bmatrix}^{-1}=\begin{bmatrix}0&&\frac{1}{\lambda_n}\\&\iddots&\\\frac{1}{\lambda_1}&&0\end{bmatrix}$$

方阵 $\boldsymbol{A}$ 的可逆性可以带来一些方便的结果。例如，当 $\boldsymbol{A}$ 可逆时

$$\boldsymbol{AB}=\boldsymbol{O}\Rightarrow\boldsymbol{B}=\boldsymbol{O},\quad\boldsymbol{BA}=\boldsymbol{O}\Rightarrow\boldsymbol{B}=\boldsymbol{O}$$
$$\boldsymbol{AX}=\boldsymbol{AY}\Rightarrow\boldsymbol{X}=\boldsymbol{Y},\quad\boldsymbol{XA}=\boldsymbol{YA}\Rightarrow\boldsymbol{X}=\boldsymbol{Y}$$
$$\boldsymbol{AX}=\boldsymbol{B}\Rightarrow\boldsymbol{X}=\boldsymbol{A}^{-1}\boldsymbol{B}$$
$$\boldsymbol{XA}=\boldsymbol{B}\Rightarrow\boldsymbol{X}=\boldsymbol{BA}^{-1}$$

后两个关系式是解矩阵方程的理论基础。

（三）矩阵的初等变换

1. 矩阵的初等变换

类似于行列式的三条基本性质，对任意一个 $m\times n$ 矩阵作下列三种运算：

（1）对调矩阵的任意两行或任意两列。

（2）用非零常数乘矩阵中某一行或某一列的全体元素。

（3）把矩阵的某一行（列）的全体元素乘常数后加到另一行（列）的对应元素上。称这三类运算为初等变换。如果初等变换对行进行，则称为初等行变换；如果初等变换对列进行，则称为初等列变换。矩阵经过初等变换之后，一般不再相等，常用记号"～"表示。

如果矩阵 $\boldsymbol{A}$ 经过初等变换后成为 $\boldsymbol{B}$，则 $\boldsymbol{A}\sim\boldsymbol{B}$，称矩阵 $\boldsymbol{A}$ 与 $\boldsymbol{B}$ 等价。

定理 2 $m\times n$ 阶矩阵 $\boldsymbol{A}$ 与 $\boldsymbol{B}$ 等价的充分必要条件是，

存在 m 阶可逆阵 $\boldsymbol{P}$ 与 n 阶可逆阵 $\boldsymbol{Q}$，使得 $\boldsymbol{PAQ}=\boldsymbol{B}$。

定理 3 方阵 $\boldsymbol{A}$ 可逆的充分必要条件是 $\boldsymbol{A}\sim\boldsymbol{E}$。

2. 行阶梯形、行最简形与标准形

矩阵初等变换的目的是要把它变换成某些特殊形状的矩阵，这些特殊形状有三类。

(1) 行阶梯形。要求矩阵的零行（即元素全是 0 的行）在下方，非零行（即至少有一个元素不是 0 的行）在上方；非零行的第一个非零元（所在列）的下方全是零，且其行指标 $i\leqslant$ 列指标 j。

(2) 行最简形。在行阶梯形中，要求非零行的第一个非零元为 1，且其所在列的其他元素都是 0。

(3) 标准形。在行最简形中，要求非零行的第一个非零元的行指标 $i=$ 列指标 j，且除此之外，所有元素都是 0。

3. 初等变换的应用

(1) 计算行列式的值。把初等变换的方法用到行列式上，这本质上是利用行列式的三条基本性质，可以得到一个上三角行列式。于是，行列式的值为主对角线上全体元素之积。

(2) 求逆矩阵。按定理 3，对 $n\times 2n$ 矩阵 $(\boldsymbol{A}\vdots\boldsymbol{E})$ 作为初等变换，当 $\boldsymbol{A}$ 可逆时，必定有 $(\boldsymbol{A}\vdots\boldsymbol{E})\sim(\boldsymbol{E}\vdots\boldsymbol{B})$。方阵 $\boldsymbol{B}$ 恰是方阵 $\boldsymbol{A}$ 的逆矩阵 $\boldsymbol{A}^{-1}$。

(四) 矩阵的秩

(1) 在 $m\times n$ 矩阵 $\boldsymbol{A}$ 中任取 k 行 k 列，这些行列交叉处的元素（按它们在 $\boldsymbol{A}$ 中的排列次序）所构成的 k 阶行列式称为矩阵 $\boldsymbol{A}$ 的一个 k 阶子式，$k=1, 2, \cdots, \min(m, n)$。一个 $m\times n$ 矩阵共有 $C_m^kC_n^k$ 个 k 阶子式。

如果矩阵 $\boldsymbol{A}$ 至少有一个 r 阶非零子式 D_r（即行列式 $D_r\neq 0$），且全体 $r+1$ 阶子式都等于 0，那么称 D_r 为矩阵 $\boldsymbol{A}$ 的最高阶非零子式，正整数 r 称为矩阵 $\boldsymbol{A}$ 的秩，记做 $R(\boldsymbol{A})$。

零矩阵的任意阶子式都等于 0，规定零矩阵的秩为 0。非零矩阵的秩必定大于或等于 1。于是，$m\times n$ 矩阵 $\boldsymbol{A}$ 的秩

$$R(\boldsymbol{A})\in\{0,1,2,\cdots,\min(m,n)\}$$

设 $\boldsymbol{A}$ 是 n 阶方阵，$\boldsymbol{A}$ 可逆的充分必要条件是 $R(\boldsymbol{A})=n$。由于这时 $R(\boldsymbol{A})$ 达到最大值 n，因此称可逆阵 $\boldsymbol{A}$（即非奇异阵）为满秩阵，称不可逆阵（即奇异阵）为降秩阵。

定理 4 设 $\boldsymbol{A}$，$\boldsymbol{B}$ 是两个同型矩阵，则 $\boldsymbol{A}\sim\boldsymbol{B}$ 的充分必要条件是 $R(\boldsymbol{A})=R(\boldsymbol{B})$。

(2) 矩阵的秩有下列性质：

1) $R(\boldsymbol{A}^{\mathrm{T}})=R(\boldsymbol{A})$。

2) $R(\boldsymbol{A})=0\Leftrightarrow\boldsymbol{A}=\boldsymbol{O}$。

3) $R(\boldsymbol{A})=1\Leftrightarrow\boldsymbol{A}=\boldsymbol{\alpha\beta}^{\mathrm{T}}$，其中 $\boldsymbol{\alpha}$，$\boldsymbol{\beta}$ 是两个非零列向量。

4) 矩阵增加 1 行或增加 1 列后，新矩阵的秩或者不变，或者增加 1。

5) $\max\{R(\boldsymbol{A}),R(\boldsymbol{B})\}\leqslant R(\boldsymbol{A}\vdots\boldsymbol{B})\leqslant R(\boldsymbol{A})+R(\boldsymbol{B})$，其中矩阵 $(\boldsymbol{A}\vdots\boldsymbol{B})$ 表示矩阵 $\boldsymbol{A}$ 与 $\boldsymbol{B}$ 合在一起得到的新矩阵。

6) $R(\boldsymbol{A}+\boldsymbol{B})\leqslant R(\boldsymbol{A})+R(\boldsymbol{B})$。

7) $R(\boldsymbol{AB})\leqslant\min[R(\boldsymbol{A}),R(\boldsymbol{B})]$，当 $\boldsymbol{B}$ 是可逆阵时，$R(\boldsymbol{AB})=R(\boldsymbol{A})$，当 $\boldsymbol{A}$ 是可逆阵时，$R(\boldsymbol{AB})=R(\boldsymbol{B})$。

8) 如果 $\boldsymbol{AB}=\boldsymbol{O}$；那么，$R(\boldsymbol{A})+R(\boldsymbol{B})\leqslant n$，其中 $\boldsymbol{A}$ 是 $m\times n$ 矩阵，$\boldsymbol{B}$ 是 $n\times l$ 矩阵。

三、n 维向量

(一) n 维向量组

n 个有次序的数 $a_1, a_2, \cdots, a_n$ 所构成的数组

$$\boldsymbol{\alpha}=(a_1, a_2, \cdots, a_n)$$

称为 n 维向量。n 维向量与前面的行向量本质是相同的，因此，也称 $\boldsymbol{\alpha}$ 为 n 维行向量（或 n 维行矩阵），也可以用方括号记作 $\boldsymbol{\alpha}=[a_1, a_2, \cdots, a_n]$。同样，$n$ 维向量也可以用列向量（或列矩阵）表示成

$$\boldsymbol{\alpha}=\begin{pmatrix}a_1\\a_2\\\vdots\\a_n\end{pmatrix}\text{或}\boldsymbol{\alpha}=\begin{bmatrix}a_1\\a_2\\\vdots\\a_n\end{bmatrix}$$

规定向量的运算按矩阵运算的规则进行。于是，行向量 $\boldsymbol{\alpha}$ 的转置 $\boldsymbol{\alpha}^{\mathrm{T}}$ 表示列向量；列向量 $\boldsymbol{\alpha}$ 的转置 $\boldsymbol{\alpha}^{\mathrm{T}}$ 表示行向量。

若干个同维数的向量合在一起称为向量组。例如，m 个 n 维行向量

$$\boldsymbol{\alpha}_i=(a_{i1}, a_{i2}, \cdots, a_{in}),\ i=1, \cdots, m$$

合在一起便构成一个向量组 A：$\boldsymbol{\alpha}_1, \boldsymbol{\alpha}_2, \cdots, \boldsymbol{\alpha}_m$。有限个向量构成的向量组与矩阵存在一一对应关系。例如，上述行向量组 A：$\boldsymbol{\alpha}_1, \cdots, \boldsymbol{\alpha}_m$ 与一个 $m\times n$ 矩阵

$$\boldsymbol{A}=\begin{bmatrix}\boldsymbol{\alpha}_1\\\boldsymbol{\alpha}_2\\\vdots\\\boldsymbol{\alpha}_m\end{bmatrix}=\begin{bmatrix}a_{11}&a_{12}&\cdots&a_{1n}\\a_{21}&a_{22}&\cdots&a_{2n}\\\vdots&\vdots&&\vdots\\a_{m1}&a_{m2}&\cdots&a_{mn}\end{bmatrix}$$

对应。m 个 n 维列向量

$$\boldsymbol{\beta}_i=\begin{bmatrix}b_{1i}\\b_{2i}\\\vdots\\b_{ni}\end{bmatrix},i=1,\cdots,m$$

构成的列向量组 B：$\boldsymbol{\beta}_1,\boldsymbol{\beta}_2,\cdots,\boldsymbol{\beta}_m$ 与一个 $n\times m$ 矩阵

$$\boldsymbol{B}=[\boldsymbol{\beta}_1\quad\boldsymbol{\beta}_2\quad\cdots\quad\boldsymbol{\beta}_m]=\begin{bmatrix}b_{11}&b_{12}&\cdots&b_{1m}\\b_{21}&b_{22}&\cdots&b_{2m}\\\vdots&\vdots&&\vdots\\b_{n1}&b_{n2}&\cdots&b_{nm}\end{bmatrix}$$

对应。反之，给定一个 $m\times n$ 矩阵 $\boldsymbol{A}$。$\boldsymbol{A}$ 有 m 行，把每一行看成一个行向量，这 m 个 n 维行向量所构成的行向量组称为矩阵 $\boldsymbol{A}$ 的行向量组；$\boldsymbol{A}$ 有 n 列，把每一列看成一个列向量，这 n 个 m 维列向量所构成的列向量组称为矩阵 $\boldsymbol{A}$ 的列向量组。例如，单位阵 $\boldsymbol{E}_n$ 的行（列）向量组为

$$\text{向量组 }\boldsymbol{E}_n\quad\begin{matrix}\boldsymbol{e}_1=(1, 0, 0, \cdots, 0)\\\boldsymbol{e}_2=(0, 1, 0, \cdots, 0)\\\vdots\\\boldsymbol{e}_n=(0, 0, 0, \cdots, 1)\end{matrix}$$

称 $\boldsymbol{e}_1, \boldsymbol{e}_2, \cdots, \boldsymbol{e}_n$ 为单位坐标向量。当 $n=3$ 时，$\boldsymbol{e}_1$，$\boldsymbol{e}_2$，$\boldsymbol{e}_3$ 恰是空间解析几何中的 $\boldsymbol{i}$，$\boldsymbol{j}$，$\boldsymbol{k}$。

有时候，向量组由无限个 n 维向量构成。这时不能再与矩阵一一对应。例如，全体 n 维向量构成的向量组（记作 R^n）。

(二) 向量组的相关性

给定向量组 A：$\boldsymbol{\alpha}_1, \boldsymbol{\alpha}_2, \cdots, \boldsymbol{\alpha}_m$。

(1) 如果有一个向量 $\boldsymbol{\beta}$ 与一组数 $k_1, \cdots, k_m$ 满足

$$\boldsymbol{\beta}=k_1\boldsymbol{\alpha}_1+k_2\boldsymbol{\alpha}_2+\cdots+k_m\boldsymbol{\alpha}_m$$

那么称向量 $\boldsymbol{\beta}$ 是向量组 $\boldsymbol{\alpha}_1, \boldsymbol{\alpha}_2, \cdots\boldsymbol{\alpha}_m$ 的线性组合，或称 $\boldsymbol{\beta}$ 可以由向量组 $\boldsymbol{\alpha}_1, \boldsymbol{\alpha}_2, \cdots, \boldsymbol{\alpha}_m$ 线性表示。

(2) 如果有一组不全为 0 的数 $k_1, k_2, \cdots, k_m$，使得

$$k_1\boldsymbol{\alpha}_1+k_2\boldsymbol{\alpha}_2+\cdots+k_m\boldsymbol{\alpha}_m=\boldsymbol{0}$$

那么称向量组 A：$\boldsymbol{\alpha}_1, \boldsymbol{\alpha}_2, \cdots, \boldsymbol{\alpha}_m$ 线性相关。

(3) 如果 (2) 中要求的一组不全为 0 的数 $k_1, k_2, \cdots, k_m$ 不存在，即当

$$k_1\boldsymbol{\alpha}_1+k_2\boldsymbol{\alpha}_2+\cdots+k_m\boldsymbol{\alpha}_m=\boldsymbol{0}$$

时必定有 $k_1=k_2=\cdots=k_m=0$，那么称向量组 A：$\boldsymbol{\alpha}_1, \boldsymbol{\alpha}_2, \cdots, \boldsymbol{\alpha}_m$ 线性无关。

零向量可以用任意一个向量组线性表示，因为取 $k_1=k_2=\cdots=k_m=0$，总有等式

$$\mathbf{0}=k_1\boldsymbol{\alpha}_1+k_2\boldsymbol{\alpha}_2+\cdots+k_m\boldsymbol{\alpha}_m$$

成立。如果除了这种全为 0 的数组之外，还能找到一组 k_1，k_2，…，k_m 使得上式成立，那么向量组 $\boldsymbol{\alpha}_1$，…，$\boldsymbol{\alpha}_m$ 便线性相关；否则向量组 $\boldsymbol{\alpha}_1$，…，$\boldsymbol{\alpha}_m$ 线性无关。

对于任意一个 n 维向量 $\boldsymbol{\beta}=(b_1,\cdots,b_n)$，等式

$$\boldsymbol{\beta}=b_1\boldsymbol{e}_1+b_2\boldsymbol{e}_2+\cdots+b_n\boldsymbol{e}_n$$

总是成立。这表明任意一个 n 维向量总可以用单位坐标向量组 E_n：$\boldsymbol{e}_1$，$\boldsymbol{e}_2$，…，$\boldsymbol{e}_n$ 线性表示。

定理 5 给定向量组 A：$\boldsymbol{\alpha}_1$，…，$\boldsymbol{\alpha}_m$ 及与其对应的 $m\times n$ 矩阵 $\boldsymbol{A}$。

向量组 A 线性相关的充分必要条件是 $R(\boldsymbol{A})<$向量的个数 m。

向量组 A 线性无关的充分必要条件是 $R(\boldsymbol{A})=$向量的个数 m。

(1) 当向量组所含向量个数与向量维数相等（即定理 5 中 $m=n$）时，向量组 A 所对应的矩阵 $\boldsymbol{A}$ 是一个 n 阶方阵。向量组的相关性可以用 $\boldsymbol{A}$ 的行列式来判断：

1) 向量组 A 线性相关的充分必要条件是 $|\boldsymbol{A}|=0$。

2) 向量组 A 线性无关的充分必要条件是 $|\boldsymbol{A}|\neq 0$。

对于 2 维、3 维向量组，这个方法较方便。

(2) 当向量组所含向量个数大于向量维数（即定理 5 中 $m>n$）时，向量组必定线性相关，因为向量组所对应的 $m\times n$ 矩阵 $\boldsymbol{A}$ 的秩

$$R(\boldsymbol{A})\leqslant n<m$$

例如 5 个 4 维向量必定线性相关。

定理 6 向量组 A：$\boldsymbol{\alpha}_1$，$\boldsymbol{\alpha}_2$，…，$\boldsymbol{\alpha}_m$ 线性相关的充分必要条件是：$\boldsymbol{\alpha}_1$，$\boldsymbol{\alpha}_2$，…，$\boldsymbol{\alpha}_m$ 中至少有一个向量可以用其余向量线性表示。

这条定理不能明确向量组 A 中究竟哪一个向量可以用其余向量线性表示。

定理 7 如果向量组 $\boldsymbol{\alpha}_1$，$\boldsymbol{\alpha}_2$，…，$\boldsymbol{\alpha}_m$ 线性无关，而向量组 $\boldsymbol{\alpha}_1$，$\boldsymbol{\alpha}_2$，…，$\boldsymbol{\alpha}_m$，$\boldsymbol{\beta}$ 线性相关，那么 $\boldsymbol{\beta}$ 必定可以由 $\boldsymbol{\alpha}_1$，$\boldsymbol{\alpha}_2$，…，$\boldsymbol{\alpha}_m$ 线性表示，且表示方式（即数 k_1，k_2，…，k_m）唯一的。

任意一个 n 维向量 $\boldsymbol{\beta}=(b_1,\cdots,b_n)$ 总可以用单位坐标向量组 E_n：$\boldsymbol{e}_1$，$\boldsymbol{e}_2$，…，$\boldsymbol{e}_n$ 唯一线性表示，这是因为：向量组 E_n 对应的单位阵 $\boldsymbol{E}_n$ 的行列式 $|\boldsymbol{E}_n|=1\neq 0$，$\boldsymbol{e}_1$，$\boldsymbol{e}_2$，…，$\boldsymbol{e}_n$线性无关，但 $n+1$ 个 n 维向量 $\boldsymbol{e}_1$，…，$\boldsymbol{e}_n$，$\boldsymbol{\beta}$ 必定线性相关。

线性表示、线性相关与线性无关这三个概念可以借助于矩阵的乘法来表达。设向量组 $\boldsymbol{A}$ 由行向量 $\boldsymbol{\alpha}_1$，$\boldsymbol{\alpha}_2$，…，$\boldsymbol{\alpha}_m$ 构成，行向量组 $\boldsymbol{A}$ 对应的矩阵是 $m\times n$ 矩阵 $\boldsymbol{A}$。

线性表示的定义可以等价地表示成：存在 m 维行向量 $(k_1,\cdots,k_m)$ 使得 n 维行向量 $\boldsymbol{\beta}=(b_1,\cdots,b_n)$ 满足

$$(k_1,\cdots,k_m)\boldsymbol{A}=(b_1,\cdots,b_n)$$

或转置后表示成

$$\boldsymbol{A}^{\mathrm{T}}\begin{pmatrix}k_1\\ \vdots\\ k_m\end{pmatrix}=\begin{pmatrix}b_1\\ \vdots\\ b_n\end{pmatrix}$$

线性相关的定义可以等价地表示成：存在 m 维非零行向量 $(k_1,\cdots,k_m)$ 使得

$$(k_1,\cdots,k_m)\boldsymbol{A}=\mathbf{0}$$

其中 $\mathbf{0}$ 是 n 维行向量。如果不存在 m 维非零行向量 $(k_1,\cdots,k_m)$ 使得上式成立，那么向量组 A 线性无关。

对于列向量组 $\boldsymbol{A}$，对应的矩阵是 $n\times m$ 矩阵 $\boldsymbol{A}$，线性表示的定义式应改成

$$\boldsymbol{A}\begin{pmatrix}k_1\\ \vdots\\ k_m\end{pmatrix}=\begin{pmatrix}b_1\\ \vdots\\ b_n\end{pmatrix}$$

线性相（无）关的定义式应改成

$$\boldsymbol{A}\begin{pmatrix}k_1\\ \vdots\\ k_m\end{pmatrix}=\begin{pmatrix}0\\ \vdots\\ 0\end{pmatrix}_{n\times 1}$$

（三）向量组的最大无关组与秩

给定一个向量组 A（A 可以含有限个向量，也可以含无限个向量），如果在向量组 A 中能选出 r 个（有限个）向量 $\boldsymbol{\alpha}_1$，…，$\boldsymbol{\alpha}_r$，满足：

(1) $\boldsymbol{\alpha}_1$，…$\boldsymbol{\alpha}_r$ 线性无关。

(2) 向量组 A 中任意 $r+1$ 个向量都线性相关，那么称向量组 A_0：$\boldsymbol{\alpha}_1$，$\boldsymbol{\alpha}_2$，…，$\boldsymbol{\alpha}_m$ 为向量组 $\boldsymbol{A}$ 的最大线性无关向量组（简称为最大无关组），称正整数 r 为向量组 A 的秩。

“最大无关”的含义是，向量组中能找出的线性无关的向量个数达到最大，这个最大值便是向量组的秩。例如，单位坐标向量组 E_n：$\boldsymbol{e}_1$，…，$\boldsymbol{e}_n$ 是全体 n 维向量构成的向量组 R^n 的一个最大无关组，向量组 R^n 的秩等于 n。这是因为，$\boldsymbol{e}_1$，…，$\boldsymbol{e}_n$ 线性无关，且 $n+1$ 个 n 维向量必定线性相关。

如果向量组仅由零向量构成，那么此向量组找不到最大无关组，规定此类向量组的秩为 0。

向量组的最大无关组一般不唯一，但是向量组的秩是唯一确定的。例如，全体 3 维向量构成的向量组 R^3 中

$$\text{向量组 } A_0\text{：}\begin{aligned}\boldsymbol{\alpha}_1&=(1,0,0)\\ \boldsymbol{\alpha}_2&=(1,1,0)\\ \boldsymbol{\alpha}_3&=(1,1,1)\end{aligned}$$

也是向量组 R^3 的一个最大无关组，且向量组 R^3 的秩$=3$。

定理 8 如果向量组 A 由有限个向量构成，且对应的矩阵为 $\boldsymbol{A}$，那么向量组的秩$=R(\boldsymbol{A})$。

这条定理表明，可以通过初等变换求向量组的秩。

最大无关组的定义中 (2) 也可以等价地表示成：“对于向量组 A 中任意一个向量 $\boldsymbol{\beta}$，$\boldsymbol{\alpha}_1$，$\boldsymbol{\alpha}_2$，…，$\boldsymbol{\alpha}_r$，$\boldsymbol{\beta}$ 都线性相关，”还可以等价地表示成：“对于向量组 A 中任意一个向量 $\boldsymbol{\beta}$，$\boldsymbol{\beta}$ 都可以用 $\boldsymbol{\alpha}_1$，$\boldsymbol{\alpha}_2$，…，$\boldsymbol{\alpha}_r$ 线性表示。”

给定两个向量组 A 与 B，如果向量组 A 中任意一个向量都能由向量组 B 线性表示，那么称向量组 A 可以由向量组 B 线性表示。如果两个向量组 A 与 B 可以相互线性表示，那么称向量组 A 与向量组 B 等价。

任意一个向量组 A 总是与它自己的最大无关组 A_0 等价。如果已知向量组 A 的最大无关组 A_0，向量组的秩$=r$，那么，向量组 A 中任意 r 个线性无关的向量都是向量组 A 的最大无关组，且与原最大无关组 A_0 等价；反之，向量组 A 中与最大无关组 A_0 等价的任意向量组（由 r 个向量构成）都是最大无关组，从而必定线性无关。

定理 9 如果向量组 A 可以由向量组 B 线性表示，那么向量组 A 的秩$\leqslant$向量组 B 的秩。

定理 10 如果向量组 A 与向量组 B 等价，那么它们的秩相等。

定理 11 如果矩阵 $\boldsymbol{A}$ 经过行初等变换成为 $\boldsymbol{B}$，那么矩阵 $\boldsymbol{A}$ 的行向量组与矩阵 $\boldsymbol{B}$ 的行向量组等价；如果矩阵 $\boldsymbol{A}$ 经过列初等变换成为$\boldsymbol{B}$，那么矩阵 $\boldsymbol{A}$ 的列向量组与矩阵 $\boldsymbol{B}$ 的列

向量组等价。

（四）向量的内积

$$x=\begin{bmatrix}x_1\\x_2\\\vdots\\x_n\end{bmatrix},\quad y=\begin{bmatrix}y_1\\y_2\\\vdots\\y_n\end{bmatrix}$$

称数 $x^{\mathrm{T}}y$ 为向量 x 与 y 的内积，记做 $[x,y]$，即

$$[x,y]=x^{\mathrm{T}}y=y^{\mathrm{T}}x=x_1y_1+x_2y_2+\cdots+x_ny_n$$

当 $n=3$ 时，内积恰是向量代数中的数量积。

由于 $x^{\mathrm{T}}x\geqslant 0$，因此称 $\sqrt{[x,x]}$ 为向量 x 的范数（或 x 的模，或 x 的长度），记作 $\|x\|$，即

$$\|x\|=\sqrt{[x,x]}=\sqrt{x^{\mathrm{T}}x}=\sqrt{x_1^2+x_2^2+\cdots+x_n^2}$$

范数等于1的向量称为单位向量。对任意一个非零向量 x，$\frac{1}{\|x\|}x$ 必定是单位向量。向量的范数为0的充分必要条件是：它为零向量。

如果两个向量 x 与 y 的内积为0，即 $[x,y]=0$，那么称向量 x 与 y 正交。零向量与任意一个向量正交。

如果由非零向量构成的向量组中任意两个向量都正交（称为两两正交），那么称这个向量组为正交向量组。

定理 12 设 $\alpha_1,\alpha_2,\cdots,\alpha_m$ 是一个正交向量组，则 $\alpha_1,\alpha_2,\cdots,\alpha_m$ 必定线性无关。

定理12表明，由 n 维向量构成的正交向量组最多只可能含有 n 个向量。

设 A 是 n 阶方阵，如果 A 满足

$$AA^{\mathrm{T}}=E$$

那么称 A 是正交阵。

当 A 是正交阵时，$|A|=\pm 1$。当 A 与 B 都是正交阵时，AB 也是正交阵。

下列命题都是 A 为正交阵的充分必要条件。

(1) $A^{\mathrm{T}}A=E$。

(2) $A^{-1}=A^{\mathrm{T}}$。

(3) A 的行向量组是正交向量组，且全体向量都是单位向量。

(4) A 的列向量组是正交向量组，且全体向量都是单位向量。

单位阵 E 与 $-E$ 是最简单的正交阵。又如

$$\begin{bmatrix}\frac{1}{\sqrt{2}}&\frac{1}{\sqrt{2}}\\-\frac{1}{\sqrt{2}}&\frac{1}{\sqrt{2}}\end{bmatrix},\quad\begin{bmatrix}\frac{1}{3}&\frac{2}{3}&\frac{2}{3}\\\frac{2}{3}&\frac{1}{3}&-\frac{2}{3}\\\frac{2}{3}&-\frac{2}{3}&\frac{1}{3}\end{bmatrix}$$

也都是正交阵。

四、线性方程组

（一）线性方程组

由 n 个未知数，m 个一次方程构成的方程组

$$\begin{cases}a_{11}x_1+a_{12}x_2+\cdots+a_{1n}x_n=b_1\\a_{21}x_1+a_{22}x_2+\cdots+a_{2n}x_n=b_2\\\qquad\vdots\\a_{m1}x_1+a_{m2}x_2+\cdots+a_{mn}x_n=b_m\end{cases}$$

称为线性方程组。借助于矩阵与向量，线性方程组可以表示成向量方程（即矩阵方程）：

$$Ax=b$$

其中 $m\times n$ 矩阵 A 称为系数矩阵，列向量 x 为未知向量，即

$$A=\begin{bmatrix}a_{11}&a_{12}&\cdots&a_{1n}\\a_{21}&a_{22}&\cdots&a_{2n}\\\vdots&\vdots&\vdots&\vdots\\a_{m1}&a_{m2}&\cdots&a_{mn}\end{bmatrix},\quad x=\begin{bmatrix}x_1\\x_2\\\vdots\\x_n\end{bmatrix},\quad b=\begin{bmatrix}b_1\\b_2\\\vdots\\b_m\end{bmatrix}$$

向量方程 $Ax=b$ 的解称为线性方程组的解向量。

当常数向量 $b=0$ 时，称 $Ax=0$ 为齐次线性方程组；当常数向量 $b\neq 0$ 时，称 $Ax=b$ 为非齐次线性方程组。

对于齐次线性方程组 $Ax=0$，零向量总是它的一个解，称这个解为零解。如果非零向量 x_0 是 $Ax=0$ 的解（即满足 $Ax_0=0$），那么称这个非零向量 x_0 为非零解。

（二）线性方程组解的讨论

以下假定系数矩阵 A 是 $m\times n$ 矩阵，即未知数个数 $=n$，方程个数 $=m$，记 A 的秩 $R(A)=r$，记 $s=n-r$。

1. 齐次线性方程组

给定齐次线性方程组 $Ax=0$。

(1) $Ax=0$ 有非零解的充分必要条件是 $R(A)=r<n$。

(2) $Ax=0$ 无非零解的充分必要条件是 $R(A)=r=n$。

(3) 当 $m<n$ 时，$Ax=0$ 必定有非零解。

2. 非齐次线性方程组

给定非齐次线性方程组 $Ax=b$。如果方程组有解，那么称它是相容的；如果方程组无解，那么称它是不相容的。记 $m\times(n+1)$ 矩阵

$$\widetilde{A}=[A\,\vdots\,b]=\begin{bmatrix}a_{11}&a_{12}&\cdots&a_{1n}&b_1\\a_{21}&a_{22}&\cdots&a_{2n}&b_2\\\vdots&\vdots&\vdots&\vdots&\vdots\\a_{m1}&a_{m2}&\cdots&a_{mn}&b_m\end{bmatrix}$$

并称 $\widetilde{A}$ 为非齐次线性方程组 $Ax=b$ 的增广矩阵。

(1) $Ax=b$ 有解的充分必要条件是 $R(\widetilde{A})=R(A)=r$。

(2) $Ax=b$ 有唯一解的充分必要条件是 $R(\widetilde{A})=R(A)=r=n$。

(3) $Ax=b$ 有无限多个解的充分必要条件是 $R(\widetilde{A})=R(A)=r<n$。

(4) $Ax=b$ 无解的充分必要条件是 $R(\widetilde{A})>R(A)$。

增广矩阵 $\widetilde{A}$ 是在系数矩阵 A 的基础上增加一列得到的，因此增广矩阵 $\widetilde{A}$ 的秩或者等于 $R(A)$，或者等于 $R(A)+1$。

（三）线性方程组解的性质

(1) 如果 $x=\xi_1,x=\xi_2,\cdots,x=\xi_t$ 是齐次线性方程组 $Ax=0$ 的解，那么任意一个线性组合 $k_1\xi_1+k_2\xi_2+\cdots+k_t\xi_t$ 依然是 $Ax=0$ 的解。

(2) 如果 $x=\eta_1,x=\eta_2,\cdots,x=\eta_t$ 是非齐次线性方程组 $Ax=b$ 的解，那么，当 $\sum_{i=1}^{t}k_i=1$ 时，$k_1\eta_1+k_2\eta_2+\cdots+k_t\eta_t$ 是 $Ax=b$ 的解；当 $\sum_{i=1}^{t}k_i=0$ 时，$k_1\eta_1+k_2\eta_2+\cdots+k_t\eta_t$ 是 $Ax=0$ 的解。

(3) 如果 $x=\xi$ 是 $Ax=0$ 的解，η 是 $Ax=b$ 的解，那么 $\xi+\eta$ 是 $Ax=b$ 的解。

（四）线性方程组解的结构

在齐次或非齐次线性方程组中，常常遇到有无限多个解，需要写出通解（假定 $r<n$）。

1. 齐次线性方程组

给定齐次线性方程组 $Ax=0$。它的全体解向量所构成的向量组记作 S。称解向量组 S 的最大无关组为齐次线性方程组 $Ax=0$ 的基础解系。解向量组 S 的秩 $s=n-r$。记基础解

系为 ξ_1，…，ξ_s。$Ax=0$ 的通解为

$$x=k_1\xi_1+k_2\xi_2+\cdots+k_s\xi_s$$

其中 k_1，…，k_s 为任意数。

基础解系 ξ_1，ξ_2，…，ξ_s 必定满足以下三个条件：

(1) ξ_1，ξ_2，…，ξ_s 是 $Ax=0$ 的解。

(2) ξ_1，ξ_2，…，ξ_s 线性无关。

(3) 如果 ξ 是 $Ax=0$ 的解，那么 ξ 必定可以用 ξ_1，ξ_2，…，ξ_s 线性表示。

反之，满足上述三个条件的向量组必定是 $Ax=0$ 的基础解系。基础解系一般不唯一，但是基础解系所含向量个数是唯一的，它必定等于 $s=n-r$。

2. 非齐次线性方程组

给定非齐次线性方程组 $Ax=b$。如果 η 是 $Ax=b$ 的某个解，ξ_1，ξ_2，…，ξ_s 是 $Ax=0$ 的基础解系，那么 $Ax=b$ 的通解为

$$x=k_1\xi_1+k_2\xi_2+\cdots+k_s\xi_s+\eta$$

其中 k_1，…，k_s 为任意数。

非齐次线性方程组不存在基础解系。

（五）解线性方程组

五、矩阵的相似

（一）特征值与特征向量

给定一个 n 阶方阵 A，如果数 λ 与非零列向量 x 满足

$$Ax=\lambda x \text{ 或 } (A-\lambda E)x=0$$

那么称数 λ 为 A 的特征值，称非零向量 x 为 A 的对应特征值 λ 的特征向量。

记 $f(\lambda)=|A-\lambda E|$，这是一个关于 λ 的 n 次多项式，称 $f(\lambda)$ 为矩阵 A 的特征多项式，称一元 n 次方程 $f(\lambda)=0$ 为特征方程。特征方程的根就是方阵 A 的特征值。n 阶方阵 A 有 n 个特征值，其中包括实数特征值与虚数特征值，且重根按其重数计算个数。

设 λ_0 是 A 的一个特征值，即 $|A-\lambda_0E|=0$。这时，齐次线性方程组 $(A-\lambda_0E)x=0$ 必定有非零解，全体非零解向量都是 A 的对应于特征值 λ_0 的特征向量。

（二）特征值的性质

设 λ_1，λ_2，…，λ_n 是 n 阶方阵 A 的特征值，$A=(a_{ij})_{n\times n}$。

(1) $\lambda_1+\lambda_2+\cdots+\lambda_n=a_{11}+a_{22}+\cdots+a_{nn}$，$\lambda_1\lambda_2\cdots\lambda_n=|A|$。

(2) A^T 的特征值也是 λ_1，λ_2，…，λ_n。

(3) A 为奇异阵的充分必要条件是 λ_1，λ_2，…，λ_n 中至少有 1 个是 0。

(4) 当 A 为可逆阵时，A^{-1} 的特征值是 $\frac{1}{\lambda_1}$，$\frac{1}{\lambda_2}$，…，$\frac{1}{\lambda_n}$。

(5) $\varphi(\lambda_i)$ 是 $\varphi(A)$ 的特征值，$i=1$，…，n，其中多项式 $\varphi(\lambda)=a_0+a_1\lambda+\cdots+a_m\lambda^m$，矩阵多项式

$$\varphi(A)=a_0E+a_1A+\cdots+a_mA^m$$

(6) 当 A 是 n 阶实对称阵时，特征值 λ_1，λ_2，…，λ_n 全是实数。

（三）特征向量的性质

给定 n 阶方阵 A，则：

(1) 相应特征值 λ_0 的特征向量必定有无限多个；

(2) 每个特征向量只能相应一个特征值；

(3) 相应不同特征值的特征向量必定线性无关；

(4) 当 A 是 n 阶实对称时，相应于不同特征值的特征向量必定正交，且有 n 个两两正交的特征向量。

（四）矩阵的相似

给定两个 n 阶方阵 A、B。如果可逆阵 P 满足

$$P^{-1}AP=B$$

那么称矩阵 A 与 B 相似，称 B 是 A 的相似矩阵。可逆阵 P 称为相似变换矩阵。

(1) 当 A 与 B 相似，B 与 C 相似时，A 与 C 相似。

(2) 当 A 与 B 相似时，A 与 B 的秩相等，且 A 与 B 等价。

(3) 当 A 与 B 相似时，A 与 B 的特征多项式相同，从而 A 与 B 的特征相同，且 $|A|=|B|$。

（五）矩阵的相似对角化

当 n 阶方阵 A 与对角阵 Λ 相似时，即可逆阵 P 满足

$$P^{-1}AP=\Lambda$$

其中

$$\Lambda=\begin{bmatrix}\lambda_1 & & \\ & \ddots & \\ & & \lambda_n\end{bmatrix},P=[p_1\cdots p_n]$$

那么 λ_1，…，λ_n 恰是 A 的特征值，且 p_i 恰是 A 的对应特征值 λ_i 的特征向量，$i=1$，…，n。

定理 13 n 阶方阵 A 能与对角阵相似的充分必要条件是：A 有 n 个线性无关的特征向量。

判断 n 阶方阵 A 能否与对角阵相似常用以下两种充分条件。

(1) 当 A 有 n 个不同特征值时，A 能与对角阵相似。

(2) 当 A 有 n 阶实对称阵时，A 能与对角阵相似。

n 阶方阵 A 与对角阵 Λ 相似的定义给出了求 Λ 与变换矩阵 P 的方法。但要注意有相等特征值的情况。例如，某个特征值重复出现 3 次（即特征方程有 3 重根），则相应要找出 3 个线性无关的特征向量。如果不存在 3 个线性无关的特征向量，那么 A 不能与对角阵相似。

六、二次型

假定 A 是 n 阶实对称阵，即 $A^T=A$。

（一）二次型定义

设含有 n 个变量 x_1，…，x_n 的二次齐次函数

$$f(x_1,\cdots,x_n)=a_{11}x_1^2+a_{22}x_2^2+\cdots+a_{nn}x_n^2+2a_{12}x_1x_2+2a_{13}x_1x_3+\cdots+2a_{n-1,n}x_{n-1}x_n$$

称 $f(x_1,\cdots,x_n)$ 为二次型。如果二次型 $f(x_1,\cdots,x_n)$ 中交叉项的系数（a_{ij}，$i\neq j$）全是 0，那么称它为二次型的标准形。

借助于矩阵的乘法，可以把二次型用简明的形式来表达。令 $a_{ji}=a_{ij}$，于是 $2a_{ij}x_ix_j=a_{ij}x_ix_j+a_{ji}x_jx_i$，$i\neq j$。这时

$$f(x_1,\cdots,x_n)=[x_1,\cdots,x_n]\begin{bmatrix}a_{11} & a_{12} & \cdots & a_{1n}\\ a_{21} & a_{22} & \cdots & a_{2n}\\ \vdots & \vdots & & \vdots\\ a_{n1} & a_{n2} & \cdots & a_{nn}\end{bmatrix}\begin{bmatrix}x_1\\ \vdots\\ x_n\end{bmatrix}$$

因此，二次型可表达成

$$f(x)=x^TAx$$

其中 $x=[x_1,\cdots,x_n]^T$，n 阶方阵 $A=(a_{ij})_{n\times n}$ 是对称阵。对称阵 A 称为二次型 f 的矩阵，而 f 称为对秒阵 A 的二次型。对称阵 A 与二次型 f 是一一对应的。规定二次型 f 的秩就是对称阵 A 的秩。例如，二次型

$$f(x_1,x_2,x_3)=x_1x_2+x_2x_3+x_3x_1$$

与对称阵

$$A=\begin{bmatrix}0 & \frac{1}{2} & \frac{1}{2}\\ \frac{1}{2} & 0 & \frac{1}{2}\\ \frac{1}{2} & \frac{1}{2} & 0\end{bmatrix}$$

对应。反之，对称阵

$$A=\begin{bmatrix}1 & 1 & 0\\ 1 & 1 & 0\\ 0 & 0 & 0\end{bmatrix}$$

与二次型

$$f(x_1, x_2, x_3)=x_1^2+x_2^2+2x_1x_2$$

对应。

二次型的标准形 $f(x_1, \cdots, x_n)=a_{11}x_1^2+\cdots+a_{nn}x_n^2$ 与对角阵（它自然是一个对称阵）

$$\Lambda=\begin{bmatrix}a_{11} & & & 0\\ & a_{22} & & \\ & & \ddots & \\ 0 & & & a_{nn}\end{bmatrix}$$

对应。

（二）二次型的标准化

给定一个二次型 $f(\boldsymbol{x})=\boldsymbol{x}^{\mathrm{T}}\boldsymbol{A}\boldsymbol{x}$，如何寻找可逆的线性变换

$$\begin{cases}x_1=c_{11}y_1+c_{12}y_2+\cdots+c_{1n}y_n\\ x_2=c_{21}y_1+c_{22}y_2+\cdots+c_{2n}y_n\\ \quad\vdots\\ x_n=c_{n1}y_1+c_{n2}y_2+\cdots+c_{nn}y_n\end{cases}$$

使得 $f(x_1,\cdots,x_n)=k_1y_1^2+k_2y_2^2+\cdots+k_ny_n^2$，其中 $\boldsymbol{C}=(c_{ij})_{n\times n}$，$|\boldsymbol{C}|\neq 0$，这就是二次型的标准化问题。通常记上述线性变换为

$$\boldsymbol{x}=\boldsymbol{C}\boldsymbol{y}$$

其中列向量 $\boldsymbol{y}=[y_1,y_2,\cdots,y_n]^{\mathrm{T}}$。

把线性变换 $\boldsymbol{x}=\boldsymbol{C}\boldsymbol{y}$ 代入二次型得到

$$f=\boldsymbol{x}^{\mathrm{T}}\boldsymbol{A}\boldsymbol{x}=(\boldsymbol{C}\boldsymbol{y})^{\mathrm{T}}\boldsymbol{A}(\boldsymbol{C}\boldsymbol{y})=\boldsymbol{y}^{\mathrm{T}}(\boldsymbol{C}^{\mathrm{T}}\boldsymbol{A}\boldsymbol{C})\boldsymbol{y}$$
$$=k_1y_1^2+k_2y_2^2+\cdots+k_ny_n^2$$

因此，二次型的标准化问题等价于寻找可逆阵 $\boldsymbol{C}$ 与对角阵

$$\Lambda=\begin{bmatrix}k_1 & & & 0\\ & k_2 & & \\ & & \ddots & \\ 0 & & & k_n\end{bmatrix}$$

使得 $\boldsymbol{C}^{\mathrm{T}}\boldsymbol{A}\boldsymbol{C}=\boldsymbol{\Lambda}$。

定理 14 设 $\boldsymbol{A}$ 是 n 阶实对称阵，必定存在正交阵 $\boldsymbol{P}$ 与对角阵 $\boldsymbol{\Lambda}$，使得

$$\boldsymbol{P}^{-1}\boldsymbol{A}\boldsymbol{P}=\boldsymbol{\Lambda}，\text{即 } \boldsymbol{P}^{\mathrm{T}}\boldsymbol{A}\boldsymbol{P}=\boldsymbol{\Lambda}$$

并且对角阵 $\boldsymbol{\Lambda}$ 主对角线上的元素 λ_1，λ_2，$\cdots$，λ_n 恰是 $\boldsymbol{A}$ 的 n 个特征值，正交阵 $\boldsymbol{P}$ 的 n 个列向量是 $\boldsymbol{A}$ 的两两正交的单位特征向量。

由定理 14 得到，对于二次型 $f=\boldsymbol{x}^{\mathrm{T}}\boldsymbol{A}\boldsymbol{x}$ 可作如下标准化：作正交变换（它自然是可逆的线性变换）$\boldsymbol{x}=\boldsymbol{P}\boldsymbol{y}$，使得

$$f=(\boldsymbol{P}\boldsymbol{y})^{\mathrm{T}}\boldsymbol{A}(\boldsymbol{P}\boldsymbol{y})=\boldsymbol{y}^{\mathrm{T}}(\boldsymbol{P}^{\mathrm{T}}\boldsymbol{A}\boldsymbol{P})\boldsymbol{y}=\boldsymbol{y}^{\mathrm{T}}\boldsymbol{\Lambda}\boldsymbol{y}$$
$$=\lambda_1y_1^2+\lambda_2y_2^2+\cdots+\lambda_ny_n^2$$

（三）矩阵的合同

给定两个 n 阶实对称阵 $\boldsymbol{A}$、$\boldsymbol{B}$。如果存在可逆阵 $\boldsymbol{C}$ 满足

$$\boldsymbol{C}^{\mathrm{T}}\boldsymbol{A}\boldsymbol{C}=\boldsymbol{B}$$

那么称矩阵 $\boldsymbol{A}$ 与 $\boldsymbol{B}$ 合同。可逆阵 $\boldsymbol{C}$ 称为合同变换矩阵。

(1) 当 A 与 B 合同，B 与 C 合同时，A 与 C 合同。

(2) 当 $\boldsymbol{A}$ 与 $\boldsymbol{B}$ 合同时，$\boldsymbol{A}$ 与 $\boldsymbol{B}$ 的秩相等，且 $\boldsymbol{A}$ 与 $\boldsymbol{B}$ 等价。

(3) 当 $\boldsymbol{A}$ 与 $\boldsymbol{B}$ 相似，且相似变换 $\boldsymbol{P}$ 为正交阵（即 $\boldsymbol{P}^{-1}=\boldsymbol{P}^{\mathrm{T}}$）时，$\boldsymbol{A}$ 与 $\boldsymbol{B}$ 合同。

定理 15 给定 n 阶实对称阵 $\boldsymbol{A}$，与 $\boldsymbol{A}$ 合同的一切对角阵中主对角线上元素取正值的个数都相等。给定二次型，它的一切标准形中系数取正值的个数（称为正惯性指数）都相等。

（四）正定性

给定二次型 $f(\boldsymbol{x})=\boldsymbol{x}^{\mathrm{T}}\boldsymbol{A}\boldsymbol{x}$，其中 $\boldsymbol{A}$ 是 n 阶实对称阵。如果对任意 $\boldsymbol{x}_0\neq 0$，都有 $f(\boldsymbol{x}_0)=\boldsymbol{x}_0^{\mathrm{T}}\boldsymbol{A}\boldsymbol{x}_0>0$，那么称 $f(x)$ 为正定二次型，称对称阵 $\boldsymbol{A}$ 为正定矩阵。

(1)二次型为正定的充分必要条件是它的正惯性指数等于 n。

(2)n 阶实对称阵为正定的充分必要条件是它的特征值全取正数。

(3)n 阶实对称阵 $\boldsymbol{A}$ 为正定的充分必要条件是 $\boldsymbol{A}$ 与 n 阶单位阵 $\boldsymbol{E}$ 合同。

(4)n 阶实对称阵 $\boldsymbol{A}=(a_{ij})_{n\times n}$ 为正定的必要条件是 $a_{ii}>0$，$i=1,\cdots,n$。

定理 16 n 阶实对称阵 $\boldsymbol{A}=(a_{ij})_{n\times n}$ 为正定的充分必要条件是 $\boldsymbol{A}$ 的各阶主子式都取正数，即

$$|a_{11}|>0,\begin{vmatrix}a_{11} & a_{12}\\ a_{21} & a_{22}\end{vmatrix}>0,\cdots,\begin{vmatrix}a_{11} & a_{12} & \cdots & a_{1n}\\ a_{21} & a_{22} & \cdots & a_{2n}\\ \vdots & \vdots & \vdots & \vdots\\ a_{n1} & a_{n2} & \cdots & a_{nn}\end{vmatrix}>0$$

第二节 近似计算和数值计算

一、误差和有效数字

(1) 误差来源。利用数学解决实际问题所建立的数学模型通常总是近似的，其误差称为模型误差（model error）。数学模型中常常包含一些参量，如质量、温度、电压等，此类量通过观测确定，产生的误差称为观测误差（observational error）。数学模型常常只能得到近似解，其误差称为截断误差（truncation error）或方法误差。使用计算机进行计算，由于字长的限制，原始数据在计算机上表示会产生误差，每次运算又可能产生新的误差，称为舍入误差（rounding error）或计算误差。

(2) 观测误差。包括系统误差和随机误差，前者指由测量仪器和测量方法引入的误差，它表征了测量结系统的准确度。后者是由测量中的随机因素导致的误差，它表征了测量系统的精密度。测量结果既精密又准确，则称精确。

随机误差符合正态型分布曲线，它可以通过多次测量来消除或减小。其计算公式见表 4-2-1。

表 4-2-1 多次测量中随机误差分析计算公式

名 称	计算公式	表征含义
算术平均值	$\overline{x}=\frac{1}{n}\sum_{i=1}^{n}x_i$	算术平均值是该系列测量的最佳值
残差（剩余误差）	$v_i=x_i-\overline{x}$	各次测量结果与最佳值的差别
标准误差（均方根误差 σ）	$\sigma=\sqrt{\frac{\sum_{i=1}^{n}(x_i-\overline{x})^2}{n-1}}$	反映多次测量结果的相互符合程度，表征测量系统的精密度
最佳值的均方根误差 σ_M	$\sigma_M=\frac{\sigma}{\sqrt{n}}$	算术平均值与真值 x 的差别。多次测量的平均值可显著减少随机误差

(3) 有效数字。设 a 是真值，A 是近似值，则 $|A-a|=\Delta_a$ 是绝对误差(absolute error)；$\frac{\Delta_a}{|a|}=\delta_a$ 是相对误差(relative error)。如果 Δ_a 不超过 a 的某一数位上的半个单位，那么在 A 中，从这一位往左，除去最左面第一个非零数字前的零外，所有数字都叫有效数字（significant digits)。例如，由四舍五入得到的数据，0.34 有两位有效数字，而 0.3400 有 4 位有效数字。

(4) 运算误差。设 a、b 是精确值，A、B 是相应的近似值，绝对误差分别为 Δ_a、Δ_b，相对误差分别为 δ_a、δ_b，则运算误差（可能的上限）为

$$\Delta_{a\pm b}=\Delta_a+\Delta_b, \Delta_{a\cdot b}=|b|\Delta_a+|a|\Delta_b$$

$$\Delta_{\frac{a}{b}}=\frac{|b|\Delta_a+|a|\Delta_b}{b^2}$$

$$\delta_{a+b}=\max(\delta_a,\delta_b), \delta_{a\cdot b}=\delta_a+\delta_b$$

$$\delta_{\frac{a}{b}}=\delta_a+\delta_b$$

若需要计算函数值 $y=f(x_1, x_2, \cdots, x_n)$，而 $x_1, x_2, \cdots, x_n$ 的近似值分别为 $x_1^*, x_2^*, \cdots, x_n^*$，$y$ 的近似值为 $y^*=f(x_1^*, x_2^*, \cdots, x_n^*)$，则函数值 y^* 的误差（可能的上限）为 $\Delta_y\approx\sum_{i=1}^{n}\left|\frac{\partial f}{\partial x_i^*}\right|\Delta_{x_i}$。

(5) 有效数字运算规则。加减运算中，最后结果的有效数字，自左起不超过参加运算的数字的第一个出现的安全数字；乘除运算中，最后结果的有效数字不超过参加运算的数字中的最少的有效数字。例如

$$60.4+22.32=82.72\approx82.7$$

$$60.4-58.30=2.10\approx2.1$$

$$243\times0.34=82.62\approx83$$

二、插值与曲线拟合

(1) 插值。设 $f(x)$ 为定义在区间 $[a, b]$ 的函数，已知离散数据 (x_i, y_i)，$y_i=f(x_i)$ $(i=0, 1, \cdots, n)$，其中 $a\leqslant x_0<x_1<\cdots<x_n\leqslant b$。若有一个函数满足 $P(x_i)=y_i$ $(i=0, 1, 2, \cdots, n)$，称 $P(x)$ 为 $f(x)$ 的插值函数，$x_0, x_1, \cdots, x_n$ 称为插值节点，$[a, b]$ 为插值区间。由于函数 $f(x)$ 的形式可能是未知的，或者虽然形式已知但难以处理，常用插值函数 $P(x)$ 逼近 $f(x)$，以利于计算和分析。

插值方法有多种，多项式插值是最常用的。节点数不多时，拉格朗日（Lagrange）插值是很方便的一种多项式插值方法

$$L_n(x)=\sum_{i=0}^{n}y_il_i(x)$$

式中

$$l_i(x)=\prod_{j=0,j\neq i}^{n}\frac{x-x_j}{x_i-x_j}=\frac{(x-x_0)\cdots(x-x_{i-1})(x-x_{i+1})\cdots(x-x_n)}{(x_i-x_0)\cdots(x_i-x_{i-1})(x_i-x_{i+1})\cdots(x_i-x_n)}$$

高次多项式插值可能导致龙格现象，因此当区间 $[a, b]$ 很大、数据量较多时，常采用分段插值的方法，如样条插值。

(2) 曲线拟合。曲线拟合是指从一组实验数据 (x_i, y_i) $(i=0, 1, \cdots, n)$ 寻找自变量 x 和因变量 y 之间的一个函数关系式 $y=P(x)$，从图形上看就是由给定的 n 个点拟合一条曲线。由于实验数据往往带有观测误差，与插值不同，拟合不要求曲线精确地通过这些点，而是希望 $y=P(x)$ 与给定点的误差平方和

$$\sum_{i=0}^{n}[P(x_i,a_0,a_1,\cdots a_m)-y_i]^2$$

最小。根据这一原则，通过最小二乘法确定参数 $a_0, a_1, \cdots, a_m$。一般说来，参数的个数总是远少于已知点的数目，$P(x)$ 的函数类型则要通过理论分析和实际计算才能确定。

三、数值积分

数值积分主要针对被积函数非常复杂或者缺乏解析表达式的情况，是一种近似积分方法。龙贝格积分法和高斯积分法都是很好的数值积分方法，在许多算法书中都能找到它们的计算程序。这里主要介绍高斯积分法。

高斯积分具有 $(2n+1)$ 阶精度，计算公式为

$$\int_{-1}^{1}f(x)\mathrm{d}x\approx\sum_{i=0}^{n}A_if(x_i)$$

式中：x_i 为高斯积分点；A_i 为权系数，其值按表 4-2-2 选取。如果积分区间不在 $[-1, 1]$，可通过 $t=\frac{b-a}{2}x+\frac{a+b}{2}$ 实现变换：

$$\int_a^bf(t)\mathrm{d}t=\frac{b-a}{2}\int_{-1}^{1}f\left(\frac{b-a}{2}x+\frac{a+b}{2}\right)\mathrm{d}x$$

表 4-2-2　一维高斯积分点的位置和权因子

n	ξ_i	ω_i
1	±0.5773502692	1.0000000000
2	±0.7745966692 0.0000000000	0.5555555556 0.8888888889
3	±0.8611363116 ±0.3399810436	0.3478548451 0.6521451549
4	±0.9061798459 ±0.5384693101 0.0000000000	0.2369268851 0.4786286705 0.5688888889
5	±0.9324695142 ±0.6612093865 ±0.2386191861	0.1713244924 0.3607615730 0.4679139346

四、常微分方程、偏微分方程和线性代数方程组的数值计算方法

(1) 常微分方程的数值计算办法。常微分方程分为初值问题和边值问题。初值问题常用龙格－库塔法求解，而边值问题可以用打靶法转化为初值问题求解，或者使用有限差分法求解。

一阶常微分方程初值问题描述为 $y'=f(x, y)$，$y(x_0)=y_0$。龙格－库塔法是一种逐步递推的数值计算方法，常用的四阶龙格－库塔法经典公式为

$$y_{k+1}=y_k+\frac{h}{6}(K_1+2K_2+2K_3+K_4)$$

$$K_1=f(x_k, y_k)$$

$$K_2=f\left(x_k+\frac{h}{2}, y_k+\frac{h}{2}K_1\right)$$

$$K_3=f\left(x_k+\frac{h}{2}, y_k+\frac{h}{2}K_2\right)$$

$$K_4=f(x_k+h, y_k+hK_3)$$

高阶常微分方程初值问题一般化为一阶方程组求解，例如 $y''+q(x)y'=r(x)$ 能够化为

$$\begin{cases}y'=z(x)\\z'=r(x)-q(x)z(x)\end{cases}$$

(2) 偏微分方程的数值计算方法。双曲型、抛物型和椭圆

型三类方程都可用有限差分法求解；椭圆型方程常用有限元法求解，对几何条件和物理条件都比较复杂的问题，有限元法比有限差分法有更广泛的适应性。偏微分方程的数值求解编程比较复杂，一般都依赖于专门的分析软件。在电气工程中的电磁场问题分析软件大都是基于有限元方法的，目前有许多商用软件可供选择，如 ANSYS、ANSOFT、JMAG 等。

（3）线性代数方程组的求解方法。线性代数方程组的求解可分为直接法和迭代法。直接法多娄基于高斯消去法，如果在计算中没有舍入误差，则经过有限次算术运算可以得到方程的精确解。迭代法是把方程组 $\boldsymbol{Ax}=\boldsymbol{b}$ 改写为等价的形式 $\boldsymbol{x}=\boldsymbol{Bx}+\boldsymbol{f}$，从一组给定的初值 $\boldsymbol{x}^{(0)}$ 出发，使用迭代技术 $\boldsymbol{x}^{(k+1)}=\boldsymbol{Bx}^{(k)}+\boldsymbol{f}$ 得到方程组的解答。对于大型的线性代数方程组，迭代法通常更可取，这不仅因为在大量的计算中，舍入误差可能对计算结果产生显著的影响，也因为许多数值分析技术所形成的大型线性代数方程组常常是一个稀疏方程组（系数矩阵中包含大量的 0 元素），迭代技术可以不用存储和处理这些 0 元素，从而节省了内存和计算量。在电磁场数值计算中，不完全乔列斯基分解预处理共轭梯度法（IC-CG 法）是目前最为有效的一种迭代方法。

第三节　概率论与数理统计

一、概率论

（一）概率的概念

1. 概率的古典定义

设一试验有 n 个互不相容的等可能的结果（每个结果称为基本事件），每次试验必有一基本事件发生。m 为事件 A 中包含的基本事件个数，则称比值 $\frac{m}{n}$ 为事件 A 的概率，记做

$$P(A)=\frac{m}{n}$$

2. 概率的统计定义

在相同的条件下进行 n 次试验，设事件 A 出现了 μ 次。如果当试验次数 n 充分大时，事件 A 的频率 $\frac{\mu}{n}$ 具有持久的稳定性，则称事件 A 是有概率的。A 的概率记为 $P(A)$，则

$$P(A)\approx\frac{\mu}{n}$$

3. 概率的简单性质

（1）必然事件记为 U，不可能事件记为 V，则

$$P(U)=1,\ P(V)=0$$

（2）$0\leqslant P(A)\leqslant 1$。

（3）若 $A\subset B$（即事件 B 包含事件 A），则

$$P(A)\leqslant P(B)$$

（4）设事件 $\overline{A}$ 是 A 的对立事件，则

$$P(A)+P(\overline{A})=1$$

（二）概率的基本运算

1. 概率的加法

（1）$P(A+B)=P(A)+P(B)-P(AB)$

式中，$A+B$（事件和）表示事件 A，B 至少有一个发生；AB（事件积）表示事件 A，B 同时发生。

（2）若 $AB=V$，则

$$P(A+B)=P(A)+P(B)$$

（3）若 $\sum\limits_{k=1}^{n}A_k=U$，$A_iA_j=V$（$i\neq j$），则

$$P(A_1)+P(A_2)+\cdots+P(A_n)=1$$

2. 概率的乘法

（1）条件概率。在事件 A 出现的条件下，事件 B 出现的概率叫做 B 对于 A 的条件概率，记为 $P(B\mid A)$，则

$$P(B|A)=\frac{P(AB)}{P(A)}$$

（2）概率乘法定理

$$P(AB)=P(A)P(B|A)=P(B)P(A|B)$$

（3）对独立事件 A，B，则有

$$P(AB)=P(A)P(B)$$

（4）对于概率相同的 n 个独立事件的积事件 $\prod\limits_{i=1}^{n}A_i$ 的概率为 $P\left(\prod\limits_{i=1}^{n}A_i\right)=[P(A)]^n$。

3. 全概率公式与贝叶斯公式

（1）全概率公式。若 $\sum\limits_{k=1}^{n}H_k=U$，$H_iH_j=V$（$i\neq j$），则对任一随机事件 A，有

$$P(A)=\sum_{i=1}^{n}P(H_i)P(A\mid H_i)$$

（2）贝叶斯公式。若 $\sum\limits_{k=1}^{n}H_k=U$，$H_iH_j=V$（$i\neq j$），则对任一非不可能事件 A，有

$$P(H_i\mid A)=\frac{P(H_i)P(A\mid H_i)}{\sum\limits_{j=1}^{n}P(H_j)P(A\mid H_j)}$$

（三）随机变量

1. 随机变量定义

如果每次试验的结果可以用一个数 ξ 来表示，而且对任何实数 x，"$\xi<x$" 有着确定的概率，则称 ξ 是随机变量。

2. 随机变量的分布函数

（1）随机变量的分布函数。随机变量 ξ 的取值小于某一数 x 的概率是 x 的函数时，即 $F(x)=P(\xi<x)$，称 $F(x)$ 为此随机变量 ξ 的分布函数。分布函数具有以下性质：

1）$0\leqslant F(x)\leqslant 1$，且 $F(-\infty)=0$，$F(+\infty)=1$。

2）$F(x)$ 是非减函数，即 $F(x_1)\leqslant F(x_2)$，当（$x_1\leqslant x_2$）。

3）$P(x_1<\xi<x_2)=F(x_2)-F(x_1)$，即 ξ 落在区间（x_1，x_2）上的概率等于分布函数 $F(x)$ 在该区间上的增量。

4）$F(x)$ 是右连续的，即 $F(x+0)=F(x)$。

（2）分布密度。分布密度 $f(x)$ 定义为 $f(x)=\lim\limits_{\Delta x\to 0}\frac{P(x<\xi<x+\Delta x)}{\Delta x}$。对于连续随机变量，分布密度 $f(x)$ 是分布函数 $F(x)$ 的导函数，从而 $P(x_1<\xi<x_2)=\int_{x_1}^{x_2}f(x)\mathrm{d}x$ 及 $F(x)=\int_{-\infty}^{x}f(t)\mathrm{d}t$。

（3）正态分布。如果随机变量 ξ 的分布密度 $f(x)=\frac{1}{\sigma\sqrt{2\pi}}\mathrm{e}^{-\frac{(x-\mu)^2}{2\sigma^2}}$，其中 μ、σ（$\sigma>0$）为常数，称 ξ 服从参数为 μ、σ 的正态分布（或高斯分布），记做 $\xi\sim N(\mu,\sigma^2)$。当 $\mu=0$、$\sigma=1$ 时称标准正态分布，如图 1-10-1 与图 1-10-2 所示。μ、σ 所代表的含义见表 1-10-1。

一般地说，如果研究的某个量是被彼此间相互独立的大量偶然因素所影响，且每一因素在总的影响中只起很小的作用，则由这个总的影响所引起的该量的变化，就近似地服从正态分布。

3σ 规则：正态随机变量 ξ 落在（$\mu-3\sigma$，$\mu+3\sigma$）内的概

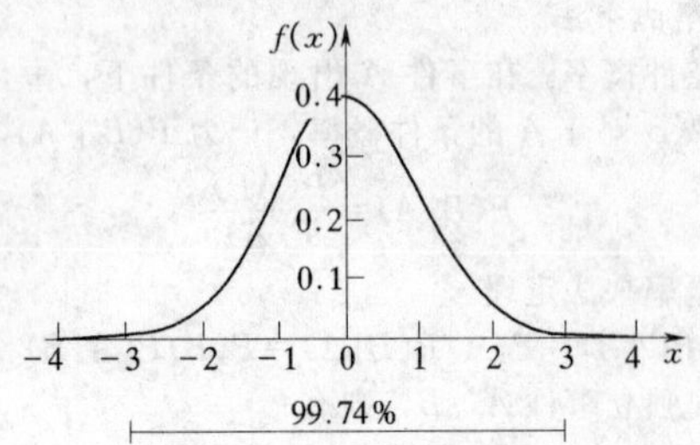

图 1-10-1 标准正态分布密度

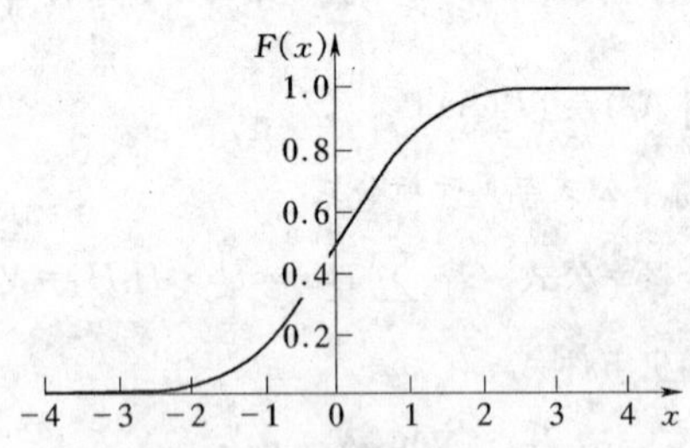

图 1-10-2 标准正态分布函数

率为 99.74%，也就是说，ξ 在距离平均值 3σ 以外出现的概率是很小的，称为 3σ 规则。

(4) 离散型分布。若随机变量 ξ 只取有限个或可数个孤立的值 x_1，x_2，…，x_n，…，并且对应这些值有确定的概率，即

$$P(\xi=x_i)=p_i \quad (i=1,\ 2,\ \cdots)$$

则称 ξ 是离散随机变量（或 ξ 是离散分布的），p_i 称为 ξ 的概率分布，它满足下列条件

$$\begin{cases} p_i \geqslant 0 \\ \sum_{i=1}^{\infty} p_i = 1 \end{cases}$$

(5) 连续型分布。若存在一个非负函数 $p(x)$，使随机变量 ξ 的分布函数 $F(x)$ 可以表示为

$$F(x)=\int_{-\infty}^{x} p(t)\mathrm{d}t$$

则称 ξ 为连续随机变量（或 ξ 是连续分布的），$p(x)$ 称为随机变量 ξ 的概率密度。

$p(x)$ 的性质为：

(1) $p(x)\geqslant 0$

(2) $\int_{-\infty}^{+\infty} p(x)\mathrm{d}x = 1$

(3) $P(a\leqslant \xi < b) = F(b)-F(a) = \int_a^b p(x)\mathrm{d}x$

（四）随机变量的数字特征

1. 数学期望（平均数）

(1) 离散随机变量的数学期望。设随机变量 ξ 取可数个值 x_i，其相应的概率为 p_i，则称 $\sum_i x_i p_i$（无穷多项时要求级数绝对收敛）为 ξ 的数学期望，记作 $M\xi$（或 $E\xi$），即

$$M\xi = \sum_i x_i p_i$$

(2) 连续随机变量的数学期望。设随机变量 ξ 的概率密度为 $p(x)$，若积分 $\int_{-\infty}^{+\infty} |x| p(x)\mathrm{d}x$ 收敛，则称 $\int_{-\infty}^{+\infty} xp(x)\mathrm{d}x$ 为 ξ 的数学期望，记作 $M\xi$（或 $E\xi$），即

$$M\xi = \int_{-\infty}^{+\infty} xp(x)\mathrm{d}x$$

2. 方差

若随机变量 $(\xi - M\xi)^2$ 的数学期望存在，则称 $M(\xi - M\xi)^2$ 为随机变量 ξ 的方差，记作 $D\xi$，即

$$D\xi = M(\xi - M\xi)^2$$

(1) 离散随机变量的方差

$$D\xi = \sum_i (x_i - M\xi)^2 p_i$$

(2) 连续随机变量的方差

$$D\xi = \int_{-\infty}^{+\infty} (x-M\xi)^2 p(x)\mathrm{d}x$$

(3) 均方差（或标准差）

$$\sigma = \sqrt{D\xi}$$

随机变量 ξ 的数字特征和正态分布见表 4-3-1。

表 4-3-1 随机变量 ξ 的数字特征和正态分布

数字特征	正态分布
平均数（数学期望）$E(\xi)$	μ
方差 $D(\xi)$	σ^2
标准差（均方差）	σ

二、数理统计

（一）样本特征数

经过 n 次试验得到一个样本：x_1，x_2，…，x_n，这里 x_i $(i=1,\ 2,\ \cdots,\ n)$ 是 n 个相互独立相同分布的随机变量。

(1) 样本 k 阶原点矩

$$\frac{1}{n}\sum_{i=1}^{n} x_i^k$$

(2) 样本平均数

$$\overline{x} = \frac{1}{n}\sum_{i=1}^{n} x_i$$

(3) 样本 k 阶中心矩

$$\frac{1}{n}\sum_{i=1}^{n} (x_i - \overline{x})^k$$

(4) 样本方差

$$s^2 = \frac{1}{n}\sum_{i=1}^{n}(x_i-\overline{x})^2 = \frac{1}{n}\sum_{i=1}^{n} x_i^2 - \overline{x}^2$$

(5) 样本标准差

$$\varepsilon = \sqrt{\frac{1}{n}\sum_{i=1}^{n}(x_i-\overline{x})^2}$$

(6) 样本变异系数

$$v=\frac{s}{\overline{x}}$$

（二）参数估计

1. 矩估计法

用样本矩作为相应的总体 ξ 的矩的估计量

$$M\xi \approx \overline{x} = \frac{1}{n}\sum_{i=1}^{n} x_i$$

$$M\xi^k \approx \frac{1}{n}\sum_{i=1}^{n} x_i^k$$

$$D\xi \approx s^2 = \frac{1}{n}\sum_{i=1}^{n}(x_i-\overline{x})^2$$

2. 最大似然法

似然函数

$$L(\theta) = \prod_{i=1}^{n} f(x_i,\theta)$$

式中：$f(x_i,\ \theta)$ 为随机变量 x_i 的概率分布；θ 为有待估计的参数。

由方程

$$\frac{dL(\theta)}{d\theta}=0 \quad 或 \quad \frac{d\ln L(\theta)}{d\theta}=0$$

解出的θ是x_1，x_2，…，x_n的函数，使$L(\theta)$达到最大值的$\theta(x_1, x_2, \cdots, x_n)$记作$\theta(x_1, x_2, \cdots, x_n)$称为总体参数$\theta$的最大似然估计量，若参数不止一个，可用偏导数代替导数。

(三) 区间估计

1. 大子样区间估计

(1) 已知总体方差σ^2，总体数学期望$a=M\xi$的区间估计

$$P(\overline{x}-u_\alpha\sigma/\sqrt{n}<a<\overline{x}+u_\alpha\sigma/\sqrt{n})$$
$$\approx\frac{1}{\sqrt{2\pi}}\int_{-u_\alpha}^{u_\alpha}c^{-\frac{1}{2}s^2}ds=1-a$$

式中：α为置信度，给定α后由

$$\frac{1}{\sqrt{2\pi}}\int_{-\infty}^{u_\alpha}e^{-\frac{1}{2}s^2}ds=1-\frac{\alpha}{2}$$

从正态分布表中查出u_α，从而得到数学期望α的置信区间

$$(\overline{x}-u_\alpha\sigma/\sqrt{n},\ \overline{x}+u_\alpha\sigma/\sqrt{n})$$

(2) 未知总体方差σ^2，总体的数学期望$a=M\xi$的区间估计

$$P(\overline{x}-u_\alpha s_1/\sqrt{n}<a<\overline{x}+u_\alpha s_1/\sqrt{n})$$
$$\approx\frac{1}{\sqrt{2\pi}}\int_{-u_\alpha}^{u_\alpha}e^{-\frac{1}{2}s^2}ds=1-\alpha$$

其中

$$s_1^2=\frac{1}{n-1}\sum_{i=1}^{n}(x_i-\overline{x})^2$$

式中：α为置信度，给定α后由

$$\frac{1}{\sqrt{2\pi}}\int_{-\infty}^{u_\alpha}e^{-\frac{1}{2}s^2}ds=1-\frac{\alpha}{2}$$

从正态分布表中查出u_α，从而得到数学期望a的置信区间

$$(\overline{x}-u_\alpha s_1/\sqrt{n},\ \overline{x}+u_\alpha s_1/\sqrt{n})$$

2. 小子样区间估计

假定总体服从正态分布$N(a, \sigma)$。

(1) 已知总体方差σ^2，数学期望a的区间估计与大子样区间估计中的 (1) 完全相同。

(2) 未知总体方差σ^2，数学期望a的区间估计

$$P(\overline{x}-u_\alpha s_1/\sqrt{n}<a<\overline{x}+u_\alpha s_1/\sqrt{n})$$
$$=\int_{-u_\alpha}^{u_\alpha}t(n-1)ds=1-\alpha$$

式中，$t(n-1)$是自由度为$n-1$的t分布。

$$s_1^2=\frac{1}{n-1}\sum_{i=1}^{n}(x_i-\overline{x})^2$$

式中，α为置信度，给定α后由

$$\int_{u_\alpha}^{\infty}t(n-1)ds=\frac{\alpha}{2}$$

从t分布表查出u_α，从而得到数学期望a的置信区间

$$(\overline{x}-u_\alpha s_1/\sqrt{n},\ \overline{x}+u_\alpha s_1/\sqrt{n})$$

(3) 已知总体的数学期望a，方差σ^2的区间估计

$$P\left[\frac{1}{u_\alpha}\sum_{i=1}^{n}(x_i-a)^2<\sigma^2<\frac{1}{u'_\alpha}\sum_{i=1}^{n}(x_i-a)^2\right]$$
$$=\int_{u'_\alpha}^{u_\alpha}\chi^2(n)\,\overline{a}s=1-\alpha$$

式中：$\chi^2(n)$是自由度为n的χ^2分布。α为置信度，给定α后由

$$\int_{u'_\alpha}^{\infty}\chi^2(n)ds-\int_{u_\alpha}^{\infty}\chi^2(n)ds=1-\alpha$$

从χ^2分布表适当定出u'_α和u_α，从而得到方差σ^2的置信区间

$$\frac{1}{u_\alpha}\sum_{i=1}^{n}(x_i-a)^2,\frac{1}{u'_\alpha}\sum_{i=1}^{n}(x_i-a)^2$$

(4) 未知总体的数学期望，方差σ^2的区间估计

$$P\left[\frac{1}{u_\alpha}\sum_{i=1}^{n}(x_i-\overline{x})^2,<\sigma^2<\frac{1}{u_\alpha}\sum_{i=1}^{n}(x_i-\overline{x})^2\right]$$
$$=\int_{u'_\alpha}^{u_\alpha}\chi^2(n-1)ds=1-\alpha$$

式中：$\chi^2(n-1)$是自由度为$n-1$的χ^2分布。

α是置信度，给定α后由

$$\int_{u'_\alpha}^{\infty}\chi^2(n-1)ds-\int_{u_\alpha}^{\infty}\chi^2(n-1)ds=1-\alpha$$

从χ^2分布表适当定出u'_α和u_α，从而得到方差σ^2的置信区间

$$\frac{1}{u_\alpha}\sum_{i=1}^{n}(x_i-\overline{x})^2,\frac{1}{u'_\alpha}\sum_{i=1}^{n}(x_i-\overline{x})^2$$

(四) 假设检验

1. 参数假设检验

参数假设检验的一般步骤为：

(1) 假设H_0。

(2) 选取统计量u。

(3) 确定统计量u服从的分布。

(4) 给定置信度α。

(5) 确定否定域$|u|\geqslant u_\alpha$(u_α由给定的α通过查概率分布表确定)。

(6) 计算统计量的观察值u。

(7) 作出判断：如果统计量的观察值u在否定域内，则以置信度α否定假设H_0；如果统计量的观察值u不在否定域内，则以置信度α接受假设H_0。

2. 非参数假设检验（要求大子样）

(1) 对确定的分布函数的χ^2检验法：

1) 假设H_0。$\xi\sim F(x)$［已知$F(x)$的分布类型及其有关参数］。

2) 根据样本值的范围，把实轴分成k个不相交区间$S_1=(c_1, c_2)$，$S_i=(c_i, c_{i+1})$ $(i=2, 3, \cdots, k)$。使样本在每个子区间S_i中出现的个数$\mu_i\geqslant5$。计算理论频率。

$$r_i=F(c_{i+1})-F(c_i)=P(c_i\leqslant\xi<c_{i+1})$$

3) 选取统计量。

$$u=\sum_{i=1}^{k}\frac{(\mu_i-nr_i)^2}{nr_i}\sim\chi^2(k-1)$$

式中：n为样本实验或观察的次数。

4) 给出置信度α。

5) 确定否定域$u\geqslant u_\alpha$，u_α由$\int_{u_\alpha}^{\infty}\chi^2(k-1)ds=\alpha$确定。

6) 计算统计量的观察值u。

7) 作出判断。当$u\geqslant u_\alpha$时，拒绝原假设H_0；当$u<u_\alpha$时，接受原假设H_0。

(2) 对于分布函数的类型已知，而参数未知的χ^2检验法：

1) 假设H_0：$\xi\sim F(x)$，已知$F(x)$的类型，但有l个未知参数λ_i，λ_2，…，λ_l。

2) 用最大似然法确定l个参数的估计量$\hat{\lambda}_1$，$\hat{\lambda}_2$，…，$\hat{\lambda}_l$。

3) 划分区间S_i，确定r_i，μ_i［见 (1) 中之2)］。

4) 选取统计量

$$u=\sum_{i=1}^{k}\frac{(\mu_i-nr_i)^2}{nr_i}\sim\chi^2(k-l-1)$$

式中：n为样本实验或观察的次数。

5）给出置信度 α。

6）确定否定域 $u \geqslant u_\alpha$。u_α 由 $\int_{u_\alpha}^{\infty} \chi^2(k-l-1)\mathrm{d}s = \alpha$ 确定。

7）计算统计量的观察值 u。

8）作出判断。当 $u \geqslant u_\alpha$ 时，拒绝原假设 H_0；当 $u < u_\alpha$ 时，接受原假设 H_0。

(3) 两个正态母体是否有显著性差异的假设检验，见表 4-3-2。设 $\xi_1 \sim N(\alpha_1, \sigma_1)$，$\xi_2 \sim N(\alpha_2, \sigma_2)$。

(4) 总体服从正态分布的小子样的参数假设检验，见表 4-3-3。

(五) 方差分析

1. 单因素方差分析

(1) 问题提法。考虑一种因素 A，A 中又分为不同等级 A_1，A_2，…，A_k，在各种情况下做试验，得到数据如表 4-3-4 所示。

在假定 $\sigma_1 = \sigma_2 = \cdots = \sigma_k$ 的条件下，判断假设 $a_1 = a_2 = \cdots = a_k$ 是否成立。

表 4-3-2　　两个正态母体是否有显著性差异的假设检验表

条件	已知 σ_1^2，σ_2^2	已知 $\sigma_1^2=\sigma_2^2$（但其值未知）	
假设 H_0	$a_1=a_2$	$a_1=a_2$	$\sigma_1^2=\sigma_2^2$
统计量 u	$\dfrac{\overline{x}_1-\overline{x}_2}{\sqrt{\dfrac{\sigma_1^2}{n_1}+\dfrac{\sigma_2^2}{n_2}}}$	$\dfrac{(\overline{x}_1-\overline{x}_2)\ \sqrt{n_1+n_2-2}}{\sqrt{(n_1-1)s_1^2+(n_2-1)s_2^2}\sqrt{\dfrac{1}{n_1}+\dfrac{1}{n_2}}}$	$\dfrac{s_1^2}{s_2^2}$
u 的分布	$N(0,\ 1)$	$t(n_1+n_2-2)$	$F(n_1-1,\ n_2-1)$
给出置信度 α	α	α	α
确定否定域	$\mid u \mid \geqslant u_\alpha$	$\mid u \mid \geqslant u_\alpha$	$u \geqslant u_\alpha, u \leqslant u'_\alpha$
	$\dfrac{1}{\sqrt{2\pi}}\int_{-\infty}^{u_\alpha} \mathrm{e}^{-\frac{1}{2}s^2}\mathrm{d}s = 1-\dfrac{\alpha}{2}$	$\int_{u_\alpha}^{\infty} t(n_1+n_2-2)\mathrm{d}s = \dfrac{\alpha}{2}$	$\int_{u_\alpha}^{\infty} F(n_1-1,n_2-1)\mathrm{d}s = \dfrac{\alpha}{2}$ $\int_{u'_\alpha}^{\infty} F(n_1-1,n_2-1)\mathrm{d}s = 1-\dfrac{\alpha}{2}$

注　$\overline{x}_1 = \dfrac{1}{n_1}\sum_{i=1}^{n_1} x_i^{(1)}$，$s_1^2 = \dfrac{1}{n_1-1}\sum_{i=1}^{n_1}(x_i^{(1)}-\overline{x}_1)^2$，$\overline{x}_2 = \dfrac{1}{n_2}\sum_{i=1}^{n_2} x_i^{(2)}$，$s_2^2 = \dfrac{1}{n_2-1}\sum_{i=1}^{n_2}(x_i^{(2)}-\overline{x}_2)^2$。

表 4-3-3　　总体服从正态分布的小子样的参数假设检验表

条件	已知 σ^2	未知 σ^2	已知 a	未知 a
假设 H_0	$a=a_0$	$a=a_0$	$\sigma^2 \leqslant \sigma_0^2$	$\sigma^2 \leqslant \sigma_0^2$
统计量 u	$\dfrac{\overline{x}-a_0}{\sigma/\sqrt{n}}$	$\dfrac{\overline{x}-a_0}{s_1/\sqrt{n}}\ (n \geqslant 3)$	$\dfrac{1}{\sigma_0^2}\sum_{i=1}^{n}(x_i-a)^2$	$\dfrac{1}{\sigma_0^2}\sum_{i=1}^{n}(x_i-\overline{x})^2$
u 的分布	$N(0,\ 1)$	$t(n-1)$	$\chi^2(n)$	$\chi^2(n-1)$
给出置信度 α	α	α	α	α
确定否定域	$\mid u \mid \geqslant u_\alpha$	$\mid u \mid \geqslant u_\alpha$	$u \geqslant u_\alpha$	$u \geqslant u_\alpha$
	$\dfrac{1}{\sqrt{2\pi}}\int_{-\infty}^{u_\alpha} \mathrm{e}^{-\frac{1}{2}s^2}\mathrm{d}s = 1-\dfrac{\alpha}{2}$	$\int_{u_\alpha}^{\infty} t(n-1)\mathrm{d}s = \dfrac{\alpha}{2}$	$\int_{u_\alpha}^{\infty} \chi^2(n)\mathrm{d}s = \alpha$	$\int_{u_\alpha}^{\infty} \chi^2(n-1)\mathrm{d}s = \alpha$

表 4-3-4　　一种因素不同等级实验数据表

因素 A	试 验 结 果	总体分布
A_1	x_{11}，x_{12}，…，x_{1n}	$N(a_1,\ \sigma_1)$
A_2	x_{21}，x_{22}，…，x_{2n}	$N(a_2,\ \sigma_2)$
⋮	⋮	⋮
A_k	x_{k1}，x_{k2}，…，x_{kn}	$N(a_k,\ \sigma_k)$

(2) 判断步骤：

1）假设 H_0：$a_1 = a_2 = \cdots = a_k$。

2）选取统计量

$$u = \frac{s_1^2}{s_2^2} = \frac{\dfrac{1}{k-1}\sum_{i=1}^{k} n_i(\overline{x}_i-\overline{x})^2}{\dfrac{1}{n-k}\sum_{i=1}^{k}\sum_{j=1}^{n_i}(x_{ij}-\overline{x}_i)^2} \sim F(k-1, n-k)$$

其中

$$n = \sum_{i=1}^{k} n_i, \overline{x}_i = \frac{1}{n_i}\sum_{j=1}^{n_i} x_{ij}$$

$$\overline{x} = \frac{1}{n}\sum_{i=1}^{k}\sum_{j=1}^{n_i} x_{ij} = \frac{1}{n}\sum_{i=1}^{k} n_i\,\overline{x}_i$$

3）给定置信度 α。

4）确定否定域 $u \geqslant u_\alpha$，u_α 由 $\int_{u_\alpha}^{\infty} F(k-1, n-k) \mathrm{d}s = \alpha$ 确定。

5）计算统计量的观察值 u。

6）作出判断。当 $u \geqslant u_\alpha$ 时，拒绝原假设 H_0；当 $u < u_\alpha$ 时，接受原假设 H_0。

(3) 单因素方差分析表，见表 4-3-5。

2. 双因素方差分析

(1) 问题提法。设因素 A 分成不同等级 $A_1, A_2, \cdots, A_r$，因素 B 分成不同等级 $B_1, B_2, \cdots, B_s$。在因素 A_i，B_j 条件下做 n 次试验，试验结果为 $x_{ij}^{(k)}$ $(k=1, 2, \cdots, n)$，总共做 rsn 次试验，所得数据见表 4-3-6。

在假定 $\sigma_{ij} = \sigma$ 的条件下，判断假设 H_0：$a_{ij} = \alpha$ 是否成立。

(2) 问题的分解：

1）判断 A 的不同等级的影响有无显著差异（用统计量 u_1）。

2）判断 B 的不同等级的影响有无显著差异（用统计量 u_2）。

3）判断 A、B 两因素交错作用的影响有无显著差异（用统计量 u_3）。

(3) 双因素方差分析表，见表 4-3-7。

表 4-3-5　单因素方差分析表

项目	平方和	自由度	平均平方和	统计量 u	临界值 u_α	判断（否定域 $u \geqslant u_\alpha$）
组间差	$\sum_{i=1}^{k} n_i(\overline{x}_i - \overline{x})^2 = (k-1)s_1^2$	$k-1$	s_1^2			
组内差	$\sum_{i=1}^{k}\sum_{j=1}^{n_i}(x_{ij} - \overline{x}_i)^2 = (n-k)s_2^2$	$n-k$	s_2^2	$u = \frac{s_1^2}{s_2^2}$	$F_\alpha(k-1, n-k)$	
总和	$\sum_{i=1}^{k}\sum_{j=1}^{n_i}(x_{ij} - \overline{x})^2 = (n-1)s^2$	$n-1$	s^2			

注　$F_\alpha(k-1, n-k)$ 表示置信度 α、第一自由度 $k-1$、第二自由度 $n-k$ 时的 F 分布的临界值。

表 4-3-6　双因素不同等级试验数据表

A \ B	B_1	B_2	…	B_s	$\overline{x}_{is}$
A_1	$x_{11}^{(1)}, x_{11}^{(2)}, \cdots, x_{11}^{(n)}$	$x_{12}^{(1)}, x_{12}^{(2)}, \cdots, x_{12}^{(n)}$	…	$x_{1s}^{(1)}, x_{1s}^{(2)}, \cdots, x_{1s}^{(n)}$	$\overline{x}_{1s}$
A_2	$x_{21}^{(1)}, x_{21}^{(2)}, \cdots, x_{21}^{(n)}$	$x_{22}^{(1)}, x_{22}^{(2)}, \cdots, x_{22}^{(n)}$	…	$x_{2s}^{(1)}, x_{2s}^{(2)}, \cdots, x_{2s}^{(n)}$	$\overline{x}_{2s}$
⋮	⋮	⋮	⋮	⋮	⋮
A_r	$x_{r1}^{(1)}, x_{r1}^{(2)}, \cdots, x_{r1}^{(n)}$	$x_{r2}^{(1)}, x_{r2}^{(2)}, \cdots, x_{r2}^{(n)}$	…	$x_{rs}^{(1)}, x_{rs}^{(2)}, \cdots, x_{rs}^{(n)}$	$\overline{x}_{rs}$
$\overline{x}_{\cdot j}$	$\overline{x}_{\cdot 1}$	$\overline{x}_{\cdot 2}$	…	$\overline{x}_{\cdot s}$	

注　$\overline{x}_{i\cdot} = \frac{1}{ns}\sum_{j=1}^{s}\sum_{k=1}^{n} x_{ij}^{(k)}$，$\overline{x}_{\cdot j} = \frac{1}{nr}\sum_{i=1}^{r}\sum_{k=1}^{n} x_{ij}^{(k)}$，$x_{ij}^{(k)} \sim N(a_{ij}, \sigma_{ij})(k=1, 2, \cdots, n)$。

表 4-3-7　双因素方差分析表

项　目	平　方　和	自由度	平均平方和	统计量 u	临界值 u_α	判断（否定域 $u \geqslant u_\alpha$）
A 的作用（各行之间）	$ns\sum_{i=1}^{r}(\overline{x}_{i\cdot} - \overline{x})^2 = S_1$	$r-1$	$\frac{S_1}{r-1}$	$u_1 = \frac{\frac{1}{r-1}S_1}{\frac{1}{rs(n-1)}S_4}$	$F_\alpha[r-1, rs(n-1)]$	
B 的作用（各列之间）	$nr\sum_{j=1}^{s}(\overline{x}_{\cdot j} - \overline{x})^2 = S_2$	$s-1$	$\frac{S_2}{s-1}$	$u_2 = \frac{\frac{1}{s-1}S_2}{\frac{1}{rs(n-1)}S_4}$	$F_\alpha[s-1, rs(n-1)]$	
A,B 交错作用（行列交错）	$n\sum_{i=1}^{r}\sum_{j=1}^{s}(\overline{x}_{ij} - \overline{x}_{i\cdot} - x_{\cdot j} + \overline{x})^2 = S_3$	$r-1\times(s-1)$	$\frac{S_3}{(r-1)(s-1)}$	$u_3 = \frac{\frac{1}{(r-1)(s-1)}S_3}{\frac{1}{rs(n-1)}S_4}$	$F_\alpha[(r-1)\times(s-1), rs(n-1)]$	
随机作用（平方余和）	$\sum_{i=1}^{r}\sum_{j=1}^{s}\sum_{k=1}^{n}(x_{ij}^{(k)} - \overline{x}_{ij})^2 = S_4$	$rs(n-1)$	$\frac{S_4}{rs(n-1)}$			
总和	$\sum_{i=1}^{r}\sum_{j=1}^{s}\sum_{k=1}^{n}(x_{ij}^{(k)} - \overline{x})^2 = S_5$	$rsn-1$				

注　$\overline{x}_{ij} = \frac{1}{n}\sum_{k=1}^{n} x_{ij}^{(k)}$；$\overline{x} = \frac{1}{nrs}\sum_{i=1}^{r}\sum_{j=1}^{s}\sum_{k=1}^{n} x_{ij}^{(k)}$；$F_\alpha(p, q)$ 表示置信度为 α、第一自由度为 p、第二自由度为 q 时的 F 分布的临界值。

第四节 模糊数学简介

美国著名数学家查德（Zerdeh）在1965年创立了“模糊集合论（Fuzzy Set Theory）。模糊数学就是针对现实生活中存在的内涵灵活、边缘界线不清的概念，通过分析运算以取得准确的结论。模糊数学的基础是研究集合隶属度。

集合就是按一定特征组合起来的事物总体。构成集合的个体称为元素。一个元素 x 和集合 A 的关系，只能是 x 属于 A 或不属于 A。对于一个模糊集合 $\underset{\sim}{A}$，元素 x 同时既有属于 $\underset{\sim}{A}$ 的倾向性（表示为“1”），也有不属于 $\underset{\sim}{A}$ 的倾向性（表示为0）。模糊数学的方法：就是把既属于 $\underset{\sim}{A}$ 又不属于 $\underset{\sim}{A}$ 的元素划在0与1之间。设隶属函数为 $\mu_A(x)$，则

$$0 \leqslant \mu_A(x) \leqslant 1$$

模糊集 $\underset{\sim}{A}$ 可由隶属函数 $\mu_A(x)$ 来描述，当 x 取值为 x_i 时，则 $\mu_A(x_i)$ 称为元素 x_i 的隶属度，它表明了 x_i 对 $\underset{\sim}{A}$ 的隶属程度。

设模糊集 $\underset{\sim}{B}$ 表示故障机理的隶属度，如线路短路 V_1、断路 V_2，元件损坏 V_3…，则有

$$\underset{\sim}{B} = [\mu V_1, \mu V_2, \mu V_3 \cdots]^T \quad (4-4-1)$$

式中 μV_1，μV_2，μV_3，…——V_1，V_2，V_3，…的隶属度。

令模糊集 $\underset{\sim}{A}$ 表示各状态参数的隶属度，如各测试点电压的隶属度为 μx，则有

$$\underset{\sim}{A} = [\mu x_1, \mu x_2, \mu x_3 \cdots]^T \quad (4-4-2)$$

式中 μx_1，μx_2，μx_3，…——测试点1，2，3…的隶属度。

模糊诊断就是通过状态参数的隶属度，求出故障机理的隶属度，即

$$\underset{\sim}{B} = \underset{\sim}{R}\underset{\sim}{A} \quad (4-4-3)$$

式中 $\underset{\sim}{R}$——模糊关系矩阵。

$\underset{\sim}{R}$ 可写为

$$\underset{\sim}{R} = \begin{bmatrix} r_{1,1} & r_{1,2} & r_{1,3} & \cdots & r_{1,m} \\ r_{2,1} & r_{2,2} & r_{2,3} & \cdots & r_{2,m} \\ \vdots & \vdots & \vdots & \vdots & \vdots \\ r_{n,1} & r_{n,2} & r_{n,3} & \cdots & r_{n,m} \end{bmatrix} \quad (4-4-4)$$

式中 $r_{1,1}$，$r_{1,2}$，…，$r_{n,1}$，$r_{n,m}$——设备状态 x_i 和故障机理 V_i 的关系。

根据式（4-4-3）即可求出故障机理的隶属度 $\underset{\sim}{B}$，从而确定故障原因。

第五章 工程力学（上）——理论力学

第一节 静力学

静力学主要研究物体在力的作用下的平衡问题，即物体受力后相对于惯性坐标系处于静止或匀速直线运动状态的规律。静力学中讨论两类问题，即力系的简化和力系的平衡。

一、静力学基本概念

静力学基本概念，如表5-1-1所示。

工程中常见的几种约束类型、简图及其对应约束反力的表示法，见表5-1-2。其中前7种多见于平面问题中，后4种则多见于空间问题中。

表5-1-1 静力学基本概念

概念	内容
1. 刚体	在静力学中所研究的物体都是刚体，刚体是在任何受力情况下其形状、大小和体内任意两点的距离保持不变的物体
2. 力	力是物体之间的相互作用，这种作用使物体的运动状态或形状发生变化。在理论力学中仅讨论力的运动效应，不讨论变形效应。力对物体的作用效果取决于力的大小、方向和作用点三要素，因此力是矢量，它符合矢量运算法则 经验表明，作用于刚体的力可沿其作用线移动而不改变其对于刚体的运动效应。力的这种性质称为力的可传性，所以力是滑动矢量

续表

概念	内容
3. 静力学公理	公理1（二力平衡公理） 作用在同一刚体上的两个力成平衡的必要与充分条件为等量、反向、共线 公理2（加减平衡力系公理） 在任一力系中加上或减去一个平衡力系，不改变原力系对刚体的运动效应 公理3（力的平行四边形法则） 作用于同一质点或刚体上同一点的两个力，可以按平行四边形法则合成 公理4（作用与反作用定律） 两物体间相互作用力同时存在，且等量、反向、共线，分别作用在这两个物体上 公理5（刚化原理） 如变形体在已知力系作用下处于平衡状态，则将此变形体转换成刚体，其平衡状态不变。可见，刚体静力学的平衡条件对变形体成平衡是必要的，但不一定充分
4. 三力平衡定理	刚体受不平行的三个力作用而处于平衡时，则此三力的作用线必共面且汇交于一点
5. 约束与约束反力	阻碍物体自由运动的限制条件称为约束。约束是以物体相互接触的方式构成的。约束对于物体的作用称为约束反力或约束力，简称反力。约束力的方向总是与约束所能阻止的物体运动方向相反。工程中常见约束类型、简图及其对应约束反力见表4-1-2
6. 受力图	受力图是分析研究对象全部受力情况的简图。画受力图的步骤是：首先取脱离体，其次画上全部主动力和约束反力。对于方向不能确定的约束反力如铰链约束，有时可利用平衡条件来判断。 画受力图时，应注意复铰（两个以上物体用圆柱销相连接）、作用于铰处的集中力和作用于相邻两刚体上的线分布力等情况的处理方法

表 5-1-2　工程中常见约束类型、简图及其对应约束反力的表示法

约束类型	简　图	约束反力	未知量数
1. 柔索		T_A	沿柔索中心线，并为拉力，有一个未知量
2. 光滑接触		N_A	沿接触面在该点的公法线，并为压力，有一个未知量
3. 链杆		S_A	沿连杆中心线，指向不定，有一个未知量
4. 圆柱铰链		X_A，Y_A	过销钉中心，方向不定，可分解成两力，有两个未知量
5. 铰链支座		X_A，Y_A	过销钉中心，方向不定，可分解成两力，有两个未知量
6. 辊轴支座		R_A	过销钉中心，垂直支承面，指向不定，有一个未知量
7. 固定端支座		m_A，X_A，Y_A	在约束平面内既不能移动，也不能转动，有三个未知量
8. 普通轴承		Z_A，X_A	y 向可微小移动，有两个未知量
9. 止推轴承		X_A，Y_A，Z_A	三个方向都不容许移动，有三个未知量
10. 球形铰链		Z_A，X_A，Y_A	三个方向都不容许移动，有三个未知量
11. 空间固定端支座		Z_A，m_z，m_x，X_A，Y_A，m_y	三个轴向都不容许移动和转动，有 6 个未知量

二、力的投影和力对点、对轴的矩

（一）力沿直角坐标轴分解和在直角坐标轴上的投影

$$\boldsymbol{F}=\boldsymbol{F}_x+\boldsymbol{F}_y+\boldsymbol{F}_z=X\boldsymbol{i}+Y\boldsymbol{j}+Z\boldsymbol{k}$$

式中：$\boldsymbol{i}$、$\boldsymbol{j}$、$\boldsymbol{k}$ 分别为沿 x、y、z 轴的单位矢量；X、Y、Z 为力 $\boldsymbol{F}$ 在 x、y、z 轴上的投影，且分别为

$$X=F\cos\alpha=F_{xy}\cos\phi=F\sin\gamma\cos\phi$$
$$Y=F\cos\beta=F_{xy}\sin\phi=F\sin\gamma\sin\phi$$
$$Z=F\cos\gamma$$

式中：α、β、γ 为力 $\boldsymbol{F}$ 与各轴正向间的夹角；$\boldsymbol{F}_{xy}$ 则为力 $\boldsymbol{F}$ 在 Oxy 平面上的投影，如图 5-1-1 所示。

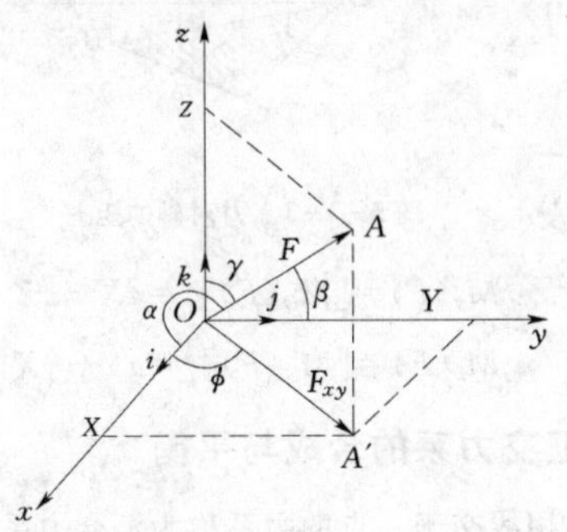

图 5-1-1　力的分解和力的投影

（二）力对点的矩（简称力矩）

在平面问题中，力 $\boldsymbol{F}$ 对矩心 O 的矩是个代数量，即

$$M_O(\boldsymbol{F})=\pm Fa$$

式中 a 为矩心 O 点至力 $\boldsymbol{F}$ 作用线的距离，称为力臂。通常规定力使物体绕矩心转动的方向即力矩的转向为逆时针方向，上式取正号，反之则取负号。

在空间问题中，力对点之矩是个定位矢（图 5-1-2）其表达式为

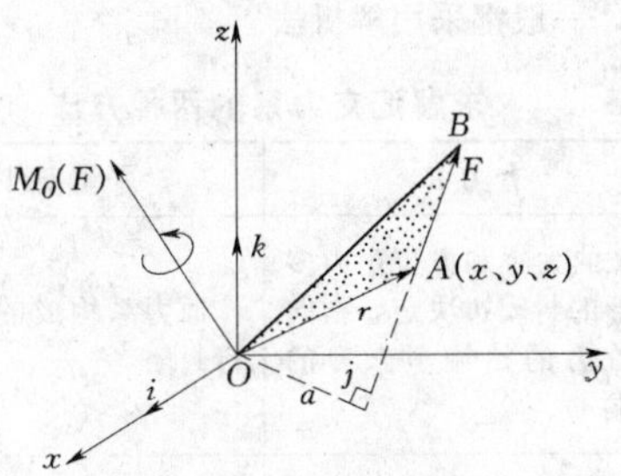

图 5-1-2　力对点的矩

$$\boldsymbol{M}_O(\boldsymbol{F})=\boldsymbol{M}_O=\boldsymbol{r}\times\boldsymbol{F}$$
$$=(yZ-zY)\boldsymbol{i}+(zX-xZ)\boldsymbol{j}+(xY-yX)\boldsymbol{k}$$

力矩的单位为 N·m（牛·米）或 kN·m（千牛·米）。

（三）力对轴的矩

力 $\boldsymbol{F}$ 对任一 z 轴的矩定义为力 $\boldsymbol{F}$ 在垂直 z 轴的平面上的投影对该平面与 z 轴交点 O 的矩，即

$$M_z(F)=M_O(F_{xy})=\pm F_{xy}\cdot a=\pm 2\triangle OA'B'$$

其大小等于二倍三角形 $OA'B'$ 的面积，正负号用右手螺旋法则确定。显然，当力 $\boldsymbol{F}$ 与矩轴 z 共面（包括平行与相交）时，力对该轴之矩等于零。其单位与力矩的单位相同。

从图 5-1-3 中可见，$\triangle OA'B'$ 的面积等于 $\triangle OAB$ 面积在 $OA'B'$ 平面（即 Oxy 面）上的投影。由此可见，力 $\boldsymbol{F}$ 对 z 轴的矩 $\boldsymbol{M}_z$ 等于力 $\boldsymbol{F}$ 对 z 轴上任一点 O 的矩 $\boldsymbol{M}_O$ 在 z 轴上的投影，或力 $\boldsymbol{F}$ 对点 O 的矩 $\boldsymbol{M}_O$ 在经过 O 点的任一轴上的投影等于力 $\boldsymbol{F}$ 对该轴的矩。这就是力对点的矩与对通过该点的轴的矩之间的关系。即

$$M_x(F)=[\boldsymbol{M}_O(F)]_x=yZ-zY$$

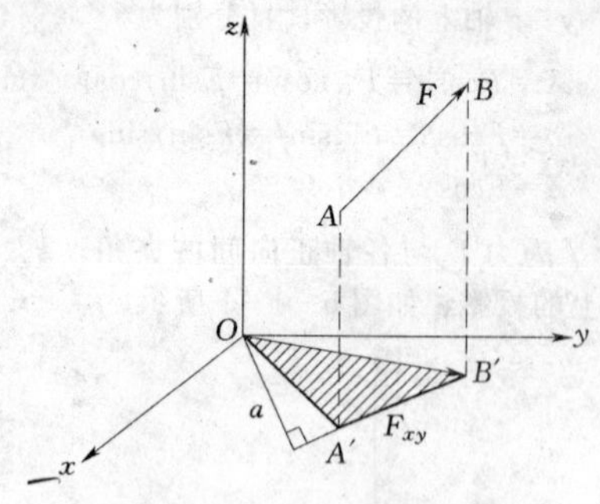

图 5-1-3　力对轴的矩

$$M_y(F)=[\boldsymbol{M}_O(F)]_y=zX-xZ$$

$$M_z(F)=[\boldsymbol{M}_O(F)]_z=xY-yX$$

三、汇交力系的合成与平衡

诸力作用线交于一点的力系称为汇交力系。根据力的平行四边形法则，可知汇交力系合成结果有两种可能：其一，是一个合力 **R**，合力矢为

$$\boldsymbol{R}=\sum \boldsymbol{F}_i$$

合力作用线通过汇交力系的汇交点；其二，合力 **R** 等于零，即

$$\boldsymbol{R}=0 \quad 或 \quad \sum \boldsymbol{F}_i=0$$

这是汇交力系平衡的必要与充分条件。

求解汇交力系的合成与平衡问题各有两种方法，即几何法与解析法，如表 5-1-3 所示。对于空间汇交力系，由于作图不方便，一般都采用解析法。

表 5-1-3　求解汇交力系的两种方法

		合力 **R**	平衡条件 **R**=0
几何法		**R** 的大小和方位由力多边形的封闭边决定，指向是首力的始端至末力的终端	原力系构成的力多边形自行封闭
解析法	平面	$\boldsymbol{R}=(\sum X_i)\boldsymbol{i}+(\sum Y_i)\boldsymbol{j}$	$\sum X_i=0$ $\sum Y_i=0$ 有两个独立方程，可解两个未知量
	空间	$\boldsymbol{R}=(\sum X_i)\boldsymbol{i}+(\sum Y_i)\boldsymbol{j}+(\sum Z_i)\boldsymbol{k}$	$\sum X_i=0$ $\sum Y_i=0$ $\sum Z_i=0$ 有三个独立方程，可解三个未知量

四、力偶理论

（一）力偶与力偶矩

等量、反向、不共线的两平行力所组成的力系称为力偶（**F**，**F**′）。力偶没有合力，既不能用一个力代替，也不能与一个力平衡。力偶对物体只有转动效应，没有移动效应。力偶在任一轴上的投影为零。力偶只能与另一力偶等效或相平衡。

力偶的转动效应决定于力偶矩，它的计算如表 5-1-4 所述。

表 5-1-4　力偶矩的计算

平面情况	空间情况
$m=\pm Fd$ 逆时针转向取正；反之取负	m 大小：$m=Fd$ 方位：垂直于力偶作用平面，指向由右手法则确定
是一代数量	是一自由矢量

表中，F 为组成力偶的力的大小，d 为力偶中两力作用线间的垂直距离，并称为力偶臂。力偶矩的单位为 N·m（牛·米）或 kN·m（千牛·米）。力偶矩矢与矩心位置无关，这一点与力对点之矩是不同的。

综上可知，两个力偶的等效条件是该两力偶矩矢相等。由此等效条件可以得出下列两个推论。

推论 1：只要保持力偶矩矢不变，力偶可在其作用面内任意移转，或从刚体的一个平面移到另一个平行平面内，而不改变其对刚体的转动效应。

推论 2：在保持力偶矩大小和转向不变的条件下，可以任意改变力偶的力的大小和力偶臂的长短，而不改变它对刚体的转动效应。

（二）力偶系的合成与平衡

力偶系合成结果有两种可能，即为一个合力偶或为平衡。具体计算时，通常采用解析法，如表 5-1-5 所述。

表 5-1-5　力偶的合成与平衡的解析法

平面力偶系			空间力偶系
合成结果	合力偶	$M=\sum m_i$	$\boldsymbol{M}=\sum \boldsymbol{m}_i=\sum m_{ix}\boldsymbol{i}+\sum m_{iy}\boldsymbol{j}+\sum m_{iz}\boldsymbol{k}$
	平衡	$M=0$	$\boldsymbol{M}=0$
平衡方程		$\sum m_i=0$ 可求解一个未知量	$\sum m_{ix}=0$ $\sum m_{iy}=0$ $\sum m_{iz}=0$ 可求解三个未知量

表中，m_{ix}、m_{iy}、m_{iz} 分别为力偶矩矢 $\boldsymbol{m}_i$ 在相应坐标轴上的投影。

可以证明，力偶中两个力 **F** 和 **F**′，对任一 **x** 轴之矩的和等于该力偶矩矢 **m** 在同一根轴上的投影，即

$$m_x(\boldsymbol{F})+m_x(\boldsymbol{F}')=m_x=m\cos\alpha$$

五、一般力系的简化与平衡

（一）力的平移定理

设物体的某一平面上有一作用于 A 点的力 **F**，现要将 **F** 平行地搬移至指定点 O。如图 4-1-4 所示。则可在 O 点作用一对平衡力（**F**′，**F**″），其中 **F**′=**F**，**F**″=−**F**，显见 **F** 和 **F**″构成了力偶（**F**，**F**″），其力偶矩 $m=Fd$，等于原力 **F** 对 O 点的力矩。这样，作用于 O 点的力 **F**′和力偶矩 **m** 与原作用于 A 点的力 **F** 等效。于是得到如下定理：一个力可从原来的作用位置平行移动到另一指定点，但须在该力与该指定点所组成的平面内附加一个力偶，其力偶矩等于原力对指定点的矩。即 $\boldsymbol{m}=\boldsymbol{m}_O(\boldsymbol{F})$ 这就是力的平移定理。如果把图 5-1-4由后图向前看，即共面的一个力 **F**′与一矩为 m 的力偶可合成为一个合力 **F**，**F** 的大小、方向与原力 **F**′相等，其间的距离 $d=|m|/F$。

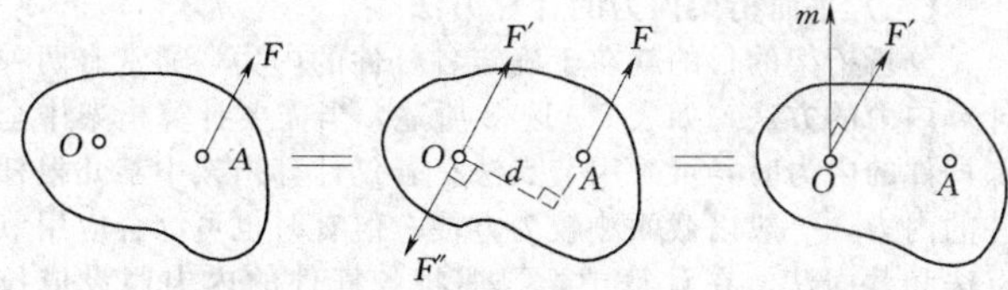

图5-1-4　力的平移定理

（二）任意力系的简化

1. 简化的一般结果

设有一任意力系 F_1、F_2、…、F_n，分别作用于 A_1、A_2、…、A_n。现应用力的平移定理将各力向简化中心 O 点平移，于是原力系与一个通过 O 点的汇交力系和一个附加力偶系等效。这样就可得任意力系简化的一般结果与

一个力　$\boldsymbol{R}'=\sum \boldsymbol{F}_i$　作用线通过 O 点

一个力偶 $\begin{cases}\text{空间：}\boldsymbol{M}_O=\sum \boldsymbol{m}_O(F_i) & \text{是一矢量}\\ \text{平面：}M_O=\sum m_O(\boldsymbol{F}_i) & \text{是一代数量}\end{cases}$

力矢 $\boldsymbol{R}'$ 称为原力系的主矢，它的大小和方向与简化中心位置无关；力偶矩矢 $\boldsymbol{M}_O$（或力偶矩 M_O）称为原力系对简化中心 O 点的主矩，一般地说与简化中心位置有关。

2. 合成的最后结果

任意力系（包括空间和平面）向一点简化后，其最后合成结果可能出现表5-1-6所列出的几种情况。

表5-1-6　　任意力系的合成

主矢	主矩		最后结果	说明
$\boldsymbol{R}'=0$	$\boldsymbol{M}_O=0$		平衡	此为任意力系平衡的必要和充分条件
	$\boldsymbol{M}_O\neq0$		合力偶	此时主矩与简化中心的位置无关
$\boldsymbol{R}'\neq0$	$\boldsymbol{M}_O=0$		合力	合力作用线过简化中心
	$\boldsymbol{M}_O\neq0$	$\boldsymbol{R}'\perp\boldsymbol{M}_O$		合力作用线离简化中心的距离 $d=\left\|\dfrac{M_O}{R'}\right\|$
	$\boldsymbol{M}_O\neq0$	$\boldsymbol{R}'/\!/\boldsymbol{M}_O$	力螺旋	力螺旋中心轴通过简化中心
		$\boldsymbol{R}'$ 与 $\boldsymbol{M}_O$ 成 α 角		力螺旋中心轴离简化中心的距离 $d=\left\|\dfrac{M_O\sin\alpha}{R'}\right\|$

表中，中心轴是指组成力螺旋的力的作用线。

因平面任意力系是空间任意力系的特殊情况，其向 O 点简化的主矩可视为垂直于力系作用平面的一个主矩矢，因此上表5-1-6（除力螺旋外）所述亦可适用于平面任意力系。

当任意力系合成为一合力 $\boldsymbol{R}$ 时，则有

$$\boldsymbol{m}_O(\boldsymbol{R})=\sum \boldsymbol{m}_O(\boldsymbol{F}_i)$$
$$m_Z(\boldsymbol{R})=\sum m_Z(\boldsymbol{F}_i)$$

即合力对任一点（或任一轴如 z 轴）之矩，等于力系中各力对同一点（或同一轴）之矩的矢量和（或代数和），并称之为合力矩定理。对于平面力系，合力矩定理可表示为

$$m_O(\boldsymbol{R})=\sum m_O(\boldsymbol{F}_i)$$

在计算力对坐标轴之矩时，应用合力矩定理，常可使计算简化。这时，可先将原力沿坐标轴分解为三个分力，然后计算各分力对坐标轴之矩。

由于平行力系是任意力系的特殊情况，故任意力系的合成结果也适用于平行力系。

3. 平行分布的线荷载的合成

沿物体中心线分布的平行力，称为平行分布线荷载，简称线荷载。沿单位长度分布的线荷载称为线荷载集度，以 $\boldsymbol{q}$ 表示。其单位为N/m或kN/m。

同向线荷载合成结果为一合力 $\boldsymbol{R}$，该合力的大小和作用线位置可通过求积分的方法和合力矩定理求得。

均匀分布和线性分布的线荷载的合成结果如图4-1-5所示。

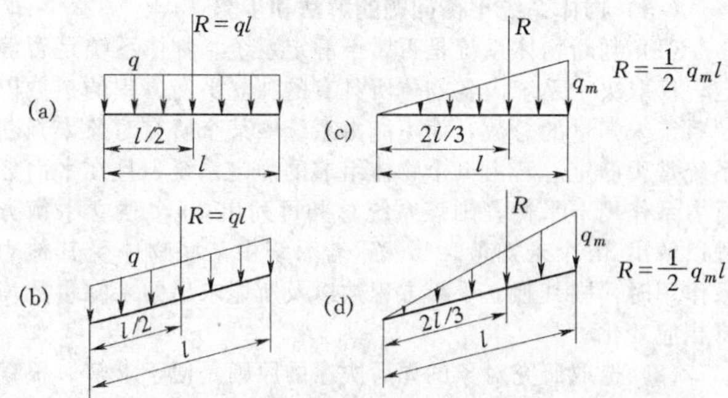

图5-1-5　均匀分布和线性分布的线荷载的合成

（三）力系的平衡条件与平衡方程

任意力系平衡的必要和充分条件是：力系的主矢与力系对任一点的主矩都等于零，即

$$\boldsymbol{R}'=0,\ \sum \boldsymbol{m}_O(\boldsymbol{F}_i)=0$$

据此得出表5-1-7所列出的各组平衡方程。在空间任意力系和空间平行力系的平衡方程组中，其投影方程亦可用对轴的力矩方程来替代。当然，该力矩方程必须是独立的平衡方程，即可用它来求解未知量的平衡方程。

表5-1-7　　力系的平衡方程

力系名称		平衡方程	独立方程的数目
平面力系	任意力系	$\sum X_i=0$　$\sum Y_i=0$　$\sum m_O(\boldsymbol{F}_i)=0$ 或 $\sum X_i=0$　$\sum m_A(\boldsymbol{F}_i)=0$　$\sum m_B(\boldsymbol{F}_i)=0$ x 轴不垂直 AB 连线 或 $\sum m_A(\boldsymbol{F}_i)=0$　$\sum m_B(\boldsymbol{F}_i)=0$　$\sum m_C(\boldsymbol{F}_i)=0$ A、B、C 三点不共线	3
	平行力系	$\sum Y_i=0$　$\sum m_O(\boldsymbol{F}_i)=0$　y 轴不垂直 $\boldsymbol{F}_i$ 或 $\sum m_A(\boldsymbol{F}_i)=0$　$\sum m_B(\boldsymbol{F}_i)=0$ A、B 两点连线不与各力作用线平行	2
空间力系	平行力系	$\sum Z_i=0,\sum m_x(\boldsymbol{F}_i)=0,\sum m_y(\boldsymbol{F}_i)=0$ z 轴不垂直 $\boldsymbol{F}_i$	3
	任意力系	$\sum X_i=0,\sum Y_i=0,\sum Z_i=0$ $\sum m_x(F_i)=0,\sum m_y(F_i)=0,\sum m_z(F_i)=0$	6

六、物体系统的平衡

（一）静定与静不定问题

若未知量的数目等于独立平衡方程的数目，则应用刚体静力学的理论，就可以求得全部未知量，这样的问题称为静定问题，如图5-1-6（a）。若未知量的数目超过独立平衡方程的数目，则单独应用刚体静力学的理论就不能求出全部

未知量，这样的问题称为静不定问题，如图 5-1-6（b）。

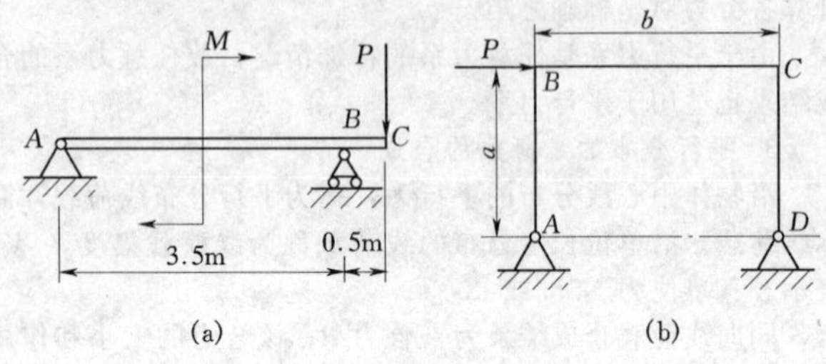

图 5-1-6　物体系统的平衡
(a) 静定问题；(b) 静不定问题

（二）物体系统平衡问题的解法和步骤

（1）判断物体系统是否属于静定系统。物体系统是否静定，仅取决于系统内各物体所具有的独立平衡方程的个数以及系统未知量的总数，而不能由系统中某个研究对象来判断系统是否静定。若由 n 个物体组成的静定系统，且在平面任意力系作用下平衡，则该系统总共可列出 $3n$ 个独立平衡方程以解出 $3n$ 个未知量。当然，若系统中某些物体受其他力系作用时，则其独立平衡方程数以及所能求出的未知量数均将相应变化。

（2）选取研究对象的先后次序的原则是便于求解。根据已知条件和待求量，可以选取整个系统为研究对象，也可以是其中的某些部分或某一物体为研究对象。

（3）分析研究对象的受力情况并画出受力图。在受力图上只画外力而不画内力。在各物体的拆开处，物体间的相互作用力必须符合作用与反作用定律。画物体系统中某研究对象的受力图时，不能将作用在系统中其他部分上的力传递、移动和合成。

（4）列出平衡方程。平衡方程要根据物体所作用的力系类型列出，不能多列。为了避免解联立方程，应妥当地选取投影轴和矩轴（或矩心）。投影轴应尽量选取与力系中多数未知力的作用线垂直；而矩轴应使其与更多的未知力共面（矩心应选在多数未知力的交点上）。力求做到一个平衡方程中只包含一个未知量。

（5）由平衡方程解出未知量。若求得的约束反力或反力偶为负值。说明力的指向或力偶的转向与受力图中假设相反。若用它代入另一方程求解其他未知量时，应连同其负号一起代入。

（6）利用不独立平衡方程进行校核。

七、平面桁架

（一）定义

由若干直杆在两端用铰链彼此连接而成的几何形状不变的结构称为桁架。杆件与杆件的连接点称为节点。所有杆件的轴线在同一平面内的桁架称平面桁架，否则称为空间桁架。

（二）对于桁架的分析计算作如下假设

（1）各杆件都用光滑铰链连接。

（2）各杆件都是直杆。

（3）杆件所受的外荷载都作用在节点上。对于平面桁架各力作用线都在桁架平面内。

（4）各杆件的自重或略去不计，或平均分配到杆件两端的节点上。

根据以上假设，桁架中各杆件都是二力杆，只受到轴向力作用，受拉或者受压。

（三）平面桁架内力的计算方法

分析桁架的目的就在于确定各杆件的内力，通常有两种计算内力的方法，如表 5-1-8 所述。当需要计算桁架中全部杆件的内力时，可采用节点法；若仅计算桁架中某几根杆件的内力，一般以截面法较为方便，但有时也可综合应用节点法和截面法。在计算中，习惯将各杆件的内力假设成拉力。若所得结果为正值，说明杆件是拉杆，反之则为压杆。

表 5-1-8　　平面桁架内力计算方法

	节点法	截　面　法
对象	取节点为研究对象	将桁架沿某个面（不限于平面）截出一部分取为研究对象
平衡方程	应用平面汇交力系平衡方程	应用平面力系平衡方程

为简化计算，一般先要判别桁架中的零杆（内力为零的杆件），对于图 5-1-7 所示的三种情况，零杆可以直接判断出来。

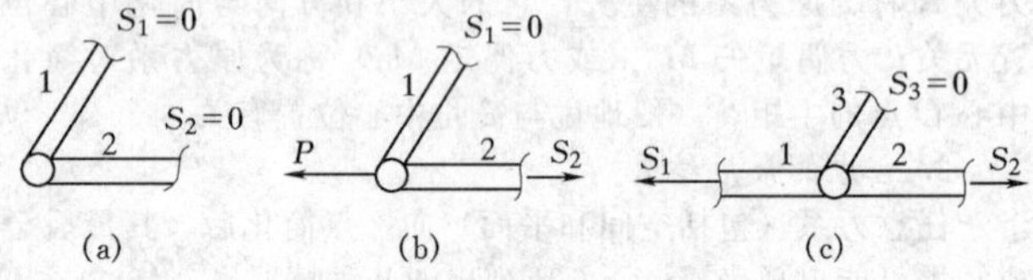

图 5-1-7　判别桁架中的零杆

八、摩擦

（一）摩擦力和极限摩擦力

当两物体接触处沿着接触点的公切面有相对滑动或有相对滑动趋势时，彼此作用着阻碍相对滑动的力，即滑动摩擦力，简称摩擦力。由于摩擦力总是阻碍两物体相对滑动，所以摩擦力方向必与物体相对滑动方向或相对滑动趋势的方向相反。当物体间有相对滑动趋势而还未滑动时，接触面处存在静摩擦力，它的大小可由平衡条件决定，并随主动力而变化。当主动力增大到某值时，物体将开始滑动，这时的摩擦力称为极限摩擦力 F_L。物体滑动后的摩擦力则称为动摩擦力。工程中最需要知道的是极限摩擦力，它就是最大的静摩擦力。这个力是不能用平衡条件求得的，而只能使物体处于将动未动的极限状态时用实验方法求得。对于干摩擦而言，大量的实验已经总结出库仑定律（Coulomb's law）。

（1）摩擦力与两接触面的大小无关（显然，这是有一定条件的，是近似的）。

（2）摩擦力与接触面的粗糙度、温度、湿度等情况有关。

（3）极限摩擦力与正压力成正比。

用数学公式将极限摩擦力表示为

$$F_L=fN$$

式中　N——正压力，即法向反力；

f——（静）摩擦系数，是一无因次的常系数。

若两接触物体已经产生相对滑动，此时接触面中存在动摩擦力 $F'=f'N$，式中动摩擦系数 f' 与相对滑动的速度有关，一般 $f'<f$，但常近似地取 $f'=f$，即 $F'=F_L$。

（二）自锁

在图 5-1-8 中，地面对物块作用法向反力 $\boldsymbol{N}$ 和摩擦力 $\boldsymbol{F}$，称合力 $\boldsymbol{R}=\boldsymbol{N}+\boldsymbol{F}$ 为合反力或全约束反力；当摩擦力达到极限摩擦力 F_L 时，称角 φ_m 为（静）摩擦角。显然

$$\tan\varphi_m=F_L/N=fN/N=f$$

即摩擦角的正切等于摩擦系数。接触物体一定，摩擦系数就一定，摩擦角也就确定了。对不同方向的接触面分别求出各个摩擦角，从而分别求出各个合反力 R，就可作出一个锥面，称为摩擦锥。如果接触物体各向同性，则摩擦锥是一个圆锥，其顶角为 $2\varphi_m$。如果物块所受主动力的合力 Q 在摩擦锥内，则其所受摩擦力 $F \leqslant F_L = fN$，即物块能保持平衡，反之，若物块所受主动力的合力 Q 在摩擦锥外，则物块要滑动。而合力 Q 在摩擦锥内，不管 Q 力有多大，按刚体假定，物块只要不被压碎，就不会滑动。这种现象就称为自锁。

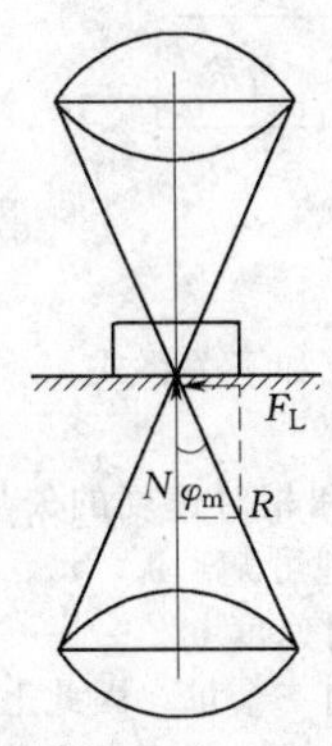

图 5-1-8　平面上放一物体

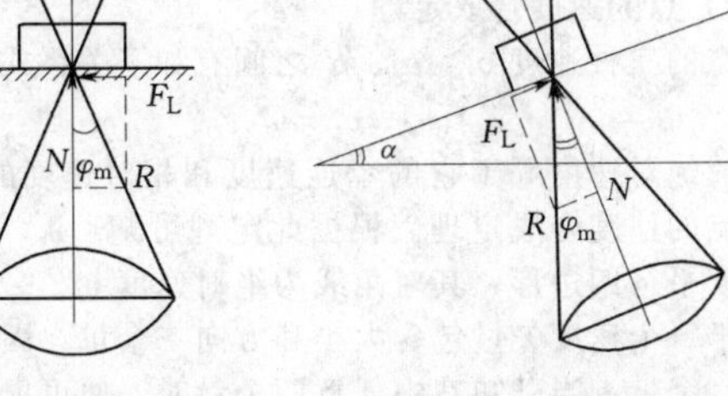

图 5-1-9　斜面上放一物体

(三) 休止角

在图 5-1-9 中，斜面上放一物块，它受重力 W，当斜面倾角增大至 α 时，斜面对物块的约束力为法向反力 N，摩擦力达到极限值 F_L，全约束反力为 $\boldsymbol{R}$。若 $\boldsymbol{R}$ 与 $\boldsymbol{W}$ 共线，此时 $\boldsymbol{W}$ 就在摩擦锥的表面上，这时斜面倾角 α 与摩擦角 φ_m 相等，称 α 为休止角，物块处于极限状态，因为 α 角再增大一点，物块就要下滑。利用这样的斜面装置常用来测定摩擦系数。

第二节　运　动　学

运动学是从几何学观点来研究物体的机械运动，即仅研究物体在空间的位置如何随时间而变化，而不涉及物体的运动与所受力、质量等之间的关系。

一、点的运动

(一) 参考系和运动学中的点与刚体

在研究某一物体运动时，必须选择一个参考体。在参考体上固结的坐标系称为参考坐标系或参考系。在大多数工程实际中，一般将固结于地球上的坐标系作为参考系。以后，如不加特别说明，就以此作为描述物体运动的参考系。

由于在运动学中不涉及到物体的质量，所以根据研究问题的性质将物体简化为点和刚体两种模型。所谓点是指不计大小和质量的几何点。而刚体是由无数个点组成的不变形的物体。

点的运动是研究点相对于某一选定参考系的运动规律，包括点的运动方程、轨迹、速度和加速度等。描述点的运动有矢量法、直角法标法和自然法等。矢量法常用于理论推导，具体计算时一般采用直角坐标法和自然法。通常，点的运动轨迹已知时，采用自然法；点的运动轨迹未知时，采用直角坐标法。

(二) 点的运动的矢量法

设动点 M 在空间作曲线运动，任选某固定点 O 为参考点（图 5-2-1），由定点 O 向动点 M 引一矢径 $\boldsymbol{r}$，则动点的运动方程、速度和加速度为

$$\boldsymbol{r}=\boldsymbol{r}(t)$$

$$\boldsymbol{v}=\frac{\mathrm{d}\boldsymbol{r}}{\mathrm{d}t}=\dot{\boldsymbol{r}}$$

$$\boldsymbol{a}=\frac{\mathrm{d}\boldsymbol{v}}{\mathrm{d}t}=\ddot{\boldsymbol{r}}$$

(三) 点的运动的直角坐标法

过定点 O 建立一直角坐标系 $Oxyz$。设动点 M 在瞬时 t 的坐标为 x、y、z，其矢径为 $\boldsymbol{r}$（图 4-2-1），则以直角坐标表示的动点的运动方程、速度和加速度如表 5-2-1 所示。

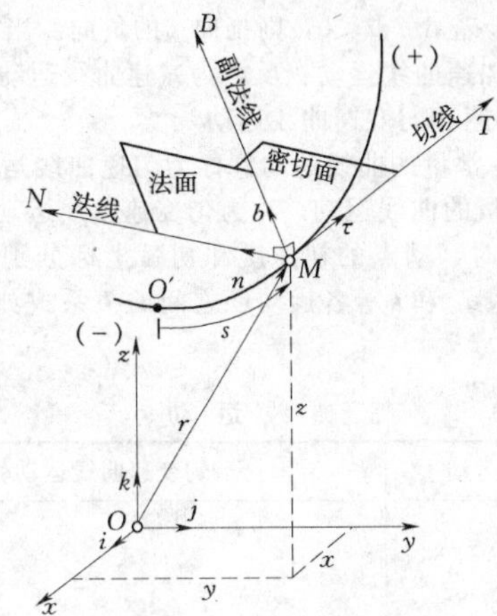

图 5-2-1　点的运动的矢量法

表 5-2-1　直角坐标法表示点的运动

运动方程	速　度	加速度
$\boldsymbol{r}=x\boldsymbol{i}+y\boldsymbol{j}+z\boldsymbol{k}$	$\boldsymbol{v}=v_x\boldsymbol{i}+v_y\boldsymbol{j}+v_z\boldsymbol{k}$	$\boldsymbol{a}=a_x\boldsymbol{i}+a_y\boldsymbol{j}+a_z\boldsymbol{k}$
$x=f_1(t)$	$v_x=\frac{\mathrm{d}x}{\mathrm{d}t}=\dot{x}$	$a_x=\frac{\mathrm{d}v_x}{\mathrm{d}t}=\ddot{x}$
$y=f_2(t)$	$v_y=\frac{\mathrm{d}y}{\mathrm{d}t}=\dot{y}$	$a_y=\frac{\mathrm{d}v_y}{\mathrm{d}t}=\ddot{y}$
$z=f_3(t)$	$v_z=\frac{\mathrm{d}z}{\mathrm{d}t}=\dot{z}$	$a_z=\frac{\mathrm{d}v_z}{\mathrm{d}t}=\ddot{z}$

表中的运动方程实际上就是以 t 为参数的轨迹参数方程。如果从这些方程中消去 t，则动点的轨迹方程可用下列两式表示

$$\begin{cases}F_1(x,y)=0\\F_2(y,z)=0\end{cases}$$

此两方程分别表示两个柱形曲面，它们的交线就是动点的轨迹。

若点作平面曲线运动时，取其轨迹所在平面为 Oxy，则恒有 $z=0$；相应地，若点作直线运动时，取其轨迹为 x 轴，则恒有 $y=z=0$。因此表 5-2-1 所列公式完全适用于这两种点的运动。

(四) 点的运动的自然法

在动点运动的轨迹上任取一定点 O' 作为原点，并规定量取弧长 s 的正方向（图 5-2-1），将此弧长的代数值称为弧坐标。同时在动点 M 处引入自然轴系，这样，以自然法表示的动点的运动方程、速度和加速度如表 4-2-2 所示。

表 5-2-2　　自然法表示点的运动

运动方程	速　度	加速度
$s=f(t)$	$\boldsymbol{v}=v\boldsymbol{\tau}$ $v=\dfrac{ds}{dt}=\dot{s}$	$\boldsymbol{a}=a_\tau\boldsymbol{\tau}+a_n\boldsymbol{n}+a_b\boldsymbol{b}$ $a_\tau=\dfrac{dv}{dt}=\ddot{s}$ $a_n=\dfrac{v^2}{\rho}$ $a_b=0$

表 5-2-2 中公式表明，动点的速度方向是沿着动点轨迹的切线方向。若 $ds/dt>0$，则速度指向切线的正向；反之，速度指向切线的负向。动点的加速度 $\boldsymbol{a}$ 处于 $\boldsymbol{\tau}$ 和 $\boldsymbol{n}$ 组成的密切面内。其中，法向加速度 $\boldsymbol{a}_n$ 表明速度方向随时间的变化率，其方向沿着动点的主法线，且指向轨迹曲线的曲率中心。切向加速度 $\boldsymbol{a}_\tau$ 表明速度的大小随时间的变化率，其方向沿着动点在轨迹上的切线方向。若 $dv/dt>0$，则 $\boldsymbol{a}_\tau$ 指向 $\boldsymbol{\tau}$ 的正向；若 $dv/dt<0$，则指向 $\boldsymbol{\tau}$ 的负向。当 a_τ 与 v 同号时，动点作加速曲线运动；反之为减速曲线运动。

（五）匀速和匀变速曲线运动

速度 v=常量的曲线运动，称为匀速曲线运动；切向加速度 a_τ=常量的曲线运动，称为匀变速曲线运动。

设 $t=0$ 时，动点的初速度和初弧坐标分别为 v_0 和 s_0，则 s、v、a_τ、a_n 和 t 等各运动量之间的关系式如表 5-2-3 所示。

表 5-2-3　　曲 线 运 动

匀速曲线运动	匀变速曲线运动
$a_t=0$	a_t=常量
$a_n=\dfrac{v^2}{\rho}$	$a_n=\dfrac{v^2}{\rho}$
v=常量	$v=v_0+a_\tau t$
$s=s_0+vt$	$s=s_0+v_0t+\dfrac{1}{2}a_\tau t^2$
	$v^2-v_0^2=2a_\tau(s-s_0)$

当动点沿 x 轴作匀速直线运动或匀变速直线运动时，表 5-2-3 所示的关系式仍可适用，只需在这些式中分别用 a、x_0、x 代替 a_τ、s_0、s。显然，对直线运动而言，动点的曲率半径 $\rho=\infty$，故恒有 $a_n=0$。

二、点的合成运动

（一）静系与动系

（1）静系。固结于某一参考体上的坐标系 $Oxyz$ 称为静坐标系，简称静系。通常以固结于地球表面上的坐标系作为静系。

（2）动系。固结于相对静系运动的参考体上的坐标系 $O'x'y'z'$ 称为动坐标系，简称动系。

（二）三种运动

（1）动点相对于静系的运动称为绝对运动。在绝对运动中的轨迹、速度和加速度称为动点的绝对轨迹、绝对速度和绝对加速度，并以 $\boldsymbol{v}_a$ 和 $\boldsymbol{a}_a$ 分别表示该速度和加速度。

（2）动点相对于动系的运动称为相对运动。在相对运动中的轨迹、速度和加速度称为动点的相对轨迹、相对速度和相对加速度，并以 $\boldsymbol{v}_r$ 和 $\boldsymbol{a}_r$ 分别表示该速度和加速度。

（3）动系相对静系的运动称为牵连运动。在某一瞬时，动系上与动点相重合的一点称为动点在此瞬时的牵连点。牵连点的速度和加速度称为动点在该瞬时的牵连速度和牵连加速度，并分别以 $\boldsymbol{v}_e$ 和 $\boldsymbol{a}_e$ 表示之。

上述三种运动的关系如图 5-2-2 所示，即动点的绝对运动可视为相对运动与牵连运动的合成运动。反之，动点的绝对运动也可分解为牵连运动和相对运动。

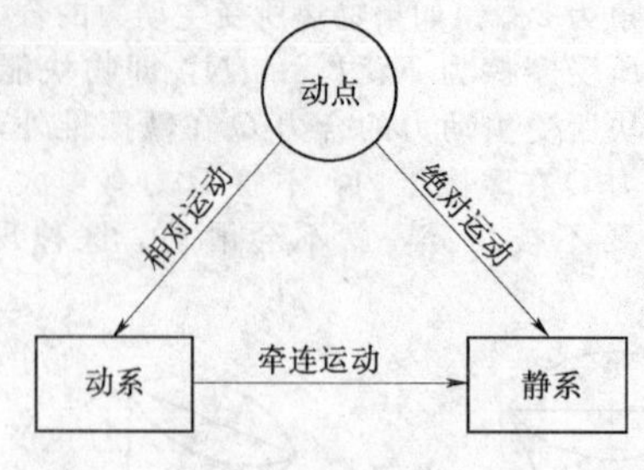

图 5-2-2　三种运动

（三）点的速度合成定理

动点的三种速度 $\boldsymbol{v}_a$、$\boldsymbol{v}_e$、$\boldsymbol{v}_r$ 之间有如下关系式：

$$\boldsymbol{v}_a=\boldsymbol{v}_e+\boldsymbol{v}_r$$

即动点的绝对速度等于它的牵连速度和相对速度的矢量和，这就是点的速度合成定理。根据此定理可知，$\boldsymbol{v}_a$、$\boldsymbol{v}_e$、$\boldsymbol{v}_r$ 构成一速度平行四边形，其对角线为绝对速度 $\boldsymbol{v}_a$。

由于每个速度矢量包含大小和方向二个量，因此上式总共含有六个量，当已知其中任意四个量时，便可求出其余两个未知量。

由于存在相对运动，所以不同瞬时，动系上与动点相重合的那一点即牵连点，在动系上的位置也随之而变化。

（四）点的加速度合成定理

动点的加速度合成与牵连运动的性质有关，当牵连运动为平动或转动时，动点的加速度合成定理如下。

牵连运动为平动：$\boldsymbol{a}_a=\boldsymbol{a}_e+\boldsymbol{a}_r$

牵连运动为转动：$\boldsymbol{a}_a=\boldsymbol{a}_e+\boldsymbol{a}_r+\boldsymbol{a}_k$

式中 $\boldsymbol{a}_k$ 称为科氏加速度。它是由于牵连运动与相对运动相互影响而产生的。$\boldsymbol{a}_k$ 的矢量表达式为

$$\boldsymbol{a}_k=2\boldsymbol{\omega}\times\boldsymbol{v}_r$$

其中 $\boldsymbol{\omega}$ 为动系的角速度矢。设 $\boldsymbol{\omega}$ 与 $\boldsymbol{v}_r$ 间的夹角为 θ（图 5-2-3），则 $\boldsymbol{a}_k$ 的大小为

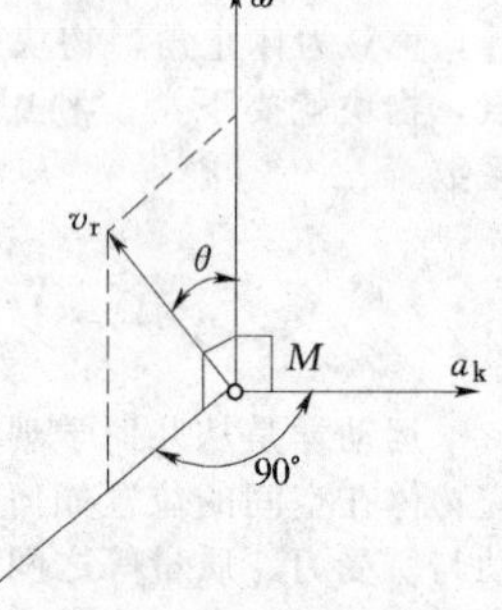

图 5-2-3　点的加速度合成

$$a_k=2\omega v_v\sin\theta$$

$\boldsymbol{a}_k$ 的指向由 $\boldsymbol{\omega}$ 和 $\boldsymbol{v}_r$ 的矢积确定。

对于平面机构，因 $\boldsymbol{a}_a$、$\boldsymbol{a}_e$、$\boldsymbol{a}_r$ 和 $\boldsymbol{a}_k$ 等各加速度矢都位于同一平面中，所以运用加速度合成定理只能求解大小或方向共两个未知量。由于 $\boldsymbol{a}_a$ 或 $\boldsymbol{a}_e$ 或 $\boldsymbol{a}_r$ 都可能存在切向与法向两个加速度分量，因此在求解中，常应用合矢量投影定理进行具体计算。

三、刚体的平行移动与刚体的定轴转动

（一）刚体的平动

刚体运动时若体内任一直线始终保持与其初始位置平行，刚体的这种运动称为平动。如果体内各点的轨迹是直线，则称为直线平动；如果体内各点的轨迹是曲线，则称为曲线平动。

刚体作平动时，体内各点的轨迹形状相同，在每一瞬

时，各点具有相同的速度和加速度。因此，整个刚体的运动，完全可由体内任一点的运动来确定。

（二）刚体的定轴转动

刚体运动时，体内（或其延展部分）有一直线始终保持不动，称这种运动为刚体的定轴转动。保持不动的那条直线乐为转轴或转动轴。表 5-2-4 列出了转动刚体的运动学公式。

表 5-2-4　刚体定轴转动的运动学公式

转动方式	变速转动	匀变速转动	匀速转动
转动方程	$\varphi=f(t)$	$\varphi=\varphi_0+\omega_0 t+\frac{1}{2}\varepsilon t^2$ 或 $\varphi=\varphi_0+\frac{1}{2}(\omega_0+\omega)t$	$\varphi=\varphi_0+\omega t$
角速度	$\boldsymbol{\omega}=\omega\boldsymbol{k}$ $\omega=\frac{d\varphi}{dt}=\dot{\varphi}$	$\omega=\omega_0+\varepsilon t$ 或 $\omega^2=\omega_0^2+2\varepsilon(\varphi-\varphi_0)$	$\omega=$常数
角加速度	$\boldsymbol{\varepsilon}=\varepsilon\boldsymbol{k}$ $\varepsilon=\frac{d^2\varphi}{dt^2}=\frac{d\omega}{dt}$ $=\ddot{\varphi}=\omega\frac{d\omega}{d\varphi}$	$\varepsilon=$常数	$\varepsilon=0$

表中，角 φ 称为刚体的转角，单位为 rad（弧度）。转角 φ 和角速度 ω 均是一个代数量，可根据右手法则确定其正负号［图 5-2-4（a）］。角速度 ω 的大小表示了转动的快慢，其正负号表明了刚体转动的转向。角速度的单位为 rad/s。工程上常用转速 n 来表示转动快慢，其单位为 r/min。角速度与转速的关系为

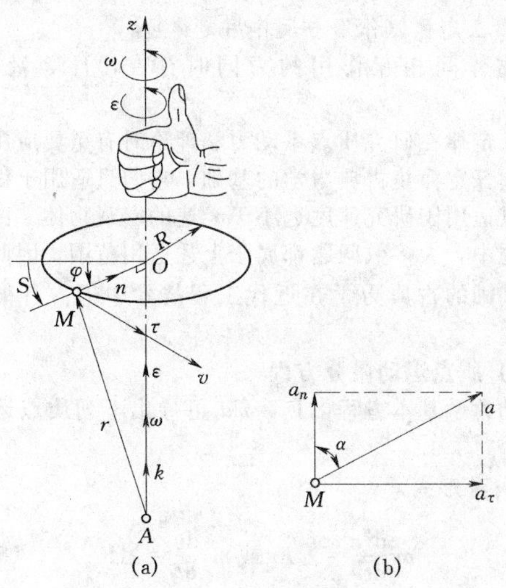

图 5-2-4　刚体的定轴转动

（a）右手法则；（b）夹角 α

$$\omega=\frac{2\pi n}{60}=\frac{\pi n}{30}$$

角加速度 ε 也是代数量，其正向与转角 φ 的正向一致。代数量的正负号表示了 ε 的转向。显然，当 ε 与 ω 同号时，钢体作加速转动；当 ε 与 ω 异号时，刚体作减速转动。角加速度的单位为 rad/s^2（弧度/秒^2）。

应当指出，角速度和角加速度可以用沿着转轴的一个滑动矢量来表示，角速度矢 $\boldsymbol{\omega}$ 和角加速度矢 $\boldsymbol{\varepsilon}$ 的指向，可根据它们代数量的正负号按右手法则确定［图 5-2-4（a）］。

（三）转动刚体上各点的速度和加速度

转动刚体与其体上任一点 M 的运动学关系如表 5-2-5 所示。

表 5-2-5　转动刚体任一点的运动关系

运动方程	速度	加　速　度
$S=R\varphi$	$\boldsymbol{v}=v\boldsymbol{\tau}$ $v=R\omega$ $\boldsymbol{v}=\boldsymbol{\omega}\times\boldsymbol{r}$	$\boldsymbol{a}=a_\tau\boldsymbol{\tau}+a_n\boldsymbol{n}$ $a_\tau=R\varepsilon$ $a=R\sqrt{\varepsilon^2+\omega^4}$ $a_n=R\omega^2$，$\tan\alpha=\frac{\lvert\varepsilon\rvert}{\omega^2}$ 或 $\boldsymbol{a}=\boldsymbol{a}_\tau+\boldsymbol{a}_n$ $=\boldsymbol{\varepsilon}\times\boldsymbol{r}+\boldsymbol{\omega}\times\boldsymbol{v}$

表中，a 为加速度矢 $\boldsymbol{\alpha}$ 与转动半径 OM 之间的夹角［图 5-2-4（b）］。由表中各式可知，在每一瞬时，转动刚体内任一点的速度和加速度的大小都与转动半径 R 成正比，且各点的加速度与转动半径成相同的夹角。

四、刚体的平面运动

（一）刚体平面运动方程式

（1）刚体运动时，若体内各点分别保持在与某一固定平面相平行的平面内运动，即体内各点到该固定平面的距离保持不变，称刚体的这种运动为平面平行运动，简称平面运动。

（2）根据刚体平面运动的运动特征，刚体平面运动可简化为平面图形在其平面内的运动。设刚体 T 作平面运动，体内各点运动时都保持在与固定平面 M 相平行的平面内运动。取一平行于平面 M 的平面 N，与刚体相交，截得一平面图形 S（图 5-2-5）。当刚体运动时，平面图形 S 将始终保持在平面 N 内，而刚体内与 S 垂直的任一条直线 $A'A''$ 则作平动。于是，只要知道 $A'A''$ 与 S 的交点 A 的运动，便可知道 $A'A''$ 直线上所有各点的运动。从而只要知道平面图形 S 内各点的运动，就可以知道整个刚体的运动。由此可见，刚体的平面运动可以简化为平面图形在其所在的平面内的运动来研究。

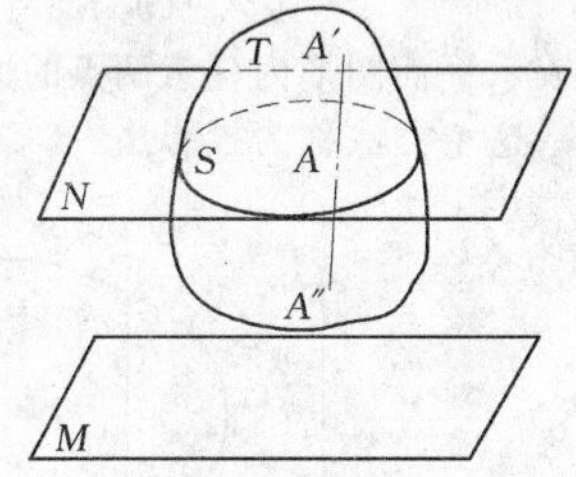

图 5-2-5　刚体平面运动的简化

（3）为了描述平面图形 S 在固定平面 N 内的运动，在该平面内取静坐标系 O_1xy，在图形 S 上任取一点 O，称为基点，并任取一段直线 OP（图 5-2-6）。由于 S 内各点相对于 OP 的位置是一定的，只要确定了 OP 的位置，S 的位置也就确定了。而 OP 的位置可用 O 点的坐标 x_0、y_0 及 OP 与 x 轴的夹角 ϕ 来确定。当 S 运动时，x_0、y_0、φ 都随时间而变，都是时间 t 的单值连续函数，可表示为

$$x_0=f_1(t),\ y_0=f_2(t),\ \varphi=f_3(t)$$

这个方程组是平面图形 S 的运动方程，也是刚体平面运动的运动方程。我们将不直接求解方程组，而是利用合成运动的方法来分析平面运动。

若取 O_1xy 为静系，平面图形上任一点 O 为基点，并在 O 点上固结一随其作平动的动系 $Ox'y'$（图 5-2-6）。则图形 S 的相对运动为绕基点 O 的转动；图形的绝对运动就是平面运动；而牵连运动为动系随同基点 O 的平动。由此可见，平面图形 S 的运动可以分解为随基点的平动和绕基点

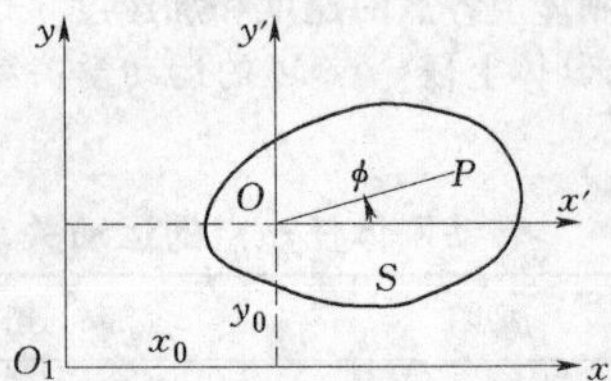

图 5-2-6 平面运动作为平动与转动的合成

的转动。

(4) 平面运动随同基点的平动规律与基点的选择有关，而绕基点的转动规律与基点的选择无关。因此，在论及角速度和角加速度时，无需指明它们是对哪个基点而言的，并可统称为图形的角速度和角加速度。又因动系作平动，故在动系中观察到图形的角速度与角加速度就是图形相对静系的绝对角速度和绝对角加速度。

(二) 平面图形内各点的速度和速度瞬心

(1) 假设已知图形内某点 O 的速度 $\boldsymbol{v}_O$ 及图形的角速度 ω，则由速度合成定理得图形内任一点 M 的速度为

$$\boldsymbol{v}_M=\boldsymbol{v}_e+\boldsymbol{v}_r=\boldsymbol{v}_O+\boldsymbol{v}_{MO}$$

即平面图形内任一点的速度等于基点的速度和该点绕基点转动的速度的矢量和（图 5-2-7）。这个方法称为基点法，表明了图形内任意两点速度之间的关系。式中 $\boldsymbol{v}_{MO}$ 是垂直 OM 的，指向由 ω 的转向决定。式中共有大小、方向（或方位）六个量，若知道其中四个量，则其余二个量可求。若把该式投影至该两点的连线，则得

$$(\boldsymbol{v}_M)_{OM}=(\boldsymbol{v}_O)_{OM}$$

即表示平面图形内任意两点的速度在该两点连线上的投影相等。这个方法称为投影法。

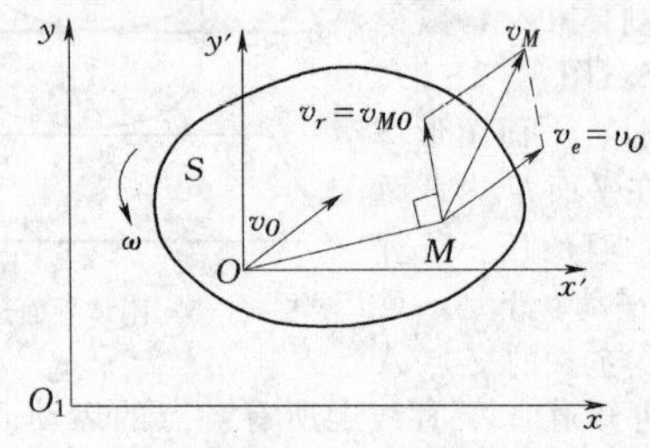

图 5-2-7 基点法

(2) 如果在某一瞬时，平面图形内有一点 I 的速度为零，则由基点法可得图形内任一点 M 的速度为

$$\boldsymbol{v}_M=\boldsymbol{v}_I+\boldsymbol{v}_{MI}=\boldsymbol{v}_{MI}$$

称 I 点为该瞬时的瞬时速度中心，简称速度瞬心。表示图形内任一点的速度等于该点绕速度瞬心 I 点转动的速度。显然，$v_{MI}=MI\cdot\omega$，$\boldsymbol{v}_M\perp MI$，指向由 ω 的转向决定。

(三) 平面图形内各点的加速度

假设已知平面图形某一点 O 的加速度 $\boldsymbol{a}_O$ 及该瞬时图形的角速度 ω 和角加速度 ε，求图形的任一点 M 的加速度 $\boldsymbol{a}_M$。由于动坐标作平动，即牵连运动是平动，则由加速度合成定理得（见图 5-2-8）。

$$\boldsymbol{a}_M=\boldsymbol{a}_O+\boldsymbol{a}_{MO\tau}+\boldsymbol{a}_{MOn}$$

式中：$a_{MO\tau}=OM\cdot\varepsilon$，垂直 OM，指向由 ε 转向决定；$a_{MOn}=OM\cdot\omega^2$，由 M 点指向 O 点。上式是一个平面矢量方程，故可用以求解式中两个未知量。

假若图形内找到一点 A，其加速度 $a_A=0$，则任意点 M 的加速度 $\boldsymbol{a}_M=\boldsymbol{a}_{MA}=\boldsymbol{a}_{MA\tau}+\boldsymbol{a}_{MAn}$。称此点 A 为加速度瞬心。

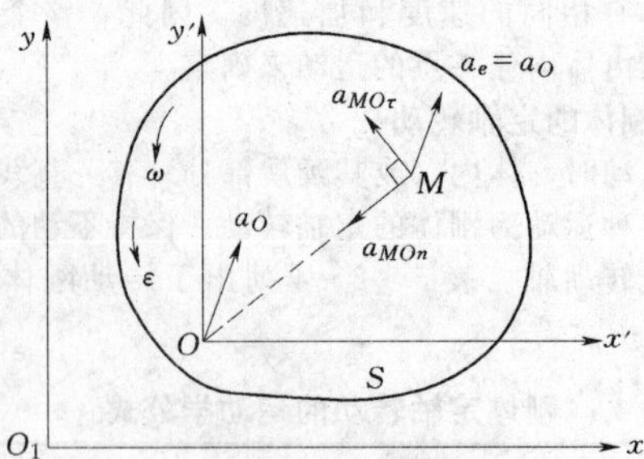

图 5-2-8 任一点 M 的加速度

速度瞬心的加速度不为零，不是加速度瞬心。

第三节 动力学

动力学是研究物体所受的力、运动和力学性能之间的关系，从而建立物体机械运动的普遍规律。

一、牛顿三定律

(一) 动力学基本定律

1. 第一定律（惯性定律）

任何物体如不受外力作用，将保持静止或匀速直线运动。

2. 第二定律（力与加速度的关系定律）

质点受外力作用时，所产生的加速度与质点的质量有如下关系

$$\sum \boldsymbol{F}_i=m\boldsymbol{a} \tag{5-3-1}$$

3. 第三定律（作用与反作用定律）

两物体间相互作用的力同时存在，且等量、反向、共线。

第三定律在研究质点系动力学理论时有重要应用。

牛顿三定律是古典力学的基础，它们只适用于惯性坐标系，且只适用于研究速度远小于光速的宏观物体。由于一般工程问题中，大多数问题都属于上述适用范围，因此以基本定律为基础的古典力学在近代工程技术中仍占有很重要的地位。

(二) 质点运动微分方程

从动力学基本方程 $\sum \boldsymbol{F}_i=m\boldsymbol{a}$ 可导出下列质点运动微分方程。

1. 矢量形式

$$m\frac{\mathrm{d}^2\boldsymbol{r}}{\mathrm{d}t^2}=\sum \boldsymbol{F}_i \text{ 或 } m\frac{\mathrm{d}\boldsymbol{v}}{\mathrm{d}t}=\sum \boldsymbol{F}_i \tag{5-3-2}$$

2. 直角坐标形式

$$m\frac{\mathrm{d}^2x}{\mathrm{d}t^2}=\sum X_i\,;m\frac{\mathrm{d}^2y}{\mathrm{d}t^2}=\sum Y_i\,;m\frac{\mathrm{d}^2z}{\mathrm{d}t^2}=\sum Z_i \tag{5-3-3}$$

3. 自然坐标形式

$$m\frac{\mathrm{d}^2s}{\mathrm{d}t^2}=\sum F_{\tau i}\,;m\frac{v^2}{\rho}=\sum F_{ni}\,;0=\sum F_{bi} \tag{5-3-4}$$

一般地说，推导公式多用矢量形式，后两种形式多用于解具体问题。

质点运动微分方程求解以下两类问题。

(1) 设已知质点的运动规律，求质点所受的力。用微分法一般不难求得解答。

（2）设已知作用于质点的力，求质点的运动规律。可归结为求解运动微分方程。

二、动力学普遍定理

动力学普遍定理包括动量定理及其另一形式—质心运动定理、动量矩定理和动能定理。

（一）动量定理

1. 基本概念

质点系定理涉及的基本概念，如表 5-3-1 所示。

表 5-3-1　质点系定理涉及的基本概念

概念	内　　容
1. 动量	机械运动之间相互传递是用动量来量度的 （1）质点动量：$\boldsymbol{K}=m\boldsymbol{v}$，显然，动量是矢量，是瞬时量 （2）质点系动量：$\boldsymbol{K}=\sum m_i\boldsymbol{v}_i=M\boldsymbol{v}_C$，为各质点动量的矢量和，也等于各质点质量之和乘以质心的速度
2. 质心	质心是表征质点系质量分布的一个概念，是用公式 $\boldsymbol{r}_C=\sum m_i\boldsymbol{r}_i/\sum m_i$ 表示的空间一个点。式中 m_i、$\boldsymbol{r}_i$ 分别为质点系内第 i 质点的质量和矢径。质心的速度等于 $\boldsymbol{v}_C=\sum m_i\boldsymbol{v}_i/\sum m_i$
3. 冲量	冲量是力在一段时间内对物体的运动所产生的累积效应的物理量。常力冲量 $\boldsymbol{S}=\boldsymbol{F}t$；变力冲量 $\boldsymbol{S}=\int_{t_1}^{t_2}\boldsymbol{F}\mathrm{d}t$。冲量与动量的量纲相同，单位都用 N·s
4. 内力与外力	质点系内各质点之间的作用力为内力，内力是成对的。质点系外物体对系内各质点的作用力为外力。质点系的内力主矢量为零：$\sum\boldsymbol{F}_i^{\mathrm{I}}=0$；质点系的内力对任一点的主矩为零：$\sum\boldsymbol{M}_{O_i}^{\mathrm{I}}=0$，质点系内力对任一轴 z 之矩的代数和为零：$\sum M_{zi}^{\mathrm{I}}=0$

2. 动量定理和质心运动定理

动量定理和质心运动定理，如表 5-3-2 所示。

表 5-3-2　动量定理和质心运动定理表达式

定理 \ 表达式		矢量形式	直角坐标形式	自然坐标形式
质点系动量定理	微分形式	$\dfrac{\mathrm{d}\boldsymbol{K}}{\mathrm{d}t}=\sum\boldsymbol{F}_i^{\mathrm{e}}=\boldsymbol{R}^{\mathrm{e}}$	$\dfrac{\mathrm{d}K_x}{\mathrm{d}t}=\sum X_i^{\mathrm{e}}$ $\dfrac{\mathrm{d}K_y}{\mathrm{d}t}=\sum Y_i^{\mathrm{e}}$ $\dfrac{\mathrm{d}K_z}{\mathrm{d}t}=\sum Z_i^{\mathrm{e}}$	
	积分形式	$\boldsymbol{K}_2-\boldsymbol{K}_1=\sum\boldsymbol{S}_i^{\mathrm{e}}=\boldsymbol{S}^{\mathrm{e}}$	$K_{2x}-K_{1x}=\sum S_{ix}^{\mathrm{e}}$ $K_{2y}-K_{1y}=\sum S_{iy}^{\mathrm{e}}$ $K_{2z}-K_{1z}=\sum S_{iz}^{\mathrm{e}}$	
	守恒	$\sum\boldsymbol{F}_i^{\mathrm{e}}=0$，$\boldsymbol{K}=$常矢量	$\sum X_i^{\mathrm{e}}=0$，$K_x=$常数	
质心运动定理	一般表达式	$M\boldsymbol{a}_C=\sum\boldsymbol{F}_i^{\mathrm{e}}=\boldsymbol{R}^{\mathrm{e}}$ 或 $M\dfrac{\mathrm{d}^2\boldsymbol{r}_C}{\mathrm{d}t^2}=\sum\boldsymbol{F}_i^{\mathrm{e}}=\boldsymbol{R}^{\mathrm{e}}$	$Ma_{Cx}=R_x^{\mathrm{e}}$ $Ma_{Cy}=R_y^{\mathrm{e}}$ $Ma_{Cz}=R_z^{\mathrm{e}}$	$Ma_{C\tau}=R_\tau^{\mathrm{e}}$ $Ma_{Cn}=R_n^{\mathrm{e}}$ $0=R_b^{\mathrm{e}}$
	守恒	$\boldsymbol{R}^{\mathrm{e}}=0$，$\boldsymbol{a}_C=0$ $\boldsymbol{v}_C=$常矢量	$R_x^{\mathrm{e}}=0$，$a_{Cx}=0$ $v_{Cx}=$常数 $v_{Cx}=0$，$x_{Cx}=$常数	

表 5-3-2 的式中，$\sum\boldsymbol{F}_i^{\mathrm{e}}=\boldsymbol{R}^{\mathrm{e}}$ 为作用在质点系上的所有外力的矢量和，即外力系的主矢；$\sum\boldsymbol{S}_i^{\mathrm{e}}=\boldsymbol{S}^{\mathrm{e}}$ 为此外力系在时间（t_2-t_1）内的冲量的矢量和；K_2 和 K_1 分别为 t_2、t_1 时刻的动量；$\boldsymbol{a}_C$ 和 $\boldsymbol{v}_C$ 分别为质心的加速度和速度；脚标 x、y、z 和 τ、n、b 分别表示相应物理量在直角坐标轴和自然轴上的投影。

（二）动量矩定理

1. 基本概念

（1）质点对固定点 O 的动量矩

$$\boldsymbol{H}_O=\boldsymbol{m}_o(m\boldsymbol{v})=\boldsymbol{r}\times m\boldsymbol{v}$$

量纲：$[m]\cdot[L]^2\cdot[T]^{-1}$，单位：kg·m²/s。

（2）质点系对固定点 O 的动量矩

$$\boldsymbol{H}_O=\sum\boldsymbol{m}_O(m_i\boldsymbol{v}_i)=\sum\boldsymbol{r}_i\times m_i\boldsymbol{v}_i$$

（3）质点系对过固定点 O 的正交坐标轴的动量矩

$$\begin{cases}H_x=\sum m_x(m_i\boldsymbol{v}_i)\\H_y=\sum m_y(m_i\boldsymbol{v}_i)\\H_z=\sum m_z(m_i\boldsymbol{v}_i)\end{cases}$$

（4）定轴转动刚体对转动轴 z 的动量矩

$$H_z=J_z\cdot\omega$$

式中　J_z——刚体对转动轴的转动惯量。

2. 转动惯量

（1）普遍公式。如图 5-3-1 所示。

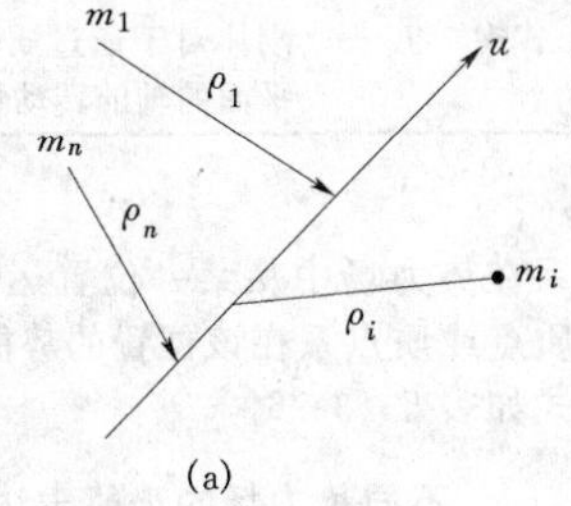

(a)

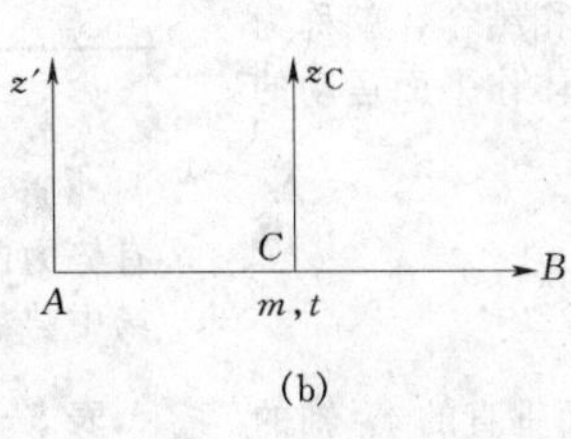

(b)

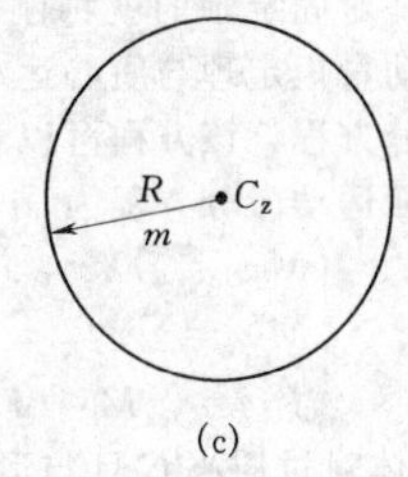

(c)

图 5-3-1　转动惯量普遍公式

(a) 质点系对 u 轴；(b) 等截面均质细杆；(c) 等厚均质薄圆板

定义：质点系对 u 轴的转动惯量 J_u 等于各质点的质量与质点到 u 轴距离的平方乘积之和，即 $J_u=\sum m_i\rho_i^2$。

1）等截面均质细杆，长 $AB=l$，质量为 m，其对过质心 C 与杆垂直的轴的转动惯量为 $J_{Cz}=\int_{-l/2}^{l/2}x^2\cdot\gamma\mathrm{d}x=\dfrac{1}{12}\gamma l^3=\dfrac{m}{12}l^2$；其对过 A 端的垂直杆 AB 的轴的转动惯量为 $J'_z=\int_0^l x^2\gamma\mathrm{d}x=\dfrac{1}{3}\gamma l^3=\dfrac{1}{3}ml^2$。

2）等厚均质薄圆板，半径 R，质量 m，其对过质心 C 与板面垂直轴的转动惯量为 $J_{Cz}=\int_0^R\gamma^2\pi\rho\cdot\mathrm{d}\rho\cdot\rho^2=\dfrac{\pi}{2}\gamma R^4=\dfrac{1}{2}mR^2$。

可见转动惯量是一个描述质点系质量分布的物理量。对刚体而言，转动惯量是刚体转动时惯性的量度。

3）物体对 u 轴的转动惯量还可表为整个物体的质量 m 与某长度 ρ 的平方之乘积，即

$$J_u=m\rho^2,\ 或\ \rho=\sqrt{J_u/m}$$

称 ρ 为该物体对 u 轴的回转半径，或称惯性半径。

均质物体的转动惯量及回转半径可在工程手册中查到。对于形状复杂或非均质物体，不便用计算法求它的转动惯量，则此时可用实验法求得。

(2) 转动惯量的平行轴定理。

物体对两平行轴的转动惯量有如下关系

$$J_{z'}=J_{Cz}+mh^2$$

表示物体对某 z' 轴的转动惯量等于物体对通过其质心并与 z' 轴平行的 Cz 轴的转动惯量加上物体的质量与两轴间距离平方之乘积。显然，诸平行轴中以对过质心的轴的转动惯量为最小。

3. 质点系动量矩定理

质点系动量矩定理，有对固定点、固定轴的，还有对动点质心的。如表 5-3-3 所示。

表 5-3-3 质点系动量矩定理表达式

矩心或矩轴	矢量形式	投影形式
定点 O	$\frac{d\boldsymbol{H}_O}{dt}=\sum m_O(\boldsymbol{F}_i^e)=\boldsymbol{M}_O^e$	$\frac{dH_x}{dt}=\sum m_x(F_i^e)$ $\frac{dH_y}{dt}=\sum m_y(F_i^e)$ $\frac{dH_z}{dt}=\sum m_z(F_i^e)$
定点 O	若 $\boldsymbol{M}_O^e=0$ 则 $\boldsymbol{H}_O=$常矢量 称动量矩守恒定理	若 $\sum m_x(F_i^e)=0$ 则 $H_x=$常量
质心 C	$\frac{d\boldsymbol{H}_{Cr}}{dt}=\boldsymbol{M}_C^e$	略
转轴 z		$J_z\varepsilon=M_z^e$ 或 $J_z\ddot{\varphi}=M_z^e$ 称刚体定轴转动微分方程

表 5-3-3 中 $\boldsymbol{H}_{Cr}$ 是在相对随质心平动坐标系的运动中，质点系对质心的动量矩；这是因为随质心作平动中，质点系对质心的动量矩为零，故 $\boldsymbol{H}_C$ 可用 $\boldsymbol{H}_{Cr}$ 来反映。

如果是刚体，对固定轴的就称刚体定轴转动微分方程。刚体相对质心的动量矩定理与质心运动定理相结合，就称为刚体平面运动微分方程，该方程可以解决刚体作平面运动的动力学问题。平面运动微分方程为

$$\begin{cases}M\ddot{x}_C=\sum X_i\\ M\ddot{y}_C=\sum Y_i\\ J_{Cz}\ddot{\phi}=\sum M_C(\boldsymbol{F}_i^e)\end{cases}$$

式中 J_{Cz}——刚体对过质心 C 且与运动平面垂直的 z_C 轴的转动惯量。

(三) 动能定理

动能定理建立了质点与质点系动能的变化与作用力所做的功之间的关系，它是研究质点和质点系动力学问题的重要定理之一。

1. 力所做的功

力所做的功是力在一段路程中对物体作用的累积效应。功的单位是 N·m，称为焦耳 (J)。功的计算表达式。如表 5-3-4 所示。

表 5-3-4 功的计算表达式

力所做的功	功的计算表达式
常力在直线运动中所做的功	$W=FS\cos\alpha=\boldsymbol{F}\cdot\boldsymbol{S}$ α:力 F 与其速度方向的夹角
变力 F 在 dS 路程中所做的功	$d'W=F_\tau dS=\boldsymbol{F}\cdot d\boldsymbol{r}=xdx+ydy+zdz$
变力在路程 $\widehat{M_1M_2}$ 中所做的功	$W=\int_{S_1}^{S_2}F_\tau dS$ 或 $W=\int_{M_1}^{M_2}(xdx+ydy+zdz)$
合力所做的功	$W=\sum W_i$
重力所做的功	$W=\pm mgh$ h:重心始末位置的高度差 重心由高→低取＋，低→高取－
弹性力所做的功	$W=\frac{1}{2}k(\delta_1^2-\delta_2^2)$ k:弹簧的刚性系数 δ_1、δ_2:弹簧的始末变形
作用于转动刚体上的力矩的功	$W=\int_{\varphi_1}^{\varphi_2}M_z d\varphi$
作用于转动刚体上的力偶的功	$W=\int_{\varphi_1}^{\varphi_2}m_z d\varphi$

2. 动能

动能是物体由于速度而具有的能量，它是物体机械运动的另一种量度。动能恒为正值。单位与功相同。动能的具体表达式如表 5-3-5 所示。

表 5-3-5 动能计算表达式

对象	动能表达式
质点	$T=\frac{1}{2}mv^2$
质点系	$T=\sum\frac{1}{2}m_iv_i^2$
平动刚体	$T=\frac{1}{2}mv^2$
定轴转动刚体	$T=\frac{1}{2}J_z\omega^2$
平面运动刚体	$T=\frac{1}{2}Mv_C^2+\frac{1}{2}J_C\omega^2$ 式中 J_C——刚体对于通过质心且垂直于运动平面的轴的转动惯量

3. 势能

质点或质点系在势力场中从某一位置运动到零位置时，有势力的功称为质点或质点系在该位置的势能。在不同势力场中势能的表达式如表 5-3-6。

表 5-3-6 不同势力场的势能表达式

势力场	势能	零势能位置
重力场	$V=W(z_C-z_{C_0})$	质心坐标为 z_{C_0}
弹性力场	$V=\frac{k}{2}(\delta^2-\delta_0^2)$	弹簧变形为 δ_0
万有引力场	$V=Gm_0m\left(\frac{1}{r_0}-\frac{1}{r}\right)$	质点矢径为 r_0

4. 动能定理与机械能守恒定律

表 5-3-7 中所列公式的上角标 e 与 i 分别表示外力与

内力之功，一般内力的功不等于零；上角标 A 与 N 分别表示主动力与约束力之功，如果约束是理想的，即 $\sum W_i^N=0$，则对于理想约束系统，在运用动能定理解题时，只需要分析主动力。

表 5-3-7　动能定理与机械能守恒定理表达式

表达式形式 / 定理	微分形式	积分形式
质点动能定理	$d\left(\frac{1}{2}mv^2\right)=d'W$	$\frac{1}{2}mv_2^2-\frac{1}{2}mv_1^2=W$
质点系动能定理	$dT=\sum d'W_i^e+\sum d'W_i^i$ 或 $dT=\sum d'W_i^A+\sum d'W_i^N$	$T_2-T_1=\sum W_i^e+\sum W_i^i$ 或 $T_2-T_1=\sum W_i^A+\sum W_i^N$
机械能守恒定律		$T+V=$常量

三、达朗伯原理

达朗伯原理提出了另一种解决动力学问题的方法——动静解法，即把动力学问题从形式上转化为静力学问题，然后用静力平衡条件求解。

1. 达朗伯惯性力（Dalembert intertial force）

当质点受到其他物体的作用而改变其原来的运动状态时，由于质点的惯性产生对施力物体的反作用力，称为质点的惯性力。惯性力的大小等于质点的质量与其加速度的乘积，方向与加速度的方向相反，并作用在施力物体上。惯性力的表达式为

$$\boldsymbol{F}^{\mathrm{I}}=-m\boldsymbol{a}$$

2. 质点的达朗伯原理

设质点 M，质量为 m，受到主动力合力 $\boldsymbol{F}$、约束力合力 $\boldsymbol{N}$ 作用，如图 5-3-2 所示。合力 $\boldsymbol{R}=\boldsymbol{F}+\boldsymbol{N}$。在合力 $\boldsymbol{R}$ 作用下具有加速度 $\boldsymbol{a}$，则

$$\boldsymbol{R}=\boldsymbol{F}+\boldsymbol{N}=m\boldsymbol{a}$$

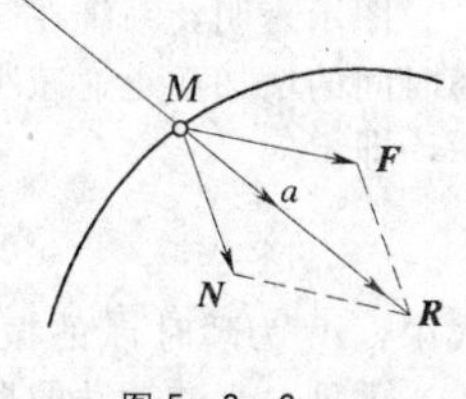

图 5-3-2

令惯性力 $\boldsymbol{F}^{\mathrm{I}}=-m\boldsymbol{a}$，并假想把惯性力作用于质点上，则 $\boldsymbol{R}+\boldsymbol{F}^{\mathrm{I}}=0$，即 $\boldsymbol{F}+\boldsymbol{N}+\boldsymbol{F}^{\mathrm{I}}=0$。此式即为质点的达朗伯原理。表示如果在运动的质点上，假想加上惯性力，则作用于质点的主动力 $\boldsymbol{F}$、约束力 $\boldsymbol{N}$ 和惯性力 $\boldsymbol{F}^{\mathrm{I}}$ 成平衡。这里的"平衡"没有实际的物理意义，它不过是质点运动微分方程的另一种形式，即把 $m\boldsymbol{a}$ 项移到左边。

3. 质点系达朗伯原理

对质点系内各质点都可列出

$$\boldsymbol{F}_i+\boldsymbol{N}_i+\boldsymbol{F}_i^{\mathrm{I}}=0(i=1,\ 2,\ \cdots,\ n)$$

此式即为质点系达朗伯原理。一般地说，它是一个空间任意力系。

4. 刚体惯性力系的简化

根据力系简化理论，按刚体的各种运动形式，可分别将惯性力系简化，其结果如表 5-3-8 所示。

表 5-3-8　刚体惯性力系的简化结果

刚体运动形式	简化中心	惯性力系简化结果
平动	质心 C	合力　$\boldsymbol{R}^{\mathrm{I}}=-M\boldsymbol{a}_C$
定轴转动（具有垂直于转轴的质量对称平面）	转轴 O	惯性力系的主矢 $\boldsymbol{R}^{\mathrm{I}}=-M\boldsymbol{a}_C=-M(\boldsymbol{a}_{C_\tau}+\boldsymbol{a}_{C_n})$ 惯性力系对 O 点的主矩 $\boldsymbol{M}_O^{\mathrm{I}}=-J_O\boldsymbol{\varepsilon}$

续表

刚体运动形式	简化中心	惯性力系简化结果
定轴转动（具有垂直于转轴的质量对称平面）	质心 C	惯性力系的主矢 $\boldsymbol{R}^{\mathrm{I}}=-M\boldsymbol{a}_C=-M(\boldsymbol{a}_{C_\tau}+\boldsymbol{a}_{C_n})$ 惯性力系对 C 点的主矩 $M_C^{\mathrm{I}}=-J_C\boldsymbol{\varepsilon}$
平面运动（具有与平面图形平行的质量对称平面）	质心 C	惯性力系的主矢 $\boldsymbol{R}^{\mathrm{I}}=-M\boldsymbol{a}_C$ 惯性力系对 C 点的主矩 $M_C^{\mathrm{I}}=-J_C\boldsymbol{\varepsilon}$

四、单自由度系统的振动

物体在其平衡位置附近所作的周期性的往复运动称为振动。单自由度系统在恢复力（或恢复力矩）、线性阻尼和谐扰力作用下的线性振动，主要包括自由振动、衰减振动和强迫振动。

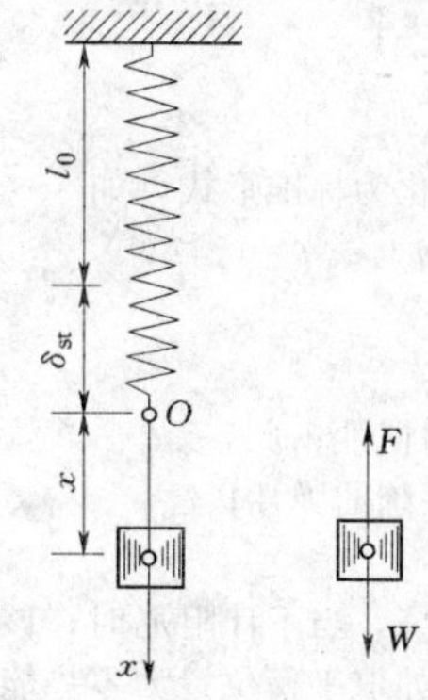

图 5-3-3

（一）自由振动

仅受恢复力（或恢复力矩）作用而产生的振动称为自由振动。

1. 振动方程

图 5-3-3 为一悬挂质量弹簧系统，物体（视为质点）重 $W=mg$，弹簧原长为 l_0，其刚性系数为 k，静变形为 δ_{st}。现取系统静平衡位置为坐标原点 O，建立坐标轴 x，则以 x 为独立参数的振体自由振动的运动微分方程、振动方程、特性参数等列于表 5-3-9 中。

表 5-3-9　自由振动和衰减振动的方程和特性参数

项　目		自由振动	衰减振动（小阻尼 $n<p$）
运动微分方程		$\ddot{x}+p^2x=0$	$\ddot{x}+2n\dot{x}+p^2x=0$
振动方程		$x=A\sin(pt+\alpha)$	$x=Ae^{-nt}\sin(\sqrt{p^2-n^2}\,t+\alpha)$
积分常数	振幅	$A=\sqrt{x_0^2+\frac{v_0^2}{p^2}}$	$A=\sqrt{x_0^2+\frac{(nx_0+v_0)^2}{p^2-n^2}}$
	初位相	$\alpha=\arctan\frac{px_0}{v_0}$	$\alpha=\arctan\frac{x_0\sqrt{p^2-n^2}}{nx_0+v_0}$
周期		$T=\frac{2\pi}{p}$	$T_1=\frac{2\pi}{\sqrt{p^2-n^2}}=\frac{T}{\sqrt{1-\gamma^2}}=T$
频率		$f=\frac{1}{T}$	$f_1=\frac{1}{T_1}$
圆频率		$p=2\pi f$	$p_d=\sqrt{p^2-n^2}$
减幅系数			$\eta=e^{nT_1}$

2. 自由振动特性

(1) 由振动方程 $x=A\sin(pt+\alpha)$ 可见，系统在恢复力作用下的自由振动是简谐振动，振动中心在平衡位置。对于图 5-3-2 所示系统，其圆频率

$$p=\sqrt{\frac{k}{m}}$$

(2) 振幅 A 和初位相 α 由运动的初始条件（x_O、v_O）来决定。

(3) 振动周期 T、固有频率 f（或频率）、固有圆频率 p（或圆频率）只决定于系统的惯性和弹性，而与运动的初始条件无关。

3. 振动系统固有圆频率的计算

(1) 直接法。质量—弹簧系统，设已知质量 m 和弹簧刚性系数 k，直接代入公式 $p=\sqrt{\frac{k}{m}}$ 即可求得。

(2) 平衡法。质量—弹簧系统，在平衡时 $k\delta_{st}=W=mg$，即 $k=\frac{W}{\delta_{st}}=\frac{mg}{\delta_{st}}$，故

$$p=\sqrt{\frac{k}{m}}=\sqrt{\frac{g}{\delta_{st}}}$$

(3) 列出系统的运动微分方程，化为标准形式，如

$$m_{eq}\ddot{x}+k_{eq}x=0 \quad 或 \quad m_{eq}\ddot{q}+k_{eq}q=0$$

即可得到

$$p=\sqrt{\frac{k_{eq}}{m_{eq}}}$$

式中　m_{eq}——等效质量，表示系统的惯性；

k_{eq}——等效刚性系数，表示系统的弹性；

q——系统的广义坐标。

(4) 能量法。一单自由度振动系统，当不计阻尼时，该系统在振动过程中机械能保持不变。如取平衡位置为零势能点，则系统在平衡位置的最大动能值 T_{max} 将等于系统在极端位置时的最大势能值 V_{max}，即

$$T+V=C \quad 或 \quad T_{max}=V_{max}$$

应用上式，即可求得系统的固有圆频率 p。

4. 并联或串联弹簧的当量刚性系数（等效刚度）

并联：$k=k_1+k_2+\cdots+k_n=\sum_{i=1}^{n}k_i$

串联：$\frac{1}{k}=\frac{1}{k_1}+\frac{1}{k_2}+\cdots+\frac{1}{k_n}=\sum_{i=1}^{n}\frac{1}{k_i}$

由以上两式可知，并联后的当量刚性系数加大了，串联后的当量刚性系数是降低了。

(二) 衰减振动

除受恢复力（或恢复力矩）外，尚受到阻尼作用而产生的振动称为衰减振动，也称为有阻尼的自由振动。这里，仅限于受线性阻尼 $\boldsymbol{R}=-\beta\boldsymbol{v}$ 的情况，式中 β 称为阻力系数。

图 5-3-4 所示的振动系统，在任一瞬时物体受有重力 $\boldsymbol{W}$、弹性力 $\boldsymbol{F}$ 和线性阻尼力 $\boldsymbol{R}=-\beta\boldsymbol{v}$。现取静平衡位置 O 为坐标原点，建立坐标轴 x 如图 5-3-3 所示，则可得有阻尼自由振动的运动微分方程为

$$\ddot{x}+2n\dot{x}+p^2x=0$$

式中，$2n=\frac{\beta}{m}$，n 称为阻尼系数。

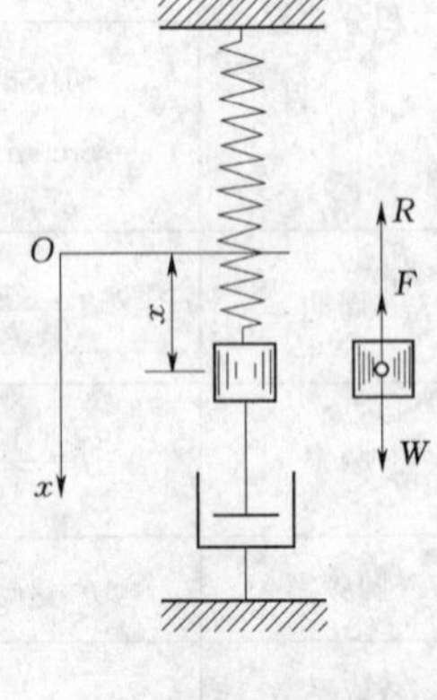

图 5-3-4

1. $n<p$，即小阻尼情况

当 $n<p$ 时，衰减振动的运动微分方程、振动方程和特性参数等也列于表 5-3-9 中。

衰减振动特性如下。

(1) 阻尼对周期的影响。

衰减振动的周期　$T_1=\frac{2\pi}{\sqrt{p^2-n^2}}=\frac{T}{\sqrt{1-\gamma^2}}$

其中，$T=\frac{2\pi}{p}$ 为无阻尼自由振动的周期，$\gamma=\frac{n}{p}$ 称为阻尼比。由此可见 $T_1>T_0$ 但是在小阻尼情况下，阻尼对周期的影响很小，可近似地认为

$$T_1\approx T=\frac{2\pi}{p}$$

(2) 阻尼对振幅的影响。

由振动方程 $x=Ae^{-nt}\sin(\sqrt{p^2-n^2}t+\alpha)$，画出振动的运动图线（图 5-3-5）。

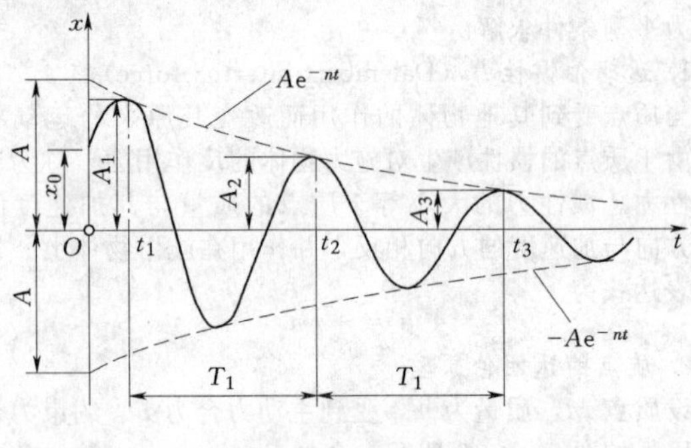

图 5-3-5

图示表明，系统在其平衡位置附近作往复运动，但振幅随时间的增加而迅速减小。其衰减快慢可用减幅系数 η 来表示，即

$$\eta=\frac{A_i}{A_{i+1}}=e^{nT_1}$$

式中：A_i 为瞬时 t_i 的振幅，A_{i+1} 为 $t_{i+1}=t_i+T_1$ 瞬时的振幅。可见，衰减振动的振幅是按几何级数迅速衰减的。

2. $n>p$ 与 $n=p$（即大阻尼与临界阻尼）情况

由这两种情况的运动图线（图 5-3-6）可知，运动已无振动的特性了，且随着时间的增大，系统逐渐趋近于平衡位置。

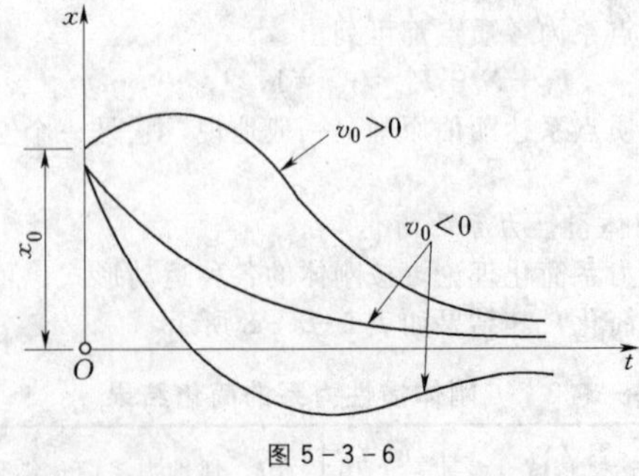

图 5-3-6

(三) 强迫振动

由干扰力引起的振动，称为强迫振动。若干扰力随时间而简谐变化，则称为谐扰力，其可表为 $S=H\sin\omega t$。

(1) 现以系统的平衡位置为坐标原点，以坐标 x 为独立参数，将受谐扰力作用下的强迫振动的主要内容列于表 5-3-10。

表 5-3-10　　强迫振动的方程和特性参数

方程和参数		$n=0$	$n<p$
运动微分方程		$\ddot{x}+px=h\sin\omega t$	$\ddot{x}+2n\dot{x}+p^2x=h\sin\omega t$
振动方程		(1)$\omega\neq p$ $x=x_1+x_2$ $=A\sin(pt+\alpha)+B\sin\omega t$ (自由振动)(强迫振动) (2)$\omega=p$ $x_2=\dfrac{B_0}{2}pt\sin\left(pt-\dfrac{\pi}{2}\right)$ (共振方程) 工程上称 $0.75\leqslant\dfrac{\omega}{p}\leqslant1.25$ 为共振区	$x=x_1+x_2$ $=Ae^{-nt}\sin(\sqrt{p^2-n^2}t+\alpha)+B\sin(\omega t-\varepsilon)$ x_1:衰减振动 x_2:强迫振动
强迫振动	振幅	$B=\dfrac{h}{p^2-\omega^2}$	$B=\dfrac{h}{\sqrt{(p^2-\omega^2)^2+4n^2\omega^2}}$
	频率	ω	ω
	位相差	ω/p:<1,=1,>1 ε:0,$\pi/2$,π	$\varepsilon=\arctan\dfrac{2n\omega}{p^2-\omega^2}$
放大系数		$\lambda=\left\lvert\dfrac{B}{B_0}\right\rvert=\left\lvert\dfrac{1}{1-z^2}\right\rvert$	$\lambda_n=\dfrac{B}{B_0}=\dfrac{1}{\sqrt{(1-z^2)^2+4\gamma^2z^2}}$

其中 $h=\dfrac{H}{m}$，$B_0=\dfrac{h}{p^2}$，B_0 表示系统在干扰力的最大幅值 H 静止作用下所产生的偏移；$z=\dfrac{\omega}{p}$称为频率比；n 称为阻尼系数，$\gamma=\dfrac{n}{p}$称为阻尼比，$\lambda_n=\left\lvert\dfrac{B}{B_0}\right\rvert$称为放大系数。

(2) 强迫振动特性如下。

1) 在恢复力、干扰力和阻尼力作用下，系统的振动由衰减振动和强迫振动两部分组成。实际上，由于阻尼的影响，衰减振动将迅速消失，而强迫振动始终存在。

2) 强迫振动是等幅的简谐振动，与运动的初始条件无关，其振动圆频率与干扰力的圆频率相等，而与系统的固有圆频率 p 无关。

3) 振幅频率特性曲线。现以频率比 z 为横轴，振幅放大系数 λ_n 为纵轴，画出在不同阻尼情况下的振幅频率特性曲线（图 5-3-7）。这曲线表示在 B_0 不变的情况下，振幅随着 γ 与 z 而变化的关系。

a. 当 $z=0$（即 $\omega=0$）时，$\lambda_n=1$，即 $B=B_0$。

b. 当 $z\ll1$（即 $\omega\ll p$）时，$\lambda_n\approx1$，即 $B\approx B_0$。

当 $z\gg1$（即 $\omega\gg p$）时，$\lambda_n\approx0$，即 $B\approx0$。

c. 当 $z=1$（即 $\omega=p$）时，若系统的 $\gamma=0$（即无阻尼情况），则振幅 B 无限增大，这种现象称为共振。一般将 $0.75<z<1.25$ 的区域称为共振区，并称 $\omega=p$ 为系统的共振频率。若谐扰力是机器的转子引起的，通常将共振时转子的转速称为临界转速。

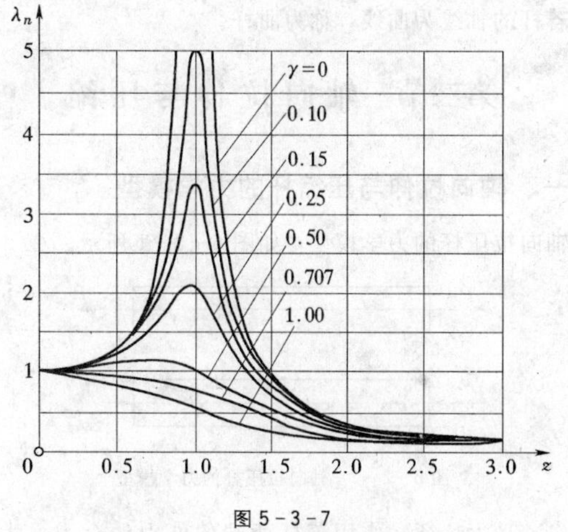

图 5-3-7

事实上，当系统发生共振时，由于阻尼的存在，振幅不会无限地增大，而仍是有限值，且共振时的振幅并不是最大振幅。另外，图示还表明，放大系数 λ_n 随阻尼增大而减小，当 $\gamma>0.707$ 时，放大系数的最大值就不存在，共振现象也就完全消失。

d. 当 $z\ll1$ 或 $z\gg1$，即 ω 远离 p 时，在计算有阻尼强迫振动的振幅时，可以不计阻尼的影响。

第六章　工程力学（下）——工程中构件承载能力的设计和计算

第一节　构　　件

一、构件强度、刚度和稳定性

构件强度、刚度和稳定性计算是工程师选定既安全又最经济构件材料和尺寸的必要基础。

(1) 强度是指构件在荷载作用下抵抗破坏的能力。

(2) 刚度是指构件在荷载作用下抵抗变形的能力。

(3) 稳定性是指构件保持其原有平衡形式的能力。

二、变形固体的基本假设

各种构件均由固体材料制成。固体在外力作用下将发生变形，故称为变形固体。

工程力学中对变形固体所作的基本假设如表 6-1-1 所示。

表 6-1-1 变形固体的基本假设

基本假设	说 明
连续性假设	组成固体的物质毫无空隙地充满了固体的几何空间
均匀性假设	在固体的体积内，各处的力学性能完全相同
各向同性假设	在固体的各个方向上有相同的力学性能
小变形的概念	构件由荷载引起的变形远小于构件的原始尺寸

三、杆件

杆件是指长度 L 远大于横向尺寸（高度和宽度）的构件。杆件的两个主要的几何特征是横截面和轴线。

(1) 横截面：垂直于杆件长度方向的截面。

(2) 轴线：各横截面形心的连线。

若杆的轴线为直线，称为直杆。

若杆的轴线为曲线，称为曲杆。

第二节 轴向拉伸与压缩

一、轴向拉伸与压缩杆的力学模型

轴向拉压杆的力学模型，如图 6-2-1 所示。

图 6-2-1 轴向拉压杆的力学模型

(1) 受力特征：作用于杆两端的外力的合力，大小相等、指向相反、沿杆件轴线作用。

(2) 变形特征：杆件主要产生轴线方向的均匀伸长（缩短）。

二、轴向拉伸（压缩）杆横截面上的内力

(1) 内力。内力是由外力作用而引起的构件内部各部分之间的相互作用力。

(2) 截面法。截面法是求内力的一般方法。用截面法求内力的步骤如下。

1) 截开：在需求内力的截面处，假想地沿该截面将构件截分为二。

2) 代替：任取一部分为研究对象，称为脱离体。用内力代替弃去部分对脱离体的作用。

3) 平衡：对脱离体列写平衡条件，求解未知内力。

截面法的图示如图 6-2-2。

图 6-2-2 用截面法求内力

(3) 轴力。轴向拉压杆横截面上的内力，其作用线必定与杆轴线相重合，称为轴力，以 N 表示。轴力 N 规定以拉力为正，压力为负。

轴力图是表示沿杆件轴线各横截面上轴力变化规律的图线。

求解轴力的方法有截面法和简易法。

用截面法求轴力时，总是假设截面上的内力为正，这样由平衡条件解得的内力的正负号，就是该截面上内力的实际正负号。

作多个集中外力作用杆的轴力图可采用简易法，即在集中外力作用的截面上轴力图有突变，突变大小等于集中力的大小，突变方向看集中力对后段杆的作用是拉或压，拉者向上突变，压者向下突变。

三、轴向拉压杆截面上的应力

1. 轴向拉压杆横截面上的应力

轴向拉压杆横截面上的应力垂直于截面，为正应力。正应力在整个横截面上均匀分布，如图 6-2-3 所示。其表示为

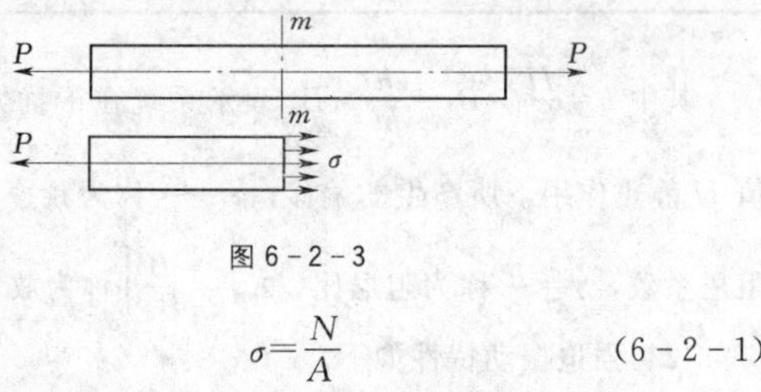

图 6-2-3

$$\sigma=\frac{N}{A} \qquad (6-2-1)$$

式中：σ 为横截面上的正应力，N/m^2 或 Pa；N 为轴力，N；A 为横截面面积，m^2。

2. 轴向拉压杆斜截面上的应力

斜截面上的应力均匀分布，如图 6-2-4，其总应力及应力分量为

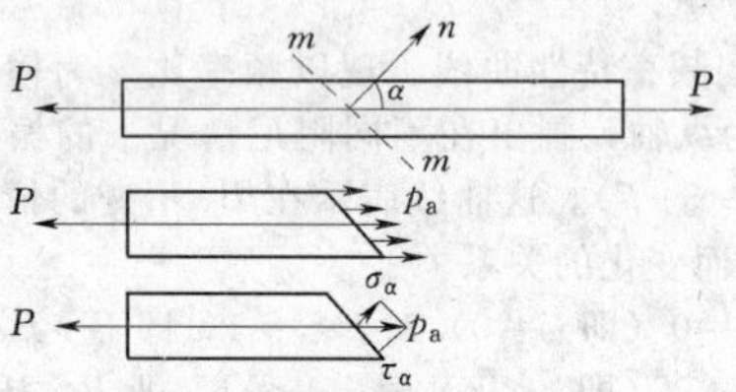

图 6-2-4

总应力 $$p_\alpha=\frac{N}{A_\alpha}=\sigma_0\cos\alpha \qquad (6-2-2)$$

正应力 $$\sigma_\alpha=p_\alpha\cos\alpha=\sigma_0\cos^2\alpha \qquad (6-2-3)$$

剪应力 $$\tau_\alpha=p_\alpha\sin\alpha=\frac{\sigma_0}{2}\sin 2\alpha \qquad (6-2-4)$$

式中：α 为由横截面外法线转至斜截面外法线的夹角，以逆时针转动为正；A_α 为斜截面 $m-m$ 的截面积；σ_0 为横截面上的正应力。

σ_α 以拉应力为正，压应力为负。τ_α 以其对脱离体内一点产生顺时针力矩时为正，反之为负。

轴向拉压杆中最大正应力发生在 $\alpha=0°$ 的横截面上，最小正应力发生在 $\alpha=90°$ 的纵截面上，其值分别为

$$\sigma_{\alpha\max}=\sigma_0$$

$$\sigma_{\alpha\min}=0$$

最大剪应力发生在 $\alpha=\pm45°$ 的斜截面上，最小剪应力发生在 $\alpha=0°$ 的横截面和 $\alpha=90°$ 的纵截面上，其值分别为

$$|\tau_\alpha|_{\max}=\frac{\sigma_0}{2}$$

$$|\tau_\alpha|_{\min}=0$$

四、材料的力学性能

(一) 低碳钢的力学性能

1. 低碳钢在拉伸时的力学性能

低碳钢拉伸时的应力—应变曲线如图 6-2-5 所示。

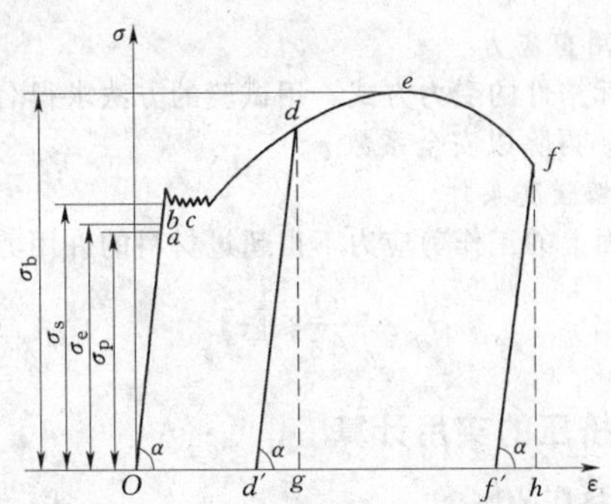

图 6-2-5　低碳钢拉伸时的应力—应变曲线

(1) 这一曲线分四个阶段，有四个特征点，如表 6-2-1所示。

表 6-2-1　　低碳钢拉伸时的应力—应变曲线特征点

阶　段	图 6-2-5 中线段	特征点	说　明
弹性阶段	Oab	比例极限 σ_p 弹性极限 σ_e	σ_p 为应力与应变成正比的最高应力 σ_e 为不产生残余变形的最高应力
屈服阶段	bc	屈服极限 σ_s	σ_s 为应力变化不大而变形显著增加时的最低应力
强化阶段	ce	抗拉强度 σ_b	σ_b 为材料在断裂前所能承受的最大名义应力
局部变形阶段	ef		产生颈缩现象到试件断裂

(2) 卸载定律：在卸载过程中，应力和应变按直线规律变化，如图 6-2-5 中直线 dd'。

(3) 冷作硬化：材料拉伸到强化阶段后，卸除荷载，再次加载时，材料的比例极限提高而塑性降低的现象，称为冷作硬化，如图 6-2-5 中曲线 $d'def$，在图 6-2-5 中，Of' 段表示未经冷作硬化，拉伸至断裂后的塑性应变；$d'f'$ 段表示经冷作硬化，再拉伸至断裂后的塑性应变。

(4) 低碳钢主要性能指标见表 6-2-2。

表 6-2-2　　低碳钢主要性能指标

性能	性 能 指 标	说　明
弹性性能	弹性模量 E	当 $\sigma\leqslant\sigma_p$ 时，$E=\dfrac{\sigma}{\varepsilon}$
强度性能	屈服极限 σ_s	材料出现显著的塑性变形
	抗拉强度 σ_b	材料的最大承载能力
塑性性能	延伸率 $\delta=\dfrac{L_1-L}{L}\times100\%$	材料拉断时的塑性变形程度
	截面收缩率 $\psi=\dfrac{A-A_1}{A}\times100\%$	材料的塑性变形程度

2. 低碳钢在压缩时的力学性能

低碳钢在压缩时的应力—应变曲线如图 6-2-6 中实线所示。

低碳钢压缩时的比例极限 σ_p、屈服极限 σ_s、弹性模量 E 与拉伸时基本相同，但测不出抗压强度 σ_b。

(二) 铸铁的力学性能

1. 铸铁拉伸时的力学性能

铸铁拉伸时的应力—应变曲线如图 6-2-7 所示。

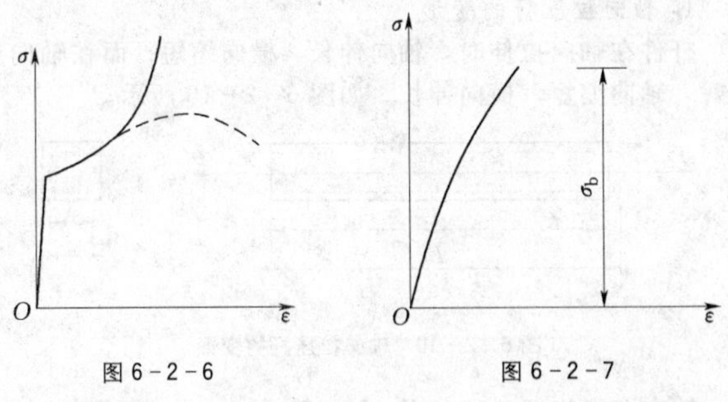

图 6-2-6　　图 6-2-7

应力与应变无明显的线性关系，拉断前的应变很小，试验时只能测得抗拉强度 σ_b。弹性模量 E 以总应变为 0.1%时的割线斜率来度量。

2. 铸铁压缩时的力学性能

铸铁压缩时的应力—应变曲线如图 6-2-8 所示。

铸铁压缩时的抗压强度比拉伸时大 4～5 倍，破坏时破裂面与轴线成 35°～45°。宜于作抗压构件。

(三) 塑性材料和脆性材料

延伸率 $\delta>5\%$ 的材料称为塑性材料。延伸率 $\delta<5\%$ 的材料称为脆性材料。

对于没有明显屈服阶段的塑性材料，通常用材料产生 0.2%的残余应变时所对应的应力作为屈服强度，并以 $\sigma_{0.2}$ 表示，如图 6-2-9 所示。

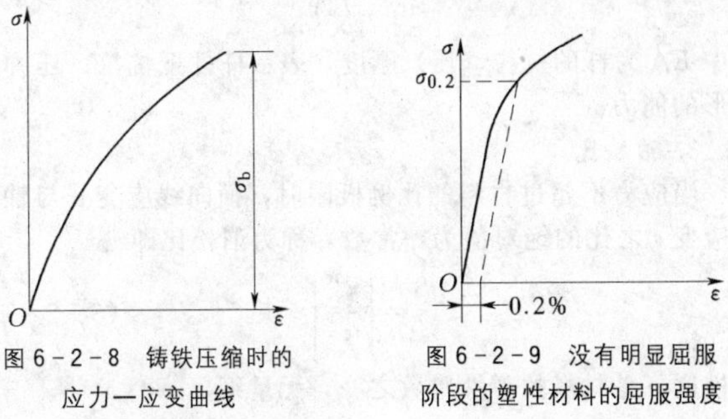

图 6-2-8　铸铁压缩时的应力—应变曲线　　图 6-2-9　没有明显屈服阶段的塑性材料的屈服强度

五、强度条件

1. 许用应力

材料正常工作容许采用的最高应力，由极限应力除以安全系数求得。

塑性材料
$$[\sigma]=\frac{\sigma_s}{n_s} \qquad (6-2-5)$$

脆性材料
$$[\sigma]=\frac{\sigma_b}{n_b} \qquad (6-2-6)$$

式中：σ_s 为屈服极限；σ_b 为抗拉强度；n_s、n_b 为安全系数。

2. 强度条件

构件的最大工作应力不得超过材料的许用应力。轴向拉压杆的强度条件为

$$\sigma_{\max}=\frac{N_{\max}}{A}\leqslant[\sigma] \qquad (6-2-7)$$

强度计算的三大类问题：

强度校核　$\sigma_{\max}=\dfrac{N_{\max}}{A}\leqslant[\sigma]$

截面设计　$A\geqslant\dfrac{N_{\max}}{[\sigma]}$

确定许可荷载　$N_{\max} \leqslant [\sigma]A$，再根据平衡条件，由 $N_{\max}$ 计算 $[P]$。

六、轴向拉压杆的变形和胡克定律

1. 轴向拉压杆的变形

杆件在轴向拉伸时，轴向伸长，横向缩短；而在轴向压缩时，轴向缩短，横向伸长。如图 6-2-10 所示。

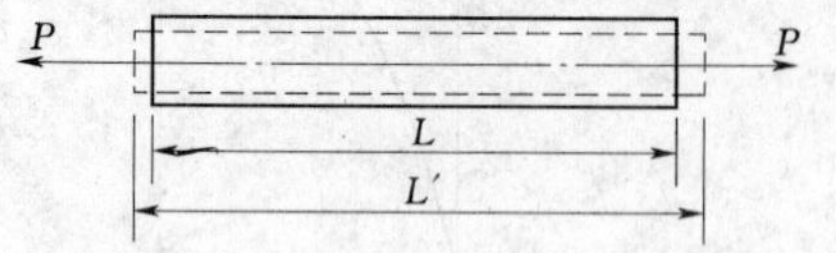

图 6-2-10　轴向拉压杆的变形

轴向变形　$\Delta L = L' - L$　(6-2-8)

轴向线应变　$\varepsilon = \dfrac{\Delta L}{L}$　(6-2-9)

横向变形　$\Delta a = a' - a$　(6-2-10)

横向线应变　$\varepsilon' = \dfrac{\Delta a}{a}$　(6-2-11)

2. 胡克定律

当应力不超过材料比例极限时，应力与应变成正比，称之为胡克定律即

$$\sigma = E\varepsilon \quad (6-2-12)$$

式中：E 为材料的弹性模量。

或用轴力及杆件变形量表示为

$$\Delta L = \frac{NL}{EA} \quad (6-2-13)$$

式中 EA 为杆的抗拉（压）刚度，表示杆件抵抗拉、压弹性变形的能力。

3. 泊松比

当应力不超过材料的比例极限时，横向线应变 ε' 与轴向线应变 ε 之比的绝对值为一常数，称为泊松比即

$$v = \left|\frac{\varepsilon'}{\varepsilon}\right| \quad (6-2-14)$$

泊松比 v 是材料的弹性常数之一，无量纲。

第三节　剪　　切

一、剪切的实用计算

（一）剪切的概念

剪切的概念，如表 6-3-1 所示。

表 6-3-1　　剪切的力学模型和概念

力学模型	概　　念
P P Q P	1. 受力特征：构件上受到一对大小相等、方向相反，作用线相距很近且与构件轴线垂直的力作用 2. 变形特征：构件沿两力的分界面有发生相对错动的趋势 3. 剪切面：构件将发生相对错动的面 4. 剪力 Q：剪切面上的内力，其作用线与剪切面平行

（二）剪切实用计算

1. 名义剪应力

假定剪应力沿剪切面是均匀分布的。若 A_Q 为剪切面面积，Q 为剪力，则名义剪应力

$$\tau = \frac{Q}{A_Q} \quad (6-3-1)$$

2. 许用剪应力

按实际构件的受力方式，用试验的方法求得名义剪切极限应力 τ^0，再除以安全系数 n。

3. 剪切强度条件

剪切面上的工作剪应力不得超过材料的许用剪应力

$$\tau = \frac{Q}{A_Q} \leqslant [\tau] \quad (6-3-2)$$

二、挤压的实用计算

（一）挤压的概念

（1）挤压：两构件相互接触的局部承压作用。

（2）挤压面：两构件间相互接触的面。

（3）挤压力 P_{bs}：承压接触面上的总压力。

（二）挤压实用计算

1. 名义挤压实力

假设挤压力在名义挤压面上均匀分布，则名义挤压应力

$$\sigma_{bs} = \frac{P_{bs}}{A_{bs}} \quad (6-3-3)$$

式中　A_{bs}——名义挤压面面积。

当挤压面为平面时，则名义挤压面面积等于实际的承压接触面面积；当挤压面为曲面时，则名义挤压面面积取为实际承压接触面在垂直挤压力方向的投影面积，如图 6-3-1 所示。

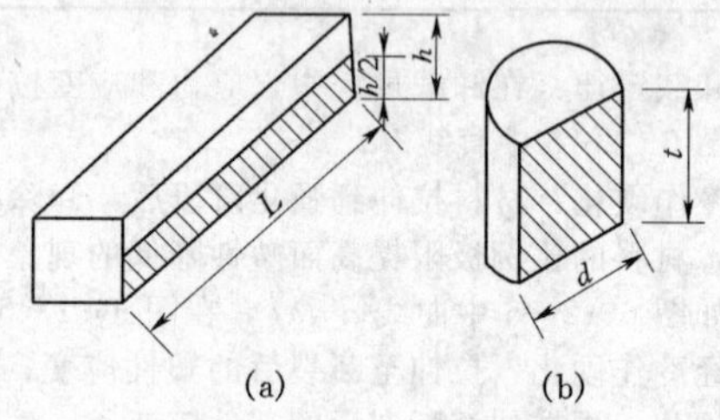

图 6-3-1　名义挤压面

(a) 平面；(b) 曲面

键的名义挤压面面积

$$A_{bs} = \frac{h}{2}L$$

铆钉的名义挤压面面积为

$$A_{bs} = dt$$

2. 许用挤压应力

根据直接试验结果，按照名义挤压应力公式计算名义极限挤压应力，再除以安全系数。

3. 挤压强度条件

挤压面上的工作挤压应力不得超过材料的许用挤压应力，即

$$\sigma_{bs} = \frac{P_{bs}}{A_{bs}} \leqslant [\sigma_{bs}] \quad (6-3-4)$$

三、剪应力互等定理和剪切胡克定律

1. 纯剪切

(1) 纯剪切：若单元体各个侧面上只有剪应力而无正应力，则称为纯剪切。纯剪切引起剪应变 γ，如图 6-3-2 所示。

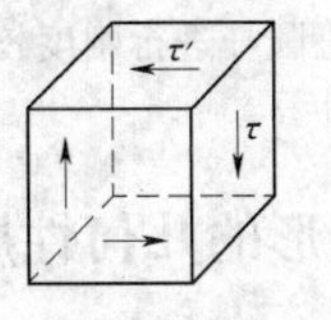

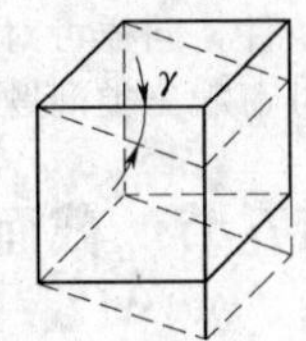

图 6-3-2

(2) 剪应变 γ：在剪应力作用下，单元体两相互垂直边间直角的改变量。单位为 rad，无量纲。在材料力学中规定以单元体左下直角增大时，γ 为正，反之为负。

2. 剪应力互等定理

在互相垂直的两个平面上，垂直于两平面交线的剪应力，总是大小相等，且共同指向或背离这一交线（图 6-3-2），即

$$\tau=-\tau' \qquad (6-3-5)$$

3. 剪切胡克定律

当剪应力不超过材料的剪切比例极限时，剪应力 τ 与剪应变 γ 成正比，称为剪切胡克定律，即

$$\tau=G\gamma \qquad (6-3-6)$$

式中 G 为材料的剪切弹性模量。

对各向同性材料，E、G、v 间只有二个独立常数，它们之间的关系为

$$G=\frac{E}{2(1+v)} \qquad (6-3-7)$$

第四节　扭　　转

一、扭转的力学模型和概念

扭转的力学模型和概念，如表 6-4-1 所示。

表 6-4-1　　扭转的力学模型和概念

力学模型	概　念
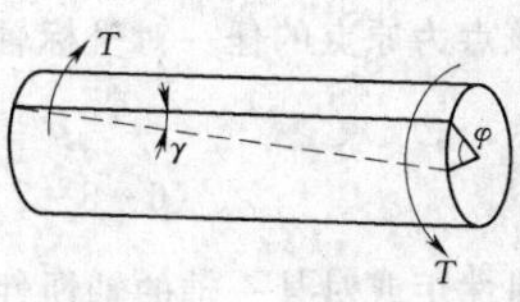 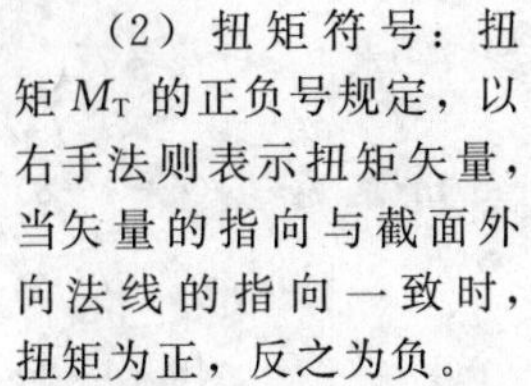	1. 受力特征：杆两端受到一对力偶矩相等、转向相反、作用平面与杆件轴线相垂直的外力偶作用 2. 变形特征：杆件表面纵向线变成螺旋线，即杆件任意两横截面绕杆件轴线发生相对转动 3. 扭转角 φ：杆件任意两横截面间相对转动的角度

轴所传递的功率、转速与外力偶矩间有如下关系

$$T=9.55\frac{N(\text{kW})}{n(\text{r/min})}\ \text{kN}\cdot\text{m} \qquad (6-4-1)$$

$$T=7.02\frac{N(\text{Ps})}{n(\text{r/min})}\ \text{kN}\cdot\text{m} \qquad (6-4-2)$$

式中：传递功率 N 的单位为 kW(Ps)；转速 n 的单位为转每分（r/min）。

二、扭矩和扭矩图

(1) 扭矩：受扭杆件横截面上的内力，是一个在截面平面内的力偶，其力偶矩称为扭矩。用 M_T 表示，见图 6-4-1，其值用截面法求得。

(2) 扭矩符号：扭矩 M_T 的正负号规定，以右手法则表示扭矩矢量，当矢量的指向与截面外向法线的指向一致时，扭矩为正，反之为负。

(3) 扭矩图：表示沿杆件轴线各横截面上扭矩变化规律的图线。

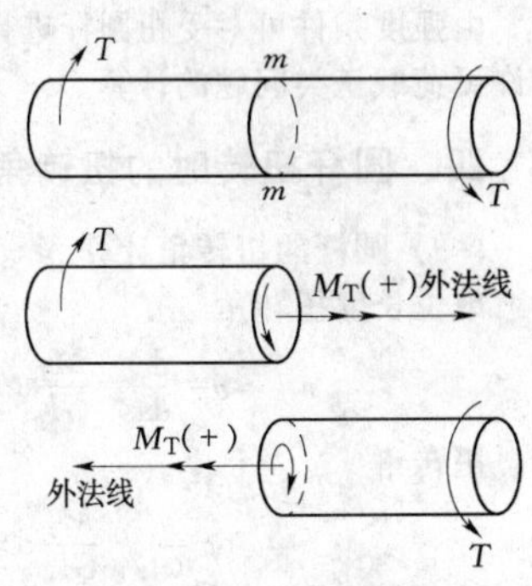

图 6-4-1　截面法

三、圆杆扭转时的剪应力及强度条件

(一) 横截面上的剪应力

1. 剪应力分布规律

横截面上任一点的剪应力，其方向垂直于该点所在的半径，其值与该点到圆心的距离成正比，见图 6-4-2。

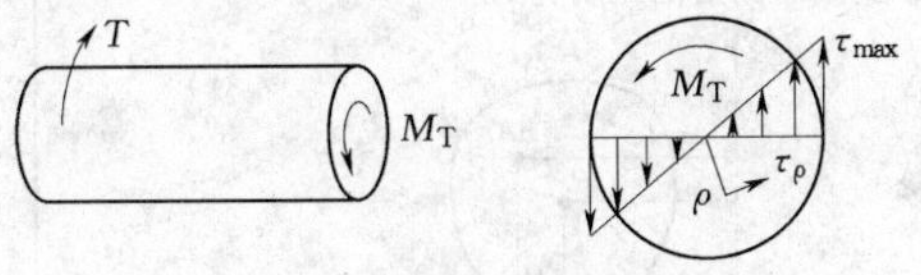

图 6-4-2　剪应力分布规律

2. 剪应力计算公式

横截面上距圆心为 ρ 的任一点的剪应力

$$\tau_\rho=\frac{M_T}{I_p}\rho \qquad (6-4-3)$$

横截面上的最大剪应力发生在横截面周边各点处，其值为

$$\tau_{max}=\frac{M_T}{I_p}R=\frac{M_T}{W_t} \qquad (6-4-4)$$

3. 剪应力计算公式的讨论

1) 公式适用于线弹性范围（$\tau_{max}\leqslant\tau_\rho$），小变形条件下的等截面实心或空心圆直杆。

2) M_T 为所求截面上的扭矩。

3) I_p 称为极惯性矩，W_t 称为抗扭截面系数，其值与截面尺寸有关。

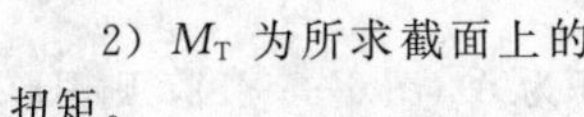

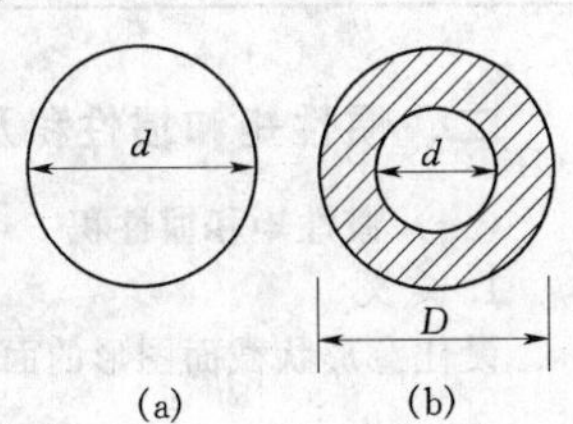

(a)　　(b)

图 6-4-3

(a) 实心圆截面；(b) 空心圆截面

对于实心圆截面［图 6-4-3(a)］

$$I_p=\frac{\pi d^4}{32},W_t=\frac{\pi d^3}{16} \qquad (6-4-5)$$

对于空心圆截面［图 6-4-3(b)］

$$I_p=\frac{\pi D^4}{32}(1-\alpha^4),W_t=\frac{\pi D^3}{16}(1-\alpha^4) \qquad (6-4-6)$$

其中 $\alpha=\frac{d}{D}$。

(二) 圆杆扭转时的强度条件

强度条件：圆杆扭转时横截面上的最大剪应力不得超过材料的许用剪应力，即

$$\tau_{max}=\frac{M_{Tmax}}{W_t}\leqslant[\tau] \qquad (6-4-7)$$

由强度条件可对受扭圆杆进行强度校核、截面设计和确定许可荷载三类问题的计算。

四、圆杆扭转时的扭转角计算及刚度条件

（一）圆杆的扭转角计算

单位长度扭转角

$$\theta=\frac{\mathrm{d}\varphi}{\mathrm{d}x}=\frac{M_T}{GI_p}\quad \mathrm{rad/m} \qquad (6-4-8)$$

扭转角

$$\varphi=\int_L \frac{M_T}{GI_p}\mathrm{d}x \quad \mathrm{rad} \qquad (6-4-9)$$

若长度 L 内 M_T、G、I_p 均为常量，则

$$\varphi=\frac{M_T L}{GI_p} \qquad (6-4-10)$$

公式适用于线弹性范围，小变形下的等直圆杆。GI_p 表示圆杆抵抗扭转弹性变形的能力，称为抗扭刚度。

（二）圆杆扭转时的刚度条件

刚度条件：圆杆扭转时的最大单位长度扭转角不得超过规定的许可值，即

$$\theta_{max}=\frac{M_{Tmax}}{GI_p}\times\frac{180°}{\pi}\leqslant[\theta][(°)/m] \qquad (6-4-11)$$

由刚度条件，同样可对受扭圆杆进行刚度校核、截面设计和确定许可荷载三类问题的计算。

第五节 截面图形的几何性质

一、静矩与形心

有关静矩与形心的定义和特征，如表 6-5-1 所示。

表 6-5-1 静矩与形心的定义和特征

<table>
<tr><th>定义</th><th>特征</th></tr>
<tr><td>设任意形状截面图形的面积为 A，
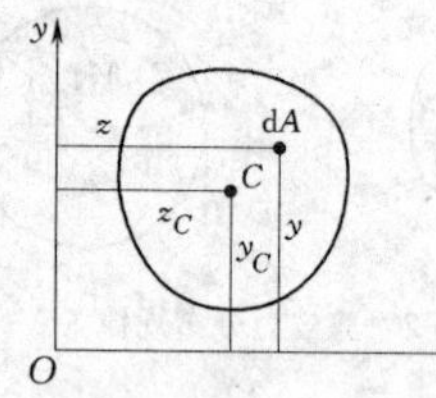

则图形
对 z 轴的静矩 $S_z=\int_A y\mathrm{d}A=y_C A$
对 y 轴的静矩 $S_y=\int_A z\mathrm{d}A=z_C A$ (6-5-1)
形心 C 的坐标 $y_C=\frac{S_z}{A}$，$z_C=\frac{S_y}{A}$ (6-5-2)</td><td>1. 静矩是对一定的轴而言的，同一图形对不同坐标轴的静矩不同。静矩可能为正、为负或为零
2. 静矩的量纲为[L³]，单位为 m³
3. 图形对任一形心轴的静矩为零；反之，若图形对某一轴的静矩为零，则该轴必通过图形的形心
4. 若截面图形有对称轴，则图形对于对称轴的静矩必为零，图形的形心一定在此对称轴上
5. 组合图形对某一轴的静矩，等于各组分图形对同一轴静矩的代数和，即
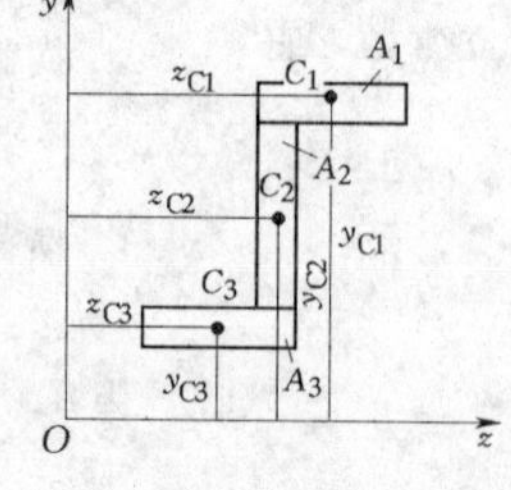

$S_y=\sum_{i=1}^{n}S_{yi}=\sum_{i=1}^{n}z_{C_i}A_i$
$S_z=\sum_{i=1}^{n}S_{zi}=\sum_{i=1}^{n}y_{C_i}A_i$ (6-5-3)</td></tr>
</table>

二、惯性矩和惯性积及惯性半径

（一）惯性矩和惯性积

1. 定义

设任意形状截面图形的面积为 A（图 6-5-1），则图形

对 y 轴的惯性矩 $I_y=\int_A z^2\mathrm{d}A$

对 z 轴的惯性矩 $I_z=\int_A y^2\mathrm{d}A$ (6-5-4)

对 O 点的极惯性矩 $I_P=\int_A \rho^2\mathrm{d}A$ (6-5-5)

对 y、z 轴的惯性积 $I_{yz}=\int_A yz\mathrm{d}A$ (6-5-6)

2. 特征

(1) 图形的极惯性矩是对某一极点定义的，轴惯性矩是对某一坐标轴定义的，惯性积是对某一对坐标轴定义的。

(2) 极惯性矩、轴惯性矩、惯性积的量纲为[L⁴]，单位为 m⁴。

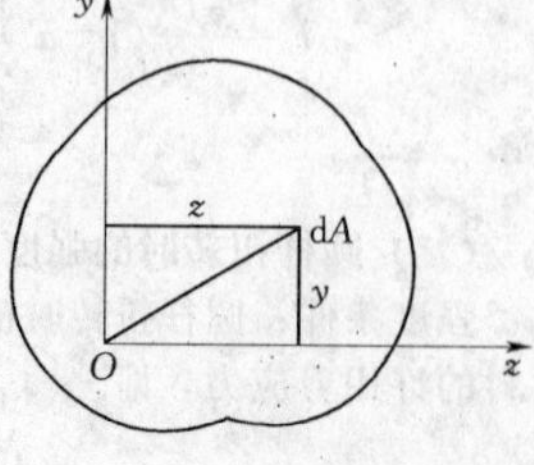

图 6-5-1 惯性矩和惯性积

(3) 极惯性矩、轴惯性矩其数值均为正；惯性积的数值可正可负，也可能为零。若一对坐标轴中有一轴为图形的对称轴，则图形对这一对坐标轴的惯性积必等于零；但图形对某一对坐标轴的惯性积为零，则这对坐标轴中不一定有图形的对称轴。

(4) 极惯性矩的值恒等于以该点为原点的任一对坐标轴的轴惯性矩之和，即

$$I_p=I_y+I_z \qquad (6-5-7)$$

(5) 组合图形对某一点的极惯性矩或对某一轴的轴惯性矩，分别等于各组分图形对同一点的极惯性矩或对同一轴的轴惯性矩之和，即

$$I_p=\sum_{i=1}^{n}I_{pi} \qquad (6-5-8)$$

$$I_y=\sum_{i=1}^{n}I_{yi}, I_z=\sum_{i=1}^{n}I_{zi} \qquad (6-5-9)$$

组合图形对某一对坐标轴的惯性积，等于各组分图形对同一对坐标轴的惯性积之和，即

$$I_{yz}=\sum_{i=1}^{n}I_{yz_i} \qquad (6-5-10)$$

（二）惯性半径

1. 定义

任意形状截面图形的面积为 A，则图形对 y 轴和 z 轴的惯性半径分别为

$$\left.\begin{aligned} i_y &= \sqrt{\frac{I_y}{A}} \\ i_z &= \sqrt{\frac{I_z}{A}} \end{aligned}\right\} \qquad (6-5-11)$$

2. 特征

(1) 惯性半径是对某一坐标轴定义的。

(2) 惯性半径的量纲为[L]，单位为 m。

(3) 惯性半径的数值恒取正值。

三、平行移轴公式

设任意形状截面图形的面积为 A（图 6-5-2），形心为 C，图形对形心轴 y_C、z_C 的轴惯性矩分别为 I_{y_C}、I_{z_C}，惯性积为 $I_{y_C z_C}$，则图形对平行于形心轴的坐标轴 y、z 的惯性矩和惯性积分别为

$$\left.\begin{aligned} I_y &= I_{y_C} + b^2 A \\ I_z &= I_{z_C} + a^2 A \end{aligned}\right\} \qquad (6-5-12)$$

$$I_{yz} = I_{y_C z_C} + abA \qquad (6-5-13)$$

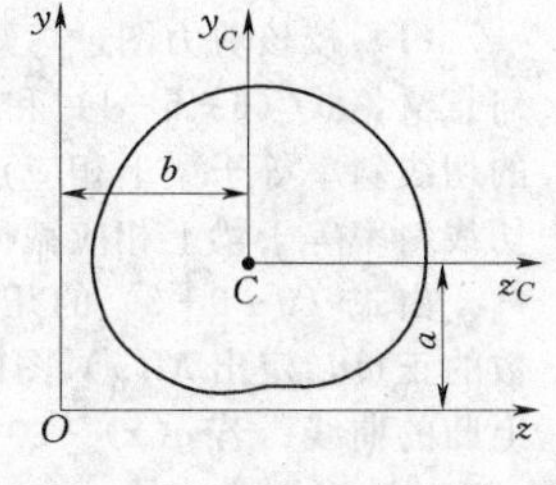

图 6-5-2　平行移轴

运用上述公式时应注意：

(1) 利用平行移轴公式计算必须从形心轴出发；a、b 是形心 C 在新坐标系 y、z 中的坐标，所以是有正负的；

(2) 在所有相互平行的坐标轴中，图形对形心轴的惯性矩为最小，但图形对形心轴的惯性积不一定是最小。

四、形心主轴和形心主惯矩

1. 定义

(1) 主惯性轴：截面图形对于某一对正交坐标轴的惯性积为零，则这对轴称为主惯性轴，简称主轴。即 $I_{yz}=0$ 时，y、z 轴即为主轴。主轴的方位

$$\tan 2\alpha_0 = \frac{-2I_{yz}}{I_z - I_y} \qquad (6-5-14)$$

(2) 主惯矩：截面图形对主轴的惯性矩，称为主惯矩。它是图形对过同一点的所有坐标轴的惯性矩中的最大值和最小值，其值为

$$\frac{I_{\max}}{I_{\min}} = \frac{I_z + I_y}{2} = \pm\sqrt{\left(\frac{I_z - I_y}{2}\right)^2 + I_{yz}^2} \qquad (6-5-15)$$

且

$$I_{\max} + I_{\min} = I_z + I_y \qquad (6-5-16)$$

(3) 形心主轴：通过图形形心的一对主轴。

(4) 形心主惯矩：截面图形对形心主轴的惯性矩。

2. 定理

(1) 若图形有一根对称轴，则此轴即为形心主轴之一，另一形心主轴为通过图形形心并与对称轴垂直的轴；

(2) 若图形有二根对称轴，则此二轴即为形心主轴；

(3) 若图形有三根以上对称轴时，则通过形心的任一轴均为形心主轴，且主惯矩相等。

五、常用简单图形的惯矩

常用简单图形的惯矩计算公式，如表 6-5-2 所示。

表 6-5-2　常用简单图形的惯矩计算公式

图　形	计算公式
矩形	$I_z=\frac{bh^3}{12}$，$I_y=\frac{hb^3}{12}$
圆形	$I_z=\frac{\pi d^4}{64}$
空心圆截面	$I_z=\frac{\pi D^4}{64}(1-\alpha^4)$，$\alpha=\frac{d}{D}$

第六节　弯　　曲

一、弯曲内力

（一）平面弯曲

1. 弯曲变形

弯曲变形是杆件的基本变形之一。弯曲变形特征是：任意两横截面绕垂直杆轴线的轴作相对转动，同时杆的轴线也弯成曲线。以弯曲为主要变形的杆件通常称为梁。

2. 平面弯曲

荷载作用面（外力偶作用面或横向力与梁轴线组成的平面）与弯曲平面（即梁轴线弯曲后所在平面）相平行或重合的弯曲，如图 6-6-1 所示。

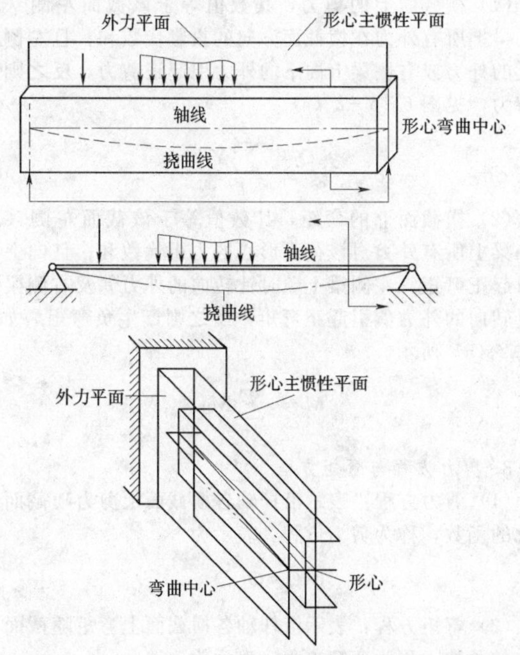

图 6-6-1　荷载作用面与弯曲平面相平行或重合的弯曲

产生平面弯曲的条件如下。

(1) 梁具有纵对称面时，只要外力（横向力或外力偶）都作用在此纵对称面内。

(2) 对非对称截面梁，纯弯曲时，只要外力偶作用在与梁的形心主惯性平面（即梁的轴线与其横截面的形心主惯性轴所构成的平面）平行的平面内；横力弯曲时，横向力必须通过横截面的弯曲中心并在与梁的形心主惯性平面平行的平面内。

(二) 梁横截面上的内力分量——剪力与弯矩

1. 剪力与弯矩定义和符号

(1) 剪力：梁横截面上切向分布内力的合力，称为剪力，以 Q 表示。

(2) 弯矩：梁横截面上法向分布内力形成的合力偶矩，称为弯矩，以 M 表示。

(3) 剪力与弯矩的符号：考虑梁微段 $\mathrm{d}x$，使右侧截面对左侧截面产生向下相对错动的剪力为正，反之为负；使微段产生凹向上的弯曲变形的弯矩为正，反之为负，如图 6-6-2 (b) 所示。

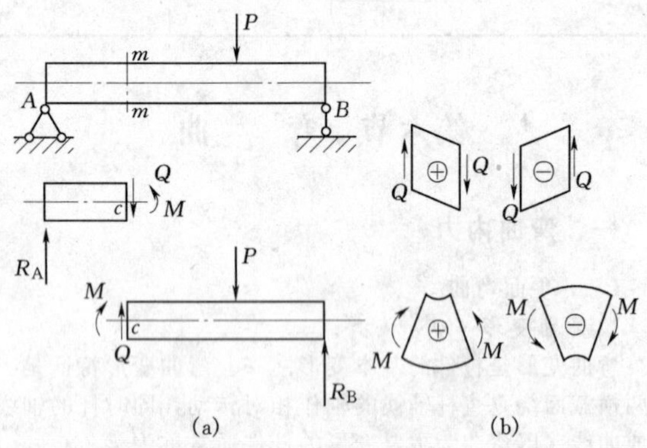

图 6-6-2　剪力与弯矩

(a) 截面法；(b) 符号

2. 截面法

(1) 横截面上的剪力，其数值等于该截面左侧（或右侧）梁上所有外力在横截面方向的投影代数和；且左侧梁上向上的外力或右侧梁上向下的外力引起正剪力，反之则引起负剪力，见图 6-6-2 (a)。

$$Q = \sum_{左(右)} Y_i$$

(2) 横截面上的弯矩，其数值等于该截面左侧（或右侧）梁上所有外力对该截面形心的力矩代数和；且向上外力均引起正弯矩，左侧梁上顺时针转向的外力偶及右侧梁上逆时针转向的外力偶引起正弯矩，反之则产生负弯矩，如图 6-6-2 (a) 所示。

$$M = \sum_{左(右)} M_{C_i}$$

3. 剪力方程与弯矩方程

(1) 剪力方程：表示沿杆轴各横截面上剪力随截面位置变化的函数，称为剪力方程，表示为

$$Q = Q(x)$$

(2) 弯矩方程：表示沿杆轴各横截面上弯矩随截面位置变化的函数，称为弯矩方程，表示为

$$M = M(x)$$

4. 剪力图与弯矩图

(1) 剪力图：表示沿杆轴各横截面上剪力随截面位置变化的图线，称为剪力图。

(2) 弯矩图：表示沿杆轴各横截面上弯矩随截面位置变化的图线，称为弯矩图。

(三) 荷载集度与剪力、弯矩间的关系及应用

1. q、Q、M 间的微分关系

设荷载集度 $q(x)$ 为截面位置 x 的连续函数，且规定以向上为正，则有

$$\frac{\mathrm{d}Q(x)}{\mathrm{d}x} = q(x) \tag{6-6-1}$$

$$\frac{\mathrm{d}M(x)}{\mathrm{d}x} = Q(x) \tag{6-6-2}$$

$$\frac{\mathrm{d}^2 M(x)}{\mathrm{d}x^2} = \frac{\mathrm{d}Q(x)}{\mathrm{d}x} = q(x) \tag{6-6-3}$$

2. 应用

(1) 校核剪力图、弯矩图的正确性。根据一阶导数的几何意义，式 (6-6-1) 和式 (6-6-2) 表明剪力图上某点的切线斜率等于梁上相应点处的荷载集度，弯矩图上某点的切线斜率等于梁上相应截面上的剪力。

由式 (6-6-3) 的几何意义可根据 $M(x)$ 对 x 二阶导数的正负，定出 $M(x)$ 图的凹向。若 $q(x) > 0$，则 M 图为上凸的曲线；若 $q(x) < 0$，则 M 图为下凸的曲线；若 $q(x) = 0$，则 M 图为直线。

(2) 利用微分关系作剪力图和弯矩图。由式 (6-6-1) 可得

$$\int_A^B \mathrm{d}Q(x) = \int_A^B q(x)\mathrm{d}x$$

$$Q_B - Q_A = \omega_{AB} \tag{6-6-4}$$

即截面 B 上的剪力与截面 A 上的剪力之差等于梁上 AB 间荷载集度 $q(x)$ 图的面积，但两截面之间必须无集中外力作用。

同理由式 (6-6-2) 可得

$$\int_A^B \mathrm{d}M(x) = \int_A^B Q(x)\mathrm{d}x$$

$$M_B - M_A = \Omega_{AB} \tag{6-6-5}$$

即截面 B 上的弯矩与截面 A 上的弯矩之差等于梁上 AB 间剪力图的面积，但两截面之间必须无集中力偶作用。

于是可由式 (6-6-1)、式 (6-6-2)，根据梁上已知的荷载集度，判定剪力、弯矩图的图线形状、凹向等；而由式 (6-6-4)、式 (6-6-5) 或由截面法 $Q = \sum\limits_{左(右)} Y_i$，$M = \sum\limits_{左(右)} M_{Ci}$ 确定控制截面的剪力、弯矩值，即可绘制剪力、弯矩图。

(四) 特殊截面上的剪力、弯矩值

(1) 在集中力作用的截面处，Q 图有突变，M 图形成尖角。突变值等于集中力的大小，突变方向与集中力作用方向一致。

(2) 在集中力偶作用处，Q 图无变化，但 M 图有突变。其突变值等于该力偶之矩，突变方向看该力偶对后半段梁的影响，即该力偶对后半段梁产生正弯矩，则向正方向突变，否则反之。

有关弯矩、剪力与荷载间的关系以及剪力图和弯矩图的一些特征，如表 6-6-1 所示。

表 6-6-1 几种荷载下剪力图与弯矩图的特征

荷载	特征			
一段梁上受外力的情况	向下的均布荷载 q	无荷载	集中力 P C	集中力偶 M_e
剪力图上的特征	向下方倾斜的直线 ⊕ 或 ⊖	水平直线，一般为 ⊕ 或 ⊖	在 C 处有突变 C P	在 C 处无变化 C
弯矩图上的特征	下凸的二次抛物线 或	一般为斜直线或 或	在 C 处有尖角 或	在 C 处有突变 C M_e
最大弯矩所在截面的可能位置	在 $Q=0$ 的截面		在剪力变号的截面	在紧靠 C 点的某一侧的截面

二、弯曲应力

（一）弯曲正应力和正应力强度条件

梁的横截面上只有弯矩而无剪力时的弯曲，称为纯弯曲。

1. 中性层与中性轴

（1）中性层：杆件弯曲变形时既不伸长也不缩短的一层。

（2）中性轴：中性层与横截面的交线，即横截面上正应力为零的各点的连线。

（3）中性轴位置：当杆件发生平面弯曲，且处于线弹性范围时，中性轴通过横截面形心，且垂直于荷载作用平面。

（4）中性层的曲率：杆件发生平面弯曲时，中性层（或杆轴）的曲率与弯矩间的关系为

$$\frac{1}{\rho}=\frac{M}{EI_z} \tag{6-6-6}$$

式中：ρ 为变形后中性层（或杆轴）的曲率半径；EI_z 为杆的抗弯刚度，轴 z 为横截面的中性轴。

2. 平面弯曲杆件横截面上的正应力

（1）分布规律：正应力的大小与该点至中性轴的垂直距离成正比，中性轴一侧为拉应力，另一侧为压应力，如图 6-6-3所示。

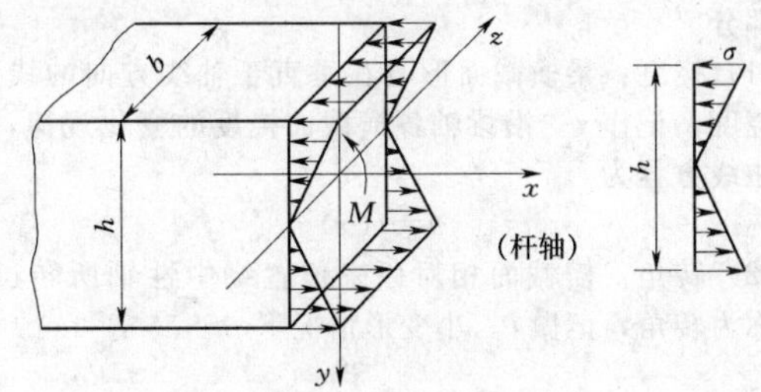

图 6-6-3 矩形截面梁的弯曲正应力分布规律

（2）计算公式：

任一点应力 $$\sigma=\frac{M}{I_z}y \tag{6-6-7}$$

最大应力 $$\sigma_{\max}=\frac{M}{I_z}y_{\max}=\frac{M}{W_z} \tag{6-6-8}$$

式中：M 为所求截面的弯矩；I_z 为截面对中性轴的惯性矩；W_z 为抗弯截面系数。

$W_z=\frac{I_z}{y_{\max}}$，它是一个只与横截面的形状和尺寸有关的几何量。对于矩形截面［见图 6-6-4(a)］：

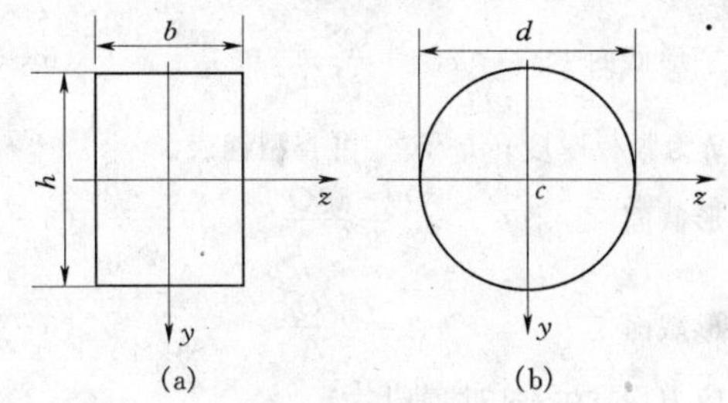

图 6-6-4 截面

(a) 矩形；(b) 圆形

$$I_z=\frac{bh^3}{12},y_{\max}=\frac{h}{2},W_z=\frac{bh^2}{6}$$

对于圆形截面［见图 6-6-3(b)］：

$$I_z=\frac{\pi d^4}{64},y_{\max}=\frac{d}{2},W_z=\frac{\pi d^3}{32}$$

讨论：

（1）公式适用于线弹性范围且材料在拉伸和压缩时弹性模量相等的情况。

（2）在纯弯曲时，横截面在弯曲变形后保持平面，公式为精确解；横力弯曲时，由于剪应力的存在，横截面发生翘曲，但精确研究指出，工程实际中的梁，只要跨度与截面高度之比 $L/h>5$，纯弯曲时的正应力公式仍适用。

3. 梁的正应力强度条件

强度条件：梁的最大工作正应力不得超过材料的许用正应力，即

$$\sigma_{\max}=\frac{M_{\max}}{W_z}\leqslant[\sigma] \tag{6-6-9}$$

当梁内 $\sigma_{t,\max}\neq\sigma_{c,\max}$，且材料的 $[\sigma_t]\neq[\sigma_c]$时，梁的拉伸与压缩强度均应得到满足。

（二）弯曲剪应力和剪应力强度条件

1. 矩形截面梁的剪应力

两个假设：①剪应力方向与截面的侧边平行；②沿截面宽度剪应力均匀分布（见图 6-6-5）。

（1）计算公式。

$$\tau=\frac{QS_z^*}{bI_z} \tag{6-6-10}$$

式中：Q 为横截面上的剪力；b 为横截面的宽度；I_z 为整个横截面对中性轴的惯性矩；S_z^* 为横截面上距中性轴为 y 处横线一侧的部分截面对中性轴的静矩。

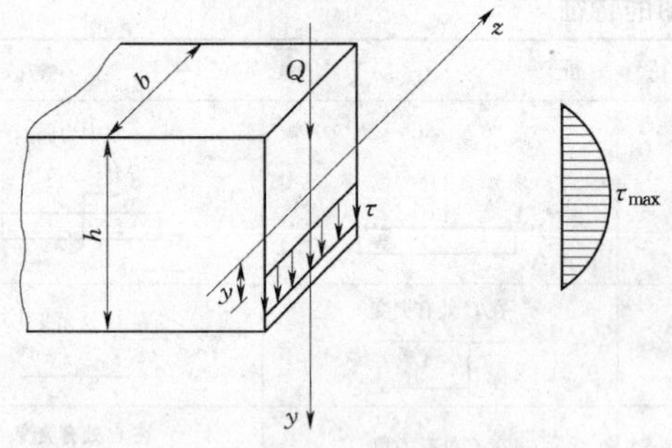

图 6-6-5　矩形截面梁的弯曲剪应力分布规律

（2）最大剪应力：发生在中性轴处。

$$\tau_{max}=\frac{3}{2}\frac{Q}{bh}=\frac{3}{2}\frac{Q}{A} \qquad (6-6-11)$$

2. 其他常用截面图形的最大剪应力

工字形截面　　$\tau_{max}=\frac{QS_{zmax}^{*}}{I_z d}$　　(6-6-12)

式中：d 为腹板厚度；I_z/S_{zmax}^{*} 可查型钢表。

圆形截面　　$\tau_{max}=\frac{4}{3}\frac{Q}{A}$　　(6-6-13)

环形截面　　$\tau_{max}=2\frac{Q}{A}$　　(6-6-14)

最大剪应力均发生在中性轴上。

3. 剪应力强度条件

梁的最大工作剪应力不得超过材料的许用剪应力，即

$$\tau_{max}=\frac{Q_{max}S_{zmax}^{*}}{bI_z}\leqslant[\tau] \qquad (6-6-15)$$

式中：Q_{max} 为全梁的最大剪力；S_{zmax}^{*} 为中性轴一边的横截面面积对中性轴的静矩；b 为横截面在中性轴处的宽度；I_z 为整个横截面对中性轴的惯性矩。

（三）梁的合理截面

梁的强度通常是由横截面上的正应力控制的。由弯曲正应力强度条件 $\sigma_{max}=\frac{M_{max}}{W_z}\leqslant[\sigma]$，可知，在截面积 A 一定的条件下，截面图形的抗弯截面系数愈大，梁的承载能力就愈大，故截面就愈合理。因此就 W_z/A 而言，对工字形、矩形和圆形三种形状的截面，工字形最为合理，矩形次之，圆形最差。此外对于 $[\sigma_t]=[\sigma_c]$ 的脆性材料，一般采用对称于中性轴的截面，使截面上、下边缘的最大拉应力和最大压应力同时达到许用应力。对于 $[\sigma_t]\neq[\sigma_c]$ 的脆性材料，一般采用不对称于中性轴的截面如 T 形、槽形等，使最大拉应力 $\sigma_{t,max}$ 和最大压应力 $\sigma_{c,max}$ 同时达到 $[\sigma_t]$ 和 $[\sigma_c]$，如图 6-6-6 所示。

（四）弯曲中心

在横向力作用下，梁分别在两个形心主惯性平面 xy 和 xz 内弯曲时，横截面上剪力 Q_y 和 Q_z 作用线的交点，称为截面的弯曲中心，也称为剪切中心。

当梁上的横向力不通过截面的弯曲中心时，梁除了发生弯曲变形外还要发生扭转变形。

弯曲中心是截面几何性质之一，仅与截面的几何形状有关，而与荷载大小和材料性质无关。

若截面具有一对称轴，则弯曲中心必在截面的对称轴上。若截面具有两个对称轴，其交点即为弯曲中心。T 形、L 形等狭长矩形组成的截面，两个狭长矩形中线的交点即为截面的弯曲中心。

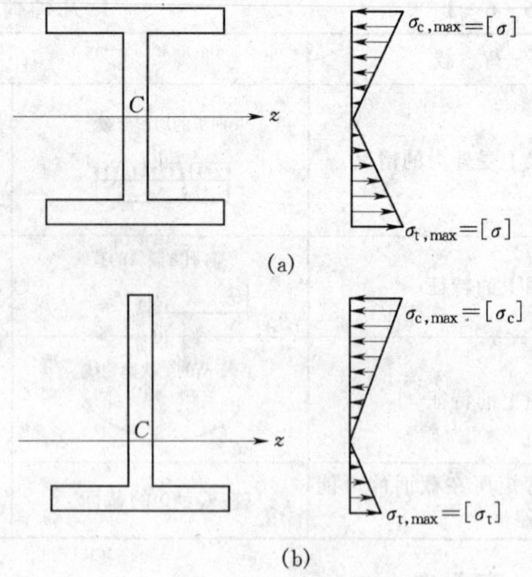

图 6-6-6　梁的合理截面
（a）工字梁；（b）T 形梁

三、弯曲变形

（一）梁的挠度与转角

1. 挠曲线

在外力作用下，梁的轴线由直线变为光滑的弹性曲线，梁弯曲后的轴线称为挠曲线。

在平面弯曲下，挠曲线为梁形心主惯性平面内的一条平面曲线 $v=f(x)$（见图 6-6-7）。

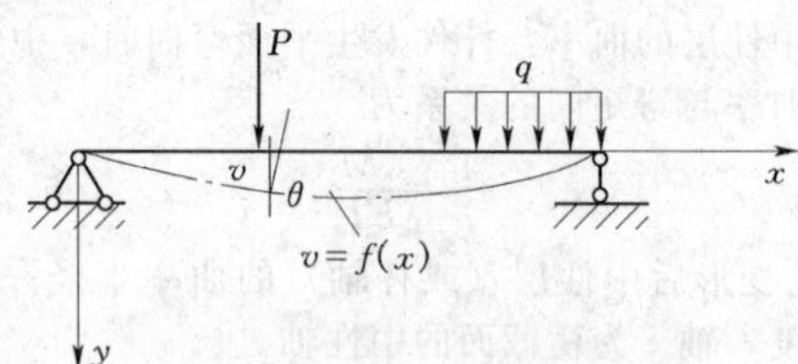

图 6-6-7　挠曲线

2. 挠度与转角

梁弯曲变形后，梁的每一个横截面都要产生位移，它包括三部分。

（1）挠度：梁横截面形心在垂直于轴线方向的线位移，称为挠度，记作 v。沿梁轴各横截面挠度的变化规律，即梁的挠曲线方程为

$$v=f(x)$$

（2）转角：横截面相对原来位置绕中性轴所转过的角度，称为转角，记做 θ。小变形情况下

$$\theta\approx\tan\theta=\frac{dv}{dx}=v'$$

（3）其他：横截面形心沿梁轴线方向的位移，小变形条件下可忽略不计。

3. 挠曲线近似微分方程

在线弹性范围、小变形条件下，挠曲线近似微分方程为

$$\frac{d^2v}{dx^2}=-\frac{M(x)}{EI_z} \qquad (6-6-16)$$

上式是在图 6-6-7 所示坐标系下建立的。挠度 v 向下为正，转角 θ 顺时针转为正。

（二）积分法计算梁的位移

根据挠曲线近似微分方程（6-6-16），积分两次，即得梁的转角方程和挠度方程，即由

$$\frac{d^2 v}{dx^2}=-\frac{M(x)}{EI_z}$$

$$\theta=\frac{dv}{dx}=-\int\frac{M(x)}{EI_z}dx+C$$

$$v=-\iint\frac{M(x)}{EI_z}dxdx+Cx+D$$

式中积分常数 C、D 可由梁的边界条件确定。当梁的弯矩方程需分段列出时，挠曲线微分方程也需分段建立，分段积分。于是全梁的积分常数数目将为分段数目的两倍。为了确定全部积分常数，除利用边界条件外，还需利用分段处挠曲线的连续条件（在分界点处左、右两段梁的转角和挠度均应相等）。

（三）用叠加法求梁的位移

几个荷载同时作用下梁的任一截面的挠度或转角等于各个荷载单独作用下同一截面挠度或转角的总和，称之为叠加原理。

叠加原理仅适用于线性函数。要求挠度、转角为梁上荷载的线性函数，并必须满足：

(1) 材料为线弹性材料。

(2) 梁的变形为小变形。

(3) 结构几何线性。

用叠加法求梁位移的特征

(1) 各荷载同时作用下挠度、转角等于单独作用下挠度、转角的总和，应该是几何和，同一方向的几何和即为代数和。

(2) 梁在简单荷载作用下的挠度、转角应为已知或可查手册。

(3) 叠加法适宜于求梁某一指定截面的挠度和转角。

第七节　应力状态分析和强度理论

一、应力状态

（一）一点的应力状态

通过受力构件内一点的所有截面上的应力情况称为一点的应力状态。

围绕所研究的点，截取一个边长为无穷小的正六面体，用各面上的应力分量表示周围材料对其作用，此正六面体称为应力单元体。其特点如下：

(1) 单元体的尺寸无限小，每个面上的应力均匀分布。

(2) 单元体表示一点处的应力，故相互平行截面上的应力相同。

（二）主平面、主应力、主单元体

(1) 主平面：单元体中剪应力等于零的平面。

(2) 主应力：主平面上的正应力。

可以证明：受力构件内任一点，均存在三个互相垂直的主平面。三个主应力用 σ_1、σ_2 和 σ_3 表示，且按代数值排列，即 $\sigma_1>\sigma_2>\sigma_3$。

(3) 主单元体：是用三对互相垂直的主平面取出的单元体。

（三）应力状态的分类

根据主单元体上三个主应力中有几个是非零的数值，可将应力状态分为三类。

(1) 单向应力状态：只有一个主应力不等于零。

(2) 二向应力状态：有两个主应力不等于零。

(3) 三向应力状态：三个主应力都不等于零。

单向应力状态又称为简单应力状态，二向和三向应力状态统称为复杂应力状态。单向及二向应力状态又称为平面应力状态。

二、平面应力状态分析

（一）解析法

平面应力状态通常用单元体中主应力为零的那个主平面的正投影表示，如图 6-7-1 所示。

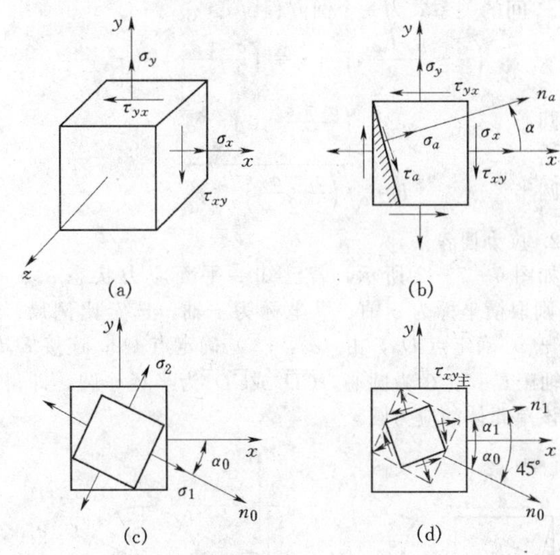

图 6-7-1　解析法

(a) 单元体；(b) 任意斜截面；(c) 主平面；(d) 主剪应力

1. 任意斜截面上的应力

若已知一平面应力状态 σ_x、σ_y、τ_{xy}，则与 x 轴成 α 角的斜截面上的应力分量

$$\sigma_\alpha=\frac{\sigma_x+\sigma_y}{2}+\frac{\sigma_x-\sigma_y}{2}\cos2\alpha-\tau_{xy}\sin2\alpha \quad (6-7-1)$$

$$\tau_\alpha=\frac{\sigma_x-\sigma_y}{2}\sin2\alpha+\tau_{xy}\cos2\alpha \quad (6-7-2)$$

式中：正应力 σ 以拉应力为正；剪应力 τ 以对单元体产生顺时针力矩者为正；α 角以逆时针转向为正。

2. 主平面及主应力

主平面的方位角 α_0　$\tan 2\alpha_0=\dfrac{-\tau_{xy}}{\dfrac{\sigma_x-\sigma_y}{2}}$　(6-7-3)

主应力　$\begin{matrix}\sigma_{max}\\ \sigma_{min}\end{matrix}=\dfrac{\sigma_x+\sigma_y}{2}\pm\sqrt{\left(\dfrac{\sigma_x-\sigma_y}{2}\right)^2+\tau_{xy}^2}$　(6-7-4)

考虑到单元体零应力面上的主应力为零，因此

若 $\sigma_{max}>\sigma_{min}>0$，则 $\sigma_1=\sigma_{max}$，$\sigma_2=\sigma_{min}$，$\sigma_3=0$

若 $\sigma_{max}>0$，$\sigma_{min}<0$，则 $\sigma_1=\sigma_{max}$，$\sigma_2=0$，$\sigma_3=\sigma_{min}$

若 $\sigma_{max}<0$，$\sigma_{min}<0$，则 $\sigma_1=0$，$\sigma_2=\sigma_{max}$，$\sigma_3=\sigma_{min}$

单元体中互相垂直的两个截面上的正应力之和为常量，即

$$\sigma_x+\sigma_y=\sigma_{max}+\sigma_{min}=\sigma_\alpha+\sigma_\beta \quad (6-7-5)$$

式中 $\beta=\alpha+90°$。

3. 主剪应力及其作用面

作用面方位角 α_1　$\tan 2\alpha_1=\dfrac{\sigma_x-\sigma_y}{2\tau_{xy}}$　(6-7-6)

数值　$\tau_{xy主}=\pm\sqrt{\left(\dfrac{\sigma_x-\sigma_y}{2}\right)^2+\tau_{xy}^2}$　(6-7-7)

必须说明：

(1) 主剪应力 $\tau_{xy主}$ 是单元体上垂直于零应力面所有截面上剪应力的极大值和极小值，并不一定是该点的最大和最小剪应力。

(2) 主剪应力作用面（主剪面）与主平面成45°，即

$$\alpha_1=\alpha_0\pm45° \tag{6-7-8}$$

(二) 应力圆法

1. 应力圆方程

在平面应力状态 σ_x、σ_y、τ_{xy} 下，任意斜截面上的应力 σ_α 与 τ_α 间的关系式为一个圆方程：

$$\left(\sigma_\alpha-\frac{\sigma_x+\sigma_y}{2}\right)^2+\tau_\alpha^2=\left(\frac{\sigma_x+\sigma_y}{2}\right)^2+\tau_{xy}^2$$

圆心 $\left(\dfrac{\sigma_x+\sigma_y}{2},0\right)$

圆半径 $R=\sqrt{\left(\dfrac{\sigma_x-\sigma_y}{2}\right)^2+\tau_{xy}^2}$

2. 应力圆作法

如图6-7-2所示，若已知一平面应力状态 σ_x、σ_y、τ_{xy}，则取横坐标为 σ 轴、纵坐标为 τ 轴，选定比例尺；由（σ_x，τ_{xy}）确定点 D_x，由（σ_y，τ_{yx}）确定点 D_y；连接 D_xD_y 交 σ 轴于 C，以 C 为圆心，$\overline{CD_x}$ 或 $\overline{CD_y}$ 为半径作圆，即得相应于该单元体的应力圆。

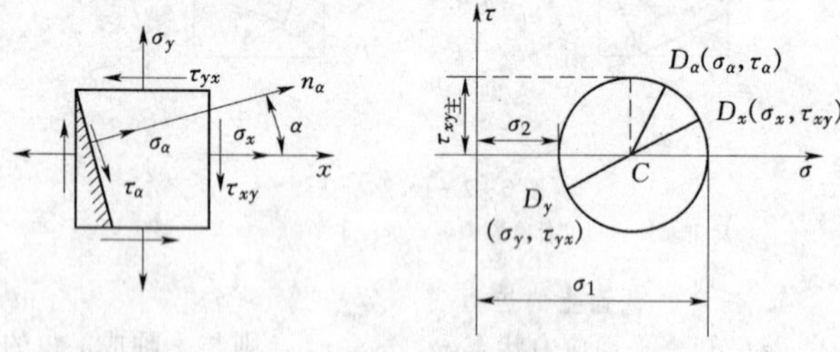

图6-7-2 应力圆法

3. 应力圆与单元体之间的对应关系

应力圆与单元体之间的对应关系如表6-7-1所示，此对应关系可概括为“点面对应，转向相同，夹角两倍”。

表6-7-1 应力圆与单元体之间的对应关系

应力圆	单元体
应力圆上某点的坐标	单元体某对应平面上的应力分量
应力圆上两点所夹的圆心角（2α）	单元体两对应平面间的夹角 α
应力圆与 σ 轴交点的坐标	单元体的主应力值
应力圆的半径	单元体的主剪应力值

三、一点的最大正应力和最大剪应力

一点的最大正应力

$$\sigma_{\max}=\sigma_1 \tag{6-7-9}$$

一点的最大剪应力

$$\tau_{\max}=\frac{\sigma_1-\sigma_3}{2} \tag{6-7-10}$$

其作用平面与 σ_2 方向平行且与 σ_1、σ_3 的作用面分别成45°。

四、广义胡克定律

对于各向同性材料，在小变形条件下，正应力仅引起线应变，剪应力仅引起相应的剪应变，所以应力—应变关系为

$$\left.\begin{aligned}\varepsilon_x&=\frac{1}{E}[\sigma_x-\nu(\sigma_y+\sigma_z)],\gamma_{xy}=\frac{\tau_{xy}}{G}\\\varepsilon_y&=\frac{1}{E}[\sigma_y-\nu(\sigma_z+\sigma_x)],\gamma_{yz}=\frac{\tau_{yz}}{G}\\\varepsilon_z&=\frac{1}{E}[\sigma_z-\nu(\sigma_x+\sigma_y)],\gamma_{zx}=\frac{\tau_{zx}}{G}\end{aligned}\right\} \tag{6-7-11}$$

三向主应力状态下，主应力与主应变的关系为

$$\left.\begin{aligned}\varepsilon_1&=\frac{1}{E}[\sigma_1-\nu(\sigma_2+\sigma_3)]\\\varepsilon_2&=\frac{1}{E}[\sigma_2-\nu(\sigma_3+\sigma_1)]\\\varepsilon_3&=\frac{1}{E}[\sigma_3-\nu(\sigma_1+\sigma_2)]\end{aligned}\right\} \tag{6-7-12}$$

平面应力状态下的应力—应变关系为

$$\left.\begin{aligned}\varepsilon_x&=\frac{1}{E}(\sigma_x-\nu\sigma_y)\\\varepsilon_y&=\frac{1}{E}(\sigma_y-\nu\sigma_x)\\\varepsilon_z&=-\frac{\nu}{E}(\sigma_x+\sigma_y)\\\gamma_{xy}&=\frac{1}{G}\tau_{xy}\end{aligned}\right\} \tag{6-7-13}$$

上列式中：E 为弹性模量；ν 为泊松比；G 为剪切弹性模量。

五、强度理论

(一) 材料破坏的两种类型

材料破坏形式不仅与材料本身的材质有关，而且与材料所处的应力状态、加载速度及温度环境等因素有关。材料在常温、静载荷下的破坏形式主要有以下两种。

(1) 脆性断裂：材料在无明显的变形下突然断裂。

(2) 塑性屈服（流动）：材料出现显著的塑性变形而丧失其正常的工作能力。

(二) 强度理论的四个强度条件

在复杂应力状态下关于材料破坏原因的假设，称为强度理论。

研究强度理论的目的，在于利用简单应力状态下的实验结果，建立材料在复杂应力状态下的强度条件。

四个常用强度理论的强度条件可以统一地写成

$$\sigma_r\leqslant[\sigma] \tag{6-7-14}$$

式中：σ_r 为相当应力，其表达式为

$$\left.\begin{aligned}&\text{最大拉应力理论(第一强度理论)}\quad \sigma_{r1}=\sigma_1\\&\text{最大拉应变理论(第二强度理论)}\quad \sigma_{r2}=\sigma_1-\nu(\sigma_2+\sigma_3)\\&\text{最大剪应力理论(第三强度理论)}\quad \sigma_{r3}=\sigma_1-\sigma_3\\&\text{形状改变比能理论(第四强度理论)}\\&\sigma_{r4}=\sqrt{\frac{1}{2}[(\sigma_1-\sigma_2)^2+(\sigma_2-\sigma_3)^2+(\sigma_3-\sigma_1)^2]}\end{aligned}\right\} \tag{6-7-15}$$

$[\sigma]$ 为材料的许用应力。

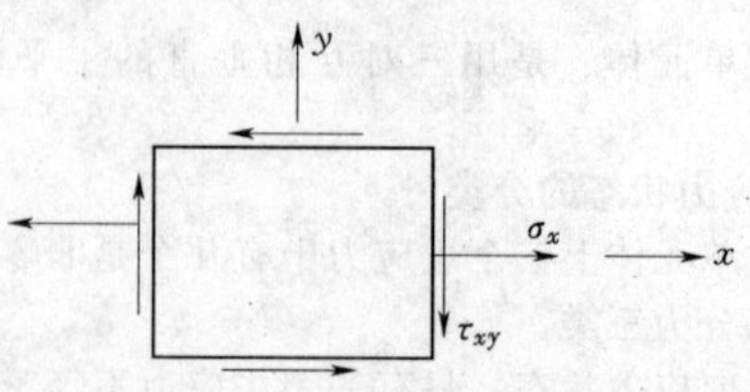

图6-7-3 二向应力状态

如图6-7-3所示为工程上常见的一种二向应力状态，

其特点是平面内某一方向的正应力为零。设 $\sigma_y=0$，则该点的主应力为

$$\begin{matrix}\sigma_1\\ \sigma_3\end{matrix}=\frac{\sigma_x}{2}\pm\sqrt{\left(\frac{\sigma_x}{2}\right)^2+\tau_{xy}^2}$$

代入式（6-7-15）得

第三强度理论（最大剪应力理论）的相当应力

$$\sigma_{r_3}=\sqrt{\sigma_x^2+4\tau_{xy}^2} \quad (6-7-16)$$

第四强度理论（形状改变比能理论）的相当应力

$$\sigma_{r_4}=\sqrt{\sigma_x^2+3\tau_{xy}^2} \quad (6-7-17)$$

最大拉应力理论、最大拉应变理论是关于脆性断裂的强度理论；最大剪应力理论、形状改变比能理论是关于塑性屈服的强度理论。

（三）强度理论的选用

在三向拉应力作用下，材料均产生脆性断裂，故宜用第一强度理论；而在三向压缩应力状态下，材料均产生屈服破坏，故应采用第三或第四强度理论；当材料处于二向应力状态作用下时，脆性材料易发生断裂破坏，宜用第一或第二强度理论；塑性材料易发生塑性屈服破坏，宜用第三或第四强度理论。

第八节　组 合 变 形

一、组合变形强度计算的步骤

杆件在外力作用下，同时产生两种或两种以上的同一数量级的基本变形，称为组合变形。

在小变形和材料服从胡克定律的前提下，可以认为组合变形中的每一种基本变形都是各自独立、互不影响的。因此对组合变形杆件进行强度计算，可以应用叠加原理，采用先分解而后叠加的方法。其基本步骤如下。

（1）将作用在杆件上的荷载进行简化与分解（横向力向截面的弯曲中心简化，并沿截面的形心主惯性轴方向分解；而纵向力则向截面形心简化），使简化后每一组荷载只产生一种基本变形。

（2）分别计算杆件在各个基本变形下的应力。

（3）将各基本变形情况下的应力叠加，便得在组合变形下杆件的总应力。

（4）根据危险点的应力状态，建立强度条件。

二、斜弯曲

1．受力特征与变形特征

（1）受力特征：横向力（或力偶）的作用线（作用面）通过横截面的弯曲中心，但不平行于梁的形心主惯性平面。

（2）变形特征：弯曲平面与荷载作用平面不平行。

2．应力计算

如图 6-8-1 所示，任意横截面上任意点（y，z）的应力

$$\sigma=\frac{M_z y}{I_z}+\frac{M_y z}{I_y} \quad (6-8-1)$$

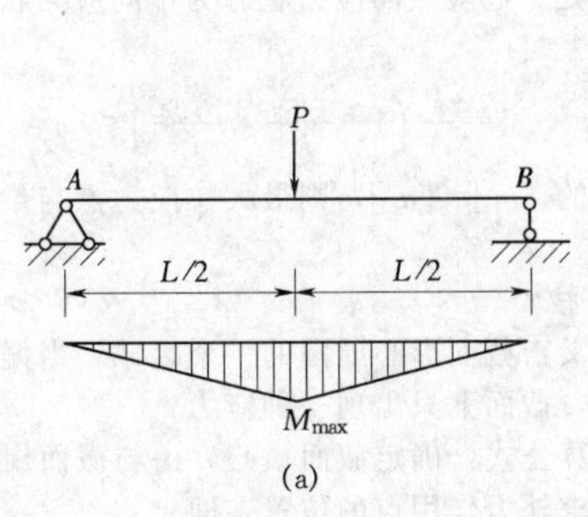

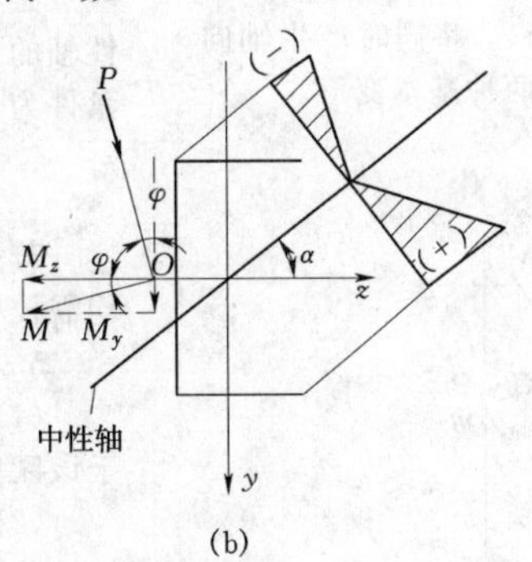

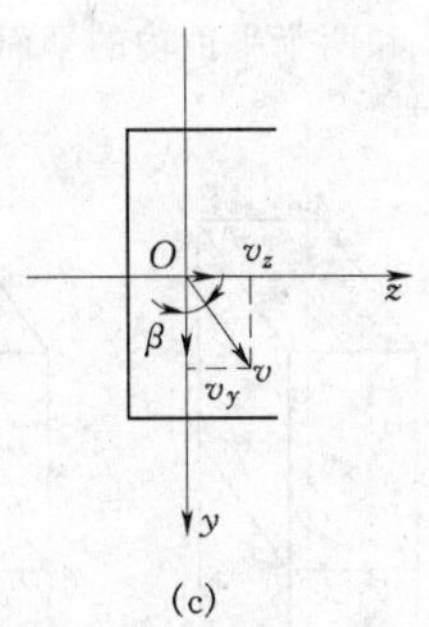

图 6-8-1　斜弯曲应力计算

3．中性轴位置

由 $\sigma=0$ 条件确定

$$\tan\alpha=\frac{y_0}{z_0}=-\frac{M_y}{M_z}\times\frac{I_z}{I_y}=-\frac{I_z}{I_y}\tan\varphi \quad (6-8-2)$$

式中：φ 为外力作用线与 y 轴的夹角。

一般情况下，梁横截面的两个形心主惯矩并不相等，即 $I_y\neq I_z$。故 α 与 φ 不等，即中性轴与合弯矩矢量方向不平行（即中性轴不垂直荷载作用面），这是斜弯曲区别于平面弯曲的特点之一。

4．强度条件

距中性轴最远的点是危险点。若截面具有棱角，则棱角点是危险点；无棱角的截面，应先确定中性轴的位置，再找到最远点（截面周边上平行中性轴的切点处）。危险点处于单向应力状态。

设危险点的坐标为（y_1，z_1），则强度条件为

$$\sigma_{max}=M_{max}\left(\frac{\cos\varphi y_1}{I_z}+\frac{\sin\varphi z_1}{I_y}\right)\leqslant[\sigma] \quad (6-8-3)$$

或

$$\sigma_{max}=\frac{M_{zmax}}{W_z}+\frac{M_{ymax}}{M_y}\leqslant[\sigma] \quad (6-8-4)$$

M_y、M_z 不在同一截面达到最大值时，应试算 M_y、M_z 较大的几个截面，才能确定危险截面。若材料的许用拉、压应力不同，即 $[\sigma_t]\neq[\sigma_c]$，则拉、压强度均应满足。

5．变形计算

先分别求出 P_y、P_z 产生的挠度 v_y、v_z，然后几何合成，得

$$v=\sqrt{v_y^2+v_z^2} \quad (6-8-5)$$

总挠度 v 与 y 轴的夹角为

$$\tan\beta=\frac{v_z}{v_y}=\tan\varphi\times\frac{I_z}{I_y} \quad (6-8-6)$$

一般情况下，$I_y\neq I_z$，故 $\beta\neq\varphi$。所以弯曲平面不平行荷载作用面。但 $\beta=|\alpha|$，中性轴垂直弯曲平面。

三、拉伸或压缩与弯曲的组合变形

（一）轴向力与横向力联合作用

图 6-8-2 所示 AB 梁同时受轴向拉力 P 及横向分布荷

载 q 作用。

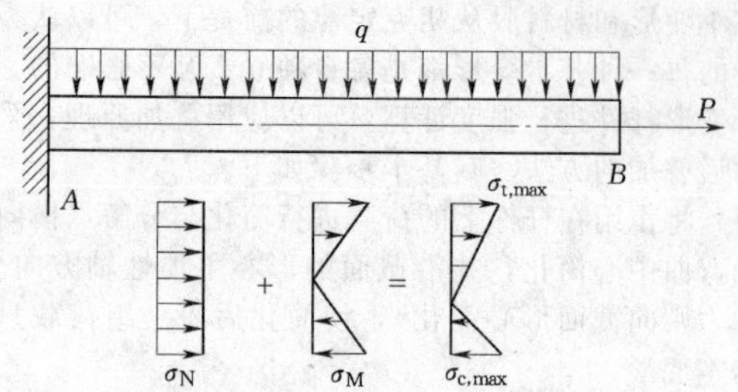

图 6-8-2 AB 梁同时受轴向拉力与横向力联合作用

任一横截面上的内力中，由轴向力引起轴力 N，由横向力引起弯矩 M_z、剪力 Q_y。

横截面上任一点的正应力

$$\sigma=\frac{N}{A}+\frac{M_z y}{I_z} \tag{6-8-7}$$

图示 A 截面为危险截面，上边缘点为危险点，处于单向应力状态，故强度条件为

$$\sigma_{max}=\frac{N}{A}+\frac{M_{zmax}}{W_z}<[\sigma] \tag{6-8-8}$$

对于脆性材料，则应分别校核其抗拉和抗压强度。对于塑性材料取 $\sigma_{t,max}$、$\sigma_{c,max}$ 中绝对值最大者校核强度。

（二）偏心压缩（或拉伸）

图 6-8-3 所示杆件受偏心压力（或拉力）作用时，它也是拉伸（压缩）与弯曲的组合。将偏心力 P 向顶面形心 O 点简化，得到轴压力 P 和作用在 xy 平面内的力偶 $M_{ez}=Py_p$ 和作用在 xz 平面内的力偶 $M_{ey}=Pz_p$。将同时产生轴向压缩（拉伸）和两个平面内的平面弯曲两种基本变形。

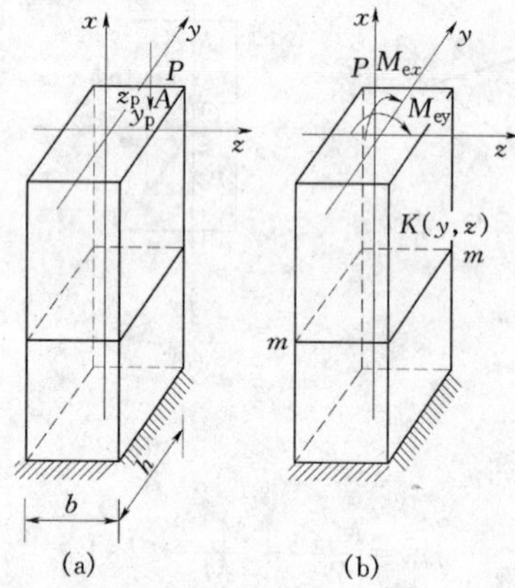

图 6-8-3 杆件受偏心压力（或）拉力作用

(a) 轴压力 P；(b) 力偶 M_{ez} 和 M_{ey}

1. 任一截面上的内力分量

轴力 $N=-P$

弯矩 $M_y=P\times z_p$，$M_z=P\times y_p$

2. 应力计算

任一点 $K(y, z)$ 的应力为

$$\sigma=-\frac{P}{A}-\frac{Pz_p z}{I_y}-\frac{Py_p y}{I_z}$$
$$=-\frac{P}{A}\left(1+\frac{z_p}{i_y^2}z+\frac{y_p}{i_z^2}y\right) \tag{6-8-9}$$

式中：$i_z=\sqrt{\frac{I_z}{A}}$；$i_y=\sqrt{\frac{I_y}{A}}$。

偏心拉伸时，P 用负值代入即可。

3. 中性轴位置

横截面中心轴位置由 $\sigma=0$ 确定，中性轴为一条不通过截面形心的直线。

$$1+\frac{y_p y_0}{i_z^2}+\frac{z_p z_0}{i_y^2}=0 \tag{6-8-10}$$

式中：(z_0, y_0) 为中性轴上任一点的坐标。

中性轴在 y、z 轴上的截距分别为

$$a_y=-\frac{i_z^2}{y_p}, a_z=-\frac{i_y^2}{z_p} \tag{6-8-11}$$

式中：负号表明，截距 a_y、a_z 分别与外力作用点位置 y_p、z_p 反号，即中性轴与外力作用点分别处于形心的两侧，如图6-8-4所示。

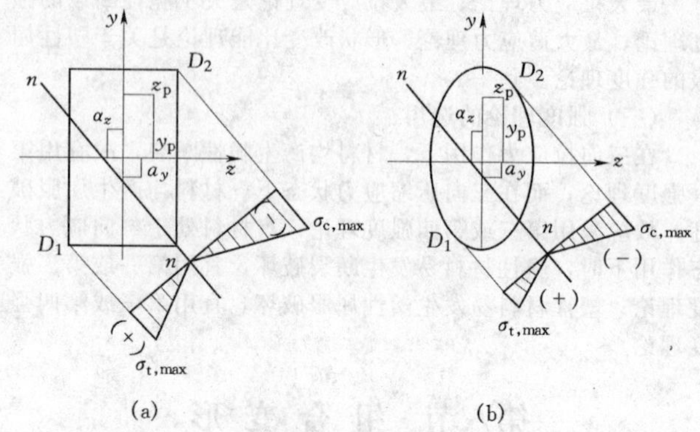

图 6-8-4 中性轴位置

4. 强度条件

危险点位于距中性轴最远的点处。若截面有棱角，则危险点必在棱角处；若截面无棱角，则在截面周边上平行于中性轴的切点处。危险点的应力状态为单向应力状态，其强度条件为

$$\sigma_{max}=\frac{P}{A}\left(1+\frac{z_p z_1}{i_y^2}+\frac{y_p y_1}{i_z^2}\right)\leqslant[\sigma] \tag{6-8-12}$$

若材料的 $[\sigma_t]\neq[\sigma_c]$，则最大拉应力点与最大压应力点均需校核。

5. 截面核心

(1) 定义：截面形心周围的一个区域，当偏心荷载作用于该区域时，截面上只出现一种应力

(2) 计算公式：确定截面核心，由与截面周边相切的中性轴截距，求外力作用点的位置，即

$$\left.\begin{aligned}y_p&=-\frac{i_z^2}{a_y}\\z_p&=-\frac{i_y^2}{a_z}\end{aligned}\right\} \tag{6-8-13}$$

四、扭转和弯曲的组合

当构件同时承受扭转力偶和横向力作用时，将产生扭转和弯曲两种基本变形。

（一）应力计算

若某一截面上内力分量有扭矩 M_T 以及相互垂直平面内的弯矩 M_y 和 M_z，如图 6-8-5(a) 所示。剪力 Q_y、Q_z 通常略去不计，则该截面上任一点 (y, z) 处的应力分量有扭转剪应力 τ 及弯曲正应力 σ，如图 6-8-5(b) 所示。若构件的横截面为圆形或空心圆截面，由于过圆形或空心圆截面形心的任一轴均为形心主惯性轴，故可先计算合成弯矩

$$M_h=\sqrt{M_y^2+M_z^2} \tag{6-8-14}$$

然后，再按平面弯曲，计算正应力，则有

$$\tau=\frac{M_T\rho}{I_p}, \sigma=\frac{M_h y}{I_z}$$

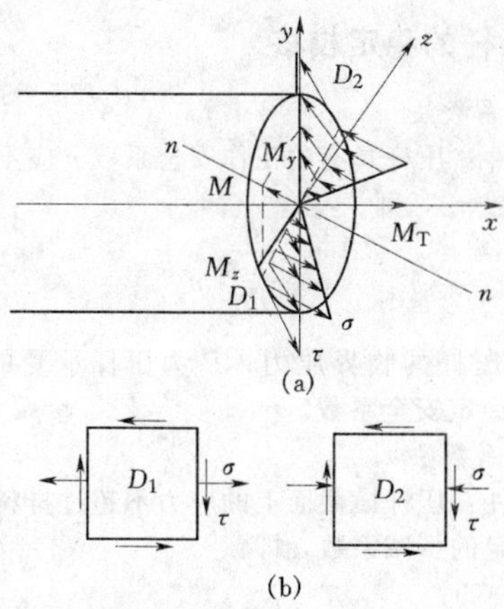

图 6-8-5　扭转和弯曲的组合

（二）强度条件

1. 危险点及其应力状态

危险点位于合成弯矩作用平面与横截面相交的截面周边处。其应力状态为平面应力状态。

2. 强度条件

对于塑性材料，选用第三或第四强度理论，其强度条件分别为

$$\sigma_{r_3}=\sqrt{\sigma^2+4\tau^2}=\frac{\sqrt{M_h^2+M_T^2}}{W}\leqslant[\sigma] \quad (6-8-15)$$

$$\sigma_{r_4}=\sqrt{\sigma^2+3\tau^2}=\frac{\sqrt{M_h^2+0.75M_T^2}}{W}\leqslant[\sigma] \quad (6-8-16)$$

式中：$\sigma=\frac{M_h}{W}$；$\tau=\frac{M_T}{W_t}$。

抗弯截面系数　　$W=\frac{\pi d^3}{32}$

抗扭截面系数　　$W_t=\frac{\pi d^3}{16}$

第九节　压 杆 稳 定

一、压杆稳定性术语

压杆稳定性术语如表 6-9-1 所示。

表 6-9-1　　压杆稳定性术语含义

术　语	含　义
稳定平衡	杆在轴向压力作用下，当外加干扰撤除后若仍能恢复原有直线形状的平衡，则杆件原来直线形状的平衡是稳定平衡
不稳定平衡	杆在轴向压力作用下，当外加干扰撤除后若不能恢复原有直线形状，仍保持微弯状态的平衡，则杆件原来的直线形状的平衡是不稳定平衡
失稳	压杆丧失其原有的直线形状的平衡而过渡为微弯状态的平衡的现象
临界力	压杆保持直线形状的平衡为稳定平衡时，轴压力的最大值，也即压杆在微弯状态下保持平衡的最小压力

二、细长压杆的临界力公式

细长压杆临界力的欧拉公式为

$$P_{cr}=\frac{\pi^2 EI}{(\mu L)^2} \quad (6-9-1)$$

式中：E 为材料的弹性模量；I 为压杆失稳而弯曲时，横截面对中性轴的惯性矩；L 为压杆长度；μ 为长度系数，与杆两端的约束条件有关，常见的各种支承方式的长度系数见表 6-9-2。

表 6-9-2　　常见各种支承方式的长度系数

简图	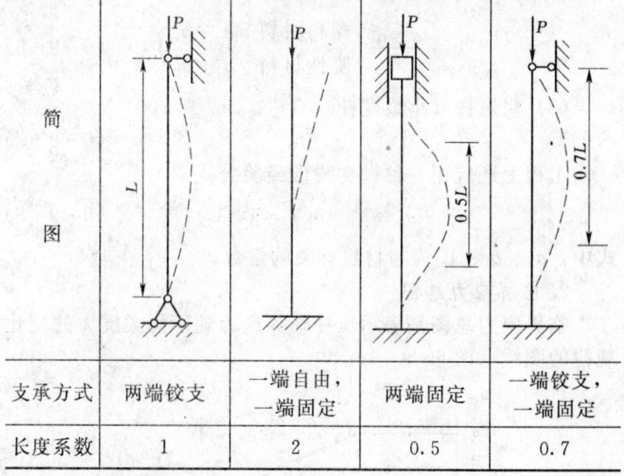			
支承方式	两端铰支	一端自由，一端固定	两端固定	一端铰支，一端固定
长度系数	1	2	0.5	0.7

三、欧拉公式

1. 临界应力

在临界压力作用下，压杆横截面上的应力

$$\sigma_{cr}=\frac{P_{cr}}{A}=\frac{\pi^2 EI}{(\mu L)^2 A}=\frac{\pi^2 Ei^2}{(\mu L)^2}=\frac{\pi^2 E}{\lambda^2} \quad (6-9-2)$$

式中：i 为截面的惯性半径，$i=\sqrt{\frac{I}{A}}$；λ 为柔度或长细比，$\lambda=\frac{\mu L}{i}$。

上式综合反映了杆端约束、杆的长度、截面形状和尺寸等因素对临界应力的影响，λ 是一个无量纲量。

压杆柔度越大，临界应力就越小，压杆就越容易失稳。若压杆在两个形心主惯性平面内的柔度不同，则压杆总是在柔度较大的那个形心主惯性平面内失稳。

2. 欧拉公式的适应范围

欧拉公式是根据杆件弯曲变形的近似挠曲线微分方程式导出的，仅适用于小变形、线弹性范围的压杆，即临界应力 σ_{cr} 应小于材料的比例极限 σ_p，即

$$\sigma_{cr}=\frac{\pi^2 E}{\lambda^2}\leqslant\sigma_p \quad (6-9-3)$$

用柔度表示

$$\lambda\geqslant\pi\sqrt{\frac{E}{\sigma_p}}=\lambda_p \quad (6-9-4)$$

λ_p 是压杆能够应用欧拉公式的最小柔度，其值取决于压杆材料的弹性模量 E 和比例极限 σ_p。例如，对于 Q235 钢，$E=2.06\times10^5$ MPa，$\sigma_p=200$ MPa，则

$$\lambda_p=\pi\sqrt{\frac{2.06\times10^{11}}{200\times10^6}}\approx100$$

用 Q235 钢制成的压杆，只有当 $\lambda\geqslant100$ 时，才可以使用欧拉公式。

四、临界应力经验公式和临界应力总图

1. 临界应力经验公式

根据压杆柔度 λ 的大小，压杆可以分为三种类型，分别按不同的公式来计算临界应力。

（1）细长杆（大柔度杆），$\lambda\geqslant\lambda_p$。

$$\sigma_{cr}=\frac{\pi^2 E}{\lambda^2}$$

(2) 中长杆（中柔度杆），$\lambda_p>\lambda\geqslant\lambda_0$。

直线型经验公式 $\sigma_{cr}=a-b\lambda$ (6-9-5)

式中：a、b 为与材料有关的常数。

$$\lambda_0=\frac{a-\sigma^{\circ}}{b}\begin{pmatrix}塑料材料 & \sigma^{\circ}=\sigma_s\\ 脆性材料 & \sigma^{\circ}=\sigma_b\end{pmatrix} \quad (6-9-6)$$

(3) 粗短杆（小柔度杆），$\lambda\leqslant\lambda_0$。

$$\sigma_{cr}=\sigma^{\circ} \quad (6-9-7)$$

工程上还应用一种抛物线形经验公式

$$\sigma_{cr}=a_1-b_1\lambda^2,\ \lambda\leqslant\lambda_c \quad (6-9-8)$$

式中：a_1、b_1、λ_c 为与材料有关的常数。

2. 临界应力总图

临界应力总图是表示压杆临界应力随不同柔度 λ 的变化规律的图线（图 6-9-1）。

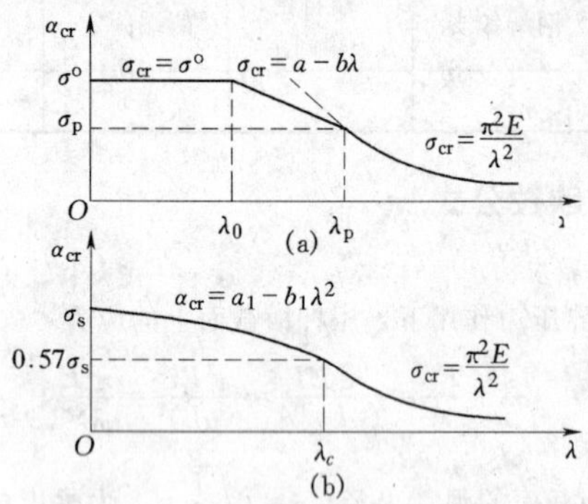

图 6-9-1 临界应力总图

五、压杆的稳定校核

1. 安全系数法

稳定条件：压杆具有的工作安全系数 n 应不低于规定的稳定安全系数 n_{st}，则

$$n=\frac{P_{cr}}{P}\geqslant n_{st} \quad (6-9-9)$$

式中：P_{cr}为压杆的临界压力；P 为压杆承受的工作压力；n_{st}为规定的稳定安全系数。

2. 折减系数法

稳定条件：压杆横截面上的应力不超过材料的许用应力乘以考虑稳定的折减系数，即

$$\sigma=\frac{P}{A}\leqslant\varphi[\sigma] \quad (6-9-10)$$

式中：φ 为折减系数，是小于 1 的一个系数，它综合考虑了柔度 λ 对临界应力 σ_{cr}、稳定安全系数 n_{st}的影响，所以 φ 也是 λ 的函数。常用材料的 φ 值可查阅工程手册。

六、提高压杆稳定性的措施

1. 减小压杆的柔度

(1) 选择合理的截面形状。

(2) 减小压杆的长度。

(3) 改善杆端支承条件。

2. 合理选用材料

选用弹性模量 E 值较大的材料，能提高细长压杆的临界应力。中长杆的临界应力与材料的强度有关，强度越高的材料，其临界应力也越高。

第七章 工程流体力学

第一节 连续介质模型和流体的主要物理性质

一、流体的连续介质模型

流体力学的研究对象是流体。流体是自然界易流动的物质的总称，它包括液体和气体。液体具有一定的体积并可形成自由表面，而气体则没有固定的体积，但能充满整个容器。从力学分析看，液体和气体几乎不能承受拉力，在静止状态下还不能承受剪力，即在微小剪力作用下将产生连续不断的变形。在承受压力时，气体容易被压缩，而液体则难于被压缩。

流体是由大量不断地作无规则热运动的分子所组成，而分子之间又存有空隙。因此，从微观的角度看，流体的物理量在时间和空间上的分布都是不连续的。但是，在标准状况下，1 cm^3 液体中约含有 3.3×10^{22}个分子，1 cm^3 气体中约含有 2.7×10^{19}个分子。也就是说，工程问题中的任何一个宏观体积所包含的分子数目都是非常多的。工程流体力学是一门宏观力学，所关注的是流体的宏观特性即大量分子运动的统计平均特性。因此，研究中通常引入连续介质模型，即认为流体是由连续分布的流体质点所组成。将流体视为连续介质后，流体运动中的物理量均可视为空间和时间的连续函数，这样就可利用数学中的连续函数方法来对流体运动进行研究。

二、流体的密度

流体单位体积内所具有的质量称为密度，以符号 ρ 表示。对于均质流体，若体积为 V 的流体具有质量 m，则

$$\rho=\frac{m}{V} \quad (7-1-1)$$

式中：密度的单位为 kg/m^3。

流体的密度一般取决于流体的种类、压强和温度。对于液体，密度随压强和温度的变化很小，一般可视为常数，如在工程计算中，通常取淡水的密度为 1000 kg/m^3，水银的密度为 13600 kg/m^3。

三、流体的黏性

1. 黏度

流体处于静止时不能抵抗剪切变形，但当两层流体之间有相对运动时，在其接触面上就会产生抵抗流体相对运动的内摩擦力：运动快的流层对运动慢的流层产生拉力，运动慢的流层对运动快的流层产生阻力。流体具有内摩擦力的特性即为流体的黏性，或者说黏性即为运动流体具有抵抗剪切变形的能力。由于流体的黏性，流体在运动过程中必须为克服内摩擦力而做功，从而导致能量损失。因此，黏性是运动流体产生机械能损失的根源。

根据牛顿内摩擦定律，任意两薄层间流体的切应力

$$\tau=\mu\frac{\mathrm{d}u}{\mathrm{d}y} \tag{7-1-2}$$

式中：μ 为黏度（也称黏性系数）或动力黏度，单位为 Pa·s；$\mathrm{d}u$、$\mathrm{d}y$ 分别为两薄层间的流速差和距离（见图 7-1-1）；$\frac{\mathrm{d}u}{\mathrm{d}y}$ 为流速梯度，即流速沿垂直于流速方向的变化率，实质上它代表流体微团的剪切变形速率。

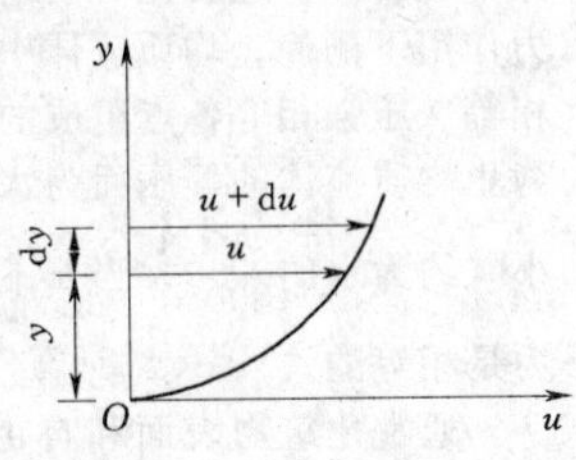

图 7-1-1 流体的切应力

黏度 μ 反映了流体黏性的大小，μ 值越大，流体抵抗剪切变形的能力就越大。黏性主要与流体的种类和温度有关，压强的影响较小。液体的 μ 值随温度的升高而减小，气体的 μ 值随温度的升高而增大。流体的黏性也可用运动黏度表示，即

$$\nu=\frac{\mu}{\rho} \tag{7-1-3}$$

式中：ν 的单位为 m^2/s 或 cm^2/s。水的运动黏度可用下列经验公式计算：

$$\nu=\frac{0.01775}{1+0.0337t+0.000221t^2}\mathrm{cm^2/s} \tag{7-1-4}$$

式中：t 为水温，以℃计。

2. 牛顿流体与非牛顿流体

牛顿内摩擦定律仅适用于在温度不变条件下，动力黏度 μ 等于常数的一类流体，如水、空气、酒精等。通常把符合牛顿内摩擦定律的流体称为牛顿流体，否则称为非牛顿流体。本章只讨论牛顿流体（Newtonian fluid）。

3. 理想流体模型

实际流体都是有黏性的，黏性是流体的固有属性，但考虑流体的黏性，将使流体运动的分析变得非常复杂。在流体力学中，为了简化理论分析，通常引入不考虑黏性的“理想流体模型”，关于黏性的影响则在得出结论后再考虑加以修正解决。这也是工程上研究问题的普遍方法。

四、流体的压缩性和膨胀性

1. 流体的压缩性

在一定温度下，流体的宏观体积随作用压强的增大而减小的性质，称为流体的压缩性。压缩性的大小可用体积压缩系数

$$k=-\frac{\mathrm{d}V/V}{\mathrm{d}p} \tag{7-1-5}$$

或体积弹性模量

$$K=\frac{1}{k}=-\frac{\mathrm{d}p}{\mathrm{d}V/V} \tag{7-1-6}$$

量度。式中 $\mathrm{d}V/V$ 为相应于压强增量 $\mathrm{d}p$ 的体积变化率，因 $\mathrm{d}p$ 与 $\mathrm{d}V$ 恒异号，故上面式中加一负号，以使 k 或 K 为正值。因质量 $m=\rho V$，所以体积变化率 $\mathrm{d}V/V$ 也可用密度变化率 $\mathrm{d}\rho/\rho$ 表示，即 $\mathrm{d}V/V=-\mathrm{d}\rho/\rho$。$k$ 的单位为 m^2/N，K 的单位为 N/m^2。流体的 k 或 K 一般与流体的种类、温度和压强等有关。

2. 流体的膨胀性

在一定压强下，流体的宏观体积随着温度的增加而增加的性质，称为流体的膨胀性。膨胀性可用体积膨胀系数

$$\alpha_V=\frac{\mathrm{d}V/V}{\mathrm{d}T} \tag{7-1-7}$$

量度。α_V 的单位为温度单位的倒数。

液体的压缩性和膨胀性一般都很小。如在常温常压下，每增加 1 个大气压，水的体积压缩率约为 1/20000，温度升高 1 ℃，水的体积膨胀率约为 1.5/10000。故一般情况下，水的压缩性和膨胀性都可忽略不计。

实际流体都是可压缩的，但在可以忽略流体压缩性时，引出“不可压缩流体模型”，可使流动分析简化。

第二节 流体静力学

一、作用在流体上的力

为了便于研究流体平衡和运动的规律，可将作用在流体上的力分为表面力和质量力两大类。

（1）表面力作用在流体隔离体表面上，其大小与作用面积成比例。根据作用力的方向，表面力又可分为垂直于作用面的压力和平行于作用面的切力两种。

设在流体隔离体表面上任一点取微小面积 ΔA（见图 7-2-1），作用在 ΔA 上的压力和切力分别为 ΔP 和 ΔT，则该点的压强 p 和切应力 τ 分别为

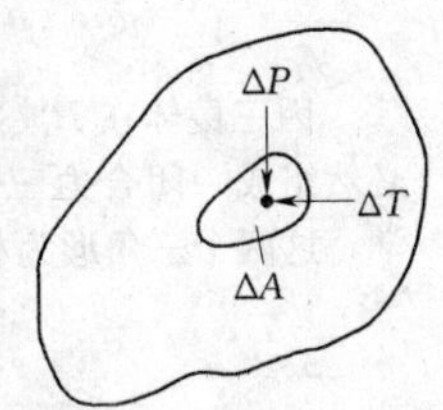

图 7-2-1 流体表面力

$$p=\lim_{\Delta A\to 0}\frac{\Delta P}{\Delta A} \tag{7-2-1}$$

$$\tau=\lim_{\Delta A\to 0}\frac{\Delta T}{\Delta A} \tag{7-2-2}$$

p 及 τ 的单位为 N/m^2 或 Pa。

（2）质量力作用在流体隔离体内每个流体微团上，其大小与流体质量成比例。常见的质量力有重力、惯性力。单位质量流体上所受到的质量力称为单位质量力。设质量为 m 的流体所受到的总质量力为 F，则单位质量力为

$$f=\frac{F}{m}=Xi+Yj+Zk \tag{7-2-3}$$

式中 $X=\frac{F_x}{m}$、$Y=\frac{F_y}{m}$、$Z=\frac{F_z}{m}$ 分别为单位质量为 f 在各坐标轴上的分量。单位质量力的单位为 m/s^2，与加速度的单位相同。

二、流体静压强及其特性

1. 流体静压强的定义

在静止流体中，围绕某点取一微小面积 ΔA，如图 7-2-2所示，作用在该面积上的压力为 ΔP，则当 ΔA 趋近于零时，平均压强 $\frac{\Delta P}{\Delta A}$ 的极限值即为该点的流体静压强，用符号 p 表示，即

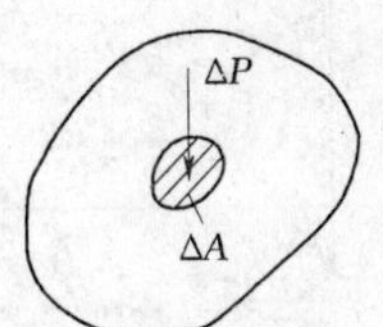

图 7-2-2 流体静压强

$$p=\lim_{\Delta A\to 0}\frac{\Delta P}{\Delta A}$$

其单位为 N/m^2 或 Pa。

2. 流体静压强的特性

（1）流体静压强垂直指向作用面，即流体静压强的方向与作用面的内法线方向相同。

（2）静止流体中任一点的静压强与作用面的方位无关。现证明如下。

设在静止流体中任意方位任取一微小三棱体，如图 7-2-3(a) 所示，其边长分别为 $\mathrm{d}a$、$\mathrm{d}b$、$\mathrm{d}c$，厚度（垂直于纸

面）为 dl，体积为 dV，作用在三个微小面积上的压强分别为 p_1、p_2、p_3，则作用在三棱体上的表面力分别为

$$P_1=p_1 da dl, P_2=p_2 db dl, P_3=p_3 dc dl$$

质量力只有重力：$dG=\rho g dV$。

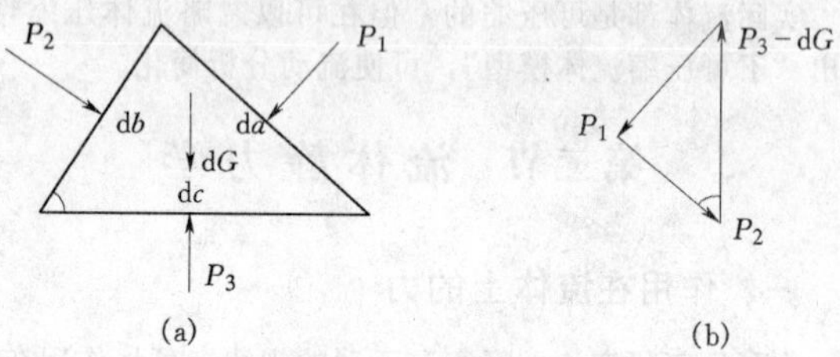

图 7-2-3　静止流体中的微小三棱体

(a) 三棱体；(b) 闭合力三角形

因三棱体在 P_1、P_2、P_3、dG 作用下平衡，根据理论力学，必然组成一闭合力三角形，如图 7-2-3(b) 所示。根据几何学，这两个三角形为相似三角形，其对应边应成比例，即

$$\frac{P_1}{da}=\frac{P_2}{db}=\frac{P_3-dG}{dc}$$

当 da、db、dc、dl 趋近于零时，三棱体收缩至一点，相应地 dV 也趋近于零，于是得到

$$p_1=p_2=p_3$$

即静止流体中任一点的静压强大小与通过该点的作用面的方位无关。至于不同空间点的流体静压强，一般来说是各不相同的，即流体静压强是空间坐标的连续函数：

$$p=p(x,y,z) \tag{7-2-4}$$

三、重力作用下流体静压强的分布规律

1. 流体静力学基本方程

在静止流体中取一底面积为 dA、高为 dz 的竖直棱柱形隔离体，如图 7-2-4 所示。在重力作用下，水平方向因表面力大小相等，方向相反，互相抵消。在铅垂方向，作用在底面的压力为 pdA，方向向上；顶面的压力为 $(p+dp)dA$，方向向下；质量力只有重力，$dG=\rho g dA dz$，方向向下。因隔离体在各力作用下平衡，故有

$$pdA-(p+dp)dA-\rho g dA dz=0$$

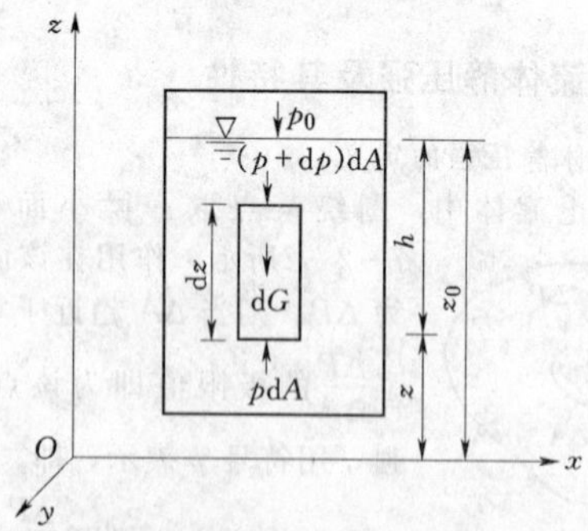

图 7-2-4　方程推导

化简上式得重力作用下流体静压强微分方程

$$dp=-\rho g dz \tag{7-2-5}$$

对于不可压缩流体，ρ 等于常数，积分上式得

$$p=-\rho g z+C \tag{7-2-6}$$

将定解条件 $z=z_0$ 时，$p=p_0$ 代入上式，求得积分常数 $C=p_0+\rho g z_0$。于是得流体静力学基本方程

$$p=p_0+\rho g(z_0-z)=p_0+\rho g h \tag{7-2-7}$$

式中：$h=z_0-z$ 为从液面算起的淹没深度；g 为重力加速度，在流体力学中，一般取 $g=9.80\ m/s^2$。

从式 7-2-7 可知：①表面压强 p_0 将等值地传递到流体中的各点，这就是著名的压强传递的帕斯卡定律；②在重力作用下的静止均质流体中，液面下深度 h 相等各点的压强相等。压强相等各点组成的面称为等压面，故重力作用下的静止均质流体的等压面为水平面；③对于气体，因密度值较小（约为水的 $\frac{1}{800}$），当 h 不大时，任意两点的静压强可以认为是相等的。

通常建筑物表面和自由液面上都作用着当地大气压强 p_a。当地大气压强值一般随海拔高度和气温变化。为便于计算，在工程技术中，常用一个工程大气压强（at）表示当地压强值。一个工程大气压相当于 735 mm 汞柱或 10m 水柱对柱底产生的压强。我国法定计量单位中，压强的单位规定为 N/m^2 或 Pa，它们之间的换算关系为

$$1at=1kgf/cm^2=98kN/m^2=98kPa$$

2. 绝对压强、相对压强、真空值

以绝对真空为零点计算的压强称为绝对压强（absolate pressure），用 p' 表示；以当地大气压强 p_a 为零点计算的压强为相对压强（relative pressure），用 p 表示。在实际工程中，建筑物表面和自由液面多为大气压强 p_a 作用，故对建筑物起作用的压强仅为相对压强。

绝对压强和相对压强之间相差一个当地大气压强 p_a，即

$$p=p'-p_a \tag{7-2-8}$$

绝对压强 p' 总为正值，而相对压强 p 则可正可负。如果流体内某点的绝对压强小于当地大气压，其相对压强为负值，则称该点存在真空（vacuity）。真空的大小习惯以真空值（vacuity value）

$$p_v=p_a-p' \tag{7-2-9}$$

或真空度（degree of vacuum）$\frac{p_v}{\rho g}$ 表示。真空值 p_v 总为正值。

绝对压强、相对压强和真空值三者的关系如图 7-2-5 所示。

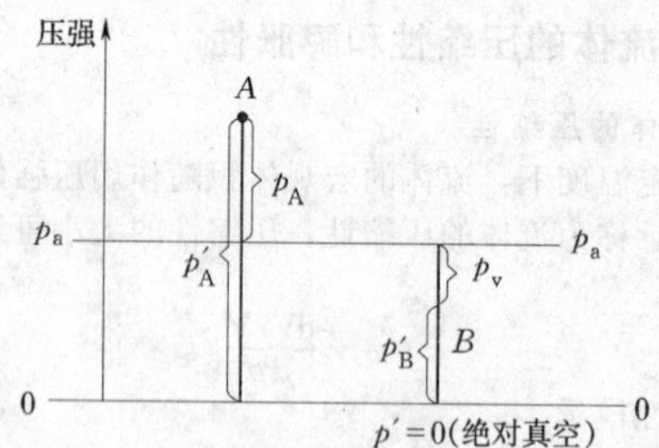

图 7-2-5　绝对压强、相对压强和真空值三者关系

3. 流体静压强分布图

实际工程中，常用流体静压强分布图来分析问题和进行计算。绘制流体静压强分布图所用知识点有流体静力学基本方程和流体静压强的两个特性。因 p 与 h 呈线性关系，故只需任取两对 (p, h)，连成一直线，即可绘出。图 7-2-6 为几种壁面上的相对压强分布图，其中矢线的长短表示压强的大小，箭头方向即为压强的方向，垂直于受压面。

4. 位置水头、压强水头、测压管水头

(1) 流体静力学基本方程的另一形式。

由式 (7-2-6) 可得流体静力学基本方程的另一形式

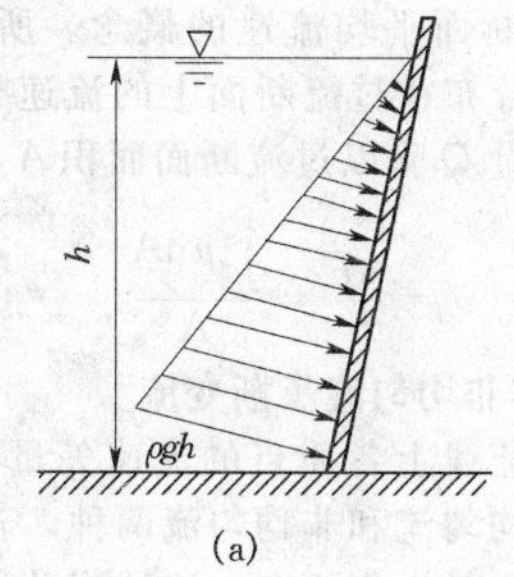

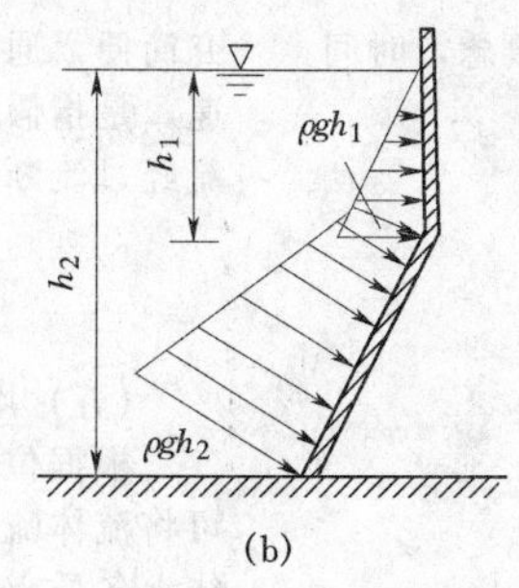

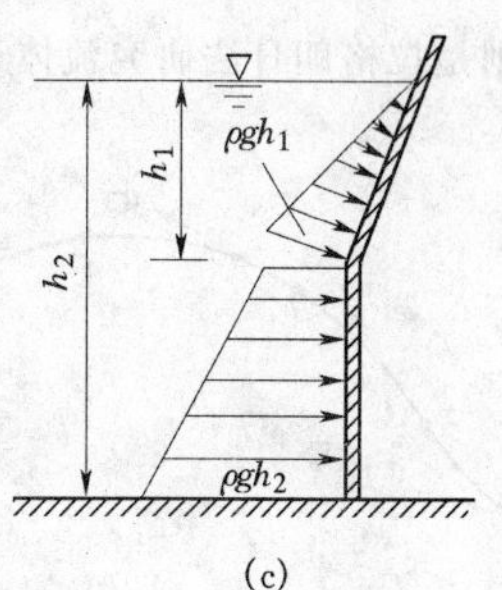

图 7-2-6　壁面压强分布

(a) 斜面；(b) 直斜面；(c) 斜直面

$$z+\frac{p}{\rho g}=C \qquad (7-2-10)$$

上式说明，在连续均质的静止流体中，各点的 $z+\dfrac{p}{\rho g}$ 等于常数。

(2) 流体静力学基本方程另一种形式的几何意义。

如图7-2-7所示盛水封闭容器，若在容器壁上任意点接上开口玻璃管（称为测压管），则测压管内液面离基准面的高度系由位置高度 z 和压强高度 $\dfrac{p}{\rho g}$ 两部分组成。

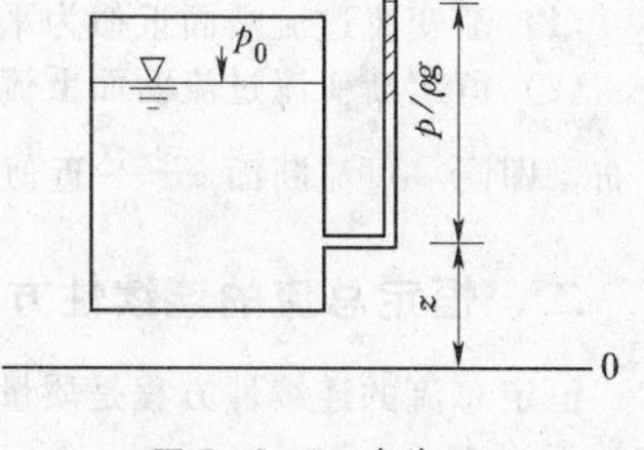

图 7-2-7　水头

在流体力学中，通常用“水头”代表高度，故 z 称为位置水头，$\dfrac{p}{\rho g}$ 称为压强水头（也称为测压管高度），而 $z+\dfrac{p}{\rho g}$ 则称为测压管水头。在均质连续的静止流体中，各点的测压管水头保持不变。

四、静止液体作用在平面上的总压力

静止液体作用在平面上的总压力的大小、方向和作用点的确定，是许多工程设计必须解决的流体力学问题。

1. 总压力的大小

设在静止液体中有一与水平面交角为 α、面积为 A 的平面 ab，如图7-2-8所示，平面 ab 左侧承受液体压力，右侧及液面均作用着大气压强 p_a。为分析方便，将平面 ab 绕 Oy 轴旋转90°，建立图示 xOy 坐标系。

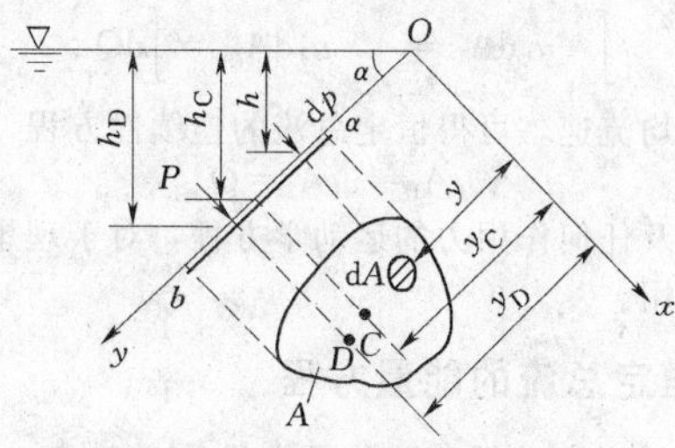

图 7-2-8　总压力

在平面 ab 上任取一微小面积 dA，其中心位于液面以下的深度为 h，则作用在微小面积上的液体总压力为 $dP=\rho g h dA=\rho g y \sin\alpha dA$，因作用在平面 ab 各微小面积上的 dP 方向相同，根据平行力系求和原理，将 dP 沿受压面积分，可得作用在受压面上的总压力

$$P=\int_A dP=\rho g\sin\alpha\int_A y dA$$

式中：$\int_A y dA$ 为受压面积对 x 轴的静矩，据理论力学知，它等于受压面积 A 与其形心坐标 y_C 的乘积。因此

$$P=\rho g\sin\alpha y_C A=\rho g h_C A=p_C A \qquad (7-2-11)$$

式中：h_C、p_C 分别为受压曲面形心处的淹深和相对压强。

2. 总压力的方向

总压力 P 的方向，与 dP 方向相同，即沿受压面内法线方向。

3. 总压力的作用点

总压力 P 的作用点（也称压力中心）位置，可用理论力学中的合力矩定理求得。对 x 轴有

$$P\cdot y_D=\int_A y\cdot dP$$

将 $P=\rho g\sin\alpha\cdot y_C A$ 和 $dP=\rho g y\sin\alpha dA$ 代入，简简得

$$y_D=\frac{\int_A y^2 dA}{y_C A}$$

式中 $\int_A y^2 dA=I_x$ 为受压面对 x 轴的惯性矩，为使用上的方便，可根据惯性矩平行移轴公式 $I_x=I_C+y_C^2 A$ 将其换算成受压面对通过其形心 C 且平行于 x 轴的轴线的惯性矩 I_C，于是得压力中心基本公式

$$y_D=y_C+\frac{I_C}{y_C A} \qquad (7-2-12)$$

因 $\dfrac{I_C}{y_C A}$ 恒大于零，故 $y_D>y_C$，即压力中心 D 总是在受压面形心 C 的下方。在应用式（7-2-12）时，应注意必须坐标原点放在自由液面上。

第三节　流体动力学基础

一、研究流体运动的基本概念

（一）恒定流与非恒定流

根据流场中各运动要素（即表征流体运动状态的物理量，如流速、流量等）是否随时间变化，可将流体流动分为恒定流和非恒定流。若流场中各运动要素都不随时间变化，这种流动称为恒定流，否则称为非恒定流。

（二）流线与迹线

迹线是流体质点运动的轨迹线，而流线则是某时刻在流场中画出的一条空间曲线，在该时刻，曲线上所有质点的流速矢量均与这条空间曲线相切，如图7-3-1所示。流线和迹线是两个完全不同的概念。流线是同一时刻与许多质点的流速矢量相切的空间曲线，而迹线则是同一质点在一个时段内运动的轨迹线。前者是欧拉法分析流体运动的概念，时间

是参变量；后者则是拉格朗日法研究流体运动的概念，时间是变量。

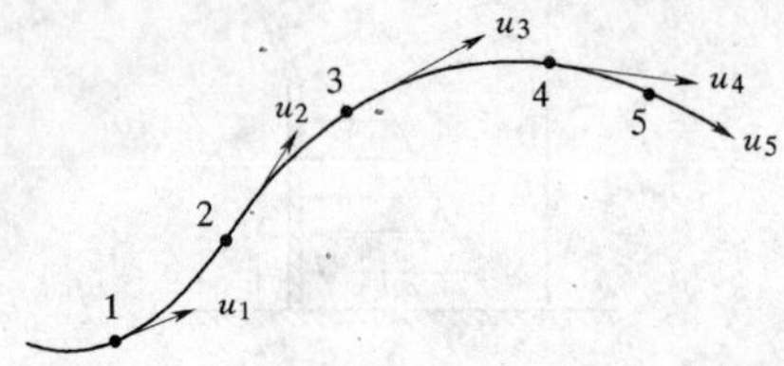

图 7-3-1　流线

恒定流时，流线的形状、位置均不随时间变化，且与迹线重合。一般情况下，流线不能相交，且只能是一条光滑曲线。否则，在交点或非光滑处存在两个切线方向，这意味着在同一时刻、同一质点具有两个运动方向，这显然是不可能的。

流体的方程可以根据流线的定义得到。设流线上任一点的流速矢量 $u=u_x i+u_y j+u_z k$，流线上的微元线段矢量为 $ds=dxi+dyj+dzk$，则据流线的定义可得流线微分方程

$$u\times ds=0 \tag{7-3-1}$$

或

$$\frac{dx}{u_x}=\frac{dy}{u_y}=\frac{dz}{u_z} \tag{7-3-1a}$$

（三）流管、元流、总流和过流断面

在流场中通过任意不与流线重合的封闭曲线上各点作流线而构成的管状表面称为流管［见图 7-3-2(a)］。由于流线不能相交，所以各个时刻流体质点只能在流管内部或表面流动，而不能穿越流管。这就是说，流管仿佛就是一根实际的管道，其周界可视为固壁一样。流管内所有流线的总和称为流束［见图 7-3-2(b)］。流束可小可大，如果封闭曲线取得无限小，所得流束称为微小流束，也称元流；如果封闭曲线取在流场周界上，所得流束称为总流，总流为无数元流的有限集合体。

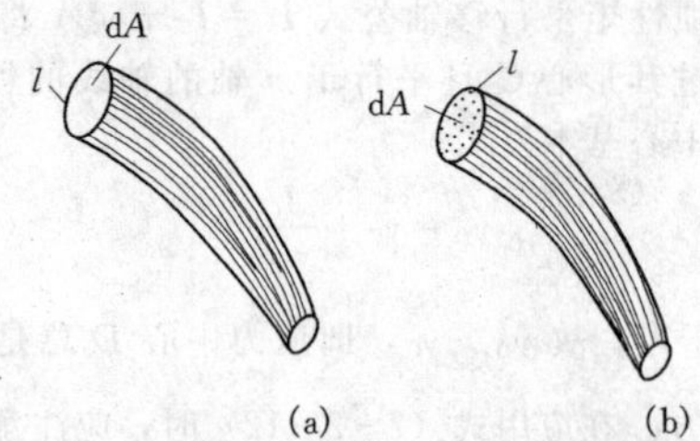

图 7-3-2　流管和流束

与元流或总流的流线正交的截面为过流断面。过流断面的形状随流线的形状而定，可能是平面或曲面。

（四）流量与断面平均流速

单位时间内通过过流断面的流体量称为流量。流体量一般可用体积或质量度量，故流量可相应地分为体积流量 Q（m^3/s 或 L/s）和质量流量 Q_m（kg/s）。在流体力学中，常用体积流量。

设元流过流断面上各点流速为 u，根据流量定义，可得元流的流量为 $dQ=udA$。通过总流过流断面的流量等于所有元流的流量之和，即

$$Q=\int_A dQ=\int_A u\,dA \tag{7-3-2}$$

总流过流断面上实际流速分布是不均匀的，如图 7-3-3所示。工程中为使研究简便，通常引入断面平均流速的概念。所谓断面平均流速，是指假想均匀分布在过流断面上的流速 v，其大小等于流经过流断面的流量 Q 除以过流断面面积 A，即

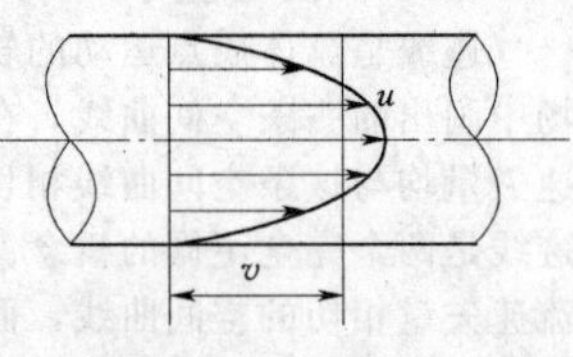

图 7-3-3　平均流速

$$v=\frac{Q}{A}=\frac{\int_A u\,dA}{A} \tag{7-3-3}$$

（五）均匀流与非均匀流及渐变流

根据位于同一流线上各质点的流速矢量是否沿程变化，可将流体流动分为均匀流和非均匀流两种。若流场中同一流线上各质点的流速矢量沿程不变，这种流动称为均匀流，否则称为非均匀流。均匀流中各流线是彼此平行的直线，过流断面上的流速分布沿程不变，过流断面为平面。

实际工程中的流体流动大多为流线彼此不平行的非均匀流。为便于研究，常常按流线沿程变化的缓急程度，又将非均匀流分为渐变流和急变流。其中渐变流是流体力学的一个重要概念。渐变流是指各流线接近于平行直线的流动，其极限情况就是流线为平行直线的均匀流。

渐变流过流断面具有下面的两个重要性质：

（1）渐变流过流断面近似为平面；

（2）恒定渐变流过流断面上流体动压强近似地按静压强分布，即同一过流断面 $z+\frac{p}{\rho g}$近似为常数。

二、恒定总流的连续性方程

恒定总流的连续性方程是质量守恒定律在流体力学中的数学表达式。

在图 7-3-4 所示总流中任取一束元流，其进出口过流断面的面积分别为 dA_1 和 dA_2、流速分别为 u_1 和 u_2。根据质量守恒定律，在恒定条件下，单位时间流进 dA_1 的质量等于流出 dA_2 的质量，即 $\rho_1 u_1 dA_1=\rho_2 u_2 dA_2$。对于不可压缩流体，密度 $\rho_1=\rho_2$，则得恒定元流的连续性方程

$$u_1 dA_1=u_2 dA_2=dQ \tag{7-3-4}$$

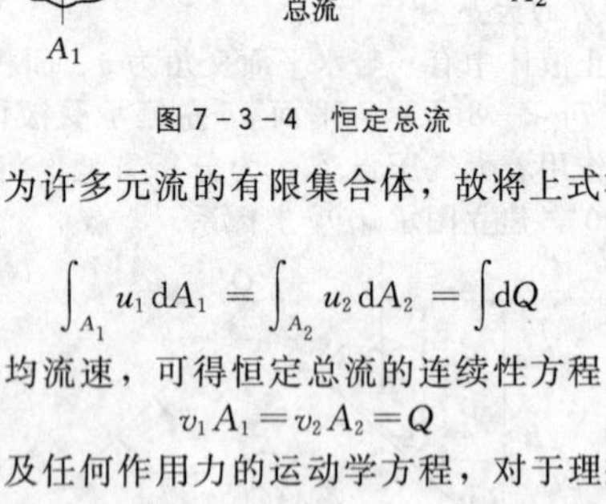

图 7-3-4　恒定总流

因总流为许多元流的有限集合体，故将上式在总流过流断面上积分

$$\int_{A_1} u_1 dA_1=\int_{A_2} u_2 dA_2=\int dQ$$

引入断面平均流速，可得恒定总流的连续性方程

$$v_1 A_1=v_2 A_2=Q \tag{7-3-5}$$

上式为不涉及任何作用力的运动学方程，对于理想流体和实际流体都适用。

三、恒定总流的能量方程

1. 理想流体恒定元流的能量方程

在流场中，沿流向取一长度为 ds、过流断面积为 dA 的微小元流段，如图 7-3-5 所示。作用在流向 s 的外力有：进口断面的压力 pdA，出口断面的压力 $(p+dp)dA$，作用在元流段的重力在流向的分力 $dG\cos\alpha$，对于理想流体，作用在元流侧表面的切应力为零。

在流向 s 应用牛顿第二定律，有

$$pdA-(p+dp)dA-dG\cos\alpha=dm\frac{du}{dt}$$

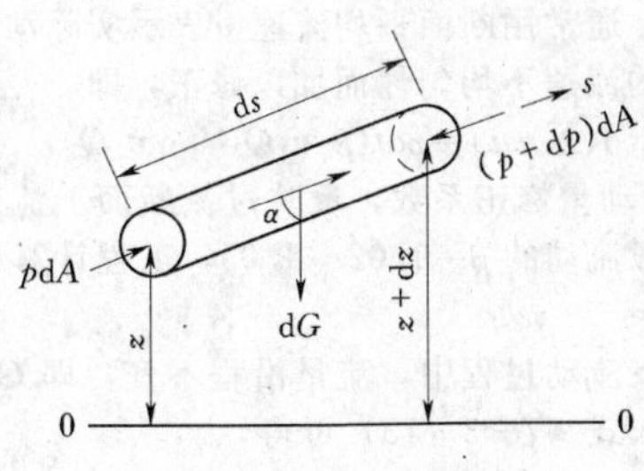

图 7-3-5　微小元流段

式中 $dm=\rho dAds$ 为元流段质量，$dG=\rho gdAds$ 为元流段重量，$\cos\alpha$ 根据图 7-3-5 中几何关系有 $\cos\alpha=\frac{dz}{ds}$。将 dm、dG、$\cos\alpha$ 等关系式代入上式，化简整理，并考虑到 $\frac{ds}{dt}=u$，$udu=d\left(\frac{u^2}{2}\right)$，得

$$dz+\frac{1}{\rho g}dp+\frac{1}{g}d\left(\frac{u^2}{2}\right)=0$$

对于不可压缩流体，ρ=常数，故上式可写成

$$d\left(z+\frac{p}{\rho g}+\frac{u^2}{2g}\right)=0$$

积分上式得

$$z+\frac{p}{\rho g}+\frac{u^2}{2g}=\text{常数} \tag{7-3-6}$$

或

$$z_1+\frac{p_1}{\rho g}+\frac{u_1^2}{2g}=z_2+\frac{p_2}{\rho g}+\frac{u_2^2}{2g} \tag{7-3-6a}$$

这就是理想流体恒定元流的能量方程，该方程是由瑞士物理学家柏努利首先提出的，故亦称柏努利方程，它反映了恒定流中沿流线各点位置高度 z、压强 p 和流速 u 之间的变化规律。

从物理角度看，z 表示单位重量流体相对于某基准面所具有的位能；$\frac{p}{\rho g}$表示单位重量流体所具有的压能；$\frac{u^2}{2g}$表示单位重量流体所具有的动能。因通常将位能与压能之和称为势能，势能与动能之和称为机械能，故式（7-3-6）的物理意义为单位重量恒定不可压缩理想流体的机械能沿流线不变，即机械能守恒。

从几何角度看，z 表示元流过流断面上某点相对于某基准面的位置高度，称为位置水头；$\frac{p}{\rho g}$称为压强水头，$\frac{u^2}{2g}$称为流速水头。因通常将位置水头与压强水头之和称为测压管水头，测压管水头与流速水头之和称为总水头，故式（7-3-6）的几何意义为恒定不可压缩理想流体的总水头沿流线不变。

2. 实际流体恒定元流的能量方程

由于实际流体具有黏性，在流动过程中流层间内摩擦力做功，将使一部分机械能不可逆地转化为热能而耗散，因此实际流体流动的机械能将沿程减小。根据能量守恒原理，实际流体恒定元流的能量方程可写成

$$z_1+\frac{p_1}{\rho g}+\frac{u_1^2}{2g}=z_2+\frac{p_2}{\rho g}+\frac{u_2^2}{2g}+h'_W \tag{7-3-7}$$

式中：h'_W 为元流中单位重量流体沿流程的机械能损失，亦称元流的水头损失。

实际流体恒定元流的能量方程各项及总水头、测压管水头的沿程变化可用几何曲线表示。元流各过流断面的测压管水头的连线称为测压管水头线，而总水头的连线称为总水头线（见图 7-3-6）。这两条线清晰地表示了流体的位能、压能和动能及其组合沿程的变化过程，其变化的程度可分别用测压管坡度

$$J_P=-\frac{d\left(z+\frac{p}{\rho g}\right)}{ds} \tag{7-3-8}$$

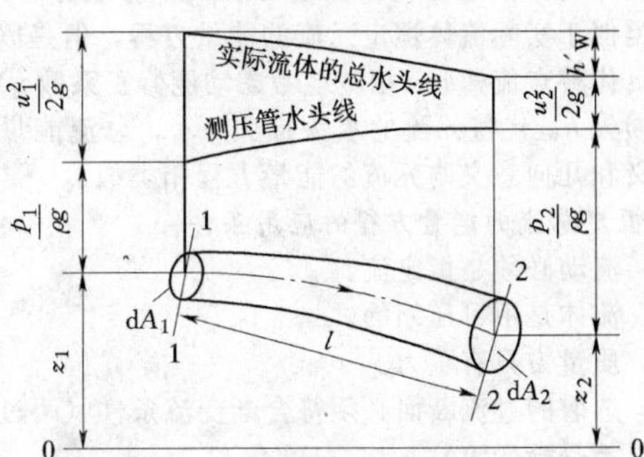

图 7-3-6　流体的位能、压能和动能及其组合变化过程

和水力坡度（即总水头坡度）

$$J=-\frac{d\left(z+\frac{p}{\rho g}+\frac{u^2}{2g}\right)}{ds} \tag{7-3-9}$$

量度。实际流体的总水头线总是沿程下降的（$J>0$），而测压管水头线沿程则可升（$J_P<0$）、可降（$J_P>0$），也可不变（$J_P=0$），主要取决于水头损失及动能与势能间相互转化的情况。

3. 恒定总流的能量方程

恒定总流的能量方程就是元流的能量方程式（7-3-7）在总流上的推广。以重量流量 $\rho gdQ=\rho gu_1dA_1=\rho gu_2dA_2$ 乘以式（7-3-7）后在总流过流断面上积分：

$$\int_{A_1}\left(z_1+\frac{p_1}{\rho g}+\frac{u_1^2}{2g}\right)\rho gu_1dA_1=\int_{A_2}\left(z_2+\frac{p_2}{\rho g}+\frac{u_2^2}{2g}\right)\rho gu_2dA_2+\int_Q h'_W\rho gdQ \tag{7-3-10}$$

上式共包含三种类型的积分，即

（1）势能积分 $\int_A\left(z+\frac{p}{\rho g}\right)\rho gudA$。

为便于积分，将过流断面取在渐变流段。因渐变流断面上各点的 $z+\frac{p}{\rho g}$=常数，则有

$$\int_A\left(z+\frac{p}{\rho g}\right)\rho gudA=\rho g\left(z+\frac{p}{\rho g}\right)\int_A udA=\left(z+\frac{p}{\rho g}\right)\rho gQ$$

（2）动能积分 $\int_A\frac{u^3}{2g}\rho gdA$。

为便于计算，通常用断面平均流速 v 表示实际功能，同时考虑实际流体的流速不均匀性而加以修正，即

$$\int_A\frac{u^3}{2g}\rho gdA=\frac{\alpha v^2}{2g}\rho gQ$$

式中：α 称为动能修正系数，反映过流断面上流速分布不均匀程度，一般流动的 α=1.05～1.10，工程计算中常见流动通常取 α=1.0。

（3）水头损失积分 $\int_Q h'_W\rho gdQ$。

根据积分中值定理，可得

$$\int_Q h'_W\rho gdQ=h_W\rho gQ$$

式中：h_W 为单位重量流体在两过流断面间的平均机械能

损失。

将上述关系代入式（7-3-10），注意恒定流时 $Q_1=Q_2=Q$，化简后得

$$z_1+\frac{p_1}{\rho g}+\frac{\alpha_1 v_1^2}{2g}=z_2+\frac{p_2}{\rho g}+\frac{\alpha_2 v_2^2}{2g}+h_W \quad (7-3-11)$$

这就是实际流体恒定总流的能量方程（柏努利方程），它在形式上类似于实际流体恒定元流的能量方程，但是以断面平均流速 v 代替点流速 u（相应地考虑动能修正系数 α），以平均水头损失 h_W 代替元流的水头损失 h'_W。总流能量方程的物理意义和几何意义与元流的能量方程相类似。

4. 恒定总流的能量方程的应用条件

（1）流动必须是恒定流。

（2）流体是不可压缩的。

（3）质量力只有重力。

（4）选取的过流断面必须符合渐变流条件（两过流断面之间可以不是渐变流）。

（5）两过流断面之间没有能量的输入或输出。当总流在两过流断面间通过水泵、风机或水轮机等流体机械时，流体将额外地获得或失去能量，则总流的能量方程应作如下修正：

$$z_1+\frac{p_1}{\rho g}+\frac{\alpha_1 v_1^2}{2g}\pm H=z_2+\frac{p_2}{\rho g}+\frac{\alpha_2 v_2^2}{2g}+h_W \quad (7-3-12)$$

式中：$+H$ 表示单位重量流体流过水泵、风机所获得的能量；$-H$ 表示单位重量流体流经水轮机所失去的能量。

5. 应用恒定总流能量方程的注意事项

应用恒定总流的能量方程解题时应注意基准面、过流断面和计算点的选取，这三个"选取"应综合考虑，以计算方便为宜。原则上基准面可以任选，但必须是水平面，且两过流断面必须选取同一基准面，通常使 $z\geqslant 0$；过流断面必须选在渐变流段上，且应选在已知量较多的断面上，并使能量方程含有待求未知量；过流断面上的计算点原则上可以任取，为方便起见，通常对于管流取在管轴中心，对于明渠取在自由液面上。另外，方程中的流体动压强 p_1 和 p_2，可以采用相对压强或绝对压强，但方程两端必须统一。

（四）恒定总流的动量方程

恒定总流动量方程可据理论力学中的动量定律导得。该定律可表述为：作用在所研究物体上所有外力的矢量和等于物体动量的变化率，即

$$\sum \boldsymbol{F}=\frac{\mathrm{d}(\sum m\boldsymbol{u})}{\mathrm{d}t} \quad (7-3-13)$$

恒定总流的动量方程是动量守恒定律在流体力学中的数学表达式，它反映了流体动量变化与作用力之间的关系。

取如图 7-3-7 所示总流流段，其流体作恒定流动，则 $\mathrm{d}t$ 时间内总流流段的动量变化为

$$\mathrm{d}(\sum m\boldsymbol{u})=\sum m_2\boldsymbol{u}_2-\sum m_1\boldsymbol{u}_1$$

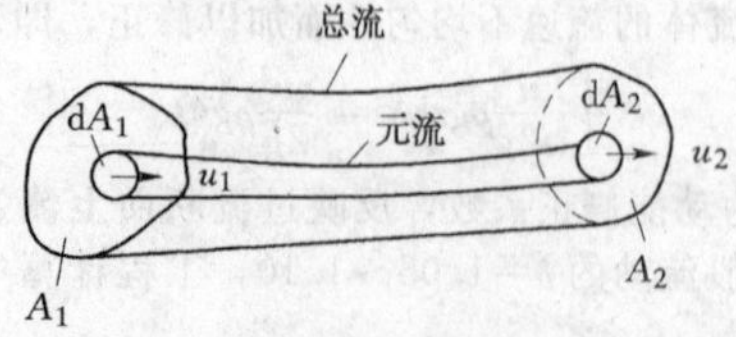

图 7-3-7　恒定总流动量方程

将 $m_1=\rho u_1\mathrm{d}A_1\mathrm{d}t$、$m_2=\rho u_2\mathrm{d}A_2\mathrm{d}t$ 代入上式，得

$$\mathrm{d}(\sum m\boldsymbol{u})=\rho\mathrm{d}t(\sum \boldsymbol{u}_2u_2\mathrm{d}A_2-\sum \boldsymbol{u}_1u_1\mathrm{d}A_1)$$
$$=\rho\mathrm{d}t\left(\int_{A_2}\boldsymbol{u}_2u_2\mathrm{d}A_2-\int_{A_1}\boldsymbol{u}_1u_1\mathrm{d}A_1\right)$$

为便于计算，通常用断面平均流速 v 表示实际动量，同时考虑实际流体的流速不均匀性而加以修正，即

$$\mathrm{d}(\sum m\boldsymbol{u})=\rho\mathrm{d}t(\beta_2\boldsymbol{v}_2Q_2-\beta_1\boldsymbol{v}_1Q_1)$$

式中：β 称为动量修正系数，反映过流断面上流速分布不均匀程度，一般流动的 $\beta=1.02\sim1.05$，工程计算中常见流动取 $\beta=1.0$。

若总流在流动过程中，流量沿程不变，即 $Q_1=Q_2=Q$，则将上式代入式（7-3-13）可得

$$\sum \boldsymbol{F}=\rho Q(\beta_2\boldsymbol{v}_2-\beta_1\boldsymbol{v}_1) \quad (7-3-14)$$

这就是恒定总流的动量方程。

动量方程为矢量方程，应用时一般是利用它在某坐标系上的投影式进行计算。

第四节　流动阻力和水头损失

一、流动阻力和绕流阻力

实际流体具有黏性，流体在流动过程中将产生流动阻力。当流体在固壁约束下流动时，称为内流，如管流、明渠流等，此时流体必须克服阻力做功，由此将产生机械能损失；当流体绕固体流动或者固体在流体中运动时，称为外流，如水流经过桥墩或颗粒在流体中上升或沉降等，此时水流受到桥墩的阻力或颗粒受到流体的阻力都是黏性阻力，称为绕流阻力。

二、层流和紊流

（一）雷诺实验

英国物理学家雷诺通过实验发现流体流动存在层流和紊流两种型态。其实验装置如图 7-4-1 所示。

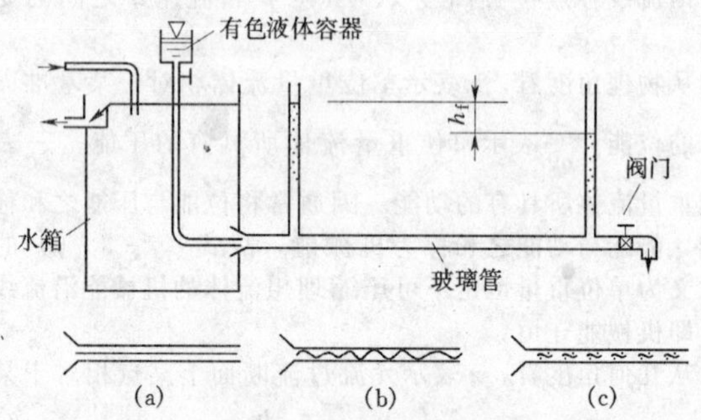

图 7-4-1　雷诺实验装置
（a）层流；（b）波动；（c）紊流

开启玻璃管的阀门，玻璃管中水开始流动，再开启有色液体容器阀门，放出适量有色液体与水一起流动。当玻璃管中流速 v 较小时，有色液体呈一直线状［图 7-4-1(a)］，各流层质点宏观上互不掺混，这种有规律的分层流动称为层流。随着流速 v 的增大，有色液体将出现波动［图 7-4-1(b)］，当流速 v 增大至某一数值，有色液体突然与周围清水掺混，这时流体质点的运动轨迹十分紊乱［图 7-4-1(c)］，这种流动称为紊流。如果实验以相反程序进行，即当管内流动已处于紊流状态，则流速必须减小到比前一临界值更小的数值，流动才会转变成层流。层流和紊流由于两者的内部结构不同，因此其能量损失的规律也不一样。由实验得到：等径直管上下游两断面间的水头损失，层流时与断面平均流速的一次方成正比，即 $h_f\propto v^{1.0}$；紊流时则与流速的 1.75～2.0 次方成正比，即 $h_f\propto v^{1.75\sim2.0}$。

（二）层流和紊流的判别标准——临界雷诺数

由于层流和紊流的水头损失规律各不相同，因此在工程计算中必须判明所研究流动的型态。流动型态的确定除了与流速大小有关外，还与管径和流体的黏性有关，因此采用综合各运动要素的雷诺数（Reynolds number）

$$Re=\frac{vd}{\nu} \tag{7-4-1}$$

作为判别流动型态的无量纲数，式中 v、d、ν 分别为流速、管径和流体的运动黏度。

大量实验表明，圆管流动由紊流转变到层流的临界雷诺数 $Re_c\approx2300$，是相当稳定的，而从层流转变到紊流的临界雷诺数却与实验环境有关，一般在 4000～20000 之间变化，故取 $Re_c=2300$ 作为流动型态的判别依据。当 $Re<2300$ 时为层流，$Re>2300$ 时为紊流。

对于非圆管中的流动，雷诺数中的特征长度 d 可用水力半径

$$R=\frac{A}{\chi} \tag{7-4-2}$$

代替，这里 A 为过流断面面积，χ 为过流断面上固壁与流体接触的长度，称为湿周。对于有压圆管流动

$$R=\frac{\frac{\pi}{4}d^2}{\pi d}=\frac{d}{4}$$

故若用 R 代替 d 计算雷诺数，则其临界雷诺数（Reynolds critical number）为 $\frac{2300}{4}=575$。

三、均匀流基本方程

取图 7-4-2 所示一段恒定均匀有压管流研究。因流体在均匀流动情况下只存在沿程不变的切应力产生的沿程水头损失 h_f，故对总流过流断面 1—1、2—2 列柏努利方程，得

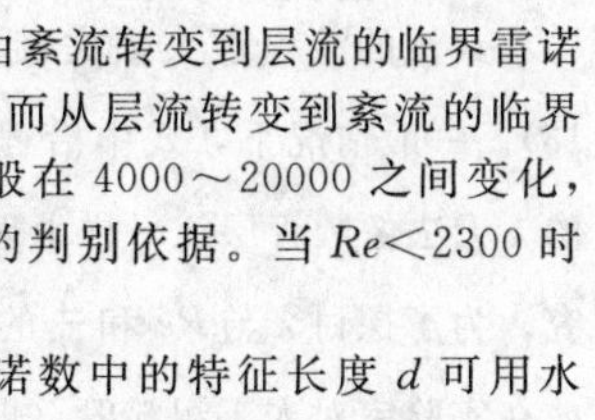

$$h_f=\left(z_1+\frac{p_1}{\rho g}\right)-\left(z_2+\frac{p_2}{\rho g}\right)$$

图 7-4-2 恒定均匀有压管流

取 1—1 至 2—2 断面总流流段控制体，在流动方向 s 写动量方程，有

$$p_1A-p_2A+\rho gAl\cos\alpha-\tau_0 xl=0$$

将 $\cos\alpha=\frac{z_1-z_2}{l}$ 代入上式，并与柏努利方程联立，可得均匀流基本方程

$$h_f=\frac{\tau_0 l}{\rho gR} \tag{7-4-3}$$

或

$$\tau_0=\rho gR\frac{h_f}{l}=\rho gRJ=\rho g\frac{r_0}{2}J \tag{7-4-4}$$

式中：τ_0 为边壁切应力；$R=\frac{A}{\chi}$ 为水力半径；$J=\frac{h_f}{l}$ 为水力坡度。

若取半径为 r 的流束研究，按上述类似的分析，可得流束边界切应力 τ 与沿程水头损失的关系

$$\tau=\rho g\frac{r}{2}J \tag{7-4-5}$$

比较式（7-4-4）与式（7-4-5），可得

$$\tau=\frac{r}{r_0}\tau_0 \tag{7-4-6}$$

即圆管均匀流的过流断面上，切应力 τ 呈线性分布，管壁处切应力为最大值 τ_0，管轴处切应力为零。

四、圆管中的层流运动

（一）过流断面上流速分布

将牛顿内摩擦定律式（7-4-2）与均匀流基本方程式（7-4-5）联立，并注意到 dy 与 dr 符号相反，得

$$du=-\frac{\rho gJ}{2\mu}r\,dr$$

积分上式

$$\int_0^u du=-\frac{\rho gJ}{2\mu}\int_{r_0}^r r\,dr$$

得过流断面上流速分布

$$u=\frac{\rho gJ}{4\mu}(r_0^2-r^2) \tag{7-4-7}$$

上式说明圆管层流运动断面上流速分布呈旋转抛物面。

（二）过流断面上最大流速

过流断面上最大流速在管轴处，即

$$u_{max}=u|_{r=0}=\frac{\rho gJ}{4\mu}r_0^2 \tag{7-4-8}$$

（三）断面平均流速

$$v=\frac{\int_A u\,dA}{A}=\frac{\int_0^{r_0}\frac{\rho gJ}{4\mu}(r_0^2-r^2)2\pi r\,dr}{\pi r_0^2}=\frac{\rho gJ}{8\mu}r_0^2 \tag{7-4-9}$$

比较式（7-4-8）、式（7-4-9），可知

$$v=\frac{1}{2}u_{max} \tag{7-4-10}$$

即圆管层流运动的断面平均流速为最大流速的一半。

（四）沿程阻力系数

将 $J=\frac{h_f}{l}$ 代入式（7-4-9），可得圆管层流运动的沿程水头损失计算公式

$$h_f=\frac{8\mu l}{\rho gr_0^2}v=\frac{32\mu l}{\rho gd^2}v \tag{7-4-11}$$

上式说明圆管层流运动的沿程水头损失与断面平均流速的一次方成正比，与雷诺实验结果完全一致。

在流体力学中，习惯将水头损失用流速水头 $\frac{v^2}{2g}$ 表示，故式（7-4-11）可改写成

$$h_f=\frac{64}{\left(\frac{\rho vd}{\mu}\right)}\frac{l}{d}\frac{v^2}{2g}=\frac{64}{Re}\frac{l}{d}\frac{v^2}{2g}$$

令

$$\lambda=\frac{64}{Re} \tag{7-4-12}$$

得

$$h_f=\lambda\frac{l}{d}\frac{v^2}{2g} \tag{7-4-13}$$

上式称为达西公式（Darcys formula），为均匀流沿程水头损失的普遍计算式，对层流、紊流均适用。式中 λ 称为沿程阻力系数，一般情况下，λ 与雷诺数 Re 和管壁相对粗糙度 $\frac{\Delta}{d}$ 有关，即 $\lambda=f\left(Re,\frac{\Delta}{d}\right)$，但对于圆管层流运动，$\lambda$ 仅与流态有关，$\lambda=f(Re)=\frac{64}{Re}$。

五、圆管中的紊流运动

（一）紊流运动的特征

（1）紊流运动的基本特征是流体质点在运动中不断的互相掺混，使各点的流速、压强等运动要素在空间和时间上都

具有随机性质的脉动。图7-4-3为实测的在恒定水位下水平圆管紊流中，质点通过某固定点A的瞬时流速u_x、u_y的脉动情况。从实测结果看出，其瞬时流速虽随时间不断变化，但却总是围绕某一平均值在不断脉动。因此，可将紊流看作两个流动的叠加，即时间平均流动和脉动的叠加。如某点的瞬时流速u应等于相应的时间平均流速$\bar{u}$和脉动流速u'之和，即

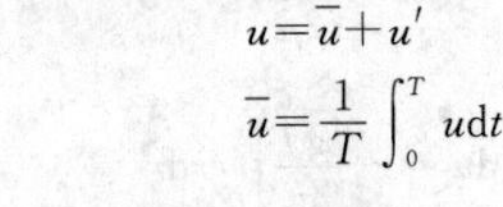

$$u=\bar{u}+u'$$
$$\bar{u}=\frac{1}{T}\int_0^T u\mathrm{d}t$$

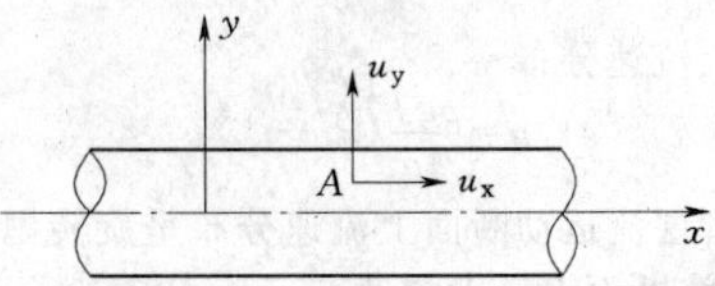

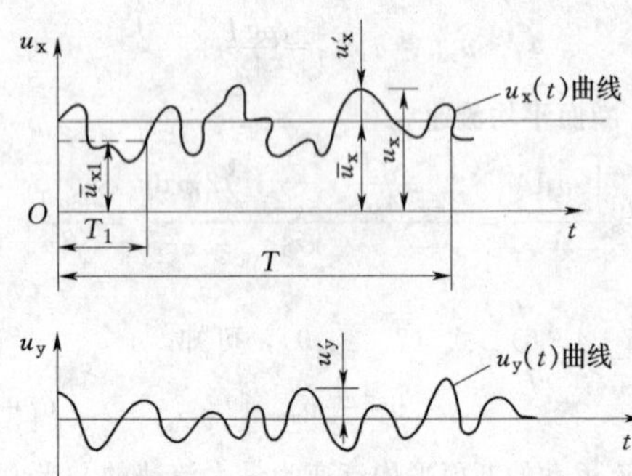

图7-4-3 圆管中的紊流运动

(2) 严格地讲，紊流总是非恒定流。但引入时间平均流动概念后，只要某运动要素的时间平均值不随时间变化就可视为恒定流。前面根据恒定流导出的流体动力学基本方程，对于时间恒定紊流仍可照常适用。

(二) 紊流切应力

紊流中的切应力τ除了由黏性引起的切应力τ_1外，还存在由紊动产生的附加切应力τ_2，即

$$\tau=\tau_1+\tau_2 \qquad (7-4-14)$$

式中：$\tau_1=\mu\frac{\mathrm{d}u}{\mathrm{d}y}$；经分析$\tau_2=-l\overline{u'_x u'_y}$，普朗特设想流体质点的紊流运动与气体分子运动类似，提出半经验的混合长度理论，推导出

$$\tau_2=\rho l^2\left(\frac{\mathrm{d}u}{\mathrm{d}y}\right)^2 \qquad (7-4-15)$$

这里l称为混合长度，但没有直接的物理意义。

式(7-4-14)中两部分切应力的大小随流动情况有所不同。当雷诺数较小时，脉动较弱，τ_1占优。随着雷诺数(Reynolds number)增加，脉动加剧，τ_2逐渐加大，至雷诺数相当大时，τ_1甚至可以忽略不计。

(三) 紊流流速分布

紊流的流速分布在紧贴固壁附近和紊流核心区是不同的。在紧贴固壁附近有一极薄流层，由于流动受边壁限制，消除了流体质点的掺混，时均流速为线性分布，切应力中τ_2可忽略不计，就其时均特征来说，这一薄层可认为属于层流运动，故称为层流底层或黏性底层。黏性底层之外的流区，称为紊流核心，在紊流核心区内，由于流体质点相互掺混和动量变换，使过流断面上流速趋于均化。根据普朗特混合长度理论可得紊流过流断面上流速

$$u=\frac{v_x}{k}\ln y+C \qquad (7-4-16)$$

为对数分布规律。式中$v_x=\sqrt{\frac{\tau_0}{\rho}}$为剪切速度；$k$为卡门通用常数，可由实验确定；$y$为从管壁起算的径向距离；$C$为常数，取决于边界条件。

(四) 沿程水头损失

紊流的沿程水头损失计算公式仍为达西公式(7-4-13)。一般情况下，式中沿程阻力系数$\lambda=f\left(Re,\frac{\Delta}{d}\right)$。紊流的$\lambda$无法像圆管层流一样由理论推导得到，只能依靠实验研究。为了探讨λ与Re和$\frac{\Delta}{d}$的变化规律，德国科学家尼古拉兹在实验室对人工粗糙管(即在管壁上人为均匀地粘上一定粒径的砂子的管道)进行大量的实验，其结果如图7-4-4所示，称为尼古拉兹实验曲线图。

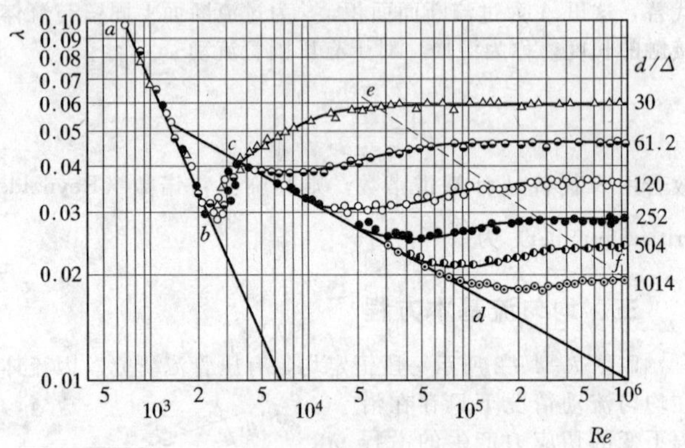

图7-4-4 尼古拉兹实验曲线图

根据λ的变化特征，图中曲线可分为五个区域，即

(1) 层流区(ab线)：$Re<2300$，$\lambda=f(Re)=\frac{64}{Re}$，管流的沿程水头损失$h_f\propto v^{1.0}$，与理论分析成果完全一致。

(2) 层流向紊流的过渡区(bc线)：$2300<Re<4000$，$\lambda=f(Re)$，与$\frac{\Delta}{d}$无关。

(3) 紊流光滑区(cd线)：$4000<Re<\frac{80d}{\Delta}$，此区内由于粗糙度$\Delta$被黏性底层所覆盖，对沿程阻力系数$\lambda$没有影响，$\lambda=f(Re)$，$h_f\propto v^{1.75}$。

(4) 紊流过渡区(cd线和ef线之间的区域)：$\frac{80d}{\Delta}<Re<\frac{1140d}{\Delta}$，随着$Re$的增大，黏性底层厚度减小，粗糙度$\Delta$开始发生影响。在该区$\lambda$与$Re$和$\frac{\Delta}{d}$都有关系，即$\lambda=f\left(Re,\frac{\Delta}{d}\right)$。

(5) 紊流粗糙区(ef线以右的区域)：$Re>\frac{1140d}{\Delta}$，曲线呈水平线，λ与Re无关，而仅与$\frac{\Delta}{d}$有关，即$\lambda=f\left(\frac{\Delta}{d}\right)$。$h_f\propto v^{2.0}$，故该区亦称为阻力平方区。

尼古拉兹实验使用的人工粗糙管，其成果不能完全用于工业管道。原因在于工业管道的粗糙物是在制造过程中形成

的，其粗糙物在形状、大小、分布规律等方面与人工粗糙管有很大差异。柯列勃洛克根据大量工业管道试验资料，提出了适用于工业管道紊流三个区的 λ 计算公式，即柯列勃洛克公式

$$\frac{1}{\sqrt{\lambda}}=-2\lg\left(\frac{\Delta}{3.7d}+\frac{2.51}{Re}\right) \quad (7-4-17)$$

上式在工业管流的计算中应用广泛。式中 Δ 为工业管道的当量粗糙高度。常用管材的当量粗糙度见表 7-4-1。

表 7-4-1　常用管材的当量粗糙度 Δ

管材种类	Δ(mm)	管材种类	Δ(mm)
玻璃管	0.001	镀锌铁管（新）	0.15
无缝钢管（新）	0.014	镀锌铁管（旧）	0.50
无缝钢管（旧）	0.20	铸铁管（新）	0.30
焊接钢管（新）	0.06	铸铁管（旧）	1.20
焊接钢管（旧）	1.0	水泥管	0.50

式（7-4-17）比较复杂，计算不方便。下面两个公式计算较为简便，同样适用于工业管道的紊流三个区。

巴尔公式　$\frac{1}{\sqrt{\lambda}}=-2\lg\left(\frac{\Delta}{3.7d}+\frac{5.1286}{Re^{0.89}}\right)$　(7-4-18)

阿里特苏里公式　$\lambda=0.11\left(\frac{\Delta}{d}+\frac{68}{Re}\right)^{0.25}$　(7-4-19)

对于明渠水流，通常采用谢才公式（chezy formula）

$$v=C\sqrt{RJ} \quad (7-4-20)$$

其中谢才系数

$$C=\sqrt{\frac{8g}{\lambda}} \quad (7-4-21)$$

表明 C 和 λ 一样是反映沿程阻力系数变化规律的系数。在紊流粗糙区，谢才系数可直接由下列经验公式计算。

曼宁公式（Manning's for mula）$C=\frac{1}{n}R^{\frac{1}{6}}$　(7-4-22)

巴甫洛夫斯基公式　$C=\frac{1}{n}R^{y}$　(7-4-23)

其中　$y=2.5\sqrt{n}-0.13-0.75\sqrt{R}(\sqrt{n}-0.1)-0.3$　(7-4-24)

式中：R 为水力半径，以 m 计；n 为渠壁粗糙系数，亦称糙率，为综合反映壁面粗糙情况的无量纲数，见表 7-4-2。

表 7-4-2　渠壁粗糙系数 n 值

渠　壁　类　型	n 值
缸瓦管（带釉）	0.013
混凝土和钢筋混凝土的雨水管	0.013
混凝土和钢筋混凝土的污水管	0.014
石棉水泥道	0.012
铸铁管	0.013
钢管	0.012
水泥砂浆抹面管道	0.013
砖砌渠道（不抹面）	0.015
石渠：	
浆砌块石渠道（不抹面）	0.017
干砌块石渠道	0.020～0.025
情况不好的石渠道	0.025～0.035
木槽	0.012～0.014
土渠：	
情况很好的土渠	0.020～0.025
土渠（包括带草皮的）	0.025～0.030
情况极坏的土渠（断面不规则，有块石、杂草，水流不畅等）	0.035～0.045

续表

渠　壁　类　型	n 值
天然河道：	
情况很好	0.025～0.035
情况不好	0.045～0.060
杂草丛生，情况极坏	0.075～0.150

六、局部水头损失

在流动过程中，当出现边界条件急剧变化，如过流断面突然扩大或缩小、管道转弯或遇到阀门等局部障碍，使流速的方向和大小发生变化，甚至产生旋涡。这些现象一般发生在局部流程中，由此引起的能量损失称为局部水头损失，其通用计算公式为

$$h_j=\xi\frac{v^2}{2g} \quad (7-4-25)$$

式中：ξ 为局部阻力系数，可由实验确定。表 7-4-3 列出了常见的几种局部阻力系数值。

表 7-4-3　常见管路局部阻力系数 ξ

名　称	图　示	ξ
断面突然扩大	A_1, v, A_2	$\left(1-\frac{A_1}{A_2}\right)^2$
断面突然缩小	A_1, v, A_2	$0.5\left(1-\frac{A_2}{A_1}\right)$
出口	v	1.0
圆角进口	v	0.05～0.25
直角进口	v	0.50
内插进口	v	1.0

其余各种局部阻力系数可查阅有关水力计算手册。

七、减小阻力的措施

产生流动阻力的原因既有内因，也有外因。黏性是流体的固有属性，是运动流体产生阻力、耗散机械能的内因；外部的干扰，如边壁的粗糙、连界形状的改变等则是产生流动阻力的外因。因此，减小阻力的措施可以从产生阻力的原因出发，一是在流体内部投加极少量的添加剂，使其影响流体运动的内部结构来实现减阻；二是改进流体外部的边界，如减小管壁的粗糙度、用柔性边壁代替刚性边壁、采用导流管件防止旋涡区产生等，改善边壁对流动的影响来实现减阻。

第五节　孔口、管嘴、管道流动

孔口、管嘴和有压管道恒定流动的水力计算，是连续性方程、能量方程以及流动阻力和水头损失规律的具体应用。

一、薄壁小孔口恒定出流

流体经孔口（$\frac{l}{d}\approx 0$）流出称为孔口出流，如图 7-5-1 所示。当容器中水位（或压强）不变，孔口的出流量恒定时，称为恒定出流。当容器壁较薄或孔口具有锐缘时，孔口壁厚对水流现象没有影响，称为薄壁孔口。若流体经孔口流入空气中则称为自由出流，否则称为淹没出流。由于水流运动的惯性，容器中流体经孔口流出后将形成流束直径为最小的收缩断面 $C—C$。收缩断面面积 A_C 小于孔口面积 A，其比值 $\varepsilon=\frac{A_C}{A}$，称为收缩系数。当孔口断面尺寸远小于作用水头（如 $\frac{d}{H}\leqslant 0.1$）时，$C—C$ 断面上各点的水头可以认为相等，此时孔口称为小孔口。

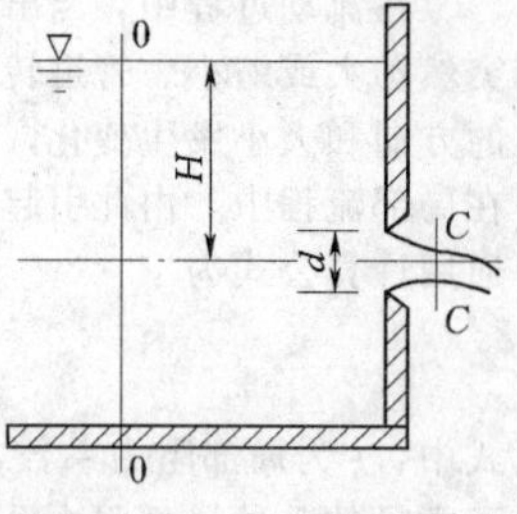

图 7-5-1　孔口出流

取通过孔口中心的水平面为基准面，对 0—0 断面和 $C—C$ 断面列能量方程有

$$H+\frac{p_a}{\rho g}+\frac{\alpha_0 v_0^2}{2g}=0+\frac{p_C}{\rho g}+\frac{\alpha_C v_C^2}{2g}+h_w$$

式中：$p_C\approx p_a$；孔口出流时，$h_w=h_j=\xi_0\frac{v_C^2}{2g}$，这里 ξ_0 为孔口局部阻力系数。

令 $H_0=H+\frac{\alpha_0 v_0^2}{2g}$，代入上式整理得

$$v_C=\frac{1}{\sqrt{\alpha_C+\xi_0}}\sqrt{2gH_0}=\varphi\sqrt{2gH_0} \qquad (7-5-1)$$

式中：$\varphi=\frac{1}{\sqrt{\alpha_C+\xi_0}}\approx\frac{1}{\sqrt{1+\xi_0}}$，称为孔口流速系数；$H_0$ 为作用水头。

流经孔口的流量

$$Q=v_C A_C=\varepsilon A\varphi\sqrt{2gH_0}=\mu A\sqrt{2gH_0} \qquad (7-5-2)$$

式中：$\mu=\varepsilon\varphi$ 称为孔口的流量系数。对于薄壁小孔口，由实验测得 $\varepsilon=0.63\sim0.64$，$\varphi=0.97\sim0.98$，故 $\mu=0.60\sim0.62$。

当流体经孔口淹没出流时（见图 7-5-2），按照与上述同样的分析可得薄壁小孔口淹没出流的流速和流量的计算公式，形式上仍为式（7-5-1）和式（7-5-2），流速系数 φ 和流量系数 μ 的数值也完全相同，只是 H_0 的涵义不同，为两液面的高差 ΔH。

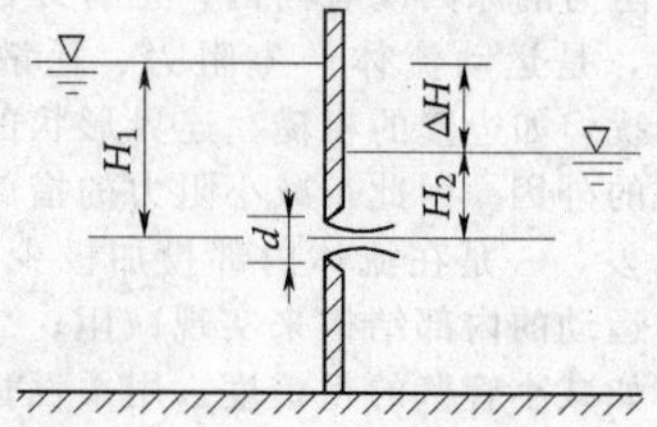

图 7-5-2　流体经孔口淹没出流

二、管嘴的恒定出流

当孔口壁厚 $l=(3\sim4)d$ 时，或在孔口处外接一长度 $l=(3\sim4)d$ 的短管时（见图 7-5-3），流体经其流出称为管嘴出流。管嘴出流的特点是：当流体进入管嘴后形成收缩，在收缩断面 $C—C$ 处流体与管壁分离，形成旋涡区，然后又逐渐扩大，在管嘴出口断面上，流体完全充满整个断面。

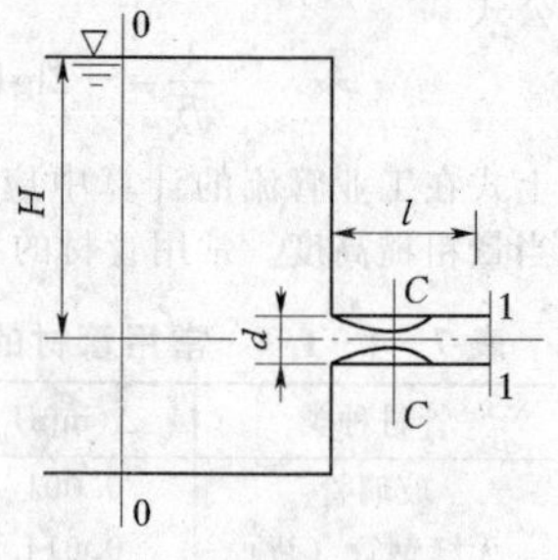

图 7-5-3　管嘴出流

以通过管嘴中心的水平面为基准面，从 0—0 断面至 1—1 断面建立能量方程有

$$H_0=H+\frac{\alpha_0 v_0^2}{2g}=\frac{\alpha v^2}{2g}+h_w$$

式中：h_w 为管嘴出流的水头损失，因 $\frac{l}{d}$ 较小，可忽略沿程水头损失，则 $h_w=\xi_n\frac{v^2}{2g}$。故管嘴出口断面平均流速

$$v=\frac{1}{\sqrt{\alpha+\xi_n}}\sqrt{2gH_0}=\varphi_n\sqrt{2gH_0} \qquad (7-5-3)$$

式中：$\varphi_n=\frac{1}{\sqrt{\alpha+\xi_n}}$称为管嘴流速系数。

流经管嘴的流量

$$Q=vA=\varphi_n A\sqrt{2gH_0}=\mu_n A\sqrt{2gH_0} \qquad (7-5-4)$$

式中：$\mu_n=\varphi_n$ 称为管嘴流量系数。

据实验资料得圆柱形外管嘴的局部阻力系数 $\xi_n=0.5$，取动能修正系数 $\alpha=1.0$，则得 $\mu_n=\varphi_n=\frac{1}{\sqrt{1.0+0.5}}=0.82$。比较式（7-5-2）和式（7-5-4）可知，在相同直径 d、相同作用水头 H 条件下，管嘴出流流量比孔口出流量要大得多。究其原因，是管嘴在收缩断面 $C—C$ 处存在真空的作用。可以证明管嘴收缩断面处的真空度可达作用水头的 0.75 倍，即 $\frac{p_{VC}}{\rho g}=0.75H_0$，相当于把管嘴的作用水头增大了约 75%。作用水头 H_0 越大，收缩断面的真空度就越大。但是当真空度达 7 m 水柱以上时，由于液体会发生汽化或空气会自管嘴出口处吸入，从而使真空破坏。因此对圆柱形外管嘴的作用水头应加以限制：$H_0\leqslant\frac{7}{0.75}=9\text{m}$。

综上所述，为保证管嘴正常工作，需满足 $l=(3\sim4)d$ 及 $H_0\leqslant 9\text{m}$ 两个条件。

三、有压管道恒定出流

有压管道恒定出流的水力计算通常有确定管道的通过能力、确定相应的水头或断面压强、确定管径等。

（一）短管水力计算

在管路的总水头损失中，沿程水头损失和局部水头损失所占比重相当，计算时均不可忽略的管路（通常在 $\frac{l}{d}<1000$条件下），称为短管。如工程中的水泵吸水管、虹吸管、倒虹吸管和有压涵管等，一般均按短管计算。

1. 水泵吸水管

离心式水泵进口前的管道称为吸水管，如图 7-5-4

所示。因离心式水泵泵轴高于吸水池水面，水泵工作时，在吸水管内将形成真空。若真空值过大，将产生气蚀现象，致使水泵部件受损。工程中为了防止气蚀发生，通常由实验确定水泵进口的允许真空度 $[h_V]$。

吸水管的水力计算主要是根据 $[h_V]$ 确定水泵的允许安装高度 H_S。

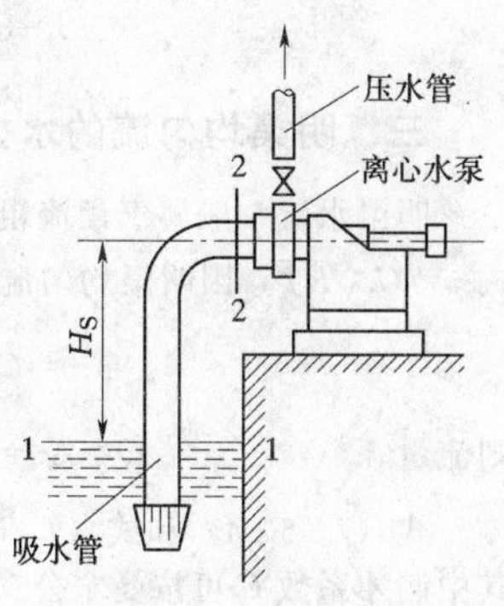

图 7-5-4　水泵吸水管

2. 虹吸管

虹吸管是一种压力输水管道，如图 7-5-5 所示。与水泵吸水管一样，虹吸管工作时，管路必然会出现真空区段，当真空值过大时，会汽化产生气泡，破坏虹吸管的正常工作。工程中为保证虹吸管能通过设计流量，一般限制管中最大真空度不超过允许值 $[h_V]=7\sim8\text{mmH}_2\text{O}$。

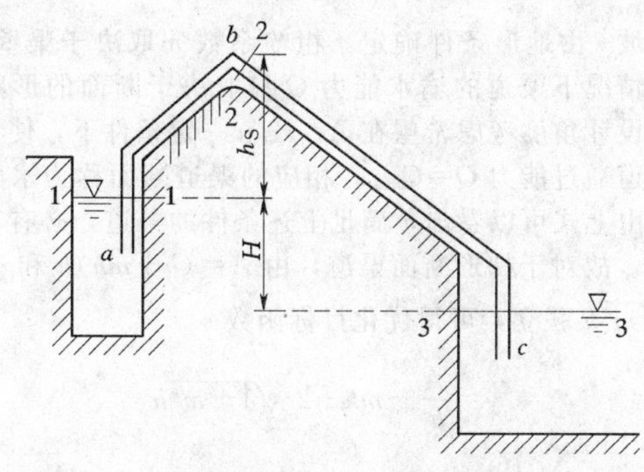

图 7-5-5　虹吸管

虹吸管的水力计算主要是确定通过能力和校核管内最大真空度。

3. 倒虹管

倒虹管与虹吸管正好相反，管道一般低于上下游水面，依靠上下游水位差作用进行输水，如图 7-5-6 所示。

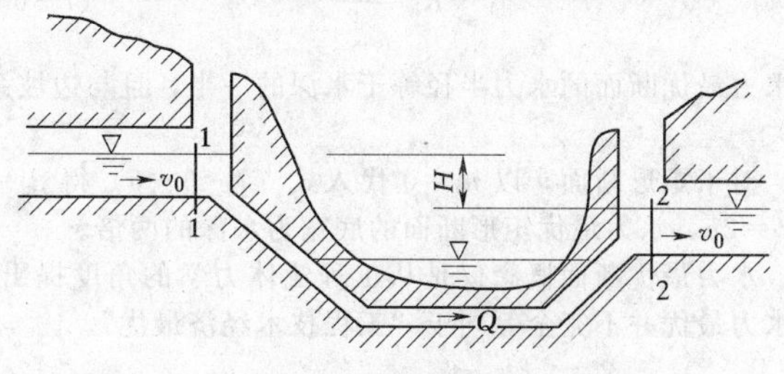

图 7-5-6　倒虹管

倒虹管常用在不便直接跨越的地方，如过江有压涵管、埋设在铁（公）路下的输水涵管等。倒虹管的水力计算主要是确定倒虹管管径和倒虹管上下游水位差，从而避免污物在管中沉积。

（二）长管水力计算

流速水头和局部水头损失的总和与沿程水头损失相比可忽略不计的管路（通常在 $\frac{l}{d}>1000$ 条件下），称为长管。在长管水力计算中，根据管道系统的组合情况，又可分为简单管路、串联管路和并联管路等。

1. 简单管路水力计算

沿程直径不变、流量不变的管路称为简单管路。简单管路的计算是一切复杂管路水力计算的基础。

对于图 7-5-7 所示简单长管，取 0—0 基准面，对断面 1—1 和断面 2—2 建立能量方程，得

$$H+0+0=0+0+0+h_f$$

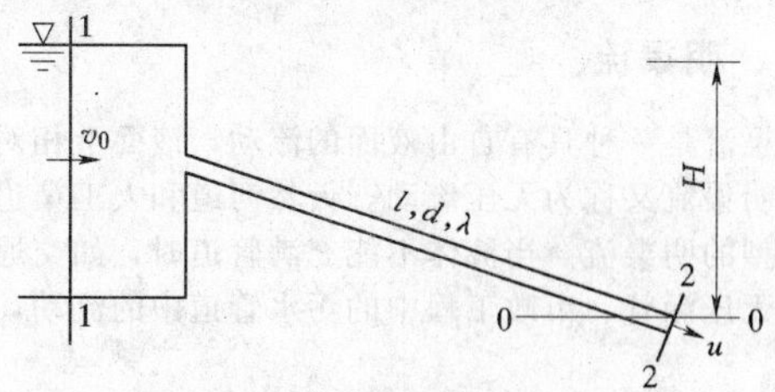

图 7-5-7　简单长管水力计算

则
$$H=h_f=\lambda\frac{l}{d}\frac{v^2}{\times 2g}$$

将 $v=\dfrac{Q}{\frac{\pi}{4}d^2}$ 代入上式，得

$$H=S\times 2Q^2 \tag{7-5-5}$$

式中
$$S=\frac{8\lambda}{\xi\pi^2} \tag{7-5-6}$$

称为比阻，即单位流量通过单位长度管道所需的水头。

2. 串联管路水力计算

由直径不同的管段顺次连接而成的管路，称为串联管路。串联管路各管段通过的流量可以不相同，如图 7-5-8 所示。

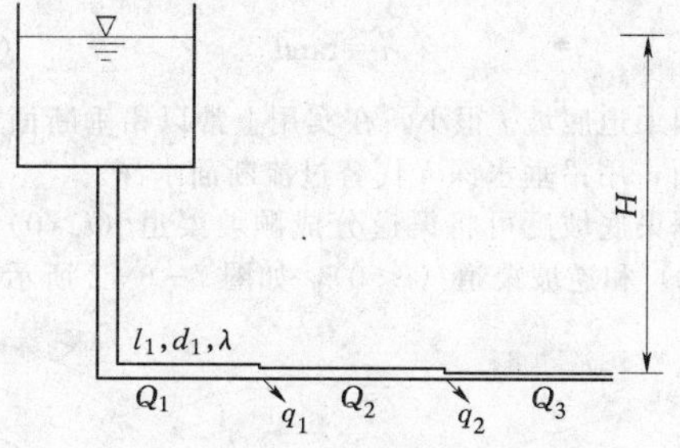

图 7-5-8　串联管路水力计算

串联管路计算原理仍是能量方程和连续性方程，其水力关系为

$$H=\sum h_{f_i}=\sum S_i l_i Q_i^2 \tag{7-5-7}$$

$$Q_i=Q_{i+1}+q_i \tag{7-5-8}$$

3. 并联管路水力计算

在两节点之间并设两条以上管道的管路系统，称为并联管路，如图 7-5-9 所示。并联管路各支管的管径、管长、管材及流量等可不一定相同。

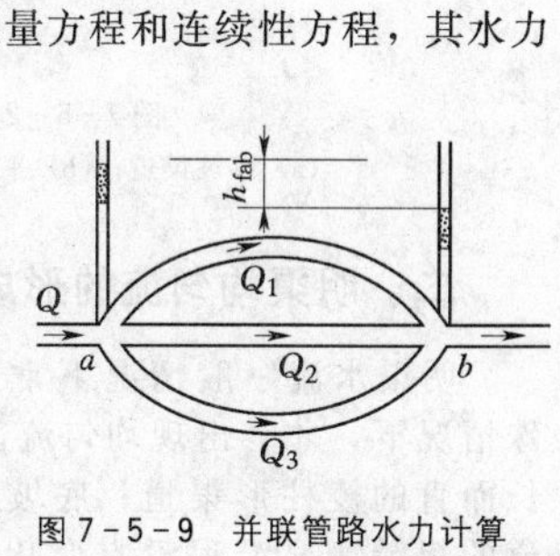

图 7-5-9　并联管路水力计算

并联管路计算原理仍是能量方程和连续性方程，其水力关系为

$$h_{f_1}=h_{f_2}=\cdots=h_{f_n}=h_{f_{ab}} \tag{7-5-9}$$

即并联管路总的能量损失等于各支管的能量损失。

$$Q=Q_1+Q_2+\cdots+Q_n=\sum Q_i \qquad (7-5-10)$$

即总管流量等于各支管流量之和。

第六节　明渠恒定均匀流

一、明渠流

明渠流是一种具有自由液面的流动，液面上相对压强为零，故明渠流又称为无压流动。天然河道和人工渠道中的流动是典型的明渠流。当液体不能充满管道时，如交通土建工程中的无压涵管、市政工程中的污水管道中的流动，也属于明渠流。

明渠水流根据运动要素是否随时间变化可分为恒定流和非恒定流；在明渠恒定流中，又根据运动要素是否沿流程变化可分为均匀流和非均匀流。

明渠水流在渠道中流动，受到渠道断面和底坡的影响。渠道断面的形状及尺寸沿程不变的长直渠道称为棱柱形渠道。棱柱形渠道的过水面积仅随水深变化，即 $A=f(h)$，否则称为非棱柱形渠道。渠底高程沿水流方面的变化可用渠底坡度 i 表示。如图 7-6-1 所示

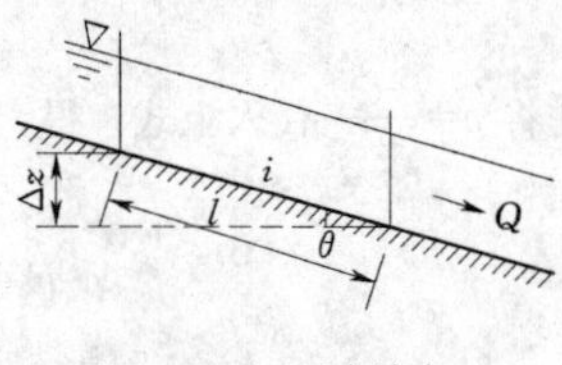

图 7-6-1　渠底坡度

$$i=\frac{\Delta z}{l}=\sin\theta \qquad (7-6-1)$$

通常 θ 角很小，习惯上常用两断面间的水平距离代替 l，则

$$i=\tan\theta \qquad (7-6-2)$$

同样，因渠道底坡 i 很小，在实用上常以铅垂断面代替实际过流断面，用铅垂水深 h 代替过流断面水深。

根据渠底坡度可将渠道分成顺坡渠道（$i>0$）、平坡渠道（$i=0$）和逆坡渠道（$i<0$），如图 7-6-2 所示。

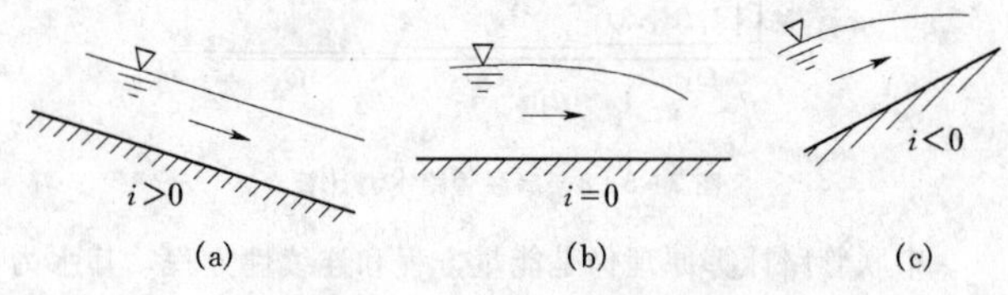

图 7-6-2　渠道分类

(a) 顺坡渠道；(b) 平坡渠道；(c) 逆坡渠道

二、明渠均匀流的形成条件和水力特征

明渠水流一般情况下常以非均匀流出现，只有在特殊情况下，才会出现均匀流。形成明渠均匀流的条件为：长而直的棱柱形渠道；底坡 $i>0$，且沿程保持不变；渠道的粗糙情况沿程没有变化；渠中水流为恒定流，且沿程流量保持不变。只有全部满足上述条件，才会形成明渠均匀流。

明渠均匀流流线为平行直线，过水断面的形状、水深、断面平均流速等均沿程不发生变化，故总水头线、水面线和渠底线三线平行，也就是说，明渠均匀流的水力坡度 J、测压管坡度 J_P 和渠道底坡 i 彼此相等，即

$$J=J_P=i \qquad (7-6-3)$$

三、明渠均匀流的水力计算

明渠水流一般属于紊流粗糙区，其流速通常采用谢才公式 $v=C\sqrt{RJ}$，因明渠均匀流中，$J=i$，故

$$v=C\sqrt{Ri} \qquad (7-6-4)$$

则流量

$$Q=Av=AC\sqrt{Ri} \qquad (7-6-5)$$

式（7-6-4）和式（7-6-5）为明渠均匀流基本公式，其中谢才系数 C 可按曼宁公式（7-4-22）或巴甫洛夫斯基公式（7-4-23）确定。

四、水力最优断面

将曼宁公式 $C=\frac{1}{n}R^{\frac{1}{6}}$ 代入式（7-6-5）得

$$Q=\frac{1}{n}AR^{\frac{2}{3}}i^{\frac{1}{2}}=\frac{A^{\frac{5}{3}}i^{\frac{1}{2}}}{n\chi^{\frac{2}{3}}}$$

通常底坡 i 由地形条件确定，粗糙系数 n 取决于渠壁材料，故在此情况下渠道的输水能力 Q 只取决于断面的形状和尺寸。从设计角度考虑希望在 A、i、n 一定条件下，使设计出来的渠道通过能力 $Q=Q_{\max}$，相应的渠道断面称为水力最优断面。由上式可以看出，满足上述条件的渠道，必有其湿周 $\chi=\chi_{\min}$。故对于梯形断面渠道，由 $A=(b+mh)h$ 和 $\chi=b+2\sqrt{1+m^2}h$ 联立，可得优化目标函数

$$\chi=\frac{A}{h}-mh+2\sqrt{1+m^2}h$$

令

$$\frac{d\chi}{dh}=-\frac{A}{h^2}-m+2\sqrt{1+m^2}=0$$

可得水力最优梯形断面渠道的宽深比

$$\beta_h=\frac{b}{h}=2(\sqrt{1+m^2}-m) \qquad (7-6-6)$$

不难导得

$$R_h=\frac{h}{2} \qquad (7-6-7)$$

即水力最优断面的水力半径等于水深的一半，且与边坡系数无关。

对于矩形断面，以 $m=0$ 代入式（7-6-6）得 $\beta_h=2$，即 $b=2h$，水力最优矩形断面的底宽为水深的两倍。

水力最优断面概念仅是从工程流体力学的角度提出的，故水力最优并不完全等同于“工程技术经济最优”。

五、无压圆管均匀流的水力计算

无压圆管是指不满流的圆管，在城市排水、火力发电厂排灰等工程中被广泛使用。对于 $i>0$ 的长直无压圆管，当粗糙系数 n 沿程保持不变时，管中水流可以认为是明渠均匀流。

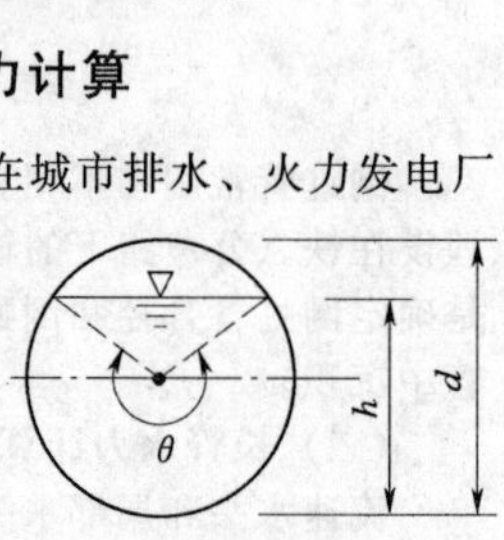

图 7-6-3　无压圆管均匀流的过流断面

无压圆管均匀流的过流断面如图 7-6-3 所示。其水力要素间的关系如下：

过水面积

$$A=\frac{d^2}{8}(\theta-\sin\theta)$$

湿周　$\chi=\frac{1}{2}\theta d$

水力半径　$R=\frac{d}{4}\left(1-\frac{\sin\theta}{\theta}\right)$　(7-6-8)

充满度　$\alpha=\frac{h}{d}=\sin^2\frac{\theta}{4}$

无压圆管均匀流基本公式仍为式（7-6-4）和式（7-6-5）。

实际工程中在进行无压管道的水力计算时，还要符合国家建设部颁发的《室外排水设计规范》中的有关规定。对于污水管道，为避免因管道承压使污水涌出排污口污染环境，应按不满流计算，其最大充满度按表7-6-1采用；对于雨水管道和合流管道，允许短时承压，应按满流计算。为防止排水管道发生冲刷和淤积，对最大流速和最小流速也做了规定。

表7-6-1　最大设计充满度

管径 d(mm)或暗渠深 H(mm)	最大设计充满度 $\alpha(h/d$ 或 $h/H)$
200～300	0.55
350～450	0.65
500～900	0.70
≥1000	0.75

六、明渠恒定非均匀流的流动状态

(1) 明渠均匀流形成的条件非常苛刻，只有在渠道底坡、渠壁粗糙系数沿程不变的长直顺坡棱柱形渠道中，才有可能形成均匀流，否则就是非均匀流。如渠底坡度或渠壁糙率或渠底断面形式沿流程变化，渠道中设有桥、涵、堰等建筑物，都是破坏均匀流条件而造成非均匀流的因素。天然河流是典型的非均匀流动。

(2) 明渠水流有两种截然不同的流动状态。一种常见于底坡平缓的渠道或枯水季节的平原河流，水流徐缓，若遇暗礁孤石等水下障碍物阻水，障碍物前水面壅高，干扰影响能逆流上传至较远地方；另一种多见于山区和丘陵地区河流，水流湍急，若遇水下障碍物阻水，则水面仅在障碍物附近隆起，前者称为缓流，后者称为急流。障碍物的干扰对上游来流无影响。

(3) 明渠水流流动状态的判别有多种方法，但各种方法都是等价的。工程中常用的有临界水深法和弗劳德数法。

$$\text{临界水深法}\begin{cases}h>h_k,\text{缓流}\\h=h_k,\text{临界流}\\h<h_k,\text{急流}\end{cases}\qquad(7-6-9)$$

$$\text{弗劳德数法}\begin{cases}Fr<1,\text{缓流}\\Fr=1,\text{临界流}\\Fr>1,\text{急流}\end{cases}\qquad(7-6-10)$$

式中：h、h_k 分别为渠道水深和相应的临界水深；$Fr=\sqrt{\alpha Q^2B/(gA^3)}$ 称为弗劳德数，为无量纲量。

第七节　渗流、集水廊道和单井

一、渗流和渗流基本定律

(一) 渗流

流体在土壤、岩层等多孔介质中的流动称为渗流。渗流理论除了广泛应用于石油、水利、化工、地质、采矿、给水排水等领域外，土木工程中的路基排水、地下工程防水、桥梁及建筑工程的基础施工降水等，也用到有关渗流知识。

水在土壤或岩石的孔隙中的存在状态有气态水、附着水、薄膜水、毛细水和重力水等。重力水在介质中的运动为重力作用的结果。

地下水的运动规律除与水的物理性质有关外，土壤的特性对水的渗透性质有很大的影响。土壤的特性主要取决于土壤的颗粒组成。对于均质各向同性土壤，渗透性质既与渗流空间的位置无关，也与渗流方向无关。

(二) 渗流模型

自然土壤的颗粒形状和大小相差悬殊，颗粒间的孔隙形状、大小和分布很不规则，具有随机性质。因此要精细确定水在土壤孔隙中的流动状况是非常困难的，一般也无此必要。工程中所关注的是渗流的宏观平均效果，而不是孔隙内的流动细节。为此，在流体力学中，通常根据工程实际的需要，用着眼于主流方向的连续渗流代替实际复杂的渗流，这种虚拟的渗流，称为渗流模型。

(三) 达西渗流定律

1856年法国工程师达西利用图7-7-1所示渗流实验装置，对沙质土壤进行了大量实验研究，得到了著名的达西定律（Daray's law）：

$$v=k\frac{H}{l}=kJ\qquad(7-7-1)$$

式中：$v=\frac{Q}{A}$ 为渗流的断面平均流速，这里 Q 为渗流流量，A 为与 v 的方向垂直的容器横截面面积；k 为渗流系数，与土壤性质和流体性质等有关，具有流速的量纲；$J=H/l$ 为流程长度 l 范围内的平均测压管坡度，亦即水力坡度，为更具普遍性，可将其写成微商形式 $J=-\frac{\mathrm{d}H}{\mathrm{d}S}$。

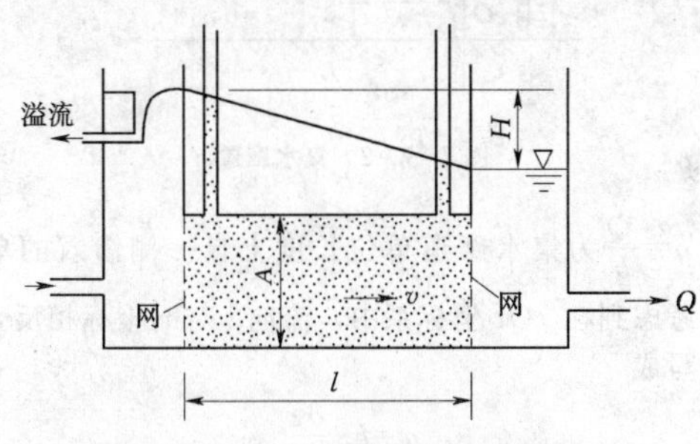

图7-7-1　达西渗流实验装置

实践表明，达西渗流定律适用于雷诺数 $Re<1\sim10$ 的渗流。

(四) 渗流系数

渗流系数 k 是达西渗流定律中的重要参数。k 值的确定正确与否直接关系到渗流计算结果的精确性。k 值的大小一般与土壤本身的粒径大小、形状、分布情况以及水的温度等有关，因此要准确地确定其数值是比较困难的。常用的确定方法如下。

(1) 经验公式法：根据土壤粒径大小、形状、结构、孔隙率和水温等参数所组成的经验公式估算 k 值。这类公式很多，一般可用作粗略估计。

(2) 实验室方法：在实验室利用类似于图7-7-1所示的渗流实验装置，并通过式（7-7-1）计算 k。此法简单，但往往因实验土样受到扰动而导致与实际土壤的 k 值有一定差别。

(3) 现场方法：在现场利用钻井或原有井做抽水试验或灌水试验，根据井的产水量公式计算 k。

作为近似，可采用表7-7-1中的 k 值。

表 7-7-1 渗流系数 k 的概值

土壤种类	渗流系数 k(cm/s)	土壤种类	渗流系数 k(cm/s)
黏 土	6×10^{-6}	亚黏土	$6\times10^{-6}\sim1\times10^{-4}$
黄 土	$3\times10^{-4}\sim6\times10^{-4}$	卵 石	$1\times10^{-1}\sim6\times10^{-1}$
细 砂	$1\times10^{-3}\sim6\times10^{-6}$	粗 砂	$2\times10^{-2}\sim6\times10^{-2}$

(五) 裘皮幼公式

达西渗流定律 v 与 J 成线性关系，描述的是均匀渗流运动规律。裘皮幼为解决具有渐变渗流性质的集水井产水量计算问题，假定任一过水渐变渗流断面上各点的水力坡度 $J=-\dfrac{dH}{dS}=$常数，从而得出同一过水渐变渗流断面上各点流速 u 相等，当然也等于断面平均流速，即

$$v=u=kJ \tag{7-7-2}$$

上式称为裘皮幼公式，它是将达西定律推广到渐变流的渗流公式。

二、集水廊道

设有一矩形断面的集水廊道，如图 7-7-2 所示，廊道底位于水平不透水层上。将裘皮幼公式代入连续性方程得

$$Q=Av=-bzk\frac{dz}{ds}$$

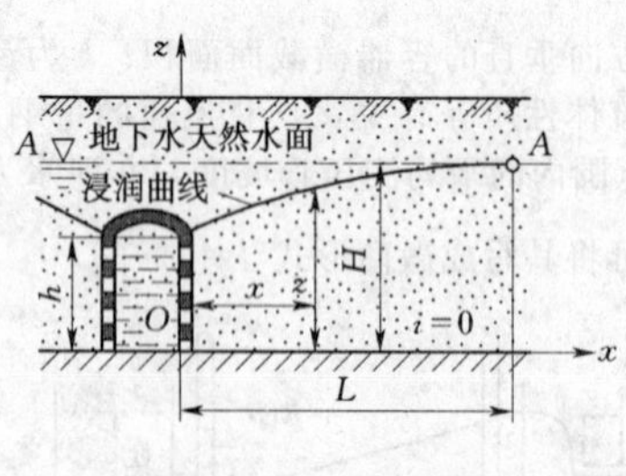

图 7-7-2 集水廊道

设 $q=\dfrac{Q}{b}$ 为集水廊道单位长度上自一侧渗入的单宽流量，并考虑到在 xOz 坐标系中，流向 s 与 x 坐标相反，则上式可以写成

$$q=kz\frac{dz}{dx}$$

将上式分离变量并积分

$$q\int_0^l dx=k\int_h^H z\,dz$$

得集水廊道单侧单宽渗流量为

$$q=\frac{k(H^2-h^2)}{2l} \tag{7-7-3}$$

式中：l 称为影响范围，在 $x\geqslant l$ 的地区天然地下水位不受廊道的影响；H 为天然地下水位，即含水层厚度；h 为廊道中水深。

三、单井

(一) 潜水井

(1) 在具有自由水面的无压含水层中修建的井称为潜水井，可以用来汲取无压地下水。若井底深达不透水层，如图 7-7-3所示，称为完全井，否则称为不完全井。

(2) 设潜水完全井的含水层厚度为 H，井的半径为 r_0。因抽水时，地下水从井周轴向对称地流入井中，建

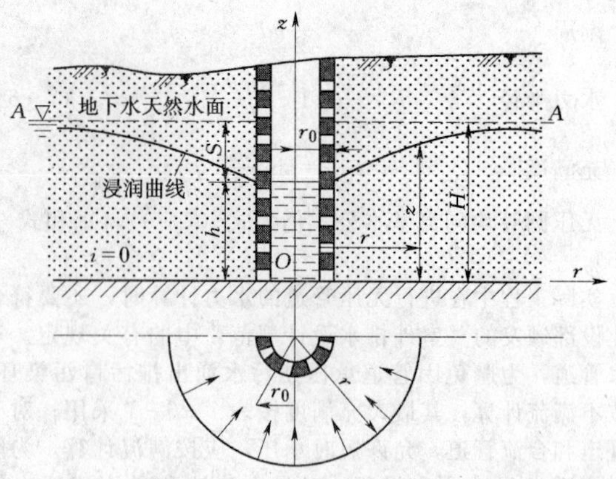

图 7-7-3 潜水完全井

立图示 rOz 坐标系较为方便。过流断面为圆柱面，$A=2\pi rz$，流速 $v=kJ=k\dfrac{dz}{dr}$，故流量 $Q=Av=2\pi rzk\dfrac{dz}{dr}$，分离变量并积分

$$Q\int_{r_0}^R \frac{dr}{r}=2\pi k\int_h^H z\,dz$$

得潜水完全井产水量公式

$$Q=\pi k\frac{H^2-h^2}{\ln\dfrac{R}{r_0}} \tag{7-7-4}$$

式中：R 为井的影响半径，可由抽水试验测定，近似计算时可用经验公式

$$R=3000S\sqrt{k} \tag{7-7-5}$$

估算，式中 $S=H-h$ 为井中水位降深，以 m 计；渗流系数 k 以 m/s 计。

(二) 自流井

(1) 含水层位于两不透水层之间，其中渗流所受的压强大于大气压强，这样的含水层称为自流层，由自流层供水的井称为自流井，如图 7-7-4 所示。

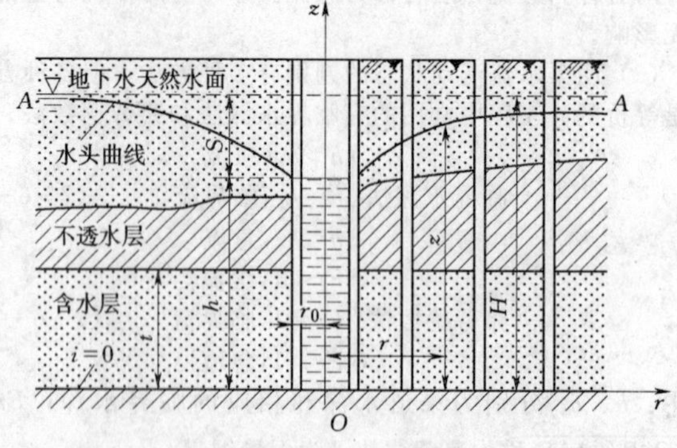

图 7-7-4 自流井

(2) 设含水层厚度为 t，凿井穿过覆盖在含水层上的不透水层时，地下水位将升到高度 H。抽水时，过流断面面积 $A=2\pi rt$，断面上各点的水力坡度 $J=\dfrac{dz}{dr}$，故流量 $Q=Av=2\pi rtk\dfrac{dz}{dr}$，分离变量并积分

$$Q\int_{r_0}^R \frac{dr}{r}=2\pi tk\int_h^H dz$$

得自流完全井产水量公式

$$Q=\frac{2\pi kt(H-h)}{\ln\frac{R}{r_0}} \tag{7-7-6}$$

（三）大口井与基坑排水

大口井是井径较大、井深较小的集水井，一般用于集取浅层地下水，且为产水量来自井壁和井底的不完全井。基坑排水的性质与大口井相似，计算方法基本相同。

关于大口井的渗流形式有两种假定，一种是假定过流断面为半球面［见图7-7-5(a)］，另一种是假定为椭球面［见图7-7-5(b)］。前者适用于含水层厚度较大的情况，实践证明当$\frac{H}{r_0}>8\sim10$时，比较接近于实际。后一种假定适用于含水层厚度较小的情况。

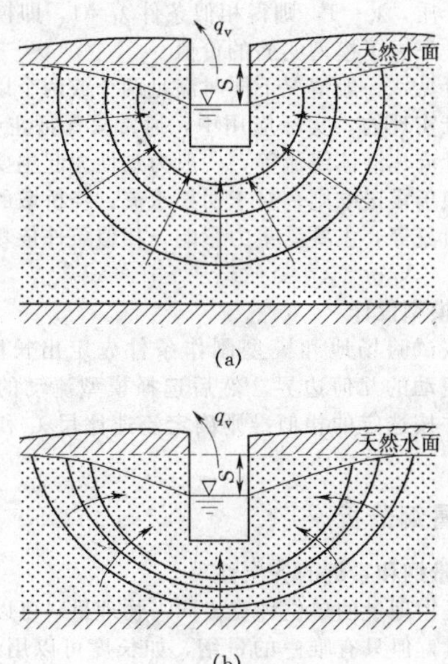

图7-7-5 大口井

(a) 过流断面为半球面；(b) 过流断面为椭球面

当渗流过流断面为半球面时，其产水量公式为

$$Q=2\pi kr_0S \tag{7-7-7}$$

当过流断面为椭球面时

$$Q=4kr_0S \tag{7-7-8}$$

第八节 相似原理和量纲分析

一、问题的提出

实际工程中的许多流体力学问题，由于其固有的复杂性，若仅用理论分析方法求解，一般很难得到完整的结果。实验分析方法是研究工程流体力学的重要方法之一。由于工程中实物原型的尺寸一般较大（尤其是土建工程中的建筑物），直接进行实验会耗费大量的人力和物力，因此人们往往采用模型进行实验研究。

要进行模型实验，就会遇到如何更有效地设计和组织实验，如何正确处理实验数据，以及如何将模型实验结果推广到原型等一系列问题。本节所讲的相似原理和量纲分析知识就是为这些问题的解决提供理论依据。

二、流动相似的基本概念

（一）比尺

流动相似概念是几何学中的几何相似概念的推广。要使模型和原型的流动相似，除要求两者满足几何相似外，还要满足运动相似、动力相似以及定解条件（包括边界条件和初始条件）相似。

为便于理解和掌握相似的基本概念，定义$\lambda_q=\frac{q_p}{q_m}$表示原型（p）与模型（m）对应物理量$q$的比例，称为比尺。

（二）几何相似

几何相似即形状相似，要求原型和模型对应的线性尺度成一定的比例。因此，两个几何相似物体的长度（l）、面积（A）、体积（V）比尺可分别表示为

$$\lambda_l=\frac{l_p}{l_m}$$

$$\lambda_A=\frac{A_p}{A_m}=\lambda_l^2$$

$$\lambda_V=\frac{V_p}{V_m}=\lambda_l^3$$

完善的几何相似，要求原型和模型两者的表面粗糙度之比也应等于λ_l，实际中有时很难做到。

（三）运动相似

运动相似是指流体运动的流速场相似，即要求原型和模型流动各对应点的流速方向相同、大小成一定的比例。因此两个运动相似物体的流速（u或v）、加速度（a）比尺可分别表示为

$$\lambda_u=\lambda_v=\frac{u_p}{u_m}$$

$$\lambda_a=\frac{a_p}{a_m}=\frac{\lambda_u^2}{\lambda_l^2}$$

（四）动力相似

动力相似是指原型和模型所受的同名力方向相同、大小成一定的比例。如图7-8-1所示，流经飞机机翼流体的流场，假定作用在原型和模型流体质点上的同名力有重力F_G、压力F_P、黏性力F_T、惯性力F_I等，则两流动动力相似就要求

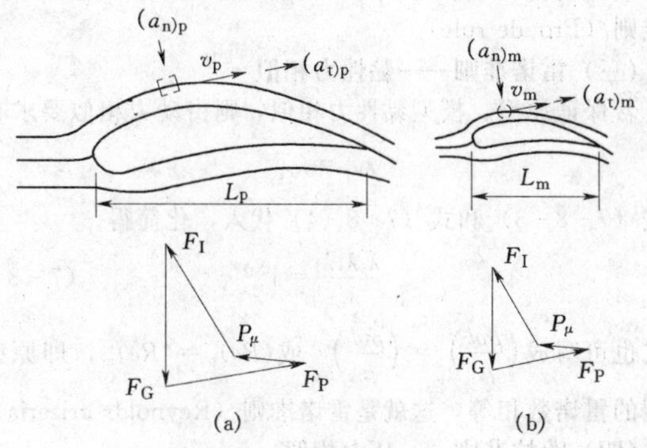

图7-8-1 流经飞机机翼流体的流场

(a) 原型；(b) 模型

$$\frac{F_{Gp}}{F_{Gm}}=\frac{F_{Pp}}{F_{Pm}}=\frac{F_{Tp}}{F_{Tm}}=\frac{F_{Ip}}{F_{Im}}$$

或写成比尺形式有

$$\lambda_{F_G}=\lambda_{F_P}=\lambda_{F_T}=\lambda_{F_I}$$

一般说来，几何相似是运动相似和动力相似的前提，动力相似是决定两流动相似的主导因素，运动相似是几何相似和动力相似的表现。因此，在几何相似前提下，要保证流动相似主要看动力相似。

三、相似准则

（一）基本比尺

几何相似、运动相似、动力相似之间是有一定联系的，这种联系就是相似准则。其实流动相似的本质就是原型和模型能被同一物理方程所描述，这种思想可以推广到任意两个物理现象的相似，如水电相似、热电相似等。

推导相似准则可以从牛顿运动定律 $\sum \boldsymbol{F}=m\boldsymbol{a}$ 出发，即把惯性力作为标准，将其与其他作用力进行比较。

为便于相似准则的推导，现将常见作用力的比尺用基本比尺表示：

重力比尺　$$\lambda_{F_G}=\frac{(\rho gV)_p}{(\rho gV)_m}=\lambda_\rho\lambda_g\lambda_l^3 \qquad (7-8-1)$$

压力比尺　$$\lambda_{F_P}=\frac{(pA)_p}{(pA)_m}=\lambda_p\lambda_l^2 \qquad (7-8-2)$$

黏性力比尺　$$\lambda_{F_T}=\frac{\left(\frac{A\mu \mathrm{d}u}{\mathrm{d}y}\right)_p}{\left(\frac{A\mu \mathrm{d}u}{\mathrm{d}y}\right)_m}=\lambda_\mu\lambda_l\lambda_v \qquad (7-8-3)$$

惯性力比尺　$$\lambda_{F_I}=\frac{(\rho Va)_p}{(\rho Va)_m}=\lambda_\rho\lambda_l^3\lambda_a=\lambda_\rho\lambda_l^2\lambda_v^2 \qquad (7-8-4)$$

（二）弗劳德准则——重力相似

若保证原型、模型任意对应点的重力相似，则由动力相似要求有

$$\lambda_{F_G}=\lambda_{F_I}$$

将式（7-8-1）和式（7-8-4）代入，代简得

$$\frac{\lambda_v}{\sqrt{\lambda_g\lambda_l}}=1 \qquad (7-8-5)$$

上式也可写成 $\left(\frac{v}{\sqrt{gl}}\right)_p=\left(\frac{v}{\sqrt{gl}}\right)_m$ 或 $(Fr)_p=(Fr)_m$，即原型和模型的弗劳德数（Froude number）相等，这就是弗劳德准则（Froude rule）。

（三）雷诺准则——黏性力相似

若保证原型、模型黏性力相似，则由动力相似要求有

$$\lambda_{F_T}=\lambda_{F_I}$$

将式（7-8-3）和式（7-8-4）代入，化简得

$$\frac{\lambda_\rho\lambda_v\lambda_l}{\lambda_\mu}=1 \qquad (7-8-6)$$

上式也可写成 $\left(\frac{\rho vl}{\mu}\right)_p=\left(\frac{\rho vl}{\mu}\right)_m$ 或 $(Re)_p=(Re)_m$，即原型和模型的雷诺数相等，这就是雷诺准则（Reynolds criteria）。

（四）欧拉准则——压力相似

保证原型、模型压力相似，则由动力相似要求有

$$\lambda_{F_P}=\lambda_{F_I}$$

将式（7-8-2）和式（7-8-4）代入并化简得

$$\frac{\lambda_p}{\lambda_\rho\lambda_v^2}=1 \qquad (7-8-7)$$

上式也可写成 $\left(\frac{p}{\rho v^2}\right)_p=\left(\frac{p}{\rho v^2}\right)_m$ 或 $(Eu)_p=(Eu)_m$，即原型和模型的欧拉数相等，这就是欧拉准则。

四、相似原理的应用

（一）模型律的选择

模型设计首先要选择模型律，即确定所要遵循的相似准则。从理论上讲，流动相似应要求所有作用力都相似。

现仅就同时满足黏性力和重力相似进行讨论。由式（7-8-5）和式（7-8-6）得相似条件 $\lambda_v=\frac{\lambda_\mu}{\lambda_\rho}=\lambda_g^{\frac{1}{2}}\lambda_l^{\frac{3}{2}}=\lambda_l^{\frac{3}{2}}$，也就是说，要保证黏性力和重力同时相似，须按 $\lambda_\nu=\lambda_l^{\frac{3}{2}}$ 选择模型流体的运动黏度，这通常难以实现；假若模型与原型采用同一介质，$\lambda_\nu=1$，则得相似条件 $\lambda_l=1$，即模型与原型尺寸相同，失去了模型实验的价值。

由此可见，一般情况下同时满足两个或两个以上作用力相似是很难实现的。实际应用中，通常只保证主要力相似。对于有压管流、潜体绕流等，一般为黏性力起主要作用，相似条件依赖于雷诺准则；对于明渠水流、绕桥墩的水流、自由式孔口出流等，主要受重力影响，相似条件依赖于弗劳德准则。

（二）模型设计

通常按试验场地和模型制作条件先定出长度比尺 λ_l，确定模型流动的几何边界。然后选择模型流动的介质和相似准则，并按选定的相似准则确定流速比尺 λ_v 和计算模型流量。

五、量纲分析

（一）量纲和量纲的齐次性

量纲是物理量的单位种类。同一物理量，可以用不同的单位来度量，但只有唯一的量纲，如长度可以用米、厘米、英尺、英寸等不同单位度量，但作为物理量的种类，它属于长度量纲 L。其他物理量如时间、速度、密度、力等也各属一种量纲。具有独立性的量纲称为基本量纲。在工程流体力学中，常用长度量纲 L、时间量纲 T、质量量纲 M 作为基本量纲，其他物理量的量纲都可由这三个基本量纲来表示，如流速 $\dim v=LT^{-1}$、力 $\dim F=MLT^{-2}$。力学上任何有物理意义的方程式或关系式，各项的量纲必须相同，如流体静力学基本方程 $z+\frac{p}{\rho g}=C$，各项量纲均为 L，物理方程的这种性质称为量纲齐次性规律。一个量纲齐次性方程，可以化为无量纲方程，只要用方程中任一项除以其他各项即可，化为无量纲方程后，方程的函数关系并不改变。

（二）量纲分析法

量纲分析法的基本思想是首先假定一个未知的函数关系，然后运用物理方程量纲齐次性规律确定这个函数关系。量纲分析通用的方法是用布金汉 π 定理。

布金汉 π 定理指出：对于某个物理现象，如果存在 n 个变量互为函数关系，即 $F(q_1, q_2, \cdots, q_n)=0$，其中含有 m 个基本量，则可将 n 个变量组合成 $(n-m)$ 个无量纲数的函数关系，即

$$\varphi(\pi_1, \pi_2, \cdots, \pi_{n-m})=0$$

式中：π_1，π_2，…，π_{n-m} 等称为 π 数，即无量纲数。

基本量必须彼此互相独立，在流体力学中通常选 3 个。

第八章　电子计算机技术

第一节　电子计算机

一、电子计算机的发展历程和发展趋势

（一）电子计算机的发展历程

从1946年2月诞生世界第一台电子计算机ENIAC，电子数字计算机的发展主要经历了四代历程，如表8-1-1所示。

表8-1-1　电子计算机发展的四代历程

时代	起讫时间（年）	基本电子元件	技术特点
第一代	1946～1956	电子管、磁鼓、磁芯	每秒几千次至几万次、机器和汇编语言
第二代	1956～1962	晶体管、磁芯、磁盘	每秒几十万次至几百万次、高级编程语言
第三代	1965～1970	中小规模集成电路、半导体存储器	每秒几百万次至千万次、操作系统成熟
第四代	1971至今	大规模、超大规模集成电路	可达每秒几万亿次至百万亿次、进入网络时代

（二）电子计算机的发展趋势

未来电子计算机的发展趋势如表8-1-2所示。

表8-1-2　未来电子计算机发展趋势

一高五化	主要内容
高性能	运算速度快，可靠性高，进一步提高字长和寻址空间，能多指令发送，具有并行操作技术等。除了发展半导体技术外，新技术很受科学家重视，已产生了光计算机、量子计算机、生物计算机
人性化	易学、易用，使计算机做到"使用傻瓜化"
网络化	利用计算机和通信技术达到数据传输和资源共享
多级化	充分发挥巨、大、中、小、微型计算机的特色，共同形成一个多级计算机世界
多媒体化	用计算机处理文本、图形、图像、声音、视频等多种媒体信息
智能化	使计算机能模拟人的思维，具有推理、联想、学习能力，能看、能说

1. 量子计算机取得突破

据美国《大众科学》网站2011年9月2日报道，两个关键进展使量子计算机比以往更接近于现实。美欧两个大陆的研究人员报告在量子计算方面取得两个重大突破——一个建立在众所周知的冯·诺伊曼处理器一存储器结构上的量子系统和一个建立在量子计算机平台上的数字化量子模拟器。虽然这些进展仍然仅限于实验室使用，但是它们又是一个迹象，表明计算的量子飞跃可能就在眼前。在第一项研究中，加州大学圣巴巴拉分校的研究人员说，他们制造出基于冯·诺伊曼系统的量子计算机芯片。冯·诺伊曼结构以发明这种概念的工程师命名，它将中央处理器和存储器结合在一起，它是每一台计算机的基础。这种量子中央处理器是一个重大突破，因为从定义上说，量子计算机很难设计。它们基于叠加概念——一个量子比特可同时在两种不同的状态存在。换言之，它可能同时是一个0或一个1，因此其计算速度快于以0或1为基础的系统。在另一篇量子论文中，奥地利的研究人员报告制造出第一台数字化量子模拟器——有点像量子计算机，但是范围不同。它可用于制作量子系统行为的模型，这有可能帮助改进量子计算机。研究小组利用激光冷却的钙原子作为量子比特，利用激光脉冲启动计算。研究人员发现，该系统可模拟几种交互式旋转系统。研究人员说，这种模拟器可改变程序，模拟任何量子系统。

2. 接近像人一样"思考"的智能电脑

英国天才、人工智能之父艾伦·图灵对一台电脑能否"思考"有个简单的测试：它必须有能力让人类以为跟自己交谈的是一个人，而不是一部机器。

2011年9月上旬在印度高哈蒂举行的计算机节上，一款名为Cleverbot的软件成功地让1334名投票者中的59.3%误以为它是人类——远远超过参加此前任何正式的"图灵测试"的计算机。

编写这款软件的英国人罗洛·卡彭特说："你可以说，Cleverbot骗过了超过50%的人，通过了图灵测试。但是，全球通用的测试并不存在。人们围绕这个话题展开了无穷无尽的讨论。我们使用的方法相对其他许多方法而言'学术性'没那么强。"

图灵最初的"测试'是在1950年的一篇学术论文中提出的，该论文提了一个著名的问题："机器能够思考吗？"尽管图灵测试引发争议，它仍是我们的人工智能理念的关键。不过，本轮测试绝不是说机器彻底战胜了人。

Cleverbot和人类一道接受测试，以便有个"对照"。观众注视着30名志愿者与一名网上聊天者——可能是Cleverbot，也可能是真正的人——通过打字进行4分钟的对话。对话内容被展现在大屏幕上，观众随后可以投票判断对方是不是真正的人。

身为对话软件先驱的卡彭特说："你也可以说它没有通过测试，因为要想真的'通过'，它应该和人无法区别，但事实并非如此。"

Cleverbot确实成功地让半数以上的观众误以为它是人类，但作为对照的真正人类还是更令人信服。投票者成功地判断出了63.3%的人人对话。与之前的任何测试相比，Cleverbot或许骗过了更多的人，但它仍然不像真正的人那样"有人味"。

卡彭特说："我们的志愿者没有试图'欺骗'机器，没有问它难以回答的问题。我很清楚，要是他们这么做的话结果可能大为不同。他们只是聊聊天而已。我想，Cleverbot是通过了图灵测试的聊天版。"

公众可以自由登录Cleverbot.com，每天有10万人跟它对话。卡彭特说："每次有人跟它聊天，它会学到人们在不同情境下说些什么。它在生活中的作用是模仿人类聊天，但随着它的发展，它会做更多合情合理的事。或许它跟人类还

不是无法区分，但59%和63%已是非常接近。”

二、电子计算机的分类和特点

1. 计算机的分类

从不同的角度对计算机进行分类如下：

(1) 按所处理的量值：分模拟计算机和数字计算机。

(2) 按适用范围：分专用计算机和通用计算机。

(3) 按规模：分巨型计算机、大型计算机、中型计算机、小型计算机、微型计算机、单板机和单片机。

(4) 按内部逻辑结构：分复杂指令系统计算机、精简指令系统计算机。

(5) 按计算机字长：分8位机、16位机、32位机、64位机。

2. 电子计算机的特点

计算机能在程序控制下自动连续地高速运算。由于采用存储程序控制的方式，只要输入编制好的程序，启动计算机后，就能自动地执行下去直至完成任务。主要特点如表8-1-3所示。

表8-1-3　电子计算机的特点

特点	能 力 要 求
计算能力	计算精度高，运算速度快
判断能力	拥有逻辑判断和选择能力，可用于管理、控制、决策、推理等方面
存储能力	计算机具有记忆功能，拥有巨大的存储空间
快速操作能力	计算机依次进行操作所需时间小到纳秒（ns），反应速度快
通用性	方便实现不同的应用目的
联网功能	借助通信技术达到数据传输和资源共享

第二节 电子计算机系统

一、电子计算机的组成

美籍匈牙利数学家冯·诺依曼提出计算机基本结构和工作方式的设想，为计算机的诞生和发展提供了理论基础，冯·诺依曼理论的要点如下。

(1) 数字计算机的数制采用二进制。

(2) 计算机硬件设备由存储器、运算器、控制器、输入设备和输出设备5部分组成。

(3) 存储程序思想：把计算过程描述为由许多指令按一定顺序组成的程序，然后把程序和数据一起输入计算机，执行程序完成计算，输出结果。

直至今日，尽管计算机软硬件技术飞速发展，但计算机本身的体系结构并没有明显的突破，当今的计算机仍属于冯·诺依曼架构。一个完整的计算机系统是由计算机硬件系统和软件系统组成，如图8-2-1所示。

二、计算机硬件系统

计算机硬件系统由主机和外设组成，主要部件可分为：总线、内存、处理器、输入设备、输出设备等。

(一) 总线

在计算机中有三种信息（数据信息、地址信息和控制信息），它们分别在称为数据总线、地址总线和控制总线的线路上流动。总线由一组导线和相关的控制、驱动电路组成。在计算机系统中，总线被视为一个独立部件。

(1) 数据总线：用于传送程序和数据信息，计算机数据总线所包含的二进制位数称为字长。

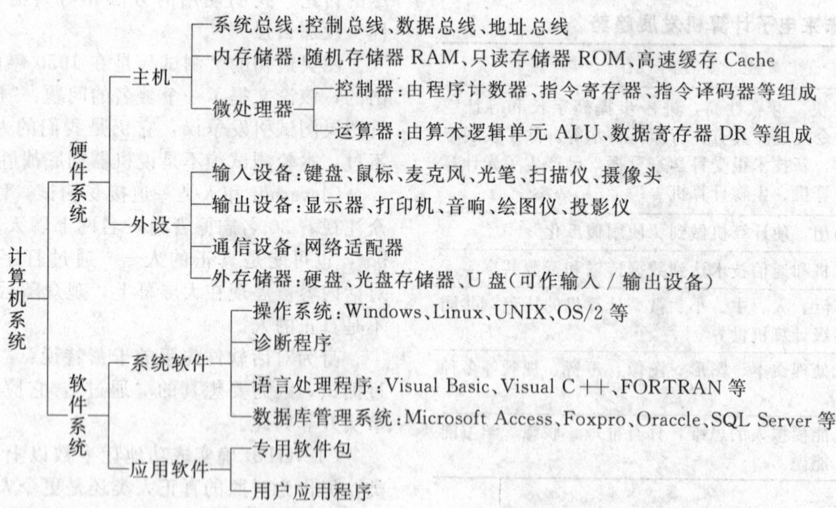

图8-2-1 计算机系统组成

(2) 地址总线：专门用来传送地址的，由CPU传向存储器的为地址码，传向I/O接口的为设备码。

(3) 控制总线：用来传送控制信号。

ISA总线、PCI总线和AGP总线称为I/O通道总线，它们是为适应各类适配卡规定的标准。

(二) 中央处理器（在微机中称微处理器）

中央处理器的组成和作用，如表8-2-1所示。

表8-2-1　中央处理器组成及作用

部件名称	组 成 及 作 用
控制器	由程序计数器、指令寄存器、指令译码器、地址寄存器及控制部件等组成。是分析和执行指令的部件
运算器	由算术逻辑单元（ALU）数据寄存器等组成。是完成算术运算和逻辑运算的部件
程序计数器PC	用来存放下一条要执行的指令地址

续表

部件名称	组成及作用
指令寄存器 IR	用来保存当前正在执行的一条指令
指令译码器	负责对指令的指令码部分进行译码，产生该指令所需要的一系列微操作信号
地址寄存器	用来保存当前 CPU 所访问的内存单元的地址，当 CPU 向内存存/取数据时，或者 CPU 从内存中读出指令时，都要使用地址寄存器。有些系统中把外围设备像内存单元一样编号，这些编号称为设备地址，那么，当 CPU 和外围设备交换信息时，同样使用地址寄存器保存设备地址
控制部件	按微操作信号控制计算机中的所有部件
算术逻辑单元 ALU	主要完成算术运算和各种逻辑运算
数据寄存器	用来存放操作数、运算结果和运算的中间结果，以减少访问存储器的次数

（三）存储器

存储器（Memory）是计算机系统中的记忆设备，用来存放程序和数据。计算机中的全部信息，包括输入的原始数据、计算机程序、中间运行结果和最终运行结果都保存在存储器中。

按用途存储器可分为主存储器（内存）和辅助存储器（外存）。外存通常是磁性介质或光盘、U 盘等，能长期保存信息。内存半导体存储器，用来存放当前正在执行的程序和数据，但仅用于暂时存放程序和数据，关闭电源或断电，数据就会丢失。

为了解决 CPU 与内存储器之间速度不匹配问题，引进了高速缓冲存储器（Cache）。

一个存储器包含许多存储单元，每个存储单元可存放一个字节（微机按字节编址）。每个存储单元的位置都有一个编号，即存储地址。一个存储器中所有存储单元可存放数据的总和称为它的存储容量。

存储器根据控制器指定的位置（地址寄存器）存入（写）和取出（读）信息。

一般内存容量小、速度快、价钱贵，外存容量大、速度慢、价钱低。

（四）输入设备

输入设备是计算机输入程序和数据的设备。如：键盘、鼠标、摄像头、扫描仪、光笔、手写输入板、游戏杆、麦克等都属于输入设备。

（五）输出设备

输出设备是人与计算机交互的一种部件，用于数据的输出。它把各种计算结果数据或信息以数字、字符、图像、声音等形式表示出来。常见的有显示器、打印机、绘图仪、影像输出系统、语音输出系统等。

虽然电子计算机键盘上的 26 个英文字母的排列和机械式英文打字机一样，但在计算机上，26 个英文字母不仅可以打出英语，还可以打出世界上任何一种语言，还有英文打字机上 26 个英文字母想象不到的更多用途。请你用好电脑键盘上的每一个键。

计算机键盘上各个键的用处如下：

F1　帮助

F2　改名

F3　搜索

F4　地址

F5　刷新

F6　切换

F10　菜单

CTRL＋A　全选

CTRL＋C　复制

CTRL＋X　剪切

CTRL＋V　粘贴

CTRL＋Z　撤消

CTRL＋O　打开

SHIFT＋DELETE　永久删除

DELETE　删除

ALT＋ENTER　属性

ALT＋F4　关闭

CTRL＋F4　关闭

ALT＋TAB　切换

ALT＋ESC　切换

ALT＋空格键　窗口菜单

CTRL＋ESC　开始菜单

拖动某一项时按 CTRL　复制所选项目

拖动某一项时按 CTRL＋SHIFT　创建快捷方式

将光盘插入到 CD－ROM 驱动器时按 SHIFT 键　阻止光盘自动播放

Ctrl＋1，2，3…　切换到从左边数起第 1，2，3…个标签

Ctrl＋A　全部选中当前页面内容

Ctrl＋C　复制当前选中内容

Ctrl＋D　打开"添加收藏"面版（把当前页面添加到收藏夹中）

Ctrl＋E　打开或关闭"搜索"侧边栏（各种搜索引擎可选）

Ctrl＋F　打开"查找"面版

Ctrl＋G　打开或关闭"简易收集"面板

Ctrl＋H　打开"历史"侧边栏

Ctrl＋I　打开"收藏夹"侧边栏/另：将所有垂直平铺或水平平铺或层叠的窗口恢复

Ctrl＋K　关闭除当前和锁定标签外的所有标签

Ctrl＋L　打开"打开"面版（可以在当前页面打开 Iternet 地址或其他文件…）

Ctrl＋N　新建一个空白窗口（可更改，Maxthon 选项→标签→新建）

Ctrl＋O　打开"打开"面版（可以在当前页面打开 Iternet 地址或其他文件…）

Ctrl＋P　打开"打印"面板（可以打印网页，图片什么的…）

Ctrl＋Q　打开"添加到过滤列表"面板（将当前页面地址发送到过滤列表）

Ctrl＋R　刷新当前页面

Ctrl＋S　打开"保存网页"面板（可以将当前页面所有内容保存下来）

Ctrl＋T　垂直平铺所有窗口

Ctrl＋V　粘贴当前剪贴板内的内容

Ctrl＋W　关闭当前标签（窗口）

Ctrl＋X　剪切当前选中内容（一般只用于文本操作）

Ctrl＋Y　重做刚才动作（一般只用于文本操作）

Ctrl＋Z　撤消刚才动作（一般只用于文本操作）

Ctrl+F4　关闭当前标签（窗口）

Ctrl+F5　刷新当前页面

Ctrl+F6　按页面打开的先后时间顺序向前切换标签（窗口）

Ctrl+F11　隐藏或显示菜单栏

Ctrl+Tab　以小菜单方式向下切换标签（窗口）

Ctrl+Enter　域名自动完成 http：//www.XXX.com（内容可更改，Maxthon 选项→地址栏→常规）/另：当输入焦点在搜索栏中时，为高亮关键字

Ctrl+拖曳　保存该链接的地址或已选中的文本或指定的图片到一个文件夹中（保存目录可更改，Maxthon 选项→保存）

Ctrl+小键盘"+"　当前页面放大 20%

Ctrl+小键盘"-"　当前页面缩小 20%

Ctrl+小键盘"*"　恢复当前页面的缩放为原始大小

Ctrl+Alt+S　自动保存当前页面所有内容到指定文件夹（保存路径可更改，Maxthon 选项→保存）

Ctrl+Shift+小键盘"+"　所有页面放大 20%

Ctrl+Shift+小键盘"-"　所有页面缩小 20%

Ctrl+Shift+F　输入焦点移到搜索栏

Ctrl+Shift+G　关闭"简易收集"面板

Ctrl+Shift+H　打开并激活到你设置的主页

Ctrl+Shift+N　在新窗口中打开剪贴板中的地址，如果剪贴板中为文字，则调用搜索引擎搜索该文字（搜索引擎可选择，Maxthon 选项→搜索）

Ctrl+Shift+S　打开"保存网页"面板（可以将当前页面所有内容保存下来，等同于 Ctrl+S）

Ctrl+Shift+W　关闭除锁定标签外的全部标签（窗口）

Ctrl+Shift+F6　按页面打开的先后时间顺序向后切换标签（窗口）

Ctrl+Shift+Tab　以小菜单方式向上切换标签（窗口）

Ctrl+Shift+Enter　域名自动完成

Alt+1　保存当前表单

Alt+2　保存为通用表单

Alt+A　展开收藏夹列表

资源管理器

END　显示当前窗口的底端

HOME　显示当前窗口的顶端

NUMLOCK+数字键盘的减号（-）　折叠所选的文件夹

NUMLOCK+数字键盘的加号（+）　显示所选文件夹的内容

NUMLOCK+数字键盘的星号（*）　显示所选文件夹的所有子文件夹

向左键当前所选项处于展开状态时　折叠该项，或选定其父文件夹

向右键当前所选项处于折叠状态时　展开该项，或选定第一个子文件夹

自然键盘

【窗口】　显示或隐藏"开始"菜单

【窗口】　+F1 帮助

【窗口】　+D 显示桌面

【窗口】　+R 打开"运行"

【窗口】　+E 打开"我的电脑"

【窗口】　+F 搜索文件或文件夹

【窗口】　+U 打开"工具管理器"

【窗口】　+BREAK 显示"系统属性"

【窗口】　+TAB 在打开的项目之间切换

辅助功能

按右边的 SHIFT 键八秒钟　切换筛选键的开和关

按 SHIFT 五次　切换粘滞键的开和关

按 NUMLOCK 五秒钟　切换切换键的开和关

左边的 ALT+左边的 SHIFT+NUMLOCK　切换鼠标键的开和关

左边的 ALT+左边的 SHIFT+PRINTSCREEN　切换高对比度的开和关

运行

按"开始"—"运行"，或按 WIN 键+R，在『运行』窗口中输入：（按英文字符顺序排列）

%temp%——打开临时文件夹

.——C：\DocumentsandSettings\用户名所在文件夹

..——C：\Documentsandsettings

...——我的电脑

\——C 盘

appwize.cpl——添加、删除程序

access.cpl——辅助功能选项

Accwiz——辅助功能向导

cmd——CMD 命令提示符

command——CMD 命令提示符

chkdsk.exe——Chkdsk 磁盘检查

certmgr.msc——证书管理实用程序

calc——启动计算器

charmap——启动字符映射表

cintsetp——仓颉拼音输入法

cliconfg——SQLSERVER 客户端网络实用程序

clipbrd——剪贴板查看器

control——打开控制面板

conf——启动 netmeeting

compmgmt.msc——计算机管理

cleanmgr——垃圾整理

ciadv.msc——索引服务程序

dcomcnfg——打开系统组件服务

ddeshare——打开 DDE 共享设置

dxdiag——检查 DirectX 信息

drwtsn32——系统医生

devmgmt.msc——设备管理器

desk.cpl——显示属性

dfrg.msc——磁盘碎片整理程序

diskmgmt.msc——磁盘管理实用程序

dvdplay——DVD 播放器

eventvwr——事件查看器

eudcedit——造字程序

explorer——打开资源管理器

fsmgmt.msc——共享文件夹管理器

firewall.cpl——WINDOWS 防火墙

gpedit.msc——组策略

hdwwiz.cpl——添加硬件

iexoress——木马捆绑工具，系统自带

inetcpl.cpl——INTETNET 选项

intl.cpl——区域和语言选项（输入法选项）

irprops.cpl——无线链接

joy. cpl——游戏控制器

lusrmgr. msc——本机用户和组

logoff——注销命令

main. cpl——鼠标

mem. exe——显示内存使用情况

migwiz——文件转移向导

mlcfg32. cpl——邮件

mplayer2——简易 widnowsmediaplayer

mspaint——画图板

msconfig. exe——系统配置实用程序

mstsc——远程桌面连接

magnify——放大镜实用程序

mmc——打开控制台

mmsys. cpl——声音和音频设备

mobsync——同步命令

ncpa. cpl——网络连接

nslookup——IP 地址侦测器

netstartX——开始 X 服务

netstopX——停止 X 服务

netstat - an——命令检查接口

netsetup. cpl——无线网络安装向导

notepad——打开记事本

nslookup——IP 地址侦探器

narrator——屏幕“讲述人”

ntbackup——系统备份和还原

ntmsmgr. msc——移动存储管理器

ntmsoprq. msc——移动存储管理员操作请求

nusrmgr. cpl——用户账户

nwc. cpl——NetWare 客户服务

osk——打开屏幕键盘

odbcad32——ODBC 数据源管理器

odbccp32. cpl——ODBC 数据源管理器

oobe/msoobe/a——检查 XP 是否激活

packager——对象包装程序

perfmon. msc——计算机性能监测程序

powercfg. cpl——电源选项

progman——程序管理器

regedit——注册表

rsop. msc——组策略结果集

regedt32——注册表编辑器

regsvr32/? ——调用、卸载 DLL 文件运行（详细请在 cmd 中输入 regsvr32/?）

sapi. cpl——语音

services. msc——本地服务设置

syncapp——创建一个公文包

sysedit——系统配置编辑器

sigverif——文件签名验证程序

sndrec32——录音机

sndvol32——音量控制程序

shrpubw——共享文件夹设置工具

secpol. msc——本地安全策略

sysdm. cpl——系统

syskey——系统加密（一旦加密就不能解开，保护 windowsxp 系统的双重密码）

services. msc——本地服务设置

sfc. exe——系统文件检查器

sfc/scannow——windows 文件保护

shutdown——关机命令（详细请在 cmd 中输入 shutdown/?）

taskmgr——任务管理器

telephon. cpl——电话和调制解调器选项

telnet——远程连接程序

timedate. cpl——日期和时间

tourstart——xp 简介（安装完成后出现的漫游 xp 程序）

tsshutdn——60 秒倒计时关机命令

utilman——辅助工具管理器

winver——检查 Windows 版本

winmsd——系统信息

wiaacmgr——扫描仪和照相机向导

winchat——XP 自带局域网聊天

wmimgmt. msc——打开 windows 管理体系结构 (WMI)

wordpad——写字板

wuaucpl. cpl——自动更新

wupdmgr——windows 更新程序

write——写字板

wscript——windows 脚本宿主设置

wscui. cpl——安全中心

C：/windows/fonts 字体

三、计算机软件系统

计算机软件系统由系统软件、支撑软件和应用软件组成。

（1）系统软件。系统软件主要指控制和协调计算机及外部设备工作的软件。通常指操作系统，如：Windows、Linux、Dos、UNIX 等。

（2）支撑软件。支撑软件是支撑各种软件的开发与维护的软件，又称为软件开发环境。它主要包括环境数据库、语言处理程序等。如数据库、汇编语言汇编器、语言编译、连接器等，微软公司的 Visual Studio. NET 是目前微机普遍应用的支撑软件。

（3）应用软件。应用软件使用各种程序设计语言编制的应用程序，分为通用应用软件和专用应用软件。

人们也常把系统软件和支撑软件合在一起，称为系统软件，这样就把计算机软件系统看成是由系统软件和应用软件组成的系统。

四、操作系统

只有硬件部分，未安装任何软件系统的电脑叫做裸机。操作系统是系统软件中最内层的软件，是计算机系统的内核与基石。

（一）操作系统及特征

操作系统的功能是控制和管理计算机系统内各种硬件和软件资源、合理有效地组织计算机系统的工作，为其他应用软件提供支持，控制程序运行，为用户提供方便的、有效的、友善的服务界面。

现代的操作系统具有 3 个基本特征：并发性、共享性、随机性。

（1）并发性：指的是很多个程序或者作业在同一段时间内运行，宏观上看程序或者作业在同一操作系统的控制下并行向前推进。

（2）共享性：在操作系统的控制下，操作系统和多个运行的用户程序一起共享计算机的资源。

(3) 随机性：指操作系统控制下的多道作业执行顺序和每个作业的执行时间是不确定的。

(二) 操作系统的作用

在计算机系统中引入操作系统有两方面的目的：最大限度地提高计算机系统资源的使用效率和方便用户使用计算机。

(1) 资源管理：系统资源既包括 CPU、内存、外围设备等硬件资源，也包括程序和数据等软件资源。其功能包括监视资源、确定资源分配策略、按照资源分配策略决定资源的分配和回收；合理地组织计算机的工作流程，使这些软件、硬件资源为多个用户共享。

(2) 提供友好的用户界面：一个好的操作系统应给用户使用计算机提供一个良好的界面，使用户不必了解硬件和系统软件的细节就可方便地使用计算机。这里的"用户"是一个广义的概念，不仅包括系统的一般用户、系统管理员，还应包括系统实用软件的设计者。

(三) 操作系统的分类

基于不同观点对操作系统的分类，如表 8-2-2 所示。

表 8-2-2 操作系统分类

分类根据	类 型
所支持的用户数目	1. 单用户（MS DOS、OS/2、Windows 2000/XP） 2. 多用户（UNIX、Xenix）
同时执行任务数目	1. 单任务（早期的 MS DOS） 2. 多任务（UNIX、Windows XP）
硬件结构和配置	1. 多机配置的操作系统 (1) 网络操作系统（Netware、Windows NT、OS/2 warp） (2) 分布式系统（Amoeba） 2. 单机配置的操作系统 (1) 多媒体系统（Amiga） (2) 大型机操作系统 (3) 小型机操作系统 (4) 微型机操作系统
操作系统的功能、使用环境和作业处理方式	1. 批处理系统（MVX） 2. 分时系统（Linux、UNIX、Xenix） 3. 实时系统（IEMX、VRTX）

(四) 批处理操作系统

把用户要求计算机系统进行处理的一个计算问题称为一个"作业"。用户为作业准备好程序和数据后，再写一份控制作业执行的说明书。然后把作业说明书、相应的程序和数据一起交给操作员。操作员将收到的一批作业的有关信息输入到计算机系统中等待处理，由操作系统选择作业并按其作业说明书的要求自动控制作业的执行。采用这种批量化处理作业的操作系统称为"批处理操作系统"。批处理操作系统按照预先写好的作业说明书控制作业的执行。因此，执行作业时无需人为干预（不允许用户和作业交互）。

批处理操作系统可分为单道批处理系统和多道批处理系统。

(1) 单道批处理系统。"单道"是指一次只有一个作业装入计算机主存中运行，因而它也是一个单用户操作系统。这种系统的主要目标是一批作业能自动、顺序地运行。当一个作业执行结束后，操作系统自动控制转入下一个作业运行，以节省人工操作时间，提高系统效率。

(2) 多道批处理系统。"多道"是指在主存中同时存放若干个用户作业，这些作业在操作系统控制下，轮流地在中央处理机上运行，各个作业可以同时使用各自所需的外部设备，从而极大地提高计算机系统的工作效率。

批处理操作系统自动控制作业的运行，提高了计算机系统的工作效率，但在作业运行时用户不能直接干预作业的执行。当程序出现错误时，用户也不能及时加以控制，只能由操作系统输出信息，再由操作员通知用户重新修改程序，然后再次提交给系统重新装入执行。

(五) 分时操作系统

将一台计算机连接多个终端，用户通过各自的终端把作业输入计算机，计算机又通过终端向用户报告其作业的运行情况。这种计算机能轮流地为各终端用户服务并能及时地对用户请求予以响应，这就是分时系统。分时操作系统将 CPU 的时间划分成若干个片段，称为时间片。操作系统以时间片为单位，轮流为每个终端用户服务。每个用户轮流使用一个时间片而使每个用户并不感到有别的用户存在。支持这种系统运行方式的操作系统称为"分时操作系统"。

分时操作系统的基本特征如下。

(1) 同时性：若干个用户同时使用一台计算机，微观上看是各用户轮流使用计算机，宏观上看是各用户在并行工作。

(2) 交互性：用户可根据系统对请求的响应结果，进一步向系统提出新的请求。这种能使用户与系统进行人—机对话的工作方式，明显地有别于批处理系统，因而分时系统又称为交互式系统。

(3) 独立性：用户之间可以相互独立操作，互不干涉，互不影响，系统保证各用户程序运行的完整性，不会发生相互混淆和破坏现象。

分时操作系统能及时对用户的输入作出响应，这也是分时操作系统性能的主要指标之一。目前广为流行的 UNIX 操作系统是一个分时操作系统。

(六) 实时操作系统

能使计算机系统接收到外部信号后及时进行处理，并且在严格的规定时间内结束处理，再给出反馈信号的操作系统称"实时操作系统"。

实时操作系统设计的目标是实现实时响应及处理的能力和高可靠性。实时系统对系统资源的利用率要求不高，甚至为保证高可靠性而在硬件上采用冗余措施，且仅要求有限的交互能力。实时系统一般都是专用系统，它为专门的应用而设计。

实时操作系统主要追求的目标是：①对外部请求在严格时间范围内作出反应；②有高可靠性和安全性。

批处理系统、分时系统和实时系统是操作系统的三种基本类型。如果一个操作系统兼有三者或其中两者的功能，就形成了通用操作系统。在通用操作系统中，往往把批处理作业作为后台作业，而需要及时响应的用户作业作为前台作业。前、后台作业的区别在于：只有前台作业不需要使用处理机时，后台作业才能得到处理机的控制权；一旦前台作业可以开始工作时，后台作业要立即让出处理机。

衡量一个操作系统性能时，常采用如下一些指标：①系统的 RAS（RAS 是可靠性、可维护性和可用性三者的总称）；②系统的吞吐率；③系统的响应时间；④系统资源利用率；⑤可移植性，即把一个操作系统从一种硬件环境移植到另一种硬件环境所需要的工作量。

（七）网络操作系统

网络操作系统除了具有通常单机操作系统所具有的功能外，还具有网络支持功能，如提供高效可靠的网络通信能力，提供多种网络服务等。网络操作系统是按网络体系结构协议标准开发的操作系统，其目标是可以实现相互通信及资源共享。网络操作系统应具有以下功能：高效、可靠的网络通信；对网络中共享资源的有效管理；提供电子邮件、文件传输、远程登录等服务；网络安全管理；提供交互操作能力。

（八）分布式操作系统

分布式操作系统是配置在分布式计算机系统上的操作系统。

分布式计算机系统是由多台计算机组成的一种特殊的计算机系统。该系统中的各台计算机没有主次之分；系统中任意两台计算机可以通过通信交换信息；整个系统中的资源供各用户共享。

分布式系统是以计算机网络为基础的，它能使系统中若干台计算机相互协作完成一个共同的任务。把一个计算问题分成若干个可以并行执行的子问题，让每个子问题在系统中的各计算机上并行执行，充分利用各计算机的优势。这样，一个程序就被分布在几台计算机上并行执行，相互协作得到结果。在分布式操作系统控制下，使系统中的各台计算机组成了一个完整的、功能强大的计算机系统。分布式操作系统的特征如下。

（1）统一性：是一个统一的操作系统。

（2）共享性：资源实现进一步共享。

（3）透明性：在用户看来整个系统好像是一台计算机，分布式系统的网络资源调度对用户透明。

（4）自治性：分布式系统的多个主机处于平等地位。

网络和分布式操作系统的区别：①分布式具有各个计算机间相互通信、无主从关系的特点，而网络有主从关系；②分布式系统资源为所有用户共享，而网络为有限制地共享；③分布式系统中若干个计算机可相互协作共同完成一项任务。

（九）单用户操作系统

针对单用户使用的个人计算机的操作系统，计算机在某一时间内为单用户服务，其追求目标是界面友好，使用方便。应用领域主要用于事务处理和个人娱乐，效率不必很高。

（十）嵌入式系统

嵌入式系统使用非常广泛的操作系统（如 VxWorks、eCos 等）以及某些功能缩减版本的 Linux 或者其他操作系统。在机器人、掌上电脑（PDA）、车载系统、家用电器、手机等通信设备上，都需要一个支持多道程序设计的环境，提供这种环境的操作系统称为嵌入式操作系统。嵌入式操作系统具有微小、实时、专业、可靠、易裁减等优点。

第三节　支撑软件和计算机语言

支撑软件是介于系统软件和应用软件之间的一个中间件。它是支撑各种软件的开发与维护的软件，又称为软件开发环境。其包括一系列基本的工具，比如编译器、数据库管理器等。

计算机语言（Computer Language）指用于人与计算机之间通信的语言。计算机语言是人与计算机之间传递信息的媒介。

一、计算机语言分类

（一）机器语言

电子计算机所使用的是由“0”和“1”组成的二进制数，二进制是计算机语言的基础。计算机发明之初，人们只能写出一串串由“0”和“1”组成的指令序列交由计算机执行，这种语言，就是机器语言。由于每台计算机的指令系统往往各不相同，所以，在一台计算机上执行的程序，要想在另一台计算机上执行，必须另编程序，这造成工作重复。编制和修改机器语言程序都是非常困难的。但由于使用的是针对特定型号计算机的语言，故而运算效率是所有语言中最高的。机器语言，是第一代计算机语言。

（二）汇编语言

用一些简洁的英文字母、符号串来替代一个特定指令的二进制串，比如，用“ADD”代表加法，“MOV”代表数据传递等等。这样一来，人们很容易读懂并理解程序在干什么，纠错及维护都变得方便了，这种程序设计语言就称为汇编语言，即第二代计算机语言。然而计算机是不认识这些符号的，这就需要一个专门的程序，负责将这些符号翻译成二进制数的机器语言，这种翻译程序被称为汇编程序。

汇编语言同样十分依赖于机器硬件，移植性不好，但效率仍十分高，针对计算机特定硬件而编制的汇编语言程序，能比较充分发挥计算机硬件的功能和特长，程序精练而且质量高，所以至今仍是一种强有力的软件开发工具。

（三）高级语言

高级语言接近于数学语言或人的自然语言，同时又不依赖于计算机硬件，编出的程序能在所有机器上通用。经过努力，1954 年，第一个完全脱离机器硬件的高级语言——FORTRAN 问世了。50 多年来，共有几百种高级语言问世，影响较大的有几十种，如：FORTRAN、ALGOL、COBOL、BASIC、LISP、PL/1、Pascal、C、PROLOG、Ada、C++、VC、VB、Delphi、JAVA 等。高级语言直观、易于理解、通用性强，编写和修改源程序容易，因此得到了广泛使用。高级语言也被称为第三代计算机语言。

同样，计算机不能直接识别高级语言源程序，需要经过翻译把高级语言源程序翻译成计算机可以识别的机器语言程序，常见的翻译有编译程序和解释程序。

（四）面向问题的语言

前面三代计算机语言都需要编程指出怎么做（运行步骤），第四代计算机语言在一定程度上只需要说明做什么（目的），不需要写出怎么做的过程。

第四代计算机语言的代表是 SQL，其全称是“结构化查询语言（Structured Query Language）”。SQL 语言结构简洁，功能强大，简单易学，因而得到了广泛的应用。

（五）第五代语言

第五代计算机语言除具有第四代计算机语言的基本特征外，还具有更多的特点，比如：人工智能和更接近日常生活所用语言。因为 LISP 和 PROLOG 具有人工智能的特点，也被一些计算机人士视为第五代计算机语言，当然其“与自然语言接近”还不能被认同。

二、语言处理程序

语言处理程序是将用程序设计语言编写的源程序转换成机器语言的形式，以便计算机能够运行，这一转换是由翻译程序来完成的。翻译程序除了要完成语言间的转换外，还要进行语法、语义等方面的检查。翻译程序统称为语言处理程序，共有三种：汇编程序、编译程序和解释程序。

(1) 汇编程序：汇编程序将用汇编语言编写的程序（源程序）翻译成机器语言程序（目标程序），这一翻译过程称为汇编。

(2) 编译程序：编译程序是将用高级语言编写的程序（源程序）翻译成机器语言程序（目标程序）。这一翻译过程称为编译。

(3) 解释程序：解释程序是边扫描边翻译边执行的翻译程序。

编译器和汇编程序都经常依赖于连接程序，连接程序把不同的目标程序和标准库函数收集或装配到一个可直接执行的文件中。

三、常用计算机程序设计语言

目前常用的编程语言特点和用途见表 8-3-1。

表 8-3-1　常用的编程语言特点和用途

语言名称	主要特点和用途
FORTRAN	编写科学计算、工程计算程序
LISP	编写人工智能、专家系统程序
Pascal	编写教学程序，非常适宜学生学习编程思想
BASIC	语法相对简单，易学、易用，编写一般实用程序
Visual Basic	Visual Basic(VB)继承了 BASIC 的特点，可视化程序设计语言
C	功能丰富、表达能力强、应用面广、目标程序效率高、可移植性好的程序设计语言
C++	继承了 C 的特点，面向对象的程序设计语言
JAVA	当今最有活力、发展最快、最具有网络优势的编程语言

四、数据库

(一) 数据库

数据库是按照数据结构来组织、存储和管理数据的仓库。

数据库的特点主要有：数据结构化、共享性高、独立性强、冗余度低、易扩充。

(二) 数据库管理系统

数据库管理系统（Database Management System）是一种操纵和管理数据库的软件，用于建立、使用和维护数据库，简称 DBMS。它对数据库进行统一的管理和控制，以保证数据库的安全性和完整性。用户通过 DBMS 访问数据库中的数据，数据库管理员也通过 DBMS 进行数据库的维护工作。

五、数模转换和模数转换

随着数字技术，特别是计算机技术的飞速发展与普及，在现代控制、通信及检测等领域，为了提高系统的性能指标，对信号的处理广泛采用了数字计算机技术。由于系统的实际对象往往都是一些模拟量（如温度、压力、声音、图像等），要使计算机能识别、处理这些信号，必须首先将这些模拟信号转换成数字信号；而经计算机分析、处理后输出的数字量也往往需要将其转换为相应模拟信号才能为执行机构所接受。这样，就需要一种能在模拟信号与数字信号之间起桥梁作用的电路：模数和数模转换器。

将模拟信号转换成数字信号，称为模数转换（简称 A/D 转换）；将数字信号转换为模拟信号称为数模转换（简称 D/A 转换）；A/D 转换器和 D/A 转换器已成为计算机系统中不可缺少的接口电路。

A/D 转换和 D/A 转换在多媒体计算机中得到广泛应用，在数控加工技术的发展过程中，CAD/CAM（计算机辅助设计/计算机辅助制造）也发挥着重要的作用。

第四节　信息表示

一、数制及其转换

1. 数制

数制也称进制，是指用一组固定的符号和统一的规则表示数值的方法。

进制就是按进位的方法来计数，称为进位计数制，简称“进制”。

我们日常生活习惯采用“十进制”，计算机采用“二进制”。为了人和计算机交互方便，避免直接使用二进制（数字位数过多）出错，又引入了八进制和十六进制。

对于任何无符号任何进制数$(a_n\cdots a_1a_0a_{-1}\cdots a_{-m})_r$可以表示成如下形式：

$$a_n\times r^n+\cdots+a_1\times r^1+a_0\times r^0+a_{-1}\times r^{-1}+\cdots+a_{-m}\times r^{-m}$$

其中，a_i 表示各数位上的数码，取值范围为 $0\sim r-1$，r 称为基数，r^k 称为权。

几种常用进位计数制数如表 8-4-1 所示。常用进制具有的特点，如表 8-4-2 所示。

表 8-4-1　几种常用进位计数制数

十进制(D)	二进制(B)	八进制(O)	十六进制(H)
0	0	0	0
1	1	1	1
2	10	2	2
3	11	3	3
4	100	4	4
5	101	5	5
6	110	6	6
7	111	7	7
8	1000	10	8
9	1001	11	9
10	1010	12	A
11	1011	13	B
12	1100	14	C
13	1101	15	D
14	1110	16	E
15	1111	17	F

表 8-4-2　几种常用进位计数制数的特点

进制	特　点
十进制数	1. 有十个不同的数码符号 0～9，基数为 10 2. 每一个数码符号根据它在一个数中所处的位置（权），按“逢十进一”原则决定其实际代表的数值

续表

进制	特　点
二进制数	1. 有两个不同的数码符号 0 和 1，基数为 2 2. 每个数码符号根据它在一个数中的位置（权），按“逢二进一”原则决定其实际代表的数值
八进制数	1. 有八个不同的数码符号 0～7，基数为 8 2. 每个数码符号根据它在一个数中的位置（权），按“逢八进一”原则决定其实际代表的数值
十六进制数	1. 有 16 个不同的数码符号 0～9 和 A、B、C、D、E、F；（由于数字只有 0～9 十个，而十六进制要用 16 个数码，所以用 A～F 六个英文字母分别表示 10～15），基数为 16 2. 每个数码符号根据它在一个数中的位置（权），按“逢十六进一”原则决定其实际的数据

2. 数制之间的转换

数制之间的转换法则，如表 8-4-3 所示。

表 8-4-3　数制之间的转换法则

转换类别	转换法则	示　例
十进制数转换成二进制数	整数部分除 2 取余 小数部分乘 2 取整	$(29.625)_{10}=(11101.101)_2$ 整数部分 29÷2=14 ……余数为 1 14÷2=7 ……余数为 0 7÷2=3 ……余数为 1 3÷2=1 ……余数为 1 1÷2=0 ……余数为 1 余数部分 0.625×2=1.25 ……整数为 1 0.25×2=0.5 ……整数为 0 0.5×2=1.0 ……整数为 1
二进制数转换成十进制数	将各位上的数字与它的位权相乘的积相加	$(1101.11)_2=(1\times2^3+1\times2^2+0\times2^1+1\times2^0+1\times2^{-1}+1\times2^{-2})_{10}=(13.75)_{10}$
八进制数转换成二进制数	以小数点为界，向左或向右的每一位八进制数用三位二进制数取代，不足三位补零	$(714.431)_8=(111001100.100011001)_2$ 7　1　4 111　001　100 4　3　1 100　011　001
二进制数转换成八进制数	以小数点为界，向左或向右的每三位二进制数用相应的一位八进制数取代	$(11101110.00101011)_2=(356.126)_8$ 011　101　110 3　5　6 001　010　110 1　2　6
十六进制数转换成二进制数	以小数点为界，向左或向右的每一位十六进制数用相应的四位二进制数取代，不足四位补零	$(1AC0.6D)_{16}=(1101011000000.01101101)_2$ 1　A　C　0 0001　1010　1100　0000 6　D 0110　1101
将二进制数转换为十六进制数	以小数点为界，向左或向右每四位二进制数用相应的一位十六进制数取代，不足四位补零	$(10111100101.00011001101)_2=(5E5.195)_{16}$ 0101　1110　0101 5　E　5 0001　1001　1010 1　9　A

八进制和十六进制的基数分别是 2 的整数次幂，因此，八进制和十六进制数可以非常方便和二进制数互相转换，且八进制和十六进制数阅读和书写简单。实际上，计算机采用二进制，人习惯采用十进制，而八进制和十六进制是人们为了避免直接使用二进制容易出错采用的。当需要把十进制数转换成八进制和十六进制数时，可借助二进制数。归纳转换方法如图 8-4-1 所示。

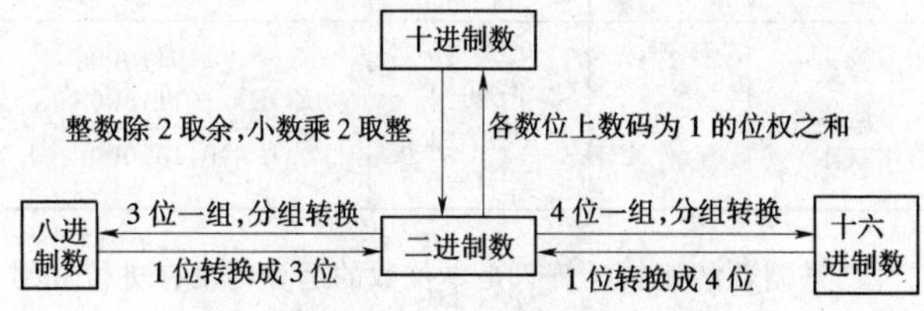

图 8-4-1　数值转换方法归纳

3. 二进制数操作的优点

(1) 技术上容易实现。

(2) 运算规则简单。

(3) 方便逻辑运算。

(4) 机器可靠性高。

(5) 通用性强。

4. 二进制数运算方法

(1) 二进制数的算术运算，见表 8-4-4。

表 8-4-4　二进制数的算术运算

类别	运算规则	示　例	
二进制数加法	0+0=0, 0+1=1, 1+0=1, 1+1=10	1001 +) 11 1100	1011.01 +) 1.101 1100.111
二进制数减法	0-0=0, 1-0=1, 1-1=0, 10-1=1	1101 -) 111 110	1011.101 -) 10.11 1000.111
二进制数乘法	0×0=0 0×1=0 1×0=0 1×1=1	110 ×) 101 110 000 +) 110 11110	1101.1 ×) 10.1 1101.1 00000 +)11011 10001.11
二进制数除法	0÷1=0 1÷1=1	1010 101√110010 101 101 101 0	101 1011√11011.1 1011 1011 1011 0

(2) 二进制数的逻辑运算，见表 8-4-5。

表 8-4-5　二进制数的逻辑运算

类别	运算符	运算规则	示　例
“与”运算 (AND)	·	0·0=0 0·1=0 1·0=0 1·1=1	11011001 AND) 11110000 11010000
“或”运算 (OR)	+	0+0=0 0+1=1 1+0=1 1+1=1	11011001 OR) 00001111 11011111

续表

类别	运算符	运算规则	示　例
“非”运算（NOT）	—	$\overline{0}=1$ $\overline{1}=0$	$\overline{1011}=0100$
“异或”运算（XOR）	$\oplus$	$0\oplus0=0$ $0\oplus1=1$ $1\oplus0=1$ $1\oplus1=0$	11011000 XOR）10111000 01100000

二进制数的逻辑运算只是本位数的运算，没有进位和错位的问题，不影响高位和低位。

二、数值数据在计算机中的表示

一个用于计算的数据在计算机内的表示形式，称为机器数。

（一）整数的表示

1. 无符号整数

所有二进制代码都用来表示数值，有 8 位、16 位、32 位和 64 位。

8 位二进制代码表示范围 00000000 到 11111111，对应十进制数 0 到 $255(2^8-1)$。

2. 有符号整数

在计算机中只能用数字表示数的正、负，并规定用“0”表示正号，用“1”表示负号。例如，当用一个字节存储整数时，形式为 D_7 D_6 D_5 D_4 D_3 D_2 D_1 D_0。

其中 D_7 是符号位，如 $(01011010)_2$ 应为十进制整数 +90，而 $(11011010)_2$ 则应为 −90。这样数字和符号都用二进制代码表示，这种表示数的方法称为编码，常用的编码有原码、反码和补码。

（1）原码。原码是机器数的最简单表示方法。其符号位为 0 表示正数、为 1 表示负数，其他位是数的绝对值。设有数为 X，则原码记做$[X]_{原}$。例如：

$X_1=+1100110$，则$[X_1]_{原}=01100110$

$X_2=-1100110$，则$[X_2]_{原}=11100110$

（2）反码。机器数的反码可由原码得到。正数的反码与原码相同，负数的反码为原码除符号位外将其余各位按位求反，即 1 变为 0、0 变为 1。例如：

$X_1=+1010110$，$[X_1]_{原}=01010110$，$[X_1]_{反}=01010110$

$X_2=-1001010$，$[X_2]_{原}=11001010$，$[X_2]_{反}=10110101$

（3）补码。正数的补码与原码相同，负数的补码等于其反码在最低位加 1。例如：

$[X_1]_{原}=01100110$，$[X_1]_{反}=01100110$，$[X_1]_{补}=01100110$

$[X_2]_{原}=11100110$，$[X_2]_{反}=10011001$，$[X_2]_{补}=10011010$

原码和反码都有两个零，分别是正零和负零。补码只有一个零，同样的字长用补码比原码和反码表示的数值范围大，它能多表示一个数。例如，字长 8 位表示的数值范围如下：

原码：−127，−126，…，−1，−0，0，1，…，127

反码：−127，−126，…，−1，−0，0，1，…，127

补码：−128，−127，−126，…，−1，0，+1，…，127

假定机器字长为 16 位，符号占 1 位，数值部分占 15 位，则采用原码的机器数，其表示范围是：−32767～+32767$(2^{15}-1)$；采用补码的机器数，其表示范围是：−32768～+32767$(2^{15}-1)$。

（4）BCD 码。BCD 码又称二—十进制编码（Binary-Coded Decimal）。

计算机采用二进制，但是二进制不直观，计算机的输入和输出通常用十进制。这样的十进制，可以用二进制编码来表示，BCD 码是一种非常直观的编码。

这种编码是把十进制数的每一位分别表示成四位二进制数形式的编码。

例如，十进制数 10 的 BCD 码为 00010000；825 的 BCD 码为 100000100101。

（二）实数（浮点数）的表示

在科学计算中多采用浮点数。

任何一个浮点数都可以表示为一个纯小数和一个乘幂之积。如：

$$38.815=10^2\times(0.38815)$$
$$-255.123=10^3\times(-0.255123)$$
$$0.00123=10^{-2}\times(0.123)$$

二进制也是这样。如：

$$1010.01=2^{100}\times(0.101001)$$
$$-0.00011001=2^{-011}\times(-0.11001)$$

浮点数由两部分组成：一部分是阶码，表示指数；另一部分是尾数，表示有效数字。

浮点数在机器中的形式为：

阶符	阶码	数符	尾数

↑ 隐含的小数点

由尾数部分隐含的小数点位置可知，尾数总是小于 1 的数字，它给出该浮点数的有效数字。数符指示该浮点数的正负。阶码总是整数，它确定小数点浮动的位数。若阶符为正，则向右移动；若阶符为负，则向左移动。浮点数要求尾数中第 1 位数不能为零（靠修改阶码保证），这样的数称规格化浮点数。

三、ASCII 码和汉字编码

（一）ASCII 码

文本字符普遍采用 ASCII 码（American Standard Code for Information Interchange，即美国信息交换用标准代码）。它原为美国国家标准，后被 ISO 和 CCITT 等国际组织采用。

7 位版本的 ASCII 码有 128 个元素，用 7 个二进制位，共有 128（2^7）个编码。在 7 位版本的 ASCII 编码中一个字节的最高位存 0，编码数值范围 $(0000000\sim01111111)_2$，用十六进制表示编码数值范围 $(0\sim7F)_{16}$，用十进制表示编码数值范围 $(0\sim127)_{10}$，这些编码也简称 ASCII 码或 ASCII 值。在编码对应的 128 个字符中通用控制字符 33 个，阿拉伯数字 10 个，大小写英文字母 52 个，标点符号和运算符号 33 个。其特点如下。

（1）大写字母 A～Z 的 ASCII 码是 01000001～01011010，写成十六进制为 41H～5AH，写成十进制为 65～90。

（2）小写字母 a～z 的 ASCII 码是 01100001～01111010，写成十六进制为 61H～7AH，写成十进制为 97～122。

（3）数字字符 0～9 的 ASCII 码是 00110000～00111001，写成十六进制为 30H～39H，写成十进制为 48～57。

（4）常用 ASCII 码的大小规则：0～9＜A～Z＜a～z。

（二）汉字编码

汉字编码包括汉字输入码、汉字内部码、汉字交换码、汉字字形码等。

1. 汉字输入码

汉字输入码也称外码，是为将汉字输入到计算机设计的代码。汉字输入码种类较多，选择不同的输入码方案，则输入的方法及按键次数、输入速度均有所不同。综合起来，汉字输入码可分为流水码、拼音类输入法、拼形类输入法和音形结合类输入法等几大类。

2. 汉字内部码

汉字内部码又称汉字机内码或汉字内码，是计算机内部汉字的存储、加工处理和传输使用的统一代码。计算机接收到外码后，要转换成内码进行处理和传送。1个汉字的内码用两个字节表示，且为了和西文符号区分，在两个字节的最高位分别置为“1”。内码通常用汉字在字库中的物理位置表示，即内码是汉字在字库中的序号或存储位置。

3. 汉字交换码

汉字交换码是国家规定的用于汉字处理及传送使用的代码。此代码标准为 GB 2312—80《信息交换用汉字编码字符集 基本集》，又称国标码。此标准规定了信息交换用的7445个图形字符，其中6763个汉字和682个非汉字符号（包括几种外文字母、数字和符号）的代码。

国标码规定，每个汉字用两个字节表示，每个字节仅用低7位，最高位为0。汉字的国标码和内码有一一对应的关系，即将最高位加1，国标码就变为内码。

4. 汉字字形码

汉字字形码用于汉字的显示和打印，又称输出码。汉字字形原来是指铅字排版汉字的大小和形状，在计算机中指组成汉字的点阵，即以点阵方式形成汉字。尽管汉字字形有多种，笔画多少不一，但都是方块字，都可以写在同样的方块中。把一个方块看成 m 行 n 列矩阵，共有 $m\times n$ 个点，称为汉字点阵。如16×16点阵的汉字，共有256个点。

四、多媒体数据在计算机内的表示

多媒体的数据类型可以分为文本、图形、图像、动画、视频、声音等。

（一）多媒体及其特性

所谓“多媒体”（Multi-media），可简单地理解为：一种以交互方式将文本、图形、图像、音频、视频等多种媒体信息，经过计算机设备的获取、操作、编辑、存储等综合处理后，以单独或合成的形态表现出来的技术和方法。特别是，它将图形、图像和声音结合起来表达客观事物，在方式上非常生动、直观、易被人们接受。

人们熟悉的报纸、杂志、电影、电视、广播等，都是以它们各自的媒体进行信息传播。有些是以文字作媒体，有些是以声音作媒体，有些是以图像作媒体，有些是以图、文、声、像作媒体。以电视为例，虽然它也是以图、文、声、像作媒体，但它与多媒体系统存在明显的区别：第一，电视观赏的全过程均是被动的，而多媒体系统为用户提供了交互特性，极大地调动了人的积极性和主动性；第二，人们过去熟悉的图、文、声、像等媒体几乎都是以模拟量进行存储和传播的，而多媒体是以数字量的形式进行存储和传播的。

多媒体具有集成性、交互性和多样化三个关键特性。

（二）多媒体信息的压缩和解压缩

多媒体计算机系统要求具有综合处理声、图、文信息的能力。为了达到满意的效果，要求实时地处理大量数字化视频、音频信息，如一幅640×480，单色显示（黑白）需要640×480bit的存储空间（每个像素用1个二进制位存储，对应一个亮点），占37.5KB。如果1个像素要有4种颜色，那么就需要2个二进制位存储（图像的颜色用多少位二进制数表示称为图像的颜色深度或像素颜色的深度），如果用1个字节表示1个像素最多可以有256种颜色。这时，一幅640×480的彩色图像数据量每帧为300KB，如果是运动图像，要以每秒30帧的速度播放时，则视频信号传输速率约为8.8MB/s。如果把这样差的视频存放在600MB的光盘中，大约播放1min。对于音频信号，以激光唱片CD－DA声音数据为例，如果采样频率为44.1kHz（每秒取样44100次），采样点量化为16bit（16位是常用的采样精度，即每次取样用2个字节存储）双通道（2个声道的信息）立体声，1.44MB的软磁盘只能存放8s的数据。综上所述，视频和音频信号数据量大，同时传输速度要求高。考虑到目前微机无法满足以上的要求，因此，对多媒体信息必须进行实时的压缩和解压缩。

目前主要有三大编码及压缩标准。

1. JPEG（Joint Photographic Experts Group）标准

JPEG制定于1986年，是第一个图像压缩国际标准，主要针对静止图像（静态图像压缩标准）。该标准制定了有损和无损两种压缩编码方案。广泛应用于多媒体CD－ROM（只读光盘）、彩色图像等方面。JPEG对单色和彩色图像的压缩比通常分别为10∶1和15∶1。

2. MPEG（Moving Picture Experts Group）标准

这个标准实际上是数字电视标准（动态图像压缩标准），它包括三个部分：MPEG－Video、MPEG－Audio及MPEG－System。MPEG是针对CD－ROM式有线电视（Cable－TV）传播的全动态影像，它严格规定了分辨率、数据传输速率和格式，MPEG的平均压缩比为50∶1。MPEG－1的传输速率约为1.5Mbps(1.5Mbit/s)。MPEG－2的设计目标是在一条线路上传输更多的有线电视信号，它采用更高的数据传输速率，以求达到更好的图像质量。MPEG－System是处理音频和视频的复合和同步。MPEG－1的适用范围很广泛，如多媒体CD－ROM、硬盘、可读写光盘、局域网和其他通信通道。

3. H.261标准

这是CCITT关于视像和声音的双向传输标准。这个标准又称为P×64标准。P×64表示P×64 Kbit/s，P是一个可变的参数，其中P的值为1到30。P＝1或P＝2，适用于可视电话，P≥6适合于电视会议。可见，该标准是以64Kbit/s的整数倍作为传输速率的。

（三）声音数字化和数字化还原

声音数字化流程：声音（空气振动）→模拟音频（麦克、电路）→数字音频（采样、模数转换、编码）。

数字化声音还原流程：数字音频（编码）→模拟音频（数模转换、软件、电路）→声音（喇叭）。

1. 采样频率和编码

采样频率指单位时间内的采样次数。根据采样定理，语音信号的采样频率是语音所必需的频率宽度（最高频率）的2倍以上。人耳可听到的频率为20Hz～22kHz的声音，所以对声频卡来讲，其采样频率为最高频率22kHz的2倍以上，即采样频率应在44kHz以上。目前的声频卡的采样频率一般采用44.1kHz、48kHz或更高。

采样值的编码位数指记录每次采样值使用的二进制编码位数。而二进制编码位数直接影响还原声音的质量。当前声频卡有8位、16位和32位三种，声频卡的采样值的编码位数越长，声音还原的质量越好。

2. 声频卡的关键技术

声频卡的关键技术包括：数字音频、音乐合成、MIDI与音效。

(1) 数字音频必须具有大于或等于44.1kHz的采样频率、16位的分辨率录制和播放信号的基本功能。这是衡量声频卡性能的主要标准。数字音频还要具有压缩声音信号的能力。最常用的压缩方法是自适应脉冲代码调制（ADPCM）法，另外也有不少声频卡采用DSP＋ADC方案（数字信号处理芯片＋A/D转换器）。

(2) 音乐合成主要有两种合成技术：FM合成和波形表合成。FM合成是通过硬件产生正弦信号，再经过处理合成乐音。而波形表的合成原理，是在ROM中已存储各种实际乐器的声音样本，样本越多合成质量越高。

(3) MIDI是数字音乐的国际标准，几乎所有的多媒体计算机都遵循这个标准。MIDI（Musical Instrument Digital Interface）也称电子乐器数字接口，它规定了不同厂家的电子乐器和计算机连接的方案和设备间数据传输的协议。

(4) 音效是最近IC工业中数字声音信号处理技术的结晶。已经有不少的声频卡采用了音效芯片，从硬件上实现回声、混响、和声等，使声频卡更为完美。

五、存储器的容量单位

存储器可容纳的二进制信息量称为存储容量，一个二进制位（bit）只有两种状态，它是构成存储器的最小单位。实际上，存储器是由二进制位的线性排列构成的。为了存取指定位置的数据，通常将每8位二进制位组成一个存储单元，称为字节（Byte），字节是存储器的基本单位。

字是多个字节组成，在微机中，将1个字规定为2个字节，在16位微机中采用16位的字进行运算，双字是2个字，在32位微机中采用32位的双字进行运算，四字是2个双字。机器字长是计算机的硬件指标，指同时传输和运算的二进制位数。

常用的存储容量单位还有：KB（千字节）、MB（兆字节）、GB（吉字节）和TB（太字节）等，它们之间的关系为：

1B＝1字节（Byte）＝8个二进制位（bit）

$1KB=2^{10}B=1024B$

$1MB=2^{20}B=2^{10}KB=1024KB$

$1GB=2^{30}B=2^{10}MB=1024MB$

$1TB=2^{40}B=2^{10}GB=1024GB$

$1PB=2^{50}B=2^{10}TB=1024TB$

$1EB=2^{60}B=2^{10}PB=1024PB$

$1ZB=2^{70}B=2^{10}EB=1024EB$

$1YB=2^{80}B=2^{10}ZB=1024ZB$

六、计算机病毒

计算机病毒实际上是一组具有特殊性质的程序代码，计算机运行了这样的程序代码后，或是出现一个小的恶作剧，或是产生一些恶意的结果，如破坏系统文件、造成系统无法运行、删除用户的数据、非法侵入内部数据库偷窃或篡改数据等等。

（一）计算机病毒的概念

随着计算机病毒的一次一次泛滥，世界各国对计算机领域里出现的这一恶魔非常重视，纷纷从立法的角度对计算机病毒这一概念作用明确的界定。《中华人民共和国计算机信息系统安全保护条例》指出：计算机病毒是在计算机程序中插入的破坏计算机功能或者破坏数据，影响计算机使用并且能够自我复制的一组计算机指令或者程序代码。从事计算机技术的专业人员，往往从计算机病毒程序的特点去界定计算机病毒。

（二）计算机病毒的特征

目前，世界上出现的计算机病毒有近万种之多，尽管发作时现象不相同，但是它们都有共同的特点。

(1) 非授权执行性：它隐藏在合法的程序和数据中，伺机取得系统的控制权，非授权执行。

(2) 传染性：计算机病毒的自我复制，被人们形象称之为“传染”。传染性是计算机病毒的一个重要标识，也是确定一个程序是否为计算机病毒的首要条件。

(3) 寄生性：病毒程序一般不独立以文件形式存在，而是寄生在磁盘系统区或文件中（依附）。

(4) 潜伏性：侵入计算机的病毒程序可以潜伏在合法文件中，在条件不具备时，它在系统中没有明显特征。

(5) 破坏性：不同类型的计算机病毒，它的破坏性也各不相同，有的计算机病毒仅干扰软件的运行；有的无限制地侵占系统资源；有的可以毁掉部分数据或程序甚至使整个系统瘫痪。

(6) 可触发性：潜伏下来的计算机病毒，一旦满足一定的触发条件便表现出破坏作用。

（三）计算机病毒的分类

(1) 引导区型计算机病毒：引导区病毒会感染启动盘的引导区，先于操作系统加载。

(2) 文件型计算机病毒：文件型病毒传染的对象主要是COM和EXE文件。

(3) 混合型计算机病毒：指具有引导型病毒和文件型病毒寄生方式的计算机病毒。

(4) 宏病毒：是一种寄存在文档或模板的宏中的计算机病毒。

(5) 特洛伊木马病毒：名称取自希腊神话，它是一种可以实现远程控制的黑客工具。

(6) 时间炸弹和逻辑炸弹：逻辑炸弹和时间炸弹，它是当满足条件时破坏数据和应用程序的病毒。

(7) 蠕虫病毒：该病毒利用Internet网络的缺点，可以自动地进入网络中的各个计算机，并迅速地复制自己，使网络堵塞和瘫痪。

（四）计算机病毒的防治

预防计算机病毒，最有效的方法是把住“病从口入”关。这里的“病”是计算机病毒，这里的“口”是“软盘驱动器口”、“光盘驱动器口”、“网络端口”、“USB口”等一切计算机输入端口。

1. 不用盗版软件

一般认为，盗版软件是计算机病毒的主要携带者，使用盗版软件极易遭受计算机病毒的侵入。

2. 注意对Internet网络病毒的防范

对经常需要上网的计算机，可以安装网络实时监控杀毒软件，动态监视软盘、硬盘、网络以及Email中可能出现的病毒。

3. 注意U盘、软盘的使用

(1) U盘是目前使用较多的一种移动存储设备，应增加防范病毒的意识，在装有重要数据的计算机系统中，使用前应该对U盘进行查杀病毒的工作，对来历不明的U盘尽量不使用。

(2) 软盘是计算机之间交换信息时使用的一种载体，一般情况，只要不是向软盘写数据，都要使软盘处于写保护状态，这样做可以最大限度地避免计算机病毒的交叉感染。

(3) 消除计算机病毒。现在的计算机病毒的藏身之术非常狡猾，甚至到了防不胜防地步。计算机系统一旦感染了病毒也绝非不可救药。反病毒机构研制了大量的杀毒软件，如：瑞星、诺顿、卡巴斯基、KV等，可以消除计算机病毒。应当指出的是，如果把计算机感染上病毒比喻为计算机“得病”，那么杀毒软件就可以比喻为治病的“药”。出现一种新的病，就要研制一种新的药，“药”总是滞后于“病”的。从这个道理上讲，计算机病毒的防范工作应该采取“以防为主，以治为辅”的原则。

七、信息安全

（一）信息安全概念

1. 信息安全的含义

信息安全是指网络的硬件、软件及其系统中的数据受到保护，不受偶然的或者恶意的原因而遭到破坏、更改、泄露，系统连续可靠正常地运行，信息服务不被中断。

2. 信息不安全的原因

信息不安全的原因有：操作错误、供电不正常、硬件失效和计算机病毒。

（1）操作错误：比如错误删除有用数据，格式化了有用磁盘等。

（2）供电不正常：突然断电、电压不稳、雷电入侵计算机等。

（3）硬件失效：电子器件老化、硬盘划盘等。

3. 良好的计算机使用习惯

这样就要求用户养成好的计算机使用习惯，谨慎操作计算机。这些习惯包括：①计算机工作时不要震动计算机，防止划盘；②微机通电以后，除了USB设备，不可插、拔其余任何系统部件（如插拔显示器等的电源插头及信号连接线），防止造成主机器件的损坏；③不要带电开箱检修，以免造成不必要的器件损坏；④目前微机内部都配有开关式稳压电源，但在电网波动较大的地区，最好还是要使用外接的交流稳压器。

（二）信息保密

为了信息的保密常用加密和解密技术。

早期的加密方法（也称传统加密技术）有替换密码和换位密码。

替换密码，用密文字母替换明文字母。

换位密码，明文的字母保持相同，但顺序被打乱了。

现实的加密技术有以下几种。

（1）对称加密技术。在对称加密算法中，数据发送方将明文（原始数据）和加密密钥一起经过特殊加密算法处理后，使其变成复杂的加密密文发送出去。接收数据方收到密文后，需要使用加密用过的密钥及相同算法的逆算法对密文进行解密，才能使其恢复成可读明文。在对称加密算法中，使用的密钥只有一个。

（2）密钥加密技术。在公共密钥机制中，每个用户产生两个相关的密钥。一个由用户私下保存，另一个放于公共区。数据发送方将明文用公开密钥对信息加密，发送加密后的密文，接收数据方收到信息后，可以用私存的密钥对信息解密。

（3）数字签名。采用双重加密的方法来实现，作用是，接收者能够核实发送者的签名，发送者不能对签名进行抵赖，接收者不能伪造发送者的签名。实现防伪、防赖。

（三）计算机犯罪

计算机犯罪，就是在信息活动领域中，利用计算机信息系统或计算机信息知识作为手段，或者针对计算机信息系统，对国家、团体或个人造成危害，依据法律规定，应当予以处罚的行为。

（四）信息化的技术支柱

信息化的主要技术支柱是计算机技术、通信技术和网络技术。

第五节　Windows操作系统

一、Windows操作系统的发展历程

Microsoft Windows是一个强大的图形界面操作环境，它的推出使计算机的操作方式发生了革命性的变化。利用它，用户可以更简单、灵活、方便地使用计算机。其发展历程如表8-5-1所示。

表8-5-1　Windows操作系统的发展历程

年份	版本名称
1985	Windows 1.0
1987	Windows 2.0
1990	Windows 3.0
1992	Windows 3.1
1993	Windows NT 3.1
1994	Windows 3.11，Windows NT 3.5
1995	Windows 95，Windows NT 3.51
1996	Windows NT 4.0
1998	Windows 98
2000	Windows 2000，Windows Me
2001	Windows XP
2006	Windows Vista
2009	Windows 7

操作系统（简称OS）是一个庞大的管理控制程序，包括五个方面的管理功能：进程管理、存储管理、文件管理、设备管理、作业管理。

二、进程管理

进程管理主要是对处理机（CPU）进行管理。CPU是计算机系统中最宝贵的硬件资源。为了提高它的利用率，现代操作系统都采用了多道程序技术。如果一个程序因等待某一条件而不能运行时，就把处理机占用权转交给另一个可运行的程序。或者出现了一个比当前运行的程序更重要的可运行的程序时，后者应能抢占CPU，这一切都由进程管理来完成。

（一）进程的四个基本特征

根据一定的策略将处理器交替地分配给系统内等待运行的程序。其特点是具有动态性、并发性、独立性和异步性四个基本特征。

（1）动态性：进程实体的一次执行过程，具有生命期，而程序是有序指令集合，是静态的。

（2）并发性：多个进程同时存于内存，在一段时间内同时运行。

（3）独立性：进程实体是一个能独立运行、独立分配资源和独立接受调度的基本单位。

（4）异步性：进程按各自独立的、不可预知的速度向前推进。

（二）线程

线程是为提高资源利用率和系统吞吐量，减少并发执行时付出的时间开销而引入的。线程的属性如下。

(1) 相应速度快，线程基本不拥有资源（进程是资源分配的单位，进程有自己的资源），除了能保证独立运行的资源。

(2) 共享进程资源。

三、存储管理

存储管理是对计算机中的主存储器（RAM）以及高速缓存和外存的管理。采用多道程序设计技术，就要在主存中同时放几道程序。这就要求操作系统中的存储管理应做到内存的分配与回收、地址变换、存储保护以及内存扩充。

操作系统的存储管理技术主要有：分段存储管理、分页储存管理、分段分页存储管理和虚拟存储管理等。

（一）分段存储管理

分段的概念是建立在结构化程序模块的基础上的。当一个程序被编译后，段就根据程序的结构模块建立起来，各段有独立的地址空间。分段特点：用户自己划分、数据共享及段大小不相同。

（二）分页存储管理

存储空间分成大小相等的区域叫块，用户作业地址也被分成若干与块尺寸相同的区域叫页，按顺序把作业中页装入存储空间的块中。作业的最后一页常装不满存储空间的一个块，形成不能利用存储区域称为页的碎片。分页特点：由系统划分、数据不共享及大小一样。

（三）分段分页存储管理

首先把作业按模块分成若干个段，再把段细分成若干页。这样的组织形式可以取分段和分页存储管理的长处，避免两者的不足。

（四）虚拟存储管理

所谓虚拟存储，就是把内存与外存有机地结合起来使用，从而得到一个容量很大的“内存”，这就称之为虚拟存储。

程序的执行总是呈现局部性，即在一个较短的时间段内，程序的执行仅限于某个部分，它所访问的存储空间也局限于某个区域。因此，只要保护进程执行所需的部分程序和数据驻留在内存，一段时间内进程都能顺利执行。利用该特点，仅需要将一部分页面或段装入内存，便可启动运行，其余部分暂时保存在磁盘上，如果其所需要访问的页面（段）尚未装入内存，则发生缺页中断，此时系统启动请求调页（段）功能，将进程所需的页（段）装入内存，如果当前内存已满，无法装入新的页（段），则还需要用页（段）置换功能，将内存中暂时不用的页交换到磁盘上，以腾出足够内存。

四、设备管理

设备管理负责分配和回收外部设备以及控制外部设备按用户程序的要求进行操作。外部设备的种类繁多、功能差异很大。除了进行实际 I/O 操作的设备外，还包括设备控制器、DMA 控制器、通道等。这样，设备管理的首要任务是为这些设备提供驱动程序或控制程序，以使用户不必详细了解设备及接口的技术细节，就可方便地对这些设备进行操作。另一任务就是利用中断技术、DMA 技术和通道技术，使外围设备尽可能与 CPU 并行工作，以提高设备的使用效率并提高整个系统的运行速度。

常见的设备分类方法如下。

(1) 按设备的从属关系可分为系统设备和用户设备。

(2) 按设备分配属性可分为独享设备、共享设备和虚拟设备。

(3) 按设备的工作特性分存储设备、输入输出设备。

Windows 的设备管理：支持即插即用，支持动态加载驱动程序，用高速缓存解决速度不匹配的问题，支持设备安装与卸载。

五、文件管理

文件管理负责管理计算机中的所有文件，向用户提供创建文件、撤销文件、读写文件、打开和关闭文件等功能。

（一）文件与文件名

文件是一些信息的集合。用户可以把信息以文件形式存储在外存储器中。为便于存取和管理文件，每个文件必须有一个名字，即文件名，以实现文件的“按名存取”。

（二）文件的分类

见表 8-5-2。

表 8-5-2 文件的分类方法和文件类别

分类方法	文件类别	分类方法	文件类别
按性质和用途分	1. 系统文件 2. 库文件 3. 用户文件	按逻辑结构分	1. 流式文件 2. 记录文件
按保存属性分	1. 临时文件 2. 永久文件 3. 档案文件	按物理结构分	1. 顺序文件 2. 链接文件 3. 索引文件
按保护属性分	1. 只读文件 2. 读写文件 3. 可执行文件 4. 无保护文件	按存取方式分	1. 顺序文件 2. 随机文件

（三）文件的属性

通常文件的属性有：读、写、执行、所有者、创建日期、修改日期、文件大小等。在 Windows 中文件扩展名标示出文件是否是可执行文件或是哪个应用程序的文档等性质。

（四）文件的逻辑结构与文件系统

文件的逻辑结构有：字符流式和记录式。

Windows 支持的文件系统有 FAT、FAT32 和 NTFS。

Windows 支持光盘存储媒介的文件系统 CDFS。

FAT32：该格式目录结构无序，不能快速查找文件，不能自动压缩文件，安全性差。可用在容量为 512MB 到 2TB 的驱动器上。支持这种格式的操作系统有 Windows 95、Windows 98、Windows Me、Windows 2000 和 Windows XP。如果要设置双重引导配置，可以使用 FAT32 文件系统。

NTFS：该格式比 FAT32 有更高的安全级别、更好的权限设置，容错性及访问速度都有提高。支持大磁盘，可达 2TB。NTFS 文件系统非常适于 Windows XP。

六、作业管理

操作系统的作业（也可称为“任务”）管理实现作业调度和控制作业的执行。作业调度就是根据一定的调度算法，从输入到系统中的一批作业中选出若干个作业，给它们分配必要的资源，如主存空间、外部设备等，并建立相应的用户作业进程，然后将进程交给进程调度程序去调度执行。作业控制是指在操作系统支持下，用户如何组织它的作业并控制作业的运行。作业控制方式有两种。

(1) 脱机作业控制，也称为作业的自动控制方式，它是为脱机用户提供的。这种控制方式要使用操作系统提供的作业控制语言（JCB）编写作业说明书，然后操作系统执行作业说明书中的控制语句控制作业执行。

(2) 联机作业控制，也称为作业的直接控制方式，它是为联机用户或终端用户提供的。这种控制方式可通过命令、菜单或窗口对作业进行控制。

第六节 计算机网络

一、计算机网络功能、分类及组成

(一) 计算机网络功能

计算机网络，是指将地理位置不同的具有独立功能的多台计算机及其外部设备，通过通信线路连接起来。在网络操作系统、网络管理软件及网络通信协议的管理和协调下，实现资源共享和信息传递。

计算机网络有以下功能。

1. 数据通信

计算机网络使分散在不同单位、不同部门甚至不同省份、不同国家的计算机与计算机之间可以进行通信，互相传送数据，方便地进行信息交换。例如，使用电子邮件进行通信、在网上召开视频会议等。

2. 资源共享

这是计算机网络最有吸引力的功能。在网络范围内，用户可以共享软件、硬件、数据等资源，而不必考虑用户及资源所在的地理位置。当然，资源共享必须经过授权才可进行。

3. 提高计算机系统的可靠性

网络中的计算机可以方便地把重要信息存放到不同计算机系统中，一旦某台计算机出现故障，它的任务可由网中其他计算机取而代之。

4. 增强系统的处理功能

当网中某些计算机负荷过重时，网络可将新任务分配给较空闲的计算机去完成，从而提高了整个系统的处理功能。特别是分布式数据库管理系统，它使分散存储在网络中的不同系统中的数据在使用时就好像集中存储和集中管理那样方便。

(二) 计算机网络分类

1. 按作用范围分类

按分布范围可将计算机网络分为局域网、城域网、广域网。

(1) 局域网。局域网（LAN）一般分布在几十米到几千米范围。传统上，局域网与广域网使用不同的技术，广域网使用交换技术，局域网使用广播技术，这是两者的根本区别。但从万兆以太网开始，这种区别已经消除了。

(2) 城域网。城域网（MAN）一般分布在一个城区，一般使用广域网的技术，可以看成是一个较小的广域网。

(3) 广域网。广域网（WAN）一般分布在数十公里以上区域。

2. 按网络的使用范围分类

根据对网络组建和管理的部门和单位不同，常将计算机网络分为公用网和专用网。

(1) 公用网。由电信部门或其他提供通信服务的经营部门组建、管理和控制，网络内的传输和转接装置可供任何部门和个人使用；公用网常用于广域网络的构造，支持用户的远程通信。如我国的电信网、广电网、联通网等。

(2) 专用网。由用户部门组建经营的网络，不容许其他用户和部门使用；由于投资的因素，专用网常为局域网或者是通过租借电信部门的线路而组建的广域网络。如由学校组建的校园网、由企业组建的企业网等。

3. 按交换技术分类

按交换技术可将网络分为电路交换网络、报文交换网络和分组交换等类型。

(1) 电路交换网络。电路交换网络是在源节点和目的节点之间建立一条专用的通路用于数据传送。包括建立连接、传输数据、断开连接三个阶段。最典型的电路交换网络就是电话网络。该类网络的优点是数据直接传送延迟小；缺点是线路利用率低，不能充分利用线路容量，不便于进行差错控制。

(2) 报文交换网络。报文交换网络是将用户数据加上源地址、目的地址、长度、校验码等辅助信息封装成报文，发送给下个节点。下个节点收到后先暂存报文，待输出线路空闲时再转发给下个节点，重复这一过程直到到达目的节点。

(3) 分组交换网络。分组交换网络也称包交换网络，其原理是将数据分成较短的固定长度的数据块，在每个数据块中加上目的地址、源地址等辅助信息组成分组（包），按存储转发方式传输。分组交换网络具备很多优点，现在的主流网络基本上都可以看成是分组交换网络。

4. 其他分类方法

按传输介质分类：双绞线网、同轴电缆网、光纤网和无线网等；根据网络传输技术，网络可分为广播式和点一点；按传输方式有基带网和宽带网两种。

据英国的一位名叫哈拉尔德·哈斯的物理学家称，灯泡可能在不久之后就会用于无线网络传输，用于家庭宽带传输。他研究出一项技术，可以通过一盏普通的灯进行连接传输数据。他在演讲中说，只要在屋里打开灯，你也就打开了互联网连接。

这种他称为“Li-fi”的设备还具有通过电视机的“空白”频段或是未使用的卫星信号频段发送无线数据功能。

英国爱丁堡大学工程学院的哈斯教授说，现在我们使用低效的无线电波传输数据。

在手机领域，有140万个基站用于增强信号，但大多数能量都是用于冷却，使其只能实现5%的能效。相比之下，全世界有400亿只灯泡在使用，它们要高效得多。

他指出，通过用LED灯泡替代老式的白炽灯，他能将灯泡都变成网络发射器。通过改变屋内环境光的频率，这项名为“D-Light”的发明发送数据的速度可以超过每秒10M，这是普通宽带连接的速度。

它在医院、飞机、军事甚至水下领域都有着新的用途。飞机乘客理论上能够通过机上灯光发出的信号上网。

哈斯教授指出，我们传输无线数据的方式是低效的电磁波，尤其是有限的无线电波。它们稀少、昂贵并且范围有限。这种限制无法应对无线数据。光线是电磁波谱的一部分……将其用于无线通信不是很好吗？可见光谱的范围比无线电波多1万倍，这是理想的使用范围。

哈斯教授在一次演讲中展示了一盏安装了LED灯泡的台灯，它将数据发送给了灯下桌子上的一个接收器。每当他用手挡住灯光，传到他身后屏幕上的影像就会停止播放，因为信号被挡住了。

哈斯教授说，这项技术尚未和智能手机相结合，但他希望能够很快实现这一点。

他指出，在每一个有光的地方，这些都是数据传输的潜在源头。我们所要做的就是把一小块微晶片安装到每一个可能的照明设备上。

（三）计算机网络的组成

计算机网络由网络硬件系统和网络软件系统组成，包括计算机、网络设备、传输介质和网络操作系统。

在广域网中，从系统功能的角度看，计算机网络主要由资源子网和通信子网两大部分组成。资源子网包括计算机、外部设备、网络协议、网络软件和数据库等；通信子网包括通信线路、网络连接设备、通信协议和通信控制软件等。对局域网来讲，没有资源子网和通信子网之分。

二、计算机网络体系结构与协议

（一）网络协议

计算机网络协议是有关计算机网络通信的一整套规则，或者说是为完成计算机网络通信而制定的规则、约定和标准。网络协议由语法、语义和同步（定时）三大要素组成。

（1）语法：通信数据和控制信息的结构与格式。

（2）语义：对具体事件应发出何种控制信息，完成何种动作以及做出何种应答。

（3）同步：对事件实现顺序的详细说明。

（二）分层原则

计算机网络是非常复杂的，为了简化设计复杂程度，将网络功能划分为小一些、简单一些的功能，这样方便开发、设计和故障排除。分层的原则如下。

（1）每个层实现特定的功能。

（2）各个层之间有清晰的边界，层间接口清晰，便于理解。

（3）层的数目适中，便于实施。

（4）每层都使用下层的服务，为上层提供服务。

（5）在层中可以再设置子层，当不需要时可绕过子层。

（三）网络体系结构模型

OSI参考模型如图8-6-1所示。

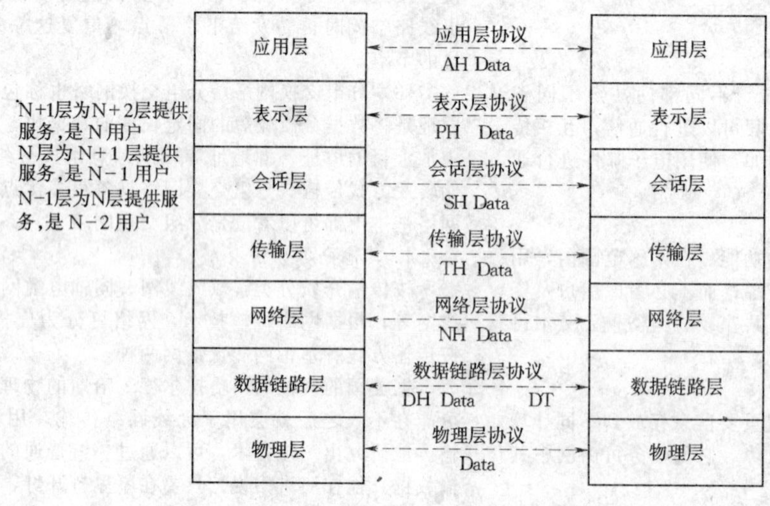

图8-6-1　OSI参考模型

物理层间传输二进制比特流，除物理层外同层为虚通信，N层将从N+1层接收的信息增加了一个头，N-1层将从N层接收的信息（包括N层增加的头）又增加了一个头，如此纵向传输，物理层是横向传输（点到点），到达目标后，数据链路层从物理层接收信息，并去掉自己层的包装将信息传给网络层，网络层去掉自己层的包装将信息传给传输层，如此向上传输。

（四）开放系统互连参考模型OSI/RM

所谓“开放”，即只要是遵循OSI标准的系统，就可以与位于世界上任何地方的、也遵循这同一标准的其他任何系统进行通信。

OSI参考模型包括三级抽象：体系结构、七层模型、服务定义。

各层所提供的服务；层与层间的抽象接口；层与层间交互用的服务原语。

协议规范：精确地定义了应当发送何种控制信息及何种过程来解释该控制信息。

OSI参考模型共分为7层，各层名称及主要功能如表8-6-1所示。

表8-6-1　OSI参考模型7层的名称及主要功能

层	名　称	主要功能
7	应用层（application layer）	提供各种应用和服务：文件传输、电子邮件、万维网等
6	表示层（presentation layer）	数据转换、压缩与解压缩、加密与解密
5	会话层（session layer）	建立传输规则、传输约定，不同主机进程间通信（会话）
4	传输层（transport layer）	分组、流量控制、查错与错误处理
3	网络层（network layer）	确定传送地址、选择传输路径
2	数据链路层（data link layer）	信号同步、查错校验（CRC）、流向控制
1	物理层（physical layer）	传输信息的介质、将数据以实体呈现并规定传输的规格、接插件的规格。负责传输比特流

（五）TCP/IP

TCP/IP 的全称是传输控制协议（TCP，Transmission Control Protocol）和因特网协议（IP，Internet Protocol），一般是指一系列协议，其中 TCP、IP 协议是最基本、最重要的。

目前的国际互联网采用的体系结构是 TCP/IP 体系结构。

TCP/IP 体系结构是一个四层结构，分别是：应用层、传输层、互联层和主机－网络层（网络接口层），与 OSI 体系结构比较如图 8－6－2 所示。

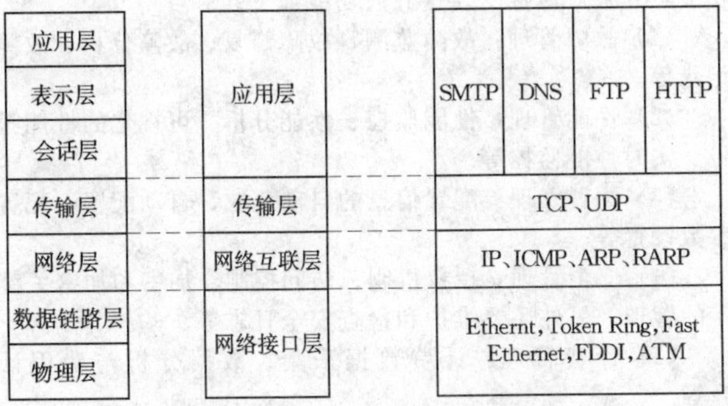

OSI	TCP/IP	协议
应用层 表示层 会话层	应用层	SMTP　DNS　FTP　HTTP
传输层	传输层	TCP、UDP
网络层	网络互联层	IP、ICMP、ARP、RARP
数据链路层 物理层	网络接口层	Ethernt, Token Ring, Fast Ethernet, FDDI, ATM

图 8－6－2　OSI 与 TCP/IP 体系结构比较

三、局域网

局域网是指在某一区域内由多台计算机互联成的计算机组，一般是方圆几千米以内。局域网可以实现文件管理、应用软件共享、打印机共享、工作组内的日程安排、电子邮件和传真通信服务等功能。局域网是封闭型的，可以由办公室内的两台计算机组成，也可以由一个公司内的上千台计算机组成。

IEEE（国际电子电气工程师协会）推动了局域网技术的标准化，制定了 IEEE 802 系列标准。遵循该标准在建设局域网时可以选用不同厂家的设备，并能保证其兼容性，可以使用双绞线、同轴电缆、光纤和无线等多种传输媒介连网。随着新技术的不断出现，这一系列标准仍在不断地更新变化之中。

以太网（IEEE 802.3 标准）是最常用的局域网组网方式。以太网使用双绞线作为传输媒介（网络设备主要用网卡、集线器或交换机）。在没有中继的情况下，最远可以覆盖 200m 的范围。最普及的以太网类型，数据传输速率为 100Mbit/s，更新的标准则支持 1000Mbit/s 和 1Gbit/s 的速率。

随着 802.11 标准的制定，无线局域网的应用大为普及，数据传输速度可以达到 11Mbit/s 和 54Mbit/s，覆盖范围为 100m。

四、广域网

广域网覆盖的范围从几十公里到几千公里，它能连接多个城市或国家，或横跨几个洲并能提供远距离通信，形成国际性的远程网络。广域网的通信子网可以利用公用分组交换网、卫星通信网和无线分组交换网，它将分布在不同地区的局域网或计算机系统互连起来，达到资源共享的目的。

通常广域网的数据传输速率比局域网低，典型速率是从 56kbit/s 到 155Mbit/s，现在已有 622Mbps（bps：每秒传输多少个二进制位）、2.4Gbit/s 甚至更高速率的广域网。

（一）网络互连的介质与设备

常用的传输介质：双绞线、同轴电缆、光缆、无线传输介质、卫星线路等。

组建局域网时常用的传输介质是双绞线，通过 RJ－45 连接器（俗称水晶头）将各种网络设备连接起来。局域网计算机主要通过网卡与其他计算机进行通信。

网卡的工作是双重的：一方面负责接收网络上传过来的数据包，解包后，将数据通过主板上的总线传输给计算机；另一方面它将本地计算机上的数据打包后送到网络上。

（二）网络互连的设备和作用

网络互连中间的网络设备和作用如表 8－6－2 所示。

表 8－6－2　常用网络设备

设备名称	作　用
中继器	在 OSI 模型的物理层上实现信号放大和再生
网桥	在 OSI 模型的数据链路层上实现互连
路由器	在 OSI 模型的网络层上实现互连
交换机	交换发生在 OSI 参考模型的数据链路层
网关	在 OSI 模型的传输层上实现互连
调制解调器	接入设备，通过公用电话网（PSTN）连接到计算机，用于调制或解调，56kbit/s
ADSL	非对称数字用户线，新型接入设备，类似调制解调器，上行 640kbit/s，下行 8Mbit/s，允许边打电话，边上网

五、因特网（Internet）

因特网（Internet）是由许多小的网络（子网）互连而成的一个网络，每个子网中连接着若干台计算机（主机）。Internet 遵循共同的协议（TCP/IP），Internet 上开发了许多应用系统，供接入网上的用户使用，网上的用户可以方便地交换信息，共享资源。Internet 是世界上最大的计算机互联网。

（一）IP 地址

所谓 IP 地址就是给每个连接在 Internet 上的主机分配一个 32bit 地址，每台网络上的主机必须有一个唯一的 IP 地址。为了方便人们的使用，IP 地址经常被写成十进制的形式，中间使用符号“·”分开不同的字节。

为了便于寻址以及层次化构造网络，每个 IP 地址包括网络号和主机号。同一个物理网络上的所有主机都使用同一个网络号，网络上的一个主机都有一个与其他主机不同的主机号。IP 地址根据网络号的不同分为 5 种类型，即 A 类地址、B 类地址、C 类地址、D 类地址和 E 类地址。

1. A类地址

（1）A 类地址第 1 字节为网络地址，其他 3 个字节为主机地址。

（2）A 类地址范围：1.0.0.1～126.255.255.254。

（3）A 类地址中的私有地址和保留地址如下：

①10.X.X.X 是私有地址（所谓的私有地址就是在互联网上不使用，而被用在局域网络中的地址），范围（10.0.0.0～10.255.255.255）；

②127.X.X.X 是保留地址，用作循环测试用的。

2. B类地址

（1）B 类地址第 1 字节和第 2 字节为网络地址，其他 2 个字节为主机地址。

(2) B类地址范围：128.0.0.1～191.255.255.254。

(3) B类地址的私有地址和保留地址如下：

①172.16.0.0～172.31.255.255是私有地址；

②169.254.X.X是保留地址。

3. C类地址

(1) C类地址第1个字节、第2个字节和第3个字节为网络地址，第4个字节为主机地址。另外第1个字节的前三位固定为110。

(2) C类地址范围：192.0.0.1～223.255.255.254。

(3) C类地址中的私有地址：192.168.X.X是私有地址。(192.168.0.0～192.168.255.255)

4. D类地址

(1) D类地址不分网络地址和主机地址，它的第1个字节的前四位固定为1110。

(2) D类地址范围：224.0.0.1～239.255.255.254。

5. E类地址

(1) E类地址不分网络地址和主机地址，它的第1个字节的前五位固定为11110。

(2) E类地址范围：240.0.0.1～255.255.255.254。

(二) 子网掩码

子网掩码的作用是将某个IP地址划分成网络地址和主机地址两部分。

子网掩码是一个32位的二进制数，其对应网络地址的所有位都置为1，对应于主机地址的所有位置都为0。由此可知，A类网络的默认子网掩码是255.0.0.0，B类网络的默认子网掩码是255.255.0.0，C类网络的默认子网掩码是255.255.255.0。将子网掩码和IP地址按位进行逻辑"与"运算，得到IP地址的网络地址，剩下的部分就是主机地址，从而区分出任意IP地址中的网络地址和主机地址。

为解决IP地址难以记忆的问题，引入了域名服务系统DNS (Domain Name System)。域名 (Domain Name)，是由一串用点分隔的名字组成，例如：www.tju.edu.cn对应的IP地址为：202.113.13.66。DNS就是进行域名解析的服务器，通过域名解析系统计算出相对应的IP地址。

域名简单地说就是Internet上主机的名字，它采用层次结构，每一层构成一个子域名，子域名之间用圆点隔开，自左至右分别为：计算机名、网络名、机构名、最高域名。Internet每个"域名"或"中文域名"只对应一个"IP地址"。

(三) Internet提供的服务

1. 收发EMAIL (电子邮件服务)

基于电子信箱，能传送文本、声音以及图像等多种类型的信息。电子邮件地址：用户名@邮件服务器的主机名。

2. 远程登录服务 (Telnet)

用户可以通过远程登录使自己所用计算机成为远程计算机的终端，然后在远程计算机上面运行程序，或者使用远程计算机的软件和硬件资源。当然，首先要成为远程计算机的合法用户并拥有相应的账户和口令，用户才能使用它的资源。

3. 文件传输服务 (FTP)

Internet上有许多公用的免费软件，允许用户无偿转让、复制、使用和修改。要获取这些软件可以使用文件传输，在授权的情况下还可以上传文件。

4. WWW服务

WWW (World Wide Web)：当用户浏览一篇WWW页面时，可以从当前浏览页随意跳转到其他页面。用户不需要遵循一定的层次顺序，就可以在WWW的海洋中随意"冲浪"，提供WWW资源的称为WWW服务器或WEB站点。

WWW页面使用超文本语言HTML，定位使用世界范围内信息资源的统一定位符URL (URL也称为URL地址或Web地址，俗称"网址")。

六、网络管理和网络安全

(一) 网络的管理

1. 网络管理的概念

所有与网络的管理、故障排除以及网络安全等有关的事情都属于网络管理范畴。

ISO在ISO/IEC 7498—4文档中定义了网络管理的五大功能，并被广泛接受。这五大功能如下。

(1) 故障管理：故障监测、故障修复、故障分析、故障记录等。

(2) 性能管理：性能监控、性能分析、可视化的性能报告、实时性能监控等。

(3) 配置管理：配置信息的自动获取、自动配置、配置参数设置等。

(4) 安全管理：授权机制、访问控制、加密和加密关键字的管理，另外还要维护和检查安全日志等。

(5) 计费管理：计费数据采集、数据分析与费用计算等。

2. 网络管理协议

随着网络的不断发展，规模增大，复杂性增加，简单的网络管理技术已不能适应网络迅速发展的要求。研究开发者们迅速展开了对网络管理的研究，并提出了多种网络管理方案 (协议) 如：SNMP、CMIS/CMIP等。

(1) SNMP，即简单网络管理协议，其前身是1987年发布的简单网关监控协议 (SGMP)。SGMP给出了监控网关 (OSI第三层路由器) 的直接手段，SNMP则是在其基础上发展而来。最初，SNMP只能提供最小网络管理功能。

(2) CMIS/CMIP，即公共管理信息服务/公共管理信息协议，是OSI提供的网络管理协议簇。CMIS定义了每个网络组成部分，提供了网络管理和服务，CMIP是实现CMIS服务的协议。

(二) 网络安全

网络安全是指网络系统的硬件、软件及其系统中的数据受到保护，不因偶然的或者恶意的原因而遭受到破坏、更改、泄露，确保系统连续可靠正常地运行，网络服务不被中断。网络安全从其本质上来讲就是网络上的信息安全。

1. 计算机安全、网络安全和信息安全

实际上计算机安全、网络安全和信息安全，三者不可分割。

2. 网络安全面临的主要威胁

(1) 人为的无意失误：用户安全意识不强，如口令太弱，账号泄露等。

(2) 人为的恶意攻击：分为主动攻击和被动攻击，主动攻击是有选择地破坏信息的有效性和完整性，被动攻击是截获、窃取、破译等。

(3) 网络软件的漏洞和后门：网络软件的漏洞是黑客攻击的首选目标，网络软件后门主要是为了自己方便，一旦被别人发现会造成严重不良后果。

3. 网络安全要求

(1) 保密性：信息不泄露给非授权用户。

(2) 完整性：数据未经授权不能进行改变的特性，即信息在存储或传输过程中保持不被修改、不被破坏和丢失的特性。

(3) 可用性：可被授权实体访问并按需求使用的特性，

即当需要时能否存取所需的信息。

(4) 真实性：用户的身份、网络中的信息等都应是真实可信的。

(5) 可控性：对信息的传播及内容具有控制能力。

4. 网络安全的对策

(1) 数据加密：采用密码技术，通过对数据进行加密处理，将重要信息由明文变为密文，加大保密强度。

(2) 数字签名：采用不对称加密技术，是网络通信和网络信息安全的一种特殊的密码认证形式，包括身份认证、数据完整性、不可否认性以及匿名性等方面的内容。

(3) 鉴别：包括用户鉴别和信息鉴别，用户鉴别是一种为防止非授权用户进入系统的常规技术措施；信息鉴别是检查信息的完整性、可用性等。

(4) 访问控制：即限制对信息系统的访问和接触，以便保障信息系统的安全。主要包括限制对网络系统的物理接触、用户鉴别和设置用户权限。

(5) 防火墙：指的是一个由软件和硬件设备组合而成、在内部网和外部网之间、专用网与公共网之间的层面上构造的保护屏障。

七、Windows XP 中的网络应用

(一) 信息浏览

通过万维网（WWW）技术，Internet 以 Web 网页形式实现信息浏览，实现了全球网页的连通。Windows XP 中使用 Internet Explorer 浏览器，实现信息浏览。

1. Internet Explorer 的浏览方法

(1) 在地址栏输入要访问主页的地址。

(2) 打开对话框输入要访问主页的地址。

(3) 利用“前进”和“后退”访问曾经浏览过的主页。

(4) 利用“历史”访问最近（前几天或几周）曾经浏览过的主页。

(5) 利用超级链接访问链接到的主页。

2. Internet Explorer 的保存方法

(1) 利用菜单命令可以保存网页文件。

(2) 利用快捷菜单命令可以保存图片。

3. Internet Explorer 的配置方法（利用 IE 的属性）

(1) 设置起始主页。

(2) 设置历史记录保留天数和存放临时文件的空间以及删除临时文件。

(3) 设置安全特性。

(4) 设置分级审查系统。

(5) 设置打印、多媒体等高级选项。

4. Internet Explorer 收藏夹使用

(1) 添加到收藏夹（把正在浏览网页的地址存在收藏夹，以便以后访问）。

(2) 浏览收藏夹保存的网页。

(3) 整理收藏夹。

5. Internet Explorer 脱机浏览

(1) 设置允许脱机浏览。

(2) 使用脱机浏览。

(二) 文件传输

文件传输（FTP）是用户获得因特网资源的重要方法之一。文件传输有上传和下载，用户通过因特网将本地计算机上的文件传送到特定的远程计算机上的过程称为上传（Upload）；反之，将远程计算机上的文件传送到本地计算机中保存的过程称为下载（Download）。

(1) 利用 Internet Explorer 地址栏输入 FTP 服务器地址。

(2) 使用 Internet Explorer 超级链接下载文件。

第七节 物 联 网

一、物联网的用途

2010 年上海世博会于 10 月 31 日降下帷幕，10 月 28 日来自江苏的游客高××一早来到世博园。当他从广播里听到“沙特馆（网上沙特馆）排队时间约为 6 小时”后，他决定放弃原来的游览计划，选择了离沙特馆不远人数较少的越南馆。他为自己的选择感到庆幸，同时感到奇怪：远在指挥中心的管理者如何能如此准确地判断和掌握客流量信息并及时播报排队时间。事实上，这项服务正是得益于物联网技术。目前，中国在物联网研究和应用领域走在世界前列。在上海世博会期间，管理者将物联网技术应用到包括交通和物流等领域，确保园内多项工作能够快速、有效地开展。

业内专家介绍，目前，物联网并没有一个统一的定义。如果说互联网是将一台台电脑连接起来，物联网则是通过互联网络，记录、识别、追踪或监管一件件物品，真正做到“物物相连”。

以此项技术在世博园门票上的应用为例：通过给世博门票安装传感器，然后通过射频识别、红外线感应器、定位系统等信息传感设备，按约定的协议，把门票与互联网连接起来，以实现智能化识别、定位跟踪、监控和管理。

冰箱里的腐坏或过期的食物会发出信号，电烤箱会将烤好的食物自动保温等待主人使用，出行时可自动选择无交通拥堵的路段……不论是在太空家园馆，还是世博“海尔体验区”，游客对许多看似遥远的“未来生活方式”表现出了浓厚的兴趣。

目前，物联网技术还没有实现产业化。在大规模应用爆发之前，通过世博会向众多的参观者展示物联网技术如何给我们的生活带来便捷，可以说起到了一个“启蒙”的作用。

在世博园太空家园馆城市展厅里，许多驻足观看“泛在技术物联网”展示的游客表示他们没有听说过物联网，但是非常希望能够在日常生活中体验这项技术带来的便捷。

在世博会期间，除了将物联网技术应用到世博门票和安保等环节，管理者还借助该技术做好园区内交通管理、展馆预约、食品来源追溯等工作。世博园因此被专家誉为“中国最大的物联网”。不过，被业内人士认为可能引发社会生产和经济发展方式变革的物联网技术在世博会上的应用可能并非全部。

世博上的一些技术是物联网技术在某些点上的应用。尽管中国在物联网技术的发展上站在了一个“制高点”，但是，物联网技术要实现长足发展，还需要大量的投入和统一的技术标准。

尽管很多有关物联网技术应用在世博上还停留在展出阶段，但业内人士指出，世博会对推广物联网技术的作用不可低估，必将激发青少年在物联网领域的求知欲。许多游客听说过物联网技术，但是对技术的核心和应用并不了解。通过世博会，我们把概念性的东西转换成为能够给人类带来便捷的技术应用和展示，告诉他们这些离我们将不再遥远。

事实上，来到世博园的游客只须细心留意，就会发现物

联网就在身边。在世博园区铁栅栏上固定的小圆筒——物联网传感节点，能够随时发现并测量周围的振动、声响、磁力和微波，并将需要的信息发送至后台系统，协助管理方做好安防工作。

物联网的应用其实不仅仅是一个概念而已，它已经在很多领域有运用，只是并没有形成大规模运用。还有一些运用案例如下：

(1) 物联网传感器产品已率先在上海浦东国际机场防入侵系统中得到应用。机场防入侵系统铺设了3万多个传感节点，覆盖了地面、栅栏和低空探测，可以防止人员的翻越、偷渡、恐怖袭击等攻击性入侵。上海世博会与无锡传感网中心签下订单，购买防入侵微纳传感网1500万元产品。

(2) ZigBee路灯控制系统点亮济南园博园。ZigBee无线路灯照明节能环保技术的应用是此次园博园中的一大亮点。园区所有的功能性照明都采用了ZigBee无线技术达成的无线路灯控制。

(3) 智能交通系统（ITS）是利用现代信息技术为核心，利用先进的通信、计算机、自动控制、传感器技术，实现对交通的实时控制与指挥管理。交通信息采集被认为是ITS的关键子系统，是发展ITS的基础，成为交通智能化的前提。无论是交通控制还是交通违章管理系统，都涉及交通动态信息的采集，交通动态信息采集也就成为交通智能化的首要任务。

二、物联网的定义

11年前，比尔·盖茨来中国推销"维纳斯"计划时，也顺便带来了"未来家庭"的概念：在他展示的自己豪宅里面，"所有可以带电的东西"，电视机、冰箱、电饭煲、洗衣机、游戏机、电脑，甚至床、桌椅、地板、天花板、游泳池，都互相连接起来，并且直通全球互联网。时值中国互联网第一轮泡沫之际，人们对如此梦幻般的互联网技术和未来家庭叹为观止，可惜那时中国网民只有区区几十万人，家庭上网的带宽只有32K，连56K都还少见，普通人即使有钱也根本无法实现这个梦想。于是，维纳斯计划和"未来家庭"热闹了一阵之后，也就销声匿迹了。

今天，伴随着"物联网"成为2010年中国乃至全球的热点，伴随着产业链各角色的涌入，不仅感知中国、智慧地球、M2M、传感网、泛在网等等围绕物联网的各种概念不断涌现，而且"物联网"自身的概念也通过媒体的推波助澜，而渐渐为人们所熟知。

比如，有这样的概念描述：物联网让我们的生活更智慧化，各种物品都有了"活性"。在这个物物相联的世界中，物品能够彼此进行"交流"，而无需人的干预。物联网利用射频自动识别（RFID）技术，通过计算机互联网实现物品的自动识别和信息的互联与共享。可以说，物联网描绘的是充满智能化的世界。

这样的描述不禁让人大吃一惊，11年前的幽灵似乎重现江湖，这不就是当年"未来家庭"里面描述的景象吗？只不过把"家庭"换成了"世界"。然而，事实是这样的吗？在汗牛充栋的物联网报告、论文、出版书籍中，要得出这个答案，确实很难。

在全球化和网络化背景下，未来十年是中国物联网产业爆发式增长的历史机遇。必须由政府监管者和产业协调者出面，从产业基础层面和政策层面，进一步规范物联网及物联网产业的概念、定义、产业价值、产业链参与者扮演的角色等，为国内物联网的顺利发展扫清理论障碍。

由中国物联网研究发展中心（筹）和网舟咨询公司最新联合推出的首份物联网产业年度报告——《中国物联网产业发展年度蓝皮书（2010）》，或许能对这个答案有所帮助。该蓝皮书重点从以下几方面，对中国物联网产业进行了阐述：

(1) 进一步规范和明确定义物联网概念，明晰物联网发展意义和趋势。

(2) 分析中国发展物联网的战略机遇和挑战，提出中国物联网全面布局和发展规划建议。

(3) 发掘和评估国内外典型物联网应用示范，积极借鉴和推广，带动行业物联网发展应用创新和普及。

(4) 通过国内外物联网关键技术研究，推动物联网关键核心技术的自主创新。

(5) 研究区域和各省物联网发展举措和状况，为各地政府发展物联网规划提供借鉴和建议。

(6) 研究物联网产业链和电信运营商、典型企业的发展现状和趋势，助力产业链和企业发展。

该蓝皮书提出了物联网的定义：物联网（IOT，Internet of Things）是一个通过信息技术将各种物体与网络相连，以帮助人们获取所需物体相关信息的巨大网络。物联网通过使用射频识别RFID、传感器、红外感应器、视频监控、全球定位系统、激光扫描器等信息采集设备，通过无线传感网、无线通信网络（如Wi-Fi、WLAN等）把物体与互联网连接起来，实现物与物、人与物之间实时的信息交换和通信，以达到智能化识别、定位、跟踪、监控和管理的目的。

蓝皮书还指出，物联网是未来互联网的组成部分，是互联网的应用延伸和拓展。未来进一步发展，将可能成为工作平台，因为互联网的发展趋势是从连接人到物。最早是连接人的，后来连接各种各样的服务，现在连接各种各样的物体。美国在下一代研究互联网的计划中就提到，要建设一个安全可信的互联网，能支持移动应用的移动互联网，能连接现实和虚拟的一切物体的物联网，能够随时随地的并可以自组织的泛在网。它是有着自我配置能力的全球动态网络，在其中，物质和虚拟的"物"都有着自己的身份、物质属性、虚拟特性和可使用的智能接口，并无缝集成到信息网络。它涉及从信息获取、传输、存储、处理、应用的全过程，材料、器件、软件、系统、网络各方面的创新都会促进物联网的发展。

在物联网中，人们将成为商业、信息、社会的积极参与者。从发展战略或者长远目标来说，物联网将建立在标准通信协议基础之上，计算机网络、媒介网络、服务网络将整合为一个全球人们共同拥有的互联网平台和无缝信息网络，如图8-7-1所示。

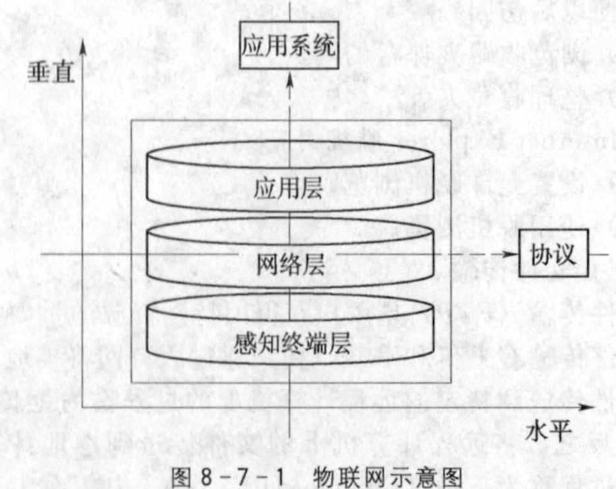

图8-7-1 物联网示意图

如果再深入研究这本蓝皮书，我们不难看到这样一幅未来蓝图：在“物联网”时代，钢筋混凝土、电缆将与芯片、宽带、无线网络整合为统一的基础设施。基础设施更像是一块新的地球工地，世界的运转就在它上面进行，其中包括经济管理、生产运行、社会管理乃至个人生活。下一代互联网将成为公共基础设施，每个人都可以像使用空气、水、电一样使用互联网，并能动态地随着“物”之间的相互连接而改善使用的体验，方便性和快捷性也将大大增强。由此，物联网中的通信将不仅发生在人与人之间，也发生在人与他们所处的环境之间，这样的互动方式无疑将推动人与环境（包括自然环境、社会环境）之间关系的改善及和谐化，也就会推动社会公共空间、公共利益的建设。并且，当物联网能够实现智能化的自我配置、感知环境的时候，那么它的行为自然能够自我管理、自我调整，与环境适应，比如在生命周期结束时，对拆卸、回收利用进行提醒和智能管理，以保护环境。

这给我们畅想未来 10 年、20 年，甚至 50 年的中国物联网产业发展图景，提供了广阔的展望空间。

毫无疑问，物联网是全球信息化发展的一次大机遇，也是中国信息产业发展的一次重要历史机遇，当然其发展也离不开良好的政策、经济、社会及科技环境。中国政府和领导人十分重视。中共十六大报告指出：放手让一切劳动、知识、技术、管理、资本的活力竞相迸发，让一切创造社会财富的源泉充分涌流。温家宝总理 3 次发表关于物联网的讲话，相关政府部门纷纷出台相关政策，各省市也积极开展物联网相关研发和应用工作。以政府为主导，产、学、研相结合，共同推动物联网发展的良好态势正在国内形成。

在不久的未来，来自个人、群体、社区，以及对象、产品、数据、服务、过程中的任何“物”都可以通过物联网连接起来，以非常低的成本提供给所有人。这样，从政府管理者到每一个公民，都有了一个便捷的信息沟通渠道和互助、服务方式，无疑将促进政府提高服务水平和产业监管水平，建设服务型政府。并且人人互连的物联网天然地创造了一个人人平等的使用环境，借助互联网天然存在的自由、民主、平等精神，将大大促进社会公平和正义，为建设和谐社会提供物质和精神环境。

该蓝皮书描绘的物联网未来图景是令人兴奋甚至神往的，但是，当一切物体都互相连接的时候，我们人类准备好了吗？是像盗梦空间里的主角那样任由梦境驰骋，还是勇敢地在现实中去面对？

中国工程院常务副院长潘云鹤预测，继文艺复兴和 20 世纪之后，物联网或将造就第三个科技盛世。

无论是文艺复兴，还是 20 世纪，科技都得到了迅速发展。这两个时期有一个共同点。在这两个时期，都迎来了信息流变化的浪潮。所以，我们有理由相信，物联网可能会造就第三个科技盛世。

在“2010 浙江省科协年会暨宁波市第六届学术大会院士主题报告会”上，潘云鹤曾经指出，物联网是继计算机、互联网之后世界信息产业的第三次浪潮。“未来 10 年，物联网将大规模普及，其神奇效应将令人惊叹。”

“通过物联网，可以实现物联网和第一、第二、第三产业的融合，从而激发出庞大的能量。同时，物联网可以促进信息在其中的高效流通，企业可以避免过度生产，行业可以避免竞争过当。”潘云鹤建议，要抓住物联网的机遇，为市场运行、政府决策、社会科学发展提供数据和知识支撑。

三、物联网发展历程

物联网发展历程如表 8－7－1 所示。

表 8－7－1　物联网发展历程

时间	物联网议题
1995 年	比尔·盖茨在其《未来之路》一书中已提及物联网概念
2005 年 11 月	国际电信联盟（ITU）发布了《ITU 互联网报告 2005：物联网》报告，正式提出了物联网概念
2009 年 1 月	IBM 首席执行官彭明盛提出“智慧地球”构想，其中物联网为“智慧地球”不可或缺的一部分，而奥巴马在就职演讲后已对“智慧地球”构想提出积极回应，并提升到国家级发展战略
2009 年 8 月 7 日	温家宝在无锡视察中科院物联网技术研发中心时指出，要尽快突破核心技术，把传感技术和 TD 的发展结合起来
2009 年 8 月 24 日	王建宙访台期间解释了物联网概念
2009 年 9 月 11 日	传感器网络标准工作组成立大会暨感知中国高峰论坛在北京举行，会议提出传感网发展相关政策
2009 年 9 月 14 日	在中国通信业发展高层论坛上，中国移动总裁王建宙高调表示：物联网商机无限，中国移动将以开放的姿态，与各方竭诚合作
	《国家中长期科学与技术发展规划（2006—2020 年）》和“新一代宽带移动无线通信网”重大专项中均将传感网列入重点研究领域
2010 年 10 月 28 日	由国家工业和信息化部、国家发展和改革委员会、科学技术部、中国科学院、江苏省人民政府共同主办的中国国际物联网（传感网）博览会 28 日在江苏无锡隆重举行，这是中国举办的首个物联网领域规格最高、规模最大的国家级展会。本届博览会主题为“感知科技 感知未来”，旨在配合国家物联网产业规划，打造完整的物联网产业体系，推进物联网标准体系的确立，促进物联网由“概念”向“产业”的转化

“物联网概念”是在“互联网概念”的基础上，将其用户端延伸和扩展到任何物品与物品之间，进行信息交换和通信的一种网络概念。其定义是：通过射频识别（RFID）、红外感应器、全球定位系统、激光扫描器等信息传感设备，按约定的协议，把任何物品与互联网相连接，进行信息交换和通信，以实现智能化识别、定位、跟踪、监控和管理的一种网络概念。

物联网（Internet of Things）这个词，国内外普遍公认的是 MIT Auto－ID 中心 Ashton 教授 1999 年在研究 RFID 时最早提出来的。在 2005 年国际电信联盟（ITU）发布的同名报告中，物联网的定义和范围已经发生了变化，覆盖范围有了较大的拓展，不再只是指基于 RFID 技术的物联网。

物联网的概念与其说是一个外来概念，不如说它已经是一个“中国制造”的概念，他的覆盖范围与时俱进，已经超越了 1999 年 Ashton 教授和 2005 年 ITU 报告所指的范围，物联网已被贴上“中国式”标签。

物联网（Internet of Things）指的是将无处不在（Ubiquitous）的末端设备（Devices）和设施（Facilities），包括具备“内在智能”的传感器、移动终端、工业系统、楼控系统、家庭智能设施、视频监控系统等和“外在使能”（Enabled）的，如贴上 RFID 的各种资产（Assets）、携带无线终端的个人与车辆等等“智能化物件或动物”或“智能尘埃”（Mote），通过各种无线和/或有线的长距离和/或短距离通信网络实现互联互通（M2M）、应用大集成（Grand Integration）以及基于云计算的 SaaS 营运等模式，在内网（Intranet）、专网（Extranet）、和/或互联网（Internet）环境下，采用适当的信息安全保障机制，提供安全可控乃至个性化的实时在线监测、定位追溯、报警联动、调度指挥、预案管理、远程控制、安全防范、远程维保、在线升级、统计报表、决策支持、领导桌面（集中展示的 Cockpit Dashboard）等管理和服务功能，实现对“万物”的“高效、节能、安全、环保”的“管、控、营”一体化。

物联网这个概念，中国早在 1999 年就提出来了。不过，当时不叫“物联网”而叫传感网罢了。中科院早在 1999 年就启动了传感网的研究和开发。与其他国家相比，我国的技术研发水平处于世界前列，具有同发优势和重大影响力。

2005 年 11 月 27 日，在突尼斯举行的信息社会峰会上，国际电信联盟（ITU）发布了《ITU 互联网报告 2005：物联网》，正式提出了物联网的概念。

物联网是在计算机互联网的基础上，利用 RFID、无线数据通信等技术，构造一个覆盖世界上万事万物的“Internet of Things”。在这个网络中，物品（商品）能够彼此进行“交流”，而无需人的干预。其实质是利用射频自动识别（RFID）技术，通过计算机互联网实现物品（商品）的自动识别和信息的互联与共享。

物联网概念的问世，打破了之前的传统思维。过去的思路一直是将物理基础设施和 IT 基础设施分开，一方面是机场、公路、建筑物；另一方面是数据中心，个人电脑、宽带等。而在物联网时代，钢筋混凝土、电缆将与芯片、宽带整合为统一的基础设施，在此意义上，基础设施更像是一块新的地球。故也有业内人士认为物联网与智能电网均是智慧地球的有机构成部分。

不过，也有观点认为，物联网迅速普及的可能性有多大，尚难以轻言判定。毕竟 RFID 早已为市场所熟知，但新大陆等拥有 RFID 业务的相关上市公司定期报告显示出业绩的高成长性尚未显现出来，所以，对物联网的普及速度存在着较大的分歧。但可以肯定的是，在国家大力推动工业化与信息化两化融合的大背景下，物联网会是工业乃至更多行业信息化过程中，一个比较现实的突破口。而且，RFID 技术在多个领域多个行业所进行的一些闭环应用。在这些先行的成功案例中，物品的信息已经被自动采集并上网，管理效率大幅提升，有些物联网的梦想已经部分的实现了。所以，物联网的雏形就像互联网早期的形态局域网一样，虽然发挥的作用有限，但昭示着的远大前景已经不容置疑。

这几年推行的智能家居其实就是把家中的电器通过网络控制起来。可以想见，物联网发展到一定阶段，家中的电器可以和外网连接起来，通过传感器传达电器的信号。厂家在厂里就可以知道你家中电器的使用情况，也许在你之前就知道你家电器的故障。

物联网的发展，必须带动传感器的发展，传感器发展到一定程度，变形金刚会真地出现在我们的面前。

四、物联网原理和产业链

物联网原理如图 8-7-2 所示。

物联网产业链，如图 8-7-3 所示。

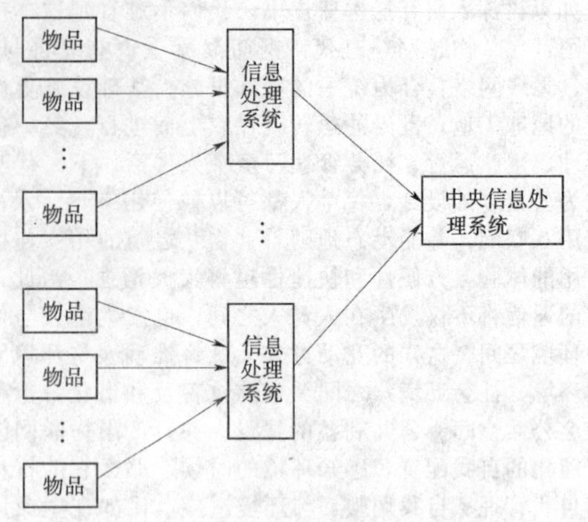

图 8-7-2　物联网原理示意图

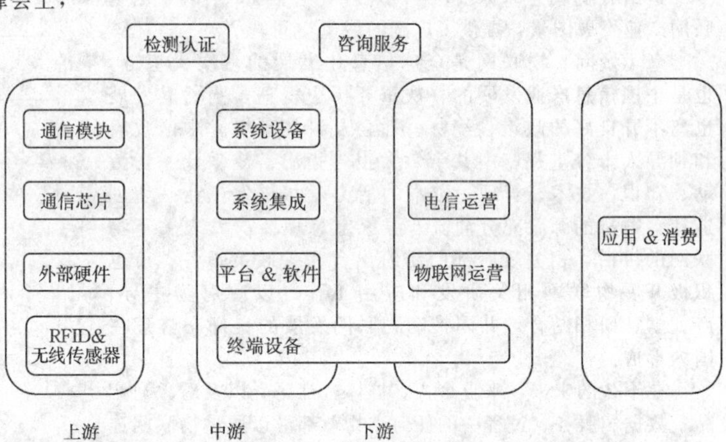

图 8-7-3　物联网产业链

物联网在部分行业中的典型应用，如图 8-7-4、图 8-7-5 所示。

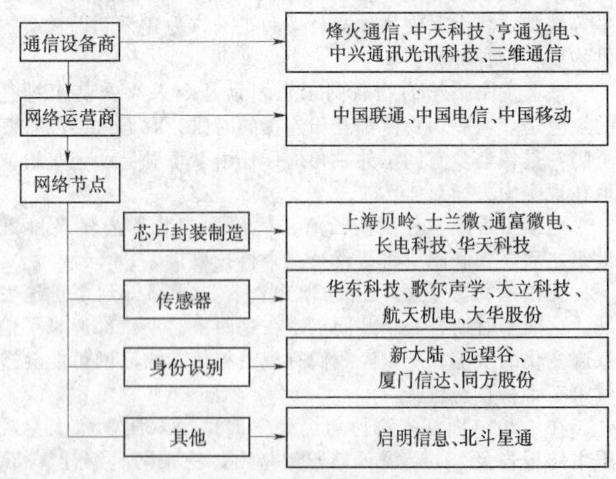

图 8-7-4　物联网在部分行业中的典型应用（一）

五、从 2010 物联网博览会看中国物联网发展前景

本届展会突出展示物联网在工业、农业、电力、交通、物流、环保、水利、安保、家居、教育、医疗、园区等 12 个领域的应用，共吸引包括 IBM、微软、英飞凌、大唐电信、美新半导体等在内的 254 家国内外展商参会，涵盖产业

交通
物流调度、定位导航

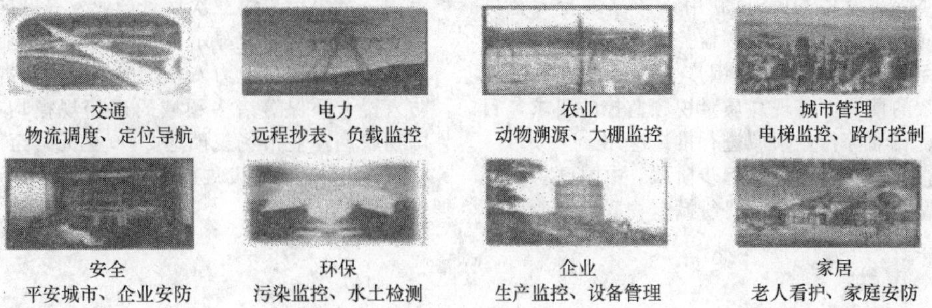

电力
远程抄表、负载监控

农业
动物溯源、大棚监控

城市管理
电梯监控、路灯控制

安全
平安城市、企业安防

环保
污染监控、水土检测

企业
生产监控、设备管理

家居
老人看护、家庭安防

图 8-7-5　物联网在部分行业中的典型应用（二）

链上游的芯片和传感器制造商，中游的应用设备提供商、软件与系统集成商、软件与应用开发商及下游的海量数据处理和信息管理服务提供商。

为期 3 天的展会将同时举行“物联网技术及商业应用高峰论坛”、“物联网投融资高峰论坛”、“物联网技术和信息化应用论坛”等三场主题论坛，会上发布《2009～2010 中国物联网发展年度报告》和中国物联网发展“无锡共识”。

作为物联网产业发展的主要推动者，业界领先的专业信息产品和服务提供商——大唐电信科技股份有限公司，以其物联网整体解决方案为主导，向业界集中展示了其基于感知层、网络层和应用层的物联网众多产品及行业应用案例。

1. 依托完整产业链，提供整体解决方案

依托在微电子、软件、终端及增值应用等领域的技术实力及完整的产业链优势，大唐电信未来三年将打造“大终端＋大服务”的产业群布局，实现由单一产品向整体解决方案的转型。围绕物联网产业布局，大唐电信进行了大量产业化实践，并在行业树立了领先地位。在感知层已形成 M2M 模块及应用、RFID 应用和传感器、监控、定位等明星产品和应用方向；在网络层可提供无线、光纤等网络接入产品，同时为行业和电信运营商提供物联网运营的 M2M 平台；在应用层面向政府和行业客户提供各类端到端的整体解决方案服务应用。

2. 紧贴用户需求，深化行业应用

在技术日益成熟的今天，如何满足用户需求，向用户提供更加丰富的应用产品和解决方案，已成为厂商和用户关注的焦点。在本次博览会的大唐电信应用层展区，感知矿山、数字油田、精准农业、水利信息化、数字城市、消防信息系统、智能交通、智能商业中心应用方案吸引了众多观众驻足观看。据了解，这些解决方案已在各行业形成实际应用案例。比如，大唐电信感知矿山整体解决方案，利用矿用光纤多业务接入平台建立网络平台，通过多个子系统实现了矿井的安全生产和管理控制一体化，该系统能够及时、准确地将井下各个区域人员及设备的动态情况反映到地面调度中心，一旦发生事故，可使救治工作以最快的速度有效展开，最大限度地减少灾害损失，目前该系统已成功应用于中国神华、中煤集团、焦煤集团、山西晋煤等企业。在精准农业展区，大唐电信展示了一套基于最新图像处理技术和网络传输技术、全数字化的农业远程诊断信息管理系统。该产品由农业现场无线音视频终端、运营商无线传输网络、农业专家诊断平台和外聘专家构成，通过在本地安置便携式视频监控设备，将所在地的视频、音频、温湿度等参数上传到专家诊断平台服务器，通过专线与农业专家系统连接，位于外地的农业专家可对千里之外的农业现场情况进行诊断和指导。该系统目前已在山东寿光市的农业大棚成功应用。再如，大唐电信数字城市管理物联网解决方案，以空间定位和 3D 景观为基础，以区域信息的集成与交换为手段，能够实现城市的数字化、网络化、智能化。在该展区，大唐电信还展示了消防信息系统和智能公交系统。消防信息系统是具有一体化指挥、控制、通信、信息处理和预警监控能力的综合电子信息系统，广泛应用于公安、消防、武警、人防的综合指挥通信调度。该系统已在陕西、广东两省应用。特别是陕西公安消防信息系统，为目前我国西北地区建设标准最高、设计功能最全的综合消防指挥平台。

大唐电信智能公交系统项目，由车载终端及监控平台组成，通过车载终端进行定位，并结合通信模块，将定位后的坐标信息数据通过 3G 网络及 GIS（电子地图）技术准确地反馈在监控界面；同时通过车内的视频终端采集视频数据传输至监控中心，当紧急情况发生时，监控中心能够实时处理和调度。

大唐电信智能商业中心解决方案将多种传感器，多种应用结合在一起，同时引入“架构”、“平台”等概念，构成完整的解决方案，该方案涵盖商业相关的多个应用：电子商务、购物导引、智能监控、信息采集、信息发布、物流仓储、园区管理、智能安防、能耗管控等，体现了实用性与物联网领先概念的有机结合，是大唐电信“大终端＋大服务”战略的典型案例。

3. 领先技术优势，完善产品体系

本次博览会上，大唐电信展台的感知层和网络层展区，RFID、M2M 系列产品及 3G＋MLAN 网络基础架构等成熟完善的产品和技术体系也同样吸引了众多行业专家的目光。

在集成电路设计领域，大唐电信拥有 100 多项集成电路、软件等发明专利，是国内唯一一家能同时在芯片级、模块级、成卡级向客户提供全方位产品、服务与解决方案的企业。目前大唐电信具备从高频、超高频和微波频段的 RFID 芯片设计开发及封装测试等产业化能力，同时具有 RFID 应用的整体解决方案提供能力，目前已经在人员跟踪定位、物流仓储、食品溯源、危险品管理、移动支付等领域得到成功应用。

M2M 目前广泛应用于电力、交通、工业控制、零售、公共事业管理、医疗、水利、石油等行业，形成数字城管、车务通、动物溯源、电力抄表、手机支付、家居监控等各种应用。大唐电信凭借丰富的行业信息化和物联网解决方案经验，推出 M2M 系统产品，支持各种无线和有线网络，多种标准的行业终端，为政府、行业、运营商和个人的 M2M 服务提供强有力的支撑。

从目前物联网网络层来看，无线数据平台需满足海量终端接入和无缝覆盖，无线 WLAN 低成本、高带宽的特点就成为 3G 的理想补充。在重点区域、人群及传感器密集区域建设 WLAN 网络，可以最低成本，灵活接入各种不同传感网络。大唐电信针对市场需求，推出了国际领先水平的基于无线网状结构的 Mesh 设备 OWS，利用该产品进行大范围无线远程组网，同时辅以高性能视频监控末端设备、中心监控设备，完全满足了用户在监控范围广大、监控点数量众多、监控地形复杂的情况下实现高质量视频监控的要求，目前已在国内煤炭、石油等行业领域进行推广应用。

全球物联网行业发展目前均处起步阶段，中国已将发展物联网上升至国家战略，中国各地纷纷掀起物联网产业发展浪潮，欲争世界第三次信息产业发展的国际话语权。

权威机构研究显示，中国物联网产业目前在公众业务领域及平安家居、电力安全、健康监测、智能交通、重要区域防入侵、环保等诸多领域的市场规模均超百亿，2010 年中国物联网产业市场规模达 2000 亿元，至 2015 年，这个数字将达 7500 亿元，发展前景远超计算机、互联网、移动通信等市场。

第三篇

电气工程理论

第一章　电 路 与 电 磁 场

第一节　电路模型和电路定律

一、电路模型

（一）电流和电压的参考方向

在电路中，某元件的电流和电压的参考方向可以任意指定。如果指定电流从电压的“+”极流入，从“−”极流出，则称这种参考方向为关联参考方向。如图 1-1-1 所示。

（二）电功率

在关联参考方向下，电功率为

$$p(t)=u(t)i(t)$$

$p>0$，元件吸收功率；$p<0$，元件发出功率。如图 1-1-2 所示。

图 1-1-1　关联参考方向

图 1-1-2　关联参考方向下的电功率（$p>0$ 元件吸收功率；$p<0$ 元件发出功率）

（三）电阻元件

图形符号见图 1-1-3。

在关联参考方向下，欧姆定律表示为

$$u=Ri$$

否则欧姆定律为负值。

任何时刻线性电阻元件吸收的电功率为

$$p=ui=Ri^2=Gu^2$$

电阻 R 的单位为欧姆（Ω），电导 G 的单位为西门子（S）。

（四）电感元件

图形符号见图 1-1-4。

图 1-1-3　线性电阻

图 1-1-4　线性电感

线圈中通以电流 i 后将产生磁通 Φ_L，若磁通与线圈的 N 匝都交链，则磁通链 $\psi_L=N\Phi_L$，在关联参考方向下，电感元件两端的感应电压为

$$u=\frac{d\psi_L(t)}{dt}$$

又因为

$$\psi_L=Li$$

所以

$$u=L\frac{di}{dt}$$

在 SI 单位制中磁通和磁通链的单位是韦伯（Wb），自感或电感 L 的单位是亨利（H）。

线性电感元件中的电流为

$$i(t)=i(t_0)+\frac{1}{L}\int_{t_0}^{t}u(\xi)d\xi$$

电功率为

$$p=ui=Li\frac{di}{dt}$$

电能量为

$$W_L=\frac{1}{2}Li^2(t)-\frac{1}{2}Li^2(t_0)$$

（五）电容元件

图形符号见图 1-1-5。

图 1-1-5　线性电容

在关联参考方向下，任何时刻正极板上的电荷 q 与其两端的电压 u 有以下关系

$$q=Cu$$

电流为

$$i=\frac{dq}{dt}$$

或

$$i=C\frac{du}{dt}$$

电容的单位是法拉（F）。通常采用 μF（微法）$=10^{-6}$F，或 pF（皮法）$=10^{-12}$F。

线性电容元件上的电压为

$$u(t)=u(t_0)+\frac{1}{C}\int_{t_0}^{t}i(\xi)d\xi$$

电功率为

$$p=ui=Cu\frac{du}{dt}$$

电能量为

$$W_C=\frac{1}{2}Cu^2(t)-\frac{1}{2}Cu^2(t_0)$$

（六）电压源和电流源

图形符号如图 1-1-6 所示。

这里所说的电压源和电流源是指恒压源［理想电压源，图（a）、（b）］和恒流源［理想电流源，图（c）］。

当电压源的电压 u_s 为常数时，则有 $u_s=U_s$。

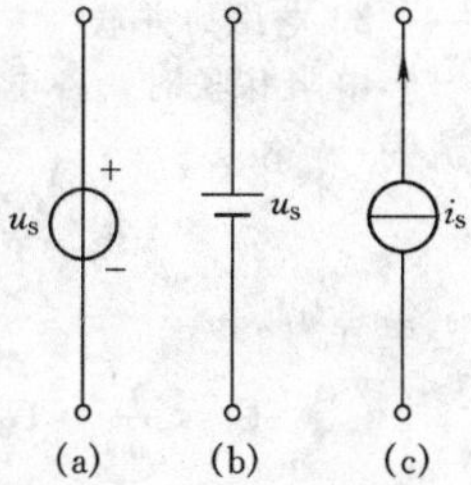

图 1-1-6　恒压源与恒流源

（七）受控源

受控源又称为非独立源。其图形符号见图 1-1-7。其中 μ 和 β 无量纲，g 和 r 分别具有电导和电阻的量纲。

图 1-1-7　四种线性受控源

二、电路定律

（一）基尔霍夫电流定律（KCL）

在集总电路中，任何时刻，对任一节点，所有支路电流

的代数和恒等于零，即

$$\sum i=0 \quad 或 \quad \sum i_{入}=\sum i_{出}$$

KCL也可以推广到一个大节点，即任一闭合面的电流代数和也恒等于零。

(二) 基尔霍夫电压定律 (KVL)

在集总电路中，任何时刻，沿任一回路所有支路电压的代数和恒等于零，即

$$\sum u=0 \quad 或 \quad \sum u_{升}=\sum u_{降}$$

第二节 网络分析

一、常用的电路等效变换方法

(一) 电阻的连接

1. 电阻的串联

几个电阻串联时，通过各电阻的电流是同一个电流。其总电压为

$$\begin{aligned}u&=u_1+u_2+\cdots+u_n\\&=(R_1+R_2+\cdots+R_n)i=R_i\end{aligned}$$

总电阻为

$$R=\frac{u}{i}=R_1+R_2+\cdots+R_n=\sum_{k=1}^{n}R_k$$

总功率为

$$p=ui=R_1i^2+R_2i^2+\cdots+R_ni^2=Ri^2$$

串联时各电阻上的电压为

$$u_k=R_ki=\frac{R_k}{R}u$$

只有二个电阻串联时，可应用分压公式

$$u_1=\frac{R_1}{R_1+R_2}u$$

$$u_2=\frac{R_2}{R_1+R_2}u$$

2. 电阻的并联

电阻并联时，各电阻上的电压是同一个电压。其总电流为

$$\begin{aligned}i&=i_1+i_2+\cdots+i_n\\&=(G_1+G_2+\cdots+G_n)u=Gu\end{aligned}$$

总电导为

$$G=\frac{i}{u}=G_1+G_2+\cdots+G_n=\sum_{k=1}^{n}G_k$$

总功率为

$$\begin{aligned}p&=ui=G_1u^2+G_2u^2+\cdots+G_nu^2\\&=Gu^2\end{aligned}$$

并联时，各电阻中的电流为

$$i_k=G_ku=\frac{G_k}{G}i$$

等效电阻为$R=\frac{1}{G}$，各个并联电阻为$R_k=\frac{1}{G_k}$，故等效电阻与并联电阻之间的关系为

$$\frac{1}{R}=\sum_{k=1}^{n}\frac{1}{R_k}$$

只有二个电阻并联时，可应用分流公式

$$i_1=\frac{R_2}{R_1+R_2}i$$

$$i_2=\frac{R_1}{R_1+R_2}i$$

二个并联的总电阻为

$$R=\frac{R_1R_2}{R_1+R_2}$$

3. 电阻的Y形与△形连接的等效变换

电阻的Y形与△形连接的电路如图1-2-1所示。其中

$$Y电阻=\frac{相邻△电阻的乘积}{△电阻之和}$$

$$△电导=\frac{相邻Y电导的乘积}{Y电导之和}$$

如果星形网络对称，即$R_1=R_2=R_3=R_Y$，则

$$R_{\triangle}=3R_Y$$

如果三角形网络也对称，即$R_{12}=R_{23}=R_{31}=R_{\triangle}$，则

$$R_Y=\frac{1}{3}R_{\triangle}$$

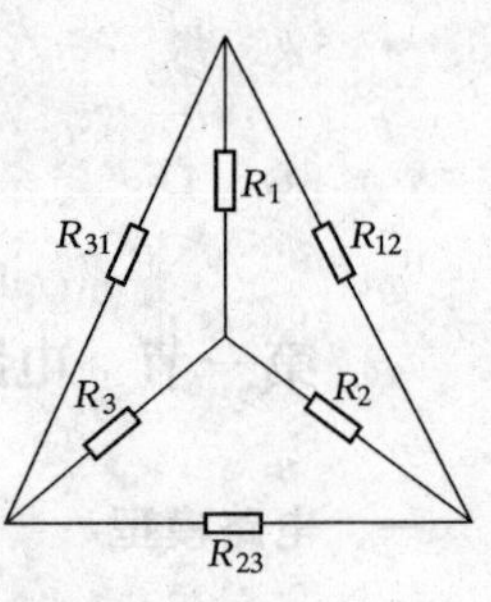

图1-2-1 电阻的Y接与△接等效变换

(二) 电源的连接

1. 电压源的连接

当n个电压源串联时，可以用一个电压源等效替代。这个等效的电压源电压为

$$u_s=u_{s1}+u_{s2}+\cdots+u_{sn}=\sum_{k=1}^{n}u_{sk}$$

电路如图1-2-2所示。

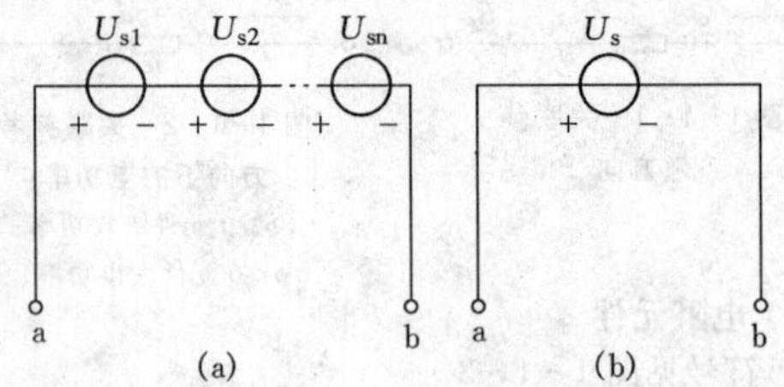

图1-2-2 电压源的串联

恒压源与任何其他支路并联，其等效电压源如图1-2-3所示。

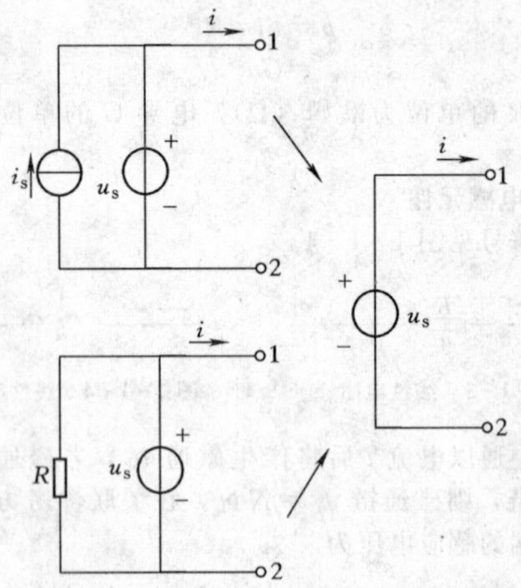

图1-2-3 恒压源与支路并联

注意，只有电压相等的恒压源才允许并联。

2. 电流源的连接

当n个电流源并联时，可以用一个电流源等效替代，这个等效的电流源电流为

$$i_s=i_{s1}+i_{s2}+\cdots+i_{sn}=\sum_{k=1}^{n}i_{sk}$$

电路如图1-2-4所示。

恒流源与任何其他支路串联，其等效电流源如图1-2-5所示。

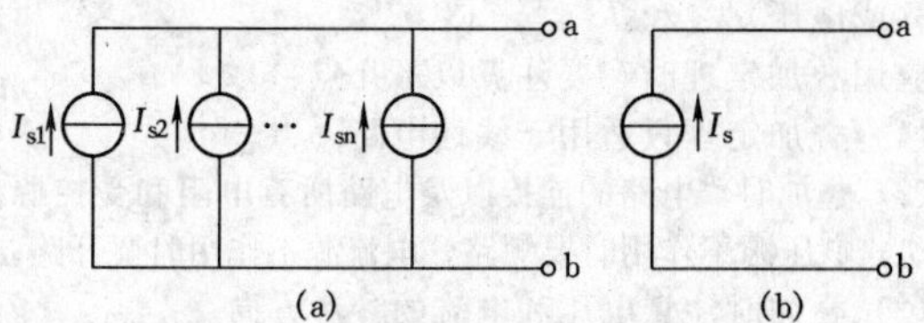

图 1-2-4　电流源的并联

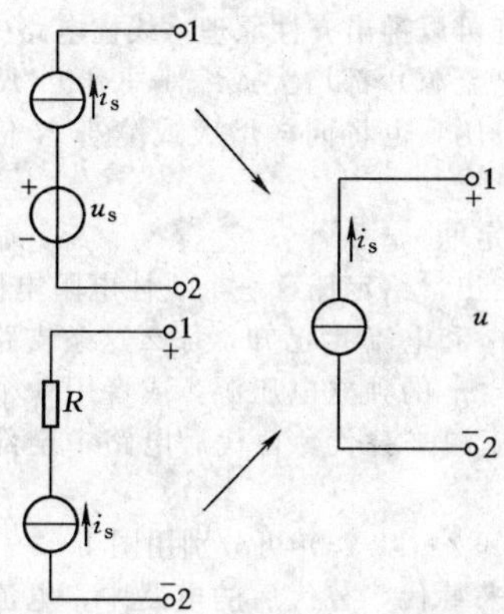

图 1-2-5　恒流源与支路串联

注意，只有电流相等的恒流源才允许串联。

3. 电源的等效变换

电压源串联电阻与电流源并联电阻可以等效变换，如图 1-2-6 所示。

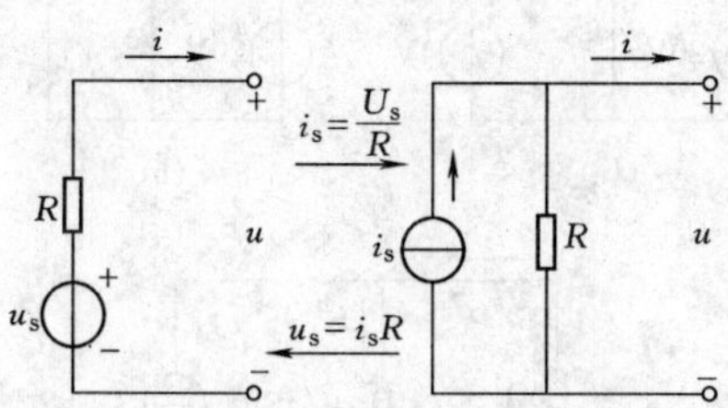

图 1-2-6　电源的等效变换

【例 1-2-1】 求图 1-2-7 (a) 中的电流 I。

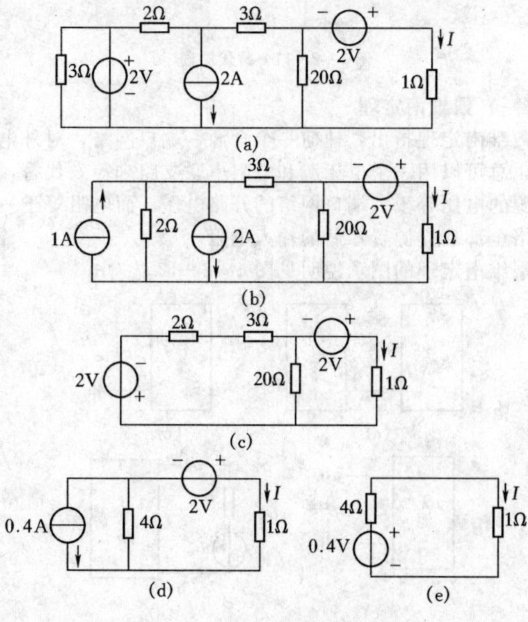

图 1-2-7　例 1-2-1 图

【解】 利用电源的等效变换，可将电路化简为图 1-2-7 (b)、(c)、(d)、(e)，最后求出电流为

$$I=\frac{0.4}{4+1}=0.08(\text{A})$$

受控电压源串联电阻与受控电流源并联电阻也可以进行等效变换，如图 1-2-8 所示。应注意在变换过程中，控制量必须保持不被改变。

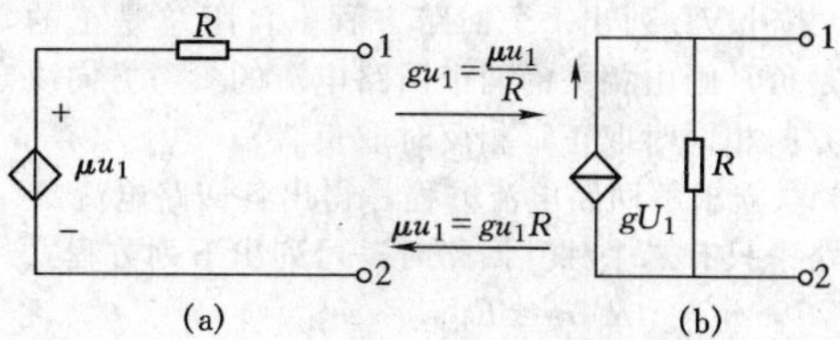

图 1-2-8　受控源的等效变换

（三）输入电阻和等效电阻

1. 输入电阻

输入电阻是不含独立源的一端口电阻网络的端电压与端电流之比。电路如图 1-2-9 所示。

输入电阻为

$$R_{in}=\frac{u}{i}$$

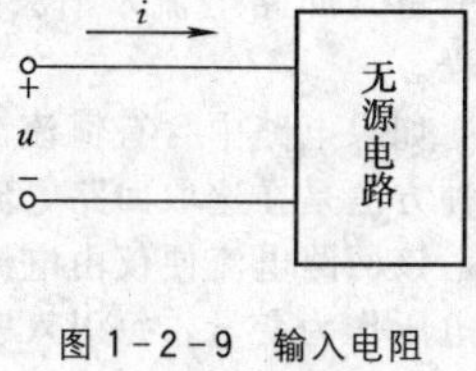

图 1-2-9　输入电阻

2. 等效电阻

等效电阻是对网络内部仅含有电阻的电路，用串并联或 Y—△变换，就可以求得的。等效电阻也可以通过计算输入电阻来得到。

【例 1-2-2】 求图 1-2-10 所示电路的输入电阻 R_{ab}。

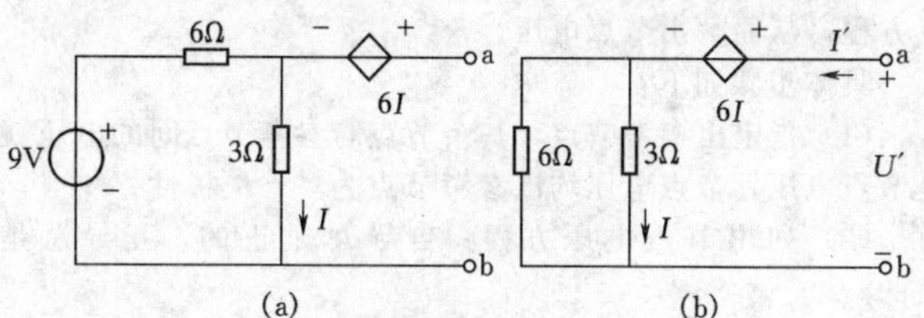

图 1-2-10　例 2-2-2 图

【解】 将图 1-2-10 (a) 变换成图 1-2-10 (b)，去掉 9V 电压源，即将它短路。在 ab 端加一电压 U'，产生电流 I'，其输入电阻为

$$R_{ab}=\frac{U'}{I'}$$

从图中可以看出

$$U'=3I+6I=9I$$

$$6(I-I')=-3I$$

$$9I=6I'$$

即

$$U'=6I'$$

所以

$$R_{ab}=6\Omega$$

（四）支路电流法

支路电流法是以支路电流为变量，应用 KCL 和 KVL 列出足够的独立方程，从而解出各支路电流。

具体步骤如下：

(1) 选定各支路电流的参考方向。

(2) 按 KCL，对 $(n-1)$ 个独立节点，列出节点方程。

(3) 选取独立回路，独立回路数应为 $l=b-(n-1)$ 个，b 为支路数，并指定这些回路的绕行方向，按 KVL 对选定的独立回路列出回路方程。

(4) 联立求解上述列出的 b 个独立方程，可得出各支路的电流。

（五）回路法

回路法是以回路电流为变量，列独立的KVL方程，解出各回路电流。

具体步骤如下：

(1) 选定l个独立回路电流，平面电路中的网孔都是独立回路。

(2) 按KVL列出l个回路方程。自阻总是正的，互阻是正还是负，则由相关的两个回路电流的参考方向决定，如果两者方向相同时取正，相反时取负。

(3) 联立求解回路电流方程，得出各回路电流。

电路中只有二个独立回路时，可列出下列方程式

$$\left.\begin{aligned} R_{11}i_{l1} \pm R_{12}i_{l2} = u_{s11} \\ \pm R_{21}i_{l1} + R_{22}i_{l2} = u_{s22} \end{aligned}\right\}$$

式中 R_{11}、R_{22}——与回路1和回路2连接的自电阻；

R_{12}、R_{21}——与回路1和回路2连接的互电阻；

u_{s11}、u_{s22}——与回路1和回路2连接的电压源代数和。

如果电路中含有受控源时，可视受控源为独立源，用网络变量（回路电流）消去控制量，然后按上述步骤列回路方程。

如果电路中含有恒流源支路时，可用两种方法来处理。一种方法是在选取回路电流时，只让一个回路电流通过电流源，该回路电流便仅由电流源决定。另一种方法是把电流源的电压作为变量，每引入一个这样的变量，同时也增加一个回路电流与电流源电流间的约束关系，这关系是独立的。

（六）节点法

节点法是以节点电压为变量，应用KCL，列出独立节点方程，从而解出节点电压。

具体步骤如下：

(1) 指定出参考节点，其余节点与参考节点间的电压就是节点电压，节点电压均以参考节点为“－”极性。

(2) 列出节点电压方程。自导总是正的，互导总是负的。

(3) 与本节点连接的电流源，其电流流入节点时取正，反之取负。

(4) 联立求解 $(n-1)$ 个独立节点方程，求出各节点电压。

当电路中只有两个独立节点时，可得出下列方程

$$\left.\begin{aligned} G_{11}u_{n1} - G_{12}u_{n2} = i_{s11} \\ -G_{21}u_{n1} + G_{22}u_{n2} = i_{s22} \end{aligned}\right\}$$

式中 G_{11}、G_{22}——与节点1和节点2连接的自电导；

G_{12}、G_{21}——与节点1和节点2连接的互电导；

i_{s11}、i_{s22}——与节点1和节点2连接的电流源代数和（流入节点为正）。

如果电路中含有受控源时，可视受控源为独立源，用网络变量（节点电压）消去控制量，然后按上述方法列节点电压方程。

如果电路中含有恒压源支路，可把恒压源支路的电流作为变量，每引入一个这样的变量，同时也增加一个节点电压与恒压源电压间的约束关系。

二、电路定理

（一）叠加定理

叠加定理指出：在线性电路中，任一支路电流（或电压）都是电路中各个独立电源单独作用时在该支路中产生的电流（或电压）之和。

应用叠加定理时，要注意以下几点：

(1) 叠加定理只适用于线性电路。

(2) 叠加时，电路的连接以及电路所有电阻和受控源都不予变动。电压源不作用时要短路，电流源不作用时要开路。

(3) 叠加时注意电压和电流的参考方向。

(4) 由于功率不是电流或电压的一次函数，所以不能用叠加定理来计算功率。

从叠加定理可以推出齐性原理：线性电路中，当所有激励（电压源和电流源）都增大或缩小K倍（K为实常数），响应（电流或电压）也将同样增大或缩小K倍，这就是齐性原理。

（二）替代定理

替代定理指出：给定任意一个线性电阻电路，其中第k条支路的电压u_k和电流i_k已知，那么这条支路就可以用一个具有电压等于u_k的独立电压源，或者用一个具有电流等于i_k的独立电流源来替代，替代后电路中全部电压和电流均将保持原值。

例如，图1-2-11(a)可分别用图1-2-11(b)和图1-2-11(c)来替代，替代后的电路中，电流、电压保持原值。

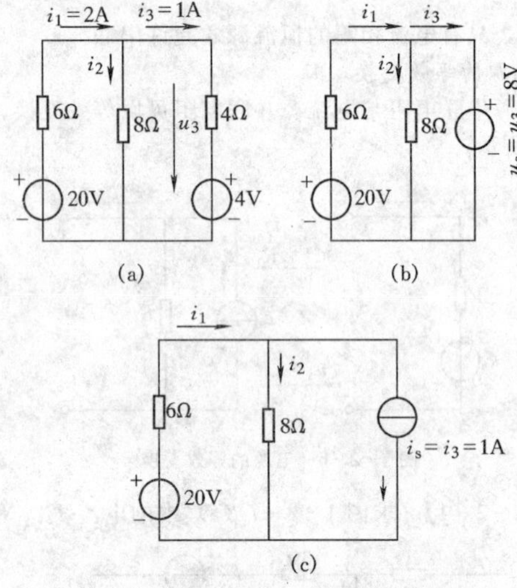

图1-2-11 替代原理

（三）戴维南定理

戴维南定理指出：任何一个含源一端口网络，对外电路来说，总可以用一个电压源和电阻串联支路来等效代替，此电压源的电压等于一端口网络的开路电压，而电阻等于一端口网络全部独立源置零后的输入电阻。

戴维南定理的图示说明见图1-2-12。

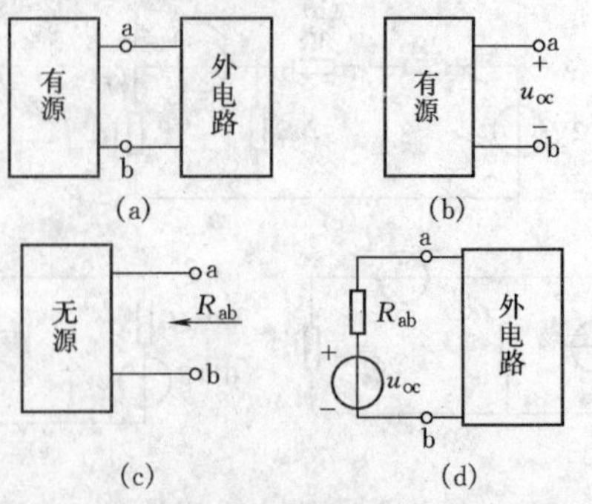

图1-2-12 戴维南等效电路

【例 1-2-3】 求图 1-2-13（a）的戴维南等效电路。

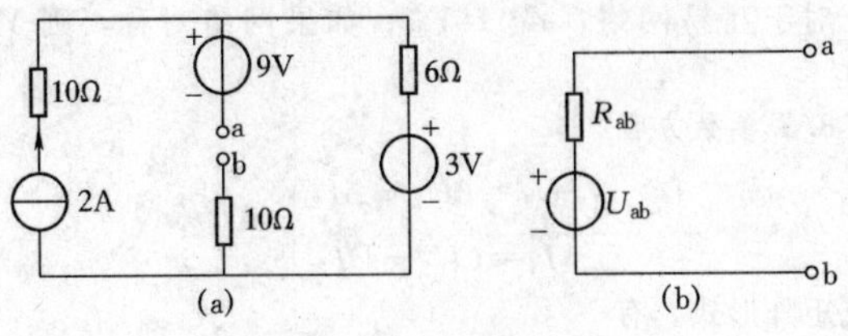

图 1-2-13　例 1-2-3 图

【解】 开路电压

$$U_{ab}=-9+2\times6+3=6\quad(\text{V})$$

等效电阻　$R_{ab}=10+6=16\quad(\Omega)$

等效电路如图 1-2-13（b）所示。

（四）诺顿定理

诺顿定理指出：任何一个含源一端口网络，对外电路来说，总可以用一个电流源和电阻的并联组合来等效代替，电流源的电流等于该一端口的短路电流，而电阻等于把该一端口的全部独立电源置零后的输入电阻。

因为电压源串电阻可以变换为电流源并电阻，所以可以看出诺顿定理是戴维南定理的又一种形式。

诺顿定理的图示说明见图 1-2-14。

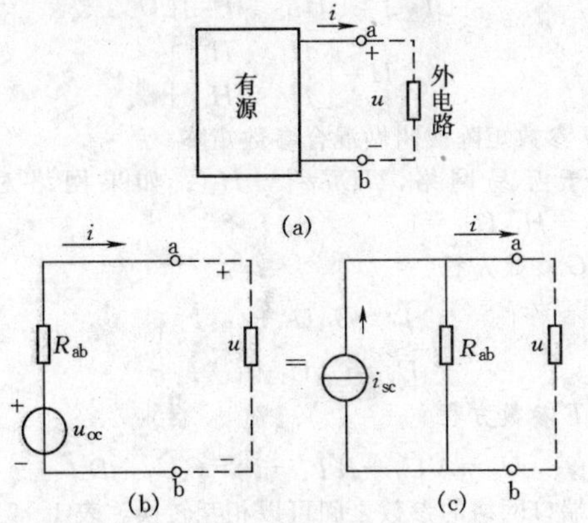

图 1-2-14　诺顿定理

戴维南定理和诺顿定理又称为等值发电机原理。

（五）特勒根定理

特勒根定理 1：对于一个具有 n 个节点和 b 条支路的电路，假设各支路电流和电压取关联参考方向，用 u_k 和 i_k（$k=1, 2, \cdots, b$）分别代表支路 b_k 的电压和电流，则在任何时间有

$$\sum_{k=1}^{b}u_k i_k=0$$

这个定理实质上是功率守恒的具体体现。它表明了任何一个电路的全部支路所吸收的功率之和恒等于零。

特勒根定理 2：如果有两个具有 n 个节点和 b 条支路的电路，它们的拓扑图完全相同。假设各支路电流和电压取关联参考方向，用 i_k、u_k 和 $\hat{i}_k$、$\hat{u}_k$（$k=1, 2, \cdots, b$）分别代表两电路 b 条支路的电流和电压，则在任何时间有

$$\sum_{k=1}^{b}u_k\hat{i}_k=0$$

$$\sum_{k=1}^{b}\hat{u}_k i_k=0$$

定理 2 又称为"拟功率定理"。

（六）互易定理

互易定理指出：对一个仅含线性电阻的电路，在单一激励的情况下，当激励电压源或者电流源和响应电压或者电流，互换位置时，将不改变同一激励所产生的响应。

互易定理的第一种形式，电压源互换位置，见图 1-2-15。可知

$$\hat{i}_1=i_2$$

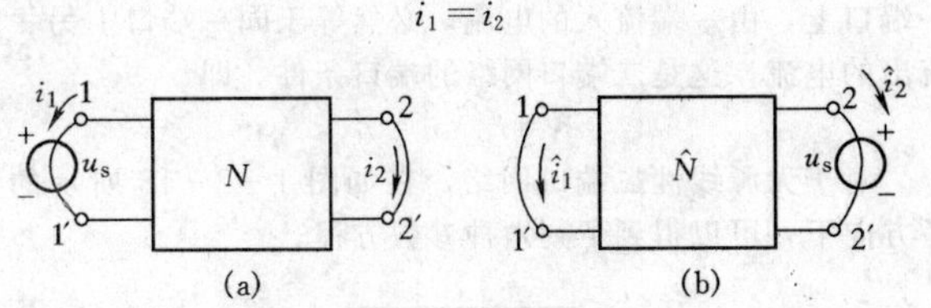

图 1-2-15　互易定理第一种形式

互易定理的第二种形式，电流源互换位置，见图 1-2-16。可知

$$u_2=\hat{u}_1$$

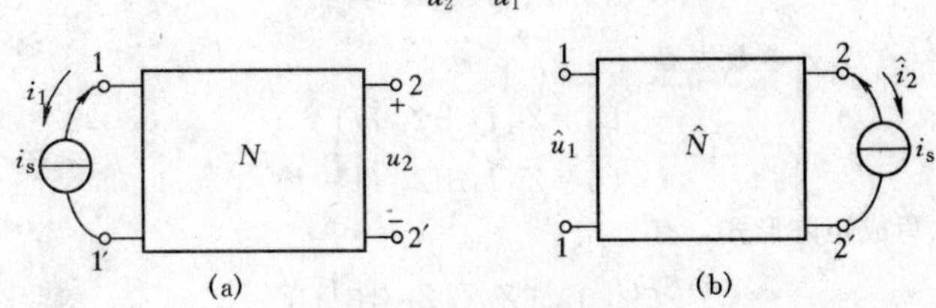

图 1-2-16　互易定理第二种形式

互易定理的第三种形式，见图 1-2-17。且在量值上 $u_s=i_s$，可知在量值上

$$\hat{u}_1=i_2$$

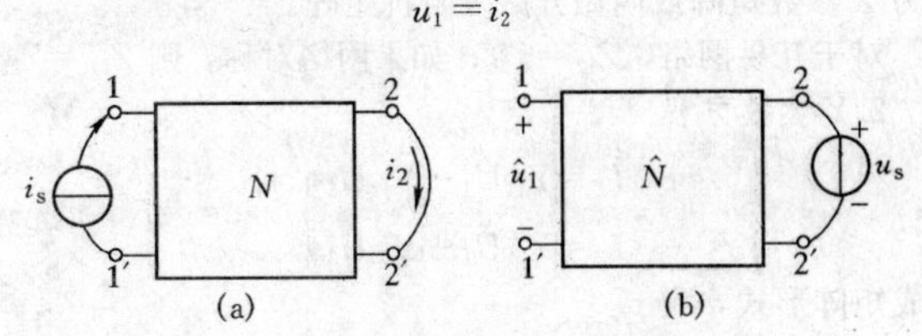

图 1-2-17　互易定理第三种形式

要使互易定理成立，电路 N 和 $\hat{N}$ 的方框内的（$b-2$）条支路电流和电压应当满足

$$u_1\hat{i}_1+u_2\hat{i}_2=\hat{u}_1 i_1+\hat{u}_2 i_2$$

（七）对偶原理

电路中某些元素互换后，可以发现，元素互为对偶，方程互为对偶，或电路互为对偶。现将一些简单的对偶关系列于表 1-2-1 中。

表 1-2-1　电路中某些元素的对偶关系

电压 U	电流 I
电阻 R	电导 G
欧姆定律 $U=RI$	欧姆定律 $I=GU$
KVL　$\sum u=0$	KCL　$\sum i=0$
电阻串联	电导并联
串联总电阻 $R=\sum_{k=1}^{n}R_k$	并联总电导 $G=\sum_{k=1}^{n}G_k$
串联总电压 $U=\sum_{k=1}^{n}U_k$	并联总电流 $I=\sum_{k=1}^{n}I_k$
串联分压 $U_i=\frac{R_i}{R}U$	并联分流 $I_i=\frac{G_i}{G}I$
电压源串联	电流源并联
电容电流 $i_C=C\frac{du_C}{dt}$	电感电压 $u_L=L\frac{di_L}{dt}$

三、二端口网络

(一) 二端口网络的方程和参数

一个二端口网络是通过两个端口与外电路相联的。在任一端口上，由一端流入的电流，必然等于同一端口上另一端流出的电流，这是二端口网络的端口条件。即

$$i_1 = i_1' \quad i_2 = i_2'$$

对于无源线性二端口网络，在如图 1-2-18 所示的参考方向下，可以得到下列六种参数方程。

图 1-2-18　二端口网络

1. Z 参数方程

$$\left.\begin{aligned}\dot{U}_1 &= Z_{11}\dot{I}_1 + Z_{12}\dot{I}_2\\ \dot{U}_2 &= Z_{21}\dot{I}_1 + Z_{22}\dot{I}_2\end{aligned}\right\}$$

写成矩阵形式，有

$$\begin{bmatrix}\dot{U}_1\\ \dot{U}_2\end{bmatrix} = \begin{bmatrix}Z_{11} & Z_{12}\\ Z_{21} & Z_{22}\end{bmatrix}\begin{bmatrix}\dot{I}_1\\ \dot{I}_2\end{bmatrix}$$

令

$$Z = \begin{bmatrix}Z_{11} & Z_{12}\\ Z_{21} & Z_{22}\end{bmatrix}$$

称为 Z 参数矩阵或叫做开路复阻抗矩阵。

对于互易网络，$Z_{12}=Z_{21}$；如果网络对称，则 $Z_{11}=Z_{22}$。

2. Y 参数方程

$$\left.\begin{aligned}\dot{I}_1 &= Y_{11}\dot{U}_1 + Y_{12}\dot{U}_2\\ \dot{I}_2 &= Y_{21}\dot{U}_1 + Y_{22}\dot{U}_2\end{aligned}\right\}$$

写成矩阵形式，有

$$\begin{bmatrix}\dot{I}_1\\ \dot{I}_2\end{bmatrix} = \begin{bmatrix}Y_{11} & Y_{12}\\ Y_{21} & Y_{22}\end{bmatrix}\begin{bmatrix}\dot{U}_1\\ \dot{U}_2\end{bmatrix}$$

令

$$Y = \begin{bmatrix}Y_{11} & Y_{12}\\ Y_{21} & Y_{22}\end{bmatrix}$$

称为 Y 参数矩阵或叫做短路复导纳矩阵。

对于互易网络，$Y_{12}=Y_{21}$；如果网络对称，则 $Y_{11}=Y_{22}$。

3. T 参数方程

$$\left.\begin{aligned}\dot{U}_1 &= A\dot{U}_2 - B\dot{I}_2\\ \dot{I}_1 &= C\dot{U}_2 - D\dot{I}_2\end{aligned}\right\}$$

写成矩阵形式，有

$$\begin{bmatrix}\dot{U}_1\\ \dot{I}_1\end{bmatrix} = \begin{bmatrix}A & B\\ C & D\end{bmatrix}\begin{bmatrix}\dot{U}_2\\ -\dot{I}_2\end{bmatrix}$$

令

$$T = \begin{bmatrix}A & B\\ C & D\end{bmatrix}$$

称为 T 参数矩阵或叫做传输矩阵。

对于互易网络，$AD-BC=1$；如果网络对称，则 $A=D$。

4. H 参数方程

$$\left.\begin{aligned}\dot{U}_1 &= H_{11}\dot{I}_1 + H_{12}\dot{U}_2\\ \dot{I}_2 &= H_{21}\dot{I}_1 + H_{22}\dot{U}_2\end{aligned}\right\}$$

写成矩阵形式，有

$$\begin{bmatrix}\dot{U}_1\\ \dot{I}_2\end{bmatrix} = \begin{bmatrix}H_{11} & H_{12}\\ H_{21} & H_{22}\end{bmatrix}\begin{bmatrix}\dot{I}_1\\ \dot{U}_2\end{bmatrix}$$

令

$$H = \begin{bmatrix}H_{11} & H_{12}\\ H_{21} & H_{22}\end{bmatrix}$$

称为 H 参数矩阵或叫做混合参数矩阵。

对于互易网络，$H_{21}=-H_{12}$；如果网络对称，则 $H_{11}H_{22}-H_{12}H_{21}=1$。

5. G 参数方程

$$\left.\begin{aligned}\dot{I}_1 &= G_{11}\dot{U}_1 + G_{12}\dot{I}_2\\ \dot{U}_2 &= G_{21}\dot{U}_1 + G_{22}\dot{I}_2\end{aligned}\right\}$$

6. T' 参数方程

$$\dot{U}_2 = A'\dot{U}_1 + B'\dot{I}_1 \quad -\dot{I}_2 = C'\dot{U}_1 + D'\dot{I}_1$$

二端口网络的参数之间可以相互转换，表 1-2-2 中列出了这些关系。

表 1-2-2　　二端口网络参数之间的相互转换关系

	用 Z 参数表示		用 Y 参数表示		用 T 参数表示		用 H 参数表示		用 G 参数表示		用 T' 参数表示		互易网络
Z	Z_{11}	Z_{12}	$\frac{Y_{22}}{\Delta Y}$	$-\frac{Y_{12}}{\Delta Y}$	$\frac{A}{C}$	$\frac{\Delta T}{C}$	$\frac{\Delta H}{H_{22}}$	$\frac{H_{12}}{H_{22}}$	$\frac{1}{G_{11}}$	$-\frac{G_{12}}{G_{11}}$	$-\frac{D'}{C'}$	$-\frac{1}{C'}$	Z_{12}
	Z_{21}	Z_{22}	$-\frac{Y_{21}}{\Delta Y}$	$\frac{Y_{11}}{\Delta Y}$	$\frac{1}{C}$	$\frac{D}{C}$	$-\frac{H_{21}}{H_{22}}$	$\frac{1}{H_{22}}$	$\frac{G_{21}}{G_{11}}$	$\frac{\Delta G}{G_{11}}$	$-\frac{\Delta T'}{C'}$	$-\frac{A'}{C'}$	$=Z_{21}$
Y	$\frac{Z_{22}}{\Delta Z}$	$-\frac{Z_{12}}{\Delta Z}$	Y_{11}	Y_{12}	$\frac{D}{B}$	$-\frac{\Delta T}{B}$	$\frac{1}{H_{11}}$	$-\frac{H_{12}}{H_{11}}$	$\frac{\Delta G}{G_{22}}$	$\frac{G_{12}}{G_{22}}$	$-\frac{A'}{B'}$	$\frac{1}{B'}$	Y_{12}
	$-\frac{Z_{21}}{\Delta Z}$	$\frac{Z_{11}}{\Delta Z}$	Y_{21}	Y_{22}	$-\frac{1}{B}$	$\frac{A}{B}$	$\frac{H_{21}}{H_{11}}$	$\frac{\Delta H}{H_{11}}$	$-\frac{G_{21}}{G_{22}}$	$\frac{1}{G_{22}}$	$\frac{\Delta T'}{B'}$	$-\frac{D'}{B'}$	$=Y_{21}$
T	$\frac{Z_{11}}{Z_{21}}$	$\frac{\Delta Z}{Z_{21}}$	$-\frac{Y_{22}}{Y_{21}}$	$-\frac{1}{Y_{21}}$	A	B	$-\frac{\Delta H}{H_{21}}$	$-\frac{H_{11}}{H_{21}}$	$\frac{1}{G_{21}}$	$\frac{G_{22}}{G_{21}}$	$\frac{D'}{\Delta T'}$	$-\frac{B'}{\Delta T'}$	$\Delta T=1$
	$\frac{1}{Z_{21}}$	$\frac{Z_{22}}{Z_{21}}$	$-\frac{\Delta Y}{Y_{21}}$	$-\frac{Y_{11}}{Y_{21}}$	C	D	$-\frac{H_{22}}{H_{21}}$	$-\frac{1}{H_{21}}$	$\frac{G_{11}}{G_{21}}$	$\frac{\Delta G}{G_{21}}$	$-\frac{C'}{\Delta T'}$	$\frac{A'}{\Delta T'}$	
H	$\frac{\Delta Z}{Z_{22}}$	$\frac{Z_{12}}{Z_{22}}$	$\frac{1}{Y_{11}}$	$-\frac{Y_{12}}{Y_{11}}$	$\frac{B}{D}$	$\frac{\Delta T}{D}$	H_{11}	H_{12}	$\frac{G_{22}}{\Delta G}$	$-\frac{G_{12}}{\Delta G}$	$-\frac{B'}{A'}$	$\frac{1}{A'}$	H_{12}
	$-\frac{Z_{21}}{Z_{22}}$	$\frac{1}{Z_{22}}$	$\frac{Y_{21}}{Y_{11}}$	$\frac{\Delta Y}{Y_{11}}$	$-\frac{1}{D}$	$\frac{C}{D}$	H_{21}	H_{22}	$-\frac{G_{21}}{\Delta G}$	$\frac{G_{11}}{\Delta G}$	$-\frac{\Delta T'}{A'}$	$-\frac{C'}{A'}$	$=-H_{21}$
G	$\frac{1}{Z_{11}}$	$-\frac{Z_{12}}{Z_{11}}$	$\frac{\Delta Y}{Y_{22}}$	$\frac{Y_{12}}{Y_{22}}$	$\frac{C}{A}$	$-\frac{\Delta T}{A}$	$\frac{H_{22}}{\Delta H}$	$-\frac{H_{12}}{\Delta H}$	G_{11}	G_{12}	$-\frac{C'}{D'}$	$-\frac{1}{D'}$	G_{12}
	$\frac{Z_{21}}{Z_{11}}$	$\frac{\Delta Z}{Z_{11}}$	$-\frac{Y_{21}}{Y_{22}}$	$\frac{1}{Y_{22}}$	$\frac{1}{A}$	$\frac{B}{A}$	$-\frac{H_{21}}{\Delta H}$	$\frac{H_{11}}{\Delta H}$	G_{21}	G_{22}	$\frac{\Delta T'}{D'}$	$-\frac{B'}{D'}$	$=G_{21}$

续表

	用 Z 参数表示		用 Y 参数表示		用 T 参数表示		用 H 参数表示		用 G 参数表示		用 T' 参数表示		互易网络
T'	$\frac{Z_{22}}{Z_{12}}$	$-\frac{\Delta Z}{Z_{12}}$	$-\frac{Y_{11}}{Y_{12}}$	$\frac{1}{Y_{12}}$	$\frac{D}{\Delta T}$	$-\frac{B}{\Delta T}$	$\frac{1}{H_{12}}$	$-\frac{H_{11}}{H_{12}}$	$-\frac{\Delta G}{G_{12}}$	$\frac{G_{22}}{G_{12}}$	A'	B'	$\Delta T'=1$
	$\frac{1}{Z_{12}}$	$-\frac{Z_{11}}{Z_{12}}$	$\frac{\Delta Y}{Y_{12}}$	$-\frac{Y_{22}}{Y_{12}}$	$-\frac{C}{\Delta T}$	$\frac{A}{\Delta T}$	$\frac{H_{22}}{H_{12}}$	$-\frac{\Delta H}{H_{12}}$	$-\frac{G_{11}}{G_{12}}$	$\frac{1}{G_{12}}$	C'	D'	

注　$\Delta Z=Z_{11}Z_{22}-Z_{12}Z_{21}$　　$\Delta G=G_{11}G_{22}-G_{12}G_{21}$　　$\Delta T=AB-BC$

$\Delta H=H_{11}H_{22}-H_{12}H_{21}$　　$\Delta Y=Y_{11}Y_{22}-Y_{12}Y_{21}$　　$\Delta T'=A'D'-B'C'$

(二) 二端口网络的等效电路

互易二端口网络的六种参数，每种参数中都只有三个是独立的，因此，可以用只包含三个元件的等效电路来代替，而不改变它对外部的性能。三个元件所组成的二端口网络可有两种形式，即T型电路和Π型电路。见图1-2-19。

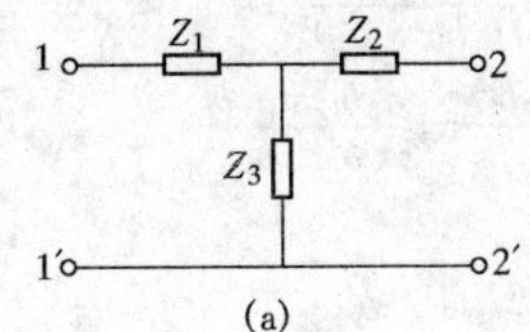

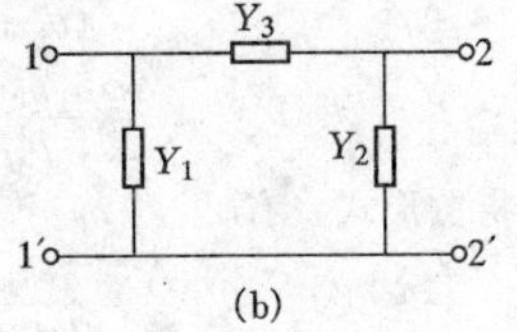

图1-2-19　二端口的T型和Π型等效电路

1. Z 参数与T型等效电路

T型网络的 Z 参数为

$$Z_{11}=Z_1+Z_3$$
$$Z_{12}=Z_{21}=Z_3$$
$$Z_{22}=Z_2+Z_3$$

则T型网络三个元件的 Z 参数为

$$Z_1=Z_{11}-Z_{12}$$
$$Z_2=Z_{22}-Z_{21}$$
$$Z_3=Z_{12}=Z_{21}$$

2. Y 参数与Π型等效电路

Π型网络的 Y 参数为

$$Y_{11}=Y_1+Y_3$$
$$Y_{12}=Y_{21}=-Y_3$$
$$Y_{22}=Y_2+Y_3$$

则Π型网络三个元件的 Y 参数为

$$Y_1=Y_{11}+Y_{12}$$
$$Y_2=Y_{22}+Y_{21}$$
$$Y_3=-Y_{12}=-Y_{21}$$

已知某种参数求等效电路的元件参数见表1-2-3。

表1-2-3　已知某种参数求等效电路的元件参数

	电路	
	Π型等效电路	T型等效电路
已知 Y 参数	$Y_1=Y_{11}+Y_{12}$ $Y_2=Y_{22}+Y_{21}$ $Y_3=-Y_{12}$	
已知 Z 参数		$Z_1=Z_{11}-Z_{12}$ $Z_2=Z_{22}-Z_{21}$ $Z_3=Z_{12}$
已知 T 参数	$Y_1=\frac{D-1}{B}$ $Y_2=\frac{A-1}{B}$ $Y_3=\frac{1}{B}$	$Z_1=\frac{A-1}{C}$ $Z_2=\frac{D-1}{C}$ $Z_3=\frac{1}{C}$

(三) 二端口网络的连接

二端口网络有不同种的连接方式，常用的有级联、串联和并联，如图1-2-20 (a)、(b)、(c) 所示。

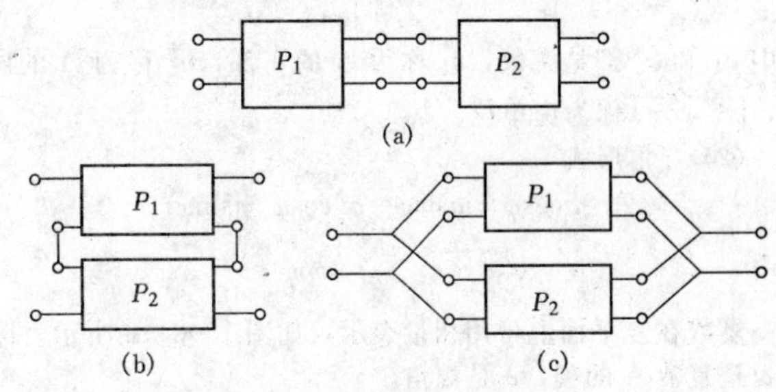

图1-2-20　二端口网络的连接

分析级联时，常用 T 参数，当两个二端口网络级联时，有

$$T=T_1T_2$$

当两个二端口网络串联时，用 Z 参数。有

$$Z=Z_1+Z_2$$

当两个二端口网络并联时，用 Y 参数。有

$$Y=Y_1+Y_2$$

第三节　正弦交流电路

一、正弦量

在线性电路中，如果全部激励都是同一频率的正弦函数，则电路中的全部稳态响应也将是同一频率的正弦函数。这类电路称为正弦电流电路或称为正弦交流电路。

凡是按正弦规律变动的电压、电流等，都称为正弦量。以正弦电流为例，在图1-3-1所示参考方向下，其数学表达式为

图1-3-1　正弦电流

$$i=I_m\sin(\omega t+\psi_i)$$

式中　I_m——正弦电流 i 的振幅（最大值）；

ω——正弦电流 i 的角频率（角速度）；

ψ_i——正弦电流 i 的初相角（初相位）。

式中的三个常数 I_m、ω、ψ_i 称为正弦量的三要素。其中

$$I_m=\sqrt{2}I=1.414I$$

$$\omega=2\pi f=\frac{2\pi}{T}$$

式中　I——正弦电流 i 的有效值（A）；

f——正弦量的频率（Hz）；

T——正弦量的周期（s）。

任意两个同频率的正弦量，它们之间的初相角之差称为相位差，用 φ 表示，即

$$\varphi=\psi_1-\psi_2$$

如果

$\varphi=\psi_1-\psi_2>0$ 前者超前后者

$\varphi=\psi_1-\psi_2<0$ 前者落后后者

$\varphi=\psi_1-\psi_2=0$ 二者同相位

$\varphi=\psi_1-\psi_2=\frac{\pi}{2}$ 二者相位正交

$\varphi=\psi_1-\psi_2=\pi$ 二者反相

二、相量法

相量法就是用复数来表示正弦量。

复数 A 的表示形式有两种：

(1) 代数形式

$$A=a_1+\mathrm{j}a_2$$

式中 a_1 和 a_2 都是实数，a_1 称为 A 的实部，a_2 称为 A 的虚部，$\mathrm{j}=\sqrt{-1}$称为虚单位。

(2) 三角形式

$$A=a\cos\varphi+\mathrm{j}a\sin\varphi=a(\cos\varphi+\mathrm{j}\sin\varphi)$$

式中 $a=\sqrt{a_1^2+a_2^2}$ $\tan\varphi=\frac{a_2}{a_1}$

复数在复平面上可用相量表示，如图 1-3-2 所示。图中 a 是复数 A 的模，φ 是幅角。

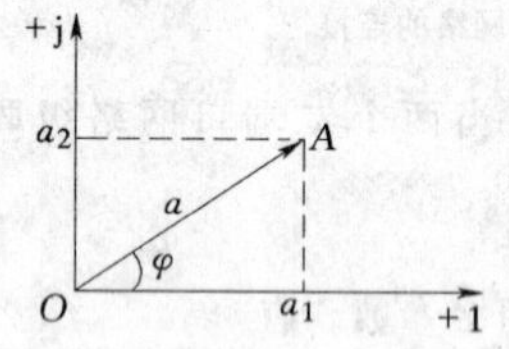

图 1-3-2 复数的相量表示

利用欧拉公式

$$\mathrm{e}^{\mathrm{j}\varphi}=\cos\varphi+\mathrm{j}\sin\varphi$$

可以把复数 A 变换为指数形式，即

$$A=a\mathrm{e}^{\mathrm{j}\varphi}$$

电工中常用极坐标形式，即

$$A=a\angle\varphi$$

两个复数相加或相减运算必须用代数形式。例如，设 $A=a_1+\mathrm{j}a_2$，$B=b_1+\mathrm{j}b_2$，则有

$$A\pm B=(a_1\pm b_1)+\mathrm{j}(a_2\pm b_2)$$

两个复数相乘时，用代数形式，有

$$AB=(a_1+\mathrm{j}a_2)(b_1+\mathrm{j}b_2)=(a_1b_1-a_2b_2)+\mathrm{j}(a_1b_2+a_2b_1)$$

用指数形式，有

$$AB=a\mathrm{e}^{\mathrm{j}\varphi_a}b\mathrm{e}^{\mathrm{j}\varphi_b}=ab\mathrm{e}^{\mathrm{j}(\varphi_a+\varphi_b)}$$

用极坐标形式，则有

$$AB=a\angle\varphi_a\, b\angle\varphi_b=ab\angle\varphi_a+\varphi_b$$

复数 A 除以复数 B 时，用代数形式，有

$$\frac{A}{B}=\frac{a_1+\mathrm{j}a_2}{b_1+\mathrm{j}b_2}=\frac{(a_1+\mathrm{j}a_2)(b_1-\mathrm{j}b_2)}{(b_1+\mathrm{j}b_2)(b_1-\mathrm{j}b_2)}=\frac{a_1b_1+a_2b_2}{b_1^2+b_2^2}+\mathrm{j}\frac{a_2b_1-a_1b_2}{b_1^2+b_2^2}$$

用指数形式，有

$$\frac{A}{B}=\frac{a\mathrm{e}^{\mathrm{j}\varphi_a}}{b\mathrm{e}^{\mathrm{j}\varphi_b}}=\frac{a}{b}\mathrm{e}^{\mathrm{j}(\varphi_a-\varphi_b)}$$

用极坐标形式，则有

$$\frac{A}{B}=\frac{a\angle\varphi_a}{b\angle\varphi_b}=\frac{a}{b}\angle\varphi_a-\varphi_b$$

三、电阻、电感和电容中的正弦电流

在电阻、电感和电容单一元件中，通以正弦电流，其各量关系见表 1-3-1。

R、L 和 R、C 串联或并联电路的基本关系式见表 1-3-2。

电路定律的相量形式及各种关系式见表 1-3-3。

表 1-3-1 单一元件通以正弦电流各量关系

关系式 / 元件 / 正弦各量	电阻 R (Ω)	电感 L (H)	电容 C (F)
电路图	$\dot{I}$ R + $\dot{U}_R$	$\dot{I}$ L + $\dot{U}_L$ −	$\dot{I}$ C + $\dot{U}_C$ −
瞬时值关系	$u_R=iR$ $p=u_Ri$	$u_L=L\frac{\mathrm{d}i}{\mathrm{d}t}$ $p=u_Li$	$i=C\frac{\mathrm{d}u_C}{\mathrm{d}t}$ $p=u_Ci$
电阻或电抗与频率的关系	R	$X_L=\omega L=2\pi fL$ (X_L, O, ω)	$X_C=\frac{1}{\omega C}=\frac{1}{2\pi fC}$ (X_C, O, ω)
欧姆定律	$\dot{U}_R=\dot{I}R=IR\angle\psi_i=U\angle\psi_u$	$\dot{U}_L=\mathrm{j}\omega L\dot{I}=\mathrm{j}X_L\dot{I}$	$\dot{U}_C=-\mathrm{j}\frac{1}{\omega C}\dot{I}=-\mathrm{j}X_C\dot{I}$
相角关式	$\psi_i=\psi_u$ $\varphi=0$	$\psi_u=\psi_i+\frac{\pi}{2}$ $\varphi=-\frac{\pi}{2}$	$\psi_i=\psi_u+\frac{\pi}{2}$ $\varphi=\frac{\pi}{2}$
相位关系	$\dot{I}$ $\dot{U}_R$	$\dot{U}_L$ $\dot{I}$	$\dot{I}$ $\dot{U}_C$

续表

关系式 元件 正弦各量	电 阻 R (Ω)	电 感 L (H)	电 容 C (F)
有功功率 P	$P=I^2R=\frac{U_R^2}{R}=U_RI$	$P=0$	$P=0$
无功功率 Q	$Q=0$	$Q_L=I^2X_L=\frac{U_L^2}{X_L}=U_LI$	$Q_C=I^2X_C=\frac{U_C^2}{X_C}=U_CI$
表观功率 S	$S=P$	$S=Q_L$	$S=Q_C$

表 1-3-2　R、L 和 R、C 串并联电路基本关系

物理量	R、L 串联	R、C 串联	R、L 并联	R、C 并联
电路图	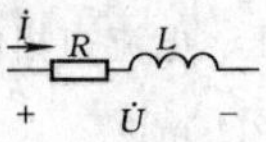 $\dot I$ R L + $\dot U$ −	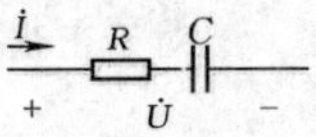 $\dot I$ R C + $\dot U$ −	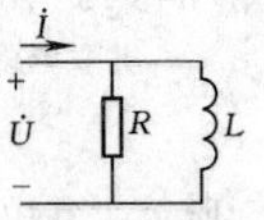 $\dot I$ + $\dot U$ − R L	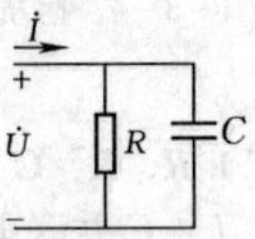 $\dot I$ + $\dot U$ − R C
u 或 i 的相量关系	$\dot U=\dot U_R+\dot U_L$ $=\dot IZ=\dot I\ (R+jX_L)$	$\dot U=\dot U_R+\dot U_C$ $=\dot IZ=\dot I\ (R-jX_C)$	$\dot I=\dot I_R+\dot I_L$ $=\dot UY=\dot U\ (G-jB_L)$	$\dot I=\dot I_R+\dot I_C$ $=\dot UY=\dot U\ (G+jB_C)$
相量图	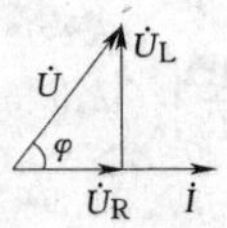 $\dot U_L$ $\dot U$ φ $\dot U_R$ $\dot I$	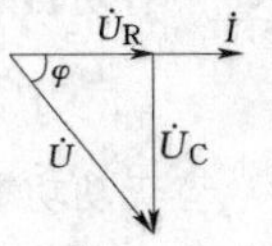 $\dot U_R$ $\dot I$ φ $\dot U$ $\dot U_C$	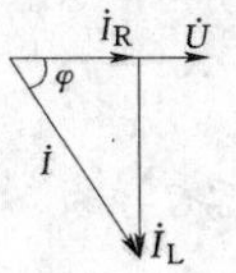 $\dot I_R$ $\dot U$ φ $\dot I$ $\dot I_L$	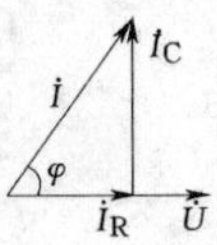 $\dot I_C$ $\dot I$ φ $\dot I_R$ $\dot U$
u 或 i 的关系式	$U_R=U\cos\varphi$ $U_L=U\sin\varphi$ $U=\sqrt{U_R^2+U_L^2}$ $=Iz$	$U_R=U\cos\varphi$ $U_C=U\sin\varphi$ $U=\sqrt{U_2^2+U_L^2}$ $=Iz$	$I_R=I\cos\varphi$ $I_L=I\sin\varphi$ $I=\sqrt{I_R^2+I_L^2}=Uy$	$I_R=I\cos\varphi$ $I_C=I\sin\varphi$ $I=\sqrt{I_R^2+I_C^2}=Uy$
阻抗或导纳关系	$R=z\cos\varphi$ $X_L=z\sin\varphi$ $z=\sqrt{R^2+X_L^2}$ $\varphi=\text{arctg}\frac{X_L}{R}$	$R=z\cos\varphi$ $X_C=z\sin\varphi$ $z=\sqrt{R^2+X_C^2}$ $\varphi=\text{arctg}\frac{X_C}{R}$	$G=y\cos\varphi$ $B_L=y\sin\varphi$ $y=\sqrt{G^2+B_L^2}$ $G=\frac{1}{R}$ $B_L=\frac{1}{\omega L}$	$G=y\cos\varphi$ $B_C=y\sin\varphi$ $y=\sqrt{G^2+B_C^2}$ $G=\frac{1}{R}$ $B_C=\omega C$
阻抗或导纳三角形	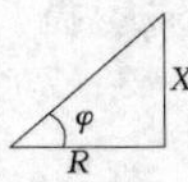 X_L φ R	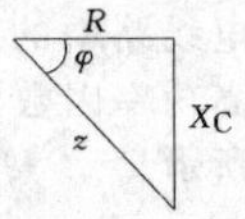 R φ z X_C	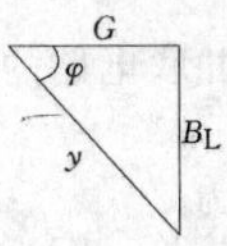 G φ y B_L	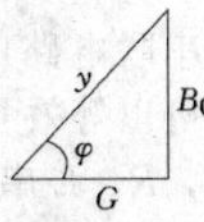 y B_C φ G

表 1-3-3　电路定律的相量形式及各种关系式

KCL　$\sum\dot I=0$		KVL　$\sum\dot U=0$	
电阻	$\frac{\dot U_R}{\dot I_R}=R$	电导	$\frac{\dot I_R}{\dot U_R}=G$
感抗	$\frac{\dot U_L}{\dot I_L}=j\omega L=jX_L$	感纳	$\frac{\dot I_L}{\dot U_L}=-j\frac{1}{\omega L}=-jB_L$
容抗	$\frac{\dot U_C}{\dot I_C}=-j\frac{1}{\omega C}=-jX_C$	容纳	$\frac{\dot I_C}{\dot U_C}=j\omega C=jB_C$
阻抗	$\frac{\dot U}{\dot I}=Z$	导纳	$\frac{\dot I}{\dot U}=Y$

四、R、L、C 串联电路和并联电路

（一）R、L、C 串联电路

R、L、C 串联电路如图 1-3-3 所示，其中，电压关系式为

$$\dot U=\dot U_R+\dot U_L+\dot U_C=\dot U_R+\dot U_X$$
$$=R\dot I+jX\dot I=(R+jX)\dot I$$

复阻抗为

$$Z=R+j\omega L-j\frac{1}{\omega C}$$
$$=R+jX$$
$$=z\angle\varphi$$

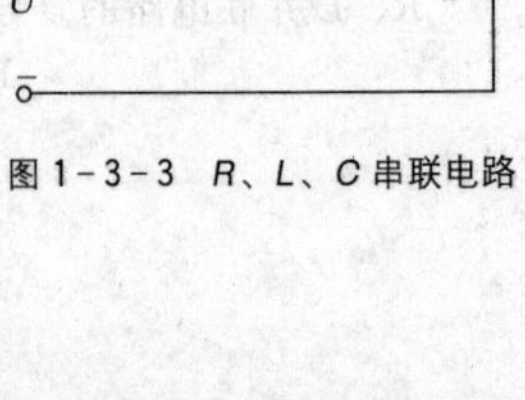

+ R L $\dot U$ C −

图 1-3-3　R、L、C 串联电路

电抗为

$$X=X_L-X_C=\omega L-\frac{1}{\omega C}$$

阻抗三角形如图 1-3-4 所示。其中

$$z=\sqrt{R^2+X^2}$$

$$\varphi=\arctan\frac{X}{R}$$

$$R=z\cos\varphi$$

$$X=z\sin\varphi$$

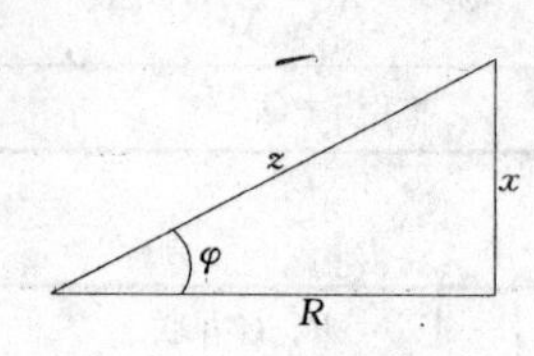

图 1-3-4 阻抗三角形

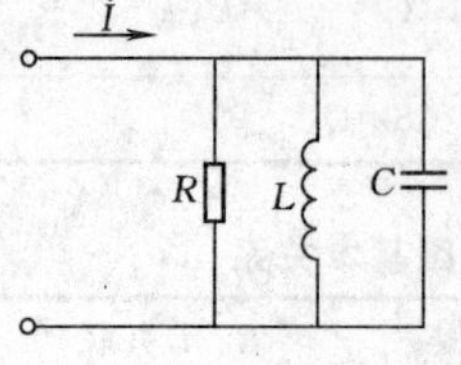

图 1-3-5 R、L、C 并联电路

(二) R、L、C 并联电路

R、L、C 并联电路如图 1-3-5 所示，其中，电流关系式为

$$\dot{I}=\dot{I}_R+\dot{I}_L+\dot{I}_C=\dot{I}_R+\dot{I}_X$$

$$=G\dot{U}-\mathrm{j}B\dot{U}$$

$$=(G-\mathrm{j}B)\ \dot{U}$$

复导纳为

$$Y=\frac{1}{R}-\mathrm{j}\left(\frac{1}{\omega L}-\omega C\right)$$

$$=\frac{1}{R}-\mathrm{j}(B_L-B_C)$$

$$=G-\mathrm{j}B=y\angle-\varphi$$

电纳为

$$B=B_L-B_C=\frac{1}{\omega L}-\omega C$$

五、复阻抗和复导纳的等效互换

任何一段无源电路的复阻抗 Z 和复导纳 Y 互为倒数的关系，即

$$Z=\frac{1}{Y}\quad 或\quad Y=\frac{1}{Z}$$

或者说，串联电路的复阻抗可以用并联电路的复导纳来表示。二者可以等效互换。

例如，R、L 串联电路的复阻抗为

$$Z=R+\mathrm{j}X$$

其中

$$X=\omega L$$

它的等效复导纳为

$$Y=\frac{1}{Z}=\frac{1}{R+\mathrm{j}X}$$

$$=\frac{R}{R^2+X^2}-\mathrm{j}\frac{X}{R^2+X^2}$$

$$=G_e-\mathrm{j}B_e$$

式中 G_e——并联电路的等效电导；

B_e——并联电路的等效电纳。

注意，$G_e\neq\frac{1}{R}$，$B_e\neq\frac{1}{\omega L}$。

R、L 并联电路的复导纳为

$$Y=G-\mathrm{j}B$$

其中

$$B=\frac{1}{\omega L}$$

它的等效复阻抗为

$$Z=\frac{1}{Y}=\frac{1}{G-\mathrm{j}B}$$

$$=\frac{G}{G^2+B^2}+\mathrm{j}\frac{B}{G^2+B^2}$$

$$=R_e+\mathrm{j}X_e$$

式中 R_e——串联电路的等效电阻；

X_e——串联电路的等效电抗。

注意，$R_e\neq\frac{1}{G}$，$X_e\neq\frac{1}{B}$。

六、正弦电流电路的功率

1. 功率三角形

任一无源二端网络，在任一瞬间吸收的功率，等于输入端的瞬时电压与瞬时电流的乘积。即

$$p=ui$$

对于正弦交流电路，电压、电流初相位不同。设

$$u=\sqrt{2}U\sin\omega t$$

$$i=\sqrt{2}I\sin(\omega t-\varphi)$$

瞬时功率为

$$p=ui=UI[\cos\varphi-\cos(2\omega t-\varphi)]$$

有功功率（平均功率）为

$$P=\frac{1}{T}\int_0^T p\mathrm{d}t=\frac{1}{T}\int_0^T ui\mathrm{d}t=UI\cos\varphi$$

无功功率为

$$Q=UI\sin\varphi$$

当 $\varphi>0$ 时（感性电路），$Q>0$；当 $\varphi<0$ 时（容性电路），$Q<0$。

视在功率（表观功率）为

$$S=UI$$

功率三角形如图 1-3-6 所示。

有功功率、无功功率和视在功率的单位均为 W，但为区别起见，将视在功率单位定义为 VA（伏安），无功功率单位定义为 var（乏尔）。

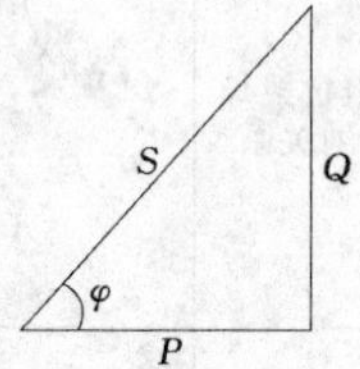

图 1-3-6 功率三角形

2. 功率因数的提高

为了提高设备的利用率，减少输电线路中的损耗，要求提高 $\cos\varphi$。提高功率因数的等效电路如图 1-3-7 所示。

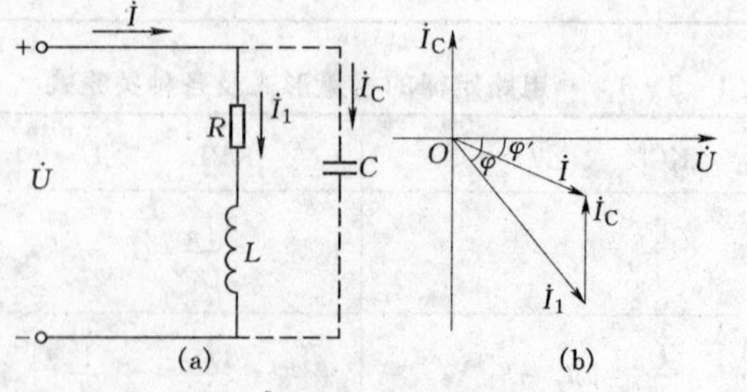

图 1-3-7 功率因数的提高

并联电容器的电容值计算公式为

$$C=\frac{P}{\omega U^2}(\tan\varphi-\tan\varphi')$$

式中 φ——原来负载的功率因数角；

φ'——提高后的功率因数角。

3. 复功率

复功率 $\overline{S}$ 不代表正弦量，不直接反映时域范围的能量关系，只是应用相量关系可以进行复数计算。复功率为

$$\overline{S}=P+jQ=UI\angle\varphi_u-\varphi_i$$
$$=UI\angle\varphi=\dot{U}\dot{I}^*$$

其中 $\dot{I}^*=I\angle-\varphi_i$，是 $\dot{I}$ 的共轭相量。

R、L、C 元件的复功率分别为

$$\overline{S}_R=\dot{U}_R\dot{I}_R^*=RI_R^2$$
$$\overline{S}_L=\dot{U}_L\dot{I}_L^*=j\omega LI_L^2$$
$$\overline{S}_C=\dot{U}_C\dot{I}_C^*=-j\frac{1}{\omega C}I_C^2$$

电路中 P、Q 和 $\overline{S}$ 分别守恒，即

有功功率 $\sum P=\sum UI\cos\varphi=0$

无功功率 $\sum Q=\sum UI\sin\varphi=0$

复功率 $\sum\overline{S}=0$

表观功率 $\sum S\neq0$

七、三相电路

(一) 三相电路的电压、电流

三相电压的瞬时值表达式为

$$u_A=U_m\sin\omega t\ V$$
$$u_B=U_m\sin(\omega t-120°)V$$
$$u_C=U_m\sin(\omega t+120°)\ V$$

对称 Y 形连接时，电压、电流关系为

$$\dot{I}_L=\dot{I}_p\quad(线电流=相电流)$$
$$\dot{U}_L=\sqrt{3}\dot{U}_p\angle30°$$

其中下标 L 为线，p 为相。

△形连接时，电压、电流关系为

$$\dot{U}_1=\dot{U}_p\quad(线电压=相电压)$$
$$\dot{I}_1=\sqrt{3}\dot{I}_p\angle30°$$

Y 形和△形连接时的电压，电流相量图如图 1-3-8 所示。图中 $\dot{U}_{AN}$、$\dot{U}_{BN}$、$\dot{U}_{CN}$、$\dot{I}_{A'B'}$、$\dot{I}_{B'C'}$ 和 $\dot{I}_{C'A'}$ 分别为各相的电压和电流，而 $\dot{U}_{AB}$、$\dot{U}_{BC}$、$\dot{U}_{CA}$、$\dot{I}_A$、$\dot{I}_B$ 和 $\dot{I}_C$ 分别为各线的电压和电流。

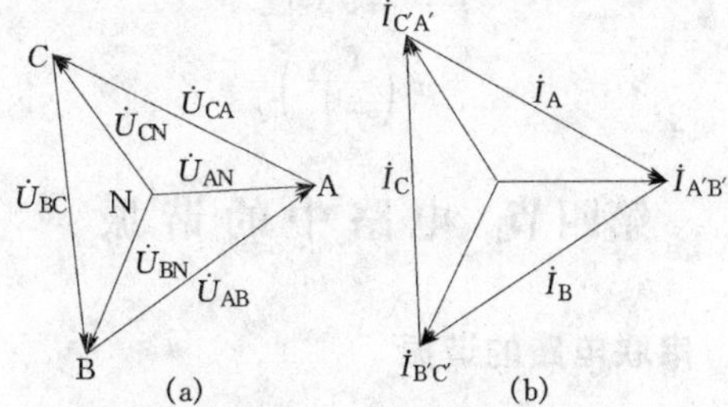

图 1-3-8 Y 接电压和△接电流相量关系

(二) 三相电路的功率

三相电路在对称情况下，有功功率为

$$P=3U_pI_p\cos\varphi=\sqrt{3}U_LI_L\cos\varphi$$

无功功率为

$$Q=3U_pI_p\sin\varphi=\sqrt{3}U_LI_L\sin\varphi$$

视在功率为

$$S=3U_pI_p=\sqrt{3}U_LI_L$$

一般情况下功率为

$$P=P_A+P_B+P_C$$
$$=U_{pA}I_{pA}\cos\varphi_A+U_{pB}I_{pB}\cos\varphi_B$$
$$+U_{pC}I_{pC}\cos\varphi_C$$

三相三线制可用二瓦计法测量三相电路的有功功率。在图 1-3-9 的接法下，三相电路的平均功率为

$$P=U_{AC}I_A\cos\varphi_1+U_{BC}I_B\cos\varphi_2$$
$$=P_1+P_2$$

式中 φ_1——电压 $\dot{U}_{AC}$ 与电流 $\dot{I}_A$ 的相位差；

φ_2——电压 $\dot{U}_{BC}$ 与电流 $\dot{I}_B$ 的相位差；

P_1——W_1 的读数；

P_2——W_2 的读数。

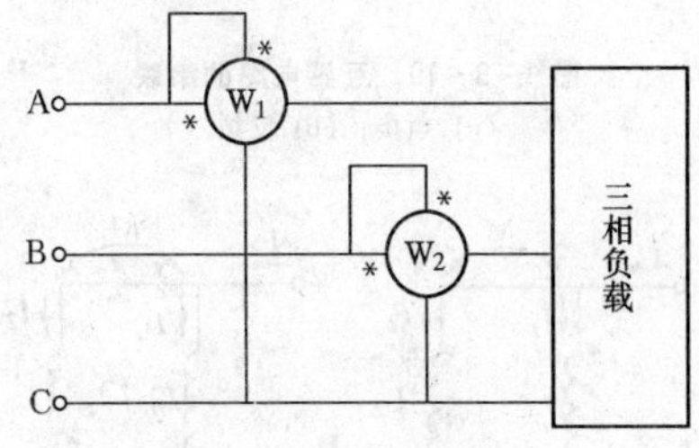

图 1-3-9 二瓦计法

在对称三相制中，有

$$P_1=U_{AC}I_A\cos(30°-\varphi)$$
$$P_2=U_{BC}I_B\cos(30°+\varphi)$$

八、具有互感的电路

(一) 互感系数

在交流电路中有两个或两个以上的线圈，如果在某一线圈中通以交流电时，它所产生的磁通不仅在本线圈中产生感应电压，也会在其他线圈中产生感应电压，这种现象叫做互感，或者说有磁耦合。

互感系数用 M 表示，单位 H（亨利）。可以证明两个线圈的互感系数相等，即

$$M_{12}=M_{21}=M$$

同名端标记的原则为：当两个线圈的电流同时由同名端流进（或流出）线圈时，两个电流所产生的磁通是相互增强的。

互感电压的极性为：当互感电压参考方向的正极所在的端钮与产生它的电流所流进的端钮互为同名端时，则互感电压为正；反之为负。

耦合系数为 $K=\dfrac{M}{\sqrt{L_1L_2}}\leqslant1$

(二) 互感电路的计算

1. 串联电路

含有互感电路的串联可分为顺接与反接，如图 1-3-10 所示。

总电压为

$$\dot{U}=(R_1+R_2)\dot{I}+j\omega(L_1+L_2\pm2M)\dot{I}$$

令 $L=L_1+L_2\pm2M$ 为串联等效电感，“+”号对应顺接，“−”号对应反接。

2. 并联电路

含有互感电路的并联可分为同侧并联和异侧并联，如图 1-3-11 所示。

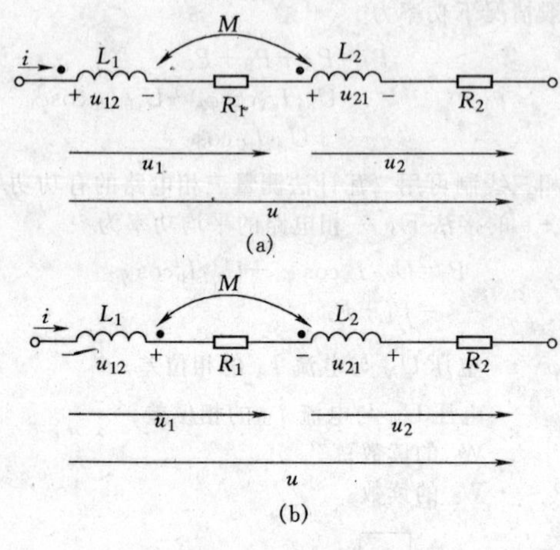

图 1-3-10 互感电路的串联
(a) 顺接；(b) 反接

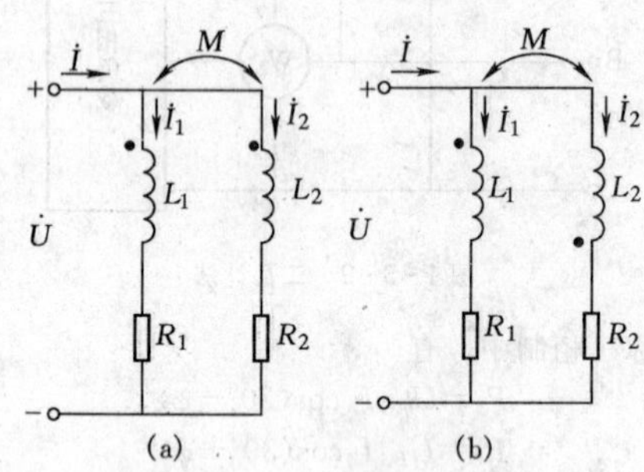

图 1-3-11 互感电路的并联
(a) 同侧；(b) 异侧

总电流为

$$\dot{I}=\frac{\dot{U}(Z_1+Z_2\mp 2Z_M)}{Z_1Z_2-Z_M^2}$$

其中

$$Z_M=j\omega M$$

当 $R_1=R_2=0$ 时，其等效电感为

$$L=\frac{L_1L_2-M^2}{L_1+L_2\mp 2M}$$

式中：“－”号对应同侧，“＋”号对应异侧。

3. 互感消去法

含互感的电路可以用消去互感的等效电路来替代。如图 1-3-12 所示。图 1-3-12（b）中 M 前的正负号上面的对应同名端在图 1-3-12（a）中用“·”表示，下面的对应同名端用“*”表示。

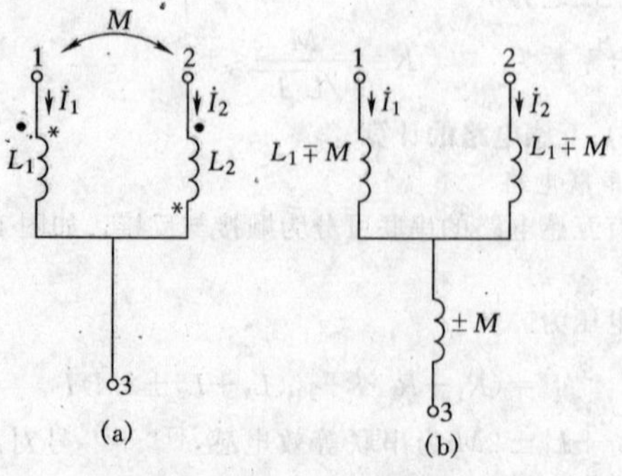

图 1-3-12 互感消去法

（三）空心变压器

空心变压器简化电路如图 1-3-13 所示。

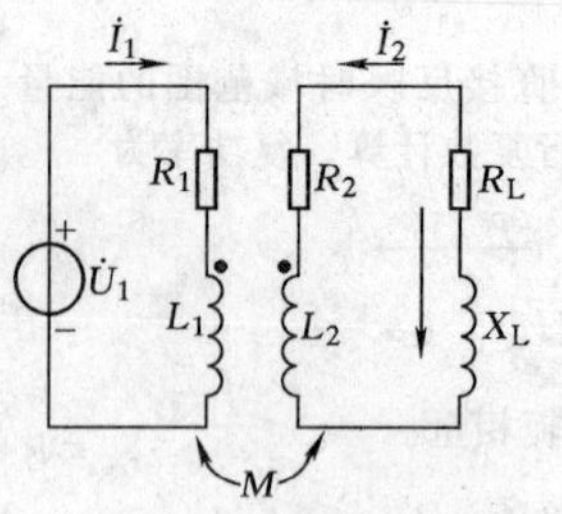

图 1-3-13 空心变压器

在图示参考方向下，有

$$\dot{I}_1=\frac{\dot{U}_1}{Z_{11}-\frac{Z_M^2}{Z_{22}}}$$

式中 $Z_{11}=R_1+j\omega L_1$

$Z_{22}=R_2+R_L+j\omega L_2+jX_L$

$Z_M=j\omega M$

$$\dot{I}_2=\frac{Z_M\dot{U}_1}{Z_{11}}\frac{1}{Z_{22}-\frac{Z_M^2}{Z_{11}}}$$

等效电路如图 1-3-14 所示。

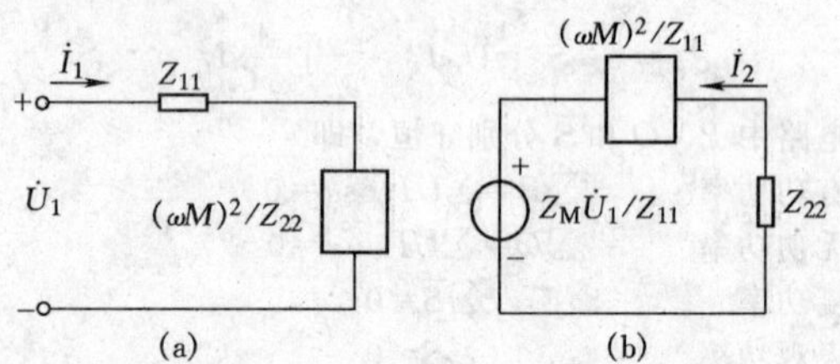

图 1-3-14 空心变压器原边和副边的等效电路

（四）理想变压器

理想变压器的图形符号如图 1-3-15 所示。在图示参考方向下，有

$$\frac{u_1}{u_2}=\frac{N_1}{N_2}=n$$

$$\frac{i_1}{i_2}=-\frac{N_2}{N_1}=-\frac{1}{n}$$

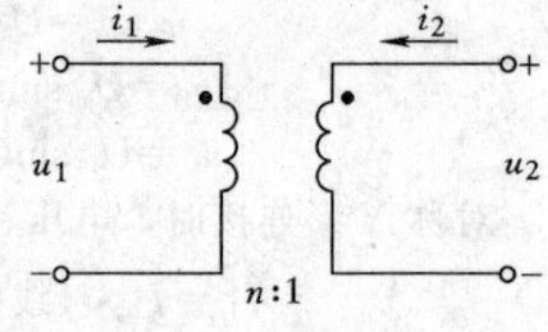

图 1-3-15 理想变压器

理想变压器应当满足三个条件：

（1）变压器本身无损耗。

（2）耦合系数 $K=M/\sqrt{L_1L_2}=1$。

（3）L_1、L_2 和 M 均为无限大，但 $\sqrt{L_1/L_2}$ 的值维持规定的常数，而等于匝数比，所以 $\sqrt{L_1/L_2}=N_1/N_2=n$。

理想变压器除了变换电压和电流以外，还可以用来变换阻抗。例如，在副边接上复阻抗 Z，则从原边看进去的入端复阻抗为

$$Z_i=\frac{\dot{U}_1}{\dot{I}_1}=\frac{n\dot{U}_2}{-\frac{1}{n}\dot{I}_2}$$

$$=n^2\left(\frac{\dot{U}_2}{-\dot{I}_2}\right)=n^2Z$$

第四节 电路中的谐振

一、串联电路的谐振

谐振条件为

$$X(\omega_0)=\omega_0L-\frac{1}{\omega_0C}=0$$

角频率为

$$\omega_0=\frac{1}{\sqrt{LC}}$$

频率为

$$f_0=\frac{1}{2\pi\sqrt{LC}}$$

电路复阻抗为

$$Z=R+jX=R$$

即阻抗角 $\varphi=0, X=0$

特性阻抗为

$$\rho=\omega_0 L=\frac{1}{\omega_0 C}=\sqrt{\frac{L}{C}}$$

品质因数（共振系数）为

$$Q=\frac{\omega_0 L}{R}=\frac{1}{\omega_0 CR}$$

$$=\frac{\rho}{R}=\frac{1}{R}\sqrt{\frac{L}{C}}$$

谐振时各元件的电压相量分别为

$$\dot{U}_R=R\dot{I}=\dot{U}$$

$$\dot{U}_L=j\omega_0 L\dot{I}=jQ\dot{U}$$

$$\dot{U}_C=\frac{1}{j\omega_0 C}\dot{I}=-jQ\dot{U}$$

谐振时电路的无功功率为

$$Q=UI\sin\varphi=0$$

谐振时电磁能量为

$$W=W_L+W_C$$

$$=\frac{1}{2}LI_m^2\sin^2\omega_0 t+\frac{1}{2}CU_m^2\cos^2\omega_0 t$$

或 $$W=\frac{1}{2}CQ^2U_m^2$$

阻抗、导纳的频率特性如图 1-4-1 所示。

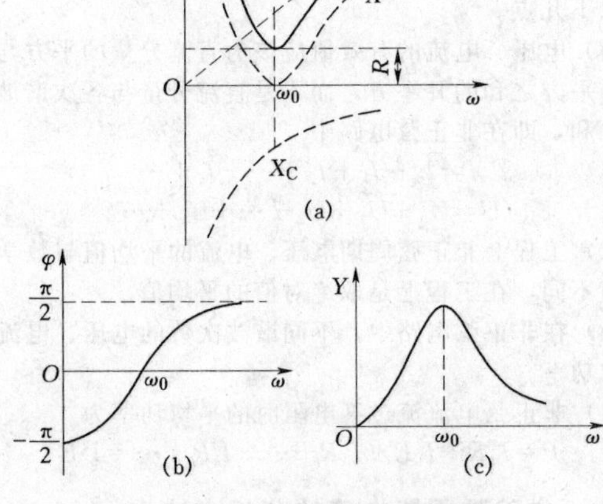

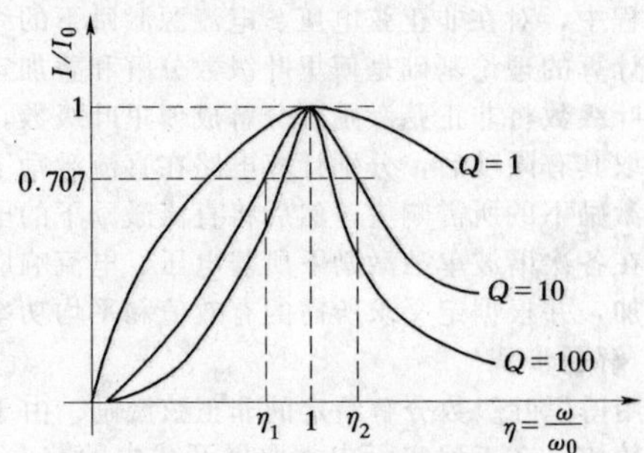

图 1-4-1 阻抗、导纳的频率特性

串联谐振电路的通用曲线如图 1-4-2 所示。

图 1-4-2 串联谐振电路的通用曲线

二、并联电路的谐振

(一) R、L、C 并联电路的谐振

电路如图 1-4-3 所示。

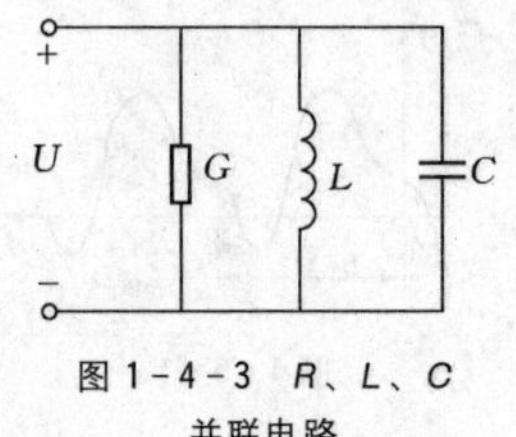

图 1-4-3 R、L、C 并联电路

谐振条件为

$$Y=G+j\left(\omega C-\frac{1}{\omega L}\right)$$

$$=G+j(B_C-B_L)$$

$$=G+jB$$

$$B(\omega_0)=B_C-B_L=0$$

在 $\omega L/R\gg 1$，$G\approx CR/L$ 的条件下，角频率为

$$\omega_0=\frac{1}{\sqrt{LC}}$$

频率为 $$f_0=\frac{1}{2\pi\sqrt{LC}}$$

品质因数为

$$Q=\frac{R}{\omega_0 L}=\omega_0 CR$$

谐振时各支路的电流相量分别为

$$\dot{I}=G\dot{U}$$

$$\dot{I}_L=-jQ\dot{I}$$

$$\dot{I}_C=jQ\dot{I}$$

(二) R、L 串联与 C 并联电路的谐振

电路如图 1-4-4 所示。

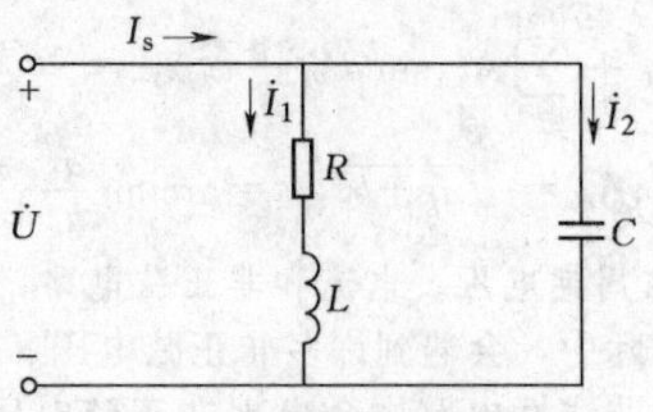

图 1-4-4 串并联谐振电路

谐振条件为

$$\frac{-\omega_0 L}{R^2+(\omega_0 L)^2}+\omega_0 C=0$$

角频率为

$$\omega_0=\frac{1}{\sqrt{LC}}\sqrt{1-\frac{CR^2}{L}}$$

频率为

$$f_0=\frac{1}{2\pi\sqrt{LC}}\sqrt{1-\frac{CR^2}{L}}\quad\left(R<\sqrt{\frac{L}{C}}\text{时}\right)$$

复导纳为

$$Y=G=\frac{R}{R^2+(\omega_0 L)^2}=\frac{CR}{L}$$

端电压为

$$\dot{U}=\frac{L}{CR}\dot{I}_s$$

谐振时各支路的电流相量分别为

$$\dot{I}_1=\frac{L}{CR}|Y_1|\dot{I}_s\angle\varphi_1$$

$$\dot{I}_2=\frac{L}{CR}\dot{I}_s\omega_0 C\angle\pi/2$$

第五节 非正弦周期电流电路

一、非正弦周期量

(一) 非正弦周期量的傅里叶级数分解方法

1. 非正弦周期量的傅里叶级数分解

一个周期函数 $f(t)$ 若满足狄里克雷收敛条件，即在有

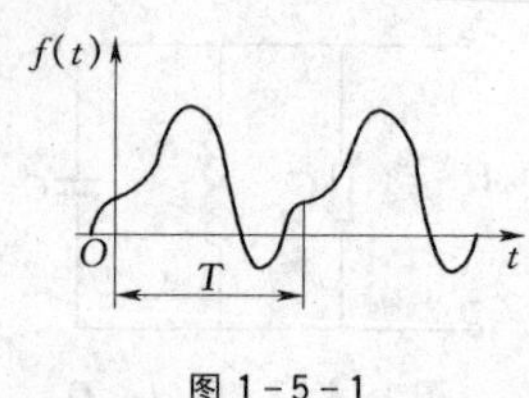

图 1-5-1

限的时间间隔中，仅有有限个极值点和有限个第一类不连续点，则可展开成收敛的傅里叶级数。

对图 1-5-1 的非正弦函数 $f(t)$，其周期为 T，展开成傅里叶级数为

$$f(t)=a_0+(a_1\cos\omega t+b_1\sin\omega t)+(a_2\cos2\omega t+b_2\sin2\omega t)+\cdots+(a_k\cos k\omega t+b_k\sin k\omega t)+\cdots$$

$$=a_0+\sum_{k=1}^{\infty}(a_k\cos k\omega t+b_k\sin k\omega t)$$

式中：$\omega=2\pi/T$，a_0、a_k 和 b_k 为傅里叶系数，可按以下各式求得

$$a_0=\frac{1}{T}\int_0^T f(t)\mathrm{d}t=\frac{1}{2\pi}\int_0^{2\pi}f(t)\mathrm{d}(\omega t)$$

$$a_k=\frac{2}{T}\int_0^T f(t)\cos(k\omega t)\mathrm{d}t=\frac{1}{\pi}\int_0^{2\pi}f(t)\cos(k\omega t)\mathrm{d}(\omega t)$$

$$b_k=\frac{2}{T}\int_0^T f(t)\sin(k\omega t)\mathrm{d}t=\frac{1}{\pi}\int_0^{2\pi}f(t)\sin(k\omega t)\mathrm{d}(\omega t)$$

傅里叶级数展开式的另一种形式为

$$f(t)=A_0+A_{1\mathrm{m}}\sin(\omega t+\psi_1)+A_{2\mathrm{m}}\sin(2\omega t+\psi_2)+\cdots+A_{k\mathrm{m}}\sin(k\omega t+\psi_k)+\cdots$$

$$=A_0+\sum_{k=1}^{\infty}A_{k\mathrm{m}}\sin(k\omega t+\psi_k)$$

式中：$A_0=a_0, A_{k\mathrm{m}}=\sqrt{a_k^2+b_k^2}, \psi_k=\arctan\dfrac{a_k}{b_k}$。

2. 非正弦周期电压、电流和非正弦电路

在工程实际中，会遇到许多非正弦电压、电流信号。在正弦激励下的非线性电路中会出现非正弦电压、电流响应。交流发电机发出的电压严格地讲也不是理想的正弦。在图 1-5-2中给出了几种常见的非正弦周期电压和电流的波形。

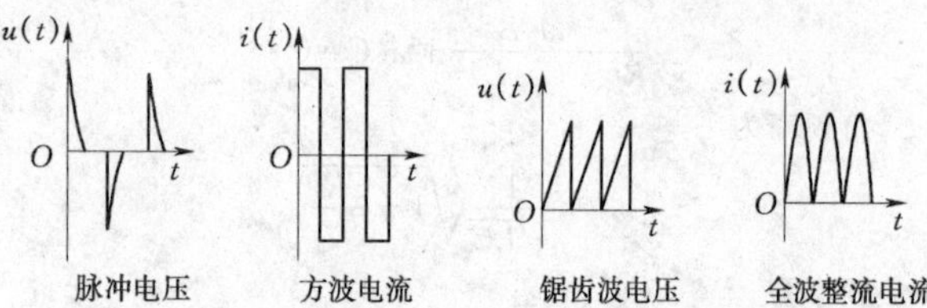

图 1-5-2 常见的非正弦周期电压和电流的波形

工程中的非正弦周期电压、电流都满足狄里克雷收敛条件，故可用傅里叶级数进行分解。在电路理论中常用后一种傅里叶级数展开式。非正弦周期电压 $u(t)$ 的傅里叶级数展开式为

$$u(t)=U_0+U_{1\mathrm{m}}\sin(\omega_1 t+\psi_{u1})+U_{2\mathrm{m}}\sin(2\omega_1 t+\psi_{u2})+\cdots+U_{k\mathrm{m}}\sin(k\omega_1 t+\psi_{uk})+\cdots$$

$$=U_0+\sum_{k=1}^{\infty}U_{k\mathrm{m}}\sin(k\omega_1 t+\psi_{uk})$$

非正弦周期电流 i (t) 的傅里叶级数展开式为

$$i(t)=I_0+I_{1\mathrm{m}}\sin(\omega_1 t+\psi_{i1})+I_{2\mathrm{m}}\sin(2\omega_1 t+\psi_{i2})+\cdots+I_{k\mathrm{m}}\sin(k\omega_1 t+\psi_{ik})+\cdots$$

$$=I_0+\sum_{k=1}^{\infty}I_{k\mathrm{m}}\sin(k\omega_1 t+\psi_{ik})$$

由此看出，一个非正弦周期电压、电流可以分解成一个直流分量和无限个频率与原非正弦周期电压、电流的频率 ω_1 成整数倍的正弦电压、电流。其中：和原非正弦周期电压、电流的频率 ω_1 相同的电压、电流称为基波分量；当$k=2$、$k=3$、$k=4$、…时，分别称为 2 次谐波、3 次谐波、4 次谐波等高次谐波。k 为奇数（$k=1, 3, 5, \cdots$）时的谐波分量称为奇次谐波；k 为偶数（$k=2, 4, 6, \cdots$）时的谐波分量称为偶次谐波。

在工程实际中，出现非正弦周期电压、电流的电路可有两种情况：一种情况为非正弦激励下的线性电路；另一种情况为正弦激励下的非线性电路。在电路理论中对非正弦电路分析计算的重点在于第一种情况。

（二）有效值、平均值和平均功率的定义

有效值的定义为：直流分量的平方加上各次谐波平方之和的平方根，即非正弦周期电压、电流的有效值分别为

$$U=\sqrt{U_0^2+\sum_{k=1}^{\infty}U_k^2}=\sqrt{U_0^2+U_1^2+U_2^2+U_3^2+\cdots}$$

$$I=\sqrt{I_0^2+\sum_{k=1}^{\infty}I_k^2}=\sqrt{I_0^2+I_1^2+I_2^2+I_3^2+\cdots}$$

平均值的定义为：非正弦量的绝对值的平均值，即非正弦周期电压、电流的平均值分别为

$$U_{平均}=\frac{1}{T}\int_0^T|u(t)|\mathrm{d}t, I_{平均}=\frac{1}{T}\int_0^T|i(t)|\mathrm{d}t$$

平均功率的定义为：直流分量的功率与各次谐波的平均功率的代数和，即

$$P=P_0+\sum_{k=1}^{\infty}P_k=P_0+P_1+P_2+\cdots+P_k+\cdots$$

$$=U_0I_0+U_1I_1\cos\varphi_1+U_2I_2\cos\varphi_2+\cdots+U_kI_k\cos\varphi_k+\cdots$$

式中：φ_k 为相同谐波次数的电压与电流的相位差，即 $\varphi_k=\psi_{uk}-\psi_{ik}$。

（三）有效值、平均值和平均功率的计算方法

在非正弦电路中，计算有效值、平均值和平均功率时应注意以下几点。

(1) 电压、电流的有效值应该为直流分量的平方与各次谐波的平方之和的开平方，而不是直流分量与各次谐波的有效值之和，即在非正弦电路中

$$I\neq I_0+I_1+I_2+\cdots+I_k+\cdots$$

$$U\neq U_0+U_1+U_2+\cdots+U_k+\cdots$$

(2) 工程上非正弦周期电压、电流的平均值与数学中的平均值不同，在工程上是取绝对值的平均值。

(3) 在非正弦电路中，不同谐波次数的电压、电流不构成平均功率。

(4) 非正弦电流流过某电阻时的平均功率为

$$P=I_0^2R+I_1^2R+I_2^2R+\cdots+I_k^2R+\cdots=I^2R$$

二、非正弦周期电路的分析方法

（一）分析计算原理

在工程中，对在非正弦电压、电流源激励下的线性电路进行分析计算的理论基础是傅里叶级数分解和叠加定理。即利用傅里叶级数将非正弦激励源分解成傅里叶级数，并根据误差要求取其有限项后，分别计算电路在直流激励下和各次谐波单独激励下的所需响应。然后将直流激励下的电压、电流响应和在各次谐波单独激励下所需电压、电流响应的瞬时值进行叠加，并根据定义求所需的有效值和平均功率。

（二）解题步骤

(1) 用傅里叶级数分解给定的非正弦激励。由于傅里叶级数收敛较快，在工程实际中常取展开式中的前 3～5 项即可满足误差要求。常用的非正弦波形傅里叶级数展开式都可从手册中查到，不必进行积分运算。在电路理论中，对非正弦激励也常以展开式的形式给出。

(2) 画出直流激励下的电路图，并求其所需响应。此时电感相当于短路，电容相当于开始。

(3) 按照激励源中存在的各次谐波的数目，分别画出各次谐波单独激励下的各正弦电路图，同时在各分电路图中计算所需响应。此时对不同次数的正弦激励下的感抗和容抗应使用谐波电抗，其计算式分别为

$$X_L=k\omega L,X_C=\frac{1}{k\omega C}$$

(4) 将直流激励下求得的电压、电流所需响应和在各次谐波单独激励下求得的所需电压、电流响应的瞬时值进行叠加，得所需电压、电流响应的瞬时值表达式。

(5) 根据定义求所需响应的有效值和平均功率。

(三) 注意事项

(1) 当非正弦激励以展开式的形式给出时，第一步骤可以从略。

(2) 在直流激励下的电路中，电感相当于短路；电容相当于开路。但电感中有电流；电容上有电压。

(3) 在各次谐波激励下的正弦电路中，遇有 L、C 串联或并联环节，在计算电路之前最好先用谐波阻抗 $k\omega L=\frac{1}{k\omega C}$ 判断该环节是否谐振。如果发生谐振现象，L，C 串联环节相当于短路；L、C 并联环节相当于开路。

(4) 在各次谐波激励下的正弦电路中，L、C 串联环节谐振时，此环节相当于短路，但该处有电流，并用此电流求电感或电容上的电压；L、C 并联环节谐振时，此环节相当于开路，但该处有电压、并用此电压求电感或电容中的电流。

(5) 电路中的非正弦电压、电流响应只能是直流分量和各次谐波的瞬时值相叠加，切不可用有效值叠加，即

$$U\neq U_0+U_1+U_3+\cdots+U_k+\cdots$$
$$I\neq I_0+I_1+I_3+\cdots+I_k+\cdots$$

也不能用直流分量和各次谐波电路中所计算出的电压、电流相量叠加，即

$$\dot{U}\neq U_0+\dot{U}_1+\dot{U}_3+\cdots+\dot{U}_k+\cdots$$
$$\dot{I}\neq I_0+\dot{I}_1+\dot{I}_3+\cdots+\dot{I}_k+\cdots$$

第六节　简单动态电路的时域分析

一、换路定律

电路由一种稳定状态转换到另一种稳定状态的中间过程称为过渡过程。在具有储能元件（电感、电容）的电路中，当换路时，电路中的电流和电压必须经过过渡过程，然后才能达到稳定状态。

电路在换路瞬间（$t=0$），电感元件中的电流和电容元件两端的电压都保持原值而不能跃变，这称为换路定律，或称为开闭定律，用公式表示为

$$i_L(0_-)=i_L(0_+)$$
$$u_C(0_-)=u_C(0_+)$$

式中　0_-——换路前的终了瞬间；

　　0_+——换路后的初始瞬间。

它们可用来确定换路后电流和电压的初始值。第一式表示换路瞬间电感中的电流不能跃变；第二式表示换路瞬间电容两端电压不能跃变；它们也反映了电路中磁场能（磁通链）和电场能（电荷）不能跃变，因此又可以写为

$$\psi_L(0_-)=\psi_L(0_+)$$
$$q(0_-)=q(0_+)$$

在过渡过程中，电路中各电流和电压之间的关系，不但要服从 KCL 和 KVL，而且还必须遵守换路定律。

当换路瞬间不发生跃变的情况下，可直观地画出换路前后的电路模型，见表 1-6-1。

表 1-6-1　换路前后的电路模型

电路状态	换路前 0_-	换路后 0_+
无储能	C，$u_C=0$	短路
	i_L，L，$i_L=0$	开路
有储能	+　−，$u_C=U_0$	+　−，U_0
	i_L，$i_L=I_u$	I_0

二、一阶动态电路的时域分析

(一) 一阶电路的零输入响应

一阶电路的零输入响应是指储能元件的放电状态，用公式表示为

$$f(t)=f(0_+)e^{-t/\tau}$$

根据上式，对于一阶电感元件放电表达式为

$$i_L(t)=i_L(0_+)e^{-\frac{R}{L}t}$$

电容元件的放电表达式为

$$u_C(t)=u_C(0_+)e^{-t/RC}$$

放电状态的变化曲线通常如图 1-6-1 所示。

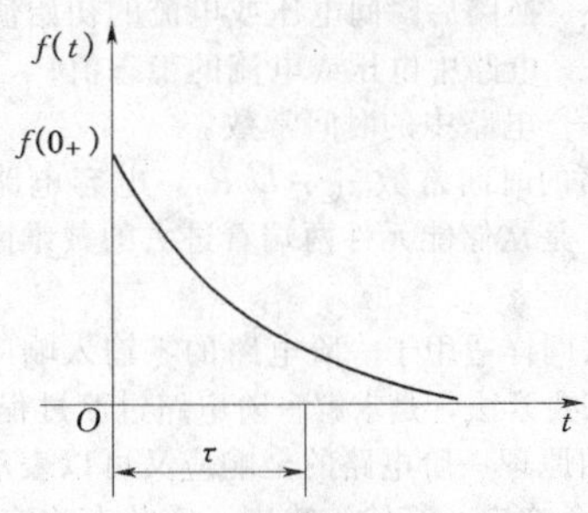

图 1-6-1　放电状态变化曲线

τ 称为过渡过程中的时间常数，单位是 s。对电容电压来说，时间常数是衰减到初始值的 36.79% 所需要的时间。从表 1-6-2 可以看出不同时刻电容电压 u_C 的值。

表 1-6-2　不同时刻电容电压 u_C 的值

t	0	τ	2τ	3τ
$e^{-t/\tau}$	$e^0=1$	$e^{-1}=$ 0.3679	$e^{-2}=$ 0.1353	$e^{-3}=$ 0.0498
u_C	U_0	$0.3679U_0$	$0.1353U_0$	$0.0498U_0$

t	4τ	5τ	…	∞
$e^{-t/\tau}$	$e^{-4}=$ 0.0183	$e^{-5}=$ 0.00674	…	$e^{-\infty}=0$
u_C	$0.0183U_0$	$0.00674U_0$	…	0

从理论上讲，u_C 需要经历无限长的时间电压才能衰减到零，电路才到稳定状态。但实际上，只要经过 $3\tau\sim5\tau$ 的时间，电压已经衰减到可以忽略不计的状态，这时可以认为过渡过程基本结束。因此，时间常数越小，过渡过程越短；时间常数越大，过渡过程越长。

（二）一阶电路的零状态响应

一阶电路的零状态响应是指储能元件的充电状态，用公式表示为

$$f(t)=f(\infty)(1-e^{-t/\tau})$$

根据上式，一阶电感元件的充电表达式为

$$i_L(t)=i_L(\infty)(1-e^{-\frac{R}{L}t})$$

电容元件的充电表达式为

$$u_C(t)=u_C(\infty)(1-e^{-\frac{t}{RC}})$$

充电状态的变化曲线通常如图 1－6－2 所示。

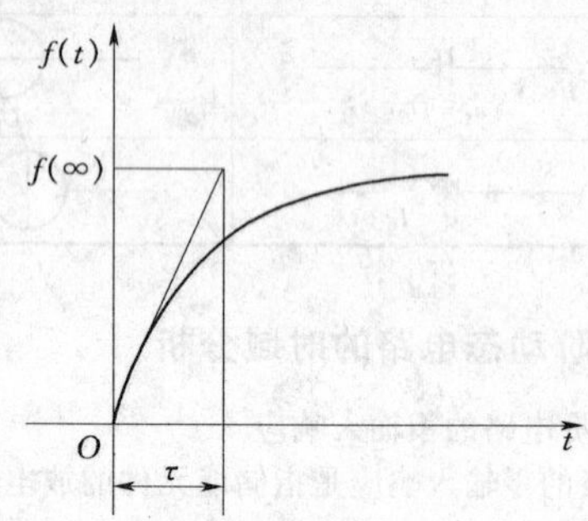

图 1－6－2　充电状态变化曲线

（三）一阶电路的全响应

一阶电路的全响应是指一个非零初始状态的电路，换路后受到激励的响应称为全响应。用公式表示为

$$f(t)=f(\infty)+[f(0_+)-f(\infty)]e^{-t/\tau}$$

上式又称为一阶电路的三要素法。其三个要素分别为：

$f(0_+)$——换路后瞬间电压或电流的初始值；

$f(\infty)$——电路中电压或电流的稳态值；

τ——电路中的时间常数。

电感电路的时间常数 $\tau_L=L/R_0$，电容电路的时间常数 $\tau_C=R_0C$。R_0 是从储能元件两端看进去的戴维南等效电路的等效电阻。

三要素法同样适用于一阶电路的零输入响应和零状态响应。因此说三要素法，是求解一阶电路过渡过程的重要方法。

根据叠加原理一阶电路的全响应又可以表示为

全响应＝零输入响应＋零状态响应

还可以看成是稳态分量与暂态分量的叠加，即

全响应＝稳态分量（或强制分量）

＋暂态分量（或自由分量）

其中 $f(\infty)$ 为稳态分量，$[f(0_+)-f(\infty)]e^{-t/\tau}$ 为暂态分量。

（四）一阶电路加正弦函数的响应

一阶电路加正弦函数的响应可直接应用三要素公式，但也有所不同，即

$$f(t)=f(\infty)+[f(0_+)-f(\infty)|_{t=0}]e^{-t/\tau}$$

一阶电路加正弦函数时，合闸时刻的相位角不同，对过渡过程影响不一样。

（五）一阶电路的阶跃响应

一般把电路加阶跃输入的零状态响应称为电路的阶跃响应。在求解阶跃响应之前，应该正确写出电路所加的阶跃函数表达式，如滞后的阶跃函数及矩形脉冲波形等等。

一阶电路加阶跃函数的响应，即在零状态响应表达式后面乘以时域就可以了。

【例 1－6－1】　电路图及电流源波形如图 1－6－3（a）、（b）所示，求 $u_C(t)$。

【解】　$i_s(t)=1(t-1)+2\cdot 1(t-2)-3\cdot 1(t-3)$

$u_C(0_-)=0\quad u_C(\infty)=i_s(t)R\quad \tau=RC$

所以　$u_C(t)=i_s(t)R(1-e^{-t/\tau})$

$$=R[1-e^{-\frac{(t-1)}{RC}}]\cdot 1(t-1)$$
$$+2R[1-e^{-\frac{(t-2)}{RC}}]\cdot 1(t-2)$$
$$-3R[1-e^{-\frac{(t-3)}{RC}}]\cdot 1(t-3)$$

图 1－6－3　例 1－6－1 图

（六）一阶电路的冲激响应

一阶电路在冲激函数 $\delta(t)$ 激励下的零状态响应称为冲激响应。

冲激函数可以看作是单位阶跃函数的导数，即

$$\delta(t)=\frac{d1(t)}{dt}$$

而冲激响应 $h(t)$ 可以看作是单位阶跃响应 $s(t)$ 的导数，即

$$h(t)=\frac{ds(t)}{dt}$$

因此，求解电路的冲激响应，可按阶跃响应的一阶导数来求得。

简单电路的单位阶跃响应和单位冲激响应见表 1－6－3。

表 1－6－3　简单电路的单位阶跃响应和单位冲激响应

电路图	零状态响应	
	阶跃响应 $s(t)$	冲激响应 $h(t)$
$i_s(t)$，$G=\frac{1}{R}$，u_C，C	$i_s(t)=1(t)$ $u_C=R(1-e^{-\frac{t}{\tau}})1(t)$ $=\frac{1}{G}(1-e^{-\frac{t}{\tau}})1(t)$	$i_s(t)=\delta(t)$ $u_C=\left(\frac{1}{C}e^{-\frac{t}{\tau}}\right)1(t)$
$u_s(t)$，R，u_C，C	$u_s(t)=1(t)$ $u_C=(1-e^{-\frac{t}{\tau}})1(t)$	$u_s(t)=\delta(t)$ $u_C=\left(\frac{1}{RC}e^{-\frac{t}{\tau}}\right)1(t)$
$i_s(t)$，$G=\frac{1}{R}$，i_L，L	$i_s(t)=1(t)$ $i_L=(1-e^{-\frac{t}{\tau}})1(t)$	$i_s(t)=\delta(t)$ $i_L=\left(\frac{R}{L}e^{-\frac{t}{\tau}}\right)1(t)$ $=\left(\frac{1}{GL}e^{-\frac{t}{\tau}}\right)1(t)$
$u_s(t)$，R，i_L，L	$u_s(t)=1(t)$ $i_L=\frac{1}{R}(1-e^{-\frac{t}{\tau}})1(t)$	$u_s(t)=\delta(t)$ $i_L=\left(\frac{1}{L}e^{-\frac{t}{\tau}}\right)1(t)$

三、二阶动态电路的时域分析

电路中除了电阻外，还有一个电感和一个电容的电路就是二阶电路。

以 R、L、C 串联电路的放电过程为例，根据元件的参数不同，电路中 u_C、i、u_L 及 t_m 的表达式也不同。

当 $R>2\sqrt{\frac{L}{C}}$ 时为非振荡放电状态，有

$$P_1=-\frac{R}{2L}+\sqrt{\left(\frac{R}{2L}\right)^2+\frac{1}{LC}}$$

$$P_2=-\frac{R}{2L}-\sqrt{\left(\frac{R}{2L}\right)^2-\frac{1}{LC}}$$

$$u_C(0_+)=U_0 \qquad i_L(0_+)=0$$

$$u_C=\frac{U_0}{P_2-P_1}(P_2e^{P_1t}-P_1e^{P_2t})$$

$$i=-\frac{U_0}{L(P_2-P_1)}(e^{P_1t}-e^{P_2t})$$

$$u_L=-\frac{U_0}{P_2-P_1}(P_1e^{P_1t}-P_2e^{P_2t})$$

电流发生的最大时间

$$t_m=\frac{\ln\dfrac{P_2}{P_1}}{P_1-P_2}$$

当 $R<2\sqrt{\frac{L}{C}}$ 时为振荡放电状态，有

$$\delta=\frac{R}{2L} \quad \omega_0=\frac{1}{\sqrt{LC}}$$

$$\omega^2=\omega_0^2-\delta^2 \quad \beta=\arctan\left(\frac{\omega}{\delta}\right)$$

$$u_C=\frac{\omega_0}{\omega}U_0e^{-\delta t}\sin(\omega t+\beta)$$

$$i=\frac{U_0}{\omega L}e^{-\delta t}\sin\omega t$$

$$u_L=-\frac{\omega_0}{\omega}U_0e^{-\delta t}\sin(\omega t-\beta)$$

$$t_m=\frac{\beta}{\omega}$$

当 $R=2\sqrt{\frac{L}{C}}$ 时为临界状态，有

$$\delta=\frac{R}{2L}$$

$$u_C=U_0e^{-\delta t}(1+\delta t)$$

$$i=\frac{U_0}{L}te^{-\delta t}$$

$$u_L=U_0e^{-\delta t}(1-\delta t)$$

$$t_m=1/\delta$$

当 $R=0$ 时为无阻尼等幅振荡放电状态，有

$$\delta=0 \quad \omega=\omega_0=\frac{1}{\sqrt{LC}}$$

$$\beta=\arctan\left(\frac{\omega}{\delta}\right)=\frac{\pi}{2}$$

$$u_C=U_0\sin\left(\omega_0t+\frac{\pi}{2}\right)$$

$$i=\frac{U_0}{\sqrt{\dfrac{L}{C}}}\sin\omega_0t$$

$$u_L=u_C$$

第七节　运算法和网络函数

一、运算法

运算法就是用拉普拉斯变换来求解线性电路的过渡过程。

用运算法来分析电路，首先要画出运算电路图。以 R、L、C 串联电路为例，图 1-7-1 (a) 假设电感中的电流和电容中的电压初始值分别为 $i_L(0_+)$ 和 $u_C(0_+)$，则运算电路图如图 1-7-2 (b) 所示。

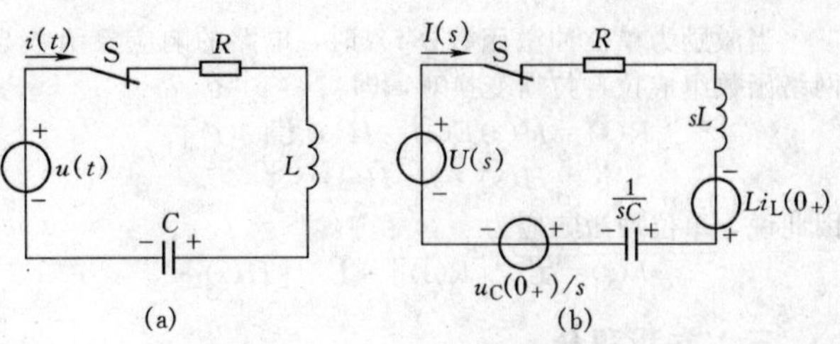

图 1-7-1　R、L、C 串联电路

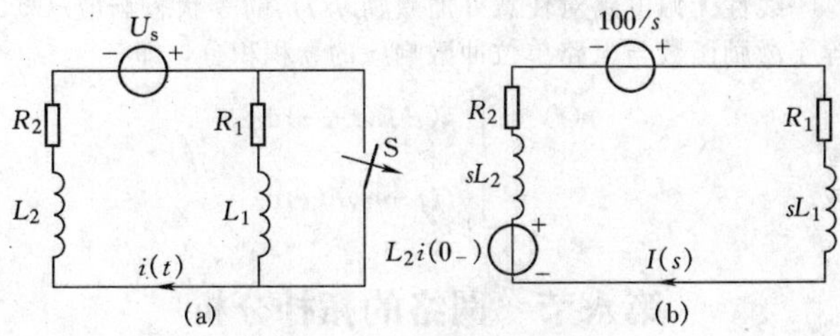

图 1-7-2　例 1-7-1 图

画出运算电路图后，可以用求解线性电路的各种方法、定理和定律进行求解，只不过是在复频域进行计算，然后再进行反变换，得到时域解。

【例 1-7-1】 电路如图 1-7-1 (a) 所示，开关 S 原来闭合，电路已稳定，$t=0$ 时，S 打开，求 $t\geqslant 0$ 时的 $i(t)$。已知 $U_s=100\text{V}$，$R_1=R_2=1\Omega$，$L_1=1\text{H}$，$L_2=4\text{H}$。

【解】

$$i_L(0_-)=\frac{U_s}{R_2}=\frac{100}{1}=100\ (\text{V})$$

运算电路如图 1-7-2 (b) 所示，有

$$I(s)=\frac{U_s(s)+L_2i_L(0_-)}{R_1+R_2+sL_1+sL_2}$$

代入数值，得

$$I(s)=\frac{\dfrac{100}{s}+400}{2+5s}=\frac{80s+20}{s^2+0.4s}$$

$$=\frac{A_1}{s}+\frac{A_2}{s+0.4}$$

解出　$A_1=50 \quad A_2=30$

$$I(s)=\frac{50}{s}+\frac{30}{s+0.4}$$

反变换后　$i(t)=50+30e^{-0.4t}\text{A}$

二、网络函数

网络函数定义为：电路在零状态条件下，激励是单一的独立源，则电路的零状态响应的象函数 $R(s)$ 与激励象函数 $E(s)$ 之比，为该电路的网络函数 $H(s)$，即

$$H(s)=\frac{R(s)}{E(s)},$$

网络函数可以是阻抗或导纳，也可以是转移电压比或转移电流比，参阅表 1-7-1。

表 1-7-1　网络函数

$R(s)$	$E(s)$	$H(s)$	$E(s)$与$R(s)$属于同一端口
$U(s)$	$I_s(s)$	驱动点阻抗	是
$I(s)$	$U_s(s)$	驱动点导纳	是
$U(s)$	$I_s(s)$	转移阻抗	否
$I(s)$	$U_s(s)$	转移导纳	否
$U(s)$	$U_s(s)$	转移电压	否
$I(s)$	$I_s(s)$	转移电流	否

当激励为单位冲激函数 $\delta(t)$ 时，电路的响应象函数与网络函数组成拉普拉斯变换对，即

$$R(s)=H(s)E(s)=H(s)\mathcal{L}[\delta(t)]$$
$$=H(s)\cdot 1=H(s)$$

因此说，单位冲激响应为

$$h(t)=\mathcal{L}^{-1}[R(s)]=\mathcal{L}^{-1}[H(s)]$$

三、卷积积分

线性无源电路对任意外加激励 $f(t)$ 的零状态响应 $r(t)$，等于激励函数与电路单位冲激响应的卷积积分，即

$$r(t)=\int_0^t f(\tau)h(t-\tau)\mathrm{d}\tau$$

或

$$=\int_0^t f(t-\tau)h(\tau)\mathrm{d}\tau$$

第八节　网络的拓扑分析

一、网络的图

这里所说的图是网络的拓扑图，与电路图有区别而且意义也不同。在拓扑图中，一些名词定义如下：

支路——每个元件用一条线段表示，每条线段就是一个支路。

复合支路——电压源与电阻串联，电流源与电阻并联可看做复合支路。

节点——线段的端点叫节点。

图——是线段与点的集合，又叫拓扑图。

连通图——图中任何二点间至少有一条路径就叫连通图，否则叫非连通图。

子图——若图 G_1 的每个节点和支路也是图 G 的节点和支路，则称图 G_1 是图 G 的一个子图。

关联——任一支路恰好连接在二个节点上，则称此支路与这二个节点彼此关联。

孤立节点——移去支路，保留节点，则出现孤立节点。但去掉一个节点，则应把与这个节点相连的支路全部都去掉。

回路——由支路所构成的闭合路径叫回路，但任一回路中的每个节点所关联的支路数应当是二个。

树——包括图 G 的全部节点；不包含回路；连通的；满足这三点则称为树。

树支——树的支路叫树支。

连支——图 G 中除掉树支以外的支路叫连支。

树支、连支、支路 b 和节点 n 之间的关系为

$$树支数=n-1$$
$$连支数=b-(n-1)=b-n+1$$

二、关联矩阵、回路矩阵和割集矩阵

(一) 关联矩阵 A

支路与节点的关联关系可用关联矩阵来描述。用 $\boldsymbol{A}$ 来表示，它的行对应于独立节点，列对应支路，它的任一元素如 a_{kj} 定义如下：

$$a_{kj}=\begin{cases}1 & \text{支路 } k \text{ 与节点 j 关联，且方向背离节点。}\\ -1 & \text{支路 } k \text{ 与节点 j 关联，且方向指向节点。}\\ 0 & \text{支路 } k \text{ 与节点 j 无关联。}\end{cases}$$

(二) 基本回路矩阵 B_f

支路与回路的关联关系可用回路矩阵来描述。基本回路矩阵是单连支回路所列出的矩阵，用 $\boldsymbol{B}_f$ 来表示，它的行对应基本回路，列对应支路，它的任一元素如 b_{kj} 定义如下：

$$b_{kj}\begin{cases}1 & \text{支路 } k \text{ 与回路 j 关联，且方向一致。}\\ -1 & \text{支路 } k \text{ 与回路 j 关联，且方向相反。}\\ 0 & \text{支路 } k \text{ 与回路无关联。}\end{cases}$$

(三) 基本割集矩阵 Q_f

支路与割集的关联关系可用割集矩阵来描述。基本割集矩阵是单树支割集所列出的矩阵，用 $\boldsymbol{Q}_f$ 来表示，它的行对应基本割集，列对应支路，它的任一元素如 q_{kj} 定义如下：

$$q_{kj}\begin{cases}1 & \text{支路 } k \text{ 与割集 j 关联，且方向一致。}\\ -1 & \text{支路 } k \text{ 与割集 j 关联，且方向相反。}\\ 0 & \text{支路 } k \text{ 与割集 j 无关联。}\end{cases}$$

在拓扑分析中，用 $\boldsymbol{A}$、$\boldsymbol{B}_f$ 和 $\boldsymbol{Q}_f$ 表示的 KCL 和 KVL 的矩阵形式，如表 1-8-1 所示。

表 1-8-1　拓扑分析中的 A、B_f、Q_f 的矩阵形式

图 G 的矩阵	$\boldsymbol{A}$	$\boldsymbol{B}_f$	$\boldsymbol{Q}_f$
KCL	$\boldsymbol{A}i=0$	$i=\boldsymbol{B}_f^T i_l$	$\boldsymbol{Q}_f i=0$
KVL	$u=\boldsymbol{A}^T u_n$	$\boldsymbol{B}_f u=0$	$u=\boldsymbol{Q}_f^T u_t$

注　u—支路电压列向量；u_n—节点电压列向量；i—支路电流列向量；i_l—回路电流列向量；u_t—树支电压列向量。

此外，还有以下关系式

$$\boldsymbol{AB}^T=0 \quad 或 \quad \boldsymbol{BA}^T=0$$
$$\boldsymbol{QB}^T=0 \quad 或 \quad \boldsymbol{BQ}^T=0$$
$$\boldsymbol{B}_t^T+\boldsymbol{Q}_l=0 \quad 或 \quad \boldsymbol{Q}_l=-\boldsymbol{B}_t^T=\boldsymbol{A}_t^{-1}\boldsymbol{A}_l$$

三、节点电压方程、回路电流方程和割集电压方程的矩阵形式

(一) 节点电压方程的矩阵形式

在图 1-8-1 所示的参考方向下（图 1-8-1 又称为标准支路)，推导节点电压方程的矩阵形式如下。

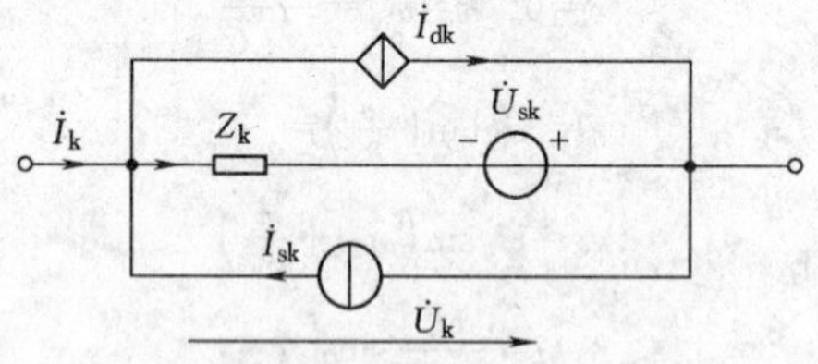

图 1-8-1　标准支路

支路电流为

$$\dot{I}=\boldsymbol{Y}(\dot{U}+\dot{U}_s)-\dot{I}_s$$

支路电压为

$$\dot{U}=\boldsymbol{Z}(\dot{I}+\dot{I}_s)-\dot{U}_s$$

节点电压为

$$\boldsymbol{AYA}^T\dot{U}_n=\boldsymbol{A}\dot{I}_s-\boldsymbol{AY}\dot{U}_s$$

令

$$\boldsymbol{Y}_n=\boldsymbol{AYA}^T \quad \boldsymbol{J}_n=\boldsymbol{A}\dot{I}_s-\boldsymbol{AY}\dot{U}_s$$

则

$$\boldsymbol{Y}_n\dot{U}_n=\boldsymbol{J}_n$$

称为节点电压方程的矩阵形式。

(二) 回路电流方程的矩阵形式

仍以图 1-8-1 所示标准支路为例，有

$$\dot{U}=\boldsymbol{Z}(\dot{I}+\dot{I}_s)-\dot{U}_s$$

$$\boldsymbol{BZB}^T\dot{I}_1=\boldsymbol{B}\dot{U}_s-\boldsymbol{BZ}\dot{I}_s$$

令 $$Z_1=\boldsymbol{BZB}^T \quad \dot{U}_1=\boldsymbol{B}\dot{U}_s-\boldsymbol{BZ}\dot{I}_s$$

则 $$Z_1\dot{I}_1=\dot{U}_1$$

称为回路电压方程的矩阵形式。

(三) 割集电压方程的矩阵形式

仍以图 1-8-1 所示标准支路为例，有

$$\boldsymbol{Q}_f\boldsymbol{YQ}_f^T\dot{U}_t=\boldsymbol{Q}_f\dot{I}_s-\boldsymbol{Q}_f\boldsymbol{Y}\dot{U}_s$$

令 $$\boldsymbol{Y}_t=\boldsymbol{Q}_f\boldsymbol{YQ}_f^T \quad \boldsymbol{J}_t=\boldsymbol{Q}_f\dot{I}_s-\boldsymbol{Q}_f\boldsymbol{Y}\dot{U}_s$$

则 $$\boldsymbol{Y}_t\dot{U}_t=\boldsymbol{J}_t$$

称为割集电压方程的矩阵形式。

四、状态方程

(一) 状态变量和状态方程

状态变量法是分析和计算复杂电路过渡过程的一种重要方法，它具有以下优点：

(1) 只需求解联立的一阶微分方程。

(2) 便于编写程序，用计算机求解。

(3) 可推广到非线性网络。

在电路中，电容电压 $u_C(t)$ 和电感电流 $i_1(t)$ 可以作为电路的状态变量，以状态变量为因变量列出的方程叫状态方程。

状态方程的标准形式为

$$\dot{X}=\boldsymbol{A}X+\boldsymbol{B}V$$

式中 $\dot{X}$——状态变量的导数向量；

X——状态变量向量；

V——输入向量；

$\boldsymbol{A}$、$\boldsymbol{B}$——常数矩阵。

(二) 状态方程的直观编写法

对于不太复杂的电路，可以用直观方法来列写状态方程。具体方法如下：

(1) 对含有电容的支路列含有 $C\dfrac{du_C}{dt}$ 的 KCL 方程。

(2) 对含有电感的支路列含有 $L\dfrac{di_L}{dt}$ 的 KVL 方程。

(3) 对照状态方程的标准形式，如果有非状态变量，要消去非状态变量。

(4) 将方程整理成标准形式的状态方程。

(三) 状态方程的系统化编写法

对于复杂电路，可用系统化的方法来编写状态方程。具体方法如下：

(1) 选一特有树，让它的树支尽可能地包含电路中所有的电容和电压源支路；让它的连支尽可能地包含电路中所有的电感和电流源支路。

(2) 对电容所在的单树支割集列 KCL 方程；对电感所在的单连支回路列 KVL 方程。

(3) 如果含有非状态变量，则用余下的割集和回路，列方程消去非状态变量。

(4) 整理后写成状态方程的标准形式。

【例 1-8-1】 列出图 1-8-2 所示电路的状态方程。

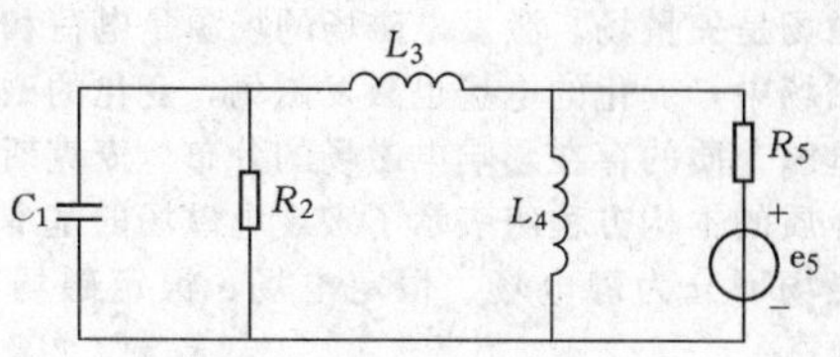

图 1-8-2　例 1-8-1 图

【解】 见图 1-8-3，选 u_{C1}、i_{L3}、i_{L4} 为状态变量，画出有向拓扑图，选支路 1、5 为树支，2、3、4 为连支，对支路 1 作基本割集可列出

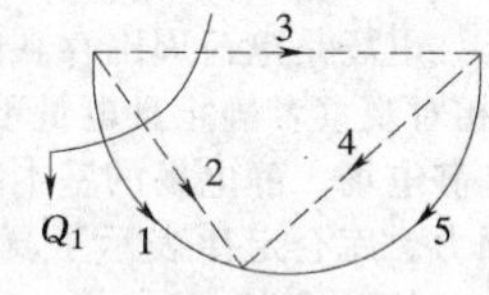

图 1-8-3

$$C_1\frac{du_{C1}}{dt}=-i_2-i_{L3}$$

对支路 3 列基本回路方程

$$L_3\frac{di_{L3}}{dt}=-u_5+u_{C1}$$

对支路 4 列基本回程方程

$$L_4\frac{di_{L4}}{dt}=u_5$$

消去非状态变量 i_2 和 u_5

$$i_2=\frac{u_{C1}}{R_2}$$

$$u_5=i_5R_5+e_5=(i_{L3}-i_{L4})R_5+e_5=i_{L3}R_5-i_{L4}R_5+e_5$$

所以

$$\frac{du_{C1}}{dt}=-\frac{u_{C1}}{C_1R_2}-\frac{i_{L3}}{C_1}$$

$$\frac{di_{L3}}{dt}=\frac{-R_5}{L_3}i_{L3}+\frac{R_5}{L_3}i_{L4}-\frac{e_5}{L_3}+\frac{u_{C1}}{L_3}$$

$$\frac{di_{L4}}{dt}=\frac{R_5}{L_4}i_{L3}-\frac{R_5}{L_4}i_{L4}+\frac{e_5}{L_4}$$

写成标准形式为

$$\begin{bmatrix}\dfrac{du_{C1}}{dt}\\ \dfrac{di_{L3}}{dt}\\ \dfrac{di_{L4}}{dt}\end{bmatrix}=\begin{bmatrix}-\dfrac{1}{C_1R_2} & -\dfrac{1}{C_1} & 0\\ \dfrac{1}{L_3} & -\dfrac{R_5}{L_3} & \dfrac{R_5}{L_3}\\ 0 & \dfrac{R_5}{L_4} & \dfrac{-R_5}{L_4}\end{bmatrix}\times\begin{bmatrix}u_{C1}\\ i_{L3}\\ i_{L4}\end{bmatrix}+\begin{bmatrix}0\\ -\dfrac{1}{L_3}\\ \dfrac{1}{L_4}\end{bmatrix}[e_5]$$

电路的输出方程为

$$Y=\boldsymbol{C}X+\boldsymbol{D}V$$

式中 Y——输出向量；

X——状态变量向量；

V——输入向量；

$\boldsymbol{C}$、$\boldsymbol{D}$——常数矩阵。

第九节　静 电 场

电磁场是一种特殊形态的物质。电磁场对电荷、电流有作用力。电磁场同其他物质一样，具有能量和动量。电磁场中，描述电场和磁场的最基本的物理量是电场强度矢量和磁感应强度矢量；一般而言，它们是空间坐标和时间的矢量函

数。电磁场是矢量场。激发电磁场的场源是电荷和电流；在时变电磁场中，变化的电场也激发磁场，变化的磁场也激发电场。电磁介质的存在影响电磁场的分布。麦克斯韦方程组和电磁介质的本构方程组表示了宏观电磁场的基本规律。

电磁场可分为静电场、恒定电场、恒定磁场和时变电磁场。

一、电场强度和电位移矢量

电场是电荷周围存在的一种特殊形态的物质。静止电荷（相对观察者静止且电量不随时间变化的电荷）周围存在的是静电场。静电场的基本特征是对置于其中的静止电荷有作用力。库仑定律表示了真空中两个静止点电荷之间的作用力，其形式为

$$\vec{f}_{21}=\frac{q_1 q_2}{4\pi\varepsilon_0 r^2}\ \vec{r}_{12}^0$$

电场强度矢量 $\vec{E}$ 是描述电场的基本物理量，它的定义是

$$\vec{E}=\lim_{q_f\to 0}\frac{\vec{f}}{q_f}$$

静电场中，物质主要分为导体和电介质（绝缘体）。导体内部存在大量自由电荷，放到外电场中时出现静电感应现象。静电平衡后，导体内部的电场强度为零，电荷分布于导体表面。在邻接导体表面的电介质中电场强度的方向与导体表面垂直。用电位表示时，导体是一个等位体，导体表面是等位面。电介质中的电荷处于束缚状态，电介质置于外电场中时出现极化现象。由于外电场的作用，电介质内部或表面出现宏观等效的极化电荷，电介质中电偶极距矢量和不再是零。电介质极化的程度用极化程度矢量 $\vec{P}$ 表示。存在电介质时，静电场可以看成是自由电荷和极化电荷共同在真空中产生的电场。

电位移矢量 $\vec{D}$ 是描述静电场的另一基本物理量，它的定义是

$$\vec{D}=\varepsilon_0\vec{E}+\vec{P}$$

各向同性线性的电介质中，电位移矢量 $\vec{D}$ 和电场强度矢量 $\vec{E}$ 的关系为

$$\vec{D}=\varepsilon\vec{E}$$

二、静电场基本规律

静电场的基本规律可由静电场环路定理和高斯通量定理表示。静电场环路定理表示了静电场的无旋场（守恒场）性质，其表示式（积分形式）为

$$\oint_L\vec{E}\mathrm{d}\vec{l}=0$$

即静电场中电场强度 $\vec{E}$ 沿任意闭合路径 l 的环路线积分为零。它说明静电场中，沿任意闭合路径移动单位正电荷一周电场力作功为零，静电场是守恒的。上式相应的微分形式是

$$\nabla\times\vec{E}=0$$

即电场强度的旋度等于零，静电场是无旋场。

高斯通量定理表示了静电场的有散场性质。高斯通量定理指出，电位移矢量 $\vec{D}$ 穿出任意闭合面的通量等于该面内自由电荷的代数和，即

$$\oiint_S\vec{D}\mathrm{d}\vec{S}=\sum q$$

上式相应的微分形式是

$$\nabla\cdot\vec{D}=\rho$$

即电位移矢量的散度等于该点自由电荷体密度。

真空中高斯通量定理的形式为

$$\oiint_S\vec{E}\mathrm{d}\vec{S}=\frac{\sum q}{\varepsilon_0}$$

和

$$\nabla\cdot\vec{E}=\frac{\rho}{\varepsilon_0}$$

三、静电场计算问题

静电场中，两种不同的电介质的分界面上场矢量的边界条件为

$$E_{1t}=E_{2t}$$

$$D_{2n}-D_{1n}=\rho_S$$

式中 ρ_S——分界面上面电荷密度；

n——分界面的法线方向，从介质 1 指向介质 2。

由于静电场具有无旋性质，故也可用标量的电位函数 φ 来描述静电场。电位 φ 与电场强度矢量 $\vec{E}$ 之间的积分和微分关系是

$$\varphi=\int_P^Q\vec{E}\,\mathrm{d}l$$

$$\vec{E}=-\nabla\varphi$$

在各向同性线性均匀的电介质中，电位 φ 满足泊松方程，即

$$\nabla^2\varphi=-\frac{\rho}{\varepsilon}$$

在电荷密度 $\rho=0$ 处，满足拉普拉斯方程，即

$$\nabla^2\varphi=0$$

因此可以通过求电位的泊松方程或拉普拉斯方程的满足边界条件的解答来求解静电场；可以通过计算静电场来计算两个导体之间的电容或多导体系统的部分电容。

在线性电介质中，静电场的能量密度（即单位体积的能量）为

$$w'_e=\frac{1}{2}\vec{D}\vec{E}$$

体积 V 中，静电场的能量为

$$W_e=\frac{1}{2}\iiint_V\vec{D}\vec{E}\mathrm{d}V$$

静电场中，电荷或带电体受到的电场力可由下面公式计算

$$\vec{f}=\int\vec{E}\mathrm{d}q$$

虚位移法

$$f_g=\frac{\partial W_e}{\partial g}\bigg|_{\varphi_k=\mathrm{const}}$$

$$f_g=-\frac{\partial W_e}{\partial g}\bigg|_{q_k=\mathrm{const}}$$

式中 g——广义坐标，可为距离、长度、角度、面积等；

φ_k、q_k——导体系统中各导体的电位和电荷。

四、电荷守恒定律和库仑定律

（一）电荷守恒定律

电荷守恒定律的内容为：一个孤立系统中电荷的总和（正、负电荷的代数和）保持不变。其数学表示式（积分形式）为

$$\oiint_S\vec{J}\mathrm{d}\vec{S}=-\iiint_V\frac{\partial}{\partial t}\rho\mathrm{d}V$$

式中 $\vec{J}$——传导电流（或运流电流，下同）密度；

ρ——电荷体密度；

V——闭合面 S 所包围的体积；

$d\vec{S}$——矢量面积元，方向为闭合面 S 的外法线方向。

上式表示由任一闭合面流出的传导电流等于该面所包围的体积内的电荷的时间减少率。上式的微分形式是

$$\nabla\cdot\vec{J}=-\frac{\partial}{\partial t}\rho$$

在恒定电场中，电荷守恒定律的形式为

$$\oint_S\vec{J}d\vec{S}=0$$

和

$$\nabla\cdot\vec{J}=0$$

（二）库仑定律

库仑定律给出了真空中两个静止点电荷之间的作用力。其内容为：真空中两个静止点电荷之间的作用力与两电荷所带电量的乘积成正比，与两电荷之间的距离的平方成反比；力的方向平行于两电荷之间的连线，同性电荷相斥，异性电荷相吸。库仑定律表示式为

$$\vec{f}_{21}=q_2\frac{q_1}{4\pi\varepsilon_0 r^2}\vec{r}_{12}^0$$

式中 $\vec{f}_{21}$——点电荷 q_1 对点电荷 q_2 的作用力；

r——q_1 和 q_2 之间的距离；

$\vec{r}_{12}^0$——从 q_1 指向 q_2 的单位矢量；

ε_0——真空的介电常数，$\varepsilon_0=8.85\times10^{-12}$F/m。

如果真空中有多个点电荷，其中一个点电荷受到的作用力为其他各个点电荷分别对他的作用力的叠加（矢量和）。

库仑定律是电磁场理论的重要实验基础之一。

五、电场强度和电力线

（一）电场强度

电场强度矢量是描述电场的基本物理量，电场强度 $\vec{E}$ 定义为

$$\vec{E}=\lim_{q_t\to0}\frac{\vec{f}}{q_t}$$

式中 q_t——检验电荷的电量，对检验电荷，要求其尺寸及带电量均足够小；

$\vec{f}$——该检验电荷所受的电场力。

一般情况下，$\vec{E}$ 是空间和时间的函数。在 SI 单位制中，电场强度的单位是伏［特］/米（V/m）。

根据库仑定律，真空中点电荷 q 建立的电场强度为

$$\vec{E}=\frac{q}{4\pi\varepsilon_0 r^2}\vec{r}^0$$

式中 r——点电荷至场点的距离；

$\vec{r}^0$——从点电荷指向场点方向的单位矢量。

在真空或线性电介质中，电场强度具有可叠加性。以下各式给出几种电荷分布的电场强度：

n 个点电荷 $$\vec{E}=\frac{1}{4\pi\varepsilon_0}\sum_{k=1}^{n}\frac{q_k}{r_k^2}\vec{r}_k^0$$

体电荷 $$\vec{E}=\frac{1}{4\pi\varepsilon_0}\iiint_V\frac{\rho dV}{r^2}\vec{r}^0$$

面电荷 $$\vec{E}=\frac{1}{4\pi\varepsilon_0}\iint_S\frac{\rho_S dS}{r^2}\vec{r}^0$$

线电荷 $$\vec{E}=\frac{1}{4\pi\varepsilon_0}\int_l\frac{\tau dl}{r^2}\vec{r}^0$$

（二）电力线

电力线是用来形象地描绘电场分布的电场强度线。电力线上任一点处的切线方向规定为该点处电场强度 $\vec{E}$ 的方向。通常使电力线的密度正比于该点处电场强度的量值，这样电力线的疏密可表示出该点电场的强弱。在电荷建立的电场（库仑电场）中，电力线从正电荷出发，终止于负电荷。除某些特殊点外，两根电力线不能相交。在静电场中，电力线与等位面处处垂直，电力线垂直于导体表面。

在时变电磁场中，电力线可以是围绕着磁力线的闭合曲线。

图 1-9-1 为几种电荷分布的电力线。

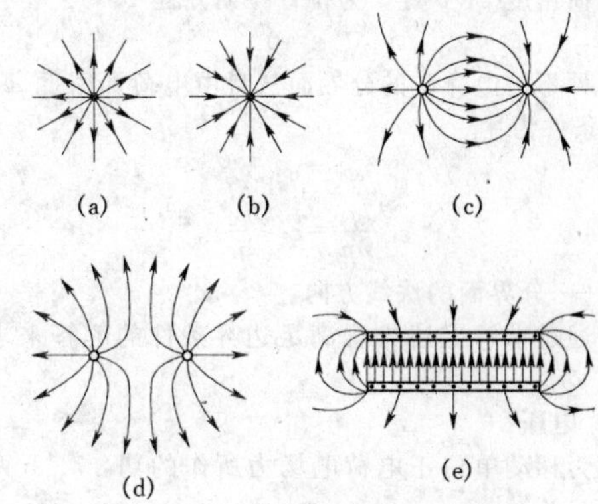

图 1-9-1　几种电荷分布的电力线

(a) 正电荷；(b) 负电荷；(c) 两个异性电荷；(d) 两个同性电荷；(e) 平行带电板

六、电位和电压

（一）电位

电位 φ 是描述静电场的一个标量函数。因为静电场是守恒场，有方程 $\oint_l\vec{E}d\vec{l}=0$ 或 $\nabla\times\vec{E}=0$，其任意两点间电场强度 $\vec{E}$ 的线积分与积分路径无关，故可以定义电位函数

$$\varphi=\int_P^Q\vec{E}d\vec{l}$$

式中 $\vec{E}$——电场强度；

P——电场中任意一个场点；

Q——电位参考点，该点电位为零。

某点的电位等于将单位正电荷从该点移至电位参考点电场力所作的功。电位参考点常取在无穷远，工程中常取为大地。

在 SI 单位制中，电位的单位是伏［特］（V）。

真空中一个点电荷的电位

$$\varphi=\frac{q}{4\pi\varepsilon_0 r}$$

式中 r——点电荷 q 至场点的距离；

ε_0——真空的介电常数，电位参考点取为无穷远。

多个点电荷或连续分布的电荷的电位可由叠加的方法得到。连续分布的电荷的电位可由下式计算

$$\varphi=\frac{l}{4\pi\varepsilon_0}\int\frac{dq}{r}$$

式中：r 是电荷元 dq 至场点的距离；积分为对电荷所在的体积（或面积、线段）进行积分。

空间中电位值相等的点组成的曲面称为等位面。等位面与电力线处处正交。电力线指向电位降低的方向。任意两个等位面之间的电位差都相等时，等位面的疏密可表示出电场强度的大小。静电场中，导体表面是等位面。

电场强度与电位之间的微分形式关系为

$$\vec{E}=-\nabla\varphi$$

在直角坐标系中有

$$\vec{E}=-\left(\frac{\partial\varphi}{\partial x}\vec{i}+\frac{\partial\varphi}{\partial y}\vec{j}+\frac{\partial\varphi}{\partial Z}\vec{k}\right)$$

在各向同性线性均匀电介质中，电位 φ 满足泊松方程，即

$$\nabla^2\varphi=-\frac{\rho}{\varepsilon}$$

式中 ρ——电荷密度；

ε——介电常数。

在电荷密度 $\rho=0$ 处，为拉普拉斯方程

$$\nabla^2\varphi=0$$

在两种不同电介质的分界面（自由电荷面密度 $\rho_S=0$），φ 的边界条件为

$$\varphi_1=\varphi_2$$

$$\varepsilon_1\frac{\partial\varphi_1}{\partial n}=\varepsilon_2\frac{\partial\varphi_2}{\partial n}$$

式中 n——分界面的法线方向。

可以通过求解上述方程满足边界条件的解答来求解静电场。

(二) 电压

电压为移动单位正电荷电场力所作的功。a、b 两点间电场强度 $\vec{E}$ 沿某一路径的线积分定义为 a、b 两点间沿该路径的电压 U_{ab}，即

$$U_{ab}=\int_a^b\vec{E}\mathrm{d}\vec{l}$$

在 SI 单位制中，电压的单位为伏［特］(V)。

静电场中，两点间的电压与电场强度的积分路径无关，只决定于两点的位置；两点间电压等于两点间的电位差。即有

$$U_{ab}=\varphi_a-\varphi_b$$

在时变电磁场中，电场强度可以是非守恒场，其线积分可与路径有关。所以两点间沿不同路径的电压的值可以不同。

七、电介质

(一) 电介质的极化

电介质是其中自由电荷很少，电阻率很高的绝缘物质。一般电阻率 $\rho>10^{14}\Omega\cdot\mathrm{cm}$ 的物质可看做电介质。电介质处在外电场中时发生极化。无外电场时，非极性分子电介质中分子范围内的正、负电荷作用中心重合，不显示电效应；而极性分子电介质中分子范围内的正、负电荷作用中心不重合，构成电偶极子。电偶极子是一对相距很近、等量异号的点电荷，电偶极子的特性用电偶极距 $\vec{P}$ 描述，电偶极距为

$$\vec{P}=q\vec{d}$$

式中 q——正电荷的电量；

$\vec{d}$——量值为正负电荷之间的距离，方向从正电荷指向负电荷。

由于电偶极子排列无序，无外电场时，极性分子电介质中电偶极距的矢量和也为零。当置于外电场中时，在外电场的作用下，非极性分子电介质中正负电荷作用中心产生相对位移，形成电偶极子，而极性分子电介质中分子的电偶极距发生转向；均使电介质中，电偶极距的矢量和不再为零。这种现象称为电介质的极化。

(二) 极化强度

极化强度矢量是表示电介质极化程度的物理量。极化强度矢量 $\vec{P}$ 定义为

$$\vec{P}=\lim_{\Delta V\to 0}\frac{\sum\vec{P}}{\Delta V}$$

$\vec{P}$ 的单位是库［仑］/米^2（$\mathrm{C/m^2}$）。对各向同性线性的电介质，极化强度 $\vec{P}$ 与电场强度 $\vec{E}$ 的关系可表示为

$$\vec{P}=\chi\varepsilon_0\vec{E}$$

式中 χ——电介质的相对极化率，是一无量纲的纯数；

ε_0——真空的介电常数，$\varepsilon_0=8.85\times10^{-12}\mathrm{F/m}$。

通常用电位移矢量 $\vec{D}$ 同电场强度 $\vec{E}$ 一起描述电介质中的静电场。电位移的定义是

$$\vec{D}=\varepsilon_0\vec{E}+\vec{P}$$

在各向同性线性的电介质中，有

$$\vec{D}=(1+\chi)\varepsilon_0\vec{E}-\varepsilon_r\varepsilon_0\vec{E}-\varepsilon\vec{E}$$

(三) 介电常数

介电常数 ε 是表示电介质介电性能的物理量

$$\varepsilon=(1+\chi)\varepsilon_0=\varepsilon_r\varepsilon_0$$

称作电介质的介电常数，其单位为法［拉］/米（F/m）。

$$\varepsilon_r=\varepsilon/\varepsilon_0=1+\chi$$

称为电介质的相对介电常数，无量纲。表 1-9-1 给出几种电介质的相对介电常数 ε_r。

表 1-9-1 几种电介质的相对介电常数

材料	空气	六氟化硫	矿物油	纯水
ε_r	1.000537	1.002	2.2	79.63
材料	白云母	电瓷	聚苯乙烯	钛酸钡
ε_r	5.4～8.7	5.2～6	2.5～2.6	1300

各向异性电介质其 $\vec{P}$ 与 $\vec{E}$ 的关系随 $\vec{E}$ 的方向而变化，$\vec{P}$ 与 $\vec{E}$ 的方向一般不一致。有某些特殊电介质，具有压电性、热释电性、铁电性等。

(四) 电介质强度

当电介质中的电场强度达到某一数值时，电介质中的束缚电荷将可以脱离分子自由移动，电介质失去其绝缘性能，这时称电介质被击穿。一种绝缘材料（电介质）能安全地承受的最大电场强度称为该材料的电介质强度，或介电强度。几种绝缘材料的电介质强度见表 1-9-2。

表 1-9-2 几种绝缘材料的电介质强度

材料	电介质强度 (MV/m)
空气	3
六氟化硫	7～9
矿物绝缘油	14～20
高低压电瓷	25～35
聚乙烯	20～30
聚苯乙烯	20～30
聚四氟乙烯	20～30

八、电位移

电位移矢量是一个描述电介质中电场的一个重要物理量。电位移矢量 $\vec{D}$ 的定义为

$$\vec{D}=\varepsilon_0\vec{E}+\vec{P}$$

式中 $\vec{E}$——电场强度；

ε_0——真空的介电常数；

$\vec{P}$——电介质的极化强度。

电位移的单位是库［仑］/米²（C/m^2）。

对于各向同性线性的电介质，电位移和场强度的关系为

$$\vec{D}=\varepsilon\vec{E}$$

式中　ε——电介质的介电常数。

上式表示电介质的特性，称电介质的结构方程。

静电场中，电位移线（$\vec{D}$线）从正自由电荷出发，终止于负自由电荷；导体表面的$\vec{D}$只有沿导体表面法线方向的分量D_n，且

$$D_n=\rho_S$$

式中　ρ_S——导体表面的自由电荷面密度。

n的方向从导体内部指向电介质。

电场中有关电位移$\vec{D}$的基本方程为

$$\oint_S \vec{D}d\vec{S}=\sum q$$

和

$$\nabla\cdot\vec{D}=\rho$$

时变电磁场中，电位移的时间变化率$\frac{\partial\vec{D}}{\partial t}$为位移电流密度。

九、高斯通量定理

高斯通量定理是表示电场的基本规律的定理之一。它表示了电场的有散性质，给出了电位移通量与其场源自由电荷之间的关系。

电位移通量定义为

$$\Psi_D=\iint_S \vec{D}d\vec{S}$$

高斯通量定理指出，穿出任意闭合面S的电位移通量等于该闭合面内自由电荷的代数和。即

$$\oint_S \vec{D}dS=\sum q$$

式中　S——电场中任意一闭合面；

$\sum q$——位于该闭合面内的自由电荷代数和。

高斯通量定理说明穿出任意闭合面的电位移通量只与该面内的自由电荷有关，而与电介质的分布无关。应该注意$\vec{D}$的分布与自由电荷及电介质的分布都有关系。

高斯通量定理的微分形式为

$$\nabla\cdot\vec{D}=\rho$$

式中　ρ——自由电荷体密度。

此式说明电位移矢量的散度等于该点的自由电荷体密度。

在真空中，高斯通量定理的形式为

$$\oint_S \vec{E}d\vec{S}=\frac{\sum q}{\varepsilon_0}$$

和

$$\nabla\cdot\vec{E}=\frac{\rho}{\varepsilon_0}$$

式中　ε_0——真空的介电常数；

$\sum q$——闭合面内所有电荷的代数和，包括自由电荷和束缚电荷。

利用高斯通量定理的积分形式可以求解某些具有一定对称性的电场。

高斯通量定理在时变电磁场仍然成立，是组成电磁场基本方程组的方程之一。

十、电容

电容表示导体上的电荷与导体间电压的关系。两个导体的电容定义为：两导体带等量异号电荷时，电荷的量值q与导体间电压U的比值。即

$$C=\frac{q}{U}$$

电容的单位是法［拉］（F）。

电容的大小与两个导体的形状、尺寸、相互位置及导体周围电介质的介电常数有关。

孤立导体的电容为：导体所带电荷q与导体电位φ之比，此时电位参考点在无穷远处，即

$$C=\frac{q}{\varphi}$$

对于$n+1$个导体组成的静电独立系统，可用部分电容概念表示各导体上电荷与各导体间电压的关系。取0号导体作为电位参考点，有方程组

$$\begin{aligned}
q_1&=C_{10}U_{10}+C_{12}U_{12}+\cdots\\
&\quad+C_{1j}U_{1j}+\cdots+C_{1n}U_{1n}\\
q_2&=C_{21}U_{21}+C_{20}U_{20}+\cdots\\
&\quad+C_{2j}U_{2j}+\cdots+C_{2n}U_{2n}\\
&\vdots\\
q_k&=C_{k1}U_{k1}+C_{k2}U_{k2}+\cdots\\
&\quad+C_{kj}U_{kj}+\cdots+C_{kn}U_{kn}\\
&\vdots\\
q_n&=C_{n1}U_{n1}+C_{n2}U_{n2}+\cdots\\
&\quad+C_{nj}U_{nj}+\cdots+C_{n0}U_{n0}
\end{aligned}$$

式中　q_1，q_2，…，q_n——1～n号导体的电荷；

U_{ij}——有关的两个导体之间的电压；

C_{ij}——有关的两个导体之间的部分电容。

系统中共有$n(n+1)/2$个部分电容。部分电容的大小取决于这些导体的形状、尺寸、相互位置以及导体之间电介质的介电常数。通过部分电容系统中的导体之间发生静电耦合。

上述多导体系统接于电源时，电源端口的入端等效电容称为工作电容。工作电容可以利用部分电容和电容网络概念来计算，也可直接用两个导体电容的概念计算。

几种结构的电容计算公式见表1-9-3。

表1-9-3　几种结构的电容

电　容	电容计算公式（F）	说　明
平行板电容器电容	$C=\varepsilon_0 S/d$	ε_0—电容器中介质为空气，空气的介电常数，下同 S—电容器极板面积 d—电容器极板间距离
同轴传输线电容	$C=\frac{2\pi\varepsilon_0 l}{\ln b/a}$	a、b—同轴传输线内、外导体的半径 l—传输线长度
二线传输线电容	$C\approx\frac{\pi\varepsilon_0 l}{\ln d/a}$	d—二导线轴线间距离 a—导线半径，$a\ll d$ l—传输线长度
同心球形电容器电容	$C=4\pi\varepsilon_0\frac{ab}{b-a}$	a、b—同心内、外导体的半径
三相均衡输电线电容（一相等值工作电容）	$C_p=\frac{2\pi\varepsilon_0 l}{\ln\left(\frac{2hd}{ad'}\right)}$	a—导线半径 h—输电线距地面高度 l—输电线长度 $d=\sqrt[3]{d_{AB}d_{BC}d_{CA}}$ $d'=\sqrt[3]{d'_{AB}d'_{BC}d'_{CA}}$

第十节 恒定电场

一、恒定电流和恒定电场

不随时间变化的电流称恒定电流。导体内有恒定电流时，存在于导体及其周围的、不随时间变化的电场称恒定电场。恒定电场中经常讨论电流的分布，故也称恒定电流场。恒定电场中主要的物理量是电场强度 $\vec{E}$ 和电流密度 $\vec{J}$。

恒定电场的基本规律之一是恒定电流连续性，即流出任意闭合面 S 的总电流等于零。以公式表示为

$$\oiint_S \vec{J}\mathrm{d}\vec{S}=0$$

对应的微分公式为

$$\nabla\cdot\vec{J}=0$$

此式表示电流密度的散度处处为零。恒定电流连续性说明恒定电流是连续的，电流线是闭合的。

为了在导体中维持恒定电流，回路中必须有恒定电源。电源内部存在等效局外电场强度 $\vec{E}_e$，其线积分为电源电动势 e，即

$$\oint_l \vec{E}_e\mathrm{d}\vec{l}=e$$

总电场强度 $\vec{E}_\Sigma$ 为电荷产生的库仑电场强度 $\vec{E}_C$ 与局外电场强度 $\vec{E}_e$ 之和（在电源之外 $\vec{E}_e=0$），即

$$\vec{E}_\Sigma=\vec{E}_C+\vec{E}_e$$

因库仑电场强度 $\vec{E}_C$ 的闭合环路线积分等于零，故总电场强度 $\vec{E}_\Sigma$ 的闭合环路线积分等于电源电动势，即有

$$\oint_l \vec{E}_\Sigma\mathrm{d}\vec{l}=e$$

式中 l——经过电源内部的闭合路径。

对于电源之外的导体中的恒定电场，其性质可由

$$\oint_l \vec{E}\mathrm{d}\vec{l}=0$$

$$\oiint_S \vec{J}\mathrm{d}\vec{S}=0$$

或

$$\nabla\times\vec{E}=0$$

$$\nabla\cdot\vec{J}=0$$

表示 。电流密度 $\vec{J}$ 和电场强度 $\vec{E}$ 的关系为

$$\vec{J}=\sigma\vec{E}$$

恒定电场中（除电源内部）也可应用电位 φ，有 $\vec{E}=-\nabla\varphi$。严格地讲，恒定电场中导体不是等位体。通过计算恒定电场，可计算导体的电阻或电导。有电阻

$$R=\frac{U}{I}$$

导体中电流消耗的功率由焦耳定律计算。

二、电流密度和电动势

(一) 电流

电荷的定向运动形成电流。电流强度（简称电流）I 定义为

$$I=\frac{\mathrm{d}q}{\mathrm{d}t}$$

式中 $\mathrm{d}t$——一很小的时间间隔；

$\mathrm{d}q$——在 $\mathrm{d}t$ 内通过所考察的截面积 S 上的电荷量。

电流的方向规定为正电荷的运动方向，电流的量值等于单位时间内通过面积 S 上的电荷。在 SI 单位制中，电流的单位是安［培］(A)。

电流包括传导电流、运流电流和位移电流。传导电流是导电媒质中带电粒子，例如自由电子、正负离子或空穴等规则运动形成的电流。运流电流为电荷在真空或空气中运动形成的电流。位移电流为电位移随时间的变化率。

电流可分为直流电流、交流电流和瞬时电流。不随时间变化的电流称为直流电流（电磁场中常称作恒定电流）；随时间变化的电流是瞬变电流；周期性随时间变化（不含直流分量）的电流称为交流电流。工程上最经常使用的交流电流是正弦交流电流。

电流具有多种效应，如热效应、磁效应、化学效应等。

(二) 电流密度

当电流分布在一个空间区域中时形成电流场。电流分布在一个体积（如较粗的载流导线）中时称为体电流。用电流密度 $\vec{J}$ 来表示体电流在空间的分布，$\vec{J}$ 定义为

$$\vec{J}=\frac{\mathrm{d}I}{\mathrm{d}S}\vec{n}$$

式中 $\vec{n}$——所考察的观察点处的正电荷运动的方向上的单位矢量；

$\mathrm{d}S$——垂直于 $\vec{n}$ 的面积元；

$\mathrm{d}I$——$\mathrm{d}S$ 上通过的电流。

所以 $\vec{J}$ 是一个矢量，$\vec{J}$ 的量值等于垂直于正电荷运动方向的单位面积上所通过的电流。在 SI 单位制中电流密度 $\vec{J}$ 的单位是安/米 (A/m)。穿过任一曲面 S 的电流 I 可表示为

$$I=\iint_S \vec{J}\mathrm{d}\vec{S}=\iint_S J\cos\alpha\mathrm{d}S$$

式中 $\mathrm{d}\vec{S}$——矢量面积元，其方向为 $\mathrm{d}S$ 的法线方向；

α——$\vec{J}$ 与 $\mathrm{d}\vec{S}$ 之间的夹角。

对于电荷体密度为 ρ，电荷运动速度为 v 的运流电流，电流密度 $\vec{J}$ 等于

$$\vec{J}=\rho\vec{v}$$

电流密度 $\vec{J}$ 的力线称为电流线，可直观地表示出电流密度的分布。

电流若在一厚度可以忽略的薄层中流动，称为面电流。面电流密度为

$$\vec{J}_S=\frac{\mathrm{d}I}{\mathrm{d}l}\vec{n}$$

式中 $\vec{n}$——意义同上；

$\mathrm{d}l$——垂直于 $\vec{n}$ 的线元；

$\mathrm{d}I$——$\mathrm{d}l$ 上通过的电流。

$\vec{J}$ 的单位是安/米 (A/m)。

(三) 电动势

一段路径上局外电场强度或非保守电场的电场强度的线积分称为该路径上的电动势。在导体回路中，电动势起克服导体电阻对电流的阻力，维持电流在导体回路中流动的作用。产生电动势的电源提供电流流过电阻时所消耗的能量。

恒定电源（如化学电池）内部存在着使正电荷向正极板运动，维持着电源电动势的作用力，这种作用力称为局外力 $\vec{f}_e$。局外力的作用可等效为一种局外电场强度 $\vec{E}_e$，即

$$\vec{E}_e=\lim_{q_t\to 0}\frac{\vec{f}_e}{q_t}$$

在电源外部，$\vec{E}_e=0$。电源电动势为

$$\oint_l \vec{E}_e \mathrm{d}\vec{l} = e$$

电动势的单位为伏［特］（V）。电源极板上积累的电荷产生库仑电场 E_C。在电源内部总电场强度 $\vec{E}_\Sigma$ 为库仑电场强度 $\vec{E}_C$ 与局外电场强度 $\vec{E}_e$ 之和，即

$$\vec{E}_\Sigma=\vec{E}_C+\vec{E}_e$$

电流密度等于

$$\vec{J}=\sigma(\vec{E}_C+\vec{E}_e)$$

因库仑电场强度 $\vec{E}_C$ 的闭合环路线积分等于零，故总电场强度 $\vec{E}_\Sigma$ 的闭合环路线积分等于电源电动势 e，即有

$$\oint_l \vec{E}_\Sigma \mathrm{d}\vec{l}=e$$

式中　l——经过电源内部的闭合路径。

电源开路时，电源两端的开路电压等于电源电动势。在闭合回路中

$$e=Ir_i+IR$$

常见的电动势有化学电动势、电磁电动势、温差电动势、光压电动势、压电电动势等。

三、电阻和电导

导体电阻 R 等于导体两端电压 U 与导体中电流 I 之比，即

$$R=\frac{U}{I}$$

电阻的单位是欧［姆］（Ω）。电导 G 为电阻的倒数，即

$$G=\frac{1}{R}=\frac{1}{U}$$

电导的单位为西［门子］（S）。一般均匀导线的电阻为

$$R=\rho\frac{l}{S}$$

式中　S——导线的横截面面积；

l——导线长度；

ρ——导线材料的电阻率。

电导率 σ 为电阻率的倒数，即

$$\sigma=\frac{1}{\rho}$$

电阻率和电导率的单位分别是欧［姆］·米（Ω·m）和西［门子］/米（S/m）。

均匀导电材料的 ρ 或 σ 为常数。

一般情况下导体的电阻或电导可以通过计算恒定电场得到。例如 σ 均匀时有

$$G=\frac{I}{U}=\frac{\sigma\iint_S \vec{E}\mathrm{d}\vec{S}}{\int_S \vec{E}\mathrm{d}\vec{l}}$$

四、欧姆定律和焦耳定律

（一）欧姆定律

欧姆定律表示一段导体回路上电压 U 和电流 I 的关系，为

$$I=\frac{U}{R}$$

式中　R——该段导体的电阻。

欧姆定律的微分形式为

$$\vec{J}=\sigma\vec{E}$$

式中　$\vec{J}$——电流密度；

$\vec{E}$——电场强度；

σ——导体材料的电导率。

上式表示了各向同性、线性的导电媒质中电流密度和电场强度之间的关系。对于各向异性或非线性的导电材料电流密度和电场强度之间有更为复杂的关系。

（二）焦耳定律

焦耳定律是表示导体中通过的电流与所产生的热量之间的定律，其表示为

$$H=0.24I^2Rt$$

式中　H——热量（cal）；

I——电流；

R——电阻；

t——时间；

0.24——由实验定出的比例常量。

电流产生的热量是由导体上消耗的电功率转换而来的。焦耳定律表示导体上消耗的电功率的形式为

$$P=I^2R$$

在恒定电场中，焦耳定律的微分形式为

$$p=\vec{E}\cdot\vec{J}=\sigma E^2=J^2/\sigma$$

式中　p——场中一点处的电功率体密度；

$\vec{E}$、$\vec{J}$——该点的电场强度和电流密度；

σ——电导率。

计算体积 V 中总电功率可用公式

$$P=\iiint_V \vec{E}\cdot\vec{J}\mathrm{d}V$$

第十一节　磁路和铁芯线圈

一、磁场和磁路

磁感应强度 B 在某截面 A 上的积分就是通过该截面的磁通 Φ，即

$$\Phi=\int_A B\mathrm{d}A$$

在均匀磁场中，若截面 A 与磁感应强度 B 垂直，则

$$\Phi=BA$$

或

$$B=\frac{\Phi}{A}$$

B 又称为磁通密度。

通过任一闭合面的磁通一定等于零，即

$$\Phi=\oint_A B\mathrm{d}A=0$$

磁场强度与磁感应强度的关系是

$$B=\mu H$$

式中　μ——磁导率或称导磁系数。

在真空中

$$B=\mu_0 H$$

式中　μ_0——真空的磁导率。

安培环路定律又称全电流定律。它指出：磁场强度沿任意闭合路径的线积分等于穿过该闭合路径所包围的全部电流的代数和，用公式表示为

$$\oint_L H\mathrm{d}L=\sum i=HL$$

式中符号 $\oint_L$ 表示沿闭合路径 L 的线积分。当电流的参考方

向与闭合路径的方向符合右手螺旋定则时，电流前取正号，否则取负号。

二、磁路定律

磁路的基尔霍夫第一定律（KCL）

$$\sum \Phi = 0$$

基尔霍夫第二定律（KVL）

$$\sum HL = \sum WI$$

上式是闭合磁路中磁压 HL 与磁势 WI 的关系。HL 是具有相同截面的磁路的磁压，又可写成 $U_m = HL$；WI 是电流与线圈匝数的乘积，叫做磁势，又可写成 $F = WI$。

磁路的欧姆定律为

$$\Phi = \frac{F}{R_m}$$

应用上述定律时，要注意铁磁材料的 $B-H$ 曲线是非线性的。

磁路与电路在许多地方是相似的，现将它们的对偶关系列表 1-11-1 中。

表 1-11-1 磁路与电路的对偶关系

磁路			电路		
物理量	符号	单位	物理量	符号	单位
磁通	Φ	韦［伯］（Wb）	电流	I	安（A）
磁通密度	$B = \frac{\Phi}{A}$	特［斯拉］（T）	电流密度	$J = \frac{I}{A}$	安/毫米²（A/mm²）
磁压	$U_m = HL$	安（A）	电压	U	伏（V）
磁势	$F = WI$	安匝	电动势	E	伏（V）
磁阻	$R_m = \frac{l}{\mu A}$	1/亨（1/H）	电阻	$R = \frac{l}{rA}$	欧（Ω）
磁导	$G_m = \frac{1}{R_M}$	亨（H）	电导	$G = \frac{1}{R}$	西［门子］（S）
导磁系数	μ	亨/米（H/m）	导电系数	γ	米/(欧·厘米)² ［m/（Ω·cm²）］
KCL	$\sum \Phi = 0$		KCL	$\sum I = 0$	
KVL	$\sum HL = F$		KVL	$\sum IR = \sum U$	
欧姆定律	$\Phi = \frac{F}{R_m}$		欧姆定律	$I = \frac{U}{R}$	

在应用上述公式时，要注意单位制的统一。

三、无分支磁路的计算

无分支磁路的计算分为：

（1）已知磁通求磁势。

（2）已知磁势求磁通两类问题。

对于第一类问题，可按下述步骤分析计算，即 $\Phi \to B \to H \to HL \to \sum HL \to WI$：

（1）按照磁路的材料和截面积进行分段。

（2）按照尺寸计算出截面积 S 和平均长度 L。

（3）由已知磁通算出各段的磁感应强度 B。

（4）根据 B 从基本磁化曲线上查出磁场强度 H。

（5）计算各段磁路的磁压 $U_m = HL$。

（6）按照 KVL 求出所需磁势 $F = WI = \sum HL$。

对于第二类问题，一般采用试探法或图解法，将此类问题转化为前一类问题来计算。

四、铁芯线圈

（1）磁滞损耗为

$$P_h = fV\oint HdB$$

式中 f——交流电的频率；

V——环形铁芯的体积。

工程上常用经验公式来计算磁滞损耗，即

$$P_h = \sigma_n f B_m^n V$$

式中 σ_n——与材料性质有关的系数；

n——数值与 B_m 有关，当 $B_m < 10000$（Gs）时 n 取 1.6；当 $B_m > 1000$（Gs）时 n 取 2。

（2）涡流损耗为

$$P_e = \sigma_e f^2 B_m^2 V$$

式中 σ_e——与铁芯导磁系数、厚度及磁通波形有关的常数。

（3）铁损为

$$P_F = P_h + P_e$$

第十二节 恒定磁场

一、概述

存在于恒定电流或永久磁铁周围的、不随时间变化的磁场是恒定磁场。恒定磁场表现为对电流或运动电荷有作用力。安培力定律给出两个载流回路之间的作用力。

描述磁场的最基本的物理量是磁感应强度矢量 $\vec{B}$。磁感应强度 $\vec{B}$ 由洛仑兹力公式定义

$$\vec{f} = q\vec{v} \times \vec{B}$$

在真空中，已知电流的分布时，可由毕奥-萨伐尔定律计算磁感应强度，即

$$\vec{B} = \frac{\mu_0}{4\pi}\oint_l \frac{I d\vec{l} \times \vec{r_0}}{r^2}$$

磁场中存在磁介质时，磁介质将出现磁化现象（磁介质内部或表面出现宏观的等效磁化电流，等效的磁偶极距矢量和不再为零）。磁化强度矢量 $\vec{M}$ 表示磁介质磁化的强弱和方向。此时磁场可视作传导电流和磁化电流在真空中共同产生。

磁场强度矢量 $\vec{H}$ 是描述磁场的另 一重要物理量。它的定义是

$$\vec{H}=\frac{\vec{B}}{\mu_0}-\vec{M}$$

在各向同性的线性磁介质中，$\vec{B}$ 与 $\vec{H}$ 的关系为

$$\vec{B}=\mu\vec{H}$$

磁通连续性定理和安培环路定律表示了恒定磁场基本规律。磁通连续性定理表示磁场的无散性质，指出穿出任意闭合面的磁感应强度 $\vec{B}$ 的通量为零。即

$$\oiint_S \vec{B}\mathrm{d}\vec{S}=0$$

其微分形式为

$$\nabla\cdot\vec{B}=0$$

它表示磁场中磁感应强度的散度处处为零，磁场是无散场。

安培环路定律表示恒定磁场的有旋性质，指出恒定磁场中磁场强度矢量 $\vec{H}$ 沿任意一个闭合路径的线积分等于该路径所围面积上穿过的传导电流（或运流电流，下同），即

$$\oint_l \vec{H}\mathrm{d}\vec{l}=\sum J$$

其微分形式为

$$\nabla\times\vec{H}=\vec{J}$$

恒定磁场中，在两种不同磁介质的分界面处，场矢量满足分界面条件

$$B_{1n}=B_{2n}$$

$$H_{2t}-H_{1t}=J_S$$

式中 J_S——分界面上自由面电流密度。

在恒定磁场的无电流的单连通区域中，可使用标量磁位 φ_m。φ_m 与磁场强度 $\vec{H}$ 的关系为

$$\varphi_m=\int_P^Q \vec{H}\mathrm{d}\vec{l}$$

$$\vec{H}=-\nabla\varphi_m$$

在各向同性线性均匀磁介质中，标量磁位满足拉普拉斯方程

$$\nabla^2\varphi_m=0$$

在恒定磁场中，可应用矢量磁位 $\vec{A}$。其定义为

$$\vec{B}=\nabla\times\vec{A}$$

$$\nabla\cdot\vec{A}=0$$

在无限空间为线性均匀的磁介质，其磁导率是 μ，已知恒定电流的分布，计算矢量磁位的公式为

回路电流 $$\vec{A}=\frac{\mu}{4\pi}\int_l \frac{I\mathrm{d}\vec{l}}{r}$$

体电流 $$\vec{A}=\frac{\mu}{4\pi}\iiint_V \frac{\vec{J}}{r}\mathrm{d}V$$

利用矢量磁位 $\vec{A}$ 计算穿过一个曲面 S 的磁通，有

$$\Phi=\oint_l \vec{A}\mathrm{d}\vec{l}$$

在各向同性线性均匀磁介质中，矢量磁位满足矢量函数的泊松方程和拉普拉斯方程

$$\nabla^2\vec{A}=-\mu\vec{J}$$

$$\nabla^2\vec{A}=0$$

利用恒定磁场，可以计算低频下的电感参数。

在线性磁介质中，恒定磁场的能量密度（即单位体积的能量）

$$w'_m=\frac{1}{2}\vec{B}\cdot\vec{H}$$

体积 V 中，磁场的能量

$$W_m=\frac{1}{2}\iiint_V \vec{B}\cdot\vec{H}\mathrm{d}V$$

载流导体所受磁场力可由公式

$$\vec{f}=I\int_l \mathrm{d}\vec{l}\times\vec{B}$$

$$\vec{f}=\iiint_V \vec{J}\times\vec{B}\mathrm{d}V$$

或虚位移法公式

$$f_g=\left.\frac{\partial W_m}{\partial g}\right|_{I_k=\mathrm{const}}$$

$$f_g=-\left.\frac{\partial W_m}{\partial g}\right|_{\psi_k=\mathrm{const}}$$

计算。

二、磁感应强度（磁通密度）

磁感应强度矢量，又称磁通密度，是一个描述磁场强弱和方向的基本物理量。磁感应强度 $\vec{B}$ 可由洛仑兹力定义。在磁场中某一点处，电荷 q 以速度 $\vec{v}$ 运动，受到的磁场力可表示为

$$\vec{f}=q\vec{v}\times\vec{B}$$

此力称为洛仑兹力，$\vec{B}$ 则为该点处的磁感应强度。也即取正电荷 q，改变其运动速度 $\vec{v}$ 的方向，使 q 所受的磁场力的量值达最大，记该值为 f，则定义该点的磁感应强度 $\vec{B}$ 的大小为 $B=f/qv$，$\vec{B}$ 的方向为 $\vec{f}\times\vec{v}$ 的方向。

在 SI 单位制中，$\vec{B}$ 的单位是特［斯拉］（T），在 CGS 制中为高［斯］（G）。$1\mathrm{T}=10^4\mathrm{G}$。

在真空中，当电流已知时，可由毕奥-萨伐尔定律计算磁感应强度，有

$$\vec{B}=\frac{\mu_0}{4\pi}\oint_l \frac{I\mathrm{d}\vec{l}\times\vec{r_0}}{r^2}$$

式中 I——回路 l 中的电流；

$\mathrm{d}\vec{l}$——回路 l 上任一矢量线元；

r——电流元 $I\mathrm{d}\vec{l}$ 至场点的距离；

$\vec{r_0}$——从 $I\mathrm{d}\vec{l}$ 指向场点的单位矢量；

μ_0——真空的磁导率。

磁场中有关磁感应强度的基本方程为

$$\oiint_S \vec{B}\mathrm{d}\vec{S}=0$$

或

$$\nabla\cdot\vec{B}=0$$

一般可用霍尔片法或探测线圈法测量磁感应强度。

三、毕奥-萨伐尔定律

毕奥-萨伐尔定律表示了真空中恒定电流与其所建立的磁场的关系。

毕奥-萨伐尔定律指出，置于真空中的一个电流元 $I\mathrm{d}\vec{l}$

或一个回路电流 I 建立的磁感应强度分别为

$$\mathrm{d}\vec{B}=\frac{\mu_0}{4\pi}\frac{I\mathrm{d}\vec{l}\times\vec{r}^0}{r^2}$$

和

$$\vec{B}=\frac{\mu_0}{4\pi}\oint_l\frac{I\mathrm{d}\vec{l}\times\vec{r}^0}{r^2}$$

式中 μ_0——真空的磁导率；

r——电流元 $I\mathrm{d}\vec{l}$ 至场点的距离；

$\vec{r}^0$——从 $I\mathrm{d}\vec{l}$ 指向场点的单位矢量。

如果 $I\mathrm{d}\vec{l}$ 与 $\vec{r}^0$ 之间的夹角为 θ，则 $\mathrm{d}\vec{B}$ 的大小等于

$$\mathrm{d}B=\frac{\mu_0}{4\pi}\frac{I\mathrm{d}l\sin\theta}{r^2}$$

当电流是体电流或面电流时，毕奥-萨伐尔定律的形式分别为

$$\vec{B}=\frac{\mu_0}{4\pi}\iiint_V\frac{\vec{J}\times\vec{r}^0}{r^2}\mathrm{d}V$$

和

$$\vec{B}=\frac{\mu_0}{4\pi}\iint_S\frac{\vec{J}_S\times\vec{r}^0}{r^2}\mathrm{d}S$$

式中 $\vec{J}$、$\vec{J}_S$——电流密度和面电流密度；

$\mathrm{d}V$、$\mathrm{d}S$——体积元和面积元。

实际应用中，只要没有铁磁材料，均可应用毕奥-萨伐尔定律计算恒定电流的磁场。如果整个空间为一种各向同性线性均匀磁介质，磁导率是 μ，在以上各式中以 μ 代替 μ_0 便可。

四、磁通量和磁通连续性定理

（一）磁通量

穿过一个任意曲面 S 的磁感应强度 $\vec{B}$ 的通量（也即磁感应强度 $\vec{B}$ 在 S 上的面积分）称为磁通量（简称磁通），用 Φ 表示，即

$$\Phi=\iint_S\vec{B}\mathrm{d}\vec{S}$$

在SI单位制中，磁通量的单位为韦［伯］（Wb）；在CCS制中，为麦［克斯韦］（Mx）。$1\mathrm{Wb}=10^8\mathrm{Mx}$。

磁感应强度 $\vec{B}$ 又称磁通密度。磁通连续性定理指出，穿出任意一个闭合面的磁通量为零，即

$$\oiint_S\vec{B}\mathrm{d}\vec{S}=0$$

（二）磁通连续性定理

磁通连续性定理是表征磁场的基本规律的定理之一。它表示磁场闭合面积分的性质。

磁通 Φ 的定义是

$$\Phi=\iint_S\vec{B}\mathrm{d}\vec{S}$$

磁通连续性定理指出由任意一闭合面穿出的净磁通等于零。即

$$\oiint_S\vec{B}\mathrm{d}\vec{S}=0$$

式中 S——磁场中一个任意的闭合面。

注意此处应理解为穿出一个闭合面的磁通量与穿入该闭合面的磁通量相等。

磁通连续性定理的微分形式为

$$\nabla\cdot\vec{B}=0$$

它表示磁场中任一点处磁感应强度的散度等于零，磁场是无散场。

磁通连续性定理在时变场中也成立。

五、磁介质

磁介质是磁场中的媒介物，它可影响磁场的分布。真空也是一种磁介质。不存在外磁场时，磁介质内部各处的等效磁偶极子的磁偶极距矢量和等于零。磁偶极子是小平面电流回路，其磁偶极距的定义是

$$\vec{m}=I\Delta\vec{S}$$

式中 I——磁偶极子的电流；

$\Delta\vec{S}$——小平面电流回路的面积，其方向取与 I 成右手螺旋的方向。

磁介质置于外磁场中时，由于外磁场的作用，磁介质内部各处磁偶极距矢量和不再为零。这种现象称为磁化现象。

（一）磁化强度

磁化强度矢量是表示磁介质磁化程度的物理量。磁化强度 $\vec{M}$ 定义为

$$\vec{M}=\lim_{\Delta V\to 0}\frac{\sum\vec{m}}{\Delta V}$$

式中：$\sum\vec{m}$ 表示体积元 ΔV 中的磁偶极距矢量和。磁化强度为单位体积中的磁偶极距。磁化强度的单位是安［培］/米（A/m）。

在各向同性线性的磁介质中，磁化强度 $\vec{M}$ 与磁场强度 $\vec{H}$ 成正比，有

$$\vec{M}=\chi_m\vec{H}$$

式中 χ_m——磁介质的磁化率。

由此，磁感应强度 $\vec{B}$ 和磁场强度 $\vec{H}$ 的关系为

$$\begin{aligned}\vec{B}&=\mu_0(\vec{H}+\vec{M})\\&=\mu_0(1+\chi_M)\vec{H}\\&=\mu_r\mu_0\vec{H}=\mu\vec{H}\end{aligned}$$

（二）磁导率

磁导率 μ 是表示物质磁性的物理量。$\mu=(1+\chi_m)\mu_0$，称为磁介质的磁导率，其单位为亨［利］/米（H/m）；$\mu_r=(1+\chi_m)$，为磁介质的相对磁导率，它无量纲。真空的磁导率为 μ_0，$\mu_0=4\pi\times10^{-7}\mathrm{H/m}$。

磁介质一般分为顺磁性物质、抗磁性物质、铁磁性物质。顺磁性物质的 μ_r 略大于1；抗磁性物质的 μ_r 略小于1，在工程中均可视为1；而铁磁性物质的 μ_r 远远大于1，而且具有非线性，μ_r 不是常量。

六、磁场强度和磁力线

（一）磁场强度

磁场强度 $\vec{H}$ 是一个描述磁介质中的磁场的重要物理量。其定义为

$$\vec{H}=\frac{\vec{B}}{\mu_0}-\vec{M}$$

式中 $\vec{B}$——磁感应强度；

$\vec{M}$——磁化强度；

μ_0——真空的磁导率。

对各向同性的线性磁介质，磁化强度 $\vec{M}$ 与磁场强度 $\vec{H}$ 成正比，有

$$\vec{M}=\chi_m\vec{H}$$

式中 χ_m——磁介质的磁化率。

前式可写为

$$\vec{B}=\mu_0\vec{H}+\vec{M}=(1+\chi_m)\mu_0\vec{H}=\mu_r\mu_0\vec{H}=\mu\vec{H}$$

式中 $\mu=(1+\chi_m)\mu_0$，称为磁介质的磁导率；$\mu_r=(1+\chi_m)$，为磁介质的相对磁导率，它无量纲。$\vec{B}$ 与 $\vec{H}$ 的关系为

$$\vec{B}=\mu\vec{H}$$

在 SI 单位制中，磁场强度的单位是安［培］/米(A/m)，在 CGS 制中为奥［斯特］(Oe)。$1A/m=4\pi\times10^{-3}Oe$。

恒定磁场中有关磁场强度的基本方程为

$$\oint_l \vec{H}d\vec{l}=\sum I$$

和

$$\nabla\times\vec{H}=\vec{J}$$

以上二式中：$\sum I$ 和 $\vec{J}$ 分别为传导电流和传导电流密度。

（二）磁力线

磁力线包括磁感应（强度）线和磁场强度线，它们用来形象地描绘磁场的分布。规定磁感应线上任意一点的切线方向为该点处磁感应强度 $\vec{B}$ 的方向。若使磁感应线的密度正比于该点磁感应强度的量值，则磁感应线的疏密可以表示出磁场的强弱。由磁通连续性定理可知，磁感应线处处是连续的，是环绕电流的闭合回线。几种电流的磁感应线如图 1-12-1 所示。

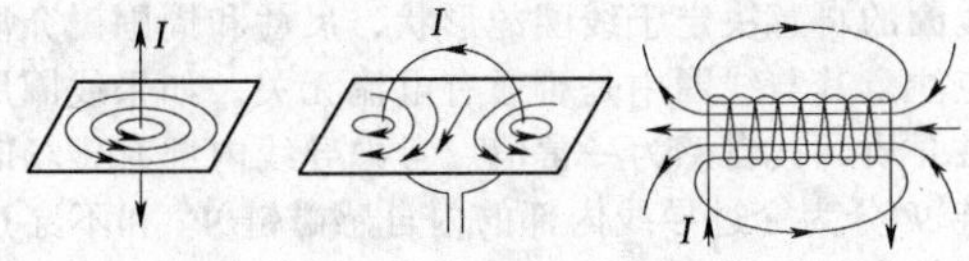

图 1-12-1　几种电流的磁感应线

磁场强度线的切线方向与磁场强度 $\vec{H}$ 的方向一致。磁场强度线往往可以不连续。

七、安培环路定律

安培环路定律是表征恒定磁场基本规律的定理之一。它表示恒定磁场环路线积分的性质。安培环路定律指出，磁场强度矢量 $\vec{H}$ 沿任意一个闭合路径的线积分等于该路径所围面积上穿过的传导电流（或运流电流，下同），即

$$\oint_l \vec{H}d\vec{l}=\sum I$$

式中　$\vec{H}$——磁场强度；

l——磁场中任意一个闭合路径；

$\sum I$——l 所围面积上穿过的总传导电流。

规定 $\sum I$ 的参考方向与 l 的绕行方向之间为右手螺旋关系，即当电流流动的方向与 l 的绕行方向符合右手螺旋关系时，I 为正值；否则，I 为负值。安培环路定律说明磁场强度 $\vec{H}$ 的闭合路径线积分与磁介质无关。但应注意 $\vec{H}$ 的空间分布与传导电流和磁介质都有关。

安培环路定律的微分形式为

$$\nabla\times\vec{H}=\vec{J}$$

式中　$\vec{J}$——传导电流密度。

上式说明磁场是有旋场，磁场中任一点处磁场强度的旋度等于该点的传导电流密度。

利用安培环路定律的积分形式可以简便地求解某些具一定对称性的磁场问题。

在真空中，安培环路定律可表示为

$$\oint_l \vec{B}d\vec{l}=\mu_0\sum I$$

及

$$\nabla\times\vec{B}=\mu_0\vec{J}$$

在时变电磁场中安培环路定律扩展为全电流定律。

八、标量磁位和矢量磁位

（一）标量磁位

标量磁位是一个描述无电流分布的单连通区域内的磁场的标量函数。

因为恒定磁场不是无旋场（$\nabla\times\vec{H}=\vec{J}$），一般而言，不能用一个标量函数来描述它，但在其无电流区域内，有

$$\nabla\times H=0$$

由矢量分析公式知，$\vec{H}$ 可表示为

$$\vec{H}=-\nabla\varphi_m$$

式中：φ_m 称作标量磁位。如果磁场空间是单连通区域（即区域中的任何闭曲线可连续缩小至一点），则 φ_m 是单值函数。

标量磁位的单位是安［培］(A)。

标量磁位 φ_m 与磁场强度 $\vec{H}$ 的积分关系为

$$\varphi_m=\int_P^Q \vec{H}d\vec{l}$$

式中　φ_m——恒定磁场中某一场点处的标量磁位；

Q——标量磁位的参考点，该点处的标量磁位等于零。

上述积分路径限制在单连通区域内。在电流回路建立的磁场中，可将一个以电流回路为其周界的曲面设置为假想的壁障，限制积分路径不能穿过该壁障，以保证 φ_m 的单制性。

空间中 φ_m 值相等的点组成等标量磁位面，也称等 φ_m 面。等标量磁位面与磁场强度线（$\vec{H}$ 线）处处垂直。使两相邻等 φ_m 面之间的标量磁位差为常数时，则等 φ_m 面的疏密可表示出恒定磁场的强弱。铁磁材料内部无电流时，铁磁材料表面可近似看做等标量磁位面。在与之相邻的非铁磁材料中，磁场强度线近似地与铁磁材料表面垂直。

在各向同性线性均匀磁介质中，标量磁位满足拉普拉斯方程，有

$$\nabla^2\varphi_m=0$$

可先求出该方程满足已知边界条件的解答，然后可求出磁场强度 $\vec{H}$。

空间两点间的标量磁位差称做磁压。a，b 两点间的磁压为

$$U_{mab}=\int_a^b \vec{H}d\vec{l}=\varphi_{ma}-\varphi_{mb}$$

（二）矢量磁位

矢量磁位 $\vec{A}$ 也是一个可以描述恒定磁场的物理量，它是一个矢量。利用矢量磁位可以辅助计算磁场。

因为磁场中 $\nabla\cdot\vec{B}=0$，因此 $\vec{B}$ 可以表示成

$$\vec{B}=\nabla\times\vec{A}$$

其中，$\vec{A}$ 称为矢量磁位。在 SI 单位制中，$\vec{A}$ 的单位是韦［伯］/米（Wb/m）。由上式定义的 $\vec{A}$ 还须指定其散度才具有唯一性。在恒定磁场中通常取

$$\nabla\cdot\vec{A}=0$$

若无限空间充满同一种均匀的磁介质，已知恒定电流的分布，可以由以下各式计算矢量磁位：

回路电流　$$\vec{A}=\frac{\mu}{4\pi}\int_l\frac{Id\vec{l}}{r}$$

式中 μ——介质的磁导率；

l——电流回路；

$d\vec{l}$——回路上矢量线元；

I——回路中电流；

r——电流元 $Id\vec{l}$ 至场点的距离。

体电流 $$\vec{A}=\frac{\mu}{4\pi}\iiint_V\frac{\vec{J}}{r}dV$$

式中 $\vec{J}$——电流密度；

V——电流所在体积；

dV——体积元；

其他符号意义同上。

若为真空，以 μ_0 代替式中的 μ 即可。

空间中其矢量磁位的量值相等、方向相同的点组成的曲面称为等 $\vec{A}$ 面。

可以利用矢量磁位 $\vec{A}$ 计算穿过一个曲面 S 的磁通，有

$$\Phi=\oint_l\vec{A}d\vec{l}$$

式中：l 是 S 面的周界，其绕行方向与磁通 Φ 穿出 S 面的方向之间为右手螺旋关系。

在各向同性线性均匀磁介质中，矢量磁位满足矢量函数的泊松方程，即有

$$\nabla^2\vec{A}=-\mu\vec{J}$$

式中 $\vec{J}$——电流密度；

μ——介质的磁导率。

若电流密度 $\vec{J}=0$，则 $\vec{A}$ 满足矢量函数的拉普拉斯方程，即

$$\nabla^2\vec{A}=0$$

可以求此二方程满足边界条件的解答，然后可求得磁感应强度 B。

矢量磁位在两种不同的磁介质的分界面处应满足以下边界条件

$$\vec{A}_1=\vec{A}_2$$

$$\frac{1}{\mu_1}(\nabla\times\vec{A}_1)_t-\frac{1}{\mu_2}(\nabla\times\vec{A}_2)_t=J_S$$

式中 t——表示分界面处的切线方向；

J_S——面电流密度。

在二维平行平面的恒定磁场中，因为 $\vec{A}$ 只有一个方向的分量，所以利用矢量磁位 $\vec{A}$ 计算磁场通常更简便。

九、磁链

一个导体线圈各匝导线交链的磁通的总和称为磁链，用 Ψ 表示。对由细导线紧密绕制的线圈有

$$\Psi=N\Phi$$

式中 N——线圈的导线匝数；

Φ——穿过线圈一匝导线的磁通。

在 SI 单位制中，磁链的单位为韦［伯］(Wb)。

与线圈自感有关的磁链称自感磁链。自感磁链分为内自感磁链 Ψ_i 和外自感磁链 Ψ_e。内自感磁链可由下式计算

$$\Psi_i=\int d\Psi_i=\int\frac{I'}{I}d\varphi_i$$

式中 $d\varphi_i$——导线内部的任一磁通元；

I——匝导线中全部电流；

I'——与 $d\varphi_i$ 相链环的那一部分电流；

I'/I——分数匝数。

在时变电磁场中，回路中感应电动势 e 等于

$$e=-\frac{d\Psi}{dt}$$

式中 Ψ——与回路相链环的磁链。

十、电感

电感是表示由于线圈中电流的变化，引起该线圈或附近其他线圈中磁链改变，从而产生感应电动势的电路参数。电感分为自感和互感。在 SI 单位制中，电感的单位是亨［利］(H)。

(一) 自感

线性磁介质条件下，线圈的自感 L 定义为

$$L=\frac{\Psi}{I}$$

式中 I——线圈中通过的电流；

Ψ——此时线圈所交链的磁链（称自感磁链）。

对细导线紧密绕制的线圈有

$$\Psi=N\phi$$

式中 N——线圈的导线匝数；

ϕ——穿过线圈一匝导线的磁通，该磁链穿过线圈的方向与电流 I 的参考方向之间为右手螺旋关系。

线圈的自感决定于线圈的形状、尺寸和周围磁介质的特性，应注意其与线圈中是否通有电流无关。如果线圈周围是线性磁介质，其自感为一常值。考虑导线内部有磁场时，自感磁链 Ψ 分为穿过导线内部的内自感磁链 Ψ_i 和不穿过导线内部的外自感磁链 Ψ_e，自感等于内自感 L_i 与外自感 L_e 之和。有

$$L=\frac{\Psi}{I}=\frac{\Psi_i}{I}+\frac{\Psi_e}{I}=L_i+L_e$$

细导线单位长度的内自感可用公式 $L_i=\frac{\mu}{8\pi}$ 计算，μ 是导线材料的磁导率。

可以通过计算磁场计算自感。计算一个细导线回路的自感的诺以曼公式为

$$L\approx\frac{\mu}{4\pi}\oint_{l_1}\oint_{l_2}\frac{d\vec{l}_1d\vec{l}_2}{r_{12}}+\frac{\mu}{8\pi}l_1$$

式中 l_1——导线回路的几何轴线；

l_2——导线内侧一条边缘线；

r_{12}——矢量线元 $d\vec{l}_1$ 与 $d\vec{l}_2$ 之间的距离；

μ——导线及周围磁介质的磁导率。

线圈中通有时变电流 i 时，产生的自感电动势可表示为

$$e=-\frac{d\Psi}{dt}=-L\frac{di}{dt}$$

(二) 互感

在线性磁介质中，两个相邻的线圈，线圈 1 对线圈 2 的互感，记为 M_{21}，定义为

$$M_{21}=\frac{\Psi_{21}}{I_1}$$

$$\Psi_{21}=N_2\phi_{21}$$

式中 I_1——线圈 1 中的电流；

Ψ_{21}——I_1 在线圈 2 中建立的磁链（称互感磁链）；

N_2——线圈 2 的匝数；

ϕ_{21}——穿过线圈 2 一匝导线的磁通。

类似有

$$M_{12}=\frac{\Psi_{12}}{I_2}$$

其中 $$\Psi_{12}=N_1\phi_{12}$$

并有 $M_{12}=M_{21}$。在各向同性线性均匀的磁介质中，两个细导线回路之间的互感可用以下诺以曼公式计算

$$M_{21}=\frac{\mu}{4\pi}\oint_{l_1}\oint_{l_2}\frac{d\vec{l}_1 d\vec{l}_2}{r_{12}}$$

式中 $d\vec{l}_1$、$d\vec{l}_2$——两个回路上的矢量线元；

r_{12}——$d\vec{l}_1$ 与 $d\vec{l}_2$ 之间的距离；

μ——导线及周围磁介质的磁导率。

两线圈之间互感决定于线圈的形状、尺寸、两者之间的相对位置及周围磁介质的特性。若周围磁介质是线性的，互感是常值。

一线圈中通有时变电流 i 时，另一线圈中的互感电动势 e_{21} 等于

$$e_{21}=-\frac{d\Psi_{21}}{dt}=-M_{21}\frac{di}{dt}$$

线圈 1、2 同时通有时变电流 i_1、i_2 时，线圈中的感应电动势 e_1、e_2 等于自感电动势与互感电动势之和，即

$$e_1=-L_1\frac{di_1}{dt}-M\frac{di_2}{dt}$$

$$e_2=-L_2\frac{di_2}{dt}-M\frac{di_1}{dt}$$

几个典型的电感计算公式见表 1-12-1。

表 1-12-1 几种典型电感的计算公式

自感或互感	电感计算公式（Ⅱ）	说明
密绕长螺线管自感	$L=\mu_0 N^2 S/l$	N—线圈总匝数 S—螺线管的横截面积 l—螺线管的长度 μ_0—空气及导线（铜、铝等）的磁导率（下同）
同轴传输线自感	$L=\frac{\mu_0 l}{2\pi}\left(\ln\frac{R_2}{R_1}+\frac{1}{4}\right)$	忽略外导体的内自感 R_1—内导体截面半径 R_2—外导体截面的内半径 l—同轴线长度
二线传输线自感	$L=\frac{\mu_0 l}{\pi}\left(\ln\frac{D}{R}+\frac{1}{4}\right)$	R—导线截面半径 D—两导线几何轴线距离，$D\gg R$ l—传输线长度，$l\gg R$
单匝细导线圆环	$L\approx\mu_0 R\left(\ln\frac{8R}{a}-1.75\right)$	R—圆环半径 a—导线横截面半径，$a\ll R$
两同轴长螺线管互感	$M\approx\mu_0\pi N_1 N_2 R_2^2/l$	N_1、N_2—外、内螺线管匝数 R_1、R_2—外、内螺线管横截面半径 l—螺线管的长度，$l\gg R_1$，$l\gg R_2$
两对平行二线传输线互感	$M=\frac{\mu_0 l}{2\pi}\ln\frac{D_{AB'}D_{A'B}}{D_{AB}D_{A'B'}}$	AA'、BB'为两对传输线，$D_{AB'}$、$D_{A'B}$等是相应导线间的距离
三相制均衡输电线电感（一相单位长度等效电感）	$L=\frac{\mu_0}{2\pi}\left(\ln\frac{D}{R}+\frac{1}{4}\right)$	$D=\sqrt[3]{D_{AB}D_{BC}D_{CA}}$，其中 D_{AB}、D_{BC}、D_{CA}为相应相线间的距离 R—导线半径

第十三节 时变电磁场

时变电磁场是随时间变化的电磁场。时变电磁场的特点是电场和磁场之间互相不独立，变化的电场产生磁场，变化的磁场产生电场，形成统一的电磁场。

麦克斯韦方程组和本构方程组表示了时变电磁场的基本规律，称电磁场基本方程组。麦克斯韦方程组包括四个时变电磁场的基本定理和定律。本构方程组表示了时变电磁场中电磁介质的特性。

时变电磁场中的能量随时间流动和转换。时变电磁场存在时伴随着向外辐射电磁波。

一、电磁感应定律

电磁感应定律表示回路中磁通量变化与所产生的感应电动势之间的关系。电磁感应定律指出：当穿过一个导电回路所限定的面上的磁通量发生变化时，回路中将产生感应电动势及感应电流。感应电动势 e 等于该磁通量对时间变化率的负值。即

$$e=-\frac{d\phi}{dt}=-\frac{d}{dt}\iint_S \vec{B}d\vec{S}$$

上式中规定感应电动势 e 的参考方向和磁链的参考方向之间为右手螺旋关系，如图 1-13-1 所示。这样由上式得出的感应电动势的真实方向符合楞次定律，即感应电动势的方向总是企图使产生的感应电流阻止回路中磁通的变化。

对于多匝紧密绕制的线圈，各匝导线的磁通之和为磁链，磁链 $\Psi=N\phi$，N 为线圈的匝数。ϕ为每匝导线交链的磁通。故感应电动势

$$e=-\frac{d\Psi}{dt}=-N\frac{d\phi}{dt}$$

感应电动势的单位为伏［特］(V)。

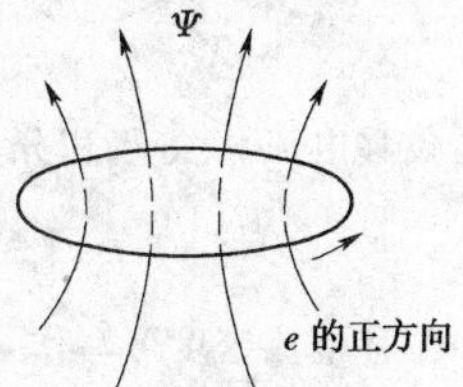

图 1-13-1 感应电动势 e 的方向

感应电动势分为变压器电动势和动生电动势。若回路不动，周围磁场随时间变化而产生的感应电动势称为变压器电动势，其等于

$$e=-\frac{d\Psi}{dt}=-\iint_S\frac{\partial\vec{B}}{\partial t}d\vec{S}$$

式中，S 是回路所限定的面积。若磁场不随时间变化，回路相对于磁场运动产生的感应电动势称为动生电动势，其等于

$$e=-\frac{\mathrm{d}\Psi}{\mathrm{d}t}=\oint_l(\vec{v}\times\vec{B})\mathrm{d}\vec{l}$$

式中　l——导体回路；

$\vec{v}$——线元 $\mathrm{d}\vec{l}$ 的运动速度。

例如，长度为 l 的直导线，以速度 $\vec{v}$ 在磁感应强度为 $\vec{B}$ 的均匀恒定磁场中运动，且 $\vec{B}$、$\vec{v}$ 及导线方向三者互相垂直。导线由感应电动势的量值等于

$$e=Blv$$

感应电动势的方向为 $\vec{v}\times\vec{B}$ 的方向，也可用右手定则来确定。

若磁场随时间变化，同时回路相对于磁场运动，感应电动势为以上二种情况的叠加，等于变压器电动势和动生电动势之和。即

$$e=-\frac{\mathrm{d}\Psi}{\mathrm{d}t}=-\iint_S\frac{\partial\vec{B}}{\partial t}\mathrm{d}\vec{S}+\oint_l(\vec{v}\times\vec{B})\mathrm{d}\vec{l}$$

电磁感应定律表明磁场的变化产生电场。该电场称为感应电场。当空间不存在导体回路时，没有感应电流，但空间仍存在感应电场，沿场中任一闭合路径存在感应电动势。感应电场的电场强度 $\vec{E}_i$ 在闭合回路上的线积分（也即感应电场沿回路对单位正电荷所作的功）等于沿该回路的感应电动势。即

$$e=\oint_l\vec{E}_i\mathrm{d}\vec{l}$$

电场的总电场强度 $\vec{E}$ 等于库仑电场强度 $\vec{E}_C$ 与感应电场强度 $\vec{E}_i$ 之和

$$\vec{E}=\vec{E}_C+\vec{E}_i$$

因库仑电场是无旋的，有 $\oint_l\vec{E}_C\mathrm{d}\vec{l}=0$，故有

$$\oint_l\vec{E}\mathrm{d}\vec{l}=\iint_S\frac{\partial\vec{B}}{\partial t}\mathrm{d}\vec{S}+\oint_l(\vec{v}\times\vec{B})\mathrm{d}\vec{l}$$

对应的微分形式为

$$\nabla\times\vec{E}=-\frac{\partial\vec{B}}{\partial t}+\nabla\times(\vec{v}\times\vec{B})$$

在静止媒质中，该式成为

$$\nabla\times\vec{E}=-\frac{\partial\vec{B}}{\partial t}$$

为麦克斯韦方程组的方程之一。

二、位移电流

位移电流密度的定义是电位移矢量对时间的变化率，即

$$\vec{J}_D=\frac{\partial\vec{D}}{\partial t}$$

位移电流 i_D 等于积分

$$i_D=\iint_S\frac{\partial\vec{D}}{\partial t}\mathrm{d}\vec{S}$$

位移电流密度可写作

$$\vec{J}_D=\frac{\partial\vec{D}}{\partial t}=\varepsilon_0\frac{\partial\vec{E}}{\partial t}+\frac{\partial\vec{P}}{\partial t}$$

式中　E——电场强度；

P——极化强度；

ε_0——真空的介电常数。

上式中 $\frac{\partial\vec{P}}{\partial t}$ 项代表束缚电荷位移的电流效应，$\varepsilon_0\frac{\partial\vec{E}}{\partial t}$ 为电场度的时间变化率与 ε_0 的乘积。因为位移电流也同样具有电流的各种效应，如电流的磁效应，因此式中 $\varepsilon_0\frac{\partial\vec{E}}{\partial t}$ 项说明电场随时间变化时产生磁场。

传导电流 i_C 与位移电流 i_D 之和为全电流 i

$$i=i_C+i_D=\iint_S\vec{J}_C\mathrm{d}\vec{S}+\iint_S\vec{J}_D\mathrm{d}\vec{S}$$

传导电流密度 $\vec{J}_C$ 与位移电流密度 $\vec{J}_D$ 之和为全电流密度 $\vec{J}$

$$\vec{J}=\vec{J}_C+\vec{J}_D$$

时变电磁场中，传导电流可能不连续。如果只考虑传导电流，就会与电荷守恒定律发生矛盾。应用位移电流的概念后，全电流是连续的，即有

$$\oiint_S\vec{J}_C\mathrm{d}\vec{S}+\oiint_S\frac{\partial\vec{D}}{\partial t}\mathrm{d}\vec{S}=0$$

即穿出任意闭合面的全电流为零。上式或写作

$$\oiint_S\vec{J}_C\mathrm{d}\vec{S}=\oiint_S\frac{\partial\vec{D}}{\partial t}\mathrm{d}\vec{S}=\frac{\partial q}{\partial t}$$

和

$$\nabla\cdot\vec{J}_C=-\frac{\partial\rho}{\partial t}$$

以上二式就是电荷守恒定律的数学表达式，它表示全电流的连续性。

在时变电磁场中，磁场的安培环路定律推广为全电流定律。全电流定律的表达式（积分形式）为

$$\oint_l\vec{H}\mathrm{d}l=\iint_S\vec{J}_C\mathrm{d}\vec{S}+\iint_S\frac{\partial D}{\partial t}\mathrm{d}\vec{S}$$

式中　l——任意闭合路径；

S——该路径所限定的面积。

全电流定律说明时变电磁场中，沿任意闭合路径磁场强度的线积分等于穿过该路径所限定面积的全电流。

上式相应的微分形式为

$$\nabla\times\vec{H}=\vec{J}_C+\frac{\partial\vec{D}}{\partial t}$$

全电流定律是时变电磁场的基本规律之一。上式是麦克斯韦方程组的方程之一，它表明变化的电场产生磁场。

三、麦克斯韦方程组

麦克斯韦方程组是描述电磁场基本规律的偏微分方程组，它表示了电磁场中场矢量与场源自由电荷密度、电流密度之间的关系。此处电流密度已包括了位移电流密度。另外，磁感应强度的时间变化率也应看作电场的源。在静止媒质中，麦克斯韦方程组表示为

$$\nabla\times\vec{H}=\vec{J}_C+\frac{\partial\vec{D}}{\partial t}$$

$$\nabla\times\vec{E}=-\frac{\partial\vec{B}}{\partial t}$$

$$\nabla\cdot\vec{B}=0$$

$$\nabla\cdot\vec{D}=\rho$$

式中　$\vec{H}$——磁场强度；

$\vec{E}$——电场强度；

$\vec{B}$——磁感应强度；

$\vec{D}$——电位移矢量；

$\vec{J}_C$——传导电流密度；

ρ——自由电荷密度。

麦克斯韦方程组中第一方程表示全电流定律，其中$\frac{\partial \vec{D}}{\partial t}$项为位移电流密度，该方程说明电场随时间变化激励磁场；第二方程表示电磁感应定律，说明磁场随时间变化激励电场，由此，麦克斯韦方程组预示着电磁波的存在；第三方程表示磁通连续性定理；第四方程表示高斯通量定理。麦克斯韦方程组隐含了电荷守恒原理。

求解电磁场问题，除麦克斯韦方程组外，还需要电磁介质的本构方程。电磁介质的本构方程给出该介质中有关场量之间的关系，反映电磁介质的特性。对各向同性线性的电磁介质本构方程为

$$\vec{D}=\varepsilon\vec{E}$$
$$\vec{B}=\mu\vec{H}$$
$$\vec{J}=\sigma\vec{E}$$

式中　ε——介电常数；

σ——电导率；

μ——磁导率。

麦克斯韦方程组和本构方程构成了电磁场的基本方程组。它全面地描述了电磁场的空间分布和时间变化所遵循的规律。求解电磁场问题，就是求电磁场基本方程组满足给定初始条件、边界条件的解答。

在正弦稳态电磁场中，电磁场基本方程组的相量形式为

$$\nabla\times\dot{\vec{H}}=\dot{\vec{J}}_C+j\omega\dot{\vec{D}}$$
$$\nabla\times\dot{\vec{E}}=-j\omega\dot{\vec{B}}$$
$$\nabla\cdot\dot{\vec{B}}=0$$
$$\nabla\cdot\dot{\vec{D}}=\rho$$

和

$$\dot{\vec{D}}=\varepsilon\dot{\vec{E}}$$
$$\dot{\vec{B}}=\mu\dot{\vec{H}}$$
$$\dot{\vec{J}}=\sigma\dot{\vec{E}}$$

四、电磁场能量和坡印廷定理

（一）电磁场能量

在线性媒质中，电磁场的能量密度为

$$w'=\frac{1}{2}\vec{D}\cdot\vec{E}+\frac{1}{2}\vec{B}\cdot\vec{H}$$

式中等号右端第一项为电场的能量密度，第二项为磁场的能量密度。w'的单位是焦［耳］/米^3（J/m^3）。

一个体积 V 中的电磁储能 W 用下式计算

$$W=\iiint_V\left(\frac{1}{2}\vec{D}\cdot\vec{E}+\frac{1}{2}\vec{B}\cdot\vec{H}\right)dV$$

（二）坡印廷定理

坡印廷定理是电磁场中的功率平衡方程，它表示电磁场中能量流动和转换关系。坡印廷定理的形式（积分形式）为

$$\oint\!\!\!\oint_S(\vec{E}\times\vec{H})d\vec{S}=-\frac{\partial}{\partial t}\iiint_V\left(\frac{1}{2}\vec{D}\cdot\vec{E}+\frac{1}{2}\vec{B}\cdot\vec{H}\right)dV-\iiint_V\frac{J_C^2}{\sigma}dV-\iiint_V\vec{E}\cdot\vec{J}_C dV$$

式中　V——场中一体积；

S——V 的表面，矢量面积元 w'的方向为 S 的外法线的方向；

$\vec{J}_C$——传导电流密度；

σ——电导率；

$\vec{E}$——局外电场强度。

上式右端第一项为体积 V 中电磁储能随时间的增加率，也即电磁储能增长的功率；第二项为体积 V 中传导电流损耗的功率；第三项为体积 V 中局外电源提供的功率。因此等号左端项表示从体积 V 中经 S 面向外传输的功率。坡印廷定理说明在一个体积 V 中，电源提供的功率减去电磁储能增长的功率和传导电流损耗的功率，余下的传输到该体积之外。

坡印廷矢量 $\vec{S}$ 定义为

$$\vec{S}=\vec{E}\times\vec{H}$$

场中一点处，坡印廷矢量 $\vec{S}$ 的方向代表该点能量和功率流动的方向。坡印廷矢量的量值等于单位时间内穿出垂直于能量流动方向的单位面积的能量，故 $\vec{S}$ 也称为功率密度。$\vec{S}$ 的单位为瓦/米^2（W/m^2）。

坡印廷定理的微分形式是

$$\nabla\cdot(\vec{E}\times\vec{H})=\frac{\partial}{\partial t}\left(\frac{1}{2}\vec{B}\cdot\vec{H}+\frac{1}{2}\vec{D}\cdot\vec{E}\right)-\frac{J_C^2}{\sigma}-\vec{E}\cdot\vec{J}_C$$

五、趋肤效应

交流电流通过导体时，由于电磁感应作用使得导体截面上电流分布不均匀，越靠近导体表面电流密度越大，这种现象称为趋肤效应。趋肤效应使电流集中在导线表面处，使导线的有效截面变小，导线的等效电阻增大。趋肤效应可以用电磁波向导体内部透入过程中，其能量发生损耗造成能量逐渐衰减来解释。对于平面电磁波，将场量衰减至导体表面值的 36.79%（1/e）的地方至导体表面的距离定义为导体的透入深度，用 d 表示。均匀平面电磁波对半无限大良导体的透入深度为

$$d\approx\sqrt{\frac{2}{\omega\mu\sigma}}$$

式中　ω——角频率；

μ——导体的磁导率；

σ——导体的电导率。

因此，导体的 σ 或 μ 值越大，或者电磁波的角频率 ω 越高，透入深度越小。在非无限大平面导体的情况下，如果算出的 d 比导体形状的曲率半径小得多，上式也可应用。

透入深度 d 与波长 λ 的关系为

$$\lambda=2\pi d$$

片状导体，当导体的厚度与电磁波的波长相比越大时，趋肤效应越显著。趋肤效应的概念在电磁屏蔽、金属表面处理等方面有广泛应用。

六、涡流

由于电磁感应作用在导体中产生的旋涡状的感应电流叫做涡流。由涡流而产生的功率损耗称涡流损耗。涡流损耗转换为热能。涡流损耗的大小与导体的几何形状及外加交变磁场有关。电工设备中为了减少涡流损耗，常将设备中的铁芯用表面绝缘的铁磁材料薄片（例如硅钢片）叠成，同时采用电阻率较高的材料，可以显著地减少涡流损耗。

七、磁滞损耗

铁磁材料在变化过程中 B 的变化滞后于 H，B 随 H 的变化形成磁滞回线，这种现象称为磁滞现象。由磁滞现象引起的损耗叫做磁滞损耗，该损耗转换为热能。磁滞损耗与磁滞回线所包围的面积成正比。

八、电磁屏蔽

电磁屏蔽是排除或抑制外界电磁场与电工设备之间互相干扰的措施之一。它包括静电屏蔽、静磁屏蔽和时变电磁场屏蔽。

(一) 静电屏蔽

静电屏蔽是排除或抑制静电场与电工设备之间互相干扰的一种措施。当导体 1 置于另一个接地的空腔导体 2 内部时，导体 1 将不受空腔导体外的静电场的影响；同时若导体 1 带静电荷，也不在空腔导体外产生电场。换句话说，接地的空腔导体使位于其内、外的导体之间不发生静电感应，因此称接地的空腔导体起了静电屏蔽作用。工程中，常利用接地的仪器金属外壳，作为电子仪器的屏蔽装置。

(二) 静磁屏蔽

静磁屏蔽是排除或抑制静磁场（包括恒定电流的磁场）与电工设备之间互相干扰的措施之一。高磁导率的铁磁材料制成的空腔置于外磁场中时，大部分磁感应线将通过铁磁体，使空腔内部的磁场强度显著减弱，可大大减小位于空腔内部的设备所受外磁场的影响。这种现象称为静磁屏蔽。

屏蔽的效果可用屏蔽系数 k 表示。k 定义为比值

$$k=\frac{H_1}{H_0}$$

式中 H_0——所加外部均匀磁场的磁场强度；

H_1——空腔内部磁场的磁场强度。

k 值越小，表示屏蔽效果越大。通常，屏蔽材料的磁导率越大，厚度越大，屏蔽效果越好。

(三) 时变电磁场屏蔽

时变电磁场屏蔽是排除或抑制外界时变电磁场与电工设备之间互相干扰的措施之一。当电磁波进入良导体时，导体中产生感应电流消耗电磁能量，使电磁波在良导体中迅速衰减。因此，用金属材料制成的空腔壳有阻止外界时变电磁场透入壳内部的作用，可以大大减少壳内、外设备之间的电磁干扰。正弦时变均匀平面电磁波对良导体的透入深度 d 为

$$d\approx\sqrt{\frac{2}{\omega\mu\sigma}}$$

式中 σ、μ——金属的电导率和磁导率；

ω——正弦电磁波的角频率，$\omega=2\pi f$；

f——频率。

透入深度 d 与波长 λ 的关系为

$$\lambda=2\pi d$$

屏蔽层的厚度一般须接近或大于电磁波的波长，用于屏蔽的材料通常有铝、铜、铁等。将屏蔽金属壳接地时，可兼起静电屏蔽作用。

九、电磁波

电磁波是在空间或电磁介质中传播的时变电磁场。电磁波的传播速度是光速。无线电波、可见光、X 射线等都是电磁波。

在无自由电荷、无传导电流的均匀电磁介质中，根据时变电磁场的麦克斯韦方程组，电场强度 $\vec{E}$ 和磁场强度 $\vec{H}$ 满足广义波动方程

$$\nabla^2\vec{E}-\mu\sigma\frac{\partial\vec{E}}{\partial t}-\mu\varepsilon\frac{\partial^2\vec{E}}{\partial t^2}=0$$

$$\nabla^2\vec{H}-\mu\sigma\frac{\partial\vec{H}}{\partial t}-\mu\varepsilon\frac{\partial^2\vec{H}}{\partial t^2}=0$$

式中 ε、σ、μ——电磁介质的介电常数、电导率和磁导率。

方程的解答为波的形式，也即电磁波。

沿 x 方向传播的一维正弦电磁波，其电场强度 $\vec{E}$ 和磁场强度 $\vec{H}$ 都只有一个方向的分量，且是平面电磁波。这种沿 x 方向传播的一维正弦电磁波，在良电介质（电导率 $\sigma=0$）中的解答形式为

$$E_y=E_m\sin(\omega t-\beta x)$$

$$H_z=H_m\sin(\omega t-\beta x)$$

式中 ω——角频率，$\omega=2\pi f$；

f——频率；

β——相位常数，$\beta=\omega\sqrt{\mu\varepsilon}$。

沿 x 方向传播的一维正弦电磁波，在良导体（忽略位移电流）中的解答形式为

$$E_y=E_m e^{-\alpha x}\sin(\omega t-\beta x)$$

$$H_z=H_m e^{-\alpha x}\sin\left(\omega t-\beta x-\frac{\pi}{4}\right)$$

其中 $\beta=\sqrt{\frac{\omega\mu\sigma}{2}}$。波的振幅沿波的传播方向衰减，$\alpha$ 为衰减常数，且 $\alpha=\beta$。上述一维正弦电磁波波的传播速度为

$$v=\frac{\omega}{\beta}$$

波长

$$\lambda=\frac{2\pi}{\beta}$$

当电磁波在传播过程中遇到两种介质的分界面时，要发生反射、折射现象。

十、电磁辐射

电磁辐射是辐射源以电磁波的形式向周围空间发射电磁能量的现象。在无线电工程中，常用的电磁辐射器是发送天线。发送天线是产生电磁波的辐射源。实际的线形天线的电磁场可以看做许多交变单元偶极子的电磁场的叠加。空气中，交变电偶极子在远区（即场点与偶极子之间的距离远大于波长的区域）的电磁场中

$$\vec{E}=\frac{q''(t-r/c)}{4\pi\varepsilon_0c^2r}l\sin\theta\vec{\theta}^0$$

$$\vec{H}=\frac{q''(t-r/c)}{4\pi cr}l\sin\theta\vec{\alpha}^0$$

式中 r、θ、α——场点的球坐标；

c——光速。

以上二式中，电场强度与磁场强度的比值为常数，定义该比值为真空或空气中的波阻抗，用 Z_C 表示。有

$$Z_C=\frac{E}{H}=\frac{1}{\varepsilon_0c}=\sqrt{\mu_0/\varepsilon_0}\approx377\ \Omega$$

正弦交变电偶极子的发射功率为

$$P=80\pi^2(l/\lambda)^2I^2$$

式中 λ——波长，$\lambda=c/f$；

I——电偶极子电流有效值。

等效辐射电阻为

$$R=\frac{P}{I^2}=80\pi^2(l/\lambda)^2$$

辐射电阻的大小可以表示辐射能力的强弱。

第十四节 均匀传输线

一、均匀传输线的基本方程

均匀传输线的定义：沿传输线路的电阻、电感、电导和电容是均匀分布的传输线。

假设均匀传输线的传输方向为 x 方向，传输线的始端（电源端）为 $x=0$，则均匀传输线沿线路各处的电流和电压将表现为距离 x 和时间 t 的函数。

任何电路的参数分布都是沿线分布的，构成特定的均匀传输线求解问题还必须认识到：由于电磁能量以有限速度向空间传播，当所研究的线路长度与电磁波波长的长度可比时，比时应该采用分布参数电路的特定求解方法，而不能再用集总参数电路的求解方法。

在图 1-14-1（a）所示的均匀传输线中，其微分段 dx 的等效电路如图 1-14-1（b）所示。由 KCL 和 KVL 并稍加推导，可以得到均匀传输线方程

$$\begin{cases}-\dfrac{\partial u}{\partial x}=R_0 i+L_0\dfrac{\partial i}{\partial t}\\ -\dfrac{\partial i}{\partial x}=G_0 u+C_0\dfrac{\partial u}{\partial t}\end{cases}$$

式中 R_0——单位长度（一去一回两条线）导线的电阻；
L_0——单位长度的电感；
G_0——单位长度线间的漏电电导；
C_0——单位长度线间的电容。

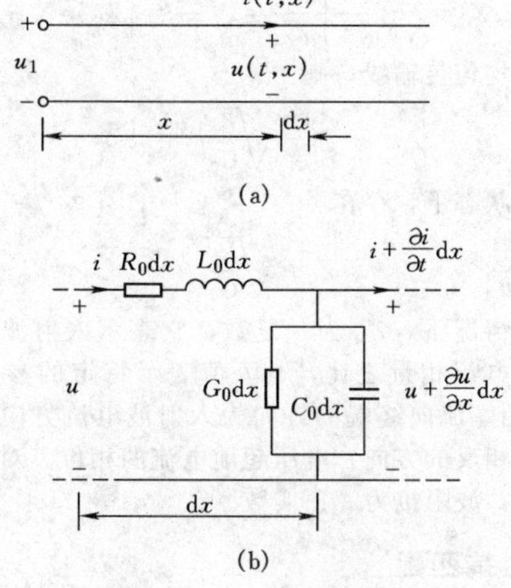

图 1-14-1 均匀传输线

对于 $R_0=0$，$G_0=0$ 的传输线，称为无损耗的传输线，又称无损线。无损耗的均匀传输线方程为

$$\begin{cases}-\dfrac{\partial u}{\partial x}=L_0\dfrac{\partial i}{\partial t}\\ -\dfrac{\partial i}{\partial x}=C_0\dfrac{\partial u}{\partial t}\end{cases}$$

二、均匀传输线的正弦稳态解

对于正弦稳态电路，均匀传输线方程对应的相量表达式为

$$\begin{cases}-\dfrac{\mathrm{d}\dot U}{\mathrm{d}x}=R_0\dot I+j\omega L_0\dot I=Z_0\dot I\\ -\dfrac{\mathrm{d}\dot I}{\mathrm{d}x}=G_0\dot U+j\omega C_0\dot U=Y_0\dot U\end{cases}$$

式中 $Z_0=R_0+j\omega L_0$ 为单位长度的复阻抗，$Y_0=G_0+j\omega C_0$ 为单位长度的复导纳。

上面二式各对 x 求二阶导数，并相互代入可得

$$\begin{cases}\dfrac{\mathrm{d}^2\dot U}{\mathrm{d}x^2}=\gamma^2\dot U\\ \dfrac{\mathrm{d}^2\dot I}{\mathrm{d}x^2}=\gamma^2\dot I\end{cases}$$

式中：$\gamma=\sqrt{(R_0+j\omega L_0)(G_0+j\omega C_0)}$，称为传播常数。将 γ 的实部和虚部分离可得

$$\gamma=\alpha+\mathrm{j}\beta$$

式中：α 为衰减常数；β 为相位常数。

求解二阶常微分方程，可得到通解为

$$\begin{cases}\dot U=A_1\mathrm{e}^{-\gamma x}+A_2\mathrm{e}^{\gamma x}\\ \dot I=\dfrac{A_1}{Z_C}\mathrm{e}^{-\gamma x}-\dfrac{A_2}{Z_C}\mathrm{e}^{\gamma x}\end{cases}$$

式中：A_1 和 A_2 为依靠边界条件确定的积分常数，Z_C 称为特性阻抗或波阻抗。波阻抗

$$Z_C=\sqrt{\frac{R_0+\mathrm{j}\omega L_0}{G_0+\mathrm{j}\omega C_0}}=\sqrt{\frac{Z_0}{Y_0}}$$

将边界处（$x=0$ 处或 $x=l$ 处）的电压和电流代入通解中，可确定 A_1 和 A_2，具体解答如下。

1. 由始端（$x=0$ 处）的电压 $\dot U_1$ 和电流 $\dot I_1$ 边界条件所确定的解答形式

$$\begin{cases}\dot U=\dfrac{1}{2}(\dot U_1+Z_C\dot I_1)\mathrm{e}^{-\gamma x}+\dfrac{1}{2}(\dot U-Z_C\dot I_1)\mathrm{e}^{\gamma x}\\ \dot I=\dfrac{1}{2}\left(\dfrac{\dot U_1}{Z_C}+\dot I_1\right)\mathrm{e}^{-\gamma x}-\dfrac{1}{2}\left(\dfrac{\dot U_1}{Z_C}-\dot I_1\right)\mathrm{e}^{\gamma x}\end{cases}$$

或写成

$$\dot U=\dot U^{+}+\dot U^{-}$$
$$\dot I=\dot I^{+}-\dot I^{-}$$

式中

$$\dot U^{+}=\frac{1}{2}(\dot U_1+Z_C\dot I_1)\mathrm{e}^{-\gamma x}$$
$$\dot U^{-}=\frac{1}{2}(\dot U_1-Z_C\dot I_1)\mathrm{e}^{\gamma x}$$
$$\dot I^{+}=\frac{1}{2}\left(\frac{\dot U_1}{Z_C}+\dot I_1\right)\mathrm{e}^{-\gamma x}$$
$$\dot I^{-}=\frac{1}{2}\left(\frac{\dot U_1}{Z_C}-\dot I_1\right)\mathrm{e}^{\gamma x}$$

$\dot U^{+}$ 和 $\dot I^{+}$ 表示入射波（又称正向行波）电压和电流，$\dot U^{-}$ 和 $\dot I^{-}$ 表示反射波（又称反向行波）电压和电流。显然，该解答形式对于分析无反射波存在的线路十分方便。

运用双曲函数

$$\sinh\gamma x=\frac{1}{2}(\mathrm{e}^{\gamma x}-\mathrm{e}^{-\gamma x})$$
$$\cosh\gamma x=\frac{1}{2}(\mathrm{e}^{\gamma x}+\mathrm{e}^{-\gamma x})$$

上面解答形式可改写为

$$\begin{cases}\dot U=\dot U_1\cosh\gamma x-\dot I_1 Z_C\sinh\gamma x\\ \dot I=\dot I_1\cosh\gamma x-\dfrac{\dot U_1}{Z_C}\sinh\gamma x\end{cases}$$

2. 由终端（$x=l$ 处）的边界条件 $\dot U_2$ 和 $\dot I_2$ 所确定的解答形式

设 $x'=l-x$，则可得到

$$\begin{cases}\dot U=\frac{1}{2}(\dot U_2+\dot I_2Z_C)e^{\gamma x'}+\frac{1}{2}(\dot U_2-\dot I_2Z_C)e^{-\gamma x'}\\ \dot I=\frac{1}{2}\left(\frac{\dot U_2}{Z_C}+\dot I_2Z_C\right)e^{\gamma x'}-\frac{1}{2}\left(\frac{U_2}{Z_C}-\dot I_2\right)e^{-\gamma x'}\end{cases}$$

或写作

$$\begin{cases}\dot U=U_2\cosh\gamma x'+\dot I_2Z_C\sinh\gamma x'\\ \dot I=\dot I_2\cosh\gamma x'+\frac{\dot U_2}{Z_C}\sinh\gamma x'\end{cases}$$

三、无损耗均匀传输线的正弦稳态解

$$\gamma=j\omega\sqrt{L_0C_0},\alpha=0,\beta=\omega\sqrt{L_0C_0}$$

$$Z_C=\sqrt{\frac{L_0}{C_0}}$$

此时，对应双曲函数解答式蜕变为三角函数式，即

$$\begin{cases}\dot U=\dot U_1\cos\beta x-j\dot I_1Z_C\sin\beta x\\ \dot I=\dot I_1\cos\beta x-j\frac{\dot U_1}{Z_C}\sin\beta x\end{cases}$$

或

$$\begin{cases}\dot U=\dot U_2\cos\beta x'+j\dot I_2Z_C\sin\beta x'\\ \dot I=\dot I_2\cos\beta x'+j\frac{\dot U_2}{Z_C}\sin\beta x'\end{cases}$$

上面两个表达式，依据边界条件的不同，适当选择可以简化计算过程。

在均匀传输线中，R_0、L_0、G_0 和 C_0 被称为均匀传输线的原参数，而传播常数 γ 和特性阻抗 Z_C 被称为副参数。副参数一般都是频率的函数。当传输信号的波长 λ 为已知时，无损耗均匀传输线的传播常数 γ 的虚部 β 可通过下式计算：

$$\beta=\frac{2\pi}{\lambda}$$

波长 λ 与波速 v 和频率 f 有关，并且存在 $\lambda=v/f$。

四、均匀传输线的输入阻抗

当均匀传输线终端接负载 Z_L 时，如图 1-14-2 所示，从始端观察的输入阻抗

$$Z_{in}=\left.\frac{\dot U_1}{\dot I_1}\right|_{x=l}=\frac{\dot U_2\cosh\gamma l+I_2Z_C\sinh\gamma l}{\dot I_2\cosh\gamma l+\frac{\dot U_2}{Z_C}\sinh\gamma l}$$

由于 $\dot U_2/\dot I_2=Z_L$，上式分子分母同除以 $\dot I_2$ 可以得到

$$Z_{in}=\frac{Z_L\cosh\gamma l+\sinh\gamma l}{\cosh\gamma l+\frac{Z_L}{Z_C}\sinh\gamma l}$$

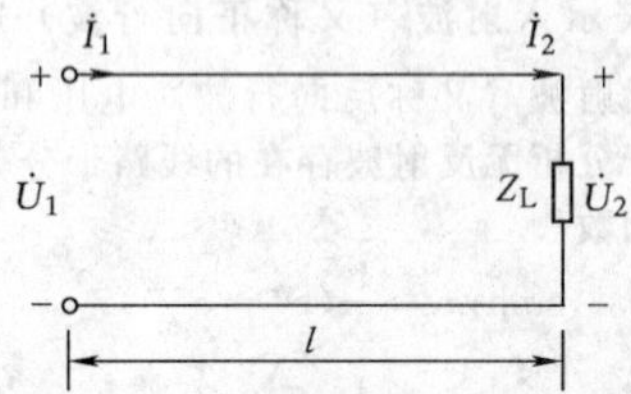

图 1-14-2 均匀传输线终端接负载

该式计算比较麻烦，但当 $Z_L=0$（短路状态）或 $Z_L=\infty$（开路状态）时，上式变得简单。Z_{in} 的计算虽然麻烦，但在复杂的传输线路中运算是不可避免的。为了简单又便于计算，下面分析无损耗的均匀传输线的输入阻抗，此时

$$Z_{in}=\frac{\dot U_2\cos\beta l+j\dot I_2Z_C\sin\beta l}{\dot I_2\cos\beta l+j\frac{\dot U_2}{Z_C}\sin\beta l}=\frac{Z_L\cos\beta l+jZ_C\sin\beta l}{\cos\beta l+j\frac{Z_L}{Z_C}\sin\beta l}$$

1\. 终端开始状态（$Z_L=\infty$）

此时 $\dot I_2=0$，故

$$Z_{in}=\frac{\dot U_2\cos\beta l}{j\frac{\dot U_2}{Z_C}\sin\beta l}=-jZ_C\cot\beta l$$

Z_{in} 相当于一个纯电抗。当 $l<\frac{1}{4}\lambda$ 时，相当于一个电容；当 $\frac{1}{4}\lambda<l<\frac{1}{2}\lambda$ 时，相当于一个电感，依次可类推。

2\. 终端短路状态（$Z_L=0$）

此时 $\dot U_2=0$，故

$$Z_{in}=\frac{j\dot I_2Z_C\sin\beta l}{\dot I_2\cos\beta l}=jZ_C\tan\beta l$$

Z_{in} 也相当于一个纯电抗。只是在 $l<\frac{1}{4}\lambda$ 时，相当于一个电感；当 $\frac{1}{4}\lambda<l<\frac{1}{2}\lambda$ 时，相当于一个电容。

通过上面分析不难看到，无论是终端短路还是开路，都不能认为是始端 Z_{in} 等于零或无穷大，这是分布参数特点。在终端开路时，若 $l=\frac{1}{4}\lambda$，则 $Z_{in}=0$，反而造成始端短路；而在终端短路时，若 $l=\frac{1}{4}\lambda$，则 $Z_{in}=\infty$，反而使始端相当于开路。

五、均匀传输线的特性阻抗

均匀传输线的特性阻抗为

$$Z_C=\sqrt{\frac{R_0+j\omega L_0}{G_0+j\omega C_0}}=\sqrt{\frac{Z_0}{Y_0}}=|Z_C|e^{j\theta}$$

对于无损耗均匀传输线，则

$$Z_C=\sqrt{\frac{L_0}{C_0}}$$

在直流工作状态下，存在

$$Z_C=\sqrt{\frac{R_0}{G_0}}$$

可见，一般情况下，Z_C 为一复数，它表示入射波（或反射波）电压与电流相量之比，其 θ 值表示特定的参考方向下（指电流由始端流向终端的方向为入射波电流方向，而反射波电流取其相反的方向）电压超前电流的相位。对于无损线或直流状态，波阻抗为一正实数。

六、阻抗匹配

终端接入的负载 Z_L 等于均匀传输线的特性阻抗 Z_C 时，称传输线工作在匹配状态。

工作在匹配状态下的均匀传输线，具有以下特点。

(1) 电压或电流均无反射波，线路上电压和电流的有效值都是按指数规律从始端到终端逐渐衰减的，即

$$\dot U=\dot U_1e^{-\gamma x},\dot I=\dot I_1e^{-\gamma x}$$

(2) 在线路任一位置处电压和电流的相量比都相等，都等于线路的波阻抗，即

$$\frac{\dot U}{\dot I}=Z_C$$

(3) 自然功率：在无反射条件下，线路能够传输到终端的功率称为自然功率。显然在匹配状态下，自然功率即终端功率 P_2，即

$$P_2=U_2I_2\cos\theta=\frac{U_2^2}{|Z_C|}\cos\theta$$

(4) 传输效率：由于匹配状态下无反射波存在，此时传输线的传输效率比较高，但这一值并不一定是最大传输效率。传输线始端功率为

$$P_1=U_1I_1\cos\theta$$

由传输效率

$$\eta=\frac{P_2}{P_1}=\frac{U_2I_2\cos\theta}{U_1I_1\cos\theta}=\frac{U_2I_2}{U_1I_1}$$

当传输线的长度为 l 时，存在

$$\dot{U}_2=\dot{U}_1e^{-\gamma l}=\dot{U}_1e^{-\alpha l}e^{-j\beta l}$$

$$\dot{I}_2=\dot{I}_1e^{-\gamma l}=\dot{I}_1e^{-\alpha l}e^{-j\beta l}$$

因此 $U_2=U_1e^{-\alpha l},I_2=I_1e^{-\alpha l}$

故有 $\eta=e^{-2\alpha l}$

该结果显示，匹配状态下的传输线效率只与线路的长度 l 和衰减系数 α 相关。

如果线路是无损耗的，线路终端又接以匹配负载，此时将存在

$$\dot{U}=\dot{U}_1e^{-j\beta x},\dot{I}=\dot{I}_1e^{-j\beta x}$$

沿线路各处的电压和电流的有效值将不再变化，仅仅相位随 x 而变化。由于特性阻抗是实数，沿线路任一位置电压和电流都将是同相位的。此时衰减系数 $\alpha=0$，效率 $\eta=100\%$，达到最大值。

【例 1-14-1】 一电缆参数为 $R_0=0.00184\Omega/m$，$L_0=0.07\times10^{-6}$ H/m，$G_0=0.5\times10^{-9}$ S/m，$C_0=0.031\times10^{-9}$ F/m，工作频率 $f=800$Hz，试求该线路的特性阻抗。

解：

$$Z_0=R_0+j\omega L_0=0.00184+j2\pi\times800\times0.07\times10^{-6}$$
$$=0.00184+j0.000352=1.87\times10^{-3}\angle10.8^\circ\ \Omega$$

$$Y_0=G_0+j\omega C_0=0.5\times10^{-9}+j2\pi\times800\times0.031\times10^{-9}$$
$$=(0.0005+j0.156)\times10^{-6}=0.156\times10^{-6}\angle-89.8^\circ\ S$$

$$Z_C=\sqrt{\frac{Z_0}{Y_0}}=\sqrt{\frac{1.87\times10^{-3}\angle10.8^\circ}{0.156\times10^{-6}\angle89.8^\circ}}=109\angle-39.5^\circ\ \Omega$$

【例 1-14-2】 某电力传输线，当终端接特性阻抗负载时，终端电压 $U_2=10$kV，传输线长度 $l=100$km，若已知线路的衰减系数 $\alpha=1.4\times10^{-6}$ 1/m，试求该传输线始端电压的有效值 U_1。

解：由 $\dot{U}=\dot{U}_1e^{-\gamma x}$

可得 $U_2=U_1e^{-\alpha l}$

即有 $U_1=U_2e^{\alpha l}=10^4\times e^{1.4\times10^{-6}\times10^5}=11.5(kV)$

【例 1-14-3】 无损耗均匀传输线的原参数为 $L_0=1.3\times10^{-3}$ H/km，$C_0=8.6\times10^{-9}$ F/km，欲使该线路工作在匹配状态，则终端应接多大的负载？

解：$Z_C=\sqrt{\frac{L_0}{C_0}}=\sqrt{\frac{1.3\times10^{-3}}{8.6\times10^{-9}}}=389\Omega$

故终端应接负载

$$Z_L=389\Omega$$

【例 1-14-4】 某高压输电线的波阻抗 $Z_C=380\angle-6^\circ\ \Omega$，现测得在终端匹配的情况下始端电压 $U_1=147$kV，终端电压 $U_2=127$kV，试求该传输线传输的自然功率和传输效率。

解：自然功率

$$P_2=U_2I_2\cos\theta=\frac{U_2^2}{|Z_C|}\cos\theta=\frac{(127\times10^3)^2}{380}\cos6^\circ=42.2(MW)$$

始端功率

$$P_1=\frac{U_1^2}{|Z_C|}\cos\theta=\frac{(147\times10^3)^2}{380}\cos6^\circ=56.6(MW)$$

传输效率

$$\eta=\frac{P_2}{P_1}=\frac{42.2}{56.6}=74.6\%$$

第二章 模拟电子技术

第一节 半导体器件

一、本征半导体和杂质半导体

(一) 本征半导体

半导体的导电能力介于导体与绝缘体之间。制造半导体器件的主要材料是硅和锗，硅和锗均为四价元素。

不含杂质的半导体称为本征半导体，半导体器件是以单晶体本征硅或本征锗作为材料。单晶体状的本征半导体，其原子均按一定规律整齐排列，原子的外层电子形成共价键。处于共价键上的价电子，从外界获得足够能量后可脱离共价键的束缚而成为自由电子，这时在共价键中留下空位，称为空穴，这种情况称为“本征激发”。自由电子带负电，空穴视为携带正电荷的载流子。自由电子与空穴是本征半导体内的两种载流子。

(二) 杂质半导体

本征半导体掺入某些微量元素（称为掺杂），可使其导电性能发生显著的变化。掺入微量杂质的半导体称为掺杂半导体。

1. N 型半导体

本征半导体掺入微量的五价磷（或砷、锑）元素后，磷原子取代某些硅原子的位置，并与周围的 4 个硅（或锗）原子的价电子组成共价键，如图 2-1-1 (a) 所示。磷原子多余的一个价电子处于共价键以外，在室温下很容易成为自由电子。

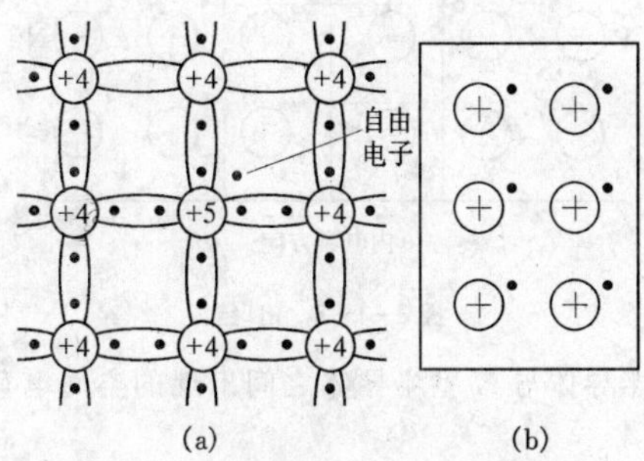

图 2-1-1 N型半导体结构示意图及符号
(a) 结构示意图；(b) 符号

失去一个价电子的磷原子成为带正电的离子。由于五价杂质元素可提供自由电子，因此称为施主原子。

施主原子提供的电子数量，大大的超过本征激发下出现的电子、空穴对数目，这种半导体是以电子导电为主体。电子导电为主的半导体称为N型半导体，如图2-1-1(b)所示，意义为每掺入一个五价杂质元素，就会产生一个带负电的自由电子和一个带正电的原子核。

N型半导体以电子为多数载流子（称为多子），空穴为少数载流子（少子）。N型半导体在总体上仍保持电中性。

2. P型半导体

本征半导体掺入微量的三价元素，如硼、镓或铟等，三价元素与周围的硅（或锗）原子组成共价键时，缺少一个价电子，出现空穴，如图2-1-2(a)所示。

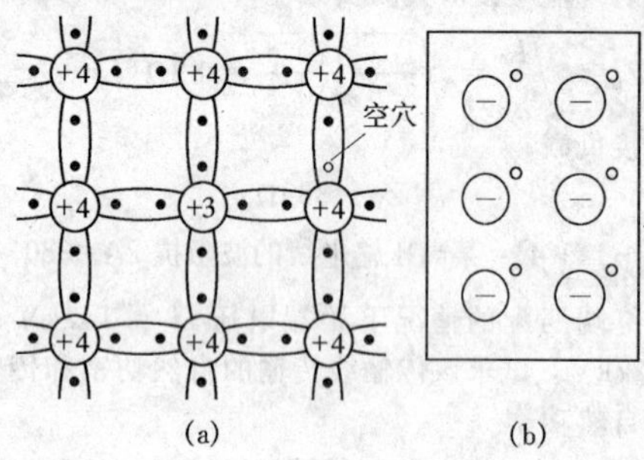

图2-1-2 P型半导体结构示意图及符号

(a)结构示意图；(b)符号

杂质元素的空穴接收邻近共价键的价电子而成为一个带负电的负离子。掺入的三价杂质元素称为受主原子，受主原子接受一个价电子后同时又会出现一个空穴。掺入三价元素的半导体是以空穴为多数载流子的半导体，称为P型半导体。这种半导体，空穴为多子，自由电子为少子，其符号如图2-1-2(b)所示，即每掺入一个三价杂质原子就会产生一个带负电的核及一个带正电的空穴。P型半导体在总体上仍保持电中性。

(三) PN结

将P型半导体与N型半导体结合成一体后，由于交界面两边的半导体内电子与空穴浓度不同，电子与空穴将向对方扩散，扩散的结果破坏了两边的电中性，N型半导体失去电子显现正电，P型半导体空穴被电子复合而显现负电，在P区和N区之间的交界面附近出现空间电荷区与自建内电场，如图2-1-3所示。

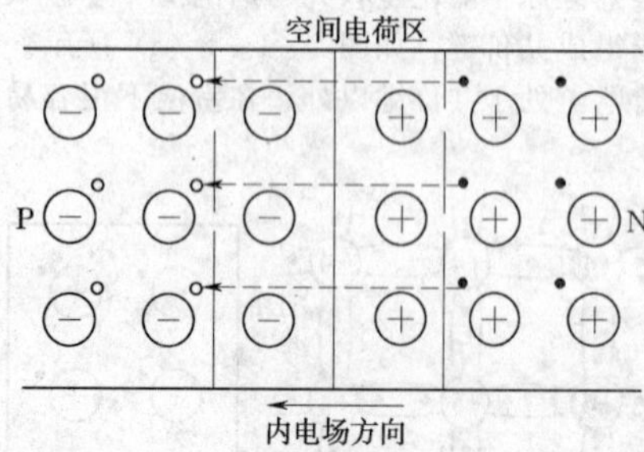

图2-1-3 PN结

P型半导体与N型半导体之间出现的空间电荷区称为PN结。

内电场的出现是由多数载流子扩散引起的。内电场建立后将阻碍扩散运动，并使P区和N区内的少数载流子在内电场的作用下产生漂移运动，当电子-空穴的扩散运动与漂移运动达到动态平衡后，空间电荷区的宽度及内电场才稳定，此时通过PN结的净电流为零。

PN结又称空间电荷区或阻挡层，即PN结对多数载流子的扩散运动有阻挡作用。PN结又称为耗尽层，即在这个区域内多数载流已全部复合，区内的电子与空穴的数量已经很少甚至均被耗尽。

二、PN结的特性

(一) PN结的单向导电特性

外电源的作用若使P区电位值高于N区，PN结为正向偏移，通过PN结的电流称为正向电流；若使P区电位值低于N区的电位值，PN结反向偏置，通过PN的电流称为反向电流。

1. 外加正向电压（正向偏置）

如图2-1-4所示，外电源产生的电场方向与PN结的内电场方向相反，这时空间带电区变窄，内电场减弱，从而使多数载流子的扩散运动强于少数载流子的漂移运动，当正向电压增大到一定程度后，扩散电流将大大的增加而漂移电流数值很小，越过PN结的电流称为PN结的正向电流，其值近似的等于扩散电流。

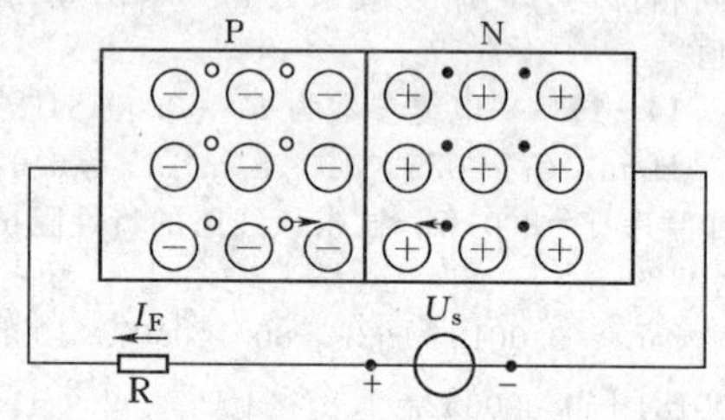

图2-1-4 正向电流

正向电流受外部电路的电源电压U_s及电路中的电阻R限制。

2. 外加反向电压（反向偏置）

图2-1-4所示电路外部电源的极性反向后，则N区电位值高于P区电位值，PN结的内电场方向与外加电场方向一致，使空间带电区增厚，多子的扩散运动无法进行，只有少子在电场力的作用下产生漂移运动。PN结反向偏置时，电流由少子漂移运动形成，称为反向电流。

少子是受热激发而产生的，温度一定时，少子数量一定，由少子所形成的反向电流在一定温度下几乎与外加电压无关。反向电流又称反向饱和电流，用I_s表示。

反向电流值远小于正向电流值，若忽略不计，PN结可认为只有在正向电压下才导电，这就是PN结的单向导电性。

(二) PN结的伏安（VA）特性

PN结的伏安特性由下式表示，即

$$I=I_s(e^{U/U_T}-1)$$

$$U_T=\frac{kT}{q}$$

式中 U——PN结的外加电压，正向偏置下$U>0$，反向偏置下$U<0$；

I_s——PN结反向饱和电流；

U_T——温度的电压当量，在室温下$U_T\approx26$mV；

k——玻耳兹曼常数，$k=1.38\times10^{-23}$J/K；

T——热力学温度，室温下$T\approx300$K；

q——电子的电量，$q=1.6\times10^{-19}$C。

PN 结正向偏置时，只要 $U>U_T$ 几倍以上，有

$$I\approx I_s e^{U/U_T}$$

即正向电流 I 随电压按指数规律变化。

PN 结反向偏置时，只要 $|U|>U_T$ 几倍以上，有

$$I\approx -I_s$$

PN 结的电流与电压关系曲线如图 2-1-5 所示。

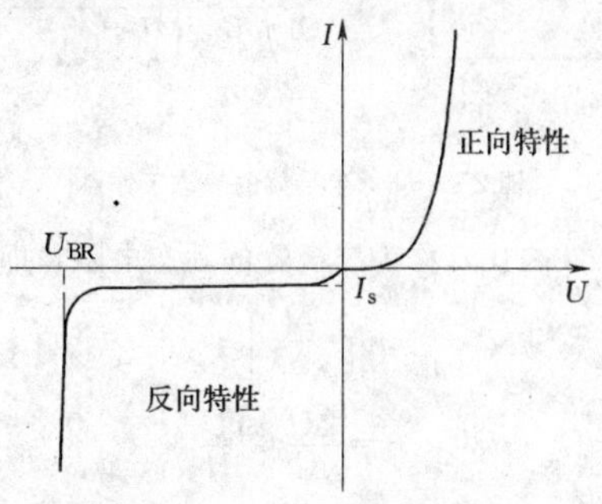

图 2-1-5　PN 结的伏安特性

(三) PN 结的击穿

PN 结的反向电压在一定范围之内时，PN 结内有很小的反向饱和电流，但反向电压超过某一数值（U_{BR}）后，反向电流急剧增加，称为 PN 结反向击穿，见图 2-1-5 中虚线左边的部分。

PN 结击穿的原因有两种：

(1) 齐纳击穿。在高浓度掺杂的情况下，空间电荷区的宽度很窄，不太大的反向电压就可以在空间电荷区内形成强大的电场，将处于共价键上的价电子拉出，产生大量电子-空穴对，使反向电流剧增，这种现象称为齐纳击穿。

(2) 雪崩击穿。反向电压增加时，内电场增强，通过 PN 结的少子漂移运动速度加大，高速运动的少子撞击价电子，形成新的电子-空穴对，新产生的电子-空穴被电场加速后又会撞击其他价电子，使载流子雪崩式的增加，从而引起反向电流剧增。

硅材料的 PN 结，反向击穿电压在 7V 以上者为雪崩击穿，4V 以下的为齐纳击穿，4～7V 间两种击穿均存在。

PN 结反向击穿后，只要电流不过大，不出现过热损坏，当反向电压下降到击穿电压以下时，PN 结又可恢复其单向导电性。

(四) PN 结的电容效应

PN 结的电压改变时，还表现有电容效应，按产生的原因不同，分为势垒电容和扩散电容。

1. 势垒电容 C_B

PN 结空间带电区有不能移动的正、负离子，当外加电压使空间带电区变宽时，电荷量增加，而空间带电区变窄时，电荷量减少。空间带电区的电荷量随外加电压变化而改变时，形成了电容效应，称为势垒电容。

PN 结的势垒电容 C_B 不是定值，与 PN 结面积、空间带电区宽度、半导体材料的介电常数及外加电压值的大小有关。

PN 结的势垒电容 C_B 约有几尧（10^{24}）法至几百尧法。在电子电路中可将反向偏置的 PN 结作为压控可变电容器使用。

2. 扩散电容 C_D

正向偏置的 PN 结，多子扩散至另一区域后，在靠近 PN 结的界面处有一定数量的积累。当正向偏置的电压有变化时，这部分积累的电荷量也会随之发生变化。载流子积累的电荷量的变化形成了电容效应，其对应的电容称为扩散电容 C_D。

扩散电容 C_D 与 PN 结的面积、正向电流 I、温度的电压当量 U_T 及正向电压大小有关。

PN 结的结电容 C_j 由势垒电容 C_B 和扩散电容 C_D 构成，即

$$C_j=C_B+C_D$$

当 PN 结反向偏置时，$C_j\approx C_B$；正向偏置时，$C_j\approx C_D$。

结电容 C_j 是非线性电容。结电容的电容量虽小，但工作频率高时，就要考虑结电容的作用。

三、半导体二极管

(一) 半导体二极管的结构与类型

半导体二极管是由 PN 结加上电极引线及外壳封装而成。P 区为正极、N 区为负极。二极管的符号如图 2-1-6(a) 所示。

半导体二极管类型如下。

1. 点接触型半导体二极管

结构如图 2-1-6 (b) 所示。点接触型二极管 PN 结面积小，因此结电容小，适用小电流整流及高频检波混频等用。

2. 面接触型半导体二极管

结构如图 2-1-6 (c) 所示。面接触型二极管 PN 结面积大，允许通过较大电流，但结电容大，在低频下作为整流元件用。

3. 硅平面型半导体二极管

结构如图 2-1-6 (d) 所示。结面积较大的用作大功率整流管；结面积较小的，结电容小，适用于数字电路作开关管用。

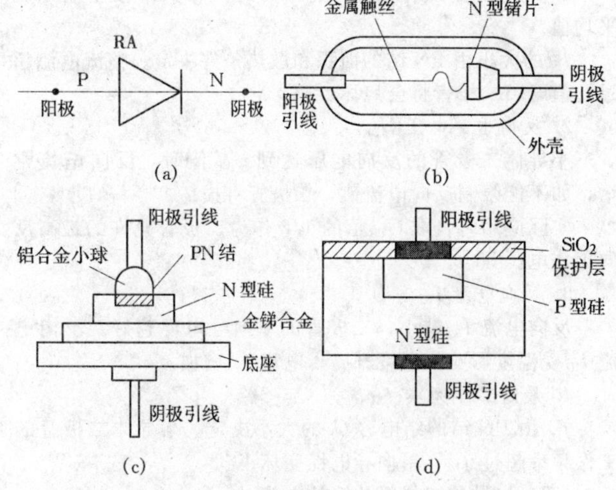

图 2-1-6　半导体二极管的结构与类型

(a) 符号；(b) 点接触型；(c) 面接触型；(d) 平面型

(二) 半导体二极管的伏安特性

半导体二极管由于电极引线电阻及半导体电阻的存在，使半导体二极管的伏安特性与 PN 结的伏安特性有些差别。

1. 正向特性

半导体二极管只有在正向电压超过某一数值后才明显的有正向电流，对应的电压值称为二极管的导通（阈值）电压，如图 2-1-7 所示。

室温下，硅半导体二极管的导通电压 $U_{on}\approx 0.5$V，锗二极管的导通电压 $U_{on}\approx 0.1$ V。

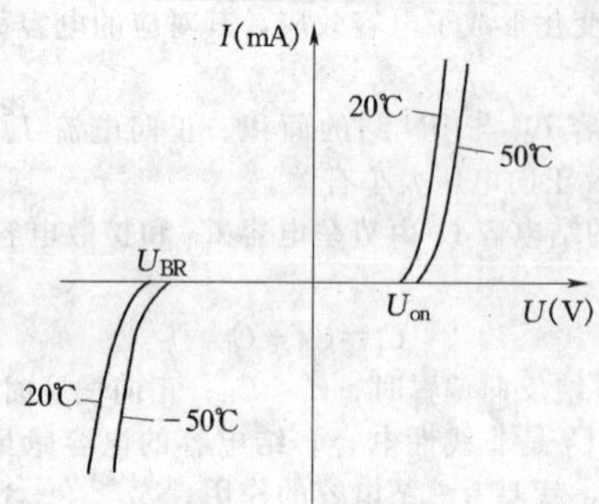

图 2-1-7　半导体二极管伏安特性曲线

正向导通后，正向电流在额定电流以下时，硅二极管的管压降约 0.6～0.8V，锗二极管的管压降为 0.1～0.3V。

半导体二极管的伏安特性受温度影响较大。温度升高时，少数载流子增加，在同样管压降下，二极管正向电流增加。在保持正向电流不变的情况下，温度升高 1℃，正向电压可减小 2～2.5mV。

2. 反向特性

半导体二极管的反向电流很小，小功率硅二极管的反向电流小于 0.1μA，锗二极管约有几十微安。

反向电流同样受温度影响，温度每升高 10℃，反向电流约增大一倍。

3. 反向击穿电压

半导体二极管的反向击穿电压一般在几十伏以上，高反压管可达几千伏。

（三）半导体二极管的主要参数

半导体二极管的主要参数如下。

1. 最大整流电流 I_F

I_F 为二极管长期运行时允许通过的最大半波整流电流平均值。

I_F 的大小由 PN 结的面积和散热条件决定。整流电流超过此值时，二极管将会烧坏。

2. 反向击穿电压 U_{BR}

半导体二极管的反向电压达到 U_{BR} 值时，反向电流剧增，如不能限制反向电流值，二极管将损坏。

实际应用时，取 U_{BR} 值的 1/2 作为二极管允许的最高反向工作电压 U_{RM}。

3. 反向电流 I_R

反向电流 I_R 越小，二极管的单向导电性越好。反向电流 I_R 受温度影响，温度升高，电流 I_R 增加。

4. 最高工作频率 f_M

f_M 由 PN 结的结电容 C_j 的大小决定。半导体二极管的工作频率超过 f_M，单向导电性变坏。

（四）半导体二极管的等效电路

二极管是一个非线性元件，为了用解析方法分析含二极管电路问题，可以对二极管的伏安特性曲线进行线性化处理，并用适当电路元件进行等效变换。

1. 静态电阻 R 与动态电阻 r_d

二极管的正向电压 U_F 与正向电流 I_F 之比，定义为静态电阻。如图 2-1-8（a）所示电路，根据该电路可作出的负载线与特性曲线的交点 Q。由图 2-1-8（b）可知，静态电阻为

$$R=\frac{U_F}{I_F}\bigg|_Q$$

过静态工作点 Q 作切线交 U 轴于 M，在 Q 点处电压

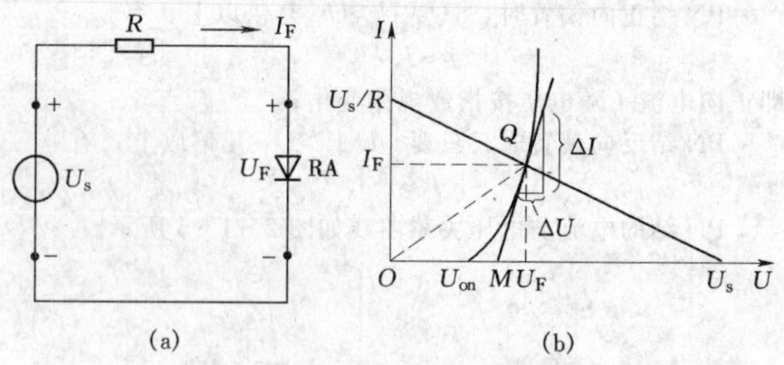

图 2-1-8　半导体的静态工作点

ΔU 与电流 ΔI 之比，称为二极管的动态电阻，即

$$r_d=\frac{\Delta U}{\Delta I}\bigg|_Q$$

由于

$$r_d=\frac{\Delta U}{\Delta I}\approx\frac{dU}{dI}$$

因为二极管电流

$$I=I_s(e^{U/U_T}-1)$$

所以

$$\frac{1}{r_d}=\frac{\Delta I}{\Delta U}\approx\frac{dI}{dU}=\frac{d[I_s(e^{U/U_T}-1)]}{dU}$$

$$=\frac{I_s}{U_T}e^{U/U_T}\approx I/U_T$$

因此，动态电阻 r_d 为

$$r_d=\frac{U_T}{I}\bigg|_Q$$

半导体二极管的静态电阻 R 与动态电阻 r_d 之值，由静态工作点 Q 决定。工作点确定后，R 和 r_d 之值确定；工作点改变后，R 及 r_d 随之改变。

2. 半导体二极管的等效电路

（1）静态等效电路。当二极管的电压、电流仅在工作点 Q 附近有微小变动时，由图 2-1-8（b）可知，用折线 O—M—Q 替代特性曲线不会出现多大的误差，据此可得到二极管的静态等效电路，如图 2-1-9（a）所示。

图 2-1-9（a）中的二极管称为理想二极管，该二极管保证了单向导电性。在理想情况下，二极管可作开关使用。

（2）动态等效电路。半导体二极管的动态等效电路如图 2-1-9（b）所示，r_d 为二极管的动态电阻。

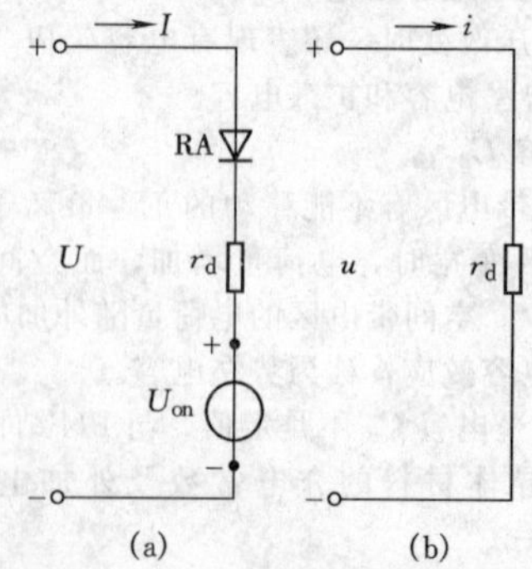

图 2-1-9　半导体二极管的等效电路

（a）静态等效电路；（b）动态等效电路

（五）半导体二极管的分类和命名

二极管根据其外型、结构、材料、功率和用途分成各种类型，这些不同类型的管子都按国家标准（GB249—74）命名，由四部分组成，其命名方法见表 2-1-1。

表 2-1-1　二极管型号命名

第一部分		第二部分		第三部分		第四部分
电极数		材料和极性		类型		序号
符号	意义	符号	意义	符号	意义	
2	二极管	A	N型锗材料	P	普通管	表示同类型管中在某些性能参数上的差别
		B	P型锗材料	V	微波管	
		C	N型硅材料	W	稳压管	
		D	P型硅材料	C	参量管	
				Z	整流管	
				L	整流堆	
				S	隧道管	
				N	阻尼管	
				U	光电管	
				K	开关管	
				B	雪崩管	
				ZP	普通整流	
				MUR	快速二极管	
				DF	二极管整流	
				DD	模块	
				MDC	整流/整流桥臂模块	

（六）半导体二极管的测量与选用

对二极管的极性与好坏进行测量，是正确使用二极管及保证电路质量的前提。工程方法通常是使用万用表 R×100 或 R×1 kΩ 挡，测得电阻小时，黑表笔对应的管脚为正极，红表笔对应的管脚为负极。进行质量测量时，交换表笔分别测量正反向电阻，结论如下：

两次测量正反向电阻相差最大，质量好；

两次测量正反向电阻接近或相等，失效；

两次测量正反向电阻等于零，短路；

两次测量正反向电阻无穷大，断路。

选用二极管时应注意以下几方面：

(1) 引出线弯角处距根部应大于 2 mm，焊接处距根部应大于 5 mm，焊接时间应小于 3 s，烙铁功率应大于 60 W。

(2) 在高频和脉冲电路中使用时，引出线应尽量短，最好是贴板焊接。

(3) 对整流二极管反向电压应降低 20%使用，并避免瞬间或长时间过电压。工作在容性负载时，其额定整流电流应降低 20%使用。

(4) 在进行串联或并联使用时，根据实际需要决定是否采用均衡装置。串联时其均压电阻可按下式计算

$$R_J \leqslant \left(\frac{1}{K_J}-1\right)R_f$$

式中　K_J——均压系数，一般取 0.8～0.9；

R_f——整流元件反向电阻。

(5) 大功率整流元件要满足散热条件。

（七）特殊的半导体二极管

1. 稳压管

稳压管是一种特殊的二极管，它工作于反向击穿区，图 2-1-10 (a) 是稳压管的符号，其伏安特性如图 2-1-10 (b) 所示。

利用稳压管反向击穿电压稳定的这一特性，可在电路中维持一个受外界变化影响很小的稳定电压。

由稳压管构成的稳压电路如图 2-1-11 所示。

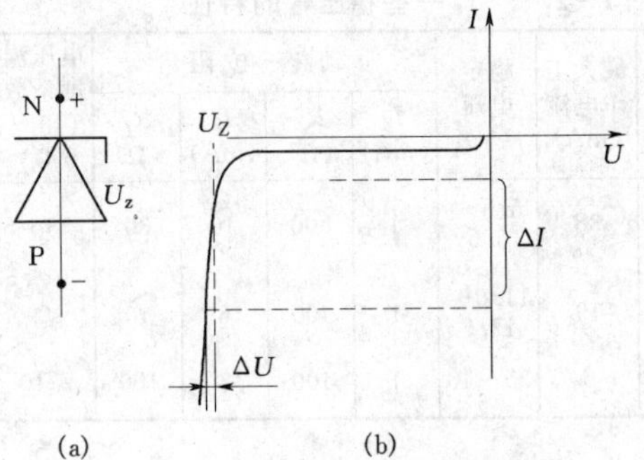

图 2-1-10　稳压管的伏安特性曲线与符号
(a) 符号；(b) 伏安特性

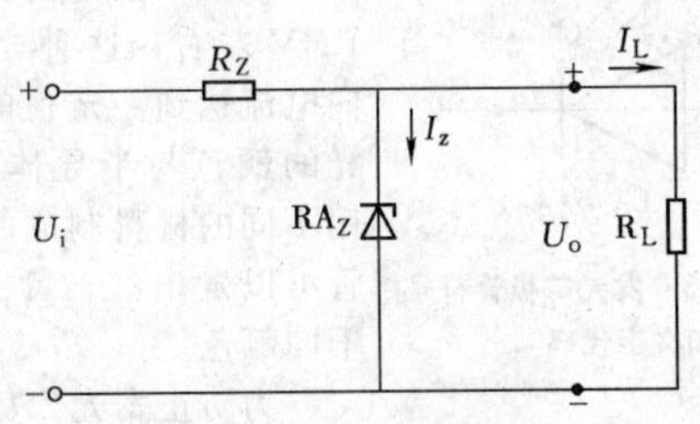

图 2-1-11　稳压管稳压电路

稳压电路由稳压管 RA_Z 和稳压电阻 R_Z 组成。稳压电阻 R_Z 可保证稳压管击穿后通过稳压管的电流不会过大。电阻 R_Z 的另一个作用是，配合稳压管的反向击穿特性来保持电路输出电压稳定。

稳压电阻 R_Z 之值按下式考虑

$$\frac{U_{imin}-U_Z}{I_Z+I_{Lmax}}>R_Z>\frac{U_{imax}-U_Z}{I_{Zmax}+I_{Lmin}}$$

稳压管的主要参数如下。

(1) 稳定电压 U_Z。稳压管反向击穿后，当电流 I_Z 为规定的电流时，稳压管的电压值称为稳压值 U_Z。同一型号的稳压管，稳压值 U_Z 允许有一定的差别。

(2) 稳定电流 I_Z。为稳压管正常工作时的电流参考值。当电流达到这一数值时，稳压效果较好。

(3) 动态电阻 r_d。动态电阻 r_d 越小，稳压管的稳压作用越好。r_d 随电流 I_Z 值的不同而变化，电流 I_Z 越大，r_d 越小。

(4) 最大耗散功率 P_{ZM}。稳压管的功率损耗 $P_Z=U_ZI_Z$。损耗功率将转化为热能，使 PN 结温度升高，而温度过高将损坏 PN 结。稳压管的最大稳压电流 I_{ZM} 由 P_{ZM} 决定。

(5) 温度系数 α。稳压管的稳压值受温度影响，α 是表明稳压值受温度影响的参数。

$U_Z>6V$ 的稳压管有正稳压系数；$U_Z<4V$ 的稳压管，α 为负值。将两只稳压值为 6V 的稳压管反相串联并封装在一个管壳内，构成具有双向击穿功能的稳压管，符号如图 2-1-12 所示。这种稳压管工作时，一只工作于正向状态，一只工作于反向击穿状态，两只管子的温度系数将一正、一负，具有补偿作用，这种稳压管的稳压值为 6.3V 左右，受温度影响最小。

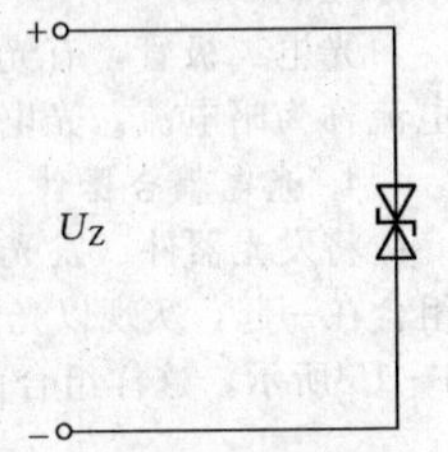

图 2-1-12　有温度补偿的双向击穿的稳压管符号

一些稳压管的特性见表 2-1-2。

表 2-1-2 一些稳压管的特性

型号	最大工作电流(mA)	稳定电压(V)	动态电阻				电压温度系数(10^{-4}/℃)	电压漂移(%)
			I_Z(mA)	R_Z(Ω)	I_Z(mA)	R_Z(Ω)		
2CW54	38	5.5～6.5	1	500	10	30	−3～5	±0.1
2CW60	19	11.5～12.5	1	400	5	40	≤9	±0.1
2CW71	6	35～40	1	400	3	100	≤10	±0.1

2. 发光二极管

发光二极管是由磷砷化镓等半导体材料制造的二极管，发光二极管的符号如图 2-1-13 所示。

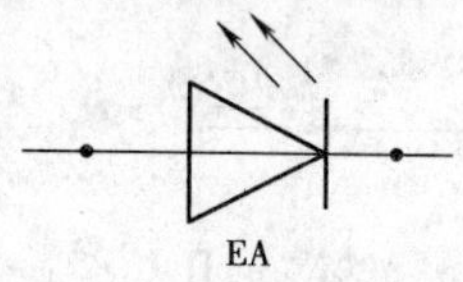

图 2-1-13 发光二极管符号和文字代码

发光二极管的正向电压约 1.6V 左右，这种二极管的正向电流达到一定值时发光，发光的颜色与半导体材料有关，用不同的材料制成的发光二极管可以发出红、黄、绿、蓝等不同颜色。

为防止发光二极管因正向电流过大而使 PN 结过热而烧毁，在发光二极管电路中应根据对电路电压的情况而在电路中串联适当的限流电阻。

发光二极管应用于交流电路时，为防止二极管被反向击穿，应在发光二极管两端反极性并联一只普通二极管，以降低发光二极管上的反向电压。

发光二极管常用在显示电路中。例如做成数码管，将七只发光二极管制成条状并排列成如图 2-1-14 所示的数字形，当字形内相应的二极管发光后，可分别显示出 0～9 这样十个字形。

发光二极管的主要技术参数有：正向电压、正向电流；最大功耗、发光主波长等。

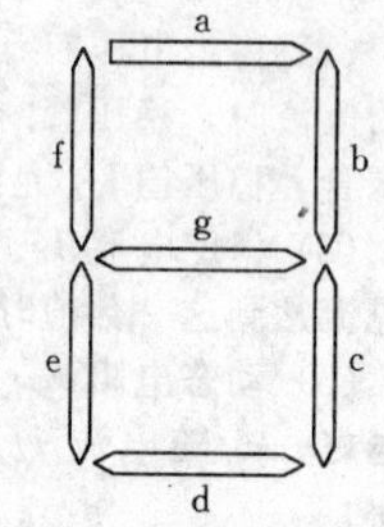

图 2-1-14 发光二极管构成的数码管

3. 光电二极管

二极管的反向电流受外界因素影响。PN 结型光电二极管就是利用 PN 结在反向电压下工作时，当光线通过二极管外壳上开设的光窗照射 PN 结后，载流子数目增加而使反向电流增大，没有光照时，载流子数目少，反向电流小的这样一个原理制成的。

光电二极管，有光照时的电流称为光电流，无光照时的电流称为暗电流，光电流比暗电流大几百倍。

4. 光电耦合器件

将发光器件（发光二极管）与光敏器件（光电二极管）组合在一起，实现以光信号为媒介的电信号的变换，如图 2-1-15 所示，这样组合而成的器件称为光电耦合器。

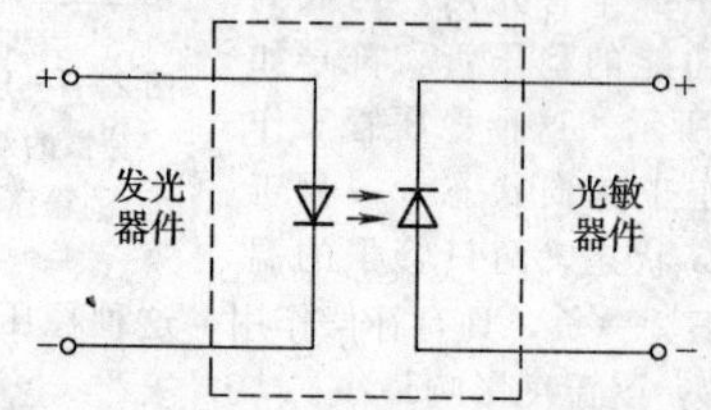

图 2-1-15 二极管光电耦合器

在光电耦合器内，发光器件与光敏器件相互绝缘并分别置于两个不同的电路中，通过光-电变换作用实现两个电路之间信号快速、单向传递。

为使信号传递的效果更好，还可以制成三极管光电耦合器，如图 2-1-16 所示。光电三极管有光照时，有电流；无光照时，没有电流。

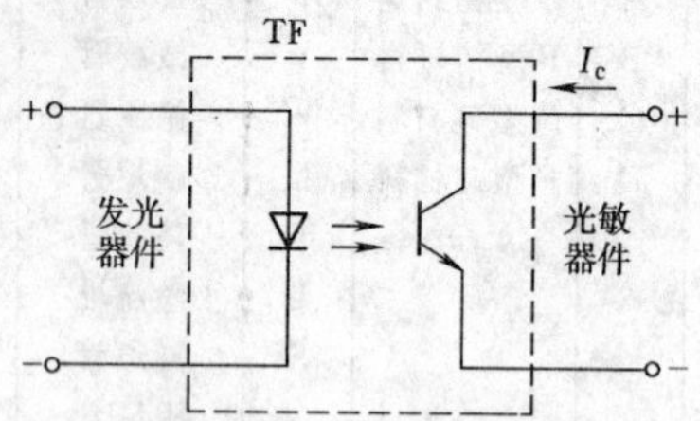

图 2-1-16 三极管光电耦合器

光电耦合器体积小，重量轻，使用寿命长，信号传递速度快且耗能少，因而广泛应用在耦合电路中。

四、双极型晶体管

双极型晶体管是一种具有两个 PN 结的器件，这种器件工作时，电子、空穴两种载流子均参与导电，故称为双极型晶体管，习惯上简称为半导体晶体管。

（一）双极型晶体管的类型与符号

双极型晶体管有两种不同的类型，即在两块 N 型半导体中间夹着一块 P 型半导体或相反。图 2-1-17 为 NPN 型晶体管的结构示意与符号图，图 2-1-18 为 PNP 型晶体管的示意与符号图。

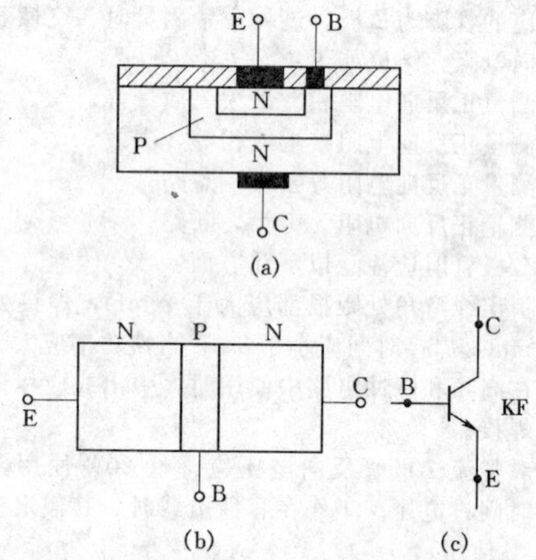

图 2-1-17 NPN 型晶体管（硅平面型）结构示意与符号图

(a) 结构图；(b) 示意图；(c) 符号

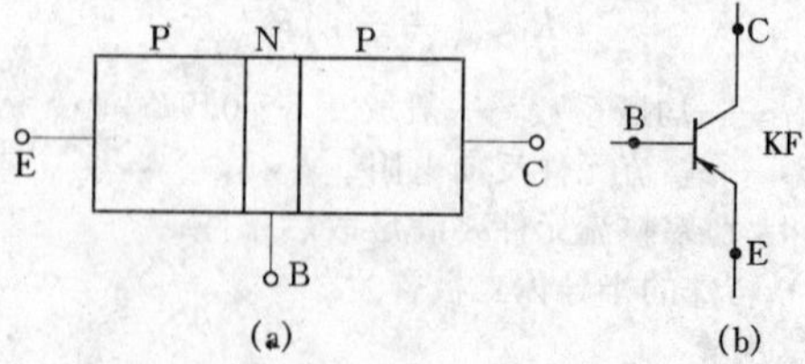

图 2-1-18 PNP 型晶体管示意与符号图

(a) 示意图；(b) 符号

双极型晶体管有三个掺杂区和两个 PN 结，示意图中的中间部分称为基区，两边分别称为发射区和集电区。各区引出的电极分别称为基极（B）、发射极（E）和集电极（C）。

双极型晶体管的基区宽度只有几个微分而且掺杂浓度不高；发射区的掺杂浓度大大高于集电区。发射区与基区之间的PN结称为发射结；基区与集电区之间的PN结称为集电结。

（二）NPN型晶体管放大状态下载流子运动情况

为保证发射结正向偏置、集电结反向偏置，晶体管外部电源极性应如图2-1-19所示。在所示电源的作用下，晶体管内部载流子运动情况如图中所示。

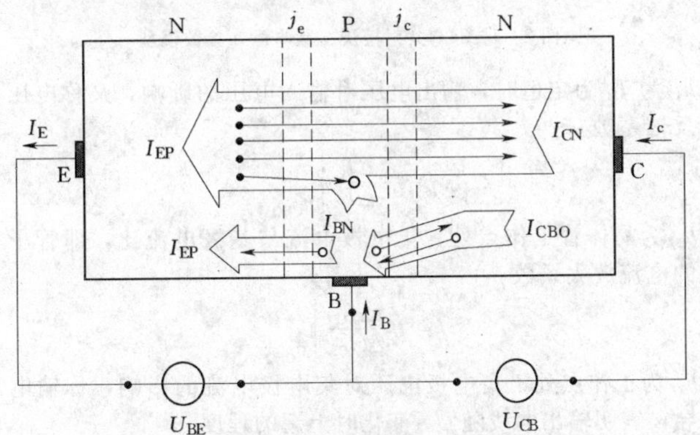

图2-1-19　晶体管内部载流子运动示意图

双极型晶体管，发射极正向偏置后，发射结空间电荷区变窄，扩散运动得以进行，大量电子（I_{EN}）从发射区注入基区，同时基区内的空穴（I_{BP}）向发射区扩散，这两部分载流子形成了发射极电流I_E。

发射区的电子注入基区后，少量电子（I_{BN}）与基区空穴复合形成基极电流I_B；注入到基区的电子，大部分在基区内继续扩散而进入到集电结边界，这部分电子（I_{CN}）在集电结电场作用下，漂移到集电区。此外，集电区内的少数载流子（空穴）及基区内的少子（电子），亦会在集电结反向电压作用下产生漂移运动，形成电流I_{CBO}，集电极电流I_C就是由发射区扩散的电子流及I_{CBO}共同形成。三个电极的电流分别为：

发射极电流　$I_E=I_{EN}+I_{ED}$　(2-1-1)

集电极电流　$I_C=I_{CN}+I_{CBO}$　(2-1-2)

基极电流　$I_B=I_{BN}+I_{EP}-I_{CBO}$　(2-1-3)

（三）双极型晶体管的连接方式

双极型晶体管有三种连接方式（又称三种组态），即共基接法、共集电极接法和共射接法，如图2-1-20所示。

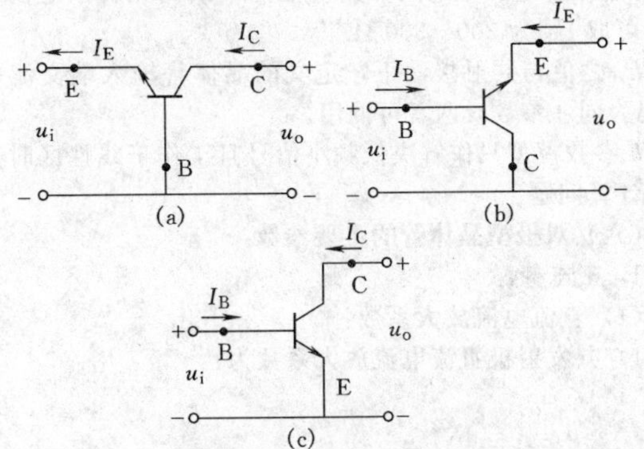

图2-1-20　晶体管的三种组态

(a) 共基接法；(b) 共集电极接法；(c) 共射接法

1. 共基接法

以基极为输入、输出电路的公共端，I_E为输入电流，I_C为输出电流，并定义

$$\bar{\alpha}=\frac{I_{CN}}{I_E} \tag{2-1-4}$$

$\bar{\alpha}$称为共基极电流放大系数，其值小于1，一般为0.95～0.99。

$\bar{\alpha}$表示I_{CN}在I_E中占有的比例，用以衡量晶体管的质量。将式(2-1-4)代入式(2-1-2)，得

$$I_C=\bar{\alpha}I_E+I_{CBO}$$

I_{CBO}又称为发射极开路（$I_E=0$）时集电结反向饱和电流，一般I_{CBO}仅占I_C的极小部分。

2. 共集电极接法

以集电极为输入、输出电路的公共端，基极电流作为输入电流，发射极电流I_E为输出电流，因$I_B=I_E-I_C$，所以

$$I_E=\frac{I_B+I_{CBO}}{1-\bar{\alpha}} \tag{2-1-5}$$

3. 共射接法

以发射极为输入、输出电路的公共端，基极电流I_B为输入电流，集电极电流I_C为输出电流，由$I_C=\bar{\alpha}I_E+I_{CBO}=\bar{\alpha}(I_C+I_B)+I_{CBO}$，得

$$I_C=\frac{\bar{\alpha}}{1-\bar{\alpha}}I_B+\frac{1}{1-\bar{\alpha}}I_{CBO}$$

设

$$\bar{\beta}=\frac{\bar{\alpha}}{1-\bar{\alpha}} \tag{2-1-6}$$

$\bar{\beta}$称为共发射极直流电流放大系数，其值在几十至几百之间。将$\bar{\beta}$代入I_C，得

$$I_C=\bar{\beta}I_B+(1+\bar{\beta})I_{CBO} \tag{2-1-7}$$

或

$$\bar{\beta}=\frac{I_C-I_{CBO}}{I_B+I_{CBO}}$$

因　$I_C\gg I_{CBO}$和$I_B\gg I_{CBO}$，则

$$\bar{\beta}\approx\frac{I_C}{I_B} \tag{2-1-8}$$

$\bar{\beta}$表示晶体管基极电流I_B对集电极电流I_C的控制能力。

式(2-1-7)又可写成

$$I_C=\bar{\beta}I_B+I_{CEO} \tag{2-1-9}$$

其中　$I_{CEO}=(1+\bar{\beta})I_{CBO}$

I_{CEO}称为晶体管的穿透电流，表示基极开路时（$I_B=0$），晶体管发射极到集电极间的直通电流。室温下（$T=300$K），小功率的锗管的$I_{CBO}\approx10\mu$A，硅管$I_{CBO}\approx10^{-3}\mu$A。

（四）晶体管的特性曲线

晶体管是一个三端器件，不管哪个极为公共端，都有一对输入端和一对输出端，因此，描述晶体管的伏安特性，须用两组表示端变量之间关系的特性曲线。一组称为输入特性曲线，另一组称为输出特性曲线。下面以NPN管的共发射极电路为例，讨论伏安特性。

1. 输入特性曲线

图2-1-21所示为共发射极电路，以电压U_{CE}为参数量，输入特性表示了I_B与U_{BE}之间的关系。

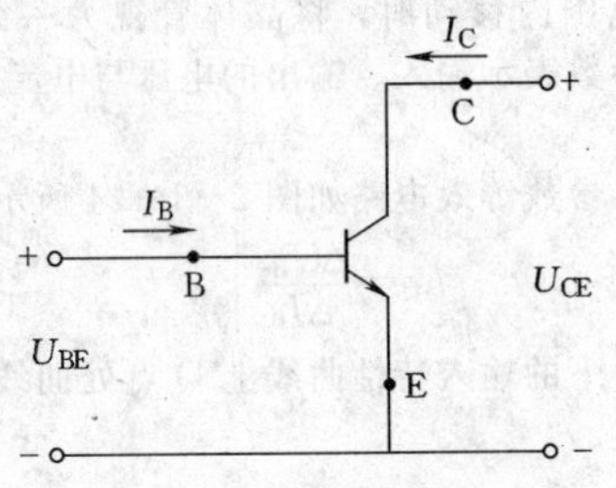

图2-1-21　共发射极电路

共发射极电路的输入特性与二极管的正向特性相似，如图2-1-22所示。当电压$U_{CE}\geqslant 1V$后，可忽略U_{CE}的变化对输入特性曲线的影响。

温度对I_B有影响。U_{BE}一定时，温度升高，I_B增加。

2. 输出特性曲线

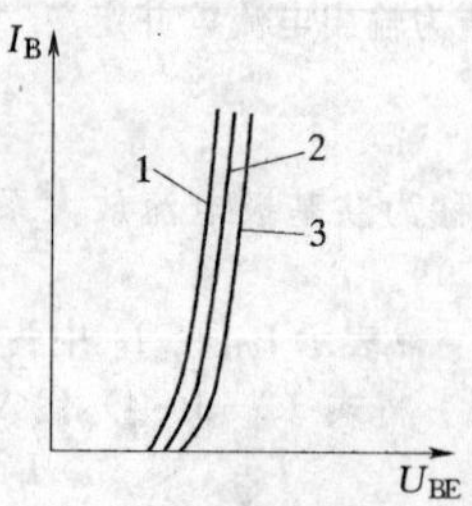

图2-1-22 输入特性曲线
1—$U_{CE}=0V$；2—$U_{CE}=0.5V$；3—$U_{CE}\geqslant 1V$

图2-1-21所示发射极电路，以I_B为参变量时，I_C和U_{CE}之间的关系如图2-1-23所示。

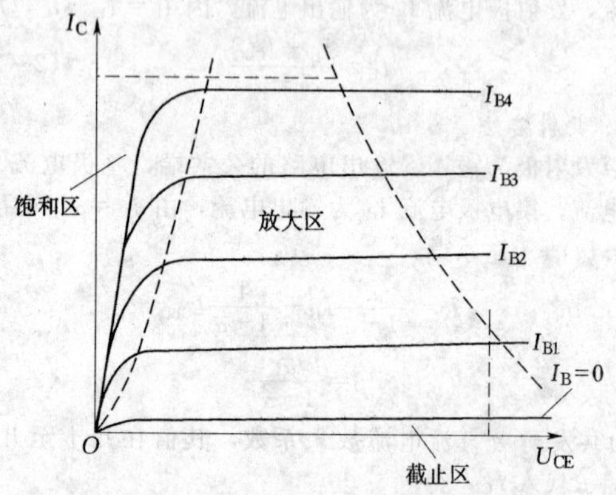

图2-1-23 输出特性曲线（共发射极接法）

当$I_B=0$时，$I_C\approx I_{CEO}$；$I_B>0$时，输出曲线相对$I_B=0$的特性曲线平行上移$\bar{\beta}I_B$。

晶体管的输出特性曲线可划分为三个区，即放大区、截止区和饱和区。

（1）放大区。发射结正向偏置、集电结反向偏置时，电流I_C受I_B控制，电流ΔI_C是电流ΔI_B的β倍，晶体管的这种工作状态称为放大状态。

（2）饱和区。晶体管的集电极电压U_{CE}小于基极电压U_{BE}时，集电结B—C亦处于正向偏置，从而使集电结的内电场减弱，不利于集电区收集从发射区到达基区的电子，从而使相同的I_B下，I_C的数值比放大状态下小。

在$U_{CE}=U_{BE}$时，称为临界饱和。晶体管饱和时，C—E极间的电压用U_{CES}表示，小功率的晶体管的U_{CES}值约0.3V。

（3）截止区。晶体管的发射结和集电结均反向偏置时，处于截止状态。

温度对晶体管I_{CBO}和β有影响，温度升高时，电流I_C增加。

（五）共射接法、晶体管的h参数交流小信号模型

晶体管在输入信号变化量较小时，认为其工作点在特性曲线的直线范围内移动时，将晶体管视为一个线性双口网络，利用h参数表示输入、输出的电压与电流变化量的相互关系。

晶体管h参数等效电路如图2-1-24所示。有

$$h_{11}=\frac{\Delta U_{BE}}{\Delta I_B}\bigg|_{U_{CE}}$$

h_{11}为一定U_{CE}下的输入特性曲线上Q点处曲线斜率的倒数，又称输入电阻。

$$h_{12}=\frac{\Delta U_{BE}}{\Delta U_{CE}}\bigg|_{I_B}$$

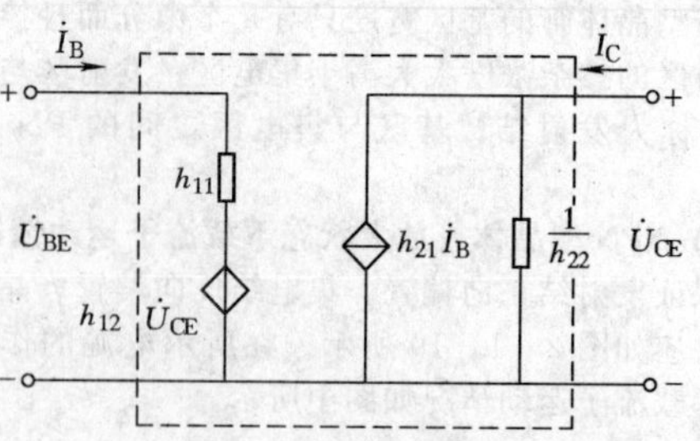

图2-1-24 共射接法、晶体管h参数模型

h_{12}为I_B为定值时，输出电压对输入电压的影响，又称电压反馈系数。

$$h_{21}=\frac{\Delta I_C}{\Delta I_B}\bigg|_{U_{CEQ}}$$

h_{21}为晶体管工作点处，集电极电流与基极电流比，即管子的电流放大系数β。

$$h_{22}=\frac{\Delta I_C}{\Delta U_{CE}}\bigg|_{U_{CEQ}}$$

h_{22}为工作点处，集电极电压对集电极电流的影响，称输电导，表明输出曲线随U_{CE}变化时上翘的程度。

共射接法下的h_{12}和h_{22}这两个参数值，一般很小，$h_{12}<10^{-2}$，$h_{22}<10^{-5}$（$1/\Omega$），在大多数情况均有$h_{12}\Delta U_{CE}<U_{BE}$，$\frac{1}{h_{22}}\gg R_L$（放大器负载电阻），在计算时常可将其忽略不计。晶体管共射接法下的h参数简化模型如图2-1-25所示。

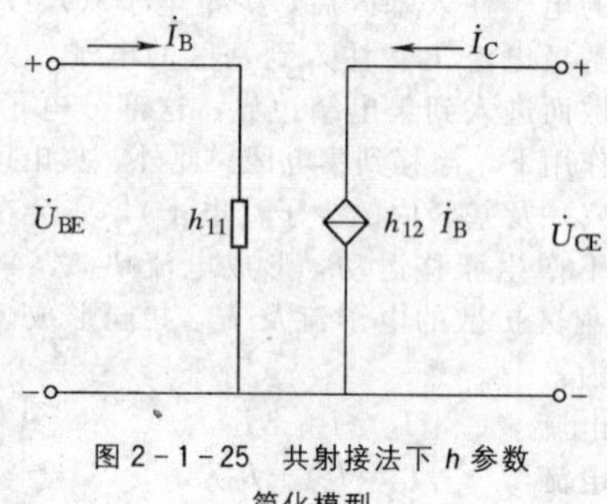

图2-1-25 共射接法下h参数简化模型

在图2-1-25中，参数为

$$h_{11}=r_{BB'}+(1+\beta)\frac{U_T}{I_{EQ}}$$

$r_{BB'}$为晶体管基区体电阻，其值在几十欧到几百欧之间，计算时可取$r_{BB'}$为200～300Ω。

h_{11}之值与共射接法下，定义的晶体管输入端交流电阻r_{BE}视为同一参数，两者可混用。

h参数模型只作解决低频小信号且工作于线性区时交流量的计算问题。

（六）双极型晶体管的主要参数

1. 直流参数

（1）直流电流放大系数：

1）共发射极直流电流放大系数为：

$$\bar{\beta}=\frac{I_C}{I_B}$$

2）共基极直流电流放大系数为：

$$\bar{\alpha}=\frac{I_C}{I_E}$$

（2）极间反向电流：

1）I_{CBO}——发射极开路时，集电极与基极间的反向饱和

电流。

2）I_{CEO}——基极开路时，集电极与发射极间穿透电流，$I_{CEO}=(1+\bar{\beta})I_{CBO}$。

硅管的极间反向电流较锗管小2～3个数量级。

2. 交流参数

（1）交流电流放大系数β、α。

$$\beta=\bar{\beta}$$

$$\alpha=\bar{\alpha}$$

（2）特征频率f_T。工作频率增高后，PN结电容作用明显，会使β下降。当β下降到1时，所对应的频率称为特征频率f_T。

3. 极限参数

（1）集电极最大允许功率P_{CM}。

$$P_{CM}=U_{CE}I_C$$

P_{CM}决定着管子的允许温升（硅管约150℃，锗管约70℃），使用时要注意规定的散热条件。

（2）集电极最大电流I_{CM}。晶体管的直流电流放大系数$\bar{\beta}$随集电极电流而变化，$\bar{\beta}$到达最大值后，将随I_C增加而下降。引起$\bar{\beta}$明显下降（如$\bar{\beta}$下降至最大值的2/3）时的集电极电流，称为最大允许集电极电流I_{CM}。

（3）反向击穿电压：

1）$U_{(BR)EBO}$——集电极开路时，发射极与基极间反向击穿电压。允许的$U_{(BR)EBO}$一般为几伏，个别的小于1V。

2）$U_{(BR)CBO}$——发射极开路时，集电极与基极间反向击穿电压。一般可达几十伏，高反压管可达几百至上千伏。

3）$U_{(BR)CEO}$——基极开路时，集电极与发射极间反向击穿电压，其值与$U_{(BR)CBO}$相当。

在晶体管的输出曲线上，由P_{CM}、$U_{(BR)CEO}$和I_{CM}所决定的安全工作区如图2-1-26所示。

4. 开关参数

（1）t_a——延迟时间。指从输入信号作用的瞬间开始到集电极电流i_c上升至$0.1I_{cm}$时为止所需要的时间。

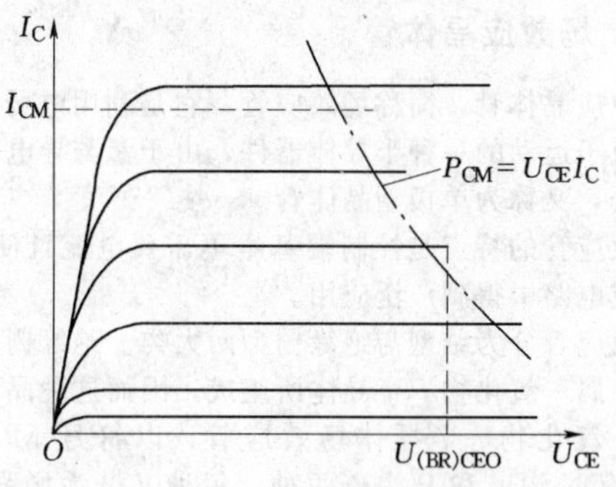

图2-1-26　晶体管的安全工作区

（2）t_r——上升时间。集电极电流i_c从$0.1I_{cm}$上升至$0.9I_{cm}$所需时间，它是形成输出波形上升沿时间。

（3）t——开启时间。它是t_a与t_r之和。

（4）t_s——存储时间。从输入信号作用结束至i_c下降到$0.9I_{cm}$所需时间。

（5）t_f——下降时间。指i_c从$0.9I_{cm}$下降到$0.1I_{cm}$的时间，它是形成输出波形下降沿的时间。

（6）t_{off}——关断时间。它是t_s与t_f之和。

（七）晶体管的偏置电路与稳定

晶体管电路中的各种偏置电路的作用是：提供正确偏置；确定合适的静态工作点；保证电路的正确工作状态；当静态工作点受温度影响沿负载线移动后，依靠电路自身的作用，使静态工作点恢复到原来的位置（这个自动调节过程称为稳定）。常用的偏置电路有：固定偏置电路、分压偏置电路和自举偏置电路。为了使工作点稳定，在基本放大电路中加入负反馈构成电压并联负反馈工作点稳定电路和电流串联工作点稳定电路。几种偏置电路的比较见表2-1-3。

表2-1-3　　几种偏置电路比较

类别	电路图	工程简化计算公式	稳定过程
定偏置电路		给定 I_B、E_C、β 有 $R_B\approx\frac{E_C}{I_B}$ $I_C=\beta I_B$ $R_C=\frac{E_C-U_{CE}}{I_C}$	$T\uparrow\rightarrow I_C\uparrow\rightarrow U_{CE}\downarrow$ → $I_C\uparrow$ 没有稳定作用
分压偏置电路		给定 $U_B=(5\sim10)U_{BE}$ $I_1=(5\sim10)I_B$ E_C、β 有 $R_{B1}=\frac{U_B}{I_1}$ $R_{B2}=\frac{E_C-U_B}{I_1}$ $R_E=\frac{U_B-U_{BE}}{I_e}$ $R_C\approx\frac{E_C-U_{CE}-U_E}{I_E}$	$T\uparrow\rightarrow I_C\uparrow\rightarrow U_E\uparrow\rightarrow U_{BE}\downarrow\rightarrow I_B\downarrow$ → $I_C\downarrow$
电压负反馈偏置电路		给定 $U_B=(5\sim10)U_{BE}$ $I_1=(5\sim10)I_B$ E_C、β 有 $R_B\approx\frac{U_B}{I_1}$ $R_E=\frac{U_B-U_{BE}}{I_E}$ $R_C=\frac{E_C-U_{CE}-U_E}{I_E}$	$T\uparrow\rightarrow I_C\uparrow\rightarrow U_{CE}\downarrow\rightarrow U_{BE}\downarrow\rightarrow I_B\downarrow$ → $I_C\downarrow$

五、场效应晶体管

场效应晶体管，简称场效应管，它是利用电场效应控制多数载流子运动的一种半导体器件，由于参与导电的只有多数载流子，又称为单极型晶体管。

场效应管的特点是控制端基本不需要电流且便于集成，故在集成电路中得到广泛应用。

场效应管分为结型与绝缘栅型两大类。绝缘栅场效应管一般由金属—氧化物—半导体所组成，因而这种晶体管又称为金属—氧化物—半导体场效应管，以符号 MOS 表示。MOS 管有 N 沟道和 P 沟道两种，每种又分为增强型 MOS 管和耗尽型 MOS 管。

结型场效管亦有 N 沟道和 P 沟道两种。

（一）N 沟道增强型 MOS 管

1. N 沟道增强型 MOS 管的结构

结构如图 2-1-27（a）所示，符号如图 2-1-27（b）所示。

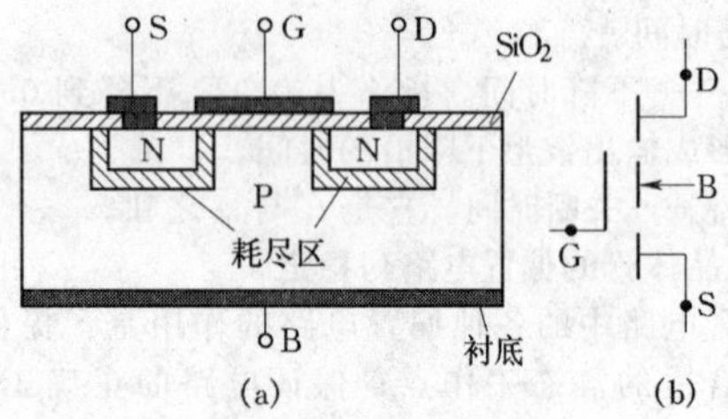

图 2-1-27 增强型 N 沟道 MOS 管结构与符号
（a）结构；（b）符号

N 沟道 MOS 管以一块杂质浓度较低的 P 型硅片为衬底（B），在其中扩散两个 N 区，并引出两个电极，一个为源极（S），另一个是漏极（D），在半导体表面覆盖 SiO_2 绝缘层，绝缘层上置以金属铝电极，称为栅极（G）。

2. 增强型 N 沟道 MOS 管工作原理

增强型 N 沟道 MOS 管的 N 型漏区和源区之间被 P 型衬底隔开，形成两个 PN 结，当栅极不加电压时，源极与漏极间不会有电流。

栅极电压作用如下。栅极与源极间加正向电压 U_{GS}，同时衬底与源极相接，则在栅极与 P 型半导体之间的 SiO_2 绝缘层中产生电场，致使衬底及两个 N 区的自由电子被吸引向栅极，电子将聚集在栅极下面的 P 型衬底的顶层。当电压 U_{GS} 增加时，吸引电子增多，顶层空穴减少。在 U_{GS} 达到某个临界值后，顶层内的电子浓度将会超过空穴浓度，衬底顶层表面薄层由 P 型转变为 N 型，出现“反型层”。反型层的出现，将会使两个 N 型区连通。将漏区与源区之间连通的反型层称为 N 型沟道，如图 2-1-28 所示。

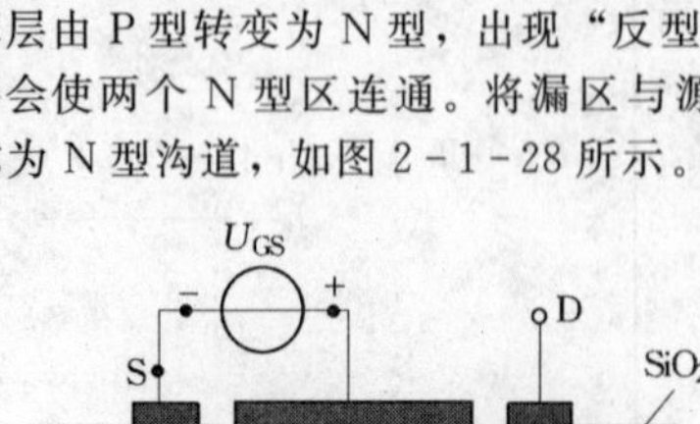

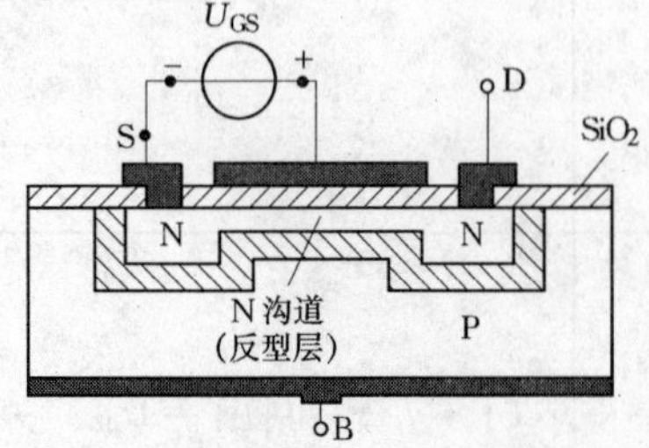

图 2-1-28 N 沟道

使两个 N 型区之间开始出现 N 沟道的电压 U_{GS}，称为开启电压 $U_{GS(th)}$。导电沟道将源区与漏区连接起来，若在源极与漏极之间加有电压后就会有电流 I_D 产生。

改变电压 U_{GS} 可影响沟道电阻，在同样的 U_{DS} 电压下，可改变电流 I_D，因此，用 U_{GS} 可控制漏极电流 I_D。

3. N 沟道增强型 MOS 管的特性

场效应管的输入端不取电流，因此，常用的特性有“转移特性”——即输出电流 I_D 和输入电压 U_{GS} 之间关系，和“漏极特性”——输出电流 I_D 与输出电压 U_{DS} 的关系。

（1）漏极特性曲线。

$$I_D = f(U_{DS})|_{U_{GS}=\text{常数}}$$

曲线如图 2-1-29（a）所示。

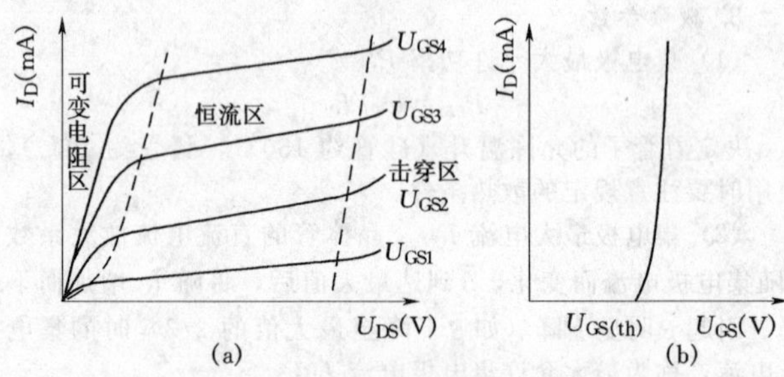

图 2-1-29 N 沟道增强型 MOS 管的特性曲线

漏极特性曲线分为三个区，即：

1）可变电阻区。在此区内 I_D 几乎与 U_{DS} 成线性关系增加，MOS 管的 D—S 极之间可视为一个由电压 U_{GS} 控制的电阻。

2）恒流区（饱和区）。MOS 管的 $U_{GD} < U_{GS(th)}$ 后，I_D 的大小受 U_{GS} 控制，I_D 可视为 U_{GS} 控制的电流源。MOS 管作放大用时，工作在这个区域。

3）夹断区。$U_{GS} < U_{GS(th)}$ 时，沟道夹断，$I_D = 0$。

（2）转移特性曲线。

$$I_D = f(U_{GS})|_{U_{DS}=\text{常数}}$$

关系曲线如图 2-1-29（b）所示。

当 $U_{DS} > U_{GS} - U_{GS(th)}$ 时，MOS 管工作在恒流区，U_{DS} 对 I_D 影响很小，这时 I_D 可用下式表示，即

$$I_D = I_{DO}\left(1 - \frac{U_{GS}}{U_{GS(th)}}\right)^2$$

I_{DO} 为 $U_{GS} = 2U_{GS(th)}$ 时的 I_D 值。

（二）N 沟道耗尽型 MOS 管

N 沟道耗尽型 MOS 管的符号如图 2-1-30 所示。

耗尽型 MOS 管在制造过程中，在 SiO_2 绝缘层中掺入金属正离子，$U_{GS} = 0$ 时，由正离子产生的电场可使栅极下 P 型硅表面感生出 N 型反形层，出现 N 沟道。

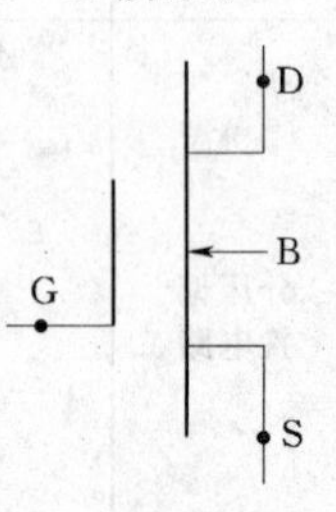

为控制电流 I_D，这种 MOS 管的 G—S 极间加入负栅压，U_{GS} 负值增加时，沟道变薄，I_D 减小。使 $I_D = 0$ 时 U_{GS} 称为夹断电压 $U_{GS(off)}$。

图 2-1-30 N 沟道耗尽型 MOS 管符号

耗尽型 MOS 管在饱和区的转移特性曲线可用下式表示

$$I_D = I_{DSS}\left(1 - \frac{U_{GS}}{U_{GS(off)}}\right)^2$$

I_{DSS} 为 $U_{GS} = 0$ 时的 I_D 之值。

（三）P 沟道 MOS 场效应管

若将 MOS 管的衬底改为 N 型半导体，将漏区和源区改为 P 型半导体，即构成 P 沟道增强型或耗尽型场效应管。

P沟道MOS管工作时，U_{GS}、U_{DS}的极性和I_D的方向与N沟道MOS管相反。

P沟道MOS管的符号如图2-1-31所示。

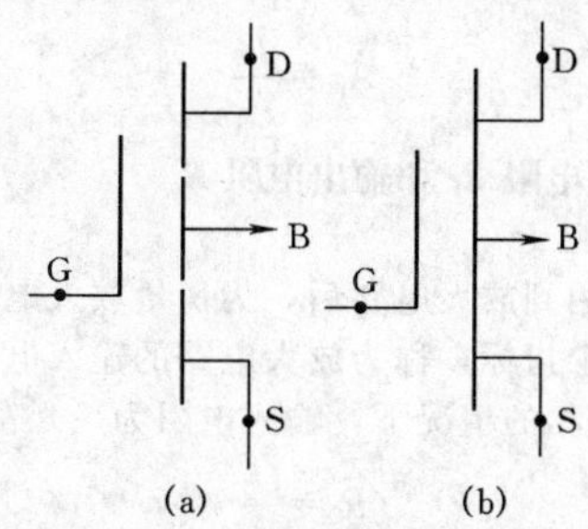

图2-1-31　P沟道MOS场效应管符号

(a) 增强型；(b) 耗尽型

四种类型MOS绝缘栅场效应管的符号、特性总结如表2-1-4所示。

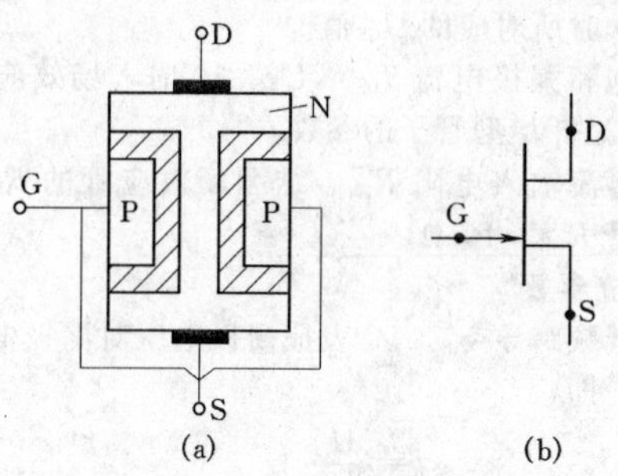

图2-1-32　结型N沟道场效应管

(a) 结构示意图；(b) 符号

(四) 结型场效应管

结型场效应管的结构及符号如图2-1-32所示。结型场效应管在$U_{GS}=0$时，D—S极间已形成导电沟道。N沟道结型场效应管在G—S极间作用负电压后，空间电荷区

表2-1-4　**MOS绝缘栅场效应管的类型**

结构类型	工作方式	符号	电压极性		转移特性 $I_D=f(U_{GS})\mid_{U_{DS}=常数}$	输出特性 $I_D=f(U_{DS})\mid_{U_{GS}=常数}$
			U_{DS}	U_{GS}		
N沟道	耗尽型	I_D D G S	+	−	I_D I_{DSS} $U_{GS(off)}$ O U_{GS}	I_D +2V $u_{GS}=0V$ −2V −4V O $U_{GS(off)}$ U_{DS}
	增强型	I_D D G S	+	+	I_D O $U_{GS(th)}$ U_{GS}	I_D $u_{GS}=5V$ 4V 3V O $U_{GS(th)}$ U_{DS}
P沟道	耗尽型	I_D D G S	−	+	I_D I_{DSS} O $U_{GS(off)}$	I_D −1V $u_{GS}=0V$ +1V +2V O $U_{GS(off)}$ $-U_{DS}$
	增强型	I_D D G S	−	−	I_D $U_{GS(th)}$ O U_{GS}	I_D $u_{GS}=-5V$ −4V −3V O $U_{GS(th)}$ $-u_{DS}$

变宽，沟道变窄，电流I_D减小。P沟道结型场效应管在G—S极间加正电压，导电沟道变窄，电流I_D减小。通过U_{GS}可控制电流I_D改变。

(五) 场效应管在恒流区的等效电路

N沟道增强型MOS场效应管共源极接法，在恒流区的等效电路如图2-1-33所示。

场效应管输入电流为零，相当开路。输出电路相当于电压控制的受控电流源。受控电流源的电流为

$$I_d=g_mU_{GS}$$

g_m称为跨导，g_m表明U_{GS}对电流I_d的控制能力。

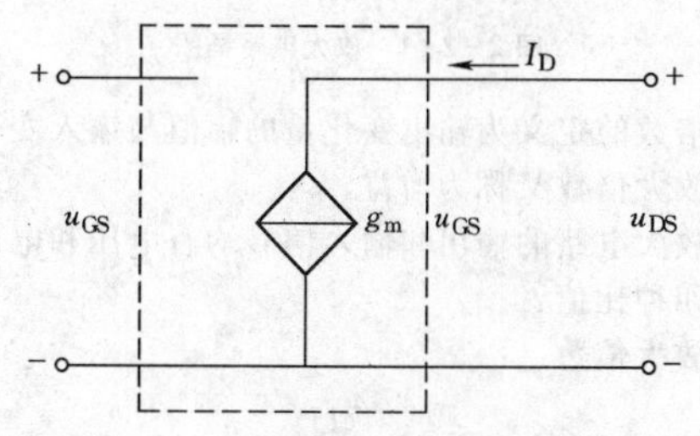

图2-1-33　共源极N沟道增强型MOS场效应管小信号下的等效电路

(六) 场效应管的主要参数

1. 直流参数

(1) 开启电压$U_{GS(th)}$。$U_{GS(th)}$为增强型MOS场效应管的参数。它表明U_{DS}为定值时，能产生I_D（如50μA）所需的最小U_{GS}值。

(2) 夹断电压$U_{GS(off)}$。$U_{GS(off)}$为耗尽型MOS场效应管的参数。它表明U_{DS}为定值时，使I_D减小至某个微小电流

（如 50nA）时所对应的 U_{GS} 值。

（3）饱和漏极电流 I_{DSS}。$U_{GS}=0$ 时，场效应管的漏极电流。I_{DSS} 是耗尽型管子的参数。

（4）直流输入电阻 R_{GS}。结型场效应管的 $R_{GS}>10^7\Omega$，绝缘栅型管 $R_{GS}>10^9\Omega$。

2. 交流参数

（1）低频跨导 g_m。g_m 表征栅极电压对漏极电流控制作用的能力，即

$$g_m=\left.\frac{dI_m}{dU_{GS}}\right|_{U_{DS}=常数}$$

（2）极间电容。场效应管 PN 结之间存在极间电容，即 C_{GS} 和 C_{DS}，高频应用时应考虑极间电容的影响。

3. 极限参数

（1）最大漏极电流 I_{DM}。管子工作时允许的最大漏极电流。

（2）最大耗散功率 P_{DM}。决定管子温升的参数。

（3）漏极击穿电压 $U_{(BR)DS}$。当 U_{DS} 增大时，使 I_D 急剧增加的 U_{DS}，称为 $U_{(BR)DS}$，使用时不许超过此值。

（4）栅源击穿电压 $U_{(BR)GS}$。对绝缘栅管，$U_{(BR)GS}$ 是使绝缘层击穿的电压，会使管子损坏。

第二节 放大电路

一、放大电路的性能指标

放大电路的作用，是将直流电源的能量转化为变化的输出量，而这些输出量的变化情况是与放大电路输入量的变化情况成比例的。因此，放大作用实质上是一种能量控制作用。

放大倍数、失真和输出功率是衡量放大电路性能的主要指标。为了测定指标，使用正弦波信号，通过信号的幅值和频率的配合，可以定出放大电路的主要性能指标。

放大电路的性能指标有以下几项。

（一）放大倍数

图 2-2-1 所示放大电路框图。

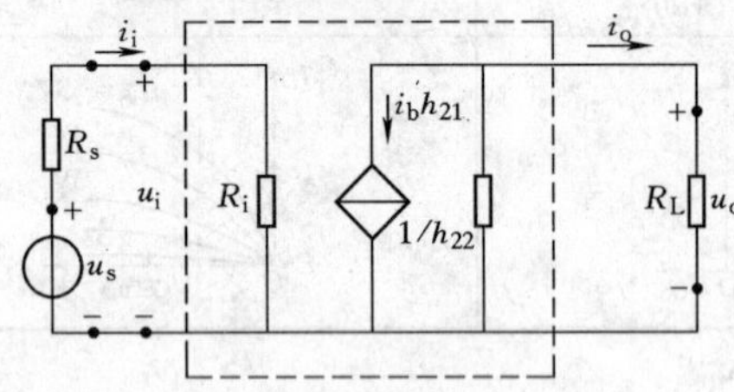

图 2-2-1 放大电路框图

放大倍数的定义为输出变化量的幅值与输入变化量的幅值之比。放大倍数又称为增益。

由于放大电路的输出和输入信号均有电压和电流量，所以有以下四种比值：

电压放大倍数

$$\dot{A}_u=\frac{\dot{U}_o}{\dot{U}_i}$$

电流放大倍数

$$\dot{A}_i=\frac{\dot{I}_o}{\dot{I}_i}$$

电压对电流的放大倍数（或转移阻抗）

$$\dot{A}_{ui}=\frac{\dot{U}_o}{\dot{I}_i}$$

电流对电压的放大倍数（或转移导纳）

$$\dot{A}_{iu}=\frac{\dot{I}_o}{\dot{U}_i}$$

（二）输入电阻 R_i 和输出电阻 R_o

1. 输入电阻 R_i

信号源作用到放大电路后，为衡量放大电路对信号源的影响，定义一个指标，称为放大电路的输入电阻。输入电压 U_i 与电流 I_i 同相的情况下，输入电阻为

$$R_i=\frac{U_i}{I_i}$$

R_i 越大，放大电路输入端的电压 U_i 越接近信号源的电压 U_s。

2. 输出电阻 R_o

放大电路输出端开路时的输出电压 U_o 与接入负载 R_L 后的输出端电压 U'_o 是不同的，为衡量放大电路带负载的能力，定义了一项指标，称为放大电路的输出电阻 R_o。

在一定的 R_L 下，通过二次测量输出电压，按下式可计算输出电阻，即

$$R_o=\left(\frac{U'_o}{U_o}-1\right)R_L$$

（三）通频带

放大电路输入的信号幅值保持一定，频率改变时，只在一定频率范围内（称为中频段）放大 倍数为一定值，而频率过高或过低时，放大倍数下降，且输入、输出波形的相位也发生变化。频率变化时，放大倍数随之改变的情况，即频率特性，如图 2-2-2 所示。

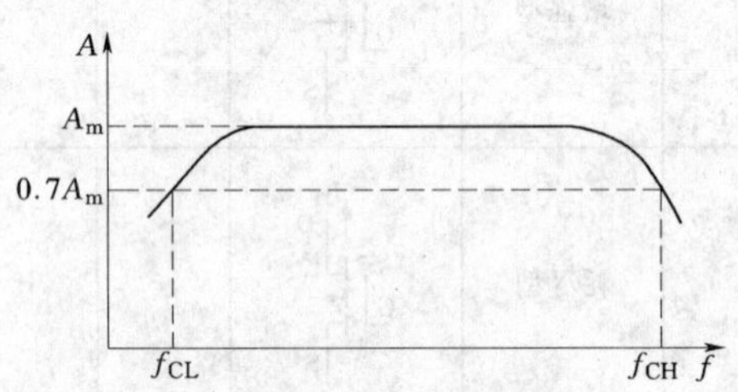

图 2-2-2 放大电路的频率特性

与 $A=0.7A_m$ 对应的频率有两个，f_{CH} 称为上限频率，f_{CL} 为下限频率。f_{CH} 与 f_{CL} 之间的频带称为放大电路的通频带 BW，即

$$BW=f_{CH}-f_{CL}$$

一个放大器的通频带应视需要而定。

（四）最大输出幅值、功率、效率和失真系数

1. 最大输出幅值

放大电路在不失真的情况下，输出电压或电流的最大可能的幅值 U_{om}、I_{om}（或有效值），称为最大输出幅值。

2. 最大输出功率与效率

输出信号（基本）不失真情况下，能输出的最大功率 P_{om}，称为最大输出功率。

输出功率最大值与直流电源提供的功率 P_v 之比，称为放大器的效率 η，即

$$\eta=\frac{P_{om}}{P_v}$$

3. 非线性失真系数

由于晶体管等器件具有非线性特性，在输入为正弦波时，输出幅度太大之后会出现失真。非线性失真系数的定

义为

$$D=\sqrt{\left(\frac{A_2}{A_1}\right)^2+\left(\frac{A_3}{A_1}\right)^2+\cdots}$$

式中　A_1——输出信号的基波幅值；

A_2、A_3——输出波形二次及以上各次谐波的幅值。

二、单管放大电路

晶体管放大电路分为双极型晶体管放大电路和场效应管（单极型）放大电路。

双极型晶体管放大电路分为共发射极、共集电极和共基极电路三种接法。场效应管放大电路有共源接法和共漏接法，共栅接法使用不多。

对放大电路进行分析时，分为静态（直流量）分析和动态（变化量）分析。静态分析可以用图解法进行，但常用估算法进行分析。动态分析时，小信号下多用微变等效电路法，大信号下多用图解法进行分析。

（一）双极型晶体管单管放大电路

1. 共发射极单管放大电路

典型电路如图 2-2-3 所示（设 KF 为硅管）。

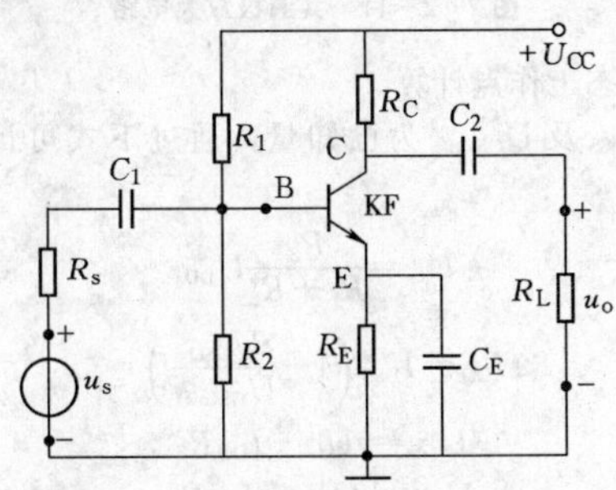

图 2-2-3　共发射极单管放大电路

（1）静态工作点计算。

$$V_B=\frac{R_2}{R_1+R_2}V_{CC}$$

$$V_E\approx V_B-U_{BE}\approx V_B-0.7\ \text{V}$$

$$I_E=\frac{V_E}{R_E}$$

$$I_C\approx I_E$$

$$I_B=\frac{I_E}{1+\beta}$$

$$U_{CE}\approx V_{CC}-I_C(R_C+R_E)$$

（2）微变等效电路。

如图 2-2-4 所示。

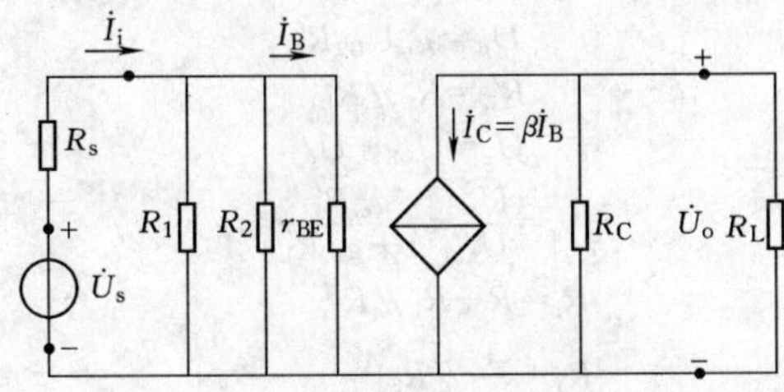

图 2-2-4　图 2-2-3 的微变等效电路

（3）A_u、R_i、R_o 的计算。

$$A_u\approx-\frac{\beta R_L'}{R_s+r_{BE}}$$

$$R_L'=R_C/\!/R_L$$

$$R_i\approx r_{BE}$$

$$R_o=R_C$$

2. 共集电极单管放大电路

典型电路如图 2-2-5 所示。

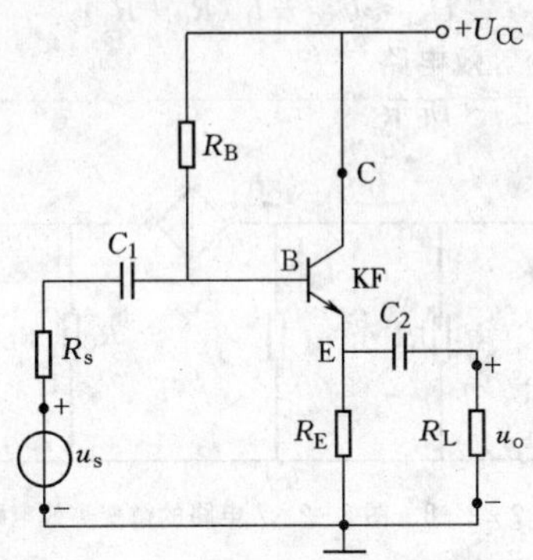

图 2-2-5　共集电极单管放大电路

（1）静态工作点计算。

$$I_B=\frac{V_{CC}-U_{BE}}{R_B+(1+\beta)R_E}\approx\frac{V_{CC}-0.7\ \text{V}}{R_B+(1+\beta)R_E}$$

$$I_C=\beta I_B$$

$$I_E=(1+\beta)I_B$$

$$U_{CE}=V_{CC}-I_ER_E$$

（2）微变等效电路。

如图 2-2-6 所示。

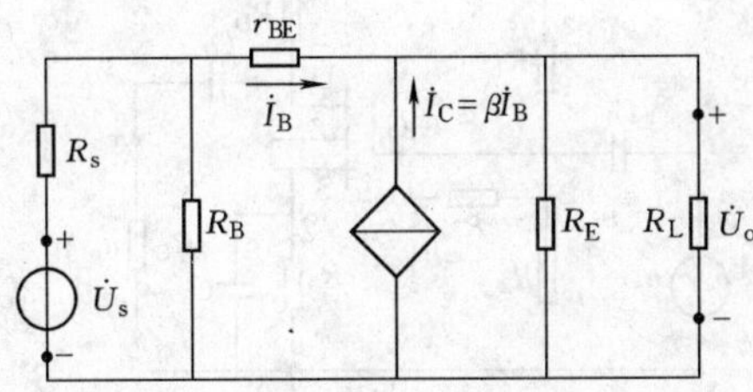

图 2-2-6　图 2-2-5 电路的微变等效电路

（3）A_u、R_i、R_o 的计算。

$$A_u\approx\frac{(1+\beta)R_L'}{R_s+r_{BE}+(1+\beta)R_L'}$$

$$R_i=r_{BE}+(1+\beta)R_L'$$

$$R_L'=R_E/\!/R_L$$

在 $R_B\gg R_s$ 情况下

$$R_o\approx R_E/\!/\left(\frac{R_s+r_{BE}}{1+\beta}\right)$$

3. 共基极单管放大电路

典型电路如图 2-2-7 所示。

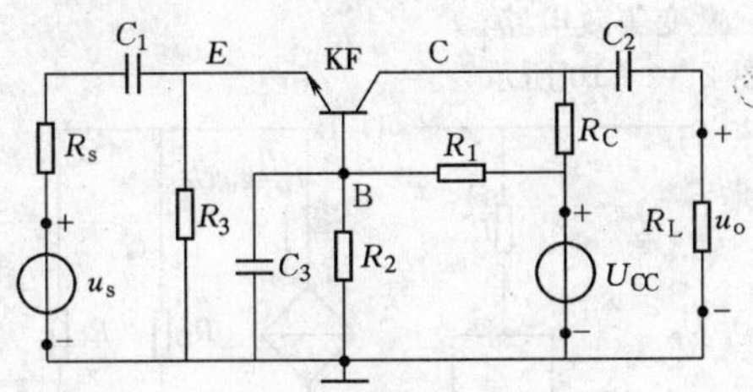

图 2-2-7　共基极单管放大电路

（1）静态工作点计算。

$$U_B=\frac{R_2}{R_1+R_2}U_{CC}$$

$$I_E=\frac{V_B-U_{BE}}{R_3}\approx\frac{V_B-0.7\ \text{V}}{R_3}$$
$$I_C=\alpha I_B$$
$$U_{CE}\approx U_{CC}-I_C(R_C+R_3)$$

(2) 微变等效电路。

如图 2-2-8 所示。

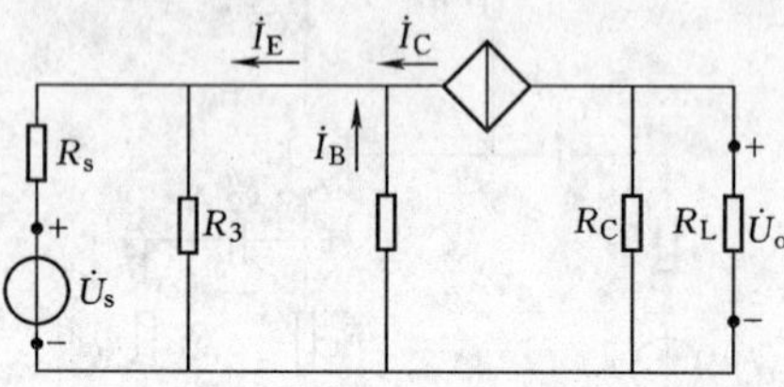

图 2-2-8 图 2-2-7 电路的微变等效电路

(3) A_u、R_i、R_o 的计算。

$$A_u=\frac{\beta R_L'}{r_{BE}+(1+\beta)(R_s/\!/R_3)}$$
$$R_i\approx\frac{r_{BE}}{1+\beta}$$
$$R_o=R_C$$

(二) 场效应管单管放大电路

场效应管放大电路分为共源极连接、共漏极连接和共栅极连接三种电路，共栅极电路应用不多，故不作介绍。

1. 共源极单管放大电路

典型电路如图 2-2-9 所示。

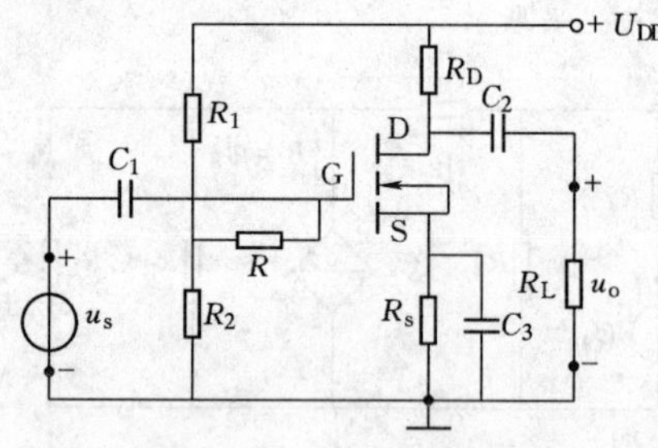

图 2-2-9 共源极放大电路

(1) 静态工作点计算。

在管子的型号及电源电压已知的情况下，通过下列各式可求出各静态值

$$I_{DQ}=I_{DSS}\left(1-\frac{U_{GSQ}}{U_{GS(off)}}\right)^2$$
$$U_{GSQ}=U_G-I_{DQ}R_s$$
$$U_G=\frac{R_2}{R_1+R_2}U_{DD}$$
$$U_{DS}=U_{DD}-I_{DQ}(R_D+R_S)$$

(2) 微变等效电路。

如图 2-2-10 所示。

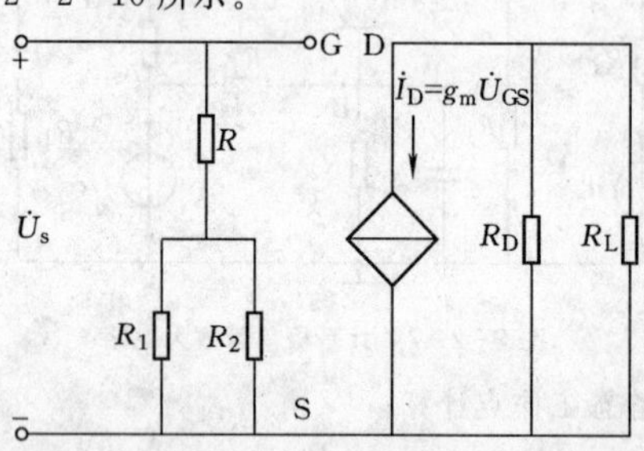

图 2-2-10 图 2-2-9 电路的微变等效电路

(3) A_u、R_i、R_o 的计算。

$$U_o=-g_mU_{GS}(R_D/\!/R_L')$$
$$U_i=U_{GS}$$
$$A_u=-g_mR_L'$$
$$R_L'=R_D/\!/R_L$$
$$R_i=R+R_1/\!/R_2$$
$$R_o=R_D$$

2. 共漏极单管放大电路

典型电路如图 2-2-11 所示。

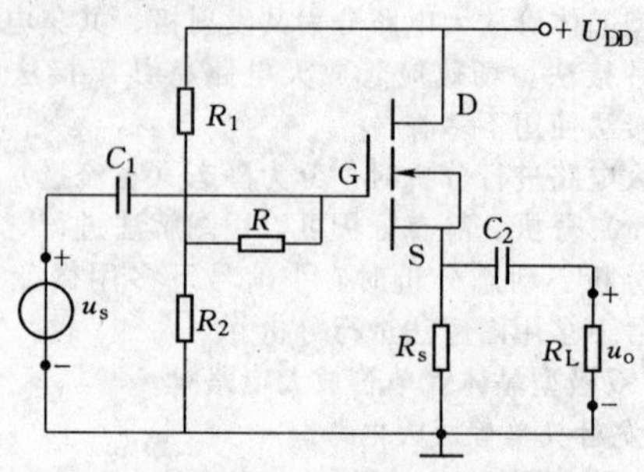

图 2-2-11 共漏极放大电路

(1) 静态工作点计算。

由于 I_{DSS} 及 $U_{GS(off)}$ 为已知量，通过下式可计算出静态值，即

$$U_G=\frac{R_2}{R_1+R_2}U_{DD}$$
$$I_{DQ}=I_{DSS}\left(1-\frac{U_{GSQ}}{U_{GS(off)}}\right)^2$$
$$U_{GSQ}=U_G-I_{DQ}R_S$$
$$U_{DSQ}=U_{DD}-I_{DQ}R_S$$

(2) 微变等效电路。

如图 2-2-12 所示。

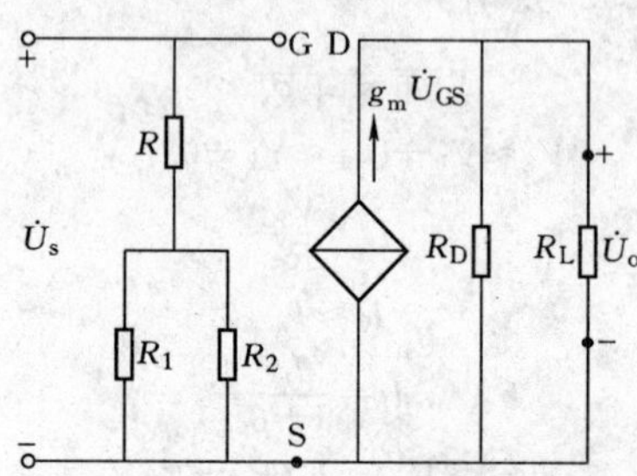

图 2-2-12 图 2-2-11 的微变等效电路

(3) A_u、R_i、R_o 的计算。

$$U_o=g_mU_{GS}R_L'$$
$$R_L'=R_S/\!/R_L$$
$$U_s=U_{GS}+U_o$$

得
$$A_u=\frac{U_o}{U_s}=\frac{g_mR_L'}{1+g_mR_L'}\approx 1$$
$$R_i=R+R_1/\!/R_2$$
$$R_o=\frac{1}{g_m}/\!/R_S$$

(三) 放大电路的频率响应

由于晶体管内部极间电容的存在，信号频率改变时，不仅使放大作用受到影响，而且还要产生附加相移。

1. 双极型晶体管共射电路全频等效电路

图 2-2-13 (a) 所示共射电路，它的全频小信号模型如图 2-2-13 (b) 所示。

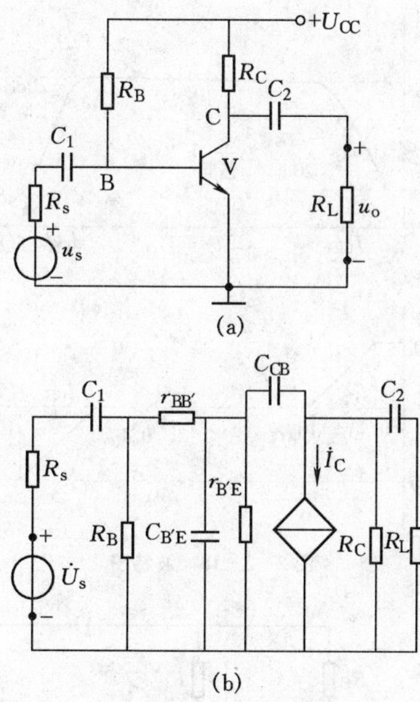

图 2-2-13　晶体管共射电路及其全频小信号等效电路

(a) 共射电路；(b) 小信号全频等效电路

在图 2-2-13（b）中，$r_{BB'}$ 为发射结体电阻，$r_{B'E}$ 为 PN 结的动态等效电阻，$C_{B'E}$ 为发射结电容，C_{CB} 为集电结间电容。

2. 放大电路频率响应的分频段分析法

对图 2-2-13（b）所示电路，运用密勒定理及进一步简化，得图 2-2-14 所示新的简化电路。

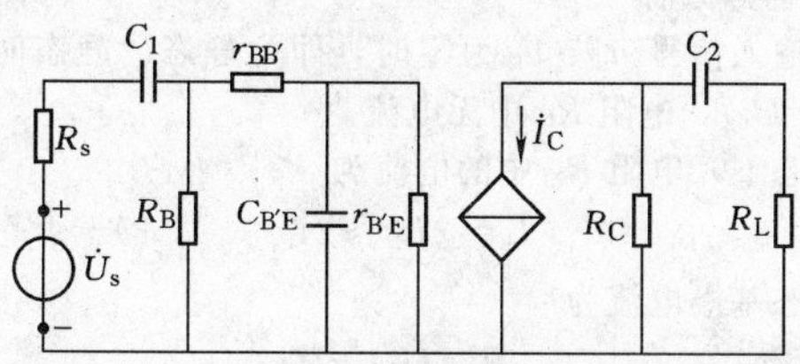

图 2-2-14　图 2-2-13（b）的简化电路

工程上采用分频段分析法对放大电路的频率响应进行分析。分频段分析法的依据是，全频段小信号模型中的各电容，在不同频段对放大电路的影响不同，为此，可将信号频率分为高、中、低三个频段。

（1）中频段电压放大倍数。在这个频率范围内，耦合电容 C_1、C_2 的容抗很小，可视为短路。PN 结的结电容，容抗很大，可视为开路。图 2-2-13（a）所示电路，在小信号、中频段的等效电路如图 2-2-15 所示。考虑结电容后，$\dot{I}_B$ 中还应包括电容电流，因此受控电流与基、射极之间的结电压成正比，故用跨导 g_m 表示输入、输出间的控制关系。

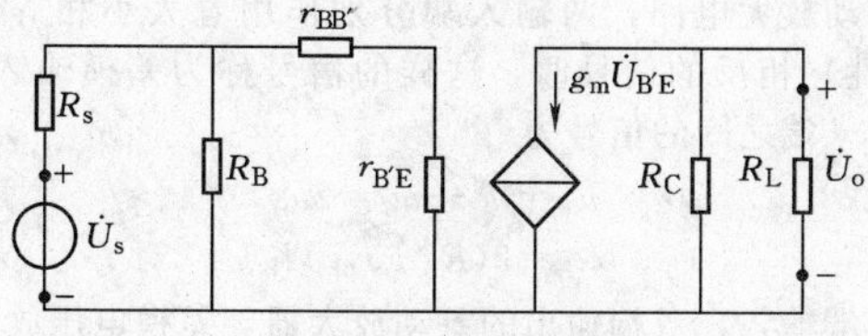

图 2-2-15　中频段等效电路

由图 2-2-15 可知，中频段电压放大倍数为

$$A_{um}=\frac{U_o}{U_s}=\frac{U_i}{U_s}\frac{U_{B'E}}{U_i}\frac{U_o}{U_{B'E}}$$

因

$$U_o=-g_m\dot{U}_{B'E}R'_L$$

$$U_{B'E}=\frac{r_{B'E}}{r_{BE}}U_i$$

$$U_i=\frac{\dfrac{R_B r_{BE}}{R_B+r_{BE}}}{R_s+\dfrac{R_B r_{BE}}{R_B+r_{BE}}}U_s$$

得

$$A_{um}=\left(\frac{R_B/\!/r_{BE}}{R_s+R_B/\!/r_{BE}}\frac{r_{B'E}}{r_{BE}}\right)\times(-g_m R'_L)$$

（2）高频段电压放大倍数。高频时，电容 C_1、C_2 作用更可忽略，但结电容的容抗下降，对电路有影响，不再视为开路。高频段的等效电路如图 2-2-16（a）所示，应用戴维南定理对所示电路进一步简化，如图 2-2-16（b）所示。

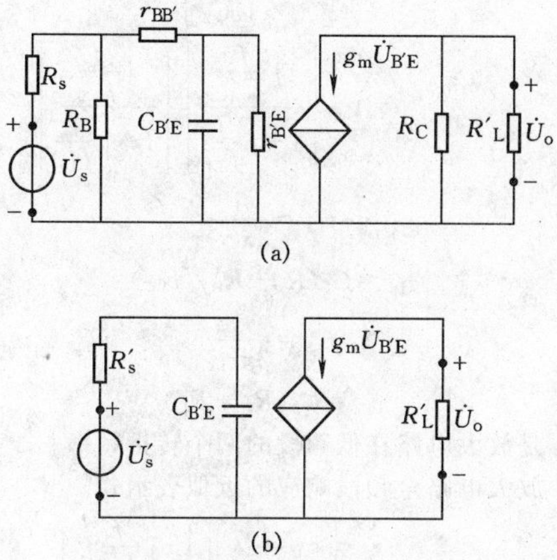

(a)

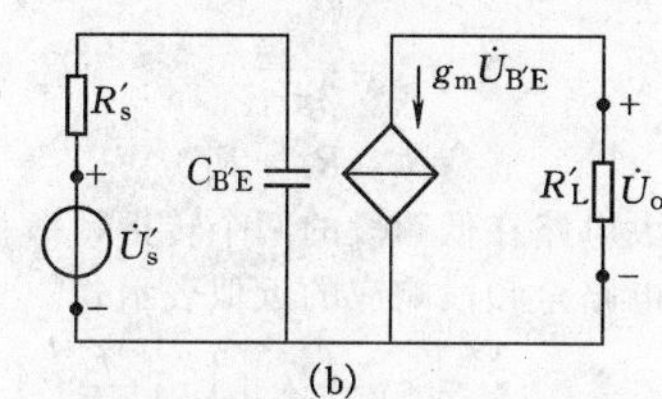

图 2-2-16　高频段简化电路

图 2-2-16（b）中有

$$R'_s=r_{B'E}/\!/(r_{BB'}+R_s/\!/R_B)$$

$$\dot{U}'_s=\left(\frac{R_B/\!/r_{BE}}{R_s+R_B/\!/r_{BE}}\frac{r_{B'E}}{r_{BE}}\right)\dot{U}_s=p\dot{U}_s$$

高频段的电压放大倍数为

$$\dot{A}_{uH}=\frac{\dot{U}_o}{\dot{U}_s}=\frac{\dot{U}'_s}{\dot{U}_s}\frac{\dot{U}_{B'E}}{\dot{U}'_s}\frac{\dot{U}_o}{\dot{U}_{B'E}}$$

$$=p\left(\frac{1/\mathrm{j}\omega C_{B'E}}{R'_s+1/\mathrm{j}\omega C'_{B'E}}\right)(-g_m R'_L)$$

$$=\dot{A}_{um}\frac{1}{1+\mathrm{j}\omega R'_s C'_{B'E}}$$

$$=\dot{A}_{um}\frac{1}{1+\mathrm{j}\dfrac{\omega}{\omega_{CH}}}$$

$$=\dot{A}_{um}\frac{1}{1+\mathrm{j}\dfrac{f}{f_{CH}}}$$

上式中

$$f_{CH}=\frac{\omega}{2\pi}=\frac{1}{2\pi R'_s C'_{B'E}}$$

f_H 为放大器的上限频率。

（3）低频段放大倍数。信号频率较低时，耦合电容 C_1、C_2 的阻抗增加，对电路影响不可忽略，因而低频段的等效电路如图 2-2-17 所示 。

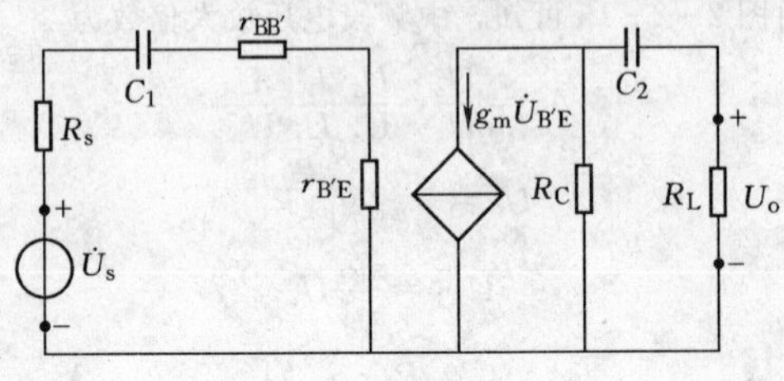

图 2-2-17 低频段的等效电路

由图 2-2-17 可知

$$\dot{A}_{uL}=\frac{\dot{U}_o}{\dot{U}_s}=\frac{\dot{U}_{BE}}{\dot{U}_s}\frac{\dot{U}_{B'E}}{\dot{U}_{BE}}\frac{\dot{U}_{CE}}{\dot{U}_{B'E}}\frac{\dot{U}_o}{\dot{U}_{CE}}$$

$$=\left[\frac{R_B/\!/r_{BE}}{(R_s+R_B/\!/r_{BE})+1/j\omega C_1}\right]\times\frac{r_{B'E}}{r_{BE}}\left\{-g_m\left[R_C/\!/\left(R_L+\frac{1}{j\omega C_2}\right)\right]\right\}\times\left[\frac{R_L}{R_L+\frac{1}{j\omega C_2}}\right]$$

$$=\dot{A}_{um}\left[\frac{j\frac{f}{f_{L1}}}{1+j\frac{f}{f_{L1}}}\right]\left[\frac{j\frac{f}{f_{L2}}}{1+j\frac{f}{f_{L2}}}\right]$$

式中

$$f_{L1}=\frac{1}{2\pi\tau_{L1}}$$

$$\tau_{L1}=C_1(R_s+R_B/\!/r_{BE})$$

$$f_{L2}=\frac{1}{2\pi\tau_{L2}}$$

$$\tau_{L2}=C_2(R_C+R_L)$$

f_{L1} 和 f_{C2} 是放大电路在低频段的两个转折频率。

(4) 放大电路全频段响应的近似表示式。

$$\dot{A}_u\approx\dot{A}_{um}\left(\frac{1}{1+j\frac{f}{f_H}}\right)\left(\frac{j\frac{f}{f_{L1}}}{1+j\frac{f}{f_{L1}}}\right)\left(\frac{j\frac{f}{f_{L2}}}{1+j\frac{f}{f_{L2}}}\right)\qquad(2-2-1)$$

在中频段 $f_H\gg f\gg f_{L1}、f_{L2}$

所以 $\dot{A}_u=\dot{A}_{um}$

在高频段 $f\gg f_{L1}、f_{L2}$

所以 $\dot{A}_{uH}\approx\dot{A}_{um}\left(\frac{1}{1+j\frac{f}{f_H}}\right)$

在低频段 $f\ll f_{L1}、f_{L2}$

所以 $\dot{A}_{uL}\approx\dot{A}_{um}\left(\frac{j\frac{f}{f_{L1}}}{1+j\frac{f}{f_{L1}}}\right)\left(\frac{j\frac{f}{f_{L2}}}{1+j\frac{f}{f_{L2}}}\right)$

(5) 对数幅频特性曲线。按式(2-2-1)作出的幅频与相频特性的波特图如图 2-2-18 所示。

三、差动放大电路

差动放大电路是一种可提供两个输入端和两个输出端的放大器，这种电路结构为系统中的不同接口提供了方便。

差动放大电路由于具有抑制漂移（温漂）的功能，因而被广泛的应用在运算放大器等集成电路中。

(一) 电路组成与静态动态分析

典型的差动放大电路如图 2-2-19 所示。该电路的特点是，电路参数对称，晶体管特性一致。

图 2-2-19 所示电路，有两个输入信号端和两个输出

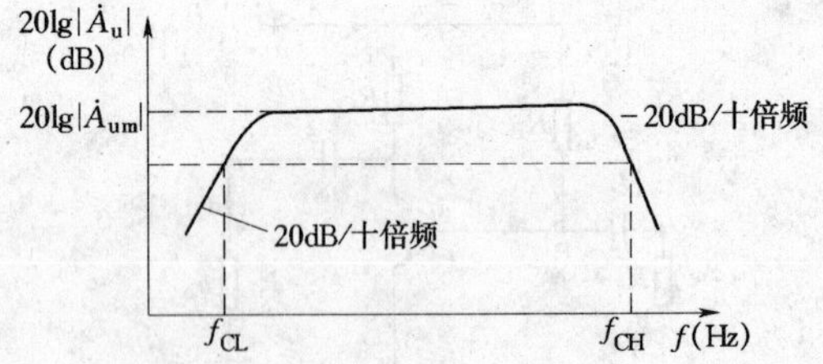

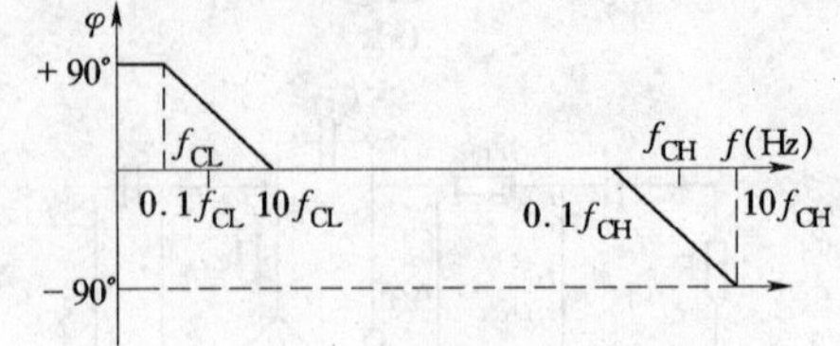

图 2-2-18 波特图

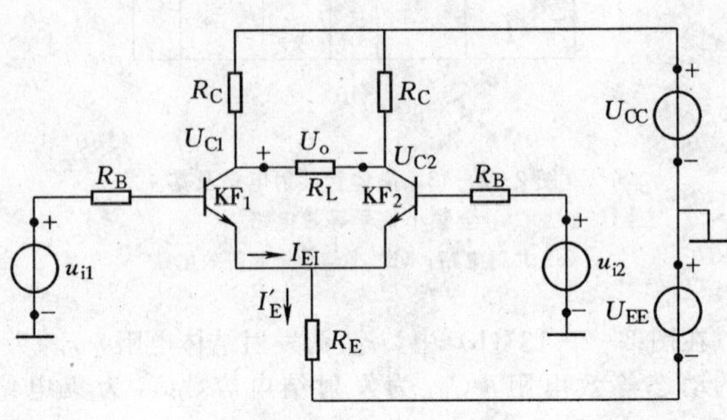

图 2-2-19 差动放大电路

信号端，因此，该电路又称为双端输入、双端输出的差动放大电路。

1. 静态分析

当输入信号 u_{i1}、u_{i2} 为零时，即为静态。静态时，电位值 $U_{C1}=U_{C2}$，电阻 R_L 中无电流。

静态下，电阻 R_E 中的电流为

$$I'_E=2I_{E_1}\approx 2I_{C_1}$$

静态基极电流为

$$I_{BQ}=\frac{U_{EE}-U_{on}}{R_B+2(1+\beta)R_E}$$

式中：U_{on} 为晶体管发射结正向导通电压（硅管为 0.7V 左右）。

发射极电流为

$$I_{EQ}=\frac{U_{EE}-U_{on}}{2R_E}\approx I_{CQ}$$

2. 动态分析

图 2-2-19 所示差动放大电路的交流通道与差模等效电路如图 2-2-20 (a)、(b) 所示。

每只晶体管的交流负载为 $\frac{R_L}{2}$，根据交流等效电路可得差模放大倍数及差模输入电阻与输出电阻。

(1) 差模放大倍数 A_{ud}。

差动放大电路，两输入端分别作用着大小相等、相位（或极性）相反的信号时，这样的信号称为差模输入信号。两个输入端之间的信号为

$$u_{id}=u_{i1}-u_{i2}=2u_{i1}$$
$$=2(R_B+r_{BE})I_B$$

双端输入、双端输出的差动放大器，差模电压放大倍数（增益）为

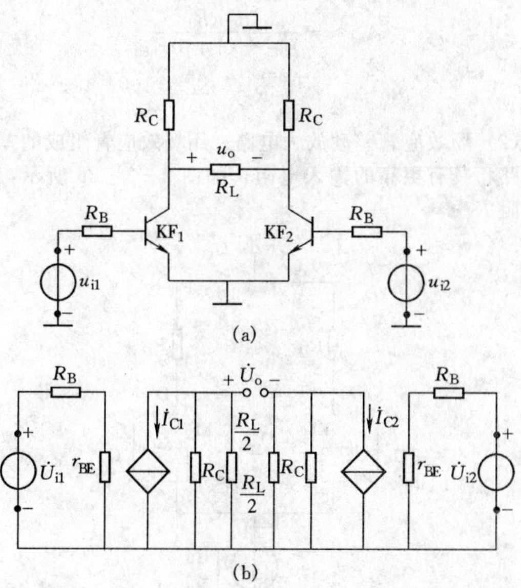

图 2-2-20　差动放大电路的交流通道与等效电路

(a) 交流通道；(b) 差模等效电路

$$A_{ud}=\frac{-2\beta\left(R_C /\!/ \dfrac{R_L}{2}\right)}{2(R_B+r_{BE})}=-\beta\frac{R_C /\!/ \dfrac{R_L}{2}}{(R_B+r_{BE})}$$

(2) 差模输入电阻 R_{id}。

$$R_{id}=2(R_B+r_{BE})$$

(3) 差模输出电阻 R_{od}。

$$R_{od}=2R_C$$

(二) 共模放大倍数和共模抑制比

1. 共模放大倍数

差动放大器两个输入端作用着大小相等、相位（极性）相同的两个信号时，称为共模输入。

图 2-2-21 所示电路，作用着共模信号，当共模输入电压改变时，输出电压 $u_o=0$。差动放大电路对共模信号有抑制作用。

理论上，输入共模电压时，输出电压 u_{oc} 为零；实际上，由于电路中元件参数值的微小差异、晶体管特性的差异，输入共模信号时，输出电压 $U_{oc}\neq 0$，电压 U_{oc} 与输入共模电压 U_{ic} 之比称为共模放大倍数 A_{uc}，即

$$A_{uc}=\frac{U_{oc}}{U_{ic}}$$

A_{uc} 越小，表明放大电路抑制温漂能力越强。

2. 共模输入电阻 R_{ic}

由图 2-2-21 所示电路可知，共模输入电阻为

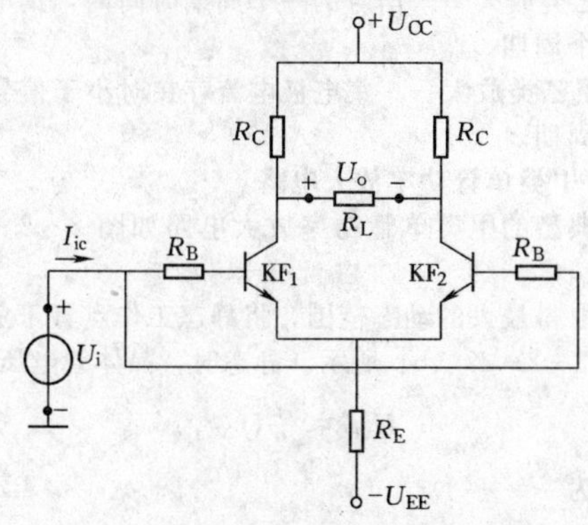

图 2-2-21　共模输入

$$R_{ic}=\frac{1}{2}[R_B+r_{BE}+2(1+\beta)R_E]$$

差动放大电路，共模输入电阻 R_{ic} 高于差模输入电阻 R_{id}。

3. 共模抑制比 K_{CMR}

差动放大电路的差模放大倍数 A_{ud} 是有用信号的放大倍数，共模放大倍数 A_{uc} 是表明放大电路温漂的程度，可用共模抑制比，即

$$K_{CMR}=\left|\frac{A_{ud}}{A_{uc}}\right|$$

或

$$K_{CMR}(\mathrm{dB})=20\lg\left|\frac{A_{ud}}{A_{uc}}\right|$$

作为衡量差放电路抑制共模信号的指标。

(三) 差动放大电路在不同输入、输出方式下的动态性能指标

差动放大电路有两个输入端、两个输出端，使用时，既可以双端输入，也可以单端输入；既可以双端输出，也可以单端输出。因此，差动放大电路有四种接法，如图 2-2-22 所示。

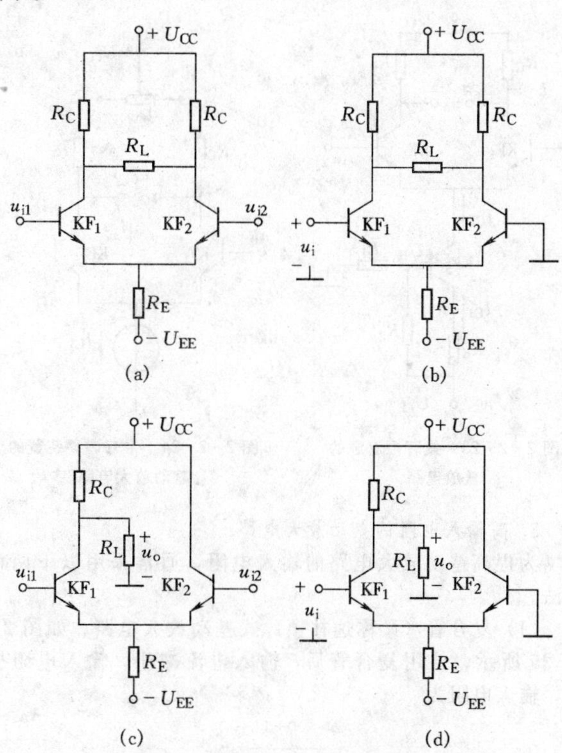

图 2-2-22　差动放大电路的四种接法

(a) 双端输入、双端输出；(b) 单端输入、双端输出；(c) 双端输入、单端输出；(d) 单端输入、单端输出

单端输出的差动放大电路，它的差模放大倍数为双端输出的差动放大电路差模放大倍数的一半，即

$$A_{ud(单入)}=\frac{1}{2}A_{ud(双入)}$$

单端输入与双端输入的差放电路，输入电阻 R_i 相等；单端输出电路的输出电阻为双端输出电路的 1/2。

双端输出电路的共模抑制比 $K_{CMR}\approx\infty$；单端输出的差放电路，共模抑制比为

$$K_{CMR(单出)}\approx\frac{(1+\beta)R_E}{R_B+r_{BE}}$$

(四) 改进型差动放大电路

1. 恒流源差放电路

差动放大电路中的电阻 R_E，数值越大抑制共模信号的作用越强，但在集成电路中制造大电阻不易，为此，采用晶体管恒流源电路替代 R_E 在电路中的作用，如图 2-2-23 所示。

电阻 R_1、R_2、R_E 和晶体管 V_3 构成了恒流源电路，电流 I_{C3} 为恒定值，即

$$I_{C3} \approx I_{C3} = \frac{U_{B3} - U_{on}}{R_E}$$

而

$$U_{B3} = \frac{R_2}{R_1 + R_2} U_{EE}$$

$$U_{on} \approx 0.7\ \text{V(硅管)}$$

2. 带调零措施的差动放大电路

电路中的元、器件的特性不可能完全对称，由于不对称而造成放大电路无输入电压时，输出电压不为零，为此，在电路中置有调零电位器，通过调节调零电位器可使 $U_i = 0$ 时，$U_o = 0$。带有调零装置的差动放大电路如图 2-2-24 所示。

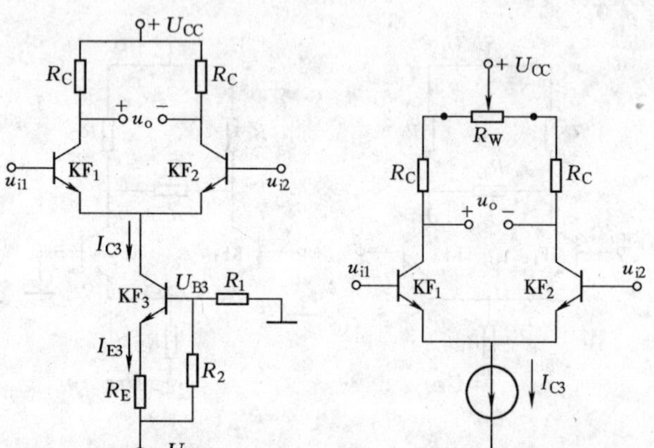

图 2-2-23 具有恒流源的差放电路

图 2-2-24 带有调零装置的差动放大电路

3. 高输入电阻的差动放大电路

为提高差动放大电路的输入电阻，通常采用以下两种方法。

(1) 复合管（又称达林顿）式差动放大电路。如图 2-2-25 所示，使用复合管后，输入电流减小，输入电阻提高，输入电阻为

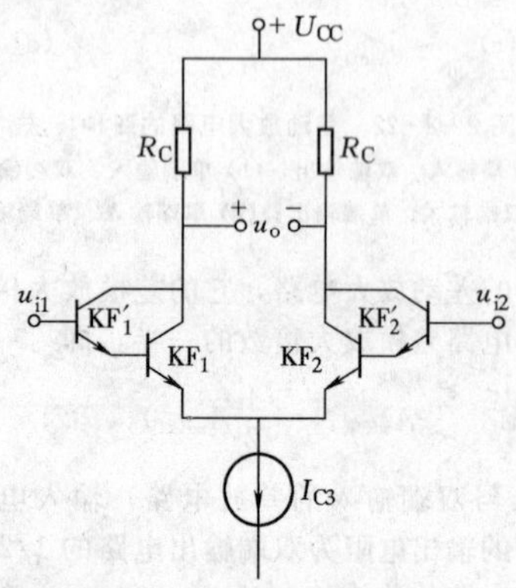

图 2-2-25 高输入电阻的差放电路

$$R_{id} = 2r_{BE1} + 2(1+\beta) r_{BE2}$$

所示电路的差模电压放大倍数为

$$A_{ud} \approx -\frac{\beta_1 \beta_2 R'_L}{r_{BE1} + (1+\beta) r_{BE2}}$$

$$R'_L = R_C /\!/ \frac{R_L}{2}$$

(2) 场效应管差动放大电路。用场效应管组成的差动放大电路，具有更高的输入电阻，如图 2-2-26 所示，其输入电阻 $R_i \to \infty$。

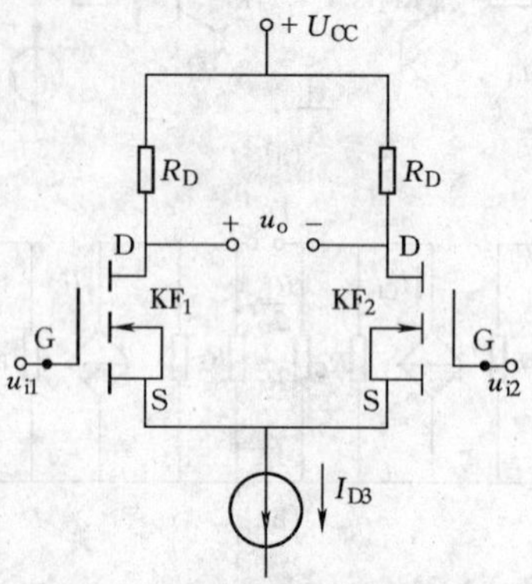

图 2-2-26 场效应管差动放大电路

图 2-2-26 所示电路的电压放大倍数为

$$A_{ud} = -g_m \left(R_D /\!/ \frac{R_L}{2} \right)$$

四、低频功率放大电路

(一) 低频功率放大电路的三类工作状态

低频功率放大电路中的电压、电流幅度一般都较大，往往会超出晶体管的线性范围，因此，对功率放大电路的分析不能用小信号交流等效电路，通常采用图解分析法。

功率放大电路向负载输出的电压、电流幅值大，晶体管常工作在极限应用状态，因而输出的功率较大。直流电源向放大电路提供的功率与通过电路输出的交流功率，即能量转换效率将是功率放大电路的重要问题。

功率放大电路的效率为

$$\eta = \frac{P_o}{P_v} \times 100\%$$

式中 P_o——功率放大器输出的信号功率；

P_v——直流电源供给的功率。

低频功率放大器按晶体管集电极电流在信号一个周期时间内存在的时间不同，分为甲类、乙类和甲乙类三种不同的工作状态：

(1) 甲类放大——信号的一个周期时间内，集电极电流均存在。

(2) 乙类放大——信号的一个周期时间内，集电极电流只存在半个周期。

(3) 甲乙类放大——集电极电流存在时小于信号周期但大于半个周期。

(二) 甲类单管功率放大电路

一个典型的甲类单管功率放大电路如图 2-2-27 (a) 所示。

为了取得最大的动态范围，将静态工作点置于负载线中点，如图 2-2-27 (b) 所示。静态时，晶体管电压为

$$U_{CEQ} \approx \frac{1}{2} U_{CC}$$

静态电流为

$$I_{CQ} \approx \frac{U_{CC}}{2R_E}$$

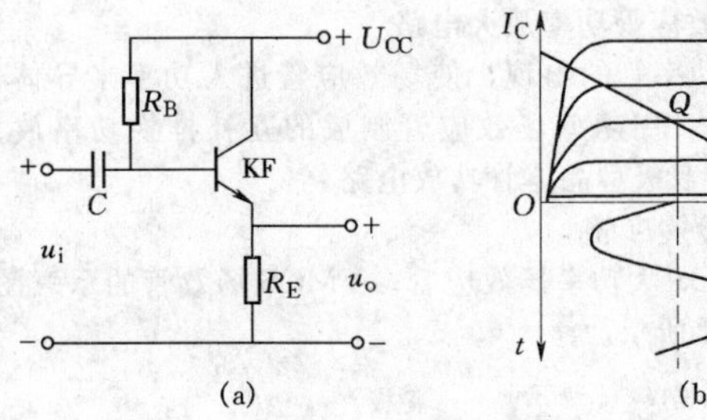

图 2-2-27 甲类功率放大电路

(a) 电路；(b) 工作点

有信号输入后，输出电压 u_o 的波形如图 2-2-27 (b) 中虚线所示。

负载 R_L 得到的功率（输出功率）为

$$P_o=\frac{U_{Lm}}{\sqrt{2}}\frac{I_{Lm}}{\sqrt{2}}=\frac{1}{8}\frac{U_{CC}^2}{R_E}$$

直流电源提供的功率为

$$P_v=U_{CC}I_{CQ}=\frac{1}{2}\frac{U_{CC}^2}{R_E}$$

图 2-2-27 (a) 所示电路的转换效率为

$$\eta=\frac{P_o}{P_v}=\frac{1}{4}(=25\%)$$

转换效率低。

（三）互补对称功率放大电路

互补对称功率电路如图 2-2-28 所示，它由 NPN 型晶体管与 PNP 型晶体管（或 N 沟道与 P 沟道场效应管）组成，该电路在信号电压 $u_i=0$ 时，输出电压 $u_o=0$。

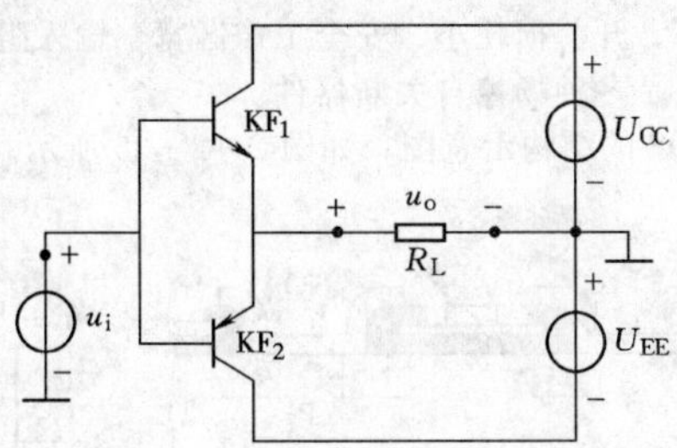

图 2-2-28 互补对称功率放大电路

图 2-2-28 所示电路，有输入电压 u_i 后，信号电压的正半周期 KF_2 管截止，KF_1 管导电；信号电压负半周期 KF_1 截止，KF_2 管导电，因此在负载 R_L 上得到一个完整的全波波形。当输入信号 u_i 为正弦波形时，输出电压 u_o 的波形如图 2-2-29 所示。

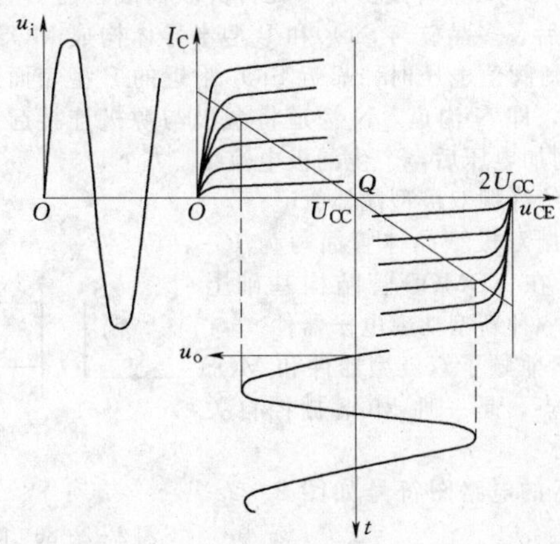

图 2-2-29 图解法分析互补功率电路波形

1. 输出功率和效率

输出功率为

$$P_o=\frac{1}{2}\frac{U_{CC}^2}{R_L}$$

直流电源提供的功率 P_v：由于电路由两组电源供电，而每只晶体管集电极电流为半个周期的不连续电流，若信号为正弦电压，则每只晶体管的电流平均值为

$$I_{av}=\frac{1}{2\pi}\int_0^{\pi}I_{0m}\sin\omega t\,d(\omega t)$$

$$=\frac{I_{0m}}{\pi}$$

每组电源供给的直流功率为

$$P_v'=U_{CC}I_{av}=\frac{U_{CC}^2}{\pi R_L}$$

两组电源供给的总功率为

$$P_v=2P_v'=\frac{2U_{CC}^2}{\pi R_L}$$

转换效率为

$$\eta=\frac{P_o}{P_v}=\frac{\pi}{4}(=78.5\%)$$

2. 晶体管的选择

晶体管的功率损耗 P_T（管耗）为

$$P_T=P_v-P_o$$

P_o 与 P_v 均与信号的幅值有关，所以 P_T 也随信号幅值的变化而改变。最大管耗为

$$P_{Tm}=\frac{2U_{CC}^2}{\pi^2R_L}\approx 0.4P_{om}$$

每一只晶体管的管耗为$\frac{P_{Tm}}{2}\approx 0.2P_{om}$。

每一只晶体管上承受的电压最大值等于 $2U_{CC}$，晶体管集电极电流的最大值 $I_{Cm}=\frac{U_{CC}}{R_L}$。

3. 交越失真

由于晶体管集电极电流趋于零时，有一个“死区”，即在此区域内，输入电压（<0.5V）有改变，输出电压为零，如图 2-2-30 所示，称为交越失真。

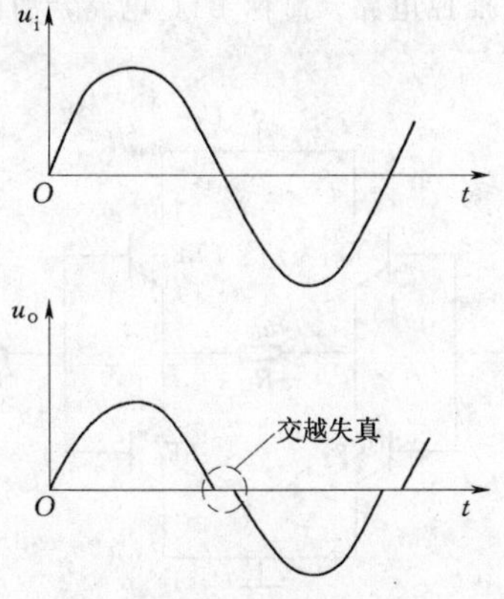

图 2-2-30 交越失真

为克服交越失真，实用的互补对称功率放大电路，采用的方法是，当两只晶体管在 $u_i=0$ 时，为其设置一个偏置电路，使晶体管的 U_{BEQ} 略大于 0.5 V，以便输入信号作用后，应导电的晶体管能够立即导电。常用的基极偏置电路如图2-2-31 (a)、(b) 所示。设置偏置电压后，每只晶体管的电流存在时间超过半个周期，这种工作情况称为甲乙类。

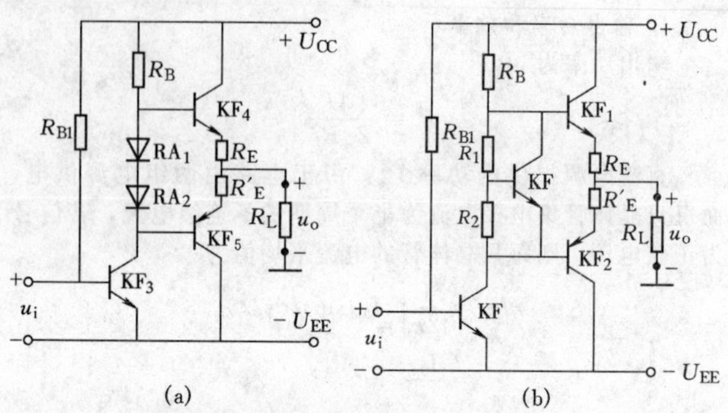

图 2-2-31　功率放大电路的基极偏置电路

4. 互补对称功率放大电路的类型

(1) 无输出电容的功率放大电路。简称 OCL 电路，如图 2-2-28 所示。

(2) 无输出变压器的功率放大电路

简称 OTL 电路，该电路可由单电源供电，如图 2-2-32 所示。

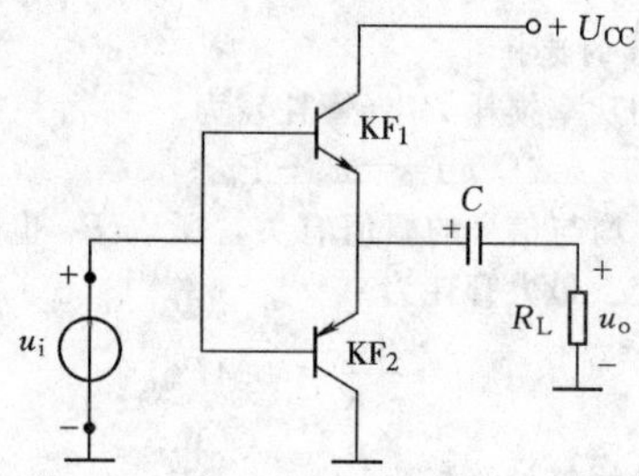

图 2-2-32　OTL 电路

静态时，两只晶体管对称，电容 C 的电压 $U_C=V_{CC}/2$。有信号电压 u_i 作用后，信号正半周期，电源向电容充电，R_L 由电源提供功率；信号负半周期，电容 C 对负载 R_L 放电。如果电容数值很大，$R_LC \gg T/2$（T—信号周期），在工作时电容电压可视为常值。

负载 R_L 上可获得的最大电压 $U_{om}=V_{CC}/2$。

(3) 桥式推挽电路。简称 BTL 电路，如图 2-2-33 所示。

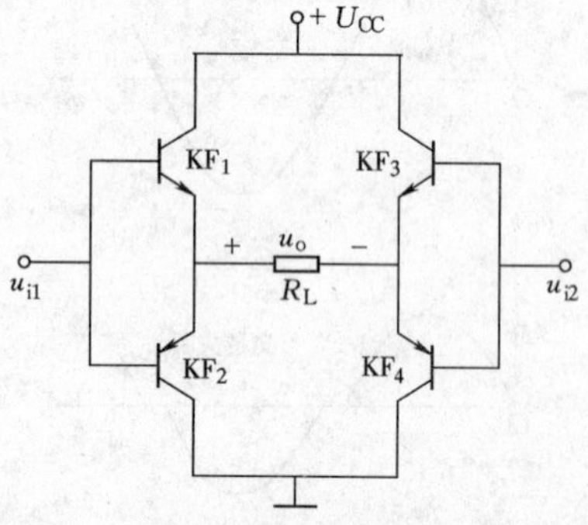

图 2-2-33　BTL 电路

该电路的两个输入信号 u_{i1}、u_{i2} 反相，半周 KF_1—KF_4 管导电，另半周 KF_2—KF_3 管导电，在 R_L 上可得到完整输出波形。

负载 R_L 上的电压幅值等于电源电压 U_{CC}。负载获得的最大功率为

$$P_{om}=\frac{1}{2}\frac{U_{CC}^2}{R_L}$$

(四) 场效应管功率放大电路

MOS 大功率管的出现，使场效应管进入功率半导体器件行列，目前，用功率场效应管制成的互补推挽功率放大器，性能优于双极型晶体管功放电路。

1. 功率场效应管

(1) VMOS 大功率场效应管。VMOS 场效管的示意图，如图 2-2-34 所示。

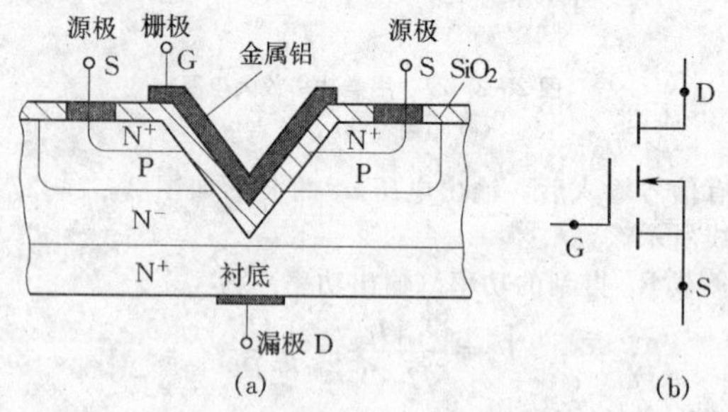

图 2-2-34　VMOS 结构示意图与符号

(a) 结构示意图；(b) 符号

这种 VMOS 是增强型的，当 $U_{GS}>U_T$ 后，在 P 型区靠近 V 形槽氧化层的表面上出现了 N 型反型层，形成纵向沟道，电子从源极（S）通过纵向沟道流向 N^- 层，然后通过 N^+ 衬底到达漏极端子，形成漏极电流。VMOS 由于扩大了漏极散热面积，改善了散热条件，并且有激励信号功率小等一系列优点，因此被广泛应用于功放级电路。

(2) VDMOS 大功率场效应管。功率场效应管中应用最广的是具有电流垂直流动结构的器件，即 VDMOS，它具有工作频率高、开关损耗小、安全工作区宽、输入阻抗高等一系列优点，是一种场控自关断器件。

VDMOS 的结构示意图，如图 2-2-35 所示。

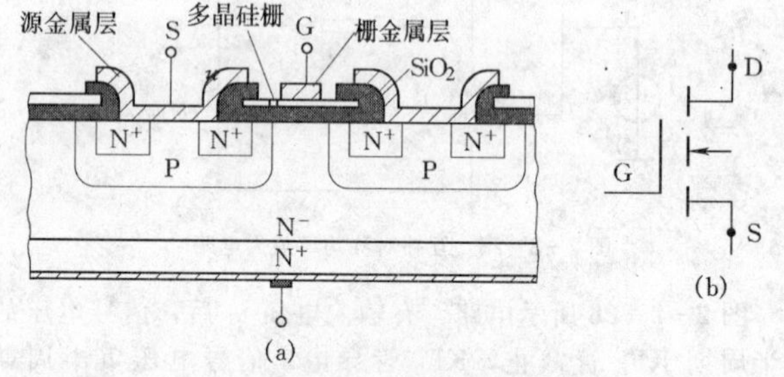

图 2-2-35　VDMOS（N 沟道）

(a) 结构示意图；(b) 符号

一个 VDMOS 管是由许多元件并联而成，当 G—S 极间加正电压后，多晶硅与 SiO_2 和 P 型半导体构成 MOS 结构，当 U_{GS} 达到阀值电压时，靠近 SiO_2 附近的 P 型表面形成 N 型反型层，即 N 沟道，N 沟道将漏极与源极连接起来，当 D—S 极间加电压后，产生漏极电流 I_D。

(3) 绝缘栅双极型晶体管

绝缘栅双极型晶体管简写为 IGBT，它是在 VDMOS 管结构基础上发展出的一种新型功率电子器件。

IGBT 兼顾了双极型器件和 MOS 器件的优点，是一种 MOS 栅控自关断器件。

IGBT 的电路图符号如图 2-2-36 所示。

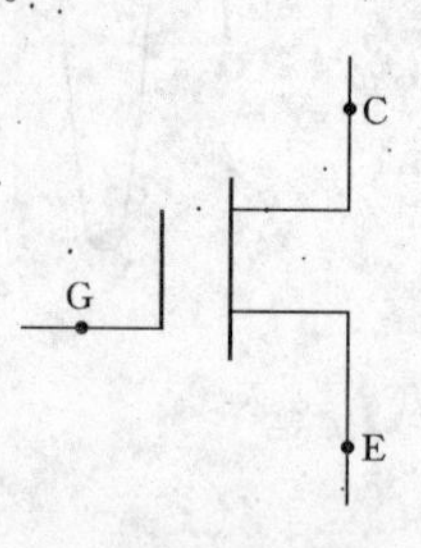

图 2-2-36　IGBT 的符号

IGBT 器件在高频、高压和大电

流应用领域是一种比较理想的器件。

2. 场效应管功率放大电路

用功率 MOS 管同样可以构成 OCL 或 OTL 电路，而 BTL 电路通常用 IGBT 器件构成。

由 VMOS 管作为输出级的音频功率放大器如图 2-2-38 所示，为互补对称型源极输出电路，它由两个 N 沟道 VMOS 管和两个 P 沟道 VMOS 管组成互补对称型源极输出电路。

五、集成电路功率放大器

集成功率放大器与集成运算放大器的内部结构相似，主要由差动输入级、中间放大级和输出功放级串联而成，为了能提供较大的输出功率，集成功放的电源电压较高，并且输出级使用复合管，以增大输出电流。

集成功放的种类很多，可分为通用型和专用型两大类。通用型适于多种电路；专用型适用某些特定电路，如收音机、电视机等。

图 2-2-37 所示为 LM384 集成音频功率放大器电路，通过阻容耦合电路可向 8Ω 负载提供 5W 的输出功率。图中 R_1 和 C_2 为校正元件，C_3 用于消除电源引线的电感效应，C_1 为低频旁路电路。

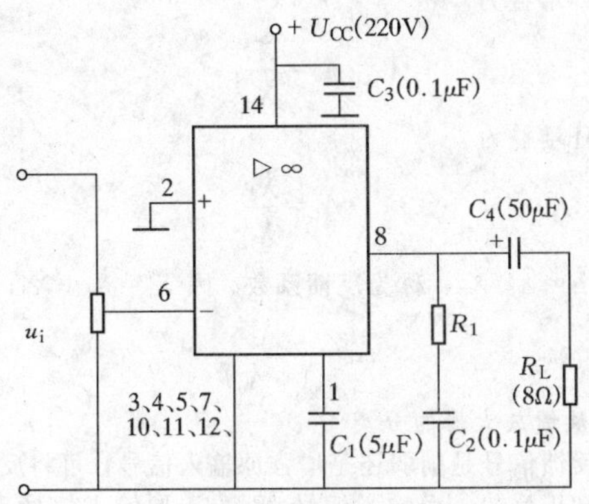

图 2-2-37 集成功率放大器

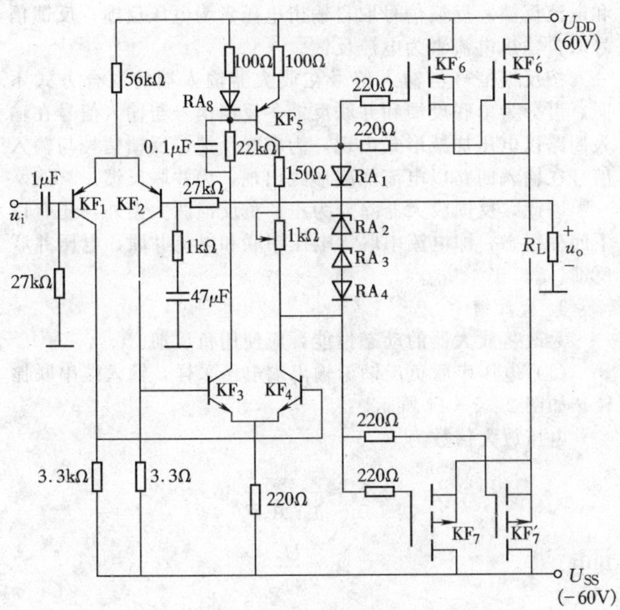

图 2-2-38 VMOS 管功率放大电路

六、集成运算放大器

实用的放大器通常由多级基本放大电路组成，20 世纪 60 年代出现了在一块半导体芯片上制成高增益、直接耦合式的多级放大器产品，称为集成运算放大器。集成运算放大器有多种类型并广泛应用在电子技术各领域。

（一）集成运放的结构与符号

1. 结构

集成运放通常由输入级、中间放大级和输出级电路经直接耦合后级联而成。为获得高增益、低温漂、高共模抑制能力、高输入电阻和低输出电阻及频率响应好等要求，集成运放的输入电路多采用差动放大电路；高增益依赖中间放大级；为达到足够大的输出电压幅度且有一定带负载的能力，运放的输出级多采用互补对称式共射极电路。结构如图 2-2-39 所示。

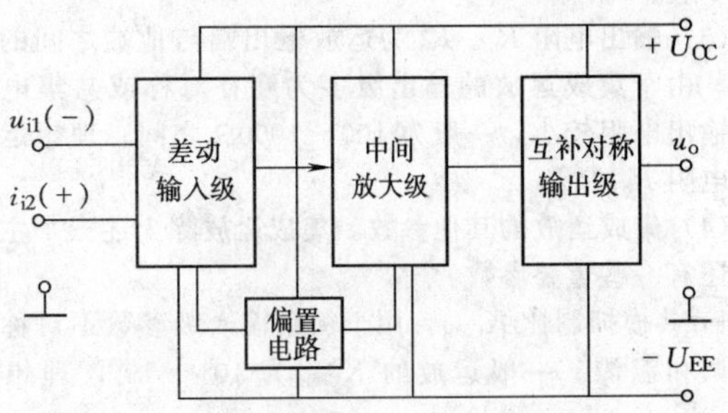

图 2-2-39 集成运算放大器结构示意图

2. 封装结构与符号

（1）封装。集成运放是一种集器件与电路于一体的组件，集成芯片封装方式通常有金属圆壳式和双列直插式二种，如图 2-2-40（a）、（b）所示。

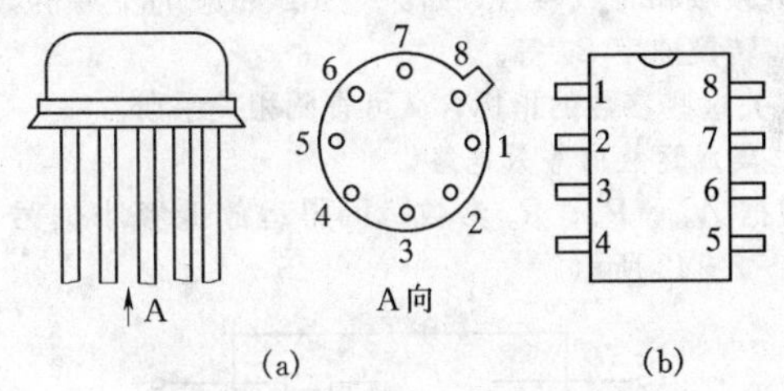

图 2-2-40 集成运放管脚排列顶视图

（a）金属圆壳封装；（b）双列直插式

无论采用何种封装，从器件顶部正视时，其引脚均按逆时针方向排列。

（2）符号。集成运算放大器有两个输入端，即反相输入端 $u_{i(-)}$ 和同相输入端 $u_{i(+)}$ 及一个输出端 u_o。此外，还有电源端、调零端（用于外接调零电位器）、补偿端（用于外接消振电容器），其图形符号如图 2-2-41 所示。

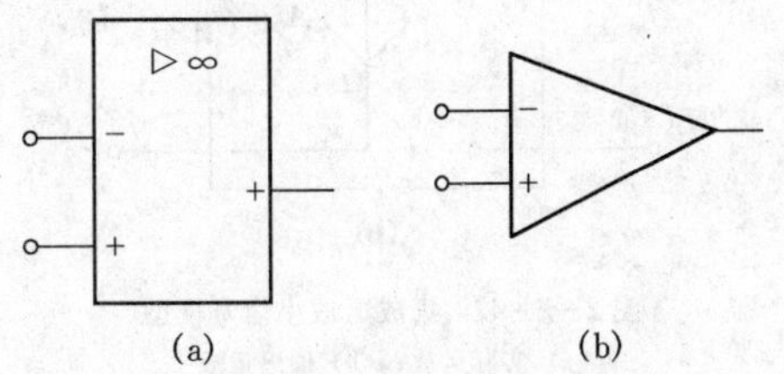

图 2-2-41 集成运放的电路图符号

（a）国际符号；（b）习惯画法

（二）集成运放的性能指标与等效电路

1. 集成运放的性能指标

集成运放在线性工作范围内有三个重要参数。

（1）开环差模电压放大倍数 A_{od}。

$$A_{od}=\frac{\Delta U_o}{\Delta U_{id}}$$

性能较好的运放，A_{od} 可达 140dB，理想运放的 A_{od} 为∞。

在手册中 A_{od} 常以 V/mV 作单位，如 100V/mV，即 A_{od} 为 10^5（100dB）。

（2）差模输入电阻 R_{id}。输入差模信号时，两输入端之间的等效动态电阻，即

$$R_{id}=\frac{\Delta U_{id}}{\Delta I_{id}}=\frac{U_{i(+)}-U_{i(-)}}{\Delta I_{id}}$$

一般运放的 $R_{id}\approx 1\text{M}\Omega$；高阻型运放可达 $10^4\text{M}\Omega$；理想运放 R_{id} 为∞。

（3）输出电阻 R_o。R_o 为运放输出端与地端之间的动态电阻。由于集成运放的输出级多为互补对称或共集电极电路，输出电阻较小，一般为 100～1000Ω 之间；理想运放的输出电阻 R_o 为零。

（4）集成运放的其他参数。集成运放除上述三个主要参数外还有一些重要参数：

1）共模抑制比 K_{CMR}，用于衡量输入级参数不对称引起的失调和温漂。一般运放的 K_{CMR} 为 $10^3\sim10^5$，理想运放为∞。

2）共模输入电阻 R_{ic}，为运放输入端与地之间的动态电阻，通常运放的 $R_{ic}>R_{id}$。

3）失调参数，如：输入失调电压 U_{io}；输入失调电流 I_{io}；输入失调电压温漂 dU_{io}/dT 和输入失调电流温漂 dI_{io}/dT 等。

4）频域和时域参数，如：-3dB 带宽 f_H；单位增益带宽 f_C；转换速率 S_R 等。

有关这些参数的指标含义可查阅相关手册。

2. 集成运放的等效电路

根据 A_{od}、R_{id}、R_o 参数，可得运放低频小信号模型，如图 2-2-42 所示。

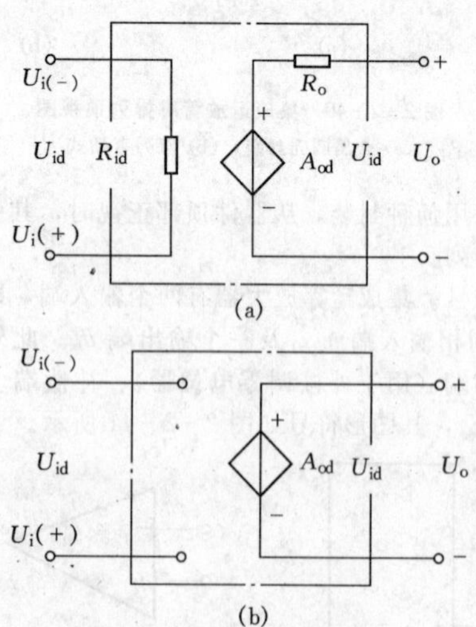

图 2-2-42 集成运放小信号模型

（a）实际运放；（b）理想运放

（三）放大电路中的反馈

为了稳定放大电路的静态工作点和改善放大电路的性能，如改变输入输出电阻、稳定放大倍数、扩展频带等，要在放大电路中引入负反馈。为稳定静态工作点而引入的反馈称为直流反馈；为改变放大器性能而引入的反馈称为交流反馈。下面讨论交流反馈问题。

1. 反馈的基本概念

反馈是指将放大电路的输出量（电压或电流）的一部分或全部按一定的方式送回到放大电路的输入回路，影响放大电路的输入量（电压或电流）的一种连接方式，如图 2-2-43 所示。图中 $\dot{X}_i$ 为输入信号，$\dot{X}_f$ 为反馈信号，$\dot{X}_d$ 为差值信号，即 $\dot{X}_d=\dot{X}_i-\dot{X}_f$，$\dot{X}_o$ 为输出信号。

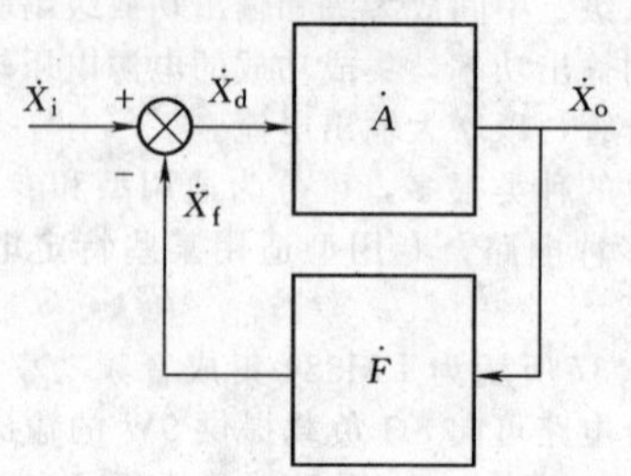

图 2-2-43 反馈放大器的组成

开环增益为

$$\dot{A}_o=\frac{\dot{X}_o}{\dot{X}_d}$$

闭环增益为

$$\dot{A}_f=\frac{\dot{X}_o}{\dot{X}_i}$$

令 $\dot{F}=\dot{X}_f/\dot{X}_o$，称为反馈系数。因 $\dot{X}_i=\dot{X}_f+\dot{X}_d$，所以

$$\dot{A}_f=\frac{\dot{A}_o}{1+\dot{A}_o\dot{F}}$$

2. 反馈放大器的分类

按反馈信号是削弱还是增强原输入信号，可将反馈分为负反馈和正反馈。净输入信号 X_d 小于原输入信号 X_i 的为负反馈；反之为正反馈。

按反馈信号从输出端取样方式的不同，可分为电压反馈和电流反馈。反馈信号取自输出电压者为电压反馈；反馈信号取自输出电流者为电流反馈。

按反馈信号与输入信号在放大器输入端的混合方式不同，可分为串联反馈和并联反馈。反馈信号与输入信号在输入回路以电压加减形式出现，为串联反馈；反馈信号与输入信号在输入回路以电流加减形式出现，为并联反馈。

因此，反馈放大器除分为正、负反馈两大类外，还有以下四种组态，即电流串联、电压串联和电流并联、电压并联反馈。

3. 负反馈

为改善放大器的动态性能，应使用负反馈。

（1）电压串联负反馈。输出端电压采样，输入端串联比较，如图 2-2-44 所示。

电压放大倍数为

$$\dot{A}_{uf}=\frac{\dot{A}_o}{1+\dot{A}_o\dot{F}}$$

其中

$$\dot{A}_o=\frac{\dot{U}_o}{\dot{U}_d}$$

$$\dot{F}=\frac{\dot{U}_f}{\dot{U}_o}$$

(2) 电流串联负反馈。输出端电流采样，输入端串联比较，如图 2-2-45 所示。

输出量与输入量之比为

$$\dot{A}_{qf}=\frac{\dot{A}_g}{1+\dot{A}_g\dot{F}_r}$$

其中

$$\dot{A}_g=\frac{\dot{I}_o}{\dot{U}_d}$$

$$\dot{F}_r=\frac{\dot{U}_f}{\dot{I}_o}$$

(3) 电压并联负反馈。输出端电压采样，输入端并联比较，如图 2-2-46 所示。

输出信号与输入信号比为

$$\dot{A}_{rf}=\frac{\dot{A}_r}{1+\dot{A}_r\dot{F}_g}$$

其中

$$\dot{A}_r=\frac{\dot{U}_o}{\dot{I}_d}$$

$$\dot{F}_g=\frac{\dot{I}_f}{\dot{U}_o}$$

(4) 电流并联负反馈。输出端电流采样，输入端并联比较，如图 2-2-47 所示。

输出信号与输入信号比为

$$\dot{A}_{if}=\frac{\dot{A}_i}{1+\dot{A}_i\dot{F}_i}$$

其中

$$\dot{A}_i=\frac{\dot{I}_o}{\dot{I}_d}$$

$$\dot{F}_i=\frac{\dot{I}_f}{\dot{I}_o}$$

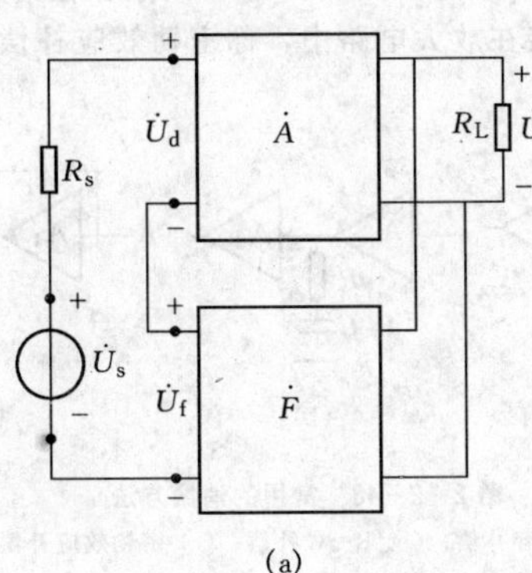

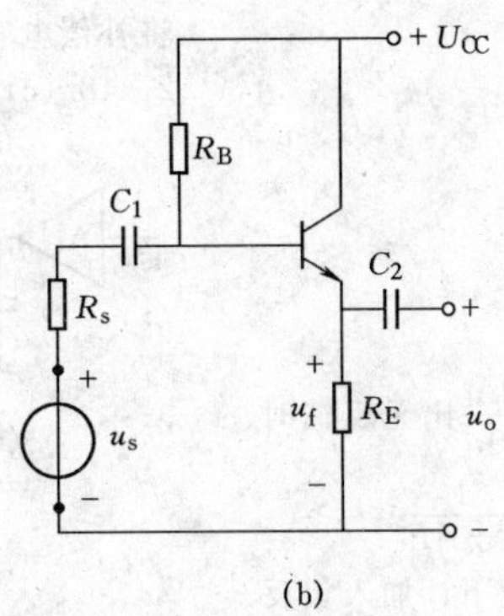

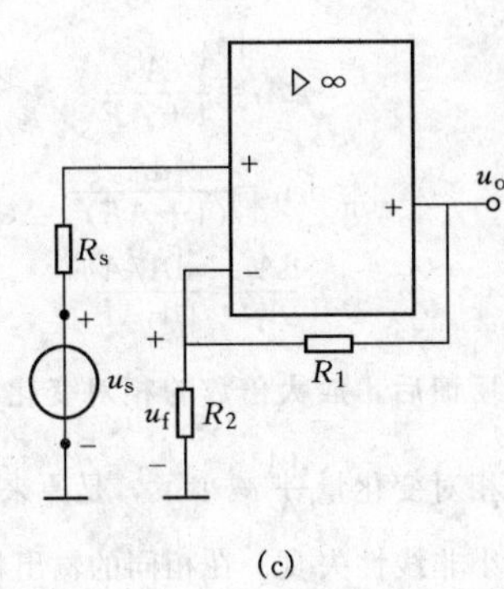

图 2-2-44　电压串联负反馈

(a) 方框图；(b) 分立元件电路；(c) 集成运放电路

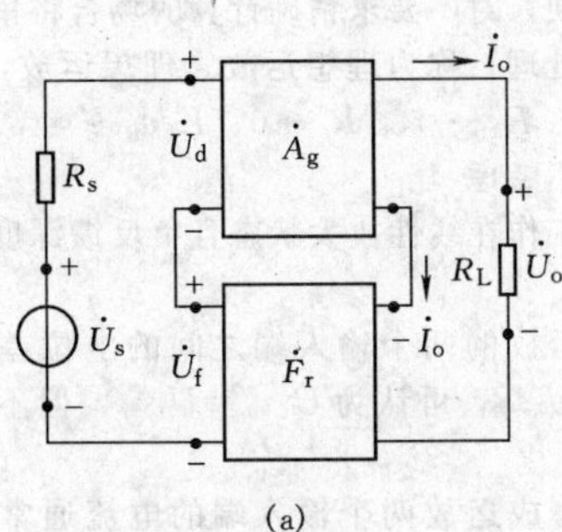

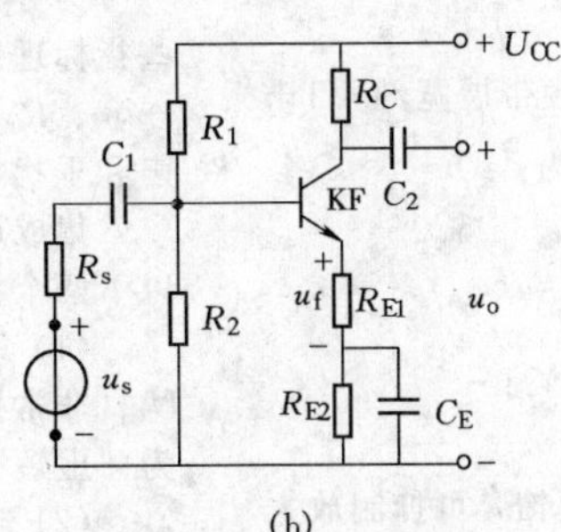

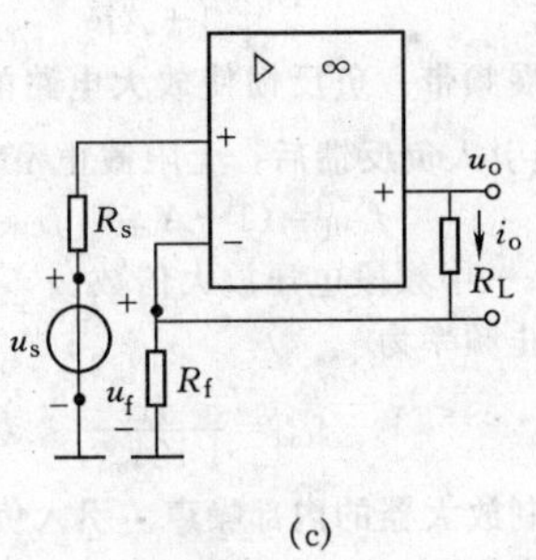

图 2-2-45　电流串联负反馈

(a) 方框图；(b) 分立元件电路；(c) 集成运放电路

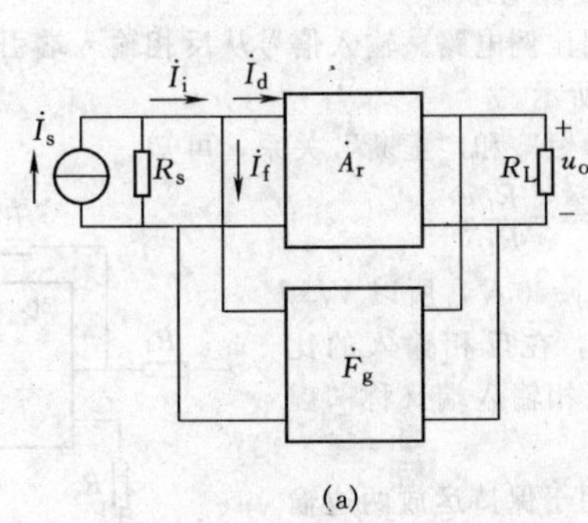

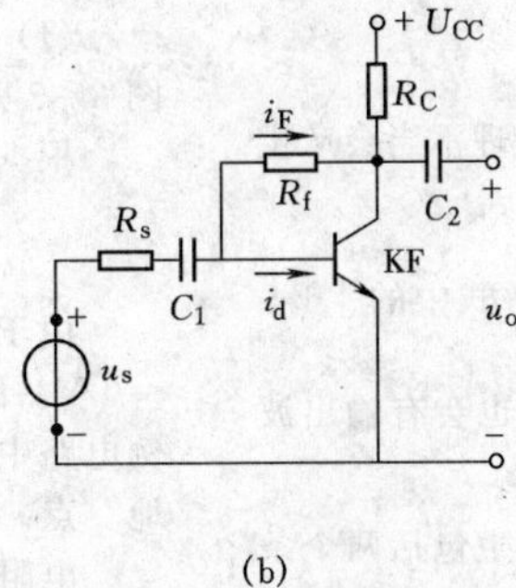

图 2-2-46　电压并联负反馈

(a) 方框图；(b) 分立元件电路；(c) 集成运放电路

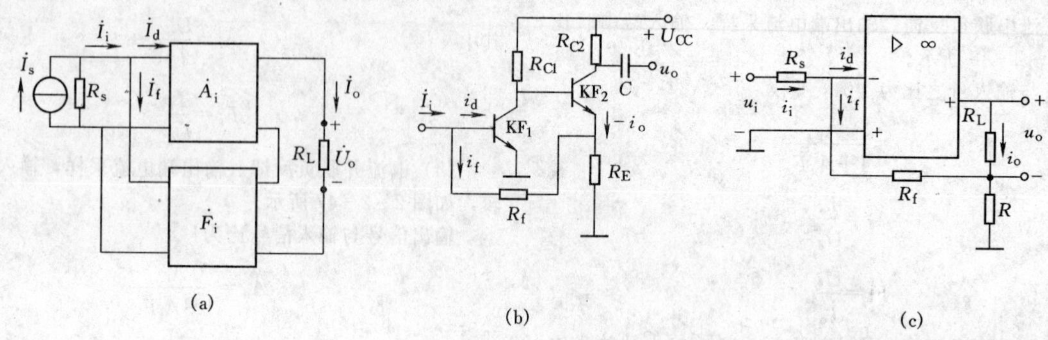

图 2-2-47　电流并联负反馈

4. 负反馈对放大电路性能影响

(1) 提高放大倍数的稳定性。设信号频率为中频，开环放大倍数是实数，记做 A。反馈网络是电阻网络，则反馈系数也是实数，记做 F。因此，闭环放大倍数也是实数，为 A_f，即

$$A_f=\frac{A}{1+AF}$$

而

$$dA_f=\frac{dA}{(1+AF)^2}$$

而

$$\frac{dA_f}{A_f}=\frac{dA/A}{1+AF}$$

引入负反馈后，放大倍数的相对变化量 $\frac{dA_f}{A_f}$ 比无反馈时放大倍数的相对变化量 $\frac{dA}{A}$ 减小了，是原来的 $\frac{1}{1+AF}$。

(2) 减小非线性失真。在相同的输出幅度下，加入负反馈后的非线性失真系数 D_f 小于无负反馈时的失真系数 D，有

$$D_f=\frac{D}{1+AF}$$

(3) 扩展频带。负反馈使放大电路的频带展宽约 $|1+\dot{A}\dot{F}|$ 倍。即引入负反馈后，上限截止频率为

$$f_{CHf}=(1+A_{um}F)f_{CH}$$

式中　A_{um}——中频段电压放大倍数。

下限截止频率为

$$f_{CLf}=\frac{f_{CL}}{1+A_{um}F}$$

(4) 抑制放大器的内部噪声。引入负反馈，可抑制放大器内部的噪声影响。

(5) 改变输入、输出电阻。串联负反馈增大了放大器的输入电阻；并联负反馈减小了放大器输入电阻。电流负反馈增加了放大器的输出电阻；电压负反馈减小放大器输出电阻。

5. 负反馈放大电路的自激振荡及消除

负反馈使放大电路的性能得到改变，但处理不当会产生自激振荡，使电路不能正常工作。

(1) 产生自激振荡的条件。当 $\dot{A}_f=\frac{\dot{A}}{1+\dot{A}\dot{F}}$ 式中的 $|1+\dot{A}\dot{F}|=0$，即 $|\dot{A}_f|=\infty$，没有输入时，电路也会有输出波形，称为自激振荡。

$1+\dot{A}\dot{F}=0$ 也可写成 $\dot{A}\dot{F}=-1$，即振荡产生包括两个条件——幅值条件和相位条件，即

$$|\dot{A}\dot{F}|=1$$

$$\arg\dot{A}\dot{F}=\pm(2n+1)\pi$$

(2) 消振方法。常用的补偿方法是在放大电路中时间常数最大的回路里并接电容，称为电容滞后补偿，如图 2-2-48 (a) 所示；亦可以用 R—C 电路替代单纯电容补偿，称 R—C 滞后补偿，如图 2-2-48 (b) 所示；在集成电路中常将补偿电容跨接在放大电路中，称密勒效应补偿，如图 2-2-48 (c) 所示。

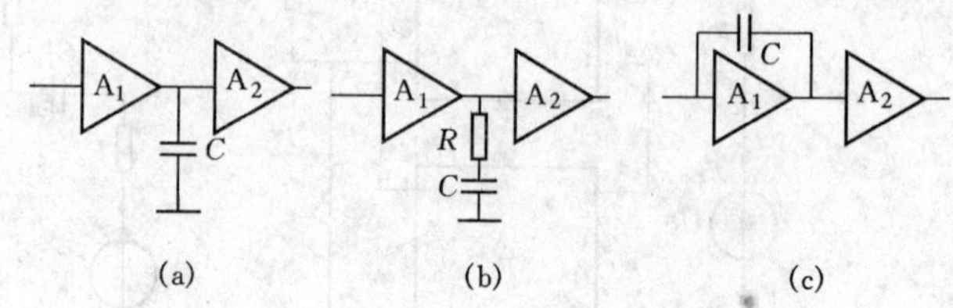

图 2-2-48　常用的消振方法

(a) 电容补偿；(b) R—C 补偿；(c) 密勒效应补偿

(四) 集成运放的基本运算电路

1. 理想运放

为分析方便，对不要求精确计算的场合将集成运放的一些指标理想化处理，称为理想运放。理想运放，即认为 $A_{od}\to\infty$、$R_{id}\to\infty$、$R_{ic}\to\infty$、$R_o\to 0$、$K_{CMR}\to\infty$，且温漂、噪声和干扰等均不考虑。

集成运放工作在线性放大状态且负反馈深度很大，具有以下两个特点：

(1) 集成运放的两个输入端之间的电位差非常小，即 $U_{(+)}$ 非常接近 $U_{(-)}$，可认为 $U_{(+)}=U_{(-)}$，但不是短路，称为"虚短"。

(2) 流入集成运放两个输入端的电流通常视为零，即 $I_{(+)}\approx 0$、$I_{(-)}\approx 0$，但不是开路，称为"虚断"。

以下所讨论的各基本电路，均视运放为理想运放，且具有"虚短"和"虚断"特性。

2. 比例运算电路

(1) 反相比例电路。输入信号从反相输入端引入电路如图 2-2-49 所示。

根据"虚短"和"虚断"关系，可知

$$u_o=-\frac{R_f}{R_1}u_i$$

由于 $U_{(+)}=0$ V，所以 $V_{(-)}=0$ V。因此，在反相输入的比例电路中，反相输入端又称"虚地"点。

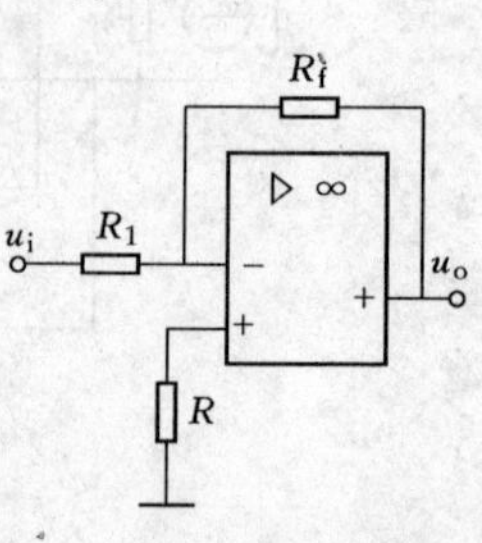

图 2-2-49　反相比例电路

电阻 R 用于保持运放两边输入回路的参数对称，其阻值的选择为

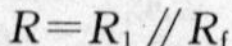

$$R=R_1/\!/R_f$$

(2) 同相比例。输入信号从同相输入端引入，电路如图 2-2-50 所示。

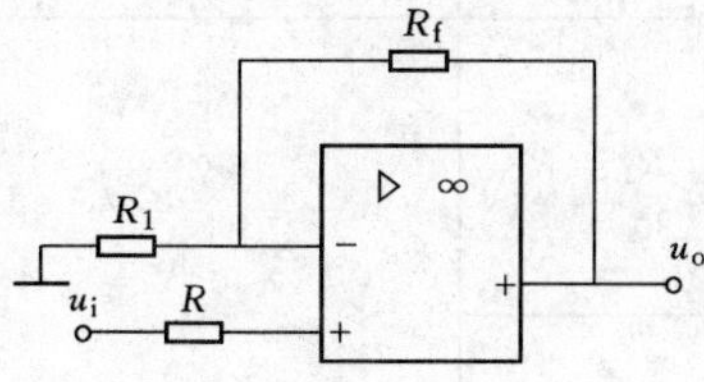

图 2-2-50　同相比例电路

考虑到输入端上的"虚短"和"虚断"关系，即 $U_{(+)}=u_i$ 和 $U_{(-)}=u_f=\frac{R_1}{R_1+R_f}u_o$，所以有

$$u_o=\frac{R_1+R_f}{R_1}u_i=\left(1+\frac{R_f}{R_1}\right)u_i$$

(3) 差动输入电路。图 2-2-51 为差动输入式比例运算电路，输入电压分别作用到运放的反相输入端和同相输入端。

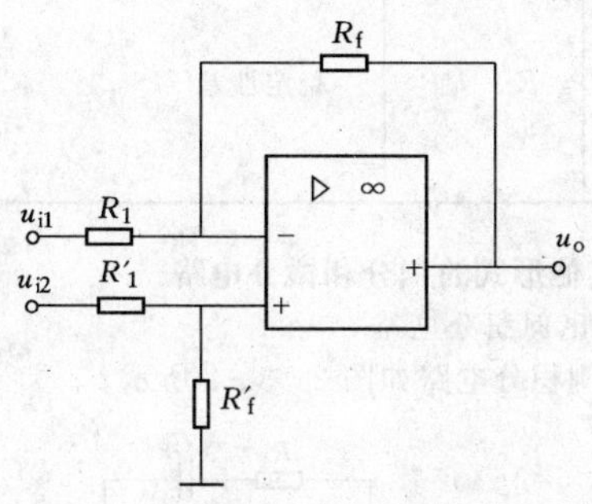

图 2-2-51　差动输入式比例运算电路

若电路中的电阻 $R_1=R_1'$、$R_f=R_f'$，利用叠加原理可以得到输出电压 u_o 与输入电压 u_{i1}、u_{i2} 的关系为

$$u_o=\frac{R_f}{R_1}(u_{i2}-u_{i1})$$

3. 求和运算电路

(1) 反相求和电路。反相求和运算电路如图 2-2-52 所示。设输入有三个电压，因 $U_{(+)}=0$，所以输出电压 u_o 与输入电压关系为

$$\frac{-u_o}{R_f}=\frac{u_{i1}}{R_1}+\frac{u_{i2}}{R_2}+\frac{u_{i3}}{R_3}$$

或
$$u_o=-\left(\frac{R_f}{R_1}u_{i1}+\frac{R_f}{R_2}u_{i2}+\frac{R_f}{R_3}u_{i3}\right)$$

若
$$R_1=R_2=R_3=R$$

则
$$u_o=-\frac{R_f}{R}(u_{i1}+u_{i2}+u_{i3})$$

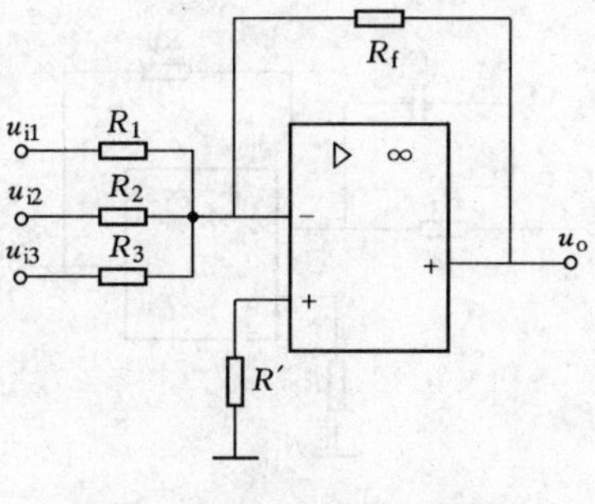

图 2-2-52　反相求和运算电路

(2) 同相求和电路。同相求和运算电路如图 2-2-53 所示。

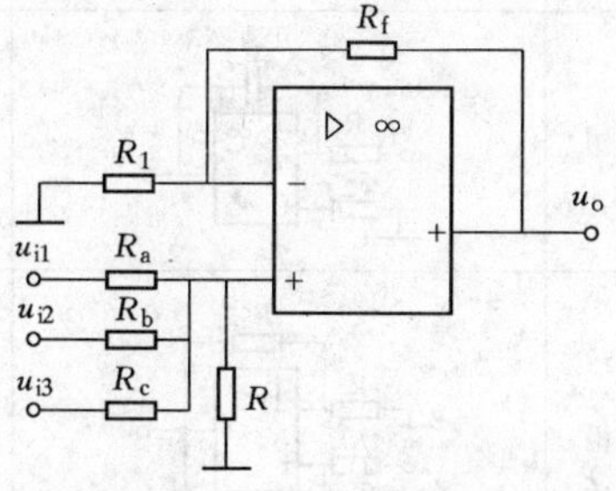

图 2-2-53　同相求和运算电路

利用叠加原理及 $U_{(+)}=U_{(-)}$ 的关系，可以求得

$$u_o=\left(1+\frac{R_f}{R_1}\right)\times R_p\left(\frac{u_{i1}}{R_a}+\frac{u_{i2}}{R_b}+\frac{u_{i3}}{R_c}\right)$$

式中
$$R_p=R_a /\!/ R_b /\!/ R_c /\!/ R$$

4. 高输入阻抗差动运算电路（测量放大器或前置放大器）

由同相输入并联差动电路与基本差动电路组合而成的高输入阻抗差动运算电路，如图 2-2-54 所示，该电路又称测量放大器或前置放大器。

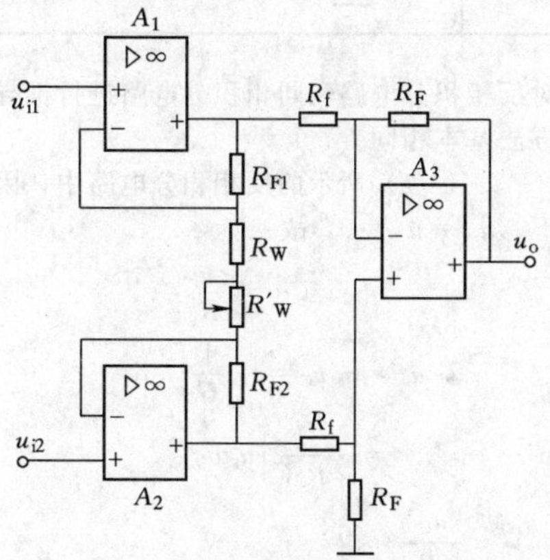

图 2-2-54　高输入阻抗差动运算电路

电路的电压增益为

$$A_{uf}=A_{uf1}A_{uf2}$$

其中
$$A_{uf1}=\frac{U_{o1}-U_{o2}}{U_{i1}-U_{i2}}=1+\frac{R_{F1}+R_{F2}}{R_W+R_W'}$$

而
$$A_{uf2}=-\frac{R_F}{R_f}$$

所以高输入阻抗差动电路的电压增益为

$$A_{uf}=\left(1+\frac{R_{F1}+R_{F2}}{R_W+R_W'}\right)\left(-\frac{R_F}{R_f}\right)$$

第三节　模拟信号运算电路

本节内容包括由运算放大器构成的微分、积分、对数、反对数、乘法、除法等运算电路和模拟乘法器在模拟信号运算中的应用。

一、积分和微分运算电路

（一）基本积分和微分运算电路

表 2-3-1 列举了常见的基本积分和微分运算电路。

表 2-3-1　　常见的基本积分和微分运算电路

名称		电路图	输出与输入关系	电阻匹配	备注
积分电路	反相		$u_o=-\frac{1}{R_1C}\int u_i \mathrm{d}t$	$R_2=R_1$	积分电能不能长期积分，否则 U_o 升（降）到极限值后就不能正常工作了
	同相		$u_o=\frac{2}{RC}\int u_i \mathrm{d}t$		
	差动		$u_o=\frac{1}{RC}\int (u_{i2}-u_{i1})\mathrm{d}t$		
基本微分电路			$u_o=-R_FC\frac{\mathrm{d}u_i}{\mathrm{d}t}$	$R_2=R_F$	稳定性差

下面对反相积分电路和同相积分电路进行推导，其余各电路分析方法基本相同。

在图 2-3-1（a）所示的反相积分电路中，因为运放在理想情况下，$u_-=u_+=0$，故

$$i_C=i_1=\frac{u_i}{R_1}$$

$$u_o=-u_C=-\frac{1}{C}\int i_C \mathrm{d}t=-\frac{1}{R_1C}\int u_i \mathrm{d}t$$

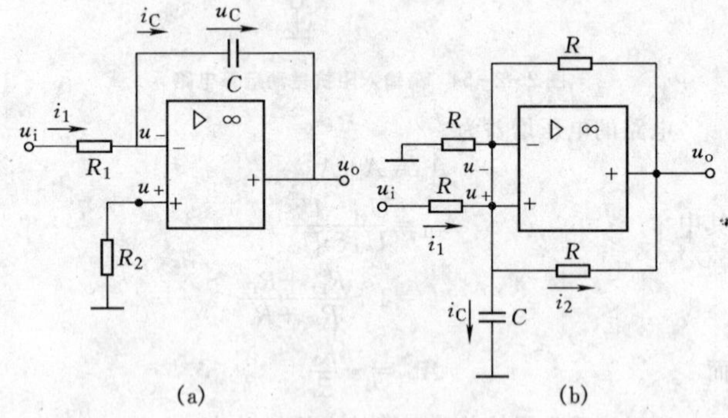

图 2-3-1　积分电路

（a）反相积分电路；（b）同相积分电路

可见输出电压与输入电压是反相积分关系。

在图 2-3-1（b）所示的同相积分电路中，根据电路的有关定律，有

$$i_1=i_2+i_C$$

$$\frac{u_i-u_+}{R}=\frac{u_+-u_o}{R}+C\frac{\mathrm{d}u_+}{\mathrm{d}t}$$

又根据理想运放条件，有 $u_+=u_-=\frac{1}{2}u_o$，经整理得

$$u_o=\frac{2}{RC}\int u_i \mathrm{d}t$$

（二）其他形式的积分和微分电路

1. 反相比例积分电路

反相比例积分电路如图 2-3-2 所示。

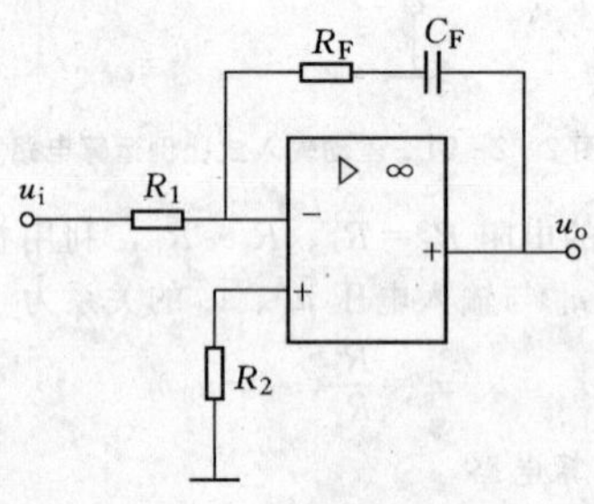

图 2-3-2　反相比例积分电路

根据运放反相输入的特点及其分析方法，可以推导出图中 u_o 与 u_i 的关系式为

$$u_o=-\left(\frac{R_F}{R_1}u_i+\frac{1}{R_1C_F}\int u_i \mathrm{d}t\right)$$

由上式可见图 2-3-2 电路是反相比例运算和反相积分运算两者的组合，所以称它为比例—积分调节器（简称 PI 调节器）。

2. 反相比例微分电路

反相比例微分电路如图 2-3-3 所示。

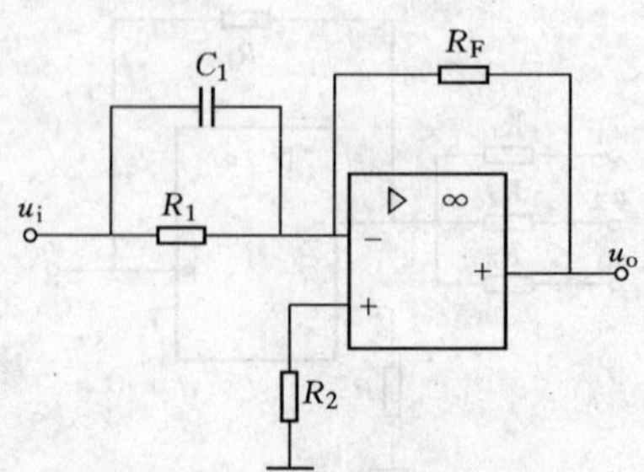

图 2-3-3　反相比例微分电路

图中 u_o 与 u_i 的关系式为

$$u_o=-\left(\frac{R_F}{R_1}u_i+R_FC_1\frac{du_i}{dt}\right)$$

可见该电路是反相比例运算和微分运算两者的组合，所以称为比例—微分调节器（简称 PD 调节器）。

3. 比例—积分—微分电路

把比例微分电路和比例积分电路相组合就构成比例—积分—微分电路，如图 2-3-4 所示。

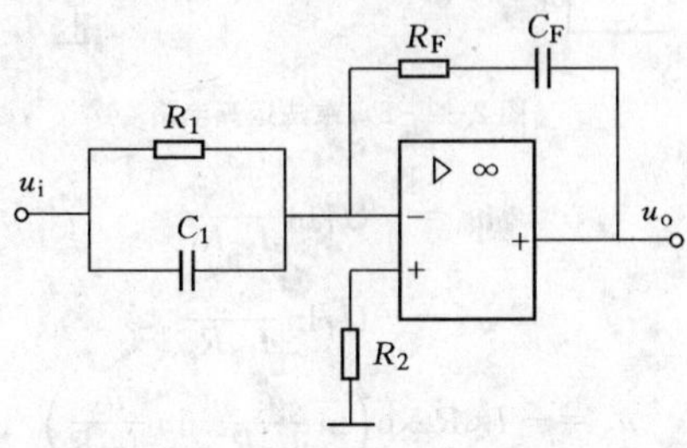

图 2-3-4 比例—积分—微分电路

电路中 u_o 与 u_i 的关系式为

$$u_o=-\left[\left(\frac{R_F}{R_1}+\frac{C_1}{C_F}\right)u_i+C_1R_F\frac{du_i}{dt}+\frac{1}{C_FR_1}\int u_i\,dt\right]$$

在自动控制系统中，比例—积分—微分运算经常用来组成 PID 调节器。在常规调节中比例运算、积分运算常用来提高调节精度，而微分运算则用来加速过渡过程。

4. 实用微分电路

由于基本微分电路对输入信号的变化，尤其是对高频干扰和噪声信号十分敏感，电路的抗干扰能力差。为此，常采用图 2-3-5 所示的实用微分电路。在电路中，加一个小电阻 R_1 与微分电容 C_1 串联，而在微分电阻 R_F 上并联一个小电容 C_F。电路设计时，使 $R_FC_F<R_1C_1<R_FC_1$，可保证电路稳定工作，克服自激振荡。电阻 R_1 还能减小微分电路的高频干扰信号。在保证电路稳定工作条件时，实际电路中的 R_1 和 C_F 应尽量选取得小些，否则将增加微分电路的运算误差。

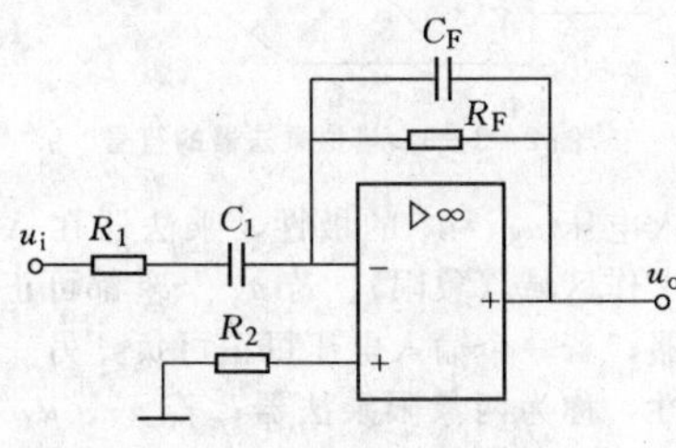

图 2-3-5 实用微分电路

二、对数和反对数运算电路

（一）对数运算电路

图 2-3-6（a）、（b）是两个对数运算电路。图 2-3-6（a）是对数运算电路的原理图，图中晶体管作为反馈元件。根据晶体管 $i_C\sim u_{BE}$ 关系有

$$i_e\approx i_E=I_{ES}\left(e^{\frac{u_{BE}}{U_T}}-1\right)$$

$$\approx I_{ES}e^{u_{BE}/U_T}$$

式中 U_T——$U_T=\dfrac{KT}{q}$，在室温时 $U_T\approx 26$ mV，因此一般有 $u_{BE}\gg U_T$；

I_{ES}——发射结反向饱和电流。

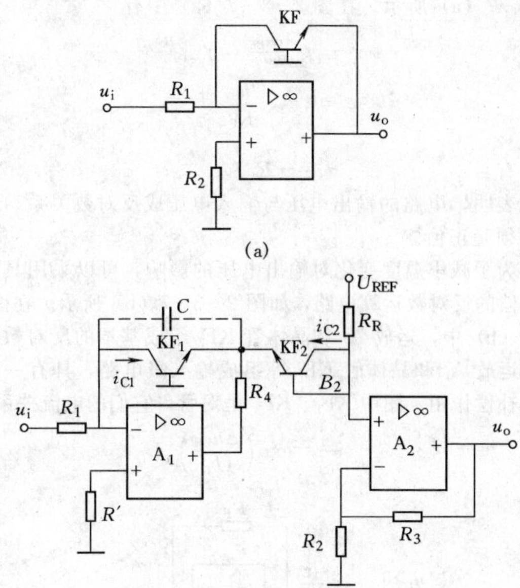

图 2-3-6 对数运算电路

（a）对数运算电路的原理图；（b）具有温度补偿的对数运算电路

利用虚地概念和反相输入端电流关系可以得出

$$i_C\approx I_{ES}e^{u_0/U_T}=\frac{u_i}{R_1}$$

对上式取对数可得

$$u_o=-U_T\ln\frac{u_i}{R_1I_{ES}}$$

可见，输出电压与输入电压呈对数关系。由于 U_T 和 I_{ES} 都是温度的函数，因而这种电路的运算精度受温度影响大。为了提高运算精度，通常加温度补偿。

图 2-3-6（b）是具有温度补偿的对数运算电路。在图 2-3-6（b）中，运放 A_1 与晶体管 KF_1 构成基本的对数放大器，运放 A_2 与 KF_2 管组成温度补偿电路，KF_1、KF_2 为对管，U_{REF} 为参考电压。根据晶体管 $i_C\sim u_{BE}$ 关系有

$$u_{B2}=u_{BE2}-u_{BE1}=U_T\ln\frac{i_{C2}}{I_{ES}}-U_T\ln\frac{i_{C1}}{I_{ES}}$$

$$=U_T\ln\frac{i_{C2}}{i_{C1}}$$

因为有 $$i_{C1}=\frac{u_i}{R_1}$$

和 $$i_{C2}=\frac{U_{REF}-u_{B2}}{R_R}\approx\frac{U_{REF}}{R_R}\quad（设\ U_{REF}\gg u_{B2}）$$

于是有 $$u_{B2}\approx -U_T\ln\frac{u_iR_R}{U_{REF}R_1}$$

由此可得 u_o 关系式为

$$u_o=-\frac{R_2+R_3}{R_2}U_T\ln\frac{u_iR_R}{U_{REF}R_1}$$

上式表示 u_o 与 $\ln u_i$ 成线性关系。适当选择 $\dfrac{R_2+R_3}{R_2}$（应使 $R_3\gg R_2$，同时 R_2 应采用热敏电阻，并使 R_2 的温度系数与 U_T 的温度系数极性相同，大小相当）就可以补偿 U_T 项影响。

该电路中，u_i、U_{REF} 都必须为正极性；C 用作频率补偿，消除自激；R_4 起保护作用。

（二）反对数运算电路

反对数（指数）是对数的逆运算，因此将晶体管放在反相运算电路的输入回路，就组成了反对数运算电路，如图

2-3-7 (a) 所示。在图 2-3-7 (a) 中有

$$i_E = I_{ES} e^{\frac{u_{BE}}{U_T}} = I_{ES} e^{\frac{u_i}{U_T}}$$

$$= i_f = -\frac{u_o}{R_F}$$

所以有
$$u_o = -R_F I_{ES} e^{\frac{u_i}{U_T}}$$

上式表明，电路的输出电压与输入电压成反对数关系。式中 u_i 必须是正值。

为了减小温度变化对输出电压的影响，可以采用具有温度补偿的反对数运算电路，如图 2-3-7 (b) 所示。在图 2-3-7 (b) 中，运放 A_2 和晶体管 KF_2 组成基本的反对数放大器，运放 A_1 和晶体管 KF_1 等组成输入级电路，具有一定的温度补偿作用。图中 KF_1、KF_2 是对管，它们的电流关系为

$$\frac{i_{C1}}{i_{C2}} = \exp\left(\frac{\Delta u_{BE}}{U_T}\right)$$

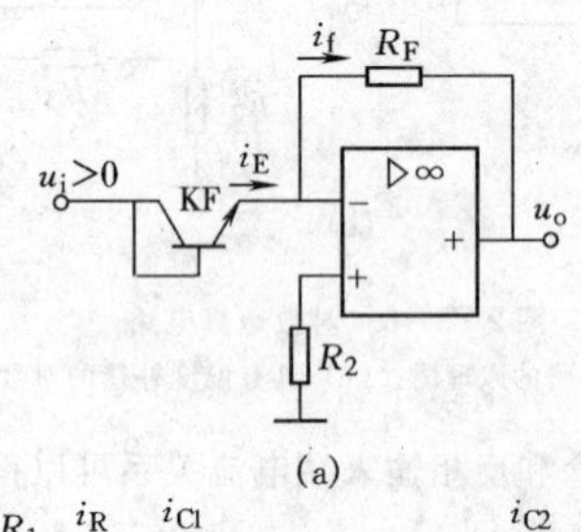

(a)

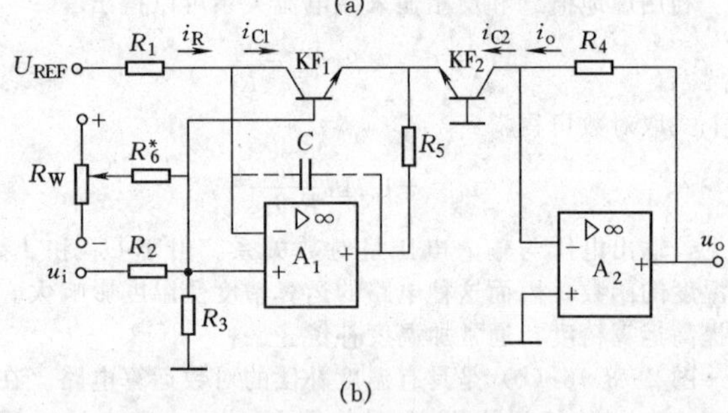

(b)

图 2-3-7 反对数运算电路

(a) 反对数运算电路的原理图；(b) 具有温度补偿的反对数运算电路

KF_1、KF_2 的 u_{BE}差值 Δu_{BE}为

$$\Delta u_{BE} = \frac{R_3}{R_2 + R_3} u_i$$

根据图中电流关系有

$$i_R = i_{C1}, \quad i_{C2} = i_o$$

于是得出

$$u_o = R_4 i_R \exp\left(-\frac{R_3}{R_2 + R_3}\frac{u_i}{U_T}\right)$$

上式表明电路的输出电压与输入信号的反对数成正比。当 $\frac{R_3}{R_2+R_3}$具有与温度成正比的温度特性时（R_3 采用热敏电阻，并使 $R_2 \gg R_3$），可以补偿 U_T 的温度影响。

图中 U_{REF}为参考电压；电容 C 用作频率补偿，防止自激；电位器 R_w 用作输出的满刻度值调节。

三、乘除运算电路

实现模拟信号的乘法和除法运算，可以采用集成运放电路和集成模拟乘法器电路。

利用对数和反对数运算电路，可以实现信号的乘法运算。图 2-3-8 是对数式乘法运算电路。在图中设 $R_1 = R_2 = R_3 = R_4 = R$，各晶体管的发射结反向饱和电流相同，均为 I_{ES}，于是有

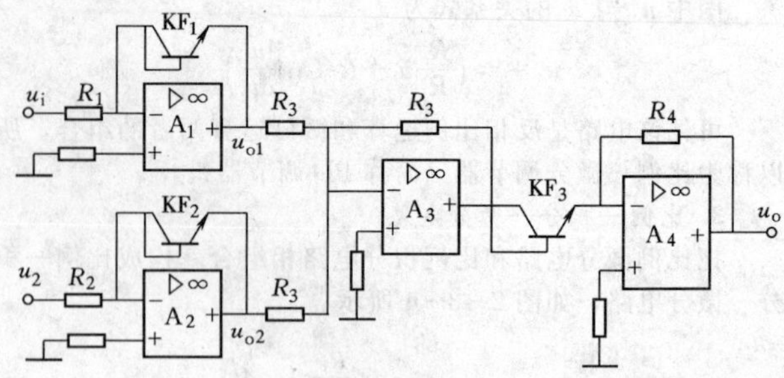

图 2-3-8 乘法运算电路

$$u_{o1} = -U_T \ln \frac{u_1}{I_{ES} R_1}$$

$$u_{o2} = -U_T \ln \frac{u_2}{I_{ES} R_2}$$

$$u_o = -I_{ES} R \exp\left(\ln \frac{u_1}{I_{ES} R} + \ln \frac{u_2}{I_{ES} R}\right)$$

$$= -\frac{1}{I_{ES} R} u_1 u_2$$

该乘法运算电路要求输入电压必须为正值才能正常工作，仅适用于第一象限的运算。

把图 2-3-8 中的 A_3 接成减法电路，可以组成除法运算电路。

以下将详细介绍模拟乘法器。

（一）模拟乘法器的基本概念

1. 模拟乘法器的功能与表示方法

模拟乘法器（以下简称乘法器）是用来实现互不相关的两个模拟信号电压相乘的电子器件，其简化的图形符号如图 2-3-9 所示。它有 X、Y 两个输入端和一个输出端。输出与输入的关系为

$$u_o = K u_X u_Y$$

式中 K 是系数，其量纲为 V^{-1}。

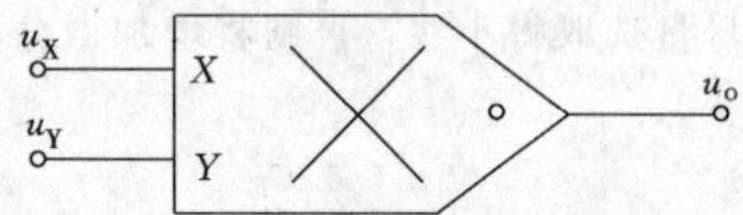

图 2-3-9 模拟乘法器的符号

根据输入电压 u_X、u_Y 的极性，乘法器在 X、Y 平面上有四个可能工作区域（象限）。若 u_X、u_Y 都可正可负，称为四象限乘法器；若一个输入电压可正可负，另一个输入电压只允许单极性，称为两象限乘法器；若 u_X、u_Y 只能限定为某一极性，称单象限乘法器。另外，当$u_o = K u_X u_Y$时称同相乘法器，当 $u_o = -K u_X u_Y$ 时称反相乘法器。

2. 乘法器的主要参数

为了评价乘法器的性能，规定了一些技术参数。现列出四象限模拟乘法器一些主要参数：

(1) 输出线性精度 E_{RX}、E_{RY}。输出线性精度是指当输出失调、增益误差、线性馈通电压调整后，乘法器一个输入端施加满刻度固定直流电压，另一输入端交替施加正负两种极性的满刻度电压时，其实际输出电压与理想输出电压之间的偏差值对理想输出电压之比，用百分数表示。输出精度可由下式表示

$$E_{RX} = \frac{\Delta U_o}{U_o \text{理想值}} \% \Bigg|_{u_Y = \pm 10\text{ V}}$$

$$E_{RY} = \frac{\Delta U_o}{U_o \text{理想值}} \% \Bigg|_{u_X = \pm 10\text{ V}}$$

(2) 馈通电压 U_{OOX}、U_{OOY}。它们是指当输入电压 $u_X=0$、$u_Y\neq0$（或者 $u_Y=0$、$u_X\neq0$）时，输出端的失调电压。当 X 输入端接地，Y 端接入正弦信号（例如幅值为 10V，频率为 20～25Hz）时，其输出端出现的与 Y 端输入相关的电压，称为 Y 馈通电压 U_{OOY}；反之称为 X 馈通电压 U_{OOX}。

(3) 平方误差 E_{SQ}。当 $u_X=u_Y$，即模拟乘法器用作平方器时，输出电压的相对误差为

$$E_{SQ}=\frac{|u_o-Ku_X^2|_{max}}{u_o}(\%)$$

对于四象限乘法器比较重要的参数还有：输入偏置电流、输入失调电流、输出失调电压等，这些参数的定义与集成运放的相同。

(二) 可变跨导乘法器的基本电路及其工作原理

目前实现乘法的方法很多，而在集成乘法器中最常用的是可变跨导乘法器。

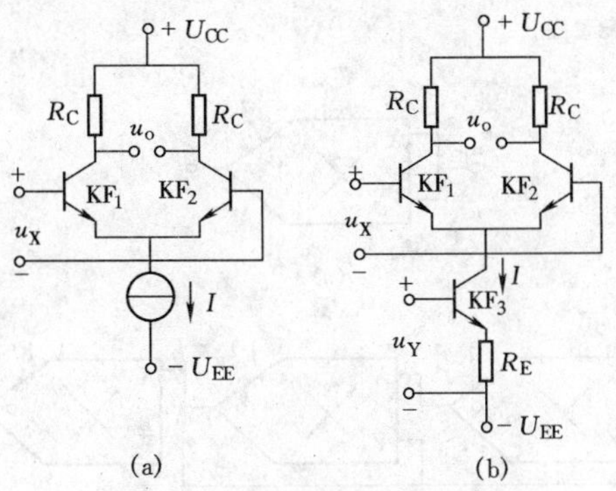

图 2-3-10　变跨导乘法器的原理图
(a) 带恒流源的差放电路；(b) 变跨导乘法器原理图

变跨导乘法器是在恒流源式差动放大电路的基础上发展起来的。图 2-3-10 (a) 所示为恒流源式差放电路，在电路中其输出电压 u_o 与差模输入电压 u_X 关系为

$$u_o=-\frac{\beta R_C}{r_{BE}}u_X$$

式中：$r_{BE}=r_{BB'}+(\beta+1)\dfrac{U_T}{I_E}$，其中 I_E 是 KF_1、KF_2 的静态发射极电流，当电路对称时，$I_E=\dfrac{1}{2}I$。在 $I_E<0.1$ mA 时，$r_{BB'}$ 可忽略不计。于是有

$$r_{BE}\approx2(\beta+1)\frac{U_T}{I}$$

$$u_o=-\frac{\beta R_C I}{2(\beta+1)U_T}u_X\approx-\frac{IR_C}{2U_T}u_X$$

在乘法器电路中，采用压控电流源代替恒流源，如图 2-3-10 (b) 所示。该图中，使电流源 I 受输入电压 u_Y 控制。当 $u_Y\geqslant u_{BE}$时，有 $I\approx\dfrac{u_Y}{R_E}$，代入 u_o 式得

$$u_o=-\frac{R_C}{2R_EU_T}u_Xu_Y$$
$$=-Ku_Xu_Y$$

式中：$K=R_C/2R_EU_T$。可见输出电压 u_o 与输入电压 u_X、u_Y 的乘积成正比。已知三极管的跨导 $g_m=\dfrac{I_C}{U_T}$，其中 I_C 即为上述压控电流源的 I。改变输入电压 u_Y 即改变了 I（就是 I_C）及其对应的跨导 g_m 和 u_o，所以这种乘法器称可变跨导模拟乘法器。

上述简单的变跨导乘法器由于 u_Y 只允许取正值，u_X 可正可负，因此为两象限乘法器。另外由于 u_Y 幅值小时误差较大。大多数实际应用的乘法器是四象限乘法器，图 2-3-11 所示的双平衡模拟乘法器就具有四象限的乘法功能，u_X、u_Y 可正可负，其输出电压为

$$u_o=-Ku_Xu_Y$$

其中 K 为正值。

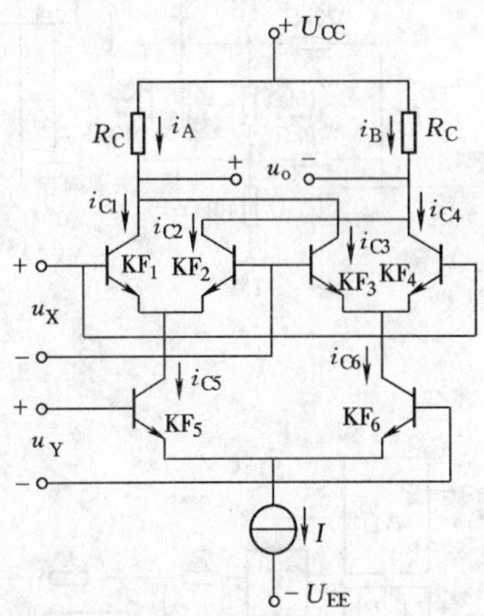

图 2-3-11　双平衡式模拟乘法器

上述这种双平衡模拟乘法器输入线性范围很小（仅几个毫伏），而且电路的温度稳定性差。为了适应实际应用的需要，对其电路采取了相应的线性化措施，扩大 u_X 和 u_Y 的线性动态范围。线性化的措施有两种：一是引入负反馈；二是引入预失真网络，于是构成了线性化可变跨导模拟乘法器，成为实用的四象限乘法器。

(三) 集成四象限模拟乘法器举例

1. 单片集成模拟乘法器 CB1595

国产四象限乘法器 CB1595/1495 类似于国外 MC1595/1495，并且可以互换使用。它主要用作模拟乘法运算，具有 1%的模拟运算精度，属第一代可变跨导模拟乘法器。

图 2-3-12 示出 CB1595 作乘法运算时外部元件配置图。它具有 14 脚双列直插结构：4 和 8 脚、9 和 12 脚分别为 u_X 和 u_Y 的输入端，u_X 和 u_Y 的最大幅度为 10V；2 和 14 脚是输出端，运放 A 将 CB1595 的双端输出转换成单端输出；3 和 13 脚分别外接偏置电阻 R_3 和 R_{13}，提供一定的工作电流；5 和 6 脚、10 和 11 脚分别接负反馈电阻 R_X 和 R_Y；图中 10k 电位器和 25k 电位器分别为输入、输出失调调节。

2. 第二代可变跨导式集成模拟乘法器

与第一代乘法器不同的是，第二代乘法器电路将单端化电路也集成在芯片内部，使用时外接元件少，并且只要改接外部引脚就能实现乘法、除法、平方和平方根等多种功能。

第二代乘法器国产型号有 CB532，国外的典型产品有 AD530、AD532 等。

图 2-3-13 (a)、(b) 示出了 CB532 功能框图和 CB532 引脚排列图。使用 CB532 乘法器时，不需外接 R_X 和 R_Y 等电阻，A_1、A_2 也不需要外部失调调零（内部已微调好），仅 A_3 要求外部调零，因而使用比较方便。CB532 电路的输出—输入关系为

$$u_o=\frac{(u_{X1}-u_{X2})(u_{Y1}-u_{Y2})}{10\text{ V}}$$

（当 Z 接 2 端时）

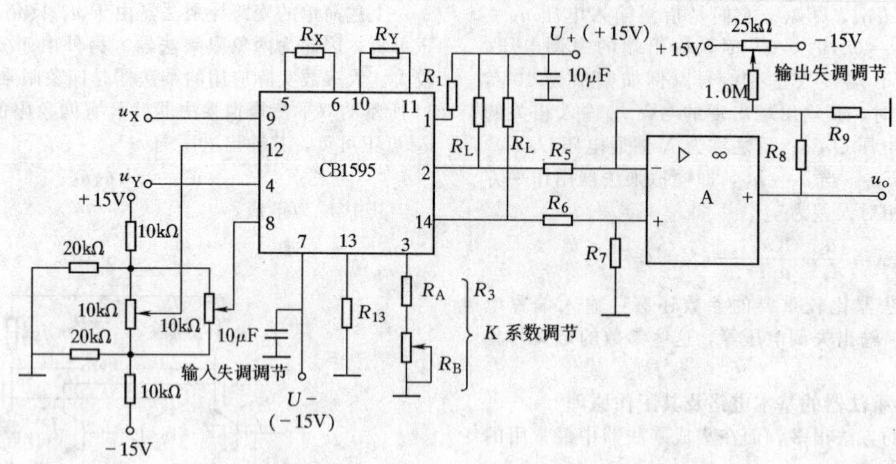

图 2-3-12 CB1595 外部元件配置图

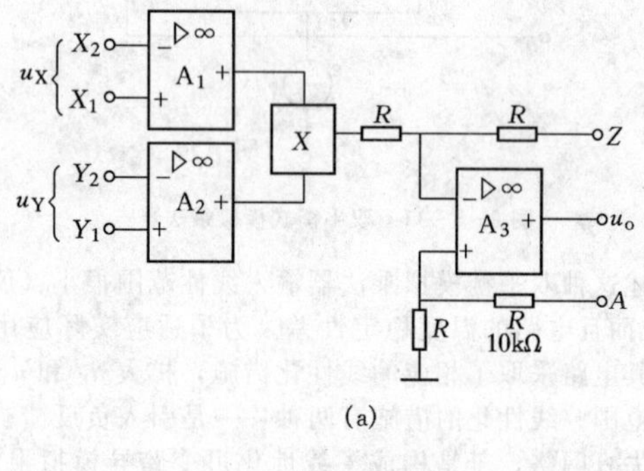

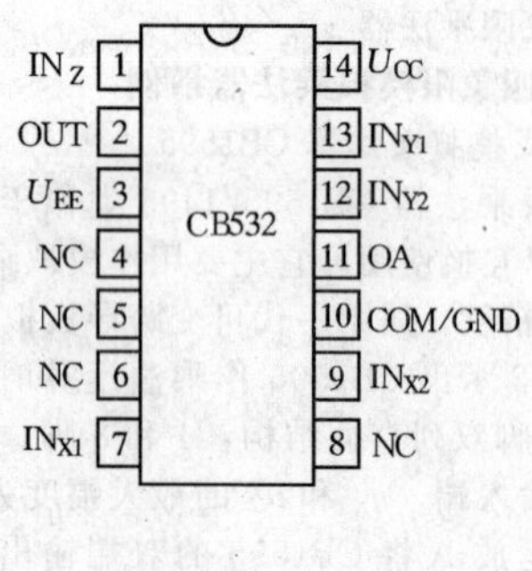

图 2-3-13 CB532 功能方框图和引脚排列图

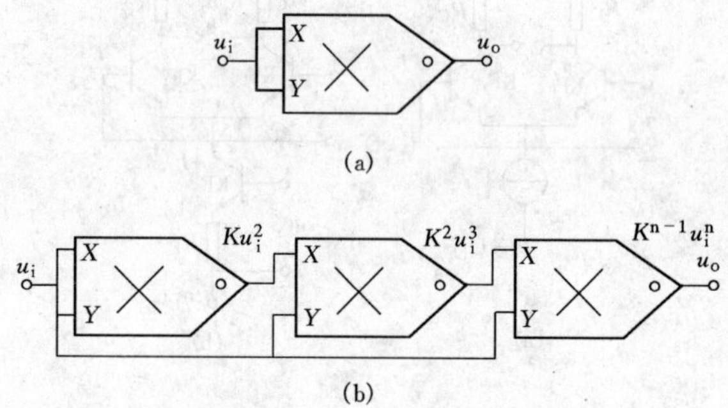

图 2-3-14 乘方运算电路

(a) 平方运算电路；(b) n 次方运算电路

在第二代产品的基础上加以改进，形成了第三代产品，如 AD534、AD634 等。第三代乘法器不仅性能优良，输出线性精度高，而且在实现乘法、除法、开方等运算时，外部接线很简单，此处不再介绍。

（四）集成模拟乘法器在模拟运算电路中的应用

由乘法器和运放相配合，可以实现乘方、除法、开方等运算功能。

1. 乘方运算电路

乘法器实现乘方运算功能的电路如图 2-3-14 (a)、(b) 所示。图 2-3-14 (a) 实现平方运算，$u_o=Ku_i^2$；图 2-3-14 (b)实现 n 次方运算，$u_o=K^{n-1}u_i^n$。

2. 除法运算电路

把乘法器接到运放的负反馈回路中，就构成了除法电路，如图 2-3-15 所示。在图中，输入信号 u_Y 加到运放 A 的反相输入端，就构成了反相除法运算电路。由理想运放反相输入的特点可得

$$\frac{u_Z}{R_2}+\frac{u_Y}{R_1}=0$$

其中 $u_Z=Ku_Xu_o$。于是有

$$u_o=-\frac{R_2}{KR_1}\frac{u_Y}{u_X}$$

若选 $R_1=R_2$，$K=(10\text{V})^{-1}$，则

$$u_o=-\frac{10u_Y}{u_X}$$

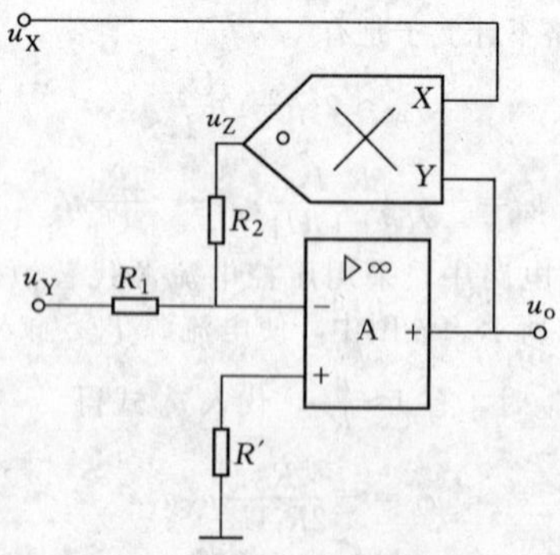

图 2-3-15 除法运算电路

上式实现了 u_Y 与 u_X 的除法运算。在电路中要保证运放工作在负反馈状态，u_X 就必须是正极性电压，而 u_Y 可正可负，所以这是一个两象限除法电路。

3. 开方运算电路

把平方电路接入运放的负反馈回路，就构成开方电路，

电路如图 2-3-16 所示。由理想运放反相输入的特点可知

$$\frac{Ku_o^2}{R_2}+\frac{u_i}{R_1}=0$$

于是有

$$u_o=\sqrt{-\frac{R_2}{KR_1}u_i}$$

若 $K=R_2/R_1$，则上式简化为

$$u_o=\sqrt{-u_i}$$

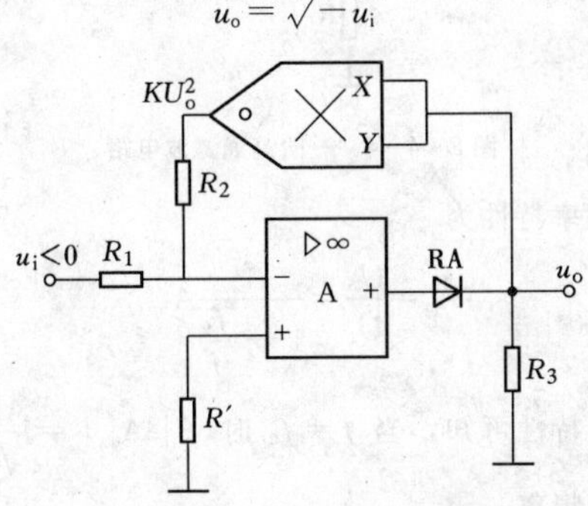

图 2-3-16　开方运算电路

上式表明 u_o 是 u_i 的平方根，且输入电压 u_i 必须是负值。为防止因输入电压极性改变以及噪声的作用引起电路正反馈而产生阻塞现象，在运放输出端接入防止阻塞用的二极管 VD。R_3 提供 VD 导通的直流通路。

若需对正电压进行开方运算时，应采用反相乘法器，防止阻塞用的二极管也应反接。

在运放的负反馈网络中串入多个乘法器构成的 n 次方运算电路，就可以得到开高次方运算的电路。

4. 综合模拟运算电路

把乘法器和其他一些模拟集成电路组合，可以构成很有用的运算电路，用来求解较复杂的数学运算方程。

图 2-3-17（a）、(b）是利用乘法器和加法器的组合来求解 $y=ax^2+bx+c$ 方程的电路。其中图 2-3-17（a）是结构原理图，图 2-3-17（b）是实现的电路图。只要配置图 2-3-17（b）中的元件数值，使之为

$$\frac{R_4}{R_1}=1,\quad \frac{R_4}{R_2}=10a(\text{设 } K=0.1\ \mathrm{V}^{-1})$$

$$\frac{R_4}{R_3}=b$$

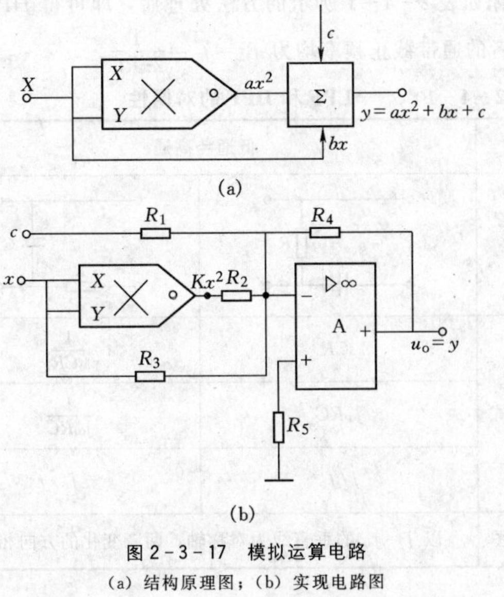

(a)

(b)

图 2-3-17　模拟运算电路

(a) 结构原理图；(b) 实现电路图

就可以满足方程的要求。

把上述电路加以适当的组合也可以解更高阶的方程。

第四节　模拟信号处理电路

一、有源滤波电路

滤波电路的功能是从输入信号中选出有用的频率信号使其顺利通过，而将无用的或干扰的频率信号加以抑制。

用集成运放（有源器件）和元件 R、C 组成的滤波器，称有源滤波器。它不仅体积小、重量轻，而且由于运放的开环增益和输入阻抗高、输出阻抗低，可兼有电压放大作用和一定的带负载能力。但其缺点是运放的频带不够宽，因此有源滤波器不宜用于高频范围，一般使用频率在几十千赫兹以下。

根据幅频特性的不同，滤波电路可以分为低通、高通、带通、带阻和全通几种类型。其理想的幅频特性如图 2-4-1 所示。

图中把能够通过的信号频率范围定义为通带，把阻止通过或衰减的信号频率范围定义为阻带。通带与阻带的分界点的频率 f_C 称为截止频率或转折频率，$\dot{A}_{up}$ 为通带的电压放大倍数，f_0 为中心频率，f_{CL} 和 f_{CH} 分别为下、上限截止频率。

滤波电路作为线性网络时，输出与输入关系采用复频率的传递函数表示

$$A_u(s)=\frac{U_o(s)}{U_i(s)}$$

上式传递函数的分母中 s 的幂次数，也称滤波电路的阶数，根据阶数的不同又可分为一阶、二阶或高阶滤波电路。阶数愈高，其幅频特性愈接近图 2-4-1 中所示的理想特性，即滤波性能愈好。

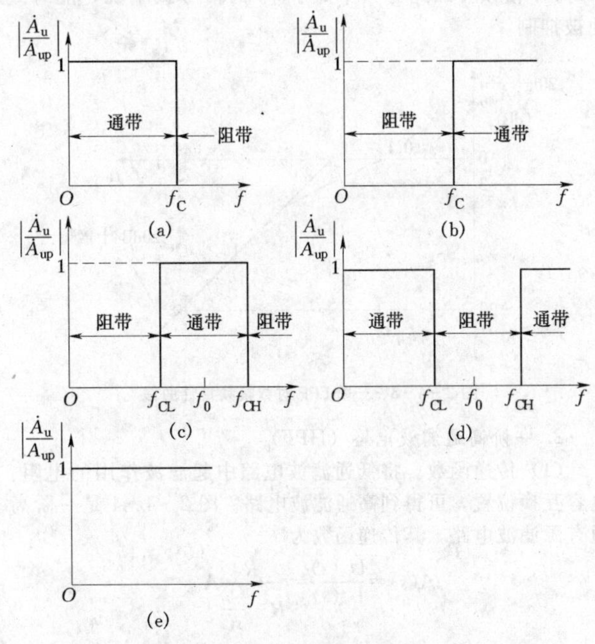

图 2-4-1　五种滤波器的理想幅频特性

(a) 低通；(b) 高通；(c) 带通；(d) 带阻；(e) 全通

(一) 一阶低通和高通有源滤波电路

1. 一阶低通滤波电路（LPF）

(1) 传递函数。一阶低通有源滤波电路如图 2-4-2 所示。电路的传递函数为

$$A_u(s)=\frac{U_o(s)}{U_i(s)}=\frac{\frac{1}{sC}}{R+\frac{1}{sC}}A_{up}$$

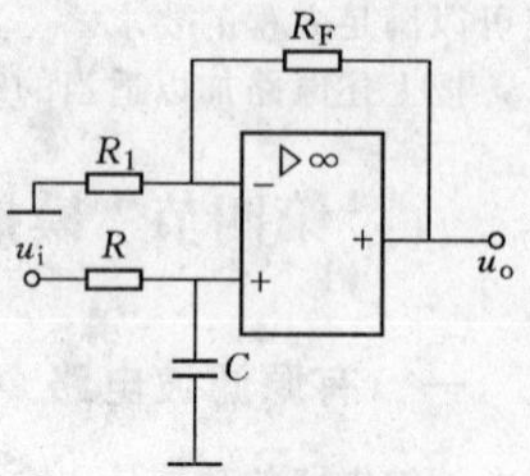

图 2-4-2 一阶低通滤波电路

式中 $A_{up}=1+\frac{R_F}{R_1}$

因为上式中分母的 s 为一次幂，故称一阶低通滤波电路。

若用复数频率 $s=j\omega$ 代入传递函数，同时令 $\omega_0=\frac{1}{RC}=2\pi f_0$，得复数形式为

$$\dot{A}_u=\frac{\dot{U}_o}{\dot{U}_i}=\frac{1}{1+j\frac{f}{f_0}}A_{up}$$

上式即为一阶 LPF 的频率特性。f_0 称为特征频率，由 RC 决定。由幅频特性可知，当 $f=f_0$ 时，$|\dot{A}_u|=\frac{1}{\sqrt{2}}A_{up}$，故 f_0 即通带截止频率 f_C

$$f_C=f_0=\frac{1}{2\pi RC}$$

(2) 对数幅频特性曲线。根据一阶 LPF 的频率特性，可得其对数幅频特性为

$$20\lg\left|\frac{\dot{A}_u}{\dot{A}_{up}}\right|=20\lg\frac{1}{\sqrt{1+\left(\frac{f}{f_0}\right)^2}}$$

由上式可做出对数幅频特性曲线如图 2-4-3 所示（幅频特性波特图）。由图可见，当 $f\gg f_0$ 时，其衰减斜率为 -20dB/十倍频，因此对频率高于 f_0 的信号或干扰，能有效地被抑制。

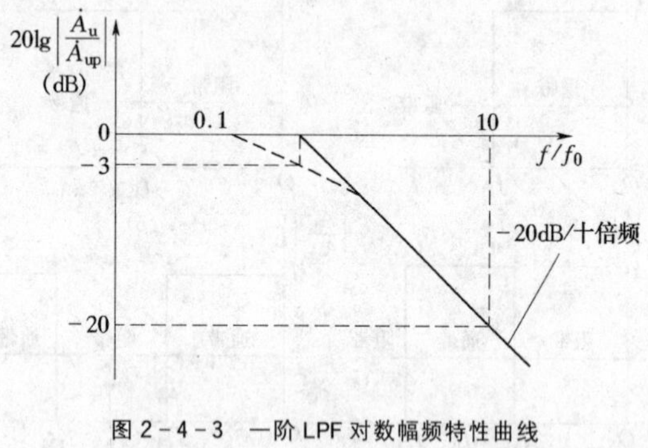

图 2-4-3 一阶 LPF 对数幅频特性曲线

2. 一阶高通滤波电路（HPF）

(1) 传递函数。将低通滤波电路中起滤波作用的电阻、电容互换位置，可得到高通滤波电路。图 2-4-4 是一阶高通有源滤波电路，其传递函数为

$$A(s)=\frac{U_o(s)}{U_i(s)}=\frac{R}{R+\frac{1}{sC}}A_{up}$$

$$=\frac{1}{1+\frac{1}{sCR}}A_{up}=\frac{sCR}{1+sCR}A_{up}$$

式中 $A_{up}=1+\frac{R_F}{R_1}$

同理，若用 $s=j\omega$ 代入式 A_u (s)，并令 $\omega_0=\frac{1}{RC}=2\pi f_0$，

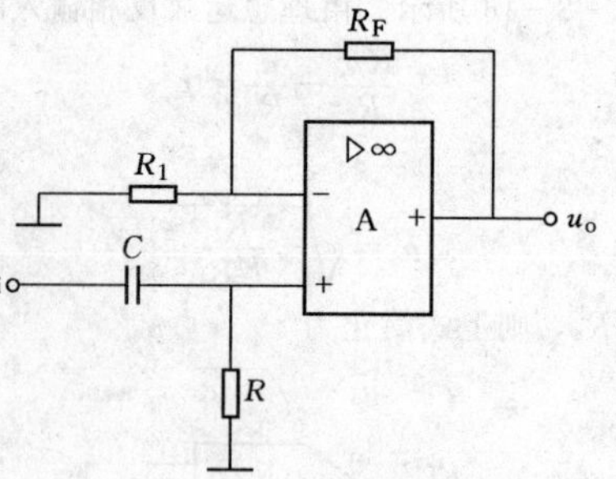

图 2-4-4 一阶高通滤波电路

得到复数频率特性为

$$\dot{A}_u=\frac{\dot{U}_o}{\dot{U}_i}=\frac{1}{1-j\frac{f_0}{f}}A_{up}$$

由幅频特性可知，当 $f=f_0$ 时，$|\dot{A}_u|=\frac{A_{up}}{\sqrt{2}}$，即 f_0 为通带截止频率

$$f_C=f_0=\frac{1}{2\pi RC}$$

(2) 对数幅频特性曲线。根据一阶 HPF 的频率特性，可作其对数幅频特性曲线，如图 2-4-5 所示。由图可见，当 $f\ll f_0$ 时，其特性曲线按 +20dB/十倍频斜率上升，可以对低于 f_0 的信号进行抑制。

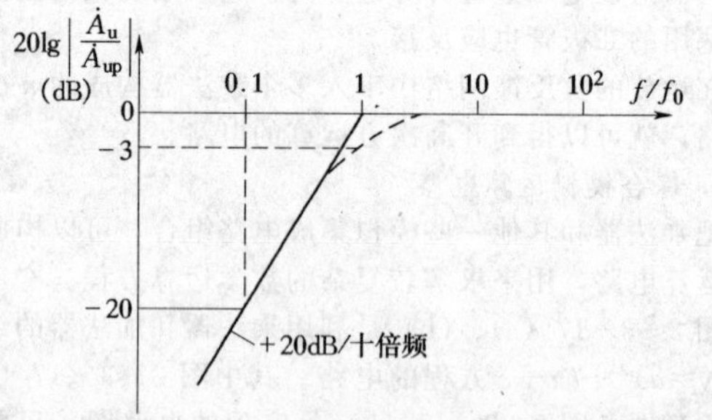

图 2-4-5 一阶 HPF 对数幅频特性曲线

3. 高通滤波电路与低通滤波电路的对偶性

对于一阶 LPF 和一阶 HPF，比较它们的电路图、传递函数和波特图，可知 LPF 和 HPF 具有对偶性质。因此将 LPF 作如表 2-4-1 所示的方法处理后，即可得 HPF。而且两者的通带截止频率均为 $f_C=f_0=\frac{1}{2\pi RC}$。

表 2-4-1 LPF 和 HPF 的对偶性

	低通⇒高通	
电路	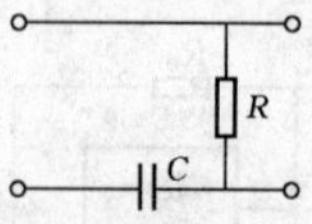	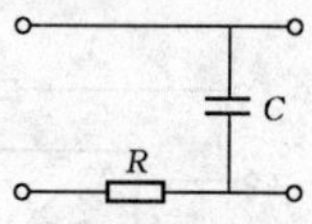
函数式	sCR	$\frac{1}{sCR}$
	$j\omega RC$	$\frac{1}{j\omega RC}$
	f/f_0	$-f_0/f$
波特图	以 $f=f_0$ 的垂直线为对称轴，两者变化的方向相反	

（二）高阶压控电压源滤波电路

1. 二阶压控电压源低通滤波电路

为使幅频特性的衰减更快，把 RC 低通网络改为两级就构成二阶 LPF。目前使用较多的是二阶压控电压源 LPF，其电路如图 2-4-6（a）所示。其中运放 A 和电阻 R_1、R_F 组成压控电压源，故名为压控电压源 LPF。电路中输出电压经电容 C 正反馈到输入端，是为提高在 f_0 附近的电压放大倍数，改善 f_0 附近的幅频特性。

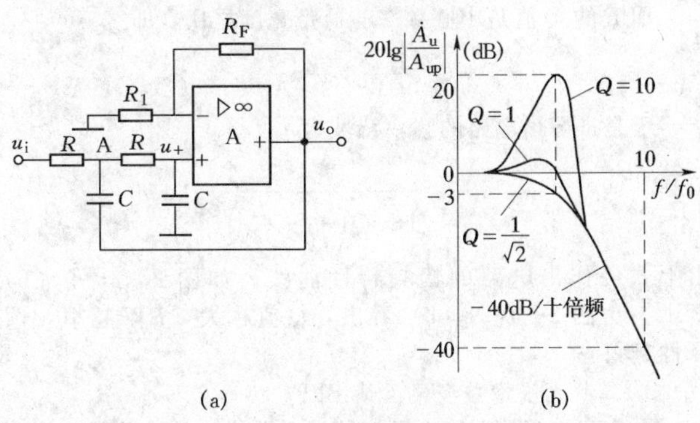

图 2-4-6　二阶压控电压源 LPF
（a）电路图；（b）幅频特性

（1）传递函数。根据同相比例放大电路的关系可知通带电压放大倍数为

$$A_{up}=\frac{U_o(s)}{U_+(s)}=1+\frac{R_F}{R_1}$$

u_+ 的电位和节点 A 处电流关系分别为

$$U_+(s)=\frac{1}{1+sCR}U_A(s)$$

$$\times\frac{U_i(s)-U_A(s)}{R}-\frac{U_A(s)-U_+(s)}{R}$$

$$-[U_A(s)-U_0(s)]sC=0$$

联解以上方程可得电路的传递函数为

$$A_u(s)=\frac{U_o(s)}{U_i(s)}=\frac{A_{up}}{1+(3-A_{up})sCR+(sCR)^2}$$

上式分母中 s 为二次幂，故为二阶 LPF。

用 $s=j\omega$ 代入上式，并令 $\omega_0=2\pi f_0=\frac{1}{RC}$，得到电路的频率特性为

$$\dot{A}_u=\frac{\dot{U}_o}{\dot{U}_i}=\frac{A_{up}}{1-\left(\frac{f}{f_0}\right)^2+j(3-A_{up})\frac{f}{f_0}}$$

（2）对数幅频特性。当 $f=f_0$ 时，电路的频率特性可变为

$$\dot{A}_u|_{f=f_0}=\frac{A_{up}}{j(3-A_{up})}$$

又将 $f=f_0$ 时电压放大倍数的模与通带电压放大倍数 A_{up} 之比称为 Q 值，对于图示电路 Q 值为

$$Q=\frac{1}{3-A_{up}}$$

因此，频率特性可写为

$$\dot{A}_u=\frac{A_{up}}{1-\left(\frac{f}{f_0}\right)^2+j\frac{1}{Q}\frac{f}{f_0}}$$

由上式可作出电路的幅频特性曲线，如图 2-4-6（b）所示。在幅频特性中，当 $f=f_0$ 时，$|\dot{A}_u|_{f=f_0}=QA_{up}$，于是当 $Q>1$、$2<A_{up}<3$ 时，则 $|\dot{A}_u|_{f=f_0}>A_{up}$，出现凸峰；在 $f<f_0$ 时，$|\dot{A}_u|\approx A_{up}$，为通带电压放大倍数；当 $f\gg f_0$ 时，幅频特性以 -40dB/十倍频衰减，比一阶 LPF 特性好。

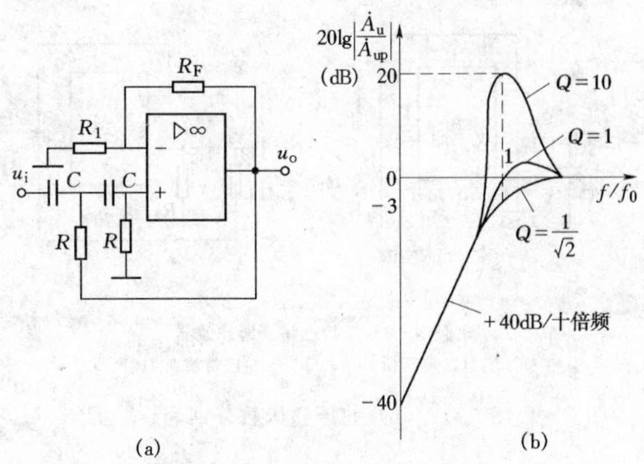

图 2-4-7　二阶压控电压源高通滤波电路
（a）电路图；（b）幅频特性

2. 二阶压控电压源高通滤波电路

利用表 2-4-1 所示 LPF 和 HPF 对偶性的变换关系，将图 2-4-6（a）低通网络中的 R 和 C 互换后即为图 2-4-7（a）所示的二阶压控电压源 HPF 电路。相应的传递函数和频率特性也由对偶关系得到

$$A_u(s)=\frac{A_{up}}{1+(3-A_{up})\frac{1}{sCR}+\left(\frac{1}{sCR}\right)^2}$$

即
$$A_u(s)=\frac{(sCR)^2}{1+(3-A_{up})sCR+(sCR)^2}A_{up}$$

和
$$\dot{A}_u=\frac{A_{up}}{1-\left(\frac{f_0}{f}\right)^2-j\frac{1}{Q}\frac{f_0}{f}}$$

式中
$$Q=\frac{1}{3-A_{up}}$$

同理，可做出幅频特性曲线，如图 2-4-7（b）所示，与图 2-4-6（b）有对偶关系。

为使幅频特性曲线更接近理想特性，可用高阶滤波电路。构成高阶 LPF（或 HPF）有两种方法，其一是将多个二阶或一阶 LPF（或 HPF）串联起来构成高阶 LPF（或 HPF）；其二是由 RC 网络和运放直接构成。

3. 二阶巴特沃斯有源滤波器

巴特沃斯滤波器也称为最大平坦滤波器，这种电路的幅频特性是单调的，且在通频带内比较平坦。其幅频特性的一般表达式为

$$|\dot{A}_u|=\frac{A_{up}}{\sqrt{1+\left(\frac{\omega}{\omega_0}\right)^{2n}}}$$

其中 $n=1，2，3，\cdots$。

可以证明，二阶压控电压源滤波器的频率特性中，若取 $Q=\frac{1}{\sqrt{2}}$，就属于二阶巴特沃斯滤波器，当 $\omega=\omega_0$ 时，它们的 $|\dot{A}_u|=\frac{1}{\sqrt{2}}A_{up}$。

图 2-4-8（a）、（b）所示为二阶巴特沃斯有源滤波器，其中图（a）是二阶巴特沃斯低通滤波器电路结构图，按照给定的元件比例关系可以在通带内获得最大平坦的幅频特性。电路的截止频率 $f_C=\frac{1}{2\pi RC}$，$A_{up}=1$，当 $f\gg f_0$ 时，幅

频特性按-40dB/十倍频衰减。

图2-4-8(b)是二阶巴特沃斯HPF，它的截止频率$f_C=\frac{1}{2\pi RC}$，当$f\ll f_0$时，幅频特性按$+40$dB/十倍频变化。

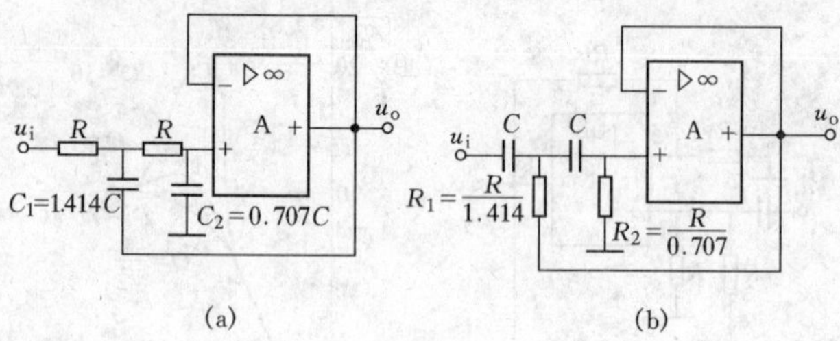

图2-4-8 二阶巴特沃斯滤波器

(a) 二阶巴特沃斯LPF；(b) 二阶巴特沃斯HPF

图2-4-8(a)、(b)的传递函数分别为

$$A_u(s)=\frac{U_o(s)}{U_i(s)}=\frac{\left(\frac{1}{RC}\right)^2}{s^2+\frac{\sqrt{2}}{RC}s+\left(\frac{1}{RC}\right)^2}$$

和
$$A_u(s)=\frac{U_o(s)}{U_i(s)}=\frac{s^2}{s^2+\frac{\sqrt{2}}{RC}s+\left(\frac{1}{RC}\right)^2}$$

(三) 带通滤波电路(BPF)

带通滤波器可由低通和高通滤波器串联而得，两者如果同时覆盖同一频段，形成通带频段，则构成带通滤波器。

1. 二阶压控电压源BPF

图2-4-9(a)是一个二阶压控电压源带通滤波电路，它是由R、C低通网络和2R、C高通网络串联而成。可以求出电路的传递函数为

$$A_u(s)=\frac{U_o(s)}{U_i(s)}=\frac{sCR}{1+(3-A_{uf})sCR+(sCR)^2}A_{uf}$$

式中：A_{uf}是同相比例放大电路的电压放大倍数，有

$$A_{uf}=1+\frac{R_F}{R_1}$$

而且A_{uf}应小于3，否则电路不能稳定工作。

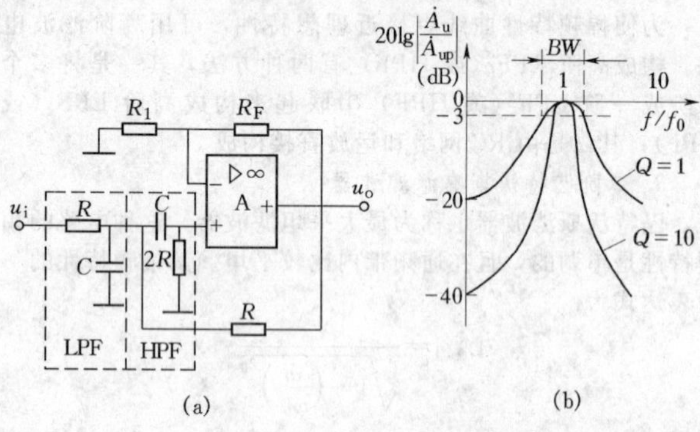

图2-4-9 二阶压控电压源BPF

(a) 电路图；(b) 幅频特性

若将$s=j\omega$代入电路的传递函数，并令$\omega_0=2\pi f_0=\frac{1}{RC}$，得到电路的频率特性为

$$\dot{A}_u=\frac{\dot{U}_o}{\dot{U}_i}=\frac{1}{1+j\frac{1}{3-A_{uf}}\left(\frac{f}{f_0}-\frac{f_0}{f}\right)}\frac{A_{uf}}{3-A_{uf}}$$

从上式可以看出，当$f=f_0$时$\dot{A}_u$的模最大。将f_0称为BPF的中心频率，并将$f=f_0$时的$|\dot{A}_u|$称为BPF的通带电压放大倍数，即

$$A_{up}=|\dot{A}_u|_{|f=f_0}=\frac{A_{uf}}{3-A_{uf}}$$

BPF的通带宽度是两个通带截止频率之差，利用$\dot{A}_u$频率特性关系可以求出通带宽度是

$$BW=f_{CH}-f_{CL}=\left(2-\frac{R_F}{R_1}\right)f_0$$

BPF的Q值是中心频率与通带宽度之比，即

$$Q=\frac{f_0}{BW}=\frac{1}{3-A_{uf}}$$

于是推导出电路的频率特性为

$$\frac{\dot{A}_u}{A_{up}}=\frac{1}{1+jQ\left(\frac{f}{f_0}-\frac{f_0}{f}\right)}$$

由上式可作出电路的幅频特性曲线，如图2-4-9(b)所示。由图2-4-9(b)看出，Q值越大，BW越窄，选择性越好。

2. 二阶无限增益多路反馈BPF

在前面使用的压控电压源滤波电路中，输入信号都接到运放的同相输入端。这种滤波电路的优点是所用元器件较少，性能调节比较方便，输出电阻小等，但电路参数不合适将产生自激振荡。为了克服这个缺点，可将输入信号接到运放的反相输入端，采用这种接法的典型电路是二阶无限增益多路反馈式滤波电路。

二阶无限增益多路反馈BPF如图2-4-10所示。在电路中C_3和R_5构成两个反馈支路，其反馈的强弱均与信号的频率有关，图中的运放可看作无限增益(指理想运放)的放大环节，因此它被称为无限增益多路反馈滤波电路。

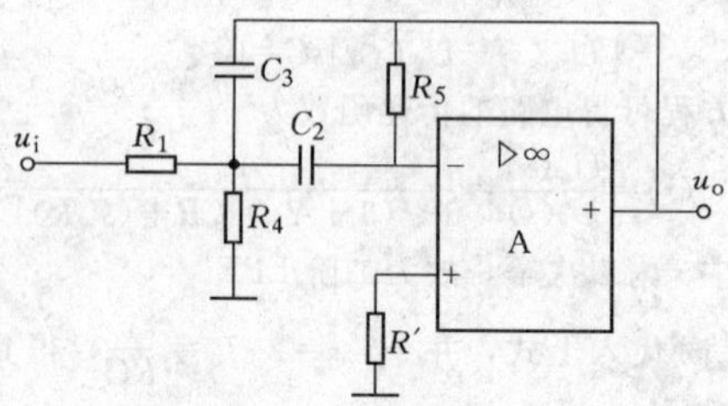

图2-4-10 二阶无限增益多路反馈BPF

电路的传递函数是

$$A_u(s)=\frac{U_o(s)}{U_i(s)}=\frac{-\frac{sC_2R_4R_5}{R_1+R_4}}{\frac{s^2C_2C_3R_1R_4R_5}{R_1+R_4}+\frac{s(C_2+C_3)R_1R_4}{R_1+R_4}+1}$$

可得该BPF的中心频率为

$$f_0=\frac{1}{2\pi}\sqrt{\frac{\frac{1}{R_1}+\frac{1}{R_4}}{C_2C_3R_5}}$$

通带电压放大倍数为

$$A_{up}=-\frac{R_5C_2}{R_1(C_2+C_3)}$$

通频带宽度为

$$BW=\frac{C_2+C_3}{2\pi R_5C_2C_3}$$

品质因数Q为

$$Q=\frac{\sqrt{R_5\left(\frac{1}{R_1}+\frac{1}{R_4}\right)}}{\sqrt{\frac{C_2}{C_3}}+\sqrt{\frac{C_3}{C_2}}}$$

(四) 带阻滤波电路 (BEF)

带阻滤波器又称为陷波器，它可由低通和高通网络并联而成，两者对某一频段均不覆盖，形成阻带频段。

图 2-4-11 (a) 是典型的双 T 带阻滤波电路。其低通和高通无源 RC 网络形成两个字母“T”，并联而成双 T 网络，与运放 A 和 R_1、R_F 形成二阶压控电压源的 BEF。

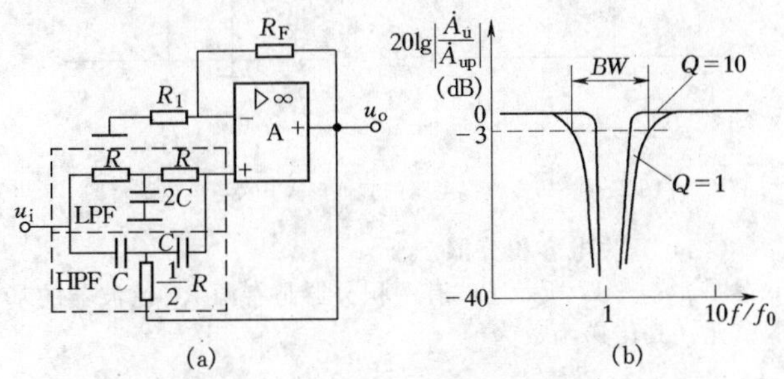

图 2-4-11 双 T 二阶压控电压源 BEF
(a) 电路图；(b) 幅频特性

该电路的传递函数是

$$A_{us}=\frac{U_o(s)}{U_i(s)}=\frac{1+(sCR)^2}{1+2(2-A_{up})sCR+(sCR)^2}A_{up}$$

若将 $s=j\omega$ 代入上式，并令 $\omega_0=2\pi f_0=\frac{1}{2\pi RC}$，得到电路的频率特性为

$$\frac{\dot{A}_u}{\dot{A}_{up}}=\frac{1}{1+j\frac{1}{Q}\frac{ff_0}{f_0{}^2-f^2}}$$

式中，通带的电压放大倍数 $A_{up}=1+\frac{R_F}{R_1}$；阻带的中心频率 $f_0=\frac{1}{2\pi RC}$，此时 $|\dot{A}_u|\,|_{f=f_0}=0$；可求得阻带宽度 $BW=2(2-A_{up})f_0$；带阻滤波器的 Q 值等于中心频率与阻带宽度之比，即

$$Q=\frac{f_0}{BW}=\frac{1}{2(2-A_{up})}$$

由频率特性函数式可画出 BEF 的幅频特性曲线如图 2-4-11 (b) 所示。由图可见，Q 值越大，阻带宽度越窄，选择性越好。

一种 Q 值可调的 BEF 如图 2-4-12 所示。可以证明，中心频率为

$$f_0=\frac{1}{2\pi RC}$$

阻带宽度为

$$BW=4f_0\frac{R_1}{R_1+R_2}$$

品质因数为

$$Q=\frac{R_1+R_2}{4R_1}$$

显然，调电位器 R_W 就可调 Q 值。该电路在电子系统中用来抑制某些特定频率，例如 50Hz 的工频干扰是十分有用的。

(五) 一阶全通有源滤波电路 (APF)

利用图 2-4-13 电路可得到全通特性。在图中，其复

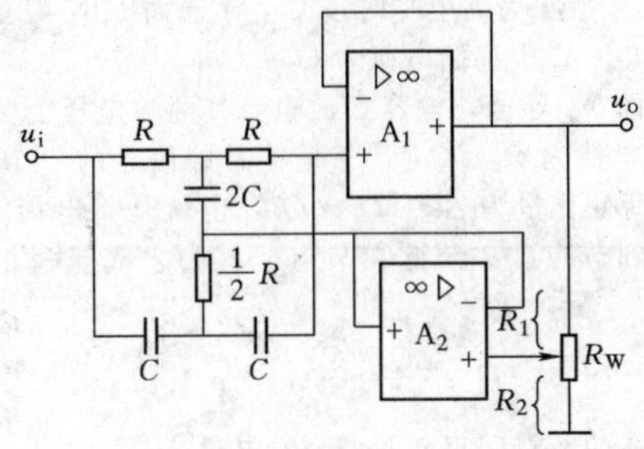

图 2-4-12 可调 Q 值的 BEF

数频率特性为

$$\dot{A}_u=\frac{\dot{U}_o}{\dot{U}_i}=\frac{1-j\omega RC}{1+j\omega RC}$$

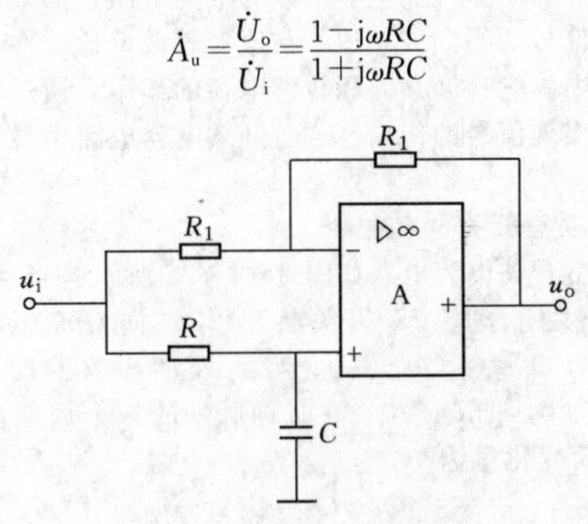

图 2-4-13 一阶全通滤波电路

于是有幅频特性 $|\dot{A}_u|=1.0$，即在所有频率处电路的电压放大倍数恒为 1.0；相频特性 $\varphi=-2\text{arctg}(\omega RC)$，即当频率由 $0\rightarrow\infty$ 变化时，输出电压对输入电压的相移可在 $0\sim-180°$ 范围内变化。

由于这样的特性，这种电路也称为恒幅移相电路，可作为延时电路，完成对信号的时间延迟功能。

二、开关电容滤波器

开关电容滤波器是采用 MOS 集成工艺制成的。它的基本原理是用 MOS 模拟开关和 MOS 电容来模拟电阻。另外，与开关电容配合使用的集成运放，也采用 MOS 技术制作。

(一) 开关电容等效电阻

用开关电容等效为电阻的基本电路有两种：并联型和串联型开关电容电路。

1. 并联型开关电容电路

并联型开关电容电路如图 2-4-14 (a) 所示，图 (b) 是其电路符号。MOS 管 KF_1、KF_2 的栅极分别受时钟信号 ϕ_1、ϕ_2 的控制，ϕ_1、ϕ_2 是两个同频反相的脉冲信号。

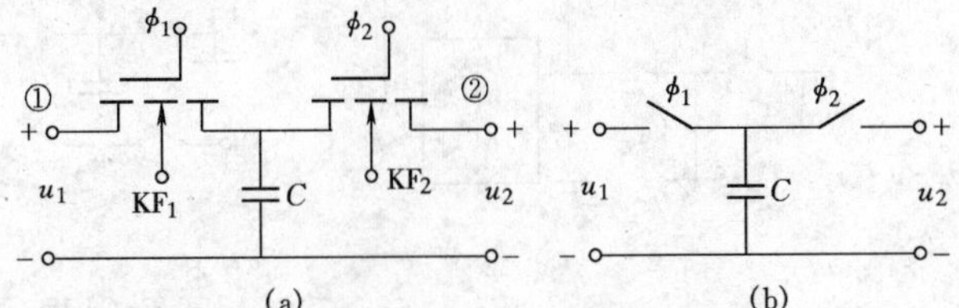

图 2-4-14 并联型开关电容等效电阻
(a) 电路；(b) 电路符号

设时钟频率 $f\left(=\frac{1}{T}\right)$ 远高于输入和输出信号 u_1、u_2 的

最高频率。当 ϕ_1 为高电平时，KF_1 导通而 KF_2 截止，u_1 向电容 C 充电，C 中存储电荷为 $Q_1=Cu_1$；当 ϕ_2 为高电平时，KF_1 截止而 V_2 导通，电容 C 放电，其两端电压变为 u_2，这时 C 中的电荷为 $Q_2=Cu_2$。于是在时钟信号的一个周期内，C 中的电荷变化量为 $\Delta Q=Q_1-Q_2$，也就是将电荷 ΔQ 从节点①传递到节点②。因此在节点①、②之间流过的平均电流为

$$I=\frac{\Delta Q}{T}=\frac{C}{T}(u_1-u_2)$$

因而可以在两节点间定义一个等效电阻

$$R=\frac{u_1-u_2}{I}=\frac{T}{C}$$

上式表明，并联型开关电容可以等效为电阻，等效电阻的大小与时钟信号的周期成正比，与电容量成反比。在开关电容工作过程中，它是起存储和转移电荷的作用，通过电荷的存储和释放实现信号的传输，这是开关电容电路中最本质的物理现象。

2. 串联型开关电容电路

串联型开关电容电路如图 2-4-15 所示。当 ϕ_1 相脉冲驱动 S_1 开关闭合时（S_2 开关断开），u_1 向 C 充电，C 中存储的电荷为 $Q_1=C(u_1-u_2)$；当 ϕ_2 驱动 S_2 闭合时，C 上的电荷量变为 0，即 $Q_2=0$。在时钟脉冲的一个周期内，电容 C 上的电荷变化量为

$$\Delta Q=Q_1-Q_2=C(u_1-u_2)$$

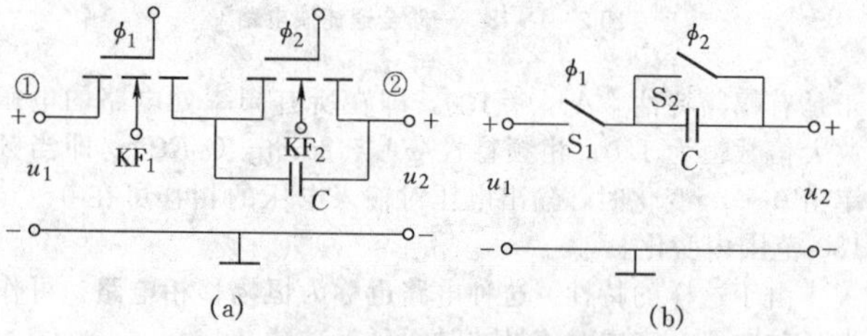

图 2-4-15 串联型开关电容电路及其电路符号

于是同样可得节点①、②之间的等效电阻为

$$R=\frac{T}{C}$$

除了上述模拟电阻的基本开关电容电路之外，还有模拟电阻的其他形式开关电容电路如图 2-4-16 所示。图（a）中的等效电阻为 $T/(C_1+C_2)$；图 2-4-16（b）中的等效电阻为 T/C；图 2-4-16（c）电路的 u_1 和 u_2 相位相反，其等效电阻为 $-T/C$。

综上所述，通过改变时钟频率、电路的组合与时钟的相序，可以得到所需的等效电阻值。

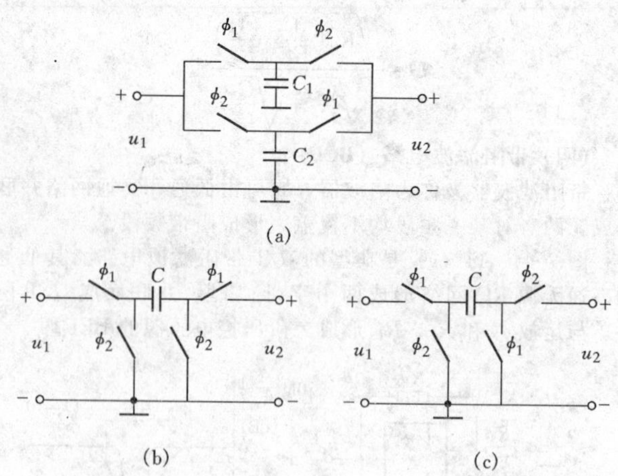

图 2-4-16 模拟电路的其他形式开关电容电路

（二）开关电容积分器

图 2-4-17 所示 RC 有源积分器是有源 RC 滤波器的基本单元。其传递函数为

$$A_u(s)=\frac{U_o(s)}{U_i(s)}=-\frac{1}{sRC}$$

用 $s=j\omega$ 代入上式得频率特性为

$$\dot{A}_u=\frac{\dot{U}_o}{\dot{U}_i}=-\frac{1}{j\omega RC}=-\frac{1/RC}{j\omega}$$

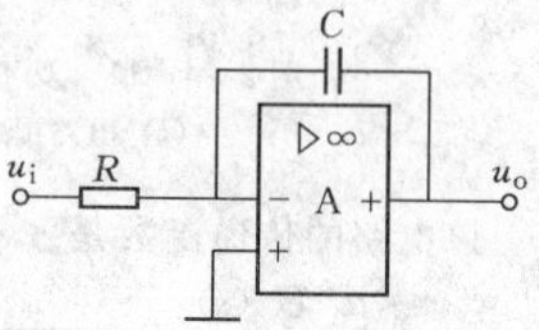

图 2-4-17 RC 有源积分器

与图 2-4-17 相对应的开关电容电路如图 2-4-18（a）所示，ϕ_1、ϕ_2、C_1 构成并联型开关电容电路，其等效电阻为 $R=T/C_1$。所以图（a）的频率特性为

$$\dot{A}_u=\frac{\dot{U}_o}{\dot{U}_i}=-\frac{C_1/(TC_2)}{j\omega}$$

图 2-4-18（b）中的开关电容电路，其等效电阻为 $R=-T/C_1$，所以图 2-4-18（b）是同相开关电容积分器，其频率特性为

$$\dot{A}_u=\frac{\dot{U}_o}{\dot{U}_i}=\frac{C_1/(TC_2)}{j\omega}$$

图 2-4-18（c）电路中令 $u_{i1}=0$，是同相开关电容积分器；若令 $u_{i2}=0$，就是反相开关电容积分器。应用叠加原理求出输出电压为

$$\dot{U}_o=\frac{C_1/(TC_2)}{j\omega}(\dot{U}_{i2}-\dot{U}_{i1})$$

所以图 2-4-18（c）是差动开关电容积分器。

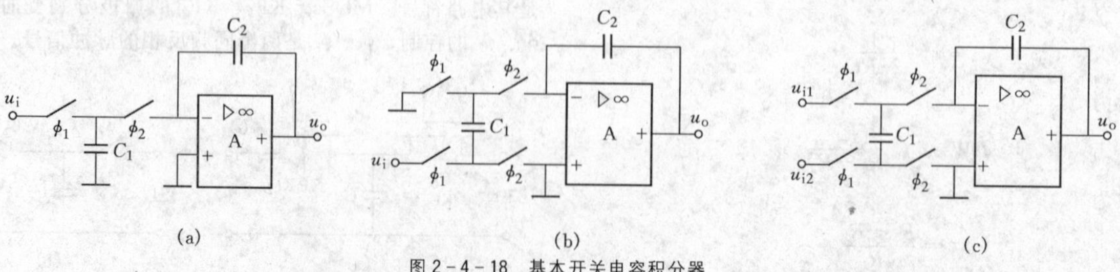

图 2-4-18 基本开关电容积分器

（a）反相开关电容积分器；（b）同相开关电容积分器；（c）差动开关电容积分器

（三）开关电容带通滤波器

大多数开关电容滤波器是以有源 RC 滤波器或无源 RLC 滤波器为原型，将其中的电阻用开关和电容代替而构成。

使用有源电感的带通滤波器原型及其等效开关电容滤波器如图 2-4-19（a）、（b）所示。

图 2-4-19（a）中虚线框内的 AB 端是一个有源电感

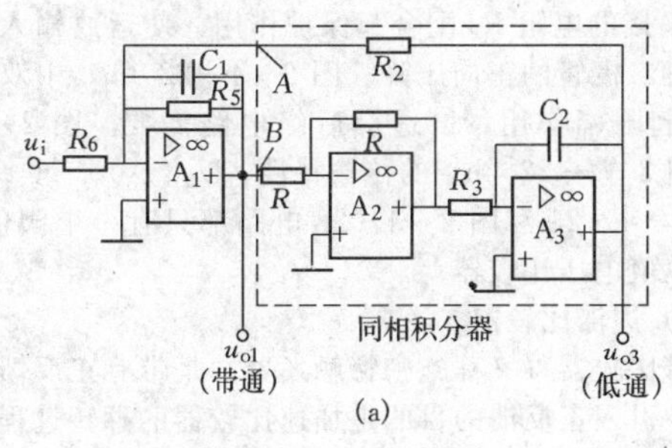

(a)

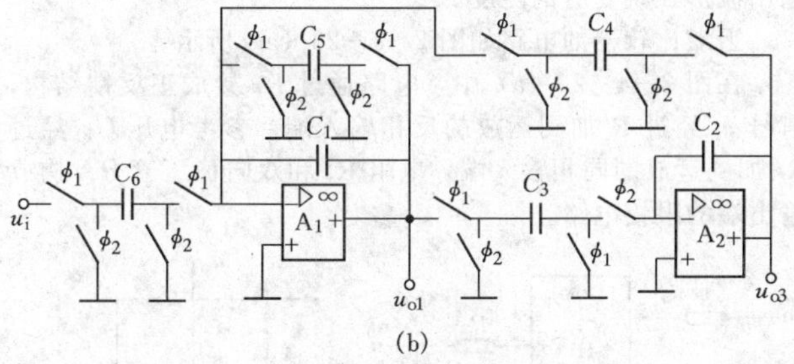

(b)

图 2-4-19　带通滤波器

(a) 使用有源电感的带通滤波器；(b) 利用开关电容组成的带通滤波器

(即用电容、电阻和运放模拟的电感元件)。由于流过 R_2 的电流由 u_{o3} 决定，而 u_{o3} 又是 u_{o1} 电压（即 u_B）经同相积分得到，所以有

$$U_{o3}(s)=\frac{U_B(s)}{R_3C_2s}$$

$$I_{R2}(s)=\frac{U_{o3}(s)}{R_2}=\frac{U_B(s)}{R_2R_3C_2s}$$

因此，AB 端的等效电感为

$$L=R_2R_3C_2$$

整个电路的传递函数为

$$A_u(s)=\frac{U_o(s)}{U_i(s)}=-\frac{Z_f}{R_6}$$

式中，Z_f 为反馈网络的并联阻抗，其导纳为

$$Z_f^{-1}=R_5^{-1}+sC_1+(sL)^{-1}$$

于是求出电路的传递函数为

$$A_{us}=-\frac{s}{R_6C_1}\frac{1}{s^2+\frac{\omega_0}{Q}s+\omega_0^2}$$

式中
$$\omega_0=\frac{1}{\sqrt{LC_1}}=\frac{1}{\sqrt{R_2R_3C_2C_1}}$$

$$Q=\frac{R_5}{\omega_0L}=\frac{R_5C_1}{\sqrt{R_2R_3C_2C_1}}$$

由传递函数可以看出，当电路由 u_{o1} 输出时，具有带通滤波器特性。该滤波器的中心角频率就是上述的 ω_0，其通带电压放大倍数和通频带宽度分别是

$$A_{up}=-\frac{R_5}{R_6}$$

$$BW=\frac{1}{2\pi R_5C_1}$$

根据等效关系，由图 2-4-19 (a) 可得到图 2-4-19 (b) 所示的开关电容式带通滤波器。

图 2-4-19 (b) 开关电容电路 C_6、C_5、C_3 和 C_4 及其相对应的开关 ϕ_1 和 ϕ_2，分别等效于图 2-4-19 (a) 中的 R_6、R_5、R_3 和 R_2。图 2-4-19 (a) 中运放 A_2 和 A_3 所构成的同相积分器，在图 2-14-19 (b) 中由运放 A_2 和 C_3、C_4 及相对应的开关 ϕ_1 和 ϕ_2 所构成的同相开关电容积分器代替。对照图 2-4-19 (a)、(b)，可得到

$$R_3=\frac{T}{C_3}\quad 和\quad R_2=\frac{T}{C_4}$$

$$\omega_0=\frac{1}{T}\sqrt{\frac{C_3}{C_2}\frac{C_4}{C_1}}$$

通常选用积分器的两个时间常数相等，即

$$\frac{T}{C_3}C_2=\frac{T}{C_4}C_1$$

若进一步令

$$C_1=C_2=C\quad 和\quad C_3=C_4=KC$$

其中
$$K=\omega_0T$$

可以求出 $Q=\frac{C_4}{C_5}$，可得 $C_5=\frac{C_4}{Q}=\frac{KC}{Q}=\omega_0T\frac{C}{Q}$。

由以上分析可知，开关电容滤波器与 RC 有源滤波器相比，其突出优点是无需精确控制电容和电阻的绝对值。滤波器的特性取决于电容比值和时钟信号频率，只要改变时钟信号频率，就可以方便地改变滤波器的截止频率、品质因数等。

三、电压比较器

电压比较器（又简称为比较器）的功能是比较两个电压值的大小。它至少有两个输入端，通常一个作为基准电压（或称为参考电压），另一个作为被比较信号。它的输出信号只有高电位和低电位两种状态（三态比较器例外）。

（一）电压比较器的主要性能指标

1. 电压比较器的灵敏度

灵敏度又称为分辨率或转换精度。它是指比较器的输出状态发生跳变所需要的输入模拟信号电压的最小变化量。最小变化量越小，比较器的电平鉴别能力就越灵敏。它的意义可通过图 2-4-20 所示的传输特性来表示。图中 Δu_i 就是比较器的灵敏度。

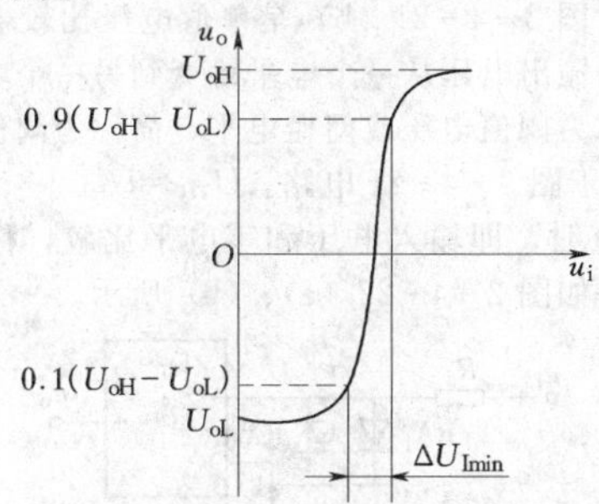

图 2-4-20　电压比较器灵敏度示意图

电压比较器的灵敏度一般是通过运算放大器或集成电压比较器的主要性能参数来反映，例如它的失调电压、失调电流、开环差模电压放大倍数、共模抑制比等。用数学式描述时，可表示为

$$\Delta U_{Imin}\geqslant\frac{\Delta U_o}{A_{vd}}+U_{IO}+I_{IO}R_s+\frac{U_{IC}}{K_{CMR}}+\frac{U_{IO}}{K_{SVR}}$$

式中　ΔU_{Imin}——电压比较器的灵敏度；

ΔU_o——比较器输出电压的变化量 ($U_{oH}-U_{oL}$)；

A_{vd}——差模电压放大倍数；

U_{IO}、I_{IO}——输入失调电压和输入失调电流；

R_s——输入信号源内阻；

U_{IC}——共模输入电压；

K_{CMR}，K_{SVR}——共模抑制比与电源电压抑制比。

由此可见，若要求 ΔU_{Imin} 小，则应选 A_{vd}、K_{CMR}、K_{SVR} 大，而 U_{IO}、I_{IO} 小的器件。

2. 电压比较器的响应时间

对集成电压比较器，响应时间用 t_T 表示。它的定义为：当比较器输入端施加一个规定幅值的阶跃脉冲后，比较器输出端从原来的逻辑电平上升（或下降）到 TTL 的阈值电压（1.4V）之间的时间，即为响应时间。t_T 越小，响应速度越快。一些高速集成电压比较器的响应时间很短，仅为 3～5ns。

若用运放构成电压比较器，其响应速度通常用转换速率 SR 表征，SR 越大，工作速度越快。

当集成电压比较器有选通功能时，选通延迟时间 t_{sd} 定义为：从选通端加一个阶跃选通脉冲起，到其输出电压到达 TTL 阈值电压（1.4V）之间的时间。t_{sd} 越小越好。

3. 带负载能力

电压比较器输出端的数字信号一般用以带动门电路，表征其带负载能力的主要参数有：输出电阻 R_o，输出高电平时的漏电流 I_{oH} 和输出低电平时的吸入电流（或称灌电流）I_{oL}。R_o 和 I_{oH} 越小，I_{oL} 越大，带负载能力就越强。

（二）单值电压比较器

单值电压比较器电路如图 2-4-21（a）所示，运放工作在开环状态，U_R 是参考电压，输入信号 u_i 与 U_R 相比较。

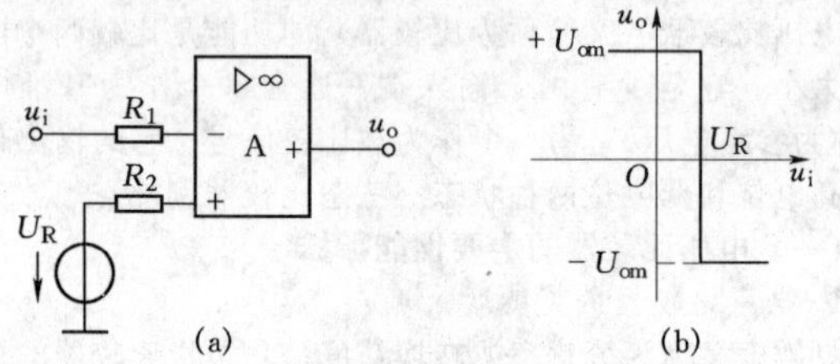

图 2-4-21 单值电压比较器

（a）电路；（b）传输特性

当 $u_i<U_R$ 时，$u_o=U_{oH}=+U_{om}$；当 $u_i<U_R$ 时，$u_o=U_{oL}=-U_{om}$。图 2-4-21（b）是单值电压比较器的传输特性。比较器的输出电压从一个电平跳变到另一个电平时对应的输入电压称为阈值电压或门槛电平，简称为阈值，用符号 U_{TH} 表示。对于图 2-4-21 电路，$U_{TH}=U_R$。

当 $U_R=0$ 时，即输入电压和零电平比较，称为过零比较器，其电路如图 2-4-22（a）、（b）所示。

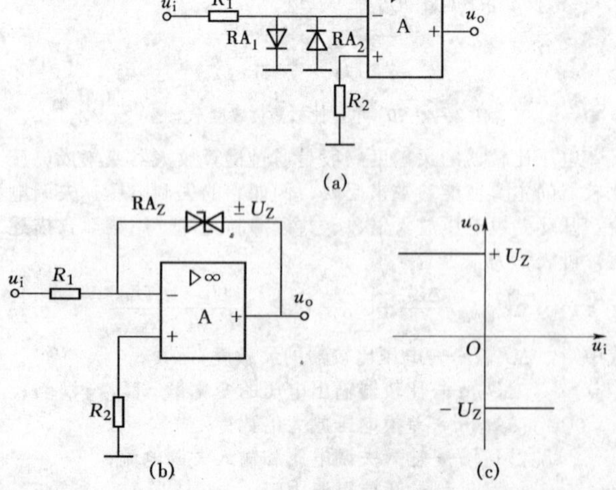

图 2-4-22 过零比较器

（a）输入端有保护二极管电路；（b）输出端有稳压管限幅电路；（c）图（b）电路的传输特性

在图 2-4-22（a）中，输入端的两个二极管 RA_1、RA_2 和串接的电阻 R_1 配合起保护作用，使运放输入电压幅值不超过二极管的正向压降。图 2-4-22（b）中双向稳压管 RA_Z 起限幅作用，以适应后级电路需要。图 2-4-22（c）是图 2-4-22（b）的传输特性，$U_{TH}=0$。

图 2-4-21 和图 2-4-22 电路都只有一个阈值电压，故称为单值电压比较器。

（三）迟滞比较器

迟滞比较器（又称施密特触发器）是带有正反馈的电压比较器。引入正反馈的目的是加速比较器的翻转过程、改善输出波形在跳变时的陡度。

迟滞比较器的电路如图 2-4-23（a）所示。

在图 2-4-23（a）中，电路通过 R_1 接成正反馈结构，信号 u_i 经过 R′加到运放的反相输入端，参考电压 U_R 经过 R_2 加到运放的同相输入端。电阻 R_3 和双向稳压管 RA 构成输出端的限幅电路。

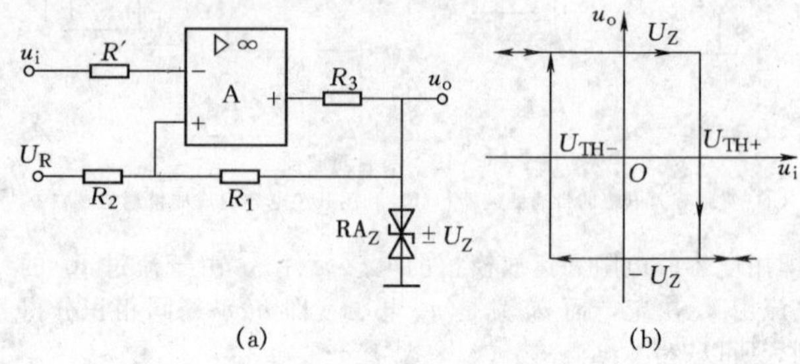

图 2-4-23 迟滞比较器

（a）电路；（b）传输特性

电路输出从高电平（U_Z）跳变到低电平（$-U_Z$）时的输入信号阈值电压是

$$U_{TH+}=\frac{R_2}{R_1+R_2}U_Z+\frac{R_1}{R_1+R_2}U_R$$

而输出从低电平跳变到高电平时的输入信号阈值电压是

$$U_{TH-}=\frac{R_2}{R_1+R_2}(-U_Z)+\frac{R_1}{R_1+R_2}U_R$$

可见，当比较器的输入信号 u_i 从小向大变化，到 $u_i>U_{TH+}$ 时，输出由高电平跳变到低电平，U_{TH+} 也称上限阈值电压；当输入信号 u_i 从大向小变化，到 $u_i<U_{TH-}$ 时，输出由低电平跳变到高电平，U_{TH-} 也称下限阈值电压。其传输特性如图 2-4-23（b）所示。回差电压是

$$\Delta U=U_{TH+}-U_{TH-}=\frac{R_2}{R_1+R_2}2U_Z$$

显然，改变 R_1、R_2 可以改变阈值电压和回差电压的大小。回差电压的存在提高了电路的抗干扰能力，只要回差电压 ΔU 大于干扰电压的变化幅值，就能有效地抑制干扰信号。

单值电压比较器和迟滞比较器又都称为单限比较器，它们的外部只提供一个参考电压作为比较电压。

（四）双限比较器

双限比较器有两个参考电压 U_{RH}、U_{RL}，从传输特性看，输入信号在两个参考电压之间是一种输出状态，在两个参考电压之外是另一种输出状态。根据输出状态的特点，双限电压比较器又可以分为窗口比较器和三态比较器两类。

1. 窗口比较器

图 2-4-24（a）、（b）是两种不同结构的窗口比较器电路及其传输特性，运放均工作在开环状态。

在图 2-4-24（a）中，输入电压与参考电压 U_{RH}、U_{RL} 的大小按三种不同情况比较。当 $u_i>U_{RH}$ 时，u_{o1} 为高电平，

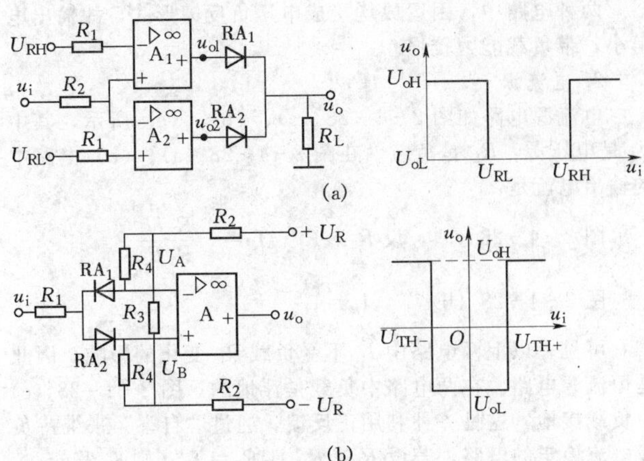

图 2-4-24　两种不同结构的窗口比较器电路及其传输特性

二极管 RA_1 导通，而且 u_i 也大于 U_{RL}，u_{o2} 为低电平，二极管 RA_2 截止，在这种情况下 $u_o=U_{oH}$；当 $u_i<U_{RL}$ 时，u_{o2} 为高电平，二极管 RA_2 导通，由于此时也有 u_i 小于 U_{RH}，u_{o1} 为低电平，二极管 RA_1 截止，在这种情况下，同样有 $u_o=U_{oH}$；当 $U_{RL}<u_i<U_{RH}$ 时，u_{o1} 和 u_{o2} 均为低电平，二极管 RA_1 和 RA_2 均截止，所以 $u_o=0$，即输出低电平 U_{oL}。在传输特性中，U_{RH} 是上限阈值电压 U_{TH+}，U_{RL} 是下限阈值电压 U_{TH-}，其特性犹如一个窗口。

在图 2-4-24（b）电路中，设 RA_1、RA_2 的正向压降为零，R_2 和 R_3 远小于 R_4 与 R_1，于是有

$$U_A \approx U_R - \frac{R_2}{2R_2+R_3}2U_R = \frac{R_3}{2R_2+R_3}U_R$$

$$U_B \approx U_R - \frac{R_2+R_3}{2R_2+R_3}2U_R = -\frac{R_3}{2R_2+R_3}U_R$$

显然 $U_A>U_R$，U_A 为上限阈值电压 U_{TH+}，U_B 为下限阈值电压 U_{TH-}。

当 $u_i>U_{TH+}$ 时，RA_1 截止、RA_2 导通，u_i 加到运放的同相输入端，因为 $u_+>u_-$，输出高电平；当 $u_i<U_{TH-}$ 时，RA_1 导通、RA_2 截止，u_i 加到运放的反相输入端，同样有 $u_+>u_-$，输出高电平；当 $U_{TH-}<u_i<U_{TH+}$ 时，RA_1、RA_2 均导通，且 $u_->u_+$，所以输出低电平。见图 2-4-24（b）中相应的传输特性曲线。

2. 三态电压比较器

三态电压比较器的输出端通常有高电平、零电平和低电平三种不同的稳定状态。其电路和传输特性如图 2-4-25（a）、（b）所示。

在图 2-4-25（a）电路中，A_1、A_2 组成了两个单值电压比较器，二极管 RA_1、RA_2 组成或门，双向稳压管 RA_Z 起输出限幅作用。当 $u_i<U_{RL}$ 时，RA_2 导通、RA_1 截止，输出低电平 $-U_Z$；当 $U_{RL}<u_i<U_{RH}$ 时，RA_1、RA_2 均截止，输出零电平；当 $u_i>U_{RH}$ 时，RA_1 导通、RA_2 截止，输出高电平 U_Z。电路中两个阈值电压分别是 $U_{TH+}=U_{RH}$，$U_{TH-}=U_{RL}$。

（五）集成电压比较器

1. 集成电压比较器的主要特点

对集成电压比较器的性能要求，在输入级与运放的要求相同，而在输出级与数字电路的要求一致。集成电压比较器的主要特点是：

1）在电路结构上，其输出级多为集电极开路（OC）方式或发射极开路（OE）方式，或者是具有电平转换功能，使比较器输出电平能与 TTL 等数字电路的电平兼容。

2）为了便于使用，许多集成电压比较器带有可以控制

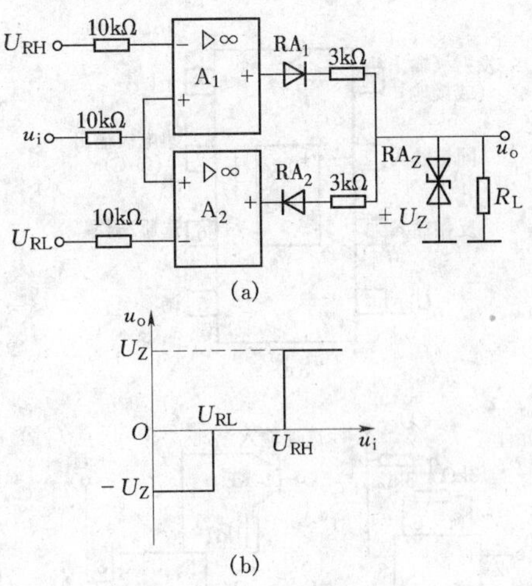

图 2-4-25　三态电压比较器

（a）电路；（b）传输特性

输出的选通端。

3）与同等价格的运放相比，集成电压比较器的响应速度快，工作电流也比运放大。

4）集成电压比较器的频带较宽，不需要相位补偿。

2. 通用型集成电压比较器使用举例

CJO311（简称 311）是国产通用型集成电压比较器（双极型产品），国外可互换使用的同类产品为 LM311。它的引脚排列图和几种常用接法如图 2-4-26 所示。CJO311 的主要特点是：

1）电源电压允许范围宽，可用正、负双电源供电，也可用单电源供电。若用+5V 单电源供电，可直接驱动 TTL 器件；若用+15V 单电源供电，可直接驱动 CMOS 器件。而且它能输出 50mA 的电流，可直接驱动某些继电器或指示灯。

2）CJO311 具有调零和选通功能。若希望减小失调电压和失调电流的影响，可外接调零电位器，接法如图 2-4-26（b）所示。图 2-4-26（c）是 CJO311 的外部选通接法，其中选通信号是由 TTL 逻辑电平驱动反相器 V 加到比较器的选通端（6 脚）。当 6 脚为低电平时，比较器输出端不作响应，即输出保持原状态不变；当 6 端悬空或接高电平时，输出状态取决于输入信号，即实现电压比较器的功能。图 2-4-26（d）是普通常规的应用，即不调零也不用选通的接法。

3）CJO311 的输出端（7 脚）是集电极开路形式，而且它的集电极和发射极（1 脚）是单独引出的，因此它可以接成集电极输出和发射极输出两种形式。在图 2-4-26（e）、（f）中是集电极输出接法，其中 R 值应根据负载电流（最大不能超过 50mA）和电源电压的高低来选择。图 2-4-26（g）是发射极输出接法。

四、信号测量电路

运算放大器广泛应用于信号测量电路，用以提高测量精度和扩大测量功能。

（一）电源变换电路

1. 电压源

电压源电路如图 2-4-27（a）、（b）所示。图 2-4-27（a）为反相式电压源，其输出电压是

$$U_o = -\frac{R_F}{R_1}U_Z$$

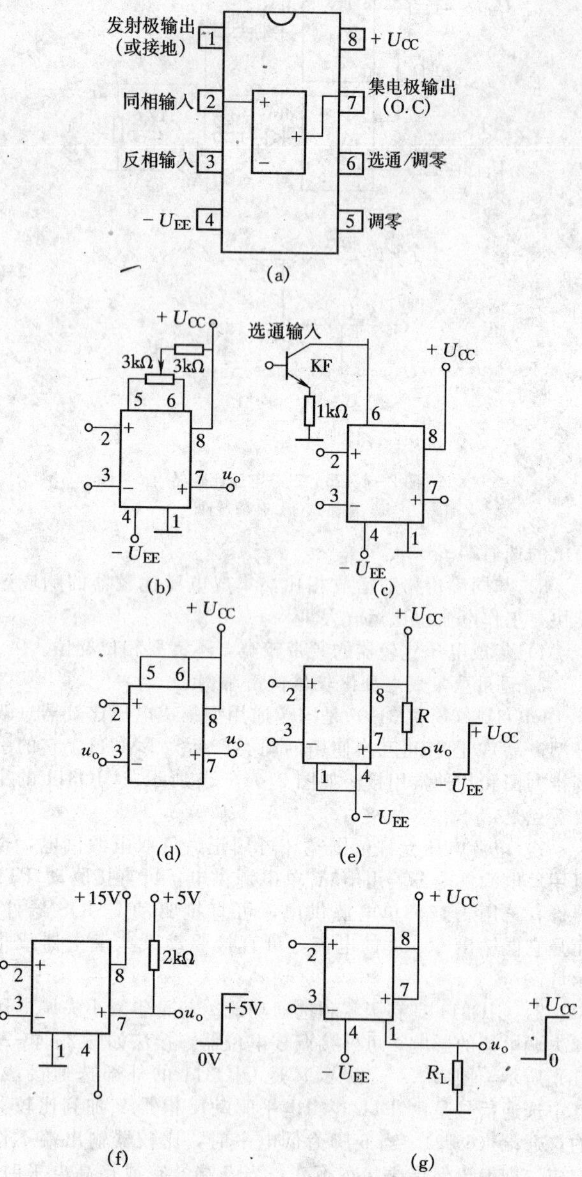

图 2-4-26　CJO311的引脚排列图和几种应用连接方法

(a) 8脚双列直插式排列图；(b) 失调调零接法；(c) 外部选通接法；(d) 不调零也不用选通的接法；(e)、(f) 集电极输出接法；(g) 发射极输出接法

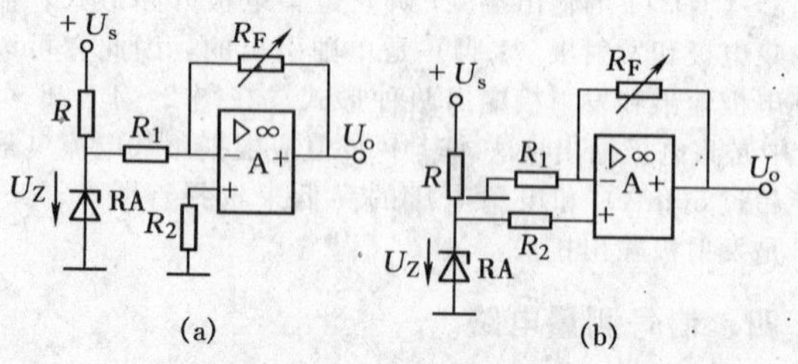

图 2-4-27　电压源电路

(a) 反相式电压源；(b) 同相式电压源

改变 R_F 可以改变 U_o 值，U_o 值可以小于 U_Z 值。图 2-4-27 (b) 为同相式电压源，其输出电压是

$$U_o=\left(1+\frac{R_F}{R_1}\right)U_Z$$

改变 R_F 可以改变 U_o 值，但 U_o 不能小于 U_Z。

两种电路中，因运放均接成电压负反馈形式，故输出电阻小，带负载能力较强。

2. 电流源

电流源电路如图 2-4-28 (a)、(b)、(c) 所示，其中 U_s 是电压源，R_L 是负载。在图 2-4-28 (a)、(b) 电路中的输出电流是：

图 2-4-28 (a)，设 $R_2 \gg R_F$　$I_L=-\frac{R_2}{R_1}\frac{U_s}{R_F}$

图 2-4-28 (b)　　$I_L=\frac{U_s}{R_F}$

可见，以上两电路中 I_L 不受负载 R_L 变化的影响，因此是恒流源电路。在两电路中负载是浮地的。图 2-4-28 (c) 中负载接地，这是一种利用正反馈，通过"自举"来维持负载电流稳定的电路，若设 $R_2 \gg R_L$ 且 $R_2=R_1$，则 I_L 稳定

$$I_L=\frac{U_s}{R_F}$$

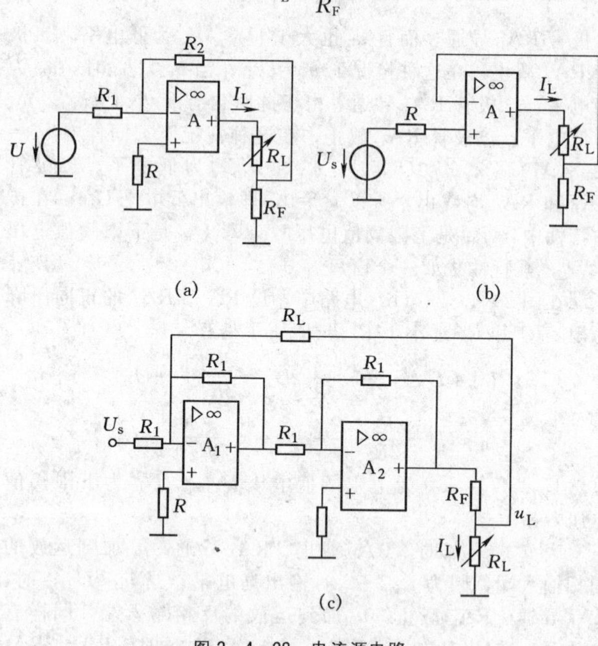

图 2-4-28　电流源电路

(a) 反相式电流源；(b) 同相式电流源；(c) 负载一端接地的电流源

（二）电压、电流、电阻的测量

1. 电压、电流的测量

为了对微弱的电压进行测量，例如测量毫伏级的电压，电压表应具有很高的内阻，可采用如图 2-4-29 (a) 所示电路。在图 2-4-29 (a) 中被测直流电压 U_X 接在运放的同相输入端，表头相当于负载，电路采用电流负反馈接法。

在电路中，若 R_g 是一块满偏电流是 100μA 的直流微安表头，取 $R_F=10\ \Omega$，则可测的满偏电压 $U_X=1$mV。当用 1mV 电压量程时，因为 $U_X=U_+=U_-=U_F=IR_F$，于是有

$$I=\frac{U_X}{R_F}$$

所以表头电流与被测电压 U_X 成正比。用这样的毫伏表，再加上倍压器就构成多量程的直流电压表。

将图 2-4-29 (a) 中的倍压器换成分流器，就可以构成多量程的直流电流表，电路如图 2-4-29 (b) 所示。

只要把表头改接到一个桥式整流电路中，然后再接于运放的反馈回路，就可以测量交流电压或交流电流，电路如图 2-4-30 所示。在这种电路中，流经表头的电流只与被测的电压、电流和 R_F 等参数有关系，与表头参数及整流二极管

参数无关，克服了二极管的正向压降所造成的测量误差，提高了测量精度。

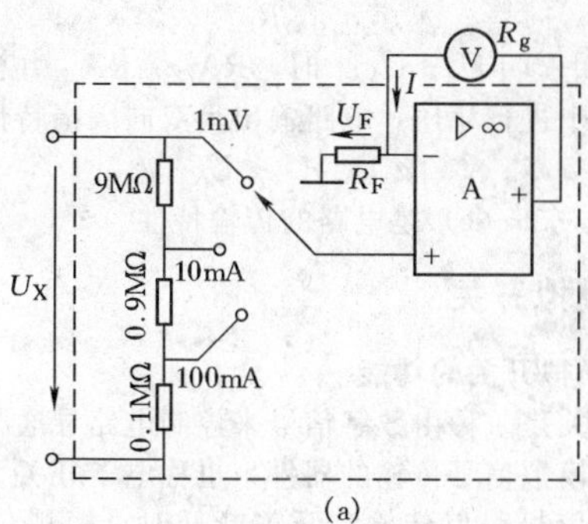

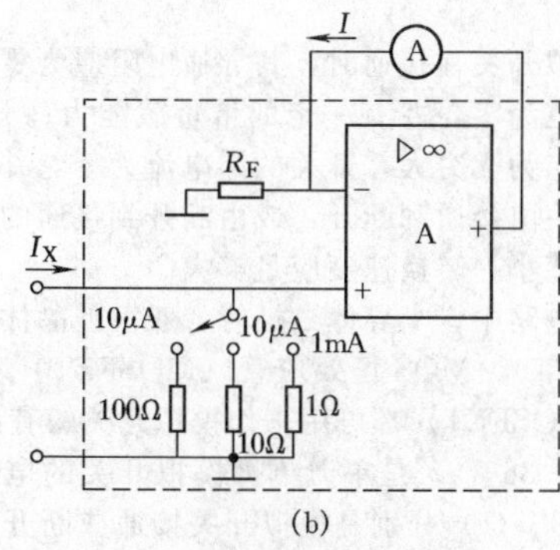

图 2-4-29 直流电压、电流的测量电路

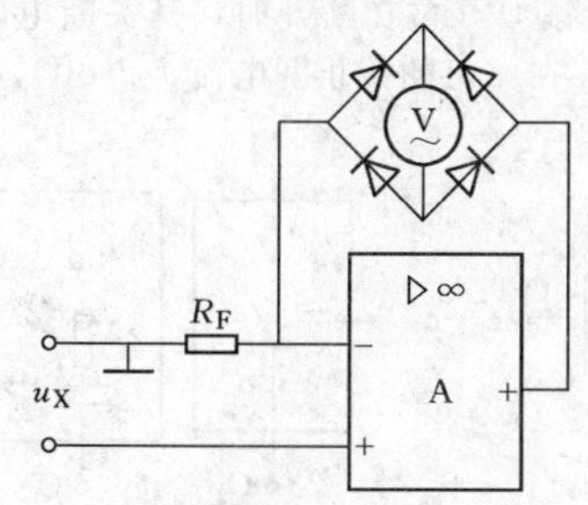

图 2-4-30 交流电压的测量电路

2. 电阻的测量

欧姆表原理电路如图 2-4-31 所示。图中 R_X 为接入的待测电阻，R_X 上的电压 U_X 为

$$U_X=\frac{R_X}{R_X+R_0}U_s$$

式中 R_0——欧姆表的内阻（中心阻值）；

U_s——电源电压。

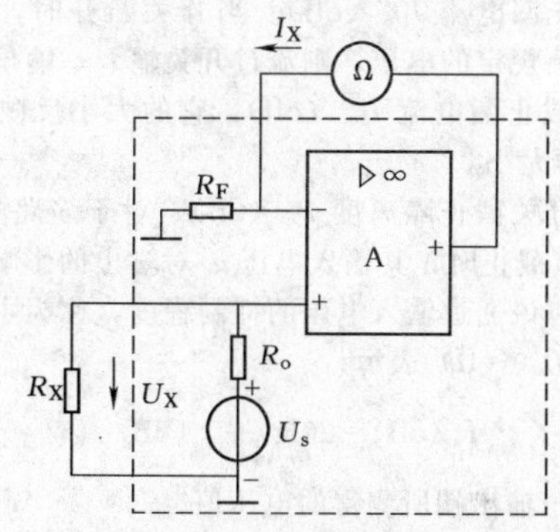

图 2-4-31 电阻的测量电路

由于 $U_X=U_+=U_-=I_XR_F$，于是通过表头的电流为 $I_X=\frac{U_X}{R_F}$。因为 U_s、R_0 和 R_F 为定值，所以接入待测电阻 R_X 以后，通过表头的电流只与被测电阻 R_X 有关。

这种测量方法在表头上的电阻刻度是不均匀的，只在中心阻值附近测量结果才比较准确。显然内电压 U_s 是 R_F 与表头满偏电流的乘积，这样才能保证表笔开路时（$R_X=\infty$），表头恰好满偏。

五、整流和限幅电路

（一）精密整流电路

精密整流电路是将二极管接在运放的负反馈回路中，利用运放的放大作用和深度负反馈的作用基本消除二极管的非线性特性和正向导通压降造成的误差，使整流特性接近于理想。

1. 精密半波整流电路

精密半波整流电路如图 2-4-32（a）所示。在图 2-4-32（a）电路中，当 u_i 为正值时，运放输出 u_{o1} 为负值，二极管 RA_2 截止，RA_1 导通，由于 u_- 虚地，因此 u_o 为零；当 u_i 为负值时，u_{o1} 为正值，二极管 RA_2 导通，RA_1 截止，运放组成反相比例运算电路，$u_o=-\frac{R_F}{R_1}u_i$。在电路中只要 u_i 为微伏级，u_o 电压就足以使二极管导通，所以图 2-4-32（a）电路在负半周进行整流时，其传输特性为线性，如图 2-4-32（b）所示。

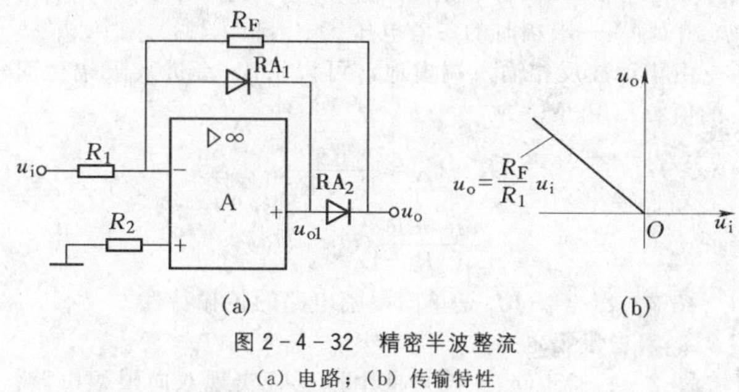

图 2-4-32 精密半波整流

(a) 电路；(b) 传输特性

2. 精密全波整流电路

精密全波整流电路如图 2-4-33 所示。图中 A_1 和 RA_1、RA_2 构成图 2-4-32（a）所示的反相型半波整流电路，实现负半波整流；A_2 和 RA_3、RA_4 则构成同相型半波整流电路，实现正半波整流，两者相加就得到全波整流。其整流过程是：

当 $u_i>0$ 时，$u_{o1}<0$，RA_1 导通，RA_2 截止，$u_{o2}>0$，RA_4 导通，RA_3 截止。于是 A_1 通过 RA_1 维持负反馈工作状态，A_2 处于电压跟随状态，所以 $u_o=u_{o2}=u_i$。

当 $u_i<0$ 时，$u_{o1}>0$，RA_2 导通，RA_1 截止，$u_{o2}<0$，RA_3 导通，RA_4 截止。此时 A_2 通过 RA_3 维持负反馈工作状态，且 $u_o=-u_i$，实现全波整流。将电路中所有二极管的极性调换后，可改变输出信号的极性。

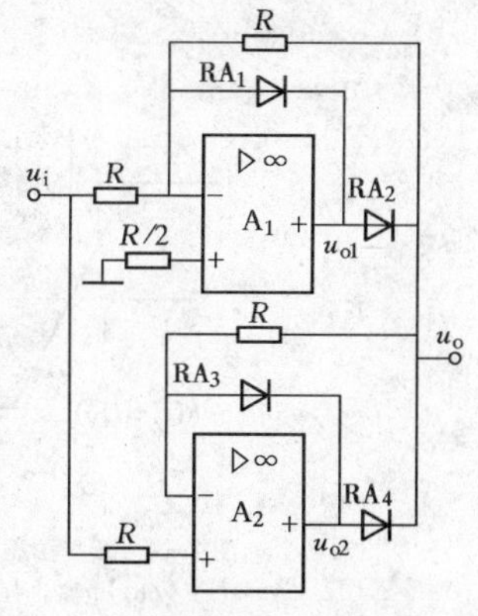

图 2-4-33 精密全波整流电路

以上分析是在输出不取电流的假设下做出的，为了提高带负载能力，可

以把 u_o 经电压跟随器后再输出。

（二）限幅电路

当输入信号幅值进入限幅范围后，输出信号将不随输入信号变化，而是固定在某个数值上的电路，叫限幅电路。

1. 单向限幅电路

图 2-4-34（a）是二极管单向限幅电路。当 u_i 值较小，使 A 点电位 $u_A < U_R$ 时，二极管 RA 截止，电路实现反相比例放大；当 u_i 为正值，$u_A = U_R + U_v$ 时，RA 导通，且 A 点电位不随 u_i 变化，输出电压进入限幅区，实现单向限幅作用。限幅时输出电压为

$$U_{oL} = -\frac{R_F}{R_2}(U_R + U_V)$$

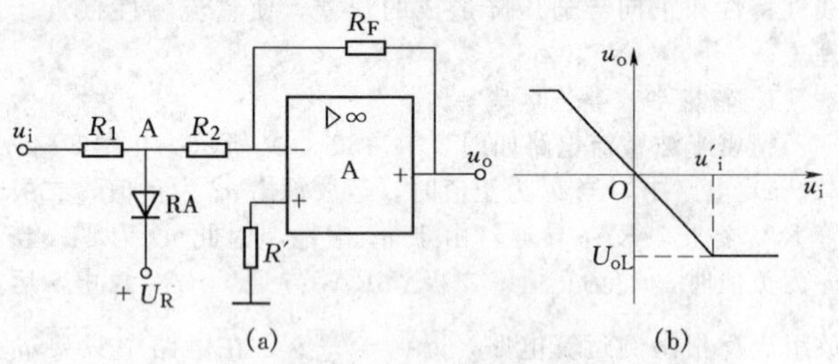

图 2-4-34 单向限幅电路
（a）电路；（b）传输特性

式中 U_V——二极管的正向压降；

U_R——限幅时的参考电压。

由于运放反相输入端虚地，可以求出 u_o 进入限幅区时 u_i 的值 u'_i，由于

$$U_R + U_V \approx \frac{R_2}{R_1 + R_2} u'_i$$

得

$$u'_i = \frac{R_1 + R_2}{R_2}(U_R + U_V)$$

图 2-4-34（b）是单向限幅电路的传输特性。

2. 双向限幅电路

图 2-4-35（a）、（b）是用稳压管实现双向限幅电路。设 U_Z 是稳压管的稳压值，U_V 是稳压管的正向导通压降。

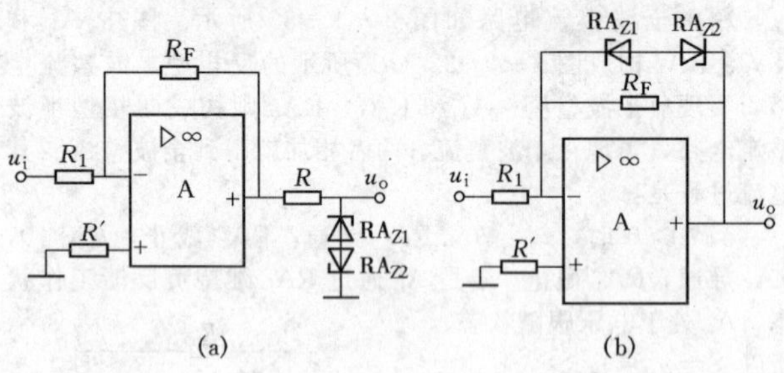

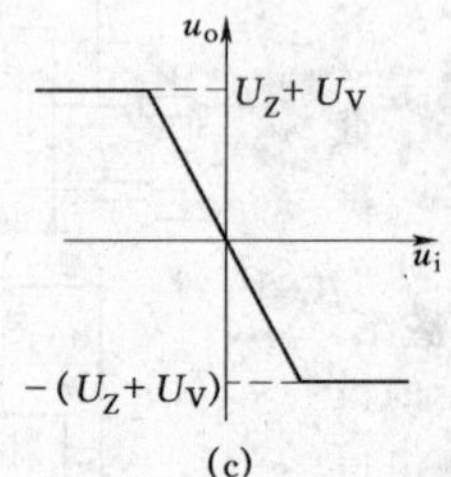

图 2-4-35 稳压管限幅电路
（a）、（b）电路；（c）传输特性

当 $|u_o| < |U_Z + U_V|$ 时，稳压管支路不通，运放工作在线性状态

$$u_o = -\frac{R_F}{R_1} u_i$$

当 $|u_o| > |U_Z + U_V|$ 时，RA_{Z1}、RA_{Z2} 中总有一个正向导通，一个进行稳压，电路输出呈双向限幅特性

$$|u_o| = |U_Z + U_V|$$

图 2-4-35（b）是电路的传输特性。

六、模拟开关

（一）模拟开关的功能

模拟开关是一种由数字信号来控制电路导通与截止，以传输或中断模拟信号传输的器件，也称电子开关。当开关接通时，模拟信号得以传输，开关断开时，模拟信号传输被中止。

理想模拟开关在接通时，其导通电阻应为零，开关两端的残留电压也为零，并有一定的带负载能力；开关断开时，其关断电阻应为无穷大，开关的漏电流为零，并有一定的耐压能力；开关由接通到断开，或由断开到接通的转换时，转换时间要足够小，转换速度应足够大。

在电子电路中，半导体二极管、双极型晶体管、结型场效应管（JFET）、MOS 场效应管（MOSFET）和 CMOS 场效应管（CMOSFET）都可用来作模拟开关的有源元件。

图 2-4-36（a）是单刀单掷模拟开关的电路符号。图 2-4-36（b）、（c）分别是模拟开关接通或断开时的等效电路，图中开关在接通时，导通电阻 R_{on} 不为零，因而存在一定的残留电压 U_{ofs}，开关在断开时，其关断电阻 R_{off} 也不为无限大，因而存在一定的截止漏电流 $I_{I/o}$(off)。

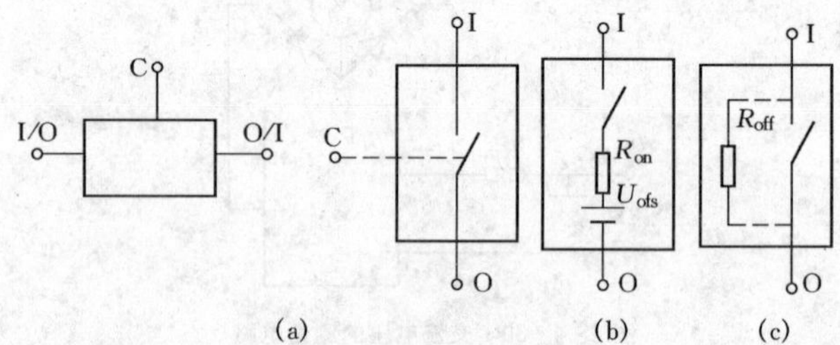

图 2-4-36 模拟开关的符号及等效电路

（二）模拟开关的性能参数

1. 模拟信号通道参数

（1）导通电阻 R_{on}。R_{on} 又称通态电阻，它是模拟开关处于接通状态时，在规定的模拟输入信号电压范围内，开关两端呈现的最大电阻。R_{on} 是衡量开关负载能力的标志。

（2）截止漏电流 $I_{I/o}$（off）。当开关断开时，在模拟信号输入端加上规定的电压，则流过开关输入—输出端的电流称为开关的截止漏电流 $I_{I/o}$（off）。它的大小反映了开关关断电阻 R_{off} 的大小。

（3）主开关截止隔离度 I_{so}（off）。对于多路选择开关，当第 i 个通道截止时，其输入电压 u_i 对输出的影响程度，或者说输出端对该通道输入电压的抑制程度，称为主开关截止隔离度，用 I_{so}（off）表示

$$I_{so}(\text{off}) = 20\lg\frac{U_o}{U_i} \quad (\text{dB})$$

式中 U_o——输出端所测得的电压值。

（4）导通电阻路间差 ΔR_{on}。ΔR_{on} 是多路模拟开关中，任意两路开关的导通电阻之差。它反映了各路开关的一致性。

2. 开关时间参数

开关时间参数反映了开关的瞬态响应特性。

(1) 开关的通道转换时间 t_{Tran}。t_{Tran} 是指多路选择开关的第 i 通道，从地址码输入时刻起，到输出电压 U_o 达到模拟输入电压 U_i 值的 10%的时间，或者从地址 i 转换到 $i+1$ 瞬时起，到输出端响应两者模拟电压差值所需时间。t_{Tran} 示意如图 2-4-37 所示。

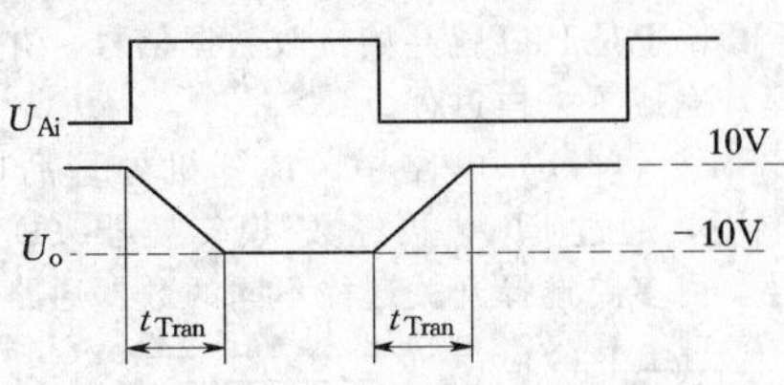

图 2-4-37 t_{Tran} 示意图

(2) 通道转换开启时间 t_{on} 和关断时间 t_{off}。t_{on} 是指开关从接通的时刻起，到输出端达到输入端所加规定电压 $(-U_A)$ 的 90%的时间。t_{off} 是指开关从关断时刻起，到输出端电平回到关断电平 (0V) 的时间。t_{on} 和 t_{off} 示意如图 2-4-38 所示，U_{EN} 是使能端信号。

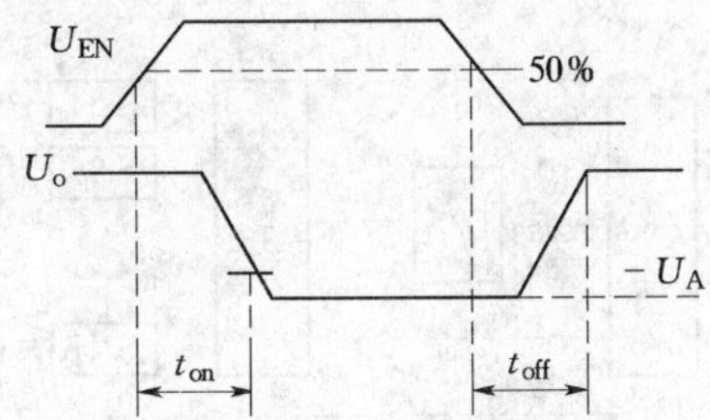

图 2-4-38 t_{on} 和 t_{off} 示意图

3. 地址输入端数字电路参数

对于单刀单掷开关来说，开关的接通与关断是受数字信号 U_C 控制；对多路选择开关，某通道的接通与断开是受地址输入端数字信号控制。作为模拟开关的参数，应当测试开关在有效地接通与有效地关断时，数字控制信号或地址信号的电平高低及电流大小。

(三) 集成模拟开关的特性及应用

1. 常用集成模拟开关特性举例

集成模拟开关一般可分集成双向模拟开关和集成多路模拟选择开关两大类。它们的主要差别是：双向开关的每一个输入端都对应一个输出端和控制端，例如四双向开关，就有四个输入端、四个输出端和四个控制端；多路选择开关有多个输入通道，但往往只有一个输出端，由地址控制端上的数字信号来选择某一通道的模拟信号传输到输出端。

(1) 四双向模拟开关——CC4066。CC4066 是 CMOS 四双向模拟开关。图 2-4-39 是 CC4066 的引脚功能端排列图。其内部含有四个独立的能控制模拟信号或数字信号双向传送的开关。对于每一个开关单元，当控制端 C_i 为高电平时，开关接通；当 C_i 为低电平时，开关断开。

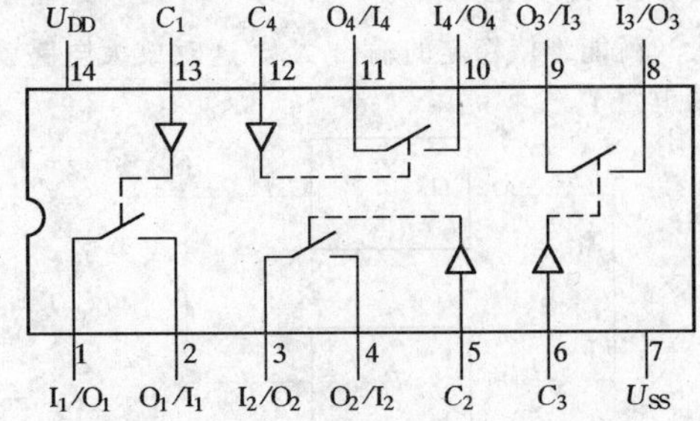

图 2-4-39 CC4066 的引脚功能端排列图

使用这种双向模拟开关时，必须要求输入信号电平 U_i 或输出端信号电平 U_o 不能超越电源电压范围 $(-U_{SS} \sim +U_{DD})$。否则会大大降低开关的关断电阻和增加开关的导通电阻，使开关不能正常工作，同时还会引起电路的可控硅效应及损坏开关电路。

(2) 8 选 1 多路选择开关——CC4051。CC4051 是 CMOS8 选 1 多路选择开关，其引脚功能排列图如图 2-4-40 所示。

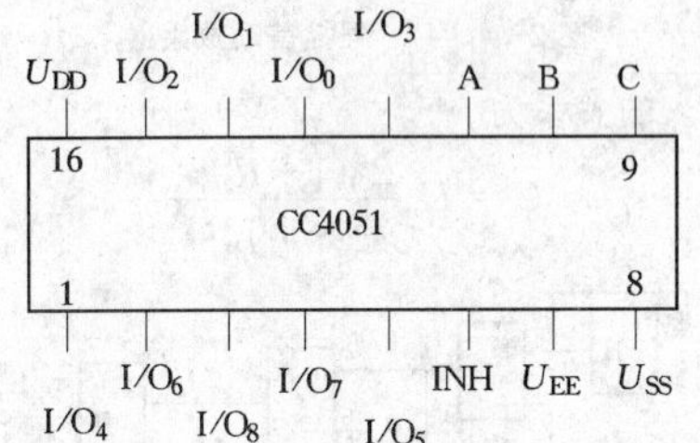

图 2-4-40 CC4051 引脚功能排列图

在图中，有一个“禁止”端 (INH)，它可以控制开关正常工作，或者使开关处于高阻状态。八路模拟开关$[(I/O)_0 \sim (I/O)_7]$的一端分别接各通道的输入（输出）模拟信号，各开关的另一端接在一起作为公共端——模拟信号的输出（输入）端，且具有双向传输功能。通过地址信号 (CBA) 的控制，能有选择地使某一通道与开关的公共端接通。CC4051 的真值表如表 2-4-2 所示。

表 2-4-2 CC4051 真值表

地址输入				接通通道	地址输入				接通通道
INH	C	B	A	$(I/O)_i$	INH	C	B	A	$(I/O)_i$
1	×	×	×	—	0	1	0	0	$(I/O)_4$
0	0	0	0	$(I/O)_0$	0	1	0	1	$(I/O)_5$
0	0	0	1	$(I/O)_1$	0	1	1	0	$(I/O)_6$
0	0	1	0	$(I/O)_2$	0	1	1	1	$(I/O)_7$
0	0	1	1	$(I/O)_3$					

CC4051 的电源中，除了 CMOS 电路通常所需的 U_{DD} 与 U_{SS} 之外，还有一个 U_{EE} 负电源，它的作用是做电平转换。有了这个 U_{EE}，就可以使单电源 (U_{SS}=0V) 工作下的模拟开关能够传输正负极性的模拟信号。例如，当 $U_{DD}=+5V$、$U_{SS}=0$ V、$U_{EE}=-5V$ 时，用 0～5V 的数字信号控制地址端，就可以传输振幅为±5V 的模拟信号。

2. 模拟开关的应用举例

(1) 四双向模拟开关的应用。

1) 程控放大器。在多路巡检过程中，不同检测点的信号强弱是不同的，而在采集数据时又需要放大成归一化的电平，因此要求放大器在不同的检测地址上有不同的电压放大倍数。图 2-4-41 所示电路是由两个四双向模拟开关组成的程控差动放大器。该放大器有四种可以选择的电压放大倍数，由模拟开关改变输入端电阻 R_{tj} 来实现。放大器的输出电压为

$$U_o = \frac{R_f}{R_{tj}}(U_2 - U_1)$$

式中：j=1，2，3，4 代表开关的序号。若要求放大器有较高的输入阻抗，可采用图 2-4-42 所示的同相程控放大器，

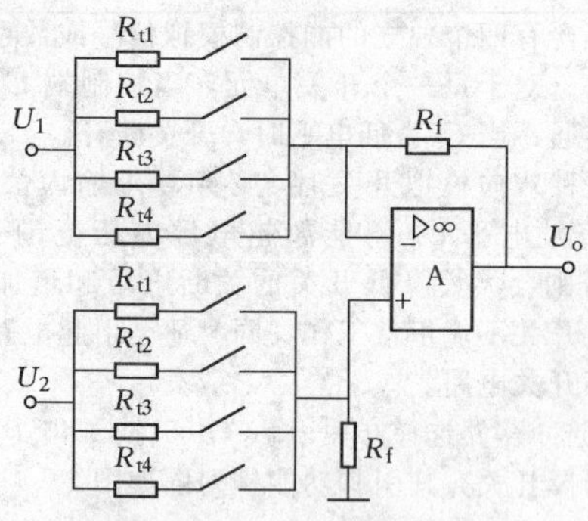

图 2-4-41 程控差动放大器

其输出和输入的关系为

$$U_o = U_{ij}\frac{R_{2j+1}+R_{2j+2}}{R_{2j+1}}$$

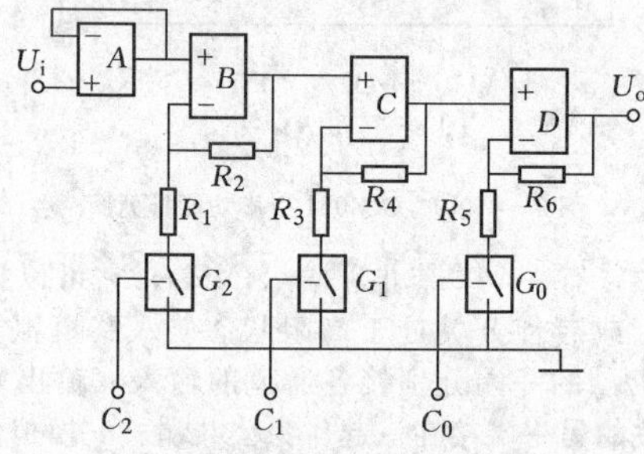

图 2-4-42 程控同相放大器

式中 R_{2j+1}——反相输入电阻；

R_{2j+2}——反馈电阻；

U_{ij}——第 j 级的输入电压，$j=0$，1，2。

开关 $G_0 \sim G_2$ 的通断可用译码器或计数器按顺序控制。

2）程控衰减器。程控衰减器在自动量程控制等场合十分有用。图 2-4-43 所示电路是有八种不同衰减量的程控衰减器。图中三个电阻分压器在开关 $G_0 \sim G_2$ 分别接通时的衰减量 K_1、K_2、K_3 可分别表示为

$$K_1 = 20\lg\frac{R_2}{R_1+R_2}\ (\text{dB})$$

$$K_2 = 20\lg\frac{R_4}{R_3+R_4}\ (\text{dB})$$

$$K_3 = 20\lg\frac{R_6}{R_5+R_6}\ (\text{dB})$$

在三位地址输入信号 $A_2A_1A_0$（由 000～111 的变化时）的控制下，可以获得的八种衰减量分贝数分别是：0，K_3，K_2，K_2+K_3，K_1，K_1+K_3，K_1+K_2，$K_1+K_2+K_3$。若取 $K_1=-40\text{dB}$，$K_2=-20\text{dB}$，$K_3=-10\text{dB}$，则每级衰减量为 -10dB。

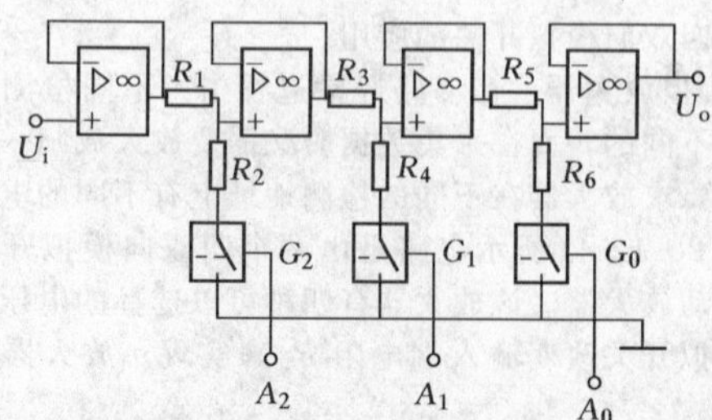

图 2-4-43 程控衰减器

(2) 多路选择开关的应用。多路选择开关主要用于数据采集和巡检系统，也可用于上述双向开关的场合。

图 2-4-44（a）、（b）示出集成多路模拟选择开关在数据采集与控制系统中的应用。

图 2-4-44（a）电路中，在 CPU 的控制下，可编程的输入输出接口电路 PIO 的输出端口把控制信号送到多路选择开关的地址译码器上，选通某一通道，把该通路与输出端接通，则该路的模拟输入信号经采样/保持（S/H）电路和模/数转换器（A/D）处理，当 A/D 转换结束后，便有结束信号送到 PIO，于是 PIO 就开始接收数据信号，并送入计算机进行处理，完成了采样过程。

在图 2-4-44（b）电路中，计算机处理后的数据在 CPV 的控制下，通过 PIO，再经数/模转换器（D/A）变换为模拟信号，由多路选择开关送往不同的数据通路。

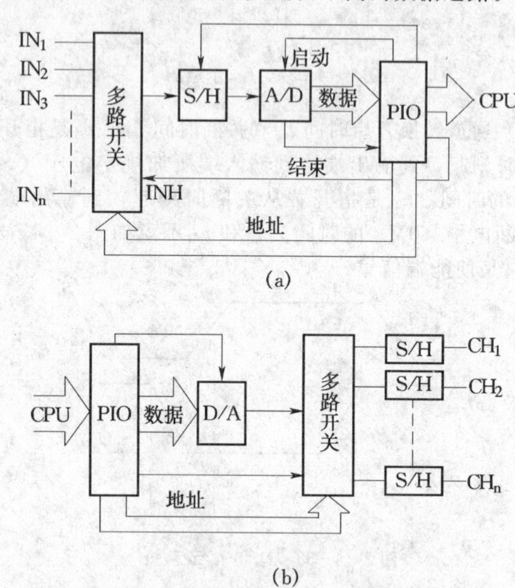

图 2-4-44 集成多路模拟选择开关在数据采集与控制系统中的应用

第五节 正弦波振荡电路

波形发生电路包括正弦波振荡电路和非正弦信号发生电路。它们不需要外接输入信号就能产生各种周期性的波形，例如正弦波、方波、三角波和锯齿波等。

一、正弦波振荡电路的组成

（一）自激振荡

从电路结构看，在正常的放大电路中，引入适当的正反馈就可以产生自激振荡。正弦波振荡电路的方框图如图 2-5-1 所示。图中 $\dot{A}$ 是开环放大倍数，$\dot{F}$ 是反馈系数，$\dot{X}_f$ 是反馈信号。设 $\dot{X}_d$ 为输入信号，当 $\dot{X}_d=\dot{X}_f$ 时，经基本放大电路放大，就能维持稳定的输出 $\dot{X}_o$，这时放大电路就变为自激振荡电路了。

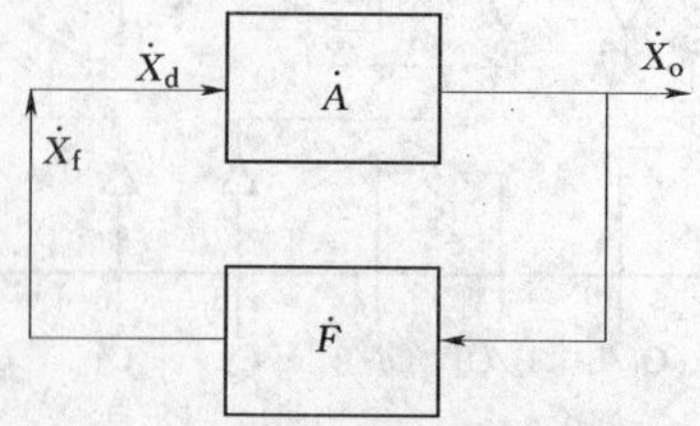

图 2-5-1 正弦波振荡电路方框图

从 $\dot{X}_f=\dot{X}_d$ 关系可以推导出电路产生自激振荡的条件。由方框图可知，基本放大电路的输出为 $\dot{X}_o=\dot{A}\dot{X}_d$；反馈网络的输出为 $\dot{X}_f=\dot{F}\dot{X}_o$；当 $\dot{X}_f=\dot{X}_d$ 时，则有

$$\dot{A}\dot{F}=1$$

此式就是电路产生自激振荡的条件。

因 $\dot{A}=A\angle\varphi_A$，$\dot{F}=F\angle\varphi_F$，则有

$$\dot{A}\dot{F}=AF\angle\varphi_A+\varphi_F$$

由此式可以得到产生自激振荡的两个基本条件：

(1) 相位条件

$$\varphi_A+\varphi_F=2n\pi$$

即放大电路的相移与反馈网络的相移之和为 $2n\pi$，其中 n 是整数。也就是必须是正反馈，保证反馈信号与输入信号同相位。

(2) 幅值条件

$$|\dot{A}\dot{F}|=AF=1$$

即放大倍数与反馈系数的乘积之模等于1。也就是反馈信号幅值必须等于输入信号的幅值。

为了使振荡电路在接通电源后能自行起振，除了正反馈条件外，还必须满足 $X_f>X_d$，即要求 $AF>1$ 的幅值条件。

(二) 正弦波振荡电路的组成和分类

1. 正弦波振荡电路的组成

在振荡电路中，为了得到某一特定频率 f_0 的正弦输出，除了满足自激振荡条件外，还必须有选频网络。选频网络的主要作用是选择单一频率满足自激振荡条件，形成单一频率的正弦波振荡。

综上所述，正弦波振荡电路由以下几部分组成：

(1) 放大电路：具有信号放大作用。

(2) 反馈网络：形成正反馈，满足相位条件。

(3) 选频网络：确定振荡频率 f_0。

(4) 稳幅环节：使振幅稳定，改善波形。

2. 分类

根据选频网络的不同，正弦波振荡电路可以分为RC正弦波振荡电路，LC正弦波振荡电路和石英晶体正弦波振荡电路。RC振荡电路一般用来产生数赫兹到数百千赫兹的低频信号，LC振荡电路主要用来产生数百千赫兹以上的高频信号。

二、RC 正弦波振荡电路

RC正弦波振荡电路的选频网络由R、C元件组成。电路形式有RC串并联式（也称文氏电桥）、双T网络、移相式以及积分式正弦波振荡电路等。

(一) RC 串并联正弦波振荡电路

1. 基本振荡电路

图2-5-2是RC串并联正弦波振荡电路。它由同相比例放大电路和RC串并联反馈网络两部分组成。若在运放的同相输入端（图2-5-2中的X处）断开电路，断开点的下边是反馈电压 $\dot{U}_f$，设运放同相输入端的电压为 $\dot{U}_i$，可得由运放构成的同相放大器的电压放大倍数 $\dot{A}$，它与频率无关

$$\dot{A}=\frac{\dot{U}_o}{\dot{U}_i}=\frac{R_F+R_1}{R_1}$$

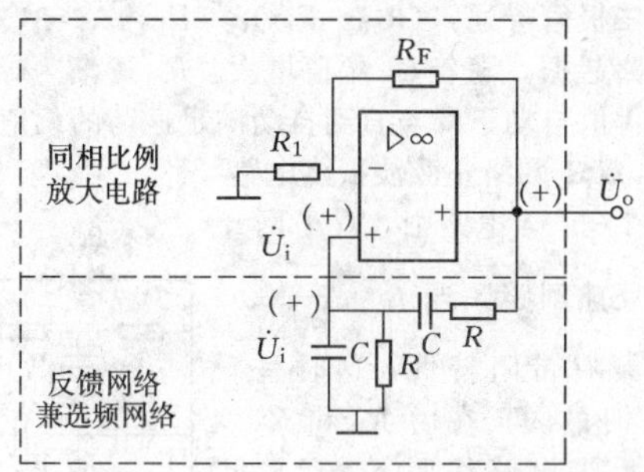

图2-5-2　RC串并联正弦波振荡电路

由RC串并联网络构成的反馈环节有

$$\dot{F}=\frac{\dot{U}_F}{\dot{U}_o}=\frac{R/\!/\frac{1}{j\omega C}}{R+\frac{1}{j\omega C}+R/\!/\frac{1}{j\omega C}}$$

$$=\frac{1}{3+j\left(\omega CR-\frac{1}{\omega CR}\right)}$$

为满足自激振荡的相位条件，令上式的虚部为零，可得

$$\omega_0=\frac{1}{RC}$$

此时 $$\dot{F}=\frac{1}{3}$$

即 $$|\dot{F}|=|\dot{F}|_{max}=\frac{1}{3}$$

$$\varphi_F=0$$

电路中RC串并联网络起正反馈网络兼选频网络的双重作用，振荡电路的振荡频率

$$f=f_0=\frac{1}{2\pi RC}$$

根据自激振荡的幅值条件，可知同相放大器的放大倍数应为

$$A\geqslant\frac{1}{F}=3$$

即要求 $R_F\geqslant 2R_1$。

2. 常用的稳幅措施

1) 最简单的稳幅方法是采用热敏电阻。电路如图2-5-3 (a) 所示，选择具有负温度系数的热敏电阻代替反馈电阻 R_F。若 R_1 用正温度系数的热敏电阻，也能达到稳幅的作用。

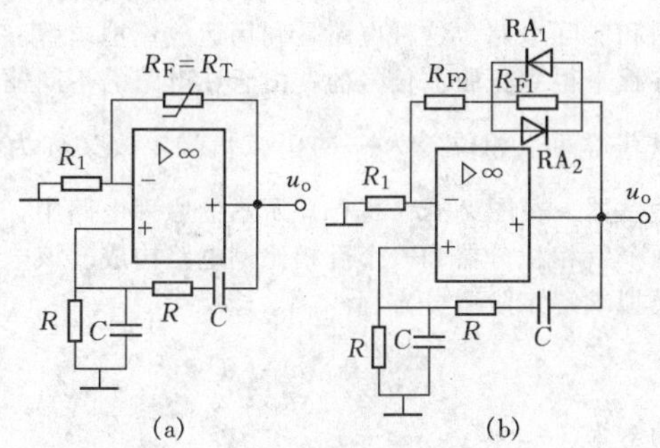

图2-5-3　具有稳幅措施的正弦波振荡电路

(a) 采用热敏电阻稳幅；(b) 利用二极管稳幅

2) 利用二极管的非线性特性实现自动稳幅。电路如图2-5-3 (b) 所示，在负反馈电路中，二极管 RA_1、RA_2 与电阻 R_{F1} 并联，R_{F1} 与 R_{F2} 的和略大于 $2R_1$。当 U_o 幅值小时，

不足以使二极管导通，$(R_{F1}+R_{F2})>2R_1$，$A>3$，满足起振条件，电路起振。随着U_o幅值增大，R_{F1}逐渐为导通的二极管代替，A值自动下降，直到自动满足振荡的幅值条件。

（二）双T网络正弦波振荡电路

在图2-5-4电路中，双T网络构成负反馈回路，当$f_0=\frac{1}{2\pi RC}$时，电路具有带阻特性，这时呈现的负反馈最弱。在由R_1和R_2构成的正反馈电路作用下，运放的电压放大倍数很高，容易满足自激振荡的幅值条件，从而产生频率为f_0的正弦波。改变R或C的值，就可以得到不同的f_0值。RA_Z是用来稳定输出幅值的。

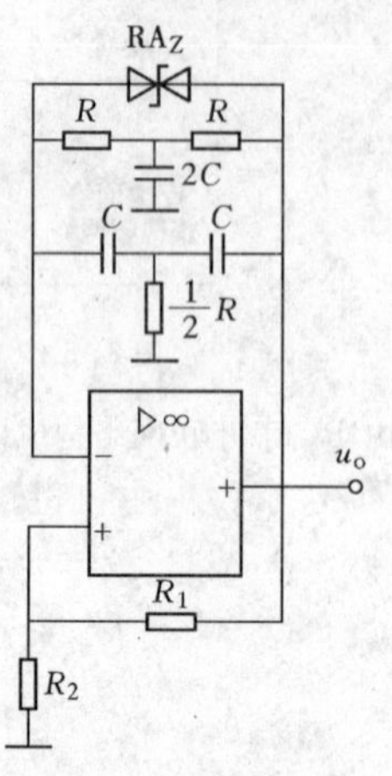

图2-5-4 双T网络正弦波振荡电路

（三）移相式正弦波振荡电路

图2-5-5是一种移相式正弦波振荡电路。在电路中适当选择每段R_1C_1网络移相60°，三段合起来共产生180°相移，再考虑到运放A_1是反相输入接法，又移相180°，因此满足振荡的相位条件。只要满足幅值关系$R_3/R_2>8$，电路就可以产生频率为

$$f_0=\frac{1}{2\pi\sqrt{3}R_1C_1}$$

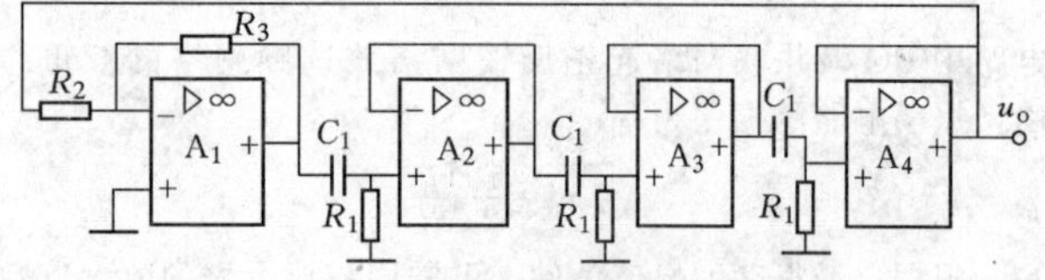

图2-5-5 移相式正弦波振荡电路

的正弦波信号输出。若省去电路中的同相跟随器A_2、A_3，而将三段相同的移相网络直接连在A_1、A_4之间，此时产生振荡的条件就变为$R_3/R_2>29$，相应的振荡频率为

$$f_0=\frac{1}{2\pi\sqrt{6}R_1C_1}$$

这种电路一般用于产生单一的固定频率。

（四）积分式正弦波振荡电路

图2-5-6（a）、（b）分别是积分式正弦波振荡电路的原理图和实际电路。这种电路是利用运放模拟求解一个二阶微分方程来得到正弦波信号的。由于在电路的不同输出节点上可以获得两个相位差为$\frac{\pi}{2}$的正弦信号，故又称为正交正弦波振荡器。在图2-5-6（a）所示的原理电路中，振荡电路由两个反相积分器和一个反相比例电路构成。该电路可以用来模拟求解二阶微分方程

$$\frac{d^2u_o}{dt^2}+\omega_0u_o=0$$

相应的解为

$$u_o(t)=U_{om}\sin(\omega_0+\phi)$$

式中：ω_0就是正弦波信号的振荡角频率。

实际电路中，把反相比例电路和A_1组成的积分器合并为一个差动积分电路，省去一个运放，见图2-5-6（b）。在图2-5-6（b）中，常使R_1略小于R_3，以确保电路起振。当$R_1<R_3$、$R_2=R_3$和$C_1=C_2=C_3$时，输出频率可用

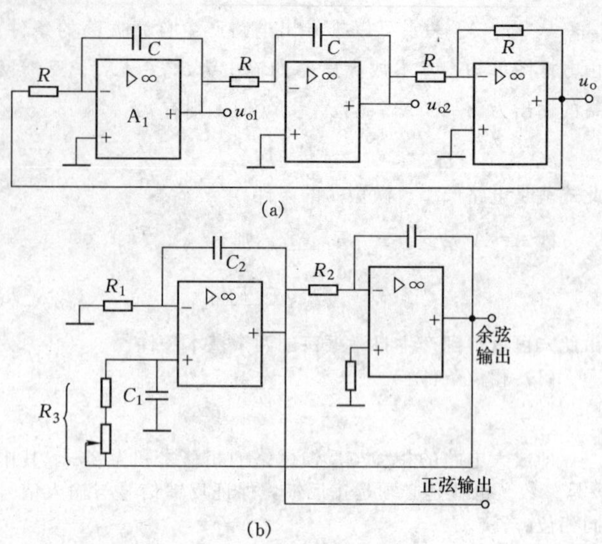

图2-5-6 正交正弦波振荡电路
（a）原理电路；（b）实际电路

公式求出

$$f_0\approx\frac{1}{2\pi R_2C_3}$$

因为积分器的相移是90°，所以从两个运放的输出端分别得到正弦信号和余弦信号的输出。

三、LC正弦波振荡电路

LC正弦波振荡电路的选频网络是由LC并联回路组成。常见的电路形式有变压器反馈式、三点式、正弦波振荡电路等。

（一）LC并联回路的特性

图2-5-7是一个LC并联回路，图中R表示回路的总等效电阻，$\dot{I}_s$为正弦电流源信号。并联回路的复数阻抗Z为

$$Z=\frac{\dot{U}_o}{\dot{I}_s}=\frac{\frac{1}{j\omega C}(R+j\omega L)}{\frac{1}{j\omega C}+(R+j\omega L)}$$

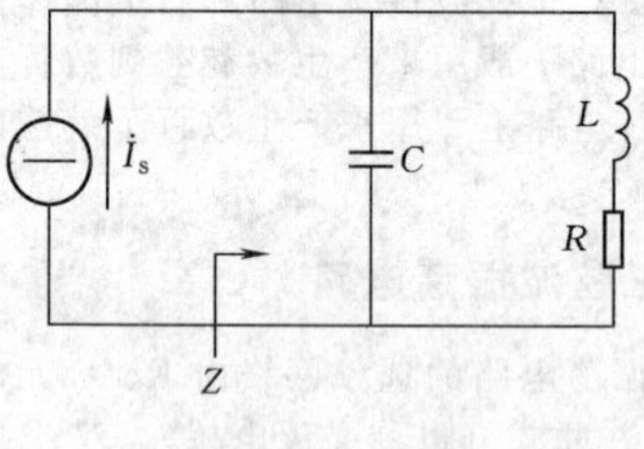

图2-5-7 LC并联回路

通常有$\omega L\gg R$，上式可写为

$$Z\approx\frac{\frac{1}{j\omega C}j\omega L}{R+j\left(\omega L-\frac{1}{\omega C}\right)}$$

$$=\frac{\frac{L}{C}}{R+j\left(\omega L-\frac{1}{\omega C}\right)}$$

当$\omega L=\frac{1}{\omega C}$时，$Z$为实数，表示纯阻性，电压$\dot{U}_o$与电流源$\dot{I}_s$同相，发生并联谐振。令并联谐振时角频率为$\omega_0$，谐振

频率为 f_0，则

$$\omega_0=\frac{1}{\sqrt{LC}}$$

$$f_0=\frac{1}{2\pi\sqrt{LC}}$$

此时电路阻抗值最大，为

$$Z_0=\frac{L}{RC}=Q\omega_0 L=\frac{Q}{\omega_0 C}=Q\sqrt{\frac{L}{C}}$$

式中，Q 是并联回路的品质因数，且有

$$Q=\frac{\omega_0 L}{R}=\frac{1}{\omega_0 RC}=\frac{1}{R}\sqrt{\frac{L}{C}}$$

Q 值越大，谐振时阻抗 Z_0 值越大，幅频特性越尖锐，选频性能越好。一般 Q 值在几十至几百范围内。

（二）变压器反馈式振荡电路

图 2-5-8 是变压器反馈式振荡电路，它由放大电路、LC 并联谐振回路和变压器反馈线圈 N_2 组成。放大电路中晶体管为共射极接法，LC 并联谐振回路接在晶体管的集电极上，所以这种振荡电路也称为共射调集振荡电路。图中 C_B、C_E 对交流而言，可视为短路。在谐振频率 f_0 时，集电极的等效负载是纯阻性的，$\dot{U}_o$ 与 $\dot{U}_i$ 反相。按图上所标明的变压器同名端又使 $\dot{U}_f$ 与 $\dot{U}_o$ 反相。因此 $\dot{U}_f$ 与 $\dot{U}_i$ 同相，满足了相位条件。正弦波振荡频率取决于 LC 并联谐振电路的振荡频率

$$f_0\approx\frac{1}{2\pi\sqrt{LC}}$$

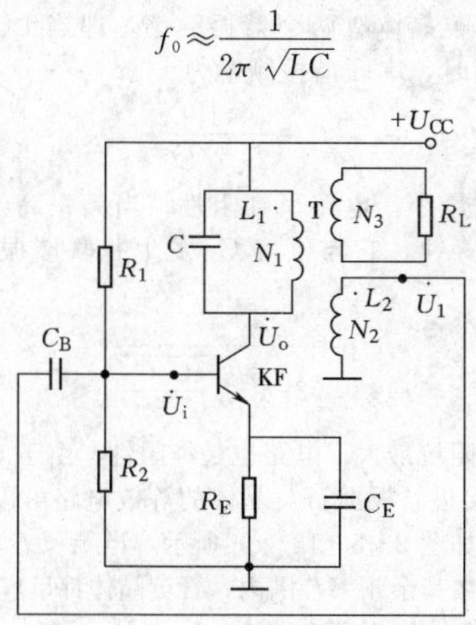

图 2-5-8　变压器反馈式振荡电路

可以证明，电路的起振条件为

$$\beta>\frac{RCr_{be}}{M}$$

式中　β、r_{be}——晶体管 KF 的电流放大系数和输入电阻；

M——N_1 和 N_2 两绕组之间的等效互感；

R——副绕组的参数折合到原绕组后总的等效电阻。

（三）三点式 LC 振荡电路

1. 三点式 LC 振荡电路的组成

所谓三点式振荡电路就是在电路中晶体管的三个电极分别与 LC 谐振回路的三个端点相接，图 2-5-9 示出了它的通用型交流通路。图中 X_1、X_2、X_3 分别表示组成 LC 谐振回路的三个电抗元件。为了分析方便，忽略了回路的损耗电阻。

在谐振频率时，$\dot{U}_o$ 与 $\dot{U}_i$ 反相，为满足相位条件，$\dot{U}_f$ 与 $\dot{U}_o$ 也应反相，所以有

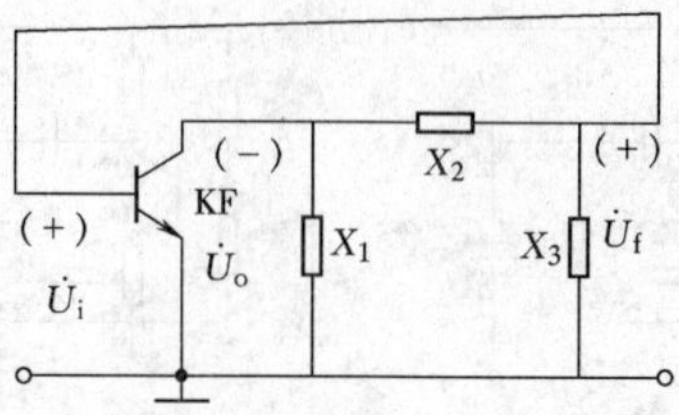

图 2-5-9　三点式振荡器通用形式

$$\frac{X_3}{X_2+X_3}<0$$

也就是要求 X_2 与 X_3 必须是具有相反性质的电抗。而且谐振时 LC 回路的总电抗应为零，即

$$X_1+X_2+X_3=0$$

于是可以推导出

$$-\frac{X_3}{X_1}<0$$

即

$$\frac{X_3}{X_1}>0$$

以上分析说明，电路为了满足相位条件，LC 谐振回路的三个电抗必须具有以下关系：X_1 与 X_3 必须是具有相同性质的电抗，X_2 必须是具有与 X_1、X_3 相反性质的电抗。

根据三点式振荡电路的组成原则，可以构成两种形式的三点式振荡器：电感三点式（哈特莱）振荡器和电容三点式（考毕兹）振荡器。它们的交流通路如图 2-5-10（a）、（b）所示。

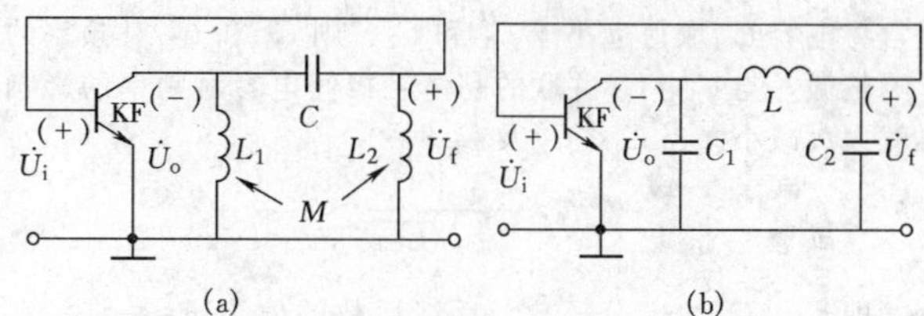

图 2-5-10　三点式 LC 振荡器的交流通路

（a）电感三点式振荡器；（b）电容三点式振荡器

2. 三点式 LC 振荡电路举例

图 2-5-11 列举了三点式 LC 振荡电路的不同实例。图 2-5-11（a）是电感三点式振荡器，并联谐振回路中的电感分为 L_1 和 L_2 两部分，两者之间的互感为 M，从 L_2 上取反馈电压来形成正反馈，满足相位条件。反馈系数的值为

$$F\approx\frac{L_2+M}{L_1+M}$$

电路的振荡频率基本上等于 LC 并联回路的谐振频率，即

$$f_0\approx\frac{1}{2\pi\sqrt{LC}}=\frac{1}{2\pi\sqrt{(L_1+L_2+2M)C}}$$

通常 L_2 的匝数为电感线圈总匝数的 1/8～1/4，就能满足起振条件。

图 2-5-11（b）是电容三点式振荡电路，反馈信号取自于 C_2 两端的电压，以形成正反馈，反馈系数的值为

$$F\approx\frac{C_1}{C_2}$$

电路的振荡频率为

$$f_0\approx\frac{1}{2\pi\sqrt{LC}}=\frac{1}{2\pi\sqrt{L\dfrac{C_1C_2}{C_1+C_2}}}$$

为了克服晶体管极间电容对谐振电路的影响，提高振荡

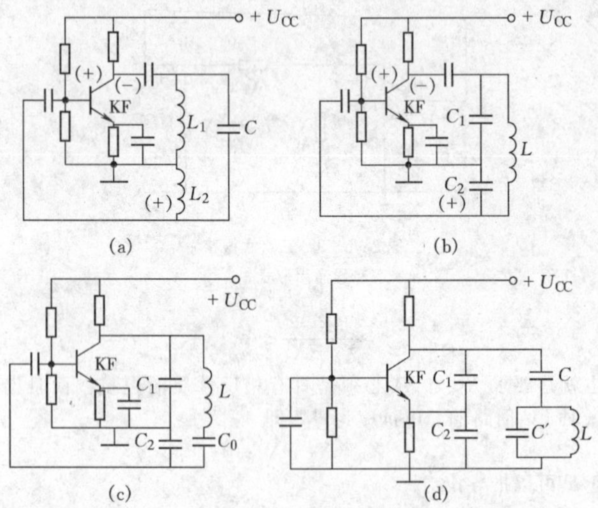

图 2-5-11　三点式 LC 振荡电路

(a) 电感三点式振荡器；(b) 电容三点式振荡器；(c) 改进型电容三点式（克拉泼）振荡器；(d) 改进型电容三点式（西勒）振荡器

频率的稳定性，可以采用图 2-5-11 (c)、(d) 改进型电容三点式振荡器。在图 2-5-11 (c) 电路中，电感 L 支路中串联电容 C_0，电路的振荡频率为

$$f_0 \approx \frac{1}{2\pi\sqrt{LC'}}$$

其中
$$\frac{1}{C'}=\frac{1}{C_1}+\frac{1}{C_2}+\frac{1}{C_0}$$

通常将电容 C_0 取得远小于 C_1 和 C_2，则 C_1 和 C_2 对频率的影响甚微，与 C_1、C_2 并联的晶体管极间电容对频率的影响也就大大减小。当 $C_0 \ll C_1$ 及 C_2 时

$$f_0 \approx \frac{1}{2\pi\sqrt{LC_0}}$$

即 C_1、C_2 决定分压比，反馈系数的值为 $F\approx\frac{C_1}{C_1+C_2}$，$C_0$ 决定振荡频率。这种电路不宜做波段较宽的振荡电路。

图 2-5-11 (d) 电路是另一种改进型电容三点式振荡器，它与图 2-5-11 (c) 的区别在于电感两端并接一个电容 C′，振荡频率近似地为

$$f_0 \approx \frac{1}{2\pi\sqrt{\left(C'+\dfrac{1}{\dfrac{1}{C_1}+\dfrac{1}{C_2}+\dfrac{1}{C}}\right)L}}$$

当 $C \ll C_1$、C_2 时

$$f_0 \approx \frac{1}{2\pi\sqrt{(C+C')L}}$$

可见振荡频率主要由 L、C 和 C' 决定，反馈系数与图 2-5-11 (c) 的相同。这种电路适于作波段较宽的振荡器。

四、石英晶体振荡电路

在对频率稳定度要求高的场合，可以用石英晶体稳频。石英晶体振荡器的品质因数 Q 值可达 $10^4 \sim 10^6$，其频率稳定度（$\Delta f/f_0$）可达 $10^{-9} \sim 10^{-11}$。

（一）石英晶体的基本特性

石英晶体的电路符号、等效电路和电抗特性分别如图 2-5-12 (a)、(b)、(c) 所示。在石英晶体的两极上施加交变电压时，在一定条件下会产生压电谐振现象，这种压电谐振和 LC 回路的谐振现象十分相似，其等效电路如图 2-5-12 (b) 所示。在图 2-5-12 (b) 中，C_0 表示金属极板间的静电电容，约几至几十皮法；L 和 C 分别模拟晶片振动时的惯性和弹性，一般 L 的值为 $10^{-3} \sim 10^2$ H，C 值为 $10^{-4} \sim 10^{-2}$ pF；R 用于模拟晶片振动时的摩擦损耗，很小。由于石英晶体的等效电感很大，等效电容很小，R 也小，所以品质因数 Q 很高。

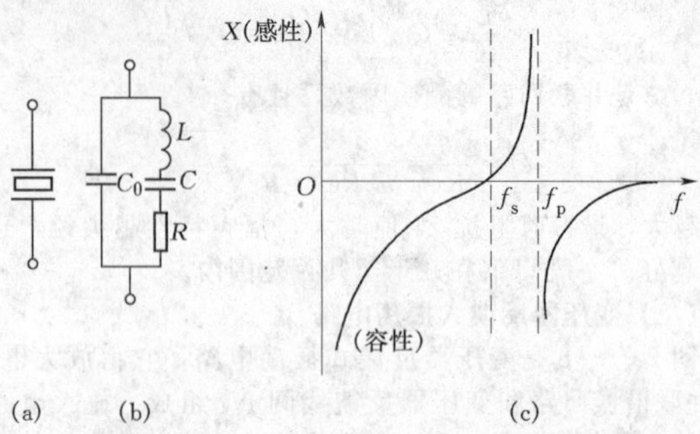

图 2-5-12　石英晶体

(a) 电路符号；(b) 等效电路；(c) 电抗—频率特性

当忽略 R 时，图 2-5-12 (b) 电路的等效电抗为

$$X=\frac{-\dfrac{1}{\omega C_0}\left(\omega L-\dfrac{1}{\omega C}\right)}{-\dfrac{1}{\omega C_0}+\left(\omega L-\dfrac{1}{\omega C}\right)}=\frac{\omega^2 LC-1}{\omega(C_0+C-\omega^2 LC_0 C)}$$

可以看出，石英晶体有两个谐振频率，即当 L、C、R 支路发生串联谐振时，串联谐振频率为

$$f_s=\frac{1}{2\pi\sqrt{LC}}$$

此时等效阻抗最小，电路呈纯阻性；当频率高于 f_s 时，L、C、R 支路呈感性，它与电容 C_0 发生并联谐振，并联谐振频率为

$$f_p=\frac{1}{2\pi\sqrt{L\dfrac{C_0C}{C_0+C}}}$$

此时等效阻抗最大，电路也是纯阻性。由于 $C \ll C_0$，所以 f_p 与 f_s 极为接近。根据石英晶体的等效电路可以画出它的电抗—频率特性如图 2-5-12 (c) 所示，当 $f_s<f<f_p$ 时，石英晶体呈感性，在其余频率范围内，石英晶体都呈容性。

（二）石英晶体振荡电路

按石英晶体在振荡电路中的应用方式，石英晶体振荡电路分为两种类型：并联型和串联型。

1. 并联型石英晶体振荡电路

并联型石英晶体振荡电路是将石英晶体作为感性元件，而替代 LC 谐振回路中的电感，构成三点式 LC 振荡电路。在图 2-5-13 (a) 所示的电路中，利用石英晶体在频率 $f_s \sim f_p$ 之间呈感性的特点，与两个外接电容 C_1、C_2 组成电容三点式振荡电路。工作时，LC 回路处于并联谐振状态，满足相位条件。图 2-5-13 (a) 交流通路如图 2-5-13 (b) 所示，电路的振荡频率为

$$f_0=\frac{1}{2\pi\sqrt{L\dfrac{C(C_0+C')}{C+C_0+C'}}}$$

式中
$$C'=\frac{C_1C_2}{C_1+C_2}$$

由于 $C \ll (C_0+C')$，振荡频率为

$$f_0 \approx \frac{1}{2\pi\sqrt{LC}}=f_s$$

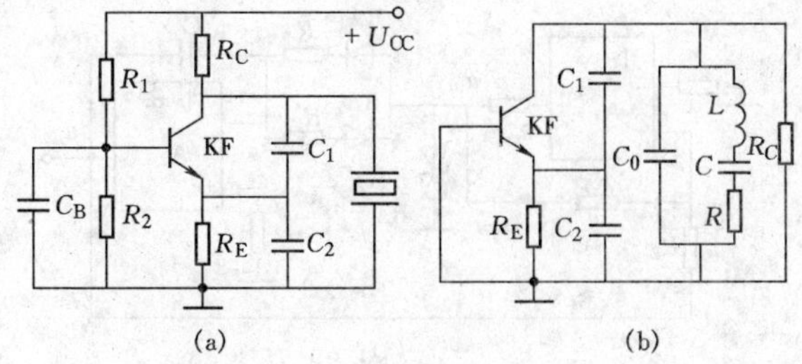

图 2-5-13　并联型石英晶体振荡电路

(a) 电路图；(b) 交流通路

2. 串联型石英晶体振荡电路

串联型石英晶体振荡电路是利用石英晶体在其串联谐振频率 f_s 时阻抗最小，且为纯阻性的特点工作的。图 2-5-14 (a)、(b) 是串联型石英晶体振荡电路的两个实例。在两个实例电路中，把石英晶体置入正反馈回路中，当 $f=f_s$ 时，电路满足相位条件，并且石英晶体呈现的电阻最小，正反馈最强，幅值条件也得到满足，产生振荡。对于偏离 f_s 的其他频率，石英晶体呈现高阻抗，阻止振荡。由于石英晶体在电路中起的选频作用，串联型振荡电路的振荡频率等于石英晶体的串联谐振频率 f_s。在图 (b) 中，为了同 f_s 匹配，要求 L、C_1、C_2 组成谐振回路的谐振频率等于石英晶体的 f_s。

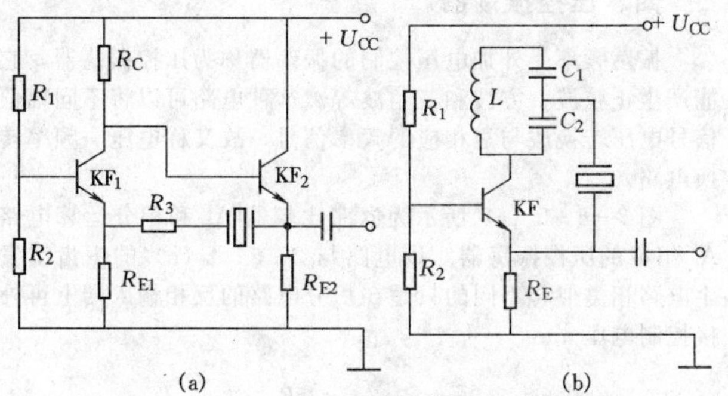

图 2-5-14　串联型石英晶体振荡电路的两个实例

由于石英晶体振荡电路的频率准确程度主要由石英晶体确定，而对构成振荡电路的其他元件要求不高，因此由集成电路构成的石英晶体振荡器得到越来越广泛的应用。

第六节　非正弦信号发生电路

非正弦信号发生电路按输出波形可以分为方波、矩形波、三角波和锯齿波等发生电路。

一、方波发生电路

图 2-6-1 (a) 是一个由运放组成的方波发生器，它由两部分组成：其右边是一个带稳压管限幅的迟滞比较器，起开关作用；左边是 RC 组成的具有延时作用的反馈网络。

迟滞比较器是电容上电压 $u_C=u_-$ 与同相端 u_+ 相比较。电路的上、下限两个阈值电压分别是

$$U_{TH+}=\frac{R_2}{R_1+R_2}U_Z$$

$$U_{TH-}=\frac{R_2}{R_1+R_2}(-U_Z)$$

显然，U_{TH+} 和 U_{TH-} 是大小相等、极性相反的两个电压。由于迟滞比较器有两个阈值电压，故分两种状态结合图 2-6-

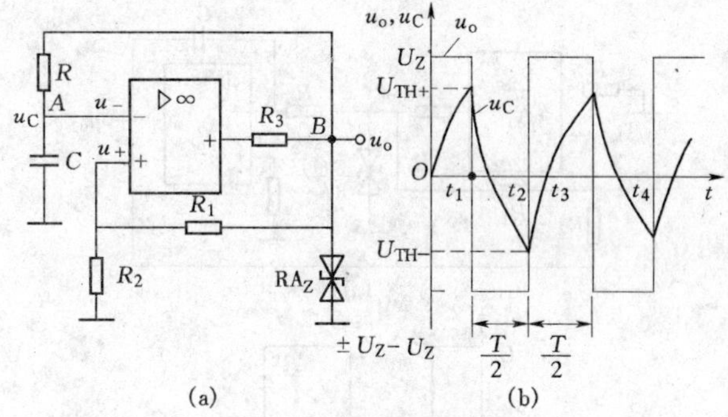

图 2-6-1　方波发生器

(a) 电路图；(b) 波形图

1 (b) 波形进行讨论：

(1) 在 $0\sim t_1$ 期间。设 $t=0$ 时，$u_C=0$，$U_o=+U_Z$。此时 $u_+=U_{TH+}$，u_o 通过 R 对电容 C 充电，$u_C=u_-$ 按指数形式上升，在 $t=t_1$ 时刻 $u_C\geqslant U_{TH+}$，使输出翻转为 $U_o=U_Z$。

(2) 在 $t_1\sim t_2$ 期间。在 $t=t_1$ 时，由于 $u_o=-U_Z$，$u_+=U_{TH-}$，此时电容通过 R 放电，$u_C=u_-$ 按指数形式下降，在 $t=t_2$ 时刻 $u_C\leqslant U_{TH-}$，输出又翻转为 $u_o=+U_Z$，此电压又对电容 C 进行充电。于是按这个过程周而复始，形成振荡，u_o 输出方波。

根据 RC 电路的暂态过程分析，可以得到输出方波的周期为

$$T=2RC\ln\left(1+2\frac{R_2}{R_1}\right)$$

方波的振荡频率是

$$f_0=\frac{1}{2RC\ln\left(1+2\frac{R_2}{R_1}\right)}$$

改变 R、C 值或改变 R_2/R_1 比值，可以调节振荡频率。

上述电路的波形占空比为 50%，即是方波。若要改变占空比，可以用图 2-6-2 所示的网络来取代图 2-6-2 (a) 中的电阻 R，从而使电容 C 具有不相等的充、放电时间常数，得到占空比不同的矩形波。

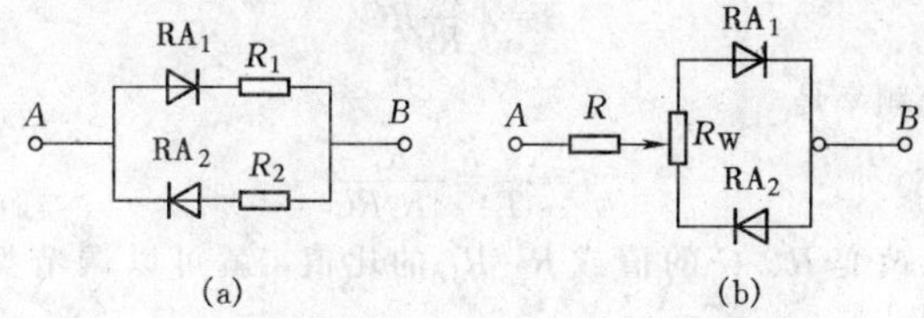

图 2-6-2　取代电阻 R 的二端网络

二、三角波发生电路

三角波发生电路如图 2-6-3 (a) 所示，它是由起开关作用的迟滞比较器 A_1 和起延时作用的积分电路 A_2 组成。由 A_1 输出方波，A_2 输出三角波。

A_1 迟滞比较器的上、下限阈值电压分别是：

当 $u_{o1}=-U_Z$ 时，$U_{TH+}=\left(-\frac{R_2}{R_1}\right)(-U_Z)=\frac{R_2}{R_1}U_Z$；

当 $u_{o1}=+U_Z$ 时，$U_{TH-}=\left(-\frac{R_2}{R_1}\right)(+U_Z)=-\frac{R_2}{R_1}U_Z$。

由于迟滞比较器有两个阈值电压，故分两种状态结合图 2-6-3 (b) 波形进行讨论：

(1) 在 $0\sim t_1$ 期间。设 $t=0$ 时，$u_C=0$，$u_{o1}=+U_Z$，该

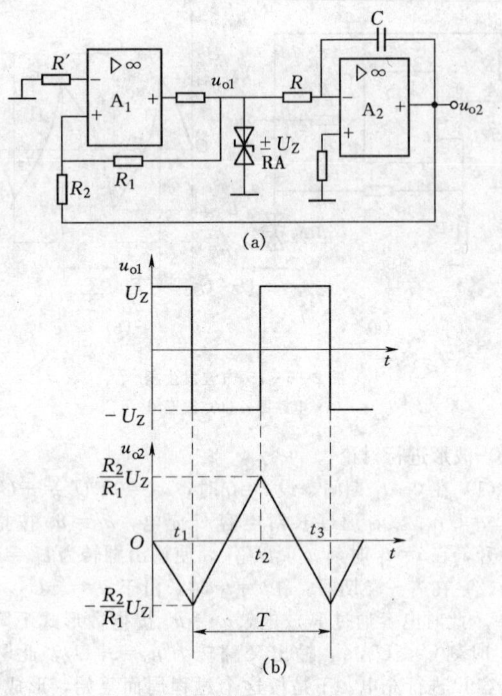

图 2-6-3 三角波发生器

(a) 电路图；(b) 波形图

电压送给积分器进行反相积分。u_{o2} 线性下降，在 $t=t_1$ 时刻 $u_{o2}\leqslant U_{TH-}$，此时 u_{o1} 由 U_Z 跳变到 $-U_Z$。

(2) 在 $t_1\sim t_2$ 期间。在 t_1 时刻，$u_{o1}=-U_Z$，该电压送给积分器反相积分。u_{o2} 线性上升，在 $t=t_2$ 时刻 $u_{o2}\geqslant U_{TH+}$，此时 u_{o1} 由 $-U_Z$ 又跳变到 U_Z。如此周而复始，形成自激振荡，波形如图 2-6-3 (b) 所示。

由分析可见，三角波电压的正、负幅值就是迟滞比较器的上、下限阈值电压，方波输出幅值由稳压管限幅决定。

三角波的周期根据运放 A_2 的积分运算关系可以得到

$$\frac{1}{RC}\int_0^{\frac{T}{2}} U_Z\mathrm{d}t = 2\frac{R_2}{R_1}U_Z$$

即

$$T=4\frac{R_2}{R_1}RC$$

振荡频率是

$$f=\frac{1}{T}=\frac{R_1}{4R_2RC}$$

改变 R、C 的值或 R_2/R_1 的比值，就可以调节振荡频率。

三、锯齿波发生电路

如果令图 2-6-4 (a) 电路中的积分器充、放电时间常数不相等，就可以得到锯齿波发生电路。图 2-6-5 (a) 是锯齿波发生电路。在电路中，当 $u_{o1}=+U_Z$ 时，此电压经 V_1、R 对 C 进行充电；当 $u_{o1}=-U_Z$ 时，电容 C 经 R' 和 V_2 放电（反充电）。于是使三角波的正、负半周时间不等，若设 $R<R'$，就得到了如图 2-6-5 (b) 所示的锯齿波。

在图 2-6-5 (b) 中，有

$$T_1=2\frac{R_2}{R_1}(R'+r_{V2})C$$

$$T_2=2\frac{R_2}{R_1}(R+r_{V1})C$$

式中，r_{V1}、r_{V2} 分别是二极管 V_1、V_2 导通时的动态电阻。电路的振荡周期 $T=T_1+T_2$，振荡频率为

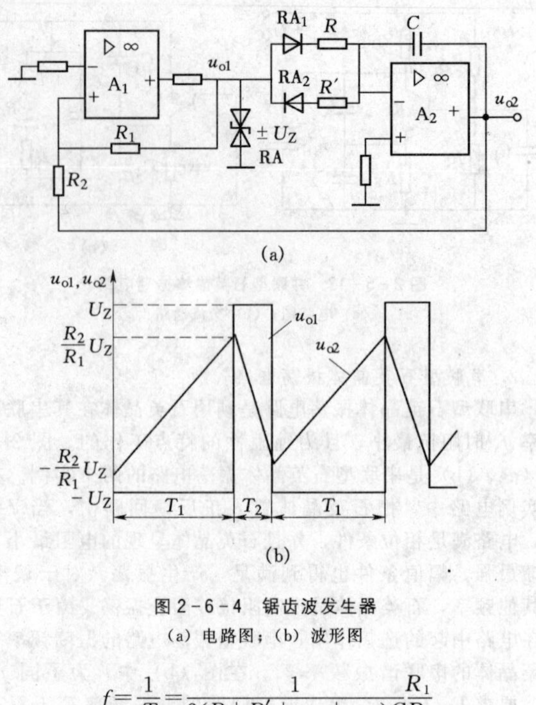

图 2-6-4 锯齿波发生器

(a) 电路图；(b) 波形图

$$f=\frac{1}{T}=\frac{1}{2(R+R'+r_{V1}+r_{V2})C}\frac{R_1}{R_2}$$

四、压控振荡器

振荡频率受外加电压控制的振荡器称为压控振荡器，它能产生正弦波、方波和三角波等。这种电路可以将不同幅值信号电压转换成与之相应的频率信号，故又称电压—频率转换电路。

图 2-6-5 (a) 所示为迟滞比较器 A_1 和积分运算电路 A_2 组成的压控振荡器。该电路与 2-6-4 (a) 的锯齿波发生电路相类似，不同的只是在积分电路的反相输入端上再外接控制电压 u_i。

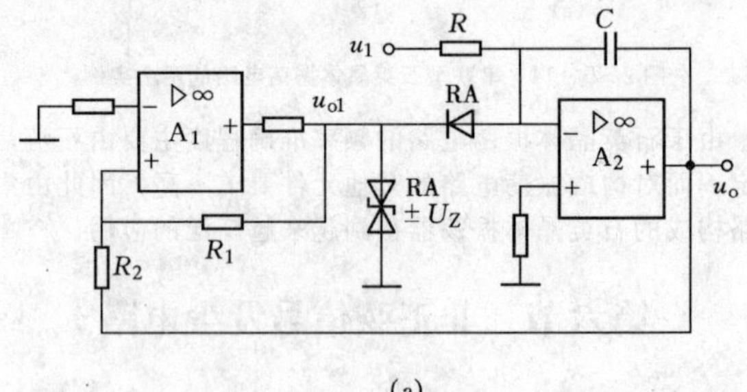

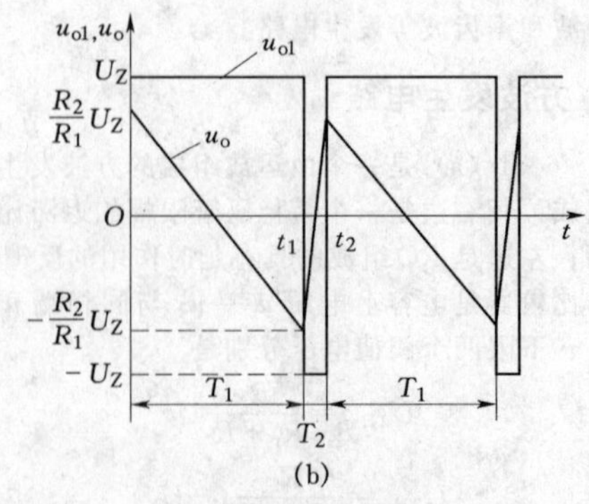

图 2-6-5 压控振荡器

(a) 电路图；(b) 波形图

在图 2-6-5（a）电路中，迟滞比较器 A_1 有两个阈值电压

$$U_{TH+}=\frac{R_2}{R_1}U_Z$$

$$U_{TH-}=-\frac{R_2}{R_1}U_Z$$

当 $u_{o1}=+U_Z$ 时，二极管 V 截止，u_i（$u_i>0$）经 R 对电容 C 充电，u_o 线性下降。当 $u_o\leqslant U_{TH-}$ 时，u_{o1} 跳变到 $-U_Z$。当 $u_{o1}=-U_Z$ 时，二极管 V 导通，电容 C 放电。由于二极管的导通电阻远小于 R，故放电时间比充电快得多，使 u_o 迅速上升。当 $u_o\geqslant U_{TH+}$ 时，u_{o1} 又跳变到 U_Z。如此周而复始，产生振荡，波形如图 2-6-5（b）所示。

设 u_i 为恒定正电压，并且忽略电容放电时间，可得 u_o 的振荡周期为

$$T=T_1+T_2\approx T_1$$
$$=2\frac{R_2}{R_1}RC\left(\frac{U_Z}{u_i}\right)$$

振荡频率是

$$f\approx\frac{R_1}{2R_2RC}\frac{u_i}{U_Z}$$

可见电路输出信号的频率与输入控制电压 u_i 成正比。压控振荡器实质上是电压—频率（V—F）转换器。目前国内外已生产出多种单片集成高精度 V—F 转换器，例如 LM131 系列、AD650、VFC32 等。

五、函数发生器

集成函数发生器是一种多用途的波形产生电路，可以用来产生正弦波、方波和三角波信号。5G8038 是一种数字与模拟兼容的函数发生器，它是国产函数发生器的典型产品，其性能与 ICL8038 基本一致。

（一）5G8038 的原理框图和基本工作原理

5G8038 的原理框图和引脚排列图如图 2-6-6（a）、（b）所示。由图 2-6-6（a）可见，5G8038 是由两个电流源、两个电压比较器、两个缓冲器、RS 触发器和正弦波变换器组成。

外接电容 C 交替地从一个电流源充电后向另一个电流源放电，于是在电容 C 两端产生对称的三角波。三角波电压加到电压比较器的输入端，与比较器的两个固定电平$\left(\frac{2}{3}U_{CC}，\frac{1}{3}U_{CC}\right)$相比较后产生触发信号，并通过 RS 触发器控制两个电流源的相互转换。电容 C 两端的三角波通过缓冲器加到正弦变换器，因而可以得到三角波和正弦波输出。另外通过触发器和缓冲器又得到了方波输出。由于三角波和方波输出是经过缓冲器得到的，因而输出阻抗较低（约 200Ω），正弦波输出未经缓冲器，输出阻抗较大（约 1kΩ）。

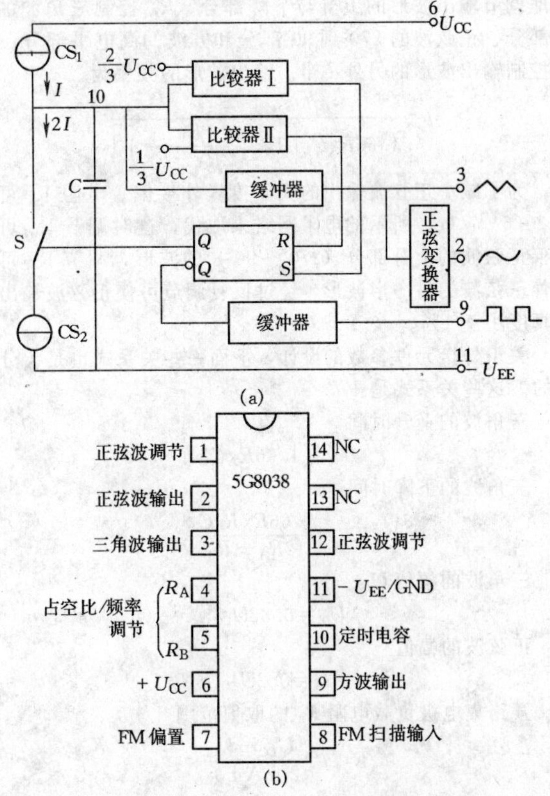

图 2-6-6　5G8038 的原理框图与引脚排列图

5G8038 的主要特点是：同时有三种波形输出——正弦波、三角波和方波；工作频率在 0.001～300kHz 范围内可调；足够低的频率温漂，最大值为 $50\times10^{-6}/℃$；输出正弦波的失真度小于 1%；三角波输出的线性度优于 0.1%；矩形波输出的占空比可在 1%～99%的范围内调节；输出方波的电平可以从 4.2V 到 28V；使用简单，外接元件少。

（二）5G8038 应用举例

5G8038 集成片最简单的外部连接电路如图 2-6-7（a）所示。在图中 C_T 是外接的定时电容，该电路的振荡频率为

$$f=\frac{1}{2\pi R_C C_T}$$

调节正电源 U_{CC} 和 R_C，可使输出波形对称，R_C 和 C_T 决定输出信号频率。$R_1=82k\Omega$ 是内部偏置网络所需要的。R_2 是开路集电极 9 脚的负载电阻，它的上端可接到一个电压范围为 5～30V 的电源电压上。

若要改善 5G8038 的性能，电路可按图 2-6-7（b）连接。这时分别用 R_A、R_B 单独接在正电源与 4、5 脚之间，独

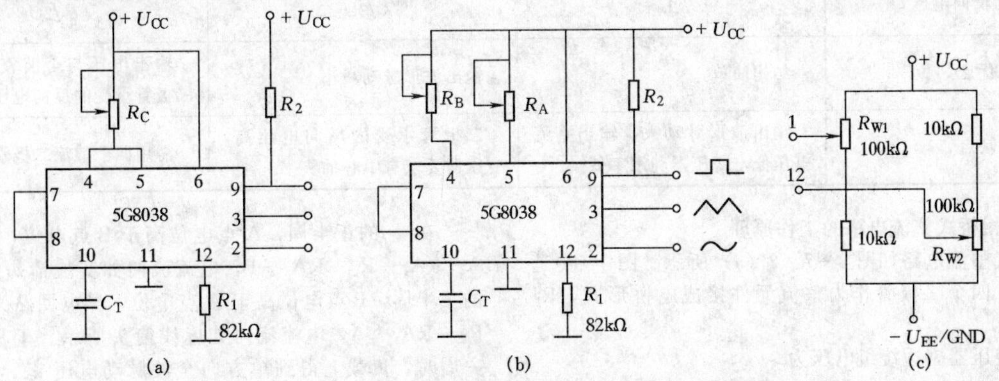

图 2-6-7　5G8038 产生正弦波、三角波和方波的外部连接图

立地调节输出波形的上升与下降部分。R_A 控制三角波的上升部分、正弦波的 270°到 90°部分和方波的高电平部分；R_B 则控制输出波形的另外一半。输出波形的频率为

$$f=\frac{1}{1.66R_AC_T\left[1+\left(\frac{R_B}{2R_A-R_B}\right)\right]}$$

为了减小正弦波输出的失真度，外接偏置电阻 R_1 可用图 2-6-7 (c) 所示的电阻网络来取代，这时调节 R_{w1} 可以改善正弦波的上升部分（270°～90°）的波形，调节 R_{w2} 可以改善正弦波的另一半波形，经过反复调节可使正弦波输出的失真度小于 1%。

关于外接元件参数的设计，下面一些关系式也是十分有用的。这些关系式是：

三角波的上升时间

$$T_+=1.66R_AC_T$$

三角波的下降时间

$$T_-=\frac{1.66R_AR_BC_T}{2R_A-R_B}$$

三角波的幅值 U_T

$$U_T=0.33U_{CC}$$

正弦波的幅值

$$U_S=0.2U_{CC}$$

开路集电极负载电阻 R_2 的取值范围

$$R_{2\min}=\frac{U_{CC}-U_{oL}}{2\ \text{mA}\pm I_{LL}}$$

$$R_{2\max}=\frac{U_{CC}-U_{oH}}{1\ \mu\text{A}\pm I_{LH}}$$

式中，I_{LL}是低电平 U_{oL} 输出时引脚 9 的负载电流，I_{LH}是高电平 U_{oH} 输出时引脚 9 的负载电流。U_{oL}一般在 0.1～1.25V 之间，U_{oH}根据实际应用需要而定。

定时电阻 R_A、R_B 的取值范围一般为

$$\frac{U_{CC}}{5\ \text{mA}}<R_A \quad 或 \quad R_B<\frac{U_{CC}}{50\ \mu\text{A}}$$

定时电容 C_T 的选择尽可能取大的数值。

利用 5G8038 还可以方便地组成调频信号发生器、扫频信号发生器和压控函数发生器等实际应用电路。

第七节 小功率直流稳压电源

一、小功率直流稳压电源的组成

小功率直流稳压电源的组成可以用图 2-7-1 表示，它是由电源变压器、整流、滤波和稳压电路等四部分组成。

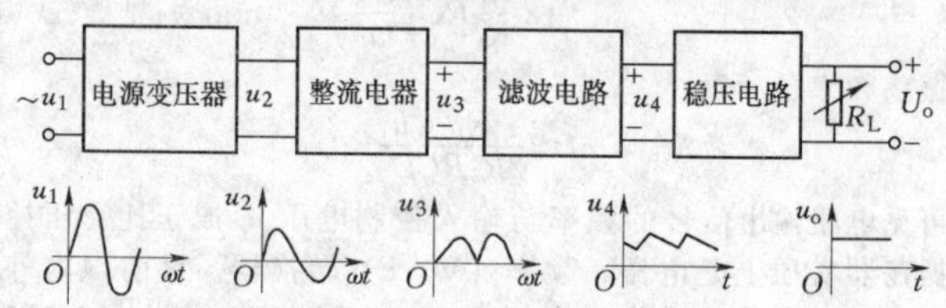

图 2-7-1 小功率直流稳压电源的组成框图

二、整流电路

利用二极管的单向导电性，将交流电变换为单向脉动直流电的电路，称为整流电路。单相整流电路有半波、全波和桥式整流电路，见表 2-7-1。

表 2-7-1 各种整流电路的比较

项目	单相半波	单相全波	单相桥式
电路原理图	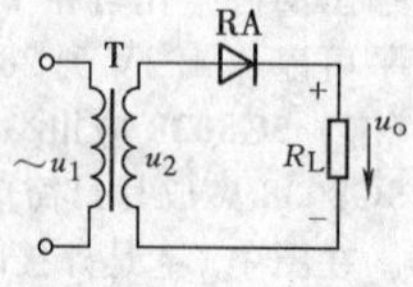	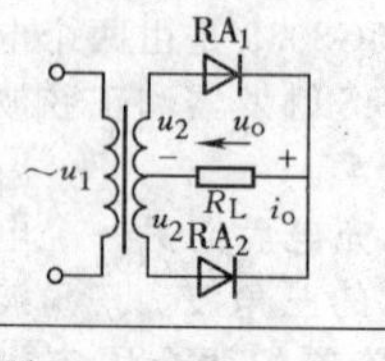	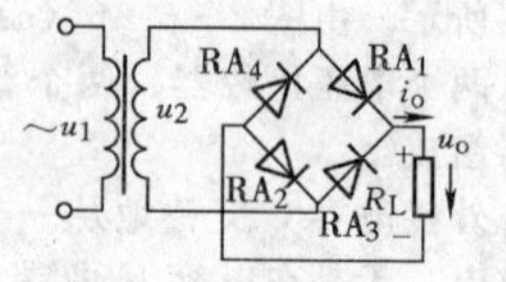
整流电压波形	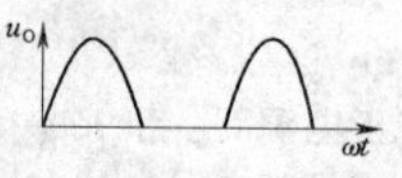	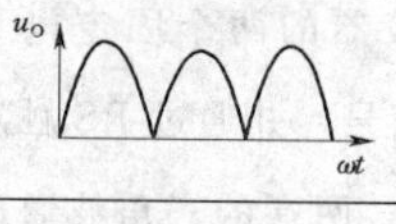	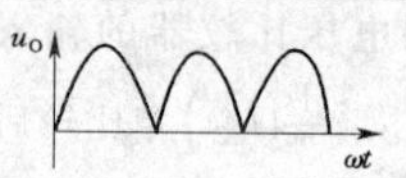
整流电压平均值 U_o	$0.45U_2$	$0.9U_2$	$0.9U_2$
二极管平均电流 I_V	I_o	$\frac{1}{2}I_o$	$\frac{1}{2}I_o$
二极管最高反向电压 U_{DRM}	$\sqrt{2}U_2$	$2\sqrt{2}U_2$	$\sqrt{2}U_2$
优点	结构简单	输出波形脉动减小	输出电压与全波整流相同，但二极管承受的反向电压小
缺点	输出波形脉动大，输出直流电压低，变压器利用率低	二极管承受的反向电压高，变压器要求有中心抽头	需用四个整流二极管

（一）单相桥式整流电路的工作原理

单相桥式整流电路如图 2-7-2 (a) 所示。图中 Tr 是电源变压器，四个二极管作为整流元件接成电桥形式，R_L 是负载。

设电源变压器副边绕组电压为

$$u_2=\sqrt{2}U_2\sin\omega t$$

在 u_2 的正半周，A 点电位高于 B 点电位，导电回路为 A—RA_1—R_L—RA_3—B，电流流向如实线箭头所示；在 u_2 的负半周，B 点电位高于 A 点电位，导电回路为 B—RA_2—R_L—RA_4—A，电流流向如虚线箭头所示。于是在 u_2 变化一周时，负载上得到单方向全波脉动电压 u_o。电路各处波形如图 2-7-2 (b) 所示。

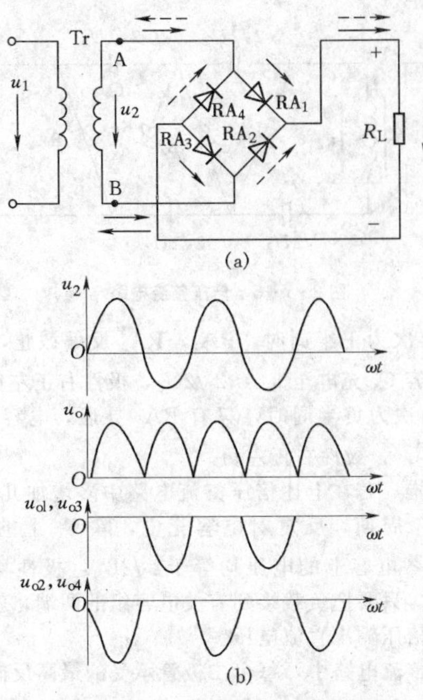

图 2-7-2　单相桥式整流电路

(a) 原理电路；(b) 各处波形图

(二) 单相桥式整流电路的参数计算

负载上所得脉动直流电压的平均值是

$$U_o = \frac{1}{\pi}\int_0^{\pi} \sqrt{2}U_2 \sin\omega t \, d(\omega t) = \frac{2\sqrt{2}}{\pi}U_2 = 0.9\,U_2$$

负载电流平均值是

$$I_o = \frac{U_o}{R_L} = 0.9\,\frac{U_2}{R_L}$$

在桥式整流电路中，四个二极管中每两个轮流导电半个周期，流经二极管的电流为负载电流的一半，即

$$I_{RA} = \frac{1}{2}I_o = 0.45\,\frac{U_2}{R_L}$$

截止二极管承受的最高反向电压是 u_2 的最大值，即

$$U_{DRM} = \sqrt{2}U_2$$

用傅立叶级数对全波脉动电压 u_o 波形进行分解后可得

$$u_o = \sqrt{2}U_2\left(\frac{2}{\pi} - \frac{4}{3\pi}\cos2\omega t - \frac{4}{15\pi}\cos4\omega t - \frac{4}{35\pi}\cos6\omega t - \cdots\right)$$

其中第一项为 u_o 的直流分量，即 u_o 平均值 U_o；第二项是基波分量，其角频率为 2ω；依次是 4 次谐波等高次谐波分量。

用来衡量输出波形中谐波分量的指标为纹波系数 K_z，K_z 定义为

$$K_z = \frac{U_{oz}}{U_o}$$

式中　U_{oz}——谐波电压总的有效值；

　　　U_o——平均值。

对于桥式整流电路，其输出的纹波系数为 0.483。

三、滤波电路

滤波的目的是滤掉交流成分，即减小纹波，而保留直流成分，得到较平滑的直流输出。在电路的构成方面，主要是利用电容两端的电压不能突变和流过电感的电流不能突变的特点，将电容和负载电阻并联或电感与负载电阻串联组成，或者兼而有之。常用滤波电路的比较见表 2-7-2。

表 2-7-2　　各种滤波电路的比较

类　型	电容滤波	电感滤波	RC—Π 型滤波	LC—Π 型滤波	LC—Γ 型滤波
接法	C　R_L　u_o	L　R_L　u_o	R　C_1　C_2　R_L　u_o	L　C_1　C_2　R_L　u_o	L　C　R_L　u_o
U_o	$\approx 1.2U_2$	$\approx 0.9U_2$	$\approx 1.2U_2$	$\approx 1.2U_2$	$\approx 0.9U_2$
输出特性	软	硬	软	软	硬
适用场合	小电流	大电流	小电流	小电流	大电流或小电流
其他特点	电路简单	电感较笨重，成本高	脉动小，但电阻 R 上有压降	脉动小，但电感较笨重，成本高	适应性强，但需要电感

(一) 电容滤波电路

1. 工作原理

图 2-7-3 是单相桥式整流后接有电容滤波的电路原理图和波形图。

电容两端电压和电源电压 u_2 共同决定二极管的导通与否。设在 $\omega t=0$ 时接通电源，此时有 $u_C=0$，当 u_2 从零开始上升后，二极管 RA_1、RA_3 导通，电源在向负载提供电流的同时也向电容 C 充电，使 u_C 充到 u_2 最大值 $\sqrt{2}U_2$。当 u_2 达最大值以后开始下降，这期间只要 $u_C > u_2$，二极管就会因反偏而截止，已充电的电容通过负载放电，$u_o = u_C$ 按指数规律下降。放电时间常数 $\tau = R_{LC}$ 愈大，放电愈慢，u_o 波形愈平坦。在 u_2 负半周的绝对值大于 u_C 时，RA_2、RA_4 正偏导通，u_2 对电容 C 充电。此后当 $|u_2| < u_C$ 时，RA_2、RA_4 截止，电容 C 又经 R_L 放电。电容如此周而复始地充电、放电，就使负载上的直流电压平均值大为提高。若 $R_L=\infty$，则 $U_o=\sqrt{2}U_2$。

2. 参数计算

使用时，一般选取 $R_{LC} \geqslant (3\sim5)\frac{T}{2}$，其中 T 是交流输入电压的周期。此时输出直流电压平均值为

$$U_o \approx 1.2\,U_2$$

若是半波整流电容滤波，则取

$$U_o \approx U_2$$

由于二极管在较短的导通时间内将流过一个大的冲击电流，因此在选取二极管的整流电流时应留有充分的裕量。

滤波电容常选用电解电容，其耐压要大于输出电压最大值。

(二) RC—Π 型滤波电路

电路如图 2-7-4 所示，TA 为电源变压器，TB 为整流器。u_2 经整流后先经电容 C_1 滤波，得脉动直流电压 U'_o，

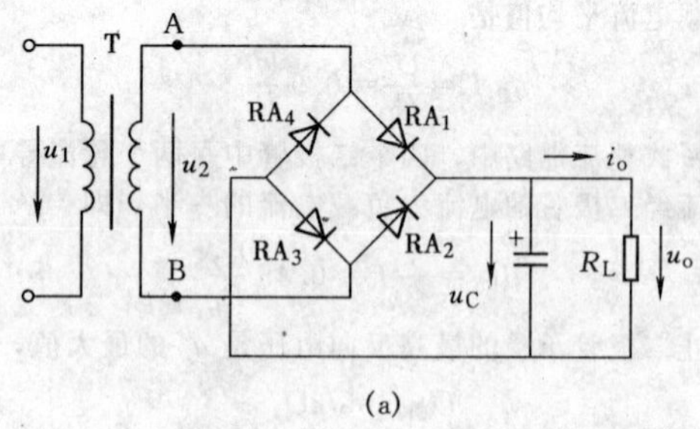

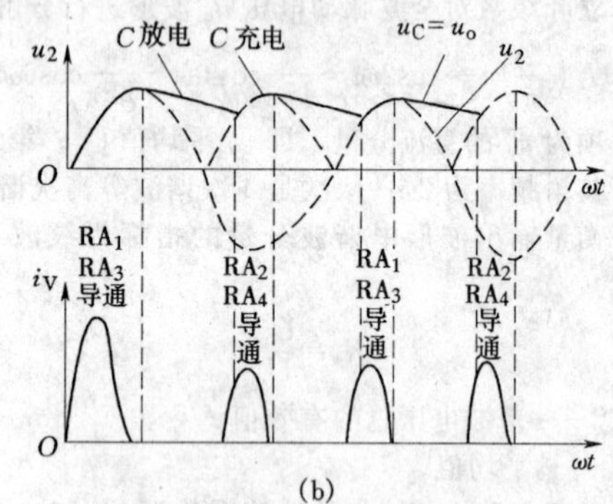

图 2-7-3　单相桥式整流电容滤波电路

(a) 电路原理图；(b) u_2、u_o、u_C 及 i_V 波形图

但此电压中还有交流成分，于是再用 R 和 C_2 进一步滤波。只要电容 C_2 取得足够大，使得容抗$\frac{1}{\omega C_2}$既远小于 R_L，又远小于 R，R_L 两端电压的交流成分就可基本滤除。使用估算时的一般公式是：

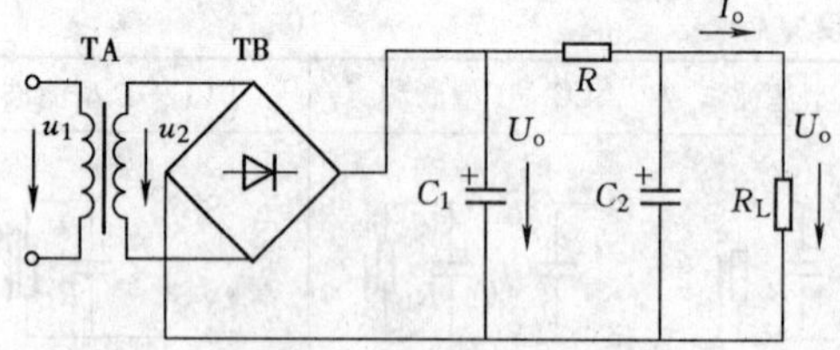

图 2-7-4　RC—Π 型滤波电路

电阻 R 上的直流压降 $U_R\approx(0.1\sim0.2)\ U_o$。

电容 C_1 上的直流电压 $U'_o=U_R+U_o$。

变压器副边绕组电压有效值 $U_2=U'_o/1.2$。

电容 C_2 的容抗$\frac{1}{2\pi fC_2}\ll R$，其中 f 是交流分量基波的频率。

电容 C_1 一般取和 C_2 相等。

在小功率电子电路中负载电流小，常采用 RC—Π 型滤波器。

四、倍压整流电路

利用倍压整流电路可以得到比输入交流电压高很多倍的输出直流电压。图 2-7-5 所示为倍压整流电路。设电源变压器副边电压 $u_2=\sqrt{2}U_2\sin\omega t$，电容初始电压为零。

当 u_2 为正半周时，二极管 RA_1 正偏导通，u_2通过 RA_1 向电容 C_1 充电，在理想情况下，充电至 $u_{C1}\approx2\sqrt{2}\times U_2$，极性右正左负。

当 u_2 为负半周时，RA_1 反偏截止，RA_2 正偏导通，电容 C_2 充电至 $u_{C2}\approx2\sqrt{2}U_2$，极性右正左负。

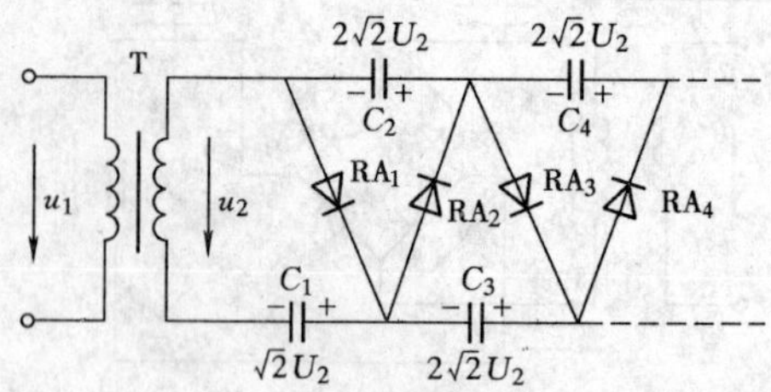

图 2-7-5　倍压整流电路

当 u_2 再次为正半周时，RA_1、RA_2 反偏截止，RA_3 正偏导通，电容 C_3 充电至 $u_{C3}\approx2\sqrt{2}U_2$，极性右正左负。

当 u_2 再次为负半周时，只有 RA_4 导通，电容 C_4 充电至 $u_{C4}\approx2\sqrt{2}U_2$，极性右正左负。

依次类推，若在上述倍压整流电路中多增加几个环节，经过多个 u_2 周期，反复对电容充电，除 C_1 上的电压为$\sqrt{2}U_2$，其他各电容上的电压均等于$2\sqrt{2}U_2$，极性均为右正左负。于是，只要把负载接到有关电容组的两端，就可以得到相应的多倍压输出直流电压。

在倍压整流电路中，每个二极管承受的最高反向电压为 $2\sqrt{2}U_2$；电容 C_1 的耐压应大于$\sqrt{2}U_2$；其余电容的耐压应大于 $2\sqrt{2}U_2$。

倍压整流电路只适用于需要电压较高（例几百伏以上），负载电流很小（例几毫安以下）的场合。

五、稳压电路

经整流和滤波以后的电压还受电网电压波动和负载变化的影响，所以在滤波电路之后，还需要接稳压电路，以保持输出直流电压稳定。

（一）硅稳压管稳压电路

图 2-7-6 所示由硅稳压管 RA 组成的稳压电路，R 是限流电阻。由于负载 R_L 与稳压管 RA 并联，因此又称为并联型稳压电源。

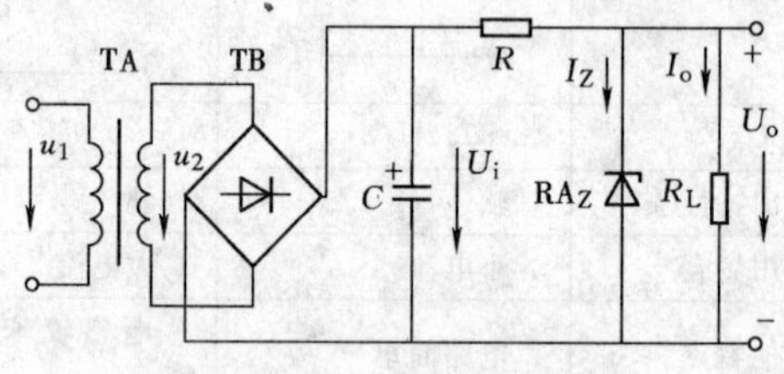

图 2-7-6　硅稳压管稳压电路

稳压管稳压电路中输出电压的稳定是依靠稳压管反向击穿特性与限流电阻 R 的配合实现的。引起输出电压不稳定的原因是交流电源电压的波动和负载电流的变化。下面分析在这两种情况下稳压电路的作用。由图 2-7-6 可以看出，当负载一定，若电源电压增加而使整流输出电压 U_i 随着增高时，稳压管两端的电压也要随之上升，由稳压管反向击穿特性可知，稳压管两端的电压稍有增加，稳压管的电流 I_Z 就会增加很多，因此电阻 R 上的压降增加，以抵偿 U_i 的增加，从而使输出电压 U_o（即稳压管电压）保持近似不变。相反，若电源电压降低而使 U_i 降低时，稳压管电流 I_Z 减小，电阻 R 上的压降也减小，仍然保持输出电压 U_o 基本稳定。当电源电压不变，负载电流变化引起负载电压 U_o 改变时，上述稳压电路仍能起稳压作用。例如，当负载电流增大时，电阻 R 上的压降增大，负载电压因而下降。只要 U_o 下降一点，稳压管电流 I_Z 就减小很多，通过电阻 R 的电流和

R上的压降保持近似不变，输出电压 U_o 也近似稳定不变。当负载电流减小时，稳压过程相反。

稳压管 RA_Z 参数和限流电阻R值的选择参见有关参考文献。

硅稳压管稳压电路的优点是结构简单，缺点是负载电流变化范围小，输出电压不能调节，且电压稳定性不够高。因此，仅适用于 U_o 固定和要求不高的场合。

（二）串联型稳压电路

1. 电路的组成和稳压原理

串联型稳压电路如图2-7-7所示，它是由 R_1、R_W 和 R_2 构成的采样环节，R_Z 和稳压管 RA_Z 构成的基准电压，KF_2 和 R_4 构成的比较放大环节以及由工作于线性区的功率管 KF_1 构成的调整环节等四部分组成。因为负载 R_L 与调整管 KF_1 串联，所以称之为串联型稳压电路。

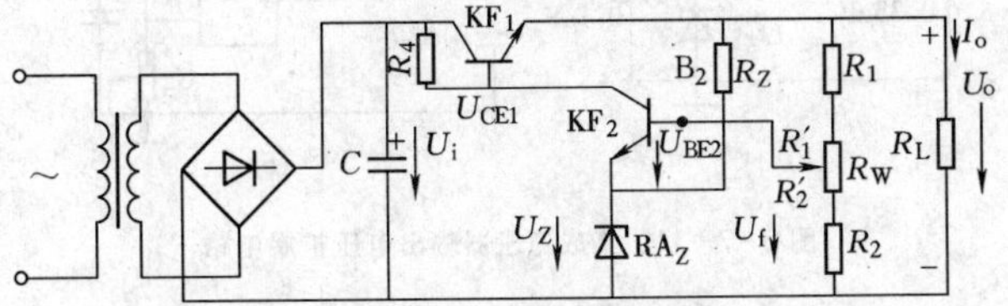

图2-7-7 串联型稳压电路

当 U_i 或者 I_o 的变化引起 U_o 变化时，通过采样环节把输出电压的一部分送到比较放大环节 KF_2 的基极与基准电压 U_z 相比较，其差值信号经 KF_2 放大后，控制调整管 KF_1 的基极电位，从而调节 KF_1 的管压降 U_{CE1}，补偿输出电压 U_o 的变化，使之保持稳定。其调整过程可概括如下，设 U_i 或 I_o 的变化使 U_o 增加：

$$\left.\begin{matrix} U_i\uparrow \\ \text{或 } I_o\downarrow \end{matrix}\right\rangle U_o\uparrow \rightarrow U_f\uparrow \rightarrow U_{BE2}\uparrow \rightarrow U_{C2}\downarrow \rightarrow U_{BE1}\downarrow$$
$$U_o\downarrow \leftarrow U_{CE1}\uparrow \leftarrow I_{B1}\downarrow \leftarrow$$

当输出电压降低时，调整过程相反。从以上调整过程可以看出，串联型稳压电路是个负反馈系统。

2. 输出电压的计算

串联型稳压电路的输出电压在一定范围内可以利用电位器 R_W 调节，由图2-7-7可知

$$U_Z+U_{BE2}=U_{B_2}=\frac{R_2+R_2'}{R_1+R_2+R_W}U_o$$

一般 $U_Z \gg U_{BE2}$，于是有

$$U_o=\frac{R_1+R_2+R_W}{R_2+R_2'}(U_Z+U_{BE2})$$
$$\approx\frac{R_1+R_2+R_W}{R_2+R_2'}U_Z$$

当调节电位器使 $R_2'=0$ 时，输出电压最大，$U_o=U_{o(max)}$；当 $R_2'=R_W$ 时，输出电压最小，$U_o=U_{o(min)}$。

3. 过流保护电路

在串联型稳压电路中，由于调整管与负载串联，当过载时，特别是当输出端短路时，调整管将要承受全部输入电压 U_i 和流过很大电流，致使调整管功耗剧增而烧毁，因此必须加保护电路。

图2-7-8是一种常用的晶体管限流型保护电路。KF_S 是限流保护管，检测电阻 R_S 串接在调整管和负载之间。选定 R_S 值，调节负载电流 I_o 趋于最大允许值时，它上面的压降使 KF_S 导通。KF_S 管电流 I_{CS} 对调整管的基极电流 I_{B1} 进行分流，使 I_o 的上升受到限制。当负载电流未超过最大允许值时，KF_S 截止，因而保护电路不影响稳压电路正常工作。

此外还有截流型等保护电路，在集成稳压器中还加有过

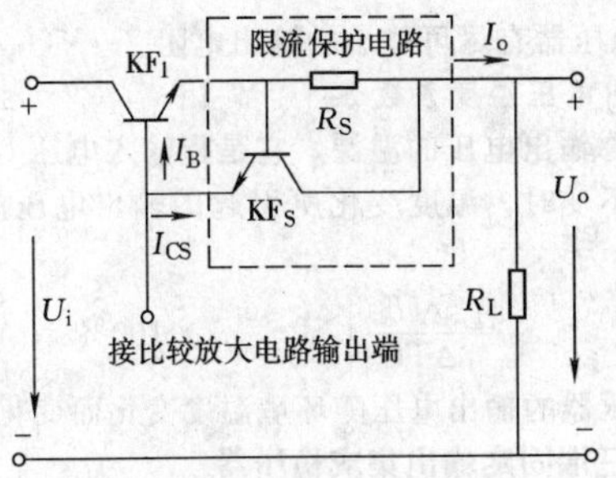

图2-7-8 限流保护电路

热保护和过压保护等电路。

六、集成稳压器

集成稳压器的类型很多，按结构形式可分为串联型、并联型和开关型；按输出电压类型可分为固定式和可调式；按封装的引脚多少，可分为三端式和多端式。目前，常用的集成稳压器除开关型稳压器之外，基本上是三端式串联型稳压器。其中，可调三端稳压器的性能优于固定三端稳压器的性能。

（一）集成稳压器的主要性能指标

集成稳压器的主要性能参数包括极限参数、工作参数和质量参数等三个方面。极限参数反映了集成稳压器所能承受的最大安全工作条件，主要包括有最大输入电压、最大输出电流、最大耗散功率等。工作参数反映了集成稳压器能正常工作的范围和正常工作所必需的条件，主要包括有输出电压和输出电流范围，输入输出电压差的范围、静态工作电流等。质量参数反映了集成稳压器基本性能，为使用者提供选择器件的依据。质量参数常用的有以下几种。

1. 电压调整率 S_V

电压调整率是指负载电流和环境温度不变时，单位输出电压下的输出电压变化量 ΔU_o 与输入电压变化量 ΔU_i 之比，即

$$S_V=\frac{\Delta U_o}{\Delta U_i}\frac{1}{U_o}\times100\%\Bigg|_{\substack{\Delta I_o=0\\ \Delta T=0}}$$

用该参数衡量当输入电压变化时，稳压器仍能维持输出不变的能力，其值越小越好。

2. 电流调整率 S_I

电流调整率是指当输入电压及环境温度不变时，负载电流 I_o 在规定范围内的变化量 ΔI_o 所引起的输出电压相对变化量的百分数，即

$$S_I=\frac{\Delta U_o}{U_o}\Bigg|_{\substack{\Delta U_i=0\\ \Delta T=0\\ \Delta I_o=\text{常数}}}\times100\%$$

有时也称 ΔI_o 所引起的 ΔU_o 为电流调整率。该参数用来衡量当负载变化时，稳压器仍能维持输出电压稳定的能力。

3. 纹波抑制比 S_{rip}

纹波抑制比的大小反映了稳压器对输入电压中交流纹波电压分量的抑制能力，通常定义为

$$S_{rip}=20\lg\frac{U_{ipp}}{U_{opp}}$$

U_{ipp} 和 U_{opp} 分别表示稳压器输入和输出交流纹波电压的峰一峰值。在采用全波或桥式整流的电路中，一般纹波频率为100Hz。

4. 输出电阻 R_o（或输出阻抗 z_o）

输出电阻反映了稳压器带负载能力。R_o 定义为

$$R_o=\frac{\Delta U_o}{\Delta I_o}\Bigg|_{\substack{\Delta U_i=0\\ \Delta T=0}}$$

通常希望稳压器有尽可能小的输出电阻。

5. 输出电压温度系数 S_T

S_T 简称输出电压的温漂，它是指输入电压 U_i 和输出电流 I_o 保持不变时，温度变化所引起的输出电压的相对变化量，可定义为

$$S_T=\frac{\Delta U_o}{\Delta T U_o}\bigg|_{\substack{\Delta I_o=0\\ \Delta U_i=0}}\times 100\%$$

S_T 表示稳压器的输出电压随环境温度变化而变化的情况。

(二) 三端固定输出集成稳压器

1. 结构和型号

串联型集成稳压器最基本的单元电路有调整电路、取样电路、基准电压源和比较放大电路。此外还有一些附加电路，如保护电路、启动电路等。

三端稳压器仅有输入、输出、接地（或公共端）三个接线端子。7800 系列（国产型号为 CW7800 系列）为三端固定正输出集成稳压器。7900 系列（国产型号为 CW7900 系列）为三端固定负输出集成稳压器。型号中最后两位数表示输出电压的稳定值，有 5、6、9、12、15、18 V 和 24 V。例如稳定电压为 5 V，则型号为 7805。这类稳压器最小输入一输出电压差为 2.5 V，最大输出电流可达 1.5 A，（需要装散热器）。

2. 典型应用

这类稳压器的特点是输出电压固定。但使用时很灵活，可以组接成可调式稳压器，提高输出电压，扩展输出电流等。

(1) 基本应用。图 2-7-9 (a)、(b) 是三端固定输出集成稳压器的基本应用电路。图中输入端电容 C_i 用以抵消输入端较长接线的电感效应，防止产生自激振荡，接线不长时也可不用。输出端 C_o 用以改善负载的瞬态响应，减少高频噪声。

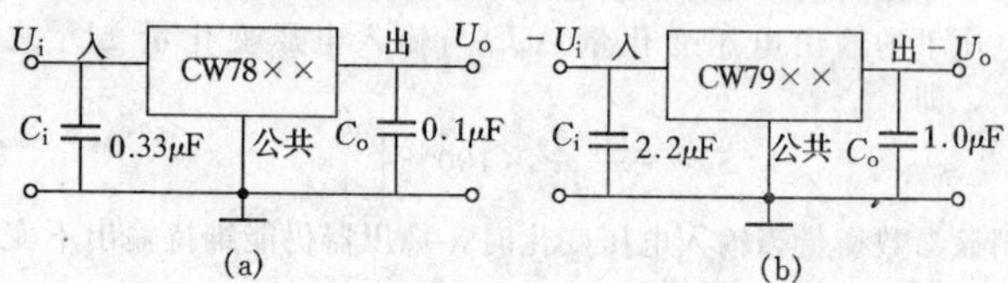

图 2-7-9 三端固定输出集成稳压器的基本应用电路
(a) 78 系列基本应用电路；(b) 79 系列基本应用电路

(2) 输入电压的扩展。集成稳压器通常有一个最大输入电压的极限参数，若整流滤波后的直流电压大于该参数，就应扩展集成稳压器的输入电压。可以采用如图 2-7-10 (a)、(b) 的电路结构来提高输入电压。

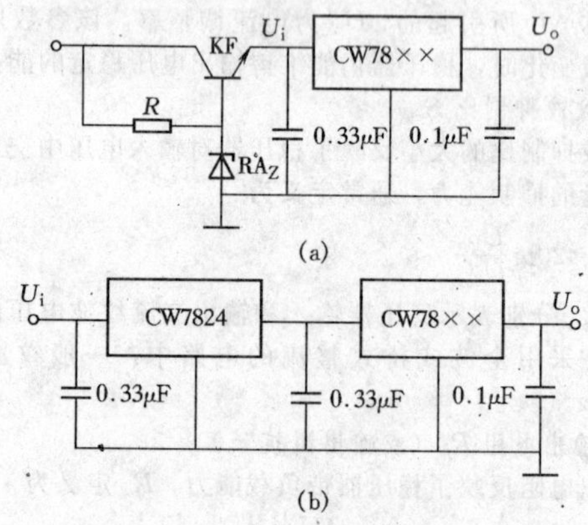

图 2-7-10 集成稳压器输入电压扩展电路

在图 2-7-11 (a) 中采用稳压管和晶体管降压方法，该电路 $U_i=U_Z+U_{BE}$。在图 (b) 中采用多级集成稳压器级联降压，该方案稳压效果较好。

(3) 输出电压的扩展。采用如图 2-7-11 (a)、(b)、(c) 所示的电路结构可以扩展输出电压。在图 2-7-11 (a) 中，改变 R_2 可以调节输出电压

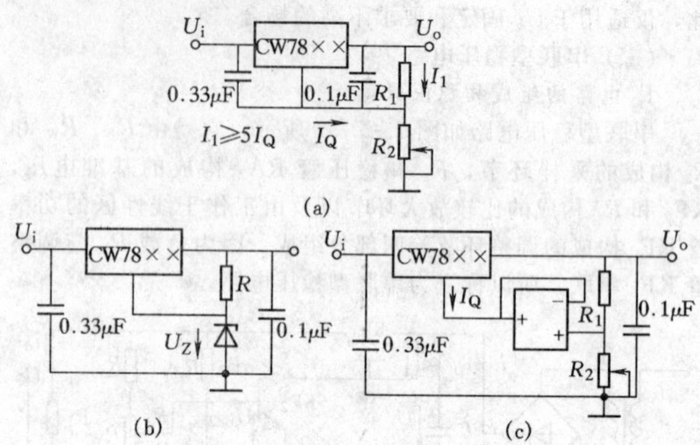

图 2-7-11 集成稳压器输出电压扩展电路

$$U_o=U_{\times\times}\left(1+\frac{R_2}{R_1}\right)+I_Q R_2$$

式中 $U_{\times\times}$——集成稳压器的固定输出电压；

I_Q——集成稳压器的静态电流。

在图 2-7-11 (b) 中

$$U_o=U_{\times\times}+U_Z$$

为减小 I_Q 对输出电压的影响，可以采用加接电压跟随器的电路结构，如图 2-7-11 (c) 所示

$$U_o=U_{\times\times}\left(1+\frac{R_2}{R_1}\right)$$

(4) 输出电流的扩展。当电路所需电流大于 1～2 A 时，可以采用外接功率管的方法扩大输出电流。在图 2-7-12 中 KF_1 为电流扩展管，KF_2、R_{SC} 组成限流保护电路。该电路总的输出电流为集成稳压器的输出电流与扩展管的集电极电流之和。

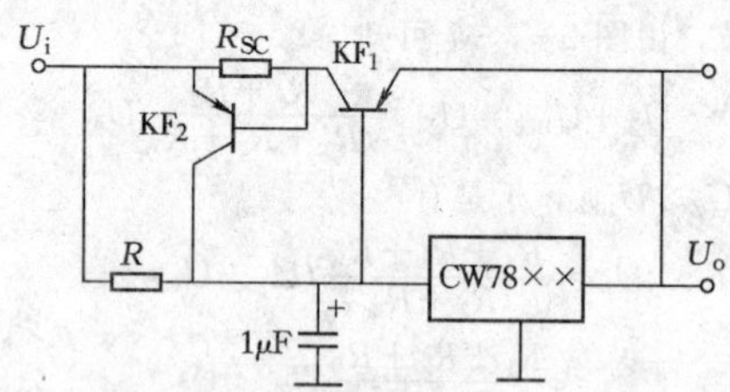

图 2-7-12 扩大输出电流应用原理图

(5) 正、负输出稳压电路。用 7800 和 7900 的三端稳压器可以组成正、负输出的稳压电路，如图 2-7-13 所示。图中二极管 RA_5、RA_6 用于保护集成稳压器。

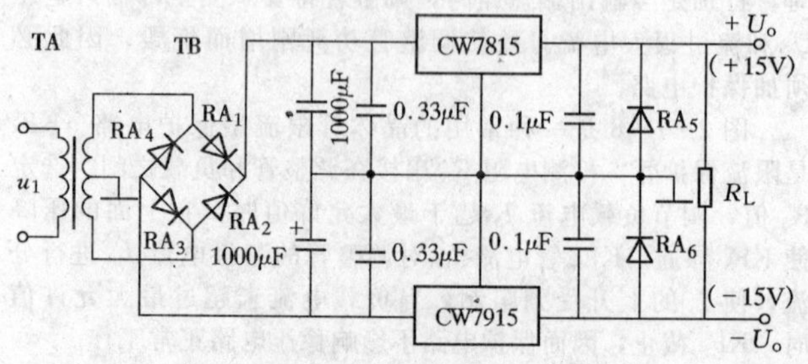

图 2-7-13 正、负对称输出的稳压电路

(三)三端可调输出集成稳压器

1. 分类和主要性能

三端可调集成稳压器,仅需两个外部电阻就可以使输出电压在一定范围内调节。芯片内设有过流、过热及调整管安全工作区等保护电路。类型分为:正输出集成稳压器——117/217/317(国产型号为CW117/217/317);负输出集成稳压器——137/237/337(国产型号为CW137/237/337)。它们的主要性能均优于固定集成稳压器。例如117/217/317的主要性能指标如下:

输出电压可调范围是1.2~37V,连续可调;

最大输出电流为1.5A;

电压调整率 S_V 为0.01%/V;

电流调整率 S_I 为0.1%;

纹波抑制比80dB;

输出与输入电压差允许范围是3~40V。

可调三端集成稳压器的三个端子分别为输入端、输出端和调整端,其电路符号如图2-7-14所示。在输出端和调整端之间为 $U_{REF}=1.25V$ 的基准电压,从调整端流出的电流 $I_{ADJ}=50\mu A$。

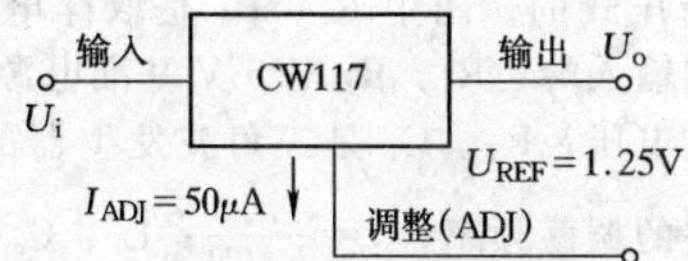

图2-7-14 可调集成稳压器符号图

2. 典型应用

(1)基本应用。图2-7-15是三端可调整输出集成稳压器的基本应用电路。在图2-7-15(a)中,R_1 和 R_2 组成可调输出的电阻网络。为保证稳压器在空载时也能正常工作,要求流过 R_1 的电流不能太小,一般取 $I_{R_1}=5\sim10$ mA,故 $R_1=\frac{U_{REF}}{I_{R_1}}\approx120\sim240\ \Omega$。输出电压为

$$U_o=1.25\left(1+\frac{R_2}{R_1}\right)+I_{ADJ}R_2$$

输入端外接 C_i 用来消除输入长线引起的自激振荡,输出端外接 C_o 为改善瞬态响应。

图2-7-15(b)是带有保护电路的接法。当外接 C_{ADJ} 时能提高纹波抑制比。为防止 C_o 和 C_{ADJ} 放电损坏稳压器,分别利用二极管 RA_1、RA_2 进行保护。

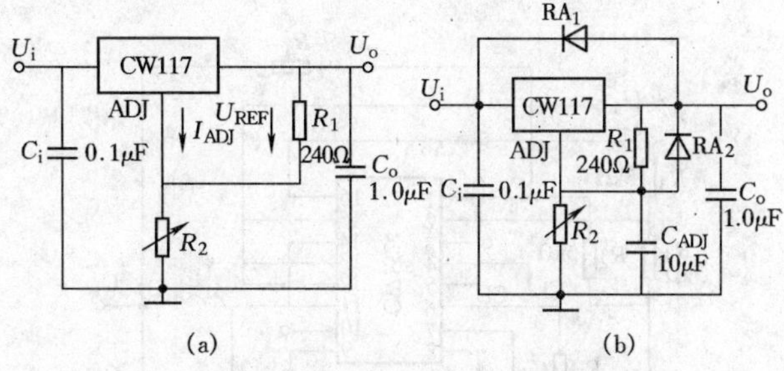

图2-7-15 三端可调整输出集成稳压器应用电路

(a)基本应用电路;(b)带有保护电路的接法

图2-7-16(a)、(b)是三端可调负输出集成稳压器的基本应用电路。输出电压由 R_2 调节,有

$$-U_o=-1.25\left(1+\frac{R_2}{R_1}\right)-I_{ADJ}R_2$$
$$\approx-1.25\left(1+\frac{R_2}{R_1}\right)$$

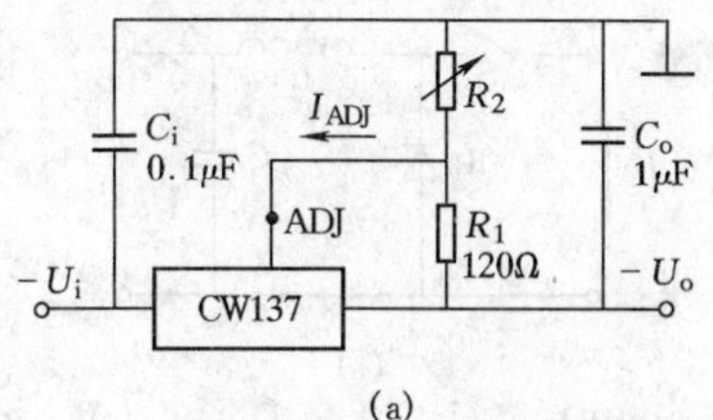

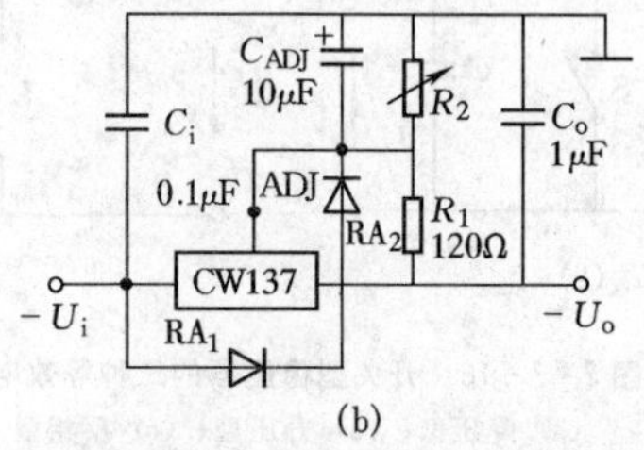

图2-7-16 三端可调负输出集成稳压器应用电路

(a)基本应用电路;(b)带有保护电路的接法

R_1 常选120Ω,调整端电流 I_{ADJ} 小于0.1mA。

(2)正、负输出可调电源。电路如图2-7-17所示,由117和137组成正、负电压的可调电源。

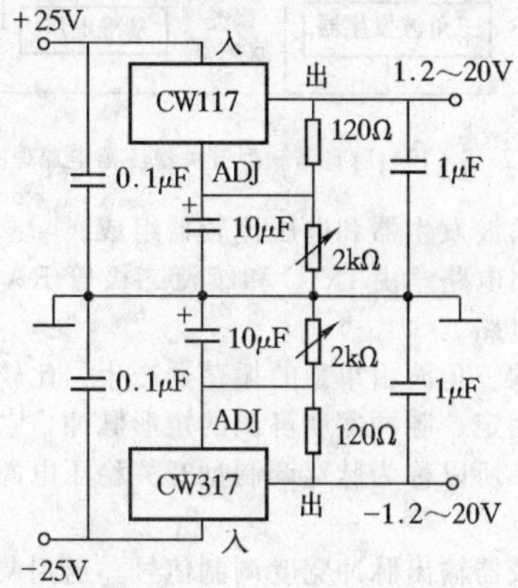

图2-7-17 正、负可调电源

(四)开关型稳压电源

1. 开关型稳压电源的特点和分类

在串联型稳压电路中,调整管工作在线性放大区,自身功耗较大,故效率仅为30%~60%;在开关型稳压电源中,由于调整管工作在开关状态,自身功耗小,效率可提高到70%以上,而且体积小、重量轻、使用方便,主要缺点是输出电压中所含纹波稍大。

按照调整管及其他有关元件在电路中位置的不同,开关型稳压电路可以有图2-7-18(a)、(b)、(c)所示的三种不同电路。图中S示意调整管。

随着集成技术的发展,开关电源已逐渐地由分立元件转向集成化。集成开关电源控制器可以分为脉宽调制型(PWM)、频率调整型(PFM)和脉宽—频率调制型三大类。目前脉宽调制型开关电源使用较为普遍。

2. 脉宽调制型开关稳压电路的工作原理

脉宽调制型开关稳压器原理电路如图2-7-19所示。它由三部分组成:

(1)开关调整管。它的开关时间由电压比较器输出的矩形脉冲控制。

(2)控制电路。由基准电压、取样电阻 R_1 和 R_2、误差

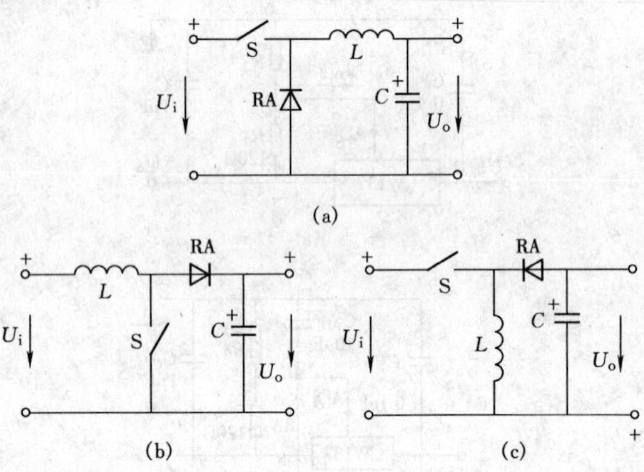

图 2-7-18　开关型稳压器的三种等效电路

(a) 降压型；(b) 升压型；(c) 反相型

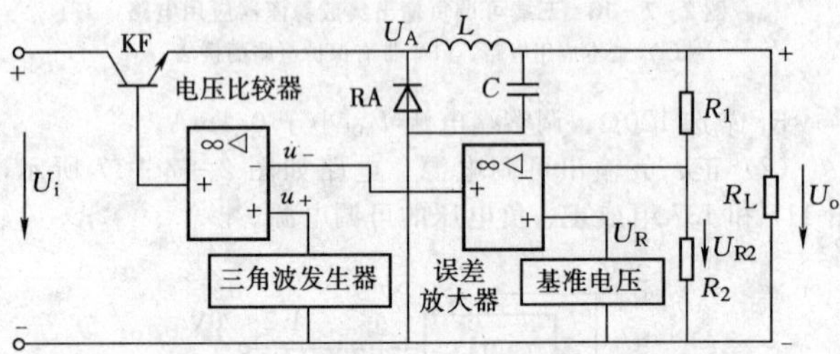

图 2-7-19　脉宽调制型开关稳压器电原理图

放大器、三角波发生器和电压比较器组成。

(3) 输出电路。由 L、C 和续流二极管 RA 组成，实际上是个滤波电路。

电路中的三角波由单独的振荡器产生。比较器的输出电压是个频率固定、脉冲宽度可调的矩形脉冲，它控制调整管的开关时间，所以称为脉宽调制型开关稳压电源。其工作原理可简述如下：

电压比较器输出脉冲宽度调制信号，送到调整管的基极控制其通断。当取样电压 U_{R2} 与基准电压 U_R 相等时，误差放大器的输出为 0，送入电压比较器的 u_- 端，与 u_+ 端的三角波电压相比较，使电压比较器输出占空比为 50% 的开关信号。在开关信号正半周时，调整管 KF 导通，若忽略 KF 的饱和压降，$U_A=U_i$，此时二极管 RA_D 反偏截止，经 L、C 输出电压 U_o；在开关信号负半周时，KF 截止，因电感电流不能突变，它的两端产生一个反电动势，使 RA_D 正偏导通，保证电感 L 中的电流继续流动，以维持输出电压 U_o 的大小。

若由于某种原因使 U_o 偏离规定值时，例 U_o 值增大，则 U_{R_2} 也随之增大，与 U_R 进行比较，误差放大器输出将产生一个电压变化量，经电压比较器与三角波电压比较以后，输出脉冲宽度将比以前的要窄。设正半周脉冲宽度为 t_{on}，负半周脉冲宽度为 t_{off}，相应的占空比为 $\frac{t_{on}}{T}$，其中 T 为三角波的周期。开关脉冲占空比的减小，使调整管的导通时间减少，截止时间增加，从而使输出电压回落到规定值。若 U_o 值减小，则由于开关脉冲占空比的增加，也使输出电压又回到规定值。

综上所述，脉宽调制型开关电源是通过改变脉冲宽度来控制调整管的开关时间，从而达到稳定输出电压的目的。可以证明，输出电压平均值为

$$U_o \approx \frac{t_{on}}{T} U_i$$

3. 集成脉宽调制器 CW1524

CW1524/2524/3524 是一组可调脉宽型调制器。其最高工作频率为 100kHz，内部基准电压为 5V，能够承受的负载能力为 50mA。CW1524 工作温度的范围为 −55～125℃，CW2524 和 CW3524 工作温度的范围为 −20～+85℃。

CW1524/2524/3524 内部包含误差放大器、振荡器、脉宽调制器、触发器、两只输出功率晶体管（A、B）及过流保护电路等。其引脚功能如图 2-7-20 (a) 所示。它具有 16 脚双列直插式的结构：1、2 脚分别是误差放大器的反相与同相输入端，3 脚为振荡器输出端，4、5 脚是限流取样端，6、7 脚是外接定时电阻 R_T 和定时电容 C_T 端，8 脚是地，9 脚是补偿端，10 脚是关闭控制端，11、12 脚分别是输出管 A 的发射极和集电极输出端，13、14 脚是输出管 B 的集电极和发射极输出端，15 脚是输入电压 U_I 端，16 脚为基准电压端。

图 2-7-20 (b) 是利用 CW1524 单端输出组成的开关稳压器，是降压式的。图中 R_1、R_2 是取样电阻，接误差放大器的反相输入端；R_3、R_4 对 5 V 基准电源分压作误差放大器的基准电压；R_T、C_T 是三角波发生器的定时电路，可调节三角波的振荡频率，$f=\frac{1.15}{R_T C_T}$；L_1、C_o 是输出滤波电路，RA_1 为续流二极管；9 脚所接 RC 网络作为频率补偿，保持电路稳定工作；R_{CL} 两端接 4、5 脚作为限流保护取样用。

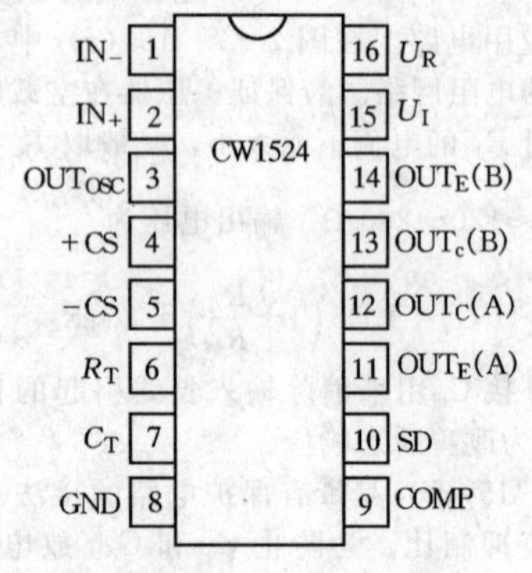

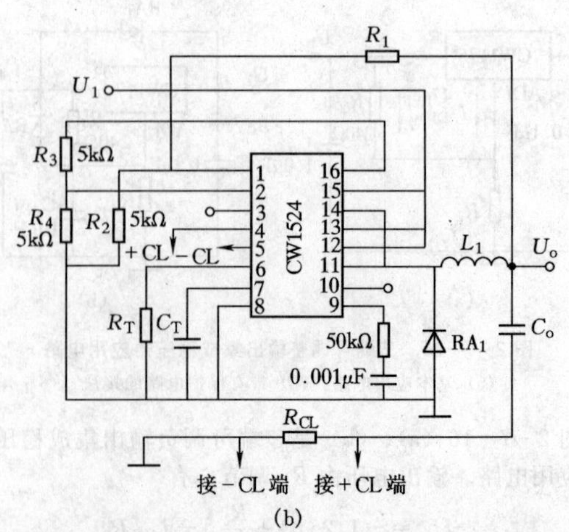

图 2-7-20　CW1524 引脚功能和开关稳压器

(a) CW1524 引脚功能；(b) CW1524 开关稳压器

第三章　数字电子技术

数字电路是电子技术中的重要组成部分，就其应用的情况看，它和模拟电路占有同等重要的地位。数字电路和模拟电路的主要区别在于：

(1) 使用的工作信号不同。模拟电路中工作信号是随时间连续变化的；而数字电路中工作信号在时间上和数值上均为离散的。

(2) 研究的问题不同。模拟电路中，主要研究输入、输出间大小、相位等方面的关系；而数字电路中主要研究输入、输出间的逻辑关系。

(3) 电路中晶体管的状态不同。模拟电路中晶体管多处于放大状态；而数字电路中主要利用晶体管的饱和或截止两种状态。

第一节　数制与码制

一、数制

数制是计数的一种统计规律。人们在日常生活中习惯用十进制，而数字系统中则用二进制、八进制、十六进制等。

(一) 数制的表示法

一种进位计数制中，某个数 $(D)_R$ 一般可以表示为

$$(D)_R = \sum_{i=m}^{n-1} K_i R^i$$

其中 R 为计数制中的基数，十进制中 $R=10$，二进制中 $R=2$等。基数为 R 的进位计数制中，其计数规律为"逢 R 进一"。即每个数位计满 R 就向高位进一。所以称为 R 进制计数制。K_i 是计数制中各位的系数，其值为 $0 \leqslant K_i \leqslant R-1$。$m$、$n$ 为正整数，n 代表整数部分，m 代表小数部分。几种常用数制中数值的表示方法，举例如下：

十进制数：　$(546.3)_{10} = 5\times10^2 + 4\times10^1 + 6\times10^0 + 3\times10^{-1}$

二进制数：$(1101.01)_2 = 1\times2^3 + 1\times2^2 + 0\times2^1 + 1\times2^0 + 0\times2^{-1} + 1\times2^{-2}$

八进制数：$(734.5)_8 = 7\times8^2 + 3\times8^1 + 4\times8^0 + 5\times8^{-1}$

十六进制数［十六进制中共有十六个数码，它们是：0、1、2、…、9、A (10)、B (11)、C (12)、D (13)、E (14)、F (15)］：$(8EFB)_{16} = 8\times16^3 + 14\times16^2 + 15\times16^1 + 11\times16^0$

(二) 数制间的转换

1. 二、十进制间的转换

(1) 二进制转换为十进制。二进制数按权展开求其值，即为十进制数。即

$$b_n \times 2^n + b_{n-1} \times 2^{n-1} + b_{n-2} \times 2^{n-2} + \cdots + b_0 \times 2^0 = D_{10}$$

式中：b_n、…、b_0 为二进制数中各位的数字。

(2) 十进制转换为二进制。十进制数连续除 2，直至商为 0。所有的余数即为二进制数。

例如

```
2 |25 ……… 1 ……… b0
 2 |12 ……… 0 ……… b1
  2 |6 ……… 0 ……… b2
   2 |3 ……… 1 ……… b3
    2 |1 ……… 1 ……… b4
        0
```

即 $(25)_{10} = (11001)_2$

2. 二、八进制的转换

(1) 二进制转换为八进制。二进制数的整数部分，从低位向高位三位一组，最高位不足三位时，高位补 0；小数位从高位向低位三位一组，低位不足三位时，低位补 0。然后，把每三位的二进制数用八进制数表示即可。

例如　$(0110101.0101)_2$
$= (000\ 110\ 101\ .\ 010\ 100)_2$
$= (0\ 6\ 5\ .\ 2\ 4)_8 = (65.24)_8$

(2) 八进制转换为二进制。将每位八进制数，分别用二进制数表示即可。例如

$$(162.7)_8 = (001\ 110\ 010\ .\ 111)_2$$

二、十六进制间的转换和二、八进制间的转换类似，不再重复。

二、码制

按不同的规律将数字代码排列起来，便构成不同的码制。常用的码制中分有权码和无权码。有权码中，每位数码有固定的权量。如二—十进制编码（BCD码）中的8421码，是用四位二进制数中的十种组合状态（0000、0001、…、1001），表示十进制数中的 0～9 十个数。二进制数中各位的权量，从低位向高位依次为 2^0、2^1、2^2、2^3。所以将二进制数转换为十进制数时，将数值为 1 的各位乘以相应的权量，然后相加即可。如：$1001 = 1\times2^3 + 1\times2^0 = 9$。常用的有权码还有 5421、2421 等编码；无权码中各位无固定的权量，按另外的规律排列而成，常用的无权码有余三码、格雷码等。表 3-1-1 列出了常用的几种二—十进制编码。

表 3-1-1　　常用几种二—十进制编码

十进制数	8421	5421	2421	余三码
0	0000	0000	0000	0011
1	0001	0001	0001	0100
2	0010	0010	0010	0101
3	0011	0011	0011	0110
4	0100	0100	0100	0111
5	0101	1000	0101	1000
6	0110	1001	0110	1001
7	0111	1010	0111	1010
8	1000	1011	1110	1011
9	1001	1100	1111	1100

第二节　逻辑代数

一、基本运算

逻辑代数又称布尔代数。其中逻辑变量的取值，只有 0

和1两种。0和1在这里表示的只是两种不同的状态（如电位的高和低，命题的真和伪等），而不代表数值上的大小。逻辑代数的基本运算有三种：与、或、非。它们的逻辑关系及表示方法见表3-2-1。表中逻辑状态的定义为：开关闭合为1，打开为0；灯亮为1，灭为0。

表3-2-1　　基本逻辑运算

运算名称	电路图	表达式	真值表	逻辑符号
与	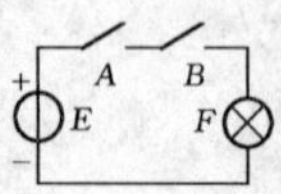	$F=A\cdot B$	A B F 0 0 0 0 1 0 1 0 0 1 1 1	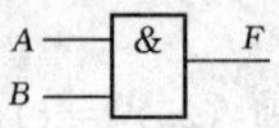 &
或	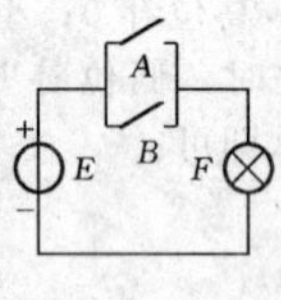	$F=A+B$	A B F 0 0 0 0 1 1 1 0 1 1 1 1	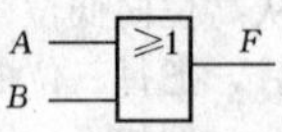 ≥1
非	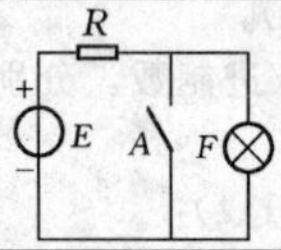	$F=\overline{A}$	A F 0 1 1 0	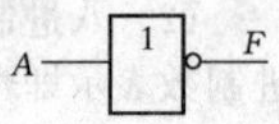 1

在与、或、非三种基本逻辑运算的基础上，还可以组合成许多常用的复合逻辑关系。如与非、或非、与或非、异或、同或等。它们的逻辑关系及表示方法见表3-2-2。

表3-2-2　　常用逻辑运算

运算名称	表达式	真值表	逻辑符号
与非	$F=\overline{A\cdot B}$	A B F 0 0 1 0 1 1 1 0 1 1 1 0	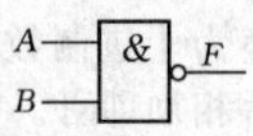 &
或非	$F=\overline{A+B}$	A B F 0 0 1 0 1 0 1 0 0 1 1 0	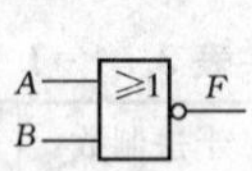 ≥1
与或非	$F=\overline{A\cdot B+CD}$	A B C D F 任一个为0　任一个为0　1 1 1 × × 0 × × 1 1 0 1 1 1 1 0	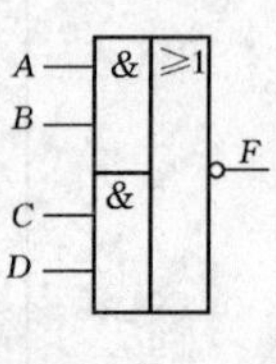 & ≥1 &
异或	$F=\overline{A}B+A\overline{B}$	A B F 0 0 0 0 1 1 1 0 1 1 1 0	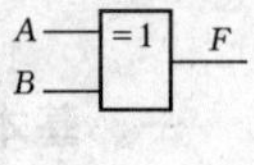 =1

续表

运算名称	表达式	真值表	逻辑符号
同或	$F=\overline{A}\,\overline{B}+AB$	A B F 0 0 1 0 1 0 1 0 0 1 1 1	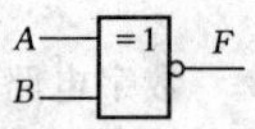 =1

二、常用公式和规则

（一）常用公式

加	乘	非
$A+0=A$	$A\cdot 0=0$	$A+\overline{A}=1$
$A+1=1$	$A\cdot 1=A$	$A\cdot\overline{A}=0$
$A+A=A$	$A\cdot A=A$	$\overline{\overline{A}}=A$
$A+\overline{A}=1$	$A\cdot\overline{A}=0$	

结合律

$$(A+B)+C=A+(B+C),\quad (AB)C=A(BC)$$

交换律

$$A+B=B+A,\quad AB=BA$$

分配律

$$A(B+C)=AB+AC,\quad A+BC=(A+B)(A+C)$$

德·摩根律（反演律）

$$\overline{A+B}=\overline{A}\,\overline{B},\quad \overline{AB}=\overline{A}+\overline{B}$$

吸收律

$$A+AB=A$$
$$A+\overline{A}B=A+B$$
$$AB+\overline{A}C+BC=AB+\overline{A}C$$
$$AB+\overline{A}C+BCD=AB+\overline{A}C$$

注意，逻辑代数运算和普通数学中代数运算的不同。如：$A+B=A+C$ 不能化简为 $B=C$；$AB=AC$ 不能化简为 $B=C$。

（二）基本规则

1. 代入规则

在任何一个含有变量 A 的逻辑等式中，其中的 A 若均用另一个函数替代，等式仍成立。

例如，已知 $A+\overline{A}B=A+B$，若其中 A 用 AB 替代，则 $AB+\overline{AB}B=AB+B$，此式仍成立。

2. 反演规则

对于任意一个逻辑函数，若将其中所有的“.”变“+”、“+”变“.”，0变1、1变0，原变量变成反变量、反变量变为原变量，则得到的结果为原来函数的反函数。

例如，若

$$F=AB+\overline{A}(C+\overline{D})$$

则

$$\overline{F}=(\overline{A}+\overline{B})(A+\overline{C}D)$$

使用反演规则时注意，必须按先括号再与、最后再或的顺序变换。

3. 对偶规则

任何一个逻辑函数，将其中的“.”变“+”、“+”变

“.”，1 变 0、0 变 1，得到的新函数便是原函数的对偶式。若两逻辑式相等，则它们的对偶式也相等。

例如，已知

$$(A+B)(\overline{A}+C)(B+C)$$
$$=(A+B)(\overline{A}+C)$$

则 $$AB+\overline{A}C+BC=AB+\overline{A}C$$

此式仍成立。

第三节　逻辑函数的化简

直接根据逻辑要求写出的逻辑函数，往往比较复杂，不易实现，需要进行化简。化简的主要方法有以下几种：

1) 公式法；

3) 卡诺图法；

3) 列表法（Q—M 法）。

一、公式法

公式法就是利用逻辑代数中的基本公式和规则，通过并项、消项、配项等办法，使逻辑函数达到最简。对于常用的逻辑函数与或表达式来说，最简的条件是：

(1) 与项（乘积项）的个数最少。

(2) 每个乘积项中的变量个数最少。

【例 3-3-1】 化简逻辑函数式：$F=AB+\overline{A}\,\overline{B}+BC+\overline{B}\,\overline{C}$。

【解】

$$\begin{aligned}F&=AB+\overline{A}\,\overline{B}+BC+\overline{B}\,\overline{C}\\&=AB+\overline{A}\,\overline{B}+BC+\overline{B}\,\overline{C}\\&\quad+\overline{A}C & (\text{配项}:\overline{A}C)\\&=AB+\overline{A}\,\overline{B}+\overline{B}\,\overline{C}+\overline{A}C & (\text{吸收}:BC)\\&=AB+\overline{B}\,\overline{C}+\overline{A}C & (\text{吸收}:\overline{A}\,\overline{B})\end{aligned}$$

对逻辑函数进行化简时，方法和结果都不一定是唯一的。如本例中，若将原函数化简为：$F=\overline{A}\,\overline{B}+A\overline{C}+BC$，此结果也是对的。

二、卡诺图法

（一）卡诺图的构成

设逻辑函数中有 n 个变量，由它们组成的乘积项中，每个变量均以原变量或反变量的形式出现，而且仅出现一次，这种乘积项叫做最小项。

将 n 个变量组成的全部最小项，按逻辑相邻的原则，以方块或矩形的形式排列起来，便构成卡诺图。图中变量的名称写在左上角。变量的状态用 1 代表原变量，用 0 代表反变量，并将它们分别写在大方块的最上边或最左边，每个小方块中的数字为最小项的编号。2～5 个变量的卡诺图见图 3-3-1。

B \ A	0	1
0	0	1
1	2	3

二变量

A \ BC	00	01	11	10
0	0	1	3	2
1	4	5	7	6

三变量

AB \ CD	00	01	11	10
00	0	1	3	2
01	4	5	7	6
11	12	13	15	14
10	8	9	11	10

四变量

AB \ CDE	000	001	011	010	110	111	101	100
00	0	1	3	2	6	7	5	4
01	8	9	11	10	14	15	13	12
11	24	25	27	26	30	31	29	28
10	16	17	19	18	22	23	21	20

五变量

图 3-3-1　2～5 变量卡诺图

画卡诺图时，各单元（一个最小项）之间一定要保证逻辑相邻的关系。即保证行间或列间、上下或左右相邻的最小项中，只有一个变量的状态互异。而且，任何一行或一列两端的最小项间也要保证具有这样的关系。因此，卡诺图从整体上看，各最小项不是按二进制数的顺序排列，而是按循环相邻的关系，构成上下、左右闭合的图形。

（二）卡诺图的填写及化简

1. 卡诺图的填写

任何形式的逻辑函数，均可用与、或表达式表示。若表达式中的乘积项全部为最小项，则填写卡诺图时，在图上找到每个最小项的位置，对应的小方块中填入 1，其他填入 0；若表达式中含有简化后的乘积项，填卡诺图时，除最小项外，还要将该乘积项中公共因子所在的单元全部填入 1，其他填入 0。

2. 卡诺图的化简

利用卡诺图对逻辑函数进行化简，主要依据是卡诺图上最小项的相邻性。如 4 变量卡诺图中 4、5 两个单元对应的最小项为 $\overline{A}B\overline{C}\,\overline{D}$ 和 $\overline{A}B\overline{C}D$，两者加起来为 $\overline{A}B\overline{C}\,\overline{D}+\overline{A}B\overline{C}D=\overline{A}B\overline{C}(\overline{D}+D)=\overline{A}B\overline{C}$。显然，两者合并后，消去了不同因子 D 和 $\overline{D}$，保留了公共因子 $\overline{A}B\overline{C}$。据此，可得出卡诺图化简的一般原则：

(1) 卡诺图按逻辑函数填好以后，首先将 2^n（n 为正整数）个状态为 1 的相邻最小项圈起来。画的圈一定是矩形，而且其中包含的最小项个数要尽量的多。然后，消去矩形圈内各最小项中的不同因子，保留其公共因子。

(2) 同一最小项可以在不同矩形圈内重复使用。但每个矩形圈中必须至少包含一个未圈过的最小项。

(3) 没有相邻关系状态为 1 的最小项，单独画圈保留。卡诺图上状态为 1 的所有最小项全部被圈过以后，化简便完成。

(4) 卡诺图化简的最后结果，为各矩形圈保留项之和。

(5) 有的逻辑函数中，某些最小项的值取 1、取 0 均可，通常称它们为任意项（无关项）。任意项在卡诺图中相应的位置上，画“×”或“φ”。化简时，可以把它们看做 1，也可以看做 0，视有利于化简而定。

【例 3-3-2】 用卡诺图化简以下两式

$$F_1=A\overline{B}+AC+BCD+\overline{D}$$
$$F_2=(ABCD)=\sum(0,2,4,6,10,11,14)$$

【解】 根据逻辑关系式填写的卡诺图及化简的结果，见图 3-3-2。

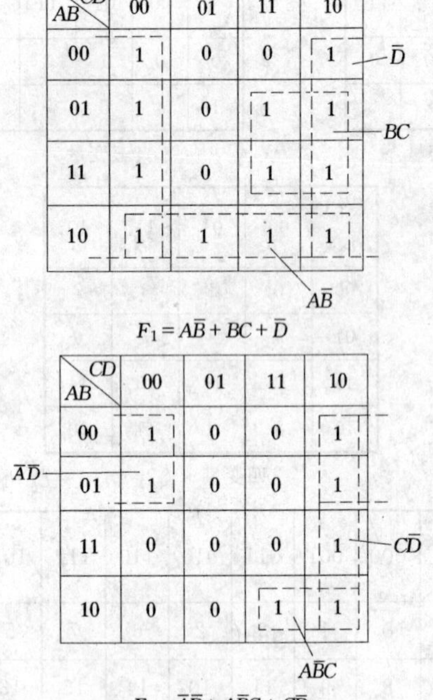

$F_1=A\overline{B}+BC+\overline{D}$

$F_2=\overline{A}\overline{D}+A\overline{B}C+C\overline{D}$

图 3-3-2　例 3-3-2 化简结果

【例 3-3-3】　已知卡诺图如图 3-3-3，试化简之。

【解】　将有关项合并，化简后的结果为

$$F=\overline{A}+CD+\overline{BD}$$

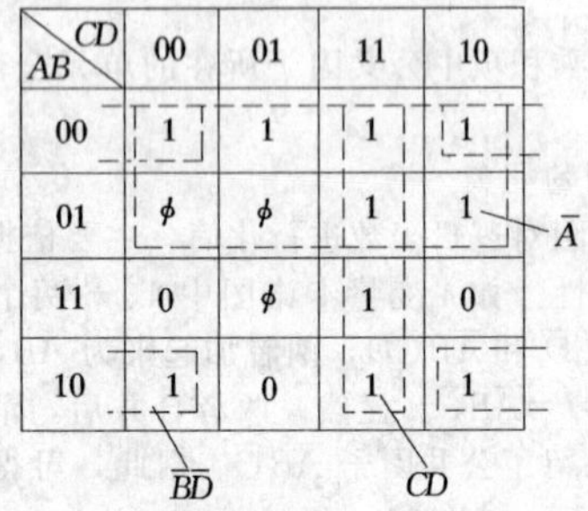

图 3-3-3　例 3-3-3 卡诺图

三、列表法（Q—M 法）

当逻辑变量的个数多于 4 个以后，卡诺图化简的方法，便失去其优越性。列表法适合于多变量的逻辑函数化简。它的优点是：

（1）变量个数不受限制。

（2）规律性较强，便于用计算机进行简化。

列表法的基本思想，仍是通过合并相邻最小项，并消去多余因子，最后得到逻辑函数的最简与或表达式。

列表法的步骤较多，这里不再介绍。具体方法请参考有关文献。

第四节　逻辑门电路

一、基本概念

用以实现基本逻辑运算的电路，称为逻辑门电路。电路中，若规定高电平用 1 代表，低电平用 0 代表，叫正逻辑；反之为负逻辑。以下介绍的内容全部采用正逻辑。

实现与、或、非基本逻辑运算的最简单的电路如图 3-4-1 所示（RA 为二极管，KF 为晶体管）。

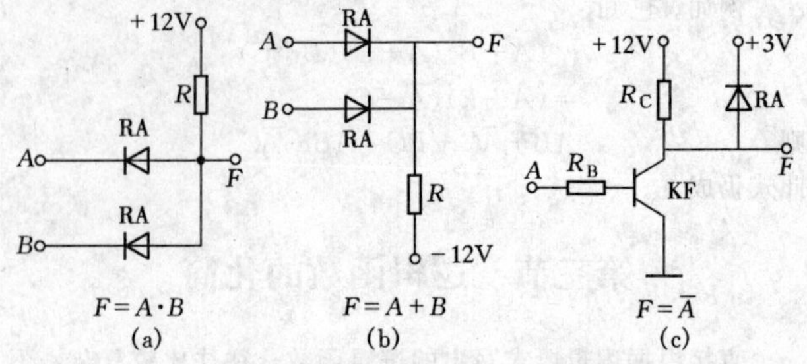

图 3-4-1　分立元件门电路

（a）二极管与门；（b）二极管或门；（c）晶体管非门

用二极管、三极管构成的门电路，称为分立元件门电路。这种电路没有实用价值，已被数字集成门电路所取代。

二、数字集成逻辑电路的分类

目前，数字集成逻辑电路基本上分成两大类：双极型集成电路和 MOS 场效管型集成电路。

双极型集成逻辑电路可分为以下几种：

1）晶体管逻辑电路，简称 TTL 电路。TTL 电路驱动能力较强，开关速度中等，性能价格比较理想，目前应用十分广泛。

2）射极耦合逻辑电路，简称 ECL 电路。其特点是速度较快，负载能力较强，但功耗大。

3）高阈值逻辑电路，简称 HTL 电路。其特点是阈值高，但速度慢。

4）集成注入逻辑电路，简称 I^2L 电路。它的特点是集成度高，功耗小，但抗干扰能力较差。

MOS 集成逻辑电路，根据所用场效应管类型的不同，可分为以下几种：PMOS、NMOS、CMOS（由 PMOS、NMOS 组成的互补对称型集成电路）、QMOS（高速 CMOS）、VMOS（V 型沟道的 MOS）、DMOS（双扩散 MOS）等。MOS 集成电路的特点是工艺简单，功耗小，集成度高，在大规模集成电路中应用十分广泛。它的缺点是速度比 TTL 电路低。

在众多的数字集成电路产品中，本章主要介绍常用的两种：TTL 电路和 CMOS 电路。

三、TTL 集成逻辑门电路

TTL 电路可以构成与门、或门、与非门、或非门等多种门电路。其中 TTL 与非门应用最广，以下主要对它进行介绍。

（一）TTL 与非门

TTL 与非门电路的构成和符号如图 3-4-2 所示。

图中 KF_1 为多发射极晶体管，它的发射极为与非门的输入端；KF_4 的发射极（即 KF_5 的集电极）为输出端。它们实现的逻辑关系为

$$F=\overline{ABC}$$

（二）特性与参数

1. 电压传输特性

TTL 与非门主要的特性是电压传输特性。即 $u_o=f(u_i)$，如图 3-4-3（a）为实际的电压传输特性，图 3-4-3（b）为理想的电压传输特性。其中

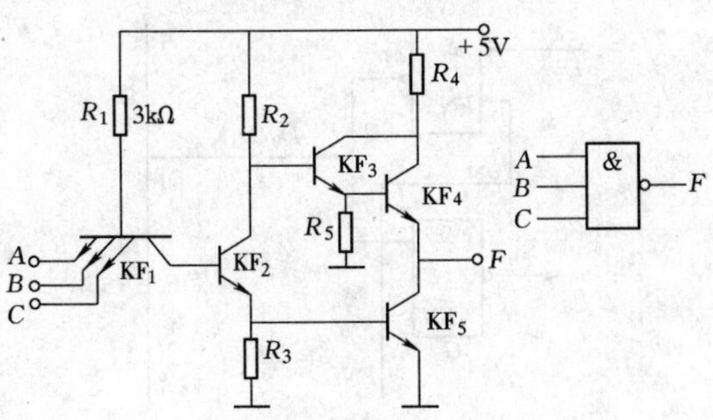

图 3-4-2　TTL 与非门电路与符号

U_T 称为 TTL 门电路的阈值电压。$u_i > U_T$ 时，$u_o = 0$；$u_i < U_T$ 时，$u_o = 1$。

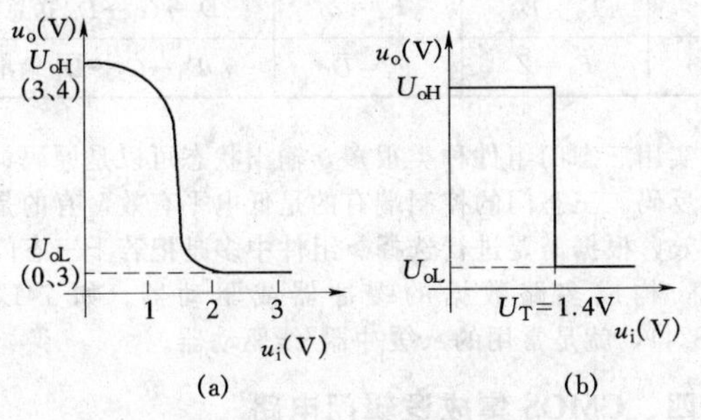

图 3-4-3　TTL 与非电压传输特性

2. 主要参数

1）输入高电平电压 U_{iH}。一般为 $U_{iH} \geqslant 2V$。

2）输入低电平电压 U_{iL}。一般为 $U_{iL} \leqslant 0.8V$。

3）输出高电平电压 U_{oH}。一般为 $U_{oH} \geqslant 2.4V$，典型值为 3.4V。

4）输出低电平电压 U_{oL}。一般为 $U_{oL} \leqslant 0.4V$，典型值为 0.3V。

5）输入高电平电流 I_{iH}。由前级门输出端流入本级门输入端的拉电流。U_{iH} 为 2.4V 时，I_{iH} 为 40～100μA；U_{iH} = 5.5V 时，I_{iH} = 1mA。

6）输入低电平电流 I_{iL}。由本级门的输入端流向前级门输出端的灌电流。一般为 −1.6～−2mA。

7）扇出系数 N。允许驱动同类门的最大数目，一般 $N \geqslant 8$，特殊制作的驱动器 N 可达 20。

8）平均传输延迟时间 t_p。一般 $t_p \leqslant 40ns$。t_p 的定义见图 3-4-4，$t_p = \frac{1}{2}(t_{pHL} + t_{pLH})$。

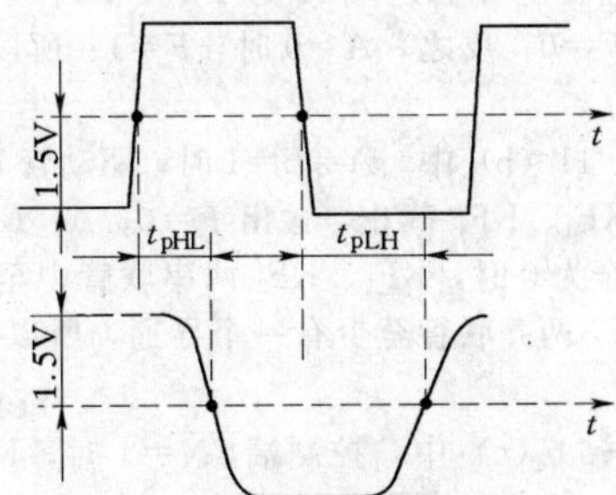

图 3-4-4　TTL 与非门传输延迟时间

9）每门静态功耗 p_S。一般为 10～20mW。

10）噪声容限电压 U_N。在保证与非门输出正常高低电平的条件下，输入端所允许叠加的最大噪声电压。它反映了与非门的抗干扰能力。

3. TTL 与非门组件介绍

TTL 与非门组件种类很多，部分常用组件的型号与功能列于表 3-4-1。表中 74LS00 组件中，共含有四个二输入端的与非门。管脚排列如图 3-4-5 所示，其中 U_{CC} 为公共的电源端（+5V），GND 为公共接地端。

表 3-4-1　TTL 部分常用与非门

型　号	逻辑功能	型　号	逻辑功能
74LS00	四 2 输入与非门	74LS20	双 4 输入与非门
74LS04	六反相器	74LS30	8 输入与非门
74LS10	三 3 输入与非门		

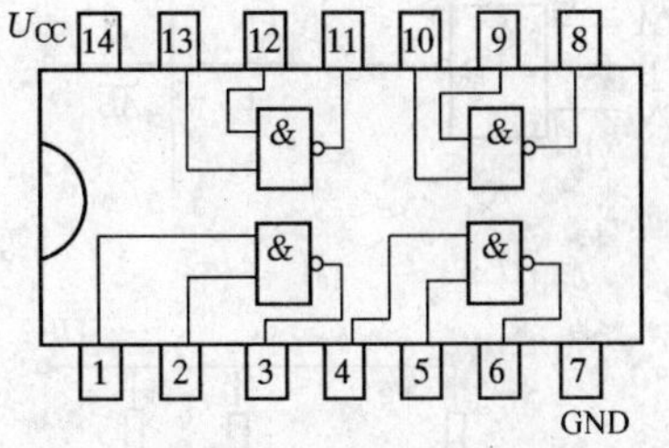

图 3-4-5　74LS00 管脚图

（三）集电极开路与非门（OC 门）

一般 TTL 与非门的输出端不允许直接相连。若直接相连，有的门输出高电平，有的门输出低电平，在门的输出级会形成很大电流，使门电路损坏。集电极开路门克服了这个缺点，它的电路结构和符号见图 3-4-6。

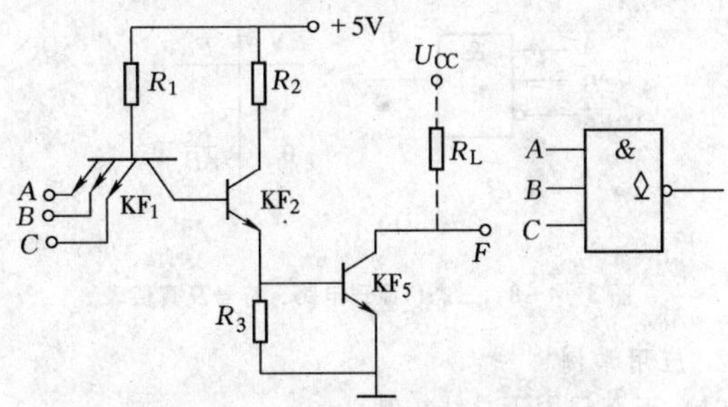

图 3-4-6　集电极开路与非门电路及符号

集电极开路门的特点主要有：

1）U_{CC} 和 R_L 必须外接，其大小根据需要进行选择。计算方法请参阅有关文献。

2）不同集电极开路与非门的输出端可直接相连，因而可以实现各门输出端间“线与”的关系。即 $F_0 = F_1F_2F_3$，如图 3-4-7 所示。

3）集电极开路与非门比一般 TTL 与非门的速度慢。

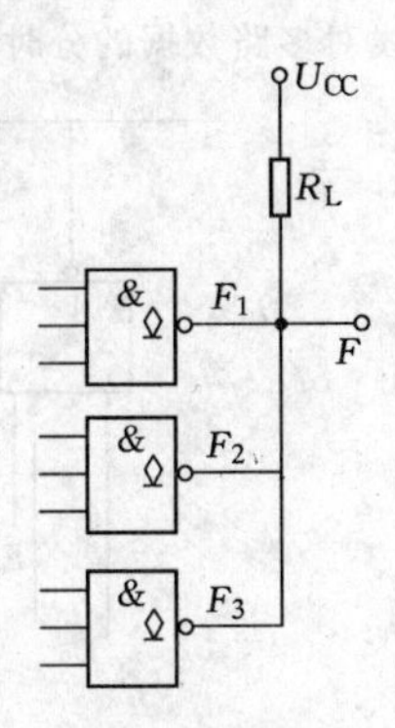

图 3-4-7　集电极开路与非门线与电路

（四）三态输出与非门

1. 工作原理

三态输出与非门是计算机系统的重要总线接口电路。三态指：“0”态、“1”态和“高阻”（Z）三种输出状态。三态门的工作原理电路及符号见图 3-4-8。

图中 EN 为三态门的控制端。图

3-4-8(a)中 $EN=1$ 时,F 和 A、B 为与非关系;$EN=0$ 时,F 呈"高阻"状态,相当于门的输出端悬空。图(b)中 $\overline{EN}=0$ 时,$F=\overline{A\cdot B}$;$\overline{EN}=1$ 时,$F=Z$。详见图中相应真值表。

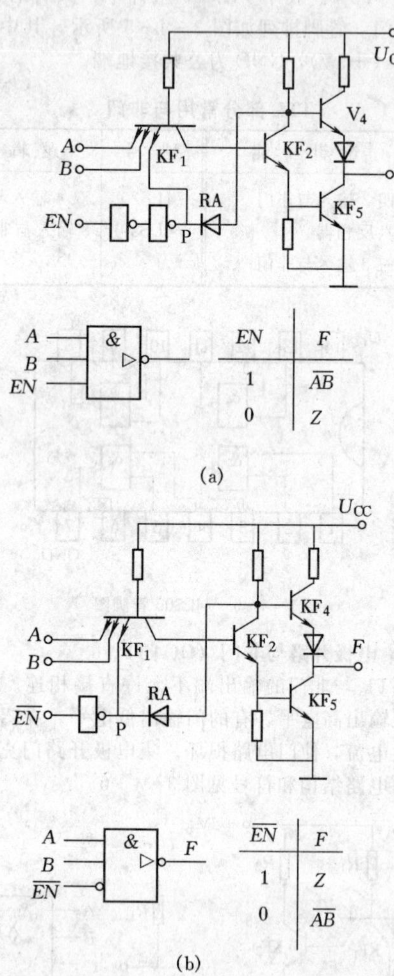

图 3-4-8 三态门原理电路、符号及真值表

2. 应用举例

(1) 三态门用于总线控制。

控制电路如图 3-4-9 所示。图中 $D_0\sim D_2$ 代表待传送的三路数据。根据三态门的工作原理可知,任一时刻,只要让 $EN_0\sim EN_2$ 三个控制端中一个为高电平,另两个为低电平,便可保证此时只有一路数据送至总线。从而实现一条总线对多路数据的分时传送。

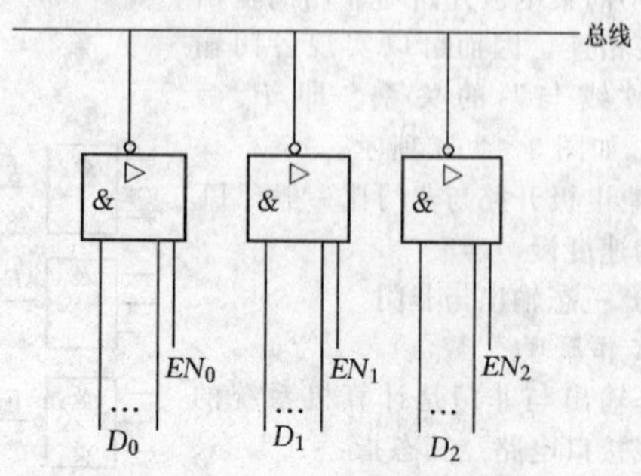

图 3-4-9 三态门用于总线控制

(2) 用三态门实现数据双向传送。

电路见图 3-4-10。传送过程见表 3-4-2。

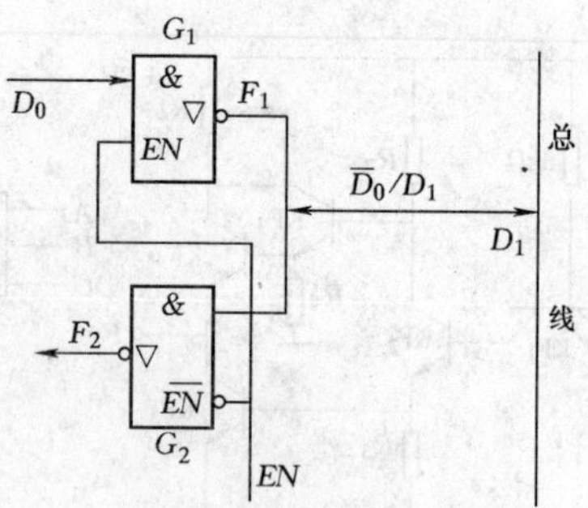

图 3-4-10 三态门数据双向传送

表 3-4-2 三态门数据双向传送

EN	G_1	G_2	传送方向
1	$F_1=\overline{D}_0$	$F_2=Z$	$D_0\to G_1\to\overline{D}_0$ 送总线
0	$F_1=Z$	$F_2=\overline{D}_1$	$D_1\to G_2\to\overline{D}_1$ 输出

实用三态门组件种类很多,输出状态可以是原码,也可以是反码。三态门的控制端有的是低电平有效,有的是高电平有效,根据需要进行选择。组件中多是把若干三态门做在一起,构成多路数据的缓冲器或驱动器。如 74LS240、74LS241,就是常用的八缓冲器/线驱动器。

四、CMOS 集成逻辑门电路

CMOS 门电路也有多种形式,其中 CMOS 非门、CMOS 与非门、CMOS 三态门的电路如图 3-4-11 所示。

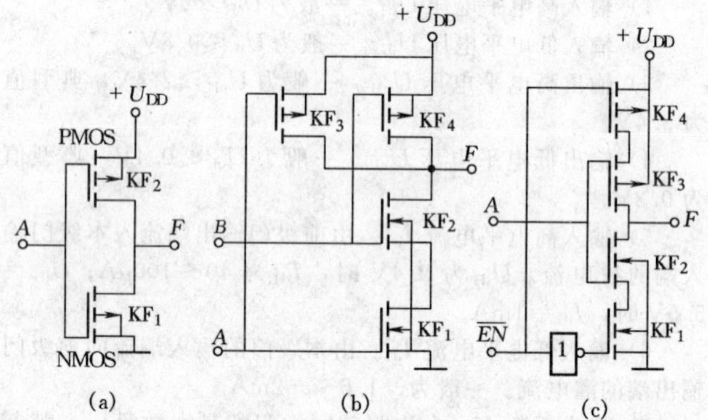

图 3-4-11 CMOS 门电路

工作原理为:

图 3-4-11(a)中,KF_1 为 NMOS 场效应管,KF_2 为 PMOS 场效应管。当输入端 A 为 1 时,KF_1 导通,KF_2 截止,输出端 $F=0$;反之,$A=0$ 时,$F=1$。所以其逻辑关系为 $F=\overline{A}$。

图 3-4-11(b)中,$A=B=1$ 时,驱动管 KF_1、KF_2 导通,负载管 KF_3、KF_4 截止,输出 $F=0$;A、B 中一个端为 0,或 A、B 全为 0 时,KF_1、KF_2 两串联管中至少有一个截止,KF_3、KF_4 两并联管至少有一个导通,所以 $F=1$。故 $F=\overline{A\cdot B}$。

图 3-4-11(c)中,控制端 $\overline{EN}=1$ 时,KF_1、KF_4 同时截止,F 端为高阻。$\overline{EN}=0$ 时,KF_1、KF_4 同时导通,$A=1$ 时 KF_2 导通,KF_3 截止,$F=0$;反之,$A=0$,$F=1$。所以 $\overline{EN}=0$ 时,$F=\overline{A}$。

工作中常用到的几种 CMOS 门电路及其主要参数见表3-4-3。

表 3-4-3　　几种 CMOS 门电路的主要参数

型号	项目	低电平输出电流(mA)		高电平输出电流(mA)		传输延迟时间(ns)		静态电流(μA)
						t_{pHL}	t_{pLH}	
型号	参数 \ 条件	$U_{DD}=5V$ $U_o=0.4V$ $U_i=0/5V$	$U_{DD}=15V$ $U_o=1.5V$ $U_i=0/15V$	$U_{DD}=5V$ $U_o=4.6V$ $U_i=0/5V$	$U_{DD}=15V$ $U_o=13.5V$ $U_i=0/15V$	$U_{DD}=5V$ $C_L=50pF$，$R_L=200k\Omega$ U_z 的 $t_r=t_f=20ns$		$U_{DD}=5V$
CC4010	六同相缓冲器	≥3	≥24	≥0.2	≥1.5	≤130	≤200	≤1
CC4001 CC4011 CC4073 CC4081	四2输入或非门 四2输入与非门 三3输入与门 四2输入与门	≥0.51	≥3.4	≥0.51	≥3.4	≤250		≤0.25
CC40109	四低一高电平位移器	≥0.51	≥3.4	≥0.51	≥3.4			≤1
CC4049	六反相缓冲器	≥3.2	≥24	≥0.6	≥4.4	≤65	≤120	≤1
CC40106	六反相器（有施密特触发器）	≥0.51	≥3.4	≥0.51	≥3.4	≤280	≤280	≤1

CMOS 电路由于输入电容及锁定效应等因素的存在，使用时要注意加以保护，否则容易造成损坏。正确使用方法请参阅有关文献。

五、常用逻辑门电路说明

（一）常用逻辑门电路新、旧符号对照

见表 3-4-4。

（二）我国半导体集成电路的命名方法

见表 3-4-5。

（三）几种集成门电路的主要性能比较

见表 3-4-6。

（四）我国 TTL、CMOS 集成电路产品类别说明

我国 TTL 集成电路产品主要分为以下几个系列：

（1）CT54/74 系列（原 T1000 系列），对应于国际 SN54/74 系列。

（2）CT54H/74H 系列（原 T2000 系列），对应于国际 SN54H/74H 高速系列。

（3）CT54S/74S 系列（原 T3000 系列），对应于国际 SN54S/74S 肖特基系列。

（4）CT54LS/74LS 系列（原 T4000 系列），对应于国际 SN54LS/74LS 低功耗肖特基系列。

表 3-4-4　　常用逻辑门电路新、旧符号对照表

名称	国家标准	部颁标准	名称	国家标准	部颁标准
与门	A, B — & — Y	A, B — □ — Y	或非门	A, B — ≥1 —o Y	A, B — + —o Y
或门	A, B — ≥1 — Y	A, B — + — Y	集电极开路与非门	A, B, C — & ◊ —o Y	A, B, C — □ —o Y
非门	A — 1 —o Y	A — □ —o Y	三态与非门（EN=1 时，Y=高阻）	A, B, C —o & ▽ EN —o Y	A, B, E —o □ —o Y
与非门	A, B — & —o Y	A, B — □ —o Y	异或门	A, B — =1 — Y	A, B — ⊕ — Y

表 3-4-5　　我国半导体集成电路的命名方法

第 0 部分		第一部分		第二部分	第三部分		第四部分	
用字母表示器件符合国家标准		用字母表示器件的类型		用阿拉伯数字表示器件的系列和品种代号	用字母表示器件的工作温度范围		用字母表示器件的封装	
符号	意义	符号	意义		符号	意义	符号	意义
C	中国制造	T	TTL		C	0～70℃	W	陶瓷扁平
		H	HTL		E	−40～85℃	B	塑料扁平
		E	ECL		R	−55～85℃	F	全密封扁平
		F	线性放大器		M	−55～125℃	D	陶瓷直插
		D	音响、电视电路				P	塑料直插
		W	稳压源				J	黑陶瓷直插
		J	接口电路				K	金属菱形
		B	非线性电路				T	金属圆形
		M	存储器					
		μ	微机电路					
		C	CMOS					
		S	特殊电路					

表 3-4-6　　几种集成门电路的主要性能比较

参数＼类型	TTL	ECL	I^2L	CMOS
每门功耗（mW）	＜50	40～60	0.005～0.01	3×10^{-4}～3×10^{-5}
平均传输延迟时间（ms）	10～40	1～5	15～20	30～90
抗干扰能力	中	弱	弱	弱
负载能力（N）	15左右	25左右	3	50
供电电压（V）	5	－5.2	＞0.8	5～15

除以上几种外，我国早期TTL产品，为T000系列，分高速和中速两种。

54系列和74系列两种产品的主要区别在于工作环境温度的不同：前者为－55～＋125℃，后者为0～70℃。

我国CMOS集成电路产品主要为CC4000系列，早期产品还有C000系列。它们和美国RCA公司的CD4000、MOTOROLA公司的MC14000系列产品相对应。

（五）不同门电路间的接口问题

由于TTL、CMOS等不同类型集成门电路，使用的电源电压以及输入、输出的高、低电平可能不同，所以在同一电路中使用不同类型器件时，必须考虑器件间的接口问题。因篇幅的限制，该问题这里不再讨论，需要时请参阅有关文献。

第五节　组合逻辑电路

按一定的逻辑要求，将若干门电路组合起来，便构成组合逻辑电路。其特点是：输出状态仅取决于现实的输入状态，和过去的状态无关。工作中常用的组合逻辑电路种类很多，这里主要介绍以下几种。

一、译码器

译码器主要有：变量和代码变换译码器、显示译码器等。

（一）变量和代码变换译码器

该译码器的作用是，将若干输入代码的组合，译成特定的输出状态。如二进制译码器，将 n 个输入变量状态的组合，译成 2^n 个输出状态；二—十进制译码器，将四位二进制代码译成十种输出信号等。

二进制译码器中若输入变量 $n=2$，则输出状态为 $2^2=4$ 个，称为2—4译码器。其工作原理如图3-5-1所示。

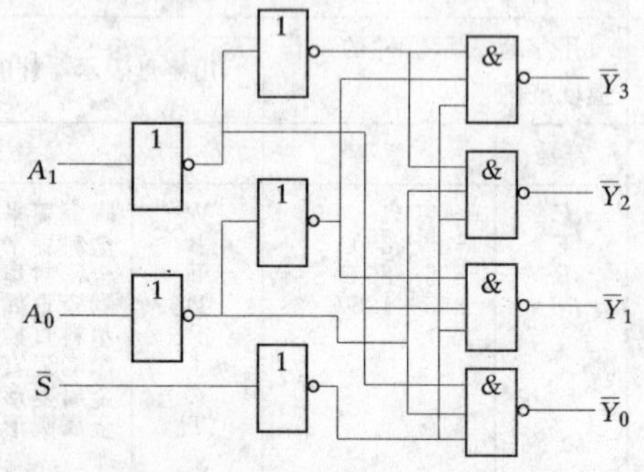

图3-5-1　2—4译码器原理电路

图中 A_0、A_1 为输入变量；$\overline{Y}_0$～$\overline{Y}_3$ 为译码器输出（低电平有效）；$\overline{S}$ 为使能控制端。$\overline{S}=0$ 时，译码器正常工作，译中的状态相应输出端为"0"，其他各输出端为"1"；$\overline{S}=1$ 时，译码器禁止工作，不管输入信号处于什么状态，所有输出端均为高电平。其功能见表3-5-1。

表 3-5-1　　2—4译码器功能表

输入			输出			
$\overline{S}$	A_1	A_0	$\overline{Y}_0$	$\overline{Y}_1$	$\overline{Y}_2$	$\overline{Y}_3$
1	×	×	1	1	1	1
0	0	0	0	1	1	1
0	0	1	1	0	1	1
0	1	0	1	1	0	1
0	1	1	1	1	1	0

变量和代码变换译码的集成电路器件种类很多，常用的组件有：74139（双2线—4线译码器）、74138（3线—8线译码器）、74154（4线—16线译码器）、7442（4线—10线译码器）等。

译码器的功能可以扩展。例如用两片3—8译码器（74138）可以构成4—16译码器。74138译码器的功能见表3-5-2。其中 ST_A、ST_B、ST_C 为使用控制端，其作用见功能表。译码器功能扩展后的电路如图3-5-2所示。

表 3-5-2　　74138　功　能　表

输入					输出							
ST_A	ST_B+ST_C	A_2	A_1	A_0	$\overline{Y}_0$	$\overline{Y}_1$	$\overline{Y}_2$	$\overline{Y}_3$	$\overline{Y}_4$	$\overline{Y}_5$	$\overline{Y}_6$	$\overline{Y}_7$
×	1	×	×	×	1	1	1	1	1	1	1	1
0	×	×	×	×	1	1	1	1	1	1	1	1
1	0	0	0	0	0	1	1	1	1	1	1	1
1	0	0	0	1	1	0	1	1	1	1	1	1
1	0	0	1	0	1	1	0	1	1	1	1	1
1	0	0	1	1	1	1	1	0	1	1	1	1
1	0	1	0	0	1	1	1	1	0	1	1	1
1	0	1	0	1	1	1	1	1	1	0	1	1
1	0	1	1	0	1	1	1	1	1	1	0	1
1	0	1	1	1	1	1	1	1	1	1	1	0

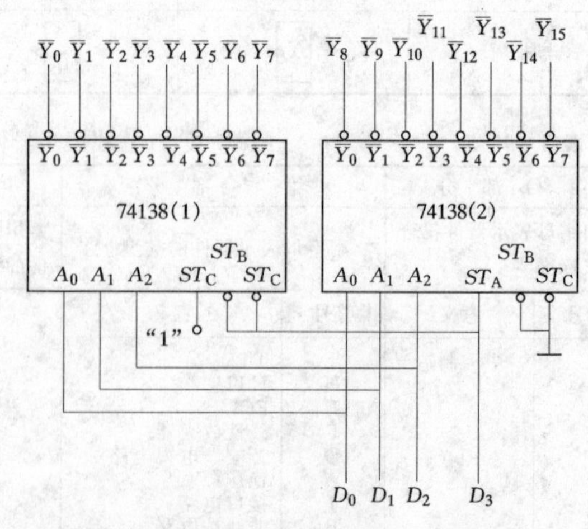

图3-5-2　由两片74138构成的4—16译码器

（二）显示译码器

显示译码器的作用是将有关代码译成相应的数字、文字或图形。该种译码器所用的显示驱动器件有发光管、辉光管、荧光管、液晶显示等多种。这里仅介绍由发光管构成的七段显示译码器，它的译码原理见表 3-5-3。

表 3-5-3　七段显示译码器真值表

十进制数	输入				输出							字形
	A_3	A_2	A_1	A_0	a	b	c	d	e	f	g	
0	0	0	0	0	1	1	1	1	1	1	0	0
1	0	0	0	1	0	1	1	0	0	0	0	1
2	0	0	1	0	1	1	0	1	1	0	1	2
3	0	0	1	1	1	1	1	1	0	0	1	3
4	0	1	0	0	0	1	1	0	0	1	1	4
5	0	1	0	1	1	0	1	1	0	1	1	5
6	0	1	1	0	0	0	1	1	1	1	1	6
7	0	1	1	1	1	1	1	0	0	0	0	7
8	1	0	0	0	1	1	1	1	1	1	1	8
9	1	0	0	1	1	1	1	0	0	1	1	9

表中 $A_0 \sim A_3$ 为四位 8421BCD 输入码；$a \sim g$ 为译码输出，用来控制显示数码管的各个字段，从而显示出 8421 码所对应的十进制字形（有时加小数点，共八段）。根据各个输出变量和输入信号的关系，便可设计出七段译码器的电路图（电路图略）。

由发光管构成的七段字形显示驱动器件，有共阴极和共阳极两种。前者把各字段对应发光管的阴极共地，各阳极分别接至七段译码器的输出端 $a \sim g$。（高电平有效）。后者则把各段对应的发光管的阳极一起接至电源，阴极分别接七段译码器的输出（低电平有效）。七段译码器和显示驱动器（共阴极）的连接关系如图 3-5-3 所示。

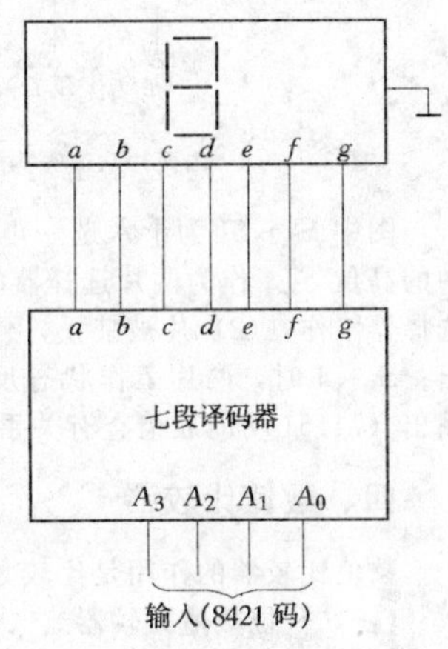

图 3-5-3　七段译码、显示器的连接示意图

常用集成显示译码器有 7448、7449（内部为集电极开路门结构）等。集成显示译码器组件，除上边原理电路中讲到的输入、输出端以外，还有一些专用的控制端。如 7448 中的$\overline{RBI}$、$\overline{LT}$、$\overline{BI}/\overline{RBO}$等（见图 3-5-4 中 7448 管脚图）。

$\overline{BI}$为灭灯输入控制端，当$\overline{BI}=0$时，无论其他输入端是什么状态，$a \sim g$ 各段均为低电平，显示器上无显示；$\overline{LT}$为灯测试端，$\overline{LT}=0$、$\overline{BI}=1$时，$a \sim g$ 各段均为高电平，显示器显示8字，表示译码器正常；$\overline{RBI}$为灭零输入控制端，该端为 0，同时 $A_0 \sim A_3$ 也必须均为 0 时，$a \sim g$ 各段才能为低电平，因此，利用该端可以把零值显示灭掉；$\overline{RBO}$为灭零输出端，在$\overline{RBI}=0$，$A_0 \sim A_3$ 同时为零时，$\overline{RBO}$端输出一个低电平信号，此信号可以用做其他译码器的灭零输入信号；$\overline{RBO}$和$\overline{BI}$接在一起，该端接地时，为$\overline{BI}$灭灯控制，不接地时，做灭零输出（$\overline{RBO}$）。

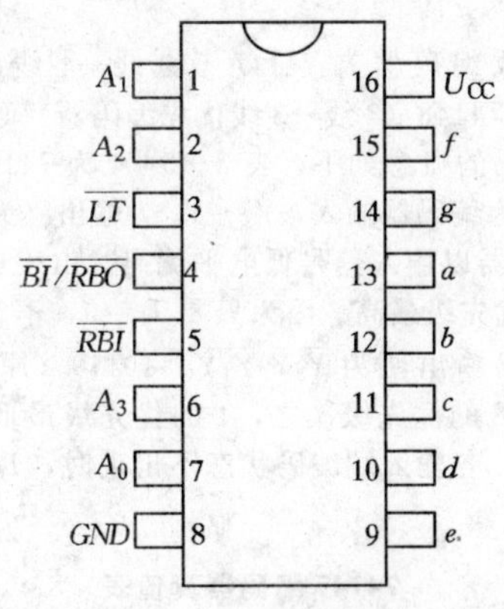

图 3-5-4　7448 管脚图

在多位数字显示系统中，最高位的 0 值常常不希望显示，如希望将 0405 显示为 405。此时便可利用灭零输入、灭零输出控制端，电路见图 3-5-5。

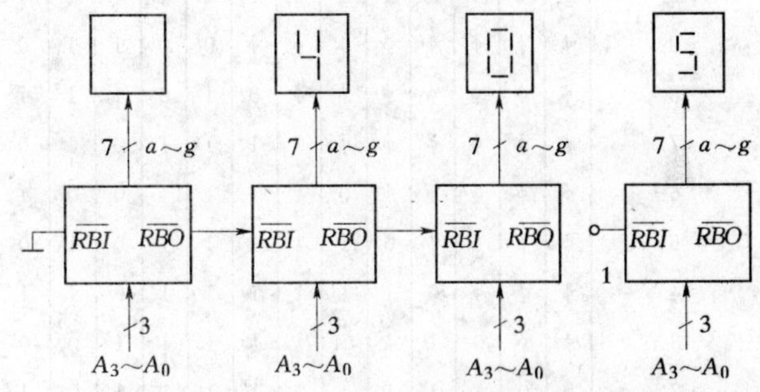

图 3-5-5　显示译码器灭零控制示意图

图中最高位译码器的$\overline{RBI}$接地，当相应的输入端 $A_0 \sim A_3$ 均为 0 时，0 值不会显示出来。而最低位的$\overline{RBI}$接“1”，即使该位的输入全为 0，0 值也会显示出来。

二、编码器

编码是译码的逆过程，某种信息或状态用特定的代码表示，叫编码。

常用的编码器有二进制编码器和二—十进制编码器。其中又可分为普通编码器和优先编码器。编码器的简单原理如图 3-5-6 所示。

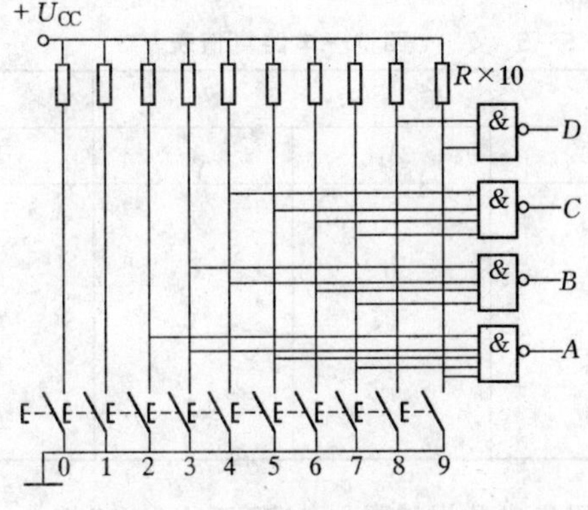

图 3-5-6　编码器原理电路

从图中可以看出，当按键 5 按下时，四个与非门的输出 $DCBA=0101$。按其他按键同样可以得到其他代码。这样便把 0～9 十个按键的状态编成了用 8421 代码表示的二进

制数。

常用集成编码器有 74147（10 线—4 线优先编码器，BCD 输出）、74148（8 线—3 线优先编码器）等。

优先编码的概念如下。表 3－5－4 为 74147 的真值表，表中 $I_1 \sim I_9$ 为编码器输入，$\overline{Y}_3 \sim \overline{Y}_0$ 为输出（为 8421 反码形式）。该译码器以输入信号低电平编码。由表可以看出，十进制数 9 的优先级最高。因为只要 $I_9=0$，不管其他输入状态如何，编码输出便为 $\overline{Y}_3\overline{Y}_2\overline{Y}_1\overline{Y}_0=0110$（原码为 $Y_3Y_2Y_1Y_0=1001$）。8 的优先级次之，1 的优先级最低。1 的编码，只有在 $I_2 \sim I_9$ 各输入端编码状态不出现时，$I_1=0$，才能对其编码。

表 3－5－4　　74147 编码器真值表

十进制数	输　入									输　出（8421 反码）			
	I_1	I_2	I_3	I_4	I_5	I_6	I_7	I_8	I_9	$\overline{Y}_3$	$\overline{Y}_2$	$\overline{Y}_1$	$\overline{Y}_0$
0	1	1	1	1	1	1	1	1	1	1	1	1	1
9	ϕ	ϕ	ϕ	ϕ	ϕ	ϕ	ϕ	ϕ	0	0	1	1	0
8	ϕ	ϕ	ϕ	ϕ	ϕ	ϕ	ϕ	0	1	0	1	1	1
7	ϕ	ϕ	ϕ	ϕ	ϕ	ϕ	0	1	1	1	0	0	0
6	ϕ	ϕ	ϕ	ϕ	ϕ	0	1	1	1	1	0	0	1
5	ϕ	ϕ	ϕ	ϕ	0	1	1	1	1	1	0	1	0
4	ϕ	ϕ	ϕ	0	1	1	1	1	1	1	0	1	1
3	ϕ	ϕ	0	1	1	1	1	1	1	1	1	0	0
2	ϕ	0	1	1	1	1	1	1	1	1	1	0	1
1	0	1	1	1	1	1	1	1	1	1	1	1	0

三、数据选择器

数据选择器又称多路开关。它的作用类似于波段开关，在多路数据中选择一路送至输出端。数据选择器的工作原理如图 3－5－7 所示。图中 $D_0 \sim D_3$ 为四路数据，A_0A_1 为选择控制端，$\overline{E}$ 为使能控制端。当 $\overline{E}=1$ 时，选择器不工作，输出端 $W=0$；$\overline{E}=0$ 时，选择器工作，$D_0 \sim D_3$ 四路数据中选择一路送输出，选中哪路由 A_1A_0 的状态决定。其功能见表 3－5－5。此类选择器，因为从四路中选一路，所以称为四选一电路。

表 3－5－5　　四选一电路真值表

输　入			输　出
$\overline{E}$	A_1	A_0	W
1	×	×	0
0	0	0	D_0
0	0	1	D_1
0	1	0	D_2
0	1	1	D_3

常用集成数据选择器件有：74157（二选一）、74153（四选一）、74151（八选一）等。

一般数据选择器都有使能控制端，利用该端可将数据选择器的功能扩展。如图 3－5－8 中用两片八选一数据选择器（74151）构成十六选一电路。

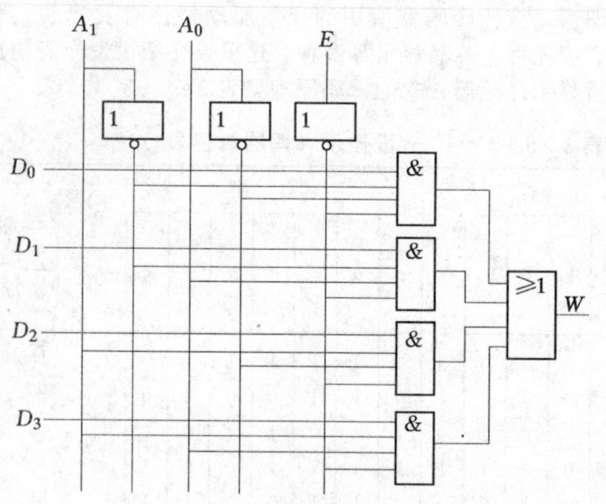

图 3－5－7　数据选择器原理电路

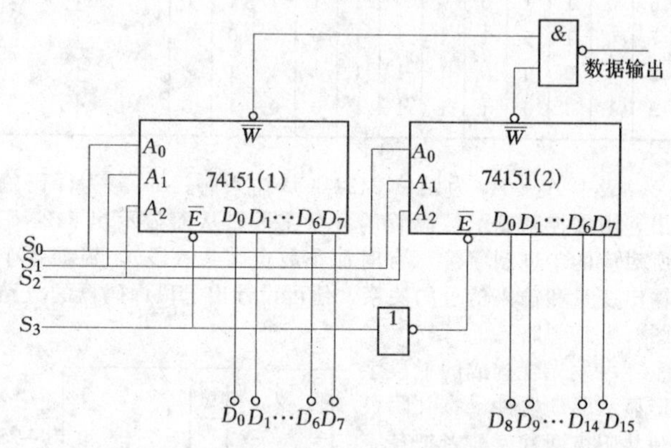

图 3－5－8　由两片八选一构成十六选一数据选择器电路

图中 $S_0 \sim S_3$ 为十六选一电路中的选择控制端。利用其中的高位 S_3，作为两片选择器的使能端。$S_3=0$ 时，(1) 片选择器工作，(2) 片被禁止，外部数据 $D_0 \sim D_7$ 先后选通输出；$S_3=1$ 时，两片工作状态反过来，$D_8 \sim D_{15}$ 先后被选通输出（74151 功能表请查有关手册）。

四、数值比较器

数值比较器的作用是比较数字量的大小。

（一）一位数值比较器

两个一位数进行比较时，其功能见表 3－5－6，逻辑电路图和符号见图 3－5－9。图中 A、B 为两个待比较的输入数，$A>B$、$A=B$、$A<B$ 为比较结果。

表 3－5－6　　一位比较器真值表

输　入		输　出		
A	B	$A>B$	$A=B$	$A<B$
0	0	0	1	0
0	1	0	0	1
1	0	1	0	0
1	1	0	1	0

（二）多位数值比较器

两个多位数值进行比较时，应遵循以下原则：先比较高位，高位数值大的一定大，高位小的一定小；两数的高位相等时再比较低位。因此，两个多位数中的某一位（设第 i

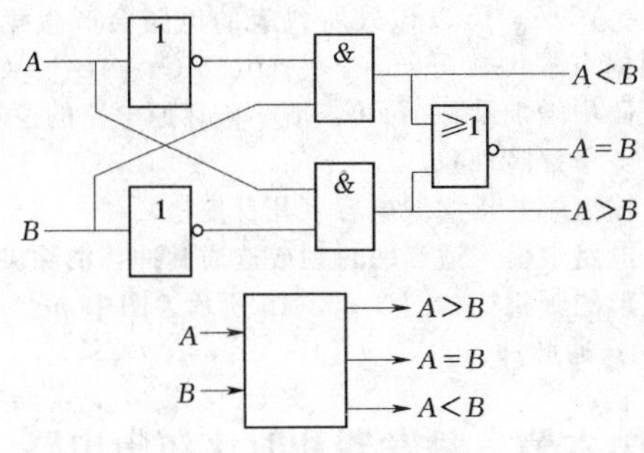

图 3-5-9 一位比较器原理电路和符号

位）进行比较时，应有表 3-5-7 的逻辑关系，其逻辑符号如图 3-5-10 所示。

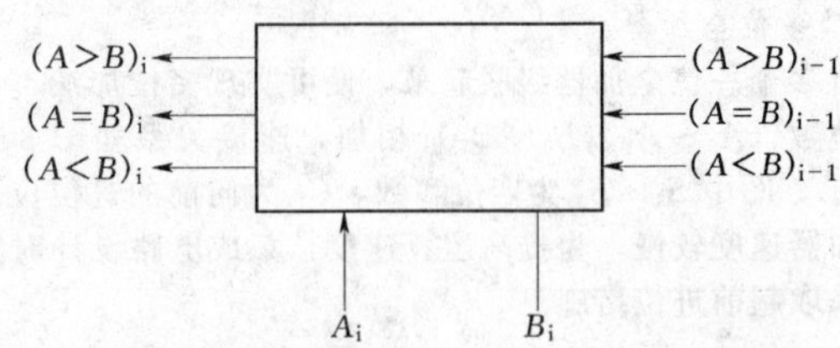

图 3-5-10 多位数值比较器中一位比较的符号

图中 A_i、B_i 为待比较的数字；$(A>B)_{i-1}$、$(A=B)_{i-1}$、$(A<B)_{i-1}$ 为低位比较的结果，$(A>B)_i$、$(A=B)_i$、$(A<B)_i$ 为本位比较的结果。

根据以上原则，利用各高低位间的级联关系，便可构成多位数值比较器。

表 3-5-7 多位数值比较器中的一位比较功能

输入					输出		
A_i	B_i	$(A>B)_{i-1}$	$(A=B)_{i-1}$	$(A<B)_{i-1}$	$(A>B)_i$	$(A=B)_i$	$(A<B)_i$
1	0	×	×	×	1	0	0
0	1	×	×	×	0	0	1
$A_i=B_i$	三个输出 $(A>B)_i$、$(A=B)_i$、$(A<B)_i$ 分别等于对于输入端 $(A>B)_{i-1}$、$(A=B)_{i-1}$、$(A<B)_{i-1}$ 的状态						

常用集成数值比较器组件主要有 7485（四位数值比较器）。

比较器的扩展，见图 3-5-11。用两片四位比较器（7485）构成八位数值比较器。图中 $A_0\sim A_7$、$B_0\sim B_7$ 为两组待比较的八位数。高位片的 $A>B$、$A=B$、$A<B$ 为比较结果。

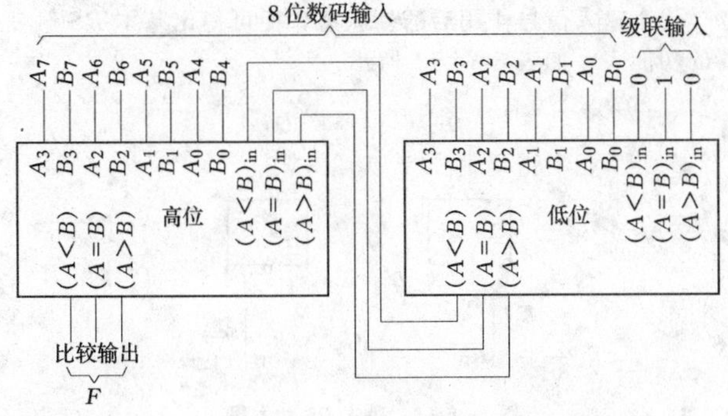

图 3-5-11 由两片四位比较器组成八位比较器的接法

五、加法器

加法器是数字电路中最基本的运算单元，用以实现二进制数的求和运算。

（一）半加器

两个一位数相加，若只考虑两个加数本身，不考虑低位来的进位，则称为半加器。它的逻辑关系见表 3-5-8。其中 A、B 为加数、被加数；S 为本位和；C 为向高位的进位位。

表 3-5-8 半加器真值表

输入		输出	
A	B	S	C
0	0	0	0
0	1	1	0
1	0	1	0
1	1	0	1

（二）全加器

当两个多位数相加时，除加数、被加数外，还需考虑低位来的进位位。能完成加数、被加数、低位进位位三者求和运算的电路，称为全加器。

1. 一位全加器

一位全加器实际上是对加数、被加数、低位进位位，分别进行两次半加，其功能见表 3-5-9，原理电路和符号见图 3-5-12。图中 A_n、B_n 为本位加数、被加数；C_{n-1} 为低位进位位；S_n 为本位和；C_n 为向前进位位。

表 3-5-9 全加器真值表

输入			输出	
A_n	B_n	C_{n-1}	S_n	C_n
0	0	0	0	0
0	1	0	1	0
1	0	0	1	0
1	1	0	0	1
0	0	1	1	0
0	1	1	0	1
1	0	1	0	1
1	1	1	1	1

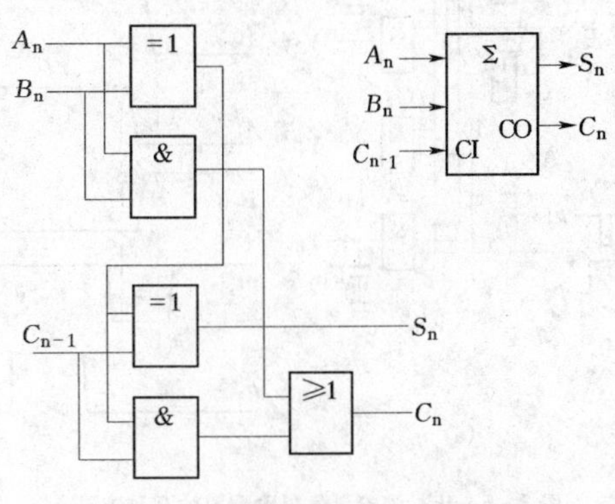

图 3-5-12 全加器逻辑电路和符号

2. 多位全加器

将多个一位全加器级联起来，便可实现多位加法。如两个四位数（$A_0 \sim A_3$、$B_0 \sim B_3$）相加，连接关系如图 3-5-13 所示。图中 $S_3 \sim S_0$ 为四位和数，C_3 为向前的进位位。这种全加器速度较慢，为提高运算速度，集成电路设计时，一般都采取超前进位措施。

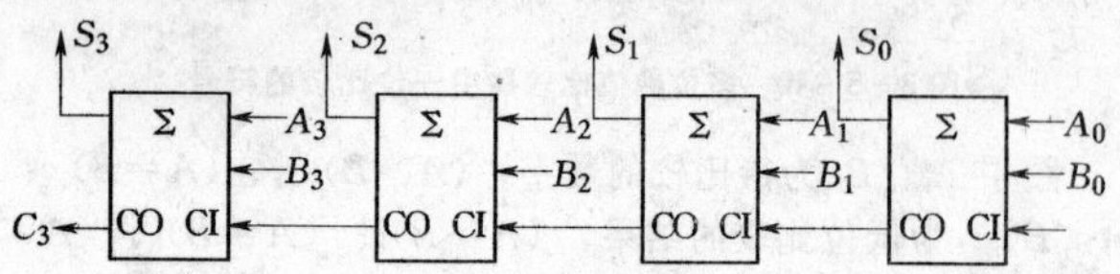

图 3-5-13　两个四位数相加原理电路

常用集成加法器组件有：74183（内含两个独立的一位全加器）、74283（四位二进制超前进位全加器）等。

六、组合逻辑电路中的竞争冒险现象

（一）产生原因

组合逻辑电路，都是由若干门电路组成，门电路的个数以及传输延迟时间，对输出端波形都会产生影响。如图 3-5-14所示电路，在理想情况下，$F=A\overline{A}=0$，但实际上，由于非门的传输延迟，使得 $\overline{A}$ 信号下跳变的时间延后，致使 F 输出端出现正向尖峰干扰脉冲。这种现象叫做竞争冒险。

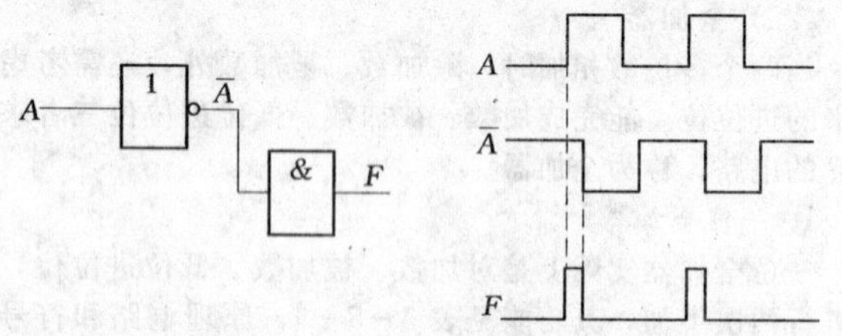

图 3-5-14　产生竞争冒险的原理电路和波形

（二）检查方法

（1）对于简单组合逻辑电路，当电路的输入变量每次只有一个状态发生变化时，若输出端的逻辑函数式，在一定的条件下，能简化成 $F=A+\overline{A}$ 或 $F=A\overline{A}$ 形式，则该电路可判定存在竞争冒险现象。

（2）对复杂的组合逻辑电路，应借助于计算机辅助分析或实验方法去检查。

（三）消除方法

（1）修改电路设计。如 $F=AB+\overline{A}C$，在 $B=C=1$ 的条件下，$F=A+\overline{A}$，所以该式所代表的电路会产生竞争冒险现象。根据布尔代数可知：$F=AB+\overline{A}C=AB+\overline{A}C+BC$，若在原电路中增加乘积项 BC，既不破坏原电路的逻辑关系，又克服了竞争冒险现象。

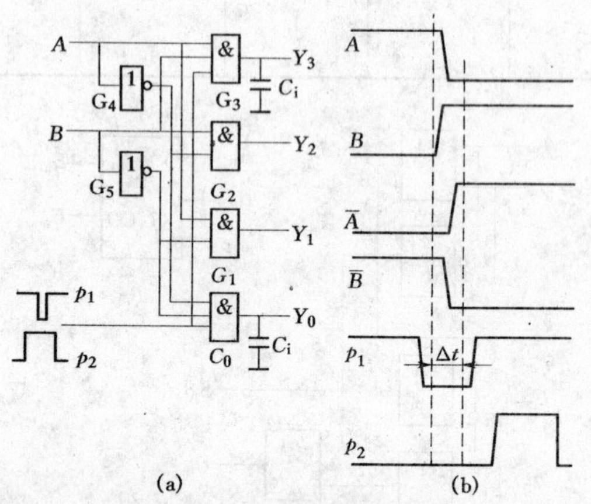

图 3-5-15　消除竞争冒险现象的几种方法

（2）输出端并接滤波电容（几百皮法）。

（3）电路中引入适当的封锁或选通脉冲，消除尖峰脉冲对输出波形的干扰。如图 3-5-15 所示。图中 p_1 为封锁脉冲，p_2 为选通脉冲。

第六节　触发器和时序逻辑电路

时序逻辑电路是数字电路的主要组成部分。其特点和组合电路不同，它的输出不仅和现实的输入有关，而且还和电路过去的状态有关，也就是它有记忆功能。触发器是时序逻辑电路的基本单元，是时序电路中具有记忆功能的关键部件。

一、触发器

触发器又称双稳态触发器。它的输出端有两个可能的稳定状态“0”或者“1”。触发器可按结构、功能、触发方式分成多种类别，下面结合电路的原理性结构，对其分别进行介绍。

（一）基本 *RS* 触发器

由与非门构成的基本 RS 触发器如图 3-6-1 所示。图中 $\overline{R}_D$、$\overline{S}_D$ 为输入控制端，Q 和 $\overline{Q}$ 为输出端。Q 和 $\overline{Q}$ 的状态总是互补的（一个是“0”，另一个是“1”）。一般规定用 Q 端代表触发器的输出状态。若用 Q^n 代表触发器原来状态，Q^{n+1} 代表输入信号作用后的新状态，便可得出基本 RS 触发器的功能表，如表 3-6-1 所示。

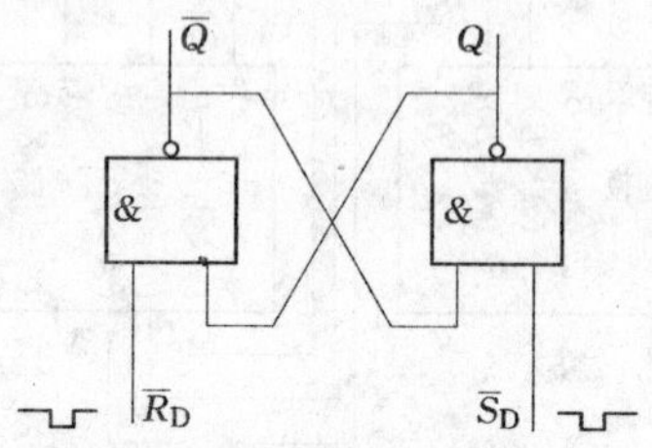

图 3-6-1　基本 *RS* 触发器

表 3-6-1　　基本 *RS* 触发器功能表

$\overline{R}_D$	$\overline{S}_D$	Q^n	Q^{n+1}
1	1	0	0
1	1	1	1
1	0	0	1
1	0	1	1
0	1	0	0
0	1	1	0
0	0	0	1
0	0	1	1

基本 RS 触发器的功能归纳如下：

（1）记忆功能。当 $\overline{R}_D=\overline{S}_D=1$ 时，$Q^{n+1}=Q^n$，触发器原始状态保持不变。

（2）直接置位（置 1）功能。当 $\overline{R}_D=1$、$\overline{S}_D=0$ 时，Q^n 无论是 0 还是 1，输入信号作用后，Q^{n+1} 均为 1。

（3）直接复位（清 0）功能。$\overline{R}_D=0$、$\overline{S}_D=1$ 时，原来

状态无论是 0 还是 1，$\overline{R}_D$、$\overline{S}_D$ 作用后，Q^{n+1} 均为 0。

该电路在 $\overline{R}_D=\overline{S}_D=0$ 时，触发器的 $Q=\overline{Q}=1$。但是，$\overline{R}_D$、$\overline{S}_D$ 两端的低电平信号一旦消失（0→1），两门的输入全为 1，Q 和 $\overline{Q}$ 的状态哪个为 0，哪个为 1 将是不确定的，所以该触发器不允许 $\overline{R}_D$、$\overline{S}_D$ 两端同时为 0。

（二）钟控触发器

数字电路中，为协调各部分的动作，常常引入时钟脉冲（用 CP 或 CK 表示）作同步信号。有时钟控制的触发器介绍以下几种。

1. 电位触发式的 RS 触发器

电路结构如图 3-6-2 所示。用 Q^n 代表触发器原状态；Q^{n+1} 代表一个时钟作用后的次状态，钟控 RS 触发器的功能见表 3-6-2。它的功能用逻辑函数式描述，称为特性方程

$$\begin{cases} Q^{n+1}=S+\overline{R}Q^n \\ SR=0 \quad (\text{约束条件}) \end{cases}$$

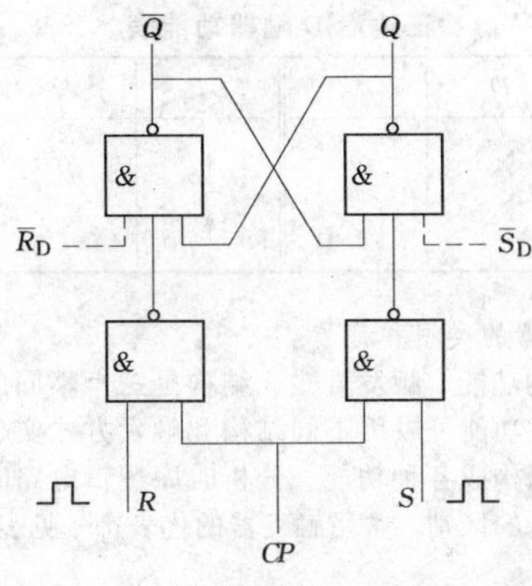

图 3-6-2　钟控 RS 触发器

表 3-6-2　钟控 RS 触发器功能表

CP	R	S	Q^{n+1}
0	×	×	Q^n
1	0	0	Q^n
1	0	1	1
1	1	0	0
1	1	1	不定①

① 当 CP 由 1→0 或 RS 同时由 1→0 后，Q^{n+1} 状态不确定。

钟控 RC 触发器的特点是：$CP=0$ 时，Q 端状态保持不变，$CP=1$ 期间，Q 随 R、S 的状态发生变化。输出状态能否变化，取决于 CP 电位高低的这种工作方式，称为电位触发方式。$CP=1$ 期间，触发器状态改变，叫正电位触发方式；反之，叫负电位触发方式。

图 3-6-2 所示电路为正电位触发式的 RS 触发器，其输入、输出信号间的关系，见图 3-6-3 时序图（又称波形图）。

2. 主从触发式的 T' 和 T 触发器

图 3-6-4 所示电路，称为主从触发器。该触发器的特点是：主体由两级 RS 触发器（图 3-6-2）构成。主、从两级触发器（$F_主$、$F_从$）的时钟相位相反，即 $CP'=\overline{CP}$。工作时，分两步：$CP=1$ 期间，$F_主$ 翻转，$F_从$ 保持原状态；CP 由 1 变 0 后，$F_主$ 保持，$F_从$ 接收 $F_主$ 的输出信号。即 $Q=Q'$，$\overline{Q}=\overline{Q}'$。所以主从触发器输出端 Q、$\overline{Q}$ 的翻转发生在 CP 下跳变时刻。由主从结构构成的触发器，称为主从触发方式。其时钟信号用“⎍”表示。

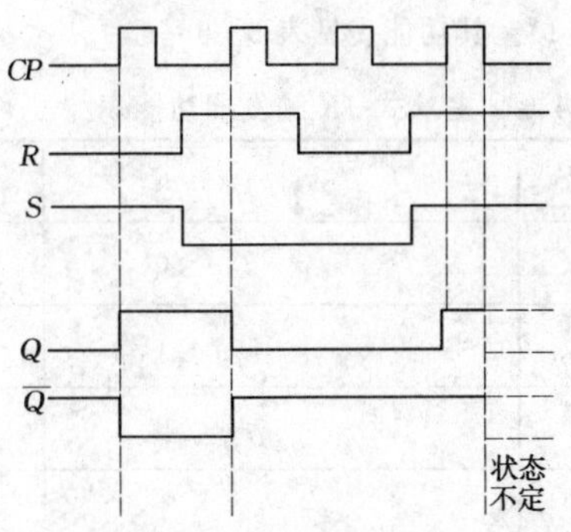

图 3-6-3　钟控 RS 触发器时序图

（1）T' 触发器。在主从触发器的基础上，将 Q 和主触发器的 R、$\overline{Q}$ 和 S 分别相连（如图中虚线），便构成了 T' 触发器。分析可知 T' 触发器的特点如下：

每来一个时钟脉冲，触发器翻转一次，其变化规律是：0—1—0—1—…。这正好符合一位二进制计数过程，所以又叫计数触发器。

T' 触发器的特性方程是

$$Q^{n+1}=\overline{Q^n}$$

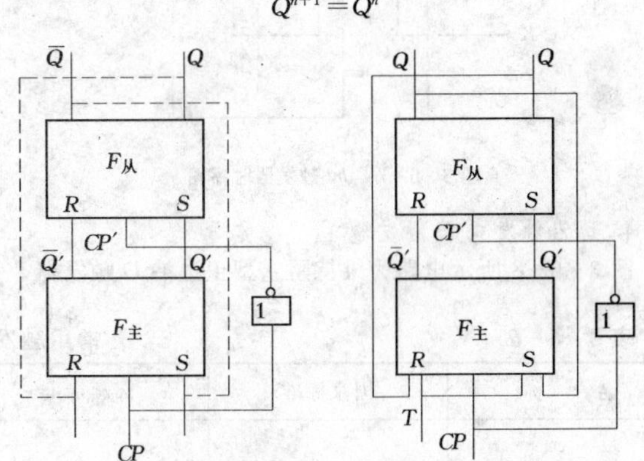

图 3-6-4　主从式触发器　　图 3-6-5　主从式 T 触发器

（2）T 触发器。在 T' 触发器的左、右输入端，加入控制信号 T，便构成 T 触发器，见图 3-6-5。

T 触发器在 $T=0$ 时，原状态保持不变；在 $T=1$ 时，计数。其功能表见表 3-6-3。根据功能表可得出其特性方程

$$Q^{n+1}=T\overline{Q^n}+\overline{T}Q^n$$

3. 主从触发式 JK 触发器

主从触发式 JK 触发器的结构如图 3-6-6 所示。它比 T' 触发器多了 J、K 两个控制端。

JK 触发器的功能最完善，它有记忆功能（$J=K=0$）、置 1 功能（$J=1$、$K=0$）、复位功能（$J=0$，$K=1$）以及计数功

表 3-6-3　主从式 T 触发器功能表

CP	T	Q^{n+1}
⎍	0	Q^n
⎍	1	$\overline{Q}^n$

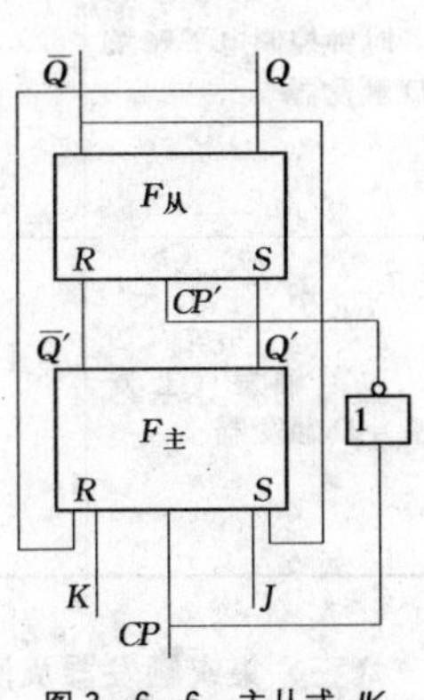

图 3-6-6　主从式 JK 触发器

能（$J=K=1$）。其功能表见表3-6-4。

表3-6-4 主从式 *JK* 触发器功能表

CP	J	K	Q^{n+1}
⎍	0	0	Q^n
⎍	0	1	0
⎍	1	0	1
⎍	1	1	$\overline{Q}^n$

根据功能表，可得出 JK 触发器的特性方程

$$Q^{n+1}=J\overline{Q^n}+\overline{K}Q^n$$

它的时序关系见图3-6-7。

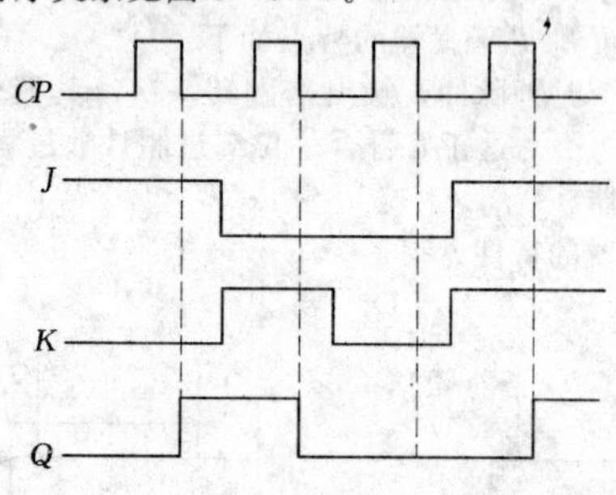

图3-6-7 *JK* 触发器时序图

4. 边沿触发式 D 触发器

图3-6-8所示电路为维持阻塞型正边沿 D 触发器。该

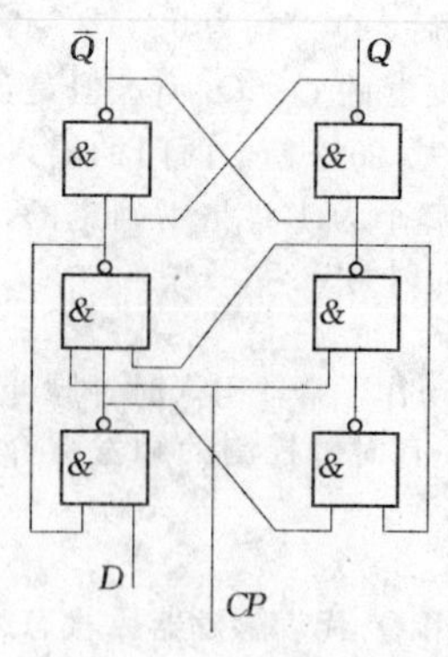

图3-6-8 正边沿触发式 D 触发器

触发器的特点如下：

$CP=0$ 或 $CP=1$ 期间，触发器的输出状态均保持不变；只有在 CP 由0跳变到1时，Q 端才能跟随 D 输入端状态变化。其功能见表3-6-5。D 触发器的特性方程是：

$$Q^{n+1}=D$$

这种只在时钟发生某种约定跳变时，触发器状态才能改变的工作方式，叫做边沿触发。触发器状态变化发生在 CP 正跳变时，称正边沿触发，用"↑"表示；发生在 CP 负跳变时，称负边沿触发，用"↓"表示。

表3-6-5 正边沿 D 触器功能表

CP	D	Q^{n+1}	CP	D	Q^{n+1}
0	×	Q^n	↑	0	0
1	×	Q^n	↑	1	1

5. 触发器的类型和符号

触发器的功能、触发方式、结构是三个不同的概念，不能混淆。同一功能可以用不同结构和触发方式实现；同一触发方式也可以构成各种功能。分析时序逻辑电路时，特别要注意代表符号的区别。常用触发器的代表符号见表3-6-6。

表3-6-6 常用触发器的类型和符号

名称	国家标准	部颁标准	名称	国家标准	部颁标准
直接触发 RS 触发器			T 触发器（上升沿触发）		
时钟控制电平触发 RS 触发器			边沿触发（上升沿）JK 触发器		
时钟控制电平触发 D 触发器			边沿触发（下降沿）JK 触发器		
边沿触发（上升沿）D 触发器			JK 触发器（主从型）		

（三）集成触发器及使用中注意的问题

集成触发器产品很多，常用的有：四上升沿 D 触发器74175、双主从 JK 触发器74107、双下降沿 JK 触发器74112、八 D 锁存器74373等。

不同类型的触发器有各自的特性和参数，使用时除考虑其功能、触发方式外，还应注意时钟频率、开关速度、功耗、抗干扰能力、抗时钟偏移能力等问题。此部分请参阅有关文献。

二、寄存器

寄存器用来存贮二进制数据或指令。其主体由有记忆功能的双稳态触发器构成。一个触发器上能存贮1位二进制数据，要存几位数据必须选用几个触发器。按寄存器功能的不同，主要分为以下两类。

（一）数码寄存器

图3-6-9所示电路为四位数码寄存器。该寄存器由四个正沿 D 触发器组成。$\overline{CR}$为清0信号，即$\overline{CR}=0$时，$Q_0=Q_1=Q_2=Q_3=0$；$D_0\sim D_3$ 为待存四位输入数据，当$\overline{CR}=1$时，四位数据在 CP 正沿到达后送至各触发器的输出端，从而 $Q_3Q_2Q_1Q_0=D_3D_2D_1D_0$；在 $CP=1$ 或 $CP=0$ 期间，触发器各输出端数据保持不变，即暂时寄存。

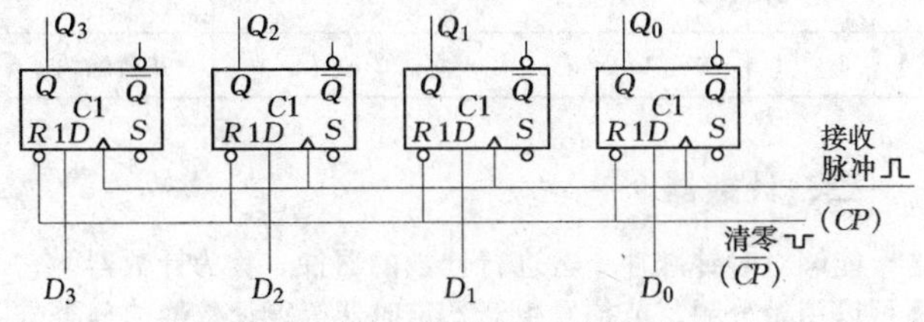

图3-6-9　四位数码寄存器

（二）单向移位寄存器

移位寄存器根据数据流向分为左移、右移、双向移位几种。根据数据输入、输出方式又可分成并行输入、并行输出（几位数据同时存入或读出），串行输入、串行输出（数据随 CP 的节拍一位一位地存入或读出）。

1. 右移寄存器

图3-6-10为四位并行输入右移寄存器，电路工作过程如下：

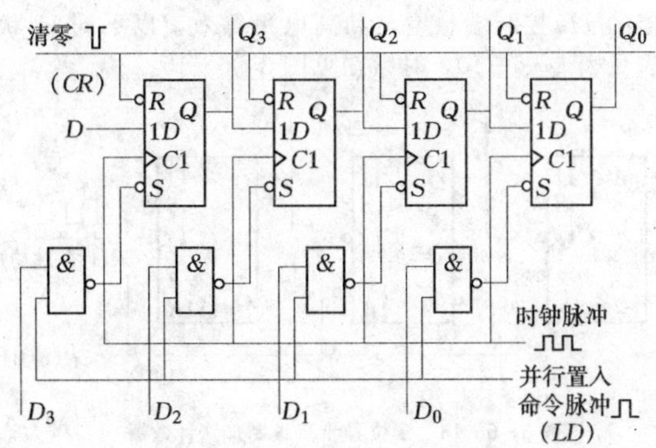

图3-6-10　四位右移寄存器

(1) 在$\overline{CR}$端加入清零信号（低电平有效），使各触发器输出端为0。

(2) 在 LD 端加入并行置入脉冲（高电平有效），通过各触发器的置位端（S），将数据 $D_3\sim D_0$ 并行置入寄存器，使 $Q_3=D_3$、$Q_2=D_2$、$Q_1=D_1$、$Q_0=D_0$。

(3) 在$\overline{CR}=1$、$LD=0$ 的条件下，各触发器输出端的数据，随 CP 逐拍右移。D 为右移串行输入端，Q_3 接收 D 端数据。移位过程中，$Q_3=D$、$Q_2=Q_3$、$Q_1=Q_2$、$Q_0=Q_1$。假设预置数据 $D_3D_2D_1D_0=1101$、$D=0$，移位过程中的时序关系及状态转换分别见图3-6-11和表3-6-7。

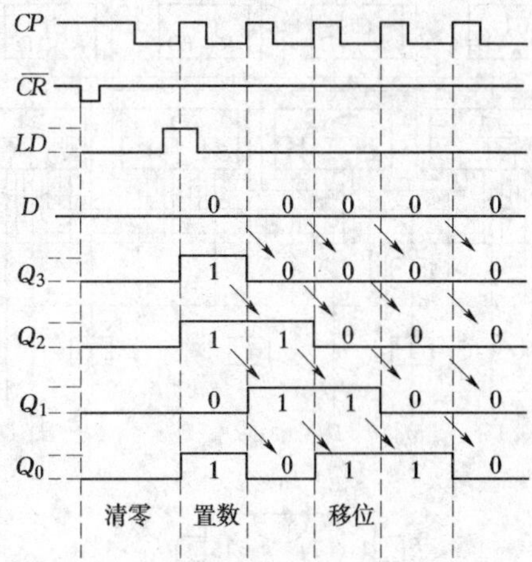

图3-6-11　四位并行输入右移寄存器时序图

表3-6-7　四位并行输入右移寄存器功能表

$\overline{CR}$	LD	CP	D	Q_3	Q_2	Q_1	Q_0	功能
0	×	×	×	0	0	0	0	清0
1	1	×	×	1	1	0	1	置数
1	0	↑	0	0	1	1	0	右移
1	0	↑	0	0	0	1	1	
1	0	↑	0	0	0	0	1	
1	0	↑	0	0	0	0	0	

该电路的输入方式，也可采用串行输入方式，其方法是：将待置入的数据 $D_3D_2D_1D_0$ 按高低位顺序置于 D 端，每来一次移位脉冲，依次由 Q_3 端移入一位。

2. 左移寄存器

左移寄存器和右移寄存器的工作原理完全相同，只是数据移动的方向改为由右向左。

（三）双向移位寄存器

既能左移，又能右移的寄存器，称为双向移位寄存器。工作过程见后面集成移位寄存器74194的分析。

（四）集成寄存器

常用集成数码寄存器有：4位 D 型三态缓冲寄存器74173、4位可优先寄存器（只有当高位数据输入为0时，低位数据才能寄存）74278等。常用单向移位寄存器有：4位可级联移位寄存器74395、8位移位寄存器74165等。常用双向移位寄存器有：4位双向移位寄存器74194、八位双向移位寄存器74198等。下面以双向移位寄存器74194为例说明它的功能和应用。

1. 集成寄存器74194功能

74194的逻辑电路和管脚分配，分别见图3-6-12(a)、(b)。

图中$\overline{CR}$为直接清0端，$\overline{CR}=0$时，各输出端均为0；M_1、M_0 为寄存器工作方式控制端，它们不同状态的组合，构成寄存器的保持、左移、右移、并行数据输入等四种功能；D_{SL}、D_{SR}为左、右移位时的串行数据输入端。全部功能见表3-6-8。

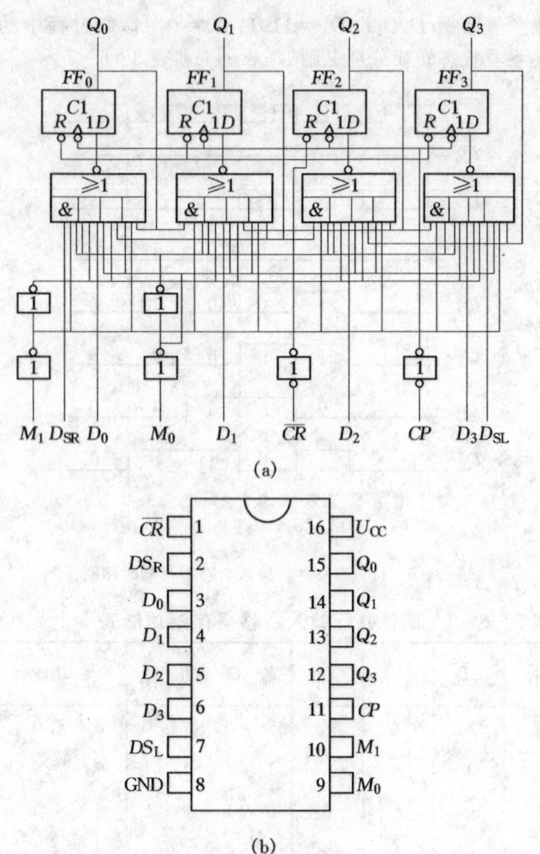

图 3-6-12　74194 逻辑电路和管脚图

(a) 逻辑电路图；(b) 管脚图

表 3-6-8　　74194 功能表

CR	CP	M_1	M_0	功　能
0	×	×	×	清 0
1	×	0	0	$Q_0 \sim Q_3$ 保持原状态
1	↑	0	1	右移（$Q_0 \to Q_3$ 顺序移位，$Q_0 = D_{SR}$）
1	↑	1	0	左移（$Q_3 \to Q_0$ 顺序移位，$Q_3 = D_{SL}$）
1	↑	1	1	并行输入（$Q_3Q_2Q_1Q_0 = D_3D_2D_1D_0$）

2. 74194 应用举例

七位并行变串行的数码变换器其电路的功能是把 $d_0 \sim d_6$ 七位数据，并行输入寄存器，然后在 CP 的作用下，数据一位一位地串行移出。电路图见图 3-6-13。

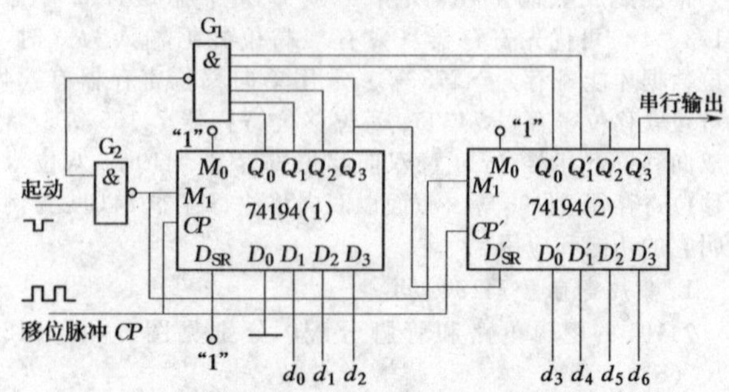

图 3-6-13　七位并行变串行数码变换器

电路工作过程如下。首先加入起动信号（低电平有效），使 $M_1M_0 = 11$，七位待变换数据 $d_0 \sim d_6$ 并行输入两片 74194，即 $Q_1Q_2Q_3Q'_0Q'_1Q'_2Q'_3 = d_0d_1d_2d_3d_4d_5d_6$。74194 (1) 的 D_0 端固定接 0，所以 $Q_0 = D_0 = 0$。起动以后，G_1 门由于 Q_0 输入端为 0 而输出 1，致使 $M_1M_0 = 01$，移位寄存器进入右移状态。直至 G_1 门的输入端全变 1，寄存器再次执行并行输入功能，并行输入新数据 $d'_0 \sim d'_6$。在移位过程中，七位数据由 Q'_3 端一位位串行移出。以上过程见表 3-6-9。

表 3-6-9　　七位并行变串行数码变换器

CP	M_1	M_0	寄存器输出端状态 Q_0	Q_1	Q_2	Q_3	Q'_0	Q'_1	Q'_2	Q'_3	寄存器工作方式
↑	1	1	0 (D_0)	d_0	d_1	d_2	d_3	d_4	d_5	d_6	并行输入
↑	0	1	1 (D_{SR})	0	d_0	d_1	d_2	d_3	d_4	d_5	右移
↑	0	1	1	1	0	d_0	d_1	d_2	d_3	d_4	
↑	0	1	1	1	1	0	d_0	d_1	d_2	d_3	
↑	0	1	1	1	1	1	0	d_0	d_1	d_2	
↑	0	1	1	1	1	1	1	0	d_0	d_1	
↑	0	1	1	1	1	1	1	1	0	d_0	
↑	1	1	0	d'_0	d'_1	d'_2	d'_3	d'_4	d'_5	d'_6	并行输入

三、计数器

能够对时钟脉冲个数进行计数的器件，称为计数器。它还可以用做分频、节拍发生器、定时器等。计数器的分类方法有多种，按计数器中各触发器动作关系，可分为异步计数器和同步计数器；按计数器的计数循环周期的不同，可分为不同模数的计数器，如二进制计数器（模数 $M=2$）、十进制计数器（$M=10$）等；按计数的顺序又可分为加法计数器、减法计数器以及可逆计数器（既能加、又能减的计数器）。

（一）异步二进制计数器

1. 加法计数器

图 3-6-14 为负沿 JK 触发器构成的 3 位二进制加法计数器。根据 JK 触发器功能分析，可得出其工作过程（这里触发器的 JK 控制端悬空，和高电平等效，以下同），状态转换表见表 3-6-10，时序图见图 3-6-15。

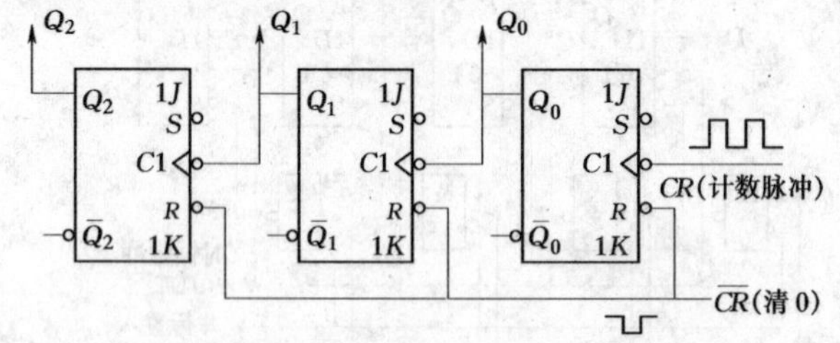

图 3-6-14　三位异步二进制加法计数器

表 3-6-10　　二进制加法计数器状态转换表

CP	Q_2	Q_1	Q_0	等效十进制数
0	0	0	0	0
↓	0	0	1	1
↓	0	1	0	2
↓	0	1	1	3
↓	1	0	0	4
↓	1	0	1	5
↓	1	1	0	6
↓	1	1	1	7

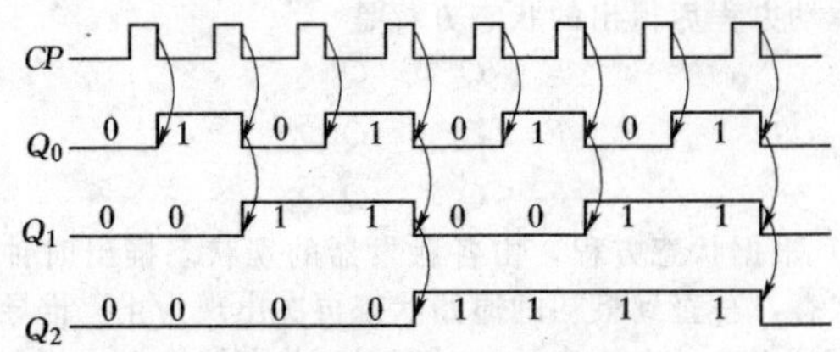

图 3-6-15　三位异步二进制加法计数器时序图

该计数器的特点是：

1）各触发器的翻转时刻不统一。Q_0 在 CP 下跳变时翻转；Q_1、Q_2 分别在 Q_0、Q_1 下跳变时翻转，所以叫异步计数器。

2）计数器从 000 计到 111，按二进制规律逐渐增大，所以称二进制加法计数器。计数器由 3 个触发器组成，整个计数周期包括八个计数状态，所以又可称为模八计数器。

3）由时序图可看出，CP、Q_0、Q_1、Q_2 各信号的频率，依次降低一倍。即各级输出端波形均为前级的二分频（÷2），Q_2 对 CP 为 8 分频。

2. 异步减法计数器

图 3-6-16 为异步二进制减法计数器。其工作过程的时序图见图 3-6-17，状态转换表见表 3-6-11。减法计数器的计数值从 111 逐渐减小，直到 000 再循环，其他方面和上面的加法计数一样。

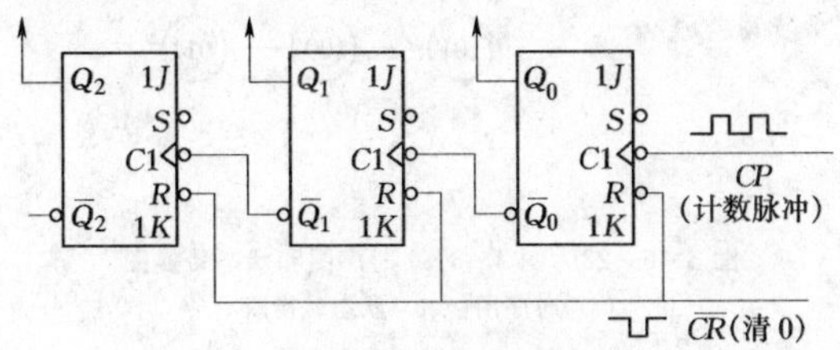

图 3-6-16　三位异步二进制减法计数器

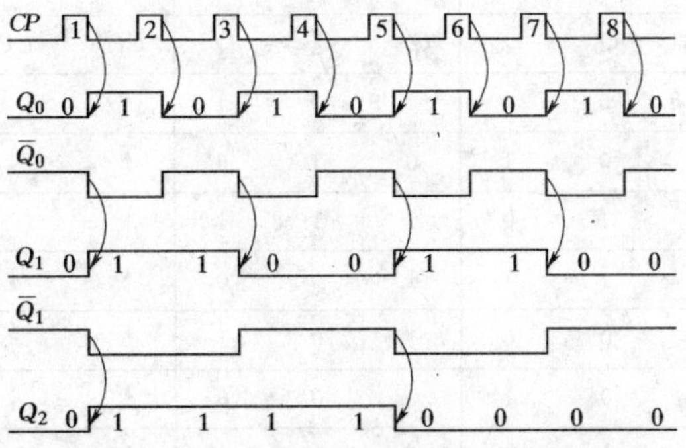

图 3-6-17　三位异步二进制减法计数器时序图

表 3-6-11　三位二进制减法计数器状态转换表

CP	Q_2	Q_1	Q_0
0	0	0	0
↓	1	1	1
↓	1	1	0
↓	1	0	1
↓	1	0	0
↓	0	1	1
↓	0	1	0
↓	0	0	1
↓	0	0	0

（二）同步二进制计数器

计数器中各触发器的翻转，用统一的时钟脉冲控制，称为同步计数器。同步计数器也可构成加法计数、减法计数和可逆计数。图 3-6-18 为三位同步二进制加法计数器。它工作过程的时序图见图 3-6-19。

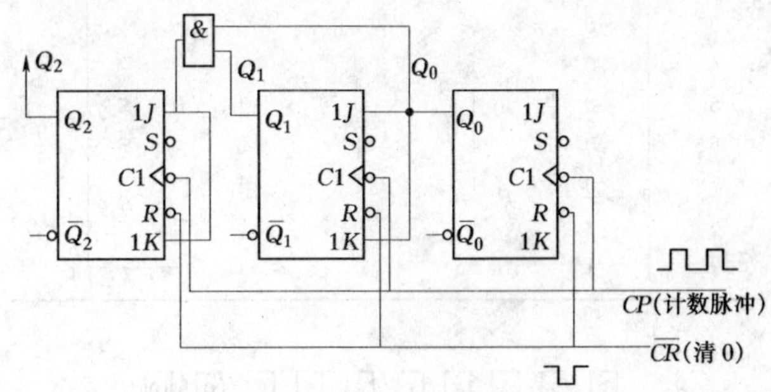

图 3-6-18　同步二进制加法计数器

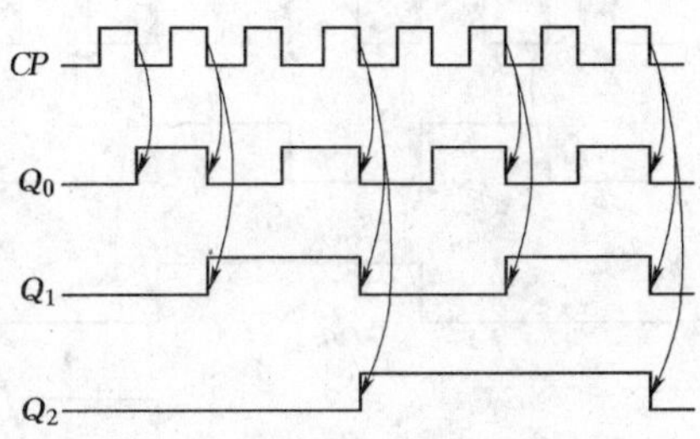

图 3-6-19　同步二进制加法计数器时序图

由图分析可知，同步二进制加法计数器和异步二进制加法计数器的计数过程完全相同，所不同的只是各级输出状态的翻转均发生在 CP 下跳变同一时刻。

（三）十进制计数器

由于十进制的编码方式很多，所以十进制计数器的种类也很多。最常用的是取 8421 码的前十种组合状态（0000～1001），由 4 个触发器构成。触发器间可同步，也可异步；计数顺序可加，也可减。图 3-6-20 为异步十进制加法计数器。对较复杂的计数电路进行分析时，要注意两个问题：一是各触发器控制端和各输出端的逻辑关系；二是各触发器的触发方式。从而判断它们是否具备翻转的条件。本图中 F_0～F_3 四个触发器均为负沿 JK 触发器。第一个 CP 下降沿到达时，因为 $J_0=K_0=1$（两者均悬空），所以 Q_0 由 0 翻转为 1。而 F_1、F_2 却不能翻转，原因是它们不具备翻转时所需要的触发脉冲条件。根据时钟脉冲的节拍，一步步分析下去，便可得出计数器的状态变化过程。异步十进制加法计数器的计数顺序见表 3-6-12 和图 3-6-21。

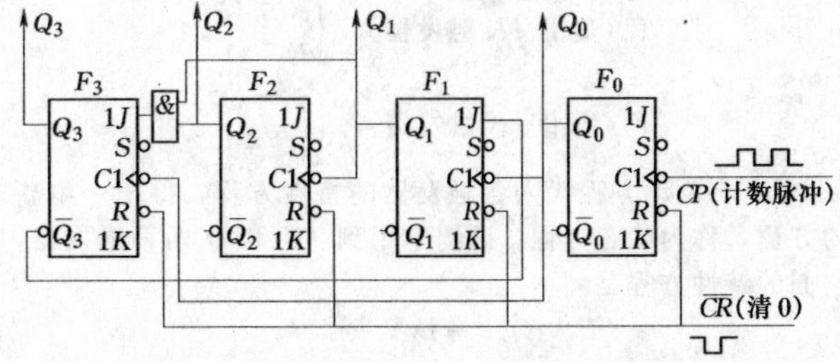

图 3-6-20　异步十进制加法计数器

表 3-6-12 十进制加法计数器状态转换表

CP	Q_3	Q_2	Q_1	Q_0
0	0	0	0	0
1	0	0	0	1
2	0	0	1	0
3	0	0	1	1
4	0	1	0	0
5	0	1	0	1
6	0	1	1	0
7	0	1	1	1
8	1	0	0	0
9	1	0	0	1

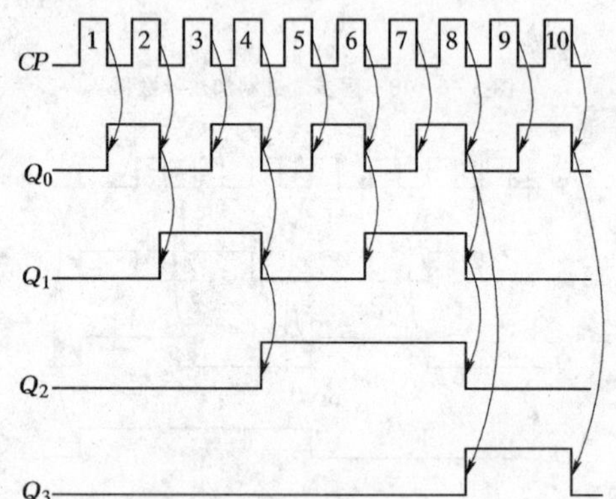

图 3-6-21 异步十进制加法计数器时序图

(四) 任意进制计数器 (计数器的一般分析方法)

实际工作中，除二、十进制计数器外，常需要其他模数的计数器。这里举例说明任意模数计数器的一般分析方法。

【例 3-6-1】 分析图 3-6-22 所示电路是几进制的，并说明是同步的，还是异步的。

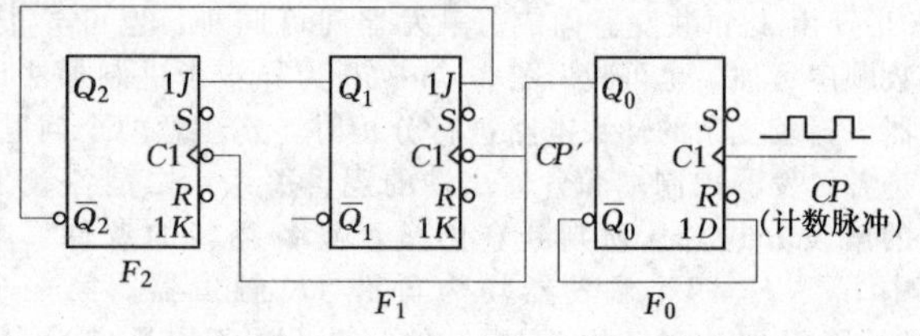

图 3-6-22 例 3-6-1 电路图

【解】 1) 根据图中电路结构，列出各触发器控制端的逻辑函数表达式（又称触发器的驱动方程）。该电路各触发器的驱动方程为

F_0（正沿 D 触发器） $D_0=\overline{Q}_0$

F_1（负沿 JK 触发器） $\begin{cases} J_1=\overline{Q}_2 \\ K_1=1 \end{cases}$

F_2（负沿 JK 触发器） $\begin{cases} J_2=Q_1 \\ K_2=1 \end{cases}$

2) 将驱动方程代入各触发器的特性方程，得出一组新的方程，称为状态方程。该例中用到 JK 和 D 两种触发器，它们的特性方程是

$$F_0 \quad Q_0^{n+1}=D_0$$

$$F_1 \quad Q_1^{n+1}=J_1\overline{Q}_1^n+\overline{K}_1Q_1^n$$

$$F_2 \quad Q_2^{n+1}=J_2\overline{Q}_2^n+\overline{K}_2Q_2^n$$

代入驱动方程后得出的状态方程是

$$F_0 \quad Q_0^{n+1}=\overline{Q}_0^n$$

$$F_1 \quad Q_1^{n+1}=\overline{Q}_2^n\overline{Q}_1^n$$

$$F_2 \quad Q_2^{n+1}=Q_1^n\overline{Q}_2^n$$

3) 根据状态方程，由各触发器的现状态推出时钟过后的次状态，一直到最初的原始状态再次出现为止。推导的过程一般可用三种方法表示：时序图、状态转换表或状态转换图。该电路的时序图和状态转换图见图 3-6-23，状态转换表见表 3-6-13。

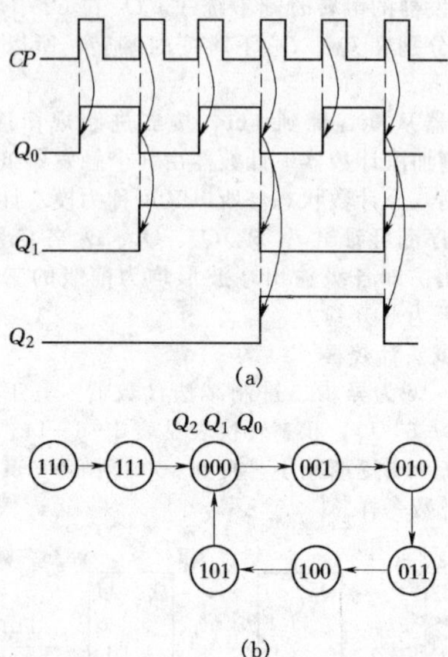

图 3-6-23 例 3-6-1 时序图和状态转换图

(a) 时序图；(b) 状态转换图

表 3-6-13 例 3-6-1 的状态转换表

现 状 态			次 状 态			计数脉冲	
Q_2	Q_1	Q_0	Q'_2	Q'_1	Q'	CP	(CP')
0	0	0	0	0	1	↑	
0	0	1	0	1	0	↑	↓
0	1	0	0	1	1	↑	
0	1	1	1	0	0	↑	↓
1	0	0	1	0	1	↑	
1	0	1	0	0	0	↑	↓
1	1	0	1	1	1	↑	
1	1	1	0	0	0	↑	↓

4) 根据状态转换过程得出结论。该例中正常计数过程包括六个状态——000～101，所以为六进制计数器；由于三个触发器翻转时刻不统一，所以为异步计数器。

5) 对不用状态进行校验。该例中共三个触发器，总共应有 $2^3=8$ 个状态。其中 110、111 两个状态没有用到。对此必须进行校验。如果计数器进入该种状态，判断能否回到计数循环之内，经若干个 CP 后若能回去，为能自起动；否则为不能自起动。电流若不能自起动，必须对电路进行修改。该例中经对 110、111 校验，能进入循环，因此可以自起动（见状态转换表或转换图）。

（五）集成计数器的类型及应用举例

1. 集成计数器类型

集成计数器类型很多。常用的同步计数器有：十进制同步计数器 74160、74162（前者为异步清 0，后者为同步清 0）；4 位二进制同步计数器 74161、74163（前者为异步清 0，后者为同步清 0）。

同步清 0、异步清 0 的区别为：在清 0 端加入规定的信号以后，计数器所有输出端立即变为低电平，称为异步清 0；清 0 端加入规定信号以后，输出端必须等规定的时钟边沿到达后才能变低电平叫同步清 0。

常用的异步计数器有：2—5—10 进制计数器 74196、74290（前者有预置数功能）；2—8—16 进制计数器 74197、74293（前者有预置数功能）。这几种计数器有个共同的特点：通过管脚间不同的连线方式，可以实现不同模数的计数关系。

可逆计数器（加/减计数器）有：十进制加/减计数器 74190；4 位二进制加/减计数器 74191 等。

2. 集成计数器应用举例

(1) 2—5—10 进制计数器 74290 功能介绍。

74290 的内部电路和管脚图见图 3-6-24。

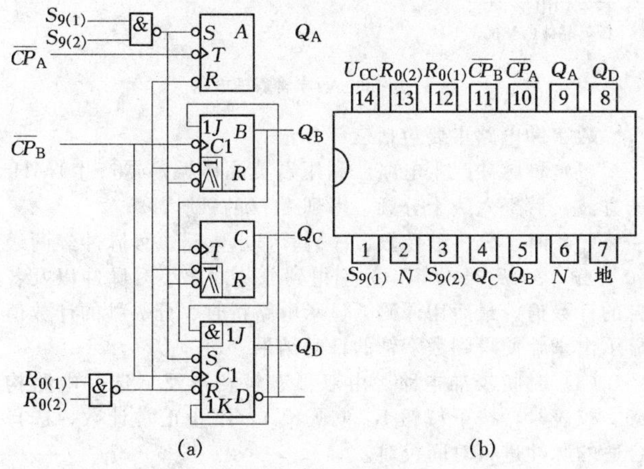

图 3-6-24　74290 的逻辑电路和管脚图
(a) 逻辑电路图；(b) 管脚图

图中 $R_{0(1)}$、$R_{0(2)}$ 为计数器的清 0 端（高电平有效），当 $R_{0(1)}=R_{0(2)}=1$、$S_{9(1)}$、$S_{9(2)}$ 中任一个为 0 时，计数器清 0；$S_{9(1)}$、$S_{9(2)}$ 为置 9 端（高电平有效），当 $S_{9(1)}=S_{9(2)}=1$ 时，计数器状态置成 $Q_DQ_CQ_BQ_A=1001$；当 $R_{0(1)}$、$R_{0(2)}$ 中任一个为 0 以及 $S_{9(1)}$、$S_{9(2)}$ 中任一个为 0 时，计数时才能计数（计数顺序和连接方式有关，见后）。74290 的功能见表 3-6-14。

表 3-6-14　　74290 功能表

输入					功能			
$R_{0(1)}$	$R_{0(2)}$	$S_{9(1)}$	$S_{9(2)}$	CP	Q_D	Q_C	Q_B	Q_A
1	1	×	0	×	0	0	0	0
1	1	0	×	×	0	0	0	0
×	×	1	1	×	1	0	0	1
×	0	×	0	↓	计数			
0	×	0	×	↓				
0	×	×	0	↓				
×	0	0	×	↓				

74290 内部电路中包括两个独立的计数器：一个是一位二进制计数器（二分频），其输出端为 Q_A，计数脉冲为 $\overline{CP}_A$；另一个为五进制计数器，其输出端为 Q_B、Q_C、Q_D，计数脉冲为 $\overline{CP}_B$。这两个计数器可以单独使用，也可以接成十进制计数器。

74290 接成十进制时有两种接法：一种是先二分频，然后再五分频；另一种是先五分频再二分频。如图 3-6-25 所示。

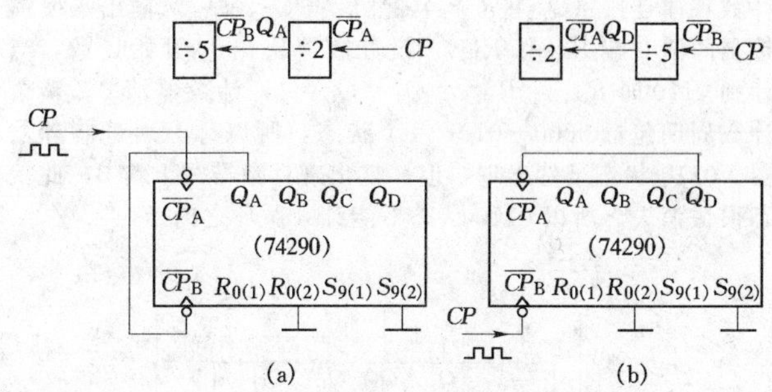

图 3-6-25　74290 接成十进制的两种方法

若按图 3-6-25 (a) 连接，计数器输出端高低位的排列顺序为 $Q_DQ_CQ_BQ_A$，计数规律按 8421 码进行，由 0000 计到 1001 为一个周期，其时序关系和图 3-6-21 相同；若按图 3-6-25 (b) 连接，计数器的高低位顺序为 $Q_AQ_DQ_BQ_C$，计数规律为 5421 码，其计数过程的时序图见图 3-6-26，功能表见表 3-6-15。

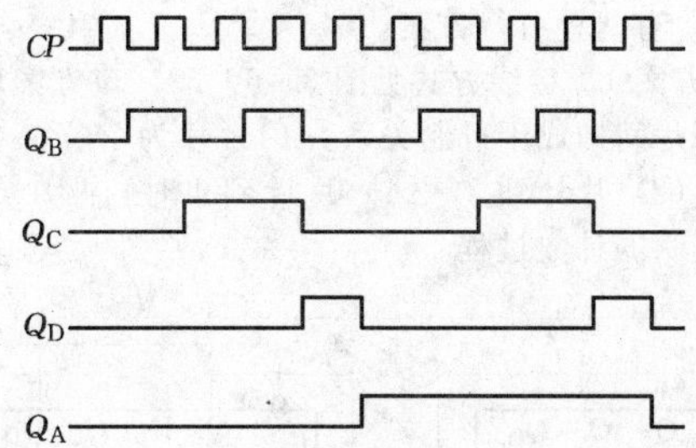

图 3-6-26　74290 按 5421 码连接的时序图

表 3-6-15　　74290 按 5421 码计数状态转换表

CP	Q_A	Q_D	Q_C	Q_B
0	0	0	0	0
1	0	0	0	1
2	0	0	1	0
3	0	0	1	1
4	0	1	0	0
5	1	0	0	0
6	1	0	0	1
7	1	0	1	0
8	1	0	1	1
9	1	1	0	0

(2) 利用 74290 接成任意进制计数器。

任意进制计数器，可以用触发器进行设计，也可以用现成的集成计数器构成，后者更方便、实用。一般集成计数器都有清 0 端和置数端，利用它们可以控制计数周期的长度，从而改变计数器的模数，构成任意进制计数器。

74290 构成任意进制的方法是：在计数过程中，将其中某个状态反馈至清 0 端（$R_{0(1)}$、$R_{0(2)}$），令 $R_{0(1)}=R_{0(2)}=1$，强迫计数器清 0，中止当前计数过程，从原始状态重新计数。这种方法称为反馈清 0 法。

利用反馈清 0 法，一个 74290 计数器可以构成 10 以内的任意模数计数器。多片 74290 还可以扩展成更大模数的计数器。以下举例说明其构成方法。

【例 3-6-2】 利用 74290 构成六进制计数器。

【解】 见图 3-6-27。74290 首先按 8421 码十进制的计数规律连接（Q_A 接 CP_B），然后将 Q_B、Q_C 两输出端反馈接至两清 0 端 $R_{0(1)}$、$R_{0(2)}$。设计数器从 0000 开始计数，当计到 0110 时 $R_{0(1)}=R_{0(2)}=Q_B=Q_C=1$，计数器清 0。整个计数周期包括 0000～0101 六个状态，所以称为六进制计数器。0110 状态虽然出现，但一旦出现计数器马上清 0，此状态很快消失。所以 0110 状态不能计入循环之内。

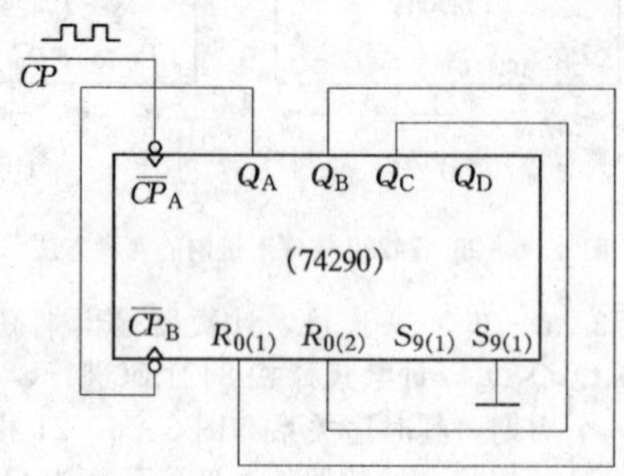

图 3-6-27　用 74290 构成六进制计数器原理图

【例 3-6-3】 用 74290 构成 24 进制计数器。

【解】 有两种可行方案：

(1) 方案 1。接线方式见图 3-6-28。该方案取用两片 74290，两片间构成十进制关系。(1) 片为个位，(2) 片为十位。当 (2) 片计到 2，(1) 片计到 4 时，两片同时清 0，完成 24 进制的计数过程。

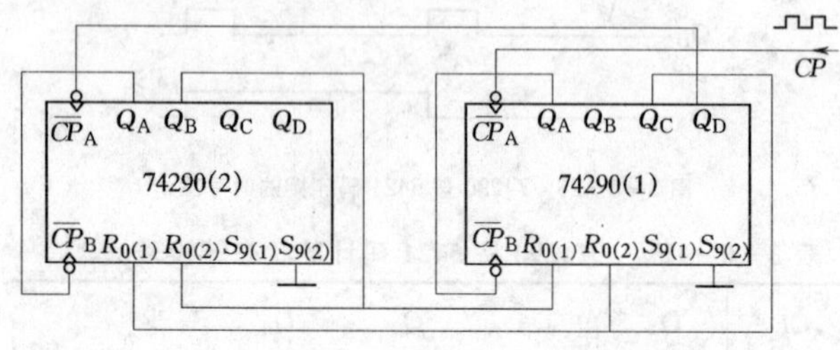

图 3-6-28　74290 接成 24 进制计数器方案一

(2) 方案 2。接线方式见图 3-6-29。该方案 74290 (1) 接为六进制，74290 (2) 接成 4 进制，两片串级成为 4×6=24，所以为 24 进制计数器［注意 74290 (2) 仅用了其中的五进制计数器］。

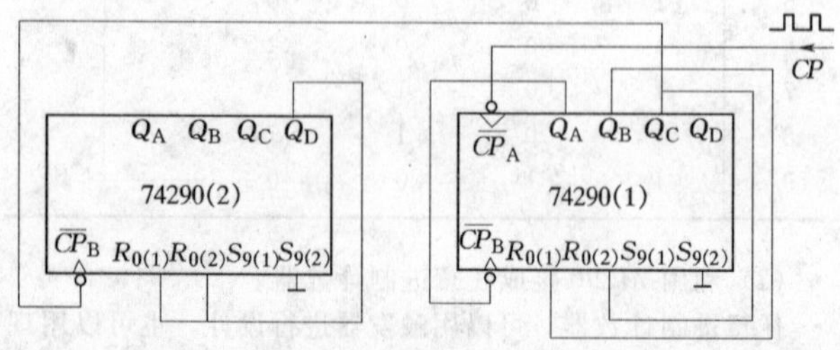

图 3-6-29　74290 接成 24 进制计数器方案二

若计数器有置数端，也可利用该端构成任意进制计数器，其方法和反馈清 0 法类似，不再重复，请参阅有关文献。

（六）计数电路的应用举例——数字钟

数字钟是计数器典型应用的实例。其电路见图 3-6-30。

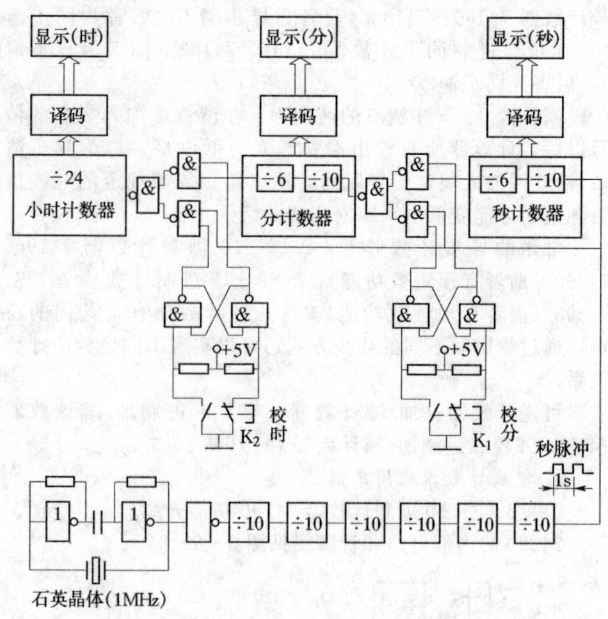

图 3-6-30　数字钟原理电路

数字钟电路主要包括三部分：

(1) 秒脉冲产生电路。利用石英晶体振荡器产生1MHz的方波，后经六级十分频，得到 1Hz 的秒脉冲。

(2) 时、分、秒计数、译码、显示电路。秒脉冲经两级 60 分频、一级 24 分频，分别得到分脉冲、小时脉冲以及各自的计数值。最后用译码、显示电路将时、分、秒的计数值显示出来，便得到数字钟的计时结果。

(3) 时间校准电路。由双稳态触发器及二选一电路构成。校表时，按下按钮 K_1（或 K_2），停止正常计数，选择合适的脉冲进行时间校对。

第七节　脉冲信号的产生与整形

在数字电路中，常常需要脉冲信号，其中主要是方波。方波可以由振荡器产生，也可由其他波形整形得到。下面介绍有关方波的产生和整形电路。

一、多谐振荡器

多谐振荡器即方波发生器，因其在 0、1 两状态下都不能长期稳定，所以又称无稳态触发器。

（一）环形振荡器

从原理上讲，将奇数个反相器串接，并首尾相连，利用门电路的延迟时间，即可构成一个多谐振荡器。但因一般门电路的延迟时间很短，产生的信号频率很高，而且又不能调节，所以没有实用价值。常用的环形振荡器如图 3-7-1 所示。图中 R_S 为保护电阻，其值不能太大（一般为几百欧）。

该电路通过电容 C 的充放电，使 A 点电位发生变化，从而在 u_o 端得到方波。详细过程见图 3-7-2。该图中，U_T 为非门电路的阈值电压，$\Delta U=U_{oH}-U_{oL}$。

该电路产生的方波周期可用下式近似计算

$$T\approx 2.2RC$$

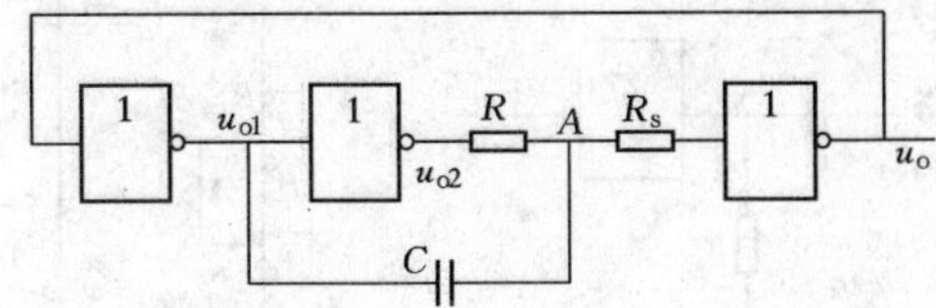

图 3-7-1　环形振荡器

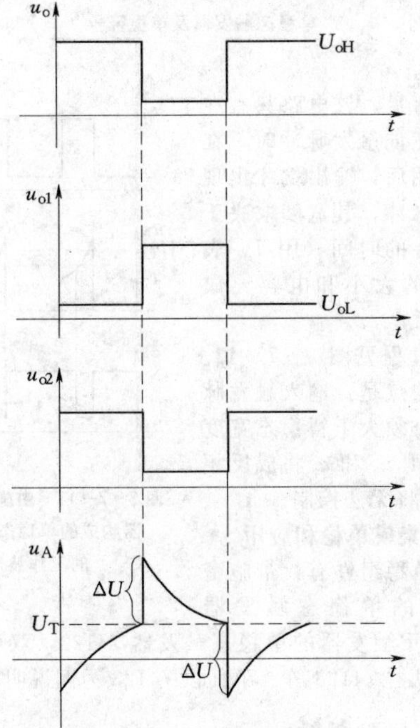

图 3-7-2　环形振荡工作波形

（二）RC 耦合式振荡器

电路结构如图 3-7-3 所示。图中 R_1、R_2 的选择使两反相器处于放大状态。工作时两反相器通过 C_1、C_2 的耦合作用，形成正反馈，使电路产生自激振荡，u_o 输出方波。当 $R_1=R_2=R$、$C_1=C_2=C$ 时，方波的周期为 $T\approx1.4RC$。

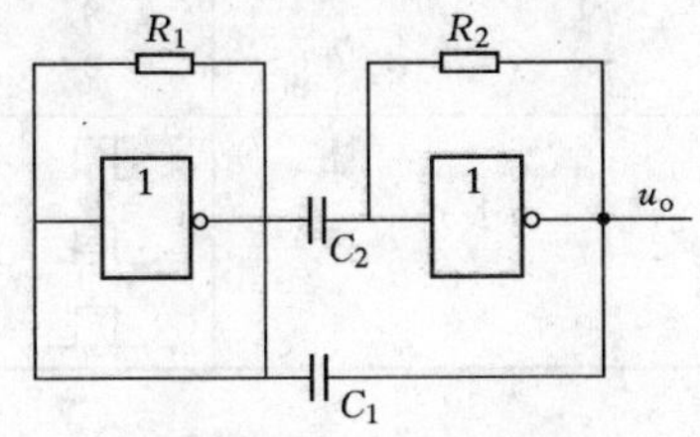

图 3-7-3　RC 耦合振荡器

（三）石英晶体振荡器

以上振荡器的缺点是，输出波形的频率不稳定。为克服这个缺点，在 RC 耦合振荡器中串入石英晶体，便构成石英晶体振荡器。如图 3-7-4 所示。

石英晶体具有谐振特性，当外加电压信号频率和石英晶体的谐振频率相等时，其阻抗最小，正反馈最强，所以该振荡器的振荡频率由石英晶体的谐振频率决定，与外加 RC 的大小无关。

石英晶体具有极高的频率稳定性，而且自身振荡的频率也很高。图 3-7-4 电路中，若两反相器选用 TTL 类型器件，取 $R_1=R_2=1\text{k}\Omega$、$C=0.05\mu\text{F}$，则该振荡器的输出频率可高达几十兆赫。

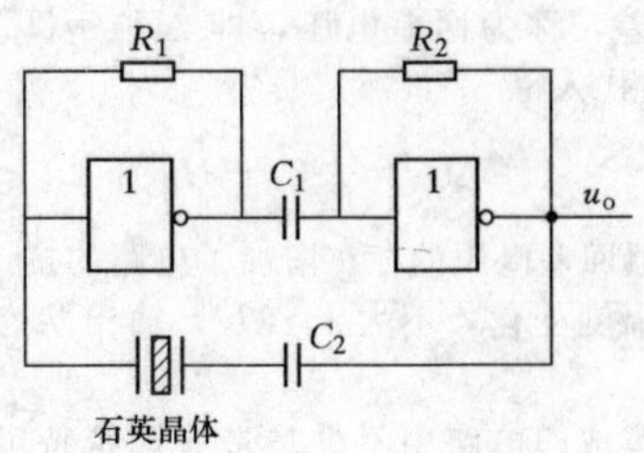

图 3-7-4　石英晶体振荡器

二、施密特触发器

这里讲的施密特触发器，和由运放构成的施密特触发器特点一样，其输出状态翻转与否取决于输入信号的大小。而且信号正向增长和负向增长时，其阈值电压不同。

（一）工作原理

图 3-7-5 为 TTL 与非门构成的施密特触发器及其符号。它的工作情况分析如下：

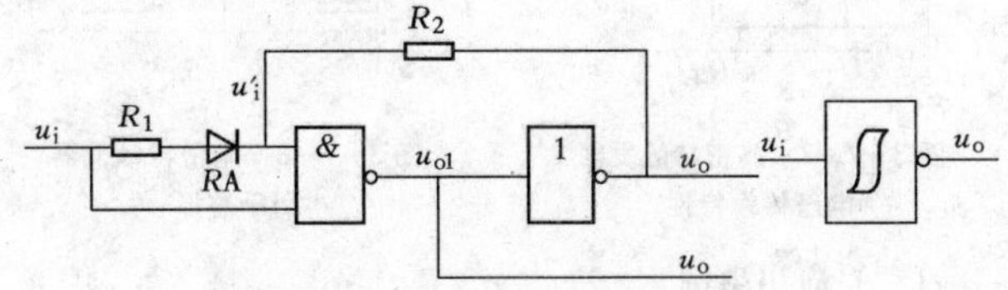

图 3-7-5　施密特触发器及其符号

当 $u_i=0$ 时，$u_{o1}=1$、$u_o=0$；当 U_i 由 o 上升至 U_T（与非门的阈值电压）时，因 $u'_i<U_T$，所以输出不会翻转。直到 $u'_i\geqslant U_T$ 时，u_{o1} 由 1 变为 0，u_o 由 0 变为 1。设 U_{T+} 为输入信号的正向阈值电压，根据图中关系可得

$$u'_i=U_T=(U_{T+}-U_D)\frac{R_2}{R_1+R_2}$$

所以

$$U_{T+}=\frac{R_1+R_2}{R_2}U_T+U_D$$

式中：U_D 为二极管正向导通压降。

当 u_i 由高电平下降时，只要 $u_i\leqslant U_T$，电路状态立即翻转，使 u_o 又回到 0。所以输入信号的负向阈值电压 $U_{T-}=U_T$。以上过程见图3-7-6。

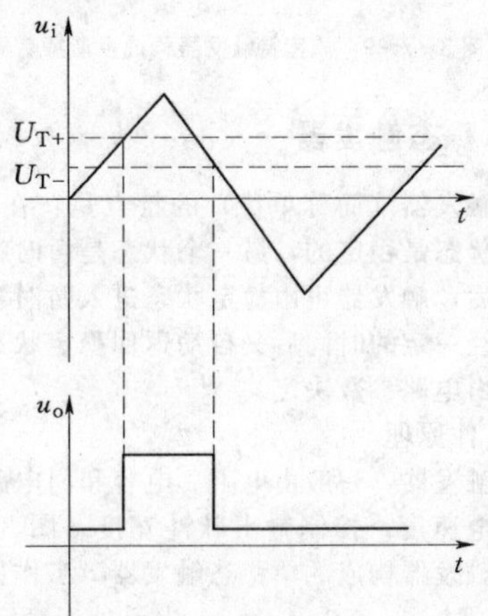

图 3-7-6　施密特触发器的工作波形

（二）电压传输特性

施密特触发器输入、输出电压间的关系，称为电压传输特性（又称迟滞特性），如图 3-7-7 所示。其中正、负向

阈值电压之差，称为回差电压，即 $\Delta U_T = U_{T+} - U_{T-}$。将 U_{T+}、U_{T-} 值代入得

$$\Delta U_T = \frac{R_1}{R_1}U_T - U_D$$

施密特触发器回差电压的存在增加了电路的抗干扰能力。只要输入信号幅度变化，不大于 ΔU_T，输出状态便不会发生变化。

常用的集成门电路中不少是带有施密特触发器的，如双 4 输入与非门 7413、六反相器 7414、四 2 输入与非门 74132 等。

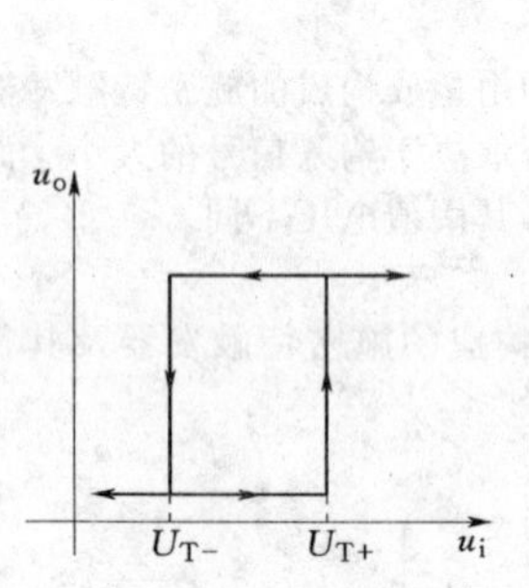

图 3-7-7 施密特触发器电压传输特性

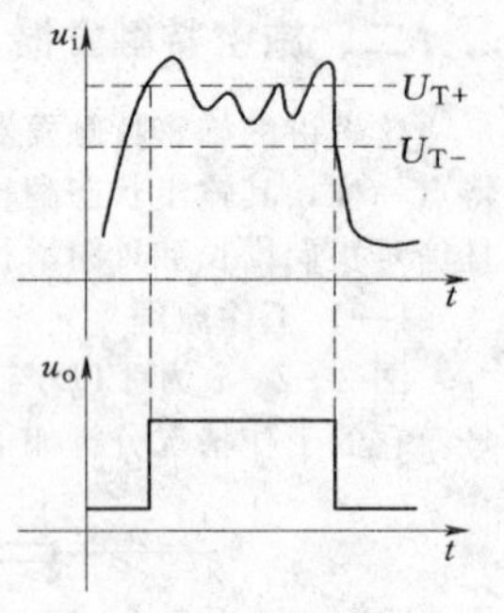

图 3-7-8 施密特触发器用于整形

(三) 应用举例

施密特触发器应用很广泛，如可以用来做波形变换、不规则波形的整形、构成多谐振荡器等。图 3-7-8 和图 3-7-9分别为施密特触发器用于整形和构成多谐振荡器的工作波形。

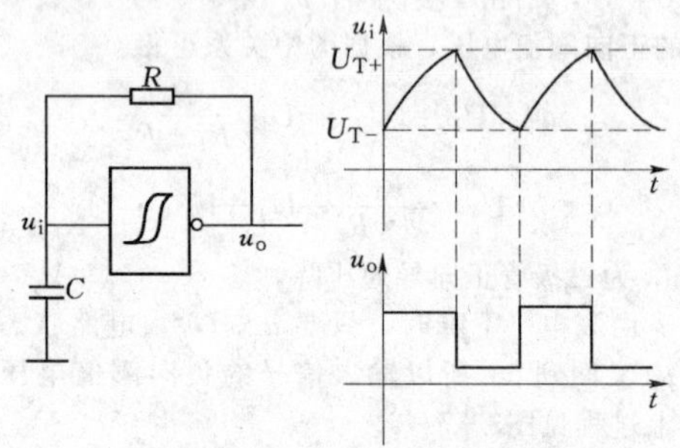

图 3-7-9 施密特触发器构成多谐振荡器

三、单稳态触发器

单稳态触发器（简称单稳）的特点是：在 0、1 两个状态中，一个状态是稳定的，另一个状态是暂时稳定的。在触发信号作用后，触发器可由稳定状态进入暂时稳定状态，但不能持久，经一定的时间后又自动返回稳定状态。暂时稳定时间的长短由电路参数决定。

(一) 工作原理

单稳态触发器，一般由电阻、电容和门电路构成，利用电容的充放电速度，控制输出脉冲宽度。图 3-7-10 (a) 为用施密特触发器构成的单稳态触发器，工作原理如下：

当 $u_i = 0$ 时，$u_A = 0$，$u_o = 1$。电路处于稳定状态。

当 u_i 端加入的触发脉冲正向跳变时，u_A 幅度超过施密特触发器的正向阀值电压 U_{T+}，则 u_o 翻转为低电平，进入暂时稳定状态。

随着电容的充电，u_A 逐渐变小。当 u_A 小于施密特触发器的负向阈值电压（U_{T-}）时，触发器自动返回稳定状态，

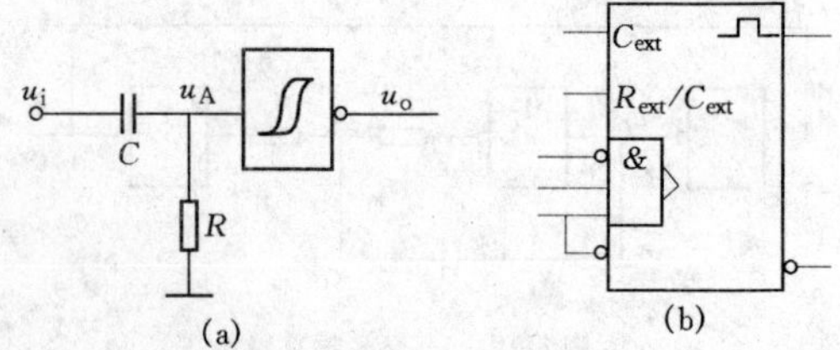

图 3-7-10 由施密特触发器构成的单稳态触发器及单稳符号

使 $u_o = 1$。

由此可见，该电路只有在 u_i 端加入正向触发脉冲时，在其正沿作用后，输出端才出现一个负向脉冲，其宽度取决于暂稳态存在的时间（用 T_W 表示）。T_W 的大小和电容充放电速度有关。

以上过程见图 3-7-11。该电路的缺点是：输入触发脉冲的宽度必须大于暂稳态宽度（T_W），否则 u_o 和 u_i 将成反相关系，T_W 将无法控制。

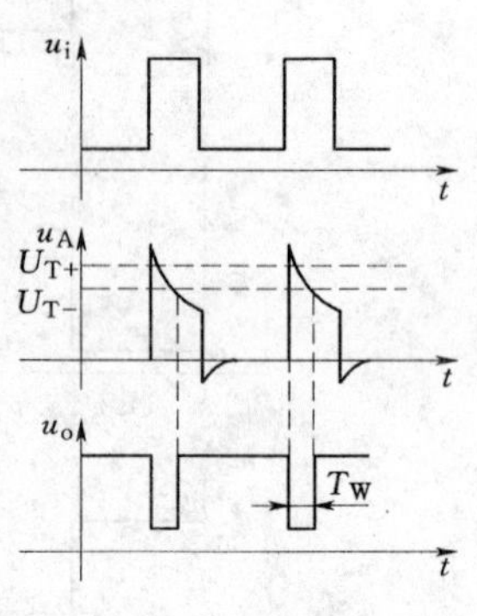

图 3-7-11 由施密特触发器构成的单稳态触发器的工作波形

(二) 集成单稳和应用

集成单稳组件有：带施密特触发器的单稳态触发器 74121，可重触发器的单稳态触发器 74122，双可重触发的单稳态触发器 74123 等。下面以 74123 为例说明集成单稳的功能和应用。

1. 74123 的功能

集成单稳 74123 管脚图和功能表分别见图 3-7-12 和表 3-7-1。

表 3-7-1 74123 功能表

$\overline{R}_D$	TR_-	TR_+	Q	$\overline{Q}$
0	×	×	0	1
×	1	×	0	1
×	×	0	0	1
1	0	↑	⊓	⊔
1	↓	1	⊓	⊔
↑	0	1	⊓	⊔

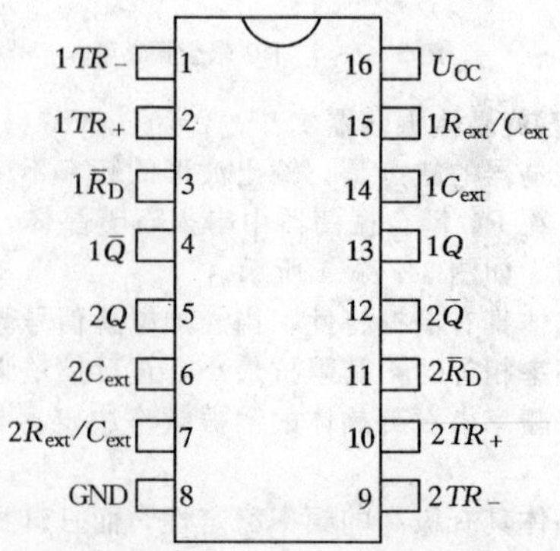

图 3-7-12 74123 管脚图

该组件中，包括两个独立的单稳，以字头 1、2 相区别。

其中$\overline{R}_D$为清0端，TR_+、TR_-分别为正、负向触发信号输入端。在给定条件下（见功能表），加入触发信号后，在Q和$\overline{Q}$端可得到正、负向输出脉冲。该脉冲的基本宽度由外接电阻、电容决定。外接电阻R接至电源和R_{ext}/C_{ext}端之间，C接在C_{ext}和R_{ext}/C_{ext}两端之间。脉冲宽度$T_W=0.45RC$（单位：R为kΩ、C为pF时，T_W为ns）。输出脉冲的宽度还可以通过以下方法改变：

1）用清0信号提前中止输出脉冲，以减小其宽度。见图3-7-13（a）。

2）在触发端（TR_-、TR_+）加再触发脉冲，增加输出脉冲宽度。见图3-7-13（b）。

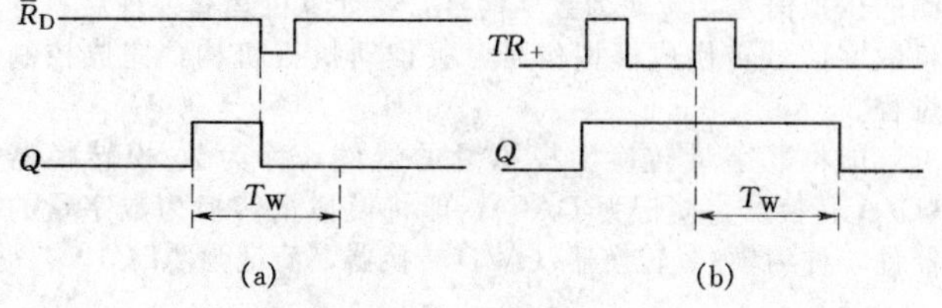

图3-7-13　可重触发单稳态触发器输出脉冲宽度的改变方法
（a）输出脉宽减小；（b）输出脉宽增加

2. 应用举例

单稳态触发器应用非常广泛，可以用来整形、定时、顺序控制等。图3-7-14、图3-7-15分别为用单稳对波形进行整形的电路和用单稳作定时控制的电路（R、C为外接电阻和电容）。

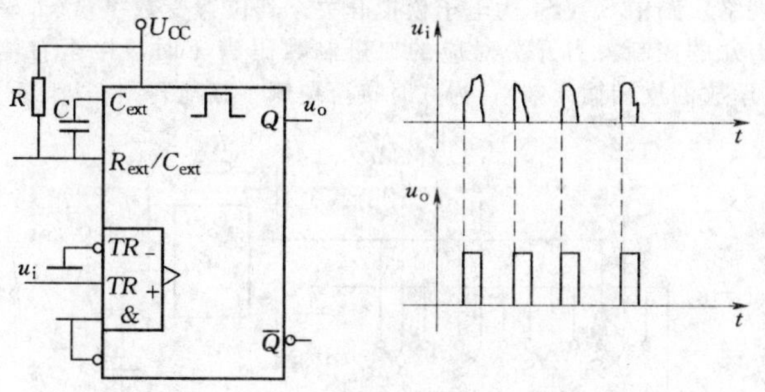

图3-7-14　单稳用于整形的电路和波形

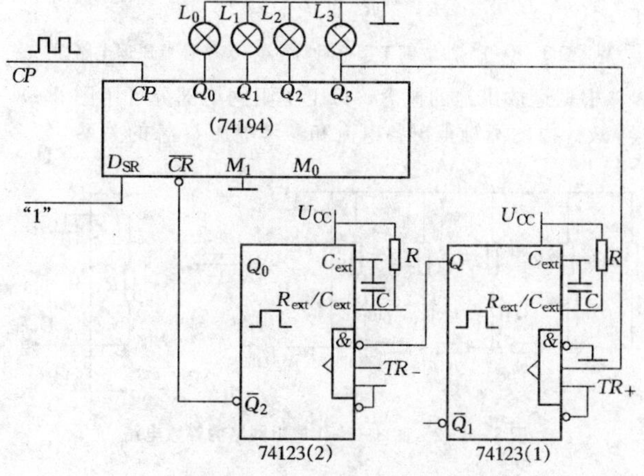

图3-7-15　单稳用于定时控制的电路

图3-7-15为彩灯控制电路。彩灯$L_0\sim L_3$在移位脉冲的作用下，依次点亮。待L_3由灭变亮时，触发单稳74123（1），经两片单稳的作用，在74123（2）的$\overline{Q}_2$端输出一负向脉冲，将移位寄存器74194清0，所有的彩灯熄灭。$\overline{Q}_2$的负脉冲过后，开始新的循环。彩灯亮灭过程见图3-7-16。四个彩灯亮灭的时间由两片单稳控制，所以单稳起定时作用。

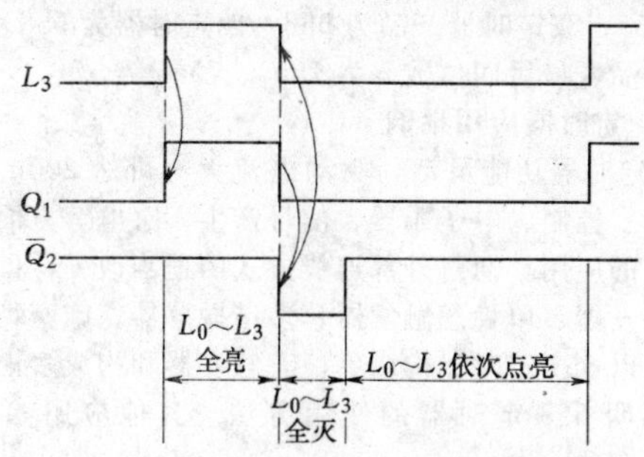

图3-7-16　图3-7-15电路的工作波形

四、555定时器

555定时器是将模拟和数字电路集成于一体的电子器件。它应用方便，带负载能力强，应用非常广泛。

（一）工作原理

555定时器的内部结构和管脚见图3-7-17。其功能分析如下：

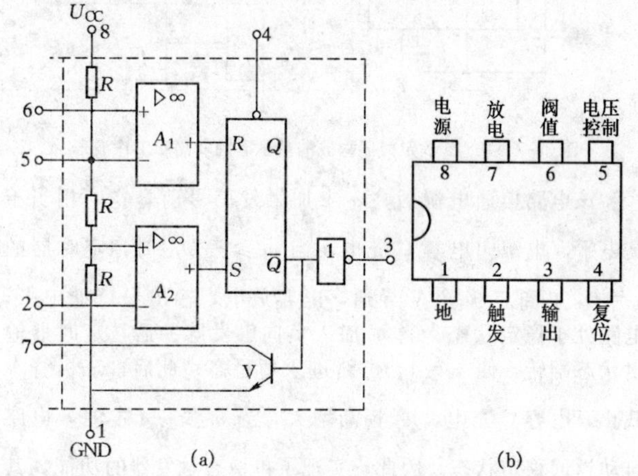

图3-7-17　555定时器内部结构和管脚图
（a）内部结构；（b）管脚图

三个相等电阻组成的分压器，给两个电压比较器提供基准电压，A_1为$\frac{2}{3}U_{CC}$、A_2为$\frac{1}{3}U_{CC}$。当阈值端电压$U_6>\frac{2}{3}U_{CC}$、触发端电压$U_2>\frac{1}{3}U_{CC}$时，A_1输出高电平，A_2输出低电平，RS触发器置0（$Q=0$），定时器输出$U_3=0$，放电管（V）导通；若RS触发器置1，定时器输出高电平，即$U_3=1$，放电管截止。当$U_6<\frac{2}{3}U_{CC}$、$U_2>\frac{1}{3}U_{CC}$时，$R=0$、$S=0$，定时器输出状态保持不变。以上过程见表3-7-2。

表3-7-2　555定时器功能表

$\overline{R}_D$	U_6	U_2	U_o	V
0	×	×	0	导通
1	$>\frac{2}{3}U_{CC}$	$>\frac{1}{3}U_{CC}$	0	导通
1	$<\frac{2}{3}U_{CC}$	$<\frac{1}{3}U_{CC}$	1	截止
1	$<\frac{2}{3}U_{CC}$	$>\frac{1}{3}U_{CC}$	保持	保持

（二）定时器类型

定时器产品类型繁多。双极型单定时器产品最后三位数码都是555，双定时器产品为556，四定时器为558。CMOS定时器产品，最后四位数码为7555、7556等。

（三）定时器应用举例

555定时器功能灵活，驱动电流大（可达200mA），在电子测量、控制、电子乐器、信号产生、家电等方面获得了极其广泛的应用。通过外部连线方式的适当改变，即可构成双稳态触发器、单稳态触发器、多谐振荡器、施密特触发器等。下面以555定时器构成单稳态触发器和构成多谐振荡器为例，说明555定时器的使用方法。其他应用参阅有关资料。

1. 用555定时器构成的单稳态触发器

用555定时器构成的单稳态触发器和工作波形见图3-7-18。

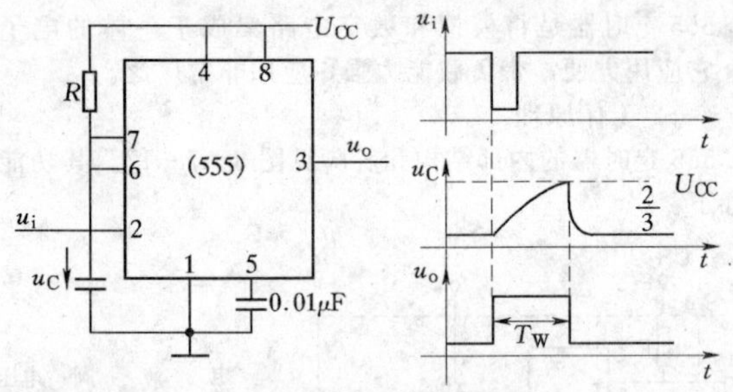

图3-7-18 555定时器构成的单稳态触发器和工作波形

该电路接通电源后，u_i 未加触发信号前悬空，相当于高电平。电源向电容C充电，当 $u_C \geqslant \frac{2}{3}U_{CC}$ 时，定时器的 $u_o=0$，内部三极管V导通，电容放电，输出保持低电平，电路处于稳定状态；当 u_i 加入负向触发脉冲后，定时器输出状态翻转，使 $u_o=1$，电路进入暂稳态；此后，三极管V截止，电容C充电，u_C 逐渐增大，当 $u_C \geqslant \frac{2}{3}U_{CC}$ 时，电路自动返回稳定状态。因此，实现了单稳态触发器的功能，其输出脉冲宽度为 $T_W=1.1RC$。

2. 用555定时器构成的多谐振荡器

用555定时器构成的多谐振荡器和工作波形见图3-7-19。

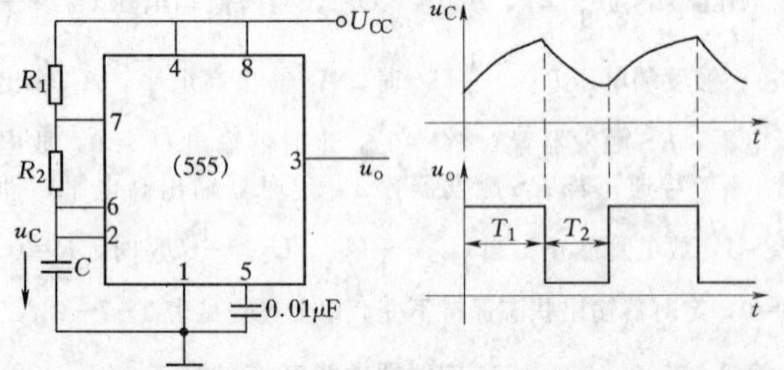

图3-7-19 用555定时器构成的多谐振荡器及其工作波形

该电路接通电源后，若 $u_C=0$，则定时器输出高电平，即 $u_o=1$；此时定时器内部晶体管V截止，电源通过 R_1、R_2 给电容C充电，直到 $u_C=\frac{2}{3}U_{CC}$ 时，定时器输出状态翻转，使 $u_o=0$；此后，晶体管V导通，电容通过 R_2 放电，当 $u_C=\frac{1}{3}U_{CC}$ 时，定时器再次翻转，u_o 又回到高电平。如此反复，形成多谐振荡器，输出一系列方波。

电容C的充、放电时间为

$$T_1=(R_1+R_2)C\ln 2$$

$$T_2=R_2C\ln 2$$

输出波形的振荡周期为

$$T=T_1+T_2=(R_1+2R_2)C\ln 2$$

第八节 数/模和模/数转换器

数/模和模/数转换器是计算机和外部设备间的重要接口，在自动控制、自动检测等系统中得到广泛应用。例如，用计算机实现对某生产系统的检测和控制时，必须先将被检测的模拟信号，转换为数字信号，经计算机运算处理后，再将数字信号转换成模拟信号，去推动执行机构，完成控制过程。

能将数字量转换为模拟量的器件，称为数/模转换器（D/A转换器，简记为DAC）；能将模拟量转换为数字量的器件，称为模/数转换器（A/D转换器，简记为ADC）。

一、数/模转换器（D/A）

（一）工作原理

数/模转换器的构成，有权电阻网络式、T型电阻网络式、权电流式等。下面以最常用的倒T型电阻网络D/A转换器为例，说明其工作原理。

图3-8-1为四位倒T型电阻网络数/模变换器的原理电路图。电路中除运算放大器外，还包括一个R—2R电阻网络。图中 $S_0 \sim S_3$ 为电子模拟开关。其位置受数字量（$d_0 \sim d_3$）的控制：当开关对应的二进制数码为1时，接至右侧（运放的反相输入端）；为0时接至左侧（接地）。

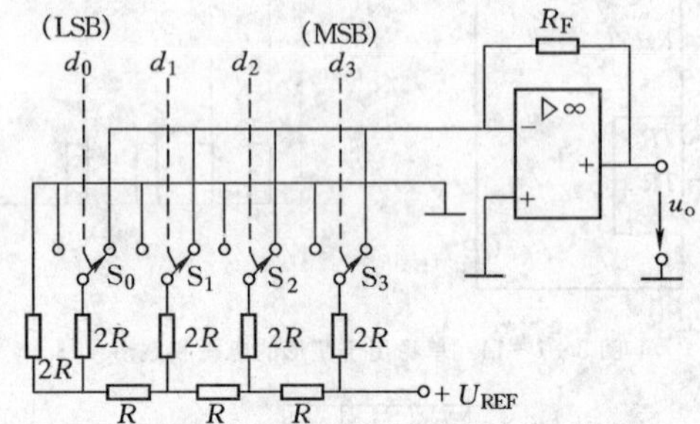

图3-8-1 四位倒T型电阻网络数/模转换器原理电路

根据运放虚地的概念，以上电阻网络部分可用图3-8-2等效。由图不难得出各电流和参考电压 U_{REF} 的关系

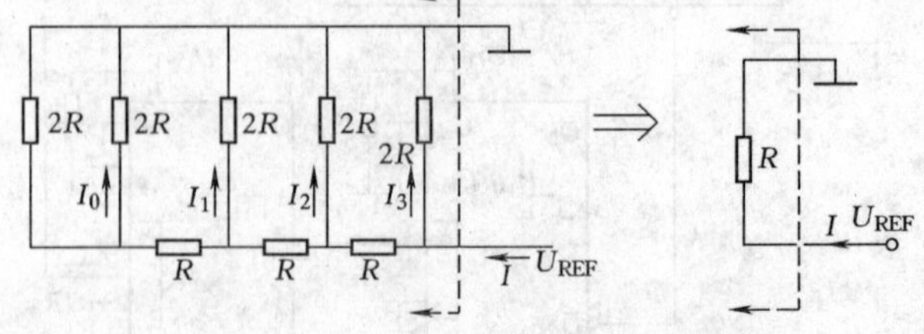

图3-8-2 图3-8-1电阻网络的等效电路

$$I=\frac{U_{REF}}{R}$$

$$I_3=\frac{1}{2}I=\frac{U_{REF}}{R}\times\frac{1}{2^1}$$

$$I_2=\frac{1}{2^2}I=\frac{U_{REF}}{R}\times\frac{1}{2^2}$$

$$I_1=\frac{1}{2^3}I=\frac{U_{REF}}{R}\times\frac{1}{2^3}$$

$$I_0=\frac{1}{2^4}I=\frac{U_{REF}}{R}\times\frac{1}{2^4}$$

当 $d_3d_2d_1d_0=1111$ 时，各模拟开关 $S_3\sim S_0$ 均接于运放一侧。经运放反相求和得

$$u_o=-(I_3+I_2+I_1+I_0)R_F$$

$$=-\frac{R_F}{R}U_{REF}\left(\frac{1}{2^1}+\frac{1}{2^2}+\frac{1}{2^3}+\frac{1}{2^4}\right)$$

若将 $S_3\sim S_0$ 对应的数字量代入，则

$$u_o=-\frac{R_FU_{REF}}{2^4R}\times(2^3d_3+2^2d_2+2^1d_1+2^0d_0)$$

若取 $R_F=R$，则 n 位倒 T 型电阻网络输出电压为

$$u_o=-\frac{U_{REF}}{2^n}\times(2^{n-1}d_{n-1}+2^{n-2}d_{n-2}+\cdots+2^0d_0)$$

由此式可见，电路参数确定以后，运放输出的模拟电压（u_o）与输入的数字量成正比。从而实现了数—模的转换。

（二）主要技术参数

（1）绝对精度。指对应于给定的满刻度数字量时，D/A 转换器实际输出与理论输出值之间的误差，一般应低于 1/2LSB（LSB——最低有效位）。

（2）分辨率。由数字量的位数决定。如 8 位、10 位等。

（3）线性度。在满刻度范围内，偏离理想转换特性的最大值称为非线性误差。非线性误差和满刻度值之比称为线性度。

（4）输出电压建立时间。指输入变化为满刻度时，其输出达到稳定值所需的时间。

其他参数，请查阅有关手册。

（三）集成 D/A 转换器

集成 D/A 转换器，有 8 位、10 位、12 位等多种。8 位的如 DAC0832、10 位的如 AD7520、12 位的如 AD7543 等。

下面以 AD7520（和国产 5G7520 可相互替代）说明集成 D/A 的使用方法。其管脚见图 3-8-3。其中，$D_9\sim D_0$ 为输入的数字量；I_{OUT1}、I_{OUT2} 为两个电流输出端，外接运算放大器；U_{DD} 为电源（5～15V）；U_{REF} 为内部电阻网络的参考电压，（±10V）；R_F 端按内部的反馈电阻。

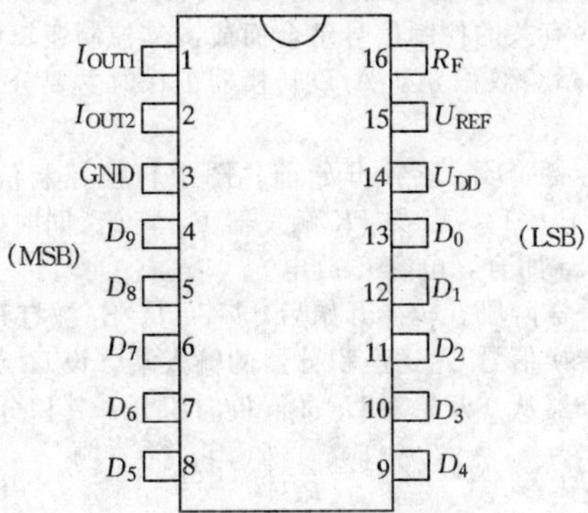

图 3-8-3　AD7520 管脚图

AD7520 是 10 位、转换时间小于 500ns 的 D/A 转换器。使用时可以接成单极性输出，也可接成双极性输出。单极性输出电路见图 3-8-4。其转换关系见表 3-8-1。该电路中电位器 R_1、R_2 可用来调节输出电压的大小。

AD7520 双极性输出电路见图 3-8-5，其转换关系见表 3-8-2。

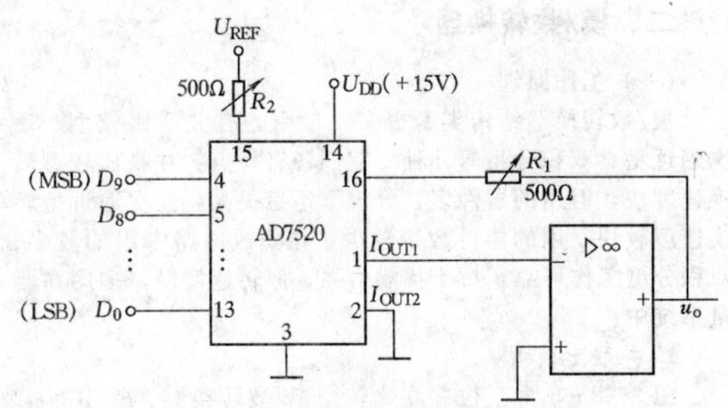

图 3-8-4　AD7520 单极性输出电路

表 3-8-1　AD7520 单极性输出的输入输出关系

数字量输入										模拟量输出
D_9	D_8	D_7	D_6	D_5	D_4	D_3	D_2	D_1	D_0	u_o
1	1	1	1	1	1	1	1	1	1	$-\frac{1023}{1024}U_{REF}$
				⋮						⋮
1	0	0	0	0	0	0	0	0	1	$-\frac{513}{1024}U_{REF}$
1	0	0	0	0	0	0	0	0	0	$-\frac{512}{1024}U_{REF}$
0	1	1	1	1	1	1	1	1	1	$-\frac{511}{1024}U_{REF}$
				⋮						⋮
0	0	0	0	0	0	0	0	0	1	$-\frac{1}{1024}U_{REF}$
0	0	0	0	0	0	0	0	0	0	0

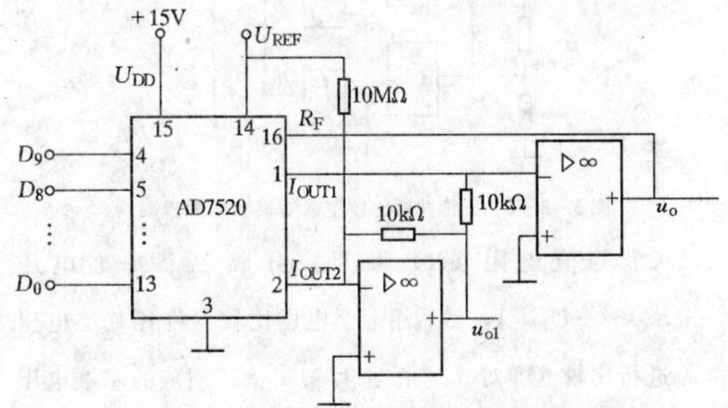

图 3-8-5　AD7520 双极性输出电路

表 3-8-2　AD7520 双极性输出时输入输出的关系

数字量输入										模拟量输出
D_9	D_8	D_7	D_6	D_5	D_4	D_3	D_2	D_1	D_0	u_o
1	1	1	1	1	1	1	1	1	1	$-\frac{511}{512}U_{REF}$
				⋮						⋮
1	0	0	0	0	0	0	0	0	1	$-\frac{1}{512}U_{REF}$
1	0	0	0	0	0	0	0	0	0	0
0	1	1	1	1	1	1	1	1	1	$+\frac{1}{512}U_{REF}$
				⋮						⋮
0	0	0	0	0	0	0	0	0	1	$+\frac{511}{512}U_{REF}$
0	0	0	0	0	0	0	0	0	0	$+\frac{512}{512}U_{REF}$

二、模/数转换器

(一) 工作原理

模/数转换器结构类型很多，常用的有并联比较型、逐次逼近型、双积分型等几种。它们各有特点：并联比较型转换速度快，但用的器件多，分辨率不易提高；逐次逼近型转换速度较快，用的器件数量较少，在集成电路中用的较多；双积分型工作可靠，抗干扰能力强，但转速度慢，多用在测量系统中。

1. 并联比较型

图 3-8-6 为三位并联比较型模/数转换器。其中 U_{REF} 为参考电压，u_i 为待转换的模拟电压。转换过程如下：

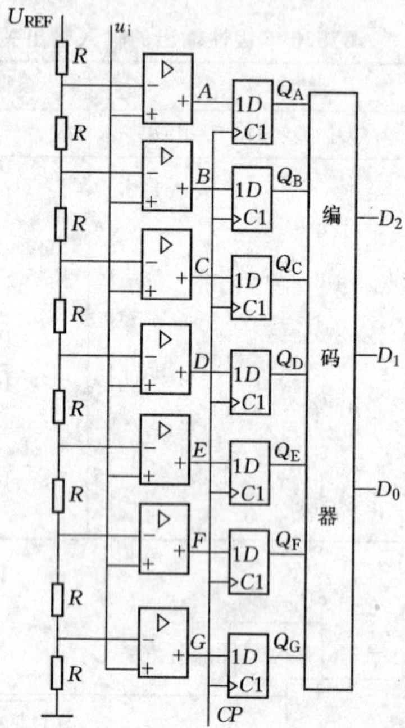

图 3-8-6 三位并联比较型 A/D 转换器原理图

八个等值电阻（R）将 U_{REF} 分成七个基准电压 $\left(\frac{1}{8}U_{REF}\sim\frac{7}{8}U_{REF}\right)$，然后用七个电压比较器将各基准电压和 u_i 进行比较（即对 u_i 进行量化），u_i 大于对应的基准电压时，比较器输出“1”，反之输出“0”。比较结果经 D 触发器送编码器，对其进行编码，编码器输出 $D_2\sim D_0$ 即为模/数转换的结果。转换关系见表 3-8-3。

表 3-8-3 三位并联比较型 A/D 转换器模—数转换关系

输入模拟电压	比较器输出							二进制输出		
	A	B	C	D	E	F	G	D_2	D_1	D_0
$U_{REF}>u_i>7U_{REF}/8$	1	1	1	1	1	1	1	1	1	1
$7U_{REF}/8>u_i>6U_{REF}/8$	0	1	1	1	1	1	1	1	1	0
$8U_{REF}/8>u_i>5U_{REF}/8$	0	0	1	1	1	1	1	1	0	1
$5U_{REF}/8>u_i>4U_{REF}/8$	0	0	0	1	1	1	1	1	0	0
$4U_{REF}/8>u_i>3U_{REF}/8$	0	0	0	0	1	1	1	0	1	1
$3U_{REF}/8>u_i>2U_{REF}/8$	0	0	0	0	0	1	1	0	1	0
$2U_{REF}/8>u_i>U_{REF}/8$	0	0	0	0	0	0	1	0	0	1
$U_{REF}/8>u_i>0$	0	0	0	0	0	0	0	0	0	0

2. 逐次逼近型

逐次逼近型 A/D 转换器的工作原理，类似于天平称重的过程。其原理见图 3-8-7。图中 u_i 为待转换的模拟信号电压。转换前，将各寄存器清 0。转换开始后，先将移位寄存器的最高位置 1，其他各位为 0。经数码寄存器，送 D/A 转换器进行数—模转换。经 D/A 转换后的模拟信号 u'_o，送比较器和待转换的模拟信号 u_i 进行比较。若 $u'_o>u_i$，说明给 D/A 转换器送的数字量大了，数码寄存器中的“1”应清除；若 $u'_o<u_i$，说明移位寄存器送的数字量小了，“1”应该保留。数码寄存器中“1”的去留操作，由控制逻辑电路执行。

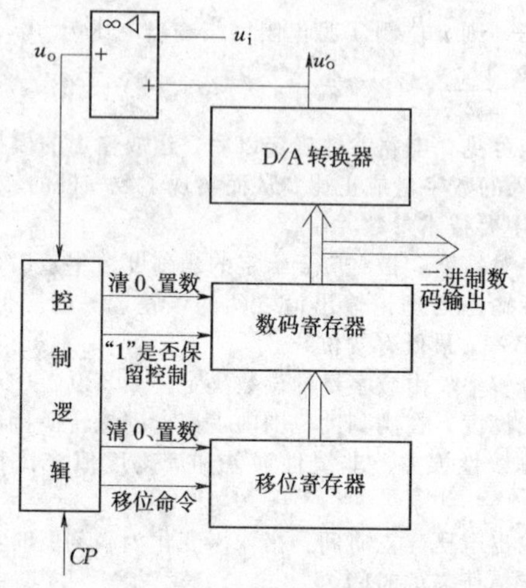

图 3-8-7 逐次逼近型 A/D 转换器原理框图

最高位的“1”比较完以后，移位寄存器中的“1”右移一位，给数码寄存器的次高位送“1”。经 D/A 转换后，再和 u_i 比较，决定此“1”的去留。这样逐位比较下去，直到最低位为止。最后数码寄存器中所存的数码就是模—数转换的结果。图 3-8-8 为四位逐次逼近型 A/D 转换器电路（$F_A\sim F_E$ 为环形计数器，相当于图 3-8-7 中的移位寄存器；$F_3\sim F_0$ 为数码寄存器；$Q_{D3}\sim Q_{D0}$ 为 A/D 转换结果）。

3. 双积分型

双积分型 A/D 转换器，主要由积分器、比较器、计数器以及一些有关的控制信号组合而成。其控制逻辑电路如图 3-8-9 所示。双积分型 A/D 转换器工作时主要分为以下几个阶段：

（1）准备阶段。转换开始前，图中转换控制信号 $U_S=0$，计数器 $F_0\sim F_{n-1}$ 以及 JK 触发器 F_C 清 0。同时，驱动器 L_0 将开关 S_0 闭合，电容 C 放电。

（2）采样阶段。转换开始后，$U_S=1$。S_0 被打开，S_1 闭合，将待转换信号 U_i 送至积分器的输入端。设 U_i 为正向电压，则积分器从 0 开始对 U_i 进行负向积分，其积分值为

$$U_{o1}=-\frac{1}{RC}\int_0^{t_1}U_i\mathrm{d}t$$

此时，电压比较器输出高电平，将 G_1 门打开，n 位计数器（$F_0\sim F_{n-1}$）对计数脉冲 CP 进行计数。当计数器计满 2^n 个脉冲以后，计数器自动回 0。设计数器的整个计数周期为 T_1，则积分器在 T_1 时间内的积分结果为

$$U_{o1}=-\frac{1}{RC}\int_0^{T_1}U_i\mathrm{d}t=-\frac{U_i}{RC}T_1$$

（3）比较阶段。计数器计满 2^n 个脉冲后，从 0 开始重新计数。同时最高位产生溢出信号，使触发器 F_C 翻转为 1，

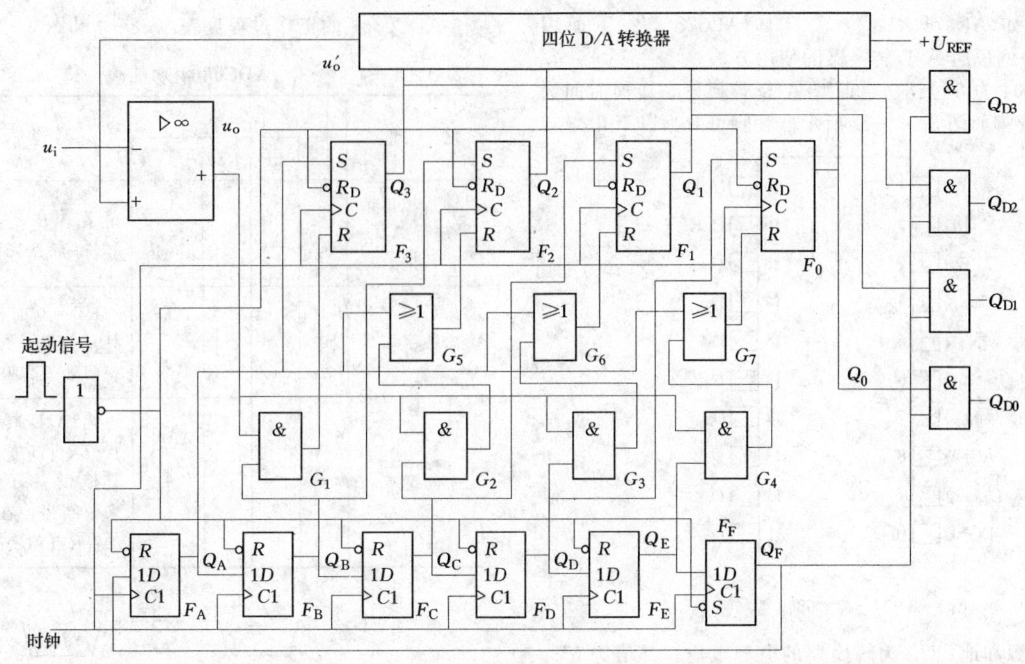

图 3-8-8　四位逐次逼近型 A/D 转换器电路

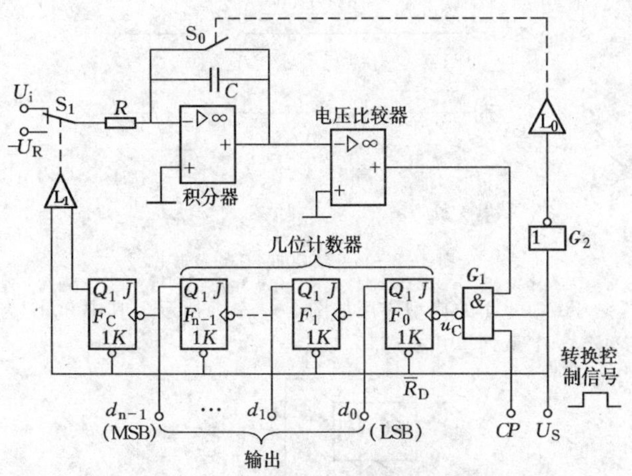

图 3-8-9　双积分型 A/D 转换器控制逻辑电路

通过驱动器 L_1 将开关 S_1 和基准电压 $-U_R$ 接通，积分器改为对 $-U_R$ 进行积分（正向）。设又经过 T_2 段时间后，积分器输出为 0，则电压比较器翻转，输出低电平，G_1 门被封锁，计数器停止计数。根据积分器积分原理可知，两段时间的积分结果为

$$U_o=-\frac{U_i}{RC}T_1+\frac{1}{RC}\int_0^{T_2}U_R\mathrm{d}t=0$$

所以

$$\frac{U_i}{RC}T_1=\frac{U_R}{RC}T_2$$

$$U_iT_1=U_RT_2$$

设计数脉冲（CP）的周期为 T_C，第一段时间（T_1）内的计数值为 2^n，第二段时间（T_2）的计数值为 N，则 $T_1=2^nT_C$，$T_2=NT_C$。代入上式得

$$U_i2^nT_C=U_RNT_C$$

所以

$$N=\frac{2^n}{U_R}U_i$$

可见，只要合理选择 2^n 和 U_R 两个常数的大小，计数器的计数值 N 就可代表输入的模拟电压信号，即 A/D 转换的结果。

双积分型 A/D 转换器的工作过程的波形图见图 3-8-10。

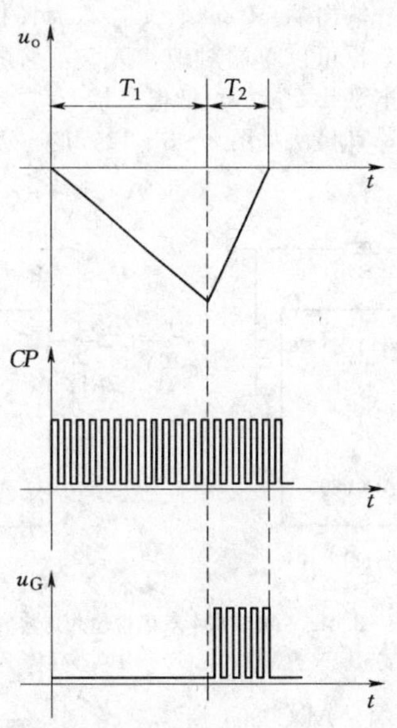

图 3-8-10　双积分型 A/D 转换器波形图

（二）主要技术参数

(1) 分辨率。以输出二进制数码表示，位数越多，说明量化误差越小，转换的精度越高。

(2) 相对精度。理想情况下，所有转换点应在一条直线上。相对精度指实际转换值偏离理想特性的误差。

(3) 转换速度。指完成一次 A/D 转换所需的时间。即从接到转换命令到输出端得到稳定的数字输出所需要的时间。

除以上参数外，还有模拟输入电压范围、输出数字信号的高、低电平及带负载能力、功率消耗等，请查阅有关手册。

（三）集成模/数转换器

集成模/数转换器的种类很多，有 8 位 A/D 如 ADC0804、

10 位 A/D 如 AD571、12 位 A/D 如 AD578 等。下面以 ADC0804 为例说明 A/D 转换器的使用方法。

ADC0804 为 8 位逐次逼近型 A/D 转换器，转换时间为 100μs。其管脚如图 3－8－11 所示。管脚可分为以下几类：

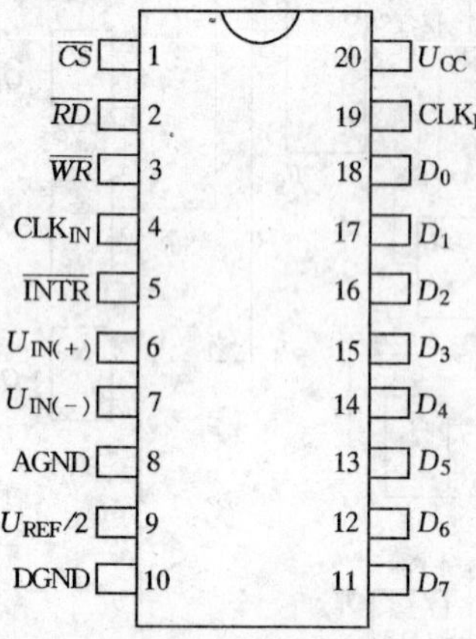

图 3－8－11　ADC0804 管脚图

（1）电源和地。U_{CC} 为转换器的电源电压，其值为 5V；$U_{REF}/2$ 端为内部电阻网络的基准电压，此端可用于调整输入电压的范围，其值应为输入电压调节范围的一半，当输入电压为 0～5V 时，该端不需接外加电压，由芯片电源经内部分压得到；DGND、AGND 分别为数字地和模拟地。

（2）输入、输出端。$U_{IN(+)}$、$U_{IN(-)}$ 为模拟信号输入端，可以差动输入，也可以单端对地输入。不管哪种输入方式，输入信号的高电平接 $U_{IN(+)}$，低电平接 $U_{IN(-)}$。ADC0804 也可双极性输入，其接法见图 3－8－12。$D_0 \sim D_7$ 为八位数字输出端。

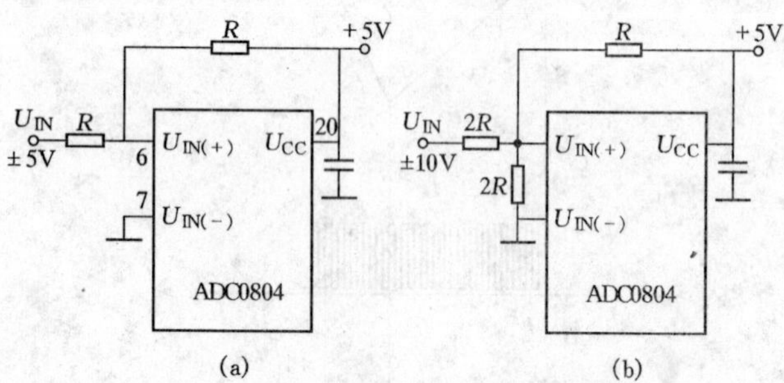

图 3－8－12　ADC0804 双极性输入连接方法

（a）±5V 模拟输入；（b）±10V 模拟输入

（3）时钟端。ADC0804 所用时钟信号，可以外部提供，也可以自身产生。由外部提供时，外部时钟脉冲接 CLK_{IN} 端；内部产生时，须按电阻和电容，接法如图 3－8－13 所示。内部时钟脉冲的频率为

$$f = \frac{1}{1.1RC}$$

$$(R = 10\text{k}\Omega)$$

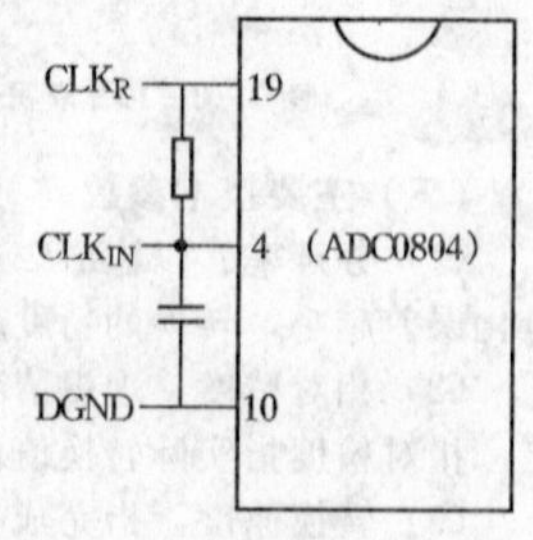

图 3－8－13　ADC0804 内部时钟产生电路

（4）控制信号端。$\overline{CS}$、$\overline{RD}$、$\overline{WR}$分别为选片及读、写控制端，均为低电平有效。$\overline{INTR}$为中断请求端，当 A/D 转换完成时，此端自动变低电平，通知计算机来取转换结果；待读信号$\overline{RD}$到达后，$\overline{INTR}$自动恢复高电平。

ADC0804 的工作过程见表 3－8－4 和图 3－8－14。

表 3－8－4　　**ADC0804 功能表**

功　能	控制端				说　明
	$\overline{CS}$	$\overline{WR}$	$\overline{RD}$	$\overline{INTR}$	
对输入模拟信号进行 A/D 转换	0				在 $\overline{WR}$ 上升沿后约 100μs 转换完成
读出数字信号	0				$\overline{RD}$＝0 时三态门接通外部总线，$\overline{RD}$＝1 时三态门处于高阻态
中断请求					当 A/D 转换结束时，$\overline{INTR}$自动变低以便通知其他设备（如计算机）来取结果；在$\overline{RD}$负沿后$\overline{INTR}$自动变高

$\overline{CS}$

$\overline{WR}$　转换时间约为100μs

$\overline{INTR}$

$\overline{RD}$

数据读出　高阻态　接通

图 3－8－14　ADC0804 工作波形

ADC0804 的典型应用如图 3－8－15 所示，其中 8031 为 MCS—51 系列单片机芯片。

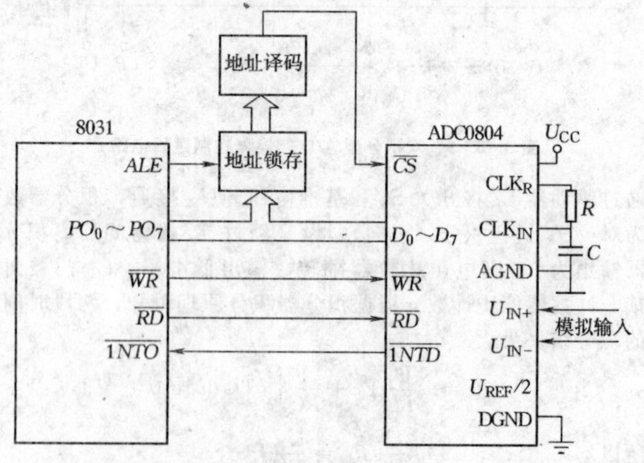

图 3－8－15　ADC0804 和单片机 8031 连接示意图

除以上 A/D 转换器外，还有的 A/D 转换器输入端带有多路模拟开关，因而一个 A/D 转换器可以供多种模拟信号使用。如 ADC0809 为八输入通道的 A/D 转换器。输入通道的选择，通过内部地址译码实现。ADC0809 的工作原理请参阅有关文献。

（四）采样保持电路（S/H）

1. 采样保持的概念

由于模拟信号在时间上是连续变化的，所以在进行 A/

D变换时，不可能把每个时刻的模拟量都转换成数字量。为此要加采样保持电路。其作用是对输入的模拟信号在不同时刻进行采样，然后在每个采样瞬间把采到的模拟信号值保持下来，再去进行A/D转换。

图3-8-16为采样保持的原理电路。两运放接成跟随器状态。开关S闭合时，$u_o=u_{o1}=u_i$，对电容C充电；S打开时，C上的电压保持不变，因此输出电压u_o保持S打开前瞬间的采样值。采样保持过程见图3-8-17的波形关系。

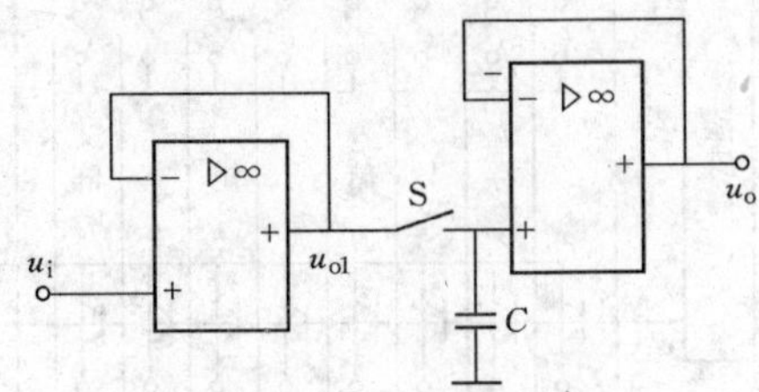

图3-8-16 采样保持原理电路

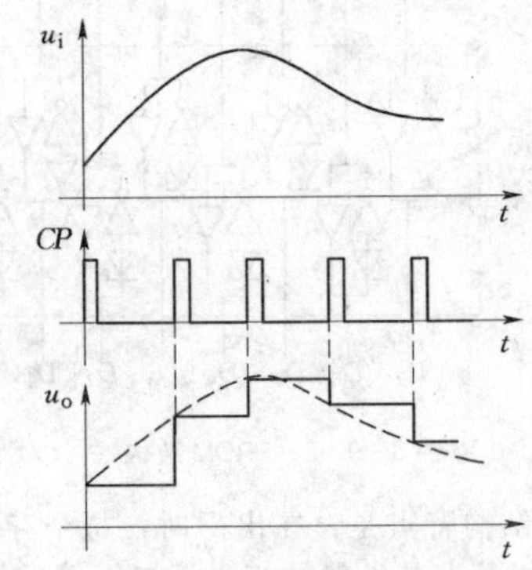

图3-8-17 采样保持工作波形

采样过程中，注意遵守采样定理。即

$$f_s \geqslant 2f_{imax}$$

式中 f_s——采样频率；

f_{imax}——输入信号最高频率分量的频率。

2. 采样保持器的主要技术参数

(1) 捕捉时间。指采样命令发出后，采样保持器的输出从原来所保持的数值到达当前输入信号值所需要的时间。

(2) 孔径时间。指保持命令发出后，直到逻辑输入控制的开关完全打开所需要的时间。

(3) 保持电压的下降速率。在保持模式下，由于电容漏电等因素会引起保持电压下降，下降的速率由下式表示

$$\frac{\Delta U}{\Delta T}=\frac{I(\mathrm{pA})}{C_H(\mathrm{pF})}$$

式中 I——下降电流；

C_H——保持电容。

其他参数请查阅有关手册。

3. 集成采样保持器

集成采样保持器有通用型、高速型、高分辨率型等。常用器件如LF198、AD582（国产5G582）、SHA1144等。下面以LF198为例说明采样保持器的使用方法。其原理电路和管脚见图3-8-18。

图中U_L为采样保持逻辑控制端。$U_L=1$时，电路处于采样阶段，经驱动点L使开关S闭合，运放A_1、A_2均工作在单位增益的电压跟随器状态，$u_o=u'_o=u_i$，u'_o经R_2给采样保持电容（C_H，外接）充电；$u_L=0$时，S断开，电路进入保持状态，电容上的电压和输出电压保持不变。

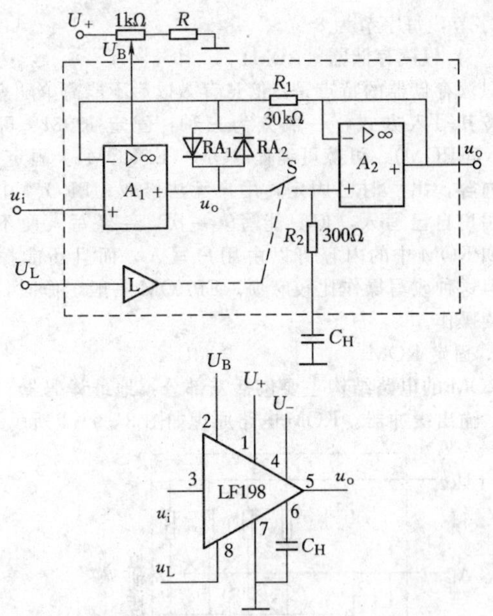

图3-8-18 采样保持器LF198原理电路和管脚图

图中RA_1、RA_2两个二极管起保护作用；U_B端外接电位器用以调整输出电压的零点；u_+、u_-为正、负电源电压，其值在±5～±18V之间均可。

采样保持器在实际应用时，其输出端要和A/D转换器相连。相连过程中，要注意两者电平的配合以及控制信号的时序关系。LF198和ADC0804的连接见图3-8-19。

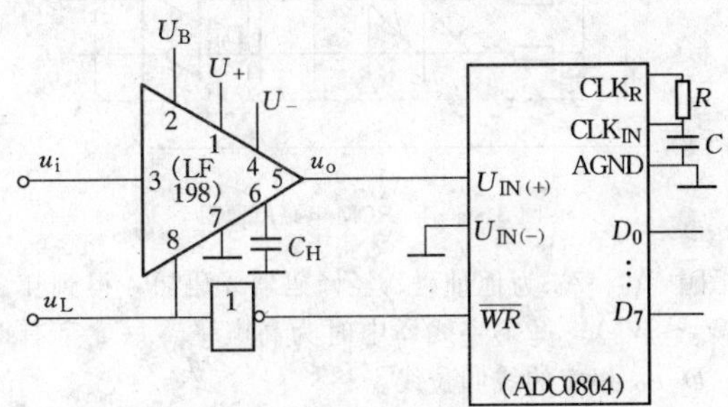

图3-8-19 LF198和ADC0804连接示意图

第九节 大规模集成电路

随着科技的发展，集成电路工艺不断提高，电路的集成度越来越大，品种越来越多。集成电路一般如下划分：100个元件/片为小规模（SSI)、100～1000个元件/片为中规模（MSI)、1000～10000个元件/片为大规模（LSI)、10000个元件以上称为超大规模。由于大规模集成电路体积小、功能强、工作可靠，所以发展速度很快，应用范围越来越广。

大规模集成电路从制造工艺上可分成双极型和MOS型两大类，从功能上分类更多，本章只对存储器和可编程器件作些简单介绍。

一、存储器

存储器用来存放二进制数据、程序等信息，是计算机等数字系统中不可缺少的部件。按功能分，半导体存储器可分为两类：只读存储器（简称ROM）和随机存取存储器（简称RAM)。存储器的规模用容量表示，容量为字数乘以每字的位数。例如某存储器为1024×8，指的是该存储器可存

1024字节，每字节为8位。

（一）只读存储器（ROM）

只读存储器的特点是：信息存入以后不能简单随意地修改。按其写入方式，一般分为三种：固定ROM、可编程ROM（PROM）、可擦可编程ROM（EPROM）。固定ROM中的内容，出厂时已固定，用户无法修改；PROM中的内容由用户自己写入，但只能写入一次，一经写入便不能修改；EPROM中的内容可以由用户写入，而且还能擦去重写，但这种改写操作比较麻烦。EPROM一般工作时，主要用于读操作。

1. 固定ROM

ROM的电路结构主要包括三部分：地址译码器、存储矩阵、输出缓冲器。ROM电路原理如图3-9-1所示。

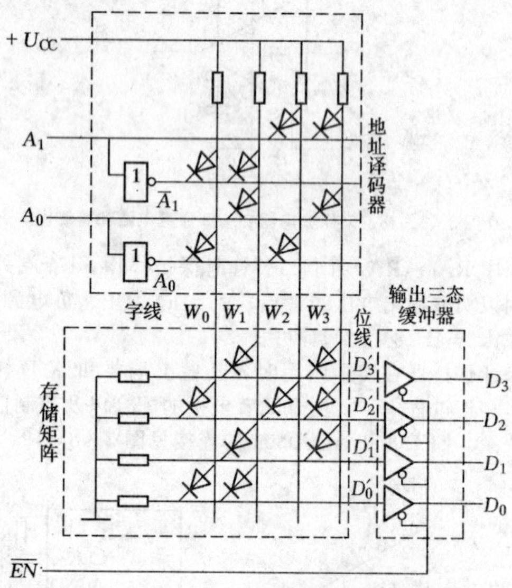

图3-9-1 ROM电路原理图

图中A_1、A_0为地址码，经译码器译码后，得到4条字线（W_3～W_0）。每条字线译中时为高电平。每个字有四位（D_3～D_0），相应的线叫位线。

存储矩阵中，字线和位线每个交叉点为一个存储单元。利用交叉点处的二极管（或晶体管、MOS管）存储信息。交叉点处有二极管时，相当于存"1"，没有时存"0"。存储矩阵中交叉点的数目，即是存储单元的总数。因此该图中，存储器的容量为4×4。每个存储单元的地址和数据见表3-9-1。

表3-9-1

地址		字	线			数	据		
A_1	A_0	W_3	W_2	W_1	W_0	D_3	D_2	D_1	D_0
0	0	0	0	0	1	0	1	0	1
0	1	0	0	1	0	1	0	1	1
1	0	0	1	0	0	0	1	0	0
1	1	1	0	0	0	1	1	1	0

电路的输出部分，由三态缓冲器构成。数据输出时，给出地址码，令使能端$\overline{EN}=0$，三态门打开，数据便出现在输出数据线上。

由于固定ROM具有所存信息不能修改，失电后信息不会丢失等特点，所以常用它存储固定的程序和数据。如在计算机中，用来存放监控、管理等专用程序。在数字系统中，用来构成字符发生器、码制变换器等。

2. PROM

为了能让设计人员按自己的要求编写存储器程序，研制出由用户一次写入的存储器PROM。其电路结构如图3-9-2所示。

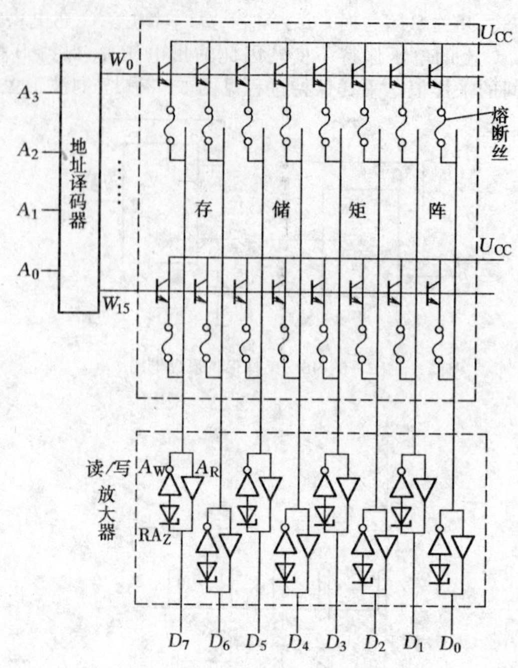

图3-9-2 PROM结构

PROM的结构特点是：在出厂时，每个存储单元上都制作了一个三极管（其发射结相当于二极管），并且每个三极管的射极都接有快速熔断丝。在用户写入数据前，各存储单元相当于存入"1"。写入数据时，将应该存"0"的单元，通以足够大的电流，将其熔丝烧断即可。

熔丝烧掉的原理是这样的：要想给某单元存入"0"，首先给出该单元的地址码，使相应的字线呈高电平；然后在相应的位线上加入规定的高电压脉冲，使读/写放大器中的稳压管RA_Z导通，写入放大器A_W输出低电平；因此，有较大电流通过该单元三极管的射极，将与其相连的熔断丝烧断。存储器的数据读出时，读出放大器A_R的输出电平不能使RA_Z导通，A_W不工作。

由于PROM中的熔丝烧断后不能恢复，所以此种存储器只能写入一次。

3. EPROM

为了克服PROM只能写入一次的缺点，又出现了多次可擦可编程的存储器，称为EPROM。擦除的办法有两种：用紫外线照射（称UV EPROM）或加电压信号（称EEPROM或E^2PROM）。后者的可靠性及重复改写的寿命不如前者，所以前者用的更普遍。

EPROM的电路结构及擦除原理从略，请参阅有关文献。

4. 集成只读存储器

在集成只读存储器中，最常用的是EPROM。集成EPROM有很多种，如2716、2732、2764、27128等。它们的容量分别为：2K×8、4K×8、8K×8、16K×8（1K=1024）。下面以2716为例，说明EPROM的使用情况。

图3-9-3为2716的管脚图。图中除电源（U_{CC}）和地（GND）外，A_{10}～A_0为地址输入端，它们不同状态的组合，便是存储器每字的地址，共$2^{11}=2048=2K$；O_7～O_0为数

据输出端；$\overline{CS}$为片选端；PD/PGM 为低功耗/编程控制端；U_{PP}为编程电源端。2716 共有六种工作方式，每种工作方式下各信号间的关系见表 3-9-2。

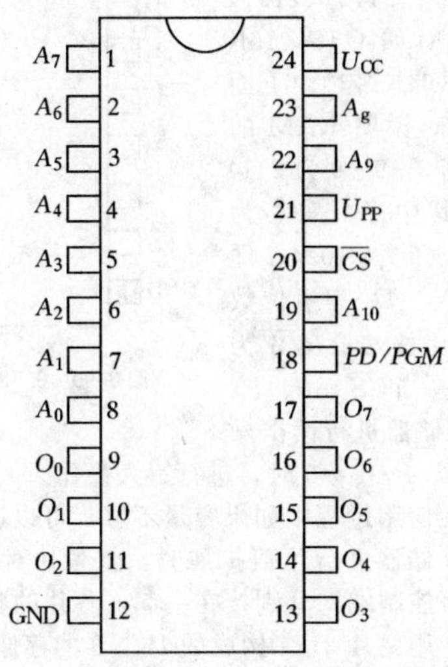

图 3-9-3　2716 管脚图

表 3-9-2　2716 的六种工作方式

工作方式	$\overline{CS}$	PD/PGM	U_{PP}（V）	输出（数据线）状态
读出	0	0	+5	数据输出
未选中	1	×	+5	高阻
低功耗	×	1	+5	高阻
编程（写）	1	50ms（正脉冲）	+25	数据输入
程序检验	0	0	+25	数据输出
禁止编程	1	0	+25	高阻

2716 在读出工作方式和编程工作方式时，各有关信号间的时序关系，分别见图 3-9-4 和图 3-9-5。

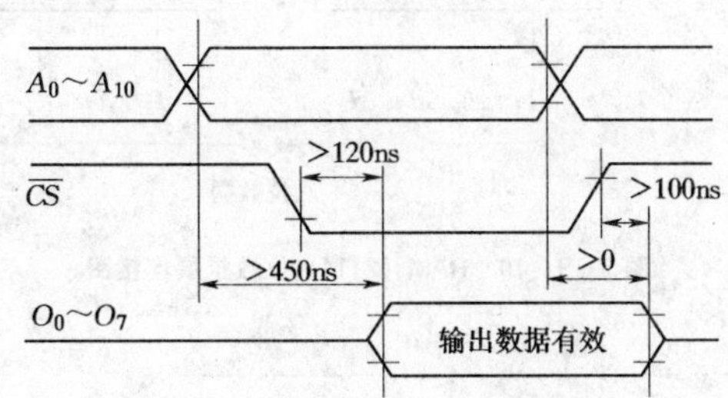

图 3-9-4　2716 读出时的波形图

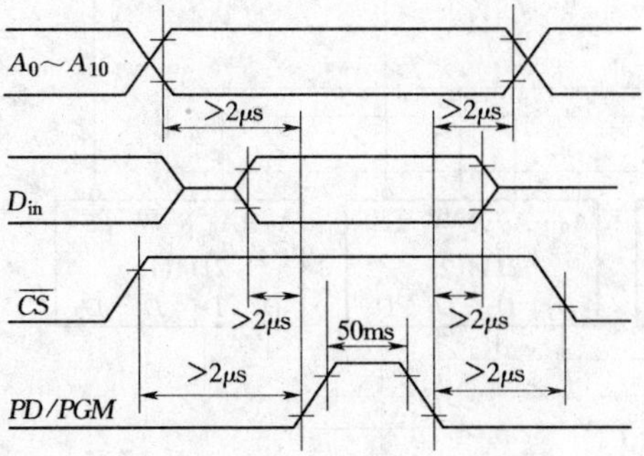

图 3-9-5　2716 编程时的波形图

2716 所存信息的擦除，是用紫外线擦除器照射 2716 透明小窗口而实现的，大约需要 15～20min，擦除后的 2716，其中所有存储单元都处于“1”状态。

（二）随机存取存储器（RAM）

随机存取存储器的特点是：在工作过程中，数据可以随时写入或读出，使用灵活方便；其缺点是所存数据不能长期保留，一旦停电所有的数据全部丢失。

RAM 电路由地址译码器、存储矩阵和读/写控制电路组成。如图 3-9-6 所示。RAM 中的核心是基本存储单元，其结构有双极型和 MOS 型两种。按工作原理，又可分为静态 RAM 和动态 RAM。静态 RAM 利用双稳态触发器保存信息，信息保存的时间较长，只要不断电，信息不会丢失。但它的功耗较大，集成度较低；动态 RAM 利用 MOS 管的栅极电容存储信息，需要定时给电容充电，信息才能保持。但它的功耗较小，集成度较高。下面对它们的工作原理，分别作一简单介绍。

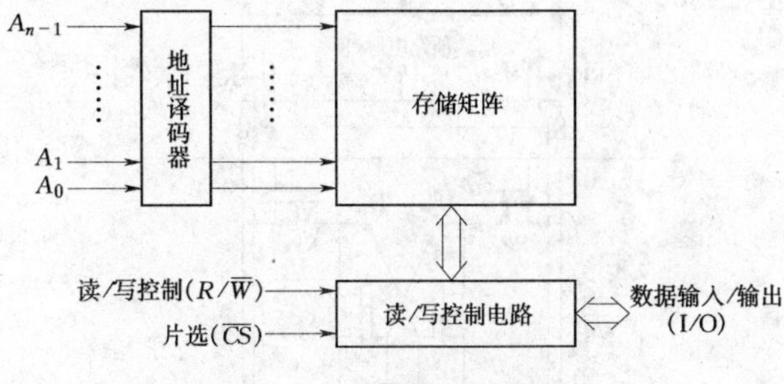

图 3-9-6　RAM 的结构框图

1. 静态存储单元

图 3-9-7 为六 CMOS 管组成的静态 RAM 存储单元。图中 KF_1～KF_4 构成 R_S 触发器，用以存储二进制信息。KF_5、KF_6 为门控管，其状态由行线（X_i）决定。$X_i=1$ 时，KF_5、KF_6 导通，Q 和$\overline{Q}$的状态送至位线（B_j、$\overline{B}_j$）上。KF_7、KF_8 是每列存储单元的门控管，其状态取决于列线 Y_j。$Y_j=1$ 时，KF_7、KF_8 导通，数据端 D、$\overline{D}$和位线接通，并通过三态门A_1～A_3 进行读、写操作。

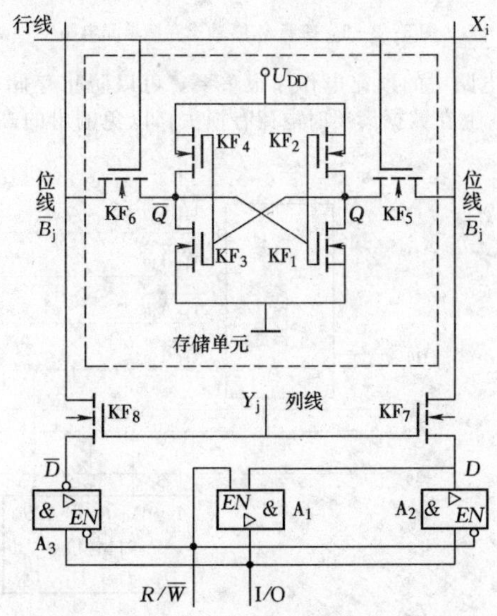

图 3-9-7　六管 CMOS 静态存储单元电路

由 A_1～A_3 三个三态缓冲器构成读写控制电路。$R/\overline{W}=1$ 时，A_2、A_3 截止，A_1 导通，数据 D 送至 I/O 线上；$R/\overline{W}$

=0时，A_1截止，A_2、A_3导通，I/O线上的数据送入存储单元。

2. 动态存储单元

图3-9-8为四MOS管动态存储单元电路。存储单元上进行写操作时，行列线X_i、Y_j同时为高电平，KF_3、KF_4、KF_7、KF_8导通。输入数据D（$\overline{D}$）存入KF_2、KF_1的栅极电容C_2、C_1上。若输入的数据$D=1$，C_2充电，KF_2导通，KF_1截止，所以KF_1的漏极$D_1=1$，即存储单元存入了1。存储单元进行读操作时，首先给KF_5、KF_6的栅极加入预充电脉冲，使两管导通，给位线上的电容$C_{\overline{B}}$、C_B充电至高电平。然后令行、列线X_i、Y_j同时为高电平，KF_3、KF_4、KF_7、KF_8都导通。假设存储单元中原来存入的数据为D，即$D_1=0$、$D_2=1$（KF_1导通，KF_2截止），则C_B通过KF_3和KF_1放电，从而位线B的电压变低。由于KF_2截止，$C_{\overline{B}}$保持高电平，所以读出的数据为$D=0$。

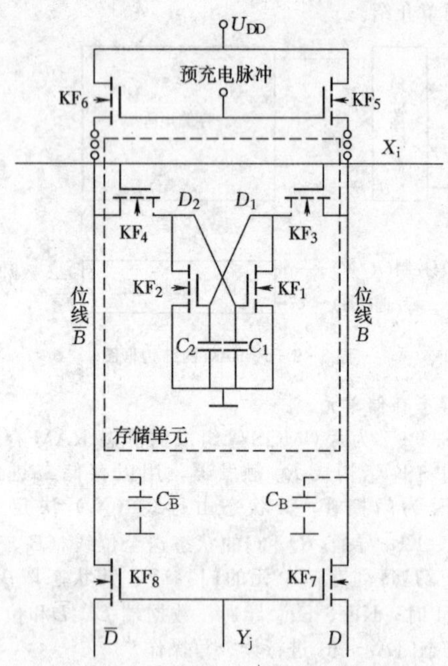

图3-9-8 四管MOS动态存储单元电路

该电路中的预充电作用很重要，可以防止存储电容C_1（或C_2）上在数据读出时电荷有损失，以免输出的高电平受破坏。

3. 集成随机存取存储器

集成RAM的种类也很多。静态RAM如2114（容量为1K×4）、6116（2K×8）；动态RAM如4116（16K×1）、4164（64K×1）。下面以2114为例，说明RAM的使用情况。图3-9-9为2114的管脚图。其中$A_9\sim A_0$为10根地址线（$2^{10}=1024$，即1K个字）；$D_3\sim D_0$为4位数据线，$\overline{CS}$为片选端；$R/\overline{W}$为读写控制端。当$\overline{CS}=0$、$R/\overline{W}=1$时，存储器进行读出操作；当$\overline{CS}=0$、$R/\overline{W}=0$时，进行写入操作。

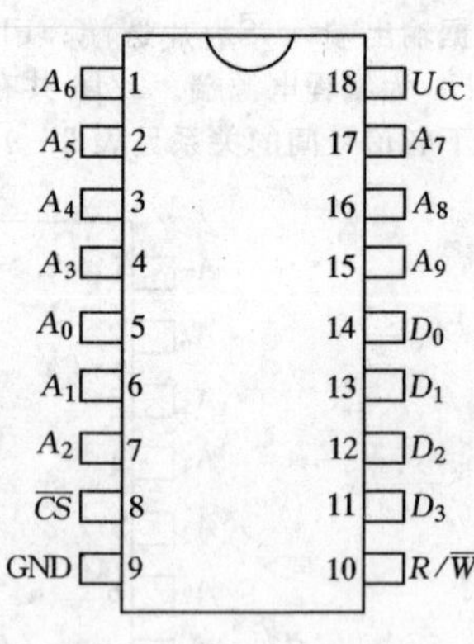

图3-9-9 2114管脚图

存储器在使用过程中如果容量不够，可以进行扩展。用相同型号的存储器进行位数扩展时，将各片对应的地址线、片选端、读写控制端，分别接在一起，各片的数据输出端并列使用即可（用两片2114构成的1K×8的存储器，如图3-9-10所示）；用相同型号的存储器进行字数扩展时，各片对应的低位地址线、数据线、读写控制端分别相连，然后，利用译码器对高位地址（取几根高位地址线，根据要扩展的字数而定）进行译码，译码器的输出分别去控制各RAM的片选端，使各个RAM分时工作即可（用四片2114扩展为4096字×4位的存储器，电路连接方式如图3-9-11所示）。地址码和存储单元的对应关系见表3-9-3。

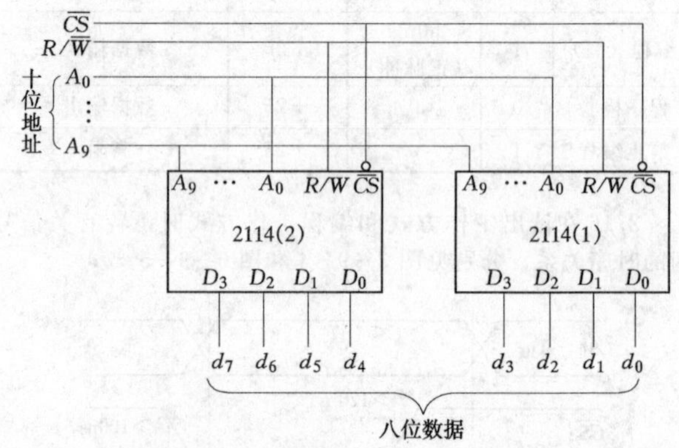

图3-9-10 RAM（2114）位数扩展连接图

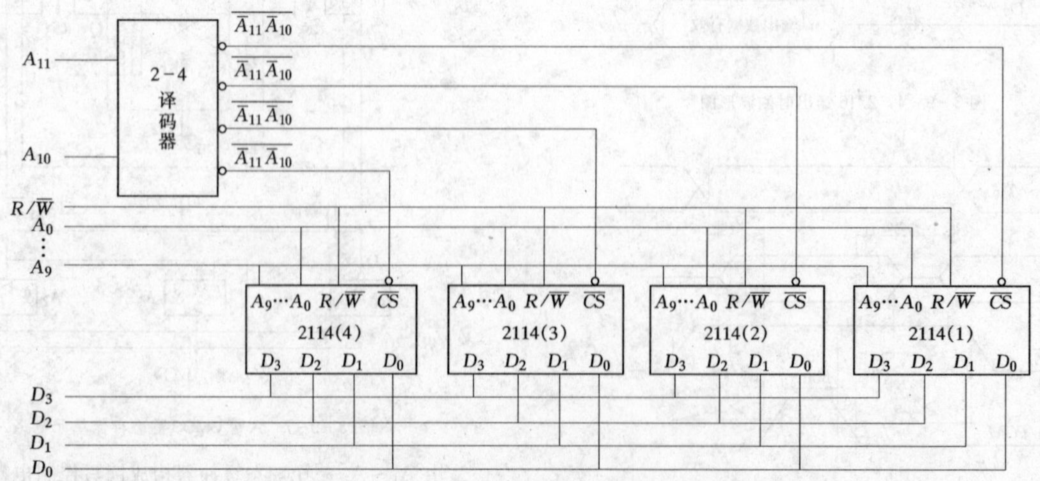

图3-9-11 RAM（2114）字数扩展连接图

表 3-9-3　　图 3-9-11RAM 字数扩展时地址和存储单元对应关系

A_{11}	A_{10}	工　作　片	对应的存储单元
0	0	2114 (1)	0000～1023
0	1	2114 (2)	1024～2047
1	0	2114 (3)	2048～3071
1	1	2114 (4)	3072～4095

二、可编程逻辑器件（PLD）

随着科技的进步，器件的功能越来越强，灵活性越来越好。70 年代出现了专用集成电路（简称 ASIC），它主要包括：门阵列（GA）、标准单元（SC）、可编程逻辑器件（PLD）。

门阵列（GA）电路的核心是由众多独立的门电路排列而成，外围是缓冲器电路。使用时，根据用户的需要进行连接和布线。

标准单元（SC）电路，是由用户根据厂方提供的标准单元设计所需系统，标准单元间的布线由生产厂家按用户提供的逻辑图，用计算机辅助设制成用户专用芯片。

以上两种专用集成电路，设计周期长，花费较大。可编程逻辑器件（PLD）的出现，给硬件电路的设计带来了根本性变革。它使用方便、灵活，提高了系统的保密性和可靠性，目前已得到广泛应用。

传统的 PLD 产品主要包括：可编程只读存储器（PROM）、可编程逻辑阵列（PLA）、可编程阵列逻辑（PAL）、通用阵列逻辑（GAL）。下面分别予以介绍，重点介绍一下 GAL 器件。

（一）可编程只读存储器（PROM）

PROM 由与阵列（对应于字线）和或阵列（对应于位线）构成，其中与阵列固定，或阵列可编程（参见图 3-9-12）。PROM 的缺点是与阵列为全译码阵列，用的存储单元较多，实际利用率低，运行速度也比较慢。

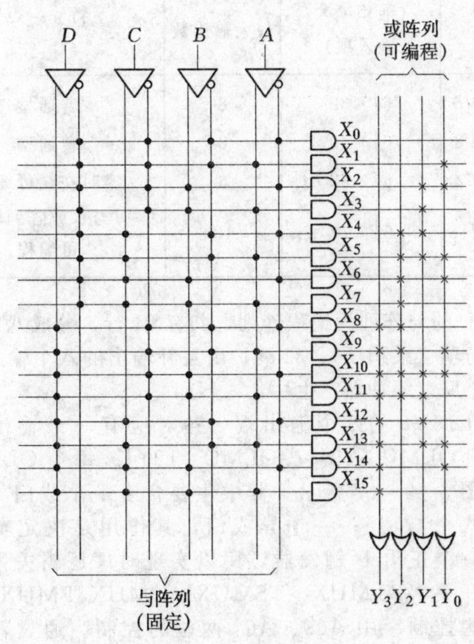

图 3-9-12　PROM 逻辑电路图

PROM 的工作原理，用 PLD 电路的表示法表示见图 3-9-12。图中 $X_0=\overline{DCBA}$，$X_1=\overline{DCB}A$，…，$X_{15}=DCBA$

$$Y_0=X_1+X_2+X_5+X_6+X_9+X_{10}+X_{13}+X_{14}$$

$$Y_3=X_8+X_9+X_{10}+X_{11}+X_{12}+X_{13}+X_{14}+X_{15}$$

PLD 电路中通用图形符号如图 3-9-13 所示。

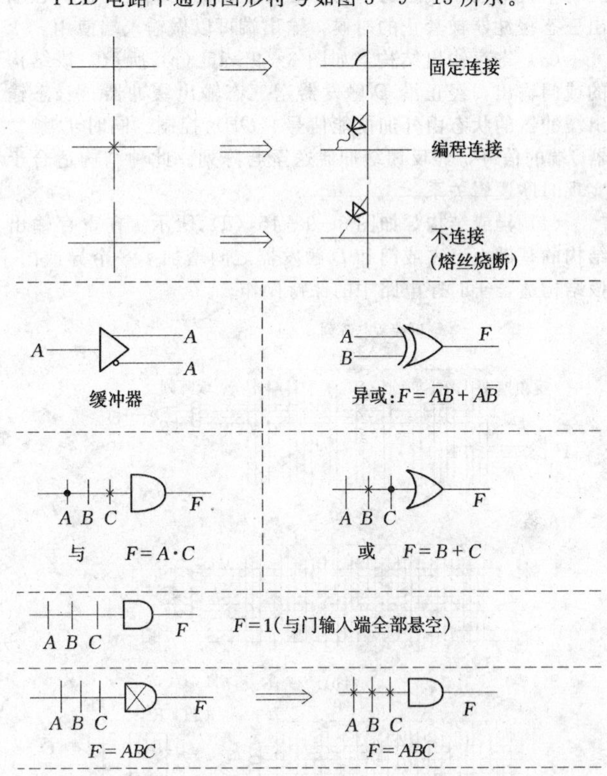

图 3-9-13　PLD 电路中的图形符号表示法

（二）可编程逻辑阵列（PLA）

可编程逻辑阵列（PLA）也是由与、或阵列组成。其特点是两种阵列均可编程。它的体积小，速度快。缺点是编程周期较长，而且是一次性的。其结构如图 3-9-14 所示。图中

$$X_0=A,X_1=\overline{B}C$$

$$X_2=\overline{A}\,\overline{C},X_4=ABC$$

$$Y_1=X_1+X_2,Y_2=X_0+X_3$$

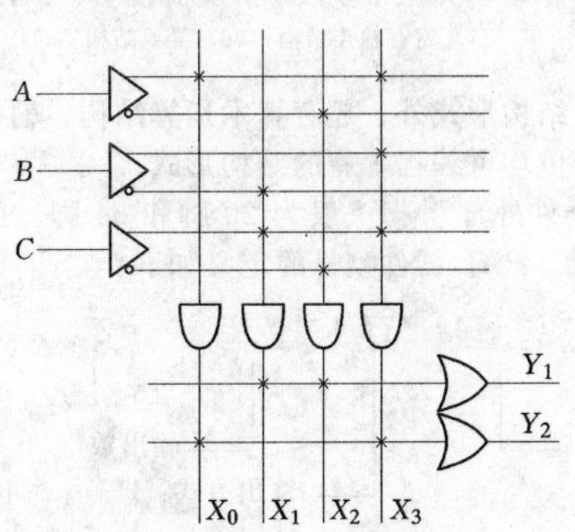

图 3-9-14　PLA 原理图

（三）可编程阵列逻辑（PAL）

可编程阵列逻辑（PAL）的与、或阵列中，与阵列可编程，或阵列固定。编程单元仍采用熔丝结构，一次性编程。为增加使用的灵活性，PAL 的输出采用多种形式，主要有

以下几种：

(1) 基本门阵列结构。如图 3-9-15 (a) 所示。输出为或门或者或非门，前者高电平有效，后者低电平有效。

(2) 异步可编程 I/O 结构。如图 3-9-15 (b) 所示。输出端带有三态缓冲器，其状态由一个乘积项控制。另外，此种结构的输出端至与阵列有互补输出的反馈缓冲器，在输出三态缓冲器被禁止的时候，输出端可以做输入端使用。

(3) 寄存输出结构。如图 3-9-15 (c) 所示。该结构的或门输出，经正沿 D 触发器送三态输出缓冲器。三态输出缓冲器的状态由外加使能信号 (OE) 控制。同时 D 触发器$\overline{Q}$端的信号，经反馈缓冲器送至与阵列。此种结构适合于实现时序逻辑关系。

(4) 异或结构。如图 3-9-15 (d) 所示。在寄存输出结构的基础上，在或门和 D 触发器之间增加了一个异或门。该结构适合于时序电路中的保持操作。

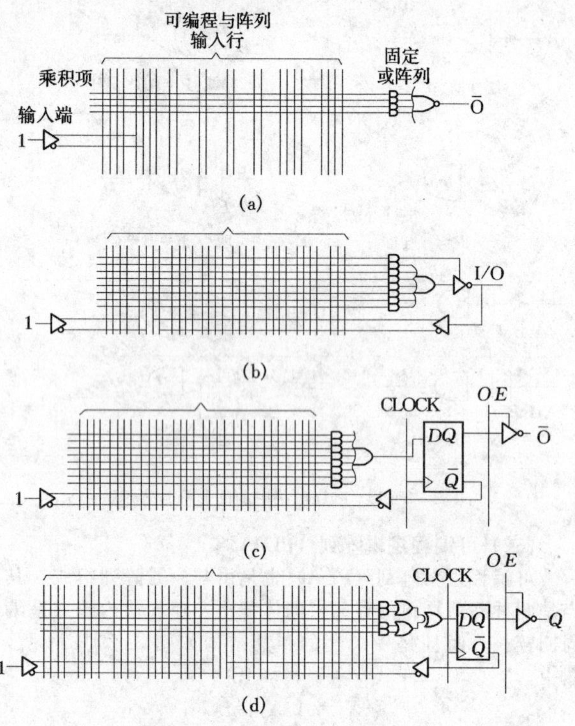

图 3-9-15　PAL 的输出结构形式
(a) 基本门阵列结构；(b) 异步可编程 I/O 结构；
(c) 寄存输出结构；(d) 异或结构

除以上结构形式外，还有算术运算结构、输出极性、时钟、复位置位均可编程等新的结构形式。

PAL 器件外部引脚一般为 20 脚和 24 脚，还有 28 脚、40 脚等多种。PAL 器件型号的定义如下：

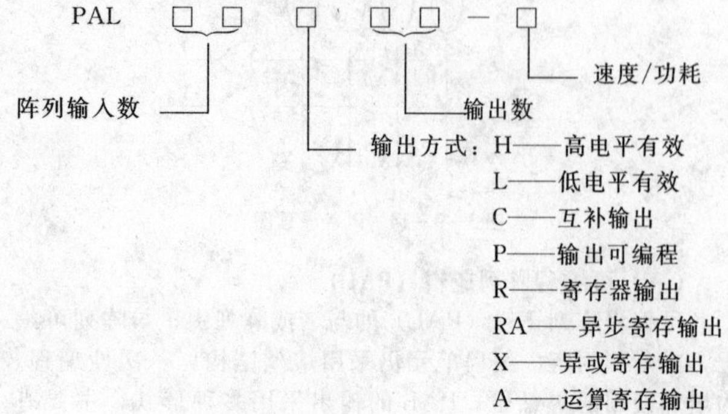

PAL 器件在使用时，必须首先根据设计要求对 PAL 的输入、输出数量以及结构形式进行选择，然后才能利用编程软件进行逻辑设计。PAL 的另外一个缺点是采用熔丝结构，编程后不能更改，给使用者带来了不便。

(四) 通用可编程阵列逻辑 (GAL)

1. GAL 的特点

通用可编程逻辑器件 (GAL) 的结构和 PAL 基本一样。与、或阵列中，与阵列可编程，或阵列固定。但它在结构上做了重大改进。

(1) GAL 的存储单元，采用 E^2CMOS 技术，使它具备了可重复擦除和改写的功能。据统计，一个 GAL 器件至少可改写 100 次，写入的数据可保存 20 年以上。

(2) 输出端增加了通用结构——输出逻辑宏单元 (OLMC)。要想改变输出方式，通过软件对其编程即可实现，硬件无需做任何变动，这给设计者带来很大方便。使用过程中，一种 GAL 器件可以替代相同管脚数的所有 PAL 器件。据统计，一个 GAL 器还可以替代 4～12 片 TTL 等系列的中小规模组件。

另外 GAL 器件具有 100% 的可测试性，工作可靠，功耗、速度等性能指标也优于以上其他几种 PLD 器件。再加上它有加密功能、电子标签等特点，所以 GAL 器件目前受到很大重视，应用也越来越广泛。

2. GAL 器件的类型和结构

目前常用的几种 GAL 器件见表 3-9-4。下面以 GAL16V8 为例说明 GAL 器件的结构和工作情况，图 3-9-16 为 GAL16V8 的内部逻辑电路图。它的管脚共 20 个。其中管脚 20 为电源；10 为地 (逻辑图上未画)；2～9 为固定的输入端，1、11、12～14、17～19 也可以定义为输入端，所以信号输入端最多可有 16 个；12～19 可定义为输出端，最多为 8 个；按寄存器方式工作时，1 只能用作时钟输入端，11 只能用做输出使能端。

表 3-9-4　　GAL 的类型与特点

型　号	与门阵列规模（乘积项×输入项）	OLMC 的最大输出数	特　点
GAL16V8	64×32	8	普通型
GAL20V8	64×40	8	普通型
ispGAL16Z8	64×32	8	实时在线可编程
GAL39V18	64×78	10	与、或阵列均可编程

GAL 的与阵列为编程阵列，共有 64 行，分成八组，每组八个与项 (乘积项)；32 列，由互补输出的八个输入缓冲器和八个反馈缓冲器产生。

GAL16V8 的八个输出端，各对应有一个输出逻辑宏单元 [OLMC (19) ～OLMC (12)]。每个 OLMC 的结构如图 3-9-17 所示。其中主要含有一个或门 (或门输入为八个与项)；一个异或门，其作用是决定输出端极性；一个正沿 D 触发器，用以实现时序逻辑关系；四个多路开关 (PTMUX、TSMUX、OMUX、FMUX)，它们受结构控制字中 AC_0、AC_1 两位的控制。通过对控制字的编程，决定 GAL 的输出工作方式。GAL 的基本工作方式共五种，它们和结构控制字中有关位的关系见表 3-9-5。

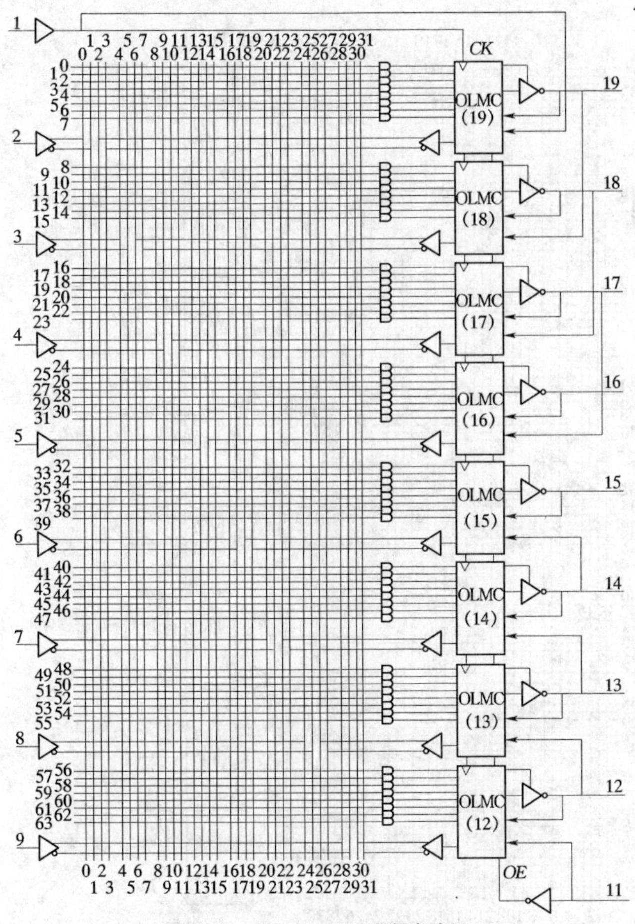

图 3-9-16　GAL16V8 逻辑电路图

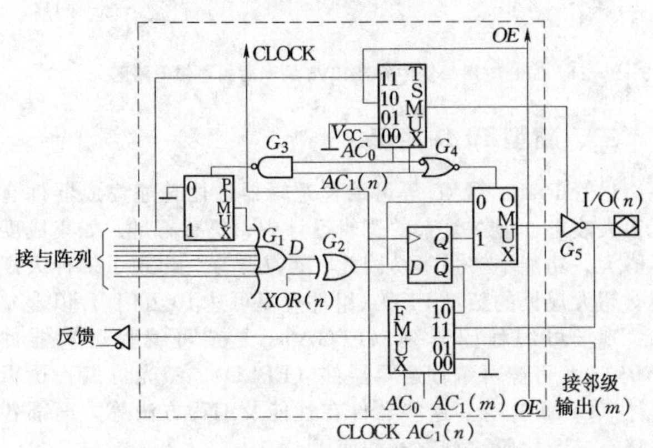

图 3-9-17　输出逻辑宏单元 OLMC 的结构

表 3-9-5　OLMC 输出工作方式和有关控制位的关系

SYN	AC_0	AC_1 (n)	XOR (n)	输出方式	输出极性
1	0	1	×	专用输入	输出不通
1	0	0	0	专用组合输出	低电平有效
			1		高电平有效
1	1	1	0	组合输出（带选通）	低电平有效
			1		高电平有效
0	1	1	0	组合和寄存混合输出	低电平有效
			1		高电平有效
0	1	0	0	寄存输出	低电平有效
			1		高电平有效

除此以外，GAL16V8 内部还有电子标签阵列、结构控制字阵列以及加密、擦除单元等。见图 3-9-18 行地址影射图。其中的电子标签（ES）起“记事簿”的作用，用来存储用户必要的信息，以便于管理，如所设计电路的代码、设计者姓名、编程日期等信息都可存入，电子标签行不受加密位的影响，随时可以读出；加密单元用于给已编程的 GAL 器件加密，加密后所存信息再不能读出（电子标签除外），从而起到保密作用，直到整体擦除时，加密作用才能去掉；结构控制字阵列，共 82 位，每位的定义见图 3-9-19，其中 n 代表管脚号，结构控制字很重要，它的状态直接决定了编程结果。

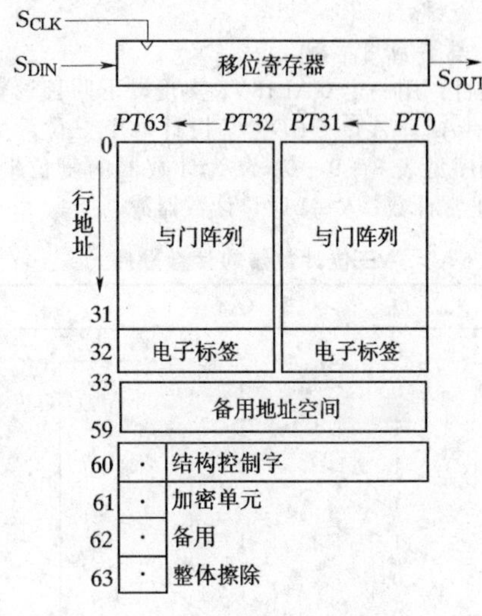

图 3-9-18　GAL16V8 行地址影射图

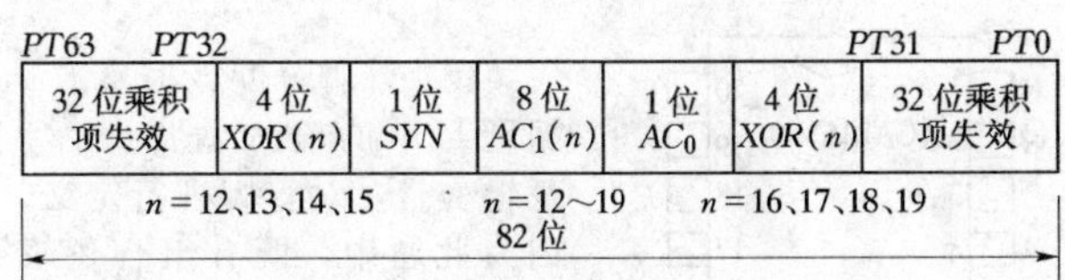

图 3-9-19　GAL16V8 结构控制字

3. GAL 的技术参数

不同型号的 GAL 参数有所不同，下面给出 GAL16V8 的部分参数，仅供参考：

电源电压：4.75～5.25V

输入引脚漏电流：±10μA（max）

输出引脚漏电流：±10μA（max）

电源工作电流：45mA（max）

输出短路电流：130mA（max）

输出低电平：0.5V（max）

输出高电平：2.4V（min）

输入高电平：2.0V～U_{CC}±1V

输入低电平：0.8V（max）

4. GAL 器件的使用过程

利用 GAL 器件进行逻辑设计时，一般要经过以下几步：

（1）挑选 GAL 器件类型。主要考虑输入、输出端的数量。目前，最常用的 GAL 器件有 GAL16V8 和 GAL20V8。

（2）根据逻辑设计中所需的逻辑变量和 GAL 器件管脚的性质，对管脚进行定义。

（3）选用一种适合于 GAL 器件的编程软件，根据逻辑要求和需要的工作方式，编制源程序文件。

（4）上机调试源程序文件，最后得出对 GAL 进行编程的下载文件（XX.JED）。

（5）将 PLD 编程器和计算机连接，利用编程下载文件对 GAL 编程。GAL 被编程后，还可利用校验程序对所写内容进行校验，准确无误后，最后对 GAL 加密。

对 GAL 编程结束后，若想修改设计，只需将 GAL 中原有内容加电擦掉，写入新的程序，元器件照常使用。因此，GAL 器件使用起来既经济又方便。

有关 PLD 的编程软件，目前已有多种，如 ABEL、CUPL、FM 等。软件的内容，这里不再介绍，请查阅有关资料。

5. GAL 器件应用举例

（1）题目：用一个 GAL16V8 实现以下两种逻辑关系：①$F=\overline{AB}+A\,\overline{D}+BD$。②设计一个三位计数器，计数顺序见表 3-9-6。R 为计数器的复位端。$R=0$ 时，正常计数；$R=1$ 时，计数器清 0。

表 3-9-6　三位计数器的计数顺序

Q_2	Q_1	Q_0
0	0	0
0	0	1
0	1	1
0	1	0
1	1	0
1	1	1
1	0	1
1	0	0

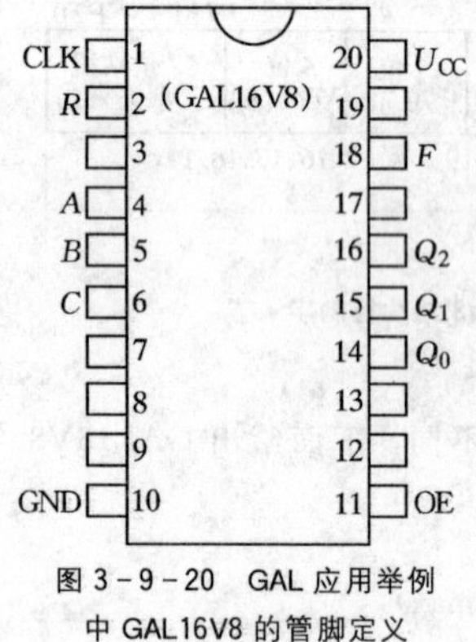

图 3-9-20　GAL 应用举例中 GAL16V8 的管脚定义

（2）管脚分配：根据题目中的输入输出逻辑变量，对管脚进行定义。因为此题中，既有组合逻辑又有时序逻辑，所以 1 脚必须用做时钟输入端，11 脚用做输出使能控制端。该例中输入、输出管脚名称见图 3-9-20。

（3）GAL16V8 按题目要求编程后的逻辑电路见图 3-9-21。

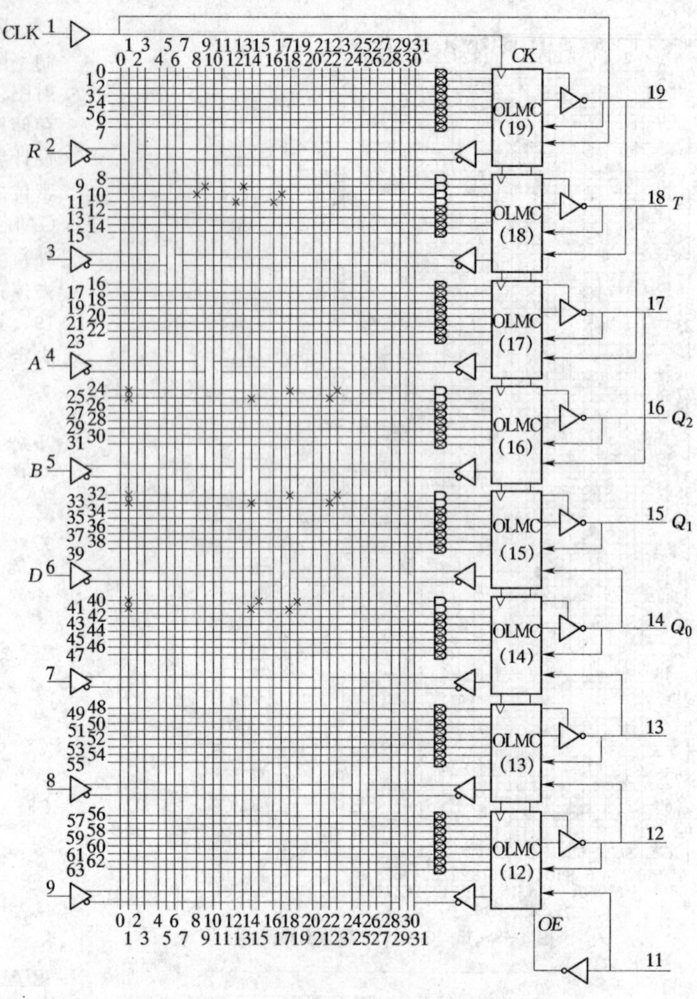

图 3-9-21　GAL 应用举例中 GAL16V8 编程后的逻辑电路图

三、新型 PLD 简况

尽管 PAL、GAL 等可编程逻辑器件比普通集成器件有了很大改进，但在复杂的逻辑设计中，仍感不足。如集成度不够大、功能不够强等。因此，近几年来，出现了多种大规模、超大规模的新型 PLD（组件规模可达 10 万门/片以上）。如：现场可编程门阵列（FPGA）、复杂可编程逻辑器件（CPLD）、可擦可编程逻辑器件（EPLD）、激光可编程逻辑器件（LPLD）等。这些器件在性能及编程方法等方面都各有特点，今后应注意学习和使用。

第四章　电力电子技术

第一节　电力常用半导体器件

一、变容二极管

变容二极管是一种特殊二极管，具有重量轻、强度高、寿命长、转换快、防尘防潮、抗冲击振动、受温度的影响小等优点，广泛应用于电子调谐、精密调谐、遥控（如收录机、录像机、电视机的遥控选台器、触摸选台、自动搜索调谐）等中。

（一）工作原理

变容二极管是反向偏置二极管，其工作原理是通过改变变容二极管两端的反向电压的大小引起电容的变化，其容量的大小随着加在管子两端的反向电压而变化，当反向偏置电压增加时，阻挡层、（PN 结）变宽，二极管呈现的电容变小，反之，则加大。如图 4-1-1 所示。根据 PN 结的结构和结面附近杂质的分布情况，可分为缓变结、突变结和超突变结。

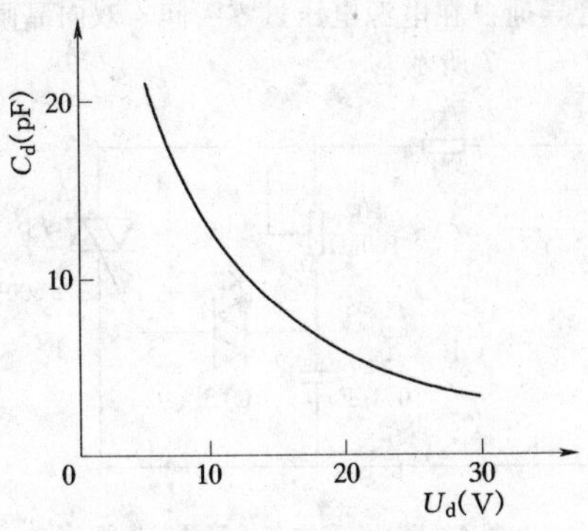

图 4-1-1 变容管特性曲线

变容二极管的等效电路及符号见图 4-1-2。

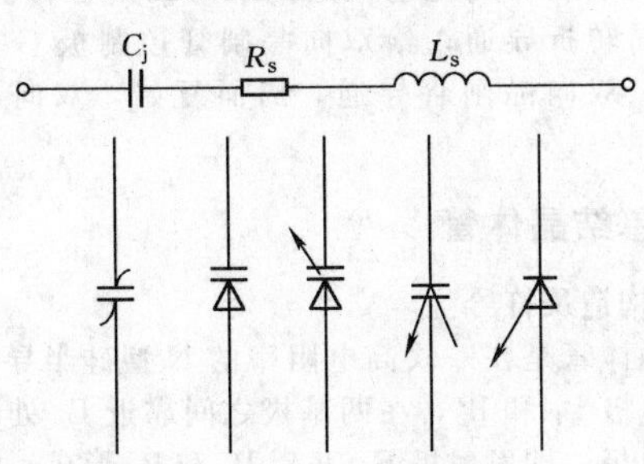

图 4-1-2 等效电路及符号

$$C_d \approx C_j = \frac{C_0}{\left(1+\frac{U_d}{U_0}\right)^n}$$

式中 C_d——加反向电压 U_d 时的结电容；

C_0——零偏压时的电容；

C_j——可变的结电容；

U_d——加在管子上的反向偏压；

U_0——接触电位，硅管 $U_0=0.5\sim0.75$V，砷化镓变容二极管 $U_0=1.2\sim1.3$V；

n——由结的浓度梯度决定的常数，缓变结 $n=1/3$，突变结 $n=1/2$，超突变结 $n=1\sim5$。

（二）主要参数

（1）击穿电压 BU_d。当反向电压超过某一值时，变容二极管将产生雪崩击穿，这时的电压值称反向击穿电压。

（2）结电容。一般规定在反向电压为 3V 和 25V 时检测管子电容的大小，因此反向偏压的下限不得小于 2V，其值由工作频率范围和选用的电感值来决定。

（3）变容比

$$f_{hmax}/f_{lmin}=\frac{n}{2}(U_0+U_{dmax})/(U_0+U_{dmin})$$

（4）品质因数

$$Q=\frac{1}{2\pi f r_s C_j}$$

式中 r_s——等效电阻，取决于二极管的材料、结面的大小和 PN 结厚度。

$Q=1$ 时的频率称为截止频率。

二、开关二极管

（一）构造和工作原理

开关二极管是利用 PN 结具有单向导电作用的特性，在工艺和结构上采取专门措施，使之除了满足一般二极管要求外，还必须具有更小的正向电阻、更大的反向电阻和较高的开关速度的二极管。开关二极管具有寿命长、可靠性高、开关速度高、体积小、易于实现程序控制等优点，广泛应用于自动控制设备、电子测量仪器和家用电器等方面。

（二）开关二极管的应用

1. 削波器

开关二极管构成削波器，主要用在脉冲电路，用来控制输出波形。由于二极管在电路中的接法不同，可组成串联削波器和并联削波器。

（1）串联削波器。

开关二极管与负载串联，由于所接开关二极管极性不同，可以削去负半周、输出正半周，也可以削去正半周，输出负半周。当对输出波形有一定数值要求时，可预先给定要求电压值。电路与波形见图 4-1-3。

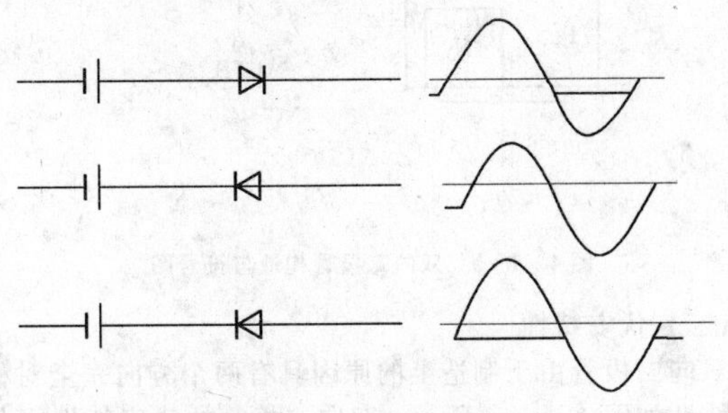

图 4-1-3 串联削波电路

（2）并联削波器。

将开关二极管与负载并联如图 4-1-4 所示。

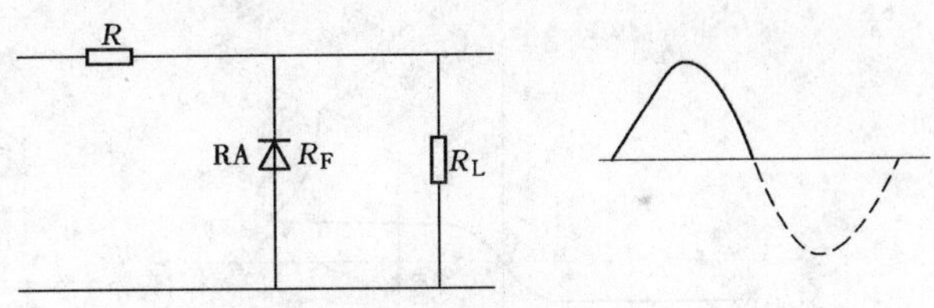

图 4-1-4 并联削波电路

R—削波电阻；R_F—开关二极管 RA 正向电阻；R_L—负载电阻

图中

$$R_L \gg R \gg R_F$$

当 U_S 正半周时，开关二极管 V 截止，U_S 被 R 与 R_F 分压，有

$$U_0=\frac{R_L}{R_L+R}U_S$$

因为 $R_L \gg R$

所以 $U_0 \approx U_S$

故此时有正半周输出。

当 U_S 负半周时，开关二极管 RA 导通，U_S 被 R 与 R_F 分压，则有

$$U_0=\frac{R_F}{R+R_F}U_S$$

因为 $R \gg R_F$

所以 $U_0 \approx 0$

故此时负半周被削掉。

2. 门电路

门电路主要用于数字电路，广泛用于计算机、数字通讯和数字仪表，它能实现在一定条件下控制信号的通、断。门电路已在第三篇中做过介绍，这里不再重复。

三、双向二极管

（一）构造与符号

双向二极管又叫双向触发二极管。它是一个小功率五层（NPNPN）两端元件，主要用于触发双向晶闸管。其构造与符号见图 4-1-5。

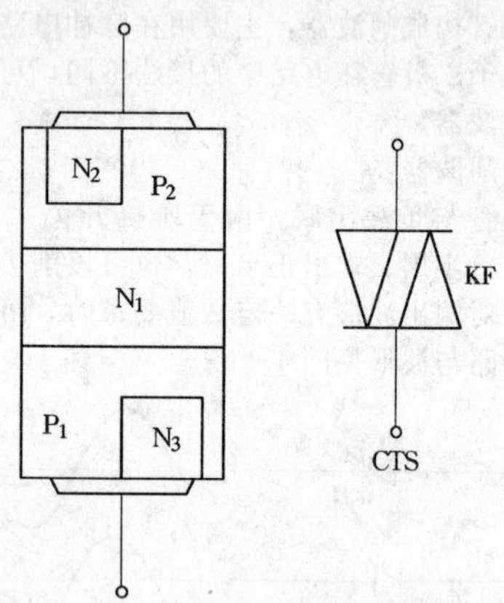

图 4-1-5 双向二极管构造与符号图

（二）伏安特性

双向二极管由于制造上的原因具有两个方向完全对称的伏安特性如图 4-1-6 所示。双向二极管的伏安特性可分三个区：

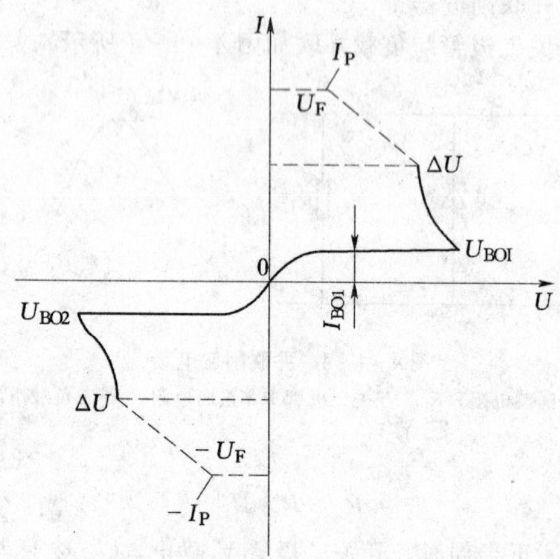

图 4-1-6 双向二极管伏安特性

(1) 0～U_{B01}，截止区。呈高阻状态，双向二极管工作时，大部分时间停留在这个区。

(2) U_{B01}～U_F，负阻区。是双向二极管工作的基础。

(3) U_F～I_F，导通区。呈正向电阻，电压随电流的增加而增加。进入该区后，管子已超过最大功耗，故不能长期工作在这个区。

双向二极管的主要参数如下：

I_P——峰值电流，2A；

U_{B01}，U_{B02}——转折电压 20～40V；

I_{B01}，I_{B02}——转折电流，μA；

U_P——峰值电压，V；

I_F——维持电流，1～70mA；

ΔU_{B0}——转折电压偏差，ΔU_{B0}＜2V，愈小愈好。

（三）工作原理

当电源电压为正半周时，电源通过 R 向电容 C 充电，其极性为上正下负。当电容上电压达到双向二极管转折电压时，二极管转折导通，给双向晶闸管控制极一个正向脉冲，双向晶闸管导通。在电源电压过零瞬间，双向晶闸管自动关断，如图 4-1-7 所示。

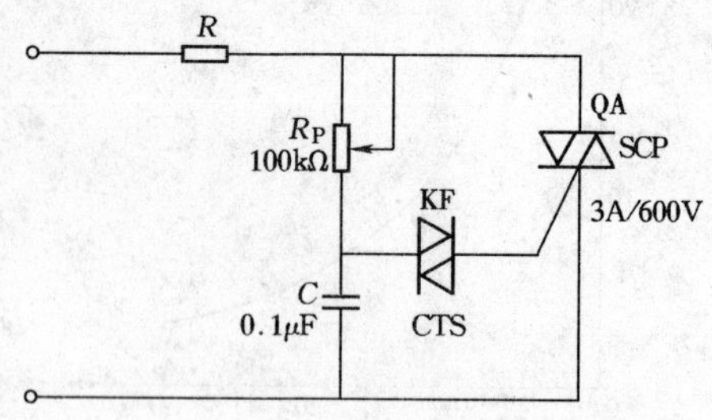

图 4-1-7 双向二极管调节电路

当电源电压负半周时，电源对电容 C 反向充电，其极性为上负下正。当此电压达到双向二极管转折电压时，二极管反向转折导通，给双向晶闸管控制极 G 一个反向触发脉冲，双向晶闸管导通。周而复始，双向晶闸管反复导通。

四、单结晶体管

（一）构造及符号

单结晶体管是在一块高电阻率的 N 型硅半导体基片上引出两个电极 B_1 和 B_2，在两基极之间靠近 B_2 处掺入 P 型杂质引出电极，即发射极 E。E 对 B_1 和 B_2 形成一个 PN 结，故称单结晶体管。同时又因为有两基极，故又称双基极二极管。B_1 称为第一基极，B_2 称为第二基极。R_{B1} 和 R_{B2} 分别为两个基极至 PN 结之间的电阻。$R_{BB}=R_{B1}+R_{B2}$，R_{BB} 为两基极之间的电阻，也就是硅片本身的电阻，约为 4～10kΩ。见图 4-1-8。

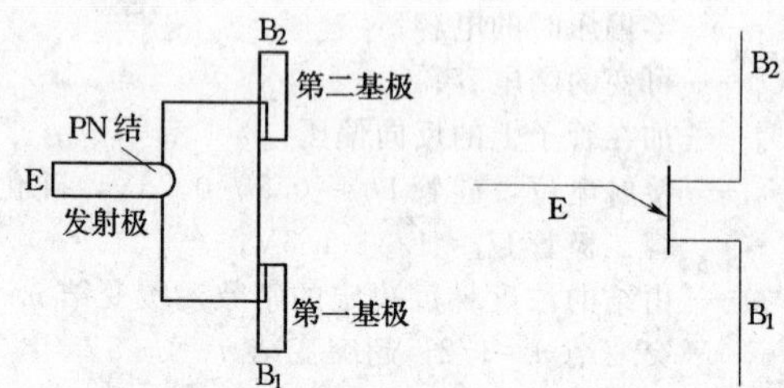

图 4-1-8 单结晶体管结构示意图及符号

（二）伏安特性

单结晶体管伏安特性是指当 U_{BB} 固定时，发射极电流 I_E 与电压 U_{EB1} 之间的关系，见图 4-1-9。

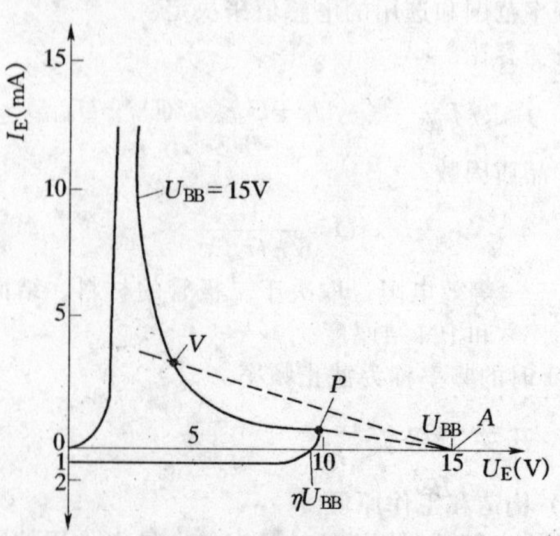

图 4-1-9 单结晶体管的伏安特性曲线

特性曲线说明了单结晶管工作过程中存在三个区：截止区、负阻区和饱和区。

U_{BB}在R_{B1}和R_{B2}上的分压，使发射极处N区的电位为ηU_{BB}［η为分压比，$\eta=R_{B1}/(R_{B1}+R_{B2})$］。$U_E<\eta U_{BB}$时，发射结反向偏置。这时只有PN结反向电流$I_{EBO}$由$B_2$流入E极，管子处于截止状态。对应于这一段的曲线为截止区。当$U_E=\eta U_{BB}+U_f$（U_f是PN结正向压降）时，发射结正向偏置而通导。这相应图中的峰点P。导通后，空穴由E注入B_1端，使R_{B1}减小，以致R_{B1}上的分压低于ηU_{BB}。这将使发射结更为正偏，有更多的空穴注入，R_{B1}更低，形成正反馈。I_E剧增，一直到电压的谷点V，如图中PV段曲线所示。在PV段内，电流增加而电压降低，其动态电阻为负值，称为负阻区。在谷点左方，由于载流子浓度增加，它们的复合几率增加，从而阻止电阻的降低，U_E重新随I_E的增加而逐渐增加。谷点以左的区域称为饱和区，其动态电阻是正值。单结管常工作在负阻区，组成弛张振荡器。

（三）工作原理

单结晶体管弛张振荡电路及电压波形见图4-1-10。

接通电源后，E通过R_P向电容C充电，时间常数为$\tau=R_PC$。U_C逐渐升高，当$U_C=U_P$时，单结晶体管导通，电容C通过R_1放电，时间常数为R_1C。由于R_1取值较小，放电很快，放电电流在R_1上形成一个脉冲中压U_G。当$U_C<U_V$时，管子截止，电源再次通过R_P向C充电。重复上述过程，于是在电阻上可得到一串脉冲电压。

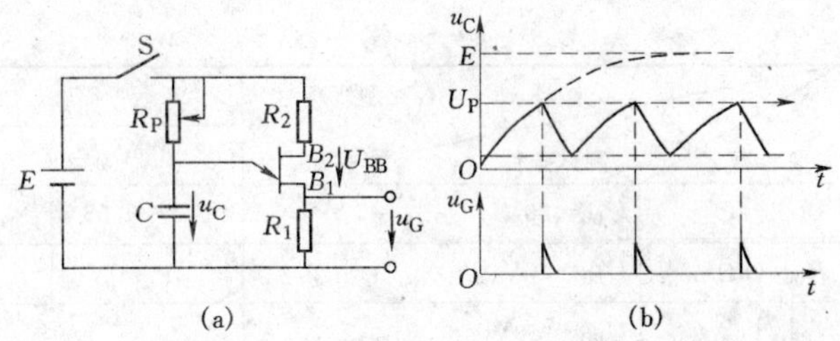

图4-1-10　单结晶体管弛张振荡电路和电压波形
（a）弛张振荡电路；（b）脉冲电路波形

若改变R_P的阻值大小，可以使U_C达到谷点电压的时刻改变，随之可以改变脉冲电压出现的时刻，达到移相的目的。因此单结晶体管是一种比较理想的晶闸管整流器的触发元件。

（四）型号意义及主要参数

单结晶体管常用型号有BT31，BT33、BT35等，其符号意义如下：

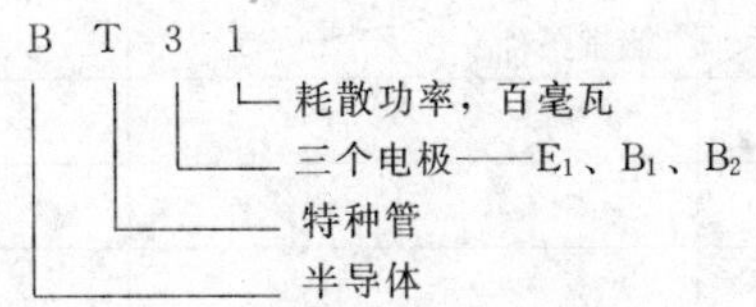

单结晶体管主要参数见表4-1-1。

表4-1-1　单结晶体管主要参数表

主要参数	测试条件 \ 型号	BT31					
		31A	31B	31C	31D	31E	31F
η	$U_{BB}=20V$	0.3～0.55	0.3～0.55	0.45～0.75	0.45～0.75	0.65～0.9	0.65～0.9
R_{BB}（kΩ）	$U_{BB}=20V$、$I_E=0$	3～6	5～12	3～6	5～12	3～6	5～12
I_{EB1}（μA）	$U_{EB1}=60V$	≤1					
U_{ES}（V）	$U_{BB}=20V$、$I_E=50mA$	≤5					
I_P（μA）	$U_{BB}=20V$	≤2					
I_V（mA）	$U_{BB}=20V$	≥1.5					
U_V（V）	$U_{BB}=20V$	≤2					
I_{B2}（mA）	$U_{BB}=20V$、$I_E=50mA$	5～30					
P_m（mW）	$I_E=10mA$	100					

主要参数	测试条件 \ 型号	BT32					
		32A	32B	32C	32D	32E	32F
η	$U_{BB}=20V$	0.3～0.55	0.3～0.55	0.45～0.75	0.45～0.75	0.65～0.9	0.65～0.9
R_{BB}（kΩ）	$U_{BB}=20V$、$I_E=0$	3～6	5～12	3～6	5～12	3～6	5～12
I_{EB1}（μA）	$U_{EB1}=60V$	≤1					
U_{ES}（V）	$U_{BB}=20V$、$I_E=50mA$	≤4.5					
I_P（μA）	$U_{BB}=20V$	≤2					
I_V（mA）	$U_{BB}=20V$	>1.5					
U_V（V）	$U_{BB}=20V$	≤3.5					
I_{B2}（mA）	$U_{BB}=20V$、$I_E=50mA$	8～35					
P_m（mW）	$I_E=20mA$	250					

续表

主要参数	测试条件	型号 BT33 33A	33B	33C	33D	33E	33F
η	$U_{BB}=20V$	0.3～0.55	0.3～0.55	0.45～0.75	0.45～0.75	0.65～0.9	0.65～0.9
R_{BB}（kΩ）	$U_{BB}=20V$、$I_E=0$	3～6	5～12	3～6	5～12	3～6	5～12
I_{EB1}（μA）	$U_{EB1}=60V$	≤1					
U_{ES}（V）	$U_{BB}=20V$、$I_E=50mA$	≤5					
I_P（μA）	$U_{BB}=20V$	≤2					
I_V（mA）	$U_{BB}=20V$	≥1.5					
U_V（V）	$U_{BB}=20V$	≤2					
I_{B2}（mA）	$U_{BB}=20V$、$I_E=50mA$	8～40					
P_m（mW）		300					

主要参数	测试条件	型号 BT35 35A	35B	35C	35D
η		0.45～0.9		0.3～0.9	
R_{BB}（kΩ）		2～4.5		4.5～12	
I_{EB1}（μA）		≤2		≤2	
U_{ES}（V）		≤4		≤4.5	
I_P（μA）					
I_V（mA）		≥1.5		≥1.5	
U_V（V）					
I_{B2}（mA）		5～35		40～45	
P_m（mW）		500		500	

五、大功率晶体管 GTR

大功率晶体管简称 GTR，通常是指耗散功率在 1W 以上的晶体管。目前已进入了高电压、大电流领域，单管可以达到 1kV、200A，模块可以达到 1.2kV、800A 以上。可用于直流稳压电源、直流电机控制、变流、炉温控制、大功率脉冲发生器等。

（一）GTR 模块

GTR 模块分一单元、两单元和六单元，一单元是将达林顿芯片、续流二极管和加速二极管通过内部引线连接，封装在同一外壳中的器件。主要用作高压大电流开关。通常额定电压大于 1kV 的 GTR 模块均采用三级达林顿结构，如图 4-1-11 所示。图中 QA_1、QA_2、QA_3、为三只大功率晶体管；RA_1、RA_2 是加速二极管，其额定电流与模块额定电流的 1/8，耐压在 100V 左右；RA_3 是续流二极管，采用快速恢复二极管，当 GTR 关断后，为感性负载中贮存的能量提供释放通道，借以提高装置效率，其额定电流与模块额定电流相同，额定电压接近于达林顿管的 BU_{CE0}；R_1、R_2、R_3 是稳定电阻，其作用是减小输出电流随温度的变化率、降低关断时的漏电流、提高当输入开路时的击穿电压，一般情况下，$R_1>R_2>R_3$。两单元和六单元分别是将上述两组或六组器件封装在同一外壳中。六单元可直接方便的用于交流三相电路。

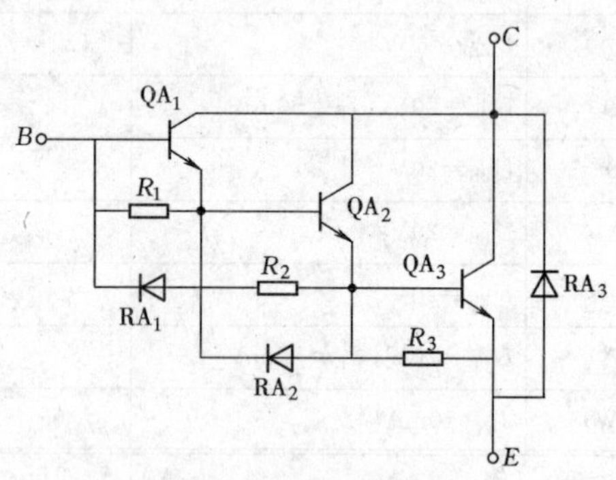

图 4-1-11　GTR 模块电路

常用的型号为：

MJ——大功率晶体、达林顿管；

QCA——达林顿晶体管模块；

QF——功率晶体管模块。

从国外产品看，50A 以上的模块容量分别为 75、100、150、200A 和 300A，其内部结构达林顿芯片只有 50A 和 75A 两种。75A 以上的模块均由 2 个或 4 个相同芯片在内部并联后封装。

由于 GTR 具有自关断能力，并能在高频下工作，因此在直流传动、电源装置和逆变系统中得到广泛应用。

（二）GTR 的极限参数

（1）集电极最大电流 I_{CM}。根据 GTR 能稳定工作、不引起大电流效应的特点，通常将当管子放大倍数下降到出厂参数的一半时的 I_C 值规定为 I_{CM}。这表明管子正常工作时 I_C 只能用到 I_{CM} 的一半。

(2) 集电极最大耗散功率 P_{CM}。它的大小是由集电极工作电压和集电极工作电流的乘积来表示的。这部分能量全部转为热能，如不及时散掉，管子会因结温升高而损坏。

(3) 反向击穿电压 BU_{CEo}。实际工作电压要小于这个值。因为管子在工作时，当集电极电压高到一定值（尚未达到极限值）时，会发生雪崩效应产生二次击穿。二次击穿在发射结正偏、反偏和零偏时都可能发生。为防止二次击穿，要选用足够大的功率。

GTR 安全工作区见图 4-1-12。参数表见表 4-1-2 及表 4-1-3。

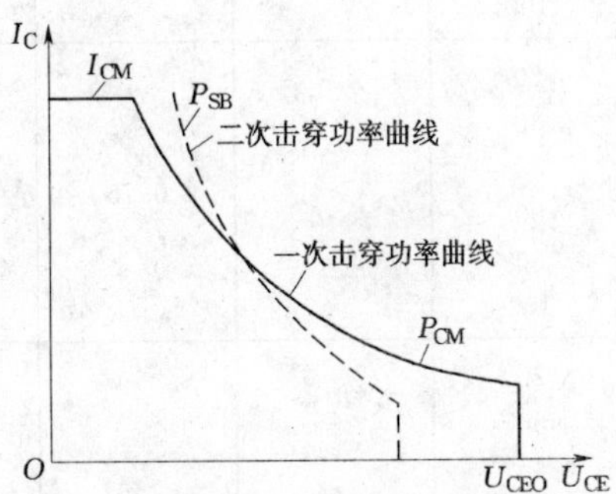

图 4-1-12 GTR 安全工作区

表 4-1-2 大功率晶体管及模块的极限参数

型 号	I_{CM} (A)	BU_{CEo} (V)	P_{CM} (W)
MJ50BK100	50	1000	350×2
MJ50AC100	50	1000	350
MJ75B×100	75	1000	400×2
MJ300AV100	300	1000	1600
MJ802	30	90	200NPN
MJ4502	30	90	200PNP
MJ10012	10	450	175NPN
MJ10016	50	500	250
MJ10021	60	250	250
MJ10023	40	400	250
MJ10025	20	850	250
MJ11032	50	120	300NPN
MJ11033	50	120	300PNP
MJ13333	20	400	250
MJ13335	20	500	250
MJ15024	16	250	250NPN
MJ15025	16	250	250PNP
MJE13005	4	400	
MJE13007	8	400	

表 4-1-3 低频大功率三极管特性表

型 号	直流参数				极限参数				
	I_{CBO} (μA)	I_{CEO} (μA)	U_{CES} (V)	h_{FE}	BU_{CBO} (V)	BU_{CEO} (V)	BU_{EBO} (V)	I_{CM} (A)	P_{CM} (W)
3AD1 3AD2 3AD3 3AD4	≤400			≥20 ≥40 ≥60 ≥20	45 45 45 70		30 30 20 55	1.5	10
3AD6A 3AD6B 3AD6C	≤400 ≤300 ≤300	≤2500	≤0.8	≥12	50 60 >0	18 24 30	20	2	10
3AD11 3AD12 3AD13 3AD14 3AD15 3AD16 3AD17	≤500 ≤400		≤0.5 ≤0.35	≥5 15～40 10～40 15～40 ≥30 ≥30 ≥30	60 70 40 60 60 40 40			5	20
3AD18A 3AD18B 3AD18C 3AD18D	≤1000		≤0.9 ≤0.9 ≤1.0 ≤0.9	≥25 ≥15 ≥15 ≥25	80 50 80 120	40 20 60 60	40 40 40 80	15	
3AD30A 3AD30B 3AD30C	≤500	≤15 ≤10 ≤10	≤1.5 ≤1 ≤1	12～100	50 60 70	12 18 24	20 20 20	4	20
3DD1A 3DD1B 3DD1C 3DD1D 3DD1E	<15	<50		≥12 12～25 25～35 ≥35 ≥20	≥35	≥15 ≥30 ≥30		0.30	1

续表

型号	直流参数				极限参数				
	I_{CBO} (μA)	I_{CEO} (μA)	U_{CES} (V)	h_{FE}	BU_{CBO} (V)	BU_{CEO} (V)	BU_{EBO} (V)	I_{CM} (A)	P_{CM} (W)
3DD2A	≤50		0.7	≥10		20	≥4	0.5	3
3DD2B						30			
3DD2C						45			
3DD2D						60			
3DD2E						80			
3DD2F						100			
3DD3A	≤100		1	≥10		20	≥4	0.75	5
3DD3B						30			
3DD3C						45			
3DD3D						60			
3DD3E						80			
3DD3F						100			
3DD4A	≤100		≤1	≥10		20	≥4	1.5	10
3DD4B						30			
3DD4C						45			
3DD4D						60			
3DD4E						80			
3DD4F						100			
3DD5A	300		2	≥10		20	≥4	2.5	25.5
3DD5B						30			
3DD5C						45			
3DD5D						60			
3DD5E						80			
3DD5F						100			
3DD6A	500		3	≥10		30	≤4	5	50
3DD6B						45			
3DD6C						60			
3DD6D						70			
3DD6E						90			
3DD6F						120			
3DD7A	100		1～2	10～20	50	40	>5	6	100 (75)
3DD7B			<1	10～20	70	60			
3DD7C			<1	≥20	120	100			
3DD7D			<1	≥10		120			
3DD8A	100		1～2	10～20	50	50	>5	7.5	150
3DD8B			<1	10～20	70	60			
3DD8C			<1	>20	120	100			
3DD8D			<1	>10		120			
3DD100			≤1	≥20	150～350			1.5	20
3DD101			≤3	≥10	200～700			2	30
3DD102			≤3	≥10	200～700			3	50
3DD103			≤2	≥10	300～1500			3	50
3DD104			≤2	≥10	300～1500			3	50

注 3AD1～5 带 120mm×120mm×3mm 散热片；3AD6A～C 带 120mm×120mm×4mm 散热片；3AD11～17 带 200mm×200mm×4mm 散热片。

六、绝缘门极晶体管 IGBT

IGBT 是一种新型的复合器件，集 MOSFET 和 GTR 的优点于一身，具有输入阻抗高、速度快、热稳定性好和驱动电路简单的特点，同时具有通态电压低、高压大电流等优点，在电机控制、开关电源、交流伺服、感应加热以及家用电器中广泛应用。

（一）IGBT 工作原理

IGBT 是以 GTR 为主导元件、MOSFET 为驱动元件的达林顿结构器件其等效电路如图 4-1-13 所示。图 4-1-

14中所示电路MOSFET为N沟道型，GTR为PNP型，故为N沟道IGBT，如果是P沟道IGBT，则图中箭头方向相反。

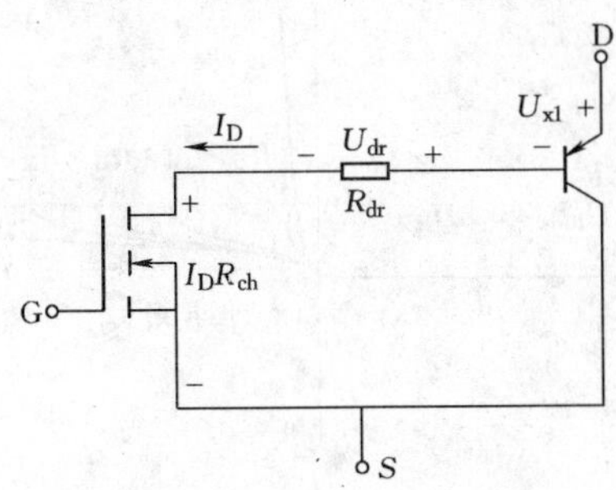

图4-1-13 IGBT简化等效电路

R_{dr}—厚基区GTR基区内扩散电阻

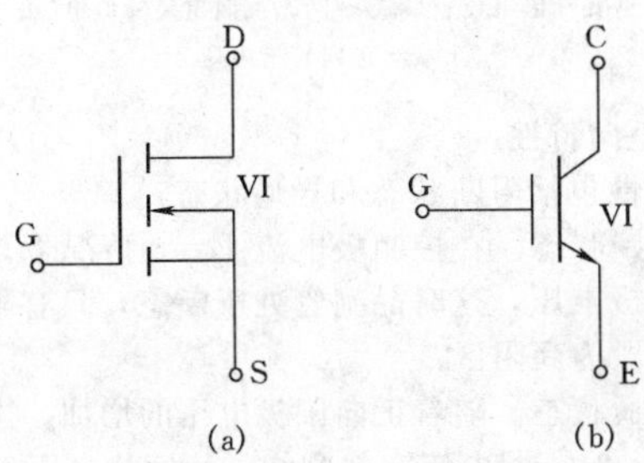

图4-1-14 N-IGBT图形符号

IGBT的开通与关断是由门极电压来控制的。当门极加正电压时，MOSFET内部形成沟道，并为PNP提供基极电流，从而使IGBT导通，此时，具有低的通态电压。在门极加负电压时，MOSFET内的沟道消失，PNP的基极电流被切断，IGBT关断。

（二）IGBT的特性

IGBT的静态特性包括伏安特性、转移特性、开关特性（包括通态特性和断态特性），见图4-1-15。

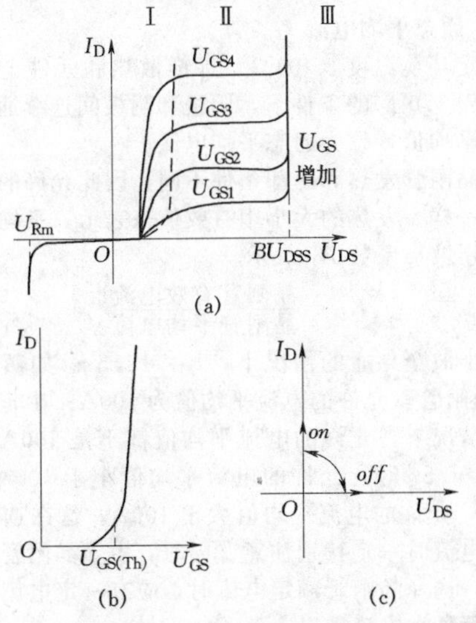

图4-1-15 IGBT的静态特性

(a) 伏安特性；(b) 转移特性；(c) 开关特性

(1) 伏安特性，是指以U_{GS}为参变量时，漏极电流和漏极电压间的关系曲线。I_D受U_{GS}的控制，U_{GS}愈高，I_D愈大。如图(a)所示分为Ⅰ饱和区、Ⅱ放大区和Ⅲ击穿区。

(2) 转移特性，是指输出漏电流和U_{GS}之间的关系曲线。当U_{GS}小于开启电压时，IGBT处于关断状态，在导通后I_D与U_{GS}呈线性关系。一般U_{GS}取15V左右为好。

(3) 开关特性。通态时，只有很小的通态压降，约2～3V；关断时，只有很小的泄漏电流。

IGBT主要型号有：

CM——高速型IGBT模块；

2MBI——快速型绝缘栅双极型晶体管；

IMBH——单管绝缘双极型晶体管。

IBGT主要技术参数表见表4-1-4。

表4-1-4 IGBT主要技术参数表

	型号	I_{CM} (A)	BU_{CEO} (V)	P_{CM} (W)
快速型	2MBI50—060	50	600	260×2
	2MBI75—060	75	600	325×2
	2MBI100—060	100	600	400×2
	2MBI150—060	150	600	600×2
	2MBI200—060	200	600	800×2
	2MBI300—060	300	600	1200×2
	2MBI400—060	400	600	1600
	2MBI25L—120	25	1200	250×2
	2MBI50L—120	50	1200	400×2
	2MBI75L—120	75	1200	600×2
	2MBI100L—120	100	1200	800×2
	2MBI150L—120	150	1200	1200×2
	2MBI200L—120	200	1200	1600×2
	2MBI300L—120	300	1200	2000×2
高速型	CM50DY—24E	50	1200	400×2
	CM75DY—24E	75	1200	600×2
	CM100DY—24E	100	1200	780×2
	CM150DY—24E	150	1200	1100×2
	CM400DY—24E	400	1200	2800×2
	CM600DY—24E	600	1200	4200×2
单管	IMBH50—090	50	900	200
	IMBH60—100	60	1000	260

第二节 晶闸管

一、晶闸管的结构和工作原理

晶闸管是晶体闸流管的简称，又叫可控硅，是一种大功率变流器件。包括普通晶闸管、双向晶闸管、快速晶闸管、可关断晶闸管、光控晶闸管和逆导晶闸管。

（一）晶闸管的结构

晶闸管是一种大功率PNPN四层半导体元件。常用的有螺栓式和平板式两种。200A以上均用平板式。它有三个电极，即阳极A、阴极K和控制极G，如图4-2-1所示。大功率晶闸管工作时必须安装散热器，并且可采用自冷、风冷和水冷三种形式，如图4-2-2所示。

（二）工作原理

从晶闸管内部结构入手不难分析晶闸管的触发导通原理。可以把构成晶闸管PNPN四层半导体在接触面所形成的三个PN结，看成是由$P_1N_1P_2$与$N_1P_2N_2$三极管组成，如图4-2-3所示。KF_1的集电极电流同时是KF_2的基极电流，KF_2的集电极电流同时又是KF_1的基极电流。当阳极加上正向电压后，一旦有足够的门极电流流入时，就形成强

烈的正反馈，即

$$I_G\uparrow \rightarrow I_{B2}\uparrow \rightarrow I_{C2}\uparrow = I_{B1}\uparrow \rightarrow I_{C1}\uparrow$$

瞬时两个晶体管将达到饱和导通，即晶闸管触发导通。

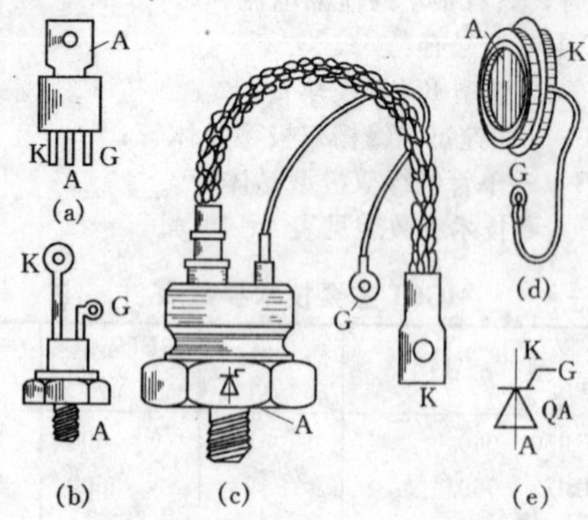

图 4-2-1　晶闸管的外形及符号

(a) 小电流塑封式；(b) 小电流螺旋式；(c) 大电流螺旋式；(d) 大电流平板式；(e) 图形符号

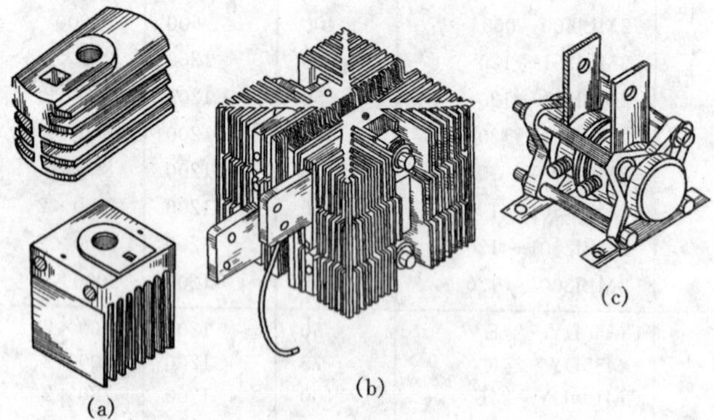

图 4-2-2　晶闸管散热器

(a) 自冷；(b) 风冷；(c) 水冷

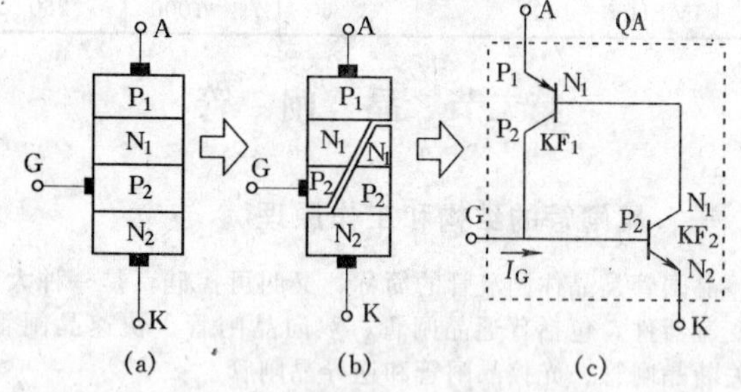

图 4-2-3　晶闸管工作原理图

晶闸管触发导通的条件是：

(1) 阳极 A 加正电压，阴极 K 加负电压。

(2) 控制极 G 加正电压，阴极 K 加负电压。

晶闸管一旦触发导通后，控制极便失去作用，即控制极只能触发晶闸管导通，而不能使已导通了的晶闸管关断。要使已导通的晶闸管关断，可使阳极电流小于维持电流，或断开阳极电源，或加反向电压。

二、晶闸管阳极伏安特性

晶闸管阳极与阴极间的电压和晶闸管阳极电流的关系称为阳极伏安特性，如图 4-2-4 所示。

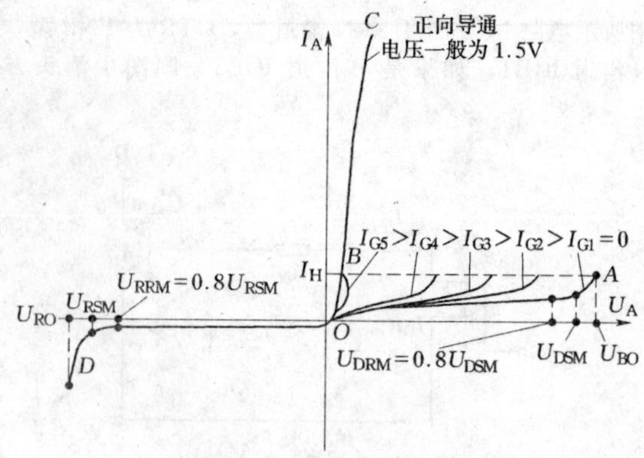

图 4-2-4　晶闸管阳极伏安特性

U_{RO}—反向击穿电压；U_{DRM}—断态正向重复峰值电压；U_{RSM}—断态反向不重复峰值电压；U_{DSM}—断态正向不重复峰值电压；U_{RRM}—断态反向重复峰值电压；U_{BO}—正向转折电压

（一）正向特性

正向特性包括阻断状态和导通状态：

(1) 阻断状态。在控制极电流 $I_g=0$ 情况下，逐渐加晶闸管正向阳极电压，这时晶闸管处于断态，只有很小的正向漏电流。此段为高阻区。

(2) 导通状态。随着正向阳极电压的增加，当达到正向转折电压 U_{BO} 时，漏电流突然剧增，特性从高阻区经负阻区到达低阻区，即导通状态。此特性和二极管正向特性相似，通过较大的阳极电流，自然压降很小。

（二）反向特性

反向特性是指反向阳极电压与阳极漏电流的伏安特性，和一般二极管的反向特性相似。在正常情况下，管子承受反向阳极电压时，呈反向阻断状态。当反向阳极电压增加到一定数值时，反向漏电流增加较快，再继续增加反向电压时，会导致晶闸管反向击穿，造成晶闸管损坏。

三、晶闸管主要参数

（一）通态平均电流 I_T

在规定环境温度（40℃）、标准散热和元件全开通（导通角不小于 170°）的条件下，阳极和阴极间连续通过的工频正弦半波平均值，称为通态平均电流。

由于晶闸管发热和冷却条件不同，因此允许的通态平均电流也不一样。发热的大小用有效值来表示，平均值与有效值的关系用波形系数 K_{fT} 表示

$$K_{fT}=\frac{\text{晶闸管有效电流}}{\text{晶闸管平均电流}}$$

正弦半波全导通的情况下，$K_{fT}=1.5\eta$。如额定电流为 100A 的晶闸管，允许的电流平均值为 100A；在非正弦所有其他波形情况下，允许的电流平均值都不是 100A；当波形系数 $K_{fT}>1.5\eta$ 时，允许的电流平均值小于 100A；当 $K_{fT}<1.5\eta$ 时，允许的电流平均值大于 100A。这在选择计算晶闸管额定电流时一定特别注意。同时，由于晶闸管的电流过载能力低，选择晶闸管额定电流时，应有一定电流裕量，一般是将实际最大电流乘以 1.5～2。

（二）维持电流 I_H

使晶闸管维持导通所必须的最小主电流，称为维持电流。

（三）擎住电流 I_L

晶闸管刚从断态转入通态，并移除触发信号之后，能维持通态所需的最小主电流，称为擎住电流。对同一个管子来

说，$I_L \approx (2\sim4)\ I_H$。

（四）断态重复峰值电流 I_{DRM}

晶闸管承受断态重复峰值电压时对应的峰值电流，称为断态重复峰值电流。

（五）浪涌电流 I_{TSM}

在电路异常情况下，使结温超过额定结温的不重复性最大通态过载电流，称为浪涌电流。

（六）断态重复峰值电压 U_{DRM}

规定断态不重复降值电压的 80%为断态重复峰值电压，并规定反向不重复峰值电压的 80%为反向重复峰值电压，用 U_{RRM} 表示。U_{DRM}、U_{RRM} 的数值由参数表给出，至于不重复峰值电压值由厂家自定。

（七）额定电压

通常用 U_{DRM} 和 U_{RRM} 中较小的那个值标作器件型号上的额定电压。

晶闸管工作时，由于会出现环境温度升高、散热不良和出现各种过电压等情况，因此选用元件的额定电压值时应比实际工作时的最大电压大 2～3 倍。

（八）门极触发电流 I_G

使晶闸管由阻断转入通态所必须的最小门极电流，称为门极触发电流。产生门极触发电流所必须的最小门极电压称门极触发电压。

触发电压，电流受温度影响很大。当元件工作时温度升高，I_{GT} 和 U_{GT} 会显著降低；在冬季使用时，I_{GT} 和 U_{GT} 值会增加。使用时要注意这一特点。通常为了保证晶闸管可靠触发，外加门极电压的幅值要比 U_{GT} 大好几倍。

（九）du/dt、di/dt

du/dt、di/dt 均应小于参数表中给出的数值。当 du/dt 过大时会引起误导通，di/dt 太快时会造成晶闸管门极局部过热而损坏。国外已达到 1000V/μs、500A/μs。

（十）额定结温 T_{JM}

元件正常工作时所允许的最高结温，称为额定结温。在此温度下，一切有关的额定值和特性都能得到保证。

普通晶闸管主要参数表见表 4-2-1。

表 4-2-1　　**普通晶闸管主要参数表**

型号	I_T（AV）（A）	U_{DRM} U_{RRM}（V）	I_{DRM}（AV） I_{RRM}（AV）（mA）	T_{JM}（℃）	I_{GT}（mA）	U_{GT}（V）	du/dt（V/μs）	di/dt（A/μs）	I_{TSM}（A）
KP1	1	100～2000	≤1	100	3～30	<2.5	30	—	20
KP5	5	100～2500	≤1	100	5～70	<3.5	30	—	90
KP10	10	100～2500	≤1	100	5～100	<3.5	30	—	190
KP20	20	100～2500	≤1	100	5～100	<3.5	30	—	380
KP30	30	100～2500	≤2	100	8～150	<3.5	30	—	560
KP50	50	100～2500	≤2	100	8～150	<3.5	30	30	940
KP100	100	100～2500	≤4	115	10～250	<4	100	50	1880
KP200	200	100～2500	≤4	115	10～250	<4	100	80	3770
KP300	300	100～2500	≤8	115	20～300	<5	100	80	5650
KP400	400	100～2500	≤8	115	20～300	<5	100	80	7540
KP500	500	100～2500	≤8	115	20～300	<5	100	80	9420
KP600	600	100～2500	≤9	115	30～350	≤5	100	100	11160
KP800	800	100～2500	≤9	115	30～350	≤5	100	100	14920
KP1000	1000	100～2500	≤9	115	40～400	≤5	100	100	18600

晶闸管型号如下：

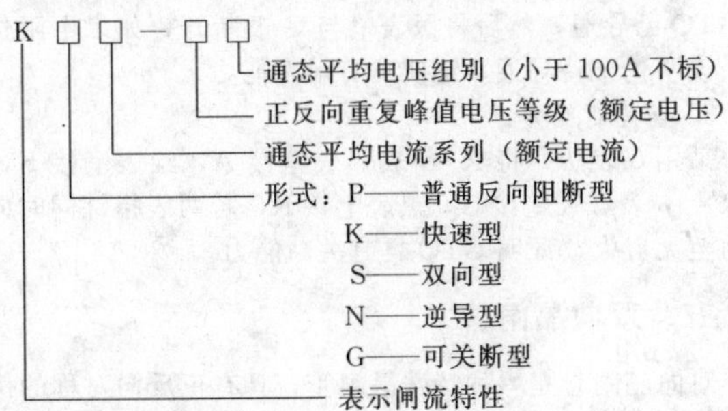

四、可关断晶闸管（GTO）

可关断晶闸管亦称门控晶闸管，是 70 年代末发展起来的一种电力半导体元件。它具有普通晶闸管的耐压高、容量大的特点，又具有开关工作频率较高，能经门极施加负脉冲实现自关断的优点，是理想的高压大电流开关器件。用于变流系统，不但可以简化结构、提高可靠性且利于实现系统的小型、轻量、低噪音及高效率比。因此，GTO 得到广泛应用。目前 GTO 容量已达到 3000A/4500V。

（一）结构与原理

可关断晶闸管结构及符号如图 4-2-5 所示，也是 PNPN 四层三端子元件，其等效电路同样可以看成是由 PNP 和 NPN 两只晶体管组成的反馈电路。其触发导通原理和普通晶闸管相同，只是普通晶闸管导通后工作在饱和状态，而 GTO 导通后只能达到临界饱和状态，当门极加上负触发脉冲时，破坏其临界状态，使其自行关断。

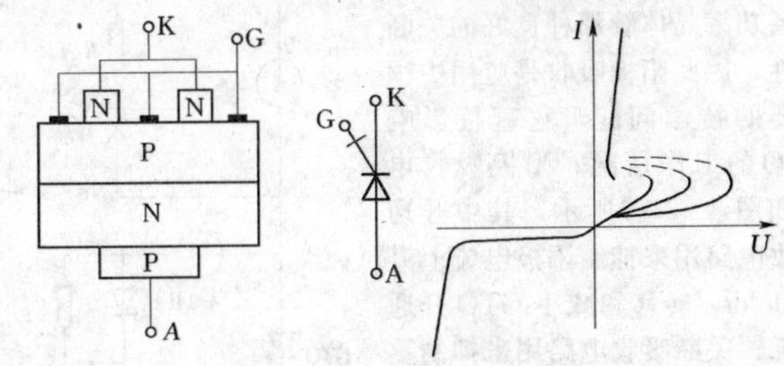

图 4-2-5　可关断晶闸管结构、特性及符号

GTO 在实际应用中与普通晶闸管不同，有其自身特殊的技术要求，主要包括门极驱动、阳极吸收和过流保护（不作介绍）三个方面。

1. 门极驱动

GTO在实际应用中，其实际工作能力和运行可靠性直接受门极驱动电路的影响，因此，门极驱动是GTO应用中的关键技术之一。对驱动电路的具体要求如下：

(1) 开通期，驱动电路须提供比普通晶闸管高得多的强驱动脉冲。

(2) 通态期，要求提供一定的连续驱动电流，以改善开通性能，减小通态损耗。

(3) 关断期，这是驱动问题的核心。要求提供门极负脉冲电流上升率和幅值均很高，在容量场合达到30A/μs，幅值达到1/3GTO最大可关断阳极电流，以提高关断可靠性。

(4) 断态期，一般应在门极施加负偏置，消除可能引起的误开通。

GTO驱动电路由开通电路和关断电路两部分组成。其中开通电路提供开通期强驱动脉冲和通态期连续驱动电流，关断驱动电路提供关断期所需的门极负脉冲电流和断态期必要的门极负偏置。驱动电路与GTO门极之间可以采用直接耦合方式，有利于清除驱动电路内部之间的互相干扰；也可以采用脉冲变压器耦合方式，能够方便地提供大的驱动电流，适具体情况而定。驱动电路如图4-2-6所示。E为门极关断电源，当导通信号（高电平）加至晶体管KF基极时，KF导通，经过电容C使QA_1（GTO）触发导通，与此同时E经R_1、KF给C充电，当关断信号（正脉冲）来到时，高频晶闸管QA_2导通，电容经R_2、QA_2、QA_1（GTO）（K—G）放电，给GTO门极加上一个负向脉冲，使之关断。

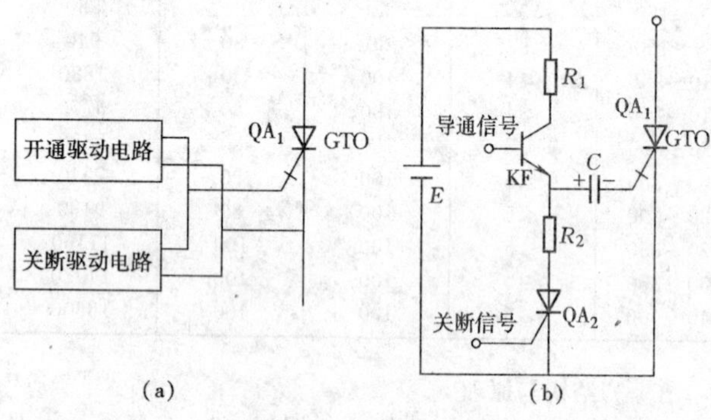

图4-2-6　GTO驱动电路

(a) 框图；(b) 电路图

2. 阳极吸收

由于GTO大多数情况下工作于开关状态，但由于GTO不具备功率晶体管那种良好的关断特性，因此阳极吸收是应用中很主要的技术问题，它直接影响GTO的工作情况。阳极吸收电路如图4-2-7所示，其中开通吸收电路用来抑制阳极电流上升率di/dt，转移和减小GTO开通功耗；关断吸收电路用来抑制重加阳极电压上升率du/dt，转移和减小关断功耗，抑制重加阳极过电压。图中L_K、R_K、RA_1构成开通吸收电路，R_S、C_S、RA_2、L_S构成关断吸收电路，

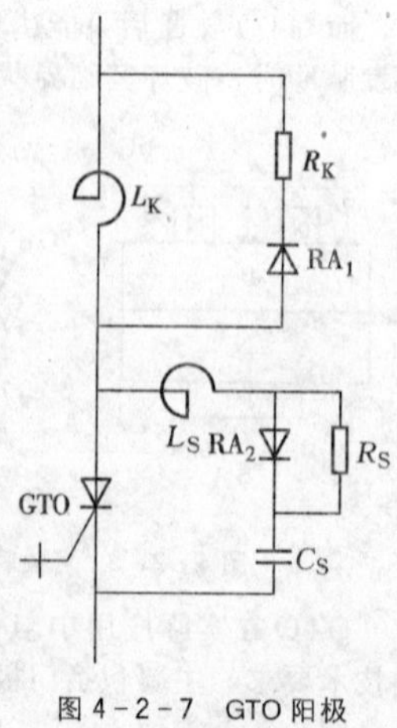

图4-2-7　GTO阳极吸收电路

L_S代表关断吸收电路等值回路分布电感。该电路属于耗能型电路，其功耗可按下式计算

$$P=\left(\frac{L_K I_{TGQ}^2}{2}+\frac{C_S E^2}{2}\right)f_C$$

式中　I_{TGQ}——GTO关断阳极电流；

E——直流侧电源电压；

f_C——GTO开关工作频率。

(二) 主要参数

GTO的基本参数与普通晶闸管大多相同，不同的主要参数如下：

(1) 断态重复峰值电压U_{DRM}，它表示GTO两端断态电压的最大瞬时值。

(2) 最大可关断阳极电流I_{ATM}，也就是管子铭牌上的电流。它与管子电压上升率、工作频率、反向门极电流峰值、缓冲电路形式有关，使用中应予以注意。

(3) 门极反向峰值电压U_{RGM}。

(4) 正向管压降U_{TM}。

(5) 擎住电流I_L，是指门极加触发信号后，阳极大面积饱和导通时的临界电流。

GTO主要技术参数见表4-2-2。

表4-2-2　**GTO主要技术参数表**

型号	U_{DRM} (V)	I_{ATM} (A)	U_{RGM} (V)	U_{TM} (V)	R_{TH} (℃/W)
DGT304SE08	800	600	16	2.2	0.12
DG386SE21	2100	1000	16	2.8	0.089
DG606SH25	2500	2000	16	2.8	0.033
DG758SX45	4500	2500	16	3.4	0.03

(三) 检测方法

1. 判定GTO的电极

利用万用表R×1档，测量任意两脚间电阻，只有当黑表笔接门极G，红表笔接阴极K时，电阻最小，其他情况电阻均为无穷大，由此可确定门极G和阴极K，余者为阳极A。

2. 查触发能力

当GTO的三个极确定之后，仍用R×1档，将黑表笔接阳极A，红表笔接阴极K，电阻应为无穷大；然后红表笔不动，用黑表笔将A、G短路，表针向右偏至最低阻值，表明GTO已导通；然后将黑表笔与G极断开，如果电阻仍最小，说明仍维持导通，证明具有触发能力。

3. 查关断能力

采用双表法，将R×1表黑表笔接A，红表笔接K，另将R×10表红表笔接G，黑表笔接K，若两表指针同时向左摆动至无穷大，证明GTO具有关断能力。

五、双向晶闸管

双向晶闸管是一种特殊晶闸管，具有正反向对称的伏安特性，由一个控制极实现双向导通，其触发信号可以是直流、交流和脉冲三种方式，并且工作电压接近于转折电压，不需要过大的安全系数。双向晶闸管具有结构简单、重量轻、体积小、维修方便等优点，广泛应用于交流调压、调光、控温、稳压、调速等场合。

(一) 工作原理

双向三端晶闸管开关器件是采用低阻硅材料制成的NPNPN五层三端器件，如图4-2-8所示。三个电极T_1、T_2和G，由于可以双向导通，除门极G以外，统称主端子，不再分阴极和阳极。其特点是当门极G和T_2相对T_1的电

压均为正时，T_2 是阳极，T_1 是阴极；反之，当门极 G 和 T_2 相对于 T_1 电压均为负时，T_1 变成阳极，T_2 变成阴极。

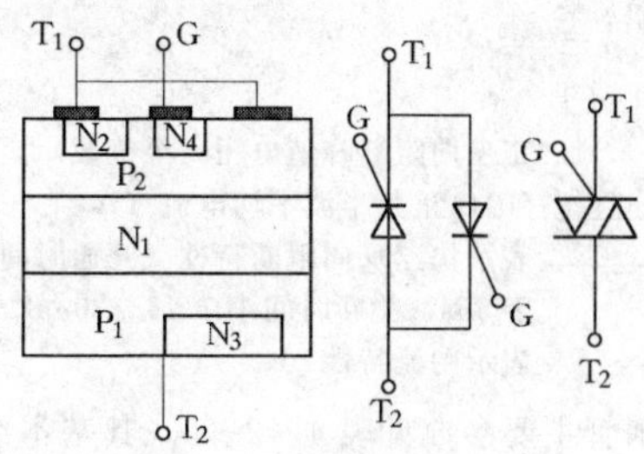

图 4-2-8　双向晶闸管结构及符号图

（二）伏安特性

双向晶闸管有四种触发方式，在Ⅰ象限和Ⅲ象限有对称的伏安特性，如图 4-2-9 所示。

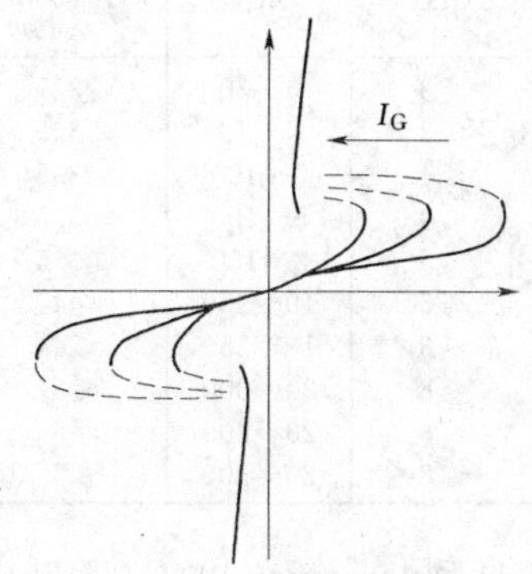

图 4-2-9　双向晶闸管伏安特性

当门极开路（$I_G=0$）时，增加正向电压，这时只有很小的正向漏电流。当电压达到正向转折电压 U_{BO} 时，管子由截止突然转为导通，电流急剧增加，管压降降到很小值。

当反向电压增加时，由于对称关系，其过程相同。

当门极加入电流时，转折电压将改变。随着 I_G 的增加转折电压 U_{BO} 将减小，甚至当门极电流大到一定程度时，管子可不经转折而直接导通，使用时要注意这个问题。

（三）主要参数

双向晶闸管通常用在交流电路中，因而不能用平均值，而应用有效值表示它的频定电流。

$$I_{T(RMS)}=2.22I_{T(AV)}$$

式中　$I_{T(RMS)}$——双向全波有效值额定通态电流；

$I_{T(AV)}$——反并联电路中每只晶闸管半波平均值额定通态电流。

双向晶闸管主要参数见表 4-2-3 和表 4-2-4。

表 4-2-3　双向晶闸管主要参数表（一）

型　号	断态重复峰值电压 U_{RDM}（V）	通态平均电流 I_T（A）	通态浪涌电流 I_{TSM}（A）	门极触发直流电流 I_{GT}（mA）
2N6075	600	4	30	30
MAC218—6	400	8	100	50
MAC218—10	800	8	100	50
BTA40—400	400	40	400	50
BTA40—700	700	40	400	100

表 4-2-4　双向晶闸管主要参数表（二）

型　号	$I_{T(RSM)}$ (A)	U_{DRM} (V)	I_{DRM} (mA)	T_{JM} (℃)	du/dt (V/μs)	I_{GT} (mA)	U_{GT} (V)	di/dt (A/μs)
KS1	1	100～1500	<1	115	20	3～100	≤2	—
KS10	10	100～1500	<10	115	20	5～100	≤3	—
KS20	20	100～1500	<10	115	20	5～200	≤3	—
KS50	50	100～1500	≤15	115	20	8～200	≤4	10
KS100	100	100～1500	≤20	115	50	10～300	≤4	10
KS200	200	100～2000	<20	115	50	10～400	≤4	15
KS400	400	100～2000	<25	115	50	20～400	≤4	30
KS500	500	100～2000	<25	115	50	20～40	≤4	30

（四）检测方法

1. 判定 T_2 极

用万用表 R×1 档，分别测某一脚对其他两脚的电阻，当测得某一脚对其他两脚正反向电阻均为无穷大时，肯定就是 T_2 脚。

2. 区分 G 和 T_1 极

(1) 在确定 T_2 的基础上，假定某极为 G，另一极为 T_1。

(2) 将黑表笔接 T_1，红表笔接 T_2，则电阻为无穷大；然后黑表笔接 T_1 不动，将红表笔把 T_2 和 G 短路，给 G 加上负触发信号，电阻值约 10Ω 左右，证明管子已导通，导通方向为由 $T_1 \to T_2$；再将红表笔与 G 脱开（仍接 T_2），若电阻值保持不变，证明管子已维持导通。

(3) 把红表笔接 T_1，黑表笔接 T_2，然后使 T_2 与 G 短路，给 G 加上正触发信号，电阻应为 10Ω 左右，当笔尖与 G 脱开后，若电阻仍保持不变，证明管子已导通，其方向为 $T_2 \to T_1$。

上述测试结果，证明管子具有双向触发导通性质，说明前面的假定是正确的，否则说明假定不对，重新假定、测定。

六、逆导晶闸管

逆导晶闸管是将晶闸管 QA 和整流管 RA 制作在同一管芯上的集成元件。晶闸管区和整流管区之间有隔离区，防止在反向恢复期间充满整流管区的载流子可能到达晶闸管区，并在晶闸管受正向阳极电压时，引起不正常的误导通。其基本结构、等效电路及伏安特性如图 4-2-10 所示。

逆导晶闸管具有正向压降小、关断时间短、高温特性好、额定结温高等优点，广泛应用于地铁机车、无轨电车、矿山机车、中功率逆变装置中。

逆导晶闸管的额定电流分别以晶闸管电流和整流管电流表示，如 300/300A、300/150A 等，两者比值根据应用的要求一般为 1～3，分子表示晶闸管电流，分母表示整流管电流。

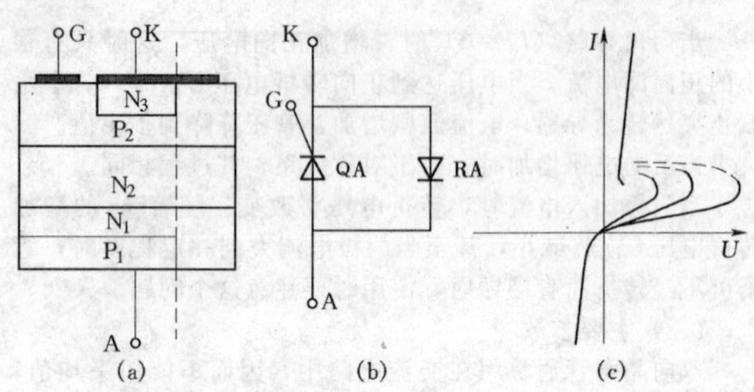

图 4-2-10 逆导晶闸管

(a) 基本结构；(b) 等效电路；(c) 伏安特性

七、快速晶闸管

型号说明：

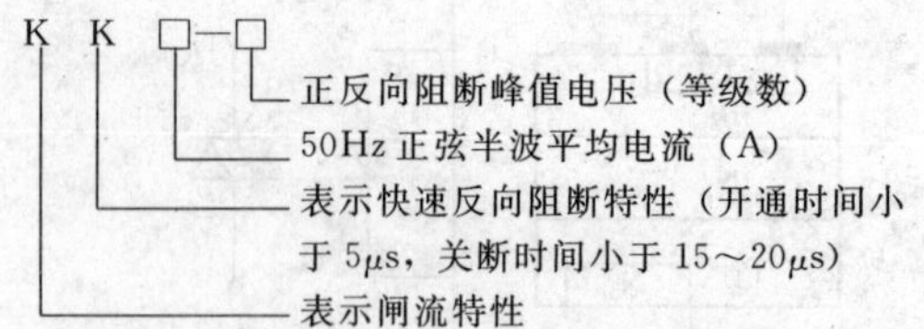

快速晶闸管主要参数见表 4-2-5。其基本结构、等效电路及伏安特性见图 4-2-11。

表 4-2-5 快速晶闸管主要参数表

参数 系列	I_T (AV) (A)	U_{DRM} U_{RRM} (V)	I_{DR} I_{RR} (mA)	t_q (μs)	di/dt (A/ms)	du/dt (V/μA)	t_{gt} (μs)	I_{GT} (mA)	U_{GT} (V)	T_{JM}
KK1	1		<1	⩽5	—		⩽3	3～30	⩽2.5	
KK5	5		<1	⩽10	—		⩽3	5～70	⩽3.5	
KK10	10		<2	⩽10	⩾50		⩽4	5～100	⩽3.5	风冷：115℃
KK20	20		<2	⩽20	⩾50		⩽4	5～100	⩽3.5	
KK50	50		<3	⩽20	⩾50		⩽5	8～150	⩽3.5	
KK100	100	100～2000	<5	⩽30	⩾100	⩾100	⩽6	10～250	⩽4	
KK200	200		<5	⩽40	⩾100		⩽6	10～250	⩽4	水冷：100℃
KK300	300		<8	⩽60	⩾100		⩽8	20～300	⩽5	
KK400	400		<10	⩽60	⩾100		⩽8	20～300	⩽5	
KK500	500		<10	⩽60	⩾100		⩽8	20～300	⩽5	

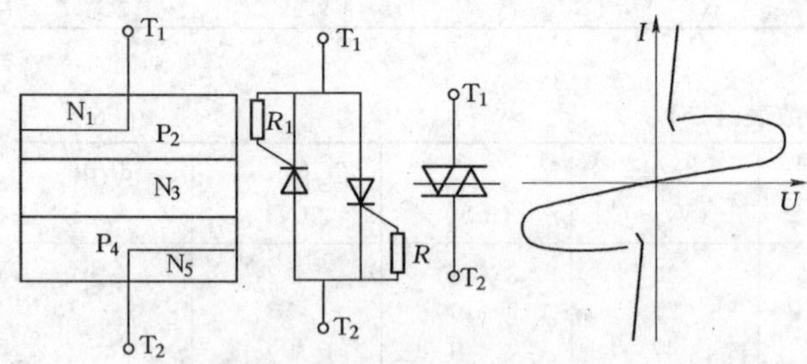

图 4-2-11 快速晶闸管的基本结构、等效电路及伏安特性

第三节 触发电路

一、对触发电路的要求

（一）触发电路分类

触发电路是晶闸管装置的重要组成部分，正确设计、选择和使用触发电路，可以充分发挥晶闸管及其装置的潜力，保证安全可靠运行。根据控制晶闸管的通断状态可分为移相触发和过零触发两大类。移相触发是指通过改变控制角的大小（每周导通的起始点），达到改变输出电压、功率的目的；过零触发是指在设计定的时间间隔内，通过改变导通的周波数来实现对电压或功率的控制。在分立件触发电路的基础上，又研制成功并生产了集成触发器和数字触发器，用于各种移相触发、过零触发、双脉冲形成以及脉冲列调制等场合，具有体积小、功耗低、调试方便、性能稳定可靠等优点。

（二）触发信号的功率要求

触发信号应具有足够的功率。

由于同一型号元件门极伏安特性的分散性大，并且既使是同一元件，由于使用的环境温度不同，其门极的触发电流和触发电压的值也不同，一般在 100℃高温时其值比室温时要低 2～3 倍，在－40℃低温时比室温时其值要高 2～3 倍。因此，为使所有合格元件在各种可能的工作条件下都能可靠触发，触发电路送出的触发电流和触发电压必须大于元件规定的门极电流和电压的最大值，并应留有足够余量。使触发电路送出的触发电流、电压和功率都应处于晶闸管门极伏安特性的可靠触发区，如图 4-3-1 所示。

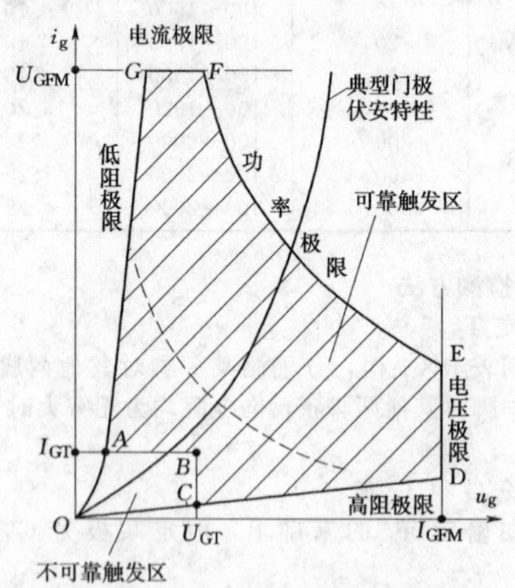

图 4-3-1 晶闸管门极可靠触发区

（三）触发脉冲的宽度要求

触发脉冲应具有一定宽度。

由于晶闸管的用途不同，负载的性质不同，因此对脉冲宽度的要求也不同。如在整流电路中，大电感负载要求脉冲宽度不小于 100μs，一般可达 1ms；对三相全控桥整流电路，要求脉冲宽度要大于 60°或双脉冲；对大功率管，为了快速可靠触发，要求采用强触发脉冲，其幅值可达最大触发电流

的 5 倍，前沿陡度要大，脉冲上升速度大于 0.5A/μs。

（四）触发脉冲的同步要求

触发脉冲必须与晶闸管阳极电压同步，脉冲移相范围必须满足电路要求。

所谓同步是指触发信号与电源保持固定的相位关系。在可控整流、有源逆变和交流调压电路中，使晶闸管在每个周期都在相同的控制角 α 导通。同时为了使电路能在给定的范围内工作，必须保证触发脉冲能在相应的范围内移相。如三相半波电路带电阻负载，移相范围 0～150°；带大电感负载，整流时，移相范围为 0～90°，用于可逆电路时，移相范围为 0～180°；三相全控桥电路，电阻负载，移相范围为 0～120°；可逆电路，移相范围为 0～180°。

二、简单触发电路

用二极管、电阻、电容及开关等元件可组成各种简单实用的触发电路，适用于小功率 0.5～3A 高灵敏度的晶闸管，在家用电器、电动玩具、调光、调压等场合广泛应用。

（一）交流开关

在交流电路中，常用晶闸管作无触点静态开关，利用二极管和开关作触发电路，如图 4-3-2 所示。

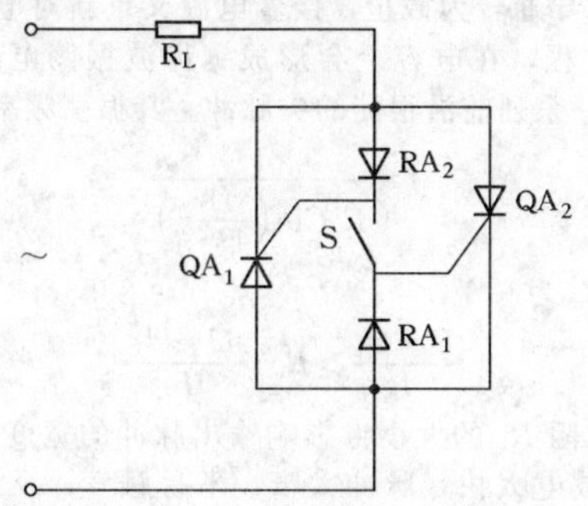

图 4-3-2 简单交流开关电路

当 S 合上时，电源为正半周时，通过二极管 RA_2、开关 S 经 QA_2 门极与阴极构成触发电流通路，QA_2 导通；同理电源为负半周时，QA_1 导通，负载上得到交流波形。

当 S 断开时，由于管子在导通时，触发电流下降为零，因此当电源电压过零时晶闸管关断。

（二）用光耦合器组成的触发电路

利用光耦合器的电隔离性能好、绝缘性能高、抗干扰能力强的特点可组成触发电路，如图 4-3-3 所示。在晶闸管阳极承受正向电压时，在控制电压 U_c 的作用下，光耦三极管 KF 导通，送给晶闸管门极一个触发信号，晶闸管导通。图中其他元件的作用为：RA——阻止反向电流通过门极；R_1——限制光电三极管的工作电压在 30V 以下；R_2——限制晶闸管 KF 门极触发电流。

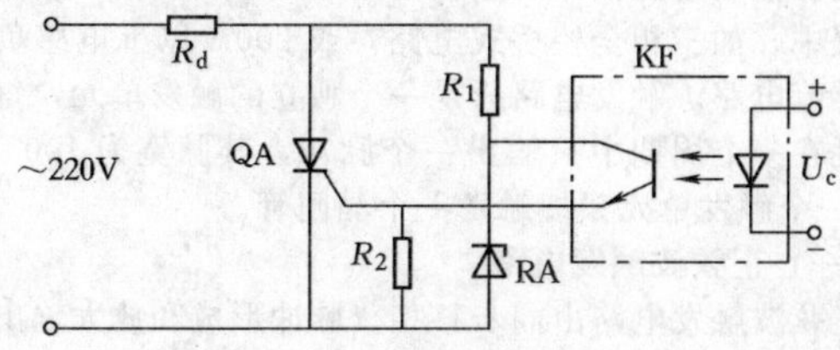

图 4-3-3 光耦合触发电路

（三）简单实用移相触发电路

图 4-3-4（a）为台灯调光电路，图 4-3-4（b）为调压电路，图 4-3-4（c）为枪式电钻调速电路，图 4-3-4（d）为路灯自控电路。

（1）调压电路。当电源为负半周时，通过 VD_2 对电容充电，u_C 近似等于 u_2 波形。当 u_2 过了负半周最大值后，电容经 u_2、100kΩ 电位器、R_d 放电，然后反充电。当 u_C 上升到一定值时，晶闸管触发导通。改变电位器可实现 20°～180°移相控制。

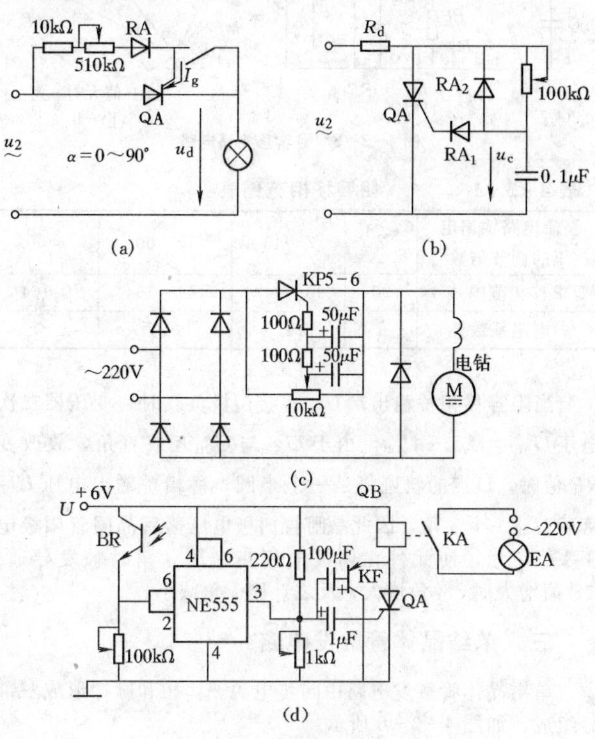

图 4-3-4 简单移相触发电路

（a）调光电路；（b）调压电路；（c）电钻调速电路；（d）路灯自控电路

（2）枪式电钻调速电路。通过调整 10kΩ 电位器，当动触头左移时，控制角 α 减小，电钻转速升高。

（3）路灯自控电路。当早晨光强度变大时，光电晶体管 BR_1 阻值变小，调整电位器使 BR_1 的端电压低于 $U/3$，此时由晶体管 NE555 定时电路的输出低电平，KF_2 瞬间饱和导通，迫使晶体管 QA 管电流小于维持电流而关断，路灯自动熄灭。当傍晚光的强度减弱时，BR_1 端电压高于 $2U/3$，NE555 输出高电平，通过 1μF 送出脉冲使 QA 导通，继电器得电，路灯自动开启。通过调整 100kΩ 电位器，可满足设计者的不同要求。

（四）阻容移相桥触发电路

阻容移相桥触发电路结构简单、工作可靠、调整方便，适用于 50A 以下单相晶闸管装置。

电路由带中心抽头的同步变压器、电容器 C 和电位器 RP 组成阻容移相桥，如图 4-3-5 所示。其参数由下式求得

$$C \geqslant \frac{3I_{OD}}{U_{OD}} \quad (\mu F)$$

$$R \geqslant K\frac{U_{OD}}{I_{OD}} \quad (k\Omega)$$

式中 U_{OD}、I_{OD}——移相桥输出电压（V）和电流值（mA），应分别大于晶闸管门极触发电压和电流；

K——电阻系数（经验数据），可由表 4-3-1 查得。

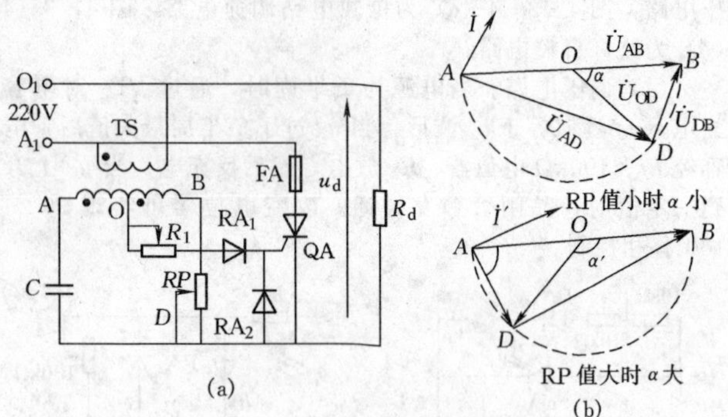

图 4-3-5 阻容移相桥电路

表 4-3-1 阻容移相范围表

整流电路输出电压的调节倍数	2	2～10	10～50	>50
要求移相范围（°）	90	90～144	144～164	>164
电阻系数	1	2	3～7	>7

当阻容移相桥输出端 $\dot{U}_{OD}$ 不接门极负载时，变压器二次电压 $\dot{U}_{AB}=\dot{U}_{AD}+\dot{U}_{DB}$。由于 $\dot{U}_{AD}$ 与 $\dot{U}_{DB}$ 互成直角，故改变 RP 值时，D点的轨迹将是一个半圆，移相桥输出电压 $\dot{U}_{OD}$ 落后 $\dot{U}_{AB}$ 一个 α 角，因此晶闸管门极电压落后晶闸管阳极电压一个 α 角，使元件在阳极电压正半周 α 角时触发导通。RP 值增大时，α 角增大；反之，则 α 角减小。

三、单结晶体管触发电路

单结晶体管触发电路由同步电源、移相和脉冲形成三部分组成，如图 4-3-6 所示。

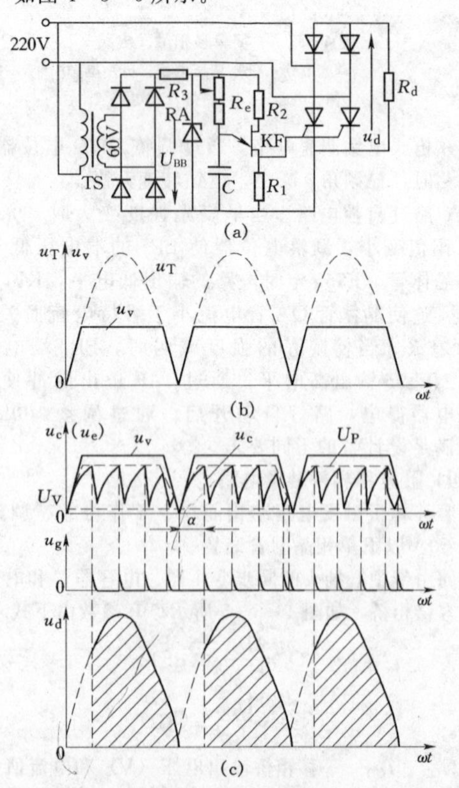

图 4-3-6 单相半控桥单结晶体管触发电路波形

R_1—50Ω；R_2—500Ω；R_3—1kΩ/5W；R_e—50kΩ；RA—2CW21K；C—0.47μF

（一）同步电源

同步电压由同步变压器获得，它与主电路接到同一电源上。由同步变压器 TS、整流桥及稳压管 QA 组成同步电路。经过稳压管削波以后的电压，既是同步信号又是触发器的电源。每当削波信号电压过零时，单结晶体管 KF 的 U_{BB} 电压亦为零，发射极 E 与基极 B_1 之间导通，电容器 C 经 E→B_1→R_1 迅速放电，使电容每次都能从零开始充电，从而保证每周期触发电路送出的第一只脉冲过零点的时刻一致，获得与主电路的同步。

（二）移相控制

只要改变电路中 R_e，就可以改变电容电压 u_C 上升到峰点电压 U_P 的时间。当 R_e 值增大时，单结晶体管达到峰点电压的时间增大，则第一个脉冲出现的时刻推迟，即 α 增大；反之，则 α 减小，达到移相的目的。为了保证移相范围，一般要求同步电源电压在 60～70V，削波电压在 15～20V。

（三）脉冲形成

利用单结晶体管的负阻特性与 RC 电路的充放电特性组成的自激振荡电路，可产生频率可调的脉冲。削波后的电压通过 R_e 对电容 C 充电，当电容电压 u_C 达到峰点电压时，单结晶体管导通，电容通过 R_1 放电；当 u_C 小于谷点电 U_V 时，管子由导通转为截止，接着电源又重新对电容 C 充电；重复上述过程，在电容上会形成锯齿波振荡电压，于是在 R_1 上得到一系列前沿很陡的尖脉冲。其振荡频率为

$$f=\frac{1}{R_e C\ln\left(\frac{1}{1-\eta}\right)}$$

充电电阻 R_e 为

$$\frac{U-U_p}{I_p}>R_e>\frac{U-U_V}{I_V}$$

输出电阻 R_1 的大小将影响输出脉冲的宽度与幅值。如 R_1 太小，放电太快，脉冲太窄，不易触发；反之太大易造成晶闸管的误导通。一般 R_1 取 50～100Ω。

温度补偿电阻 R_2 用来补偿温度对 U_p 的影响。因为 U_D 具有负温度系数，而 R_{BB} 具有正温度系数，所以当 R_eC 一定时，必须使 U_p 稳定。当温度升高时，因为 $R_{B1}+R_{B2}$ 增大，R_2 上的压降略为减小，则加在管子基极 B_1～B_2 上的电压略为升高，从而补偿 U_D 的减小，使峰点电压 U_p 基本保持不变。R_2 可按下式求得。

$$R_2=\frac{0.31R_{BB}}{\eta U}+\frac{1-\eta}{\eta}R_1$$

一般 R_2 值在 200～600Ω 之间。

电容 C 的容量，一般为 0.1～1μF。在振荡频率 f 一定时，若 C 愈大，则 R_e 愈小。如果 R_e 小到一定值，则单结晶体管有可能工作在饱和区，管子将连续导通而停止振荡。

四、同步信号为正弦波的触发电路

同步信号为正弦波的触发电路适用于要求高、功率较大的装置中，如三相全控桥式电路，或 200A 以下电感负载的可控整流电路。触发电路只是一个独立的触发单元，每个触发单元在一个周期中只输出一个脉冲，其脉宽为 $100°>\tau>60°$。一个触发单元只能触发一个晶闸管。

（一）正弦波触发电路

正弦波触发电路由同步移相、脉冲形成和放大输出三部分组成，如图 4-3-7 所示。

1. 同步移相电路

同步移相电路是根据并联垂直控制原理将控制电压 U_c、偏置电压 U_b（极性与 U_c 相反）和由同步变压器二次侧获得

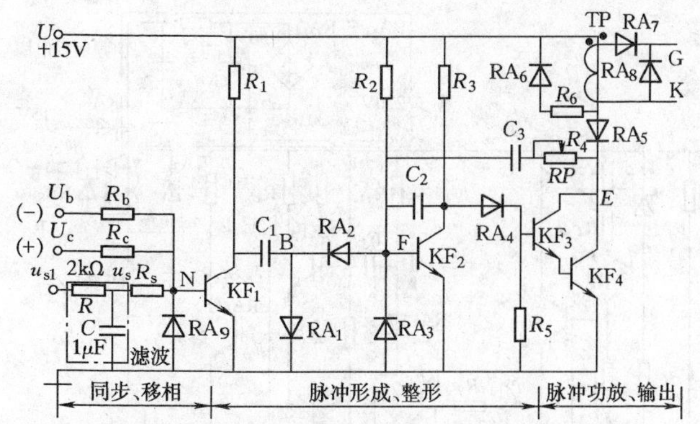

图 4-3-7　同步电压为正弦波的触发电路

$KF_1 \sim KF_3$—3DG12B；KF_4—3DD4；$RA_1 \sim RA_5$、RA_9—2CP12；$RA_6 \sim RA_8$—2CP12F；R_1—15kΩ；R_2—47kΩ；R_3、R_5—3.9kΩ；R_4—36kΩ；C_1—1000pF；C_2、C_3—0.047μF；R_6—150Ω；R、C—由滤波移相确定；R_b、R_c—10kΩ

的同步电压 u_s 并联组成，将各电压信号通过大的电阻变成电流信号进行电流叠加，通过固定偏置电压、调节控制电压改变 KF_1 由截止到导通的翻转时刻。可见只要同步移相环节给单稳电路一个负脉冲，即可输出符合要求的触发脉冲。什么时刻给晶闸管送触发脉冲，应根据晶闸管主电路的不同接线方式、各晶闸管的阳极电压相位来决定。

现以三相全控桥大电感负载电路为例。通常设定控制电压 $U_c=0$ 时，整流输出电压 $U_d=0$。这就要求当 $U_c=0$ 时，触发脉冲的位置对准主电路晶闸管阳极电压的控制角 $\alpha=90°$，即要求同步电压的正弦波由负到正的过零点时刻对准 $\alpha=90°$，如图 4-3-8 所示。当 $\alpha=90°$时，同步电压 u_{sa} 由负到正的过零点在 ωt_1 时刻；当调节 $U_c>0$ 时，(u_s+U_c) 叠加波形过零点左移，触发脉冲 U'_{g1} 也相应左移到 $\omega t'_1$ 时刻，主电路工作在 $\alpha<90°$的整流状态；当 $U_c=u_{sm}$ 时，$\alpha=0°$，U_D 最大；当 $U_c<0$ 时，(u_s+U_c) 波形过零点右移，主电路工作在 $\alpha>90°$，即 $\beta<90°$的有源逆变状态，脉冲 U''_{g1} 右移到 $\omega t''_1$ 时刻。

由此可见，利用图 4-3-7 所示触发电路工作在可逆状态，可安排同步电压 u_s 比被触发晶闸管的阳极电压滞后 120°。如对 VT_1 而言，其输入的同步电压 u_{sa} 比 KF_1 管的阳极电压 u_A 滞后 120°，KF_4 的触发电路的同步电压 u_s (−a) 比 KF_4 管的阳极电压 $-u_A$ 滞后 120°，其余触发电路的同步电压与被触发晶闸管的阳极电压的相位也必须一一对应，这样才能保证每个周期的控制角一致，输出稳定的直流电压。

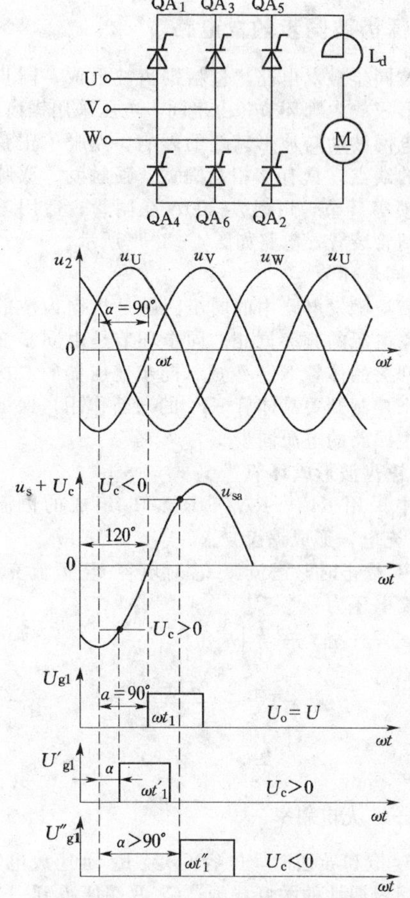

图 4-3-8　VT_1 同步电压与触发脉冲位置

2. 脉冲形成电路

脉冲形成电路是由 KF_2、KF_3、KF_4 和正反馈支路 RP、C_3 组成的集基单稳态电路。KF_2 集电极通过 RA_4 耦合到复合管 KF_3 的基极，KF_3、KF_4 的集电极通过 R_4、C_3 耦合到 KF_2 的基极。其中 R_4、C_3 组成的阻容正反馈电路不仅能提高输出脉冲前沿，而且通过改变 RP 可以改变脉宽。

3. 放大输出电路

放大输出电路由 KF_3、KF_4 复合功率放大，经脉冲变压器输出。

(二) 脉冲形成环节

脉冲形成电路由集基单稳电路来完成，具体过程如表 4-3-2所示。

表 4-3-2　脉冲形成过程

脉冲形成过程	各管工作状态			工作过程
	KF_1	KF_2	KF_3、KF_4	
稳态	截止	饱和导通	截止	1. U 通过 R_1、RA_1 对 C_1 充电，极性左正右负 2. U 通过 TP、RA_5、R_4、KF_2 对 C_3 充电，极性左负右正
第一次翻转	饱和导通	截止	饱和导通	$U_{c1}\downarrow \rightarrow I_{b2}\downarrow \rightarrow U_{c2}\uparrow \rightarrow I_{b3,4}\uparrow \rightarrow I_{c3,4}\uparrow \rightarrow U_{c4}\downarrow$ — ↑正反馈
暂态	饱和导通	截止	饱和导通	1. C_1 经 U、R_2、RA_2、KF_1 放电并反充电 2. C_3 经 U、R_2、R_4、KF_4 放电并反充电 } $C_3>C_1$
自动翻转	截止	饱和导通	截止	$U_{b2}\uparrow \rightarrow I_{c2}\uparrow \rightarrow U_{C2}\downarrow \rightarrow U_{b3}\downarrow \rightarrow I_{b3}\downarrow \rightarrow U_{b1}\uparrow$ — ↑通过 C_6、R_4 正反馈

五、锯齿波同步触发电路

锯齿波同步触发电路，包括锯齿波形成、同步移相和脉冲形成放大等环节。由于同步电压采用锯齿波，不直接受电网波动与波形畸变的影响，克服了正弦波移相触发的缺点，具有移相范围宽、强触发、双脉冲和脉冲封锁等环节，可触发 200A 晶闸管，适用于大中容量晶闸管装置。电路如图 4-3-9 所示。

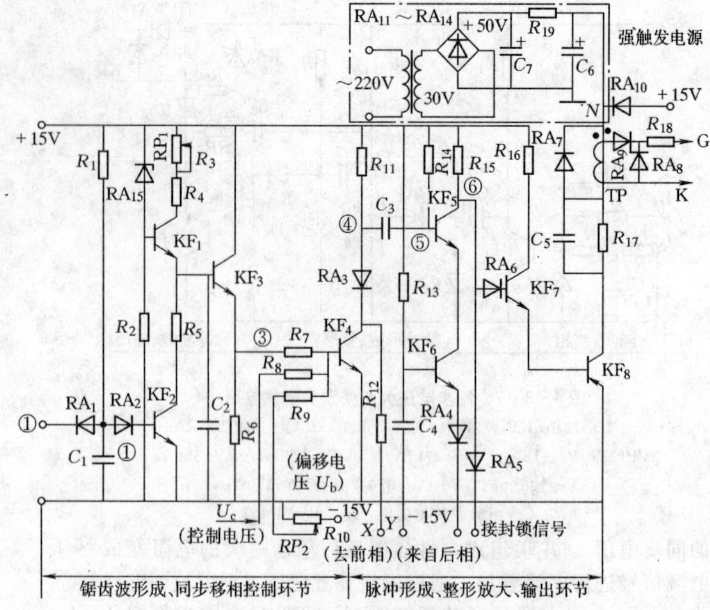

图 4-3-9　同步电压为锯齿波的触发电路

R_1、R_6—10kΩ；R_2、R_4—4.7kΩ；R_5—200Ω；R_7—3.3kΩ；R_{13}、R_{14}—30kΩ；R_8—12kΩ；R_9—6.2kΩ；R_{12}—1kΩ；R_{15}—6.2kΩ；R_{16}—200Ω；R_{17}—30Ω；R_{18}—20Ω；R_{19}—300Ω；R_3、R_{10}—1.5kΩ；C_7—2000μF；C_1、C_2、C_6—1μF；C_3、C_4—0.1μF；C_5—0.47μF；KF_1—3CGID；$KF_2\sim KF_7$—3DG12B；；KF_8—3DA1B；RA_{15}—2CW12；$RA_1\sim RA_9$—2CP12；$RA_{10}\sim RA_{14}$—2CZ11A

（一）同步环节

在锯齿波触发电路中的同步问题是指锯齿波的频率与主回路电源的频率同相。同步环节是由同步变压器和同步开关晶体管 KF_2 组成。同步变压器的二次交流电压用来控制开关晶体管 KF_2 的通断作用，保证触发脉冲与主回路的电源同步。

（二）锯齿波形成环节

电路中采用 KF_1、RA_{15}、R_3、R_4 组成的恒流源对电容 C_2 充电，形成锯齿波。

当 KF_2 截止时，恒流源 I_{C1} 对电容 C_2 恒流充电，电容器两端电压为

$$u_{C2}=\frac{1}{C_2}\int i_{C1}\,\mathrm{d}t$$

$$i_{C1}=I_{C1}\approx\frac{U_{va}}{R_3+R_4}$$

$$u_{C2}=\frac{I_{C1}}{C_2}t$$

式中　$\frac{I_{C1}}{C_2}$——充电斜率。

当 KF_2 饱和导通时，电容 C_2 经 R_5 迅速放电，周而复始。KF_2 管周期性的关断导通，C_2 两端便得到一个线性很好的底宽 240°的锯齿波电压。见图 4-3-10 所示。

（三）移相环节

由锯齿波电压 u_{e3}、控制电压 U_c、偏移电压 U_b 分别通过电阻 R_7、R_8、R_9 进行并联叠加与 KF_4 基极相连构成移相环节，如图 4-3-11 所示。根据叠加原理，为了分析方便，先不考虑 KF_4 的存在。三者单独作用的叠加分别为

$$u'_{e3}=\frac{R_8/\!/R_9}{R_7+(R_8/\!/R_9)}u_{e3}$$

可见仍为一锯齿波，但斜率比 u_{e3} 低。

$$U'_c=\frac{R_7/\!/R_9}{R_8+(R_7/\!/R_9)}U_c$$

可见 U'_c 仍为与 U_c 平行的一条直线，但数值比 U_c 小。

$$U'_b=\frac{R_7/\!/R_8}{R_9+(R_7/\!/R_8)}U_b$$

可见 U'_b 仍为与 U_b 平行的一条直线，但数值比 U_b 小。

所以 KF_4 管基极电流由三个分量叠加而成

$$I_{b4}=\frac{u'_{e3}}{R_{be4}}+\frac{U'_c}{R_{be4}}-\frac{U'_b}{R_{be4}}=\frac{1}{R_{be4}}[u'_{e3}+(U'_c-U'_b)]=\frac{u_{b4}}{R_{be4}}$$

式中　R_{be4}——KF_4 管发射结正向电阻；

u_{b4}——合成电压，由时间函数的锯齿波电压与直流电压 $(U'_c-U'_b)$ 的叠加。

工作时，利用偏移电压和控制电压对锯齿波电压进行垂直移相控制。当合成电压过零由负变正时，使 KF_4 管由截止变为导通，进而通过脉冲形成环节产生触发脉冲。可见固定偏移电压，调节控制电压就可以达到移相的目的。设置偏

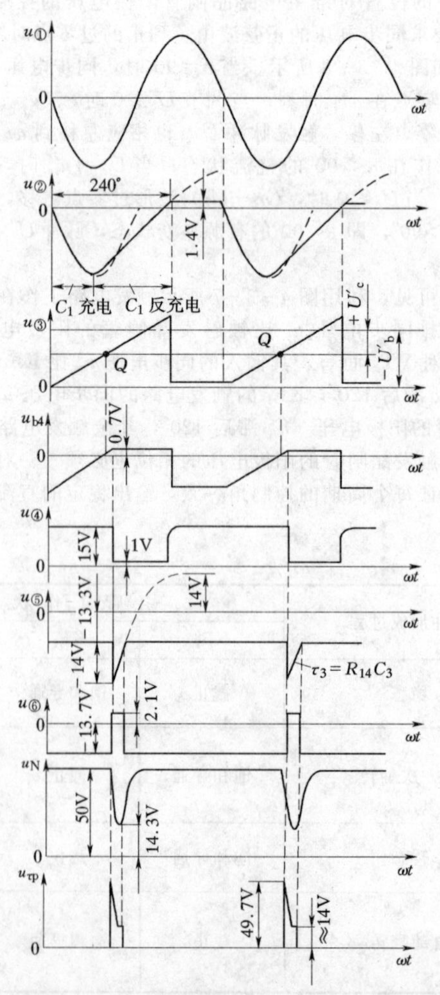

图 4-3-10　锯齿波触发电路各点电压波形

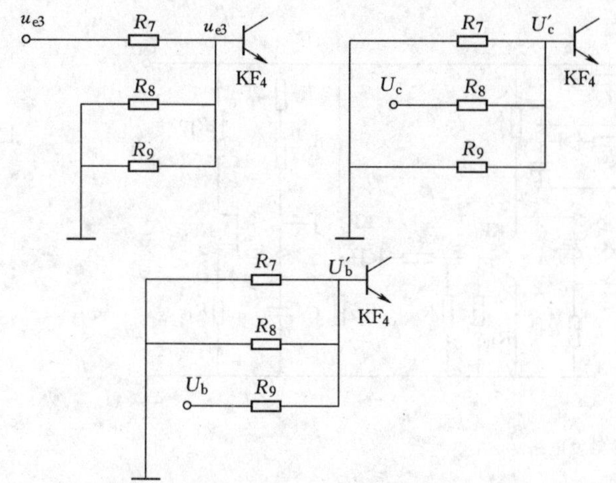

图 4-3-11 移相控制等效电路

移电压的目的是为了确定控制电压 $U_c=0$ 时脉冲的初始相位。

(四) 脉冲形成环节

脉冲形成环节由晶体管 KF_4、KF_5 组成，放大环节由 KF_7、KF_8 组成，脉冲由脉冲变压器输出。

脉冲形成环节受同步移相控制。当控制电压 $U_c=0$ 时，KF_4 管截止，正电源通过 R_{14}、R_{13} 给 KF_5、KF_6 基极提供足够大的基极电流，使 KF_5、KF_6 管饱和导通，这时 U_{c6} 接近负电源，KF_7、KF_8 管截止，无脉冲输出。此时电容 C_3 经 R_{11}、KF_5、KF_6、RA_4 充电约 30V，极性左正右负。

当同步移相控制使 KF_4 管由截止转为饱和导通时，图 4-3-9 中④点降至 1V 左右。由于 C_3 两端电压不能突变，所以 KF_5 管基极电位迅速降约 -30V，KF_5 管立即截止，其集电极电压由 $-E$ 迅速上升至 2.1V，于是 KF_7、KF_8 管导通，输出触发脉冲。与此同时，电容 C_3 经 R_{14}、RA_4、KF_4 放电并反充电，使 KF_5 管基极电位逐渐上升，直至 $U_{b5}>-15$V，KF_5 管又恢复导通，这时 U_{c5} 立即降至 -15V，使 KF_7、KF_8 重新截止，输出脉冲截止。由此可见，脉冲前沿由 KF_4 管导通瞬时确定，脉冲宽度由 KF_5 管截止持续时间决定，$\tau=R_{14}C_3$。

(五) 强脉冲环节

强脉冲环节由单相变压器、整流桥、C_7、C_6、R_9 等元件组成。

由单相桥整流滤波后对电容 C_6 充电，使图 4-3-9 中 N 点电位为 50V，当 KF_8 管导通时，C_6 经脉冲变压器 TP 一次侧、R_{17}、KF_8 迅速放电，形成一尖峰脉冲，N 点电位迅速下降，当降至 14.3V 时，RA_{10} 导通，此时形成脉冲平顶部分。当 KF_8 由导通转为截止时，电流降至为零，脉冲结束。这样在脉冲变压器一次侧形成一强触发脉冲，经脉冲变压二次侧输出。

强脉冲可缩短晶闸管开通时间，提高晶闸管承受电流上升率能力，并有利于改善串并联元件的动态均流均压，增加触发的可靠性，广泛应用于大中容量系统。

(六) 双脉冲形成环节

双脉冲触发是三相全控桥电路或带平衡电抗器双反星形电路的特殊要求。即要求每个触发电路在一个周期内连续送出两个间隔 60°的窄脉冲，只供给一个桥臂的晶闸管门极。这种方法称“内双脉冲”，是目前应用较多的一种。具体电路如图 4-3-9 所示。由 KF_5 和 KF_6 管构成一个“或”门电路，其中不论哪一个截止都会使 U_{c5} 电位上升至 2.1V，触发电路输出脉冲。当本相触发电路的负脉冲信号通过 C_3、R_{14} 微分电路使 KF_5 管截止时，送出第一个窄脉冲，接着由滞后 60°的后相触发电路的负脉冲经 C_4、R_{13} 微分电路使 KF_6 截止，KF_7、KF_8 导通输出第二个窄脉冲。因此，在本相和后相相继作用下，在输出端便可获得两个间隔 60°的脉冲。

六、过零触发电路

过零触发电路是在移相触发电路基础上发展起来的，它可以克服由于换相重叠角引起电源电压波形畸变带来的高频干扰。

(一) 过零触发原理及分类

过零触发是通过改变在一定时间内导通的周波数，来改变晶闸管输出的平均电压和功率。按输出电压的波形可分为半波和全波两类；按一定时间间隔内输出周波数的方式可分为连续和间隔两类。如图 4-3-12 所示。

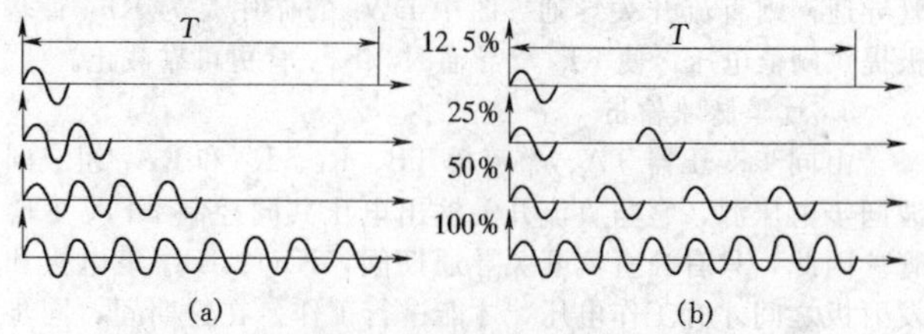

图 4-3-12 全波过零触发输出电压波形

(a) 全周波连续式；(b) 全周波间隔式

在晶闸管调压器中，采用移相触发调节其输出电压和功率的称为调压器，采用过零触发调节其输出电压和功率的称为调功器。晶闸管调功器又称周波控制器，其输出功率、平均电压及有效值分别用下式表示

$$P=\frac{n}{fT}P_e$$

$$U_d=\frac{n}{fT}U_{ed}$$

$$U=\sqrt{\frac{n}{fT}}U_e$$

式中 P、U_d、U——设定周期内导通几个周波时的输出功率、电压平均值和有效值；

P_e、U_{ed}、U_e——设定周期内全导通时，晶闸管装置输出的功率、电压平均值和有效值；

T——设定周期；

f——电源频率；

n——设定周期内导通的周波数。

(二) 过零触发电路

过零触发电路由锯齿波发生器、信号综合、直流开关、同步电压形成和过零脉冲输出等环节组成，如图 4-3-13 所示。

1. 锯齿波电压形成

锯齿波电压是由单结晶体管 KF_6 和 RP、R_{13}、R_{14}、R_{15} 和电容 C 组成的弛张振荡器所产生，经 KF_1 管射极输出。

锯齿波的底宽对应着一定的时间间隔（T），调节 RP 即可改变锯齿波的斜率。斜率减小，则锯齿波底宽增大；反之，底宽减小。

2. 开关电路

控制电压 U_c 与锯齿波电压叠加后送至 KF_4 基极，合成电压为 u_s。当 $u_s>0.5$V 时，则 KF_4 导通，U_{be3} 接近零电位，KF_3 管截止，直流开关阻断。

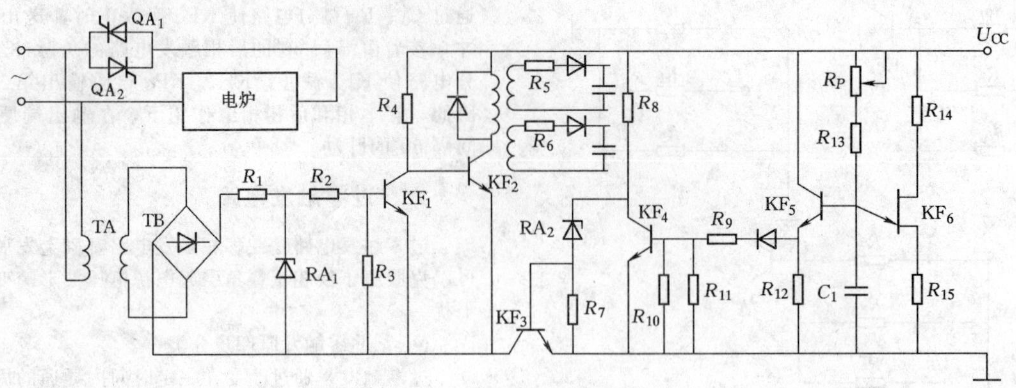

图 4-3-13　过零触发电路

当 $u_s<0$ 时，KF_4 管截止，由 R_7、DW_2、R_8 分压使 KF_3 管导通，则直流开关导通。图中 DW_2 的作用是为 KF_3 管基极提供阈值电压，使 KF_4 管导通时，KF_3 管更可靠截止。

3. 过零脉冲输出

由同步变压器 TA、整流桥 TB、R_1、R_2 和 RA_1 组成削波同步电压源，它与直流开关输出电压共同控制 KF_1、KF_2 管。因此，只有当直流开关导通期间，KF_1、KF_2 集电极和发射极之间才有工作电压，才能进行工作。在这期间，同步电压每次过零时，KF_1 管截止，集电极输出一正电压，使 KF_2 由截止变为导通，脉冲变压器输出触发脉冲，触发晶闸管，于是在直流开关导通期间，负载便可得到连续的正弦波。增大控制电压 U_c，便可加长开关导通时间，增多了导通的周波数，从而增加输出平均功率。

七、集成电路触发器

随着集成电路的迅速发展，在分立件触发电路的基础上，各种各样的专用集成功能器件相继问世，它们为电力电子技术领域提供了愈来愈先进的控制方式和手段。分立触发电路存在控制精度差、可靠性低、维修困难的缺点，但自从集成触发电路问世之后，不仅大大减少了元器件的数量，简化了电路及其设计计算、而且调试容易，使用方便，提高了可靠性。尤其由集成触发器制成的触发单元，其外围元件少、调试方便、体积小，在性能上具有移相范围宽、移相线性好、温漂小、可靠性高、相位不均衡度小等优点。

目前 KJ 系列产品可用于各种移相触发、过零触发、双脉冲形成以及脉冲列调制等场合。

（一）KJ 系列集成触发器

1. KJ001 移相触发器

该触发器由锯齿波形成电路，移相电压、偏移电压和锯齿波电压综合比较放大电路，脉冲调节电路三部分组成。该电路主要用于单相和三相半控桥式电路，如图 4-3-14 所示。

2. KJ004、KJ009 移相触发器

该触发器由同步检测电路，锯齿波形成电路，偏置电压、移相电压、锯齿波电压综合比较放大电路，功率放大电路组成。如图 4-3-15 所示。该触发器适用于单相、三相全控桥整流电路，可提供相位差 180°两路移相触发脉冲。

该触发器 1 端为正向脉冲输出端，15 端为负向脉冲输出端，13、14 端为脉冲列调制和脉冲封锁控制端。

KJ009 的基本性能与 KJ004 相同，两者可以互换。只是 KJ009 的性能较 KJ004 好，抗干扰能力强、触发脉冲前沿较陡、输出脉冲宽度调制范围较大。

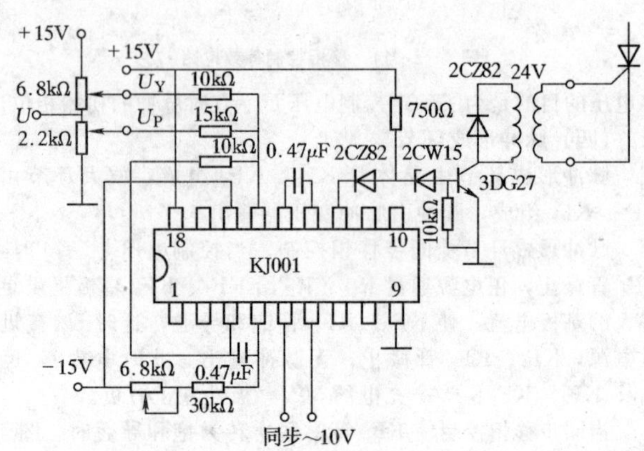

图 4-3-14　KJ001 应用电路

脉冲宽度　100μs～3.3ms；脉冲幅值　13V；最大输出电流　15mA；移相范围　210°

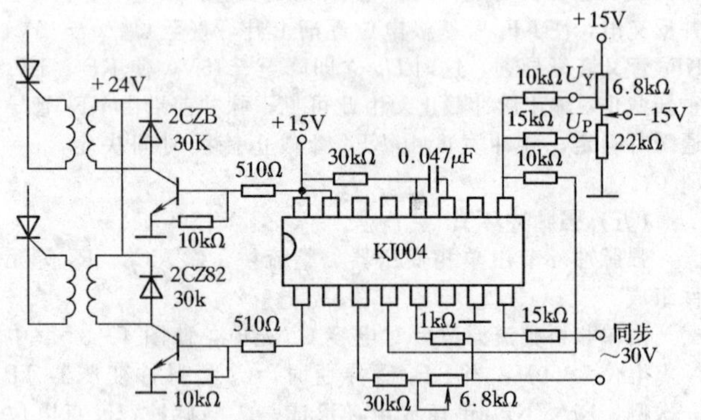

图 4-3-15　KJ004 应用电路

脉冲宽度　400μs～2ms；脉冲幅值　13V；最大输出电流　100mA；移相范围　170°

3. KJ006、KJ005 移相触发器

该触发器由同步检测电路、锯齿波形成电路、移相电压和锯齿波电压综合比较放大电路、功率放大电路和失交保护电路构成。交流供电时，实际应用电路如图 4-3-16 所示。

KJ006 主要用于双向晶闸管或由晶闸管反并联组成的交流相位控制电路。该器件可由交流电网直接供电，不需外加同步信号。输出端可通过电阻接晶闸管门极，不需输出脉冲变压器。具有锯齿波线性好、移相范围宽、控制简单、输出电流大等优点，是交流调压、调光装置理想控制元件。

KJ005 与 KJ006 基本相同。只是 KJ005 没有晶闸管工作状态检测端，没有自生电源，不能用在交流供电场合。但 KJ006 可以代替 KJ005。注意二者不能互换。

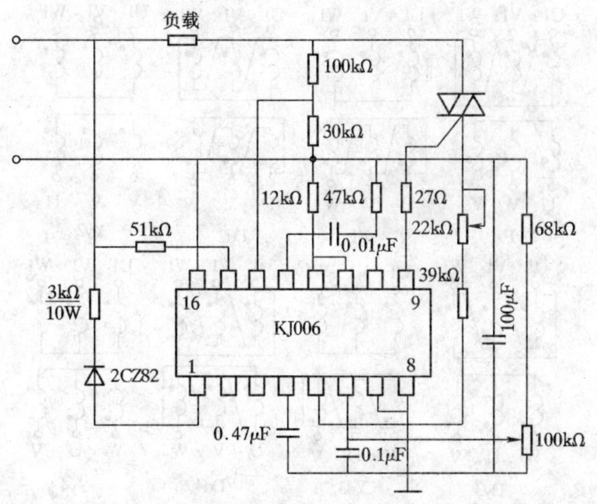

图 4-3-16 KJ006 应用电路

脉冲宽度 100μs~2ms；最大输出电流 200mA

4. KJ008、KJ007 过零触发器

前面所介绍的移相触发虽然具有控制平滑灵活、能适应各种控制要求，但是通过晶闸管输给负载的电压（电流）是缺角正弦波，功率因数差，且存在高次谐波，对电网和无线电会产生射频干扰。为了克服这些缺点，研制出了过零触发，它是将晶闸管作交流开关，在交流电压（电流）过零时触发导通，通过控制通断比，来实现功率调整，称为调功器。它是一种新型的控制装置，具有体积小、损耗小、调节速度快及使用维修方便等优点，在工业加热控制及电解电镀等需要改变交流电压的场合，正在得到越来越广泛的应用。

KJ008 过零触发器内部电路如图 4-3-17 所示，由 $RA_1 \sim RA_4$ 和 KF_1 组成电源电压过零检测，$RA_6 \sim RA_9$ 和 KF_9 组成负载电流过零检测，$KF_2 \sim KF_5$ 组成差动放大作电压比较，KF_8 集电极输出脉冲。

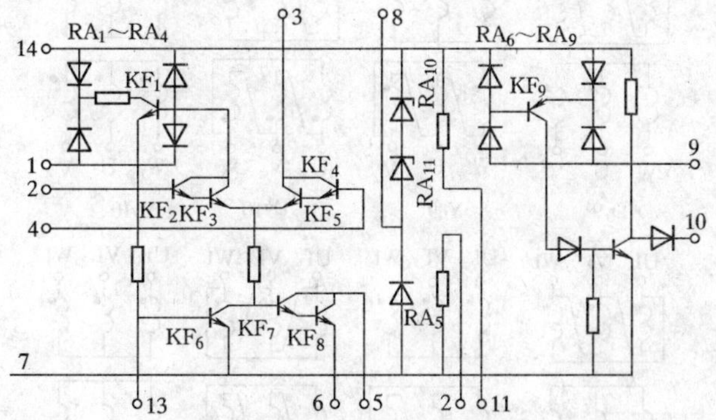

图 4-3-17 KJ008 内部电路图

KJ008 能够在电源电压过零或负载电流过零瞬间触发晶闸管。当用于电源电压过零触发时，如图 4-3-18 所示，同步电压通过 51k 电阻加到 1 和 14 脚之间，通过器件内部过零检测电路检测出过零点。器件内部产生的基准电压接到差分比较放大 4 脚，来自传感器的取样电压加到差分放大的另一脚。当取样电压低于基准电压时，在电源电压过零点时输出级从 5 脚输出脉冲；当取样电压高于基准电压时，5 脚不输出脉冲。

用于负载电流过零触发时，1 脚悬空，10 与 13 脚连接，如图 4-3-19 所示。

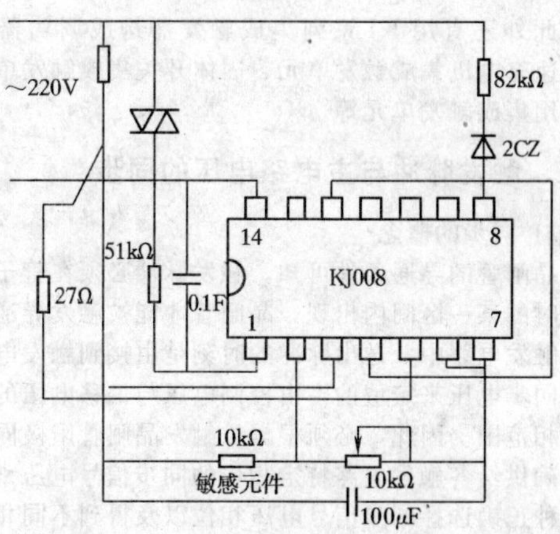

图 4-3-18 电源电压过零触发电路

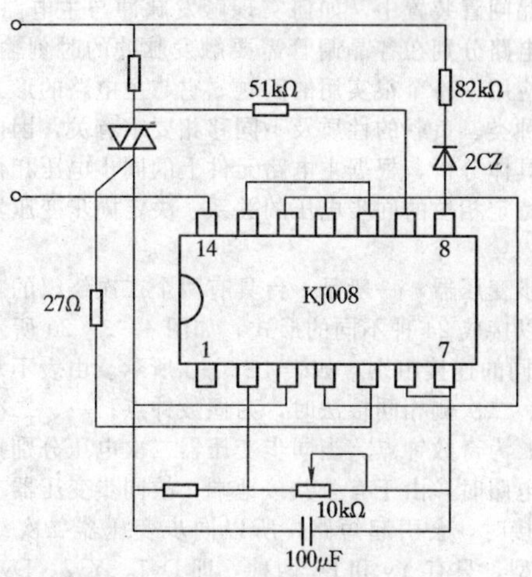

图 4-3-19 负载电流过零触发电路

（二）集成触发单元

晶闸管集成化移相触发控制单元技术参数见表 4-3-3。

表 4-3-3 晶闸管集成化移相触发控制单元

技术参数	三相交流调压器移相触发单元	三相半控桥移相触发单元	三相全控桥移相触发单元
交流同步电压（V）	三相 30±5	10	三相 30±5
交流电源电压（V）	20±2		双 20±2
移相范围（°）	170	170	170
输出负载电流（mA）	≤300	≤300	
脉冲前沿（μs）	≤1	≤1	≤1
各相脉冲不均衡度（°）	≤3		≤3
温漂（°）	±3（±20℃）	±3（±20℃）	±3
控制端电压（V）	“1”态≤0.4、“0”态=5～10	“1”态≤0.4、“0”态=5～10	“1”态≤0.4、“0”态=5～15
工作温度（℃）	－10～70	－10～70	－10～70

除此外还有用 KJ 系列集成触发器构成调功器触发单元、快速充电机集成触发单元、固体开关集成触发单元、中频电源用集成触发单元等。

八、触发脉冲与主电路电压的同步

(一) 同步的概念

由晶闸管的导通条件可知，触发脉冲必须在管子阳极电压为正时的某一区间内出现，晶闸管才能被触发导通。而在常用的触发电路中，送出脉冲的时刻是由接到触发电路不同相位的同步电压来定位的，由控制电压与偏移电压的大小来决定移相范围。因此，必须根据被触发晶闸管阳极同步电压相位正确供给各触发电路特定相位的同步信号电压来实现同步，这种正确选择同步信号电压相位以及得到不同相位同步信号电压的方法，称为晶闸管装置的同步。

在晶闸管装置中，如何实现触发脉冲与主电路的同步，即触发电路分别在各晶闸管需要触发脉冲的时刻输出脉冲，是工程应用中一个很实用的问题。它与主电路的形式、触发电路的种类、负载的性质及不同移相要求有关，因此必须具体情况具体分析，根据主电路元件上的同步电压相位与触发电路中特定相位的同步电压的关系，决定同步变压器的连接组别。

同步变压器，一般是一台具有两个二次绕组的三相变压器，可以接成 24 种不同的形式，如图 4-3-20 所示；共有 12 种不同的连接组别，如表 4-3-4 所示。由表不难看出变压器一、二次侧相同接法时，为偶数钟点；一、二次侧不同接法时，为奇数钟点。当同步变压器二次电压分别接到相关的触发电路时，由于有公共接地端，故同步变压器二次绕组采用 D 接时，会引起短路，所以同步变压器二次绕组只能接成 Y 型，只有 Yy 和 Dy 两种，即 Dy1、Yy2、Dy3、Yy4、Dy5、Yy6、Dy7、Yy8、Dy9、Yy10、Dy11、Yy0。

钟点表示法为：以时钟长针代表三相变压器一次侧任一线电压矢量，指在钟面 0 点位置；以时钟短针代表二次侧对应线电压矢量，指在钟面几点钟就称几点接法。它表示二次侧线电压与一次侧线电压的相位关系。如短针指在 3 点，说明变压器二次线电压滞后对应的一次线电压 90°。

(二) 实现同步的方法

1. 确定相位关系

根据不同触发电路与脉冲移相范围的要求，确定同步信号电压与对应晶闸管阳极电压之间的相位关系。

如正弦移相触发电路，在大电感负载，要求可逆工作，常把同步信号电压由负变正的过零点定在主电路 $\alpha=90°$ 位置。采用 NPN 管时，利用同步电压正弦波单调上升段（由负极值到正极值）使 $\alpha=0°$ 对准同步信号电压最大负值时刻，因此同步信号电压滞后对应的晶闸管阳极电压 120°；采用 PNP 管时，利用同步电压正弦的下降段（由正极值到负极值），使 $\alpha=0°$ 对准同步电压最大正值时刻，因此同步电压超前对应的晶闸管阳极电压 60°。

采用锯齿波移相时，使锯齿波中点对应主电路 $\alpha=90°$ 位置。

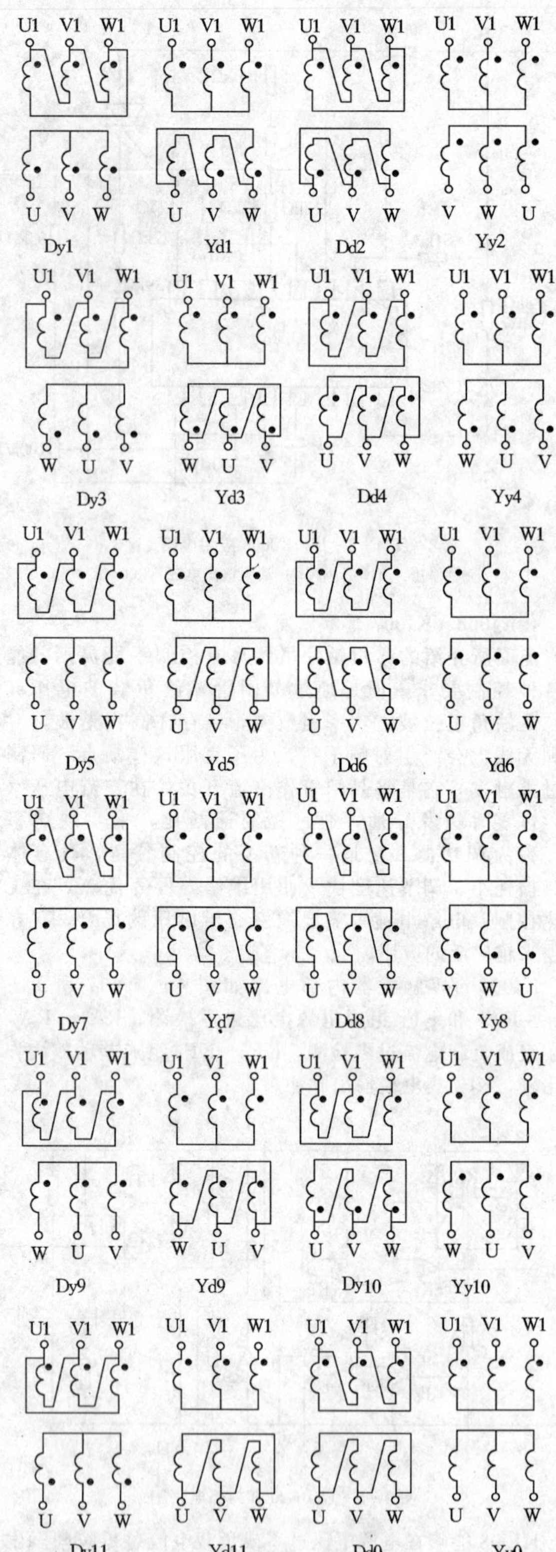

图 4-3-20 三相变压器接法与钟点数

表 4-3-4 同步变压器的连接组别

初次级相位差（°）	30	60	90	120	150	180	210	240	270	300	330	360
三相变压器接法与钟点数	Dy1	Dd2	Dy3	Dd4	Dy5	Dd6	Dy7	Dd8	Dy9	Dd10	Dy11	Dd0
	Yd1	Yy2	Yd3	Yy4	Yd5	Yy6	Yd7	Yy8	Yd9	Yy10	Yd11	Yy0

2. 确定同步信号电压矢量

(1) 根据整流变压器的接线方式和钟点数，画出整流变压器一次和二次对应线电压矢量图。

(2) 根据相电压滞后30°的关系，画出与二次线电压对应的相电压，即晶闸管阳极电压。

(3) 根据已确定的同步电压与晶闸管阳极电压的相位关系，画出对应的同步信号电压矢量。

3. 确定接法和钟点数

根据同步变压器二次线电压矢量位置，定出同步变压器的接法和钟点数。

因此只要一块触发板的同步信号电压相位符合要求，其他同步信号电压相位也肯定正确，即能保证触发脉冲与主电路同步。

第四节 整流电路

整流是将交流电压通过整流装置变成单方向的脉动直流。按使用的整流元件不同，可分为半导体二极管不可控整流电路和晶闸管可控整流电路；按所接电源相数不同，可分为单相整流电路和三相整流电路；按波形又可分半波和全波整流电路。

一、二极管不可控整流电路

(一) 单相整流电路

利用二极管的单向导电性，可以组成多种形式的单相不可控整流电路，包括半波整流电路、双半波（全波）整流电路和桥式整流电路。如图4-4-1所示。

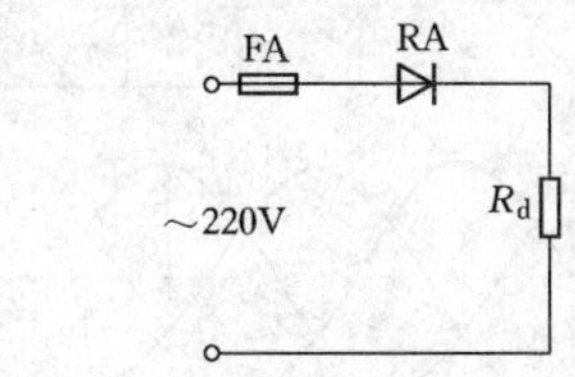

(a)

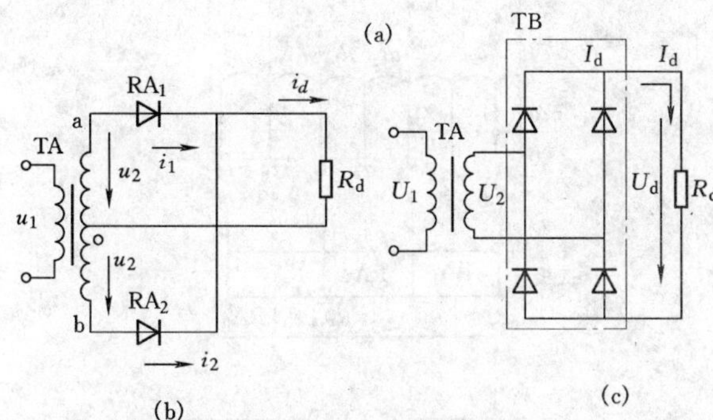

(b) (c)

图4-4-1 单相整流电路

(a) 半波整流电路；(b) 全波整流电路；(c) 桥式整流电路

FA—熔断器；RA、RA_1、RA_2—二极管；

TA—主压器；TB—整流器；R_d—负载

各种整流电路的特点及应用情况见表4-4-1。

表4-4-1 常用各种整流电路比较

整流电路形式	优点	缺点	适用范围
半波整流	只用一只二极管，电路简单	输出电压脉动大，不易滤成平滑直流	用于对稳定性要求不高的场合

续表

整流电路形式	优点	缺点	适用范围
全波整流	只用两只二极管，电路负载能力较强，输出电压脉动较小，易滤成平滑直流	变压器有中心抽头，工艺复杂，效率低，要求二极具有较高的耐压	适用要求稳定性高、输出电流大的场合
桥式整流	用四只二极管，变压器无中心抽头，效率高，易滤成平滑直流，负载能力强		各项指标性能较好，适用范围较广
倍压整流	变压器二次较低电压可以获得较高的直流电压	负载能力较差	适用高电压小电流场合

(二) 主要参数

半导体二极管的参数，可分电路参数和电气参数两大类。输出电压平均值 $\bar{u}_o$ 和输出电压脉动系数 S 属于电路参数；最大反向峰值电压 U_{RM} 和平均电流 $\bar{i}_D$ 属于电气参数。前者主要用于电路设计；后者主要用于元件参数选择。各参数定义如下：

$\bar{u}_o$——输出直流电压平均值，是指输出电压瞬时值 u_o 在一个周期内的平均值。

S——脉动系数，是指输出电压基波最大值与输出电压平均值之比，$S=U_{om}/\bar{u}_o$。

$\bar{i}_D$——通过二极管的平均电流。

U_{RM}——二极管最大反向峰值电压，是指二极管不导通时，在它两端出现的最大反向电压。

由于整流电路形式不同，各参数数值也不同，见表4-4-2。整流桥堆型号及规格见表4-4-3。

表4-4-2 四种整流电路参数的比较

整流电路形式	$\bar{u}_o$	S	$\bar{i}_D$	$\bar{i}_o$	U_{RM}
半波整流	$0.45U_2$	1.57	$\frac{0.45U_2}{R_L}$	$\frac{0.45U_2}{R_L}$	$\sqrt{2}U_2$
全波整流	$0.9U_2$	0.67	$\frac{0.45U_2}{R_L}$	$\frac{0.9U_2}{R_L}$	$2\sqrt{2}U_2$
桥式整流	$0.9U_2$	0.67	$\frac{0.45U_2}{R_L}$	$\frac{0.9U_2}{R_L}$	$\sqrt{2}U_2$
倍压整流	$n\sqrt{2}U_2$	—	$\frac{n\sqrt{2}U_2}{R_L}$	$\frac{n\sqrt{2}U_2}{R_L}$	$2\sqrt{2}U_2$

表4-4-3 整流桥堆型号及规格

型号	输出直流电流(A)	最高反向工作电压(V)
ICQ_1	0.05	A 25
ICQ_2	0.1	B 50
ICQ_3	0.2	C 100
ICQ_4	0.3	D 200
ICQ_5	0.5	E 300
ICQ_6	1	F 400
ICQ_7	2	
ICQ_8	3	
ICQ_9	5	
ICQ_{10}	10	

(三) 整流元件的串联和并联

1. 整流元件串联

当反向电压很高，一只管耐压不够时，可采用两只以上二极管串联，使每只管子承受 U_{RM}/n 的反向电压（n 为二极管的个数）。但是由于元件参数的分散性较大，各二极管反向电阻不完全一致，反向电阻大的管子承受反向电压高，一旦击穿便会产生相继击穿现象。因此在串联使用时，要在每只管子上并联均压电阻 R，一般 R 取值为二极管反向电阻的 1/5～1/3。如图 4-4-2 (a) 所示。

2. 整流元件并联

当负载电流很大时，可采用几只二极管并联，每只管子流过电流为 I_o/n。同样因为元件参数的分散性较大，因此每只管子必须串联一只阻值较小的均流电阻 R，一般 R 的阻值应大于二极管正向电阻 3～5 倍。如图 4-4-2 (b) 所示。

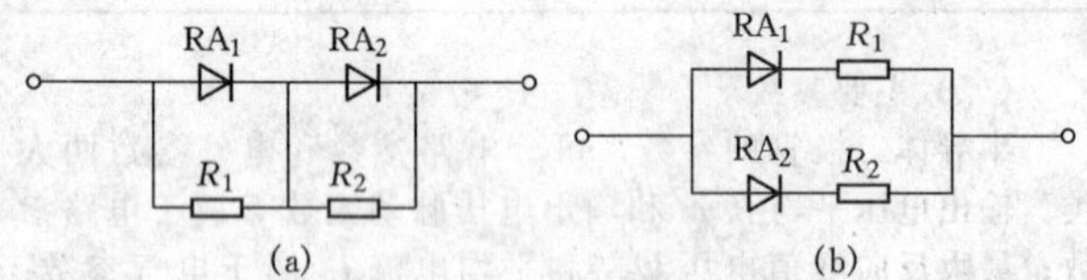

图 4-4-2　二极管串联和并联电路

(a) 串联；(b) 并联

二、三相不可控整流电路

(一) 整流电路形式

三相整流电路可分为三相半波不可控整流、三相桥式不可控整流和六相双反星形整流电路，如图 4-4-3 所示。

(二) 三相不可控整流电路结构特点

1. 三相半波不可控整流电路

在三相不可控整流电路中，由三相变压器作电源，各相互差 120°，共用三只整流元件。如果将三只整流元件的阴极连在一起接负载，三个阳极分别接三相变压器二次侧三相电压，称共阴极接法，如图 4-4-3 (a) 所示，其导通规律是任何时刻只有瞬时阳极电压最高的一相管子导通，过了换相点，后一相管子自然转为导通，前一相导通的管子自然截止；如果将三只管子阳极连在一起接负载，三个阴极分别接三相电源，称共阳极接法，其导通规律是任何时刻瞬时阴极电压最负的导通，经过自然换相，后一相导通，前一相自然截止。

2. 三相桥式不可控整流电路

三相桥式不可控整流电路，共用六只二极管，其中 RA_1、RA_3、RA_5 称共阴极组，RA_2、RA_4、RA_6 称共阳极组。根据二极管单向导性原理，在共阴极组中，哪个二极管阳极电位最高，哪个导通；在共阳极组中，哪个二极管阴极电位最低，哪个导通。两组的自然换流点，对应相差 60°，电路各自在本组内换流，在共阴极组和共阳极组中各有一个二极管导通，每只管子轮流导通 120°。适用于高电压小电流脉动较小的场合。

3. 六相双反星形整流电路

双反星形整流电路是由两组三相半波整流电路并联组成，也用六只二极管，但由双反星形变压器供电。这种变压器有两个二次绕组，均接成星形，但接到二极管的同名端相反。两绕组中性点通过平衡电抗器连接在一起，适用于低压大电流电镀电路。

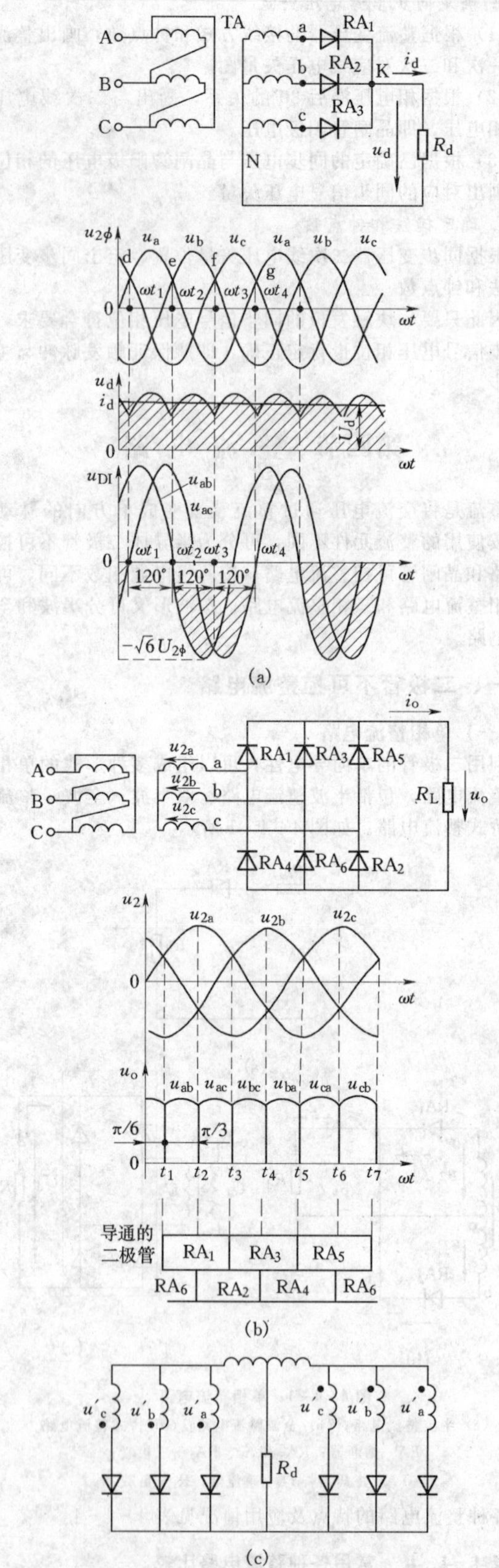

图 4-4-3　三相不可控整流电路

(a) 三相半波不可控整流电路及其波形；(b) 三相桥式整流电路及其波形；(c) 六相双反星形整流电路

(三) 常用三相不可控整流电路主要参数

三相不可控整流电路主要参数见表 4-4-4。

表 4-4-4　三相不可控整流电路主要参数

电路形式	输出直流电压	输出直流电流	二极管承受最大反向电压	通过每只二极管平均电流
三相半波	$1.17U_2$	$1.17\frac{U_2}{R_L}$	$2.45U_2$	$\frac{1}{3}\bar{i}_o$
三相桥式	$2.34U_2$	$2.34\frac{U_2}{R_L}$	$2.45U_2$	$\frac{1}{3}\bar{i}_o$
双反星形	$1.17U_2$	$1.17\frac{U_2}{R_L}$	$2.45U_2$	$\frac{1}{6}\bar{i}_o$

三、单相可控整流电路

单相可控整流电路是利用晶闸管的单向可控特性，组成可控整流电路，可以把交流电变成单方向大小可调的直流电。其各项性能指标与电路形式、控制角大小、负载性质有关。

(一) 单相可控整流电路形式及特点

单相可控整流电路有单相半波、单相全波、单相桥式及派生可控整流电路。

1. 单相半波可控整流电路

电路结构简单，仅用一只晶闸管。工作时，在阳极电压为正的范围内某一时刻向门极送触发脉冲，晶闸管导通，输出可控直流脉动电压。在可控整流电路中晶闸管从开始承受正向电压时刻起到开始导通所对应的角度称为控制角，用 α 表示。改变其控制角大小，即改变脉冲出现的时刻，称为移相，从而改变输出电压平均值。为了得到稳定的输出电压，每个周期的 α 角应相同，因此必须保持触发信号和电源电压在频率和相位上同步。由于这种电路输出直流平均电压较小，脉动较大，适用于对波形要求不高的小电流负载的场合。电路图及电压波形如图 4-4-4 所示。

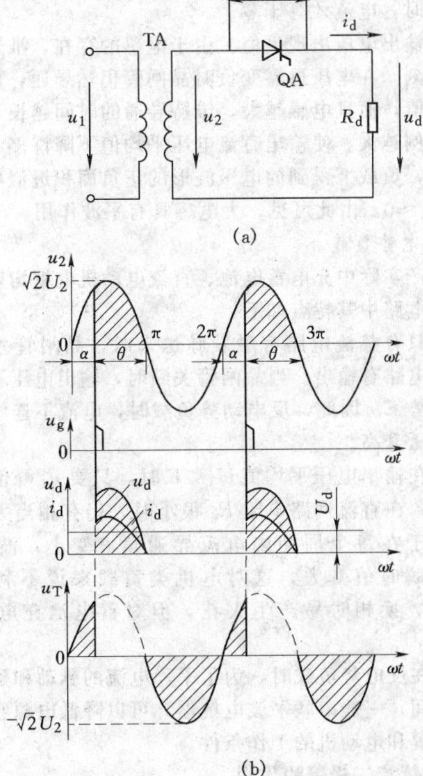

图 4-4-4　单相半波可控整流电路及波形

2. 单相全波可控整流电路

单相全波可控整流电路，使用两只晶闸管，变压器带中心抽头，次级绕组直流安匝互相抵消，没有铁芯直流磁化问题。但次级绕组在每个周期中只有一半工作，变压器利用率低，管子承受反向峰值电压高，适用于中小容量场合。电路图及电压波形如图 4-4-5 所示。

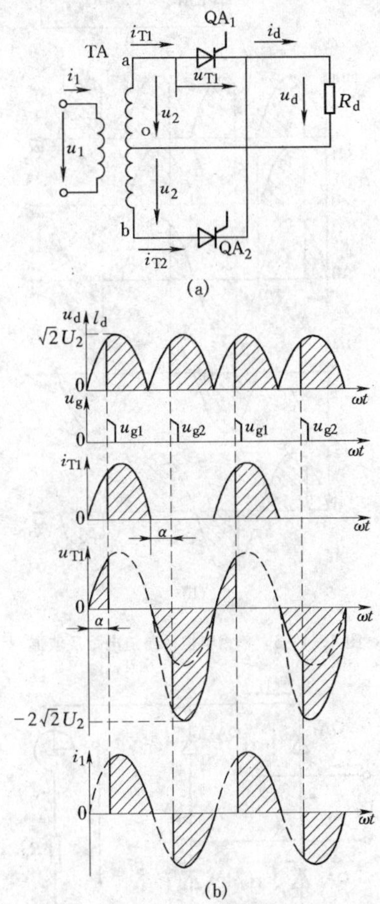

图 4-4-5　单相全波可控整流电路及波形

3. 单相半控桥整流电路

单相半控桥整流电路用两只晶闸管和两只二极管组成桥路，将两只晶闸管接成共阴极组，两只二极管接成共阳极组。其工作特点是两只晶闸管在触发时刻换相，二极管在电源过零时换流，在电感负载时，不接续流二极管也可以工作。但当突然将 α 增大到 180°或突然切除触发脉冲时会产生正在导通的晶闸管一直导通、两只二极管轮流导通的失控现象。为此可以将两只共阴连接的晶闸管改成串联形式，同样将两只共阳极连的二极管也改成串联，重新组成桥路，这时两只晶闸管除完成可控整流外，还同时起外接续流二极管的作用。该电路各项指标较好，用于不需逆变的场合。电路图及电压波形如图 4-4-6 所示。

4. 单相全控桥整流电路

单相全控桥电路由四只晶闸管组成桥路，其中两只接共阴极组，两只接共阳极组，在每个周期中始终有两只晶闸管同时导通，其中共阴极组一只，共阳极组一只。两组触发脉冲在相位上相差 180°，输出电压在一个周期内脉动两次，脉动系数较小，同时变压器不存在直流磁化问题，利用率高。适用于要求较高和要求逆变的场合。电路图及电压波形如图 4-4-7 所示。

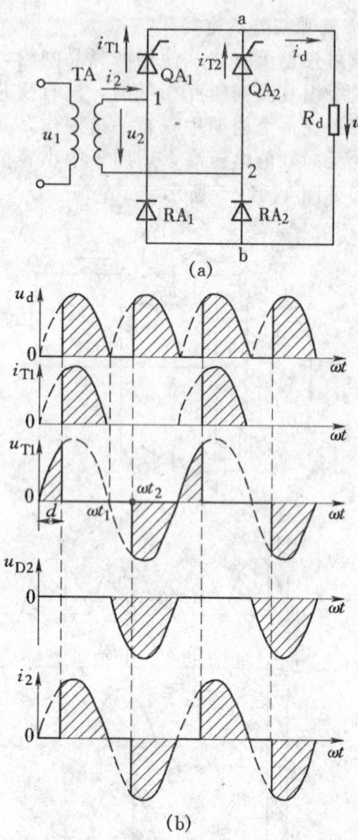

图 4-4-6 单相半控桥整流电路及波形

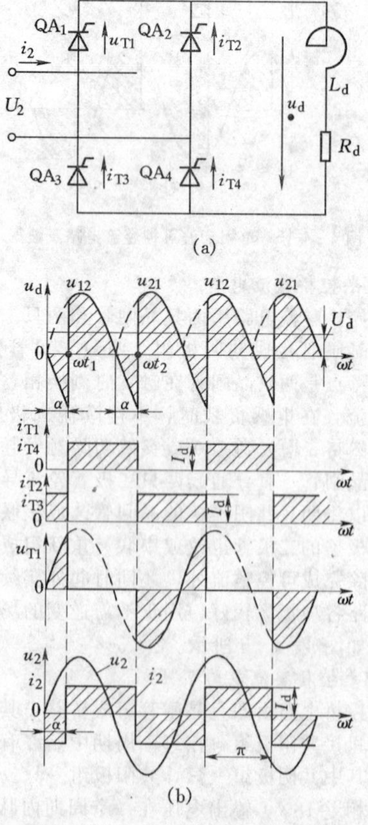

图 4-4-7 单相全控桥整流电路及波形

5. 具有一只晶闸管的桥式可控整流电路

该电路由四只整流二极管组成不可控桥式整流电路，将交流变为全波直流，然后经一只晶闸管进行开关控制，改变控制角 α，达到改变输出电压的目的。该电路的特点是只用一只晶闸管，并且不承受反压，成本低，电流波形系数小，适用于直流调压装置。电路图如图 4-4-8 所示。

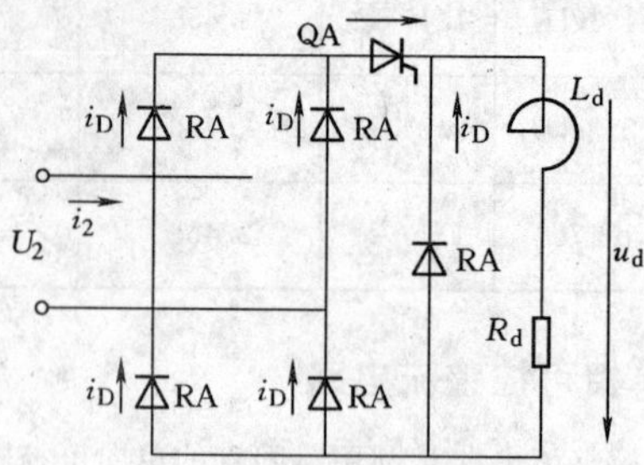

图 4-4-8 具有一只晶闸管可控整流电路

（二）不同性质负载在电路中的特点

1. 电阻负载

电阻负载是常见的一种负载，诸如白炽灯、电炉、电阻加热炉、电解、电镀等均属于电阻负载。在电路中的特点是负载两端的电压和通过负载的电流总是成比例的线性关系，二者波形形状相同。

2. 电感负载

在生产实际中，诸如各种电机激磁绕组、平波电抗器均属电感负载。其电路具有以下特点。

(1) 电感对电流变化具有抗拒作用。当流过电抗器的电流发生变化时，在电抗器两端产生感应电势 $L\frac{di}{dt}$，其极性始终阻止电流的变化。当流过电抗器的电流增加时，感应电势极性为上正下负，负载电流从零逐渐增加；当流过电抗器的电流减少时，感应电势极性上负下正，力图阻止电流的变化，负载电流逐渐减小，只有当感应电势和 U_2 大小相等、极性相反时，电流才等于零。

(2) 输出电压出现负值。由于电感的存在，推迟了晶闸管关断时刻，在电压过零变负时晶闸管仍然导通，使输出电压出现负值，而且电感越大，维持导通的时间越长，负压部分占的比例越大，使输出直流电压平均值下降许多。当电感非常大时，负载上得到的电压波形的正负面积近似相等，平均电压 $U_d \approx 0$。由此可见，大电感具有平波作用。

3. 反电势负载

在生产实际中充电蓄电池、直流电动机电枢均属反电势负载，在电路中其特点如下：

(1) 只有整流电路有触发脉送来时，晶闸管才触发导通，整流电路有输出。当晶闸管关断时，输出电压不是零而是反电动势 E。因此，反电动势负载时，电流不连续，负载端直流电压升高。

(2) 在输出电压平均值 $U_d<E$ 时，只要 u_d 峰值大于反电动势 E，在直流回路电阻 R_0 很小时，仍有相当大的电流输出。由于在每个周期内电流导通角 θ 变小，波形严重不连续，瞬时值变大，这对电机类负载来说不利，使其特性变坏，换相时易产生火花，但对蓄电池充电电路是有利的。

(3) 在反电势负载时，为了平稳电流的脉动和延长晶闸管导通时间，一般串联平波电抗器，可以降低电源容量、改善整流装置和电动机的工作条件。

（三）续流二极管的作用

在单相可控整流电路中，当接有电感负载或反电势负载时，常与负载并联有续流二极管。由于电路形式不同和负载的性质不同，因此它的作用也不尽相同。

在单相半波可控整流电路中，接电感负载时，续流二极管的作用主要是用来消除负压，使晶闸管承受反向电压而关断。电源电压在正半周时，电流由电源经导通的晶闸管供给；电源电压在负半周时，晶闸管关断，电流由续流二极管维持导通。

在单相全波可控整流电路中，续流二极管的作用主要是用来消除负压，提高输出电压，使电流更加平直。

在单相半控桥整流电路中，续流二极管主要用来消除由于突然切除触发脉冲造成的正在导通的晶闸管一直导通、两只二极管轮流导通的失控现象。

四、三相可控整流电路

（一）常用三相可控整流电路形式

三相可控整流电路有三相半波可控整流电路、三相半控桥整流电路、三相全控桥整流电路和带平衡电抗器的双反星形可控整流电路，如图4-4-9所示。

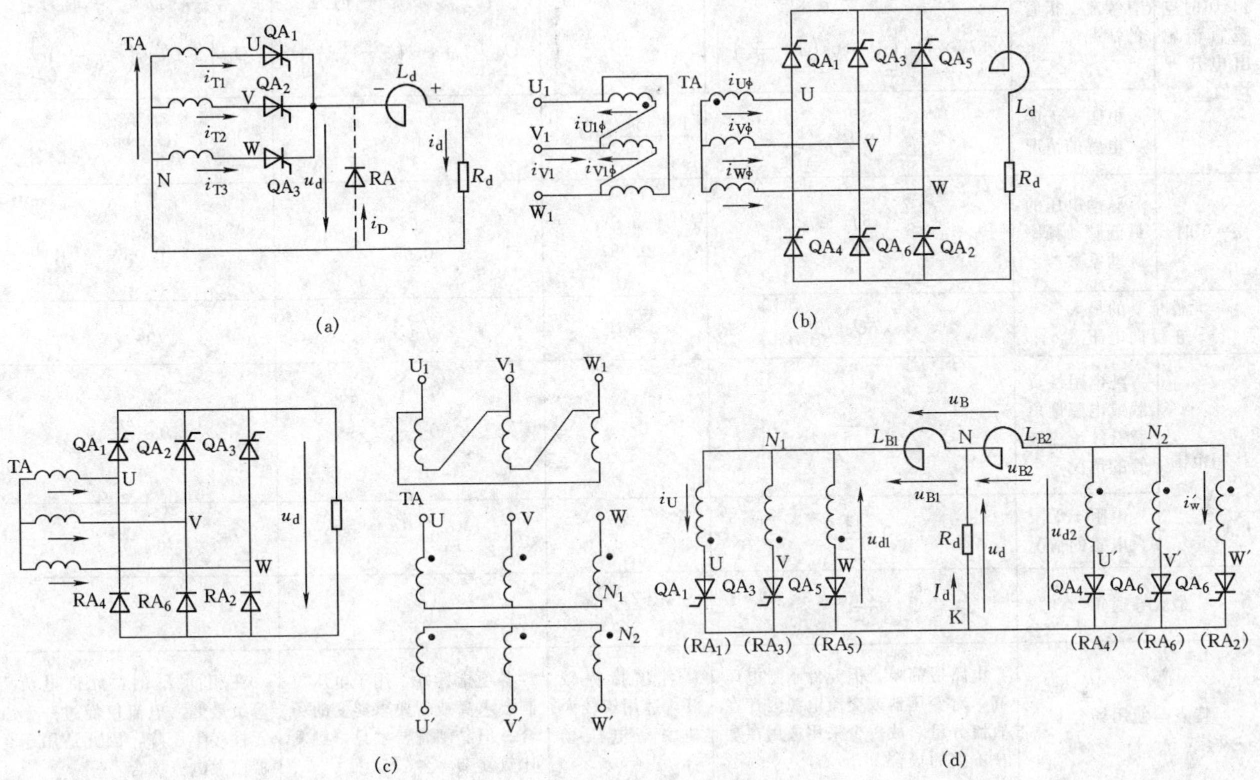

图4-4-9　三相可控整流电路

(a) 三相半波可控整流电路；(b) 三相全控桥整流电路；(c) 三相半控桥整流电路；(d) 双反星形可控整流电路

（二）常用三相可控整流电路的特点

1. 三相半波可控整流电路

三相半波可控整流电路，只用三只晶闸管，可以有共阴极组和共阳极组两种接法。在接成共阳极组时，可以通过散热器实现，但触发电路传输线必须相互绝缘。不论采用哪种接法，在一个周期内，每只晶闸管只导通一次，其导电时间决定于控制角 α 大小和负载的性质。最大导通角为120°，电阻负载时晶闸管移相范围为150°，输出电压范围为 $0\sim1.17U_2$。对变压器而言，一周期内次级绕组只有1/3时间工作，变压器利用率低，同时由于变压器次级绕组电流是单方向的，直流安匝产生较大的漏磁通，引起附加损耗，因此多用于30kW以下中等偏下的装置中。

2. 三相全控桥整流电路

三相全控桥整流电路是共阳极组和共阴极组整流电路的串联，使用六只晶闸管。工作时在任何时刻必须保证有两只晶闸管同时导通，共阳极组一只，共阴极组一只，并各自在本组内换流，两组换流点相隔60°，即每隔60°有一次换流。三相全控桥整流电路，输出电压脉动小，晶闸管承受正反向电压较小，变压器容量也较小，适用于大功率高电压小电流或要求逆变的场合。

3. 三相半控桥整流电路

三相半控桥整流电路是由晶闸管组成共阴极接法的三相半波可控整流电路和由三极管组成共阳极接法的三相半波不可控整流电路串联而成，因此兼有二者的优点。共用三只晶闸管和三只二极管。共阳极组三只整流二极管，总是在本组自然换流点换流，使电流换到比本相阴极电位更低的那相中去；而共阴极组三只晶闸管触发后换相，换到比本相阳极电位更高的那相中去。输出整流电压波形是两组整流波形之和，改变共阴极组晶闸管控制角 α，可以获得 $0\sim2.34U_2$ 直流可调电压。该电路只能用于可控整流，而不能工作在逆变状态。线路简单、经济、调整方便。

（三）三相可控整流电路主要参数比较

三相可控整流电路主要参数比较见表4-4-5。

（四）三相可控整流电路主要计算公式

1. 三相半波可控整流电路

(1) 电阻负载。

$0<\alpha\leqslant30°$时

$$U_d=\frac{1}{2\pi/3}\int_{\alpha+\frac{\pi}{6}}^{\frac{5}{6}\pi+\alpha}\sqrt{2}U_2\sin\omega t\,d\omega t$$

表 4-4-5 常用三相可控整流电路比较

整流主电路		三相半波整流电路	三相半控桥式整流电路	三相全控桥式整流电路	双反星形带平衡电抗器的整流电路
控制角 $\alpha^{\circ}=0$ 时，空载直流输出电压平均值 U_{d0}		$1.17U_{2\varphi}$	$2.34U_{2\varphi}$	$2.34U_{2\varphi}$	$1.17U_{2\varphi}$
控制角 $\alpha\neq0^{\circ}$ 时空载直流输出电压平均值	电阻性负载或电感性负载有续流二极管的情况	当 $0\leqslant\alpha\leqslant\frac{\pi}{6}$ 时为 $U_{d0}\cos\alpha$ 当 $\frac{\pi}{6}<\alpha\leqslant\frac{5\pi}{6}$ 时为 $0.577\times U_{d0}\left[1+\cos\left(\alpha+\frac{\pi}{6}\right)\right]$	$\frac{1+\cos\alpha}{2}\times U_{d0}$	当 $0\leqslant\alpha\leqslant\frac{\pi}{3}$ 时为 $U_{d0}\cos\alpha$ 当 $\frac{\pi}{3}<\alpha\leqslant\frac{2\pi}{3}$ 时为 $U_{d0}\left[1+\cos\left(\alpha+\frac{\pi}{3}\right)\right]$	当 $0\leqslant\alpha\leqslant\frac{\pi}{3}$ 时为 $U_{d0}\cos\alpha$ 当 $\frac{\pi}{3}<\alpha\leqslant\frac{2\pi}{3}$ 时为 $U_{d0}\left[1+\cos\left(\alpha+\frac{\pi}{3}\right)\right]$
	电阻＋无限大电感的情况	$U_{d0}\cos\alpha$	$\frac{1+\cos\alpha}{2}\times U_{d0}$	$U_{d0}\cos\alpha$	$U_{d0}\cos\alpha$
$\alpha=0^{\circ}$ 时	脉动电压的最低脉动频率 脉动系数	$3f$ 0.25	$6f$ 0.057	$6f$ 0.057	$6f$ 0.057
元件承受的最大正反向电压		$\sqrt{6}U_{2\varphi}$	$\sqrt{6}U_{2\varphi}$	$\sqrt{6}U_{2\varphi}$	$\sqrt{6}U_{2\varphi}$
移相范围	纯电阻性负载或电感性负载有续流二极管的情况	$0\sim\frac{5\pi}{6}$	$0\sim\pi$	$0\sim\frac{2\pi}{3}$	$0\sim\frac{2\pi}{3}$
	电阻＋无限大电感的情况	$0\sim\frac{\pi}{2}$	$0\sim\pi$	$0\sim\frac{\pi}{2}$	$0\sim\frac{\pi}{2}$
最大导通角		$\frac{2\pi}{3}$	$\frac{2\pi}{3}$	$\frac{2\pi}{3}$	$\frac{2\pi}{3}$
特点与使用场合		电路最简单，但元件承受电压高，对变压器或交流电源因存在直流分量，故较少采用或用在功率不大的场合	各项指标较好，适用于较大功率高电压场合	各项指标好，用于电压控制要求高或者要求逆变的场合。但晶闸管要六只，触发比较复杂	在相同 I_d 时，元件电流等级最低，电流仅经过一个元件产生压降，因此适用于低压大电流场合

$30^{\circ}<\alpha\leqslant150^{\circ}$ 时

$$U_d=\frac{1}{2\pi/3}\int_{\frac{\pi}{6}+\alpha}^{\pi}\sqrt{2}U_2\sin\omega t\,\mathrm{d}\omega t=1.17U_2\,\frac{1+\cos(30+\alpha)}{\sqrt{3}}$$

(2) 电感负载。

$$U_d=\frac{1}{2\pi/3}\int_{\frac{\pi}{6}+\alpha}^{\frac{5}{6}\pi+\alpha}\sqrt{2}U_2\sin\omega t\,\mathrm{d}\omega t$$

$$I_d=1.17\,\frac{U_2}{R_L}\cos\alpha$$

流过每只晶闸管电流平均值及有效值

$$I_{dT}=\frac{1}{3}I_d$$

$$I_T=\sqrt{\frac{1}{3}}I_d=0.577I_d$$

接续流二极管后，流过晶闸管和续流二极管的电流平均值及有效值表达式为

$$I_{dT}=\frac{\theta}{360^{\circ}}I_d$$

$$I_{dD}=\frac{120^{\circ}-\theta}{120^{\circ}}I_d$$

$$I_T=\sqrt{\frac{\theta}{360^{\circ}}}I_d$$

$$I_D=\sqrt{\frac{120^{\circ}-\theta}{120^{\circ}}}I_d$$

(3) 反电势负载。

$$U_d=1.17U_2\cos\alpha$$

2. 三相桥式全控整流电路

$$U_d=2.34U_2\cos\alpha$$

3. 三相桥式半控整流电路

(1) 电阻负载。

$\alpha\leqslant60^{\circ}$ 时

$$U_d=\frac{1}{2\pi/3}\left[\int_{\frac{\pi}{3}+\alpha}^{2\pi/3}\sqrt{3}\times\sqrt{2}U_2\sin\omega t\,\mathrm{d}\omega t+\int_{2\pi/3}^{\pi+\alpha}\sqrt{3}\times\sqrt{2}U_2\sin\left(\omega t-\frac{\pi}{3}\right)\mathrm{d}\omega t\right]=2.34U_2\,\frac{1+\cos\alpha}{2}$$

$60^{\circ}<\alpha<180^{\circ}$ 时

$$U_d=\frac{1}{2\pi/3}\int_{\alpha}^{\pi}\sqrt{3}\times\sqrt{2}U_2\sin\omega t\,\mathrm{d}\omega t=2.34U_2\,\frac{1+\cos\alpha}{2}$$

(2) 电感负载。

$$U_d = \frac{2}{2\pi}\int_0^{2\pi/3} \sqrt{3}\times\sqrt{2}U_2\sin\omega t\,d\omega t$$

4. 双反星形可控整流电路

(1) 电阻负载。

$0\leqslant\alpha\leqslant30°$时

$$U_d=1.17U_2\cos\alpha$$

$30°<\alpha\leqslant60°$时

$$U_d=1.17U_2\cos\alpha$$

$60°<\alpha\nless120°$时

$$U_d=\frac{3}{\pi}\int_{\alpha+\frac{\pi}{3}}^{\pi}\frac{\sqrt{3}}{2}\times\sqrt{2}U_2\sin\omega t\,d\omega t$$
$$=1.17U_2\left[1+\cos\left(\alpha+\frac{\pi}{3}\right)\right]$$

(2) 电感负载。

$0°<\alpha\leqslant90°$时

$$U_d=1.17U_2\cos\alpha$$

第五节　主电路元件的选择与保护

一、整流变压器参数计算

整流变压器是晶闸管装置的重要组成部分。其主要作用是根据晶闸管装置要求的交流供电电压，实现与电网的合理配置，获得整流变压器合理的二次电压U_2。同时为了尽可能减小电网与晶闸管装置的相互干扰，实现隔离也需要配置整流变压器。在要求输出平均电压U_d和主电路形式一定的条件下，变压器的二次电压和变压器容量是设计和选择变压器的依据。

在设计过程中，对整流变压器二次电压U_2不易选得过高。若U_2选择过高，晶闸管装置运行时，控制角α过大，造成功率因数变坏，无功增大，晶闸管额定电压升高；若U_2选择过低，则可能在$\alpha=0°$时仍不能达到负载要求的电压额定值。因此必须合理选择U_2的值。

(一) 变压器二次电压U_2的确定

根据上述要求，计算变压二次电压公式如下

$$U_2=\frac{U_{dmax}+n\Delta U}{A\beta\left(\cos\alpha_{min}-CU_{dl}\dfrac{I_2}{I_{2n}}\right)}$$

式中　α_{min}——最小控制角，一般在可逆系统取$\alpha_{min}=30°\sim35°$，在不可逆系统取$\alpha_{min}=10°\sim15°$，电阻负载取$\alpha_{min}=0$；

β——电源电压波动系数，一般取0.9～1.05；

$n\Delta U$——晶闸管或二极管正向导通通压降；

A——理想情况$\alpha=0°$时整流电压与二次电压之比，见表4-5-1；

C——线路接线方式系数，见表4-5-1；

U_{dl}——变压器短路电压比，100kVA以下取0.5，100～1000kVA取0.1；

I_2/I_{2n}——负载的过载倍数，其值由运行要求确定。

在实际进行工程设计时，在要求不高的情况下，变压器二次电压可由下列经验公式计算

$$U_{21}=(0.9\sim1.0)U_d$$

或

$$U_{21}=(1.0\sim1.1)U_d$$

式中　U_{21}——交流进线电压(V)；

U_d——直流输出额定电压(V)。

前者用于不可逆系统，后者用于可逆系统。

表4-5-1　几种可控整流变压器计算参数

名称	单相全波	单相桥式	三相半波	三相桥式	带平衡电抗器双反星形
A	0.9	0.9	1.17	2.34	1.17
C	0.707	0.707	0.266	0.5	0.5

(二) 变压器二次相电流和一次相电流

由磁势方程$I_1N_1=I_2N_2$可得：变比$K=N_1/N_2$，$I_1=\frac{1}{K}I_2$，$I_2=K_{12}I_d$。其I_1、I_2和I_d的关系可查表4-5-2。

(三) 变压器的容量确定

变压器二次容量S_2、一次容量S_1和平均计算容量S由下式表示

$$S_2=m_2U_2I_2$$
$$S_1=m_1U_1I_1$$
$$S=\frac{1}{2}(S_1+S_2)$$
$$\frac{S_1}{S_2}=\frac{m_1K_{11}}{m_2K_{12}}$$

变压器容量和整流功率P_d之间的关系如下

$$S_2=m_2U_2I_2=m_2\frac{K_{12}}{A}P_d$$
$$S_1=m_1U_1I_1=m_1\frac{K_{11}}{A}P_d$$
$$S=\frac{1}{2A}(m_1K_{11}+m_2K_{12})P_d$$

上式中，容量比S_1/S_2表明二次电流的直流分量愈小，容量比愈接近于1，则整流变压器利用率愈高。变压器容量与P_d关系式表明，在任何情况下，变压器平均计算功率S都大于整流功率P_d，其中为桥式接法时，变压器利用率最高。

整流变压器计算参数见表4-5-2。

表4-5-2　整流变压器计算参数

名　称	单相双半波	单相半控桥	单相全控桥	三相半波	三相半控桥	三相全控桥	带平衡电抗器双反星形
m_2	2	1	1	3	3	3	6
m_1	1	1	1	3	3	3	3
S_1/S_2	0.707	1	1	0.816	1	1	0.707
S_2/P_d	1.57	1.11	1.11	1.48	1.05	1.05	1.48
S_1/P_d	1.11	1.11	1.11	1.21	1.05	1.05	1.05
S/P_d	1.34	1.11	1.11	1.34	1.05	1.05	1.26
K_{12}	0.707	1	1	0.577	0.816	0.816	0.289
K_{11}	1	1	1	0.471	0.816	0.816	0.408

二、整流器件的选择

正确选择晶闸管和二极管，能够使晶闸管装置在保证可靠运行的前提下降低成本。整流器件的选择与负载性质、电路形式、控制角大小、整流电压平均值和整流电流平均值有关。

（一）整流器件额定电压 U_{TN}

$$U_{TN}=(2\sim3)U_m$$

式中 U_m——整流器件实际承受的最大峰值电压，与电路结构形式有关，见表 4-5-3；

(2～3)——考虑操作过电压的安全系数，对要求可靠性高的装置取较大值。

（二）整流器件额定（通态）电流 I_{Ta}

$$I_{Ta}=(1.5\sim2)\frac{K_f}{1.57K_b}I_d$$

$$=(1.5\sim2)K_{fb}I_d$$

$$I_d=\sqrt{\frac{1}{15}\sum_{k=1}^{J}I_{dT}^2\Delta t_k}$$

式中 J——负载循环曲线中，热冲击最重的 15min 内的电流“阶梯”数；

Δt_k——各级电流的持续时间（s）；

I_d——额定直流电流（A）。

由于晶闸管过载能力很差，要考虑负载的实际工作情况，增加安全系数（1.5～2）倍，以满足电阻冷态起动的大电流，电机起动电流过载倍数和允许的过载能力的要求。并且应注意，按上述计算的晶闸管额定电流值，同时应采取晶闸管装置的短路和过载保护措施。其有关计算参数见表 4-5-3。

整流器件模块见表 4-5-4。

表 4-5-3 整流器件计算参数

参 数		单相半波	单相双半波	单相桥式	三相半波	三相桥式	带平衡电抗器双反星形
U_m		$\sqrt{2}U_2$	$2\sqrt{2}U_2$	$\sqrt{2}U_2$	$\sqrt{6}U_2$	$\sqrt{6}U_2$	$\sqrt{6}U_2$
K_{fb} ($\alpha=0°$)	电阻	1	0.5	0.5	0.374	0.368	0.185
	电感	0.45	0.45	0.45	0.368	0.368	0.184

表 4-5-4 整流器件模块

型号		连接形式	备注	电流（A）	电压（V）
桥臂模块	MTC		全控	25～160	200～1600
	MTA		全控反对接		
	MTK		全控对接		
桥臂模块	MDC		整流	25、30、55、70、100、150、200	
	MDA		整流反对接		
	MDK		整流对接		
	MFC (C)		共阴半控	25、55、75、95、110、130、160、200	
	MFC (A)		共阳半控		
	MFA		半控对接		
	MFK		半控反对接		
三相半控桥模块	PWB		共阳全控	25～200	
	DWB		共阳整流		
	DWF		共阴整流		

三、晶闸管的串联和并联

（一）晶闸管的串联

当晶闸管额定电压小于实际要求时，可以用两只以上同型号器件串联。但是由于器件特性的分散性较大，各器件正向（反向）阻断特性不同，因而各器件所承受的电压不等，必须并联均压电阻。

$$R_j\leqslant(0.1\sim0.25)\frac{U_{TN}}{I_{drm}}$$

式中 U_{TN}——晶闸管额定电压；

I_{drm}——断态重复峰值电流。

在实际工程应用中，考虑开关过程各晶闸管结电容、导通时间和关断时间的差异，应对晶闸管并联电容，如图 4-5-1 所示。其晶闸管并联的 R、C 数据见表 4-5-5。

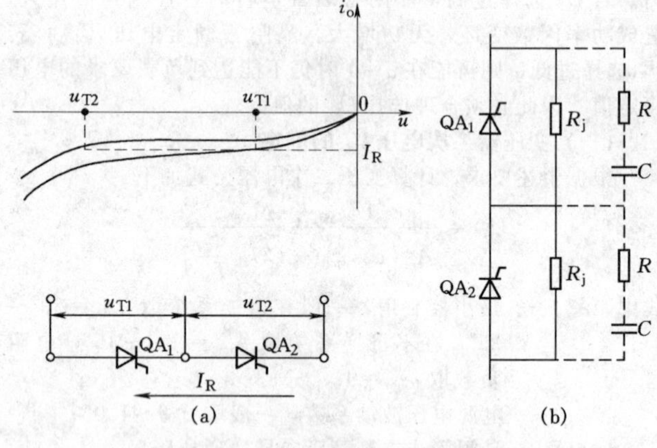

图 4-5-1 晶闸管串联均压电路

(a) 串联时反向电压分配；(b) 均压措施

表 4-5-5 晶闸管串联时并联的 R、C 数据

晶闸管额定电流 (A)	10	20	50	100	200	500	1000
C (μF)	0.1	0.15	0.20	0.25	0.5	1	2
R (Ω)	100	80	40	20	10	5	2

电阻功率可按下式计算

$$P_R=fc\left(\frac{U_m}{n}\right)^2\times10^{-6}$$

式中　f——电源频率；

c——与电阻串联的电容；

U_m——晶闸管最大正反向峰值电压；

n——串联晶闸管个数。

（二）晶闸管的并联

当晶闸管额定电流不能满足要求时，可以用两只以上同型号器件并联。由于器件特性的分散性，在相同电压作用下，通过器件的电流则不同，因此必须采取均流措施。

1. 串联电阻

串联电阻 R 的大小，取器件工作电流最大时，使电阻两端电压是器件正向压降的 1～2 倍时的电阻值。连接时，对管压降大的器件连接较小的电阻，对管压降较小的器件连接较大的电阻，如图 4-5-2（a）所示。

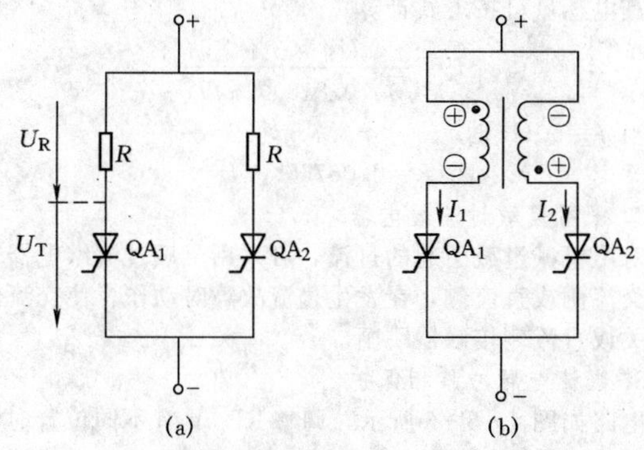

图 4-5-2　并联晶闸管的均流

（a）电阻均流；（b）电抗均流

2. 串联电抗器

用一个均流电抗器接在并联的晶闸管电路中，如图 4-5-2（b）所示，利用电抗器中自感电势的作用，使电流小的器件电流增大，使电流大的器件电流减小，达到均流目的。目前普遍采用空芯电抗器均流，器件并联时必须降低电流额定使用，并联后总电流关系式为

$$(0.8\sim0.9)nI_{Ta}=(1.5\sim2)K_{fb}I_d$$

晶闸管额定电流为

$$I_{Ta}=\frac{(1.5\sim2)K_{fb}I_d}{(0.8\sim0.9)n_p}$$

$$=(1.7\sim2.5)\frac{K_{fb}I_d}{n_p}$$

式中　n_p——并联器件数；

K_{fb}——计算系数，见表 4-5-6。

表 4-5-6　　通态平均电流的计算系数

整流主电路		单相半波	单相全波	单相桥式	三相半波	三相桥式	带电抗器双反星形
K_{fb}	电阻负载	1	0.5	0.5	0.374	0.368	0.185
	电感负载	0.45	0.45	0.45	0.368	0.368	0.184

（三）混联

在高压大电流装置中，广泛使用整流变压器二次测分组整流，然后再进行串联或并联，如图 4-5-3 所示。

四、晶闸管保护

晶闸管的保护，是针对晶闸管产生的过电压和过电流所采取的恰当的保护措施。引起晶闸管过电压和过电流除了器件本身承受过电压和过电流的能力很差外，主要是由于感性

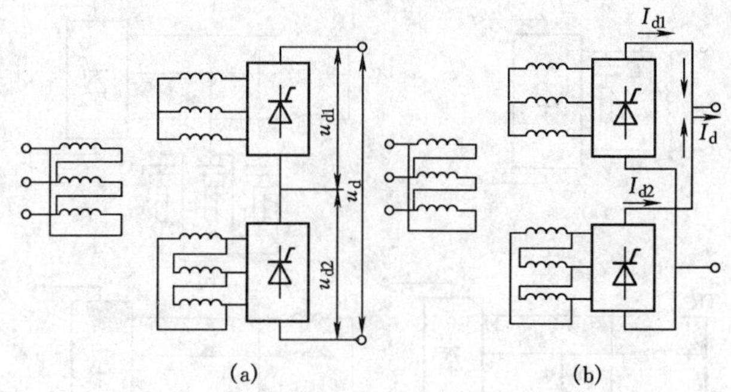

图 4-5-3　变压器分组串并联

（a）串联；（b）并联

负载电路的开闭以及电源侧的拉闸和大气雷击造成的过电压、在负载侧故障短路或生产机械过载产生过电流。由此不难看出，晶闸管的保护是客观存在的，是一个不容忽视的重要环节。正确的保护是晶闸管装置能够正常运行的关键。

（一）过压保护

1. 阻容保护

在变压器二次并联阻容支路，可以将变压器磁场释放的能量转为电容的电场能量，有效地抑制过电压。其中电容用来吸收尖峰过电压，电阻主要用来限制晶闸管开通损耗和电流上升率，并且阻尼 LC 振荡，其计算公式如下

$$C\geqslant6i_0\%\frac{S}{U_2^2}$$

$$R\geqslant2.3\frac{U_2^2}{S}\sqrt{\frac{U_K\%}{i_0\%}}$$

$$P_R\geqslant(3\sim4)I_C^2R$$

$$I_C=2\pi fCU_C\times10^{-6}$$

式中　S——变压器每相平均计算容量（VA）；

U_2——变压器二次相电压有效值（V）；

$U_K\%$——变压器的短路比，10～1000kVA 取 5～10；

$i_0\%$——变压器激磁电流百分数，10～1000kVA 取 10～4；

I_C——正常工作时流过阻容电路的交流电流有效值（V）；

U_C——正常工作时 RC 两端交流电压有效值。

当三相情况下变压器和阻容装置采用不同接法时，可按表 4-5-7 作相应变换。

表 4-5-7　　变压器和阻容装置不同接法时电阻和电容的数值

变压器接法	单相	三相，二次 Y 接		三相，二次 D 接	
阻容装置接法	与变压器次级并联	Y 接	△接	Y 接	△接
电容	C	C	$\frac{1}{3}$C	3C	C
电阻	R	R	3R	$\frac{1}{3}$R	R

阻容△接法时，电容器电容量小，但耐压要求高；阻容 Y 接法时，电容器容量大，但耐压要求低，电阻值也小。在具体应用时，视具体情况而定。阻容保护的具体接法见图 4-5-4 所示。

阻容保护具有应用广泛、性能可靠的特点、主要用于抑制瞬时、尖峰操作过电压。

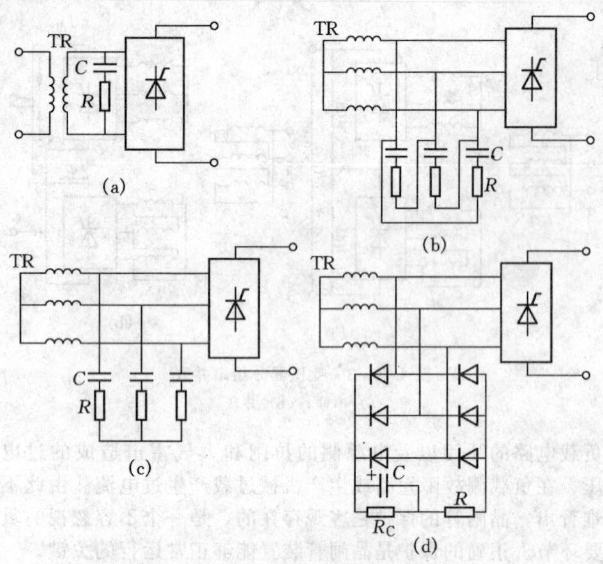

图 4-5-4　交流侧阻容保护接法

2. 非线性电阻保护

非线性电阻保护主要用来抑制发生雷击或从电网侵入的能量较大、持续时间较长的偶发性浪涌电压。主要有硒堆和压敏电阻两种元件。硒堆由于体积大，反向伏安特性不陡，常期不用时会产生"储存老化"而失效，因此在使用前必须先加 50%额定电压 10min，再加额定电压 2h，才能恢复使用，不是理想的保护元件。

金属氧化物压敏电阻，是近年来发展的一种新型浪涌吸收器件，具有正反向均很陡的稳压特性。正常工作时，压敏电阻不击穿，漏电流极小，损耗很小，当遇到尖峰过压时，可以通过数千安培的放电电流，抑制过压能力很强，并具有反应快、体积小、价格便宜等优点，得到了广泛应用。具体电路如图 4-5-5 所示。

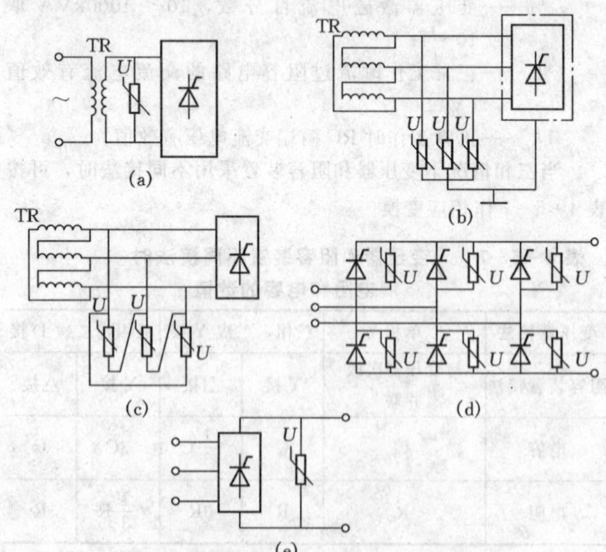

图 4-5-5　压敏电阻保护的几种接法

压敏电阻的额定电压可由下式计算

$$U_{1mA} \geqslant \frac{\varepsilon}{0.9} \times (\text{压敏电阻承受的额定电压峰值})$$

式中　ε——电网电压升高系数，ε=1.05～1.1。

目前使用的 MY31 系列标称电压（额定）有 10V、40V、80V、100V、160V、220V、330V、440V、660V、1000V、2000V、3000V，通流容量有 0.5kA、1kA、1.5kA、2kA、3kA、4kA、5kA，放电电流 100A 的残压比小于 1.8～2，放电电流 3kA 的残压比小于 3。

（二）过流保护

晶闸管装置产生过流的原因很多，诸如元件的误导通或击穿、在可逆系统中产生环流、逆变失败以及生产机械过载等、特别是晶闸管本身的电流过载能力很差，产生过流是难免的，必须采取过流保护措施。它的任务是当电路一旦出现过流，能在元件尚未损坏之前，迅速地把过流现象消除。其具体措施如下。

1. 在交流进线中串接电抗器

其电感量可按下式计算

$$L = \frac{U_{2L} \times 3\%}{\sqrt{3} \times 0.816 \times 2\pi f I_d}$$

当 $f=50$Hz 时

$$L = 0.0676 U_{2L} / I_d$$

2. 采用灵敏过流继电器

对由机械过载引起的过流，可采用灵敏过流继电器。可装在交流侧或直流侧，在发生过流故障时动作，使交流侧自动开关或直流侧接触器跳闸。

3. 限流与脉冲移相保护

电路如图 4-5-6 所示，调整 RP_1 具有不同位置时，同时可以实现输出端过载限流保护和输出端严重过电流或短时的脉冲移相保护。

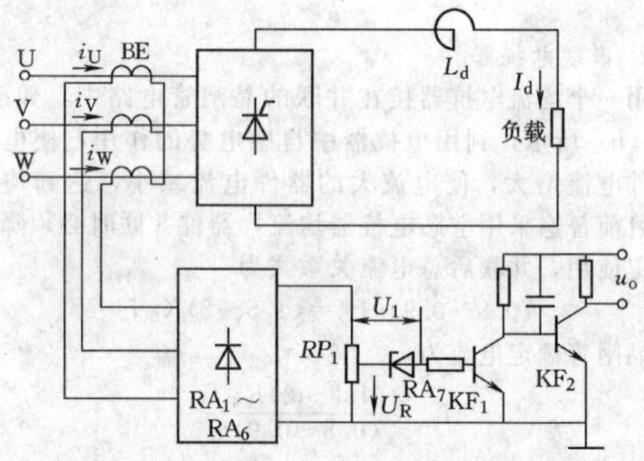

图 4-5-6　脉冲移相保护线路

当整流输出端过载时，直流电流 I_d 增大，交流电流也同时增大，通过交流电流检测电路，输出一电压信号，使稳压管 RA_7 击穿，控制触发脉冲右移，α 增大，使输出电压 U_d 减小，I_d 减小，达到限流目的。

当输出端出现严重过载或短路时，故障电流迅速上升，当限流控制还来不及起作用时，在稳压管击穿后，对可逆装置送出信号，使整流桥的控制角 α 立即后移到 120°～150°，系统进入逆变状态，输出端出现负压，将故障电流迅速衰减到零。这种保护又称拉逆变保护。

4. 直流快速开关保护

在容量大、要求高、经常易短路的场合，可在直流侧装直流快速开关进行保护。它是目前较好的直流侧过流或短路保护装置。国内生产的直流开速开关为 DS 系列，动作时间仅 2ms，全部断弧时间也不超过 25～30ms，最大容量可达 6000A。

5. 快速熔断器保护

快速熔断器是最简单有效的保护元件，具有限流特性好、功率损耗小、分断能力高的优点，主要用于短路保护。快速熔断器的接法有三种，可以安装在交流侧、直流侧或与晶闸管器件直接。三相全控桥安装快速熔断器的三种接法如图 4-5-7 所示。

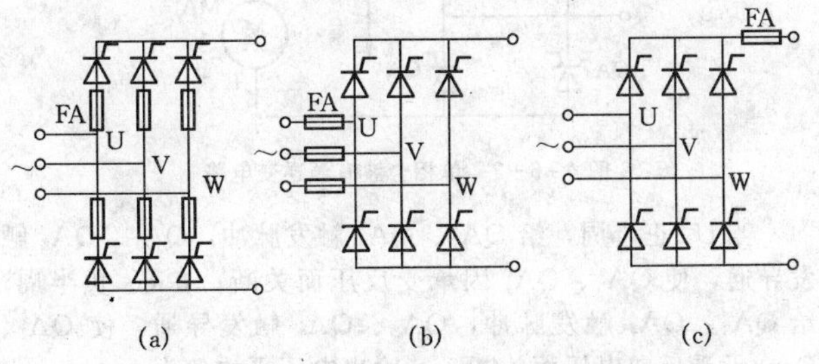

图 4-5-7 快速熔断器的接法

(a) 桥臂串联快熔；(b) 交流侧快熔；(c) 直流侧快熔

图中交流侧接快熔能够对器件短路和直流侧短路起保护作用；直流侧接快熔只对负载短路或过载起保护作用，器件串联快熔保护器件。

选配快速熔断器应满足以下要求：电路正常工作时，快熔不过热；电路故障时，快熔在晶闸管未烧坏之前先熔断。具体选择快熔要满足：快熔额定电压应大于线路正常工作电压；熔断器的额定电流应大于或等于熔体的额定电流；熔体的额定电流应满足下式

$$1.57I_{Ta}>I_{KR}>I_T$$

式中 I_T——晶闸管实际工作电流有效值；

I_{KR}——熔体额定电流。

快速熔断器的技术规格见表 4-5-8～表 4-5-11。

表 4-5-8 RLS 快速熔断器技术数据

额定电压（V）	熔断器额定电流（A）	熔体额定电流（A）	极限分断电流（kA）	保护特性
500	10	3、5、10	40	1.1 倍，5h 内不断
	50	15、20、25、30、40、50		3 倍，0.3s 内断；3.5 倍，0.12s 内断
	100	60、80、100		5 倍，0.02s 内断

表 4-5-9 RSO 快速熔断器技术数据

额定电压（V）	熔断器额定电流（A）	熔体额定电流（A）	极限分断电流（kA）	熔断特性
250	50	30、50	50	1.1 倍，4h 不熔断；6 倍，小于 0.02s 断开
	100	50、80		
	200	150		
	350	350		
	500	400、480		
500	50	30、50	50	1.1 倍，4h 不熔断；6 倍，小于 0.02s 断开
	100	50、80		
	200	150、200		
	350	250、320		
	500	480		
750	350	250、320	50	1.1 倍，4h 不熔断；6 倍，小于 0.02s 断开

表 4-5-10 RLS2 型螺旋式快速熔断器技术数据

额定电压（V）	熔断器额定电流（A）	熔体额定电流（A）	极限分断电流（kA）	额定功率（W）
500	30	16、20、25、30	50 $\cos\varphi=0.1\sim0.2$	18
	63	35、(45)、50 (63)		32.5
	100	80、(75)、100 (90)		54.0

表 4-5-11 RS3 型快速熔断器技术数据

额定电压（V）	熔断器额定电流（A）	熔体额定电流（A）	极限分断电流（kA）	熔断特性
500	50	10、15、30、50	50	1.1 倍，4h 不断；4 倍，0.02s 断开；300A 以上：6 倍，0.02s 分断
	100	80、100		
	200	150、200		
	300	250、300		
	500	500		
750	250	200、250	50	300A 以上：6 倍，0.02s 分断
	700	600、700		
1000	450	450	50	6 倍，0.02s 分断

第六节 电力电子变流装置

一、逆变的概念

逆变是相对整流而言的。在生产实践中，有些直流拖动系统如应用晶闸管的电力机车，当下坡行驶时，使直流电动机作为发电机运行（制动），机车的位能转为电能，并反送到交流电网中去；又如运转着的直流电动机，要它迅速地制动，也是让直流电动机作发电机运行，把电动机的动能转为电能，反送给电网。这种相对于整流的逆向过程，定义为逆变。

将直流电逆变成和电网同频率的交流电并反送到交流电网中去，这种过程称有源逆变；将直流电逆变为某一频率或可变频率的交流电直接供给负载应用，这一过程称无源逆变。由它们组成的相应电路称有源逆变电路和无源逆变电路。

对于既能整流又能逆变的同一晶闸管装置称为变流装置或变流器。由此可见，整流和逆变、直流和交流在晶闸管变流器中是相互联系的，并在一定条件下可以互相转化。

二、逆变电路中电能传递方式

以直流发电机—电动机系统电能传递为例，说明逆变电路中的电能传递方式。如图 4-6-1 所示。

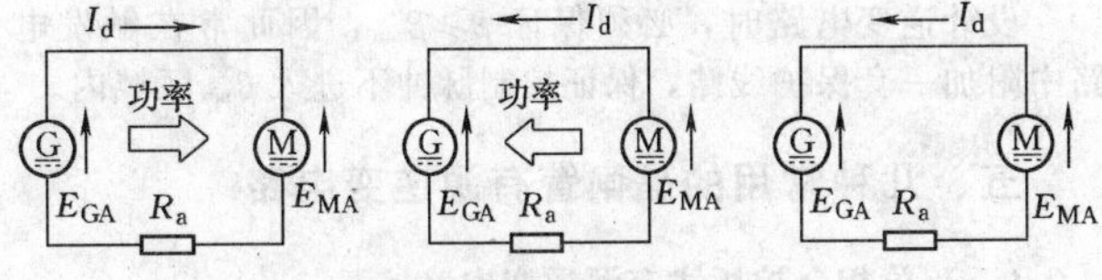

图 4-6-1 两个电源之间的电能传递

由图分析可得出如下结论：

(1) 两个电源同极性相连时，电流总是由电势高的流向

电势低的，电流的数值取决于两个电势之差和回路总电阻。设发电机 GA 的电动势为 E_{GA}，电动机 MA 的电动势为 E_{MA}，当发电机向电动机供电时，$E_{GA}>E_{MA}$，则 $I_d=(E_{GA}-E_{MA})/R_a$，发电机送出功率 $P_{GA}=E_{GA}I_d$；电动机吸收的电功率 $P_{MA}=E_{MA}I_d$，转为轴上的机械功率输出。当电动机运行在发电制动状态时，$E_{MA}>E_{GA}$，$I_d=(E_{MA}-E_{GA})/R_a$，电流倒流，此时将电动轴上的机械功率转为电功率送给发电机。

(2) 电流从电源正端流出，则该电源输出功率；从电源的正端流入，则该电源吸收功率。

(3) 两个电源反极性相连时，如果回路电阻很小，电流很大，即形成电源短路。

三、逆变产生条件

在变流装置中产生逆变的条件有二：一是外部条件，一定要有一个直流电势源，如直流电动机的电枢电势、蓄电池电势等，它是使电流从变流器的直流侧流向交流电网的源泉，其电势的极性与晶闸管的导通方向一致，其数值应稍大于变流器直流侧的输出平均电压。二是内部条件，要求晶闸管电路的控制角 $\alpha>\frac{\pi}{2}$，使得变流器的直流侧出现一个负的平均电压，使 $U_d<0$，才能把直流功率逆变为交流功率反送电网。以上二条必须同时具备，缺一不可。

总之，同一变流器，它既可作整流，又可作逆变。当 $0<\alpha<\frac{\pi}{2}$ 时为整流状态；$\alpha=\frac{\pi}{2}$ 时为中间状态；当 $\frac{\pi}{2}<\alpha<\pi$ 时为逆变状态。

由于上述原因，对于半控桥晶闸管电路或有续流二极管的电路，不可能输出负电压，也不允许直流侧接上反极性的直流电源，故不能实现有源逆变。因此桥式电路要实现有源逆变，只能采用全控桥电路。

四、逆变角

逆变工作时的控制角称为逆变角，用 β 表示。规定逆变角 β 的起始点为对应相邻负半周交点，其大小自 $\beta=0$ 的起始点向左计量。与控制角 α 的关系为

$$\alpha+\beta=\pi$$

$$\beta=\pi-\alpha$$

在逆变时 β 位置 $\frac{\pi}{2}\sim 0$ 之间，其输出电压平均值公式为

$$U_d=-U_{d0}\cos\beta=-U_{2\varphi}\cos\beta$$

为了保证逆变能正常工作，对触发脉冲的最小逆变角 β_{min} 必须有严格的限制，使 β_{min} 满足下式

$$\beta_{min}\geqslant\gamma+\delta_0+\theta_a\approx 30°\sim 35°$$

式中　γ——换相重叠角，一般取 15°～25°电角度；

δ_0——晶闸管关断时间 t_q 所对应的电角度，一般取 3.6°～5.4°；

θ_a——安全裕量角，一般取 10°左右。

设计逆变电路时，必须保证 $\beta\geqslant\beta_{min}$，因此常在触发电路中附加一套保护线路，保证控制脉冲不进入 β_{min} 区域内。

五、几种常用的晶闸管有源逆变电路

(一) 单相全控桥式有源逆变电路

电路如图 4-6-2 所示，电动机电势极性上负下正，满足有源逆变条件，当 $\beta<\frac{\pi}{2}$、$E_D>|U_d|$ 时，即可实现有源逆变。

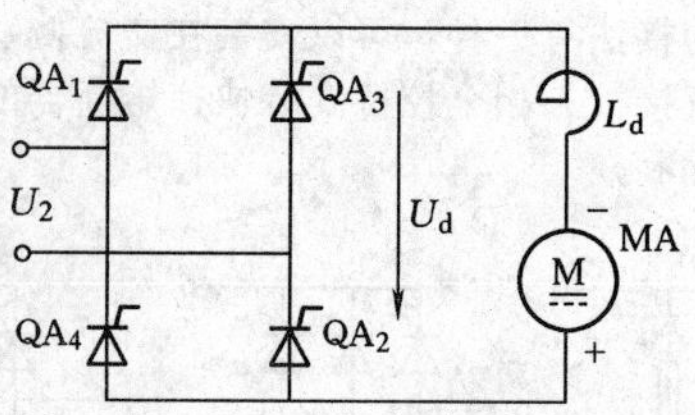

图 4-6-2　单相全波有源逆变电路

当 U_2 正半周，给 QA_1、QA_2 触发脉冲，QA_1、QA_2 触发导通，使 QA_3、QA_4 因承受反压而关断；在 U_2 负半周，给 QA_3、QA_4 触发脉冲，QA_3、QA_4 触发导通，使 QA_1、QA_2 承受反向电压而关断。其输出电压平均值为

$$U_d=-0.9U_2\cos\beta$$

(二) 三相半波有源逆变电路

图 4-6-3 所示电路为三相半波带电动机负载 MA 的电路，电动机的电势 E_D 的极性为上负下正，具有逆变条件，在 $\beta<\frac{\pi}{2}$、$E_{MA}>|U_d|$ 时，可以实现有源逆变，其输出电压平均值为

$$U_d=U_{d0}\cos\alpha=-U_{d0}\cos\beta=-1.17U_{2\varphi}\cos\beta$$

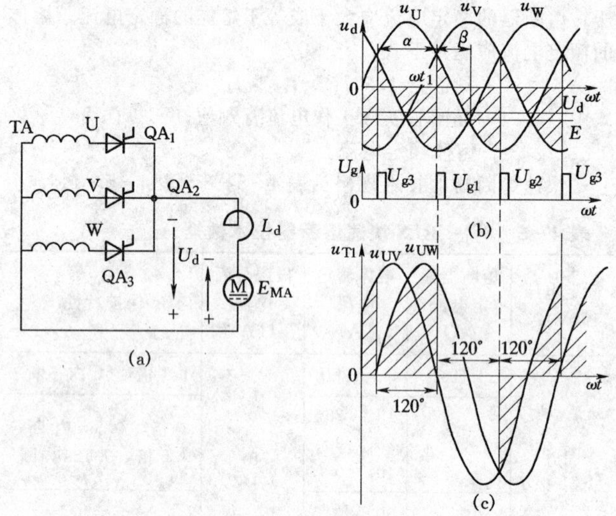

图 4-6-3　三相半波逆变电路

电路触发脉冲控制角 α 的移相范围在整流时为 0～90°；在逆变时为 90°～180°，即逆变角 β 在 90°～0 之间变化。当 $\beta=\frac{\pi}{2}$ 时，$U_d=0$；当 β 从 $\frac{\pi}{2}$ 减小时，U_d 变为负值；随着 β 的减小，输出电压 $|U_d|$ 逐渐加大；当 $\beta=0$ 时，$|U_d|$ 最大。

与整流电路一样，逆变电路中，晶闸管之间的换相也是由触发脉冲控制的，并总是转换到阳极电压更高的那一相上去（共阴极接法）。逆变电路要求触发脉冲装置必须严格按照规定的换相次序，依次发出脉冲，才能保证电路正常工作。

(三) 三相全控桥有源逆变电路

三相桥式逆变电路相当于两组三相半波逆变电路的串联，一组为共阴极接法，另一组为共阳极接法。根据三相全控桥整流电路的规定，对应于电源 U、V、W 三相，共阴极连接的一组晶闸管分别为 QA_1、QA_3、QA_5；共阳极连接的一组晶闸管分别为 QA_4、QA_6、QA_2。

三相桥式电路工作时，晶闸管必须成对导通，而且分别属于共阴极组和共阳极组中的一个元件，以保证构成通路。

每个晶闸管的导通角为120°，每隔60°换相一次。对共阴极组而言，总是依次换到阳极电位更高的那一相上去；对共阳极组而言，总是依次换到阴极电位较低的那一相去。元件按 $QA_1 \to QA_2 \to QA_3 \to QA_4 \to QA_5 \to QA_6$ 顺序依次导通，如此不断依次循环，实现有源逆变。

电路如图4-6-4所示，电动机电势的极性为上负下正，而且 $E_D > |U_d|$，逆变角 $\beta < \frac{\pi}{2}$，其输出电压为

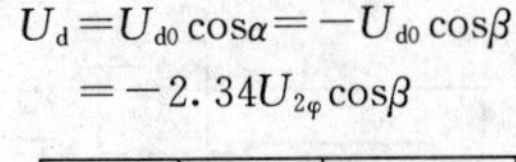

$$U_d = U_{d0}\cos\alpha = -U_{d0}\cos\beta = -2.34U_{2\varphi}\cos\beta$$

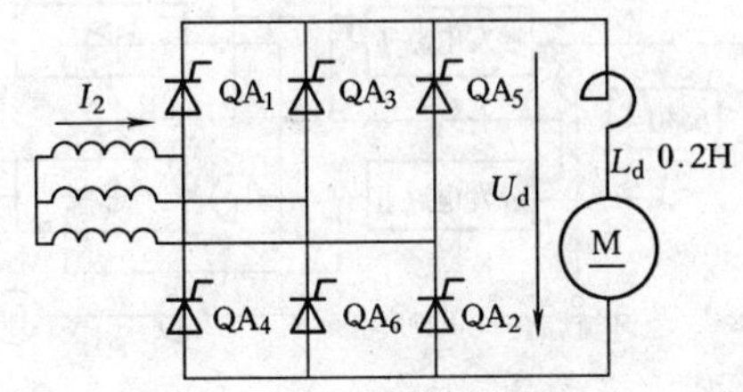

图4-6-4　三相桥式有源逆变电路

六、直流可逆拖动系统及环流

（一）直流可逆拖动四象限工作方式

直流可逆拖动系统是要求变流装置能给电动机提供四象限工作方式的电源，即要求在直流侧能输出具有两种极性的连续可调的电压，并且允许电流在两个方向流通的交流系统。可由两组双象限运行的变流装置组成。由两套晶闸管装置连成可逆供电线路，可以有两种接线方式：一种是反并联连接，如图4-6-5所示；另一种是交叉连接，如图4-6-6所示。上述两种连接方式的根本区别在于电源的接法。在交叉连接线路中，两套晶闸管装置分别接向两个彼此独立的交流电源，这两个独立的电源可以是同一整流变压器的两个次级绕组，也可以是两个独立的整流变压器的二次绕组；而在反并联连接中，两套晶闸管装置共用同一交流电源。

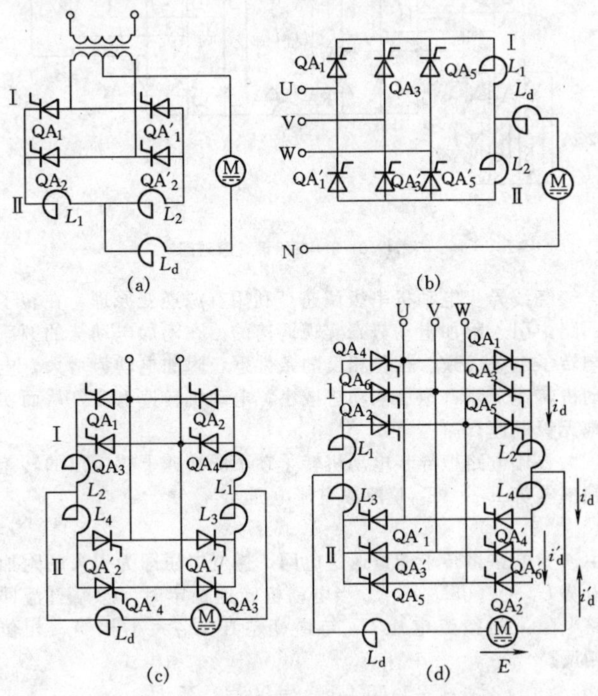

图4-6-5　两组晶闸管反并联的可逆电路

（a）单相全波；（b）三相半波；（c）单相桥式；（d）三相桥式

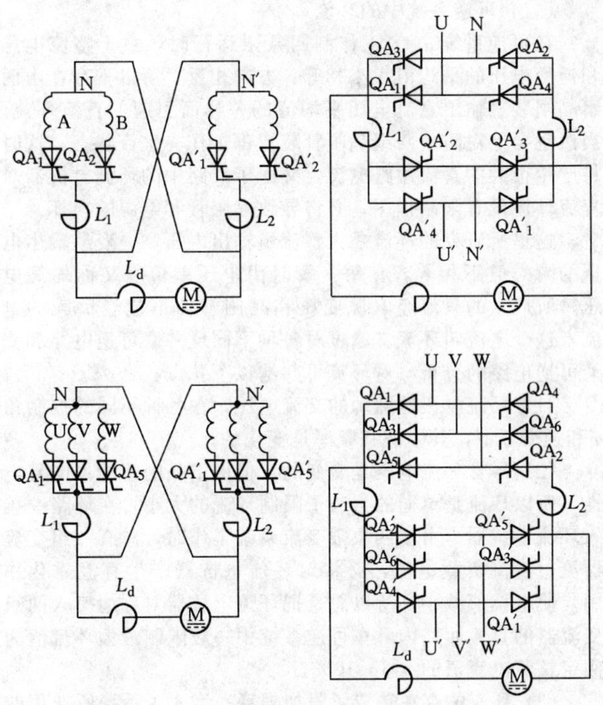

图4-6-6　两套晶闸管装置交叉连接的可逆电路

反并联可逆系统四象限运行如图4-6-7所示。

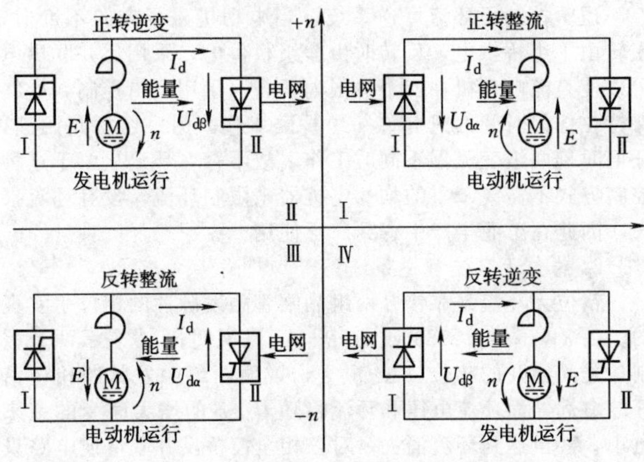

图4-6-7　反并联四象限运行图

电动机的运行状态、控制角以及两组晶闸管装置的工作状态的关系见表4-6-1。

表4-6-1　电动机的运行状态、控制角及两组晶闸管装置的工作状态

电动机运行状态	象限	E_D 与 U_d 关系	控制角范围	Ⅰ组晶闸管工作状态	Ⅱ组晶闸管工作状态
正转电动状态	Ⅰ	$E_d < U_{d\alpha}$	$\alpha_Ⅰ = \beta_Ⅱ < \frac{\pi}{2}$	整流	待逆变
正转制动状态	Ⅱ	$E_d > U_{d\beta}$	$\alpha_Ⅰ = \beta_Ⅱ < \frac{\pi}{2}$	待整流	逆变
反转电动状态	Ⅲ	$E < U_{d\alpha}$	$\alpha_Ⅱ = \beta_Ⅰ < \frac{\pi}{2}$	待逆变	整流
反转制动状态	Ⅳ	$E_D > U_{d\beta}$	$\alpha_Ⅱ = \beta_Ⅰ < \frac{\pi}{2}$	逆变	待整流

（二）可逆系统中的环流

在可逆系统 $\alpha=\beta$ 工作制四象限运行时，由于整流电压和逆变电压的平均值大小相等、方向相反，所以不存在由两组晶闸装置输出直流电压平均值的差异而引起的直流环流。当然也要绝对防止两组晶闸管装置都工作在整流状态，这时将产生很大的直流短路电流，又由于线路中的环流电抗器对直流环流没有限制作用，必将导致晶闸管和电源的损坏。

这里所研究的环流是指整流组输出电压和逆变组输出电压的瞬时值不相等，在每一瞬时由电压差值（又称均衡电压）所产生的只流经电源变压和晶闸管而不流经负载的电流，这个电流叫环流。通过对各种不同反并联可逆电路和交叉可逆电路的分析，对环流可归纳以下几点：

（1）环流电压是脉动的交流电压，在各种不同的控制角 α 和逆变 β 下，其幅值和频率是变化的。

（2）尽管环流电压是交变的，但由于晶闸管的单向导电性，所以环流是单向的。为了限制环流的大小，在环路中接入环流电抗器。由于四象限变流系统工作时，总有一组变流器流过直流负载电流，必将对环流电抗器产生直流磁化作用，使电抗值减小，所以总是把环流电抗器对称地串入两组变流器的直流回路内。在可逆系统中一般限制最大环流值为额定整流电流值的 5%～10%。

（3）环流的存在造成了附加损耗、增大了系统所选用的整流变压器和晶闸管的容量。

（三）可逆系统常用的三种工作方式

1. 逻辑控制无环流可逆系统

逻辑控制无环流可逆系统，当电动机磁场方向不变时，正转由Ⅰ组桥供电，反转时由Ⅱ组桥供电，采用反并联供电可以使直流电动机在四个象限内运行。采用逻辑控制，始终保持在任何时间内只允许一组桥路工作，另一组桥路阻断，任何时刻两组变流器不同时工作，故不存在环流。由于这种控制方式不需要笨重的均衡电抗器来限制环流，没有环流损失，因此在工业生产中得到广泛使用。

2. 错位无环流可逆系统

错位无环流是靠错开两组晶闸管触发脉冲的相位来实现的。由 $\alpha_{\text{Ⅰ}0}+\alpha_{\text{Ⅱ}0}>180°$ 或 $\alpha>\beta+\Delta\varphi$ 来说明；$\Delta\varphi$ 表示两个控制角之间错开的相位，$\Delta\varphi$ 愈大，说明两组触发脉冲相位错开的愈远，而环流电压和环流将随着 $\Delta\varphi$ 的增大而变的愈来愈小，甚至达到环流消失。对三相全控桥反并联可逆电路只要满足 $\alpha\geqslant\beta+120°$，就不会产生环流。通常初相角 $\alpha_{\text{Ⅰ}0}=\alpha_{\text{Ⅱ}0}$ 定在 180°附近。

错位无环流可逆装置，由于当待导通的晶闸管需要投入工作时，触发脉冲要从 180°往前移，直到 $\alpha<90°$，工作的那一组变流器才有电压输出，因此当两套晶闸交替工作时，会出现电流过零的死区，为此需采用加接放大器的措施加以解决。

3. 可控环流的可逆系统

可控环流系统是基于 $\alpha_{\text{Ⅰ}}=\beta_{\text{Ⅱ}}$ 工作制由于参数变化和控制角 α 变化，脉动环流也随之变化，使系统机械特性变软，动态特性变差的前提下而产生的。

如若反并联可逆电路运行于 $\alpha_{\text{Ⅰ}}<\beta_{\text{Ⅱ}}$ 工作制，则整流组的直流输出电压大于逆变组的直流输出电压，于是在环路中出现了均衡电压，环流很大。在轻载时，可以利用这一电流保证流过晶闸管的电流连续，这样可以避免由于电流断续引起电动机机械特性变软。

如若运行于 $\alpha_{\text{Ⅰ}}>\beta_{\text{Ⅱ}}$ 工作制，这时整流输出电压小于逆变输出电压，这时环流较小，可以选用较小的环流电抗器。

综上分析，如若一个可逆系统，使它在负载电流较小时，运行于 $\alpha_{\text{Ⅰ}}<\beta_{\text{Ⅱ}}$，产生一定的直流环流，用以保证流过晶闸管电流连续，使机械特性较硬；当负载电流较大时，使其运行于 $\alpha_{\text{Ⅰ}}>\beta_{\text{Ⅱ}}$ 工作制，使环流减小甚至小于零，则环流电抗器可以选得小。目前采用交叉连接可控环流的可逆系统运用较多，几乎取代了 $\alpha_{\text{Ⅰ}}=\beta_{\text{Ⅱ}}$ 工作制有环流系统。可控环流系统示意图如图 4-6-8 所示。

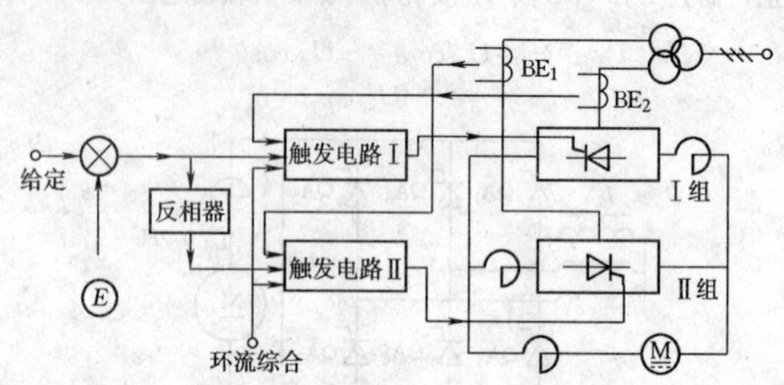

图 4-6-8 可控环流系统示意图

七、绕线异步电机的串级调速

绕线型异步电动机串级调速原理图如图 4-6-9 所示。电动机转子回路接由 $VD_1\sim VD_6$ 组成的整流电路，逆变变压器二次绕组接由 $VT_1\sim VT_6$ 组成的晶闸管有源逆变电路。

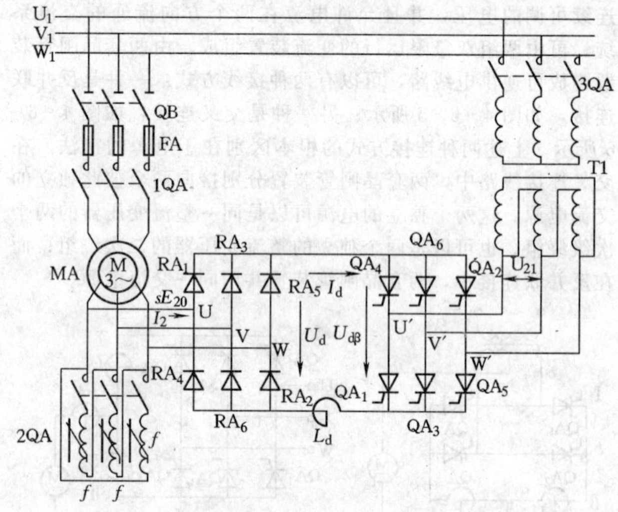

图 4-6-9 串级调速原理图

绕线异步电动机串级调速是利用有源逆变原理，在转子回路中引入附加电动势来实现调速的。在附加电动势的频率与转子电势一致、相位相反的条件下，附加电动势增大，电动机转速下降；附加电动势减小，电动机转速上升，从而实现无级调速。

整流电路把异步电动机转子在不同转速下感应出的转差频率电势 $E_{2s}=sE_{20}$ 整流成直流电压

$$U_d=1.35sE_{20}$$

由逆变电路将转子能量返送电网，逆变电压即为引入的附加电势 $U_{d\beta}=1.35U_{21}\cos\beta$。当电动机转速稳定时，忽略直流回路电阻，则整流电压 U_d 与逆变电压 $U_{d\beta}$ 大小相等、相位相反。

$$U_{d\beta}=1.35U_{21}\cos\beta=U_d=1.35sE_{20}$$

所以

$$s=\frac{U_{21}}{E_{20}}\cos\beta$$

上式说明，改变逆变角的大小，即可改变电动机的转差率，实现调速。

调速过程为增大 β 角，逆变电压 $U_{d\beta}$ 便减小，使转子回路电流增大，电动机转速升高，随着转速的升高，U_d 逐渐减小，直至 $U_d \approx U_{d\beta}$，重新达到平衡，电动机就在某一较高的转速下稳定运转。同理，减小 β 角就能使电动机转速下降。由于 β 能连续调节，所以电动机可实现平滑无级调速。当 $\beta=\frac{\pi}{2}$ 时，$U_\beta=0$，相当于转子电路经二极管整流桥短接，电动机运行在接近自然特性，转速最高。

八、无源逆变器

无源逆变主要是指由交流—交流变频和交流—直流—交流变频电路。变频后所得到的交流电压不返送给电网，而是直接供给负载使用。

（一）逆变器换流方式

在逆变器中，如何按需要的时刻把导通的晶闸管关断，使电流换到另一个规定的晶闸管上去，称为换流。

1. 电网换流法

这种方法用于交流—交流变频器中，对直流回路中的晶闸管不适用。它是利用电网电压有自动过零变负的特点，使晶闸管换流。这种方法简单，不需附加换流元件。

2. 负载换流法

负载换流，主电路不需附加换流环节，也称自然换流。对凡是负载能提供超前电流的场合（容性），均可实现负载换流。目前使用较多的并联与串联谐振式中频电源就属于此类换流。

负载换流原理图如图 4-6-10 所示。负载电流 i_a 超前电压 u_a 某一角度，当 i_a 过零以后，触发导通 VT_2，则 VT_1 即承受反压而关断，即满足 $t_0 > t_q$，t_0 是指加反压时间，t_q 是晶闸管关断时间。

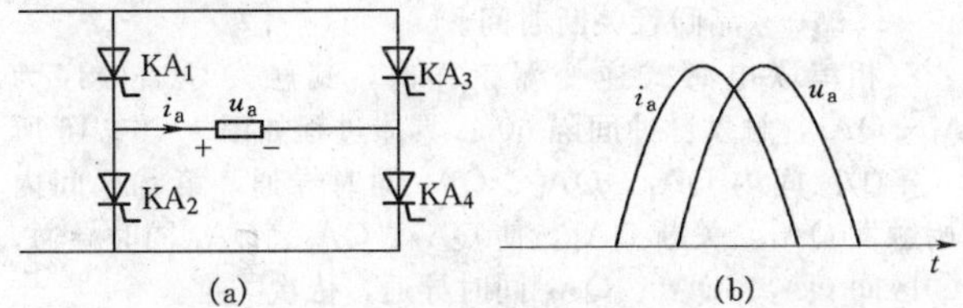

图 4-6-10　负载换流原理图

这种换流方式常用在负载端并联适当的电容器构成所谓并联式逆变器，以及变频器的负载为同步发电机或无换向器电机等场合。

3. 强迫换流

强迫换流又称脉冲换流，适于感性负载，需要设置专门的换流回路，通常由电容、电感、小功率晶闸管组成。其任务是在需要的时刻产生短暂的反向脉冲电压，迫使导通的晶闸管关断。

图 4-6-11 为强迫换流原理及波形图。当 QA_1 触发导通时，负载电阻 R 得电，同时电源经 R_1 对换流电容 C 充电，极性为右正左负。欲换流时，触发 QA_2，则电容电压通过 QA_2 加到 QA_1 两端，迫使 QA_1 关断。当 QA_2 导通后，C 经 R、QA_2 反充电，最后达到 $u_C=U_d$。

$$u_C=U_d(1-2e^{-\frac{t_0}{RC}})$$

$$t_0=RC\ln 2=0.693RC$$

一般取 $t_0=(2\sim3)t_q$。

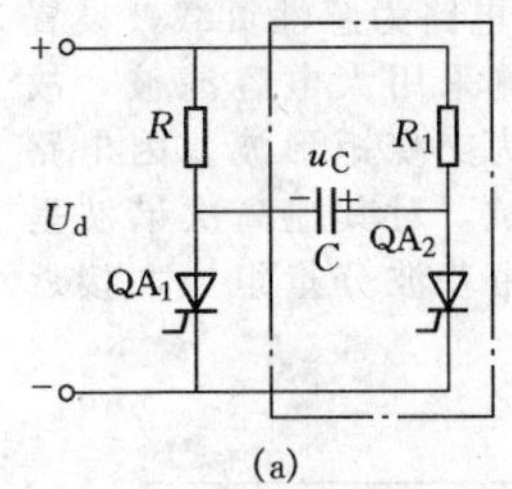

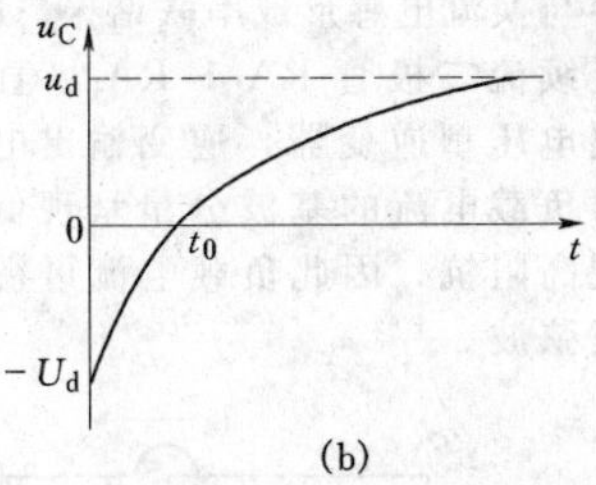

图 4-6-11　强迫换流原理及波形图

普通晶闸管 $t_q=40\sim200\mu s$，快速晶闸管 $t_q=25\sim40\mu s$。

（二）电感负载与续流二极管

逆变器为感性负载时，必须在晶闸管两端反并联一个二极管，如图 4-6-12 所示。

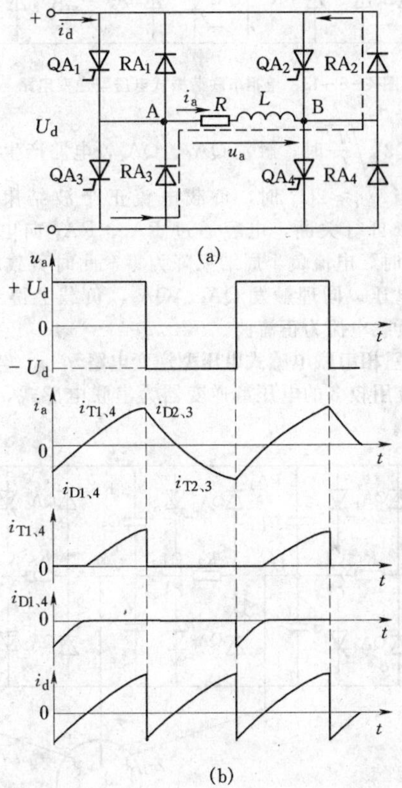

图 4-6-12　电感负载电路分析

当 QA_1、QA_4 换流关断，QA_2、QA_3 触发导通时，负载电流由于电感的续流作用仍保持由 A 流向 B，此时二极管 RA_2、RA_3 提供通路，如图中虚线所示，能量返送电网，负载两端立即承受反压。由于 RA_2、RA_3 的导通，QA_2、QA_3 无法导通，直到负载电流衰减到零时，反馈续流才结束，QA_2、QA_3 才能触发导通，从电源供给反向电流。

由此可见，并联反馈二极管后，逆变器输出的方波电压只与晶闸管触发脉冲控制状态有关，而不受负载性质影响。当负载电流 i_a 与负载电压极性一致时，电流从直流电源流出，供给逆变负载能量；当 i_a 与 u_a 极性相反时，电流流经二极管，将能量返送给电源。

九、电压型逆变器

（一）单相串联谐振式电压型逆变器

单相串联谐振式电压型逆变器如图 4-6-13 所示，换向电容 C 与负载串联，换流电感带中心抽头，利用换向电容与换流电感形成串联谐振。由于电路为感性负载，设置了续流二极管 $RA_1 \sim RA_4$。直流侧采用大电容滤波，故属电压型逆变器，逆变输出电压为交变矩形波。因电路对负载电流的基波分量呈现低阻抗，对其他高次谐波呈现高阻抗，因此负载电流可视为由基波分量组成，接近正弦波。

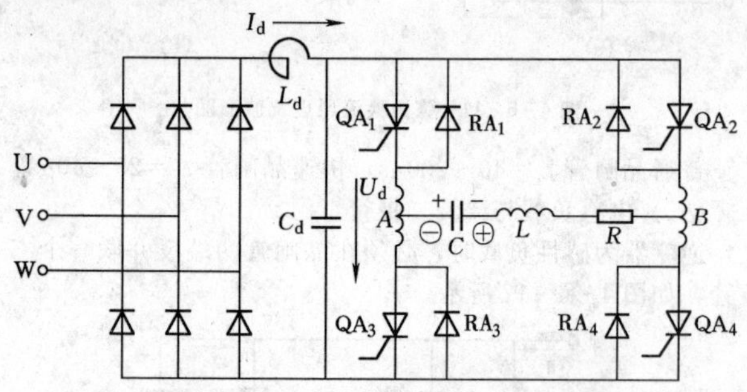

图 4-6-13　单相串联谐振式电压型逆变电路

当 $R \leqslant 2\sqrt{\dfrac{L}{C}}$ 时，触发 QA_1、QA_4，电路产生振荡，电容充电。当 $u_C \approx 2U_d$ 时，负载电流正半波结束降为零，QA_1、QA_4 自行关断，电容通过 RA_1、RA_4 向电源放电；当 $u_C \leqslant U_d$ 时，电流负半周结束降为零，此时负载两端得到正向矩形电压。同理触发 QA_2、QA_3，负载上得到负向矩形电压，负载电流为正流波。

（二）三相串联电感式电压型逆变电路

目前应用较多的电压型逆变器为串联电感式，如图 4-6-14 所示。

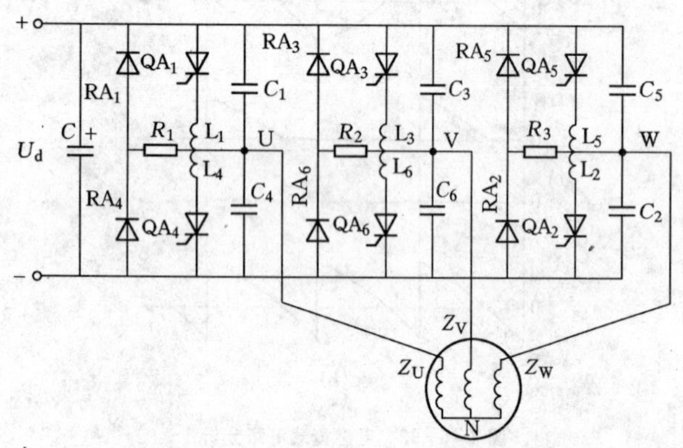

图 4-6-14　三相串联电感式逆变器

图中 C_1、C_4，C_3、C_6，C_5、C_2 和 L_1、L_4，L_3、L_6，L_5、L_2 为换流元件，电感带中心抽头，$L_1 = L_2 = \dfrac{1}{2}L$，$RA_1 \sim RA_6$ 为续流二极管，为无功功率提供通路。该电路元件少，性能好，可用作中小功率异步电动机电源。通过控制触发脉冲的频率，可以实现电机在宽范围内调速；改变触发脉冲顺序，可以使电机反转。

该电路中每个晶闸管导通 180°，关断 180°，换流在各自桥路内进行，如 U 相桥臂内，QA_1 导通时触发 QA_4 导通，强迫 QA_1 关断，换流过程如图 4-6-15 所示。

图 4-6-15（a）：当 QA_1 稳定导通时，C_1 相当于短路，C_4 充电，$u_{C4} = U_d$，极性上正下负。

图 4-6-15（b）：触发 QA_4，换流开始，$C_4 \to L_4 \to QA_4$ 放电，L_4 得电压 U_d，极性上正下负，L_1 极性下负上正，迫使 QA_1 关断。

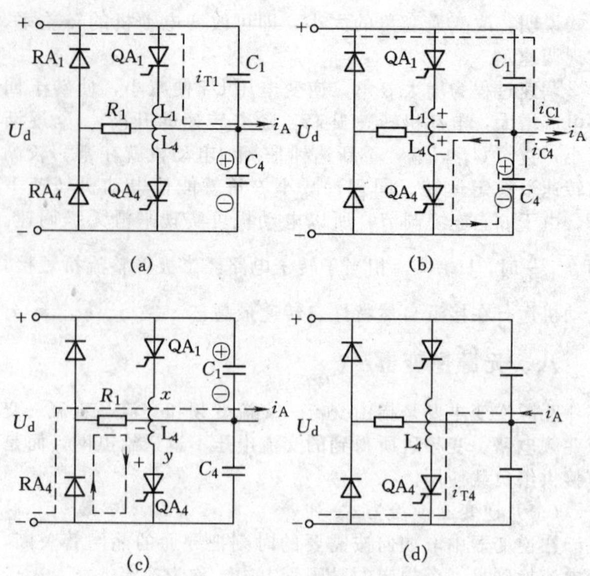

图 4-6-15　串联电感式逆变器换流过程

图 4-6-15（c）：当 C_4 放电结束时，$u_{C4} = 0$，i_{T4} 达最大值并开始减小，此后 L_4 开始释放能量，u_{L4} 极性为上负下正，由 $L_4 \to QA_4 \to RA_4 \to R$ 形成回路。

图 4-6-15（d）：当负载滞后电流 i_A 降到零并反向时，电流通过 $L_4 \to QA_4$ 提供反向负载电流，换流过程结束。

换流电容、电感计算式为

$$C(C_1 \sim C_6) = \frac{I_{LM} t_q}{0.425 U_{min}}$$

$$L(L_1 \sim L_6) = \frac{U_{max} t_q}{0.85 I_{LM}}$$

式中　I_{LM}——最大负载电流；

U_{max}、U_{min}——调速时 U_d 的最大值与最小值；

t_q——晶闸管关断时间。

三相串联电感式逆变器工作时，其触发导通顺序为 $QA_1 \to QA_6$，触发脉冲间隔 60°。具体过程如图 4-6-16 所示，第①区间内 QA_1、QA_2、QA_3 同时导通，第②区间内开始触发 QA_4，关断 QA_1，使 QA_2、QA_3、QA_4 同时导通，第③区间 QA_3、QA_4、QA_5 同时导通，依次类推。

十、电流型逆变器

（一）单相并联谐振式电流型逆变器

逆变桥由四只快速晶闸管组成，换流电感 $L_1 \sim L_4$ 用于限制电流上升率，换向电容 C 与负载 L、R 并联，构成振荡电路，i_a 超前 u_a 一个 φ 角。其中电容作用为：

（1）关断晶闸管。

（2）与负载振荡于逆变器的工作频率，使输出电压为正弦波。

（3）补偿电感负载的无功功率，使逆变桥输出电流 i_a 超前 u_a 一个 φ 角。

电路采用大电抗器来缓冲无功，直流中间四路呈高阻抗，输出电流为矩形波，输出交流电压近似正弦波。如图 4-6-17 所示。

当逆变角对角晶闸管以一定频率交替触发导通时，如换流前 QA_1、QA_4 导通，负载将得到正向电压，极性左正右负，如图 4-6-18（a）所示；换流时，由于负载两端电压尚未到零，极性仍为左正右负，电压分别反向加到 QA_1、QA_4 两端，迫使 QA_1、QA_4 关断，在此期间四个晶闸管同

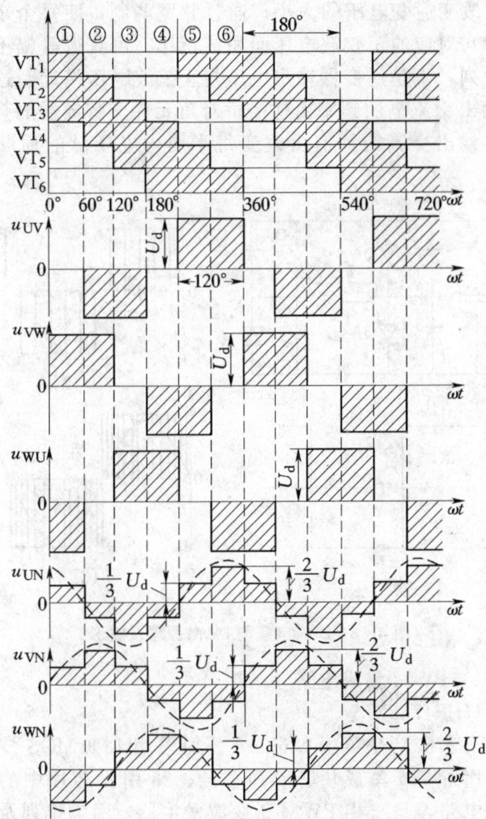
图 4-6-16 三相串联电感式逆变器电压波形

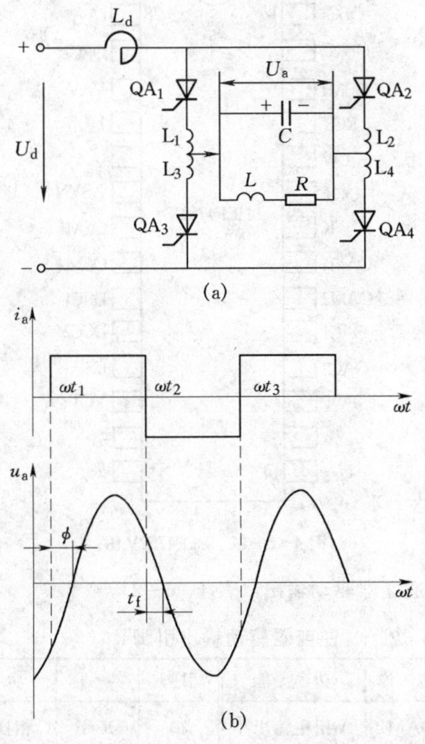
图 4-6-17 单相并联式电流型逆变电路及波形

时导通，i_{T_1}、i_{T_4} 由 I_d 迅速减小到零，i_{T_2}、i_{T_3} 从零增大到 I_d，如图 4-6-18（b）所示；当 QA_2、QA_3 稳定导通时，u_a 极性为左负右正，电流反向，换相结束，如图 4-6-18（c）所示。

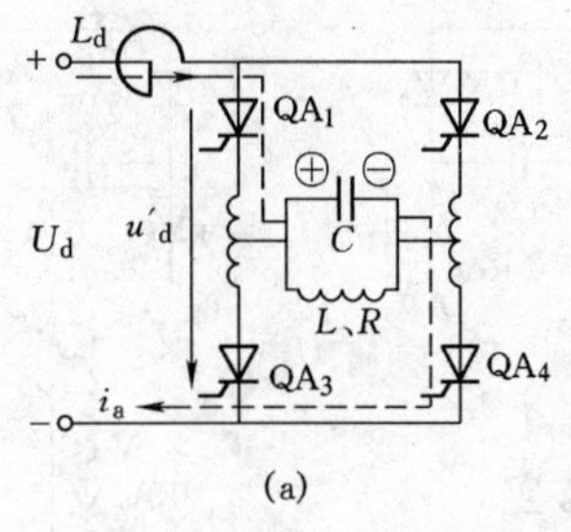

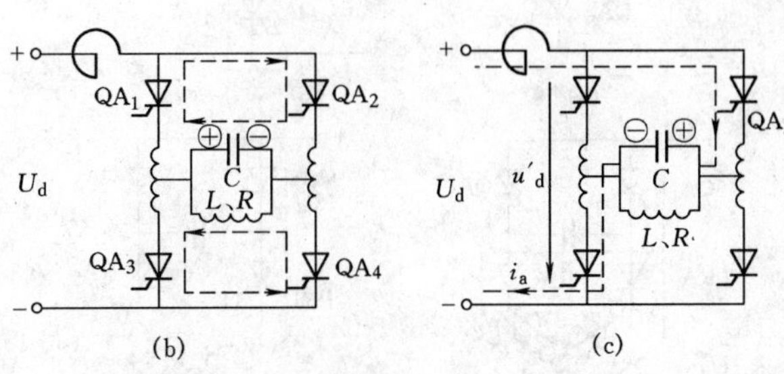
图 4-6-18 并联逆变器换流过程

为了保证电路可靠换流，必须在中频电压 u_a 过零前 t_f 时刻触发 QA_2、QA_3。

$$t_f = t_r + Kt_q$$

式中 t_f——触发前时间；

t_r——换流时间；

t_q——关断时间；

K——安全系数，取 2～3。

（二）三相串联二极管式电流型逆变器

串联二极管式逆变器是电流型逆变器，性能优于电压型逆变器，晶闸管变频调速中应用最多。如图 4-6-19 所示，在直流中间回路中，采用大电感 L_d 作为无功功率的贮能元件，强制逆变器输出平直的电流；主电路由 6 只晶闸管组成三相桥式逆变器，QA_1～QA_6 依次相隔 60°导通，每个晶闸管导通 120°，每一瞬间有两个晶闸管同时导通；C_1～C_6 换流电容，在换流时，依靠贮存的能量来关断已导通的晶闸管；RA_1～RA_6 为隔离二极管，使负载与电容器隔离，防止电容器直接通过负载放电。

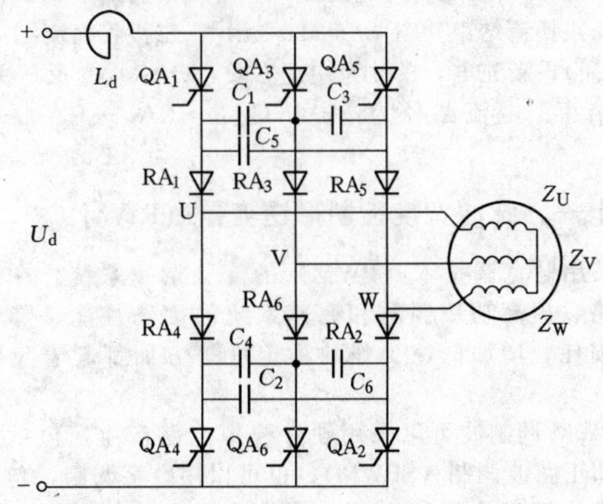
图 4-6-19 三相电流型逆变器

换流的物理过程如图 4-6-20 所示：

（1）换流前［图 4-6-20（a）］。QA_5、QA_6 导通，直流电压加到电动机 W、V 相，电容 C_3、C_5 被充电，其等效电容用 C_{UW} 表示，极性为左负右正。电流回路为：+→QA_5→RA_5→RA_6→QA_6→−。

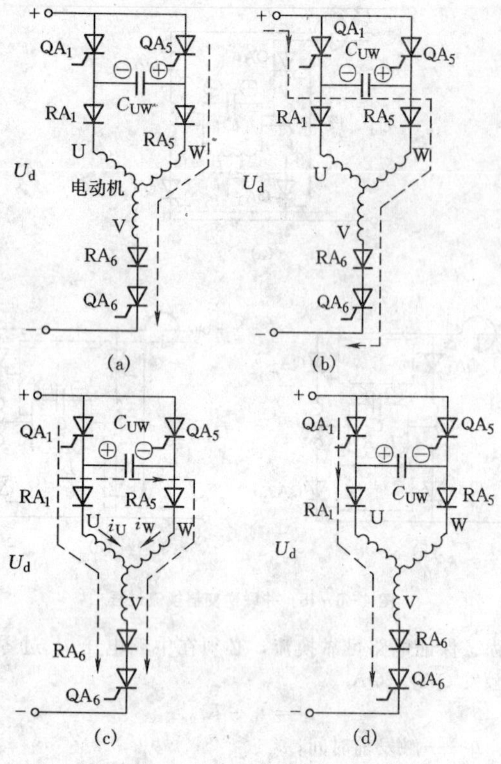

图 4-6-20 串联二极管式逆变器换流过程

(2) 晶闸管换流［图 4-6-20 (b)］。当 QA_1 触发导通时，QA_5 承受反压立即关断，实现 QA_5 到 QA_1 之间的换流。由于 C_5 两端电压不能突变，使 RA_1 承受反压而截止。此时负载电流回路为：$+ \to QA_1 \to C_{UW} \to RA_5 \to RA_6 \to QA_6 \to -$。

(3) 二极管换流［图 4-6-20 (c)］。电容经过放电并反充电直至 $u_{c5} \geqslant e_{UW}$ 后，RA_1 导通，由于电动机绕组漏感作用，绕组中电流不能突变，形成 RA_1 和 RA_5 同时导通。电流路径为：

$$+ \to QA_1 \begin{cases} C_{UW} \to RA_5 \to RA_6 \to QA_6 \\ RA_1 \to RA_6 \to QA_6 \end{cases} -$$

(4) 换流结束［图 4-6-20 (d)］。二极管换流结束后，电容 C_{UW} 重新充电，极性为左正右负，QA_5 承受反压关断，换流结束。电流路径为：$+ \to QA_1 \to RA_1 \to RA_6 \to QA_6 \to -$。

十一、脉冲宽度控制形逆变器（PWM）

采用脉宽调技术（PWM）的变频调速系统，在简化主电路、提高功率因数和调速系统的动态性能、降低谐波和损耗、增加低速工作的稳定性等方面都起着重要的作用。

PWM 调制波可以采用硬件模拟电路产生，包括直流调制和正弦波调制（SPWM）；也可以用数字调制，包括专用集成块调制和微机调制（查表法、混合法和实时计算法）。

（一）电压型单相逆变电路

电压型 PWM 原理及波形见图 4-6-21。图中 QA_1、QA_4 正半周导通，QA_2、QA_3 负半周导通，逆变输出得到正负矩形波。设法在正负半周内，使对应的功率开关元件多次导通、关断，从而得到正负脉冲系列，改变脉冲的占空比 τ/T 即可改变逆变电压的大小。通过脉宽调制，使每个矩形脉冲面积与对应的正弦波电压面积成正比，可获得等幅不等宽的脉冲列，于是逆变器输出电压与正弦波电压接近。这种逆变器输出交流电的频率由逆变桥对角元件交替导通的频率来决定，输出交流的幅值由改变每半周内电压脉的通断比来实现。

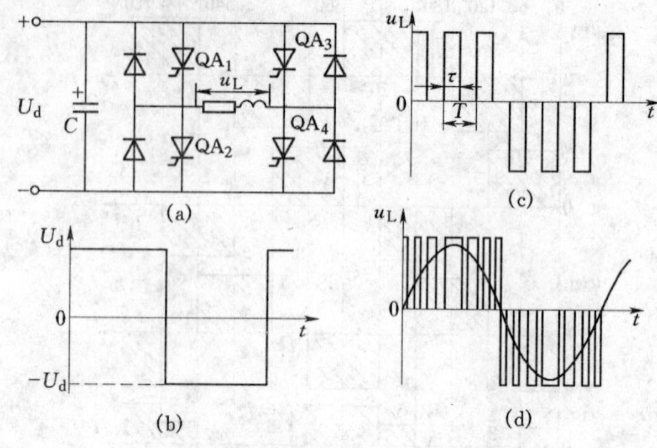

图 4-6-21 电压型 PWM 原理及波形

（二）PWM 集成电路

1. HEF4752V

HEF4752V 是英国 Muilard 公司采用 LOCMOS 技术制造的专用 PWM 集成块、双列直插、28 引脚芯片中的大规模集成电路，是三相 PWM 正弦波发生器。引脚排列及功能如图 4-6-22 所示。

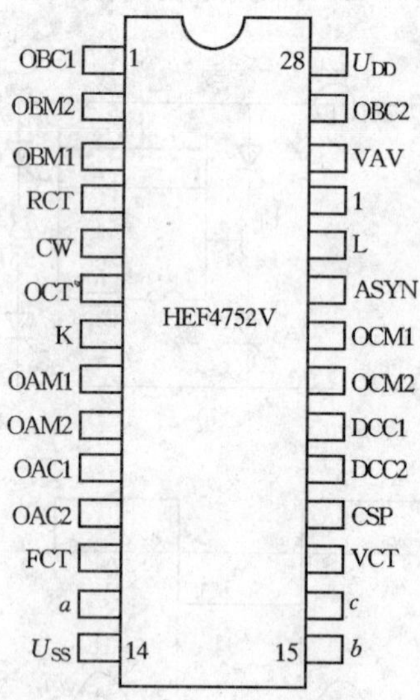

图 4-6-22 HEF4752V 图

(1) 逆变器驱动输出（表 4-6-2）。

表 4-6-2 逆变器驱动输出引脚

引脚	名 称	功 能	引脚	名 称	功 能
8	OAM1	A 相主输出 1	20	OCC1	C 相换相 1
9	OAM2	A 相主输出 2	19	OCC2	C 相换相 2
10	OAC1	A 相换相 1	3	OBM1	B 相主输出 1
11	OAC2	A 相换相 2	2	OBM2	B 相主输出 2
22	OCM1	C 相主输出 1	1	OBC1	B 相换相 1
21	OCM2	C 相主输出 2	27	OBC2	B 相换相 2

(2) 控制输入(表 4-6-3)。

表 4-6-3 控制输入引脚

引 脚	名 称	功 能
24	L	允许/禁止 HEF4752V 输出
25	I	晶体管/晶闸管选择
7	K	互锁推迟间隙(最小脉宽)选择
5	CW	相序选择
13	*a*	试验信号
15	*b*	试验信号
16	*a*	试验信号

(3) 时钟输入(表 4-6-4)。

表 4-6-4 时钟输入引脚

引 脚	名 称	功 能
12	FCT	控制输出频率
17	VCT	控制输出电压
4	RCT	控制最高开关频率
6	OCT	决定推迟间隙(最小脉宽)

(4) 控制输出(表 4-6-5)。

表 4-6-5 控制输出引脚

引 脚	名 称	功 能
23	ASYN	A 相同步信号,触发示波器扫描
26	VAV	模拟输出平均电压
18	CSP	指示理论上的逆变开关频率

HEF4752V 输出的三对互补 PWM 驱动波形是 OAM1、2、OBM1、2、OCM1、2,由它们去驱动三相逆变桥,使之产生对称的三相输出。输入信号为数字量,决定 HEF4752V 是工作在晶体管还是晶闸管模式、是正序输出还是反序输出等。其输出频率可在 4~71.3Hz 范围内连续调节,这样可充分保证逆变器开关频率为 675~1070Hz。

HEF4752V 输出波形的频率、电压及每周期的脉冲数,仅由 4 个时钟输入信号来决定:

1) 频率控制时钟输入 FCT。

$$f_{FCT}=f_{OUT}$$

式中 f_{OUT}——逆变的输出频率。

2) 电压控制时钟输入 VCT。

$$f_{VCT}=K_2 f_{OUT}/V_{OUT}$$

式中 V_{OUT}——半周期平均输出电压。

3) 参考控制时钟输入 RCT。

$$f_{RCT}=280f_{S(max)}=280Nf_{OUT}$$

式中 $f_{S(max)}$——晶体管(晶闸管)最大开关频率;

N——整数。

4) 控制互锁推迟间隙长短 τ_d,防止同一桥臂两只管子直通的时钟输入 OCT。

$$f_{OCT}=K_4/\tau_d$$

式中 K_4——常数。

有时为了节省硬件可取 $f_{OCT}=f_{RCT}$。

另外还有 SLE4520 是可编程三相正弦波 PWM 发生器,MC30464 是单相 PWM 电路单边。

2. 通用型单相 PWM 电路——TL494

TL494 是一种频率可以任意设定的脉宽调制控制器。其引脚功能及内部原理如图 4-6-23 所示。它含有振荡频率由外接 R_T、C_T 确定的锯齿波振荡器,其频率 $f_{OSC}=1.1/R_TC_T$,其中 $R_T=5\sim100\text{k}\Omega$,$C_T=0.001\sim0.1\mu\text{F}$。

输出脉冲宽度是由 C_T 两端的正向锯齿波和另外两个控制信号进行比较后完成。只有锯齿波电压小于 3、4 两脚输入的控制信号时,触发器输出的时钟脉冲处于低电平。因此随着控制信号幅值增加,输出脉冲的宽度将减小,即占空比减小。当 4 脚加入一正弦信号,幅值在 0~3V 变化时,输出脉冲宽度就按 SPWM 波变化。通过选择 R_T、C_T 就可以确定每组 SPWM 波所含脉冲个数。在使用时通过调节每个脉冲的占空比来稳定输出或进行各种保护。

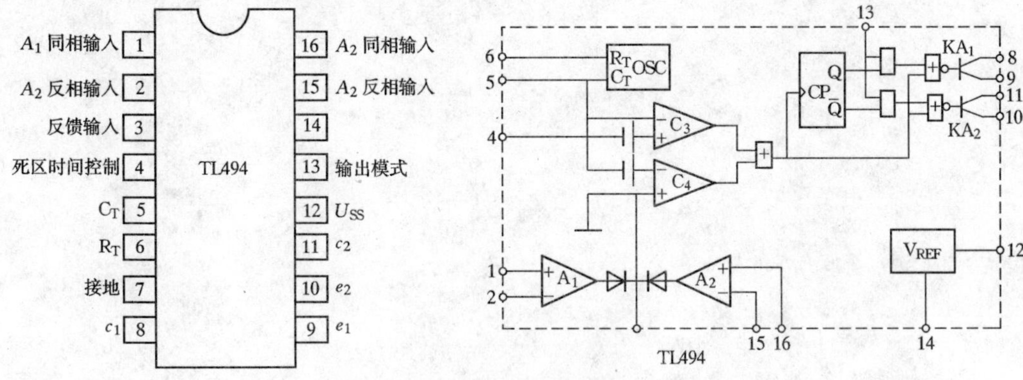

图 4-6-23 TL494PWM 控制器原理图

第四篇

电气工程材料

第一章 绝 缘 材 料

第一节 电绝缘树脂

电绝缘树脂属于高分子有机化合物，是多种绝缘材料的主要组成部分。它可配制成各种漆、胶、涂料及粘合剂，还可用它直接作电缆、电线的外包绝缘、电气元件的铸型绝缘结构。电绝缘树脂的种类、特性和用途如表1-1-1所示。

表1-1-1 电绝缘树脂的种类、特性和用途

名称	种类	用途	特性				
			击穿强度(kV/mm)	电阻率(Ω·cm)	介质损耗角正切 tanδ	相对介电常数	可溶于
天然树脂	虫胶(漆片)	虫胶酒精溶液，作云母制品的胶粘剂及涂刷绝缘零件，还可配制半导体漆	12～30	10^{15}～10^{16}	0.01	3.5	酒精、碱和硼酸
	松香	制造油漆和复合胶浸渍电缆纸绝缘，作酚醛、聚酯等树脂的组成部分，配制绝缘漆干燥剂	10～15	10^{15}～10^{16}			酒精、汽油、苯、松节油、植物油、丙酮、矿物油
酚醛树脂	热固性酚醛树脂 热塑性酚醛树脂	制造各种塑料粉、层压卷制品、瓷漆和浸渍漆，还可以配制耐高温绝缘漆和弹性胶	12～16	10^{11}～10^{12}	0.06～0.10(50Hz) 0.015～0.03(10^6Hz)	5～6.5(50Hz) 4.5～5.0(10^6Hz)	溶于酒精，热处理后有变化
苯胺甲醛树脂		高介电性能的塑料和纸底层压制品的胶粘剂					二氯乙烯、乙二醇、糠醛和环乙烷
三聚氰胺甲醛树脂		制造耐电弧塑料、绝缘浸渍漆、覆盖漆以及作为灭电弧层压制品的胶粘剂和涂层					只溶于水
聚酯树脂	供制薄膜用	中小型电机、电容器及无线电装置中的绝缘	15～18	10^{13}～10^{14}	0.003(50Hz) 0.006～0.026(10^6Hz)	3～4(50Hz) 2.0～4.1(10^6Hz)	
	供浇注	浇注后具有较好弹性和机械强度					
	醇酸树脂	制造浸渍漆、覆盖漆、漆包线漆及柔软云母制品的胶粘剂					
环氧树脂	双酚A型	浇注绝缘、玻璃层压制品的胶粘剂，配制漆包线漆、浸渍漆和覆盖漆	16	10^{13}～10^{14}	0.0013(50Hz) 0.019(10^6Hz)	3.9(50Hz) 3.7(10^6Hz)	
	线型	电压在18kV以上大容量电机浸渍和粘合					
	酚醛脂环族	配制浸渍漆、胶粘剂、灌注胶等，用于高压线圈绝缘、户外绝缘子等					
有机硅树脂		供作不同温度下的浸渍漆、覆盖漆和胶粘剂	18	10^{14}～10^{16}	0.001～0.03(50Hz) 0.003～0.05(10^6Hz)	2.88～5(50Hz) 2.9～5(10^6Hz)	
聚酯亚胺树脂		供制绝缘材料，作防护涂层及特殊用途的导电膜和涂层，作有机硅漆和漆包线的代用材料	110	10^{15}～10^{16}	0.01～0.05(10^6Hz)	3	

续表

名称	种类	用途	特性				
			击穿强度（kV/mm）	电阻率（Ω·cm）	介质损耗角正切 tanδ	相对介电常数	可溶于
聚乙烯	通用 交联	用于各种电缆、高频电容器，无线电装置的绝缘，还可制成薄膜、乳液漆及弹性体等，用于抗化学腐蚀的电气设备	40		0.0005 (10^6Hz)	2.5 (10^6Hz)	
芳香聚酰胺树脂		供制高温浸渍漆、漆包线漆、玻璃漆布、玻璃布板、薄膜绝缘制品，耐热等级为 H·C 级					
聚二苯醚树脂		供制浸渍漆、玻璃漆布、玻璃和云母板等制品		10^{15}			
聚氯乙烯		用于电线电缆的外包绝缘，还供制绝缘板、管、棒、薄脂和漆等	14～20	10^{14}～10^{16}	0.03～0.08 (50Hz) 0.03～0.05 (10^6Hz)	3～5	
聚苯乙烯		供作无线电绝缘零件，电容器面板、薄膜、覆盖漆及浇注绝缘	20～35	10^{17}～10^{18}	0.0001～0.0003	2.45～2.65	
聚四氟乙烯树脂		供制薄膜、塑料、板、棒、管等绝缘零部件	60	10^{16}	2.5×10^{-4}	1.8～2.2	

注 1. 击穿强度又称绝缘强度，用 E_b 表示，$E_b=U_d/d$，式中 d 为击穿处的厚度，U_d 为击穿时的电压，单位 kV/mm，也可化作 MV/m

2. 电阻率 ρ 分为体积电阻率（与泄漏电流中体积电流相应的电阻率（Ω·m），绝缘材料一般 $\rho_v>1$MΩ·m）和表面电阻率（与泄漏电流中表面电流相应的电阻率）

3. 介质损耗角，指电压与电流相位的余角；介质损耗角正切 tanδ 为电压与电流相位的余角的正切值，非极性电介质约 10^{-4}，极性电介质大于或等于 10^{-3}。

4. 相对介电常数（相对电容率）ε_r 是介电常数 ε 与真空介电常数 ε_0 的比值。气体的 ε_r 接近 1，非极性电介质的 ε_r 约为 2～2.5，极性电介质的 ε_r 约为 5～10^2，晶体的 ε_r 约为 5～10^5

第二节 绝缘漆和胶

绝缘漆和胶在绝缘材料中应用很广。常用的漆和胶按用途不同，可分为五类。有的漆和胶具有多种用途。

一、绝缘漆和胶的分类及用途

绝缘漆和胶的分类及用途如表 1-2-1 所示。

二、浸渍漆

浸渍漆的种类、特性和用途如表 1-2-2 所示。

三、覆盖漆

覆盖漆的种类、特性和用途如表 1-2-3 所示。

表 1-2-1 绝缘漆和胶的分类及用途

名称	特性	主要用途
浸渍漆	浸透性良好，干透性好，固化性好，无腐蚀作用。具有热弹性、高介电性，耐潮湿、耐热、耐油和化学稳定性	浸渍电机，电器的线圈和其他绝缘零部件，填充其间隙和孔，以提高绝缘的耐潮、耐热、导热和机械强度
覆盖漆	能迅速干燥，附着力强，可形成耐热、导热、耐潮及硬度高的漆膜	作绝缘板、管、棒等的表面保护层，与炭黑配制成半导体漆
复合胶	在热状态时具有良好的渗透性和流动性。在冷固时，具有高的介电和防潮性能	浸渍高压电机定子线圈，灌注电器、开关和天线线圈，灌注电缆头和套管，密封互感器、磁放大器等电器零部件
电磁线漆	介电、机械强度高，耐高温性能好，包复性强，在导线上能形成均匀、无孔漆膜	供制漆包线和纸、纱合成纤维包复的电磁线
胶粘剂	是粘性强的漆和胶，含溶剂多的为液态，含溶剂少的或不含溶剂的为稠状物	用来粘合云母、绝缘纸板、漆布、橡皮等绝缘材料

表 1-2-2 浸渍漆的种类、特性和用途

名称	特性				使用特点
	外观	干燥时间（h）/干燥温度（℃）	击穿强度（kV/mm）		
			常态	浸水24h后	
1010 沥青浸渍漆	黑色均匀液体	6/105±2	55	22	有良好的耐潮湿、耐温度变化的性能。适于浸渍电机线圈及不要求耐油的电器零部件。溶剂为200号溶剂油和二甲苯
1011 沥青浸渍漆	黑色均匀液体	3/105±2	55	20	
1012 油性浸渍漆	溶解均匀，不得出现乳浊	2/105±2	60	20	具有耐油、耐潮湿性。适于浸渍电机线圈。溶剂为200号溶剂油等
1030 醇酸浸渍漆	溶解均匀，不得出现乳浊	2/105±2	70	30	具有较好的耐油性和耐电弧性。适于浸渍电机线圈或作覆盖用。溶剂为甲苯
1031 酚醛醇酸浸渍漆	溶解均匀，不得出现乳浊	2/120±2	70	40	具有较好的流动性、干透性、耐热性和耐潮性。适于浸渍电机线圈。溶剂为二甲苯和200号溶剂油等
1033 环氧酯浸渍漆	溶解均匀，不得出现乳浊	2/120±2	70	40	具有较好的耐油性、耐热性和耐潮湿性。适于浸渍电机线圈或作覆盖层。溶剂为二甲苯和丁醇等
1032 三聚氰胺醇酸浸渍漆	溶解均匀，不得出现乳浊	2/105±2	70	40	具有较好干透性、耐热性、耐油性、耐电弧性和附着力。适于浸渍电机线圈。溶剂为甲苯等
（企）6012 酚醛浸渍漆	黄褐色透明液体	1.5/105±2	60	20	具有耐电压、耐油、耐震动、防潮、抗化学腐蚀作用的性能。适于作线圈及一般电工器材的绝缘表面处理
（企）101 油性酚醛浸渍漆	黄色至褐色透明液体	0.5/105±2	55	—	零部件表面覆盖，以及酚醛纸管表面漆
（企）1303 三聚氰胺醇酸浸渍漆	黄至棕红色均匀透明液体	0.5/130±2	55	25	耐热性好，附着力强，耐老化性能较好，适于浸渍电机、电器线圈
（企）D072 醇酸浸渍漆	黄褐色透明液体	2～3/105±2	40	—	具有高的耐热和耐油性。适于浸渍玻璃丝包线，还可配制漆和胶类
（企）155 油性聚酯浸渍漆	棕褐色透明液体	3/130±5	65	50	具有良好的电绝缘性、耐油性、耐热性、耐潮性。适于浸渍F级线圈
（企）CZ1034 环氧酯浸渍漆	黄色至棕褐色透明液体	4/20 或 2/60	30	8	具有较好的耐油性、防潮性和良好的机械强度及电性能。适用线圈表面浸涂，可作密封及粘合电讯元件的绝缘材料
（企）1152 有机硅浸渍漆	浅黄至褐黄色透明液体，允许有乳白光	2/200±2	65	40	具有优良的耐高温、耐寒性、抗潮性、憎水性及耐盐水、电晕、臭氧、紫外线和耐化学稳定性，在高温和受潮后仍具有良好电绝缘性适于H级浸渍用
（企）1153 有机硅浸渍漆	浅黄至黄色透明液体，允许有乳白光	1/200±2	55	35	具有优良的耐高温、耐寒性、抗潮性、憎水性及耐盐水、电晕、臭氧、紫外线和耐化学稳定性。在高温下或受潮后仍具有良好的电绝缘性，漆膜热缩性小，柔软性好
（企）1053 有机硅浸渍漆	淡黄至褐色透明液体，允许有乳白光	2/200±2	65	40	适于浸渍H级电机、电器线圈
（企）931 有机硅聚酯浸渍漆	淡黄色透明液体，允许有乳白色	1/180±2	90	70	具有较高的耐热性和较好的耐潮性。适用浸渍H级圈

续表

名称	特性				使用特点
	外观	干燥时间（h）/干燥温度（℃）	击穿强度（kV/mm）		
			常态	浸水24h后	
（企）TJ1060聚酰亚胺浸渍漆	—	—	70	—	具有优异的防潮、耐溶剂，抗辐射及热老化等特性。适于浸渍线圈绕组
（企）190聚酰亚胺浸渍漆	浅黄色至棕色透明液体	—	100	90	具有优良的耐高温、耐酸、耐溶剂、抗辐射和抗燃烧性能。适于浸渍线圈，可作C级绝缘
（企）9101环氧无溶剂浸渍漆	黄色透明液体	1/140±2（凝胶时间）	20	20	固化前渗透性较高，固化后有一定热稳定性、耐潮性及附着力。适于浸渍中型高压电机绕组
（企）TJ1133环氧聚酯无溶剂浸渍漆	溶解均匀，不乳浊	10min/140（胶化时间）	25	20	电气性能和机械性能良好，固化快，贮存期长。适用浸渍小型线圈
（企）110环氧无溶剂浸渍漆	溶解均匀，不得有乳浊	2/130	70	40	具有优良的防潮、防霉性能及良好的电气性能和机械性能。适用浸渍湿热带E、B级线圈
（企）111环氧无溶剂浸渍漆	溶解均匀，不得有乳浊	10min/120（胶凝时间）	70	40	具有优良的防潮、防霉性能及良好的电气性能和机械性能。适用于快干滴浸小型电机线圈
（企）112聚酯环氧无溶剂浸渍漆	浅黄至棕色透明液体	2/155±2（胶凝时间）	70	40	具有漆层厚，胶凝固化快及良好的电气性能和机械性能。适用浸渍中、小型F级线圈
（企）CZ1130—1、CZ1130—2环氧聚酯无溶剂浸渍漆	浑液体	3/130±2	40	20	适于浸渍湿热带电机电器线圈等，作防潮绝缘
（企）CZ1140环氧聚酯无溶剂浸渍漆	棕色透明液体	2/150±2	70	40	具有较好的机械电气性能，较高的耐热性和防潮性，并具有较好的耐冷媒性。适用浸渍F级中、小型低压电机绕组
（企）5152—2环氧无溶剂浸渍漆	黄褐色透明液体	1.5/145±5	70	40	具有良好的防潮性能和耐热性。适用于湿热带电机、电器、变压器线圈绕组的浸渍漆

表1-2-3 覆盖漆的种类、特性和用途

名称	特性				使用特点和用途
	外观	干燥时间（h）/干燥温度（℃）	击穿强度（kV/mm）		
			常态	浸水24h后	
1210沥青覆盖漆	黑色均匀液体	10/105±2	60	22	有良好的耐潮湿和耐温度变化的性能。适于电机覆盖用。溶剂为200号溶剂油和甲苯
1211沥青晾干覆盖漆	溶解均匀，无不溶解的粒子	3/20±2	50	12	系晾干漆，干燥快，不耐油。适用于电机线圈覆盖用。溶剂为二甲苯、120号汽油、200号溶剂油等
1230醇酸覆盖漆	黄褐色透明液体	2～3/105±2	40	—	有高的耐热性和耐油性。适用配制各种漆和胶，也可单独用于表面修饰。溶于有机溶剂
1231醇酸晾干覆盖漆	溶解均匀的液体	20/20±2	70	30	干燥快、硬度大，有较好的弹性、耐热性和耐油性，具有较高介电的性能。适于电器表面覆盖用。溶剂为200号溶剂油和二甲苯
（企）TJ1211酚醛晾干覆盖漆	琥珀色至红褐色透明液体	3/20±5	—	—	具有较高的浸渍能力。适于刷涂电工元件表面。溶剂为乙醇
（企）CZ1213酚醛晾干覆盖漆	黄褐色透明液体	表面干3/20±5 内部干24/20±5	30	10	具有较好的防潮性和耐油性，漆膜坚硬，具有较高的电阻。适用于密封、涂刷硅钢片及低压电器外壳，或修理时作绝缘用

续表

名称	特性				使用特点和用途
	外观	干燥时间（h）/干燥温度（℃）	击穿强度（kV/mm）		
			常态	浸水24h后	
（企）6010酚醛晾干覆盖漆	黄褐色透明液体	表面干3/20±1 内部干24/20±1	30	10	具有较强的防潮性和耐油性，漆膜坚硬，具有较高的电阻值。适用于密封、涂刷硅钢片和低压电器铁外壳。溶于汽油
1320醇酸灰瓷漆	干后漆膜应光滑，无皱纹及机械杂质	3/105±2	30	10	漆膜坚硬、光滑、强度高，耐矿物油、耐电弧。适于电机线圈覆盖。溶剂为甲苯、二甲苯
1321醇酸晾干灰瓷漆	干后漆膜应光滑，无皱纹及机械杂质	24/20±2	30	8	瓷漆漆膜坚硬、光滑、强度高、耐矿物油、耐电弧。适于电机电器线圈覆盖或绝缘部件的表面修饰。溶剂为甲苯、二甲苯等
1322醇酸红瓷漆		3/105±2	30	8	
1323醇酸晾干瓷漆		24/20±2	30	7	
（企）TJ1320—T环氧防霉灰瓷漆	灰色，均匀液体，干后漆膜平整有光泽	2/115±2	35	10	有良好的电气性能、防潮性、耐油性、机械性能和耐化学气体腐蚀性。适用于湿热地区电机、电器线圈表面覆盖用
（企）163环氧酯灰瓷漆	灰色，漆膜干燥后平滑有光泽	2/120±2	35	10	适用于热带电机、电器线圈表面覆盖用
（企）164环氧酯灰瓷漆		2/80±2	30	10	
（企）1350有机硅瓷漆	粉红色，无机械杂质	2/120±2	40	16	有良好的耐热、耐油、耐潮湿性和电气机械性能。适用于在180℃或高湿度条件下工作的线圈表面覆盖
（企）167有机硅醇酸晾干瓷漆	粉红色，无机械杂质及分层现象，漆膜干后平滑有光泽	24/20±5	30	10	有较高的耐热性，电绝缘性和耐油性。用于修饰在180℃工作的电机线圈表面。稀释剂为甲苯
（企）169有机硅聚酯瓷漆	红色，无机械杂质，漆膜干后平滑有光泽	1/180±5	50	20	有较好的粘附性、防潮性和耐热性。适用于H级电机线圈及电器零部件表面防潮涂敷

四、半导体漆的配制及应用范围

（一）低电阻半导体漆的配方

1. 酸性饱和聚酯漆的配方

如表1-2-4所示，将蓖麻油、三乙二醇和乙二醇加入反应釜内，搅拌到温度110℃，再加入邻苯二甲酸酐和乙二酸，于1.3～2h升温至190～200℃，并在此温度范围内保温反应，至酸价达150～100mgKOH/g时，迅速冷却至100℃放入镀锌的铁桶中。

表1-2-4 酸性饱和聚酯漆的配方

材料名称	规格	配比（%）
蓖麻油	工业	26.66
三乙二醇		19.90
乙二醇		8.26
邻苯二甲酸酐		11.29
乙二酸		33.89

2. 环氧聚酯半导体漆的配方

如表1-2-5所示，将环氧聚酯漆按固体量换算称量加入清洗干净的球磨机内，然后分别将称好的宣化炭黑、石墨及应补加的苯醇溶剂加入球磨机内研磨，24h后取样测电阻，当表面电阻系数 $\rho_s=5\times10^3\sim5\times10^4\Omega$ 时，即可使用。使用半导体漆前，按用量加入651号聚酰胺树脂。

表1-2-5 环氧聚酯半导体漆配方

材料名称	规格	配比（%）
环氧聚酯漆	工业	78.5（固体量为50%）
宣化炭黑		7.2
石墨		4.9
651号聚酰胺		9.4

3. 无溶剂半导体环氧聚酯胶的配方

如表1-2-6所示，将环氧聚酯胶、二缩水甘油醚、662号甘油环氧树脂和宣化炭黑加入球磨机内研磨24h后取出，取样测电阻，当它的表面电阻系数 $\rho_s=5.3\times10^3\Omega$ 时，再将石墨用铲子分批逐步地搅到磨好的胶内，同时按比例换算加651号聚酰胺即可使用。

表1-2-6 无溶剂半导体环氧聚酯胺的配方

材料名称	环氧聚酯	二缩水油醚	662号甘油环氧树脂	石墨	651号聚酰胺	宣化炭黑
配比(%)	44.7	3.4	8.9	12.5	18	12.5

(二)高电阻半导体漆的配方

高电阻半导体漆的配方，如表1-2-7所示。

表1-2-7 高电阻半导体漆的配方

材料	环氧聚酯漆	碳化硅		二氧化硅	651号聚酰胺	苯醇溶剂
技术要求	100%的含量	190目	400目	气相		工业
配比(%)	32.6	21.1	18.7	0.7	7.8	19.1

将环氧树脂漆放入清洗干净的球磨机内，然后按配方称好碳化硅、二氧化硅及补加苯醇溶剂加入球磨机内研磨，研磨24h后取出测电阻，当其表面电阻系数 $\rho_s=10^{10}\sim10^{12}\Omega$ 时，即可使用。使用半导体漆前，按用量加入651聚酰胺树脂。

(三)半导体漆的应用范围及性能调整

(1)低电阻半导体漆的应用范围。如表1-2-8所示。

表1-2-8 低电阻半导体漆的应用范围

名称	使用范围
1213号(5144号)沥青半导体漆	沥青绝缘线圈防电晕用
5147号醇酸半导体漆	环氧粉云母绝缘防电晕用
A38-1号氨基醇酸半导体漆	环氧粉云母绝缘防电晕用
5150号环氧聚酯半导体漆	环氧粉云母绝缘防电晕用

(2)低电阻半导体漆的性能调整。低电阻半导体漆的表面电阻系数 ρ 应为 $10^3\sim10^5\Omega$，若阻值不合格时，可加入适量的绝缘漆或炭黑进行调整，即阻值低时加入适量的绝缘漆，阻值高时加入适量的炭黑或石墨粉。

(3)高电阻半导体漆及其使用特点。1214号(5143号)沥青半导体漆、5145号醇酸半导体漆、A38-3氨基醇酸半导体漆，其表面电阻系数 ρ_s 要求为 $10^9\sim10^{11}\Omega$，如果表面电阻系数不合要求，仍旧可以用增加绝缘漆或炭黑、碳化硅的方法来提高或降低半导体漆的表面电阻系数值。

以上几种半导体漆使用时都要加入干燥剂。干燥剂一般为环烷酸铅、环烷酸锰、环烷酸钴，加入量一般为半导体漆重量的3%。

5150号环氧半导体漆使用时，不加干燥剂，而是加固化剂，固化剂可用650号或651号聚酰胺树脂。

半导体漆中的半导体材料，特别是碳化硅容易沉淀，在使用中，要不断地搅拌。否则，它的表面电阻系数值时高时低，使用后效果不好。

(4)半导体漆在电机线圈中的应用。二极防晕处理有两种：一种是采用涂刷半导体漆；另一种是采用模压。所谓涂刷工艺就是在线圈绝缘外先用低电阻漆涂刷一层，在漆未干时，再在端部涂上高电阻漆，使25mm搭合处形成中电阻区，然后在涂漆的部位用0.1mm×25mm玻璃带叠包一次，包扎后再刷一层半导体漆。若线圈尺寸小，则可局部包扎和涂刷半导体漆，以满足线圈尺寸要求。所谓模压是先用低电阻半导体带直接包扎在线圈绝缘上，再用高电阻半导体带直接包扎，然后和线圈的主绝缘一次模压而成。

三级防晕处理的最外层采用的半导体玻璃带是0.1mm玻璃布上刷半导体环氧漆所组成的，利用这种半导体直接包扎在绝缘上，然后一次加热模压而成。

五、常用油漆

常用油漆的组成性能和用途，如表1-2-9所示。

表1-2-9 常用油漆的组成性能和用途

名称	组成	性能	用途
138铁红醇酸底漆	系采用醇酸清漆、氧化铁防锈颜料与填充料研磨配制而成	干燥后漆膜坚硬，附着力强，防锈性及耐气候性良好，并具有耐油及耐高温的特性	一般在金属物表面作打底子用
磷化底漆(洗涤底漆)	由聚乙烯醇缩丁醛树脂溶解于有机溶剂中，再加颜料研磨而成涂料。在使用时再混入预先配好的磷化液	对金属表面有极强的附着力，不但有防锈作用，同时能延长有机涂层使用年限。涂磷化底漆金属表面可省略磷化或钝化处理工序，但不能代替一般采用的底漆	最适用于钢铁和铝等金属结构和器材表面
红丹防锈漆	用红丹、填充料、油性或磁性漆料、催干剂与有机溶剂研磨调制而成。以所用漆料分为油性、磁性两种，红丹用量>60%	涂于钢铁表面附着力很强，能隔潮防水，富有防锈能力。缺点是储存时间短，漆层干燥时间慢	适用于涂刷钢铁结构、钢铁器材等表面，作为防锈打底涂层，此涂层不应暴露在大气之中，必须用适当面漆覆盖。不能用于铝板和镀锌铁皮上
锌黄防锈漆	以锌铬黄与氧化锌为主要防锈颜料，与酚醛漆料研磨而成。锌铬黄能产生水溶性铬盐，使金属表面惰化，此漆分酚醛、醇酸两种	涂装间隔时间随温度高低而不同 温度(℃) / 酚醛(h) / 醇酸(h) 0~15 / 48 / 48 15~25 / 24~48 / 24 25 / 24 / 24	特别适用于铝或其他轻金属表面上作防锈底漆用

续表

名 称	组 成	性 能	用 途
油性调和漆	用精炼干性油与各色颜料经研磨并加适量溶剂及干燥剂配制而成	附着力较好，耐大气性较强，有较好的防锈性能和对材料的保护性能。但此漆光泽差、干燥性较慢	适用于室内外金属、木材、水泥、砖墙等建筑物的表面作保护和装饰之用，是目前常用的一种一般涂料
磁性调和漆	用合成树脂、精炼干油及溶剂等制成的长油性漆料，与各色颜料研磨后加适量干燥剂配制而成	干燥快，漆膜坚韧光亮平滑。抗大气性较油性调和漆差，漆膜经曝晒易失光，以致龟裂	适用于室内外一般金属木材砖墙等建筑物的表面达到保护装饰的目的
411耐酸沥青漆	由天然或石油沥青，或它们的混合物和干性油熬炼后用有机溶剂（松节油、松香水、煤焦油溶剂）稀释而成，并加有干燥剂	对金属、非金属有良好的附着力，在常温下尚耐氧化氮、二氧化硫、氨气、氯气、盐酸气及中等浓度以下的无机酸等介质的腐蚀。它不耐石油类溶剂、丙酮、氧化剂等的腐蚀	可用来防护钢结构，混凝土结构及木质结构
酚醛树脂清漆	用干性油和改性酚醛树脂为主，炼制后，溶于有机溶剂并含有干燥剂的透明清漆	干燥快，漆膜坚硬，光泽良好，抗水性较强的一种良好清漆	最适宜涂刷木材及金属表面，一般用作罩光之用，以达到装饰和保护物面的作用
酚醛树脂磁漆	干性油和改性酚醛树脂为主，炼制后，溶于有机溶剂并加干燥剂、颜料和填充料后调制研磨而成	抗水性强，耐大气性较好，漆膜坚硬耐磨，耐压，光泽优良，颜色鲜艳美观	一般适用在室内外的建筑物，交通工具，机械设备等木材和一般金属表面。用刷涂法施工，亦可用喷涂法。漆质太厚，可加入松节油或松香水5%～20%调匀使用
环氧树脂腻子	用环氧树脂、颜料及填充料研磨而成的糊状涂料，分烘干型和自干型两种	漆膜坚硬平滑，耐潮性好，与底漆有良好的附着力，经打磨后呈现光泽的表面	适用于各种预先涂有底漆的金属表面不平处，作填嵌之用
冷固型环氧树脂漆	由颜料、填充料、有机溶剂、增塑剂与环氧树脂经研磨配制而成	具有优良的耐酸、耐碱、耐盐类溶液及有机溶剂的腐蚀，漆膜具有优良的耐温、耐寒性，对金属与非金属有特别良好的附着力，漆膜具有良好的弹性和硬度，同时漆膜收缩性也小，是一种性质优良的高级涂料	可用于遭受严重化学腐蚀下的重要钢结构，混凝土结构等作防腐蚀涂层用。具有一定的粘合力，可用来粘合陶瓷与耐酸砖等
环氧树脂铁红底漆	用环氧树脂和防锈颜料等研磨配制而成的能烘干也能自干的底层涂料	具有比一般油基及醇酸底漆更为优越的防锈耐水性能，漆膜坚韧耐久	适用于黑色金属的表面，作打底及防锈用
自干漆酚树脂漆	将生漆脱水活化，缩聚，并用有机溶剂稀释而成	改变了生漆的毒性大，干燥差，施工不便，与金属表面附着力差等缺点，和一般油漆同样易于施工，干燥快，毒性小，漆膜坚韧，和金属附着力强，仍保持生漆的耐腐蚀性	适用于各种机械、车辆、船舶、仪器、贮槽、化工设备等金属、木材表面涂装
耐氨涂料	耐氨涂料是采用特种树脂溶解于有机溶剂，并加入过氯乙烯基料、颜料、增塑剂、稳定剂和填充料等而制成	耐氨性能佳（特别耐碳化氨水）、附着力强、耐气候性好、干燥快、施工方便、价格低廉	用于涂刷木材、钢板、水泥等氨水储运设备

第三节 层压制品

层压制品是由天然或合成纤维纸、布，浸（或涂）胶后经热压卷制而成。成型材料主要有：纸板、布板、玻璃布板等。

一、层压纸板

酚醛层压纸板的特点、用途、电气性能和厚度，分别如表1-3-1～表1-3-3所示。

二、层压布板

层压布板的特点、用途、电气性能和厚度，分别如表1-3-4～表1-3-6所示。

三、层压玻璃布板

层压玻璃布板的特点、用途、电气性能和厚度，如表1-3-7～表1-3-9所示。

表 1-3-1 **酚醛层压纸板的特点和主要用途**

型 号	性 能 特 点	主 要 用 途
3020	电气性能高	电气性能要求高的电机、电器设备中，作绝缘结构零、部件。可在变压器油中使用
3021	机械性能高	机械性能要求较高的电机、电器设备中，作绝缘结构零、部件。可在变压器油中使用
3022	有一定的耐潮湿性能	可作为在潮湿条件下工作的电气设备的绝缘
3023	介质损失小	适用无线电、电气设备中作绝缘结构零、部件
（企）9301	色泽美观，有较高的机械性能和电气性能	适用于电机电器设备中作绝缘结构零、部件和装饰品。可在变压器油中使用
（企）324	有良好的冲剪性	适用于电信、无线电设备中作绝缘零、部件
（企）329	有较好的抗劈强度和较好的机械加工性能	适用于电器设备中作绝缘、零部件。可在变压器油中使用
（企）上 3022—2	有较好的机械冲剪性能和电气性能	适用于高频、无线电和电信等装置中
（企）上 6075	有一定的机械冲剪性能和电气性能	适用于电信、无线电的电位器中作绝缘零、部件

表 1-3-2 **酚醛层压纸板的电气性能**

型 号	平行层向绝缘电阻不低于（Ω）		平行层向耐压变压器油中耐压 5min，温度 20℃±5℃时（kV）	垂直层向耐压变压器油中耐压 5min 温度 20℃±5℃（kV）			
				板厚（mm）			
	常态	受潮后		0.2～1.0	1.1～2	2.1～3	3 以上经一面加工者
3020	10^{10}	10^{8}	16	25	22	19	19
3021	10^{9}	10^{7}	14	16	15	13	13
3022	10^{10}	（浸盐水后）10^{7}	14	17	16	14	14
3023	10^{11}	（浸盐水后）10^{8}		33kV/mm	27kV/mm	25kV/mm	25kV/mm
（企）9301			14				
（企）324				17	16	14	14
（企）329	10^{8}		（板厚 10mm 及以上）14	16	15	13	13
（企）上 3022—2				14	12	11	11
（企）上 6075				板厚（mm） 1 2 3		耐压（kV） 17 32 42	

表 1-3-3 **酚醛层压纸板的厚度** 单位：mm

型 号	标 称 厚 度
3020	0.2；0.3；0.4；0.5；0.6；0.8；1.0；1.2；1.5；1.8；2.0～8.0（相隔 0.5）；9.0～40（相隔 1）；42～50（相隔 2）
3021	0.2；0.3；0.4；0.5；0.6；0.8；1.0；1.2；1.5；1.8；2.0～8.0（相隔 0.5）；9.0～40（相隔 1）；42～50（相隔 2）
3022	0.5；0.6；0.8；1.0；1.2；1.5；1.8；2.0～8.0（相隔 0.5）；9.0～40（相隔 1）；42～50（相隔 2）
3023	0.4；0.5；0.6；0.8；1.0；1.2；1.5；1.8；2.0～4.0（相隔 0.5）
（企）9301	0.2；0.3；0.4；0.5；0.6；0.8；1.0；1.2；1.5；1.8；2.0～8.0（相隔 0.5）；（9.0～40 相隔 1）；42～50（相隔 2）
（企）324	0.5；0.6；0.7；0.8；1.0；1.2；1.5；1.6；1.8；2.0～4.0（相隔 0.5）
（企）329	0.5；0.8；1.0；1.2；1.5；1.8；2.0～8.0（相隔 0.5）；9.0～50（相隔 1）
（企）上 3022—2	0.2；0.3；0.4；0.5；0.6；0.8；1.0；1.2；1.5；1.8；2.0～4.0（相隔 0.5）
（企）上 6075	0.5；0.6；0.8

表 1-3-4 层压布板的特点和主要用途

名 称	性能特点	主要用途
3025 酚醛层压布板	机械性能高	机械、电机、电器设备中作绝缘结构零部件。可在变压器油中使用
3027 酚醛层压布板	具有一定的电气性能	
(企)上 3137 三聚氰胺层压布板	有良好的耐电弧性	作少油断路器灭弧结构材料
(企)上 3321—1 酚醛层压布板	有较高的电气性能和耐潮性	适用于电信仪表等电气设备中作绝缘配件

表 1-3-5 层压布板的电气性能

名 称	平行层向绝缘电阻不低于(Ω)		垂直层向击穿强度 90℃±2℃变压器油中不低于(kV/mm)			
			板厚(mm)			
	常态时	受潮后	0.5～1.0	1.1～2.0	2.1～3.0	3.0 以上经一面加工
3025 酚醛层压布板			4.0	3.0	2.0	2.0
3027 酚醛层压布板	10^{10}	10^{7}	8.0	6.0	5.0	5.0
(企)上 3137 三聚氰胺层压布板	10^{10}	10^{8}	4.0	3.5	2.0	2.0
(企)上 3321—1 酚醛层压布板		10^{8}	3.5	3.5	3.5	3.5

表 1-3-6 层压布板的厚度 单位:mm

型 号	标称厚度
3025	0.5;0.8;1.0;1.2;1.5;1.8;2.0～7.0(相隔 0.5);8.0～40(相隔 1);42～50(相隔 2)
3027	0.5;0.8;1.0;1.2;1.5;1.8;2.0～7.0(相隔 0.5);8.0～40(相隔 1);42～50(相隔 2)
(企)上 3137	0.5;0.8;1.0;1.2;1.5;1.8;2.0～7.0(相隔 0.5);8.0～40(相隔 1);42～50(相隔 2)
(企)上 3321—1	0.5;0.6;0.8;1.0;1.2;1.5;1.8;2.0～4.0(相隔 0.5)

表 1-3-7 层压玻璃布板的特点和主要用途

名 称	性能特点	主要用途
3230 酚醛层压玻璃布板	有一定的电气性能和机械性能	适用于电气设备中,作绝缘结构零、部件,并可在变压器油中使用
3231 苯胺酚醛层压玻璃布板	具有较高的电气性能	适用于电器设备中,作绝缘结构零、部件,并适于潮湿环境和变压器油中使用
3232 酚醛层压玻璃布板	具有高的机械性能和电气性能	适用于电器设备中,作绝缘结构零、部件,并适于潮湿环境和变压器油中使用
3240 环氧酚醛层压玻璃布板	具有高的机械性能和电气性能	适用于电气设备中,作绝缘结构零、部件,可在潮湿环境和变压器油中使用
3250 有机硅环氧层压玻璃布板	具有较高的机械强度、耐热性和电气性能	适用于 H 级电机电器中作槽楔、垫块和其他绝缘零件
3251 有机硅层压玻璃布板	有较高的耐热性	适用于 H 级电机电器绝缘
(企)331 酚醛层压玻璃布板	在较高温度下具有良好的电气性能	适用于工作温度 155℃以下的电机、电器设备中
(企)338 二苯醚层压玻璃布板	具有优良的耐热性能和机械性能,可耐辐射、耐腐蚀,能自熄	可作 H 级电机、电器的绝缘结构件
(企)322 有机硅层压玻璃布板	有较高的耐热性能和电气性能	可长期在 350℃下使用或短期在 400℃下使用的高频绝缘结构材料
(企)D321 聚胺酰亚胺层压玻璃布板	具有高的耐热性能和优异的电气、物理和机械性能,并有耐辐射性	可以在 H 级电机、电器设备中应用
(企)333 聚胺酰亚胺层压玻璃布板	具有高的耐热性能和优异的电气、物理、机械性能,并具有耐辐射性	可在 H 级电机、电器设备中使用

表 1-3-8　　层压玻璃布板的电气性能

型　号	表面电阻系数不低于（Ω）		电阻率不低于（Ω·cm）		介质损 tanδ，不高于		板　厚（mm）			
							0.5～1	1.1～2.0	2.1～3.0	3以上，经一面加工者
	常态	受潮后	常态	受潮后	50Hz	10^6 Hz	垂直板层击穿强度（kV/mm）			
3230	10^{11}	10^{10}	10^{10}	10^9			于90℃±2℃变压器油中试验			
							14	12	10	10
3231	10^{12}	10^{10}（浸水）	10^{12}	10^{10}（浸水）			于90℃±2℃变压器油中试验			
							22	20	18	18
3232	10^{11}	10^9（水煮）	10^{11}	10^9（水煮）			于20℃±5℃变压器油中试验			
							18	16	14	14
3240	10^{13}	10^{11}（浸水）	10^{13}	10^{11}（浸水）	0.05		于90℃±2℃的变压器油中试验			
							22	20	18	18
3250	10^{13}	10^{11}	10^{13}	10^{11}	0.04　0.3（受潮）		18	18		
3251	10^{12}	10^{10}	10^{12}	10^{10}	0.05（180℃±5℃时）		10	10	8	8
（企）331	10^{12}	10^{10}	10^{12}	10^{10}	0.06		12			
（企）338	10^{13}	10^{11}	10^{13}	10^{11}	0.03（常态）0.2（受潮）		18（常态），12（受潮后）			
（企）322						0.01				
（企）D321	10^{13}		10^{14}		0.05	0.05	20（常态），15（250℃下）			
（企）333	10^{12}		10^{14}		0.05	0.05	20（常态），15（220℃下）			

表 1-3-9　　层压玻璃布板的厚度　　单位：mm

型号	标称厚度
3230	0.5；0.8；1.0；1.2；1.5；1.8；2.0～7.0（相隔0.5）；0.8～30（相隔1）；32～50（相隔2）
3231 3230	0.5；0.8；1.0；1.2；1.5；1.8；2.0～10（相隔0.5）；11～30（相隔1）；32～50（相隔2）
3240	0.2；0.3；0.5；0.8；1.0；1.2；1.5；1.8；2.0～7.0（相隔0.5）；8～30（相隔1）；32～60（相隔2）；65～80（相隔5）
3250	0.5；0.8；1.0；1.2；1.5；1.8；2.0～7.0（相隔0.5）；8.0～30（相隔1）

第四节　橡胶制品

一、橡皮

橡皮的电气性能，如表1-4-1所示。

在高压下使用天然橡胶和丁苯橡胶制成的橡皮时，应在其表面包一层半导体橡皮。使其表面达到零电位，防止橡皮表面产生气体电离，避免橡皮遭受电离臭氧的破坏。

在光的作用下，特别是紫外线的作用下，为了避免橡皮老化，对天然、丁苯橡胶制成的橡皮绝缘层或护套需加覆盖层。

在高温、防爆电机、电器和无线电绝缘方面，可选用二甲基硅橡胶制成的橡皮。

表 1-4-1　　橡皮的电气性能

名　称	电阻率（Ω·cm）		介质损耗角正切 tanδ		介电常数		电击穿强度（kV/mm）
	常态时	浸水后	常态时	浸水后	常态时	浸水后	常态时
甲基硅橡皮	1.47×10^{14}	1.25×10^{14}	0.0043	0.0096	3.04	3.08	20～24
甲基乙烯基硅橡皮	$1.3～5.95\times10^{14}$		0.00054～0.0035		2.77～3.2		15.9～18.7
由天然丁苯橡胶制成的橡皮	$10^{14}～10^{15}$		0.10～0.03		2.5～5		20～45

二、硬橡皮

硬橡皮是天然橡胶或丁基橡胶、丁苯橡胶及其混合物，加适量填料和添加剂（促进剂、硫化剂等）后，经混炼、塑挤（或硫化）而成。

硬橡皮板的厚度和硬橡皮棒的直径如表1-4-2所示。

表 1-4-2　　硬橡皮板、棒的规范　　单位：mm

名　称	规　范
板（厚度）	2.0～20（相隔1） 2.2～30（相隔2）
棒（直径）	5～20（相隔1） 22～50（相隔2） 55～100（相隔5）

第五节 塑料、薄膜、粘带及复合制品

一、弹性塑料

弹性塑料的性能、特点和用途如表1-5-1所示。

二、薄膜

薄膜的特点、用途、电气性能和规范如表1-5-2～表1-5-4所示。

三、粘带

粘带的特点、用途、电气性能和规范如表1-5-5～表1-5-7所示。

四、复合制品

复合制品的特点、用途、电气性能及规范如表1-5-8～表1-5-10所示。

表1-5-1 弹性塑料的性能、特点和用途

名称	电阻率 (Ω·cm)	介质损耗角正切 tanδ (10^6 Hz时) 不高于	介电常数	电击穿强度 (kV/mm) 不低于	使用特点和用途
聚乙烯塑料	10^{15}～10^{17}	5×10^{-4}	2.5	40	密度低，耐寒性高，机械性能好，对化学药品及臭氧作用稳定，耐温性较低，具有可燃性，只能在100℃下使用，可制成薄膜、板、管等成型制品
氟塑料	10^{6}	7×10^{-4}	10^4 Hz时 2.0～2.2	30	工作温度为－60～＋250℃，可塑性良好。用作耐高温和高频电线绝缘或无线电和电子装置中绝缘部件
聚氯乙烯塑料					具有很好的耐潮及物理、机械性能，不怕酸、碱、石油、煤油及腐败细菌的作用，燃烧时不蔓延，耐臭氧性好，耐寒性差，耐热性低，长期工作温度极限为85℃，在日光直射和紫外线作用下，会发生碎裂、老化和丧失弹性 聚氯乙烯除以块、粒状（厚0.8～1.1mm、宽不大于40mm）供作塑料和挤压绝缘材料外，还有管、带等制品，管内径为1～40mm，管壁厚度为0.3～2mm，长2m。带宽10～50mm，厚0.5～1.65mm，长2m
电缆用聚乙烯塑料	10^{10}			14	

表1-5-2 薄膜的特点和用途

名称	性能特点	主要用途
6020聚酯薄膜		中小型电机槽绝缘、匝绝缘和线圈绝缘及其他用途的电工绝缘材料
（企）TJ2860聚酰亚胺薄膜	有优异的化学性能和热稳定性，良好的电气性能、机械性能和耐辐射性能	电机工业、电子工业及宇宙航行等方面耐高温绝缘
（企）D250聚酰亚胺薄膜	有优异的耐高温、耐严寒、抗辐射性能及电气性能，并有优良的耐酸、耐溶剂和抗燃烧性。可在220℃下长期使用，300℃下短期使用	适用于耐高温电机电器线圈的包扎绝缘
（企）299聚酰亚胺薄膜		
（企）CZ6010聚丙烯薄膜	有优良的电气性能，较小的介质损耗，较好的机械强度	适用于电力电容器介质

表1-5-3 薄膜的规范

型号	标称厚度 (mm)	宽度 (mm)	长度 (m)
6020	0.04，0.05，0.07，0.10	500，900，1000，1500或根据用户需要	每卷不少于500，不多于5段，每段长度不少于50
（企）TJ2860	0.04，0.05，0.06	不小于300	每段不小于10，1以上短段不超过批量的20％
（企）D250	0.03～0.06	400～450±5	长度任取，1～5短段不超过每卷总量的5％
（企）299	0.03～0.05	350～450	长度任取，小于1短段不超过每卷总重量的5％
（企）CZ6010	0.015，0.020	280	—

表 1-5-4 薄膜的电气性能

型号	击穿强度 (kV/mm) 不低于		电阻率 (Ω·cm) 不低于		介质损耗角正切 tanδ		相对介电常数 不大于	
	常态时	热态时	常态时	热态时	50Hz	10^6Hz	50Hz	10^6Hz
6020	130	100 (130℃±2℃)	10^6	10^{12} (130℃±2℃)	0.005	0.02	3.2±0.2	3.0±0.2
(企) TJ2860	90	70 (200℃)	10^{15}	10^{12} (200℃)	0.01		3.2±0.4	
(企) D250	100	80 (200℃±2℃)	10^{16}	10^{12} (200℃±2℃)	0.01 (200℃±2℃)	0.05 (常态)	3 (200℃±2℃)	3 (常态)
(企) 299	110	65 (250℃)	10^{15}	10^{12} (250℃)	0.03 (250℃)	0.01 (常态)	3 (250℃)	3 (常态)
(企) CZ6010			10^{15}		0.0007 (100℃)		2.0～2.2	

表 1-5-5 粘带的种类、特点和用途

名称	性能特点	主要用途
6350 有机硅玻璃粘带	具有较高的耐热性，经加热后有高的电气性能	适用于 180℃以下工作的电机电器线圈绝缘
(企) 260 硅橡胶自粘带	具有一定的自粘性和电气性能	适用于耐高温电机线圈端部及电器零、部件线圈包扎绝缘
(企) 聚酰亚胺薄膜粘带	常温时柔软、干爽，在一定的温度和压力下，与铜有良好的粘接性，固化成型后有良好的耐水性、耐酸性、耐溶剂性、抗燃和抗氟利昂性。可在 180℃下长期使用	适于电机电器线圈包绕绝缘
(企) 219 聚酰亚胺薄膜粘带	具有自粘能力，耐热性较高，可在 180℃下长期使用	适于电机、电器线圈包绕绝缘

表 1-5-6 粘带的电气性能

型号或名称	击穿强度 (kV/mm)			介质损耗角正切 tanδ	电阻率不低于 (Ω·cm)		相对介电常数
	常态时	热态时	受潮后		常态时	热态时或受潮后	不大于
6350					10^{11}	10^{12} (180℃±20℃)	
(企) 260	20		14	0.02 (常态、50Hz)	10^{13}	10^9 (受潮后)	3 (常态、50Hz)
(企) 聚酰亚胺薄膜粘带	80	60 (180℃±2℃)		0.05 (常态、50Hz)	10^{14}	10^{12} (180℃±2℃)	5 (常态、50Hz)
(企) 219	70		50	0.05	10^{15}	10^{12}	4

表 1-5-7 粘带的规范

型号或名称	标称厚度 (mm)	标称宽度 (mm)	长度 (m)
6350	0.12，0.15	10、15、20、25、30	每卷长不少于 40，卷中小于 5m，大于 1m 的不多于 3 段
(企) 260	0.08，0.22		
(企) 聚酰亚胺薄膜粘带	0.04～0.06	15、20、25	每卷长不少于 30，卷中小于 5m，大于 1m 的不多于 5 段

表 1-5-8 复合制品的性能、特点和用途

名 称	性 能 特 点	主 要 用 途
6520聚酯薄膜绝缘纸复合箔	具有良好的电气性能及较高的机械强度	电机和电器中作槽绝缘、衬垫绝缘和匝间绝缘
6530聚酯薄膜玻璃漆布复合箔	具有良好的电气性能，一定的机械强度，可用于湿热带环境	电机和电器中作槽绝缘、衬垫绝缘和匝间绝缘
(企) 292聚酯薄膜玻璃漆布复合箔	具有较高的电气性能，耐湿热性能	可作防水、耐湿热中小型电机的槽绝缘和匝间绝缘
(企) CZ6630聚酯薄膜聚酯纤维纸复合箔	具有良好的电气性能和机械强度，尤其抗撕性突出，并有较好的耐热性	作B级电机、电器的槽绝缘和衬垫绝缘
聚酯薄膜聚酯纤维纸复合箔	具有良好的机械性能	适用于湿热带地区的B级绝缘电机电器的槽绝缘、匝间绝缘和衬垫绝缘
聚酰亚胺薄膜聚砜纤维纸复合箔	具有良好的机械性能和电气性能，有较高的耐热性	冶金、船舶、起重、采矿等电机电器作槽绝缘、匝间绝缘
(企) 271聚酰亚胺薄膜耐热纤维复合箔	具有较高的耐热性和优良的电气、物理、机械性能	适用于H级电机槽绝缘

表 1-5-9 复合制品的电气性能

型号或名称	击穿电压（平均值）或击穿强度 不低于				电阻率 (Ω·cm) 不低于		
	常态时	常态弯折后	热态时	受潮后	常态时	热态时	受潮后
6520	6.5kV	6.0kV		4.5kV			
6530	8.0kV	6.0kV		6.0kV	10^{14}	10^{11}	10^{12}
(企) 292	40kV/mm	30kV/mm		20kV/mm	10^{12}		10^{12}
(企) CZ6630	40kV/mm	35kV/mm	35kV/mm (130℃)	30kV/mm			
聚酯薄膜聚酯纤维纸复合箔	10kV	9kV	8kV	8kV	10^{14}	10^{12} (130℃)	10^{12}
聚酰亚胺薄膜聚砜纤维复合箔			8.5kV (180℃)			10^{14} (180℃)	
(企) 271	5kV	4kV	4kV (180℃±2℃)	4kV	10^{13}	10^{10}	10^{10}

表 1-5-10 复合制品的规范

型号或名称	标称厚度 (mm)	宽 度 (mm)	每卷重量 (kg)	每卷长度 (m)
6520	0.15、0.17、0.20、0.22、0.25、0.30	800～1000	20～40	每卷内不得超过3段，每段不应小于1m
6530	0.17、0.20、0.24	800～1000	20～40	
(企) 292	0.15、0.17、0.30	不小于800		每段不小于1m，每卷中大于1m、小于10m者不超过4段
(企) CZ6630	0.20、0.25、0.30、0.35	900～1000		
聚酯薄膜聚酯纤维纸复合箔	0.25、0.35	1000		每卷长不少于30m，每段不小于1m
聚酰亚胺薄膜聚砜纤维纸复合箔	0.2、0.25、0.3、0.35	300		
(企) 271	0.25、0.35	250		

第六节　天然纤维纺织品

一、电工用棉布、麻布、丝绸

电工用棉布、麻布、丝绸的用途和规范，如表 1-6-1 所示。

二、电工用棉布带

电工用棉布带的用途和规范，如表 1-6-2 所示。

表 1-6-1　电工用棉布、麻布、丝绸的用途和规范

名称	代号	厚度(mm)	宽度(mm)	长度(m)不小于	主要用途范围
平纹细布	6072	0.07～0.085	980～1020	600～700	该布经纺织加工而成，供制质量高、厚度较薄的漆布及电器包扎用
平纹细布	3434	0.09～0.11	850～950	500～600	该布经纺织加工而成，供制质量高、厚度较大的漆布及一般衬垫之用
斜纹布	6072 3434	0.06～0.08 0.09～0.11	850～950 850～950	600～700 600～700	供制抗拉和电击穿强度高的漆布
白细布	—	—	720～1000±20	—	供压制层压布板和卷制品及开关绝缘件
薄布	—	—	720～1000±20	—	供压制机械强度较高的层压布板和卷制品绝缘零、部件
白粗布	—	—	720～1000±20	—	供压制轴瓦板及布板
纱布	—	—	1000±20	—	供压制布板及布管等用
细帆布	—	—	700～900	—	供压制布板及衬垫等用
亚麻布	—	—	71～73	—	供压制轴瓦板及衬垫等用
纺绸	—	0.045～0.055	450～900	200～250	宽 450mm 的作云母带的底材；宽 900mm 的作漆绸及无线电电器包扎之用
薄纺绸（上等绸）	#1	0.045～0.055	920～960	445～455	供制高强度的漆绸及电器元件包扎用
薄纺绸	#2	0.025～0.035	920～960	445～455	供制特薄的漆绸及无线电元件包扎用

表 1-6-2　电工用棉布带的用途和规范

名称	标称宽度(mm)公差	额定厚度(mm)	每百米长带的重量(g)不少于	每卷带的长度(m)不少于	用途
斜纹布带	10、12（±0.5） 15（±1.0） 20、25、30（±1.5） 35、40、50（±2.0）	0.45±0.02 0.45±0.02 0.45±0.02 0.45±0.02	187～232 284 368～549 645～910	50±5 50±5 50±5 50±5	不浸渍的棉布带，做零、部件浸渍前或整形时的临时包扎浸渍后的布带用于包扎各种线圈或绝缘零、部件
平纹白布带	10、12（±0.5） 15（±1.0） 20、25、30（±1.5） 35、40、50（±2）	0.25±0.02 0.25±0.02 0.25±0.02 0.25±0.02	100～120 152 199～291 338～480	50±5 50±5 50±5 50±5	
平纹细布带	12（±0.5） 16（±1.0） 20、25、30（±1.5） 35（±2）	0.22±0.02 0.22±0.02 0.22±0.02 0.22±0.02	126 168 209～297 340	50±5 50±5 50±5 50±5	
平纹薄布带	12（±0.5） 16（±1.0） 20（±1.5）	0.18±0.02 0.18±0.02 0.18±0.02	100 128 152	50±5 50±5 50±5	

第七节　浸渍纤维制品

一、漆布

漆布的特点和用途，如表 1-7-1 所示。

油性漆布的长度每卷不少于 40m，其中 5～10m 的不多于两段，每段不得少于 5m。

油性漆布的宽度不小于 700mm，一卷中宽度应一致。符合标准要求的漆布，根据用户要求，可直切或斜切成宽度 15mm±1mm，20mm±1mm，25mm±1mm 及其他宽度的

带，斜切时一般应按沿径向45°。斜切漆布带搭成接长度不大于40mm。漆布带的型号与漆布相同。漆布的电气性能和标称厚度，如表1-7-2所示。

二、漆绸

漆绸的特点和用途，如表1-7-3所示。

漆绸的长度与宽度规范与漆布相同，漆绸的厚度与电气性能，如表1-7-4所示。

三、玻璃漆布

玻璃漆布的特点，用途如表1-7-5所示；电气性能和标称厚度，如表1-7-6所示。

表1-7-1 漆布的性能特点和用途

名称	性能特点	主要用途
2010油性漆布（原黄漆布）	有一定的电气性能和机械性能	可以在105℃温度下长期使用，适用于一般电机、电器的包扎绝缘和衬垫绝缘
2012油性漆布（原黄漆布）		可在105℃温度下长期使用，适用于在变压器油中作衬垫绝缘和包扎绝缘

表1-7-2 漆布的电气性能及规范

名称	标称厚度(mm)	击穿电压(kV)不低于								电阻率(Ω·cm)不低于		
		常态时		常态弯折后		热态时105℃±2℃		受潮后		常态	热态105℃±2℃	受潮后
		平均值	最低值	平均值	最低值	平均值	最低值	平均值	最低值			
2010油性漆布	0.15	6.0	4.0	3.6	2.9	4.1	2.5	3.6	2.0	10^{13}	10^{10}	10^{10}
	0.17	6.8	4.5	4.2	3.1	5.0	3.0	4.1	2.3			
	0.20	7.5	4.9	4.6	3.5	5.5	3.3	4.6	2.6			
	0.24	8.8	5.6	5.3	3.7	0.5	4.0	5.4	3.2			
2012油性漆布	0.17	7.7	5.0	4.9	3.4	5.2	3.3	4.7	2.8	10^{13}	10^{10}	10^{10}
	0.20	8.6	5.3	5.2	3.6	5.9	3.7	5.4	3.2			
	0.24	9.8	5.7	5.5	4.0	6.8	4.0	6.0	3.6			

表1-7-3 漆绸的特点和用途

名称	性能特点	主要用途
2210油性漆绸（原黄漆绸）	具有一定的电气性能和机械性能	可在105℃下长期使用，适用于电机电器中要求较高电气性能的薄层包扎绝缘和衬垫绝缘
2212油性漆绸（原黄漆绸）		可在105℃下长期使用，适用于浸在变压器油中并要求高介电性能的薄层衬垫绝缘或包扎绝缘

表1-7-4 漆绸的电气性能和厚度

名称	标称厚度(mm)	击穿电压(kV)不小于								电阻率(Ω·cm)不低于		
		常态时		常态弯折后		热态时		受潮后		常态	热态	受潮后
		平均值	最低值	平均值	最低值	平均值	最低值	平均值	最低值			
2210油性漆绸	0.04	1.0	—	—	—	—	—	—	—	—	—	—
	0.05	1.7	—	—	—	—	—	—	—	—	—	—
	0.06	3.3	1.2	—	—	—	—	—	—	—	—	—
	0.08	4.8	2.4	3.0	1.8	3.0	1.7	2.3	1.1	10^{13}	10^{10}	10^{10}
	0.10	5.8	3.8	4.4	2.2	4.3	2.2	3.5	1.7			
	0.12	7.2	4.8	6.3	3.2	5.2	2.5	4.1	2.0			
	0.15	8.7	5.2	6.9	3.8	5.8	3.1	4.7	2.6			
2212油性漆绸	0.08	5.0	2.8	3.2	2.1	3.3	1.9	3.2	1.6	10^{14}	10^{10}（105℃±2℃）	10^{10}
	0.10	6.6	4.2	5.2	3.0	4.8	2.6	4.2	2.1			
	0.12	9.1	6.2	6.9	3.8	5.5	3.4	4.7	2.6			
	0.15	9.5	6.7	7.7	4.2	7.4	3.7	5.5	3.0			

表 1-7-5　**玻璃漆布的性能特点和用途**

名　称	性能特点	主要用途
2412 油性玻璃漆布	具有一定的电气性能和机械性能	可代替油性漆布，适用于一般电机、电器及浸在变压器油中使用的包扎绝缘或衬垫绝缘
2430 沥青醇酸玻璃漆布		可在 130℃下长期使用，适用于电机的包扎绝缘和衬垫绝缘
2432 醇酸玻璃漆布		可在 130℃下长期使用。适用于电机、电器及在变压器油中作包扎绝缘和衬垫绝缘
2433 环氧玻璃漆布	有较高的电气、机械性能，有良好的耐化学药品和耐湿热性	适用于工作温度为 130℃的耐化学腐蚀的电机电器的槽绝缘、衬垫绝缘和线圈绝缘等
2450 有机硅玻璃漆布	具有较高的耐热性	适用于电机、电器的包扎绝缘
2451 有机硅玻璃漆布	具有较高的耐热性	
2452 硅橡胶玻璃漆布	具有弹性和高的耐热性	厚 0.11mm 的适用于特种用途的低电压电机端部绝缘，0.23mm 的适于作硅橡胶导线的绝缘
（企）D210 聚酰亚胺玻璃漆布	具有较高的耐热性，有优良的防潮性、耐辐射性和耐溶剂性	适用于电机槽绝缘和端部衬垫绝缘，不适用作包扎绝缘。可在 220℃下长期使用，在 300℃下短期使用
（企）239 聚酰亚胺玻璃漆布	具有优良的防潮性、耐辐射性、耐溶剂性和介电性能	适用于工作温度 220℃的电机作槽绝缘和端部衬垫绝缘

表 1-7-6　**玻璃漆布的电气性能和标称厚度**

型号与名称	标称厚度 (mm)	击穿电压 (kV) 不小于								电阻率 (Ω·cm) 不低于		
		常态时		常态弯折时		热态时		受潮后		常态时	热态时	受潮后
		平均值	最低值	平均值	最低值	平均值	最低值	平均值	最低值			
2412 油性玻璃漆布	0.11	4.4	2.4	2.4	1.2	2.2 (105℃±2℃)	1.1 (105℃±2℃)	2.2	1.1	10^{12}	10^{9} (105℃±2℃)	10^{10}
	0.13	5.0	2.9	3.0	1.6	2.8	1.5	2.9	1.5			
	0.15	5.7	3.7	3.4	2.0	3.2	1.8	3.4	1.9			
	0.17	6.8	4.4	4.0	2.4	3.8	2.2	3.9	2.2			
	0.20	7.7	4.8	4.4	2.6	4.2	2.5	4.4	2.5			
	0.24	8.6	5.5	4.8	3.0	4.6	2.8	5.1	3.0			
2430 沥青醇酸玻璃漆布	0.11	5.3	2.8	2.9	1.5	2.4 (130℃±2℃)	1.2 (130℃±2℃)	2.6	1.3	10^{12}	10^{9} (130℃±2℃)	10^{10}
	0.13	6.1	3.7	3.5	2.2	3.0	1.6	3.4	1.8			
	0.15	6.6	4.2	4.2	2.6	3.4	1.8	3.8	2.6			
	0.17	8.0	4.8	5.0	2.9	4.0	2.4	4.6	2.9			
	0.20	9.8	5.5	7.0	4.5	4.4	2.6	5.0	3.5			
	0.24	11.0	5.9	8.8	5.2	5.2	3.2	6.0	3.8			
2432 醇酸玻璃漆布	0.11	5.3	2.8	2.9	1.5	2.4 (130℃±2℃)	1.2 (130℃±2℃)	2.4	1.2	10^{12}	10^{9} (130℃±2℃)	10^{10}
	0.13	6.1	3.7	3.5	2.2	3.0	1.6	3.1	1.7			
	0.15	6.6	4.2	4.2	2.6	3.4	1.8	3.5	2.6			
	0.17	8.0	4.8	5.0	2.9	4.0	2.4	4.2	2.9			
	0.20	9.0	5.5	7.0	4.5	4.4	2.6	4.6	3.5			
	0.24	11.0	5.9	8.8	5.2	5.2	3.2	5.5	3.8			
2433 环氧玻璃漆布	0.11	4.8	2.2	2.4	1.0	2.8 (130℃±2℃)	1.2 (130℃±2℃)	2.4	1.0	10^{12}	10^{10} (130℃)	10^{10}
	0.13	5.5	2.8	3.2	1.6	3.5	1.8	3.2	1.6			
	0.15	6.0	3.0	3.8	1.9	4.0	2.0	3.6	1.8			
	0.17	7.8	3.9	4.2	2.1	4.5	2.3	4.2	2.1			

续表

型号与名称	标称厚度(mm)	击穿电压(kV)不小于								电阻率(Ω·cm)不低于		
		常态时		常态弯折时		热态时		受潮后		常态时	热态时	受潮后
		平均值	最低值	平均值	最低值	平均值	最低值	平均值	最低值			
2450 有机硅玻璃漆布	0.06	2.9				0.9 (180℃±2℃)	(180℃±2℃)	1.0		10^{14}	10^{11} (180℃±2℃)	10^{12}
	0.08	3.6				1.5		2.0				
	0.11	4.7	2.3	1.8	1.0	2.7	1.6	3.2	2.1			
	0.13	5.3	2.7	2.4	1.2	3.2	2.1	3.7	2.3			
	0.15	5.8	3.2	3.0	1.5	3.8	2.3	4.2	2.7			
	0.17	6.6	3.8	3.5	1.6	4.3	2.7	4.8	3.0			
	0.20	7.4	4.3	4.0	2.0	4.7	3.0	5.3	3.2			
	0.24	8.0	4.7	4.4	2.2	5.3	3.2	5.8	3.4			
2451 有机硅玻璃漆布	0.11	5.0	2.4	0.9	0.5	2.8 (180℃±2℃)	1.7 (180℃±2℃)	3.2	2.1	10^{14}	10^{11} (180℃±2℃)	10^{12}
	0.13	5.5	2.8	1.2	0.6	3.3	2.2	3.7	2.3			
	0.15	6.0	3.3	1.5	0.8	3.8	2.4	4.2	2.7			
	0.17	6.8	3.8	1.8	0.9	4.4	2.8	4.8	3.0			
	0.20	7.7	4.4	2.0	1.0	5.0	3.1	5.3	3.2			
	0.24	8.4	4.8	2.2	1.1	5.5	3.3	5.8	3.4			
2452 硅橡胶玻璃布	0.11	1.5		热处理、弯折后 1.0				0.8		10^{12}		10^{10}
	0.23	2.0		热处理、弯折后 1.4				0.8				
(企) D210 聚酰亚胺玻璃漆布	0.10	2.5	1.5	2.0	1.0	1.5	1.0	1.5	1.0	10^{14}	10^{12} (200℃±2℃)	10^{12}
	0.15	5.5	3.0	3.8	2.4	3.5	2.2	4.0	2.5			
	0.17	6.2	3.5	4.2	2.5	4.0	2.5	4.5	2.8			
	0.20	7.0	4.0	6.0	3.2	4.5	2.8	5.0	3.0			
(企) 239 聚酰亚胺玻璃漆布	0.10	2.5	1.5 (个别值)	2.0	1.0 (个别值)	1.5 (250℃)	1.0 (250℃，个别值)	1.5	1.0 (个别值)	10^{14}	10^{12} (250℃)	
	0.15	5.5	3.0	3.8	2.4	3.5	2.2	5.0	2.5			
	0.17	6.5	3.5	4.5	2.5	4.0	2.5	5.0	3.0			
	0.20	7.0	4.0	6.0	3.5	4.5	3.0	5.0	3.0			

四、防电晕漆布

2650有机硅防电晕玻璃漆布（原名有机硅半导体玻璃漆布），用于高压电机定子线圈槽口处，作防晕材料。其表面电阻系数和标称厚度如表1-7-7所示。

表1-7-7 防电晕漆布的表面电阻系数与标称厚度

标称厚度(mm)	表面电阻系数不低于(Ω)	
	常态时	经温度180℃±2℃处理18h后于温度120℃±2℃下
0.12 0.15 0.20	10^3～10^5	10^3～10^5

五、漆管

漆管的特点、用途、击穿电压和规范分别如表1-7-8～表1-7-10所示。

六、绑扎带

绑扎带的特点和用途如表1-7-11所示；其规范如表1-7-12所示。

七、未浸渍的玻璃纤维制品

未浸渍玻璃纤维制品的特点和用途如表1-7-13所示；各种制品的规范如表1-7-14～表1-7-17所示。

表 1-7-8 **漆管的性能、特点和用途**

名 称	性 能 特 点	主 要 用 途
2710 油性漆管 2714 油性玻璃漆管 2730 醇酸玻璃漆管	具有一定的电气性能、柔软性和弹性	适用于电机、电器、仪表、无线电等装置的布线绝缘和机械保护
2715 聚氯乙烯玻璃漆管	具有优良的柔软性和弹性、有良好的电气性能和耐化学性能	
2750 有机硅玻璃漆管	有一定的电气性能、柔软性和较高的耐热性	
2751 硅橡胶玻璃丝管	具有一定的介电性能、较高的耐热性、优良的弹性和耐寒性	用于要求较高的电机、电器的布线绝缘和机械保护
玻璃纤维电碳套管	有良好的柔软性和裁剪不散性	用作电刷引线护套
聚胺酯聚酯纤维漆管	有良好的耐磨性和弹性，较好的耐化学腐蚀和耐环境老化性能	用于电器、仪表等设备导线的绝缘护套

表 1-7-9 **漆管的击穿电压 (kV)**

型号或名称	漆管内径在 1.5mm 以上者不低于			漆管内径为 1.5mm 及以下者不低于
	常 态 时	缠 绕 后	受 潮 后	
2710 黄色棉漆管	5.0	2.0	1.5	不得低于规定值的 75%
2714 油性玻璃漆管	5.0	2.0	2.5	
2730 醇酸玻璃漆管	5.0	2.0	2.5	
2715 聚氯乙烯玻璃漆管	5.0	4.0	2.5	
2750 有机硅玻璃漆管	4.0	1.5	2.0	
2751 硅橡胶玻璃丝管	4.0		2.0	
聚胺酯聚酯纤维漆管	3.0 (在变压器油中浸 24h 后) 2.5 (在汽油中浸 24h 后)	2.5 (以 90°往复弯曲 10 次后)	2.0 (湿度为 98% 状态下放置 24h 后)	

表 1-7-10 **漆 管 的 规 范**

型号及名称	标 称 厚 度 (mm)	内 径 (mm)	长 度 (mm)
2710 油性漆管	0.4 0.5 0.6 0.7 0.8 0.9	0.5、0.7 1.0、1.5 2、2.5、3、3.5 4、4.5、5、6 7、8、9 10、11、12	$1000\pm^{20}_{10}$ 允许有总重量的 5% 以下的短段 (不短于 250)
2714 油性玻璃漆管 2730 醇酸玻璃漆管 2751 硅橡胶玻璃丝管	0.3 (2751 无此厚度) 0.4 0.5 0.6 0.7 0.8	0.5、0.7 (2751 无此内径) 1.0、1.5 2、2.5、3、3.5 4、4.5、5、6 7、8、9 10、11、12	
2750 有机硅玻璃漆管	0.3 0.4 0.5 0.6 0.7	1、1.5 2、2.5、3、3.5 4、4.5、5、6 7、8、9 10、11、12	
玻璃纤维电碳套管	0.25 0.30 0.40	1、1.5、2、2.5 3、3.5、4、5 6、7、8、9	1000±20

续表

型号及名称	标称厚度 (mm)	内 径 (mm)	长 度 (mm)
2715 聚氯乙烯玻璃漆管	0.4 0.7 0.8 0.9	1、1.5、2、2.5 3、3.5、4、5、6 7、8、9 10、12、14、16	1000^{+20}_{-10} 允许有总重量的 5%以下的短段(不短于 200)
聚胺酯聚酯纤维漆管	0.25 0.30 0.4 0.45	0.6 1.0 1.5、2.0 2.5、3.0	订购时商洽

表 1-7-11 绑扎带的性能、特点和用途

名 称	性能特点	主要用途
(企) 250 聚酯无纬玻璃丝绑扎带	有较高的抗张强度	绑扎电机线圈端部及变压器铁芯等
(企) 2—150 聚胺-酰亚胺玻璃纤维绑扎带	有较高的耐热性和机械强度	作 H 级电机线圈端部及变压器铁芯绑扎用
(企) 广 201 不饱合聚酯玻璃纤维绑扎带	高定向抗张强度	紧固电机线圈端部和变压器铁芯的绑扎

表 1-7-12 绑扎带的规范

型 号	厚度 (mm)	宽度 (mm)	长 度
(企) 250 绑扎带	0.17	20	—
(企) 2—150 绑扎带	0.20	25	每盘长不少于 200m, 每盘接头不多于 3 个, 每段长不少于 50m
(企) 广 201 绑扎带	0.20	15、20、25、30	每盘长 250m 和 500m 两种, 每盘中大于 5m、小于 10m 的不应多于 3 段

表 1-7-13 未浸渍玻璃纤维制品的特点和用途

名 称	性能特点	主要用途
玻璃纤维定纹套管	有良好的弹性和剪口不散性, 能与许多浸渍漆结合成绝缘体, 在−60℃～+500℃范围内不硬化、不变质	宜作绝缘护套
无碱玻璃纤维绳	具有一定的耐热性和绝缘性	用于电机、电器、仪表等的绝缘材料
无碱玻璃纤维带	有一定的耐热性和绝缘性	用于电机、电器的绝缘材料
无碱玻璃纤维云母片		适于作电工绝缘云母制品的补强材料

表 1-7-14 玻璃纤维定纹套管的规范

标称壁厚 (mm)	标称内径 (mm)	长 度
0.25	1、1.5、2、2.5	每根 1000mm±20mm。连续长度订购时商洽
0.30	3、3.5、4、5	
0.40	6、7、8、9	

表 1-7-15 无碱玻璃纤维绳的规范

企业型号	视在直径 (mm)	每千克参考长度 (m)
无碱绳—05	0.5	2500
无碱绳—10	1.0	650
无碱绳—15	1.5	350
无碱绳—20	2.0	200
无碱绳—25	2.5	150

表 1-7-16 无碱玻璃纤维带规范

织物组织形式	厚度 (mm)	宽 度 (mm)	长 度
平纹	0.1	13、16、20、25	每卷 50m。长度不小于 6m 的允许拼卷, 但拼卷不得多于 4 段
人字纹	0.15	13、16、20、25	

表 1-7-17 无碱玻璃纤维云母布的规范

企业型号	厚度 (mm)	宽度 (cm)	长 度
无碱布—25	0.025	90	匹长 350m±30m, 可拼段 2 次, 每段不短于 50m
无碱布—30	0.030		
无碱布—40	0.040		

第八节　电绝缘纸和纸板

电绝缘纸和纸板的特点和用途如表1-8-1所示；其规范如表1-8-2～表1-8-5所示。

表1-8-1　　电绝缘纸和纸板的品种、特点和性能

名　称	型号	性能特点	主要用途
电缆纸	K—08 K—12 K—17	碱含量最低、耐弯折强度高	1. 供电压为35kV以下的电力电缆、控制电缆、电信电缆作绝缘 2. 供一般电器零、部件作外包绝缘
电话纸	DH—40 DH—50 DH—75	不含胶，厚度非常均匀，耐弯折强度略低于电缆纸	1. 供电信电缆作绝缘 2. 供一般云母箔作补强材料
电容器纸	KOH—1 KOH—2	厚度极薄、公差小、紧度大	作电容器电介质
卷绕纸	JCH—7 JCH—6 JCH—5	吸水性小、纵向抗张强度大	1. 供电器、开关作绝缘筒、管、棒用 2. 供包裹电器、无线电零、部件
浸渍纸	JZ—50 JZ—60 JZ—70	在整个纸面上的吸水高度和浸渍能力均匀一致	供电器、开关、无线电装置作绝缘和结构上的成型零、部件
在空气中使用的绝缘纸板	DK 50/50 DK 75/25 DK 100/00	DK50/50的抗弯折强度高 DK75/25的抗弯折强度和抗震性能好	1. 作低压电机的槽楔条和电机定子的绝缘端环 2. 在变压器、开关、仪表、无线电装置中作绝缘垫片、填块等
在油中使用的绝缘纸板	DY00/100 DY50/50 DY100/00	以DY00/100的吸油和耐热性较高	供工作温度达95℃以下的油浸式变压器作嵌件、垫块等零、部件
钢纸板（反白纸板）	—	富有弹性，机械性能比一般纸板的为高，吸潮性较大	1. 供小型低压电机作楔条、铁芯端环及衬条等 2. 供电器仪表作衬垫、填块
钢纸管	—	富有弹性、可加工性能良好	1. 供熔断器、避雷器等作管壁 2. 供一般电器作线路套管

表1-8-2　　绝缘纸的电气性能和规范

名称	型号	宽度(mm)	厚度(μm)	击穿电压不低于(kV)	介质损失角正切 tanδ不高于
电缆纸	K—08 K—12 K—17	635	80 120 170		
电话纸	DH—40 DH—50 DH—75	500	40 50 75		
电容器纸	KOH—1	12～750	7 8 10 12 15 22	275 275 300 325 350 425	0.0017
电容器纸	KOH—2	12～750	5 6 7 8 10 12	250 270 280 310 350 380	0.002

续表

名称	型号	宽度 (mm)	厚度 (μm)	击穿电压不低于 (kV)	介质损失角正切 tanδ不高于
卷绕纸	JCH_7	2500 2000	0.07	7.8	
	JCH_6	1500 1000	0.05	8	
	JCH_5	50	0.07	8	
浸渍纸	JZ—50	800	0.09	5	
	JZ—60		0.10		
	JZ—70		0.12		

表 1-8-3　绝缘纸板的电气性能和规范

指标名称		在空气中使用			在油中使用①		
		DK 50/50	DK 75/25	DK 100/00	DY 00/100	DY 50/50	DY 100/00
电气击穿强度不低于(kV/mm)	常态下						
	厚度为 0.1～0.2mm	13	12	11	—	—	—
	厚度为 0.3～0.4mm	12	11	11			
	厚度为 0.5mm	12	—	10	—	—	43
	厚度为 1.0mm	—	—	8.0	—	—	36
	厚度为 1.5mm	—	—	8.0	32	32	32
	厚度为 2.0mm	—	—	8.0	29	29	29
	厚度为 2.5mm	—	—	8.0	24	24	24
	厚度为 3.0mm	—	—	8.0	22	22	22
	纵向弯折一次后						
	厚度为 0.1～0.2mm	9	9	8	—	—	—
	厚度为 0.3～0.4mm	8	8	8	—	—	—
收缩率不大于(%)	厚度收缩率		—	—	5.0	7.0	10.0
	横向收缩率	—	—	—	2.5	2.0	2.5
规格(mm)	厚度	0.1、0.15、0.2、0.3、0.4、0.5、0.8、1.0、1.25、1.5、2.0、2.5、3.0					
	宽×长	厚度 0.5 以上的为 900×1300。厚度 0.5 以下的为 900×1300 或为 1000×1300 的成卷供应					

① DY 型的电气击穿强度是在 90℃±5℃的变压器油中试验的。

表 1-8-4　钢纸板（反白）的电气性能和规范

指标名称		一号钢纸板	二号钢纸板
电阻率（Ω·cm）不低于		10^3	
电击穿强度(kV/mm)不低于	厚度为 0.5～0.9mm	7.0	4.5
	厚度为 1.0～2.0mm	5.0	3.5
	厚度为 2.1～12mm	3.5	2.0
标称厚度（mm）		0.5～30	0.5～30
宽度×长度（mm）		1100 × 1200、950 × 1200、900 × 1200、850 × 1200、700 × 1200、500 ×600	

表 1-8-5　钢纸管的电气性能和规范

指标名称		指标数据					
垂直壁厚击穿强度(kV/mm)不低于	厚度为 2.5～3.0mm	3.0					
	厚度为 3.1～5.0mm	2.5					
	厚度为 5.1～10mm	2.0					
	厚度为 10.1～15mm	1.0					
内径（mm）		16	14	20	24	34	46
外径（mm）		23	24	28	34	46	61
长度（mm）		620、410、300					

第九节 云母制品

云母制品的特点和用途，如表1-9-1所示；其电气性能和规范，如表1-9-2～表1-9-8所示。

表1-9-1 云母制品的种类、特点和用途

品种	名称	性能特点	主要用途
云母带	5030沥青纸云母带	常态时具有柔软性	适于作电机线圈绝缘
	5032沥青绸云母带		
	5034沥青玻璃云母带		
	5430醇酸纸云母带		
	5432醇酸绸云母带		
	5434醇酸玻璃云母带		
	5437—1环氧玻璃粉云母带		
	5438—1环氧玻璃粉云母带	常态时具有柔软性，包绕线圈成型后，具有良好的电气、机械性能	适用于作工作温度130℃的大中型高压电机及其他各种电机、电器绝缘
	5450有机硅玻璃粉云母带	常态时具有柔软性	适用工作温度180℃的电机线圈绝缘
	5450—1有机硅玻璃粉云母带		
	5450—2有机硅玻璃金云母带		
	（企）TJ5434—1醇酸玻璃粉云母带		适于作电机线圈绝缘
	（企）9541—1钛环氧玻璃粉云母带	常态时具有柔软性，包绕线圈成型后具有良好的电气、机械性能	适用于大中型高压电机线圈包扎绝缘
	（企）云439—1环氧玻璃粉云母带	常态下有良好的柔软性，有较高的机械、电气性能，有较长的贮存期	适用于工作温度为130℃的中型高压电机的整体浸渍的线圈绝缘
	（企）云451—1二苯醚玻璃粉云母带	常态下有良好的柔软性和较高的耐热性	适用于工作温度180℃的电机线圈绝缘
	（企）丰6101—594环氧玻璃粉云母带	常态下具有柔软性，包扎线圈成型后具有优良的电气、机械性能和热弹性	适用作大中型高压电机线圈的绝缘
柔软云母板	5130醇酸纸柔软云母板	常态下具有柔软性，有较高的机械强度	适于作中小型电机的槽绝缘及匝间绝缘，电器线圈的外包绝缘及柔软垫衬
	5130—1醇酸纸柔软粉云母板	常态时具有柔软性	适于作电机槽绝缘及匝绝缘
	5131醇酸玻璃柔软云母板	有较高的机械强度及耐热性	适于作电机的槽绝缘和匝绝缘，可在潮湿条件下使用
	5131—1醇酸玻璃柔软云母板	常态下具有良好的柔软性	适于作电机的槽绝缘及匝间绝缘
	5133醇酸柔软云母板	常态时具有柔软性	适于作中小型电机中要求厚度公差小、电性能高、抗潮性好的匝间绝缘及槽绝缘，也可作电器、仪表的柔软衬垫
	5135沥青玻璃柔软云母板	常态时具有柔软性、耐潮性，但耐油性较差	适于作电机的槽绝缘及匝间绝缘
	5136—1环氧纸柔软粉云母板	常态时具有良好的柔软性	
	5137—1环氧玻璃柔软粉云母板		
	5138—1环氧薄膜玻璃柔软粉云母板		
	5150有机硅柔软云母板	有较高的耐热性、介电性能及耐潮性	适于在H级中小电机中作槽绝缘及匝间绝缘
	5151有机硅玻璃柔软云母板	有较高的机械强度	
	5151—1有机硅玻璃柔软云母板	常态具有柔软性，厚度均匀	
	（企）TJ5131—1醇酸玻璃柔软粉云母板	常态时具有柔软性	适于作电机的槽绝缘及匝间绝缘
	（企）云134—1聚酯环氧、聚酯薄膜玻璃柔软粉云母板	有良好的柔软性及较高的电气性能，厚度均匀	适用于工作温度130℃的电机槽绝缘
	（企）云139—1聚酯环氧、聚芳酰胺薄膜玻璃柔软粉云母板	常态时具有良好的柔软性，有较高的电气性能和机械性能	

续表

品种	名称	性能特点	主要用途
塑型云母板	5230 醇酸塑型云母板	在一定温度范围内具有可塑性	可塑制成绝缘零件，适用于一般电机电器
	5231 虫胶塑型云母板	在一定温度范围内具有可塑性	可塑制成绝缘零件，适用于一般电机电器
	5235 醇酸塑型云母板	在一定温度范围内具有可塑性	适于作绝缘零件，还适于作温升较高或转速较高的电机绝缘零件
	5236 虫胶塑型云母板	在一定温度范围内具有可塑性	适于作绝缘零件，还适于作温升较高或转速较高的电机绝缘零件
	5250 有机硅塑型云母板	具有高的耐热性及介电性能，在一定温度范围内具有可塑性	塑成绝缘零件，供H级电机电器使用
	（企）564 有机硅塑型云母板	在一定温度下具有可塑性	适于作绝缘零件，还适于作温升较高或转速较高的电机绝缘零件
换向器云母板	5535 虫胶换向器云母板	具有较高的机械强度	适于作直流电机换向器铜片间绝缘
	5535—2 虫胶换向器金云母板	具有较高的机械强度	适于作直流电机换向器铜片间绝缘
	5536—1 环氧换向器粉云母板	机械强度较高，厚度均匀	适于作直流电机换向器铜片间绝缘
	5560—2 磷酸铵换向器金云母板	有较高的耐热性	适于作温升较高的直流电机换向器铜片间绝缘
衬垫云母板	5730 醇酸衬垫云母板	具有较高的机械强度	适于作电机、电器的衬垫绝缘
	5731 虫胶衬垫云母板	具有较高的机械强度	适于作电机、电器的衬垫绝缘
	5737—1 环氧衬垫粉云母板	具有较高的机械强度，厚度均匀	适于作电机、电器的衬垫绝缘
	5755 有机硅衬垫云母板	有较高的耐热性	适于H级电机电器作衬垫绝缘
	5755—2 有机硅衬垫金云母板	有较高的耐热性	适于作电机、电器的衬垫绝缘
	5760—2 磷酸铵衬垫金云母板	有高的耐热性	适于作工作温度180℃以上的电机电器的衬垫绝缘
	（企）D640—1 环氧衬垫玻璃粉云母板	具有一定的机械性能和电气性能	适于作电机电器衬垫绝缘
云母箔	5830 醇酸纸云母箔 5830—1 醇酸纸粉云母箔 5831 虫胶纸云母箔 5831—1 虫胶纸粉云母箔 5831—2 虫胶纸金云母箔 5832 醇酸玻璃云母箔 5833 虫胶玻璃云母箔 5833—2 虫胶玻璃金云母箔 5836—1 环氧玻璃粉云母箔	在一定温度范围内具有可塑性，在温度110±5℃下处理15min可塑制成管	适于作电机电器的卷烘式绝缘及零件，如筒（管）、槽衬和磁极绝缘等
	5850 有机硅玻璃云母箔	具有较高的耐热性及防潮性，在一定温度范围内具有良好的韧性及可塑性	适于作H级电机、电器的卷烘式绝缘及零件，如筒（管）、槽衬及磁极绝缘
	（企）TJ5831—1 虫胶纸粉云母箔	在一定温度下具有可塑性	适于作电机、电器卷烘式绝缘及零件
	（企）云 834—1 环氧聚酯薄膜玻璃粉云母箔	在一定温度下具有可塑性，并具有较高的电气性能和机械性能	适用于工作温度130℃的电机、电器的卷烘式绝缘及零件
	（企）云 840—1 聚芳基醚苯酚聚酰亚胺薄膜玻璃粉云母箔	在一定温度下具有良好的可塑性，较高的耐热性及电气、机械性能	适用于工作温度155℃的电机、电器的卷烘绝缘及零件
云母管	（企）虫胶云母管	有良好的电气性能和机械性能	适用于工作温度130℃的电器出线套管
	（企）丰 5933 虫胶玻璃云母管	有良好的电气性能和机械性能	适用于工作温度130℃的电器出线套管
	（企）云 931—1 虫胶玻璃粉云母管	有良好的电气性能和机械性能	适用于工作温度130℃的电器出线套管
	（企）Y592 环氧酚醛云母管	有较高的电气性能和机械性能	适用于绝缘零部件和电器出线导管
	（企）J5030—2 虫胶云母管	有良好的电气性能和机械性能	适用于工作温度130℃的电器出线套管
云母环	（企）丰 65—004 虫胶V型云母环		适于作电机整流子铜片与轴套间绝缘

表 1-9-2　　云母带的电气性能和规范

型　号	击穿强度 (kV/mm) 常态时 不低于	抗张力 (N) 不小于	标称厚度 (mm)	每卷或盘长度	每卷或盘直径 (mm)	卷幅宽 (mm) 不小于	带宽 (mm)
5030	18	29.4	0.10、0.13				
5032	16	49.0	0.13、0.16				
5034							15、20、25、30、35
5430	16	29.4	0.10、0.13、0.16	20m	不大于 100	400	
5432	16	49.0	0.13、0.16				
5434	16	68.6	0.10、0.13、0.16				
5437—1	20	68.6	0.14、0.17	每卷或盘的直径为 95mm±5mm、115mm±5mm	95、115		15、20、25、30、35
5438—1	24 (平均值)	98.0	0.14、0.15				
5450	16	68.6	0.10、0.13、0.16	20m	不大于 100		
5450—1	16	68.6	0.14、0.17	每卷或盘的直径为 95mm±5mm、115mm±5mm	95、115	400	
5450—2	16	68.6	0.10、0.13、0.16				
（企）TJ5434—1	15	49.0	0.13、0.15	20m	不大于 100		
（企）5941—1	24	98.0	0.15				15
（企）云 439—1	20	98.0	0.11		90		15、20、25、
（企）云 451—1	20	98.0	0.16	每卷或盘的直径为 95mm±5mm	95		30、35
（企）丰 6101—594	24	98.0	0.12		95		25

表 1-9-3　　柔软云母板的电气性能和规范（面积为 400mm×600mm）

型　号	标称厚度 (mm)	击穿强度 (kV/mm) 常态时 不低于	电阻率 (Ω·cm) 不低于		型　号	标称厚度 (mm)	击穿强度 (kV/mm) 常态时 不低于	电阻率 (Ω·cm) 不低于	
			常态时	受潮 48h 后				常态时	受潮 48h 后
5130	0.15、0.30、0.40、0.50	15	10^{12}	10^{10}	5138—1	0.20、0.25、0.30、0.40、0.50	35		
	0.20、0.25	20			5150	0.15、0.30、0.40、0.50	20	10^{12}	10^{10}
5130—1 5131—1 5136—1	0.15、0.30、0.40、0.50	16				0.20、0.25	25		
	0.20、0.25	18			5151—1	0.15	15		
5131 5135 5151	0.15、0.30、0.40、0.50	16	10^{12}	10^{10}		0.20、0.25	25		
	0.20、0.25	18				0.30、0.40、0.50	20		
5133	0.15、0.20、0.25、0.30、0.40、0.50	25			（企）TJ5131—1	0.15、0.20、0.25	18	10^{12}	10^{10}
						0.30、0.40、0.50	16		
5137—1	0.15	25	10^{12}	10^{12}	（企）云 134—1	0.20、0.25、0.30	65	10^{14}	10^{12}
	0.20、0.25、0.30、0.40、0.50	30			（企）云 139—1	0.20、0.25			

表 1-9-4　塑型云母板的电气性能和规范（面积为 400mm×600mm）

型号	标称厚度（mm）	击穿强度（kV/mm）常态时不低于	电阻率（Ω·cm）不低于	
			常态时	受潮 48h 后
5230	0.15、0.20、0.25	35	10^{12}	10^{12}
5231	0.30、0.40、0.50	30		
5235	0.6、0.7、0.8、1.0、1.2	25		
5236				
5250			10^{12}	10^{11}
（企）564	0.10	25	10^{12}	10^{9}
	0.12、0.15、0.20	30		

表 1-9-5　换向器云母板的电气性能和规范

型号	面积（mm^2）	标称厚度（mm）	击穿强度（kV/mm）常态时不低于
5535	不小于 250×500，其中允许有不小于 200×300 的占总重量 5%以下	0.4～1.5（相隔 0.05）	18
5535—2			
5560—2			
5536—1			20

表 1-9-6　垫衬云母板的电气性能和规范

型　号	面积（mm^2）	标　称　厚　度（mm）	击穿强度（kV/mm）常态时，不低于	电阻率（Ω·cm）不低于	
				常态时	受潮 48h 后
5730	400×600	0.5～1.0（相隔 0.1）	20	10^{13}	10^{12}
5731		1.5、2.0、3.0、4.0、5.0			
5737—1	250×550	0.5～1.5（相隔 0.1）	20（平均值）		
5760—2	250×550	0.5、0.8、1.0	10	5×10^{12}	5×10^{10}
		1.5、2.0			
5755 5755—2	400×600	0.15	30	5×10^{12}	5×10^{10}
（企）D640—1		0.5～1.0（相隔 0.1）	20		
		1.5、2.0、3.0、4.0、5.0	15		

表 1-9-7　云母箔的电气性能和规范

型　号	面积（mm^2）	标称厚度（mm）	击穿强度（kV/mm）常态时平均值，不低于
5830、5831、5831—2、5832、5833、5833—2、5850	400×600	0.15～0.30（相隔 0.5）	16
5830—1		0.17、0.22	25
5831—1、5836—1		0.15～0.25（相隔 0.5）	25
（企）TJ5831—1		0.10～0.25（相隔 0.5）	12
（企）云 834—1	每盘长不短于 20m，幅宽不小于 400mm	0.20	40
（企）云 840—1			

表 1-9-8　云母管的电气性能和规范

型号		长度（mm）	内径（mm）	最小壁厚（mm）	击穿强度（kV/mm）不低于
（企）虫胶云母管	Y591、丰 5931	500	10～150		10
	S5931	500、1000	10～150		
	云 931	500			
	广 591	450			
（企）丰 5933		500	10～150		
（企）云 931—1		500			
（企）Y592		500	10～70		15
（企）J5030—2		300～500	5～10	1	10
			12～16	1.5～3.0	
			18～80	4	

注　云母管的内径、外径和其他规格，可由供需双方协议。

第十节 电 介 质

一、液体电介质

各种液体电介质的特点和用途如表1-10-1所示。

二、气体电介质

电力系统中常用的气体电介质的特性如表1-10-2所示。

表1-10-1 各种液体电介质的特点和用途

类别	名称	来源和组成成分	特点	主要用途
天然矿物（石油类产品）	DB—10 DB—25和DB—45变压器油	由石油润滑油馏分经脱蜡、酸碱洗涤或白土精制而得	经一般净化处理，粘度比电容器油、电缆油的大	1. 用来灌注电力变压器、仪用互感器、充油套管和油断路器 2. 与沥青配制各种电缆灌注胶 3. 将它进一步精制后可在电容器和电缆中应用
	DV—45油断路器油	由变压器油馏分，经尿素脱蜡而得，或由含烯烃的轻油馏分，经氯化铝重合制得的合成油，经减压分馏和精制而成	经精制达到高纯度，耐寒及流动性较高	供低温下工作的油断路器作绝缘和排热之用
	DD—1和DD—2电容器油	由石油润滑油馏分，经尿素脱蜡及溶剂或硫酸高度精制而成；或由含烯烃的石油馏分经氯化铝重合后，进一步分馏和精制而成	净化纯度高，粘度小，浸渍能力强，介质损耗比电缆油、变压器油的小	供提高功率因数的静电电容器及高压电工仪器、电信、电话、小功率无线电发射机、电视接收机等用的纸电容器作浸渍剂
	DL—38、DL—66和DL—110电缆油	由新疆原油的变压器油馏分，经溶剂脱蜡、酸碱精制、尿素脱蜡及白土补充精制，并加入适当添加剂而制得	经精制达高纯度，粘度小，电击穿强度高，氧化安定性好	供35kV、66kV及110kV充油电缆作绝缘用
化工合成物	氯化联苯	在氯化铁（二氯化铁或三氯化铁）作触媒下，以联苯进行氯化，并经减压分馏、精制、脱色加工而制得	粘度和凝固点低，具有不燃性；对氧化作用稳定；但造价较高，并有毒性	1. 供浸渍纸质电容器用 2. 加有适量三氯化联苯的可在防爆变压器中作绝缘油（代替变压器油）
	甲基硅油和苯甲基硅油	甲基硅油是由甲基氯硅烷及取代原硅酸酯而制得 苯甲基硅油是由苯甲基二乙氧基硅烷、二苯基二氯硅烷与二甲基二乙氧基硅烷制得	粘度稳定（几乎不随温度变化），耐热性高于所有天然绝缘油，并具有不燃性，但造价高	1. 供耐高温及无线电用电容器作浸渍剂 2. 在航空和无线电用小型变压器和电缆中作填充介质 3. 在高级电工仪表中作阻尼及防震、减震及缓冲剂 4. 在电视机用电子管、阴极射线电子管、强功率电子管、微波电子管中作涂层，以降低和防止表面漏电
	*808综合硅油	由几种硅油配制而成，为黄色到半透明油状液	耐热、耐寒和抗氧化性能优良；介电强度高；能耐电晕、电弧；介质损耗小，憎水性强	供有污染、粉尘严重的工矿区及有盐雾、湿热带地区的高压绝缘子和套管等表面涂刷，作防污染涂料
天然植物	蓖麻油	由蓖麻籽压榨、蒸煮、提纯、过滤等加工而得	电容率比石油类绝缘油的为高，具有非燃性（因它实际上是不燃烧的）	1. 一般直流电压线路上的低质电容器和浸纸绝缘的密闭电容器，以它作浸渍剂 2. 用来配制电容器油蜡及电工油漆

表1-10-2 气体电介质的特性

名称	分子式	密度 (g/L)	分子量	熔点 (℃)	沸点 (℃)	相对介电强度 (N_2=1)	相对介电常数	相对密度 (空气=1)	燃烧性
空气		1.2929	28.952		−194.0		1.000590②	1.00000	无
氢	H_2	0.08988	2.0156	−259.14	−252.8		1.000264③	0.06952	有
氮	N_2	1.2506	28.016	−209.86	−195.8	1	1.000580②	0.96724	无
六氟化硫	SF_6	6.500①	146.06		−63.8	2.3		5.03①	无

① 大约在20℃时。
② 0℃并3×10^{16}Hz时。
③ 0℃并2×10Hz时。

第十一节　防　霉　剂

各类绝缘材料所使用防霉剂的品种、用量和使用方法如表1-11-1所示。电工用一般绝缘材料的防霉处理如表1-11-2所示。配制防霉剂的溶剂如表1-11-3所示。

表1-11-1　　各种绝缘材料所使用防霉剂的品种、用量和使用方法

绝缘材料	所用防霉剂		经防霉处理后的材料的使用说明
	名　称	用量①（%）	
气干型覆盖漆（如1321醇酸漆）	邻羟基氯化汞	0.5	1. 供热带型电机、电器线圈及绝缘零、部件作涂敷用 2. 在热带运输和贮存过程中的电机、电器线圈、涂以加有防霉剂的低温干燥覆盖漆 3. 在需要加强防霉，但对漆膜涂层外观色泽要求不高时，可将防霉剂用量提高，如采用2%的8—羟基奎林铜 4. 对耐高温覆盖漆，仅在有特殊规定要求时，加防霉剂
	8—羟基奎林铜，或2%的硫代水杨酸乙基苯汞（硫柳汞）	1.5～2.0	
烘干覆盖漆（如三聚氰胺环氧灰瓷漆、环氧醇酸灰瓷漆及5174灰瓷漆）	酸性硫柳汞 三乙基硫酸锡（S57）	0.8 0.5	
耐高温覆盖漆	三氯酚铜（或3%的五氯酚铜或1.5%～2.0%的8—羟基奎林铜）	3.0	
绝缘浸渍漆（1031丁基酚醛醇酸漆，1032三聚氰胺醇酸漆、3404三聚氰胺环氧酯漆、8340三聚氰胺环氧醇酸漆等）	酸性硫柳汞 对硝基酚	0.5 5	1. 当线圈及绝缘零、部件在浸渍后，还要涂覆盖漆时，所用浸渍漆，可不加防霉剂 2. 当线圈、绝缘零、部件在浸渍后，不再涂覆盖漆时，采用防霉的浸渍漆
硝基清漆（电缆硝基漆、甲基硝基喷漆等）	酸性硫柳汞	0.5	
洋干漆	醋酸苯汞	0.5	
金属表面防护用瓷漆（如各种胺基醇酸漆）	五氯酚铝 三丁基氧化锡（S66）	2 0.5	
棉纱编织橡皮线用沥青塑料	对硝基酚	5	供热带型棉纱编织橡皮电线作防霉涂料
热带型金属护套电缆用沥青塑料			供热带型金属护套电缆最外层作浇注涂料。浇注时，将防霉沥青塑料加热到200～220℃；经浇注的电缆麻表面于7h后，应不发粘、无液点流出
护层及热带型聚氯乙烯电缆用聚氯乙烯树脂	水杨酰苯胺	3	加有水杨酰苯胺的聚乙烯树脂的防霉性能较高
护套用热带型天然橡胶和氯丁天然橡胶的混炼胶	水杨酰苯胺	3	以五氯酚作防霉剂的材料，其耐热性较高
	五氯酚	5	
热带电工用酚醛纸、布板	酸性硫柳汞	2	在酚醛纸、布板制造过程中加入防霉剂
以木粉为填料的热硬性塑料	8—羟基奎林铜（或0.2%水杨酰乙基汞）	2	以加8—羟基奎林铜的防霉效果最好，但成本较高

① 防霉剂用量的百分数（%）的含义：对油漆、涂料、覆盖漆、聚氯乙烯树脂，是按它们的重量百分比来计算；对塑料，是按其中木粉的重量百分比来计算；对热带电工用酚醛纸板，是按其中胶液的重量百分比来计算。

表1-11-2　　电工用绝缘材料的防霉处理

防霉处理的材料或零件	所用防霉剂		处理工艺说明
	防霉剂名称	用量（%）	
电缆头及电缆包扎用胶布	水杨酰苯胺	3（占橡胶重量）	在配制橡胶过程中，将防霉剂加入
电缆木盘护板	水杨酰苯胺	4（占漆液的重量）	将防霉剂加入漆中，然后将漆涂敷在护板上
热带型仪表木壳及包装粘封用粘合剂（浆糊、牛皮胶等）	五氯酚钠或五氯酚	3（占粘合剂的重量）	将粘合剂同防霉剂调合。如果使用五氯酚作防霉剂，应先将五氯酚同水调合后加入粘合剂，因五氯酚不溶于有机溶剂
包装用牛皮纸	桂醛、硫柳汞、麝香草酚		将乙醇（90%）、桂醛（5.0%）、麝香草酚0.5%（或乙醇95%、桂醛5%、硫柳汞0.01%）调合后涂敷
热带电工产品说明书和铭牌纸	氯化高汞	5（占酒精重量）	将防霉剂同酒精混合后涂在说明书及铭牌纸上
热带电工产品用皮革	五氯酚	3（占松节油重量）	将防霉剂同松节油调和后，涂在皮革上。随后再喷上一层软性硝基清漆

表 1-11-3 配制防霉剂的溶剂

防霉剂	溶剂	防霉剂	溶剂
酸性硫柳汞	二甲苯、乙醇、丙酮、香蕉水	五氯酚铝	乙醇、丁醇
醋酸苯汞	乙醇、氢氧化钠液、热水（微溶）	五氯酚钠	乙醇、水
水杨酰苯胺	二甲苯、丙酮、乙醇	三乙基硫酸锡（S57）	二甲苯、苯、乙醇、丙酮、香蕉水
对硝基酚	二甲苯、丙酮、乙醇、水	三丁基氧化锡（S66）	乙醇
五氯酚	乙醇、乙醚	桂醛	丙酮、乙醇
五氯酚铜	丙酮	麝香草酚	乙醇、乙醚、氯仿

注　在配制防霉液时，所用溶剂，最好与油漆、涂料等中的原有溶剂相同。

第十二节　电工用玻璃与陶瓷

一、电工用玻璃

玻璃是由 SiO_2、B_2O_3、PbO、Al_2O_3、CaO、Na_2O 等氧化物混合熔成的高粘度液体，在不使结晶析出的条件下急剧冷却制成的。

玻璃的体积电阻率 ρ_v 随温度的变化而变化，并服从 $\log\rho_v = A + B/T$ 函数式（A、B 为常数，T 为温度），A 值为 1.4～1.5，B 值为 3000～8000K。通常习用的 T_{k100} 是指体积电阻率降至 1Ω·cm 时的温度，其值约在 420～775K（147～502℃）范围内。碱含量特别是 Na_2O 对玻璃的体积电阻率的影响很大，一般是碱含量增多，体积电阻率下降。频率对介电系数的影响不大。在常温下，介质损耗角正切值在 0.1～1MHz 频率范围内出现平缓的波谷，温度升高时，介质损耗角正切值急剧增大。

（一）石英玻璃

它是由水晶和二氧化硅等熔制而成。因其熔点高，粘度大，难于制成复杂形状的制品。其突出特点是热膨胀系数较小，导热系数较大，它的电性能为玻璃中最优，主要用于要求耐高温和透明度好的产品，如超高压水银灯等。

（二）高硅酸玻璃

它是由 Na_2O—B_2O_3—SiO_2 系玻璃成型和热处理后，用盐酸将 Na_2O 和 B_2O_3 溶解析出，将残留的多孔性二氧化硅组分再次进行热处理制成的，也叫做 96%石英玻璃或高硼硅酸耐热玻璃，其组成和性能与石英玻璃相似，但其软化点略比石英玻璃的低，用途和石英玻璃相同。

（三）钠玻璃

它是一种最容易制造的玻璃，其基材为 Na_2O—CaO—SiO_2 体系，Na_2O 和通常加入的 K_2O 作为助溶剂，使 SiO_2 可在较低的温度下熔化。在电工产品中主要用来作白炽灯泡、荧光灯管、液晶封装容器和绝缘子等。

（四）铅玻璃

它是以 Na_2O—PbO—SiO_2 体系为基材制成的，其软化点比钠玻璃低，工艺性也比较好，由于铅玻璃的绝缘电阻高，可用作氖灯管和电子管的芯柱等。PbO 含量高的铅玻璃因其介电系数高，可用作电容器介质。由于铅玻璃对放射线具有吸收能力，还可用隔离 X 射线和 γ 射线的保护材料。PbO 部分被 BaO 取代的铅玻璃可用于阴极射线管。

（五）硼硅玻璃

它通常称为硬质玻璃，其基材为 Na_2O—B_2O_3—SiO_2 体系，具有良好的耐热冲击性和耐化学性，使用温度可达 770K 或更高，主要用作灯管或灯泡。

（六）铝硅玻璃

它是含有 20%以上 Al_2O_3 的硅酸盐玻璃，耐碱性好，可用于作钠蒸气灯。

（七）低熔点玻璃（玻璃焊药）

它是一种以 B_2O_3—PbO—ZnO 系或 B_2O_3—PbO—SiO_2 系为基材的玻璃，分结晶的和非结晶的两种。用这种玻璃作焊剂，可在较低的温度下焊接金属、陶瓷、玻璃。它适用作各种电子管密封，硅半导体和集成电路等焊封、液晶显示元件组成和铁氧体磁头间隙全封等。它也可作硅半导体的钝化膜，在这种场合，有的加入热膨胀系数小的填料，使玻璃和硅半导体的热膨胀系数相吻合。

二、电工用陶瓷

电工用陶瓷是以粘土、石英及长石为原料，经碾磨、粗炼、成型、干燥、焙烧等工序制成。

黏土的主要成分为铝硅酸盐（Al_2O_3—$2SiO_2$—$2H_2O$），通常还有其他杂质。特别纯净的呈白色，故又名白土或瓷土（亦称高岭土），其熔点约 2023K（1750℃）左右，与纯度有关。黏土在陶瓷中起增塑作用。

石英的成分为二氧化硅（SiO_2），硬度高，熔点为 1973K（1700℃）左右，热膨胀系数小，能耐各种酸的腐蚀，在陶瓷中起骨架作用。

长石是不含水的碱金属铝硅酸盐，其种类很多，通常有钾长石（K_2O—Al_2O_3—$6SiO_2$），钠长石（Na_2O—Al_2O_3—$6SiO_2$）和钙长石（CaO—Al_2O_3—$6SiO_2$）等。长石的熔点为 1373～1473K（1100～1200℃），是三种成分中最易熔化的部分，熔化后呈高粘力的玻璃体，渗入其他成分的空隙内，从而使各组分胶合一体，是一种很好的助熔剂。

电工用陶瓷按其用途和性能可分为装置陶瓷、电容陶瓷及多孔陶瓷。

（一）装置陶瓷

装置陶瓷分为低频瓷和高频瓷两类。低频瓷主要用于高压、低压及通信线路的绝缘子、绝缘套管、夹板等零件。低频瓷的原料中粘土约占 40%～50%，石英占 25%～40%，长石占 20%～35%，由于含有较多的碱金属氧化物，因而电导及损耗较大，且随温度变化而变化，故不适用于在高频范围内应用。

高频瓷要求电导、介质损耗指标很严，所以必须严格控制陶瓷成分和生产工艺。常见的为铝矾土和加入适量氧化钡，即 BaO—Al_2O_3—SiO_2 系和 MgO—Al_2O_3—SiO_2 系的高频装置瓷。

（二）电容器陶瓷

电容器陶瓷的特点是介电系数很大，ε_r 值一般在 12～200 范围内，介质损耗小，一般 $\tan\delta$ 在 1×10^{-4}～6×10^{-4}

左右，介电系数的温度系数范围广。它适用于作低压、高压电容器和回路补偿器以及高稳定度的电容器。

电容器用陶瓷大多是含钛的陶瓷，如二氧化钛瓷、钛碱镁瓷、钛酸锆瓷等，后来也发展采用以锆酸盐或锡酸盐为主的不含钛的陶瓷。

（三）多孔陶瓷

多孔陶瓷的特点是结构中玻璃相少，而气相多，所以击穿强度低，而耐热性很高，根据用途可分为以下两种：

(1) 多孔耐热陶瓷。用以制造各种绕线电阻器、滑线电阻和电热元件的支架或底盘。

(2) 多孔真空陶瓷。用以制造各种电真空器件的绝缘零件。

第十三节 电机、电器和变压器用绝缘材料的耐热分级

一、耐热分级

电气绝缘材料的耐热分级和极限温度，如表 1-13-1 所示。

表 1-13-1 电气绝缘材料的耐热分级和极限温度

代号	耐热分级	极限温度（℃）	代号	耐热分级	极限温度（℃）
1	Y级	90	6	H级	180
2	A级	105	7	200级	不低于200
3	E级	120	8	220级	不低于220
4	B级	130	9	250级	不低于250
5	F级	155			

二、耐热等级的定义

电机、电器和变压器绝缘结构耐热等级的定义。如表 1-13-2 所示。

表 1-13-2 电机、电器和变压器的绝缘材料或绝缘结构耐热等级的定义

耐热分级	绝缘材料或绝缘结构耐热等级的定义
Y级	用经过试验证明，在90℃极限温度下能长期使用的绝缘材料或其组合物所组成的绝缘结构
A级	用经过试验证明，在105℃极限温度下能长期使用的绝缘材料或其组合物所组成的绝缘结构
E级	用经过试验证明，在120℃极限温度下能长期使用的绝缘材料或其组合物所组成的绝缘结构
B级	用经过试验证明，在130℃极限温度下能长期使用的绝缘材料或其组合物所组成的绝缘结构
F级	用经过试验证明，在155℃极限温度下能长期使用的绝缘材料或其组合物所组成的绝缘结构
H级	用经过试验证明，在180℃极限温度下能长期使用的绝缘材料或其组合物所组成的绝缘结构
200级	用经过试验证明，在不低于200℃极限温度下能长期使用的绝缘材料或其组合物所组成的绝缘结构

第十四节 电工绝缘材料产品分类、命名及型号编制方法 (JB/T 2197—1996)

一、电工绝缘材料产品分类

电工绝缘材料产品分为大类、小类、品种及规格四级。

电工绝缘材料的大类及小类均从0～9取10个号，其中空缺号供今后产品种类增加和新材料出现时使用。

（一）大类

电工绝缘材料产品按应用或工艺特征划分大类，并以数字代表如下：

1——漆、树脂和胶类；
2——浸渍纤维制品类；
3——层压制品类；
4——塑料类；
5——云母制品类；
6——薄膜、粘带和柔软复合材料类；
7——纤维制品类；
8——绝缘液体类。

（二）小类

电工绝缘材料产品在各大类中按使用范围及形态分小类，并以数字代表如下。

(1) 漆、树脂和胶类：
0——有溶剂浸渍漆类；
1——无溶剂浸渍漆类；
2——覆盖漆类；
3——瓷漆类；
4——胶粘漆、树脂类；
5——熔敷粉末类；
6——硅钢片漆类；
7——漆包线漆类；
8——胶类。

(2) 浸渍纤维制品类：
0——棉纤维漆布类；
2——漆绸类；
3——合成纤维漆布类；
4——玻璃纤维漆布类；
5——混织纤维漆布类；
6——防电晕漆布类；
7——漆管类；
8——绑扎带类；
9——树脂浸渍适形材料。

(3) 层压制品类：
0——有机底材层压板类；
1——真空压力浸胶制品；
2——无机底材层压板类；
3——防电晕及导磁层压板类；
4——覆铜箔层压板类；
5——有机底材层压管类；
6——无机底材层压管类；
7——有机底材层压棒类；
8——无机底材层压棒类；
9——引拨制品。

(4) 模塑料类：
0——木粉填料模塑料类；
1——其他有机物填料模塑料类；
2——石棉填料模塑料类；
3——玻璃纤维填料模塑料类；
4——云母填料模塑料类；
5——其他矿物填料模塑料类；
6——无填料塑料类。
(5) 云母制品类：
0——云母纸；
1——柔软云母板类；
2——塑型云母板类；
4——云母带类；
5——换向器云母板类；
6——电热设备用云母板；
7——衬垫云母板类；
8——云母箔类；
9——云母管类。
(6) 薄膜、粘带和柔软复合材料类：
0——薄膜类；
1——薄膜上胶带；
2——薄膜粘带类；
3——橡胶及织物粘带类；
4——树脂浸渍柔软复合材料；
5——薄膜绝缘纸及薄膜玻璃漆布柔软复合材料；
6——薄膜合成纤维非织布柔软复合材料；
7——多种材质柔软复合材料。
(7) 纤维制品类：
0——非织布；
1——合成纤维纸；
2——绝缘纸；
3——绝缘纸板；
4——玻璃纤维制品；
5——纤维毡。
(8) 绝缘液体类：
0——合成芳香烃绝缘液体；
1——有机硅绝缘液体。

(三) 品种

电工绝缘材料的基本单元为品种，同一品种的产品其主要组成部分和基本工艺相同。

(四) 规格

电工绝缘材料产品可按尺寸（厚度、直径、长度、宽度等）的不同要求在品种内划分规格。

二、电工绝缘材料产品命名原则

(1) 电工绝缘材料产品按大类确定命名原则。

(2) 漆、树脂和胶类产品的命名：

产品名称＝主要化学成分＋基本名称

说明：①基本名称指产品用途或形态，如浸渍漆、无溶剂浸渍漆、覆盖漆、胶粘漆、熔敷粉末、硅钢片漆、漆包线漆、浇注胶等。②须表明颜色的漆，颜色写在基本名称之前。③晾干漆，晾干写在基本名称及颜色之前。

举例：油性浸渍漆；醇酸晾干红瓷漆；环氧熔敷粉末；松香酯浇注胶；环氧无溶剂浸渍漆。

(3) 浸渍纤维制品类产品的命名：

产品名称＝漆的主要化学组分＋底材＋基本名称

说明：基本名称指产品形态，如漆布、漆管、绑扎带等。

举例：沥青醇酸玻璃漆布；油性玻璃漆管；聚酯玻璃丝绑扎带。

(4) 层压制品类产品的命名：

产品名称＝树脂＋底材＋基本名称

说明：①基本名称指产品的形态，如板、管、棒、覆铜箔板、防电晕板、导磁板、丝绕管、引拔棒等。②覆铜箔板在基本名称前区别单面或双面铜箔。③普通层压板、管、棒的名称应在树脂和底材之间加"层压"。

举例：酚醛层压纸板；环氧酚醛层压玻璃布管；酚醛纸单面覆铜箔板；环氧酚醛层压玻璃布棒；环氧聚酯玻璃丝绕管；环氧聚酯玻璃引拔棒。

(5) 塑料产品的命名：

产品名称＝树脂＋主要填料＋基本名称

说明：基本名称按产品成型方式区分压塑料与注塑料等。

举例：酚醛木粉压塑料；酚醛木粉注塑料；酚醛玻璃纤维压塑料。

(6) 云母制品类产品的命名：

产品名称＝胶粘剂＋补强材料＋基本名称

说明：①基本名称指产品形态，如云母带、云母板、云母箔、云母管等。②云母板类，须在基本名称前表示用途、特征，如塑型云母板、柔软云母板、换向器云母板、衬垫云母板等。③除用白云母外，用粉云母、金云母或鳞片云母的产品须在基本名称前分别加粉，金或鳞片。

举例：醇酸玻璃云母带；有机硅玻璃柔粉云母板；醇酸纸云母箔；环氧玻璃鳞片云母等。

(7) 薄膜、粘带和复合制品类产品的命名：

薄膜产品名称＝化学组分＋基本名称

粘带产品名称＝底材＋基本名称

复合制品产品名称＝组成1＋组成2＋…＋基本名称

说明：①基本名称为薄膜、粘带、复合箔。②粘带和复合制品的名称不列粘合剂，但织物底材的漆应予列出并写在底材前面。③复合制品组成的排列顺序为薄膜—纸或玻璃—合成纤维纸。

举例：聚酯薄膜；聚酯薄膜粘带；有机硅玻璃粘带；硅橡胶粘带；聚酯薄膜绝缘纸复合箔；聚酰亚胺薄膜；芳香族聚酰胺纸复合箔。

三、电工绝缘材料产品型号编制方法

(1)电工绝缘材料按品种编制产品型号。

(2) 电工绝缘材料型号的编制：电工绝缘材料产品型号以四位数字必要时增加第五位数字为基础编制，根据产品的特殊需要可增加附加数字或附加字母，但必须尽量少采用附加方式。

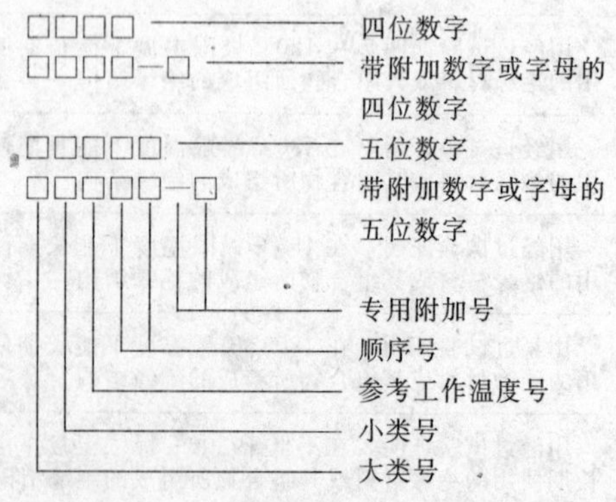

(3) 电工绝缘材料产品型号中自左至右各位数字的意义如下：

第一位数字，按第 2 条规定表示的大类；

第二位数字，按第 3 条规定表示的小类；

第三位数字，表示产品的参考工作温度：

1——参考工作温度为 90℃；

2——参考工作温度为 105℃；

3——参考工作温度为 120℃；

4——参考工作温度为 130℃；

5——参考工作温度为 155℃；

6——参考工作温度为 180℃；

7——参考工作温度为 200℃；

8——参考工作温度为 220℃；

9——参考工作温度为 250℃。

第四位数字以及必要时增加的第五位数字，表示产品的品种顺序号。

(4) 云母制品型号中不附加数字的为白云母制品，附加数字的意义为：

1——粉云母制品；

2——金云母制品；

3——鳞片云母制品。

(5) 覆铜箔板的产品顺序号，奇数为单面覆铜箔，偶数为双面覆铜箔。

(6) 如含有杀菌剂或防霉剂的产品，在型号最后附加字母“T”。

(7) 型号举例：

1032 三聚氰胺醇酸浸渍漆；

2750 有机硅玻璃漆管；

3240 环氧酚醛层压玻璃布板；

4221 氨基石棉压塑料；

5438—1 环氧玻璃粉云母带；

6530 聚酯薄膜醇酸玻璃布复合箔。

第二章 导 电 材 料

第一节 常用有色金属材料

一、材料的特征

(一) 铜

1. 铜的主要性能

(1) 导电性能好，导电率为银的 91.3%。

(2) 导热性能好，导热率为银的 73%。

(3) 可塑性能好，易于成型和加工。

(4) 耐蚀性强，盐酸和稀盐酸与铜的作用甚微。在干燥空气中有较强的耐蚀性能，在含有 CO_2 的潮湿空气中易生有毒的铜绿（碱式碳酸铜）。

(5) 可与其他有色金属制成各种不同特性的合金。

2. 铜的主要物理特性和机械特性

如表 2-1-1 所示。

表 2-1-1 铜的主要物理特性和机械特性

主要项目	数值	材料状态
原子量	63.54	
20℃时的密度（g/cm^3）	8.94	
熔点（℃）	1083	
293～393K 时，线胀系数（K^{-1}）	16.5×10^{-6}	
20℃时的电阻率（Ω·m）	1.78×10^{-8}	
20℃时电阻温度系数（$℃^{-1}$）	0.00433	
标准电极电位（V）	0.34	
弹性极限（9.8×10^6 Pa，kgf/mm^2）	30	变形的
	2.5	退火的
抗拉强度极限（9.8×10^6 Pa，kgf/mm^2）	40～50	变形的
	20～24	退火的
延伸率（%）	4～6	变形的
	45～50	退火的
抗压强度极限（9.8×10^6 Pa，kgf/mm^2）	157	铸造的
镦粗率（%）	65	铸造的
屈服点（9.8×10^6 Pa，kgf/mm^2）	38	变形的
	7	退火的
10^8 循环反复弯曲应力的疲劳极限（9.8×10^6 Pa，kgf/mm^2）	11	变形的
	6.7	退火的
蠕变极限（9.8×10^6 Pa，kgf/mm^2）		
20℃时	7	
200℃时	5	
400℃时	1.4	
断面收缩率（%）	35～42	变形的
	65～75	退火的
抗剪强度（9.8×10^6 Pa，kgf/mm^2）	19	退火的
布氏硬度（9.8×10^6 Pa，kgf/mm^2）	110～130	变形的
	35～45	退火的
20℃时的冲击值（9.8×10^4 Pa，kgf/cm^2）	16～18	铸造的

(二) 铝

1. 铝的主要性能

(1) 铝的密度小，只有铜的十分之三。

(2) 延展性好，可用各种方法加工。

(3) 导电性和导热性好，仅次于银、金、铜，其导电率是铜导率的 60%。

(4) 耐蚀性好，易与空气中的氧反应，很快生成一层致密的氧化膜保护层，使其内部不再受氧化。

(5) 反光性好，铝既能很好地反射可见光，又能很好地反射紫外线。

(6) 耐核辐射性能仅次于锆和铍。

2. 铝的主要物理特性和机械特性

如表 2-1-2 所示。

（三）锡

1. 锡的主要性能

（1）展性大，可压延成厚度为 0.04 mm 以下的锡箔。

表 2-1-2　　铝的主要物理特性和机械特性

主要项目	数值	材料状态
原子量	26.97	
20℃时的密度（g/cm³）	2.7	
熔点（℃）	658.7	
熔化时体膨胀（%）	6.5	
线膨胀系数（K^{-1}）		
293～393K 时	23.8×10^{-6}	
493～593K 时	27.5×10^{-6}	
793～893K 时	33.5×10^{-6}	
20℃时的电阻率（Ω·m）	2.7×10^{-8}～3.0×10^{-8}	
电阻温度系数（$℃^{-1}$）	0.0042	
标准电极电位（V）	−1.67	
弹性极限（9.8×10^6 Pa，kgf/mm²）	3～4	退火的
屈服点（9.8×10^6 Pa，kgf/mm²）	5～8	退火的
	12	变形的
20℃时承受反复弯曲应力的疲劳极限（9.8×10^6 Pa，kgf/mm²）	7.4	
蠕变极限（9.8×10^6 Pa，kgf/mm²）		
15℃时	5	
100℃时	2.7	
200℃时	0.7	
抗拉强度极限（9.8×10^6 Pa，kgf/mm²）	8	退火的
	15	变形的
延伸率（%）	30～40	退火的
	5～10	变形的
断面收缩率（%）	70～90	退火的
	50～60	变形的
抗压强度极限（9.8×10^6 Pa，kgf/mm²）	42	铸造的
布氏硬度（9.8×10^6 Pa，kgf/mm²）	13～20	退火的
	25～35	变形的
	13～25	铸造的
冲击值（9.8×10^4 Pa，kgf/cm²）	14	铸造的
抗剪强度（9.8×10^6 Pa，kgf/mm²）	6	退火的
	10	变形的

（2）具有较好的抗蚀性，即使被腐蚀后，生成的氧化物一般也无毒。

（3）常温下不受空气影响，几乎不与稀硫酸起作用，也不溶于稀盐酸中，但溶于稀硝酸和热碱液中。

（4）锡随温度变化而发生晶形转变，在−13.2～161℃时稳定。当温度低于−13.2℃时，就变成一种灰色粉状物结构，这种现象称“锡疫”。

（5）能与许多金属组成合金，并能改进合金的抗蚀性和机械性。最主要的合金是青铜和耐磨合金。

2. 锡的主要物理特性和机械特性

如表 2-1-3 所示。

表 2-1-3　　锡的主要物理特性和机械特性

主要项目	数值	材料状态
原子量	118.7	
密度（g/cm³）	7.3	
熔点（℃）	231.9	
20～100℃时导热温度系数（W/m·K）	-0.7×10^{-3}	
293～393K 时线膨胀系数（20～100℃）（K^{-1}）	2.3×10^{-5}	
20℃时的电阻率（Ω·m）	0.115 1.15×10^{-7}	
20～100℃时电阻温度系数（$℃^{-1}$）	0.0044	
标准电极电位（V）	−0.136	
标准弹性模数（9.8×10^6Pa，kgf/mm²）	4150	
弹性极限（9.8×10^6Pa，kgf/mm²）	0.15	退火的
屈服点（9.8×10^6Pa，kgf/mm²）	1.2	铸造的
抗拉强度极限（9.8×10^6Pa，kgf/mm²）	1.9～2.1	铸造的
	1.7	退火的
抗剪强度（9.8×10^6 Pa，kgf/mm²）	2.0	铸造的
延伸率（%）	45～60	铸造的
	80～90	退火的
布氏硬度（9.8×10^6 Pa，kgf/mm²）	49～52	铸造的

（四）铅

1. 铅的主要性能

（1）熔点低，在 500～550℃时，便显著挥发，其气体有毒。

（2）耐腐蚀性能好，不溶于硫酸。抗碱、氨、氢氟酸及有机酸等的能力也较强。

（3）导热度和导电度分别为银的 85%和 10.7%。

（4）能与其他金属形成合金，如耐腐合金、低熔点合金等。

（5）铅能吸收放射性射线。

2. 铅的主要物理特性和机械特性

如表 2-1-4 所示。

表 2-1-4　　铅的主要物理特性和机械特性

主要项目	数值	材料状态
原子量	207.2	
20℃时的密度（g/cm³）	11.34	
熔点（℃）	327.3	
293～393K 时线膨胀系数（K^{-1}）	29.5×10^{-6}	
20℃时的电阻率（Ω·m）	2.0×10^{-7}	
20～100℃时电阻温度系数（$℃^{-1}$）	0.0042	
标准电极电位（V）	−0.12	
标准弹性模数（9.8×10^6Pa，kgf/mm²）	1500～1700	
切变模数（9.8×10^6Pa，kgf/mm²）	780	
弹性极限（9.8×10^6Pa，kgf/mm²）	0.25	
屈服点（9.8×10^6Pa，kgf/mm²）	0.5	铸造的
抗拉强度极限（9.8×10^6Pa，kgf/mm²）	1.1～1.3	铸造的
	1.5	变形的
延伸率（%）	30～40	铸造的
	60～70	变形的
断面收缩率（%）	92～100	铸造的
布氏硬度（9.8×10^6 Pa，kgf/mm²）	3.2～4.5	铸造的
	3～4.8	变形的
抗剪强度（9.8×10^6 Pa，kgf/mm²）	1.3	铸造的

二、铜的型号、成分和用途

铜的型号、成分和用途如表 2-1-5 所示。

三、铝的型号、成分和用途

铝的型号、成分和用途如表 2-1-6 所示。

表 2-1-5　　铜的型号、成分和用途

型号	含铜量(%)	杂质含量(%)不大于											用途
		铋	锑	砷	铁	镍	铅	锡	硫	磷	锌	氧	
T1	99.95	0.002	0.002	0.002	0.005	0.002	0.005	0.002	0.005	0.001	0.005	0.02	导电和高纯度合金
T2	99.90	0.002	0.002	0.002	0.005	0.002	0.005	0.002	0.005	—	0.005	0.06	导电和高纯度合金
T3	99.70	0.002	0.005	0.01	0.05	0.2	0.01	0.05	0.01	—	—	0.1	一般铜材和合金
T4	99.50	0.003	0.05	0.05	0.05	0.2	0.05	0.05	0.01	—	—	0.1	一般铜材和合金

表 2-1-6　　铝的型号、成分和用途

型号	含铝量(%)	杂质(%)不大于					用途
		铁	硅	铁+硅	铜	总和	
L1	≥99.70	0.16	0.16	0.26	0.01	0.3	制造铝箔、夹皮层铝合金之皮层、电缆及导电体，特殊用途及化学工业用铝合金
L2	≥99.60	0.25	0.2	0.36	0.01	0.4	制造铝箔、夹皮层铝合金之皮层、电缆及导电体，特殊用途及化学工业用铝合金
L3	≥99.50	0.30	0.30	0.45	0.015	0.5	制造电缆、导电体及铝合金
L4	≥99.30					0.7	制造具有高的可塑性、导热性、导电性及良好可焊性的构件及零件
L5	≥99.00	0.50	0.50	0.90	0.02	1	制造电缆、导电体及中间合金
L6	≥98.80					1.2	制造具有高的可塑性、导热性、导电性及良好可焊性的构件及零件

四、换向器用铜的型号和性能

换向器用铜的型号和主要技术性能如表 2-1-7 所列。

表 2-1-7　　换向器用铜的型号和主要性能

产品型号	产品名称	技术标准	技术性能
TPT	梯形铜排	JB651—68	梯形铜排的布氏硬度不低于 80 度
TYPT	银铜梯排	上海铜材厂技术条件	银铜梯排的布氏硬度不低于 95 度
			梯形铜排夹角 α 根据样板制造
			梯形铜排两底边的弯曲度每米不超过 5mm

注　银铜梯排用含银量为 0.1%～0.2%的银铜合金制成。

第二节　电工中常用的合金

一、铜合金

铜合金的主要机械特性如表 2-2-1 所示。

二、铝合金

铝合金的主要机械特性如表 2-2-2 所示；发电机转子槽楔及转子风扇常用的铝合金如表 2-2-3 所示。

表 2-2-1　　铜合金的主要机械特性

名称	代号	机械性能：强度极限(9.8×10^6 Pa, kgf/mm²)		延伸率(%)		布氏硬度(HB)	
		软性	硬性	软性	硬性	软性	硬性
黄铜	H96	24	45	50	2	—	—
	H90	26	48	45	4	53	130
	H85	28	55	45	4	5	126
	H62	33	60	49	3	56	164
锰黄铜	HMn58—2	40	70	40	10	85	175
锡青铜	QSn7—0.2	36	—	64	—	75	—
铝青铜	QA19—2	40	—	25	—	160	—
铬青铜	QCr0.5	—	50	—	11	—	130～150

表 2-2-2　　铝合金的主要机械特性

材料名称	代号	材料状态	抗拉强度 σ_b (9.8×10^6 Pa, kgf/mm²)	伸长率 δ (%)	硬度(HB)
防锈铝	LF2	退火	20	23	45
		冷作硬化	25	6	60
	LF 10	退火	27	23	70
	LF 21	退火	13	20	30
		冷作硬化	16	10	40
铸造铝合金	ZL1		11	—	50
	ZL 12		12	3	40

表 2-2-3　　发电机转子槽楔及转子风扇常用的铝合金主要机械特性

材料名称	极限强度 σ_b（9.8×10⁴ Pa，kgf/cm²）	屈服点 σ_g（9.8×10⁴ Pa，kgf/cm²）	伸长率 -δ（%）	断面收缩率 ψ（%）	硬度（HB）
LX12CZ 硬铝合金	4700	3300	17	1	105
QAl—4—4 铝铁镍青铜	7500	≤5500	15	45	224

导电铝合金的品种、成分、性能和主要特征及用途如表 2-2-4 所示。

三、电阻合金

电阻合金是一类以电阻为主要特征的材料，包括调节器、精密仪器仪表、传感器、薄膜电阻等使用的合金电阻材料，要求它具有适当的电阻率、电阻温度系数小、电阻稳定性高，耐腐蚀、抗氧化、机械性能和加工性能好，易焊接等。可变电阻用电阻合金的性能和特点，如表 2-2-5 所示。

表 2-2-4　　导电铝合金的品种、成分、性能和主要特征及用途

类别	合金名称	化学成分（%）							状态	抗拉强度（MPa）	延伸率（%）	屈服强度（MPa）	导电率（%）IACS	主要特征及用途
		Mg	Si	Fe	Cu	Zr	Y	Al						
热处理型	铝镁硅 Al—Mg—Si	0.5～0.65	0.5～0.65	少量				余	硬	300～360	4		53	高强度，用于架空导线
非热处理型	铝镁 Al—Mg	0.65～0.9						余	硬	230～260	2		53～56	中等强度，用于架空导线和电车线（软线也用于电线电缆线芯）
	铝镁铁 Al—Mg—Fe	0.26～0.36	小于0.14	0.75～0.95				余	软	115～120	15	52	58～60	电线电缆线芯和电磁线
	铝镁铁铜 Al—Mg—Fe—Cu	0.15～0.25	小于0.14	0.45～0.60	0.22～0.33			余	软	115～130	15	52	58～60	电线电缆线芯和电磁线
	铝镁硅铁 Al—Mg—Si—Fe	0.85～1.0	0.35～0.45	0.35～0.45				余	软	115	17	50	53	电线电缆线芯和电磁线
	铝锆 Al—Zr					0.1	少量	余	硬	180～190	2		58～60	耐热，用于架空导线和汇流排
	铝铁 Al—Fe			0.65				余	软	90	30		61	强度比铝略高，需连铸连轧工艺生产，使用范围同铝
	铝硅 Al—Si		0.5～1.0					余	硬	260～330①	0.5～1.5		50～53	加工性特好，可拉制成特细线，用于电子工业连接线

① 直径 25～50mm 细线性能。

表 2-2-5　　可变电阻用电阻合金的性能和特点

名称	ρ（20℃）（$\mu\Omega\cdot m$）	电阻温度系数 10^{-6}/K	E_{Cu}（μV/℃）	最高工作温度（℃）	σ_b（MPa）	特　点
康铜	0.48	−40～40	−45	500	390～600	抗氧化性和机械加工性良好
新康铜	0.49	−40～40	2.0	500	240～400	抗氧化性能比康铜差
镍铬	1.08～1.10	50～70	>5.0	500	600～800	耐腐蚀性能好，焊接性能较差
镍铬铁	1.12	150	1.0	500	600～800	耐热性能良好、焊接性能较差
铁铬铝	1.25	120	3.5～4.5	1000	600～750	耐热性好、焊接性差、价廉

四、熔体材料

熔体是熔断器的主要部件，分为快速溶体、一般熔体和特殊熔体。常用熔体材料有纯金属熔体材料和共晶型低熔点合金熔体材料。共晶型低熔点合金熔体材料的成分和熔点如表 2-2-6 所示。

表 2-2-6　共晶型低熔点合金熔体材料的成分和熔点

化学成分（质量分数）（%）					熔点（℃）
Bi	Pb	Sn	Cd	其他	
20	20	—	—	Hg60	20
45	23	8	5	In19	47
49	18	12	—	In21	57
50	27	13	10	—	70
52	40	—	8	—	92
54	26	—	20	—	103
55.5	44.5	—	—	—	124
56	—	40	—	Zn4	130
57	—	43	—	—	138
—	32	50	18	—	145
50	50	—	—	—	160
—	—	67	33	—	177
—	38	62	—	—	183
20	—	80	—	—	200

第三节　电　　刷

一、电刷的更换

电刷磨损后，应按电机制造厂的规定进行更换。

更换部分电刷时，必须保证整台电机的电刷型号一致。因为电刷型号不同，就会引起各电刷间负荷分配不均。假如配不到和原来型号相同的电刷，则需将整台电机的电刷全部更换。

电刷更换后，一定要将电刷与滑环（或换向器）的接触面用 100 号玻璃砂纸磨好。不要用金刚砂布来磨，因为脱落的金刚砂粒会附在电刷的接触面上或落入换向片之间的沟缝中，使电刷和滑环、换向器的接触面破坏。

电刷的压力可用刷握上的弹簧来调整，各电刷间的压力之差不应超过±10%，压力可以用弹簧秤来测量。

一台电机一次更换半数以上的电刷之后，最好先以 1/4～1/2 的负载运行 12 h 以上，使电刷有较好配合后再满载运行。

二、电刷的选择

修理旧电机时，如果对该机原使用的电刷型号和尺寸不详，可按下列表格进行选择。各种电机常用的电刷如表 2-3-1 至表 2-3-5 所示。

表 2-3-1　同步发电机和调相机常用的电刷

同步发电机和调相机滑环用	电刷的工作条件		可采用的电刷			
	电流密度（A/cm²）	圆周速度（m/s）	旧型号		新型号	
			正常的	代用的	正常的	代用的
低圆周速度的	8 以下	15 以下	DS—4	S—4	D104	S3
中等圆周速度的	10～20	25 以下	DS—72	DS—4	D172	D104
高圆周速度的	20 以上	75 以下	DS—72	DS—79	D122	D104

表 2-3-2　直流发电机常用的电刷

电机类型		电刷的工作条件		可采用的电刷			
		电流密度（A/cm²）	圆周速度（m/s）	旧型号		新型号	
				正常的	代用的	正常的	代用的
直流发电机、单枢变流机的换向器	小容量(20～30 kW),电压 110～220V	<9	<15	DS—14	DS—52	D214	D252
	中等容量和大容量、电压 110～220V、负载均匀、换向正常	<10	20～25	DS—4	DS—52	D214	D252
	中等容量和大容量、电压 110～440V、负荷有冲击、换向稍困难	<12	<60	DS—72	DS—14	D172	D214
同步电机励磁机的换向器	小容量的	<8	<15	DS—14	DS—4	D214	D104
	负载较高的	<10	20～25	S—3	DS—4	S3	D104
特殊直流发电机用换向器	快速的	<12	<60	DS—72	DS—74B	D—172	D374B
	电焊用的			DS—8	T—1	D308	J201

表 2-3-3　直流电动机常用的电刷

电机类型	电刷的工作条件		可采用的电刷			
	电流密度（A/cm²）	圆周速度（m/s）	旧型号		新型号	
			正常的	代用的	正常的	代用的
30kW 以下、电压约 110V、有正常换向及恒定负载	<10	<15	S—3	DS—14	S3	D214
50kW 左右、电压约 110V、有正常换向及恒定负载	<10	<20	DS—14	S—3	D214	S3
100kW 左右、电压 120～220V、换向稍有困难、负载不定	<10	20～25	DS—74B	DS—72	D374B	D172

表 2-3-4　　专用和特殊直流电机常用的电刷

专用和特殊直流电机类型	电刷的工作条件		可采用的电刷			
	电流密度 (A/cm²)	圆周速度 (m/s)	旧型号		新型号	
			正常的	代用的	正常的	代用的
ZKD 型高速直流电动机			DS—74B DS—14 DH—112		D374B D214 D312	
ZKK 系列电机扩大机			DS—8	DS—52	D308	D252
电动工具及其他类似用途的小型电动机（电压 110～220 V）	＜10	＜15	DS—8	DS—52	D308	D252
交流整流子电机：						
整流子端（换向较困难）			DH—112	DS—74	D312	
滑环端			TS—64	TS—2	J164	J102

表 2-3-5　　异步电动机和单枢变流机的滑环常用的电刷

异步电动机和单枢变流机的滑环	电刷的工作条件		可采用的电刷			
	电流密度 (A/cm²)	圆周速度 (m/s)	旧型号		新型号	
			正常的	代用的	正常的	代用的
电刷的电流密度较高的	＞12	20～40	TS—64	TS—4	J164	J204
电刷的电流密度正常的	＜10	＜20	DS—52	DS—14	D252	D214
圆周速度较高的	＜10	＜60	DS—74B	DS—72	D374B	D172

三、各种电刷的技术特性、工作条件和标准尺寸

各种电刷的技术特性和工作条件如表 2-3-6 所示；电刷的标准尺寸如表 2-3-7 所示。

电刷的结构如图 2-3-1 所示。图中，厚度 δ，沿换向器或集电环旋转方向的尺寸；宽度 b；沿换向器或集电环中心线方向的尺寸；高度 h，沿换向器或集电环半径方向的尺寸。

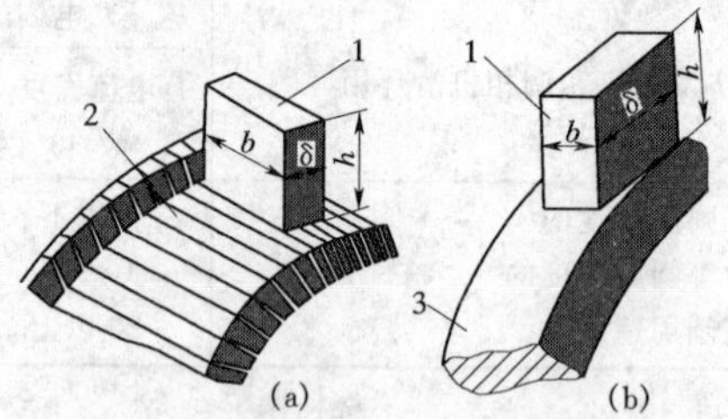

图 2-3-1　电刷的结构
(a) 用于换向器的电刷；(b) 用于集电环的电刷
1—电刷；2—换向器；3—集电环

表 2-3-6　　各种电刷的技术特性和工作条件

类别	型号 新	型号 旧	电阻率 ($10^{-6}\Omega\cdot m$)	硬度 压入法 (9.8×10^6Pa, kgf/mm²)	硬度 肖氏	灰分 (%) 不大于	一对电刷的接触电压降 (V)	摩擦系数 不大于	50h 磨损值 (mm) 不大于	工作条件 电流密度 (A/cm²)	工作条件 容许圆周速度 (m/s)	工作条件 使用单位压力 (98Pa, kgf/cm)
石墨电刷	S3	S3	8～20	10～35			1.5～2.3	0.25	0.20	11	25	200～250
	S6	SQF—6	15～25	3.5～4.3			2～3.2	0.28	0.15	12	70	220～400
	S7N		20～30	3～5			2～3	0.20	0.15	12	70	150～250
	S8N		8～20	4～8			1.8～2.8	0.20	0.15	12	30	180～250
电化石墨电刷	D104	DS—4	6～16	3～9		0.3	2～3	0.20	0.25	12	40	150～200
	D172	DS—72	10～16		20～30	0.3	2.4～3.4	0.25	0.20	12	70	150～200
	D213	DS—13	22～40	10～15			2.5～3.5	0.25	0.15	10	40	200～400
	D214	DS—14	22～36		40～60		2～3	0.25	0.15	10	40	200～400
	D252	DS—52	12～22	12～24			2～3.2	0.23	0.15	12	45	200～250
	D308	DS—8	31～50		42～55		1.9～2.9	0.25	0.15	10	40	200～400
	D312	DH—112	25～45	22～44			2～3	0.25	0.10	12	50	200～400
	D374B	DS—74B	45～70	25～50			2.3～3.5	0.25	0.15	12	50	200～400
	D374N		45～75	25～45			2.5～3.5	0.20	0.10	12	60	200～400
	D374S		45～75	25～45			2.5～3.5	0.20	0.10	12	60	200～400
	D374G		45～75	25～45			2.5～3.5	0.20	0.10	12	50	200～400
	D376	DS—76	45～70	20～45			2.3～3.5	0.20	0.15	12	50	200～400
	D376N		50～75	20～40			2.5～3.5	0.20	0.10	12	60	200～400
	D376Y		50～75	20～40			2.5～3.5	0.20	0.10	12	50	200～400

续表

类别	型号		电阻率 ($10^{-6}\Omega\cdot m$)	硬度		灰分 (%) 不大于	一对电刷的接触电压降 (V)	摩擦系数不大于	50h磨损值 (mm) 不大于	工作条件		
	新	旧		压入法 (9.8×10^6Pa, kgf/mm²)	肖氏					电流密度 (A/cm²)	容许圆周速度 (m/s)	使用单位压力 (98Pa, kgf/cm)
金属石墨电刷	J102	TS—2	0.1～0.35	6～14			0.3～0.7	0.20	0.40	20	20	180～230
	J105	TSQ—A	⩽0.25	6～20			⩽0.4	0.25	0.80	20	20	180～230
	J164	TS—64	0.05～0.15	6～18			0.1～0.3	0.20	0.70	20	20	180～230
	J201	T—1	1～6	12～35			1～2	0.25	0.18	15	25	150～200
	J203	T—3	5～12	9～28			1.4～2.2	0.25	0.15	12	20	150～200
	J204	TS—4	0.2～1.3	15～36			0.6～1.6	0.20	0.30	15	20	200～250
	J205	TSQ—5	1～12	8～28			⩽2	0.25	0.50	15	35	150～200
	J213	TS—103	0.2～1	10～28			0.6～1.6	0.20	0.30	15	20	200～250
	J325	YS—25	6.61	8.8			1.23	0.20		12	15	175
	J350	YS—50	1.56	10.3			0.87	0.22		15	15	175
	J360	YS—60	0.527	12.8			0.62	0.22		15	15	175
	J370	YS—70	0.215	13			0.38	0.25		15	15	175
	J380	YS—80	0.137	9.4			0.20	0.21		20	15	175
	J385	YS—85	0.075	10.3			0.09	0.12		20	15	175
	J390	YS—90	0.049	12.5			0.02	0.20		20	15	175

表 2-3-7　电刷的标准尺寸　单位：mm

电刷厚度 δ	电刷宽度 b	电刷高度 h											
		12	14	16	18	20	25	30	32	40	50	55	60
4	5	×	×	×									
	6	×	×	×									
	7		×	×	×								
	8		×	×	×								
5	7		×	×	×								
	8			×	×	×							
	12				×	×	×						
	16					×	×						
	20						×	×					
6	6			×	×	×							
	8				×	×							
	10					×	×						
	15					×	×	×					
	20						×	×	×				
7	12.5						×	×	×				
	15						×	×	×				
	20						×	×	×				
	25							×	×				
8	10						×	×					
	12.5						×	×	×				
	15							×	×				
	20							×	×				
	25								×				
	32								×	×			
10	12.5						×	×	×				
	16							×	×				
	18							×	×				
	20								×				
	25								×	×			
	30									×			
	32										×	×	×
12.5	12.5						×	×	×				
	16							×	×				
	20							×	×				
12.5	25									×			
	30									×	×		
	32										×	×	×

续表

电刷厚度 δ	电刷宽度 b	电刷高度 h											
		12	14	16	18	20	25	30	32	40	50	55	60
16	20						×	×	×				
	25									×	×		
	30									×	×		
	32									×	×	×	×
	35										×	×	×
18	20									×	×		
	25									×	×		
	32										×	×	×
	35											×	×
20	25									×	×		
	30									×	×		
	32									×	×	×	×
	50											×	×
25	25									×	×		
	32									×	×	×	×
	35										×	×	×
	40										×	×	×
	50											×	×

注　电刷尺寸应写成：厚度×宽度×高度（δ×b×h）。

第四节　漆　包　线

常用漆包线的类别、特点和用途如表 2-4-1 所示。

表 2-4-1　　常用漆包线的类别、特点和用途

类别	产品名称	型号	规格[①] (mm)	特点			主要用途	标准号
				耐温等级 (℃)	优点	局限性		
油性漆包线	油性漆包圆铜线	Q	0.02～2.50	A（105）	(1)漆膜均匀 (2)介质损耗角正切小	(1)耐刮性差 (2)耐溶剂性差（对使用的浸渍漆应注意）	中、高频线圈及仪表、电器的线圈	JB 658—75
缩醛漆包线	缩醛漆包圆铜线	QQ—1 QQ—2	0.02～2.50	E（120）	(1)热冲击性优 (2)耐刮性优 (3)耐水解性能良	漆膜受卷绕应力，易产生裂纹（浸渍前须在120℃左右加热1小时以上，以消除应力）	普通中小电机、微电机绕组和油浸变压器的线圈，电器仪表用线圈	GB 1313—77
	缩醛漆包圆铝线	QQL—1 QQL—2	0.06～2.50					企业标准
	彩色缩醛漆包圆铜线	QQS—1 QQS—2	0.02～2.50					GB 1313—77
	缩醛漆包扁铜线	QQB	a边 0.8～5.6 b边 2.0～18.0					JB 2078—77
	缩醛漆包扁铝线	QQLB	a边 0.8～5.6 b边 2.0～18.0					JB 2078—77
	缩醛漆包扁铝合金线	—	a边 0.8～5.6 b边 2.0～18.0	E（120）	(1)热冲击性优 (2)耐刮性优 (3)耐水解性能良 抗拉强度比铝线大，可承受线圈在短路时较大的应力	漆膜受卷绕应力，易产生裂纹（浸渍前须在120℃左右加热1小时以上，以消除应力） 电阻率比铝线稍大	大型变压器线圈和换位导线	企业标准
聚氨酯漆包线	聚氨酯漆包圆铜线 彩色聚氨酯漆包圆铜线	QA—1 QA—2	0.015～1.00	E（120）	(1)在高频条件下，介质损耗角正切小 (2)可以直接焊接，不需刮去漆膜 (3)着色性好，可制成不同颜色的漆包线，在接头时便于识别	(1)过负载性能差 (2)热冲击及耐刮性能尚可	要求Q值稳定的高频线圈，电视线圈和仪表用的微细线圈	JB 2079—77

续表

类别	产品名称	型号	规格①(mm)	特点			主要用途	标准号
				耐温等级(℃)	优点	局限性		
环氧漆包线	环氧漆包圆铜线	QH—1 QH—2	0.06～2.50	E (120)	(1)耐水解性能优； (2)耐潮性优； (3)耐酸碱腐蚀和耐油性优	(1)弹性差，耐刮性较差，不适用于高速自动绕线工艺 (2)对含氯绝缘油相容性差	油浸变压器的线圈和耐化学药品腐蚀、耐潮湿电机的绕组	企业标准
聚酯漆包线	聚酯漆包圆铜线 聚酯漆包圆铝线 彩色聚酯漆包圆铜线 聚酯漆包扁铜线 聚酯漆包扁铝线	QZ—1 QZ—2 QZL—1 QZL—2 QZS—1 QZS—2 QZB QZLB	0.02～2.50 0.06～2.50 0.06～2.50 a边 0.8～5.6 b边 2.0～18.0 a边 0.8～5.6 b边 2.0～18.0	B (130)	(1)在干燥和潮湿条件下，耐电压击穿性能优 (2)软化击穿性能优	(1)耐水解性差（用于密闭的电机、电器时须注意） (2)热冲击性尚可 (3)与聚氯乙烯、氯丁橡胶等含氯高分子化合物不相容	通用中小电机的绕组，干式变压器和电器仪表的线圈	GB 1193 GB 1193 企业标准 JB 1174 JB 1174
	聚酯漆包扁铝合金线	—	a边 0.8～5.6 b边 2.0～18.0	B (130)	(1)在干燥和潮湿条件下，耐电压击穿性能优 (2)软化击穿性能优 抗拉强度比铝线大，可承受线圈在短路时较大的应力	(1)耐水解性差（用于密闭的电机、电器时须注意） (2)热冲击性尚可 (3)与聚氯乙烯、氯丁橡胶等含氯高分子化合物不相容 电阻率比铝线稍大	干式变压器线圈	企业标准
聚酯亚胺漆包线	聚酯亚胺漆包圆铜线 聚酯亚胺漆包扁铜线	QZY—1 QZY—2 QZYB	0.06～2.50 a边 0.8～5.6 b边 2.0～18.0	F (155)	(1)在干燥和潮湿条件下，耐电压击穿性能优 (2)热冲击性能良 (3)软化击穿性能良	(1)在含水密封系统中易水解（用于密封电机电器时须注意） (2)与聚氯乙烯，氯丁橡胶等含氯高分子化合物不相容	高温电机和制冷装置中电机的绕组，干式变压器和电器仪表的线圈	企业标准
聚酰胺酰亚胺漆包线	聚酰胺酰亚胺漆包圆铜线 聚酰胺酰亚胺漆包扁铜线	QXY—1 QXY—2 QXYB	0.06～2.50 a边 0.8～5.6 b边 2.0～18.0	200	(1)耐热性优，热冲击及软化击穿性能优 (2)耐刮性优 (3)在干燥和潮湿条件下耐击穿电压优 (4)耐化学药品腐蚀性能优 (5)适用于密闭式的电机电器的绕组	与聚氯乙烯、氯丁橡胶等含氯的高分子化合物不相容	高温重负荷电机、牵引电机、制冷设备电机的绕组，干式变压器和电器仪表的线圈	企业标准
聚酰亚胺漆包线	聚酰亚胺漆包圆铜线 聚酰亚胺漆包扁铜线	QY—1 QY—2 QYB	0.02～2.50 a边 0.8～5.6 b边 2.0～18.0	220	(1)漆膜的耐热性是目前漆包线品种中最好的 (2)软化击穿及热冲击性优，能承受短期过载负荷 (3)耐低温性优 (4)耐辐射性优 (5)耐溶剂及化学药品腐蚀性优	(1)耐刮性尚可 (2)耐碱性差 (3)在含水密封系统中，容易水解 (4)漆膜受卷绕应力容易产生裂纹（浸渍前，须在150℃左右加热1小时以上，以消除应力）	耐高温电机，干式变压器，密封式继电器及电子元件	JB 2080—77 企业标准

续表

类别	产品名称	型号	规格①(mm)	特点			主要用途	标准号
				耐温等级(℃)	优点	局限性		
特种漆包线	自粘直焊漆包圆铜线	QAN	0.10～0.44	E (120)	在一定的温度时间条件下，不需剥去漆膜，可以直接焊接，同时不需要浸渍处理，能自行粘合成型	不推荐在过负载条件下使用	微型电机仪表的线圈和电子元件，无骨架的线圈	企业标准
	环氧自粘性漆包圆铜线	QHN	0.10～0.51	E (120)	(1)不需浸渍处理，在一定温度条件下，能自行粘合成型 (2)耐油性良	(1)漆膜弹性差，耐刮性较差，不适用于高速自动绕线 (2)因系热塑性自粘层，容易在溶剂中溶解	仪表和电器的线圈、无骨架的线圈	企业标准
	缩醛自粘性漆包圆铜线	QQN	0.10～1.00	E (120)	(1)能自行粘合成型 (2)热冲击性良	因系热塑性的自粘层，容易在溶剂中溶解	仪表和电器的线圈、无骨架的线圈	企业标准
	聚酯自粘性漆包圆铜线	QZN	0.10～1.00	B (130)	(1)能自行粘合成型 (2)耐击穿电压性能优	因系热塑性的自粘层，容易在溶剂中溶解	仪表和电器的线圈、无骨架的线圈	企业标准
	无磁性聚氨酯漆包圆铜线	QATWC	0.02～0.20	E (120)	(1)漆包线中的铁含量极低，对感应磁场所起的干扰作用极微 (2)在高频条件下，介质损耗角正切小 (3)不需剥去漆膜即可直接焊接	不推荐在过负载条件下使用	精密仪表和电器的线圈，如直流镜式检流计、磁通表、测震仪等的线圈	企业标准
	耐制冷剂漆包线②	QF	0.6～2.50	A (105)	在密闭装置中，能耐潮，耐制冷剂	漆膜受卷绕应力，易产生裂纹(浸渍前须在120℃左右加热1小时以上，消除应力)	空调设备和制冷设备电机的绕组	企业标准
	聚酯亚胺——聚酰胺酰亚胺漆包扁铜线	—	*a*边 0.8～5.6 *b*边 2.0～18.0	F (155)	同聚酯亚胺漆包线，又可改善其耐化学药品腐蚀性能	同聚酯亚胺漆包线	同聚酯亚胺漆包线，又可用于有化学药品腐蚀的环境	企业标准

① 圆线规格以线芯直径表示，扁线以线芯窄边（*a*）及宽边（*b*）长度表示。

② 制冷剂系指 CCl_2F_2、$CClF_3$、$CHClF_2$ 等。

第五节 超导材料

一般金属材料在低温下电阻率随温度降低而减少，但某些合金化合物、元素在无外磁场情况下，当温度下降到临界温度时，电阻突然消失变为超导态。具有超导态的材料称为超导体。一定温度下，超导体突然从超导态转变为正常态的外磁场强度称为临界磁场。根据磁场中不同的磁化特性，超导体分为一、二、三类。第一类超导体是除 Nb、V、Tc 外的一般元素超导体。第二类超导体主要是合金和化合物，在正常态和超导态之间存在混合态。当合金和化合物内部存在杂质、位错等缺陷时，称为第三类超导体。

超导体的材料种类很多，单一元素超导体使用较少，多使用合金及化合物超导材料。合金超导材料的超导性能好，易与稳定化金属基体复合加工成各种形状的材料，对应力、应变不敏感。NbTi 合金（60%Nb）和 TiNb 合金（66%Ti）是应用最广泛的超导体。一些化合物的超导体性能比 NbTi 合金更为优越，Nb_3Sn 是应用最普通的化合物超导体，掺入

Ti 的 Nb_3Sn 有更好的高磁场性能。超导陶瓷是一种极有发展前途的超导材料，它是一种具有钙钛矿结构的层状超导体，晶胞中含有不同层数的 Cu—O 面。

低温超导材料着重研究如何在提高性能的同时降低成本。高温超导材料着重研究制备线材和大型块材的技术。图 2-5-1 所示为直流超导电缆截面图。

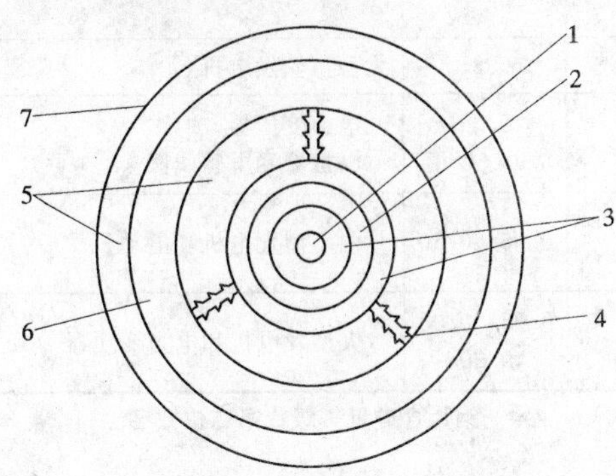

图 2-5-1　直流超导电缆截面示意图

1—冷氮气入管；2—冷氮气出管；3—超导电缆；4—绝缘子；5—真空；6—热屏蔽（30K）；7—外壳

第六节　可将热能直接转为电能的新合金材料

一种新型合金材料最初是非磁性合金，可只要把它下面的铜片略微加热，它就会突然变成强磁性合金。

美国明尼苏达大学的研究人员宣布，一种具有独特属性的新型合金能够将热能直接转化为电能。这种由镍、钴、锰和锡组成的合金既可以没有磁性，也可以具有强磁性，而这一切都取决于它的温度。

合金材料可能同时具有磁性和铁电性。铁电性也被称为永久性电磁化。具有这两种属性的材料很稀少。

根据明尼苏达大学发布的新闻稿，随着温度的变化，这种新型合金（Ni45Co5Mn40Sn10）会发生一种可逆相变，即从一种固体变成另一种固体。具体而言，这种合金会从非磁性合金变成强磁性合金，而且只要略微提高温度就会出现这种现象。

由航空和航天工程学教授理查德·詹姆斯领衔的研究人员称，如果把加热后的这种合金放在一个永磁体附近，比如某种稀土磁体，这种合金的磁力就会突然大幅增强，从而在环绕它的线圈中产生电流。

第三章　磁　性　材　料

第一节　磁性材料的分类

电机电器中构成磁通回路用的磁性材料，具有高的导磁率和低的铁损耗，并且还具有较好的机械加工性能。一般工业用磁性材料按其特性和应用范围，通常可分为两大类：软磁材料和硬磁材料。

一、软磁材料

软磁材料的磁滞回线窄而陡如图 3-1-1 所示。这种磁性材料具有很小的矫顽力，在外磁场中具有很大的导磁率。另外，磁场去掉后，磁性又基本消失。电工用硅钢板，用于制造电机、电器和变压器的铁芯导磁体；铁镍合金和铁铝合金、铁钴合金、软铁氧体等，用于制造继电器，电工仪器、仪表、脉冲变压器的铁芯器件。

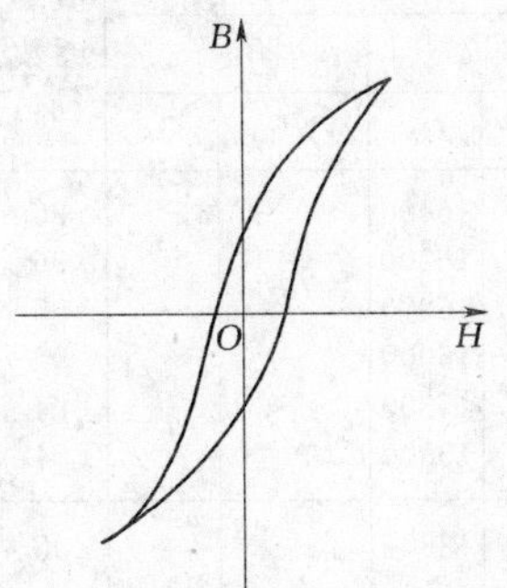

图 3-1-1　软磁材料的磁滞回线

二、硬磁材料

硬磁材料的磁滞回线宽而平如图 3-1-2 所示。这种磁性材料的主要特点是具有较大的矫顽力和剩磁感应强度。硬磁材料用作储藏和提供磁能的永久磁铁，例如，磁电式仪器用的钨钢和铬钢；测量仪表和微电机里用的镍铁、铝镍钴等合金。

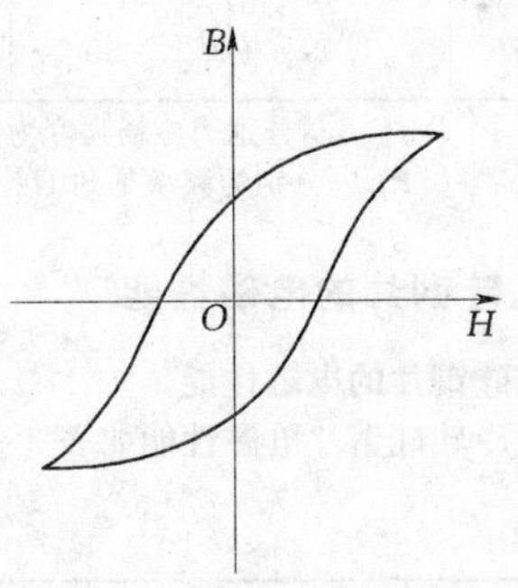

图 3-1-2　硬磁材料的磁滞回线

第二节　电工用硅钢片

一、电工硅钢片的分类和用途

电工硅钢片的分类和用途，如表 3-2-1 所示。

二、热轧硅钢片的电磁性能

热轧硅钢片已逐渐由冷轧硅钢片所取代，但在运行的电机、变压器等设备中，其铁芯由热轧硅钢片制成。为了便于检修电机、变压器等设备的需要，仍列出热轧硅钢片电磁性能如表 3-2-2 所列。

表 3-2-1　　电工硅钢片的分类和用途

分类		合金等级	含硅量（%）	钢号	厚度（mm）	用途
热轧硅钢片	热轧电机硅钢片	低硅 D1 中硅 D2 较高硅 D3	0.8～1.80 1.81～2.80 2.81～3.80	D11、D12 D21、D22、D23、D24 D31、D32	1.0、0.5 0.5 0.5	中小型发电机和电动机；要求损耗小的发电机和电动机
		高硅 D4	3.81～4.80	D41、D42、D43、D44	0.35	大型汽轮发电机
	热轧变压器硅钢片	较高硅 D3 高硅 D4	3.0～4.5	D31、D32 D41、D42、D43	0.35 0.50（少用）	电力变压器 电抗器和电感线圈
冷轧硅钢片	冷轧无取向硅钢片（包括半冷轧钢片）		1.5～3.0	W21、W22 W32、W33	0.35、0.50	中小型发电机和电动机
	冷轧单取向硅钢片		2.8～3.5	G1、G2、G3、G4	0.05、0.08 0.20	大型发电机和电力变压器

注　D—电工用钢；W—无取向；Q—单取向；G—高磁感；第一位数字（1，2，3，4）—钢片含硅量等级；第二位数字（1，2，3，4）—钢片电磁性能等级。

表 3-2-2　　常用热轧硅钢片的磁性能

硅钢品种代号	厚度（mm）	铁损（W/kg）不大于		不同磁场强度下的磁感应强度值，不小于						叠装系数（%）	密度（g/cm³）	弯曲次数
		$P_{10/50}$	$P_{15/50}$	B_{25}		B_{50}		B_{100}				
				Wb/m²	Gs	Wb/m²	Gs	Wb/m²	Gs			
D21	0.50	2.5	6.1	1.48	14800	1.59	15900	1.73	17300	92	7.70	—
D22	0.50	2.2	5.3	1.51	15100	1.61	16100	1.74	17400	92	7.70	—
D23	0.50	2.1	5.1	1.54	15400	1.64	16400	1.76	17600	92	7.70	—
D32	0.50	1.8	4.0	1.50	15000	1.61	16100	1.74	17400	91	7.65	4
D32	0.35	1.4	3.2	1.50	15000	1.61	16100	1.74	17400	90	7.65	5
D42	0.50	1.35	3.15	1.45	14500	1.56	15600	1.68	16800	91	7.55	1
D43	0.50	1.20	2.90	1.44	14400	1.55	15500	1.67	16700	91	7.55	1
D42	0.35	1.15	2.80	1.45	14500	1.56	15600	1.68	16800	90	7.55	1.5
D43	0.35	1.05	2.50	1.43	14300	1.54	15400	1.66	16600	90	7.55	1.5

注　1. 表中 B_{25}、B_{50}、B_{100} 分别为磁场强度为 25A/cm、50A/cm、100A/cm 时的磁感应强度。
　　2. 表中 $P_{10/50}$、$P_{15/50}$ 分别为频率是 50Hz、磁感应强度为 1T 和 1.5T 时的铁损。

三、冷轧硅钢片的电磁性能

（一）冷轧硅钢片的电磁性能

50Hz 常用冷轧硅钢片电磁性能如表 3-2-3 所示。

（二）冷轧取向硅钢片的电磁性能

冷轧单取向薄带硅钢片的电磁性能如表 3-2-4 所示。

表 3-2-3　　50Hz 常用冷轧硅钢片的电磁性能

硅钢品种		代号	厚度（mm）	铁损（W/kg）不大于			不同磁场强度下的磁感应强度值，不小于								叠装系数（%）	密度（g/cm³）	弯曲次数
				$P_{10/50}$	$P_{15/50}$	$P_{17/50}$	B_{10}		B_{25}		B_{50}		B_{100}				
							Wb/m²	Gs	Wb/m²	Gs	Wb/m²	Gs	Wb/m²	Gs			
冷轧硅钢片	无取向	W21	0.50	2.3	5.3		—	—	1.54	15400	1.64	16400	—	—	96	7.75	—
		W22	0.50	2.0	4.7		—	—	1.52	15200	1.62	16200	—	—	96	7.75	—
		W32	0.50	1.6	3.6		—	—	1.50	15000	1.60	16000	—	—	95	7.65	5
		W33	0.50	1.4	3.3		—	—	1.50	15000	1.60	16000	—	—	95	7.65	5
		W32	0.35	1.25	3.1		—	—	1.48	14800	1.58	15800	—	—	94	7.65	5
		W33	0.35	1.05	2.7		—	—	1.48	14800	1.58	15800	—	—	94	7.65	5
	单取向	Q3	0.35	0.7	1.6	2.3	1.67	16700	1.80	18000	1.86	18600	—	—	95	7.65	3
		Q4	0.35	0.6	1.4	2.0	1.72	17200	1.85	18500	1.90	19000	—	—	95	7.65	3
		Q5	0.35	0.55	1.2	1.7	1.76	17600	1.88	18800	1.92	19200	—	—	95	7.65	3
		Q6	0.35	0.44	1.1	1.51	1.77	17700	1.92	19200	1.96	19600	—	—	95	7.65	3

注　$P_{10/50}$、$P_{15/50}$、$P_{17/50}$ 表示频率为 50Hz，磁感应强度分别为 1.0Wb/m²、1.5Wb/m² 和 1.7Wb/m² 时的铁损，以后在不同频率和不同磁感应强度下铁损的表示法皆依此类推。

表 3-2-4　　冷轧单取向薄带硅钢片的电磁性能

代号	厚度(mm)	铁损(W/kg)不大于		在不同磁场强度下的磁感应值，不小于												矫顽力 Hc	
				$B_{0.4}$		$B_{0.8}$		B_2		B_4		B_{10}		B_{25}			
		$P_{10/400}$	$P_{15/400}$	Wb/m²	Gs	Wb/m²	Gs	Wb/m²	Gs	Wb/m²	Gs	Wb/m²	Gs	Wb/m²	Gs	A/m	Oe
G1	0.20	12.0	28.0	0.60	6000	0.90	9000	1.20	12000	1.35	13500	1.55	15500	1.70	17000	—	—
G2	0.20	11.0	26.0	0.80	8000	1.00	10000	1.30	13000	1.42	14200	1.60	16000	1.75	17500	—	—
G3	0.20	10.9	24.0	0.90	9000	1.10	11000	1.40	14000	1.50	15000	1.66	16600	1.82	18200	—	—
G4	0.20	9.0	22.0	1.00	10000	1.20	12000	1.50	15000	1.57	15700	1.70	17000	1.84	18400	—	—
G1	0.08	10.0	22.0	0.60	6000	0.90	9000	1.20	12000	1.35	13500	1.55	15500	1.70	17000	36	0.45
G2	0.08	8.5	19.0	0.80	8000	1.00	10000	1.30	13000	1.42	14200	1.60	16000	1.75	17500	32	0.40
G3	0.08	7.5	17.0	0.90	9000	1.10	11000	1.40	14000	1.50	15000	1.66	16600	1.82	18200	28	0.35
G4	0.08	7.0	16.0	1.00	10000	1.20	12000	1.50	15000	1.57	15700	1.70	17000	1.84	18400	26	0.325
G1	0.05	10.0	21.0	0.60	6000	0.90	9000	1.20	12000	1.35	13500	1.55	15500	1.70	17000	36	0.45
G2	0.05	8.5	19.0	0.80	8000	1.00	10000	1.30	13000	1.42	14200	1.60	16000	1.75	17500	34	0.425
G3	0.05	7.5	16.0	0.90	9000	1.10	11000	1.40	14000	1.50	15000	1.66	16600	1.82	18200	32	0.40
G4	0.05	7.0	15.0	1.00	10000	1.20	12000	1.50	15000	1.57	15700	1.70	17000	1.84	18400	32	0.40

注　1. 型号中 G 表示高磁感。
2. $P_{17/50}$表示频率为 50Hz，磁感应强度 $B=1.7$T 的情况。
3. B_{10}表示磁场强度 $H=10$A/cm 的情况。

四、硅钢片的标称尺寸

硅钢片的标称尺寸如表 3-2-5 所示。

表 3-2-5　　硅钢片的标称尺寸　　单位：mm

厚度	厚度偏差	同片差	宽度×长度	宽度偏差	长度偏差
			600×1200	+8(≤750 时)	+25(≤1500 时)
1.0	±0.20	0.15	670×1340		
0.5	±0.05	0.08	750×1500	+10(>750 时)	+30(>1500 时)
0.35	±0.04	0.05	860×1720		
			900×1800		
			1000×2000		
0.2	±0.02	0.04			
0.1	±0.02	0.03			

第三节　常用硅钢片的磁化曲线和损耗曲线数据

一、硅钢片的铁损曲线

硅钢片的铁损曲线如图 3-3-1 所示。

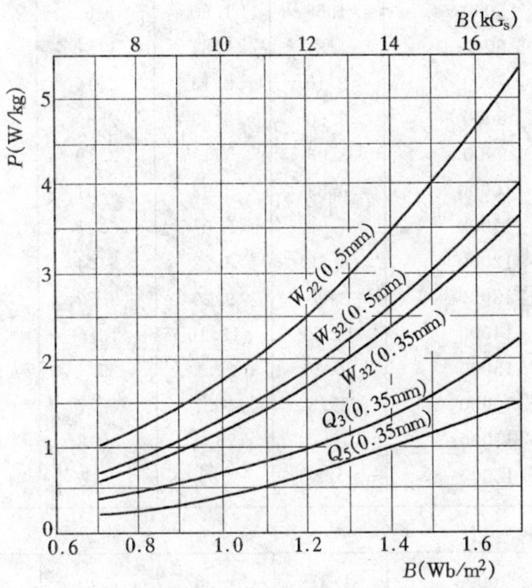

图 3-3-1　硅钢片的铁损曲线

注：单取向硅钢片沿轧向取样，无取向任意取样，剪断后均经 800℃退火。

二、中小型电机用硅钢片特性曲线数据

(一) 中小型电机用硅钢片磁化曲线数据

50Hz、0.5mm 厚的中小型电机用硅钢片的磁化曲线数据，如表 3-3-2 所示。表中列出磁场强度 H 为 25A/cm 时，磁感应强度 B_{25}分别为 1.48、1.54、1.57T 的磁化曲线数据。从表中查得的磁场强度数据，单位为 A/cm。

例如：$B25=1.57$T 的硅钢片，当磁感应强度 B 为 1.15T 时，查表可得磁场强度为 5.29A/m。

(二) 中小型电机用硅钢片的损耗曲线数据

频率为 50Hz、磁感应强度为 1T、单位质量铁损为 2.5W/kg 及 2.1W/kg 的损耗曲线数据，如表 3-3-2 所示。从表中查得的数值为单位体积的铁损，其单位为 10^{-3} W/cm²。例如：$P_{10/50}=2.5$W/kg 的硅钢片，磁感应强度为 1T 时，查得铁损为 19.5×10^{-3} W/cm³，当硅钢片的密度为 7800kg/m³ 时，则损耗 $P=\frac{19.5\times10^{-3}}{7.8\times10^{-3}}=2.5$ (W/kg)。

三、中小型变压器用硅钢片特性曲线数据

中小型变压器用硅钢片的单位质量铁损及励磁特性曲线数据如表 3-3-3 所示。

表 3-3-1 中小型电机用硅钢片磁化曲线数据

磁感应强度 B (10^{-4}T)	0	100	200	300	400	500	600	700	800	900
					$B_{25}=1.48$T					
4000	1.4	1.43	1.46	1.49	1.52	1.55	1.58	1.61	1.64	1.67
5000	1.71	1.75	1.79	1.83	1.87	1.91	1.95	1.99	2.03	2.07
6000	2.12	2.17	2.22	2.27	2.32	2.37	2.42	2.48	2.54	2.60
7000	2.67	2.74	2.81	2.88	2.95	3.02	3.09	3.16	3.24	3.36
8000	3.40	3.48	3.56	3.64	3.72	3.80	3.89	3.98	4.07	4.16
9000	4.25	4.35	4.45	4.55	4.65	4.75	4.88	5.00	5.12	5.24
10000	5.36	5.49	5.62	5.75	5.88	6.02	6.16	6.30	6.45	6.60
11000	6.75	6.91	7.08	7.26	7.45	7.65	7.86	8.08	8.31	8.55
12000	8.80	9.06	9.33	9.61	9.90	10.20	10.50	10.90	11.20	11.60
13000	12.0	12.5	13.00	13.50	14.00	14.50	15.0	15.6	16.20	16.80
14000	17.40	18.20	18.90	19.80	20.6	21.6	22.6	23.8	25.0	26.4
15000	28.00	29.7	31.5	33.7	36.0	38.5	41.3	44.0	47.0	50
16000	52.9	55.9	59.0	62.1	65.3	69.2	72.8	76.6	80.4	84.2
17000	88.0	92.0	95.6	100	105	110	115	120	126	132
18000	138	145	152	159	166	173	181	189	197	205
					$B_{25}=1.54$T					
4000	1.38	1.40	1.42	1.44	1.46	1.48	1.50	1.52	1.54	1.56
5000	1.58	1.60	1.62	1.64	1.66	1.69	1.71	1.74	1.76	1.78
6000	1.81	1.84	1.82	1.89	1.91	1.94	1.97	2.00	2.03	2.06
7000	2.10	2.13	2.16	2.20	2.24	2.28	2.32	2.36	2.40	2.45
8000	2.50	2.55	2.60	2.65	2.70	2.76	2.81	2.87	2.93	2.99
9000	3.06	3.13	3.19	3.26	3.33	3.41	3.49	3.57	3.65	3.74
10000	3.83	3.92	4.01	4.11	4.22	4.33	4.44	4.56	4.67	4.8
11000	4.93	5.07	5.21	5.36	5.52	5.68	5.84	6.00	6.16	6.33
12000	6.52	6.72	6.94	7.16	7.38	7.62	7.86	8.10	8.36	8.62
13000	8.90	9.20	9.50	9.80	10.1	10.5	10.9	11.3	11.7	12.1
14000	12.60	13.10	13.6	14.2	14.8	15.5	16.3	17.1	18.1	19.1
15000	20.10	21.2	22.4	23.7	25.0	26.7	28.5	30.4	32.6	35.1
16000	37.8	40.7	43.7	46.8	50.4	53.4	56.8	60.4	64.0	67.8
17000	72.0	76.4	80.8	85.4	90.2	95.0	100.0	105	110	116
18000	122	128	134	140	146	152	158	165	172	180
					$B_{25}=1.57$T					
4000	1.37	1.38	1.40	1.42	1.44	1.46	1.49	1.50	1.52	1.54
5000	1.56	1.58	1.60	1.62	1.64	1.66	1.68	1.70	1.72	1.75
6000	1.77	1.79	1.81	1.84	1.87	1.87	1.92	1.94	1.97	2.00
7000	2.03	2.06	2.09	2.12	2.16	2.20	2.23	2.27	2.31	2.35
8000	2.39	2.43	2.48	2.52	2.57	2.62	2.67	2.73	2.79	2.85
9000	2.91	2.97	3.03	3.10	3.17	3.24	3.31	3.39	3.47	3.55
10000	3.63	3.71	3.79	3.88	3.97	4.06	4.16	4.26	4.37	4.48
11000	4.60	4.72	4.86	5.00	5.14	5.29	5.44	5.60	5.76	5.92
12000	6.10	6.28	6.46	6.65	6.85	7.05	7.25	7.46	7.68	7.90
13000	8.14	8.40	8.68	8.96	9.26	9.58	9.86	10.2	10.6	11.0
14000	11.4	11.8	12.3	12.9	13.3	13.8	14.4	15.0	15.7	16.4
15000	17.2	18.0	18.9	19.9	20.9	22.1	23.5	25.0	26.5	28.6
16000	30.7	33.0	35.6	38.2	41.1	44.0	47.0	50.0	53.5	57.5
17000	61.5	66.0	70.5	75.0	79.7	84.5	89.5	94.7	100	105
18000	110	116	122	128	134	141	148	155	162	170

表 3-3-2 中小型电机用硅钢片损耗曲线数据

磁感应强度 B (10^{-4}T)	0	100	200	300	400	500	600	700	800	900
					$P_{10/15}=2.5$W/kg					
5000	6.28	6.50	6.74	7.00	7.22	7.47	7.70	7.94	8.18	8.42
6000	8.66	8.90	9.14	9.40	9.64	9.90	10.1	10.4	10.6	10.9
7000	11.10	11.4	11.6	11.9	12.1	12.4	12.7	12.9	13.2	13.4
8000	13.6	14.0	14.2	14.4	14.7	15.0	15.2	15.5	15.8	16.0
9000	16.3	16.6	16.9	17.2	17.5	17.8	18.1	18.5	18.8	19.1
10000	19.5	19.9	20.2	20.6	21.0	21.4	21.8	22.3	22.7	23.2
11000	23.7	24.2	24.7	25.2	25.7	26.3	26.8	27.3	27.9	28.5
12000	29.0	29.6	30.1	30.7	31.3	31.9	32.5	33.1	33.7	34.3
13000	34.9	35.5	36.0	36.7	37.4	37.9	38.5	39.1	39.7	40.3
14000	40.9	41.5	42.1	42.7	43.3	44.0	44.6	45.2	45.8	46.4
15000	47.1	47.7	49.3	48.9	49.6	50.2	50.8	51.4	51.9	52.6
16000	53.1	53.7	54.3	54.9	55.5	56.1	56.7	57.3	57.9	58.5
17000	59.1	59.7	60.3	60.9	61.6	62.3	62.9	63.6	64.4	65.0
18000	65.8	66.6	67.4	68.2	69.0	69.9	70.8	71.7	72.6	73.5
19000	74.4	75.4	76.3	77.1	78.0	78.9	79.8	80.8	81.8	82.3
					$P_{10/50}=2.1$W/kg					
5000	5.15	5.35	5.55	5.76	5.98	6.17	6.38	6.57	6.78	7.00
6000	7.22	7.42	7.62	7.84	8.05	8.26	8.48	8.70	8.90	9.12
7000	9.35	9.55	9.76	9.98	10.02	10.4	10.6	10.8	11.0	11.3
8000	11.5	11.7	12.0	12.2	12.4	12.6	12.8	13.1	13.3	13.5
9000	13.8	14.0	14.3	14.5	14.8	15.1	15.3	15.6	15.9	16.2
10000	16.5	16.8	17.1	17.4	17.8	18.1	18.4	18.8	19.2	19.6
11000	20.0	20.4	20.8	21.2	21.7	22.1	22.6	23.0	23.5	24.5
12000	24.5	25.0	25.4	26.0	26.4	27.0	27.5	28.0	28.5	29.0
13000	29.5	30.0	30.5	31.0	31.6	32.1	32.6	33.1	33.6	34.2
14000	34.7	35.2	35.7	36.2	36.7	37.2	37.8	38.3	38.8	39.4
15000	39.8	40.4	40.9	41.4	41.9	42.4	42.9	43.5	44.0	44.5
16000	45.0	45.6	46.1	46.6	47.1	47.7	48.2	48.7	49.2	49.7
17000	50.2	50.7	51.3	51.8	52.3	52.9	53.5	54.1	54.7	55.4
18000	56.1	56.8	57.4	58.1	58.9	59.6	60.3	61.0	61.8	62.6
19000	63.4	64.1	64.8	65.6	66.4	67.2	67.9	68.7	69.4	70.3

表 3-3-3 中小型变压器用硅钢片的单位损耗及励磁特性曲线数据

磁感应强度 B (10^{-4}T)	硅钢板型号											
	D43—0.35			D31—0.35			D32—0.35			D33—0.35		
	$\frac{W}{kg}$	$\frac{VA}{kg}$	$\frac{VA}{cm^2}$	$\frac{W}{kg}$	$\frac{VA}{kg}$	$\frac{VA}{cm^2}$	$\frac{W}{kg}$	$\frac{VA}{kg}$	$\frac{VA}{cm^2}$	$\frac{W}{kg}$	$\frac{VA}{kg}$	$\frac{VA}{cm^2}$
11000	1.28	6.51	0.79	1.09	3.70	0.22	0.95	3.06	0.22	0.83	2.56	0.22
11100	1.31	6.78	0.83	1.10	3.80	0.23	0.967	3.21	0.23	0.84	2.68	0.23
11200	1.33	7.06	0.80	1.12	3.90	2.25	0.984	3.26	0.25	0.85	2.81	0.25
11300	1.35	7.37	0.90	1.14	4.02	0.27	1.00	3.50	0.27	0.87	2.93	0.27
11400	1.37	7.71	0.94	1.16	4.16	0.29	1.02	3.65	0.29	0.88	3.06	0.29
11500	1.40	8.05	0.98	1.18	4.30	0.31	1.04	3.80	0.31	0.90	3.18	0.31
11600	1.43	8.41	1.02	1.20	4.50	0.34	1.05	3.95	0.34	0.91	3.30	0.34
11700	1.45	8.77	1.06	1.22	4.70	0.37	1.07	4.10	0.37	0.93	3.43	0.37
11800	1.48	9.16	1.10	1.24	4.88	0.40	1.09	4.24	0.40	0.94	3.55	0.40

续表

磁感应强度 B (10^{-4}T)	硅钢板型号											
	D43—0.35			D31—0.35			D32—0.35			D33—0.35		
	W/kg	VA/kg	VA/cm²	W/kg	VA/kg	VA/cm²	W/kg	VA/kg	VA/cm²	W/kg	VA/kg	VA/cm²
11900	1.51	9.58	1.14	1.26	5.04	0.43	1.10	4.39	0.43	0.96	3.68	0.43
12000	1.54	10.0	1.18	1.28	5.20	0.47	1.12	4.64	0.47	0.97	3.80	0.47
12100	1.57	10.46	1.22	1.30	5.48	0.50	1.14	4.78	0.50	0.99	3.97	0.50
12200	1.60	10.92	1.27	1.33	5.76	0.53	1.16	5.52	0.58	1.00	4.14	0.53
12300	1.62	11.39	1.33	1.35	6.06	0.56	1.18	5.26	0.56	1.02	4.31	0.56
12400	1.65	11.87	1.39	1.38	6.38	0.61	1.20	5.50	0.61	1.03	4.48	0.61
12500	1.68	12.35	1.45	1.40	6.70	0.64	1.22	5.75	0.64	1.05	4.65	0.64
12600	1.70	12.91	1.51	1.43	7.02	0.67	1.23	5.99	0.67	1.06	4.82	0.67
12700	1.73	13.47	1.57	1.45	7.34	0.72	1.25	6.23	0.72	1.08	4.99	0.72
12800	1.75	14.1	1.63	1.48	7.70	0.77	1.27	6.47	0.77	1.00	5.16	0.77
12900	1.78	14.8	1.69	1.50	8.10	0.80	1.29	6.71	0.80	1.11	5.33	0.80
13000	1.80	15.5	1.75	1.52	8.50	0.85	1.31	6.95	0.85	1.13	5.50	0.85
13100	1.84	16.3	1.81	1.55	8.82	0.90	1.33	7.27	0.90	1.14	5.70	0.90
13200	1.88	17.1	1.87	1.59	9.14	0.94	1.35	7.58	0.94	1.16	6.04	0.94
13300	1.92	18.0	1.93	1.61	9.50	0.99	1.37	7.90	0.99	1.17	6.31	0.99
13400	1.95	19.0	1.99	1.64	9.90	1.04	1.39	8.21	1.04	1.19	6.58	1.04
13500	1.98	20.0	2.06	1.66	10.3	1.10	1.42	8.53	1.10	1.21	6.85	1.10
13600	2.02	21.2	2.14	1.69	10.74	1.15	1.44	8.84	1.15	1.22	7.12	1.15
13700	2.05	22.4	2.22	1.71	11.18	1.20	1.46	9.16	1.20	1.24	7.39	1.20
13800	2.08	23.6	2.30	1.74	11.62	1.26	1.48	9.47	1.26	1.26	7.66	1.26
13900	2.12	24.8	2.38	1.77	12.06	1.31	1.50	9.79	1.31	1.28	7.93	1.31
14000	2.15	26.0	2.46	1.79	12.5	1.37	1.52	10.1	1.37	1.29	8.20	1.37
14100	2.19	27.4	2.55	1.81	12.98	1.41	1.54	10.6	1.41	1.31	8.61	1.41
14200	2.22	28.8	2.65	1.84	13.46	1.48	1.57	11.2	1.48	1.33	9.02	1.48
14300	2.25	30.3	2.75	1.86	13.96	1.54	1.59	11.7	1.54	1.35	9.43	1.54
14400	2.28	31.9	2.85	1.89	14.48	1.60	1.61	12.3	1.60	1.37	9.84	1.60
14500	2.32	33.5	2.95	1.91	15.0	1.66	1.64	12.8	1.66	1.40	10.3	1.66
14600	2.35	35.3	3.05	1.94	15.56	1.72	1.66	13.3	1.72	1.42	10.7	1.72
14700	2.38	37.1	3.15	1.97	16.12	1.80	1.681	13.88	1.80	1.437	11.07	1.80
14800	2.42	39.0	3.25	2.00	16.62	1.87	1.704	14.42	1.87	1.46	11.48	1.87
14900	2.46	41.2	3.35	2.03	17.06	1.94	1.727	14.96	1.94	1.48	11.89	1.94
15000	2.50	43.6	3.45	2.05	17.5	1.98	1.75	15.5	1.98	1.50	12.3	1.98
15100				2.09	18.1	2.05	1.782	16.22	2.05	1.53	12.95	2.05
15200				2.115	18.7	2.13	1.814	16.94	2.13	1.56	13.6	2.13
15300				2.145	19.34	2.19	1.846	17.66	2.19	1.88	14.25	2.19
15400				2.175	20.02	2.26	1.878	18.38	2.26	1.62	14.9	2.26

注 表中$\frac{W}{kg}$表示单位铁损；$\frac{VA}{cm^2}$表示硅钢片接缝处的励磁容量；$\frac{VA}{kg}$表示励磁容量。

第四节 电工用纯铁材和纯铁薄板

一、纯铁材的电磁性能

纯铁材的电磁性能如表 3-4-1 所示。表内的标准引自 YB200—75。表中 B_5、B_{10}、B_{25}、B_{50}、B_{100} 分别表示磁场强度为 500、1000、2500、5000、10000 A/m时的磁感应强度值。

二、纯铁薄板的电磁性能

纯铁薄板的电磁性能如表 3-4-2 所示。

表 3-4-1 纯铁材的电磁性能

磁性等级	代 号	矫顽力 不大于		最大磁导率 μ 不小于		磁感应强度（10^{-4}T） 不小于				
		A/m	Oe	Gs/Oe	H/m	B_5	B_{10}	B_{25}	B_{50}	B_{100}
普级	DT3、DT4、DT5、DT6	96	1.2	6000	4776×10^{-8}	14000	15000	16200	17100	18000
高级	DT3A、DT4A、DT5A、DT6A	72	0.9	7000	5572×10^{-8}					
特级	DT4E、DT6E	48	0.6	9000	7164×10^{-8}					
超级	DT4C、DT6C	32	0.4	12000	9552×10^{-8}					

注 表中 B_5，B_{10}，B_{25}，B_{50}，B_{100} 分别表示磁场强度为 500A/m，1000A/m，2500A/m，5000A/m，10000A/m 时的磁感应强度。

表 3-4-2 纯铁薄板的电磁性能

磁性等级	代 号	矫顽力 不大于		最大磁导率 μ 不小于		磁感应强度（10^{-4}T） 不小于				
		A/m	Oe	Gs/Oe	H/m	B_5	B_{10}	B_{25}	B_{50}	B_{100}
普级	DT3、DT4、DT5、DT6	96	1.2	6000	4776×10^{-8}	14500	15500	16500	17500	18500
高级	DT3A、DT4A、DT5A、DT6A	80	1.0	7000	5572×10^{-8}					
特级	DT4E、DT6E	56	0.7	9000	7164×10^{-8}					
超级	DT4C、DT6C	32	0.4	12000	9552×10^{-8}					

注 表中 B_5，B_{10}，B_{25}，B_{50}，B_{100} 分别表示磁场强度为 500A/m，1000A/m，2500A/m，5000A/m，10000A/m 时磁感应强度。

第五节 其他磁性材料

一、软磁铁氧体

铁氧体电阻率高（1～108Ω·m），涡流损耗小，特别适用于高频领域。常用的软磁铁氧体有 Mn-Zn、Ni-Zn、Mn-Mg 等尖晶石型及含 Ba 平面型六角晶系铁氧体，磁导率和饱和磁感应强度高、矫顽力低，化学稳定性好，价格低廉，性能受频率影响小。无线电、微波和脉冲技术中广泛用作各类高频电感和变压器铁芯、磁头、电波吸收材料、磁传感器及毫米波旋磁材料等。Mn-Zn 用于 1MHz 以下；Ni-Zn 用于 1～200MHz 范围。几百兆赫到数兆赫范围内，多用平面六角铁氧体。

二、磁记录和磁记忆材料

（一）磁记录和记忆介质

磁记录介质要求信息密度大，保存性好，因此，应具有较大的 B_r 和 H_{CB}，矩形比大。将材料薄薄地涂敷在非铁磁性衬底上，制成磁鼓，磁带和磁盘，作为表面存储器。

（1）磁光记录介质。综合了磁性介质的可擦除可重写特性及光盘的大信息容量、非接触读写、可更换性等优点，是目前最先进的可擦除光存储技术。在计算机大容量存储器、数字化录音、录像系统中的应用越来越多。

（2）磁泡记忆材料。当铁磁材料的薄膜具有垂直膜面的单轴磁各向导性时，在一定外磁场下可产生圆柱状磁畴，称为磁泡。利用磁泡的“有”与“无”来代表二进制数码，在外磁控制下，磁泡具有可以产生、传输、复制、读出、擦除等功能。所制成的磁泡存储器是全固态器件，具有容量大、体积小、功耗小、可靠性高等优点，目前已有单片容量为 4Mbit 的磁泡存储器商品，并且还在继续发展中。在计算机、电话通信系统、飞行记录器及数控设备中获得了广泛的应用。石榴石铁氧体磁泡材料已逐渐成为磁泡材料的主流，其他还有非晶膜及正铁氧体等。

（二）磁头材料

磁头材料有热压 Ni-Zn 铁氧体、热压 Mz—Zn 铁氧体、单晶 Mn—Zn 铁氧体以及 4%Mo 坡莫合金、铝铁合金、铝硅铁合金等，要求 B_s 高、B_r 和 H_{CB} 低，磁导率高，磁致伸缩系 λ_s 低，硬度大，耐磨性、温度稳定性好等。

三、磁滞伸缩材料

铁磁性和亚铁磁性材料由于磁化状态的改变，引起长度和体积微小变化的现象称为磁滞伸缩，磁性体长度沿磁化方向的相对变化率（即 $\lambda=\Delta l/l$）称为磁滞伸缩系数。要求磁滞伸缩材料应具有大的机电耦合系数（磁弹耦合常数）K 和良好的力学性能。磁滞伸缩材料可分为三类：①金属磁滞伸缩材料；②铁氧体磁滞伸缩材料；③稀土超磁滞伸缩材料，如 RFe_2，用于各种传感器和声发射器等。

四、永磁材料

用于电动机的不同永磁材料的典型性能如图 3-5-1 所示，高斯（G）和奥斯特（Oe）分别是磁通密度和矫顽力的非国际单位，广泛应用在磁场中，$1G=10^{-4}T$ 和 $1Oe=10^3/(4\pi)$ A/m。铁氧体价格低廉，而且其去磁特性几乎是一条直线，是传统永磁电动机常用的永磁材料，但由于铁氧体的磁能极低，使电动机体积相当庞大。铝镍钴材料剩磁高，但矫顽力低，抗去磁能力低，限制了它在电动机中的应用。钐-钴（Sm-Co）材料剩磁和矫顽力都相当高，但价格昂贵限制了它在电动机中的广泛应用。钕-铁-硼（Nd-Fe-B）永磁材料具有最高的剩磁和矫顽力，价格相对低廉，使得它在永磁电动机中具有很好的应用前景。永磁材料的另一个重要参数是最大磁能积，用来衡量最大存储能量。表 3-5-1 是典型永磁材料性能的主要情况。

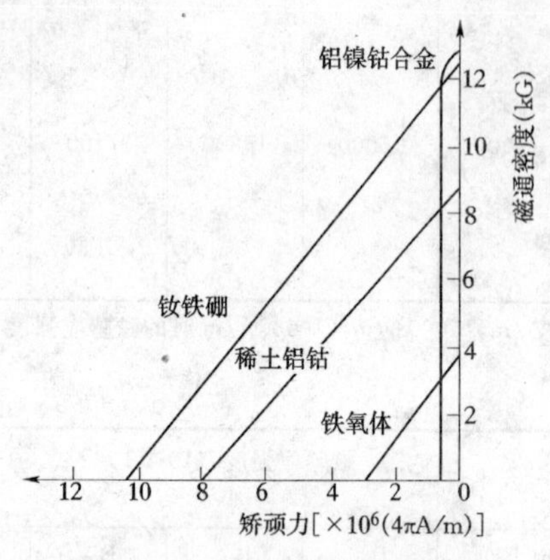

图 3-5-1 永磁材料的退磁特性曲线

表 3-5-1 典型永磁材料的性能

项目	钕-铁-硼	钐-钴	铝镍钴	铁氧体
剩余磁感应强度 B_r（kGs）	12.5	8.7	12.8	3.8
矫顽力 $H_c[\times10^6/(4\pi)A/m]$	10.5	8.0	0.6	3.0
最大磁能积 BH_{max} $[MG\times10^3/(4\pi)A/m]$	36.0	18.3	5.5	3.5
回复磁导率 μ_r	1.8	1.0	4.0	1.0
居里温度（℃）	310	720	800	310
温度系数（%/℃）	−0.13	−0.04	−0.03	−0.19

永磁材料的特性通常与温度有关，一般永磁体随温度的增加而失去剩磁，如果永磁体的温度超过居里温度，则其磁性为零。退磁特性曲线也随温度变化，在一定温度范围内，其变化是可逆的，且近似线性。因此，在设计永磁电动机时，必须考虑电动机运行过程中温度的变化范围。

第四章 特殊光、电功能材料

第一节 光电材料

一、光电导材料

光电导材料是指在光照下呈现电导急剧增加的材料。主要的光电导材料有硒系光电导材料、有机光电导材料和无定性硅系列光电导材料。广泛用于静电复印、静电制板、全息照相、激光打印等领域。

（一）硒系光电导材料

无定形硒具有高的暗电阻率、高的光电导性、耐腐蚀性优良、可重复使用等优点，至今在复印感光体中仍占主流地位。硒感光体主要有硒板和硒鼓，结构上分为单层、双层和多层。硒板主要用于 X 光探伤和 X 光诊断。硒鼓主要用于复印机、激光打印机。

（二）有机光电导材料（OPC）

有机光电导材料（OPC）具有成本低、工艺简单、寿命长、质量轻的特点，因而应用十分广泛。除用于普通复印机外，还可以用于激光打印机及智能激光复印机。新型复印机中已采用 OPC 感光体。较有发展前途的有偶氮系、酞菁系产品。酞菁系感光体的感度伸向红外区。OPC 感光体的关键技术是提高感光灵敏度，具体的增感技术有 4 种：①添加色素；②形成电荷转移络合物；③感光材料在感光体内为微晶分散型；④采用多层结构机能分离型，即载流子的发生与输送分别由载流子产生层（CGL）和载流子输送层（CTL）来完成。使用低分子树脂分散型载流子发生材料（CGM）可以得到较大的载流子迁移率。

（三）无定形硅系列光电材料

分为氢化无定性硅（a-Si：H）和无定形硅合金两种。无定形硅合金又可分为无定形锗化硅（a-SiGe：H）、无定形碳化硅（a-SiC：H）、无定形氮化硅（a-SiN：H）以及部分氢被 F 置换的无定形硅。无定形硅系列感光体不仅感度高，且无公害、寿命长、可靠性高，是一种非常理想的感光材料，广泛用于复印机和打印机的感光体。

二、光敏电阻材料

光敏电阻材料是在光照下电导率能发生改变的物体。光敏电阻是均质型半导体光电器件，选用禁带宽、迁移率大的 N 型半导体可获得大的增益。

光敏电阻通常采用蒸发的方法制得 0.1～1μm 大小的晶粒聚合而成的 1μm 厚的多孔结构。常用光敏电阻材料有硫化铅、碲化铅、砷化铅、硫化镉、锑化铟等。

三、光电阴极材料与光电二极管

（一）光电阴极材料

光电阴极材料主要有多碱光电阴极材料（锑、铯在可见光区，银、氧、铯等波长可延伸到红外区，能满足夜视技术和激光技术发展的需要）、零电子亲和势材料（铯被吸附在掺锌的 P 型砷化镓表面）和负电子亲和势材料（重掺杂的 P 型砷化镓覆盖（Cs_2O 层）。

（二）光电二极管

按工作条理光电二极管分为耗尽层型和雪崩型；按器件结特性可分为 P-N 结、P-I-N 结、异质结、金属半导体（消特基势垒）结；按对光的响应可分为紫外、红外、可见光波段的光电二极管。决定光谱响应的关键因素是材料的吸收系数 α（强烈地依赖波长），硅、锗和砷化镓等Ⅲ～Ⅴ族化合物半导体都可制作光电二极管。

四、红外光电导探测器材料

大气中对红外辐射的"透明窗"主要分布在 1～3μm、3～5μm、8～14μm 三个波段。

本征半导体探测器用于长波限在 7.5μm 以内的红外区

中，效率高、响应时间较短，工作温度不要求极低，使用方便。三元系碲镉汞和碲锡铅因其禁带宽度在0.09～0.05eV，可制作8～14μm波段的本征探测器。

制作非本征半导体红外探测器的材料有掺杂锗。锗-硅合金和掺硼、铝、镓、磷、砷、锑等杂质的硅。掺杂锗探测器响应时间较短，但工作温度要求较低。

五、太阳能电池材料

太阳能电池材料是利用光生电动势效应将光能转换为电能的固态电子器件。光电池分为金属—半导体和P-N结型半导体两类。光电流与材料禁带宽度有密切关系，应尽量选择E_g在0.9～1.5eV范围内的半导体材料。非晶硅（α-Si）光电性能优良，吸收系数比单晶硅大一个数量级，单位面积非晶硅太阳能电池用硅量仅为单晶硅太阳能电池的1%，它可沉积在金属及玻璃片上，做成大面积电池。

第二节 发光材料

能把其他能量转变为光能的发光材料有电（场）致发光材料、荧光材料、磷光体和激光器材料。

一、电（场）致发光材料

可将电能（电场激发）直接转换成光能的材料太多是半导体材料，如ZnS、SiC、CaP、ZnTe、InAs、PbSe、CaAsP、InCaAs等。

发光二极管（LEI）是利用半导体P-N结、MS结、MIS结制成的发光器件，用于显示、显像、探测辐射等领域。用于固体显示的发光材料有注入型场致发光材料和本征场致发光材料。用Zn和O掺入晶体后，红光的发光效率可达7%，是目前发光效率最高的材料之一。

二、荧光材料和磷光体

（一）荧光材料

荧光材料的特点是分子或原子吸收能量后即刻发光，供给能量中断时，发光几乎立即停止。荧光材料分为光到荧光、电致荧光和射线荧光等几类。只有以苯环为骨干的芳香旋化合物和杂环化合物才能产生荧光。

（二）磷光体

磷光体是具有缺陷的某些复杂的无机晶体物质，它吸收能量后所发射的光量子能量和波长与荧光一样，但激发态持续时间长。磷光体最重要的应用是显示和照明，常用磷光体的应用如表4-2-1所示。

表4-2-1 磷光体材料要求和应用

磷光体材料	要求	应用
ZnS：Ag，ZnS：Cu涂蒽	涂层物质余辉短	α射线
NaⅠ：TⅠ	透明单晶	γ射线
$CaWO_4$，Y_2O_2S:Tb，BaFCl:Eu	灵敏度高	X射线
[$3Ca_3(PO_4)_2\cdot Ca(F,Cl)_2$:Sb，Mn]，$BaMg_2$:$Al_{16}O_{12}$:Eu，(Ce，Tb)$MgAl_{11}O_{19}$ Y_2O_3:Eu	提高显色性和亮度	荧光灯
$Y(P,V)O_4$:Eu	提高显色性	高压汞灯
(LaF_3:Yb，Er)，($NaYF_4$:Yb，Er)	红外光转换成可见光	红外

续表

磷光体材料	要求	应用
蓝：ZnS:Ag 黄[(Zn，Cd)S:Cu，Al]	蓝色、黄色混合获得白色	黑白电视
蓝：ZnS:Ag 绿：[(Zn，Cd)S:Cu，Al]和(ZnS:Cu，Al) 红：Y_2O_3S:Eu或Y_2O_3:Eu	蓝、绿、红三色	彩色电视
ZnS:Ag和[(Zn，Cd)S:Cu，Al] ZnF_2:Mn和MgF_2:Mn	要求长余辉	雷达

注 磷光体由基质和激活剂两部分组成，基质多半是Ⅱ族金属的硫化物、硒化物和氧化物，如CaS、BaS，ZnS、CdS等，激活剂是重金属，如Ag，Cu，Mn等

三、激光器材料

激光器材料有等离子体、气体、液体、半导体、晶体、玻璃和玻璃陶瓷等多种。晶体激光材料是在基质晶体中掺入适量的激活离子，激活离子来自3价和2价铁系、镧系和锕系元素。晶体激光材料大体又可分为氟化物、盐类和氧化物3类。半导体激光材料有硫化铅、砷化镓、锑化铟、砷化铟、锑化镓、磷化铟、铟镓砷、铟磷砷、铅镓砷、镓砷磷等。

第三节 铁电、压电和热释电材料

当外力使材料伸缩时会产生电压且具有可逆性质的材料称为压电材料，由于温度变化产生极化的材料称为热释电材料，它们都是由于材料存在自发激化引起的。不但具有自发激化、而且自发激化的方向能被外电场改变的材料称为铁电材料。同铁磁材料相似，铁电材料具有电畴和电滞回线。铁电、压电和热释电材料存在密切关系，有些材料本身同时就兼有这三种功能。

一、压电材料

常见的压电材料有压电晶体和压电陶瓷。可用于换能器，包括声—电换能型和水声—电换能型（如水声器）等。

（1）石英。是最早获得使用的压电材料。石英晶体透明度、稳定性极好，老化极微，不加防护能耐100%RH的温度；机械损耗小，机械特性稳定，最大安全力为98N/m；压电系数的温度特性好，没有热释电效应，体积电阻率高（$>10^{12}\Omega\cdot m$）；加工比较容易。

（2）水溶性压电晶体。耦合系数比水晶高，阻抗值及电阻率低，易受潮、温度特性差，机械强度低，正被压电陶瓷取代。

（3）铌酸锂（$LiNbO_3$）。用单晶拉晶法生长，耦合系数大，弹性损耗小，居里点高（1210℃），可用于高频或高温。

（4）压电陶瓷。由钛、钡、锆、铌等元素的氧化物经混合、成型、烧结后再经过高电压极化而成的多晶压电材料。钛酸钡发现最早，以后发展了锆钛酸铅系陶瓷，铌酸盐陶瓷、三元系和四元系压电陶瓷。

二、铁电体

（一）铁电晶体

铁电晶体的分类和用途如表4-3-1所示。

表 4-3-1 铁电晶体的分类和用途

<table>
<tr><th>类别</th><th colspan="2">分子式及性能</th><th>用途</th></tr>
<tr><td>钙钛矿型</td><td colspan="2">$BaTiO_3$
KN_bO_3</td><td>重要的电光和非线性光学材料</td></tr>
<tr><td rowspan="2">钨青铜型</td><td>$Sr_{1-x}Ba_xNbO_3$</td><td>室温时自发极化较大，抗光损伤能力强线性电光效应</td><td>热释电探测和电光器件</td></tr>
<tr><td colspan="2">$Pb_{1-x}Ba_xNb_2O_3$</td><td>很有前途的光折变材料</td></tr>
<tr><td rowspan="2">铌酸锂型</td><td>$LiNbO_3$</td><td rowspan="2">高自发极化和高居里点具有优良的压电、电光和声光特性</td><td>加入铁可提高光折变灵敏度，成为全息照相存储介质</td></tr>
<tr><td>$LiTaO_3$</td><td>快速光脉冲热释电探测器</td></tr>
<tr><td>氢键型</td><td colspan="2">KH_2PO_4</td><td>电光调制</td></tr>
</table>

（二）铁电陶瓷

由氧化物粉末经陶瓷工艺制成，是最重要的铁电材料。从晶体结构看有钙钛矿结构、钨青铜结构、层状氧化铋结构和焦绿石结构等。许多材料具有优良的铁电、压电、电光特性，广泛用于电容器、压电器件、电光器件和热释电器件等。钛酸钡是最早发现、研究最透的一种铁电体。

（三）铁电薄膜

因其具有电光效应、非线性光学效应、压电效应和热释电效应等多种特性，又具有便于平面化和集成化的特点，而获得广泛的应用。用于制造热释电探测器、超声传感器、记忆元件、光波导等。制造方法有电子束蒸镀、离子束溅射以及金属有机化学气相沉积等。

（四）弛豫型铁电陶瓷

这是一种具有扩散相变特征的铁电材料，在外电场作用下，形成的应变 x 与电场 E 的二次方成正比，比压电材料的应变大，是一种电致伸缩材料，如 Pb（Mg1/3Nb2/3）O_3 - $PbTiO_3$，可用于伺服位移制动器，光学应变镜、应变光栅、微角度调节器、超声外科手术刀、精密控位技术等。

三、驻极体和液晶材料

（一）驻极体

驻极体是在无外电场的条件下能长期保持电极化状态并向周围环境施加电作用力的电介质。驻极体有两类：①有机聚合物驻极体，如蜡、聚四氟乙烯（PTFE）、四氟乙烯和六氟丙烯共聚物（Teflon - FEP）、聚偏氟乙烯（PVDF）、聚酯（PET）、聚乙烯（PE）等，其中氟碳聚合物化学结构稳定、热稳定性好，电荷密度高、且保存能力强，是优良的驻极体材料。②无机材料驻极体，如钛酸盐类陶瓷（$BaTiO_3$ 等），金属氧化物（Al_2O_3、SiO_2）等。按驻极方法不同，可得到热驻极体、电驻极体、光驻极体和辐射驻极体。驻极体具有静电效应，压电效应和热电效应，广泛用于制造各种电声器材、高效空气过滤器、治疗软组织等。

（二）液晶

液晶分子呈长线形或盘形。液晶主要用作各种显示器件，其最大特点是“无源显示”，显示工作电压为 20～30V，功耗为 $500\mu W/cm^2$；场效应液晶功耗更小，仅几毫瓦，工作电压仅为 3～5V。用于光电显示的多为向列型液晶。目前使用的材料有芳酯类、氰基联苯类和苯基环烷等有机化合物。

第四节 敏感材料

一、电压敏感材料

电压敏感材料是具有电流电压非线性特性的材料。电流—电压特性近似表示为 $I=(U/C)^\alpha$ 式中，C 为压敏电阻常数（相当于电阻值）；α 为非线性指数。氧化锌是最重要的压敏陶瓷材料，在电力系统、电子线路和电气设备中得到广泛应用，尤其在过电压保护、高能浪涌的吸收以及高压稳定等方面更为突出。

二、热敏及 PTC 材料

它们是电阻率 ρ 随温度发生显著变化的材料，$\rho=\rho_0\exp(B/T)$ 式中，ρ_0，ρ 为升温前后的电阻率，B 为材料常数（K）。

热敏材料一般分为三类：①负温度系数（NTC）材料，广泛用于控温和测温传感器，如 Mn - Co - Ni 系，B 值为 2000～7000K，使用温度小于 200℃。②正温度系数（PTC）材料，具有温度开关特性；③负电阻突变特性（CTR）材料，即临界温度热敏电阻，如 Ag_2S - CuS 系和 V 系氧化物材料，用于火灾报警器。

PTC 材料主要用于火警探测传感器、温度自控、过电流过热保护、彩电消磁、电动机起动、墙体、输油管道加热等场合。

三、力敏材料

电学特性随外力作用而发生显著变化的材料。由于测量电阻值比测量电容值方便，因此一般应用电阻型力敏材料。最常用的有两类，即金属应变电阻材料和半导体压阻材料。目前制造力敏元件最常见的材料是硅半导体材料，元件的电特性决定于制造过程中掺入或扩散到硅单晶中的杂质。单晶硅的灵敏系数具有各向异性的特点。

四、湿敏材料

电学特性随湿度发生显著变化的材料。一般是利用表面吸附引起的电导率变化获得有用信号。成分主要是不同类别的金属氧化物，结构上采用微粒状粉末堆积体或多孔状的多晶烧结体。电阻率通常为 $10^{-6}\sim10^{6}\Omega\cdot m$。可分为负特性湿敏材料、正特性湿敏材料。典型的湿敏材料是 Fe_3O_4 粉。

五、气敏材料

物理参量随外界气体种类和浓度而变化的敏感材料。主要有 SnO_2、ZnOPt - Al_2O_3 + P_t 丝、CaO - ZrO_2（CSZ）等。气敏材料的主要性能参数是灵敏度、响应时间、恢复时间、选择性、稳定性等。

六、磁敏电阻材料

磁敏电阻材料的电阻值随外旋磁场的变化而变化。与霍尔器件相比，磁敏电阻结构简单、可将多个元件集成在同一基片上，使温度系数很小（达 10^{-5}/℃）。磁敏电阻有半导体磁敏电阻和强磁性薄膜磁敏电阻两类。

第五节　石　墨　烯

石墨烯只有一个原子那么厚，是到目前为止发现的最薄材料。它是碳原子紧密排列在蜂巢状晶格中所形成的薄片。它看上去有点像用碳原子和它们的键组成的轻质镀锌六角形网眼铁丝网。

石墨烯具有超强的传导性，传热和传电性能均优于包括铜在内的其他材料，而且比金刚石更坚固。

2004年，海姆和诺沃肖洛夫找到了用胶布从石墨中分离出一个个石墨片的方法。

石墨烯的发现彻底改变了材料学和凝聚态物理学，使物理学家们得以研究性能独特的二维材料。可能的应用包括制造出比当今硅晶体管传输速度更快的石墨烯晶体管和推动出现效率更高的计算机。

生于俄罗斯的科学家安德烈·海姆和康斯坦丁·诺沃肖洛夫于2010年10月5日共同获得诺贝尔物理学奖，他们对一种超薄材料的“突破性试验”有望在电子方面发挥重要作用。

海姆和诺沃肖洛夫都与英国的大学有关联，瑞典皇家科学院表彰他们在石墨烯试验方面的成就。

表彰书宣称，关于石墨烯的试验可能会使科学家们研制出新的材料并“制造出新颖的电子产品”，包括运算速度更快的计算机。瑞典皇家科学院说：“石墨烯实际上是透明的，导电性能好，因此适合生产透明触摸屏、平板阅读灯乃至太阳能电池。”

海姆是曼彻斯特大学的物理学教授，海姆2009年因发明了用碳原子、尤其是石墨烯制成的二维晶体而获得著名的克贝尔基金会欧洲科学奖。这一发明“有可能给微电子世界带来一场革命”。曼彻斯特大学副校长南希·罗思韦尔说：“我们很高兴安德烈和康斯坦丁关于石墨烯的研究得到了2010年诺贝尔奖评委会给予的最高级别的认可。”她说，这一发明是一个绝妙典范，它基于科学上的好奇心，对社会具有实际应用价值并可以带来经济利益。

第六节　太阳能光伏玻璃

一、太阳能光伏玻璃的分类与应用

1. 光伏玻璃分类

用于太阳能电池的光伏玻璃基片，一般包括超薄玻璃、表面镀膜玻璃、低铁含量的（超白）玻璃等类型。根据使用的性质和制造方法不同，光伏玻璃又可分为3种产品。即平板型太阳能电池的盖板，一般为压延玻璃；在平板玻璃表面镀上通常厚度只有几微米的半导体材料制成的薄膜电池导电基片；集热式光伏系统使用的透镜或反光镜类的玻璃。这3种产品的特性和作用完全不同，其附加值也有很大的差别。

如今应用最广的太阳能光伏玻璃是高透光率玻璃，它是低铁含量的玻璃，也就是我们俗称的超白玻璃。铁在普通玻璃中属于杂质（吸热玻璃除外），铁杂质的存在，一方面使玻璃着色，另一方面增大玻璃的吸热率，也就降低了玻璃的透光率。

玻璃中的铁是由原料本身、耐火材料或金属材质的生产设备等引入的，不可能完全避免。人们只能通过生产控制尽可能减少铁在玻璃中的含量。目前，太阳能电池玻璃的铁含量在0.008%～0.02%之间，而普通浮法玻璃的铁含量在0.7%以上，低的铁含量杂质可带来高的太阳光透过率。就国内应用最多的3.2mm厚和4mm厚玻璃而言，太阳光可见光透射比一般达到90%～92%。

太阳能光伏玻璃作为太阳能装置的最重要组件之一，要求玻璃板必须高度透明，因此对用于生产太阳能玻璃的硅质原料中含铁量要求十分严格，Fe_2O_3 含量一般在140～150ppm。

2. 光伏玻璃的应用

据报道，世界上最早采用透明平板玻璃作基板研制应用于太阳能电池的国家是德国。德国科技人员将这种板状的太阳能电池作为窗玻璃安装在建筑物上，它可将摄取的电能直接供给住户使用，多余的电能还可输入电网，这种最初的太阳能电池用玻璃的开发利用，不久后被美国及日本等国所重视，由此加快了用于太阳能的低铁、超薄玻璃的研制开发与应用的步伐。目前，国内一些大企业开始介入太阳能电池玻璃生产领域，单条生产线的生产能力在日产250～500t据了解，我国光伏领域玻璃的需求量以每年50%的速度递增，2010年已超过2500万 m^2，太阳能电池玻璃市场前景非常广阔。从发展趋势看，我国将成为未来太阳能电池玻璃重要的生产基地。

我国太阳能玻璃的生产起步较晚。目前国内能够生产低铁（超白）玻璃（含压延超白玻璃）的生产线已经有10多家，分布在山东、江苏、上海、浙江、广东、河南等地区，拥有20多条生产线，实际产能约日产3000t左右。其中山东、江苏、上海、浙江、广东等地的产品大部分出口荷兰、德国、日本、韩国、泰国等地，在国内基本直接出售原片给其他加工玻璃商的市场正逐步上升。

就目前国际市场而言，世界上只有美国PPG、法国圣戈班、英国皮尔金顿、日本旭硝子、比利时Glaverbel等少数企业能够生产质量优异的低铁超白太阳能玻璃，但产量无法满足全球日益增长的市场需求。

二、TCO镀膜玻璃的特性及种类

TCO玻璃是一种镀有导电膜的光伏玻璃，即透明导电氧化物镀膜玻璃，它是在平板玻璃表面通过物理或化学镀膜的方法均匀镀上一层透明的导电氧化物薄膜。TCO玻璃首先被应用于平板显示器中，现在ITO类型的导电玻璃仍是平板显示器行业的主流玻璃电极产品。近几年，晶体硅价格的上涨极大地推动了薄膜太阳能电池的发展。目前，薄膜太阳能电池占世界光伏的市场份额已超过10%，光伏用TCO玻璃作为电池前电极的必要构件，市场需求迅速增长，已成为高科技镀膜玻璃产品。

在太阳能电池中，晶体硅片类电池的电极是焊接在硅片表面的导线，前盖板玻璃仅需达到高透光率就可以了。薄膜太阳能电池是在玻璃表面的导电薄膜上镀制一种半导体膜，再镀制背电极。当光伏产业以连续5年近40%的速度向前发展时，主流产品晶体硅太阳能电池的上游原材料多晶硅的供给出现了空前的紧缺。多晶硅价格从2003年的24美元/kg上涨到目前现货价格超过300美元/kg。与晶体硅太阳能电池相比，薄膜太阳能电池具有弱光应用性强及形状可塑性强等特点，晶体硅价格的上涨无形中推动了薄膜太阳能电池的发展。目前，薄膜太阳能电池占世界光伏市场份额已超过10%，伴随着多晶硅价格的走高，薄膜太阳能电池的发展有望进一步加速。

由于薄膜电池的转化效率各不相同，我们以主流的非晶硅为计算依据，折合每平方米的电池标称功率为50W，也就是说，每50W的电池将使用$1m^2$的TCO玻璃。据此可以计算出，2007年世界上光伏产业对TCO玻璃的需求为700万m^2。这一数字看似不大，但正是由于TCO玻璃生产技术的高端性，导致目前世界上的主要供应商仅有两家。随着太阳能电池产业超过50%的年增长率，产品已经开始供不应求，每平方米售价达到了20美元以上。

据有关权威机构预测，薄膜太阳能电池将继续保持高速增长。目前，多家厂商和研究机构正在进行TCO玻璃产业化的过程，产量将会不断扩大，高性能的新型产品也将不断推出。正是由于薄膜太阳能电池的飞速发展，使目前光伏用TCO玻璃在市场上变得非常紧俏。在导电玻璃的领域中，光伏TCO玻璃有着独特的性能要求，这些特性指标与太阳能电池的输出特性密切相关。可以说，薄膜太阳能电池的发展将在一定程度上依赖于光伏TCO的改进程度。能源的紧缺促进了光伏产业的发展，也必将拉动光伏TCO玻璃产品的市场需求。

但由于TCO玻璃对透光率、厚度、导电能力等指标都要求苛刻，生产技术门槛较高，目前TCO玻璃工艺主要掌握在海外公司手中。此外，TCO玻璃镀膜设备因技术难度高及投资成本高，被美国等少数厂商垄断，国内介入TCO玻璃生产的厂商现今还不多。目前，国内TCO玻璃严重供不应求，已突破技术难关的国内企业，订单饱满，可在较长时间内享受技术壁垒带来的行业高利润率。

第七节　碳　纤　维

碳纤维是高性能纤维家族中的一员。高性能纤维具有轻质、高强等特点，对我国实现低碳经济、拉动消费需求，以及带动传统产业升级具有重要意义。

在能源领域，碳纤维/环氧复合材料是制造风机叶片的最佳材料，可提高叶片刚度、减轻叶片重量。直径为120m的风机叶片部分使用碳纤维，可有效减少总体自重达38%，叶片成本降低14%，并使整个风力发电装置成本降低4.5%。另外，碳纤维能够为海上风力发电提供更轻质、更抗拉力、更耐腐蚀的叶片和塔架材料。

碳纤维复合材料替代传统钢制电缆芯，具有减重、降耗、易增容等特点，且价格竞争力逐渐显现，是电力输送新材料技术的发展趋势。目前，全球碳纤维复合芯导线应用里程超过10000km。2006年至今，国内已有100多条碳纤维复合芯导线线路挂线运行，总长超过5000km，占全球复合芯导线输电线路总里程一半以上。

交通领域，除大型商务客机外，新一代低碳汽车将大量采用碳纤维及芳纶纤维复合材料。碳纤维复合材料车身同比钢铁减重50%。有资料显示，汽车结构每减重10%，燃油消耗可节省7%，可大大减少寿命期内的使用成本。若车体减重20%～30%，每车每年CO_2排放可减少0.5t。意大利研制的K200Road双座全复合材料汽车，车体重仅300kg，号称世界上最轻的双人座轿车。英国研制了一款碳纤维节能汽车，较钢制车减重40%，油耗为35km/L，车速可达140km/h，价格不高于金属车。目前欧洲复合材料用量已达车体质量的15%左右，而我国仅为其半。同为交通运输领域，碳纤维及芳纶复合材料在高速列车车体和内装饰等部件也成为不可或缺的关键材料。

碳纤维复合材料在飞机上代铝可减重20%～30%。飞机结构从20世纪70年代开始应用复合材料，从不大受力的舱门、口盖、整流罩入手，再从舵面到尾翼，一直到今天的机身、机翼等主承力结构，从军机、民机、直升机一直到无人机，以至今天的B787、A350大型客机，基本是全复合材料飞机，尤其是机上的主结构，基本全由复合材料制成。

船舶轻量化爆发出的能量，要比在航空应用领域要多。碳纤维复合材料应用于船艇，比铝节约38%重量。海洋工程、潜艇上碳纤维的应用越来越多。

建筑及工业领域，碳纤维复合材料已大规模应用于桥梁及高层建筑的加固。2010年我国建筑补强领域T700碳纤维布的用量达到250万m^2。基于其轻质高强（可实现更大跨度、节省建造成本和资源消耗），耐腐蚀，抗超载和抗疲劳的优异性能，可做到结构免维护，避免断路维修，施工架设方便，社会总成本降低。7.8m长的平行钢丝索模量强度为1800MPa，而1.8m长的平行CFRP索模量强度即可达到3300MPa。快速架设应急桥梁可迅速恢复灾害导致的交通中断，在突发事件中提供交通保障。架设亚特兰大桥只用了1天时间，莫斯科人行桥仅用3小时即架设完成。2009年研发出的第三代拼装式全碳纤维桥，跨26m，8.5t重，可运载C130大力神飞机和CH47直升机。

高比强、高比模的碳纤维复合材料已成为航空航天器用最重要结构材料之一，可大幅度减重20%～30%，增大航程、降低油耗。利用材料的可设计性，可达到前掠翼、颤振、承力/隐身一体化，使结构整体优化，翼身融合、整体成型减少零件数，同时降低全寿命成本。导弹发射筒采用先进复合材料保守估计可降低重量30%，对于提高地面生存能力至关重要。石抽开采方面，可减轻重量、提高生产效率的碳纤维复合材料亦成为必需。

第八节　风电保护涂料

风电设备制造业在我国作为新兴产业，发展初期主要依靠引进吸收国外技术，配套的涂料系统也一度为进口产品所垄断，但随着近年来风电产业的爆发式增长，配套涂料的国产化已成为大势所趋。由于我国风力发电场所处的地域宽广，风机系统会遭遇到各种恶劣环境的侵蚀，如风沙、紫外光辐射、温差、雨雪、结冰等，尤其是海上风电，长期受到水汽、盐雾侵蚀及海浪的冲击，发生腐蚀问题，因此为保证风电装备20年的正常服务寿命，必须采取相关的保护措施，而涂料保护是其中重要的一个环节。风电保护涂料主要包括塔架防腐涂料和叶片保护涂料，而塔架底座、轮毂、轴承、机舱罩、整流罩，以及其他电气设备同样也需要涂料的防护。

氟碳涂料在未来风电市场的潜力巨大。未来引入风电防腐市场，可极大提高风电设备的耐候、防腐蚀等性能，延长设备保护期限、减少维护成本，相对目前风电设施所使用的聚氨酯体系涂料，氟碳体系涂料无疑将成为升级产品，对推动我国风电涂料的更新换代将起到非常积极的作用。中远关西涂料率先推出了针对风电塔筒的氟碳防腐解决方案，也是业内首个针对风电防腐需求所设计的氟碳涂料产品。同时，中远关西同氟碳树脂材料巨头大金氟涂料达成了合作意向，将联手开发针对风电设施的氟碳涂料产品。此外，我国西北地区正在进行大规模的风电场建设，而西北地区风沙大、气候变化异常，导致国外风电涂料出现水土不服。

目前中国所有的风电设备技术都是从国外引进或者是国际合作，自主开发能力较弱，与国外相比仍有很大差距。但风电保护涂料已主要在国内生产，这其中既包括传统的外资品牌，也包括许多国内新兴涂料企业的产品，但由于风电装备仍处于向大型化方向快速发展的阶段，这对涂料产品也提出了新的挑战。目前运行中的风电设施涂料全部为进口或国外品牌，也均在设计期限内，但实际运行效果并不理想，特别是在三北寒旱风沙区，由于塔内外壁腐蚀环境不同，外壁图层性能不足与内壁图层性能过剩，造成双重浪费。涂层保护研究与开发严重滞后，叶片风蚀损坏严重。过高的涂装成本与实际性能表现不对。而且现有的涂料多为溶剂型，污染严重，与风能环保属性不符。所以，风电制造成本和维护费用居高不下，严重影响到风电产业及风电装备制造业的发展。同时，我国风电行业存在一些问题，比如自主创新能力不强，过于依赖国外技术，缺乏完善的检测认证体系等，都制约着国产风电涂料品牌的发展。

我国涂料行业目前急需建立相配套的行业标准或国家标准，这一方面可以使各涂料企业在研发相关产品时有一个明确的技术参照，另一方面也有利于规范和引导市场，以对风电装备形成更好、更长期的保护。对于打破国外产品垄断局面，推动我国风电产业设施配套涂料的国产化进程，加快我国风电涂料产业发展步伐，促进我国民族涂料产业的发展，具有里程碑的意义。

第五篇

电气工程设备器件

第一章 电 机

第一节 概 述

一、电机的分类

电机是将电能转换成机械能或将机械能转换成电能的转换装置。它是依靠电磁感应而运行的，具有能够作相对旋转的部件，所以又称为旋转电机，简称为电机。

目前我国生产的电机按机座号（中心高或交流电机定子铁芯外径和直流电机电枢铁芯外径）大小或功率大小划分为大、中、小和分马力电机四种产品。其中分马力电机按用途又分为驱动用和控制用两个大类。对每一种产品又按它们的工作原理、结构特征、性能、用途等的不同，划分为异步、同步和直流电机三类。电机产品及其分类见表1-1-1。

表1-1-1 电机产品及其分类

类型 / 产品		直流电机	交流电机		
			异步电动机	同步电机	水轮发电机
大型电机		电枢外径 $D_e>990$mm	定子铁芯外径 $D_1>990$mm		功率 $P_N>10000$kW
中型电机		368mm<电枢外径 $D_e\leqslant990$mm	中心高 $H\leqslant630$mm 或定子铁芯外径 $D_1\leqslant990$mm		功率 $P_N\leqslant10000$kW
小型电机		中心高 $H\leqslant400$mm 或电枢外径 $D_e\leqslant368$mm			
分马力电机	驱动用	折算至1000r/min时连续额定功率不超过1马力的电动机			—
	控制用				

对于各类电机，还可按电机的使用环境、条件、用途、外壳防护型式、通风冷却方法和冷却介质、结构、转速、性能、绝缘、励磁方式和工作制等特征进行分类。对于发电机还可按原动机的类型分类。通常将具有同样使用条件、应用范围、结构类型、防护等级、性能特征等的同类产品，按一定的功率等级（递增）和安装尺寸排列的电机组成系列。

二、电机的额定值

（一）基准额定值

1. 直流发电机

指出线端的额定输出，用瓦（W）、千瓦（kW）或兆瓦（MW）表示。

2. 交流发电机

指出线端的额定输出，用伏安（VA）、千伏安（kVA）或兆伏安（MVA）为单位的视在功率连同功率因数来表示，也可用瓦（W）、千瓦（kW）或兆瓦（MW）为单位的有功功率来表示。如无其他规定，同步发电机的额定功率因数为0.8（过励）。

3. 电动机

指轴上的有效机械功率，用瓦（W）、千瓦（kW）或兆瓦（MW）表示。

4. 同步调相机

指线端的额定无功功率，用在欠励或过励状态下的乏（var）、千乏（kvar）或兆乏（Mvar）表示。

（二）电压的额定值

1. 额定电压

指在额定运行时线端间的电压，用伏（V）或千伏（kV）表示。

2. 在较小指定电压范围内运行的发电机的额定值

对直流发电机，除非另有规定，额定输出和电流应对应于该范围内的最高电压。

对交流发电机，除非另有规定，额定输出和功率因数应对应于该范围内的任何电压。

发电机在额定转速（交流发电机在额定功率因数）下，如电压与额定值的偏差不超过±5%时，输出功率仍能维持额定值。

电动机当电源电压（如为交流电源时频率并为额定）与额定值的偏差不超过±5%时，输出功率仍能维持额定值。

（三）多种额定值

1. 多速电机的额定值

对多速电机，应对每一转速给定明确的额定值。

2. 变量电机的额定值

当额定量（功率、电压和转速）可以有几个数值或在两个极限值内连续变化时，则额定值应规定为这几个数值或极限值。此项规定不适用于±5%的电压偏差，也不适用于Y—△起动。

（四）电机的定额

按照标准GB 755—81对电机规定的全部电量和机械量的数值，以及运行的持续时间及顺序，电机可分为以下类型。

（1）连续定额电机：按照规定的全部电量和机械量的数值，不受时间的限制连续运行的电机。

（2）短时定额电机：按照规定的全部电量和机械量的数值，在规定的持续时间限值内运行（由实际冷状态开始）的电机。标准的持续时间限值分为10min、30min、60min或90min四种。

（3）断续定额电机：按照规定的全部电量和机械量的数值，长期运行于一系列完全相同的周期的电机。此周期包括一个额定负载时间和一个停止时间，在停止时间内电机完全停止，所有电的或机械的输入功率均被切断。额定负载时间与整个周期之比称为负载持续率，用百分数表示。标准的负载持续率为15%、25%、40%或60%。每个周期为10min。如无其他说明，全部电量和机械量的数值系以25%的负载持续率为基准的数值。

（五）额定频率

指电机在额定运行时的频率，用赫（Hz）表示。

（六）额定电流

指电机在额定运行时的线端电流，用安（A）表示。其线端电流的实际数值，在效率及功率因数两者的容许范围内，可以与铭牌上所规定的数值有差别。

（七）额定转速

指电机在额定运行时的转速，用转/分（r/min）表示。

三、电机的工作条件

电机的工作条件系指电机的正常使用现场环境和使用条件。对有特殊环境和使用要求的电机，应明确规定各个环境因素的特征。从我国的自然环境、气候特点和地理位置出发，以使电机能在广大地区使用为前提，GB 755—81《电机基本技术要求》规定一般电机应能适应下列工作条件：

（一）海拔要求

海拔不超过 1000m。海拔超过 1000m（但不超过 4000m），则该电机在不同海拔处试验时，其温升限度应按试验地点与使用地点的海拔差进行校正，校正率为每 100m 0.5℃。对于冷却介质的绝对压力不受海拔影响的电机则不需校正。

（二）环境温度要求

环境温度不超过 40℃。如电机的冷却介质温度超过 40℃，则各种电机规定的温升限度应减去此超过值。如超过值在 10℃以上，则温升限度的降低值应由制造厂规定。冷却介质低于 40℃时，各种电机规定的温升限度对 E 级绝缘保持不变；对耐热更高的绝缘，温升限度可以提高，其提高值等于冷却介质温度与 40℃之差（但不得大于 10℃）。制造厂应在使用说明书中规定与上述极限温升相应的允许负载。

（三）电压、电流波形与对称性要求

对于交流电动机，电源电压应为实际正弦波形（即电压波的正弦性畸变率不超过 5%），三相电源电压为实际对称系统（即电压的负序和零序分量均不超过正序分量的 2%）；对交流发电机，其所供回路为实际无畸变（指由正弦波电压供电的回路，其电流波的正弦性畸变率不超过 5%）及实际对称（由对称的电压系统所供电的回路中，其电流的负序分量和零序分量均不超过正序分量的 5%）系统。

（四）电压偏差要求

对于发电机，在额定转速（同步发电机并在额定功率因数）下，如电压与额定值的偏差不超过±5%时，输出功率仍能维持额定值；对于电动机，当电源电压（如为交流电源时频率要为额定值）与额定值偏差不超过±5%时，输出功率仍能维持额定值。

当电压与额定值发生上述偏差时，发电机和电动机的性能允许与标准的规定不同，温升限值超过表 1-1-2、表 1-1-3、表 1-1-4 的规定时，超过的数值应在各类型电机的标准中规定。但在电压偏差达上述极限时，温升限值允许超过的最大值如下：

（1）额定功率为 1000kW（或 kVA）及以下的电机——10K；

（2）额定功率为 1000kW（或 kVA）以上的电机——5K。

表 1-1-2 用空气冷却的电机的温升限值（K）

项号	电机的部件	绝缘等级														
		A级			E级			B级			F级			H级		
		温度计法	电阻法	检温计法	温度计法	电阻法	检温计法	温度计法	电阻法	检温计法	温度计法	电阻法	检温计法	温度计法	电阻法	检温计法
1	额定功率在 5000kW（或 kVA）及以上，或铁芯长度为 1m 及以上的电机的交流绕组	—	60	60③	—	70	70③	—	80	80③	—	100	100③	—	125	125③
2	（1）额定功率或铁芯长度小于第 1 项的电机的交流绕组 （2）除第 3 和第 4 项以外的用直流励磁的交流和直流电机的磁场绕组 （3）有换向器的电枢绕组	50③	60	60	65③	75	75③	70③	80	80	85③	100	100	105③	125	125
3	隐极式同步电机（同步感应电动机除外）的单排磁场绕组	—	—	—	—	—	—	—	90	—	—	110	—	—	—	—
4	（1）补偿绕组和多层低电阻磁场绕组 （2）表面裸露或金属表面涂漆的单层绕组①	60 65	60 65	— —	75 80	75 80	— —	80 90	80 90	— —	100 110	100 110	— —	125 135	125 135	— —
5	永久短路的绝缘绕组	60			75			80			100			125		
6	永久短路的无绝缘绕组	这些部件的温升在任何情况下不应达到使邻近的任何绝缘或其他材料有损害危险的数值														
7	不与绕组接触的铁芯及其他部件															
8	与绕组接触的铁芯及其他部件	60	—	—	75	—	—	80	—	—	100	—	—	125	—	—
9	换向器或集电环②（开启或封闭）	60	—	—	70	—	—	80	—	—	90④	—	—	100④	—	—

① 对多层磁场绕组，如下面的各层都与冷却介质接触，也包括在内。

② 换向器或集电环的温升应符合本身所采用的绝缘等级，但如换向器或集电环与绕组靠近，则它们的温升应不超过邻近绕组所采用绝缘等级的容许限值，温升值只限于用膨胀式温度计测得。

③ 对高压交流绕组的修正适用于这些项目。

④ 若采用 90K 或更高的温升时，对电刷材质的选择需特别注意。

表 1-1-3　　用氢气间接冷却（外冷）的电机的温升限值（K）

项号	电机的部件	绝缘等级											
		A 级			E 级			B 级			F 级		
		温度计法	电阻法	检温计法	温度计法	电阻法	检温计法	温度计法	电阻法	检温计法	温度计法	电阻法	检温计法
1	额定功率在5000kW（或kVA）及以上，或铁芯长度为1m及以上电机的交流绕组 氢气绝对压力（10^5Pa）①												
	1.5及以下	—	—	—	—	—	—	—	80	80④	—	100	100④
	2.0	—	—	—	—	—	—	—	80	75④	—	100	95④
	3.0	—	—	—	—	—	—	—	80	70④		100	90④
	4.0	—	—	—	—	—	—	—	80	65④		100	85④
2	（1）额定功率或铁芯长度小于第1项的电机的交流绕组	—	60	60④	—	75	75④	—	80	80④	—	100	100④
	（2）除第3和第4项以外的用直流励磁的交流和直流电机的磁场绕组 （3）有换向器的电枢绕组	—	60	—	—	75	—	—	80	—	—	100	—
3	用直流励磁的汽轮发电机的磁场绕组	—	—	—	—	—	—	—	85	—	—	105	—
4	（1）补偿绕组和多层低电阻磁场绕组	—	60	—	—	75	—	—	80	—	—	100	—
	（2）表面裸露或金属表面涂漆的单层绕组②	—	65	—	—	80	—	—	90	—	—	110	—
5	永久短路的绝缘绕组	这些部件的温升在任何情况下不应达到使绕组或邻近的任何绝缘其他材料有损坏危险的数值											
6	永久短路的无绝缘绕组												
7	不与绕组接触的铁芯及其他部件												
8	与绕组接触的铁芯及其他部件	60	—	60	75	—	75	80	—	80	100	—	100
9	换向器或集电环（开启或封闭）③	60	—	—	70	—	—	80	—	—	90⑤	—	—

① 这是随氢气压力而定的唯一温升限值项目。
② 对多层磁场绕组，如下面的各层都与冷却介质接触，也包括在内。
③ 换向器或集电环的温升应符合本身所采用的绝缘等级，但如换向器或集电环与绕组靠近，则它们的温升应不超过邻近绕组所采用绝缘等级的容许限值，温升值只限于用膨胀式温度计测得。
④ 对高压交流绕组的修正适用于这些项目。
⑤ 若采用90K的温升时，对电刷材质的选择需特别注意。

表 1-1-4　　直接冷却（内冷）的电机及其冷却介质的温度限值（℃）

项号	电机的部件	绝缘等级														
		A 级			E 级			B 级			F 级			H 级		
		温度计法	电阻法	检温计法	温度计法	电阻法	检温计法	温度计法	电阻法	检温计法	温度计法	电阻法	检温计法	温度计法	电阻法	检温计法
1	在直接冷却有效部分的出口处的冷却介质															
	（1）气体（空气、氢、氦等）							110	—	110	130	—	130			
	（2）水或油							85	—	85	85	—	85			
	（3）其他液体															
2	交流绕组															
	（1）气冷							—	120	130③	—	140	140③			
	（2）液冷															
3	汽轮发电机的磁场绕组 （1）用气体冷却，通过以下数量的气体出口通道而离开转子的①：															
	1和2							—	100	—	—	115	—			
	3和4							—	105	—	—	120	—			
	6							—	110	—	—	125	—			
	8							—	115	—	—	130	—			
	（2）液冷							如冷却介质最高温度不超过第1项的规定则能保证绕组最热点的温度不会超过规定限值								
4	除第3项以外的用直流励磁的交流和直流的磁场绕组 a. 气冷							—	130	—	—	150	—			
	b. 液冷							如冷却介质最高温度不超过第1项的规定则能保证最热点的温度不会超过规定限值								

续表

项号	电机的部件	绝缘等级														
		A级			E级			B级			F级			H级		
		温度计法	电阻法	检温计法	温度计法	电阻法	检温计法	温度计法	电阻法	检温计法	温度计法	电阻法	检温计法	温度计法	电阻法	检温计法
5	永久短路的绝缘绕组	这些部件的温度在任何情况下不应达到使绕组或邻近的任何绝缘或其他材料有损坏危险的数值														
6	永久短路的无绝缘绕组															
7	不与绕组接触的铁芯及其他部件															
8	与绕组接触的铁芯及其他部件							120	—	—	140	—	—			
9	换向器或集电环②							140	—	—	130④	—	—			

① 转子通风是以转子全长上径向出口通道的数目分级的。端部绕组的冷却介质特殊出口通道包括在每端一个出口中，两个反方向的轴向冷却介质流的共同出口作为两个通道计算。

② 换向器或集电环的温度应符合本身所采用的绝缘等级，但如换向器或集电环与绕组靠近，则它们的温度应不超过邻近绕组所采用绝缘等级的温度限值。温度值只限于用膨胀式温度计测得。

③ 应注意用检温计法测得的温度不表示定子绕组最热点的温度。如冷却介质最高温度不超过第1项的规定，则能保证绕组最热点的温度不会超过规定限值。定子绕组的温度限值是用来保护绝缘不致因铁芯的影响而过热，检温计测得的温度可用以监视定子绕组冷却系统的运行。

④ 在采用130℃温度时，对电刷材质的选择需特别注意。

（五）频率偏差要求

交流电机当频率（电压为额定）与额定值的偏差不超过±1%时，输出功率仍能维持额定值。

当电压和频率同时发生偏差（两者偏差分别不超过±5%和1%）时，若两者偏差都是正值，两者之和不应超过6%；当两者偏差都是负值或分别为正与负值，两者绝对值之和不超过5%时，则交流电机输出功率仍能维持额定值。

四、电机的温升

温升是指某一点的温度与基准温度（如环境空气温度）之差，用开尔文（K）表示。电机各部件的温升限值决定于以下因素：

（1）电机的绝缘等级。

（2）电机的使用环境——海拔和环境空气温度（或其他冷却介质的入口温度）。

（3）电机各绕组的冷却方法。

（4）绕组温升的测量方法。

根据GB 755—81可知，电机各部件温升限值见表1-1-2、表1-1-3和表1-1-4，当电机按额定工作情况运行时，电机各部件的温升不允许超过表1-1-2～表1-1-4的限值。由于绝缘材料的寿命随温度的升高而下降，当电机内部最热点（一般在绕组部分）的温度超过绝缘材料的耐热温度时，绝缘材料热老化加剧，耐电压强度降低，易发生电击穿或热击穿，电机寿命显著缩短。

对短时定额电机，其各部分的温升限值允许较表1-1-2规定的数值提高10K。但应注意，由于温升限值的提高可能带来的有害效应（例如在长铁芯电机中的膨胀和收缩效应）。

下面说明额定电压超过11000V定子绕组的温升限值。

对于空气冷却的发电机，额定电压超过11000V完全绝缘的定子绕组的温升限值，应为表1-1-2的规定值再减去以下数值：

（1）11000～17000V，每1000V（或不足1000V）应减去1.5K（当用温度计测量时）、1K（当用埋置检温度测量时）。

（2）17000V以上，每1000V（或不足1000V）应减去（1）项数值之后再减0.5K（当用温度计或埋置检温计测量时）。

对于氢外冷的电机，额定电压超过11000V的绕组的温升限值应为表1-1-3的规定值再减去以下数值：

（1）11000～17000V，每1000V（或不足1000V）减去1K。

（2）17000V以上，每1000V（或不足1000V）在减去（1）项数值之后再减去0.5K。

对于采用水冷冷却器的电机，其温升应从进入电机的冷却介质温度起算。冷却器的进水温度应不超过30℃。对采用闭路循环气体冷却的水轮发电机，冷却器的进水温度应不超过25℃；此时冷却气体温度应不超过35℃；发电机的温升允许较表1-1-2的规定提高5K。如因受安装地点条件的限制，不能保证上述规定的冷却水温度时，则可根据用户的要求将冷却水温度提高到33℃，水轮发电机可提高到28℃。

轴承的容许温度如下：

（1）滑动轴承（油温不高于65℃时）——80℃。

（2）滚动轴承（环境温度不超过40℃时）——95℃。

第二节 同步发电机分类和结构型式

一、同步发电机分类

同步电机可以用做发电机，也可以用做电动机、调相机。同步发电机是将机械能转换为电能的机器。

同步发电机是利用电磁感应原理把机械能转换成电能的机器。导线切割磁力线，能产生感应电势，用导线连接成闭合回路，就有电流流通，同步发电机的工作就是基于这个原理。

同步发电机根据它们的各种不同特点通常分成好几类。按发电机发电能力的大小可分为小型发电机、中型发电机和大型发电机。

按拖动发电机的原动机的不同可分为水轮发电机、汽轮发电机、燃气轮发电机和柴油发电机。水轮发电机是利用水流的能量推动水轮机再带动发电机转动进行发电的。汽轮发电机是利用燃料燃烧的热量产生蒸汽，用蒸汽推动汽轮机再带动发电机发电的。燃气轮机发电机是利用燃料燃烧的高温气体直接推动燃气轮机再带动发电机发电的。柴油发电机则由柴油机带动发电。一般水轮发电机和柴油发电机转速较低，极数较多，多采用凸极式转子发电机。而汽轮发电机和燃气轮机发电机因转速很高采用隐极式转子结构。由于柴油机的功率不大，所以柴油发电机都是小型的。燃气轮机发电机有许多优点，正在大力研制，但目前电厂采用的还不多。现在大、中型电厂运行的主要是水轮发电机和汽轮发电机。

按发电机采用的冷却介质不同，可分为空气冷却发电机、氢气冷却发电机、水冷却发电机和油冷却发电机等。按冷却方式不同，分为外冷式发电机（冷却介质不直接与铜导线接触）和内冷式发电机（冷却介质直接与铜导线接触）或称直接冷却式发电机。

我国生产的各种发电机都用汉语拼音字母表示它们的型号，常见的发电机型号的意义如下：

SF、TS等为水轮发电机；

QF、TQC、TQT等为空冷汽轮发电机；

QFQ、TQQ等为氢外冷汽轮发电机；

TQN为定子氢外冷转子氢内冷汽轮发电机；

QFS、QFSS等为双水内冷汽轮发电机。

拼音字母后面的数字，表示发电机的容量（单位为MW），发电机的极数和基本尺寸等。如SF100—40/8540表示空气冷却的水轮发电机，额定功率为100MW，发电机的极数为40，定子铁芯外径为8540mm；QFQS—200—2表示容量为200MW的定子水内冷，转子氢内冷，铁芯氢外冷的两极汽轮发电机。

每台发电机都在铭牌上标明了发电机的额定参数。这些数据不但决定着发电机的运行性能，而且对发电机的各部分结构有着重大影响，因此对它们必须有正确的了解。

额定有功功率 P_N 表示发电机的发电能力，通常以kW或MW表示。为了制造厂生产方便，国家规定了一定的功率系列，如3000kW、6000kW、12000kW、25000kW、50000kW、100000kW、125000kW、200000kW、300000kW、600000kW、1000MW等。制造厂就根据这一功率系列进行生产。

额定定子电压 U_N 是指发电机定子线电压，它表示发电机定子的正常工作电压，单位有V或kV。发电机的额定电压应符合国家标准，我国通常使用的发电机定子额定电压有6.3kV、10.5kV、13.8kV、15.75kV、18kV、20kV等。

额定定子电流 I_N 表示发电机定子正常运行中允许的最大相电流，单位为A或kA。

额定功率因数 $\cos\varphi_N$ 是发电机的额定有功功率 P_N（kW）与额定容量 S_N（kVA）的比值。$\cos\varphi_N=\dfrac{P_N}{S_N}$，国内发电机常用的功率因数取0.8、0.85、0.875和0.9。

对于三相发电机存有下列关系式

额定视在功率 $S_N=\sqrt{3}U_N I_N$ （kVA）

额定有功功率 $P_N=\sqrt{3}U_N I_N\cos\varphi_N$ （kW）

额定无功功率 $Q_N=\sqrt{3}U_N I_N\sin\varphi_N$ （kvar）

额定转子电流 I_B 表示在额定视在功率时转子绕组通过的直流激磁电流，单位为A。

我国规定电力网的频率为50Hz，所以发电机的额定频率 f_N 是50Hz。

对于同容量的发电机，由于其尺寸的大小随转速的升高而减小，所以汽轮发电机都是高转速的。现在生产的汽轮发电机几乎都是3000r/min（转子是一对磁极）的。水轮发电机的额定转速 n_N 列于表1-2-1中。

表1-2-1　水轮发电机的额定转速与极数的对照表

$2p$	4	6	8	10	12	14	16	18	20
n_N（r/min）	1500	1000	750	600	500	428.6	375	333.3	300
$2p$	24	28	30	32	36	40	44	48	56
n_N（r/min）	250	214.3	200	187.5	166.7	150	136.4	125	107
$2p$	60	64	72	80	88	96	104	112	120
n_N（r/min）	100	93.8	83.3	75	68.2	62.5	57.7	53.6	50

二、水轮发电机结构型式

水轮发电机主要结构型式有卧式和立式。通常小容量水轮发电机多采用卧式结构，中容量水轮发电机采用立式或卧式结构，而大容量水轮发电机则广泛采用立式结构。

表1-2-2是不同类型水轮发电机的容量和转速划分范围。

表1-2-2　容量和转速划分范围

分　类	额定功率 P_N（kW）	额定转速 n_N（r/min）		
		低速	中速	高速
小容量水轮发电机	＜5000	＜375	375～600	750～1500
中容量水轮发电机	5000～10000	＜375	375～600	750～1500
大容量水轮发电机	＞10000	＜100	100～375	＞375

（一）卧式机组

冲击式水轮机驱动的水轮发电机多采用卧式结构。卧式水轮发电机组常采用两个或三个轴承。轴承与发电机装在同一底板上，如图1-2-1所示。

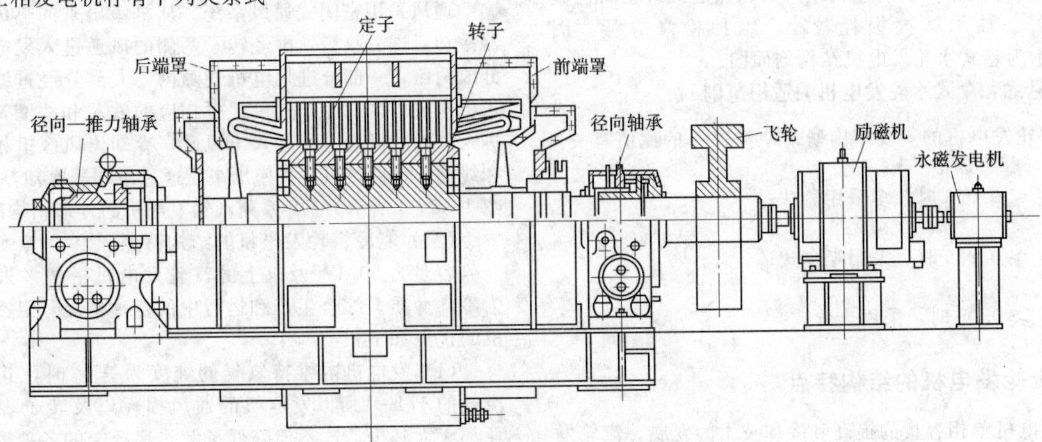

图1-2-1　卧式水轮发电机结构剖面

（S_N=5000kVA，U_N=6.3kV，n_N=1500r/min）

两轴承结构的轴向长度短，结构紧凑，安装调整方便，往往优先采用；但当轴承负荷较大时，则采用三轴承结构。

（二）悬式和伞式结构

立式水轮发电机组分为悬式和伞式两种结构。发电机推力轴承位于转子上部的统称为悬式；位于转子下部的统称为伞式。中低速大容量水轮发电机多采用伞式结构。图1-2-2所示为全伞式水轮发电机结构剖面。

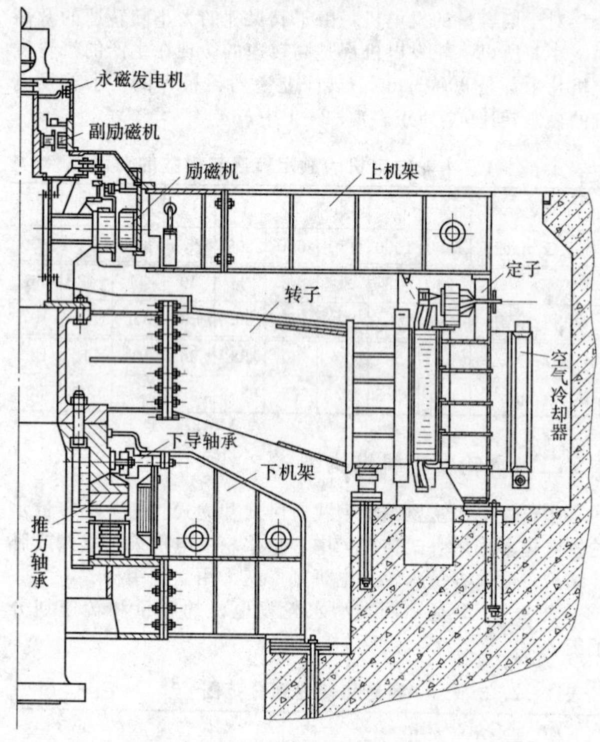

图1-2-2 全伞式水轮发电机结构剖面
（$S_N=176500$kVA，$U_N=15750$V，$n_N=100$r/min）

伞式结构的特点是结构紧凑，发电机导轴承和推力轴承结合在一起放在油槽内，机组高度比悬式低，因而可以降低厂房高度。但因其推力轴承直径较大，故其轴承摩擦损耗比悬式大，轴承维护检修较不方便，近年来对改善轴承维护检修已采取了一定措施，因此能满足稳定运行的要求，采用这种结构型式也较多。

悬式结构适用于中、高速机组，其优点是机组径向机械稳定性较好，轴承摩擦损耗较小，维护检修方便。图1-2-3所示为悬式水轮发电机结构剖面图。

（三）悬式和伞式水轮发电机的适用范围

立式水轮发电机的安装结构型式，与$\frac{D_i}{l_t n_N}$的比值有关。

当$\frac{D_i}{l_t n_N}\leqslant 0.025$时，多采用悬式；

当$\frac{D_i}{l_t n_N}>0.025$时，采用半伞式；

当$\frac{D_i}{l_t n_N}\geqslant 0.05$时，采用全伞式。

三、汽轮发电机的结构特点

随着发电机单相容量的提高和冷却技术的发展，汽轮发电机的结构发生了很大的变化。汽轮发电机在本体上主要由定子和转子两大部分组成；在附属系统上主要有励磁系统、冷却系统、油系统和气系统。

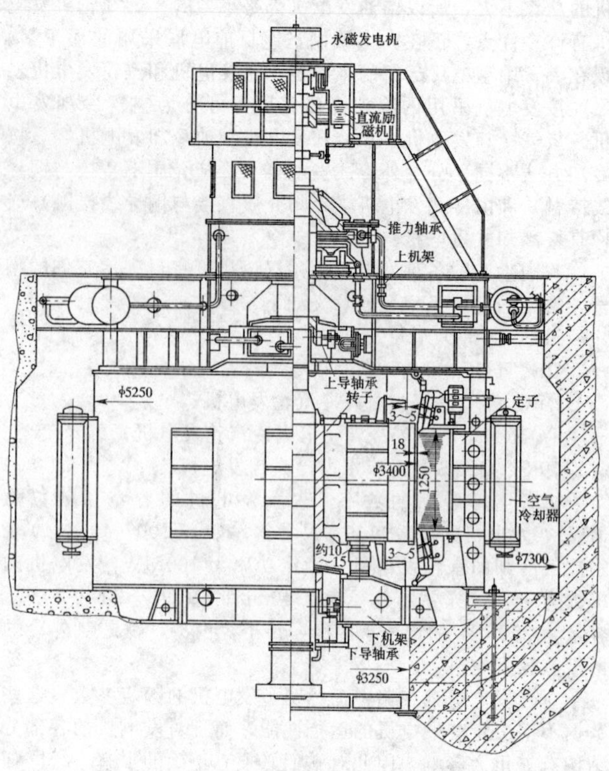

图1-2-3 悬式水轮发电机结构剖面
（$S_N=43500$kVA，$U_N=13.8$kV，$n_N=500$r/min）

（一）空冷汽轮发电机的结构特点

定子机座由钢板焊接。

定子铁芯由0.5mm厚的扇形硅钢片叠压而成，铁芯两端由钢环压紧，并与机座外壁焊接。QF_2—12—2和QF—25—2型汽轮发电机机座用非磁性压圈压紧，并用螺钉固定。

定子绕组采用篮式双层短距绕组，每一线圈由两根条形线棒构成的所谓单匝式结构。线圈按双层单叠的方式构成定子绕组的一个相带。定子线棒采用双玻璃丝包扁铜线，对地绝缘采用连续包扎B级粉云母带，并经模压成型处理。

转轴用优质钢整体锻成。

转子绕组用扁铜带绕制而成，线圈匝间绝缘采用环氧酚醛玻璃布板垫条。

轴承是球面调整的滑动轴承，采用强迫油润滑系统。

通风采用密闭式通风系统。从机座出来的热风经过冷却器冷却后进入端盖，再经转子两侧的风道进入发电机内部而分成两路，一部分进入电机气隙内，大部分经过线圈端部进入机座进风区，冷却进风区里相应的铁芯和线圈，然后会同进入气隙的风量一起进入出风区，冷却出风区里相应的铁芯和线圈，最后热风从机座出来后通过冷却器冷却，自成循环。图1-2-4所示为QF系列汽轮发电机的外形结构剖面图。

（二）氢冷汽轮发电机的结构特点

容量为50MW及以上的汽轮发电机一般多采用氢气作为冷却介质。综合生产和运行中的各种情况，氢冷汽轮发电机的优点如下：

（1）发电机内维持氢气的纯度为97%时，其密度只有空气的1/10，所以发电机的通风损耗以及转子表面摩擦损耗都大大减少，这不但降低了散热途径上的各项温差，而且使发电机的效率提高0.7%～1.0%。例如50MW氢冷发电机比起它在空冷时的效率提高0.8%。

（2）氢气的导热系数为空气的7倍，它可以使绝缘内间

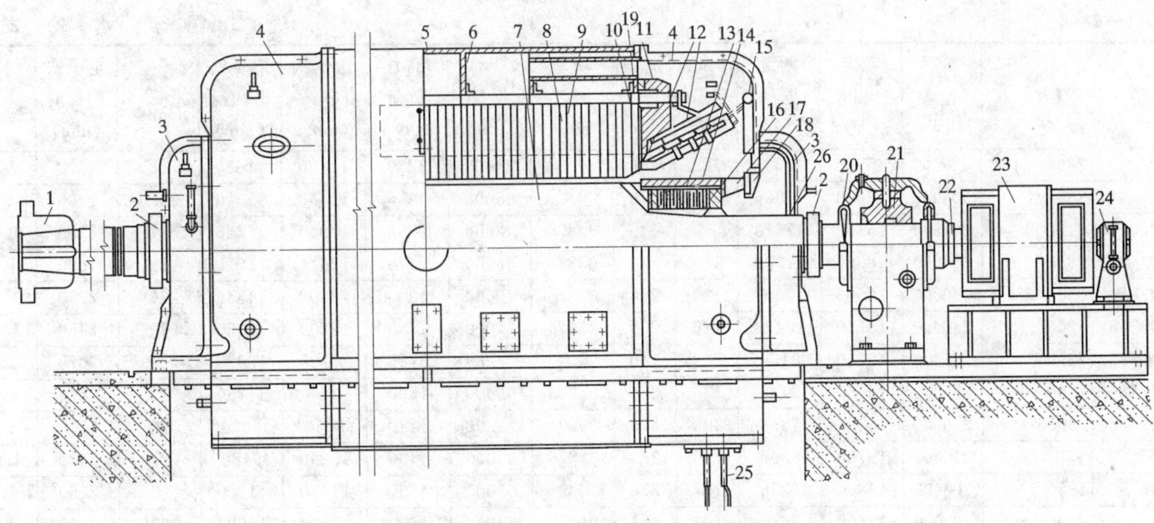

图 1-2-4 QF—25—2 型汽轮发电机总图

1—连轴器（与汽轮机连接）；2—滑环；3—小端盖；4—大端盖；5—机壳；6—横向壁；7—转子本体；8—定子铁芯；9—定子径向风道；10—鸠尾筋；11—定子铁芯端压板；12—定子绕组；13—转子绕组；14—护环；15—消防水管；16—中心环；17—离心风扇；18—内端盖（挡风圈）；19—机壁；20—油挡；21—励端轴承；22—连轴器（与励磁机连接）；23—励磁机；24—励磁机轴承；25—引出线；26—风挡

隙及其他间隙的导热能力改善，氢气（纯度97%）的表面散热系数比空气的约大35%，这样不但减少了绝缘和铁芯上的温差，而且还比较明显地降低了铁芯、绕组绝缘和冷却介质之间的温差。

(3) 氢气电离时不会产生对绝缘有害的气体，并且在较高的氢压下运行的电机内部不易发生电离。

(4) 由于氢冷汽轮发电机的密封措施比较完备，冷却介质纯度高，所以机内清洁干净，绝缘工作条件好，而且发电机噪音也比较小。

采用氢气冷却也带来了电机结构和运行的复杂性，如电机必须更加严密的封闭，以防氢气泄漏。为此机座与端盖的连接表面处，转轴穿出端盖轴孔处都必须采取良好的密封措施。机内的氢气必须维持规定的纯度以保证发电机的运行性能和避免发生氢气爆炸，为此必须保证氢气供应，一般电厂均设有制氢站。在机组起停过程中进行介质置换时，为了保证安全，常常需要采用一系列比较繁杂的置换措施。机座和端盖需采用防爆结构，它比空气冷却用钢量多，也复杂得多。

国产的 QFQS—200—2 型氢冷汽轮发电机的外形结构图如图 1-2-5。

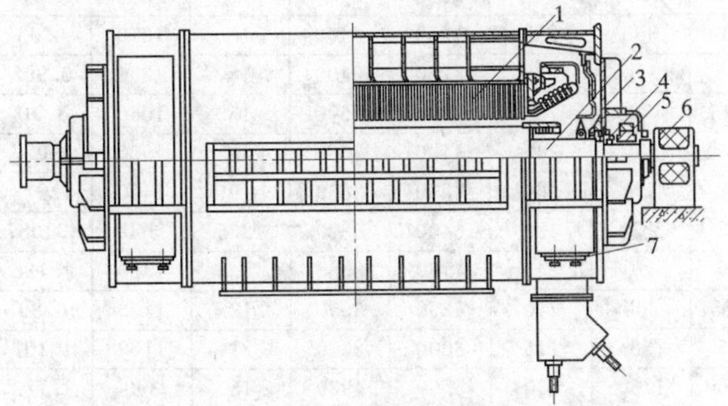

图 1-2-5 QFQS—200—2 型氢冷汽轮发电机外形结构
(转子氢内冷、定子水内冷、铁芯氢外冷、容量200MW)

1—定子；2—转子；3—轴承端盖；4—油密封；5—轴承瓦；6—电刷罩；7—冷却器水管

(三) 双水内冷汽轮发电机的结构特点

机座采用钢板焊接结构，机座两端采用铸铝端盖。

发电机的冷却是以水为主。定子、转子绕组是将水直接通入空心线圈内进行冷却，定子铁芯则用空气冷却，转子两端装有旋桨式风扇。水冷却器是由许多带圆形散热片的钢管、隔板和外壳组成。发电机冷却水（热水）在管外流动，循环水用的冷却水在铜管内流动，各成系统循环。发电机外部水系统中的管道、阀门、水泵等部件，均有防腐措施。

QFS 系列汽轮发电机的外形尺寸如图 1-2-6 所示。具体数据如表 1-2-3 所列。

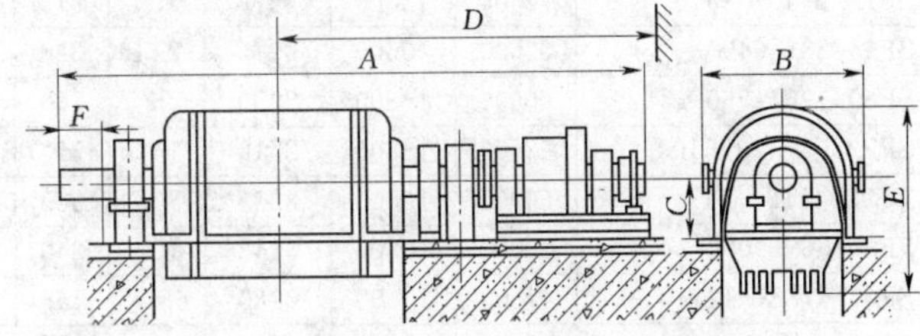

图 1-2-6 QFS 系列汽轮发电机外形图

表 1-2-3 QFS 系列汽轮发电机尺寸和重量

型号	外形尺寸（mm）						重量（t）	
	A	B	C	D	E	F	定子	转子
QFS—50—2*	10890	3160	750	9500	3320	650	52	18
QFS—50—2	10890	2880	750	—	2640	650	45	17～18
QFS—50—2**	11340	3160	750	9450	3320	1100	52	18
QFS—125—2	12050	3640	900	11300	3710	825	93	32
QFS—200—2	16010	4240	800	17300	5200	1000	158	46

* 配中压汽轮机的发电机，在发电机的汽轮机端无前轴承。

** 配高压汽轮机的发电机，在发电机的汽轮机端有轴承。

四、同步发电机的技术数据

(1) 国产水轮发电机的技术数据如表 1-2-4 所示。

(2) 国产汽轮发电机的技术数据如表 1-2-5 所示。

表 1-2-4　　**国产水轮发电**

型号	额定容量(kW)	额定电压(V)	额定电流(A)	转速(r/min)		功率因数cosφ	转动惯量(t·m²)	推力负荷(t)	定子铁芯外径(mm)	定子铁芯内径(mm)	气隙(mm)	定子铁芯长度(mm)	短路比(标么值)
				额定	飞逸								
SF320—48/12800	320000	15750	13035	125	256	0.9	85000	2270	12800	11850	25	2600	1.122
SE306—44/12440	306000	18000	10906	136.4	270	0.9	65000	1650	12440	11500	36.5	2100	1.11
SF302.5/80—17000	302500	15750	12673	75	145	0.875	180000	2750	17000	16230	21	2330	1.028
SF300/48—12640	300000	18000	11000	125	250	0.875	55000	1575	12640	11910	32	1600	0.84
SF300/48—12300	300000	18000	11000	125	260	0.875	70000	1800	12300	11340	26	2750	1.114
SF250—48/12200	250000	15750	10473	125	250	0.875	54000	1750	12200	11250	23.5	2450	1.135
SF240—88/17290	241000	15750	9815.7	68.2	140	0.9	180000	2700	17290	16620	20	2070	1.19
SF225/48—12640	225000	15750	9430	125	250	0.875	55000	1600	12640	11750	27	2020	1.175
SF220.5/30—9050	220500	18000	7858	200	370	0.9	21200	1240	9050	8070	26	2700	1.10
TS1035/240—40	210000	15750	8800	150	285	0.875	33000	1400	10350	9480	22	2400	1.065
SF200—56/11950	200000	13800	9296	107	278	0.9	61000	4100	11950	11200	22	2260	1.10
SF200—56/12800	200000	13800	9560	107	227	0.875	62000	1600	12800	12020	20	2100	1.054
SF170—32/8950	170000	13800	8387	187.5	351	0.85	18404	1000	8950			2300	1.21
TS1760/220—110	170000	13800	8125	54.6	120	0.875	17200	3800	17600	16990	21	2000	1.563
SF150.5/18—6250	150500	15750	6305	333.3	560	0.875	4000		8250	5240	31	2046	1.04
TS1280/180—60	150000	15750	6470	100	218	0.85	52000	1400	12800	12080	21	1800	1.115
SF150—68/12800	150000	13800	7383	88.2	182	0.85	60000	3050	12800	12100	18	2150	1.181
SF125—36/890	125000	13800	6153	166.7	365	0.85	17500	1000	8900			2100	1.31
SF125/96—15600	125000	13800	5980	62.5	140	0.875	90000	3300	15600	15000	20	1590	1.268
TS890/210—36	125000	13800	6152	166.7	355	0.85	17500	1000	8900	8170	24	2100	1.33
TS1280/1500—68	110000	15750	4747	88.2	180	0.85	42500	1200	12800	12100	18	1500	1.03
SF100/40—8540	100000	13800	4640	150	330	0.9	17500	1000	8540	7810	27	2100	1.36
SF100—78/12800	100000	15750	4190	76.9	160.4	0.875	50000	2500	12800	12160	17	1700	1.304
SF85—44/8540	85000	13800	4184	136.4	288	0.85	13800	770	8540			1900	1.12
SF85—40/8540	85000	13800	4183.7	150	285	0.85	11000	800	8540	7810	21	1560	1.13
SF80—44/8540	80000	13800	3938	136.4	288	0.85	13800	770	8540			1900	1.20
SF75—40/8540	75000	13800	3586	150	316	0.875	10000	650	8540			1510	1.3
SF75—68/11350	75000	13800	3691	88.2	184	0.85	23000		11350	10750	16	1450	1.2
SF72.5/40—8540	72500	13800	3570	150	275	0.85	11400	660	8540	7810	21	1560	1.34
SF65/28—6400	65000	10500	3975	214	380	0.9	4350	510	6400	5680	8.5	1800	1.062
SF60—96/1350	60000	13800	2950	62.5	150	0.85	47000	1600	13500	13020	18	1350	1.865
SFZ25.5—28/6400	52500	13800	2510	214.3	415.7	0.875	3450	450	6400	5690	19	1450	1.116
TS920/115—44	50000	10500	3235	136.4	285	0.85	10400	595	9200	8620	15	1150	1.132
SF50/56—9000	50000	10500	3142	107	240	0.875	11500	1050	9000	8420	14	1350	1.268
SF47.5/88—12640	47500	10500	2985	68.2	145	0.875	29000	1300	12640	12160	18	1100	1.36
SF45—56/9000	45000	10500	2914	107	230	0.85	11500	570	9000			1350	1.53
TS900/135—56	45000	10500	2920	107	235	0.85	11500	570	9000	8420	15	1350	1.515
SF42.5—24/5200	42500	10500	2749	250	560	0.85	2000	360	5200			1820	1.15
TS425/125—12	40000	13800	1860	500	815	0.9	390	235	4250	3400	18	1250	0.93
SF37/12—4250	37000	13800	1820	500	820	0.85	370	220	4250	3400	18	1250	0.953
TS725/106—40	36000	10500	2260	150	315	0.875	4500	750	7250	6670	15	1060	1.10
TS410/159—16	34000	6300	3670	375	760	0.85	570	245	4100	3380	15.5	1590	1.077
SF36.6—21/4500	30600	13800	1506	300	630	0.85	775	260	4500	3830	19	1450	1.273
SFK26—40/6400	26000	10500	1682	150	300	0.85	2554	483	6400	5820	12.5	990	1.1087
TS410/132—16	25000	10500	1720	375	725	0.80	470	245	4100	3380	15.5	1320	1.138
SF18.5/20—4250	20000	10500	1272	300	600	0.865	600	210	4250	3690	12	1200	0.89
TS300/110—10	18000	6300	1940	600	1100	0.85	80	115	3000	2300	21	1100	1.101
SF17/28—5500	17000	6300	1950	214	430	0.80	1250	430	5500	4930	13	300	1.172
SFD487/79—22/24	15000	10500	825	250	610	0.85	640	220	4870			790	1.20
SF12.5/12—2860	12500	6300	1430	500	1025	0.80	85	230	2860	2300	16.5	1150	0.833
SF10/32—4250	10000	10500	668	187.5	350	0.80	850	130	4250	3800	8	1130	1.25
SF6000—28/3250	6000	6300	687	214.3	500	0.80	190	120	3250	2900	6	1200	1.285

机的技术数据

纵轴瞬变电抗 X'_{ad}	励磁电压(V)	励磁电流(A)	效率 η (%)	定子绕组温升(℃)	转子绕组温升(℃)	定子绕组绝缘等级	冷却器数	重量(t)			结构型式	制造厂	安装电站
								定子	转子	总重			
0.3462	475	1584	98.39	67.2	65.7	B	18	451	878	1670	伞式	东方	青海龙羊峡
0.30	314	2080	98.64	80	90	F	8	350	710	1380		哈电	湖北隔河岩
0.3399	465	1973	98.51	79.4	80.2	F	24	553	1047	2146	伞式	哈电	广西岩滩
0.425	319	4000	97.46	66	74.6	B	12	293	575	1296	半伞式	哈电	甘肃刘家峡
0.36	466	1696	98.44	74.8	77.6	B	12	439	789	1481	悬式	哈电	吉林白山
0.3186	406	1628	98.475	70.4	71.8	F	18	443	645	1497	伞式	东方	云南漫湾
0.31192	438	1133	98.53	72.29	78	F	24	465	935	1930		哈电	湖南五强溪
0.312	400	1662	98.34	66	75.6	E	12	360	650	1315	悬式	哈电	甘肃流家峡
0.30	300.8	1559	98.3	65.9	75.2	F	12	360	545	1160	伞式	哈电	广西天生桥
0.3353	353	1615	98.175	72.3	74.8	B	12	300	505	1075	伞式	东方	贵州乌江渡
0.32	373	1582	98.57	60	60	F	12	343	700	1670		哈电	福建水口
0.3167	374	1590	98.37	71.2	73.2	B	12	352	800	1333	伞式	东方	陕西安康
0.271	414	1147	98.45	57.3	68.5	F	12	244	436.8	895	半伞式	天发	贵州东风
0.3055	494	2077	97.94	73.4	73.6	B	12	435	792	1635	伞式	东方	湖北葛洲坝
0.298	225.7	1438	98.61	58.4	63.2	F	6	158	280	540	悬式	哈电	云南鲁布革
0.3142	350	1666	98.14	75.5	76.8	B	18	279	490	1164	伞式	东方	湖北丹江口
0.3142	389	1481	98.22	71.4	72	B	18	339	534	1256	伞式	东方	四川铜街子
0.2615	387	1197	98.13	65.5	72.9	B	8	210	398	800	半伞式	天发	湖南东江
0.3603	483	1653	97.96	77.2	75.1	B	12	364.5	600	1324	伞式	哈电	湖北葛洲坝
0.2609	385	1193	98.205	72	72.7	B	8	210	398	816	伞式	东方	阿尔巴尼亚菲尔泽
0.3653	313	1658	97.99	75.7	76.4	B	18	228	380	890	伞式	东方	四川龚咀
0.333	330	1135	98.16	62.5	62	B	8	220	530	920	悬式	哈电	吉林云峰
0.33	456	1286	97.8	71	72.6	B	18	268	457	1045	伞式	东方	江西万安
0.34	316	1120	98.1	67	73	B	8	185	380	675	悬式	天发	广西新安江
0.346	297	1231	98.148	69.3	72.5	B	8	180	320	661	悬式	哈电	吉林丰满
0.32	316	1115	97.8	64.5	71	B	8	185	380	675	悬式	天发	广东枫树坝
0.244	256	1231	98.18	61.1	68.9	B	8	149	301	576	悬式	天发	辽宁长甸
0.3175	343	1251	98.02	69	68	F	12	180	354	820		富春江	甘肃大峡
0.294	303	1150	97.81	61.6	61	B	8	160	330	640	悬式	哈电	浙江新安江
0.29	212	1096	97.92	62	71	B	12	115	230	480	悬式	哈电	北京下马岭
0.27	435	1225	97.4	70.6	68.1	B	12	200	380	980		富春江	广西西津
0.3208	261	824	97.78		61	B	9	112	184	386	伞式	东方	陕西安康
0.2386	216	1188	97.62	71.4	73	B	8	115	206	478	伞式	东方	福建池潭
0.298	248	1054	97.83	67	67	B	4	130	310	605	伞式	哈电	吉林红石
0.31	390	1035	97.47	69.1	67.6	B	12	181	229.4	845		哈电	辽宁太平湾
0.263	261	1053	97.85	48.4	63.7	B	8	117.5	253	518	半伞式	天发	辽宁太平哨
0.269	269	1270	97.37	59	77.2	B	8	118	250	500	伞式	东方	陕西石泉
0.2351	144	1083	97.91	64.9	67.1	B	6	90	162	316.3	悬式	天发	浙江湖南镇
0.258	108	1250	96.95	68.9	76.7	B	8	77.8	88.8	213	悬式	东方	四川南桠河
0.245	111	1285	96.75	70	83.5	B	8	68.8	87.27	205	悬式	哈电	四川鱼子溪
0.3217	189	1155	97.41	75	71.6	B	8	86.5	175	380	半伞式	东方	辽宁回龙
0.2893	134.3	1038	97.63	67.4	78.2	B	8	67	104	210	悬式	东方	贵州红林
0.29	167	912	98.06	65.3	63	B	8	72	104	228	悬式	东方	土尔其阿迪古
0.2423	162	936	97.3	54.45	55.34	B	12	80	139	323		杭州	浙江砂滩
0.277	117.2	1038	97.22	71	72.5	B	8	58	90	190	悬式	东方	广东南水
0.234	177	526	95.3	66.7	66.5	B	4	52	83	173	悬式	哈电	福建安砂
0.2993	166.5	538	97.515	67.3	77	B	8	32.5	45	105	悬式	东方	湖南花木桥
0.2427	202.5	561	96.5	66.4	64.8	A	6	44.6	84.5	210	悬式	哈电	辽宁大伙房
0.4	205	543	96.36	52.9	63.5	B	6	45	63	198	悬式	天发	北京密云
0.34	280	883	97	59.3	70	B	4	24.5	39.8	81.2	悬式	哈电	陕西石门
0.2566	196	421	96.72	49.2	81.8	A	4	35.5	80	151	悬式	哈电	河北官厅
0.2383	160.8	303	97.01	45.9	48.9	B	4	24.6	40.3	82.7		东方	四川缸罐窑

表 1-2-5 国产汽轮发电

型号	额定容量(kW)	额定电压(V)	额定电流(A)	功率因数 $\cos\varphi$	冷却方式	转速(r/min)	同步电抗 x_d	瞬变电抗 x'_d	超瞬变电抗 x''_d	效率 η (%)	短路比(标么值)	静过载能力	定子接线
QFSN—600—2	655200	22000	19105	0.9	水氢氢	3000	2.0	0.26	0.19	≥98.8	≥0.5	1.622	Y
QFSN—600—2	600000	20000	19245	0.9	水氢氢	3000	2.155	0.265	0.205	98.94	0.542	1.71	YY
T255—460	330000	24000	9339	0.8	水氢氢	3000	1.756	0.3067	0.217	98.82	0.622		Y
QFSN—300—2	300000	18000	11320	0.85	水氢氢	3000	2.358	0.3186	0.191	98.89	0.456	1.65	YY
QFS—300—2	300000	18000	11320	0.80	水水空	3000	2.264	0.269	0.167	98.61	>0.42	1.61	Y
QFSN—300—2	300000	20000	10190	0.85	水氢氢	8000	1.8359	0.1941	0.171	98.82	0.657	1.87	YY
QESN—210—2	210000	15750	9056	0.85	水氢氢	3000	2.093	0.26	0.15	98.60	0.516	1.64	YY
QFSS—200—2	200000	15750	8625	0.85	水水空	3000	1.9033	0.22	0.1423	98.32	0.563	1.7	YY
QFSN2—200—2	200000	15750	8625	0.85	水氢氢	3000	2.035	0.243	0.148	98.66	0.52	1.675	YY
QFS—125—2	125000	13800	6150	0.80	水水空	3000	1.867	0.257	0.18	98.4	0.565	1.73	Y
QFN—125—2	125000	13800	6537	0.85	全氢	3000	1.7575	0.2191	0.1426	98.684	0.644	1.51	YY
QFN—100—2	100000	10500	6475	0.85	全氢	3000	1.086	0.286	0.183	98.7	0.614	1.785	YY
QFS—100—2	100000	10500	6470	0.80	水水空	3000	1.628	0.228	0.1577	98.43	0.67	1.80	YY
QF—100—2	100000	10500	6469	0.80	空内冷	3000	2.088	0.179	0.110	98.74	0.51	1.64	Y
QFQ—65—2B	65000	10500	4205	0.85	全氢	3000	2.338	0.244	0.147	98.7	0.478	1.67	YY
QFS—60—2	60000	10500	4124	0.80	水水空	3000	2.1446	0.2639	0.1792	98.06	0.5	1.797	YY
QFS—60—2	80000	6300	6873	0.80	水水空	3600	1.787	0.224	0.154	98.07	0.6	1.98	YY
QFN—50—2	50000	10500	3440	0.80	全氢	3000	1.86	0.2	0.124	98.5	0.619	1.905	YY
QF—50—2	50000	10500	3440	0.85	全氢	3000	1.834	0.2	0.1239	98.47	0.644	1.97	YY
QF—35—2	35000	11000	2296	0.80	空冷	3000	2.1257	0.2188	0.1346	97.77	0.493	1.73	Y
TQSS—30—2	30000	6300	3400	0.80	水水空	3000	2.38	0.305	0.19	97.5	0.442	1.73	Y
QF—30—2	30000	6300	3234	0.80	空冷	3000	2.162	0.2219	0.1349	97.95	0.536	1.667	Y
QF—30—2	30000	10500	1940	0.80	空冷	3000	2.04	0.2144	0.1307	97.8	0.561	1.69	Y
TQG—25—2	25000	6300	2860	0.80	空冷	3000	2.154	0.2025	0.126	97.62	0.555	1.75	Y
TQ—25—2	25000	10500	1720	0.80	空冷	3000	2.115	0.215	0.13	97.57	0.547	1.84	Y
QF—25—2	25000	6300	2860	0.80	空冷	3000	1.9072	0.1972	0.122	97.64	0.606	1.89	YY
QF—15—2	15000	6300	1718.3	0.80	空冷	3000	2.5427	0.2468	0.1514	97.62	0.458	1.74	Y
QF—12—2	12000	6300	1374.6	0.80	空冷	3000	2.0326	0.1972	0.1286	97.49	0.57	1.85	Y
TQC—12—2	12000	6300	1375	0.80	空冷	3000	2.299	0.192	0.124	97.5	0.527	1.81	Y
QF—12—2	12000	6300	1375	0.80	空冷	3000	1.93	0.192	0.116	97.4	0.605	1.88	Y
QF—12—2	12000	10500	824.8	0.80	空冷	3000	1.839	0.2111	0.1333	97.64	0.6003	1.85	Y
QF—7.5—2	7500	6300	810	0.80	空冷	3000	2.3718	0.231	0.1443	97.3	0.487	1.61	Y
QF—7.5—2	7500	10500	516	0.80	空冷	3000	2.2212	0.2226	0.1393	97.11	0.52	1.80	Y
TQC—5466/2	6000	3150	1374	0.80	空冷	3000	2.414	0.2401	0.1436	97.97	0.482	1.775	Y
TQC—5466/2	6000	6300	686	0.80	空冷	3000	1.991	0.167	0.1118	96.85	0.6	1.88	YY
TQC—5466/2	6000	10500	412.4	0.80	空冷	3000	2.164	0.203	0.1222	96.9	0.557	1.837	Y
QF2—6—2	6000	10500	412.4	0.80	空冷	3000	2.1522	0.2044	0.129	97.26	0.517	1.77	Y
QF—3—2	3000	6300	343.66	0.80	空冷	3000	1.9537	0.1956	0.1241	96.79	0.5414	1.795	Y
QF—3—2	3000	10500	206.2	0.80	空冷	3000	1.629	0.1625	0.1073	96.39	0.675	1.93	Y
QF—1.5—2	1500	6300	172	0.80	空冷	3000	2.6066	0.167	0.1346	95.7	0.45	1.76	Y
QF2—1.5—2	1500	10500	103	0.80	空冷	3000	1.5725	0.1917	0.1104	95.29	0.685	1.98	Y
TQTK—0.75—2	750	400	1355	0.80	空冷	1500	1.383	0.3604		93.5	0.776	1.525	Y

机 的 技 术 数 据

总损耗（kW）	绝缘等级	定子绕组温升（℃）	定子铁芯温升（℃）	转子绕组温升（℃）	励磁电压（V）	励磁电流（A）	定子铁芯长（mm）	定子铁芯外径（mm）	气隙（mm）	发电机总　重（t）	定子重（t）	转子重（t）	制造厂
7259	F. B	＜85	＜120	＜92	459	4725	6731	2625	94				东方
6421	B（F）	27	27.8	40.2	429	4202	6300	2673.4	93	466	320	72	哈电
4077	F	18.2	31.6		516	2496	4600	2550	75		195	53	北重
3973	B（F）	20	25.3	43.5	463	2203	5000	2550	85	344	244	50.67	东方
4220	B. F				483	1844	5360	2400	80	246	162	57	上电
3615.2	B（F）	30	27.9	40.1	362.5	2640	5200	2540	75	300	194	55	哈电
2979.6	B	20	17	36.2	458.4	1863	5370	2275	70	267.4	198	43	东方
3404	B	20	50.5	30	384	1605	5420	2275	75	236	158.7	46	哈电
2792	B	20	17.29	45.6	475.4	1769.9	5370	2275	70	264.2	184	44.4	哈电
2097	B. F	＜45	＜80	＜45	260	1653	3450	2350	70	140	93	32	上电
1694.6	B（F）	66.67	26.6	41.3	370	1707.7	3700	2360	60	220	125	35	东方
1316.9	B	58.5	21.2	50.4	217	1641	3100	2400	84	183.2	110.7	29.3	哈电
1594	B. F	19	54.3	21	245	1398	2972	2140	65	112	71.5	24.7	北重
1276	F	72		51.3	264	935	4620	2190	42.5	144.72	109.47	29.95	济南
858	B	65.1	25.9	77.6	273	592	3100	2070	38	150	100	25	东方
1184.9	B	22.5	36.35	33.5	182.1	1781.5	2700	1910	45	84	50	21	哈电
1184	B	16.5	37.5	22.5	164	1600	2700	1910	45	84	50	21	哈电
760	B	52.1	23.7	76.5	262	520	3100	2120	40	137	90.8	25.1	哈电
781.3	B	31.7	23.9	80.5	279.5	540	3100	2070	40	150	100	25.1	东方
798.6	B	68.1	30.9	81.5	211.95	436.3	3000	1860	25	93	58	19.4	东方
746	B. F	＜45	＜80	＜45	214	900	2350	1560	42	42	31	11	上电
628.8	F. B	67.85	37.5	83.78	190.9	394.5	2700	1800	27	68.85	43	16	南汽
674	B. F	56.3	34.7	71.6	182.6	395.2	2900	1820	29	74.22	47.22	17.5	武汽
609	B	56.72	36.13	73.59	187	369.6	2700	2800	22	69.5	42.8	18.3	哈电
624.4	B	64.5	36.6	85.7	197	410	2700	2800	28	69.5	42.8	18.3	哈电
603.6	B	60.1	36.4	72.4	182	375	2700	1800	27	67.1	42	16	北重
365.8	B	63.2	36.6	74.37	158	270.9	1600	1700	22	42.5	25.5	11.98	哈电
309	B	47	30.4	57.57	135.1	231.2	1600	1700	22	42.5	25.5	11.98	哈电
307.2	B. F				177	229	2350	1400	22	31	21.6	9.4	上电
320	B. F				179	225	2000	1550	20	38.5	24	9	上电
321	B	55.1	35	70.14	181	236.9	2000	1550	20	38.6	25	9.4	北重
207.8	B	76	38.5	81.2	119	275.4	1400	1300	18	21.09	11.91	5.3	武汽
223.2	B	62.6	34.3	70.8	119	265.8	1550	1360	19	28.49	14.1	7.015	武汽
187.4	B. F	62.5	26.5	83.3	199	183.8	1480	1270	21	19.97	10.95	5.54	南京
190.4	B	70.3	30.7	74.2	169	167	1480	1250	19	20.5	11.28	5.54	南京
191.9	B	67.1	29.7	74.97	172.2	169.9	1480	1270	19	20.5	11.28	5.54	南京
180.7	B	56.25	31.4	70.5	107	262.7	1400	1300	18	23.02	13.2	5.614	哈电
99.48	B. F	54.87	48.5	65.8	67.81	269.38	1210	1150	14	19.9	10.6	3.6	东方
112.2	B. F	45.5	38.7	54.6	66.54	264.2	1210	1150	14	19.9	10.6	3.6	东方
71.1	B	58	34.7	59.99	44.7	192.9	710	990	10	10.6	4.84	2.42	哈电
74.06	B	46.5	34	66.7	61.7	180	815	1250	9	14.2	8.5	4.6	东风
39.47	B	57.8	34.9	64.4	32	266	580	990	9	6.13	2.4	1.63	洛阳

第三节 同步发电机的特性和运行

一、感应电动势

交流电势可以用波形、频率和有效值这三个要素来表征。此三要素取决于气隙中的磁密 B、绕组有效部分的长度 l、导体在磁场内运动并切割磁力线的速度 v 这三者的大小和磁密在空间的分布情况。为简单计，图 1-3-1 示出了一台二极同步发电机，其转子用直流励磁。当转子用原动机拖动以后，气隙中即形成一个旋转磁场。在定子绕组的导体固定不动的情况下，导体将不断地被磁力线“切割”。若转子主极以恒速旋转，导体的有效长度为定值，则由 $e=Blv$ 可知，导体内的感应电势 e 将正比于气隙磁密 B_x。

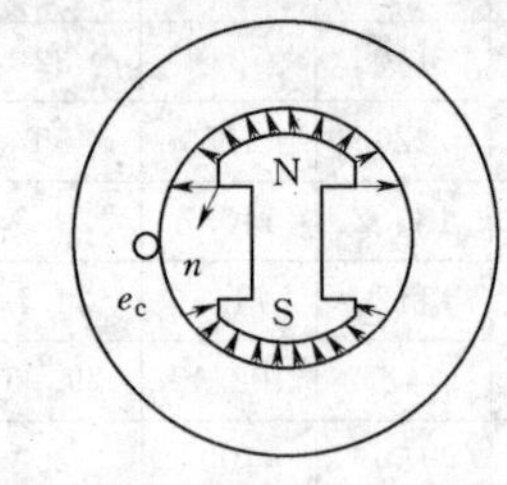

(a)

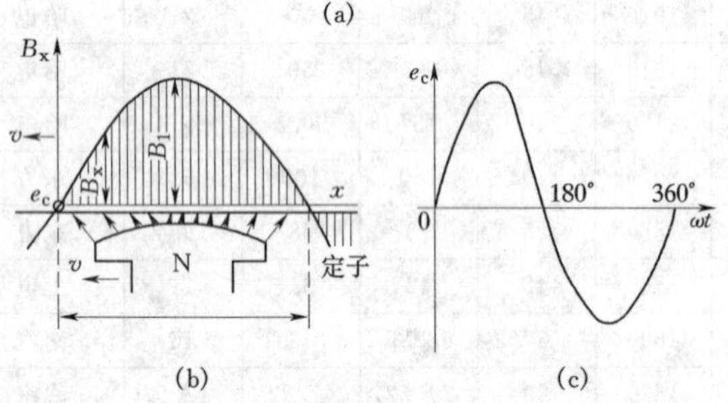

(b) (c)

图 1-3-1 气隙磁场正弦分布时导体内的感应电动势

(a) 二极同步发电机；(b) 主极磁场在空间的分布；(c) 导体中感应电势波形

(一) 感应电势的波形

设主极磁场在空间为正弦分布，即

$$B_x = B_1 \sin\alpha$$

式中 B_1——气隙磁通密度的幅值；

α——距离坐标原点 x 处的电角度。

以导体位于两个磁极之间，将要进入 N 极时作为时间的起点，即 $t=0$ 点，转子的转速用每秒钟内转过的电弧度 ω 表示，ω 称为角频率，则当时间为 ts 时，导体从 $\alpha=0$ 处移到 α 处，移过的距离用电角度表示时为 α，$\alpha=\omega t$。导体中的感应电动势为

$$e = B_x lv = B_1 lv\sin\omega t = \sqrt{2}E\sin\omega t$$

式中 E——导体中感应电势的有效值；

$\sqrt{2}E$——感应电势的最大值，$\sqrt{2}E=B_1 lv$。

由此可见，若磁场为正弦分布，主极为恒速旋转，则定子绕组导体中的感应电势在时间上也按正弦规律变化，如图 1-3-1 (c) 所示。

(二) 感应电势的频率

若同步发电机为二极，即极对数 $p=1$，机械角度等于电角度，此时，当转子旋转一周，转过 360°机械角度，导体内的电势亦恰好交变一次，即经过 360°电角度为一周波。设转子每分钟转速为 n，则电势频率就应为 $f=\dfrac{f}{60}$ Hz。如电机为 p 对极，则转子每转一周，导体中的感应电势变化 p 个周波，故此时的电势频率应为 $f=\dfrac{pn}{60}$Hz。

(三) 导体电势的有效值

导体电势的有效值 $E=\dfrac{B_1 lv}{\sqrt{2}}$，式中 v 为转子的线速度。$v=\pi D_i\dfrac{n}{60}=2p\tau\dfrac{n}{60}$，式中 τ 表示极距。则

$$E=\frac{B_1 l}{\sqrt{2}}\times\frac{2p\tau n}{60}=\sqrt{2}fB_1 l\tau$$

考虑到磁场在空间是正弦分布的，如图 1-3-2 所示，一个极距下的平均磁密 $B_{av}=\dfrac{2}{\pi}B_1$。

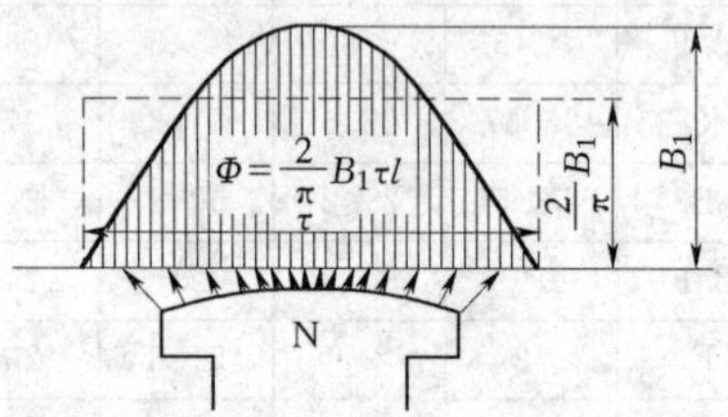

图 1-3-2 磁场正弦分布时一个极下的磁通

一个极下的磁通量 Φ_1 等于平均磁密乘以每极下的面积 $\Phi_1=\dfrac{2}{\pi}B_1\tau l$，于是导体电势的有效值可进一步改写成如下形式

$$E=\frac{\pi\sqrt{2}}{2}f\Phi_1=2.22f\Phi_1$$

(四) 线圈电势

上面是一根导体的电势。一匝线圈由两个有效导体和前后端接线连接而成，匝电势应等于两个导体电势相量之和，即 $E'_1=4.44f\Phi_1$。

若整个线圈有 W 匝，则线圈电势应为匝电势的 W 倍，即

$$E_1=4.44fW\Phi_1$$

同步发电机的定子绕组都是分布绕组短节距线圈。分布绕组的各个线圈嵌放在定子铁芯的不同槽内，各线圈的轴线在空间不重合，因此每个线圈的感应电势在时间相位上是不同的。不同相位的电势相加，应采用相量相加的办法，利用电势星形图。短距线圈的节距 $y_1<\tau$，因此两根导体中的感应电势在时间相位上不是反相，而是相差 γ 电角度。短距线匝电势为导体电势的相量和，即几何和，就是说分布绕组短距线圈的感应电动势比整距线圈集中绕组的感应电势应打折扣，乘以小于 1 的系数 K_{w1}。

一相绕组的感应电势 $E_\Phi=4.44fWK_{w1}\Phi_1$，式中磁通量 Φ_1 的单位为 Wb，电势 E_Φ 的单位为 V，绕组系数等于短距系数和分布系数的乘积，即

$$K_{w1}=K_{y1}K_{q1}=\frac{\sin\frac{q\alpha}{2}}{q\sin\frac{\alpha}{2}}\sin\frac{y_1}{\tau}90°$$

二、同步发电机的特性

(一) 空载特性

空载特性就是在发电机转子转速保持为同步转速，定子

绕组开路情况下，定子电势 E_0 和励磁电流 I_f 间的关系曲线称为空载特性曲线。

空载特性曲线本质上就是电机的磁化曲线，所以空载特性曲线可以用试验法测出，亦可以用空载磁路计算的办法求出。

用试验法求测空载特性曲线时，应在定子绕组开路的情况下，用原动机把发电机拖转到同步转速，然后调节励磁电流，并记录不同励磁电流下对应的定子端电压，直到 $U_0=1.25U_N$ 左右。

绘制空载特性曲线时，既可以采用励磁电流和端电压（通常用线电压）的实际值，亦可以采用标么值，如果采用标么值，则端电压应以额定电压为基值，励磁电流常以产生额定电压时的励磁电流作为基值。同步发电机的空载特性曲线如图 1-3-3 所示。

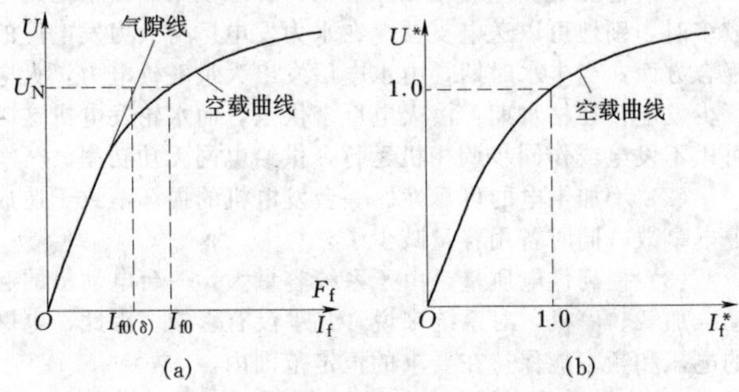

图 1-3-3 同步发电机的空载特性曲线
(a) 用实际值表示；(b) 用标么值表示

空载特性曲线是发电机的基本特性之一。空载特性一方面表征了电机磁路的饱和情况，另一方面它和短路特性、零功率因数负载特性配合在一起，还可以确定同步电机的基本参数。发电机大修后，应绘制空载特性曲线，并应与检修前绘制的曲线进行比较，如发现大修后的曲线变化较大，说明发电机转子线圈或定子铁芯有故障存在。

（二）短路特性

短路特性表示发电机在同步转速下，定子线圈引出线三相短路时，定子电流（短路电流）与励磁电流的关系曲线。

短路特性可由三相稳态短路试验测得。试验时，发电机的转速保持为同步转速，调节励磁电流，使定子电流从零开始，逐步增加到 $1.25I_N$ 左右为止。试验表明短路特性曲线是一条直线，如图 1-3-4 所示。

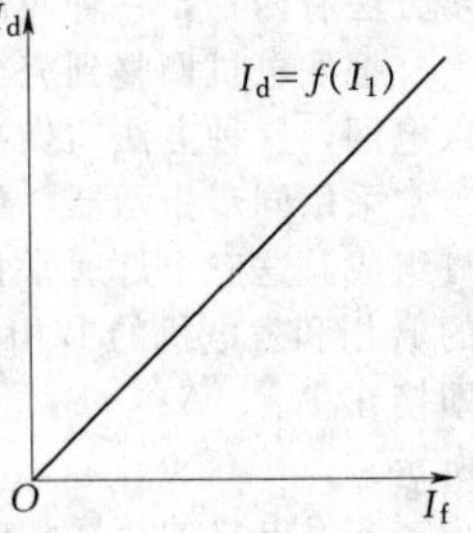

图 1-3-4 短路特性曲线

发电机引出线三相短路时，定子电阻可以忽略不计，认为仅有电抗，所以短路电流 I_k 滞后于电势 E 近于 90°。短路电流产生的磁通使转子的励磁磁通减弱。这样，在短路时磁路总是不饱和的，因此短路特性曲线是一条直线。

在同步发电机的设计和试验时，常常用到短路比这一数据。所谓短路比就是产生空载额定电压所需的励磁电流 I_{f0} 与产生短路额定电流时所需的励磁电流 I_{fk} 之比。利用空载特性和短路特性曲线能很方便地求得短路比，如图 1-3-5 所示。

短路比对于一定型式的电机来说，它标志着电机的静态稳定和电压变化率水平。一般来说，短路比越大，x_d 越小，稳定极限就越高，电压变化率也越小，但这样要求气隙大、

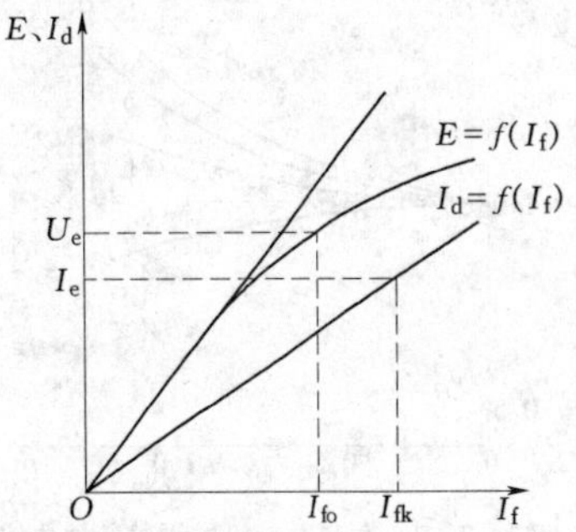

图 1-3-5 用空载特性和短路特性曲线求短路比

转子的励磁安匝数多，因此转子用铜量较大，转子散热困难，最后使电机用料增加，电机成本增加。短路比越小和功率因数越高，则电机越轻，成本越低，但其稳定性越差，并有可能使电压波形变坏。

国产汽轮发电机的短路比为 0.5～0.7，水轮发电机的短路比为 1.0～1.4。

（三）负载特性

负载特性表示同步发电机的转速为同步速度，负载电流和功率因数为常值时，发电机的端电压与励磁电流之间的关系曲线。各种负载时的特性曲线如图 1-3-6 所示。

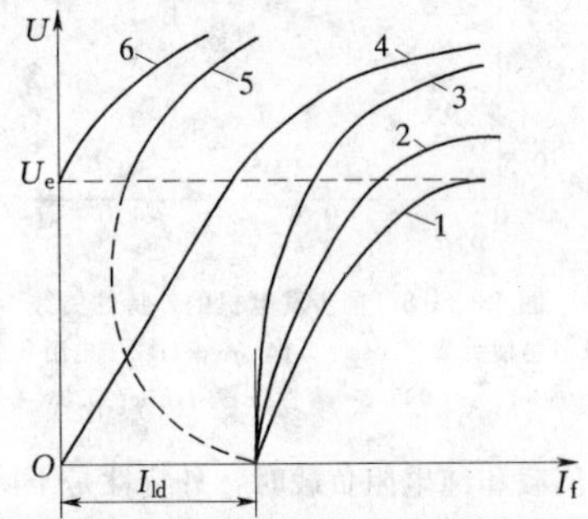

图 1-3-6 同步电机的负载特性曲线
1—纯电感负载（$\cos\varphi=0$，$\varphi=90°$）；2—感性负载（$\cos\varphi=0.8$，$\varphi>0$）；3—电阻负载（$\cos\varphi=1$，$\varphi=0$）；4—空载特性曲线［$E_0=f(I_f)$］；5—容性负载（$\cos\varphi=0.8$，$\varphi<0$）；6—纯电容性负载（$\cos\varphi=0$，$\varphi=90°$）

在负载特性曲线中，最重要的是当 $\cos\varphi=0$ 时的负载特性，如图 1-3-6 中的曲线 1 所示。它是在纯电感负载时测得的，即在定子电流 I=常数，$\cos\varphi=0$ 的条件下，根据端电压 U 与励磁电流 I_f 的变化而得到的。通过它可以测出定子漏抗和电枢反应磁势。

（四）调整特性

当发电机的负载发生变化时，为了保持端电压不变，必须同时调节发电机的励磁电流。在发电机的端电压 U、转速 n 和功率因数 $\cos\varphi$ 不变的条件下，励磁电流 I_f 与发电机负荷电流 I 的关系曲线称为发电机的调整特性曲线，调整特性曲线如图 1-3-7 所示。

由图可知，当发电机的感性负载电流增加时，励时电流增加才能维持端电压不变；而对容性负载电流增加时，励磁电流降低才能维持端电压不变。这样运行人员根据调整特性曲线就可知道，当不同电流负荷时，应如何调节励磁电流才能维持电压为额定值。

（五）外特性

外特性表示发电机的转速保持为同步转速，励磁电流和

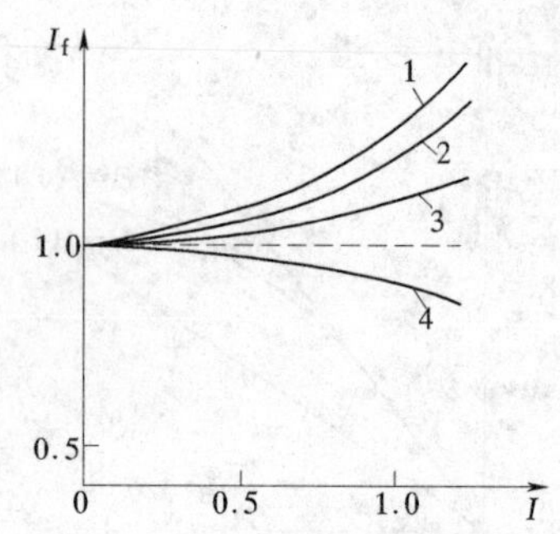

图 1-3-7　同步发电机的调整特性曲线
1—纯感性负载（cosφ=0，φ=90°）；2—感性负载（cosφ=0.8，φ>0）；3—电阻性负载（cosφ=1，φ=0）；4—容性负载（cosφ=0.8，φ<0）

负载的功率因数不变时，发电机的端电压与负载电流的关系。

外特性曲线即可用直接负载法测出，亦可用间接法（做图法）求出。同步发电机的外特性曲线如图 1-3-8 所示。外特性和调整特性曲线一样能够表示发电机的运行情况。

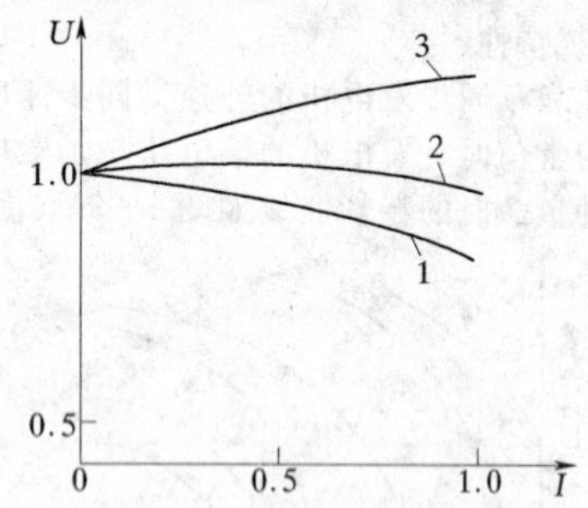

图 1-3-8　同步发电机的外特性曲线
1—感性负载（cosφ=0.8，φ>0）；2—电阻负载（cosφ=1，φ=0）；3—容性负载（cosφ=0.8，φ<0）

在感性负载和纯电阻负载时，外特性是下降的，因为这两种情况下的电枢反应均为去磁作用，此外定子电阻压降和漏抗压降亦引起一定的端电压下降，如图 1-3-8 中的曲线 1 和曲线 2 所示。

如果负载是电容性的，假定 cosφ=0.8（超前）时，发电机负载增大，则电枢反应为助磁反应，会使主磁通增强，发电机端电压上升，如图 1-3-8 中的曲线 3 所示。

（六）发电机的电抗

(1) 纵轴同步电抗 x_d：它是发电机在定子出线端三相短路稳定时所表现出的电抗。同步电抗 x_d 越小，发电机在电网中并列运行时越稳定，负荷变化时电压变化越小，发电机负荷的能力也越大。但减小同步电抗 x_d，将会加大发电机定子与转子之间的空气隙和转子的用铜量，增加成本。一般同步电机的同步电抗标么值 x_d^* 在 1.5～2.4 范围内，高速电机同步电抗较大。

(2) 纵轴瞬变电抗 x'_d：它是发电机发生三相突然短路初始一段时间内的过渡电抗，用来表示发电机在过渡过程中电流的衰减，以及发电机出线端短路时作用在基础上的扭矩。瞬变电抗 x'^*_d 一般在 0.15～0.31 之间。

(3) 纵轴超瞬变电抗 x''_d：它是发电机发生三相突然短路最初一瞬间的过渡电抗，表示发电机在最初一瞬间（相当于第一个周期）电流的衰减以及最初一瞬间作用在基础上的扭矩。有阻尼绕组的发电机，超瞬变电抗 x''^*_d 一般在 0.15～0.30 范围内，无阻尼绕组的发电机，超瞬变电抗 $x''_d=x'_d$。

(4) 负序电抗 x_2：它是定子绕组对于负序电流的感抗，决定于负序电流的漏抗和负序同期磁场的作用，通常为纵轴和横轴超瞬变电抗的几何平均值，如凸极同步电抗为

$$x_2=\sqrt{x''_d-x''_q}=\frac{1}{2}(x''_d+x''_q)$$

(5) 零序电抗 x_0 是定子绕组对于零序电流的感抗，它决定于零序电流的漏磁。零序电抗 x_0 可在励磁绕组短接的情况下，将定子三相绕组串联，通入 400V 单相交流电源，于静止或运转中测出电压 U 及电流 I 值，由下式求得

$$x_0=\frac{U}{3I}$$

三、同步发电机的并联运行

（一）并联运行的优点

(1) 电能的供应可以相互调剂，合理使用。当某地用电较多时，别地可以送电支援。在水力发电厂与火力发电厂的配合方面：当丰水时期，由水电厂发出大量廉价电力，火电厂少发电；在枯水期，由火电厂多供电，而水轮发电机这时可以不发电或作同步调相机运行，供给电网无功功率。

(2) 增加供电的可靠性。一台发电机的损坏不致于造成停电事故。同时备用容量减少了。

(3) 提高供电质量。由于系统容量大，一台电动机的起动、加载、停机，对系统来说，几乎没有影响。因此，电网的电压和频率能保持在要求的恒定范围内。

（二）投入并联的条件

同步发电机并联到电网时要求它在较短的时间内不应产生大的电流冲击。为此，必须满足下述的四个条件：

(1) 发电机的频率等于电网的频率；

(2) 发电机的电压幅值等于电网的电压幅值；

(3) 发电机的电压相序与电网电压相序相同；

(4) 在合闸时，发电机的电压相角与电网电压的相角一样。

满足上述四个条件后，发电机端电压的瞬时值与电网电压的瞬时值就完全一样了。这就保证了在并联合闸瞬间不会引起电流冲击。

（三）投入并联的方法

为投入并联所进行的操作过程称为整步过程。实用的整步方法有两种，一种叫准整步，另一种叫自整步。

把发电机调整到完全合乎投入并联运行的条件，然后投入电网，这种方法叫做准整步。为判断是否满足投入条件，常常采用同步指示器。最简单的同步指示器由三个同步指示灯组成，这三个灯通常接在电网 A 相和发电机 A 相、电网的 B 相和发电机的 B 相、电网的 C 相和发电机的 C 相之间，即接在 $A_Ⅰ$、$A_Ⅱ$、$B_Ⅰ$、$B_Ⅱ$、$C_Ⅰ$、$C_Ⅱ$ 之间，如图 1-3-9 所示。

若发电机的相序和电网相同，但频率不同，则发电机和电网两组电压相量之间就有相对运动，三个灯上的电压同时发生变化，于是三个灯将一起时亮、时暗，闪烁的频率与频率差值成正比。调节发电机的转速，直到三个灯的亮度变化很慢时，就表示发电机和电网频率相同；再调整发电机电压的大小和相位，到三个灯同时熄灭，且 $A_Ⅰ$、$A_Ⅱ$ 间电压表的指示亦为零时，就表示发电机已经满足投入并联条件，此时就可合闸。

在整步过程中，可能出现不是三个灯同时闪烁而是三个灯轮流亮、暗的现象，这就表示发电机的相序和电网不同。此时绝对不能把电机贸然投入，而应设法改变发电机的相

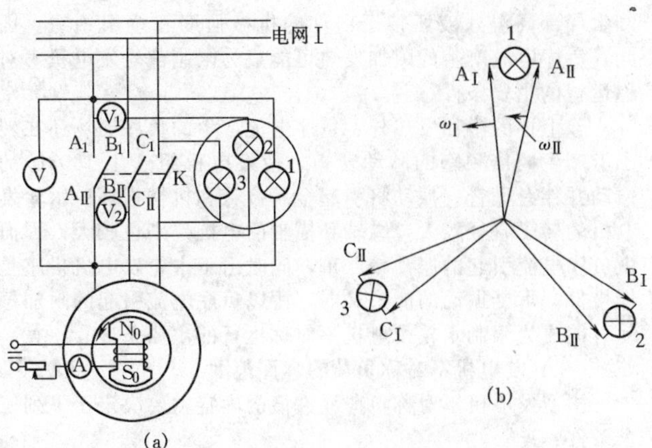

图 1-3-9　准同步时同步灯的接法和相量图

(a) 同步灯接法；(b) 相量图

序，然后重新整步。

上面介绍的是最简单的同步指示器。现代发电厂里通常装有更为精密和便于观察的同步指示器和相应的自动化装置，以减少并联投入时发生误操作的可能。

准整步的优点是投入瞬间电机和电网基本没有冲击，缺点是手续比较复杂。尤其是当电网发生故障时，电网电压和频率时刻都在变化，采用此法就更难投入。为把发电机迅速投入电网，可用自整步投入法。

自整步的投入步骤为：首先校验发电机的相序，并按照规定的转向把发电机拖动到接近同步转速，然后在无励磁、励磁绕组接到限流电阻的情况下把发电机投入电网，再立刻加上励磁，此时依靠定子和转子主极磁场间形成的电磁转矩，即可把转子自动地拉入同步。

进行自整步操作时要注意，发电机投入电网时励磁绕组不应开路，否则励磁绕组中将感生危险高压；励磁绕组亦不宜直接短路，否则合闸时定子电流会有很大冲击。通常的做法是把灭磁电阻接入闭合的励磁回路作为限流电阻。自整步法的主要缺点是并网时冲击电流稍大。

(四) 有功功率的调节

图 1-3-10 (a) 示出了所研究的同步发电机接到一个无穷大电网的情况。图 1-3-10 (b) 示出了发电机刚投入电网时的情况，此时 $\dot{E}_0=\dot{U}$，功角 $\delta=0$，电磁功率 $P_M=0$，发电机处于"空接"在电网上的状态。从功角关系 $P_M=m\dfrac{E_0U}{x_s}\sin\delta$ 可知，由于 U=常值，x_s=常值，于是电磁功率就与功率角成正比，要使发电机输出有功功率，就必须调节 E_0 的相位，使 E_0 和发电机的端电压 $\dot{U}$（即电网电压）之间形成一定的功率角 δ。为此，必须增加原动机的输入功率——增大汽门或水门的开度。输入增大后，原动机的驱动转矩将大于发电机的电磁转矩，于是主磁极的位置将逐步超前。随着主磁极的超前，$\dot{E}_0$ 将超前于 $\dot{U}$，如图 1-3-10 (c) 所示。相应地，功率角 δ 和对应的电磁功率将逐步增大，这样输入功率和输出功率之间将逐渐恢复平衡，并在新的运行点 A 同步运行，如图 1-3-10 (d) 所示。

以上分析表明，要增加同步发电机的输出功率，就必须增大发电机的功率角 δ；换言之，必须增加原动机的输入功率。在负载转移过程中，转子的瞬时速度虽然稍有变化，但随后发电机的转速仍将保持同步速率不变。

但是，并不是无限制地增加原动机的输入功率，发电机

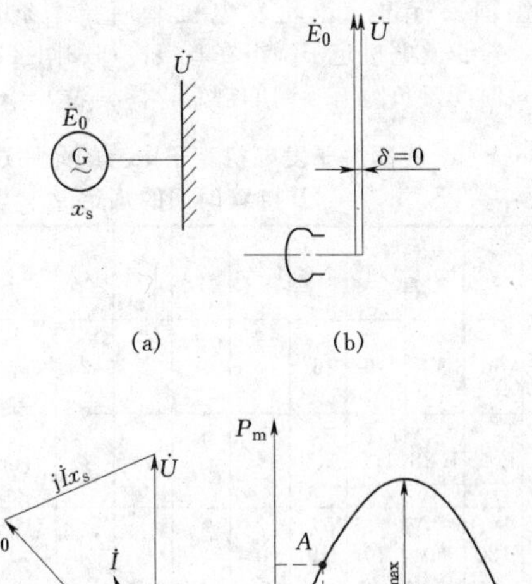

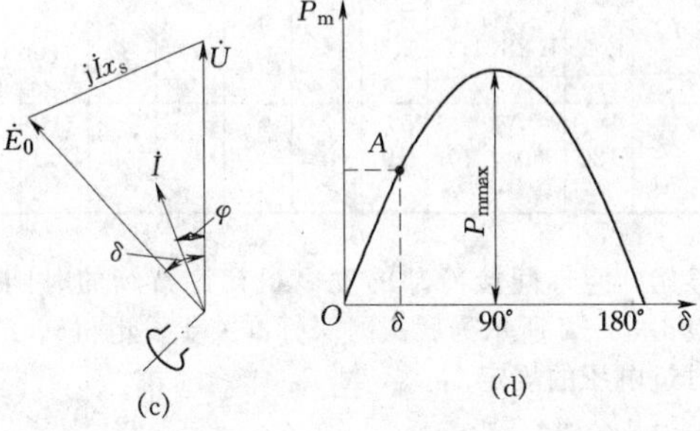

图 1-3-10　同步发电机有功功率的调节

(a) 单线接线图；(b) $\delta=0$ 时；(c) $\delta>0$ 时；(d) 在 A 点同步运行

发出的电磁功率总会相应增大。对于隐极发电机，当功率角达到 90°时，电磁功率将达到最大值，称之为同步发电机的功率极限。通常同步发电机的额定功率角在 15°～60°左右。

(五) 无功功率的调节

调节励磁就可以调节无功功率。单独调节励磁时只能调节无功功率，而不能调节有功功率，这是同步发电机与电网并联运行时的特点。

上面分别介绍了有功功率和无功功率的调节。为达到理想的负载分配（即按机组的容量大小来分配负载），必须同时兼顾有功和无功功率，此时常须同时调节原动机的输入功率和发电机的励磁电流。

四、发电机短时过负荷运行

在正常运转时，发电机是不允许过负荷的，但当电力系统发生事故，如因发电机跳闸而失去一部分电源时，为维持电力系统的稳定运行和保证重要用户的供电，则允许发电机在短时间内过负荷运行。

短时间的过负荷对定子和转子绕组绝缘寿命的影响不大大，这是因为发电机在额定工况下运行时的温度较其所用的绝缘材料的最高允许温度低，有一定的备用余量可作为负荷时使用。

实际工作中的运行的发电机短时过负荷，通常有两种。第一种是电流超过额定值很多，但过负荷时间很短，通常不超过 2min。第二种是虽然过负荷电流不大，但时间较长，几乎已经达到了热稳定。这两种过负荷的性质不同，因此允许过负荷的电流和时间也不相同。

发电机允许过负荷的倍数 $\dfrac{I_S}{I_H}$ 和时间 t 可由下述公式决定

$$t=\frac{150}{\left(\dfrac{I_S}{I_H}\right)^2-1}\quad(s)$$

式中　t——事故过负荷的允许时间（s）；

I_S——短时过负荷的电流值（A）；

I_H——发电机的额定电流（A）。

在我国国家标准《汽轮发电机通用技术条件》(GB 7064) 中，对于发电机定子绕组在直接冷却和间接冷却情况下，关于短时间过负荷有不同的规定，详见表1-3-1。

表1-3-1 我国关于发电机定子电流的允许过负荷及持续时间的规定

空冷电机	$\frac{I_S}{I_H}$	1.1	1.12	1.15	1.2	1.25	1.3	1.4	1.5	2	2.5	3
	t (min)	60	30	15	6	5	4	3	2	1	0.5	0.3
内冷电机	$\frac{I_S}{I_H}$	1.15	1.28	1.5	2.2							
	t (s)	120	60	30	10							

显然，空气间接冷却的发电机允许持续的时间要长得多。表1-3-2所示为我国国家标准关于发电机转子绕组允许短时过电压的规定。

表1-3-2 我国关于发电机转子绕组允许短时过电压的规定

时间 (s)	10	20	60	120
转子电压 (%)	208	146	125	112

五、同步发电机的不对称运行

同步发电机是按电机在对称负荷下运行而设计的，不对称运行是属于非正常的一种运行方式。在实际运行中不可避免地会存在三相不对称状态。不对称运行可以是长时间的，也可以是短时间的。长时间的不对称运行有下列三种形式：不对称负荷(如电气机车、电炉等)、各相输电线阻抗不相等(如在低压电网中采用的"两线一地"接线方式)和非全相状态(一相因故障或检修切除后采用两相运行)。短时间的不对称运行主要是电力系统发生不对称故障时的运行。它们破坏了负荷间的平衡关系，形成了三相电流不对称的运行方式。

(一) 负序电流对发电机的危害

不对称运行时，在发电机的定子绕组内除正序电流外，还会流过负序电流。正序电流是由发电机电势产生的，它所产生的正序磁场与转子保持同步速度而同方向旋转，对转子而言相对静止的，在转子内不感应电流。

负序电流出现后，它除了和正序电流叠加使定子绕组相电流可能超过额定值，而使该相绕组发热超过容许值之外，还会引起转子的附加发热和机械振动。当定子三相绕组中流过负序电流时，所产生的负序旋转磁场以同步速度与转子反方向旋转，在励磁绕组、阻尼绕组及转子本体中感应出两倍频率的电流，从而引起附加发热。由于这个感应电流频率较高(100Hz)，集肤效应较大，不容易穿入转子深处，所以这些电流只在转子表面的薄层中流过。

对于汽轮发电机转子通常采用的材料，齿部的穿透深度为几毫米，槽楔约为10～17mm。因此负序磁场产生的感应电流在转子各部分造成的附加发热集中于表面层。而此电流在转子表面沿轴向流动，在转子端部沿圆周方向流动而形成环流。这些电流流过转子的槽楔与齿，并流经槽楔和齿与护环的许多接触面。这些地方电阻较高，发热尤为严重，可能产生局部高温，破坏转子部件的机械强度和绕组绝缘。因此，负序电流产生的附加发热可能成为限制汽轮发电机不对称运行的主要条件。

除上述的附加发热外，负序电流产生的负序磁场还在转子上产生两倍频率的脉动转矩，使发电机组产生100Hz的振动并伴有噪音。振动将引起金属疲劳和机械损坏。水轮发电机的转子直径较大，纵轴和横轴的电抗差别也较大，因而由负序电流引起的振动较严重，同时由于水轮发电机机座是焊接件，承受振动的能力又弱，所以负序电流引起的附加振动可能成为限制水轮发电机不对称运行的主要条件。

(二) 发电机不对称负荷的容许范围

国产发电机不对称负荷允许值的确定主要决定于下列三个条件：

(1) 负荷最大的一相定子电流不应超过发电机的额定电流；

(2) 转子任何一点的温度不应超过转子绝缘材料等级和金属材料的容许温度；

(3) 不对称运行时出现的机械振动，不应超过容许范围。

第一个条件是考虑到定子绕组的发热点不超过容许值，第二和第三个条件是针对不对称运行时负序电流所造成的危害提出来的。由于发电机结构、材料和冷却方式等不同，其允许范围也不同。因此不对称运行时，负序电流的允许值和允许时间都不应超出制造厂规定的范围。如无制造厂的规定，可按我国国家标准《汽轮发电机通用技术条件》(GB 7064) 的规定执行。现将有关规定摘录如表1-3-3所示。

表1-3-3 同步发电机不对称运行时所允许的不平衡电流与持续时间

转子冷却方式	冷却介质或功率	连续运行时最大 I_2/I_N	故障运行时最大 $(I_2/I_N)^2t$
间接冷却	空气	0.10	30
	氢气	0.10	15
直接冷却	≤300000kW	0.08	8
	600000kW	0.07	7

六、同步发电机的失磁运行

同步发电机的失磁运行是指同步发电机失去励磁后，仍带有一定的有功功率，以低滑差与电网继续并联运行的一种特殊运行方式。此时须从电网吸收大量的无功功率供励磁用。为此，发电机定子电流增加，从而导致系统电压降低。

(一) 发电机失磁的原因

同步发电机突然部分或全部的失去励磁，是电力系统常见的故障之一。一般是由于励磁回路短路或励磁回路开路造成的。励磁系统故障、调整失误、副励磁机回路断线、接触器开路等可造成励磁回路短路故障；励磁回路断线、滑环出故障、励磁回路断路器开路或误动可造成励磁回路开路故障。通常这些故障能较快地被消除，如故障不能很快消除时，可切换至备用励磁机。因此，出现了发电机能否在短时间内无励磁运行的问题。

(二) 发电机失磁后表计的指示情况

发电机失去励磁后的异常运行状态与失磁前的同步运行状态相比有许多不同之处，这点也可以从表计的变化看出。

发电机失磁后，转子电流迅速地依指数规律衰减，其减小的程度与失磁原因、剩磁大小有关。当励磁回路开路时，转子电流表指示为零；当励磁回路短路或经小电阻闭合时，转子回路有交流电流通过，直流电流表有指示，但值很小。

定子电流表摆动且指示增大，有功功率表指示减小，并且也发生摆动，无功功率表指示负值，功率因数表指示进相，发电机母线电压表指示值下降并且摆动，转子电压表（接在励磁开关的前面或后面时情况不相同）一般来说是突然升高而后下降。

（三）发电机允许失磁运行的时间及其所带的负荷

是否允许发电机失磁运行，与失磁运行的发电机容量和系统的容量大小有关，具体情况根据各发电厂的规定决定。对大容量的汽轮发电机、水轮发电机以及绑线式转子的汽轮发电机等，在发电机失磁时，应立即从电网切断。

当电网容量较大，汽轮发电机结构又允许失磁运行时，下面说明发电机在失磁运行中所带的负荷及发电机失磁运行时间。发电机失去励磁后，如将有功负荷迅速减小到额定功率的40%～50%，就有可能在低滑差下进入异步运行，这种异常运行受到时间的限制，在所限定的时间内，运行人员可及时发现和消除故障，并使发电机通过适当方式再同步，恢复正常运行。失励的发电机在一定时间内，能够以异常状态运行，并继续向系统输送有功功率，这也是提高电力系统安全、稳定运行的重要措施。我国最近在各种容量的汽轮发电机上均已进行了失磁异步运行试验研究工作。对定子和转子直接冷却的50～300MW汽轮发电机，在负荷不超过额定功率的40%，定子电流不超过额定电流的105%时，允许异常运行15min。对50MW以下的汽轮发电机，在负荷为其额定容量的50%，发电机定子电流不超过额定值时，允许发电机失磁运行30min。

允许发电机失磁异步运行的时间和功率，受到多种因素的限制。首先受到定子和转子发热的限制；其次，由于转子的电磁不对称所产生的脉动转矩将引起机组和基础的振动；还有一个重要的因素，就是要考虑电力系统是否能供给足够的无功功率，因为失磁的发电机要从送出无功功率转换到大量吸收无功功率，这样若系统无功功率不足时，将造成系统电压大幅度下降。这些因素，很可能危及机组和整个系统的安全、稳定运行。因此，某一台发电机能否失磁异步运行，异步运行时间长短和送出功率的多少，只能根据发电机型式、参数、转子回路连接方式及外接电力系统性质等进行具体分析，而后才能确定。

七、同步发电机的调相运行

同步调相机是专门用于调节系统无功功率的，它既不由原动机拖动，也不拖动其他负载。同步发电机在不带有功负荷而只带无功负荷运行时，它起着调相机的作用。

有些火力发电厂，遇到丰水期，让汽轮发电机停止发电（有功），由水轮发电机供电，可以把这些汽轮发电机当作调相机运行，让它们担负电网的无功功率。枯水期，也可以把一些水轮发电机当作调相机运行。

水轮发电机作为调相机运行时向电网输送无功功率（感性的），以改善系统的功率因数。运行时，它将从系统中吸取一部分有功功率以补偿其铜损耗、铁损耗和风摩擦损耗等。为了减少水轮机的水阻力损耗，通常将0.4～0.7MPa的压缩空气泛入转室中，将水面压低，使转轮在空气中转动。水轮发电机作调相机运行时的容量，根据转子励磁绕组的允许温升确定。

同步发电机调相运行的作用如下：

（1）当系统需要电容性的无功时，可以增大发电机的励磁，向系统输入电容性的无功，此时发电机为过励（进相）运行。当系统电容性无功有剩余时，发电机又可减少励磁，从系统中吸取多余的电容性无功，呈欠励（迟相）运行，可见利用调节励磁的方法可满足系统无功变化的要求。

（2）降低网络中的电能损耗，提高系统运行的经济性。

（3）维持电网的额定电压，提高供电电压质量。

第四节　同步电动机

一、同步电动机原理和特性

（一）同步发电机转变为同步电动机的过程

这里以隐极电机为例，说明同步发电机转变为同步电动机的过程。电机接入电网，最初处于发电机状态工作，但电网输送一定的有功功率 P_2。此时功角 δ 为正值，电磁功率 $P_M>0$，空载电势相量 $\dot{E}_0$ 超前于定子电压相量 $\dot{U}$ δ 角，亦可近似地理解为转子主极磁场越前于定子铁芯内的合成磁场 δ 角，则作用到转子上的电磁转矩为一制动转矩。在旋转过程中驱动转矩 M_1 克服电磁转矩 M，机械能变为电能，如图1-4-1所示。

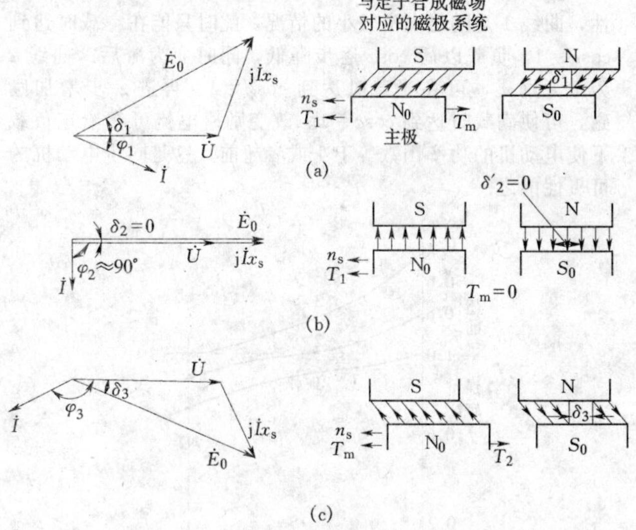

图1-4-1　同步发电机变为同步电动机的过程

(a) 发电机；(b) 临界状态；(c) 电动机

减小输入功率，则根据功率平衡关系，发电机的电磁功率 P_M 和功角 δ 将逐渐减小，当输入功率 P_1 足以维持空载损耗 P_0 时，则功角 $\delta=0$。此时电机处于由发电机转变为电动机的转折点［图1-4-1 (b)］。

继续减少电机的输入机械功率 P_1，并撤去原动机，使 $P_1=0$，于是功角 δ 和相应的电磁功率 P_M 将变为负值，电机处于电动机运行状态。如果在电机轴上加上机械负载。则负值的功角 δ 将增大，由电网输入的电功率和相应的电磁功率也将增大，以平衡电动机的输出功率，此时电机成为负载运行的同步电动机［图1-4-1 (c)］。在电动机状态下，功角为负值，空载电势相量 $\dot{E}_0$ 滞后于定子电压相量 $\dot{U}$，主极磁场落后于定子合成磁场，转子将受一个驱动性质的电磁转矩。

同步发电机转变为电动机时，功角 δ 和电磁功率 P_M 均由正值变为负值，电机由输出电功率变为输入电功率，电磁转矩由制动变为驱动。

（二）同步电动机的特性

（1）工作特性。即在电网电压 U＝常数，励磁电流 I_f＝常数时，电磁转矩 M、定子电流 I、功率因数 $\cos\varphi$、电动机的功率 η 和输出的机械功率 P_2 之间的关系曲线。

从电磁转矩 M 等于空载转矩 M_0 与输出的机械转矩 M_2 之和可知，当输出的机械功率 $P_2=0$ 时，$M\approx M_0$，此时定子电流等于空载电流 $I=I_0$。随着输出功率的增加，为克服负载转矩，电磁转矩将正比地增大，定子电流也将随之增加。故 $M=f(P_2)$ 为一直线；$I=f(P_2)$ 也近似为一直线，同步电动机的效率曲线和一般电机相同，如图 1－4－2 所示。

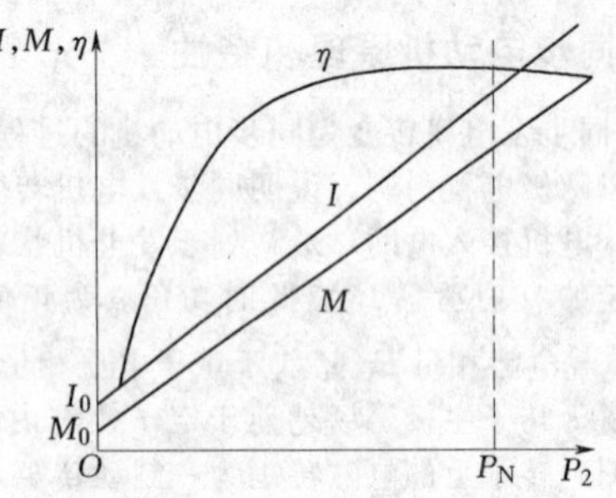

图 1－4－2　同步电动机的工作特性

图 1－4－3 示出了不同励磁下同步电动机的功率因数特性，曲线 1 是励磁电流较小的情况。此时只能在空载时达到 $\cos\varphi=1$，负载以后 $\cos\varphi$ 逐步降低，同时变为滞后。曲线 2 为增大励磁，可在半载时达到 $\cos\varphi=1$。再进一步增加励磁，可使满载时达到 $\cos\varphi=1$。改变励磁电流可在给定负载下使电动机的功率因数等于 1 或者超前，这是同步电动机的可贵性能之一。

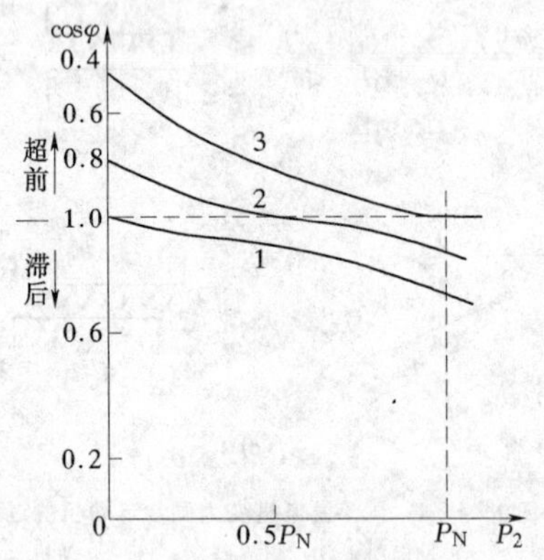

图 1－4－3　不同激磁时的 $\cos\varphi=f(P_2)$ 曲线（$I_{f1}<I_{f2}<I_{f3}$）

（2）同步电动机的 V 形曲线。即在电网电压 U＝常数，电磁功率 P_M＝常数下，调节励磁电流时，定子电流的变化曲线，此曲线是一条恒功率、变励磁的特性曲线。

与发电机和电网并联时类似，图 1－4－4 示出了恒功率、变励磁时同步电动机的相量图。在电磁功率和输出功率为常数而电网电压 $\dot{U}$ 恒定不变时，改变励磁，空载电势 $\dot{E}_0$ 的端点落在水平线 AB 上，定子电流 $\dot{I}$ 的端点则落在垂直线 CD 上。

在正常励磁下，电动机的 $\cos\varphi=1$，定子电流全部为有功电流，电流值为最小。当电势 E''_0 小于正常励磁（欠励）的电势 E_0 时，为保持定子合成磁通不变，除有功电流外，还将出现增磁的无功滞后电流。此时的定子电流比正常励磁时大，功率因数为滞后。反之，在过励时，$E'_0>E_0$，定子电流中包含超前的无功电流，功率因数则为超前。曲线 $I=f(I_f)$ 形状

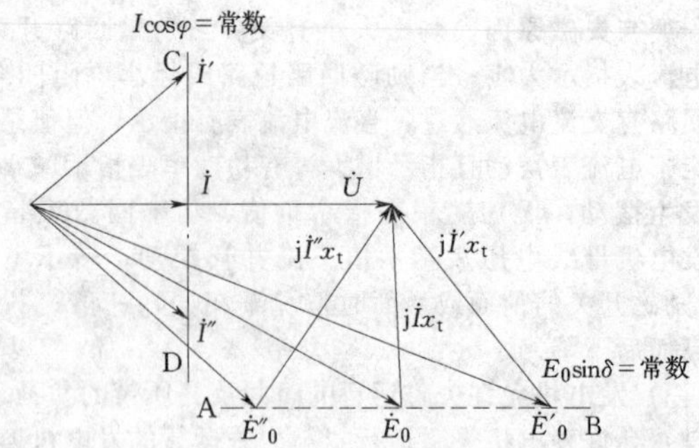

图 1－4－4　恒功率、改变励磁时隐极同步电动机的相量图

如 V 形，故称 V 形曲线，如图 1－4－5 所示。

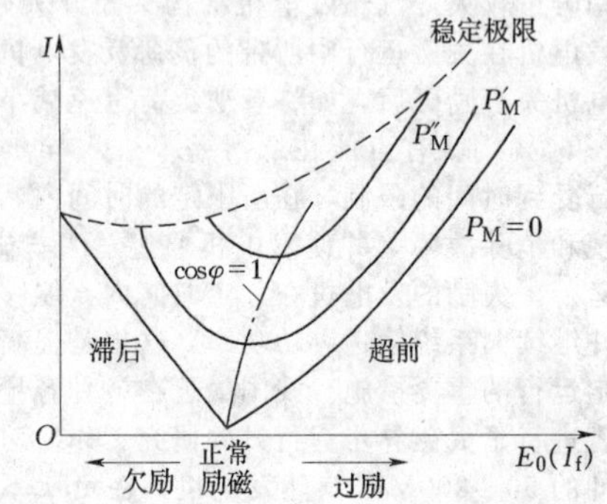

图 1－4－5　同步电动机的 V 形曲线

V 形曲线的上半部，其功角已超出对应之稳定极限值，故为不稳定区域。

调节励磁电流可以调节电动机的无功电流和功率因数。这是同步电动机的可贵特点。通常异步电动机的功率因数为滞后的，因此如让过励状态的同步电动机与之并联运行，则可提高供电系统的功率因数。

为改善电网的功率因数，同步电动机的额定功率因数一般为 1～0.8（超前）。

二、同步电动机的起动

起动同步电动机的方法有辅助电动机法、调频起动法、异步起动法。辅助起动机法不宜用来起动带有负载的电动机，而采用大容量的辅助电动机又显得很不经济；调频起动法则需要有一个变频电源，使设备投资费用高。这两种方法均在特殊情况下采用。最常用的起动方法是异步起动法。

许多大、中型的同步电动机，在转子磁极表面上装有类似异步电动机笼型转子的短路绕组，称为起动绕组，其结构和同步发电机的阻尼绕组一样。

同步电动机的异步起动方法又可分为以下几种。

（一）全电压直接起动

全电压直接起动是广泛采用的起动方法之一。使用此法起动时，须在容量较大的电网内进行。全电压起动具有以下优点：

（1）起动转矩大；

（2）附属设备少，操作简单，维护方便。

（二）电抗器起动

采用电抗器起动是降压起动的一种方式，用这种方法起动具有以下特点：

（1）起动加速平滑；

（2）转矩的大小能够调节，但一般比较低；

（3）适用于空载起动；

（4）电抗器结构简单，可靠性高。

（三）自耦变压器起动

采用自耦变压器起动与采用电抗器起动相似，都属于降压起动，只是使用自耦变压器起动时，起动电压能够调节，一般调到电动机额定电压的75%时起动。用这种方法起动具有以下特点：

（1）起动转矩的大小能够调节；

（2）起动电流小；

（3）起动设备较采用电抗器起动复杂；

（4）适用于电网容量限制较大，而起动转矩要求较高的场合。

三、同步电动机的技术数据

TD系列同步电动机的技术数据如表1-4-1所示。

表1-4-1　TD系列同步电动机的技术数据

型号	额定功率(kW)	额定电压(V)	额定定子电流(A)	起动电流/额定电流	起动转矩/额定转矩	牵入转矩/额定转矩	最大转矩/额定转矩	励磁机					主机外形尺寸(mm)			主机总重(kg)
								型号	功率(kW)	电压(V)	电流(A)	转速(r/min)	长	宽	高	
电动机转速1500r/min（4极）																
TD173/74—4	5000	6000	564	5.5	1.0	1.0	1.65	ZLW327/15.5	46	65	710	1500	4600	2630	3000	23500
TD143/79—4	2500	11000	164	6.5	1.0	1.0	2.0	Z28/11	18.1	43	420	1500				
TD145/69—4	2000	10000	134	6.5	1.0	1.0	1.80	Z28/11	14	38	376	1500	4305	2400	2000	15000
TD143/84—4	5000	6000	564	8	1.5	1.0	1.65	ZLW32.7/15.5	46	65		1500	4678	2630	3000	23.5
TD170/83—4	6300	10000	417	8	2	0.8	1.2	—	—	—	—	—	4005	2320	1730	23600
TDGT6.3—4	6300	10000	442	—	—	—	—	—	—	—	—	—	4097	—	2495	24800
电动机转速1000r/min（6极）																
TD118/41—6	1000	3000	224	6.0	1.20	1.00	2.00	Z2—81	21.0	60	350	1000	3472	1680	1630	4960
TD118/54—6	1250	3000	280	6.0	1.20	1.00	2.00	Z2—81	21.0	60	350	1000	2622	1680	1630	6120
TD118/61—6	1600	3000	356	6.5	1.20	1.00	2.00	Z2—81	21.0	60	350	1000	3432	1680	1630	6870
TD118/61—6	1370	6000	154	6.0	1.50	1.10	2.0	ZLW28/10—4	13	42.5	306	1000	3360	1800	1443	
TD118/49—6	1000	6000	112	7.0	1.30	1.10	2.00	Z2—81	21.7	70	310	1000	3472	1680	1630	5810
TD118/59—6	1250	6000	140	7.0	1.35	1.10	2.00	Z2—81	21.7	70	310	1000	3622	1680	1630	6550
TD118/74—6	1600	6000	178	7.0	1.35	1.10	2.00	Z2—81	21.7	70	310	1000	3432	1680	1630	7900
TD143/39—6	1250	6000	159	7.0	1.50	1.20	2.50	Z28/16	17.6	44	400	—	4590	2400	2000	11500
TD143/49—6	2000	6000	223	6.0	1.00	0.90	2.00	Z2—92	35.6	90	395	1000	3617	1880	1805	8500
TD143/64—6	2500	6000	278	6.0	1.00	0.90	2.00	Z2—92	35.6	90	395	1000	3867	1880	1805	10700
TD143/66—6	2500	6000	320	6.0	0.8	0.8	2.0	KGLF400/8—75	30	75	400	—	4370	2240	2000	15700
TD143/76—6	3200	6000	356	6.5	1.05	0.90	2.00	Z2—92	35.6	90	395	1000	4057	1880	1805	12200
TD173/44—6	1000	10500	118	7.0	1.20	1.00	2.50	ZLW32.7/20.5	27	67	400	—	4730	2800	2400	20000
TD173/59—6	2500	10000	192	6.0	0.90	1.00	2.50	ZLW32.7/20.5	38	85	447	—	3880	2800	2400	23000
TD173/64—5	4000	6000	443	7.0	1.10	1.00	2.10	Z2—102	47.3	110	430	1000	4247	2380	1250	14700
TD173/84—6	5000	6000	552	7.0	1.15	1.00	2.10	Z2—92	35.6	90	395	1000	4564	2380	1250	18100
TD173/99—6	6300	6000	695	7.5	1.15	1.00	2.10	Z2—102	47.3	110	430	1000	4664	2380	1250	20900
TD173/89—6	4000	10000	268	6.5	1.20	1.00	1.80	ZLW327/120.5	38.0	85	447	1000	5100	2800	2400	24000
电动机转速750r/min（8极）																
TD118/41—8	800	3000	182	6.0	1.10	0.90	2.00	Z2—81	17.5	50	350	750	3472	1680	1630	4800
TD118/54—8	1000	3000	226	6.0	1.10	0.90	2.00	Z2—81	17.5	50	350	750	3622	1680	1630	5950
TD143/36—8	1250	3000	282	5.5	1.00	0.85	2.00	Z2—91	23.7	60	395	750	3617	1880	1805	7750
TD143/49—8	1600	3000	358	5.5	1.00	0.85	2.00	Z2—91	24.5	70	350	750	3767	1880	1805	10450
TD143/49—8	1250	6000	142	6.5	0.5	0.7	2.5	KGLF300/8—75	22.5	75	300		2870	2220	2000	11700
TD118/46—8	800	6000	91	6.0	1.00	0.90	2.00	Z2—81	17.5	50	350	750	3472	1680	1630	5380
TD118/59—8	1000	6000	113	6.0	1.00	0.90	2.00	Z2—81	17.5	50	350	750	3622	1680	1630	6380
TD143/41—8	1250	6000	141	6.0	1.00	0.90	2.00	Z2—92	24.5	70	350	750	3617	1880	1805	8850
TD143/54—8	1600	6000	179	6.0	1.00	0.90	2.00	Z2—92	24.5	70	350	750	3767	1880	1805	11200
TD143/66—8	2000	6000	224	6.5	1.10	0.90	2.00	Z2—92	24.5	70	350	750	3767	1880	1805	13600
TD143/59—8	2000	6000	224	5.63	1.29	1.06	2.06	可控硅		74	304		2640	2320	2000	12000

续表

型号	额定功率(kW)	额定电压(V)	额定定子电流(A)	起动电流/额定电流	起动转矩/额定转矩	牵入转矩/额定转矩	最大转矩/额定转矩	励磁机					主机外形尺寸(mm)			主机总重(kg)
								型号	功率(kW)	电压(V)	电流(A)	转速(r/min)	长	宽	高	
电动机转速750r/min(8极)																
TD173/39—8	1250	10000	129	7.0	1.00	1.00	2.50	Z327/15.5	24	80	300	—	4330	2800	2400	10300
TD170/44—8	1600	6000	202	6.5	1.10	1.00	2.50	ZLW28/16	20	60	330	—	4290	2800	2400	15000
TD173/56—8	2500	6000	278	7.0	1.10	1.00	2.10	Z2—102	38.5	110	350	750	4074	2380	2250	13950
TD173/69—8	3200	6000	356	7.0	1.10	1.10	2.10	Z2—102	38.5	110	350	750	4247	2380	2250	15700
TD173/86—8	4000	6000	444	7.0	1.10	1.00	2.10	Z2—102	38.5	110	350	750	4564	2380	2250	19300
TD115/61—8	5000	6000	554	6.5	0.90	1.00	2.10	Z2—112	59.2	150	395	750	4407	3030	2700	22700
TD115/76—8	6300	6000	696	7.5	1.10	1.20	2.10	Z2—112	59.2	150	395	750	4837	3030	2700	26940
TD115/94—8	8000	6000	883	7.5	1.10	1.20	2.10	Z2—112	59.2	150	395	750	4987	3030	2700	31360
TD115/119—8	10000	6000	1100	7.5	1.10	1.25	2.10	Z2—112	59.2	150	395	750	5397	3030	2700	37830
电动机转速600r/min(10极)																
TD118/39—10	630	3000	143	6.5	1.10	0.95	2.00	Z2—71	22.0	70	310	1500	2110	1680	1630	4850
TD118/49—10	800	3000	182	6.5	1.10	0.95	2.00	Z2—71	22.0	70	310	1500	2225	1680	1630	5450
TD143/36—10	1000	3000	225	5.5	1.10	0.80	2.00	Z2—71	22.0	70	310	1500	2370	1880	1805	6580
TD143/46—10	1250	3000	281	5.5	1.10	0.95	2.00	Z2—82	38.5	110	350	1500	2420	1880	1805	8400
TD143/51—10	1600	3000	356	5.5	1.10	0.85	2.00	Z2—91	35.5	90	395	1500	2520	1880	1805	9340
TD118/44—10	630	6000	72	7.0	1.20	1.00	2.05	Z2—71	22.0	70	310	1500	2110	1680	1630	5340
TD118/44—10	630	6000	71.8	6.0	1.0	1.0	2.00	KGLF250/8—75	18.75	75	250		2110	1540	1630	5910
TD118/56—10	800	6000	91	7.5	1.30	1.10	2.10	Z2—71	22.0	70	310	1500	2220	1680	1630	6230
TD143/44—10	1000	6000	113	6.0	1.20	0.90	2.00	Z2—71	22.0	70	310	1500	2370	1880	1805	8050
TD143/54—10	1250	6000	141	6.5	1.30	1.00	2.00	Z2—82	38.5	110	350	1500	2420	1880	1805	9860
TD143/64—10	1600	6000	179	7.0	1.30	1.00	2.00	Z2—82	38.5	110	350	1500	2520	1880	1805	10800
TD173/54—10	2000	6000	223	6.5	0.90	0.90	2.00	Z2—82	38.5	110	350	1500	2710	2380	2250	12950
TD173/69—10	2500	6000	279	7.0	1.00	1.00	2.10	Z2—82	38.5	110	350	1500	2910	2380	2250	15400
TD173/84—10	3200	6000	356	7.0	1.00	1.00	2.10	Z2—82	38.5	110	350	1500	3200	2380	2250	17900
TD215/61—10	4000	6000	445	7.0	1.10	1.00	2.10	Z2—92	51.5	130	390	1500	2900	3030	2700	22800
TD215/76—10	5000	6000	555	7.0	1.20	1.00	2.10	Z2—92	51.5	130	390	1500	3330	3030	2700	26800
TD215/99—10	6300	6000	676	7.5	1.25	1.10	2.10	Z2—92	51.5	130	390	1500	3480	3030	2700	32360
TD215/99—10	5600	10000	418	6.5	1.0	1.0	2.8	KGLFKQ500/0—110 硅整流器	55	110	500		6150	3440	2900	49000
TD215/74—10	4000	10000	304	6.5	1.00	1.00	2.80			105	425		5550	3440	2900	39400
电动机转速500r/min(12极)																
TD118/36—12	500	3000	113	5.5	0.90	0.35	2.00	Z2—71	22.0	70	310	1500	2110	1680	1630	4000
TD143/29—12	630	3000	145	5.5	0.70	0.80	2.00	Z2—71	22.0	70	310	1500	1975	1880	1805	4720
TD143/36—12	800	3000	182	5.5	0.70	0.80	2.00	Z2—71	22.0	70	310	1500	2170	1880	1805	5860
TD143/44—12	1000	3000	225	5.5	0.70	0.80	2.00	Z2—71	22.0	70	310	1500	2370	1880	1805	7170
TD173/34—12	1250	3000	282	5.5	0.75	0.80	2.00	Z2—82	38.5	110	350	1500	2360	2380	2250	8760
TD173/49—12	1600	3000	360	5.5	0.75	0.80	2.00	Z2—82	38.5	110	350	1500	2460	2380	2250	11000
TD118/36—12	400	6000	46	6.0	1.00	0.90	2.10	Z2—71	22.0	70	310	1500	2110	1680	1630	4000
TD118/44—12	500	6000	56	6.0	1.00	0.90	2.10	Z2—71	22.0	70	310	1500	2110	1680	1630	4650
TD143/31—12	630	6000	72	5.5	1.00	0.80	2.10	Z2—71	22.0	70	310	1500	1975	1880	1805	5050
TD143/39—12	800	6000	91	5.5	0.80	0.90	2.10	Z2-71	22.0	70	310	1500	2170	1880	1805	6350
TD143/49—12	1000	6000	113	5.5	0.80	0.90	2.10	Z2—71	22.0	70	310	1500	2370	1880	1805	7980
TD173/41—12	1250	6000	141	6.0	1.00	0.90	2.10	Z2-82	38.5	110	350	1500	2360	2380	2250	10580
TD173/49—12	1600	6000	180	6.5	1.00	0.90	2.10	Z2—82	38.5	110	350	1500	2460	2380	2250	12200
TD173/61—12	2000	6000	224	6.5	1.05	1.00	2.10	Z2—82	38.5	110	350	1500	2710	2380	2250	14380

第五节 异步电动机

一、异步电动机的构造

异步电动机根据定子的相数可分为单相与三相两类。三相异步电动机根据转子结构上的不同，又可分为绕线式与笼型两类。兹将其主要结构简介如下。

(一) 定子

异步电动机的定子由定子铁芯和定子绕组所组成。

定子铁芯由硅钢片叠压而成。容量较大的电机的硅钢片涂有绝缘漆，使各片之间互相绝缘，以减小铁芯损耗。五号机座以下的电动机，其硅钢片不需另涂绝缘漆，只利用硅钢片的表面氧化层作为片间绝缘。定子铁芯硅钢片的内圆上均匀地冲有定子槽，在铁芯叠压以后形成定子槽形，以便嵌放定子线圈。在中小型异步电动机中，一般采用半闭口槽。大容量异步电动机，多采用开口槽或半开口槽。

异步电动机的绕组形式多采用双层短矩绕组，小容量的三相异步电动机，以采用单层绕组为主。

三相异步电动机的定子绕组是由带绝缘的铜导线绕制而成，其中也有少量的铝导线。绕组分成三相，对称地安放在定子铁芯槽内。三相绕组的6个出线头可都引到机座上的接线板端子。有的电机可根据不同的电源电压，在接线板上接成三角形（△）或星形（Y）。例如：星形连接时用在380V三相电源上；改接成三角形连接时，就可用在220V的电源上。此外，为了满足起动的要求，有时可在起动时接成星形连接，而在起动以后改接成三角形连接。

(二) 转子

转子主要包括转子铁芯和转子绕组两部分。转子铁芯一般用硅钢片叠成，小容量的电动机转子铁芯直接套压在转子轴上，稍大容量的电动机转子采用圆环状的铁芯套在转子轴的支架上。铁芯的外表面冲有嵌放导线用的转子槽形。

转子按绕组的形式又可分成绕线式转子和笼型转子两种：

(1) 绕线式转子绕组与定子绕组相似，是用绝缘导线绕制的，并连接成对称的三相绕组。三相绕组通常接成星形(Y)，三根引出线连接到转子轴端的三个滑环上，通过一套电刷与外电路接通，故绕线式转子又叫滑环式转子，如图1-5-1所示。绕线式转子能够通过滑环和电刷在转子回路中接入附加电阻，用来改善电动机的起动性能或在一定范围内调节电动机的转速。

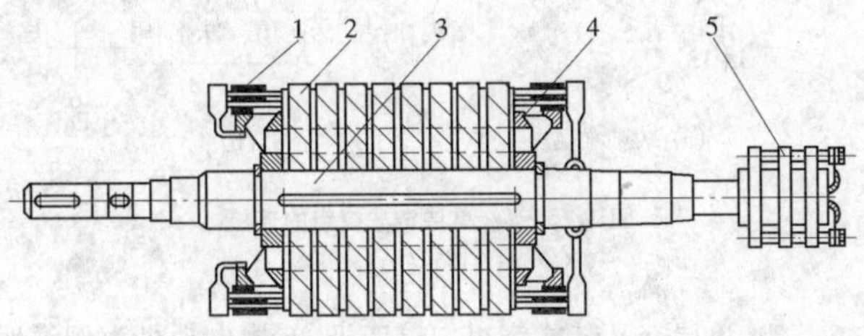

图1-5-1 绕线式转子结构示意图

1—绕组；2—铁芯；3—转轴；4—线圈支架；5—滑环

(2) 笼型转子又分单笼转子、双笼转子和深槽式笼型转子三种。

1) 单笼转子绕组与定子绕组很不相同，绕组是不需要绝缘的，由裸铜导体构成或用铝浇铸而成。在转子槽中放置铜导体，导体两端伸出槽外，并将两端分别与端环焊接在一起，成为一个闭合的电路，如图1-5-2 (a) 所示。若在转子槽中铸铝，则转子中导体、短路环和两端的风叶在制造时就一次铸成，如图1-5-2 (b) 所示。

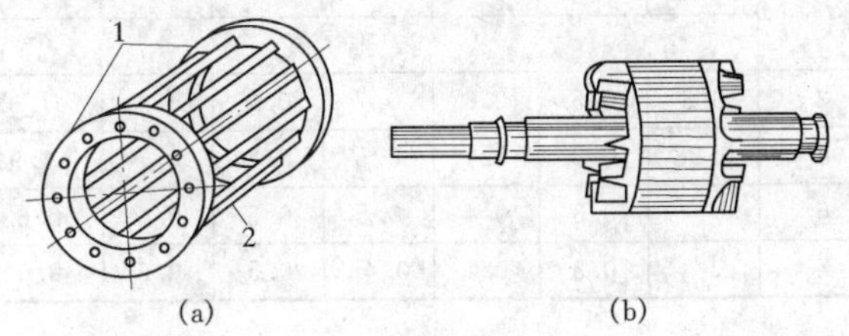

图1-5-2 笼型转子

(a) 铜条式；(b) 铸铝式

1—端环；2—铜条

为了改善异步电动机的起动性能，小容量异步电动机的笼条常不与转子轴线平行，而是扭斜一个角度。这是由于齿谐波磁场在电机中所产生的附加转矩和噪声等作用，是通过齿谐波在转子导条中感应相应的电势和电流来实现的，因而采用斜槽就可能使齿谐波磁场在转子导条中感应的电势抵消掉，从而有利于电机的起动和运行。

2) 双笼转子多用在较大容量的异步电动机中。为了改善起动特性，将转子做成双笼型转子。

双笼电机转子有上、下两层笼型。上笼导线截面较细，用黄铜做成，电阻较大。下鼠笼导线截面大，用紫铜做成，电阻较小。上、下笼分别有自己的端环，两笼间留有间隙。双笼转子的铜条截面如图1-5-3所示。双笼电机转子绕组也可用铝铸成一体，而且后者数量居多。每根铝条截面如图1-5-4所示。

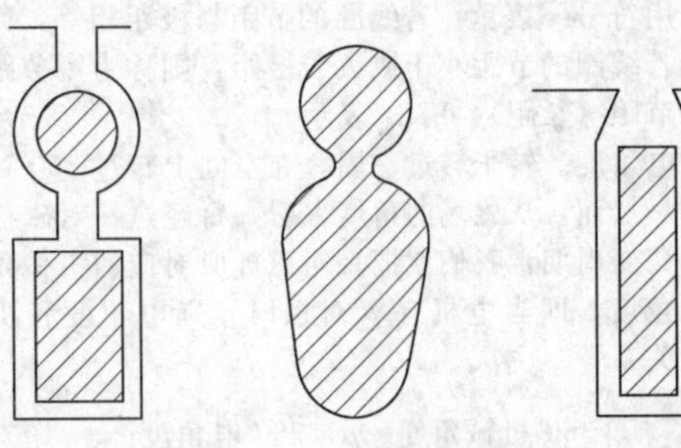

图1-5-3 双笼转子铜条截面　图1-5-4 铸铝式双笼转子的铝条截面　图1-5-5 深槽式笼型转子的铜条截面

3) 深槽式笼型转子也是为了改善异步电动机的起动特性而被采用的。深槽式笼型转子的槽形窄而深，一般深槽为槽宽的10～12倍，转子绕组的铜条截面如图1-5-5所示。

(三) 气隙

异步电动机的转子要在定子膛内自由转动，定、转子间必须要有气隙。气隙愈大，由电网供给的励磁电流也愈大，则功率因数（$\cos\varphi$）愈低，要提高$\cos\varphi$，气隙应尽可能地减小。但由于装配上的要求和防止因定、转子同心上的误差以及运行中轴承磨损等原因，造成定、转子之间出现摩擦，气隙就不能过小。部分机座号的最小气隙如表1-5-1所示。

(四) 其他部件

除上述主要部件之外，还有机座、端盖、轴承、风扇等。

机座用作保护定子铁芯、绕组并支撑端盖，一般用铸铁制成。端盖是固定转子轴承的部件，内、外有轴承盖，以防杂物进入轴承及润滑油外流。风叶是用来通风冷却的。

表 1-5-1 异步电动机的气隙值（mm）

极数	机座号						
	3	4	5	6	7	8	9
	气隙值						
2	0.3	0.5	0.6	0.7	0.8	1.1	1.6
4	0.28	0.3	0.4	0.5	0.6	0.7	1.9
6		0.3	0.4	0.5	0.5	0.6	0.65
8		0.3	0.4	0.45	0.5	0.6	0.65

二、异步电动机的绕组

绕组的型式是多种多样的，现把几种常用的电机绕组型式作一简略介绍。

（一）绕组的参数

（1）极距。极距是指每个磁极在定子铁芯内圆上所占的弧长，用符号 τ 表示，其计算式为

$$\tau = \frac{\pi D_{nj}}{2p} \quad (cm)$$

式中 D_{nj}——定子铁芯的内径（cm）；

p——磁极对数。

极距也可用槽数来表示，即一个磁极所占有的定子槽数，其计算式为

$$\tau = \frac{z_1}{2p} \quad (槽)$$

式中 z_1——定子铁芯槽数；

p——磁极对数。

（2）节距。线圈的节距是指一个线圈的两个边之间所跨的槽数，用符号 y 表示。若线圈的节距与极距相等，则称为全节距；若线圈的节距小于或大于极距，则称为短节距（短距）或长节距（长距），用 y_1 表示。

（3）电角度。转子转过一周，在空间上转过 360°，称为机械角度。然而，从磁场的角度来看，每经过一对磁极就产生了一个交变周期，我们就把一对磁极所对应的机械角度定为 360°电角度，即当电机有 p 对极时，则电角度和机械角度有下列关系

$$360°机械角度 = p \times 360°电角度$$

（4）每极每相槽数。因为三相绕组的线圈被均匀地分布在定子圆周上，所以每个磁极下的槽数应该被三相平分，因此每一相在每个磁极下所占的槽数便叫做每极每相槽数，用符号 q 表示，即

$$q = \frac{极距(\tau)}{相数(m)} = \frac{定子槽数(z_1)}{磁极数(2p)\times相数(m)} = \frac{z_1}{2pm}$$

（5）极相组。在一个极下属于同一相的几个线圈，按一定的方式串联成的线圈组叫做极相组。

（二）三相绕组的布置原则

（1）三个相绕组首端应互隔 120°电角度。

（2）每相绕组在定子上占用的槽数应相等。

（3）三相绕组在定子上通常按 60°相带分布，即每极下每相线圈组所占据的极距是 60°电角度。

（三）一相绕组中线圈的连接

电机绕组的型式可分为单绕组和双绕组两大类。单层绕组又可分为同心式绕组、链式绕组、交叉链式绕组和交叉同心式绕组；双层绕组又可分为整距叠绕组短距叠绕组和波绕组。

（1）单层同心式绕组。以 4 极 24 槽电动机为例（图 1-5-6）说明一相绕组中线圈的连接。电动机槽数 $z_1=24$，极数 $2p=4$，大线圈节距 $y_x=5$。图 1-5-6（a）为 A 相导体电流分布情况。图中槽内导体 1 与 8 组成大线圈，导体 2 与 7 组成小线圈，然后顺着电流的方向把大小线圈串联成一个极相组。把导体 13 与 20 也组成一个大线圈，导体 14 与 19 也组成一个小线圈，同样按电流方向把大小线圈串联成另一极相组，把这两个极相组连接起来，即构成了 A 相绕组，如图 1-5-6（b）所示。按同样的方法可得到 B 相和 C 相绕组的连接。每一相绕组的连接是头接尾、尾接头。可以看到每相绕组有两个极相组，极相组数等于极数的一半（即等于极对数）。

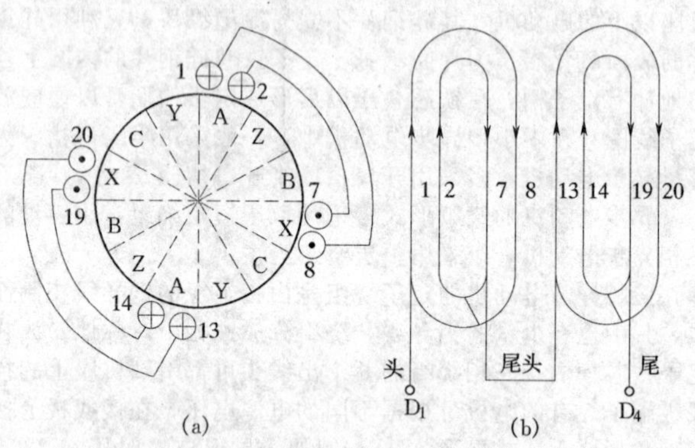

图 1-5-6 同心式绕组一相绕组的连接

（a）端面图；（b）展开图

（2）单层链式绕组。在图 1-5-7（a）中，若 A 相各导体中的电流方向保持不变，只将导体端部的连接改接一下，即取 $y=5$，把导体 2 与 7、8 与 13、14 与 19、20 与 1 组成四个极相组，然后沿着电流方向连接起来（四个极相组也可以并联），即为单层链式 A 相绕组，如图 1-5-2 所示。用同样的方法可得到 B 相和 C 相绕组的连接图。从图 1-5-7（b）中我们可以看到，一相绕组有四个极相组，极相组数等于极数；每一相绕组的连接是尾接尾、头接头。

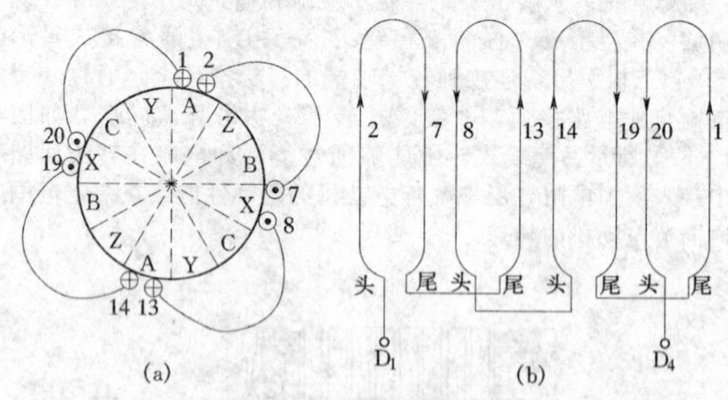

图 1-5-7 单层链式绕组的连接

（a）端面图；（b）展开图

（3）单层交叉链式绕组。以四极 36 槽电动机为例说明一相绕组的连接。槽数 $z_1=36$，极数 $2p=4$，大线圈节距 $y_d=8$，小线圈节距 $y_x=7$，A 相绕组导体的电流方向如图 1-5-8（a）所示。把 2 与 10、3 与 11、12 与 19、20 与 28、21 与 29、30 与 1 各极相组线圈，顺着电流的方向连接起来，便得到 A 相绕组，如图 1-5-8（b）所示。从图 1-5-8（b）可以看到，一相绕组有四个极相组，极相组数等于极数，每一相绕组的连接是尾接尾、头接头。

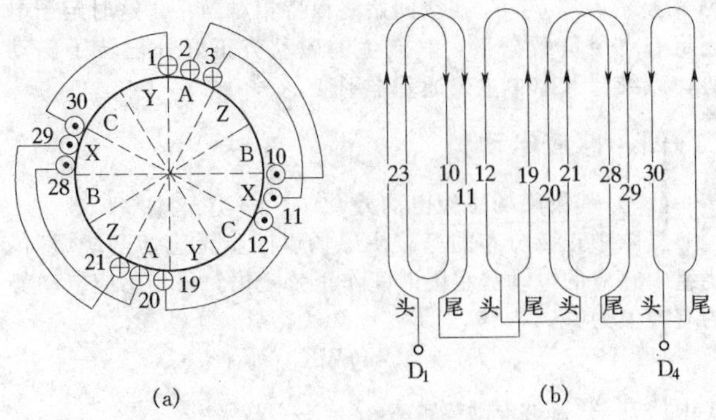

图 1-5-8 单层交叉链式绕组

(a) 端面图；(b) 展开图

(4) 双层短距叠绕组。双层绕组的每一槽中有上、下两层导体，每个线圈总是由某一槽的上层导体与另一槽的下层导体组成，各线圈制作的形状可以相同。以四极 24 槽双层短距叠绕组电动机为例，其绕组分布情况如图 1-5-9 (a) 所示。图中上层导体编号在数字上不带“′”，下层导体编号带“′”。

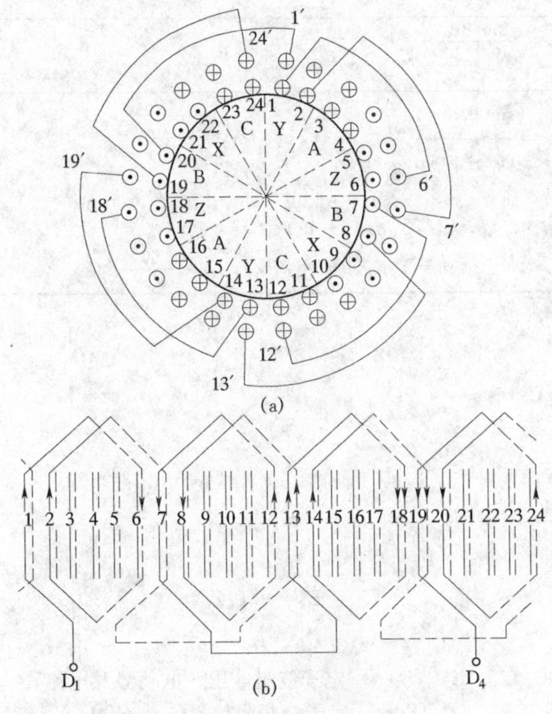

图 1-5-9 双层短距叠绕组

(a) 端面图；(b) 展开图

因取 $y_1=5$，故把导体 1 与 6′、2 与 7′、7 与 12′、8 与 13′、13 与 18′、14 与 19′、19 与 24′、20 与 1′分别连接成线圈。又由于每极每相槽数 $q=2$，故再把 1 与 6′、2 与 7′、7 与 12′、8 与 13′、13 与 18′、14 与 19′、19 与 24′、20 与 1′分别串联成极相组，然后按电流方向连接起来，便得 A 相绕组，如图 1-5-9 (b) 所示。图中实线表示上层线圈导体，虚线表示下层线圈导体。由于相邻的线圈是互相重叠的，所以称为叠绕组。从图 1-5-9 (b) 可以看到，每相线圈有四个极相组，极相组数等于极数，每相绕组的连接是头接头、尾接尾。

根据上述一相绕组中线圈的连接可以总结出如表 1-5-2 所示规律。

表 1-5-2 绕组的名称和连接方式

绕组名称		极数	极相组数	一相绕组中线圈的连接
单层	同心式	4	2	头接尾、尾接头
	链式	4	4	头接头、尾接尾
	交叉链式	4	4	头接头、尾接尾
双层	短距叠式	4	4	头接头、尾接尾

(四) 三相绕组简化表示法

前面介绍一相绕组的连接时用的是展开图，为了清楚起见只画了一相绕组，如果将三相绕组的展开图都画在一起，是比较复杂的。为在电机修理时能明显地看出各极相组之间的连接方式，列出常用的三相绕组的简化接线，如图 1-5-10 所示。

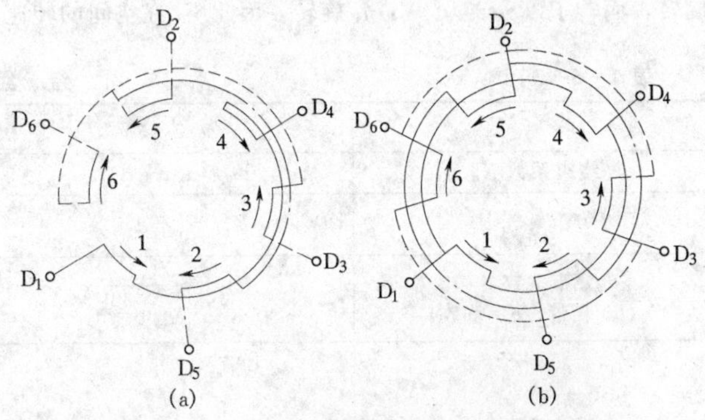

图 1-5-10 三相绕组简化接线（星形、三角形接线均可）

(a) 三相两极一路；(b) 三相两极二路

三、旋转磁场

定子三相绕组流过对称三相交流电流时，产生一个以同步转速旋转的基波磁动势。三相绕组合成磁动势的表达式为

$$F(x,t)=\frac{3\sqrt{2}}{\pi}\cdot\frac{WI}{P}\Big[K_{dp1}\sin\Big(\omega t-\frac{\pi}{\tau}X\Big)-\frac{1}{5}K_{dp5}\sin\Big(\omega t+\frac{5\pi}{\tau}X\Big)+\frac{1}{7}K_{dp7}\sin\Big(\omega t-\frac{7\pi}{\tau}X\Big)-\cdots\Big]$$

合成基波磁动势的幅值、极对数、转速为

幅值 $F_1=\frac{3\sqrt{2}}{\pi}\frac{WK_{dp1}}{P}I$

极对数 $p=P$

转速 $n_1=\frac{60f}{P}$ (r/min)

合成谐波磁动势的幅值、极对数、转速为

幅值 $F_v=\frac{3\sqrt{2}}{\pi}\frac{WK_{dpv}}{vP}I$

极对数 $p_v=vP$

转速 $n_v=\frac{60f}{vP}=\frac{n_1}{v}$

式中 p——极对数；

ω——电流角频率，$\omega=2\pi f$；

F_1、F_v——基波与 v 次谐波磁动势幅值；

K_{dp1}——基波绕组系数；

K_{dpv}——v 次谐波绕组系数；

W——相绕组串联匝数；

I——相电流有效值。

在该磁动势作用下，气隙中将产生基波旋转磁场，基波旋转磁场以同步转速 $n_s = 60f/p$（r/min）旋转，切割定子绕组而分别在绕组中感应电动势，转子电动势则在自成闭合回路的转子绕组中产生电流，从而产生电磁转矩驱动机械负载。

空载运行时电动机转速 n 非常接近同步转速，转子电流接近为零，定子基波磁动势 F_1 基本上就是产生气隙主磁场的励磁磁动势，空载时定子电流近似等于励磁电流。

负载运行时主磁场以 $(n_s - n)$ 的相对速度切割转子绕组，转子感应电动势及电流的频率为转差频率 $f_2 = sf$，转差率为

$$s = \frac{n_s - n}{n_s}$$

转子电流产生的磁动势 F_2 相对于转子本身以转速 sn_s 旋转，而转子以 $n = (1-s)n_s$ 旋转，因此 F_2 在空间的转速仍等于 n_s，F_1 与 F_2 在空间始终保持相对静止。这时定子电流将有一个负载分量，其产生的磁动势正好补偿转子磁动势，以维持气隙中主磁通基本不变。

四、感应电动势

（一）基波磁场感应电动势

气隙中正弦分布的基波主磁场以同步转速切割绕组时，绕组中感应的电动势也随时间作正弦变化。每相感应电动势的有效值为

$$E_1 = 4.44fWK_{dp1}\phi_1$$

式中　f——基波电动势频率，$f = \frac{pn_s}{60}$；

W——绕组每相串联匝数；

ϕ_1——每极主磁通；

K_{dp1}——基波绕组系数，见表 1-5-3。

表 1-5-3　　绕　组　系　数

系　数	基　波	谐　波
绕组系数 K_{dp}	$K_{dp1} = K_{d1}K_{p1}$	$K_{dpv} = K_{dv}K_{pv}$
短距系数 K_p	$K_{p1} = \sin\beta\frac{\pi}{2}$	$K_{pv} = \sin v\beta\frac{\pi}{2}$
分布系数 K_d（60°相带、q=整数）	$K_{d1} = \dfrac{0.5}{q\sin\frac{30°}{q}}$	$K_{dv} = \dfrac{\sin v30°}{q\sin v\frac{30°}{q}}$
分布系数 K_d $\left(60°相带、q = \frac{bd+c}{d}\right)$	$K_{d1} = \dfrac{0.5}{(bd+c)\sin\left(\frac{30°}{bd+c}\right)}$	$K_{dv} = \dfrac{\sin(bd+c)\frac{dv}{2}}{(bd+c)\sin\frac{dv}{2}}$ 当 d=偶数，$\alpha_v = Y_0 d\alpha_m v + 180°$ 当 d=奇数，$\alpha_v = Y_0 d\alpha_m v + 180°$（$G$=奇数） $\alpha_v = Y_0 d\alpha_m v$（$G$=偶数），$\alpha_m = \frac{60°}{bd+c}$

注　1. q 为每极每相槽数，$q = \frac{z_1}{2pm}$（z_1—定子槽数；p—极对数）。

2. 短距系数为短距线圈两线圈边合成电动势与整距线圈电动势之比。

3. 分布系数为一相带内槽电动势相量几何和与算术和之比。

4. $\beta = y/\tau$ 为绕组节距比（y—节距，$\tau = \frac{z_1}{2p}$—极距，均以槽数计）。

5. $Y_0 = \frac{3(bd+c)G+1}{d}$，式中 G 为使 Y_0＝整数的最小整数。

6. $q = \frac{bd+c}{d}$。

（二）高次谐波磁场的感应电动势

气隙磁场中除了基波外，还含有一系列高次谐波。谐波磁动势在每相绕组中感应电动势的有效值为

$$E_v = 4.44f_vWK_{dpv}\phi_v$$

式中　f_v——v 次谐波感应电动势频率，$f_v = \frac{vPnv}{60} = \frac{Pnv}{60}$ $= f$，即与电网频率相等；

ϕ_v——v 次谐波每极磁通；

K_{dpv}——v 次谐波绕组系数，见表 1-5-3。

五、等值电路与相量图

先将转子方面各量折算到定子方面，包括频率折算和绕组折算，要求折算后转子磁动势的转速、幅值和相位都保持不变。当转子各量都用折算值表示时，其等值电路见图 1-5-11，其方程式如下

$$\dot{U}_1 = \dot{I}_1 Z_1 - \dot{E}_1$$

$$\dot{E}'_2 = \dot{I}'_2 Z'_2 + \dot{I}'_2 R'_2\left(\frac{1-s}{s}\right)$$

$$\dot{E}_1 = \dot{E}'_2 = -\dot{I}_m Z_m$$

$$\dot{I}_1 + \dot{I}'_2 = \dot{I}_m$$

式中　$\dot{U}_1$、$\dot{E}_1$、$\dot{I}_1$——定子绕组电压、电动势及电流；

Z_1——定子绕组阻抗，$Z_1 = R_1 + jX_1$；

$\dot{E}'_2$、$\dot{I}'_2$——转子绕组电动势及电流；

Z'_2——转子绕组阻抗，$Z'_2 = R'_2 + jX'_2$；

$\dot{I}_m$——励磁支路电流；

Z_m——励磁支路阻抗，$Z_m = R_m + jX_m$。

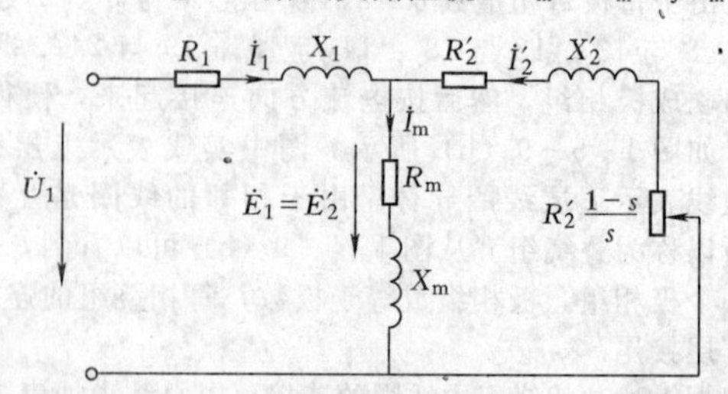

图 1-5-11　T 形等值电路

将励磁支路移前，其等值电路如图 1-5-12 所示，其方程式如下

$$\dot{U}_1 = -\dot{I}''_2\left(\dot{\sigma}_1 Z_1 + \dot{\sigma}_1^2 Z'_2 + \dot{\sigma}_1^2 R'_2 \frac{1-s}{s}\right)$$

$$\dot{U}_1 = \dot{I}_0(Z_1 + Z_m)$$

$$\dot{I}_1 + \dot{I}''_2 = \dot{I}_0$$

$$\dot{\sigma}_1 = (Z_1 + Z_m)/Z_m$$

$$\dot{I}''_2 = \dot{I}'_2/\dot{\sigma}_1$$

式中　$\dot{I}_0$——理想空载（$s=0$）电流。

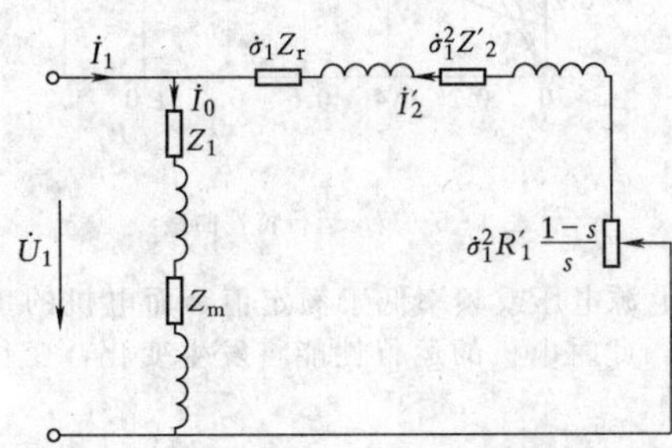

图 1-5-12　励磁支路移前的等值电路

在上式及图 1-5-12 中令 $\sigma=1$，则可得简化等值电路，如图 1-5-13 所示。

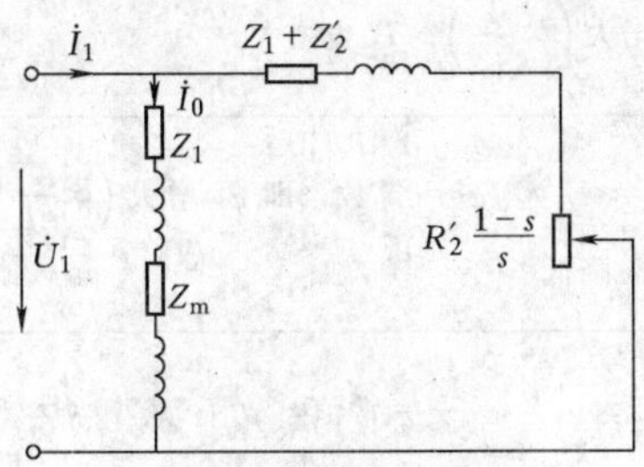

图 1-5-13　简化等值电路

简化等值电路用于中、大型电机计算时，有一定的准确性。但对于小型电机，由于 Z_1 相对于 Z_m 并不是非常小，令 $\sigma=1$ 会引起较大误差，所以最好用 T 形或励磁支路移前的等值电路来计算。

由上述方程组得出的各相量关系如图 1-5-14 所示。φ_1 为定子的功率因数角，φ_2 为转子功率因数角，$\dot{\phi}_m$ 为主磁通相量。

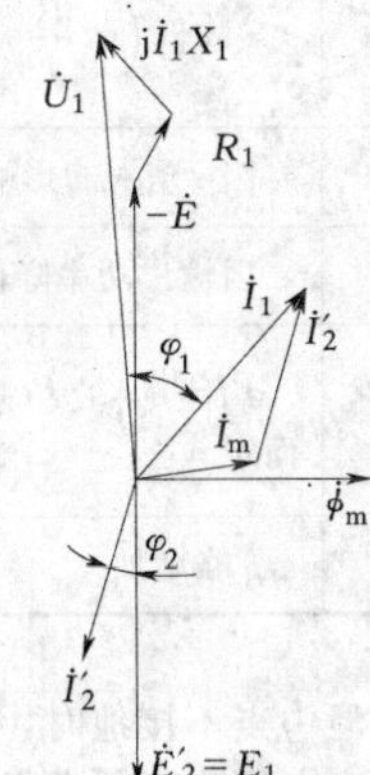

图 1-5-14　相量图

六、异步电动机的特性

（一）转矩—转差率特性

异步电动机电磁转矩表达式为

$$T_{em} = \frac{P_{em}}{\Omega_s} = \frac{1}{2\sqrt{2}} m_1 PN\varphi_1 K_{dp1} I'_2 \cos\varphi_2$$

利用励磁支路移前的等值电路，可导出

$$T_{em} = \frac{m_1}{\Omega_s} \frac{U_1^2 R'_2/s}{\left[\left(R_1 + \sigma_1 \frac{R'_2}{s}\right)^2 + (X_1 + \sigma_1 X'_2)^2\right]}$$

式中　Ω_s——旋转磁场的机械角速度；

$\cos\varphi_2$——转子电路的功率因数；

m_1——定子相数。

当电压 U_1 不变时，电磁转矩 T_{em} 只随转差率 s 而变化。图 1-5-15 所示为 $T_{em} = f(s)$ 的大致变化规律。在转子转速 n 改变时，电机有以下三个不同的运行区：

（1）$n_s > n > 0$，即 $0 < s < 1$——电动机运行；

（2）$n > n_s$，即 $s<0$——发电机运行；

（3）$n<0$，即 $s>1$——电磁制动。

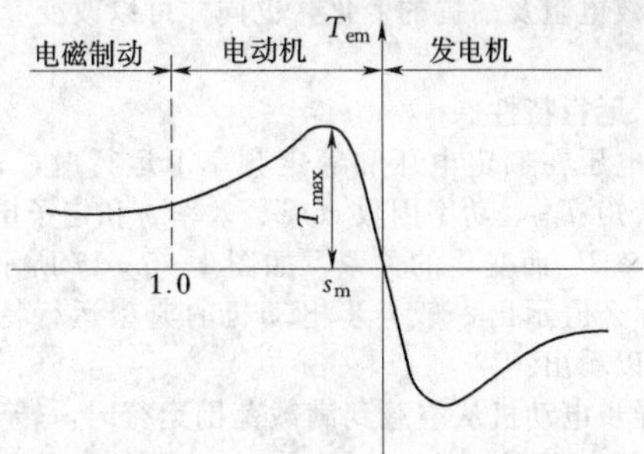

图 1-5-15　转矩—转差率曲线

（二）起动转矩与最大转矩

当 $s=1$ 时，转子转速 $n=0$，此时的电磁转矩就是最初起动转矩，即

$$T_{st} = \frac{m_1}{\Omega_s} \frac{U_1^2 R'_2}{[(R_1 + \sigma_1 R'_2)^2 + (X_1 + \sigma_1 X'_2)^2]}$$

式中的 R'_2、X_1 和 X_2 应考虑起动时饱和、挤流效应的影响所引起的变化。

如将电磁转矩 T_{em} 对 s 求导数，令

$$\frac{dT_{em}}{ds} = 0$$

即可求得最大转矩，即

$$T_{max} = \pm \frac{m_1 U_1^2}{2\Omega_s \sigma_1 \left[\pm R_1 + \sqrt{(X_1 + \sigma_1 + X'_2)^2}\right]}$$

产生最大转矩时的转差率为

$$s_m = \pm \frac{\sigma_1 R'_2}{\sqrt{R_1^2 + (X_1 + \sigma_1 X'_2)^2}}$$

以上两式中的"±"符号，对电动机都取"+"号，对发电机都取"−"号。

（三）转子电阻对 T_{em}—s 的影响

由上述内容可知，最大转矩 T_{max} 与转子电阻无关，产生最大转矩时的转差率 s_m 则与转子电阻成比例增大，如图 1-5-16 所示。

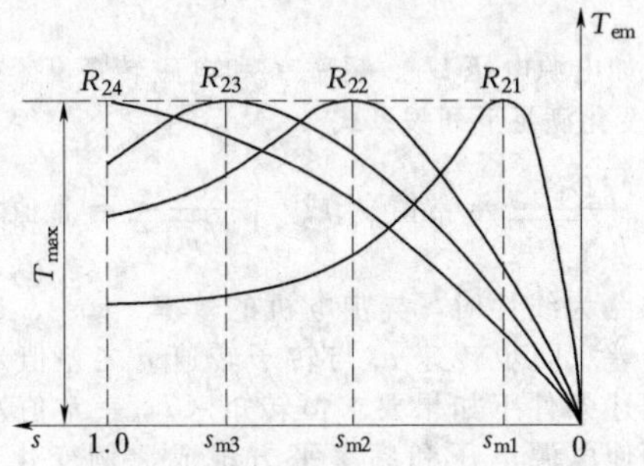

图 1-5-16　转子电阻变化对转矩—转差率曲线的影响（$R_{24}>R_{23}>R_{22}>R_{21}$）

从图 1-5-16 中可以看出，在电动机运行时，增大转

子电阻可增大起动转矩 T_{st}。由最大转差率 s_m 公式知，只要 $R'_2=\frac{1}{\sigma_1}\times\sqrt{R_1^2+(X_1+\sigma_1 X'_2)^2}$，即图 1-5-16 中 $R'_2=R_{24}$，就可使 $T_{st}=T_{max}$。

在异步电动机中，常用改变转子回路电阻来获得各种不同类型的 $T_{em}=f(s)$ 特性。利用不同转速时转子频率变化而引起有效电阻及漏抗的变化，也同样可以改变 $T_{em}=f(s)$ 特性。

（四）运行特性

(1) 电压在额定电压和额定频率下运行时，转子转速 n、电磁转矩 T_{em}、功率因数 $\cos\varphi$、效率 η 和定子电流 I_1 等随输出功率 P_2 而变化的关系，如图 1-5-17 所示。图 1-5-17 以标么值示出一般异步电动机的典型运行特性曲线。从图中可以看出：

1) 异步电动机从空载到满载范围运行时，转子转速稍有下降，基本不变。

2) 轻负载时，功率因数及效率很低，而当负载增加到一定值（例如 50%额定值）以上时，$\cos\varphi$ 及 η 变化很少。

3) 电磁转矩 T_{em} 及定子电流 I_1 随负载增大而增大。

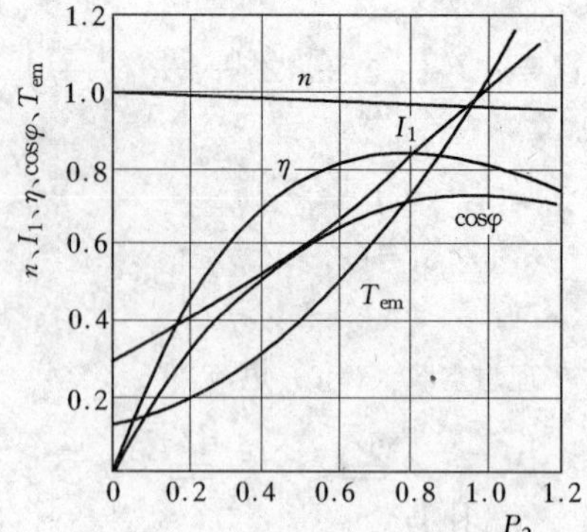

图 1-5-17　运行特性曲线

(2) 电源电压或频率低于额定值，而电机的负载转矩保持不变，此时电机的运行性能将发生变化，变化情况见表 1-5-4。

表 1-5-4　　电机负载转矩保持不变时的电机运行性能的变化情况

运行性能	频率额定而电压低于额定值	电压额定而频率低于额定值
转矩	T_{max}减小（$\propto U_1^2$）；T_{st}减小（$\propto U_1^2$）	T_{max}增大$\left(\propto\frac{1}{f^2}\right)$；$T_{st}$也增大
功率因数	因 φ_1 减小（$\propto U_1$），故 I_m 减小，$\cos\varphi$ 增大	因 $U_1\approx E_1\propto f\varphi_1=$常数，即 φ_1 增大$\left(\propto\frac{1}{f}\right)$，故 I_m 增大，$\cos\varphi$ 降低
电流	因 $T_{em}\propto\varphi_1 I_2\propto U_1 I_2=$常值，故 I_2 增大$\left(\propto\frac{1}{U_1}\right)$；负载较大时 I_1 一般增大	因 $T_{em}\propto\varphi_1 I_2\propto\frac{I_2}{f}=$常值，故 I_2 减小（$\propto f$）；而 I_m 增大，故 I_1 视具体情况而定
转差率	s 增大$\left(\propto I_2^2\propto\frac{1}{U_1^2}\right)$	s 降低$\left(\propto\frac{I_2^2}{f}\propto f\right)$
转速	因 s 值对 n 影响很小，故 n 变化很小	因 s 值对 n 影响很小，故 n 降低（$\propto f$）
效率	轻载时 η 稍增加；负载较大时 η 降低	因输出功率降低，故 η 一般略降低
损耗	P_{Fe1}减小；P_{Cu2}增大；P_{fv}近似不变；P_{Cu1}轻载时变化小，负载较大时一般增大	P_{Fe1}增大；P_{Cu2}减小；P_{fv}（风损）减小；P_{Cu1}视具体情况而定
温升	θ增加	θ略增加

(3) 如电源电压 U_1、频率 f 和电磁转矩 T_{em} 或电磁功率 P_{em} 的变化满足下列关系式

$$\frac{U_1}{f\sqrt{T_{em}}}=\text{常值}\quad\text{或}\quad\frac{U_1}{\sqrt{fP_{em}}}=\text{常值}$$

在磁路为线性时，异步电机的效率、$\cos\varphi$、过载能力和绝对转差（同步转速 n_s 与转子转速 n 之差值）几乎不变。在上述条件下如果要求恒转矩（$T_{em}=$常值）调速运行，必须使电源电压和频率平方根成比例变化，即 $U_1/\sqrt{f}=$常值。

(4) 当三相电压不平衡时，利用对称分量法电压可分解为正序、负序和零序分量。对于定子绕组接成△形或接成 Y 形但中点不接地时，零序电压对电机运行一般影响不大；但负序电压将降低电机产生的转矩，增大损耗和温升，如果长期运行，将严重影响电机寿命，所以三相电压不平衡度应有一定限制。

七、异步电动机产品代号和技术数据

（一）异步电动机产品代号

异步电动机产品名称及新、旧代号，如表 1-5-5 所示。

（二）绕线转子型异步电动机技术数据

绕线转子型异步电动机技术数据，如表 1-5-6 所示。

表 1-5-5 异步电动机的产品名称及新、旧代号对照

序 号	产 品 名 称	新产品代号	新产品代号汉字意义	老产品代号
1	异步电动机	Y	异	J、JO、JS、JK
2	绕线转子异步电动机	YR	异绕	JR、JRO、YR
3	大型高速（快速）异步电动机	YK	异（快）	JK
4	大型绕线转子高速（快速）异步电动机	YRK	异绕（快）	YRG
5	高起动转矩异步电动机	YQ	异起	JQ、JQO
6	高转差率（滑率）异步电动机	YH	异（滑）	JH、JHO
7	多速异步电动机	YD	异多	JD、JDO
8	笼型转子立式异步电动机（大中型）	YL	异立	YLL、JSL
9	绕线转子立式异步电动机（大中型）	YRL	异绕立	JRL
10	精密机床用异步电动机	YJ	异精	JJ
11	制动异步电动机（傍磁式）	YEP	异（制）傍	JZD
12	制动异步电动机（杠杆式）	YEG	异（制）杠	JZD
13	制动异步电动机（附加制动器式）	YEJ	异（制）加	JZD
14	锥形转子制动异步电动机	YEZ	异（制）锥	JZZ
15	电磁调速异步电动机	YCT	异磁调	JZT
16	机械调速异步电动机	YJT	异机调	JT
17	换向器（整流子）调速异步电动机	YHT	异换调	JZS
18	齿轮减速异步电动机	YCJ	异齿减	JTC
19	摆线针轮减速异步电动机	YXJ	异线减	JXJ
20	行星齿轮减速异步电动机	YHJ	异行减	
21	力矩异步电动机	YLJ	异力矩	JLJ
22	装入式异步电动机	YUR	异（装）人	
23	滚筒用异步电动机	YGT	异滚筒	
24	频繁起动用异步电动机	YPQ	异频起	
25	辊道用异步电动机	YG	异辊	JG、JGK、JGT
26	起重冶金用异步电动机	YZ	异重	JZ
27	起重冶金用绕线转子异步电动机	YZR	异重绕	JZR
28	起重冶金用绕线转子（管道通风式）异步电动机	YZRG	异重绕管	JZRG
29	起重冶金用绕线转子（自带风机式）异步电动机	YZRF	异重绕风	
30	起重冶金用制动异步电动机	YZE	异重（制）	
31	起重冶金用减速异步电动机	YZJ	异重减	
32	起重冶金用减速绕线转子异步电动机	YZRJ	异重绕减	
33	电梯用异步电动机	YTD	异梯电	JTD
34	杠用异步电动机	YM	异木	JM
35	中频异步电动机	YZP	异中频	
36	电动阀门用异步电动机	YDF	异电阀	
37	耐振用异步电动机	YN	异耐	
38	震捣器用异步电动机	YUD	异（震）捣	
39	管道泵用异步电动机	YGB	异管泵	
40	立式深井泵用异步电动机	YLB	异立泵	JLB
41	井用（充水式）潜水异步电动机	YQS	异潜水	JQS
42	井用充油式潜水异步电动机	YQSY	异潜水油	JQSY
43	井用潜油异步电动机	YQY	异潜油	JQY
44	井用潜卤异步电动机	YQL	异潜卤	JQL
45	钻探用异步电动机	YTZ	异探	JTZ
46	单相电容起动异步电动机	YDY	异单（容）	JDY
47	屏蔽式异步电动机	YP	异屏	

续表

序　号	产　品　名　称	新产品代号	新产品代号汉字意义	老产品代号
48	装岩机用异步电动机	YI	异（岩）	
49	轴流式局部扇风机（通风机）	YT	异通	
50	防爆安全型异步电动机	YA	异安	JA
51	隔爆型异步电动机	YB	异爆	JB、JBS
52	防爆通风型异步电动机	YF	异风	
53	防爆安全型绕线转子异步电动机	YAR	异安绕	JAR
54	隔爆型绕线转子异步电动机	YBR	异爆绕	JBR
55	防爆安全型高起动转矩异步电动机	YAQ	异安起	
56	隔爆型高起动转矩异步电动机	YBQ	异爆起	
57	防爆安全型高转差率（滑率）异步电动机	YAH	异安滑	
58	隔爆型高转差率（滑率）异步电动机	YBH	异爆滑	
59	防爆安全型多速异步电动机	YAD	异安多	
60	隔爆型多速异步电动机	YBD	异爆多	
61	隔爆型制动异步电动机（傍磁式）	YBEP	异爆（制）傍	
62	隔爆型制动异步电动机（杠杆式）	YBEG	异爆（制）杠	
63	隔爆型制动异步电动机（附加制动器）	YBEJ	异爆（制）加	
64	防爆安全型电磁调速异步电动机	YACT	异安磁调	
65	隔爆型电磁调速异步电动机	YBCT	异爆磁调	
66	防爆安全型机械调速异步电动机	YAJT	异安机调	
67	隔爆型机械调速异步电动机	YBJT	异爆机调	
68	防爆安全型齿轮减速异步电动机	YACJ	异安齿减	
69	隔爆型齿轮减速异步电动机	YBCJ	异爆齿减	
70	电梯用防爆安全型异步电动机	YATD	异安梯电	
71	电梯用隔爆型异步电动机	YBTD	异爆梯电	
72	电动阀门用防爆安全型异步电动机	YADF	异安电阀	
73	电动阀门用隔爆型异步电动机	YBDF	异爆电阀	
74	振捣器用防爆安全型异步电动机	YAUD	异安（震）捣	
75	管道泵用隔爆型异步电动机	YBGB	异爆（管）泵	
76	隔爆型屏蔽式异步电动机	YBP	异爆屏	
77	装岩机用隔爆型异步电动机	YBI	异爆（岩）	JBI
78	隔爆型轴流式局部扇风机（通风机）	YBT	异爆（通）	JBT
79	链板运输机用隔爆型异步电动机	YBY	异爆运	JBY
80	绞车用隔爆型异步电动机	YBJ	异爆绞	JBJ
81	回柱绞车用隔爆型异步电动机	YBH	异爆回	
82	立式深井泵用隔爆型异步电动机	YBLB	异爆立泵	
83	起重冶金用隔爆型异步电动机	YBZ	异爆重	

表 1-5-6　　YR（JR、JRQ）系列绕线型电动机技术数据

型　号	额定功率（kW）	额定电压（V）	额定电流（A）	额定转速（r/min）	转子		最大转矩/额定转矩	外形尺寸（mm）			总重（t）
					电压（V）	电流（A）		长	宽	高	
同步转速 1000r/min（6 极）											
YR118/41—6	1000	3000	232	990	590	1013	2.25	2325	1680	1630	5.28
YR118/51—6	1250	3000	284	990	722	1060	2.30	2520	1680	1630	6.39
YR118/64—6	1600	3000	366	991	935	1048	2.50	2720	1680	1630	7.65
YR118/49—6	1000	6000	114	989	620	1002	2.12	2325	1680	1630	6.12
YR118/59—6	1250	6000	142	990	790	970	2.30	2520	1680	1630	7.05

续表

型 号	额定功率(kW)	额定电压(V)	额定电流(A)	额定转速(r/min)	转子 电压(V)	转子 电流(A)	最大转矩/额定转矩	外形尺寸(mm) 长	宽	高	总重(t)
同步转速 1000r/min(6 极)											
YR118/71—6	1600	6000	181	991	965	1005	2.35	2720	1680	1630	8
YR143/51—6	2000	6000	223	992	1123	1320	2.45	2610	1880	1805	8.49
YR143/31—6	1000	6000/3000	116/232	987	541	1150	1.8	2490/2990	1990/2340	1850/2000	6.8/8.9
YR143/36—6	1250	6000/3000	143/286	988	618	1245	1.8	2490/2990	1990/2340	1850/2000	7.5/9.2
YR143/44—6	1600	6000/3000	183/366	989	765	1280	1.8	2640/3140	1990/2340	1850/2000	8.4/10.1
YR143/51—6	2000	6000/3000	228/456	990	925	1332	1.8	2740/3240	1990/2340	1850/2000	9.1/10.8
YR143/61—6	2000	6000	226	993	1050	1160	2.7	3580	2330	2000	13.6
YR143/61—6	2500	6000/3000	283/566	990	1085	1412	1.8	2890/3390	1990/2340	1850/2000	10.2/11.9
同步转速 750r/min(8 极)											
YR118/44—8	630	6000	76.3	741	849	460	2.5	2800	1940	1700	7.74
YR118/46—8	800	3000	187	740	495	975	1.90	2420	1680	1630	5.72
YR118/44—8	800	6000	94.5	740	848	590	2.03	—	—	—	—
YR118/51—8	1000	3000	234	740	541	1106	1.90	2570	1680	1630	6.48
YR118/34—8	550	6000	66.6	741	675	505	2	2640	1940	1740	6.81
YR118/69—8	1250	3000	288	741	720	1078	1.90	2720	1680	1630	7.66
YR143/51—8	1600	3000	365	743	717	1380	1.90	2710	1880	1805	8.45
YR118/49—8	800	3000/6000	94	742	523	952	2.00	2420	1680	1630	6.15
YR118/54—8	1000	6000	116	741	1045	594	2.11	2530	1940	1740	8.65
YR118/61—8	1000	6000	117	742	656	945	2.10	2570	1680	1630	7.34
YR118/74—8	1250	3000/6000	145	742	790	977	2.10	2720	1680	1630	8.06
YR143/56—8	1600	3000/6000	182	742	786	1241	2.10	2710	1880	1805	9.28
YR143/69—8	2000	3000/6000	229	742	985	1390	2.25	2860	1880	1805	10.65
YR143/34—8	800	6000/3000	94/188	739	750	668	1.8	2490/2990	1990/2340	1850/2000	7.8/9.8
YR143/44—8	1000	6000/3000	114/228	739	886	706	1.8	2640/3140	1990/2340	1850/2000	8.6/10.6
YR143/54—8	1250	6000/3000	142/284	740	1090	710	1.8	2740/3240	1990/2340	1850/2000	9.7/11.3
YR173/41—8	1600	6000/3000	180/360	742	951	1057	1.8	2740/3240	2460/2900	2250/2400	11.5/13.5
YR173/51—8	2000	6000/3000	223/446	744	1228	1020	1.8	2740/3240	2460/2900	2250/2400	12.6/14.6
YR173/61—8	2500	6000/3000	277/554	743	1235	1237	1.8	3000/3500	2460/2900	2250/2400	14.9/16.9
同步转速 600r/min(10 极)											
YR118/41—10	630	3000	157	590	807	495	1.80	2420	1680	1630	5.16
YR118/51—10	800	3000	191	590	1010	496	1.90	2570	1680	1630	6.44
YR143/46—10	1000	3000	236	590	540	935	2.10	2420	1880	1805	7.12
YR143/56—10	1250	3000	289	591	784	990	2.00	2710	1880	1805	8.28
YR173/44—10	1600	3000	372	593	834	1205	1.85	2760	2380	2250	8.56
YR118/44—10	630	6000	76.3	592	895	438	1.8	2400	1940	1740	7.51
YR118/46—10	630	6000	77	591	896	442	2.00	2420	1680	1630	5.80
YR118/59—10	800	6000	96	591	1152	431	2.10	2570	1680	1630	6.85
YR143/51—10	1000	6000	118	592	1250	503	2.30	2420	1880	1805	7.9
YR143/61—10	1250	6000	145	593	828	885	2.45	2710	1880	1805	9.3
JRZ1500—10	1500	6000	174	595	1043	878	3.04	—	—	—	—
YR173/49—10	1600	6000	183	594	894	1071	2.20	2760	2380	2250	10.82
YR173/54—10	2000	6000	228	594	1042	1188	2.00	2850	2380	2250	12.1
YR118/46—10	630	6000/3000	78/156	591	956	411	1.8	2440/2890	1640/1840	1655/1730	5.8/7.6
YR118/59—10	800	6000/3000	98/196	593	1230	406	1.8	2690/3140	1640/1840	1655/1730	7.9/9.6

续表

型　　号	额定功率（kW）	额定电压（V）	额定电流（A）	额定转速（r/min）	转子 电压（V）	转子 电流（A）	最大转矩/额定转矩	外形尺寸（mm） 长	宽	高	总重（t）
同步转速 600r/min（10 极）											
YR143/46—10	1000	6000/3000	120/240	591	712	827	1.8	2640/3140	1990/2340	1835/2000	9.1/10.8
YR143/56—10	1250	6000/3000	147/294	591	830	940	1.8	2740/3240	1990/2340	1835/2000	10/11.5
YR173/49—10	1600	6000/3000	182/364	593	920	1085	1.8	2740/3240	2460/2000	2250/2400	12.3/14.3
YR173/61—10	2000	6000/3000	225/450	594	1190	1060	1.8	3000/3500	2460/2900	2250/2400	14.6/16.6
YR215/46—10	2500	6000/3000	284/568	594	1186	1320	1.8	2850/3400	3040/3300	2750/2900	15.7/17.8
同步转速 500r/min（12 极）											
YR118/44—12	400	6000/3000	52/104	491	692	366	1.8	2440/2890	1640/1840	1655/1730	5.5/7.4
YR143/74—12	1000	6000	120	494	780	763	2.2	2710	1880	1805	10.6
YR118/51—12	500	6000	64	492	830	379	2.0	2325	1680	1630	6.87
YR173/46—12	1600	3000	376	493	852	1168	1.9	2610	2380	2250	8.4
YR118/36—12	400	3000	103	489	590	434	1.8	2175	1680	1630	4.85
YR118/45—12	500	3000	126	490	755	392	1.9	2325	1680	1630	6.21
YR118/54—12	500	6000/3000	64/128	491	835	374	1.8	2540/2990	1640/1840	1655/1730	7.5/9
YR143/39—12	630	3000	154	490	770	519	1.9	2420	1880	1805	6.45
YR143/44—12	630	6000/3000	78/156	491	840	475	1.8	2490/2990	1990/2340	1850/2000	7.9/9.6
YR143/59—12	1000	3000	244	492	663	899	1.9	2710	1880	1805	8.77
YR143/49—12	800	6000/3000	103/206	492	1040	483	1.8	2640/3140	1990/2340	1850/2000	8.3/10
JRZ1000—12	1000	6000	121	495	667	932	2.63				
YR143/54—12	1000	6000/3000	127/254	492	690	885	1.8	2640/3140	1990/2340	1850/2000	8.7/10.4
YR173/29—12	1000	6000	121	492	964	648		3600	2820	2007	
YR173/44—12	1250	6000/3000	148/296	492	749	1055	1.8	2540/3140	2460/2900	2250/2400	11.1/13.1
YR173/36—12	1250	3000	296	493	668	1174	1.9	2510	2380	2250	7.1
YR173/59—12	1600	6000/3000	187/374	494	1060	990	1.8	2800/3400	2460/2900	2250/2400	13.6/15.6
YR173/61—12	2000	6000	233	495	970	1270	2.38	4180	2840	2400	18.5
YR215/44—12	2000	6000/3000	231/462	493	1070	1167	1.8	2750/3300	3040/3600	2750/2900	13.9/16
YR215/46—12	2500	6000	296	495	1441	1060	2.74	4030	3540	2900	2.34
YR215/51—12	2500	6000/3000	286/572	494	1250	1232	1.8	2850/3400	3040/3600	2750/2900	15.9/18.1
同步转速 375r/min（16 极）											
YR143/24—16	250	6000/3000	36/72	364	460	339	1.8	2240/2740	1990/2340	1850/2000	5.7/7.4
YR143/21—16	250	3000	69	365	392	414	1.8	2010	1880	1805	3.44
YR143/29—16	320	6000/3000	44/88	364	510	406	1.8	2240/2740	1990/2340	1850/2000	5.9/7.6
YR143/26—16	320	3000	87	365	474	438	1.75	2025	1880	1805	4.25
YR143/36—16	400	6000/3000	55/110	366	670	374	1.8	2390/2890	1990/2340	1850/2000	6.5/8.2
YR143/39—16	500	6000/3000	67/134	366	715	447	1.8	2390/2890	1990/2340	1850/2000	6.8/8.5
YR143/41—16	500	3000	130	365	700	442	1.8	2420	1880	1805	5.7
YR118/59—10	800	6000	96	591	1152	431	2.10	2570	1680	1630	6.85
YR143/51—10	1000	6000	118	592	1250	503	2.30	2420	1880	1805	7.9
YR143/61—10	1250	6000	145	593	828	885	2.45	2710	1880	1805	9.3
JRZ1500—10	1500	6000	174	595	1043	878	3.04	—	—	—	—
YR173/49—10	1600	6000	183	594	894	1071	2.20	2760	2380	2250	10.82
YR173/54—10	2000	6000	228	594	1042	1188	2.00	2850	2380	2250	12.1
YR118/46—10	630	6000/3000	78/156	591	956	411	1.8	2440/2890	1640/1840	1655/1730	5.8/7.6
YR118/59—10	800	6000/3000	98/196	593	1230	406	1.8	2690/3140	1640/1840	1655/1730	7.9/9.6
YR143/46—10	1000	6000/3000	120/240	591	712	827	1.8	2640/3140	1990/2340	1835/2000	9.1/10.8

续表

型 号	额定功率(kW)	额定电压(V)	额定电流(A)	额定转速(r/min)	转子		最大转矩/额定转矩	外形尺寸(mm)			总重(t)
					电压(V)	电流(A)		长	宽	高	
同步转速 375r/min(16 极)											
YR143/56—10	1250	6000/3000	147/294	591	830	940	1.8	2740/3240	1990/2340	1835/2000	10/11.5
YR173/49—10	1600	6000/3000	182/364	593	920	1085	1.8	2740/3240	2460/2900	2250/2400	12.3/14.3
YR173/61—10	2000	6000/3000	225/450	594	1190	1060	1.8	3000/3500	2460/2900	2250/2400	14.6/16.6
YR215/46—10	2500	6000/3000	284/568	594	1186	1320	1.8	2850/3400	3040/3300	2750/2900	15.7/17.8
同步转速 500r/min(12 极)											
YR118/44—12	400	6000/3000	52/104	491	692	366	1.8	2440/2890	1640/1840	1655/1730	5.5/7.4
YR143/74—12	1000	6000	120	494	780	763	2.2	2710	1880	1805	10.6
YR118/51—12	500	6000	64	492	830	379	2.0	2325	1680	1630	6.87
YR173/46—12	1600	3000	376	493	852	1168	1.9	2610	2380	2250	8.4
YR118/36—12	400	3000	103	489	590	434	1.8	2175	1680	1630	4.85
YR118/45—12	500	3000	126	490	755	392	1.9	2325	1680	1630	6.21
YR118/54—12	500	6000/3000	64/128	491	835	374	1.8	2540/2990	1640/1840	1655/1730	7.5/9
YR143/39—12	630	3000	154	490	770	519	1.9	2420	1880	1805	6.45
YR143/44—12	630	6000/3000	78/156	491	840	475	1.8	2490/2990	1990/2340	1850/2000	7.9/9.6
YR143/59—12	1000	3000	244	492	663	899	1.9	2710	1880	1805	8.77
YR143/49—12	800	6000/3000	103/206	492	1040	483	1.8	2640/3140	1990/2340	1850/2000	8.3/10
JRZ1000—12	1000	6000	121	495	667	932	2.63				
YR143/54—12	1000	6000/3000	127/254	492	690	885	1.8	2640/3140	1990/2340	1850/2000	8.7/10.4
YR173/29—12	1000	6000	121	492	964	648		3600	2820	2007	
YR173/44—12	1250	6000/3000	148/296	492	749	1055	1.8	2540/3140	2460/2900	2250/2400	11.1/13.1
YR173/36—12	1250	3000	296	493	668	1174	1.9	2510	2380	2250	7.1
YR173/59—12	1600	6000/3000	187/374	494	1060	990	1.8	2800/3400	2460/2900	2250/2400	13.6/15.6
YR173/61—12	2000	6000	233	495	970	1270	2.38	4180	2840	2400	18.5
YR215/44—12	2000	6000/3000	231/462	493	1070	1167	1.8	2750/3300	3040/3600	2750/2900	13.9/16
YR215/46—12	2500	6000	296	495	1441	1060	2.74	4030	3540	2900	2.34
YR215/51—12	2500	6000/3000	286/572	494	1250	1232	1.8	2850/3400	3040/3600	2750/2900	15.9/18.1
同步转速 375r/min(16 极)											
YR143/24—16	250	6000/3000	36/72	364	460	339	1.8	2240/2740	1990/2340	1850/2000	5.7/7.4
YR143/21—16	250	3000	69	365	392	414	1.8	2010	1880	1805	3.44
YR143/29—16	320	6000/3000	44/88	364	510	406	1.8	2240/2740	1990/2340	1850/2000	5.9/7.6
YR143/26—16	320	3000	87	365	474	438	1.75	2025	1880	1805	4.25
YR143/36—16	400	6000/3000	55/110	366	670	374	1.8	2390/2890	1990/2340	1850/2000	6.5/8.2
YR143/39—16	500	6000/3000	67/134	366	715	447	1.8	2390/2890	1990/2340	1850/2000	6.8/8.5
YR143/41—16	500	3000	130	365	700	442	1.8	2420	1880	1805	5.7
YR173/36—24	400	6000/3000	58/116	243	772	330	1.8	2390/2990	1990/2900	1850/2400	8.9/11
YR173/29—24	400	3000	122	243	576	446	1.7	2410	2380	2250	6.3
YR173/44—24	500	6000/3000	72/144	244	995	315	1.8	2390/2990	1990/2900	1850/2400	9.4/11.8
YR173/39—24	500	3000	149	243	748	426	1.8	2410	2380	2250	7.44
YR215/31—24	630	6000/3000	89/178	245	996	396	1.8	2600/3150	3040/3600	2750/2900	11.3/13.8
YR215/26—24	630	3000	181	245	715	558	1.8	2410	3030	2700	8.02
YR215/39—24	800	6000/3000	110/220	245	689	727	1.8	2600/3150	3040/3600	2750/2900	12.8/15.2
YR215/34—24	800	3000	225	245	510	990	1.8	2410	3030	2700	9.62
YR215/49—24	1000	6000/3000	136/272	246	834	726	1.8	2750/3300	3040/3600	2750/2900	15.1/17.4
YR215/41—24	1000	3000	278	246	605	990	1.9	2700	3030	2700	10.6
YR215/59—24	1250	6000/3000	168/336	246	1032	755	1.8	2850/3400	3040/3600	2750/2900	16.4/18.7

注 表格中的重量数据，斜线以上的为开启式电机，斜线以下的为管道通风式电机。

第六节　异步电动机的起动及调速

一、直接起动

直接起动又称全压起动，如满足下列条件，可以直接起动：

(1) 起动时对电网造成的电压降不超过规定的数值。一般需要经常起动时，其压降不得超过5%～10%，偶尔起动时不超过15%。在保证生产机械所要求的起动转矩而又不致影响其他用电设备的正常工作时，其压降允许为20%或更大一些。

(2) 起动容量不超过供电设备和电网的过载能力。笼型电动机允许全压起动的容量和电源容量之间的关系见表1-6-1。

(3) 起动时的动稳定电流和热稳定电流应能符合电动机和起动设备规定的要求。

二、降压起动

不能满足直接起动的条件时，可采用降压起动。降压起动时，为保证电动机有足够的起动转矩，其端电压应为

表1-6-1　按电源容量允许直接起动的笼型电动机容量

电　源	允许直接起动的笼型电动机容量
小容量发电厂	每1kVA发电机容量为0.1～0.2kW
变电所	经常起动时，小于变压器容量的20%不经常起动时，小于变压器容量的30%
高压线路	不超过电动机连接线路上的短路容量的3%
变压器—电动机组	电动机的功率不大于变压器容量的80%

$$U_M^* = \sqrt{1.1 M_1^* / M_s^*}$$

式中　U_M^*——电动机端电压对额定电压的标么值；

M_1^*——电动机负载转矩对额定转矩的标么值；

M_s^*——电动机起动转矩对额定转矩的标么值。

表1-6-2列举了各种降压起动方式比较。具体采用哪一种降压起动方法为宜，应根据现场实际情况决定。

表1-6-2　各种降压起动方式的比较

起动方式		笼型电动机							同步电动机	
		电阻降压起动	Y—△起动	延边三角形起动 抽头比 $K=a/b$①				自耦变压器降压起动	自耦变压器降压起动	电抗器降压起动
				1∶1	1∶2	1∶3	3∶5			
接线方式		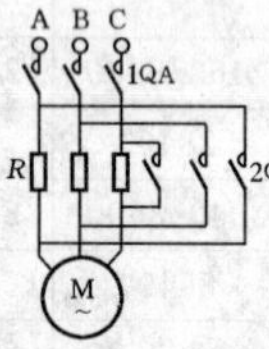	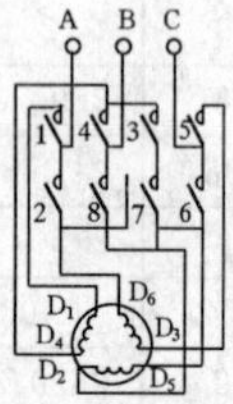	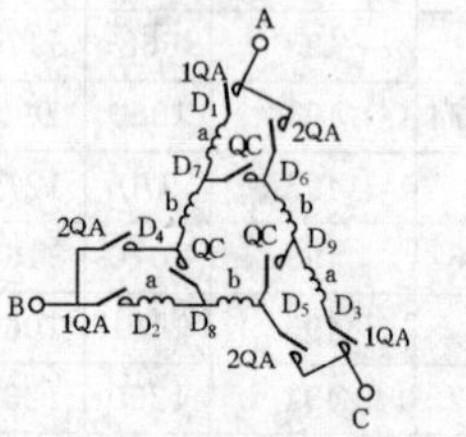				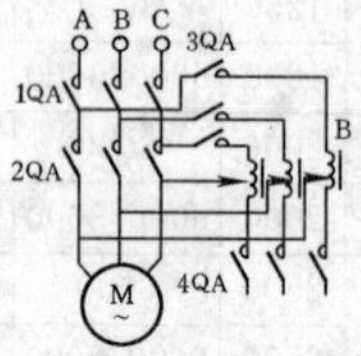		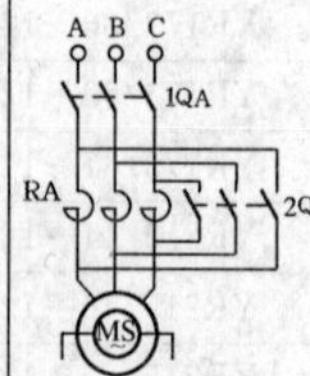
起动性能	起动电压	αU_N	$\frac{1}{\sqrt{3}}U_N$	$0.69U_N$	$0.75U_N$	$0.8U_N$	$0.73U_N$	αU_N	αU_N	αU_N
	起动电流	αI_s	$\frac{1}{3}I_s$	$0.5I_s$	$0.6I_s$	$0.67I_s$	$0.57I_s$	$\alpha^2 I_s$	$\alpha^2 I_s$	αI_s
	起动转矩	$\alpha^2 M_s$	$\frac{1}{3}M_s$	$0.5M_s$	$0.6M_s$	$0.67M_s$	$0.57I_s$	$\alpha^2 M_s$	$\alpha^2 M_s$	$\alpha^2 M_s$
适用的电动机类型		低压电动机	具有6个出线头的低压电动机	具有9个出线头的低压电动机				高、低压电动机		高压电动机
起动特点		起动电流较大，起动转矩较小，起动时电阻消耗能量较大	起动电流小，起动转矩较小	起动电流较小，起动转矩较大，兼有自耦变压器及Y—△两种降压起动方式的优点				起动电流较小，起动转矩较大		起动电流较大，起动转矩较小

①　延边三角形数据根据下面公式及抽头比 $K=\frac{a}{b}$ 估算：

$$\frac{U_s}{U_N}=\frac{1+\sqrt{3}K}{1+3K},\frac{I'_s}{I_s}=\frac{1+K}{1+3K},\frac{M'_s}{M_s}=\frac{1+K}{1+3K}$$

I'_s—延边三角形抽头起动时起动电流；

M'_s—延边三角形抽头起动时起动转矩；

U_N—电动机额定电压；

α—降压系数 $\left(\alpha=\frac{U'_s}{U_N}\right)$；

I_s—全电压起动时的起动电流；

M_s—全电压起动时的起动转矩。

三、绕线式异步电动机的起动

（一）转子串电阻器起动

某些大功率传动装置要求重载起动，而某些小功率装置要求频繁起动和制动，为减小起动损耗与冲击电流，并获得较大的起动转矩、运行转矩、平稳的起动过程，以及满足某些机械对加、减速度的要求，在转子回路中串入一组电阻器，根据具体情况，电阻器可分级切除，以达到调速和满足具有良好的起动特性的要求，其起动特性及电阻计算见表1-6-3。

表1-6-3　电阻分级起动的特性及电阻值计算

电动机类型	接线方式	起动特性	起动级数 q 电机功率（kW）	起动级数 q 级数
绕线转子电动机	~ M 3QA 2QA 1QA R_1 r_N r_3 r_2 r_1	自然机械特性 n_0 r_3 r_2 r_1 M_1 M_2 M_1 M_{cr} M	0.75～7.5	1
			10～20	2
			20～35	2～3
			35～55	3
			60～95	4～5
			100～200	4～5
			200～370	6
M_1M_2 的取值	起动电阻计算	符号		
一般取 $M_1 \leqslant 0.8M_{cr}$，$M_2 \geqslant (1.1 \sim 1.2)M_1$	$\lambda = \frac{M_1}{M_2} = \sqrt[q]{\frac{1}{s_N M_1^*}}$ $r_3 = r_N(\lambda - 1)$ $r_2 = r_3\lambda$ $r_1 = r_2\lambda$ $r_N = s_N R_{2N}$	s_N—电动机的额定转差率 R_{2N}—转子额定电阻（Ω） $R_{2N} = \frac{U_{2N}}{\sqrt{3}I_{2N}}$ M_1^*—最大起动转矩对额定转矩的标么值 $M_1^* = \frac{M_1}{M_N}$ U_{2N}—电动机转子额定电压（V） I_{2N}—电动机转子额定电流（A）		

（二）频敏变阻器起动

利用绕线转子异步电动机在起动过程中转子电流频率随转差率的变化而变的特点，在转子回路接入频敏变阻器［图1-6-1（a）、（b）］，其等值阻抗随转差率的减小（转速增高）而相应地减小，从而可起到减小起动电流并得到起动转矩近似恒定的起动特性［图1-6-1（c）］。它具有不需要改变外接阻抗而可以很容易地实现电动机的反接制动的特点。对要求工作特性软的机械（如轧机的辊道等），亦可将频敏变阻器常接在转子回路中［图1-6-1（b）］。

采用频敏变阻器起动，其优点是可省去庞大的起动电阻器，线路简单，维修简便，而且电阻随起动过程自动实现变化。但因其 $\cos\varphi$ 低、起动转矩小，对要求在低速下运转和起动转矩大的场合，不宜采用。目前频敏变阻器生产的型号有 $BP_1 \sim BP_4$、BPS、BP8y 诸系列，可根据电动机工作的性质、电动机的容量和转子电流的大小进行选取。频敏变阻器的规格见表1-6-4～表1-6-20，其外形及安装尺寸见图1-6-2～图1-6-8。

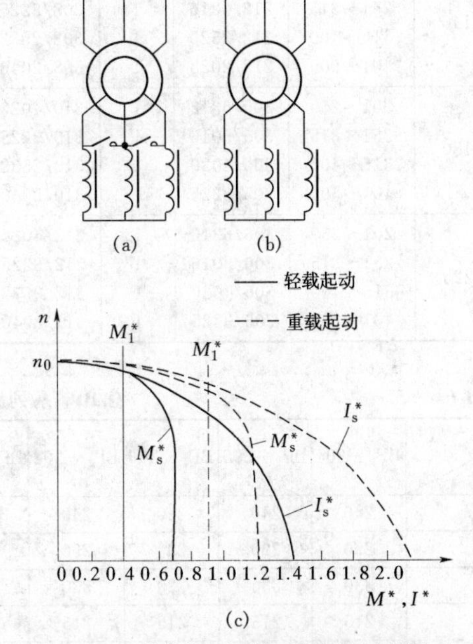

图1-6-1　绕线转子电动机采用频敏变阻器起动
（a）起动后切除；（b）转子常接频敏变阻器；（c）起动特性
M_1^*—负载转矩标么值；M_s^*—起动转矩标么值；
I_s^*—起动电流标么值

四、特殊笼型电动机的起动

为改善笼型异步电动机的起动特性，应对转子的槽形进行改进，使其在起动时既能得到较大的起动转矩，同时又能使起动电流减小，在正常运行时还能具有较好的工作性能。为达此目的，可把普通单笼转子改为深槽式笼型转子或双笼转子，即深槽式异步电动机或双笼式异步电动机。

表 1-6-4 **BP_1 频敏变阻器系列表**

电机容量(kW)	电机转子电流(A)	轻载		重轻载		电机容量(kW)	电机转子电流(A)	轻载		重轻载	
		型号	每组台数	型号	每组台数			型号	每组台数	型号	每组台数
22～28	51～63			205/10005	1	230～280	201～250	308/6312	1	316/4020	1
	64～80			205/8006	1		251～315	308/5016	1	316/3225	1
	81～100			205/6308	1		316～400	308/4020	1	316/2532	1
	101～125			205/5010	1		401～500	308/3225	1	316/2040	1
29～35	51～68			206/10005	1	286～355	251～315	310/5016	1	310/6312	2并
	64～80			206/8006	1		316～400	310/4020	1	310/5016	2并
	81～100			206/6308	1		401～500	310/3225	1	310/4020	2并
	101～125			206/5010	1		501～630	310/2532	1	310/3225	2并
36～45	51～68	204/16003	1	208/10005	1	360～450	251～315	312/5016	1	312/6312	2并
	64～80	204/13504	1	208/8006	1		316～400	312/4020	1	312/5016	2并
	81～100	204/10005	1	208/6308	1		401～500	312/3225	1	312/4020	2并
	101～125	204/8006	1	208/5010	1		501～630	312/2532	1	312/3225	2并
46～55	64～80	205/12504	1	210/8006	1	460～560	316～400	316/4020	1	316/5016	2并
	81～100	205/10005	1	210/6308	1		401～500	316/3225	1	316/4020	2并
	101～125	205/8006	1	210/5010	1		501～630	316/2532	1	316/3225	2并
	126～160	205/6308	1	210/4012	1		631～800	316/2040	1	316/2532	2并
56～70	126～160	206/6308	1	212/4012	1	570～710	316～400	310/4020	2串	310/5016	2串2并
	161～200	206/5010	1	212/3216	1		401～500	310/3225	2串	310/4020	2并
	201～250	206/4012	1	212/2520	1		501～630	310/5016	2并	310/3225	2并
	251～315	206/3216	1	212/2025	1		631～800	310/4020	2并	310/2532	2并
71～90	161～200	208/5010	1	305/5016	1	720～900	401～500	312/2225	2串	316/6312	3并
	201～250	208/4012	1	305/4012	1		501～630	312/2532	2串	316/5016	3并
	251～315	208/3216	1	305/3225	1		631～800	312/4020	2并	316/4020	3并
	316～400	208/2520	1	305/2532	1		801～1000	312/3225	2并	316/3225	3并
91～115	161～200	210/5010	1	306/5016	1	910～1120	401～500	316/3225	2串	316/4020	2串2并
	201～250	210/4012	1	306/4020	1		501～630	316/2532	2串	316/3225	4并
	251～315	210/3210	1	306/3225	1		631～800	316/4020	2并	316/5016	4并
	316～400	210/2520	1	306/2532	1		801～1000	316/3225	2并	316/4020	4并
120～140	201～550	212/4012	1	308/4020	1	1130～1400	631～800	310/4020	2串2并	316/6312	5并
	251～315	212/3216	1	308/3225	1		801～1000	310/3225	4并	316/5016	5并
	316～400	212/2520	1	308/2532	1		1001～1250	310/2532	4并	316/4020	5并
	401～500	212/2025	1	308/2040	1		1251～1600	310/2040	4并	316/3225	5并
145～180	201～250	305/6312	1	310/4020	1	1410～1800	801～1000	316/5016	3并	316/3225	2串3并
	251～315	305/5016	1	310/3225	1		1001～1250	316/4020	3并	316/2532	6并
	316～400	305/4020	1	310/2532	1		1251～1600	316/3225	3并	316/2040	6并
	401～500	305/3225	1	310/2040	1		1601～2000	316/2532	3并	316/1650	6并
185～225	201～250	306/6312	1	312/4020	1	1810～2240	801～1000	316/3225	2串2并	316/4020	2串4并
	251～315	306/5016	1	312/3225	1		1001～1250	316/2532	4并	316/3225	8并
	316～400	306/4020	1	312/2532	1		1251～1600	316/2020	4并	316/2532	8并
	401～500	306/3225	1	312/2040	1		1601～2000	316/3225	4并	316/2040	8并

表 1-6-5 **BP_1 系列频敏变阻器外形及安装尺寸**

代号 \ 型号	BP_1—204	BP_1—205	BP_1—206	BP_1—208	BP_1—210	BP_1—212	BP_1—305	BP_1—306	BP_1—308	BP_1—310	BP_1—312	BP_1—316
L_1	240	240	240	240	240	240	360	360	360	360	360	360
L_2	290	290	290	290	290	290	440	440	440	440	440	440
L_3	330	330	330	330	330	330	490	490	490	490	490	490
H_1	215	215	215	215	215	215	365	365	365	365	365	365
H_2	255	255	255	255	255	255	405	405	405	405	405	405
B_1	93	108	123	153	183	213	108	123	153	183	213	273
B_2	131	146	161	191	221	251	146	161	191	221	251	311
B_3	291	306	321	351	381	411	306	321	351	381	411	471

表 1-6-6 **BP_2 频敏变阻器系列表**

电动机功率（kW）	换算系数 E	电动机功率（kW）	换算系数 E	电动机功率（kW）	换算系数 E	电动机功率（kW）	换算系数 E
14	0.317	140	0.168	280	0.131	525	0.104
20	0.271	145	0.166	300	0.128	550	0.103
28	0.234	150	0.164	310	0.126	560	0.102
40	0.246	155	0.162	320	0.125	570	0.101
45	0.235	160	0.160	330	0.123	575	0.101
50	0.226	165	0.158	340	0.122	580	0.100
55	0.217	170	0.157	350	0.121	600	0.099
60	0.210	180	0.154	360	0.120	625	0.098
65	0.204	185	0.152	370	0.118	630	0.097
70	0.198	190	0.151	380	0.117	650	0.097
75	0.210	200	0.148	390	0.116	680	0.095
80	0.206	210	0.145	400	0.115	700	0.094
85	0.201	215	0.144	410	0.114	710	0.094
90	0.197	220	0.143	425	0.113	720	0.093
95	0.193	225	0.142	430	0.112	750	0.092
100	0.190	230	0.141	440	0.111	780	0.091
110	0.183	240	0.138	460	0.110	800	0.090
115	0.181	245	0.137	475	0.108	850	0.088
125	0.175	250	0.136	480	0.108	900	0.086
130	0.172	260	0.134	500	0.106	1000	0.083
135	0.170	275	0.132	520	0.105	1050	0.081

表 1-6-7 **BP_2—70 系列起动用频敏变阻器**

电动机功率（kW）	UE	频敏型号	组数及接法	电动机功率（kW）	UE	频敏型号	组数及接法
10～35	22.8～25.9	701/3613	星形	70～105	30.0～34.3	703/2130	星形
	25.9～29.7	701/4113			34.3～38.6	703/2426	
	29.7～34.2	701/4713			38.6～44.3	703/2722	
	34.2～39.2	701/5409			44.3～51.5	703/3122	
	39.2～45.6	701/6209			51.5～58.6	703/3618	
	45.6～51.9	701/7029			58.6～67.1	703/4115	
	51.9～60.1	701/8206			67.1～77.2	703/4713	
	60.1～69.0	701/9506			77.2～88.6	703/5413	
	69.0～79.1	701/10906			88.6～103.0	703/6213	
	79.1～91.1	701/12509			103.0～117.2	703/7209	
	91.1～10.5	701/14404			117.2～136	703/8209	
35～70	26.1～29.3	702/2426	星形	105～140	31.6～36.8	704/1836	星形
	29.3～33.7	702/2722			36.8～42.1	704/2130	
	33.7～39.1	702/3122			42.1～47.3	704/2426	
	39.1～44.6	702/3618			47.3～54.4	704/2722	
	44.6～52.2	702/4115			54.4～63.2	704/3122	
	52.2～58.7	702/4713			63.2～72.0	704/3618	
	58.7～67.5	702/5413			72.0～82.5	704/4115	
	67.5～78.3	702/6213			82.5～94.8	704/4713	
	78.3～89.2	702/7209			94.8～109.0	704/5413	
	89.2～103.4	702/8209			109.0～126.4	704/6213	
	103.4～118.5	702/9506					

续表

电动机功率 (kW)	UE	频敏型号	组数及接法	电动机功率 (kW)	UE	频敏型号	组数及接法
140～210	23.4～26.7	703/2130	两并星形	420～560	38.3～44.7	704/1836	2并2串星形
	26.7～30.0	703/2426			44.7～51.1	704/2130	
	30.0～34.5	703/2722			51.1～57.5	704/2426	
	34.5～40.1	703/3122			57.5～66.0	704/2722	
	40.1～45.7	703/3618			66.0～76.7	704/3122	
	45.7～52.3	703/4115			76.7～87.3	704/3618	
	52.3～60.1	703/4713			87.3～100.0	704/4115	
	60.1～69.0	703/5413			100.0～115.0	704/4713	
	69.0～80.2	703/6213			115.0～132.0	704/5413	
	80.2～91.3	703/7209			132.0～153.4	704/6213	
	91.3～105.8	703/8209					
210～280	24.6～28.7	704/1836	两并星形	560～840	33.2～38.7	704/1836	3并2串星形
	28.7～32.8	704/2130			38.7～44.2	704/2130	
	32.8～36.9	704/2426			44.2～49.8	704/2426	
	36.9～42.3	704/2722			49.8～57.1	704/2722	
	42.3～49.2	704/3122			57.1～66.3	704/3122	
	49.2～56.0	704/3618			66.3～75.5	704/3618	
	56.0～64.2	704/4115			75.5～86.6	704/4115	
	64.2～73.8	704/4713			86.6～99.5	704/4713	
	73.8～84.7	704/5413			99.5～114.2	704/5413	
	84.7～98.4	704/6213			114.2～132.7	704/6213	
280～420	21.2～24.8	704/1836	三并星形	840～1120	29.9～34.9	704/1836	4并2串星形
	24.8～28.3	704/2130			34.9～39.9	704/2130	
	28.3～31.8	704/2426			39.5～44.8	704/2426	
	31.8～36.6	704/2722			44.8～51.5	704/2722	
	36.6～42.5	704/3122			51.5～59.8	704/3122	
	42.5～48.4	704/3618			59.8～68.1	704/3618	
	48.4～55.5	704/4115			68.1～78.1	704/4115	
	55.5～63.7	704/4713			78.1～89.7	704/4713	
	63.7～73.2	704/5413			89.7～103.0	704/5413	
	73.2～85.0	704/6213			103.0～119.7	704/6213	

注 选择频敏变阻器的步骤如下：

(1) 根据电机功率从表1-6-6中查出换算系数 *E*。

(2) 电机转子电压乘以 *E* 得 *UE* 值。

(3) 根据 *UE* 值从表1-6-7中可直接查出频敏变阻器的规格。

表1-6-8 **BP_2 频敏变阻器线圈抽头**

线圈号 \ 抽头	1	2	3（主）	4	线圈号 \ 抽头	1	2	3（主）	4
18××	0	3	18.5	24.5	54××	0	10	54.5	72.5
21××	0	3	21.5	27.5	62××	0	10	62.5	82.5
24××	0	4	24.5	31.5	72××	0	13	72.5	95.5
27××	0	5	27.5	36.5	82××	0	14	82.5	109.5
31××	0	5	31.5	41.5	95××	0	16	95.5	125.5
36××	0	6	36.5	47.5	109××	0	19	109.5	144.5
41××	0	7	41.5	54.5	125××	0	22	125.5	166.5
47××	0	8	47.5	62.5	144××	0	25	144.5	191.5

注 1. BP_2 系列的性能与 BP_1 系列基本相似，使用与调整方法可参考 BP_1 系列。但线圈抽头有四个，前面两个，后面两个。

2. 试车时一般接抽头1与抽头3，调试中可适当调整到抽头2或抽头4上。

表 1-6-9　　**BP_2 系列频敏变阻器外形及安装尺寸**

代号＼型号	BP_2—701	BP_2—702	BP_2—703	BP_2—704	代号＼型号	BP_2—701	BP_2—702	BP_2—703	BP_2—704
L_1	240	240	240	240	H_2	270	270	270	270
L_2	300	300	300	300	B_1	102	162	222	282
L_3	330	330	330	330	B_2	124	184	244	304
H_1	215	215	215	215	B_3	284	344	404	464

表 1-6-10　　**BP_3 频敏变阻器系列表（适用于 JZR 系列电机）**

电机型号	电机转子电流（A）	电机功率（kW）	每小时起动 100～400 次		每小时起动 400～600 次		每小时起动 600～1000 次	
			型　号	每组台数	型　号	每组台数	型　号	每组台数
JZR11—6	12.8	2.2			BP_3—003/11203	1	BP_3—005/8003	1
JZR12—6	12.2	3.5	BP_3—003/11203	1	BP_3—005/10003	1	BP_3—008/8003	1
JZR21—6	20.6	5	BP_3—005/10004	1	BP_3—008/8004	1	BP_3—012/6304	1
JZR22—6	21.6	7.5	BP_3—008/10004	1	BP_3—012/8004	1	BP_3—510/6304	1
JZR31—6	35.6	11	BP_3—506/6308	1	BP_3—510/5008	1	BP_3—406/6308	1
JZR31—8	28	7.5	BP_3—008/8006	1	BP_3—012/6306	1	BP_3—510/5006	1
JZR41—8	46.7	11	BP_3—506/5010	1	BP_3—510/4010	1	BP_3—406/5010	1
JZR42—8	46.3	16	BP_3—508/5010	1	BP_3—512/4010	1	BP_3—408/5010	1
JZR51—8	70.5	22	BP_3—512/3216	1	BP_3—408/4016	1	BP_3—412/3216	1
JZR52—8	74.3	30	BP_3—406/6316	1	BP_3—410/4016	1	BP_3—408/6308	2
JZR61—10	133	30	BP_3—406/3225	1	BP_3—410/2525	1	BP_3—408/4012	2
JZR62—10	138	45	BP_3—410/3225	1	BP_3—408/5012	2	BP_3—412/4012	2
JZR63—10	180	60	BP_3—412/2532	1	BP_3—410/4016	2	BP_3—408/3216	4
JZR71—10	167	80	BP_3—408/5016	2	BP_3—412/4016	2	BP_3—410/3216	4
JZR72—10	170	100	BP_3—410/5016	2	BP_3—408/4016	4	BP_3—412/3216	4
JZR73—10	175	125	BP_3—412/5016	2	BP_3—410/4016	4	BP_3—408/3216	8

表 1-6-11　　**BP_3 频敏变阻器系列表（适用于 JZR2 系列电机）**

电机型号	规格（kW）	电机转子电流（A）	每小时起动 100～400 次		每小时起动 400～600 次		每小时起动 600～1000 次	
			型　号	每组台数	型　号	每组台数	型　号	每组台数
JZR2—11—6	2.2	11.8		1	BP_3—003/11203	1	BP_3—005/8003	1
JZR2—12—6	3.5	12.1	BP_3—003/11203	1	BP_3—005/10003	1	BP_3—008/8003	1
JZR2—21—6	5	17.7	BP_3—005/10004	1	BP_3—008/8004	1	BP_3—012/6304	1
JZR2—22—6	7.5	18.9	BP_3—008/10004	1	BP_3—012/8004	1	BP_3—510/8004	1
JZR2—31—6	11	32.2	BP_3—506/8006	1	BP_3—510/6306	1	BP_3—406/8006	1
JZR2—31—8	7.5	27.2	BP_3—008/8006	1	BP_3—012/6306	1	BP_3—510/6306	1
JZR2—41—8	11	49.2	BP_3—506/5010	1	BP_3—510/4010	1	BP_3—406/5010	1
JZR2—42—8	16	49	BP_3—508/5010	1	BP_3—512/6310	1	BP_3—408/8010	1
JZR2—51—8	22	64.1	BP_3—512/4012	1	BP_3—408/5012	1	BP_3—412/4012	1
JZR2—52—8	30	67	BP_3—406/6312	1	BP_3—410/5012	1	BP_3—408/8006	2
JZR2—61—10	30	145.6	BP_3—406/3232	1	BP_3—410/2532	1	BP_3—408/3216	2
JZR2—62—10	40	158	BP_3—408/3232	1	BP_3—412/2032	1	BP_3—410/3216	2
JZR2—63—10	50	164.8	BP_3—410/2532	1	BP_3—408/4016	2	BP_3—412/3216	2
JZR2—64—10	65	154	BP_3—412/3232	1	BP_3—410/4016	2	BP_3—408/3216	4
JZR2—71—10	80	176	BP_3—408/5016	2	BP_3—412/4016	2	BP_3—410/3216	4
JZR2—72—10	100	177.2	BP_3—410/5016	2	BP_3—408/4016	4	BP_3—412/3216	4
JZR2—73—10	125	181	BP_3—412/5016	2	BP_3—410/4016	4	BP_3—408/3216	6

表 1-6-12 **BP_3 系列频敏变阻器外形及安装尺寸**

代号 \ 排数 \ 铁芯编号	0				5				4			
	BP_3—003	BP_3—005	BP_3—008	BP_3—012	BP_3—506	BP_3—508	BP_3—510	BP_3—512	BP_3—406	BP_3—408	BP_3—410	BP_3—412
L_1	150	150	150	150	220	220	220	220	320	320	320	320
L_2	195	195	195	195	290	290	290	290	440	440	440	440
L_3	230	230	230	230	355	355	355	355	510	510	510	510
H_1	181	181	181	181	215	215	215	215	365	365	365	365
H_2	221	221	221	221	260	260	260	260	410	410	410	410
B_1	82	108	147	199	158	194	230	266	163	209	255	301
B_2	112	138	177	229	198	234	270	306	203	249	295	341
B_3	272	298	337	389	358	394	430	466	363	409	455	506

表 1-6-13 **BP_4 重载频敏变阻器系列表**

电机容量（kW）	电机转子电流（A）	型　号	每组台数
14～25	25～30	02501/24504	1
	31～40	02501/19605	1
	41～50	02501/14006	1
	51～63	02501/11208	1
	64～80	02501/09010	1
25～40	41～50	04002/15506	1
	51～63	04002/12508	1
	64～80	04002/10010	1
	81～100	04002/08012	1
	101～125	04002/06316	1
40～50	64～80	05003/11210	1
	81～100	05003/09012	1
	101～125	05003/07116	1
	126～160	05003/05620	1
	161～200	05003/04525	1
50～63	101～125	06304/10016	1
	126～160	06304/08020	1
	161～200	06304/06325	1
	201～250	06304/05032	1
63～80	126～160	08005/09020	1
	161～200	08005/07125	1
	201～250	08005/05632	1
	251～315	08005/04540	1
80～100	126～160	10006/10020	1
	161～200	10006/08025	1
	201～250	10006/06332	1
	251～315	10006/05040	1
100～125	161～200	12507/09025	1
	201～250	12507/07132	1
	251～315	12507/05640	1
	316～400	12507/04550	1
125～160	161～200	16008/10025	1
	201～250	16008/08032	1
	251～315	16008/06340	1
	316～400	16008/05050	1
160～220	201～250	20009/09032	1
	251～315	20009/07140	1
	316～400	20009/05650	1
	401～500	20009/04563	1
200～250	201～250	25010/09032	1
	251～315	25010/07140	1
	316～400	25010/05650	1
	401～500	25010/04563	1
250～315	251～315	31511/08040	1
	316～400	31511/06350	1
	401～500	31511/05063	1
	501～630	16008/06340	2
315～400	251～315	40012/10040	1
	316～400	40012/08050	1
	401～500	40012/06363	1
	501～630	20009/07140	2
400～500	316～400	50013/09050	1
	401～500	50013/7163	1
	501～630	25010/07140	2
	631～800	25010/05650	2
500～630	316～400	31511/06350	2
	401～500	31511/05063	2
	501～630	31511/08040	2
	631～800	31511/06350	2
630～800	316～400	40012/08050	2
	401～500	40012/06363	2
	501～630	40012/10040	2
	631～800	40012/08050	2
800～1000	401～500	50013/07163	2
	501～630	25010/07140	4
	631～800	25010/05650	4
	801～1000	25010/04563	4

表 1-6-14 BP$_4$ 系列频敏变阻器外形及安装尺寸

代号 \ 铁芯编号	1号	2号	3号	4号	5号	6号	7号	8号	9号	10号	11号	12号	13号
L_1	128	144	144	160	160	186	186	202	202	239	239	271	271
L_2	387	435	435	485	485	558	558	610	610	717	717	818	818
H_1	173	173	204	204	233	233	263	293	333	333	393	393	463
H_2	263	263	294	294	323	323	353	423	453	453	513	513	583
B_1	89	105	105	136	136	139	139	157	157	196	196	233	233
B_2	126	142	142	165	165	182	182	200	200	239	239	276	276
B_3	286	302	302	325	325	342	342	360	360	399	399	436	436

表 1-6-15 BPS 系列频敏变阻器系列表

型号	匹配电动机容量 (kW)	匹配电动机转子额定电流 (A)	型号	匹配电动机容量 (kW)	匹配电动机转子额定电流 (A)
BPS—1/100045—02 BPS—1/090060—02 BPS—1/080075—02	400～630	350～500 501～650 651～800	BPS—1/090060—04 BPS—1/080075—04 BPS—1/100045—04	631～1000	400～600 601～800 801～1000
BPS—2/075060—08 BPS—2/065075—08 BPS—2/085045—08 BPS—2/075060—08	1001～1600	400～600 601～800 801～1000 1001～1250	BPS—2/075060—12 BPS—2/065075—12 BPS—2/075060—12 BPS—2/065075—12	2001～2500	1001～1250 1251～1500 1501～1750 1751～2000
BPS—1/100045—08 BPS—1/090060—08 BPS—1/080075—08 BPS—1/100045—08	1601～2000	801～1000 1001～1250 1250～1500 1501～1750	BPS—1/090060—12 BPS—1/080075—12 BPS—1/090060—12 BPS—1/080075—12	2501～3200	1001～1250 1251～1500 1501～1750 1751～2000

表 1-6-16 BPS 系列频敏变阻器外形及安装尺寸

铁芯号	主铁芯管			副铁芯管			外型及安装尺寸				
	D_1	δ_1	h_1	D_2	δ_2	h_2	L_1	L_2	B_1	B_2	H
BPS—1	203	12	600	168	6	595	640	960	270	420	784
BPS—2	203	12	500	168	6	495	640	960	270	420	684

表 1-6-17 BPD 系列频敏变阻器系列表

型号	匹配同步电动机				型号	匹配同步电动机			
	型号	功率 (kW)	电压 (kV)	电流 (A)		型号	功率 (kW)	电压 (kV)	电流 (A)
BPD—705/16835	TD173/74—4	5000	6	564	BPD—704/21030	TD215/61—10	4000	6	445
BPD—704/21030	TD173/64—6	4000	6	443	BPD—705/16835	TD215/76—10	5000	6	555
BPD—705/16835	TD173/84—6	5000	6	552	BPD—707/12050	TD215/99—10	6300	6	676
BPD—707/12050	TD173/99—6	6300	6	595	BPD—704/21030	TD215/66—12	4000	6	445
BPD—704/21030	TD173/86—8	4000	6	444	BPD—705/16835	TZ213/79—12	4500	6	568
BPD—705/16835	TD115/61—8	5000	6	554	BPD—706/24040	TZ286/54—12	5400	10	404
BPD—707/12050	TD115/76—8	6300	6	686	BPD—710/12050	TZ286/115—12	10900	10.5	770
BPD—708/08455	TD115/94—8	8000	6	883	BPD—704/21030	TDK473/62—48	4000	6.3	445
BPD—710/08470	TD115/119—8	10000	6	1100	BPD—704/10255	TDK473/62—48	4000	3	890

表 1-6-18 **BPD系列频敏变阻器外形及安装尺寸**

代号 \ 铁芯编号	4号	5号	6号	7号	8号	10号	代号 \ 铁芯编号	4号	5号	6号	7号	8号	10号
B_1	129	132	159	212	265	371	B_2	470	525	580	635	685	790

表 1-6-19 **BP8y系列频敏变阻器系列表**

电机型号 YZR	电机功率 (kW)	电机转子电流 (A)	每小时起动 100～400 次		每小时起动 400～600 次		每小时起动 600～1000 次	
			频敏变阻器型号	每组台数	频敏变阻器型号	每组台数	频敏变阻器型号	每组台数
112M	1.5	12.5	BP8y—103/8003	1	BP8y—103/7103	1	BP8y—105/4504	1
132MA	2.2	12.6	BP8y—103/8003	1	BP8y—105/6303	1	BP8y—108/5004	1
132MB	3.7	14.5	BP8y—108/8003	1	BP8y—108/6303	1	BP8y—112/4004	1
160MA	5.5	25.7	BP8y—108/4005	1	BP8y—112/2805	1	BP8y—108/2008	2串
160MB	7.5	26.5	BP8y—112/3205	1	BP8y—808/6306	1	BP8y—812/6308	1
160L	11	27.6	BP8y—806/6305	1	BP8y—810/8006	1	BP8y—808/6308	2串
180L	15	46.5	BP8y—810/6308	1	BP8y—812/5012	1	BP8y—908/5612	1
200L	22	69.9	BP8y—812/5610	1	BP8y—812/3216	2串	BP8y—810/4510	2串2并
225M	30	74.5	BP8y—808/3612	2串	BP8y—910/3616	1	BP8y—908/3620	2串
250MA	37	91.5	BP8y—908/3616	1	BP8y—912/3220	1	BP8y—910/2825	2串
250MB	45	95	BP8y—908/3216	1	BP8y—908/3220	2串	BP8y—912/2825	2串
280S	55	119.8	BP8y—908/2226	1	BP8y—908/2225	2串	BP8y—908/4016	2串2并
280M	75	124	BP8y—910/4025	2串	BP8y—910/5012	2串2并	BP8y—910/3616	3串2并
160L	7.5	28	BP8y—110/5004	1	BP8y—808/10005	1	BP8y—812/8006	1
180L	11	44	BP8y—808/6308	1	BP8y—810/5010	1	BP8y—808/4012	2串
200L	15	53.5	BP8y—808/5010	1	BP8y—908/4012	2串	BP8y—908/4516	1
225M	22	59.1	BP8y—808/4510	1	BP8y—908/5016	1	BP8y—912/4516	1
250MA	30	68.8	BP8y—906/4512	1	BP8y—910/4016	1	BP8y—908/3620	2串
250MB	37	70	BP8y—906/4512	1	BP8y—910/4016	1	BP8y—910/3625	2串
280S	45	92	BP8y—912/5616	1	BP8y—910/3225	2串	BP8y—910/5012	2串2并
280M	55	925	BP8y—910/3216	1	BP8y—908/3220	2串	BP8y—910/2825	3串
315S	75	159	BP8y—908/2225	2串	BP8y—910/3216	2并	BP8y—912/2820	2串2并
315M	90	160.9	BP8y—908/3616	2串	BP8y—908/4516	2串2并	BP8y—912/3220	2串2并
280S	37	153.2	BP8y—908/2225	1	BP8y—912/1832	1	BP8y—910/3220	2并
280M	45	165	BP8y—910/2230	1	BP8y—908/3625	2并	BP8y—912/1625	2串
315S	55	138.7	BP8y—910/2225	1	BP8y—908/4016	2并	BP8y—908/3612	2串2并
315M	75	149.3	BP8y—908/2525	2串	BP8y—912/1832	2串	BP8y—910/3620	2串2并
355M	90	166.6	BP8y—908/1832	2串	BP8y—912/3216	2并	BP8y—912/2825	2串2并
355LA	110	172	BP8y—910/1832	2串	BP8y—908/3616	2串2并	BP8y—910/2825	3串2并
355LB	132	167.5	BP8y—912/1632	2串	BP8y—910/3216	2串2并	BP8y—912/2825	3串2并
400LA	160	244	BP8y—910/4520	2串2并	BP8y—912/2525	3串2并	BP8y—912/1832	5串2并
400LB	200	252	BP8y—912/3620	2串2并	BP8y—912/2225	4串2并	BP8y—912/1832	6串2并

表 1-6-20 **BP8y系列频敏变阻器外形及安装尺寸图**

铁芯编号	1号				8号				9号			
铁芯排数	BP8y—103	BP8y—105	BP8y—108	BP8y—112	BP8y—806	BP8y—808	BP8y—810	BP8y—812	BP8y—906	BP8y—908	BP8y—910	BP8y—912
L_1	160				230				330			
L_2	230	230	230	230	355	355	355	355	510	510	510	510
H_1	181	181	181	181	215	215	215	215	365	365	365	365
H_2	221	221	221	221	260	260	260	260	410	410	410	410
B_1	82	108	147	199	158	194	230	266	163	209	255	301
B_2	272	298	337	389	358	394	430	466	363	409	455	506

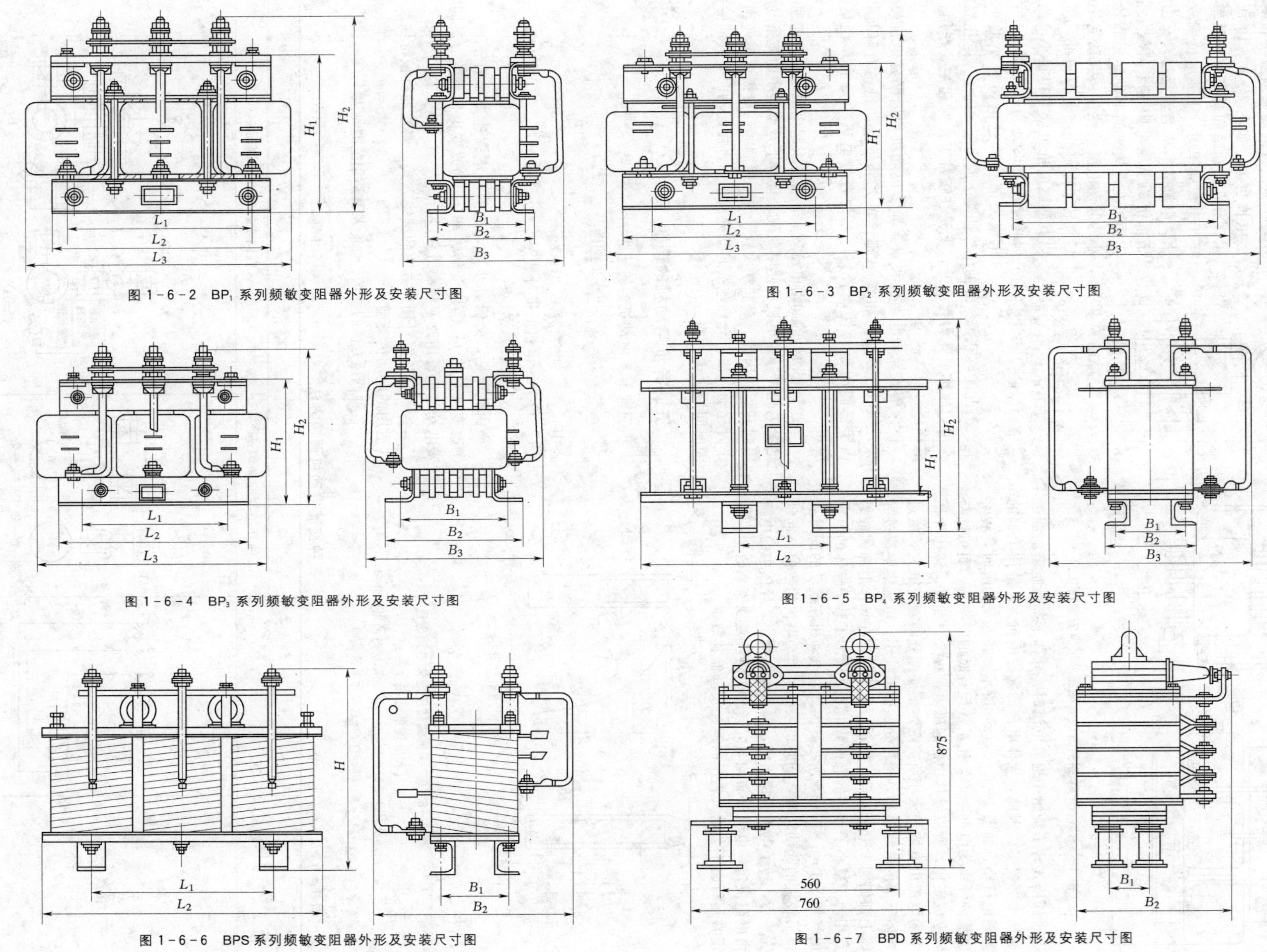

图 1-6-2 BP_1 系列频敏变阻器外形及安装尺寸图

图 1-6-3 BP_2 系列频敏变阻器外形及安装尺寸图

图 1-6-4 BP_3 系列频敏变阻器外形及安装尺寸图

图 1-6-5 BP_4 系列频敏变阻器外形及安装尺寸图

图 1-6-6 BPS 系列频敏变阻器外形及安装尺寸图

图 1-6-7 BPD 系列频敏变阻器外形及安装尺寸图

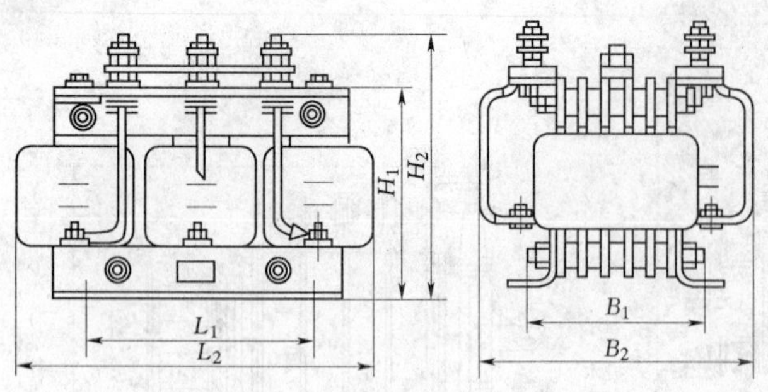

图 1-6-8 BP8y 系列频敏变阻器外形及安装尺寸图

深槽式转子绕组中通有电流时，导体下部所匝链的漏磁通比上部要多。因此，导体下部的漏磁电抗大，导体上部的漏磁电抗小，如图 1-6-9（a）所示。在起动的瞬时，转子电流的频率为电网频率，比正常运行时的频率高，而感抗与频率成正比，所以导体中的漏磁电抗很大。此时，转子导体中的电流由电抗的大小所决定，槽底部分漏磁电抗大，流过导体下部的电流很小，槽口处漏磁电抗小，电流集中流过导体上部如图 1-6-9（b）所示。电流集中在导体上部的效果就相当于减小了导体的有效截面积，增加了转子导体的电阻值，如图 1-6-9（c）所示。因此，电动机在起动的瞬时获得了较大的起动转矩，同时也限制了起动电流的数值。起动完毕后，转子电流频率很低，漏磁电抗减小，导体中的电流由电阻决定，电流分布均匀，转子电阻恢复到原来数值，故正常运行时不会增大转子的铜耗及降低其效率。

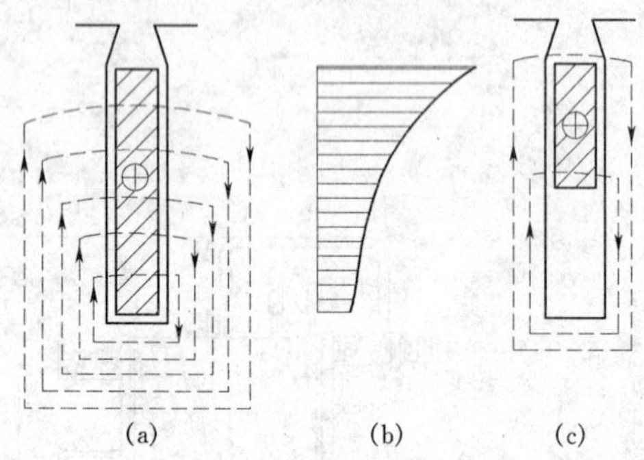

图 1-6-9 深槽式转子导体中漏磁通和电流的分布

（a）起动瞬时的漏磁通分布；（b）起动瞬时的电流分布；（c）起动瞬时的有效导体等值截面

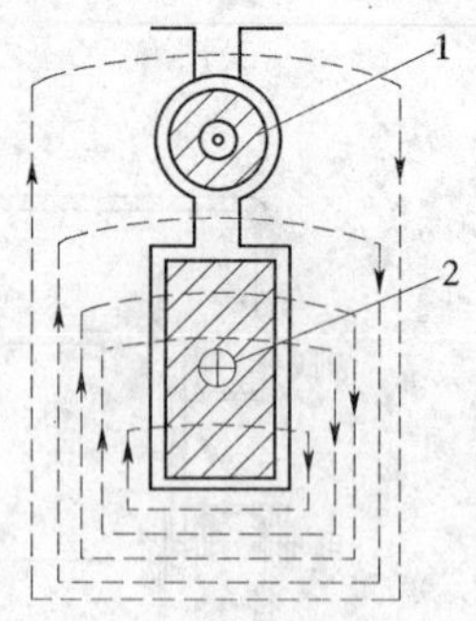

图 1-6-10 双笼转子导体中磁通的分布

1—上笼；2—下笼

同理，由于双笼转子的上笼匝链的漏磁通少，漏磁电抗也小，下笼匝链的漏磁通较多，漏磁电抗也大，如图 1-6-10 所示，故在起动瞬间转子电流频率等于电源频率时，下笼电抗就较大，电流基本从上笼流过，又由于采用的上笼电阻本来就较大，因而可获得较大的起动转矩和较小的起动电流的性能。起动完毕后，转子电流频率变得很低，所以其漏磁电抗也就变得很小，此时转子电流的分布由电阻决定，电流大部分流过电阻较小的下笼，因此能够获得较好的工作性能。因为起动时上笼起主要作用，故称上笼为起动笼；下笼在正常工作时起主要作用，故称运行笼。

深槽式异步电动机和双笼异步电动机均因漏磁电抗较大，所以过载能力和 $\cos\varphi$ 都比单笼异步电动机稍有降低；由于它们的起动性能较好，在大容量电机中得到广泛的应用。

由于电动机的起动电流较大，容易引起电机过热，加速绝缘老化，减少电机的使用期限，且对于笼型转子的笼条易引起开焊，因此，对起动次数，应予限制。一般规定每经半小时起动一次，允许连续起动三次。如再需起动时，其间隔的时间应更大一些。

五、异步电动机的调速

交流异步电动机的转速为

$$n=\frac{60f}{p}(1-s)$$

式中 f——电源频率（Hz）；

p——电机的极对数；

s——转差率。

由此可见，交流异步电动机的基本调速方法有三种：①改变极对数 p；②改变转差率 s；③改变电源频率 f。同步电动机也可用改变频率方式进行调速。

各种交流电机调速方法的接线方式、调速的机械特性及其适用的电动机类型见表 1-6-21。

各种调速方法的特点、性能及其适用范围见表 1-6-22。

表 1-6-21 各种交流电动机调速方法

调速方法	变极对数 p	变频率 f	
		独立控制变频调速	自同步控制变频调速
接线方式	1QA 2QA 3QA 3QA M	QA M 交—直—交；QA M 交—交	QA 逆变触发控制 位置检测 交—直—交；QA 触发控制 交—交

续表

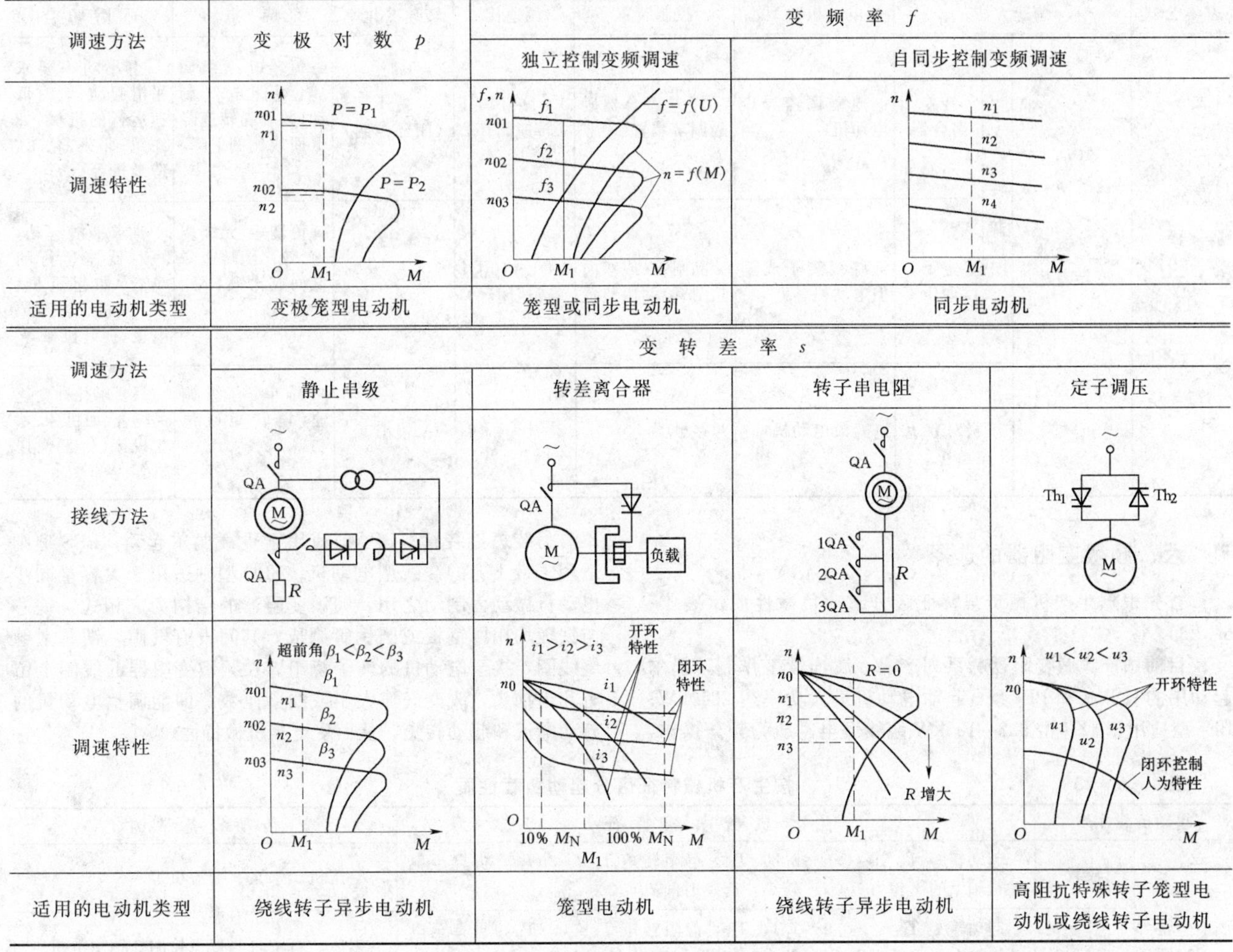

调速方法	变极对数 p	变频率 f	
		独立控制变频调速	自同步控制变频调速
调速特性			
适用的电动机类型	变极笼型电动机	笼型或同步电动机	同步电动机

调速方法	变转差率 s			
	静止串级	转差离合器	转子串电阻	定子调压
接线方法				
调速特性				
适用的电动机类型	绕线转子异步电动机	笼型电动机	绕线转子异步电动机	高阻抗特殊转子笼型电动机或绕线转子电动机

表 1-6-22　常用各种调速方式的特点

基本公式	调速方法			电动机类型	控制装置	调速比	转速变化率	特 点	适用场合
$n=(1-s)\times\frac{60f}{p}$	变频率 f	独立控制变频调速		同步或笼型电机	晶闸管变频装置(早期多用变频机组)	5∶1～10∶1	小	恒转矩无级调速,可逆或不可逆,效率高,系统复杂,价格较高	辊道、高速传动,小功率同步协调运转等
		自同步控制变频调速(无换向器电动机)		同步电动机	分配器、晶闸管、功率变换器等	10∶1	小	恒转矩无级调速,可逆或不可逆,系统复杂,价格较高	恶劣环境,高速传动,如水泥转窑、轧机,大型同步电动机的起动装置等
	变参数改变转差率	串级调速	电机串级	绕线转子电动机	硅整流—直流电动机	2∶1～4∶1	低速时大	不可逆,无级调速,效率高,$\cos\varphi$ 低,电机串级为恒功率,其他为恒转矩,如将硅整流器改为晶闸管可实现超同步速运行	风机、泵,中大功率的压缩机等,装置容量随调速比的加大而增大,调速比不宜太大
			电气串级		硅整流—直流电动机—交流发电机				
			静止串级		硅整流—晶闸管逆变器				
		交流换向器变速电动机		三相异步换向器电动机交流整流子电动机		3∶1～4∶1	较小	恒转矩,平滑调速,电动机复杂,价格高,维修麻烦	以往多用于纺织印染机械、印刷机械等
		能耗转差调速	转子串接电阻	绕线转子电动机	接触器及电阻器等	2∶1	大	简单、价廉,有级调速,特性软,效率低	频繁起、制动,短时低速运行的机械如冶金厂辅助机械,起重机等

续表

基本公式	调速方法			电动机类型	控制装置	调速比	转速变化率	特　点	适用场合
$n=(1-s)\times\frac{60f}{p}$	变参数改变转差率	能耗转差调速	转差离合器	电磁调速异步电动机	转差离合器励磁调节装置	5∶1～10∶1（转速闭环）	较小（闭环控制）	恒转矩、无级调速，不能电气制动，效率随转速降低而成比例下降	中小功率要求平滑起动、短时低速运行的机械，如纺织、印染、化工、造纸机等
			定子调压	绕线转子或笼型电动机	晶闸管（或双向晶闸管）调压装置	3∶1～10∶1（转速闭环）	大	恒转矩、无级调速，效率随转速降低而成比例下降	要求平滑起动，短时低速运行的场合，如起重机、泵、风机、电弧炉电极、提升机械等
		变极对数 p		变极电动机	接触器	2∶1～4∶1	较小	简单、有级调速，恒转矩或恒功率	只要求几种变速的场合，如机床、木工机床、化工扰拌机等

六、频敏变阻器的选择

首先根据生产机械负载特征区分起动负载性质（表 1-6-23）。

目前国产频敏变阻器为系列产品，属连续工作制，偶尔起动用的有 BP_1 和 BP_2 型，起动电动机最大功率达 2240kW；BP_3 型适用于 JZR 型 2.2～125kW 绕线型电动机，频繁操作，不需另装短接装置；BP_4 型适用于重载偶尔起动；BPS 型则适用于带飞轮的绕线型电动机；BPD 型则适用于大容量同步电动机做动力制动之用。频敏变阻器的结构为三相式，铁芯与铁轭均用厚钢板或圆钢管制成，其间设有气隙，铁芯上缠绕线圈，接至电动机的转子绕组。在频敏变阻器的线圈上留有几组抽头，改变气隙大小或线圈匝数，即能调整电动机的起动电流和起动转矩，从而变更其机械特性。

表 1-6-23　按生产机械特征区分起动负载性质

起动负载性质		生产机械负载特征		传动设备举例
不经常起动	轻载	起动转矩 $T_{st}\geqslant(0.6\sim0.8)T_N$，静阻转矩 $T_L<0.5T_N$，折算至电动机轴上的飞轮力矩 GD^2 较小，起动时间 $t_{st}\leqslant20s$		空压机、水泵、变流机等
	重轻载	起动转矩 $T_{st}\leqslant(0.9\sim1.1)T_N$，静阻转矩 $T_L<0.8T_N$，折算至电动机轴上的飞轮力矩 GD^2 较大，起动时间 $t_{st}>20s$		锯床、真空泵、带飞轮的轧钢主电机
	重载	起动转矩 $T_{st}\leqslant(1.2\sim1.4)T_N$，静阻转矩 $T_L\geqslant0.8T_N$，折算至电动机轴上的飞轮力矩 GD^2 不太大，起动时间 $t_{st}>20s$		皮带运输机、轴流泵、排气阀打开起动的鼓风机
断续起动	第一类	合闸次数 250 次/h 以下，$t_{st}z_h$ 值小于 400s	$T_{st}\leqslant1.5T_N$	推钢机，拉钢机及轧线定尺移动
	第二类	合闸次数小于 400 次/h，$t_{st}z_h$ 值小于 630s		出炉辊道，延伸辊道，检修吊车大小车
	第三类	合闸次数小于 630 次/h，$t_{st}z_h$ 值小于 1000s		轧机前后升降台及其辊道、生产吊车大小车
	第四类	合闸次数大于 630 次/h，$t_{st}z_h$ 值小于 1600s		拔钢机、定尺辊道、翻钢机、压下

注　1. $t_{st}z_h$ 值为每小时合闸次数 z_h（起动一次算一次；反接制动一次算三次；能耗制动一次算一次）与每次起动时间 t_{st} 的乘积。
2. 无规则操作或操作极频敏的电动机，由于每次起动不一定升至额定转速，在设计中一般可取 $t_{st}=1.5\sim2s$。

使用频敏变阻器的调整方法有以下几种：

（1）当起动电流过大，起动太快时，可调整抽头，增加匝数。匝数增加的效果是起动电流减少，起动转矩同时也减少。

（2）当起动电流过小，起动转矩不够和起动太慢时，可换接抽头，减少匝数。

（3）如刚起动时嫌起动转矩大，有机械冲击，但起动完毕后，稳定转速又嫌低，可在上下铁芯间增设气隙。增加气隙效果是起动电流略为增加，起动转矩略为减少，但起动完毕时转矩增大，稳定转矩得以提高。

第七节　异步电动机的试验

一、试验项目

异步电动机的型式试验和检查试验的项目见表 1-7-1。

表 1-7-1　异步电动机的试验项目

序号	试　验　项　目	型式试验项目	检查试验项目
1	绕组对机壳及绕组相互间绝缘电阻的测定	○	○
2	绕组在实际冷状态下直流电阻测定	○	○
3	转子开路电压的测定①	○	○
4	空载试验	○	○
5	堵转试验	○	○
6	温升试验	○	
7	负载试验（效率、功率因数及转差率的测定）	○	
8	最大转矩的测定	○	

续表

序号	试 验 项 目	型式试验项目	检查试验项目
9	短时过转矩试验	○	
10	起动过程中最小转矩的测定②	○	
11	超速试验	○	○
12	绕组对机壳及绕组相互间绝缘介电强度试验	○	○
13	绕组匝间绝缘介电强度	○	○

① 仅对绕线型转子电动机和换向器变速异步电动机。

② 仅对笼型起动电动机。

二、绝缘电阻

通过测定绝缘电阻能发现由导电物质形成的贯通性通道，在某种程度上还能判定绝缘存在的受潮、被沾污或其他绝缘缺陷等情况。由于测试设备简单，测试方法简便，又系非破坏性试验，因此绝缘电阻测定成为被广泛用来判断绝缘质量的一个必要条件。绕组热态绝缘电阻值 R 应符合下式要求

$$R \geqslant \frac{U_N}{1000+\frac{P_N}{100}} \quad (\text{M}\Omega)$$

式中 U_N——绕组额定电压（V）；

P_N——电机额定功率（kW）。

绕组的冷态绝缘电阻值一般应高于热态绝缘电阻值。冷态与热态绝缘电阻值的换算如下

对热塑性绝缘 $R_t = R\times 2^{\frac{75-t}{10}}$ （MΩ）

对 B 级热固性绝缘 $R_t = R\times 1.6^{\frac{100-t}{10}}$ （MΩ）

式中 R——绕组热态绝缘电阻值（MΩ）；

R_t——在围温 t℃下绕组绝缘电阻（MΩ）。

测量使用的兆欧表，可参考表 1-7-2 选择。

表 1-7-2 兆欧表规格的选择

被试绕组的额定电压	兆 欧 表 规 格
500V 以下	500V
500～3000V	1000V
3000V 以上	2500V 及以上

测量埋入式检温计绝缘电阻时，应使用不高于 250V 的兆欧表。

试验时，兆欧表的转速应接近其额定值，并保持均匀，待指针稳定后即吸收电流已衰减到零时方可记录，并同时记录绕组温度。

60s 时的绝缘电阻与 15s 时的绝缘电阻的比值称为吸收比，用 K 表示，即

$$K=\frac{R_{60''}}{R_{15''}}$$

一般要求 $K>1.3$。K 值小时，表示绝缘结构的情况不好。

三、直流电阻

测量定子和绕线型转子绕组直流电阻的目的是检查三相电阻是否平衡，是否与设计值相符。绕组电阻的测量有电桥法及压降法两种。

电桥法具有简单、方便和安全等优点。当绕组电阻小于 1Ω 时应采用双臂电桥；而绕组电阻大于 1Ω 时则采用单臂电桥。在测量同一电阻的冷态及热态电阻时，为减少测量误差，电桥的量程开关应拨在同一位置。

压降法的接线如图 1-7-1 所示，其中图 1-7-1（a）和（b）分别适用于电压表内阻与被测电阻 R_x 之比大于或小于 200 时的不同情况。试验时，要求电源稳定，仪表接线正确和接触良好。为提高测量的准确性，测量时间应尽可能短，且通入绕组的电流不大于绕组额定电流的 20%。

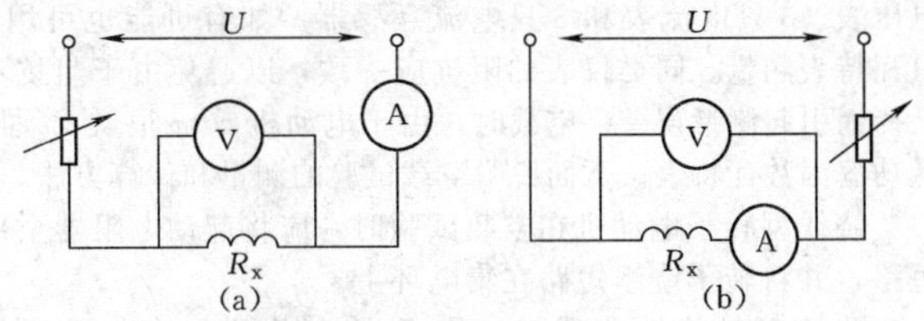

图 1-7-1 电流表和电压表法

对 6 个或更多出线端的电机定子绕组，应逐个测量其相电阻 $R_{1\phi}$，对只有 3 个出线端的电机定子绕组可测量其端电阻 R_{1L}。星形连接与三角形连接（图 1-7-2、图 1-7-3），各相电阻值可按下式算出

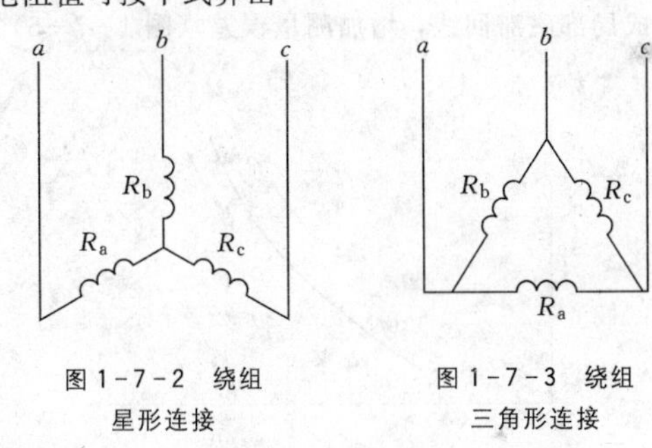

图 1-7-2 绕组星形连接　　图 1-7-3 绕组三角形连接

星形连接

$$R_a = R_p - R_{bc} \quad (\Omega)$$
$$R_b = R_p - R_{ca} \quad (\Omega)$$
$$R_c = R_p - R_{ab} \quad (\Omega)$$

三角形连接

$$R_a = \frac{R_{ab}R_{bc}}{R_p - R_{ca}} + R_{ca} - R_p$$

$$R_b = \frac{R_{bc}R_{ca}}{R_p - R_{ab}} + R_{ab} - R_p$$

$$R_c = \frac{R_{ca}R_{ab}}{R_p - R_{bc}} + R_{bc} - R_p$$

其中 $$R_p = \frac{R_{ab}+R_{bc}+R_{ca}}{2} \quad (\Omega)$$

四、转子开路电压的测定

测量转子开路电压时，转子静止不动，转子绕组开路，起动电阻器断开，在定子绕组上施以额定电压。在转子集电环间测量各线间电压。

额定电压在 500V 以上的电动机，施于定子绕组上的电压可以适当降低。

五、空载试验

空载试验是为了确定空载电流和空载损耗，并从空载损耗中分离出铁耗和风摩耗（机械耗），试验线路见图 1-7-4。

为使试验数据准确，应先使电机作足够长时间的空载

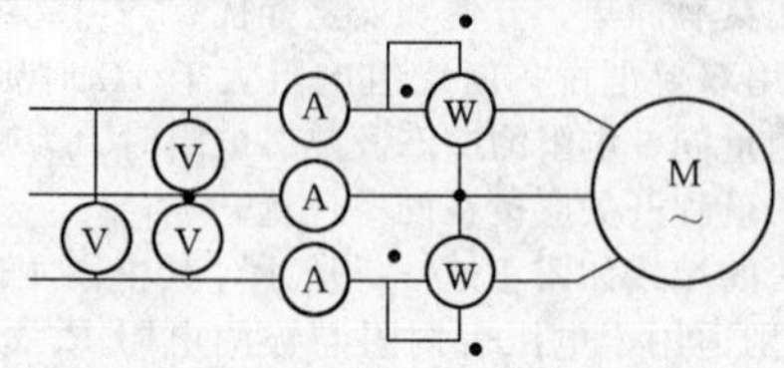

图 1-7-4　空载试验线路图

运转，直至其机械耗稳定后再测量。测量时，最好用 3 只电压表、3 只电流表和 3 只电流互感器。如有可能也可用 3 只瓦特表测量。同类仪表的阻抗应一致，以避免由于阻抗不平衡而引起测量误差。空载时，由于电动机 $\cos\varphi$ 很低，须用低功率因数瓦特表。下面说明空载试验的测量和计算方法。

绕线型转子电动机在空载试验时，应将起动电阻器全部短路，并将转子绕组短路在集电环上。

测量空载特性曲线时，施于定子绕组上的电压应从 110%～130%额定电压值开始，逐步降低到可能达到的最低电压值（即电流开始回升为止）。试验完毕应立即测量定子绕组的电阻。

对于多速电动机，空载试验应在每一额定转速下进行。

调节电压时应从高到低单方向进行，不宜反复增减，否则将形成局部磁滞回线，增加测量误差（图 1-7-5）。

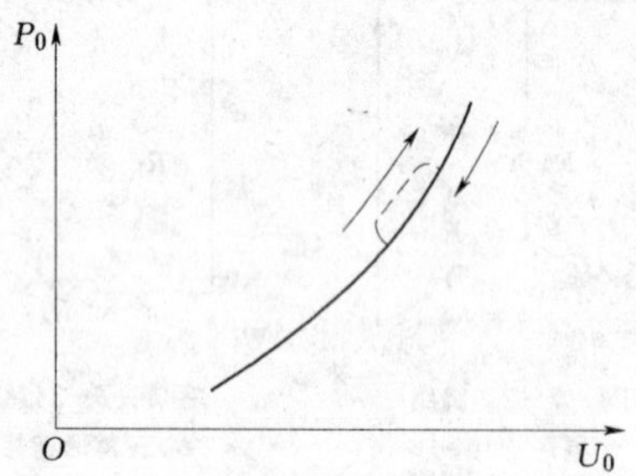

图 1-7-5　空载试验的单向和反向调节

空载损耗包括定子绕组的铜耗 $P_{0\text{Cu1}}$、铁耗 P_{Fe} 及机械耗 P_{fv}。

定子绕组铜耗为

$$P_{0\text{Cu1}} = 3I_0^2 r_1$$

式中　I_0——空载相电流；

r_1——空载试验后测得的定子相电阻（三相平均值）。

铁耗和机械耗之和 P_0' 按下式计算

$$P'_0 = P_{\text{Fe}} + P_{\text{fv}} = P_0 - P_{0\text{Cu1}}$$

为了分离铁耗和机械耗，如图 1-7-6 作曲线 $P'_0 = f\left(\frac{U_0}{U_N}\right)^2$，延长曲线的直线部分与纵轴交于 P 点，P 点的纵坐标即为电动机的机械耗。应注意电压很低时，铁耗将因转差率的增大而增大，在分离铁耗和机械耗时曲线的这一部分不应当考虑。

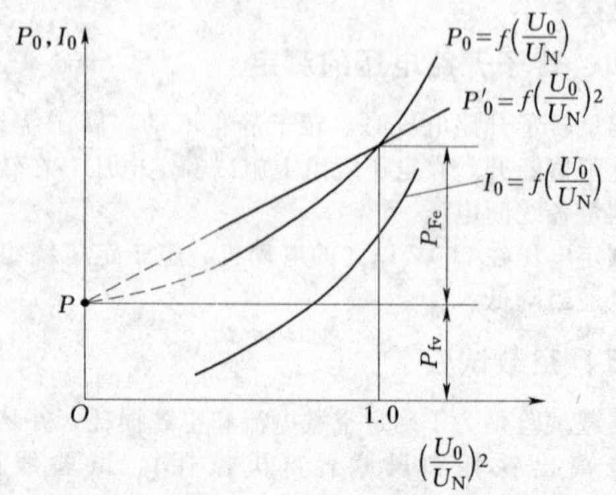

图 1-7-6　空载特性曲线

在检查试验中，仅测量额定电压时的空载电流和空载损耗。

六、堵转试验

堵转试验可测量电机的堵转电流和堵转转矩，并用以计算起动漏抗。

制动臂和紧固螺钉要有足够强度，以避免因断裂而造成人身事故。试验前，应先确定电机的转向，使制动臂方向朝下。然后在低电压下分别找出堵转时电流最大和转矩最小的转子位置。测量堵转电流和转矩时，应使转子分别处于此二位置上。由于堵转时电机的主磁场受到削弱，漏磁场高度饱和，漏抗减小，故堵转电流很大，试验应快速进行。每次通电时间一般要小于 10s，防止绕组因过热而损坏。试验应从接近额定电压开始，逐步降低。

试验线路与空载试验（图 1-7-4）相同，但电压表应接在电机端，可读一相电压代表三相电压。

堵转转矩 T_K 可用电子秤或弹簧秤直接测量。当不能实测时，亦可用计算方法求取。

堵转特性曲线见图 1-7-7。在额定电压 U_N 时的堵转电流 I_K 称为最初起动电流 I_{st}，堵转转矩 T_K 称为最初起动转矩 T_{st}。由于堵转漏抗 X_K 随漏磁路饱和程度增加而减小，I_K 与 U_K 不是直线关系而是指数关系。对中、小型电机，$I_K \propto U_K^{1.05\sim1.15}$，堵转转矩 $T_K \propto I_K^2 \propto U_K^{2.1\sim2.3}$。因此，在低于额定电压下做堵转试验时，为了更精确地求得 I_{st} 和 T_{st}，须作双对数堵转特性曲线（图 1-7-8）。

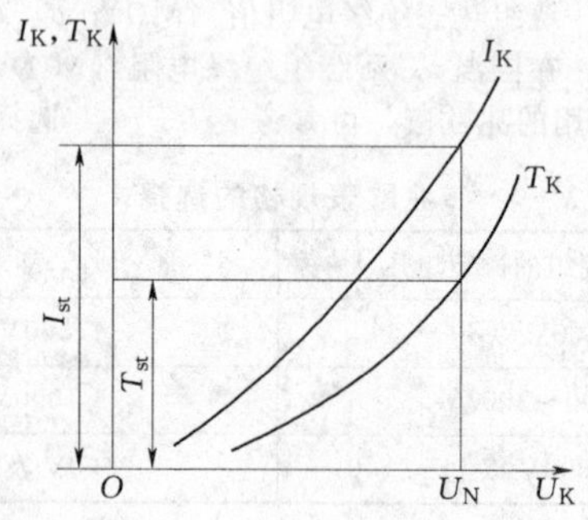

图 1-7-7　堵转特性曲线

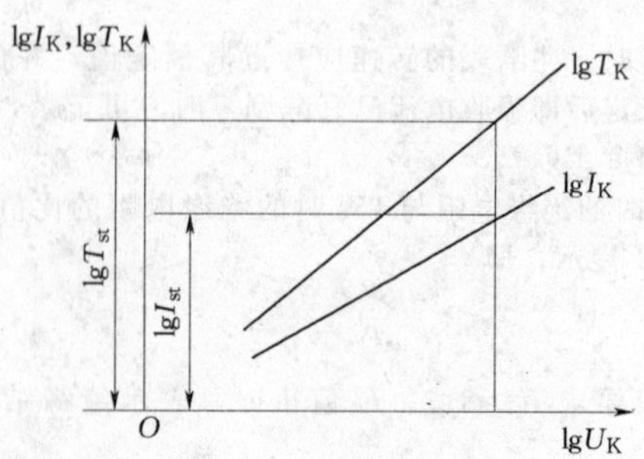

图 1-7-8　双对数堵转特性曲线

做检查试验中的堵转试验时，为使堵转电流接近额定电流，可在表 1-7-3 中所列的相应堵转电压值附近测堵转电流及损耗。

表 1-7-3　　检查试验时选用的堵转电压

电动机额定电压（V）	220	380	660	3000	6000
堵转电压（V）	60	100	170	800	1400

七、最大转矩的测定

电机的最大转矩反映电机的过载能力，可用下列任一方法测定：①直接负载法；②从转矩转速仪摄取的转矩—转速曲线上量取最大转矩；③如限于设备可用圆图法。

用直接负载法测取最大转矩时，可将被试电机与负载电机（测功机或校正过的直流电机）直接连接（图 1-7-9）。负载电机的功率约为被试电机的 3 倍（按同一转速计算），两者转向应相同。负载电机作为发电机运行，向电源回馈电能，逐步减少负载电机电枢端的电源电压，使负载稳步增加到测功机的转矩或直流电机的电枢电流出现最大值时读取读数。用校正过的直流电机作负载时，应保持励磁电流恒定。如负载直流电机未经校正，则可用下列公式求最大转矩 I_{max} 的近似值。

$$T_{max}=\frac{E_0}{n}(I_{max}+I_0)\times 0.975\quad (\text{kgf}\cdot\text{m})$$

式中　n——出现最大转矩时的转速（r/min）；

E_0——励磁电流不变，转速为 n，负载电机作为发电机时的空载电动势（V）；

I_0——励磁电流不变，转速为 n，负载电机作为电动机时的空载电枢电流（A）；

I_{max}——励磁电流不变，负载电机在测最大转矩时的最大电枢电流（A）。

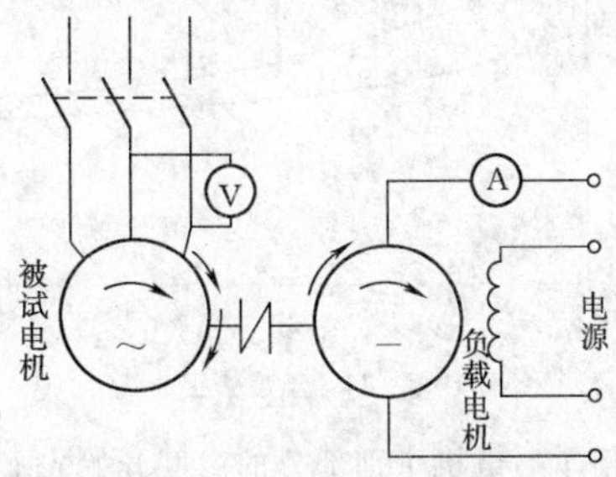

图 1-7-9　测定最大转矩时测试电机的连接

在用直接负载法测最大转矩的过程中，实际上已进行了电动机的过转矩试验。

八、笼型电机最小转矩的测定

异步电动机的最小转矩是由于谐波磁场影响而造成的。其测定方法有下列几种：

(1) 用测功机或其他转矩测量仪直接读出最小转矩 T_{min}。

(2) 用校正过的直流电机作负载，从校正曲线求 T_{min}。

(3) 用校正过的异步电机作负载，从反转制动曲线求 T_{min}。

(4) 用转矩转速仪摄取转矩—转速特性曲线，从中量取 T_{min}。

(1)、(2)、(3) 属直接负载法，应优先采用。由于出现最小转矩时的电机转速较低［一般都在中间转速$\left(即\dfrac{n_s}{13}\sim\dfrac{n_s}{7}\right)$范围内］，定子电流很大，所以试验应快速进行，以防止绕组过热，表 1-7-4 列出三种直接负载法的试验要点。

表 1-7-4　用直接负载法测定最小转矩的试验要点

负载电机	同一转速时负载与被试电动机功率比	负载的工作状态	试验机组连接示意图
测功机	2 倍以上	可作为发电机运行（单独作电动机时，转向与被试电机相同），或作为电动机在电磁制动状态运行（本身转向与被试电机相反）。但一般都作为电动机在电磁制动状态运行	被试电机　负载电机　电源　机组转向
校正过的直流电机	3～4 倍	作为发电机运行	被试电机　负载电机　电源　机组转向
校正过的异步电机①	1.5～2 倍	在电磁制动状态运行	被试电机　负载电机

①　负载电机的极数应为 6 极或以上。

用测功机反转法测最小转矩时，应先将测功机低速起动，再接上被试电机电源，使机组沿被试电机的转向以低于中间转速稳定运转，降低测功机励磁（个别情况下也可降低电枢电压）直至出现最小转矩时读取读数。

用校正过的直流电机作负载时，须先将该直流电机起动并运转至 1/3～1/2 中间转速（$n_s/39\sim n_s/14$）范围内（为达此目的，可用两台相同直流电机接成极性相反的机组，以其电压差作为负载直流电机的电源），然后接通被试电机电源，并调节负载电机的电源电压直至电枢电流为最小。根据这个最小电流值在电机的校正曲线 $T=f(I_a)$ 上查得相应的最小转矩。试验过程中负载电机的励磁电流应保持不变。

用校正过的异步电机作为负载时，对其外施电压应事先作一估计，使其产生的制动转矩略小于被试电机的最初起动转矩。试验时，同时合闸接通两台电机的电源，使该机组沿被试电机的转向缓慢旋转。然后，逐步降低负载电机的电源电压直至该机组瞬时加速起动。读取起动前的被试电机电压 U_A、负载电机电压 U_B 和中间转速 n_0，由图 1-7-10 的反转制动曲线作对应于该中间转速 n 的 $T=f(U_B)$ 曲线［图 1-7-10 (b)］，并由此求得对应于电机起动前 U_B 时的最小转矩。

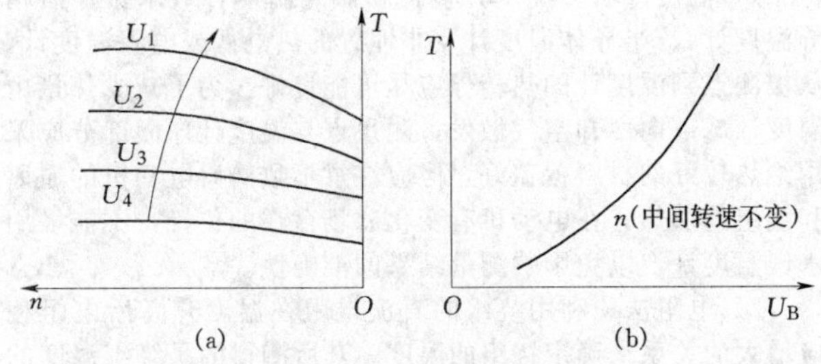

图 1-7-10　异步电机反转制动曲线

九、温升试验

温升试验应在额定电压及额定功率或铭牌电流下进行。对有几种额定数据的电动机应在预计产生最高温升的额定数据下进行温升试验。如这些额定数据不能预先确定，则试验应在所规定的几种额定数据下逐一进行。

(1) 连续定额的电机试验用直接负载法进行，直至电机各部分温升达到实际稳定，即1h内定子铁芯（或机壳）温升的变化不超过1℃为止。试验不一定从实际冷状态开始，为了缩短试验时间，在试验开始时可以适当地过载。试验时应当用温度计法测量定子铁芯（或机壳）、轴承盖、风道进出风口的冷却介质及周围冷却介质的温度，至少每半小时测量一次。试验期间，应采取措施减少冷却介质温度的变化。试验结束电动机即将切离电源前，建议优先采用带电测量电阻装置测量定子绕组的电阻，其测量方法见GB 1032—68的附录2。也可在电动机切离电源后立即测量定子绕组和绕线型转子绕组的电阻，同时应当用温度计法测量集电环的温度。闭路循环通风的电动机在试验结束电动机切离电源的同时，应立即停止冷却介质的供给。

电动机对应于额定输出功率时绕组温升的数值 θ_N 依照下式换算

$$\theta_N = \theta_X\left(\frac{I_N}{I_X}\right)^2\left[1+\frac{\theta_X(I_N/I_X)^2-\theta_X}{K+\theta_X+t_X}\right]$$

但 $\frac{I_N-I_X}{I_N}$ 不应超过±20%。

若 $\frac{I_N-I_X}{I_N}<\pm5\%$，可用下式换算

$$\theta_N = \theta_X\left(\frac{I_N}{I_X}\right)^2$$

上二式中 I_N——电动机额定输出功率时的电流，从工作特性曲线上求得；

I_X——电机试验时的电流，取试验过程中最后1h内几个相等时间间隔时的电流读数的平均值；

θ_X——对应于试验电流 I_X 的绕组温升。

(2) 断续定额的电动机，试验时每一工作周期为10min，直到电机各部分温升达到实际稳定为止。温度的测定应在最后一个工作周期中负载时间的前半段终了时进行。试验不一定从实际冷态开始，为了缩短试验时间，在试验开始时，负载可以适当地持续一段时间，其他试验要求同条(1)。

(3) 短时定额的电动机，试验的持续时间应符合规定的定额数值。并应从电动机的实际冷状态下开始。其他试验要求同条(1)。

(4) 测温方法有温度计法和电阻法。温度计法用于不能用电阻法测量温度的电动机个别部分。电阻法则可用于电动机的一切绕组。

1) 温度计法。温度计包括膨胀式温度计（水银、酒精等温度计）、半导体温度计及非埋置的热电偶或电阻温度计。从被测点到温度计的热传导应尽可能良好。为了减少热量由温度计球部向冷却空气散发，测量点与温度计球面部分应采用绝热较好的材料覆盖好，但应注意不致妨碍电动机的通风和绕组的散热。在电动机有变化磁场存在的位置，不能采用水银温度计，以免影响测量结果的准确性。

2) 电阻法。利用绕组的直流电阻在温度升高后电阻相应增大的关系来确定绕组的温度。其所测得的是绕组温度的平均值。应尽可能在电源不切断的情况下测量绕组的热稳电阻。绕组的温升用下式确定

$$\theta = \frac{r_r - r_N}{r_N}(K+t_N)+t_N-t_r$$

式中 r_r——试验结束时绕组的热态电阻（Ω）；

r_N——实际冷状态下绕组的电阻（Ω）；

t_N——实际冷状态的绕组温度（℃）；

t_r——试验结束时冷却介质的温度（℃）。

应注意，式中常数 $K=235$（铜）、228（铝）。r_r 和 r_N 必须在电动机同样的出线端上测得。

(5) 试验时冷却介质温度的测定方法如下：

1) 对采用周围空气冷却的电机，空气温度可用几只温度计放置在冷却空气进入电动机的途径中测量，温度计距离电动机约1～2m，温度计球部处于电动机高度一半的位置，并应不受外来辐射热及气流的影响。

2) 对采用强迫通风或具有闭路循环冷却系统的电动机，应在电动机的进风口处测量冷却介质的温度。

3) 试验结束时冷却介质的温度，应采用试验过程中最后1h内几个相等时间间隔的温度计读数的平均值。

(6) 电动机各部分在切离电源后，所测得的温度应进行修正。若电动机各部分的温度在切离电源后测得，则所测得的温度应修正到断电瞬间。

电动机切离电源后，应立即测取距断电瞬间的时间间隔(t)和相应的电阻值(r)或温度值(T)，做曲线 $r=f(t)$ 或 $\lg T=f(t)$，如图1-7-11所示。从最小时间间隔的一点延长曲线交纵轴于 r_m 或 $\lg T_m$，则 r_m 和 T_m 即分别为断电瞬间的绕组电阻和电机相应部分的温度。

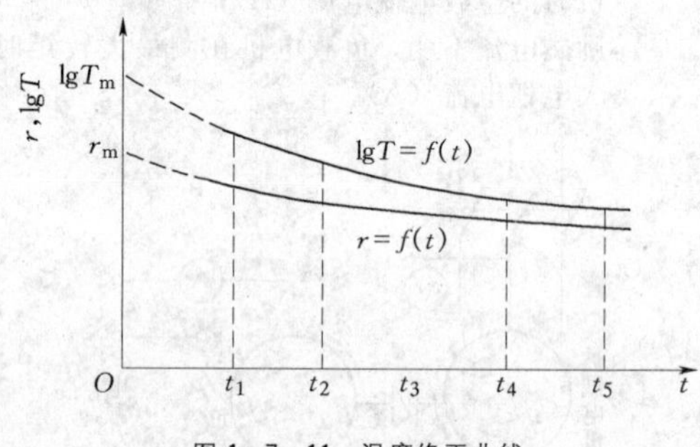

图1-7-11 温度修正曲线

如果在停车后电机个别部分的温度开始先上升然后再行下降，则应以量得温度中的最高值作为电机相应于停车瞬间的温度。

十、负载试验

负载试验是为了测取电机在额定电压和额定频率时不同负载下的各种工作特性，如图1-7-12所示。负载试验应在热状态下进行，其试验方法与负载的调节基本与温升试验相同。

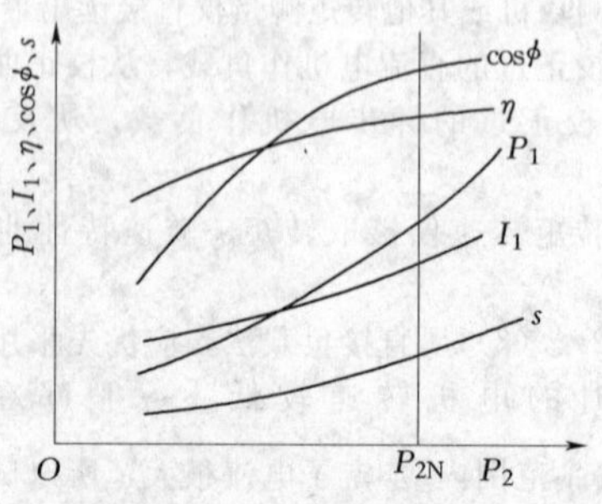

图1-7-12 工作特性

工作特性曲线应在电动机的温度接近正常工作温度时，在负载试验中测取。试验应在 1/4～5/4 额定负载范围内进行，共测取 5～8 点。每点应测量下列数值：三相电压、三相电流、输入功率及转差率。

对于多速电动机，应测取每一额定转速下的工作特性曲线。

当工作特性不能按上述要求量取时，则允许用绘制圆图方法求得。

（一）转差率测量

可用下列三种方法之一。

（1）闪光测频法。在电动机轴上标出适当数量的扇形片（图 1-7-13），并用氖灯或荧光灯来照明。供给闪光灯的电源频率等于电动机的额定频率，必要时可以改变电源的频率。

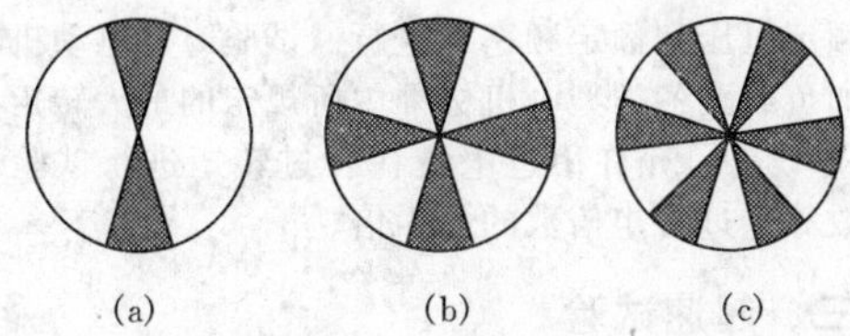

图 1-7-13 电机轴端所标的扇形图片

(a) $p=1$；(b) $p=2$；(c) $p=3$

当观察到扇形片不动时，则电动机的转速 n 由下式确定

$$n=\frac{60f}{p}\quad(\text{r/min})$$

式中 f——闪光灯的供电频率（Hz）；

p——电动机的极对数。

如果观察到扇形片转动，则电动机的转差率 s 由扇形片转动的速度和闪光灯的供电频率来确定，即

$$s=\frac{pN}{tf_1}\times100(\%)$$

式中 N——在 t s 时间内扇形片转动的次数；

f_1——电动机的额定频率。

（2）感应线圈法。在电动机轴伸附近，放置一只匝数较多的带铁芯的线圈。线圈与灵敏的磁电式检流计或阴极示波器连接。这时转子绕组的漏磁通在线圈中感应出电势，致使检流计的指针或示波器的电势波发生摆动。用秒表测取一段时间（t）及在这段时间内全摆动（即左右或上下摆动一次）的次数 N，则电动机的转差率 s 按下式计算

$$s=\frac{N}{tf_1}\times100(\%)$$

（3）转速测量仪法。

（二）功率因数的计算

$$\cos\varphi=\frac{P_1}{\sqrt{3}U_1I_1}$$

式中 P_1——输入功率；

U_1——线电压；

I_1——线电流。

用二瓦特计测量功率时，$\cos\varphi$ 也可用下式计算

$$\cos\varphi=\frac{1}{\left(1+3\dfrac{W_1-W_2}{W_1+W_2}\right)^{\frac{1}{2}}}$$

式中 W_1——二瓦特计中较大的数值；

W_2——另一瓦特计的数值（应注意正负号）。

上述两种方法求得的 $\cos\varphi$ 应基本一致。

（三）效率的计算

可用间接法或直接法求得。

（1）间接法，又名损耗分析法。在测定电机的各种损耗后，效率 η 可按下式计算

$$\eta=\frac{P_1-\sum P}{P_1}\times100\%=\left(1-\frac{\sum P}{P_1}\right)\times100\%$$

式中 $\sum P$——各种损耗之和（$\sum P=P_{Fe}+P_{fv}+P_{Cu1}+P_{A12}+P_Z$）。

各种损耗的测定方法如下：

铁耗 P_{Fe} 和风摩耗 P_{fv} 可从空载特性曲线中求得。

定子绕组损耗为

$$P_{Cu1}=1.5I_1^2R_w$$

式中的 R_w 为换算到基准工作温度时定子绕组的端电阻，即 $R_w=\dfrac{K+t_w}{K+t_0}R_e$（$R_e$ 为冷态温度 t_e 时的端电阻，t_w 为基准工作温度，对 A、E、B 级绝缘为 75℃，对 F、H 级绝缘为 115℃）。

转子绕组电阻损耗为

$$P_{A12}=\frac{P_1-P_{Cu1}-P_{Fe}}{100}s_w$$

$$s_w=s_z\frac{K+t_w}{K+t_z}$$

式中 s_w——换算到基准工作温度时的转差率；

s_z——测得的转差率；

t_z——测量转差率时的转子绕组温度。

如不能实测，可用温升试验时的定子绕组温度代替。

杂散损耗 P_Z 可用反转法或回馈法测得，建议优先采用反转法。

（2）直接法。用电机输入电功率和输出机械功率直接计算效率。输出机械功率 P_2 可按下式计算

$$P_2=\frac{nT_2}{0.975}W$$

式中 T_2——电动机轴上的输出转矩（测量值）（kg·m）；

n——测 T_2 时相应的实际转速（测量值）（r/min）。

用此法测得的定子电阻和电机转速需修正到基准工作温度。

此法需高精度转矩测量仪和转速测量仪，故其应用受到一定限制。

十一、杂散耗的测定

（一）反转法

1. 基频杂散耗的测量

将转子取出，在定子绕组上施以平衡的三相低电压，测取定子相电流 I_1、相电阻 r_1 和输入功率 P_1（采用低功率因数瓦特表测量）。改变电压以调节电流，在 1/4～5/4 额定电流的范围内测取 4～6 点。试验时，瓦特表的电压线应接到电动机的出线端上。

基频杂散损耗 P_{zg} 按下式计算

$$P_{zg}=P_1-3I_1^2r_1$$

2. 高频杂散耗的测量

将分析过的直流电动机或测功机与被试电动机用联轴器连接，试验时两者的转向相反，使被试电动机工作在电磁制动状态（$s=2$），保持同步转速不变。测取被试电动机的输入功率 P_1、定子相电流 I_1、定子相电阻 r_1，分析过的直流电机的电枢电流 I 或测功机的转矩 M。改变被试电动机的外施电压以调节定子电流，在 1/4～5/4 额定电流的范围内测取 4～6 点。

高频杂散耗 P_{zk} 按下式计算

$$P_{zk} = P_{j1} - P_{j2} - (P_1 - P_{zg} - 3I_1^2 r_1)$$

式中　P_{j1}——直流电动机或测功机输出的机械功率（kW）；

P_{j2}——开断被试电动机的电源，机组以同步速度 n_0 运转时，直流电机或测功机输出的机械功率（kW）。

$$P_{j1} = \frac{M_1 n_0}{975}\quad (\text{kW})$$

$$P_{j2} = \frac{M_2 n_0}{975}\quad (\text{kW})$$

式中　n_0——被试电动机同步转速（r/min）；

M_1、M_2——直流电机或测功机在被试电动机通电和断电时输出的机械转矩（kg·m）。

根据被试电动机在不同定子电流时的试验值，分别绘制基频及高频杂散耗与定子电流的关系曲线，如图 1-7-14 所示。

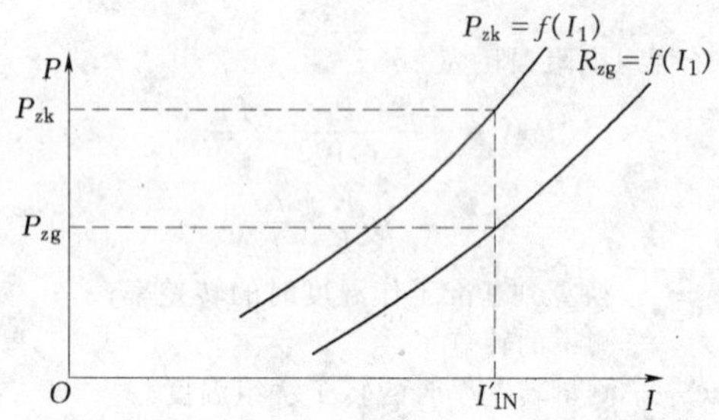

图 1-7-14　基频及高频杂散耗与定子电流关系曲线

因为由空载电流所引起的杂散耗已包括在电动机的铁耗中，故对应于被试电动机额定电流 I_{1N} 的杂散耗，应取试验时对应于定子电流 I'_{1N} 的杂散耗，I'_{1N} 按下式计算

$$I'_{1N} = \sqrt{I_{1N}^2 - I_0^2}$$

式中　I_0——被试电动机的空载电流。

从图 1-7-14 中查出对应于 I'_{1N} 的 P_{zg} 和 P_{zk}，则电动机总的杂散耗 P_z 按下式求得

$$P_z = P_{zk} + P_{zg} = P_{j1} + 2P_{zg} + 3I_1^2 r_1 - P_1 - P_{j2}$$

基频杂散耗也可用统计法求得

$$P_{zg} = C(P_{zk} - P_{zg})$$

式中　C——按各类电动机用统计法求得的常数（如对 J_2、JO_2 系列取 $C=0.1$）。

总的杂散耗按下式计算

$$P_z = (1+2C)(P_{j1} + 3I_1^2 r_1 - P_{j2})$$

（二）回馈法

将两台同样规格的电动机用联轴器直接连接，其中一台施以额定频率的额定电压作为电动机，另一台施以频率较其额定值低的额定电压作为发电机。改变发电机的频率以调节被试电动机的负载，在 1/4～5/4 额定电流的范围内，均匀地测取 5～6 点，每点应测取电动机的输入功率 P_1 及发电机的输出功率 P_2，同时测取两者的电流、定子绕组的电阻及转差率（用闪光测频法测量发电机的转差率时，闪光灯的电源应采用发电机的馈电电源），发电机和电动机总的杂散耗 P'_z 按下式计算

$$P'_z = P_1 - P_2 - \sum P$$

式中　$\sum P$——两台电机除杂散耗外的其他损耗之和。

其中

电动机的转子铜耗 $=(P_1 - P_{Cu1} - P_{Fe})s/100$

发电机的转子铜耗 $=(P_2 + P_{Cu1} + P_{Fe})s/100$

电动机的杂散耗＝

$$\text{总的杂散耗}\times\frac{\text{电动机的转子铜耗}}{\text{电动机的转子铜耗}+\text{发电机的转子铜耗}}$$

发电机的杂散耗＝总的杂散耗－电动机的杂散耗

将原来作为发电机运转的电源频率增加，使之高于电机的额定频率（保持额定电压），作为电动机运转。将原来的被试电动机在额定电压和额定频率下作为发电机运转。重复上述试验，求取两者的杂散耗。以作电动机运转和发电机运转时，所得到的两个杂散耗的平均值，作为被试电动机的杂散耗。

十二、短时过转矩试验

在额定电压和额定频率下进行。试验时，电动机在热状态下增加负载至各类型电机标准中所规定的最大转矩，历时 15s。限于设备，允许用过电流代替过转矩进行试验，过电流的倍数等于过转矩倍数的 1.1 倍。

十三、超速试验

超速试验是将电动机的转速提高至最高额定转速的 120%，历时 2min，以考核转子整体与各旋转零部件能否承受超速时所产生的离心力，试验时应注意安全。

超速可由提高被试电动机电源电压频率以及用辅助电动机拖动被试电动机而获得。转子可以取出单独进行试验。转速建议用远距离测速机进行测量。

十四、绝缘介电强度试验

介电强度试验应在其他试验项目后进行。试验时，电机应尽可能处于热状态，时间 1min，本试验对绝缘的寿命有影响，故不宜重复进行。电机绝缘介电强度试验电压的标准见表 1-7-5。

表 1-7-5　　介电强度试验电压

电机或部件	试验电压（有效值）
1kW 以下或 U_N 不超过 36V 的电机	$500+2U_N$
1kW 及以上至 10000kW 以下，$U_N>36$V 的电机	$1000+2U_N$ 最低为 1500V
10000kW 及以上的电机	
$U_N \leqslant 2000$	$1000+2U_N$
$2000 < U_N \leqslant 6000$	$2.5U_N$
$6000 < U_N \leqslant 17000$	$3000+2U_N$
$17000 < U_N$	特殊协议
绕线型转子电机的转子绕组允许逆转的电机	$1000+4U_2$
不允许逆转或停车后才允许逆转的电机	$1000+2U_2$

十五、空气间隙测量

定子和转子铁芯间的空气间隙可用塞规或塞尺测量，此时最好测量上下左右四个位置，测量时从电机的两端进行，各间隙相互间最大与最小值的差不大于平均值的 10%。

十六、电机的振动

应不超过表 1-7-6 规定。

表 1-7-6 电动机的振动

额定转速（r/min）	3000	1500	1000	≤750
振动值（双振幅，mm）	0.06	0.10	0.13	0.16

十七、极性试验

电机的三相定子绕组按一定的规律分布在定子的圆角上，若将绕组接错，将使三相电流不平衡，工作不正常，故应预先检查极性。

（一）用直流感应法检查

在电动机一个绕组内通以脉冲电流时，另两个绕组中由于互感作用产生相应的感应电势。如图 1-7-15 所示接线，投入刀闸 Q 时，毫安表（或毫伏表）若反指，则接仪表的正端与电池正端为同极性。若每相有数组绕组并联，用上法测试同相的数个绕组时，当毫安表向正方向摆动，则接电池正端和仪表正端为同极性。但应注意：①当打开刀闸 Q 时，仪表指向正与上述投入 Q 时相反；②试验绕组间的极性时，最好用大容量的电池，如果电池容量太小则由于感应磁势不能克服残磁而得出不正确的结果。

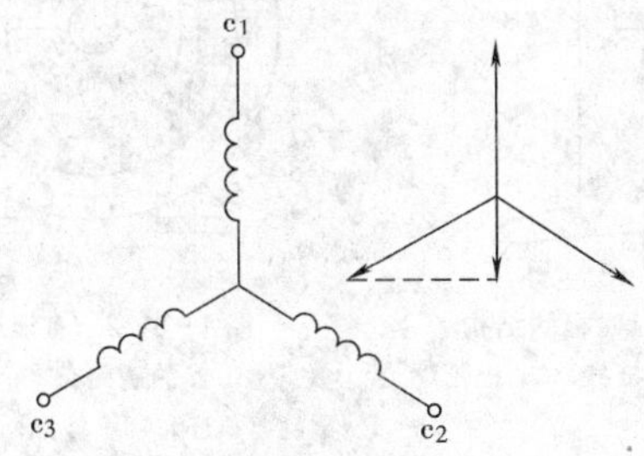

图 1-7-15 用直流感应法检查电机定子绕组极性试验接线图

（二）外加交流电压法

按图 1-7-16 接线，同样能检查出定子绕组接线的正确性（如各相已标有始端 c_1、c_2、c_3 和末端 c_4、c_5、c_6）。将一相的 c_1 及 c_4 接入交流电源 U，将其两相的一端接 c_4，然后测量 c_1 与另两自由端 c_2、c_3 电压。如为笼型电动机时，c_1、c_2 及 c_1、c_3 间的电压约等于 U；如为绕线式电动机时，c_1、c_2 及 c_1、c_3 间的电压为 1.5 U；而在 c_2 及 c_3 之间的电压为零。此时 c_1、c_2、c_3 为同极性，c_4、c_5、c_6 为同极性。

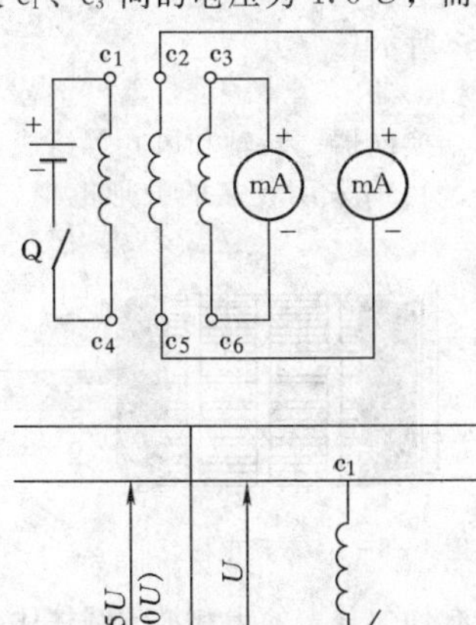

图 1-7-16 外加电压检查电动机极性接线图

十八、三相异步电动机的圆图

在试验条件不够的情况下，可用圆图法来求取效率、功率因数、满载电流、转差率和最大转矩等数值。作圆图仅需进行空载试验和短路试验。下面介绍绕线转子和笼型转子电动机圆图的作法。

（一）作圆图所需的数据

（1）额定电压和额定频率下的空载相电流 I_0。

（2）空载损耗与机械耗的差值 P_0-P_j。

（3）在额定电压时的短路电流（求工作特性时以 I_d 表示，求最大转矩时以 I_{d1} 表示）按下式计算

$$I_d(I_{d1}) = I'_d\frac{U_N}{U'_d}$$

式中 I'_d——短路相电流，求工作特性时，I'_d 等于 1 倍额定电流，求最大转矩时，I'_d 等于 2～3 倍额定电流；

U'_d——在电流为 I'_d 时的短路线电压；

U_N——额定线电压。

（4）在额定电压时的短路损耗（求工作特性时以 P_d 表示，求最大转矩时以 P_{d1} 表示）按下式计算

$$P_d(P_{d1}) = P'_d\left(\frac{I_d}{I'_d}\right)^2$$

式中 P'_d——在电流 I'_d 时的短路损耗。

（5）换算至基准工作温度时定子绕组相电阻 r_w。

（6）对绕线转子异步电动机要知道 r_2，r_2 为基准工作温度时折算到定了边的转子相电阻。其折算方法为

$$r_2 = r'_2K_b^2$$

式中 r_2——在基准工作温度时的转子绕组相电阻；

K_b——变压比。

（二）作图步骤

（1）选择以下适当的比例尺：

电流比例尺：1mm＝A（安）；

功率比例尺：1mm＝$3U_N$A$\frac{1}{1000}$kW（千瓦）。

式中 U_N——额定相电压（V）。

（2）以电流 I_0 及损耗 P_0-P_j 做空载点 O，作 OG 和横坐标平行。

（3）以电流 I_d 和损耗 P_d（以线段 DH_1 表示）做短路点 D，以电流 I_{d1} 和损耗 P_{d1} 做短路点 D_1。

（4）做直线 OE 和 OG 成夹角 α，则

$$\sin\alpha = \frac{2I_0r_w}{U_N}$$

（5）以直线 OE 上 C 点为中心经过 O、D 二点作半圆 ODE，以直线 OE_1 上的 C_1 点为中心经过 O、D_1 二点做半圆 OD_1E_1。

（6）作力矩线 OB 和半圆 ODE 交于 B 点，OB 和 OE 间夹角为 γ，则

$$\text{tg}\gamma = \frac{D_ar_w}{U_N}$$

式中 D_a——圆 ODE 的直径 OE，以 A 计。

以上步骤笼型和绕线转子异步电动机是一致的，下面二个步骤仅绕线转子异步电动机有。

（7）在线段 DH 上取线段 FA'（F 为 DH 和 OB 交点），则

$$FA' = FH\frac{r_2}{r_w}$$

(8) 经过 A' 点延长 OA' 交半圆周 ODE 于 A 点。

在笼型异步电动机中，D 点作为短路点，而在绕线转子异步电动机中 A 点作为短路点，这是两者的唯一差别。

(9) 从直线 OB 起，垂直于 OE 在圆周 ODE 上依额定转矩 M_N（按功率比例尺）切取 L 点。

$$M_N = (P_2 + P_j + P_z)\frac{n_0}{n}\ (\text{kW})$$

式中 P_2——额定输出功率（kW）；

P_j——机械耗（kW）；

P_z——额定负载时的杂散耗；

n_0——同步转速（r/min）；

n——在额定输出功率时的异步转速（应先从产品目录上取得其近似值）。

电动机圆图如图 1-7-17 所示。

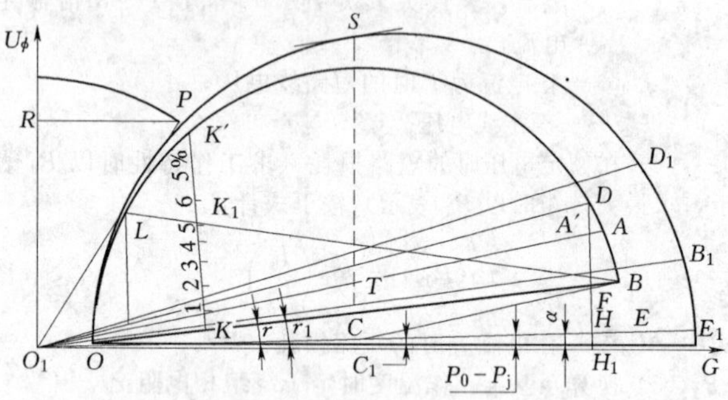

图 1-7-17 电动机的圆图

（三）电机性能数据的测定

1. 转差率 s 的确定

首先确定转差率的比例尺。

(1) 连半径 CB。

(2) 在 OB 上截取线段 BK，则

$BK=\dfrac{A'F}{OF}\times 100$ (mm)（对于绕线转子）

$BK=\dfrac{DF}{OF}\times 100$ (mm)（对于笼型转子）

(3) 做 $KK'\perp CB$，KK' 就是转差率比例尺。从 K 点算起，取 1mm=1%s，连 LB 和 KK' 交于 K_1，线段 KK_1 就代表相应的转差率 s。

2. $\cos\varphi$ 的确定

以 O_1 为圆心，以 100mm 为半径，绘制确定 $\cos\varphi$ 的圆周与 O_1L 的延长线交于 P 点，做 $PR\perp O_1R$ 且与 O_1R 交于 R，则 $\dfrac{O_1R\ (\text{以 mm 计})}{100}$ 即为所求的 $\cos\varphi$。

3. 效率 η 的确定

O_1L 代表定子电流。以圆图求得的定子电流和转差率求出定、转子铜耗，以损耗分析法来求得效率。

4. 最大转矩 M_{max} 的确定

做力矩线 OB_1、OB_1 和 OE_1 夹角为 γ_1，则

$$\text{tg}\gamma = \frac{D_{a1} r_w}{U_N}$$

式中 D_{a1}——圆 OD_1E_1 的直径 OE_1，以 A 计。

做直线平行于 OB_1 和圆周 OD_1E_1 切于 S 点，做 $ST\perp OE_1$ 交 OB_1 于 T，ST 即代表最大转矩的数值，以同步瓦特计$\left(\text{按功率比例尺，但 } 1\text{mm}=3\times 0.9U_N\cdot A\times\dfrac{1}{1000}\text{kW}\right)$。

第八节 直流电机的构造和工作原理

一、结构

直流电机主要由定子、转子及其他零部件组成，兹分述如下。

（一）定子

直流电机的定子是产生电机磁场的部分，包括机座、磁极、励磁绕组等部件。

直流电机的机座作为电机的外壳，起保护绕组与支撑结构的作用，同时它又是电机磁路的一部分（即磁轭部分）。机座是用铸钢或钢板焊成，具有良好导磁性及机械强度。

磁极包括极身和极靴（又名极掌）两部分，如图 1-8-1 所示。

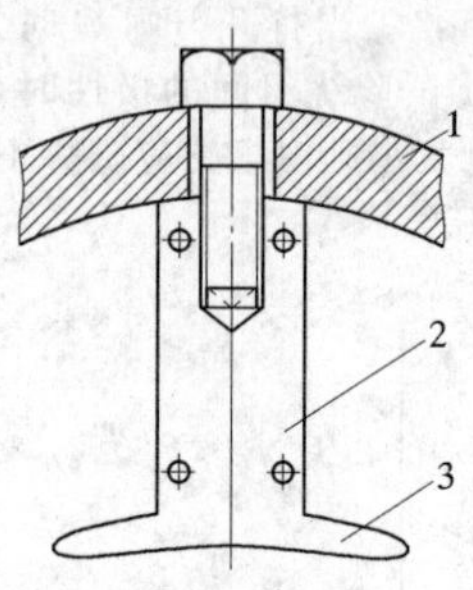

图 1-8-1 磁极的结构

1—磁轭；2—极身；3—极靴

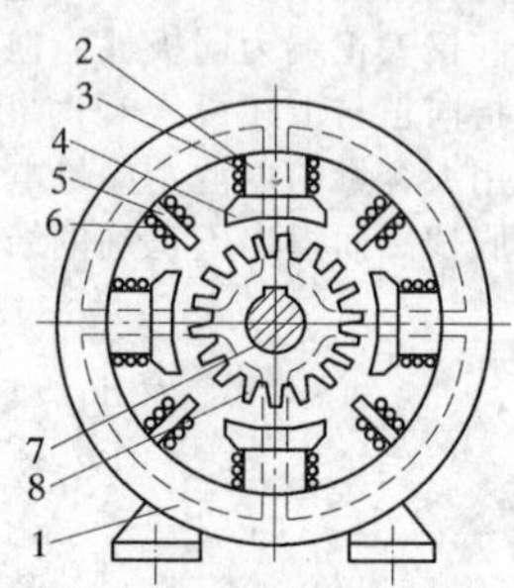

图 1-8-2 直流电机的磁路分布

1—磁轭（机座）；2—极身；3—励磁绕组；4—极靴；5—换向磁极；6—换向极绕组；7—转轴；8—电枢铁芯

极靴宽于极身，以便使磁极下面的磁通分布较为均匀。为了减少极靴表面由于磁通脉动引起的铁损耗，磁极铁芯通常用 1～2mm 厚普通薄钢板（也有用 0.5mm 厚的硅钢片）叠成。

大多数直流电机（1kW 以下除外）为了改善换向，在主磁极之间还装有换向极（又名中间极）。

励磁绕组是一个绕在框架上的集中绕组，它套在磁极的铁芯上。励磁绕组通入直流电后即在电机中产生主磁通，其磁路分布如图 1-8-2 所示。

（二）转子（电枢）

它由铁芯、绕组、换向器、转轴和风叶等组成，是进行能量转换的重要部分。目前采用较多的鼓形电枢，如图 1-8-3 所示。

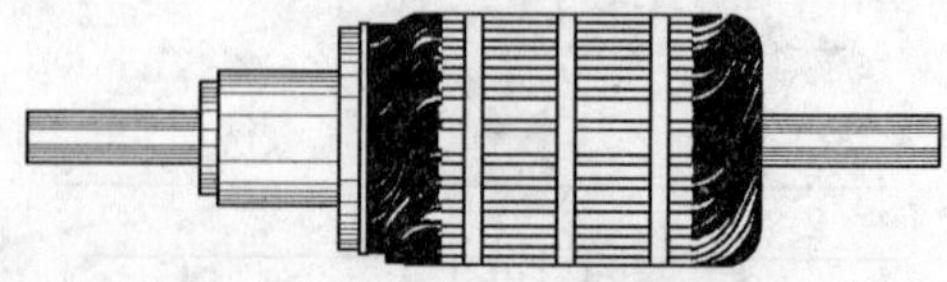

图 1-8-3 鼓形电枢

电枢的铁芯是具有均匀分布的齿和槽的圆柱体。为了减少磁滞与涡流损耗，电枢铁芯一般由 0.5mm 厚相互绝缘的硅钢片叠压而成。电枢铁芯槽内嵌入绕组元件，绕组各元件的两端都各与相应的换向片连接。

换向器是由带燕尾形的换向片（铜片）组成的圆柱体，其结构如图 1-8-4 所示。每两换向片之间都隔有一层云母

片，整个圆柱体在两端用两个V形环夹紧。在V形环与换向片之间也垫以V形云母环。每一换向片上有一小槽或凸出一升高片，以便焊接绕组接线。

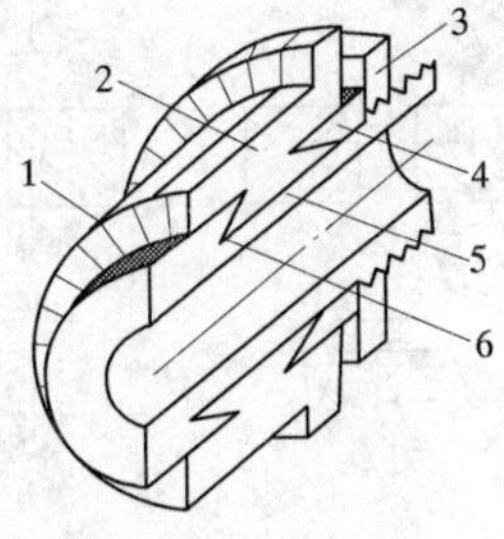

图1-8-4　换向器
（半剖视图）
1—云母片；2—换向片；3—螺帽；4—V形环；5—套筒；6—V形云母环

（三）其他零部件（包括电刷、刷握、端盖和轴承等）

换向器通过电刷与外电路相连。电刷装在刷握内，刷握固定在与它绝缘的刷架上，所有的刷架又安装在刷架座上。刷架座可绕轴心移动，可以调节电刷在换向器上的位置。电刷位置调整好后，将刷架座固定在端盖上。

刷握由刷盒、弹簧、压指等零件组成。选用电刷时，应使电刷在刷盒内能上下自由滑动，以对换向器表面具有良好的跟随性。电刷和刷握的组装图如图1-8-5所示。

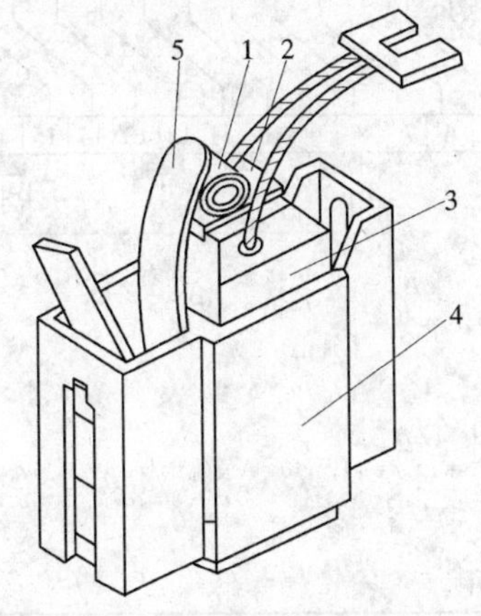

图1-8-5　电刷和刷握
1—恒压弹簧；2—附加绝缘；3—电刷；4—刷盒；5—压指

端盖一般用铸铁制成，分前端盖和后端盖两部分。后端盖设有观察窗，用以检查电刷运转情况。端盖通常作为转子的支承和安装轴承用。

轴承分滚动轴承和滑动轴承两种，一般小型电机多采用滚动轴承，轴承设在端盖上，大型电机两种轴承都可采用，把轴承装设在专用的轴承座上。

二、电枢绕组

（一）绕组的组成

一般采用双层绕组，绕组元件的两个边分别置于沿电枢圆周等于或接近一个极距的二个槽的上、下层内。每槽每层并列的元件数 u 通常为1～5个，如图1-8-6所示。当 $u>1$ 时，并列的元件可以布置为同槽式或异槽式，见图1-8-7。绕组元件的始端和终端以一定的规律与换向器上的换向片连接形成一个或几个闭合回路（即绕组的闭路数），并通过换向器上的正、负电刷截分成若干并联支路，同时通过电刷与外电路相连。每一支路各元件的对应边一般均应处于相同极性的磁场下，以获得最大的支路电势和电磁转矩。

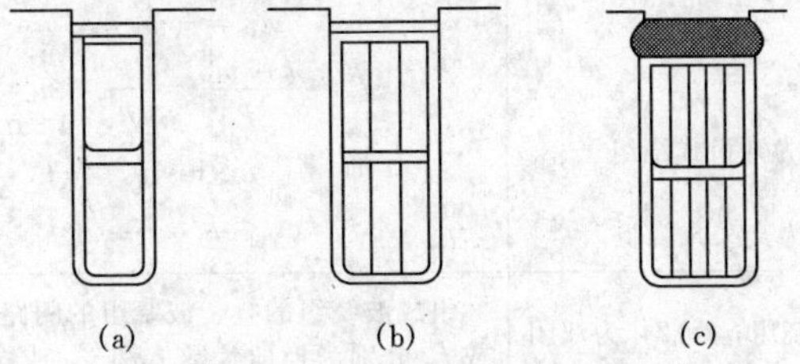

图1-8-6　槽内元件边的安置
(a) $u=1$（绑扎固定）；(b) $u=3$（绑扎固定）；(c) $u=5$（槽楔固定）

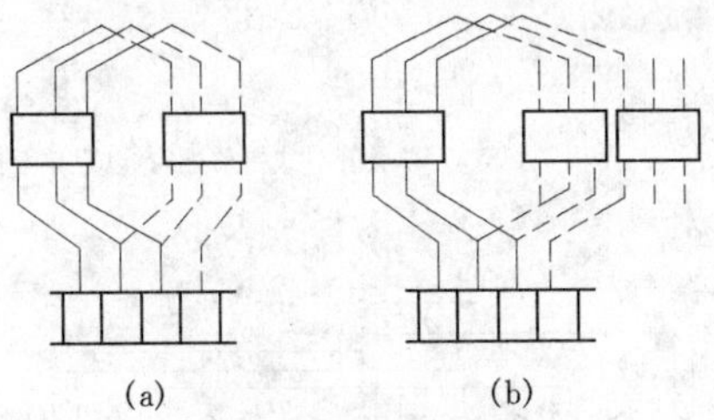

图1-8-7　同槽式绕组和异槽式绕组
(a) 同槽式；(b) 异槽式

电枢绕组的元件总数 s 为电枢槽数 z 与 u 的乘积，且与换向片数 k 相等，即

$$s=k=zu$$

电枢绕组总导体数 N 为每个元件匝数 W_a 与 s 乘积的两倍，即

$$N=2sW_a$$

（二）电枢绕组节距

绕组元件在槽内的安放位置及其与换向片之间的连接规律，由以下五种节距确定：

（1）槽节距 y_s 是一个元件的二个边所在槽的相隔槽数，即

$$y_s=\frac{z}{2p}\mp\varepsilon_s$$

当 $\varepsilon_s=0$，为整距绕组。当 $\varepsilon_s\leqslant1$，取“－”号时，为短距绕组；当 $\varepsilon_s>1$ 时，取“＋”号时，为长距绕组。通常用短距绕组。

（2）第一节距 y_1 是一个元件的两个边在电枢圆周上的跨距，用换向片数表示。所以

$$y_1=u\left(\frac{z}{2p}\mp\varepsilon_s\right)=\frac{k}{2p}\mp\varepsilon_k$$

（3）换向器节距 y_k 是一个元件的起端与终端之间相隔的换向片数。

（4）第二节距 y_2 是接在同一换向片上的两个元件边在电枢圆周上的跨距，用换向片数表示。

（5）合成节距 y 是两个串联元件的对应边在电枢圆周上的跨距，用换向片数表示，其值与 y_k 相等。

单叠绕组和单波绕组的节距见图1-8-8，绕组展开图见图1-8-9。

（三）叠绕组、波绕组、蛙绕组及其应用

单叠绕组和单波绕组是最基本的绕组。电枢绕组分类、主要特点及其应用见表1-8-1。

单波绕组的两条支路都同样地交链着所有磁极下的磁通，所以当各主极的磁通不相等时，绕组内部不致发生环流。对于 p 为偶数的单波绕组，k 必须为奇数，即 z 与 u 均应取奇数。若 u 取偶数，则必须有一个元件不与换向器连接，少用一换向片，此元件称伪元件（又称死线圈），起机械平衡作用，这种绕组仅用于小型低速电机，最好不采用。

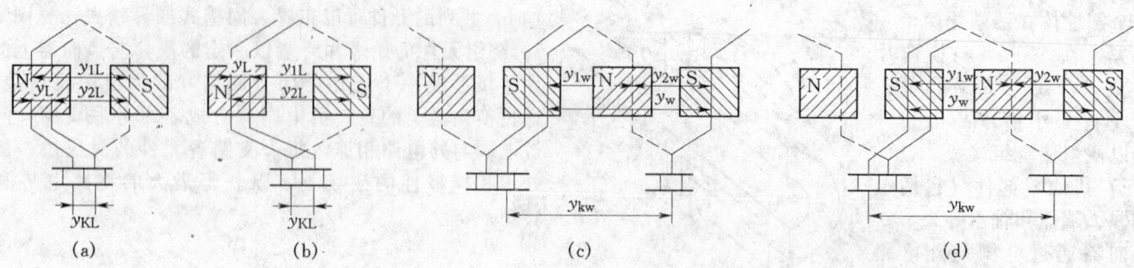

图 1-8-8　单叠绕组和单波绕组的节距

(a) 单叠开口式（前进）；(b) 单叠交叉式（后退）；(c) 波绕开口式（后退）；(d) 波绕交叉式（前进）

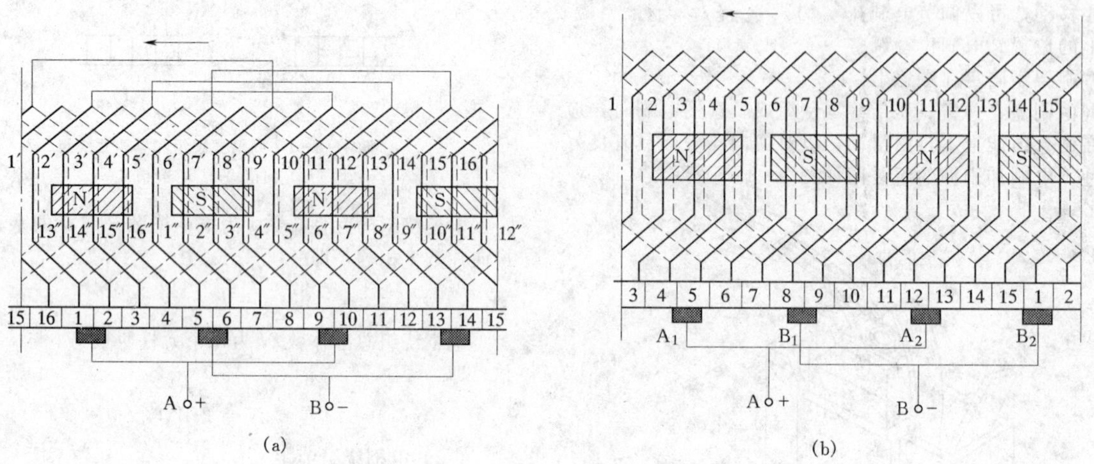

图 1-8-9　单叠绕组和单波绕组展开图

(a) 单叠绕组（$2p=4$，$m_L=1$，$2a=4$，$s=k=z=16$，$u=1$，$y_1=4$，$y_2=8$，$y_k=1$，$W_a=1$，$t=1$）；(b) 单波绕组（$2p=4$，$m_w=1$，$2a=2$，$s=k=z=15$，$u=1$，$y_1=8$，$y_2=4$，$y_k=7$，$W_a=1$，$t=1$）

表 1-8-1　　电枢绕组分类、主要特点及其应用

绕组型式	叠绕组		波绕组		蛙绕组	
	单叠	双叠	单波	复波	单蛙	复蛙
绕组连接规律	组成一条支路的每个串联元件彼此前后相叠，其元件的两个线端相互靠近，相串联的两个元件处在磁场中相近的位置上		组成一条支路各个串联元件呈波浪形伸长，其元件的两个线端位置相距约两个极距。相串联的两个元件分别处在相隔约两个或更多的极距下		元件数相等的一套叠绕组和一套波绕组置于共同的槽内的混合绕组，并连接到同一个换向器上，但要求叠、波绕组的支路数相等，相隔 k/p 个换向片的等位点之间有一个叠绕组元件和一个波绕组元件相连接，互起均压线作用	
槽内元件边布置	按双层布置		按双层布置		按四层布置，第1、4层为波绕组，2、3层为叠绕组	
重路数	$m_L=1$	$m_L=2、3、\cdots$	$m_w=1$	$m_w=2、3、\cdots$	$m_L=1$ $m_w=p$	$m_L=2、3、\cdots$ $m_w=pm_L$
并联支路数	$2a=2m_Lp$		$2a=2m_w$		$2a=2m_Lp+2m_w=4m_Lp$	
节距	$y_1=\frac{k}{2p}\mp\varepsilon K$ $y=y_k=\pm m_L$ $y_2=y_1-y$ $y_k=+m_L$ 为开口式绕组 $y_k=-m_L$ 为交叉式绕组		$y_1=\frac{k}{2p}\mp\varepsilon K$ $y=y_k=\frac{k\mp m_w}{p}$ $y_2=y-y_1$ $y_k=\frac{k-m_w}{p}$ 为开口式绕组 $y_k=\frac{k+m_w}{p}$ 为交叉式绕组		$y_{1L}=\frac{k}{2p}\mp\varepsilon k$，$y_{1w}=\frac{k}{2p}\mp\varepsilon k$ $y_{kL}=\pm m_L$ $y_{kw}=\frac{k\mp m_w}{p}=\frac{k}{p}\mp m_L$ 即　$y_{kL}+y_{kw}=\frac{k}{p}$ $y_{2L}=y_{1L}-y_{kL}=y_{2w}=y_{kw}-y_{1w}$	
闭路数	闭路数 t 为换向片数 k 与 y_k 的最大公约数 $t=1$，为单闭路绕组；$t=2$，为双闭路绕组，依此类推				组成波绕组的叠、波绕组的闭路数 t_L 或 t_w 分别为换向片数 k 和 y_{kL} 或 y_{kw} 的最大公约数	
电刷宽度	$b_b=(1.5\sim4)t_k$	$b_b\geqslant(m_L+1)t_k$	$b_b=(1.5\sim4)t_k$	$b_b\geqslant(m_w+1)t_k$	$b_b=(1.5\sim4)t_k$	$b_b\geqslant(m_w+1)t_k$

续表

绕组型式	叠绕组		波绕组		蛙绕组	
	单叠	双叠	单波	复波	单蛙	复蛙
刷杆数	$N_b = 2p$		$n_b = 2p$ 但也可以只用一对刷杆		$n_b = 2p$	
绕组特点	其并联支路数与极数相等	并联支路数为极数的整倍数	无论极数多少，其并联支路数总是等于 2，不需要均压线	无论极数多少，其并联支路数为 2 的整倍数，比单叠的少	由单叠和复波绕组组成的绕组，其并联支路数是单叠的 2 倍，不需要均压线	并联支路数比单蛙的多 由复叠和复波绕组组成的绕组，不需要均压线
应用范围	用于正常电压和转速的电机、小功率和微型直流电机	适用于大功率或低电压大电流电机	用于小功率以及电压较高或低转速电机	用于多极数的低速中、大型电机	用于正常电压和转速的电机，可不用均压线	应用范围同复叠绕组

（四）绕组对称条件和均压连接

电枢绕组各对支路的元件数相等，其对应元件或元件边处于相同的磁场位置，在磁场对称分布和电刷接触良好的情况下运行时，绕组各并联支路具有相同的电势和电阻，这种绕组称为对称绕组。可用电势多边形图来表示绕组的对称性。

为了消除绕组内部存在环流而导致换向恶化和绕组过热，多极叠绕组、多重路绕组不仅要满足绕组对称条件，还应将绕组各对支路在理论上的等电位点连接起来，连接等电位点的导线称为均压线。用于改善电机磁场不对称的导线，称为甲种均压线，一般用于多极单叠绕组或双叠绕组各个重路内，并常接在绕组的一端。用以保证绕组各并联支路电阻相等的导线，称为乙种均压线，一般用于多重路绕组的各个重路之间，可接在绕组的一端或穿过电枢铁芯连接。一般用 $k/2$ 根全额均压连接，中小型电机中，可采用 $z/2$ 根均压线，即 $1/u\times100\%$ 均压连接。均压线截面通常在电枢绕组导体截面的 20%～50% 范围内选用。

三、直流电机的工作原理

（一）基本工作原理

直流电机的定子磁轭、主极铁芯、气隙和电枢铁芯构成磁路。励磁绕组和电枢绕组的合成磁势在气隙内形成气隙磁场。电枢绕组相对气隙磁场旋转感生电枢电势；截流电枢绕组与气隙磁场相互作用产生电磁转矩。依靠电刷和换向器以实现外电路的直流电与电枢绕组中交变电流之间的相互变换；并同时借静止气隙磁场以实现电枢绕组中交变电流与转轴上机械转矩之间的相互变换。机械功率和电功率分别通过转轴和电刷输入或输出，从而实现机电能的转换。

（二）电枢电势

电枢旋转时，根据电磁感应定律 $e = Blv$，电枢绕组感生电枢电势 E_a 为

$$E_a = \frac{N}{a}\frac{p}{60}n\varphi \text{ (V)}$$

当电机转速不变时，电枢电势的大小取决于励磁的大小。

直流电机在励磁情况下，施加电压于电枢绕组，则直流电机作为电动机运行，其转速 n 为

$$n = \frac{E_a}{\frac{N}{a}\frac{p}{60}\Phi} \text{ (r/min)}$$

（三）电磁转矩

根据电磁力定律 $f = Bli$，电枢绕组通过的电流 I_a 和气隙磁场相互作用产生电磁转矩 I_{em} 为

$$T_{em} = \frac{pN}{2\pi a}\Phi I_a \text{ (N·m)}$$

（四）电压、转矩和功率平衡

直流电机的能量转换过程是可逆的，可作为发电机运行，也可作为电动机运行。电磁功率 P_{em} 与电磁转矩和电功率的关系如下

$$P_{em} = T_{em}\Omega = E_a I_a \text{ (W)}$$

式中的 Ω 为角速度（rad/s），$\Omega = \frac{2\pi n}{60}$，作发电机运行时，电枢电势大于端电压，电枢电势与电枢电流方向相同，电磁转矩与转速方向相反为反转矩。原动机拖动发电机，以克服反转矩所消耗的机械功率，转换为电枢绕组的电功率。作电动机运行时，感应电势 E_a 与电枢电流 I_a 方向相反为反电势，电源用以克服反电势所消耗的电功率，转换为轴上所获得的机械功率。

若电枢回路各绕组电阻总和为 R_A，电刷压降为 ΔU_b，则电枢回路电压降 ΔU 为

$$\Delta U = I_a R_A + \Delta U_b \text{ (V)}$$

电枢电势 E_a 对于电动机为外施电压 U 减去 ΔU；对于发电机为输出端电压 U 加上 ΔU。即

发电机　$E_a = U + \Delta U$ (V)

电动机　$E_a = U - \Delta U$ (V)

电机磁滞、涡流和通风摩擦等阻转矩之和为空载转矩 T_0，发电机的输入转矩 T_1 为电磁转矩加上空载转矩；电动机轴上的输出转矩 T_2 为电磁转矩减去空载转矩。即

发电机　$T_1 = T_{em} + T_0$ (N·m)

电动机　$T_2 = T_{em} - T_0$ (N·m)

由转矩可知，发电机的输入功率 P_1 和电动机的输出功率 P_2 分别为

发电机　$P_1 = T_1\Omega\times10^{-3} = T_1\frac{2\pi n}{60}\times10^{-3}$

$= T_1 n/9550 = P_{em} + P_0$ (W)

电动机　$P_2 = P_{em} - P_0$ (W)

（五）电枢反应

电机空载时，主极励磁绕组磁势产生相应的空载气隙磁场。电机负载时，电枢绕组中电流所产生的电枢磁势 F_a，其分布曲线是阶梯形，近似直线。气隙磁场将由励磁磁势和电枢磁势的合成磁势所决定，电枢磁势对气隙磁场的影响称为电枢反应（图 1-8-10）。无补偿绕组的直流电机，同时电刷在几何中性位置上，则电枢磁势的轴线在交轴上，即全部为交磁电枢磁势 F_{aq}，$F_a = F_{aq} = A\tau/2$。电枢反应的存在使气隙磁场畸变，削弱磁通，中性线位置偏移，换向器片间电压部分升高，铁芯的饱和也将造成磁通的减少，如图中负载

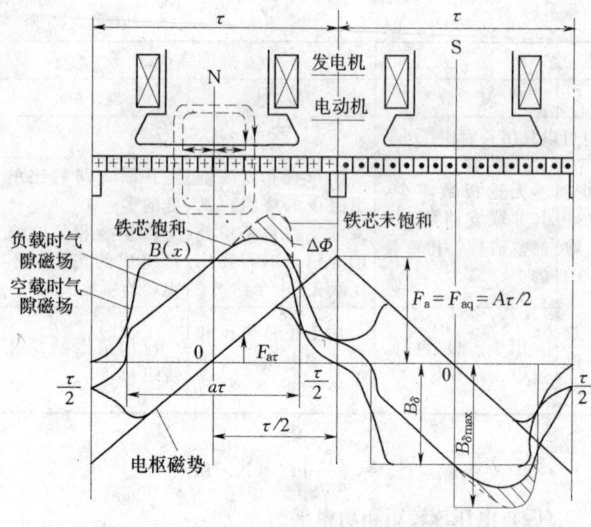

图 1-8-10　电枢磁势和负载时气隙磁密分布

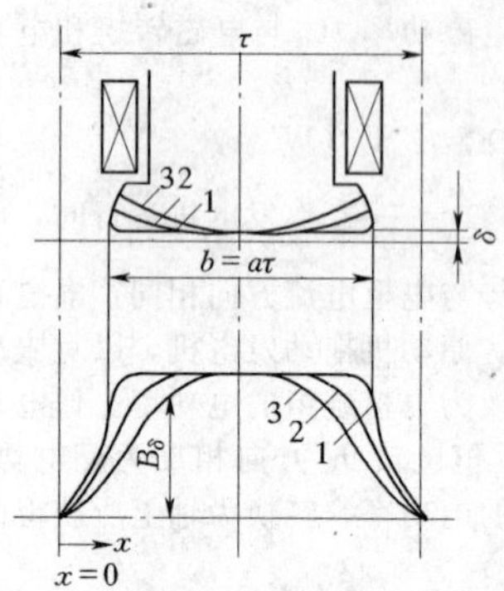

图 1-8-11　不同主极形状下气隙磁通密度分布

1—均匀气隙；2—极间削角的均匀气隙；3—偏心气隙

气隙磁通密度分布曲线的虚线部分。

为减少电枢反应所造成的影响，可采用补偿绕组或采用加大气隙、主极极靴削角或采用偏心气隙等。不同主极形状下，气隙磁通密度分布见图 1-8-11。

当电刷位移偏离几何中性线 α 角时，电枢磁势 F_a 可分解为交轴电枢磁势 F_{aq} 和直轴电枢磁势 F_{ad} 两个分量（图 1-8-12）。电刷位移引起的电枢反应见表 1-8-2。当直流电机是超越或延迟换向时，对气隙磁场也有增磁或去磁作用。

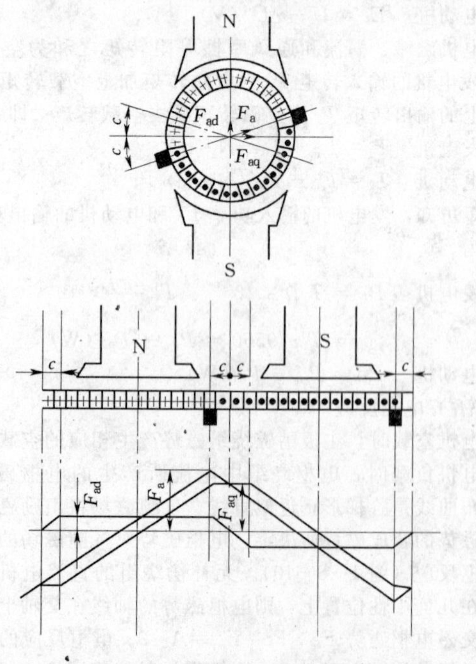

图 1-8-12　电刷位移偏离几何中性线时电枢磁势的交轴与直轴分量

表 1-8-2　电刷位移和换向引起的电枢反应

类　别	顺旋转方向移刷	逆旋转方向移刷	超越换向	延迟换向
发电机	去磁	增磁	增磁	去磁
电动机	增磁	去磁	去磁	增磁

直流电机无补偿绕组或有补偿绕组而没有完全补偿时，存在电枢反应。由于电刷位移和超越或延迟换向时，也将引起电枢反应。

（六）换向

电枢旋转时，随着电枢绕组元件被电刷短接从绕组的一个支路转移到另一个支路，元件内的电流将由原来的方向改变到相反的方向，绕组元件在被电刷短接期间的电流变化过程，称为换向。电枢转一圈，电枢绕组各元件被电刷短接 $2p$ 次，也就是电流变换方向 $2p$ 次。换向过程中被电刷短接的元件，称为换向元件。它从换向开始到结束所经历的时间，称为换向周期 T_k，历时很短。换向元件中电流 i 的变化规律如下式所示

$$i = i_a\left(1-\frac{2i}{T_k}\right) \pm \frac{\sum e}{R}\cdot\frac{1}{\left(\frac{T_k}{i}+\frac{T_k}{T_k-1}\right)}$$

$$= i_L + i_k \quad (A)$$

式中　i_a——支路电流（A）；

R——电刷总接触电阻（Ω）；

$\sum e$——换向元件内电抗电势 e_R 和旋转电势 e_s 的合成电势（V），$\sum e = e_R + e_s$；

i_L——直线换向电流（A）；

i_k——附加换向电流（A），即由 $\sum e$ 所产生的电流。

对换向过程，按换向元件中电流 i 的变化分为直线换向、延迟换向和超越换向三种类型，其换向特征见表 1-8-3。

表 1-8-3　换向元件中电流变化类型及其特征

换向类型	直线换向	延迟换向	超越换向
电流变化规律	i, i_a, $i=i_L$, T_k, O, t, $\frac{T_k}{2}$, $-i_a$ $\sum e=0$ $i_k=0, i=i_L$	i, i_a, i, i_k, O, T_k, t, $\frac{T_k}{2}$, $-i_a$, i_L $\sum e>0$ $i_k>0, i=i_L+i_k$	i, i_a, i_L, O, t, i_k, $-i_a$ $\sum e<0$ $i_k<0, i=i_L+i_k$
特征	（1）$t=\frac{T_k}{2}$ 时，$i=0$ （2）前后刷边的电流密度相等 （3）电刷下不易产生火花 （4）换向元件的电流所产生的磁势，只有交轴分量	（1）$t>\frac{T_k}{2}$ 时，$i=0$，即电流改变方向的时刻比直线换向迟 （2）后刷边电流密度大于前刷边电流密度 （3）过度的延迟换向在后刷边常出现火花 （4）换向元件的电流所产生的磁势除交轴分量外，还有直轴分量，后者使发电机去磁；电动机增磁	（1）$t<\frac{T_k}{2}$ 时，$i=0$，即电流改变方向的时刻比直线换向早 （2）前刷边电流密度大于后刷边电流密度 （3）过度的超越换向，在前刷边常出现火花 （4）换向元件的电流所产生的磁势除交轴分量外，还有直轴分量，后者使发电机增磁，电动机去磁

（七）电抗电势

换向元件的电抗电势为其本身的漏磁自感电势与其他同时进行换向元件对它所感应的漏磁互感电势之和。电抗电势的方向与其换向前的电流方向相同，它阻挠换向元件中电流的变化，不利于换向。在直线的换向的情况下，电抗电势的平均值为

$$e_R = 2W_a v_a A l_{ta} \xi \times 10^{-6} \quad (V)$$

式中　W_a——电枢绕组每元件匝数；

v_a——电枢圆周速度（m/s）；

ξ——换向元件的平均漏磁导系数；

A——电负载（A/cm）；

l_{ta}——电枢长度（cm）。

电抗电势 e_R 是换向时引引火花的根源，应使 e_R 减小。如选用较少的每元件匝数时，则应尽可采用单匝，选用较小的电负载，增大电刷宽度或同一刷杆上的电刷的半数沿换向器周向错位，减小槽深与槽宽之比值，从而使平均漏磁导系数减小。平均电抗电势一般应小于 8V，冲击负载或频繁过载电机 e_R 应小于 12V。

要减小合成电势 $\sum e$，即要减小电抗电势和增加换向元件回路内的电阻值，限制附加换向电流 i_k。改善换向的措施有选择合适的电枢绕组型式，装设换向极，选用接触压降较大，伏安特性较陡的电刷，采用补偿绕组，采用叠片机座与电感分路，使直流电机换向能适应突变负载的能力。无换向极的小功率直流电机，如为发电机可顺电刷旋转方向移动，电动机则逆旋转方向移动，以改善换向条件。

第九节　直流电机的运行特性和试验

一、直流发电机的主要工作特性

直流发电机的端电压 U，电枢电流 I_a 和励磁电流 I_f 三者的关系，表征着它的工作特性。直流发电机经常是恒速运行，所以其工作特性是以转速 n 为常数作基础。直流发电机的主要工作特性有空载特性、负载特性、外特性和调整特性等。不同励磁方式的直流发电机有不同的工作特性。他励、并励和复励直流发电机的工作特性见表 1-9-1。串联发电机中 $I_f = I_a = I$，其空载特性、负载特性曲线仅能按他励方式时才能求得，其形状与他励发电机相同，这种发电机只有 U 和 I 两个变量，即只有一种 $U=f(I)$ 外特性。串励发电机的端电压随负载而有很大的变化，因此实用价值很小。

表 1-9-1　　直流发电机的主要工作特性

特性名称	特性类别	他　励	并　励	复　励
空载特性	$I_a=0$ 时 $E_a=f(I_f)$	1. 空载特性曲线表示电枢电动势 E_a 与励磁电流 I_f 之间的关系，也是空载气隙磁通 Φ 与主极励磁安匝 $\sum F$ 之间的关系曲线，它反映了电机工作点的饱和程度，可由磁路计算绘出，或在他励，空载时测得 2. 在 $I_f=0$ 时，磁路中的剩磁仍能建立电压，称剩磁电压（U_R），其值约为额定电压的 2%～5%		
		—	1. 剩磁电压 U_R 是自励发电机能够自励的必要条件。自励时剩磁电压所产生的励磁磁动势必须与剩磁的极性一致 2. 空载特性曲线通过原点的切线，称励磁回路临界电阻线，励磁回路的电阻小于临界电阻 $R_{cr}=\mathrm{tg}\theta_{cr}$，才能实现自励并稳定运行	
负载特性	I_a＝定值时 他并励电机 $U=f(I_f)$	负载特性表示电枢电流 I_a 不变时，端电压 U 随励磁电流 I_f 而变化的规律，可由空载特性和负载特性△ABC 绘出。△ABC 的大小决定于电枢电流 I_a 值，AB 边平行于 I_f 轴，表示电枢反应与串励效应之和；BC 边平行于 U 轴，表示电枢回路电阻压降。当 A 点在空载特性曲线上，则 C 点在负载特性曲线上。负载特性三角形是分析直流电机各种特性之间关系的一个有用工具。由负载特性可以确定运行时所需的励磁电流值		
	I_a＝定值时 复励电机 $U=f(I_f)$ 1—串励与电枢反应抵消时的负载特性 2—串励相对偏弱时的负载特性 3—串励相对偏强时的负载特性	I_f＝定值的直线与空载特性和负载特性的交点，分别为励磁电流不变时的空载电压 U_{01} 及负载电压 U_N	并励回路电阻线与空载特性和负载特性的交点分别为并励回路电阻不变时的空载电压 U_{02} 及负载电压 U_N	U_0 及 U_N 的确定方法与并励电机相同。特性△ABC 包括串励效应。当串励的增磁效应与电枢反应去磁效应抵消时，则 A、B_1 点重合，负载特性如曲线 1；若串励相对偏弱，则 B_2 在 A 右侧，负载特性曲线 2；若串励相对偏强，则 B_3 在 A 左侧，负载特性如曲线 3

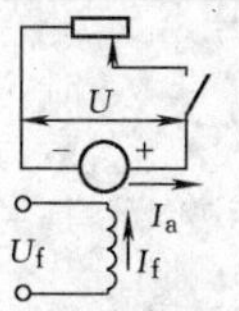

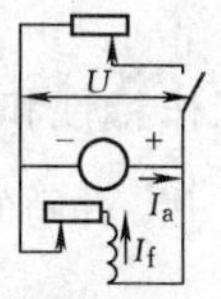

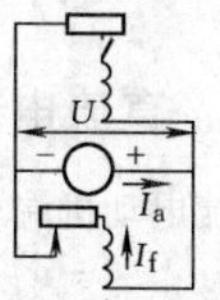

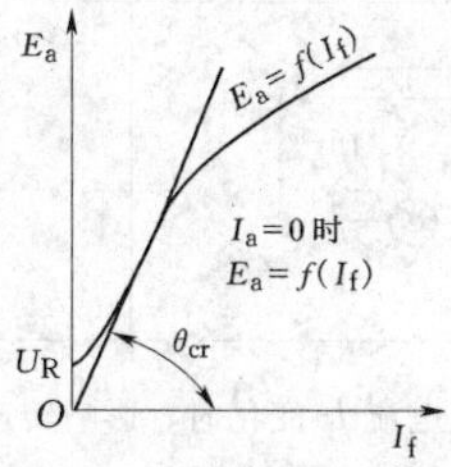

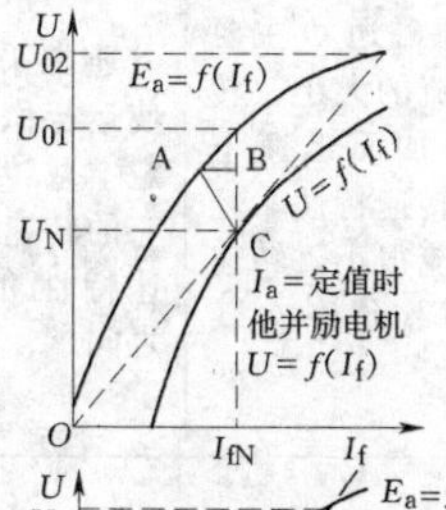

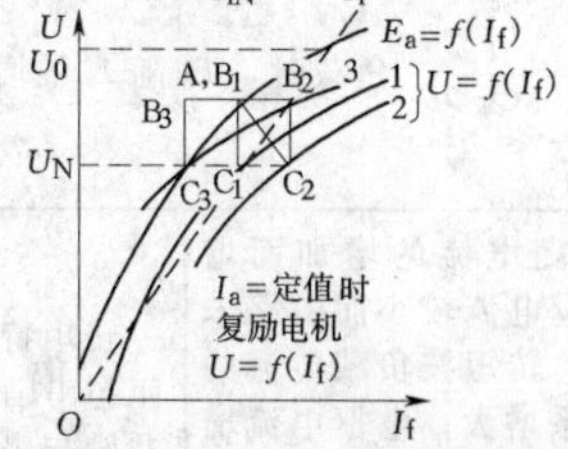

续表

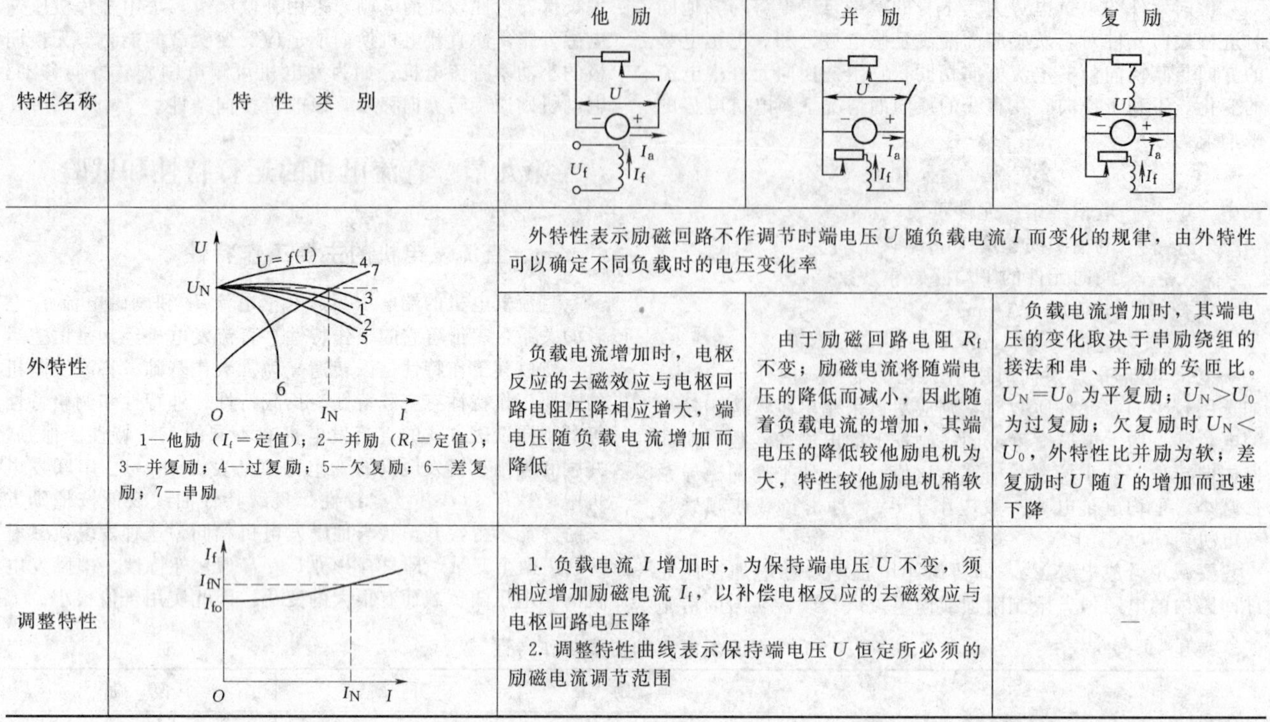

特性名称	特性类别	他　励	并　励	复　励
外特性	1—他励（I_f＝定值）；2—并励（R_f＝定值）；3—并复励；4—过复励；5—欠复励；6—差复励；7—串励	外特性表示励磁回路不作调节时端电压 U 随负载电流 I 而变化的规律，由外特性可以确定不同负载时的电压变化率		
		负载电流增加时，电枢反应的去磁效应与电枢回路电阻压降相应增大，端电压随负载电流增加而降低	由于励磁回路电阻 R_f 不变；励磁电流将随端电压的降低而减小，因此随着负载电流的增加，其端电压的降低较他励电机为大，特性较他励电机稍软	负载电流增加时，其端电压的变化取决于串励绕组的接法和串、并励的安匝比。$U_N=U_0$ 为平复励；$U_N>U_0$ 为过复励；欠复励时 $U_N<U_0$，外特性比并励为软；差复励时 U 随 I 的增加而迅速下降
调整特性		1. 负载电流 I 增加时，为保持端电压 U 不变，须相应增加励磁电流 I_f，以补偿电枢反应的去磁效应与电枢回路电压降 2. 调整特性曲线表示保持端电压 U 恒定所必须的励磁电流调节范围		—

二、直流电动机的主要工作特性和起动方法

直流电动机端电压保持恒定，他、并励的励磁电流不变时，其转速 n、电磁转矩 T_{em}、效率 η 与电枢电流 I_a 之间的关系，表示直流电动机的工作特性。其中，转速 n 和电磁转矩 T_{em} 是主要物理量。按励磁方式的不同，其工作特性见表 1－9－2。

表 1－9－2　直流电动机的主要工作特性

特性名称	特性类别	他励、并励	串　励	复　励
		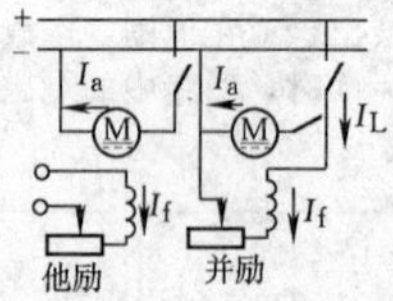 他励　并励	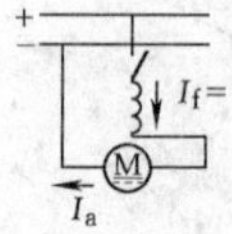 $I_f=I_d$	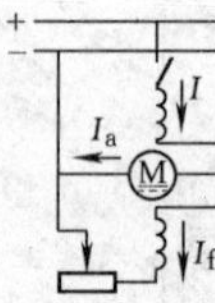
转速特性	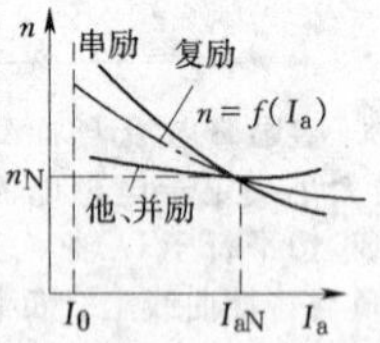 串励　复励　$n=f(I_a)$　他、并励	转速 $n=\dfrac{U-(I_aR_a+\Delta U_b)}{C_e\Phi}$。当 U 为常数，电枢电流 I_a 变化时，影响转速特性的因素是电枢回路电阻压降与气隙磁通的变化		
		I_f＝定值，气隙磁通 Φ 只受电枢反应的影响。I_a 增大时，电枢回路电阻压降使转速趋于下降，电枢反应去磁效应使转速趋于上升，因而转速变化较小，故有硬转速特性。通常电枢回路电阻压降影响较大，转速略为下倾。过载时，电枢反应影响增大，转速特性曲线上翘	$I_f=I_a$，气隙磁通 Φ 主要取决于负载电流的大小，转速随负载的增加而迅速下降，具有软的转速特性。轻载时，励磁电流很小，转速很高。因此，不允许空载运行	通常采用积复励接法，使运行稳定。并励绕组决定空载转速；串励绕组使它的转速特性较软，其转速特性介于并励与串励之间
转矩特性	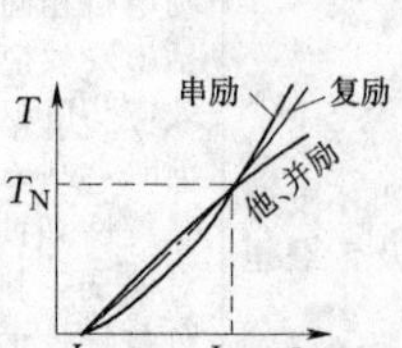 串励　复励　他、并励	输出转矩 $T_2=C_T\Phi I_a-T_0$。空载时，$I_a=I_0=\dfrac{T_0}{C_T\Phi}$。负载时，$T_2$ 随 I_a 的增加而增加，并与 Φ 随 I_a 而变的情况有关		
		I_f＝定值，轻载时，转矩特性基本上是通过空载电流 I_0 点的直线；过载时，电枢反应的去磁作用增强，特性偏离直线，略为向下弯曲如左图	磁通随电流的增加而增大，电枢电流较小而磁路未饱和时，转矩按负载电流的平方关系增大；电枢电流增大时，由于磁路逐渐饱和，加之电枢反应的影响，转矩增大相对变慢	转矩特性取决于并励安匝与串励安匝之比，介于并励与串励电动机转矩特性之间

续表

特性名称	特 性 类 别	他 励、 并 励	串 励	复 励
		I_a M I_f 他励; I_a M I_L I_f 并励	$I_f=I_d$ M I_a	I I_a M I_f
机械特性	n 串励 复励 $n=f(T_{em})$ n_N 他、并励 T_0 T_N T_{em}	从转速—转矩公式 $n=\frac{U-\Delta U_b}{C_e\Phi}-\frac{R_a}{C_eC_T\Phi^2}T_{em}$ 可见，机械特性具有与转速特性相似的形状。电枢回路串入外接电阻后，其外特性将变软		
效率特性	n $n=f(I_a)$ n_N I_0 I_N I_a	效率 $\eta=\frac{P_2}{P_1}=1-\frac{\sum P}{P_2+\sum P}$。总损耗 $\sum P$ 主要包括铜耗、铁耗和机械损耗等。空载时，$P_2=0$，电枢电流为空载电流 I_0，输入功率全部供给空载损耗，$n=0$；负载时，当铜耗接近等于铁耗与机械损耗之和时，效率最高。对于经常工作于轻载状态下的电动机，一般应使铜耗大于铁耗与机械损耗之和；经常过载的电动机则应尽量减小铜耗		

直流电动机的起动特性与励磁方式有关。他、并励电动机的磁通 Φ 基本不变，故 $T_{st}/T_N \approx I_{st}/I_N$；串励电动机的 Φ 随 I_a 增加而增加，故 $T_{st}/T_N > I_{st}/I_N$。因此，当 I_{st}/I_N 值相同时，串励电动机与并励电动机相比可获得更大的 T_{st}/T_N，即具有更为优良的起动特性；复励电动机的起动特性则介于并励与串励电动机之间。

直流电动机起动时应具有足够的起动转矩，但起动电流不宜过大，应限制在容许范围内。在起动电流不超过容许值的情况下，为及时获得尽可能大的起动转矩。他、并励电动机起动时，应先励磁，并使磁通 Φ 达到最大，然后施加电枢电压。

一般直流电动机有以下三种起动方法。

（一）直接起动

电动机直接起动时，其电枢电流 I_a、电磁转矩 T_{em} 和转速 n 的变化见图 1-9-1。由于电枢回路的电感一般很小，而机组具有一定的机械惯性，因此，当电枢回路投入电网的瞬间，电枢仍处于静止状态，反电动势为零，电枢电流 I_a 将迅速上升至最大值 $I_{st}\approx U/R_a$，并产生相应的转矩 $T_{st}=C_T\Phi I_{st}$。若电磁转矩 T_{em} 大于阻转矩 T_c，则在加速转矩（$T_{em}-T_0$）的作用下，机组将开始转动并加速。随着转速的升高，反电动势将随之增大而使电枢电流和电磁转矩相应减小，直至 T_{em} 与 T_c 相等，加速转矩为零，转速稳定。

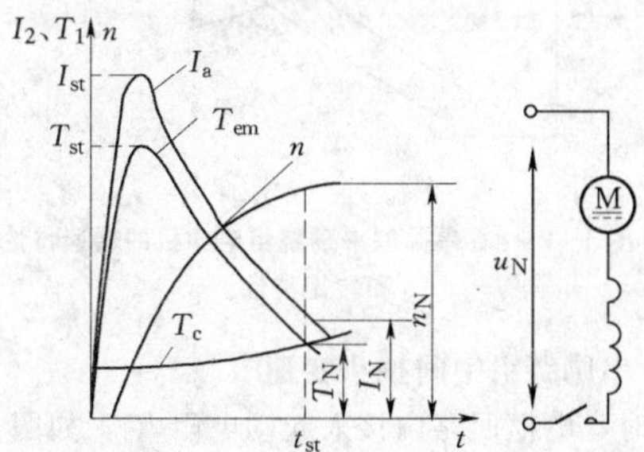

图 1-9-1 直接起动时 I_a、T_{em} 和 n 的变化

直接起动不需附加起动设备，操作简便。但主要缺点是起动电流大，最大冲击电流可达额定电流的 15～20 倍，因此将使电网受到电流冲击，机组受到机械冲击，电动机换向恶化。直接起动只适用于功率不大于 4kW，起动电流为额定电流的 6～8 倍的电动机。

（二）电枢回路串电阻起动

起动时，电枢回路内串入起动电阻，以限制起动电流。起动电阻为一可变电阻，在起动过程中可及时逐级短接（图 1-9-2）。在 $t=0$，电枢电路投入电网时，串入全部电阻 r_{st}，使起动电流 I_{st} 不超过允许值。对应于 I_{st1} 的起动转矩为 T_{st1}。这时转速上升，反电动势增加，电流和转矩下降，至 $t=t_1$ 时，降到 I_{st2} 和 T_{st2}，切除部分电阻，使电流和转矩回升到接近 I_{st1} 和 T_{st1}，这样继续升速，再切除部分电阻，如此进行直至 r_{st} 全部切除，机组达稳定运行点。在起动过程中，I_a、T_{em} 及 n 的变化见图 1-9-2。

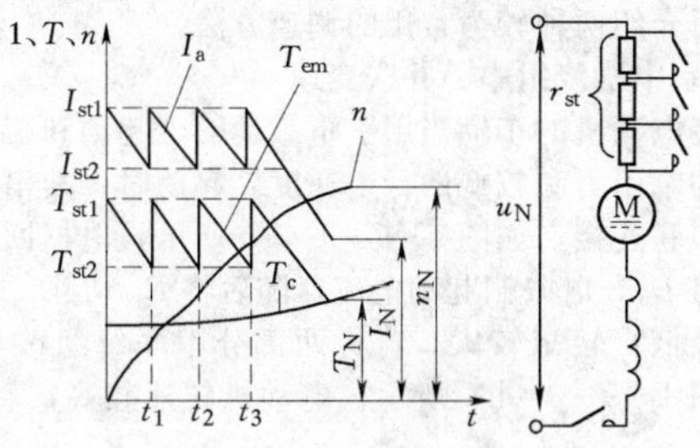

图 1-9-2 电枢回路串电阻起动时 I_a、I_{em} 和 n 的变化

这种起动方法广泛应用于各种中小型直流电动机。起动过程中能量消耗较大，不适用于经常起动的和中大型直流电动机。

（三）降压起动

由单独的电源供电，用降低电源电压的方法来限制起动电流。降压起动时起动电流将随电枢电压的降低程度按正比例减少。为使电机能在最大磁场情况下起动，在起动过程中励磁应不受电源电压的影响，故电动机应采用他励。电动机起动后，随着转速的上升，可相应提高电压，以获得所需要的加速转矩。用这种方法起动时，起动过程中消耗能量少，起动平滑，但需专用电源设备，多数用于要求经常起动和中大型直流电动机。

三、直流电动机的调速

直流电动机可以在宽广范围内平滑地调速。当电枢回路内接入调节电阻 r 时

$$n=\frac{U-I_a(R_a+r)-\Delta U_b}{C_e\Phi}$$

从上式可看出，直流电动机可采用调节励磁电流、电枢端电压和电枢回路电阻等方法进行调速。不同调速方法的主要特点、性能和适用范围见表 1-9-3。

表 1-9-3　直流电动机不同调速方法的主要特点、性能和适用范围

调速方法	调节励磁电流	调节电枢端电压	调节电枢回路电阻
线路图及特性曲线	$\Phi_3<\Phi_2<\Phi_1$	$u_3<u_2<u_1$	$r_3>r_2>r_1$
主要特点	1. U=常值，转速 n 随励磁电流 I_f 和磁通 Φ 的减小而升高； 2. 转速愈高，换向愈困难，电枢反应和换向元件中电流的去磁效应对电动机运行稳定性的影响愈大。最高转速受机械因素、换向和运行稳定性的限制； 3. 电枢电流保持额定值不变时，T 与 Φ 成正比，n 与 Φ 成反比，输入、输出功率及效率基本不变	1. Φ=常值，转速 n 随电枢端电压 U 的减少而降低； 2. 低速时，机械特性的斜率不变，稳定性好。由发电机组供电时，最低转速受发电机剩磁的限制； 3. 电枢电流保持额定值不变时，T 保持不变，n 与 U 成正比；输入、输出功率随 U 和 n 的降低而减小，效率基本不变	1. U=常值，转速 n 随电枢回路电阻 r 的增加而降低； 2. 转速愈低，机械特性愈软。采用此法调速时，调速变阻器可作起动变阻器用； 3. 电枢电流保持额定值不变时，T 保持不变，可作恒转矩调速，但低速时，输出功率随 n 的降低而减小，而输入功率不变，效率将随 n 的降低而降低，经济性很差
适用范围	适用于额定转速以上的恒功率调速	适用于额定转速以下的恒转矩调速	只适用于额定转速以下，不需经常调速，且机械特性要求较软的调速

下面介绍两种较为常用的调速方法。

(一) 串励绕组串、并联变速

安装电动机的车辆当用于重载运输、起动和爬坡时，需要较大的牵引力和较低的行走速度。起动时，其串励绕组的两部分串联连接，如图 1-9-3 (a) 所示，电枢回路内接入起动电阻 R_p，以限制起动电流，随后将 R_p 切除，此时电动机转速较低，转矩较大。若将两部分串联绕组改为并联连接，如图 1-9-3 (b) 所示，电动机转速较高，转矩较小。

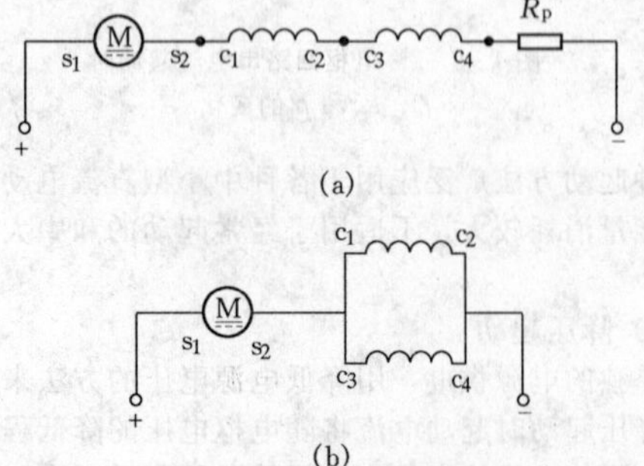

图 1-9-3　串励绕组串并联实现电动机变速运行

(a) 串励绕组两部分串联连接；(b) 串励绕组两部分并联连接

因此电动机常用串励绕组串、并联实现变速，串励绕组串、并联时的运行特性 $n=f(I_a)$ 及 $T=f(I_a)$ 见图 1-9-4。

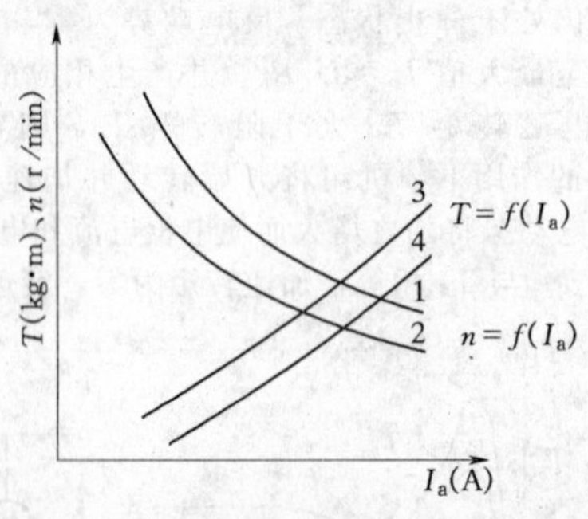

图 1-9-4　串并联串励绕组电动机的转速特性和转矩特性

(二) 串励绕组中间抽头变速

起动时，电枢回路内接入起动电阻 R_p，如图 1-9-5 所示，以限制起动电流，起动后将 R_p 切除，此时电动机转速较低，转矩较大。当电源的负极从原来由 C_2 输入改为串励绕组中间抽头 C_3 输入，则电动机转速变快，转矩降低。

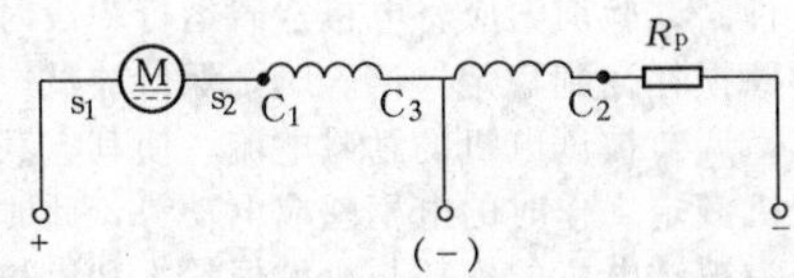

图 1-9-5 串励绕组中间抽头实现电动机变速

四、直流电机的试验

(一) 直流电机的试验项目

直流电机的试验项目见表 1-9-4。

表 1-9-4 直流电机试验项目

序号	试验项目	检查试验	型式试验	特殊试验①
1	电刷中性位置的确定	○	○	
2	绕组对机壳及相互间绝缘电阻的测定	○	○	
3	绕组在实际冷却状态下直流电阻的测定	○	○	
4	空载特性的测定		○	
5	温升试验		○	
6	额定负载试验	○	○	
7	短时过电流（对于发电机）和短时过转矩（对于电动机）试验	○	○	
8	换向检查	○	○	
9	额定电压变化率（对于发电机）和额定转速变化率（对于电动机）的测定	○	○	
10	效率的测定		○	
11	无火花换向区域的测定		○	
12	超速试验	○	○	
13	电枢绕组匝间绝缘强度试验	○	○	
14	绕组对机壳及其相互间绝缘强度试验	○	○	
15	转动惯量的测定			○
16	无线电干扰端子电压的测定②			○
17	振动、噪声的测定③			○

注 表中标有"○"者表示应进行试验。

① 产品有特殊要求时，才进行特殊试验。

② 参见 JB 854—66《船用电气设备工业无线电干扰端子电压测量方法及允许值》。

③ 参见 JB 951—67《精密机床小型电机的振动试验方法》，JB 952—67《精密机床小型电机的噪声试验方法》。

(二) 电刷中性位置的确定

在电机各绕组正确接线情况下，为保证电机运行性能良好，电机的电刷必须放在中性位置上。确定电刷中性位置的方法通常用感应法。测试时，将低量程电压表跨接在相邻极性的电刷上，在主极绕组上交替接通或断开电机的励磁电流。当电刷位置不在中性位置时，电压表将显示电枢绕组的感应电动势值。反复移动电刷刷架位置，找出电压表读数为零的一点，即为电刷中性位置。如果有一个区域的电压表读数都接近零，则应找出此区域，该区域的中点即为电刷中性位置。试验时，仪表的读数以断开励磁电流时为准，且通入绕组的励磁电流应小于 1/10 额定励磁电流。图 1-9-6 所示为半导体携带式电刷中性位置测试仪的线路。

对于大型电机，由于电枢和刷架较难移动，试验时可将电刷自换向器上提起，把低量程电压表的引线跨接在等于或接近于一极距的两换向片上，维持跨距不变，同时左右移动电压表两引线，测出不同位置上相应两换向片上的电枢感应电动势，并按图 1-9-7 所示用作图法求出中性线，然后移动刷架位置，使电刷与换向器接触面中线与此中性线相重合。

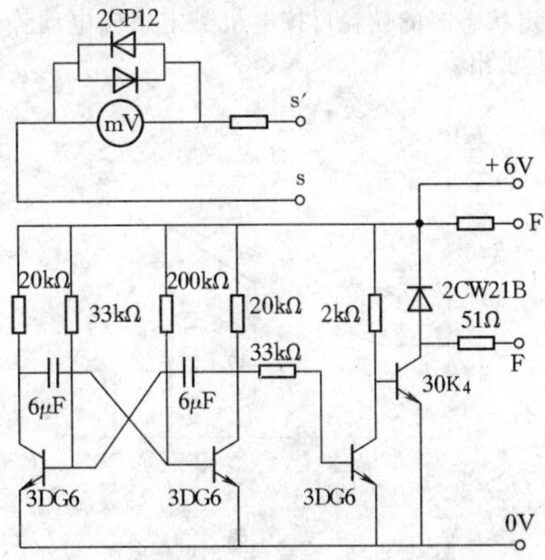

图 1-9-6 电刷中性位置测试仪

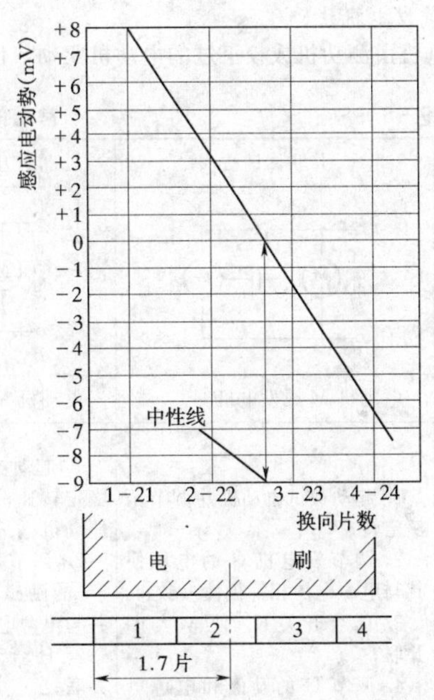

图 1-9-7 确定电刷中性线的感应电动势曲线

确定电刷中性位置的方法除感应法外，还有正反转发电机法和正反转电动机法，其试验方法可参见 GB 1311—77《直流电机试验方法》。

(三) 空载特性的测定

电机按他励空载发电机方式运行，维持额定转速，测量电枢电压与励磁电流的关系。试验时，一般只测量空载特性的下降分支。为避免磁路的磁滞影响，励磁电流的调节必须在单一方向逐渐增加或减少，不可出现"回复"现象，否则应重新开始试验。在测量中，最高电枢电压的量取值，对一般电机应不高于额定电压的 130%。

(四) 空载损耗的测定

1. 空载电动机法

试验时，先把电机作为他励电动机在额定转速下空载运行一段时间，使轴承和电刷摩擦损耗达到稳定。然后按几个选定的励磁电流值，用改变电枢电压的方法，调节电机转速至额定值。测出不同电枢电压时的电枢电流，并记录电枢电压及励磁电流值。将各点电动机输入功率减去相应的电枢回路铜耗和电刷接触损耗即为空载损耗。作空载损耗和电枢电压平方的曲线，延长曲线，其与纵轴相交点为机械损耗，见图 1-9-8。图中虚线与曲线之间的数值为各对应电压时的铁耗。额定状态时的铁耗可按电机额定感应电动势 E_N 在图 1-9-8 上求出。

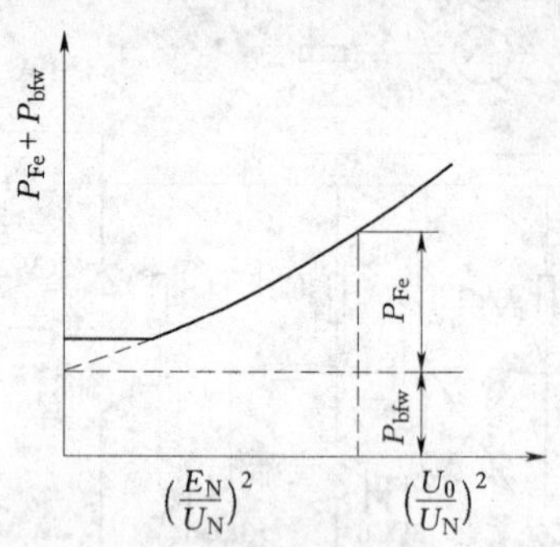

图 1-9-8 空载损耗对电枢电压标么值平方曲线

2. 空载发电机法

被试电机由测功机或校正过的电动机驱动，作为他励发电机空载运行。试验前，应将电机空载运行一段时间，使轴承和电刷摩擦损耗达到稳定。试验时，保持被试电机的转速为额定转速，调节被试电机的励磁电流，使其空载电枢电压等于被试电机额定工作时的电枢感应电动势，此时原动机的输出功率即为被试电机的铁耗与机械损耗之和。被试电机无励磁时，原动机的输出功率即为被试电机的机械损耗，若将被试电机的电刷全部提起，则可分出被试电机的电刷摩擦损耗。

（五）负载试验

电机加负载的方法一般采用负载电阻法或回馈法。在某些特殊场合也可采用短路法。

1. 负载电阻法

具有调节简便，电机运行稳定等优点，但其耗电量大，适用于小功率直流电机。对发电机输出的电能直接消耗在负载电阻上，对电动机，是将电动机输出的机械能通过一台同轴连接的发电机，把机械能转化成电能，再消耗于负载电阻上。

2. 回馈法

其优点是耗电量小，不需要设置庞大的负载电阻装置，是负载试验中被广泛应用的一种试验方法，常用的回馈法其接线图和试验方法见表 1-9-5。

表 1-9-5 常用的回馈法接线图和试验方法要点

名　称	并联回馈法	带升压电机并联回馈	辅助电动机法	带升压电机串联回馈
接线图	直流电源 M K G	直流电源 M K G SY	K M G M 3~	M K G SY
被试电机	电动机 M 或发电机 G	电动机 M	电动机 M 或发电机 G	电动机 M
试验步骤	1. 起动被试电动机并调节至额定转速； 2. 调节发电机 G 的电压使其与电源电压相等极性一致； 3. 闭合开关 K，使 M 与 G 并联； 4. 调节 G 的励磁和电源电压；使被试电动机的电流、电压、转速等达到额定值	1. 起动被试电动机并调节至额定转速，起动升压机 SY 的原动机； 2. 调节发电机 F 和升压机 SY 的励磁，使两者电压相加并与电源电压相等极性一致； 3. 闭合开关 K，使 M 与 G 并联； 4. 调节 SY 的励磁和电源电压，使被试电动机的电流、电压、转速等达到额定值	1. 起动辅助电动机，并调节至被试电机的额定转速； 2. 调节两台电机励磁，使两台电机的电压相等，极性一致； 3. 闭合开关 K，使 M 与 G 并联； 4. 调节两台电机励磁，使被试电机的电流、电压等达到额定值	1. M 和 G 的励磁绕组极性，应保证电枢通电后，两台电机转矩相反； 2. 起动升压机的原动机； 3. 调节升压机的端电压，并降低 G 的励磁，使被试电动机 M 调节到额定状态
回馈法中损耗	两台电机的全部损耗由直流电源供给	两台电机的空载损耗由电源供给，负载损耗由升压机供给	两台电机的全部损耗由辅助电动机供给	两台电机的全部损耗由升压机供给
注意事项	1. 当两台相同规格发电机作上述试验时，为保证被试发电机的额定值，此时作电动机运行的那台发电机，其电枢电流将比额定值大，比值为两台电机效率乘积的倒数； 2. 为保证稳定运行，可将励磁电源接成差复励，其串励绕组与被试电机电枢回路串联。也可采用发电机差复励、移刷等措施	1. 此法应用于发电机 G 的电压比被试电机的额定电压略低时； 2. 对于相同规格的两台电机作上述试验时，还可测定电机的效率，详见 GB 1311—77《直流电机试验方法》； 3. 升压机的绝缘等级应与被试电机一样	1. 若出现发电机 G 的电压比电动机 M 略低时，可串接升压机； 2. 若被试电机按铭牌额定转速作负载试验时，上述方法适用被试电机为电动机或发电机； 3. 若被试电机转速按额定励磁电压作用下作负载试验时，则此法仅适用于被试电机为发电机	1. 此法主要用于串励电机的回馈试验； 2. 不需要与被试电机额定电压一样的电源电压； 3. 当发电机失磁时，串励电动机的空载转速不会很高； 4. 为保证运行稳定，调节方便，发电机 G 的励磁可为他励

3. 被试电机与陪试电机的关系

由于直流电机规格繁多，在没有相同规格的电机作回馈试验时，可根据被试电机的铭牌数据按表 1-9-6 来估计出陪试电机的电压、电流。

表 1-9-6　陪试电机电压电流的估计

电　　流	电　　压
并联回馈 $I' \geqslant m'I$ 串联回馈 $I' \geqslant I$	$U' \geqslant U\frac{n'}{n}$

注　I、U、n、η 为被试电机铭牌值，加“′”的为陪试电机铭牌值。

4. 短路法

对较高电压的电机进行换向检查及单个大功率电机没有条件用回馈法加负载时，可用短路法。试验时，电枢回路应接有自动保护开关，以防止出现自励现象和过大的短路电流。电机的串励绕组应接成复差励，若电机没有串励绕组，可按电机额定电流选择适当截面的电磁线，在主极上临时绕几匝复励线圈，其绕法见图 1-9-9。为避免过电流，也可将供给被试电机励磁的励磁电源发电机接成差复励，励磁电源发电机的串励绕组的电流取自被试电机的电枢回路。

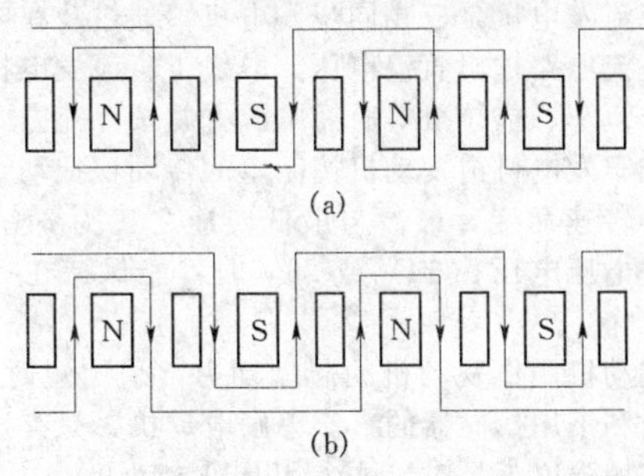

图 1-9-9　串励线圈绕法

(a) 单根导线串励绕组绕法；(b) 双路并励串励绕组绕法

(六) 换向检查及无火花换向区试验

1. 换向检查及试验

电机换向检查是指电机在接近正常工作温度，电刷位置维持不变时，检查电机在不同负载时电刷下火花的状况及其对换向器表面的影响，其衡量的标准见表 1-9-7。

表 1-9-7　火 花 等 级

火花等级	电刷下火花的程度	换向器及电刷的状态
1	无火花	换向器上没有黑痕及电刷上没有灼痕
$1\frac{1}{4}$	电刷边缘仅小部分有微弱的点状火花，或有非放电性的红色小火花	
$1\frac{1}{2}$	电刷边缘绝大部分或全部有轻微火花	换向器上有黑痕出现，但不发展，用汽油擦其表面即能除去，同时在电刷上有轻微灼痕
2	电刷边缘全部或大部分有较强烈的火花	换向器有黑痕出现，用汽油不能擦除，同时电刷上有灼痕。如短时出现这一级火花，换向器上不出现灼痕，电刷不被灼焦或损坏
3	电刷的整个边缘有强烈的火花，同时有大火花飞出	换向器上的黑痕相当严重，用汽油不能擦除，同时电刷上有灼痕，如在这一火花等级下短时运行，则换向器上将出现灼痕，同时电刷将被灼焦或损坏

无火花换向区域的宽窄是衡量直流电机换向能力强弱的标志。无火花换向区域宽度大，表示电机换向能力强。无火花换向区域测定方法如下：电机在一定负载下运行，对应于不同的负载电流，在换向极绕组内通入正向或反方向附加电流，逐渐增大此电流，直到在电刷下出现火花为止。将电机保持无火花换向的最大正、反向附加电流值绘成曲线，即为无火花换向区域，如表 1-9-8 所示。为了在试验中便于调节和提高可靠性，附加外馈电源宜为他励，其试验线路图见图 1-9-10。若被试电机的额定电压较高，应注意外馈电源有足够的对地绝缘强度，或将被试电机的换向绕组从电枢回路断开，另用一台功率较大的低压电源馈电。

表 1-9-8　无火花换向区域曲线的分析

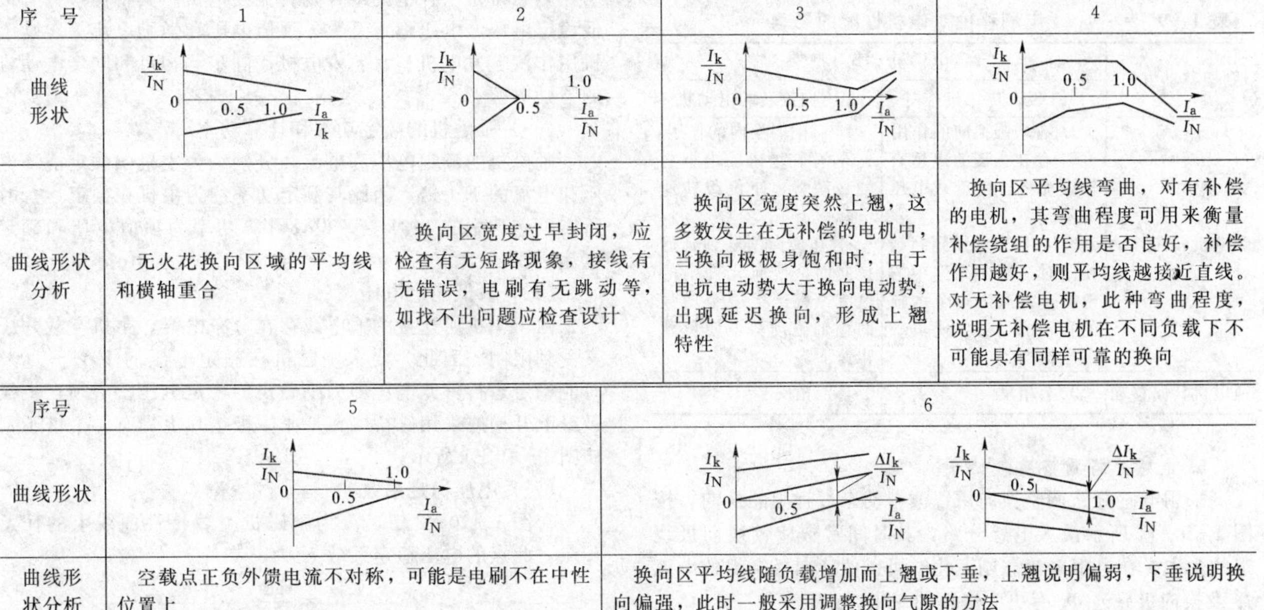

序　号	1	2	3	4
曲线形状	$\frac{I_k}{I_N}$，0，0.5，1.0，$\frac{I_a}{I_k}$	$\frac{I_k}{I_N}$，0，0.5，1.0，$\frac{I_a}{I_N}$	$\frac{I_k}{I_N}$，0，0.5，1.0，$\frac{I_a}{I_N}$	$\frac{I_k}{I_N}$，0，0.5，1.0，$\frac{I_a}{I_N}$
曲线形状分析	无火花换向区域的平均线和横轴重合	换向区宽度过早封闭，应检查有无短路现象，接线有无错误，电刷有无跳动等，如找不出问题应检查设计	换向区宽度突然上翘，这多数发生在无补偿的电机中，当换向极极身饱和时，由于电抗电动势大于换向电动势，出现延迟换向，形成上翘特性	换向区平均线弯曲，对有补偿的电机，其弯曲程度可用来衡量补偿绕组的作用是否良好，补偿作用越好，则平均线越接近直线。对无补偿电机，此种弯曲程度，说明无补偿电机在不同负载下不可能具有同样可靠的换向

序号	5	6
曲线形状	$\frac{I_k}{I_N}$，0，0.5，1.0，$\frac{I_a}{I_N}$	$\frac{I_k}{I_N}$，0，0.5，$\frac{\Delta I_k}{I_N}$，$\frac{I_a}{I_N}$；$\frac{I_k}{I_N}$，0，0.5，1.0，$\frac{\Delta I_k}{I_N}$，$\frac{I_a}{I_N}$
曲线形状分析	空载点正负外馈电流不对称，可能是电刷不在中性位置上	换向区平均线随负载增加而上翘或下垂，上翘说明偏弱，下垂说明换向偏强，此时一般采用调整换向气隙的方法

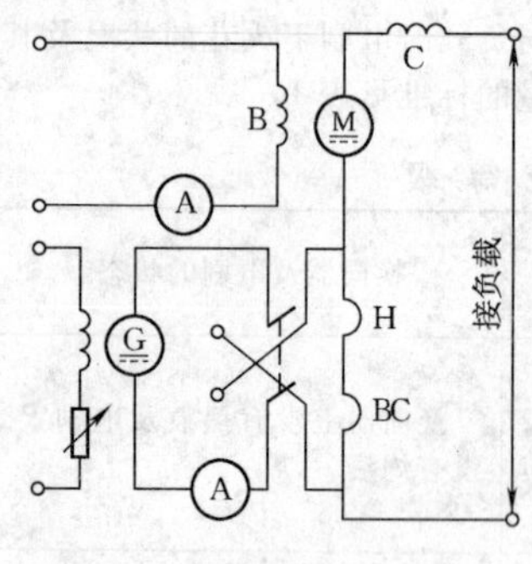

图 1-9-10 无火花换向区试验线路

2. 换向性能的判断

无火花换向区域曲线形状的不同表示电机的换向性能亦不同，其定性分析见表 1-9-7。

3. 换向气隙调整

电机换向性能可根据无火花换向区域曲线的不同形状给予适当的调整。

换向性能的调整常采用调整换向气隙的方法，调整后的气隙为

$$\delta'_w = \delta_w \frac{1}{1 \pm \dfrac{\Delta I_k \theta}{I_N \theta - 1}}$$

其中 θ 为换向极安匝与补偿安匝之和与电枢安匝之比。θ 值一般在 1.15～1.3 范围内，所以电流变化 1%，相当于气隙变化 5%左右。式中（＋）号用于换向偏弱，（－）号用于换向偏强。根据实践，若电动机的换向偏强，其换向气隙的实际调整量应比上式计算值小些，对发电机来说，换向气隙的实际调整量应比计算值大些。

对具有第二气隙的电机，上式 δ'_w 与 δ_w 分别为调整后及调整前的等效气隙。等效气隙可由第一气隙 δ_{w1} 和第二气隙 δ_{w2} 算得，其计算式为

$$\delta_W = \delta_{w1} + (0.8 \sim 1.0)\delta_{w2}$$

当 δ'_w 值确定后，可根据不同情况确定第一气隙与第二气隙。对换向极较饱和的电机 δ'_{w2} 常不大于 δ_{w2}，对主极极弧系数较大的电机 δ'_{w1} 常不大于 δ_{w1}。

4. 电刷错位（换向器周向）调整

当电刷在换向器周向错位增加时，电抗电动势 e_R 随之而减小。故电机换向偏弱时可加大电刷错位，以加大换向区来调整换向，调整幅度可根据换向强弱与电抗电动势增减相当而决定。

在无换向极电机中，将整个刷架适当地偏离几何中性位置来调节换向。调节办法和电刷移位将带来对其他性能的影响见表 1-9-9。

表 1-9-9 电刷移位对电机性能的影响

刷架移动方向	电机类型	
	发电机	单方向旋转的电动机
顺电机转向移动	1. 有增强换向的作用 2. 存在去磁的电枢直轴磁动势，使负载电压下降 3. 在换向增强到超越换向时，换向元件中的电流，将产生一个增强的直轴磁动势，使负载电压提高	1. 有削弱换向的作用 2. 存在增磁的电枢直轴磁动势，使负载转速下降 3. 在换向削弱到延迟换向时，换向元件中的电流，将产生一个增强的直轴磁动势，使负载转速下降
逆电机转向移动	与上相反	与上相反

5. 电感分路调整换向

采用电感分路调整换向用以改善动态过程中的换向，按图 1-9-11 所示接入电感分路，其时间常数应较换向极绕组的为大，在电枢电流急剧变化时可以使换向极绕组的电流 I_k 及换向极磁通 Φ_k 有更为快速的变化。

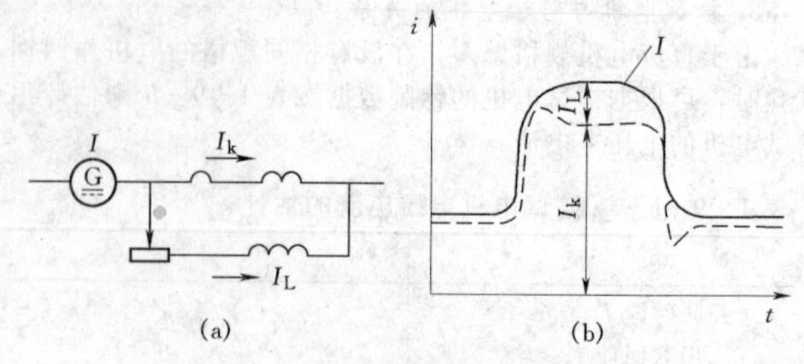

图 1-9-11 换向极绕组的电感分路

(a) 接线图；(b) 电枢电流突加与突卸时换向极绕组与电感分路中电流的变化

第十节 专用直流电机

一、汽车电机

汽车电机主要有发电机和电动机两类。发电机为连续工作定额，功率为 0.2～1kW，有直流并励发电机和交流发电机两类。交流发电机是三相同步发电机，通过装在电机内的三相桥式整流电路输出直流电压，取代了直流发电机。汽车发电机用作汽车、拖拉机等所需电源，并按浮充方式对蓄电池充电。汽车发电机由发动机按固定的传动比拖动，其转速随发动机的转速而变，最高与最低转速之比为 3～8，采用调节器使发电压电压在 14V 或 28V 时，能保持在一定的电压范围内工作。

汽车起动机用作发动机的起动动力，采用短时工作制。一般为四极和不用换向器的直流串励电动机，只有当空载转速下电枢机械强度不足时，才采用复励电动机，功率为 0.6～9kW。起动机由蓄电池供电，蓄电池电压随负载的增大而显著下降，由于各种容量的蓄电池内阻不同，其电压随负载而下降的幅度也随之不同。因此，起动机的功率与蓄电池容量大小有关，常以指定蓄电池容量时的最大有效功率作为起动机的额定功率。

二、励磁机

励磁机是一种他励或并励直流发电机。其特性参数有最低稳定电压、电压稳定系数、顶值电压和强励电流等。励磁机用作汽轮发电机、水轮发电机、同步调相机和同步电动机的强励电源。

（一）励磁机的额定功率和计算功率

励磁机的额定电压和电流，分别约为主机的额定滑环电压和电流的 1.1 倍，因此其额定功率约为主机在额定运行时所需励磁功率的 1.21 倍。设计计算功率为顶值电压和额定电流之积。

（二）最低稳定电压

由于主机所连接的输电线存在分布电容，主机空载升压又受到限制。因此，要求励磁机在额定电压的 15%～20%时能稳定运行，此电压即为励磁机的稳定电压。必须在主极极身上开槽或采用磁桥（在一张主极垫片上焊有 4 个搭子），如图 1-10-1 所示。

（三）电压稳定系数

在图 1-10-2 中，A 为励磁机空载特性曲线上的任意一点，此点的电压稳定系数 K 为

$$K = \frac{\mathrm{tg}\theta_1}{\mathrm{tg}\theta_2}$$

式中　θ_1——OA 与横坐标的夹角；

θ_2——A 点作空载特性曲线的切线 O_1A 与横坐标的夹角，在励磁机工作范围内，K 值应不小于 1.1。

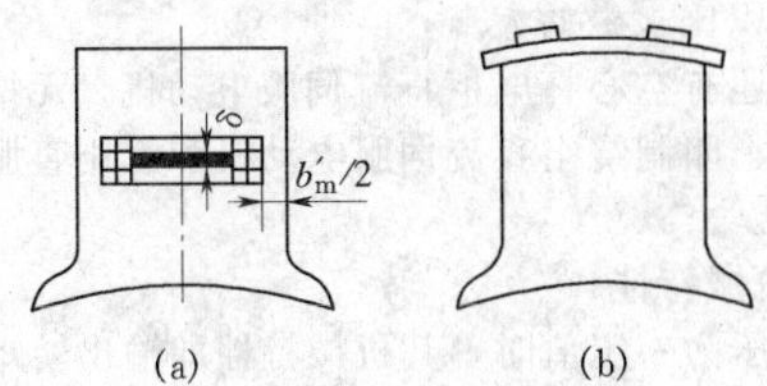

图 1-10-1　励磁机主极

(a) 极身开槽；(b) 磁极搭子

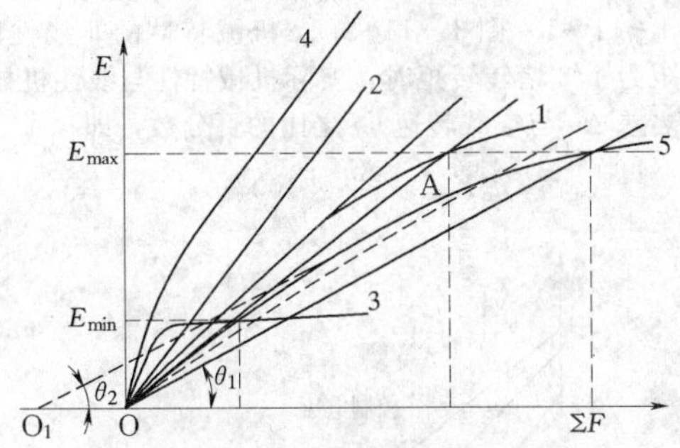

图 1-10-2　励磁机空载特性曲线

1—无磁桥时的空载特性；2—磁桥气隙 δ 的磁位降特性；3—磁桥 A'_m 部分的磁位降特性；4—δ 与 A'_m 部分的磁位降和的特性，即其纵坐标为曲线 2 与 3 之和；5—带有磁桥的空载特性曲线，即其横坐标为曲线 1 与 4 之和

（四）顶值电压和强励电流

励磁极空载时能达到的最高电压，称为顶值电压。在供电线路或电网电压突然下降时，主机有强磁要求，需要励磁机的输出电压能提高到额定电压的 1.8～2 倍（即强励倍数）。强励时，励磁机的电枢电流也按强励倍数增加，即励磁机功率为额定功率乘以强励倍数的平方，并能安全运行，不发生有害的换向火花。

三、单极电机

单极电机是通过气隙全部面积的磁通都呈同一极性的电机，故又名同极电机。单极电机有圆盘型和圆筒型两种，其工作原理见图 1-10-3。当励磁线圈通过直流电流时，磁通分布如图中虚线所示。原动机驱动圆盘或圆筒转子旋转时，转子切割磁通，在转了内感生电势，由转了两端的电刷引接至外电路。转子上没有绕组，不需要换向器，也没有铁损耗。电压较低，电流却很大。第一导体在磁通密度、导体长度和转速达到容许极限时，电压可达 50V 左右。可作为低电压大电流直流发电机，用于电化工业。单极电机的电刷装置是关键问题，钠钾合金在常温时呈液态，有较低的接触压降和摩擦阻力，故宜作电刷集电装置。

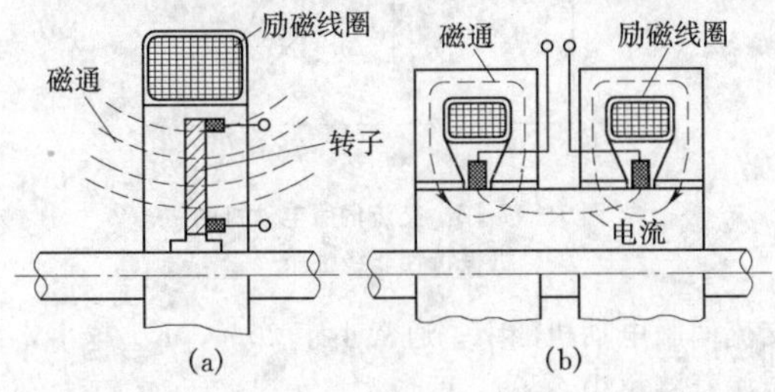

图 1-10-3　单极电机工作原理图

(a) 圆盘型；(b) 圆筒型

采用超导电材料作单极电机的励磁线圈，可产生强磁场。圆盘型单极电机通过轴向依次排列多个圆盘串联连接，或将在圆周方向分段的扇形片串联连接，能制成超过普通直流电流机极限功率范围的直流电动机，用于船舶推进。

四、电机扩大机

电机扩大机可分为交轴磁场、直轴磁场和自差式三类。具有过载能力大、输出电压平稳、性能稳定和可靠等优点，在系统中用作功率放大。下面就交轴磁场电机扩大机作一简单介绍。

交轴磁场电机扩大机实质上是有共同磁路、两级放大的他励直流发电机，是最常用的一类扩大机，如图 1-10-4 所示。当它被恒速拖动时，若控制绕组有电流 I_k 流过，产生磁通 Φ_k，在交轴电刷 q—q 间就有电势 E_q，为第一级放大[图 1-10-4 (a)]。将电刷 q—q 短路，因电枢的电阻较小，产生大的交轴电流，建立比 Φ_k 大得多的 Φ_q，在 d—d 电刷间产生直轴电势 E_d，接上负载即可输出功率，成为第二级放大[图 1-10-4 (b)]。接上负载后，负载电流（即直轴电流）I_d 将产生直轴电枢反应磁通 Φ_{ad} 削弱 Φ_k。为此，必须

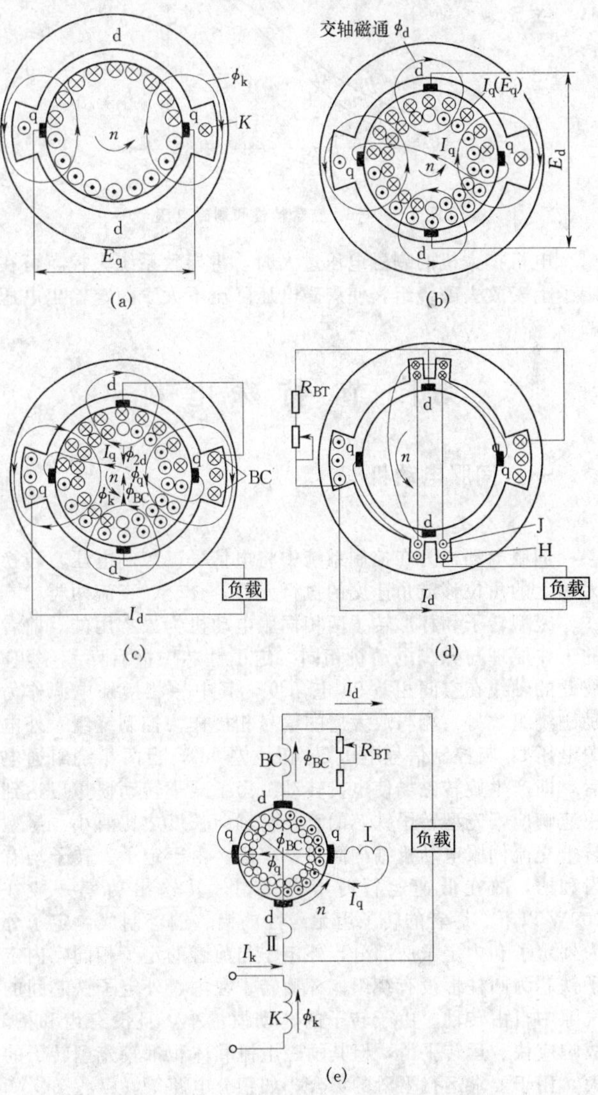

图 1-10-4　交轴磁场电机扩大机工作原理图

在定子上设置分布补偿绕组 c 产生 Φ_c 以补偿 Φ_{ad} [图 1-10-4 (c)]。用来调节补偿度的调节电阻 R_{BY} 与补偿绕组并联。

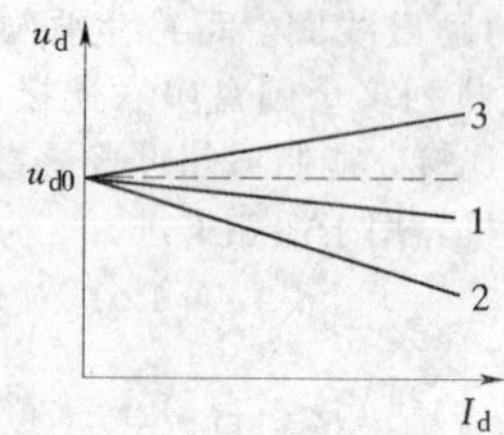

图 1-10-5　交轴磁场电机扩大机
1—全补偿；2—欠补偿；3—过补偿

在交、直轴回路中分别串联的交轴辅助绕组 J 和换向绕组 B [图 1-10-4 (d)] 是为改善换向而设置的。交轴磁场电机扩大机的电气原理图见图 1-10-4 (e)。

交轴磁场电机扩大机的外特性是当控制电流 I_k 为常值时，输出电压 U_d 与输出电流 I_d 的关系曲线。在全补偿、欠补偿和过补偿三种情况下，它有不同的外特性，可通过改变补偿调节电阻 R_{BT} 来得到。为了使电机扩大机的工作稳定通常将外特性调整在不大的欠补偿状态（图 1-10-5）。

空载特性是在额定转速时的输出电压 U_d 与控制磁势 F_k 之间的关系曲线 $U_d=f(F_k)$（图 1-10-6）。

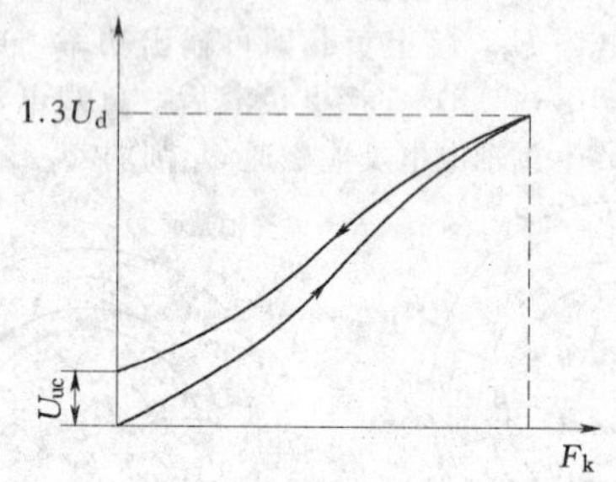

图 1-10-6　空载特性和剩磁电压

电机扩大机的剩磁电压过大时，将导致系统失控，可在定子上安放去磁绕组，使剩磁电压降至不大于额定输出电压的 5%。

第十一节　特殊电机

一、伺服电动机

（一）分类

伺服电动机为在控制系统中将电信号（控制电压）转换为轴上的角位移或角速度的执行元件，分交、直流两类。

笼型转子和杯形转子两相伺服电动机为最常用的。前者的工作原理与异步电动机相同。定子铁芯中嵌有两相绕组，彼此的轴线在空间相差 90°电角度，其中一相接外电源作为励磁绕组，另一相与放大后的信号相接作为控制绕组。外电源电压 U_j 与控制信号电压 U_k 相位差 90°，当两相绕组通电后，即产生旋转磁场使电机转动。为了减小转动惯量以达到快速响应，笼型转子铁芯的直径与轴向长度之比要小。笼型转子交流伺服电动机结构简单、牢固。由于定子、转子均有齿和槽，故在低速运行时不够平滑。其输出功率一般在 100W 以下。后者的转子用无磁性的铝、铜等制成。定子分为外定子和内定子两部分，外定子与前者的定子相同，内定子铁芯为圆柱形没有绕组。杯型转子在内、外定子铁芯间的气隙中自由转动。由于转子的转动惯量小，且没有齿和槽，故响应快、运转平滑，但其励磁电流和体积都较笼型转子的大，用于要求运行平滑的场合，如积分电路等。

直流伺服电动机的工作原理和结构与普通小功率直流电动机相同，但为了减小转子的转动惯量，降低机电时间常数，电枢设计成细长形的。为了改善起动性能，电枢采用斜槽。永磁直流伺服电动机体积小，不需要励磁功率，故应用最广泛。他励式直流伺服电动机需要励磁功率，在输出功率相同时，体积比永磁的大。

此外，还有空心杯电枢直流伺服电动机、无槽电枢直流伺服电动机、印制绕组直流伺服电动机和无刷直服伺服电动机等。

（二）机械特性

控制电压为一定值时，其机械特性即输出转矩与转速的关系曲线 $T=f(n)$ 都是下垂的。理想的机械特性是一条直线。在不同的控制电压下，直流伺服电动机是一组相互平行的直线，交流伺服电动机的各条机械特性曲线，有不同的斜率（图 1-11-1～图 1-11-3）。机械特性的非线性度 K_m 是指转矩为 1/2 堵转转矩时，实际机械特性与线性机械特性间转速之差 Δn 与空载转速 n_0 之比的百分数，即

$$K_m=\frac{\Delta n}{n_0}\times 100\%$$

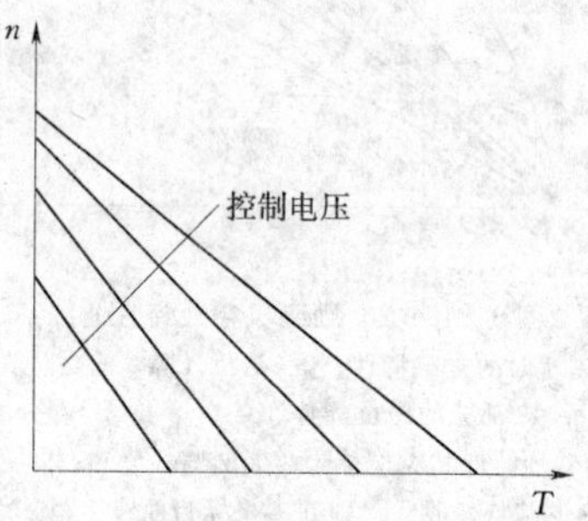

图 1-11-1　交流伺服电动机的机械特性

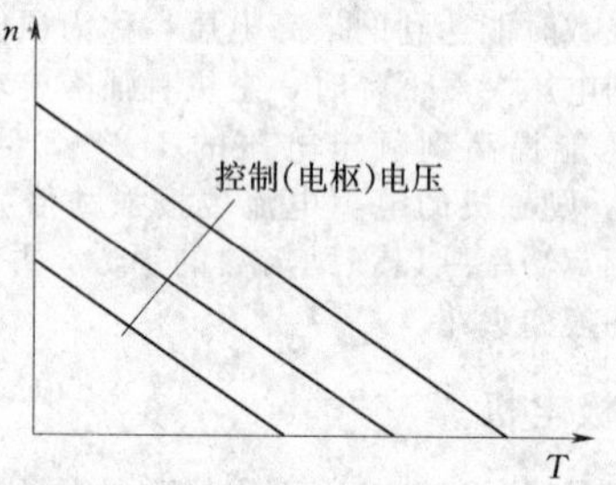

图 1-11-2　直流伺服电动机的机械特性

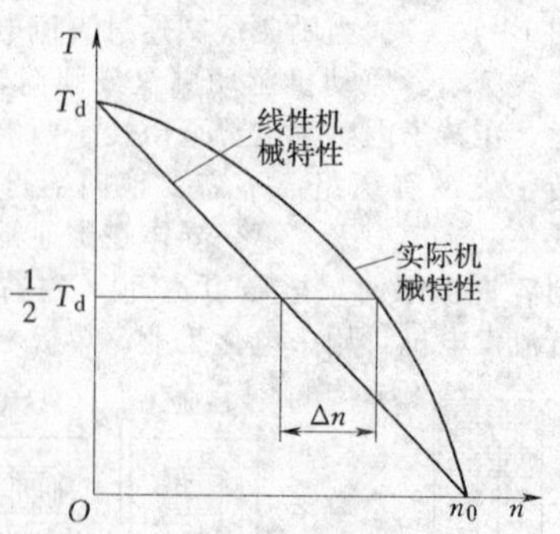

图 1-11-3　交流伺服电动机的机械特性非线性服

交流伺服电动机的 K_m 通常小于 20%，K_m 越小，系统的动态误差就越小。

（三）调节特性

转速与控制电压的关系曲线 $n=f(u_k)$ 称调节特性。理

想的调节特性曲线是一条直线。调节特性的非线性度越小，系统的动态误差就越小。

(四) 空载始动电压

空载始动电压是伺服电动机在额定励磁电压和空载情况下，使转子在任意位置开始连续转动的最小控制电压，以额定控制电压的百分比表示。交流伺服电动机的空载始动电压小于3%～4%，直流伺服电动机的则在2%～12%范围内。

(五) 机电时间常数

机电时间常数是伺服电动机在空载和额定励磁电压下，加以阶跃的额定控制电压，电动机由开始转动至达到63.2%空载转速时（当略去相对来说比较小的电磁时间常数）所需的时间。机电时间常数 τ_j 为

$$\tau_j = 0.10 + 7Jn_0/T_d(\mathrm{s})$$

式中　J——转子转动惯量（kg·m²）；

n_0——空载转速（r/min）；

T_d——励磁电压、控制电压为额定值时空载状态下的堵转转矩（N·m）。

交、直流伺服电动机的机电时间常数一般小于0.03s。

(六) 控制方式

两相伺服电动机的控制方式有幅值控制（改变电压的幅值）、相位控制（改变电压的相位）和幅相控制（电容控制）。幅相控制是在两相伺服电动机的励磁绕组上串接电容器，由于励磁电流受控制电压和转速的影响，电容器的电压也随之而变，最终导致励磁电压在幅值和相位上都发生变化。三种控制方式比较如表1-11-1所示。

表1-11-1　　三种控制方式的比较

控制方式	机械特性非线性度	调节特性非线性度	输出功率	效率	控制功率	电机温升	线路
幅值控制	中	大	中	高	小	低	一般
相位控制	小	中	小	低	大	高	复杂
幅相控制	大	小	大	中	小	中	简单

直流伺服电机的控制方式有电枢控制（改变电枢电压）和磁场控制（改变励磁电压）。前者较常用，其优点是机械特性和调节特性的线性度都较好；当电机不转动时消耗功率小；控制回路的电感小，响应性好。磁场控制只在特殊情况（如控制功率很小）下用于小功率直流伺服电动机中，磁场控制要求的控制功率比电枢控制的小，但响应性较差，转子不动时消耗功率大。

(七) 移相方法

常用的方法是在励磁相中串、并联电容器 C_1 和 C_2、C_1 和 C_2 可通过计算选择，也可按图1-11-4用试验方法求得。如图伺服电动机在一定的运转状态（通常是在接近堵转状态）时，调节 C_1、C_2 至示波器所示图形为圆形，此时的 C_1、C_2 即为应取的电容值。

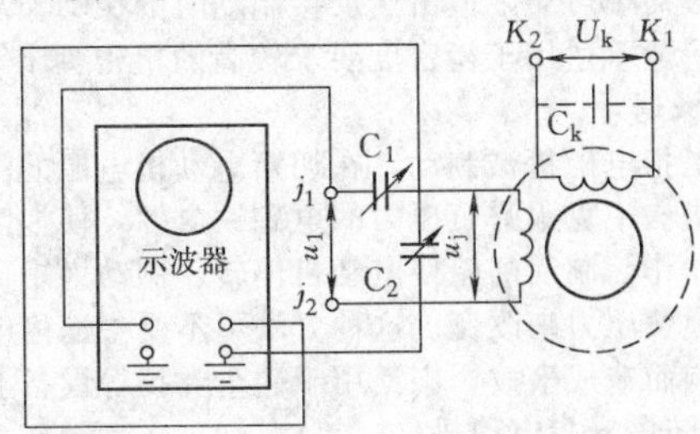

图1-11-4　选择移相电容的试验电路

为改善控制相的功率因数，可在控制相并联电容 C_k，但 C_k 不宜过大，否则会引起单相供电时自转。

二、磁滞同步电动机

磁滞同步电动机是一种利用磁滞转矩工作的同步电动机，分内转子式和外转子式（图1-11-5）。其定子有三相或两相（电容分相）绕组，也有单相罩极式的；转子用铁钴钼系或铁钴钒系磁滞合金材料制成。前者价格较廉，热处理稳定性好；后者力能指示较高。这种电动机结构简单，可在异步或同步转速下工作。异步运行时，由磁滞转矩和涡流转矩传递有用功率，而另一部分与转差率 sf_1 成比例的磁滞损耗消耗在转子发热上，电机效率较低。同步旋转时，磁滞损耗为零，转子产生固定极性的磁极，极轴线落后于定子磁滞转矩，与转速无关，只要负载转矩小于最大磁滞转矩，电动机都可以起动并牵入同步运行。起动性能良好，牵入同步能力强，但力能指标略低。最大磁滞转矩为

$$T_h = 0.955\frac{f_1}{n_1}P_m V_h \times 10^4 \ (\mathrm{N \cdot cm})$$

式中　P_m——转子磁滞合金的比磁滞损耗［J/(cm³·Hz)］；

V_h——磁滞合金的体积（cm³）；

f_1——电源频率（Hz）；

n_1——电机同步转速。

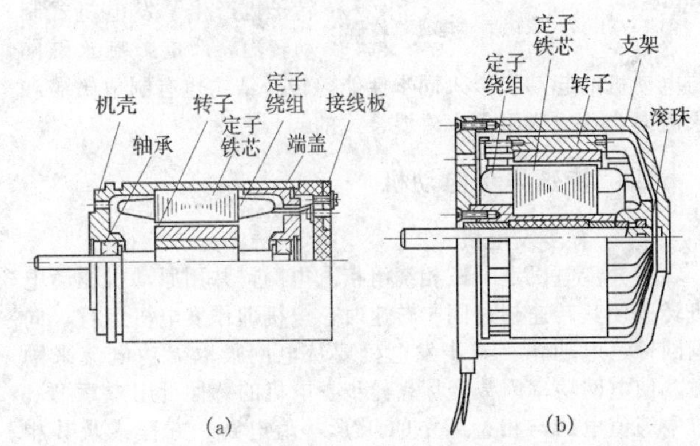

图1-11-5　磁滞同步电动机
(a) 内转子式；(b) 外转子式

三、永磁同步电动机

常见的永磁同步电动机有爪极式自起动型及异步起动型。前者亦称极化同步电动机，根据定子结构的不同分罩极式、半罩极式、电容分相式、磁定向罩极式、无短路环不均匀极片式等不同型式。其定子由杯形机壳、环形单相线圈以及爪形极片组成（有的有短路环）；转子为具有高矫顽力的铁氧体磁环，充磁极数根据所要求的同步转速决定，磁极沿圆周均匀分布。这类电动机具有极数多、转速低、输出功率小（多在1W以下）、转矩大、结构简单等特点；大多数为无固定转向，只有使用诸如棘轮一类装置，才能使转子定向旋转；有的还带有齿轮减速箱，转速可减至每分钟数转甚至几小时一转。这类电动机适用于家用电器、自动记录仪表等低速或恒速装置的驱动。图1-11-6所示为一种无短路环爪极永磁同步电动机结构简图。定子的爪形极片沿圆周不均匀分布，两侧极板有一极片的宽度大于其余的极片宽度。在定子脉振磁场作用下，由于大极片中心线对转子磁极中心线

的偏移而产生磁力的切向分量，使转子旋转。若通电瞬间所产生的切向磁力不足以使转子牵入同步，则转子将随着定子极片磁性交变而振动起来，振幅迅速增大并且在振动速度接近同步速度时，转子被牵入同步旋转，若无定向装置，电机的转向是不固定的。

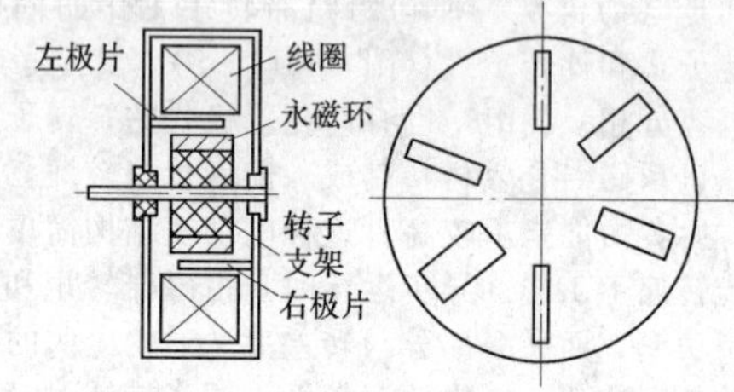

图 1-11-6　自起动永磁同步电动机

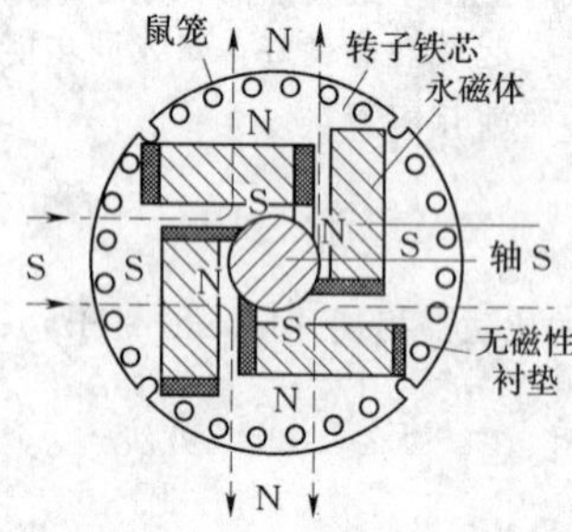

图 1-11-7　永磁同步电动机转子

异步起动永磁同步电动机单机功率较大，其定子与异步电动机相同，转子有不同的结构形式。图 1-11-7 所示为一种并联磁路结构，使用铁氧体永磁材料。在起动过程中，除笼型转子因定子磁场而产生的异步转矩外，永磁转子也产生了发电机式制动转矩，严重影响永磁同步电动机的起动和牵入同步性能，转子结构也有制成磁滞和永磁混合式或磁阻与永磁混合式的。

四、特殊异步电动机

（一）异步发电机

当异步电机定子三相绕组接入电网，并用原动机驱动电机转子使其转速超过同步转速时，电机即作发电机运行，向电网输送电功率。异步发电机要从电网吸取无功电流来励磁，使电网功率因数变坏。异步发电机的特性可用本章第一节中等值电路与相量图中的 T 形等值电路、方程式及其相量图进行分析，但应注意此时转差率 $s<0$，此时异步发电机的频率决定于励磁频率，因为是电网电流励磁，所以发电电流频率和电网频率相同。

如需异步发电机单独运行，可在其定子端并联一组适当容量的电容器，只要电机本身有微量剩磁（无剩磁时可用电池接在定子绕组上充电以获得剩磁），由原动机驱动电机转子即能建立电压发电。自励异步发电机空载特性见图 1-11-8，图中 U_s 为剩磁电压，特性曲线 1、2 的交点为发电机的空载运行点，空载时流过定子绕组的电流是由电容器供给的励磁电流，建立电压 U_N，电容量愈大或转速愈高则 U_N 也愈高。发电机的频率取决于定子绕组阻抗与电容器构成的振荡回路的固有频率，电容量变化也会使频率变化。负载变化对异步发电机的端电压及频率影响较大，运行中必须相应调节电容量以维持端电压的相对稳定。

（二）自制动异步电动机

这是一种自身带断电制动机构的电动机，广泛用作单梁吊车与行走机构等的动力，其基准工作制为 S_3，负载持续率为 25%或 40%，常用的结构型式有旁磁式（YEP）、锥形转子式（YEZ、YEZR）及附加直流电磁制动器（YEJ）三种。

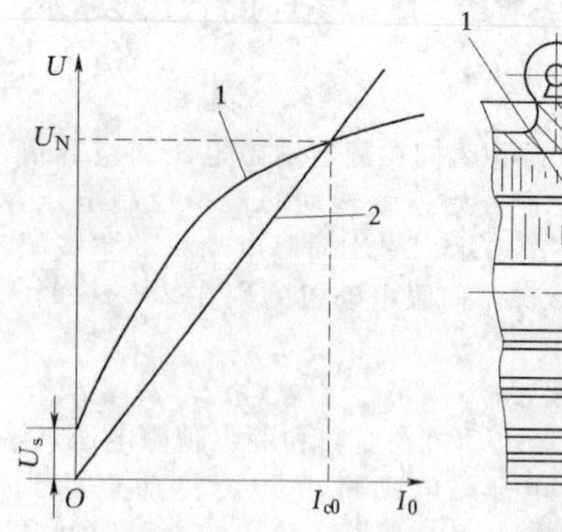

图 1-11-8　自励异步发电机空载特性

1—空载特性曲线；2—电容伏安特性曲线

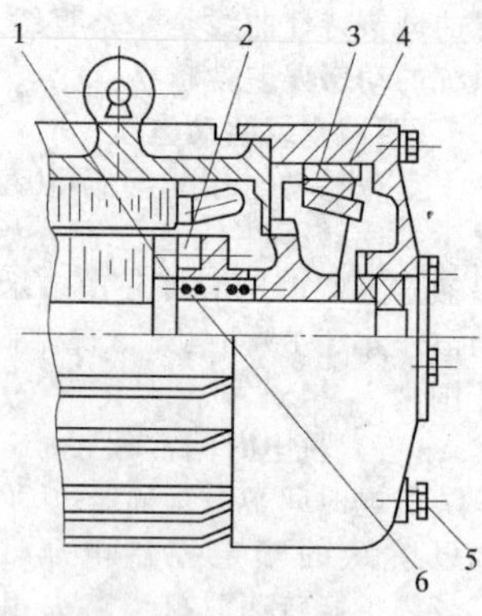

图 1-11-9　旁磁式自制动电机结构示意图

1—分磁铁；2—衔铁；3—制动环；4—制动圈；5—调节螺钉；6—弹簧

YEP 型电动机由装在风扇外圈上的非金属制动环与罩壳上的锥形制动圈相摩擦而产生制动力矩，摩擦面上压力由弹簧产生。电动机定子铁芯比转子铁芯稍长，对应于定子铁芯伸长部分的转子轴上装置分磁铁。定子通电后在分磁铁上产生轴向磁吸力，将与制动机构相连的衔铁吸上，使制动环与制动圈脱开，电动机开始转动。定子断电时制动环复位，使转子迅速制动停转。其结构见图 1-11-9，有 4、6 极 18 个规格（H80～160、0.55～45kW）。

YEZ、YEZR 型电动机的定子内圆、转子外圆都呈锥形，定子通电后在定子、转子间产生轴向磁吸力，使转子轴向移动并使制动环与制动圈脱开。产品分宠型转子（H71～180、0.25～22kW）及绕组转子（H90～125、0.75～45kW）。YEJ 型电动机带有直流制动器，产品有 2～8 极 53 个规格（H80～225、0.55～48kW）。

（三）异步电动机的制动

1. 发电制动（再生制动）

当转子转速在外加转矩作用下大于同步转速时，电机处于发电机状态，产生制动转矩，从而对外加转矩起制动作用。例如起重机等一类机械在负载高速降落时利用发电制动作用限制下降速度。此时如需要制动到停止状态，还需要用其他制动方法配合使用。

2. 动力制动（能耗制动）

当电动机与交流电源断开后，立即将直流电源加在定子绕组上，于是在气隙中产生一个静止磁场，此时在转子绕组中即产生感应电动势和电流，因而消耗动能产生制动作用。这种制动方法通常用在非逆转的传动系统和停转后才允许反转的可逆传动系统上。

3. 反接制动

短时改变电动机的相序，使旋转磁场反向，从而使电动机产生的转矩和负载惯性转矩方向相反，因而起制动作用。这种方法较简单可靠，但由于反接制动时的振动和冲击力较大，所以一般不适用于精密度要求较高的精密机床等设备。

4. 机械制动

主要是指电磁机械制动，在切断电动机电源的同时，也切断制动机构中克服弹簧压力的电磁铁电源，使抱闸受弹簧压力迅速动作，制动闸轮使电动机停转。制动力矩可通过调节抱闸的弹簧压力来改变。这种方法可不受中途停电或电气故障的影响而造成事故，广泛用于起重卷扬等设备上。

（四）防爆异步电动机

适用于石油、化工、煤矿等有爆炸危险的场所，其设计和制造应符合 GB 3836.1～4—83 的规定。

增安型（e）防爆异步电动机在正常运行时不产生火花、电弧或危险温度，并采取适当措施，如降低各部分温升限度，增强绝缘，提高导体连接可靠性，提高对固体异物和水的防护等级等，以提高防爆安全性。其绕组的允许温升限值比 GB 755—81《电机基本技术要求》的相应规定降低 10K，在接线盒盖与盒座之间加设橡胶垫圈，户外使用的电机应在轴伸加装甩水环。

防爆型防爆异步电动机为封闭式结构，增强了外壳的机械强度，并保证组成外壳的各零部件之间的各接合面上具有一定的间隙参数，一旦电机内部爆炸，也不致引起周围环境的爆炸性混合物爆炸。电机的隔爆接合面有静止部分和活动部分，前者包括机座与端盖、端盖与轴承、机座与接线盒、接线盒内各有关部件间、绝缘压制件与金属件之间以及绝缘压制件相互间的接合面；后者指转轴与轴孔间的接合面。接合面的结构参数，包括最大允许间隙 w、最小允许有效长度 L、接合面边缘至螺孔边缘的最小有效长度 L_1 和表面粗糙度等。这些参数内应符合 GB 3836.1～4—83 的有关规定。

正压型（p）防爆异步电动机由电机与通风装置组成一体，机体内连续通以不含爆炸性混合物的新鲜空气或充以惰性气体，内部保持一定的正压，以阻止爆炸性混合物从外部进入电机。

无火花型（n）防爆异步电动机是在其产品部件上采取适当措施，使电机在正常运行条件下不会点燃周围爆炸性气体混合物，且一般不会发生点燃的故障。

（五）潜水异步电动机

这种电动机是与潜水泵组成一体潜入水下工作的立式专用三相笼型异步电动机，广泛用于排灌和高原山区汲水。常用的有井用充水式（YQS）、井用充油式（YQSY）潜水电动机及浅水潜水电泵。

YQS 型电动机因受井径限制，其外型细长，电机内腔充满清水，各止口接合面以“O”形圈密封，轴伸端装有防砂密封装置。定子绕组通常采用聚乙烯尼龙护套耐水电磁线，以穿线工艺下线，绕组与引出电缆的接头用自粘胶带包扎。电机的轴承以水作润滑剂，零部件须采取必要的防锈、防腐蚀措施。

YQSY 型电动机内腔充满变压器油，其密封方式与 YQS 型基本相同。其定子绕组采用加强绝缘的耐油、耐水漆包线以穿线工艺下线。绕组与引出电缆的接头要求密封可靠。电机下端装有保压装置，保证电机内部油压稍大于外部水压，并有贫油保护装置。

浅水潜水电泵潜入 0.5～3m 浅水中提水，电机分充水式、充油式及干式三种型式。

（六）直线电动机

旋转电机沿径向剖开并展开成直线就成为直线电机，它不需要中间转换装置就能把电能直接转换为直线运动的机械能，具有速度高、结构简单、运行可靠、成本低等优点，用于交通运输及机械传送装置等需要直线运动的场合，例如用于驱动高速交通工具可能达到 500km/h 的速度，填补一般的车辆—轨道系统的极限速度（约 300～350km/h）和飞机速度（约 1000km/h）间的空缺。低速直线电机可用于驱动传动带、门的自动开关装置、电磁泵（输送液态金属）、圆盘传动装置等。

常用的直线电机为直线异步（感应）电动机，按其结构特征可分为平板型和管型两类，电动机三相初级绕组由三相电源供电，次级为金属平板或展开为直线的笼型结构（平板型）。将平板型电机沿轴向卷成圆筒状即成为管型电机，如图 1-11-10 所示。电动机可以做成初级（或次级）移动而次级（或初级）固定的，也可以做成短初级或短次级的。平板型电动机还可做成单边型（只有一个初级）或双边形（有两个面对面的初级）。图 1-11-11 中（a）、（b）分别为短初级的双边和短次级的单边直线感应电动机。高速地面运输常用短初级双边直线感应电动机；短行程的往复式驱动器常用管型直线电动机。

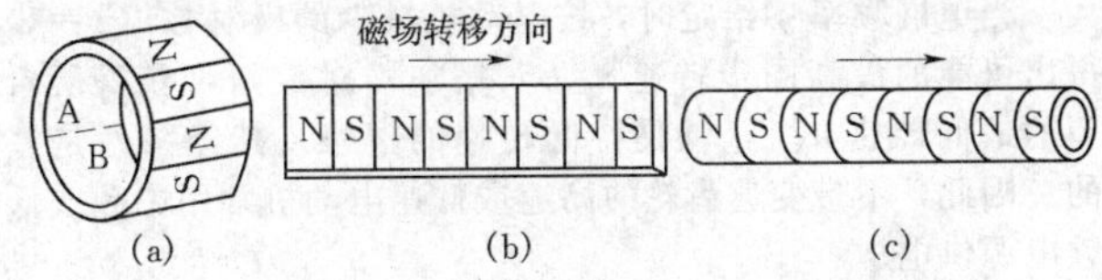

图 1-11-10　平板型和管形电动机构成过程

（a）普通旋转电动机；（b）平板型直线电动机；（c）管型电动机

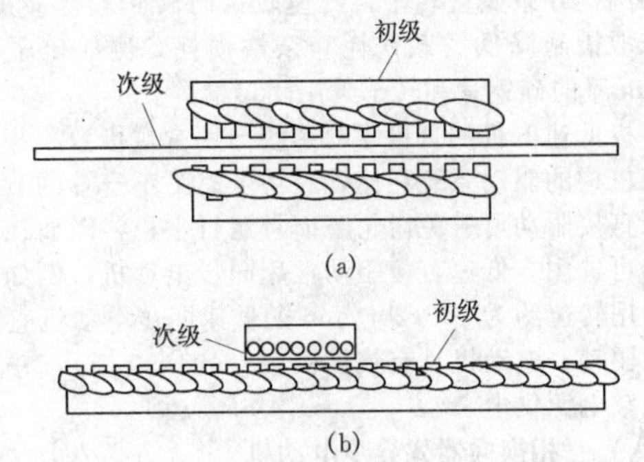

图 1-11-11　直线感应电动机结构示意图

（a）短初级双边；（b）短次级单边

当初级绕组电流频率为 f，绕组极距为 τ 时，则气隙磁场移动速度（同步线速度）为 $v_s = 2\tau f$，转子作直线运动的速度 v 为

$$v = v_s(1-s) = 2\tau f(1-s)$$

式中　s——滑差率。

由于直线电机的磁路不连续，其定子和转子之间的气隙中除存在移动磁场外还存在脉振磁场，同时当次级某导体进入或离开气隙时，由于磁场发生突然变化，将感应产生涡流，这种端部效应必在次级产生附加损耗和附加的制动力。另外直线电机初级三相绕组在空间上位置不对称，故三相电抗不对称而使电机运行时三相电流不平衡。其气隙也比一般旋转电机大得多，故电机励磁电流大，功率因数较差，有端部效应的实际单边直线感应电动机与不考虑端部效应的理想单边直线感应电动机的效率、推力对比示例如图 1-11-12 所示。

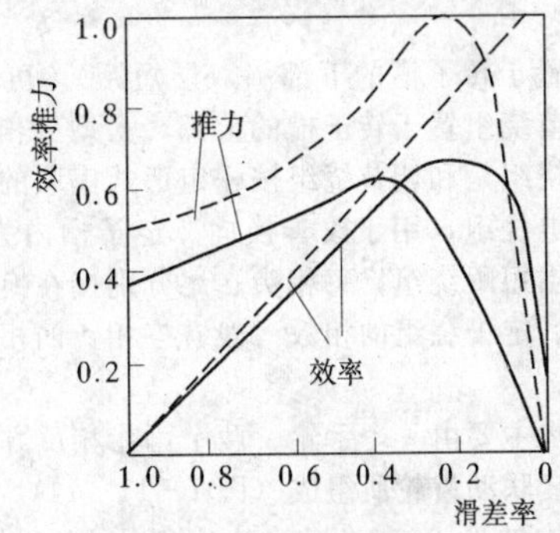

图 1-11-12　效率、推力与滑差率关系

（虚线和实线分别表示理想和实际的单边直线感应电机）

此外，还有直线同步电动机，它具有三相电枢绕组和直流励磁的磁场，常用的有磁场移动式和磁阻式直线电动机。还可采用超异励磁绕组来产生励磁磁场。

还有一类直线电机，是利用其初级和次级间产生的与转子移动方向垂直的吸引力或推斥力，该垂直力使电机次级悬浮在初级之上，这类电机称为直线悬浮电机，可用于高速悬浮地面运输系统。

（七）不带变速齿轮的高速和低速电动机

当电网频率 f 给定时，按电动机最少的极对数（$p=1$）得出可能的最高同步转速 n_{smax}，增加极对数则可获得所希望的最低转速 n_{smin}，但是特低转速的电机，其经济性是差的。因此，不带变速齿轮的高速或低速电动机常用中频或低频电源供电。

高速异步电动机常用400Hz中频电源供电，转子铁芯应选用高强度硅钢片，一般采用机械结构可靠且集肤效应不明显的圆铜导条笼型转子，转速较高时转子端部应加护环，还应采取措施降低空载铁耗和杂散损耗，例如定子铁芯用0.35mm厚的硅钢片和转子采用闭口槽等。

多极低速电机的直接驱动系统与用常规极数三相电动机带齿轮机构的驱动系统相比，经济上总是不合算的，但是低速电机直接驱动可避免齿轮磨损且运行平稳，因而在某些情况下仍可选用。低速直接驱动常用同步电动机，例如筒式粉碎机采用转速约为10～20r/min的低速同步电动机直接装在滚筒上驱动，电动机具有较多极数（40～50极），并由几赫兹的低频电源供电。

（八）三相换向器式异步电动机

1. 三相换向器式异步电动机的原理接线（图1-11-13）

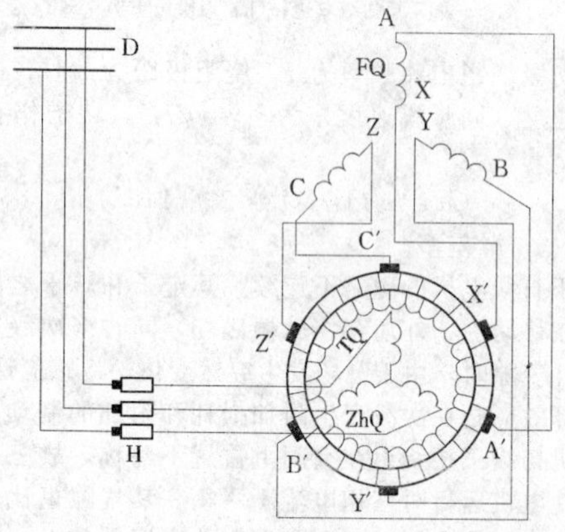

图1-11-13 三相换向器式异步电动机原理接线图

ZhQ—主绕组；FQ—辅助绕组；TQ—调节绕组；H—滑环；D—电源

主绕组置于转子槽的下部（双层短距），可接成星形或三角形，调节绕组置于转子槽的上部。大型三相换向器异步电动机的主绕组是和调节绕组按一定形式串联的，转子槽的顶部还有放电绕组，用于改善换向。定子槽内为辅助绕组，它是多相双层短距绕组，每相头、尾分别接在换向器的一对电刷引线上。定子绕组的相数一般有三相、四相、五相、六相、七相等。

调速机构主要由一个手轮、两个可作相反方向移动的电刷转盘及一套联动齿轮所组成（图1-11-14）。

调速机构的两个差动齿轮比一般采用17/19、21/23、23/25、29/31等几种，所有各相电刷分别装在两块转盘上，转子手轮可以使用相同电刷同时移开或靠拢，就可调节电动机的转速和功率因数。

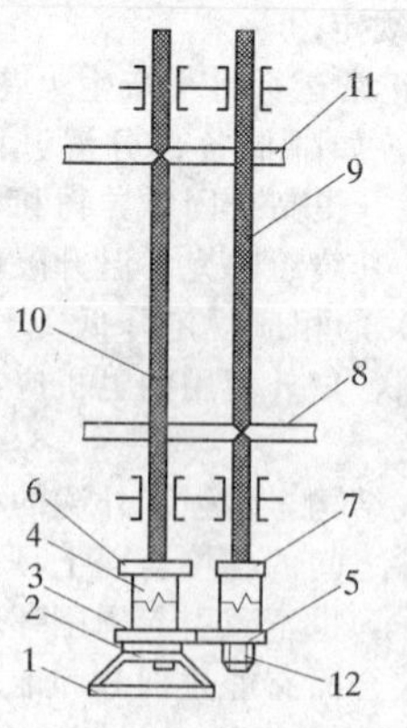

图1-11-14 调速机构原理图

1—手轮；2—挡圈；3—差动齿轮C；4—离合器；5—差动齿轮D；6—传动齿轮A；7—传动齿轮B；8—转盘甲；9—传动轴；10—手轮轴；11—转盘乙；12—紧固螺母

三相换向器式电动机的转子主绕组接通三相额定电压时，产生旋转磁场，它的磁力线与定子的辅助绕组切割就感应出电动势，而转子本身的调节绕组也同样产生感应电势。由于定子辅助绕组与转子调节绕组是短接的，于是在短接的绕组内就有电流形成。定子导体中电流产生的磁场与转子的旋转磁场作用，产生转矩使转子旋转。

2. 调速原理和调速范围

三相换向器式异步电动机运行时主绕组内通过的电流叫做主电流，在辅助绕组和调节绕组内通过的电流叫做副电流（副边电流）。副电流的大小与辅助绕组和调节绕组合成感应电势的大小以及它们的阻抗有关。如果在辅助绕组内加入与辅助绕组中感应电势 sE_f 反向的调节绕组中的附加电动势 E_t 后，副电流为

$$I_2=\frac{sE_f-E_t}{\sqrt{(R_f+R_t)^2+(sx_f+x_t)^2}}$$

式中 R_f、R_t——辅助绕组和调节绕组的相电阻（Ω）；

x_f、x_t——辅助绕组和调节绕组的相电抗（Ω）；

s——未加入附加电势 E_t 前的电动机转差率；

E_f——辅助绕组的感应电势（V）；

E_t——调节绕组的感应电势（V）。

当电动机空载时，辅助绕组内的电流 I_2 近似为零，即

$$sE_f-E_t\approx 0$$

因此
$$s=\frac{E_t}{E_f}$$

其中调节电动势为

$$E_t=E_{tm}\sin\frac{\alpha}{2}$$

式中 α——同相电势间的张角，大于同步转速时，α 为负值；小于同步转速时，α 为正值（电角度）；

E_{tm}——$\alpha=180°$电角度时调节绕组的最大电动势。

因此，电动机的空载转速 n_0 为

$$n_0=(1-s)n_1$$

$$=\left(1-\frac{E_{tm}\sin\frac{\alpha}{2}}{E_f}\right)n_1 \quad (\text{r/min})$$

式中 n_1——同步转速（r/min）。

由上式可以看出三相换向器式异步电动机的空载转速与同相电刷间的张角 α 有关。因此，移动电刷间的张角，使其在－180°～＋180°范围内变化，电动机的转速便可在一定范围内任意调节。

当 $\alpha=-180°$（即 E_f 和 E_t 同相位）时，其空载转差率 s 和最大空载转速 n_{0max} 为

$$s=\frac{-E_{tm}}{E_f}$$

$$n_{0max}=\left(1+\frac{E_{tm}}{E_f}\right)n_1$$

当 $\alpha=180°$（即 E_f 和 E_t 反相位）时，空载转速最小，其空载转差率 s 和最小空载转速 n_{0min} 为

$$s=\frac{E_{tm}}{E_f}$$

$$n_{0min}=\left(1-\frac{E_{tm}}{E_f}\right)n_1$$

如果同相电刷间调节绕组的最大电动势 E_{tm} 是辅助绕组电动势 E_f 的一半，即

$$E_{tm}=\frac{1}{2}E_f$$

则 n_{0max} 与 n_{0min} 的变化范围等于 $1.5n_1\sim0.5n_1$。

如果同相电刷间调节绕组的最大电动势 E_{tm} 等于辅助绕组感应电动势 E_f，即

$$E_{tm}=E_f$$

则 n_{0max} 与 n_{0min} 的变化范围等于 $2n_1\sim0$。

由此可见，当 $E_t=\frac{1}{2}E_f$ 时，最大空载转速为最小空载转速的三倍；当 $E_{tm}=E$ 时，最大空载转速为同步转速的二倍，最小空载转速为零（即停止不动）。

电动机在负载运行时，因副边回路的阻抗压降会使电动机的转速下降，因此其调节绕组的最大电动势 E_{tm} 应稍大于 $\frac{E_f}{2}$。三相换向器式异步电动机负载时的同相电刷位置和调速情况如表 1-11-2 所示。

表 1-11-2　　三相换向器式异步电动机负载时的同相电刷位置和调速情况

	1	2	3	4	5
电刷位置	$\alpha=0$ $E_t=0$	α 为正值 E_t 为正值 $\lvert E_t\rvert<\lvert sE_f\rvert$	α 为负值 E_t 为负值 $\lvert E_t\rvert<\lvert sE_f\rvert$	α 为负值 E_t 为负值 $\lvert E_t\rvert=\lvert sE_f\rvert$	α 为负值 E_t 为负值 $\lvert E_t\rvert>\lvert sE_f\rvert$
简化的副边电动势相量图	TQ, s, A′, X′, C, n, $\dot{\phi}_1$, $\dot{I}_2$, $s\dot{E}_f$	TQ, s, A′, X′, C, $\dot{E}_t$, n, α, $\dot{\phi}_1$, $\dot{I}_2$, $s\dot{E}_f$, $s_t\dot{E}_f$	TQ, s, X′, A′, C, $\dot{E}_t$, n, α, $\dot{\phi}_1$, $\dot{I}_2$, $s_t\dot{E}_f$, $s\dot{E}_f$	TQ, s, X′, A′, C, $\dot{E}_t$, n, α, $\dot{\phi}_1$, $\dot{I}_2$, $\dot{E}_f$, $s\dot{E}_f$	TQ, s, X′, A′, C, $\dot{E}_t$, n, α, $\dot{\phi}_1$, $s_t\dot{E}_f$, $\dot{I}_2$, $s\dot{E}_f$, $\dot{E}_f$
运行情况	$s_t=s$ $s>0$ $n<n_1$ 运行在比同步速度低或稍低的转速上	在副边回路中 E_t 与 E_f 反向 $s_t>s$ $n<n_1$ 运行在同步速度以下	在副边回路中 E_t 与 E_f 同向 $s_t<s$ $n<n_1$ 运行在同步速度以下，但速度比 $E_t=0$ 时高	在副边回路中 E_t 与 E_f 同向 $s_t=0$ $n=n_1$ 运行在同步速度	在副边回路中 E_t 与 E_f 同向 $s_t<0$ $n>n_1$ 运行在同步速度以上

注　α—同相电刷间的张角；s—未加入 E_t 前的电动机转差率；s_t—加入 E_t 后的电动机转差率；n_1—电动机的同步速度；n—电动机的转速；I_2—副边电流；E_t—调节绕组电势；E_f—副边电势（定子辅助绕组电势）；TQ—调节绕组；ϕ_1—电动机主绕组的工作磁通。

3. 确定电刷架引线与定子辅助绕组的连接

在定子辅助绕组各相的首端标出 1、2、3、…，尾端标出 1′、2′、3′、…。在电刷引线每相首端标出 A、B、C、…，尾端标出 A′、B′、C′、…。确定每相电刷引线应与定子辅助绕组的那一相连接时，可先将定子辅助绕组的首端 1、2、3、…短接并与电刷引线 A 连在一起，如图 1-11-15 所示，再将转子主绕组通以三相额定电压，将调速手轮转向“快速”（最高速）处，用电压表分别测量 A′～1′、A′～2′、A′～3′、…之间哪个电压最高。如果是 A′～1′之间的电压最高，再将调速手轮转向“慢速”（最低速）处，如果是 A′～1′之间的电压最低，则接线应将 A 与 1、A′与 1′相连。

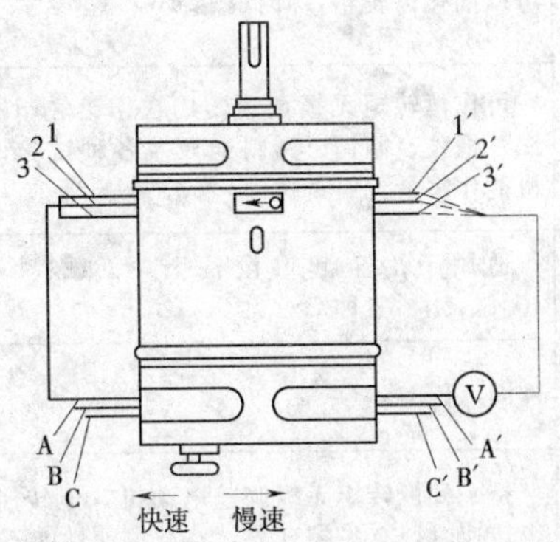

图 1-11-15　确定电刷引线与定子辅助绕组的连接

按同样方法，可分别确定出每相电刷引线与定子辅助绕组的连接。

在确定定子辅助绕组为六相的电动机时，因为其中有两相电压很近似，故应特别仔细观察电压的大小。

4. 确定电刷转盘的相对位置

电刷转盘的相对位置不正确，会使电动机的 $\cos\varphi$ 降低，电流大，火花加剧，甚至烧坏电动机。因此，确定电刷转盘的相对位置是换向器式电动机的关键问题。

电动机运行时的空载电流—转速特性曲线如图 1-11-16 所示。电刷转盘的相对位置调整适当时，主电流 I_1 和副电流 I_2 的变化过程应与曲线符合。

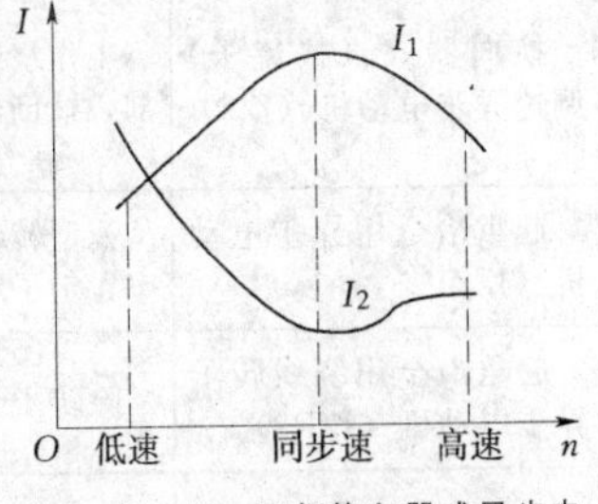

图 1-11-16　三相换向器式异步电动机的空载电流—转速特性曲线

I_1—主电流；I_2—副电流

在一般情况下，转子主绕组的相电流在转速稍高于电动机同步转速时为最大；低转速时电流最小；高转速时电流介于两者之间。

调试前，将原有的高、低速限位块拆除，以便调节。先把电刷转盘调到表 1-11-1 内 1 的位置，即同相电刷都处于一块换向片的位置。转子工作绕组通入三相 220V 左右的电压，电动机以稍低于同步转速旋转，此时，转向应与指示牌相符。然后，将电刷转盘调到最低速位置，在主绕组及辅助绕组引线处均接上钳形电流表，测量转子的主绕组及定子辅助绕组电流的变化过程。如果低速时主绕组电流过大，应将图 1-10-12 所示调速机构的紧固螺母松开，把差动齿轮 D 离开，使转盘甲固定不转。调节转动手轮使转盘乙慢慢移动，可调节主绕组使其电流下降，接着把差动齿轮 D 推入，将紧固螺母固定。调转动手轮时，甲、乙两端能同时转动，然后把手轮向“快速”方向缓慢转动，使电动机达到最高速。在调速过程中，应注意观察主绕组和辅助绕组电流的变化过程，特别要注意主绕组电流的变化过程。如果电动机处于高速时，其主绕组的电流是低于或接近同步转速时的电流值。此时，再转动手轮调至低速位置，观察电流大小。

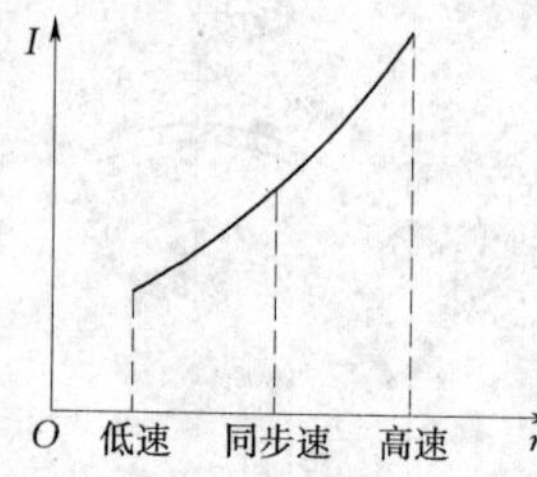

图 1-11-17　低转速时转子主绕组电流过低

反复进行调试直至所测得的电流数值符合图 1-11-17 所示的曲线为止，然后，使电动机运转 2h 以后，再行测试是否与上述的曲线有出入。

接着可确定电动机的“低速”、“高速”位置。因为是在空载情况下进行调试，故所测得的转速值均较额定转速值高些；低速高 40～100r/min，高速较最高额定转速高 70～100r/min。

最后装上限位块，调整工作便告结束。当调试工作不顺利时，经常出现下列三种情况：

(1) 如果主绕组的电流如图 1-11-18 所示，应将低速时的主绕组电流升高到接近同步转速时的电流值，这样，高转速时的主绕组电流就会下降。

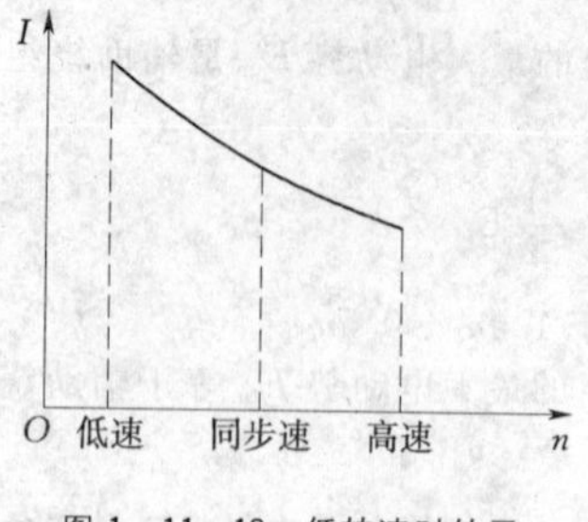

图 1-11-18　低转速时转子主绕组电流过高

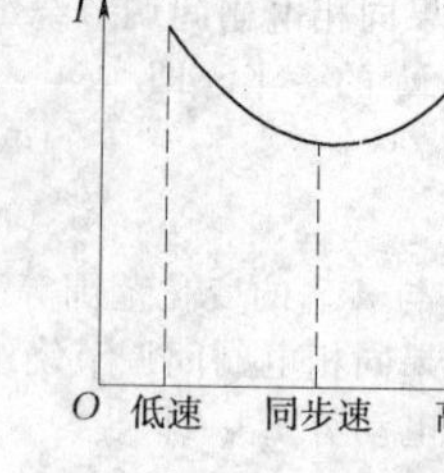

图 1-11-19　差动齿轮 C 与 D 的位置调错

(2) 当主绕组的电流如图 1-11-18 所示，应将低速时主绕组的电流调低，这样，高速时的电流即会上升。

(3) 如上述两种方法都不能把主电流调试成图 1-11-16 内曲线 1 时，则会出现图 1-11-19 所示情况，说明调试情况是电动机的反转特性，$\cos\varphi$ 较低，主绕组电流—转速曲线反向。此时，须将差动齿轮 D 与 C 的位置对调，就可符合图 1-11-16 内曲线 1 的要求。

5. 改变电动机的旋转方向

换向器式电动机只能在指定的方向长期运转，不允许利用改接电源使其反向运转。

如需改变转向长期运行时，应先绘制图 1-11-16 曲线后，再将差动齿轮 C 和 D 的位置对调，换接任意两根电源线，电动机立即反转。反转后，必须进行调试工作，将所测的电流值做出曲线，应与反转前所测绘的曲线一致，此时方可长期反转运行。

如果要求短时反接运行，一般不允许超过 1h，即可与普通电动机一样，仅换接两根电源线即可。

(九) 特殊用途异步电动机的结构和使用特点

见表 1-11-3。

表 1-11-3　特殊用途异步电动机的结构和使用特点

产品名称	结构特点	使用特点
高起动转矩异步电动机 (JQO2)	除转子采用双笼或深槽外，结构安装尺寸和外形尺寸与 JO2 相同	起动力矩大，适用于起动静止负荷或惯性负荷较大的机械，如压缩机、柱塞式水泵、粉碎机及小型起重机等
高转差率（滑率）异步电动机 (JHO2)	除转子采用小槽及锰铝或硅铝合金浇铸外，结构和外形尺寸与 JO2 相同	适用于传动飞轮力矩较大，具有冲击性负荷的机械如剪床、冲床、锻压机及小型起重机等
多速异步电动机 (JDO2)	利用一套定子绕组改变接线方法，达到双速、三速、四速（也有采用二套绕组），除引出线为 9～12 根外，结构和外形尺寸与 JO2 相同	用在车床、铣床、磨床、印染机、印刷机等设备上，可以简化齿轮箱，降低噪音
换向器式（整流子）调速异步电动机 (JZ2)	工作绕组置于转子槽的下部，调节绕组置于转子槽的上部，辅助绕组置于定子槽内	可作恒转矩无级调速，用在印染、印刷、造纸、纺织、橡胶、制糖、塑料通风及各种试验设备中，电动机能作平滑无级调速
起重冶金用异步电动机 (JZ2)	笼型转子，采用锰铝、硅铝合金浇铸，具有较高的滑差率，定子绕组采用 E 级或 B 级绝缘，结构为封闭型外自冷	适用于冶金起重设备上，负载持续率为 25%、40%、60%三种
起重冶金用绕线转子异步电动机 (JZR2)	除转子为绕线型外，同 (JZ2)	同 (JZ2)
电磁调速异步电动机 (JZT)	由异步电动机和电磁转差离合器组成，由专用控制设备控制。用电磁转差离合器励磁电流来调节转速	是一种恒转矩无级调速电动机，但转速低于 10%额定转速时，有失控现象，空载调速性能不好

续表

产品名称	结构特点	使用特点
齿轮减速异步电动机(JTC)	由JO2异步电动机与两极圆柱斜齿轮减速箱直接构成一体	适用于矿山、轧钢、制糖、造纸、化工、橡胶等工业，该电动机只准使用联轴器或正齿轮与传动机构联接
摆线针轮减速异步电动机(JXJ)	由JO2异步电动机与摆线针轮减速器直接构成一体，结构紧凑，体积小，重量轻	
力矩异步电动机(JLJ)	结构为防滴式，后端盖装有鼓风机。转子导条采用高电阻黄铜条，它的最大转矩发生在堵转或接近在堵转处	能在堵转到接近同步转速的范围内稳定运行，且转速能随负荷变化而变化，适用于恒张力、恒线速度传动的设备中作动力，如卷筒等
隔爆型异步电动机(JB2)	机座由铝板焊成，端盖、出线盒等皆以高强度铸铁铸造，出线盒在机座顶部	适用于煤矿、井下、石油、化工有爆炸性危险的场所
防爆安全型异步电动机(JAO2)	系在JO2基本系列基础上的派生产品，功率等级及安装尺寸与JO2相同，但外形尺寸稍有差异	适用于Q2级场所，即正常情况下没有爆炸危险，只在事故状态下才能形成爆炸危险的场所
装岩机用隔爆型异步电动机(JBI2)	电动机主体外壳，采用QT40-10高强度稀土镁铸铁制造，其余均与隔爆型相同	与装岩机配套使用
辊道用异步电动机(JG2)	起动转矩大，起动电流较大，耐高温，机座用铸铁铸成，外表面有散热筋，定子绕组采用H级绝缘结构	适用于轧钢厂、轧钢辊道和传送辊道、高温、多粉尘及频繁正反转起动，反接制动等恶劣条件下工作
井用(充水式)潜水异步电动机(JQS)	电动机细长，与水泵组装成一整体，定转子间充以清洁水。电机密封	电动机浸在深水井下工作，以水作为冷却介质
井用充油式潜水异步电动机	基本与充水潜水电动机相同，但密封性能要求更严，定转子间充以绝缘油，另有保护装置，调节平衡电机内外压力以作贫油保护	电动机浸在深水井下工作，以水作为冷却介质
充油式潜水异步电泵(QY)	由2.2kW立式内充油外水冷三相异步电动机和水泵组装成一体。电动机各止口部位全部用橡胶圈密封，轴伸部位用整体密封盒作动密封，转子槽加磁棒限制起动电流，电机单相运转也不易烧坏绕组	用于0.5～3m浅水中排灌设备。广泛用于农田、城建水塔送水、低洼地防汛、食用饮水等
装入式异步电动机(AB)	系特殊设备配套电机，定子硅钢片以扣片扣牢，嵌入绕组，作绝缘处理，转子无轴，直接装在设备上	系直接装入磨床磨头体或其他机床机体内，直接驱动砂轮或传动轴进行工作
电梯用异步电动机(JTD)	系一种高转差率笼型异步电动机，具有较好的起动特性，较低的起动电流，噪音较低，有6/24极和8/24极两种	用于电梯，作升降动力之用
木工用异步电动机(JM2)	电动机细长，机座采用钢板弯成或铝壳，为密封自扇冷笼型三相异步电动机，过载能力强，轴伸品种较多，适应杠机械的需要	为木工机械配套专用
震捣器用异步电动机	无轴伸，转子两端加偏心块，机壳较厚	运行在较强烈的周期震荡环境中，作混凝土震捣用
立式深井泵用异步电动机(JLB2)	系立式扇冷空心轴带防逆装置三相笼型异步电动机	为长轴深井泵配套专用电动机，泵轴穿过电机轴心，在顶端用联轴器与电动机联接，联轴器和防逆装置装成一体，电机和泵不允许逆转
井用潜油异步电动机(JTY)	一般为封闭、充油、立式三相二极笼型异步电动机。由定子、转子、基本支撑件、引出线装置和循环过滤器5个主要部分组成	潜入几百米至3000m深的油井中直接抽取原油的机械采油装置，井液温度45～90℃，井液压力可达(9.8～19.6)×10^6Pa(100～200kgf/cm²)，井液除原油外还含有一定量的腐蚀性物质
屏蔽式异步电动机	电动机与泵为一个密封整体，一般为立式小功率，也有卧式的，泵的叶轮装在电机轴上并被封闭在同一壳体内。被输送液体将进入电机，必须用屏蔽套将定转子分别密封，并利用所输送液体的一部分作为冷却和润滑之用	在原子能、化工、石油、轻工等部门应用，输送不含有颗粒的剧毒、易燃、易爆、放射性、腐蚀性或贵重液体
制动异步电动机(傍磁式)(JZD2)	制动装置和电动机成一体，定子铁芯比转子铁芯长，在长出部位装设分磁铁，制动片装在风叶上，利用弹簧压力制动	用于单梁吊车或机床
椎形转子制动异步电动机(JZZ)	定子内腔和转子外表面都成锥形。有单调速和双调速机构两种。锥形转子产生的径向力，用于带动制动器	用于单梁吊车或小车行走机构

第十二节　单相异步电动机

一、工作原理

定子一相绕组通入单相电流时，将产生脉振磁势，它可分解为大小、转速相等转向相反的两个旋转磁势。在单相单绕组笼型异步电动机中，当转子不动时正、反转磁势的作用相同，气隙磁场为脉振磁场，合成转矩为零。转子转动之后，转子电流对定子正、反转磁势去磁作用不同，气隙合成磁场为椭圆磁场，产生异步转矩。

具有主绕组 m 和副绕组 a 的单相电机，两个绕组在空间相隔一个角度，电流的相位也不相同，从而产生了空间及时间相位不同的两个脉振磁势。将它们分别分解为正转磁势 F_{mf}、F_{af}和反转磁势 F_{mb}、F_{ab}，然后叠加得合成正转磁势 F_f 和合成反转磁势 F_b。任一瞬时的合成正转磁势和合成反转磁势叠加，就得到主、副绕组产生的合成磁势（图 1-12-1），这个绕组合成磁势的幅值及其在空间的位置在 360°范围周期变化。绕组合成磁势如用矢量表示，矢量端点的轨迹这一个椭圆，故称椭圆旋转磁势。其最大幅值（椭圆长轴）在空间的位置是固定的，磁势旋转的瞬时角速度以两倍电源频率周期变化，角速度在短轴处最大，在长轴处最小，平均速度为同步速度，当两绕组空间正交且磁势幅值相等而时间相位差为$\frac{\pi}{2}$时，合成反转磁势为零，得到圆形旋转磁势。

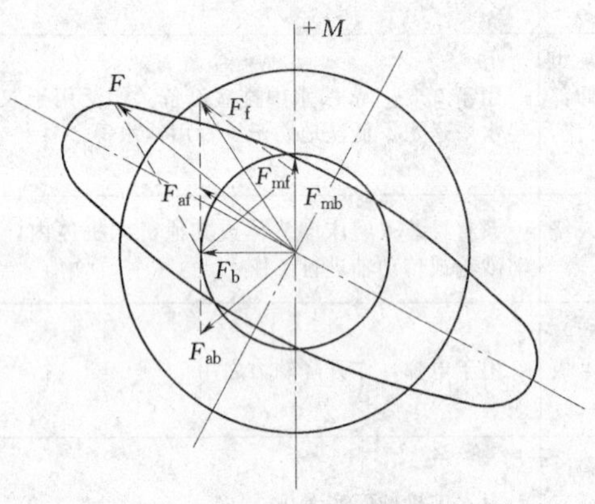

图 1-12-1　椭圆旋转磁势

根据运转时定子副绕组是否断开，单相宠型异步电动机分为单相单绕组（副绕组作为启动绕组，启动后即断开）及单相双绕组（分相）电动机。其原理线路及等值电路见图 1-12-2及图 1-12-3。

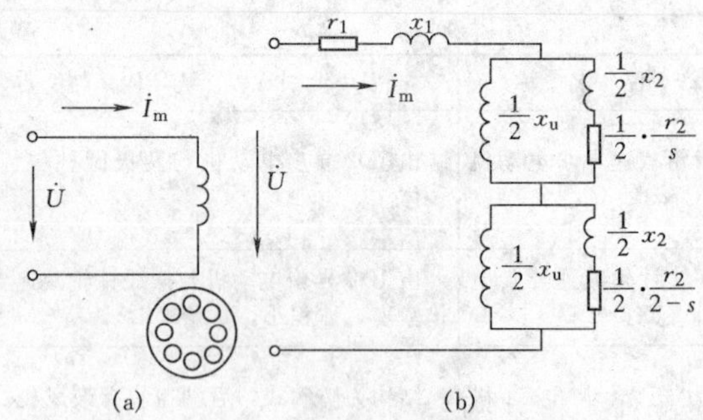

图 1-12-2　单相单绕组异步电动机原理线路及等值电路

(a) 原理线路；(b) 等值电路

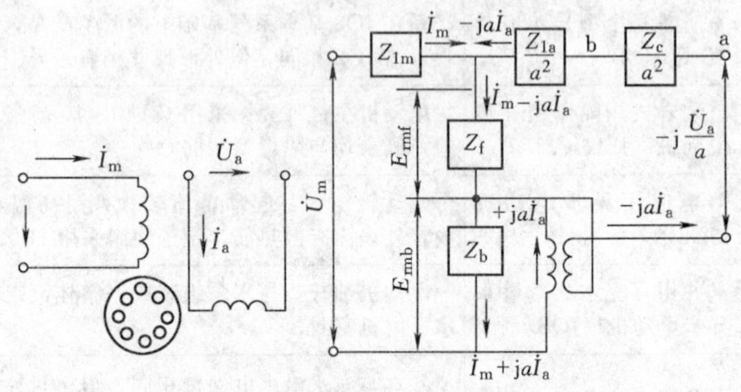

图 1-12-3　单相双绕组异步电动机原理线路及等值电路

单相异步电动机的合成异步转矩为

$$T=\frac{955}{n_1}(I_f^2r_f-I_b^2r_b)\quad(\text{N}\cdot\text{cm})$$

$$r_f=\frac{1}{2}\frac{\frac{r_2}{s}x_m^2}{\left(\frac{r_2}{s}\right)^2+(x_2+x_m)^2}$$

$$r_b=\frac{1}{2}\frac{\frac{r_2}{2-s}x_m^2}{\left(\frac{r_2}{2-s}\right)^2+(x_2+x_m)^2}$$

式中　n_1——同步转速；

I_f——主绕组合成正序电流；

r_f——正序视在电阻；

I_b——主绕组合成负序电流；

r_b——负序视在电阻。

各类单相异步电动机的转矩—转速特性曲线与三相异步电动机特性对比见表 1-12-1。

表 1-12-1　　各类单相异步电动机与三相异步电动机的特性

电机类型	三相异步电动机	单相异步电动机				
		电阻起动	电容起动	电容运转	双值电容	罩极
原理线路		U_1 K U_2 Z_1 Z_2	U_1 K U_2 Z_1 Z_2	U_1 U_2 Z_1 Z_2	U_1 K U_2 Z_1 Z_2	
机械特性 $T/T_N=f(n)$ T_N—额定转矩	T_N/T　O	T_N/T　O　n	T_N/T　O　n	T_N/T　O　n	T_N/T　O　n	T_N/T　O　n

续表

电机类型	三相异步电动机	单相异步电动机				
		电阻起动	电容起动	电容运转	双值电容	罩 极
最大转矩倍数	>2.4	>1.8	>1.8	>1.6	>2	>1.3
最初电动转矩倍数	>2.2	1.1～1.6	2.5～2.8	0.35～0.6	>1.8	>0.3
最初起动电流倍数	<6	6～9	4.5～6.5	5～7		

注 U_1、U_2—主绕组；Z_1、Z_2—副绕组；K—离心开关。

表 1-12-2 常用的单相异步电动机定子绕组接线方式

名 称	正交双绕组	对称三绕组	不对称三绕组	T 接	L 接
原理线路图					
特点及应用	应用较普遍，为减小磁场高次谐波多用正弦绕组	用一般三相绕组，能消除主绕组三次谐波磁势	主副绕组匝数相同，中间绕组匝数较少，性能好，工艺较复杂	用主绕组串并联或主绕组抽头方法调速	多用副绕组抽头改变匝数来调速

单相异步电动机采用正弦绕组，它是一种每槽线圈匝数不等的同心绕组，它能削弱定子磁势的高次谐波。对两绕组电机，通常主绕组线圈在槽底而副绕组线圈在槽面。

单相异步电动机定子绕组的接线与标志见图 1-12-4 和表 1-12-2。

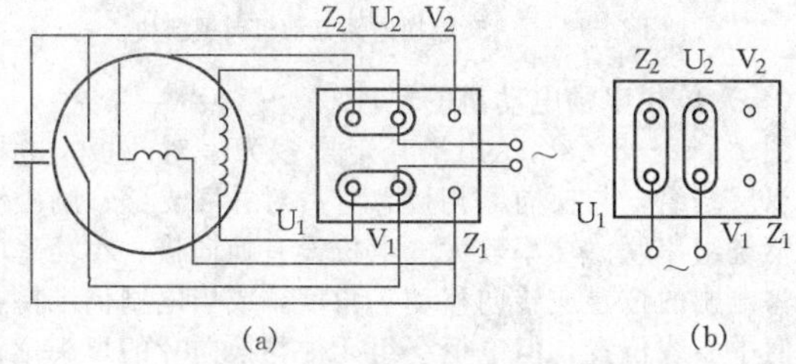

图 1-12-4 线端标志与接线

（U_1、U_2 为主绕组、Z_1、Z_2 为副绕组）

(a) 正转；(b) 反转

起动开关有离心开关和起动继电器两种，当电动机达到规定转速时起动开关断开副绕组电路。

离心开关是在电机达到预定转速 72%～83% 同步转速后，借助于其离心块的离心力断开副绕组电路的。在不宜装置离心开关的场合，可以使用起动继电器（图 1-12-5）。

电流型起动继电器线圈与电机主绕组串联，触头接入副绕组电路。当主绕组起动电流较大时，继电器接通起动电路。电路起动完毕，电流下降，继电器切断副绕组电路。电压型起动继电器线圈接到电机内附加的第三绕组的两端（对电容起动电机也可接到副绕组两端），随转速上升附加绕组（或副绕组）电压升高，电压继电器动作，副绕组电路被切断。

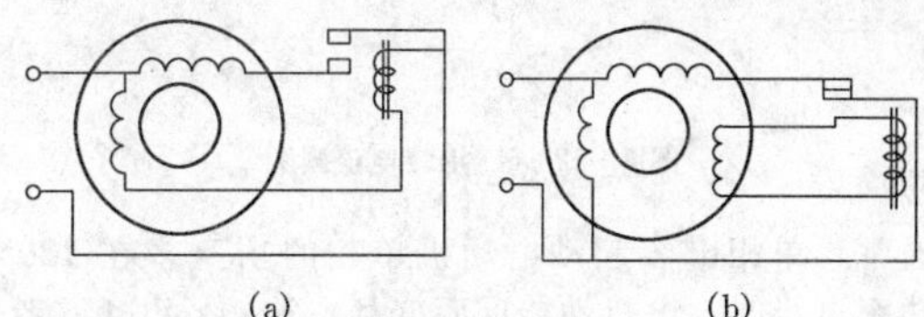

图 1-12-5 起动继电器

(a) 电流型；(b) 电压型

电容器电容量的大小，应在给定负载下根据定值电路参数及转差率，结合调整主、副绕组匝数比，从获得圆形旋转磁场的条件出发进行计算。电容器额定电压应不低于电机工作过程中电容器两端的工作电压。国产一般用途单相异步电动机容量选用值见表 1-12-3。工作电容器使用纸介质电容器，额定电压为 500V；起动电容器使用电解电容器，额定电压为 250V。

表 1-12-3 电动机用电容器电容量选择

功率（W）	6	10		16		25		40		60		90		120		180		250		370		550		750	
极数	4	2	4	2	4	2	4	2	4	2	4	2	4	2	4	2	4	2	4	2	4	2	4	2	4
工作电容（μF）	1	1	1	2	2	2	2	2	4	4	4	4	4	4	6	6	8	8							
起动电容（μF）														75		75		100		100		150		200	

二、单相电阻起动异步电动机

这种电动机又称电阻起动分相电动机，其原理线路图见表 1-12-1。为使其副绕组电路的电阻对电抗比值较大，达到电流分相的目的，常使用截面积较小的导线或将部分线圈反绕，以增大副绕组的电阻。通常，这种电动机在起动时主、副绕组电流相位差角只有 30°～40°，具有中等大小的起动转矩及较大的起动电流；而单机功率的上限也往往受到太大的起动电流限制，常见的产品功率为 60～370W，其价格较电容起动电机便宜。

三、单相电容起动异步电动机

起动时副绕组串接电容器与主绕组接到同一电源上，转速升高后副绕组电路即被切断。正确选择电容值，使副绕组电流相位接近超前于主绕组电流相位$\frac{\pi}{2}$，此时起动电流较小而最初起动转矩较大。电容量大小对堵转转矩的影响可以从堵转电流圆图看出（图 1-12-6）。其中 $\dot{I}_{mD}$是堵转时主绕组电流，随电容量大小改变，堵转时副绕组电流 $\dot{I}_{aD}$及线路电流 $\dot{I}_{LD}$相量端点的轨迹为一圆，其直径为U/R_{ac}（R_{ac}为副绕组总电阻）。堵转转矩大小正比于副绕组电流相量端点到主绕组电流相量的距离大小；而每安培线路电流所产生的堵转转矩 T_D/I_L 正比于 $\dot{I}_L$ 与 $\dot{I}_{mD}$夹角 β_c 的正弦。图中还表示出当堵转转矩为最大时工作点 P 及每安培线路电流产生的堵转转矩为最大时工作点 C。根据工作点求得所需的电容值后，再反复调整直至得到较满意的绕组参数及相应的电容值为止。

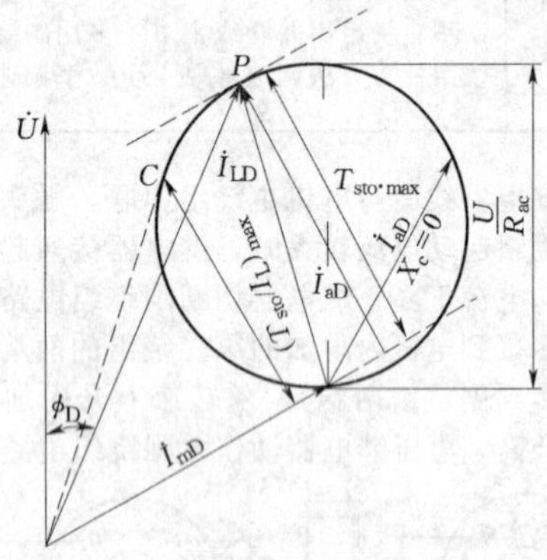

图 1-12-6　堵转电流圆图

通常，单相电容起动电动机单相的功率多在 120W 以上。功率过小时，电机性能反而变坏；3～4kW 以下者已经系列生产；功率更大者，只在个别场合使用。

四、单相电容运转异步电动机

无论在起动或运转时，其副绕组与电容器串联接到电源，在两相不对称情况下工作。电容器电容值根据在给定负载下，使电机接近工作于圆形旋转磁场这个条件来选择，因而电机运行性能较好，效率及功率因数、过载能力都较高，噪声小，且接线简单、无起动开关，但起动转矩较小，空载或轻载运转时由于负序电流较大，电机温升较高（有些产品可能高于负载时温升）。这类电动机广泛用于电风扇、洗衣机及空调器等要求起动转矩小且与工作机械固定连接的设备中，是用途最广的单相异步电动机。

五、单相双值电容异步电动机

在起动及运转时，分别将不同电容量的电容器接入副绕组电路，使电机既有较好的起动性能也有较优良的运行性能。

六、罩极异步电动机

其定子多为凸极式，也有隐极式。在每个主磁极极面约 1/3 部分设置短路环或短路线圈，短路环的感应电流使被罩部分的磁通量减小且其相位落后于未罩部分的磁通相位，从而产生定子椭圆磁场，它与笼型转子的感应电流相作用产生异步转矩。电动机转子只能由定子磁极未罩部分到被罩部分的方向单方向旋转。由于磁场三次谐波产生的谐波转矩，电机转矩曲线在起动部分出现了凹谷。可以用不均匀气隙或改变磁极形状的方法来改变磁场分布，从而使转矩曲线凹谷削减。由于基波反转磁场的存在，产生较强烈的双倍电源频率的脉动转矩，加剧了电机的振动。不过这种电机结构简单、运行可靠，价格便宜，但其效率通常为 15%～30%，且转差率较大，一般性能要求不高，尤其是短期工作的器械仍大量使用，功率都在 100W 以下。

七、单相交流换向器电动机

这类电动机具有转速高、体积小、起动转矩大、调速方便和串励特性等特点，主要类型有单相串励、交直两用和推斥等型式，其典型结构见图 1-12-7。用于电动工具、医疗器械，日用电器、小型机床等。

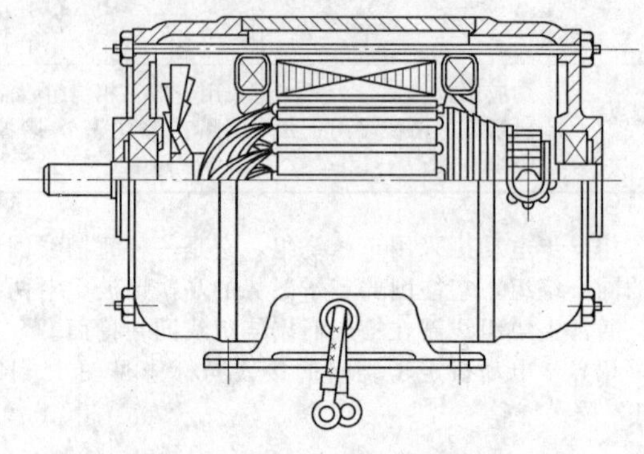

图 1-12-7　交流换向器电动机典型结构

（一）单相串励电动机的原理

图 1-12-8（a）示出了其定子多为一对凸极，电枢绕组为双层绕组，与换向器相接，有一对并联支路；励磁绕组与电枢绕组串联。功率较大的电机设有换向极；小功率电动机可将电刷的位置逆转向移动一角度，或当电刷仍维持在磁极几何中心线位置，但电枢绕组元件与换向片的焊头位置顺着转向偏移 1～2 片，使电枢绕组轴线逆转向位移 10°～30°。

接通电源后，在主磁极沿磁极轴线产生脉振磁通 Φ_d，在电枢沿电刷轴线产生脉振交轴电枢反应磁通 Φ_{qa}［图 1-12-8（a）］。Φ_d 在励磁绕组中感生变压器电势 E_{dt}、在电枢绕组中感生旋转电势 E 及变压器电势 E_t；Φ_{qa}在电枢绕组中感生变压器电势 E_{qt}；加上各绕组的漏抗压降和电阻压降，可以绘出串联电路的相量［图 1-12-8（b）］。主极磁通 Φ_d 与电枢电流 I_a 作用产生的电磁转矩是脉动的，其平均值约为

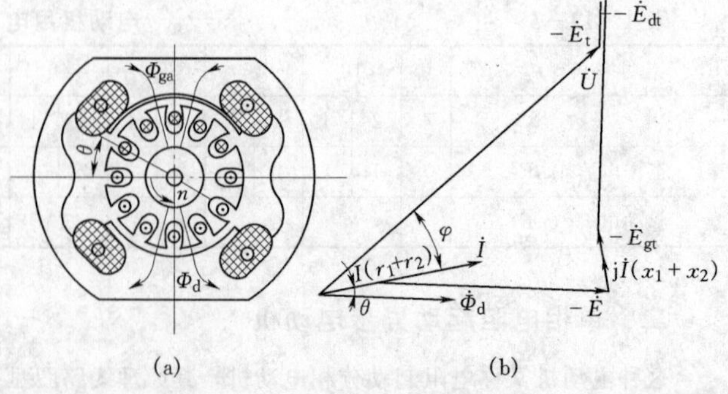

图 1-12-8　交流串励电动机磁通及相量图

（a）磁通；（b）相量图

$$M_p \approx \frac{p}{a} \cdot \frac{N}{2\pi} \Phi_d I_a \cos\zeta$$

式中　p、a、N——极对数、绕组支路对数、电枢总导体数；

Φ_d——脉振磁通幅值；

ζ——磁通 Φ_d 与电流 I_a 的相位差角。

电磁转矩可分解为平均转矩 M_p 与幅值 $M_1 \approx M_p$ 并以两倍电源频率脉振的振荡转矩。由于惯性的影响，电机转速不会产生明显的摆动。

电机转速的大小根据电压平衡后的旋转电势 E，由电枢绕组匝数和磁通 Φ_d 的大小来决定。负载时，变压器电势 E_{dt}、E_{dq} 较小，电机的功率因数较高；而当转速高于 10000 r/min 时，$\cos\varphi$ 近似等于 1。

（二）串励电动机的工作特性

这类电动机可作交直两用（图 1-12-9），交、直流电源供电电压值相同，前者的电枢旋转电势低于后者，故后者的转速较高。为使在不同电源供电时其工作特性相差不多，就要增加在直流工作时励磁绕组的匝数。但当转速很高，而 $\cos\varphi \approx 1$ 时，不增加励磁绕组匝数也可以获得近似的特性。

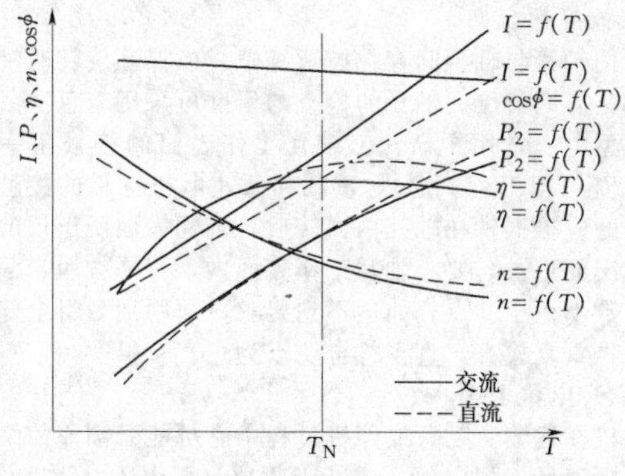

图 1-12-9　串励电动机工作特性

（三）串励电动机的调速

改变供电电压，在电枢回路串联电抗器或在励磁绕组并联电阻分流，都可以调节交流串励电动机转速。如在电枢电路中串联一个晶闸管进行调节，可获得较硬的机械特性。

第十三节　电机的安装和维护

一、电机的安装

（一）电机的连接方式与负载

电机与其有关设备相连接构成传动系统，其连接方式主要采用联轴器连接，连接的类型有刚性、弹性和爪式齿轮等。其所承受的负载如下：

（1）各单元设备的重力负载，主要为电机转子的自重和设备转动部分的自重。

（2）电机气隙磁场产生的切向力矩，它是轴上的有效输出。

（3）电机气隙磁场所产生的径向力矩。

（4）电机或负载产生的轴向力。

（5）电机稳态和瞬态的谐波转矩。

（6）负载的阻力矩或原动机的波动力矩。

（二）不平衡磁拉力

不平衡磁拉力特别是单边磁拉力对电机的正常运行不利。磁拉力分径向单边磁拉力和轴向单边磁拉力两类。径向磁拉力是由于电机设计、装配或安装不当所造成的。对带独立轴承座的中、大型机组安装时应特别注意。一台气隙均匀的电机如安装时轴线径向超差，就会使气隙不均匀，产生单边磁拉力，其值与气隙磁通密度的平方成正比，气隙越小，该处磁拉力越大，该处的定子、转子变形越大，这样又进一步增大磁拉力，形成恶性循环，造成定、转子相擦。对于异步电机因其气隙较小，更应防止定、转子相擦。

安装时，还应考虑轴的热膨胀和窜动，并在轴向留有一定的位移量（可参见有关施工规程）；否则将使电机的定、转子的磁中心不重合，导致铁芯两端的磁场不对称，产生轴向力，其幅值与气隙长度和轴向位移量之比有关。

（三）基础

基础应能承受相关的静、动负载，应不产生有害的下沉、变形或振动，基础内和地沟中不应有渗积水，灌基础用的水泥至少应能承受单位荷重 400N/cm² 以上。第一次灌浆后的基础表面高度应较最终竣工面低 25～40mm，留出安置底板和调整垫板的位置。在直接承受负载的基础区下部不宜开孔或沟。如基础中埋置底脚螺栓，预留的螺栓孔内应留有足够的调整空隙。在基础上安放大电机底板时，一般需经过预置和最后调整二个阶段，经检查合格后，再灌第二次浆。此时应防止轴承座下的绝缘垫板受潮。二次灌浆后，当混凝土强度达到设计强度的 40%～50%后方可进行机组安装，达到 70%以上时方可起动。

机组安装前，应先进行基础的检查验收，具体内容有：

（1）基础的位置、标高、外形、表面的水平度以及底脚螺栓孔布置等是否符合设计和实际要求。

（2）底脚螺栓孔应与基础表面垂直，全长垂直度的允许偏差不超过螺孔直径的 1/10；支承基板的表面应平整，并与螺孔轴线垂直。

（3）基础内外混凝土及伸缩缝应无裂纹和空洞。

（4）基础承力面标高与设计标高的允许偏差为±10mm。

（四）机组轴线的调整

这是安装工作中的关键工序之一。机组各单元的轴中心线应是一条连续光滑的挠度曲线（图 1-13-1）。相互连接的联轴器的两端面应保持平行且同心，以保证机组的轴线重合。这种调整工作称为轴线定心。定心一般分粗调和最后调整两个阶段。粗调时，机组先安装就位但底脚不紧固，调节底板下的垫板、轴承座位置和轴承垫板高度以达到定心要求。然后将底脚螺栓拧紧，再作最后一次调整。图 1-13-1 所示为正确的定心，这时机组两端的轴承高度适当提高，两者的水平仪扬度值相等而方向相反。

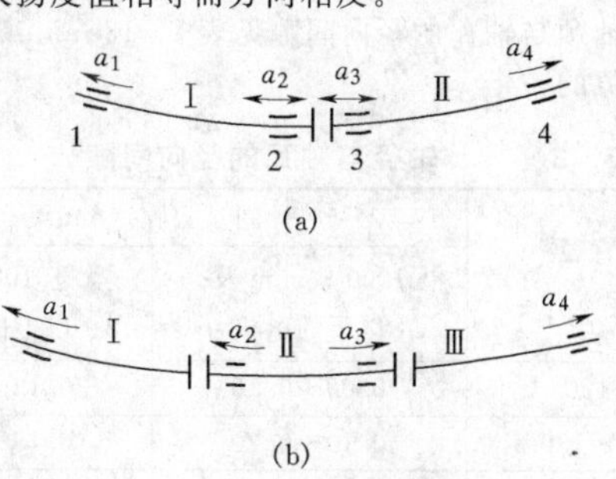

图 1-13-1　机组正确轴线

(a) 双电机轴线；(b) 三电机轴线

除测量轴颈水平度外，还应测量联轴器径向和轴向间隙（图 1-13-2）来进行机组轴线定心。精确测量联轴器的间隙，是利用 4 分表进行的，在两个转子同时顺序转动 90°、

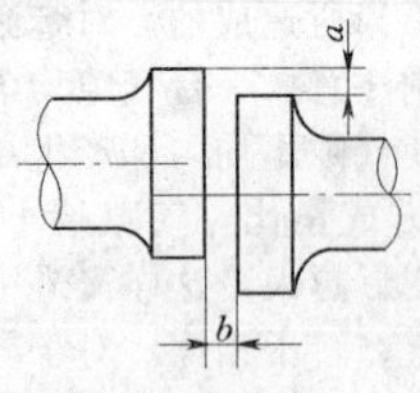

图 1-13-2　机组轴线调整

180°、270°和 360°四个位置时，分别测量径向和轴向间隙，根据测量值计算联轴器的径向和轴向偏差。粗略的检测是直接测量联轴器端面上下左右每相隔 90°的位置的轴向间隙，如四次读数相等则说明端面平行，如不相等，可将一只联轴器固定，另一只作相对旋转，每转 90°后测上下左右四个读数，并旋转四次，得 16 个读数来反映轴的相对位置，以此可找出两联轴器安装中分别存在的问题。然后再检查两联轴器是否同心，即每旋转 90°观察一次千分表与圆周边缘接触的读数，四个位置是否吻合，否则可调整轴承垫板高度直到径向间隙符合要求为止。轴线定心后，还应检查机组各单元的轴向相对位置。

表 1-13-1 所示为机组轴线定心的允许偏差。

表 1-13-1　　机组轴线定心的允许偏差

联轴器型式	联轴器内孔直径（mm）	径　向 a	轴　向 b
刚性联轴器	400 以下	0.03	0.02
	400～600	0.04	0.03
	600～1000	0.05	0.04
齿轮联轴器	150 以下	0.08	0.08
	150 以上	$0.08+\frac{\phi-200}{100}\times0.01$	$0.08+\frac{\phi-150}{100}\times0.01$
弹性联轴器	200 以下	0.05	0.05
	200 以上	$0.05+\frac{\phi-200}{100}\times0.01$	$0.05+\frac{\phi-200}{100}\times0.01$

立式电机的轴线调整可用盘车法，电机经组装和初步调整后，用机械或电力进行盘车、检查上、下导轴承，法兰和水轮机导轴承等处的摆度（轴线倾斜度）。

双转向和频繁起动的机组轴线定心应采用高压供油装置，以减少起动摩擦损耗；并避免采用齿轮联轴器或爪式联轴器，因为这些联轴器各对间有齿隙，不宜作正，反转动。

（五）轴承装配

1. 轴颈和轴瓦的间隙

对同一轴承，轴颈线速度较大时，形成油楔作用的条件较好，因此高速电机的间隙可取得大些，而低速电机的间隙则可取得小些。间隙适宜与否，对轴承温度、电机振动有重要影响。轴颈与轴瓦的径向间隙见表 1-13-2。侧向间隙约为径向间隙的一半。

表 1-13-2　　轴径与轴瓦的径向间隙

轴颈直径（mm）	间　隙（mm）	
	1000 r/mim 及以下的电机	大于 1000 r/min 以上的电机
80～120	0.08～0.16	0.12～0.21
>120～180	0.10～0.20	0.15～0.25
>180～250	0.12～0.22	0.18～0.30
>250～360	0.14～0.25	0.21～0.34
>360～500	0.16～0.30	—
>500～750	0.20～0.40	—

测量间隙时，常用直径 ϕ1～1.5 铅丝放置在轴颈和轴瓦的顶部间，以及上下半轴瓦接合平面间，在上半轴瓦受一定的压力下，测得铅丝变形后的厚度差（图 1-13-3），即为颈向间隙。

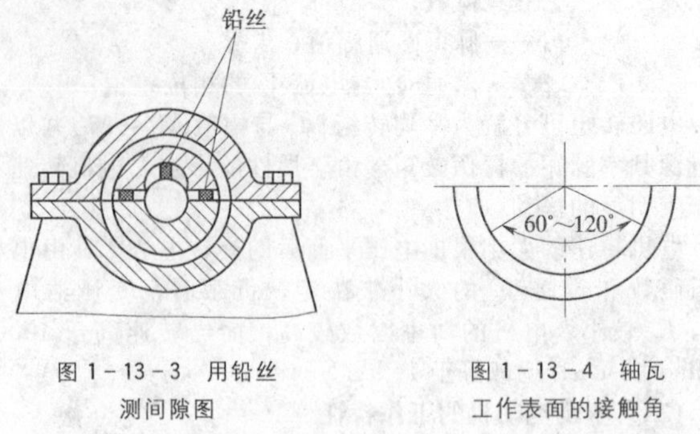

图 1-13-3　用铅丝测间隙图　　图 1-13-4　轴瓦工作表面的接触角

2. 轴承及其他部位的间隙

滑动轴承的轴瓦与轴承上盖的间隙大小与两者的配合结构有关，对圆柱形轴瓦，其间隙为 0.05～0.15mm，球形轴瓦其间隙为±0.03mm。轴承密封盖与轴之间的间隙约为 0.10～0.20mm。

3. 轴瓦的研磨

为使轴瓦与轴颈间存在楔形缝隙，以保证旋转时轴颈摩擦面间具有润滑层。轴瓦的检查与研磨可采用着色法或干研法，大型电机常用干研法。轴瓦工作表面的接触角一般为 60°～120°（图 1-13-4），重载和低速电机轴承的接触角较大。研磨应根据轴在轴瓦内回转后，轴瓦表面所出现的亮点分布情况而进行，要求轴瓦工作表面内，每平方厘米面积的接触点数不少于 2 点。如达不到要求，须用刮刀将全部亮点刮去，再重复检查，直至符合要求为止。

（六）电机干燥

电机在运输、贮藏或停机过程中有可能受潮而使绕组的绝缘电阻值低于规定值，或其吸收比（R_{60}/R_{15}）<1.3，为确保电机的安全运行，应先进行干燥处理。

干燥方法有外部加热法、外来电源加热法、短路电流法、铁损加热法等各种不同的方法。当采用其中某一种方法不能获得必需的干燥温度或个别部分加热不均匀时，则可将其中某两种方法配合使用。选择干燥的方法，主要取决于现场条件及绝缘受潮程度。干燥过程中要保持现场和电机清洁干净，并有适当的通风以排除潮气。升温速度要缓慢，中小型电机升温速率为 7～15℃/h，大型电机升温速率为 5～8℃/h。中小型电机干燥时间为 12h，大型电机约为 70～100h；一般以绕组绝缘电阻稳定 4～5h 为准。干燥过程中需定时连续记录温度、时间和绕组绝缘电阻等有关数据。加温时应监视绕组的温度，不得超过其绝缘等级所容许的温度，同时不得出现局部过热。

二、电机的保护

当电机在非正常工况下运行时，为了防止发生人身事故或电机本身遭受永久性损害而采取的保护措施有电保护、热保护和机械保护三种。

电机的电保护主要有低电压保护、过载保护和漏电保护。自动开关都有低电压脱扣装置，一旦电压下降至规定值以下或完全失压时，脱扣装置能断开主电路。

常用熔断器对电机进行过载保护，其容量一般为被保护电机额定电流的 4～5 倍，以保证电机能顺利起动。但熔断器只能保护电机或整个线路的短路而不能保护电机的一般性过电流，后一种情况需采用热继电器来完成。这种热继电器具有反限时特性，与电机的热特性很接近。电机过载时，热元件由于温度上升而将主电路打开。其动作电流大小可进行调节，继电器一般为三极或两极。既可作为三相过载保护，又可接成差动式作单相过载保护。

目前最简单可靠的漏电保护是电流动作式，一旦电路发生漏电，通过零序电流互感器的总磁通便不等于零，在互感器次级将感生一剩余电压，当此电压达到规定值后，将推动脱扣器动作。电动机用漏电保护开关通常既有漏电保护性能，又能起过载保护作用。

凡是由于通风不良、环境温度过高或起动次数过于频繁等原因引起的电机过热，一般需采用热保护器进行保护。热保护器主要有双金属片式和热敏电阻式，它们都直接埋置在绕组中和轴承中，称为装入式热保护装置。这些装置一般为三极，都能自动复位，前者动作可靠，但其双金属片较易"老化"，加工工艺也较复杂，故其使用受到一定限制。后者通常由热敏电阻元件、放大电路和执行继电器组成。热敏电阻元件具有正温度系数、电阻温度系数大、灵敏度高、体积小和坚固可靠等优点。这种元件具有明显的开关特性，近年来得到广泛应用。

电机的机械保护主要有过转和过转矩保护。前者是通过离心式调节器来实现，即利用两个球体在旋转中产生的离心力，操作辅助触头，以控制电机的转速或切断电源。后者则借助于安全销或滑差离合器，当输出转矩超过一定限值时，离合器"打滑"，从而保证被驱动机械的安全。

三、电机的维护

电机的维护方式取决于企业的生产特点、工作场所、电机结构、管理水平以及经济效益诸因素。例如电厂的发电机组要求稳发、满发，大型排灌站在汛期使用的关键场合的电机都要求采取有效合理的维护方式以保证电机的可靠运行。

国际上通常采用的维护方式有下列五种：

(1) 无计划的维护。对电机除加润滑油外不采取任何其他维护措施，直至电机损坏后更换。这种方式适用于有大量相同规格电机的场合。

(2) 定期维护。这种方式有时会出现设备到计划维护的时间而并不需要维护的情况，或者没有到期而需要提前进行维护的情况。

(3) 定运行时间维护。即按电机的运行记录，规定一定的维护时间。这种方式对"温度"、轴承的"表面硬化"等即使电机不运转也仍在起作用的因素有所忽视，同时易出现维护任务忙闲不均现象。

(4) 控制性维护。要求建立详细的设备履历卡（包括电机运行、维护时间和费用，事故及代价，维护方式、用途和控制方式对电机寿命的关系等），在此基础上对设备进行有针对性的合理维护。

(5) 预防性维护。这是一种建立在有严格的责任制，有严密的工作程序、有严格规定的运行条件，有按年、月、日的设备运行记录与事故和异常的详尽分析，随时能动用备品备件库存以及合理的经济分析的基础上的维护方式。

总之，要结合电机的运行情况采取相应的维护方式。

对于正常运行中的电机，其维护项目一般有：

(1) 电机在正常运行时的温升不应超过容许的限度（见第一章）。运行时应经常注意监视各部分温升情况。

(2) 监视电机的负载电流。电机发生故障时大多会使定子电流剧增，使电机过热。较大功率的电机应装有电流表监视电机的负载电流。电机的负载电流不应超过铭牌上所规定的额定电流值。

(3) 监视电源电压、频率的变化和电压的不平衡度。电源电压和频率过高或过低，三相电压的不平衡造成电流的不平衡，都可能引起电机过热或其他不正常现象，故其变动范围不应超过第一章的规定。

(4) 注意电机的气味、振动和噪音。绕组因温度过高会发出绝缘焦味。有些故障，特别是机械故障，很快会反映为振动和噪声，因此在闻到焦味或发现不正常的振动或碰擦声、特大的嗡嗡声或其他异音时应立即停电检查。

(5) 经常检查轴承发热、漏油情况，定期更换润滑油。一般在更换润滑油时，将轴承及轴承盖用煤油清洗，然后用汽油洗干净。滚动轴承润滑脂不宜超过轴承室容积的70%。

(6) 对绕线型转子的电机，应检查电刷与集电环的接触、电刷磨损以及火花情况，如火花严重必须及时清理集电环表面，并校正电刷弹簧压力。直流电机的换向器表面应保持光洁、无机械损伤和火花灼痕。

(7) 注意保持电机内外部清洁，不允许有水滴、油污以及杂物等进入电机内部。电机的进风口和出风口必须保持畅通无阻，出风口温度在容许范围内。

第十四节 异步电动机的故障与处理

一、故障原因与处理方法

异步电动机常见故障、原因及处理方法见表1-14-1。

表1-14-1 异步电动机的常见故障、原因及处理方法

故障	原因	处理
1. 电动机不能起动且无声	(1) 电源没有电 (2) 保险丝熔断 (3) 开关在分开状态	检查电源电压、开关触头、熔丝及电动机引出线头
2. 电动机不能起动，有嗡嗡的响声	(1) 电源线一相断线或保险丝有一相熔断或电动机有一相绕组断线	(1) 开关至定子绕组间的接头接触不良，有油泥或氧化物，应刮净接好 (2) 接线柱松脱，应紧固 (3) 电源线不通，有断线或假接。用试灯或万用表查出修复 (4) 起动设备接触不良。查出修复
	(2) 电压太低	(1) 电源线太细，起动压降太大。应更换粗导线 (2) 三角形接线的电机接成星形，又是重载起动。应按三角形接法起动 (3) 设法提高电压

续表

故障	原因	处理
2. 电动机不能起动，有嗡嗡的响声	(3) 带动的机械设备被卡住	检查机械设备，排除故障
	(4) 黄油太硬，小容量电机不能起动	此类故障多发生在严冬无保温场所的电动机。拆开油盖换新机油
	(5) 定子或转子绕组断线	用万用表或试灯检查断路处，修复
	(6) 修复后电机槽配合不当	(1) 将转子外圈适当车小，或选择适当定子线圈节距 (2) 换新转子，槽配合应符合表 1-14-2 要求
	(7) 电动机绕组内部接反或定子出线首尾接反	(1) 给定子绕组通直流电检查极性 (2) 用灯泡或万用表检查绕组头尾
	(8) 轴承损坏	更换轴承
3. 电动机起动时保险丝熔断	(1) 单相起动	检查开关和保险丝
	(2) 开关和定子之间的接线有短路	拆开电动机接线头，检查导线的绝缘性能，消除故障
	(3) 定子绕组接地或短路	(1) 打开电动机，目视鼻闻有否烧焦现象，用手触摸来比较温度，找出短路处，分开短路部分 (2) 用试灯或万用表查出接地处，垫好绝缘，刷绝缘漆烘干
	(4) 电机负载过大或机械卡住	用电流表检查定子电流，转动转子检查有无卡住现象，减轻负载，消除故障
	(5) 保险丝选择得过细	应按下式选用保险丝：保险丝额定电流$\geqslant\frac{起动电流}{2\sim2.5}$
4. 电动机起动困难，加上负载后转速低于额定转速	(1) 电源电压太低	检查电源电压
	(2) 应该接成三角形的误接成星形	检查定子接线情况并与铭牌对照，改正接线
	(3) 转子笼条松动或断开	拆开电动机检查转子笼条情况
	(4) 绕线式转子一相断路	用试灯、万用表等检验转子断路处
	(5) 定子绕组内部有局部线圈接错	拆开电机检查每相极性
	(6) 绕线式电动机转子绕组及外电路存在断路、接触不良或焊接点脱焊	可用摇表检查转子绕组及外电路有否断路，并检查各连接点是否接触紧密
	(7) 负载过大或传动机械中有卡住现象	改用较大容量电动机或减轻负载，并检查机械有否卡住
5. 电动机空载或加负载时三相电流不平衡	(1) 电源电压不平衡	用电压表测量电源电压找出不平衡的原因，并进行处理
	(2) 重绕定子绕组后，三相匝数不相等	用双臂电桥测量各相绕组的直流电阻，重绕定子绕组
	(3) 重绕定子绕组的线圈接线之间有错误	检查每相极性，改正接线
	(4) 定子绕组有部分线圈短路	用电流表测量三相电流，找出短路处
6. 电动机空载电流偏大	(1) 电源电压过高	检查电源电压并进行处理
	(2) 电动机本身气隙较大	拆开电机，用内、外卡测量定子内径、转子外径，调整间隙
	(3) 电动机定子绕组匝数少于应有的匝数	重绕定子绕组，增加匝数
	(4) 电动机定子绕组应该是星形接线误接成三角形	检查定子接线并与铭牌对照，改正接线
7. 电机温升过高，局部或全部过热	(1) 电动机过载	改用较大容量电动机或减轻负载
	(2) 电源电压过高或过低	用电压表或万用表检查电压是否超过允许变动范围
	(3) 电机的通风不好	检查风扇旋转方向，风叶是否脱落，通风孔道是否堵塞
	(4) 电机周围环境温度过高	换用耐高温绝缘的电动机或采用降温措施
	(5) 定子绕组存在短路或接地故障	用摇表或万用表查找故障点，进行修复
	(6) 电动机一相断路（如电源一相断线或电动机一相绕组断线）	分别检查各断路处进行修复
	(7) 绕线式转子绕组焊接点脱焊或松脱，笼型转子断条	检查各焊接点，重焊或接紧，鼠笼转子断条，应重新焊接
	(8) 定、转子相擦	(1) 轴承松动。换轴承 (2) 锉去定、转子相擦部分 (3) 校正转轴中心线

续表

故 障	原 因	处 理
8. 机壳带电	(1) 引出线或接线盒接头的绝缘损坏碰地	检查后，损坏处套上绝缘套管或包扎绝缘布
	(2) 电源线或接地线接错	检查后，改正接线
	(3) 端部太长碰机壳	卸下端盖后，接地现象即消除。此时，应将绕组端部刷一层绝缘漆，垫上绝缘纸，绑扎后再装上端盖
	(4) 槽口处绝缘损坏	在绝缘损坏处垫上绝缘纸并涂上绝缘漆
	(5) 槽内有铁屑等杂物，导线嵌入后接地	拆开每个线圈接头，用淘汰法找出接地线圈，进行局部修理
	(6) 在嵌线时，导线绝缘有机械损伤	
	(7) 外壳没有可靠接地	如果机壳出现带电现象，则需在消除机壳带电的故障后，再将电机外壳可靠接地
9. 电动机有不正常的振动和响声	(1) 地基不平，电动机安装得不好	检查地基及电动机的安装情况，重新装好
	(2) 滑动轴承的电动机，其轴颈与轴承的间隙过小或过大	检查轴承，调整间隙
	(3) 滚动轴承在轴上装配不良或滚动轴承本身有缺陷	检查轴承装配情况或更换轴承
	(4) 电动机转子和轴上所附有的对轮、飞轮、减速齿轮等不平衡	应做静平衡或动平衡试验并进行校正
	(5) 转子铁芯变形或轴弯曲	拆开电动机，在车床上将转子用千分表校正
	(6) 定子绕组有局部短路或接地故障，此时，三相电流不平衡	找出故障部位，进行修复处理
	(7) 绕线式转子绕组有局部短路故障	将转子绕组开路，在定子绕组上通以三相额定电压（三相电压要平衡），使转子不动，测量转子绕组的三相开路电压值，与电动机的铭牌数值进行比较，证实后找出短路地点，进行修复
	(8) 定子铁芯硅钢片压得不紧	按工艺要求，重新压紧
	(9) 定子铁芯外径与机座内径之间的配合不够紧密	可用电焊点焊数处或在机座外部向定子铁芯钻螺孔，加固定螺栓
	(10) 定子槽数和转子槽数配合得不当，在通电运转中有噪音，切断电源后噪音立即消失	对电动机的正常运行没有妨碍。定、转子槽数的配合见表1-14-2，进行核对，必要时更换转子
	(11) 鼠笼式转子断条	检查转子，进行修理，必要时重新焊接或更换
10. 绝缘电阻降低	(1) 潮气浸入或雨水滴入电动机内	用摇表检查、烘干处理
	(2) 绕组上灰尘、污垢太多	清除灰尘、污垢后，浸渍处理
	(3) 引出线和接线盒接头的绝缘即将损坏	重新包扎引出线和接线头
	(4) 电动机过热后绝缘老化	7kW以下电动机可重新浸渍处理
11. 轴承过热	(1) 轴承装得不好，有扭歪、卡住等不灵活现象	拆开端盖，重新装配
	(2) 轴承已坏	照原型号更换轴承
	(3) 轴承与轴配合过松（走内圈）或过紧	过松时转轴镶套；过紧时重新加工到标准尺寸
	(4) 轴承与端盖配合过松（走外圈）或过紧	过松时端盖镶套；过紧时重新加工到标准尺寸
	(5) 滑动轴承油环卡住或转动缓慢	查明卡住位置，修好或更换油环；油质黏度较大时，应换黏度较小的油
	(6) 皮带过紧或联轴器装得不好	调整皮带张力，校正联轴器传动装置
	(7) 电动机两端盖或轴承盖未装平	将端盖或轴承盖止口装进、装平，旋紧螺丝
	(8) 轴承油内有灰砂杂质和铁屑等物	用铁棒或螺丝刀一头放在轴承端盖处用耳侧听。有杂音时，停电清洗，重新换油
	(9) 轴承中润滑油过多或过少	一般润滑油加到轴承室的2/3
	(10) 润滑油质不好	选用优质润滑油

续表

故障	原因	处理
12. 绕线式转子电刷冒火，滑环过热或烧坏	(1) 电刷的牌号或尺寸不符	按制造厂规定更换电刷或参阅有关资料
	(2) 电刷的压力过大或过小	调整刷握上的弹簧，使各电刷压力之差不应超过±10%
	(3) 电刷与滑环的接触面磨得不好	用正确的方法重新研磨电刷。研磨时用双零号砂布，不要采用金刚砂进行研磨
	(4) 滑环表面不平、不圆或不清洁	修理滑环
	(5) 电刷的质量不好或总面积不够	换质量好的电刷，必要时可增加电刷的数量或换截面较大的刷握和电刷
	(6) 电刷在刷握内卡住	换用较小些的电刷
13. 电动机修理后空载损耗变大（但未更换线圈）	(1) 滚动轴承的装配不好、润滑脂的牌号不合适或装得过多	检查轴承重新装配，更换润滑脂；轴承室的润滑脂不能超过2/3
	(2) 滑动轴承与转轴之间的摩擦阻力过大	检查轴颈和轴承的表面光洁度、间隙及润滑油的情况
	(3) 电动机的风扇或通风管道有故障	检查电动机的风扇或通风管道的情况，排除故障
14. 单相运行	(1) 熔丝压得不实或被划伤而烧断	对容易出问题的地方应经常检查，发现问题及时处理
	(2) 刀闸和起动设备的触头烧伤、松动、接触不良	烧伤不严重时可用砂布打磨；严重时须更换
	(3) 导线接头松脱	对松脱的接头进行紧固；如果接头为铜铝接头，须先检查接触面是否良好再进行紧固，否则须更换铜铝接头
	(4) 电源一相断线	找出故障部位（利用万用表、检电笔或摇表）进行修复处理
15. 电动机在运行中有爆炸声	(1) 线圈接地 (2) 线圈短路	如当加强绝缘后仍不能消除故障时，须重绕电机线圈

二、异步电动机的故障检查

(一) 绕组

绕组经常遇到的故障有接地、短路、断路、绕组首尾接反、极相组接反和断笼等故障。绕组发生接地、短路和断路时，一般可用摇表或万用表进行测试，如系短路故障，则可用电桥测试。绕组首尾接反或极相组接反时，则必须检查其极性。断笼可将定子绕组接入三相低压电源（为额定电压10%左右），用手缓慢转动转子，如转子正常，则三相电流基本稳定不变，如转子有断条，则三相电流大小循环波动。

如绕组接地点在端部槽口附近或槽底线圈出口处，而且没有严重烧伤时，可将绕组加热软化后，在接地处垫上相同的绝缘材料，并涂上绝缘漆即可，线圈不必拆出。如接地点在槽的里面，绝缘损坏又严重时，则需重绕线圈。如是整个绕组受潮，可把绕组烘干后再浸渍（或涂刷）绝缘漆并烘干即可。如为凸出的铁芯硅钢片将绕组绝缘划破造成接地时，可将凸出部分的硅钢片铲去或打平，绝缘划伤处重新包扎好即可。

短路绕组的导线绝缘没有烧坏时，可进行局部补修，否则就要局部重绕或全部重绕。如故障部位在端部，可能是过线处理不当或叠绕线圈嵌线方法不当，或整形时敲打的力量过大所造成，可用绝缘纸在两线圈端部交叠处垫好。若导线绝缘已损坏，可重新包扎绝缘，加黄蜡绸等。如在槽内发生匝间短路，而槽绝缘尚未完全烧坏，可将短路的几匝导线在端部剪开，再将绕组加热，将损坏的导线抽出，再串补新导线（如短路匝数占某一槽内总数的30%以下亦可不必串补新线），并与原有的线圈接通，加绝缘垫紧后可继续使用。

如果是接头脱焊、接触不良或断线点发生在端部而使绕组开路，可重新焊牢并打磨干净后包好绝缘。如断点发生在槽内，则须把断线的线圈拆出重绕。若断线情况不严重，可先将绕组加热，翻起断路线圈边，重新放入合适的新线并在端部将新线与原线圈相连。

笼型转子常见故障是铸铝条或铜条断裂及短路环路脱焊。铸铝转子断条时可用锡（63%）、锌（33%）和铝（4%）混合组成的焊料焊补，焊补前应先将转子加热到450℃。铜条转子常易发生铜条与短路铜环的焊接处脱焊，此时应先将脱焊处用锉刀进行清理，然后用磷铜焊料（含磷4%）气焊焊接。

绕线转子绕组的修理与定子绕组的修理基本相同，但转子绕组在端部需绑扎钢丝打箍，钢丝绑扎主要是选择钢丝直径和匝数的数量。

转子修理后，应找好动、静平衡，否则转子不平衡会引起电动机零件的剧烈振动，威胁到电动机的安全运行。

(二) 端盖

端盖故障多为裂纹、变形、凹凸及折断等，一般故障多发生在边角部位或刚度较小的地方。修补裂缝时，可以直接用铸铁焊条热焊或铅锡焊条冷焊（钎焊）。当故障处在中央刚度较大，应力不易排除部位时，采用一般的冷焊不能奏效时，可采用“加热减应铸铁冷焊法”，配合氧炔焰气焊或电弧冷焊。如焊接工艺合理，焊接材料选择适当，即可解决铸件在焊接时产生的裂纹、气孔及硬脆等缺陷。“加热减应铸铁冷焊法”的具体做法是在焊前与焊接过程中用火焰加热零件的适当部位，使该部位受热变形而膨胀，焊接处预先受外应力，焊后该部位冷却，预加在焊缝处的应力消失。这个部件叫做“加热减应区”。它有“焊前减应区”和“焊后减应区”之分。焊前烘烤的部件叫做“焊前减应区”，预热目的是使焊接坡口扩张。焊后烘烤的部位叫“焊后减应区”，加热它的目的是帮助焊缝收缩，借助边角部位的变形来减小或消除应力。“焊前减应区”应用较多，是主要的减应手段。“焊后减应区”也是减少应力的主要手段，两者同时使用，则效果更佳。

“加热减应区”的温度通常要达到600～700℃，最低也应在450℃以上。

(三) 轴

轴的主要故障有轴弯曲、键槽磨损、轴颈磨损以及轴断裂等。

轴的弯曲不超过0.2mm时，可不必校正；如弯曲不大时，可稍稍磨光轴颈；当轴弯曲超过允许值时，要在压力机上进行校正。如弯曲特别大时，可用电焊在弯曲处表面均匀堆焊一层，然后在车床上以转子外圈为基准找中心，车成要求的尺寸，或者将轴加热后锻压校正。

键槽磨损时可先用电焊堆焊，除去溶渣，在车床上车圆或重新铣键槽。也可用加宽键槽的方法来补救，但不应大于正常键槽宽度的115%，同时键也相应加宽。

轴颈磨损后，可采用电镀法在轴颈处镀一层铬，再磨削到需要尺寸。磨损过大时，可将轴颈车小2～3mm，再车一合适套筒，将套筒加热后套入轴颈，最后精车。

轴裂纹或断裂则应更换新轴。小型电动机轴一般采用35号或45号钢，大中型电动机的轴如欲配制，则必须经化学分析和机械性能试验后，才能确定材质。

近年来有“等离子”喷涂技术，当电动机轴或端盖的嵌装轴承部位有磨损，可采用“等离子电弧”喷涂铁铬硼硅粉的方法来恢复尺寸。

(四) 轴承

轴承里面的润滑油如果含有尘垢、金属屑等物时，可先将润滑油挖出，并用汽油或煤油洗刷干净后重新换上新油。

轴承松动时，可把轴的外表面或端盖的内表面冲些对称的麻点或把轴的外表面滚些花纹，以增加机轴的直径，使轴承与轴配合紧密。

轴承太紧时可将轴承拆下，用00号砂布把机轴轻微擦抹后重新装上，如系润滑油太粘所致，可将机油渗入。如系装配不合适所致，可拆开重新装配。

轴承内的滚柱或滚珠、保持架以及内外圈等如发现有破裂、锈蚀，珠痕、或间隙过大等现象，应更换新轴承。

三、异步电动机定、转子槽数的配合

见表1-14-2。

四、异步电动机常用的电刷

见表1-14-3。

表1-14-2　笼型异步电动机定、转子槽数的配合

极数(2p)	定子槽数	直槽转子槽数	斜槽转子槽数
2	18		16，26
	24	[16]，32	(18)，20，(30)，(31)，33，34，35
	30	22，38	(18)，20，21，23，(24)，37，39，40
	36	26，28，44，46	25，27，29，43，45，47
	42	32，34，50，52	
	48	38，40，56，58	37，39，41，55，57，59
4	24	[32]	16，[20]，22，30，33，34，35，36
	36	26，(44)，46	(24)，27，(28)，(30)，[32]，45，48
	42	(34)，(50)，52，54	(33)，34，[38]，(51)，53
	48	34，38，56，58，62，64	(36)，(39)，40，[44]，57，59
	60	50，52，68，70，74	48，49，51，56，64，69，71
	72	62，64，80，82，86	61，63，68，76，81，83
6	36	26，42，[48]	33，47，49，50
	54	44，64，66，68	42，43，65，67
	72	56，58，62，82，84，86，88	57，59，60，61，83，85，87
	90	74，76，78，80，100，102，104	75，77，79，101，103，105
8	48	34，62，[64]	35，44，46，61，63，65
	54		58，62
	72	58，86，88，90	56，57，59，85，87，89
	84	66，(68)，70，98，100，102，104	(68)，(69)，(71)，(97)，(99)，(101)
	96	78，82，110，112，114	79，80，81，83，109，111，113

注　圆括弧中的槽数起动性能较差，方括弧中的槽数不能在制动情况下运行。

表1-14-3　异步电动机常用电刷牌号的选择

类型		电刷的工作条件		可采用的电刷	
		电流密度(A/cm²)	圆周速度(m/s)	正常的	代用的
异步电动机的滑环	电刷的电流密度较高的	12以上	20～40	J164，D172	J204，D104
	电刷的电流密度正常的	10以下	20以下	D252	D214
	圆周速度较高的	10以下	60以下	D374B	D172
交流换向器电机	换向器端(换向较困难)				
	滑环端				
	小容量单相电动机	10以下	20以下	D252	D214

第二章　变　压　器

第一节　变压器的工作原理和特性

一、变压器的作用与分类

变压器是借助于电磁感应，以相同的频率，在两个或更多的绕组之间变换交流电压和电流的一种静止的电气设备。通常各绕组的电压和电流并不相同。

从变压器的定义可知，变压器的应用是很广泛的。小到容量低于1kVA的单相变压器或5kVA的多相变压器；大到三相的360MVA的变压器。从使用情况来看，有用于电力系统的电力变压器，其中包括油浸变压器、干式变压器、自耦变压器、增压式变压器及密封变压器；还有其他特种变压器，如焊接用变压器、试验用变压器、机车用变压器、起动用变压器、静止交流器用变压器及互感器等。

在电力变压器中，由于变压器工作电压的不同，我国有各种电压等级（电压等级包括 3kV、6kV、10kV、…、330kV、500kV）的变压器，但容量的大小是不一样的。按国家标准 GB 1094—85《电力变压器》的规定，对电力变压器的额定容量，尽量采用表 2-1-1 的优先数。具体的容量系列见相应电压等级的国家标准，如 GB 6451.1～5—86《三相油浸式电力变压器技术参数和要求（6～220 kV）》。

表 2-1-1　　三相变压器额定容量的优先数

三相变压器额定容量的优先数（kW）
5、6.3、8.0、10、12.5、16、20、25、31.5、40、50、63、80、100、125、160、200、250、315、400、500、630、800、1000

表 2-1-2　相系数表

相数	相系数
1	1
3	$1/\sqrt{3}$

组成三相变压器的单相变压器，其额定容量的推荐值为表 2-1-1 的 1/3。单相或三相变压器的额定容量为额定电压和额定电流的相应相系数的乘积，相系数如表 2-1-2 所示。

二、单相变压器的工作原理

1. 单相变压器的原理

图 2-1-1 是单相变压器的原理图，它反映单相变压器的电压、电流和功率的关系。当二次绕组空载，一次绕组接到频率为 f、交流电压为 U_1 的电源时，励磁电流 I_0 在铁芯中产生主磁通 ϕ_Z，从而在一次绕组和二次绕组中感应出电势 E_1 和 E_2。从电磁感应的原理可知，假设忽略变压器一次绕组的电阻 r_1，忽略漏阻抗，即当变压器为一理想变压器时（所谓理想变压器，其导磁率 μ 为∞，铁芯中无损耗），根据回路的电势平衡规律，可得

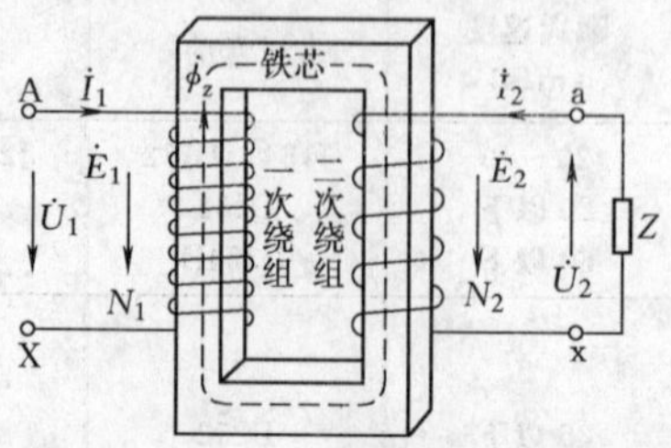

图 2-1-1　单相变压器原理图

$$\dot{U}_1=-\dot{E}_1$$

并可绘出理想变压器的相量图如图 2-1-2 所示。从相量图可看出

$$\dot{U}_1=-\dot{E}\quad \dot{U}_{20}=\dot{E}_2\quad I_1=0$$

图 2-1-2　忽略绕组电阻和漏磁通空载时的相量图

根据电磁感应定律可写出如下数值公式

$$U_1=E_1=4.44fN_1\Phi_m$$
$$U_2=E_2=4.44fN_2\Phi_m$$

可得出电压的变换关系为

$$U_1/U_2=E_1/E_2=N_1/N_2=K$$

二次绕组接入负载 Z 且变压器绕组中也有电阻，一次绕组电阻为 r_1，二次绕组电阻为 r_2，μ 也并非∞，铁芯亦有损耗时可绘出单相变压器的相量图如图 2-1-3 所示。其中 r'_2，x'_2，I'_2，U'_2，E'_2 均为折合到一次线圈边的量，即

$$\dot{E}'_2=K\dot{E}_2$$
$$\dot{U}'_2=K\dot{U}_2$$
$$I'_2=\dot{I}_2/K$$
$$r'_2=K^2r_2$$
$$x'_2=K^2x_2$$

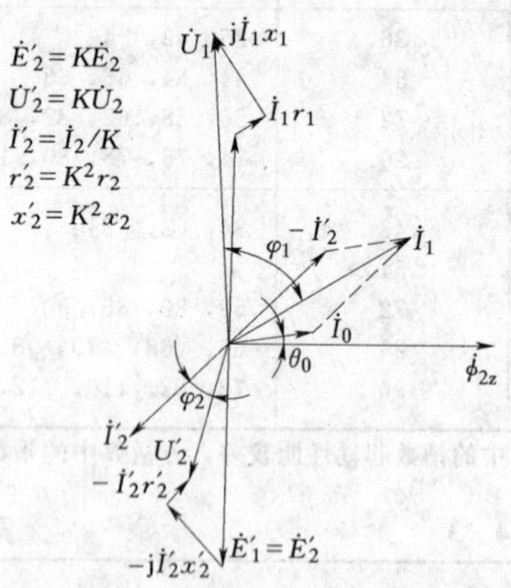

图 2-1-3　当有负载时的相量图

另外，在有负载情况下，一次和二次绕组间的电压变换关系为

$$\frac{U_1}{U_2}=\frac{N_1}{N_2}$$

电流变换关系为

$$\frac{I_1}{I_2}=\frac{N_2}{N_1}=\frac{1}{K}$$

也可得出容量的关系为

$$S_1 = U_1 I_1 = U_2 I_2 = S_2$$

在实际变压器中，需要有励磁磁势，即

$$\dot{I}_0 N_1 = \dot{I}_1 N_1 - \dot{I}_2 N_2$$

所以
$$\dot{I}_1 = \dot{I}_0 + \frac{1}{K}\dot{I}_2$$

当考虑一、二次绕组的内部电阻和漏磁通阻抗时，其电压方程式为

$$\dot{U}_1 = -\dot{E}_1 + \dot{I}_1 r_1 + j\dot{I}_1 x_1$$

$$\dot{U}_2 = \dot{E}_2 - \dot{I}_2 r_2 - j\dot{I}_2 x_2$$

2. 单相变压器的等值电路

为便于对变压器进行分析计算，可把变压器看作一串并联等值电路，图 2-1-4 就是单相变压器的等值电路。

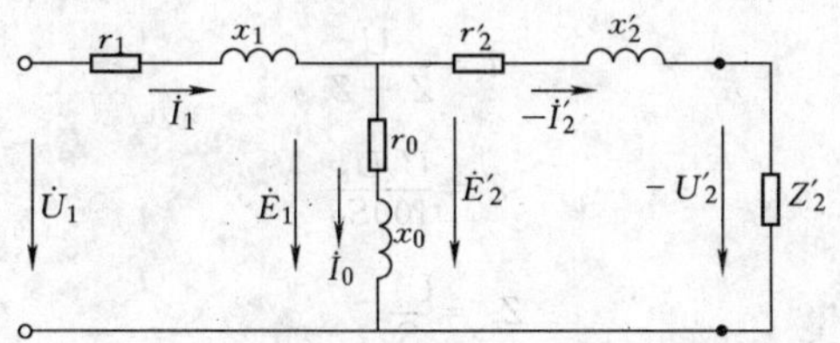

图 2-1-4 单相变压器的等值电路图

$\dot{U}_1$ 为电源电压，r_1、x_1 为一次绕组的内电阻和漏抗，$\dot{I}_0$ 为空载电流，r_0，x_0 为励磁阻抗，r'_2，x'_2 为折合到一次绕组边的二次绕组的电阻和漏抗，Z'_2 为折合到一次绕组边的负载阻抗。从图 2-1-4 的电路可看出，其相量图和图2-1-3 是一致的。

三、单相变压器的特性

（一）空载特性

1. 空载电流和空载损耗

当二次绕组开路，一次绕组接上电源电压时，一次绕组中将流过一空载电流，此电流一部分构成励磁，产生磁通，另一部分产生损耗，其中主要是铁芯损耗。

空载电流的大小一般为变压器额定电流的 1%～3%，变压器容量愈大，空载电流所占比例愈小。当用并联等值电路来考虑时，空载电流可写成 $I_0 = \sqrt{I_{0a}^2 + I_{0r}^2}$，$I_{0r}$ 为励磁电流，I_{0a} 为损耗电流。为便于分析计算，空载电路可变为串联等值电路，正如图 2-1-4 中所示，空载阻抗为 r_0 和 x_0，这样作为励磁的电压无功分量为 $I_0 x_0$，作为损耗的分量为 $I_0^2 r_0$。

对于空载电流，由于变压器铁芯的磁化曲线并非直线，所以空载电流的波形往往不是标准的正弦，其中有三次，五次等谐波。

对于导磁体铁芯来说，由于铁芯的导磁率不是无穷大，且铁芯采用的硅钢片存在磁滞和涡流损耗，它们一般统称为铁耗。空载损耗的大小可由下式计算

$$P_0 = K_0 P_t G_t$$

式中 K_0——加工增大系数，取 1.2～1.5；

P_t——对应于铁芯磁通密度的单位损耗(W/kg)；

G_t——铁芯重量（kg）。

2. 空载合闸时的过电流现象

当变压器在空载合闸时，铁芯中的磁通大小与电源合闸瞬间的相位和铁芯中的剩磁有很大关系。当合闸瞬间相位在某一相位时，铁芯中的磁通可达工作磁通的 2 倍，这样空载电流可能增至额定电流的 5～8 倍。由于一次绕组中有电阻，电阻有损耗，励磁电流会逐渐衰减至正常值，一般小型变压器只需几个周波就稳定了，大型变压器时间常数大，有时延至几十秒才稳定，此电流的波形如图 2-1-5 所示。

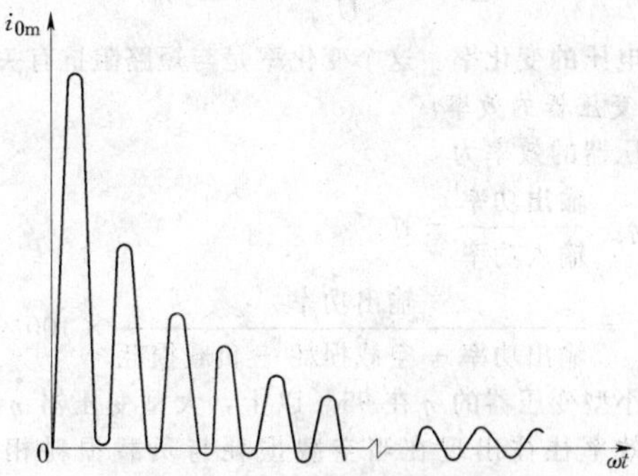

图 2-1-5 空载合闸时变压器的电流波形

此种过电流现象在三相变压器中经常出现，但此种过电流现象对变压器本身没有什么危险，有时会引起一次绕组边过电流保护装置动作，使开关跳闸。为了避免误动作，可在一次绕组侧串入一附加电阻，以减小冲击电流和加速冲击电流的衰减，然后切除该电阻。

（二）负载特性

1. 阻抗电压、阻抗电压百分数

所谓阻抗电压就是没有功率输出时，变压器的电流达到额定电流时，变压器有多高的电压 U_z。

阻抗电压百分数阻抗电压与额定电压的比值，即 $U_z/Z_N \times 100\%$，阻抗电压的大小与变压器的成本和性能，系统稳定和供电质量有关，标准系列电力变压器的阻抗电压值如表 2-1-3 所示。

表 2-1-3 双绕组变压器标准阻抗电压

电压等级（kV）	6～10	35	60	110	220
阻抗电压（%）	4～4.5	6.5～8	8～9	10.5	12～24

对于阻抗电压，也由电阻电压 U_r 和电抗电压 U_x 组成。对一般中小容量的变压器，$U_x/U_r = 1～5$；对大容量的变压器，$U_x/U_r = 10～15$。

2. 短路损耗

在测量阻抗电压时，实际就是将二次绕组用导线短路来进行的，实测的损耗即为短路损耗。短路损耗主要包括一、二次线圈导线的损耗。由于所加电压很低，铁芯损耗可以忽略，可认为短路损耗即为线圈的铜损，但一般在计算时，电阻值要换算到温度为 75℃时的值。

电阻损耗的计算方法可用以下公式

$$P_r = K_r J^2 G$$

式中 K_r——系数，铜线为 2.4，铝线为 13.22；

J——75℃时的电流密度（A/mm²）；

G——导线的总重量（kg）；

P_r——电阻损耗（W）。

3. 变压器的外特性——电压调整率

当负载电流变化时，负载电压也是变化的，$U_2 = f(I_2)$ 即为变压器的外特性。一般说来，当负载为电阻、电感性负载时，随负载电流的增加，负载电压将降低；而当负载为电阻、电容性负载时，负载电压则随电流增大而增高。这在高压试验中要特别注意。

电压调整率就是二次线圈空载时电压和负载时电压之差与空载电压的比值，即

$$\Delta U=\frac{U_{2N}-U_2}{U_{2N}}\times 100\%$$

也就是电压的变化率。这个变化率是与短路阻抗有关的值。

4. 变压器的效率

变压器的效率为

$$\eta=\frac{输出功率}{输入功率}\times 100\%$$

$$=\frac{输出功率}{输出功率+空载损耗+负载损耗}\times 100\%$$

一般中小型变压器的 η 在 95%以上，大型变压器 η 在 99%以上。效率往往出现在当空载损耗与负载损耗相等的情况下。

5. 变压器的过负荷特性

变压器正常运行时，其负荷不应超过其额定容量，但变压器也应能在超过额定负荷情况下运行一段时间。所谓额定容量是指在规定的冷却条件下，变压器带额定容量的负载长期运行时，各部分的温升都不超过国家标准规定的数值。国家标准规定的温升是按绝缘材料允许温升制定的，对油浸式电力变压器温升的限制见表 2-1-4，环境最高温度为 40℃。在变压器实际运行中，有时有短时超过额定负载的情况，但总的平均负载不超过额定负载。为了充分发挥变压器的作用，又不影响变压器的使用寿命，可以允许变压器在一定条件下短时超过额定容量运行，允许的过载情况及标准时间按表 2-1-5 和表 2-1-6 的规定。

表 2-1-4　油浸式变压器温升的限制

变压器的部位		温升极限（℃）	测量方法
绕组	自然油循环	65	电阻法
	强迫油循环		
	油导向强迫循环		
铁芯与变压器油接触（非导电部分）的结构件		70	温度计法
油顶层		55	

表 2-1-5　油浸式变压器的允许事故过载

过负载率（%）	30	45	60	75	100
允许时间（min）	120	80	45	20	10

表 2-1-6　干式变压器允许事故过载

过负载率（%）	20	30	40	50	60
允许时间（min）	60	45	32	18	5

当负载出现短路的情况，国家标准规定了产品承受短路电流的能力。在过负载的情况下，一般只有温度过热的现象出现，但是短路时，将出现很大的短路电流，变压器绕组之间会产生很大的电动力，使变压器损坏。

对双绕组短路电流峰值按下式计算

$$I_m=\sqrt{2}KI$$

式中　I_m——短路电流峰值（A）；

$\sqrt{2}K$——系数，按 X/R 确定，如表 2-1-7 所示；

I——稳定短路电流（A）。

表 2-1-7　系数 $\sqrt{2}K$ 的值

X/R	1	1.5	2	3	4	5	6	8	10	>14
$\sqrt{2}K$	1.51	1.64	1.76	1.95	2.09	2.19	2.27	2.38	2.46	2.55

稳态短路电流 I 可根据变压器短路阻抗和系统阻抗来计算，国家标准规定

$$I=\frac{U}{Z+Z_s}$$

$$Z=\frac{U_Z U_N^2}{100S_N}$$

$$Z_s=\frac{U_s^2}{S}$$

式中　Z——短路阻抗；

U_Z——阻抗电压；

U_N——额定电压；

S_N——额定容量；

Z_s——系统阻抗；

U_s——系统额定电压；

S——系统短路表现容量，可参考表 2-1-8 所示。

稳态短路电流亦可写成

$$I=\frac{100}{U_Z+U_s}I_N$$

$$U_s=S_N\times 100/S$$

表 2-1-8　系统的短路表现容量 S

S（MVA）	500	1500	3000	8000	15000	30000	43300
电压等级（kV）	6.10	35	60	110	220	330	500
系统高电压（kV）	6、9、11.5	40.5	69	121	242	363	550

所以绕组最大短路电流

$$I_m=\sqrt{2}KI=\sqrt{2}K\frac{100}{U_Z+U_s}I_N$$

另外短路试验中短路电流的时间不得过长，每次试验的标准时间不大于 0.5s，可进行三次。

（三）绝缘特性

电力变压器是电力系统很重要的设备，在电力系统运行中，由于变压器绝缘的损坏将造成电力系统的瘫痪。变压器的损坏大多是变压器绝缘的损坏，根据 110kV 及以上变压器 93 次事故分析，绝缘事故占 80%以上（匝间绝缘、主绝缘及套管绝缘各占 43%、23%及 15%）。另外在 330 kV 及以上的自耦变压器中，绝缘材料的重量可达变压器总重的 30%～45%，这也说明变压器的绝缘特性是变压器很重要的一种特性。变压器的绝缘分类如图 2-1-6 所示。

变压器的绝缘主要由外绝缘和内绝缘组成，由于绝缘种类多，本节对变压器绕组绝缘的特点作一介绍，绕组绝缘可

分为主绝缘和纵绝缘。主绝缘主要是相与相之间、相对地之间的绝缘。这种绝缘方式如图 2-1-7 所示，其主要原理是油屏障的绝缘方法。变压器的纵绝缘主要是绕组的层间、匝间及段间的绝缘。

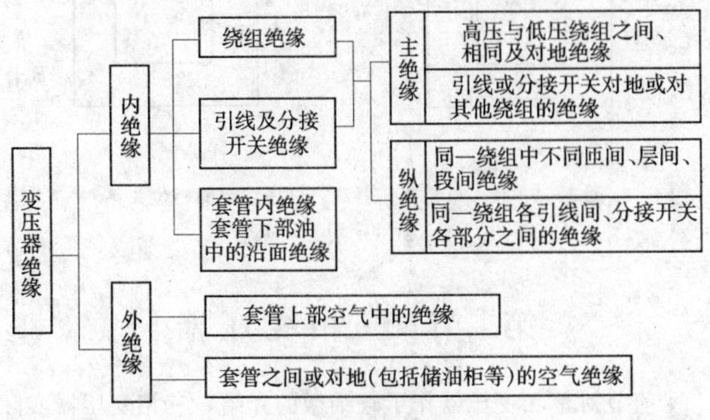

图 2-1-6　变压器绝缘分类图

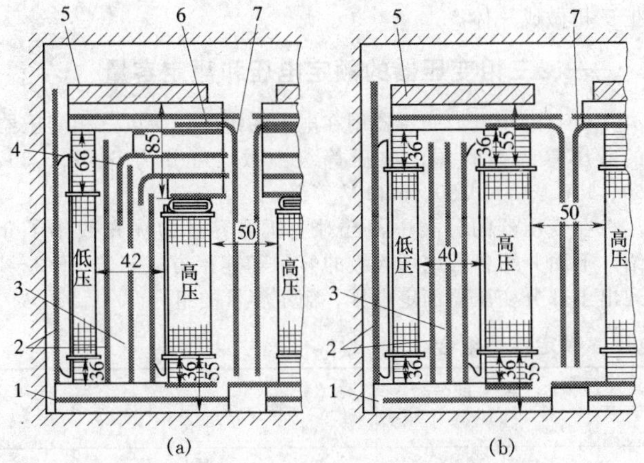

图 2-1-7　110kV（半绝缘）变压器主绝缘结构图

(a) 端部出线；(b) 中部出线

1—对轭绝缘；2—绝缘筒；3—油隙及撑条；4—角环；5—钢压板；6—绝缘端圈；7—相间绝缘

在电力系统中，经常出现雷电过电压和操作过电压，这些过电压的变化速度比工作频率 50Hz 的变化快许多。如雷电过电压波，国家雷电标准波定为 1.2/50μs，而 50Hz 的电压波从零到最大值的时间为 5000μs，所以当雷电波传到变压器绕组时，沿绕组的电压分布并不像 50Hz 稳态电压分布那样均匀，而是按一指数曲线分布，如图 2-1-8 所示。这主要是变压器绕组的感抗很大，而容抗变得很小，变压器绕组不仅沿绕组有纵向电容外，还有绕组对地的电容，且对地电容与纵向电容几乎同一数量级，所以电压分布很不均匀，

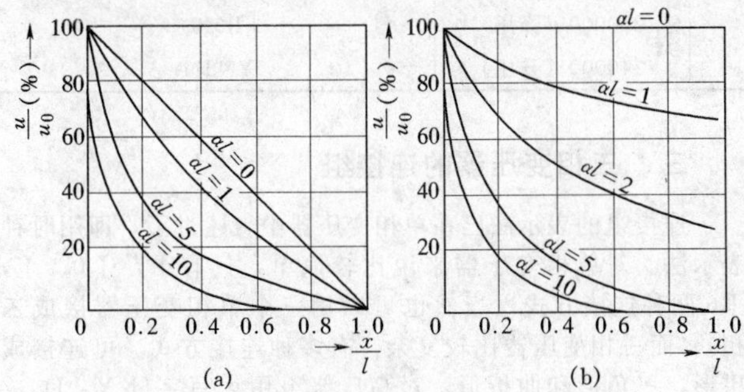

图 2-1-8　变压器绕组电压初始分布图

(a) 绕组末端接地；(b) 绕组末端开路

只有当雷电过电压过去以后，绕组电压才慢慢按工频电压均匀分布。其中还有一个随时间变化的振荡过程，如图 2-1-9 所示。

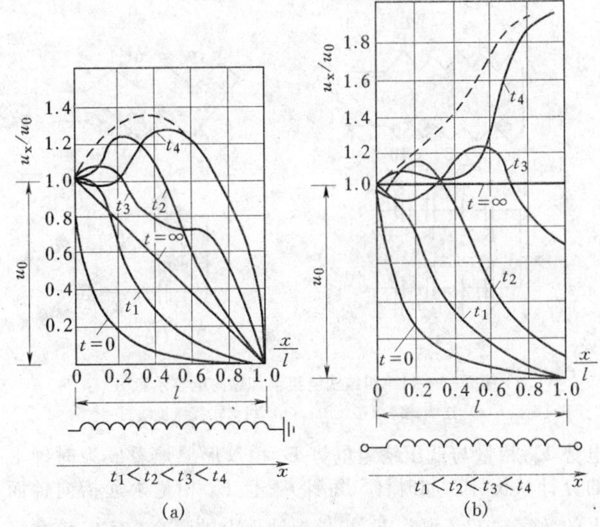

图 2-1-9　变压器绕组电压随时间变化的振荡过程

(a) 绕组末端接地；(b) 绕组末端开路

为了使变压器绕组的电压分布比较均匀，可以对变压器绕组在绕制时采用一些均压的办法。办法的主要原理是：

(1) 外偿变压线端对绕组的电容 C_b，如图 2-1-10 所示，当 $I_3 = I_2$ 时，沿绕组电压分布就均匀了。这可以用静电屏，静电板或静电线匝来达到，这在 110kV 以下电压等级的变压器中采取此措施。

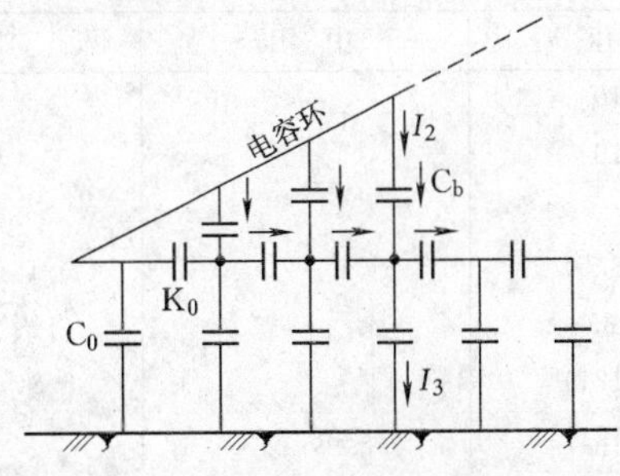

图 2-1-10　外偿高压线端对绕组的电容示意图

(2) 增加高压线圈匝间电容，以减弱绕组对地电容的影响，可采用纠结式绕组来达到此目的。在高压变压器中，一般都采用连续式绕组较多（饼式），饼式绕组的第一个饼到第二个饼的电容只有匝间电容的 $K/8$。当采用纠结式绕组后，第一个饼到第二个饼的电容可增到 $K/2$，即增加了 4 倍，这样，可大大加强了纵向电容，从而可使绕组的电压分布大大改善。其示意图如图 2-1-11 所示。

四、单相变压器连接组

为表示变压器一次和二次线圈边电压的相位关系，一般都用时钟表示法。相位关系在变压器使用中非常重要，如晶闸管整流电路，为了保证触发脉冲的同步，不仅要知道所用变压器的变比，还要知道高、低压边电压的相位关系，又如两台及以上变压器并联运行时，其连接组别必须相同。

单相变压器与三相变压器，都用时钟法来表示其相位，具体表示如图 2-1-12 所示。把电势相量图中的高压绕组

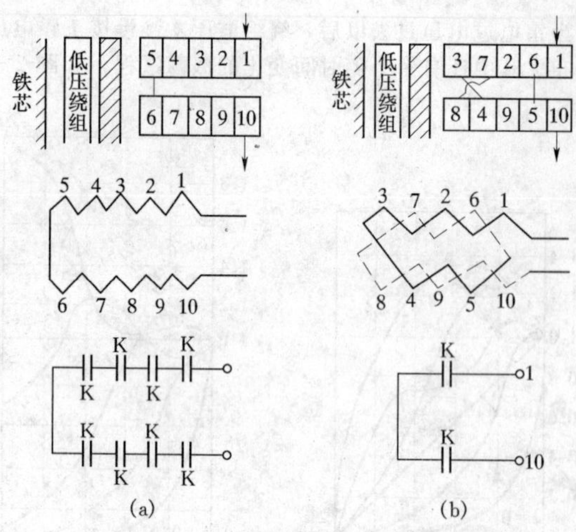

图 2-1-11 纠结式绕组增加纵向电容示意图
(a) 连续式绕组接线图；(b) 纠结式绕组接线图

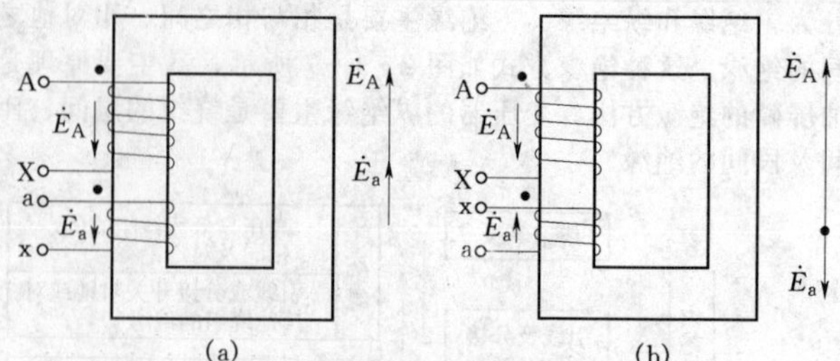

图 2-1-12 单相变压器高、低压绕组的相位关系
(a) I，I0；(b) I，I6

电势 E_A 相量与低压绕组电势 E_a 相量形象地看成为时钟上的分针（长针）和时针（短针），且 E_A 相量永远指向钟面上的数字“0”，那么 $\dot{E}_a$ 相量指钟面上的哪个数字，该数字就为该变压器连接组标号中的钟时序数。例如图 2-1-12 中的单相变压器，图 2-1-12（a）的连接组标号为Ⅰ，Ⅰ0，0 为其钟时序数；图 2-1-12（b）的连接组标号为Ⅰ，Ⅰ6，6 为其钟时序数。所谓时钟表示法，就是指用时钟点数的数字表示变压器高压过电势低压边电势的相位关系。

第二节 三相变压器

前节对单相变压器作了较细微的介绍，三相变压器实际就是三个单相变压器的组合。当三相平衡时，由于三相的相量相差 120°，各瞬间电压之和为零，磁通也为零，所以可以把三相做成一体。

一、三相变压器的额定电压和额定容量

由于三相电力变压器用在电力系统中，所以三相变压器的电压等级与我国的电压等级一致，可分为 6、10、35、60、110、220、330、500kV 等级。

在变压器的分类中，已对变压器容量的优先数作了介绍，下面介绍各种电压等级的容量和连接方式。表 2-2-1 列出了部分变压器额定电压、额定容量的组合。

表 2-2-1 油浸式电力变压器额定电压、额定容量组合

电压组合（kV）			容量（kVA）	连接组标号
高压	中压	低压		
6、10		0.4	30～1600	Yyn0
6、10		6、3.15	630～6300	Yd11
35		0.4	50～1600	Yyn0
35（38.5）		3.15～10.5（3.3～11）	800～31500	Yd11（YNd11）
66，63		11、10.5、6.6、6.3	630～9000	YNd11
110（121）		6.3、11（10.5、13.8）	6300～120000	YNd11
110（121）	38.5	6.3、11	6300～63000	YNyn0d11
220（242）		6.3、13.8	31500～120000	YNd11（YNyn0）
220（242）	121	6.3、11（38.5）	31500～63000	YNyn0d11（YNyn0yn0）
220（242）	121	10.5、13.5	6300～120000	YNa0d11（YNa0yn0）
345	121	10.5	150000	YNa0d11
363	242	11	360000	YNa0d11
$510/\sqrt{3}$	$235/\sqrt{3}$	36.75	250000（升压）	II0I0
$500/\sqrt{3}$	$230/\sqrt{3}$	63	250000（降压）	II0I0
550		15.75	240000（升压）	YNd11

二、三相变压器的空载、负载特性

前节介绍了单相变压器的空载、负载特性，三相变压器的特性与单相的相类似，只是空载损耗、负载损耗为三个单相变压器的总和，而各相的空载电流与单相的一样。表 2-2-2 列示了 6、10kV，30～1600kVA 变压器的一些数据，表 2-2-3 列出了 220kV 双绕组无励磁调压变压器的一些数据，表 2-2-4 列出了 500kV 三相自耦电力变压器的技术数据。

三、三相变压器的连接组

连接组的表示法已在单相变压器中叙述过了，即用时钟表示法。对单相变压器来说比较简单，只有Ⅰ，Ⅰ0、Ⅰ，Ⅰ6 两种连接方式（当然也可以用三个单相变压器接成三相）。而三相变压器比较复杂，有多种连接方式。可连接成星形，三角形和曲折形，对高压绕组用大写字母 Y、D、Z 表示，对中，低压绕组分别用 y、d、z 表示，有中性点引出时则用 YN、ZN 和 yn、zn 表示。自耦变压器有公共部分的

两绕组中额定电压较低的一个用a表示。

表 2-2-2　6、10 kV，30～1600 kVA、Yyn0 连接组双绕组无励磁调压配电变压器特性（例）

额定容量（kVA）	空载损耗（kW）	负载损耗（kW）	空载电流（%）	阻抗电压（%）
30	0.15	0.80	2.8	4
50	0.19	1.15	2.6	
63	0.22	1.40	2.5	
80	0.27	1.65	2.4	
100	0.32	2.00	2.3	
125	0.37	2.45	2.2	
160	0.46	2.85	2.1	
200	0.54	3.40	2.1	
250	0.64	4.00	2.0	
315	0.76	4.80	2.0	
400	0.92	5.80	1.9	
500	1.08	6.90	1.9	
630	1.30	8.10	1.8	4.5
800	1.54	9.90	1.5	
1000	1.80	11.60	1.2	
1250	2.20	13.80	1.2	
1600	2.65	16.50	1.1	

表 2-2-3　220kV 双绕组无励磁调压变压器特性

额定容量（kVA）	空载损耗（kW）	负载损耗（kW）	空载电流（%）	阻抗电压（%）
40000	52	175	1.1	12
63000	73	245	1	13
90000	96	320	0.9	12.5
150000	140	450		13.63
180000	160	510	0.8	14
240000	200	630	0.7	14
360000	195	860		14

表 2-2-4　500kV 三相自耦电力变压器特性

额定容量（kVA）	空载损耗（kW）	负载损耗（kW）	空载电流（%）	阻抗电压（%）		
				高—中	高—低	中—低
360000	180	870	0.4	10	41	26
360000	150	950		12	64	45

三相变压器不同侧绕组间电压相量的相位移更复杂，因为有时还不是双绕组，还有三绕组的，所以比单相复杂许多。但连接组表示法仍然用钟时序数表示，高压绕组的电压相量取作指定0点位置，中、低绕组电压相量所指小时数就是连接组别。下面将常用的连接组列于表 2-2-5。

表 2-2-5　用连接组标号表示的三相变压器的连接标志

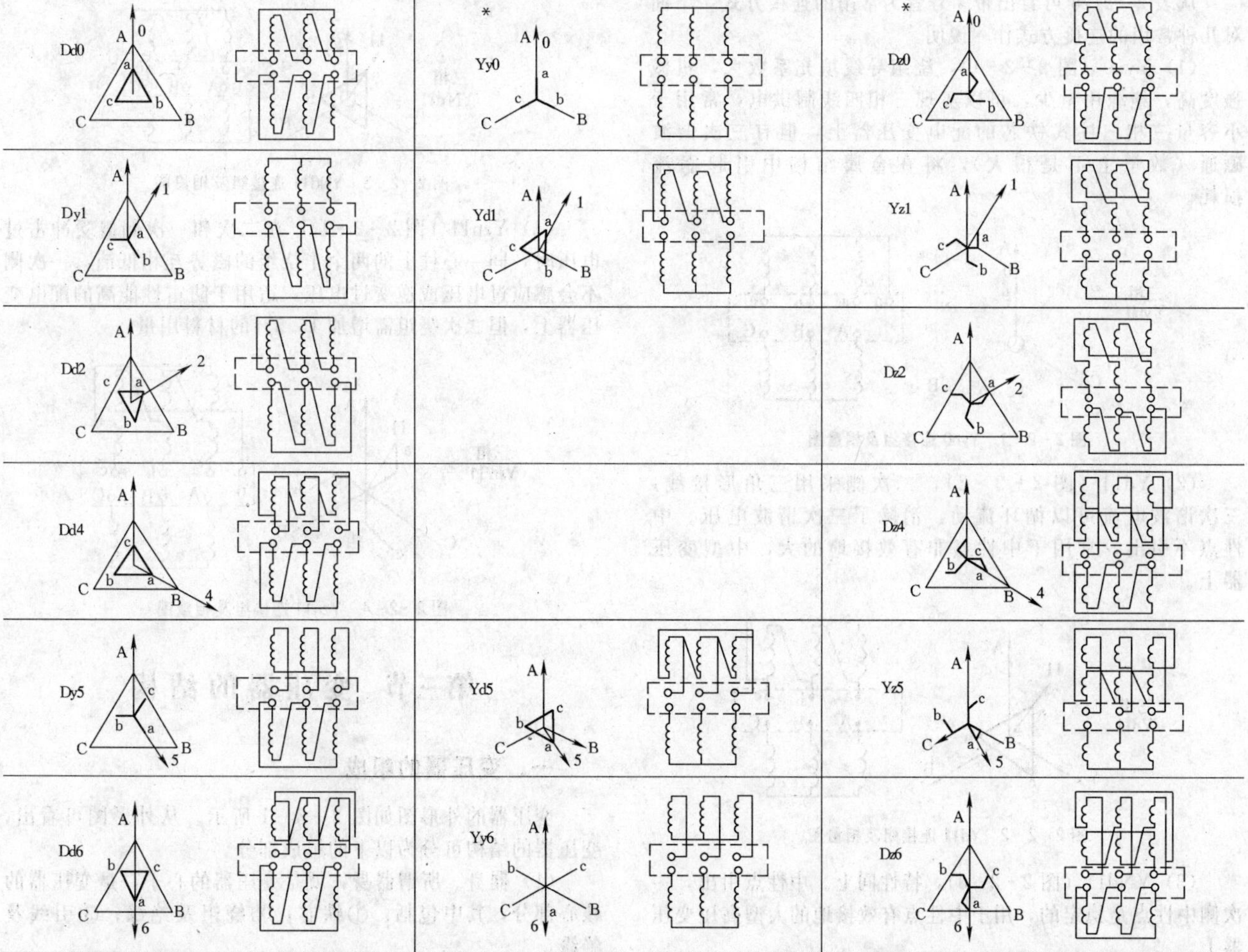

续表

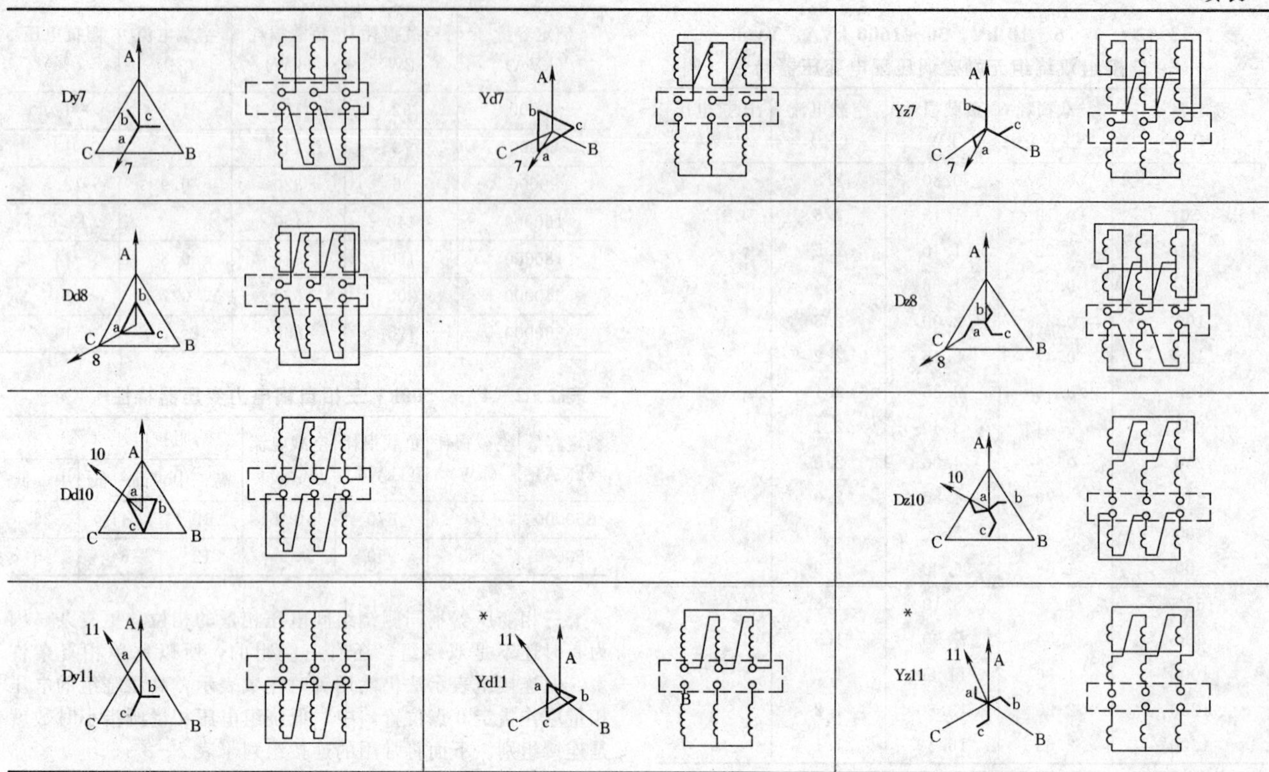

*　带有此符号者为常用的连接方法。

从表 2-2-5 可看出带 * 号者为常用的连接方式，下面对几种常用的连接方式作一说明。

(1) Yyn0（图 2-2-1)，绕组导线填充系数大，机械强度高，绝缘用量少，可以实现三相四线制供电，常用于小容量三相三柱式铁芯的配电变压器上，但有三次谐波磁通（数量上不是很大)，将在金属结构中引起涡流损耗。

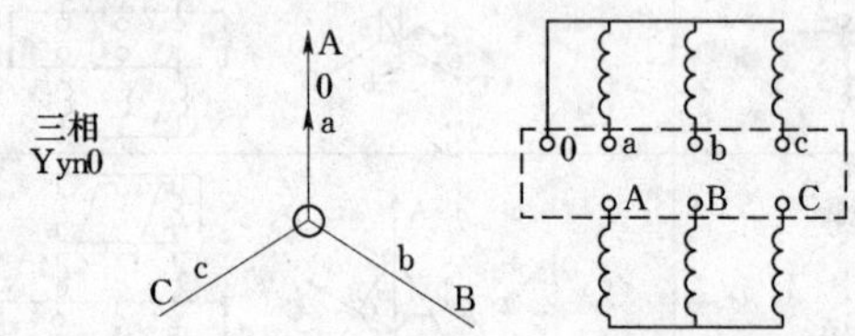

图 2-2-1　Yyn0 连接组及相量图

(2) Yd11（图 2-2-2)，二次侧采用三角形接线，三次谐波电流可以循环流动，消除了三次谐波电压。中性点不引出，常用于中性点非有效接地的大，中型变压器上。

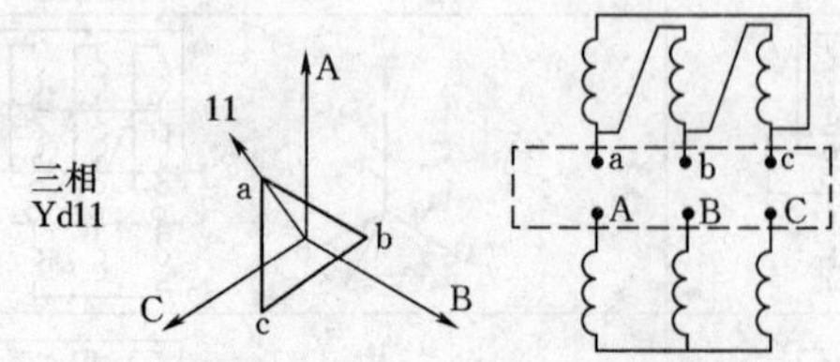

图 2-2-2　Yd11 连接组及相量图

(3) YNd11（图 2-2-3)，特性同上。中性点引出，一次侧中性点是稳定的，用于中性点有效接地的大型高压变压器上。

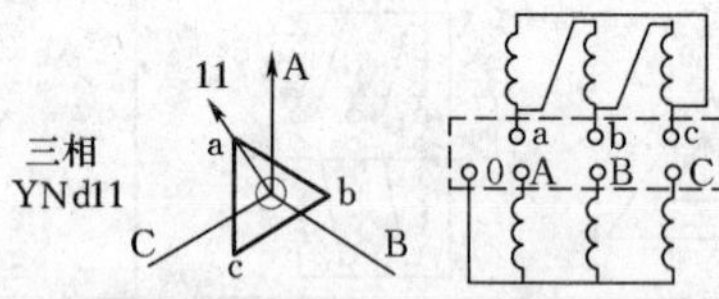

图 2-2-3　YNd11 连接组及相量图

(4) Yzn11（图 2-2-4)，在二次和一次侧遭受冲击过电压时，同一心柱上的两个半绕组的磁势互相抵消，一次侧不会感应过电压或逆变过电压，适用于防雷性能高的配电变压器上，但二次绕组需增加 15.5%的材料用量。

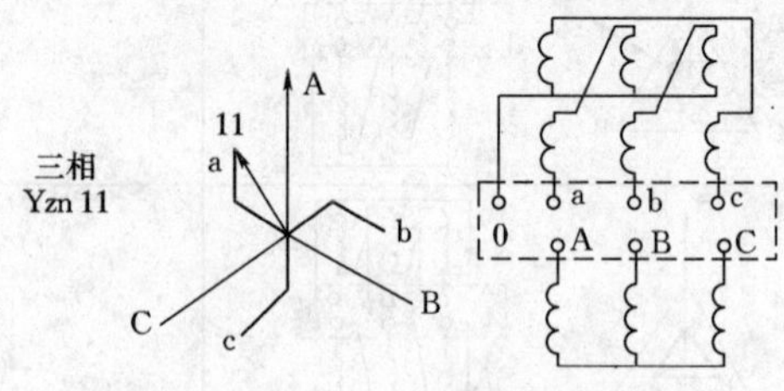

图 2-2-4　Yzn11 连接组及相量图

第三节　变压器的结构

一、变压器的组成

变压器的外形图如图 2-3-1 所示。从外形图可看出，变压器的结构可分为以下的组成部分。

(1) 器身。所谓器身，就是变压器的心子，是变压器的核心部分，其中包括：①铁芯；②绕组及绝缘；③引线及绝缘。

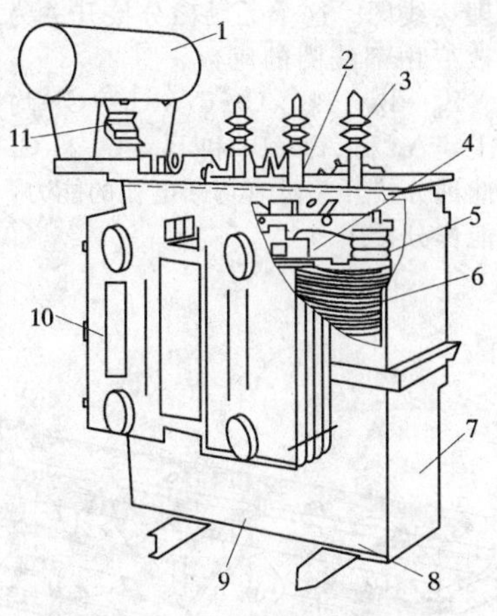

图 2-3-1　小型三相变压器的结构图

1—储油柜；2—分接开关；3—套管；4—引线；5—铁芯；6—绕组；7—油箱；8—油门；9—接地螺栓；10—散热器；11—吸湿器

(2) 调压装置。当变压器的输出电压过高或过低时，变压器能调节输出电压，以保持输出电压稳定。调压装置有：①无励磁分接开关；②有载分接开关。

(3) 油箱及散热器。①油箱本体，包括箱盖、箱壁、箱底或上、下节油箱及储油柜（油枕）；②散热器，有一般散热器、或风冷、水冷等散热器；③油箱附件，包括放油阀，接地螺栓等。

(4) 出线装置——套管。包括：①高压套管；②中、低压套管。

(5) 保护装置，包括：①安全气道或压力释放阀；②气体继电器；③油标；④吸湿器，测温元件等。

(6) 三绕组变压器。

二、铁芯

铁芯是电力变压器（工频 50Hz 或低频）的导磁体。铁芯可分为心式或壳式铁芯两类。

1. 心式铁芯

大部分变压器都采用此种结构，如图 2-3-2 所示。所谓心式就是如单相绕组放在两个铁芯柱上接成串联、并联，三相心式变压器中每相各有一个铁芯柱，用两个铁轭把所有铁芯柱连接起来。

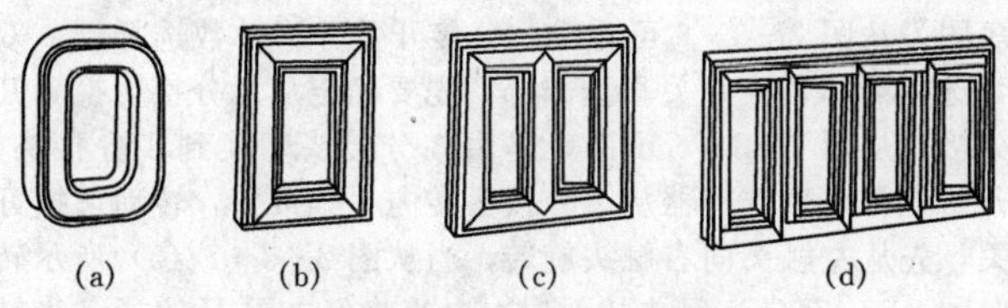

图 2-3-2　常用的心式铁芯结构

(a) 单相卷铁芯；(b) 单相双柱式叠铁芯；(c) 三相三柱式叠铁芯；(d) 大型三相五柱式叠铁芯

2. 壳式铁芯

壳式铁芯的构造具有分支的磁路系统，围绕在绕组的两面，好像是绕组的一个"外壳"；三相壳式变压器可以看作是三个并排在一起的单相壳式变压器，如图 2-3-3 所示。

以上是铁芯的整体结构。铁芯是由 0.35 mm 厚的或更薄的（如 0.23～0.27mm）冷轧晶粒取向电工钢片（硅钢片）叠装或卷制而成的，硅钢片质量和管理对变压器整体质量起着很重要的作用。变压器在运行中，铁芯及其金属附件应可靠单点接地。

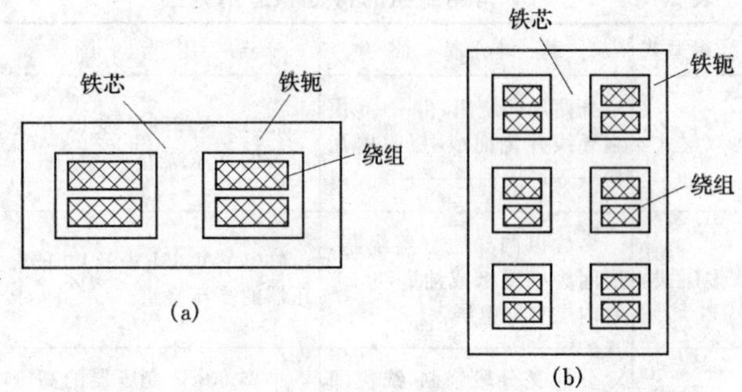

图 2-3-3　壳式铁芯结构

(a) 单相变压器；(b) 三相变压器

三、绕组

绕组是变压器的导电回路，一次和二次绕组大都是同心地装配在铁芯柱上，绕组是由铜或铝的圆扁绝缘导线绕制而成，绕组的结构如图 2-3-4 所示。常用的绕组形式有圆筒式，螺旋式，连续式，纠结式以及箔筒式的绕组。其中，圆筒式绕组可分为多层式、分段式及低压的双层圆筒式绕组。螺旋式绕组大都用于低压及大电流的绕组；连续式绕组用于中型变压器的高压绕组；而纠结式绕组是增加了纵向电容的绕组，防雷性能较好，大都用于大型变压器 110～500kV 的绕组。

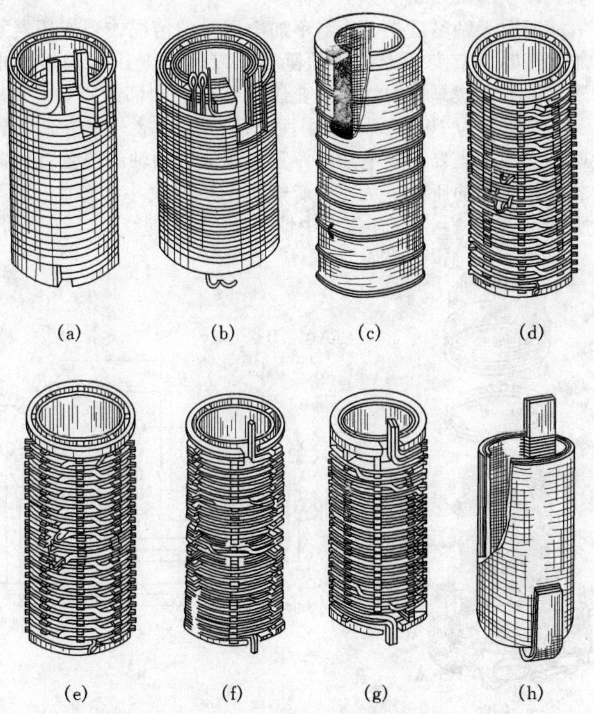

图 2-3-4　变压器绕组结构图

(a) 双层式；(b) 多层式；(c) 分段式；(d) 连续式；(e) 纠结式；(f) 单螺旋式；(g) 双螺旋式；(h) 箔筒式

为方便读者参考，特将有关绕组的特征和适用范围列于表 2-3-1。

表 2-3-1 常用绕组的特征和适用范围

绕组型式	基本特征	适用范围
双层式	分两层的绕组，由 1～6 根扁导线并绕而成，层间用瓦楞纸等形成油道	630kVA、35kV 及以下变压器的低压绕组
多层式	多数以圆导线分层绕制，层间为电缆纸或油道，35kV 时内层有静电屏	630kVA、35kV 及以下变压器的高压绕组
分段式	分层又分段绕制，线段间放置绝缘垫圈	小型 63kV 变压器的高压绕组
箔筒式	一般是一层为一匝的多层式，用铝箔或铜箔绕制	中小型变压器的低压或高压绕组
单、双、四螺旋式	相当于多根扁导线叠绕的单层式，但线匝为段式，段间有油道	大中型变压器的低压绕组或大电流绕组
连续式	相当于一段多匝的螺旋式，段间有油道，由 1～6 根扁导线绕制	中型变压器 3～110kV 的高、低压绕组
纠结式	与连续式相似，但其段间是交叉纠结相连，以增大匝间电容	大型变压器 110～500kV 的绕组

四、调压装置

1. 无励磁分接开关

所谓无励磁就是变压器不加电压时的情况。当变压器不加电压时调节变压器绕组的匝数，以改变变压器的输出电压。调节方法是调中性点或变压器绕组的中部的匝数。图 2-3-5 所示为 10kV 级调节中性点匝数的分接开关外形和原理接线图。当要调接电压时，只要调节可动轴的位置就可调节三相线圈的匝数，从而改变输出电压的大小，图 2-3-5 所示为 X_2，Y_2，Z_2 连接成中性。

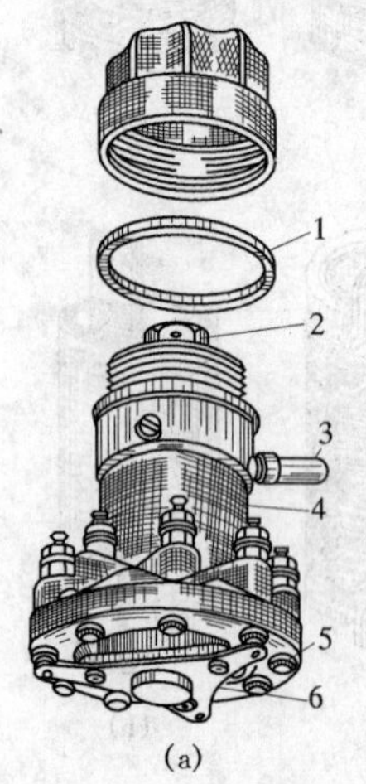

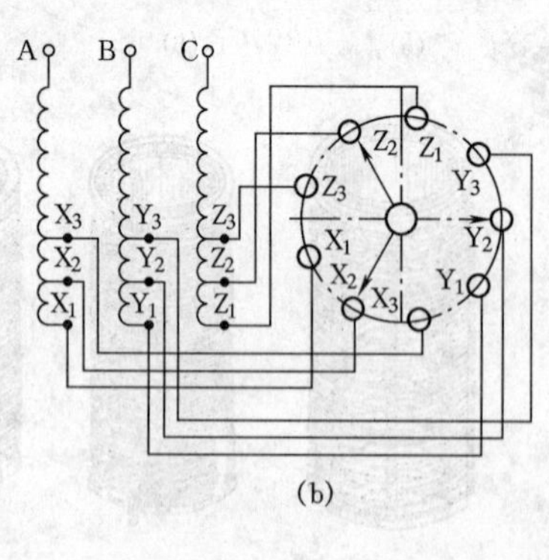

图 2-3-5 10kV 级三相中性点调压无励磁分接开关

(a) 结构图；(b) 原理接线图

1—密封垫圈；2—操动螺母；3—定位钉；4—绝缘盘；5—定触头；6—动触头

图 2-3-7 表示了调节线圈中部匝数的无励磁分接开关的结构和原理接线图。这个无励磁分接开关为 35kV 级的，调节转轴可改变中部线圈的匝数。图 2-3-6 中 A—A_4—A_3—A_5、B—B_4—B_3—B_5、C—C_4—C_3—C_5 均为中性点，在分接开关上，A_3 和 A_4，B_3 和 B_4，C_3 和 C_4 都用触头短路起来了。此种分接开关没有切断电弧的能力，所以只有在无励磁时方能作分接用。

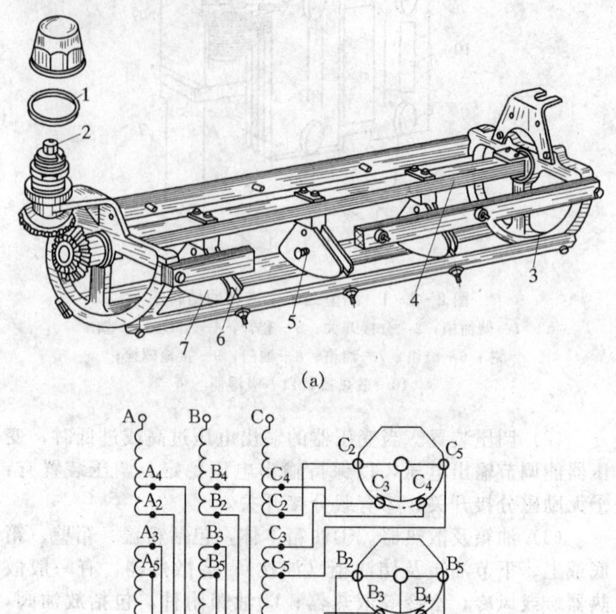

图 2-3-6 35kV 级三相中部调压无励磁分接开关

(a) 结构；(b) 与绕组的接线

1—密封垫圈；2—操动螺母；3—绝缘杆；4—绝缘油；5—弹簧；6—定触头；7—动触头

2. 有载分接开关

为了实现不断电调压或有负载时的自动调压，可采用有载分接开关；为防止切换线圈匝数时产生电弧，可采用双电阻式或组合式的分接开关。

图 2-3-6 示出了双电阻式有载分接开关一相的动作顺序图。从图 2-3-6 可看出，分接开关分为单数选择器、双数选择器和切换开关几个部分。先要确定从几分接切换到几分接，从图 2-3-6 示出，是由 3 分接头切换到 4 分接头。开始先将双数选择器从 2 分接头转向 4 分接头，转动切换开关，先从左触头向右触头旋转，当从图 2-3-7 (a) 所示转向图 2-3-7 (b) 触头接触时，电流将经电阻 R 流通，当转向图 2-3-7 (c) 所示触头时，电流将 4 分接头通过另一电阻 R 流出，直到图2-3-7 (d) 所示右触头接触时，切换才结束。而且切换开关转动时，触头总是两两接触，再脱离前一个触头，否则将会产生电弧。

另外还有几种组合式的分接开关，图 2-3-8 表示了一种粗细调节的组合式一相的分接开关，其中有一组粗调线圈，还有一些单数和双数的细调线圈，调节顺序是，先调粗调线圈，然后再调细调线圈，细调线圈的调节方式与前面所述相同。对于电力变压器调压的方式及范围列于表2-3-2。

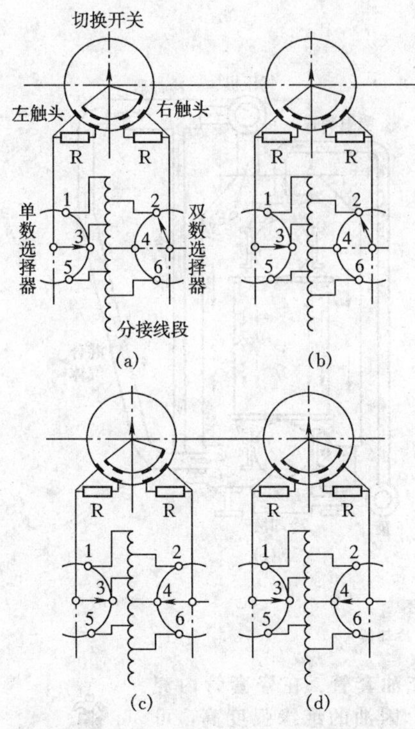

图 2-3-7 双电阻式有载分接开关的动作顺序

(a) 选择；(b) 选择结束；(c) 切换；(d) 切换结束

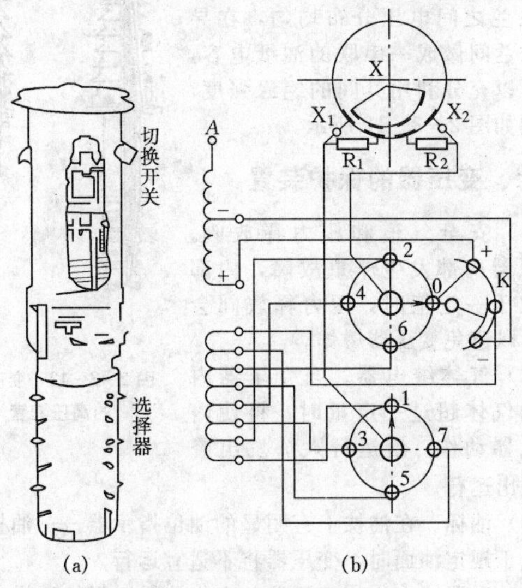

图 2-3-8 组合式有载分接开关

(中性点调压且图中只表示一相)

(a) 结构；(b) 粗细调压结线

表 2-3-2 电力变压器调压的方式及范围

方式	额定电压(kV)	调压范围(%)	分接向(%)	级数	常用调压形式	分接开关
无励磁调压	6～63	±5	5	3	中性点中部调压	中性点中部开关
	35～220	±2×2.5	2.5	5	中部调压	中部开关
有载调压	6，10	±4×2.5	2.5	9	中性点中部调压	有载或选择开关
	35	±3×2.5	2.5	7	中性点中部调压	有载或选择开关
	63～220	±8×1.25	1.25	17	中性点调压	有载开关

五、油箱及散热器

1. 油箱

(1) 图 2-3-1 表示了小型变压器油箱的情况，这种结构，变压器的器身安装在盖板上。

(2) 钟罩型，对大型变压器，由于器身很重不可能将器身安装在盖板上，因此器身装配时，就安装在下箱体上。当器身安装好后，再安装上箱体（钟罩），这样更利于变压器的安装。

2. 散热器

散热器有多种，这可根据变压器的容量来考虑。

(1) 片式散热器，如图 2-3-9 所示。装上这种散热器以后，热、冷油可以自然循环冷却这种散热器仅用于小容量的变压器。

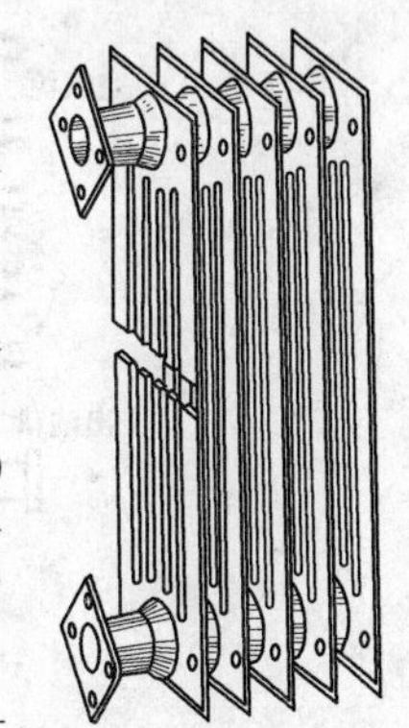

图 2-3-9 片式散热器

(2) 吹风冷却散热器，如图 2-3-10所示。对中型油浸变压器，则需采用吹风式的散热器，以提高散热的效率，此种散热器比自然循环散热器效率提高近一倍。

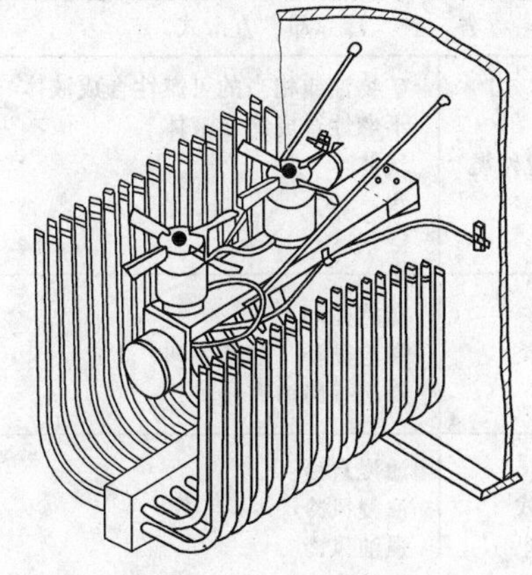

图 2-3-10 吹风冷却散热器

(3) 强油风冷散热器和强油水冷散热器。利用风冷和水冷的方式，用油泵强迫油流动，这样流动的油流将与风和水进行热交换，使热量可以带走，以提高变压器的使用效率，如图 2-3-11 所示。

(4) 蒸发冷却器，实用的蒸发方式为喷射式。它是在变压器箱体内充满 SF_6 气体的情况下，将冷却液碳氟化合物喷射到绕组和铁芯上，使冷却液气化后带走大量热量，再经冷却器冷凝变为冷却液的冷却方式。其结构如图 2-3-11 (c) 所示。

不同的冷却方式可用字母来表示，且不同的冷却方式变压器的温升值也有规定，表 2-3-3 和表 2-3-4 就表示了相应的代号和极限值。

六、出线装置——套管

变压器的引出线必须有可靠的绝缘并能通过一定的电流，因此引出线处要用各种型式的套管，套管有不同的电压等级。套管一般有以下几种：

(1) 瓷套管。以瓷作为介质的套管叫瓷套管，由于一部分在空气中，一部分在变压器的油箱内，所以空气中的部分长度较长。

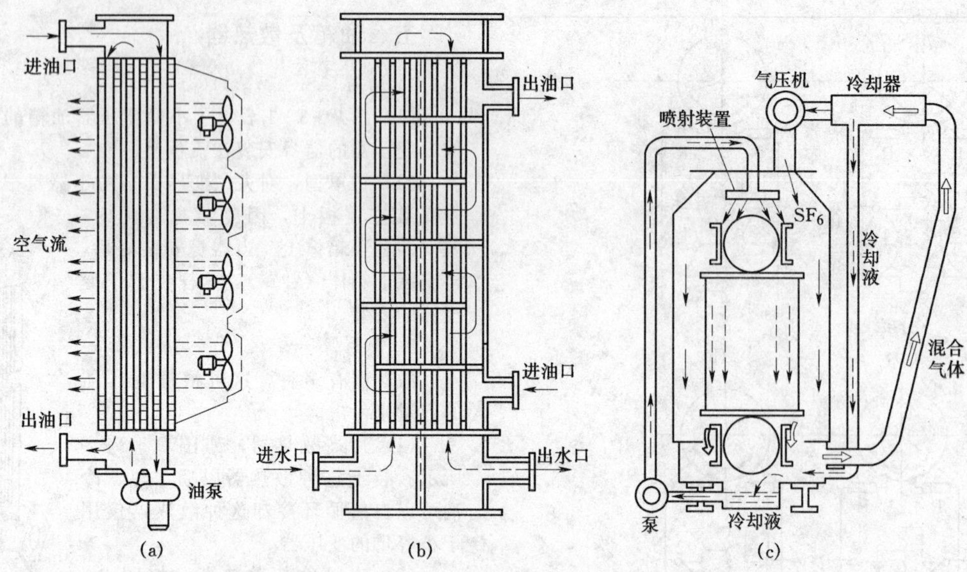

图 2-3-11　冷却器的结构原理图

(a) 风冷却器；(b) 水冷却器；(c) 蒸发冷却器

表 2-3-3　　冷却方式的字母代号

各种冷却方式		代号
冷却介质的种类	矿物油或相当的可燃性合成液体 不燃性合成绝缘液体 气体 水 空气	O L G W A
循环种类	自然循环 强迫循环（油非导向） 强迫导向油循环	N F D
冷却方式代号举例①	油浸自冷 油浸风冷 强油风冷 强油水冷	ONAN ONAF OFAF OFWF

① 四个代号排列来标志，依次为绕组冷却介质及其循环种类、外部冷却介质及其循环种类。

表 2-3-4　　变压器温升限值

型式	部位		温升限值（℃）
油浸式	绕组绝缘耐热等级	A	65（电阻法测量值）
	顶层油		55（温度计测量值）
	铁芯本体		使相邻部位绝缘材料不受损伤的温升
	油箱及结构件表面		80
干式	绕组绝缘耐压等级	A	60
		E	75
		B	80（均为电阻法测量值）
		F	100
		H	125
		C	150
	铁芯和其他部分		使铁芯本体和其他部分不受损伤的温升

(2) 充油套管。在瓷套管内充以绝缘油，因油的绝缘强度高，可提高套管的绝缘强度。

(3) 电容式套管。为使导芯与接地法兰之间电压分布均匀，在导芯与法兰间做成一串联的油纸电容，这样可以充分利用其间的绝缘强度，其结构如图 2-3-12 所示。

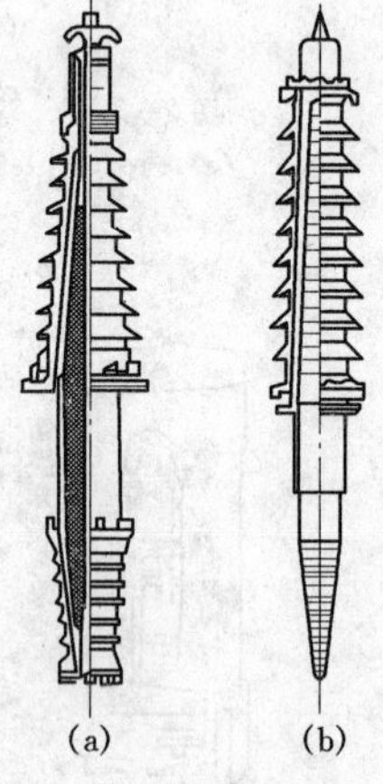

图 2-3-12　变压器的高压套管

七、变压器的保护装置

(1) 安全气道和压力释放阀。当变压器内部发生严重故障，内部压力大于一定值时，压力释放阀会释放，以避免变压器爆炸。

(2) 气体继电器。当变压器内分析的气体超过一定量时，将使内部继电器动作，给运行人员发出警告或退出运行。

(3) 油标。在油枕上有明显的油位指示器——油标，当油面低于规定油面时，变压器将不适宜运行。

(4) 吸湿器。为使变压器与空气接触时保持干燥，可用吸湿器将空气中的水分吸收掉，这样可保持变压器内的干燥。

八、三绕组三相变压器

在表 2-2-1 中已列出的几种高压、中压、低压变压器即是三绕组变压器，每相有三个绕组，其结构如图 2-3-13

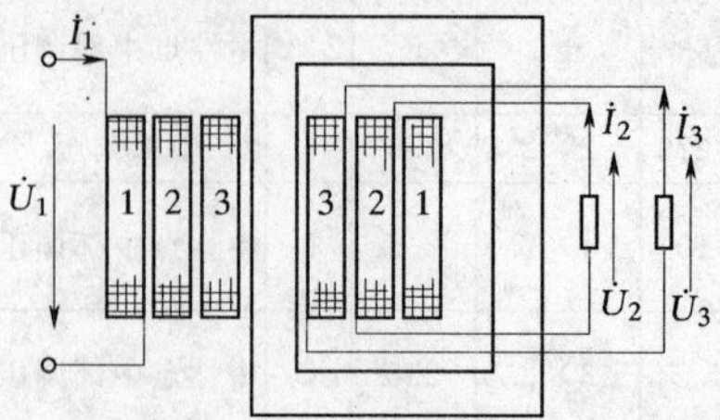

图 2-3-13　三绕组变压器示意图

所示。一个一次绕组接电源电压，二、三次绕组可接负载，此种变压器一次绕组的容量必大于或等于二、三次绕组的容量。一般三个绕组的容量比按高压、中压和低压的顺序为100/100/100、100/100/50和100/50/100三种，二、三次侧不能均满载运行。

第四节 变压器的试验

根据GB 1094.1—85《电力变压器》的规定，电力变压器应进行以下试验。

一、试验的分类

1. 出厂试验

(1) 绕组电阻测定。

(2) 电压比例量及电压矢量关系的校定。

(3) 阻抗电压（主分接）短路阻抗及负载损耗的测量。

(4) 空载损耗及空载电流的测量。

(5) 绝缘特性（绝缘电阻、吸收比、介质损耗因数）的测定。

(6) 绝缘试验。

(7) 有载分接开关的试验。

(8) 变压器油的试验。

2. 型式试验

(1) 温升试验。

(2) 绝缘试验。

3. 特殊试验

(1) 绝缘试验。

(2) 三相变压器零序阻抗的测量。

(3) 短路试验。

(4) 声波测量。

(5) 空载电流谐波的测量。

(6) 风扇电机和油泵电机吸取功率的测量。

4. 预防性试验

由于变压器试验项目很多，本手册仅介绍几种常用的试验方法，其他一些具体的试验方法可参看GB 1094—85或有关试验方法。

二、试验方法

1. 绕组电阻的测定

测量绕组的直流电阻方法很多，但测量要用直流电压测量，应记录绕组的被试端子间线圈的温度。最后要换算到75℃时的电阻值。换算方法如下

$$R_{75℃}=K_\theta R_\theta=\frac{\alpha+75}{\alpha+\theta}R_\theta$$

式中 α——导线材料的温度系数，铜为235，铝为225。

2. 电压比测量及电压矢量关系的校定

(1) 电压比测量可用双电压表法进行，在绕组上施加100V电压，测量各绕组的电压，然后算出电压比。另外也可用电桥法测量。

(2) 电压矢量关系的校定。此项主要是校定联结组别是否正确，方法有直流法、交流双电压表法和变压比电桥法等。本手册介绍交流双电压表法。

测量联结组时，其接线如图2-4-1所示。在交流高压侧施加小于350V的交流电压，短接一对相应的高、低压端子，测量其余高低压间的电压（单相变压器加单相电压，三相变压器加三相电压）。

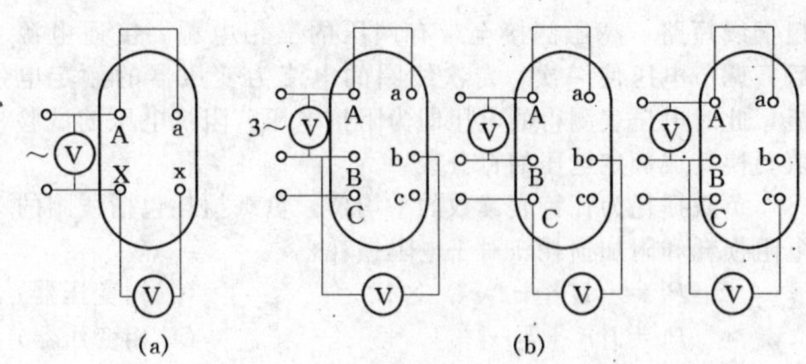

图2-4-1 用交流双电压表法校正矢量关系

(a) 单相变压器；(b) 三相变压器

1) 单相变压器，如图2-4-1 (a) 所示，若$U_{AX}>U_{Xx}$，则高、低压电压矢量为同相位（相位移为0点），连接组为I，I0，反之为反相位（相位移为6点），连接组为I，I6。

2) 三相变压器，如图2-4-1 (b) 所示，需测量三次，

$$\left.\begin{aligned}U_{Bb}&=(K-1)U_s\\U_{Cb}&=U_{Bc}=\sqrt{1-K+K^2}U_s\end{aligned}\right\}\qquad(2-4-1)$$

式中 U_s——试验时低压线电压；

K——电压比。

$$\left.\begin{aligned}U_{Bb}&=U_{Bc}=\sqrt{1-\sqrt{3}K+K^2}U_s\\U_{Cb}&=\sqrt{1+K^2}U_s\end{aligned}\right\}\qquad(2-4-2)$$

若满足式（2-4-1）条件，则连接组为Y、y0；若满足式（2-4-2）条件，则连接组为Y、d11。

【例】 若原边施加100V三相线电压，当变比$K=1$、5、10时，测得U_{Bb}，U_{Cb}，U_{Bc}，则可得出钟时序。如表2-4-1所示。

表2-4-1 用双电压表法测量线圈连接组

额定变比	实测线端电压（V）			钟时序
	U_{Bb}	U_{Cb}	U_{Bc}	
1	0	100	100	0
	200	173	173	6
	52	141	52	11
5	80	92	92	0
	120	111	111	6
	83	102	83	11
9～10	90	95	95	0
	110.5	106	106	6
	91	100.5	91	11

3. 阻抗电压及负载损耗的测量

试验接线如图2-4-2所示，将三相变压器的低压边用

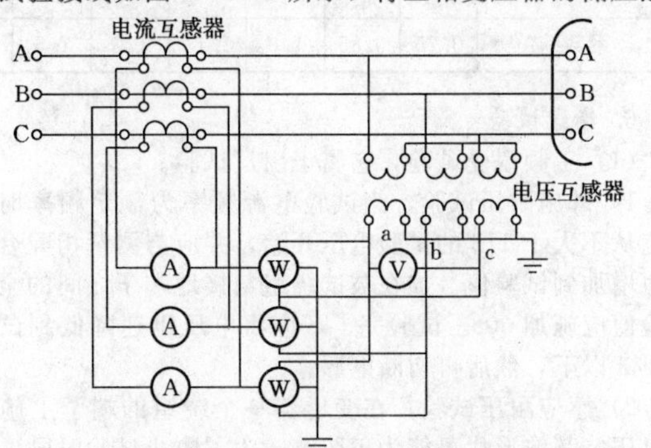

图2-4-2 三相变压器阻抗试验接线图

粗铜线短路，高压侧接至带有调压的三相电源。接通电源后，调节电压使一次，二次线圈的电流为变压器的额定电流，此时电压表测得的电压即为阻抗电压。阻抗电压的试验值要换算成额定电压的百分数。

负载损耗为瓦特表读数的平均值，负载损耗包括线圈的电阻损耗和附加损耗。对于电阻损耗

$$P_k = (I_1^2 r_1 + I_2^2 r_2) \times 1.5 \qquad \text{(三相变压器)}$$

$$P_k = I_1^2 r_1 + I_2 r r_2 \qquad \text{(单相变压器)}$$

负载损耗的两部分电阻损耗和附加损耗要分别换算到75℃。

4. 空载损耗和空载电流的测量

进行空载试验时，电源电压接至低压侧，高压侧开路，即可测到空载电流和空载损耗功率。空载试验的接线图与阻抗试验的接线图基本相同。只是电压加在低压侧，高压侧开路。

5. 绝缘特性测定

(1) 绝缘电阻和吸收比的测定。用2500V10000MΩ的兆欧表测量变压器绝缘电阻，在测量时，分别读取$R_{15''}$和$R_{60''}$的值，即15s时和60s时的绝缘电阻值，绝缘电阻阻值为60s时的值。

所谓吸收比为$K = R_{60''}/R_{15''}$，即60s时的绝缘电阻与15s时的绝缘电阻的比值。对63kV及以上的产品，K值应在1.5以上，否则认为绝缘受潮。

(2) 介质损耗因数（tanδ）的测量。一般可用平衡电桥（西林电桥）进行测试，测试线路如图2-4-3所示。图2-4-3为一反接法测试线路，测量介质损耗因数tanδ时，变压器油温应在10～40℃间进行。当以20℃为准时，35kV及以下的油浸电力变压器tanδ应不大于2%，60kV及以上变压器tanδ应不大于1.5%。如不在20℃测量时，应按表2-4-2进行校正。

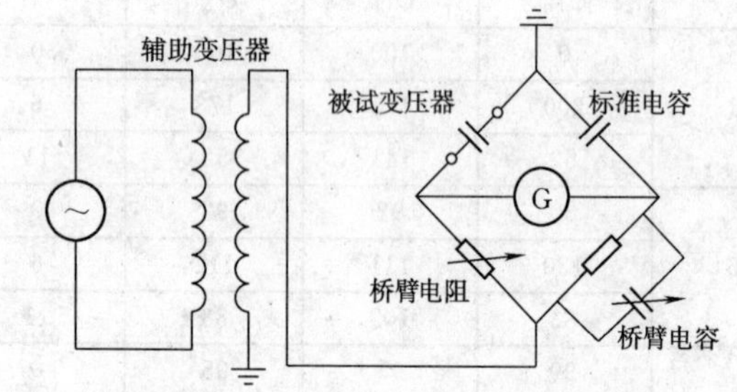

图2-4-3　介质损耗因数（tanδ）测试线路图

表2-4-2　tanδ 校正系数

测量温度（℃）	10	15	20	25	30	35	40
系数	0.75	0.85	1.0	1.15	1.3	1.5	1.7

6. 绝缘试验

(1) 工频耐受试验，它属于出厂试验。

1) 外施耐压试验，当试验电源频率为额定频率时，试验应从不大于1/3的试验电压开始，并应与测量相配合，尽快地增加到试验值。加在被试绕组与接地端子之间的全电压试验值应施加60s。试验完了，应将电压迅速降低到试验值的1/3以下，然后再切断电源。

2) 感应耐压试验，在变压器一个绕组的端子上施加交流电压，其波形尽可能为正弦波。为了防止试验时励磁电流过大，试验时频率应适当大于额定频率，试验亦应从小于1/3试验电压的电压开始，并与测量相配合，尽快地增加到试验值。试验结束后，应将电压尽快降低到试验值的1/3以下，然后再切断电源。

除非另有规定，当试验电压的频率等于或小于2倍额定频率时，其全电压下的施加时间应为60s。当试验频率超过2倍额定频率时，试验时间应为

$$t_s = \frac{120 \times [\text{额定频率}]}{\text{试验频率}} \quad \text{(s)}$$

式中　t_s——感应耐压试验时间（s），但不少于15s。

(2) 冲击试验，它包括雷电冲击试验和操作冲击试验。

1) 雷电冲击试验，在50%～75%试验电压时进行一次冲击（标准冲击）试验，其后再进行三次全电压冲击试验。

试验冲击波应是标准雷电冲击全波1.2±30%/50±20%μs。有时因绕组电感小或对地电容大，这种标准冲击波不能合理地得到，所以冲击波往往是振荡的。在这种情况下，经制造厂与使用部门协商，可以允许比较大的偏差。振荡冲击波的反极性峰值不应超过第一个峰的50%。

在波尾截断的雷电冲击试验顺序为截波和全波冲击试验的统一顺序。顺序如下：

一次降低电压的全波冲击；

一次100%的全波冲击；

一次或几次降低电压的截波冲击；

两次100%的截波冲击；

两次100%的全波冲击；

标准雷电冲击截波具有2～6μs之间的截断时间。另外截断线路的布置应使被记录冲击波截断后的过零系数接近于0.3（其允许范围为0.25～0.35）。

当$U_m > 300$kV时，冲击电压试验为出厂试验；当$U_m <$ 300kV时为型式试验。试验电压如表2-4-3和表2-4-4所示。

表2-4-3　电压等级为3～500 kV的变压器绕组的绝缘水平

电压等级（kV）	设备的最高电压U_m（有效值）（kV）	额定短时工频耐受电压（有效值）（kV）	额定雷电冲击耐受电压（峰值）（kV）		额定操作冲击耐受电压（相到中性点，峰值）（kV）
			全波	截波	
3	3.5	18	40	45	
6	6.9	25	60	65	
10	11.5	35	75	85	
15	17.5	45	105	115	
20	23.0	55	125	140	
35	40.5	85	200	220	
63	69.0	140	325	360	
110	126.0	200	480	530	
220	252.0	360 395	850 950	935 1050	
330	363.0	460 510	1050 1175	1175 1300	850 950
500	550.0	630 680	1425 1550	1550 1675	1050 1175

表 2-4-4　　分级绝缘绕组中性点的绝缘水平

电压等级(kV)	设备的最高电压(有效值)(kV)	中性点接线方式	额定短时工频耐受电压(有效值)(kV)	雷电全波冲击耐受电压(kV)
110	126		95	250
220	252	死接地	85	185
		不死接地	200	400
330	363	死接地	85	180
		不死接地	230	550
500	550	死接地	85	180
		不死接地	140	325

2）操作冲击试验，对于$U_m>300$kV 的绕组，本试验为出厂试验。试验应包括一次 50%～75%全试验电压下的冲击（校正冲击波形）试验和三次连续的全电压下的冲击试验。

以上冲击试验，其接线示意图如图 2-4-4 所示。冲击试验时，可从 3 个示波器上的示波图（示伤波形）来判断变压器绝缘的情况。

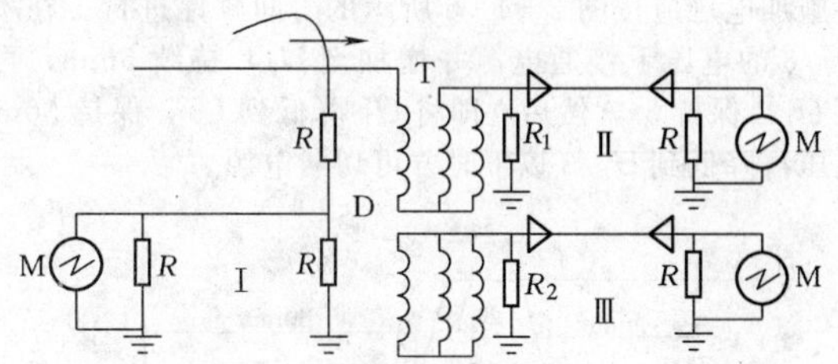

图 2-4-4　变压器冲击电压试验示伤电路原理接线

Ⅰ—电压示波法；Ⅱ—中性点电流法；Ⅲ—电容电流法；T—被试变压器；R_1、R_2—示伤电阻；D—分压器；R—匹配电阻；M—高压示波器

7. 变压器油的试验

变压器油是变压器中作为绝缘和散热的液体介质，它可以大大提高变压器的绝缘强度；也可大大降低变压器温度。因上述原因，对变压器油有许多物理、化学和电气性能方面的要求，表 2-4-5 列出了变压器油的指标。

表 2-4-5　　变压器油检测项目及标准

项　目		标准：新油及再生油		标准：运行中油	试验标准
酸　值		<0.03mgKOH/g		<0.1mgKOH/g	GB 264—77《石油产品酸值测定法》
水溶性酸或碱		无		pH 值≥4.2	GB 259—77《石油产品水溶性酸及碱试验法》
闪点		DB-10、25 >140℃	DB-45 >135℃	比新油或前次测量值小 5℃	GB 261—77《石油产品闪点测定法（闭口杯法）》
机械杂质		无		无	GB 511—77《石油产品和添加剂机械杂质测定法（重量法）》
水　分		无		无	GB 260—77《石油产品水分测定法》
游离碳		无		无	外观目测
电气强度	15kV 级以下	>25kV		>20kV	GB 507—77《电气用油绝缘强度测定法》
	20～35kV 级	>35kV		>30kV	
	63～220kV 级	>40kV		>35kV	
	330kV 级	>50kV		>45kV	
	500kV 级	>60kV		>50kV	
tgδ（%）		注入前 90℃时小于 0.5 注入后 70℃时小于 0.5		70℃时小于 2%	SY 2654—81《焊接接头及堆焊金属硬度试验法》
凝　固　点				−10℃、−25℃、−45℃	

变压器油的试验可参看有关国家标准，本章仅介绍电气强度试验方法。试验用的油杯如图 2-4-5 所示，将交流电压加在电极两端，以每秒不大于 3kV 的速度升压，直至间隙击穿，每隔 1min 共 5 次将间隙击穿，并记下每次击穿时的电压值。计算这 5 次试验击穿电压的平均值，此值即为电气强度的电压值。

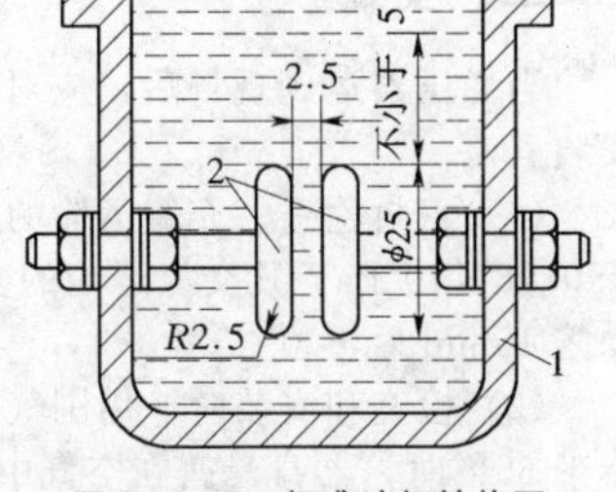

图 2-4-5　标准油杯结构图

(图中尺寸均以毫米计)

1—绝缘外壳；2—黄铜电极

8. 局部放电试验

前面所述绝缘试验大都是短时的绝缘强度试验，直接考验变压器绝缘的好坏。随着电力工业的发展，要求电工制造部门生产的产品质量日趋提高，局部放电试验是考验变压器长期寿命的试验方法。当变压器的内绝缘由于干燥及处理（真空处理）工艺不当时，变压器的局部放电现象将较严重，一般考验变压器局部放电的指标有①起始放电电压；②熄灭放电电压；③视在放电量。

局部放电水平影响变压器的长期寿命，按一般电工产品的要求，变压器的使用寿命为正常运行20年。

具体试验方法如下：

施加电压应按图2-4-6所示的时间顺序进行。在不大于$U_2/3$的电压下接通电源并增加至U_2，持续5min，再增加至U_1，保持5s，然后立即将U_1降低到U_2，保持30min，当电压再降低到$U_2/3$以下时方可切断电源。

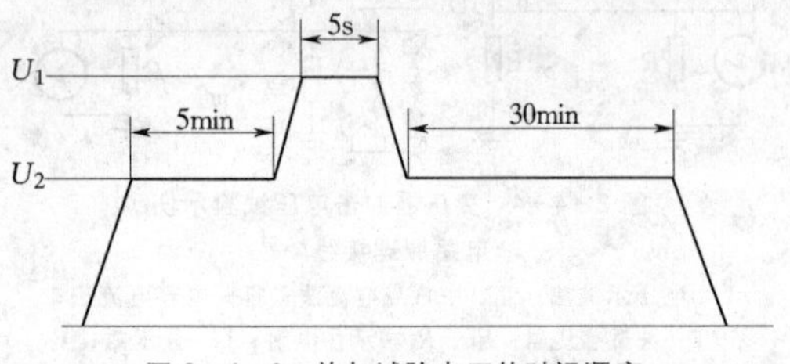

图2-4-6 施加试验电压的时间顺序

在施加试验电压的整个期间，应按下述方法监测局部放电。线路端子与中性点端子之间的试验电压以$U_m/\sqrt{3}$表示；视在电荷量q值（用pC表示）不应大于规定值。其值分别是：

1）U_1为预加电压，其值为$\sqrt{3}U_m/\sqrt{3}=U_m$。

2）U_2为测量电压，当U_2为$1.5U_m/\sqrt{3}$时，q不大于500pC；当U_2为$1.3U_m/\sqrt{3}$时，q不大于300pC。

局部放电试验属特殊试验，按GB 1094·3—85《电力变压器》规定，只有$U_m \geqslant 252$kV的变压器进行本项试验。

三、预防性试验

变压器在运行中，要经常对变压器进行绝缘监督，最好的办法就是进行预防性试验。试验项目如表2-4-6所示。

表2-4-6 电力变压器预防性试验项目

项目	周期	标准
绕组绝缘电阻和吸收比	1～3年一次或大修以后	绝缘电阻500～1200MΩ（20℃） 吸收比63～330kV级时大于1.3
绕组连同套管的tgδ%	大修时或必要时	2%～1.5%（20℃）且与历年数值相比不应有显著的变化（3150kVA及以上变压器进行）
绕组连同套管的泄漏电流	大修时或必要时	试验电压（35kV、10000kVA及以上变压器）： 绕组额定电压（kV）：3、6～15、25～35、>35 直流试验电压（kV）：5、10、20、40 泄漏电流值自行规定，且与历年数值相比不应有显著变化
绕组连同套管的外施耐压试验	更换绕组后、大修后或必要时	全部更换绕组后，按出厂标准执行，大修后按大修标准执行： 绕组额定电压（kV）：3、6、10、15、35、63、110、220 大修试验电压（kV）：15、21、30、38、72、120、170、340 非标准出厂试验电压为出厂标准的85%
油箱和套管中绝缘油试验		可参见变压器油检测项目及标准
铁芯和夹件、穿心螺杆的绝缘电阻	大修时	绝缘电阻自行规定
铁芯对地绝缘电阻	1～3年一次或大修后	绝缘电阻自行规定
电压比试验	更换绕组后或必要时	符合制造厂出厂试验或技术条件
油中溶气色谱分析	一年、半年或3个月	气体总烃150×10^{-6}，乙炔5×10^{-6}，氢150×10^{-6} 产气速率：开放式0.25mL/h；密封式0.5mL/h
油水微量水测定	必要时	220kV级以下小于30×10^{-6}；330kV级小于25×10^{-6}；500kV级小于15×10^{-6}

第五节 变压器的安装与运行

一、运输

（1）变压器运输时要防振动。

（2）变压器本体运输时，倾斜角应小于15°。

（3）为防止超重和出现安全事故，变压器放油后，应充以（0.98～2.94）$\times10^4$Pa的氮气，但必须良好密封。

（4）变压器运输时，应考虑变压器的体积，可以分体运输。

二、安装

当变压器运到现场后，应对变压器进行检查，然后进行安装。

（1）密封检查。充氮运输的变压器，其氮气压力应不小于0.98×10^4Pa。凡交氮运输的变压器在吊罩后应在空气中暴露15min后再检查。

（2）检查和安装时，周围气温应在0℃以上，相对湿度小于65%时，器身暴露在空气中不宜超过16h；相对湿度小于75%时，器身在空气中暴露不宜超过12h，且尽量少与空气接触。

(3) 若变压器受潮时，需要进行干燥处理，干燥方法如表2-5-1和表2-5-2。

表2-5-1　变压器干燥时的温度　　单位：℃

不带油时	箱壁	120～125
	箱底	110～115
	绕组	<95
带油时	油温<85	
热风干燥时	风温<100	

表2-5-2　变压器干燥时的真空度

电压等级（kV）	容　量	真空度（kPa）
220及以上	所有变压器	80
110、63	20000kVA及以上	67
110、63	16000kVA及以下	51
35	4000kVA及以上	51

(4) 检查变压器的各种零部件是否齐全，有无损伤，若有损伤应及时更换，并按图纸进行装配。

(5) 注油前要进行油质检查，并用合格的油冲洗。110kV以上的变压器要真空注油，500kV及以上的变压器要进行热油循环处理。

(6) 安装完毕对变压器各部分进行复查，确定无误后应进行验收试验。

三、变压器的并联运行

当变压器与另外的变压器并联运行时，必须满足一定条件。所谓并联运行是指一、二次绕组端子各自并联的运行。

(1) 变压比相同（原边和副边额定电压相同），否则两台变压器的负载不均衡。两台变压器的变比之差应小于0.5%。

(2) 连接组别相同（副边电压对原边电压的相位移相同），否则会引起变压器烧毁。

(3) 阻抗电压相同。在并联运行时，阻抗电压关系到负载电流的分配，所以一般避免用阻抗电压相差10%以上的变压器并联运行。

若变压器的连接组别不相同时，可在一定条件下改变其线端排列而使其相同。具体可参考《电力变压器运行规程》。

四、变压器的保护

在变压器的结构中已对变压器保护装置作了介绍，本节仅对变压器运行中的线路保护作一介绍。

1. 过电流保护

变压器运行时，若相间短路或在中性点直接接地电力网中，应立即跳开断路器，实现对变压器的保护。另外若在过负荷时保护变压器，亦要装设过负荷保护装置，给出过负荷信号，或自动减负荷，或自动跳闸。

2. 过电压保护

当线路出现过电压时，亦要有保护装置。图2-5-1表示了35～110kV变电所进线段过电压保护的接线图，图2-5-2表示了3～10kV变压器过电压保护的线路图。

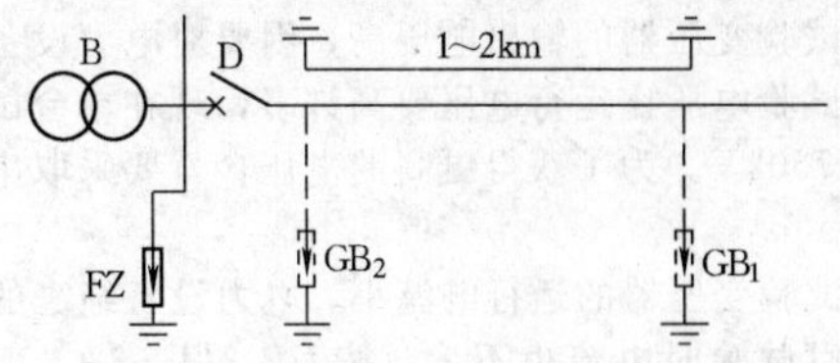

图2-5-1　未沿全线架设避雷线的35～110kV变电所的进线保护接线图

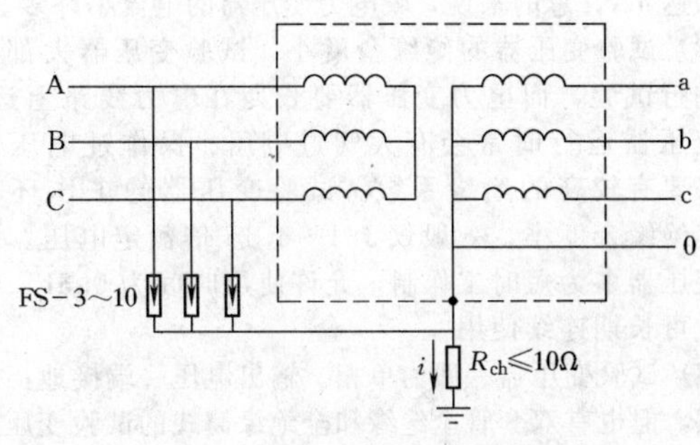

图2-5-2　3～10kV变压器过电压保护线路图

第六节　特种变压器

前面所叙为电力变压器的情况，但变压器的用途和使用的环境各不相同，还有多种特殊用途的变压器，下面就几种常用的变压器作一介绍。

一、干式变压器

所谓干式就是不浸油的变压器，所以此种变压器有许多优点：它体积小、重量轻、安装容易、维护方便、没有火灾和爆炸的危险。由于不浸油，额定电压不可能太高。干式变压器有以下几种类型。

(1) 浇注式，它是用环氧树脂或其他树脂浇注做成产品的主、纵绝缘，具有体积小、结构简单、便于维护、可靠性高等特点。

(2) 开启式，器身置于大气中，适用于洁净而较干燥的室内环境（环境温度为+20℃时，相对湿度不超过85%）。

(3) 充气式，器身置于密闭的充以绝缘气体（如SF_6）的环境中。由于变压器有密闭的外壳，可使用于较恶劣的环境中。

国内生产的干式变压器列于表2-6-1。

表2-6-1　SGZ系列干式变压器技术数据

型　号	容　量 (kVA)	电　压 (V)	阻　抗 (%)	外形尺寸 (mm×mm×mm)	损　耗 (W)	总重量 (kg)
SGZ—630/10	630	$10000^{+6}_{-4}\times2.5\%/400$	6	2460×1930×2560	11320	3210
SGZ—800/10	800	$10000^{+6}_{-4}\times2.5\%/400$	6	2460×1930×2560	12600	3680
SGZ—1000/10	1000	$10000^{+6}_{-4}\times2.5\%/400$	6	2550×1970×2570	14380	4380
SGZ—1250/10	1250	$10000^{+6}_{-4}\times2.5\%/400$	6	2600×1990×2820	17140	4900
SGZ—1600/10	1600	$10000^{+6}_{-4}\times2.5\%/400$	6	2710×1980×2870	19700	5905
SGZ—2000/10	2000	$10000^{+6}_{-4}\times2.5\%/400$	6	2860×2040×2960	24200	6900

二、试验变压器

作为对电力设备进行试验用的变压器，有如下几个特点。

1. 试验变压器的特点

(1) 试验变压器的输出电压高，因要对电力设备进行试验，所以试验电压比运行电压要高许多，现在单台试验变压器可做到 750kV。为了获得更高的电压，就要采取串级的办法来实现。

(2) 试验变压器的运行电流小，电力设备绝缘的电容量不大，所以试验时电流也不大。按 GB 311—83《高压电气设备绝缘试验电压和试验方法》的规定，最小电流应为 0.1A（干试）；湿试时要求 1A，当要进行污秽试验时，电流要求达 4A。总的来说，较电力变压器的电流小许多。

(3) 试验变压器的绝缘余度小，试验变压器大都是对试品进行试验，而电力变压器要长期在电力线路上运行。电力变压器运行时常会有大气过电压、操作过电压的侵袭，需要有较高的绝缘系数。试验变压器的工作环境较好，其绝缘余度小，一般仅 1.1～1.15 倍额定电压。另外试验变压器多为短时工作制，允许使用时间为 0.5h，特殊情况也可长期连续使用。

(4) 试验变压器一般为单相。输出电压一端接地，一端为高压，但也有双套管全绝缘和全绝缘筒式的试验变压器。

2. 试验变压器的结构

图 2-6-1 所示为试验变压器的结构图。

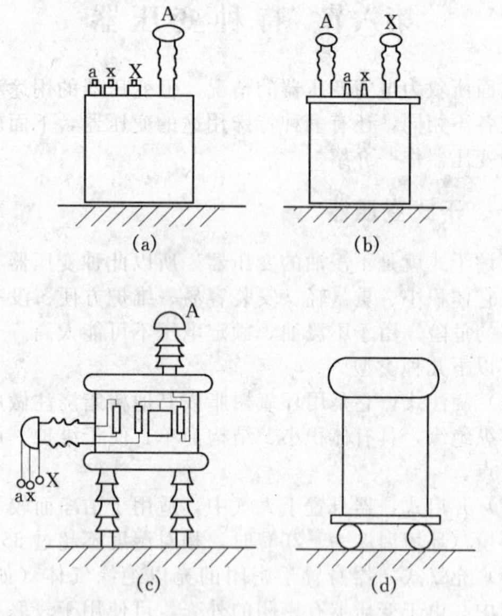

图 2-6-1 试验变压器结构图

(a) 单套管；(b) 双套管；(c) 中点接地；(d) 绝缘筒式

试验变压器参数如表 2-6-2 所示。

3. 串级试验变压器

单台试验变压器的电压级取得很高时，绝缘要做得很厚，这样变压器的体积将很大，也不经济。当要求电压很高的试验变压器时，往往都采用串联几台试验变压器的方式。如表 2-6-2 中的 2250kV 的变压器，就是三台 750kV 的变压器串联而成的，具体结构如图 2-6-2 所示。第Ⅱ台变压器由第Ⅰ台的 3 号绕组激磁；第Ⅲ台变压器由第Ⅱ台变压器的 3 号绕组激磁。每台变压器有两个绝缘套管，高压绕组的中点与外壳相联结。在使用时外壳必须用支持绝缘子与地绝

表 2-6-2 试验变压器参数表

高压绕组额定电压（kV）	额定容量（kVA）	高压绕组额定电压（kV）	额定容量（kVA）
5 10 25	3	500	500
35 50	5	750	750
50 100	10	1000 1500	1000
100 150	25	750 1500 2250	1500
50 100 150	50	2250	2000
50 100 150	100	2250	2250
150	150	750	3000
250	200	1500	6000
250	250	2250	9000
300 500	300		

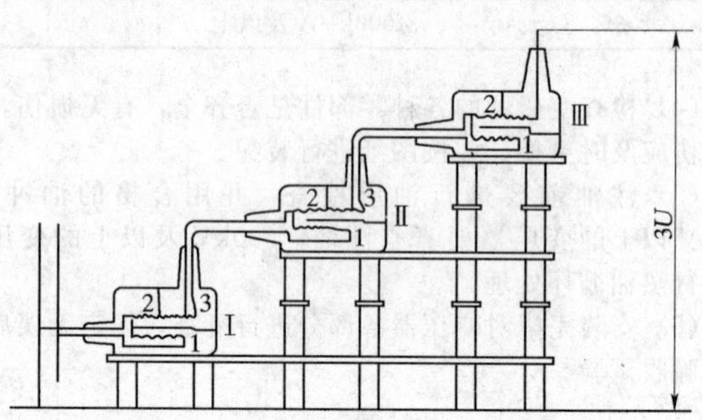

图 2-6-2 2250kV 串级试验变压器原理示意图

1—原边绕组；2—高压绕组；3—供给下一级的激磁绕组

缘，当三台变压器串联起来以后，第Ⅱ、第Ⅲ台变压器要用更多的绝缘子支持起来。另外采用此种结构的变压器，变压器的绝缘只用考虑 375kV 级，变压器就可具有较小的体积，较轻的重量。

4. 串联谐振试验装置

对大容量试品（如电力电缆、电容器及大容量的电机等）的工频试验，可用串联谐振试验装置。此装置的基本原理是利用 LC 谐振原理，使试品受到工频高电压的试验。其原理和接线图如图 2-6-3 所示。当串联谐振试验装置 LC 谐振时

$$U_C = U_L = I_m\left(\frac{1}{WC}\right) = I_m WL$$

$$I_m = \frac{U_s}{R}$$

所以
$$U_C = U_L = \frac{U_s}{R}WL = QU_s$$

式中 Q——品质因数，一般可达 20～80；

U_s——馈电变压器电压。

采用串联谐振试验装置的优点是：

(1) 馈电变压器、调压器的容量小。因为 $U_s = U_C/Q$，所以馈电变压器、调压器的容量理论上可比试验容量小 Q 倍。

(2) 输出电压波形较好。因谐振电路对工频谐振，而对其他谐波阻抗大，所以波形较好。

(3) 当试品击穿或闪络时，谐振条件受到破坏，回路阻抗增加使高压立即消失，从而使电弧熄灭。这样可避免变压器过载或被试品烧坏。

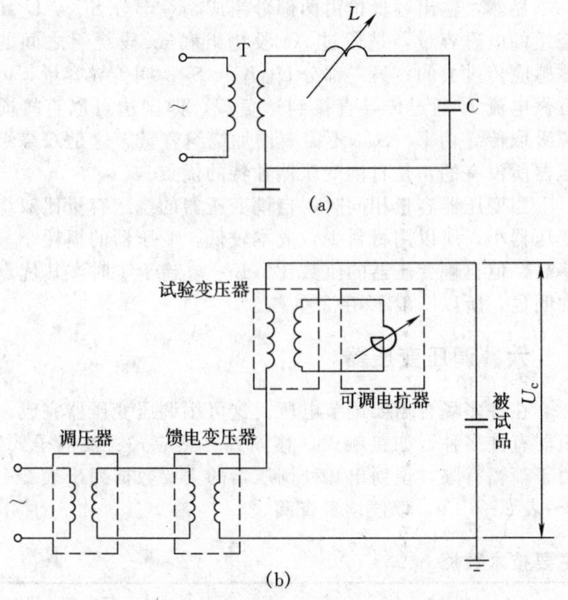

图 2-6-3　串联谐振试验装置原理、接线图
(a) 原理图；(b) 接线图

(4) 由于要产生谐振，试验回路不需要保护电阻。

三、Vv 连接变压器

Vv 连接变压器是用两台单相变压器原、副边绕组都接成 V 形，原边接三相电源，副边接三相负载，具体接线如图 2-6-4 所示，负载可接成 D 接法，也可接成 Y 接法。Vv 连接变压器可以看成 Dd 连接的三相变压器组中拆走了一台单相变压器，此接法在特殊情况下可采用。例如新建线路上，因负载不大可先用两台单相变压器接成 Vv 连接供电，待负载发展起来以后，再增加一台单相变压器接成 Dd 运行。又如 Dd 连接的三相变压器组，对其中一台单相变压器进行检修，另外两台则接成 Vv 连接，这样仍可继续为三相负载供电，但此时输出的额定容量仅为变压器设备容量的 86.6%，设备容量不能充分利用。

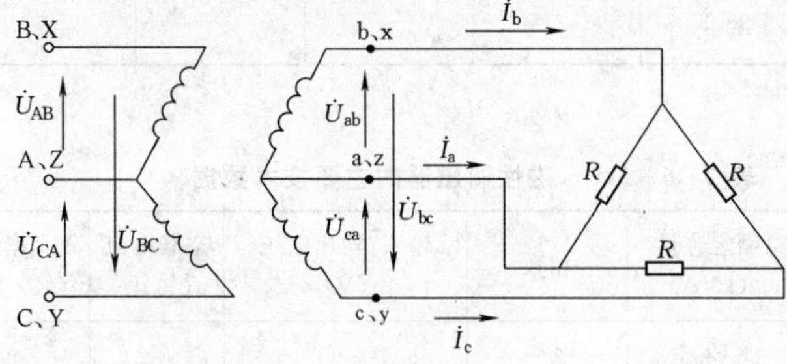

图 2-6-4　Vv 连接变压器

四、T 型接线变压器

T 型接线可以把三相电源变成两个两相电源，通常由一个叫做 M 变、一个叫 T 变的两个单相变压器组成，其原理线路如图 2-6-5 所示。

从图 2-6-5 可看出：B、C 两相电源接在 M 变的绕组上，M 变的中点 D 和 A 相电源接在 T 变的绕组上，形成两个单相变压器，M 变和 T 变的二次绕组各带有自己的负载。此种接线的特点就是将三相电源变成了两个单相电源。也有

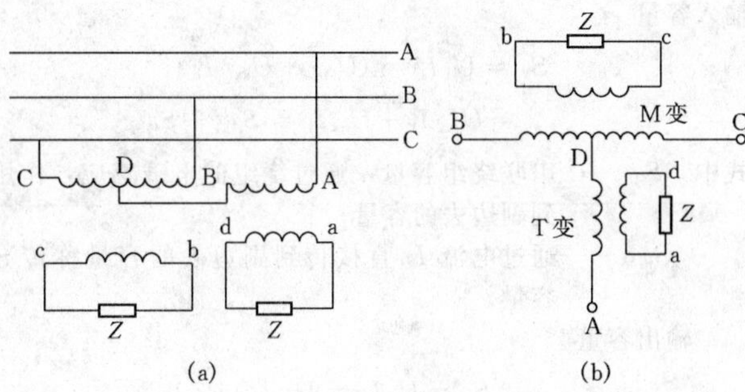

图 2-6-5　T 型接线变压器原理图
(a) 接线图；(b) 原理示意图

的称为斯科特 (Scot) 接线方式。

五、自耦变压器

所谓自耦变压器就是原边与副边绕组具有公共部分的变压器。其原理图如图 2-6-6 所示，图 2-6-6 (b) 表示了接线原理，电源从 A、X 输入，输出为 a、x。它们有一串联绕组和一公共绕组，从图中可看出流经公共绕组的电流 $\dot{I}$ 为 $\dot{I}=\dot{I}_2+\dot{I}_1=\dot{I}_2-\dot{I}_2/K$

因为　$\dot{I}_1 w_1+\dot{I}_2 w_2=\dot{I}_0 w_1$

激磁电流很小　$\dot{I}_0\approx 0$

所以　$\dot{I}_1 w_1=-\dot{I}_2 w_2$

$$\frac{\dot{I}_1}{\dot{I}_2}=-\frac{w_2}{w_1}=-\frac{1}{K}$$

$$I=\dot{I}_2\left(1-\frac{1}{K}\right)$$

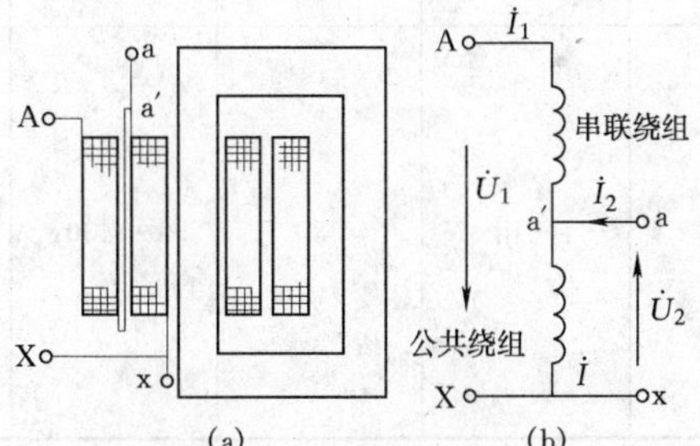

图 2-6-6　双绕组自耦变压器
(a) 结构示意图；(b) 接线原理图

从电压的关系可得出

$$\frac{\dot{U}_1}{\dot{U}_2}\approx\frac{\dot{E}_1}{\dot{E}_2}=\frac{w_1}{w_2}=K$$

串联绕组　$U_{Aa'}=U_1-U_2=U_1-U_1/K=U_1\ (1-1/K)$

对于容量的关系：理想自耦变压器的容量为

$$S=U_1 I_1=U_2 I_2$$

串联绕组 Aa′的绕组容量为

$$S_{Aa'}=U_{Aa'}I_1=U_1 I_1\left(1-\frac{1}{K}\right)$$

公共绕组的容量为

$$S_{ax}=U_2 I=U_2 I_2\left(1-\frac{1}{K}\right)$$

输入容量

$$S_1 = U_1 I_1 = (U_{Aa'} + U_{ax}) I_1$$
$$= U_{Aa'} I_1 + U_{ax} I_1 = S_{Aa'} + S_{传导}$$

式中 $S_{Aa'}$——串联绕组容量，通过绕组的电磁感应，作用到副边去的容量；

$S_{传导}$——通过电流 I_1 直接传到副边去的容量称传导容量。

输出容量

$$S_2 = U_2 I_2 = U_{ax} I_2$$

从电流的关系可看出

$$\dot{I} = \dot{I}_1 + \dot{I}_2 (但\ \dot{I}_1\ 和\ \dot{I}_2\ 相位差\ 180°)$$

所以 $I_2 = I_1 + I$

$$S_2 = U_{ax}(I_1 + I) = U_{ax} I_1 + U_{ax} I$$
$$= S_{传导} + S_{ax}$$

显然，输出容量也由两部分组成，一部分 $S_{ax} = U_{ax} I$ 是绕组的电磁容量，是通过 Aa 段绕组和 ax 段绕组之间的电磁感应传过去的；另一部分 $U_{ax} I_1 = S_{传导}$ 叫传导容量，可以看做电流 I_1 通过传导直接到达负载，即副边可以直接向电源吸取传导功率。$S_{传导}$ 不需要增加绕组容量，这是双绕组变压器所没有的，是自耦变压器独特的优点。

当变压器容量相同时，自耦变压器的绕组容量比双绕组变压器小，所以用材料少，成本较低，变压器的损耗小、效率高。但自耦变压器的匝数比（K）愈趋于 1 时，其优点更加明显，所以一般 K 在 2 左右。

六、调压变压器

在许多场合需要调节电压，这可用调压变压器完成。调压器有许多种，如接触式、移圈式、感应式、及电子式等。由于篇幅有限，现列出几种调压器的主要数据列于表 2-6-3～表 2-6-9，以便读者查阅。

表 2-6-3 环形接触调压器的主要技术数据

额定容量（kVA）	相数	额定输入电压（V）	额定输出电压（V）	空载电流（%）[①]	效率（%）	满载电压降（V）	空载输出电压波形畸变率（%）	过载能力	
								过载（%）	过载时间（min）
0.2				11	95.2				
0.5									
1								20	不大于 60
2	单相	220	0～250	↓	↓	不大于 3	不大于 3		
⋮									
20								40	不大于 30
30				2.2	98.2				
3				5.5	96.6				
6									
9									
12	三相	380	0～430	↓	↓	不大于 9	不大于 3		
15									
20								60	不大于 5
30				2.2	98.3				

① 表示空载电流与额定电流的比值。

表 2-6-4 移圈式调压器的主要技术数据

额定容量（kVA）		相数	输入/输出电压（V）	空载电流（%）[①]	效 率（%）
50	500	单相或三相	220/23～230 380/40～400 6000/160～6300 10000/260～10500	≤30	92.5～97.5
100	800				
160	1000				
200	1250				
250	1600				
315	2000				
400	2250				

① 表示空载电流与额定电流的比值。

表 2-6-5 磁性调压器的主要技术数据

额定容量（kVA）		相数	输入/输出电压（V）	空载电流（%）[①]	效 率（%）
5	125	单相	380/5～35 380/7～70 10000/20～140 10000/40～280	2～3	90～97
10	160				
16	200				
20	250				
30	315				
40	400				
50	500				
63	630				
80	800				
100	1000				

① 表示空载电流与额定电流的比值。

表 2-6-6　油浸自冷感应调压器的主要技术数据

额定容量 (kVA)		额定电压 (V)	空载电流 (%)	效率 (%)[①]	空载输出电压 U_{20} 畸变率 (%)	噪声 (dB)
12.5	160	220/0～100	10～14.5	93.6～97.5	单相 U_{20}<30%时不大于 10 U_{20}>30%时不大于 5	不大于 85
16	200	380/0～420				
20	250	380/0～500				
25	315	380/0～650				
40	400	6000/0～6300			三相 U_{20}<20%时不大于 10 U_{20}>20%时不大于 5	
50	500	10000/0～10500				
63	630					
80	800					
100	1000					
125	1250					

① 表示空载电流与额定电流的比值。

表 2-6-7　接触自动调压器主要技术数据

额定容量 (kVA)		相数	空载电流 (%)[①]	效率 (%)	输入电压波动范围 (%)[②]	输入输出电压 (V)	稳定精度
0.1	4	单相	26.4～3.4	96～96.5	±10	220	±0.25
0.2	5				±15		±0.5
0.3	7				±20		±1
0.5	10				+10		±2
1	15				−15		±3
2	20						±4
3	30						
3	12	三相	9.2～3.4	95.8～96.5	+10	380	
6	15				−20		
9	20						
10	30						

① 表示空载电流与额定电流的比值。
② 表示输出电压波动范围与额定电压的比值。

表 2-6-8　感应自动调压器主要技术数据

额定容量 (kVA)		输入输出电压 (V)	相数	输入电压波动范围 (%)	效率 (%)	空载电流 (%)	稳压精度及调节范围 (%)	空载输出电压波形畸变率 (%)	噪声 (dB)	过载能力 过载 (%)	过载能力 过载时间 (min)
25	35	220	单相	±20	96.2 ↓ 97.8	8.1 ↓ 5.3	±1，±1～5	≤5	≤85	30	120
40	56										
63	90										
40	56	380	三相	+10 −15	96.2 ↓ 98.6	7.4 ↓ 3.8		≤2.5		45	80
63	90										
100	140										
160	225										
250	350									60	45
400	560										
630	900									75	20
1000	1400	6000 10000			98.2 ↓ 99	8.6 ↓ 3.8				100	10
1600	2250										
2500	3500										
3500				±10	99.3	3.2					
5600					99.4	2.5					

注　表中各百分比值均为相对于产品额定状态值而言。

表 2-6-9 晶闸管调压器主要技术数据

型号	容量(kVA)	交流输入		交流输出		型号	容量(kVA)	交流输入		交流输出	
		相数	电压(V)	电压(V)	电流(A)			相数	电压(V)	电压(V)	电流(A)
TDGKJ—4	4	1	220	10～210	20	TLFKJ—74	74	2	380	10～370	200
TDFKJ—10	10	1	220	10～210	50	TDFKT—20	20	1	220	0～10	2000
TDFKJ—20	20	1	220	10～210	100	TLFKT—40	40	2	380	0～100	400
TDFKJ—40	40	1	220	10～210	200	TSFKW—30	30	3	380	10～370	50
TLFKJ—18.5	18.5	2	380	10～370	50	TSFKW—60	60	3	380	10～370	100
TLFKJ—37	37	2	380	10～370	100	TSFKW—120	120	3	380	10～370	200

七、矿用变压器

常见矿用变压器各技术数据见表 2-6-10。

八、整流变压器

常见整流变压器技术数据见表 2-6-11。

表 2-6-10 矿用变压器技术参数

类别	型号	额定容量(kVA)	高压额定电压(V)	低压额定电压(V)	连接组标号
矿用照明变压器	KDG—0.5/0.38 KDG—1.0/0.38 KDG—1.6/0.38	0.5 1.0 1.6	380 (660) (1140)	127	Ii0
矿用电钻变压器	KSG—1.6/0.66 KSG—2.5/0.66 KSG—4.0/0.66	1.6 2.5 4.0	660/380 (1140/660)	127 (133)	Yd11～Yd0
矿用电力变压器	KS—50/6 KS—100/6 KS—200/6 KS—315/6 KS—400/6 KS—500/6 KS—630/6	50 100 200 315 400 500 630	6000	690/400 1200/690	Yy0～d11

表 2-6-11 部分整流变压器技术数据

型号	额定容量(kVA)	输入电压(V)	输出电压(V)	连接组	型号	额定容量(kVA)	输入电压(V)	输出电压(V)	连接组
ZB—7000/10	5768/8122	10000	94	Yyn0yn6	ZHSFP—15000/15	11574/16368	15000	393	Yy0z6
ZB—7000/35	6130/8670	37187.5	100	Yyn0yn6	ZHS_7—12500/35	12127	34067	357.3	Yd11d5
ZB_7—8000/10	6270/8877	10000	$128.2\times\sqrt{3}$	Yyn0yn6	ZHS_7—31500/110	31500	113562.5	647.5	

第三章　互感器、电抗器与电容器

第一节　互　感　器

一、互感器的实质和使用特点

（一）互感器的实质

互感器是用以传递信息、供给测量仪器、仪表及保护和控制装置的变换器。常用的互感器有电压互感器和电流互感器。

电压互感器就是在正常情况下，其二次电压与一次电压实质上成正比，而其相位差在连接方法正确时接近零的互感器。电压互感器的种类有电磁式、电容式等。

电流互感器是在正常情况下，其二次电流与一次电流实质上成正比，而其相位差在连接方法正确时接近零的互感器。电流互感器的种类有电磁式电流互感器，光电式电流互感器和零序电流互感器等。

（二）互感器使用特点

（1）互感器与测量仪表配合，对线路的电压、电流、电能进行测量，与继电保护装置配合，可对电力系统和设备进行保护。

（2）互感器能使测量仪表、继电保护装置与被测的高压线路隔离，以保证操作人员和二次装置的安全。

（3）为便于换算，总是将线路的电压和电流变换成统一的标准值。如电压互感器，二次电压为100V或$100/\sqrt{3}$V；电流互感器的二次电流为5A或1A，以利仪表和继电保护装置的标准化。

二、电压互感器

电压互感器通常可分为电磁式电压互感器和电容式电压互感器。

（一）电磁式电压互感器

1. 工作原理

所谓电磁式电压互感器，实际就是作为测量和保护用的仪用变压器。电压互感器的输出容量很小，接近于空载运行，其一次侧端电压取决于系统电压，与互感器的二次负荷无关。因为电磁式电压互感器是一变压器，所以它的等值电路和相量图与电力变压器基本相同（图3-1-1）。互感器的工作状态接近于变压器的空载情况，二次电压接近于二次电势值，并决定于一次电压值。因此电压互感器可用来测量一次侧的电压。从相量图可以看出：虽然电压互感器处在空载状态，但由于互感器的漏阻抗，互感器仍存在变比误差和相角误差。当互感器的二次负荷增加时，二次电压会降低，测量误差将会增大。为了保证测量准确度，电压互感器的二次负荷应限制在允许的范围之内。

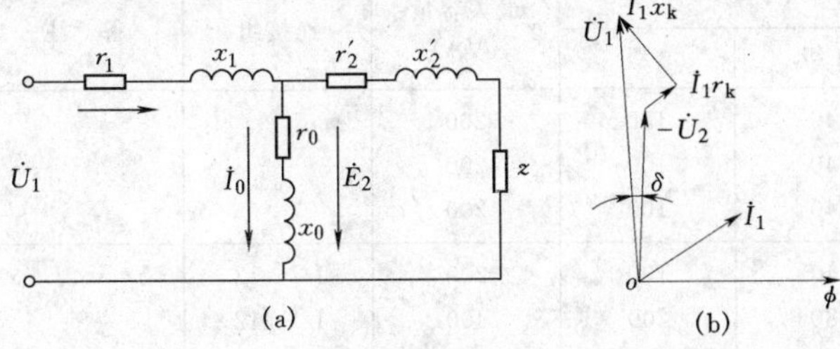

图3-1-1　电压互感器的等值电路和相量图

（a）等值电路；（b）简化相量图

2. 电压互感器的误差

从电压互感器的定义可知其二次电压与一次电压实质上成正比，即$U_2=K'U_1$或$U_1=KU_2$。衡量电压互感器电压误差的方法，可用测得的KU_2与实际的电压U_1之差，对实际电压值U_1的百分比表示

$$\Delta U=\frac{KU_2-U_1}{U_1}\times 100\%$$

又从电压互感器的定义可知，其相位差在连接方法正确时接近零，可用原边电压相量$\dot{U}_1$与转过180°的副边相量$\dot{U}_2$之间的夹角δ的大小来衡量相角误差。一般规定旋转180°的副边电压$-\dot{U}_2$超前原边电压相量时，相角误差为正值，反之为负值。电压互感器的误差包括两个参数，一个是电压误差，或称比差，用百分数（%）表示；一个是相角误差，或称角差，用分（′）表示。影响电压互感器误差的因素有：

（1）互感器原、副绕组的电阻和电抗（R_1、R_2、x_1、x_2），实际$I_2\neq 0$。

（2）空载电流I_0。

（3）二次绕组电流I_2的大小。

（4）二次回路的功率因数$\cos\varphi_2$。

上述因素（1）、（2）与互感器的材质和构造有关，因素（3）和（4）与互感器的工作条件有密切的关系。当负载电流增加时，互感器的比差和角差明显加大，为此在确定互感器的准确等级时，明确规定了互感器负荷的大小。根据国家标准GB 1207—86《电压互感器》的规定：

（1）对测量用单相电压互感器，在额定频率、80%～120%额定电压、功率因数为0.8（滞后）、25%～100%额定负荷的条件下，各标准准确度的电压误差和相角误差应不超过表3-1-1所列限值。

表3-1-1　测量用电压互感器的误差限值

准确级	电压误差（%）	相位差	
		（′）	rad
0.1	±0.1	±5	±0.15
0.2	±0.2	±10	±0.3
0.5	±0.5	±20	±0.6
1	±1.0	±40	±1.2
3	±3.0	不规定	不规定

（2）对保护用单相电压互感器，在额定频率、5%额定电压和额定电压因数相应的电压下，负荷为25%～100%额定负荷、功率因数为0.8（滞后）时，电压误差应不超过表3-1-2的限值。在2%额定电压下，其他条件同上时，电压误差和相位误差应不超过表3-1-2规定限值的两倍。

表 3-1-2　　保护用电压互感器的误差限值

准确级	电压误差（%）	相位差（′）	相位差 rad
3P*	±3.0	±120	±3.5
6P	±6.0	±240	±7.0

*　表示保护。

所谓额定电压因数，GB 1207 规定：互感器连续运行时为1.2；中性点有效接地系统中相与地之间，短时 30s 运行时为1.5；中性点非有效接地系统中相与地间、运行时间为8h时为1.9。

对于测量和保护用的电压互感器，其剩余绕组的误差也有不同的要求。测量用的电压互感器具有多个分开的二次绕组时，由于它们之间相互有影响，每个二次绕组应在规定的负荷范围内符合规定的准确级，而其他二次绕组应带有额定负荷 25%～100%间的任一值。对于保护用的互感器，每个二次绕组应符合规定的保护准确级。

3. 电磁式电压互感器的分类和结构

电磁式电压互感器可按测量、保护用途分类，还可按接线方式不同分为：

（1）不接地电压互感器，如 V 型式三角接线运行的互感器。

（2）接地电压互感器，供相一地间连接用，均按 YN、yn 开口三角形接线运行。

对接地电压互感器有中性点有效接地系统，即中性点直接接地或经一低值阻抗接地的系统；中性点非有效接地系统，即中性点不接地，经高值阻抗接地或谐振接地的系统；还有一种串级式互感器，就是绝缘分级的接地互感器。

互感器的分类还可按互感器的绝缘介质来分类，如干式、油浸式和气体绝缘（如 SF_6）互感器等。

电磁式电压互感器的外形结构分别如图 3-1-2、图 3-1-3 和图 3-1-4 所示。

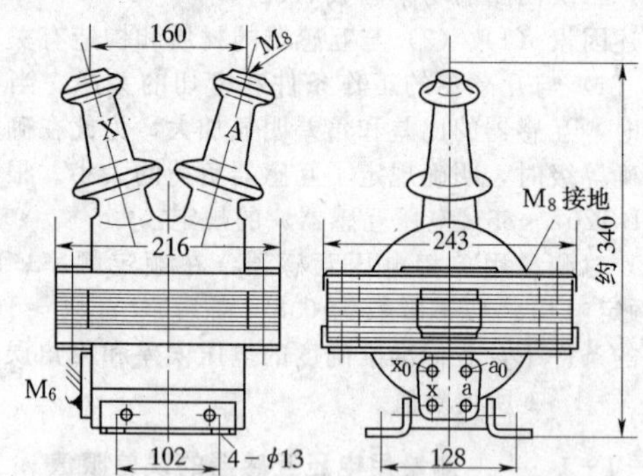

图 3-1-2　JDZJ—10 型电压互感器外形和安装尺寸

4. 电磁式电压互感器的试验

（1）误差试验。电压互感器的误差试验可用精密电压互感器来校验，一般选用的精密电压互感器应比被校互感器高两个等级。试验时，一次绕组施加额定频率、波形为实际正弦波的电压，底座、油箱以及运行中应接地的各绕组端子均必须可靠接地。被试互感器的误差不应大于表 3-1-1 和表 3-1-2 的规定。

（2）绝缘试验。对高电压的一次绕组一定要进行绝缘试验，试验方法可参考 GB 311 和变压器绝缘试验方法。

（3）电磁式电压互感器的技术数据。表 3-1-3～表 3-1-5 列出了部分电压互感器的技术数据。

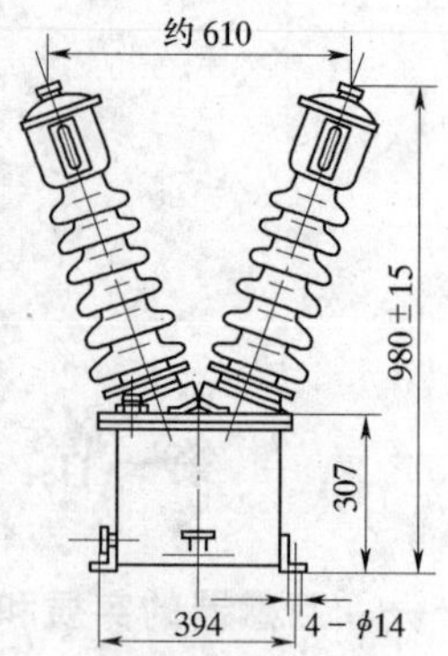

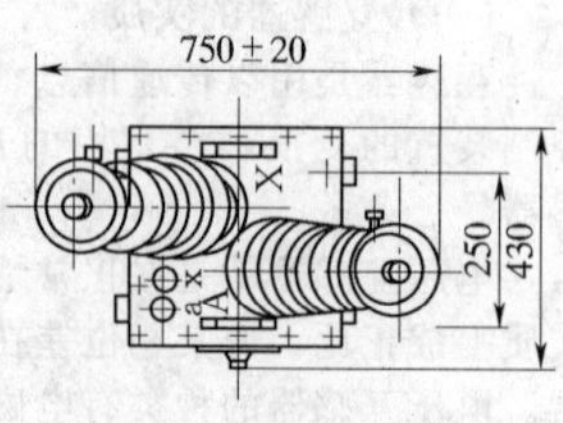

图 3-1-3　JDJ_2—35 型电压互感器外形和安装尺寸

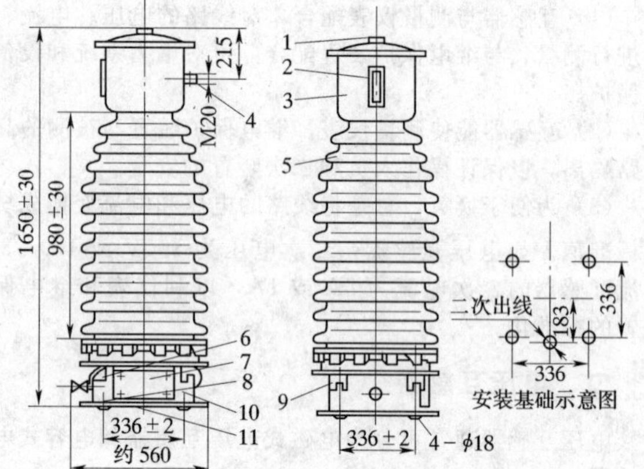

图 3-1-4　JCC_2—110 型电压互感器外形和安装尺寸

1—塞；2—油面表；3—储油柜；4—一次绕组接线螺杆；5—瓷箱；6—放油阀门；7—接线盒；8—接地螺栓 M_{12}；9—吊钩；10—铭牌；11—出线管

5. 电磁式电压互感器的接线及使用范围

电磁式电压互感器的接线及使用范围见表 3-1-6。

表 3-1-3　　电压互感器的技术数据

型　号	额定电压（V）	额定容量（VA） 0.5级	1级	3级	最大容量（VA）	连接组	备　注
JDG—0.5	220/100	25	40	100	200		
	380/100	25	40	100	200		
	500/100	25	40	100	200		
JDZ_1—6	3000/100	25	40	100	200	I/I—12	
JDZ_1—6	6000/100	50	80	200	400	I/I—12	
JDZ_1—10	10000/100	50	80	200	400	I/I—12	

续表

型　号	额定电压 (V)	额定容量(VA)			最大容量 (VA)	连接组	备　注
		0.5级	1级	3级			
JDJ—6	3000/100 6000/100	30 50	50 80	120 200	240 400		
JDJ—10 JDJ—35	10000/100 35000/100	80 150	150 250	320 600	640 1200		
$JDZJ_1$—6	$\frac{3000}{\sqrt{3}}/\frac{100}{\sqrt{3}}/\frac{100}{3}$	25	40	100	200	I/I/I—12	
$JDZJ_1$—6	$\frac{6000}{\sqrt{3}}/\frac{100}{\sqrt{3}}/\frac{100}{3}$	50	80	200	400	I/I/I—12	
$JDZJ_1$—10	$\frac{10000}{\sqrt{3}}/\frac{100}{\sqrt{3}}/\frac{100}{3}$	50	80	200	400	I/I/I—12	
JDZJ—6	$\frac{1000}{\sqrt{3}}/\frac{100}{\sqrt{3}}/\frac{100}{3}$	30	50	100	200	I/I/I—12	
JDZJ—6	$\frac{3000}{\sqrt{3}}/\frac{100}{\sqrt{3}}/\frac{100}{3}$	30	50	100	200	I/I/I—12	
JDZJ—6	$\frac{6000}{\sqrt{3}}/\frac{100}{\sqrt{3}}/\frac{100}{3}$	30	50	100	200	I/I/I—12	
JDZJ—10	$\frac{10000}{\sqrt{3}}/\frac{100}{\sqrt{3}}/\frac{100}{3}$	40	60	150	300	I/I/I—12	
JDZJ—10	$\frac{11000}{\sqrt{3}}/\frac{100}{\sqrt{3}}/\frac{100}{3}$	40	60	150	300	I/I/I—12	
JDZJ—15	$\frac{13800}{\sqrt{3}}/\frac{100}{\sqrt{3}}/\frac{100}{3}$	40	60	150	300	I/I/I—12	
JDZJ—15	$\frac{15000}{\sqrt{3}}/\frac{100}{\sqrt{3}}/\frac{100}{3}$	40	60	150	300	I/I/I—12	
JDZJ—35	$\frac{35000}{\sqrt{3}}/\frac{100}{\sqrt{3}}/\frac{100}{3}$	150	250	600	1200	I/I/I—12	

表 3-1-4　　电压互感器的技术数据

型　号	额定电压(kV)			额定容量(VA)			最大容量 (VA)	连　接　组	备　注
	一次绕组	二次绕组	辅助绕组	0.5级	1级	3级			
JDJ_2—35	35	0.1		150	250	500	1000		
$JDJJ_2$—35	$35/\sqrt{3}$	$0.1/\sqrt{3}$	0.1/3	150	250	500	1000	I/I/I—12—12	
JCC_1—60	$35/\sqrt{3}$ $60/\sqrt{3}$ $66/\sqrt{3}$	$0.1/\sqrt{3}$	0.1/3	150	250 500 500	500 1000 1000	1000 2000 2000	I/I/I—12—12	重量 310kg
JCC_1—110 JCC_2—110	$110/\sqrt{3}$ $110/\sqrt{3}$	$0.1/\sqrt{3}$ $0.1/\sqrt{3}$	0.1 0.1	300	500 500	1000 1000	2000 2000	I/I/I—12—12 I/I/I—12—12	重量 530kg
JCC_1—220	$220/\sqrt{3}$	$0.1/\sqrt{3}$	0.1		500	1000	2000	I/I/I—12—12	重量 1050kg
JCC_2—220	$220/\sqrt{3}$	$0.1/\sqrt{3}$	0.1		500	1000	2000	I/I/I—12—12	重量 1120kg

表 3-1-5　　电压互感器技术数据

型　号	额定电压 (kV)			副线圈额定容量 (VA)			最大容量 (VA)	20℃时的电阻 (Ω)	
	原线圈	副线圈	辅助线圈	0.5级	1级	3级		原线圈	副线圈
JDG—0.5	0.22 0.38	0.1 0.1		25	40	100	200		
JDZ_1—10	6	0.1		50	80	200	400		

续表

型号	额定电压 (kV)			副线圈额定容量 (VA)			最大容量 (VA)	20℃时的电阻 (Ω)	
	原线圈	副线圈	辅助线圈	0.5级	1级	3级		原线圈	副线圈
JDZ—10 JDZ_1—10	10	0.1		50 (80)	80 (150)	200 (300)	400 (500)		
JDZJ—6	$6/\sqrt{3}$	$0.1/\sqrt{3}$	0.1/3	50	80	200	400		
JDJZ—10 $JDJZ_1$—10	$6/\sqrt{3}$ $10/\sqrt{3}$	$0.1\sqrt{3}$	0.1/3	30 50*	50 80*	120 200*	200 400*		
JSJB—6	6	0.1		80	150	320	640		
JSJB—10	10	0.1		120	200	480	960		
JDJ—6 JDJ—10 JDJ—35	6 10 35	0.1		50 80 150	80 150 250	200 320 600	400 640 1200	1920 2840 9040	 0.445 0.096
JSJW—6 JSJW—10	6 10	0.1	0.1/3	80 120	150 200	320 480	640 960	1100 1730	0.164 0.15
JDJJ—35	$35/\sqrt{3}$	$0.1/\sqrt{3}$	0.1/3	150	250	600	1200		
JCC—110 JCC_1—110 JCC_2—110	$110/\sqrt{3}$ $110/\sqrt{3}$ $110/\sqrt{3}$	$0.1/\sqrt{3}$ $0.1/\sqrt{3}$ $0.1/\sqrt{3}$	0.1 0.1/3 0.1		500 500 500	1000 1000 1000	2000 2000 2000		

注 1. 符号说明：J—电压互感器（第一字母）；Y—电压互感器；D—单相；S—三相；G—干式；J—油浸式（第三字母）；C—串级式（第二字母）；C—瓷绝缘（第三字母）；Z—环氧树脂浇注绝缘；W—五柱三卷；J—接地保护用（第四字母）。

2. 表中括号内的数字为上海互感器厂的产品数据，有＊者为“1”型产品数据。

表 3-1-6 电磁式电压互感器的接线及使用范围

序号	接线图	采用的电压互感器	使用范围	备注
1	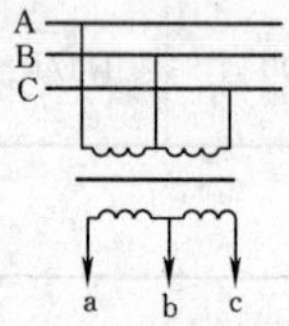 A B C a b c	两个单相电压互感器接成V，V形	低压线圈可接表计和继电器的线圈，图示为接入a—b和c—b两相间电压的情况	
2	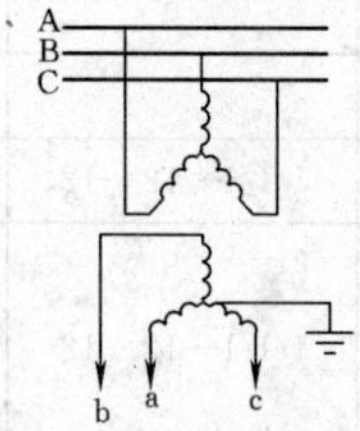 A B C b a c	三个单相电压互感器接成星形—星形高压侧中点不接地	低压线圈可接表计和继电器的线圈图示为接入相间电压和相电压的情况，此种情况不能用来供电给绝缘检查电压表	
3	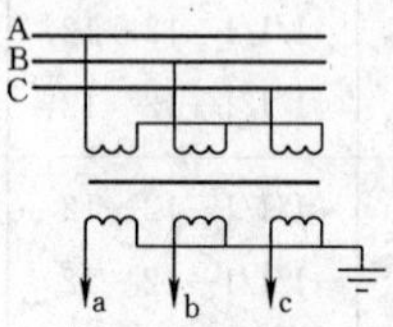 A B C a b c	三个单相电压互感器接成星形—星形，高压侧中点接地	图示为用于供电给要求相同电压的表计和继电器以及供电给绝缘检查电压表，如果高压侧系统中性点直接接地，则可接入要求相电压的测量表计	
4	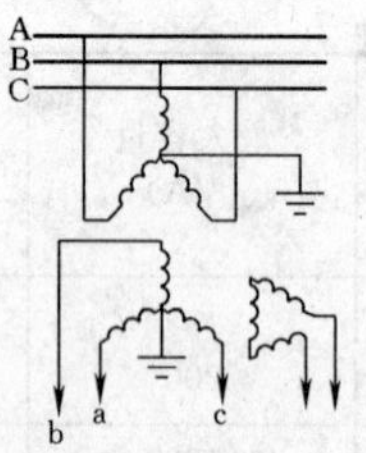 A B C b a c	一个三相三柱电压互感器	使用范围同序号2	不允许将电压互感器高压侧中性点接地

续表

序号	接线图	采用的电压互感器	使用范围	备注
5	A B C a b c	一个三相五柱电压互感器	主二次线圈连接成星形以供电给测量表计、继电器以及绝缘检查电压表，要求相电压的测量表计只有在系统中性点直接接地时才能接入。附加的二次线圈接成开口三角形，构成零序电压滤过器供电给保护继电器和接地信号（绝缘监察）继电器	应优先采用三相五柱电压互感器，只有在要求得到较大容量的情况下，才采用三个单相的二线圈电压互感器
6	A B C a b c	三个单相三线圈电压互感器		

（二）电容式电压互感器

1. 原理

电容式电压互感器通常由电容分压器和中间电压电磁单元组成。其设计和相互连接使电磁单元的二次电压与加到电容分压器上的一次电压基本上成正比且相角差接近于零。其中的电容分压器可以兼作电力线载波耦合装置中的耦合电容器，具体接线如图 3-1-5 所示，其等值电路和相量图如图 3-1-6 所示。在理想的情况下，x_C 与 x_L 呈谐振状态，即剩余电抗 $\Delta x = x_C - x_L = 0$。

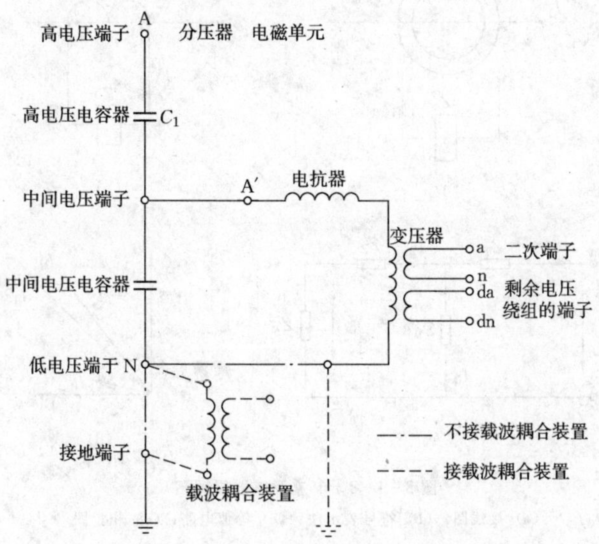

图 3-1-5　电容式电压互感器的线路图

2. 误差

从图 3-1-6（b）的相量图可看出，假若 $\dot{U}'_2$ 等于 $K_C U_1$，测量就很准确。实际上电容式电压互感器仍存在电阻 r，且由于 L 并非线性电感，所以 x_C 并不恒等于 x_L，测量中会带来一定的误差。根据 GB 4703《脉冲电容器及直流电容器》的规定，电容式电压互感器的准确度不能超过表 3-1-7 的规定。

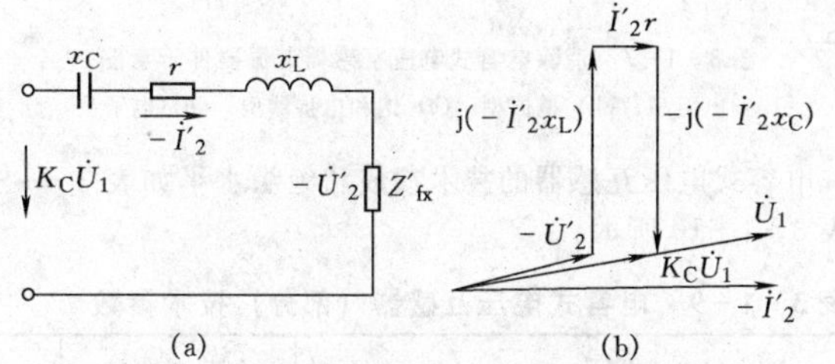

图 3-1-6　电容式电压互感器等值电路和相量图

(a) 等值电路；(b) 相量图

$K_C = C_1/C_1 + C_2$；$x_C = 1/[w(C_1 + C_2)]$；r 为等值电阻，由 L 电磁单元和 C_1、C_2 的等值电阻组成；x_L 为等值电感感抗，由 L 和电磁单元组成

表 3-1-7　电容式电压互感器准确等级

准确等级		0.2	0.5	1.0	3.0	3P	6P
运行条件	频率（%）	99～101					
	电压（%）	80～120					
	负荷（%）	25～100					
	负荷的功率因数	0.8（滞后）					
电压误差（%）		±0.2	±0.5	±1.0	±3.0	±3.0	±6.0
相角差	分（′）	±10	±20	±40	不规定	±120	±240
	厘弧度（crad）	±0.3	±0.6	±1.2	不规定	±3.5	±7.0

电容式电压互感器一般是在 110kV 以上电压等级时方使用，表 3-1-8 列出其电压等级。

表 3-1-8　电容式电压互感器电压等级

系统最高电压（kV）	126	252	363	550
设备最高电压（kV）	126	252	363	550
互感器额定一次电压（kV）	$110/\sqrt{3}$	$220/\sqrt{3}$	$330/\sqrt{3}$	$500/\sqrt{3}$

3. 电容式电压互感器的谐振

在电容式电压互感器突然投入系统或二次侧发生短路后又突然消除短路时，在瞬态过电压作用下，电磁单元可能饱和，电感 L 将发生变化，因此谐振频率将发生变化。当回路阻尼不够时，可能产生铁磁谐振，产生 2～4 倍的谐振过电压，危及低压电容器 C_2 和电磁单元的绝缘，也可能使互感器输出虚假的故障电压信号。为消除谐振，可采用在电容式电压互感器剩余电压绕组的出线端子上接入：电阻型［图 3-1-7 (a)］、谐振型［图 3-1-7 (b)］、饱和电抗器型［图 3-1-7 (c)］、电子型［图 3-1-7 (d)］。等的元件，防止电容式电压互感器谐振。

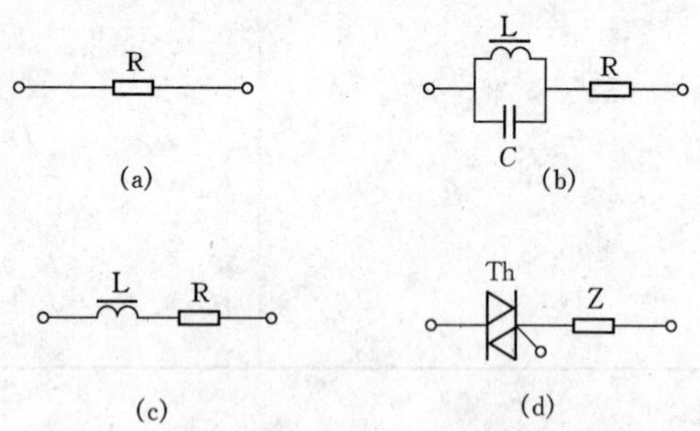

图 3-1-7 消除电容式电压互感器谐振器件示意图

(a) 电阻型；(b) 谐振型；(c) 饱和电抗器型；(d) 电子型

电容式电压互感器的技术参数和绝缘水平如表 3-1-9 和表 3-1-10 所示。

表 3-1-9 电容式电压互感器（部分）技术参数

型式			额定变比系数	在下列准确等级下额定容量（VA）			最大容量（VA）
相数	条件	型号		0.5	1	3	
单相	户外	YDR—110	$\frac{110000}{\sqrt{3}}/\frac{100}{\sqrt{3}}/100$	150	220	440	1200
			$\frac{110000}{\sqrt{3}}/\frac{100}{\sqrt{3}}/100$		300	600	1200
单相	户外	YDR—220	$\frac{220000}{\sqrt{3}}/\frac{100}{\sqrt{3}}/100$	150	220	440	1200
			$\frac{220000}{\sqrt{3}}/\frac{100}{\sqrt{3}}/100$		300	600	1200

表 3-1-10 YDR 系列电容式电压互感器的绝缘水平

产品型号			YDR—110	YDR—220
额定电压（kV）			$110/\sqrt{3}$	$220/\sqrt{3}$
1.5/40μs 全波冲击试验电压（kV，峰值）			480	945
电容分压器	1min 工频试验电压（kV，有效值）		250	470
	外部绝缘	1min 工频干试验电压（kV，有效值）	280	520
		1min 工频湿试验电压（kV，有效值）	215	425
	低压端子 1min 工频试验电压（kV，有效值）		4	4

续表

产品型号		YDR—110	YDR—220
中压回路	150Hz 以上交流试验电压（kV，有效值）	52	52
	电抗器交流试验电压（kV，有效值）	10	10
	接地端子 1min 工频试验电压（kV，有效值）	2	2
二次回路	1min 工频试验电压（kV，有效值）	2	2

三、电流互感器

电流互感器有多种，用得比较多的是电磁式电流互感器，这种互感器又可分为测量式电流互感器和保护式电流互感器。根据用途的不同，还可分为零序电流互感器、光电式电流互感器和组合式电流电压互感器等。根据不同的电压等级，电流互感器的结构有干式（或环氧浇注式）、油浸式等。下面首先介绍电磁式电流互感器。

（一）电磁式电流互感器

1. 工作原理

电磁式电流互感器的结构与一般电力变压器有些相似，它也是由铁芯、绕组组成。它们的区别如图 3-1-8 所示，电流互感器的一次绕组与大电流、高电位的线路串联，二次绕组与低电位的测量仪表或继电器的电流线圈连接，互感器接近于短路状态。电流互感器的一次电流取决于一次电路的负荷，与互感器的二次负荷无关。图 3-1-8 还绘出了电流互感器的接线，等值电路和相量图。

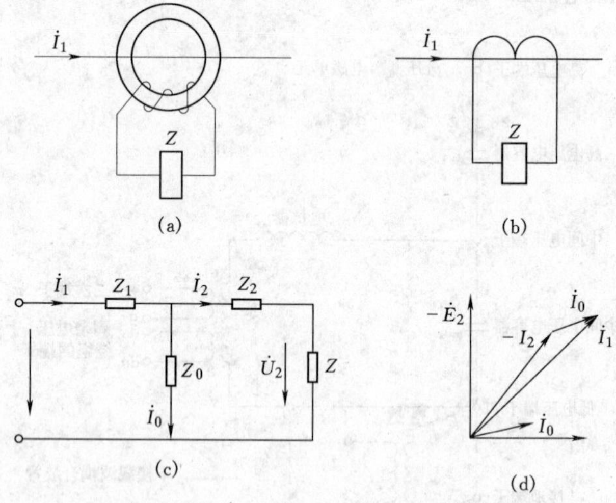

图 3-1-8 电流互感器原理图

(a) 接线图；(b) 符号表示法；(c) 等值电路；(d) 相量图

从变压器和电流互感器的原理可知，一、二次的电流变换关系为

$$I_1N_1 = I_2N_2$$

$$I_1 = K_nI_2$$

I_1 和 K_nI_2 之间的误差可从相量图中看出，主要是空载电流的影响。关于电流互感器的误差将在下节叙述。

对于电流互感器一次及二次电流，国家标准 GB 1208《电流互感器》作出了额定电流的规定。额定一次电流的标准值如表 3-1-11 所示，额定二次电流的标准值为 1A 和 5A。

表 3-1-11　额定一次电流标准值（A）

额定一次电流标准值									
1							5		
10		15	20		30	40	50	60	75
100		160 (150)	200		315 (300)	400	500	630 (600)	800 (750)
1000	1250 (1000)	1600 (1500)	2000	2500	3150 (3000)	4000	5000	6300 (6000)	8000 (7500)
10000	12500 (12000)	16000 (15000)	20000	25000					

注　1. 括号内数值，仅限老产品和老产品配套的产品。
2. 表中第 5 行、第 5 列 25000A 以上的电流值可取第 4 行相应电流值的 10 倍数。

2. 电流互感器的误差

从电流互感器的定义可知，其二次电流与一次电流实质上成正比；其相位差在连接方法正确时接近于零。实际工作中，电流互感器的一、二次电流之间存在着电流误差和相角误差。电流误差的定义为

$$f = \frac{K_N I_2 - I_1}{I_1} \times 100\%$$

式中　f——电流误差；

I_1、I_2——实际一、二次电流（A）；

K_N——额定电流比。

当 $K_N I_2 > I_1$ 时，f 为正值；反之为负值。与电压互感器相似，其电流误差称比差，相角误差为角差。当相位方向以理想互感器的相位差为零来确定，当二次电流相量超前一次电流相量时，相位差为正值，它通常以分（′）或弧度（rad）表示。

不同用途的电流互感器，其误差列于表 3-1-12～表 3-1-15 中。对于一次为单匝，而额定电流为 150A 以下的电流互感器（例如套管式电流互感器），其额定一次电流时的误差限值，由制造厂与用户协商确定。

表 3-1-12　测量用电流互感器的误差极限

准确级	电流误差（%）（在下列额定电流百分数时）				相角差							
					（′）				rad			
	5	20	100	120	±5	±20	±100	±120	±5	±20	±100	±120
0.1	0.4	0.2	0.1	0.1	±15	±8	±5	±5	±0.45	±0.24	±0.15	±0.15
0.2	0.75	0.35	0.2	0.2	±30	±15	±10	±10	±0.9	±0.45	±0.3	±0.3
0.5	1.5	0.75	0.5	0.5	±90	±45	±30	±30	±2.7	±1.35	±0.9	±0.9
1	3.0	1.5	1.0	1.0	±180	±90	±60	±60	±5.4	±2.7	±1.8	±1.8

表 3-1-13　特殊使用要求电流互感器的误差极限

准确级	电流误差（%）（在下列额定电流百分数时）					相角差									
						（′）					rad				
	1	5	20	100	120	±1	±5	±20	±100	±120	±1	±5	±20	±100	±120
0.2S	0.75	0.35	0.2	0.2	0.2	±30	±15	±10	±10	±10	±0.9	±0.45	±0.3	±0.3	±0.3
0.5S	1.5	0.75	0.5	0.5	0.5	±90	±45	±30	±30	±30	±2.7	±1.35	±0.9	±0.9	±0.9

表 3-1-14　测量用电流互感器的误差极限

准确级	电流误差（%）（在下列额定电流百分数时）	
	50	120
3	3	3
5	5	5

表 3-1-15　保护用电流互感器的误差极限

准确级	电流误差（±%）（在额定一次电流时）	相角差（在额定一次电流时）		复合误差（%）（在额定准确限值一次电流时）
		（′）	rad	
5P	1	±60	±1.8	5
10P	3			10

表 3-1-15 中所规定的复合误差，现说明如下。复合误差 ε_c 通常以一次电流有效值的百分数表示，按下式计算

$$\varepsilon_c = \frac{100}{I_1}\sqrt{\frac{1}{T}\int_0^T (K_N i_2 - i_1)^2 \mathrm{d}t}$$

式中　I_1——一次电流有效值（A）；

i_1——一次电流瞬时值（A）；

i_2——二次电流瞬时值（A）；

T——一个周波的时间（s）。

3. 电磁式电流互感器的分类和结构

电磁式电流互感器除按测量和保护分类以外，还可按其结构分类：如干式、浸油式、浇注式（即环氧树脂浇注）等，这主要是根据互感器用在何种电压等级及其环境条件下决定，具体结构如图 3-1-9、图 3-1-10、图 3-1-11 所示。

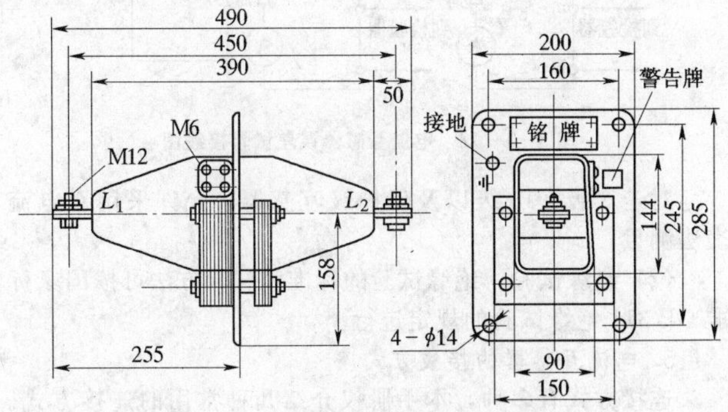

图 3-1-9　LFN₁—10 型电流互感器外形及安装尺寸图

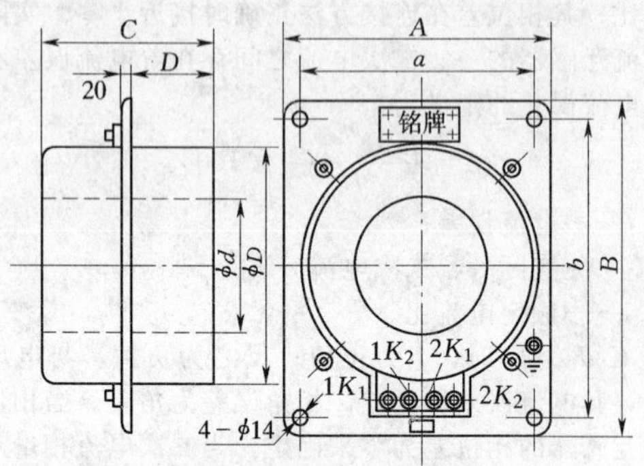

图 3－1－10 LMZ₁（LMZD₂）—10 型电流互感器外形

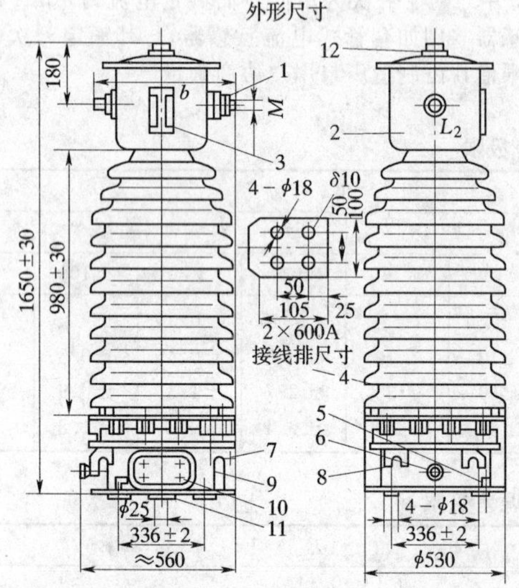

图 3－1－11 LCWD₂—110 型电流互感器外形及安装尺寸图

1—一次接线螺杆；2—储油柜；3—油面表；4—瓷箱；5—接地螺栓；6—放油阀；7—吊钩；8—底座；9—铭牌；10—接线盒；11—出线管；12—塞子

4. 电流互感器的试验

（1）误差试验。电流互感器的误差不能超过 GB 1208 的极限值。试验时可用比被试互感器高两个准确度等级的标准互感器作校准试验，应对互感器的极性进行检查，并进行退磁，试验线路图如图 3－1－12 所示。

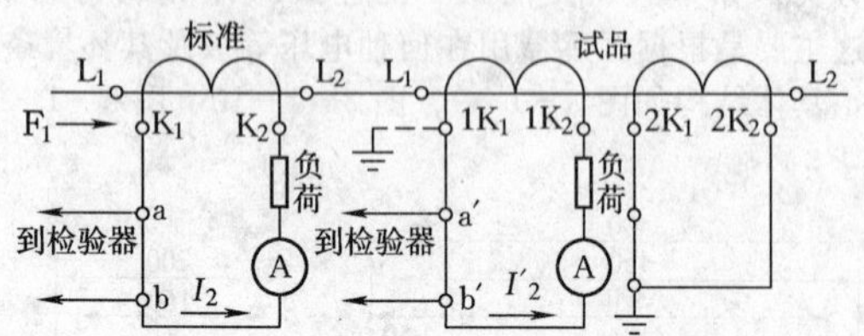

图 3－1－12 电流互感器误差试验接线图

对于 3 级、10 级以及保护级互感器，允许采用双电流表法测量。

（2）绝缘试验。绝缘试验的标准和试验方法可按国家标准 GB 311 绝缘试验的规定进行。

5. 电流互感器的接线方式

连接方式有多种，本手册仅介绍几种常用的连接方式。图 3－1－13 介绍了三种常用的接线方式，各种不同的接线方法用于不同的场合。图 3－1－13（a）为单相电流互感器使用时的接线方式；图 3－1－13（b）为全星形连接方式，当用此方式作保护时，流入继电器的电流就是电流互感器二次侧的电流，这种保护方式对各种短路故障都能起到保护作用，当短路电流相同时，对所有故障都同样灵敏，对相间短路动作很可靠，至少有两个继电器动作。因此，全星形连接方式主要用于超高压大电流接地系统，以及大型发电机、变压器、电动机等作为相间短路和单相接地短路的保护。对于非全星形的接线方式［图 3－1－13（c）］，在中性点不接地系统中得到广泛的应用。因为在中性点不接地系统中，当网络发生一点接地时，还允许继续运行一个很短的时间；如果在两条线路各有一点发生接地故障时，这种故障的电流很大，一般只跳开一条故障线路。

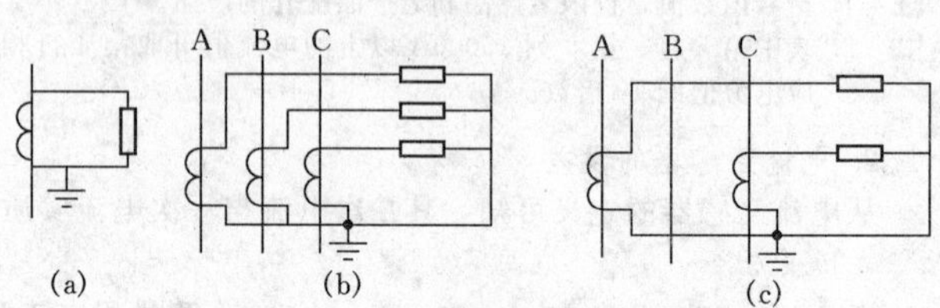

图 3－1－13 电流互感器常用的接线方式

（a）单相连接方式；（b）三相全星形接线方式；（c）三相非全星形接线方式

电流互感器的接线方式还有多种，如差接式、串联接线方式、并联接线方式等。

6. 电流互感器运行中应注意的事项

电流互感器在运行中切忌二次回路开路。其原因是电流互感器在正常运行中，它的一次磁势与二次磁势基本平衡，激磁的磁势（I_0w_1）很小，铁芯中的磁密和二次绕组的感应电势都不高，假若二次绕组开路时，一次磁势全部用于激磁，铁芯将深度饱和，磁密增加许多，呈平顶波状态。开路的二次绕组将产生波形为尖顶波而幅值很高的感应电势，也就是说二次绕组将产生很高的过电压，这是很危险的，其波形如图 3－1－14 所示。

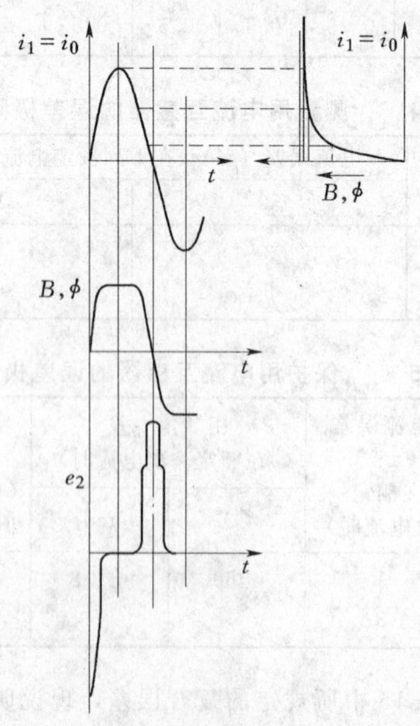

图 3－1－14 二次线圈开路时激磁电流、磁通和感应电势波形图

7. 电流互感器的技术数据

部分电流互感器的数据列于表 3－1－16～表 3－1－20。

表 3-1-16　　LMZ_1、LMK_1、$LMZJ_1$ 等型电流互感器的技术数据

型　号	额定一次电流(A)	一次安匝	额定二次负荷(Ω)		型　号	额定一次电流(A)	一次安匝	额定二次负荷(Ω)	
			0.5级	1级				0.5级	1级
LMZ_1—0.5 LMK_1—0.5	5、10、15、30、50、75、150 20、40、100、200 300、400	150 200 300、400	0.2	0.3	$LMZB_1$—0.5 $LMKB_1$—0.5	5、10、15、30、50、75、150、300 20、40、200、400 800 500 600	300 400 800 500 600	0.4	0.6
$LMZJ_1$—0.5 $LMKJ_1$—0.5	5、10、15、30、50、75、150、300 1000、1200、1500、2000、3000 20、40、200、400 500 600 800	300 400 500 600 800	0.4 0.8 0.4	0.6 1.2 0.6					

表 3-1-17　　35～220V 电流互感器的技术数据

型　号	额定电流比	级次组合	额定二次负荷				1s热稳定电流倍数	重量(kg)
			准确级	0.5级(Ω)	保护级 Ω	保护级 10%倍数		
$LCWD_1$—35	15、20、30 40、50、75 100、150、200 300、400、600 800、1000、1200 1500/5	0.5/D		2	2	15	75 (15～600A) 56 (800A) 45 (1000A) 38 (1200A) 30 (1500A)	
$LCWB_3$—60	50—100/5 75—150/5 100—200/5 150—300/5 200—400/5 300—600/5	0.5/B/B	B 0.5	 2	2	15	5.3～10.5kA 7.9～15.8kA 10.5～21kA 15.8～31.5kA 20～40kA 22.5～45kA	430
	600—1200/5	0.5/B_1/B_2	B_1 B_2 0.5	 2	2 1.6	15 25	25～50kA	460
LCWD—110	2×50/5 2×75/5 2×100/5 2×150/5 2×200/5 2×300/5 2×400/5 2×600/5	D_1/D_2/0.5	D_1 D_2 0.5	 1.2	1.2 1.2	20 15	75 (50～300A) 34 (400～600A)	500
$LCLWD_5$—220	4×300/5 4×600/5	D/D/D/0.5	D 0.5	 2	2.4	15	35 (5s)	1100

表 3-1-18　　电流互感器技术数据

型　号	额定变流比(A)	级次组合	准确级次	二次负荷(Ω)					10%倍数		1s热稳定倍数	动稳定倍数	可穿过的铝母线尺寸(mm^2)
				0.5级	1级	3级	10级	*D*级	二次负荷(Ω)	倍数			
LM1—0.5 LMK1—0.5	5, 10, 15, 30, 50, 75, 150/5 20, 40, 100, 200/5 300/5 400/5		0.5	0.2	0.3								25×3 25×3 30×4 40×5
LMZ1—0.5 LMS—0.5	5, 10, 15, 20, 30, 40, 50, 75, 100, 150, 200/5 300/5 400/5		0.5 1	0.2	0.3								25×3 30×4 40×5

续表

型号	额定变流比(A)	级次组合	准确级次	二次负荷(Ω)					10%倍数		1s热稳定倍数	动稳定倍数	可穿过的铝母线尺寸(mm^2)
				0.5级	1级	3级	10级	D级	二次负荷(Ω)	倍数			
LQ—0.5	5～300/5 400/5 600，750/5		0.5	0.2					0.2	6 4 6	50	100	
LQC—0.5	5～750/5		0.5	0.4	0.6				0.4	6	50	70	
LM—0.5	800/5 1000/5 1500/5		3							13 17 21			
LA—10	5，10，15，20/5 30，40，50，75/5 100，150，200/5	0.5/3 及 1/3	0.5 1 3	0.4	0.4	0.6				＜10 ＜10 ≥10	90	160	
	300～400/5	0.5/3 及 1/3	0.5 1 3	0.4	0.4	0.6				＜10 ＜10 ≥10	75	135	
	600～1000/5	0.5/3 及 1/3	0.5 1 3	0.4	0.4	0.6				＜10 ＜10 ≥10	50	90	

注 1. 符号说明：L—电流互感器；Q—线圈式；M—母线式；K—塑料外壳绝缘；Z—浇注绝缘；S—塑料绝缘；C—瓷绝缘；A—穿墙式。型号后的数字（kV）指可用于该电压等级及以下。

2. 准确级次制造厂尚未采用最新国家标准，*D*级为差动保护用。

表 3-1-19　LMJ—10型电流互感器技术数据

型号	额定电流比(A)	级次组合	准确级次	额定二次负荷(Ω)			10%倍数	1s热稳定倍数	动稳定倍数	注
				0.5级	1级	3级				
LMJ—10	600/5，800/5 1000/5，1500/5	0.5/3	0.5 3	0.6	0.8	1.2		65	100 60	(1) L—电流互感器；M—母线式；J—环氧树脂浇注；10—用于10kV及以下电压等级； (2) 动稳定倍数是按相间距离l为250mm确定的，如$l \neq 250$mm时，需乘以校正系数； (3) 周围空气不超过+40℃时，许可按110%额定电流运行
LMJC—10	600/5，800/5 1000/5，1500/5	0.5/C	0.5 C	0.6	0.8		10	65	100 60	(1) C—供差动保护用； (2) 其他技术条件同上

表 3-1-20　LCW型电流互感器技术数据

型号	额定电流比(A)	级次组合	准确级次	二次负荷(Ω)					10%倍数		1s热稳定倍数	动稳定倍数	注
				0.5级	1级	3级	10级	D级	二次负载(Ω)	倍数			
LCW—35	15～1000/5	0.5/3	0.5 3	2	4	2	4		2 2	28 5	65	100	L—电流互感器 C—瓷绝缘 W—户外式 D—供差动保护用
LCWD—35	15～1000/5	*D*/0.5	*D* 0.5	1.2	1.2 3	3			0.8	35①	65	150②	
LCW—110	(50～100)～ (300～600)/5	0.5/1	0.5 1	1.2	2.4 1.2	4			1.2	15	75	150	
LCWD—110	(50～100)～ (300～600)/5	*D*/1	*D* 1		1.2 1.2	4			0.8 1.2	30 15	75	150	

① 表示当电流比为1000/5时，倍数为50。

② 表示当电流比为1000/5时，动稳定倍数为100。

（二）零序电流互感器

为保护中性点绝缘系统的单相接地故障，可采用零序电流互感器。在三相导线中，三相电流对称时，三相电流之和为零。当有一相接地时，将会造成三相电流之和不为零，因此可用零序电流互感器实现测量和保护。三相导线可视为单匝贯穿零序电流互感器，如果线路各相电容电流平衡，系统正常运行时，电流和为零，出现单相接地故障时，零序电流互感器可以保护电路，零序电流互感器的具体接线如图 3-1-15 所示。

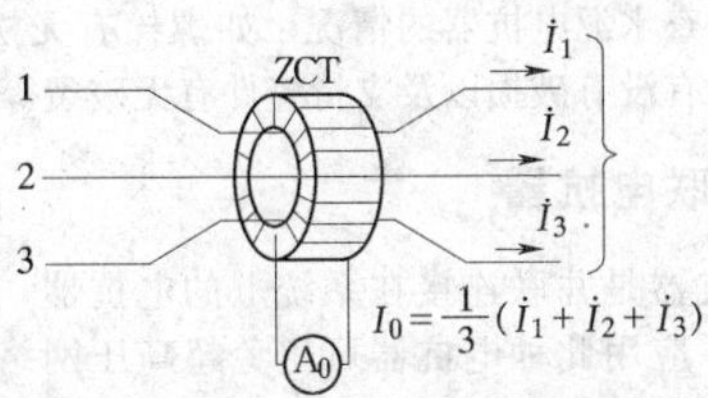

图 3-1-15　零序电流互感器原理接线图

（三）直流互感器

直流互感器可用于直流量的测定和直流系统的继电保护。

直流互感器实质上是利用安匝相等原理的饱和电抗器。饱和电抗器的直流控制线圈成为直流互感器的一次绕组，而交流工作绕组成为二次绕组。但直流互感器的工作状态与饱和电抗器是不一样的。下面以串联式直流互感器为例说明直流互感器的工作情况，具体接线如图 3-1-16 所示。A、B 两个铁芯上的一次绕组同极性串联，而二次绕组反极性串联。这样当二次绕组加上交流电压以后，交流电流产生的磁势对直流磁势来说，在一个铁芯中同向相加，在另一个铁芯中则反向相减，前者处于饱和状态不呈现电感，后者处于不饱和状态，按等安匝原理工作。因此二次回路中，就流过一个与一次直流电流成比例的电流，构成了直流互感器。如 A 铁芯，当处于不饱和状态，I_1 产生的磁通与 i_2 所产生的磁通方向相反时，I_1 产生的磁势 I_1N_1 与 i_2 产生的磁势相等，即

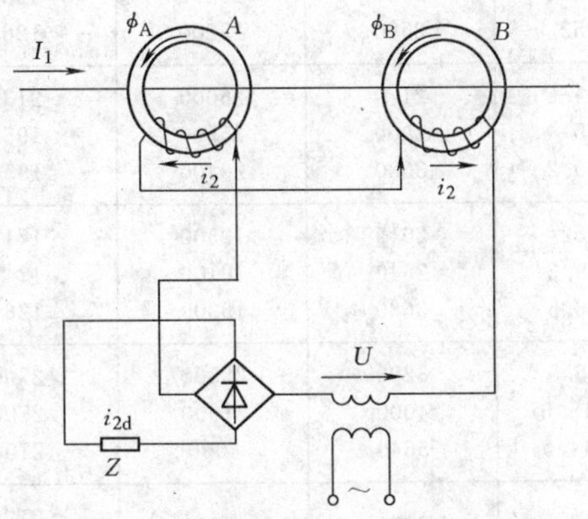

图 3-1-16　串联式直流互感器接线原理图

$$I_1N_1 = i_2N_2$$

$$i_2 = I_1\frac{N_1}{N_2}$$

当 i_2 电流处于反方向时，同理在 B 铁芯中亦有

$$i_2 = I_1\frac{N_1}{N_2}$$

经桥式整流后，在 Z 负载中将通过一直流电流，这样就可以得出 I_1 的大小，此乃直流互感器的基本原理。

对直流互感器，有串联型、并联型，不管哪种形式，为了提高电流的准确度，都要求铁芯材料有较高的磁导率和较小的矫顽磁力。串联式的直流互感器用于大电流测量，并联式用于自动控制系统中作电流反馈调节，或用于保护和测量。

第二节　电　抗　器

电抗器，顾名思义就是电感。在交流电路中起感抗的作用。由于在不同情况下起的作用不同，所以有多种电抗器。按其用途分有并联电抗器、限流电抗器、饱和电抗器、消弧线圈、阻尼电抗器、调谐电抗器、滤波电抗器等等。若按结构可分为空心式电抗器和铁芯式电抗器。本手册仅对几种电抗器作一介绍。

一、限流电抗器

限流电抗器主要是用于限制交流电力系统中的短路电流，所以一般串接在电力线路中。35kV 以下的系统通常做成干式，35kV 以上的系统做成油浸式（减小体积）。

限流电抗器串接在电路中，很显然电抗器的压降不宜太大，也就是说，由于电感值较小，故一般做成空心电抗器。

（一）电感值的计算

空心电感的计算与电抗器的匝数、电抗器的外形尺寸有关。具体结构如图 3-2-1 所示，计算的公式为

$$L = \frac{0.08d_{cp}^2 \times n^2 \times 10^{-3}}{3d_{cp} + 9H + 10b} \quad (\text{mH})$$

式中　b——绕组的厚度（cm）；

n——绕组的匝数；

H——绕组的高度（cm）；

d_{cp}——绕组的平均直径（cm）。

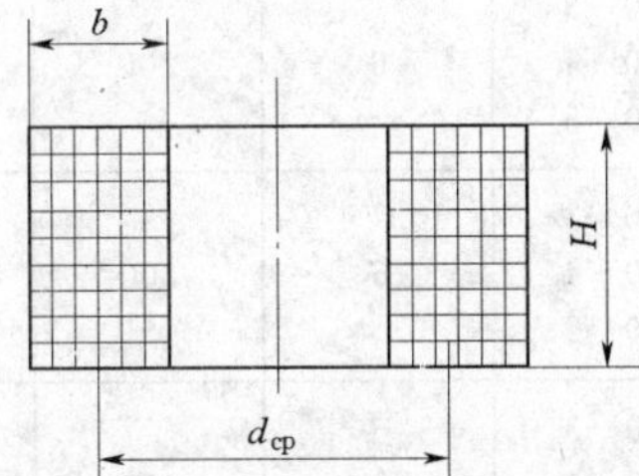

图 3-2-1　空心电抗器的结构图

（二）空心电抗器的规格和组合

空心电抗器串联在电力线路中，必须能通过线路的长期额定电流，另外电感值也有一定的限度，其限度以限流电抗器的电抗百分值来确定。电抗百分值是电抗器在额定电流下绕组两端的电压降与每相电压比值的百分数，即

$$\text{电抗百分值} = \frac{\Delta U}{\frac{U_N}{\sqrt{3}}} \times 100$$

$$= \frac{\sqrt{3}I_N x_L}{U_N} \times 100 = \frac{54.4I_N L}{U_N}$$

式中　ΔU——绕组两端的压降（V）；

U_N——额定工作电压（V）；

x_L——绕组的电抗值（Ω）；

I_N——额定电流（A）；

L——绕组的电感值（mH），电源频率为 50Hz。

空心电抗器 6kV、10kV 的组合可见表 3-2-1 所示。

表 3-2-1 限流电抗器组合

额定电流(A)	额定工作电压(kV)	绕组电抗百分值(%)				
200	6	3	4	5	6	8
	10	4	5	6	8	
400	6	4	5	6	8	
	10	4	5	6	8	
600	6	4	5	6	8	
	10	4	5	6	8	
800	6	4	5	6	8	
	10	4	5	6	8	
1000	6	5	6	8	10	
	10	6	8	10		
1500	6	5	6	8	10	
	10	6	8	10		
2000	6	6	8	10		
	10	6	8	10		
3000	6	8	10			
	10	8	10			

(三)电抗器的结构及安装

1. 结构

干式电抗器一般用水泥浇注结构,或称水泥电抗器。浇注的目的是防止短路电流的电动力作用,具体排列如图 3-2-2 所示。有关技术数据见表 3-2-2。

2. 电抗器的安装

由于限流电抗器是空心的,其间无铁磁物质,所以在安装时应避免与金属钢筋等建筑物靠近,否则电抗器的电感量会受到影响。空心电抗器安装时还须紧固,尤其当有短路电流作用以后,更应检查水泥电抗器的情况,如螺栓有无松动、绕组是否变形、绝缘有没有破损以及支持瓷件有无破裂等等。

二、并联电抗器

并联电抗器是并联连接在系统上的电抗器,主要用以补偿电容电流。应用此种电抗器可避免超高压网络中较大的电容电流所造成的工频电压的升高,另外对线路合闸和甩负荷时的过电压有抑制作用。并联电抗器用作补偿电容性无功的作用,所以电感量比较大。它一般做成铁芯式的电抗器,有时也做成空心壳式结构,如图 3-2-3 所示。

心式结构的电抗器在 120%~130%额定电压下是线性的,饱和以后的增量电感值约为额定电压下电感值的 20%~35%。空心壳式电抗器至少在 150%额定电压下还是线性的,饱和以后的增量电感约为额定电压下电感值的 60%~70%。并联电抗器的数据如表 3-2-3 所示。

表 3-2-2 NKL 型铝电缆水泥电抗器技术数据

型号	额定电压(kV)	额定电流(A)	额定电抗(%)	通过容量(kVA)	无功容量(kvar)	一相中当75℃时损耗(W)	稳定性	
							动稳定电流(A)	1s 热稳定电流(A)
NKL—6—200—3	6	200	3	3×694	20.8	1310	13000	11450
NKL—6—200—4			4		27.8	1740	12750	9900
NKL—6—200—5			5		34.7	2050	10200	9900
NKL—6—300—3	6	300	3	3×1040	31.2	1500	19500	17600
NKL—6—300—4			4		41.6	2340	19100	12800
NKL—6—300—5			5		52	2580	15300	12650
NKL—6—400—3	6	400	3	3×1385	41.6	2170	26000	21350
NKL—6—400—4			4		55.4	2900	25500	19500
NKL—6—400—5			5		69.2	3080	20400	19500
NKL—10—300—3	10	300	3	3×1734	52	2015	19500	17150
NKL—10—300—4			4		69.2	2540	19100	17450
NKL—10—300—5			5		86.5	3680	15300	12600
NKL—10—500—3	10	500	3	3×2890	86.5	3290	23500	27000
NKL—10—500—4			4		115.6	4000	31900	27000
NKL—10—500—5			5		144.5	5640	4000	21000
NKL—10—750—5	10	750	5	3×4340	216.5	6180	38200	32100
NKL—10—750—6			6		260	6770	31900	31600

表 3-2-3 部分并联电抗器技术数据

额定电压(kV)	额定容量(MVA)	相数	冷却方式
363	30	1	强油风冷
500	50	1	自冷

三、消弧线圈

(一)消弧线圈的作用

在三相中性点绝缘的系统中,当有一相发生相对地短路故障时,健全相将通过对地电容在故障点产生电弧式强烈的电磁振荡。为减小电容电流,在对地绝缘的中性点与地之间

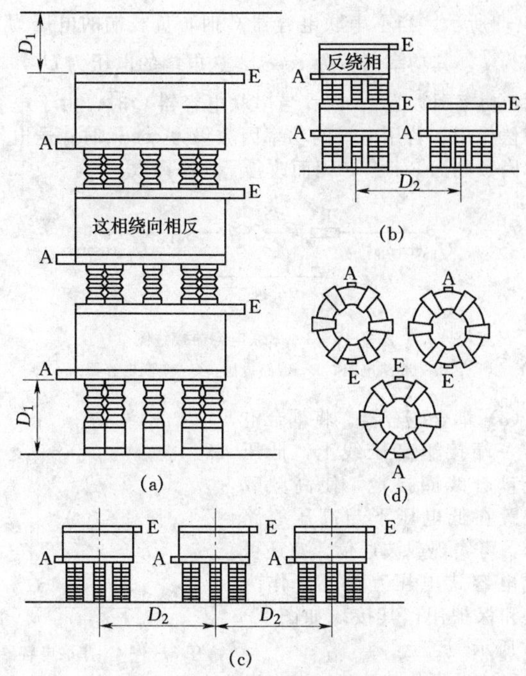

图 3-2-2　电抗器安装排列图

(a) 三相垂直排列；(b) 两相垂直一相水平排列；

(c) 三相水平排列；(d) 三角排列

D_1—水泥电抗器对屋面和地面要求保持的距离；D_2—水泥电抗器对相间要求保持的水平距离；A、E—接线端子

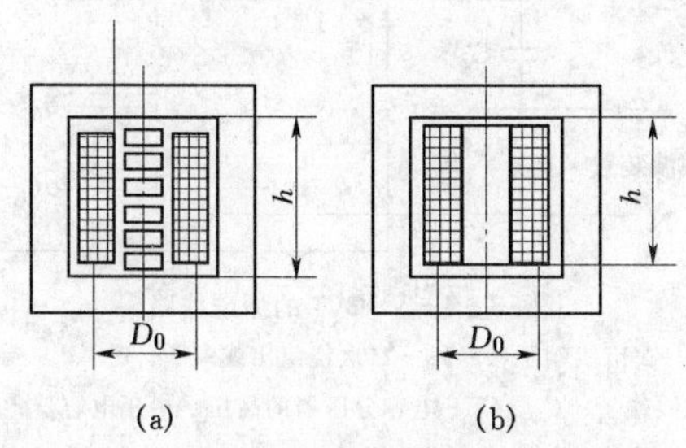

图 3-2-3　并联电抗器结构图

(a) 铁芯式；(b) 空心壳式

接一电感 L（即消弧线圈），这样故障点的电流将减小，以致使电弧很快熄灭。具体接线和相量图如图 3-2-4 所示。图中给出了消弧线圈 L 所接位置和相量图。

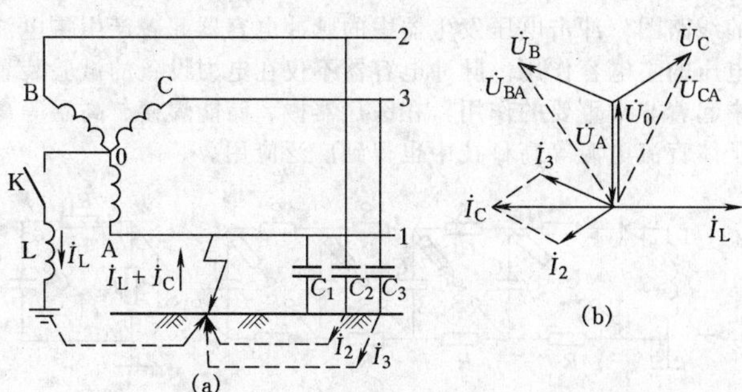

图 3-2-4　A 相接地时的接线和相量图

(a) 等效电路；(b) 相量图

(二) 消弧线圈的结构和技术参数

消弧线圈为带有气隙磁路的铁芯线圈，它的电感可做成分级可变的，也可做成连续可变的，在规定的范围内可与网络的电容相协调。消弧线圈可提供一个二次绕组供连接负载电阻用，或提供一个测量的辅助绕组。消弧线圈在运行中有一点是接地的，但在设计上，额定电压在 35kV 以下的消弧线圈做成全绝缘的，35kV 以上的做成分级绝缘结构。

为调节电感值，消弧线圈的分接头可接至特制的分接开关。其电压等级有 6.3～110kV，电流有 6.25～100A，容量为 48～7000kVA，表 3-2-4 列出了部分消弧线圈的技术参数。

表 3-2-4　部分消弧线圈的技术参数

产品型号	容量（kVA）	额定电压（V）	连接组标号	空载损耗（W）	负载损耗（W）
XD—95/6.3	47.75～95.5	6300	I，I0	143	2857
XD—350/6	182～364	$6000/\sqrt{3}$	I，I0	620	6350
XD—360/10	363.7～181.86	10100～20200	I，I0	540	5900
XD—550/35	550	38500	I，I0	570	10430
XD—1100/35	556～1112	35000	I，I0	1230	17710

四、饱和电抗器

饱和电抗器是利用铁磁材料的饱和特性，以较小的直流功率来控制较大的交流负载的一种电器。

(一) 工作原理

饱和电抗器的原理就是利用磁性材料的交流磁导率随直流控制电流的磁化作用而变化的原理，来改变交流有效电抗值，从而改变交流回路中的电流和负载中的功率。

饱和电抗器的具体接线如图 3-2-5 所示，当 $i_R=0$ 时，饱和电抗器相当于两个空载变压器串联；加上 i_k 后，由于直流磁化的作用，可以改变饱和电抗器的压降，从而改变交流线路的电流、以达到控制输出电流的目的。饱和电抗器种类很多，有串联型、并联型和自饱和电抗器等。

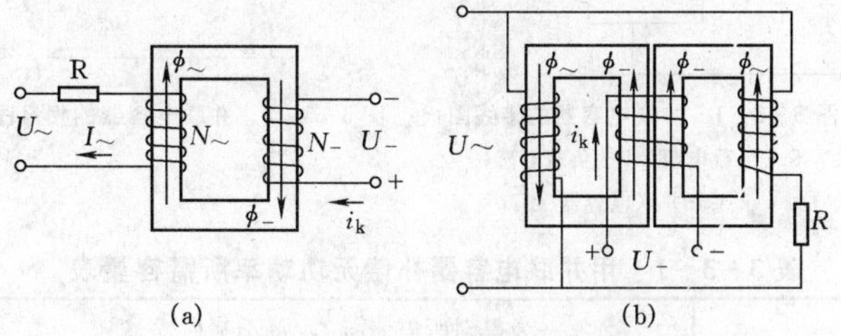

图 3-2-5　串联型饱和电抗器原理线路图

(a) 单铁芯接线原理图；(b) 双铁芯饱和电抗器

(二) 饱和电抗器的技术参数

部分饱和电抗器的技术参数，如表 3-2-5 所示。

表 3-2-5　部分饱和电抗器技术参数

产品型号	容量（kVA）	额定电压（kV）	输出电压（V）	输出电流（A）	控制电流（A）	空载损耗（kW）	负载损耗（kW）
BKSJ—200/0.5	200	0.38	361	319	19.6	0.9	4.4+5.2
BKSJ—250/0.5	250	0.38	361	692	44	1	2.1+3

第三节 电 容 器

在两导电极板间隔以绝缘材料（电介质），并能存储电荷的电器称为电容器。由于电容器能储存电荷，所以在电力工业、电子工业都有着非常重要的作用。

在电子工业中，几乎所有的电子仪器没有不用电容器的，如作为滤波用的电解电容器，振荡用的瓷片电容器等等。在电力工业中和现代科学技术中，电容器在电力线路上和科学试验设备中也是不可缺少的，为适合电气工程师的需要，本章对电力电容器作较多的介绍。

一、电力电容器的分类和作用

（一）分类

电力电容器一般按其用途来分类，本节仅介绍几种主要电力电容器：①并联电容器；②串联电容器；③耦合电容器；④直流及脉冲电容器；⑤标准电容器等等。

电力电容器，按所用场地不同，也有按户内、户外来分类的。

（二）电力电容器的作用

（1）并联电容器。它与电力线路并联连接，其主要作用是补偿电力系统感性负荷的无功功率，改善功率因数，所以有时也称为移相电容器或余弦电容器，以改善电压质量，降低线路损耗。

并联电容器的补偿作用如图 3-3-1 和图 3-3-2 所示，当接入并联电容器时，其功率因数可以从 $\cos\varphi_1$ 改善为 $\cos\varphi_2$，为获得需要的功率因数时，可按表 3-3-1 并联适当的并联电容器。千乏为无功功率的单位，$Q=U^2\omega C$（var）。

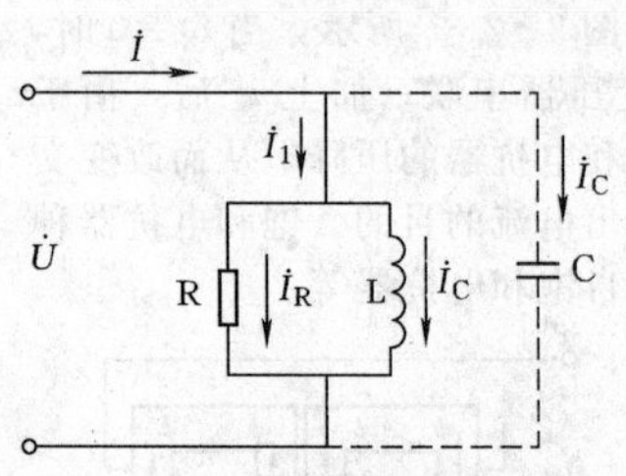

图 3-3-1 并联电容器的接线图

R—负载电阻；L—负载电感；C—并联电容器

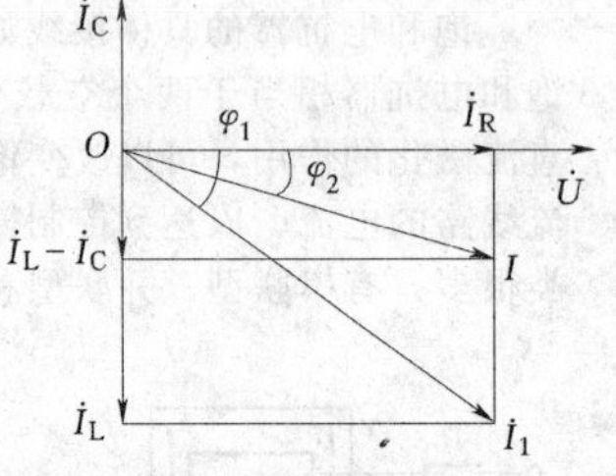

图 3-3-2 并联电容器的相量图

表 3-3-1 用并联电容器补偿无功功率所需容量表

补偿前 $\cos\varphi_1$	为得到所需 $\cos\varphi_2$，每千瓦所需电容器千乏数（kvar）						
	0.70	0.80	0.86	0.90	0.94	0.96	1.00
0.30	2.16	2.42	2.59	2.70	2.82	2.89	3.18
0.40	1.27	1.54	1.70	1.81	1.93	2.00	2.29
0.50	0.71	0.98	1.14	1.25	1.37	1.44	1.73
0.60	0.31	0.58	0.74	0.85	0.97	1.04	1.33
0.66	0.12	0.39	0.55	0.66	0.78	0.85	1.14
0.70		0.27	0.43	0.54	0.66	0.73	1.02
0.76		0.11	0.26	0.37	0.50	0.56	0.86
0.80			0.16	0.27	0.39	0.46	0.75

（2）串联电容器：它串接于工频高压输配电线路中，用以补偿线路的分布感抗，提高系统的静、动态稳定性，改善线路的电压质量，其接线图和相量图如图 3-3-3 和图 3-3-4所示。当不串联电容器 C 时，负载端的电压为 $\dot{U}_2$，电流为 $\dot{I}$，其功率因数为 $\cos\varphi_2$，送电端的电压为 $\dot{U}_1$，电流为 $\dot{I}$，功率因数为 $\cos\varphi_1$。当串联电容器 C 时，由于电容器的补偿作用，若用电端的功率因数仍为 $\cos\varphi_2$ 时，送电端的功率因数则为 $\cos\varphi'_1$，因而改善了功率因数。

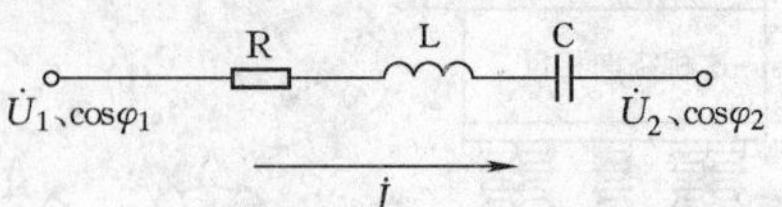

图 3-3-3 串联电容器接线图

R—线路电阻；L—线路电感；C—串联电容器

（3）耦合电容器。将耦合电容器一端接于高压线上，低压端经耦合线圈接地，使高频载波装置在低电压下与高压线路耦合，可实现载波通信。它还可做成电容式电压互感器，作为测量和保护用，其接线如图 3-3-5 所示。

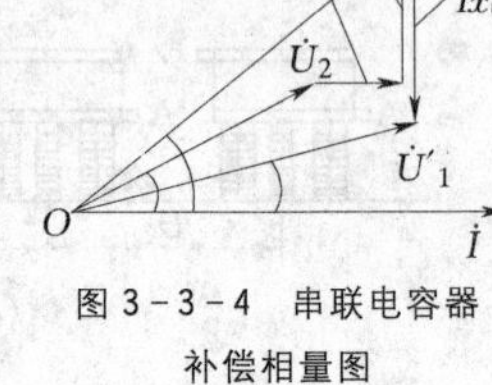

图 3-3-4 串联电容器补偿相量图

（4）直流及脉冲电容器。电力设备的试验装置中（如直流装置冲击电压发生器、冲击电流发生器、振荡回路等），需要大量的直流和脉冲电容器。以脉冲电容器为例，大多是用小功率电源对脉冲电容器充电，然后在很短的时间内放电，从而获得较大的冲击功率。图 3-3-6 表示冲击电压发生器的线路图。冲击电压发生器中的脉冲电容器起着产生雷电波电压的主电容作用。脉冲电容器不仅在电力设备的试验装置中起着非常重要的作用，在医疗器械、储能焊接、高温等离子体直流电源等高科技中也得到广泛应用。

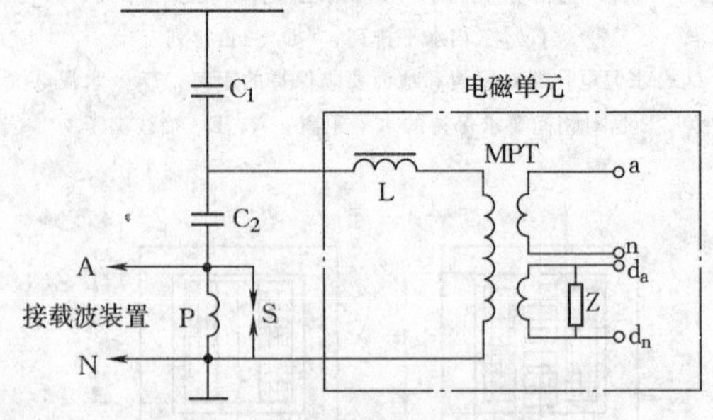

图 3-3-5 CVT 的原理线路

A、N—一次出线端子；a、n—二次绕组出线端子；d_a、d_n—剩余电压绕组出线端子；C_1、C_2—电容分压器的高压、中压电容器；L—补偿电抗器，用于补偿电容分压器的容抗；MPT—中间电磁式电压互感器，用于降低电容分压器的输出电压和负荷阻抗变换；P—排流线圈；S—保护间隙；Z—阻尼器

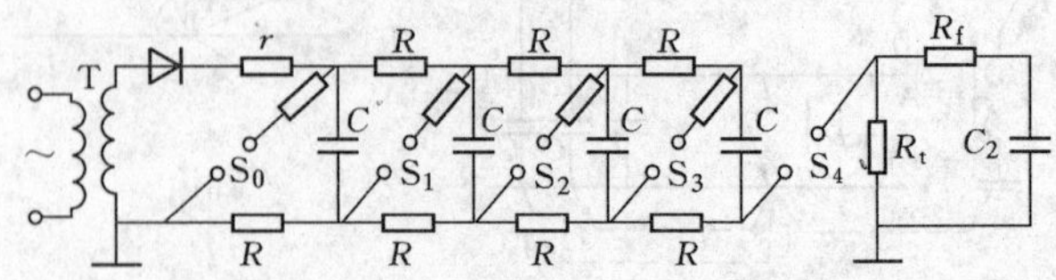

图 3-3-6 冲击电压发生器线路图

（5）标准电容器。在高电压的测试中，经常要用到标准电容器（如西林电桥和电容分压器）。作为标准电容器，一方面电容值要比较准确；另一方面介质损耗因数要极小，一般采用气体绝缘作为标准电容器的电介质（如空气、压缩气

体等）。

二、电力电容器的介质

大部分电力电容器的介质都是由固体电介质和液体电介质组成，只有标准电容器的介质为气体电介质。

（一）固体电介质

固体电介质用得较多的是电容器纸，电容器纸的主要性能，列于表3-3-2。为提高电力电容器的质量，即提高其能量密度，固体电介质可采用耐电强度高，介质损耗因数（$\tan\delta$）小的塑料薄膜来代替。现在许多电力电容器（尤其并联电容器）大都采用塑料薄膜或合成膜（纸和膜组成的）的电介质，塑料薄膜的性能列于表3-3-3。

（二）液体电介质

液体电介质在电力电容器中当作浸渍剂，它可排出固体电介质中的空气，使固体电介质浸在液体电介质中，提高电介质的介质常数和耐电程度，尤其可改善局部放电的特性和散热条件，常用的液体电介质如表3-3-4所示。从表3-3-4可看出，十二烷基苯、二芳基乙烷（S油）由于性能较好已被广泛应用；蓖麻油电介质较多地应用在脉冲电容器中；三氯联苯虽电气性能较好，但由于具有毒性不能使用。

（三）气体电介质

标准电容器往往用气体作为电介质。气体电介质的特点是介质损耗因数（$\tan\delta$）很小，介电常数非常稳定，具体性能如表3-3-5所示。当氮、二氧化碳气体，在1.32～1.52MPa下，其工作场强可达12kV/mm；SF_6气体在0.51～0.61MPa下，其工作场强可达12kV/mm。由上述数据可知，利用压缩气体可作为标准电容器的电介质，但在气体电介质中，电容器的电极一定要设计成均匀电场。

表3-3-2　**电容器纸的主要性能**

型　号	厚度 (μm)	密度 (g/cm³)	水份 (%)	导电点 (个/m²)	$\tan\delta$ (60～80℃)	电导率 (Ω^{-1})	U_b (V)
BD—0	15	0.8	4～10	50	0.001	2×10^{-5}	380
BD—1	10～15	1.0	4～10	300～80	0.0014	2×10^{-5}	300～350
BD—2	8～15	1.2	4～10	800～100	0.0018	2×10^{-5}	310～430

表3-3-3　**几种塑料薄膜的性能**

名　称	密度 (g/cm³)	吸潮 (%)	抗张强度 (kgf/mm²)	延伸率 (%)	收缩率 (%)	工作温度 (℃)	ε (50Hz)	$\tan\delta$ (50Hz、20℃)	ρV ($\Omega\cdot$cm)	E_j (kV/mm)	导热系数 [W/(cm·℃)]
聚丙烯	0.91	<0.01	纵向大于10 横向小于14	20～100	2	100	2.2	0.0004	10^{15}	200	2.2×10^{3}
聚苯乙烯	1.05	<0.01	4～7.5	2～4		60	2.5	0.0004	10^{17}	110	8×10^{-3}
聚硝	1.39	0.3～0.4	>14	40～130	3	120	3.2	0.0003	10^{16}	160	15×10^{-3}
聚硫酸硝	1.2	<0.01	5～7	100		125	3.0	0.002	10^{16}	160	

表3-3-4　**常用液体电介质的技术数据**

介质名称		凝固点低于 (℃)	酸值小于 (mgKOH/g)	可燃性	ε	$\tan\delta\times100$ 小于	U_b (kV) (在标准油杯中大于)	毒　性
电容器油		−45	0.02	可燃	2.2	0.4 (100℃)	60	无毒
蓖麻油		−17	1.5	不易燃	2.7	2 (60℃)	45	无毒
三氯联苯		−17	0.02	不燃	4.9	3 (90℃)	45	毒不降解
苯甲基硅油		−65	0.013	不燃	2.7	0.03 (25℃)	45	
二芳基乙烷		−48	0.01	可燃	2.5	0.01 (80℃)	60	比三氯联苯低且可生物降解
异丙基联苯		−55	0.01	可燃	2.6	0.06 (80℃)	60	
苄基新葵酸酯		−60		可燃	3.8	0.4 (80℃)	60	
高压电缆油		−60	0.01	可燃	2.2	0.15 (100℃)	60	无毒
变压器油	新油	−25或−45	0.03	可燃	2.2	0.5 (90℃)	40	无毒
	运行中		0.4	可燃		2 (70℃)	30	

表3-3-5　**气体电介质的技术数据**

气体介质	分子式	密度 (g/cm³)	凝聚点 (℃)	沸点① (℃)	ε (kgf/cm²) 压力1	20	与空气击穿场强之比
六氟化硫	SF_6	6.10	−51②	−63.8	1.0091		2.9～2.5
氮气	N_2	1.25	−210	−195	1.00059	1.01209	1.0
二氧化碳	CO_2	1.8	−56.6③	−78.5	1.00098	1.020	0.9
空气		1.18	−2.3	−192	1.00058	1.0109	1.0

① 标准大气压下的数值。
② 2.2大气压下的数值。
③ 5大气压下的数值。

表 3-3-6　　铝箔的技术数据

厚度及允许偏差(mm)	宽度及允许偏差(mm)	状态	抗拉强度不小于(kgf/mm^2)	伸长率不小于(%)	电阻率($\Omega \cdot mm^2/m$)	电阻温度系数($℃^{-1}$)
0.006±0.001 0.007±0.001	85±0.5 1020±0.5 260±1.5	软(R) 或 硬(Y)	3 10	0.5	0.0282	0.004
$0.012^{+0.001}_{-0.002}$	90±0.5	软(R)	3	1.0		
$0.016^{+0.002}_{-0.003}$	45±0.5 20±0.5	或 硬(Y)	10	0.5		

三、电力电容器的电极

用液体浸渍的电容器，其电极材料一般用铝箔。对铝箔的要求有机械强度、导电性、导热性和一定的几何尺寸，铝箔的规格性能见表 3-3-6。在并联电容器中，也有用在介质上喷镀金属作为电极的自愈性电容器。

四、电容器装置

(一) 并联电容器组

并联电容器电容量的选择可参看表 3-3-1。

低压并联电容器组见图 3-3-7。

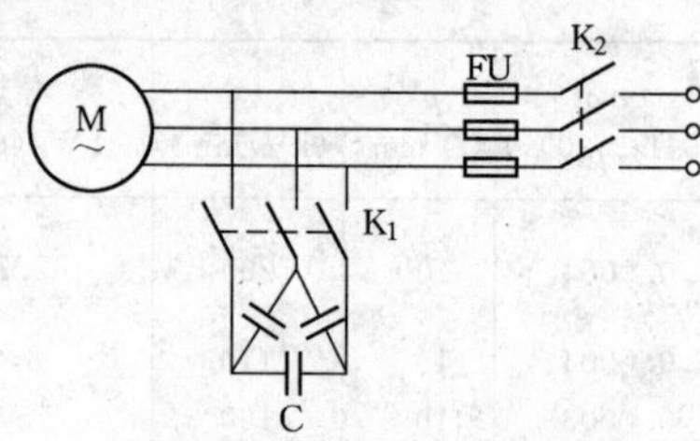

图 3-3-7　低压并联电容器组

FU—熔断器；K—开关；C—电容器；M—负载

高压并联电容器组见图 3-3-8。

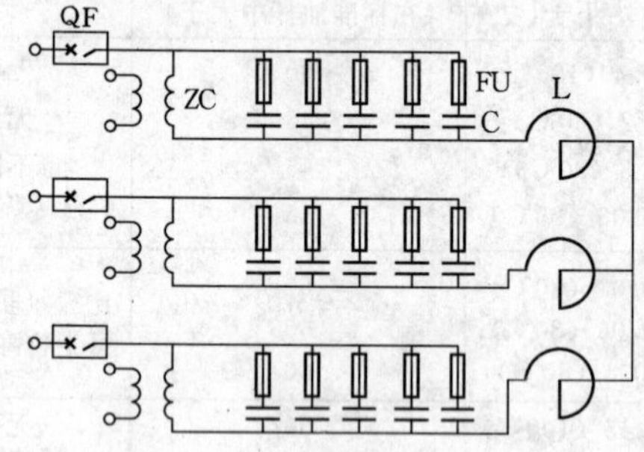

图 3-3-8　高压并联电容器组

FU—熔断器；QF—断路器；C—电容器；ZC—放电线圈或互感器；L—串联电抗器

(二) 串联电容器

串联电抗器在线路中可以防止高次谐波对系统的影响，抑制电容器投入时的涌流，对防止断路器的重燃也有好处。

(三) 高压直流装置中的电容器

在高压直流装置中，电容器起着很重要的作用。一般获得直流高压的方法有：①半波整流 [图 3-3-9 (a)]；②桥式整流 [图 3-3-9 (b)]；③倍压整流 [图 3-3-9 (c)]；④串级整流 [图 3-3-9 (d)]。

在各种直流高压装置中，电容器都是不可缺少的。当接

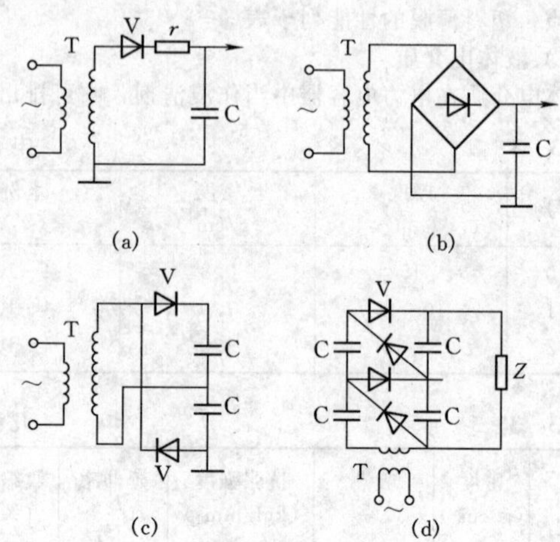

图 3-3-9　获得直流高压的电路

(a) 半波整流；(b) 桥式整流；(c) 倍压整流；(d) 串级整流

上负载时，输出的平均电压将会随电流的增大而降低，电压的纹波也将变大。按国家标准 GB 311 的规定，纹波（脉振）要小于 3%。下面给出串级直流计算平均电压 U_d 和脉振 δ_u 与输出的平均电流 I_d 和电容 C 等关系的公式。

$$U_d = 2nU_m - \frac{I_d}{6fC}(4n^3 + 3n^2 + 2n)$$

$$\delta_u = \frac{n(n+1)I_d}{4fC}$$

式中　U_d——输出的平均电压；

I_d——输出平均电流；

n——组数；

C——电容量；

f——电源频率。

当要减小脉振，获得较大输出电流时，可加大电容、提高频率来满足要求。

标准电容器及其他电容器本手册不再叙述。

第四节　电力电容器的设计与工艺

一、电力电容器的设计

(一) 额定参数

(1) 额定电压，单位为 kV。

(2) 标准电容，单位为 μF。

(3) 标准容量，单位为 kvar。

(4) 额定频率，如工频、直流脉冲或高频等。

(5) 其他如相数、户内（外）等。

电容器的外形如图 3-4-1 所示，平板电容器示意图如

图 3-4-2 所示。

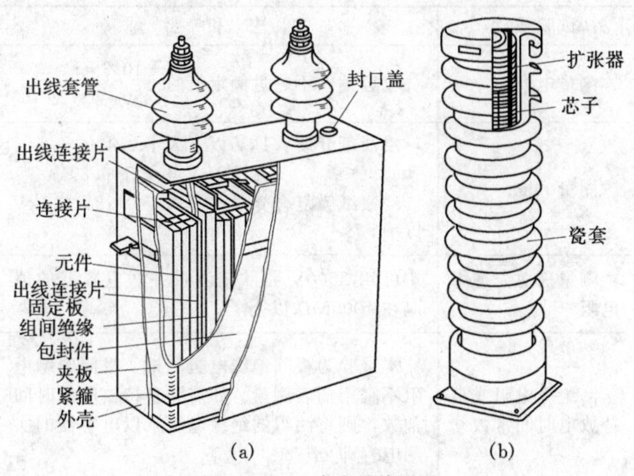

图 3-4-1　电容器外形图

(a) 并联电容器结构；(b) 耦合电容器结构

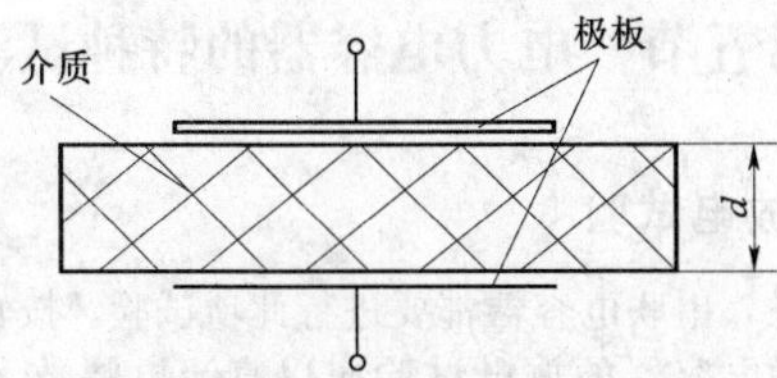

图 3-4-2　平板电容器示意图

(二) 电容器元件的计算

1. 电容量的计算

$$C=\frac{\varepsilon S}{d}$$

式中　ε——介电常数，$\varepsilon=\varepsilon_r\varepsilon_0$；

ε_0——真空的介电常数为 8.86×10^{-14}F/cm；

ε_r——相对介电常数；

S——极板面积（cm^2）；

d——介质厚度（cm）。

当为卷绕元件时，由于极板双面起作用，其电容值为极板面积的两倍。

即
$$C\approx2\times8.86\times10^{-14}\frac{\varepsilon bl}{d}\ (F)$$
$$=1.72\varepsilon_r bl/d\times10^{-8}\ (\mu F)$$

式中　b——铝箔宽度（cm）；

l——铝箔长度（cm）；

d——元件极间介质厚度（cm）。

2. 电容器元件的连接

(1) 根据额定参数来确定元件的连接方式，将元件并联或串联，并联可增加电容量，串联可提高工作电压。

(2) 若需接成三相，可按图 3-4-3所示连接。

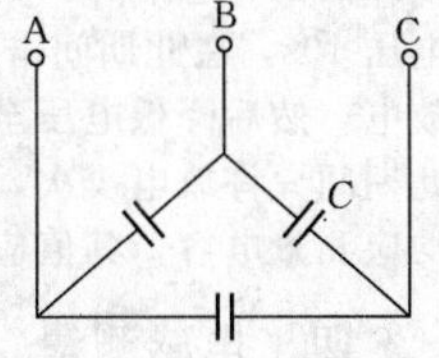

图 3-4-3　三相电容器接线图

3. 电力电容器储能容量的计算

(1) 直流脉冲电容器的储能

$$W_N=\frac{1}{2}C_NU_N^2\times10^{-9}\ (kJ)$$

式中　C_N——额定电容（μF）；

U_N——额定电压（V）。

(2) 交流电容器的标称容量

$$Q_N=\omega C_NU_N^2\times10^{-9}$$
$$=2\pi f_NC_NU_N^2\times10^{-9}\ (kvar)$$

式中　f_N——额定频率（Hz）。

4. 电容器的损耗功率和介质损耗因数（tgδ）

当电容器为无损电容器时，电容器将没有损耗。实际上电容器是有损耗的，其等值电路和相量图如图 3-4-4 所示。

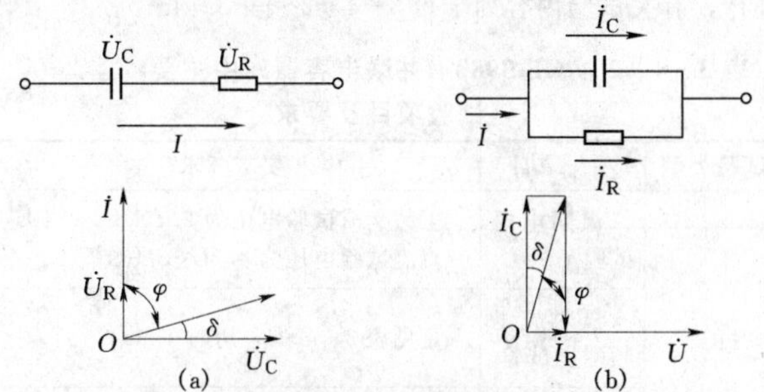

图 3-4-4　有损耗电容器的等值电路和相量图

(a) 串联；(b) 并联

电容器的损耗功率按并联等值电路计算为

$$P=UI\cos\varphi=UI_R$$
$$=UI_C\text{tg}\delta$$
$$\delta=90^\circ-\varphi$$

∵
$$I_C=\frac{U}{Z_c}=U\omega C$$

∴
$$P=U^2\omega C\text{tg}\delta$$

式中　tgδ——介质损耗因数或损失角正切。

二、电力电容器场强的选择

由于电力电容器工作条件的不同，其工作场强是不一样的，工作场强的选择如表 3-4-1 所示。

表 3-4-1　部分国产电力电容器工作场强

电容器类型	所用介质		工作场强①（kV/mm）
	液体介质	固体介质	
并联电容器	电容器油	电容器纸	12～14
	合成油	聚丙烯薄膜	35～45
串联电容器	电容器油	电容器纸	11～12
	合成油	聚丙烯薄膜	30～40
耦合电容器	电容器油	电容器纸	8～9
脉冲电容器	电容器油	电容器纸	45～60

① 脉冲电容指峰值，工频电容器指有效值。

三、电力电容器的工艺

(一) 电介质的保存

对固体电介质要在恒温、恒湿及超净的场所保存，对纯净的液体电介质最好在真空容器中保存。

(二) 电介质的绝缘工艺

为使电容器元件不受空气中机械杂质（如水分、灰尘等）的影响，在制造过程中要求超净的环境和尽量短的时间，经真空干燥和浸渍工艺处理后密封在外壳中。浸渍工艺比较复杂，应尽量除掉电容器中的水分、空气和杂质，整个工艺时间约 150h，处理时真空缸的剩余压力约 10^{-3}mmHg。

四、电力电容器的试验

电力电容器的试验有以下几种。

（1）出厂试验。

（2）型式试验。

（3）验收试验。

（4）预防性试验。

（5）特种试验。

具体试验方法可根据国家标准 GB 3983《并联电容器》进行，有关试验内容列于表 3-4-2～表 3-4-5。

表 3-4-2　GB 3983《并联电容器》中主要试验项目及要求

试验类型	项　目	要　求
检查性试验（出厂）	极间电压试验	工频交流试验电压为 $2.15U_N$①、10s 直流试验电压为 $4.3U_N$、10s
	极对壳工频耐压试验	可见表 3-4-3，历时 1min
	电容器的测量	电容偏差不超过额定值的 $^{+10\%}_{-5\%}$
	介质损耗因数（tanδ）测量（20℃时）	浸渍纸介质：1kV 以下大于 0.4% 高压 1kV 不大于 0.3% 浸渍纸膜复合介质：不大于 0.12%（1kV 以上）
	密封性试验	电容器部分均达到电介质允许最高温度后至少经历 2h 而不出现渗漏
型式试验	热稳定试验	在规定的周围空气温度下，使电容器的无功功率等于 $1.44Q_N$② ×1.1，历时 48h，在最后 6h 内电容器温度的增加量不能超过 1℃
	局部放电试验	先使试品达到热平衡，再加 $2.15U_N$ 持续 1s，降到 $1.2U_N$ 持续 10min，再升到 $1.5U_N$ 保持 10min，在后 10min 内不应观察到局部放电水平的提高

① U_N 为额定电压。

② Q_N 为额定容量。

表 3-4-3　极对壳工频短时试验电压

电容额定高电压（kV）	0.4 0.525	1.05	3.15	6.3 $6.6/\sqrt{3}$	10.5、11 $11/\sqrt{3}$	13
工频短时试验电压（kV）	3	5	18	25	35	55

表 3-4-4　电力电容器验收试验

试验项目	方　法　和　要　求
密封性试验	各焊缝处及密封处应无渗漏油
电容的测量	电容偏差不超过额定值的 $^{+10\%}_{-5\%}$
极间耐压试验	试验电压为检查试验的 75%，历时 10s
tanδ 的测量	浸渍纸介质：1kV 以下大于 0.4% 高压 1kV 不大于 0.3% 浸渍纸膜复合介质：不大于 0.12%（1kV 以上）
极对壳耐压试验	试验电压为检查试验的 75%，历时 1min
合闸试验	额定网络电压下，对电容器进行 3 次合闸试验，外部熔丝不应动作，电容器组各相电流差不应有明显变化（一般不超 5%）

表 3-4-5　预防性试验

试验项目	方　法　和　要　求
测量电容	电容偏差不超过额定值的 $^{+10\%}_{-5\%}$
测量 tanδ	浸渍纸介质：1kV 以下大于 0.4% 高压 1kV 不大于 0.3% 浸渍纸膜复合介质：不大于 0.12%（1kV 以上）
测量极对壳绝缘电阻	可用 2500V 兆欧表测量并联电容器的值应在 1000MΩ 以上
测绝缘电阻或自持放电时间常数	本试验为板间绝缘电阻测试，极间绝缘电阻不宜用摇表测量。如需测自持放电的时间常数，则将测得的绝缘电阻乘以电容器的实测电容即可

第五节　电力电容器的特种试验

一、放电试验

对并联，串联电容器都要进行此项试验。按 GB 3983 的规定，并联电容器的放电试验应以直流电将数字电压 1kV 及以下和 1kV 以上的电容器分别充电到 $2.0U_N$、$2.5U_N$，然后通过尽可能靠近电容器间隙放电，这样的放电应在 10min 内作完五次。在做完放电后的 5min 内，做极间耐压试验（即 $2.15U_N$ 交流试验或 $4.3U_N$ 直流电压试验，历时 10s）。

对串联电容器，应充电到 $7U_N$，然后通过限制电流的电阻放电，I_e 为额定有效值电流。

放电前后均要测量电容值，两次测量值的变动量应不大于 2%。

二、寿命试验

对脉冲电容器应做充放电的寿命试验，一般脉冲电容器的寿命（充放电次数）都不少于 10000 次。

脉冲电容器在做寿命试验时，试验电压、充放电次数、放电回路参数及两次充放电之间的时间间隔应按产品技术要求规定。

三、自愈性试验

对于金属化的并联电容器，应进行自愈性的试验，以考核产品的自愈能力。将电容器加交流 $2.15U_N$ 或 $4.3U_N$ 直流电压 10s，在此期间击穿少于 5 次，则继续升压至发生 5 次放电，然后降低电压至原试验电压的 80%，持续时间 10s，此期间允许放电 1 次，以后 10s 不能再发生放电。试验前后均应测量电容，其值应无变化。

四、电感测量

对脉冲电容器及有关的电容器测量其内电感。按 GB 4704《脉冲电容器及直流电容器》的规定，电容器内电感的测量可用小谐振频率法、短路放电法，及测量工频、高频电容法进行。

由于脉冲电容器的内电感直接影响其工作，故要求其电感值越小越好，目前生产的脉冲电容器，其内电感有的达 0.1μH，有的可达 10～20nH。

第四章　高压断路器和高压隔离开关

第一节　高压断路器的性能和参数

一、高压断路器的功能

高压断路器是电力系统最重要的电气设备之一，其工作最为繁重，地位最为关键，结构最为复杂，品种比较繁多，所配操动机构各异。但对高压断路器有一个共同的要求：不但要求其在正常负荷条件下，有足够的接通和开断负荷电流的能力，而且还要求其在最困难的短路条件下，对短路电流有足够的遮断能力。高压断路常接通和开断的对象有：

(1) 发电机与变压器。

(2) 输、配电线路。

(3) 电容器和电容器组。

(4) 空载长线。

(5) 空载变压器和高压电动机。

(6) 开断近区故障。

(7) 开断失步故障。

(8) 开断发展性故障和并联故障。

二、断路器投切电气设备的性能

(一) 电容器组的投切

在电力系统中，无功功率除了来自发电机、调相机和输电线路之外，还需装设大量的电力电容器组作为无功补偿设备。电力电容器组的运行，必须备有与其相适应的断路器作为电力电容器组的投切设备。

运行经验证明：电容器组投切时，尽管容性电流不大，但是，在其投入的过程中，将会产生超过电容器组稳态电流最大值 I_m 许多倍的合闸涌流；在切除过程中，电容器两端将会产生超过其额定电压数倍的过电压。这时操作过电压将会导致断路器断口处的电弧重燃，甚至引起断路器和避雷器爆炸、瓷瓶对地闪络、电容器击穿。一般说来，具有开断较大短路电流能力的断路器，并不一定具有开断较小容性电流电容器的能力。

1. 并联电容器的单组合闸涌流

理论推演证明：并联电容器单组合闸涌流，可以表示成下式

$$I_{cm}=I_m\left(1+\sqrt{\frac{P_{dl}}{P_{ce}}}\right)=I_m\left(1+\sqrt{\frac{x_c}{x_L}}\right)$$

式中　I_{cm}——合闸涌流（A）；

I_m——电容器稳态电流最大值（A）；

P_{dl}——电容器安装处的短路容量（kVA）；

P_{ce}——电容器的额定容量（kvar）；

x_c——电容器的容抗（Ω）；

x_L——电容器回路中的感抗（Ω）。

通常 $x_c \gg x_L$，故单组并联电容器的合闸涌流要比电容器的稳态电流最大值高许多倍。

2. 并联电容器组的合闸涌流

并联电容器组的合闸涌流由两部分构成：①电源将向后投入的电容器产生合闸涌流；②如设电容器共有 n 组，则先投入的 $n-1$ 组电容器将向后投入的第 n 组电容器产生合闸涌流。因此，并联电容器组的合闸涌流较单组电容器投入的合闸涌流更为严重。如果不考虑电源产生的合闸涌流，则并联电容器组的合闸涌流将为

$$I_{cm}=\frac{U_m}{\sqrt{\frac{L}{C}}}\frac{n-1}{n}$$

式中　U_m——电容器稳态电压的最大值；

L——回路电感；

C——电容器电容；

n——并联电容器组数。

通常 $C \gg L$，故合闸涌流要超出稳态电流的许多倍。

3. 并联电容器的开断

理论研究指出：当断路器开断电容器时，由于分断时间不同，在电容器两端可能引起 3、5、7 倍的操作过电压。这种操作过电压将使弧隙的电弧重燃，从而威胁到设备的绝缘。在实际网络中，对开断电容器电路产生过电压的影响因素很多，实测数据具有很大的分散性，但具有显著影响的因素有：弧隙击穿的时刻；断路器的分闸相位和分闸速度。

4. 断路器切断电容器的性能

(1) SN 10—10 型断路器。SN 10—10 型断路器对切断电容器组具有良好的性能，1980 年 4 月灯塔变使用该种断路器切断 10000kvar 的电容器组，连续进行 105 次开断试验，无重燃和喷油现象发生，触头有轻微烧伤。

(2) ZN3—10 真空断路器。ZN3—10 是全国统一设计的真空断路器，遮断容量为 300MVA。这种断路器开断电容器组的性能不稳定，北京中试所曾用 ZN3—10 型真空断路器进行了开断 5600kvar 电容器组试验，共开断 117 相次，其中重燃 4 次，严重的是曾发生过连续 3 次重燃现象，最高过电压倍数为相压的 4.3 倍。

(3) 35kV 多油断路器。国产 35kV 断路器，还没有直接适合于投、切电容器组的，通常是采用多油断路器加装并联电阻的办法来解决投切电容器组的问题。

(4) 63kV 断路器。63kV 电压等级是东北电网仅有的电压等级，东北电管局曾组织东北电力试验研究院，沈阳高压开关厂等单位，利用 SW_2—60T 投切 10～18Mvar 的电容器组，投切在 60kV 电压下，分断速度为 6.5m/s，无重燃现象发生。

(5) SF_6 断路器。东北电网曾在 60kV 电压下，采用 SF_6 断路器切断 20000kvar 电容器组，单分 30 相次，合分 15 相次，均无重燃，投切效果良好。

(二) 空载长线的投切

1. 空载长线的物理特性

空载长线是一种具有分布参数的电路，如图 4-1-1 所示，其中 u 为电源电压，L_0 为电源等效电感，C_0 为母线对地电容，L 为线路各段电感，C 为线路各段对地电容。切断空载长线的物理过程实际上是行波过程，在重击穿的开始与末了，电流和电压的波形较陡，其振荡的周期与线路长度有关。

2. 切断空载长线常发生的故障

高压断路器投、切空载长线的性能，对电网的安全运行

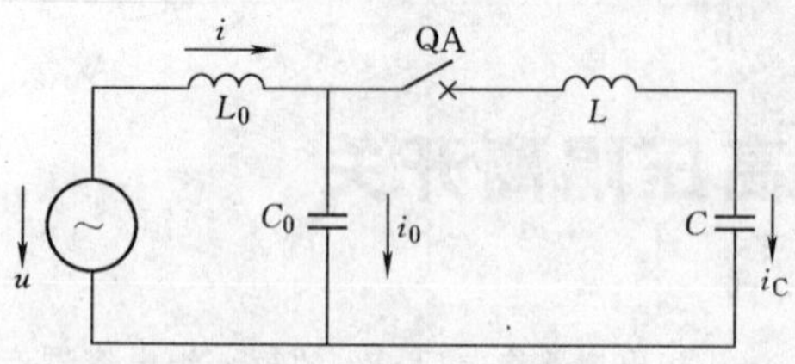

图 4-1-1　空载长线等效电路

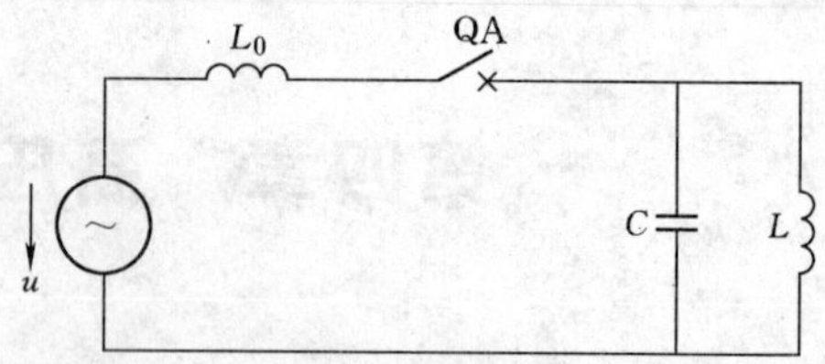

图 4-1-2　开断空载变压器等效电路

极为重要。据不完全统计，20 年来，我国 220kV 电网切断空载长线引起的故障有 15 起，其中有断路器爆炸、外绝缘对地闪络、灭弧室闪路、变压器绕组首端匝间绝缘击穿等。

3. 引起故障的原因

断路器切断空载长线时，引起电气设备故障的原因是：由于 C_0、C、L_0、L 的影响，使断路器断口处电弧的恢复电压过高，电弧熄灭后发生重燃。对 220kV 线路分析指出：在不利的条件下，电容器两端的电压

$$U_{cm}=3.45U_m$$

式中　U_m——网络额定电压的最大值（kV）。

这种操作过电压将会使断口处的电弧得以重燃。因此，对断路器切断空载长线的要求是：切断时无重燃发生。

4. 断路器切断空载长线的性能

运行在 220kV 电网中的 SW4—220、SW6—220、SW7—220 等少油断路器，在切断空载长线时，皆有重燃现象发生，尤以 SW4—220 型为甚。SW6—220，SW7—220 经过改进后的平开产品和北开产品，曾消除了在切断空载长线时的重燃现象。平开生产的 LW—220 型 SF_6 断路器，有良好的切断空载长线性能，曾在 252kV 电压下，按“分—合—分”方式试验，操作 10 个循环，均未发生重燃现象。国产 KW3—220 型和 KW5—220 型空气断路器以及法国进口的 DCVF 型空气断路器，可以称为无重燃空气断路器，其在切除空载长线时，无重燃现象。但是有些空气断路器，如德国进口的 APF—2507 型和苏联进口的 BBH—220 型，其切断空载长线的重燃率很高，APF—2507 型高达 63%，BBH—220 型高达 20%，因此，这两种断路器不宜在主网中应用。

（三）空载变压器和高压电动机的开断

1. 开断的物理过程

开断空载变压器和高压电动机是断路器的一项基本任务。开断的物理过程，从本质上来看二者没有多大的区别，其等效电路如图 4-1-2 所示。其中，u 为电源电压，L_0 为电源等效电感，L 为变压器等效电感，C 为变压器对地电容，QA 为断路器。设 I_0 为电感 L 中的初始电流，U_0 为对地电容 C 上的初始电压，则电感 L 中贮存的磁场能量为 $\frac{LI_0^2}{2}$，电容 C 中贮存的能量为 $\frac{CU_0^2}{2}$，总能量为二者之和。因为在断路器开断时，磁场能量要放出，对电容器 C 充电，故电容器的端电压 U_{cm} 为

$$\frac{CU_{cm}^2}{2}=\frac{LI_0^2}{2}+\frac{CU_0^2}{2}$$

$$U_{cm}=\sqrt{\left(I_0\sqrt{\frac{L}{C}}\right)^2+U_0^2}$$

由此可见：

（1）空载电流 I_0 越大，过电压越高。近代变压器采用冷轧硅钢片，空载电流 I_0 很小，因此，开断空载变压器过电压倍数并不太高。

（2）与变压器特性阻抗 $\sqrt{\frac{L}{C}}$ 有关，其值越大，过电压倍数越高。

（3）与断路器熄弧性能有关。若断路器熄灭小电流电弧的能力强，将使电弧提前过零，发生电流折断现象，导致过电压出现。

上述结论对高压电动机也是适用的。

2. 断路器开断空载变压器和高压电动机的性能

（1）SN 10—10 型断路器，开断空载变压器和高压电动机具有良好的性能，试验指出，采用 SN 10—10 型断路器，开断电压为 3kV、6kV，容量为 110～2000kW 的高压电动机，操作过电压可能超过相电压的 3 倍。

（2）真空断路器 ZN3—10，开断容量为 200～250kW 的高压电动机，操作过电压可能达到 4.3 倍相电压，而用 ZN6—10 型真空断路器开断容量为 250kW 的空载电动机，测得最大过电压为 5.2 倍相电压。

当然，SF_6 断路器作为开断空载变压器和高压电动机的开关设备，其性能是无庸置疑的。

（四）近区故障的开断

所谓近区故障是指离开断路器 0.8～8km 处发生短路故障。近区故障的短路电流，较断路器出线处发生短路的短路电流要小，因此，一般认为出线处发生短路故障是最严重的。然而，分析指出：断路器的开断能力，在很大程度上取决于断路器断口处的电压恢复速度。在出线处发生短路，恢复电压的上升速度为 2kV/μs，而近区故障恢复电压的上升速度为 10kV/μs，这就为断口处的电弧重燃创造了条件，使断路器的开断更为困难。

研究指出：能开断 45kA 母线短路故障的断路器，却断不开 1.77km 架空线处 16kA 的短路电流。因此，对近区故障的开断应该引起注意。

（五）失步故障的开断

作为电力系统的联络断路器会遇到开断失步故障的问题。联络断路器的简图如图 4-1-3 所示，其中 G_1、G_2 代表电力系统两侧的电源，x_1、x_2 为电源侧电抗，QA_1 为联络断路器。

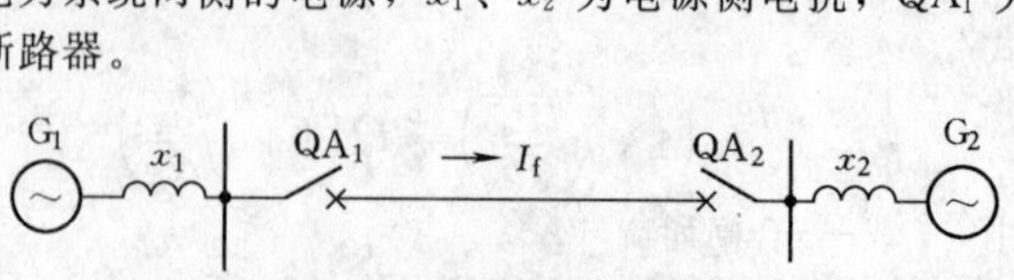

G_1 —(~)— x_1 —┃— QA_1 × —→ I_f — × QA_2 —┃— x_2 —(~)— G_2

图 4-1-3　联络断路器简图

当电力系统同步运行时，两侧电源电压的幅值和相位相等，此时断路器中有工作电流流过。当电力系统发生失步故障时，系统产生振荡，QA_1 开断，系统解列。此时，流经断路器的电流 I_f 比工作电流大很多倍。

最严重的情况是两个电源反相，这时流经 QA_1 的电流 I_f 为

$$I_f=\frac{2U_{xg}}{x_1+x_2}$$

当系统发生三相短路电流时，短路电流的数值为

$$I_{dl}=\frac{U_{xg}}{x_1}+\frac{U_{xg}}{x_2}$$

$$\frac{I_f}{I_{dl}}=\frac{\frac{2U_{xg}}{x_1+x_2}}{\frac{U_{xg}}{x_1}+\frac{U_{xg}}{x_2}}=\frac{2x_1x_2}{(x_1+x_2)^2}$$

$$I_f=\frac{2x_1x_2}{(x_1+x_2)^2}I_{dl}$$

$$\frac{dI_f}{dx_1}=\frac{(x_1+x_2)^2\times 2x_2-2x_1x_2\times 2(x_1+x_2)}{(x_1+x_2)^4}I_{dl}$$

$$=0$$

故当 $x_1=x_2$ 时，I_f 最大，此时

$$I_f=0.5I_{dl}$$

因此，电流 I_f 可达 I_{dl} 的 50%。当 $x_1\neq x_2$ 时，$I_f<0.5I_{dl}$。当断路器开断时，电压完全反相的几率是很小的，$x_1=x_2$ 的情况也不多。因此，取开断反相电流为断路器额定电流的 25%和 40%。

断路器开断失步故障时的恢复电压，比短路故障时高。当两电源相位差为 180°时，恢复电压 U_{hf} 的工频分量为相电压的两倍。但是，断路器开断失步故障时，还应将首相开断系数 K_1 考虑在内，因此，在中点直接接地系统中，瞬态恢复电压的工频分量为相电压的 2.6 倍，中点不接地系统中为 3.0 倍。因此，作单相试验时，部标要求工频恢复电压为：

直接接地系统 $\frac{2u}{\sqrt{3}}$ 或 $\frac{2.5u}{\sqrt{3}}$；

非直接接地系统 $\frac{3u}{\sqrt{3}}=\sqrt{3}u$。

其中，u 为断路器最高工作电压。

（六）发展性故障与并联开断

断路器在开断小电感电流或小电容电流过程中，由于过电压引起的短路故障称为发展性故障。例如，在某些超高压电力系统中，过电压保护采用火花间隙，但过电压可能引起间隙放电，造成接地短路。又如，在开断空载变压器时，因出现截流过压，可能引起变压器套管闪络，造成短路故障。因此，在高压系统中工作的断路应进行这种试验。

如图 4-1-4 所示，短路后，断路器同时开断点 A 处的短路电流，称为并联开断，点 A 的短路电流为

$$I_{dl}=I_{dl1}+I_{dl2}$$

其中 I_{dl1} 和 I_{dl2} 的值可能相等，也可能差别很大。此外，由于断路器的动作不可能完全一致，例如 $I_{dl2}=10\%I_{dl}$，若 D_{l2} 先分断，则其分断电流则由 $10\%I_{dl}$ 突增至 $100\%I_{dl}$，这就给断路器的工作带来困难。因此，高压断路器应进行并联开断试验。

（七）异相接地开断

如图 4-1-5 所示，断路器的两侧的不同相发生接地，在这种情况下，其开断电流对 a 相断口来说是两相短路电流，即

$$I_{K2}=\frac{\sqrt{3}E}{x_1+x_2}$$

若 $x_1=x_2$，则 $I_K=0.87E/Z_1$，即相当于三相短路电流的 87%。其恢复电压为线电压。对于不直接接地系统来说，当发生单相接地时，完好相对地电压升高，因此有可能转移成两相接地，异相接地故障出现较多。

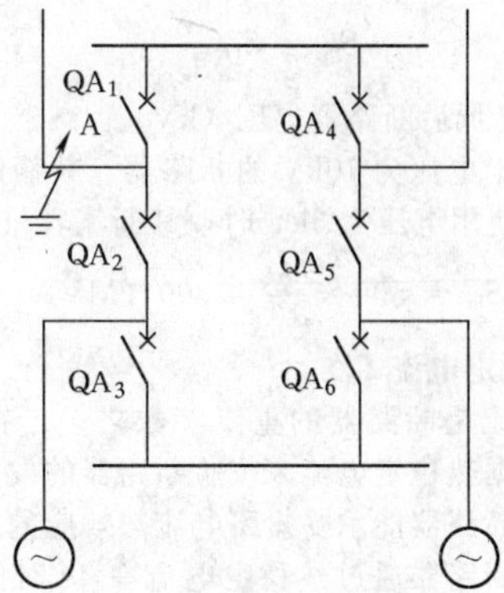

图 4-1-4　并联开断电路图

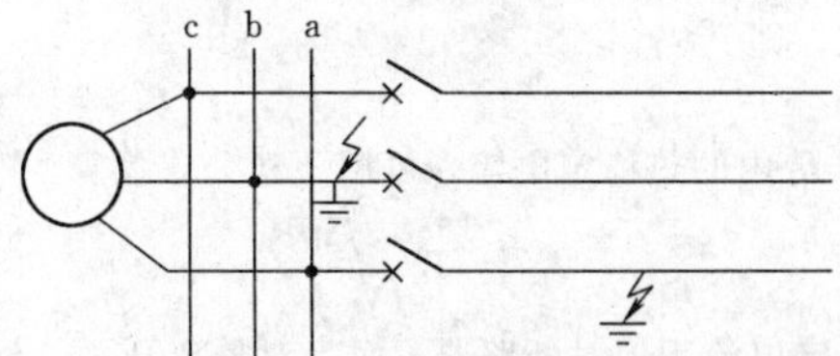

图 4-1-5　异相开断接线图

三、断路器的技术参数

（一）额定电压 U_e

额定电压是保证断路器正常长期工作的电压，我国采用的电压等级有：3kV、6kV、10kV、35kV、60kV、110kV、220kV、330kV、500kV。额定电压决定着断路器的绝缘尺寸，对 35kV 以上，几乎决定它的结构尺寸，同时也决定断路器的灭弧条件。断路器应能在额定电压下长期工作，所以，选用断路器时，只按额定电压为条件即可。

（二）额定电流 I_e

额定电流是断路器可长期通过的最大电流。断路器通过额定电流时，其发热温度不应超过国家标准。我国目前采用的电流标准有：200A、400A、600A、1000A、1500A、2000A、3000A、4000A、5000A、6000A、8000A、10000A。

（三）开断电流 I_{br}

开断电流是表征断路器开断能力的一个参数，是选择断路器的主要条件之一。所谓开断电流是指断路器在给定电压下能正常开断的最大短路电流。在额定电压下能开断的电流，称为额定开断电流，以 I_{bre} 表示。

在低于额定电压的条件下，断路器的开断电流可以提高。但由于灭弧装置机械强度的限制，开断电流仍有一定的极限值，此极限值称为极限开断电流。由于开断电流与电压有关，因此，当断路器有几个额定电压时，其额定开断电流也不同。

（四）额定断流容量 S_{bre}

额定断流容量也是选择断路器的主要参数之一，在额定电压确定之后，额定断流容量与额定开断电流的含义是一样的。额定断流容量表示断路器的综合开断能力，对三相断路器而言，其可以采用下述公式计算

$$S_{bre}=\sqrt{3}U_eI_{bre}$$

由于断路器的额定开断电流不变，因此，如断路器的使用电压降低，其断流容量也要相应地降低，电压降低后的开断容量可用下述公式计算

$$S_{br} = S_{bre} \frac{U}{U_c}$$

式中 U——降低后断路器电压（kV）。

例如，额定电压为10kV的断路器，其额定断流容量为500MVA，当使用电压为6kV时，其断流容量为

$$S_{br} = 500 \times \frac{6}{10} = 300 \text{（MVA）}$$

（五）热稳定电流 I_{te}

热稳定电流是断路器的重要参数之一。在选择断路器时，通常要根据热稳定电流来校验断路器的发热条件，所谓热稳定电流是断路器能承受短路电流热效应的能力。按照国家标准规定，断路器通过热稳定电流在4s时间内，温度不超过允许发热温度，且无触头熔解和妨碍其正常工作的现象，则认为断路器是热稳定的。通常热稳定电流等于其额定开断电流，即

$$I_{te} = I_{bre}$$

对于 ts 内的热稳定电流，可用下述公式换算

$$I_{tet} = I_{te}\sqrt{\frac{4}{t}}$$

热稳定电流不但对断路器，而且对隔离开关、母线也有相同的定义。

（六）额定动稳定电流 I_{eM}

额定动稳定电流用来表征断路器承受短路电流电动力的能力，也是断路器一个很重要的参数，用来选择断路器时的动稳定校验。所谓额定动稳定电流系指在关合状态下，断路器能通过不妨碍其正常工作的最大短路电流瞬时值。因此，在电力工程设计中称其为极限电流。在该电流作用下，断路器的结构不致遭到电动力的破坏。在选择断路器时，如果通过断路器的最大短路电流瞬时值小于额定动稳定电流，则认为所选断路器是动稳定的。

（七）分闸时间

从断路器接到分闸命令起，到电弧熄灭止所经历的时间称为全分闸时间，如图4-1-6中时间 t_t 所示。全分闸时间由两部分组成。

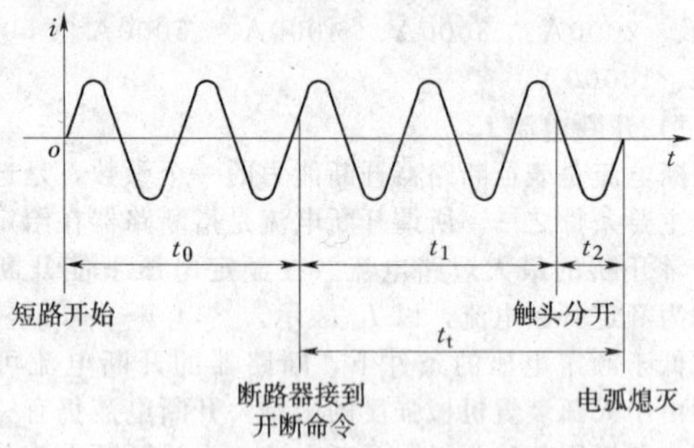

图4-1-6 断路器开断电路时的各个时间

t_0—继电保护动作时间；t_1—断路器固有分闸时间；t_2—燃弧时间；t_t—断路器全分闸时间

（1）固有分闸时间 t_1。这段时间是从断路器接到分闸命令起，到触头分离止所经历的时间。

（2）熄弧时间 t_2。这段时间是从触头分离到电弧熄灭所经历的时间。

分闸时间是表征断路器动作速度的参数，这个时间越短，表明断路器的动作速度越快，使短路电流对电力系统和断路器本身的威胁越小。

（八）合闸时间

从断路器接到合闸命令令起，到触头刚接触的时间止所经历的时间称为合闸时间。电力系统对合闸时间虽然要求不高，但希望其稳定。

（九）自动重合时间

运行经验证明，电力系统大多数故障为暂时性故障。这种暂时性故障只要切断故障线路后，故障立即消除，此时，如果断路器重新合闸，则可立即恢复正常供电，在现代电力系统中常用的三相一次重合闸，包括单相重合和三相重合的综合自动重合闸，以及在重合器中采用的3次或4次重合闸，都是根据这种思想设计的。重合闸不但提高了供电的可靠性，而且增加了电力系统的稳定性。

当发生短路故障后，继电保护动作，断路器断开故障线路，经过短时间后又自动重合，重合后，如果故障并没消除，断路器又行跳开，这种情况称为重合不成功。

对三相一次重合闸而言，如果一次重合不成功，则不再进行重合。但有时可在断路器开断一定时间后，由运行人员再行合闸，进行所谓强送电。强送电后，若故障仍未消除，则断路器又行分断。上述动作程序称为自动重合闸操作循环，记为

$$分—\theta—合分—t—合分$$

式中 θ——无电流间隔时间，通常为0.5s，这段时间是从电弧熄灭到电路重新接通的时间；

t——强送电时间，通常为180s。

断路器在自动重合操作循环时的时间图如图4-1-7所示。将全分闸时间 t_t 加上无电流间隔时间 θ，即 $t_t+\theta$ 称为自动重合闸时间。从断路器重合操作，触头闭合，到触头第二次分开的时间 t_4，称为金属短接时间。因为，断路器重合闸可能在线路故障未消除的情况下进行，所以，对用来提高电力系统稳定性的断路器，要求有较快的动作速度，除了缩短全开断时间外，金属短接时间也必须短。断路器所允许的无电流间隔时间，取决于第一次开断后断路器恢复熄弧能力所需要的时间，如果该时间太短，其熄弧能力尚未完全恢复，则第二次分闸时，断流容量则要下降。

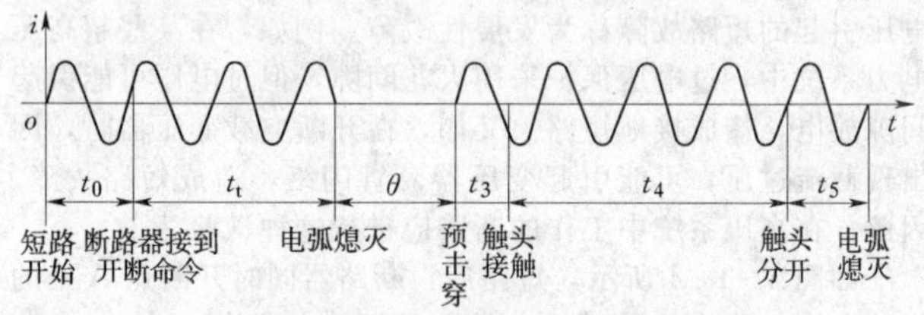

图4-1-7 自动重合闸操作循环的有关时间

t_0—继电保护动作时间；t_t—断路器全分闸时间；θ—自动重合闸的无电流间隔时间；t_3—预击穿时间；t_4—金属短接时间；t_5—燃弧时间

（十）燃弧时间

在断路器分闸过程中，从电弧产生起，至电弧最终熄灭止，其所经历的时间称为燃弧时间。

（十一）总行程和超行程

总行程系指断路器的动触头由分闸位置起，运动至合闸静态位置止所走的距离。超行程又称为插入行程，该行程系指动、静触头刚接触，到动、静触头运动到静态位置所走的距离。

（十二）合闸不同期性

合闸的不同期性可以从两方面而言，对于相同相来说，是指最先和最迟接触的两对触头之间的时间差值；对不同相来说，是指最先接通相和最迟接通相的时间差值。对分闸的不同期性的定义与合闸不同期性的定义是同样的，只是将上

述的“接触”改成“分离”。

（十三）分、合闸速度

刚分速度：通常认为是动静触头分离后10ms内的速度。

刚合速度：通常认为是动、静触头闭合前10ms内的速度。

分合闸最大速度：系指在触头整个行程上某一区间的最高速度。

第二节　断路器产品的型号和选用原则

在各种电压等级变电所的设计中，断路器是最为重要的电气设备。高压断路器的工作最为繁重，地位最为关键，结构最为复杂。在电力系统运行中，对断路器的要求是比较高的，不但要求其在正常工作条件下有足够的接通和开断负荷电流的能力，而且要求其在短路条件下，对短路电流有足够的遮断能力。

目前国产高压油断路器有多油断路器、少油断路器、压缩空气断路器、真空断路器、SF_6断路器等。现将上述断路器有关问题叙述如下。

一、断路器产品型号

断路器产品型号采用下述格式

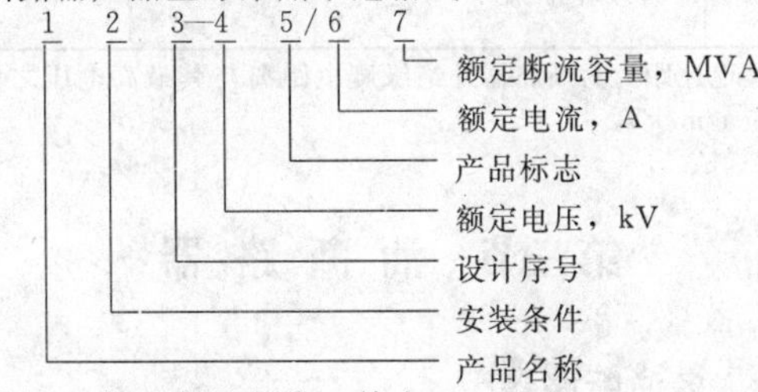

字母1表示产品名称，其中：

S——少油断路器；　D——多油断路器；

K——空气断路器；　C——磁吹断路器；

L——SF_6断路器。

字母2表示产品的安装条件，其中：

N——户内断路器；　W——户外断路器。

字母3表示设计序号，通常用1、2、3阿拉伯数字表示。

字母4表示电压等级，以kV表示，例如10、60、110、220等。

字母5为产品标志，其中：

G——改进型；　J——隔离开关带接地刀闸；

X——带操作机构箱；K——有快速分闸装置；

F——分相操作；　Z——有重合闸装置；

T——有脱扣器；　H——带限流电阻。

如无上述标志，则空着不填。

例如，SW3—110G/1200型断路器，为少油断路器，户外式，设计序号为3，110kV，改进型，额定电流为1200A。

二、操动机构产品型号

操动机构产品型号的组成，采用如下格式：

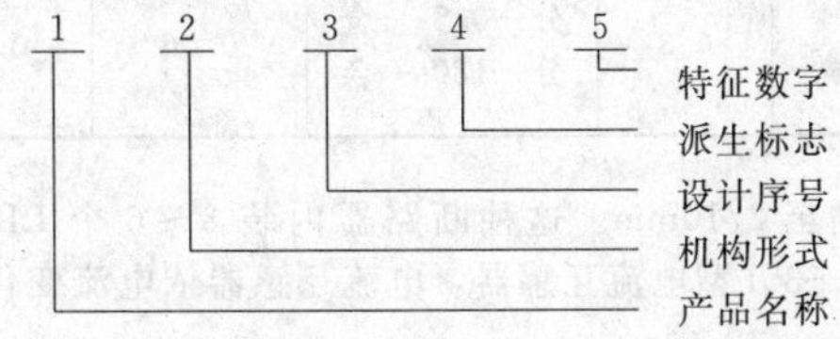

字母1表示产品名称，其中C代表操动机构。

字母2表示操动方式，其中：

S——手动；　D——电磁式；

T——弹簧式；　Y——液压式。

字母3为设计序号，通常用1、2、3表示。

字母4为派生标志，如X为装在箱内，户外用。

字母5为特征标志，如G为改进型。

例如，CD—XG为电磁式操动机构，设计序号为5，装在箱内，改进型。

三、断路器选用的一般原则

断路器类型繁多，而且各种形式的断路器在电网中都有所应用，这是其他电器设备不多见的。其原因是因为这种设备尚未发展到可以集中于单一原理和形式的地步。即意味着断路器仍属于正在发展中的设备，其发展年代还算“年轻”的设备。因此，在设备选择问题上，经常感到难于达到最佳方案。严格说来，断路器的选用问题尚无明确的标准，而是根据具体情况，从不同角度进行比较判断，以求得满足实际要求的方案。

（一）按电压等级选择断路器

3～35kV的配电系统上，目前主要有三种断路器：油断路器、磁吹断路器、真空断路器。多油断路器逐渐被淘汰，使用多的是少油断路器。真空断路器结构紧凑、尺寸小、维修量小、动作噪音小，应用范围在不断扩大。

磁吹断路器是比较高级的断路器，国外在发电厂、变电所等重要网路中已被普遍采用。

在60kV电压等级中，目前我国主要采用的是少油断路器。

110kV、220kV、330kV、500kV电压等级中主要是少油断路器、真空断路器和SF_6断路器。SF_6断路器和全封闭组合电器正处于发展阶段，其使用范围正在逐步扩大。究竟选用哪一种断路器，通常是根据类型特点、使用条件、使用经验和习惯诸方面来加以权衡。

（二）按使用条件和使用范围选择

1. 发电机保护断路器

断路器的选择，尽管都是依据额定电压、额定电流、开断容量、固有分闸时间、热稳定电流、恢复电压的固有振荡频率、重合时间等技术参数，但是，由于断路器的使用条件、使用范围不同，对断路器的选择还是有其具体要求的。

对发电机来说，额定电压不超过20kV，故使用在发电机保护中断路器的额定电压为6～20kV。而发电机的额定电流为5000～24000A，或者还要高些。因此，断路器的额定电流要求要大些。而且，发电机所应用的断路器要求高度可靠，担负调峰的火力发电厂，应选择具有高频度操作性能的断路器。对靠近海岸的原子能发电厂，应选择具有防护措施的断路器。同时，应用在发电厂的断路器对分闸时间要求不高，通常不要求重合。

2. 用于一次变电所的断路器

一次变电所属于超高压或特高压系统，所以，其额定电压高。在传输容量一定时，其额定电流较小，通常为1000～4000A。因此，其所采用的断路器与发电厂相比是高电压、小电流的断路器。要求断路器动作可靠，能快速的自动重合闸，并且能开断近距、失步反相、异相接地故障，以及能够切断空载变压器、空载长线、发展性故障。在超高压系统中，断路器分、合过程中产生过电压问题比较突出。当电压达500kV时，过电压问题有时将成为设计制造断路器的主要矛盾。

3. 配电断路器

这种断路器主要应用于配电网，其种类多、使用量大。使用在配电网中的断路器的形式有多油、少油、压缩空气、磁吹、真空、自产气，以及 SF_6 等各种断路器，其特点是：

额定电压为 6～15kV；

额定电流为 100～1250A；

断流容量为 100～500MVA，个别为 750MVA。

但随着电力负荷密度的发展，城网的配电设计在迅速的发展变化，SF_6 组合电器已成为公认的发展方向。

(三) 特殊条件下断路器的选用

对断路器应用的特殊条件是：

(1) 强烈的太阳照射，寒冷地区的强风。

(2) 气温变化速度非常大的场合。

(3) 盐害条件很严重的场合。

(4) 具有毒性、腐蚀性的气体环境中。

(5) 有爆炸性、可燃性气体环境中。

(6) 有严重雪冠、结冰的气象条件。

(7) 标准规格中未曾包括的短路条件。

(8) 特别苛刻的暂态恢复电压条件的场合。

(9) 超过标准规定的过电压开断条件。

(10) 特别高频度开闭场合。

四、断路器有关标准介绍

表 4-2-1 中列出了 GB 1984 对断路器使用条件的有关规定，该规定适用于额定电压 3～500kV，频率为 50Hz，户内和户外的三极或单极断路器以及辅助器件。为了比较起见。在同一表中列出了 SD 132 的相应规定。

表 4-2-1　断路器使用条件规定

环境条件	GB 1984 规定	SD 132 规定
周围空气温度	户内：上限+40℃ 下限 一般地区：-10℃ 高寒地区：-25℃ 户外：上限+40℃ 下限 一般地区：-30℃ 高寒地区：-40℃	户内：-15～+40℃ -25～+40℃ 户外：-45～+40℃ -35～+40℃
海拔	1000，2000，3000m	1000m 及以下地区 1000～3000m 地区 3000m 以上地区
相对湿度	户内户外： 日平均：95% 月平均：90%	日平均 95% 月平均 90%
日温差	户外产品考虑凝露或雨，温度骤变及日照的影响	25℃ 32℃
户外风速	不大于 34m/s	不大于 35m/s
耐地震能力	待定	1. 水平 (0.2～0.25)g 垂直 (0.1～0.125)g 2. 水平 (0.3～0.5)g 垂直 (0.15～0.25)g
覆冰厚度	1mm、5mm、10mm、20mm	一般地区：1mm 重冰地区：第一级 10mm 第二级 20mm
空气污秽程度	爬电比距[①]分五级（户外 0 级　14.8mm/kV 一级　16mm/kV 二级　20mm/kV 三级　25mm/kV 四级　31mm/kV 330kV 0 级为 15.5mm/kV，户内待定	分四级，即Ⅰ、Ⅱ、Ⅲ、Ⅳ级，各级数值同左 同相断口间外绝缘爬电比距要求再乘以 1.35

① 爬电比距，为断路器外绝缘爬电距离与其最高电压之比，单位 mm/kV。

第三节　油断路器

一、多油断路器

我国早期生产的多油断路器为 DW1—35、DW2—35 型，均系仿前苏联产品。这些产品缺点是机构复杂、调节困难、开断容量不足、常产生拒动和误动等。1971 年，我国曾自行设计 DW8—35 型多油断路器，并在西安高压开关厂投产，产品遍及全国，数量达一万余台。该产品性能比 DW1—35、DW2—35 要优越，但在使用中仍发现不少缺陷。

湖南长沙湘南电气设备厂设计的微机控制 35kV 小型变电所设计中推荐使用 DW1—35GD、DW2—35G、DW2—35G (R) 型多油断路器。

(一) DW1—35GD 型多油断路器

这种类型断路器系户外高压电器设备，适用于中型变电所或中型发电厂。采用 CD2—40 型电磁操动机构。这种断路器的技术参数列于表 4-3-1 中。

表 4-3-1　DW1—35GD 型断路器技术参数

额定电压 (kV)	最大工作电压 (kV)	额定电流 (A)	开断电流 (kA)	断流容量 (MVA)	动稳定电流 (kA)		热稳定电流 (kA)		操作循环	因有分闸时间 (s)	合闸时间 (s)
					有效值	峰值	峰值	4s			
35	40.5	600	6.3	400	9.3	16	16	6.3	分—0.5s—合 分—180s—合	0.06	0.27

DW1—35GDJ 型为加强外绝缘型多油断路器，适用于高海拔及污秽地区。由于加强外绝缘，断路器的总高度由 2572mm 增至 2710mm。这种断路器内装 3～6 个 LR—35I 型或 LRD—35I 型电流互感器，电流互感器依电流变化范围

分为三组，其数据列于表 4-3-2 中。

表 4-3-2　电流互感器组别与变比表

组　别	电流范围 (A)	电 流 变 比 等 级
1	50～150	50、75、100、150/5
2	100～300	100、150、200、300/5
3	200～600	200、300、400、600/5

(二) DW2—35G 和 DW2—35G (R) 多油断路器

这两种类型的断路器适用于变电所和发电厂，而 DW2—35G (R) 型还可以用来切断电容器组或空载长线，配有 CD3—X 型电磁操动机构，且内装有 6～12 只 LR—35 或 LRD—35 型电流互感器。

表 4-3-3 中给出了 DW2—35 型多油断路器的技术参数，表 4-3-4 中给出了 CD3—X 型电磁操动机构的技术参数，表 4-3-5 给出了 LR—35 和 LRD—35 电流互感器的技术参数。

表 4-3-3　DW2—35 型断路器技术参数

组　别	额定电流 (A)	最大工作电压 (kV)	额定电压 (kV)	开断电容器组电流 (A)	切合空载长线 (km)	开断电流 (A)	动稳定电流 (kA)	热稳定电流 (kA)		操作循环	固有分闸时间 (s)	合闸时间 (s)
								峰值	4s			
DW2—35G	630/1000	40.5	35	—	—	16	40	40	16	分—0.7s—合分	0.05	0.43
DW2—35G (R)	630/1000	40.5	35	165/330	58	16	40	40	16	分—180s—合分	0.05	0.43

表 4-3-4　DW3—X 型电磁操动机构技术参数

项目 \ 类别	数值					
	合闸线圈		分 闸 线 圈			
额定电压 (V)	110	220	24	48	110	220
电流 (A)	184	92	24	12	5	2.5

二、少油断路器

这种类型的断路器用油作为灭弧介质和弧隙绝缘介质。但是带电部分和接地部分之间的绝缘是由瓷介质来完成的。因此，其体积小、重量轻、占地少、钢材和油的消耗量小。由于这些优点，致使少油断路器仍是我国目前生产的高压断路器的主要形式。

(一) SN10—10 型少油断路器

我国 35/10kV 和 66/10kV 的城市和农村变电所，以 SN10—10断路器的应用占据着绝对的支配地位。尽管对 10kV 电压级近年来正在开发真空断路器和 SF_6 断路器，但是，这些断路器皆处于其发展的初期，由于产品的稳定性、价格及能否经受生产考验等各方面的原因，使它们仍不能与 SN10—10型少油断路器相匹敌。从我国的实际情况出发，估计这种状况在短期内不会有根本性的变化。

SN10—10 断路器的技术参数列于表 4-3-6 中。

(二) SW2 $\frac{110}{220}$ 型少油断路器

SW2 $\frac{110}{220}$ 是在 SW2—60 型、SW6—220 型的基础上发展起来的，且把 SW2—60 型和 SW6—220 型做了重大改进，并吸收了少油断路器 SW3—110G 型的优点而形成的新型产品。

SW2—220 型少油断路器曾于 1980 年 10 月在丰满电厂进行了切合 369km 空载长线试验，试验结果无重燃和复燃现象产生；1982 年 11 月曾于哈尔滨进行了模拟地震试验，未出现任何损坏现象，表明该产品优良的抗震性；1985 年 6 月 SW2—220Ⅳ/2000—40 通过了全部型式试验；1986 年 9 月在北京召开技术鉴定会，肯定了少油断路器 SW2—220/2000—40 型的额定开断电流达到了 40kA，取得了制造技术上的重大突破。

SW2 $\frac{110}{220}$ 型少油断路器的技术参数列于表 4-3-7 中。

(三) SW2 $\frac{110}{220}$ 型断路器的操作机构

SW2—110 配用 CY5 液压操动机构；
SW2—110 配用 CD5—X 直流电磁操动机构；
SW2—220 配用 CY3—液压操动机构；
SW2—220 配用 CY5 液压操动机构；
SW2—220 配用 CY—A 液压操动机构；

表 4-3-5　LR—35 和 LRD—35 电流互感器的技术参数

出线头标记	A—B			A—C			A—D			A—E		
规　格	电流比	准确级	额定负荷 (Ω)	电流比	准确级	额定负荷 (Ω)	电流比	准确级	额定负荷 (Ω)	电流比	准确级	额定负荷 (Ω)
LR—35—200/5	75/5	10	0.4	100/5	10	0.6	150/5	10	0.8	200/5	3	0.6
LR—35—300/5	100/5	10	0.6	150/5	10	0.8	200/5	3	0.6	300/5	3	0.8
LR—35—600/5	200/5	3	0.6	300/5	3	0.8	400/5	3	1.0	600/5	1	0.4
LR—35—1500/5	600/5	1	0.4	750/5	1	0.6	1000/5	0.5	0.4	1500/5	0.5	0.8
LRD—35—200/5	75/5	10	0.8	100/5	10	0.8	150/5	3	0.8	200/5	3	0.8
LRD—35—300/5	100/5	10	0.8	150/5	3	0.8	200/5	3	0.8	300/5	1	0.4
LRD—35—600/5	200/5	3	0.8	300/5	1	0.4	400/5	1	0.8	600/5	0.5	0.4
LRD—35—1500/5	600/5	0.5	0.4	750/5	0.5	1.2	1000/5	0.5	1.2	1500/5	0.5	1.2

SW2—220 配用 CY5—液压操动机构。

电磁操动机构参数列于表 4-3-8 中，液压操动机构的参数列于表 4-3-9 中。

表 4-3-10 中给出了我国电力系统中常用的少油断路器的技术数据表。图 4-3-1～图 4-3-6 是电力系统中常用少油断路器的剖面图和外形图。

表 4-3-6　　SN10—10 型少油断路器技术参数

序号	名称		单位	数值					
				SN 10—10/630-16	SN 10—10/1000-16	SN 10—10/1000-31.5	SN 10—10/1250-40	SN 10—10/2000-40	SN 10—10/3000-40
1	额定电压		kV	10					
2	最高工作电压		kV	11.5					
3	额定绝缘水平	雷电冲击耐压（全波）	kV	75					
		工频耐压（1min）	kV	42					
4	额定电流		A	630	1000		1250	2000	3000
5	额定开断电流		kA	16（20）①		31.5	40（分—180s—合分—180s—合分）		
6	操作顺序			分—0.5s—合分—180s—合分			31.5（分 0.5s—合分—180s—合分）		
7	额定关合电流		kA 峰值	40（50）①		80	125		
8	动稳定电流		kA 峰值	40（50）①		80	125		
9	热稳定电流		kA	16（20）①		31.5	40		
10	热稳定时间		s	4		2		4	
11	合闸时间	CD10 机构	s	≤0.2					
		CT8 机构	s	≤0.15					
12	分闸时间	最低操作电压	s	≤0.1				≤0.1（主筒）	
		额定操作电压	s	≤0.06			≤0.07	≤0.07（主筒）	
		最高操作电压	s	≤0.06			≤0.07	≤0.07（主筒）	
13	重量	断路器本体（无油）	kg	100		120	140	170	190
		油（三相）	kg	6		8	9	13	
14	导电杆行程		mm	$145\pm^{3}_{4}$		$155\pm^{4}_{3}$	$157\pm^{4}_{3}$	$157\pm^{4}_{3}$（主筒） $66\pm^{4}_{3}$（副筒）	
15	电动合闸位置时，导电杆上端距上出线上端尺寸 A（Ⅰ型）距触头架上端尺寸 A（Ⅱ）距副筒上法兰上面尺寸（Ⅲ型）		mm	130±1.5		120±1.5	$136\pm^{1}_{2}$	$136\pm^{1}_{2}$（主筒） $106\pm^{2}_{1}$（副筒）	
16	灭弧室上端面距绝缘筒上端尺寸（Ⅰ型）距上出线上端尺寸（Ⅰ、Ⅱ型）		mm	63±0.5		135±0.5	153±0.5		
17	三相分闸不同期性		ms	≤2				≤2（主筒） ≥10（副触头比主触头提前分开时间）	
18	最小空气绝缘距离		mm	≥100					
19	每相导电回路直流电阻		μΩ	≤100	≤55	≤60	≤40	≤25	≤17
20②	刚合速度	CD10 机构 最低操作电压	m/s	≥3		≥2.3	≥4		
		CD10 机构 额定操作电压	m/s	≥3.5		≥4	≥4		
		CD10 机构 最高操作电压	m/s	≥3.5		≥4	≥4		
		CT8 机构	m/s	≥3.5		≥4	≥4		
21②	刚分速度		m/s	3^{+0}_{-3}					

① 括弧内为在 6kV 工作电压下的数值。

② 刚合、刚分速度，指刚合前、刚分后 0.01s 内的平均速度。测量时，刚合、刚分点离合闸位置的距离，对于Ⅰ型定为 25mm，Ⅱ型定为 2mm，Ⅲ型定为 42mm。

表 4-3-7　　$SW2\frac{110}{220}$型少油断路器技术参数

型　号	SW2—220Ⅰ 配 CY3Ⅱ	SW2—220Ⅱ 配 CY5	SW2—220Ⅲ 配 CY—A	SW2—220Ⅳ 配 CY5—Ⅱ	SW2—110Ⅰ 配 CY5	SW2—110Ⅱ 配 CD5—X
额定电压（kA）	220				110	
最高工作电压（kA）	252				126	
额定电流（A）	1500	1500	1500	1500～2000	1500	1500
额定短路开断电流（有效值）（kA）	31.5	31.5	31.5	40	31.5	21
额定短路关合电流（峰值）（kA）	80	80	80	100	80	54
额定热稳定时间（s）	4					
断路器全行程（mm）	$390\pm\frac{10}{15}$					
断路器超行程（mm）	70±5	70±5	70±5	70±5	70±5	60±5
刚分速度（m/s）	6.5±0.5	6.5±0.5	6.5±0.5	7.6±0.6	6.5±0.5	4.9±0.7
最大分闸速度（m/s）	9.5±1.5	9.5±1.5	9.5±1.5	8.5±1	9.5±1.5	7±1.5
刚合速度（m/s）	4.8±0.8	4.8±0.8	4.8±0.8	5±0.6	5.1±0.06	3±0.5
分闸时间（不大于）（s）	0.045	0.045	0.045	0.04	0.045	0.07
合闸时间（不大于）（s）	0.2	0.2	0.2	0.2	0.2	0.2
同相分合闸不同期（不大于）（s）	分：0.004；合：0.006					
相间分合闸不同期（不大于）（s）	分：0.006；合：0.01					
无电流时间（不小于）（s）	0.3	0.3	0.3	0.3	0.3	0.5
金属短接时间（不小于）（s）	0.1	0.1	0.1	0.1	0.1	—
回路电阻（μΩ）	400	400	400	300	180	180

表 4-3-8　　电磁操动机构参数

机构型号	合闸线圈			分闸线圈		
	电压（V）	电流（A）	每节电阻（20℃）（Ω）	电压（V）	电流（A）	每节电阻（20℃）（Ω）
CD5—370X	220/110	166.5/333	0.634～0.747	220/110	2.5/5	40.5～47.5
CD5—X	220/110	235/470	0.449～0.495	220/110	3.3/6.6	29～34

表 4-3-9　　液压操动机构参数

		产品型号	SW2—110Ⅰ	SW2—220Ⅰ	SW2—220Ⅱ	SW2—220Ⅲ	SW2—220Ⅳ
		机构型号	CY5	CY3-Ⅱ	CY5	CYA	CY5-Ⅱ
压力参数（20℃）$\left(\frac{MPa}{kgf/cm^2}\right)$	预充氮气压力		$\frac{15\pm0.3}{150\pm3}$	$\frac{15\pm0.5}{150\pm5}$	$\frac{12.5\pm0.3}{125\pm3}$	$\frac{15\pm0.5}{150\pm5}$	$\frac{15\pm0.5}{150\pm5}$
	额定工作油压		$\frac{30\pm1}{300\pm1}$	$\frac{22\pm0.5}{220\pm5}$	$\frac{25\pm0.5}{250\pm5}$	$\frac{22\pm0.5}{220\pm5}$	$\frac{30\pm1}{300\pm10}$
	最高工作油压		$\frac{33}{330}$	$\frac{24}{240}$	$\frac{27}{270}$	$\frac{24}{240}$	$\frac{33}{330}$
	最低合闸油压		$\frac{25.2}{252}$	$\frac{20}{220}$	$\frac{12.5}{125}$	$\frac{20}{200}$	$\frac{26}{260}$
	最低分闸油压		$\frac{24.2}{242}$	$\frac{18.5}{185}$	$\frac{19.2}{192}$	$\frac{18.5}{185}$	$\frac{24}{240}$
	安全阀动作油压		$\frac{40\pm1}{400\pm10}$	$\frac{30\pm1}{300\pm10}$	$\frac{32\pm1}{320\pm10}$	$\frac{30\pm1}{300\pm10}$	$\frac{40\pm1}{400\pm10}$
分合闸线圈参数	额定电压（V）	直流	220/110				
	额定电流（A）		2/4				
	线圈电阻（Ω）		110±10/28±2				
油泵参数	额定电压（V）	交流/直流	380/220				
	额定功率（kW）		1.5/1.1				
加热器参数	电压（V）	交流	220				
	功率（W）		1000				

注　1. 表中压力值随温度变化，任意温度下的压力应按 $P_1=\frac{273+t}{293}\times P_{20}$ 进行换算。

式中，P_1—任意温度下压力；t—实际温度；P_{20}—20℃时压力值。

2. 1MPa＝9.8kgf/cm²。本表中压力值按 1MPa＝10kgf/cm² 取值。

表 4-3-10 高压少油断路器的技术数据

型号	工作电压(kV)		额定电流(A)	额定开断能力		极限通过电流(kA)		热稳定电流(kA)			固有分闸时间(s)	合闸时间(s)	无电流间隔时间(s)	重量(kg)		外形尺寸(mm)			配用操动机构型号
	额定	最高		电流(kA)	容量(MVA)	峰值	有效值	1s	5s	10s				器身	油	宽	深	高	
SN1—10	10	11.5	600	11.6	200	52	30	30	20	14	0.1	0.23		150	5	934	558	1395	CD2 CT4—G
	6	6.9	600	20	200	52	30	30	20	14	0.1	0.23		150	5	934	558	1395	
	3	3.5	600	20	100	52	30	30	20	14	0.1	0.23		150	5	934	558	1395	
SN3—10	10	11.5	2000 3000	29	500	75	43.5	43.5	43.5	21	0.14	0.5		500 600	20	1100	900	1750	CD3
	6	6.9	2000 3000	29	300	75	43.5	43.5	43.5	21	0.14	0.5		580 600	20	1100	900	1750	
SN3—10/2000	10	11.5	2000	11.6	200					21	0.14	0.5		580	20	1100	900	1750	
SN4—20G	20	23	6000 8000 12000	87	3000	300	173	173	120	85	0.2	0.65		2345	55	2040	1234	3100	CD6—G CD8 CT6—X1G
SN4—20G	20	23	6000 8000 12000	26	900				26		0.15	0.65		2345	55	2040	1234	3000	
SW2—35 Ⅰ	35	40.5	1000	16.5	1000	45		26	17	12	0.06	0.4	0.5	750	96	1800	700	2200	CD3—XG CT2—XG Ⅱ
SW2—35 Ⅱ	35	40.5	1000	24.8	1500	63.4	36.6		4s 24.8		0.06	0.4	0.5	320	100	1800	700	2200	
SW2—35 Ⅱ	35	40.5	1500	24.8	1500	63.4	36.6		4s 24.8		0.06	0.4	0.5	820	100	1800	700	2200	
SW2—35 Ⅲ	35	40.5	2000	24.8	1500	63.4	36.6		4s 24.8		0.06	0.4	0.5	820	100	1800	700	2200	
SW2—60	60	69	1000	9.6 14.4	1000 1500				4s 9.6 14.4		0.06	0.5	0.8						CD5—X Ⅱ G
SW2—60G	60	69	1000	24.1	2500	67	39	39	20		0.06	0.5							

续表

型号	工作电压 (kV)		额定电流 (A)	额定开断能力		极限通过电流 (kA)		热稳定电流 (kA)			固有分闸时间 (s)	合闸时间 (s)	无电流间隔时间 (s)	重量 (kg)		外形尺寸 (mm)			配用操动机构型号
	额定	最高		电流 (kA)	容量 (MVA)	峰值	有效值	1s	5s	10s				器身	油	宽	深	高	
SW2—110Ⅰ (SW6—110GA)	110	126	1500	31.5	6000	80			4s 31.5		0.045	0.2							CY—5
SW2—110Ⅱ (SW3—110)	110	126	1500	21	4000	54			4s 21		0.07	0.43							CD5—X
SW2—220	220	252	1500	31.5	12000	80			4s 31.5		0.015	0.2		4800	1200				CY3—Ⅱ
SW4—110Ⅰ	110	126	1000	18.4	3500	55	32	32	21	14.8	0.05	0.26	0.3	3000	360	4500	2600	3500	CT2—XG
SW4—110Ⅱ	110	126	1000	21	4000	55	32		21		0.06	0.25	0.3	3000	360	4500	2600	3500	CT6—XG
SW4—110Ⅲ	110	126	1250	31.5	12000	80			4s 31.5		0.05	0.18	0.3	3000	360	4500	2600	3500	
SW4—220Ⅰ	220	252	1000	18.4	7000	55	32	32	21	14.8	0.05	0.25	0.3	6900	930	一相 1000	5200	4700	CT6—XG
SW4—220Ⅱ	220	252	1000	21	800	55			21		0.05	0.25	0.3	6900	930	1000	5200	4700	
SW4—220Ⅲ	220	252	1250	31.5	12000	80			4s 31.5		0.045	0.18	0.3	6900	930	1000	5200	4700	
SW6—220/1200—31.5	220	252	1200	31.5	12000	80			4s 31.5		0.04	0.2	0.3	4800	800	4500	4500	4360	CY3 CY
SW6—220Ⅰ	220	252	1500	31.5	12000	80			4s 31.5										
SW6—330	330	363	1500	21	12000	55	32		4s 21		0.035	0.2							CY3—Ⅲ
SW6—330Ⅰ	330	363	1500	31.5	18000	80			4s 31.5										

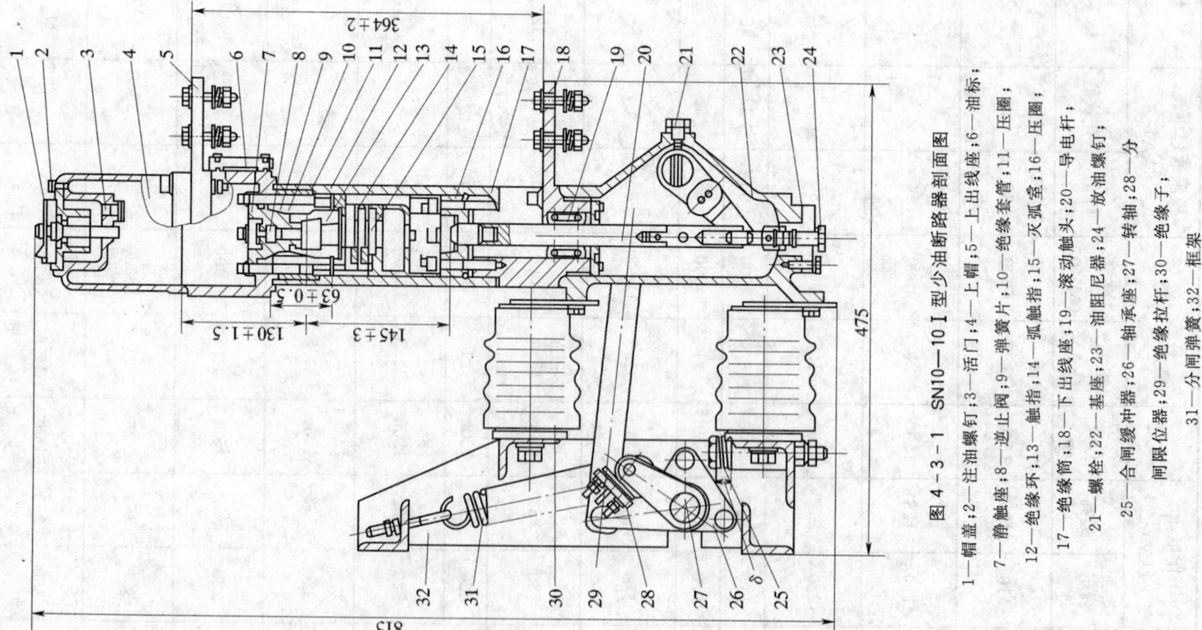

图 4-3-1 SN10—10Ⅰ型少油断路器剖面图

1—帽盖；2—注油螺钉；3—活门；4—上帽；5—上出线座；6—油标；7—静触座；8—逆止阀；9—弹簧片；10—绝缘套管；11—压圈；12—绝缘环；13—触指；14—弧触指；15—灭弧室；16—压圈；17—绝缘筒；18—下出线座；19—滚动触头；20—导电杆；21—螺栓；22—基座；23—油阻尼器；24—放油螺钉；25—合闸缓冲器；26—轴承座；27—转轴；28—分闸限位器；29—绝缘拉杆；30—绝缘子；31—分闸弹簧；32—框架

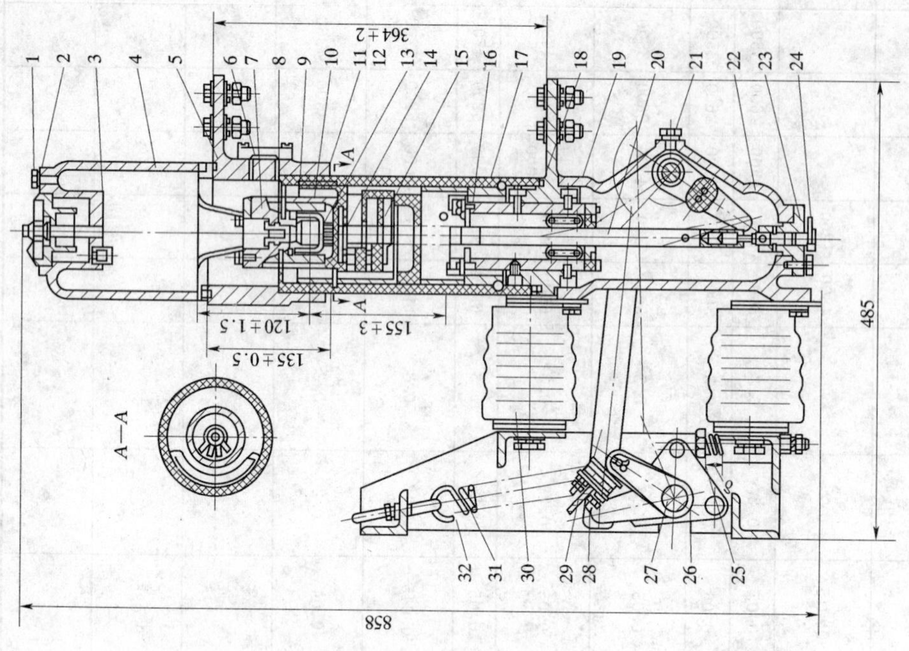

图 4-3-2 SN10—10Ⅱ型少油断路器剖面图
（图中 1～32 标注与图 4-3-1 相同）

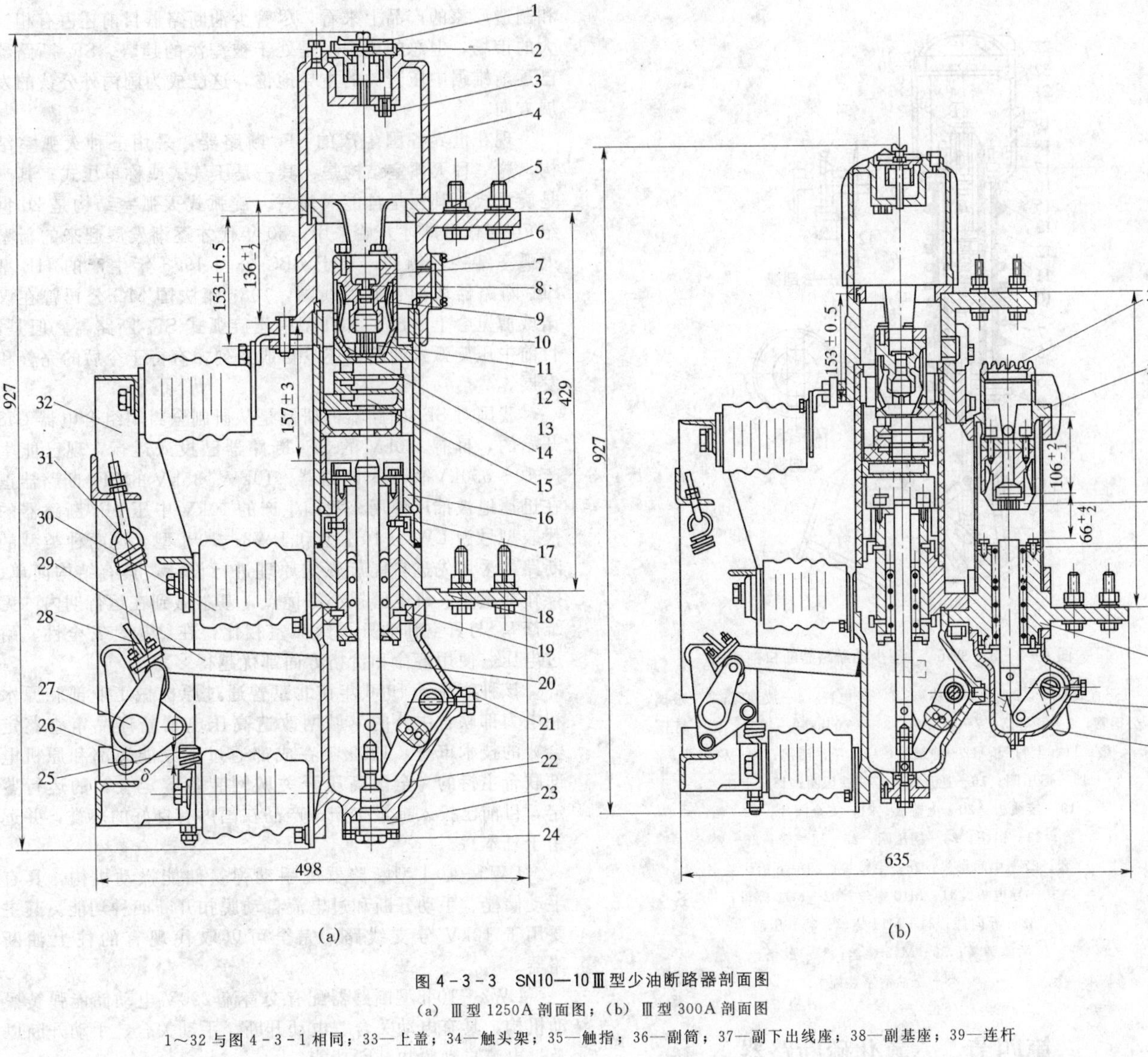

(a)　　　　(b)

图 4-3-3　SN10—10Ⅲ型少油断路器剖面图

(a) Ⅲ型 1250A 剖面图；(b) Ⅲ型 300A 剖面图

1～32 与图 4-3-1 相同；33—上盖；34—触头架；35—触指；36—副筒；37—副下出线座；38—副基座；39—连杆

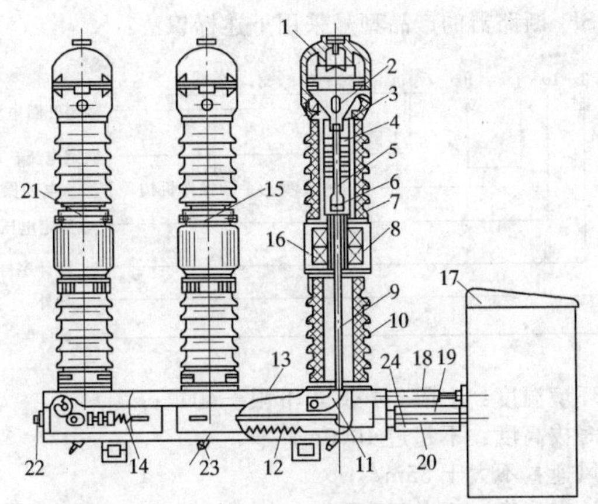

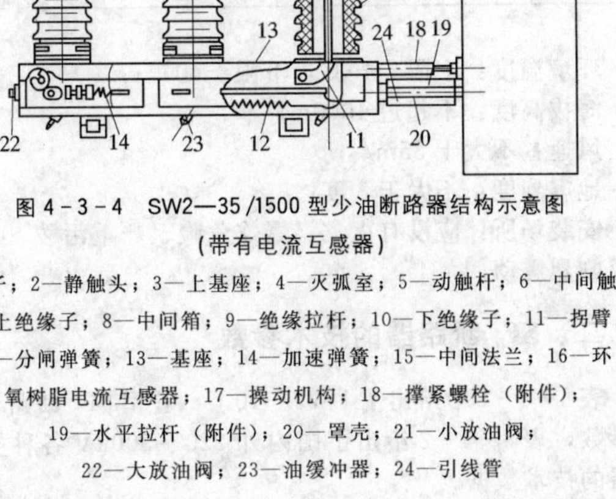

图 4-3-4　SW2—35/1500 型少油断路器结构示意图
（带有电流互感器）

1—帽子；2—静触头；3—上基座；4—灭弧室；5—动触杆；6—中间触头；7—上绝缘子；8—中间箱；9—绝缘拉杆；10—下绝缘子；11—拐臂；12—分闸弹簧；13—基座；14—加速弹簧；15—中间法兰；16—环氧树脂电流互感器；17—操动机构；18—撑紧螺栓（附件）；19—水平拉杆（附件）；20—罩壳；21—小放油阀；22—大放油阀；23—油缓冲器；24—引线管

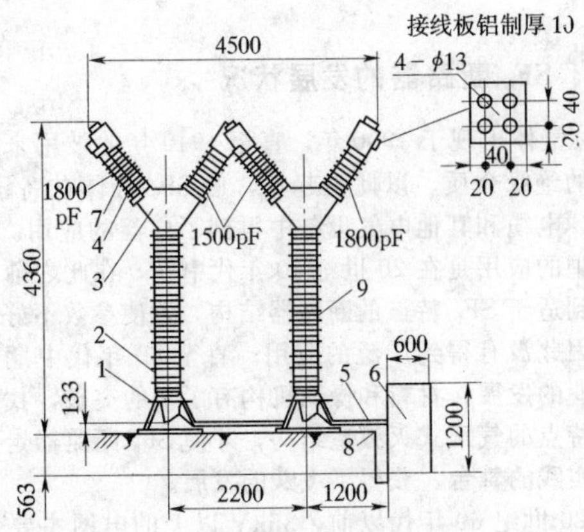

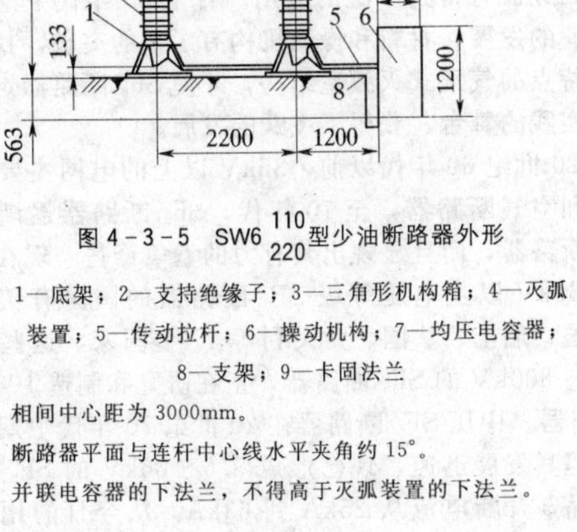

图 4-3-5　SW6 $\frac{110}{220}$ 型少油断路器外形

1—底架；2—支持绝缘子；3—三角形机构箱；4—灭弧装置；5—传动拉杆；6—操动机构；7—均压电容器；8—支架；9—卡固法兰

注：1. 相间中心距为 3000mm。

2. 断路器平面与连杆中心线水平夹角约 15°。

3. 并联电容器的下法兰，不得高于灭弧装置的下法兰。

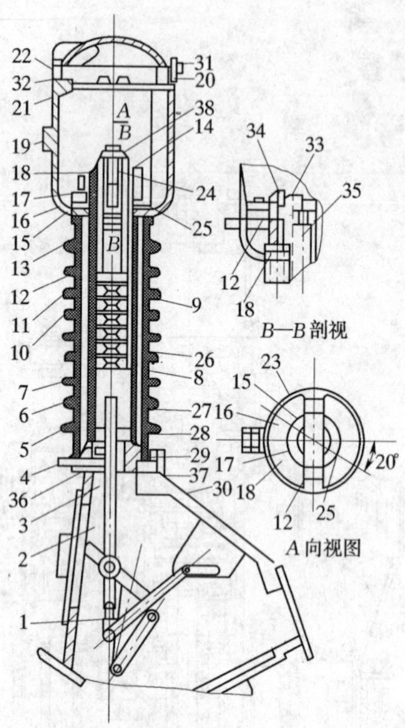

图 4-3-6　SW6 $\frac{110}{220}$ 型少油断路器断口剖面图

1—直线机构；2—中间机构箱；3—导电杆；4—放油阀；5—玻璃钢管；6—下衬筒；7—调节垫；8—灭弧片；9—衬环；10—调节垫；11—上衬筒；12—静触头；13—压油活塞；14—密封垫；15—铝压圈；16—逆止阀；17—铁压圈；18—上法兰；19—接线板；20—上盖板；21—安全阀片；22—帽盖；23—铝帽；24—铜压圈；25—通气管；26—瓷套；27—中间触头；28—毛毡垫；29—下铝法兰；30—导电板；31—M10 螺丝；32—M12 螺母；33—导向件；34—M14 螺丝；35—压油活塞弹簧；36—M12 螺丝；37—胶垫；38—压油活塞装配

第四节　六氟化硫断路器

一、SF_6 断路器的发展状况

SF_6 气体出现于 1900 年，直至 1940 年才被用来作为电器设备的绝缘介质。以此为起点，使 SF_6 气体在高压开关、变压器、电缆和其他电气设备中得到了广泛的应用。SF_6 在断路器中的应用是在 20 世纪 60 年代中期，在此之前，由于没有找到适于 SF_6 特点的断路器结构，致使参数不好、结构复杂，因此没有得到广泛的应用。直至 60 年代中期，由于基础工业的发展，材料和操动机构有了新的突破，找到了适应 SF_6 特点的气压式灭弧室结构，才使 SF_6 断路器走上了电力工业实践的舞台，获得了飞跃的发展。

在 20 世纪 60 年代以前，35kV 以上的电网主要使用油断路器和空气断路器，至 70 年代，SF_6 断路器逐渐排挤了这两种断路器，而且显现出其有力的竞争锋芒。现在，世界上生产 35kV 以上电压等级 SF_6 断路器的国家有美国、日本、英国、瑞士、法国、意大利等 17 个国家，这些国家可生产 10～800kV 的 SF_6 断路器，正在研究和制造 1000kV 的 SF_6 断路器。中压 SF_6 断路器在 20 世纪 70 年代中期才得以问世，但其发展迅速，现已形成 3.6～36kV 的 SF_6 断路器系列产品，开断电流从 25kA 到 63kA。从今日的用户需求和制造厂家的产品上来看，尽管少油断路器目前还占有相当大的市场，但总的说来，是处于被淘汰的趋势。SF_6 断路器已逐渐雄踞中压开关的主导地位，这已成为国内外公认的发展方向。

现在世界各国生产的 SF_6 断路器，采用三种灭弧室结构，这三种灭弧室结构是：其一是压气式或称单压式；其二是旋弧式；其三是自能灭弧式。旋弧式灭弧室结构是 20 世纪 70 年代后期才开始采用，80 年代才逐渐发展起来的新型灭弧室结构。例如，瑞士 BBC 公司 1973 年生产的 HB 型 SF_6 断路器增加了旋弧线圈，1983 年法国 MG 公司曾在汉诺威博览会上展出了 FGI 型中压旋弧式 SF_6 断路器。但是，目前中压旋弧式断路器还没自成系列，有待于今后的完善和发展。

我国对 SF_6 断路器的研制是从研制全封闭组合电器 GIS 开始的，目前 220kV 的 SF_6 断路器已投入运行，现已能生产 10～550kV 的 SF_6 断路器，10kV、35kV 的 SF_6 断路器正在迅速地被推广使用。我国生产的 10kV 中压 SF_6 断路器的代表型号为 LW3—10Ⅰ型和 LW3—10Ⅱ型。这两种类型的断路器采用先进自能旋弧式原理进行设计，具有结构简单、操作能量小、机电磨损小等优点，基本做到在运行期内"无维修"。与真空和油开关灭弧室相比，在结构、安全性、耐过电压、使用寿命和价格方面都优越得多。

该种产品于 1986 年在北京曾通过原机械工业部和原水利电力部联合主持的《城网改造高压电器新产品审查鉴定会》的技术审查，1989 年在成都通过了原能源部和原机电部联合主持的《全国高压开关城网装备鉴定会》的运行鉴定，目前已投入批量生产，产品在国内有良好的声誉，并远销于日本。

LW3—10Ⅰ型断路器配手动弹簧储能操动机构，具有手动储能、手动开断和过电流自动脱扣开断四种功能。其主要用于 10kV 分支线路，完全可以取代现有的柱上油断路器。

LW3—10Ⅱ型断路器配有交直流 220V 电动储能弹簧操动机构，具有电动关合、电动开断、手动关合、手动开断以及过电流自动脱扣开断功能。

SF_6 断路器的产品型号采用下述标识法：

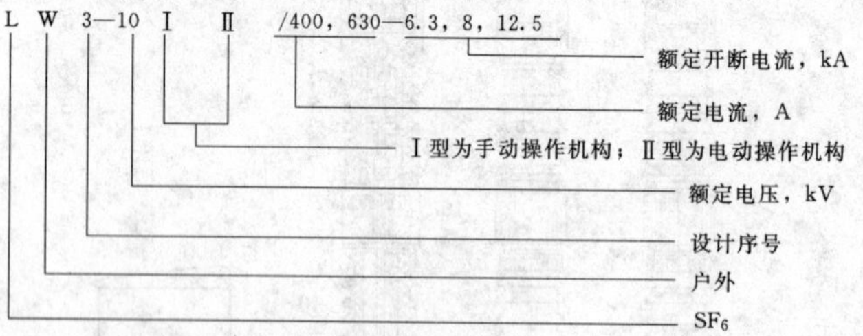

环境温度：上限＋40℃，下限－40℃；

海拔高度：不超过 1000m；

风速：不大于 35m/s；

地震烈度：不大于 8 度；

安装场所：应没有火灾、爆炸危险、严重污秽、化学腐蚀及剧烈震动。

二、SF_6 断路器的技术参数

表 4-4-1 中给出了 LW3—10Ⅰ、Ⅱ型 SF_6 断路器的技术参数，表 4-4-2 给出了国内外 220～500kV 各种类型断路器的技术数据。

表 4-4-1 **LW3—10 Ⅰ、Ⅱ型断路器技术参数**

序号	名称		单位	数据
1	额定电压		kV	10
2	最高工作电压		kV	11.5
3	额定绝缘水平（当所充 SF_6 气体为 0.25MPa，温度为20℃时）	雷电冲击耐压全波	kV	75
		工频耐压 1min		42
		淋雨耐压试验		34
		反相冲击耐压		85
4	零表压下的绝缘水平	工频耐压 1min	kV	30
		反相耐压 1min		30
		最高相压 5min		9
5	额定电流		A	400，630
6	额定短路开断电流		kA	6.3 8 12.5
7	异相接地重合闸开断电流		kA	5.5 7.1 10.9
8	零表压下开断电流		A	400，630
9	额定开断电流下的开断次数		次	30
10	额定操作次序	Ⅰ型		分—180s—合分—180s—合分
		Ⅱ型		分—0.3s—合分—180s—合分
11	额定关合电流（峰值）		kA	16 20 31.5
12	额定动稳定电流（峰值）		kA	16 20 31.5
13	额定热稳定电流		kA	6.3 8 12.5
14	额定热稳定时间		s	4
15	刚合速度		m/s	2.6±0.2
16	刚分速度		m/s	2.6±0.2
17	固有合闸时间	Ⅱ型	s	≤0.06
18	固有分闸时间	Ⅰ型	s	≤0.06
		Ⅱ型		≤0.04
19	额定工作压力		MPa	0.35（20℃）
20	最低工作压力		MPa	0.25（20℃）
21	年漏气率		%	小于1
22	机械稳定性（连续合分）操作		次	3000
23	重量	Ⅰ型	kg	135
		Ⅱ型		146

表 4-4-2 **220～500 kV 的 SF_6 断路器技术数据**

型号	制造厂	额定电压(kV)	最高工作电压(kV)	额定电流(A)	首相开断系数	额定开断电流(kA)		热稳定电流		动稳定电流(峰值，kA)	短路关合电流(峰值，kA)	全开断时间(s)	20℃时 SF_6 气体压力（绝对）			每相合闸电阻(Ω)	SF_6 气体总重(kg)	断路器总重(kg)	外形尺寸(mm)			每断口并联均压电容量(pF)	操动机构
						单分	重合闸	kA	s				额定(kPa)	补气(kPa)	闭锁(kPa)				长	宽	高		
LW1—220	西安高压开关厂	220	252	2000/3150	1.5	31.5	31.5	31.5	4	80	80	≤0.06	640	590	570	—	39	6000	3495		5500	1700	液压
						40	31.5	40	4	100	100								4300		5500		
LW2—220		220	252	2500	1.5	50	40	50	4	125	125	≤0.05	690	657	637	—	30	4800 6000			5800	1600 3300	液压
FA1—126 LW6—110	法国平开(MG)	110	126	3160		50	50	50		125	125	≤0.05	700	620	600		14	3600	3000		5071	—	液压
						40	40						500	420	400		10						
LW6—500 (FA4—550)	平顶山高压开关厂（法国MG公司）	500	550	3150	1.5/1.3	50/63	50/63	50/63	3	125/157	125/157	≤0.05	700	620	600	400^{+40}_{-20}	75	15900	8220		8967	2500	液压
					1.5	40	40	50	3	125	125		500	420	400		53.5						
LW7—220	平开	220	252	3156	1.5	40	31.5	40	4	100	100	≯0.06	650	620	610	—	45	3286	3400		5000	2500	液压
EL FSL4—2	华通开关厂（瑞士BBC公司）	220	252	3150，4000	1.5	40/50	40/50	50	3	125	125	≤0.06	790	620	600		22	3200			6310	—	气动液压
ELV FSL7—4		500	550	3150，4000	1.5	50	50	50	3	125	125	≤0.04，0.06	700	620	600	450					8230	1600	气动液压
SFMT	日本三菱西开	220	252	2000～8000		40～63	40～63	40～63	3	100～160	100～160	≤0.04 0.05	590	540	490	—		21000	2800		5000		气动液压
SFMT		550	550	2000～8000		40～63	40～63	40～63	3	100～160	100～160	≤0.04 0.05	590	540	490	400		60000	5700		5700	500	气动液压

三、SF_6 断路器的外形和结构

各种电压等级 SF_6 断路器的外形图和结构图示于图 4-4-1～图 4-4-6 中。

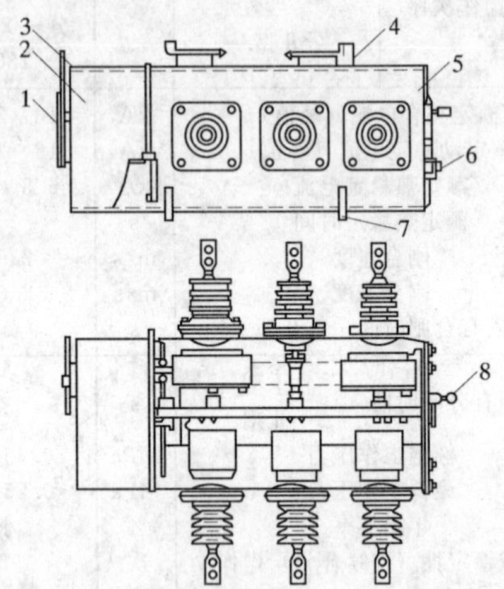

图 4-4-1 LW3—10Ⅰ、Ⅱ型 SF_6 断路器外形图

1—分合指示板；2—操动机构；3—操作手柄；4—吊装螺杆；5—断路器本体；6—充放气接头；7—固定板；8—压力表

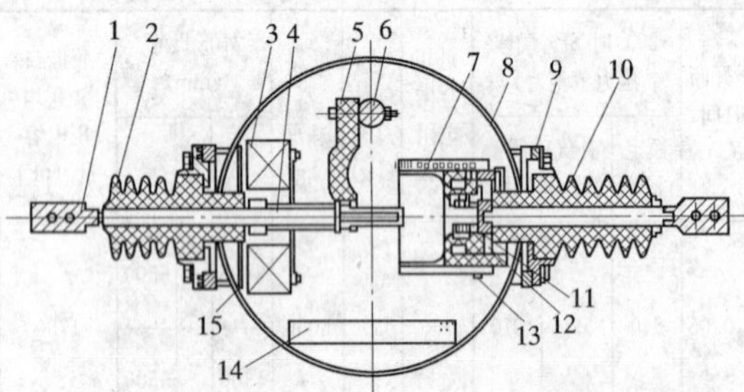

图 4-4-2 LW3—10Ⅰ、Ⅱ型 SF_6 断路器剖面图

1—接线端子；2—左瓷瓶装配；3—电流互感器；4—动触头；5—拨叉；6—主轴；7—磁吹线圈；8—外壳；9—密封圈；10—右瓷瓶装配；11—静触头；12—触指座；13—圆筒电极；14—吸附剂；15—折叠触头

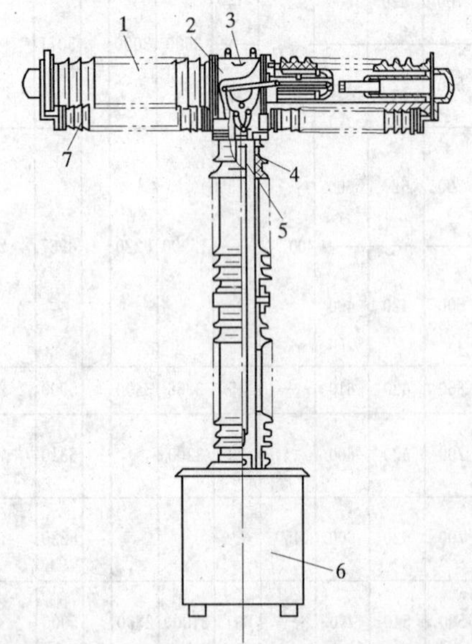

图 4-4-3 LW7—220 型 SF_6 断路器单相结构示意图

1—灭弧室；2—传动机构；3—吸附剂盒；4—支柱瓷瓶；5—绝缘拉杆；6—操动机构箱；7—均压并联电容器

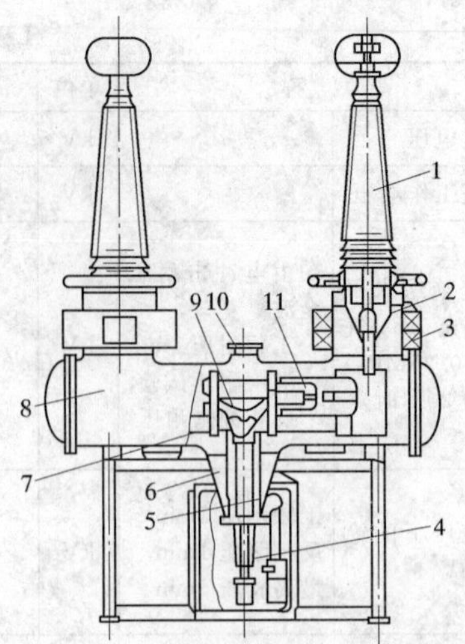

图 4-4-4 KW□—220 型落地罐式 SF_6 断路器单相结构示意图

1—瓷套管；2—盆形绝缘子；3—电流互感器；4—操动机构；5—绝缘拉杆；6—支柱绝缘子；7—均压并联电容器；8—金属罐壳体；9—传动机构；10—防爆膜；11—灭弧室

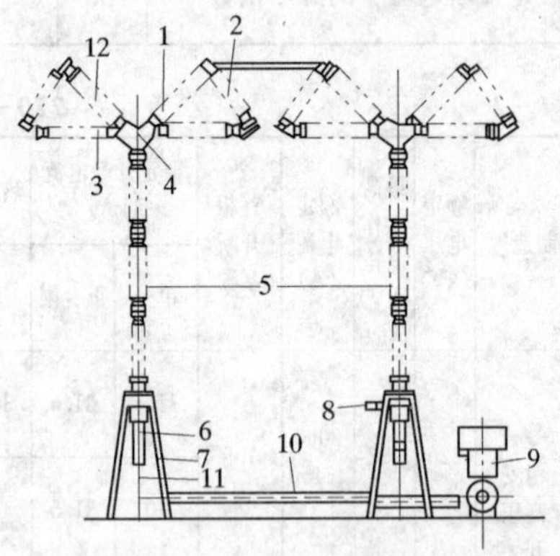

图 4-4-5 ELVFSL7—4 型 SF_6 断路器单相示意图

1—V 形灭弧室；2—合闸电阻；3—合闸电阻辅助触头室；4—传动机构；5—支柱瓷套；6—气动操动机构；7—支架；8—密度继电器；9—控制柜与空压机；10—管道及电缆支架；11—压缩空气管道；12—均压并联电容器

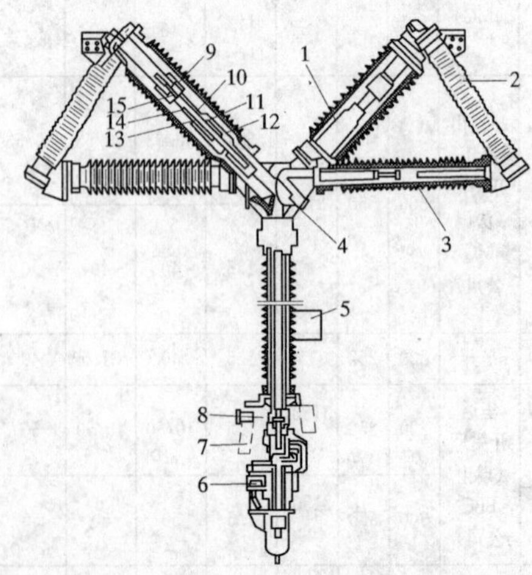

图 4-4-6 ELVFSL7—4 型 SF_6 断路器单柱剖视图

1—V 形灭弧室；2—合闸电阻；3—合闸电阻辅助触头室；4—传动机构；5—支柱瓷套与绝缘拉杆；6—气动操动机构；7—支架；8—密度继电器；9—主静触头；10—主动触头；11—活塞；12—压气罩；13—燃弧动触头；14—喷口；15—燃弧静触头

第五节 压缩空气断路器

一、压缩空气断路器的特点和技术参数

这种断路器是以压缩空气作为灭弧介质和弧隙绝缘介质的。压缩空气断路器的特点是灭弧能力强，动作迅速，能快速自动重合闸。此外，其体积小，防火防爆，在低温下能可靠的工作，维护检修方便。其缺点是工艺要求高，消耗有色金属多，并需一套专供操作用的压缩空气设备等。

压缩空气断路器多用于220kV及以上的电压等级中，目前我国自制的压缩空气断路器有KW4、KW5—330，KW4、KW5—500型。

压缩空气断路器的技术参数示于表4-5-1中。

表 4-5-1 压缩空气断路器主要技术数据

型号	制造厂	额定电压(kV)	额定电流(A)	额定开断电流(kA)	热稳定电流		动稳定电流(峰值)(kA)	全开断时间(s)	结构型式类别	每极串联灭弧断口数	总重(kg)	每相操作电流(A)		外形尺寸(mm)		
					kA	s						合闸 220V/110V	分闸 220V/110V	长	宽	高
KW2—110①	西开	110	1500	21 (13.1)	24	4	52 (33.5)	≤0.08	分闸充气式	4	4800	3.3/—	3.3/—	2250	—	3500
KW2—220①		220	1500	21 (13.1)	24	4	52 (33.5)	≤0.08	分闸充气式	8	11500	3.3/—	3.3/—	4030		4670
KW3—220	沈开	220	1500	21	21	5	55	≤0.07	常时充气式	4	8500	2/—	2/—	6090	—	4200
KW4—110	西开	110	1500	26.2	26.2	5	67	≤0.06	常时充气式	2	3500	1/—	1/—	2000	—	3600
KW4—220		220	1500	26.2	26.2	5	67	≤0.06	常时充气式	4	8500	1/—	1/—	4650	—	4770
KW4—330		330	1500	26.2	26.2	5	67	≤0.06	常时充气式	6	13000	1/—	1/—	6960	—	5950
KW4—500		500	2500 3150	40	40	2	100	≤0.06	常时充气式	8	22000	2/—	2/—	10650	—	7300
KW5—220	沈开	220	1000	26.2	26.2	4	67	≤0.06	常时充气式	4	10000	2/—	2/—	4850	—	4260
KW5—220G		220	3150	40	40	2	100	≤0.06	常时充气式	4	10750	2/—	2/—	—	—	—
KW5—330		330	1000	21	21	4	55	≤0.06	常时充气式	6	14500	1.5/—	1.5/—	7200	—	5130
KW5—500		500	2500 3150	40	40	2	100	≤0.06	常时充气式	8	25000	2/—	2/—	—	—	—

① KW2型压缩空气断路器括号内为试验数据，因受试验设备限制未作额定开断电流试验。

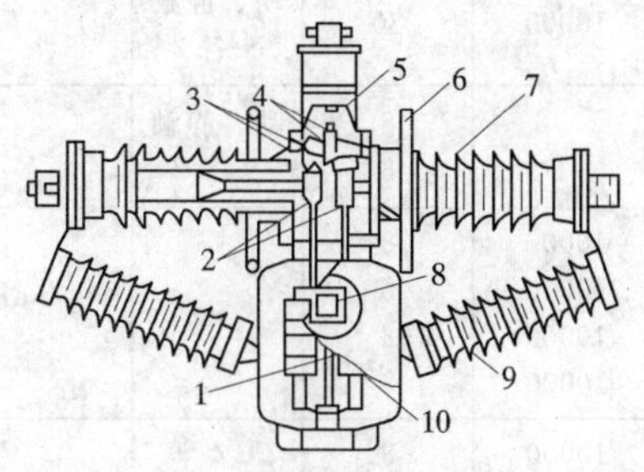

图 4-5-1 KW4系列空气断路器的灭弧室结构图

1—控制阀操作杆；2—动触头；3—静触头；4—喷口；5—排气阀；6—屏蔽环；7—瓷套管；8—辅助动触头阀；9—均压并联电容器；10—并联电阻

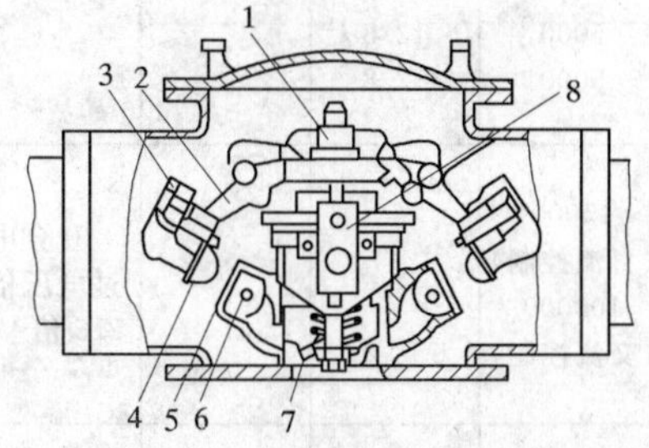

图 4-5-2 KW5系列空气断路器主灭弧室的结构图

1—主触头操动机构；2—动触头；3—静触头；4—弧触头；5—喷口；6—定弧极；7—排气阀；8—控制阀

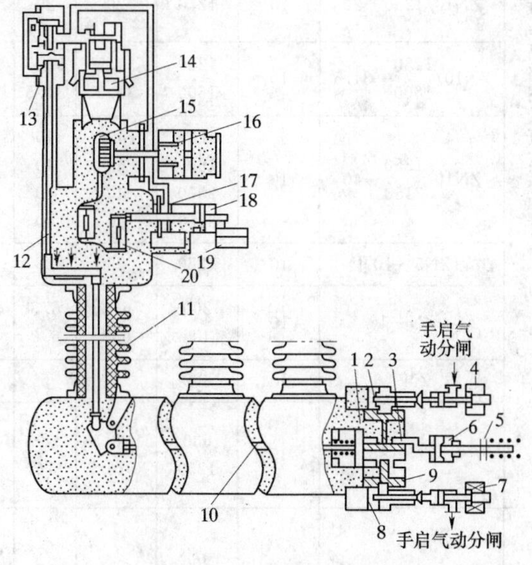

图 4-5-3 KW4—330型空气断路器动作原理

1—主阀；2—分闸启动阀；3—放大阀；4—分闸电磁铁；5—转换开关；6—切换机构；7—合闸电磁铁；8—合闸启动阀；9—合闸阀；10—连杆；11—绝缘拉杆；12—控制阀操作杆；13—控制阀；14—排气阀；15—主静触头；16—主动触头操作阀；17—辅助静触头；18—辅助动触头操作阀；19—位置指示器；20—并联电阻

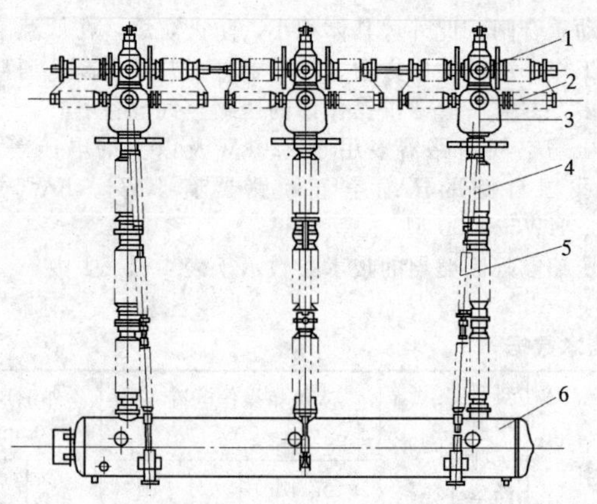

图 4-5-4 KW4—330 型压缩空气断路器单相外形结构图

1—灭弧室；2—均压并联电容器；3—并联电阻；4—绝缘支柱；5—拉紧绝缘子；6—储气罐

二、压缩空气断路器的外形和结构

压缩空气断路器的外形图和结构图示于图 4-5-1～图 4-5-4 中。

第六节 真空断路器

真空断路器是以真空作为灭弧介质和绝缘介质的。

由于这种断路器在灭弧过程中没有气体的冲击，故在关合或断开时，对断路器的杆件的振动较小，可频繁操作。真空断路器还具有灭弧速度快、触头不易氧化、体积小、寿命长等特点。我国已生产 10kV、35kV 电压级真空断路器。在现用的重合器中，有些形式的重合器则采用真空断路器。其技术数据可参见表 4-6-1。

表 4-6-1　常用真空断路器与真空负荷开关主要技术数据

类型	型　号	额定电压有效值(kV)	额定电流有效值(A)	额定开断电流有效值(kA)	热稳定电流		动稳定电流峰值(kA)	机械寿命(次)	额定电流下允许开断次数	额定开断电流下允许开断次数	动静触头允许磨损累计厚度(mm)	备　注
					kA	s						
国产真空断路器及真空负荷开关	ZN2	10	600	11.6	11.6		29.5					
	ZN3	10	400 600 1000	8.7 8.7 17.3	8.7 8.7 17.3	4 4 2	22 22 50	5000 5000 10000	2000 2000 8000	30 30 30		
	ZN4	10	600	17.3	17.3	4	29.4	10000	6000	20		
	ZN5	10	630 1000	20 20	20 20	2 2	50 50	10000 1000	6000 6000	20 20		
	ZN10/1250—20	10	1250	20	20	2	50	6000	10000	30	动、静触头各 2	
	ZN10/$\frac{1250}{1600}$—31.5	10	1250 1600	31.5 31.5	31.5 31.5	2 2	80 80	6000 6000		8 8	动、静触头各 2	
	ZN10/$\frac{1250}{3150}$—40	10	1250 1600 2000 3150	40 40 40 40	40 40 40 40	2 2 2 2	100 100 100 100	10000 10000 10000 10000	10000 10000 10000 10000	8 8 8 8		
	ZN5—10Ⅱ	10	1250	25	25	2	63	10000	10000	8	4	
	ZN—10	10	200 400	6.3 6.3	6.3 6.3		15.8 15.8	3000 3000	3000 3000	30 30		
	ZN—6	10	600	5	5	4				30 以上		
	ZN—35	35	630 1250	8 16	8 16	2 2	20 40	5000	5000 5000	12.8 12.8	2	
进口真空负荷开关	VBM—35 (美 Joslyn 公司)	35	300 400 600					100000	15000 (直流控制) 100000 (交流控制)			开合电容器组时过电压倍数不超过 2.5 倍
	OX—35 (英 GEC 公司)	35	630 1250 2500					10000	10000			带套管式电流互感器

第七节　断路器选择

一、断路器选择的计算公式

（1）按电压和电流选择

$$\left.\begin{array}{l}U_{zd} \geqslant U_e \\ I_e \geqslant I_g\end{array}\right\}$$

式中　U_{zd}——制造厂保证的最高工作电压（kV）；

U_e——网络的额定电压（kV）；

I_e——断路器的额定电流（A）；

I_g——回路持续工作电流（A）。

（2）动稳定校验

$$\left.\begin{array}{l}i_{jx} \geqslant i_{ch} \\ I_{jx} \geqslant I_{ch}\end{array}\right\}$$

式中　i_{jx}——电器容许的极限动稳定电流（kA）；

I_{jx}——电器动稳定电流的有效值（kA）；

i_{ch}——短路电流冲击值（kA）；

I_{ch}——三相短路冲击电流有效值（kA）。

（3）热稳定校验

$$I\infty \leqslant I_t\sqrt{\frac{t}{t_j}}$$

式中　$I\infty$——稳态短路电流（kA）；

I_t——电器在 t 时间内允许通过的热稳定电流，（kA），可由查样本得；

t——允许通过热稳定电流的时间（s）；

t_j——假想时间（s）。

二、短路电流作用的假想时间

假想时间 t_j 是短路电流周期分量作用的假想时间 t_{jz} 与非周期分量作用的假想时间 t_{jf} 之和，即

$$t_j = t_{jz} + t_{jf}$$

周期分量的假想时间 t_{jz} 可用图 4-7-1 中所示 $t_{jz}=f(\beta'', t)$ 求得。当利用图 4-7-1 求周期分量的假想时间，需先求出 β''，β'' 的计算式是

当求 $t_{jz}^{(3)}$ 时，$\beta'' = \dfrac{I''}{I_\infty}$

当求 $t_{jz}^{(2)}$ 时，$\beta'' = \dfrac{0.866I''}{I_\infty^2}$

短路电流非周期分量的假想时间 t_{jf} 可由下式近似求得

$$t_{jf} = 0.05\beta''$$

当容量为无限大的电源供电时或短路处总电抗标么值等于或大于 3 时，三相短路电流周期分量的假想时间等于实际短路延续时间 t，β'' 为 1，因此

$$t_j = t + 0.05$$

短路电流延续时间 t 可按下式计算

$$t = t_b + t_{fd} = t_b + t_{gu} + t_{hu}$$

式中　t_b——主保护动作时间（s）；

t_{fd}——断路器分闸时间（s）；

t_{gu}——断路器固有分闸时间（s）；

t_{hu}——断路器燃弧持续时间（s）。

当开断额定容量时，断路器的燃弧时间可参考下列数值：空气断路器为 0.01～0.02s；多油和少油断路器为 0.02～0.04s。

如果主保护装置有死区，继电保护装置动作时间应采用能对该死区起作用的后备保护动作时间。当主保护装置无延时机构时，其动作时间 t_b 为启动和执行机构动作时间之和，一般为 0.05～0.06s。

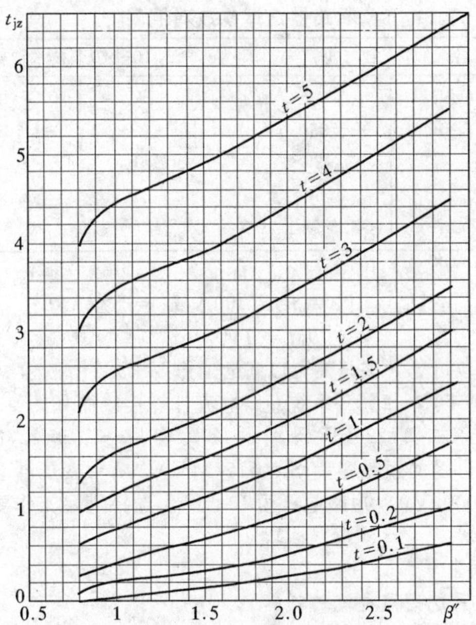

图 4-7-1　具有电压调整器发电机供电时短路电流周期分量的假想时间曲线

如缺乏断路器分闸时间数据，当主保护为速动时，短路延续时间 t 可取下列数值：对快速及中速断路器为 0.15s；对低速断路器为 0.2s。

三、断路器选择举例

【例 4-7-1】　选择 10kV 线路上的高压断路器和隔离开关，其接线图如图 4-7-2 所示。线路的工作电流为 350A，d 点的三相短路电流为 $I_\infty=8.5$kA，$I''=20$kA，$i_{ch}=50.5$kA，保护的动作时间为 2s。

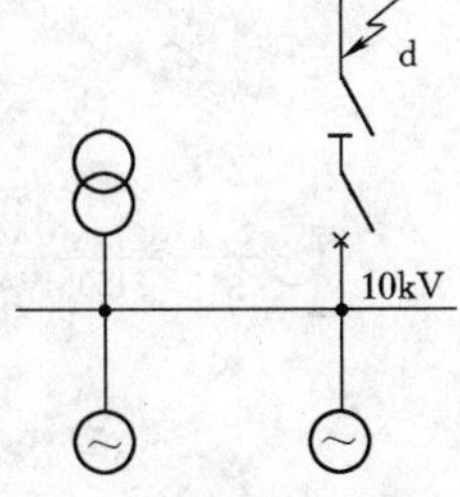

图 4-7-2　断路器和隔离开关选择图

【解】　根据额定电压为 10kV，工作电流为 350A，以及装设在屋内的要求，选 SN 10—10 Ⅰ 型断路器。该断路器其固有分闸时间 $t_{fd}=0.15$s，断路器的分闸时间约为 0.2s，故短路的持续时间为

$$t = 2 + 0.2 = 2.2 \quad (s)$$

计算时间为

$$t_{js} = t_b + t_{fd} = 2 + 0.15 = 2.15 \quad (s)$$

开断电流可不考虑非周期分量的影响，故可按 $I_{0.2}$ 来选择断路器，但考虑发电机馈电线路的重要性，今用 I'' 来选断路器。

因为 $t_{js}>1$s，故只确定周期分量的假想时间 t_{jz}，由于

$$\beta'' = \frac{I''}{I_\infty} = \frac{20}{8.5} = 2.35$$

查图 4-7-1 中的假想时间曲线得 $t_{jz}=3.1$s。

表 4-7-1 列出了计算参数和所选断路器技术参数对照表，比较可见，该种断路器满足工作要求。

同样，根据以上数据可选 GN6—10T/400 型隔离开关，其技术参数是

表 4-7-1 断路器选择参数对照表

计算数据		SN 10—10 Ⅰ技术参数	
U_e（kV）	10	U_e（kV）	10
I_e（A）	350	I_e（A）	600
$I_{sCT}=I''$	20	I_{ed}	20.2
i_{ch}	50	i_{jx}	52
I^2t_j	$8.5^2\times3.1$	I_t^2t	20.2×4

$$U_e=10\text{kV};I_e=400\text{A},I_{jx}=52\text{kA},$$
$$I_t^2t=14^2\times5。$$

比较可见，该开关可以满足工作要求。

【例 4-7-2】 系统短路电流计算接线图如图 4-7-3 所示，经核算 220kV 母线的最大容量 $S_{max}=227$MVA，220kV 母线的短路容量 $S''=5150$MVA。两台变压器容量为 2×120000kVA，短路电压为 13.9%。选择满足工作要求的断路器。

【解】

1. 系统短路电流的计算

系统电抗的标么值为

$$X_{c*}=S_j/S''$$

今取基准容量 $S_j=100$MVA，则

$$X_{c*}=\frac{S_j}{S''}=\frac{100}{5150}=0.0194$$

变压器电抗的标么值为

$$X_{1*}=X_{2*}=\frac{U_d\%}{100}\frac{S_j}{S_e}$$
$$=0.139\times\frac{100}{120}=0.1158$$

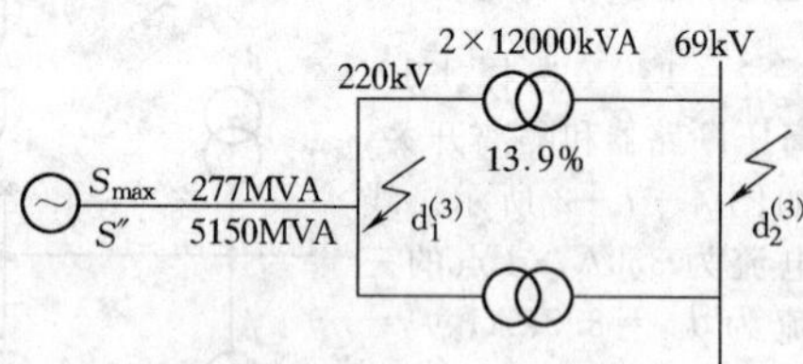

图 4-7-3 系统短路电流计算接线图

于是可以画出等效电路，如图 4-7-4 所示，为了选择 220kV 侧和 66kV 侧电气设备，选择了 220kV 母线和 66kV 母线处两个短路点 $d_1^{(3)}$、$d_2^{(3)}$。

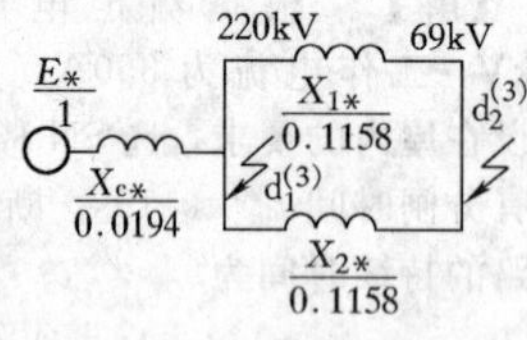

图 4-7-4 系统等效电路图

根据图 4-7-4 可以求出

当 220kV 母线，即 d_1 点发生短路时，系统的等效电抗

$$X_{2*1}=X_{c*}=0.0194$$

当 66kV 母线处发生短路时，系统的等效电抗为

$$X_{2*2}=0.0194+\frac{0.1158}{2}=0.0773$$

如此，可以绘出当 $d_1^{(3)}$ 和 $d_2^{(3)}$ 发生短路时系统的简化阻抗图，如图 4-7-5 所示。$d_1^{(3)}$ 短路时的短路电流标么值

$$I_{*1}''=\frac{E_*}{X_{*1}}=\frac{1}{0.0194}=51.5$$

$d_2^{(3)}$ 短路时的短路电流标么值

$$I_{*2}''=\frac{E^*}{X_{*2}}=\frac{1}{0.0773}=12.936$$

今取 $U_j=230$kV，于是电流的基值为

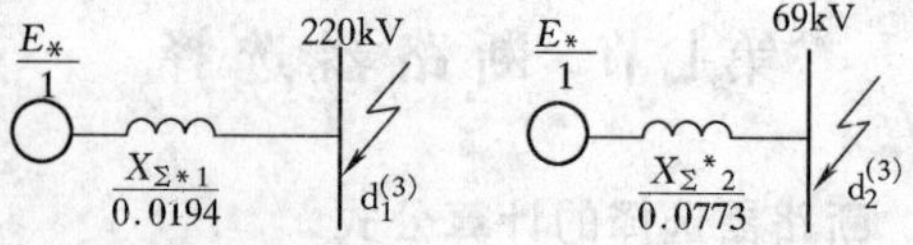

图 4-7-5 系统 $d_1^{(3)}$ 和 $d_2^{(3)}$ 点短路简化后等效电路图

$$I_j=\frac{100000}{\sqrt{3}\times230}=251.3\text{（A）}$$

故 $d_1^{(3)}$ 处短路时，短路电流的有名值为

$$I''_1=251.3\times51.5=12.94\text{（kA）}$$

今取二次电压基值为 $U_j=63$kV，于是电流基值为

$$I_j=\frac{100000}{\sqrt{3}\times63}=917.5\text{（A）}$$

故 $d_2^{(3)}$ 处短路时，短路电流有名值为

$$I''_2=I_{*2}''I_j=12.936\times917.5=11.87\text{（kA）}$$

冲击电流有效值

$$I_{ch1}=1.52I''_1=1.52\times12.94=19.67\text{（kA）}$$
$$I_{ch2}=1.52I''_2=1.52\times11.87=18.04\text{（kA）}$$

冲击电流

$$I_{ch1}{}^{(3)}=2.55I''_1=2.55\times12.94=33\text{（kA）}$$
$$I_{ch2}{}^{(3)}=2.55I''_2=2.55\times11.87=30.27\text{（kA）}$$

短路容量

$d_1^{(3)}$ 处的短路容量 $S''_1=5150$（MVA）

$d_1^{(3)}$ 处的短路容量 $S''_2=\sqrt{3}\times63\times11.87=1293.7$（MVA）

上述短路电流计算数据列于表 4-7-2 中。

2. 220kV 侧断路器的选择

(1) 按电压选择。安装地点断路器的工作电压

$$U_g=220\text{kV}$$

制造厂所保证断路器的最高工作电压 U_{zd} 应大于 220kV。

表 4-7-2 短路电流计算数据表

参数	单位	$d_1^{(3)}$	$d_2^{(3)}$
基准容量 S_j	MVA	100	100
基准电压 U_j	kV	230	63
等值电抗 X		0.0194	0.0773
短路电流标么值 I''		51.5	12.936
短路电流有名值 I''	kA	12.94	11.87
冲击电流有效值 I_{ch}	kA	19.67	18.04
冲击电流 i_{ch}	kA	33	30.27
短路容量 S''	kA	5150	1293.7

(2) 按电流选择。根据已知条件，穿越 220kV 母线的最大功率为 277MVA，流过进线断路器、母联断路器的最大工作电流为

$$I_{max1}=\frac{S_{max}}{\sqrt{3}U_g}=\frac{277}{\sqrt{3}\times220}=727\text{（A）}$$

(3) 断路器的形式选择。依据工作电压和工作电流以及户外工作条件，选择户外式少油断路器，其型号为 SW_7—220/1500。该断路器最高工作电压 $U_{zd}=252$kV，大于 $U_g=220$kV；断路器容许的长期工作电流为 $I_e=1500$A，大于回路最大工作电流 $I_{max1}=727$A。故可以满足要求。

(4) 动稳定校验。SW7—220/1500 型少油断路器的遮断容量 $S_{dn}=8000$MVA，其值大于短路容量 $S''=5150$MVA。断路器的极限电流 $I_{jx}=52$kA，其值大于冲击电流 $I_{jx}=$

34.5kA，故满足条件。满足动稳定要求

$$I_{jx} > i_{ch}^{(3)}$$

（5）热稳定校验。SW7—220/1500 型少油断路器在 4s 内的热稳定电流为 21kA，其值大于电流 $I''=12.9$kA。因此，即便对于无限大电源供电系统来说，此时 $I=I''=12.9$kA，热稳定也会满足要求的。

3.66kV 侧断路器的选择

（1）安装地点最高工作电压为 69kV，最大工作电流为

$$I_{2max}=\frac{S_e}{\sqrt{3}U}=\frac{120}{\sqrt{3}\times 60}=1156\ \ (A)$$

（2）选 SW2—60G 型户外式少油断路器，其最高容许工作电压为 69kV，允许长期工作电流为 1500A。极限电流为 52kA，热稳定电流为 21kA。因此，可以满足动稳定和热稳定要求。SW2—60G 的遮断容量为 2500MVA，大于 d_2 点的短路容量 $S''=1293.7$MVA。

所选断路器的参数列于表 4-7-3 中。

表 4-7-3　断路器参数表

设备名称	装设地点	实际工作条件						选用设备规格	允许工作条件							
		工作电压(kV)	工作电流(A)	短路容量(MVA)	冲击电流(kA)	热稳定电流(kA)	热稳定截面(mm²)		临界电晕电压(kV)	最高工作电压(kV)	额定电流(A)	遮断空量(MVA)	极限电流(kA)	热稳定电流(kA)	母线截面(mm²)	母线允许电流(A)
断路器	220kV 侧	220	727	5150	34.5			SW7—220/1500		252	1500	8000	52	21		
	66kV 侧	69	1054	1293	30.2			SW2—60G		69	1500	2500	61.5	24.1		

第八节　断路器的操动机构

一、操动机构的组成和分类

操动机构是带动高压断路器进行合闸、分闸的机构，其性能的优劣对断路器的工作性能和工作可靠性起着重要作用。

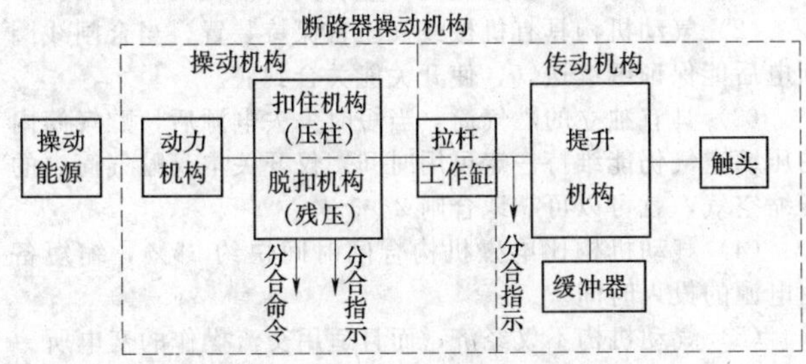

图 4-8-1　操动机构组成部分

断路器的操动机构由图 4-8-1 所示的各个部分组成：

（1）操动机构。由动力机构、扣住机构、脱扣机构等组成。

动力机构：为原动力机构，其操动能源由气压能、弹簧能、电磁能或液压能形成。

扣住机构：当断路器合闸到终了位置时，将机构固定在合闸位置。

脱扣机构：当断路器分闸时，能将死点机构脱开，实现分闸。

自由脱扣机构：由合闸电磁铁动作，顶起机构到合闸终点位置不落下，分闸电磁铁脱扣动作，机构能自由分闸。

（2）传动机构。由拉杆、提升机构、缓冲机构等组成。

拉杆：是操动机构过渡到提升机构的一种连接传动机构。

提升机构：用来提升触头进行分、合闸。

缓冲机构：用来在分、合闸终了位置吸收剩余动能，使操动平稳。

操动机构按照合、分闸信号进行操动，除此而外，根据运行和维护要求，还应有合、分闸位置的机械指示器。

操动机构一般按操动能源来进行分类，可分为贮能式和直接动作式两种，现将其列写如下：

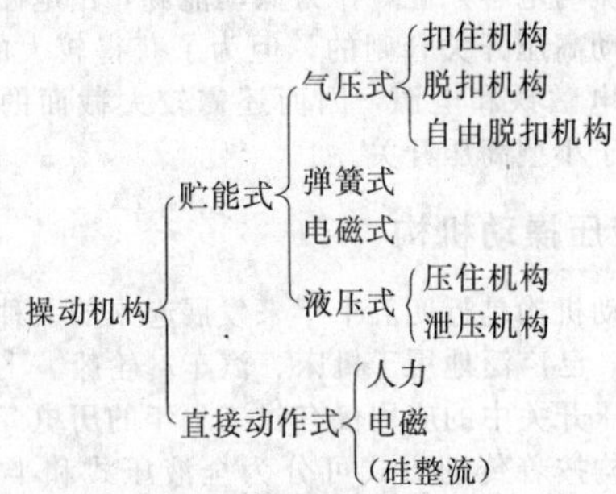

二、对操动机构的要求

电磁式操动机构是由蓄电池贮能来操动断路器；弹簧操动机构是用小功率电动机将弹簧拉伸贮能来操动开关；气压操动机构是将气体压缩到一定值贮能来操动开关；液压操动机构是用电动机拖动油泵向液压缸充液压油将气体压缩到一定值贮能来操动开关。

断路器对操动机构的要求是：

（1）有足够的合闸功率，保证所需的刚合速度，并使断路器在关合短路的情况下关合到底。

（2）能保持断路器处在合闸位置，不因外界震动和其他原因产生误分闸功率。

（3）分闸机构要求动作时间小，脱扣功小，动作准确，不能有拒分现象。

（4）为了保证合闸时的安全，一般要有自由脱扣装置，即在合闸过程中，假若系统发生短路，即使断路器的合闸能源尚没拿掉，断路器也能自动分闸。

（5）在控制回路中，要保证分、合动作准确、连续，即分后准备合，合后准备分。

（6）在重合不成功后，能防止断路器跳跃。

三、弹簧操动机构

弹簧操动机构是利用弹簧作为高压开关操动的能源进行合闸操作的，在这种机构中，合闸能源由合闸弹簧预先储能所供给。因此，在断路器合闸之前，由另外的能源先将合闸弹簧储能，使它处于预备合闸状态。

储能方式有手动储能和电动储能两种。手动储能只用在小容量断路器中。电动储能，因储能时间长，尽管储能很大，但要求电动机的功率是不大的。例如 GT7 电动机功率为 369W，CT8 的电动机功率为 450W，储能时间小于 5s。

弹簧操动机构具有下列优点：

(1) 断路器的动作时间不受天气和电压变化的影响，保证合闸的可靠性。

(2) 弹簧操动机构在控制回路中所耗功率是很小的。储能系统是独立的，在控制回路发生故障的情况下，可以采用手动。

(3) 运行维护比较简单。

其缺点是：

(1) 出力特性与断路负载特性配合较差，与其他类型相比较，需要较大的能量。

(2) 由于结构上的原因，在储能与合闸过程中，容易产生冲击和振动，因此要求构件的机械强度高。

(3) 对工艺要求高，安装调整困难。

四、电磁操动机构

直流电磁操动机构（简称电磁机构）的应用在我国已有近半个世纪的历史。它是由大容量蓄电池组和 50 年代发展起来的硅整流与电容贮能，作为操动能源，由电磁能转换为机械功，操动高压开关合闸的，但为了获得较大的操作力，需要较大的电磁铁和电源，因而还需较大截面的电缆。因此，主要用于小型高压开关。

五、液压操动机构

液压操动机构是近四五十年来发展起来的一种比较先进的传动方式，已广泛地用于机床、汽车、轮船、飞机的机械中，而在高压开关中的应用仅有二三十年的历史。

液压机构按着传动方式可分为全液压式和半液压式两种。所谓全液压式就是液压油直接操动触头合闸，省去了联动拉杆，减少了机构的静阻力，因而具有合闸速度快的优点，但其要求结构材质较高。所谓半液压式则是液压油只到工作缸，操动工作缸中的活塞将液压能转换为机械能，以带动联动拉杆使断路器合闸、分闸。我国生产的液压操动机构，例如 CY3、CY4、CY5 是采用半液压式。

液压操动机构按其充压方式可分为常充压式和瞬时充压式。常充压式，在分闸管道中，无论在合闸或分闸状态下皆充有高压油；而合闸管道则仅在合闸过程中和合闸位置时，才充有高压油，在分闸状态下，高压油全部排掉。瞬时充压式，无论在合闸和分闸位置，液缸两侧都是低压油，仅在动作过程中，在一侧或两侧瞬间充有高压油。我国生产的液压操动机构多为常充压式。

此外，尚有一种直接操动式，即电动机与油泵产生的高压油直接操动活塞使断路器关合。这种操动方式用于动作速度不高，操动功率不大的开关电器，如隔离开关中。其中还有一种贮能操动机构，即利用贮压器中的预贮能量间接操动活塞，贮压器由较小功率的电动机与油泵贮能。目前我国制造的隔离开关的液压操动机构多属这种类型。

总的说来，液压操动机构是利用液压油作为传递能量的媒介。液压传动机构的优点是：油的压力高，可用小体积获得大的出力；液体是不可压缩的，因此动作速度快；出力均匀，阻尼性好；可动部件浸在油中，免受大气腐蚀，寿命长。其缺点是工艺要求高、容易漏油、速度特性受工作温度影响很大。

六、气压操动机构

（一）气压操动机构的分类

从气压操动机构的操作方式可分：

(1) 单独用于合闸的气压机构。这种操动机构的分闸，则是依靠弹簧或在合闸过程中的贮能来操动。

(2) 单独用于分闸的气压机构。这种操动机构的合闸，则是依靠弹簧或在分闸过程中的贮能来操动。

(3) 合闸和分闸气压机构。这种操动机构的合闸和分闸都是利用气压来操动的。

（二）气压操动机构的特点

(1) 气压操动机构不仅保证正常操作时的合闸，而且在事故状态下能保证多组开关同时重合闸，并且动作可靠。

(2) 气动机构具有机械或气压自保持装置，当合闸线圈断电后能保证继续送气，使开关能关合到底。

(3) 具有独立的贮气筒，当短时失去电源后，贮气筒内的压缩空气仍能维持一定可用时间。仅开关本身贮气筒内的压缩空气，就可以可靠地合闸 2～3 次。

(4) 气动机构比电磁机构合闸时间快约 25%，缩短备用电源的投入时间。

(5) 气动机构不仅经济，而且适用交流操作的变电所。

(6) 气动机构对部件材质、加工工艺要求高，检修维护较难，噪音大。

七、操动机构的技术数据

弹簧、电磁和液压操动机构的技术数据表列于表 4-8-1～表 4-8-3 中。

表 4-8-1　　弹簧操动机构主要技术数据

型号	合闸线圈				分闸脱扣器线圈						电动机			配装断路器型号	制造厂
	直流		交流		直流		交流								
	电压(V)	电流(A)	电压(V)	电流(A)	电压(V)	电流(A)	电压(V)	电流(A) 铁芯在下		电流(A) 铁芯吸合	电压(V)	功率(kW)	转速(r/min)		
CT2—XG	24	14.11	127	4.1	24	2.52	110	1.3		0.75	DC 110/220	0.6	1500	SW2—35	华通开关厂
	48	6.86	220	2.4	48	1.2	127	1.125		0.65					
	110	3.26			110	0.785	220	0.65		0.375	AC 110/220	0.75	1500		
	220	1.57	380	1.4	220	0.69	380	0.378		0.217					

续表

型号	合闸线圈				分闸脱扣器线圈					电动机			配装断路器型号	制造厂
	直流		交流		直流		交流							
	电压(V)	电流(A)	电压(V)	电流(A)	电压(V)	电流(A)	电压(V)	电流(A)		电压(V)	功率(kW)	转速(r/min)		
CT4—G	24	6.3	110	1.7	12	3.58	110	铁芯在下 1.3	—	DC 110/220	0.2	—	一切配用CD2及CS2的断路器均可用CT4—G机构	华通开关厂
	48	3.1	220	1.7	24	2.52	127	1.125	—					
	110	1.6			48	1.2	220	0.65	—	AC 110/220	0.2	—		
					110	0.785								
	220	0.7	380	1.7	220	0.69	380	0.378	—					
GT6—X	110	10	127	4.1	110	10	—			DC 110/220	1.1	1500	SW4—110/220	华通开关厂
			220	2.4										
	220	5	380	1.4	220	5				AC 110/220	1.5	1500		
CT7	24	15.2	220	铁芯在下 1.8	24	2.57	220	铁芯在下 0.78	铁芯吸合 0.31	DC 110/220	0.369	1500	SN10	北京开关厂 柳州开关厂
	48	8.3	380	0.6	48	1.28								
	110	3.9	220	铁芯吸合 1.05	110	0.86	380	0.66	0.255	AC 110/220	0.369	1500		
	220	2.08	380	1.35	220	0.73								
CT8	48	6.0	110	9.5	48	2.4	110	2.5		AC/DC 110	0.45		SN10—10Ⅰ SN10—10Ⅱ	上海天灵开关厂 天水长城开关厂
	110	2.3	220	5.0	110	1.1	220	1.2		AC/DC 220				
	220	1.2	380	3.0	220	0.56	380	0.8		AC380				

表 4-8-2　电磁操动机构的主要技术数据

序号	型号	最大力矩(N·m)	合闸				分闸				重量(kg)	配装油断路器型号
			电压(V) 额定电压	电压(V) 允许变动范围(%)	电流(A)	电阻(Ω)	电压(V) 额定电压	电压(V) 允许变动范围(%)	电流(A)	电阻(Ω)		
1	CD1—X	1000	110/220	85～110	157/78.5	0.695/2.78	110/220 24/48	65～120 65～120	5/2.5 32/10	26/85.5 4.6		DW1—60， DW1—60G
2	CD2， CD2—X	400	110/220	85～110	195/97.5	0.564/2.256	110/220 24/48	65～120 65～120	5/2.5 24/12	1/4 22/88	45～55	DN1—10，SN1—10 SN2—10，SN5—10 SN6—10，SN7—15 DW1—35，DW6—35
	CD2—G， CD2—XG	400	110/220	80～110	120/60	0.91/3.64	110～120 24/48	65～120 65/120	5/2.5 24/12	1/4 22—88	40	DN1—10G， DW1—35， DW6—35
3	CD3，CD3—X CD3—XG	3460	110/220 110/220	80～110 80～110	157/78.5 286/143	0.7/2.5 0.385/1.54	110/220 110/220	65～120 65～120	5/2.5 5/2.5	22/88 22/88	170，190	SN3—10，DW2—35 SW2—35
4	CD4—X	780	110/220	80～110	132/66		110/220	65～120	5/2.5		160	SW1—35
5	CD5，CD5—X CD5—XG	3700	110/220 110/220	85～110 80～110	333/166.5 470/235	0.3/1.2 0.24/0.94	110/220 110/220	65～120 65～120	5/2.5 5.5/2.75	22/88 1.4/5.8	470，550， 900	SN4—10， DW2—110， SW1—110， SW2—60，SW3—110

续表

序号	型号	最大力矩（N·m）	合闸				分闸				重量（kg）	配装油断路器型号
			电压（V）		电流（A）	电阻（Ω）	电压（V）		电流（A）	电阻（Ω）		
			额定电压	允许变动范围（%）			额定电压	允许变动范围（%）				
6	CD6—X CD6—G	3800	110/220	80～110	488/244	0.225/0.9	110/220	65～120	10/5	11/44	590，650	DW3—110， SN4—10G， SN4—20G
7	CD7—X	5200	110/220	80～110	480/240		110/220	65～120	10/5		900	DW3—220
8	CD8 CD8—G	3700	110/220 110/220	85～110 85～110	333/166.5 310/155	0.3/1.2 0.355/1.42	110/220 110/220	65～120 65～120	5/2.5 5/2.5	22/88 22/88	675 675	SN4—10G，SN4—20 SN4—10G，SN4—20G
9	CD9—X	1650	110/220	80～110	175/85		110/220	65～120	10/5		390	DW2—35G， DW3—110F
10	CD10—I		110/220	85～110	240/120	0.46/1.82	110/220	65～120	5/2.5	22/88	60	DN3—10 SN10—10
11	CD11—X		110/220	85～110	157/78.5	0.7/2.8	110/220 24/48	65～120 65～120	5/2.5 24/12	1/4 22/88		DW8—35
12	CD12		110/220	85～110	195/97.5	0.564/2.26	110/220 24/48	65～120 65/120	5/2.5 22.6/11.3	1.06/4.24 22/88	38	SN9—10， SN11—10， DW1—35 SN1—10， SN2—10
13	CD13		110/220	85～110	204/102	0.54/2.16	110/220 24/48	65～120 65～120	5/2.5 30/15	0.75/3.0 22/88	42	SN9—10，SN10—10 DW1—35
14	CD—40G	520	110/220	85～110	240/120	0.46～1.85	110/220 24/48	65～120 65～120	5/2.5 22.6/11.3	22/88 1.06/4.24	40	SN10—10
15	CD—100		110/220	85～110	182/91	0.58/2.32	110/220	65～120	5/2.5	21/84	230	SW3—35
16	CD—150		110/220	80～110	280/140	0.4/1.6	110/220 24/48	65～120 65～120	5/2.5 22.8/11.4	22/88 1.05/4.2	220	SW4—35

表 4-8-3　　液压操动机构的技术数据

型号		CY	CY	CY—Ⅰ	CY3		CY3—Ⅲ		
配装断路器型号或系列代号		LW7—220	LW□—220 华通开关厂	LW2—220	SW6		SW6—Ⅰ		
					110kV	220kV	110kV	220kV	330kV
油压力（MPa）（20℃时表压）	预充氮压力	18.63±0.5	19.61±0.5	13.24	13.93	11.77	18.63	15.69	19.61
	油泵停止压力	23.54	25.50＋10.5	16.67	22.26	18.83	27.95	23.54	29.42
	油泵启动压力	23.05	24.52＋0.5	16.28	21.57	18.24	27.26	22.95	28.73
	合闸闭锁压力	21.38	23.14＋0.3	15.19	18.93	15.98	24.03	20.10	25.11
	分闸闭锁压力	20.40	22.36＋0.3	14.71	17.16	14.51	23.05	19.12	24.03
	安全阀开启压力	—	29.42±1	—	—	—	—	—	—
	安全阀返回关闭压力	—	—	—	—	—	—	—	—
	压力表（开关）过压停泵压力	25.50	—	19.12	27.46	24.52	34.32	28.44	24.32
	漏氮报警压力	—	23.05	13.24	—	—	—	—	—
分（合）闸线圈电流（DC110V/220V）（A）		4/2	8/4	4/2	4/2	4/2	4/2	4/2	4/2

续表

型　号		CY4		CY3—Ⅱ	CY5	CY6—Ⅱ	—	—
配装断路器型号或系列代号		SW7		SW2—220		LW1—220	LW6 (FA)	3AS
		110kV	220kV					
油压力 (MPa) (20℃时表压)	预充氮压力	23.54+0.5	20.10+0.5	14.71±0.5	11.77±0.3	19.61	17.65±3% (15℃)	20−0.5
	油泵停止压力	31.38	27.95	21.57	24.52±0.5	25.99+0.5	31.97±3% (15℃)	—
	油泵启动压力	30.40	26.97	20.59	—	25.69+0.5	30.79±3% (15℃)	31.3±0.3
	合闸闭锁压力	27.46	24.81	19.61	21.08	24.03+0.5	27.26±3% (15℃)	27.3±0.3
	分闸闭锁压力	26.48	23.73	18.14	19.42	22.56+0.5	25.30±3% (15℃)	25.3±0.3
	安全阀开启压力	—	—	—	29.42	—	33.83+0.98	35±0.35
	安全阀返回关闭压力	—	—	—	—	—	≮31.38	—
	压力表（开关）过压停泵压力	32.36	28.93	—	—	29.42	—	—
	漏氮报警压力	26.48	23.73	—	22.56	—	—	34.5±0.3
分（合）闸线圈电流 (DC 110V/220V)(A)		4/2	4/2	4/2	4/2	5.2/2.6	—/—	0.68/1.36

第九节　断路器的控制回路

一、断路器控制回路分类及要求

断路器的控制回路按其操作方式可分为分别操作和选线操作；按控制地点可分为集中控制和就地控制；按监视方式可分为灯光控制和音响控制；按操作电源可分为直流操作和交流操作。

断路器的控制回路须满足下列要求：

(1) 根据变电所的控制方式进行断路器控制、信号回路的设计。断路器控制，一般采用电磁或弹簧操纵。只有变电所采用就地控制方式，且出线回数又少，不致引起遮断容量不够时才采用手动操纵。

(2) 控制、信号回路一般可分为：控制保护回路、合闸回路、事故信号回路、预报信号回路、位置信号回路、隔离开关及断路器闭锁回路。

(3) 断路器的控制、信号回路可分为两种接线方式：

1) 对跳、合闸回路进行灯光监视。

2) 对跳、合闸回路进行音响监视。

(4) 弹簧操纵机构、手动操纵机构的电源可分为直流和交流，电磁操纵机构的电源要求用直流。

(5) 断路器的控制、信号回路的要求：

1) 对控制电源的熔断器和控制开关应进行监视。

2) 应指示断路器跳、合闸的位置。

3) 监视跳、合闸回路的完整性。

4) 自动合闸和跳闸后，应使命令脉冲自动撤除。

5) 在无机械防跳装置时，应加装电气防跳装置。

(6) 断路器事故跳闸回路的接线原理。断路器的事故跳闸回路通常用不对应原理进行接线，所谓不对应原理是：控制开关的位置和断路器位置不对应。绿灯 LD 分别接于跳、合闸回路，兼用来监视熔断器及跳、合闸回路的完整性。WK 是电动机的行程开关，合闸弹簧储能完毕时，监视合闸回路的常开接点闭合，以保证按时合闸，而接于电动机回路的常闭接点开断，电动机停转。这种控制回路不需电气防跳装置，事故跳闸回路由控制开关接点和断路器辅助常闭接点构成的不对应接线组成。

二、具有电气防跳装置的控制回路

对于没有机械防跳装置的断路器在控制回路中应加装电气防跳装置，带有电气防跳装置的控制回路如图 4－9－1 所示。

在这里采用了 LW_2 万能转换开关。这种控制断路器接线是 66/10kV 和 35/10kV 变电所常采用的一种方案，其工作原理如下。

当断路器 QA 在跳闸位置时，其常闭触点 QA 关合，于是合闸接触器线圈 Q 经下述路径获得电源

＋KM→1FA→SA_{11-10}→GN→R→

QA 常闭→Q→2FA→－KM

绿灯点燃以监视合闸回路的完好性。

当远方控制合闸时，首先将转换开关 SA 手柄顺时针转动 90°至“预备合闸”位置。此时 SA_{9-10} 接通，GN 经下述路径接至闪光电源进行闪光

＋SM→SA_{9-10}→GN→QA 常闭→Q→2FA→－KM

经检查操作对象无误后，再将 SA 开关顺时针转动 45°至合闸位置，此时 SA_{5-8} 接通，Q 线圈经下述路径获得电源

＋KM→SA_{5-8}→TBJ_2→QA 常闭→Q→－KM

触点 Q 关合，合闸线圈 HQ 接至合闸小母线＋HM 和－HM 断路器合闸。断路器的常闭辅助触点 QA 开断，常开辅助触点 QA 关合，以切断合闸回路，为跳闸做好准备。此时 SA_{16-13} 接通，RD 经下述路径接至控制小母线

＋KM→FA→SA_{16-13}→RD→TBJ 电流线圈→QA 常开→TQ 线圈→2FA→－KM

红灯亮，指示合闸操作完毕。松开 SA 手柄，手柄自动向反

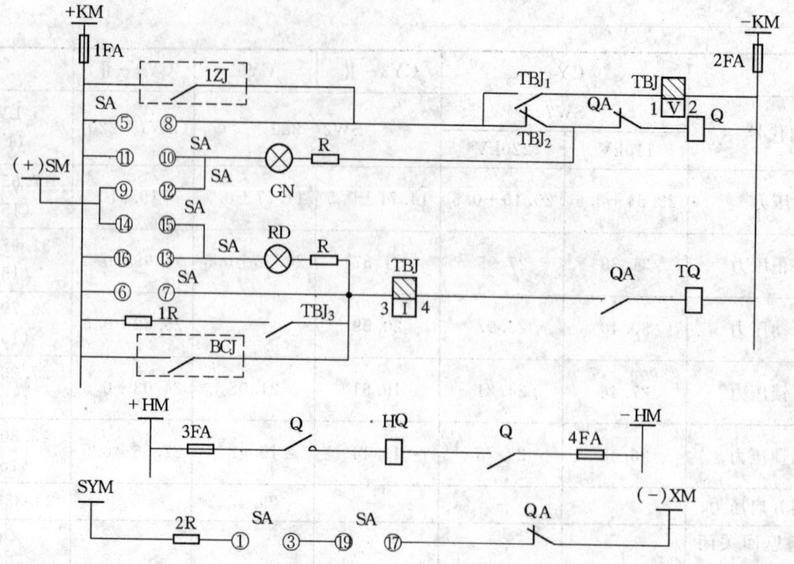

LM2－1a、4、6a、40、20、20/F8 接点图表

在"跳闸"后位置的手把(正面)的样式和触点盒(背面)接线图	合 跳															
手柄和触点盒的形式	F8	1a		4		6a			40			20		20		
位置 ╲ 触点号	—	1－3	2－4	5－8	6－7	9－10	9－12	10－11	13－14	14－15	13－16	17－19	18－20	21－23	21－22	22－24
跳闸后		－	×	－	－	－	－	×	－	×	－	－	×	－	－	×
预备合闸		×	－	－	－	×	－	－	×	－	－	－	－	－	×	－
合闸		－	－	×	－	－	×	－	－	－	×	×	－	×	－	－
合闸后		×	－	－	－	×	－	－	－	－	×	×	－	×	－	－
预备跳闸		－	×	－	－	－	－	×	×	－	－	－	－	－	×	－
跳闸		－	－	－	×	－	－	×	－	×	－	－	×	－	－	×

图 4－9－1　灯光监视的断路器控制回路（电磁操动机构）

SA—控制开关，LW_2—1a、4、6a、40、20、20/F8；GN—绿色信号灯；R—附 2500Ω 电阻；RD—红色信号灯具；1FA、2FA—熔断器，R_1—10/6，250V；3FA、4FA—熔断器，RM10—60/25，250V；TBJ—中间继电器，DZB—115/220V；1R—附加电阻 ZG11—25，1Ω；2R—附加电阻 ZG11—25，1000Ω；Q—接触器；TQ、HQ—断路器的跳闸、合闸线圈

时针方向回转 45°，至合闸位置后，此时红灯仍由上述回路供电，指示断路器处于合闸位置。

远方跳闸时，将手柄反时针旋转 90°，至"预备跳闸"位置，此时 RD 经下述路径供电而闪光

（+）SM→SA_{14-15}→RD→R→TBJ→QA 常开→TQ→－KM

检查操作对象无误后，再将 SA 按反时针方向旋转 45°，至"跳闸"位置，跳闸线圈 TQ 经下述路径接通

＋KM→SA_{6-7}→TBJ→QA（常开）→TQ 线圈→－KM

断路器跳闸，跳闸后，断路器辅助进行切换，切断跳闸脉冲，接通 GN 回路，绿灯亮，表示跳闸完毕。松开手柄，其自动顺时针方向转动 45°，至"跳闸后"位置。

当自同期和备用电源自动投入触点 1ZJ 闭合，使断路器合闸时，由于 QA 常开辅助触点开合，此时红灯 RD 回路由下述路径获得电源：

（+）SM→SA_{14-15}→RD→R→TBJ→QA 常开→TQ→－KM

红灯闪光。

当保护出口继电器 BCJ 闭合，使断路器跳闸时，QA 常闭触点闭合，但 SA 开关仍在合闸后位置，SA_{9-10} 闭合，如此，GN 将由下述回路供电而闪光：

（+）SM→SA_{9-10}→GN→R→QA 常闭→Q→2FA→－KM

表明断路器的实际位置与 SA 开关不一致。

当断路器在合闸位置时，SA_{1-3}、SA_{19-17} 闭合，如因保护动作或断路器误脱扣时，QA 常闭辅助触点闭合，接通 SYM 小母线，发出事故音响信号。

断路器手动或自动合闸在故障线路上时，继电器保护装置将动作于跳闸，如果 SA 仍在合闸位置，或因备用电源自动投入触点 1ZJ 未恢复，断路器将会再合闸，而因线路有故障，继电保护又动作于跳闸，从而出现多次"跳、合"现象，称为跳跃。当断路器发生"跳跃"时，遮断能力下降，甚至发生爆炸事故，因此必须防止。

当采用 CD_2 操作机构时，由于本身有机械防跳闭锁装置，不需另加电气防跳设施。对于没有机械防跳装置的操作机构，应加电气防跳环节。

图 4－9－1 中 TBJ 为跳跃闭锁继电器，它有两个线圈，一个是电流起动线圈，串联于跳闸回路中，这个线圈的额定电流应根据跳闸线圈的动作电流来选择，并要求其灵敏度高于跳闸线圈的灵敏度，以保证在跳闸操作时它能可靠地启动；另一个线圈为电压自保持线圈，经过自身的常开触点 TB_1 并联于合闸接触器回路中；此外，在合闸回路中还串联接入一个常闭触点 TBJ_2。其工作原理如下：当利用控制开

关（SA）或自动装置（1ZJ）进行合闸时，如线路有故障，继电保护装置动作，触点 BCJ 闭合，将跳闸回路接通，使断路器跳闸。同时跳闸电流也流过防跳继电器 TBJ 的电流启动线圈，使 TBJ 动作，其常闭触点 TBJ_2 断开合闸回路，常开触点 TBJ_1 接通 TBJ 的电压自保持线圈。此时，如果合闸脉冲未解除，例如控制开关未复归或自动装置触点 1ZJ 卡住等，则 TBJ 的电压自保持线圈通过触点 $SA_{5\text{-}8}$ 或 1ZJ 的触点实现自保持，因而切断了合闸回路，使断路器不能再次合闸。只有当合闸脉冲解除，即 1ZJ 断开或 $SA_{5\text{-}8}$ 切断，TBJ 的电压保持线圈断电后，回路才能恢复至正常状态。

图 4－9－1 中触点 TBJ_3 的作用是用来保护继电保护装置出口继电器触点 BCJ 的。如无此触点并联，则当出口继电器触点 BCJ 接通跳闸线圈使断路器跳闸时，若触点 BCJ 先于断路器辅助触点 QA（常开）断开，就要遮断跳闸电流。一般的出口继电器触点都不具备这种遮断能力而可能导致触点烧坏，所以用触点 TBJ_3 将其短路，以保证由辅助触点 QA（常开）遮断跳闸电流。

电阻 2R 的作用是保证继电保护装置出口继电器 BCJ 回路中的串联信号继电器可靠动作，若无此电阻，可能在信号继电器未可靠掉牌前，其线圈已被触点 TBJ_3 所短路而拒绝动作，当保护装置出口继电器的触点 BCJ 回路无串联信号继电器时，此电阻可以取消。

对跳闸线圈有辅助接点的断路器，不必专用防跳继电器，如图 4－9－2 所示。

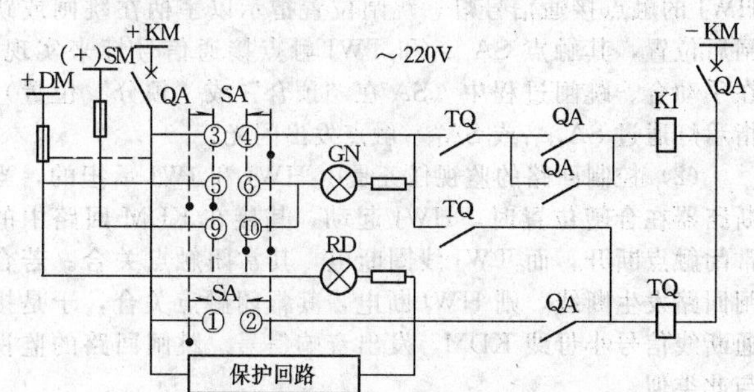

图 4－9－2　不设防跳继电器的断路器控制回路

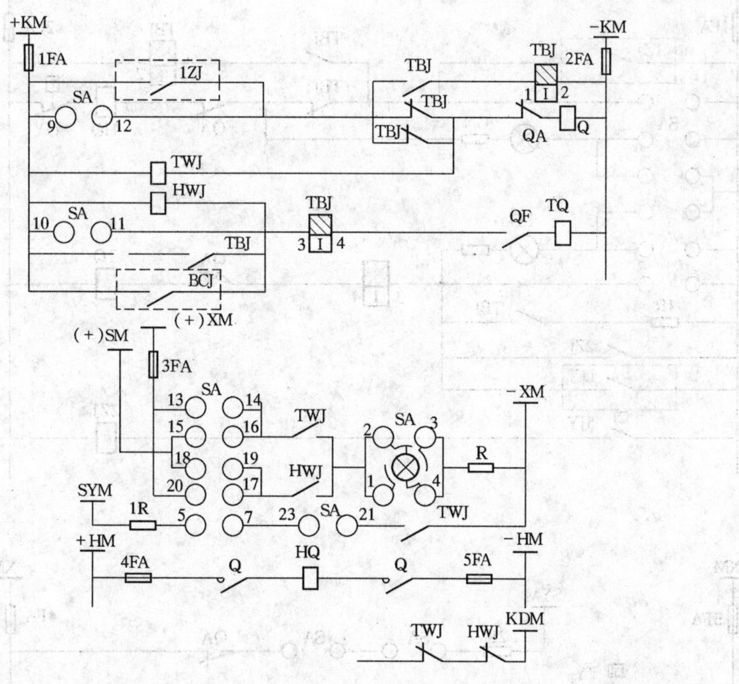

LW₂－YZ－1a、4、6a、40、20、20/F1接点图表

在"跳闸"后位置的手把(正面)的样式和触点盒(背面)接线图																	
手柄和触点盒的形式	F_1	灯	1a		4		6a			40			20			20	
触点号 / 位置	—	—	5－7	6－8	9－12	10－11	13－14	13－16	14－15	17－18	18－19	17－20	21－23	21－22	22－24	25－27	25－26	26－28
跳闸后			−	×	−	−	−	−	×	−	×	−	−	−	×	−	−	×
预备合闸			×	−	−	−	×	−	−	×	−	−	−	×	−	−	×	−
合闸			−	−	×	−	−	×	−	−	−	×	×	−	−	×	−	−
合闸后			×	−	−	−	×	−	−	−	−	×	×	−	−	×	−	−
预备跳闸			−	×	−	−	−	−	×	×	−	−	−	×	−	−	×	−
跳闸			−	−	−	×	−	−	×	−	×	−	−	−	×	−	−	×

图 4－9－3　音响监视断路器控制回路

SA—控制开关，LW_2—YZ—1a、4、6a、40、20、20/F1；TWJ、HWJ—跳、合闸位置继电器，DZ—15，220V；TBJ—中间继电器，DZB—115，220V；1FU～3FU—熔断器，R1—10/6A，250V，4FU、5FU—熔断器，RM10—60/25A，250V；R—电阻，ZG11—25，2500Ω；1R—电阻，ZG11—25，1000Ω；K—接触器；TQ、HQ—断路器的跳、合闸线圈

三、音响监视的断路器控制回路

音响监视断路器控制器回路如图 4-9-3 所示，与灯光监视控制回路的区别在于用两个位置继电器 HWJ、TWJ 代替灯光监视回路中的红、绿灯，以反映断路器位置状态和熔断器情况。其动作信号情况如下：

(1) 断路器在合闸位置，触点 SA_{20-17} 和合闸位置继电器 HWJ 的触点接通信号灯；跳闸位置指示以手柄在跳闸或跳闸后位置，其触点 SA_{14-15} 和 TWJ 触点接通信号灯来实现。在手动合、跳闸过程中（SA 在“预合”或“预分”位置），指示灯通过 SA_{13-14} 或 SA_{18-17} 触点发出闪光。

(2) 控制回路的监视任务是由 HWJ 和 JWJ 承担的，当断路器在合闸位置时，HWJ 起动，其接在 KDM 回路中的常闭触点断开，而 TWJ 线圈断电，其常闭触点关合。若合闸回路发生断线，则 HWJ 断电，其常闭触点关合，于是接通断线信号小母线 KDM，发出音响信号。跳闸回路的监视与此类似。

(3) 控制回路的熔断器 1FA、2FA 熔断时，HWJ、TWJ 同时断电，其常闭触点均关合，接通小母线 KDM，发出音响信号。此时，可根据熄灭指示灯找出已熔断的熔断器。因为在发出合、跳闸操作脉冲时，HWJ 或 TWJ 将会暂短地失压，这是由于 SA_{9-12}、SA_{10-11} 将其短路之故。此时音响信号亦可能动作，这是不希望的。为此，音响信号装置应带延时。

四、具有液压操动机构断路器的控制回路

液压操动机构是利用液压储能进行跳、合闸操作，并靠液压使断路器保持在合闸位置。因此，当液压高于某一规定值时，液压泵电机即自行停止，以免液压机构压力过高而发生事故。且当压力过低时，亦应闭锁跳、合闸回路，以免断路器动作过慢而烧毁触头，或者断路器发生拒动。由于跳、合线圈动作电流较小，200V 时约为 2A，故用控制开关直接控制。

图 4-9-4 是具有液压操动机构的断路器控制回路。图

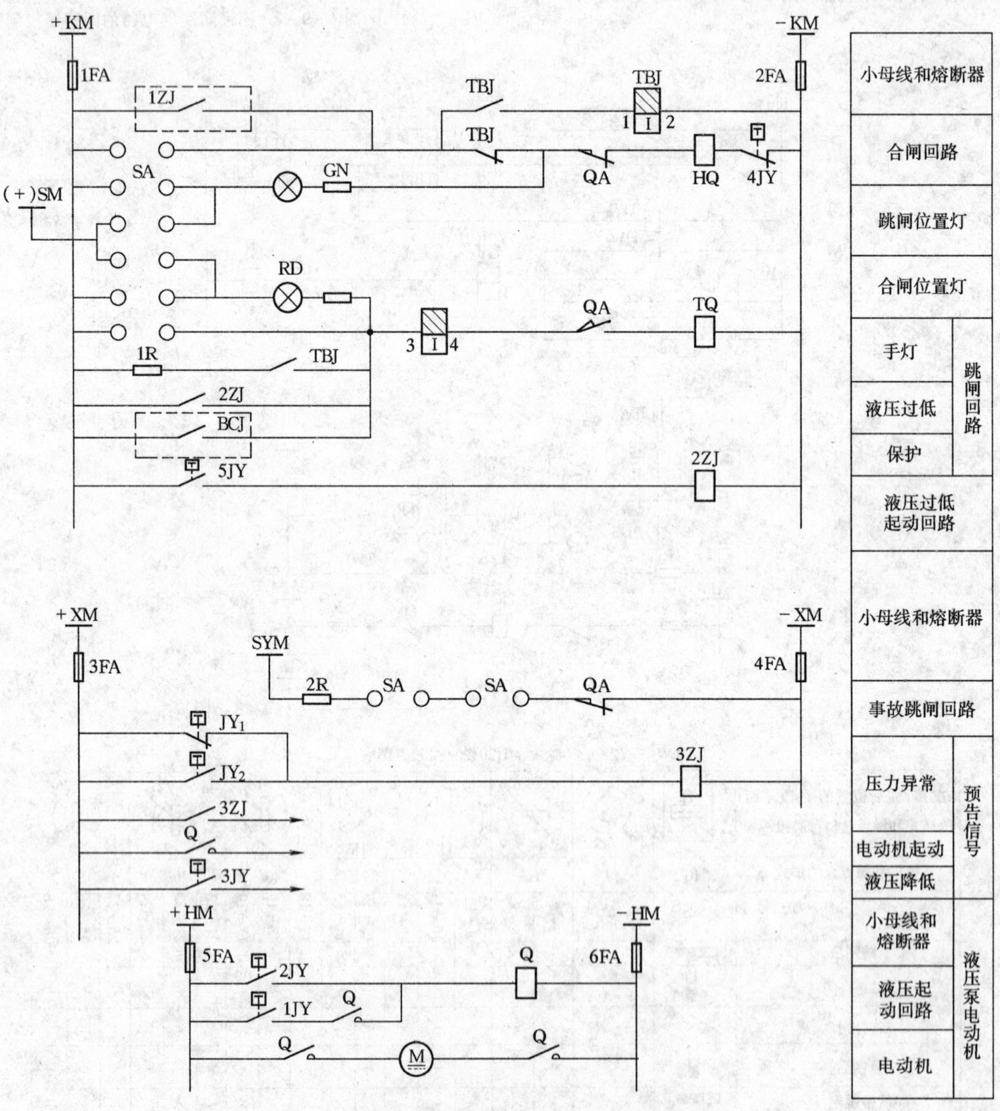

图 4-9-4 液压操动机构的断路器控制、信号回路

SA—控制开关 LM_2-1a、4、6a、40、20、20/F8；GN—绿色信号灯；RD—红色信号灯；1FA～6FA—熔断器；TBJ—中间继电器；1R、2R—附加电阻；TQ、HQ—断路器跳闸、合闸线圈；2ZJ、3ZJ—中间继电器；1JY～5JY、JY1、JY2—触点压力表；Q—直流接触器；QA—断路器

中的触点动作情况是按西安高压开关厂生产的液压机构要求设计的，目前国内各生产厂家以及同一厂家生产年代不同的产品，其液压参数皆不相同，必须按产品说明书要求进行调整。

合闸线圈 HQ 回路内串入闭锁触点 4JY，当压力低于 12936kPa 时，4JY 触点开断不允许断路器合闸，断路器合闸位置的保持压力为 8820kPa，当压力低于 9800kPa 时，压力触点 JY1 关合，发出预告信号，以通知运行人员。液压低于 12348kPa 时，5JY 闭合，启动液压过低，启动回路的中间继电器 2ZJ，使断路器跳闸。液压泵电动机回路中的压力表触点 2JY 在压力低于 15484kPa 时关合，直流接触器 K 动作，其触点闭合，起动电动机蓄能；而当压力超过 17150kPa 时，1JY 触点断开，切断电动机回路。

当压力低于 12348kPa 时，若不希望断开断路器，为防止液压继续下降，使断路器在跳闸时损坏，需利用 2ZJ 触点断开跳闸回路。

五、具有分相操作断路器控制回路

在 220kV 以上电压的电力系统中，为满足单相自动重合闸的需要，往往采用分相操作。分相操作控制回路如图 4-9-5所示，其特点如下：

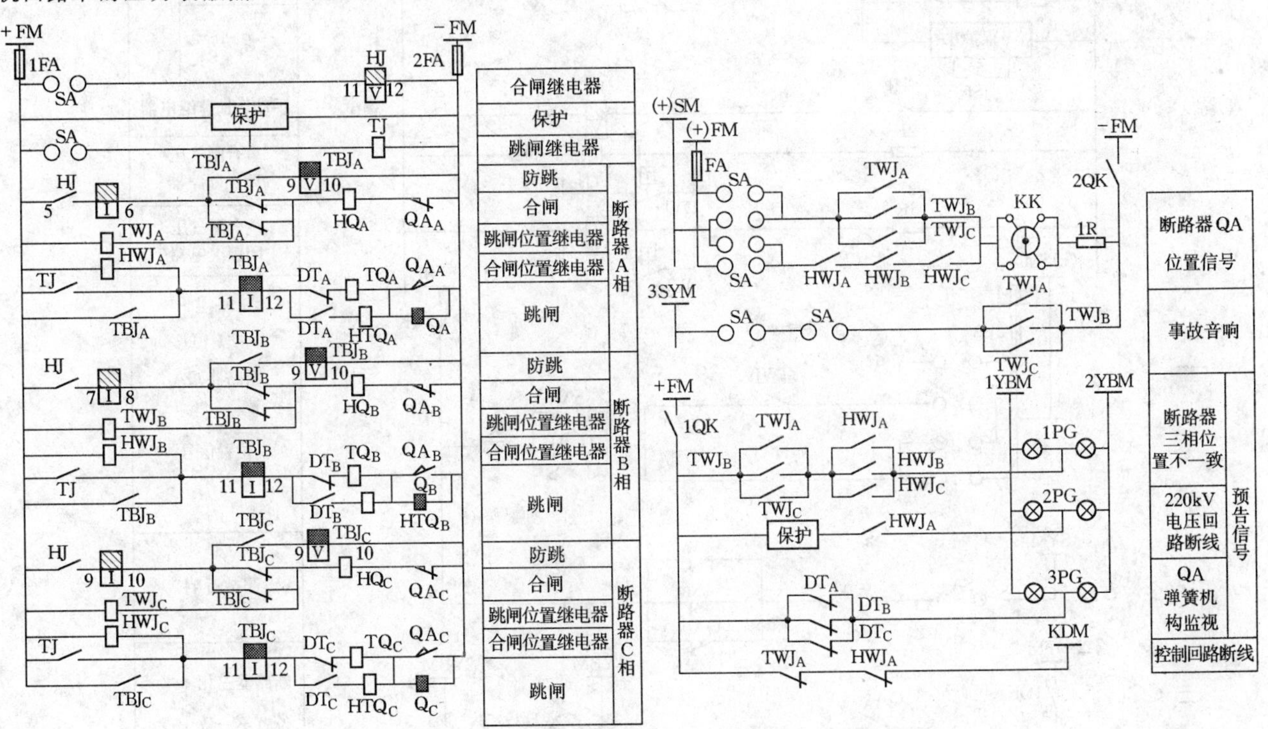

图 4-9-5　弹簧操动机构的少油断路器分相控制回路

SA—控制开关 LW_2—YZ—1a，4、6a、40、20/F1；TBJ_A～TBJ_C—中间继电器 ZJ_{1-1}，220V（电流待定）；TWJ_A～TWJ_C、HWJ_A～HWJ_C—中间继电器 ZJ_{2-2}，220V；HJ—中间继电器 YZJ_{1-5}，220V（电流待定）；TJ—中间继电器 ZJ_{2-2}，220V；1FU、2FU、FU—熔断器 R_1—10/6，250V；1QK、2QK—刀开关 250V，10A；1R—电阻 ZG11—25，2500Ω；1PG～3PG—光字牌，ZSD—110/2 灯泡 220V，15W；QA—断路器；其他设备由操动机构配套

（1）为增加 SA 开关的触点，装设跳、合闸继电器 TJ、HJ。

（2）各相分别装设跳、合闸位置继电器 YWJ_A～TWJ_C、HWJ_A～HWJ_C 和防跳继电器 TBJ_A～TBJ_C。断路器合闸位置信号灯由各相的 HWJ_A～HWJ_C 触点串联接入，以便监视各相位置，而跳闸位置信号灯和事故跳闸回路则由各相的 TWJ_A～TWJ_C 触点并联接入，以反映自动跳闸。

（3）增加了“断路器三相切换不一致”光字牌信号。

六、具有单相操动机构断路器的三相联动控制回路

110kV 以及以上电压的少油断路器往往采用单相操动机构。通常 110kV 系统使用快速重合闸与单相重合闸的较少，一般采用三相联动。现以空气断路器为例来分析具有单相操动机构断路器的三相联动机构控制回路。

空气断路器的特点是以压缩空气的储能来操动断路器跳、合闸，并用压缩空气触头灭弧。为此，在回路中必须串入气压接点，以便在气压降低时闭锁控制回路。并应设置跳合闸和重合闸后压力降低信号。由于其跳、合线圈动作电流较小，220V 时约为 1A，故采用控制开关直接控制。

图 4-9-6 是具有单相操作机构的空气断路器三相联动控制回路，其特点如下：

（1）图中跳、合闸线圈的短路脉冲是靠在回路中接入断路器三相辅助触点 QA_A、QA_B、QA_C 来保证的。

在跳闸线圈回路中，三相辅助开关触点采用并联连接，这样，当触点接触不良或断线时，只要有一相完好，就可以动作跳闸。在合闸线圈回路中，三相辅助触点采用串联连接，以便保证只有在三相完全跳闸及其回路的线圈、辅助开关触点都完好的情况下，才可以合闸。

（2）跳、合闸三个线圈都采用串联接法，使断路器动作的一致性较好。

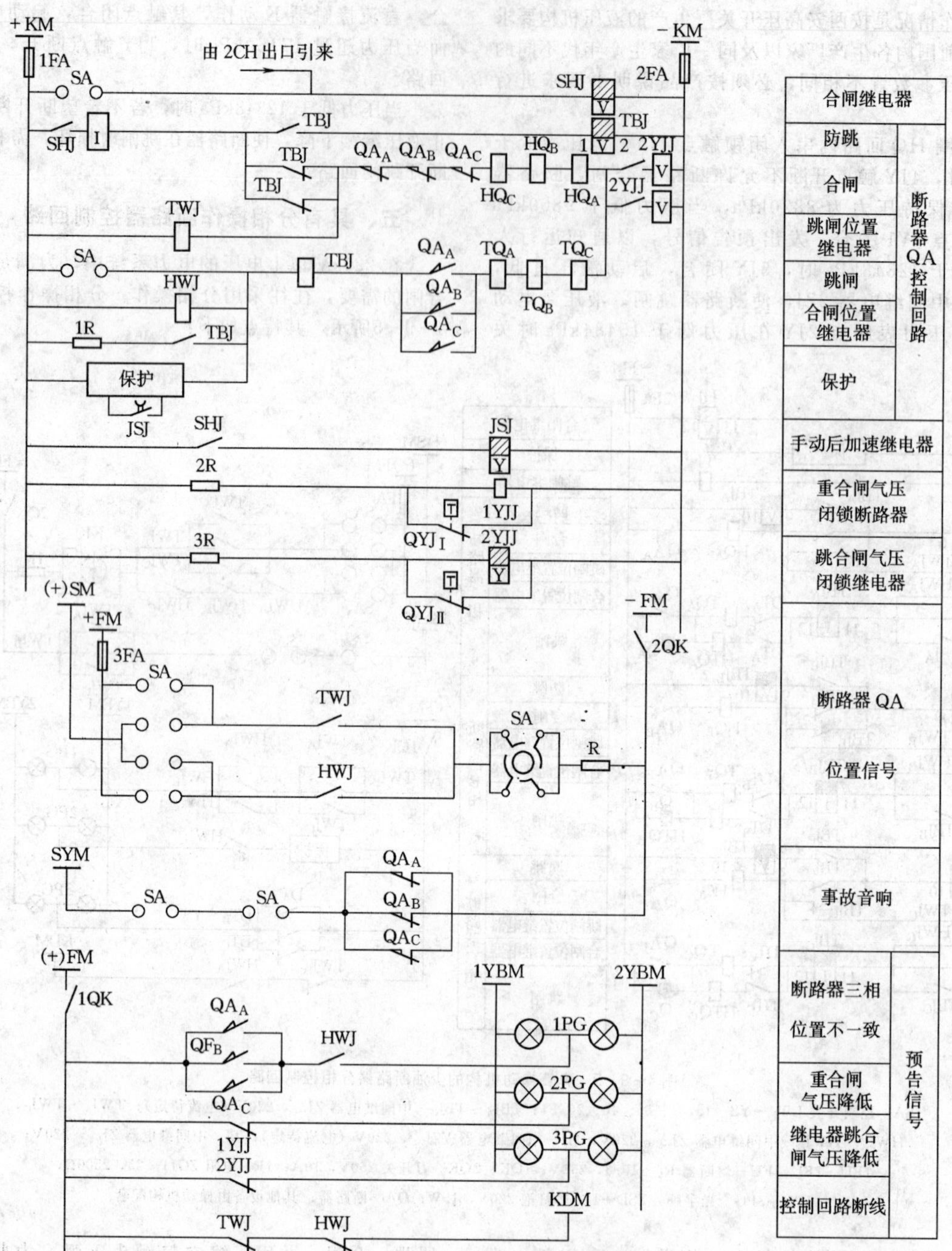

图4-9-6　具有单相操动机构的空气断路器三相联动控制回路

SA—控制开关 LW$_2$—YZ—1a，3，6a，40，20/F1；TBJ—中间继电器 ZJ1—1，220V（电流待定）；SHJ—中间继电器 YZJ1—5，220V（电流待定）；TWJ、HWJ—中间继电器 ZJ2—2，220V；JSJ—中间继电器 YZJ1—2，220V；1YJJ—中间继电器 YZJ1—2，110V；2YJJ—中间继电器 YZJ1—5，110V（电流待定）（其中一触点改为常闭）；1R—电阻 ZG11—50，1Ω；R、2R、3R—电阻 ZG11—25，2500V；3FA—熔断器 R1—10/6A，250V；1QK、2QK—刀开关 250V，10A；QA—断路器；其他设备由断路器配套

（3）跳、合闸闭锁的中间继电器 2YJJ 采用带有自保持线圈的 YZJ1—5 型继电器，它的两对触点并联串接在跳、合闸回路中，因此，只要断路器辅助开关的触点不断开，2YJJ 由于电流线圈通电始终处在自保持状态，从而保持断路器可靠跳、合闸；同时，也使触点 2YJJ 在辅助触点断开后才打开，以免触点烧坏。

七、选控回路

选线控制方式虽有减小屏面、缩小控制室面积和节省控制电缆等优越性，但却增加了中间环节，以致相对地降低了控制回路的可靠性。因此，为了安全可靠，对重要的、操作频繁的、特别是处理重大事故时需要紧急操作的控制对象，一般都不采用选线控制，选线回路一般应满足下列条件：

(1) 有选中显示。当某被控制对象选中时，应有明显的显示。显示方式根据选线机构和控制对象的位置信号的特点来确定。常用的显示方式有三种：一种是借选线开关手柄的位置状态显示；二种设置专用的显示信号灯，灯亮表示选中；三是利用控制对象的位置状态信号灯显示，信号灯闪光表示选中。不论采用哪种显示方式，同一组选线回路中的各控制对象的显示方式应一致。

(2) 后选有效。选某一对象时，宜自动使原已被选中的对象退出选中状态。

(3) 选中后操作才有效。控制对象只有在被选中时才能接受公用控制开关或控制按钮发出的操作脉冲。由于这种控制方式分成“选中”和“操作”两个步骤，故又称二步操作。

(4) 选中与否不影响保护联锁及程序控制的作用。

(5) 各控制对象的执行电源回路应尽量各自独立。

(一) 采用选线开关的选控回路

图 4-9-7 是一个采用选线开关的选控回路，这是选线控制接线中最基本和最简单的一种。

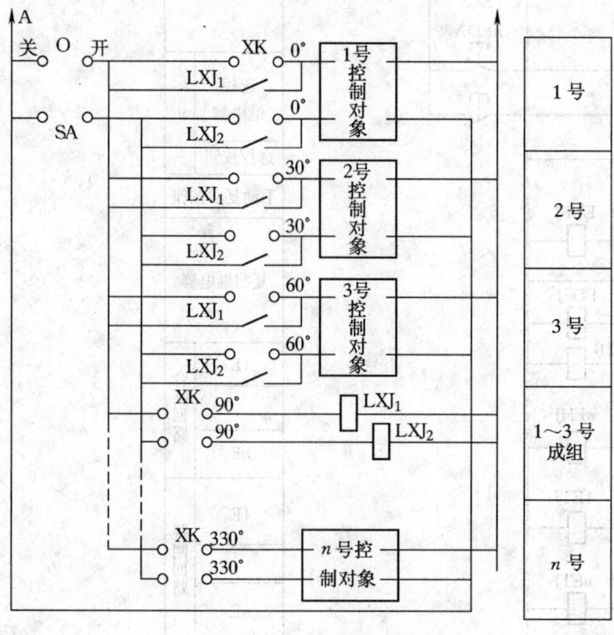

图 4-9-7　采用选线开关的选控回路

SA—控制开关；XK—多位选线开关；

LXJ_1、LXJ_2—成组开关的中间继电器

由图可见，当多位选线开关 XK 手柄在 0°位置时，1 号被控对象选中，此时控制开关 KK 即能控制它“开”或“关”。多位选线开关 XK 手柄在 30°、60°等位置时，可分别操作 2 号、3 号等被控对象。当多位选线开关 XK 手柄在 90°位置时，通过中间继电器 LXJ_1 和 LXJ_2 成组地操作 1～3 号控制对象一起动作。

这种选控方式采用了选线开关手柄的位置状态来显示它的选中。同时，选线开关只能选中一个被控对象，因此，当选中第二个被控对象时，其上一个被控对象必然自动退出，这就体现了“后选有效”条件。

(二) 一组 220kV 断路器的选控回路

图 4-9-8 是一组 220kV 断路器选控回路简图。这是一个采用 48V 弱电控制、二步操作、后选有效、操作后自动复归的选控回路。

(1) 二步操作。这组选控回路可选控 n 台断路器。控制按钮 1EDA～nEDA 分别为各台断路器的选线按钮，控制开关 EDA 为 n 台断路器公用的“分”、“合”闸操作开关。当需要操作 1 号断路器时，可先按下按钮 1EDA，则继电器 1EDA 线圈通电，其常开触点 1EDA 闭合使其自动保持，同时，继电器 1EDA 在跳、合回路中的常开触点闭合，使其操作回路处于“选中”位置，即处于分、合闸的准备阶段；此时，即可根据运行条件的要求操作控制开关 EDK，起动断路器分、闸中间继电器 1ETJ 和 1EHJ。

(2) 操作后自动复归。在“复归继电器”回路中，当控制开关 EDK 处于合闸或分闸位置时，其触点 41—42 或 81—82 接通，正电源将通过电阻 ER 向电容 EC 充电（因为此时控制开关 EDK 的触点 21—22 和 61—62 中只有一副触点接通，继电器 EDFJ 的线圈回路未接通）。当控制开关 EDK 操作完毕，恢复原位时，其触点 21—22 和 61—62 同时接通，同时，触点 41—42 和 81—82 又同时断开，所以电容 EC 对继电器 EDFJ 线圈放电，使 EDFJ 启动。EDFJ 动作后其常开触点闭合，使继电器 EDFJ′启动。继电器 EDFJ′动作后，其在选控回路中的常闭触点 EDFJ′断开，切断了 1EDJ 的回路，1EDJ 复归。

(3) 后选有效。当按下按钮 1EDA 使 1 号断路器处于“选中”位置时，若又按下按钮 nEDA，从 n 号断路器选控回路的右侧可以见到，按钮 nEDA 的另二副触点（一常开、一常闭）将转换它们的开、闭状态。常开触点闭合，它通过按钮 1EDA 的常闭触点和二极管 1ED，将负电源接到继电器 1EDJ 线圈和电阻 1ER 之间，使继电器 1EDJ 线圈两端的电位相等，继电器 1EDJ 复归，其常开触点断开，切断了 1 号断路器的操作回路；与此同时，第 n 号断路器的选控继电器 nEDJ 动作，使 n 号断路器处于“选中”位置，此即称为“后选有效”。

图中 FLJ 是使回路实现暗转亮的闭锁继电器，当任一选控按钮按下时，FLJ 通电，它使返回屏转亮的中间继电器 6ZJ 通电，返回屏转亮。按钮 LDA 和 ADA 分别为手动转亮和手动转暗操作按钮。5ZJ 继电器线圈接在保护回路中（图中未表示），当保护动作时，5ZJ 的常闭触点断开，使返回屏自动转暗。当隔离开关也具有选控操作回路时，则在它们的选控回路中，也串入与 FLJ 相似的闭锁继电器 GLJ（图中未表示），它们触点与 FLJ 的并联，可启动 6ZJ。

八、SF_6 断路器的二次接线

SF_6 断路器各元件的二次线路图如图 4-9-9 所示，LW3—10Ⅱ型断路器的接线图如图 4-9-10 所示。其中，FK 为辅助开关；LK 为行程开关；HX、TX 为合闸、分闸线圈；TQ_A、TQ_C 为过流脱扣线圈；M 为储能电动机；K_1、K_2 为时间继电器触点。

在接线调试中应注意的事项是：

(1) 分合闸电气连锁靠换转开关 FK 来实现，机构内部已有可靠的分合闸机械联锁。手动分闸时，如拉不动分闸环（分闸闭锁）时，勿再用劲拉；拉不动合闸环时，即合闸闭锁时，亦不可再用劲拉。此时，应观察指针位置后，再进行分合操作。

(2) 合、分线圈的通电时间不许超过 1s，长时间通电

会烧毁线圈。

(3) 电接点真空压力表引线在罩下部，从该压力表的常开触点接出。出厂时，已将其下限指针调至 0.2MPa（按 0.25MPa，−10℃考虑），当 SF_6 气压降至 0.2MPa（10℃）时，触点即行闭合，接通继电保护回路。用户可根据运行要求适当调高下限，但不得低于 0.2MPa。

(4) 机构箱下部两只拉环分别是手动合闸和手动分闸拉环。靠箱外侧的是合闸拉环，靠箱体里边的是分闸拉环，手动操作时不得拉错。

(5) 储能电动机必须使用交流电源，否则，行程开关会因断流能力不够而导致损坏。如果储能电动机非用直流电源不可时，可另配行程开关或串并电容器。

(6) 13—14、17—18 为信号辅助回路，如果不够用，可用 19—20 两端子接线。

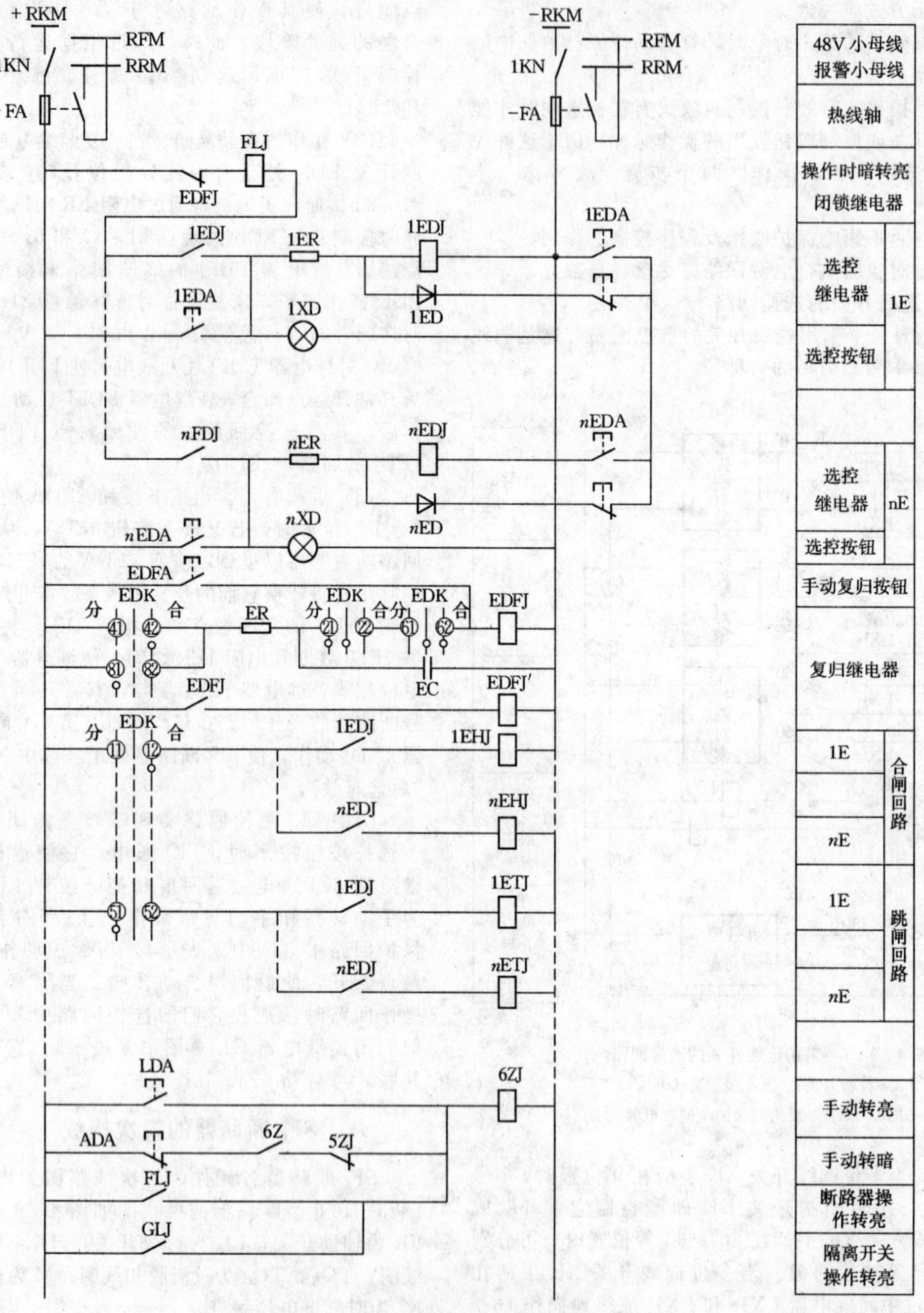

图 4-9-8　一组 220V 断路器选控回路简图

EDFJ—复归继电器；FLJ—转亮闭锁继电器；1EDA～nEDA—选控按钮；1ED～nEDJ—选控继电器；1EDR～nER—电阻；1XD～nXD—信号灯；FDFA—手动复归按钮；1EHJ～nEHJ—合闸继电器；1ETJ～nETJ—跳闸继电器；LDA—手动转亮按钮；ADA—手动转暗按钮；6ZJ—转亮中间继电器；5ZDJ—自动转暗中间继电器；.GLJ—隔离开关转亮闭锁继电器

(7) 在正常运行中，如果控制电源发生故障，可用手动方式进行储能及分和循环操作。

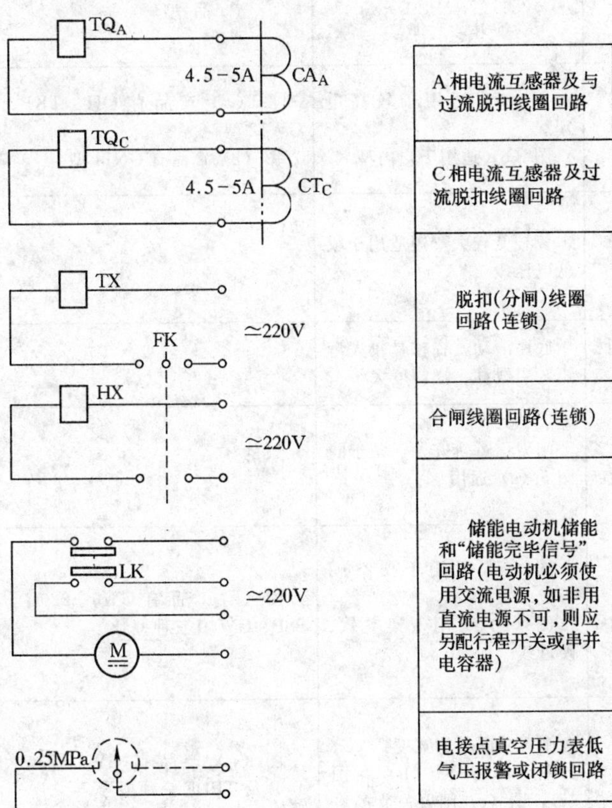

图 4－9－9　SF_6 各元件二次接线

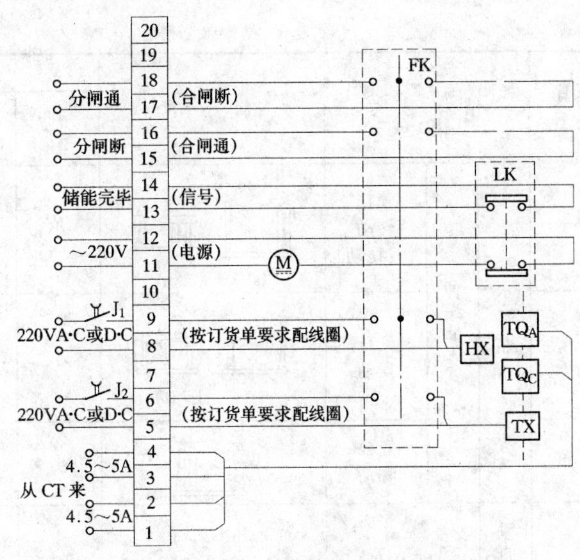

图 4－9－10　LW3—10Ⅱ型断路器的接线图

第十节　高压隔离开关及其他高压电器

一、高压隔离开关

高压隔离开关主要配合高压断路器使用，高压隔离开关往往布置在高压断路器的前后，当高压断路器断开后，高压隔离开关也断开，可以在空间形成肉眼观察到的电气断开点。另外，也在切换母线及切离微小充电电流时使用。

高压隔离开关不同结构形式及特点，如表 4－10－1 所示。

高压隔离开关技术数据如表 4－10－2 所示。

表 4－10－1　　高压隔离开关不同结构形式及其特点

序号	结构形式			简图	特点			产品型号举例
					相间距离	分闸后闸刀情况	其他	
1	水平断口	双柱式	闸刀水平转	Ⅱ形 V形 (a) (b)	大	不占上部空间	瓷柱兼受较大弯矩和扭矩 适用于变电所出线	图 (a) 产品有 GW4 型 图 (b) 产品有 GW5 型
2		双柱式	闸刀垂直转		小	占上部空间	每侧都有支持与操作瓷柱 适用于变电所出线	
3		三柱(双断口)式	闸刀水平转		较小但纵向长	不占上部空间	瓷柱分别受弯矩或扭矩 适用于变电所出线	GW7
4			闸刀垂直转		小但纵向长	占上部空间	闸刀传动结构较复杂	
5	闸刀式			(a) (b)	小	上部占空间大	图 (b) 类适用于较低电压级	图 (a) 产品有 GW2 型 图 (b) 产品有 GN6 型

续表

序号	结构形式			简图	特点			产品型号举例
					相间距离	分闸后闸刀情况	其他	
6	水平断口	伸缩插入式	瓷柱转动（或拉动）	(a)　(b)	小	图（a）占上部空间	图（a）适用于较高电压级 图（b）适用于户内型	图（a）产品有 OH、TKF、GW12 型 图（b）产品有 GN14 型
7	水平断口	伸缩插入式	瓷柱摆动	(a)　(b)	小	图（a）占上部空间	瓷柱受较大弯矩适用于较低电压级	
8	水平断口	伸缩插入式	瓷柱移动		小	不占用空间	底座滚动，瓷柱受较大弯矩，引线移、摆幅度大	
9	垂直断口	闸刀式			小	一侧占空间大	闸刀运行轨迹大，易于同图 5（a）通用	GW3
10	垂直断口	伸缩式[①]	偏折	插入　钳夹 (a)　(b)	小	一侧占空间	图（a）适用于架空硬母线 图（b）可用于架空软、硬母线	图（b）产品有 GW6—220G、SSP、GW10 三种型号
11	垂直断口	伸缩式[①]	对称折	(a)　(b)　(c)	小	二侧占空间	闸刀分闸后的宽度： 图（a）>图（b）>图（c），图（c）闸刀关节多	图（a）产品有 GW6—330、TFB 及 TPDE 三种型号

① 伸缩式特别适用于变电所母线隔离开关。

表 4-10-2　　高压隔离开关技术数据

型号	额定电压（kV）	额定电流（A）	极限通过电流峰值（kA）	热稳定电流（kA）		操作机构型号
				4s	5s	
GN2—10/2000—85	10	2000	85		51	CS6—2T
GN2—35T/400—52	35	400	52		14	CS6—2T
GN2—35T/600—64	35	600	64		25	CS6—2T
GN2—35T/1000—70	35	1000	70		27.5	CS6—2T
GN8—6T/200	6	200	25.5		10	CS6—1T
GN8—6T/400	6	400	40		14	CS6—1T
GN8—6T/600	6	600	52		20	CS6—1T
GN8—10T/200	10	200	25.5		10	CS6—1T
GN8—10T/400	10	400	40		14	CS6—1T
GN8—10T/600	10	600	52		20	CS6—1T
GN8—10T/1000	10	1000	75		30	CS6—1T
GN13—35/400—52	35	400	52	14		CS6—2T
GN13—35/600—64	35	600	64	16.5		CS6—2T
GW1—6/200—15	6	200	15		7	CS8—1
GW1—6/400—25	6	400	25		14	CS8—1
GW1—10/200—15	10	200	15		7	CS8—1
GW1—10/400—25	10	400	25		14	CS8—1
GW1—10/600—35	10	600	35		20	CS8—1
GW2—35/600	35	600	50		14	CS—11 或 CS8—3 或 CS8—2D
GW2—35D/600	35	600	50		14	CS—11 或 CS8—3 或 CS8—2D
GW4—35（W）	35	600	50		14	CS—11
GW4—110（D）（W）	110	600、1000	50、80		14、21.5	CS—14 或 CQ2—145
GW5—35G/600—72	35	600	72	16		CS—17
GW5—35G/1000—83	35	1000	83	25		CS—17
GW5—110GD/600—72	110	600	72	16		CS—17
GW5—110GK/600—72	110	600	72	16		CS1—XG

注　常用隔离开关及其操作机构符号说明：GN—户内用隔离开关；GW—户外用隔离开关；T—统一设计；D—带接地刀闸；W—防污秽型；K—快分型；CS—手动操作机构；CJ—用电机操作的机构；CQ—用压气操作的机构；G—可用于高原地区。

二、高压负荷开关和高压熔断器

高压负荷开关技术数据如表 4-10-3 所示。

高压熔断器技术数据如表 4-10-4 所示。

户外跌落式高压熔断器技术数据如表 4-10-5 和表 4-10-6 所示。

表 4-10-3　高压负荷开关技术数据

型　号	额定电压(kV)	额定电流(A)	最大开断电流(A) 6kV	最大开断电流(A) 10kV	额定开断容量(MVA)		极限通过电流(kA)	5s 热稳定电流(kA)	闭合电流峰值(kA)	备　注
FN2—10 FN2—10R	10	400	2500	1200	25		25	8.5	—	
FN3—10	10	400	$\cos\varphi=0.15$	$\cos\varphi=0.7$	$\cos\varphi=0.5$	$\cos\varphi=0.7$				
			850	1450	15	25	25	8.5	15	有过载保护的热脱扣器
FN3—10R	6	400	850	1950	9	20	25	8.5	—	
FW2—10G	10	100 200 400		1500			14	7.8 7.8 12.7	—	
FW3—35	35	200		100	—		7	5	7	
FW4—10	10	200 400		800	—		15	5	—	

表 4-10-4　高压熔断器技术数据

型　号	额定电压(kV)	额定电流(A)	最大开断容量(三相)(MVA)	最大切断电流(有效值)(kA)	最小切断电流(额定电流倍数)	切断极限短路电流时之最大电流峰值(限流,kA)	熔管数
RN1—6/10	6	10	200	20.0	不规定		1
RN1/6/20	6	20	200	20		5.2	1
RN1—6/30 RN1—6/50	6 6	30 50	200 200	20 20	1.3		1 1
RN1—6/75	6	75	200	20		14	1
RN1—10/10	10	10	200	12	不规定		1
RN1—10/20	10	20	200	12		4.5	1
RN1—10/30 RN1—10/50 RN1—10/75	10 10 10	30 50 75	200 200 200	12 12 12	1.3	8.6	1 1 2
RN1—35/2 RN1—35/5	35 35	2 5	200 200	3.5 3.5	不规定	0.8	1 1
RN1—35/10 RN1—35/20	35 35	10 20	200 200	3.5 3.5	1.3	1.6 2.8	1 2
RN2—6/0.5 RN2—10/0.5 RN2—35/0.5	6 10 35	0.5 0.5 0.5	500 1000 1000	85 50 17	0.6～1.8 (A)	300 350 700	
RW10—35	35	0.5	2000	28	过电压倍数	保护 TV	限流式
		2; 3; 5; 7.5; 10	600		$\leqslant 2.5U_N$	保护电力线路	限流式
RW0—35	35	0.5	1000	14	$\leqslant 2.5U_N$	保护 TV	限流式
		2; 3; 5; 7.5; 10	200			保护电力线路	

表 4-10-5　　户外跌落式高压熔断器技术数据（一）

型　号	额定电压(kV)	额定电流(A)	断流容量（三相，MVA）		备　注
			上　限	下　限	
RW3—10G/100 RW3—10G/200	6～10	100 200	100 100		
RW3—10T/50 RW3—10T/100	6～10	50 100	75 100		
RW3—10/60 RW3—10/100 RW3—10/150	6～10	60 100 150	75 75 75	20 20 20	
RW5—35/100 RW5—35G/50 RW5—35G/100 RW5—35G/200	35 35 35 35	100 50 100 200	400 200 400 800	10 15 15 30	

表 4-10-6　　户外跌落式高压熔断器技术数据（二）

型　号	额定电压(kV)	额定电流(A)		额定开断容量（三相，MVA）	备　注
		熔管	熔　丝		
RW—10B RW—35B RW—60B	10 35 60	100	0.5，3，5，7.5，10，15，20，30，40，50，75，100	200 600 700	爆炸式跌落熔断器
RW—35BZ RW—60BZ	35 60	100	5，7.5，10，15，20，30，40，50，75，100	250 350	爆炸式重合跌落熔断器

三、绝缘瓷瓶套管和避雷器

支柱式绝缘瓷瓶和绝缘套管技术数据如表 4-10-7 所示。

避雷器技术数据如表 4-10-8 和表 4-10-9 所示。

表 4-10-7　　支柱式绝缘瓷瓶和绝缘瓷套管技术数据

支柱式绝缘瓷瓶

型　号	U_N (kV)	破坏荷重 (kg)
ZA—6Y（T）	6	375
ZA—10Y（T）	10	375
ZA—35Y（T）	35	375
ZNA—6MM	6	375
ZNA—10MM	10	375
ZB—6Y（T）	6	750
ZB—10Y（T）	10	750
ZB—35F	35	750
ZNB—10MM	10	750
ZNB2—10MM	10	750
ZC—10F	10	1250
ZS—10/500	10	500
ZS2—10/500	10	500
ZS—35/800	35	800
ZS—35/400	35	400
ZPA—6	6	375
ZPA—10	10	500
CD10—1～8	10	250
CD35—1～4	35	350

绝缘瓷套管

型　号	U_N (kV)	I_N (A)	破坏荷重 (kg)	备　注
CLB—6/250	6	250	750	户内式
400	6	400	750	
600	6	600	750	
CLB—10/250	10	250	750	
400	10	400	750	
600	10	600	750	
1000	10	1000	750	
1500	10	1500	750	
CLB—35/250	35	250	750	
400	35	400	750	
600	35	600	750	
1000	35	1000	750	
CLC—10/2000	10	2000	1250	
CLD—10/2000	10	2000	2000	
CWLB—6/250	6	250	750	户外式
400	6	400	750	
600	6	600	750	
CWLB—10/250	10	250	750	
400	10	400	750	
600	10	600	750	
1000	10	1000	750	
CWLC—10/1000	10	1000	1250	
2000	10	2000	1250	
CWLB—35/250	35	250	750	
400	35	400	750	
600	35	600	750	
1000	35	1000	750	

表 4-10-8　　FZ 系列普通阀型避雷器的电气特性（发电厂和变电所用）

型　号	额定电压（kV，有效值）	灭弧电压（kV，有效值）	工频放电电压（kV，有效值）	冲击放电电压（预放电时间 1.5～20μs）不大于（kV，幅值）	残压（波形为 10/20μs）不大于（kV，幅值）	
					5kV	10kA
FZ—6	6	7.6	16～19	30	27	(30)
FZ—10	10	12.7	26～31	45	45	(50)
FZ—20	20	25	49～60.5	85	80	(88)
FZ—35	35	41	84～104	134	134	(148)
FZ—60	60	70.5	140～173	220	227	(250)
FZ—110J	110	100	224～268	310	332	(364)
FZ—110	110	126	254～312	375	375	(440)

注　1. 型号中的 J 表示中点接地系统用。

2. 括号中为参考值。

表 4-10-9　　GX 系列管型避雷器的结构数据和电气特性

型　号	额定电压（kV）	最高工作电压（kV）	灭弧电压（kV）	灭弧间隙（mm）	隔离间隙（mm）	灭弧管内径（mm）	冲击放电电压（1.5/40μs）（kV）				工频耐压（kV）		额定断流能力（kA）		冲击通流能力 10/20μs（kA）	重量（kg）
							负极性		正极性							
							波头	最小	波头	最小	干	湿	上限	下限		
GX1—$\frac{6}{0.5-3}$	6	6.9	7.6	130	$\frac{10}{15}$	$\frac{8}{8.5}$	60	55	59	44	20	16	3	0.2	30	1
GX1—$\frac{6}{2-8}$						$\frac{9.5}{10}$							8	2		1.5
GX1—$\frac{10}{0.8-4}$	10	11.5	12.7	130	$\frac{15}{20}$	$\frac{8.5}{9}$	74	60	77	75	33	27	4	0.8	30	2
GX1—$\frac{10}{2-7}$						$\frac{10}{10.5}$	76						7	2		
GX1—$\frac{35}{0.6-5}$	35	40.5	44.6	150	$\frac{100}{120}$	10	$\frac{269}{269}$	$\frac{204}{210}$	$\frac{259}{275}$	$\frac{190}{200}$	92.4	84	5	0.6	40	2.5
GX1—$\frac{35}{2-10}$						12.5	$\frac{298}{316}$	$\frac{213}{245}$	$\frac{284}{284}$	$\frac{194}{194}$			10	2		

第五章　导　电　线　缆

第一节　输配电用架空裸导线

一、输配电用裸线概述

输配电用裸线不是一种简单的导体，而是具有综合性要求的产品，需要从材料选择、结构设计以及特殊试验等方面考虑，以满足这些综合要求。输配电用裸线的导电性能、机械和物理性能直接影响输电线路导线的设计和运行。如导线电阻、拉断力、弹性模量、线膨胀系数、振动疲劳性、蠕变性、耐热性和单位长度质量等，与线路容量、塔杆高度和跨距设计有关。近代高压和超高压输电线路，导线电晕起始性能也是重要参数之一。

二、架空裸导线的绞合规则

架空裸导线是由若干根单裸导线按一定规则绞合而成的，就像我们见到的各种绳索一样。裸导线的绞合规则分为简单绞合、组合绞合、复合绞合和特殊绞合，如表 5-1-1 所示。

表 5-1-1　　架空裸导线绞合规则

绞合方式	绞合方法和特点
简单绞合 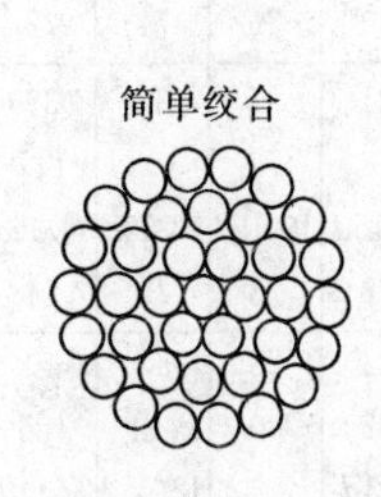	简单绞合也称为正规绞合，由材质相同、线径相等的线材绞合而成。理论上中心层的单线根数可取 1～6 根，从中心层向外每层的单线根数递增 6 根，相邻层的绞向相反，最外层的绞向为右向。铝绞线、铝合金绞线和铝包钢绞线大多采用这种绞合方式。简单绞线结构的理论计算参数见表5-1-2

续表

绞合方式	绞合方法和特点
组合绞合	组合绞合由导电单线和增强单线2组单线绞合而成，组合绞线存在2种情况，第1种是导电单线和增强单线直径相等，此时绞线规则与简单绞合相同。第2种是增强单线和导电单线直径不等，一般先将增强单线简单绞合成中心组，根据该绞线组的外径，仍按简单绞线的原则确定导电单线的各层分布。钢芯铝绞线、钢芯铝合金绞线和铝合金芯铝绞线等采用组合绞合方式
复合绞合 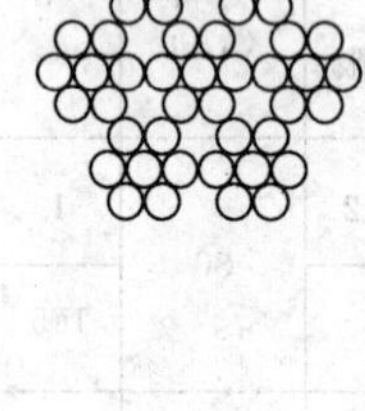	复合绞合由材质相同、线径相等的单线，先通过束合或绞合成股，再由线股用简单的绞合方式绞成。第2次复绞的方向可与束线股的绞向相同或相反。束线是由多根单线以同一方向一次束合而成，束线中的各单线，其位置互相不严格固定，所以束线外径不一定完全呈圆形，束线的外径稍比简单绞线外径小一些，当束线股和简单绞线所含单线根数和直径相等时，束线股外径为简单绞线外径的99.0%～99.9%。复合绞合可用于扩径导线，也常用于软铜绞线、电刷线以及电气装备用电线电缆类中某些产品的导电线芯
特殊绞合 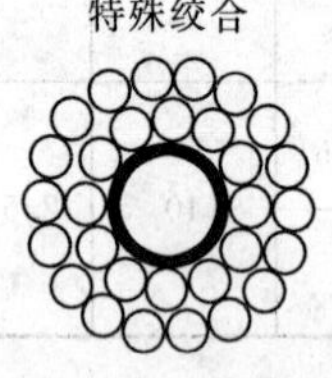	特殊绞合由不同材质和不同形状的线材用特殊组合方式绞合而成。这种结构用于扩径导线、自阻尼导线、压缩型导线和光纤复合架空地线等。扩径导线的结构中心可设置支撑构件，如波纹铝管、蛇皮管等，支撑构件外再绞制镀锌钢线和铝线和铝包钢线等

表5-1-2　简单绞合结构理论计算示例

（d为单线直径）

中心层根数	结构参数	绞线层数（序数1即为中心层）						
		1	2	3	4	5	6	7
1	各层单线根数 z	1	6	12	18	24	30	36
	绞合单线总数 Z	1	7	19	37	61	91	127
	绞线外径 D	1d	3d	5d	7d	9d	11d	13d
	填充系数 η（%）	100	78	76	75	75	75	75
2	各层单线根数 z	2	8	14	20	26	32	38
	绞合单线总数 Z	2	10	24	44	70	102	140
	绞线外径 D	2d	4d	6d	8d	10d	12d	14d
	填充系数 η（%）	50	62	67	70	70	71	72
3	各层单线根数 z	3	9	15	21	27	33	39
	绞合单线总数 Z	3	12	27	48	75	108	147
	绞线外径 D	2.15d	4.15d	6.15d	8.15d	10.15d	12.15d	14.15d
	填充系数 η（%）	64	69	71	72	73	73	74
4	各层单线根数 z	4	10	16	22	28	34	40
	绞合单线总数 Z	4	14	30	52	80	114	154
	绞线外径 D	2.4d	4.4d	6.4d	8.4d	10.4d	12.45d	14.4d
	填充系数 η（%）	60	72	73	74	74	74	75

续表

中心层根数	结构参数	绞线层数（序数1即为中心层）						
		1	2	3	4	5	6	7
5	各层单线根数 z	5	11	17	23	29	35	41
	绞合单线总数 Z	5	16	33	56	85	120	161
	绞线外径 D	2.7d	4.7d	6.7d	8.7d	10.7d	12.7d	14.7d
	填充系数 η（%）	69	73	74	74	74	74	75
6	各层单线根数 z	6	12	18	24	30	36	42
	绞合单线总数 Z	7	19	37	61	91	127	168
	绞线外径 D	3d	5d	7d	9d	11d	13d	15d
	填充系数 η（%）	67	72	73	74	74	75	75

三、圆形单线的参数及性能

圆形单线是指横截面呈圆形的高导电金属单线、增强用金属单线或二者复合成的单线，包括铜线、铝线、铝合金线、铝包钢线、铜包钢线和镀锌钢线等。

（一）铜单线

参考GB 3953《电工圆铜线》标准，铜单线分TR型软铜单线、TY型硬铜单线和TYT型特硬铜单线。铜单线的电气、力学性能和物理常数见表5-1-3。

表5-1-3　铜单线电气、力学性能和物理常数

型号	直径范围（mm）	密度（kg/dm³）（20℃时）	抗拉强度（MPa）	线膨胀系数（×10⁻⁶℃⁻¹）	电阻率（nΩ·m）（20℃时）	电阻温度系数（℃⁻¹）
TR	0.02～14.0		245～289		17.241	0.00393
TY	0.02～14.0	8.89	271～421	17.0	17.77～17.96	0.00377
TYT	1.50～5.00		408～446		17.77～17.96	0.00381

（二）铝单线

参考GB 3955—1983《电工圆铝线》标准，铝单线品种较多，包括软铝线及硬铝线，硬铝线又分为4种。标准整顿以后，架空绞线用硬铝线已归入GB/T 17048《架空绞线用硬圆铝线》标准。LR型软铝线、LY4型和LY6型硬铝线的电气、力学性能和物理常数见表5-1-4。参考GB/T 17048标准，输电架空导线用硬铝单线型号为LY9，直径范围为1.25～5.00mm，硬铝线电导率相当于61.0%IACS（国际退火铜标准）。LY9的计算用数值和性能见表5-1-5，抗拉强度最小值见表5-1-6。对其做卷绕性能试验时，以不超过60r/min的速度，在直径与硬铝线直径相等的芯轴上卷绕8圈，然后退绕6圈，再重新紧密卷绕，硬铝线应不断裂。

表5-1-4　铝单线的电气、力学性能和物理常数

型号	直径范围（mm）	密度（kg/dm³）（20℃时）	抗拉强度（MPa）	线膨胀系数（×10⁻⁶℃⁻¹）	电阻率（nΩ·m）（20℃时）	电阻温度系数（℃⁻¹）
LR	0.30～10.00		最大95		28.00	0.00407
LY4	0.30～6.00	2.703	95～125	23.0	28.264	0.00403
LY6	0.30～10.00		125～165		28.264	0.00403

表 5-1-5 LY9 型硬铝线计算用数值和性能

型号	直径公差（mm）	密度（kg/dm³）（20℃时）	线膨胀系数（×10⁻⁶℃⁻¹）	电阻率（nΩ·m）（20℃时）	电阻温度系数（℃⁻¹）
LY9	D≤3.00 为 ±0.03 D>3.00 为 ±1%d	2.703	23.0	最大 28.264	0.00403

表 5-1-6 LY9 型硬铝线抗拉强度最小值

标称直径 d（mm）	抗拉强度最小值（MPa）	标称直径 d（mm）	抗拉强度最小值（MPa）
d≤1.25	200	2.25<d≤2.50	175
1.25<d≤1.50	195	2.50<d≤3.00	170
1.50<d≤1.75	190	3.00<d≤350	165
1.75<d≤2.00	185	350<d≤5.00	160
2.00<d≤2.25	180	—	—

（三）铝合金线

参考 JB/T 8134—1997《架空绞线用铝—镁—硅系合金圆线》标准，输电架空导线用铝—镁—硅合金线的直径范围为 1.25～4.50mm，LHA1 型电导率相当于 52.5%IACS（国际退火铜标准），LHA2 型电导率相当于 53.0%IACS。铝合金线的计算用数值和性能见表 5-1-7。抗拉强度最小值及 250mm 标距的断裂伸长率见表 5-1-8。卷绕性能试验时，以不超过 60r/min 的速度，在直径与铝合金线直径相等的芯轴上卷绕 8 圈，铝合金线不应断裂。

表 5-1-7 铝—镁—硅合金线计算用数值和性能

型号	电阻率（nΩ·m）（20℃时）	电阻温度系数（℃⁻¹）	密度（kg/dm³）（20℃时）	线膨胀系数（×10⁻⁶℃⁻¹）	直径公差（mm）
LHA1	最大 32.840	0.0036	2.703	23.0	d≤3.00 为 ±0.03 d>3.00 为 ±1%d
LHA2	最大 32.530				

表 5-1-8 铝—镁—硅合金线抗拉强度和断裂伸长率最小值

标称直径 d（mm）	LHA1 型		LHA2 型	
	抗拉强度最小值（MPa）	断裂伸长率最小值（%）	抗拉强度最小值（MPa）	断裂伸长率最小值（%）
d≤3.5	325	3.0	295	3.5
d>3.5	315	3.0	295	3.5

（四）铝包钢线

参考 GB/T 17937《电工用铝包钢线》标准，电工用铝包钢线分级有 LB1、LB2、LB3 和 LB4 共 4 级，相应的电导率为 20.3%、27%、30%和 40%IACS。这与 IEC 61232 标准中 20SA、27SA、30SA 和 40SA 相对应。铝包钢线密度见表 5-1-9，直径公差见表 5-1-10，最小铝层厚度见表 5-1-11，物理常数见表 5-1-12，抗拉强度最小值和 1%伸长时的应力最小值和 20℃时的电阻率最大值见表 5-1-13。铝包钢线需进行扭转试验，在 100 倍标称直径的长度上，铝包钢线应能经受不少于 20 次扭转而不断裂。扭转到试样断裂后，用正常目力观察断面，铝层不应脱离。

表 5-1-9 铝包钢线密度

型号（等级）	IEC 1232 型号	铝比（%）	钢比（%）	标称密度（g/cm³）（20℃时）
LB1A	20SA A	25	75	6.59
LB1B	20SA B	25	75	6.53
LB2	27SA	37	63	5.91
LB3	30SA	43	57	5.61
LB4	40SA	62	38	4.64

表 5-1-10 铝包钢线直径公差

标称直径 d（mm）	公差（mm）
d≥2.67	±1.5%d
d<2.67	±0.04

表 5-1-11 铝包钢线最小铝层厚度

等级	最小铝层厚度（mm）
LB1	标称直径 1.8mm 以下为 8%铝包钢线标称半径 标称直径 1.8mm 及以上为 10%铝包钢线标称半径
LB2	14%铝包钢线标称半径
LB3	15%铝包钢线标称半径
LB4	25%铝包钢线标称半径

表 5-1-12 铝包钢线物理常数

等级	LB1		LB2	LB3	LB4
	A	B			
最终弹性模数实测（GPa）	162	155	140	132	109
线膨胀系数（K⁻¹）	13.0×10⁻⁶	12.6×10⁻⁶	13.4×10⁻⁶	13.8×10⁻⁶	15.50×10⁻⁶
定质量电阻温度系数（K⁻¹）	0.0036	0.0036	0.0036	0.0038	0.0040

表 5-1-13 铝包钢线力学性能和电阻值

等级	型式	标称直径 d（mm）	抗拉强度最小值（MPa）	1%伸长时的应力最小值（MPa）	电阻率最大值（nΩ·m）（20℃时）（对应于 IACS 电导率/%）
LB1	A	1.24<d≤3.25	1340	1200	84.80（20.3）
		3.25<d≤3.45	1310	1180	
		3.45<d≤3.65	1270	1140	
		3.65<d≤3.95	1250	1100	
		3.95<d≤4.10	1210	1100	
		4.10<d≤4.40	1180	1070	
		4.40<d≤4.60	1140	1030	
		4.60<d≤4.75	1100	1000	
		4.75<d≤5.50	1070	1000	
	B	1.24<d≤5.50	1320	1100	

续表

等级	型式	标称直径 d (mm)	抗拉强度最小值 (MPa)	1%伸长时的应力最小值 (MPa)	电阻率最大值 (nΩ·m)(20℃时)(对应于IACS电导率/%)
LB2	—	2.50<d≤5.00	1080	800	63.86 (27)
LB3	—	2.50<d≤5.00	880	650	57.47 (30)
LB4	—	2.50<d≤5.00	680	500	43.10 (40)

(五) 铜包钢线

铜包钢线的型号为GTA和GTB，目前尚无GB/T和JB/T标准，各企业标准的参数也不完全相同。GTA型用于通信，GTB可用于电力。不同工艺的铜包钢线，其铜含量差异甚大，有的铜截面占40%～50%，有的只占15%～20%（表5-1-13中近似20%）。铜包钢线强度较高，导电性较好，可用于架空通信线路和严重腐蚀地区的架空输电线路。铜包钢线的电阻、机械性能和铜层厚度见表5-1-14。铜包钢线的扭转试验，对直径1.20～4.00mm的试样长度为200mm，对直径5.00～6.00mm的试样为300mm，定向扭转7次后，不得有折边及夹杂物质。

(六) 镀锌钢线

参考GB/T 3428《架空绞线用镀锌钢线》标准，按镀锌钢线的强度分3级，按钢线镀锌层厚度分A级和B级2种。该标准等同采用IEC 60888—1987。不同强度钢线的力学性能见表5-1-15，钢线标称直径、允许公差以及锌层厚度见表5-1-16。镀锌钢线是绞线的加强构件，绞线的结构设计常说明钢与铝的百分比，此数值会影响绞线的总抗拉力。镀锌钢线的锌层厚度也很重要，不应在制造或架设绞线时擦伤锌层，以免影响产品在使用时的耐腐蚀性能。

表5-1-14 铜包钢线直径及其公差、铜层厚度、电阻和机械性能

标称直径 (mm)	线径公差 (mm)	铜层厚度 (mm)(近似截面20%)	抗拉强度 (MPa)	耐弯曲试验		直流电阻 (Ω/km)(20℃时)
				弯曲次数	弯曲半径 (mm)	
1.20	±0.04	0.06	735～750	≥15	5	≤47.30
1.60	±0.04	0.08	735～750	≥12	5	≤26.00
2.00	±0.04	0.10	735～750	≥10	5	≤16.40
2.20	±0.04	0.11	735～750	≥9	5	≤13.50
2.50	±0.04	0.12	735～750	≥8	10	≤10.40
2.80	±0.04	0.14	735～750	≥8	10	≤8.20
3.00	±0.04	0.15	735～750	≥8	10	≤7.10
4.00	±0.05	0.21	735～750	≥8	10	≤4.00
6.00	±0.05	0.23	637～650	≥6	10	≤2.00

表5-1-15 镀锌钢线的力学性能

强度等级	钢线直径 (mm)	抗拉强度 (MPa)(不小于)		应力值 (MPa)(1%伸长时)(不小于)		伸长率 (%)(标距250mm)(不小于)		扭转次数 (360°)(不小于)		卷绕试验棒芯直径 (倍数)
		A级	B级	A级	B级	A级	B级	A级	B级	
普通强度	>1.24～2.25	1340	1240	1170	1100	3.0	4.0	18	未规定	1
	>2.25～2.75	1310	1210	1140	1070	3.0	4.0	16		1
	>2.75～3.00	1310	1210	1140	1070	3.5	4.0	16		1
	>3.00～3.50	1290	1190	1100	1000	3.5	4.0	14		1
	>3.50～4.25	1290	1190	1100	1000	4.0	4.0	12		1
	>4.25～4.75	1290	1190	1100	1000	4.0	4.0	12		1
	>4.75～5.50	1290	1190	1100	1000	4.0	4.0	12		1
高强度	>1.24～2.25	1450	1380	1310	1240	2.5	2.5	16		3
	>2.25～2.75	1410	1340	1280	1210	2.5	2.5	16		3
	>2.75～3.00	1410	1340	1280	1210	3.0	3.0	16		4
	>3.00～3.50	1410	1340	1240	1170	3.0	3.0	14		4
	>3.50～4.25	1380	1280	1170	1100	3.0	3.0	12		4
	>4.25～4.75	1380	1280	1170	1110	3.0	3.0	12		4
	>4.75～5.50	1380	1280	1170	1110	3.0	3.0	12		4
特高强度	>1.24～2.25	1620	未规定	1450	未规定	2.0	未规定	14		4
	>2.25～2.75	1590		1410		2.0		14		4
	>2.75～3.00	1590		1410		2.5		12		5
	>3.00～3.50	1550		1380		2.5		12		5
	>3.50～4.25	1520		1340		2.5		10		5
	>4.25～4.75	1520		1340		2.5		10		5
	>4.75～5.50	1520		1270		2.5		10		5

表 5-1-16 钢线标称直径及其允许公差

A级		
标称直径（mm）	允许公差（mm）	镀锌层重量最小值（g/m²）
>1.24～1.50	±0.03	185
>1.50～2.25	±0.03	200
>2.25～2.75	±0.04	215
>2.75～3.00	±0.05	230
>3.00～3.50	±0.05	245
>3.50～4.25	±0.06	260
>4.25～4.75	±0.06	275
>4.75～5.50	±0.07	290
B级		
标称直径（mm）	允许公差（mm）	镀锌层重量最小值（g/m²）
>1.24～1.50	±0.05	370
>1.50～2.25	±0.05	400
>2.25～2.75	±0.06	430
>2.75～3.00	±0.06	460
>3.00～3.50	±0.07	490
>3.50～4.25	±0.09	520
>4.25～4.75	±0.10	550
>4.75～5.50	±0.11	580

四、输电架空导线的参数及性能

（一）概述

输电架空导线由各种单线绞合而成，最常用的是圆线同心绞架空导线，此外有型线同心绞架空导线和特种同心绞架空导线等，大部分品种已经标准化。产品的结构参数包括：单线品种选择、单线直径、单线根数、绞合直径等。产品性能主要考虑力学性能和导电性能以及单位长度的质量，抗拉力和导体电阻等，产品标准中详细地列出了这些参数，为制造部门推荐了产品计算原则，也为使用部门提供了选择导向。有关金属的电阻率（与IACS一致）见表5-1-17。光纤复合架空地线包含了通信用光纤，具有防雷保护和通信两种功能。

表 5-1-17 与架空导线计算相关的部分金属电阻率

型号	电阻率（nΩ·m）	对应于IASC（%）
LY9	28.264	61
LHA2	32.530	53
LHA1	32.840	52.5
LB2	63.86	27
LB1A LB1B	84.80	20.3
G1A G1B	191.57	9
G2A G2B	191.57	9
G3A	191.57	9

（二）圆线同心绞架空导线

参考GB/T 1179《圆线同心绞架空导线》标准，产品型号和名称见表5-1-18，该标准等同采用IEC 61089—1991标准。圆线同心绞架空导线在绞制过程中对单根金属线的接头有较严格的规定，因为单线接头处的抗拉强度会减弱，影响成品质量。具体的规定如下：单根或多根镀锌钢线或铝包钢线均不应有任何接头；每根制造长度的绞线成品所用的每根铝单线或铝合金单线，只允许有一处接头。当在绞制过程中发生意外断线，并确定不是金属线本身的质量问题所致，则另有处理规定（此处从略），但接头数仍应严格限制。铝线绞制层数为1、2、3、4层时，接头数分别限制为2、3、4、5个。

表 5-1-18 圆线同心绞架空导线型号和名称

产 品 型 号	产品名称
JL	铝绞线
JLHA2，JLHA1	铝合金绞线
JL/G1A，JL/G1B，JL/G2A，JL/G2B，JL/G3A	钢芯铝绞线
JL/G1AF，JL/G2AF，JL/G3AF	防腐型钢芯铝绞线
JLHA2/G1A，JLHA2/G1B，JLHA2/G3A	钢芯铝合金绞线
JLHA1/G1A，JLHA1/G1B，JLHA1/G3A	钢芯铝合金绞线
JL/LHA2，JL/LHA1	铝合金芯铝绞线
JL/LB1A	铝包钢芯铝绞线
JLHA2/LB1A，JLHA1/LB1A	铝包钢芯铝合金绞线
JG1A，JG1B，JG2A，JG3A	钢绞线
JLB1A，JLB1B，JLB2	铝包钢绞线

1. 铝绞线

铝绞线是常用的输配电架空导线，但抗拉强度较低，其结构和性能见表5-1-19。随着输电电压的不断增高、塔杆标高和跨距加大，铝绞线已不适应使用要求，所以用量逐步减少。现在城市内已不允许中压裸线供电，曾有一段时期城市改用架空绝缘电缆，现在大城市中又改用地下电缆，所以铝绞线在市内使用已经淡化。

2. 铝合金绞线

铝合金绞线虽然电导率略低于铝绞线，但抗拉强度显著提高，使输电线路总体成本降低。铝合金的电导率和工作温度有较多品种，GB/T 1179—1999标准仅列入2种型号的铝合金绞线，其结构和性能分别见表5-1-20和表5-1-21。

3. 钢芯铝绞线

钢芯铝绞线是输电线路中使用最广泛的品种，在我国占主导地位。过去由于钢锭较小和轧钢设备的限制，钢线连续制造长度较短，也就限制了钢芯铝绞线的整根产品长度，增加了绞线架设的连接接头，现在钢线长度已基本解决。钢芯铝绞线的结构和性能见表5-1-22和表5-1-23。

4. 钢芯铝合金绞线

从机械性能方面，钢芯铝合金绞线是钢芯铝绞线的提高产品，与欧洲相比，国内由于价格问题而使用并不很广。钢芯铝合金绞线结构见表5-1-24和表5-1-25，性能见表5-1-26。

5. 铝合金芯铝绞线

铝合金芯铝绞线适当增加了抗拉强度，适用与某些场合。其结构和性能见表5-1-27和表5-1-28。

6. 铝包钢芯铝绞线

铝包钢芯铝绞线的防腐性能好，并略为提高导电性能，过去国内铝包钢线未能大量供应，因此用量较少，现在的用量已逐年增加。其产品结构见表5-1-29，性能见表5-1-32。

7. 铝包钢芯铝合金绞线

铝包钢芯铝合金绞线目前在国内基本没有应用。其产品结构见表 5-1-30 和表 5-1-31，性能见表 5-1-32。

8. 铝包钢绞线

铝包钢绞线抗拉力高，防腐蚀强，电导率与铝层厚度有关，国内一般的主线虽未大量应用，但在架空地线和大跨越导线中常使用。其产品结构和性能见表 5-1-33 和表 5-1-34。

9. 钢绞线

钢绞线结构和性能见表 5-1-35。

表 5-1-19 JL 型铝绞线的结构和性能

规格号	面积 (mm^2)	单线根数	直径（mm）		单位长度质量 (kg/km)	额定抗拉力 (kN)	直流电阻 (Ω/km)（20℃时）
			单线	绞线			
10	10	7	1.35	4.05	27.4	1.95	2.8633
16	16	7	1.71	5.12	43.8	3.04	1.7896
25	25	7	2.13	6.40	68.4	4.50	1.1453
40	40	7	2.70	8.09	109.4	6.80	0.7158
63	63	7	3.39	10.2	172.3	10.39	0.4545
100	100	19	2.59	12.9	274.8	17.00	0.2877
125	125	19	2.89	14.5	343.6	21.25	0.2302
160	160	19	3.27	16.4	439.8	26.40	0.1798
200	200	19	3.66	18.3	549.7	32.00	0.1439
250	250	19	4.09	20.5	687.1	40.00	0.1151
315	315	37	3.29	23.0	867.9	51.97	0.0916
400	400	37	3.71	26.0	1102.0	64.00	0.0721
450	450	37	3.94	27.5	1239.8	72.00	0.0641
500	500	37	4.15	29.0	1377.6	80.00	0.0577
560	560	37	4.39	30.7	1542.9	89.60	0.0515
630	630	61	3.63	32.6	1738.3	100.80	0.0458
710	710	61	3.85	34.6	1959.1	113.60	0.0407
800	800	61	4.09	36.8	2207.4	128.00	0.0361
900	900	61	4.33	39.0	2483.3	144.00	0.0321
1000	1000	61	4.57	41.1	2759.2	160.00	0.0289
1120	1120	91	3.96	43.5	3093.5	179.20	0.0258
1250	1250	91	4.18	46.0	3452.6	200.00	0.0231
1400	1400	91	4.43	48.7	3866.9	224.00	0.0207
1500	1500	91	4.58	50.4	4143.1	240.00	0.0193

表 5-1-20 JLHA2 型铝合金绞线的结构和性能

规格号	面积 (mm^2)	单线根数	直径（mm）		单位长度质量 (kg/km)	额定抗拉力 (kN)	直流电阻 (Ω/km)（20℃时）
			单线	绞线			
16	18.4	7	1.83	5.49	50.4	5.34	1.7896
25	28.8	7	2.29	6.86	78.7	8.49	1.1453
40	46.0	7	2.89	8.68	125.9	13.58	0.7158
63	72.5	7	3.63	10.9	198.3	21.39	0.4545
100	115	19	2.78	13.9	316.3	33.95	0.2877
125	144	19	3.10	15.5	395.4	42.44	0.2302
160	184	19	3.51	17.6	506.1	54.32	0.1798
200	230	19	3.93	19.6	632.7	67.91	0.1439
250	288	19	4.39	22.0	790.8	84.88	0.1151
315	363	37	3.53	24.7	998.9	106.95	0.0916
400	460	37	3.98	27.9	1268.4	135.81	0.0721
450	518	37	4.22	29.6	1426.9	152.79	0.0641
500	575	37	4.45	31.2	1585.5	169.76	0.0577
560	645	61	3.67	33.0	1778.4	190.14	0.0516
630	725	61	3.89	35.0	2000.7	213.90	0.0458
710	817	61	4.13	37.2	2254.8	241.07	0.0407
800	921	61	4.38	39.5	2540.6	271.62	0.0361
900	1036	91	3.81	41.8	2861.1	305.58	0.0321
1000	1151	91	4.01	44.1	3179.0	339.53	0.0289
1120	1289	91	4.25	46.7	3560.5	380.27	0.0258
1250	1439	91	4.49	49.4	3973.7	424.41	0.0231

表 5-1-21　　JLHA1 型铝合金绞线的结构和性能

规格号	面积 (mm²)	单线根数	直径 (mm) 单线	直径 (mm) 绞线	单位长度质量 (kg/km)	额定抗拉力 (kN)	直流电阻 (Ω/km)（20℃时）
16	18.6	7	1.84	5.52	50.8	6.04	1.7896
25	29.0	7	2.30	6.90	79.5	9.44	1.1453
40	46.5	7	2.91	8.72	127.1	15.10	0.7158
63	73.2	7	3.65	10.9	200.2	23.06	0.4545
100	116	19	2.79	14.0	319.3	37.76	0.2877
125	145	19	3.12	15.6	399.2	47.20	0.2302
160	186	19	3.53	17.6	511.0	58.56	0.1798
200	232	19	3.95	19.7	638.7	73.20	0.1439
250	290	19	4.41	22.1	798.4	91.50	0.1151
315	366	37	3.55	24.8	1008.4	115.29	0.0916
400	465	37	4.00	28.0	1280.5	146.40	0.0721
450	523	37	4.24	29.7	1440.5	164.70	0.0641
500	581	37	4.47	31.3	1600.6	183.00	0.0577
560	651	61	3.69	33.2	1795.3	204.96	0.0516
630	732	61	3.91	35.2	2019.8	230.58	0.0458
710	825	61	4.15	37.3	2276.2	259.86	0.0407
800	930	61	4.40	39.6	2564.8	292.80	0.0361
900	1046	91	3.83	42.1	2888.3	329.40	0.0321
1000	1162	91	4.03	44.4	3209.3	366.00	0.0289
1120	1301	91	4.27	46.9	3594.4	409.92	0.0258

表 5-1-22　　JL/G1A，JL/G1B，JL/G2A，JL/G2B，JL/G3A 型钢芯铝绞线结构

规格号	钢比 (%)	面积 (mm²)			单线根数		单线直径 (mm)		直径 (mm)		单位长度质量 (kg/km)
		铝	钢	总和	铝	钢	铝	钢	钢芯	绞线	
16	17	16	2.67	18.7	6	1	1.84	1.84	1.84	5.53	64.6
25	17	25	4.17	29.2	6	1	2.30	2.30	2.30	6.91	100.9
40	17	40	6.67	46.7	6	1	2.91	2.91	2.91	8.74	161.5
63	17	63	10.5	73.5	6	1	3.66	3.66	3.66	11.0	254.4
100	17	100	16.7	117	6	1	4.61	4.61	4.61	13.8	403.8
125	6	125	6.94	132	18	1	2.97	2.97	2.97	14.9	397.9
125	16	125	20.4	145	26	7	2.47	1.92	5.77	15.7	503.9
160	6	160	8.89	169	18	1	3.36	3.36	3.36	16.8	509.3
160	16	160	26.1	186	26	7	2.80	2.18	6.53	17.7	644.9
200	6	200	11.1	211	18	1	3.76	3.76	3.76	18.8	636.7
200	16	200	32.6	233	26	7	3.13	2.43	7.30	19.8	806.2
250	10	250	24.6	275	22	7	3.80	2.11	6.34	21.6	880.6
250	16	250	40.7	291	26	7	3.50	2.72	8.16	22.2	1007.7
315	7	315	21.8	337	45	7	2.99	1.99	5.97	23.9	1039.6
315	16	315	51.3	366	26	7	3.93	3.05	9.16	24.9	1269.7
400	7	400	27.7	428	45	7	3.36	2.24	6.73	26.9	1320.1
400	13	400	51.9	452	54	7	3.07	3.07	9.21	27.6	1510.3
450	7	450	31.1	481	45	7	3.57	2.38	7.14	28.5	1485.2
450	13	450	58.3	508	54	7	3.26	3.26	9.77	29.3	1699.1
500	7	500	34.6	535	45	7	3.76	2.51	7.53	30.1	1650.2
500	13	500	64.8	565	54	7	3.43	3.43	10.3	30.9	1887.9
560	7	560	38.7	599	45	7	3.98	2.65	7.96	31.8	1848.2
560	13	560	70.9	631	54	19	3.63	2.18	10.9	32.7	2103.4
630	7	630	43.6	674	45	7	4.22	2.81	8.44	33.8	2079.2
630	13	630	79.8	710	54	19	3.85	2.31	11.6	34.7	2366.3
710	7	710	49.1	759	45	7	4.48	2.99	8.96	35.9	2343.2
710	13	710	89.9	800	54	19	4.09	2.45	12.3	36.8	2666.8
800	4	800	34.6	835	72	7	3.76	2.51	7.53	37.6	2480.2
800	8	800	66.7	867	84	7	3.48	3.48	10.4	38.3	2732.7
800	13	800	101	901	54	19	4.34	2.61	13.0	39.1	3004.2

续表

规格号	钢比(%)	面积(mm^2)			单线根数		单线直径(mm)		直径(mm)		单位长度质量(kg/km)
		铝	钢	总和	铝	钢	铝	钢	钢芯	绞线	
900	4	900	38.9	939	72	7	3.99	2.66	7.98	39.9	2790.2
900	8	900	75.0	975	84	7	3.69	3.69	11.1	40.6	3074.2
1000	4	1000	43.2	1043	72	7	4.21	2.80	8.41	42.1	3100.3
1120	4	1120	47.3	1167	72	19	4.45	1.78	8.90	44.5	3464.9
1120	8	1120	91.2	1211	84	19	4.12	2.47	12.4	45.3	3811.5
1250	4	1250	52.8	1303	72	19	4.70	1.88	9.40	47.0	3867.1
1250	8	1250	102	1352	84	19	4.35	2.61	13.1	47.9	4253.9

表 5-1-23　钢芯铝绞线额定抗拉力和直流电阻

规格号	钢芯铝绞线额定抗拉力(kN)					直流电阻(Ω/km)(20℃时)
	JL/G1A	JL/G1B	JL/G2A	JL/G2A	JL/G3A	
16	6.08	5.89	6.45	6.27	6.83	1.7934
25	9.13	8.83	9.71	9.42	10.25	1.1478
40	14.40	13.93	15.33	14.87	16.20	0.7174
63	21.63	20.58	22.37	21.63	24.15	0.4555
100	34.33	32.67	35.50	34.33	38.33	0.2869
125	29.17	28.68	30.14	29.65	31.04	0.2304
125	45.69	44.27	48,54	47.12	51.39	0.2310
160	36.18	35.29	37.42	36.80	38.67	0.1800
160	57.69	55.86	61.34	59.51	64.99	0.1805
200	44.22	43.11	45.00	44.22	46.89	0.1440
200	70.13	67.85	74.69	72.41	78.93	0.1444
250	68.72	67.01	72.16	70.44	75.60	0.1154
250	87.67	84.82	93.37	90.52	98.66	0.1155
315	79.03	77.51	82.08	80.55	85.13	0.0917
315	106.8	101.7	114.0	110.4	121.2	0.0917
400	98.36	96.42	102.2	100.3	106.1	0.0722
400	123.0	117.9	130.3	126.7	137.6	0.0723
450	107.5	105.3	111.8	109.6	115.9	0.0642
450	138.4	132.6	146.6	142.5	154.8	0.0643
500	119.4	117.0	124.3	121.8	128.7	0.0578
500	153.8	147.3	162.9	158.3	171.9	0.0578
560	133.7	131.0	139.2	136.5	144.2	0.0516
560	172.6	167.6	182.5	177.6	192.5	0.0516
630	150.5	147.4	156.6	153.5	162.2	0.0459
630	191.8	186.2	202.9	197.4	213.3	0.0459
710	169.6	166.1	176.4	173.0	282.8	0.0407
710	216.1	209.8	228.7	222.4	240.4	0.0407
800	167.4	165.0	172.3	169.8	176.7	0.0361
800	205.3	198.7	214.7	210.0	224.0	0.0362
800	243.5	236.4	257.7	250.6	270.9	0.0362
900	188.3	185.6	193.8	191.1	198.8	0.0321
900	226.5	219.0	231.8	226.5	244.5	0.0322
1000	209.3	206.2	215.3	212.3	220.9	0.0289
1120	234.5	231.2	241.2	237.8	247.8	0.0258
1120	283.2	276.8	295.9	289.6	307.8	0.0258
1250	261.8	258.1	269.1	265.4	276.5	0.0231
1250	316.0	308.9	330.3	323.2	343.5	0.0232

表 5-1-24　JLHA2/G1A，JLHA2/G1B，JLHA2/G3A 型钢芯铝合金绞线结构

规格号	钢比 (%)	面积 (mm²)			单线根数		单线直径 (mm)		直径 (mm)		单位长度质量 (kg/km)
		铝	钢	总和	铝	钢	铝	钢	钢芯	绞线	
16	17	18.4	3.07	21.5	6	1	1.98	1.98	1.98	5.93	74.4
25	17	28.8	4.80	33.6	6	1	2.47	2.47	2.47	7.41	116.2
40	17	46.0	7.67	53.7	6	1	3.13	3.13	3.13	9.38	185.9
63	17	72.5	12.1	84.6	6	1	3.92	3.92	3.92	11.8	292.8
100	6	115	6.39	121	18	1	2.85	2.85	2.85	14.3	366.4
125	6	144	7.99	152	18	1	3.19	3.19	3.19	16.0	458.0
125	16	144	23.4	167	26	7	2.65	2.06	6.19	16.8	579.9
160	6	184	10.2	194	18	1	3.61	3.61	3.61	18.0	586.2
160	16	184	30.0	214	26	7	3.00	2.34	7.01	19.0	742.3
200	6	230	12.8	243	18	1	4.04	4.04	4.04	20.2	732.8
200	16	230	37.5	268	26	7	3.36	2.61	7.83	21.3	927.9
250	10	288	28.3	316	22	7	4.08	2.27	6.80	23.1	1013.5
250	16	288	46.9	335	26	7	3.75	2.92	8.76	23.8	1159.8
315	7	363	25.1	388	45	7	3.20	2.14	6.41	25.6	1196.5
315	16	363	59.0	422	26	7	4.21	3.28	9.83	26.7	1461.4
400	7	460	31.8	492	45	7	3.61	2.41	7.22	28.9	1519.4
400	13	460	59.7	520	54	7	3.29	3.29	9.88	29.7	1738.3
450	7	518	35.8	554	45	7	3.83	2.55	7.66	30.6	1709.3
450	13	518	67.1	585	54	7	3.49	3.49	10.5	31.5	1955.6
500	7	575	39.8	615	45	7	4.04	2.69	8.07	32.3	1899.3
500	13	575	74.6	650	54	7	3.68	3.68	11.1	33.2	2172.9
560	7	645	44.6	689	45	7	4.27	2.85	8.54	34.2	2127.2
560	13	645	81.6	726	54	19	3.90	2.34	11.7	35.1	2420.9
630	4	725	31.3	756	72	7	3.58	2.39	7.16	35.8	2248.0
630	13	725	91.8	817	54	19	4.13	2.48	12.4	37.2	2723.5
710	4	817	35.3	852	72	7	3.80	2.53	7.60	38.0	2533.4
710	13	817	104	921	54	19	4.39	2.63	13.2	39.5	3069.4
800	4	921	39.8	961	72	7	4.04	2.69	8.07	40.4	2854.6
800	8	921	76.7	997	84	7	3.74	3.74	11.2	41.1	3145.1
900	4	1036	44.8	1081	72	7	4.28	2.85	8.6	42.8	3211.4
900	8	1036	86.3	1122	84	7	3.96	3.96	11.9	43.6	3538.3
1000	8	1151	93.7	1245	84	19	4.18	2.51	12.5	45.9	3916.8
1120	8	1289	105	1391	84	19	4.42	2.65	13.3	48.6	4386.8

表 5-1-25　JLHA1/G1A，JLHA1/G1B，JLHA1/G3A 型钢芯铝合金绞线结构

规格号	钢比 (%)	面积 (mm²)			单线根数		单线直径 (mm)		直径 (mm)		单位长度质量 (kg/km)
		铝	钢	总和	铝	钢	铝	钢	钢芯	绞线	
16	17	18.6	3.10	21.7	6	1	1.99	1.99	1.99	5.96	75.1
25	17	29.0	4.84	33.9	6	1	2.48	2.48	2.48	7.45	117.3
40	17	46.5	7.75	54.2	6	1	3.14	3.14	3.14	9.42	187.7
63	17	73.2	12.2	85.4	6	1	3.94	3.94	3.94	11.8	295.6
100	6	116	6.46	123	18	1	2.87	2.87	2.87	14.3	369.9
125	6	145	8.07	153	18	1	3.21	3.21	3.21	16.0	462.3
125	16	145	23.7	169	26	7	2.67	2.67	6.22	16.9	585.4
160	6	186	10.3	196	18	1	3.63	3.63	3.63	18.1	591.8
160	16	186	30.3	216	26	7	3.02	2.35	7.04	19.1	749.4
200	6	232	12.9	245	18	1	4.05	4.05	4.05	20.3	739.8
200	16	232	37.8	270	26	7	3.37	2.62	7.87	21.4	936.7
250	10	290	28.5	319	22	7	4.10	2.28	6.83	23.2	1023.2
250	16	290	47.3	338	26	7	3.77	2.93	8.80	23.9	1170.9
315	7	366	25.3	391	45	7	3.22	2.15	6.44	25.7	1207.9
315	16	366	59.6	426	26	7	4.23	3.29	9.88	26.8	1475.3

续表

规格号	钢比（%）	面积（mm^2）			单线根数		单线直径（mm）		直径（mm）		单位长度质量（kg/km）
		铝	钢	总和	铝	钢	铝	钢	钢芯	绞线	
400	7	465	32.1	497	45	7	3.63	2.42	7.25	29.0	1533.9
400	13	465	60.2	525	54	7	3.31	3.31	9.93	29.8	1754.9
450	7	523	36.1	559	45	7	3.85	2.56	7.69	30.8	1725.6
450	13	523	67.8	591	54	7	3.51	3.51	10.5	31.6	1974.2
500	7	581	40.2	621	45	7	4.05	2.70	8.11	32.4	1917.3
500	13	581	75.3	656	54	7	3.70	3.70	11.1	33.3	2193.6
560	7	651	45.0	696	45	7	4.29	2.86	8.58	34.3	2147.4
560	13	651	82.4	733	54	19	3.92	2.35	11.8	35.3	2444.0
630	4	732	31.6	764	45	7	3.60	2.40	7.20	36.0	2269.4
630	13	732	92.7	825	54	19	4.15	2.49	12.5	37.4	2749.5
710	4	825	35.6	861	72	7	3.82	2.55	7.64	38.2	2557.6
710	13	825	104	929	54	19	4.41	2.65	13.2	39.7	3098.6
800	4	930	40.2	970	72	7	4.05	2.70	8.11	40.5	2881.8
800	8	930	77.5	1007	84	7	3.75	3.75	11.3	41.3	3175.1
900	4	1046	45.2	1091	72	7	4.30	2.87	8.60	43.0	3242.0
900	8	1046	87.1	1133	84	7	3.98	3.98	11.9	43.8	3572.0
1000	8	1162	94.6	1257	84	19	4.20	2.52	12.6	46.2	3954.1
1120	8	1301	106	1407	84	19	4.44	2.66	13.3	48.9	4428.6

表 5-1-26 钢芯铝合金绞线额定抗拉力和直流电阻

规格号	钢芯铝合金绞线额定抗拉力（kN）						直流电阻（Ω/km）（20℃时）
	JLHA2/G1A	JLHA2/G1B	JLHA2/G3A	JLHA1/G1A	JLHA1/G1B	JLHA1/G3A	
16	9.02	8.81	9.88	9.67	9.45	10.53	1.7934
25	13.96	13.62	15.25	14.96	14.62	16.27	1.1478
40	22.02	21.25	24.17	23.63	22.85	25.79	0.7174
63	34.68	33.48	37.58	36.48	35.26	39.41	0.4555
100	41.24	40.79	42.97	45.12	44.67	46.86	0.2880
125	51.23	50.43	53.47	56.08	55.27	58.34	0.2304
125	69.86	68.22	76.42	74.88	73.22	81.50	0.2310
160	65.58	64.56	68.03	69.92	68.89	72.40	0.1800
160	88.52	86.42	96.61	94.94	92.82	103.1	0.1805
200	81.97	80.69	85.04	87.40	86.11	90.50	0.1444
200	110.6	108.0	120.8	118.7	116.0	128.9	0.1444
250	117.1	115.1	124.7	124.0	122.0	131.7	0.1154
250	138.3	135.0	151.0	145.4	142.1	158.2	0.1155
315	136.3	134.5	143.3	148.6	146.8	155.6	0.0917
315	171.9	166.0	188.4	180.9	174.9	197.6	0.0917
400	172.1	169.9	180.7	183.0	180.8	191.7	0.0722
400	201.5	195.5	218.2	217.3	211.3	234.2	0.0723
450	193.6	191.1	203.3	205.9	203.4	215.7	0.0642
450	226.6	219.9	245.4	239.3	232.5	255.5	0.0643
500	215.1	212.3	225.9	228.8	226.0	239.6	0.0578
500	251.8	244.4	269.7	265.8	258.3	283.9	0.0578
560	240.9	237.8	253.0	256.2	253.1	268.4	0.0516
560	283.2	277.5	305.3	298.9	293.2	321.2	0.0516
630	249.6	247.4	258.1	266.6	264.4	275.2	0.0459
630	318.6	312.2	343.4	336.3	329.8	361.3	0.0459
710	281.3	278.9	290.9	300.5	298.0	310.1	0.0407
710	359.1	351.8	387.0	379.0	371.7	407.2	0.0407
800	317.0	314.2	327.7	338.6	335.8	349.4	0.0361
800	356.0	348.4	374.4	378.0	370.3	396.6	0.0362
800	356.6	353.5	368.7	380.9	377.8	393.1	0.0321
900	400.5	391.9	421.3	425.3	416.5	446.2	0.0322
1000	446.4	439.8	471.7	473.9	467.2	499.4	0.0289
1120	499.9	492.6	528.3	530.7	523.3	559.3	0.0258

表 5-1-27 JL/LHA2 型铝合金芯铝绞线结构和性能

规格号	直径 (mm)		单线根数		面积 (mm^2)			单位长度质量 (kg/km)	额定抗拉力 (kN)	直流电阻 (Ω/km) (20℃时)
	单线	绞线	铝	铝合金	铝	铝合金	总和			
16	1.76	5.28	4	3	9.73	7.30	17.0	46.6	3.85	1.7896
25	2.20	6.60	4	3	15.2	11.4	26.6	72.8	5.93	1.1453
40	2.78	8.35	4	3	24.3	18.3	42.6	116.5	9.25	0.7158
63	3.49	10.5	4	3	38.3	28.7	67.1	183.5	14.38	0.4545
100	4.40	13.2	4	3	60.8	45.6	106	291.2	22.52	0.2863
125	2.97	14.9	12	7	83.3	48.6	132	362.7	27.79	0.2302
160	3.36	16.8	12	7	107	62.2	169	464.2	35.04	0.1798
200	3.76	18.8	12	7	133	77.8	211	580.3	43.13	0.1439
250	4.21	21.0	12	7	167	97.2	264	725.3	53.92	0.1151
250	3.04	21.3	18	19	131	138	269	742.2	60.39	0.1154
315	3.34	23.4	30	7	263	61.3	324	892.6	60.52	0.0916
315	3.42	23.9	18	19	165	174	339	935.1	76.09	0.0916
400	3.76	26.3	30	7	334	77.8	411	1133.5	75.19	0.0721
400	3.85	27.0	18	19	210	221	431	1187.5	95.58	0.0721
450	3.99	27.9	30	7	375	87.6	463	1275.2	84.59	0.0641
450	4.08	28.6	18	19	236	249	485	1335.9	107.52	0.0641
500	4.21	29.4	30	7	417	97.3	514	1416.9	93.98	0.0577
500	4.31	30.1	18	19	262	277	539	1484.3	119.47	0.0577
560	4.45	31.2	30	7	467	109	576	1586.9	105.26	0.0515
560	3.45	31.0	54	7	504	65.4	570	1571.9	101.54	0.0516
630	3.71	33.4	42	19	454	205	660	1820.0	130.25	0.0458
630	3.79	34.1	24	37	271	417	688	1897.5	160.19	0.0458
710	3.94	35.5	42	19	512	232	743	2051.2	146.78	0.0407
710	4.02	36.2	24	37	305	470	775	2138.4	180.53	0.0407
800	4.18	37.6	42	19	577	261	838	2311.2	165.39	0.0361
800	4.27	38.4	24	37	344	530	873	2409.5	203.41	0.0361
900	4.43	39.9	42	19	649	294	942	2600.1	186.06	0.0321
900	3.66	40.2	54	37	567	388	955	2638.4	199.54	0.0321
1000	3.80	41.8	72	19	816	215	1032	2849.1	190.94	0.0289
1000	3.85	42.4	54	37	630	432	1061	2931.6	221.71	0.0289
1120	4.02	44.2	72	19	914	241	1155	3191.0	213.85	0.0258
1120	4.08	44.9	54	37	705	483	1189	3283.4	248.32	0.0258
1250	4.25	46.7	72	19	1020	269	1289	3561.4	238.68	0.0231
1250	4.31	47.4	54	37	787	539	1327	3664.5	277.14	0.0231
1400	4.50	49.4	72	19	1143	302	1444	3988.8	267.32	0.0207

表 5-1-28 JL/LHA1 型铝合金芯铝绞线结构和性能

规格号	直径 (mm)		单线根数		面积 (mm^2)			单位长度质量 (kg/km)	额定抗拉力 (kN)	直流电阻 (Ω/km) (20℃时)
	单线	绞线	铝	铝合金	铝	铝合金	总和			
16	1.76	5.29	4	3	9.78	7.33	17.1	46.8	4.07	1.7896
25	2.21	6.62	4	3	15.3	11.5	26.7	73.1	6.29	1.1453
40	2.79	8.37	4	3	24.4	18.3	42.8	117.0	9.82	0.7158
63	3.50	10.5	4	3	38.5	28.9	67.4	184.3	14.80	0.4545
100	4.41	13.2	4	3	61.1	45.8	107	292.5	23.49	0.2863
125	2.98	14.9	12	7	83.7	48.8	132	364.1	29.29	0.2302
160	3.37	16.9	12	7	107	62.5	170	466.0	36.95	0.1798
200	3.77	18.8	12	7	134	78.1	212	582.5	44.78	0.1439
250	4.21	21.1	12	7	167	97.6	265	728.1	55.98	0.1151
250	3.05	21.4	18	19	132	139	271	746.0	64.67	0.1154
315	3.34	23.4	30	7	263	61.4	325	894.4	62.40	0.0916
315	3.43	24.0	18	19	166	175	341	940.0	81.48	0.0916
400	3.77	26.4	30	7	334	78.0	412	1135.8	76.82	0.0721
400	3.86	27.0	18	19	211	222	433	1193.7	100.30	0.0721
450	3.99	28.0	30	7	376	87.7	464	1277.8	86.42	0.0641

续表

规格号	直径(mm)		单线根数		面积(mm²)			单位长度质量(kg/km)	额定抗拉力(kN)	直流电阻(Ω/km)(20℃时)
	单线	绞线	铝	铝合金	铝	铝合金	总和			
450	4.10	28.7	18	19	237	250	487	1342.9	112.84	0.0641
500	4.21	29.5	30	7	418	97.5	515	1419.8	96.03	0.0577
500	4.32	30.2	18	19	263	278	542	1492.1	125.38	0.0577
560	4.46	31.2	30	7	468	109	577	1590.1	107.55	0.0515
560	3.45	31.1	54	7	505	65.5	570	1573.9	103.53	0.0516
630	3.72	33.4	42	19	456	206	662	1826.0	134.59	0.0458
630	3.80	34.2	24	37	272	420	692	1909.0	169.14	0.0458
710	3.95	35.5	42	19	514	232	746	2057.8	151.68	0.0407
710	4.03	36.3	24	37	307	473	780	2151.4	190.61	0.0407
800	4.19	37.7	42	19	579	262	840	2318.7	170.90	0.0361
800	4.28	38.5	24	37	346	533	879	2424.2	214.78	0.0361
900	4.44	40.0	42	19	651	294	945	2608.5	192.27	0.0321
900	3.66	40.3	54	37	569	390	959	2649.5	207.79	0.0321
1000	3.80	41.8	72	19	818	216	1034	2855.4	195.47	0.0289
1000	3.86	42.5	54	37	632	433	1066	2943.9	230.88	0.0289
1120	4.02	44.3	72	19	916	242	1158	3198.1	218.92	0.0258
1120	4.09	45.0	54	37	708	485	1194	3297.2	258.58	0.0258
1250	4.25	46.8	72	19	1022	270	1292	3569.3	244.33	0.0231
1250	4.32	47.5	54	37	791	542	1332	3679.9	288.60	0.0231
1400	4.50	49.5	72	19	1145	302	1447	3997.6	273.65	0.0207

表 5-1-29　JL/LB1A 型铝包钢芯铝绞线结构

规格号	钢比(%)	面积(mm²)			单线根数		单线直径(mm)		直径(mm)		单位长度质量(kg/km)
		铝	铝包钢	总和	铝	铝包钢	铝	铝包钢	铝包钢芯	绞线	
16	16.7	15	2.56	17.9	6	1	1.81	1.81	1.81	5.43	59.0
25	16.7	24	4.00	28.0	6	1	2.26	2.26	2.26	6.78	92.1
40	16.7	38	6.40	44.8	6	1	2.85	2.85	2.85	8.55	147.4
63	16.7	60	10.08	70.6	6	1	3.58	3.58	3.58	10.7	232.2
100	16.7	96	16.00	112.0	6	1	4.51	4.51	4.51	13.5	368.6
125	5.6	123	6.85	130	18	1	2.95	2.95	2.95	14.8	384.3
125	16.3	120	19.6	140	26	7	2.43	1.89	5.66	15.4	460.8
160	5.6	158	8.77	167	18	1	3.34	3.34	3.34	16.7	491.9
160	16.3	154	25.00	179	26	7	2.74	2.13	6.40	17.4	589.8
200	5.6	197	10.96	208	18	1	3.74	3.74	3.74	18.7	614.9
200	16.3	192	31.3	223	26	7	3.07	2.39	7.16	19.4	737.2
250	9.8	244	24.0	268	22	7	3.76	2.09	6.26	21.3	830.9
250	16.3	240	39.1	279	26	7	3.43	2.67	8.00	21.7	921.5
315	6.9	310	21.4	331	45	7	2.96	1.97	5.92	23.7	996.4
315	16.3	303	49.3	352	26	7	3.85	2.99	8.98	24.4	1161.1
400	6.9	393	27.2	420	45	7	3.34	2.22	6.67	26.7	1265.3
400	13.0	387	50.2	438	54	7	3.02	3.02	9.07	27.2	1402.9
450	6.9	442	30.6	473	45	7	3.54	2.36	7.08	28.3	1423.4
450	13.0	436	56.5	492	54	7	3.21	3.21	9.62	28.9	1578.2
500	6.9	492	34.0	525	45	7	3.73	2.49	7.46	29.8	1581.6
500	13.0	484	62.8	547	54	7	3.38	3.38	10.14	30.4	1753.6
560	6.9	550	38.1	589	45	7	3.95	2.63	7.89	31.6	1771.4
560	12.7	543	68.8	612	54	19	3.58	2.15	10.73	32.2	1956.3
630	6.9	619	42.8	662	45	7	4.19	2.79	8.37	33.5	1992.8
630	12.7	611	77.3	688	54	19	3.79	2.28	11.38	34.2	2200.9
710	6.9	698	48.3	746	45	7	4.44	2.96	8.89	35.6	2245.8
710	12.7	688	87.2	775	54	19	4.03	2.42	12.08	36.3	2480.3
800	4.3	791	34.2	826	72	7	3.74	2.49	7.48	37.4	2412.8
800	8.3	784	65.3	849	84	7	3.45	3.45	10.34	37.9	2598.9
800	12.7	775	98.2	874	54	19	4.28	2.57	12.83	38.5	2794.7

续表

规格号	钢比(%)	面 积(mm²)			单线根数		单线直径(mm)		直 径(mm)		单位长度质量(kg/km)
		铝	铝包钢	总和	铝	铝包钢	铝	铝包钢	铝包钢芯	绞线	
900	4.3	890	38.5	929	72	7	3.97	2.65	7.94	39.7	2714.4
900	8.3	882	73.5	955	84	7	3.66	3.66	10.97	40.2	2923.8
1000	4.3	989	42.7	1032	72	7	4.18	2.79	8.37	41.8	3016.0
1120	4.2	1108	46.8	1155	72	19	4.43	1.77	8.85	44.3	3372.6
1120	8.1	1098	89.4	1187	84	19	4.08	2.45	12.24	44.9	3628.4
1250	4.2	1237	52.2	1289	72	19	4.68	1.87	9.35	46.8	3764.1
1250	8.1	1225	99.8	1325	84	19	4.31	2.59	12.93	47.4	4049.5

表 5-1-30　JLHA2/LB1A 型铝包钢芯铝合金绞线结构

规格号	钢比(%)	面 积(mm²)			单线根数		单线直径(mm)		直 径(mm)		单位长度质量(kg/km)
		铝合金	铝包钢	总和	铝	铝包钢	铝	铝包钢	铝包钢芯	绞线	
16	16.7	17.6	2.93	20.5	6	1	1.93	1.93	1.93	5.79	67.5
25	16.7	27.5	4.58	32.0	6	1	2.41	2.41	2.41	7.23	105.4
40	16.7	43.9	7.32	51.2	6	1	3.05	3.05	3.05	9.15	168.7
63	16.7	69.2	11.5	80.7	6	1	3.83	3.83	3.83	11.5	265.6
100	16.7	110	18.3	128	6	1	4.83	4.83	4.83	14.5	421.6
125	5.6	142	7.87	149	18	1	316	3.16	3.16	15.8	441.4
125	16.3	137	22.4	160	26	7	2.59	2.02	6.05	16.4	527.2
160	5.6	181	10.1	191	18	1	3.58	3.58	3.58	17.9	565.0
160	16.3	176	28.6	205	26	7	2.93	2.28	6.85	18.6	674.8
200	5.6	227	12.6	239	18	1	4.00	4.00	4.00	20.0	706.2
250	16.3	220	35.8	256	26	7	3.28	2.55	7.66	20.8	843.5
250	9.8	280	27.5	307	22	7	4.02	2.24	6.71	22.8	952.9
250	16.3	275	44.8	320	26	7	3.67	2.85	8.56	23.2	1054.4
315	6.9	355	24.6	380	45	7	3.17	2.11	6.34	25.4	1143.9
315	16.3	346	56.4	403	26	7	4.12	3.20	9.61	26.1	1328.5
400	6.9	451	31.2	483	45	7	3.57	2.38	7.15	28.6	1452.5
400	13.0	444	57.5	501	54	7	3.23	3.23	9.70	29.1	1606.8
450	6.9	508	35.1	543	45	7	3.79	2.53	7.58	30.3	1634.1
450	13.0	499	64.7	564	54	7	3.43	3.43	10.3	30.9	1807.7
500	6.9	564	39.0	603	45	7	4.00	2.66	7.99	32.0	1815.7
500	13.0	555	71.9	627	54	7	3.62	3.62	10.8	32.6	2008.5
560	6.9	632	43.7	676	45	7	4.23	2.82	8.46	33.8	2033.6
560	12.7	622	78.8	701	54	19	3.83	2.30	11.5	34.5	2241.0
630	6.9	711	49.2	760	45	7	4.49	2.99	8.97	35.9	2287.8
630	12.7	700	88.6	788	54	19	4.06	2.44	12.2	36.5	2521.1
710	6.9	801	55.4	857	45	7	4.76	3.17	9.52	38.1	2578.3
710	12.7	788	99.9	888	54	19	4.31	2.59	12.9	38.8	2841.3
800	4.3	909	39.3	949	72	7	4.01	2.67	8.02	40.1	2772.7
800	8.3	899	74.9	974	84	7	3.69	3.69	11.1	40.6	2982.3
800	12.7	888	113	1001	54	19	4.58	2.75	13.7	41.2	3201.5
900	4.3	1023	44.2	1067	72	7	4.25	2.84	8.51	42.5	3119.3
900	8.3	1012	84.3	1096	84	7	3.92	3.92	11.7	43.1	3355.1
1000	4.3	1137	49.1	1186	72	7	4.48	2.99	8.97	44.8	3465.9
1120	4.2	1274	53.8	1327	72	19	4.75	1.90	9.49	47.5	3875.8
1120	8.1	1260	103	1362	84	19	4.37	2.62	13.1	48.1	4164.0
1250	4.2	1421	60.0	1482	72	19	5.01	2.01	10.0	50.1	4325.6
1250	8.1	1406	114	1520	84	19	4.62	2.77	13.8	50.8	4647.3

表 5-1-31 **JLHA1/LB1A 型铝包钢芯铝合金绞线结构**

规格号	钢比 (%)	面积 (mm²)			单线根数		单线直径 (mm)		直径 (mm)		单位长度质量 (kg/km)
		铝	铝包钢	总和	铝	铝包钢	铝	铝包钢	铝包钢芯	绞线	
16	16.7	17.7	2.96	20.7	6	1	1.94	1.94	1.94	5.82	68.1
25	16.7	27.7	4.62	32.3	6	1	2.42	2.42	2.42	7.26	106.4
40	16.7	44.3	7.39	51.7	6	1	3.07	3.07	3.07	9.21	170.2
63	16.7	69.8	11.6	81.4	6	1	3.85	3.85	3.85	11.6	268.0
100	16.7	110	18.5	129	6	1	4.85	4.85	4.85	14.6	425.5
125	5.6	143	7.94	151	18	1	3.18	3.18	3.18	15.9	445.5
125	16.3	139	22.6	161	26	7	2.61	2.03	6.08	16.5	532.0
160	5.6	183	10.2	193	18	1	3.60	3.60	3.60	18.0	570.3
160	16.3	178	28.9	206	26	7	2.95	2.29	6.88	18.7	680.9
200	5.6	229	12.7	241	18	1	4.02	4.02	4.02	20.1	712.8
200	16.3	222	36.1	358	26	7	3.30	2.56	7.69	20.9	851.2
250	9.8	282	27.7	310	22	7	4.04	2.25	6.74	22.9	961.7
250	16.3	277	45.2	323	26	7	3.69	2.87	8.60	23.4	1064.0
315	6.9	359	24.8	384	45	7	3.19	2.12	6.37	25.5	1154.6
315	16.3	349	56.9	406	26	7	4.14	3.22	9.65	26.2	1340.6
400	6.9	456	31.5	487	45	7	3.59	2.39	7.18	28.7	1466.1
400	13.0	448	58.1	506	54	7	3.25	3.25	9.75	29.3	1621.6
450	6.9	513	35.4	548	45	7	3.81	2.54	7.62	30.5	1649.4
450	13.0	504	65.3	569	54	7	3.45	3.45	10.3	31.0	1824.3
500	6.9	570	39.4	609	45	7	4.01	2.68	8.03	32.1	1832.6
500	13.0	560	72.6	632	54	7	3.63	3.63	10.9	32.7	2027.0
560	6.9	638	44.1	682	45	7	4.25	2.83	8.50	34.0	2052.6
560	12.7	628	79.5	707	54	19	3.85	2.31	11.5	34.6	2261.6
630	6.9	718	49.6	767	45	7	4.51	3.00	9.01	36.1	2309.1
630	12.7	706	89.4	795	54	19	4.08	2.45	12.2	36.7	2544.3
710	6.9	809	55.9	865	45	7	4.78	3.19	9.57	38.3	2602.3
710	12.7	796	101	896	54	19	4.33	2.60	13.0	39.0	2867.4
800	4.3	918	39.7	958	72	7	4.03	2.69	8.06	40.3	2798.8
800	8.3	908	75.6	983	84	7	3.71	3.71	11.1	40.8	3010.0
800	12.7	896	114	1010	54	19	4.60	2.76	13.8	41.4	3230.9
900	4.3	1033	44.6	1077	72	7	4.27	2.85	8.55	42.7	3148.6
900	8.3	1021	85.1	1106	84	7	3.93	3.93	11.8	43.2	3386.3
1000	4.3	1148	49.6	1197	72	7	4.50	3.00	9.01	45.0	3498.5
1120	4.2	1286	54.3	1340	72	19	4.77	1.91	9.54	47.7	3912.3
1120	8.1	1271	104	1375	84	19	4.39	2.63	13.2	48.3	4202.7
1250	4.2	1435	60.5	1495	72	19	5.04	2.01	10.1	50.4	4366.4
1250	8.1	1419	116	1535	84	19	4.64	2.78	13.9	51.0	4690.5

表 5-1-32 **铝包钢芯铝绞线和铝包钢芯铝合金绞线的额定抗拉力和直流电阻**

规格号	铝包钢芯铝绞线 JL/LB1A		铝包钢芯铝合金绞线 JLHA2/LB1A		铝包钢芯铝合金绞线 JLHA1/LB1A	
	额定抗拉力 (kN)	直流电阻 (Ω/km)(20℃时)	额定抗拉力 (kN)	直流电阻 (Ω/km)(20℃时)	额定抗拉力 (kN)	直流电阻 (Ω/km)(20℃时)
16	5.91	1.7923	8.7	1.7694	9.31	1.7691
25	9.00	1.1471	13.59	1.1324	14.54	1.1323
40	14.21	0.9169	21.74	0.7077	23.27	0.7077
63	21.17	0.4552	33.09	0.4494	34.79	0.4493
100	31.84	0.2868	50.70	0.2831	53.38	0.2831
125	29.18	0.2304	51.21	0.2293	55.97	0.2293
125	44.49	0.2308	67.40	0.2279	72.17	0.2279
160	36.38	0.1800	64.94	0.1792	69.21	0.1792
160	56.18	0.1803	86.27	0.1781	92.38	0.1781
200	43.62	0.1440	80.67	0.1433	86.00	0.1433

续表

规格号	铝包钢芯铝绞线 JL/LB1A		铝包钢芯铝合金绞线 JLHA2/LB1A		铝包钢芯铝合金绞线 JLHA1/LB1A	
	额定抗拉力 (kN)	直流电阻 (Ω/km)（20℃时）	额定抗拉力 (kN)	直流电阻 (Ω/km)（20℃时）	额定抗拉力 (kN)	直流电阻 (Ω/km)（20℃时）
200	69.27	0.1443	107.8	0.1425	115.4	0.1424
250	67.80	0.1153	115.5	0.1144	122.3	0.1144
250	86.58	0.1154	134.7	0.1140	141.5	0.1140
315	78.33	0.0917	134.3	0.0912	146.3	0.0912
315	107.6	0.0916	169.8	0.0904	178.4	0.0904
400	97.50	0.0722	170.6	0.0718	181.3	0.0718
400	124.2	0.0723	199.9	0.0715	215.2	0.0715
450	107.5	0.0642	191.9	0.0638	204.0	0.0638
450	139.7	0.0642	223.6	0.0636	240.8	0.0636
500	119.4	0.0578	213.2	0.0574	226.6	0.0574
500	153.9	0.0578	245.6	0.0572	259.0	0.0572
560	133.7	0.0516	238.8	0.0513	253.8	0.0513
560	169.3	0.0516	277.9	0.0511	293.0	0.0511
630	150.5	0.0458	268.7	0.0456	285.6	0.0456
630	190.5	0.0459	312.6	0.0454	329.6	0.0454
710	169.5	0.0407	302.8	0.0405	321.8	0.0405
710	214.7	0.0407	352.3	0.0403	371.5	0.0403
800	167.6	0.0361	315.4	0.0360	336.7	0.0360
800	206.3	0.0362	347.7	0.0359	369.1	0.0359
800	241.9	0.0361	397.0	0.0358	418.6	0.0358
900	188.6	0.0321	354.9	0.0320	378.9	0.0320
900	224.8	0.0321	391.1	0.0319	415.2	0.0319
1000	209.5	0.0289	394.3	0.0288	420.9	0.0288
1120	233.4	0.0258	440.2	0.0257	470.1	0.0257
1120	282.8	0.0258	494.7	0.0257	524.7	0.0257
1250	260.5	0.0231	491.3	0.0231	524.6	0.0231
1250	315.7	0.0231	552.1	0.0230	585.6	0.0230

表 5-1-33　JLB1A/JLB1B 型铝包钢绞线结构和性能

规格号	面积 (mm^2)	单线根数	直径 (mm)		单位长度质量 (kg/km)		额定抗拉力 (kN)		直流电阻 (Ω/km) (20℃时)
			单线	绞线	JLB1A	JLB1B	JLB1A	JLB1B	
4	12	7	1.48	4.43	80.1	79.4	16.08	15.84	7.1592
6.3	18.9	7	1.85	5.56	126.2	125.0	25.33	24.95	4.5455
10	30	7	2.34	7.01	200.3	198.5	40.20	39.60	2.8637
12.5	37.5	7	2.61	7.84	250.4	248.1	50.25	49.50	2.2910
16	48	7	2.95	8.86	320.5	317.5	64.32	63.36	1.7898
25	75	7	3.69	11.08	500.7	496.2	93.75	99.00	1.1455
40	120	7	4.67	14.02	801.2	793.9	132.0	158.4	0.7159
40	120	19	2.84	14.18	805.0	797.7	160.8	158.4	0.7194
63	189	19	3.56	17.79	1267.9	1256.4	240.0	249.5	0.4568
100	300	37	3.21	22.49	2017.3	1999.0	402.0	396.0	0.2884
125	375	37	3.59	25.15	2521.7	2498.7	476.3	495.0	0.2307
160	480	37	4.06	28.45	3227.7	3198.3	580.8	633.6	0.1803
200	600	37	4.54	31.81	4034.7	3997.9	684.0	792.0	0.1442
200	600	61	3.54	31.85	4040.6	4003.8	762.0	792.0	0.1444

表 5-1-34 **JLB2 型铝包钢绞线结构和性能**

规格号	面积 (mm²)	单线根数	直径 (mm)		单位长度质量 (kg/km)	额定抗拉力 (kN)	直流电阻 (Ω/km) (20℃时)
			单线	绞线			
16	36.2	7	2.56	7.69	216.4	39.04	1.7896
25	56.5	7	3.21	9.62	338.2	61.00	1.1454
40	90.4	7	4.05	12.2	541.1	97.61	0.7159
40	90.4	19	2.46	12.3	543.7	97.61	0.7193
63	142	19	3.09	15.4	856.4	153.7	0.4567
100	226	37	2.79	19.5	1362.6	244.0	0.2884
125	282	37	3.12	21.8	1703.2	305.0	0.2307
160	362	37	3.53	24.7	2180.1	390.4	0.1803
200	452	37	3.94	27.6	2725.1	488.0	0.1442
200	452	61	3.07	27.6	2729.1	488.0	0.1444

表 5-1-35 **JG1A/JG1B/JG2A/JG3A 型钢绞线结构和性能**

规格号	面积 (mm²)	单线根数	直径 (mm)		单位长度质量 (kg/km)	额定抗拉力 (kN)				直流电阻 (Ω/km) (20℃时)
			单线	绞线		JG1A	JG1B	JG2A	JG3A	
4	27.1	7	2.22	6.66	213.3	36.3	33.6	39.3	43.9	7.1445
6.3	42.7	7	2.79	8.36	335.9	55.9	51.7	60.2	67.9	4.5362
10	67.8	7	3.51	10.53	533.2	87.4	80.7	93.5	103.0	2.8578
12.5	84.7	7	3.93	11.78	666.5	109.3	100.8	116.9	128.8	2.2862
16	108.4	7	4.44	13.32	853.1	139.9	129.0	199.7	164.8	1.7861
16	108.4	19	2.70	13.48	857.0	142.1	131.2	152.9	172.4	1.7944
25	169.4	19	3.37	16.85	1339.1	218.6	201.6	238.9	262.6	1.1484
40	271.1	19	4.26	21.31	2142.6	349.7	322.6	374.1	412.1	0.7177
40	271.1	37	3.05	21.38	2148.1	349.7	322.6	382.3	420.2	0.7196
63	427.0	37	3.83	26.83	3383.2	550.8	508.1	589.3	649.0	0.4569

(三) 关于 GB/T 1179—1999《圆线同心绞架空导线》标准的补充文件

长期以来，国内用户对输电架空线路的设计，基本按照 GB 1179—1983《铝绞线、钢芯铝绞线及防腐钢芯铝绞线》标准和 GB 9329—1988《铝合金绞线及钢芯铝合金绞线》标准来选型，这二项标准的规格系列是以标称截面 mm² 为数列，这与 GB/T 1179—1999 标准的规格号不同，为此提出了 GB/T 1179—1999 标准修改通知。修改单的内容本质与 GB 1179 和 GB 9329 标准一致，但规格号有所改变。因为修改单的规格号不能与 GB/T 1179—1999 的规格号重复，因此修改单的规格号数列带有小数，采用时须加注意。由于修改单的规格号与标称截面非常接近，使用者若用截面概念理解此规格号，一般不会产生错误。举例说：规格号 15.89 和 95.14，则可理解为 16mm² 和 95mm²。

(1) 铝绞线。JL 型铝绞线结构和性能见表 5-1-36。

(2) 铝合金绞线。JLHA2 型和 JLHAl 型铝合金绞线结构和性能见表 5-1-37 和表 5-1-38。

(3) 钢芯铝绞线和钢芯铝合金绞线。JL/G1A 型钢芯铝绞线、JLHA2/G1A 型和 JLHA1/G1A 型钢芯铝合金绞线的结构分别见表 5-1-39、表 5-1-40 和表 5-1-41。这些产品的额定抗拉力和直流电阻见表 5-1-42。

表 5-1-36 **JL 型铝绞线结构和性能**

规格号	截面积 (mm²)	单线根数	直径 (mm)		单位长度质量 (kg/km)	额定抗拉力 (kN)	直流电阻 (Ω/km) (20℃时)
			单线	绞线			
15.89	15.89	7	1.70	5.10	43.5	3.02	1.8022
25.41	25.41	7	2.15	6.45	69.5	4.57	1.1267
34.36	34.36	7	2.50	7.50	94.0	6.01	0.8333
49.48	49.48	7	3.00	9.00	135.3	8.41	0.5787
71.25	71.25	7	3.60	10.8	194.9	11.40	0.4019
95.14	95.14	7	4.16	12.5	260.2	15.22	0.3010
121.21	121.21	19	2.85	14.3	333.2	20.61	0.2374
148.07	148.07	19	3.15	15.8	407.0	24.43	0.1943
182.80	182.80	19	3.50	17.5	502.4	30.16	0.1574
209.85	209.85	19	3.75	18.8	576.8	33.58	0.1371

续表

规格号	截面积（mm^2）	单线根数	直径（mm）		单位长度质量（kg/km）	额定抗拉力（kN）	直流电阻（Ω/km）（20℃时）
			单线	绞线			
238.76	238.76	19	4.00	20.0	656.3	38.20	0.1205
297.57	297.57	37	3.20	22.4	819.8	49.10	0.0969
397.83	397.83	37	3.70	25.9	1096.0	63.65	0.0725
502.90	502.90	37	4.16	29.1	1385.5	80.46	0.0573
631.30	631.30	61	3.63	32.7	1741.8	101.01	0.0458
805.36	805.36	61	4.10	36.9	2222.1	128.86	0.0359

表 5-1-37　JLHA2 型铝合金绞线结构和性能

规格号	截面积（mm^2）	单线根数	直径（mm）		单位长度质量（kg/km）	额定抗拉力（kN）	直流电阻（Ω/km）（20℃时）
			单线	绞线			
8.71	10.02	7	1.35	4.05	27.4	2.96	3.2891
13.97	16.08	7	1.71	5.13	44.0	4.74	2.0500
21.67	24.94	7	2.13	6.39	68.2	7.36	1.3213
30.33	34.91	7	2.52	7.56	95.5	10.30	0.9439
43.57	50.14	7	3.02	9.06	137.2	14.79	0.6573
60.88	70.07	7	3.57	10.7	191.7	20.67	0.4703
82.67	95.14	7	4.16	12.5	261.5	28.07	0.3481
104.58	120.36	19	2.84	14.2	330.8	35.51	0.2751
130.29	149.96	19	3.17	15.9	412.2	44.24	0.2208
160.65	184.90	19	3.52	17.6	508.2	54.54	0.1791
182.33	209.85	19	3.75	18.8	576.8	61.91	0.1578
208.49	239.96	19	4.01	20.1	661.1	70.79	0.1383
260.17	299.43	37	3.21	22.5	825.0	88.33	0.1109
347.53	399.98	37	3.71	26.0	1102.0	117.99	0.0830
434.85	500.48	37	4.15	29.1	1380.9	147.64	0.0664
548.51	631.30	61	3.63	32.7	1741.8	186.23	0.0527
696.33	801.43	61	4.09	36.8	2211.3	236.42	0.0415
869.36	1000.58	61	4.57	41.1	2760.7	295.17	0.0332

表 5-1-38　JLHA1 型铝合金绞线结构和性能

规格号	截面积（mm^2）	单线根数	直径（mm）		单位长度质量（kg/km）	额定抗拉力（kN）	直流电阻（Ω/km）（20℃时）
			单线	绞线			
8.62	10.02	7	1.35	4.05	27.4	3.26	3.3205
13.84	16.08	7	1.71	5.13	44.0	5.22	2.0695
21.47	24.94	7	2.13	6.39	68.2	8.11	1.3339
30.05	34.91	7	2.52	7.56	95.5	11.35	0.9529
43.16	50.14	7	3.02	9.06	137.2	16.30	0.6635
60.31	70.07	7	3.57	10.7	191.7	22.07	0.4748
81.89	95.14	7	4.16	12.5	261.5	29.97	0.3514
103.59	120.36	19	2.84	14.2	330.8	39.12	0.2778
129.06	149.96	19	3.17	15.9	412.2	48.74	0.2229
159.13	184.90	19	3.52	17.6	508.2	58.24	0.1808
180.61	209.85	19	3.75	18.8	576.8	66.10	0.1593
206.52	239.96	19	4.01	20.1	661.1	75.59	0.1397
257.71	299.43	37	3.21	22.5	825.0	97.32	0.1119
344.25	399.98	37	3.71	26.0	1102.0	125.99	0.0838
430.74	500.48	37	4.15	29.1	1380.9	157.65	0.0671
543.33	631.30	61	3.63	32.7	1741.8	198.86	0.0532
689.76	801.43	61	4.09	36.8	2211.3	252.45	0.0419
861.16	1000.58	61	4.57	41.1	2760.7	315.18	0.0335

表 5-1-39 JL/G1A 型钢芯铝绞线结构和单位长度质量

规格号	钢比(%)	截面积(mm²)			单线根数		单线直径(mm)		直径(mm)		单位长度质量(kg/km)
		铝	钢	总	铝	钢	铝	钢	钢芯	绞线	
10.60	17	10.60	1.77	12.37	6	1	1.50	1.50	1.50	4.50	42.8
16.13	17	16.13	2.69	18.82	6	1	1.85	1.85	1.85	5.55	65.1
25.36	17	25.36	4.23	29.59	6	1	2.32	2.32	2.32	6.96	102.4
34.86	17	34.86	5.81	40.67	6	1	2.72	2.72	2.72	8.16	140.8
48.25	17	48.25	8.04	56.30	6	1	3.20	3.20	3.20	9.60	194.8
50.73	58	50.73	29.59	80.32	12	7	2.32	2.32	6.96	11.6	371.1
68.05	17	68.05	11.34	79.39	6	1	3.80	3.80	3.80	11.4	274.8
69.73	58	69.73	40.67	110.40	12	7	2.72	2.72	8.16	13.6	510.2
94.39	16	94.39	15.33	109.73	26	7	2.15	2.15	5.01	13.6	380.2
95.14	20	95.14	18.82	113.96	7	7	4.16	4.16	5.55	13.9	408.2
96.51	58	96.51	56.30	152.81	12	7	3.20	3.20	9.60	16.0	706.1
118.89	6	118.89	6.61	125.50	18	1	2.90	2.90	2.90	14.5	378.5
115.67	16	115.67	18.82	134.49	26	7	2.38	1.85	5.55	15.1	466.1
122.48	20	122.48	24.25	146.73	7	7	4.72	2.10	6.30	15.7	525.7
122.15	58	122.15	71.25	193.40	12	7	3.60	3.60	10.8	18.0	893.7
144.76	6	144.76	8.04	152.80	18	1	3.20	3.20	3.20	16.0	460.9
145.68	13	145.68	18.82	164.50	24	7	2.78	1.85	5.55	16.7	548.5
148.86	16	148.86	24.25	173.11	26	7	2.70	2.10	6.30	17.1	600.1
147.26	23	147.26	34.36	181.62	30	7	2.50	2.50	7.50	17.5	675.0
183.22	6	183.22	10.18	193.40	18	1	3.60	3.60	3.60	18.0	583.3
187.03	13	187.03	24.25	211.28	24	7	3.15	2.10	6.30	18.9	704.9
181.34	16	181.34	29.59	210.93	26	7	2.98	2.32	6.96	18.9	731.4
184.73	23	184.73	43.10	227.83	30	7	2.80	2.80	8.40	19.6	846.7
204.14	16	204.14	11.34	215.48	18	1	3.80	3.80	3.80	19.0	649.9
209.02	23	209.02	27.10	236.12	24	7	3.33	2.22	6.66	20.0	787.8
211.73	16	211.73	34.36	246.09	26	7	3.22	2.50	7.50	20.4	852.5
209.24	23	209.24	48.82	258.06	30	7	2.98	2.98	8.94	20.9	959.0
244.29	13	244.29	31.67	275.96	24	7	3.60	2.40	7.20	21.6	920.7
238.84	16	238.84	38.90	277.74	26	7	3.42	2.66	7.98	21.7	962.8
241.27	23	241.27	56.30	297.57	30	7	3.20	3.20	9.60	22.4	1105.8
296.88	5	296.88	15.33	312.21	42	7	3.00	1.67	5.01	23.0	938.7
303.42	7	303.42	20.91	324.32	45	7	2.93	1.95	5.85	23.4	1000.8
306.21	9	306.21	27.10	333.31	48	7	2.85	2.22	6.66	23.8	1057.0
300.09	13	300.09	38.90	338.99	24	7	3.99	2.66	7.98	23.9	1131.0
299.54	16	299.54	48.82	348.37	26	7	3.83	2.98	8.94	24.3	1207.7
305.36	23	305.36	71.25	376.61	30	7	3.60	3.60	10.8	25.2	1399.6
406.40	5	406.40	20.91	427.31	42	7	3.51	1.95	5.85	26.9	1284.3
391.91	7	391.91	27.10	419.01	45	7	3.33	2.22	6.66	26.6	1293.5
390.88	9	390.88	34.36	425.24	48	7	3.22	2.50	7.50	26.8	1347.5
399.72	13	399.72	51.82	451.54	54	7	3.07	3.07	9.21	27.6	1509.3
398.94	16	398.94	65.06	464.00	26	7	4.42	3.44	10.3	28.0	1608.7
407.75	23	407.75	93.27	501.02	30	19	4.16	2.50	12.5	29.1	1856.7
497.01	7	497.01	34.36	531.37	45	7	3.75	2.50	7.50	30.0	1640.3
488.58	9	488.58	43.10	531.68	48	7	3.60	2.80	8.40	30.0	1685.5
501.88	13	501.88	65.06	566.94	54	7	3.44	3.44	10.3	31.0	1895.0
623.45	7	623.45	43.10	666.55	45	7	4.20	2.80	8.40	33.6	2057.6
639.92	9	639.92	56.30	696.22	48	7	4.12	3.20	9.60	34.3	2206.4
635.19	13	635.19	80.32	715.51	54	19	3.87	2.32	11.6	34.8	2384.7
814.30	7	814.30	56.30	870.60	45	7	4.80	3.20	9.60	38.4	2687.5
808.15	9	808.15	71.25	879.40	48	7	4.63	3.60	10.8	38.6	2787.6
795.17	13	795.17	100.88	896.05	54	19	4.33	2.60	13.0	39.0	2987.8

表 5-1-40　　JLHA2/G1A 型钢芯铝合金绞线结构和单位长度质量

规格号	钢比(%)	截面积(mm²)			单线根数		单线直径(mm)		直径(mm)		单位长度质量(kg/km)
		铝	钢	总和	铝	钢	铝	钢	钢芯	绞线	
9.21	17	10.60	1.77	12.37	6	1	1.50	1.50	1.50	4.50	42.8
14.01	17	16.13	2.69	18.82	6	1	1.85	1.85	1.85	5.55	65.1
22.04	17	25.36	4.23	29.59	6	1	2.32	2.32	2.32	6.96	102.4
30.29	17	34.86	5.81	40.67	6	1	2.72	2.72	2.72	8.16	140.8
41.93	17	48.25	8.04	56.30	6	1	3.20	3.20	3.20	9.60	194.8
44.08	58	50.73	29.59	80.32	12	7	2.32	2.32	6.96	11.6	371.1
59.12	17	68.05	11.34	79.39	6	1	3.80	3.80	3.80	11.4	274.8
60.58	58	69.73	40.67	110.40	12	7	2.72	2.72	8.16	13.61	510.2
82.01	16	94.39	15.33	109.73	26	7	2.15	2.15	5.01	13.6	380.2
83.85	20	96.51	56.30	152.81	12	7	3.20	3.20	9.60	16.0	706.1
10.30	6	118.89	6.61	125.50	18	7	2.90	2.90	8.70	14.5	378.5
100.50	16	115.67	18.82	134.49	26	7	2.38	1.85	5.55	15.1	466.1
106.13	58	122.15	71.25	193.40	12	7	3.60	3.60	10.8	18.0	893.7
125.78	6	144.76	8.04	152.81	18	1	3.20	3.20	3.20	16.0	460.9
129.34	16	148.86	24.25	173.11	26	7	2.70	2.70	6.30	17.1	600.1
159.19	6	183.22	10.18	193.40	18	1	3.60	3.60	3.60	18.0	583.3
157.56	16	181.34	29.59	210.3	26	7	2.98	2.32	6.96	18.9	731.4
177.37	6	204.14	11.34	215.8	18	1	3.80	3.80	3.80	19.0	649.9
183.96	16	211.73	34.36	246.09	26	7	3.22	2.50	7.50	20.4	852.5
212.25	13	244.29	31.67	275.96	24	7	3.60	2.40	7.20	21.6	920.7
207.52	16	238.84	38.90	277.74	26	7	3.42	2.66	7.98	21.7	962.8
263.63	7	303.42	20.91	324.32	45	7	2.93	1.95	5.85	23.4	1000.8
260.26	16	299.54	48.82	348.37	26	7	3.83	2.98	8.94	24.3	1207.7
265.32	23	305.36	71.25	376.61	30	7	3.60	3.60	10.8	25.2	1399.6
340.52	7	391.91	27.10	419.01	45	7	3.33	2.22	6.66	26.6	1293.5
347.30	13	399.72	51.82	451.54	54	7	3.07	3.07	9.21	27.6	1509.3
354.28	23	407.75	93.27	501.02	30	19	4.16	2.50	12.5	29.1	1856.7
431.83	7	497.01	34.36	531.37	45	7	3.75	2.50	7.50	30.0	1640.3
436.06	13	501.88	65.06	566.94	54	7	3.44	3.44	10.3	31.0	1895.0
541.69	7	623.45	43.10	666.55	45	7	4.20	2.80	8.40	33.6	2057.6
551.89	13	635.19	80.32	715.51	54	19	3.87	2.32	11.6	34.8	2384.7
707.51	7	814.30	56.30	870.60	45	7	4.80	3.20	9.60	38.4	2687.5
690.89	13	795.17	100.88	896.05	54	19	4.33	2.60	13.0	39.0	2987.8
870.84	4	1002.3	43.10	1045.4	72	7	4.21	2.80	8.40	42.1	3106.8
863.22	13	993.51	125.50	1119.0	54	19	4.84	2.90	14.5	43.5	3728.9

表 5-1-41　　JLHA1/G1A 型钢芯铝合金绞线结构和单位长度质量

规格号	钢比(%)	截面积(mm²)			单线根数		单线直径(mm)		直径(mm)		单位长度质量(kg/km)
		铝	钢	总和	铝	钢	铝	钢	钢芯	绞线	
9.13	17	10.60	1.77	12.37	6	1	1.50	1.50	1.50	4.50	42.8
13.88	17	16.13	2.69	18.82	6	1	1.85	1.85	1.85	5.55	65.1
21.83	17	25.36	4.23	29.59	6	1	2.32	2.32	2.32	6.96	102.4
30.01	17	34.86	5.81	40.67	6	1	2.72	2.72	2.72	8.16	140.8
41.53	17	48.25	8.04	56.30	6	1	3.20	3.20	3.20	9.60	194.8
43.66	58	50.73	29.59	80.32	12	7	2.32	2.32	6.96	11.6	371.1
58.57	17	68.05	11.34	79.39	6	1	3.80	3.80	3.80	11.4	274.8
60.01	58	69.73	40.67	110.40	12	7	2.72	2.72	8.16	13.6	510.2
81.24	16	94.39	15.33	109.73	26	7	2.15	1.67	5.01	13.6	380.2
83.06	20	96.51	56.30	152.81	12	7	3.20	3.20	9.60	16.0	706.1
102.33	6	118.89	6.61	125.50	18	1	2.90	2.90	8.70	14.5	378.5
99.55	16	115.67	18.82	134.49	26	7	2.38	1.85	5.55	15.1	466.1
105.13	58	122.15	71.25	193.40	12	7	3.60	3.60	10.8	18.0	893.7
124.59	6	144.76	8.04	152.81	18	1	3.20	3.20	3.20	16.0	460.9
128.12	16	148.86	24.25	173.11	26	7	2.70	2.10	6.30	17.1	600.1

续表

规格号	钢比（%）	截面积（mm²）			单线根数		单线直径（mm）		直径（mm）		单位长度质量（kg/km）
		铝	钢	总和	铝	钢	铝	钢	钢芯	绞线	
157.69	6	183.22	10.18	193.40	18	1	3.60	3.60	3.60	18.0	583.3
156.07	16	181.34	29.59	210.93	26	7	2.98	2.32	6.96	18.9	731.4
175.70	6	204.14	11.34	215.48	18	1	3.80	3.80	3.80	19.0	649.9
182.22	16	211.73	34.36	246.09	26	7	3.22	2.50	7.50	20.4	852.5
210.25	13	244.29	31.67	275.96	24	7	3.60	2.40	7.20	21.6	920.7
205.56	16	238.84	38.90	277.74	26	7	3.42	2.66	7.98	21.7	962.8
261.14	7	303.42	20.91	324.32	45	7	2.93	1.95	5.85	23.4	1000.8
257.80	16	299.54	48.82	348.37	26	7	3.83	2.98	8.94	24.3	1207.7
362.81	23	305.36	71.25	376.61	30	7	3.60	3.60	10.8	25.2	1399.6
337.30	7	391.91	27.10	419.01	45	7	3.33	2.22	6.66	26.6	1293.5
344.03	13	399.72	51.82	451.54	54	7	3.07	3.07	9.21	27.6	1509.3
350.94	23	407.75	93.27	501.02	30	19	4.16	2.50	12.5	29.1	1856.7
427.76	7	497.01	34.36	531.37	45	7	3.75	2.50	7.50	30.0	1640.3
431.95	13	501.88	65.06	566.94	54	7	3.44	3.44	10.3	31.0	1895.0
536.58	7	623.45	43.10	666.55	45	7	4.20	2.80	8.40	33.6	2057.6
546.68	13	635.19	80.32	715.51	54	19	3.87	2.32	11.6	34.8	2384.7
700.83	7	814.30	56.30	870.60	45	7	4.80	3.20	9.60	38.4	2687.5
684.37	13	795.17	100.88	896.05	54	19	4.33	2.60	13.0	39.0	2987.8
862.62	4	1002.3	43.10	1045.4	72	7	4.21	2.80	8.40	42.1	3106.8
855.08	13	993.51	125.50	1119.0	54	19	4.84	2.90	14.5	43.5	3728.9

表 5-1-42　JL/G1A JLHA2/G1A JLHA1/G1A 型绞线额定抗拉力和直流电阻

JL/G1A 型			JLHA2/G1A 型			JLHA1/G1A 型		
规格号	额定抗拉力（kN）	直流电阻（Ω/km）（20℃时）	规格号	额定抗拉力（kN）	直流电阻（Ω/km）（20℃时）	规格号	额定抗拉力（kN）	直流电阻（Ω/km）（20℃时）
10.60	4.14	2.7062	9.21	5.20	3.1147	9.13	5.51	3.1444
16.13	6.13	1.7791	14.01	7.90	2.0476	13.88	8.39	2.0671
25.36	9.26	1.1313	22.04	12.30	1.3020	21.83	13.06	1.3144
34.86	12.55	0.8230	30.29	16.91	0.9472	30.01	17.96	0.9563
48.25	16.81	0.5946	41.93	23.08	0.6844	41.53	24.53	0.6909
50.73	42.61	0.5693	44.08	48.70	0.6552	43.66	50.22	0.6614
68.05	23.36	0.4217	59.12	32.55	0.4853	58.57	33.91	0.4899
69.73	58.22	0.4141	60.58	66.94	0.4766	60.01	69.03	0.4812
94.39	34.93	0.3059	82.01	45.79	0.3521	81.24	48.62	0.3554
95.14	37.24	0.3020	83.85	90.40	0.3444	83.06	93.29	0.3477
96.51	77.85	0.2992	10.30	42.60	0.2788	102.33	46.17	0.2815
118.89	27.74	0.2422	100.50	56.14	0.2873	99.55	59.61	0.2900
115.67	42.26	0.2496	106.13	114.41	0.2721	105.13	116.85	0.2747
122.48	47.96	0.2346	125.78	51.55	0.2290	124.59	55.90	0.2312
122.15	97.92	0.2364	129.34	72.28	0.2232	128.12	76.75	0.2254
144.76	32.7	0.1990	159.19	65.25	0.1809	157.69	68.91	0.1826
145.68	46.78	0.1981	157.56	87.23	0.1833	156.07	92.67	0.1850
148.86	53.67	0.1940	177.37	72.70	0.1624	175.70	76.78	0.1639
147.26	64.94	0.1962	183.96	101.63	0.1570	182.22	107.98	0.1585
183.22	40.51	0.1572	212.25	108.17	0.1359	210.25	113.05	0.1372
187.03	59.23	0.1543	207.52	114.81	0.1391	205.56	121.97	0.1405
181.34	64.56	0.1592	263.63	113.97	0.1096	261.14	123.07	0.1106
184.73	80.54	0.1564	260.26	144.02	0.1109	257.80	150.01	0.1120
204.14	45.14	0.1411	265.32	168.46	0.1089	262.81	174.57	0.1099
209.02	66.19	0.1380	340.52	147.32	0.0849	337.30	159.07	0.0857
211.73	74.11	0.1364	347.30	174.92	0.0833	344.03	186.91	0.0841
209.24	91.23	0.1381	354.28	226.61	0.0816	350.94	234.77	0.0823
244.29	75.19	0.1181	431.83	185.79	0.0669	427.76	195.73	0.0675
238.84	83.76	0.1209	436.06	219.62	0.0663	431.95	234.68	0.0670
241.27	101.74	0.1198	541.69	233.05	0.0533	536.58	245.52	0.0538

续表

JL/G1A 型			JLHA2/G1A 型			JLHA1/G1A 型		
规格号	额定抗拉力（kN）	直流电阻（Ω/km）（20℃时）	规格号	额定抗拉力（kN）	直流电阻（Ω/km）（20℃时）	规格号	额定抗拉力（kN）	直流电阻（Ω/km）（20℃时）
296.88	68.41	0.0973	551.89	278.95	0.0524	546.68	291.65	0.0529
303.42	76.04	0.0952	707.51	302.15	0.0408	700.83	318.43	0.0412
306.21	83.76	0.0944	690.89	349.57	0.0419	684.37	365.48	0.0423
300.09	92.36	0.0961	870.84	344.81	0.0332	862.62	364.85	0.0335
299.54	103.58	0.0964	863.22	436.16	0.0335	855.08	456.03	0.0338
305.36	127.23	0.0946						
406.40	89.48	0.0710						
391.91	96.37	0.0737	—	—	—	—	—	—
390.88	103.67	0.0739						
399.72	122.95	0.0724						
398.94	135.39	0.0724						
407.75	171.56	0.0709						
497.01	118.69	0.0581	—	—	—	—	—	—
488.58	127.31	0.0591						
501.88	154.37	0.0576						
623.45	148.89	0.0463						
639.92	164.31	0.0452						
635.19	193.19	0.0455	—	—	—	—	—	—
814.30	192.22	0.0355						
808.15	207.68	0.0358						
795.17	242.23	0.0364						

五、型线同心绞架空导线

型线同心绞架空导线等同采用 IEC 62219：2002《型线同心绞架空导线》标准。型线同心绞架空导线可用 3 种生产工艺：第 1 种是单线在前一道工艺过程中被拉制成型，绞合是在后一道工艺过程进行；第 2 种工艺是单线成型和单线绞合在一次操作中完成；第 3 种是先绞合一层圆单线，然后将此层紧压成圆形截面，圆形单线的其他层可被绞合并紧压，这是一种分层绞合兼紧压方法，也可将成型单线分层直接在紧压的芯线上，型线不需再紧压。在任何情况下，该导线的材料都应符合 GB/T 17048 或 JB/T 8134 要求。第 1 种情况的试验应在绞合前的成型单线上进行，且其性能应基于等效线径进行计算。后 2 种情况的试验应在成型和绞合前的圆形单线上进行，且其性能应基于成型之前的圆形单线直径进行计算。型线同心绞架空导线的产品名称和型号见表 5-1-43。成品型式见图 5-1-1、图 5-1-2 和图 5-1-3。表 5-1-44 和表 5-1-45 为 JLX 和 JLX/G1A 导线的特性举例。

表 5-1-43　型线同心绞架空导线型号和名称

产品名称	国际型号
成型铝绞线	JLX
成型铝合金绞线	JLHA2X、JLHA1X
钢芯成型铝绞线	JLX/G1A、JLX/G1B、JLX/G2A、JLX/G2B
钢芯成型铝合金绞线	JLHA2X/G1A、JLHA2X/G1B、JLHA2X/G2A、JLHA2X/G2B、JLHA1X/G1A、JLHA1X/G1B、JLHA1X/G2A、JLHA1X/G2B
铝芯成型铝绞线	JLX/L
铝合金芯成型铝绞线	JLX/LHA2、JLX/LHA1
铝包钢芯成型铝绞线	JLX/LB
铝包钢芯成型铝合金绞线	JLHA2X/LB、JLHA1X/LB

表 5-1-44　JLX 型导线的特性举例

代码	面积（mm^2）	直径（mm）	单位长度重量（kg/m）	计算拉断力（kN）	直流电阻（Ω/km）（20℃时）
100	100	12.16	0.275	17.5	0.2873
125	125	13.42	0.344	21.3	0.2299
160	160	15.01	0.439	27.2	0.1796
200	200	16.65	0.550	33	0.1437
250	250	18.49	0.688	41.3	0.1149
315	315	20.65	0.866	52	0.0912
400	400	23.57	1.105	66	0.0722
450	450	24.91	1.244	74.3	0.0642
500	500	26.20	1.383	82.5	0.0578
560	560	27.63	1.548	92.4	0.0516
630	630	29.23	1.742	100.8	0.0459
710	710	31.11	1.964	115.5	0.0407
800	800	32.97	2.212	128	0.0361
900	900	35.06	2.495	148.5	0.0322
1000	1000	36.87	2.772	160	0.0290

图 5-1-1　O 形和 Z 形混合绞

图 5-1-2　圆形和拱形混合绞

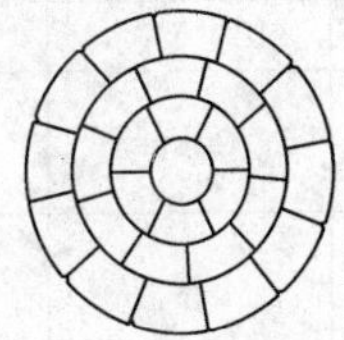

图 5-1-3　全拱形绞

表 5-1-45 **JLX/G1A 型导线的特性举例**

代码	载面积 (mm²)	钢线		导线直径 (mm)	单位长度质量			计算拉断力 (kN)	直流电阻 (Ω/km)(20℃时)
		根数	直径 (mm)		铝 (kg/km)	钢 (kg/km)	总和 (kg/km)		
100/17	100	1	4.61	12.0	274	130	404	34.8	0.2855
125/7.5	125	1	3.09	13.5	342	59	401	28.9	0.2284
160/10	160	1	3.49	15.3	441	75	516	37	0.1798
208/28	208	7	2.25	18.3	576	217	793	66.9	0.1383
260/32	250	7	2.43	19.9	690	255	945	78.3	0.1153
300/39	300.5	7	2.67	21.8	831	307	1139	94.4	0.0961
370/48	370.9	7	2.96	24.1	1026	377	1403	114	0.0777
400/52	400	7	3.07	25.1	1104	407	1511	121	0.0721
456/59	456	7	3.28	26.7	1259	463	1722	138	0.0632
505/65	505.3	7	3.45	28.1	1395	513	1908	153	0.0571
593/77	593.5	7	3.74	31.2	1646	602	2248	185	0.0488
622/153	622.5	19	3.20	34.0	1834	1198	3032	276	0.0437
710/114	710	19	2.76	34.1	1976	894	2870	246	0.0410
731/77	731.5	19	2.27	34.0	2032	603	2635	210	0.0367
800/128	800	19	2.93	36.2	2226	1007	3233	275	0.0363
902/74	901.9	19	2.22	36.1	2518	579	3097	235	0.0323
975/167	974.9	19	3.34	40.6	2728	1308	4036	345	0.0300
1000/130	1000	19	2.95	39.8	2779	1023	3802	308	0.0290
1092/89	1092.5	19	2.44	40.6	3046	701	3747	280	0.0267

六、其他架空导线、地线

为适应输配电架空导线的特殊要求，在结构和功能上开发了一些特种导线，如扩径导线、自阻尼导线、防冰雪导线、倍容量导线和光纤复合架空地线等。

（一）扩径导线

扩大导线直径可减小表面电晕损耗。一种扩径方法是在绞线的中间几层用稀疏单线绞合，型号为 LGJK。另一种方法是用中心支撑构件，如波纹铝管、蛇皮管等，图 5-1-4 中心黑圈为支撑构件，型号为 LGKK。2 种扩径导线主要结构、规格和性能见表 5-1-46 和表 5-1-47。用于 750kV 输电线路的扩径导线试制品的结构和性能参见表 5-1-48。该表摘自《西北电网 750kV 输变电工程用扩径导线研究》，作者为毛庆传等人，发表于《2004 年中国国际线缆及线材学术研讨会（有色金属）论文集》。

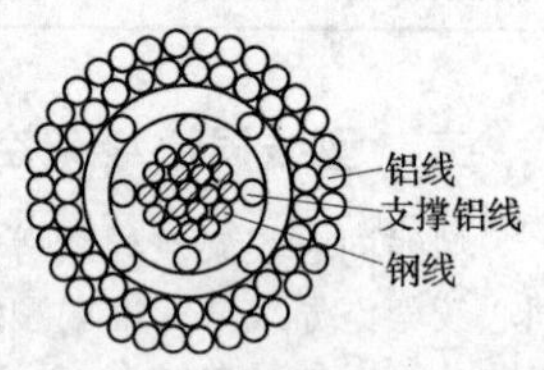

图 5-1-4 扩大直径导线

表 5-1-46 **LGJK 型导线结构和性能**

项目	单位	标称截面 (mm²)				
		630	800	1000	1250	1400
导线外径	mm	48	49	51	52	51
计算截面积：铝	mm²	535.43	613.24	1001.40	1259.14	1399.6
钢	mm²	152.81	152.81	152.81	152.81	134.3
总	mm²	788.24	966.23	1154.21	1411.95	1533.9
结构：中心钢线	根数/mm	19/3.2	19/3.2	19/3.2	19/3.2	19/3.0
第 1 层铝（支撑层）	根数/mm	4/4.55	4/4.50	4/4.35	4/4.60	13/4.5
第 2 层铝（支撑层）	根数/mm	4/4.55	4/4.60	4/4.55	18/4.47	19/4.5
第 3 层铝	根数/mm	11/3.70	24/3.80	27/4.30	26/4.47	25/4.5
第 4 层铝	根数/mm	36/3.70	36/3.80	33/4.30	32/4.47	31/4.5
计算总拉断力	kN	228	253	278	313	329
弹性系数	kN/mm²	67.8	64.2	61.5	58.0	53.6
线胀系数	10^{-6}℃$^{-1}$	15.5	16.2	17.7	21.5	20.4
直流电阻（20℃）	Ω/km	0.046433	0.036179	0.029314	0.023161	0.021330
载流量（导体 70℃）	A	815	904	1000	1147	1160
单位长度质量	kg/km	2994	3491	4013	4713	4962

表 5－1－47　LGKK 型导线结构和性能

项　目	单位	标称截面 (mm^2)		
		587	900	1400
导线外径	mm	51	49	57
计算截面积：铝 钢 总	mm^2	586.7 49.5 636.2	906.4 84.83 991.23	1387.8 106.00 1493.8
结构：中心支撑软管外径		39	27	27
第1层钢铝混绞	根数/mm	钢 7/3.0＋铝 35/3.0	钢 12/3.0＋铝 18/3.0	钢 15/3.0＋铝 15/3.0
第2层铝		48/3.0	28/4.0	28/4.0
第3层铝		—	34/4.0	34/4.0
第4层铝		—	—	40/4.0
计算总拉断力	kN	137	205	289
弹性系数	kN/mm^2	71.54	58.7	58.02
线胀系数	10^{-6}/℃	20.6	20.4	20.8
直流电阻（20℃）	Ω/km	0.0514	0.03317	0.02163
载流量（导体 70℃）	A	750	1020	1290
单位长度质量	kg/km	2711	3650	5159

（二）自阻尼导线

架空导线在受力状态下，因风力激励而可能产生强烈振动，导致发生导线断股、断线等严重事故。自阻尼导线采用型线绞合，但在铝线和钢芯之间留有 0.6～1.0mm 的间隙，钢芯和铝线层分别形成独立部分，具有不同的自振频率，在风振状态下造成二者振动幅度不同，因而产生相互撞击，自动消耗风力的激励能量，从而减少微风引起的振动，也不致产生大幅度舞动而避免事故。使用自阻尼导线，也可加大塔杆间距或降低塔杆高度，从而降低设计制造成本。自阻尼导线的绞合状态见图 5－1－5。

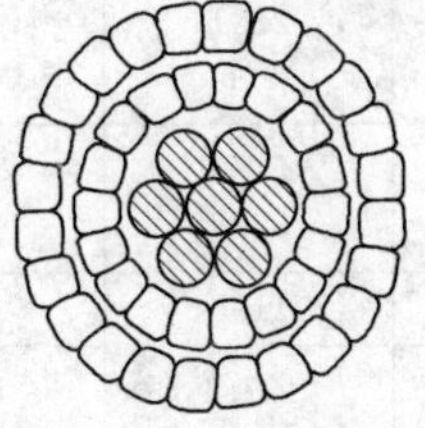

图 5－1－5　自阻尼导线

（三）防冰雪导线

输电线路上如覆冰过重或积雪过多，就可能发生断线或倒杆的重大事故，造成巨大的经济损失。所以在重冰区的输电线路上最好采用防冰雪导线。研发的防冰雪导线有防雪环式、低居里合金式、涂料防冰式等多种。防雪环由聚碳酸酯塑料制成，状如指环。套装在导线上，指环间距约为线股节距的 2 倍。可使积雪在沿导线滑动时受阻而脱落。低居里点合金是一种镍-铬-硅-铁四元合金，在温度 0～20℃时能产生磁性，将这种线嵌绞在导线中，在覆冰时能产生涡流发热而融冰。涂料防冰式导线是将憎冰性涂料涂在导线上，能减小冰对导线的附着力，使冰易于脱落。此外有一种带翼式防冰雪导线，将两根翼形导线对称嵌绞在外层，它的防雪原理与防雪环基本相似。

（四）倍容量导线

倍容量导线由特耐热铝合金线与铝包高强度殷钢线组合绞制而成。长期使用温度在 150℃以下，但允许达 230℃，短路温度 290℃。与普通钢芯铝绞线相比，在外径及单位重量相当的情况下，其载流量约提高 1 倍。由于这种结构的价格较高，线路损耗也较大，一般仅在大跨越或需要增容的线路上采用。倍容量导线的计算载流量见表 5－1－49。铝包高强度殷钢线在 230℃以下的线胀系数为 3.3×10^{-6}/℃。

表 5－1－48　750kV 扩径导线试制品技术参数（型号 LGJK—300/50）

名　称		技　术　参　数
根数/直径 (mm)	钢芯	7/3.07±0.05
	铝芯	(24＋10＋7)/3.07±1%
计算截面积 (mm^2)	钢	51.8
	铝	303.4
	总和	355.2±2.0%
铝钢比		5.86
成品绞线外径（mm）		27.63±1%
总拉断力（最小值）(kN)		115.0
拉力重量比（最小值）		9.0
计算重量（总）(kg/km)		1243.9±2%
弹性系数/10^3（MPa）		76.8±3.0
线膨胀系数×10^{-6}（$℃^{-1}$）		18.7
20℃时直流电阻（Ω/km）⩽		0.09533
绞向（最外层）		右向
计算载流量（A）（导体温度 70℃）	环境温度 35℃	590
	环境温度 40℃	520
接头	铝线接头间距（m）⩾	15
	铝线接头数量	制造长度内外层不允许接头
	镀锌钢线	不允许接头
交货长度（以工程供货要求为准）：每盘规定装一根成品导线，长度为 2500m＋1%，允许占总量 5%数量的短段交货，但短段导线长度不短于 1250m		

注　本表仅是 750kV 扩径导线试制品，在以后进入实用阶段，其结构和参数会有调整。

（五）钢芯软铝绞线

钢芯软铝绞线由软铝线与钢芯组合绞制而成，其结构形式上没有多大改变。其特点是：在运行过程中若超过应力转移温度以上时，软铝线处于松弛状态，其机械负荷可以认为全由钢芯承担；正常运行温度可高达 160℃，载流量可提高近 1 倍，而弧垂并不明显增大，比较适合于需要改建增大容量的线路。这种导线的自阻尼性能也较好，一般设计铝导体线截面为 240～480mm^2，架设线路时需有特殊预拉力措施。

（六）500kV 超高压架空线用钢芯铝绞线

为三峡电站送电工程的 500kV 线路用的钢芯铝绞线用硬铝线和镀锌钢线绞成，型号为 ACSR－720/50，实质上与 LGJ 含义相似，但其规格却是特定的，并对接头有严格规定。ACSR－720/50 产品结构和技术参数见表 5－1－50，这些数据摘自《电线电缆产品手册》（上海电缆研究所组编，机械工业出版社 2004 年 11 月出版）。这种导线已被其他 500kV 线路广泛采用，并成为一种典型结构。

表 5－1－49　倍容量导线载流量参考值

标称截面（mm^2）	160	240	320	400	600
载流量计算值（A）	931	1223	1479	1724	2250

（七）间隙式架空导线

间隙式架空导线与自阻尼导线有些相似，其中心为高强度镀锌钢线绞合的钢芯，钢芯外绞制耐热拱形铝合金线，但二者之间留有间隙，间隙内充实耐高温硅脂，拱形线外再绞圆形耐热铝合金线。其工作温度达150℃，与一般架空导线比较，载流量约提高到1.6倍，并具有阻尼性能，该产品日本已有应用。间隙式架空导线结构和性能见表5-1-51（摘自王春江主编《电线电缆手册》第一册第2版）。

表5-1-50 ACSR-720/50钢芯铝绞线结构和技术参数

名称		技术参数
根数×直径（mm）	钢芯	7×3.02
	铝芯	45×4.53
计算截面积（mm^2）	钢	50.14
	铝	725.27
	总和	775.41±2.0%
综合拉断力（最小值）（kN）		170.6
铝钢比		14
外径（mm）	成品绞线	36.24±1%
	钢芯	9.06±1%
单位长度质量（kg/km）	铝	2003.4±1%
	钢	392.5±2%
	总	2397.7±2%
弹性系数（10^3MPa）		63.7±3.0
线膨胀系数（10^{-6}℃$^{-1}$）		20.8
直流电阻（Ω/km）（20℃时）		0.03964～0.03984
纵向（最外层）		右向
振动疲劳		3×10^7次不断裂
导线绞合节径比		钢芯（6根层）18～22。铝线外层10～12，中层10～14，内层13～16

表5-1-51 间隙式架空导线结构和性能

项目	单位	标称截面（mm^2）					
		170	200	260	350	410	640
结构：圆铝合金线 拱形铝合金线 特强钢线 间隙	根/mm	— 12 7/2.60 1.2	18/2.90 12 7/2.90 1.2	19/3.15 12 7/3.20 1.2	16/4.10 10 7/3.10 1.2	18/4.0 10 7/3.50 1.2	38/4.10 10 7/3.10 1.2
外径：铝合金 钢芯	mm	18.2 7.8	20.3 8.7	23.1 9.6	26.0 9.3	28.0 10.5	34.2 9.8
计算截面：铝合金 钢芯	mm^2	171.0 37.16	195.6 46.24	261.3 56.3	352.4 52.8	409.1 67.35	642.7 52.8
单位重量	kg/km	789	930	1198	1418	1695	2226
拉断力：成品绞线 钢芯	kN	86.2 59.0	102.4 73.6	127.4 89.6	134.3 84.0	165.9 106.9	176.4 84.0
最大直流电阻（20℃）	Ω/km	0.172	0.150	0.113	0.0837	0.0721	0.0454
弹性模量	GPa	205.9	205.9	205.9	205.9	205.9	205.9
线胀系数	10^{-6}℃$^{-1}$	11.5	11.5	11.5	11.5	11.5	11.5
载流量（导体150℃）	A	735	880	980	1190	1330	1755

（八）光纤复合架空地线

光纤复合架空地线（OPGW）由通信用光纤置于铝管或不锈钢管中组成的光单元与铝包钢线或铝合金线组合绞制而成，具有防雷保护和通信两种功能。光纤具有信息容量大、传输衰减小、不受电和磁干扰及使用安全可靠等优点，能适应电力系统中遥控、遥测和大容量信息传输的需要。光纤绞线的原则与一般架空导线基本相同，光纤的结构设计和传输特性参见本篇第6章通信光缆。光纤复合架空地线的设计应符合线路运行要求，一般需经受-40～+65℃热循环试验，有的需经受-30～+150℃热循环试验、甚至连续150℃的高温试验，有的需经受300℃短时热冲击试验。经受试验后，光纤衰减变化应在0.03～0.05dB/km以下。

（九）复合材料加强芯铝绞线

芳纶纤维、碳纤维或玻璃纤维与树脂制成的纤维复合增强塑料构件（FRP）在电缆行业中广泛应用，最近架空导线也开始研究发展FRP的应用。复合材料加强芯铝绞线（ACCC）与传统的钢芯铝绞线相比，它具有比强度大、重量轻、耐高温，耐腐蚀，体胀系数小（弛度亦小）的优点，在可比对条件下，当增加28%的铝导体截面时，有可能提高整体容量1倍和铁塔数量可减少20%。美国某公司的第一条ACCC商用试验线路建设在犹他盐湖城，输电线路长度为35.4km，电压等级为138kV。该工程总投资80万美元，于2005年9月开始施工，2006年投人运行。该公司与我国某厂也联合试制了30kmACCC样品，准备提供国内挂网试运行。据报道用型线组成的自阻尼ACCC在法国某公司的实验室通过了自阻尼性能调试，其性能要比传统钢芯铝绞线更优越。

ACCC也能制成倍容量导线，因为它的耐热性高，弧垂小且其变化很小。在架设时将复合加强芯先张紧（即采用张力放线），使外绞的铝线不承受拉力，这样就可以用62%

IACS以上导电率的软铝绞线，工作温度可提高到120～150℃。复层同心圆筒的导线组合结构会自然获得自身谐振频率的变化而达到自阻尼效果。这种导线的推广需要在线路设计、架设施工和维护等方面的技术配合。

七、架空导线的试验

(一) 概述

20世纪50年代，架空导线处于发展时期，有必要进行很多研究性试验，尤其对铝合金单线和绞线的耐热、蠕变、耐疲劳和电导率等性能，积累了很多经验。现在架空导线技术成熟，常规产品的试验项目比过去简明得多，其成品应按GB/T 1179—1999《圆线同心绞架空导线》和IEC 62219—2002《型线同心绞架空导线》规定进行试验。值得注意的是标准中强调对绞合前各类金属单线的试验应按其相应标准进行，包括单线接头试验等，这些均属抽样和型式试验内容，应严格遵守抽样规则，以保证质量，工艺上应控制单线及其接头的质量和规定的接头数量。光纤复合架空地线是近期发展的产品，结构和功能特殊，因此试验项目较多，应按照JB/T 8999—1999或DL/T 832—2003或GB/T 7424.4—2003《光纤复合架空地线》标准的规定进行，可以看出标准中规定的大部分试验是为了考核光纤传输性能的变化。

架空导线试验分型式试验和抽样试验，实际上例行试验只有检验表面质量一项。型式试验是为了证实架空导线的设计性能，当架空导线中所用材料或某些单元（如光单元）更换时，才需要进行全部或有选择的部分试验。由于圆线同心绞架空导线和光纤复合架空地线（OPGW）功能的特殊性，其型式试验的具体项目和每项试验的合格判据大多由用户和制造商共同协商确定，这一点在上述诸《光纤复合架空地线》标准中均有说明，型式试验应在抽样试验全部合格的样品上进行。抽样试验是为了保证每批产品的质量满足标准要求所进行的试验。成品的抽样试验用样品应从10%成盘导线的外端随机选取。此外每盘导线的表面质量状况和OPGW每根光纤的衰减都应100%检查。

(二) 试验项目

OPGW试验项目见表5-1-52 20多年来，OPGW制造技术也逐步完善化，其试验项目也趋向简单化。但需要说明以下几点：

表5-1-52　　试验项目简略表

序　号	圆线同心绞架空导线		光纤复合架空地线（OPGW）	
	型式试验	抽样试验（一般抽10%）	型式试验	抽样试验（一般抽10%）
1	铝单线的接头	绞合前单线直径	光纤性能试验	成品光纤的光衰减100%检验
2	应力—应变曲线	绞合前单线性能（按相应标准）	应力—应变试验	光单元尺寸，抗拉，伸率，电阻
3	导线拉断力	导线根数	抗拉性能试验	绞合前单线直径
4		绞线直径	滑轮试验	绞合前单线性能（按相应标准）
5		截面积	微风振动试验	成品直径
6		线密度	舞动试验	截面积
7		节径比及绞向	蠕变试验	单位长度重量
8		表面状况（100%检验）	温度循环试验	绞合节距
9			渗水试验	外层绞合方向
10			短路试验	用户要求时进行抗拉力试验
11			雷击试验	每盘成品表面质量100%检验

(1) 光纤的型式试验应符合GB/T 8401.1—1987《光纤的传输特性和光学特性测试方法》总则、GB/T 8402.1—1995《光纤的（几何）尺寸参数测量方法》总则、GB/T 8403.1—1987《光纤的机械性能试验方法》总则和GB/T 8404.1—1987《光纤的环境性能试验方法》总则的有关要求。至于光纤的具体性能指标，应参考光纤的有关标准。

(2) 光纤的光衰减应100%试验。光纤其他光学特性的抽样试验项目和抽检率，由供需双方协商确定。

(3) 在OPGW的结构设计时，若整个OPGW电阻和额定拉断力值的计算中包括光单元，则光单元应对其铝管或其他保护材料或骨架材料的机械和电气性能进行抽样试验。试验项目包括结构尺寸、抗拉强度、伸长率和电阻，抽检率为10%。若OPGW电阻和额定拉断力值的计算中不包括光单元，换言说即光单元考虑不受张力，则只需检验结构尺寸。

(三) 光纤复合架空地线的部分型式试验方法简述

OPGW的型式试验方法可参考JB/T 8999—1999或DL/T 832—2003或GB/T 7424.4—2003《光纤复合架空地线》标准的附录，并有试验示意图，这里仅简略叙述部分试验原则。

1. 应力—应变试验

应力—应变试验用以确定在负荷情况下的机械性能。试样长度应大于10m（由供需双方协商，也可采用其他长度样品）。终端夹具可采用预绞丝、压接管或需方同意使用的环氧树脂型或焊接型等，在试验过程中应对OPGW无明显损伤。试验中得到的所有应力和应变值应列成表格。当要求进行OPGW的抗拉强度试验时，OPGW应承受不小于95%的额定拉断力而无任何单线破断。

2. 抗拉性能试验

抗拉性能试验用以确定光单元在受到拉力时的下列性能：①光衰减变化性能；②光纤应变；③应变限量。其中光纤应变和应变限量测试只适用于松套管结构。试验应力下的OPGW试样长度至少为10m（由供需双方协商，也可采用其他长度样品）。进行光纤衰减测试的光纤样品应不小于100m，进行光纤应变的测试长度不小于30m。光纤衰减应采用连接在试验光纤一端的光功率计测试，也可采用光时域反射计（OTDR）测试，但试验光纤的最小长度由光时域反射计（OTD）的特性确定。可用预绞丝或合适的终端夹具处理试样，在光纤产生应变之前，光单元组件相对于

OPGW应不产生位移。

试验完成后，应判定：①OPGW的永久或短暂光衰减变化到大于MAT（最大允许拉力）负荷下的规定值，应判为不合格；②应变限量小于对应于MAT下的规定值，应判为不合格。

3. 滑轮试验

滑轮试验是模拟OPGW架设时的受力情况，通过试验来证明在安装架设时OPGW不会受损害或降低其性能。试样通过一组滑轮相对移动，试样在有张力的情况下会产生弯曲和拉直，此时可测量光纤性能。试验完成后，应判定：

(1) 任何永久光衰减变化大于规定值，应判为不合格。

(2) 光单元的MOAC任何百分比变化大于最大允许椭圆度，应判为不合格。另外，应无削弱OPGW性能的损伤。

4. 微风振动试验

微风振动试验用以评定OPGW的疲劳性能和光纤在典型微风振动下的光学特性。试验完成后，应判定：

(1) 任何永久或短暂光衰减变化大于规定值，应判为不合格。

(2) 光单元的MOAC任何百分比变化大于最大允许椭圆度，应判不合格。

(3) 绞线的任何机械损伤如松股呈灯笼状、断线等均应判为不合格。

5. 舞动试验（在研究中）

舞动试验用以测定OPGW的疲劳性能和光纤在典型舞动状态下的光学特性。试验完成后，应判定：

(1) 任何永久或短暂光衰减变化大于规定值，应判为不合格。

(2) 光单元的MOAC任何百分比变化大于最大允许椭圆度，应判为不合格。

(3) 绞线的任何机械损伤如灯笼状、断线等均应判为不合格。

6. 短路试验

短路试验用以评定在典型短路条件下OPGW的性能和光纤的光学特性，短路时导线温度瞬间升高，考核光纤的二次被覆材料的稳定性和导体的耐热性。短路试验完成后，下一步的判定项目有：

(1) 光纤衰减。

(2) 试样经受拉力试验，以确定其拉断力。

(3) 应承受不小95%RTS的拉力而无任何单线破断。

第二节 配电用架空绝缘电缆

一、架空绝缘电缆的特点

架空绝缘电缆是介于电力电缆和架空裸线的中间产品，是属于半绝缘性质的电缆，架设在电线杆的绝缘子上，仍由空气承担主要绝缘，运行条件与架空裸线有些相似，但架空绝缘电缆若相互接触时，不会造成短路，所以电缆架设间距比裸线小，节省了有效空间。

我国最常用架空绝缘电缆的电压等级为10kV和1kV。20世纪90年代，城市电网建设曾大量采用架空绝缘电缆，由于10kV交联聚乙烯绝缘架空电缆可采用多种交联方法制造，如化学交联、硅烷交联和辐照交联等，因此很快形成了几万公里的年产能力，迅速达到市场饱和。进入21世纪后，考虑城市环境美化，逐步用埋地电缆取代架空绝缘电缆。不过在林区使用架空裸线时，有些偶然因素容易引起裸线短路，甚至引发森林火灾，因此采用架空绝缘电缆是必要的。

从传热理论上说，架空绝缘电缆的载流量可略大于裸线的载流量，而实际上由于日照和风速等复杂的原因，通常在线路设计时，两者所取载流量相同。

架空绝缘电缆的载流量参考值见表5-2-1。该表的计算基础条件为：环境温度为40℃、风速为0.5m/s、日照强度为1000W/m²。铝合金导体电阻虽然大于铝导体，但对载流量影响不很大，在同样导体温度和环境温度时，可近似取铝导体载流量数据的95%。

表5-2-1 架空绝缘电缆载流量参考值

导体标称截面（mm²）	环境温度40℃时的载流量（A）					
	导体温度70℃		导体温度80℃		导体温度90℃	
	铝芯	铜芯	铝芯	铜芯	铝芯	铜芯
16	84	109	100	130	112	146
25	112	145	133	173	151	196
35	135	176	161	209	183	238
50	168	218	202	262	230	299
70	210	273	253	329	289	376
95	250	325	304	395	347	451
120	289	375	353	459	405	526
150	327	425	400	520	460	598
185	371	482	456	593	526	684
240	435	566	538	699	622	808
300	496	645	617	892	715	929

二、架空绝缘电缆的结构

架空绝缘电缆的结构比较简单，低压架空绝缘电缆主要包括导体和绝缘。10kV单芯架空绝缘电缆主要包括导体、导体屏蔽和绝缘。10kV多芯电缆和35kV电缆需有绝缘屏蔽。

（一）导体

架空绝缘电缆的导体结构自成系列，不允许用单线，其绞线结构主要采用GB/T 3956—1997《电缆的导体》标准中第2种紧压绞合圆形导体，以减小成品外径，但是导体的过度紧压，特别是分层紧压，将影响导体的弯曲性能，有发生导体整体断裂的可能性。导体材料需根据架空绝缘电缆的敷设条件而选用，当电杆间隔距离较大时，导体的力学性能是主要因素，电缆必须符合线路的张力、自重、弧垂和振动等设计要求，同时应满足电导率的要求，常用的有硬铝绞线、铝合金绞线。钢芯铝绞线虽然未列入现行产品标准，实际上也有生产，并投入使用。对于线路导体跨距较小，力学性能则不是主要关键，若要求电导率高，可选用硬铜或软铜绞线。

架空绝缘电缆的导体的电气、力学性能和物理常数，如表5-2-2～表5-2-7所示。

表5-2-2 铜单线电气、力学性能和物理常数

型号	直径范围（mm）	密度（kg/dm³）（20℃时）	抗拉强度（MPa）	线膨胀系数（×10⁻⁶℃⁻¹）	电阻率（nΩ·m）（20℃时）	电阻温度系数（℃⁻¹）
TR	0.02～14.0	8.89	245～289	17.0	17.241	0.00393
TY	0.02～14.0		271～421		17.77～17.96	0.00377
TYT	1.50～5.00		408～446		17.77～17.96	0.00381

表 5-2-3　铝单线电气、力学性能和物理常数

型号	直径范围(mm)	密度(kg/dm³)(20℃时)	抗拉强度(MPa)	线膨胀系数($\times10^{-6}$℃$^{-1}$)	电阻率(nΩ·m)(20℃时)	电阻温度系数(℃$^{-1}$)
LR	0.30～10.00		最大 95		28.00	0.00407
LY4	0.30～6.00	2.703	95～125	23.0	28.264	0.00403
LY6	0.30～10.00		125～165		28.264	0.00403

表 5-2-4　LY9 型硬铝线计算用数值和性能

型号	直径公差(mm)	密度(kg/dm³)(20℃时)	线膨胀系数($\times10^{-6}$℃$^{-1}$)	电阻率(nΩ·m)(20℃时)	电阻温度系数(℃$^{-1}$)
LY9	$d\leqslant3.00$ 为 ±0.03 $d>3.00$ 为 ±1%d	2.703	23.0	最大 28.264	0.00403

表 5-2-5　LY9 型硬铝线抗拉强度最小值

标称直径 d (mm)	抗拉强度最小值(MPa)	标称直径 d (mm)	抗拉强度最小值(MPa)
$d\leqslant1.25$	200	$2.25<d\leqslant2.50$	175
$1.25<d\leqslant1.50$	195	$2.50<d\leqslant3.00$	170
$1.50<d\leqslant1.75$	190	$3.00<d\leqslant350$	165
$1.75<d\leqslant2.00$	185	$350<d\leqslant5.00$	160
$2.00<d\leqslant2.25$	180	—	—

表 5-2-6　铝—镁—硅合金线计算用数值和性能

型号	电阻率(nΩ·m)(20℃时)	电阻温度系数(℃$^{-1}$)	密度(kg/dm³)(20℃时)	线膨胀系数($\times10^{-6}$℃$^{-1}$)	直径公差(mm)
LHA1	最大 32.840	0.0036	2.703	23.0	$d\leqslant3.00$ 为 ±0.03 $d>3.00$ 为 ±1%d
LHA2	最大 32.530				

表 5-2-7　铝—镁—硅合金线抗拉强度和断裂伸长率最小值

标称直径 d (mm)	LHA1 型		LHA2 型	
	抗拉强度最小值(MPa)	断裂伸长率最小值(%)	抗拉强度最小值(MPa)	断裂伸长率最小值(%)
$d\leqslant3.5$	325	3.0	295	3.5
$d>3.5$	315	3.0	295	3.5

(二) 绝缘

架空绝缘电缆的绝缘料是专用的，要求具有优良的耐候性能、力学和物理性能和必要的电气性能。黑色聚氯乙烯和黑色聚乙烯均可使用，但用量最多的是黑色交联聚乙烯。采用黑色料的目的是有效抗紫外线老化。JB/T 10260—2001《架空绝缘电缆用黑色可交联聚乙烯绝缘料》标准适用 10kV 及以下架空电缆绝缘料，是以低密度聚乙烯为基料或掺有聚乙烯共聚物的过氧化物交联聚乙烯、硅烷交联聚乙烯和辐照交联聚乙烯绝缘料。该标准统一规定了 3 种料的性能，见表 5-2-8，并规定了 3 种料的试样制备方法：化学可交联料的试样用模压法成型后，即可在模子内高温高压条件下交联；辐照可交联料的试样用模压法成型后，需在辐照条件下交联，硅烷交联的试片用挤压成型后，需在温水条件下交联。试片的技术指标与从电缆成品上剥取的试片有所差异。35kV 架空电缆用本色的化学可交联料。

表 5-2-8　黑色可交联聚乙烯绝缘料性能指标

序号	试 验 项 目	单位	技术指标
1	原始力学性能 抗张强度：最小中间值 断裂伸长率：最小中间值	 MPa %	 13.0 300
2	空气烘箱老化后力学性能 老化条件：温度 时间 抗张强度：最大变化率 断裂伸长率：最大变化率	 ℃ h % %	 135±2 7×24 ±20 ±20
3	热延伸试验 试验条件：温度 负荷时间 机械压力 试验结果：载荷下最大伸长率 冷却后最大永久变形	 ℃ min MPa % %	 200±3 15 0.20 80 5
4	20℃体积电阻率　最小值	Ω·m	5×10^{13}
5	介电强度　最小值	MV/m	22
6	介质损耗因数　最大值		0.001①
7	耐环境应力开裂 F_{50}　最小值	h	1000
8	脆化温度	℃	−76
9	耐工人气候老化试验 老化 42 天后：抗张强度最大变化率 断裂伸长率最大变化率 老化 42 天与 21 天比较： 抗张强度最大变化率 断裂伸长率最大变化率	 % % % %	 ±30 ±30 ±30 ±30

① 1kV 电缆用黑色可交联聚乙烯绝缘料不考核。

(三) 导体屏蔽半导电料

导体屏蔽半导电料可选用交联型或热塑型，其性能要求见表 5-2-9。

表 5-2-9　导体屏蔽半导电料性能要求

序号	项 目	单位	导体屏蔽半导电料	
			热塑型	可交联型
1	老化前抗张强度：最小中间值 老化前断裂伸长率：最小中间值	MPa %	15 300	15 200
2	烘箱老化后力学性能：老化温度 老化时间 断裂伸长率：最小中间值	℃ h %	100±2 240 100	135±2 168 100
3	热延伸试验：试验温度 负荷时间 机械应力 试验结果：载荷下最大伸长率 冷却后最大永久变形	℃ min MPa % %	— 	200±3 15 0.20 175 15
4	脆化温度	℃	−45	−50
5	体积电阻率：23℃时 90℃时	Ω·cm Ω·cm	100 500	100 500

三、架空绝缘电缆技术要求

（一）1kV 架空绝缘电缆技术要求

1. 一般规定

1kV 架空绝缘电缆的型号、名称、用途，如表 5-2-10 所示。规格如表 5-2-11 所示。

表 5-2-10 1kV 架空绝缘电缆的型号、名称和用途

型号	产品名称	主要用途
JKV—0.6/1	额定电压 0.6/1kV 铜芯聚氯乙烯绝缘架空电缆	架空固定敷设，引户线等
JKLV—0.6/1	额定电压 0.6/1kV 铝芯聚氯乙烯绝缘架空电缆	
JKLHV—0.6/1	额定电压 0.6/1kV 铝合金芯聚氯乙烯绝缘架空电缆	
JKY—0.6/1	额定电压 0.6/1kV 铜芯聚乙烯绝缘架空电缆	
JKLY—0.6/1	额定电压 0.6/1kV 铝芯聚乙烯绝缘架空电缆	
JKLHY—0.6/1	额定电压 0.6/1kV 铝合金芯聚乙烯绝缘架空电缆	
JKYJ—0.6/1	额定电压 0.6/1kV 铜芯交联聚乙烯绝缘架空电缆	
JKIYJ—0.6/1	额定电压 0.6/1kV 铝芯交联聚乙烯绝缘架空电缆	
JKLHYJ—0.6/1	额定电压 0.6/1kV 铝合金芯交联聚乙烯绝缘架空电缆	

表 5-2-11 1kV 架空绝缘电缆的规格

型号	芯数	导体标称截面 (mm^2)
JKV，JKLV，JKLHV，JKY，JKLY，	1	16～240
JKLHY，JKYJ，JKLYJ，JKLHYJ	2，4	10～120
JKLV，JKLY，JKLYJ	3+K	10～120

注 K 为带有承载的中心导体，根据配电工程要求，适当选其截面与主芯截面搭配。

2. 使用特性

（1）电缆的额定电压为交流 0.6/1kV，系统的工作电压应不大于系统额定电压的 1.1 倍。当使用在直流系统时，系统的额定电压应不大于电缆额定电压的 1.5 倍。

（2）聚氯乙烯和聚乙烯绝缘的工作温度不超过 70℃。交联聚乙烯绝缘的工作温度不超过 90℃，导体工作温度由线路设计者规定。

（3）电缆的敷设温度应不低于－20℃。

（4）电缆的允许弯曲半径，对于电缆外径小于 25mm 者应不小于 4 倍电缆外径，对于电缆外径为 25mm 及以上者应不小于 6 倍电缆外径。

3. 主要技术要求

1kV 架空绝缘电缆的主要技术要求，见表 5-2-12～表 5-2-14。

表 5-2-12 1kV 架空绝缘电缆导体结构和直流电阻

标称截面 (mm^2)	导体中单线最少根数		20℃时导体最大电阻 (Ω/km)			
	铜	铝	硬铜	软铜	铝	铝合金
10	6	6	1.906	1.83	3.08	3.574
16	6	6	1.198	1.15	1.91	2.217
25	6	6	0.749	0.727	1.20	1.393
35	6	6	0.540	0.524	0.868	1.007
50	6	6	0.399	0.387	0.641	0.744
70	12	12	0.276	0.268	0.443	0.514
95	15	15	0.199	0.193	0.320	0.371
120	18	15	0.158	0.153	0.253	0.294
150	18	15	0.128	—	0.206	0.239
185	30	30	0.102	—	0.164	0.190
240	34	30	0.0777	—	0.125	0.145

表 5-2-13 电缆尺寸、绝缘电阻和抗拉力

导体标称截面 (mm^2)	导体外径（参考值）(mm)	绝缘标称厚度 (mm)	单芯电缆平均外径上限 (mm)	额定工作温度时最小绝缘电阻 (MΩ·km)		电缆拉断力 (N)		
				70℃	90℃	硬铜芯	硬铝芯	铝合金芯
10	3.8	1.0	6.5	0.0067	0.67	3471	1650	2514
16	4.8	1.2	8.0	0.0065	0.65	5486	2517	4022
25	6.0	1.2	9.4	0.0054	0.54	8465	3762	6284
35	7.0	1.4	11.0	0.0054	0.54	11731	5177	8800
50	8.4	1.4	12.3	0.0046	0.46	16502	7011	12569
70	10.0	1.4	14.1	0.0040	0.40	23461	10354	17596
95	11.6	1.6	16.5	0.0039	0.39	31759	13727	23880
120	13.0	1.6	18.1	0.0035	0.35	39911	17339	30164
150	14.6	1.8	20.2	0.0035	0.35	49505	21033	37706
185	16.2	2.0	22.5	0.0035	0.35	61846	26732	46503
240	18.4	2.2	25.6	0.0034	0.34	79823	34679	60329

表 5-2-14 电缆绝缘非电性试验要求

序号	试验项目	单位	聚氯乙烯	聚乙烯	交联聚乙烯
1	原始力学性能				
	抗张强度：最小中间值	MPa	12.5	10.0	12.5
	断裂伸长率：最小中间值	%	150	300	200
2	空气烘箱老化后力学性能				
	老化条件：温度	℃	80±2	100±2	135±2
	时间	h	168	240	168
	抗张强度：最小中间值	MPa	12.5	—	—
	最大变化率	%	±20	—	±25
	断裂伸长率：最小中间值	%	150	300	—
	最大变化率	%	±20	—	25
3	人工气候老化试验				
	老化时间	h	1008	1008	1008
	0～1008 抗张强度最大变化率	%	±30	±30	±30
	断裂伸长率最大变化率	%	±30	±30	±30
	504～1008 抗张强度最大变化率	%	±15	±15	±15
	断裂伸长率最大变化率	%	±15	±15	±15
4	失重试验				
	老化条件：温度	℃	80±2	—	—
	时间	h	168		
	失重：最大值	mg/cm^2	2.0		

续表

序号	试验项目	单位	聚氯乙烯	聚乙烯	交联聚乙烯
5	抗开裂试验 试验条件：温度 时间 试验结果	 ℃ h	 150±2 1 不开裂	—	—
6	高温压力试验 试验条件：压力及时间 温度 试验结果：压痕深度最大中间值	 ℃ %	按GB/T 2951 80±2 50	—	—
7	低温弯曲试验 试验条件：温度 试验结果	 ℃	 −35±2 不开裂	—	—
8	低温拉伸试验 试验条件：温度 试验结果：最小伸长率	 ℃ %	 −35±2 20	—	—
9	低温冲击试验 试验条件：温度 试验结果	 ℃	 −35±2 不开裂	—	—
10	吸水试验 试验条件：温度 时间 试验结果：重量法最大吸水量 试验结果：电压法	 ℃ h mg/cm² 	 70±2 240 — 不击穿	 85±2 336 1 —	 85±2 336 1 —
11	收缩试验 试验条件：温度 时间 试验结果：最大允许收缩率	 ℃ h %	—	 100±3 240 4	 135±3 240 4
12	热延伸试验 试验条件：温度 载荷时间 机械应力 试验结果：载荷下伸长率 冷却后永久伸长率	 ℃ min N/cm² % %	—	—	 200±3 15 20 175 15
13	熔融指数：老化前允许最大值	g/10min	—	0.4	—

4. 成品验收试验项目汇总

见表5-2-15。

表5-2-15　成品验收试验项目

序号	试验项目	试验类型		
		JKV JKLV JKLHV	JKY JKLY JKLHY	JKYJ JKLYJ JKLHYJ
1	结构尺寸			
1.1	导体	T，S	T，S	T，S
1.2	绝缘厚度	T，S	T，S	T，S
1.3	电缆外径	T，S	T，S	T，S
2	电缆拉断力	T，S	T，S	T，S
3	导体直流电阻	T，R	T，R	T，R
4	浸水耐电压试验	T，R	T，R	T，R
5	浸水绝缘电阻	T，S	T，S	T，S
6	绝缘力学性能试验（含原始性能）			
6.1	空气烘箱老化试验	T，S	T，S	T，S
6.2	人工气候老化试验	T，S	T，S	T，S
6.3	热失重	T，S	—	—
6.4	抗开裂试验	T，S	—	—
6.5	高温压力试验	T，S	—	—
6.6	低温卷绕试验	T，S	—	—
6.7	低温拉伸试验	T，S	—	—
6.8	低温冲击试验	T，S	—	—
6.9	吸水试验			
6.9.1	电压法	T，S	—	—
6.9.2	重量法	—	T，S	T，S
6.10	收缩试验	—	T，S	T，S
6.11	热延伸试验	—	—	T，S
6.12	熔融指数	—	T，S	—
7	不延燃试验（单根垂直燃烧）	T，S	—	—
8	耐磨试验	T，S	T，S	—
9	印刷标志耐摩擦试验	T，S	T，S	T，S
10	示例交货长度	R	R	R

注　R为例行试验，S为抽样试验，T为型式试验。

（二）10kV架空绝缘电缆技术要求

1. 一般规定

10kV架空绝缘电缆有单芯和多芯两种。单芯的结构包含导体、导体屏蔽和绝缘，以及无钢芯承载线，单芯架空绝缘电缆在我国架空输电线路中使用较广。多芯电缆的结构包含导体、导体屏蔽、绝缘和绝缘屏蔽，有的还包含钢芯承载线，最后需要成缆。多芯架空绝缘电缆的敷设、连接和终端处理比较复杂，尤其对中性点不接地电网系统适应性差，国内很少使用。

10kV单芯架空绝缘电缆分普通型和轻型两种，轻型电缆的绝缘较薄，且无导体屏蔽层，国内用户较少选用轻型电缆。从绝缘材料来说，交联聚乙烯为主体，高密度聚乙烯绝缘很少使用。电缆的型号、名称、规格和用途见表5-2-16。

表5-2-16　单芯10kV架空绝缘电缆的型号、名称、规格和用途

型号	产品名称	导体标称截面积（mm²）	主要用途
JKYJ	铜芯交联聚乙烯绝缘架空电缆	10～300	架空固定敷设 软铜芯产品用于变压器引下线
JKY	铜芯聚乙烯绝缘架空电缆		
JKTRYJ	软铜芯交联聚乙烯绝缘架空电缆		
JKTRY	软铜芯聚乙烯绝缘架空电缆		
JKLYJ	铝芯交联聚乙烯绝缘架空电缆	10～300	架空固定敷设
JKLHYJ	铝合金芯交联聚乙烯绝缘架空电缆		
JKLY	铝芯聚乙烯绝缘架空电缆		
JKLHY	铝合金芯聚乙烯绝缘架空电缆		
JKLYJ/Q	轻型铝芯交联聚乙烯绝缘架空电缆		
JKLHYJ/Q	轻型铝合金芯交联聚乙烯绝缘架空电缆		
JKLY/Q	轻型铝芯聚乙烯绝缘架空电缆		
JKLHY/Q	轻型铝合金芯聚乙烯绝缘架空电缆		

2. 使用特性

（1）电缆适用于交流额定电压为10（12）kV的架空电

力线路。轻型架空绝缘电缆单相接地故障时间每次允许不大于1min；普通型每次最长不超过8h，每年累计不超过125h。

(2) 高密度聚乙烯绝缘的工作温度不超过75℃。交联聚乙烯绝缘不超过90℃。由于单芯电缆不含承载线，因此导体工作温度常取决于金属材料的规定和线路设计的影响，有时应低于75℃和90℃，且不应超过上述绝缘的规定温度。

(3) 高密度聚乙烯绝缘的短路（持续时间最长不超过5s）温度不超过150℃。交联聚乙烯绝缘不超过250℃。

(4) 电缆的敷设温度应不低于－20℃。

(5) 电缆的允许弯曲半径应不小于电缆弯曲试验时的圆柱体直径。

(6) 电缆架设时，应考虑电缆和树木保持一定距离，电缆运行时允许电缆和树木频繁接触。

3. 结构和技术要求

对10kV架空电缆导体的铜芯、铝芯和铝合金芯所用单线的要求，与1kV架空绝缘电缆的相应金属单线相同。导体应采用紧压圆形绞合铜、铝或铝合金导线，导体绞合的节距比、绞向应符合GB 3957的规定。导体中的单线在7根及以下均不允许有接头，7根以上的绞线中单线允许有接头，但成品绞线上两接头间的距离应不小于15m。导体表面应光洁、无油污、无损伤绝缘的毛刺、锐边以及凸起或断裂的单线。导体结构和直流电阻应符合表5-2-17规定，单线直径不进行考核。电缆导体屏蔽厚度、绝缘厚度和导体抗拉力应符合表5-2-18的规定。交联聚乙烯材料性能以表5-2-8为准。

表5-2-17　　10kV架空绝缘电缆导体结构和直流电阻

标称截面积（mm²）	导体中单线最少根数	导体外径（参考值）（mm）	导体最大电阻（Ω/km）（20℃时）			
			硬铜	软铜	铝	铝合金
10	6	3.8	—	1.830	3.080	—
16	6	4.8	—	1.150	1.910	—
25	6	6.0	0.749	0.727	1.200	1.393
35	6	7.0	0.540	0.524	0.868	1.007
50	6	8.3	0.399	0.387	0.641	0.744
70	12	10.0	0.276	0.268	0.443	0.514
95	15	11.6	0.199	0.193	0.320	0.371
120	18	13.0	0.158	0.153	0.253	0.294
150	18	14.6	0.128	—	0.206	0.239
185	30	16.2	0.102	—	0.164	0.190
240	34	18.4	0.0777	—	0.125	0.145
300	34	20.6	0.0619	—	0.100	0.110

表5-2-18　　电缆尺寸、绝缘厚度和导体抗拉力

导体标称截面积（mm²）	导体屏蔽最小厚度（mm）	绝缘标称厚度（mm）		导体拉断力（不小于）（N）		
		轻型绝缘	普通型绝缘	硬铜芯	硬铝芯	铝合金芯
10	0.5	—	3.4	—	—	—
16	0.5	—	3.4	—	—	—
25	0.5	2.5	3.4	8465	3762	6284
35	0.5	2.5	3.4	11731	5177	8800
50	0.5	2.5	3.4	16502	7011	12569
70	0.5	2.5	3.4	23461	10354	17596
95	0.6	2.5	3.4	31759	13727	23880
120	0.6	2.5	3.4	39911	17339	30164
150	0.6	2.5	3.4	49505	21033	37706
185	0.6	2.5	3.4	61846	26732	46503
240	0.6	2.5	3.4	79823	34679	60329
300	0.6	2.5	3.4	99788	43349	75411

4. 成品电缆性能试验项目

(1) 20℃时导体电阻应符合表5-2-17规定。

(2) 绝缘非电性试验应符合表5-2-19的要求。

表5-2-19　　绝缘非电性试验的要求

序号	试验项目	单位	高密度聚乙烯	交联聚乙烯
1	原始力学性能			
	抗张强度：最小中间值	MPa	10.0	12.5
	断裂伸长率：最小中间值	%	300	200
2	空气烘箱老化后力学性能			
	老化条件：温度	℃	100±2	135±2
	时间	h	240	168
	抗张强度：最小中间值	MPa	—	—
	最大变化率	%	—	±25
	断裂伸长率：最小中间值	%	300	—
	最大变化率	%	—	±25
3	人工气候老化试验			
	老化时间	h	1008	1008
	0～1008 抗张强度最大变化率	%	±30	±30
	断裂伸长率最大变化率	%	±30	±30
	504～1008 抗张强度最大变化率	%	±15	±15
	断裂伸长率最大变化率	%	±15	±15
4	热延伸试验			
	试验条件：温度	℃		200±3
	载荷时间	min		15
	机械应力	N/cm²	—	20
	试验结果：载荷下伸长率	%		175
	冷却后永久伸长率	%		15
5	熔融指数：老化前允许最大值	g/10min	0.4	—

(3) 室温浸水交流电压试验：电缆浸水至少1h后，进行1min耐电压试验。试验电压对轻型电缆为12kV，对于普通型电缆为18kV，电缆应不发生击穿。

(4) 室温浸水绝缘电阻试验：轻型电缆的绝缘电阻应不小于1000MΩ·km，普通型电缆应不小于1500MΩ·km。

(5) 4h交流电压试验：电缆浸入水中，对轻型电缆加12kV交流电压，对普通型电缆加18kV交流电压，电缆应不发生击穿。

(6) 弯曲试验：电缆按GB 2951.23进行弯曲试验，试验的圆柱体直径为$20(D+d)\pm5\%$。其中D为电缆外径，d为导体直径。

(7) 弯曲试验后的冲击和交流电压试验：电缆经弯曲试验后，浸入水中至少1h，然后进行正负各10次冲击电压试验，冲击电压峰值对轻型电缆为75kV，对于普通型电缆为93.8kV，电缆应不击穿。然后轻型电缆施加交流电压12kV；普通型电缆施加交流电压18kV，时间为15min，电缆应不击穿。

(8) 弯曲试验后的4h交流电压试验：电缆经弯曲试验后，电缆浸入水中，对轻型电缆加12kV交流电压，对普通型电缆加18kV交流电压，电缆应不发生击穿。

(9) 绝缘耐漏电痕迹试验：试验电压为4kV，喷水101次，电缆表面应无烧焦，泄漏电流应不超过0.5A。

(10) 绝缘粘附力（滑脱）试验：导体与绝缘之间的粘附力（滑脱）应不小于180N。

5. 成品验收试验项目汇总

10kV电缆的成品验收试验项目及试验类型见表5-2-20。

表5-2-20　　成品验收试验项目

序号	试 验 项 目	试验类别
1	导体直流电阻试验	R
2	电缆绝缘电阻试验	R
3	电缆交流电压试验	R
4	结构和尺寸检查	S
4.1	导体结构	S
4.2	绝缘厚度	S
4.3	屏蔽层厚度	S
5	交流电压试验	S
6	交联聚乙烯绝缘热延伸试验	S, T
7	弯曲试验及续后的试验	T
7.1	冲击电压试验	T
7.2	4h交流电压试验	S, T
8	绝缘耐漏电痕迹试验	T
9	导体拉力试验	T
10	老化前绝缘力学性能试验	T
11	老化后绝缘力学性能试验	T
12	高密度聚乙烯绝缘熔融指数试验	T
13	绝缘粘附力（滑脱）试验	T
14	耐人工气候试验	T
15	印刷标志耐擦试验	T
16	耐磨试验	T

四、架空绝缘电缆的特殊试验方法

架空绝缘电缆的特殊试验方法有人工气候老化试验、绝缘耐磨试验、绝缘耐漏电流痕迹试验以及导体与绝缘的粘附力试验。

（一）人工气候老化试验方法

本试验方法适用于聚氯乙烯、聚乙烯、交联聚乙烯架空绝缘电缆的人工气候老化性能测定。

1. 试验设备

试验设备为氙灯气候老化箱，氙灯功率为6kW，试样转架直径为800～959mm，高为365mm，试样转架每分钟旋转一周。箱体温度控制为55℃±2℃，相对湿度为85%±5%。喷水应为清洁的自来水，喷水水压为0.12～0.15MPa，喷水嘴内径为0.8mm。喷水和光照周期为120min，每周期内18min喷水和光照、102min停止喷水而单独光照。

其他辅助设备有：臭氧发生装置、工业用二氧化硫、－40℃冷冻箱和拉力试验机。

2. 试样制备

从被试电缆的端部500mm处，切取足够长度，能供3组试验测定有效性能的样段，有机械损伤的样段不能作为试样用于试验。第1组试样至少5个，供原始性能测量用；第2组试样至少5个，供1008h光老化后性能测量用；第3组试样至少5个，供504～1008h光老化后性能测量用。

3. 试验步骤

(1) 第1组试样保存在阴凉干燥处，第2、第3组试样应放入氙灯气候箱内进行试验。其中第3组试样应在试验开始504h后放入，在放入前也应保存在阴凉干燥处。

(2) 试验循环：整个试验持续6个星期，每星期为一次循环，其中前6天按上述试验设备规定的条件进行试验，第7天按下述的调节a或b或c规定的条件进行处理。

调节a：经6天光老化的试样，应在温度为40℃±3℃，含0.067%二氧化硫和浓度大于20×10^{-6}臭氧的环境中放置一天。

调节b：经6天光老化的试样，应移至－25℃±2℃的冷冻箱内，进行冷热试验，共进行3次，每次2h，2次热震的间隔时间应不小于1h。

调节c：经6天光老化的试样，应放置于温度为40℃±3℃、含0.067%二氧化硫、且为饱和湿度的容器内，经8h后打开容器，再在试验室环境中放置16h。

(3) 第2和第3组试样完成全部规定的老化试验后，取出试样，置于环境温度下存放至少16h，与第1组试样对比，进行外观检查。

(4) 从试样中取出导体，按GB 2951的要求，在光照面冲切哑铃片和预处理后，测量老化前后3组试样的抗张强度和断裂伸长率。在制作试片时，不允许磨削光照面。

4. 试验结果及计算

先检查光照面、试样应无明显的龟裂。试验结果最终用试样老化前后的抗张强度和断裂伸长率的变化率（%）来判定产品是否符合标准的规定。变化率的计算原理与一般空气热老化相同。

（二）耐磨性能试验方法

本试验方法适用于架空绝缘电缆耐磨性能的测定。

1. 试验设备

试验装置类似鼠笼式转子，其直径为120mm，在转子圆周上均匀配置12根直径为12mm钢制圆棒，固定在转子的两端面上，转子旋转方向应与挂重物一端的重力方向一致，转速为8r/min±0.5r/min。被试电缆置于转子的钢制圆棒上。被试电缆的导体和转子之间施加24V的试验电压。

2. 试样制备

从被试电缆的端部500mm处切取3根75cm长的单芯试样，仔细擦净并弄直试样，然后剥去电缆一端的绝缘，把24V电压施加在导体和试验装置之间。

3. 试验步骤

试验前，被试电缆应置于23℃±5℃的环境中至少24h。把被试电缆的中点按水平方向置于转子的钢制圆棒上，试样一端固定，另一端悬挂按产品标准规定的重量，并接通24V试验电压。如被试电缆耐磨次数大于5000次，则在5000次时，应擦净试样和钢棒间的磨屑。试验环境温度为23℃±5℃。

4. 试验结果

如无特殊规定，试验进行至试样露裸导体，即试样和圆棒相接触，此时24V试验回路自动开断，记录次数的平均值为耐磨次数，并应符合产品标准的规定。

（三）粘附力试验

本试验方法适用于架空绝缘电缆的导体与绝缘之间的粘附力测定。

1. 试验设备

（1）最大量程为1000N拉力试验机。

（2）夹具，见图5-2-1。

2. 试样制备

从成品电缆上取长度不小于250mm的电缆段3个，按图5-2-1所示尺寸处理，处理时应不损伤绝缘。处理好的试样应在室温下放置4h后方可进行试验。

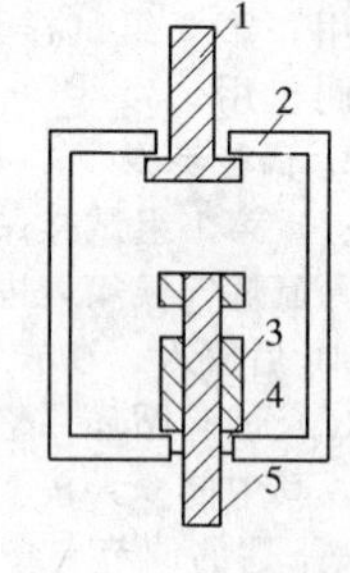

图5-2-1 粘附力试验夹具示意图

1—夹具上端；2—夹具框架；3—电缆绝缘；4—平面轴承；5—电缆导体

3. 试验步骤

试验在25℃±5℃下进行。将试样放在图5-2-1所示夹具内，拉力机的上下夹具分别夹住上端1和电缆导体5，起动拉力机，拉伸速度为2cm/min±1cm/min，记录下每个试样的导体与其绝缘产生滑移时的拉力。

4. 试验结果

3只试样的拉力T均应不小于产品标准中规定的粘附力要求。

（四）绝缘耐漏电痕迹试验方法

本试验适用于测试架空绝缘电缆耐受在污秽条件下，因表面漏电引起电蚀痕迹而造成损坏的能力。

1. 试验设备

试验系统的接线原理如图5-2-2所示。

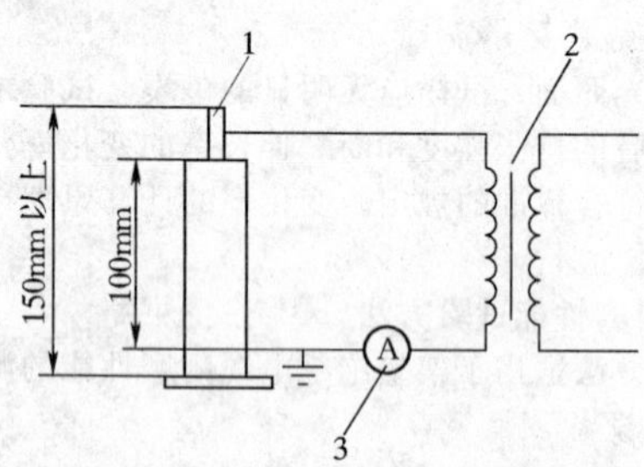

图5-2-2 耐漏电痕测试系统接线原理图

1—试样；2—试验变压器；3—电流测量仪表

（1）工频试验变压器的高压输出应不低于4kV，高压侧电流应不小于1A，以满足试验时泄漏电流要求。试验中泄漏电流为250mA时，电源高压侧的最大电压降应小于5%。采用连接到测量电源电流的自动断路器来保护变压器，设定当流过高压侧的瞬时电流达1.0A±0.1A时，应在50～250ms时间内使电路断开。电压测量的测量设备（电压互感器或其他测量高压的仪器）必须与试样直接并联。不论采用何种方式，测量误差应不超过±3%，电流测量仪表的精度应不低于1.0级。

（2）喷雾设备有一个或多个喷头，喷程不小于1m。只要能满足本部分规定的条件，任何形式的喷嘴都可采用。

（3）除产品标准另有规定外，试验液体推荐的配方为1L水中含氯化钠（化学纯）约0.2%和表面活性剂0.1%的液体，液体的电导率应为3000μS/cm±400μS/cm。表面活性剂推荐采用仲辛基苯基聚氧乙烯醚，也可用其他相当的表面活性剂。

2. 试样制备

试样长度应不小于150mm，单芯电缆取绝缘线芯进行试验。试样外观应平整，表面无划痕凹陷等缺陷，如有灰尘、油脂或其他污秽物时，可用绸布等蘸着对试样无腐蚀作用的溶剂擦净，然后再用水冲洗几次。沿试样轴线方向垂直切除一端上的绝缘约20mm，露出导体，在离试样绝缘切口100mm处，垂直于试样轴线绕上直径1mm的裸铜线2～3圈。试样的另一端面应进行适当的绝缘处理，或采用增大试样长度的方式，以防在试验过程中附着试验液体后引起放电。

3. 试验步骤

将准备好的试样垂直放置，按图5-2-2连接，导体接变压器高压端，试样表面的铜线接地。调整喷雾装置，喷头离地面至少600mm，距离试样约500mm。喷头轴线与试样轴线呈45°，试液直接喷射于试样上，如用多个喷头时，喷头应对称均匀分布于试样周围。试样处的喷雾速度约为3m/s，喷雾量为（0.5±0.1）mm/min。喷射压力应基本稳定。每喷雾10s间歇20s为一个喷雾周期。开始喷雾的同时，应在试样上施加4kV工频试验电压，试验过程中电压测量值应保持在规定值的±3%以内。

4. 试验结果

在产品标准中规定的喷雾周期数内，试样无下列任一情况者应认为试验合格：表面燃烧；在高压电极和接地极之间形成连续的电弧；表面泄漏电流超过规定值；因绝缘局部受腐蚀而引起试样击穿。

第三节 输配电用电力电缆

一、输配电用电力电缆使用范围和分类

为提高电网运行的可靠性及美化城市，在城市输配电系统中应广泛使用电力电缆，欧洲中低压电力电缆已占中低压电网输电线路的60%以上。近10年来，我国电力电缆的生产与应用也有长足进步，预计在今后若干年内仍将有较快速度发展。我国电网中常用的输电系统为220～500kV，城市配电网络使用110～10kV，特大城市如上海、北京、广州也用220kV作为配电线路。而工厂与办公大楼广泛使用1kV及以下电力电缆到车间与各层楼面。

对于电力电缆，一般把3kV及以下称之为低压电缆，6～35kV称之为中压电缆，110kV及以上称之为高压电缆。我国东北地区还有66kV系统，它通过消弧线圈接地，也归在高压电缆系列。电力电缆的品种很多，中低压电力电缆有粘性浸渍纸绝缘电缆、不滴流电缆、聚氯乙烯绝缘电缆、聚乙烯绝缘电缆、交联聚乙烯电缆、橡皮电缆等；高压电缆有自容式充油电缆、钢管充油电缆、交联聚乙烯电缆、聚乙烯电缆等。随着技术进步，目前中低压电缆广泛使用交联聚乙烯电缆及聚氯乙烯电缆，油纸电缆在新线路中已不再使用，橡皮电缆已很罕见。随着人类对环保要求呼声日益提高，PVC材料受到应用限制，低压电缆中交联电缆比重从20世纪80年代末占10%到目前占40%，今后的比重还将增加。中压电缆已是交联电缆占绝对主导地位。高压交联电缆取代传统的充油电缆与钢管电缆已成为必然趋势。因此可以说，在电力电缆中交联电缆处于极其优势地位。随着每回线路传输容量的增加，当传输容量超过2000MVA时，压缩气体绝缘电缆具有较强的竞争能力。随着超导新技术的突破，目前，只有在每回传输容量超过3000MVA才能与传统电缆竞争，但各国正在努力开发这种电缆，并进行试运行。

二、塑料绝缘电力电缆

(一) 聚氯乙烯电力电缆

1. 聚氯乙烯电力电缆适用范围

尽管聚氯乙烯可以使用到6～10kV，但实际只用于3kV及以下低压电缆中。我国低压电网主要是1kV系统，因此，聚氯乙烯电缆主要应用于1kV及以下电力系统和电力设备用线，如表5-3-1所示。

2. 聚氯乙烯电力电缆产品结构

通常，产品由导体、绝缘、填充层、扎带和外护层组成。在需要承受机械外力与大的拉力情况下，需要有铠装层。对6～10kV电缆，还需要有屏蔽层。

(1) 导体。单芯电缆可做到$1000mm^2$；3芯电缆可做到300～400mm；4～5芯电缆可做到$185mm^2$。

表5-3-1 聚氯乙烯电力电缆适用范围

电缆缆芯数	适用范围
1. 三芯 三芯电缆结构图 1—扇形导体；2—聚氯乙烯绝缘； 3—聚氯乙烯包带；4—绕包衬垫； 5—铠装；6—聚氯乙烯外护套	适用IT三相三线制系统或三相大功率电气设备
2. 四芯 四芯电缆结构图 1—扇形导体；2—聚氯乙烯绝缘； 3—聚氯乙烯包带；4—绕包衬垫； 5—铠装；6—聚氯乙烯外护套	适用于TT三相四线制系统和TN-C三相四线制系统

续表

电缆缆芯数	适用范围
3. 五芯 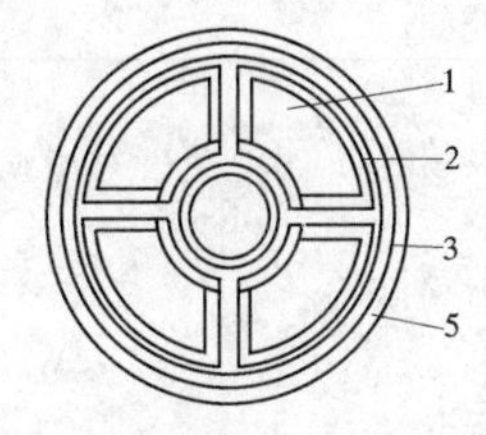 四大一小 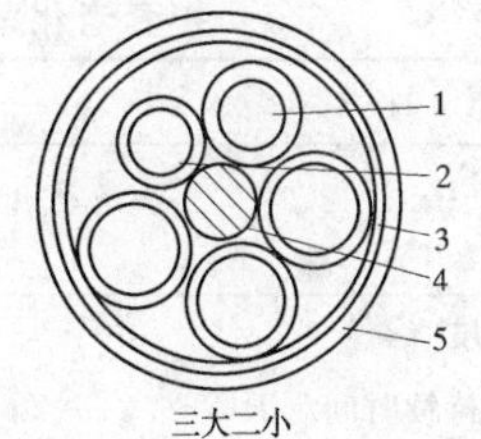 三大二小 五芯电缆结构图 1—导体；2—聚氯乙烯绝缘； 3—扎带；4—填充层；5—外护套	适用于TN-S或TN-C-S三相五线制系统 IEC推荐使用中性线与接地保护线分开系统，要求使用五芯电缆。随着计算机大量普及，设备中三次谐波电流大量进入电缆中，中性线流过的电流接近相电流，要求中性线截面积与相线截面积一致，这就是四芯电缆中等截面与五芯电缆中"四大一小"结构。如果线路中大多数是线性阻抗，中性线流过较小电流，中性线截面积可采用相截面积的一半，这就是四芯电缆中"三大一小"以及五芯电缆中"三大二小"结构。 考虑到电气设备用电安全与电器保护，在许多场合下由传统的TN接地系统向TN-S或TN-C-S转换，五芯电缆将会得到较广泛的应用。

(2) 绝缘。对1kV电缆，依据导体截面积的不同选择0.8～$3mm^2$绝缘厚度。截面积为35～$150mm^2$，绝缘厚度为1.2～1.8mm。

(3) 外护层。标称厚度应符合GB 2952规定，截面积为35～$150mm^2$时，外护层厚度通常在1.9～3.0mm之间。

3. 聚氯乙烯电力电缆性能要求

(1) 电缆工作温度视材料选用不同，长期最高工作温度可以达到70℃或90℃。

(2) 短路时电缆导体最高温度不超过160℃。

(3) 敷设电缆时环境温度不低于0℃，敷设时电缆允许最小弯曲半径为：

单芯电缆　　$20(D+d)\pm5\%$

多芯电缆　　$15(D+d)\pm5\%$

式中　D、d——电缆与导体的外径。

(4) 电缆的电气性能见表5-3-2。绝缘、护套的电气性能、力学性能分别见表5-3-3和表5-3-4。聚氯乙烯绝缘与护套的特殊试验要求见表5-3-5。

表5-3-2 聚氯乙烯电缆的电气性能

额定电压U_0 (kV)		0.6	1.8	3.6	6
$1.5U_0$时局部放电量 (pC)		—	—	≤40	≤40
工频耐压	例行试验	3.5kV，5min	6.5kV，5min	11kV，5min	15kV，5min
	型式试验	2.4kV，4h	7.2kV，4h	14.4kV，4h	24kV，4h
冲击耐压 (最高工作温度+5℃，±10次)		—	—	60kV	75kV
冲击耐压后的工频耐压		—	—	11kV，15min	15kV，15min

注　对6kV聚氯乙烯电缆有$\tan\delta$要求，因为该电压等级其中不用，在此不列出。

表 5-3-3　　电缆绝缘老化前和老化后的力学性能

试验项目			PVC 绝缘		XLPE
			A	B	
老化前	抗拉强度（MPa）	⩾	12.5	12.5	12.5
	断裂伸长率（%）	⩾	150	125	200
老化后	处理条件　温度（℃）		100±2	100±2	135±3
	持续时间（d）		7	7	7
	抗拉强度（MPa）	⩾	12.5	12.5	—
	抗拉强度变化率（%）	⩽	±25	±25	±25
	断裂伸长率（%）	⩾	150	12.5	—
	断裂伸长率变化率（%）	⩽	±25	±25	±25

表 5-3-4　　护套老化前和老化后的力学性能

试验项目			PVC 护套 1	PVC 护套 2	PE 护套
老化前	抗拉强度（MPa）	⩾	12.5	12.5	10.0
	断裂伸长率（%）	⩾	150	150	300
老化后	处理条件　温度（℃）		100±2	100±2	100±2
	持续时间（d）		7	7	10
	抗拉强度（MPa）	⩾	12.5	12.5	—
	抗拉强度变化率（%）	⩽	±25	±25	—
	断裂伸长率（%）	⩾	150	150	300
	断裂伸长率变化率（%）	⩽	±25	±25	—

表 5-3-5　　聚氯乙烯绝缘与护套的特殊试验要求

试验项目				绝缘		护套 1	护套 2
				A	B		
失重试验		处理条件　温度（℃）		—	—	—	100±2
		持续时间（d）		—	—	—	7
		失重（mg/cm²）	⩽	—	—	—	1.5
高温压力试验		试验温度（℃）		80±2	80±2	80±2	90±2
		压痕深度（%）	⩽	50	50	50	50
低温性能试验	未老化前的低温卷绕试验	冷弯试验电缆直径（mm）	⩽	12.5	12.5	12.5	12.5
		试验温度（℃）		−15±2	−15±2	−15±2	−15±2
		评定		无裂纹	无裂纹	无裂纹	无裂纹
	低温拉伸试验	试验温度（℃）		−15±2	−15±2	−15±2	−15±2
		评定（%）	⩾	20	20	20	20
		低温冲击试验					
		试验温度（℃）		—	—	−15±2	−15±2
		评定		无裂纹	无裂纹	无裂纹	无裂纹
抗开裂试验		试验温度（℃）		150±3	150±3	150±3	150±3
		持续时间（h）		1	1	1	1
		评定		无裂纹	无裂纹	无裂纹	无裂纹
热稳定性试验		试验温度（℃）		—	200±2	—	—
		持续时间（min）	⩾	—	100	—	—
吸水试验	电压法	试验温度（℃）		70±2	—	—	—
		持续时间（d）		10	—	—	—
		评定		通过耐压	—	—	—
	重量法	试验温度（℃）		—	85±2	—	—
		持续时间（d）		—	14	—	—
		重量变化值（mg/cm²）	⩽	—	10	—	—

(二) 交联电缆

1. 产品结构

交联电缆已广泛应用于1～500kV。对于1kV及以下低压电缆，它的结构与聚氯乙烯电缆相同，大多数采用3～5芯电缆。对于10～35kV中压电缆，通常采用三芯圆形结构，不论低压还是中压，截面积较大时，例如低压超过500mm²，中压超过400mm²，通常使用单芯电缆。对高压交联电缆，一般采用单芯电缆。当截面积超过1000mm²，导体往往使用分裂导体结构。中压三芯电缆与高压单芯分裂导体的结构分别如图5-3-1与图5-3-2所示。

交联电缆的绝缘标称厚度应符合表5-3-6的规定。对中高压电缆均应有屏蔽结构，对于截面积为500mm² 及以上导体屏蔽，应由半导电带和挤包半导电层联合组成。中高压电缆绝缘屏蔽也应采用挤包型结构，10kV电缆可采用可剥离半导体层。

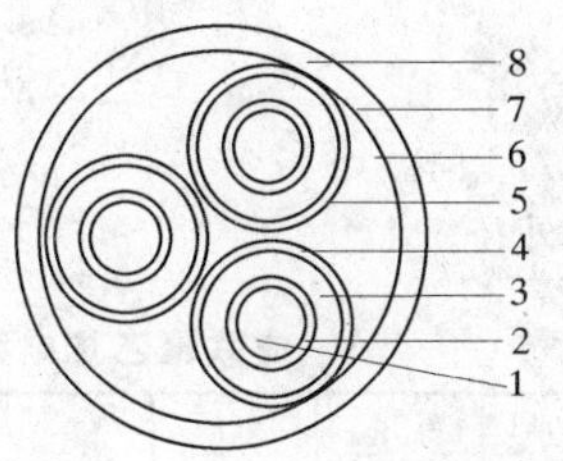

图5-3-1 中压三芯电缆结构

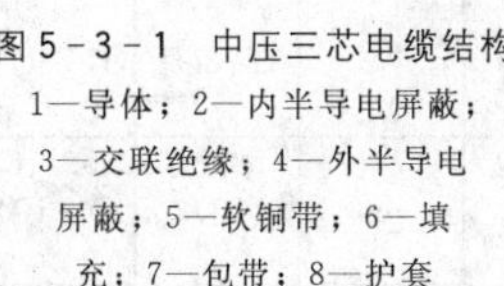

1—导体；2—内半导电屏蔽；3—交联绝缘；4—外半导电屏蔽；5—软铜带；6—填充；7—包带；8—护套

图5-3-2 高压单芯分裂导体结构

表5-3-6 交联电缆绝缘标称厚度

导体标称截面积 (mm²)	额定电压 (U_0/U) (kV)										
	0.6/1	1.8/3	3.6/6	6/6.6/10	8.7/10 8.7/15	12/20	18/20 18/30	21/35	26/35	64/110	128/220
	绝缘标称厚度 (mm)										
1.5，2.5	0.7	—	—	—	—	—	—	—	—	—	—
4.6	0.7	—	—	—	—	—	—	—	—	—	—
10	0.7	2.0	2.5	—	—	—	—	—	—	—	—
16	0.7	2.0	2.5	3.4	—	—	—	—	—	—	—
25	0.9	2.0	2.5	3.4	4.5	—	—	—	—	—	—
35	0.9	2.0	2.5	3.4	4.5	5.5	—	—	—	—	—
50	1.0	2.0	2.5	3.4	4.5	5.5	8.0	9.3	10.5	—	—
70，95	1.1	2.0	2.5	3.4	4.5	5.5	8.0	9.3	10.5	—	—
120	1.2	2.0	2.5	3.4	4.5	5.5	8.0	9.3	10.5	—	—
150	1.4	2.0	2.5	3.4	4.5	5.5	8.0	9.3	10.5	—	—
185	1.6	2.0	2.5	3.4	4.5	5.5	8.0	9.3	10.5	—	—
240	1.7	2.0	2.6	3.4	4.5	5.5	8.0	9.3	10.5	19.0	—
300	1.8	2.0	2.8	3.4	4.5	5.5	8.0	9.3	10.5	18.5	—
400	2.0	2.0	3.0	3.4	4.5	5.5	8.0	9.3	10.5	17.5	27
500	2.2	2.2	3.2	3.4	4.5	5.5	8.0	9.3	10.5	17.0	27
630	2.4	2.4	3.2	3.4	4.5	5.5	8.0	9.3	10.5	16.5	26
800	2.6	2.6	3.2	3.4	4.5	5.5	8.0	9.3	10.5	16.0	25
1000	2.8	2.8	3.2	3.4	4.5	5.5	8.0	9.3	10.5	16.0	24
1200	3.0	3.0	3.2	3.4	4.5	5.5	8.0	9.3	10.5	16.0	24

中压电缆金属屏蔽可使用铜带屏蔽与铜丝屏蔽两种结构形式，35kV电缆标称截面积为500mm² 及以上电缆金属屏蔽层应采用铜丝屏蔽结构。金属屏蔽层截面积选用应能承受电缆规定的短路电流容量。

高压交联电缆要有防水层及缓冲层。一般采用皱纹铝套或铅套作金属护套，也可采用焊接不锈钢皱纹套作防水层。铝（铅）护套既是防水结构，又能承受线路短路电流。当使用铝护套时，又可免去铠装层，较受制造部门与用户的欢迎。由于交联聚乙烯绝缘的膨胀系数是金属的10倍，而高压电缆的绝缘厚度又较厚，因此在金属护套与绝缘屏蔽之间留有空隙，以免运行过程中，由于加上负载使绝缘膨胀而受到损伤，这就形成一个缓冲层。缓冲层应采用半导电弹性层，同时应使用吸水膨胀材料。

根据应用场合不同，在低、中、高压交联电缆中还有铠装材料。特别是中、高压交联电缆，由于它输电容量相对大，一旦受到损坏，会造成大面积停电。中压电缆通常采用三芯电缆，可采用钢带与钢丝铠装。单芯电缆一般不希望用铁磁材料铠装，但像海底电缆必须用钢丝铠装时，应有隔磁措施。对于铝包电缆，通常不需铠装层。

交联电缆的外护套可使用挤出聚氯乙烯或聚乙烯材料，它的厚度应符合GB 2952规定。由于护套厚度与电缆绝缘外径或绝缘芯成缆外径有关，常用规格中、高压电缆的外护套厚度如下：

10kV三芯电缆 2.7～3.5mm；
35kV三芯电缆 3.7～4.6mm；
110kV及以上高压电缆 4.5～5.0mm。

2. 性能要求

(1) 导体的最高额定温度为90℃，当电缆直埋于土壤中，如果没有回填土，只能选用70～75℃。

(2) 短路时（最长持续时间不超过5s)，电缆导体的最高温度不超过250℃。

(3) 电缆敷设时的环境温度不低于0℃，敷设时电缆允许最小弯曲半径为：

单芯电缆　　　$20(D+d)\pm5\%$

多芯电缆　　　$15(D+d)\pm5\%$

式中　D、d——电缆与导体的外径。

(4) 交联聚乙烯电缆的电气性能应符合表5-3-7的要求，电缆绝缘老化前及老化后的力学性能应符合表5-3-3的要求，护套老化前及老化后的力学性能应符合表5-3-8的要求，交联聚乙烯绝缘特殊性能试验应符合表5-3-8的规定，而PE护套特殊试验应符合表5-3-9的规定。交联电缆绝缘的交联度应不低于80%。

表5-3-7　　交联聚乙烯电缆的主要电气性能要求

额定电压 U_0(kV)		0.6	1.8	3.6	6	8.7	12	18	21	26	64	127
局部放电量	试验电压(kV)	—	—	$1.73U_0$	$1.73U_0$	$1.73U_0$	$1.73U_0$	$1.73U_0$	$1.73U_0$	$1.73U_0$	$1.5U_0$	$1.5U_0$
	局放量(pC) ≤	—	—	5(10)*1	5 (10)	5 (10)	5 (10)	5 (10)	5 (10)	5 (10)	5 (10)	5 (5)
最高工作温度5～10℃下测量tanδ	测量电压(kV)	—	—	—	≥2kV				U_0下测定			
	tanδ值	—	—	—	0.008				0.001	0.001	0.001	0.0008
工频耐压(kV)	例行试验	3.5 5min	6.5 5min	12.5 5min	21 5min	30.5 5min	42 5min	63 5min	73.5(53)① 5(30)min②	91(55) 5(30)min	160 30min	318 30min
	型式试验	2.4 4h	7.2 4h	14.4 4h	24 4h	35 4h	48 4h	72 4h	84 4h	104 4h	128 20次③	254 20次
最高工作温度5～10℃下±10次冲击电压(kV)		—	40	60	60(75)④	75 (95)	125	170	200	200	550	1050
冲击耐压后15min交流耐压试验		—	—	12.5	21	30.5	42	63	53	65	160	254

① 局放测试数值为型式试验规定值，括号内为出厂试验规定值。

② 对 U_0 为21kV和26kV电压等级，工频出厂试验可二者选一，一种是 $3.5U_0$5min，另一种是 $2.5U_0$30min。

③ 对64kV、127kV额定电压的高压电缆，型式试验在 $2U_0$ 下进行20天热循环试验。

④ 冲击电压试验值取决于系统雷击保护水平，与额定线电压有关，对6～35kV系统应如下值：

额定线电压/kV	6	10	15	20	30
冲击电压/kV	60	75	95	125	170

由于我国电网系统大多数采用中性点消弧线圈接地系统，对低电压甚至采用不接地系统，因此 U_0 在同一线电压下有所不同，冲击试验按我国习惯选用电压见表5-3-7注，括号内为中性点直接接地系统数据，在我国较少使用。

表5-3-8　　交联聚乙烯绝缘特殊性能试验

试验项目		XLPE
热延伸试验	空气温度（偏差±3℃）(℃)	200
	处理条件载荷时间（min）	15
	机械应力（N/cm²）	20
	负荷下最大伸长率（%）≤	175
	冷却后永久伸长率（%）≤	15
吸水试验重量分析法	温度（偏差±2℃）(℃)	85
	时间（d）	14
	重量变化（mg/cm²）≤	1①
收缩试验	标志间长度（L/mm）	200
	温度（偏差±3℃）(℃)	130
	时间（h）	1
	收缩率（%）	4

① 对密度大于1g/cm³的交联聚乙烯，要考虑吸水量增加大于1mg/cm³。

表5-3-9　　PE护套特殊试验

试验项目		单位	电缆工作温度80℃下护套	电缆工作温度90℃下护套
炭黑含量（仅对于黑色护套）(GB/T 2951.8—1997中第11章)	标称值	%	2.5	2.5
	偏差	%	±0.5	±0.5
收缩试验（GB/T 2951.3—1997中第11章）	温度（偏差±2℃）	℃	80	80
	加热持续时间	h	5	5
	加热周期	h	5	5
	最大允许收缩	%	3	3
高温压力试验（GB/T 2951.6—1997中8.2）	温度（偏差±2℃）	℃	—	110

三、橡皮绝缘电力电缆

橡皮绝缘电力电缆适用于6kV及以下固定敷设的电力

线路，也可用于定期移动的固定敷设线路。当用于直流电力系统时，电缆的工作电压可为交流的2倍。

橡皮绝缘电力电缆的品种与敷设场合见表5-3-10。

表5-3-10 橡皮绝缘电力电缆的品种与敷设场合

品种	型号		外护层种类	敷设场合
	铝芯	铜芯		
橡皮绝缘铅包电力电缆	XLQ	XQ	无外护层	敷设在室内、隧道及沟道中。不能承受机械外力和振动，对铅层应有中性环境
	XLQ21	XQ21	钢带铠装，外麻被	直埋敷设在土壤中，能承受机械外力，不能承受大的拉力
	XLQ20	XQ20	裸钢带铠装	敷设在室内、隧道及沟道中
橡皮绝缘聚氯乙烯护套电力电缆	XLV	XV	无外护层	敷设在室内、隧道及沟道中。不能承受机械外力
	XLV22	XV22	内钢带铠装	敷设在地下，能承受一定的机械外力，不能承受大的拉力
橡皮绝缘氯丁橡套电力电缆	XLF	XF	无外护套	敷设于要求防燃烧的场合，其余同XLV

四、油浸纸绝缘电力电缆

油纸电缆分为两大类：35kV及以下使用黏性浸渍纸绝缘电缆，包括不滴流电缆；高压电缆国内最常用的是自容式充油电缆。在国外常见的还有钢管充油电缆。

(1) 黏性浸渍纸绝缘电缆。20世纪80年代以前，它广泛应用于中、低压电网中，随着交联电缆与聚氯乙烯电缆得到广泛应用，正如前述，目前在新线路已不使用，仅是旧线路延长或维修使用。黏性浸渍纸绝缘电缆与不滴流电缆除浸渍剂不同外，结构完全相同。10kV及以下多芯电缆常共用一个金属护套，称统包结构，在20世纪50～70年代，电网系统广泛使用TN、TT系统，因此低压黏性浸渍电缆通常使用3～4芯电缆。对于35kV电缆，每个绝缘线芯都有铅(铝)护套，称为分相铅(铝)包电缆；如果绝缘线芯分别加以屏蔽层，并共用一个金属(铅或铝)护套，则称为分相屏蔽电缆。分相的作用是使绝缘中的电场分布只有径向、而没有切向分量，以提高电缆的电气性能。典型的10kV三芯统包与35kV分相铅包电缆结构如图5-3-3所示。

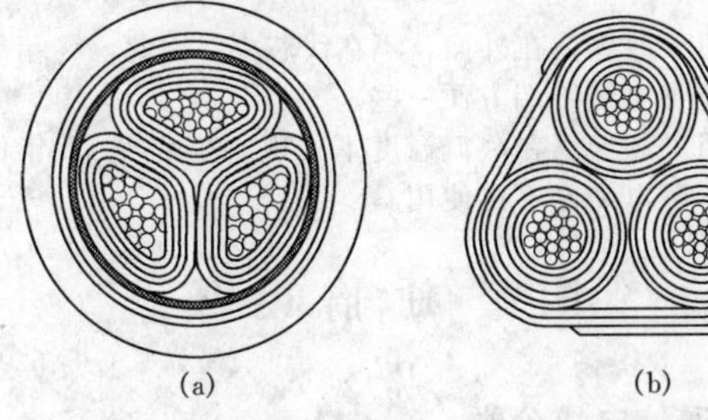

图5-3-3 10kV三芯统包及35kV分相铅包电缆结构
(a) 统包电缆；(b) 分相铅包电缆

普通黏性浸渍剂是低压电缆油与松香的混合物，这种浸渍剂即使在较低工作温度下也会流动，当电缆敷设于落差较大的场合时，浸渍剂就会从高端淌下，造成上部绝缘干涸，绝缘水平下降，甚至可能导致绝缘击穿。同时浸渍剂在低端淤积，有胀破铅套的危险。为了弥补这一缺陷，20世纪70年代发展了不滴流电缆，之后由不滴流电缆全面取代黏性浸渍纸绝缘电缆。不滴流浸渍剂常为低压电缆油和某些塑料(如聚乙烯粉料、聚异丁烯胶料等)及合成地蜡的混合物。低压电缆油可用石油产品或合成油。不滴流浸渍剂在浸渍温度下黏度相当低，能保证充分浸渍；而在电缆工作温度下呈塑性腊状体，不易流动，因此不滴流电缆不规定敷设落差。因为浸渍剂黏度随温度增高而降低，所以其最高工作温度规定得较低，黏性浸渍电缆工作温度为50℃；而不滴流电缆在其滴点温度以下不会淌流，其最高工作温度可规定得较高，为65～70℃。

(2) 充油电缆与钢管电缆。1917年意大利工程师L. 伊曼努里提出用低黏度油浸渍纸绝缘，并用供油箱与绝缘中油相连，使其消除由于热胀冷缩而形成气泡，并保持一定油压力，使电缆工作电压提高到110kV及以上，目前已大量使用在500kV电缆中。钢管电缆与自容式充油电缆类似，用油泵供油。自容式充油电缆有单芯与三芯两种结构，单芯电缆的电压等级为110～750kV，三芯电缆电压等级为35～110kV。两种结构如图5-3-4所示。

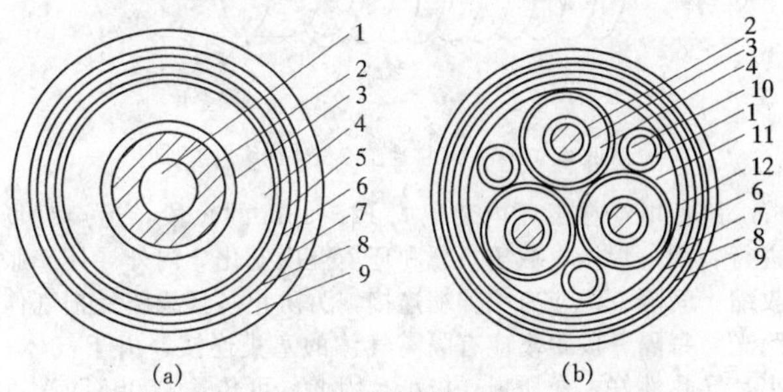

图5-3-4 单芯、三芯自容式充油电缆结构
(a) 单芯电缆；(b) 三芯电缆
1—油道；2—导体；3—导体屏蔽；4—绝缘；5—绝缘屏蔽；6—铅套；7—内衬垫；8—加强层；9—外护套；10—外屏蔽；11—垫层；12—铜丝屏蔽层

充油电缆浸渍剂一般采用低黏度矿物油或合成油(如十二烷基苯)。依据油压不同，充油电缆又可分为低油压(压力为0.05～0.35MPa)、中油压(压力为0.6～0.8MPa)和高油压(压力为1.0～1.5MPa)三种。绝缘的电气强度随油压的提高而提高。

钢管充油电缆一般为三芯，将三根屏蔽的电缆线芯置于充满一定压力的绝缘油的钢管内，用补充浸渍剂方法，消除绝缘层中形成的气泡，以提高电缆的工作场强。钢管电缆导体没有中心油道，绝缘与充油电缆相同，绝缘屏蔽的外面扎以铜带，并缠以2～3根半圆形铜丝，使电缆拖人钢管时减小阻力，以防止绝缘层擦伤，其结构如图5-3-5所示。钢管电缆浸渍剂一般采用高黏度聚丁烯油，在20℃下黏度为$(10\sim20)\times10^{-4}m^2/s$。在拖入钢管后再充入钢管

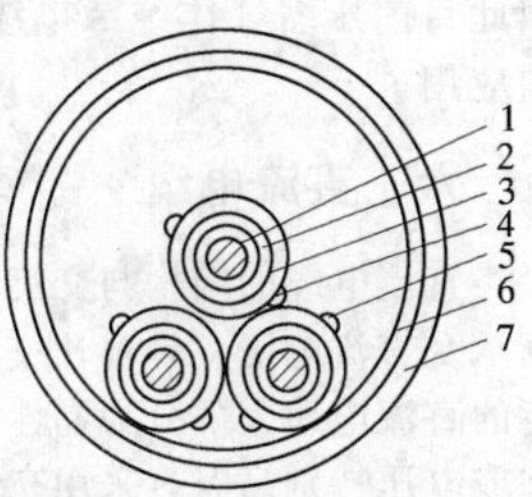

图5-3-5 钢管充油电缆结构
1—导体；2—导体屏蔽；3—绝缘；4—绝缘屏蔽；5—半圆形滑丝；6—钢管；7—防腐层

低黏度聚丁烯油，其黏度在 20℃下（5～6）×10^{-4} m^2/s，这样油流阻力小，便于补偿浸渍。压力一般为 1.5MPa。钢管电缆优点是机械强度好；缺点安装复杂，不宜在高落差线路中。

五、压缩气体绝缘电缆

压缩气体绝缘电缆又称为管道充气电缆，是在内外两个圆管之间充以一定压力（一般为 0.2～0.5MPa）的 SF_6 气体。内圆管（常用铝管或铜管）为导电线芯，由固定环氧树脂绝缘垫片每隔一定距离支撑在外圆管内，外圆管既作为 SF_6 气体的压力容器，又作为电缆外护层。如果为单芯电缆，外圆管可采用铝或不锈钢管；如果内管为三相电缆，外管可采用钢管。压缩气体绝缘电缆的导线和保护层结构有刚性与可挠性两种，实际使用刚性较多。刚性单芯与可挠性结构如图 5-3-6 及图 5-3-7 所示。

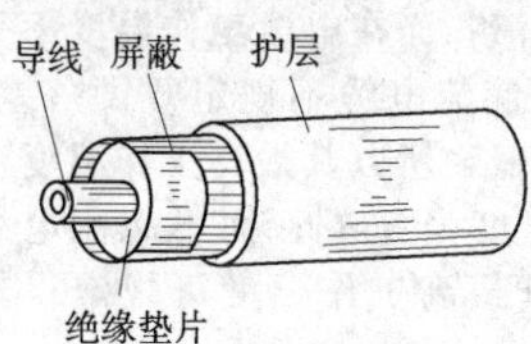

图 5-3-6　刚性单芯压缩气体绝缘电缆

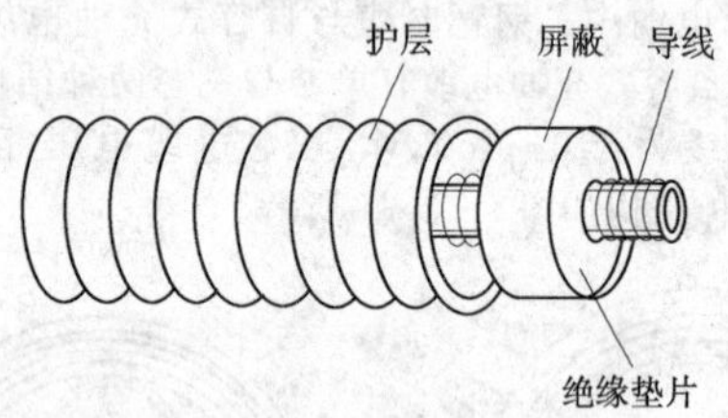

图 5-3-7　可挠性压缩气体绝缘电缆

刚性电缆在工厂内装配成 12～15m 的短段，运至现场进行装配—焊接，由于负载和环境温度变化，内外导体膨胀收缩，间隔一段应有一伸缩连接，为防止一旦线路受损气体跑光，每隔一段距离应有隔离气体的塞止连接。由于气体 ε 小，导热性好，介质损耗极小，因此，可传输 2000MVA 以上容量，国内目前大多用在封闭变电站与架空线连接段和大容量发电厂的高压引出线，在国外已用于大容量长线路输电线路。

这种电缆的缺点是尺寸相当大，例如，275～500kV 的刚性压缩气体电缆外径达到 340～710mm，500kV 三芯刚性电缆外径达到 1200mm。可挠性结构电缆最大外径一般限制在 250～300mm 之间，以便于卷绕。但相应传输容量要比刚性电缆小得多，且必须采用高气压 1.5MPa，以保证足够的绝缘性能。由于环保要求，尽量减少氟的应用，因此目前压缩气体绝缘电缆正在研究 N_2 与 SF_6 混合气体的应用。

六、直流电缆

直流电缆的结构与交流电缆有许多相似之处，但绝缘长期承受直流电压，且可比交流电压高 5～6 倍。迄今投入运行的直流电缆大部分为黏性浸渍纸绝缘，只有当线路高差允许或电压特别高时，采用充油电缆。聚乙烯绝缘的直流电缆需要解决空间电荷问题，虽有研制，尚未实际使用。

直流电缆对于跨越海峡的大长度输电线路更为有利，不需作电抗补偿，并且线路损耗也较小。直流电缆的另一特点是绝缘必须能承受快速的极性转换。直流电缆的护层结构主要考虑机械保护和防腐。迄今直流电缆都采用铅护套，防腐层大多采用挤包聚乙烯或氯丁橡皮。在铅包和防腐层之间，有时用镀锌钢带或不锈钢带加强，并起抗扭作用。海底直流电缆一般都采用镀锌钢丝或挤塑钢丝铠装，根据要求采用单层或双层。

迄今，投入运行的直流电缆中，最高电压为±400kV，传输容量为 750MW，目前正在研制±600kV 及以上的直流电缆。

七、超导电缆

1986 年科学家发现铜基氧化物的超导现象之后，在 1988～1993 年间，相继发现了 Bi—Sr—Cs—Cu—O 及 Ti—Ba—Ca—Cu—O 在液氮温度为 90K 时出现超导，以及 Hg—Ba—Ca—Cu—O 在 135K 下超导转变温度。由于能用廉价的液氮作冷媒，加上高温超导线材长线生产技术方面获得突破，使超导在电力电缆的应用成为可能。目前超导电缆仍属于研究开发阶段，按绝缘结构特征划分，可分为热绝缘超导结构与冷绝缘超导结构，两种结构分别如图 5-3-8 与图 5-3-9所示。

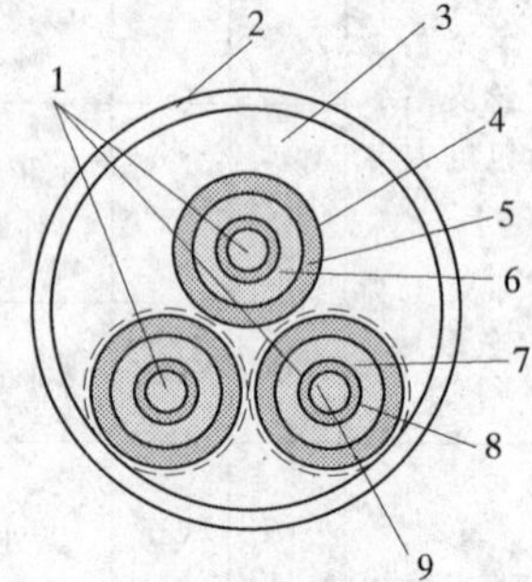

图 5-3-8　热绝缘超导电缆结构
1—液氮；2—钢管；3—液体；4—半圆形导线；5—绝缘；6—制冷箱；7—高温超导材料；8—支撑架；9—管子

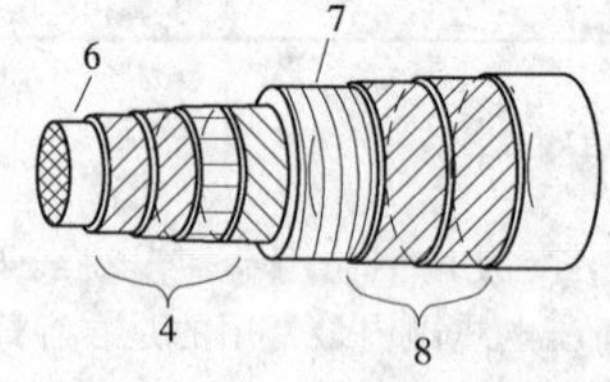

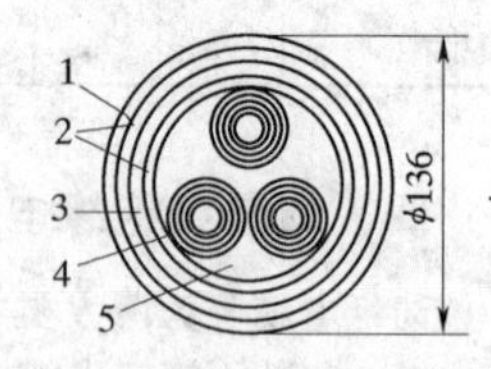

图 5-3-9　冷绝缘超导电缆结构
1—外护套；2—外皱纹管；3—真空热绝缘；4—高温超导体；5—液氮；6—内芯；7—聚丙烯薄膜复合纸；8—超导屏蔽层

热绝缘超导电缆的特点如下：

(1) 与传统电缆相比有相同性能，且有相同的安装程序。

(2) 使用成熟开发的绝缘材料，例如交联聚乙烯。

(3) 超导电缆附件（终端与接头）可以从传统电缆附件转换过来。

(4) 与冷绝缘相比，可以少一层护套超导材料。

冷绝缘超导电缆特点如下：

(1) 其结构比热绝缘超导体积小。

(2) 由于护套也有一超导层，运行过程中损耗大大降低。

(3) 由于冷媒体在外面，不在线芯中，因此，终端处理比热绝缘超导电缆终端方便一些。

由于目前超导已在液氮温度下实现，20 世纪 70 年代开发的低温有阻电缆已不再使用。

第四节　通 信 电 缆

一、通信电缆分类

通信电缆包括传输电话、电报、电视、广播、传真、数据和其他电信信息的电缆。通信光缆传输衰减小，传输频带宽，质量轻，外径小，又不受电磁场干扰，通信光缆正在替代通信电缆，更适用于数字通信。

通信电线电缆使用在通信系统的各级线路上，其品种规格很多，分类方法也很多，按敷设和运行条件，可分为架空电缆、自承式电缆、直埋电缆、管道电缆和水底电缆；按传输频谱可分为低频电缆、高频电缆和射频电缆；按电缆结构，可分为对称电缆和同轴电缆；按电缆中元件的组合，可分为单一电缆和综合电缆；按电缆的绝缘材料和绝缘结构，可分为空气纸绝缘电缆、实心聚乙烯绝缘电缆、泡沫聚乙烯绝缘电缆等；按绝缘线芯绞合及成缆方式，可分为对绞电缆、星绞电缆、层绞电缆、单位绞电缆；按护层的种类，可分为铅包电缆、铝包电缆、橡套电缆、塑套电缆、综合护层电缆及钢带铠装电缆、钢丝铠装电缆。

二、市内通信电缆

1. 概况

市内通信电缆用于市内、近郊和局部地区的电话线路中。纸绝缘铅套市内通信电缆一般都使用音频传输，每一对线只能通一个话路。聚烯烃绝缘聚烯烃护套市内通信电缆已把话音和数据两种业务综合传输，在普通电话线上同时传输话音、计算机数据和图像等，满足了数据通信迅速增长的需要。

2. 种类

(1) 聚烯烃绝缘聚烯烃护套市内通信电缆。导线为铜芯；绝缘材料采用纯净的低密度、中密度或高密度聚乙烯或加入适量稳定剂的聚丙烯，其密度见表 5-4-1。绝缘结构为：实心聚烯烃或泡沫聚烯烃或带皮泡沫聚烯烃，发泡工艺产生的气泡沿周围均匀分布。气泡间互不连通。绝缘能经受电压为 1.5～6kV 直流火花机检验，每 12km 绝缘线芯上允许有一个针孔或类似的缺陷。

表 5-4-1 绝缘材料密度

材料名称	密度 (g/m^3)
低密度聚乙烯	0.925 及以下
中密度聚乙烯	0.926～0.940
高密度聚乙烯	0.941 及以上
聚丙烯	0.895～0.915

护套要求如下：

1) 挡潮层聚乙烯护套——铝-聚乙烯护套。由纵包成形的双面铝塑复合带与挤包在其上的聚乙烯套黏结而成，铝塑复合带的铝带厚度为 0.20mm，铝带双面复合塑性聚合物薄膜，可以轧纹，也可不轧纹。

聚乙烯套采用低密度或高密度聚乙烯加 (2.6±0.25)% 的炭黑。特殊情况也可采用高密度聚乙烯或线性低密度聚乙烯，聚乙烯套应黏附在铝塑复合带。

2) 填充式电缆可采用其他形式的挡潮层。

3) 隔离式挡潮层市内通信电缆，可达到双向脉码调制 (PCM) 传输通信而设计的，其特点是较好的近端串音衰减。隔离带采用 0.1mm 原双面涂塑铝带，在缆芯内放置隔离带将全部线芯一分为二，使隔离带两边的线对数目相等。

(2) 纸绝缘铅套市内通信电缆。市内通信电缆的种类见表 5-4-2。

表 5-4-2 市内通信电缆的种类

种类	名称
1	纸绝缘裸铅套市内通信电缆
2	纸绝缘铅套聚氯乙烯套市内通信电缆
3	纸绝缘铅套聚乙烯套市内通信电缆
4	纸绝缘铅套钢带铠装聚氯乙烯套市内通信电缆
5	纸绝缘铅套钢带铠装聚乙烯套市内通信电缆
6	纸绝缘铅套细圆钢丝铠装聚氯乙烯套市内通信电缆
7	纸绝缘铅套细圆钢丝铠装聚乙烯套市内通信电缆
8	纸绝缘铅套粗圆钢丝铠装纤维外被市内通信电缆
9	纸绝缘铅套粗圆钢丝铠装聚氯乙烯套市内通信电缆
10	纸绝缘铅套粗圆钢丝铠装聚乙烯套市内通信电缆

三、长途通信电缆

长途通信电缆有长途对称通信电缆及同轴电缆两大类，长途对称通信电缆分为低频和高频两种。长途电信干线以发展光缆、数字微波为主，不再发展同轴电缆，因此，中小同轴电缆早已不再生产。

(1) 星绞低频通信电缆和敷设场合。见表 5-4-3。

(2) 低频综合长途通信电缆和敷设场合。见表 5-4-4。

表 5-4-3 星绞低频通信电缆的名称和使用场合

产品名称	敷设场合
纸绝缘裸铅护套低频通信电缆	(1) 敷设在室内、隧道及沟管中，以及架空敷设。对电缆应无机械外力，对铅护套无腐蚀的环境中
纸绝缘铅护套钢带铠装低频通信电缆	(2) 敷设在土壤中，能承受机械外力，不能承受大的拉力
纸绝缘铅护套裸钢带铠装低频通信电缆	(3) 敷设在室内、隧道及沟管中，其余同 (2)
纸绝缘铅护套钢带铠装一级外护层低频通信电缆	(4) 敷设于对铅护套有腐蚀的土壤中，能承受机械外力，但不能承受大的拉力
纸绝缘铅护套裸钢带铠装一级外护层低频通信电缆	(5) 敷设于对铅护套有腐蚀的室内、隧道及沟管中，能承受机械外力，但不能承受大的拉力
纸绝缘铅护套细钢丝铠装低频通信电缆	(6) 敷设在土壤中，能承受机械外力，并能承受相当的拉力
纸绝缘铅护套粗钢丝铠装低频通信电缆	(7) 敷设在水中，能承受较大的拉力
纸绝缘裸铅护套低频通信电缆	(8) 敷设在室内、隧道及沟管中，以及架空敷设。对电缆应无机械外力，对铅护套无腐蚀的环境中
纸绝缘铅护套裸一级外护层低频通信电缆	(9) 同 (8)，但对铅护套有腐蚀的环境
纸绝缘铅护套钢带铠装二级外护层低频通信电缆	(10) 敷设在对铅护套和钢带均有严重腐蚀的环境中，能承受机械外力，不能承受大的拉力

续表

产品名称	敷设场合
纸绝缘铅护套细钢丝铠装二级外护层低频通信电缆	(11) 敷设在对铅护套和钢丝均有严重腐蚀的环境中，能承受机械外力和拉力
纸绝缘铅护套粗钢丝铠装一级外护层低频通信电缆	(12) 敷设在对铅护套有腐蚀的水中，能承受较大的拉力
泡沫聚乙烯绝缘皱纹铝护套一级外护层低频通信电缆	(13) 同 (8)，但对铝护套有腐蚀的环境

表 5-4-4　低频综合长途通信电缆的名称和敷设场合

名称	敷设场合
裸铅护套低频综合长途通信电缆	敷设在室内、隧道及沟管中，以及架空敷设。对电缆应无机械外力，对铅护套无腐蚀环境
铅护套钢带铠装低频综合长途通信电缆	敷设在土壤中，能承受机械外力，不能承受大的拉力
铅护套裸钢带铠装低频综合长途通信电缆	敷设在室内、隧道及沟管中，能承受机械外力，但不能承受大的拉力
铅护套粗钢丝铠装低频综合长途通信电缆	敷设在水中，能承受较大的拉力
裸铝护套低频综合长途通信电缆	敷设在室内、隧道及沟管中，以及架空敷设。对电缆应无机械外力，对铝护套无腐蚀环境
铝护套裸一级外护层低频综合长途通信电缆	敷设在室内、隧道及沟管中，以及架空敷设。对电缆无机械外力，对铝护套有腐蚀的环境
铝护套粗钢丝铠装一级外护层低频综合长途通信电缆	敷设在对铝护套有腐蚀的水中，能承受较大的拉力
铝护套钢带铠装二级外护层低频综合长途通信电缆	敷设在对铝护套和钢带均有严重腐蚀的环境中，能承受机械外力，但不能承受大的拉力
铝护套粗钢丝铠装二级外护层低频综合长途通信电缆	敷设在对铝护套和钢丝均有严重腐蚀的环境中，能承受较大的拉力

(3) 纸绳纸绝缘高频对称通信电缆和敷设场合。见表5-4-5。

表 5-4-5　纸绳纸绝缘高频对称通信电缆的名称和敷设的场合

名称	敷设场合
裸铅护套高频对称通信电缆	敷设在室内、隧道及沟管中，以及架空敷设。对电缆应无机械外力，对铅护套无腐蚀的环境中
铅护套钢带铠装高频对称通信电缆	敷设在土壤中，能承受机械外力，不能承受大的拉力
铅护套钢带铠装二级外护层高频对称通信电缆	敷设在对铅护套和钢带均有严重腐蚀的环境中，能承受机械外力和拉力
铅护套粗钢丝铠装高频对称通信电缆	敷设在水中，能承受较大的拉力
铅护套粗钢丝铠装二级外护层高频对称通信电缆	敷设在对铅护套和钢丝均有严重腐蚀的水中，能承受较大的拉力
裸铝护套高频对称通信电缆	敷设在室内、隧道及沟管中，以及架空敷设。对电缆应无机械外力，对铝护套无腐蚀的环境中

续表

名称	敷设场合
铝护套裸一级外护层高频对称通信电缆	敷设在室内、隧道及沟管中，以及架空敷设，对电缆应无机械外力，对铝护套有腐蚀的环境
铝护套粗钢丝铠装一级外护层高频对称通信电缆	敷设在对铝护套有腐蚀的水中，能承受较大的拉力
铝护套钢带铠装二级外护层高频对称通信电缆	敷设在对铝护套和钢带均有严重腐蚀的环境中，能承受机械外力和拉力
铝护套粗钢丝铠装二级外护层高频对称通信电缆	敷设在对铝护套和钢丝均有严重腐蚀的水中，能承受较大的拉力

注　表中每种电缆中又分三种传输频率，分别为 252Hz、156Hz 和 108kHz。

(4) 铅护套高低频综合通信电缆的名称和敷设场合。见表5-4-6。

表 5-4-6　铅护套高低频综合通信电缆的名称和敷设场合

名称	敷设场合
泡沫聚乙烯绝缘皱纹铝护套钢带铠装一级外护层综合通信电缆	敷设在对铝护套有腐蚀的土壤中，能承受机械外力，但不能承受大的拉力
泡沫聚乙烯绝缘皱纹铝护套钢带铠装二级外护层综合通信电缆	敷设在对铝护套和钢带均有严重腐蚀的环境中，能承受机械外力，但不能承受大的拉力
泡沫聚乙烯绝缘铝护套钢带铠装二级外护层综合通信电缆	敷设在对铝护套和钢带均有严重腐蚀的环境中，能承受机械外力，但不能承受大的拉力
纸绳纸绝缘铝护套裸一级外护层综合通信电缆	敷设在室内、隧道和沟管中，以及架空敷设。对电缆无机械外力，对铝护套有腐蚀的环境中
纸绳纸绝缘铝护套钢带铠装一级外护层综合通信电缆	敷设在对铝护套有腐蚀的土壤中，能承受机械外力，但不能承受大的拉力
纸绳纸绝缘铝护套钢带铠装二级外护层综合通信电缆	敷设在对铝护套和钢带均有严重腐蚀的环境中，能承受机械外力，但不能受大的拉力

四、电信设备用通信电缆

1. 概况

电信设备装置用通信电缆有两大类：各种电信设备内部或设备之间的相互连接用的局用电缆；通信线路的始、终端至分线箱或配线架的配线电缆。

2. 产品

电信设备用通信电缆的主要品种及用途见表5-4-7。

表 5-4-7　电信设备用通信电缆的主要品种及用途

品种名称	主要用途
聚氯乙烯绝缘和护套低频通信局用电缆	交换机及其他传输设备、电话和电报设备、数据处理设备的相互连接
聚氯乙烯绝缘和护套低频通信配线电缆	一、二级配线并与分线设备相连；引入建筑物墙壁敷设的屋内配线；沿建筑物墙壁敷设的墙壁配线
聚氯乙烯绝缘和护套程控交换局用电缆	程控交换局内总配线架与交换局用户电路板之间的音频连接，或其他通信设备之间的音频连接

续表

品 种 名 称	主 要 用 途
聚氯乙烯绝缘和护套数字局用对称电缆	数字交换设备内部或之间的短段连接，最高频率为 10MHz。或其他数字设备内部或之间的短段连接

五、数字通信对称电缆

1. 设备电缆

这种电缆适用于工作站与外部设备之间。电缆应柔软，并符合数字设备连接所要求的传输特性。

2. 工作区电缆

这种电缆适用于工作站与通信输出端之间。电缆应柔软、质量轻、直径小，并符合所要求的传输特性及机械特性。

3. 水平层布线电缆

这种电缆适用于工作区通信输出端与通信机房之间。电缆可以安装在管道、线槽中及地板与天花板的空隙中。这种电缆在着火危险条件下应具有合格性能。

4. 楼层间敷设电缆和大楼干线电缆

这种电缆适用于水平安装或各楼层之间的垂直安装，因而应设计得具有足够的机械强度并在着火危险条件下应具有合格性能。

5. 大楼间电缆

这种电缆用于大楼之间互联并适用于室外安装。这种电缆的护套和外护套应符合 IEC 708—1 的规定。

六、射频电缆

1. 概况

射频电缆是无线电频率范围内传输电信号或能量的电缆的总称。由于结构、材料及制造工艺上的限制，最高使用频率约为 65GHz。射频电缆主要用作无线电发射或接收设备的天线馈电线以及各种通信、电子设备的机内连接或相互连接线，其用途遍及通信、广播、电视、微波中继、雷达、导航、遥控、遥测、仪表、熊源等领域，是整机设备必不可少的传输元件。

2. 产品

见表 5-4-8。

表 5-4-8 射频电缆的主要品种及用途

品 种 名 称	主 要 用 途
实心聚乙烯绝缘射频电缆	无线电通信设备和有关无线电电子设备
电缆分配系统用纵孔聚乙烯绝缘同轴电缆	闭路电视、共用天线电视系统作分支线和用户线，以及其他电子装置
电缆分配系统用泡沫聚乙烯绝缘同轴电缆	闭路电视、共用天线电视系统作分支线和用户线，以及其他电子装置
电缆分配系统用物理发泡聚乙烯绝缘同轴电缆	闭路电视、共用天线电视系统作分支线和用户线，以及其他电子装置
漏泄同轴电缆	无线电波不能直接传播或传播不良的隧道、坑道、地下建筑之类的特殊环境，兼有信号传输和天线的功能

七、海底通信电缆

海底通信电缆是一种宽频带、低噪声的传输线路，可以实现大陆与岛屿、岛屿与岛屿，或与海洋彼岸的有线通信，是有线通信网的重要组成部分。

根据敷设和维护运行条件，海底电缆分为深海、中海和浅海三种。深海电缆敷设在水底超过 1000m 的海域中，中海电缆一般敷设于 500～1000m 深的海域，浅海电缆则在水深少于 500m 的海域中使用。海底通信电缆按电缆的结构分为对称海底电缆、有铠同轴电缆和无铠同轴电缆三种。深海电缆目前都采用无铠同轴电缆。

八、一般通信线

一般通信线的品种及主要用途见表 5-4-9。

表 5-4-9 一般通信线的主要品种及用途

品 种 名 称	主 要 用 途
聚烯烃绝缘聚氯乙烯护套平行双芯铜包钢电话用户通信线	通信用户终端设备到电缆分线箱之间的用户通信线
电话网用户铜芯室内线	电话网用室内线
塑料、橡皮绝缘电话软线	连接电话机与送话器或接线盒，连接交换机与插塞

第五节 光纤和光缆

一、光纤

1. 概况

光纤是一种介质波导，是由芯子和包层同心组成的圆柱形纤维，它是光缆中最主要的元件。裸光纤很容易断裂，不能直接使用。在玻璃光纤的拉制过程中，玻璃包层的表面上紧密地涂覆了一层聚丙烯酸酯预涂覆层，以利于减缓光纤的静态疲劳。为了便于光纤识别，光纤预涂覆层表面往往再涂覆着色层。着色层通常分为蓝、橙、绿、棕、灰、白、红、黑、黄、紫、粉和青 12 种颜色。

2. 分类

光纤依据传输的导模数多少分为多模光纤（A 类）和单模光纤（B 类）。

（1）单模光纤。单模光纤的分类见表 5-5-1。

（2）多模光纤。多模光纤的分类见表 5-5-2。

表 5-5-1 单模光纤的分类

分类代号	命名	工作波长区（mm）		特征
		最佳	可用	
B1.1	非色散位移单模光纤	1310	1550	λ_0 在 1310nm 附近
B1.2	截止波长位移单模光纤	1550	1500～1600	λ_0 在 1310nm 附近，λ_c 位移
B1.3	波段扩展的非色散位移单模光纤	1310	1400，1550，1600	λ_0 在 1310nm 附近，低水峰光纤
B2	色散位移单模光纤	1550	1310，1600	λ_0 在 1550nm 附近
B3	宽波长范围低色散单模光纤	1310，1550	1600	有两个 λ_0 在两个工作波长区内色散低而平坦
B4	非零色散位移单模光纤	1530～1565	1600	λ_0 已位移，但 λ_0 不在工作区内
	宽带光传输用非零色散单模光纤	1460～1625		λ_0 已位移，但 λ_0 不在工作区内
	偏振保持光纤	能保持传导的线偏振光的独立性和稳定性		

注 λ_0 为零色散波长；λ_c 为截止波长。

表 5-5-2 多模光纤的分类

分类代号	材 料	折射率分布型式	g 值范围
A1	玻璃芯子/玻璃包层	渐变型	$1\leqslant g<3$
A2	玻璃芯子/玻璃包层	突变型	$3\leqslant g<10$
A3	玻璃芯子/塑料包层	突变型	$10\leqslant g<\infty$
A4	塑料光纤		

二、光缆

1. 概况

为了满足既定路由上的通信容量要求，为了方便使用，往往需要用多根光纤集结在一起构成光缆。光缆结构应保证：①其中的光纤传输特性保持优良和稳定；②能对光纤提供足够的机械保护和耐环境性保护，使整个光缆具有足够的力学性能和环境性能，其中，着重于减缓光纤静态疲劳和防止氢损发生，以使光缆具有足够的使用寿命；③尽可能提高光纤在光缆中的集装密度，减小光缆外径，提高光缆的性价比。光缆中可以放入绝缘电导线，但是，除了电力线路用光纤复合的光缆之外，电信网中的光缆不推荐光缆中含绝缘电导线，以利于防护强电磁危害。

2. 通信用光缆的结构构件

(1) 套层和骨架。为了增强光纤抗侧向力的能力，往往在光纤上外加一个保护套层，或将光纤置于骨架槽中，以此对侧向力起缓冲作用。

套层也称缓冲层，通常有紧套和松套之分。紧套层较紧密地包覆在玻璃光纤涂覆层上或塑料光纤的包层上。玻璃光纤的紧套层常采用 PA 塑料或改性 PVC 塑料，塑料光纤的紧套层常采用 PE 塑料。松套层松弛的包覆光纤外，玻璃光纤的松套管常采用改性 PBT 塑料管或不锈钢管。光纤在松套管内可有一定的余长，用于调整成品光缆拉伸性能和衰减温度特性。

(2) 加强构件。它是主要承受外界拉伸力的构件，使光缆受到允许拉伸力时保持在弹性范围以内，并使光纤在允许拉伸力下应变和附加衰减控制在允许范围以内。

加强构件通常放在光缆的中心位置，或者嵌入护套内，或者放在缆心的四周，或者几种方式兼有。加强构件采用高杨氏模量的材料，通常用钢丝；在要求柔软时，通常用芳纶纱束；在要求防雷电或强电危害时，通常用非金属的芳纶纱束或玻纤增强塑料（FRP）。

(3) 护套和挡潮层。光缆必须具有护套，用于对缆心的保护。挡潮层用于阻止潮气经由护套渗透到缆心内。

护套材料通常采用黑色聚乙烯塑料，在要求阻燃时采用黑色阻燃聚烯烃塑料或阻燃聚氯乙烯塑料。挡潮层通常采用双面复合了黏接性塑料薄膜的铝带或钢带，它和聚乙烯护套黏接在一起，构成黏接护套。

(4) 阻水材料。它用于阻止水在光缆中纵向渗流，常采用全填充方式，即在截面内需要阻水的空隙中填充阻水复合物，如烃基复合物或硅基复合物。松套管内的阻水复合物应具有触变性，其临界触变应力很小，它的存在不会影响光纤在松套管内的横向移动。这一点很重要，因为光缆受到拉伸力时需要通过光纤横向移动来减缓光纤应变。

光缆阻水也可采用干式阻水，即在截面内需要阻水的空隙中放置吸水膨胀材料，如吸水膨胀的带、纱或粉。干式和填充式也可兼用。

(5) 外护层。光缆仅有护套还不足以保护缆心时，需增加外护层来提供进一步的保护。依据敷设方式和环境的不同，光缆的外护层不同。在地下直埋时，通常采用钢-聚乙烯黏接外护层；在水下或其他较大张力状态下敷设时，通常采用钢丝铠装加聚乙烯套的外护层；在要求阻燃的情况下，光缆的最外层采用阻燃外套。

3. 光缆的分类及性能要求

(1) 光缆分类。光缆按敷设方式和条件的不同进行分类，包括室外光缆、室内光缆、移动式光缆、海底光缆、设备用光缆和特殊光缆。沿电力线路专用的光缆可列入特殊光缆。

(2) 光纤品性。在成缆过程中，除了衰减系数可能增大、单模光纤截止波长可能下移和多模光纤模式带宽还可能改善之外，光纤的尺寸参数和其他光学及传输特性不会改变。

(3) 光缆的机械特性和环境特性。机械性能包括拉伸、磨损、压扁、冲击、卷绕、反复弯曲、扭转、曲挠、弯折、抗切穿、枪击、刚柔性、风振和径向压力等性能。光缆环境性能包括衰减温度特性、护套完整性、渗水、复合物滴流、核辐射和气阻等性能。

沿电力线路用架空光缆除了具有类似的普通光缆的要求之外，还可能要求耐电痕、耐雷击和耐短路电流性能。

第六章 蓄 电 池

第一节 铅蓄电池的构造和型号

一、蓄电池的一般概念

蓄电池能把电能转变为化学能储存起来（充电过程），使用时再把化学能转变为电能（放电过程），而且变换的过程是可逆的。蓄电池的充电和放电过程，可以重复循环多次，所以蓄电池又称为二次电池。

蓄电池放电时电流所流出的电极称为正极（或阳极），以“+”号表示；电流经过外电路返回电池的电极称为负极（或阴极），以“-”号表示。

蓄电池主要由正负极板、电解液和电槽（容器）等组成。根据极板所用材料和电解液性质的不同，一般可分为酸性（铅）蓄电池和碱性（铁镍或镉镍）蓄电池两种。又依其用途和容量的不同，分为若干型式，如固定式的、移动式的，等等。

二、铅蓄电池的基本构造

铅蓄电池主要由正极板组（又称正极群）、负极板组（又称负极群）、电解液、隔离物和容器（电槽）等组成。按不同用途和外型结构分为固定型和移动型两大类（如图6-1-1）。

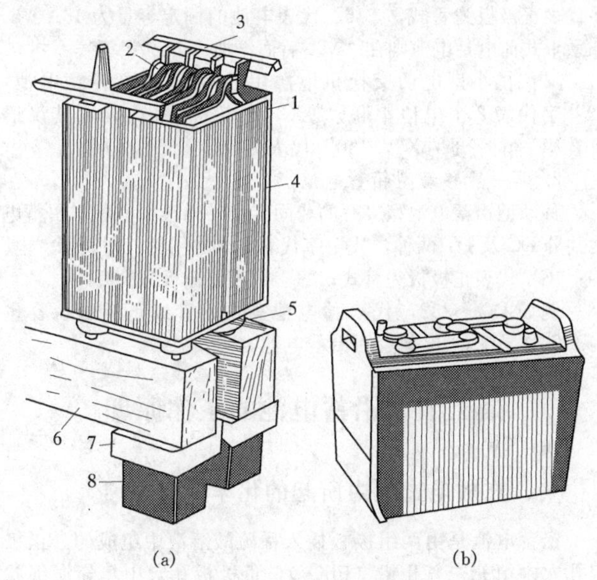

图6-1-1 铅蓄电池的程式

（a）固定式铅蓄电池；（b）移动式铅蓄电池

1—容器；2—极板；3—连接条；4—铅弹簧；5—绝缘子；6—木横梁；7—玻璃砖；8—木垫脚

铅蓄电池的正负极板均由纯铅制成基板，负极（阴极）涂以海绵状纯铅膏（Pb），正极（阳极）涂以二氧化铅（PbO_2），有各种形式构造如图6-1-2。

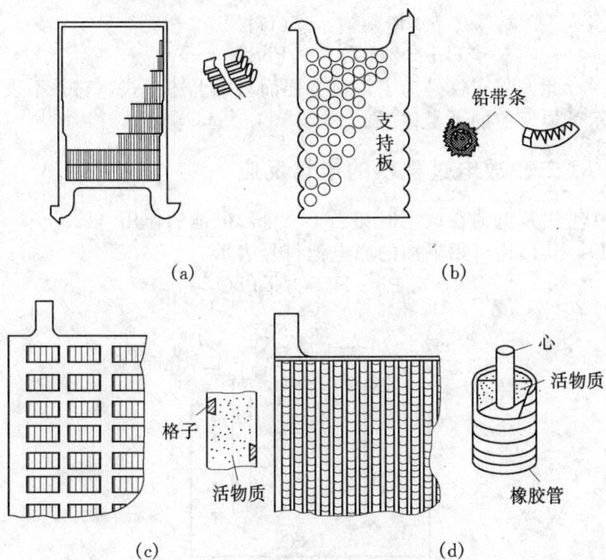

图6-1-2 阳极板各种构造

（a）氧化铅积层形阳极板；（b）圆孔铅带条形阳极板；（c）浆膏式阳极板；（d）橡胶管式阳极板

在同一蓄电池内，同极性的极板片数超过两片时，用连接条联接起来称为“极板组”（或称“极板群”）。大容量的蓄电池极板片数多，容量小的片数少。在装配极板时，必须使每一片正极板夹在两片负极板之间，使得正极板的两面都起化学变化，发生同样的膨胀和收缩，防止正极板弯曲。而负极板在充放电循环中，膨胀、收缩小，仅一面起化学变化，其影响也不大。所以在极板组合的最外层都是负极板，而且造成负极板总数比正极板多一片。

在铅蓄电池中，两极板间均需插入隔离物，以防止正负极板间发生短路。隔离物有木质、硬橡胶、玻璃等。容器即蓄电池的电槽，材质通常有玻璃容器、硬橡胶电槽和塑料电槽等。移动式蓄电池常采用后两种材质。铅蓄电池中的电解液，是用优质蒸馏水和纯洁的浓硫酸配制而成。电解液相对密度视蓄电池程式和所用极板而定，一般在1.200/15℃～1.300/15℃之间。配制电解液所用蒸馏水和浓硫酸的质量要求需执行有关行业标准或企业标准。

三、固定式铅蓄电池的构造

固定型铅蓄电池是供室内固定装置使用的，具有容量大、寿命长的特点。这种电池的单位容量的体积和重量都比较大。其结构元件如下：

（1）极板或极板组。容量大的蓄电池，为便于运输和防止损坏，出厂时极板都用单片式供给，并不焊成极板组，因此在装用时由用户自行焊接。

（2）电槽。槽的作用是支承极板和盛储电解液。因此容量小的都用玻璃电槽，容量大的蓄电池，则用衬铅木槽。

（3）电解液。使用相对密度较低（约为1.210/15℃左右）的电解液，可减少电池的内电阻、减轻对极板和木隔板的腐蚀。

（4）隔离板。采用木隔板或玻璃丝板。隔离板是穿在小木夹棍的缝口内，借以加强它的牢固性，并且有利于电解液的循环扩散。

（5）铅弹簧。隔放在容器的一端，用以平衡极板，预防极板弯曲变形。

（6）其他。如玻璃盖板、瓷绝缘垫脚等。前者作用是防止尘土落入电池槽；后者使电池槽和大地绝缘。

四、移动式铅蓄电池的构造

移动型铅蓄电池是为了便于携带、在移动（如各种机动车用蓄电池）情况下使用的电源设备。因此它具有体积小、重量轻、瞬时放电电流大和抗震、耐冻性较好等特点，其结构和组件基本上和固定蓄电池一样，所不同的地方仅在组件所使用的材料、制造和组装上，是根据上述几点基本要求制成的。其结构元件如下。

（1）电槽。不用易碎的玻璃缸和笨重的衬铅木槽，采用硬橡胶或塑料制成。容器上端带有封盖，以防电解液溢出。

（2）极板。采用比较薄的涂浆式极板，以增多片数来增加作用面积，从而获得大的放电电流。震动较大的场合则使用胶管式极板。

（3）电解液。使用比重较高（约1.300/15℃左右）的电解液，因而液量较少，并且能适应突击性的大电流放电和降低电解液的冻结点，同时也可减轻电池重量。

（4）隔离物。采用玻璃丝板、胶质片或凹凸槽型木隔板作隔离板。这种隔离物具有一定弹性，有利于保护极板上的化学反应物质，使不易脱落。

移动式蓄电池与固定式蓄电池比较，其主要缺点是内阻较大，寿命短。但其使用方便。

每个蓄电池的放电平均电压为2V左右，所以用户可根据实际情况，将若干蓄电池串联成蓄电池组，以满足负载需要，其联结情况如图 6-1-3（a）所示。串联时每个蓄电池的容量应完全相同，否则易使其中容量较小的蓄电池造成过量放电和过量充电；而容量较大的蓄电池不能发挥其应有的效能。

当蓄电池的放电电流不能满足负载需要时，也可将蓄电池并联使用，如图 6-1-3（b）所示，但一般不采用此种使用方法。因为并联使用的蓄电池，由于其内电阻、电化学反应不可能完全相同，这样使整个蓄电池组中各个电池，其充放电程度不一致，容易产生故障，影响蓄电池组的寿命和效能，给维护工作带来一定的困难。

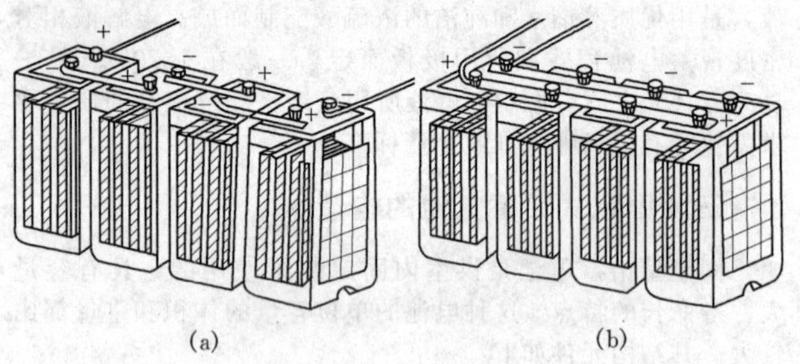

图 6-1-3　蓄电池的连接
（a）蓄电池的串联；（b）蓄电池的并联

五、铅蓄电池的型号

我国铅蓄电池的型号一般以汉语拼音字母来表示和区别，并且附带有各种数字，表示它的容量和极板数目之间的关系。

（一）固定型铅蓄电池的型号及其含义

固定型铅蓄电池产品型号由三部分或四部分组成：

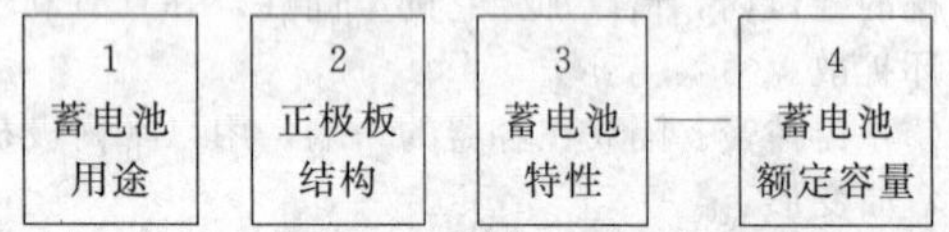

例如 GGF—500 表示固定型防酸隔爆式铅蓄电池，其型号的四部分意义如下：①第一个“G”，代表“固定型”的“固”字，取其汉语拼音第一个字母“G”；②第二个“G”，代表蓄电池正极板是“玻璃丝管式”的“管”字，取其汉语拼音的第一个字母“G”；③第三个“F”，代表“防酸隔爆式”的“防”字，取其汉语拼音的第一个字母“F”。④第四部分“500”，代表蓄电池 10h 率的额定容量为 500A·h。

又如 GGX—100 表示固定型消氢式铅蓄电池，其中第三部分“X”代表“消氢式”的“消”字，取其汉语拼音的第一个字母“X”，其余同上。

（二）移动型铅蓄电池型号及其含义

1. 一般移动型铅蓄电池

大多数移动型铅蓄电池的型号采用另一种型号标法，如汽车、摩托车用铅蓄电池的型号由三部分或四部分组成：

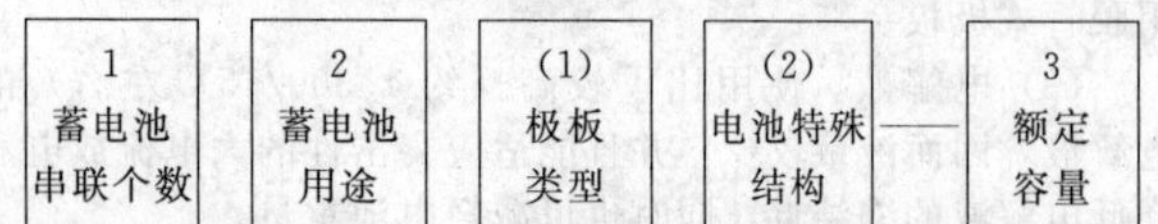

例如 6—QB—56 表示起动用薄型极板铅蓄电池，型号的意义如下：①第一个符号“6”代表 6 个电池串联；②字母“Q”代表起动用的“起”字，取其汉语拼音的第一个字母“Q”，字母“B”代表“薄型极板”的“薄”字，取其汉语拼音的第一个字母“B”；③第三部分“56”代表蓄电池的额定容量为 56A·h。

又如 6—QA—140 表示起动用干式荷电铅蓄电池，其中第二部分 QA 的“A”字代表“干式荷电”的“干”字，取其汉语拼音“GAN”的第二个字母“A”字，以便与管式的“G”字相区别。

摩托车用铅蓄电池型号标法与上述相同，如 3—MG—16，“3”字代表 3 个电池串联，“M”代表摩托车的“摩”字，“G”字代表正极板为管式，“16”代表电池的额定容量为 16A·h。如系干式荷电蓄电池则在“M”后面再加一个“A”字。

又如供小型电话交换机电源用的 2—X—30 铅蓄电池，“2”字代表 2 个电池串联，“X”代表“小”字，取其汉语拼音第一个字母“X”，“30”代表额定容量 30 A·h。

2. 非一般移动型铅蓄电池

移动型铅蓄电池型号有的和固定型一样，如电瓶车用蓄电池共分 DG 及 DT 两种，“D”字代表蓄电池用途，即表示“电”字；“G”代表正极板为管式；“T”代表正极板为涂膏式。

例如 DG—232，代表蓄电池车用、管式正极板、容量为 232 A·h（5 h 率）的铅蓄电池。

第二节　铅蓄电池的工作原理

一、充放电过程中所起的化学变化

铅蓄电池是由两组极板插入稀硫酸溶液中组成的。正极板孔穴中填充二氧化铅（PbO_2），负极板孔穴中填充海绵状金属铅（Pb）。放电后，在两极板上都产生细小而松软的硫酸铅（$PbSO_4$）。充电后两极板又恢复为原来物质。

铅蓄电池放电后两组极板都产生硫酸铅，这一事实说明，在放电过程中正极板上的二氧化铅及负极板上的金属铅，它们都和电解液硫酸进行了化学反应，结果都生成了化合物硫酸铅。而充电后又恢复为原来的铅和二氧化铅。

总的化学反应过程是可逆的，可用下列方程式来表示

$$\underset{(正极)}{PbO_2} + \underset{(电解液)}{2H_2SO_4} + \underset{(负极)}{Pb} \underset{充电}{\overset{放电}{\rightleftharpoons}} \underset{(正极)}{PbSO_4} + \underset{(电解液)}{2H_2O} + \underset{(负极)}{PbSO_4}$$

此方程式仅是为了记忆方便而写成上述形式，它并不表示可逆反应的平衡体系。

二、放电过程中的电化反应

铅蓄电池在放电时相当于一个原电池的作用（图 6-2-1），其结构可用下面的原电池符号表示

$$(-)\ Pb\ |\ H_2SO_4\ |\ PbO_2\ (+)$$

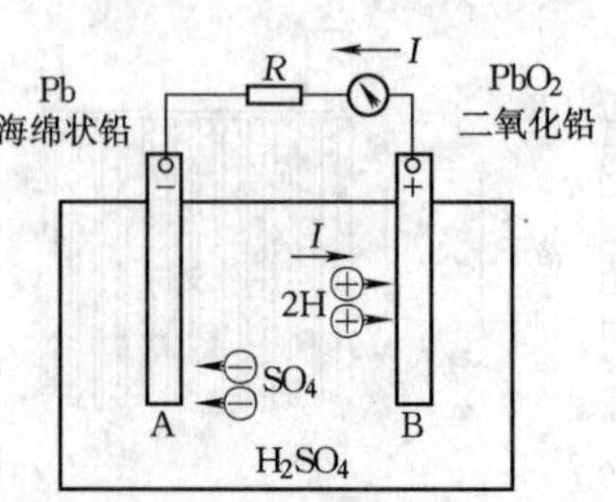

图 6-2-1　蓄电池放电

放电时的两极反应如下：

负极（A 板、氧化）

$$Pb + SO_4^{2-} = PbSO_4 + 2e$$

正极（B 板、还原）

$$PbO_2+4H^++SO_4^{2-}+2e═══PbSO_4+2H_2O$$

放电时电池总反应

$$Pb+PbO_2+2H_2SO_4═══2PbSO_4+2H_2O$$

（附着在两极板上）

（6-2-1）

放电过程可作如下说明：在负极上铅原子放出2个电子经外电路移向正极；负极上剩下的Pb^{2+}正离子便和电解液中SO_4^{2-}离子结合成硫酸铅（$PbSO_4$）附着在负极铅（Pb）上，它的化学反应为

$$Pb\longrightarrow Pb^{2+}+2e$$
$$H_2SO_4\longrightarrow 2H^++SO_4^{2-}$$
$$Pb^{2+}+SO_4^{2-}\longrightarrow PbSO_4$$
$$Pb+H_2SO_4\longrightarrow PbSO_4+2H^++2e$$

（6-2-2）

在正极，由于PbO_2和水作用生成可离解的Pb（$OH)_4$（不稳定），其中Pb^{4+}离子在取得2个电子后恢复为Pb^{2+}离子，Pb^{2+}离子再和SO_4^{2-}离子结合成$PbSO_4$附着在正极，而OH^-离子和H^+离子化合成水。化学反应式为

$$PbO_2+2H_2O\longrightarrow Pb(OH)_4$$
$$Pb(OH)_4\longrightarrow Pb^{4+}+4(OH)^-$$
$$Pb^{4+}+2e\longrightarrow Pb^{2+}$$
$$H_2SO_4\longrightarrow 2H^++SO_4^{2-}$$
$$Pb^{2+}+SO_4^{2-}\longrightarrow PbSO_4$$
$$4(OH)^-+4H^+\longrightarrow 4H_2O$$
$$PbO_2+H_2SO_4+2H^++2e\longrightarrow PbSO_4+2H_2O \quad (6-2-3)$$

综合反应式（6-2-2）和式（6-2-3）得到放电时的化学反应为

$$PbO_2+2H_2SO_4+Pb\xrightarrow{放电}PbSO_4+2H_2O+PbSO_4$$

蓄电池放电时，外电路便有电流流通，电流方向是从正极到负极，和电子移动的方向相反。如果放电过程不断的进行，不难看出，两个极板附着$PbSO_4$的量逐渐增多，电解液中硫酸（H_2SO_4）逐渐减少，而水（H_2O）逐渐增多。这样硫酸的浓度逐渐降低，导致电解液相对密度降低，所以在实际工作中可以根据电解液相对密度的高低作为判断蓄电池的放电程度和确定放电终了的主要标志。

应当注意，正常情况下蓄电池不宜放电过度，否则附着在正负极板上的细小硫酸铅晶体将结成较大的结晶，增大极板的电阻，在充电时就很难使它还原。

三、充电过程中的电化反应

蓄电池在充电时相当于一个电解池的作用（如图6-2-2）。在外加直流电源作用下，两极反应如下

阴极（A板）$PbSO_4+2e═══Pb+SO_4^{2-}$

阳极（B板）$PbSO_4+H_2O═══PbO_2+4H^++SO_4^{2-}+2e$

充电时总反应 $2PbSO_4+2H_2O═══Pb+PbO_2+2H_2SO_4$

蓄电池在充电时的两极反应即为放电时两极反应的逆反应。因此充电过程与放电时正好相反，蓄电池内部电流是从正极流向负极。

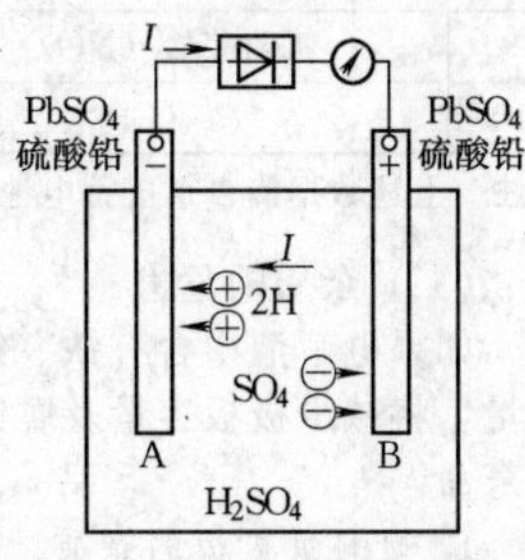

图6-2-2　蓄电池充电

充电过程（图6-2-2）可作如下说明：在负极（A板），在外加直流电源的作用下，负极板上有过剩的电子，电解液中的H^+离子移向负极，在负极和$PbSO_4$中的SO_4^{2-}离子还原为H_2SO_4。Pb^{2+}离子在负极取得2个电子还原为海绵状的Pb。其化学反应为

$$PbSO_4\longrightarrow Pb^{2+}+SO_4^{2-}$$
$$Pb^{2+}+2e\longrightarrow Pb$$
$$2H^++SO_4^{2-}\longrightarrow H_2SO_4$$
$$PbSO_4+2H^++2e\longrightarrow Pb+H_2SO_4 \quad (6-2-4)$$

在正极（B板）硫酸铅中的Pb^{2+}离子在外电源作用下氧化为Pb^{4+}离子并和电解液中的（OH^-）化合生成Pb（$OH)_4$，Pb（$OH)_4$不稳定很快分解为PbO_2和H_2O。而正极的SO_4^{2-}离子和电解液中的H^+离子还原为H_2SO_4，此时的化学反应式为

$$PbSO_4\longrightarrow Pb^{2+}+SO_4^{2-}$$
$$Pb^{2+}-2e\longrightarrow Pb^{4+}$$
$$4H_2O\longrightarrow 4H^++4(OH)^-$$
$$Pb^{4+}+4(OH)^-\longrightarrow Pb(OH)_4$$
$$Pb(OH)_4\longrightarrow PbO_2+H_2O$$
$$4H^++2SO_4^{2-}\longrightarrow 2H_2SO_4$$
$$PbSO_4+2H_2O+SO_4^{2-}-2e\longrightarrow PbO_2+H_2SO_4$$

（6-2-5）

综合式（6-2-4）和式（6-2-5）得充电时总的化学反应式为

$$2PbSO_4+2H_2O\longrightarrow Pb+PbO_2+2H_2SO_4$$

（6-2-6）

从反应式（6-2-6）可以看出，两极有效反应物质恢复为原来状态，而且电解液中水分减少、硫酸的成分增加。

蓄电池充电终期可由电解液相对密度高低来判断。同时当在充电终期时，由于正负极上的$PbSO_4$已大部分转化为PbO_2和海绵状Pb，若继续充电，充电电流只能起分解H_2O的作用，结果在负极便有H_2逸出；在正极则有O_2逸出，造成强烈的冒气现象。此时的化学反应为

$$2H_2SO_4\longrightarrow 4H^++2SO_4^{2-}$$

在负极　$4H^++4e\longrightarrow 2H_2\uparrow$

在正级

$$2SO_4^{2-}+2H_2O-4e\longrightarrow 2H_2SO_4+O_2\uparrow$$
$$2H_2SO_4+2H_2O\longrightarrow 2H_2SO_4+2H_2\uparrow+O_2\uparrow$$

从总反应式中可见，电解液中的硫酸并未减少，只是将水分解为氢气和氧气逸出。

因此在充电终期，应使充电流适当减小，否则产生气泡过于激烈，易使极板活性物质脱落损坏，同时水分消耗也大，浪费蒸馏水和电能。

四、蓄电池的电势

蓄电池的电势即两极间电位差。充电后正极的活性物质是PbO_2，这是氧化的电极，其单极的电极电位（与电解液之间的电位差）决定于铅的氧化程度和电解液的浓度。负极的有效物质是海绵状Pb，单极电极电位远较正极为低，只有-0.126V。一般固定型蓄电池的电解液在15℃相对密度$d=1.210$，测得的电势为2.06V，所以铅蓄电池的正极是决定蓄电池的电势大小的主要因素。蓄电池电势的大小与其极板上活性物质的电化性质及电解液的浓度有关，和极板的大小无关（参见第一章电极电位）。因此当电极的活性物质一经固定后，铅蓄电池的电势主要由电解液的浓度决定。

在实际使用中，铅蓄电池的电势E可由下式决定：

$$E=0.85+d \qquad (6-2-7)$$

式中 0.85——铅蓄电池电势常数。

式（6-2-7）在15℃时，d 值在1.050～1.300范围内该公式是准确的，式中 d 为电解液在极板活性物质微孔中的相对密度（15℃），而不是极板间的电解液的浓度。

测试电解液用的密度计，因不可能测出极板微孔中电解液的相对密度，故必须在电池静止状态（停止充放电时）进行测试计算方较准确。因为在静止时，由于电解液的扩散作用，浓度容易均匀，极板微孔和容器中的电解液相对密度大致相同。

在充电和放电过程中，蓄电池的电势变动较大，原因是极板微孔中的电解液和容器中电解液的相对密度有很大差别。当蓄电池在充电时，极板微孔内形成的硫酸，因极板微孔很小，不能立即向容器中其他电解液扩散，故充电过程中微孔中电解液浓度较容器中电解液浓度高得多。相反在放电时，微孔内形成水分，又不能和容器中其他部分电解液相互扩散，所以微孔内电解液的浓度较容器中其他部分电解液的浓度低得多。因此在充电或放电终了后的一段不长时间内，蓄电池的电势在充电后略有低落，在放电后则略有回升。

固定型蓄电池在充电后电解液的比重约为1.210，全部放电后约为1.150。根据上述公式计算，固定蓄电池的电势在静止时，约在2.00～2.06V之间。

充电后 $E=0.85+1.210=2.06$（V）

放电后 $E=0.85+1.150=2.00$（V）

因此蓄电池的电势一般以2V左右计算。同时还可以看出，铅蓄电池的开路端电压（没有负载情况下测得的端电压），并不能表明其蓄电程度，所以不能用电压表来鉴定静止状态时的蓄电池是否充足或放完电量。

铅蓄电池的电势与电解液相对密度的关系曲线如图6-2-3所示。

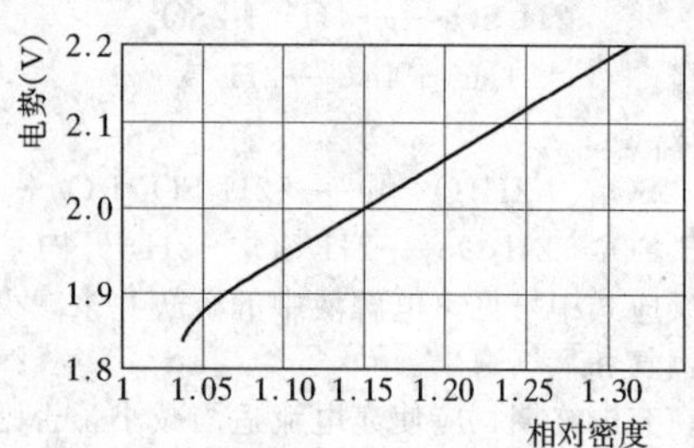

图6-2-3 铅蓄电池电势与电解液相对密度的关系曲线

蓄电池的电势与电解液的温度有关，但影响很小，可以忽略不计。

综上所述，充电过程中随着电解液相对密度上升，正极氧化作用加剧，活性物质逐渐还原，结果电势上升；相反在放电过程中由于电解液相对密度下降，两极表面活性物质都逐渐转为硫酸铅，而使电势下降。因此充放电过程中铅蓄电池的电势不是固定值，而是变化值。

第三节 铅蓄电池的电解液

铅蓄电池以稀硫酸溶液为电解液。本节简要地叙述配制硫酸溶液的方法以及硫酸溶液的物理化学特性、相对密度和温度变化规律，掌握调配电解液方法是非常重要的。

一、电解液的纯度和杂质的危害

（一）电解液的纯度

蓄电池为电化学反应，电解液中如混进有害杂质，虽数量极微，对蓄电池影响很大，将缩短电池使用寿命。故除了保证生产零部件的质量，安装时不能带入杂质，对配制电解液所用的蒸馏水及硫酸的质量也必须符合标准。

浓硫酸是一种无色无臭油状透明的液体，在15℃时相对密度为1.84，沸点为338℃，含纯硫酸95%～96.5%。硫酸可溶解大量硫酐（SO_3）而成发烟硫酸。浓硫酸具有强烈的吸水性和氧化性，可以破坏有机物质而使其碳化。

铅蓄电池用的浓硫酸需符合表6-3-1的标准。

表6-3-1 蓄电池用的浓硫酸技术条件

序号	指标名称	一级品	二级品	备注
1	硫酸含量%大于	92	92	使用中的稀硫酸含27%～37%
2	不挥发物%小于	0.03	0.05	
3	锰(Mn)%小于	0.00005	0.0001	
4	铁(Fe)%小于	0.005	0.012	使用中的稀硫酸允许小于0.15%
5	砷(As)%小于	0.00005	0.0001	
6	氯(Cl)%小于	0.0005	0.001	使用中的稀硫酸允许小于0.01%
7	氮的氧化物(N_2O_3)%小于	0.00005	0.0001	使用中的酸含铜允许小于0.001%
8	还原高锰酸钾的物质小于	4.5mL	8.0mL	参见该标准第13条之规定
9	色度测定小于	1.0mL	2.0mL	参见该标准第15条之规定
10	硫化氢组重金属(除去铅、铁)	滤液在20min后	不变色无沉淀	参见该标准第16条之规定

注 本表为原化工部部颁标准HGB 1008—59蓄电池硫酸的规格。

纯水需采用纯蒸馏水或去离子水，绝不可用自来水或天然水代替。配制铅蓄电池电解液用的纯水质量标准见表6-3-2。

表6-3-2 蓄电池用纯水（或蒸馏水）技术条件

序号	杂质名称	最大容许量	备注
1	色泽	清亮透明	
2	悬浮物	微量	
3	总固体	0.01%	百万分之100
4	钙、镁氧化物（CaO及MgO）	0.004%	百万分之40
5	铁（Fe）	0.0005%	百万分之5
6	铵（NH_4）	0.0008%	百万分之8
7	有机及挥发物	0.005%	百万分之50
8	硝酸盐（NO_3）	0.001%	百万分之10
9	亚硝酸盐（NO_2）	0.0005%	百万分之5
10	氯（Cl）	0.0005%	百万分之5

注 上述数据摘自重庆蓄电池厂说明书，仅供参考。

（二）杂质的危害

如果电解液中含有铁、氯、锰、砷、氮等杂质超过允许含量，将减少极板容量及腐蚀极板等，影响蓄电池的正常使用寿命。

1. 影响负极板的杂质

杂质沉淀在极板上易形成极板间短路，使负极板放电生成硫酸铅，并且析出氢气。

砷（As）：砷的三价和五价化合物都有毒，三硫化砷与硫酸反应生成硫酸砷沉淀在负极板上，被还原成砷，并产生相当数量的硫酸铅，导致负极板局部放电急剧增大。

锑（Sb）：负极板表面上有了锑是产生局部放电的原因，结果形成硫酸铅并析出氢气。蓄电池正常工作时由于极板基板的腐蚀析出锑的数量，可使负极板显著损害。

硝酸：电解液中即使含 0.001%这样少量的硝酸，也会使负极板发生硫酸化而失去容量。负极板由于硝酸而产生的化学反应按以下次序发生

$$4Pb+10HNO_3 \longrightarrow 4Pb(NO_3)_2+NH_4NO_3+3H_2O$$

也可能产生如下反应

$$3Pb+8HNO_3 \longrightarrow 3Pb(NO_3)_2+2NO+4H_2O$$

$$2NO+O_2 \longrightarrow 2NO_2$$

$$Pb(NO_3)_2+H_2SO_4 \longrightarrow PbSO_4+2HNO_3$$

$$2NH_4NO_3+H_2SO_4 \longrightarrow (NH_4)_2SO_4+2HNO_3$$

上面反应式表明，硝酸在负极板上还原产生硫酸铅和硫酸铵，同时又生成硝酸，重复与负极板作用。这样循环不已，而使负极板遭到显著损害。

根据实验，硝酸对不工作情况下蓄电池正极板并不起作用，但当蓄电池工作时，在正极板上有氧化氮析出，腐蚀涂膏式极板的基板。

此外铂、铋、铜和银都是影响负极板的有害杂质，但它们在电解液中含量极少。

许多精确的实验结果证明，电解液中含有少量钴和镍对蓄电池工作有利。钴可以降低极板的腐蚀及电池的终了充电电压。镍也能降低终了充电电压，还可减少充电时析出的气体。

2. 影响正极板的杂质

盐酸：在充电时盐酸与正极的二氧化铅相作用，产生如下的化学反应

$$PbO_2+4HCl = PbCl_2+2H_2O+Cl_2\uparrow \qquad (6-3-1)$$

$$PbCl_2+H_2SO_4 = PbSO_4+2HCl \qquad (6-3-2)$$

由式（6-3-1）和式（6-3-2）知正极的 PbO_2，与 HCl 作用先生成 $PbCl_2$，然后又与硫酸作用生成 $PbSO_4$。由式（6-3-1）反应时放出氯气，但在充电时电池内如含氯气较多时，和氢气混合后，会形成易于爆炸的混合物，受阳光直射时易发生爆炸危险。

醋酸和酒精对正极板有腐蚀作用，电池中含量很少。

3. 对正、负极板都有影响的杂质

铁（Fe）：铁是最普通的杂质，它在正极板上氧化，在负极板上还原，二者的结果都是放电。当电解液中含有 Fe^{2+} 离子时，可被正极板上的 PbO_2 氧化为高价硫酸铁并产生 $PbSO_4$ 和 H_2O，其反应式如下

$$PbO_2+2FeSO_4+2H_2SO_4 = PbSO_4+Fe_2(SO_4)_3+2H_2O$$

铁对正极板腐蚀破坏性很大。上述反应中产生的高价硫酸铁与负极板又作用生成硫酸铅和硫酸亚铁。低价的硫酸亚铁又与正极板作用产生硫酸铅。这种交错作用，将使正负极板都将产生硫酸铅而损失容量。

锰（Mn）：锰以硫酸锰（$MnSO_4$）的形式进入浸有正极板的电解液内。有时电解液变成红色，这表明可能发生下述反应，生成高锰酸（$HMnO_4$）：

$$5PbO_2+2MnSO_4+3H_2SO_4 = 2HMnO_4+5PbSO_4+2H_2O$$

高锰酸对有机物质、像木制隔板和橡胶隔板都起破坏性的氧化作用。是降低蓄电池寿命之一。

二、电解液的收缩

在调配电解液时，使浓硫酸和纯水相混合，混合液的体积小于硫酸和水的体积之合。此现象称为电解液的收缩。混合液体积的收缩数据见表 6-3-3。该表所示为每公斤混合液的收缩量，单位为 cm^3(mL)。

从表 6-3-3 所示，电解液相对密度在 1.600 以前，收缩量逐渐增加，相对密度超过 1.600 以后收缩量反而减少。

表 6-3-4 中列出硫酸溶液中含纯硫酸量及温度系数。

表 6-3-3　硫酸在各种浓度时每公斤收缩的毫升数

相对密度	1.000	1.100	1.150	1.200	1.210	1.250	1.300	1.400	1.500	1.600	1.700	1.800
收缩量（mL）	0	25	42	42	42.9	46.5	51	57	60	62	60	48

表 6-3-4　硫酸溶液含纯硫酸量及温度系数

相对密度 d_{15}	相对密度 d_{25}	温度系数 α	含纯硫酸的重量百分数	含纯硫酸的体积百分数	每升重（kg）	相对密度 d_{15}	相对密度 d_{25}	温度系数 α	含纯硫酸的重量百分数	含纯硫酸的体积百分数	每升重（kg）
1.000	1.000		0.0	0.0	每升重的数字约等于相对密度的数字，例如，溶液的相对密度为 1.300 的 1L 溶液其重量约为 1.300kg	1.100	1.097	0.00048	14.3	8.5	每升重的数字约等于相对密度的数字，例如，溶液的相对密度为 1.300 的 1L 溶液其重量约为 1.300kg
1.010	1.009	0.00018	1.4	0.8		1.110	1.107	0.00051	15.7	9.5	
1.020	1.019	0.00022	2.9	1.6		1.120	1.117	0.00053	17.0	10.3	
1.030	1.029	0.00026	4.4	2.5		1.130	1.127	0.00055	18.3	11.2	
1.040	1.039	0.00029	5.9	3.3		1.140	1.137	0.00058	19.6	12.1	
1.050	1.049	0.00033	7.3	4.2		1.150	1.146	0.00060	20.9	13.0	
1.060	1.058	0.00036	8.7	5.0		1.160	1.156	0.00062	22.1	13.9	
1.070	1.068	0.00040	10.1	5.9		1.170	1.166	0.00063	23.4	14.9	
1.080	1.078	0.00043	11.5	6.7		1.180	1.176	0.00065	24.7	15.8	
1.090	1.088	0.00046	12.9	7.6		1.190	1.186	0.00066	25.9	16.7	

续表

相对密度 d_{15}	相对密度 d_{25}	温度系数 α	含纯硫酸的重量百分数	含纯硫酸的体积百分数	每升重(kg)	相对密度 d_{15}	相对密度 d_{25}	温度系数 α	含纯硫酸的重量百分数	含纯硫酸的体积百分数	每升重(kg)
1.200	1.196	0.00068	27.2	17.7	每升重的数字约等于相对密度的数字，例如，溶液的相对密度为1.300的1L溶液其重量约为1.300kg	1.530	1.525	0.00087	62.4	51.9	每升重的数字约等于相对密度的数字，例如，溶液的相对密度为1.300的1L溶液其重量约为1.300kg
1.210	1.206	0.00069	28.4	18.7		1.540	1.535	0.00088	63.3	53.0	
1.220	1.216	0.00070	29.6	19.6		1.550	1.545	0.00089	64.2	54.1	
1.230	1.225	0.00071	30.8	20.6		1.560	1.554	0.00089	65.1	55.2	
1.240	1.235	0.00072	32.0	21.6		1.570	1.564	0.00090	66.0	56.3	
1.250	1.245	0.00072	33.2	22.6		1.580	1.574	0.00091	66.8	57.4	
1.260	1.255	0.00073	34.4	23.6		1.590	1.584	0.00091	67.7	58.5	
1.270	1.265	0.00073	35.6	24.6		1.600	1.594	0.00092	68.6	59.7	
1.280	1.275	0.00074	36.8	25.6		1.610	1.604	0.00093	69.4	60.8	
1.290	1.285	0.00074	38.0	26.6		1.620	1.614	0.00093	70.3	61.9	
1.300	1.295	0.00075	39.1	27.6		1.530	1.624	0.00094	71.2	63.1	
1.310	1.305	0.00075	40.3	28.7		1.640	1.634	0.00095	72.0	64.2	
1.320	1.315	0.00076	41.4	29.7		1.650	1.644	0.00095	72.9	65.4	
1.330	1.325	0.00076	42.5	30.7		1.660	1.654	0.00096	73.7	66.5	
1.340	1.335	0.00076	43.6	31.8		1.670	1.664	0.00097	74.5	67.6	
1.350	1.345	0.00077	44.7	32.8		1.680	1.674	0.00098	75.4	68.8	
1.360	1.355	0.00077	45.8	33.9		1.690	1.684	0.00099	76.2	70.0	
1.370	1.365	0.00078	46.9	34.9		1.700	1.694	0.00100	77.1	71.2	
1.380	1.375	0.00078	47.9	35.9		1.710	1.704	0.00101	77.9	72.4	
1.390	1.385	0.00079	49.0	37.0		1.720	1.713	0.00102	78.8	73.6	
1.400	1.395	0.00079	50.0	38.0		1.730	1.723	0.00103	79.7	75.0	
1.410	1.405	0.00080	51.0	39.1		1.740	1.733	0.00105	80.6	76.2	
1.420	1.415	0.00080	52.0	40.1		1.750	1.743	0.00107	81.5	77.6	
1.430	1.425	0.00081	53.0	41.2		1.760	1.753	0.00109	82.4	78.8	
1.440	1.435	0.00081	54.0	42.2		1.770	1.763	0.00110	83.4	80.2	
1.450	1.445	0.00082	54.0	43.3		1.780	1.773	0.00110	84.4	81.7	
1.460	1.455	0.00083	55.9	44.4		1.790	1.783	0.00111	85.6	83.3	
1.470	1.465	0.00083	56.9	45.5		1.800	1.793	0.00111	86.7	84.8	
1.480	1.475	0.00084	57.8	46.5		1.810	1.803	0.00109	88.1	86.7	
1.490	1.485	0.00085	58.7	47.5		1.820	1.813	0.00108	89.8	88.9	
1.500	1.495	0.00085	59.7	48.7		1.830	1.823	0.00106	91.8	91.4	
1.510	1.505	0.00086	60.6	49.7		1.835	—	0.00105	93.2	93.0	
1.520	1.515	0.00087	61.5	50.8		1.840	1.834	0.00103	94.8	94.8	

应用表 6-3-3 和表 6-3-4 的数据，可以计算硫酸体积的百分数。现举例说明之。

【例 6-3-1】　现有相对密度为 1.840 的硫酸 1000mL，其重量应为 1.840×1000=1840g，将此 1840g 的硫酸用水稀释为相对密度 1.300 的电解液，求电解液中硫酸体积的百分数。

【解】　查表 6-3-4 相对密度为 1.300 的电解液中硫酸的重量百分数为 39.1%，故可求得电解液的总重量为

$$1840\div 0.391=4706\ (\text{g})$$

减去其中硫酸的重量，即得水的重量

$$4706-1840=2866\ (\text{g})$$

现在再来求该电解液的体积。先假设硫酸和水混合后体积不收缩，则水的体积为

$$2866\div 1=2866\text{mL（水的比重为 1）}$$

所以电解液的体积（硫酸体积+水体积）为

$$2866+1000=3866\ (\text{mL})$$

故重量百分数 39.1%的电解液的硫酸，其体积百分数为

$$\frac{1000\text{mL（硫酸的体积）}}{3866\text{mL（电解液的体积）}}\times 100\%=25.9\%$$

但实际上，调配相对密度为 1.300 电解液时，每 1kg 的体积收缩量为 51mL（查表 6-3-3），因此该电解液的体积收缩量为

$$51\text{mL/kg}\times 4.706\text{kg}=240\ (\text{mL})$$

所以该电解液的实际体积等于

$$3866-240=3626\ (\text{mL})$$

根据上面的计算结果，含有 1840g 硫酸，重量百分数为 39.1%的硫酸电解液，其体积百分数为

$$\frac{1000\text{mL}}{3626\text{mL}}\times 100\%=27.6\%$$

三、电解液的冰点

电解液浓度不同，其冰点也不相同。电解液在各种相对密度时的冰点如表 6-3-5 所示。

表 6-3-5 电解液的冰点

相对密度（15℃）	冰点（℃）	相对密度（15℃）	冰点（℃）
1.000	−0	1.400	−36
1.050	−3.3	1.450	−29
1.100	−7.7	1.500	−29
1.150	−15	1.550	−38
1.200	−27	1.700	−14
1.250	−52	1.750	+5
1.300	−70	1.800	+5
1.350	−49	1.835	−34

相对密度为 1.300（15℃）的电解液冰点最低。各种机动车使用的普通移动用蓄电池，它使用的电解液比重都接近 1.300，在严寒环境下蓄电池仍可使用。

四、电解液的电阻系数

电解液的电阻系数随其相对密度及温度不同而异，但因为电解液的电阻系数在相对密度为 1.150～1.300 范围内较低，所以蓄电池均采用此范围的电解液。

五、电解液的测量

一定型式的蓄电池，只有在规定相对密度的电解液下，才能可靠地工作。因此电解液中所含的硫酸和水，必须按正确的比例配制，同时测定电解液浓度的方法，力求简单和精确。最普通的方法是在一定温度下使用密度计测量电解液的相对密度或密度。浓度可以用硫酸在电解液中的重量或体积百分数来表示。这对配制一定浓度的电解液是十分方便的。

测量固定式蓄电池的电解液，用浮式密度计［图 6-3-1 (a)］，把密度计浸在该电池的电解液内直接读出比重数值。移动型蓄电池通常采用吸式密度计［图 6-3-1 (b)］，它可以从电池中吸取一部分电解液至内装着密度计的玻璃管内，使密度计上浮，读取相对密度数值。读密度计数值时，眼睛应与液体表面平齐，读弯月面切线对准的数值。

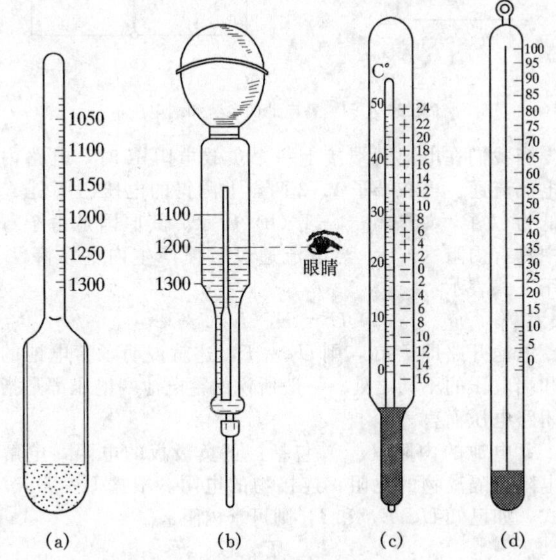

图 6-3-1 密度计与温度计

(a) 浮式密度计；(b) 吸式密度计；(c) 浮式温度计；(d) 水银温度计

蓄电池的比重常用精确度达千分之一的数字来表示，并把千分之一称为“一点”。因此相对密度 1.285 和 1.270 的电解液可以说相差 15 点。通常固定型蓄电池充电终了相对密度为 1.215，到放电终了相对密度为 1.180，可以说相对密度降低了 35 点。

测量电解液温度，常用温度计有水银温度和酒精温度计两种。使用上又分浮式温度计［图 6-3-1 (c)］和普通温度计［图 6-3-1 (d)］两种。

六、电解液相对密度的选择

电解液相对密度的选择应根据蓄电池制造厂说明书来调配。一般情况，移动型蓄电池电解液的相对密度较固定型蓄电池为高，主要是考虑蓄电池所处环境的温度和使用特点。例如在寒冷气温下工作的汽车蓄电池需要相对密度较高的电解液，使其不致结冰，而在炎热的气温下工作的蓄电池，由于在较高温度下电池内电化反应活泼性增加，宜采用较低相对密度的电解液。蓄电池电解液相对密度不是任意选择的，为了得到需要的容量，浓度必须足够，但浓度过高将损害极板和隔离物，且促使极板硫酸化；而电解液浓度过稀，则电池内阻增大，电压将迅速下降。一般的移动型电池在体积和重量方面不允许有大量的电解液。因此采用浓度较高的电解液，一般采用相对密度为 1.200～1.300 的电解液；固定型蓄电池的体积和重量则没有这种限制，所以采用浓度较低的电解液，一般采用相对密度 1.200～1.220 的电解液。

七、电解液的计算

蓄电池的电解液由浓硫酸和纯水配成的稀硫酸溶液，它的浓度用相对密度来表示，即相对密度大浓度亦大。相对密度又随温度而变化，所以电解液的相对密度要注明温度才算正确。同一溶液温度上升，则相对密度下降，温度下降则相对密度上升。根据我国气候条件不同，有的采用 15℃的相对密度为标准，也有的采用 20℃或 25℃时的相对密度为标准，但以 15℃为标准温度进行相对密度换算的较多。

各种不同相对密度硫酸溶液所含纯硫酸量及温度系数见表 6-3-4。下面介绍利用该表计算所需配制电解液的几种方法。

（一）温度系数的换算

若所测量电解液的温度不在 15℃，可用温度系数换算成 15℃的相对密度，换算公式为

$$d_{15} = d_t + \alpha(t - 15)$$

式中 d_{15}——换算 15℃时的相对密度；

d_t——温度为 t℃时所测得的相对密度；

t——测量相对密度时实际温度；

α——温度系数（查表 6-3-4）。

【例 6-3-2】 在 10℃时测得电解液的相对密度为 1.285，求换算成 15℃时的相对密度为多少？

【解】 已知 $t=10°$，$d_t=1.285$，$\alpha=0.00074$，则

$$\begin{aligned} d_{15} &= 1.285 + 0.00074 \times (10 - 15) \\ &= 1.285 - 0.00037 \\ &= 1.281 \end{aligned}$$

【例 6-3-3】 调配电解液后温度为 40℃，测得其相对密度是 1.193，问换算成 15℃时相对密度为多少？

【解】 已知 $t=40°$，$d_t=1.193$，$\alpha=0.00066$，则

$$\begin{aligned} d_{15} &= 1.193 + 0.00066 \times (40 - 15) \\ &= 1.193 + 0.0017 \\ &= 1.210 \end{aligned}$$

（二）按重量换算

按重量计算配制电解液所需纯硫酸和纯水量可按下式计算：

$$W = W_1 \times P$$
$$W_2 = W_1 - W$$

式中 W——所需纯硫酸的重量（kg）；

W_1——一定相对密度电解液的重量（kg）；

W_2——纯水的重量（kg）；

P——一定相对密度电解液的纯硫酸含量（百分数可从表 6-3-4 查得）。

【例 6-3-4】 现要配制相对密度为 1.285 的电解液 100kg，问需纯硫酸及纯水各多少千克？

【解】 已知 W_1=100kg，P=37.4%，则

$$W = 100 \times 37.4\% = 37.4\ (\text{kg})$$
$$W_2 = 100 - 37.4 = 62.6\ (\text{kg})$$

注意：用公式计算所得的数值，系指用纯硫酸（含量按 100%计）而言，但一般用的浓硫酸，其相对密度仅为 1.835 左右，硫酸含量仅为 93.2%，所以由上式计算的 W 及 W_2 的数值应加校正。

所需相对密度 1.835 浓硫酸的重量=37.4÷93.2%
=40.12（kg）

纯水重量=100−40.12=59.88（kg）

按上式计算之值去配制电解液，其相对密度仍可能稍有出入，故在配制后应根据实际情况再加以调整。

【例 6-3-5】 有相对密度 1.835 的浓硫酸，拟配成相对密度 1.200 的稀硫酸 466kg，问需浓硫酸和纯水各多少？

【解】 已知 W_1=466kg，P=27.2%，则

$$W = 466 \times 27.2\% = 126.8\ (\text{kg})$$
$$W_2 = 466 - 126.8 = 339.2\ (\text{kg})$$

校正如下：

所需相对密度 1.835 浓硫酸的重量
=126.8÷93.2%=136（kg）

所需纯水的重量=466−136=330（kg）

（三）体积配制法

设需配 v 体积的稀硫酸，其相对密度为 d，含量为 g，系用原始溶液 1 及 2 混合而得。

若原始溶液 1 的体积、相对密度和浓度分别用 v_1、d_1、和 g_1 代表。原始溶液 2 的体积、相对密度和浓度分别为 v_2、d_2 和 g_2，则可列出计算公式

$$vd = v_1 d_1 + v_2 d_2$$
$$dvg = d_1 v_1 g_1 + d_2 v_2 g_2$$
$$v_1 = v \times \frac{d}{d_1} \times \frac{g_2 - g}{g_2 - g_1}$$
$$v_2 = v \times \frac{d}{d_2} \times \frac{g - g_1}{g_2 - g_1}$$

【例 6-3-6】 如用纯水及相对密度 1.835 硫酸配成相对密度为 1.20 的稀酸 1500L，问取纯水及浓酸各多少？

【解】 原液 1 为纯水，则 d_1=1，g_1=0。

原液 2 为硫酸，则 d_2=1.835，g_2=93.2%。

要配的稀酸，则 d=1.20，g=27.2%。

代入相应公式

$$v_1 = 1500 \times \frac{1.20}{1.00} \times \frac{93.2 - 27.2}{93.2 - 0}$$
$$= 1275\ (\text{L})(\text{纯水量})$$
$$v_2 = 1500 \times \frac{1.20}{1.835} \times \frac{27.2 - 0}{93.2 - 0}$$
$$= 285\ (\text{L})(\text{硫酸量})$$

注意：用体积配制时，两体积相混，因体积收缩不等于两者之和，如有抛损则损失更少。

如果体积计量不方便时，也可将［例 6-3-6］的计算结果分别乘以相对密度，可分别得出重量。如：

1275（L）×1=1275（kg）（水重）

285（L）×1.835=522（kg）（浓硫酸较重）

八、配制电解液的方法

配制电解液所用的器皿，必须耐酸、耐温和洁净。常用陶瓷缸、玻璃缸、塑料槽或铅衬木槽等。

配制时工作人员必须作好防护。如穿戴橡皮围腰、胶手套、胶鞋和防护眼镜等。配制现场应备好 5%氢氧化钠或碳酸钠溶液，以便万一溅上硫酸溶液时能及时用上述溶液擦洗，然后再用清水冲洗。

搬浓硫酸时要谨慎，大瓶硫酸不能由一个人搬运，必须两人抬运，以免发生危险。配制时必须将浓硫酸慢慢以细流注入纯水中，并不间断地搅动溶液，如温度升高过快可暂缓加酸，绝对不许将水注入浓硫酸中，以防引起溶液沸腾飞溅，造成烧伤事故。

初配好的电解液，温度可达 80℃左右，绝不可立即灌入蓄电池内，必须冷却到室温或比室温高 5℃左右，同时要先测量电解液相对密度，看是否符合换算成 15℃时规定的相对密度，不符合应予以调整。

第四节 铅蓄电池的电气特性

一、端电压和内电阻

蓄电池的电势就是它在没有负载情况下测得的端电压，也就是开路时的端子电压，如图 6-4-1（a）所示的 E。

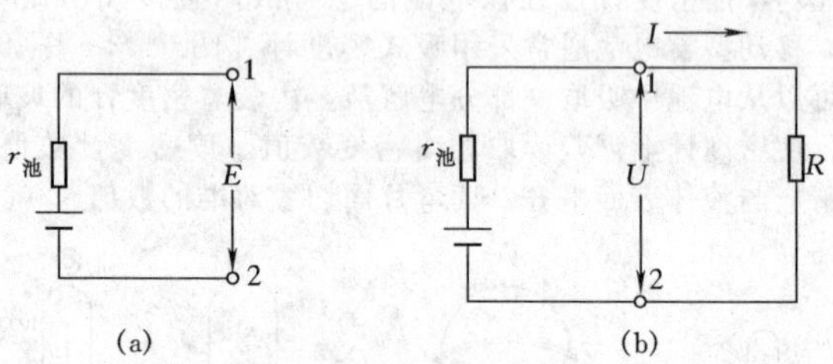

图 6-4-1 蓄电池的电势和端电压

当我们在电池两端接上一个负载电阻 R 时，电路内便有电流流通。再在端子 1、2 两点上测得的电压已不是 E 而降低为 U 了，如图 6-4-1（b）所示。其原因是由于蓄电池中具有内阻（$r_{池}$），当电流通过时便产生内电压降 $I_{r池}$，可用下式表示：

$$U = E - Ir_{池}$$

如蓄电池开路即 I=0，则 $U_{开}=E$。这就说明了蓄电池的电势和端电压的不同之处。一般所说的蓄电池端电压都是指它的闭路电压而言。

蓄电池的内阻（$r_{池}$）包括：正负极板的电阻，电解液的电阻，隔离物的电阻，连接物的电阻。根据 $U=E-Ir_{池}$ 公式，如已知 U、E、和 I，则可求内阻 $r_{池}$

$$r_{池} = \frac{E - U}{I}$$

【例 6-4-1】 某蓄电池接上负载后，通过线路的电流为 12A，端电压为 1.98V，若突然将电路中断，电压立即上升到 2.10V，求蓄电池的内阻是多少？

【解】　已知 $E=2.10\text{V}$，$U=1.98\text{V}$，$I=12\text{A}$

则

$$r_{池}=\frac{E-U}{I}=\frac{2.10-1.98}{12}=0.01\ (\Omega)$$

说明蓄电池内阻很小，我们在使用和维护中要防止电池短路。单个蓄电池内阻（r_1）很小，但串联后总内阻（r_n）则增大了。

串联蓄电池组总内阻：$r_n=nr_1$

式中　n——串联电池个数。

电池内阻（$r_{池}$）与下列因素有关：

(1) 内阻与容量成反比，内阻愈小，容量愈大。

(2) 电解液相对密度愈高，内阻愈小。

(3) 放电过程中，内阻逐渐增加，充电过程中内阻逐渐减少。

在充放电过程中电池的端电压是变动的，在放电时低于电池的电势，充电时高于电池的电势，其关系如下

$$U_{放电}=E-I_{放}\,r_{池}$$
$$U_{充电}=E+I_{充}\,r_{池}$$

二、端电压在充放电过程中的变化

（一）充电时端电压的变化

当以稳定电流对蓄电池进行充电时，电池端电压的变化如图6-4-2所示。在充电初期，端电压升高很快（曲线oa段）。这是由于极板的活性物质还原为二氧化铅和海绵状铅时，在活性物质的微孔内形成的硫酸骤增，来不及向极板外扩散，因此电池电势增高，同时电池内电压降骤增，故电压升高很快。充电中期，由于活性物质微孔中硫酸相对密度的增加速度和向外扩散的速度渐趋平衡，故电势增高渐慢（曲线ab段）。充电后期极板表面上的硫酸铅已大部分还原为二氧化铅和海绵状铅（端电压约为2.3V左右）。如继续充电将使水大量分解，在负极板旁释出氢气较多且吸附在极板表面来不及释出，导致负极板外表面逐渐为氢气所包围，因而增加了内阻。同时正极板逐渐被氧气所包围，形成过氧化电极，提高了正极电位。由于蓄电池内阻增加和电极电位的提高，因此端电压又继续上升，一直升到2.5～2.6V（曲线bc段）。当达到曲线cd段时，如再继续充电，因极板上的活性物质已全部还原为充足时的状态、水分解出的氢气和氧气也渐趋饱和，电解液只见沸腾，而电压稳定在2.7V左右。此后无论充电的时间再长，电池的电压也不再增加，故d点以后便算充电完毕。这时如停止充电、电池的端电压立即骤降至2.3V（因内电压降 $I_{充}\ r_{池}=0$）。随着活性物质微孔中硫酸的逐渐扩散，使微孔中电解液相对密度逐渐降低，一直到极板内升浓度相等，最后端电压将慢慢地降至2.06V左右的稳定状态。

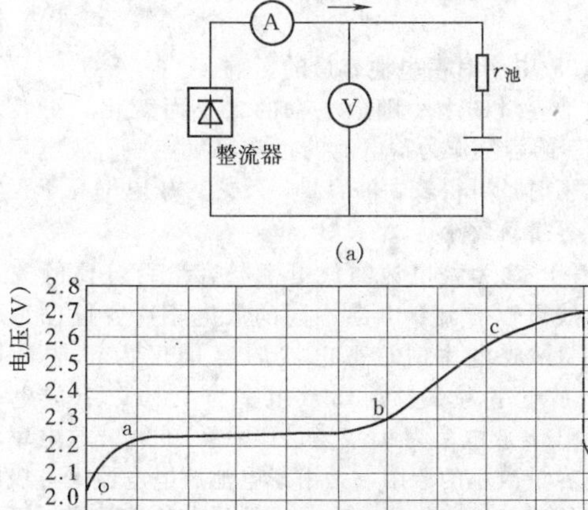

图6-4-2　蓄电池充电时端电压变化曲线

（二）放电时端电压的变化

充电后的电池，如以稳定不变的电流进行连续放电，则端电压的变化情况，如图6-4-3所示。

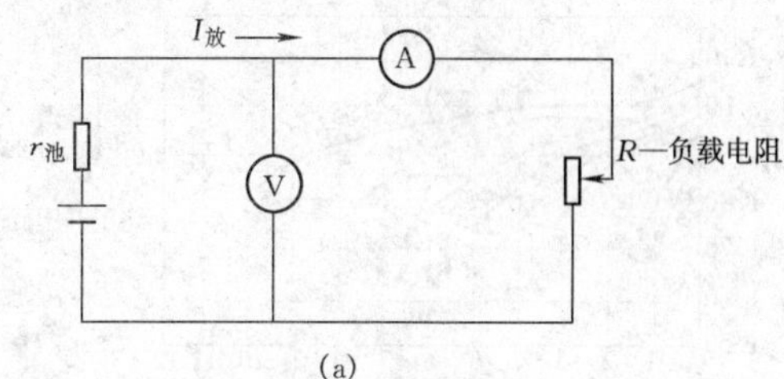

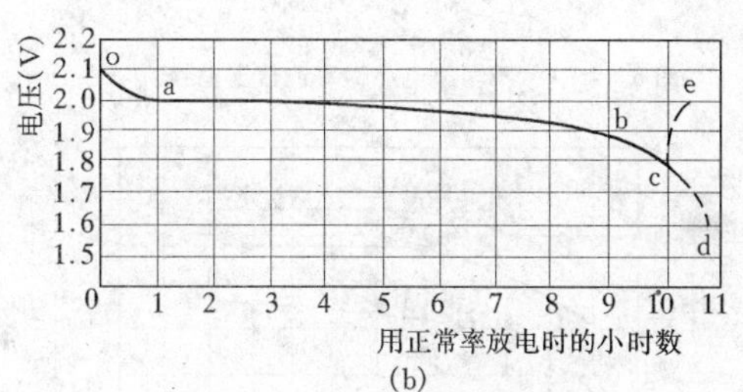

图6-4-3　蓄电池放电时端电压变化曲线

放电开始时，电池电压降很快（曲线oa段）。这是因为极板微孔内形成的水分骤增，使微孔内的电解液相对密度骤减的缘故。至放电中期，极板微孔中的水分生成与极板外相对密度较高的电解液的渗入达到动态平衡而使微孔内电解液的相对密度下降速度大为减缓，故端电压的降低也缓慢（曲线ab段）。放电末期极板上的活性物质大部已转成硫酸铅，因其体积较大，使极板外电解液向微孔渗入困难，致使微孔中已稀释的电解液很难和容器中电解液相互混合，所以蓄电池的电压降落很快（曲线的bc段），至c点（电压1.8V左右）放电便告终了。如继续放电，此时极板外的电解液几乎停止渗入极板活性物质微孔内部，微孔内电解液几乎都变成水，因此电势急骤下降（如图中的cd段）。如在c点停止放电（即切段外电路），则电池的端电压立即上升，并随着极板活性物质微孔中电解液的扩散，电压将恢复至2V左右（曲线ce段）。

曲线中的c点为电池电压急剧下降的临界电压，称为蓄电池的终了电压。为不影响电池的使用寿命，应立即停止放电。如果继续放电，将使电池组中个别电池造成极板硫酸化或反极现象。一般放电终了电压应在1.8V左右，它和放电电流大小有关。

三、充电率和放电率对端电压的影响

蓄电池的端电压除了随充电和放电过程而变化外，还与充电电流及放电电流的大小有关系。上节讨论的充放电曲线，指的是正常情况，这一节是讨论在任意充、放电率的情况下，其端电压将怎样变化。

（一）放电率对端电压的影响

蓄电池放电至终了电压的快慢，叫做放电率，可用放电

电流的大小，或者放电到达终了电压的时间长短来表示。例如一组 216Ah 容量的蓄电池，始终保持以 21.6A 的电流放电，10h 后达到终了电压，此时如用电流表示放电率，则为 21.6A 率；如以时间表示，则为 10h 率。普通放电率都用时间表示，如 10h、8h、5h、3h、1h 率，其中多以 10h 率为正常放电率。

蓄电池放电时的电压与放电电流大小有关。放电电流愈大则电池的端电压降落愈快。因此当放电率改变时，蓄电池放电的开始电压、平均电压及终了电压均随着改变，如图 6-4-4及图 6-4-5 所示。

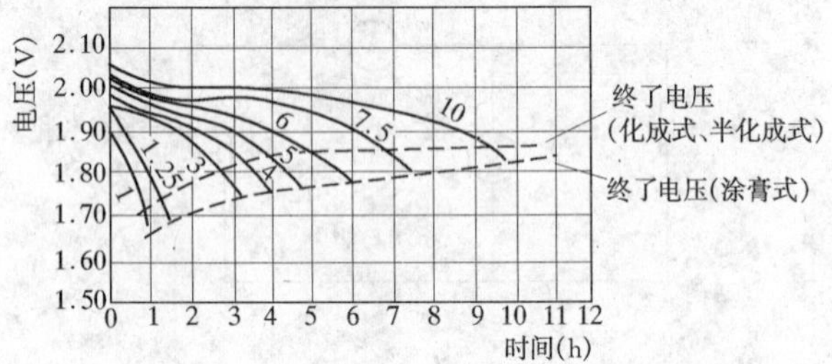

图 6-4-4 不同放电小时率的放电曲线

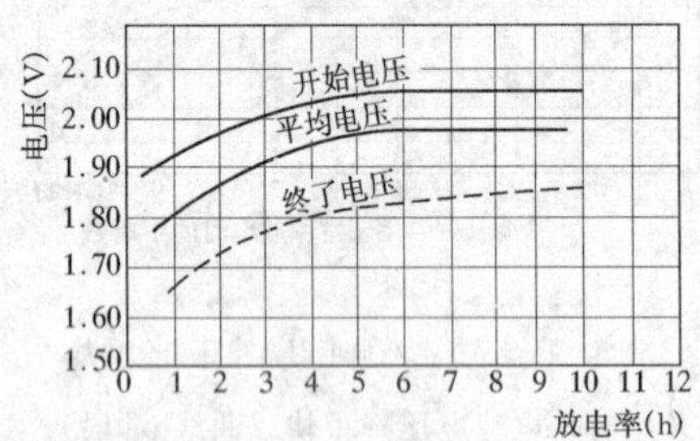

图 6-4-5 放电率和电压关系曲线

不同放电率有不同的放电终了电压，用符号 $U_{终}$ 表示。一般涂膏式极板铅蓄电池终了电压可用下列公式来计算

$$U_{终}=1.66+0.0175\times H$$

式中 H——放电小时率。

例如采用 1h 放电率，即 $H=1$ 时

$$U_{终}=1.66+0.0175\times 1=1.68\ (\mathrm{V})$$

如采用 10h 放电率，即 $H=10$ 时

$$U_{终}=1.66+0.0175\times 10=1.835\ (\mathrm{V})$$

上例说明放电的终了电压，用大电流时低于 1.80V，用小电流时高于 1.80V。因为用小电流（低于 10h 率，如 15h 率或 20h 率等）放电时，电极上生成的硫酸铅晶粒较细，硫酸渗透也较顺利，电压下降较少。如不提高终了电压，仍放到 1.8V 时，将会放出超过额定容量的电量，成为深度过量放电，则将会造成极板硫酸化，甚至造成弯曲断裂等。故用小电流放电时，在接近 20h 率时的终了电压以 1.98V 为宜，接近 15h 率以 1.93V 为宜，一般情况下最好不用小于 10h 率的小电流深度放电。

（二）充电率对端电压的影响

蓄电池若以大电流充电，需要的时间短；以小电流充电，需要的时间长。蓄电池充电的快慢叫充电率，其表示方法和放电率相同。

常用的充电率是 10h 率，即充电时间需 10h 达到充电终期。改变充电率，将使蓄电池的充电开始电压、终了电压均随之改变。如用大电流充电，在单位时间内使极板活性物质还原的数量增多，微孔内的电解液相对密度骤增。电池内部电压降 $Ir_{池}$ 增大。由于充电终期提前到来，电池冒气不但提前，而且在数量上有所增加，同时氢氧气体对极板的影响也将提前和增大。上述原因说明，当采用大电流充电时，蓄电池的端电压要高于采用正常电流充电的端电压。如用小电流充电，电池端电压比正常情况要低（参见图 6-4-6）。

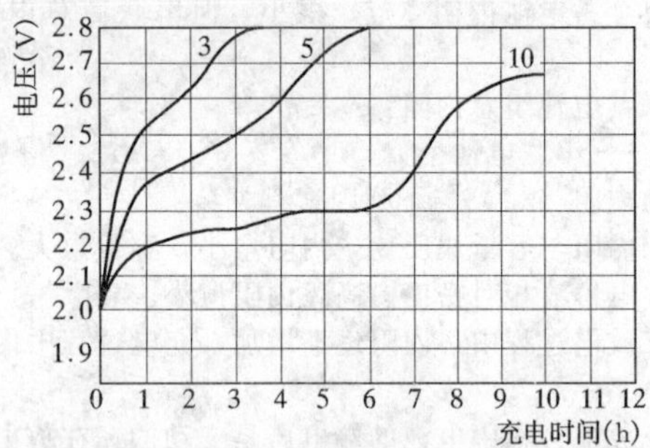

图 6-4-6 不同充放电率时的充电曲线

蓄电池充电的完成与否，不但要根据充电的终期电压，还要根据蓄电池接受充电所需要的容量以及电解液的相对密度值来决定。一般不采用 1h 率充电，如在某种紧急情况下，为争取时间必须对蓄电池进行充电以作急用时，可按蓄电池厂家说明书允许的最大充电电流进行充电。

四、容量和决定容量的因素

蓄电池的容量就是蓄电池的蓄电能力。它通常以充足电的蓄电池、放电至端电压到达规定放电终了电压时，电池放出的总电量来表示。

当蓄电池以恒定电流值放电时，它的容量（Q）等于放电电流值 $I_{放}$ 和放电时间 $t_{放}$ 的乘积

$$Q=I_{放}\ t_{放}$$

如果放电电流不是常量时，则蓄电池的容量为不同的放电电流与时间乘积之和，即

$$Q=I_1t_1+I_2t_2+I_3t_3+\cdots$$

蓄电池的容量并不是固定不变的常数，除与极板表面能进行电化作用的活性物质的多少有关外（制造厂应考虑），与充电的程度，放电电流的大小，放电时间的长短，电解液相对密度和温度的高低，蓄电池的效率及新旧程度等有关。在使用过程中影响蓄电池容量主要是放电率和电解液的温度。

（一）放电率对蓄电池容量的影响

蓄电池容量的大小随放电率的大小而变化。一般采用 10h 放电率的容量作为蓄电池的正常容量定额。放电率低于正常放电率时，可得较大的容量；反之，放电率高于正常放电率时，容量就较小。

图 6-4-7 为蓄电池的放电率与容量百分比的关系曲线。从曲线可以看到：电池不同的放电率，容量也是不同的。如在 1h 放电率时，蓄电池的容量仅为正常容量的 50%；2h 放电率为 60%；3h 放电率为 70%；5h 放电率为 83.3%；7.5h 放电率为 91.7%；10h 为 100%。放电率增高而蓄电池容量减小的原因，是由于电池放电电流大，极板表层与周围的硫酸迅速作用，生成颗粒较大的硫酸铅，而极板附近的硫酸浓度也变淡，电解液电阻增大，颗粒较大的硫酸铅又阻挡硫酸进入极板内层与活性物质起电化作用，所以电压下降很快，放出的容量就小。反之在低放电率时，电解液可以从容渗透，电化作用可以深入极板内层，所以放出的容量就大。

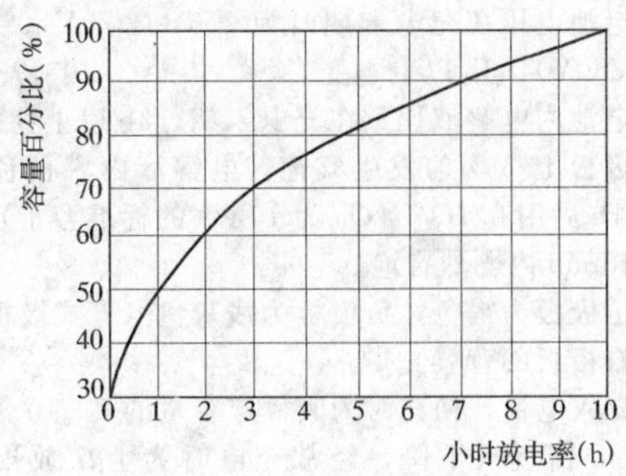

图 6-4-7 放电率与容量百分比的关系

(二) 电解液温度对蓄电池容量的影响

电解液在高温时（允许的工作温度），其中各种离子运动速度加快、获得动能增加，因此渗透力增加，电解液电阻减小，扩散程度增大，电化反应增强，这些均使电池容量增大。当电解液温度降低时，因电解液电阻增大，扩散程度降低，电化反应滞缓，使电池的容量减小。

各蓄电池厂所规定的电池容量称为额定容量，是在电解液温度25℃时以10h放电率的放电电流为 I，连续放电时间为 th 计算放出的电量（Ah）。当电解液的温度在10～35℃的变化范围内、每升高或变化1℃时，蓄电池的容量约相应增大或减少额定容量的0.008，如果放电过程中电解液温度不在25℃时，可求出电解液的平均温度 T，代入下列公式可换算成25℃的容量 Q_{25}。

$$Q_{25}=\frac{It}{1+0.008\times(T-25)}\text{(Ah)} \qquad (6-4-1)$$

【例 6-4-2】 有一组216Ah的蓄电池，在平均电液温度32℃时，用21.6A电流放电10h39min，求电池换算成25℃标准温度时容量是多少？

【解】 代入式（6-4-1）

$$Q_{25}=\frac{21.6\times\left(10+\frac{39}{60}\right)}{1+0.008\times(32-25)}=218\text{ (Ah)}$$

【例 6-4-3】 某288Ah电池，在平均温度20℃用28.8A放电9h28min，换算成25℃时容量为多少？

【解】 代入式（6-4-1）

$$Q_{25}=\frac{28.8\times\left(9+\frac{42}{60}\right)}{1+0.008\times(20-25)}=290\text{ (Ah)}$$

从图6-4-8中可以看出，电解液25℃时，容量为100%，温度升高，电池容量增大；但温度超过一定界限时易使正极板弯曲和减少负极板容量，同时也增大了蓄电池的局部放电。因此在日常使用中电解液温度应保持在20℃左右，充电时电解液温度不得超过40℃。

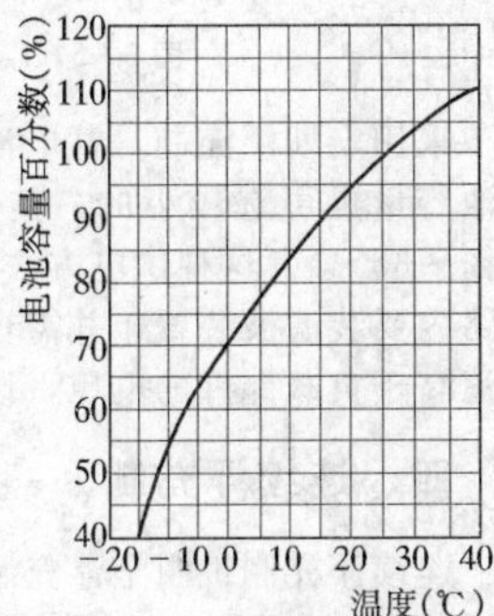

图 6-4-8 电解液温度和容量关系曲线

五、局部放电

铅蓄电池无论工作或停备时，其内部都有放电现象，无益地消耗电能，此种现象称为局部放电作用。

配制电解液使用的浓硫酸和纯水，尽管符合质量标准，但还是有少量杂质，而且日常维护需要增添电解液，所以杂质的量还是在逐渐积累。这些杂质构成无数细小短路的局部电池，产生自行放电，消耗了蓄电池的电量。在高温和长久停备时，它的影响很大，正常使用时损失较小，可以忽略。铅蓄电池产生局部放电主要有以下几种原因：

(1) 在电解液中有其他杂质存在。

(2) 极板本身组成部分存在不同电位差（例如活性物质和基板间或是异性极板的铅渣沉淀在极板微孔内）。

(3) 极板处于不同浓度的电解液层，产生不同的电位差。

正常情况下，由于局部放电作用，一昼夜内损失全容量的1%～2%。在温度和相对密度增高或电解液杂质较多时，局部放电增大，一昼夜可能增至3%～5%。为了防止局部放电，配制电解液时，一定要选用化验后符合质量标准的浓硫酸和纯水，不要使电解液温度过高，防止任何杂质落入电池内。

六、效率和寿命

(一) 效率

蓄电池有以下几点损失，不能把输入的全部电能都释放出来：

(1) 充电末期产生水电解作用，把水电解为氢气和氧气，消耗一部分电能。

(2) 电池的局部放电作用（或漏电）也消耗一部分电能。

(3) 由于电池有内阻产生热消耗，也损失一部分电能。

把放电全部电能和充电全部电能的百分比叫做蓄电池的效率。用符号 η 表示。通常用容量效率（也叫安时效率 $\eta_{安时}$）和电能效率（也叫瓦时效率 $\eta_{瓦时}$）两种表示法，较常用的是容量效率。

$$\begin{aligned}\eta_{安时}&=\frac{输出容量(Q_{放})}{输入容量(Q_{充})}\times100\%\\&=\frac{(IT)_{放}}{(IT)_{充}}\times100\%\\\eta_{瓦时}&=\frac{输出电能(W_{放})}{输入电能(W_{充})}\times100\%\\&=\frac{(IUT)_{放}}{(IUT)_{充}}\times100\%\\&=\eta_{安时}\frac{U_{放}}{U_{充}}\times100\%\end{aligned}$$

式中 $(ITU)_{放}$——放电电流、放电时间及放电平均电压；

$(ITU)_{充}$——充电电流、充电时间及充电平均电压。

蓄电池的安时效率（$\eta_{安时}$）一般为84%～93%，瓦时效率（$\eta_{瓦时}$）约为71%～79%。

(二) 寿命

蓄电池经长期使用，由于活性物质的脱落和收缩等原因，使极板微孔减少、容量降低、电池寿命逐渐缩短。一般情况下，当电池的容量降低至额定容量的70%～80%后，就不能再用。蓄电池的寿命，固然与制造质量有关，但与正确使用和维护方法关系很大。实践证明，同一额定容量的蓄电池，如经常采用大电流放电，则到后期实际容量要比采用小电流放电的小。除此之外，充电和放电之间相隔过久，对电池容量影响较大，所以要合理的使用电池，加强维护管理工作，可以适当延长蓄电池的使用寿命。铅蓄电池寿命根据极板构造型式不同寿命不等，涂膏式采用全充放制运行维护较好时，可用2～5年，用浮充制运行维护较好时，可用3～10年，半化成式使用时间长些，化成式更长些。

第五节 铅蓄电池的使用

蓄电池的使用，包括将若干只蓄电池串联成蓄电池组，以适应各种不同电压的需要。然后按不同的工作方式，如充放电制、定期浮充制（又称半浮充制）和连续浮充制（又称全浮充制）进行供电。

一、蓄电池组

蓄电池外型有很大差别，体积有大有小，极板有多有少，有开口的，有封闭的。其实每只（移动型的为每格）铅蓄电池的电势都是相同的，均为2V，至于极板的大小与多少与蓄电池的容量有关。极板大而多则电池容量大；反之则容量小，但它们的电势都相等。在实用上需要几十伏甚至几百伏直流电源，这就要把若干只同型号蓄电池串联起来组成蓄电池组，至于并联和串并联实际上很少应用。

在串联使用时，蓄电池串联的只数（N）等于所需的电压（U）与单只蓄电池电势（E）之比，即

$$N=\frac{U}{E}$$

蓄电池组的工作方式，一般有充放电制、定期浮充制和连续浮充制三种，分述如下。

二、充放电制

充放制多用于移动型汽车起动用、蓄电池车（电瓶车）用、摩托车用蓄电池组；或用于装有两组相同型号的固定型蓄电池组，一组工作，另一组备用。

（一）充电

蓄电池充电必须使用直流电源。常用的整流设备有半导体整流器、汞弧整流器和电动发电机等，用以给蓄电池充电，充电方法有下列几种。

1. 恒流充电法

在充电过程中充电电流恒定不变，故称恒流充电法。在充电过程中由于电池电压逐渐升高，为保持充电电流不致因电池端电压升高而减小，充电电源电压必须在充电过程中逐渐升高。此充电法在电池最大允许电流的情况下，充电电流越大，充电时间就可缩短。但在充电末期充电电流仍很高时，大部分电流用在分解水上，于是冒气过甚，这不仅损失电能，而且易使极板上活性物质过量脱落，极板弯曲，这是此法的缺点，所以不宜采用。

2. 恒压充电法

在充电过程中充电电压始终保持不变，故称恒压充电法。此法充电从开始到结束，电源电压保持一定，所以充电初期电流相当大，远超过正常充电电流，但当电池端电压逐渐上升，充电电流逐渐减小。当电池端电压与充电电压相等时，充电电流即停止。可见恒压充电法可避免蓄电池过量充电，但缺点是充电初期电流大，易使极板弯曲、活性物质脱落；充电末期电流小，使极板深处的硫酸铅不易还原。所以此法也很少采用。

3. 改进恒流充电法（又称两阶段恒流充电法）

在充电初期用较大电流充电，当蓄电池发出气泡，电压上升到2.5V以上时，改用末期较小电流充电。此法即不浪费电力、时间也较经济，对延长电池使用寿命有利，是常用的充电法。至于两期所用电流大小，宜照制造厂说明书进行。

蓄电池充足与否，可从以下6点去观察：

（1）电池电压在充电末期时为2.6～2.75V（管式电极为2.6～2.80V），3h以上不变。

（2）电池内电解液比重在充电末期，3h以上稳定不变。

（3）极板上下均匀发生气泡，电解液由乳白色稍转清亮，停充1h后用$0.1Q_{10}$（Q_{10}为10h率的标准容量）值电流再充时，10min内剧烈冒泡。

（4）正极板为褐色，负极板为浅灰色（管式极板或铅衬木槽的可看极板的背梁）。

（5）充入电量，初充时为其额定容量的7～10倍，2～5次为1.5～3倍逐次下降，经常充电时为上次放出容量的1.25～1.43倍。

（6）对于镉电极，在充电时正镉极电压在2.4V以上。负镉电极电压低于－0.25V。

（二）放电

蓄电池投入运行，即利用供电负载放电，但应注意电流不宜很小，小电流放电如控制不好，往往会造成过量放电。过量放电对蓄电池的质量影响很大，因此必须掌握放电程度。正确判断可从下面5点去掌握：

（1）输出的容量相当于该电池在这种放电小时率的额定容量。

（2）电压已达到相当于该放电小时率的额定值。

（3）正极板为黄棕色，负极板为灰色（管式极板或铅衬木槽的可看极板的背梁）。

（4）电解液比重不低于1.17（15℃时）。

（5）对于镉电极、正极板电压已降为1.96V，负镉板电压升为＋0.20V（在10h率放电时）。

三、定期浮充制

定期浮充制也叫半浮充制，就是定期地用整流设备TB和电池组GB并联的供电方式。部分时间由蓄电池组供电，部分时间由整流设备浮充蓄电池组供电，并补充蓄电池组已放出的容量及自放电的消耗。定期浮充有多种，有定时的，有分段的等，浮充供电电路如图6-5-1。

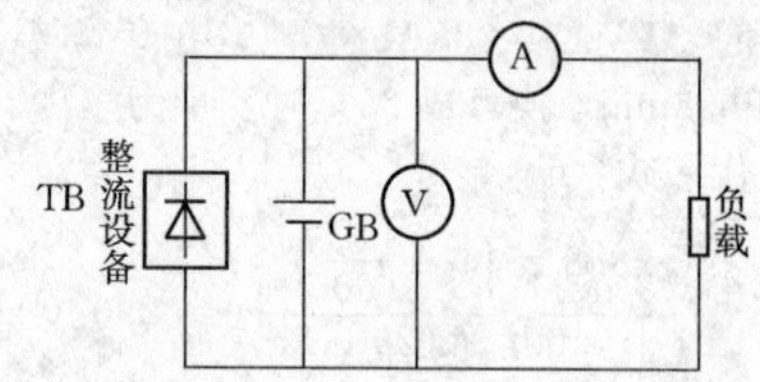

图6-5-1 浮充供电电路

采用定期浮充制，蓄电池的寿命一般比充放制长些，蓄电池容量也可选较小的，整个供电设备的使用率较高（约50%～65%）。这种供电方法供出的电流中有脉动交流成分，电路内要装滤波装置，并需自配电压调节器或用反压电池以抵消高于负载允许的电压，设备电路较复杂。

四、连续浮充制

连续浮充制也叫全浮充制，所谓连续浮充制就是整昼夜地将蓄电池组和整流设备并接在负载回路上，负载所需的电流，全部由整流设备供给，电池组平时不供电（但起平滑滤波作用），由整流设备连续浮充备用，当市电停电或整流设备出故障时才启用电池组。由于蓄电池经常处于充电状态，并经常保持微小的充电电流，用以补偿电池的局部放电以及由于负载在短路时突然增大所引起的少量放电。

连续浮充时蓄电池的补充电流（$I_{浮补}$），其数值按下式

计算

$$I_{浮补}=\frac{Q_H\times 2}{100\times 24}\sim\frac{Q_H\times 3}{100\times 24}$$

式中 Q_H——蓄电池的额定容量。

连续浮充时蓄电池补充电流的大小，和下列因素有关系：

(1) 电池的新旧程度。

(2) 电解液的纯度和温度。

(3) 电池的绝缘情况。

(4) 电池局部放电的大小。

(5) 浮充时负载的变化。

(6) 浮充前电池的状态。

如果浮充电流与负载电流只用一个电流表，不易直接看出真正进入电池的补充电流究竟有多少，因为负载变化的范围往往大于补充电流的几倍，因此无法掌握。根据实践，新电池局部放电每昼夜消耗容量约为1%左右，旧电池约为3%左右，故浮充时补充电流 $I_{浮补}$ 在上述公式中是按 2%～3%计算的。应特别注意浮充时补充电流数值虽不大，但因长期运行，选大了会过充，小了又长期欠充，故应单独接电流表测量摸索，使浮充电池经常处于良好状态。

连续浮充制比定期浮充制更优越，电池的使用寿命比充放制可延长1～2倍，而且采用的蓄电池容量大为减小，电能效率提高，维护简便，整个供电设备使用效率最高（约60%～70%）。

当然此种工作方式也要滤波器及电压调整设备，同时整流设备要时时连续工作。

五、调整工作电压的方法

蓄电池输出电压的调整方法，可分为电阻器控制法、反压电池控制法、半导体二极管控制法及尾电池控制法四种。

（一）电阻器控制法

如果蓄电池放电电压高于负载所要求的电压，可用串联电阻降去多余电压，如图6-5-2所示。在放电回路中串联一电阻器，调整电阻器数值，即可改变蓄电池组供给负载的电压，其负载电压是

$$U_{载}=U_{浮}-U_R=U_{浮}-I_{载}R \qquad (6-5-1)$$

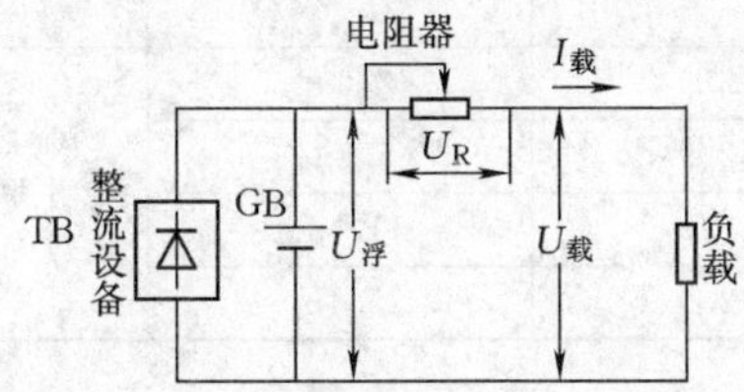

图6-5-2 用电阻器调整电压的电路

从式（6-5-1）可以看出 U_R 的数值随着负载电流 $I_{载}$ 的变化而改变。在电池单独放电时，电阻器的电压降不但随着负载电流的变化而变化，而且随电池放电过程中端电压的下降而改变，这样不可避免地带来电功率的损耗。在负载电流较小且变化不大的情况下，此法可得到合乎理想的供电电压，维护也较为简便。

（二）反压电池控制法

反压电池的用途相当于一种特殊变阻器，在浮充时电池组的端电压较单独放电时为高，多余的端电压可用反压电池来抵消。由于通过反压电池的电流大小对反压电池的反向电压的大小影响不显著，不像电阻器上电压降随着负载电流的大小成正比变化；同时电功率的损耗也较电阻器小得多。蓄电池单独放电时，可将反压电池经开关K短路。图6-5-3是利用反压电池降压的方法，此时 $U_{载}=U_{浮}-U_{反}$。由于每只反压电池的电势始终在2V以上，因此不能用它作细调，在日常维护上比用电阻器稍复杂一些。反压电池分酸性反压电池和碱性反压电池两类。

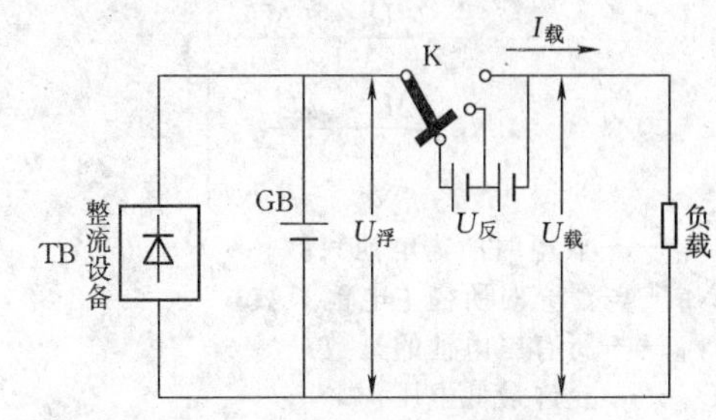

图6-5-3 反压电池降压电路

（三）半导体二极管控制法

利用半导体二极管本身的正向电压降来代替电阻器或反压电池。例如在60V浮充供电电路内，串入5只普通整流二极管（即2CZ系列，视负荷电流大小而选择额定电流合适的整流二极管），整流二极管本身产生的电压降每只约1V左右（0.7～1V），5只串联即可降压5V。

例如，蓄电池组每组为31只，在浮充时浮充电压约为2.1×31=65.1(V)或2.2×31=68.2(V)，即浮充电池组端电压约65～68V。经串联接入5只2CZ二极管后，使浮充电压降低5V，使负荷二端电压保持在60～63V，可满足供电要求。蓄电池组单独放电时，可将二极管短路，负荷二端电压仍可保持在60V左右。二极管控制法电路接法与电阻器控制法基本相似。

（四）尾电池控制法

尾电池（又称末端电池）在必要时串联接入蓄电池组，作为辅助电池，用来补偿蓄电池组在放电时的电压降落，提高蓄电池组的工作电压以满足负载的需要。尾电池是串联在放电电路内，当主电池组在放电后不能保持负载所需要的电压时，可逐个地加入（人工或自动）尾电池，为了防止供电中断，配电屏上的尾电池开关 K_1、K_2 是“人”字形的先接后离式闸刀，加尾后 $U_{载}=U_{主}+U_{尾}$。一般接法如图6-5-4(a)所示，先加第一组尾电池，后加第二组尾电池。另一种接法如图6-5-4(b)所示，可根据电压需要情况，任意先加第一组或第二组尾电池，或同时都加入。这种接法供电电压便于调节，且第二组尾电池有较多的使用机会。

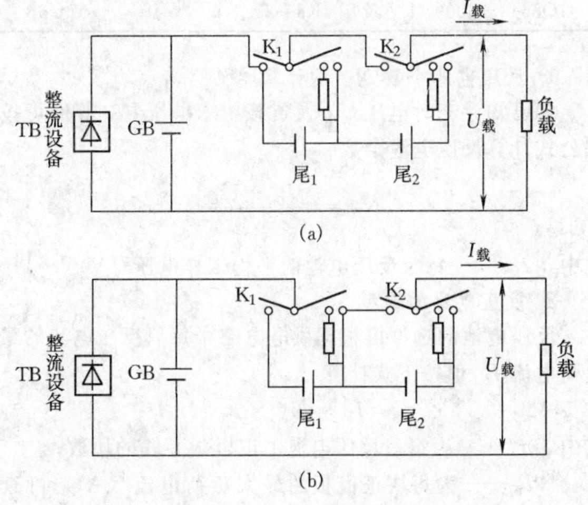

图6-5-4 尾电池控制电路

尾电池的结构、尺寸通常与主电池相同，因此它的电气特性，工作方式、方法及维护安装都一样。关于尾电池所需要的只数，应根据蓄电池的放电终了电压、浮充时的电压和负载端电压的允许变动范围以及电源线路上最大的直流电压降来计算，公式如下

$$\left.\begin{aligned} N_{池} &= \frac{U_{低}+\Delta U}{1.8} \\ N_{浮} &= \frac{U+\Delta U}{2.15} \\ N_{尾} &= N_{池}-N_{浮} \end{aligned}\right\} \qquad (6-5-2)$$

式中 $N_{池}$——放电时所需电池只数；

$N_{浮}$——浮充时所需主电池只数；

$N_{尾}$——所有尾电池的只数；

$U_{低}$——允许最低电压；

U——标准电压；

ΔU——电源线路允许的最大电压降；

1.8——蓄电池放电终了电压；

2.15——蓄电池浮充时平均电压。

【例 6-5-1】 负载要求的电压是 60V，电压允许变动范围是 58～64V，电源线路上的最大电压降为 1.6V，计算尾电池的只数是多少？

【解】 将相应数据分别代入式（6-5-2）

$$N_{池}=\frac{58+1.6}{1.8}\approx 34\text{（只）}$$

$$N_{浮}=\frac{60+1.6}{2.15}\approx 29\text{（只）}$$

$$N_{尾}=34-29=5\text{（只）}$$

六、酸性反压电池的使用

（一）酸性反压电池的构造和工作原理

酸性反压电池又叫铅反压电池，构造与一般酸性蓄电池基本相同；唯极板不同：正极为纯铅板，负极为铅锑合金的板栅，不涂粉膏。工作原理与普通铅蓄电池基本相同；在使用上它是以相反的极性串联在蓄电池组的线路中。它在工作时不断冒出大量的氧气和氢气，如同沸腾状态，实际上温升不高，发热并不显著，其端电压经常在 2.6V 以上，是一种容量小，但能经受大电流的蓄电池。

（二）酸性反压电池的特性

该种类电池的特点是通过的电流密度无论大小，对端电压的影响较小，只在 0.5V 范围内。图 6-5-5 为 GQ—36（KQ—3）型反压电池伏安特性曲线，制造厂规定的最大负载电流为 100%即 2.3×3=6.9A，这时的电压为 2.90V，当电流加大到 200%时为 13.8A，这时电压为 2.98V，只增加了 0.08V 左右。

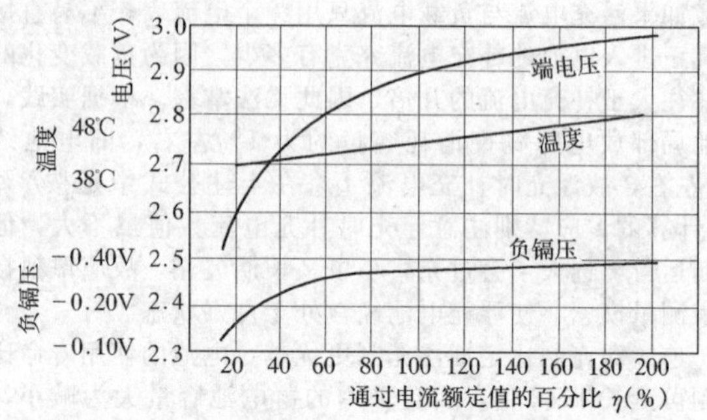

图 6-5-5 GQ—36(KQ—3) 型反压电池伏安特性曲线

铅反压电池容许的最大负载电流密度为每平方分米 1A。电流再大则极板损耗大，电池寿命短，电流密度太小时电压不稳定。铅反压电池的寿命与使用电流密度的大小、负荷时间的长短、电解液的清洁程度及维护的情况等有关。长期搁置不用时，应定期地通过变阻器等进行补充充电。

（三）酸性反压电池的型号及选择

我国酸性反压电池的型号、规格如表 6-5-1。

表 6-5-1 **酸性反压电池的规格、性能**

型号 名称	型号 通称	极板尺寸 宽 (dm)	极板尺寸 高 (dm)	极板尺寸 面积×2 (dm²)	平均工作电压 (V)	最大负载电流 (A/dm²)	备注
GQ12—72	反压 KQ1—6	1.02	1.13	2.3	2.9	$2.3n_{正}$	$n_{正}$ 为每只电池中并联的正极板块数
GQ36—216	反压 1K1—6	1.68	1.72	5.8	2.9	$5.8n_{正}$	
GQ216—720	反压 2K3—10	1.68	3.45	11.6	2.9	$11.6n_{正}$	
GQ864—3600	反压 4K6—25	3.48	3.65	25.4	2.9	$25.4n_{正}$	

1. 反压电池个数 $N_{反}$ 的计算

如已知浮充时电压 $U_{浮}$ 及负载要求电压 $U_{载}$ 等值可按下列公式计算反压电池个数

$$N_{反}=\frac{U_{浮}-U_{载}}{2.9}$$

式中 2.9——每个反压电池的平均工作电压（V）。

2. 反压电池的选型

反压电池的选型可根据供电电路中每只反压电池的最大负荷电流 $I_{反}$ 值按下式计算

$$I_{反}=n_{正}\times I_{正}$$

式中 $n_{正}$——为每只反压电池中正极板并联的块数；

$I_{正}$——为每块正极板的最大负荷电流（A），可查表 6-5-1。

【例 6-5-2】 已知某蓄电池组浮充电压为 65V，负载端要求电压为 60V，最大负载电流为 116A，试计算铅反压电池的个数并选择其型号。

【解】 $N_{反}=\dfrac{65-60}{2.9}\approx 2$（个）

应选电池型号查表 6-5-1，已知 $I_{反}$ 和 $I_{正}$，求 $n_{正}$

$$n_{正}=\frac{I_{反}}{I_{正}}=\frac{116}{11.6}=10\text{（块）}$$

可查表 6-5-1，选反压 2K—10（即 GQ—720）型号的反压电池 2 个。

第六节 铅蓄电池的维护

在蓄电池使用过程中，无论采取哪种工作方式，都必须

按规定作好维护工作，并将蓄电池的维护、检查、运行情况在值班日志上作详细记录，遇到尚未解决的问题应列入交班内容。

一、固定型铅蓄电池的日常维护

(1) 摸清负荷变化规律，随时注意充电及放电电流的大小并作出记录。充放电前计算上次放出或充入的电量，以免过充、过放或充电不足，放电后应及时充电不宜搁置，一般不超过 24h。

(2) 每班应注意极板的颜色、巡视检查有无短路、变型、背梁上生盐、漏酸、弹簧有无移位。发现异常应查找原因、及时纠正并作出记录，作为今后参考。

(3) 按照蓄电池的数量多少，指定标示电池（又称代表电池），一般一组蓄电池在 15 只以下的，指定 1～2 个标示电池；超过 15 只时，指定 2～3 个标示电池。标示电池一经指定，不得任意变更，以便长期观察蓄电池的工作情况。

(4) 电解液的液面经常保持在高于极板上缘 10～20mm，如液面下降（低于 10mm）相对密度上升时，在充电开始前应加入纯水，以防极板顶部干燥，但不得任意加入稀硫酸。

(5) 对电解液每年至少化验一次，发现异常时应及时化验。

(6) 为了避免产生落后电池，应定期（3～6 个月）进行均衡充电，即在正常充电之后，继续用（0.03～0.04）Q_{10} 值电流再充数小时，或充 1h，停 1h，反复几次，直到所有电池情况接近时为止。

(7) 在电池发生气体时，应开启通风装置，直到停充后抽到无酸雾时为止。平时亦可开启通风装置，使室内空气新鲜。

(8) 定期检查绝缘情况（包括回路的绝缘），应符合绝缘的规定。定期对电槽、木架、盖板、瓷垫脚等进行清洁。

(9) 应定期检查极板的背梁和边框有无断裂变形，背梁上应拨开粉末仔细检查，如发现裂纹应即取出。

(10) 经常检查连接螺栓与导线（铜条）是否紧密，保持其清洁。并在各连接处涂上凡士林或黄油，以防锈蚀及酸液浸透。

(11) 定期检查防酸隔爆式铅蓄电池防爆帽的通气能力，保持良好，否则应清洗。清洗后的防爆帽，最好再浸入硅油溶液（硅油 5%，加入 95%的甲苯或纯净汽油）中，浸透沥干，并进行烘干或晒干。

(12) 注意胶塞、防爆帽座子与蓄电池胶盖连接丝扣间应旋紧，并涂凡士林或黄油，以保证不漏气。防爆帽如发生破裂，必须立即更换。

(13) 电池木架和室内涂敷的防酸漆，如有脱落、擦伤应及时涂补。

(14) 储藏室中应储备有合格的稀硫酸和纯水，使用的工具应齐全。

(15) 蓄电池测量用的仪表，如密度表、温度计、电压表等应定期校验，以避免由于仪表不正确，导致蓄电池维护工作不当，而使蓄电池受到损坏。

(16) 蓄电池室内应经常保持清洁干燥，空气流通，光线充足。地面在清洁绝缘较好的情况下，地面可以洒水，保持室内湿度，以减少电池中水的蒸发。

固定型蓄电池的维护周期见表 6-6-1，供参考。

表 6-6-1 蓄电池维护周期

周 期	维 护 检 查 项 目
日检	1. 电压、相对密度、温度测量 2. 液面检查 3. 外部检查 4. 表面清洁 5. 极板检查
月检	6. 隔板检查 7. 引线端子、连接螺栓及防爆帽检查
季检	8. 均衡充电、极性检查 9. 彻底大清扫
半年检	10. 绝缘测试
年检	11. 容量、电能效率测试 12. 清除沉淀物 13. 电解液化验

二、移动型铅蓄电池的日常维护

由于蓄电池装用在车辆上经常移动，所以在维护上还有一些不同的要求。

(1) 电池在使用过程中，必须保持清洁。每次充电完毕，可用沾有碳酸钠溶液的抹布，擦去电池外壳、盖子连接条上的酸液和灰尘。

(2) 极柱、夹头和铁质提手等零件表面应经常保持一层薄凡士林油膜。接线夹头和电池极柱必须保持紧密接触。

(3) 注意孔上的胶塞必须旋紧，不会因震动使电液泼出，但胶塞上的透气孔必须畅通，否则电池内部的气压增加致使胶壳破裂或胶盖上升。

(4) 电液面应高于防护板 10～20mm，检查电液高度须每隔 10～15 天进行一次，热天则每隔 5～6 天进行一次。如液面低落只能加纯水不能加硫酸，如因不慎将电液泼出而降低了液面，则必须加进与电池中同样比重的电解液。

(5) 电池的电解液相对密度如降低到 35 点以下，必须立即进行充电，以免极板发生硫酸化。最好每月检查放电程度，适当进行补充充电一次。

(6) 在电池上不可放置任何金属物体以免发生短路。不要用导线直接在极柱上使用短路火花法（即碰火法）来检查电池是否有电。可用电压表或小灯泡检查。

(7) 搬动电池时，不要在地上拖曳。

(8) 凡有活接头的地方，在充放电时，均应保证接触良好，以免引起火花而使电池爆炸。

(9) 不同规格的电池不要混充或混放。电池在整个使用过程中，应尽量避免过放或过充。

(10) 新电池自出厂之日起，储存期最好不超过 2 年，并需保持在 5～40℃的通风干燥室内。

(11) 已使用过并充满电的蓄电池，在储存期内每隔一个月必须充电 5～6h（用 12～20h 率电流值），以补偿电池的自放电损失和避免极板硫酸化。

(12) 电池在使用中若不能全充全放者，每月要进行一次 10h 率的全充全放。这样可保持电池的容量并避免极板的硫酸化。

(13) 如果车辆停放时间不超过一个月，应检查电池是否充足电，并将电池线拆开一根，以防止可能的漏电。

(14) 若电池在寒冷地区使用时，不可使电池完全放电，以免电解液冻结，损坏电池。在寒冷地区使用的电池电解液相对密度可增加 20～30 点，在炎热地区使用电解液相对密度可降低 20～30 点。

三、镉电极的应用

镉制辅助电极简称镉电极，利用它测量正负极板间容量的差别以区别极板工作是否正常。确定极板容量不等时，普遍测量每个蓄电池的端电压、正镉极电压（简称正镉压）和负镉极电压（简称负镉压），从三者之间的电势差别来判断蓄电池全部容量受哪块极板的限制。

金属镉（Cd）比重 8.65，熔点 388℃。镉电极用纯金属镉制成，如图 6-6-1 所示。新的镉电极在使用前应浸泡在比重 1.10 的稀硫酸中 3 昼夜以上，否则因极化作用量值不准；非新制的使用前应浸泡 4h 以上，长期不用时，用水洗净干燥储存不使受潮。

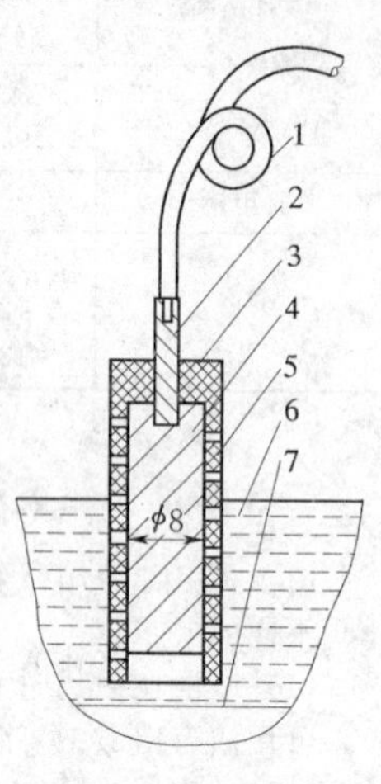

图 6-6-1　镉电极
1—导线；2—黄铜管；3—沥青；4—ϕ8 隔棒；5—有孔橡胶套或有孔塑料套；6—电解液；7—极板背梁

使用镉电极时，将其导线接在直流电压表的负极上，电压表正极与所测的电极相连，由于负镉极电压在充电时的变化约为＋0.30→0→－0.40，故宜用－3→0→＋3V 双向的电压表。如果只有 0→＋3V 单向电压表时，最好能装一个便于改变极性的双刀双掷开关，或在测负镉极电压时，在未变成 0 的阶段，镉极接在电表的负极上，变成 0 以后改接在电表的正极上，如图 6-6-2 所示。所用电压表应选高电阻的，每伏至少在 1000Ω 以上，可减少差错。

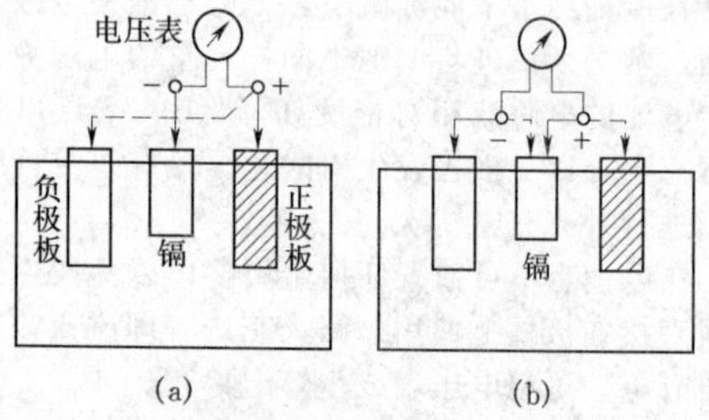

图 6-6-2　隔电极测量电压的接法
(a) 开路和放电状态；(b) 充电状态

镉电极测量的部位和放入的深度每次测量应尽量保持一致，以减少误差。测量出的数据参阅表 6-6-2。

表 6-6-2　　镉 极 电 压　　单位：V

项　目	电已充足	放电终止	放电半小时
正镉极电压	＞2.40	＞2.00	＞2.14
负镉极电压	＜－0.25	＜＋0.20	＜＋0.14
端电压	＞2.65	＞1.80	＞2.00

如用 5～10h 率放电时，放电过程中如正镉极电压下降快，放电后又小于 1.96V 时，为正极板不良。放电过程中如负镉极电压上升快，放电后又大于＋0.25V，为负极板不良。例如有两只电池其终止电压均为 1.80V，一只正镉压为 2.08V，负镉压为 0.28V，另一只正镉压为 1.90V，负镉压为 0.10V。显然前者为负极板不良，后者为正极板不良。

如用 5～10h 率充电时，正镉极电压逐渐上升，而负镉极电压则逐渐下降，到充电末期（即电已充足）测量数值应符合表 6-6-2。测量镉压只能在充电或放电时进行，无负荷时所测得的数据只与电解液的比重有关，不能代表极板的工作情况。三种电压的关系如下式所示

$$U = U_{cd^+} - U_{cd^-}$$

式中　U——端电压；

U_{cd^+}——正镉极电压；

U_{cd^-}——负镉极电压。

如果测量数值三者代入上式不相符时，应以端电压及负镉极为准，正镉极的误差可能性大。

四、充放电的维护

（一）充电时应注意事项

(1) 掌握充电电流。充电电流一般以 10h 率为标准，称做正常充电率。通常采用改进恒流充电法，即初期用较大电流充电，待电池产生气泡、电压达 2.5V 以上时，末期则改用较小电流（16～20h 率）。因为充电末期蓄电池电化作用剧烈，活性物质容易脱落，同时也可避免电解液中水的过量分解。

(2) 充电过程中，每隔 1～2h 应测量和记录充电的电流、总电压、每个电池的电压、比重和镉极电压。如电池过多，可只测标示电池，但整个充电过程中，应全测 2～3 次，充电末期各个电池的电解液相对密度相差不大于 0.005。

(3) 充电过程中应注意观察极板颜色的变化和各个电池冒气是否均匀，倘个别电池冒气微弱，应查找原因并进行处理，并记入工作日志内。

(4) 蓄电池正在充电时，无故不得中途停止。

(5) 充电时电解液温度一般不得超过 40℃（除制造厂另有规定），使用年久的电池易生故障，一般不应超过 38℃。如液温超过上述规定，除须查明原因并处理外，应降低充电电流或暂停充电，待降温后再恢复充电。

(6) 充电后要及时排除酸雾、清洁电池支架和地面。

（二）放电时应注意事项

(1) 采用电阻法和水阻法进行放电容量实验时，放电电流应不超过 10h 率（车用蓄电池为 5h 率）的电流。平常放电量应为电池额定容量的 75%，这样不致使极板的活性物质全部转化为硫酸铅，可使活性物质在充电时容易恢复。

(2) 放电时，每隔 1～2h 应测量和记录放电电流、总电压，记录每个电池的电压、比重、温度、镉极电压。电极过多，可只测标示电池，但在整个放电过程中，应全测 2～3 次。对使用年久或时常发生故障的电池，一定要分别测试和记录。

(3) 停止放电后，应尽速充电，不要超过 24h。

(4) 放电时如发现电池电压有不正常的下降情况，应停止使用（停备电池投入工作），把障碍电池组每只电池的电压、相对密度、温度分别检查测试并记录，查明原因后进行处理。

(5) 对使用年久或容量已降低的电池组应适当减低放电电流及放电总容量。

(6) 在低温时应当减少放电总容量。

五、定期浮充的维护

定期浮充（或半浮充）的维护工作比充放电和连续浮充要复杂、更应谨慎细致，否则对电池寿命和容量产生严重影响。应注意下列事项：

（1）摸清负荷变化规律，及时进行浮充工作。同时要计算电池在浮充过程中所得的电量和输出电量的总数，并检查电池在放电时输出的电量与浮充中补充电量的差值。这样可了解电池运行的真实情况，应在电池实际容量的20%～90%范围内转入定期的半浮充。

（2）定期半浮充时应注意电池的电压变化范围不能太大，每个电池的端电压应在（2.15±0.05）V范围内，这个电压高于负载规定的使用电压。因此应加入反压电池或退去尾电池，以保证负载需要的电压。

（3）每季应进行全充放电一次，浮充时间较少的，应缩短为每月进行1～2次。

（4）定期浮充蓄电池的循环周期（由放电到充电）不应超过规定时间（一昼夜或一周）。

（5）对蓄电池的测试和记录，在放电过程中，与上述放电时的要求同，在浮充时按全浮充要求进行。

六、连续浮充的维护

蓄电池初充电后应充放数次，当容量接近额定容量时，可用于连续浮充制工作。连续浮充时蓄电池的补充电流 $I_{浮补}$ 的数值可按本章第一节介绍的公式计算，如制造厂有规定时按厂家规定进行，使电池处于良好的备用状态。

（一）连续浮充正常时电池的表现

（1）每个电池电压保持为（2.15±0.05）V，管式的为2.15～2.20V。

（2）电解液相对密度为1.210～1.220(15℃)。

（3）极板及背梁色泽正常，无生盐现象（因电解液翻腾而沉积的粉末无妨）。

（4）改用 $0.1Q_{10}$ 值电流充电时，10min内即冒气泡。

（二）连续浮充应注意事项

（1）浮充电流应根据负载变化随时调节电流大小。

（2）当总电压超过负载规定电压，而此时每个电池的端电压正在2.1～2.2V之间，应加入反压电池或调节尾电池的数目。

（3）每小时应测量和记录一次全组电池电压、总放电电流和浮充电流。当有补充电流（$I_{浮补}$）时，其数值前面标以“+”号，若蓄电池是输出电流时，则标以“－”号，以便了解蓄电池在整个使用时间内，获得或输出电量是多少。

（4）浮充时每隔2～4h测量标示电池或所有电池的电压、相对密度、温度，每半月全部测量记录一次。

（5）每隔3月左右应进行一次均衡充电（或叫过充电）。作法是用浮充电流充1h，改用 $0.1Q_{10}$ 值电流又充1h，反复进行，直到再改用 $0.1Q_{10}$ 值电流充电时，所有电池的电压和比重接近时为止。

（6）每隔半年左右，应进行一次全充放电，只放出额定容量的75%即可。以免在长期浮充下负极板的活性物质发生钝化，影响电池容量和效率。负极板钝化现象主要表现为：①负极板电压在－0.60V左右；②用很小电流浮充时，电压即大于2.2V，电流增高时，电压升为3V左右；③电池充不进电，也放不出电；④负极板较硬，色泽不正常。

如发生负极板钝化情况，可采取全充放电数次后，即可恢复。

七、均衡充电

（一）均衡充电的目的

均衡充电也叫过充电。蓄电池在使用过程中有时会产生相对密度、容量、电压等不均衡的情况。为了防止这种现象扩展成为落后电池甚至反极现象，应进行均衡充电使各个电池都达到均衡一致的良好状态。一般为定期进行，但遇到下列情况之一时，应及时进行均衡充电。

（1）放电终止电压下降为1.5V，或低于规定的终止电压0.2V达三次者。

（2）过量放电或强放（放电电流大于规定20%以上）。

（3）放电电量超过额定标准10%时，或用小电流长时间深度放电者。

（4）经常充电不足者（包括浮充）。

（5）极板从电池内取出来未及时放入者（负极板在充电后取出时最易氧化）。

（6）极板呈现不良状态（如颜色不正常及生盐等现象）。

（7）电解液混入杂质时（严重的应换电解液）。

（8）放电后在24h内未及时进行充电的。

（9）市电中断全浮充放出近一半容量时。

（10）半浮充供电方式超过规定期限时。

（11）使用虽正常，未定期进行全充放测试容量时。

（二）均衡充电的方法

在充放制运行时，当电池已充好电时不要停下，继续用充电电流值的一半充数小时，直到正负极板发生气泡时停止充电。浮充制运行时，在电池快要充好时调整充电整流器可变电阻，使电池保持浮充状态1h，再用10h率电流值的一半充电1h；再转入浮充1h，如此反复进行，直到一开始充电在10min内即发生气泡为止。充好后调整电解液比重和高度，清洁电池周围。

八、落后电池补充充电

（一）补充充电的目的

补充充电又叫补足充电，蓄电池在长期使用中，如有少数电池比一般电池落后甚至反极的，必须使其赶上行列，否则将影响全组。例如反极后不仅在负荷两端供电电压约少2V，因极性相反还抵消约2V，一共损失约4V，故必须及时纠正。

落后电池表现在充电时电压及电液相对密度上升很慢，放电时电压和相对密度又下降很快，且充电末期气泡冒得较早，电解液温升也较高，极板已有硫酸化现象等。

（二）补充充电的方法

在电池充电完毕后，将充电电流值减小一半，再继续延长充电3～5h，停充1h，再充1～2h，又停充1h，再充1～2h后又停，如此反复数次，直到开始充电10min内电池即剧烈冒泡、电池电压即上升到上次充电终止时的数值为止。如有个别电池仍达不到正常情况时，采用低压整流器进行单独的补充充电。

九、电解液的添加

铅蓄电池在使用过程中，由于充放电作用，电解液的相对密度和液量都会发生变化，因此应视以下情况进行电解液的添加和调整相对密度。

（1）由于充电时，电解液内水分蒸发，故电池使用一个时期后，液面必然下降，当液面低于极板上缘10～20mm时，应在充电前添加纯水。

（2）如果充电后的电解液相对密度经几次添加纯水后仍高于规定值，且电解液面太高而浓度仍不下降时，可先从蓄电池内取出一部分电解液再添加纯水。

（3）在一组电池中，电解液的相对密度规定彼此相差不能超过5点。如少数电池相对密度相差略超过5点时，可在充电前用虹吸管（或吸入式密度计管）将相对密度高和相对密度低的电解液互相调换，使相对密度达到均匀的标准，而不用经常加入硫酸的办法来调整。这个方法必须已证实蓄电池并无其他故障时才可采用。

(4) 如果一组电池，经三次断续过充电后，每个电池的电解液相对密度均低于规定值 5 点以上，应吸出一部分电解液，用相对密度 1.400 的稀硫酸溶液调整相对密度，直到符合规定为止。

在实际工作中、多是添加纯水，而很少添加稀硫酸。添加纯水通常应在充电开始前进行，这样可在气体发生时，电解液能混合得很好。添加稀硫酸应在电池接近充电末期，极板发生气泡时进行。在添加以后，应继续用后期电流充电 1～2h,使其混合均匀。

十、蓄电池停用时的处理方法

（一）湿储法

蓄电池暂时不用，可视停用时间的长短采用下列方法处理。

(1) 停用期不超过三个月。停用前进行均衡充电后切断充放电路，并对电池外部进行清洁，使用前再进行一次均衡充电即可使用。

(2) 停用一季以上、一年之内，先进行均衡充电后保存，定期（半月左右）检查其电压、相对密度和温度以及有无漏酸及短路等问题。每 2～3 月进行 10h 率放电及充电一次，使用前再进行一次均衡充电后即可投入使用。

(3) 停用一年以上又不便充电者，同上在进行均衡充电后，吸出电液立即注入蒸馏水至高出极板 20～30mm。湿储期间，如电液蒸发应予以补充。使用前换入相对密度为 1.20 的稀硫酸用常法充电，充到发生旺盛气泡时，调整电解液相对密度再充，充好后即可使用。

（二）干储法

固定型蓄电池如需要移往他处或干储存时，先进行均衡充电后吸出电解液，立即注入纯水以 10h 率进行放电，直放到大部分电池电压为 0.5V 时为止，吸出电解液再注入纯水浸泡 24h。将连接物拆除，取出极板，用电风扇吹干，尤其是负极要及时吹干；然后将极板储放在室温 5～30℃干燥阴凉的地方，极板堆叠片数不宜过多，以防有效物质被压落。隔板隔棍如为木质的，取出应浸在相对密度 1.03 的稀硫酸中，以防干裂生霉。铅零件在洗净后应风干以免表面氧化。

干储存的蓄电池在使用前应安装还原，先进行初充电，如负极板氧化严重（负极板存放过久或受潮氧化，表面呈不同程度的灰、黄或灰白色，好像“发霉”了）或正极板受潮时，充电时间均需适当延长，使极板表面充分还原成活性物质。移动型铅蓄电池干储存时，必须把胶塞旋紧密封，以免潮气侵入使极板变质。

第七节 铅蓄电池的故障和修理

铅蓄电池常见故障有极板硫酸化、极板弯曲和断裂、短路、反极、活性物质过量脱落和电解液不纯等。产生这些故障的原因，除正常的自然损耗、制造质量和运输保存的影响外，大多数是由于维护、使用不当造成的。一般故障多属“慢性病”，开始症状不明显，起因和现象又多种多样，因此对故障要进行具体分析和判断，才能“对症下药”，采取适当补救措施。

一、极板硫酸化

（一）极板硫酸化的现象和产生原因

蓄电池在正常使用时，正负极板上的活性物质，大部分都变为较松软硫酸铅的小晶体，均匀地分布在极板中，在充电时很容易恢复成原来的二氧化铅和海绵状铅（亦称绒状铅），这属于正常的硫酸化作用。一般所谓“硫酸化”是指不正常状况，如果蓄电池使用不当，内部短路，长期充电不足，或处于半放电状态，电解液液面低使极板长期外露，电解液相对密度过高，温度高，以及过量放电后未及时充电予以恢复等情况发生时，极板上便逐渐生成粗大的硫酸铅结晶。这种结晶导电性差，体积大，会堵塞极板的微孔，妨碍电解液的渗透作用，电阻增加，在充电时不易恢复，成为不可逆的，使极板中活性物质减少，电池容量大为降低。极板硫酸化的现象如下：

(1) 硫酸化的电池正常放电时，比其他电池的容量显著降低。

(2) 电池电解液相对密度下降，低于正常值，而且是长时期的落后。

(3) 充电过程中电压上升很快，高达 2.9V 左右，而放电过程中电压降低很快，1～2h 内就降低至 1.8V 左右。

(4) 充电过程中比正常电池过早冒气。

(5) 极板颜色和状态不正常。正极板呈浅褐色，有时其表面有白色斑点，负极板为灰白色，用手指摸极板表面时感觉到有粗大颗粒的硫酸铅结晶体。

（二）极板硫酸化的处理

首先用观察法或量镉极电压法准确判断何种极板硫酸化，再确定硫酸化的程度。如正负极板同时硫酸化，则应同时处理；如仅是负极板硫酸化时，可取出正极板浸在相对密度 1.20 左右的硫酸溶液中，以厚度在 5mm 左右与极板同面积的纯铅板（或废极板）来代替正极板；如仅为正极板硫酸化时则反之；待处理好后再将取出的原极板装复。两种极板同时硫酸化但程度不同时，可先处理重的，后处理硫酸化轻度的。

处理极板硫酸化是件比较困难和复杂的工作，应先作试点，取得成效和经验后，再进行全组电池的处理。

一般有下列三种处理办法。

1. 过充电法

它适用于一般硫酸化尚不很严重的蓄电池。在电槽中加入纯水，使电解液高于极板 20mm 左右，用 10h 率的电流值充电，当电压上升为 2.5V 时，停充 30min；再减小一半电流值充电，充到有大气泡时停充 30min，又用 10h 率电流值的 1/4 小电流继续充数昼夜，直到电压和电液比重稳定不变，白色斑点消失为止。

2. 反复充放法

它适用于硫酸化较为严重、容量已损失近半的蓄电池。在电槽中加入纯水，使电解液高出极板 30mm 左右，用 $0.2Q_{10}$的电流充电，当电压升为 2.5V 时，停充 30min，再用 $0.05Q_{10}$电流充电，充到有大气泡时停充 30min，再继续用 $0.05Q_{10}$电流充电，充到电压、相对密度不变，再通电时，电解液立即起沸腾现象，10min 左右电压即上升到上次充电终了值时为止。充好后用 $0.02Q_{10}$电流值放电，放到电压为 1.80V 时，停放静止 1～2h，再用 $0.05Q_{10}$电流值充电，充好后放电。如容量提高不多，白斑点又未消除时再充再放，直到容量用 $0.1Q_{10}$电流值放电已能接近达到额定容量，如此反复连续数昼夜，直到白色斑点全消除为止。

3. 水疗法

它适用于硫酸化极为严重、容量损失已超过一半的蓄电池。先将电池作一次10h率放电，当电压降到1.8V时停止放电，用虹吸法将电解液从电槽中引出，立即注入纯水，静止约1～2h，用0.05Q_{10}电流值充电。当电解液相对密度升为1.10～1.12h，将充电电流减小为0.02Q_{10}充电，相对密度不再上升，正负极板已均匀冒泡时停充，再用0.02Q_{10}电流值放电2h，再改用0.01Q_{10}值充电，电解液冒大气后改为0.02Q_{10}值电流充电，均匀出大气后停充，又用0.02Q_{10}值放电。如此反复若干次，需数周或一个月，直到极板的颜色正常为止，再换入相对密度1.200的电解液进行充电，使蓄电池容量用0.1Q_{10}值放电，可达到额定容量的75%以上时为止。

再依上述方法处理时，除注意相对密度及电压外，对温度有要求，不能超过40℃。如超过40℃时，可减小电流，还降不下来可暂停充电。待温度降到35℃以下时才可充电。

极板消除硫酸化现象的标志是：蓄电池投入浮充或充放电过程中，电压、相对密度、极板颜色变化和极板上下发生气泡的程度均应达到其他正常电池。

二、极板弯曲和断裂

（一）极板弯曲和断裂的原因

(1) 极板活性物质在制造过程中因形成或涂膏分布不均匀或运输保管中受潮，蓄电池在充放电时，极板各部分所起电化作用强弱不均，致使极板膨胀和收缩不一致，引起弯曲和断裂。

(2) 过量充电，采取全浮充的蓄电池。浮充时补充电流过大，又没有定期进行放电，致使极板经常处于充电状态，极板的颜色很好，但弯曲断裂很多。这一情况在维护中发生较多、危害较大。

(3) 过量放电。因过放电时易使硫酸铅在极板内层深入生成，在充电时得不到恢复，造成内部膨胀，导致极板弯曲或断裂。

(4) 大电流充放电。因用大电流进行充放电时，极板上的活性物质不能从容均匀地起电化作用，致使极板各部分膨胀和收缩情况不一，导致弯曲或断裂。

(5) 高温放电。因电池在高温下放电，电化反应速度加快，活性物质迅速转为硫酸铅，较常温下在规定时间内放出的电量多，造成深放电，使活性物质在充电时难以恢复；而且造成极板膨胀不均匀，致使极板弯曲，活性物质脱落呈粉状。

极板的弯曲和断裂，常会造成极板某些部分活性物质脱落较多，增加了极板活性物质的不均匀性。这样反复地互为影响，结果弯曲断裂更加厉害、蓄电池容量将大大降低。

（二）极板弯曲和破裂的处理

发现极板弯曲严重时，应及早设法取出，用平木夹板慢慢压平；如极板损坏过甚，不能平压恢复时，就必须更换新的极板。更换电极极板要避免部分更换，因同一蓄电池内有新旧两种同极性的极板，使用时新的极板会很快损坏。如不可能全部更换时，注意新旧程度不宜相差过大。

三、短路

（一）蓄电池内部短路的原因

(1) 极板弯曲、隔离物破坏，使正负极板相碰。

(2) 极板底部的沉淀物堆积过高，使正负极板相连。

(3) 有其他的导电体落入电池，使极板短路（例如熔接极板时，不慎将铅渣落入电池，嵌在极板间）。

(4) 电解液中金属杂质过多，使正负极板短路。

（二）极板短路的现象

(1) 充电时，电解液相对密度几乎没有变化，比其他电池低。

(2) 充电时，冒气迟缓、温度高。

(3) 充电时电压低，放电时电压显著下降。

(4) 容量降低。

（三）检查修理方法

(1) 可用手电筒仔细观察电池内部，检查有无导电物落入、脱落的极板涂膏块或腐烂的铅块等造成正负极间相碰，可用胶木条、蒲竹片插入，缓慢移动以清除极板的短路物。

(2) 对容量较大的蓄电池，短路情况有时不易找，可用指南针寻找。在不小于10h率的情况下充电或放电，将指南针放在各极板耳柄上顺次移动，当移至短路极板上，由于电流方向不同产生的磁场相异，指南针即反向转动，如图6-7-1所示。例如当正常的蓄电池在充电时，充电电流从各正极板流向负极板，假如此时有一块极板发生短路，则充电电流就从短路处流向充电设备，不经过其他极板，它不但不能充电，反而经过短路处放电。从图6-7-1可看出，由于电流方向不同，电流所产生的磁力线方向也不同，指南针的指向也就不同。

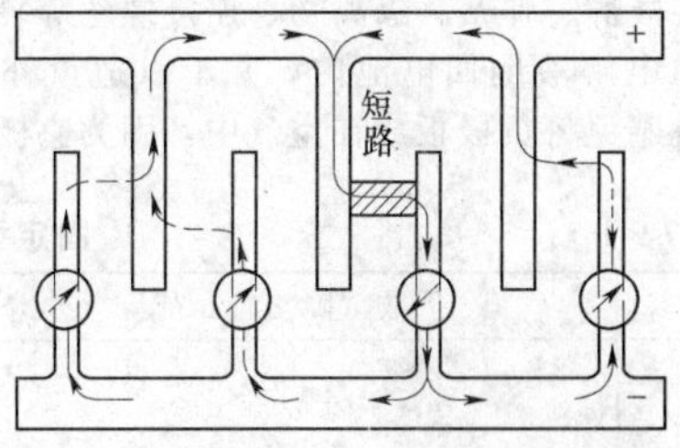

图6-7-1　用指南针寻找固定型蓄电池短路的方法

(3) 产生短路的原因是由于极板弯曲相碰，则必须在相碰处加插一块隔离板；如弯曲严重，则将极板取出，用同面积木板压平。

四、反极

（一）反极（又称转极）的现象和原因

极板硫酸化或极板间有轻微短路现象存在时，电池容量降低，当这种电池串联在电池组内放电时，它很快就放完了自己的容量。当电池组继续放电时，这低容量的电池便被反向电流充电，使其极性颠倒。

电池组中当存在颠倒极性的电池时，输出电压变低（当有一个电池反极时，不仅失去该电池原有的2V电压而且尚增加了2V以上的反向电压，总共约降低了4V以上），放出的容量也受到影响。因此对容量相差过大或不同容量的电池，不宜串联使用。

（二）反极故障的检查和处理

在不断开负荷的情况下对全组电池逐个进行电压测量，将发现产生反极故障的电池极性是相反的，但将放电电路断开或单独拆出此电池来测量时，有时会发现它的极性仍正常，只是电动势很低。发现反极电池后应将反极电池取出，进行个别充电恢复（用过充电方法），严重的要进行反复充放电处理。倘该电池损坏严重，无法修理恢复时，应另换电池。

五、活性物质过量脱落

正常工作的蓄电池活性物质也会脱落，只是少量脱落，但当脱落数量大大超过正常情况时要及时分析原因并进行处理。

（一）过量脱落的特征和原因

（1）电槽底部在短期内集积了大量褐色沉淀，说明正极板过量脱落，是由于充电电流过大或经常过充电所致。

（2）沉淀物质为白色时，是因经常过量放电致使极板过度硫化或电解液内像氯等有害杂质超过允许数量。

（3）沉淀物质一层是褐色，一层是浅蓝色或白色的互相交叠堆积，说明蓄电池工作不均衡，也说明电解液杂质含量超标准。

（4）硬的蓝色沉淀说明沉淀物质与负极板有接触。

（5）如发现活性物质成块掉下，说明是厂家制造时工艺问题。

（6）如发现脱落物质是粒糊状的，说明极板被腐蚀，电液温度经常高可促进腐蚀。

（二）沉淀物质的清除

如遇电槽底部沉淀过多，可能使极板发生短路时，可按电池具体情况，参考下列方法将脱落物除去。

（1）如果是玻璃容器或塑料容器的小容量蓄电池，可先将连接条上的铅螺丝取下，把弹簧从容器内取出，再将隔离物及极群取出，浸入纯水中，然后将电解液倒入另外干净容器内，这样槽底沉淀物即可清除。然后用纯水将电池容器洗净，再顺将极群、弹簧、隔离物、连接螺丝等装好，最后将已澄清的原电解液倒回电池内，并予以适量补充。在处理时，要尽量避免将负极板放在空气中，因为它极易被氧化而发热，时间长会损坏。装好后的蓄电池组应进行一次小电流充电，充电后期调整好电解液高度和相对密度方可使用。

（2）如果是216A·h以上的大容量蓄电池，不易取出电池内各组件，处理沉淀物时可用特制专用工具舀取，如图6-7-2所示工具。操作时，可将隔离板提高一些，避免其下端妨碍舀取沉淀物质。舀完沉淀物，电解液会混浊，是否需更换可视具体情况而定，一般不应更换；如果要更换，必须在处理前将蓄电池放电，以免更换电解液时负极与空气接触而氧化。混浊的电解液可用虹吸法取出，取出后马上用纯水将极板、隔离板、电池容器等冲洗几次，然后注入电解液，以小电流充电，充电后期调整电液高度和相对密度方可使用。

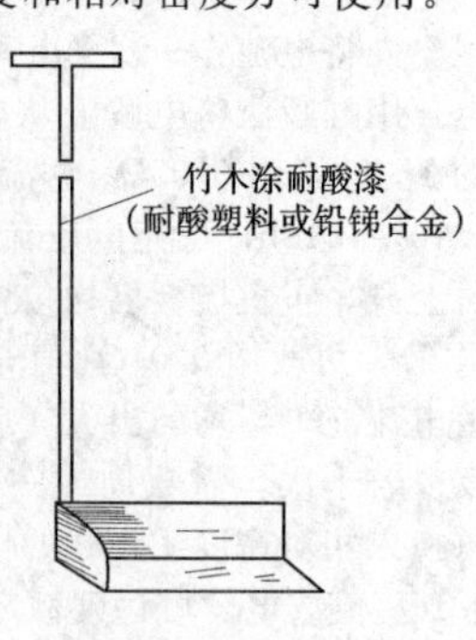

图6-7-2　舀沉淀器

六、一般故障和处理方法

上面对蓄电池常见故障作了重点说明，但不同形式的铅蓄电池所发生的故障特征、原因和处理方法各不相同，所以将固定型和移动型铅蓄电池的一般故障和处理方法分别列于表6-7-1和表6-7-2，供维护人员参考。

表6-7-1　　固定型铅蓄电池的一般故障和处理方法

现　象	故障特征	可能的原因	处理的方法
容量降低	1. 第十次循环达不到额定容量 2. 容量逐渐降低 3. 容量突然降低 4. 电池效率很差 5. 充电末期冒泡不剧烈	1. 初充电不足或长期充电不足 2. 电解液相对密度低、温度低 3. 局部作用或漏电 4. 电解液使用过久有杂质 5. 极板硫酸化，隔板电阻大 6. 内部或外部短路，或正极板已经损坏，负极板已收缩 7. 电表未校正好 8. 长期浮充，未进行放电，活性物质凝结，性能衰退，极板钝化	1. 均衡充电并改进运行方法 2. 调整相对密度及室温 3. 清洁以加强绝缘 4. 检查电解液必要时更换 5. 消除硫酸化，调换隔板 6. 检查原因并消除之 7. 校正电压表 8. 进行几次充放电，必要时过放过充一次，今后应定期进行放电
电压异常	1. 开路电压低或充放电时电压均低 2. 少数电池比一般的低或高 3. 充电时电压过高，放电时电压下降很快 4. 线路电压大大下降，内有个别电池反极 5. 端电压在3V以上，负隔极电压在−0.6V左右	1. 内部或外部短路 2. 落后电池未及时纠正造成反极 3. 管式电池的电压在充电时比涂膏式的高 4. 极板硫酸化或接头接触不良 5. 过放电 6. 极板大量脱粉或正极板已断裂 7. 电压表未校正 8. 长期浮充，未进行放电，活性物质凝结，性能衰退，负极板钝化	1. 消除短路 2. 均衡充电 3. 消除硫酸化 4. 检查接头旋紧或焊接好 5. 补充充电，并避免再次发生 6. 更换或修补极板 7. 校正电压表 8. 进行几次充放电，必要时过放过充一次，今后应定期进行放电
冒气异常	1. 冒气小 2. 少数不冒气 3. 冒气太早（管式除外） 4. 放电时冒气 5. 浮充时冒大气	1. 充电电流太小、太大或尚未充足 2. 内部短路 3. 极板硫酸化 4. 充电后未搁置即放电，电解液中可能有杂质	1. 改正电流数值继续充电 2. 消除短路 3. 消除硫酸化 4. 充电后宜搁置1h左右再放电 5. 检查电解液必要时更换
相对密度异常	1. 充电时相对密度上升少或不变 2. 浮充时相对密度下降 3. 搁置时相对密度下降太大 4. 放电时相对密度下降过大 5. 长期浮充电解液上下层相对密度不一	1. 电解液中可能有杂质 2. 浮充电流过小 3. 自放电或漏电 4. 极板硫酸化 5. 长期充电不足 6. 加水过多，或添加了浓硫酸未混匀 7. 密度计未校正	1. 检查电解液必要时更换 2. 加大浮充电流 3. 整洁并加强绝缘 4. 消除硫酸化 5. 均衡充电并改进运行方式 6. 在充电结束2h前调整相对密度 7. 上下层相对密度不一应进行充电 8. 校正密度计

续表

现 象	故 障 特 征	可 能 的 原 因	处 理 的 方 法
电解液温升	1. 初充电前电解液温度不降 2. 正常充放电时液温升高 3. 个别电池温度比一般高	1. 负极板已氧化 2. 充电时电流太大或内部短路 3. 室温高，无降温设施 4. 极板硫酸化 5. 温度表未校正	1. 浸酸后不降温宜用小电流充电 2. 减小正常充电电流或消除短路 3. 添置降温设备 4. 消除硫酸化 5. 校正温度表
电解液不清	1. 初充电时电解液表面有泡沫 2. 电解液呈现青绿色 3. 电解液呈现微红色 4. 电解液有气味 5. 电解液混浊不清	1. 木隔板处理不当 2. 极板干燥时可能直接用炭火 3. 电解液中可能含有锰或铁 4. 木隔板处理不当或电解液不纯 5. 极板脱粉或盖板未盖好，落入灰尘等杂质	1. 检查电解液，如杂质过量时应更换电解液 2. 改进运行方式，盖好盖板，必要时更换隔板
极板发白	1. 容量降低相对密度下降沉淀物为白色 2. 充电初期及末期电压高过 2.85V 3. 放电时电压下降快 4. 充电不久即冒泡或不充电时也冒泡 5. 电解液温升高，极板表层硬而粗糙 6. 极板背梁上有白色结晶或极板表面有白斑白点甚至满面都白	1. 电解液太浓温度高或不纯 2. 电解液面低使极板外露 3. 初充电或经常充电不足 4. 未按时充电或长期充电不足 5. 经常过放电 6. 内部短路或漏电未及时消除 7. 长期处于半放电或放电的状态	1. 见本节前面内容
弯曲开裂	1. 极板弯曲 2. 极板上有裂纹 3. 极板上活性物质部分脱落	1. 极板制造时涂膏不匀或运输保管中局部受潮或安装不当 2. 过量放电，内部硫酸铅膨胀 3. 大电流充放电各部作用不匀 4. 高温放电作用深入内部膨胀	1. 今后防止 2. 改进运行方法 3. 充电后取出用同面积木板压平严重者更换极板 4. 增添降温设施
膨胀脱粉	1. 容量降低 2. 板栅在长度或宽度上伸长或弯曲 3. 负极板膨胀或呈瘤状 4. 沉淀多，电解液混浊	1. 充放电电流大，或过量充放电，长期过放电 2. 电解液不纯或温度高（化成式极板易伸长） 3. 放电时外电路发生短路 4. 极板硫酸化或已腐蚀断裂	1. 改进运行方法 2. 检查电解液及温度高的原因并消除 3. 增添降温设施，舀出沉淀 4. 消除硫酸化，修补或更换极板
腐蚀断裂	1. 板栅腐蚀断裂 2. 大量脱粉 3. 容量下降 4. 电解液混浊沉淀多	1. 极板在使用前已有裂纹或疏松缩孔 2. 电液不纯相对密度大或温度高 3. 过量充放电或经常充电不足 4. 使用未处理过或处理不当的木隔板及木隔棍	1. 小裂的可焊接修补，垮架的应更换 2. 检查电解液调整相对密度，增添降温措施，必要时更换电液 3. 改进运行方法并舀出沉淀 4. 换用合格的隔板及隔棍
沉淀变硬	1. 沉淀由粉状片状变成大块状 2. 沉淀已触及极板 3. 舀沉淀时舀不动 4. 极板与铅衬之间一极为 0，一极几乎等于端电压 5. 铅皮衬呈褐色，铅弹簧呈浅灰色	1. 沉淀物已触及极板 2. 极板间有铅渣或其他导电物 3. 同上，且玻璃挂板太矮，极板与铅补相碰 4. 个别极板弯曲伸长碰到沉淀 5. 铅弹簧脱位，碰到极板及铅衬 6. 铅衬邻近两槽相碰	1. 舀出沉淀 2. 舀不动时取出极板彻底清除 3. 换挂板，或在挂板下垫铅皮或耐酸塑料条 4. 消除极板间的铅渣或导电物 5. 纠正铅弹簧的位置 6. 隔开或除去相碰物
局部作用	1. 容量降低 2. 电解液相对密度降低 3. 电解液温升高 4. 端电压比正常时高 5. 负极板在不充电时冒泡 6. 电解液有红色，负极耳上有铜色，铅衬有黑色	1. 电解液不纯 2. 正极板上的锑跑到负极板上形成小电池 3. 绝缘不良漏电 4. 容器破损漏电 5. 母线生锈，锈蚀物落入电液	1. 检查电解液，必要时更换 2. 消除极板四周可见的毛状物 3. 清除并加强绝缘 4. 更换容器
内部短路	1. 开路电压低 2. 容量下降 3. 充电时电压上升少甚至不变 4. 电解液温度比一般高 5. 充电时相对密度上升少甚至不变 6. 放电时电压下降快 7. 不冒气或出现很晚 8. 极板有硫酸化现象	1. 导电物落在极耳或极板之间 2. 极板弯曲相碰，隔板已坏 3. 脱粉较多沉淀已碰到极板 4. 铅弹簧位移碰到极板及铅衬 5. 电解液不纯 6. 极板上生毛使正负极板相连 7. 电解液浓或温度高使隔板腐坏	1. 除去导电物 2. 用同面积木板压平，更换隔板 3. 舀出沉淀 4. 纠正弹簧位置 5. 检查电解液不合格时应更换 6. 清除极板四周的毛状物 7. 调整相对密度，降温或更换隔板

续表

现　象	故障特征	可能的原因	处理的方法
电槽破裂	1. 电槽附近有电解液渗出 2. 电槽中电解液很快下降 3. 铅衬木槽底部开孔处有电解液漏出 4. 蓄电池组绝缘下降 5. 漏酸处的木架发生炭化	1. 电槽本身质量不好 2. 安装不平，边重边轻 3. 铅皮或焊缝上有砂眼 4. 铅皮底部四角悬空，槽形垫太长，头尾压在角上的悬空处，把铅衬压破裂	1. 调换或修补 2. 填平放稳 3. 排除短路 4. 补焊电槽 5. 切短槽形垫放在边上居中的位置
接点损坏	1. 连接条或极柱烧熔 2. 连接条或极柱发现裂纹脱焊或腐蚀 3. 连接条或极柱发热 4. 电压低电流小，甚至没有	1. 充电或放电电流太大 2. 焊接不良 3. 短路 4. 受电解液腐蚀 5. 制造质量不好	1. 改小电流 2. 焊接或更换 3. 刮掉腐蚀物，涂凡士林油层以保护 4. 排除短路，定期整洁

表 6-7-2　　移动型铅蓄电池的一般故障及处理方法

现　象	故障特征	可能的原因	处理的方法
极板硫酸化	1. 电池容量降低 2. 电解液相对密度下降低于正常值 3. 开始充电及充电完毕时电压过高（2.8～3.0V） 4. 放电时电压下降速度太快（用低放电率时） 5. 充电时过早发生气泡或一开始充电就发生气泡 6. 充电时电解液温度上升超过 45℃ 7. 硫酸铅结晶粗大，在一般情况下不能复原成二氧化铅或绒状铅	1. 初充电不足或初充电中断 2. 已放电或半放电状态的电池放置时间过久 3. 长期充电不足 4. 经常过量放电 5. 所用电解液相对密度超过规定数值或随意加入硫酸 6. 电池内部电解液面低落，使极板上部硫酸化 7. 未能按时进行充电 8. 放电电流过大或过小 9. 放电后未及时进行充电 10. 电解液不纯 11. 内部短路局部作用或电池表面不清洁造成漏电	1. 给以全充全放，使活性物质复原 2. 以处理硫酸化办法消除硫酸化 3. 放电勿超过规定限量 4. 电解液相对密度勿超过规定数值 5. 补充电解液使其液面高于极板顶部 6. 更换极板
内部短路	1. 充电时电压始终保持低值（有时降至零） 2. 充电末期冒气较少或气泡发生太晚 3. 充电时电解液温度特高，上升很快 4. 充电时电解液相对密度不上升，或几乎无变化 5. 放电时电压降低至终止电压值太早 6. 开路电压很低	1. 极板上活性物质膨胀或脱落，同时隔离物损坏 2. 极板弯曲，隔离物损坏 3. 电液相对密度太高，使隔离物损坏 4. 沉淀物太多 5. 其他导电物落入电池内或两极板之间	1. 更换极板 2. 将极板取出设法压平 3. 更换新隔板 4. 清洗沉淀物 5. 去除导电物体
电液浑浊	1. 充电时各个电池电压很低，但在整个充电过程中，电压都均匀上升 2. 充电时各个电池电压很低，很快发生气泡 3. 电液颜色及气味不正常，并发现浑浊且有沉淀 4. 自放电情况严重 5. 充足电后，在放置时间内，电压降落很快 6. 容量减少 7. 产生局部作用	1. 电解液不纯 2. 极板活性物质脱落 3. 木隔板处理不当 4. 充放电流过大 5. 充电时电解液温度过高	1. 彻底冲洗内部，并更换新电解液，必要时更换隔板或极板 2. 注意掌握充放电电流及温度
极板活性物质脱落	1. 电解液内发现沉淀，充电时有褐色物质自底部上升，电液浑浊不清 2. 电池容量减少	1. 电池使用期限已满 2. 极板质量不好 3. 电解液质量不好 4. 充放电过于频繁或过充过放 5. 充电时，电液经常过热 6. 放电时，外电路发生短路	1. 沉淀物少量者，可以清除后继续使用 2. 沉淀物过多者，必须另换新极板

续表

现 象	故 障 特 征	可 能 的 原 因	处 理 的 方 法
部分电池不平衡或极性接错	个别电池与其他电池的极性接错，则个别电池在全组电池内促使全组总电压降低	1. 未及时发现有故障电池而引起其容量较其他电池容量严重减少 2. 充电时极性接错 3. 使用时为了得到较低电压仅使用一组中几个电池	1. 及时纠正并给予单独充电使全组电池平衡 2. 去除故障电池加以修理 3. 改进使用方法
局部发热	连接条焊接处过度发热	焊接处接触部分损坏或脱离及松动	重新焊接
封口破裂	1. 气密性差 2. 电液由封口处溢出	1. 封口剂配方不当 2. 电池在过冷过热环境温度下使用 3. 运输储存不当，将电池倒置或撞击	1. 用烧热金属烙铁或用火焰烫熔封口剂的裂纹 2. 用废电池上的封口剂来熔化封补

七、固定型铅蓄电池的修理

固定型铅蓄电池的修理，根据电池在使用过程中发生故障的不同程度，大致可分小修、中修和大修三种情况。具体作法可参照制造厂家的有关资料进行，亦可参照下面所述“移动型铅蓄电池的修理”进行。

八、移动型铅蓄电池的修理

移动型铅蓄电池使用已达数百次充放电周期，容量下降或故障严重时，应及时进行拆修。各类移动型铅蓄电池修理方法大致相同，仅使用的工具略有不同。下面以汽车起动用铅蓄电池为例重点说明拆修的步骤和方法。

（一）拆修前的检查

拆修前先以10h率放电至终止电压，放电过程中测量每格电池的电压、相对密度、温度，根据测得数据判断蓄电池的状态，作好记录。

（二）移动型铅蓄电池的拆卸

(1) 拆卸连接条：若为蓄电池组，应先拆开连接条（车用蓄电池可旋开极柱螺母），其方法有三种，可灵活选其一种。

1) 如确定不需更换极板，可锯断连接条，取出极群，排除故障后复原，用铅锑合金焊条焊接锯缝，然后锉光即可。

2) 如需更换极板，用钻头将极柱上部钻去，剩下完整的连接条，便容易取下。

3) 倒出电池内全部电解液，将电池组卧放在工作台边缘，调好焊枪火焰，烧化连接条与极柱的焊接部分（见图6-7-3），并注意保留连接条的圆孔，以便复原时重新焊接。

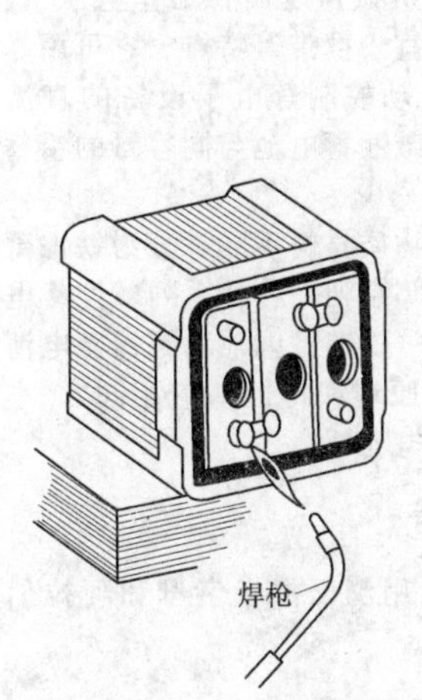
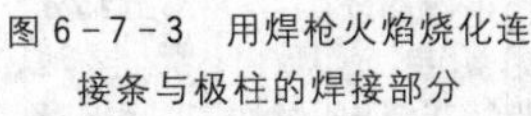

图6-7-3 用焊枪火焰烧化连接条与极柱的焊接部分

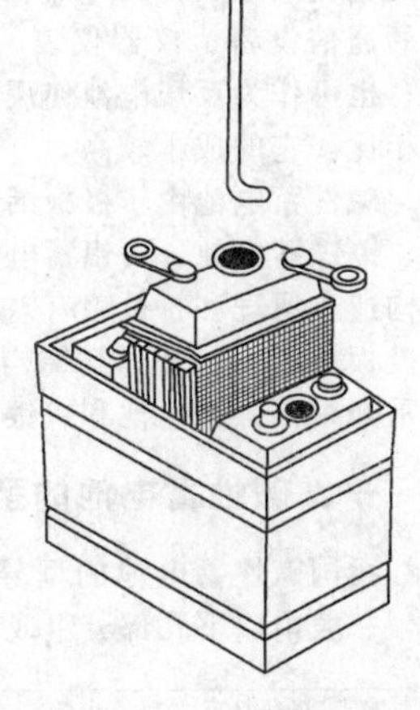

图6-7-4 用铁钩抽出极群

(2) 清除封口剂，可用沸水浇洒封口剂表面（用焊枪、喷灯烤亦可）使其软化，然后将封口剂铲除，铲下的封口剂，用清水冲干净仍可使用。

(3) 抽出极群，可用丁字形铁钩插入注液孔内、钩住胶盖往外拉（见图6-7-4），可抽出极群。

(4) 漂洗极群，拆出胶盖、将抽出的极群用清水漂洗（不要刷洗和冲洗），分开正负极群，仔细拆掉隔板，将正负极群分放在纯水槽内，全部浸没以减少极板氧化。浸一段时间取出，自然晾干，也可烘干。

(5) 取出隔板，若材质是玻璃丝板、木隔板，一般不能再用，应更换。若是微孔橡胶或塑料制隔板应放纯水中冲净晾干，以备装复再用。

(6) 外壳检查，电池内电解液倒出后，外壳内用清水冲洗、擦干，用小木条分别敲打外壳和中心隔，以声响判断有无裂纹。

(7) 拆下全部零件，必须洗净，铅零件要刮去氧化层，铜螺栓则涂一薄层凡士林，已腐蚀严重的零件则换新品。

（三）修理外壳

蓄电池外壳或盖子出现裂纹，可用以下两种方法修补再用。

1. 用树脂胶泥修补

用树脂胶泥修补塑料外壳及盖子，实践证明效果较好。

(1) 配制树脂胶泥，配方见表6-7-3。

表6-7-3 树脂胶泥的配方

修理外壳用		修理盖子用	
成分名称	重量百分比(%)	成分名称	重量百分比(%)
环氧树脂	56.1	环氧树脂	56.2
乙二胺	5.6	乙二胺	5.6
炭黑	1.9	炭黑	8.42
胶木粉	36.4	胶木粉	11.24
		外壳粉末	18.54

(2) 配制时将环氧树脂加热，待溶液变稀时，加入胶木粉、炭黑（修盖子还需加外壳研磨成的粉末）搅拌均匀，冷却备用。待修补时，再加入乙二胺（它会很快使胶泥硬化），拌匀后才可使用。

(3) 修补步骤：①加热软化裂缝（用酒精灯或远距离火焰），铲去裂纹表面杂质；②用起子或小刀把树脂胶泥塞入修补处涂平，表面贴一张纸，使之自然硬化；③硬化后，揭去纸张、锉光表面即可。

2. 用生漆修补

用生漆修补硬橡胶壳，即在裂缝上用生漆刷2～3次，再贴一层麻布，麻布外表再刷一层生漆，晾干后即可用。

（四）焊接极群

（1）极板干燥后，发现不能继续使用的，须从极群上拆下来，再补焊上使用程度近似的同样极板，或者全部重新装配新极板。

（2）若极群必须重新焊接，应先将正负极板的极耳用铅锉锉光，分别焊成正极群和负极群；最好用乙炔氧焊，也可用电焊。焊条用含锑3%～6%的铅锑合金条。

（3）焊极群需要预制梳形板（用它卡住相同极性的极耳）和挡板构成极板焊架（见图6-7-5）。

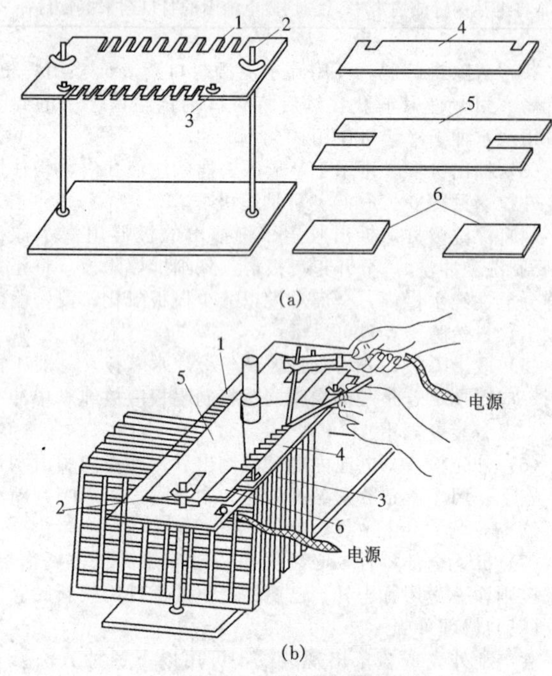

图6-7-5　在极板焊架上焊极群

（a）极板焊架；（b）焊极群

1—梳形板；2—固定螺母；3—止钉；4—单面挡板；5—双面挡板；6—压板

（五）零件的铸造

移动型铅蓄电池由于使用中的腐蚀和磨损，以及修理工作的需要，要更换一些损坏的零件。对简单的零件，如连接条和极柱，可用图6-7-6和图6-7-7的模具浇铸。

铸造铅零件时，先将铸模预热，用滑石粉扑打铸模内部，然后将铅锑合金（含锑3%～8%）用铁勺从铁锅内舀出，迅速倒入铸模内即可成型。如没有铅锑合金，可利用负极板的板栅和废零件经熔化后来铸造。

图6-7-6　铸造连接条的模具

（a）外形图；（b）剖面图

（六）装配蓄电池

（1）焊接后应检查正负极群在焊接时有无铅渣落入极板之间，修去焊接毛刺等，然后将正负极群的极板组合在一起，再插入隔板。若隔板是有沟的，则有沟的一面靠极板，使沟的方向直立，切勿横插；若平面隔板与玻璃纤维隔板并用，则将玻璃纤维板靠在正极板上。

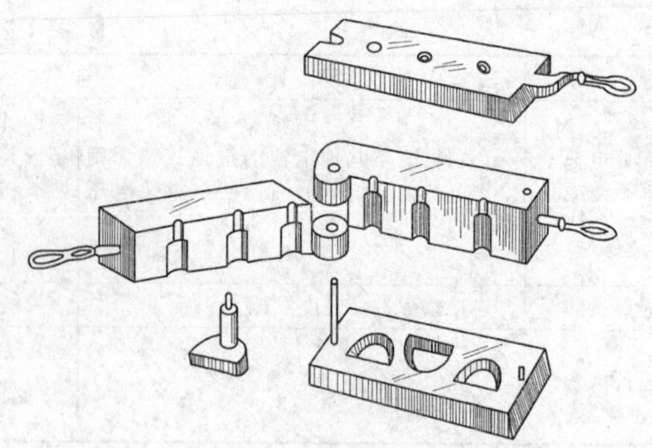

图6-7-7　铸造极柱的模具

（2）全部隔板插完后，调整正、负极群，使正负极板面面相对，调整隔板，使超出极板两侧的隔板相对称，然后将正负极群装入清洁、干燥的蓄电池外壳内。正负极群在胶壳内应装紧，如有松动可用破旧隔板填紧，以免车辆行驶时受震将极板上的活性物质松动脱落，减低电池使用寿命。

（3）盖上蓄电池胶盖，若蓄电池是由数个单体（数格）电池组成的，装配时要注意正负极性方向，要使相邻的两个单体电池的正负极性交错排列（即第一格电池正极接第二格电池负极，第二格电池正极接第三格电池负极）。

（七）浇注沥青封口剂

（1）可以利用蓄电池旧的沥青封口剂；如不足，可在旧沥青封口剂中掺一些沥青，再加些机油和烟黑（如锅黑、煤粉等），加热熔化调和之后，过滤清除杂质即可使用。

（2）在浇注封口剂之前，先将修理好蓄电池在外壳与胶盖须浇封口剂的部位之间用布蘸一些小苏打溶液中和硫酸，然后擦干。在壳与盖之间缝隙处垫塞石棉绳，以防封口剂漏入蓄电池内。

（3）浇注时不要一次浇平，先浇2/3，待封口剂冷却后，再重复仔细地浇一遍，并且用火焰微微加热表面，使其光滑平整。

（八）灌入电解液和初充电

拆修或装配好的铅蓄电池，按新电池的使用方法注入电解液和进行初充电。

第八节　碱性蓄电池

碱性蓄电池具有体积小、机械强度高、工作电压平稳、能大电流放电、使用寿命长和宜于携带等特点。它可用作移动的通信设备、仪器仪表、自动控制等电子设备的直流电源；也可作为反压电池使用。碱性蓄电池与同容量的铅蓄电池相比，它的成本较高。

碱性蓄电池由于极板活性物质材料不同，分为铁镍蓄电池、镉镍蓄电池、锌银蓄电池等系列。各种系列碱性蓄电池的构造、原理和特性略有差异（铁镍蓄电池和镉镍蓄电池除负极板材料不同外，其结构、原理和特性基本相同）。本节着重介绍镉镍蓄电池和锌银蓄电池。

一、碱性蓄电池的型号

我国碱性蓄电池的型号采用汉语拼音字母和阿拉伯数字，一般由以下几部分组成：

第一部分	第二部分	第三部分	第四部分		第五部分
串联个数	负极板材料	正极板材料	蓄电池特殊结构	放电特性	蓄电池容量

1. 单体蓄电池

如为单体（每只）蓄电池，其型号仅由二、三、四（或二、三、四、五）部分组成。

如 TN500 碱性蓄电池：T 为负极板材料铁的代号（取汉语拼音第一字母）；N 为正极板材料镍的代号；500 为容量安时（Ah）。

如 XYZ5 碱性蓄电池：X 为负极板材料锌的代号；Y 为正极板材料银的代号；Z 为代表中放电率；5 为表示容量安时（Ah）。

如 GNYG40m 碱性蓄电池：G 为负极板材料镉的代号；N 为正极板材料镍的代号；Y 代表圆形密封结构；G 代表高放电率；40m 表示容量 40 毫安时（mAh）。

蓄电池结构为密封的圆形、扁形、方（矩）形，分别用字母 Y、B、F 表示；H 表示外壳是活动盖。蓄电池结构为全密封的则在上述字母的右下角附加“1”字，即以 Y_1、B_1、F_1 表示。

2. 串联蓄电池组

它在型号前加串联个数。如 2XYG200 碱性蓄电池组：2 表示 2 个电池串联；X 表示负极材料为锌；Y 表示正极板材料为银；G 表示高放电率；200 表示安时（Ah）。

二、镉镍蓄电池

（一）结构

镉镍蓄电池按极板结构可分为有极板盒式和无极板盒式；按外形结构可分开口式和密封式。

1. 镉镍有极板盒式蓄电池

镍镉有极板盒单体蓄电池结构图如图 6－8－1 所示。正极由氧化镍粉、石墨粉组成，其中石墨仅用来增强导电性，不参与化学反应。负极由氧化镉粉和氧化铁粉组成，其中氧化铁粉主要使氧化镉粉具有较高的扩散性，防止结块，并增加极板容量。正、负极板上这些活性物质分别包在穿孔钢带中，加压成型后成为极板。用焊接方式焊成极群装入镀镍的铁质电槽或聚乙烯电槽内，并以耐碱的硬橡胶绝缘棍或穿孔的聚氯乙烯瓦楞板隔开正负极板，然后焊底或焊盖成型。小容量的镉镍蓄电池的正极与外壳相接，大容量的则不相接。

2. 镉镍无极板盒式蓄电池（图 6－8－2）

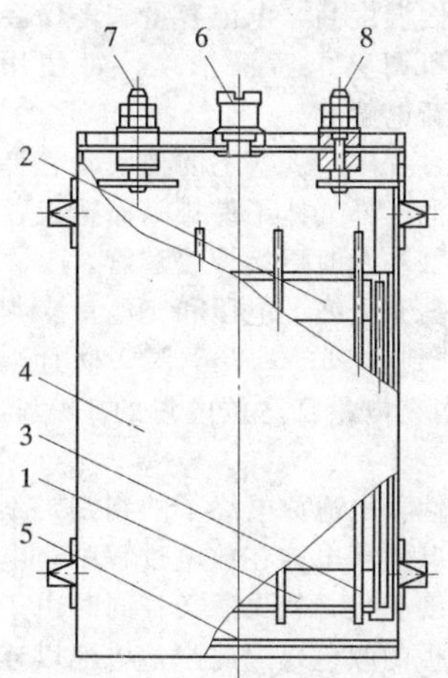

图 6－8－1 镉镍有极板盒单体蓄电池结构图

1—正极板；2—负极板；3—硬橡胶棍；4—电槽；5—底；6—气塞；7—负极柱；8—正极柱

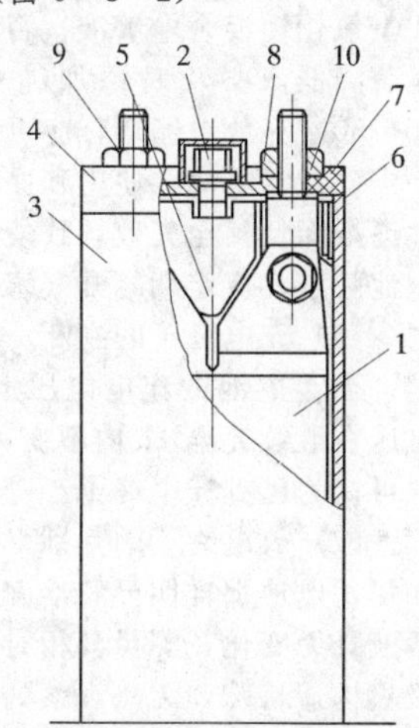

图 6－8－2 镉镍无极板盒单体蓄电池结构图

1—极群；2—气塞；3—电槽；4—槽盖；5—隔板；6—加热圈；7—垫圈；8—垫圈；9—螺母；10—垫圈

该种电池采用的极板有烧结式与压成式两种，可组装成烧结式、压成式和半烧结式三种镉镍无极板盒蓄电池。烧结式蓄电池正负极是以烧结的多孔性的镍基板为骨架，在孔隙里填充氢氧化亚镍作正极板，填充氢氧化镉作负极板。

压成式蓄电池正负极以镀镍钢网为骨架。正极以氢氧化亚镍和石墨粉为活性物质，负板以海绵镉粉和氧化镉粉为活性物质，在专用模具中分别加压成型。半烧结式蓄电池，其中一个极板为烧结式，另一个极板为压成式。

3. 镉镍密封蓄电池

其极板结构与镉镍无极板盒蓄电池相同。以隔膜把正负极板隔开组成极群，放入镀镍铁质圆筒中，加入电解液化成后，再把外壳与外盖卷边封口密封成蓄电池。镉镍密封单体蓄电池结构如图 6－8－3 所示。

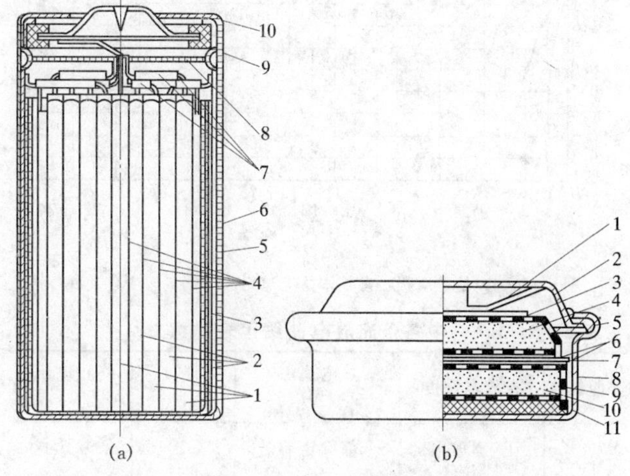

图 6－8－3 镉镍无极板单体蓄电池结构图

1—正极板；2—负极板；3—外壳；4—隔膜；5—衬套；6—绝缘套；7—套管；8—绝缘片；9—防爆盖；10—外帽；11—弹簧片

压成式密封电池，其极板用镍网包扎，在特别模具中加压成型。正负极板采用维尼龙纸与卡普伦布为隔膜，垫栅作为接触片装入镀镍钢壳中，壳盖卷边封口密封成单体电池。这些电池使用前均不必灌注电解液，可以任意放置不漏电解液。

（二）工作原理

镉镍蓄电池充电后，正极板为氢氧化镍 $[Ni(OH)_3]$，负极板为金属镉（Cd）；放电终止时，正极转化为氢氧化亚镍 $[Ni(OH)_2]$，负极转化为氢氧化镉 $[Cd(OH)_2]$。电解液多选氢氧化钾（KOH）溶液。两电极所发生的电化学反应是可逆的，在充放电过程中总的化学反应式如下

$$\underset{\text{负极}}{Cd} + \underset{\text{(电解液)}}{2KOH} + \underset{\text{(正极)}}{2Ni(OH)_3} \underset{\text{充电}}{\overset{\text{放电}}{\rightleftharpoons}} \underset{\text{(负极)}}{Cd(OH)_2} + \underset{\text{(电解液)}}{2KOH} + \underset{\text{(正极)}}{2Ni(OH)_2}$$

在充放电化学反应过程中，电解液 KOH 只作为电流的传导体（离子导电），其浓度不起变化；因而不能根据比重来判断充放电的程度，只能根据电池电压的变化去判断充放电程度。镉镍密封蓄电池在充电过程中随着电化反应的加剧，正极上将析出氧气，在负极上将析出氢气，但由于镉镍密封电池制造时使负极物质过量，这就避免了氢气的发生。而在正极上产生的氧气，由于电化学作用被负极吸收，因此防止了蓄电池内部气体的集聚，保证蓄电池在密封条件下正常工作。

(三) 主要特性

额定电压：单只蓄电池均为1.25V。

低温容量：蓄电池充电后，在温度(20±5)℃下保存30天，能放出额定容量的90%以上；在低温-20℃时放电，约能放出额定容量的75%以上；在低温-40℃放电，约能放出额定容量的20%以上。

充放电特性：蓄电池充放电时端电压变化曲线如图6-8-4所示，各曲线代表意义见表6-8-1。

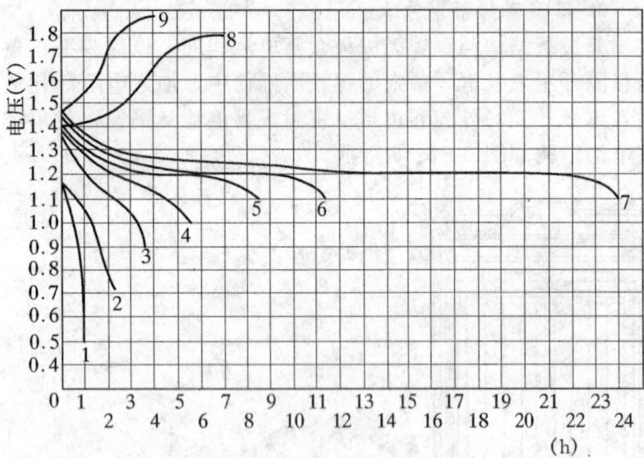

图6-8-4　镉镍有极板盒单体蓄电池充放电端电压变化曲线

表6-8-1　　中各条充放电曲线代表的意义

曲线	充放电制度	电流 (A)	时间 (h)	终止电压 (V)
1	1h率放电	全部额定容量	1	0.5
2	2h率放电	1/2额定容量	2	0.7
3	3h率放电	1/3额定容量	3	0.9
4	5h率放电	1/5额定容量	5	1.0
5	8h率放电	1/8额定容量	8	1.1
6	10h率放电	1/10额定容量	10	1.1
7	20h率放电	1/20额定容量	20	1.1
8	正常充电	1/4额定容量	7	
9	快速充电	1/2额定容量	4	
	过充电	1/4额定容量	9	
	浮充电	不定	不定	

(1) 充电：镉镍蓄电池其充电小时和充电电流的乘积不等于额定容量，这一点和铅蓄电池充电率概念不同。镉镍蓄电池正常充电制的充电时间为7h，充电电流为额定容量的1/4，快速充电制充电时间为4h，充电电流为额定容量的1/2，过充电制充电时间为9h，充电电流为额定容量的1/4。每只镉镍蓄电池充电时需电源电压约1.9V，低温时约需2.2V，浮充时每只蓄电池需电源电压应保持1.6V。

(2) 放电：以8h率放电为正常放电。镉镍蓄电池能承受过充电和过放电，能用1h率放电电流进行放电。

使用寿命：充放电循环可达750次以上。

(四) 电解液的配制

(1) 镉镍蓄电池中所用电解液有两种：氢氧化钠和氢氧化钾溶液。氢氧化钾溶液的导电率较好，一般乐于采用。配制氢氧化钾、氢氧化钠溶液时必须使用纯水(或蒸馏水)。根据使用时的不同温度环境按表6-8-2配制电解液，在第1、2种溶液中加入一定数量的氢氧化锂，是为了增加蓄电池容量和延长使用寿命；配制1、2两种电解液时，先用少量碱液全部溶解所需固体氢氧化锂后，再加入电解液中搅拌均匀；配制3、4两种电解液时，氢氧化钾固体含碳酸盐要小于4%，并严禁混入氢氧化钠。

(2) 配制和保存电解液，应使用玻璃、瓷器铁器等耐碱容器。电解液调整好比重后最好静止4h后取澄清液使用，保存电解液要密封。配制时要戴防护眼镜、橡皮手套、穿防护服、小心操作，以防碱液烧伤皮肤。皮肤一旦沾上碱液立即用3%的硼酸水或清水冲洗。

表6-8-2　　镉镍蓄电池电解液

种类	比重 (g/mL)	温度 (℃)	电解液成分	配比碱和水
1	1.18±0.02	45～10	氢氧化钠+20g/L 氢氧化锂	1∶5
2	1.20±0.02	35～-10	氢氧化钾+40g/L 氢氧化锂	1∶3
3	1.25±0.01	10～-25	氢氧化钾	1∶2
4	1.28±0.01	-15～-40	氢氧化钾	1∶2

(五) 使用和维护

(1) 新蓄电池，拧开气塞，注入电解液并使液面高于极板5～12mm，静止1～2h后，采用过充电制充电后即可使用；平时使用宜采用正常充电制和正常放电制。如遇蓄电池过放电或小电流放电时，必须采用过充电制进行充电。

(2) 每次充电前对每只蓄电池应补加纯水，使液面保持一定高度；每使用10～15次充放电循环应检查并调正电解液浓度。

(3) 使用中蓄电池中的碱性电解液极易吸收空气中的二氧化碳，致使碳酸盐含量增加，当含量超过50g/kg以上时，电池容量显著降低。一般每经一年左右，或使用50～100次充放电循环，应更换一次新电解液。更换电解液要在蓄电池放电状态下进行，将蓄电池摇动使内部粉尘洗出，必要时可用纯水洗1～2次，并及时注入新的电解液。

(4) 蓄电池在35℃以上环境使用时，应采用氢氧化钠和氢氧化锂混合电解液；否则因温度高，电池容量和寿命会显著降低，要及时添加纯水和调整电解液浓度。每使用30～50次充放电循环，应更换新电解液。

(5) 蓄电池在使用和保存过程中，气塞上的橡胶套管弹性逐渐降低甚至失效，致使电池内部气体不易排除而造成蓄电池膨胀，应定期打开气塞排气和及时更换橡胶套管。

(6) 充电终了的判断，根据充电终了电压和充电量来判别。当蓄电池的充电电压上升到1.75～1.80V时，而且端电压在继续充电1h内不变；当充电量已达放电量的140%，即可认为已到充电终了。

(7) 放电终了的判别。碱性蓄电池放电终了的判别，不如铅蓄电池那样明显和准确。碱性蓄电池在放电过程中，电解液既无变化，测量其相对密度变化，就无意义；同时由于极板构造特殊，无法观察到极板的颜色，因此当蓄电池以连续稳定电流放电时，只能依蓄电池的端电压变化来确定放电程度，即根据在各种放电率下的终了电压来确定。

(8) 作为储备的蓄电池，应充电后带着电解液保存，使用时易于充电和恢复正常容量；也可在放电后不带电解液长期保存，应放在干燥通风和温度较低(30℃以下)环境中。

三、锌银蓄电池

（一）结构（见图6-8-5）

锌银蓄电池由银作正极材料，极板先由银丝导线制成导电骨架，将活性物质银粉压在导电骨架上，再经烧结成型；锌作负极材料，活性物质主要由锌粉和氧化锌粉构成，加入黏合剂，调成膏状，用涂膏法制成负极板。隔离物采用的隔膜，采用有机物制成的一种带有微孔的半透性膜。用它将正负极隔开，防止短路。由于隔膜在碱性溶液中会吸收电解液而稍有膨胀，可保持电池内部的紧密性和阻碍极板活性物质脱落，且使流动的电解液数量相应减少，电解液主要存在于极板与膨胀隔膜的孔隙中，从而缩小了蓄电池的体积。

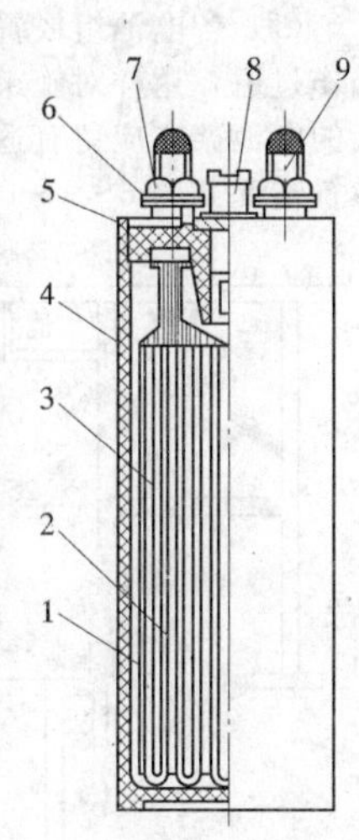

图6-8-5　银锌单体蓄电池结构图

1—正极板；2—负极板；3—隔膜；4—外壳；5—盖；6—垫圈；7—螺母；8—气塞；9—接线柱

蓄电池容器采用耐碱塑料外壳。上盖中心有注液口，拧上气塞，可防止外部空气进入，又能使蓄电池内部的气体排出去。电解液采用氢氧化钾和氧化锌溶液，低放电率使用的蓄电池，电解液加入适量的氢氧化锂，可延长使用寿命。

（二）工作原理

锌银蓄电池正极的活性物质是多孔性银（Ag），负极上的活性物质主要是氧化锌（ZnO）。灌入电解液并经一段时间的渗透化学作用以后，氧化锌将转化为氢氧化锌[$Zn(OH)_2$]，这种情况和蓄电池放电后的状态一样。充电后，正极的活性物质变成氧化银（Ag_2O），负极的活性物质变成锌（Zn），组成锌银原电池。放电时的反应如下

负极　　$Zn+2OH^- -2e = Zn(OH)_2$

正极　　$Ag_2O+H_2O+2e = 2Ag+2OH^-$

充放电的总反应

$$Zn+Ag_2O+H_2O \underset{充电}{\overset{放电}{\rightleftharpoons}} 2Ag+Zn(OH)_2$$

从总的化学反应式中可以看出，电池充放电化学反应过程，并不消耗电解液氢氧化钾，因此，锌银蓄电池充放电终止的标志，主要靠测量它的端电压大小掌握。

（三）主要特性

以XY型锌银蓄电池为例。

额定电压：单只蓄电池均为1.5V。

低温容量：在−20℃下以5h率放电，输出容量不低于额定容量的50%。

充放电特性：锌银蓄电池充放电时端电压变化曲线如图6-8-6所示。常温下、锌银单体蓄电池的电动势为1.84～1.86V，以1h率或更小电流放电时，平均工作电压为1.5V。充电时电压出现二个平阶：第一阶段稳定在1.62～1.64V；第二阶段上升在1.92～1.94V，充电快结束时很快上升到2.0～2.1V，一般控制终止电压为2.05V。放电时，电压也出现二个阶段：第一阶段为1.8～1.55V；第二阶段为1.54～1.52V；放电终止电压一般控制在1.3～1.0V。如达到1.0V不立即停止放电，端电压很快降为零值，造成“过放电”。

使用寿命：充放电循环可达70次以上。

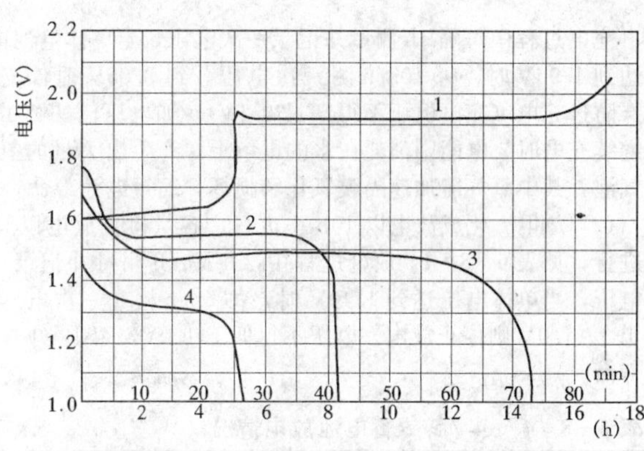

图6-8-6　锌银单体蓄电池充放电特性曲线

（四）电解液配制

（1）锌银蓄电池所用电解液比重为1.45～1.47，其化学成分为：氢氧化钾540～570g/L，氧化锌80～100g/L，杂质碳酸盐不大于20g/L，铁不大于0.0015g/L。低放电率使用蓄电池，另外加适量氢氧化锂，可延长电池寿命。

（2）配制电解液的化学药品应为一级品或二级品试剂，简要的配制方法是：欲配制1L电解液，先加750mL纯水于烧杯中，再加氧化锌95～100g、氢氧化钾680～700g，搅拌至完全溶解，调正比重为1.45～1.47（比重大时补加纯水，比重小补加氢氧化钾）。

（五）使用和维护

1. 锌银蓄电池的启用

（1）蓄电池启封后，检查产品年月，看是否超期；检查运输保管过程有无损坏；擦去表面防锈剂。

（2）加注电解液，数量参阅产品说明。在不低于15℃环境下浸渍36～48h，再用电压表检查极性和电动势（开路电压），如均正常即可进行化成充放电；若极性相反或无电压，应找出原因，消除故障。

（3）化成和容量检查：该种电池正式使用之前，都要经过“化成”手续，目的是改善极板的均匀性，保证电气性能一致。化成的方法是：用10h率电流充放电循环，充电终止电压为2.10V，放电终止电压为1.00V。再以10h率电流充电，以5h率电流放电作容量检查。要求放电容量不低于额定容量，低者还要重复一次容量检查。

（4）容量合格的蓄电池经正常充电并搁置24h后，检查电动势为1.82～1.86V者，即可使用；低于1.82V者，应放电后再充电一次，若仍不合格，说明蓄电池内部已短路，不宜使用。

2. 锌银蓄电池的充放电

（1）充电。充电制度有三种。①正常充电，采用10h率电流恒电流充电，充电到达电压2.05V止；②快速定时充电，锌银蓄电池允许用大电流充电7～8h达到额定容量后使用，切勿过充电；③小电流充电，锌银蓄电池经长期湿搁置后开始使用时，宜用小电流充电到终止电压达2.05V时，停止充电。锌银蓄电池三种情况充电详见表6-8-3。

表6-8-3　锌银蓄电池三种充电情况

产品型号		2XY-8	XY-20	XYG-45	XY-60
正常充电电流（A）		0.8	2	4.5	6
快速定时充电	电流（A）	1.2	3	7	8
	时间（h）	7	7	7	8
小电流充电电流（A）		0.4	1	3	3

充电过程中每隔 1h 测量并记录一次电压，当单体电池电压达到 1.96V 时，每 10min 测一次电压，到 2.05V 时停充。要严防过充电（充电电压不得超过 2.1V），如电压已达 2.1V 再继续充电时，电能则消耗在水的电解上，产生出大量的氢、氧气泡，其中氧气能加速隔膜氧化和损坏，缩短电池寿命。

（2）放电。化成放电以 10h 率进行，容量检查放电以 5h 率进行，见表 6-8-4。放电过程中，每隔 1h 测量并记录一次电压，当单体电压达到 1.40V 时，每 5min 检查一次电压，到 1.3～1.0V 则停止放电。电压不得低于 1.0V，否则影响电池寿命。

表 6-8-4　　锌银蓄电池放电情况

产品型号	2XY-8	XY-20	XYG-45	XY-60
化成放电电流（A）	0.8	2	4.5	6
容量检查放电电流（A）	1.6	4	9	12

3. 锌银蓄电池维护注意事项

（1）蓄电池在使用中，经 10 次循环后，应作容量检查和内部有无短路检查。容量低于额定值 80％者或内部短路者，可视电池寿命终止，不再使用。

（2）蓄电池除加注电解液，其他时间均应拧紧气塞，以防止电解液吸收二氧化碳和水分蒸发而使电池性能变坏。经常检查电解液液面，保持合理高度。

（3）蓄电池启用后暂不使用时，应以放电状态保存。停备期不超过 1 个月，可用充电状态保存备用，使用前应以小电流充电，以恢复容量。

第九节　蓄电池室

一、蓄电池室的一般要求

蓄电池室的具体规格及要求决定于蓄电池的容量、型号以及本企业和当地的其他条件。这里只介绍一般原则。

蓄电池室的位置，首先应符合安全的要求；其次应利于工作（例如便于施工和维护）。因此蓄电池室的位置，应选择远离高温处所和震动较大的地方，例如锅炉房、油机室等。此外尚应考虑选择干燥、明亮和便于气体及酸液排泄的地方。一般蓄电池室应设在大楼的底层。

（一）蓄电池室的结构要求

（1）蓄电池室的面积应根据下列情况决定：所装电池组数，电池木架的尺寸、过道、管道占用的位置和工作所需的场地等；同时应考虑未来增容所需的面积。

（2）地基应根据所装蓄电池的重量来设计。地面应用耐酸材料建造。为了保护地下的钢筋混凝土结构，最好采用沥青地面。为防止蓄电池架陷入沥青内，可在架的支点下垫以防酸瓷砖。大容量的蓄电池因重量较大，可加造电池台。

（3）门窗应向外开，并涂以防酸漆；门不应和机房等直通，以免酸气侵蚀精密设备。阳光不许直接照在蓄电池上，以免电解液温度变化过剧，故直接受日光照射的门窗玻璃应装淡蓝色玻璃或毛玻璃。

（4）天花板和四周的墙壁、门窗、通风管道、暖气装置、自来水管等均应加涂银粉或防酸油漆，以免遭受酸雾的腐蚀。若为碱性蓄电池室，则应涂以防碱漆或普通油漆。

（5）蓄电池室旁应设有储存酸液（或碱液）、蒸馏水及配制电解液的专用房间，室内不得存放浓硫酸。

（6）蓄电池室的照明应用密封的。应采用暗线布线，如用明线要用铅皮电缆。室内不许有电源插头、开关、熔丝等。

（7）室内不得设火炉及烟囱。

（二）室内设备的布置及要求

（1）各电池组放置的位置，应使每一电池组均有宽敞的工作过道，这样对施工及日常维护检修工作较为方便。若靠墙的电池架亦应留有适当的过道（离墙约 1m）。整个电池组布置情况如图 6-9-1 所示。

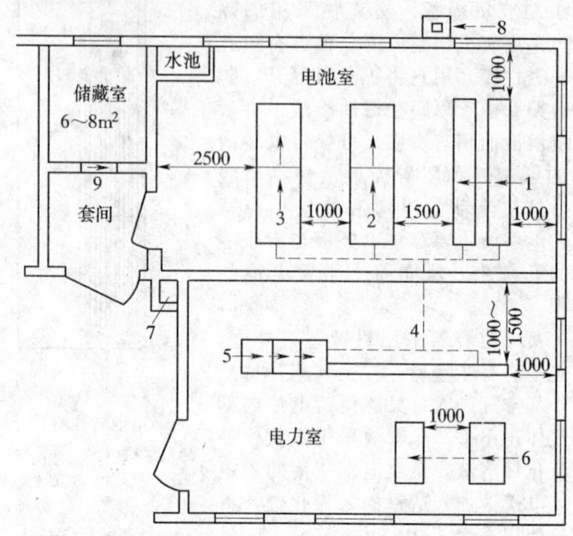

图 6-9-1　电池室和电力室设备布置平面图（单位：mm）

（2）碱性电池和酸性电池不宜放在一起，碱性电池应分装在单独的蓄电池室内，以免酸雾对碱性蓄电池腐蚀损坏。

（3）电池室内应装有水池，便于室内做清洁工作。水池位置距电池组较远，以免在工作时污水泼溅于电池内，一般与电池组相距 1.5m 以上。

（4）使用可携带的照明设备时，其连接线应用橡皮线，并接于电池室外的电源上，灯托上不许有开关，灯泡须用铁丝罩保护。

（5）为了工作人员的安全，当电池组由 135 个或更多电池串联组成时，在电池架旁的过道上应铺设木桥，木桥下则放置玻璃或瓷绝缘子。

二、蓄电池室的通风

为使人身和设备不受危害，必须设法及时送入大量新鲜空气，排除氢、氧及硫酸雾汽，使室内空气含氢量低于 0.7％，含酸量小于 $2mg/m^3$。在一般情况下，每小时只需排换等于室内容积 5～10 倍空气量即可。

通风设备的选择和装设概述如下。①通风方法多用抽风和排风机进行机械通风，为避免灰尘落入电池中，不宜采用开窗进行通风的方法，吸入空气的温度应不低于蓄电池室的温度；②通风机应选全封闭式，避免发生火花时有引起爆炸危险，通风机与室内气体接触部分，管道均应用防酸漆涂刷，碱性的涂普通油漆，通风排气管道，应沿墙引至屋顶排放，不宜与其他通风管道相连；③通风所用的进气洞和排气洞，通常是这样设计的，前者装于离地面 1.5m 处，使吸入干净、新鲜的气体，能够方便地通过电池的上部，后者分上下两个部分，上部是排除氢氧气的洞口，其洞口上端应与天花板平，下部是排出蒸汽和硫酸雾气的洞口，洞口的底端约距地面 0.3～0.5m，各洞口管道的粗细可依据吸入和排出的气量计算，各洞口的位置如图 6-9-2 所示。

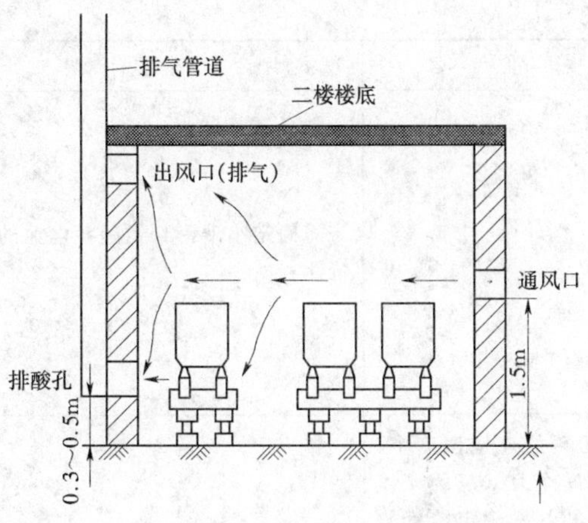

图 6-9-2　通风洞位置示意图

为了清除吸入空气中灰尘，保持室内清洁，在进气洞处装有空气滤清箱，箱质一般用木箱，箱内加滤芯制成，使用中应定期清洁。

第十节　蓄电池有关资料

一、密封铅酸蓄电池国内外标准

（一）小型密封铅蓄电池标准

JIS 与 IEC 标准草案的比较见表 6-10-1。

（二）固定型密封铅酸蓄电池标准

SBA（日本蓄电池协会标准）3018 标准见表 6-10-2。

二、SUPERFM 系列全密封免维护铅酸蓄电池规格型号

见表 6-10-3。

三、起动用铅酸蓄电池基本参数表

见表 6-10-4。

四、起动用免维护铅酸蓄电池参数表

见表 6-10-5。

五、镉镍蓄电池组技术数据

见表 6-10-6。

六、镉镍蓄电池技术数据

见表 6-10-7。

七、镉镍圆柱密封蓄电池技术数据

见表 6-10-8。

八、镉镍圆柱密封蓄电池组技术数据

见表 6-10-9。

九、塑料外壳镉镍蓄电池技术数据

见表 6-10-10。

十、新系列袋式镉镍电池主要指标

见表 6-10-11。

十一、铁镍蓄电池技术数据

见表 6-10-12。

十二、GGF 型防酸隔爆式铅酸蓄电池的技术参数（规格及电气性能）

见表 6-10-13。

十三、GGM 型密闭防爆式铅酸蓄电池的技术参数（规格及电气性能）

见表 6-10-14。

十四、GFD 固定型防酸式铅酸蓄电池参数

见表 6-10-15。

表 6-10-1　JIS8702 与 IEC 标准草案的比较

项　目	JIS	IEC 标 准	一　致　性
容量 20h 率	充放电循环 3 次时，容量在额定容量的 95%以上	充放电循环 5 次时，容量达到制造厂家指定的 20h 率额定容量的 100%以上	蓄电池在初期，通过充放电使容量增加 5%以上，为了节约工时，试验次数越少越好，所以规定在循环 3 次以内达到额定容量的 95%以上
高倍率放电特性	用 $1C_{20}$ A 定电流放电（终止电压 1.60V/单体），持续时间 27min 以上	以 1h 率放电（终止电压 1.6V/单体）。充放电循环 5 次，容量达到制造厂指定的 1h 率额定容量的 100%以上	在近年的高倍率放电用途中，主要使用 $1C_{20}$ A 或高于此值的放电电流，因此规定为 $1C_{20}$ A
耐电流特性	能耐 $2C_{20}$ A 放电 5min，$15C_{20}$ A 放电 5s	能耐制造厂家指定的 $2C_{20}$ A 以上的放电电流放电 5min，$15C_{20}$ A 以上的放电电流放电 5s	
过放电特性	连接定电阻，以初期电流 $1C_{20}$ A 放电 3 周后，以 2.5V/单体的定电压充电 24h 后得到的容量为额定容量的 75%以上	连接能通过 $2C_{20}$ A 电流的定电阻放电至制造厂家指定的 *d* 天（*d* 为 15 以上）。以制造厂家指定的定电压充电 48h 后的 20h 率容量在额定容量的 75%以上	试验条件与 IEC 相同，但更为明确
过充电特性	以 $0.1C_{20}$ A 连续充电 48h 后，20h 率容量达到额定容量的 95%以上	无规定	确保充电装置发生故障或误操作情况下使用无异常

续表

项目	JIS	IEC 标准	一致性
密封性能	以 $0.1C_{20}$A 充电 48h 后，由再以 $0.005C_{20}$A 充电 5h 过程中产生的气体量算出密封反应效率，其值为 90%以上 安全阀动作范围为 0.98～196.1kPa（0.01～2.0kgf/cm²） 以 $0.2C_{20}$A 过充电 5h，无漏液及其他异常现象	无限定	需确定小型密封铅酸蓄电池的基本特性
储存特性	在（25±5）℃的环境温度中，以开路状态储存 6 个月后的容量为储存前容量的 60%以上	1. 在（25±2）℃的环境温度中，以开路状态储存 N 个月（N 为 4 以上）后的容量为 20h 率额定容量的 75%以上 2. 在环境温度为（25±5）℃。相对湿度 80%以下的大气下以开路状态储存 1 年后的容量为循环 5 次后 20h 率额定容量的 100%以上	此标准与 IEC 相应标准一致
耐振动特性	全振动幅度 4mm，振动频率 16.7Hz，连续振动 1h 后外观无异常，端电压高于额定电压	无规定	需要考虑运输及使用条件。在 Stationary iead—acid Batteries Part2 的 IEC 标准草案中正在讨论此项目
耐冲击特性	在高度为 20cm 处蓄电池底面向厚 10mm 以上的硬木板上自然跌落 3 次，外观无异常，端电压高于额定电压	无规定	
寿命（循环用）	放电：$0.25C_{20}$A，2h 充电：$0.1C_{20}$A 定电流或制造厂家指定的定压充电 6h 大约每 25 次循环，就以 $0.25C_{20}$A 的电流放电至终止电压 1.7V/单体时，确定容量，此容量要达到 20h 率容量的 50%，且循环 200 次以上	放电：$0.17C_{20}$A3h 充电：由制造厂家指定的定电压或定电流充电 9h，每 40～50 次循环，确定一次 20h 率容量此容量要达到 20h 率额定容量的 60%循环在 200 次以上	循环过程中的放电深度及寿命判断基准略微相同，缩短了试验时间
寿命（涓流充电用）	在 40～50℃，2.25～2.3V/单体的范围内，由制造厂家指定的定电压充电，每 2 个月以 $0.25C_{20}$A 的电流放电至终止电压 1.7/单体时，确定容量，此容量应达到 20h 率额定容量的 50%时间为 1 年以上（参考值）	审议中	

注 我国 JB/T 6457.2 标准等效于 JIS8702，JIS 为日本工业标准，IEC 为国际电工委员会标准，JB 为我国机电部标准。

表 6-10-2 SBA（日本蓄电池协会标准）3018 标准

项目	试验方法	性能
容量	完全充电后静置 1～24h，表面温度（25±5）℃放电电流： 10h 率，$0.1C_{10}$A 终止电压 1.8V/单体 1h 率，$0.6C_{10}$A，终止电压 1.6V/单体	试验次数为 5 次以内达到额定容量的 95%以上
最大放电电流	完全充电后静置 1～24h，表面温度（25±5）℃以 $3C_{10}$A 定电流放电 1min 以 $6C_{10}$A 定电流放电 5s	导电部件无熔断，外观无显著变形
过充电性能	10h 率容量试验后的蓄电池，使其处于完全充电状态后，温度（25±5）℃，以 $0.03C_{10}$A 的定电流连续充电 160h	外观无显著变形及无漏液
容量保持率	容量保持率 $=\frac{C_b}{C_a}\times100\%$ 式中 C_a—储存前 10h 率容量 C_b—储存后 10h 率容量（不再充电）	80 半年后 C_{10} 在 80%以上

续表

项　目	试验方法	性　能
密封反应效率	完全充电状态电池，以 $0.005C_{10}A$ 的定电流连续充电，通电1h后收集气体，取集时间为1h，按下式计算 $$V=\frac{P}{P_0}\frac{298V}{(t+273)Q}$$ 式中　V—每通1Ah电量在25℃，101.3kPa条件下计算出的析出气体量(mt/Ah)； P—测量时大气压，P_0 的单体为kPa时是101.3，P的单位量mbar时是1013，P为mmHg时是760； t—温度； V—收集气量（mL）； Q—气体收集过程的通电量（Ah）。 $$密封反应效率=\left(1-\frac{V}{684}\right)\times 100\%$$ 式中　684—每通电1Ah时25℃是101.3kPa条件下产生气体的理论值	90%以上
安全阀动作	逐渐加大空气压力，测量阀开启时的压力，再从开阀压力起逐渐减小气压，测闭阀压力	开阀压： 49kPa（0.5kgf/cm²）以下闭阀压1.0kPa(0.01kgf/cm² 以下)
过充电寿命	完全充电状态电池，温度（25±5）℃以 $0.02C_{10}A$ 定电流连续充电每30天进行1h率容量试验，容量下降1h容量的80%以下为寿命终止	HSE型　180天以上 MSE型　240天以上
防爆性能	以 $0.05C_{10}A$ 电流过充电，1h后在排气孔附近产生火花。重复2次火花大小以用直流24V的电源烧断1A或高于1A保险丝的火花为准	无持续火焰，不向蓄电池内诱爆
防溅性能	完全充电状态的电池以 $0.05C_{10}A$ 定电流充电4h，从充电2h后开始收集气体，把气体导入灌满含1/100的NaOH溶液的串联的3个吸收瓶中，瓶中产生气泡，收集气体2h后，测逸出的被氢氧化钠溶液吸收的酸雾量，以2h的充电量求出每1Ah所逸出的酸雾量	每通过1Ah电量时，逸出酸雾的量为0.025mg以下

表6-10-3　SUPER FM系列全密封免维护铅酸蓄电池规格型号

型　号	额定电压(V)	容　量	外型尺寸(mm)				约重(kg)
			长L	宽W	高H	总高TH	
		20h率容量(Ah)					
3—FM—1.2	6	1.2	98	24	52	60	0.32
3—FM—2	6	3	66	44	93	102	0.80
3—FM—4	6	4	70	48	102	111	0.90
3—FM—6	6	6	97	55	110	119	1.30
3—FM—8	6	8	151	50	95	103	1.76
3—FM—10	6	10	151	50	95	103	1.90
13—FM—12	6	12	105	76	142	151	2.60
6—FM—3.5	12	3.5	114	65	65	74	2.00
6—FM—6.5	12	6.5	151	65	94	101	2.60
6—FM—10	12	10	151	97	95	104	4.50
6—FM—12	12	12	160	76	158	167	5.25
6—FM—15	12	15	181	76	167	176	6.00
6—FM—24	12	24	165	175	128	134	8.70
6—FM—38	12	38	197	165	145	145	13.00
6—FM—50	12	50	260	133	205	227	17.00
6—FM—65	12	65	350	166	176	198	21.50
6—FM—80	12	80	340	175	214	235	29.00
6—FM—100	12	100	403	170	214	235	32.00
2—FM—4.5	4	4.5	77	40	106	113	0.65
		10h率容量(Ah)					
FM—100	2	100	72	170	205	227	0.70
FM—150	2	150	100	170	205	227	10.00
FM—200	2	200	128	170	205	227	13.00
FM—250	2	250	156	170	205	227	16.00
FM—300	2	300	151	170	325	350	22.00
FM—400	2	400	241	170	325	350	29.00
FM—500	2	500	241	170	325	350	33.00

续表

型　号	额定电压(V)	容量(Ah)	外形尺寸				约重(kg)
			长 L	宽 W	高 H	总高 TH	
		10h率容量(Ah)					
FM—800	2	800	411	175	350	380	50.00
FM—1000	2	1000	479	175	350	380	62.00
FM—1500	2	1500	479	337	350	380	110.00
FM—2000	2	2000	479	337	350	380	146.00
FM—3000	2	3000	698	340	353	383	220.00

表 6-10-4　　起动用铅酸蓄电池基本参数表

序　号	电池型号	额定电压(V)	20h率容量(Ah)	最大外形尺寸 长×宽×高 (mm×mm×mm)	初充电电流(A)	普通充电电流(A)
4	3—Q—120	6	120	262×175×236	8	12
7	3—Q—165	6	165	245×175×242	11	17
8	3—Q—180	6	180	369×175×242	12	18
9	3—Q—195	6	195	393×175×242	13	20
15	6—Q—120	12	120	516×184×243	8	12
18	6—Q—165	12	165	516×236×243	11	17
19	6—Q—180	12	180	516×252×243	12	18
20	6—Q—195	12	195	516×268×243	13	20

表 6-10-5　　起动用免维护铅酸蓄电池参数表

序号	产品型号	额定电压(V)	额定容量			最大外形尺寸(mm)			冷起动电流(A)	电池带液重约(kg)	补充电流(A)	国外型号对照
			储备(min)	5h率(Ah)	20h率(Ah)	长	宽	高				
4	NS40Z	12	52	28	35	197	129	227	150	10.5	3.5	36B26R
5	NS40ZL	12	57	28	35	197	129	227	150	10.5	3.5	
8	N40	12	57	32	40	238	135	232	150	11.5	4	32C24R
9	N40L	12	57	32	40	238	135	232	150	10.5	4	
12	N48	12	84	44	55	236	174	213	350	13.5	5.5	
15	N51	12	101	48	60	236	174	213	400	15.5	6	
16	N50	12	81	40	50	260	173	225	150	15.5	5	48D26R
17	N50Z	12	101	48	60	260	173	225	300	17.0	6	55D26D
18	N50ZM	12	101	48	60	260	173	225	300	15.4	6	55D26D
19	N70	12	126	56	70	306	173	225	300	19.5	7	65D31R
20	N70Z	12	137	60	75	306	173	225	300	21.0	7.5	75D31R
21	N100	12	182	80	100	410	176	233	300	25.5	10	95E41R
24	N120	12	228	96	120	505	182	257	500	32.0	12	115E51
25	N150	12	294	120	150	508	222	257	500	40.0	15	145G51
26	N200	12	421	160	200	521	278	270	500	58.0	20	190H52

表 6-10-6　　镉镍蓄电池组技术数据

型　号	额定电压(V)	额定容量(Ah)	外形尺寸(mm)					标准制充电		标准制放电		最大重量(kg)	
			长		宽		高	电流(A)	时间(h)	电流(A)	终止电压(V)	不带电解液	带电解液
			不带手柄	带手柄	不带挂钩	带挂钩							
2GN22	2.5	22	134		149	161	252	5.5	6	2.75	2	3.5	4.2
10GN22	12.5	22	465		149	161	252	5.5	6	2.75	10	17.6	20.9
10GNH22	12.5	22	465	521	149		254	5.5	6	2.75	10	18.2	21.4
17GN22	21.25	22	435	475	286	298	252	5.5	6	2.75	17	30.1	35.7
20GN22	25	22	478	518	286	298	252	5.5	6	2.75	20	34	40.5
3GN45	3.75	45	238		149	161	252	11.25	6	5.65	3	9.5	11.7
3GNH45	3.75	45	238	294	149		254	11.25	6	5.65	3	10	12.2
4GNH45	5	45	305	361	149		254	11.25	6	5.65	4	12.5	14.8
5GNH45	6.25	45	372	428	149		254	11.25	6	5.65	5	15.1	17.9
6GNH45	7.5	45	439	509	149		254	11.25	6	5.65	6	17.5	21.0

续表

型号	额定电压(V)	额定容量(Ah)	外形尺寸(mm)					标准制充电		标准制放电		最大重量(kg)	
			长		宽		高	电流(A)	时间(h)	电流(A)	终止电压(V)	不带电解液	带电解液
			不带手柄	带手柄	不带挂钩	带挂钩							
7GN45	8.75	45	508		149	161	252	11.25	6	5.65	7	20.1	23.9
7GNH45	8.75	45	508	564	149		254	11.25	6	5.65	7	20.6	24.5
10GN45	12.5	45	707		153	164	252	11.25	6	5.65	10	28.7	34.2
10GNH45	12.5	45	707	763	153		254	11.25	6	5.65	10	29.1	34.7
14GN45	17.5	45	480	550	292		252	11.25	6	5.65	14	40.8	48.5
4GN60	5	60	258		173	185	388	15	6	7.5	4	20.3	21.0
4GNH60	5	60	258	324	173		390	15	6	7.5	4	20.8	24.5
5GN60	6.25	60	315		173	185	388	15	6	7.5	5	25.0	29.6
5GNH60	6.25	60	315	381	173		390	15	6	7.5	5	25.5	30.0
6GNH60	7.5	60	372	438	173		390	15	6	7.5	6	30.0	35.5
10GN60	12.5	60	600		171	185	388	15	6	7.5	10	45.9	57.1
10GNH60	12.5	60	600	666	171		390	15	6	7.5	10	46.4	57.6
4GN100	5	100	374		180	192	388	25	6	12.5	4	27.5	33.7
4GNH100	5	100	374	440	180		390	25	6	12.5	4	27.9	34.2
5GN100	6.25	100	459		180	192	388	25	6	12.5	5	31.9	39.3
5GNH100	6.25	100	459	525	180		390	25	6	12.5	5	32.4	39.8
10GN100	12.5	100	824		180	192	388	25	6	12.5	10	61.8	76.5
10GNH100	12.5	100	884	950	180		390	25	6	12.5	10	62.3	77.0
4GN45	5	45	305		152		252	11.25	6	5.65	4	11.8	14.0
5GN45	6.25	45	372		152		252	11.25	6	5.65	5	14.8	17.5

表 6-10-7 **镉镍蓄电池技术数据**

型号	额定电压(V)	额定容量(Ah)	长(mm)		宽(mm)	高(mm)		极柱螺纹	最大重量(kg)		标准制充电		标准制放电	
			不带挂耳	带挂耳		不带挂耳	带挂耳		不带电解液	带电解液	电流(A)	时间(h)	电流(A)	终止电压(V)
GN22	1.25	22	106	126	32	200	213	M5	1.38	1.78	5.5	6	2.75	1.0
GN45	1.25	45	106	126	53	200	213	M5	2.22	2.78	11.25	6	5.65	1.0
GN60	1.25	60	129	153	45	330	346	M10×1	2.77	4.69	15	6	7.5	1.0
GN100	1.25	100	129	153	70	330	346	M10×1	5.20	6.63	25	6	12.5	1.0

表 6-10-8 **镉镍圆柱密封蓄电池技术数据**

型号	额定电压(V)	额定容量(Ah)	充电		5h放电率		外形尺寸(mm)		最大重量(g)
			电流(mA)	时间(h)	电流(mA)	终止电压(V)	外径	高度	
GNY0.15	1.25	0.15	15	14	30	1.0	12	30	11
GNY0.25	1.25	0.25	25	14	50	1.0	14	30	16
GNY0.45	1.25	0.45	90	7	90	1.0	14.5	50	26
GNY0.5	1.25	0.5	50	14	100	1.0	14	50	30
GNY0.5	1.25	0.5	100	7	100	1.0	14.5	50	26
GNY0.8	1.25	0.8	160	7	160	1.0	20.5	50	47
GNY0.9	1.25	0.9	90	14	180	1.0	21	50	45
GNY1.0	1.25	1.0	200	7	200	1.0	20.5	50	47
GNY1.0	1.25	1.0	200	7	200	1.0	34	31	65
GNY1.5	1.25	1.5	300	7	300	1.0	26	50	75
GNY1.6	1.25	1.6	150	14	300	1.0	26	51	75
GNY3.0	1.25	3.0	600	7	600	1.0	34	61.5	160
GNY3.5	1.25	3.5	350	14	700	1.0	34	61	160
GNY5.0	1.25	5.0	1000	7	1000	1.0	34	91	230
GNY6.0	1.25	6.0	600	14	1200	1.0	34	91	230

注 表中充电时间用10h放电率电流充电为14h，用5h放电率电流充电为7h，电池充电电压不得超过1.6V，电池以5h放电率放电，终止电压为1.0V；以20h放电率电流放电，终止电压为1.15V。

表 6-10-9 **镉镍圆柱密封蓄电池组技术数据**

型号	额定电压(V)	额定容量(5h放电率时)(Ah)	5h充电率		5h放电率		外形尺寸(mm)			重量(kg)
			电流(A)	时间(h)	电流(A)	终止电压(V)	长	宽	高	
4GNY0.8	5	0.8	0.16	7	0.16	4	125	43	26	0.2
12GNY0.8	15	0.8	0.16	7	0.16	12	138	40	63	0.61
10GNY3	12.5	3	0.6	7	0.6	10	180	73	70	1.8
12GNY3	15	3	0.6	7	0.6	12	210	73	72	2.0
20GNY3	25	3	0.6	7	0.6	20	240	98	70	3.2
20GNY3 并串	12.5	6	1.2	7	1.2	10	240	98	70	3.2
10GNY5	12.5	5	0.6	7	0.6	10	254	62	100	2.5
12GNY5	15	5	1.0	7	1.0	12	210	73	100	3.1
20GNY5	25	5	1.0	7	1.0	20	246	98	100	4.5
20GNY5 并串	12.5	10	1.2	7	2.0	10	246	98	100	4.5

表 6-10-10 **塑料外壳镉镍蓄电池技术数据**

型号	额定电压(V)	额定容量(Ah)	外形尺寸(mm)			标准制充电		标准制放电		最大重量(kg)	
			长	宽	高	电流(A)	时间(h)	电流(A)	终止电压(V)	不带电解液	带电解液
GN10	1.25	10	85	39	126	2.5	6	1.25	1.0	0.51	0.66
2GNK10	2.5	10	85	78	126	2.5	6	1.25	2.0	1.04	1.34
2GNC10	2.5	10	170	39	126	2.5	6	1.25	2.0	1.04	1.34
2GN24	2.5	24	127	68	186	6	6	3	2.0	2.29	2.70
4GNK10	5.0	10	169	90	133	2.5	6	1.25	4.0	2.63	3.12
5GNK10	6.25	10	196	90	133	2.5	6	1.25	5.0	3.07	3.81
6GNK10	7.5	10	234	90	133	2.5	6	1.25	6.0	3.62	4.51

表 6-10-11 **新系列袋式镉镍电池技术数据**

型号	额定容量(Ah)	额定电压(V)	最大质量(kg)	极柱螺柱	最大外形尺寸(mm)			外壳材料
					长	宽	高	
GNZ30A	30	1.2	3.5	M16	147	51	285	塑料
GNZ50A	50	1.2	3.75	M16	134	70	285	塑料
GNZ60A	60	1.2	5.5	M16	139	79	372	塑料
GNZ75A	75	1.2	6.5	M16	139	79	372	塑料
GNZ100A	100	1.2	9.5	M20	164	106	350	塑料
GNZ100—(2)A	100	1.2	9.5	M20	166.5	161.5	350	塑料
GNZ120A	120	1.2	13.0	M20	166.5	161.5	350	塑料
GNZ150A	150	1.2	14.0	M20	166.5	161.5	350	塑料
GNZ250A	250	1.2	24.5	M20	274	138	448	塑料
GNZ300A	300	1.2	23.0	M20	186	174	559	塑料
GNZ500A	500	1.2	39.0	M20	290	174	501	塑料
GNZ600A	600	1.2	57.5	M20	398	185	553	塑料
GNZ700A	700	1.2	61.5	M20	398	185	553	塑料
GNZ800A	800	1.2	67.0	M20	398	185	553	塑料
GNZ1000A	1000	1.2	72.0	M20	398	185	553	塑料

表 6-10-12 **铁镍蓄电池技术数据**

型号	额定电压(V)	额定容量(Ah)	外形尺寸(mm)				极柱螺纹	最大重量(kg)		标准制充电		标准制放电	
			长	宽	高			不带电解液	带电解液	电流(A)	时间(h)	电流(A)	终止电压(V)
					不带极柱	带极柱							
TN250	1.25	250	$168^{+2.5}_{-2.0}$	130.5^{-6}_{+2}	338±5	363±5	M16	14.8	18.4	62.5	7	50	1.0
TN300	1.25	300	$168^{+2.5}_{-2.0}$	130.5^{+6}_{-2}	420±5	446±5	M16	17.0	21.0	75	7	60	1.0
TN350	1.25	350	$168^{+2.5}_{-2.0}$	153^{+6}_{-2}	502±5	526±5	M16	22.0	27.6	90	7	70	1.0
TN100	1.25	400	$168^{+2.5}_{-2.0}$	130.5^{+6}_{-2}	532±5	556±5	M16	21.0	27.4	110	7	80	1.0
TN500	1.25	500	$168^{+2.5}_{-2.0}$	153^{+6}_{-2}	532±5	566±5	M16	25.5	30.6	125	7	100	1.0

表 6-10-13

GGF 型防酸隔爆式铅酸蓄电池的技术参数(规格及电气性能)

极板种类	序号	蓄电池型号	每片正极板额定容量(Ah)	极板数量(片)		10h 放电率额定容量(Ah)	每槽电压(V)	蓄电池最大外形尺寸(mm)				放电率 10h 终止电压 1.8 V		放电率 1h 终止电压 1.75 V		最大放电电流(时间为 10 s)终止电压 1.7 V	初充电 第一阶段(时间为 50～55h)	初充电 第二阶段(时间为 15～18h)	正常充电 第一阶段(时间为 12h)	正常充电 第二阶段(时间为 6～8h)	安装槽间距离(mm)
				正	负			长	宽	槽高	总高	电流(A)	容量(Ah)	电流(A)	容量(Ah)	电流(A)	电流(A)	电流(A)	电流(A)	电流(A)	
一	1	GGF—30	10	3	4	30	2	100	123	185	225	3	30	13.5	13.5	45	2.4	1.8	3	1.8	25
	2	GGF—50	10	5	6	50	2	138	123	185	225	5	50	22.5	22.5	75	4	3	5	3	25
二	3	GGF—100	25	4	5	100	2	120	158	309	366	10	100	45	45	150	8	6	10	6	25
	4	GGF—150	25	6	7	150	2	157	158	309	366	15	150	67.5	67.5	225	12	9	15	9	25
	5	GGF—200	25	8	9	200	2	194	158	309	366	20	200	90	90	300	16	12	20	12	25
三	6	GGF—300	50	6	7	300	2	162	209	474	544	30	300	135	135	450	24	18	30	18	25
	7	GGF—400	50	8	9	400	2	199	209	474	544	40	400	180	180	600	32	24	40	24	25
	8	GGF—500	50	10	11	500	2	236	209	474	544	50	500	225	225	750	40	30	50	30	25
四	9	GGF—600	100	6	7	600	2	169	292	652	736	60	600	270	270	900	48	36	60	36	25
	10	GGF—800	100	8	9	800	2	206	292	652	736	80	800	360	360	1200	64	48	80	48	25
	11	GGF—1000	100	10	11	1000	2	243	292	652	736	100	1000	450	450	1500	80	60	100	60	25
	12	GGF—1200	100	12	13	1200	2	286	292	652	736	120	1200	540	540	1800	96	72	120	72	25
	13	GGF—1400	100	14	15	1400	2	323	292	652	736	140	1400	630	630	2100	112	84	140	84	25
	14	GGF—1600	100	16	17	1600	2	360	292	652	736	160	1600	720	720	2400	128	96	160	96	25
	15	GGF—1800	100	18	19	1800	2	397	292	652	736	180	1800	810	810	2700	144	114	180	114	25
	16	GGF—2000	100	20	21	2000	2	434	292	652	736	200	2000	900	900	3000	160	120	200	120	25

表 6-10-14

GGM 型密闭防爆式铅酸蓄电池的技术参数(规格及电气性能)

序号	蓄电池型号	额定电压(V)	额定容量(Ah)	最大外形尺寸(mm)				放电率 10h 终止电压 1.80 V		放电率 1h 终止电压 1.75 V		最大放电电流(时间为 10 s)终止电压 1.7 V	初充电 第一阶段(时间为 20～30h)	初充电 第二阶段(时间为 40～50h)	正常充电 第一阶段(时间为 6～8h)	正常充电 第二阶段(时间为 6～12h)	安装槽间距离(mm)
				长	宽	槽高	总高	电流(A)	容量(Ah)	电流(A)	容量(Ah)	电流(A)	电流(A)	电流(A)	电流(A)	电流(A)	
1	GGM—200	2	200	163	193	426	485	20	200	100	100	250	20	10	30	15	25
2	GGM—250	2	250	163	193	426	485	25	250	125	125	313	25	12.5	37.5	19	25
3	GGM—300	2	300	163	193	426	485	30	300	150	150	375	30	15	45	22.5	25
4	GGM—500	2	500	315	193	421	478	50	500	250	250	625	50	25	75	37.5	30
5	GGM—600	2	600	315	193	421	478	60	600	300	300	750	60	30	90	45	30

续表

序号	蓄电池型号	额定电压(V)	额定容量(Ah)	最大外形尺寸(mm)				放电率				最大放电电流(时间为10 s)	初充电		正常充电		安装槽间距离(mm)
								10h		1h			第一阶段(时间为20～30h)	第二阶段(时间为40～50h)	第一阶段(时间为6～8h)	第二阶段(时间为6～12h)	
								终止电压1.80 V		终止电压1.75 V		终止电压1.7 V					
				长	宽	槽高	总高	电流(A)	容量(Ah)	电流(A)	容量(Ah)	电流(A)	电流(A)	电流(A)	电流(A)	电流(A)	
6	GGM—800	2	800	300	287	611	705	80	800	400	400	1000	80	40	120	60	40
7	GGM—1000	2	1000	300	287	611	705	100	1000	500	500	1250	100	50	150	75	40
8	GGM—1200	2	1200	300	287	611	705	120	1200	600	600	1500	120	60	180	90	40
9	GGM—2000	2	2000	299	364	790	843	200	2000	1000	1000	2500	200	100	300	150	50
10	GGM—3000	2	3000	415	364	790	843	300	3000	1500	1500	3750	300	150	450	225	50

表 6-10-15　GFD固定型防酸式铅酸蓄电池参数

蓄电池型号	最大外形尺寸(mm)			不同放电率蓄电池容量、放电电流及放电终止电压												电池无液重约(kg)	相邻电池间距离(mm)
				10h率			5h率			3h率			1h率				
	长 A	宽 B	高 h	容量(Ah)	电流(A)	电压(V)	容量(Ah)	电流(A)	电压(V)	容量(Ah)	电流(A)	电压(V)	容量(Ah)	电流(A)	电压(V)		
GFD—200				200	20		172	34.4		150	50		106	106		16	
GFD—250	147	208	444	250	25		215	43		188	62.7		133	133		18	
GFD—300				300	30		258	51.6		225	75		159	159		20	
GFD—350				350	35		300	60		263	87.7		185	185		24	
GFD—420	168	208	555	420	42		360	72		315	105		222	222		27	
GFD—490				490	49	1.80	420	84	1.77	368	122.7	1.75	259	259	1.67	30	
GFD—600	147	208	730	600	60		516	103.2		450	150		312	312		36	
GFD—800	212	193	730	800	80		688	137.6		600	200		416	416		48	25
GFD—1000	212	277	730	1000	100		860	172		750	250		520	520		59	
GFD—1200				1200	120		1032	206.4		900	300		624	624		71	
GFD—1500				1500	150		1260	252		1116	372		744	744		103	
GFD—1875	214	399	850	1875	187.5		1575	315		1350	450					125	
GFD—2000				2000	200		1680	336		1440	480					135	
GFD—2500	214	578	850	2500	250	1.77	2100	420	1.74	1800	600	1.71				164	
GFD—3000				3000	300		2525	505		2160	720					191	

第七章　低　压　电　器

第一节　低压电器型号类组

一、低压电器的分类

低压电器一般指用于交、直流电压为1200V及以下的电路内，起通断、控制、保护与调节作用的电器。

根据电器在电路中所处的地位和作用，低压电器可分为两类。一类为配电电器，主要用于配电电路，对电路及设备进行保护以及通断、转换电源或负荷，如开关设备、熔断器等；另一类为控制电器，主要用于控制受电设备，使其达到预期要求的工作状态，如接触器、继电器等。低压电器的分类及用途见表7-1-1。

表7-1-1　　低压电器的分类及用途

类别名称		主要品种	用途
配电电器	断路器（自动空气开关）	塑料外壳式断路器 框架式断路器 限流式断路器 漏电保护断路器 灭磁断路器 直流快速断路器	用作线路过载、短路、漏电或欠电压保护，也可用作不频繁接通和分断电路
	熔断器	有填料熔断器 无填料熔断器 半封闭插入式熔断器 快速熔断器 自复熔断器	用作线路和设备的短路和过载保护
	刀形开关	大电流隔离器熔断器式刀开关 开关板用刀开关 负荷开关	主要用作电路隔离，也能接通分断额定电流
	转换开关	组合开关 换向开关	主要作为两种及以上电源或负载的转换和通断电路用
控制电器	接触器	交流接触器 直流接触器 真空接触器 半导体式接触器	主要用作远距离频繁地起动或控制交直流电动机，以及接通分断正常工作的主电路和控制电路
	起动器	直接（全压）起动器 星三角减压起动器 自耦减压起动器 变阻式转子起动器 半导体式起动器 真空起动器	主要用作交流电动机的起动和正反向控制

续表

类别名称		主要品种	用途
控制电器	控制继电器	电流继电器 电压继电器 时间继电器 中间继电器 温度继电器 热继电器	主要用于控制系统中，控制其他电器或作主电路的保护之用
	控制器	凸轮控制器 平面控制器 鼓形控制器	主要用于电气控制设备中转换主回路或励磁回路的接法，以达到电动机起动、换向和调速的目的
	主令电器	按钮 限位开关 微动开关 万能转换开关 脚踏开关 接近开关 程序开关	主要用作接通分断控制电路，以发布命令或用作程序控制
	电阻器	铁基合金电阻	用作改变电路参数或变电能为热能
	变阻器	励磁变阻器 起动变阻器 频敏变阻器	主要用作发电机调压以及电动机的平滑起动和调速
	电磁铁	起重电磁铁 牵引电磁铁 制动电磁铁	用于起重、操纵或牵引机械装置

二、低压电器型号编制方法

各类低压电器都有规定的型号类组，其代号见表7-1-2。每种产品的全型号表示如下：

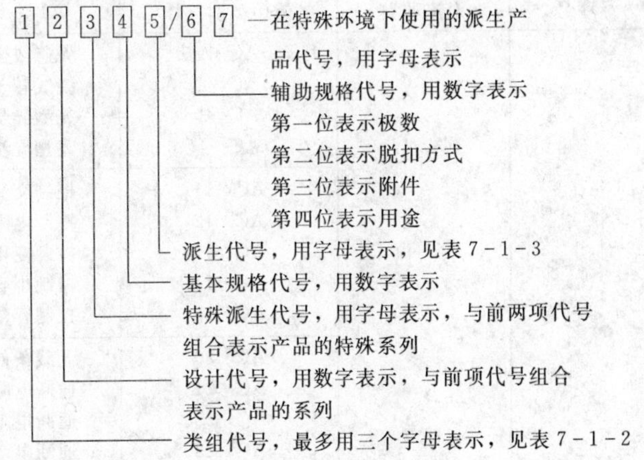

表 7-1-2 **低压电器产品型号类组表**

代号	名 称	A	B	C	D	G	H	J	K	L	M	P	Q	R	S	T	U	W	X	Y	Z
H	刀开关和转换开关				刀开关		封闭式负载开关		开启式负载开关					熔断器式刀开关	刀型转换开关					其他	组合开关
R	熔断器			插入式			汇流排式			螺旋式	封闭管式				快速	有填料管式			限流	其他	
D	自动开关									照明	灭磁				快速			万能式	限流	其他	装置式
K	控制器					鼓形						平面				凸轮				其他	
C	接触器					高压		交流				中频			时间					其他	直流
Q	起动器	按钮式		磁力式				减压							手动		油浸		星三角	其他	综合
J	控制继电器									电流				热	时间	通用		温度		其他	中间
L	主令电器	按钮							主令控制器						主令开关	足踏开关	旋钮	万能转换开关	行程开关	其他	
Z	电阻器		板形元件	冲片元件		管形元件									烧结元件	铸铁元件			电阻器	其他	
B	变阻器			旋臂式						励磁		频敏	起动		石墨	起动调速	油浸起动	液体起动	滑线式	其他	
T	调整器				电压																
M	电磁铁												牵引					起重			制动
A	其他		保护器	插销	灯		接线盒			铃											

表 7-1-3 **加注通用派生字母**

派生字母	含 义	派生字母	含 义
A、B、C…	结构设计稍有改进或变化	H	保护式、带缓冲装置
J	交流、防溅式	M	密闭式、灭磁
Z	直流、自动复位、防震	Q	防尘式、手车式
W	无灭弧装置	L	电流的
N	可逆	F	高返回、带分励脱扣
S	有锁住机构、手动复位、防水式、三相、三个电源、双线圈	T	按（湿热带）临时制造 } 加注在全型号之后
P	电磁复位、防滴式、单相、两个电源、电压的	TH	湿热带 } 加注在全型号之后
K	开启式	TA	干热带 } 加注在全型号之后

表 7-1-4 **常用低压电器的使用类别**

序号	电流种类	使用类别符号	典 型 用 途 举 例
1	交 流	AC—1	无感或微感负载，电阻炉
		AC—2	绕线转子电动机的起动、分断
		AC—3	笼型异步电动机的起动和运转中分断
		AC—4	笼型异步电动机的起动、点动、反接制动与反向
		AC—11	控制交流电磁铁负载
		AC—12	控制电阻性负载和发光二极管隔离的固态负载
		AC—13	控制变压器隔离的固态负载
		AC—14	控制小容量（≤72VA）的电磁铁负载
		AC—15	控制容量在72VA以上的电磁铁负载
		AC—20	无载条件下的“闭合”和“断开”电路
		AC—21	通断电阻负载，包括通断适中的过载
		AC—22	通断电阻、电感混合的负载，包括通断适中的过载
		AC—23	通断电动机负载或其他高电感负载

续表

序号	电流种类	使用类别符号	典型用途举例
2	交直流	A B	非选择性保护：无人为短延时保护，无额定短时耐受电流的要求 选择性保护：有短延时，有额定短时耐受电流的要求
3	直流	DC—1 DC—3 DC—5 DC—6	无感或微感负载，电阻炉 并励电动机的起动、点动、反接制动 串励电动机起动、点动、反接制动 通断白炽灯
		DC—11 DC—12 DC—13 DC—14	控制直流电磁铁负载 控制电阻性负载和发光二极管隔离的固态负载 控制直流电磁铁，即电感与电阻的混合负载 控制电路中有经济电阻的直流电磁铁负载
		DC—20 DC—21 DC—22 DC—23	无载条件下的“闭合”和“断开”电路 通断电阻性负载，包括适度的过载 通断电阻电感混合负载，包括适度的过载（如并励电动机） 通断高电感负载（如串励电动机）
4	交直流	gG gM dM	全范围能分断（g）的，一般用途（G）熔断器 全范围能分断（g）的电动机电路中用（M）的熔断器 部分范围能分断（d）的电动机电路中用（M）的熔断器

三、低压电器使用类别和安装类别

低压电器的使用类别见表7-1-4。

根据低压系统中电器和设备对地额定电压，相应地规定了其对地冲击耐受电压峰值，即它的安装类别。安装类别的分类见表7-1-5，常用低压电器的安装类别见表7-1-6。

表7-1-5　安装类别的分类

类别	名称	说明
Ⅰ	信号水平级	安装在系统线路末端的特殊设备或部件，如低压电子电器
Ⅱ	负载水平级	安装在类别Ⅰ前面和类别Ⅲ后面的电器或部件，如控制和通断电动机的电器，通断变压器的主令和控制电路电器

表7-1-6　常用低压电器的安装类别

项次	设备名称	安装类别
1	低压熔断器	Ⅳ、Ⅲ、Ⅱ
2	刀开关及熔断器组合电器	Ⅳ、Ⅲ、Ⅱ
3	低压自动开关	Ⅳ、Ⅲ、Ⅱ
4	低压接触器	Ⅲ、Ⅱ
5	低压电动机起动器	Ⅲ、Ⅱ
6	控制电路电器和开关元件	Ⅲ、Ⅱ、Ⅰ

第二节　低压电器的防护形式和检修周期

低压电器的防护形式分为两类。

第一类防护形式，即防止固体异物进入内部及防止人体触及内部的带电式运动部分的防护，共分为7级，见表7-2-1。

第二类防护形式，即防止水进入内部达到有害程度的防护，共分为9级，见表7-2-2。

常用低压电器的检修周期见表7-2-3。

表7-2-1　第一类防护形式分级及定义

防护等级	简称	定义
0	无防护	没有专门的防护
1	防护直径大于50mm的物体	能防止直径大于50mm的固体异物进入壳内，能防止人体的某一大面积部分（如手）偶然或意外触及壳内带电或运动部分，但不能防止有意识地接触这些部分
2	防护直径大于12mm的固体	防止直径大于12mm的固体进入壳内 能防止手触及壳内带电或运动部分
3	防护直径大于2.5mm的固体	能防止直径大于2.5mm的固体异物进入壳内 能防止厚度（或直径）大于2.5mm的工具、金属线等触及壳内带电或运动部分
4	防护直径大于1mm的固体	能防止直径大于1mm的固体异物进入壳内 能防止厚度（或直径）大于1mm的工具、金属线等触及壳内带电或运动部分
5	防尘	能防止灰尘进入达到影响产品运行的程度 完全防止触及壳内带电或运动部分
6	尘密	完全防止灰尘进入壳内 完全防止触及壳内带电或运动部分

表 7-2-2 第二类防护形式分级及定义

防护等级	简称	定义
0	无防护	没有专门的防护
1	防滴	垂直的滴水应不能直接进入产品内部
2	15°防滴	与铅垂线成15°范围内的滴水，应不能直接进入产品内部
3	防淋水	与铅垂线成60°范围内的淋水，应不能直接进入产品内部
4	防溅	任何方向的溅水对产品应无有害的影响
5	防喷水	任何方向的喷水对产品应无有害的影响
6	防海浪或强力喷水	猛烈的海浪或强力喷水对产品应无有害的影响
7	浸水	产品在规定的压力和时间内浸在水中，进水量应无有害的影响
8	潜水	产品在规定的压力下长时间浸在水中，进水量应无有害的影响

表 7-2-3 常用低压容器检修周期

名称	频繁工作的检修周期		一般工作的检修周期		名称	频繁工作的检修周期		一般工作的检修周期	
	大修	小修	大修	小修		大修	小修	大修	小修
断路器	6个月	3个月	1～2年	6个月	接触器	1年	15天	1年	1个月
按钮	6个月	1个月	—	1个月	熔断器	—	15天	—	1个月
刀形开关	2～3年	6个月	2～3年	6个月	电磁阀	6个月	7天	6个月	15天
万能转换开关	3个月	15天	1年	1个月	电动气阀	—	7天	—	15天
控制器	6个月	15天	1年	1个月	电阻器	1年	3个月	1年	3个月
限位开关	3个月	15天	6个月	1～2个月	变阻器	6个月	1个月	6个月	2个月
电磁式继电器	1年	15天	1年	1个月					

第三节 刀开关

刀开关主要用于隔离电源，或不频繁地切断和接通容量不大的电路或转换电路。它主要包括普通开启式开关、胶盖开关、铁壳开关、熔断式刀开关、组合开关等五类。

一、普通式刀开关

普通式刀开关型号及主要技术数据见表7-3-1，其结构组成见图7-3-1，主要用于成套配电装置中隔离电源。

表 7-3-1 普通开启式刀开关主要技术数据

型号	结构形式	转换方向	极数	额定电流(A)	备注	
HD11—□/□8	中央手柄式（不装灭弧室）	单投	一，二，三	100、200、400	用于电磁控制站或电缆分段箱中	板前接线
HD11—□/□9		单投	一，二，三	100、200、400、600、1000		板后接线
HS11—□/□		双投	一，二，三	100、200、400、600、1000		板后接线
HD12—□/□1	侧方正面杠杆操作机构式（装有灭弧室）	单投	二，三	100、200、400、600、1000	用于正面两侧方操作、前面维修的开关柜中，操作机构装在柜的正面两侧，板前接线	
HS12—□/□1		双投	二，三	100、200、400、600、1000		
HD12□/□0	侧方正面杠杆操作机构式（不装灭弧室）	单投	二，三	100、200、400、600、1000、1500		
HS12—□/□0		双投	二，三	100、200、400、600、1000		
HD13—□/□1	中央正面杠杆操作机构式（装有灭弧室）	单投	二，三	100、200、400、600、1000	用于正面操作、后面维修的开关柜中，操作机构装在柜的正面，板前接线	
HS13—□/□1		双投	二，三	100、200、400、600、1000		
HD13—□/□0	中央正面杠杆操作机构式（不装灭弧室）	单投	二，三	100、200、400、600、1000、1500		
HS13—□/□0		双投	二，三	100、200、400、600、1000		
HD14—□/31	侧面操作、手柄式（装有灭弧室）	单投	三	100、200、400、600	用于动力配电箱中，板前接线	
HD14—□/30	侧面操作、手柄式（不装灭弧室）	单投	三	100、200、400、600		

二、胶盖开关

常用胶盖开关有 HK1、HK2 两种型号，其技术数据见表 7-3-2，外形见图 7-3-2。它结构简单，使用方便，价格低廉，但防护较差，一般用于在小容量配电系统中接通或切断电路，也可作小型异步电动机手动不频繁操作的控制开关用。

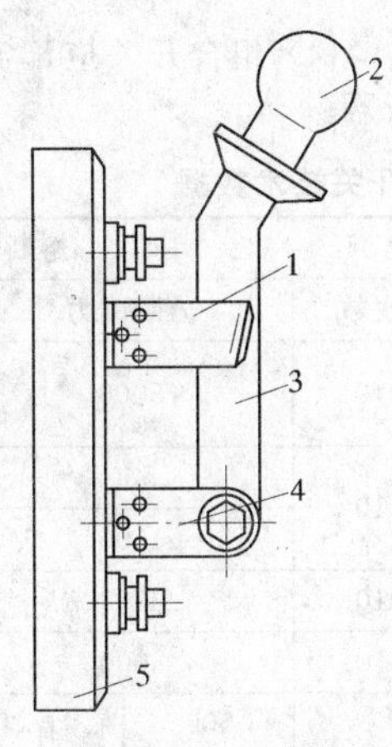

图 7-3-1 普通刀开关典型结构

1—静插座；2—手柄；3—触刀；4—铰链支座；5—绝缘底板

三、熔断式刀开关

熔断式刀开关型号为 HR3。其外形见图 7-3-3，主要技术数据见表 7-3-3。它多用于落地式动力配电箱中，既可起电源隔离又具有保护作用。其熔断器还可分断短路电流。

表 7-3-2 HK 系列开启式负荷开关技术数据

型号	额定电压（V）	接通与分断		装以最大熔体时		功率因数
		电流（A）	次数	极限分断能力（A）	次数	
HK1—15/2 HK1—15/3	220 380	30	10	500	2	0.5～0.6
HK1—30/2 HK1—30/3	220 380	60	10	1000	2	
HK1—60/2 HK1—60/3	220 380	90	10	1500	2	
HK2—10/2	220	20		500		0.6
HK2—15/2 HK2—15/3	220 380	30				
HK2—30/2 HK2—30/3	220 380	60		1000		
HK2—60/2 HK2—60/3	220 380	90		1500		

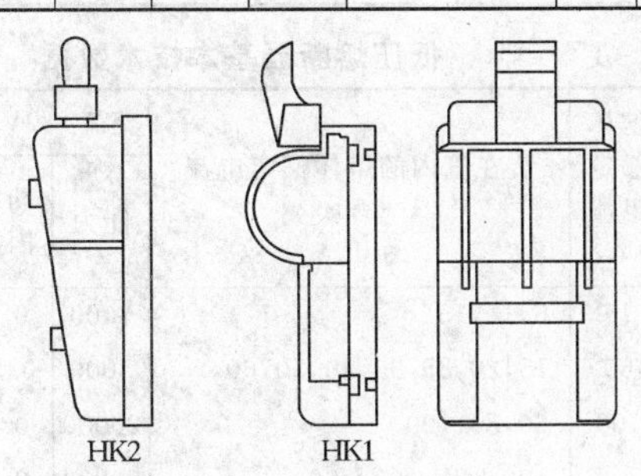

图 7-3-2 HK 系列胶盖开关外形示意图

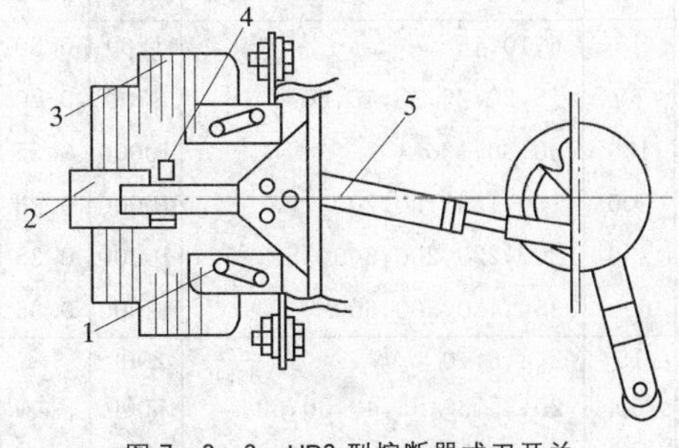

图 7-3-3 HR3 型熔断器式刀开关

1—插座；2—熔断器；3—灭弧室；4—导轨；5—杠杆操作机构

表 7-3-3 HR3 系列熔断器式刀开关主要技术数据

型号	刀开关分断能力（A）		熔断器分断能力（有效值）（kA）	
	交流 380V cosφ≥0.6	直流 440V T≤0.004s	交流 380V cosφ≤0.3	直流 440V T=0.015～0.02s
HR3—100	100	100		
HR3—200	200	200		
HR3—400	400	400	50	25
HR3—600	600	600		
HR3—1000	1000	1000		

注 配用熔断器为 RT_0；T 为时间常数。

四、铁壳开关

铁壳开关型号为 HH。它主要由刀开关、熔断器和铁制外壳组成，其结构见图 7-3-4，主要技术数据见表 7-3-4。铁壳开关主要用于各种配电设备中，供不频繁手动接通和分断负荷电路及短路保护。

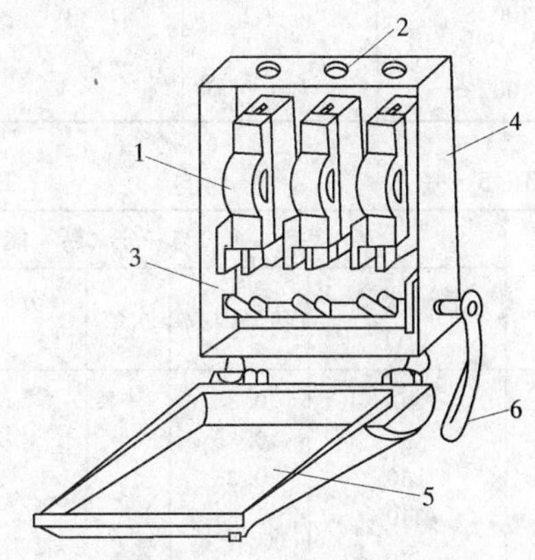

图 7-3-4 铁壳开关结构

1—瓷插熔断器；2—进出线孔；3—刀闸；4—外壳；5—壳盖；6—手柄

五、组合开关

组合开关型号为 HZ，它是一种多功能开关，可用来不频繁地切换电路，控制小容量电动机的正反转，测量三相电压。其主要技术数据见表 7-3-5，外形见图 7-3-5。

六、刀开关的选用

对于低压刀开关，可以根据负荷的额定电流来选择。在选用时必须注意：

（1）刀开关的额定电压和额定电流必须符合电路要求。

（2）按刀开关的用途选择合适的操作方式，中央手柄式刀开关不能切断负荷电流，其他形式的刀开关可切断一定的负荷电流，但必须选择带灭弧室的刀开关。

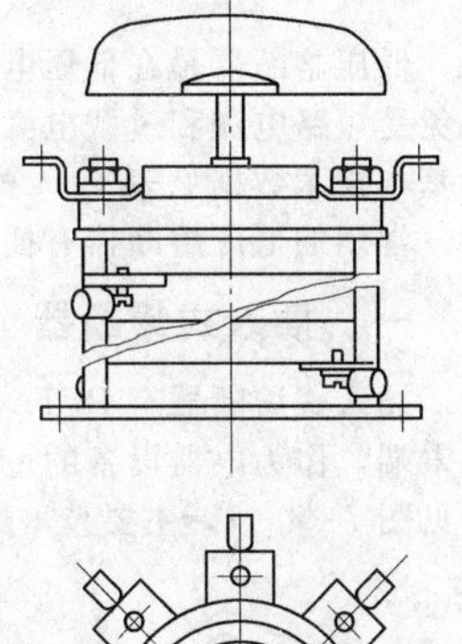

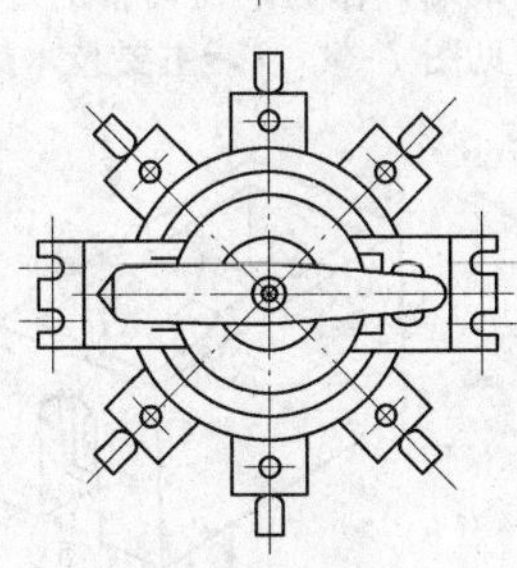

图 7-3-5 组合开关外形示意图

(3) 用刀开关控制电动机时，由于电动机的起动电流大，选择刀开关的额定电流要比电动机的额定电流大一些。

(4) 组合开关应配有满足正常工作和保护需要的熔断器。

表 7-3-4　　HH 系列封闭式负荷开关技术数据

<table>
<tr><th rowspan="2">型　号</th><th rowspan="2">额定电压
(V)</th><th colspan="3">刀开关接通与分断能力（500V）</th><th colspan="5">熔断器极限分断能力（500V）</th></tr>
<tr><th>额定电流倍数</th><th>功率因数</th><th>次数</th><th colspan="2">分断能力</th><th colspan="2">功率因数</th><th>次数</th></tr>
<tr><td>HH3—100/2，3
HH3—200/2，3</td><td>250，500</td><td>1.5</td><td>0.8</td><td>10</td><td colspan="2">5000</td><td colspan="2">0.4</td><td>3</td></tr>
<tr><td>HH4—15/2，3</td><td>250，500</td><td rowspan="2">4</td><td rowspan="2">0.5</td><td rowspan="2">10</td><td colspan="2">500</td><td colspan="2">0.8</td><td rowspan="2">2</td></tr>
<tr><td>HH4—30/2，3</td><td>250，500</td><td colspan="2">1500</td><td colspan="2">0.7</td></tr>
<tr><td>HH4—60/2，3</td><td>250，500</td><td>4</td><td>0.4</td><td>10</td><td colspan="2">3000</td><td colspan="2">0.6</td><td>2</td></tr>
<tr><td>HH4—100/3</td><td>500</td><td>2.5</td><td>0.6</td><td>10</td><td colspan="2">5000</td><td colspan="2">0.4</td><td>3</td></tr>
<tr><td>HH10—10/3</td><td>500</td><td rowspan="5">4</td><td rowspan="5">0.4</td><td rowspan="5">10</td><td>500</td><td rowspan="5">有填料管式
50000</td><td>0.8</td><td rowspan="5">有填料管式
0.35</td><td rowspan="5">3</td></tr>
<tr><td>HH10—15/2</td><td>250</td><td>500</td><td>0.8</td></tr>
<tr><td>HH10—20/3</td><td>500</td><td>1500</td><td>0.8</td></tr>
<tr><td>HH10—30/3</td><td>500</td><td>2000</td><td>0.8</td></tr>
<tr><td>HH10—60/3</td><td>500</td><td>4000</td><td>0.8</td></tr>
<tr><td>HH11—100/3
HH11—200/3
HH11—300/3
HH11—400/3</td><td>500</td><td>3</td><td>0.8</td><td>3</td><td colspan="2">50000</td><td colspan="2">0.25</td><td>3</td></tr>
</table>

表 7-3-5　　HZ 系列组合开关技术数据

型号	接通与分断能力					极限操作				控制电动机功率（kW）
	接通电流（A）	功率因数	次数	分断电流（A）	功率因数	闭合电流（A）	次数	断开电流（A）	次数	
HZ5—10	40	0.35		40	0.35					1.7
HZ5—20	80	0.35		80	0.35					4
HZ5—40	160	0.35		160	0.35					7.5
HZ5—60	240	0.35		240	0.35					10
HZ10—10	50	0.4	20			94	100	62	10	3
HZ10—25	100	0.4	20			155	100	108	10	5.5
HZ10—60	150	0.6	20							
HZ10—100	250	0.6	20							

第四节　低压熔断器

低压熔断器是在低压电路中用来保护电气设备和配电线路免受短路电流和过载电流损害的一种保护电器。低压熔断器基本技术数据见表 7-4-1。

常用的低压熔断器有插入式、螺旋式、管式等。

一、插入式熔断器

插入式熔断器有 RC1A、RC1 等系列，主要用于低压网络末端，作为电器设备的短路保护。RC1A 型系列熔断器外形见图 7-4-1，主要技术数据见表 7-4-2。

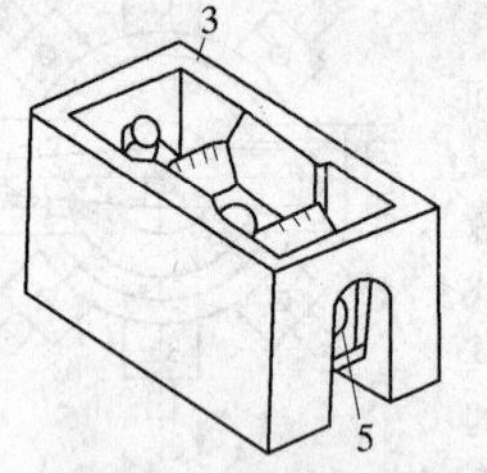

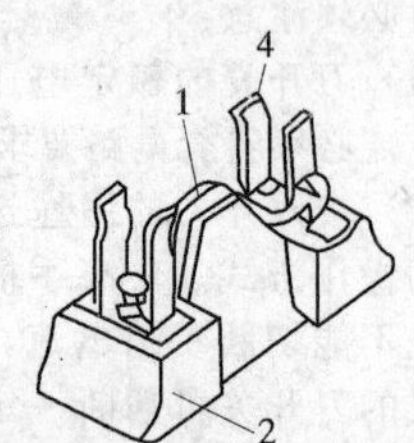

图 7-4-1　插入式熔断器

1—熔丝；2—瓷插件；3—瓷底座；4—动触头；5—静触头

表 7-4-1　　低压熔断器基本技术数据

型　号	熔体额定电流（A）	装在管内的熔体额定电流（A）	交流 380V 时 分断能力（A）	交流 380V 时 功率因数	注
RM—7	15	6,10,15	2000	0.7	此型为密封灭弧管式熔断器
	60	15,20,25,30,40,50,60	5000	0.55	
	100	60,80,100	20000	0.4	
	200	100,125,160,200	20000	0.4	
	400	200,240,260,300,350,400	20000	0.35	
RM—10	15	6,10,15	1200	0.80	此型为密封灭弧管式熔断器
	60	15,20,25,35,45,60	3500	0.70	
	100	60,80,100	10000	0.35	
	200	100,125,160,200	10000	0.35	
	350	200,225,260,300,350	10000	0.35	
	600	350,430,500,600	12000	0.35	
RL—1	15	2,4,6,10	2000	≥0.3	此型为螺旋式熔断器
	60	20,25,30,35,40,50,60	5000		
	100	60,80,100	20000		
	200	100,125,150,200	50000		

续表

型 号	熔体额定电流(A)	装在管内的熔体额定电流(A)	交流380V时		注
			分断能力(A)	功率因数	
RT0	50	5,10,15,20,30,40,50			此型为填充料式熔断器
	100	30,40,50,60,80,100			
	200	80,100,120,150,200		0.3	
	400	150,200,250,300,350,400			
	600	350,400,450,500,550,600			

表 7-4-2 RC1A 型插入式熔断器的主要技术数据

额定电流(A)	熔丝额定电流(A)	短路分断能力(A)	功率因数 cosφ	分断次数
5	1, 2, 3, 5	250	0.8	3
10	6, 8, 10	750	0.8	3
15	12, 15	1000	0.8	3
60	40, 50, 60	4000	0.8	3
100	80, 100	4000	0.8	3

二、螺旋式熔断器

螺旋式熔断器型号为 RL，主要用于工作电流 200A 以下的电路中，作为过载和短路保护。其主要技术数据见表 7-4-3，外形见图 7-4-2。

三、管式熔断器

管式熔断器有 RM10 型和 RT0 型两种。RM10 型是无填料密闭管式熔断器，主要用于成套设备上，作为短路和过载保护。其主要技术数据见表 7-4-4，外形见图 7-4-3。RT0 型为有填料密闭管式熔断器，用于靠近电源的配电装置，能够承担分断较大的短路电流和线路的过载保护。其主要技术数据见表 7-4-5，外形见图 7-4-4。

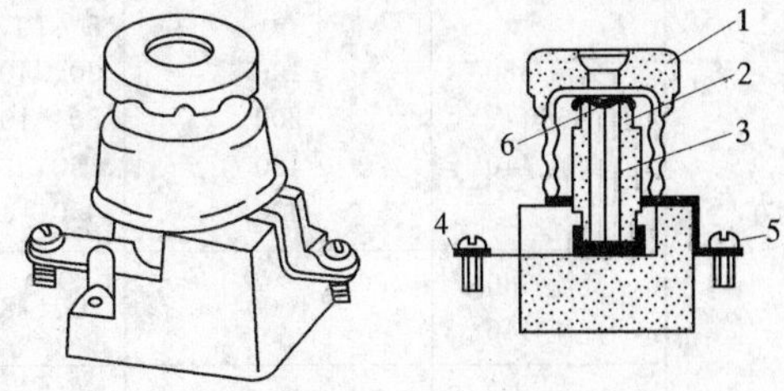

图 7-4-2 螺旋式熔断器

1—瓷帽；2—熔断管；3—熔丝；4—进线；5—出线；6—红点指示

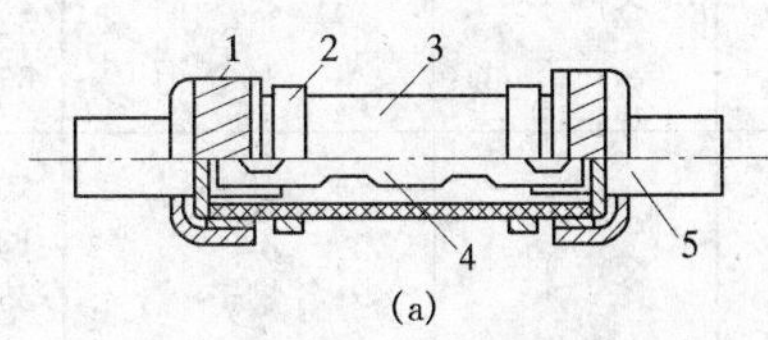

(a)

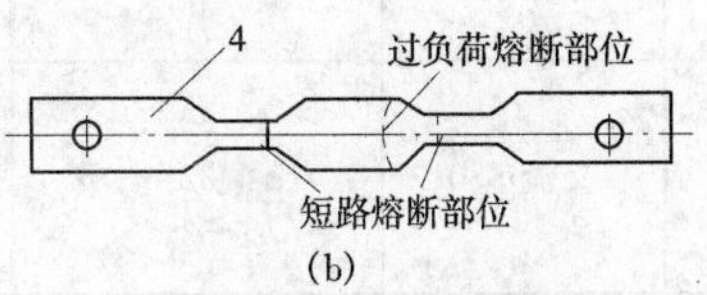

(b)

图 7-4-3 RM10 型熔断器

(a) 熔管；(b) 熔片

1—铜帽；2—管夹；3—纤维管；4—变截面锌熔片；5—接触闸刀

表 7-4-3 RL 型螺旋式熔断器的主要技术数据

型 号	额定电压(V)	熔断器额定电流(A)	熔体额定电流(A)	短路分断能力(kA)	试验电路参数	
					cosφ	T (ms)
RL1	交流 380 直流 440	15 60	2、4、6、10、15 20、25、30、35、40、50、60	25	0.25	15～20
		100 200	60、80、100 100、125、150、200	50		
RL2	交流 380	25 60	2、4、6、10、16、20、25 35、50、60	25	≤0.3	
RL6	交流 500	25 63 100 200	2、4、6、10、16、20、25 35、50、63 80、100 125、160、200	50		
RL7	交流 660	25 63 100	2、4、6、10、16、20、25 35、50、63 80、100	25	0.1～0.2	

表 7-4-4 RM10 系列熔断器主要技术数据

型号	熔断器管额定电流(A)	熔体额定电流(A)	额定短路分断能力		额定电压(V)
			A	cosφ	
RM10	15	6、10、15	1200	0.8	380
	60	15、20、25、35、45、60	3500	0.7	380
	100	60、80、100	10000	0.35	380
	200	100、125、160、200	10000	0.35	380
	350	200、225、260、300、350	10000	0.35	380
	600	350、430、500、600	12000	0.35	380

四、熔断器的选择

熔断器的选择主要是指熔体额定电流的选择，即根据熔体额定电流去选择熔断器的电流，再根据使用条件和特点决定熔断器的种类和系列。

熔体额定电流的确定方法如下：

(1) 对于照明负荷

$$I_{FN} \geqslant K_L I_N$$

式中 I_{FN}——熔体额定电流 (A)；

K_L——计算系数，见表 7-4-6；

I_N——负载回路额定电流 (A)。

表 7-4-5　　有填料封闭管式熔断器主要技术数据

型号	定额电压（V）	熔断体额定电流（A）	熔体额定电流（A）	短路分断能力		备　注
				kA	$\cos\varphi$	
RT0	交流 380 660 直流 440	50 100 200 400 600	5、10、15、20、30、40、50 30、40、50、60、80、100 80、100、120、150、200 150、200、250、300、350、400 350、400、450、500、550、600	50	0.1～0.2	刀形触头
	交流 380 直流 440	1000	700、800、900、1000			
	交流 1140	200	30、60、80、100、120、160、200			
RT12	交流 415	20 32 63 100	2、4、6、10、16、20 20、25、32 32、40、50、63 63、80、100	80	0.1～0.2	螺栓连接式
RT15	交流 415	100 200 315 400	40、50、63、80、100 125、160、200 250、315 350、400	100	0.1～0.2	螺栓连接式
RT14	交流 380	20 32 63	2、4、6、10、16、20 2、4、6、10、16、20、25、32 10、16、20、25、32、40、50、63	100	0.1～0.2	圆筒形帽式

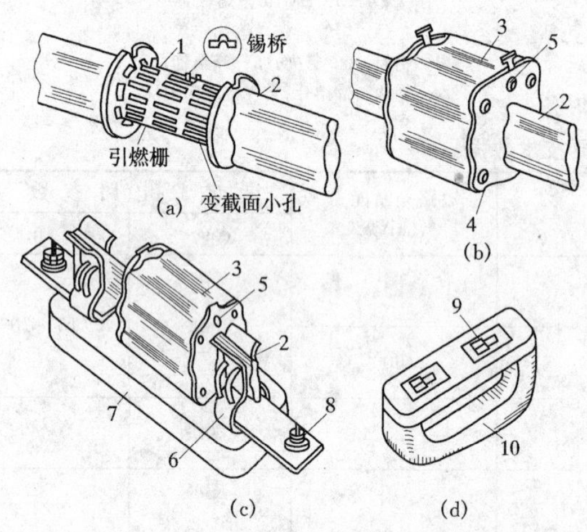

图 7-4-4　RT0 型熔断器

(a) 熔体；(b) 熔管；(c) 熔断器；(d) 操作手柄
1—工作熔体（栅状）；2—触刀；3—瓷熔管；4—盖板；5—熔断指示器；6—弹性触头；7—底座；8—接线端；9—扣眼；10—操作手柄

表 7-4-6　　计算系数 K_L

熔断器型号	熔体材质	熔体额定电流（A）	K_L 值		
			白炽灯、荧光灯、卤钨灯、金属卤化物灯	高压水银灯	高压钠灯
RL1	铜、银	≤60	1	1.3～1.7	1.5
RC1A	铅、铜	≤60	1	1～1.5	1.1

(2) 对于输配电线路

$$I_{FN} \geqslant I_N$$

(3) 对于电动机

单台电动机

$$I_{FN} = \alpha I_e$$

多台电动机（考虑不同时起动）

$$I_{FN} = \alpha I_{me} + I_{\Sigma e}$$

上两式中　I_{FN}——熔体额定电流（A）；

I_e——电动机额定电流（A）；

α——系数，取 1.5～2.5，对重载、全压起动取大值；

I_{me}——最大一台电动机额定电流（A）；

$I_{\Sigma e}$——其余电动机额定电流总和（A）。

选择熔断器时应注意：

(1) 电路中上级熔断器的熔断时间通常为下级熔断器的 3 倍，若上下级熔断器为同一型号时，其额定电流以相差 2 倍为宜。

(2) 熔断器的分断能力应大于电路可能出现的短路电流。

(3) 在配电系统中，各级熔断器应互相配合，以实现保护的选择性。

第五节　低压接触器

一、低压接触器的分类和技术数据

接触器是在正常工作条件下用作频繁接通或分断交直流电路，并可实现远距离控制的电器。它是电力拖动和自动控制系统中应用最普通的一种电器。

接触器按其控制电流的种类，分为交流和直流两种。

(1) 常用交流接触器的主要技术数据见表 7-5-1、表 7-5-2、表 7-5-3。

(2) 常用直流接触器的性能及主要技术数据见表 7-5-4、表 7-5-5、表 7-5-6。

表 7-5-1 **CJ8、CJ10、CJ12 交流接触器的主要技术数据**

型号		主触头			辅助触头			控制三相电动机的最大功率（kW）			接通与分断能力		
		额定工作电压（V）	额定工作电流（A）	极数	额定电压（V）	额定发热电流（A）	组合情况	220 V	380 V	500① V	电压（V）	电流（A）接通	电流（A）分断
CJ8 系列	CJ8—10		10	3	交流 380	5	2 常开 2 常闭	2.5	4.0	1.5/127V	380	$12I_n$	$10I_n$
	CJ8—20		20					5.5	10	3/127V			
	CJ8—40		40					11	20	6/127V			
	CJ8—60		60					17	30	9/127V			
	CJ8—100		100					29	50	17/127V			
	CJ8—150		150					43	75	25/127V			
CJ10 系列	CJ10—5		5	3	交流 380	5	1 常开 2 常开 2 常闭	1.2	2.2	2.2	$1.05U_n$	$12I_n$	$10I_n$
	CJ10—10		10					2.2	4	4			
	CJ10—20		20					5.5	10	10			
	CJ10—40	380	40					11	20	20			
	CJ10—60		60					17	30	30			
	CJ10—100		100					30	50	50			
	CJ10—150		150					43	75	75			
CJ^{12}_{12B} 系列	CJ^{12}_{12B}—100		100	2，3，4，5	交流 380 直流 220	10	6 对触头可组成 5 常开 1 常闭或 4 常开 2 常闭或 3 常开 3 常闭		50		$1.05U_n$	$12I_n$	$10I_n$
	CJ^{12}_{12B}—150		150						75				
	CJ^{12}_{12B}—250		250						125				
	CJ^{12}_{12B}—400		400						200			$10I_n$	$8I_n$
	CJ^{12}_{12B}—600		600						300				

① 对于 CJ8 系列，此项数据为被控电动机额定电压 127V。

表 7-5-2 **CJ20 系列交流接触器主要技术数据**

型号	额定工作电压（V）	380 额定工作电流（A）	控制电动机最大功率（kW）380V	660V	1140V	操作频率（次/h）AC—2	AC—3	AC—4
CJ20—6.3	380，660	6.3	3	3			1200	300（380V）120（660V）
CJ20—10		10	4	7				
CJ20—16		16	7.5	11				
CJ20—25		25	11	13				
CJ20—40		40	22	22				
CJ20—63		63	30	35				
CJ20—100		100	50	50				
CJ20—160	380，660，1140	160	85	85	85			
CJ20—250	380，660	250	132	190				
CJ20—400		400	200					
CJ20—630	380，660，1140	630	300	350	400			

表 7-5-3 **CJ15 系列接触器的性能及技术数据**

型号	额定电压（V）	额定电流（A）	辅助触头额定电流（A）	操作频率（次/h）	吸引线圈额定电压（V）
CJ15—1000	500，1000	1000	10	60	交流 220 或交流 380（50Hz）
CJ15—2000	500，1000	2000	10	60	
CJ15—4000	1000	4000	10	50	

表 7-5-4　　CZ0 系列直流接触器的性能及技术数据

型号	主触头 额定工作电压（V）	主触头 额定工作电流（A）	主触头 触头数目 常开	主触头 触头数目 常闭	辅助触头 额定电压 交流	辅助触头 额定电压 直流	辅助触头 额定发热电流（A）	辅助触头 组合情况 常开	辅助触头 组合情况 常闭	吸引线圈 额定电压（V）	吸引线圈 消耗功率（W）	动作时间（ms） 闭合	动作时间（ms） 断开	通断能力 电压（V）	通断能力 电流（A）	临界分断电流（A）	操作频率（次/h）
CZ0—40/20	440	40	2	—	380	110，220	5	2	2	24 48 110 220	22	100	30	$1.05U_n$	$4I_n$	$0.2I_n$	1200
CZ0—40/02			—	2							24	90	45		$2.5I_n$		600
CZ0—100/10		100	1	—							24	110	30		$4I_n$		1200
CZ0—100/01			—	1				2	1		24	70	50		$2.5I_n$		600
CZ0—100/20			2	—				2	2		30	130	35		$4I_n$		1200
CZ0—150/10		150	1	—							30	130	30		$4I_n$		1200
CZ0—150/01			—	1				2	1		25	60	90		$2.5I_n$		600
CZ0—150/20			2	—				2	2		40	135	50		$4I_n$		1200
CZ0—250/10		250	1	—			10	共有 5 对触头，其中一对为固定常开，另外 4 对，常闭常开可任意组合			31	180	60		$4I_n$		600
CZ0—250/20			2	—							40	220	60		$4I_n$		
CZ0—400/10		400	1	—							28	200	50		$4I_n$		
CZ0—400/20			2	—							43	250	70		$4I_n$		
CZ0—600/10		600	1	—							50	200	90		$4I_n$		

表 7-5-5　　CZ16 系列直流接触器的性能及技术数据

型号	额定电压（V）	额定电流（A）	吸引线圈额定电压（V）	消耗功率（W） 起动瞬间	消耗功率（W） 吸合以后	固有动作时间（s） 吸合	固有动作时间（s） 释放
CZ16—1000/10	660	1000	110，220	495	38	0.22	0.06
CZ16—1500/10	660	1500	110，220	745	80	0.15	0.04

表 7-5-6　　CZ17 系列直流接触器的性能及技术数据

型号	额定电压（V）	额定电流（A）	操作频率（次/h）	触头形式及数目 常开	触头形式及数目 常闭	带灭弧罩
CZ17—150W/10	直流 24，48	150	600	1	1	带
CZ17—150/11		150		1		不带
CZ17—150/10		150		1		不带

二、低压接触器的选用

（1）额定电压的选择：接触器额定电压应大于或等于负载的额定电压。

（2）额定电流的选择：接触器额定电流应大于或等于负载（或电动机）的额定电流。

（3）线圈额定电压的选择：线圈额定电压应与所控电路的额定电压一致，通常采用 380V 或 220V。

第六节　继　电　器

继电器是用来接通或分断交、直流小容量控制电路的电器，也可用做传递信号的中间元件。它的种类较多，应用比较广泛的有热继电器、时间继电器、过电流继电器等。

（1）热继电器。常用热继电器的主要技术数据及用途见表 7-6-1。

（2）时间继电器。应用最广泛的 JS20 型电子式时间继电器主要技术数据见表 7-6-2。

（3）测量仪表和继电器电流线圈的负荷值和测量仪表和继电器电压线圈消耗容量如表 7-6-3、表 7-6-4 所示。

（4）电流继电器、电压继电器有关技术数据如表 7-6-5～表 7-6-7 所示。

（5）时间继电器、中间继电器、信号继电器有关技术数据如表 7-6-8～表 7-6-10 所示。

表 7-6-1　　常用热继电器主要技术数据及用途

序号	型号	额定电压（V）	额定电流（A）	相数	热元件 最小规格（A）	热元件 最大规格（A）	热元件 挡数	断相保护	温度补偿	复位方式	动作灵活性检查装置	动作后的指示	触头数量	主要用途
1	JR16（JR0）	380	20	3	0.25～0.35	14～22	12	有	有	手动或自动	无	无	1 常闭 1 常开	作为长期工作制或间断工作制的一般交流电动机的过载保护，并能在三相电流严重不平衡时起保护作用
			60		14～22	40～63	4							
			150		40～63	100～160	4							

续表

序号	型 号	额定电压（V）	额定电流（A）	相数	热元件 最小规格（A）	热元件 最大规格（A）	热元件 挡数	断相保护	温度补偿	复位方式	动作灵活性检查装置	动作后的指示	触头数量	主要用途
2	JR15	380	10	2	0.25～0.35	6.8～11	10	无	有	手动或自动	无	无	1常闭 1常开	作交流电动机的过载保护
			40		6.8～11	30～45	5							
			100		32～50	60～100	3							
			150		68～110	100～150	2							
3	JR14	380	20	3	0.25～0.35	14～22	12	有	有	手动或自动	无	无	1常闭 1常开	作交流电动机过载保护
			150		64～100	100～160	2							
4	JR9	660	310	3	24～38	226～310	7	有	有	手动或自动	无	无	1常开 1常闭	作交流电动机和线路的过载保护，亦可用在一般电磁起动器上
5	JR20（新产品）	660	6.3	3	0.1～0.15	5～7.4	14	无	有	手动或自动	有	有	1常闭 1常开	作为三相鼠笼型电动机的过载和断相保护，并可与CJ20型交流接触器组成新型电磁起动器，也可单独使用
			16		3.5～5.3	14～18	6	有						
			32		8～12	28～36	6							
			63		16～24	55～71	6							
			100		33～47	144～176	9							
			250		83～125	167～250	4							
			400		130～195	267～400	4							
			630		200～300	420～630	4							
6	JR□（T）（引进德国BBC公司产品）	660	16	3	0.11～0.19	12～17.6	22	有	有	手动	有	无	1常闭 1常开	作为三相感应电动机的过载保护，可与CJ□（B）型接触器组成电磁起动器
			25		0.17～0.25	26～35	22			手动 自动		有	1常闭 1常开	
			45		0.25～0.40	28～45	22			手动 自动		无	1常闭或 1常闭1常开	
			85		6～10	60～100	8			手动		有	1常闭 1常开	
			105		36～52	80～115	5			手动 自动		无	1常闭 1常开	
			170		90～130	140～200	3			手动 自动		有	1常闭 1常开	
			250		100～160	250～400	3			手动 自动		有	1常闭 1常开	
			170		100～160	310～500	4			手动 自动		有	1常闭 1常开	
7	JR□（K_7D）（引进德国西屋公司产品）	AC 500 DC 600	23	3	0.2～0.32	16～13	12	有	有	手动 自动	有	有	1常闭 1常开	作为一般交流电动机的过载保护和断相保护

表 7－6－2　**JS20系列电子式时间继电器主要技术数据**

序号	产品名称	额定工作电压（V） 交流	额定工作电压（V） 直流	延时等级（s）
1	通电延时继电器	36、110、127、220、380	24、48、110	1、5、10、30、60、120、180、240、300、600、900
2	瞬动延时继电器	36、110、127、220		1、5、10、30、60、120、180、240、300、600
3	断电延时继电器	36、110、127、220、380		1、5、10、30、60、120、180

表 7-6-3 **测量仪表和继电器电流线圈的负荷值**

名称	型号		负荷值 Ω	负荷值 VA	备注
电流表	1T1—A		0.12	3	一个线圈的负荷
	46L1—A 16L1—A	5A		0.35	
		0.5A，1A		0.25	
有功功率表	1D1—W		0.058	1.45	一个线圈的负荷
	46D1—W 16D1—W	5A		0.6	
		0.5A，1A		0.2	
无功功率表	1D1—VAR		0.058	1.45	一个线圈的负荷
	46D1—VAR 16D1—VAR	5A		0.6	
		0.5A，1A		0.2	
有功—无功功率表	1D1—W·VAR		0.06	1.5	
有功电能表	DS1		0.02	0.5	
无功电能表	DX1		0.02	0.5	
电流继电器	DL—11/0.01～0.05 DL—12/0.01～0.05 DL—13/0.01～0.05		0.0032	0.08	在第一整定电流值时的消耗功率
	DL—11/0.2～6 DL—12/0.2～6 DL—13/0.2～6		0.004	0.1	
	DL—11/10，DL—12/10，DL—13/10		0.006	0.15	
	DL—11/20，DL—12/20，DL—13/20		0.01	0.25	
	DL—11/50，DL—12/50，DL—13/50		0.04	1.0	
	DL—11/100，DL—12/100，DL—13/100		0.1	2.5	
差动继电器	BCH—1/BCH—2			不大于8.5/14	每相
电流继电器	GL—20			不大于15	每相

表 7-6-4 **测量仪表和继电器电压线圈消耗容量**

名称	型号	线圈电压(V)	cosφ	消耗容量(VA)	备注
电压表	1T1—V	100	1	4.5	
电压表	46T1—V	100		0.3	
	16T1—V	50		0.15	
有功功率表	1D1—W	100	1	0.75	两线圈共 2×0.75=1.5VA
	46D1—W	100		0.6	
	16D1—W	50		0.3	
无功功率表	1D1—VAR	100	1	0.75	两线圈共 2×0.75=1.5VA
	46D1—VAR	100		0.5	
	16L1—VAR	100		0.25	
有功—无功功率表	1D1—W·VAR	100	1	0.75	两线圈共 2×0.75=1.5VA
有功电能表	DS1	100		1.5	两线圈共 2×1.5=3VA
无功电能表	DX1			1.5	
频率表	46L1—Hz	50		1.2	
	16L1—Hz	100		1.2	
电压继电器	DJ—131/60CN	60		2.5	当30V时
其他型号电压继电器		48		1	
功率继电器	GG—11	100		35	$\varphi_s=30°$
	GG—11	100		25	$\varphi_s=45°$
	GG—12	100		15	$\varphi_s=70°$

表 7-6-5　**DL—20（30）系列电流继电器技术数据**

型号	整定范围（A）	线圈串联		线圈并联		动作时间	返回系数	最小整定电流时的功率消耗（VA）	接点	
		动作电流（A）	长期允许电流（A）	动作电流（A）	长期允许电流（A）				常开	常闭
DL—21 DL—31	0.0125～0.05	0.0125～0.025	0.08	0.025～0.05	0.16	（1）当 1.2 倍整定电流时，不大于 0.15s	0.8	0.4	1	
DL—22	0.05～0.2	0.05～0.1	0.3	0.1～0.2	0.6		0.8	0.5		1
DL—23 DL—32	0.15～0.6	0.15～0.3	1	0.3～0.6	2		0.8	0.5	1	1
DL—24 DL—33	0.5～2	0.5～1	4	1～2	8	（2）当 3 倍整定电流时，不大于 0.03s	0.8	0.5	2	
DL—25	1.5～6	1.5～3	6	3～6	12		0.8	0.55		2
DL—34	2.5～10 5～20 12.5～50	2.5～5 5～10 12.5～25	10 15 20	5～10 10～20 25～50	20 30 40		0.8 0.8 0.8	0.85 1 6.5	2 2 2	2 2 2

表 7-6-6　**GL—10 型过电流继电器整定数据**

型　号	额定电流（A）	整定值		
		整定电流（A）	动作时间（s）	速断电流倍数
GL—11/10	10	4，5，6，7，8，9，10	0.5，1，2，3，4	2～8
GL—11/5	5	2，2.5，3，3.5，4，4.5，5		
GL—12/10	10	4，5，6，7，8，9，10	2，4，8，12，16	
GL—12/5	5	2，2.5，3，3.5，4，4.5，5		
GL—15/10	10	4，5，6，7，8，9，10	0.5，1，2，3，4	
GL—15/5	5	2，2.5，3，3.5，4，4.5，5		

注　1. 动作时间为在 10 倍动作电流情况下的动作时间；

2. 速断电流倍数 $=\dfrac{\text{瞬动电流}}{\text{动作电流（感应元件）}}$；

3. 返回系数：0.85。

表 7-6-7　**DY—20（30）系列电压继电器技术数据**

型　号	特　性	整定范围（V）	线圈并联		线圈串联		动作时间	最小整定电压时的功率损耗（W）	触　点	
			动作电压（V）	长期允许电压（V）	动作电压（V）	长期允许电压（V）			常开	常闭
DY—21（31） DY—23（32） DY—25	过电压继电器	15～60 50～200 100～400	15～30 50～100 100～200	35 110 220	30～60 100～200 200～400	70 220 440	（1）当 1.2 倍整定电压时，不大于 0.15s （2）当 3 倍整定电压时，不大于 0.03s	1 1 1	1 1 	 1 2
DY—26（35） DY—28（36） DY—38	低电压继电器	12～48 40～160 80～320	12～24 40～80 80～160	35 110 220	24～48 80～160 160～320	70 220 440	当 0.5 倍整定电压时，不大于 0.15s	1 1 1	1 1 2	 1 2

表 7-6-8　**DS—20（30）系列时间继电器技术数据**

型　号	额定电压直流（V）	时间整定范围（s）	动作电压不大于	线圈耐受 110% 额定电压时能持续的时间（min）	功率消耗（W）	触点断开容量
DS—22（32） DS—23（33） DS—24（34）	 24 48 110 220	0.125～5 0.25～10 0.5～10	$0.75U_N$	2 2 2	10（25） 10（25） 10（25）	当电压＜220V，电流＜1(3) A 时，在有电感的直流电路中不超过 50W

续表

型　号	额定电压直流(V)	时间整定范围(s)	动作电压不大于	线圈耐受 110% 额定电压时能持续的时间(min)	功率消耗(W)	触 点 断 开 容 量
DS—32C		0.125～5		长期	15	
DS—33C	24					
	48	0.25～10	$0.75U_N$	长期	15	当电压＜220V，电流＜3A 时，在有感的直流电路中不超过 50W
DS—34C	110					
	220	0.5～20		长期	15	

表 7-6-9　　DZ—30 系列等中间继电器技术数据

型　号	额定电压直流(V)	动作电压	返回电压	动作时间(s)	消耗功率(W)	触 点 断 开 容 量	触点规范
DZ—31	12						
	24						
DZ—32	48	$0.7U_N$	$0.05U_N$	≤0.05	5	当电压＜220V，有感直流 50W；交流 500VA，长期电流 5A	2 常开 2 常闭
	110						
DZ—33	220						
DZ—25	6						
	12			≤0.02	1.5	当电压＜220V，有感直流 50W	2 常开 2 转换
DZ—27	24						
DZ—51	48	$0.75U_N$					
	110			≤0.03	5	当电压＜220V，有感直流 50W	2 常开 2 常闭
	220						

表 7-6-10　　DX—11 型信号继电器技术数据

(一) DX—11 型信号电流继电器				(二) DX—11 信号电压继电器			
额定电流(A)	长期电流(A)	动作电流(A)	线圈电阻(Ω)	额定电压(V)	长期电压(V)	动作电压(V)	线圈电阻(Ω)
0.01	0.03	0.01	2200	220	242	132	24400
0.05	0.15	0.05	70	110	121	66	7500
0.1	0.3	0.1	18	48	53	29	1440
0.25	0.75	0.25	3	24	26.5	14.5	360
0.5	1.5	0.5	0.9				

第七节　低压电容器、避雷器、自动开关

部分低压电容器、避雷器、自动开关的主要技术数据见表 7-7-1～表 7-7-3。

表 7-7-1　　YY 型电力电容器主要技术数据

型　号	额定容量(kvar)	额定电容(μF)	型　号	额定容量(kvar)	额定电容(μF)	型　号	额定容量(kvar)	额定电容(μF)
YY0.23—4—3	4	240	YY0.4—18—3	18	360	YY6.3—26—1	26	2.08
YY0.23—5—3	5	300	YY0.4—24—3	24	480	YY10.5—10—1	10	0.29
YY0.23—8—3	8	480	YY0.4—26—3	26	520	YY10.5—12—1	12	0.346
YY0.23—10—3	10	600	YY6.3—10—1	10	0.8	YY10.5—13—1	13	0.376
YY0.4—10—3	10	200	YY6.3—12—1	12	0.96	YY10.5—14—1	14	0.404
YY0.4—12—3	12	240	YY6.3—13—1	13	1.04	YY10.5—24—1	24	0.694
YY0.4—13—3	13	260	YY6.3—14—1	14	1.12	YY10.5—26—1	26	0.754
YY0.4—14—3	14	280	YY6.3—24—1	24	1.924			

注　型号说明：

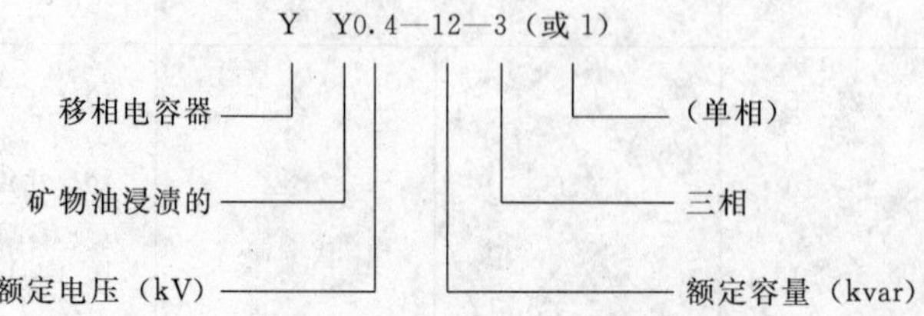

表 7-7-2　**FS 系列普通阀型避雷器（低压配电和电缆头用）及 FCD 系列磁吹阀型避雷器（保护旋转电机用）的电气特性**

型　号	额定电压（有效值，kV）	灭电弧压（有效值，kV）	工频放电电压（有效值，kV）	冲击放电电压（预放电时间 1.5～30μs）不大于（kV，幅值）	残压（波形 10/20μs）不大于（kV，幅值）	
					3kA	5kA
FS—0.38	0.38	0.50	1.1～1.6	2.7	2.6	—
FS—3	3	3.8	9～11	21	16	17
FS—6	6	7.6	16～19	35	28	30
FS—10	10	12.7	26～31	50	47	50
FCD—3	3	3.8	7.5～9.7	9.5	9.5	—
FCD—6	6	7.6	15～18	19	19	—
FCD—10	10	12.7	25～30	31	31	—

表 7-7-3　**自动开关基本技术数据**

型　号	触头额定电流（A）	额定电压（V）	脱扣器类别	辅助触头类别	脱扣器额定电流（A）	最大分断电流（A，有效值）
DZ1—10	10	～220	复　式	无	0.5，1，1.5，2，3，4，6，10	1000
DZ5—25	25	～380 —110	复　式	无	0.5，1，1.6，2.5，4，6，10，15，20，25	2000
DZ5B—50，100	50，100	～380	液压式或电磁式	无辅助触头，或带具有公共动触头的一常开一常闭辅助触头	1.6，2.5，4，6，10，15，20，30，40，50，70，100	2000
DZ10—100	100	～500 —220	复式或电磁式，热脱扣	一常开，一常闭	20，25，30，40，50，60，80，100，150	7000～12000（～380V 时）
DZ10—250	250	～500 —220	复式或电磁式，热脱扣	二常开，二常闭	100，120，140，170，200，250	30000（～380V 时）
DZ10—600	600	～500 —220	复式或电磁式，热脱扣	二常开，二常闭	200，250，300，350，400，500，600	50000（～380V 时）
DW5—400	400	～380 —440	过电流、失压、分断	二常开，二常闭	100～800	10，20（kA）
DW5—1000～1500	1000～1500	～380 —440	过电流、失压、分断	四常开，四常闭	1000～1500	20，40（kA）
DW10—200	200	～380 —440	过电流、失压、分断	三常开，三常闭或更多	60，100，150，200	10000
DW10—400	400	～380 —440	过电流、失压、分断	三常开，三常闭或更多	100，150，200，250，300，350，400	15000
DW10—600	600	～380 —440	过电流、失压、分断	三常开，三常闭或更多	500，600	15000
DW10—1000	1000	～380 —440	过电流、失压、分断	三常开，三常闭或更多	400，500，600，800，1000	20000

第八章　电力电子器件

第一节　电力电子器件概述

一、电力电子的研究范围和研究内容

电力电子的主要任务是研究电力电子（功率半导体）器件、变流器拓扑及其控制和电力电子应用系统，实现对电、磁能量的变换、控制、传输和存储，以达到合理、高效地使用各种形式的电能，为人类提供高质量电、磁能量。电力电子的研究范围与研究内容主要包括：

（1）电力电子元器件及功率集成电路。

（2）电力电子变流技术。其研究内容主要包括新型

的或适用于电源、节能及电力电子新能源利用、军用和太空等特种应用中的电力电子变流技术；电力电子变流器智能化技术；电力电子系统中的控制和计算机仿真、建模等。

(3) 电力电子应用技术。其研究内容主要包括超大功率变流器在节能、可再生能源发电、钢铁、冶金、电力、电力牵引、舰船推进中的应用；电力电子系统信息与网络化；电力电子系统故障分析和可靠性；复杂电力电子系统稳定性和适应性等。

(4) 电力电子系统集成。其研究内容主要包括电力电子模块标准化；单芯片和多芯片系统设计；电力电子集成系统的稳定性、可靠性等。

二、电力电子的特点和在国民经济中的作用

从工程应用的角度看，无论是电力、机械、矿冶、交通、石油化工、轻纺等传统产业，还是通信、激光、机器人、环保、原子能、航天等高科技产业，都迫切需要提供高质量的电能，特别是要求节能。而电力电子则是实现将各种能源高效率地变换成高质量电能、节能、环保和提高人民生活质量的重要手段，它已经成为弱电控制与强电运行之间，信息技术与先进制造技术之间，传统产业实现自动化、智能化、节能化、机电一体化的桥梁。电力电子的突出特点是高效、节能、省材，无论高技术应用领域，还是各种传统产业，乃至照明、家电等量大面广的，与人民日常生活密切相关的应用领域，电力电子产品已无所不在。所以，电力电子已成为我国国民经济的重要基础技术和现代科学、工业和国防的重要支撑技术。

三、电力电子器件的重要特征和特性

(一) 电力电子器件的特征

电力电子器件是电力电子技术的基础和核心。电力电子技术的不断发展都是围绕着各种新型电力电子器件的诞生和完善进行的。一代电力电子器件带动一代电力电子技术应用是业界人士普遍的共识，电力电子技术就是一种采用电力电子器件进行功率变换和控制的技术。

由于电力电子学是以电力（Power）为对象的电子学，因此电力电子器件与微电子器件的区别是“服务对象”不同而导致其功能不同，但都是以半导体材料为基板制作成的电子器件。

电力电子技术的特征是高效和节能，这主要是电力电子器件一般工作在较理想的开关状态，其特点是：导通时压降很低，关断时漏电流很低。由此可以知道器件本身的功耗与它所控制的功率相比是非常小的，一般可以忽略不计。

(二) 电力电子器件的特性

电力电子器件像燃起电力电子技术革命的火种，一代新型电力电子器件的出现，总是带来一场电力电子技术的革命。电力电子器件在整台装置中的价值虽然通常不会超过总价值的20%～30%，但是，它对装置的总价值、尺寸、质量和技术性能，却起着十分重要的作用。

一个理想的电力电子器件，应当具有下列理想的静态和动态特性：

(1) 在阻断状态时能承受高电压。

(2) 在导通状态时，具有高的电流密度和低的导通压降。

(3) 在开关状态转换时，具有短的开、关时间，能承受高的 di/dt 和 du/dt，以及具有全控功能。

四、电力电子器件发展历程

电力电子器件的发展历史可以划分成三个时期：第一时期为1950～1960年，这一时期为摇篮期，在这一时期中，半导体器件包括电力电子器件的关键技术几乎全部得以完善；第二个时期为1970～1980年，可以称为成长期，主要的电力电子器件像MOSFET、IGBT、GTO和光触发晶闸管等迅速发展，功率变换对电力电子器件的主要要求，随着上述器件的问世都基本上得以满足；第三个时期从1990年初至今，为充分成长成熟期，基于硅材料的电压全控型电力电子器件和智能型集成功率模块技术得到了进一步的完善和发展。目前，在现代电力电子器件方面，主要有下列几个技术发展方向：新的器件结构、宽能带间隙的半导体器件、微电子与功率电子的结合功率处理芯片和功率系统芯片、多芯片封装智能功率模块等。

由于电力电子技术的应用领域不断拓展和深入，对电力电子器件的性能有了新的要求，这样一些新型电力电子器件不断涌现。这些器件有的是在GTO、功率MOSFET、IGBT的基础上对内部结构进行一定的改良，有的是将电力电子器件与其他器件或电路进行物理上的组合，如集成门极换向晶闸管（IGCT）、电子注入增强栅晶体管（IEGT）、集成电力电子模块（IPM）、电力电子组合模块（PEBB）等。

第二节　电力电子器件的重要性能和分类

一、电力电子器件的重要性能

电力电子器件是一种大功率的半导体器件，它的基本工作原理与其他半导体类似，都基于半导体物理，如载流子的工作机理、空间电荷区、能级理论等。但是电力电子器件一般是工作在大电流和高电压下，因此就会有一系列特殊的物理过程和性能，这些性能对电力电子器件的拓扑和演变是非常重要的。

1. 双极型器件和单极型器件

依靠多数载流子和少数载流子（电子和空穴）同时进行导电的半导体器件称为双极型器件，像普通整流管、普通晶闸管、快速晶闸管、GTO、IGCT、IGBT等。仅依靠多数载流子（电子或空穴）进行导电的半导体器件称为单极型器件，如功率MOSFET和静态感应型等电力电子器件。由于单极型器件没有少数载流参与导电，因此在器件关断期间没有少数载流的恢复过程，所以单极型器件的开关速度远远高于双极型器件。

但是单极型器件不像双极型器件具有电导调制作用，因此通态压降较大，电流密度较小。一般情况下，通态电流在100A以上，电压在600V以上，就是双极型电力电子器件的天下了。

2. 空间电荷区

在一块半导体中，如果一部分是N型半导体，一部分是P型半导体，那么他们的交界面。就叫PN结。在PN结两侧的电子和空穴的浓度梯度是不同的，因此发生了相互扩散。扩散结果，就在PN结两侧的形成一个带相等正、负电荷的区域，我们称这个区域为空间电荷区。

空间电荷区中的载流子浓度和电荷区的宽度将随外加电压的大小会产生变化。空间电荷区就像一堵“墙”，墙越厚，则器件的耐压就越高。

3. 少子寿命

半导体分为N型半导体和P型半导体。一般定义为依靠电子导电的半导体称为N型半导体；而依靠空穴导电的半导体称为P型半导体。在N型半导体中虽电子为多数载流子（多子），但也存在少量空穴，我们称这些少量的载流子为少子；同理，在P型半导体中，电子为少子。

在任何时候，电子和空穴总是在不断地产生和复合。产生率和复合率相等，则为热平衡。一旦外界打破这种热平衡，如外加电压、光照等，则载流子的数量要高于在热平衡状态下的数量。如果外界因素消失，则载流子则经过一段复合的时间又恢复到热平衡状态，这段时间我们称恢复时间，少子寿命是描述少数载流子恢复时间的一个重要参数。

半导体中的少子寿命是可以人为控制的，对于不同用途的电力电子器件。它的少子寿命不同。少子寿命越短，器件的开关速度越快，像GTO、IGCT等，开关速度比普通晶闸管要快得多。

4. 电导调制

电导调制作用是双极型晶闸管类电力电子器件所独有的工作机理，它的好处是使通态电压降低。在器件导通后，P区的空穴和N区的电子大量涌入基区，这使基区的载流子浓度大大增加，基区的导电能力大大提高，即基区电阻率大大降低了，也就是说基区的电导被调制了。

当器件电压提高，所需的硅片电阻率和厚度就要增加，通态压降也就随之增加。有了电导调制效应，器件的正向压降就不会增加太多。

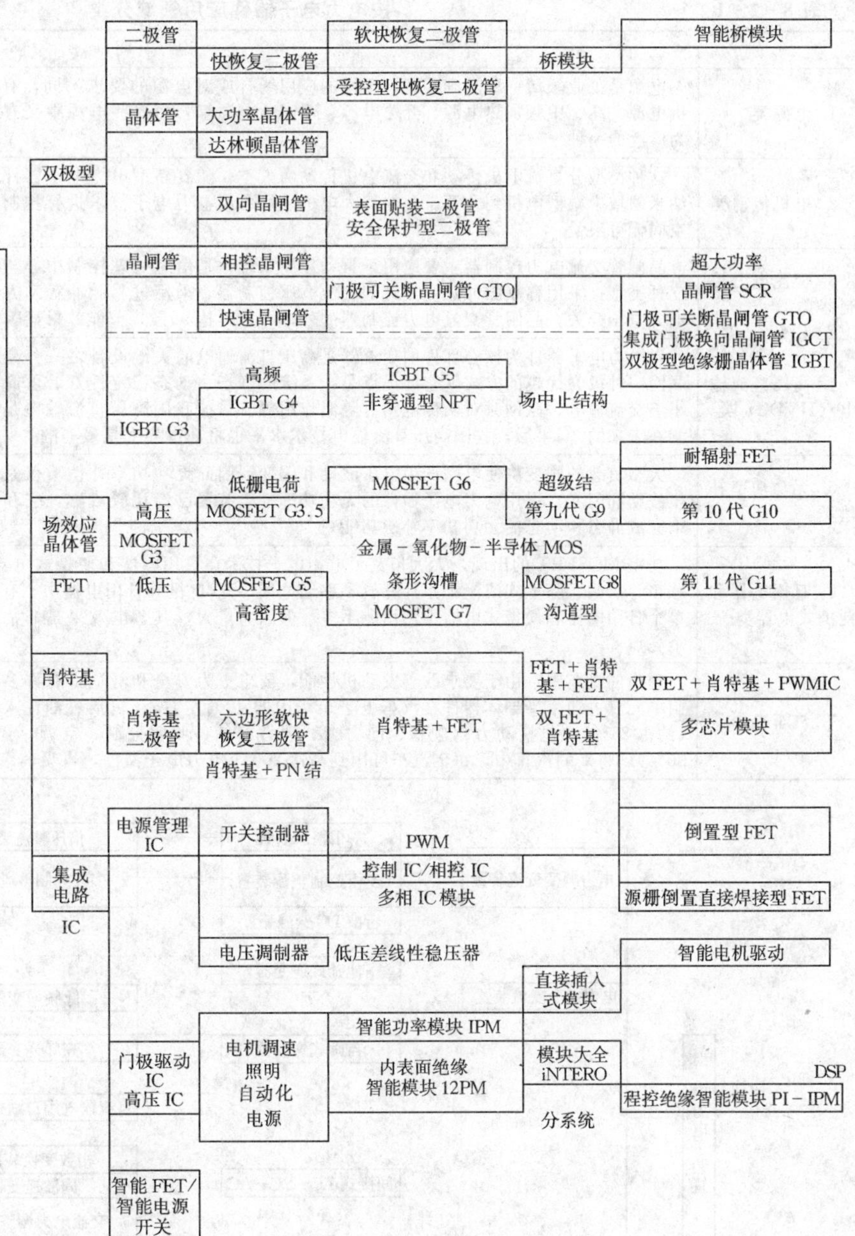

图 8-2-1　电力电子器件分类图

二、电力电子器件的分类

（1）按大的方面来对电力电子器件来分类，可分为双极型器件和单极型器件。

（2）按PN结的数量来分，可分为整流管类（1个PN结）、晶体管类（2个PN结）、晶闸管类（3个PN结）。

（3）按器件关断的方式来分，可分为强制关断器件类和自关断器件类。

（4）按封装形式来分，有单管、双管、多管、混合，模块、组件等类别。

（5）按时间出现的不同，可分类为第一代、第二代、第三代等。由于电力电子器件品种繁多，分类的方式也有许多种，如图 8-2-1 所示。

虽然电力电子器件种类繁多，但常用的器件不太多，有普通整流管、快速整流管、快恢复二极管、功率肖特基势垒二极管、普通晶闸管、快速晶闸管、逆导晶闸管、不对称晶闸管、双向晶闸管、光控晶闸管、GTO、IGCT、IGBT、功率MOSFET、功率集成电路（PIC）、高压集成电路（HVIC）、智能功率模块（IPM）、智能功率集成电路（SPIC）等。

三、按电力电子器件的应用领域分类

见表 8-2-1。

四、按电路划分电力电子装置

电力电子器件以核心器件的形式应用在电力电子装置或设备中。电力电子设备种类繁多，随着电力电子器件的创新发展和其控制方法的不断涌现，也将不断推出更多的新型电力电子装置。按电路角度划分电力电子装置的分类如图 8-2-2所示。

表 8-2-1　　　　　　　　　按电力电子器件应用领域分类

类　别	说　明
1. 电源类	电源是工业领域一种基础装备，不同的应用场合或对电源的要求不同，有许多种类，如电解电源、电镀电源、电焊机电源、高、中频加热电源、开关电源、不间断电源等。而这些电源中又有不同的种类，其中开关电源是目前应用最为广泛的一种
2. 电机传动类	这种类型分直流电机传动和交流电机传动两大类，随着新型电力电子器件和控制技术的不断创新，电机传动分为从纳米领域中微型电机到几万千瓦的特大电机，均可用电力电子技术进行控制。电机量大面广，其电力电子器件的应用空间无可限量
3. 交流电力控制器类	晶闸管交流电力控制器主要应用于自动控制系统，是信息处理控制中心与交流负载之间的接口。交流电力控制器有三种类型：采用移相脉冲触发方式的交流调压控制器、采用过零脉冲触发方式的交流调功器、采用随机或过零触发的电力电子开关。晶闸管交流电力控制器的效率一般可达 99%，节能效果显著
4. 高压直流输电（HVDC）类	以电力电子器件为核心部件的变流器是高压直流输电的关键设备之一。高压直流输电是对远距离大容量输电和电网联网一种极为优越的方式，它的优点是：系统的静态、动态稳定性好、可简便迅速调整电流的大小和方向、线路损耗小于交流输电、联网时对两侧电网有隔离作用等。目前我国高压直流输电是世界上发展最快，应用最多的国家，可预测在未来的 20 年后，我国高压直流输电技术水平也将在世界上是最高的
5. 无功功率补偿类	大型负载的剧变将使电网产生电压波动和闪变，因此无功功率补偿不仅是为了改善功率因数，还要考虑尽量减少电压波动和闪变。采用电力电子器件的无功功率补偿装置已经比较成熟，它和电容器、电抗器一起建立不同的投切组合来完成静态和动态的无功功率补偿功能
6. 日用电器和便携式电器类	功率 MOSFET 的出现，大大拓宽了电力电子技术在日用电器和便携式电器的应用领域。电力电子技术渗透到空调、冰箱、照明、膝上式或笔记本计算机，移动电话、DVD 机等日用电器中，有的可进行无级调节，有的可延长使用时间。单个日用电器和便携式电器虽然用电不多．但因为量大，其节电效果是非常可观的，绿色照明也是电力电子技术的一个亮点
7. 汽车电子类	现代的汽车中，由于要求改善发动机性能，要求更为安全和舒适，有许多部分都要用到半导体器件。例如发动机控制单元（占功率半导体器件在汽车电子市场中的 40%左右）：包括燃油注入控制、点火控制、变速器等。舒适用部件（约占 25%）：包括动力驾驶盘、动力窗、动力门销、照明控制、空调、音响等。安全及保护用部件（约占 25%～30%）。将来的汽车中，每辆汽车可用到高达 200 个电力电子器件，可见其市场之大

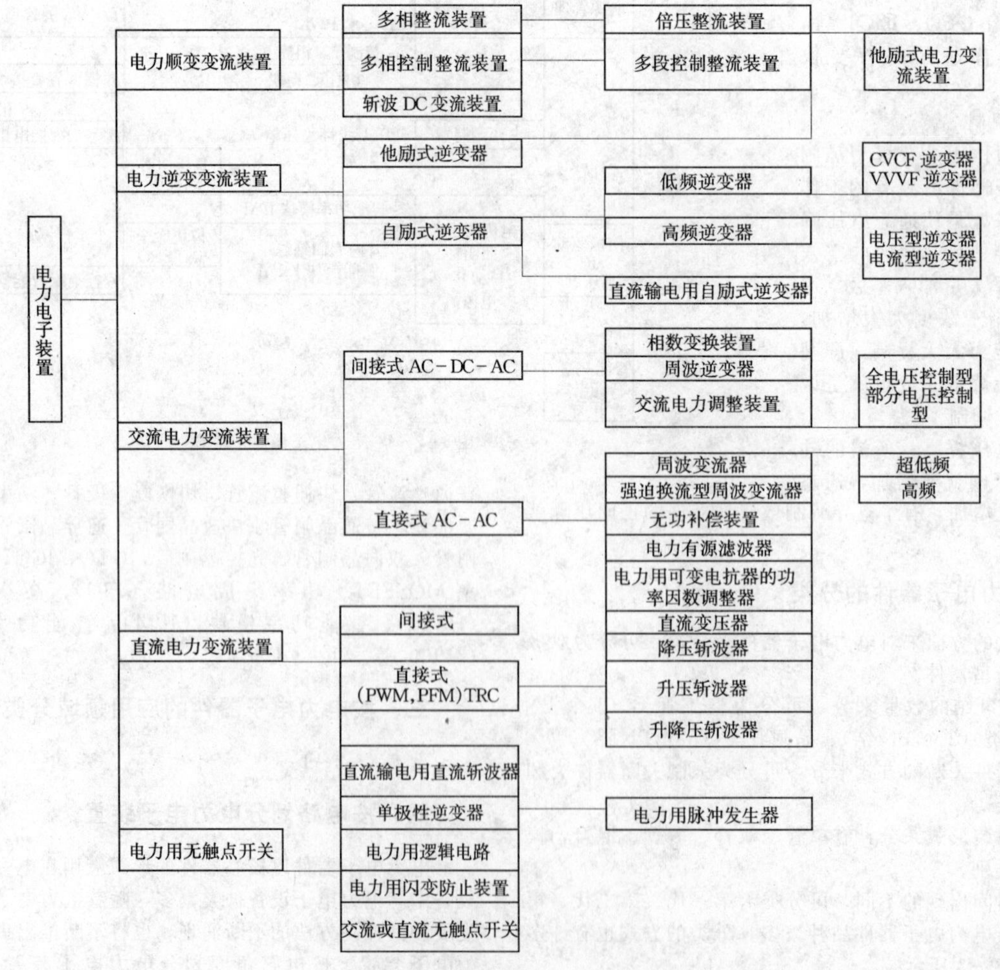

图 8-2-2　电力电子装置的分类

第三节　电力电子功能单元模块

随着电力电子线路的日益复杂，为提高工作可靠性、降低安装工时、缩小装置体积，电力电子装置的主电路的模块化成为发展趋势。

模块内部的电路实现，可分为单芯片封装、多芯片封装、硅芯片加表面贴装等几种。对于小功率电力电子线路，则多采用功率变换加控制的一体化模块。大功率主电路的器件功率大，热量聚集度高，价格昂贵，往往是提供部分集成与整体集成等不同品种，以供灵活选用。

一、整流模块

整流模块是最早实现模块化封装的产品，依照拓扑分为单相、三相、半桥、全桥电路等；依照器件种类分为二极管整流、晶闸管整流等产品。通常，半桥（单个桥臂）模块产品多为高频、快速器件。图8-3-1是单相整流模块电路的示意图。

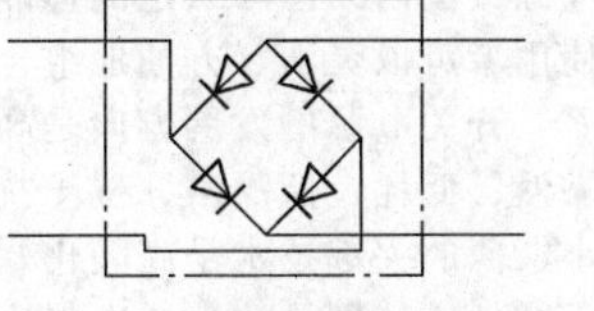

图8-3-1　单相整流模块电路示意图

目前，整流模块已经得到了广泛应用，除了特别高的电压或功率等级以外，无论是安装还是价格上，整流模块均有优势。

二、逆变桥

逆变桥是比较复杂而又广泛使用的电力电子主电路，采用模块结构对于降低主电路杂散参数、提高工作可靠性十分有利。依照拓扑，逆变桥分为单相、三相、半桥、全桥等；依照器件种类分为功率 MOSFET、IGBT 等。由于逆变桥有电压型、电流型之分，其连接的二极管有串联与并联之分。在电动机驱动中应用时，功率模块往往还将制动开关管亦集成于一体。图8-3-2是三相逆变模块电路的示意图。

在大功率开关线路中，已开发了各种开关与二极管复合的单臂桥，由其灵活地组成各种逆变桥或其他 DC/DC 变换电路。

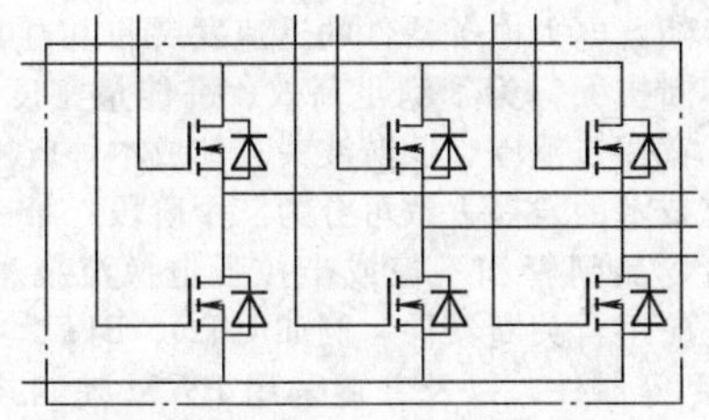

图8-3-2　三相逆变模块电路示意图

三、智能模块

对于大功率模块，智能模块的定义是具备下列全部或部分功能，即完善保护功能、器件状态信息反馈、控制侧与主电路可靠隔离、通信接口等。对于功率不大而应用面广、产量高的线路，则是形成完善的功能，如各种伺服电动机驱动线路、音响功率放大、高密度 DC/DC 功率模块、电子节能灯模块等，均已开发成相应的专用智能模块，这些模块有着分立电路无法比拟的性能价格比优势。

四、功率控制 IC 模块

在许多电力变流器中，主电路是和控制电路相分离的。在功率电路走向模块化的今天，控制电路已经基本实现了集成化。各种电源拓扑的控制电路大都有了专用芯片。对于电源控制芯片，功率控制 IC 要实现的任务是：提供电压基准，产生 PWM 等控制波形，对输入信号与反馈信号进行放大或 PID 调节，产生控制脉冲，输出有一定负载能力的驱动信号，以及软起动、过载保护等功能。

第四节　直流开关电源及模块

广义地说，采用电力半导体器件作为开关，实现对电能形式的变换和控制的变流装置都可称为开关电源，但一般来说，开关电源是指上述变流装置中的直流电源。本节中的开关电源仅指直流电源。

开关电源是通过控制电力电子开关器件的导通比，也就是电力电子器件开通和关断的时间比例来调节或稳定输出的电源装置。电力电子器件一般采用 MOSFET 或者 IGBT，控制一般采用开关电源专用控制集成电路，由于开关电源具有效率高、稳压范围宽、体积小、重量轻等特点，近年来已经取代线性电源、相控电源等，成为直流电源的主要形式。

一、开关电源电路结构

开关电源可分为 AC/DC 和 DC/DC 两大类，并可按输入输出电路是否隔离分为隔离型开关电源和非隔离型开关电源两种，典型开关电源结构如图8-4-1所示。其中 DC/DC 类开关电源无输入端的整流部分，非隔离型开关电源无需高频隔离变压器和控制回路的隔离环节。

(1) AC/DC 变换。AC/DC 变换是将交流电能变换为直流电能。

图8-4-1中交流输入经 EMI 滤波器滤波后进入 AC/DC 整流器。EMI 滤波器起到隔离电磁干扰（EMI）的作用。AC/DC 整流器可以是二极管整流电路，为提高开关电源功率因数，抑制注入交流端的电流谐波，越来越多的开关电源输入端采用了功率因数校正电路（PFC）或 PWM 整流电路。整流电路输出未经调节的直流电。

图8-4-1点划线框内为隔离型 DC/DC 变流器电路，该电路将输入的未经调节的直流电变换为所需电平的直流输出，其变换过程首先由 DC/AC 逆变器将直流输入变换为高频交流，经隔离变压器后再整流为直流，所以隔离型 DC/DC 变流器实际上是 AC/DC 和 DC/DC 二级变换，中间的变压器实现了输入和输出的隔离。采用高频交流环节可以减小隔离变压器和 AC/DC、DC/DC 变流器的体积和重量，并提高电源的控制特性。隔离型 DC/DC 变流器电路有反激式、正激式、半桥式、全桥式和推挽式等。

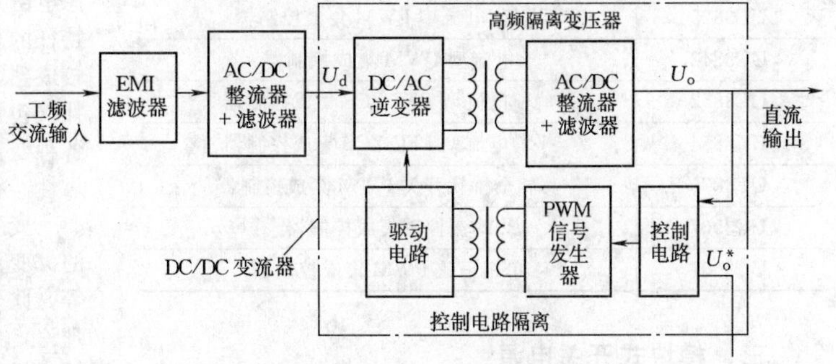

图8-4-1　典型开关电源结构框图

非隔离型DC/DC变流器电路不需要隔离变压器对输入输出进行隔离，即图8-4-1中点划线框内的DC/DC变流器不需要高频隔离变压器，变流电路一般采用Buck、Boost、Buck-Boost和半桥、全桥等。

AC/DC变流器输入为50Hz的交流电，必须经过整流和滤波，因此体积相对较大的滤波电容器是必不可少的。同时，因为遇到安全标准及EMC指标的限制，交流输入侧需加EMC滤波及使用符合安全标准的元件，这样就限制了AC/DC电源体积的小型化。

(2) DC/DC变流。DC/DC变换是将固定的直流电压变换成可控制（稳定或可调）的直流电压，对于DC/DC变流器来说，图8-4-1中的交流输入EMI滤波和整流电路不再需要，其他工作原理和电路结构与上述AC/DC变流器类似。但一般说来，AC/DC常常有隔离的要求，采用隔离型DC/DC变流器电路，而DC/DC变换一般可以采用非隔离型DC/DC变流器电路。

(3) 软开关技术。开关电源小型化轻型化的关键技术是高频化，但是高开关频率增加了电力电子器件的开关损耗，不仅降低了开关电源的效率，而且增加了电力电子器件本身的电压电流应力。软开关技术通过L、C等元器件抑制器件开通和关断时的电压或电流上升率，或者通过在LC谐振电路中振荡电压电流过零时切换开关器件的导通状态，从而实现开关器件的零电压（ZVS）零电流（ZCS）开关过程，减少器件的开关损耗。

二、开关电源的控制

开关电源控制原理如图8-4-1所示，一般采用输出负反馈实现对输出的控制。输出电压U_o和给定输出电压信号U_o^*之差送入控制电路，控制电路可以采用各种不同的控制策略，控制电路的输出通过调节脉宽调制（PWM）信号的导通比实现对开关电源的控制。隔离型开关电源的控制回路中需采用光电式或电磁式隔离环节。驱动电路实现PWM信号的整形和放大。

控制电路一般可采用PI调节器。控制可分为电压控制模式和电流控制模式。电流控制模式又有平均值电流控制、峰值电流控制和电荷控制等不同的控制方式。开关电源控制多数采用专用集成控制电路芯片，开关电源专用控制集成电路芯片是一种模拟数字混合集成电路，其中集成了控制器、PWM发生器、采样、保护、自供电和起动等功能电路，品种多、功能强、价格低、使用方便，适应多种不同形式的开关电源。作为例子，表8-4-1介绍了几种开关电源专用控制集成电路芯片。

表8-4-1 几种开关电源专用控制集成电路芯片

UC3825	电压/电流型PWM集成控制器
UC3842	电流型PWM集成控制器
UC3852	峰值电流型PFC ZCS集成控制器
UC3854	平均电流型PFC ZCS集成控制器
UC3875	移相全桥软开关PWM集成控制器
UC3907	均流控制集成控制器
UC3637	单相正弦PWM集成控制器

三、模块式开关电源

模块式开关电源是采用优化的主电路和控制电路结构，先进的设计和制造工艺，构成一个整体的结构紧凑、体积小、高质量的开关稳压电源。使用时一般不需要或只需要外接少量分立元件就可以构成开关稳压电源，安装、使用、维护非常方便，可靠性高，尤其适合在各种电子设备和应用系统中作为电源部件被选用。

模块式开关电源也分为AC/DC和DC/DC两种。其中AC/DC中一般包含其前端的功率因数校正模块，电源输出功率从几瓦到几千瓦，输出结构有单路输出、双路输出、三路输出、五路输出等。AC/DC模块输入交流电压范围有85～264V,120～370V，输出直流电压为5～48V及280～360V等。DC/DC模块中，输入直流电压范围为4～8V,9～18V,18～36V，36～75V，88～185V和200～400V等，输出直流电压为2～48V不等。

模块电源输出电压可以调整，部分模块电源还具有通过串联或并联连接提高输出电压或输出电流的功能。一般模块电源按国内或国际认定的标准生产，使电源系统的设计者和使用者可以灵活、方便地组合和选用。

开关电源的发展方向是高开关频率、高功率密度、高可靠性、低耗、低噪声、抗干扰和模块化。由于开关电源轻、小、薄的关键技术是高频化，因此国内外都致力于开发新型元器件，特别是改善二次整流器件的损耗，并在功率铁氧体材料上加大科技创新，以提高在高频率和较大磁通密度下获得高的磁性能，电容器的小型化也是一项关键技术，SMT技术的应用使得开关电源取得了长足的进步，在电路板两面布置元器件，以确保开关电源的轻、小、薄。开关电源的高频化并实现ZVS、ZCS的软开关等也已经成为开关电源的主流技术，并大幅提高了开关电源的工作效率。

第五节 电力电子器件发展前景

一、电力电子变流技术

电力电子变流技术与电力电子器件两者从来就是相辅相成的，它们始终是推动电力电子技术发展的基础。它可以实现AC-DC，DC-DC，DC-AC及在同一频率下的AC-AC变换（交流调压），和在不同频率下的AC-AC变换（变频）等。伴随着电力电子器件的迅速发展和电力电子技术应用领域的不断扩大，为了满足高效、高能量密度、高精度，快速响应、宽调节范围、低谐波失真和成本等应用要求，电力电子变流技术的发展大致可分为三个阶段：第一阶段，是应用二极管、晶闸管和不控或半控强迫换流技术；第二阶段，主要是应用自关断器件，例如GTO、BJT、功率MOSFET、IGBT等器件，以及普遍采用PWM控制技术；第三阶段，是以采用软开关、功率因数校正、消除谐波，以及考虑电磁兼容、扩大其电压、电流、功率范围和全数字控制为特征的现代变流技术。变流器基本电路拓扑的研究已相对比较成熟，当前人们主要是研究应用于各种特定场合的组合拓扑（包括各种多电平拓扑）和高速数字信号处理器DSP在各种变流器中的应用，以提高变流器的效率、功率密度、可靠性、智能化水平和降低成本。

变流器的控制与变流器拓扑始终是密切相关和同步发展的。变流器的常规控制模式有PWM、SPWM、SVPWM等。此外，还有针对应用对象所提出的各种特殊控制方法和理论，如交流电机的矢量控制、直接转矩控制、有源滤波的瞬时无功功率理论、单周期控制理论等，而现代控制理论（模糊控制、变结构控制、智能控制、神经网络控制等）在电力电子技术中的应用也得到人们的关注。

二、电力电子装置分布式系统控制

电力电子控制方面的最新研究方向应该是电力电子装置分布式系统控制，包括适合电力电子电路控制的专用控制网络硬件和软件的研究等。随着电力电子技术在电力系统、新能源发电、电力牵引和磁悬浮系统、军用装备、核能装置及其他高科技领域的应用不断推广，应用系统对控制器提出了更高的要求，如高精确度、高可靠性、高智能性、易维护性等。非线性控制、网络控制在复杂电力电子系统中的应用将得到人们高度的关注。

三、电力电子系统集成、标准化和模块化

许多学者预测电力电子系统集成、标准化和模块化是21世纪电力电子技术发展的必由之路，2005年IEEE Transaction on Power Electronics出版了一期关于电力电子集成技术的专辑，集中讨论了无源元件和有源模块的多芯片封装的有关问题，在2005年的IEEE APEC会议上，发表了一篇关于芯片级电力电子集成的特邀报告。

近年来，该领域国际上主要的国际会议均将电力电子系统集成（包括：变流器的模块化、智能化、标准化、电力电子芯片系统、多芯片封装模块、电力电子系统集成理论及集成稳定性等）列为专题。该研究领域的一些科学问题与前述几个方面均有密切联系，其特有的科学问题主要有：电力电子系统集成方法论；集成系统的稳定性和可靠性；单芯片和多芯片系统电磁兼容设计（包括寄生参数提取、元器件高频建模等）；电力电子集成系统的热力学模型等。

四、节能

电力电子器件通常工作在较理想的开关状态，将耗能降低到最低限度。电力电子装置中主电路均采用电力电子器件，其效率较高（大于85%，一般在90%以上）。电力电子技术是一种节能技术，这主要由于电力电子器件本身的工作机理所决定的。

我们知道，工频（50～60Hz）是发电的最佳频率，但它不是用电的最佳频率。如果电源频率提高，磁路截面积可以减小，从而电机体积减小，质量减轻。这种效果对诸如变压器、电抗器、镇流器等各种电磁元件都是适用的。为此，新型电力电子器件向高频方向发展，这些均称之为“高频器件”。如GTO、IGCT工作在600～1500Hz。IGBT工作在1～50kHz,功率MOSFET可以工作在20～1000kHz。一般来说，电力电子器件工作频率提高一个数量级，则用电设备的体积缩小到原来的一半。由于人的听觉能分辨的最高频率为20kHz，因此设备的频率超过这一频率，将会减少噪音，所以也有人说这是“20千周革命”。因此电力电子器件的高频化是目前最为突出的发展趋势。

电力电子器件的发展，使电力电子设备达到节省能量、节省资源、节省人力。因此，电力电子器件要尽量降低自身的功耗，提高工作频率，要发展复合型、大容量和模块化电力电子设备，使电力电子设备结构简单、可靠性提高、减少损耗、提高效率。

五、电力电子器件与微电子器件

电力电子学（Power Electronics）和微电子学（Micro Electronics）构成了电子学的主要内容。狭义地讲，前者以研究电力的控制和传输为重点，后者则是以信号的采集和处理为重点。这种历史的分野，导致了自电子学诞生后两个方向的发展，随之也就出现了两个电子技术的应用领域。随着科学技术的不断发展和应用领域的相互渗透，电力电子技术和微电子技术充分发挥各自的特长，将两者融合，这在新型电力电子器件上表现得淋漓尽致。

电力电子学与信息电子学在技术上主要不同点是功效问题。对信息处理用的低电平电路很少要求效率超过15%。而电力电子技术中的功率电路却不能容忍其效率低于85%。因此可以说，要求高的效率，是电力电子技术的主要特征之一。为了提高效率，器件必须采用开关的工作方式。因为作为开关而言，导通时几乎不消耗能量（压降小），关断时也因为漏电流很小而几乎不消耗能量。这样一种近于理想的开关就是电力电子器件。

随着电力电子器件的工作频率正在不断地扩大，微电子器件的工艺也逐步引入电力电子器件工艺，如离子注入、外延、精密光刻、介质保护，封装形式等。有的器件，如IGBT和功率MOSFET的全部工艺在IC生产线上进行，只是在最后的终端保护上采取一些特殊措施。

随着功率集成技术的迅速发展，集成电路已出现了一个新的分支——高压集成电路（HVIC）或功率集成电路（Power IC）。它使计算机的输出获得了一个直接联系到负载的“功率接口”（Power Interface）。所谓功率集成技术包括隔离技术、场缓和技术、复合技术、逻辑电路和驱动电路技术。这些技术是各种集成或复合器件的基础技术。当前，Power IC不仅作为接口，还可以直接用于许多方面，因而有广泛的产品市场。

兼有双极性器件（功率）和单极性器件（频率）两者之长的新型复合型器件，在IC工艺和平面结高压技术基础上也有了很大发展，并形成了一个复合器件的大家族，包括双极型晶体管和MOS的结合——MOS晶闸管，还有MOSGTO，双极型MOS IGT等。从这个意义上来说，电力电子器件已进入集成复合化的时代。不同电力电子器件的相互组合见表8-5-1。

表8-5-1　不同电力电子器件的相互组合

不同主结结构						不同门极结构				双极型+单极型				
基本结构	加P^+	反向阻断	非对称		双向	特殊门极	放大门极	光触发	隐埋门极	双极性	静电感应	MOS	肖特基	自保护
		—	阳极短路	加N^+	—									
		掺金或电子辐照			—									
Tr	SCR	Inverter SCR	RCT	ASCR	Traic	GATT	AGSCR	LASCR	—	Chip Swith	—	MOSSCR	—	OVPSCR
GTR	GTO	RBGTO	ANGTO RCGTO	ASGTO	—	FGGTO DOGTR	AGGTO	—	BGGTO	—	—	MOSGTO (MCT)	—	—

续表

基本结构	不同主结结构					不同门极结构				双极型＋单极型				
	加 P^+	反向阻断	非对称		双向	特殊门极	放大门极	光触发	隐埋门极	双极性	静电感应	MOS	肖特基	自保护
		—	阳极短路	加 N^+	—									
		掺金或电子辐照			—									
MOS	IGBT	—	ANIGT	PTIGT	TrMOS	MCT	—	LAMOS	—	—	MOS/SIT	—	SiNFET	SMART POWER
SIT	SITH	—	—	—	—	NORM OFF SIT	—	LASIT	—	BSIT GAT	—	—	—	SITIC

注 Tr—晶体管；GTR—巨型晶体管；RCT—逆导晶闸管；SCR—晶闸管；LASCR—光控晶闸管；Triac—双向晶闸管；GTO—可关断晶闸管；ANGTO—阳极短路可关断晶闸管；ASCR—非对称晶闸管；MOS—金属-氧化物-半导体场效应晶体管；IGBT—绝缘栅双极型晶体管；GATT—门极辅助关断晶闸管；SIT—静电感应晶体管；SITH—静电感应晶闸管；MCT—MOS控制晶闸管。

第六篇

电气工程测量与试验

第一章　电测技术基础

第一节　概　　述

一、电单位定义

安［培］(A)：在真空中，截面积可忽略的两根相距1m的无限长平行圆直导线内通以等量恒定电流时，若导线间相互作用力在每米长度上为2×10^{-7}N，则每根导线中的电流定义为1A。

库［仑］(C)：导线中流过1A恒定电流时，1s内穿过任何截面的电荷量定义为1C。

伏［特］(V)：导线中流过1A恒定电流时，若导线的两点之间消耗的功率是1W，则这两点之间的电位差定义为1V。

欧［姆］(Ω)：当导线中不存在电动势，在导线的两点即两个等位面之间加1V恒定电压时可产生1A恒定电流，则此两点间导线的电阻定义为1Ω。

法［拉第］(F)：电容器的两极板间的电压为1V，两极板分别带有1C的正、负电荷时，此电容器的电容定义为1F。

亨［利］(H)：闭合电路中的电流以1A/s的均匀变化率变化，可使电路中产生1V的感应电动势时，此闭合电路的自感定义为1H。

韦［伯］(Wb)：令环链着单匝线圈中的磁通量以均匀速率在1s内下降到零。若该线圈在该时间内的感应电动势是1V，则原来环链着线圈的磁通量定义为1Wb。

瓦［特］(W)：施加于纯电阻电路的电压为1V，电流为1A时，则它所消耗的有功功率称为1W。

乏(var)：在正弦交流电路中，施加于纯电感（或纯电容）上的电压有效值为1V，电流有效值为1A时，则它所吸收（或发出）的无功功率称为1var。

伏安(VA)：施加于电路为1V的正弦交流电压，流入1A正弦交流电流时的视在功率为1VA。

二、测量方式分类

按获得被测量结果的方式，可分为如下几类：

(1) 直接测量。是指被测量与度量器上的标准量直接比较，或以事先刻度好的仪表进行测量，从而测出被测量之值。

(2) 间接测量。是指通过直接测量几个与被测量有函数关系的量，然后再通过计算求得被测量之值。这种方式称为间接测量。如用伏安法测量电阻，可先测出电压与电流之值，再用欧姆定律间接算出。

(3) 组合测量。是在直接测量具有一定函数关系的某些量的基础上，通过联立求解各函数关系式来确定被测量的大小，这种方式称为组合测量。如要测量电阻的温度系数α和β，可分别测出20℃和t_1、t_2时的电阻值，代入公式

$$R_t=R_{20}[1+\alpha(t-20)+\beta(t-20)^2]$$

然后通过求解联立方程，便可求出α和β。

三、测量方法分类

按获得被测量数值的方法，可分为如下几类：

(1) 直读法。即用电测指示仪表读取被测量的数值的方法，它具有简捷优点，但准确度受仪表误差的限制。

(2) 比较法。是指被测量与度量器在比较仪器中进行比较而求得被测量的一种方法。比较法的准确度和灵敏度较高，测量误差一般最小可达0.001%，但设备较复杂，操作较难。根据比较时的具体特点又分为平衡法、差值法和替代法三种。

平衡法（零值法）是指被测量与已知量比较时，使这两种量对仪器的作用相消为零的一种测量法，如用电桥测量电阻。

差值法（较差法）是利用被测量与已知量的差值，作用于测量仪器，从而求得被测量的方法。如用不平衡电桥测量电阻、温度等。

替代法是利用已知量替代被测量，如不改变仪器的工作状态，则认为被测量等于已知量，其测量结果与仪器本身的准确度无关，只决定于替代的已知量。

四、测量误差

由于各种不同的原因，在测量结果与被测量的真值之间造成的差异，称为测量误差。按其性质可分为：

(1) 系统误差。测量过程遵循一定的规律保持不变的误差，这种误差称为系统误差，也称为确定性误差。根据已知的变化规律对于固定不变的系统误差称为定值系统误差，对于按已知规律变化的系统误差称为变值系统误差。

(2) 随机误差。也称偶然误差。这是一种大小和符号都不确定且无一定变化规律的误差，是由于周围环境的各种随机量如电磁场、温度的微小变化、空气扰动、大地震动等偶发因素所引起的，因此无法加以消除。

(3) 疏忽误差。也称粗大误差。这是测量者粗心，如不正确操作、读错、记错、算错等原因所引起的一种严重歪曲测量结果的误差，包含这种误差的数据应予剔除。

随机误差一般较小，工程上常忽略不计，只有在精密测量中需要考虑随机误差，并对测量数据进行处理。工程上主要考虑的是系统误差。

第二节　绝对测量与电学量具

一、绝对测量

(一) 电流的绝对测量

图1-2-1为使用多层线圈的雷利式电流天平原理。图中可动线圈N和固定线圈N_1、N_2串联并通过电流I，靠增减砝码而平衡。若同轴线圈的互感为$M(X)$，轴方向位移为X，则作用于可动线圈N上的电磁力为

$$F=I^2\frac{\partial M(X)}{\partial X}$$

若已知N_1、N的有效半径比，便可知$\partial M(X)/\partial X$的值，从而定出电流的数值。

(二) 电压的绝对测量

其原理是应用超导隧道器件的电压阶跃现象的约瑟夫逊

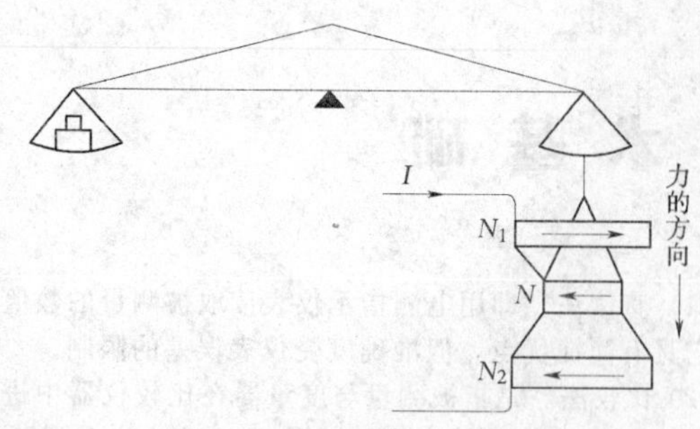

图 1-2-1 雷利式电流天平原理图

效应，见图 1-2-2。两个超导体 A、B之间有数毫米的绝缘薄膜。若将 A、B与电池和可变电阻相连接，则就会有一个电流流动，但不像是普通导体那样，因为超导体中的电子能通过“势垒”形成“隧道”，尽管有电流，但间隙上没有电位降。当用频率为 f 的电磁波照射这个结时，在超低温状态下，则 A和 B之间的电压—电流特性呈现阶梯形式跃变现象，见图 1-2-3。

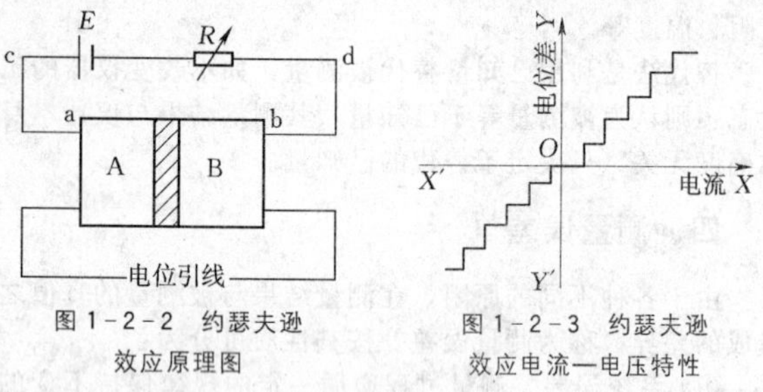

图 1-2-2 约瑟夫逊效应原理图

图 1-2-3 约瑟夫逊效应电流—电压特性

根据理论有下列关系式

$$U=\frac{hf}{2e}$$

式中 e——电子电荷；

h——普朗克常数。

若上式的 $\frac{2e}{h}$ 为恒定值，只要测量频率便可导出电压，并可利用它监视标准电池的稳定性。

(三) 电容的绝对测量

1956 年澳大利亚标准研究所的汤姆逊和兰帕特从原理上证明：若把一个任意横截面的无限长直柱面分成四部分，见图 1-2-4。图 1-2-4 (a) 的每单位长度柱面的相对两部分之间电容以 C_1 和 C_2 表示，则有

$$\exp(-C_1\pi/\varepsilon)+\exp(-C_2\pi/\varepsilon)=1$$

若使 $C_1=C=C_2$，则单位长度的电容为

$$C=\frac{\varepsilon\ln 2}{\pi}$$

式中 ε——介电常数。

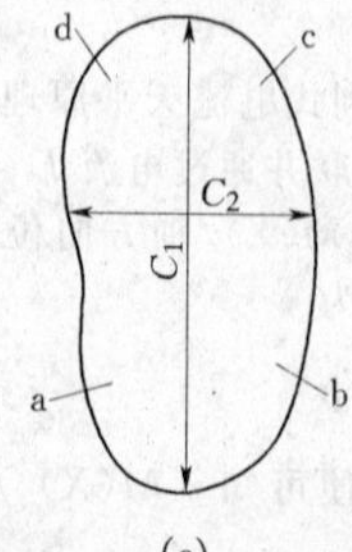

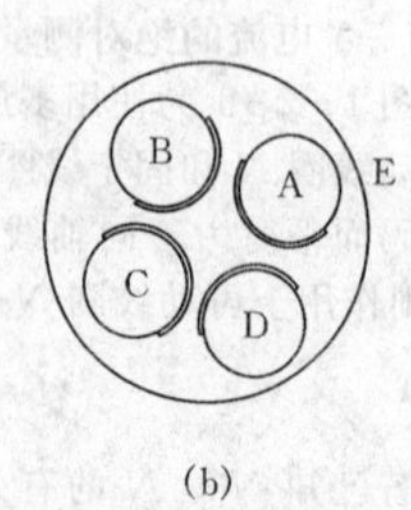

图 1-2-4 计算电容器

(a) 原理；(b) 圆筒式计算电容器

上式表明 C 与各部分的形状和大小无关。计算电容也称为汤姆逊—兰帕特电容，它是电容的绝对测量方法之一。这种电容器是由沿一轴线对称地平行安置四根金属圆柱体 A、B、C、D组成，见图 1-2-4 (b)，用相对的两个圆柱体对调，进行两次测量，可以改正由于不对称性引起的误差，计算电容器的电容量一般在 0.5～2pF 左右，精确度可达 10^{-7}。我国也制造了这种计算电容作为国家的基准电容。

(四) 电阻的绝对测量

从亨利和法拉第的定义以及它们的量纲可以看出，自感和互感的感抗 ωL 和 ωM 以及电容的容抗 $\frac{1}{\omega L}$ 都具有电阻的量纲，因此可把 L、M 作为绝对标准器，用于电桥线路中同电阻相比，进而求得电阻的绝对测量。后来由于计算电容的出现，电容的精度更高，于是构成如图 1-2-5 的直角相位电桥。调整电源频率 f，当检出器 D 指零时，即可由下式求出电阻的绝对值。

$$R=\frac{1}{2\pi fC}$$

R 的精度大约可达 10^{-7}。

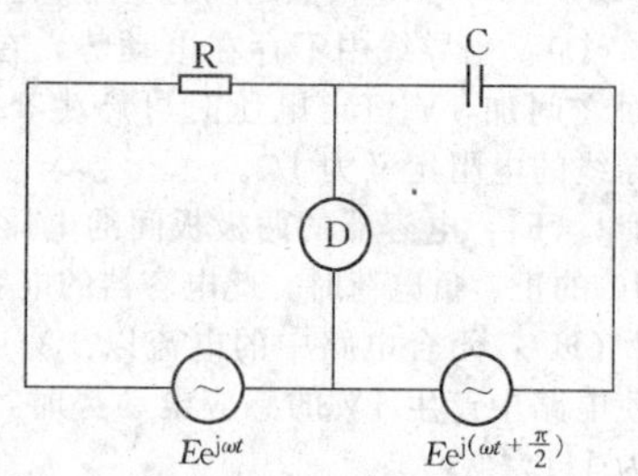

图 1-2-5 直角相位电桥

二、电学量具

(一) 基准器和标准器

(1) 基准器。是指用当代最先进的科学技术，以最高的精确度和稳定性建立起来的专门用以规定、保持和复现某种物理计量单位的特殊量具或仪器。根据基准的不同性质和用途可分为主基准器、副基准器、比较基准器和工作基准器。一般把主基准器划作一级基准，各种副基准器划作二级基准，工作基准属于三级基准。

(2) 标准器。是指根据基准复现的量值，制成不同等级的标准量具或仪器称为标准器，按不同精度也可把标准器分为一级、二级和三级标准。一级标准的量值是由精度更高的基准来确定。然后把量值由上一级标准向下一级标准进行传递，一直传到不同精度级别的工作量具或工作仪器。

(二) 标准电阻器

它用于电阻单位的保持及精度测量的基准，所以要求测量精度高，其阻值长期稳定性好，而且必须是无感和分布电容极小的基准量具。电阻线多使用锰铜合金线，一般做成绕线式，其类型有开放式和密封式两种：

(1) 开放式。散热性好，耐受外界影响差，适用于低阻值或大功率的标准电阻，为减小接线电阻和接触电阻等影响，具有四个接线柱。

(2) 密封式。绕组双绕后进行成型热处理，保持于封闭干燥的双壁容器内，能隔绝湿度和腐蚀性气体对电阻线的影响，稳定性好，但散热性差，适用于高阻或中阻值的标准电阻，为消除泄漏电流的影响，采取屏蔽措施，出端有 2～5 端结构的多种形式。

标准电阻的阻值是在一定温度和湿度的条件下标定的，可按下式计算

$$R_t=R_{20}[1+\alpha(t-20)+\beta(t-20)^2]\ (\Omega)$$

式中　t——电阻温度（℃）；

R_t——t℃时电阻（Ω）；

R_{20}——20℃时电阻（Ω）；

α、β——温度系数（$\times10^{-6}$/℃）。

标准电阻使用环境见表1-2-1。

表1-2-1　标准电阻使用环境

准确度等级	0.005	0.01	0.02	0.05
电阻名义值（标准值）（Ω）	10^{-3}～10^5	10^{-3}～10^6	10^{-4}～10^7	10^{-4}～10^8
保证准确度的温度（℃）	19～21	18～22	17～23	17～23
使用温度（℃）	15～25	10～30	5～35	5～35
相对湿度	阻值在10^6Ω以下为80%，10^6Ω以上为70%			

（三）标准电池

它是保存和传递直流电动势（电压）单位的量具。利用电化学原理制成，具有长期稳定、最高准确度的测量单位，具体复现电压值的电池。按电介液不同，标准电池有丹聂耳、酸性及碱性标准电池等。目前常用的化学成分式为：$+Hg\mid Hg_2SO_4\mid CdSO_4\mid Cd$。这种标准电池的电动势近似等于1.0185绝对伏特，准确度略优于10^{-5}～10^{-3}。

国家伏特基准一般采用很多个标准电池组成电池组的平均值。

（四）标准电容器

保持电容单位的标准电容器具有精度高、损耗小（品质因数高）长期稳定及温度系数小等优点。标准电容器具有多种结构，低质电容为三端，中质电容为两端，高质电容因受导线的电感影响而采用四端结构。标准电容量根据需要可以从10^{-4}pF到10μF，电容误差精确度也可从千分之一到万分之一不等。近年来已使用在熔融石英片上涂敷金属膜电极作传递标准电容器。高精度的标准电容器往往置于小型恒温气浴中，其准确度可达10^{-7}。

（五）标准电感器

电感标准有自感和互感两种。把铜线单层或多层绕在大理石（木质）圆筒（环）骨架上制成，它的直流电阻很小，电感值不随频率和电流改变。一般温度系数为±20～30ppm/℃，测量精度为1×10^{-4}。由于交联电容器的出现，目前电感标准不显得那样重要了。

（六）频率标准

频率是交流电每秒变化的周数，周期是交流电完成一次完整变化所需的时间，故也可以用周期的时间基准来导出频率。

1967年国际计量大会正式决定采用铯133（Cs^{133}）原子束频率作为国际规定的原始频率标准，其频率值是9192631770Hz。铯束原子频率标准是一种无源型的原子频率标准。国际上除铯原子束频率基准外，还研制出大量其他频率标准，稳定度已超过10^{-13}。激光频率标准的准确度估计可达10^{-15}量级，稳定度可达10^{-15}或更好，这是一种很有发展前途的频率标准。

第三节　电工仪表的基本知识

一、电工仪表的基本构造

常用电工测量仪表按测量方式分为以下4种：①指示仪表；②积算表计；③记录仪表；④遥测仪表。

根据用途分为以下3种：①控制屏用仪表；②便携形现场试验用仪表；③实验室用仪表。

电工测量仪表一般由测量机构和测量电路组成。测量机构包括起动转矩元件、反作用力矩元件、阻尼元件、读数元件等。

（1）起动转矩元件。将电磁能量转变为机械位移的机构，便构成起动转矩元件或称驱动元件。按电磁能产生转动力矩的工作原理，常用的指示仪表有磁电系、电磁系、电动系等几种系列的仪表。

（2）反作用力矩元件。它又叫控制力矩元件，是与起动转矩元件的转动力矩平衡而使机械位移停止在一定位置的力矩元件，产生反作用力矩可利用游丝变形力、张丝扭力、电磁力等，如图1-3-1所示。支持机械位移的可动部分要采用摩擦力尽可能小的部件，如采用硬质钢玉、宝石做轴承，轴尖加钨钢球等，如图1-3-2所示。

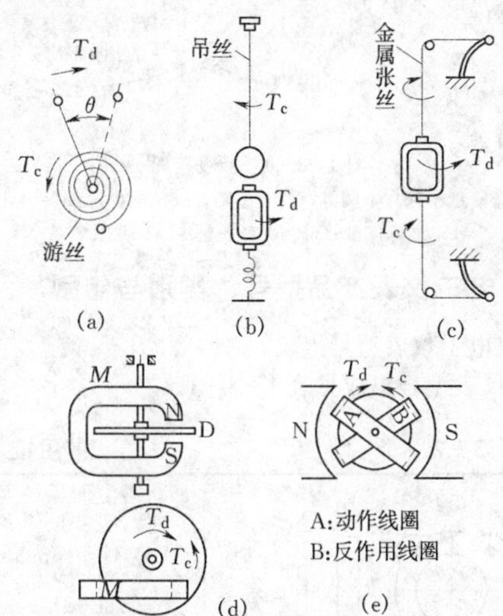

图1-3-1　反作用力矩元件图

(a) 游丝变形；(b)、(c) 张丝扭力；(d)、(e) 电磁力

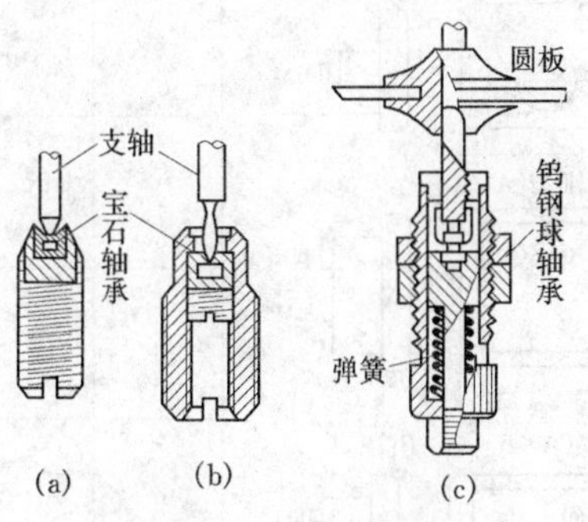

图1-3-2　仪表轴承图

(a)、(b) 宝石轴承；(c) 钨钢球轴承

（3）阻尼元件。为使可动部分减小惯性摆动尽快稳定指示，需在可动部分上附加阻尼元件。有利用空气活塞阻尼的，有利用液体阻尼的，也有利用电磁阻尼的。常用的空气阻尼器和磁力阻尼器机构如图1-3-3所示。

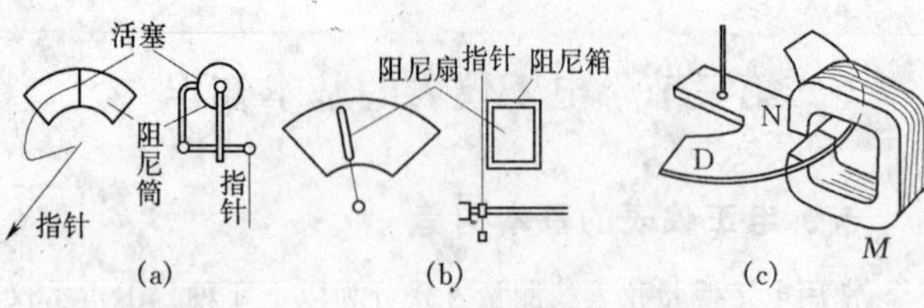

图 1-3-3　阻尼器机构图

(a) 空气活塞式阻尼器；(b) 空气扇式阻尼器；(c) 磁力阻尼器

(4) 读数元件。读数元件由标度盘和指针或光标机构等组成。常用的标度盘和指针如图 1-3-4 和图 1-3-5 所示。

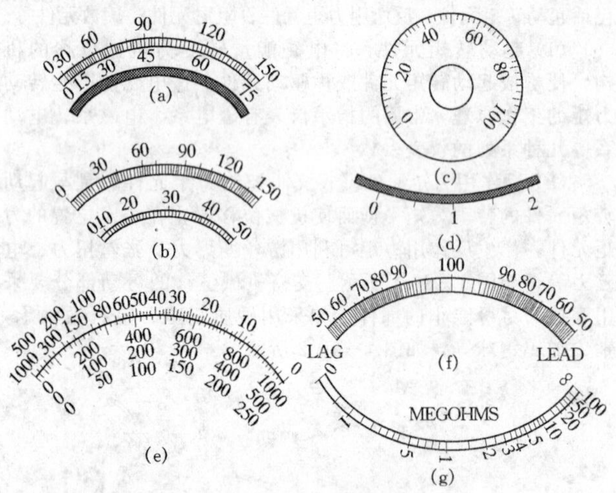

图 1-3-4　标度盘图

(a) 反光镜盘；(b) 半圆等距及不等距；(c) 圆盘；(d) 细分度盘；(e) 多标度盘；(f) 功率表盘；(g) 兆欧表盘

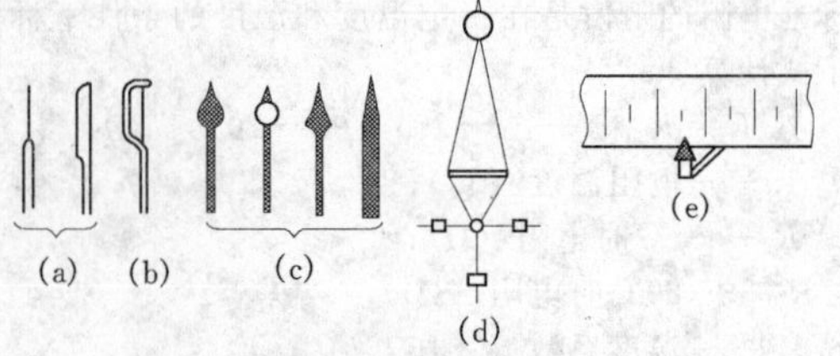

图 1-3-5　指针图

(a) 细线针；(b) 张线针；(c) 粗针；(d) 重力平衡针；(e) 横标指针

二、电工仪表产品型号、类别与组别

(一) 电工仪表型号组成

电工仪表型号组成见表 1-3-1。

表 1-3-1　　电工仪表型号组成

适用范围	型号的基本组成形式
实验室及携带型仪表、电度表、自动记录电表及示波器等	□ □ □ □ □ □ ○ 规格号 用途号 派生号 改进号 设计序号 组别号 类别号 实验室及携带型仪表无类别号
控制屏用仪表（开关板指示电表）	○ ○ □ □ □ □ □ 用途号 派生号 改进号 设计序号 组别号 形状第二位代号 形状第一位代号 形状代号根据“开关板指示电表形状特征代号”确定，第二位代号没有时，可略去不写

常用控制屏用仪表的外形形状及尺寸如表 1-3-2 所示。

表 1-3-2　　常用控制屏用仪表的外形形状及尺寸

外形形状	形状第一位代号	面板最大尺寸 (mm)	形状第二位代号表示外壳形状尺寸特征						
			0	1	2	3	5	6	7
Ⅰ型(A×A−D) Ⅱ型(A×B−D) Ⅲ型(A×A−B) Ⅳ型(A×B−A₁×B₁) Ⅴ型(D−d)	1	150～200	160×160 —150 Ⅲ	185×185 —120 Ⅰ				160×160 —150×170 Ⅳ	
	2	200～400		200×220 —210 Ⅲ					
	4	100～120	110×110 —100 Ⅲ	110×110 —100 Ⅰ		110×85 —60 Ⅱ			
	5	120～150	135×135 —120 Ⅰ	135×110 —80 Ⅱ	130×105 —70 Ⅱ				
	6	80～100	85×65 —40 Ⅱ		85×85 —80 Ⅰ		85～70 Ⅴ	100～80 Ⅴ	
	8	50～80		65×65 —60 Ⅰ	80～65 Ⅴ				
	9	50及 50以下	30×30 —25 Ⅰ	45×45 —40 Ⅰ					

例如1C2－A：C表示磁电系；A表示电流表；由表1－3－2查得形状第一位代号是“1”，表示面板最大尺寸为150～200mm；形状第二位代号无字便是“0”，由0栏查得外壳形为Ⅲ型，尺寸为160×160—150mm。又例如57D4－V：电动系的电压表；由表1－3－2查得，形状第一位代号是“5”，表示面板最大尺寸为120～150mm；形状第二位代号“7”，表示外壳形状为其他型。

控制屏常用仪表按外形分类有：①方形仪表（绝大部分为Ⅰ型）；②槽形仪表（主要为16型和46型）；③广角度仪表（主要为1型和41型或6型和42型）；④矩形仪表（主要为44型和59型）。广角度仪表外形及内部接线如图1－3－6及图1－3－7所示。槽形仪表外形如图1－3－8所示。

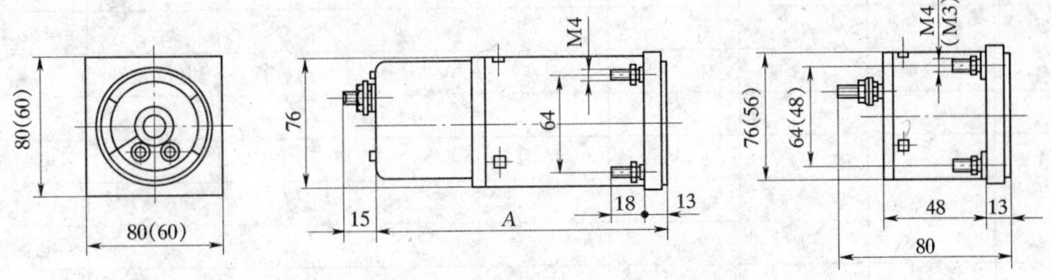

图1－3－6 广角度仪表外形及安装尺寸

注：括号内数字系84C2型尺寸；A：63L1—A，V（102）；63L1—Hz（109）；63D1—W（128）。

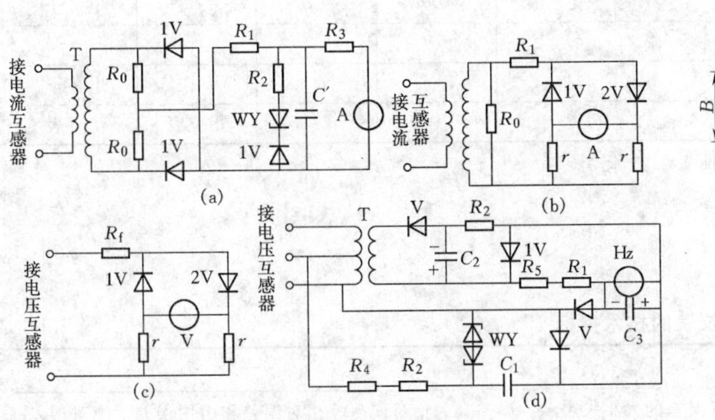

图1－3－7 广角度仪表内部接线

(a) 63L1—1A过载电流表；(b) 63L1—A电流表；(c) 63L1—V电压表；(d) 63L1—Hz频率表

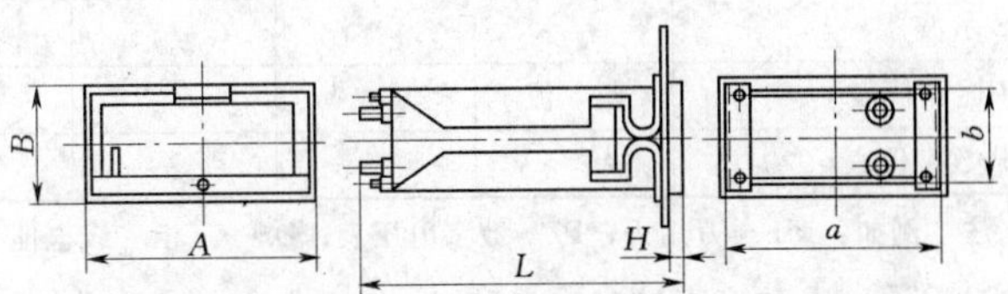

型号	仪表正面尺寸		仪表陷入尺寸		L	H
	A	B	a	b		
16型	160	80	150	70	226	13.5
46型	120	60	114	54	188	11.5

图1－3－8 槽形仪表外形尺寸图

（二）电工仪表产品型号类别与组别

电工仪表产品型号类别与组别见表1－3－3。

表1－3－3 电工仪表产品型号类别与组别

组别代号／仪表类别	B	C	D	E	F	G	H	J	K
指示仪表	谐振	磁电	电动	热电		感应			
D电能表	标准		单相		伏特小时计		总耗	直流	
M各种专用仪表					万用表	钳形表			
H仪用互感器				校验装置	放大器			电压	
L自动记录仪表		磁电	电动						自动控制
A微电计	谐振	磁电							
Z电阻度量		欧姆表							
Q电桥					复用			直流	
R电容度量					法拉计				
G电感度量						亨利计			
B标准度量		电池				自感	互感		
U电位差计								直流	
S示波器		磁电							
J遥测仪表		磁电	电动						
P数字仪表		欧姆表			检测装置				

续表

仪表类别 \ 组别代号	L	P	Q	R	S	T	U	X	Z
指示仪表	整流	补偿	静电	热线	双金属	电磁	光电		电子
D电能表	打点记录				三相三线	三相四线		无功	最高需量
M各种专用仪表	整　流				交　流				组合仪表
H仪用互感器	电　流								
L自动记录仪表	整　流		桥　式			动　铁	电位差计		电　子
A微电计									电　子
Z电阻度量								电阻箱	电　阻
Q电桥					交　流				
R电容度量								电容箱	
G电感度量								电感箱	
B标准度量				电　容	电阻时间常数	时　间			电　阻
U电位差计					交　流				电　子
S示波器									
J遥测仪表	整　流								电　子
P数字仪表		频率表						相位表	伏特表

注　例如：MF—万用表；PZ—数字电压表；DS—三相三线电能表。

三、电工仪表的技术指标及使用方法

（1）电工仪表的技术指标如表1-3-4所示。

表1-3-4　　　　电工仪表的技术指标

主要技术指标	含　义
组别	表示准确度的等级。准确度一般以测量误差的大小来表示。误差分为绝对误差、相对误差和引用误差。绝对误差是指示值与实际值的代数差；相对误差是绝对误差与实际值之比的百分数；引用误差是绝对误差与仪表测量上限之比的百分数。一般，指示仪表的误差用引用误差表示，电能表的误差用相对误差表示。指示仪表划分为七个准确等级，即0.1、0.2、0.5、1.0、1.5、2.5和4.0
灵敏度和分辨率	灵敏度是表示一个单位的被测量输入仪表所引起的偏转格数，可反映出仪表能够测量的最小被测量。对多数指示仪来说，是满量程值除以标尺全长所得之商。对万用表来说，常用直流电压档每V的Ω数来表示。 分辨率表示对下限量值的反应能力，如分辨率为10^{-6}V，即表示1 μV的电压变化即可使仪表有明显的反应
稳定性	在规定的时间内保持其校验时特性（示值）的能力，一般以一定时间的变化量大小来衡量

（2）电工仪表的使用方法如表1-3-5所示。

表1-3-5　　　　电工仪表的使用方法

被测量种类	测量方法与接线	测量注意事项
直流电流	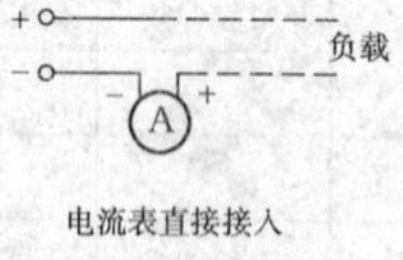 电流表直接接入；带分流器接入 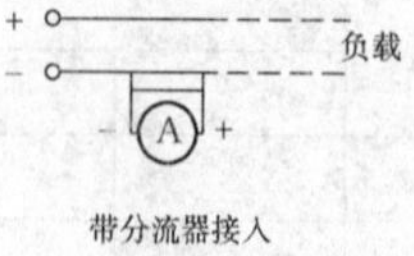	（1）注意仪表的极性和量程 （2）带分流器测量时，应将分流器的电流端钮（外侧二个）接入电路，由导线引出的外附定值导线应接在分流器的电位端钮上
交流电流	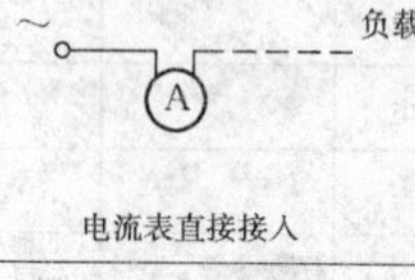 电流表直接接入；带电流互感器接入 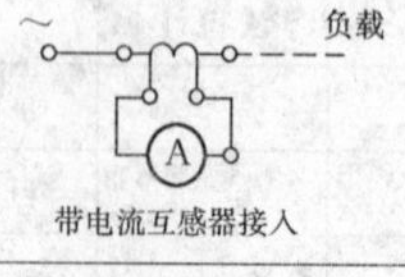	
直流电压	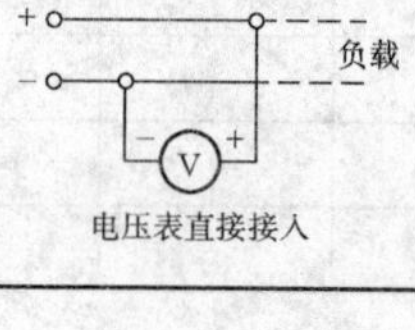 电压表直接接入；带附加电阻接入 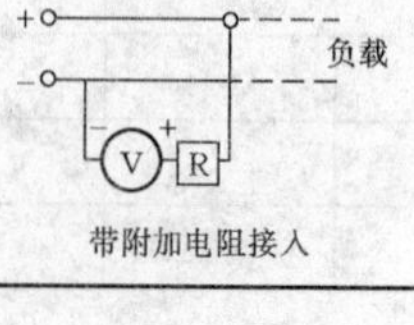	（1）注意极性和量程 （2）带附加电阻测量时，如电源有接地，应将仪表接在近地端

四、仪表误差与准确度等级

当我们进行测量时，由于仪表本身的固有误差（如摩擦所致）、测量线路参数的变化、外界因素的影响（如温度、湿度、振动等）及测试人员工作方法的不同（读数的分散性、经验公式的近似性）等，使测量仪表的读数（即指示值）常与实际值（即真值）有差别，此差别数值就叫做仪表误差。误差的表达方法有数种，分述如下：

(1) 绝对误差。设仪表指示值 A_x 与实际值 A_0 之差用符号 Δ 表示，则

$$\Delta = A_x - A_0$$

(2) 相对误差。绝对误差 Δ 与实际值 A_0 之比的百分数，通常以 γ 表示，则

$$\gamma = \frac{\Delta}{A_0} \times 100\% = \frac{A_x - A_0}{A_0} \times 100\%$$

(3) 引用误差。绝对误差与仪表测量上限 A_m 之比的百分数，通常以 γ_m 表示，则

$$\gamma_m = \frac{\Delta}{A_m} \times 100\%$$

引用误差常用来表示仪表的基本误差，一般所说的仪表误差就是指此基本误差。对标度尺每个分度线的 Δ，要取其最大的值，以判断基本误差是否合格。仪表在规定条件下工作时，在标度尺全部分度线上可能出现的基本误差百分数值叫做仪表的准确度等级。各准确度等级仪表的基本误差不应超过表 1-3-6 的规定。

表 1-3-6 仪表的基本误差

仪表准确度等级	0.1	0.2	0.5	1.0	1.5	2.5	5.0
基本误差（%）	±0.1	±0.2	±0.5	±1.0	±1.5	±2.5	±5.0

一般控制屏用仪表的基本误差为±1.5%～±4.0%，即准确度在 5 级以内；准确度为 0.5～1.5 级时用于可携式试验仪表；准确度为 0.1～0.2 级时用做实验室固定式标准表。

(4) 更正系数。设仪表的更正值为 C，则 $C = A_0 - A_x = -\Delta$；设更正系数为 β 时，则

$$\beta = \frac{A_0 - A_x}{A_x} \times 100\%$$

与相对误差 γ 换算，可近似求得 $\beta \approx -\gamma$，即知道仪表的相对误差 γ 的值，加上负号就可直接求得更正系数 β。熟习掌握仪表的相对误差，便可及时更正仪表的读数。

一般指示仪表在各标度分度线上的误差不同，起始时灵敏度较差而误差较大。到标度的 50%以上时误差逐渐减小。故使用指示仪表时，最好令指针停在标度盘的 75%左右，并留有过载的余量为宜。因此，使用仪表前要预先估计一下测量数值，而选用适当的测量端子或允许指示最大数值的旋钮。

五、仪表特性及表示符号

(1) 仪表的灵敏度和仪表常数。灵敏度是表示仪表能够测量的最小被测值。设被测值变化 Δx，仪表偏转角变化 $\Delta\alpha$，则灵敏度 $s = \Delta\alpha/\Delta x$。灵敏度的倒数叫做仪表常数，用 c 表示时，则 $c = 1/s = \Delta x/\Delta\alpha$。对于直读指示仪表中的 c 值，电流表以 A/格、电压表以 V/格、功率表以 W/格表示。

(2) 仪表的恒定性。仪表的恒定性是指测量仪表在外界条件（测量方法、温度、标准仪器及人员等）不变的前提下，仪表的指示值在不同时间保持原来数值的特性。恒定性又有用稳定度来表示的，故又称稳定性。

(3) 仪表的变差。仪表的变差是指在外界条件不变的情况下，对于同一被测值的实际值重复读数可能出现的差值。对于直读式仪表，当指针由零向最大方向偏转到某一点再到最大值，然后平稳地减少到同一点时，两次读得的实际值之差，即是仪表的变差。

(4) 表示仪表特性的符号。对于一般仪表，规定除在标度盘的中央标明测量参数和工作电流性质外，还应在上边或下边用一行符号表示出其特性，如工作原理、准确度等级、使用位置、绝缘强度、温度条件、外界条件等，以使测量人员参照其特性条件正确应用。表示仪表特性的符号如表 1-3-7所示。

表 1-3-7 仪表特性符号

表示类别	符号	符号的意义
测量参数	A	电流表
	V	电压表
	W	功率表
	Var	无功功率表
	cosφ	功率因数表
	φ	相位表
	Hz	频率表
工作电流	⎓	直流
	～	交流（单相）
	≂	直流和交流
	≋	具有单元件的三相平衡负载交流
	≋	具有两元件的三相不平衡负载交流
	≋	具有三元件的三相四线不平衡负载交流
使用位置	⊥	标度盘垂直
	⊓	标度盘水平
	∠60°	标度盘与水平面倾斜 60°
	N↑S	沿地磁场方向放置
绝缘强度	☆0	不进行绝缘强度试验
	☆	试验电压 500V
	☆2	试验电压 2kV
准确度级别	0.5	0.5 级（以量程上限值百分数表示的准确度）
	∨1.5	1.5 级（以标度尺长度百分数表示的准确度）
	○2.5	2.5 级（以指示值百分数表示的准确度）

续表

表示类别	符　号	符号的意义
适用温度条件		不标注为A组仪表（工作环境温度0～+40℃）
	△(B)	B组仪表（工作环境温度－20～+50℃）
	△(C)	C组仪表（工作环境温度－40～+60℃）
适用频率	45～65Hz	额定频率范围45～65
工作原理		整流式磁电系仪表
		热电式磁电系仪表
		振簧式仪表
		静电系仪表

表示类别	符　号	符号的意义
按外界条件分组		Ⅰ级防外磁场（如对电磁系）
		Ⅰ级防外电场（如对静电系）
	Ⅱ	Ⅱ级防外磁场
	Ⅲ	Ⅲ级防外电场
	Ⅳ	Ⅳ级防外磁场
其他	－	负端钮
	＋	正端钮
	2kV	危险
	$U_{max}=1.5U_n$	最大容许电压值为额定值的1.5倍
	$J_{max}=2I_n$	最大容许电流值为额定值的2倍

第四节　仪用互感器

互感器是电力系统中供测量和保护用的重要设备，分为电压互感器和电流互感器两大类。电压互感器将高电压转变为一定数值的低电压（通常为100 V）；电流互感器将大电流转变为一定数值的小电流（通常为5 A或1 A）。其作用是扩大仪表量程，使测量仪表与高压隔离，以保证工作安全。

一、互感器的型号含义

（1）电流互感器型号

电流互感器型号字母含义如表1-4-1所示。

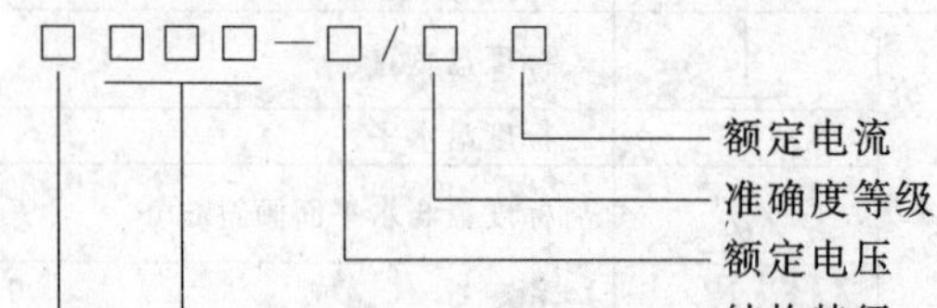

表1-4-1　　电流互感器型号字母含义

第一个字母	第二个字母							
L	D	F	M	R	Q	C	Z	Y
电流互感器	贯穿式单匝	贯穿式复匝	贯穿式母线型	装入式	线圈式	瓷箱式	支持式	低压型
第三个字母		**第四个字母**							

第三个字母		第四个字母							
Z	C	W	L	D	B	J	S	G	Q
浇注绝缘	瓷绝缘	户外装置	电缆电容	差动保护	过流保护	接地保护或加大容量	速饱型	改进型	加强型

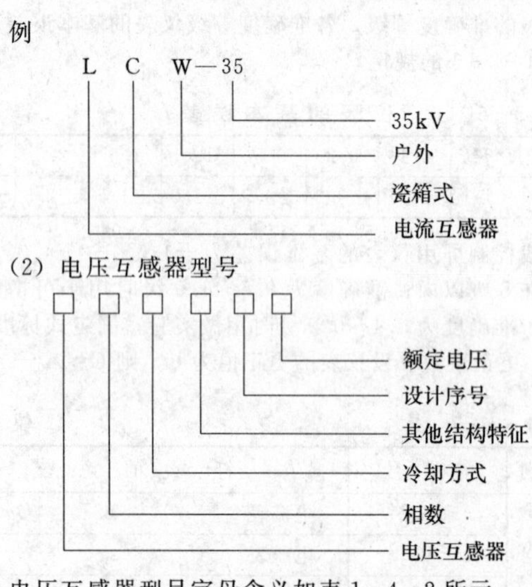

电压互感器型号字母含义如表1-4-2所示。

表1-4-2　　电压互感器型号字母含义

第一个字母	第二个字母		第三个字母						第四个字母			
J	D	S	C	J	G	C	Z	R	F	J	W	B
电压互感器	单相	三相	串级结构	油浸式	干式	瓷箱式	浇注绝缘	电容分压	胶封型	接地保护	五柱三绕组	三柱带补偿绕组

例

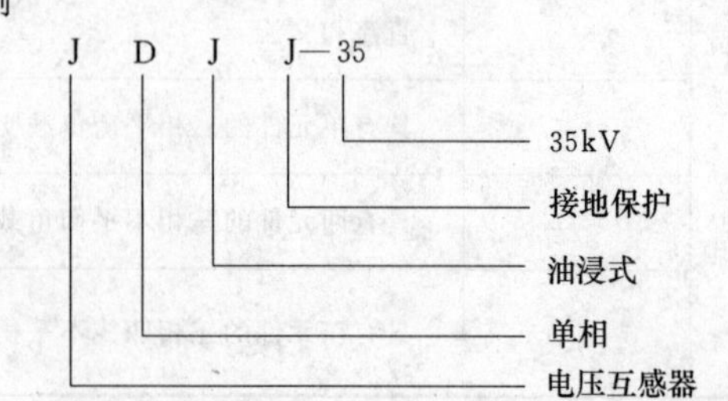

二、互感器的主要技术数据

(1) 常用电流互感器的技术数据如表 1-4-3 所示。

(2) 常用电压互感器技术数据如表 1-4-4 所示。

三、互感器的准确等级和允许误差

(1) 电流互感器的准确等级和允许误差如表 1-4-5 所示。

(2) 电压互感器的准确等级和允许误差如表 1-4-6 所示。

表 1-4-3 **常用电流互感器技术数据**

结构特点	型号	主要技术数据			
		额定电压(kV)	准确级别	额定容量(VA)	变比一次电流/二次电流(A/A)
绕线式	LQ—0.5	0.5	0.5	5	5～800/5
绕线式	LQG2—0.5	0.5	1		10～800/5
母线式	LYM—0.5	0.5	1		750～5000/5
速饱和式	LQS—1	0.5			4～5/3.5
穿心汇流排式	LM—0.5	0.5	0.5～1，3	20	1000～5000/5 800～1000/5
贯穿式	LDG—10	10	0.5～1～3		600～1500/5
贯穿式（差动保护）	LDCD—10	10	D～0.5～1～3		600～1500/5
贯穿式	LFC—10	10	0.5～1～3		5～400/5
贯穿式（差动保护）	LFCD—10	10	D～0.5～1～3		25～400/5
穿心汇流排式	LMT_1—0.5	0.5	D～1.2		7500/5
母线式	LYM_1—0.5	0.5	1	1.6～1.2Ω	2000/5
复匝贯穿式（差动保护）	LFZD2—10	10	0.5～D	0.8Ω	75～400
复匝贯穿式树脂浇注（差动保护）	LFZDL2—10	10	0.5～D		
环氧树脂浇注	LMZ—0.5	0.5	1	0.2Ω	75～600/5
次氧树脂浇注	LMJ—10	10	0.5～1～3	10/15	600～1500/5
环氧树脂浇注	LMJ—10A	10	0.5/3	15/30	600～1500/5
环氧树脂浇注	LQJ—10	10	0.5～1～3	10/15	5～400/5
环氧树脂浇注	LQJ—10A	10	0.5～1～3	15/30	5～400/5
环氧树脂浇注	LQJC—10A	10	0.5/C，1/C	15/30	75～400/5
环氧树脂浇注	LQJ—15	15	0.5/3	10/15	5～400/5
零序式	LJ—φ75	0.5			
35 kV电流互感器	LCW—35	35	0.5～3		15～1000/5
60 kV电流互感器	LCW—60	60	0.5，D		50～800/5
110 kV电流互感器	LCW—110	110	0.5，1，D		50～600/5
110 kV电流互感器	LCWD—110	110	0.5，D		50～1250/5
（差动保护）	$LCLWD_3$—220	220	0.5，D		300，600，120/5
装入式（套管型）	LR—35	35	1，3，10		50～600/5

表 1-4-4 **常用电压互感器技术数据**

结构特点	型号	装置类别	额定电压(V)			额定容量(VA)			最大容量(VA)
			原线圈	副线圈	辅助线圈	0.5级	1级	3级	
单相双线式（干式）	JDG—0.5	户内	500，220，380	100		25	40	100	200
单相迭接式（油浸式）	JDJ—3 JDJ—6 JDJ—10	户内	3000 6000 10000	100		30 50 80	50 80 150	120 200 320	240 400 600
三相双圈式（油浸带补偿绕组）	JDJB—3 JDJB—6 JDJB—10	户内	3000 6000 10000	100		50 80 120	80 150 200	200 320 480	400 640 960
三相三圈式（油浸式五柱三绕组）	JSJW—3 JSJW—6 JSJW—10 JSJW—15	户内	3000 6000 10000 13800	100	100/3	50 80 120 120	80 150 200 200	200 220 480 480	400 640 960 960

续表

结构特点	型号	装置类别	额定电压(V)			额定容量(VA)			最大容量(VA)
			原线圈	副线圈	辅助线圈	0.5级	1级	3级	
三相三圈式（干式）	JSGW—0.5	户 内	380	100	100/3	50	80	200	400
单相浇注式（环氧树脂浇注）	JDZ—3	户 内	3000	100		30	50	120	
	JDZ—3		$3000/\sqrt{3}$	$100/\sqrt{3}$		30	50	120	
	JDZ—6		6000	100		50	80	200	
	JDZ—6		$6000/\sqrt{3}$	$100/\sqrt{3}$	100/3	50	80	200	
	JDZ—10		10000	100		50	80	200	
	JDZ—10		$10000/\sqrt{3}$	$100/\sqrt{3}$		50	80	200	
	JDZ—15		15000	100		80			
单相三线圈串级瓷箱式（油浸式）	JCC_1—60 JCC_1—110 JCC_1—154 JCC_1—220	户 外	60000 110000 154000 220000	100	100/3				

表 1-4-5　电流互感器的准确等级及允许误差

准确度等级	一次电流为额定电流的百分率(%)	允许误差		负载阻抗为额定值的百分率(%)
		比差(%)	角差分	
0.01	10～120	±0.01	±0.3	25～100
0.02		±0.02	±0.6	
0.05		±0.05	±2	
0.1	10 20 50 100～120	±0.25 ±0.20 ±0.15 ±0.1	±10 ±8 ±7 ±5	
0.2	10 20 50 100～120	±0.5 ±0.35 ±0.3 ±0.2	±20 ±15 ±13 ±10	

准确度等级	一次电流为额定电流的百分率(%)	允许误差		负载阻抗为额定值的百分率(%)
		比差(%)	角差分	
0.5	10 20 100～120	±2 ±1.5 ±1	±60 ±45 ±30	25～100
1	10 20 100～120	±2 ±1.5 ±1	±120 ±90 ±60	
3	50～120	±3	不规定	
10	50～120	±10		

注　电流互感器的实际误差曲线，应不超过表列各允许误差点所连成的折线范围（参阅 JJG 163—75《测量用互感器试行检定规程》）。

表 1-4-6　电压互感器的准确等级和允许误差

准确度等级	一次电压为额定电压的百分数(%)	允许误差		负载导纳为额定导纳的百分数(%)
		比差(%)	角差分	
0.01	20 50 80～120	±0.03 ±0.015 ±0.01	±1.0 ±0.5 ±0.3	25～100
0.02	20 50 80～120	±0.06 ±0.03 ±0.02	±2.0 ±1.0 ±0.6	
0.05	20 50 80～120	±0.15 ±0.075 ±0.05	±6.0 ±3.0 ±2.0	

准确度等级	一次电压为额定电压的百分数(%)	允许误差		负载导纳为额定导纳的百分数(%)
		比差(%)	角差分	
0.1	20 50 80～120	±0.3 ±0.15 ±0.1	±15 ±7.5 ±5	25～100
0.2	20 50 80～120	±0.6 ±0.3 ±0.2	±30 ±15 ±10	
0.5	85～115	±0.5	±20	
1	85～115	±1.0	±40	
3	85～115	±3.0	不规定	

注　电压互感器的实际误差曲线，应不超过表列各允许误差点所连成的折线范围（参阅 JJG 163—75《测量用互感器试行检定规程》）。

四、互感器的连接和使用注意事项

互感器的连接如图 1-4-1 所示。

互感器使用的注意事项如下：

(1) 电流互感器二次侧不允许开路，串入电路的电流线圈的总阻值不能超过电流互感器二次侧允许的电阻值。

(2) 电压互感器二次侧不允许短路，并入电路的电压线圈，其额定容量之和不能超过电压互感器的额定容量。

(3) 互感器二次侧及铁芯需有可靠接地。

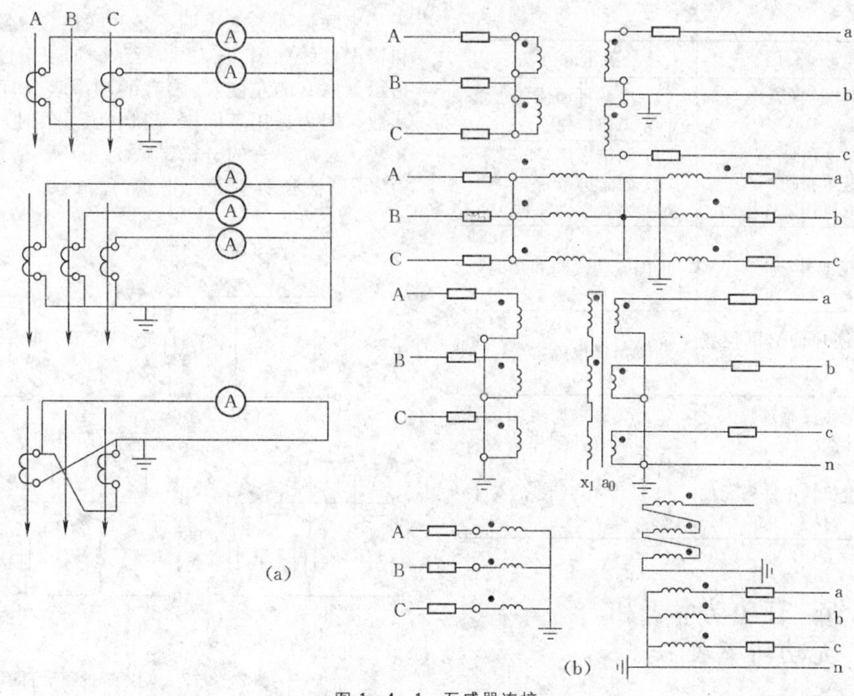

图 1-4-1　互感器连接
(a) 电流互感器连接图；(b) 电压互感器连接图

第二章　控制屏、台常用指示仪表

控制屏、台上常用的指示仪表有交流电流表、电压表、有功功率表、无功功率表、功率因数表、频率表和同步表等，现分述如下。

第一节　交流电流表和电压表

一、电磁系仪表结构和特点

控制屏、台用的交流电流表、电压表一般采用结构简单的电磁系仪表，分吸引型和排斥型两种，其原理结构如图 2-1-1、图 2-1-2 所示。当线圈通入电流时，其内部产生磁场，使其中铁片磁化：吸引型仪表则将可动铁片吸入，从而带动指针转动；排斥型仪表中因固定铁片和动铁片同时被磁化，并使同一极性相斥，其结果使动铁片带动指针转动。当转动力矩与游丝产生的反作用力矩相等时，指针就指示出被测量数值，故该类表又称动铁式仪表。

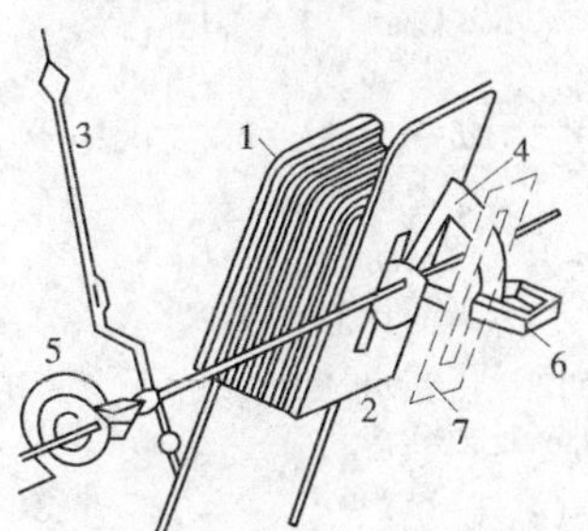

图 2-1-1　吸引型电磁系仪表结构
1—固定线圈；2—动铁片；3—指针；4—扇形铝片；5—游丝；6—永久磁铁；7—磁屏

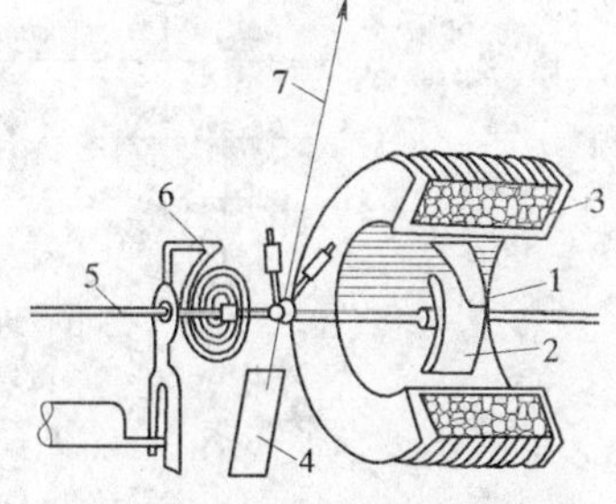

图 2-1-2　排斥型电磁系仪表结构
1—固定铁片；2—动铁片；3—固定线圈；4—阻尼器；5—转轴；6—游丝；7—指针

电磁系仪表的优点是：①转动力矩与电流方向无关，故能交直流两用；②结构简单，过载耐力大；③不需辅助设备，可直接测量较大电流。其缺点是：①易受外界磁场的影响；②固定线圈匝数多感抗大，不宜用在高频电路中；③由于含有铁磁物质，存在磁滞现象，灵敏度和准确度较其他类系的仪表低。

用电流表测量电流时可直接串联在被测电路中，但对于控制屏用电流表的额定电流，为配合电流互感器的二次线圈回路电流，一般均制成 5A 的，而其标度盘上最大值则标明电流互感器的一次额定电流。用电压表测量电压时与被测电路并联连接，其固定线圈是用细导线绕很多匝数做成的，有的电压表在内部或外部附加电阻以扩大量程。对于控制屏用电压表的额定电压，为配合电压互感器的二次回路电压，一般多制成 150V 的，而标度盘上最大值则标明电压互感器的一次额定电压。

二、电磁系仪表常见故障及消除方法

电磁系仪表常见故障及消除方法见表 2-1-1。

表 2-1-1　电磁系仪表常见故障及消除方法

序号	故障	主要原因	一般消除方法
1	卡针	(1) 空气阻尼器的翼片碰阻尼箱 (2) 阻尼片碰阻尼器的磁铁 (3) 静动铁片松动而相碰 (4) 动铁片碰电流线圈 (5) 辅助铁片松动碰动铁片	(1) 调整阻尼片的位置 (2) 调整阻尼片，使其位于磁铁气隙中间 (3) 固紧静动铁片 (4) 调整动铁片位置，使动铁片位于线圈窗孔中央 (5) 固定好辅助铁片

续表

序号	故障	主要原因	一般消除方法
2	指针抖动	测量机构固有频率与转矩频率共振	(1) 增减可动体的重量 (2) 更换游丝
3	测量机构有响声	(1) 同第2序号 (2) 屏蔽罩松动 (3) 阻尼机构零件松动	(1) 同第2序号 (2) 固紧屏蔽罩 (3) 固紧松动零件
4	通电，指针不偏转	线圈装反或者接反	正确安装线圈和接线
5	通电，指针反向偏转	固定静铁片的铝罩位置装反	调整铝罩位置
6	交直流误差大	(1) 测量电路感抗较大 (2) 测量机构中铁磁元件剩磁大	(1) 改变附加电阻的绕制方法或者并联电容减少感抗 (2) 将有剩磁的元件退磁

第二节 有功功率表和无功功率表

一、电动系仪表结构和特点

一般功率表基于电动系工作原理，因为它能反应电流与电压的乘积关系（直流功率 $P=UI$，交流功率 $P=UI\cos\varphi$）。电动系仪表的工作原理结构如图2-2-1所示。当电流通过固定线圈，由电压产生的电流通入活动线圈时，则活动线圈产生转动力矩并带动指针，此转动力矩与游丝的反作用力矩平衡时，便指示出被测的功率数值。

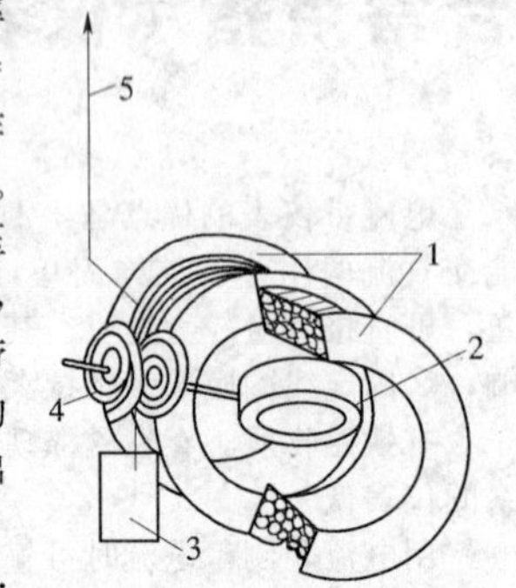

图2-2-1 电动系仪表工作原理结构图
1—固定线圈；2—活动线圈；3—空气阻尼器；4—游丝；5—指针

电动系仪表的优点是：①不受电流方向的影响，故能在交直流电路中两用；②准确度和灵敏度都比较高；③将固定线圈绕以多匝细线，并与活动线圈及附加电阻串联起来便构成电压表，这时活动线圈的偏转角 α 与电压 U 的平方成正比，即 $\alpha\propto U^2$；④若把固定线圈与活动线圈并联起来或使用分流器对活动线圈分流，便构成电流表，这时活动线圈的偏转角 α 与电流 I 的平方成正比，即 $\alpha\propto I^2$。其缺点是：①标度不均匀；②因固定线圈和活动线圈都有电感，且其间还存在互感，因而随被测量频率的不同会产生误差。为补偿由于频率变化而生成的误差，通常在与活动线圈串联的一部分电阻上并联一个适当容量的电容器。

二、单相功率表使用注意事项

使用功率表时需注意：①选好功率表的电流量限和电压量限端子，若这两个量限满足要求，则功率的量限也当然满足要求。②极性应正确。一般功率表在电流支路的一个端子旁和电压支路的一个端子旁刻有“*”或“±”或“↑”等标记。接线时，必须将带有标号的电流端子接到电源侧，而另一端子接到负载。有标号的电压端子可接自任一电流端子上，而另一端子可跨接到负载的另一端，即功率表的电流端子是串联接入、电压端子是并联接入电路的。功率表的正确和错误接线如图2-2-2所示。如果极性接错，则指针反向指示（向0的左侧）。③有的功率表只标注分格数而不标注瓦数，因为选用不同电流和电压量限时，每一分格代表不同瓦数。设功率表的分格常数为 c（W/格），指针偏转的格数为 α，则被测功率 $P=c\alpha$（W）。

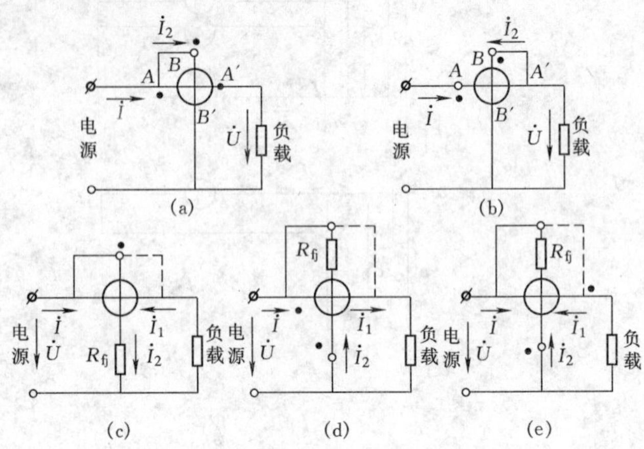

图2-2-2 功率表的正确和错误接线
(a)、(b) 正确接法；(c) 电流接反；(d) 电压接反；(e) 电流、电压都接反

如功率表上没标明“分格常数”时，则

$$c=\frac{U_m I_m}{\alpha_m}\ \text{(W/格)}$$

式中 U_m——功率表电压端子的额定值；

I_m——功率表电流端子的额定值；

α_m——功率表标度尺满刻度的格数。

三、三相有功功率表

测量多相功率可用单相功率表分相测量，总加各相功率瓦数便可求得。一般控制屏用有功功率表，采用三相三线制接线，其结构是将两个单相功率表组合在一起，两个活动线圈接线电压，同时作用在同一轴上，带动指针指示三相功率。三相功率表如配合互感器使用时，额定电流应用5A，额定电压应用110V，但标度盘上直接标出一次侧高压功率。接线时，要注意极性（有标记端子接到电源侧）及电流与电压的相位关系，A相电流 I_A 要配A、B相间电压 U_{AB}，C相电流 I_C 要配C、B相间电压。其接线图及相量图如图2-2-3所示。由图可知，当三相电路的电流和电压完全对称时，两单相功率元件的功率分别为

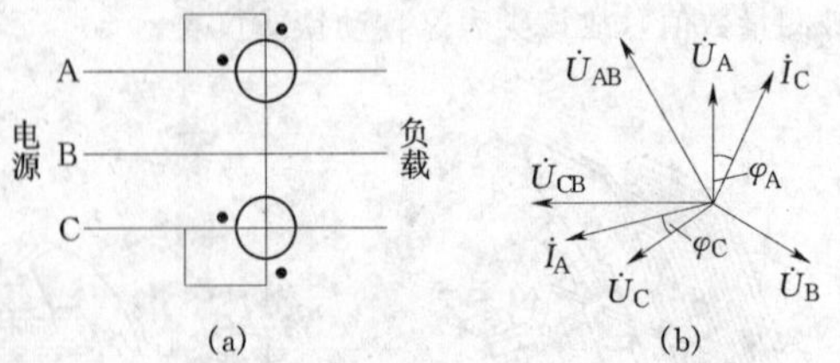

图2-2-3 三相有功功率表接线及相量图
(a) 接线图；(b) 相量图

$$P_1=U_{AB}I_A\cos(\varphi_A+30°)=UI\cos(\varphi+30°)$$

$$P_2=U_{CB}I_C\cos(\varphi_C-30°)=UI\cos(\varphi-30°)$$

它们的代数和为

$$P=P_1+P_2$$
$$=UI\cos(\varphi+30°)+UI\cos(\varphi-30°)$$
$$=\sqrt{3}UI\cos\varphi$$

表达了三相功率，故可用两相功率元件表示出三相功率。

四、三相无功功率表

单相无功功率表可将单相有功功率表的电压对相电流跨接90°得到（如对A相电流加B、C相间电压，即U_{BC}）。三相无功功率表有许多接线方式，但基本上是用改换电流、电压的相位求得无功功率。例如，最简单的也可用两只单相功率表改接电压$\dot{U}_{AB}$、$\dot{U}_{CB}$求得无功功率。其接线图和相量图如图2-2-4所示。当三相电路完全对称时，则两单相无功功率表的无功功率分别为

$$Q_1=U_{BC}I_A\cos(90°-\varphi_A)=UI\sin\varphi$$
$$Q_2=U_{AB}I_C\cos(90°-\varphi_C)=UI\sin\varphi$$

两相总和为

$$Q'=Q_1+Q_2=2UI\sin\varphi$$

故必须将两只功率表读数之和乘以$\sqrt{3}/2$才是三相无功功率Q，即

$$Q=\frac{\sqrt{3}}{2}Q'=\frac{\sqrt{3}}{2}(Q_1+Q_2)$$
$$=\sqrt{3}UI\sin\varphi$$

一般三相无功功率表的标度盘的指示已将此$\sqrt{3}/2$乘上，可直接表示出无功功率的读数。

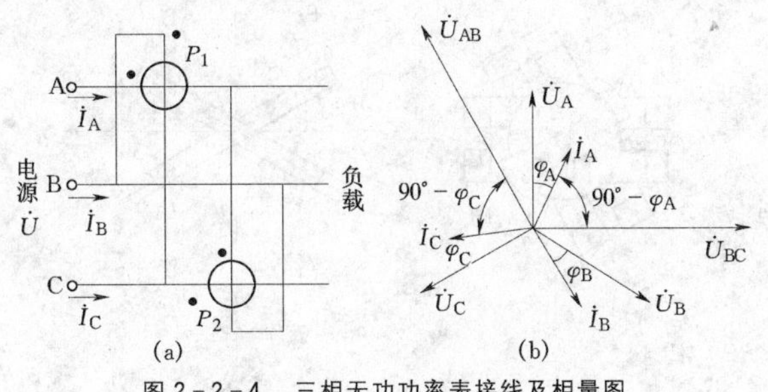

图2-2-4　三相无功功率表接线及相量图

(a) 接线图；(b) 相量图

五、有功功率表改为无功功率表

若将三相有功功率表改为三相无功功率表，可先在有功功率表内交换一下电压端子A与端子C的位置，再把A相电流的端子交换一下位置，如图2-2-5所示，然后把A相和C相电压回路串联的电阻，各加大为原有电阻值（包括线圈电阻）的$2/\sqrt{3}$（=1.155）倍，就可以了。

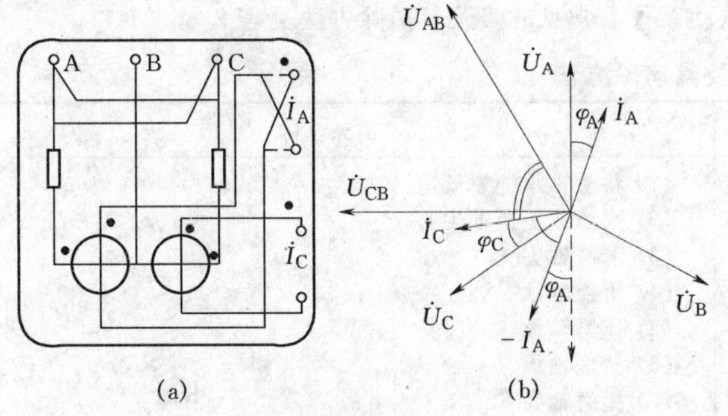

图2-2-5　有功功率表改为无功功率表的接线

(a) 内部接线；(b) 相量图

如将无功功率表改为有功功率表，接线改法与上述相反，但电压电路的电阻需减少到原电阻的$\sqrt{3}/2$（≐0.866），例如原电阻为15.4kΩ时，则每相去掉2.06kΩ就可以了。

第三节　功率因数表

一、功率因数表的工作原理与结构

功率因数表是用于测量交流电路中电压与电流相量间的相位角差的，所以又叫相位表。功率因数表分电动系和电磁系两种系列，通常多采用的是由电动系流比计（又叫比率计）原理制成的，其工作原理与结构如图2-3-1所示。由图看出，在同一活动轴上装有两个交叉线圈。因这两线圈在磁场（磁电系由永久磁铁建立，电动系由另一个固定线圈建立）中所受的转动力矩相反，故指针偏转的角度决定于两个线圈中流过的电流比值I_1/I_2。图2-3-2是三相功率因数表的原理接线图。表的两个活动线圈B_1和B_2分别与电阻R_1和R_2串联后接到端子上。由于两活动线圈中的电流相位不同，在磁场中各线圈所受的转矩也不同，故仪表的偏转角α就取决于负载电压、电流的相位差角φ。

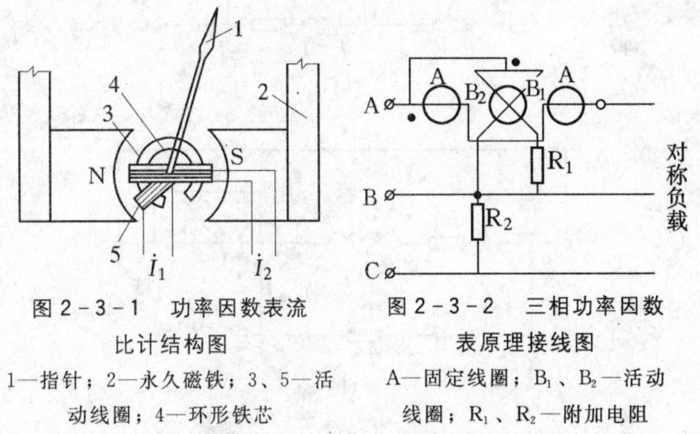

图2-3-1　功率因数表流比计结构图

1—指针；2—永久磁铁；3、5—活动线圈；4—环形铁芯

图2-3-2　三相功率因数表原理接线图

A—固定线圈；B_1、B_2—活动线圈；R_1、R_2—附加电阻

二、使用功率因数表的注意事项

(1) 选择功率因数表时，要注意在额定电流和电压量程内；

(2) 必须在规定频率范围内使用；

(3) 功率因数表的接线要注意极性，其端子标有特殊符号，它与功率表一样，必须接到电源侧；

(4) 三相功率因数表的接线还要注意不能接错相位；

(5) 因流比计不用弹簧、游丝等机构产生反作用力矩，故在不通电的情况下或负载电流较小时，指针可停留在任意位置。

第四节　频　率　计

频率计俗称周波计。频率计的工作原理有许多种，控制屏上使用的频率计分振簧系和电动系指针型两种。

(1) 振簧系频率计（如图2-4-1所示）。固有振动频率不同的一组钢簧片顺序排列，固定在一块弹性板上，当励磁线圈通入交流电流时，钢簧片被吸引发生振动，如某钢簧片的固有振动频率与通入交流电流的频率谐振时，则产生大幅度的振动，从端部来看，小白点就变成一条白带，而相邻的各钢簧片振幅小得多，极易分辨开来。这种频率表的缺点是指示不连续，且频率变化时钢簧片改变振动需有过渡时间。

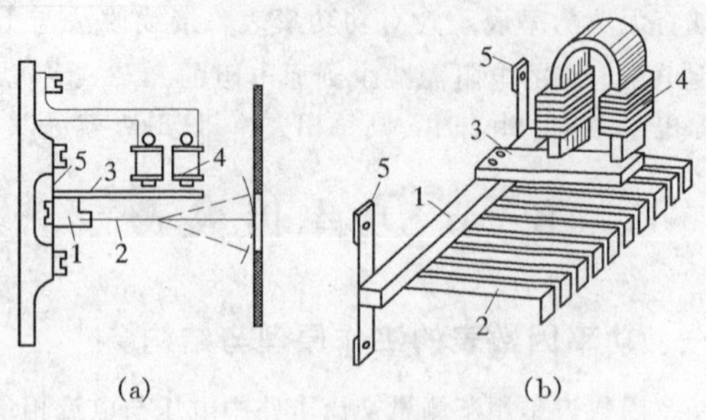

图 2-4-1　振簧系频率计的结构图

(a) 原理侧面图；(b) 结构整体图

1—金属支架；2—钢簧片；3—衔铁；4—电磁铁；5—弹性座

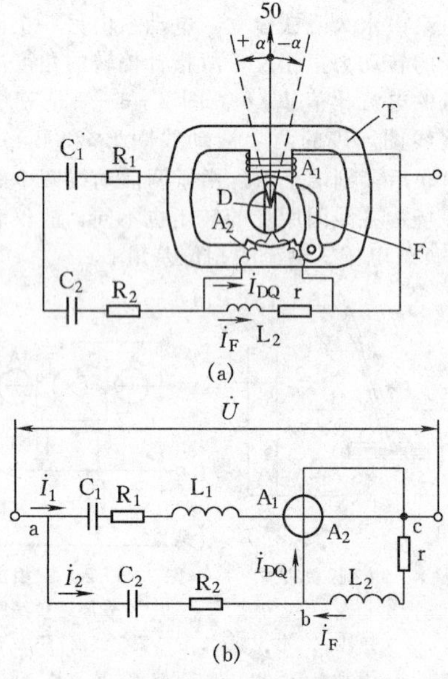

图 2-4-2　铁磁电动系频率计

(a) 结构原理图；(b) 接线图

(2) 电动系指针型频率计。这种频率计也有许多形式。现介绍一种国产的铁磁电动系频率计，其结构原理如图 2-4-2 所示。此频率表是由 R_1、C_1 和 L_1 组成的串联谐振电路，通入励磁线圈 A_1 的电流为 $\dot{I}_1$，由 R_2 和 C_2 组成移相电路，其中电流 $\dot{I}_2$ 与电压 $\dot{U}$ 之间的夹角接近 90°，并由电阻 r 和电感 L_2 向活动线圈 A_2 分流。当电路频率为谐振频率 50Hz 时，电流 $\dot{I}_1$ 与电压 $\dot{U}$ 同相，活动线圈的转矩为零，指针停在标度盘中央 50Hz 处。被测频率低于谐振频率时，电路阻抗呈容抗性质，指针向左偏转到对应的低频率数值停止。频率高于谐振频率时，电路呈感性，指针向右偏转到对应的高频数值停止。此仪表的指针可连续表示交流电路的频率。

第五节　同　步　表

根据产生旋转磁场线圈结构的不同，同步表可分为如下几种：①两线圈交叉 90°的；②两线圈交叉 60°的；③三线圈式的；④单相分相式的等几种。它们的工作原理基本相同，这里仅介绍一种国产常用的线圈交叉 60°的同步表，其结构示意图如图 2-5-1 (a) 所示。图中 A_1 与 A_3 是互相交叉成 60°的两个线圈，在这两线圈内有一个活动线圈 A_0，A_0 的中间有一根转轴，在转轴上固定有上下两个扇形薄铁片 F_1 和 F_2，并构成 Z 字形，指针也固定在转轴上，整个可动部分在 360°范围内可以自由转动。此同步指示表也是电动系无机械作用的流比计结构。在交叉线圈上接通运行电力网的三相电压产生椭圆形旋转磁场，如图 2-5-1 (b) 所示，在带有可动的单相线圈里，接通待并发电机的线电压，产生脉动磁场。这样，当待并发电机与运行电力网或另外发电机组的频率相同时，活动线圈按两方的相位差位置而停留。如果两方电压之间的频率不相同时，活动线圈则随椭圆旋转磁场的长轴旋转方向转动，其旋转速度与两方频率之差成正比。当待并发电机的频率高于运行电力网的频率时，指针顺时针方向旋转；反之，即低于运行电力网的频率时，指针逆时针方向旋转。

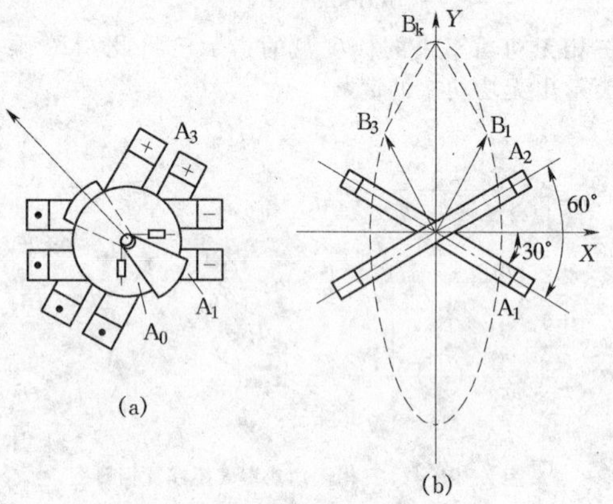

图 2-5-1　线圈夹角为 60°的同步表

(a) 结构示意图；(b) 合成磁通密度相量图

第六节　电动系仪表常见故障及其消除方法

电动系测量机构可制成测量多种电参数的指示仪表，故控制屏、台上和试验用电工测量仪表中有多种电动系仪表。电动系仪表常见故障及其消除方法见表 2-6-1。

表 2-6-1　　电动系仪表常见故障及其消除方法

序 号	常见故障	主　要　原　因	一　般　消　除　方　法
1	位移	(1) 轴尖和轴承配合较紧 (2) 轴尖磨损 (3) 轴尖脏 (4) 轴承磨损 (5) 轴承松动 (6) 轴承脏 (7) 轴尖生锈	(1) 将上轴承的螺丝适当地旋出 (2) 磨修或更换轴尖 (3) 清洗轴尖 (4) 更换轴承 (5) 压紧轴承 (6) 清洗轴承 (7) 抛磨轴尖
2	不回零	(1) 同上栏第 (1) ～ (7) 项 (2) 游丝产生弹性效应	(1) 同上栏第 (1) ～ (7) 项 (2) 更换游丝

续表

序号	常见故障	主要原因	一般消除方法
3	变差大	(1) 与产生位移的原因相同 (2) 动体与固定部分有轻微碰撞 (3) 屏蔽罩的剩磁影响	(1) 与处理位移的方法相同 (2) 检查并消除碰撞的故障 (3) 结构材料问题，不易消除，可为测量交流专用
4	活动部分偏转不自由，有卡滞现象	(1) 纸面刻度上竖立的小毛刺碰针 (2) 阻尼片碰撞阻尼盒 (3) 活动线圈的引出线碰擦固定线圈 (4) 固定线圈的连接引出线碰撞活动线圈	(1) 用酒精灯火焰燎去小毛刺 (2) 调整阻尼片消除碰撞 (3) 将出线缠在活动体的轴柱上 (4) 固定连接导线，使其离开活动体的线圈
5	不平衡，误差大	(1) 指针打弯 (2) 平衡锤位移 (3) 活动部分的某零件松动而变位	(1) 校直指针 (2) 调整平衡锤，使活动体平衡 (3) 检查并固紧松动的零件并重新调整平衡
6	倾倒误差大	(1) 轴尖与轴承的间隙过大 (2) 研磨后的轴尖曲率半径过小 (3) 更换轴承半径曲率过大	(1) 调整轴承螺钉，缩小间隙 (2) 适当磨大轴尖的曲率半径 (3) 选择曲率半径合适的轴承进行更换
7	指针振动	活动机构固有频率与所测电流的频率相同而出现谐振	(1) 增减活动部分的重量 (2) 更换游丝，以增减反作用力矩
8	无光影（在光标式仪表中）	(1) 电源变压器烧坏 (2) 灯泡烧坏 (3) 反射镜松动变位	(1) 按原数据绕制变压器 (2) 换灯泡 (3) 固定松动的反射镜，并重新调整
9	指示数不稳	(1) 量程转换开关接触不良 (2) 线路元件焊接不牢 (3) 游丝焊片松动与活动部分的轴杆有瞬时短路	(1) 用汽油洗净接点并涂以凡士林 (2) 检查并重新焊接松动的元件 (3) 固紧游丝、焊片并与轴杆绝缘
10	通电后不偏转	(1) 测量线路短路或断路 (2) 有一个固定线圈装反 (3) 游丝焊片活动部分的轴杆短路	(1) 检查测量线路并消除短路或断路现象 (2) 检查测量线路，并正确安装固定线圈 (3) 消除短路现象，并固紧游丝焊片
11	通以额定电流后，偏转很小	(1) 固定线圈有一个装反 (2) 固定线圈连接错误 (3) 固定线圈或活动线圈部分短路 (4) 分流电阻短路 (5) 游丝扭绞或碰圈	(1) 重新装正 (2) 检查测量线路，正确安装装反的固定线圈 (3) 将接反的线圈正确连接 (4) 消除短路现象或重新配制 (5) 取下后进行调整
12	通电后指针反方向偏转	活动线圈与固定线圈接反	重新正确连接可动线圈与固定线圈

第三章　直　流　仪　表

第一节　磁电系仪表的工作原理

磁电系指示仪表是测量直流电参量的专用仪表。它的优点是：①灵敏度和准确度较高；②标度均匀；③功率消耗小；④工作稳定可靠；⑤受环境温度和外磁场的影响小等。另外，配以整流器或变送器还可以用于交流电量和非电量的测量。其缺点是过载耐力较差。

磁电系仪表的工作原理结构，如图3-1-1所示。被测电流经游丝流过处在永久磁铁磁场中的活动线圈（以下简称动圈）时，与磁场相互作用产生转动力矩而使动圈发生偏转，当转动力矩与游丝产生的反作用力矩相等时，仪表指针停止摆动后便指示被测量数值。此表又叫动圈式仪表。偏转角 α 与通过动圈的电流 I 成正比，故标度尺是均匀的。磁电系仪表不另设阻尼装置，它是由线圈框（或设短路线圈）在永久磁铁磁场中转动时产生的感应电流与磁场作用实现阻尼的。

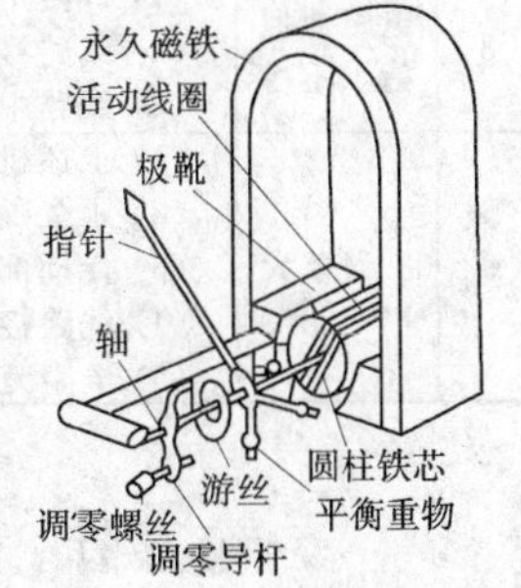

图3-1-1　磁电系仪表工作原理结构图

第二节　直流电流表与分流器

因磁电系仪表的活动线圈可通过的电流很小（一般为几十微安至几十毫安）。因此，若测量较大电流就必须配合并联分流电阻又称分流器以扩大量限，如图3-2-1（a）所示。设分流器电阻为 R_{fl}，测量仪表的内阻为 R_c。为使被测电流扩大 n 倍，因流经表头的电流 I_c 只是被测电流 I 的一部分，即 $n=I/I_c$，故分流电阻 R_{fl} 可按公式 $R_{fl}=\dfrac{R_c}{n-1}$ 选定。也就是说，若将磁电系电流表的量限扩大 n 倍，则分流器电阻应为该电流表头内阻 R_c 的 $1/(n-1)$。当被测电流较大（如在10A以上）时，分流器常做成单独装置，叫做“外附分流器”。为形成大量程，电流表接外附分流器时，要注意如图3-2-1（b）所示的那样，接在分流器电流端子

（1、2）内侧的一对电位接头（3、4）上。

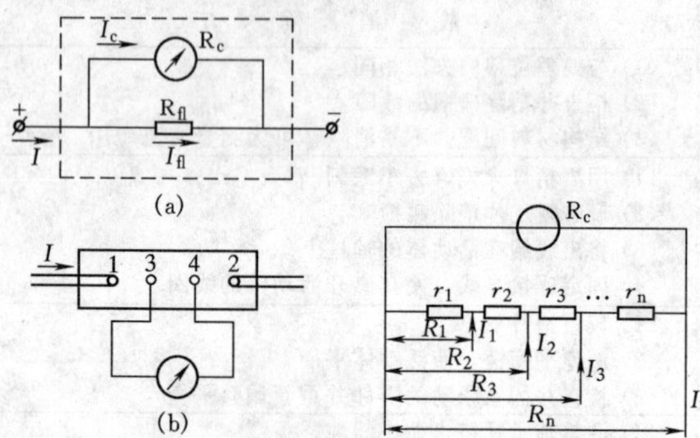

图 3-2-1　直流电流表接线图
(a) 分流原理图；(b) 分流器接线图
R_c—测量仪表的内阻；R_{fl}—分流器电阻；
1、2—电流接头；3、4—电位接头

图 3-2-2　环形分流扩大量限图

多量限的电流表采用环形分流扩大量限，其电路如图 3-2-2 所示。设各量限电流为 I_1、I_2、…、I_n，对应的分流电阻各为 R_1、R_2、…、R_n，则有关系式

$$I_1R_1=I_2R_2=\cdots$$
$$=I_nR_n=I_M(R_c+R_n)=K$$

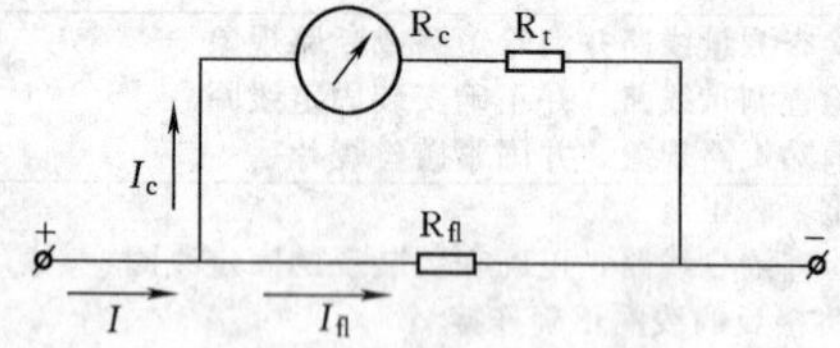

图 3-2-3　串联补偿电阻线路
R_c—测量仪表内阻；R_{fl}—分流器内阻；R_t—温度补偿电阻

I_M 为满标度电流。由此可求出任一量限电流所需的分流电阻。

对于精密级电流表，为防止因环境温度变化而产生误差，常采取一些补偿措施，其中最简单的方法是串联补偿电阻电路，如图 3-2-3 所示。图中 R_t 是附加补偿电阻（用温度系数很小的锰铜线绕成）；设动圈绕组为铜线，温度系数 a_c 一般取 4%；a_t 为温度变化引起的仪表附加误差，一般相当于仪表准确度级别数字。例如，准确度为 1.5 级的仪表，$a_t=1.5$，则

$$R_t\geqslant\frac{a_c-a_t}{a_t}R_c$$

第三节　直流电压表与倍率器

磁电系电压表的动圈仅能直接测量几十毫伏的电压。若要测量较大电压，则必须配合串联倍率器以扩大量限，如图 3-3-1 (a) 所示。设被测量电压为 U，倍率器的电阻为 R_{fj}，所需量限的扩大倍数为 m，则

$$R_{fj}=(m-1)R_{yq}=\frac{U}{I_{yq}}-R_{yq}$$

式中　R_{yq}——电压表内阻；

I_{yq}——电压表中电流。

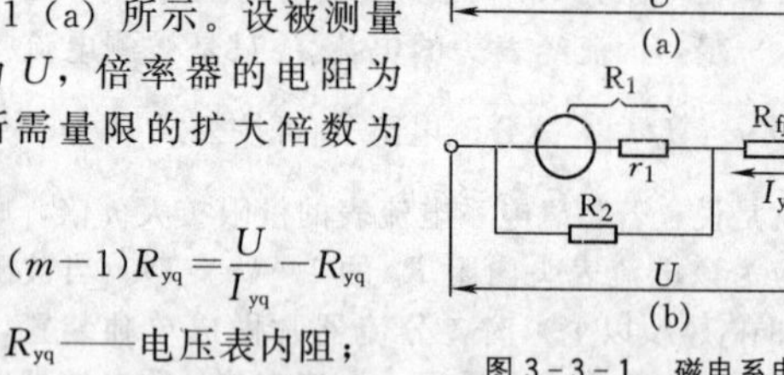

图 3-3-1　磁电系电压表原理接线图
(a) 简单串联电路；(b) 串并联电路

如动圈用铜或铝导线绕制，串联倍率器采用锰铜或其他温度系数很小的材料制成，则对仪表的温度误差极小，有的还有一定补偿作用。在准确度等级较高特别是在低量限的电压表中，多采用图 3-3-1 (b) 所示的串并联温度补偿电路。一般低压电压表的倍率器都装在表盒内不另附在外部。

第四节　磁电系仪表常见故障及原因

磁电系仪表常见故障及原因见表 3-4-1。

表 3-4-1　磁电系仪表常见故障及原因

序号	常见故障	故障部位及原因
1	不回零	(1) 轴尖：①生锈、氧化或附着有杂物；②磨损；③轴尖座松动 (2) 轴承：①锥孔磨损、光洁度降低；②表面有伤痕；③圆锥孔太脏；④轴承松动 (3) 游丝：①游丝焊片与轴承螺丝有摩擦；②游丝内圈和轴心不同心；③游丝平面翘起与平衡锤摩擦；④游丝太脏，有粘圈现象；⑤过载受热产生弹性疲劳
2	位移	(1) 轴承：同序号 1 的 (2) (2) 轴尖：同序号 1 的 (1) (3) 游丝：同序号 1 的 (3)，上下游丝外端焊片松动 (4) 指针：在支持件上未装牢，有小量活动 (5) 轴座：轴座未粘牢，有松动 (6) 平衡元件：平衡锤和平衡锤杆未粘牢，有松动
3	变差大	基本上同序号 1
4	刻度特性变化	(1) 游丝过载，引起弹性疲劳 (2) 游丝受潮或受腐蚀性气体腐蚀的表面损坏 (3) 元件变形或相对位置发生变化 (4) 仪表平衡不好
5	电路通但无指示	(1) 有分流支路的测量线路，表头断路而分流支路正常 (2) 表头短路（游丝焊片和支架没有绝缘好，使进出线短路） (3) 游丝和支架相碰，使动圈短路
6	电路通，信号指示小	(1) 动圈部分短路 (2) 分流电阻绝缘不好，有部分短路 (3) 游丝焊片和支架绝缘不好，有部分电流通过支架而分流
7	电路不通，无指示	(1) 电气测量线路断路 (2) 游丝烧断或者脱焊 (3) 动圈断路 (4) 和动圈串联的附加电阻断路
8	电路通但指示不稳	(1) 焊接不牢，有虚焊 (2) 线路接触不良 (3) 线路中有击穿或短路
9	误差大	(1) 上述机械故障都能引起误差过大 (2) 永久磁铁磁性减弱 (3) 活动部分平衡不好 (4) 线路接触不良或者绝缘不好 (5) 电阻元件阻值发生变化

第五节　直流功率表与直流电能表

(1) 直流功率表。一般控制屏很少设直流功率表，而多

设直流电流表和直流电压表。设电流表指示为I(A)，电压表指示为U(V)，则直流功率P可由公式$P=UI$(W)计算出来。如确实需用直流功率表，则可采用电动系功率表，因电动系功率表为交直流两用。

(2) 直流电能表。在发电厂和变电所中，极少使用直流电能表，因为大多数直流电源（包括蓄电池）都是由交流电源整流或变换得来。所以，在交流电源侧安装交流电能表来计量电能就可以了。直流电能表的工作原理和结构复杂（有水银电动机型、整流子电动机型和直流感应型等）、维护麻烦、价格也较高，不便使用。直流电能表的计量单位名称也是“千瓦小时”，单位符号是 kW·h。

第六节　电测量温度表

一、热电偶温度表

热电偶在发电厂中广泛用于温度测量和温度控制。其优点是准确度高、结构简单、使用方便。热电偶的工作原理是由两根热电特性不同的金属线，一端焊接或熔接在一起，另一端两个线头接上测量仪表（一般为直流毫伏表）。焊接或熔接的一端叫作测量端（或称工作端、热端、热触点），测温时将它插在测温部位，接测量仪表的一端叫做自由端（或称冷端、冷触点）。当测量端与自由端温度不同时即产生热电动势，热电动势的大小与两端温度差成比例，其数值由测量仪表测出。热电偶测温原理示意如图 3-6-1 所示。常用热电偶的热电动势见表 3-6-1。根据热电偶的温度特性在仪表盘上标以温度值，就可以根据热电动势大小指示出相应的温度值。因测量仪表只能测出热电偶两端的温度差。其实际温度应等于测量仪表指示值再加上自由端温度。一般热电偶温度表都是按自由端处于 0℃时设计制造的。因此自由端温度变化将影响被测温度指示的正确性。为消除此影响，常采用补偿导线法，热电偶温度补偿接线图见图 3-6-2。常用补偿导线的性能与用途见表 3-6-2。

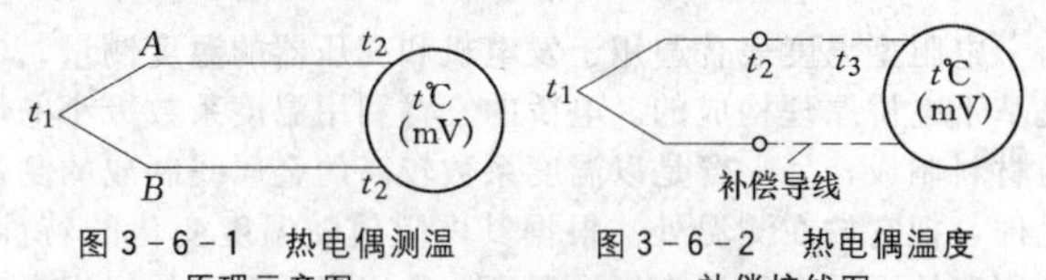

图 3-6-1　热电偶测温原理示意图　　图 3-6-2　热电偶温度补偿接线图

表 3-6-1　常用热电偶的热电势

热端温度 t (℃)	冷端温度为热电偶的热电势 (mV)					
	康铜—铜	康铜—铁	镍—镍铬合金	康铜—镍铬合金	铂铑20—铂铑5	铂铑10—铂
−200	−5.46	−7.50	—	—	—	—
−100	−3.32	−4.40	—	—	—	—
0	0	0	0	0	—	—
20	0.76	—	0.82	1.25	—	0.113
100	4.1	5.15	4.07	5.62	0.074	0.643
200	8.8	10.48	8.12	11.08	0.268	1.436
300	14.1	15.77	12.22	19.09	0.569	2.315
400	19.9	20.96	16.32	26.48	0.966	3.250
500	26.3	26.12	20.62	34.18	1.447	4.220
600	—	31.47	24.87	41.95	2.005	5.222
700	—	37.15	29.12	50.02	2.633	6.256
800	—	43.25	33.12	57.94	3.327	7.322
900	—	49.26	37.27	65.75	4.084	8.421
1000	—	—	41.45	—	4.902	9.556
1100	—	—	45.62	—	5.767	10.723
1200	—	—	49.77	—	6.678	11.915
1300	—	—	—	—	7.633	13.116
1400	—	—	—	—	8.618	14.313
1500	—	—	—	—	9.619	15.504
1600	—	—	—	—	10.622	16.688
1700	—	—	—	—	11.613	—

表 3-6-2　常用补偿导线的性能与用途

品　种	热电动势(容许误差)(mV)					往　复电阻值 (Ω/m)①	补偿导线极性及绝缘皮颜色标志		配　用热电偶
	100℃	150℃	200℃	300℃	400℃				
铜-铜镍 0.6 (Cu—CuNi0.6)	0.643 (±0.023)	1.025 (+0.024 −0.055)	1.436 (±0.064)	2.315 (±0.072)	3.250 (±0.072)	<0.04	铜(+) 铜镍(−)	红(+) 绿(−)	铂铑 10(+) 铂(−)
镍铬-考铜 (NiCr10—CuNi43Mn0.5)	6.95 (±0.30)	10.69 (±0.38)	14.66 (±0.43)	22.90 (±0.43)	31.48 (±0.43)	<1.25	镍铬(+) 考铜(−)	红(+) 黄(−)	镍铬(+) 考铜(−)
铜-康铜 (Cu—CuNi40—Mn1.5)	4.10 (±0.15)	6.13 (±0.20)	8.13 (±0.23)	12.21 (±0.23)	16.40 (±0.23)	<0.684	铜(+) 康铜(−)	红(+) 蓝(−)	镍铬(+) 镍硅(−) (镍铝)
铜-铜镍 1.8 (Cu—CuNi1.8)	1.35 (±0.05)	2.05 (±0.09)	2.96 (±0.11)	4.61 (±0.16)	6.37 (±0.16)	<0.04	铜(+) 铜镍(−)	红(+) 白(−)	钨铼 5(+) 钨铼 20(−)

① 补偿导线的往复电阻值是指当温度为 20℃、长度各为 1m、截面积各为 $1mm^2$ 时的两导线总阻值。

还可用温度自动补偿器来补偿自由端的温度变化，例如图 3-6-3 就是利用桥式电路不平衡电压来补偿热电偶由于自由端温度变化而引起的热电动势的变化。桥式电路接在热电偶自由端附近，电阻 R_1、R_2、R_3 都是用锰铜线制成，R_4 则由一般铜线制成。当自由端温度升高时，R_4 值也增大，使电桥出现不平衡电压，这个电压与热电动势串联而被补偿。

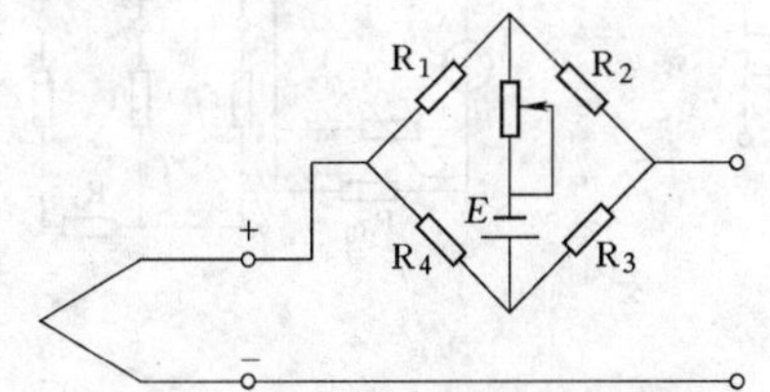

图 3-6-3　热电偶自由端桥式补偿器电路图

二、电阻型温度表

电阻型温度表普遍用于发电机和变压器的温度测量。它是基于电桥原理构成的。电桥的三臂利用温度系数极小的电阻材料制成，另一臂是以温度系数较高的金属线制成的测温元件，把它放在测温处。根据其电阻值随温度变化的特性，利用电桥不平衡电压来指示温度。常用指示温度的仪表有直流毫伏表和流比计两种。

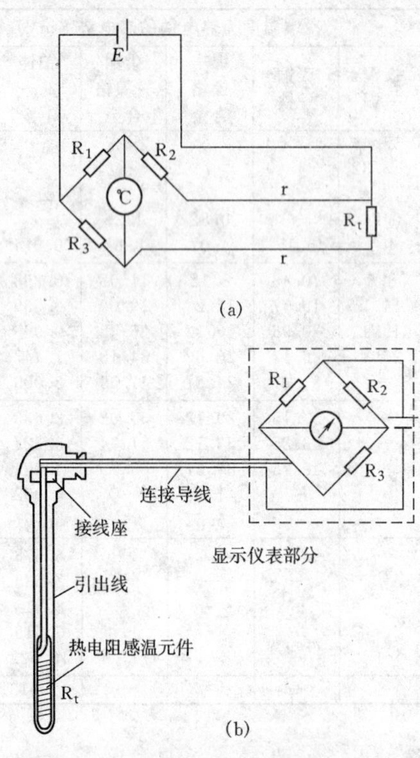

图 3-6-4 为减小引线影响的接线
(a) 原理接线图；(b) 实用接线图

(1) 用直流毫伏表测量的温度表。测温元件是电桥的一臂。远距离测温时，引线的电阻即加入了测温元件的电阻值。因此，温度表的指示就会高于实际温度。为避免引线的影响，如图 3-6-4 (a)、(b) 所示，可将电源的一极接到测温元件的一个端子上，使引线电阻平均加在相邻的两个臂上，影响因素即被减小。当引线电阻对比测温元件电阻很小时，对温度表的影响可略去不计。为减小引线电阻引起的附加误差，有的温度表特加入规定线路电阻来设计指示值的。这样的温度表，在使用时必须将线路电阻调整到制造厂规定的数值。图 3-6-5 为 XCZ—102 型动圈式温度表的原理接线图，图中 r、r′、r″就是引线调整电阻。表 3-6-3 为此类温度表的测量范围。

(2) 用流比计测量的温度表。流比计温度表的原理接线如图 3-6-6 所示。有两个交叉成一定角度的动圈，经常由直流电压供给两线圈一定电流。由温度引起的电流增量，对其中一个线圈的电流相加，而对另一个线圈电流相减，因此电流比率增大，温度表灵敏度较高。这种温度表的另一优点是电源电压变化不太大时（如在 20% 以内），对温度表指示值没有大的影响。图 3-6-7 是利用流比计的实际变压器测温线路图。

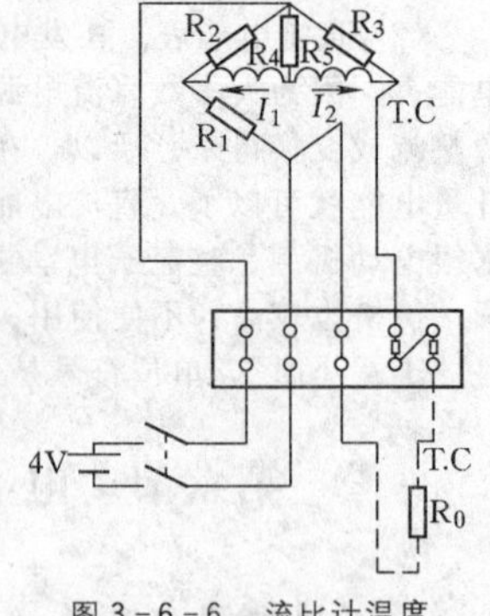

图 3-6-6 流比计温度表原理接线图

表 3-6-3 XCZ—102 型动圈式温度表的测量范围

测量元件	分度号	测量范围（℃）
铜电阻	G	0～30，0～50，0～100，0～120，−50～50，−50～100
铂热电阻	B_{A1}	0～30，0～50，0～100，0～150，0～200，0～250，0～300，0～400，0～500，−50～50，−50～100
	B_{A2}	−100～0，−100～50，−100～100，−150～50，−150～150，−200～50，−200～500，200～500

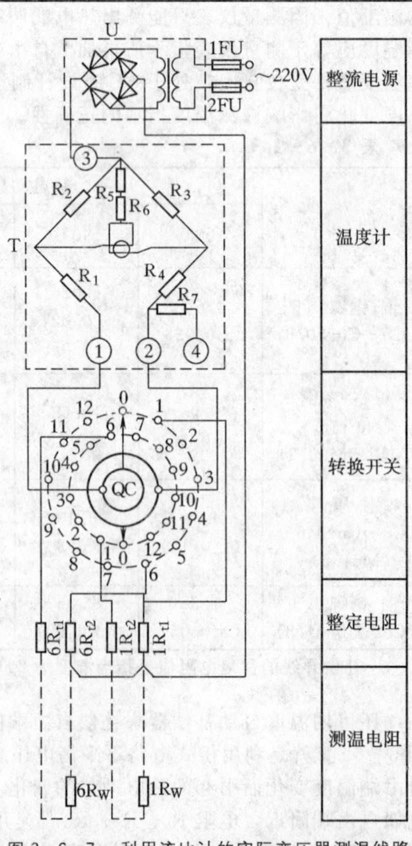

图 3-6-7 利用流比计的实际变压器测温线路
T—温度计，ELZ—110；CK—转换开关，FK—12；U—整流器，ZXY—1；$1R_W$～$6R_W$—测温电阻（每台变压器一个）；$1R_{t1}$～$6R_{t1}$、$1R_{t2}$～$6R_{t2}$—整定电阻

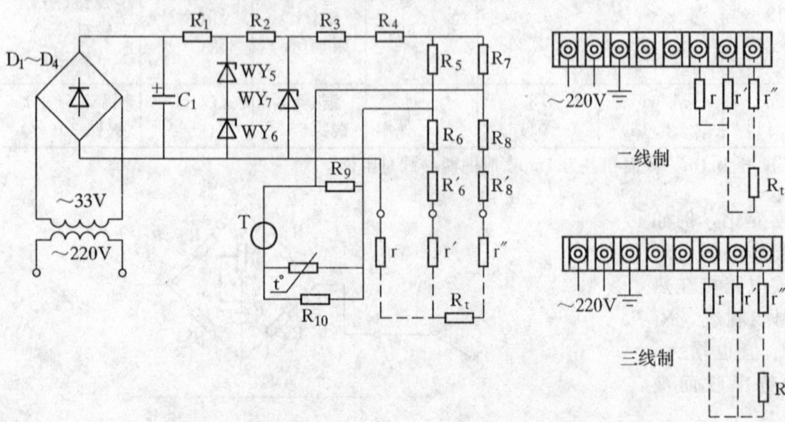

图 3-6-5 XCZ—102 型动圈式温度表原理接线图

第四章　电　　能　　表

第一节　交流有功电能表

交流有功电能表是用来测量发电厂、变电所和用电户在某一段时间内发供或受取的电能的，又由于它是将功率和时间的乘积累起来以千瓦小时（符号 kW・h）为单位的积算式仪表，故又称千瓦小时计或简称瓦时计。

一、单相电能表

单相电能表的结构原理属感应系的，其结构示意图如图 4－1－1 所示。主要由驱动元件、转盘、阻尼磁钢、计量器、支座和接线盒等部件构成。现分述如下。

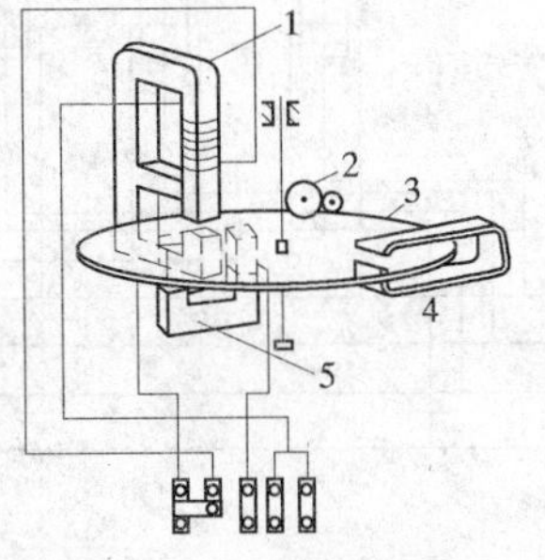

图 4－1－1　单相电能表结构原理图
1—电压线圈铁芯；2—计数机构；3—铝圆盘；4—制动磁钢；5—电流线圈铁芯

(1) 驱动元件。有电压元件（一般在转盘上部）和电流元件（隔转盘与电压元件相对），铁芯均由硅钢片叠成，分别绕上电压线圈和电流线圈。电压线圈的线径细、匝数多、感抗大、能承受负载全电压，电流线圈的匝数少、导线截面积大、能与负载串联使用，两者产生的电压磁通和电流磁通相互作用于转盘，产生驱动转矩。

(2) 转盘。由铝质圆盘及转轴制成，装在上述两电磁铁气隙之间。

(3) 阻尼磁钢。是一块永久磁钢。当转盘转动时切割磁力线产生涡流，并与磁钢产生阻尼力矩，使转盘转速与负载功率的大小成正比。

(4) 计量器。由蜗轮、蜗杆、齿轮机构组成，用以计算转盘的转数，积算通过的电能。

(5) 支座。用于支承电磁元件、阻尼磁钢、计量器和轴框、轴承等。

(6) 接线盒。用于连接电能表内外接线。

此外，还有调整误差用的各种调整设置，如轻负载调整装置、相角调整装置及温度补偿片等。

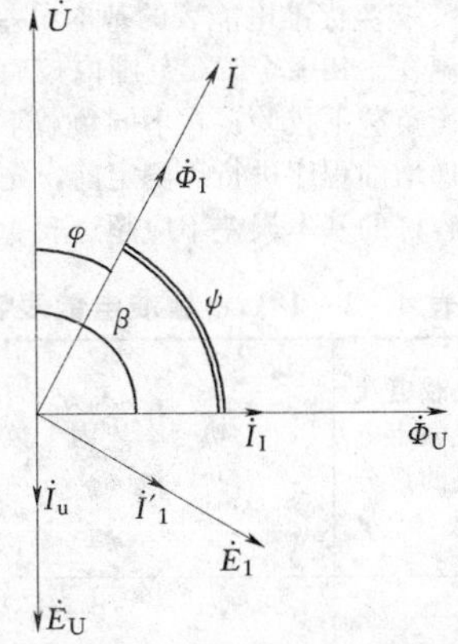

图 4－1－2　电能表的简化相量图
$\dot{U}$—电源电压；$\dot{I}$—负载电流；φ—$\dot{I}$ 滞后于 $\dot{U}$ 的角度；$\dot{\Phi}_I$—电流磁通；$\dot{\Phi}_U$—电压磁通；$\dot{I}'_i$—$\dot{E}_I$ 产生的涡流；$\dot{I}_u$—$\dot{E}_U$ 产生的涡流；ψ—$\dot{\Phi}_I$ 与 $\dot{\Phi}_U$ 的相量角

单相电能表的工作原理如下：当电能表接入电路，电压线圈接电源电压 $\dot{U}$，电流线圈接通负载电流 $\dot{I}$。设负载呈感性，$\dot{I}$ 滞后于 $\dot{U}$ 的角度为 φ。$\dot{I}$ 流过电流线圈时，在铁芯中产生磁通 $\dot{\Phi}_I$，忽略铁芯中的损耗，则 $\dot{\Phi}_I$ 与 $\dot{I}$ 同相。电压线圈中流过电流 $\dot{I}_u$，忽略线圈电阻，$\dot{I}_u$ 滞后于 $\dot{U}$90°，在电压铁芯中产生磁通 $\dot{\Phi}_U$，忽略铁芯中损耗，$\dot{\Phi}_U$ 与 $\dot{I}_u$ 同相。交变磁通 $\dot{\Phi}_I$ 与 $\dot{\Phi}_U$ 穿过转盘时，在转盘中感应出滞后于它们 90°的电动势 $\dot{E}_I$ 和 $\dot{E}_U$，$\dot{E}_I$ 和 $\dot{E}_U$ 在转盘中产生涡流 $\dot{I}'_i$ 和 $\dot{I}_u$，它们之间的相量关系表示于图 4－1－2 中。由于 $\dot{\Phi}_U$ 和 $\dot{I}'_i$，$\dot{\Phi}_I$ 和 $\dot{I}_u$ 在空间和时间（相位）上都有差异，它们相互作用产生转动力矩推动转盘旋转。转动力矩

$$M=K_1\Phi_U\Phi_I\sin\psi=KUI\sin\psi$$

式中　K_1、K——系数。

由相量图看出　$\psi=90°-\varphi$

故

$$M=KUI\sin\psi=KUI\sin(90°-\varphi)$$
$$=KUI\cos\varphi=KP$$

式中　P——负载功率，$P=UI\cos\varphi$。

即电能表的转矩与负载功率成比例。当电能表通过的功率与阻尼力矩达到平衡时，则转盘保持稳定转速不停地旋转，于是在某段时间内的转数即表示这段时间内负载消耗的电能。设负载消耗的电能为 A_c，则

$$A_c=an$$

式中　n——转盘转数；

　　a——比例系数。

比例系数 a 的倒数用 c 表示，即

$$c=\frac{1}{a}=\frac{n}{A_c}\quad[\mathrm{r/(kW\cdot h)}]$$

称 c 为“电能表常数”，标在电能表的铭牌上，表示电能表计量 1kW・h 的电能时转盘的转数。

设电能表运行时间为 h 小时，则交流单相电能表的计量公式

$$W_{1P}=U_\varphi I\cos\varphi h\times10^{-3}=Ph\times10^{-3}\ (\mathrm{kW\cdot h})$$

电能表的外接线及注意事项完全与功率表相同。单相有功电能表的测量线路图如图 4－1－3 所示。因高压供电极少使用单相电源，故也很少使用经电压互感器接入的单相电能表。

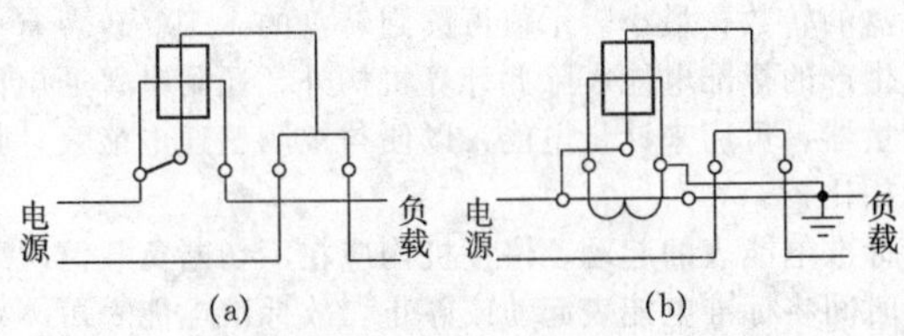

图 4－1－3　单相有功电能表的测量接线图
(a) 直接接入式；(b) 经电流互感器接入方式

二、三相有功电能表

多相电路的电能计量可用单相电能表分相计量，然后总加起来便得到总的电能。一般三相有功电能表（以下简称三相电能表）是由单相有功电能表元件组成，而共用一个转轴和积算装置。三相三线制电路的电能表可由两个单相元件组成；三相四线制的可由三个单相元件组成，其接线原理与三

相功率表相同。三相三线制电路的三相负载平衡时，电能表的计量公式为

$$W_{3P}=\sqrt{3}UI\cos\varphi h\times10^{-3}\ (\mathrm{kW\cdot h})$$

式中 U——线间电压。

图4-1-4为三相三线制电能表的接线图，图4-1-5为三相四线制电能表的接线图。

设相电压为 U_{φ}，则三相四线制电能表的计量公式为

$$W_{4P}=3U_{\varphi}I\cos\varphi h\times10^{-3}\ (\mathrm{kW\cdot h})$$

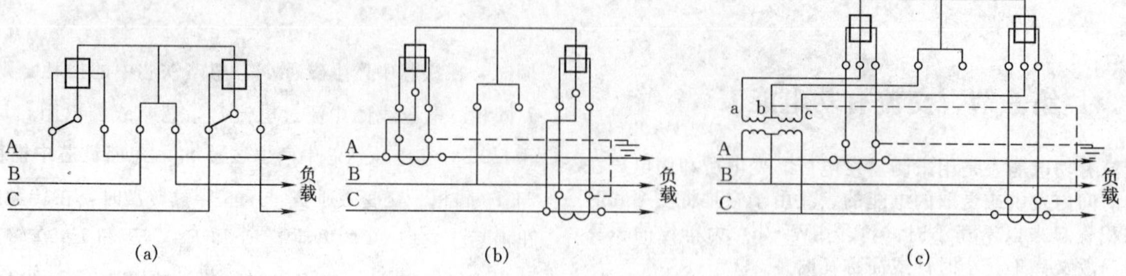

图4-1-4 三相三线制电能表的接线图
(a) 直接接入式；(b) 经电流互感器接入式；(c) 经电流、电压互感器接入式

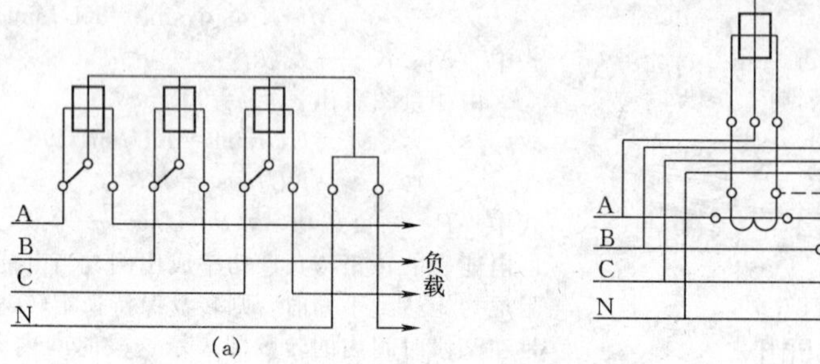

图4-1-5 三相四线制电能表的接线图
(a) 直接接入式；(b) 经电流互感器接入式

第二节 标准电能表

标准电能表是用来校验普通电能表的，因此，它的准确度和灵敏度都要求较高。一般校验普通电能表的标准电能表要采用0.5级以上的。

一、标准电能表的结构特点

标准有功电能表的原理与普通有功电能表的相同，仅在结构上略有不同。它做成可携式仪表，具有特殊的计算机构和附加的起动、停止开关。其计算机构是指针式的，按下计算机构特设的按钮或转动杆时，可使机构上的所有指针同时回到零位上。计算机构的指示值不表示通过的电能，而是转动转盘的转数，最小表示值可读到转盘的1/100转。有些制造厂生产的标准电能表除此计算机构外，还附有普通电能表的计量器，可用来计量电能，以便与被测普通电能表计量的电能相比较。

标准电能表的起动、停止机构应在不切断负载情况下的任何时间将标准电能表起动或停止，故标准电能表可测定某一短时间内的电能消耗。这种起动、停止机构有电气机械方式和电气方式两种。对于电气机械方式的，当有负载时，标准电能表不断地转动，而计算机构可根据需要，能在任何时间与转动装置的转轴连接或分离。对于电气方式的，计算机构始终与转动装置的转轴相连接，而用合、断电压线圈工作电压的方法使标准电能表起动或停止。

标准电能表常有几个电压和电流测量范围，随各厂家的设计生产型号而不同。电压一般有110V、220V、380V三个档或其中两个测量范围，电流测量范围最多有八个档，即1A、5A、10A、15A、25A、50A、75A、100A八个量限。

二、使用注意事项和技术要求

使用标准电能表检验普通电能表时，需注意当负载低于标准电能表额定值的40%以下时，标准电能表的准确度与普通电能表的准确度接近。故对标准电能表的量限要选择适当，使被检验电能表在给定负载时，标准电能表的负载应在其额定电流的40%以上。若标准电能表用来做监督性的测量时，被测量用户或受电机器电能消耗在功率因数不低于0.4的情况下，可在额定值的10%～120%负载范围内使用。

交流标准电能表的基本误差，是在额定电压、额定频率和室温在+18～+22℃范围内校验调整的。三相标准电能表应在平衡负载下校验。在不同负载下测定基本误差，应按负载值逐步递增的程序进行。测定前，先在额定负载下运转15min以上，其容许的基本误差不应超过表4-2-1所列数值。

表4-2-1 标准电能表容许的基本误差

负载电流占额定电流的百分数（%）	功率因数 $\cos\varphi$	电能表的准确度等级	
		0.2	0.5
		基本误差（%）	
10	1	±0.30	±0.75
20～120	1	±0.20	±0.5
20	0.5（感性）	±0.30	±0.75
50～120	0.5（感性）0.8（容性）	±0.20	±0.50

注 1. 0.2级电能表的负载电流范围供参考。

2. $\cos\varphi=0.8$ 容性负载，只限于额定电压为100V的单相有功电能表。

第三节 无功电能表

无功电能表又称乏时计，其结构与有功电能表完全一样，只是电压线圈所取的电压相位不同，与无功功率表的接线一样。无功电能表的计量单位名称是千乏小时，单位符号是 kvar·h。

单相无功电能表的计量公式为

$$W_{1Q}=U_{\varphi}I\sin\varphi h\times10^{-3}\ (\text{kvar}\cdot\text{h})$$

三相三线制无功电能表的计量公式为

$$W_{3Q}=\sqrt{3}UI\sin\varphi h\times10^{-3}\ (\text{kvar}\cdot\text{h})$$

三相四线制无功电能表的计量公式为

$$W_{4Q}=3U_{\varphi}I\sin\varphi h\times10^{-3}\ (\text{kvar}\cdot\text{h})$$

图 4-3-1 是三相三线制无功电能表的接线图。其中图 (d) 是在有功电能表的电流线圈 A 相、C 相上各附加 B 相电流线圈而改制成的无功电能表，是控制屏上常用的一种无功电能表形式。图 4-3-2 是三相四线制无功电能表接线。

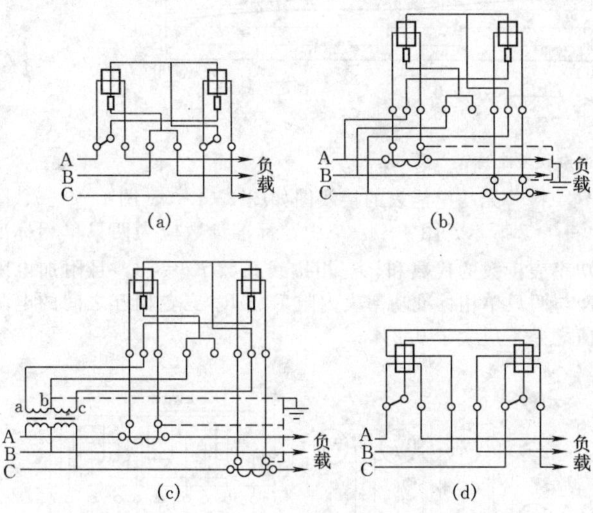

图 4-3-1 三相三线制无功电能表接线图
(a) 直接接入式；(b) 经电流互感器接入式；(c) 经电流电压互感器接入式；(d) 附加 B 相电流线圈式

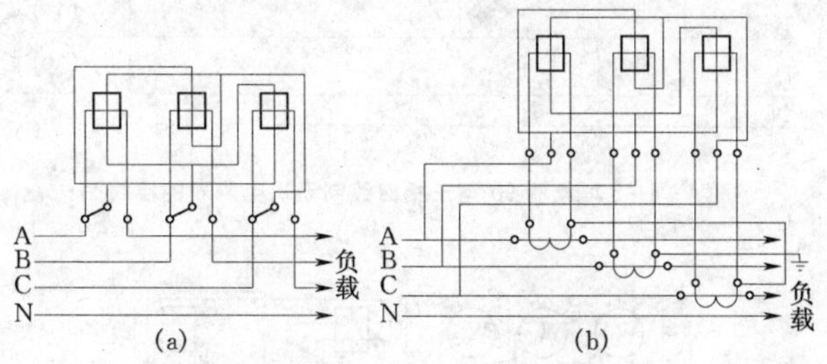

图 4-3-2 三相四线制无功电能表接线图
(a) 直接接入式；(b) 经电流互感器接入式

第四节 电能表检验

一、电能表检验的一般规定

电能表是计量发电厂发电量、变电所供电量和用户用电量，并用以计收用电费的表计，也是电力网中考核运行经济技术指标（如发电的单位煤耗及成本、厂用电率、输配电系统的线损等）的重要表计。因此，必须保证电能表的正常和准确的计量。根据计量的重要性应按规程规定对电能表进行定期的现场检验和轮换。依其重要性的分类及电能表准确度等级、检验和轮换周期如表 4-4-1 所示。

表 4-4-1 电能表准确度等级、检验和轮换周期

类别	计量对象	电能计量装置的准确度等级			现场检验周期	轮换周期
		有功电能表	无功电能表	测量用互感器		
第Ⅰ类	10000kW 及以上发电机发电量； 120000kVA 及以上变压器供电量； 主网线损与 220kV 及以上地区分界电量； 月平均用电量 100 万 kW·h 及以上计费用户	0.5	2.0	0.2	3个月	2～3年
第Ⅱ类	10000kW 以下发电机发电量； 发电厂总厂用电量及供电量； 月平均用电量 10 万 kW·h 及以上计费用户	1.0	2.0	0.5	6个月	2～3年
第Ⅲ类	月平均用电量 10 万 kW·h 以下的高压计费用户； 320kVA 及以上变压器的计费用户	1.0	2.0	0.5	一年	2～3年
第Ⅳ类	320kVA 以下变压器低压计费用户； 其他非计费的计量	2.0	3.0	0.5		三相 2～3年 单相 5年

注 1. 用户计费容量的分类界限，允许各地区根据具体情况作适当地调整；
2. 100000kW 以下的发电机也允许安装 1.0 级有功电能表及 0.5 级互感器。

另外，规程还规定Ⅰ、Ⅱ类电能计量装置的电流互感器、电压互感器，每 5 年至少现场检验一次。用于测量传输值及供现场检验用的携带型精密电能表，每 3～4 个月应检验一次。经常使用的可携式标准电能表每 6 个月检验一次，其他电能表一年检验一次。

二、电能表的检验项目和检验方法

(一) 外部检查

外部检查的内容和要求如下：①铭牌的标志应完整、清楚；②计量器不应偏斜，字轮式计量器除末位字轮外，其他字轮数字被遮盖部分不得超过字高的 1/5；③转盘上应有明显的供计读转数的有色标记；④玻璃窗应完整、牢固、清晰、密封良好；⑤外壳及底座完好、无凹陷、油漆无剥落现象；⑥端子盒牢固无损伤，接线端子螺丝完整，丝扣不乱，盒盖内或端子盒上应有接线图或接线标志；⑦固定外壳的螺丝、螺孔和铅封穿孔必须完好无损；⑧接地部分不允许锈蚀或涂漆。

(二) 内部检查

内部检查的内容及要求（调试和故障检验之外）如下：①垫带完整，密封良好；②固定计量器、轴承及调整装置的螺丝，固定永久磁钢和驱动元件的螺丝，均应紧固、无缺损；③转轴应笔直、转盘应平整，且转盘平面与电磁铁间隙、永久磁钢的磁极端面应平行且位置适中；④蜗轮与蜗杆齿的啮合深度应在齿高的 1/2 上下；⑤焊接部分质量可靠，无虚焊现象；⑥表内应无铁屑等其他杂物。

(三) 起动试验

电能表在额定电压、额定频率、功率因数为1的条件下，当起动电流最大允许值不超过表4-4-2规定的值时，转盘应不停地转动。对于具有逆止器的电能表和运行中的2.0级单相电能表，允许其起动电流比表中规定值增加0.5%的额定电流。试验时，计量器同时进位的字轮不应少于2个。起动电流的大小，表示电能表灵敏度的高低。

表4-4-2　　起动电流最大允许值

电能表准确度等级	0.2	0.5	1.0	2.0
起动电流占额定电流的百分数（%）	0.3	0.3	0.5	0.5

(四) 潜动试验

当安装电能表的电流线路无电流，而加于电压线路的电压为额定值的80%～110%时，电能表转盘的转动不得超过1整转。对于可携式标准电能表，当电压线路不加电压、电流线路通以标定电流、计量器停止计数时，其指示值在1min时间内应无明显变化。

试验时，对新购的电能表先后加80%和110%的额定电压，运行中的电能表仅加110%的额定电压。对于经互感器接入的电能表，必要时可在$\cos\varphi=1$或$\sin\varphi=1$的条件下给电流线路通以1/5的起动电流检查电能表是否潜动。为防止潜动，可在其转盘上设两个防潜孔，或在其转轴上和电压铁芯上设置相对的防潜针及防潜片。

(五) 基本误差的测定

电能表的误差随负载的大小及功率因数的性质而不同，而且也受电压、频率、波形、温度等影响。一般电能表的负载误差曲线如图4-4-1所示。测定误差方法有两种，一是瓦秒法，另一是标准电能表比较法。

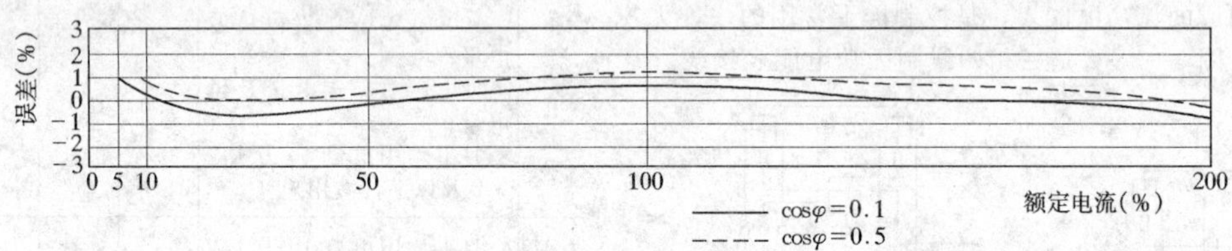

图4-4-1　电能表负载误差曲线

1. 瓦秒法

使用的设备有精密级功率表、电压表、电流表、秒表、电流发生器、电压调整器和移相器等。检验有功电能表的接线如图4-4-2、图4-4-3、图4-4-4所示。

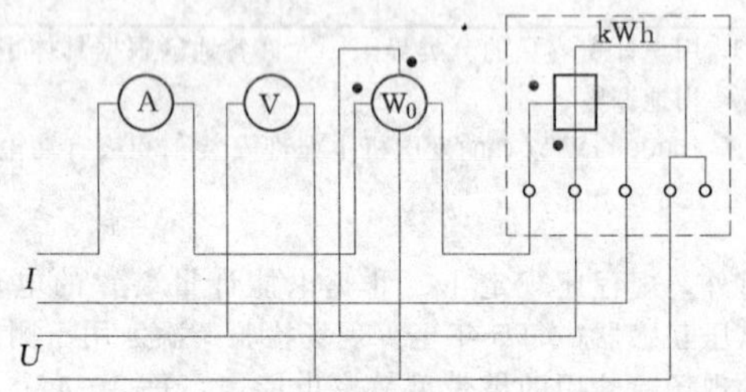

图4-4-2　检验单相有功电能表的接线图

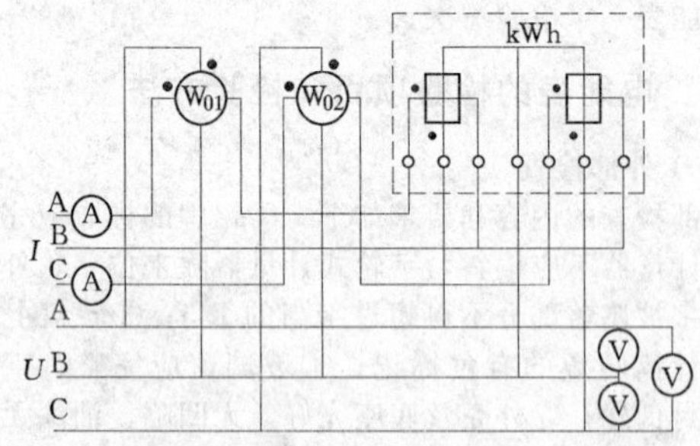

图4-4-3　检验三相三线制有功电能表的接线图

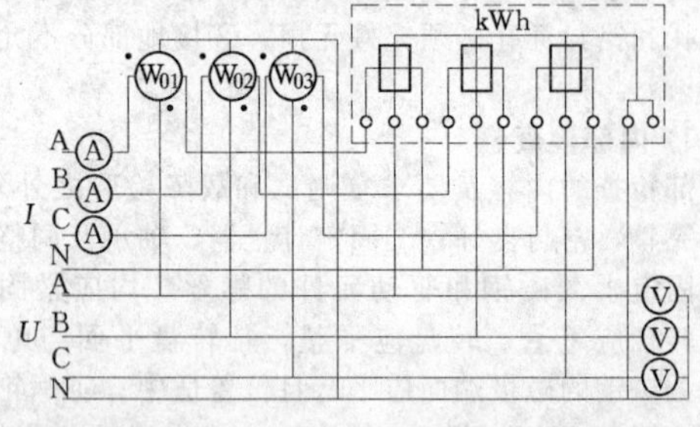

图4-4-4　检验三相四线制有功电能表的接线图

检验无功电能表的接线图如图4-4-5、图4-4-6、图4-4-7所示。图4-4-7中，标准读数应为两只单相标准功率表读数的代数和，三相接线系数$K_j=\sqrt{3}$，且附加电阻R与两只单相标准功率表内阻R_1、R_2三者相互之间的电阻值之差不应大于0.2%。

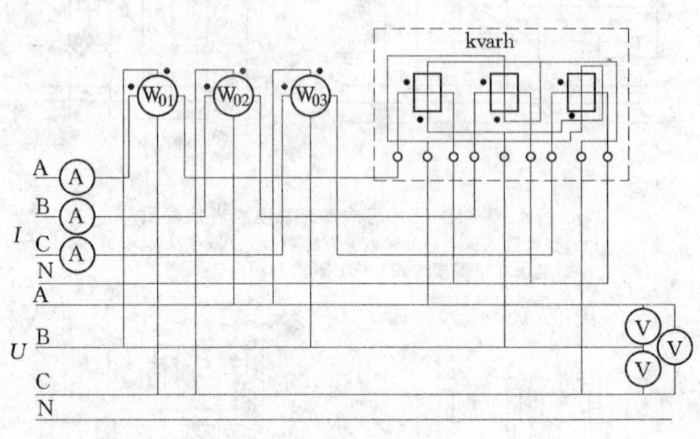

图4-4-5　检验90°型三相四线制无功电能表的接线图

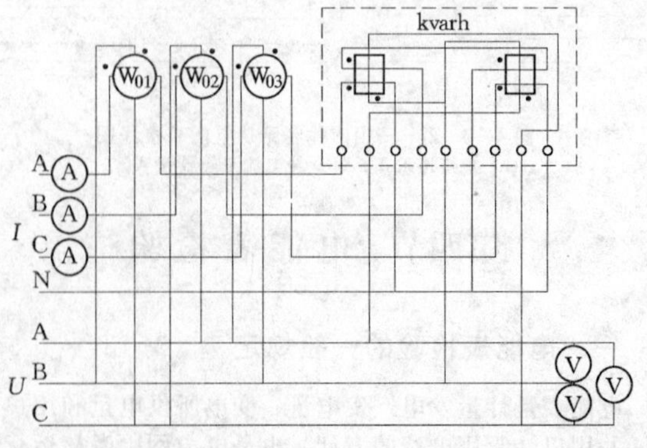

图4-4-6　检验带附加电流线圈的三相无功电能表接线图

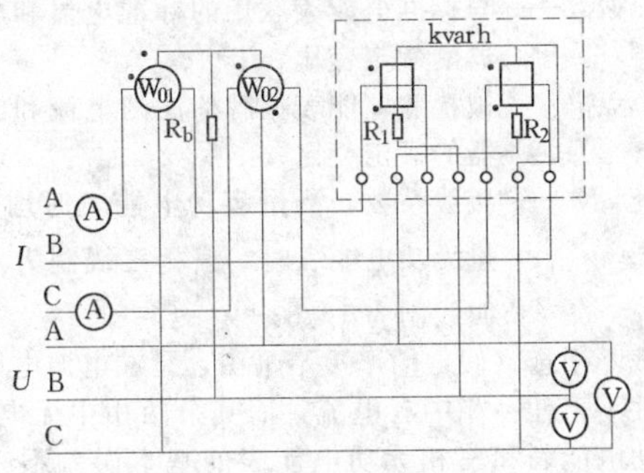

图 4-4-7 检验 60°相角型三相无功电能表的接线图

测定电能表基本误差时，应在其电压线路加额定电压不少于 60min，电流线路通以额定电流不少于 15min 后测定。负载电流应按逐次减少的顺序且应在每一负载电流下待转速稳定后再进行测定。测定基本误差对负载电流的规定见表 4-4-3。测定三相电能表误差时，其相序应符合接线图的规定，且三相电压和电流应基本对称。两元件以上的电能表，应检验各两对元件间的平衡。

表 4-4-3　测定基本误差对负载电流的规定

电能表的种类	负载电流占额定电流的百分数(%)	
	$\cos\varphi=1$ 或 $\sin\varphi=1$ (感性或容性)	$\cos\varphi=0.5$(感性) $\cos\varphi=0.8$(容性) 或 $\sin\varphi=0.5$ (感性或容性)
单相电能表	10,50,100	20,100
宽负载电能表($I_{max}\geqslant 2I_e$)	5,10,100,$n\times 100$	10,100,$n\times 100$
直接接入式三相电能表	5,10,100,150	20,100
经互感器接入式电能表	5,10,50,100	20,100
直接接入式三相无功电能表	10,100,150	20,100
经互感器接入三相无功电能表	10,50,100	20,100

注　$n\geqslant 2$。

用瓦秒法测定电能表误差，当采用一定转盘转数测量时间的方式来确定电能表相对误差百分值 γ 时，可按公式计算

$$\gamma=\frac{T-t}{t}\times 100\%$$

式中　t——实测时间（s），即电能表在恒定功率下，其转盘转 n 转时，标准计时器实测的时间；

T——算定时间（或称理论时间）（s），即电能表在恒定功率下，按照铭牌常数 c 计算转盘转 n 转时所需的时间。

通常算定时间按下式计算

$$T=\frac{3600\times 1000n}{cP}$$

式中　n——选定的转数（r/min）；

P——恒定功率（W）；

c——电能表常数［r/（kW·h）］。

测定误差时，转数 n 的选择应保证算定时间 T。对于 1.0 级及以上准确度等级的电能表 T 应不少于 100s；对于 2.0 级和 3.0 级的 T 应不少于 50s。当采用自动计时器时，允许缩短算定时间，但必须保证转数 n 不少于 1 整转。

当采用固定测量时间计读转盘转数（仅适用可读取转盘转数分度值的电能表）的方式测定电能表相对误差时，电能表的相对误差 γ 为

$$\gamma=\frac{n-n_0}{n_0}\times 100\%$$

式中　n——实测转数（r），即在固定的测量时间 t 内，电能表转盘在恒定功率下的实际转数；

n_0——算定转数（r），即电能表在上述条件下按照电能表常数计算应转的转数。

算定转数计算公式为

$$n_0=\frac{cPt}{3600\times 1000}$$

式中测量时间 t 不应少于 60s，同时还应使转数满足读数准确度的要求，即转盘的最小分度与转数相比不应超过被检电能表基本误差规定的 1/5。单相和三相带平衡负载的有功电能表的基本误差不应超过表 4-4-4 的规定。负载对称时，三相无功电能表的基本误差不应超过表 4-4-5 的规定。

表 4-4-4　有功电能表的基本误差

负载电流占额定电流的百分数(%)	功率因数 $\cos\varphi$	电能表准确度等级		
		0.5	1.0	2.0
		基本误差（%）		
5	1	±1.00	±1.5	±2.5
10～$k\times 100$	1	±0.50	±1.0	±2.0
10	0.5（感性）	±1.00	±1.5	±2.5
20～$k\times 100$	0.5（感性）	±0.50	±1.0	±2.0
	0.8（容性）	±0.50	±1.0	—

注　$k=\frac{I_{max}}{I_e}$。

表 4-4-5　无功电能表的基本误差

负载电流占额定电流的百分数(%)	无功功率因数 $\sin\varphi$	无功电能表准确度等级	
		2.0	3.0
		基本误差（%）	
5	1	±3.0	±4.0
10～$k\times 100$	1	±2.0	±3.0
20～$k\times 100$	0.5	±2.0	±3.0

2. 标准电能表比较法

是在现场检验电能表的常用方法，具体是将标准电能表“串”接在被检验电能表的电路中，即在前瓦秒法接线图中将功率表的位置接入标准电能表（电流端子串联、电压端子并联连接），然后以实际负载测定误差。接线时注意，不可将电流互感器的二次回路断开，以免产生危险的高电压，损伤仪表设备或检验人员。

运行中电能表的现场检验条件为：①运行电压对额定值的偏差不应超过±10%；②频率对额定值的偏差不应超过±5%；③环境温度应在 0～35℃之间；④通入标准电能表的电流应不低于其额定电流的 40%；⑤现场负载应为实际的正常负载，当负载电流低于被检验电能表标定电流的 10%或功率因数低于 0.5 时，不宜进行误差测定。

接入标准电能表后，按规程规定应运行 15min 以上，在此期间应检查被检验电能表和互感器的一、二次回路接线是否正确，检查以前的计量有无问题，计量方式是否合理正确，测量电压互感器二次回路的电压、电流互感器二次回路的负载是否符合规定，核对电能表的倍率等。

电能表的倍率 K_g 计算公式为

$$K_g=\frac{N_{TA}N_{TV}}{N'_{TA}N'_{TV}}K_n$$

式中 N_{TA}、N_{TV}——与电能表实际连用的电流互感器和电压互感器的变比；

N'_{TA}、N'_{TV}——电能表铭牌上标示的电流互感器和电压互感器的变比，未标示者为1；

K_n——电能表铭牌标示的倍率，未标示者为1。

测定误差时，在每一负载下要适当地选择被检验电能表的算定转数或算定脉冲数（当用电子计数器计读标准电能表转盘转数时），应不少于表4-4-6的规定，且在任何情况下都不得少于1。表4-4-7中给出了几种国内外的电能表常数及其换算转数的公式。

被检验电能表的相对误差计算公式为

$$\gamma=\frac{n_0-n}{n}\times 100\%$$

表4-4-6　　算定转数及脉冲数的最低数

被检电能表准确度等级	0.2	0.5	1.0	2.0	3.0
标准电能表算定转数	—	10	5	3	2.5
标准电能表算定脉冲数	10000	5000	2000	1000	800

表4-4-7　　检验电能表计算转数公式

被检验电能表铭牌常数表示方式	标准电能表铭牌常数表示方式		
	C_1 [Rev/(kW·h)]	C_2 (W·h/Rev)	C_3 (R.P.M/FL)
c_1 [Rev/(kW·h)]	$n_0=\frac{C_1 n}{c_1}$	$n_0=\frac{1000n}{C_2 c_1}$	$n_0=\frac{60\times 1000nC_3}{c_1 W_s}$
c_2(W·h/Rev)	$n_0=\frac{C_1 n c_1}{1000}$	$n_0=\frac{c_2 n}{C_2}$	$n_0=\frac{60nC_3 c_2}{W_s}$
c_3(R.P.M/FL)	$n_0=\frac{C_1 nW}{60\times 1000c_3}$	$n_0=\frac{nW}{60C_2 c_3}$	$n_0=\frac{nWC_3}{c_3 W_s}$

注　表中　n—被检验电能表的转数；

n_0—被检验表转盘转 n 转时，计算出的标准电能表转数；

c_1、c_2、c_3—被检验电能表铭牌常数三种不同表示方式；

C_1、C_2、C_3—标准电能表铭牌常数三种不同表示方式；

W—被检验电能表的额定负载容量或指定负载容量；

W_s—标准电能表的额定负载容量或指定负载容量。

1. C_1、c_1 [Rev/(kW·h)] 表示电能表内通过1kW·h时转盘的转数（我国目前通用铭牌常数）；
2. C_2、c_2 (W·h/Rev) 表示电能表转盘转一周时所需通过的W·h；
3. C_3、c_3 (R.P.M/FL) 表示电能表内通过满载时（额定电压、电流 $\cos\varphi=1$）转盘每分钟转数。

算定转数的计算公式为

$$n_0=Kn\frac{C_0}{c_x}$$

$$K=\frac{1}{N_{LHb}N_{YHb}N_{LHe}N_{YHe}K_j}$$

式中 C_0、c_x——标准电能表和被检验电能表以r/(kW·h)表示的铭牌常数；

n——被检验电能表转数；

K——系数；

N_{LHb}、N_{YHb}——与标准电能表联用的标准电流和电压互感器的额定变比；

N_{LHe}、N_{YHe}——被检验电能表铭牌标注的电流和电压互感器的额定变比；

K_j——接线系数，测量有功电能表时均为1，测量无功电能表时，三相三线制为$\sqrt{3}$，三相四线制为$1/\sqrt{3}$。

负载不平衡（假定的严重不平衡，是在电源电压三相对称的条件下，任一相中有电流，而其余两相中无电流）时，三相有功电能表和三相无功电能表的基本误差不应超过表4-4-8的规定。测定的电能表基本误差，还应扣除标准电能表的误差。当使用两块单相标准电能表（或功率表）时，标准读数应为两块单相标准电能表读数的代数和。接线系数 $K_u=1$ 时，标准电能表的综合误差为

$$\gamma=\gamma_1\frac{\cos(30°+\varphi)}{3\cos\varphi}+\gamma_2\frac{\cos(30°-\varphi)}{3\cos\varphi}\quad(\%)$$

式中 γ——两块单相标准电能表（或功率表）的综合误差（%）；

γ_1、γ_2——分别为接入A相电流线路和C相电流线路的标准电能表（或功率表）在相应负载下的相对误差（%）；

φ——负载功率因数角（°）。

表4-4-8　　不平衡电路中电能表的基本误差

负载电流占额定电流的百分数（%）	功率因数（或无功功率因数）cosφ（或 sinφ）	电能表的准确度等级				
		0.2	0.5	1.0	2.0	3.0
		基本误差（%）				
20～100	$\cos\varphi=1$	±0.50	±1.0	±2.0	±3.0	—
100	$\cos\varphi=0.5$(感性)	±0.50	±1.0	±2.0	±3.0	—
20～100	$\sin\varphi=1$(感性或容性)	—	—	—	±3.0	±4.0
100	$\sin\varphi=0.5$(感性或容性)	—	—	—	±3.0	±4.0

（六）绝缘强度试验

除新出厂的电能表外，一般在现场检验不需进行工频耐压试验和冲击电压试验。仅用500V兆欧表测定其所有线路对金属外壳、或所用绝缘材料的金属外露部分之间，以及不同电路之间的绝缘电阻即可。在室温和周围空气相对湿度不大于85%的条件下，其绝缘电阻值不应低于2.5MΩ。

（七）走字试验

多在试验室进行走字试验，在通电前被检验电能表的计量器除最末一位字轮外，其他字轮的表示数均应为9。在加额定电压、10%额定电流、$\cos\varphi\approx 1$ 的条件下，计量器表示数的改变不应少于5个字。在现场检验时，主要检查被检验电能表最近的走字记录和在测定误差时计量器的表示数变化。

进行走字试验还要检查和校核：①基本误差测定中的差错；②计量器传动与进位是否正常；③电能表常数和倍率是否正确。校核电能表常数的方法可在通电的情况下，看计量器末位字轮改变一个数字时计读电能表转盘的转数，则电能表常数由关系式 $N=\frac{bC}{10^a}$ 求出，并与电能表铭牌核对，即

$$C=\frac{10^a N}{b}$$

式中 N——计量器末位字轮改变一个数字时转盘的转数；

b——电能表铭牌倍率，未标注者为1；

C——铭牌电能表常数[r/(kW·h)]；

a——计量器小数位数，无小数时取0。

第五节　特种型式电能表

根据特殊需要，还有许多种型式的电能表在实用中，现介绍几种常用的特种型式电能表如下：

(1) 防倒转的电能表。防倒转电能表又称逆止电能表。有两个以上电力系统并联运行时，各电力系统仅计量输出电能量、不计量或另行计量输入电能量时，需装设防倒转的电能表，即逆止电能表。防止电能表倒转的方法有二：①是机械的方法，即在转轴上装设棘轮，在骨架上装设一弹簧片轻压在棘轮上，当转盘将要倒转时弹簧片便卡在棘轮上不能再转动；②是用电的方法，即利用功率方向继电器，当功率反向时其触点断开电能表的电压线圈电路，从而使转盘停止转动。

(2) 分时计量电能表。将两块电能表用时间元件或电流元件控制，分别在电力网高峰负载时间与低谷负载时间计量，并分别计取电费，即在高峰负载时用电加价，而在低谷负载时用电减价，以提高电力系统的负载率，达到电力网的经济运行。

(3) 投币供电的电能表。每向电能表箱内投入一定数量的金属币，电能表便可供出一定的电量，用完电量后电能表箱内开关自动断电，需再投入金属币继续用电。此金属币需用电户向供电部门购买，可减免供电部门派人定期抄记表字、收电费等麻烦工作，以提高用电营业管理部门的劳动生产率。

(4) 带最大需量用电功率指示器的电能表。在电能表上附带最大用电功率指示器，表示出在一段时间内（例如在一个月内）曾用过的最大功率，以限制用电户使用的最大功率，从而提高电力网的负载率。最大用电功率指示器恢复到零位，只能由供电部门派人启封执行。

第六节　电 能 计 量

一、电能计量装置准确度等级

电能计量装置应满足发电、供电、用电三方面准确计量的要求，以作为考核电力系统技术经济指标和合理计费的依据。

(一) 电能表的准确度等级

(1) 以下回路应采用0.5级有功电能表和0.2级无功电能表：①100000kW及以上发电机；②发电机变压器组扩大单元接线和容量为50000～100000kW的水轮发电机；③电力系统间的联络线路和月平均用电量100万kW·h及以上（相当于负载容量为2000kVA及以上）的用户线路。

(2) 以下回路应采用1.0级有功电能表和2.0级无功电能表：①10000～100000kW以下的发电机；②12500kVA及以上的主变压器；③电力系统内的联络线路和送配电线路；④月平均用电量10万kW·h以上至100万kW·h以下的用户线路；⑤根据供电部门对电能管理和合理计费有特殊要求的月平均用电量10万kW·h以下的用户线路。

(3) 同步调相机或无功补偿装置应采用2.0级无功电能表。

(4) 厂用高压电源回路（包括厂用工作和备用电源）应采用1.0级有功电能表。

(5) 仅作为企业内部技术分析、考核而不计费的回路，可采用2.0级有功电能表和3.0级无功电能表。

(6) 最大需量电能表、投币电能表的准确度等级，可按所接入回路所采用的电能表准确度等级确定。

(二) 互感器的准确度等级

(1) 0.5级有功电能表应配用0.2级互感器。

(2) 1.0级有功电能表和2.0级无功电能表应配用0.5级互感器。

(3) 2.0级有功电能表和3.0级无功电能表可配用1.0级互感器。

二、电能计量要求

(1) 当电力设备在额定值运行时，电能计量用的电流互感器的一次侧电流，宜在其额定的一次电流的2/3以上。由于继电保护的要求致使电流互感器的变流比选择过大而不能满足电能准确计量要求时，宜采用有二次测量绕组且有抽头的电流互感器。

(2) 对于双向送、受电的回路，应分别计量送、受的电量。

(3) 对于有可能进相、滞相运行的同步调相机（发电机）或无功补偿装置，应分别计量进相、滞相运行时的无功电量。

第七节　电能表的故障与处理

电能表在运行中的故障与处理方法见表4-7-1。

表4-7-1　电能表在运行中的故障与处理方法

故障现象	故障原因	处理方法
转盘不转	(1) 机械原因：①转盘卡在驱动元件间或阻尼磁钢间；②转轴轴尖脱离轴承；③有铁屑卡在阻尼磁钢间 (2) 电的原因：①电压回路或电压线圈断线或低电压表挂钩接触不良等；②电压线圈烧损；③电流线圈被短路；④高压电能表的接线有错误	(1) 清除干净电能表盒内一切杂物，修好轴尖轴承，调好转盘位置，使转盘能自由转动 (2) 找出电压回路断路点，更换烧损或断线的电压线圈，改正电流回路被短路的回路，纠正误接线回路
计量器不走字	(1) 转盘旋转而计量器不走字 (2) 计量器齿轮组合不良	(1) 打开盒盖仔细检查计量器的蜗轮与转轴的蜗杆是否啮合，应使其正确啮合 (2) 调整好计量器的齿轮组合，如发现齿轮不好，应更换良好的计量器
走字过快	(1) 在正常负载或满载时过快 (2) 在轻负载时过快	(1) 主要调整阻尼磁钢，可将磁钢外移增加阻尼，如磁钢间隙上有调整铁片可调离增大，如磁钢磁力减退，可将磁钢拆下充磁，或更换良好合格的磁钢 (2) 电压线圈下有带孔金属片，可将其调整适当，以减少由电压磁通产生的力矩

续表

故障现象	故障原因	处理方法
走字过慢	(1) 机械原因：①阻尼磁钢位置偏外，或其间隙不洁，有铁屑阻碍；②轴尖磨损、轴承摩擦力增大；③计量器齿轮组轴承或字轮污垢增加摩擦力 (2) 电的原因：①高压电能表二次回路接线错误；②三相电能表的一相电压回路断线；③电流线圈烧损匝间短路，或绝缘漆油烟附在各轴承，增加摩擦力	(1) 清扫磁钢间隙，调整磁钢位置或调整间隙铁片，用酒精或汽油清洗各部轴承及齿轮，干燥后上好润滑仪表油 (2) 检查二次回路接线，纠正错误，电流线圈烧损时应立即更换，并查明烧损原因消除故障点，要认真清洗各部件特别是转动部件，如清洗不掉便更换良品
转盘反转	(1) 互感器二次回路接线错误 (2) 低压电能表输入、输出接线接反	(1) 检查出错误接线并更正之，或以相位表测出电压与电流相位关系，以查出误接线 (2) 检查回路更正接线，或以标准电能表串接回路检查
时快时慢	三相电能表互感器二次回路接线错误	(1) 检查接线更正错误 (2) 用相位表测出电压与各相电流相量图或画六角相量图，以核对接线是否正确
功率因数影响误差	(1) 互感器二次回路接线错误 (2) 表内电压线圈与电流线圈在转盘上产生的磁通相位关系不对	(1) 检查接线错误原因并更正之 (2) 调整电压线圈下面金属片或加减电流线圈上附加电阻线的电阻值。注意！调整上述元件时，有可能影响轻负载误差，要反复进行校对调整
潜动	(1) 防潜针距离过大 (2) 防潜小孔被脏物堵塞 (3) 驱动元件与阻尼磁钢的位置不对称 (4) 驱动元件补偿过度	(1) 调整转轴上防潜针与电压线圈铁芯上伸出的小铁片距离 (2) 用酒精清洗出防潜孔中的脏物 (3) 调整磁钢的位置对称，并通电试验平衡 (4) 调整电压线圈下面的金属片，注意事项同上项

第五章　互感器接线和负载

第一节　互感器的接线

一、电压互感器接线

交流互感器是用低压仪器、仪表测量高压设备、电力网各种参数所必需的设备，故又称仪用互感器。电压互感器在构造原理上基本与电力变压器相同，只是容量很小且要求变压比准确度高。电压互感器从型式上分单相式和三相式两种。单相式的从构造原理上又分为电磁式和电容式两种。电容式电压互感器是利用串联电容器分压，在最下层电容器并联变压器，以取得低压100V。从接线方式上分，常用的有V形接线和星形接线等，其接线方式见图5-1-1。

选用电压互感器时，除应检测其变压比外，还要检测一、二次绕组的极性关系，按规定应一律为减极性。单相电压互感器的一次绕组端子标号为A、X，当然A接在相电压上；二次绕组端子标号为a、x。接成三相接线时，也是A端接在相电压上，X及x端子连在一起作中性点，并根据需要接地。如有第三绕组（或称辅助绕组），端子标号为a_d、

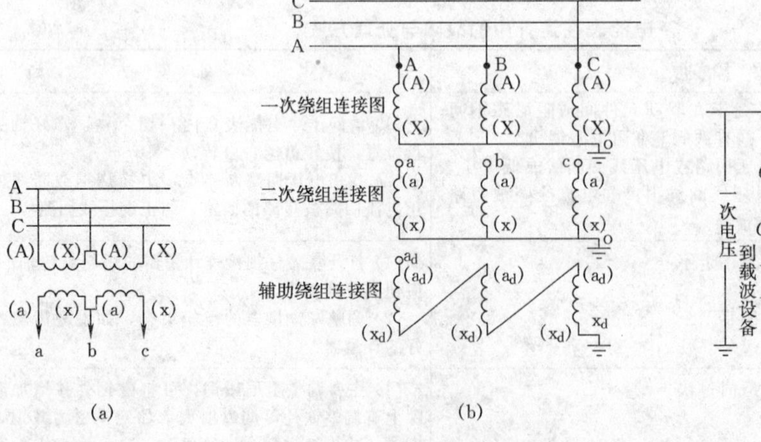

图5-1-1　电压互感器接线方式图
(a) V形接线；(b) 星形接线；(c) 电容式接线(单相)

x_d，表示专为测量一相接地时的零序电压用的。如用额定线电压的单相电压互感器接成星形使用时，因受电电压降低为额定电压的 $1/\sqrt{3}$，为保持其准确度等级不变，则电压互感器的容量 VA 数要降低为额定容量的 1/3。

一、二次接线虽是星形接线，但有的二次不允许中性点接地而采用 b 相接地，这是为了简化同步系统的特殊接线，为防止 b 相熔断器熔断后失去保护接地，特在中性点加装了击穿保险器 JB 接地。图 5-1-2 是中性点非直接接地系统电力网的电压互感器（即 b 相接地的电压互感器回路）接线图。在此电力网中，由于易产生铁磁谐振等过电压烧损电压互感器及其他电力设备，故在一次侧也需加装保险熔断器，或根据必要在低压二次加装防止低频过压保护装置。为了防止在电压互感器停用或检修时，由二次侧向一次侧反馈电压发生危险，可在二次侧出口加装刀闸开关，或经电压互感器的一次隔离开关附带的低压辅助开关触点 G 引出二次侧回路。

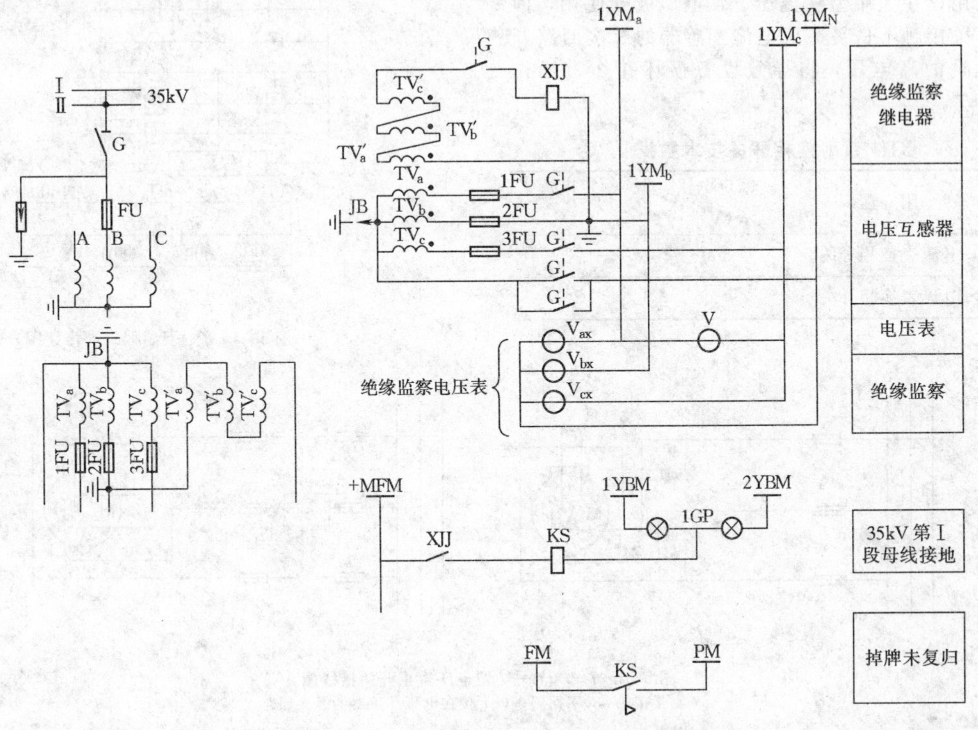

图 5-1-2 b 相接地的电压互感器回路接线图

二、电流互感器接线

电流互感器是配用于低压仪表、器具测量高压电流或大电流的一种电气设备，现在主要采用单相电磁式的。其一次绕组端子标号用 L_1、L_2，一般情况 L_1 接到电源侧，L_2 接到负载侧；二次绕组端子标号为 K_1、K_2。二次回路接线也有 V 形接线和星形接线之分（也有反 V 接线，如交流操作电源用），都是将 K_2 连接到一起并接地，如图 5-1-3 所示。

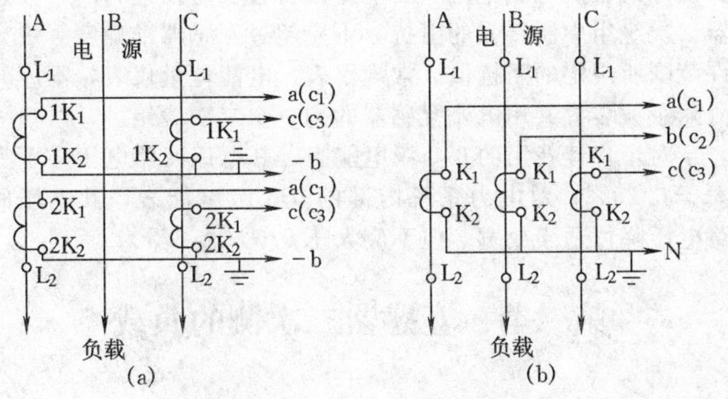

图 5-1-3 电流互感器接线图

(a) V 形接线；(b) 星形接线

二次绕组有多量限的，如 LR 型、LRD 型套管电流互感器，在二次绕组抽头以取得所需变流比的量限。由改变一次绕组取得多量限的方法，主要是利用线圈串并联方式。图 5-1-4所示为电流互感器一次侧改量限接线，如 LCW_{110}^{60} 型的串并联接线；图 5-1-5 为电流互感器的量限接线，如 $LCLWD_1$—220 型的可得到三种变流比接线。

(较小电流比) (a)

(较大电流比) (b)

LCW_{110}^{60} 型串、并联接线图

图 5-1-4 电流互感器一次侧改量限接线

(a) 串联型；(b) 并联型

(a) (b) (c)

$LCLWD_1$－220 型串、并联接线图

图 5-1-5 电流互感器多量限接线

(a) 串联型；(b) 串、并联型；(c) 并联型

三、互感器二次回路的仪表连接

交流仪表凡是测电压的都是高阻抗，并联在电压互感

器的二次回路；凡是测电流的都是低阻抗，串联在电流互感器的二次回路。现举一例，35kV送电线路出口控制屏测量仪表的连接，如图5-1-6所示。有时为了减少控制屏（屏台）面积和监测仪表数量，常采用换相开关，以一块仪表测量三相的量值。国产XH1系列电压、电流换相开关的技术数据及触点切断能力，见表5-1-1、表5-1-2，其接线图见图5-1-7、图5-1-8。但XH1—A型电流换相开关，仅在容量较小的变电所中且电流互感器变流比也小的回路中采用，在大中型变流所、发电厂极少使用，因时间已久若开关接触不良易造成电流互感器的二次回路开口，而产生危险的高电压，将导致设备损坏并伤害操作人员。

表5-1-1 XH1系列换相开关技术数据

型号	用途	额定电压（V）	额定电流（A）
XH1—V	电压表换相开关	500	
XH1—A	电流表换相开关		5

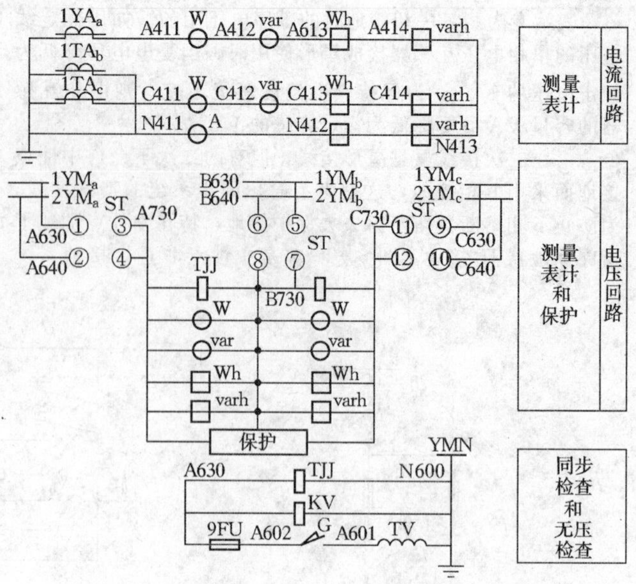

图5-1-6 互感器二次接线图

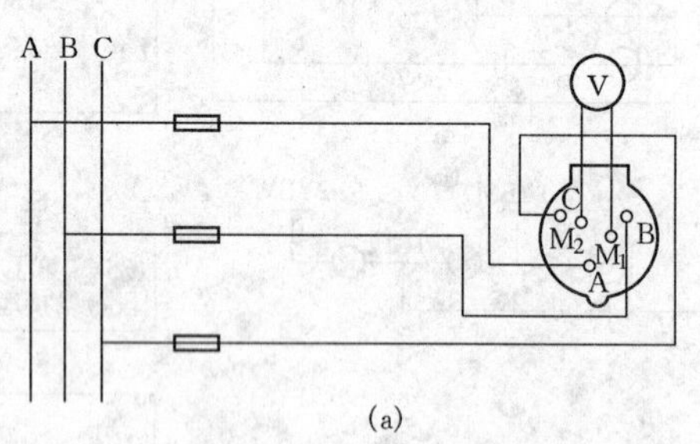

(a)

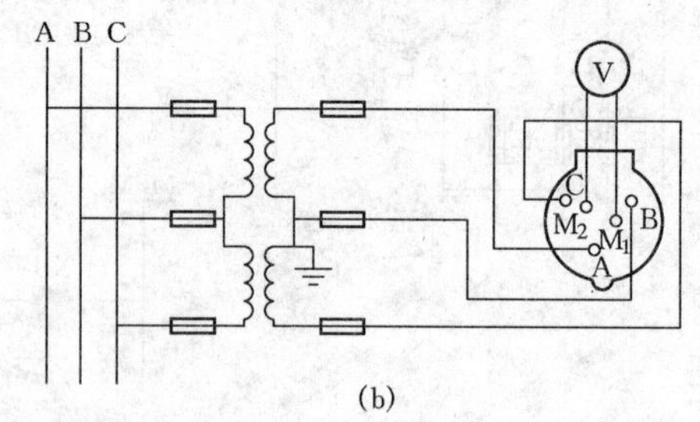

(b)

图5-1-7 XH1—V型电压换相开关接线图

(a) 直接接在380V回路；(b) 接在电压互感器的二次回路

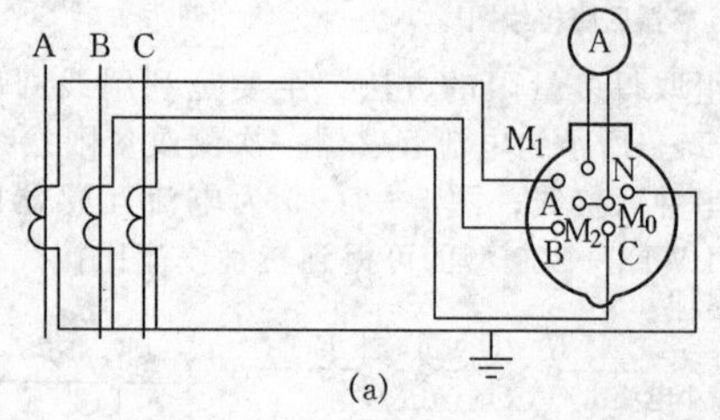

(a)

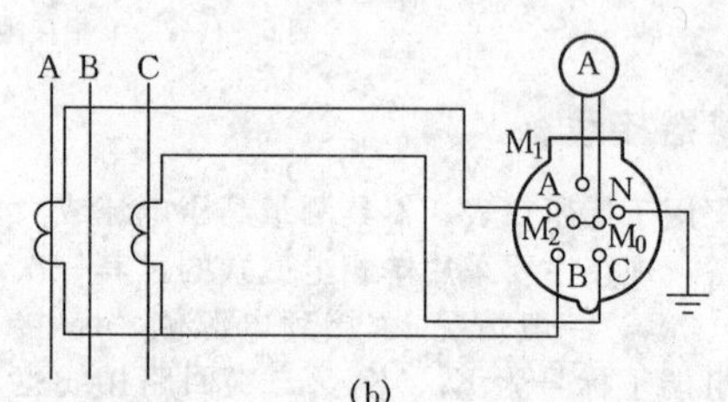

(b)

图5-1-8 XH1—A型电流换相开关接线图

(a) 三相式；(b) 二相式

表5-1-2 XH1系列换相开关的触点切断能力

型号	交流	负载性质
XH1—V	500V	接在电压表的线路中
XH1—A	6A	接在电流互感器的二次侧线路中

当仪表与保护装置共用一组电流互感器时，仪表与保护装置应分别接于不同的二次绕组。若受条件限制而只能接在同一个二次绕组时，应采取下列措施：

(1) 把保护装置接在仪表之前，中间与装在屏正面的电流试验部件连接，以避免在现场进行校验仪表时影响保护装置正常工作。

(2) 以中间电流互感器将仪表与保护装置从电路上隔开。中间电流互感器的技术特性应满足仪表和保护装置对它的要求。

直接接于电流互感器二次绕组中的一次仪表，不宜采用切换方式检测三相电流。当电力设备在额定值运行时，互感器二次绕组中所接入的阻抗，不应超过互感器准确度等级允许范围所规定的阻抗值。常规仪表、电能计量仪表，不应与故障录波装置共用电流互感器的同一个二次绕组。

对用户计费用的0.5级电能表，其电压回路电压降不宜大于0.25%；对电力系统内部的0.5级电能表，其电压回路电压降可适当放宽，但不应大于0.5%。

第二节 互感器二次侧的负载

一、各种仪表的伏安数

互感器二次侧所接负载的大小直接影响到互感器的误差，因此，互感器都在铭牌上注明各级误差的负载VA数以及按发热条件允许的电压互感器最大负载VA数。有些准确度要求较高的仪表和计量电能表，以及遥测装置、继电保护装置等，都有专用的互感器或专用的互感器二次绕组。各种仪表的 VA 数见表 5-2-1（串联电流线圈的 VA 数）及表 5-2-2（电压线圈的 VA 数）。

表 5-2-1　常用测量表计的串联电流线圈的 VA 数

序号	测量表计名称	型式		互感器二次绕组的容量		串联电流线圈总数
				Ω	VA	
1	电流表	1T1—A	0.12	3	1	
2	电流表	46L1—A 或 16L1—A	5A		0.35	1
			0.5A,1A		0.25	
3	有功功率表	1D1—W		0.058	1.45	2
4	有功功率表	46D1—W 或 16D1—W	5A		0.6	2
			0.5A,1A		0.2	
5	无功功率表	1D1—VAR		0.058	1.45	2
6	无功功率表	46D1—VAR 或 16D1—VAR	5A		0.6	2
			0.5A,1A		0.2	
7	有功—无功功率表	1D1—WVAR		0.06	1.5	2
8	有功电能表	DS1		0.02	0.5	2
9	无功电能表	DX1		0.02	0.5	3

表 5-2-2　常用测量表计电压线圈的消耗容量表

序号	表计名称	型式	线圈电压（V）	cosφ	线圈消耗容量（VA）	备注
1	电压表	1T1—V	100	1	4.5	
2	电压表	46L1—V 或 16L1—V	100		0.3	
			50		0.15	
3	有功功率表	1D1—W	100	1	0.75	表示一个线圈，共计消耗 2×0.75=1.5 VA
4	有功功率表	46D1—W 或 16L1—W	100		0.6	
			50		0.3	
5	无功功率表	1D1—VAR	100	1	0.75	表示一个线圈，共计消耗 2×0.75=1.5VA
6	无功功率表	46D1—VAR 或 16L1—VAR	100		0.5	
			50		0.25	
7	有功—无功功率表	1D1—WVAR	100	1	0.75	表示一个线圈，共计消耗 2×0.75=1.5VA
8	有功电能表	DS1	100		1.5	表示一个线圈，共计消耗 2×1.5=3VA
9	有功电能表	DX1	100		1.5	
10	频率表	1D1—Hz	100			
11	频率表	46L1—Hz 或 16L1—Hz	50		1.2	
			100		1.2	

二、计算互感器二次侧负载大小应考虑因素

在计算互感器二次侧负载的大小时，不仅应计算接在二次回路的仪表、继电器、变送器等负载，还要考虑互感器至控制屏的电缆，以及控制屏上配线的连接端子、端子排、压板等连接过渡电阻。特别是电流互感器，其二次电流较大而容量又较小，更需检验计算。二次负载有功功率的总和应当是各仪表、器具有功功率的代数和，但一般电工仪表或器具只给出 VA 数（视在功率），不注明阻抗值。故在计算二次侧的负载时，必须分别测量每个仪表和器具的电阻和电抗。如按 VA 的算术和计算负载就包含了一定的裕度，电流互感器的二次负载以阻抗值表示时也可求出容量 VA 数，即

$$I_2^2 Z_2 = \mathrm{VA}$$

式中　I_2——电流互感器的二次额定电流（A）；

Z_2——电流互感器的二次负载阻抗值（Ω）；

VA——电流互感器的二次容量（VA）。

当电流互感器二次电流为 5A 时，$\mathrm{VA}=25Z_2$；

当电流互感器二次电流为 1A 时，$\mathrm{VA}=Z_2$。

对于测量表计应按准确度等级校验电流互感器，电流互感器的二次负载阻抗计算为

$$Z_2 = K_{jx2} Z_{cj} + K_{jx1} Z_{lx} + Z_c$$

式中　Z_2——电流互感器的全部二次负载阻抗（Ω）；

Z_{cj}——测量表计线圈的内阻抗（Ω）；

K_{jx2}——仪表或继电器的接线系数，见表 5-2-3；

Z_{lx}——连接导线的电阻（Ω）；

K_{jx1}——导线接线系数，见表 5-2-3；

Z_c——接触电阻（Ω）（一般估计为 0.05～0.1Ω）。

电压互感器的二次负载功率也应考虑接线系数才能计算出来。电压互感器与二次负载各种接线方式的各项计算，见表 5-2-4 及表 5-2-5。

表 5-2-3　测量表计用电流互感器各种接线方式时的接线系数

电流互感器接线方式		接线系数		备注
		K_{jx1}	K_{jx2}	
单相		2	1	
三相星形		1	1	
二相V接	$Z_{cj0}=Z_{cj}$	$\sqrt{3}$	$\sqrt{3}$	Z_{cj0} 为回路中的负载电阻
	$Z_{cj0}=0$	$\sqrt{3}$	1	
二相差接		$2\sqrt{3}$	$\sqrt{3}$	
三角形		3	3	

常用的各型互感器容量值，见表 5-2-6 及表 5-2-7。计算出的每相负载 VA 数，必须小于电流、电压互感器对应相的 VA 数。

表 5-2-4　　电压互感器接成星形时每相负载功率的计算公式

负载接线方式			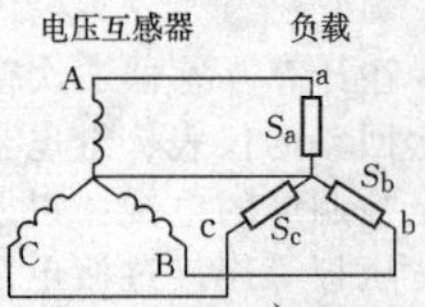	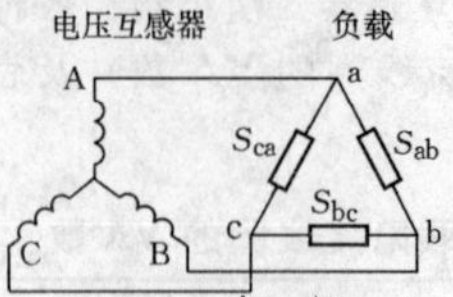	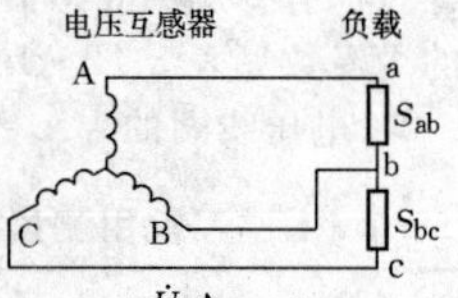
相量图			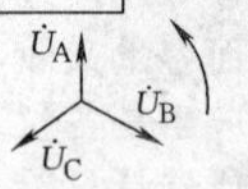	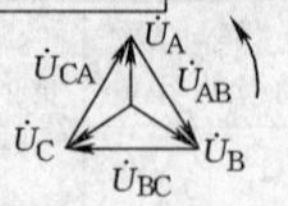	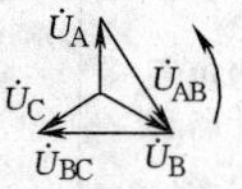
电压互感器每相的负载	A	有功	$P_A=S_a\cos\varphi$	$P_A=\frac{1}{\sqrt{3}}[S_{ab}\cos(\varphi_{ab}-30°)+S_{ca}\cos(\varphi_{ca}+30°)]$	$P_A=\frac{1}{\sqrt{3}}S_{ab}\cos(\varphi_{ab}-30°)$
		无功	$Q_A=S_a\sin\varphi$	$Q_A=\frac{1}{\sqrt{3}}[S_{ab}\sin(\varphi_{ab}-30°)+S_{ca}\sin(\varphi_{ca}+30°)]$	$Q_A=\frac{1}{\sqrt{3}}S_{ab}\sin(\varphi_{ab}-30°)$
	B	有功	$P_B=S_b\cos\varphi$	$P_B=\frac{1}{\sqrt{3}}[S_{ab}\cos(\varphi_{ab}+30°)+S_{bc}\cos(\varphi_{bc}-30°)]$	$P_B=\frac{1}{\sqrt{3}}[S_{ab}\cos(\varphi_{ab}+30°)+S_{bc}\cos(\varphi_{bc}-30°)]$
		无功	$Q_B=S_b\sin\varphi$	$Q_B=\frac{1}{\sqrt{3}}[S_{ab}\sin(\varphi_{ab}+30°)+S_{bc}\sin(\varphi_{bc}-30°)]$	$Q_B=\frac{1}{\sqrt{3}}[S_{ab}\sin(\varphi_{ab}+30°)+S_{bc}\sin(\varphi_{bc}-30°)]$
	C	有功	$P_C=S_c\cos\varphi$	$P_C=\frac{1}{\sqrt{3}}[S_{bc}\cos(\varphi_{bc}+30°)+S_{ca}\cos(\varphi_{ca}-30°)]$	$P_C=\frac{1}{\sqrt{3}}S_{bc}\cos(\varphi_{bc}+30°)$
		无功	$Q_C=S_c\sin\varphi$	$Q_C=\frac{1}{\sqrt{3}}[S_{bc}\sin(\varphi_{bc}+30°)+S_{ca}\sin(\varphi_{ca}-30°)]$	$Q_C=\frac{1}{\sqrt{3}}S_{bc}\sin(\varphi_{bc}+30°)$

注　表中　S_{ab}、S_{bc}、S_{ca}—表计的负载功率（VA）；

φ—相角差；

P_A、P_B、P_C—电压互感器每相负载的有功功率（W）；

Q_A、Q_B、Q_C—电压互感器每相负载的无功功率（var）。

电压互感器的全负载功率为 $S_A=\sqrt{P_A^2+Q_A^2}$（VA）。

表 5-2-5　　电压互感器接成不完全星形时每相负载功率的计算公式

负载接线方式			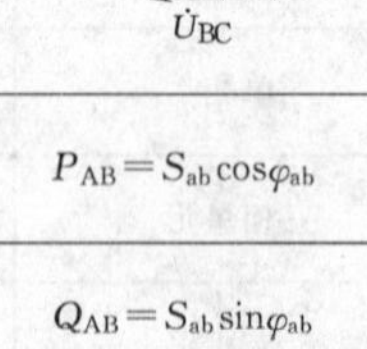	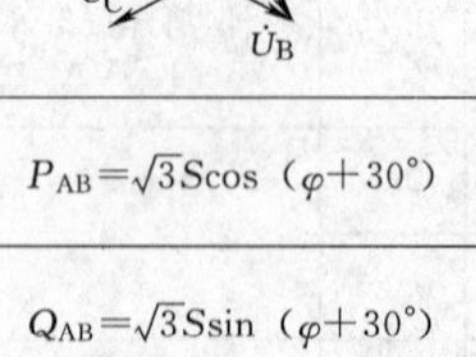	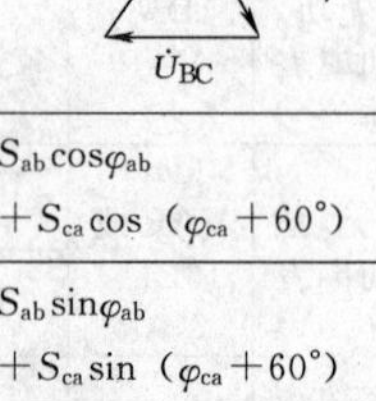
相量图			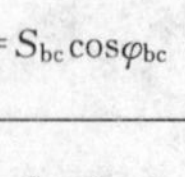	$S_a=S_b=S_c=S$ 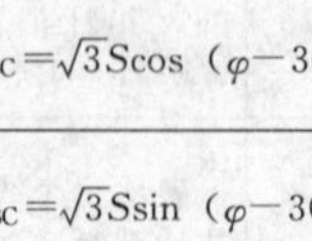	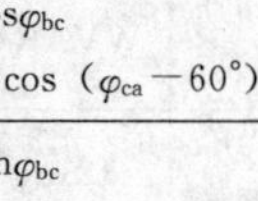
电压互感器每相的负载	AB	有功	$P_{AB}=S_{ab}\cos\varphi_{ab}$	$P_{AB}=\sqrt{3}S\cos(\varphi+30°)$	$P_{AB}=S_{ab}\cos\varphi_{ab}+S_{ca}\cos(\varphi_{ca}+60°)$
		无功	$Q_{AB}=S_{ab}\sin\varphi_{ab}$	$Q_{AB}=\sqrt{3}S\sin(\varphi+30°)$	$Q_{AB}=S_{ab}\sin\varphi_{ab}+S_{ca}\sin(\varphi_{ca}+60°)$
	BC	有功	$P_{BC}=S_{bc}\cos\varphi_{bc}$	$P_{BC}=\sqrt{3}S\cos(\varphi-30°)$	$P_{BC}=S_{bc}\cos\varphi_{bc}+S_{ca}\cos(\varphi_{ca}-60°)$
		无功	$Q_{BC}=S_{bc}\sin\varphi_{bc}$	$Q_{BC}=\sqrt{3}S\sin(\varphi-30°)$	$Q_{BC}=S_{bc}\sin\varphi_{bc}+S_{ca}\sin(\varphi_{ca}-60°)$

注　表中　S_{ab}、S_{bc}、S_{ca}—表计的负载功率（VA）；

φ—相角差；

P_{AB}、P_{BC}—电压互感器每相负载的有功功率（W）；

Q_{AB}、Q_{BC}—电压互感器每相负载的无功功率（var）。

电压互感器全负载功率为　$S_{ab}=\sqrt{P_{AB}^2+Q_{AB}^2}$（VA）；$S_{bc}=\sqrt{P_{BC}^2+Q_{BC}^2}$（VA）。

表 5-2-6 各型电压互感器容量值

型	式		额定变比系数	在下列准确度等级下额定容量 (VA) 0.5级	1级	3级	最大容量 (VA)	备注
单相	屋内式	JDG—0.5	380/100	25	40	100	200	
		JDG—0.5	500/100	25	40	100	200	
		JDG—3	1000—3000/100	30	50	120	240	
		JDJ—6	3000/100	30	50	120	240	
		JDJ—6	6000/100	50	80	240	400	
		JDJ—10	10000/100	80	150	320	640	
		JDJ—15	13800/100	80	150	320	640	
		JDJ—5	15000/100	80	150	320	640	
		JDJ—15	18000/100	80	150	320	640	
		JDJ—20	20000/100	80	150	320	640	
三相	屋内式	JSJW—6	3000/100/100/3	50	80	200	400	有辅助二次绕组接成开口三角形
		JSJW—6	6000/100/100/3	80	150	320	640	
		JSJW—10	10000/100/100/3	120	200	480	960	
单相	屋内式	JDZ—6	1000/100	30	50	100	200	浇注绝缘，可代替 JDJ 型，用于三相结合接成 Y（$100/\sqrt{3}$）形时，使用容量为额定容量的 1/3
		JDZ—6	3000/100	30	50	100	200	
		JDZ—6	6000/100	50	80	200	300	
		JDZ—10	10000/100	80	150	300	500	
		JDZ—10	11000/100	80	150	300	500	
		JDZ—35	35000/110	150	250	500		
		JDZJ—6	$\frac{1000}{\sqrt{3}}/\frac{100}{\sqrt{3}}/\frac{100}{3}$	40	60	150	300	浇注绝缘，用三台取代 JSJW，但不能单相运行
		JDZJ—6	$\frac{3000}{\sqrt{3}}/\frac{100}{\sqrt{3}}/\frac{100}{3}$	40	60	150	300	
		JDZJ—6	$\frac{6000}{\sqrt{3}}/\frac{100}{\sqrt{3}}/\frac{100}{3}$	40	60	150	300	
		JDZJ—10	$\frac{10000}{\sqrt{3}}/\frac{100}{\sqrt{3}}/\frac{100}{3}$	40	60	150	300	
单相	屋外式	JDJ—35	35000/100	150	250	600	1200	
		JDJJ—35	$\frac{35000}{\sqrt{3}}/\frac{100}{\sqrt{3}}/\frac{100}{3}$	150	250	600	1200	
		JCC—60	$\frac{60000}{\sqrt{3}}/\frac{100}{\sqrt{3}}/\frac{100}{3}$	—	500	1000	2000	
		JCC—110	$\frac{110000}{\sqrt{3}}/\frac{100}{\sqrt{3}}/100$	—	500	1000	2000	
		JCC—154	$\frac{154000}{\sqrt{3}}/\frac{100}{\sqrt{3}}/100$	—	500	1000	2000	
		JCC—220	$\frac{220000}{\sqrt{3}}/\frac{100}{\sqrt{3}}/100$	—	500	1000	2000	
		YDR—110	$\frac{110000}{\sqrt{3}}/\frac{100}{\sqrt{3}}/100$	150	220	440	1200	
			$\frac{110000}{\sqrt{3}}/\frac{100}{\sqrt{3}}/100$		300	600	1200	
		YDR—154	$\frac{154000}{\sqrt{3}}/\frac{100}{\sqrt{3}}/100$	150	220	440	1200	
			$\frac{154000}{\sqrt{3}}/\frac{100}{\sqrt{3}}/100$		300	600	1200	

续表

型式			额定变比系数	在下列准确度等级下额定容量（VA）			最大容量（VA）	备注
				0.5级	1级	3级		
单相	屋外式	YDR—220	$\frac{220000}{\sqrt{3}}/\frac{100}{\sqrt{3}}/100$	150	220	440	1200	
			$\frac{220000}{\sqrt{3}}/\frac{100}{\sqrt{3}}/100$		300	600	1200	
		TYD330/ $\sqrt{3}$—0.005	$\frac{330000}{\sqrt{3}}/\frac{100}{\sqrt{3}}/100$	150	300	1000	2000	电容式
		TYD500/ $\sqrt{3}$—0.005	$\frac{500000}{\sqrt{3}}/\frac{100}{\sqrt{3}}/100$	50	100	150		电容式

表 5-2-7　各型电流互感器的二次负载阻抗值

型号	额定电流比（A）	二次负载阻抗（Ω）			1s热稳定倍数	动稳定倍数
		0.5级	1级	3级		
LMZ1—0.5 LMS—0.5	5～400/5	0.2	0.3			
LMZJ1—0.5	5～800/5	0.4	0.6			
LQ—0.5	5～800/5	0.2			50	100
LYM—0.5	750～10000/5	0.8			70	
LA—10	300～400/5	0.4	0.4	0.6	75	135
LAJ—10	600～800/5	0.5	1.0		50	90
LFZI—3～10	5～400/5	0.4	0.6		75～90	130～160
LQJ—10	5～400/5	0.2		1.2	65～70	150～200
LMZDI—10	2000～5000/5	1.6	2.4			
LMJ—10	600～1500/5	0.4	0.6		65	100
LFX—10	5～1000/5	0.4	0.6		50～90	90～225
LR—35	200～600/5		0.6	3.0		
LR-60	200～600/5			2.0		
LR—110	200～600/5			1.2		
LRD—220	200～600/5		0.8	1.2		
LQZ—35	15～600/5	2.0	4.0		65	100
LCW—35	15～1000/5	2.0	4.0		65	100
LCWD—35	15～1000/5	1.2	3.0		65	150
LCW—60	(20～40)～(300～600)/5	1.2	2.4		75	150
LCWD—60	(20～40)～(300～600)/5		1.2		75	150
LQZ—110	(2×50)～(2×300)/5	2			75	135
LCW—110	(50～100)～(300～600)/5	1.2	2.4		75	150
LCWD—110	(2×50)～(2×600)/5	1.2			75	130
LCWD2—110	(2×50)～(2×600)/5	2			35～90	65～165
LCW—220	4×300/5	2	4		60	60
LCLWD2—220	2×300/5	20（VA）			21	38
LCLWD2—220	2×600/1	20（VA）			21	38
LB—300GY	2×600/1 （0.5级抽头 2×300/1）	15 （0.2、0.5级）	30 （B_1一级）	60 （B_2一级）	2×21	2×55
LB—F—500	2×1250/1 （0.2级抽头 2×750/1）	0.2级 15	TB_1 20	TB_2 50	2×31.5	2×80

第三节　测量的综合误差

测量的综合误差包括：①仪表的误差；②互感器的误差；③互感器二次回路电压降引起的合成误差。特别是对发、供和受电量很大的发电厂、变电所和大用电户的电能计量装置（如Ⅰ、Ⅱ类），计量对象应按整个装置的综合误差进行考核。例如综合误差为0.1%，则月平均计量1兆kW·h时便差1000kW·h。仪表的误差限量前已述，互感器的允许误差见表5-3-1和表5-3-2。

表5-3-1　电压互感器的允许误差

一次额定电压百分数（%）	电压互感器准确度等级	允许误差	
		比值差（%）	相位差（′）
80～110	0.2	±0.20	±10
80～110	0.5	±0.50	±20
80～110	1.0	±1.00	±40
80～110	3.0	±3.00	—

表5-3-2　电流互感器的允许误差

电流互感器准确度等级	额定一次电流百分数（%）	允许误差	
		比值差（%）	相位差（′）
0.2	5	±0.75	±30
	10	±0.50	±20
	20	±0.35	±15
	100～120	±0.20	±10
0.5	5	±1.50	±90
	10	±1.00	±60
	20	±0.75	±45
	100～120	±0.50	±30
1.0	5	±3.00	±180
	10	±2.00	±120
	20	±1.50	±90
	100～120	±1.00	±60
3.0	50	±3.00	—
	100～120	±3.00	—

二次导线压降引起的误差计算公式为

$$f=\frac{S_2}{U_2^2}r_2\cos\varphi_2\times 100\quad(\%)$$

$$\delta=\frac{S_2}{U_2^2}r_2\sin\varphi_2\times 100\quad(\%)$$

式中　f——二次导线压降引起的相对幅值差（%）；

δ——二次导线压降引起的相位差（′）；

S_2——电压互感器二次负载功率值（VA）；

U_2——电压互感器二次额定电压（V）；

r_2——电压互感器二次连接导线的电阻值（Ω）；

φ_2——电压互感器二次负载的功率因数角（°）。

一般对控制屏（屏台）用直读指示仪表的综合误差要求不严，而对电能表的误差要求较严。采用三相三线制高压有功电能表计量时，互感器的合成误差计算公式为

$$\begin{aligned}\gamma_h=&0.5(f_{i1}+f_{i2}+f_{u1}+f_{u2})\\&+0.0084[(\delta_{i1}-\delta_{u1})-(\delta_{i2}-\delta_{u2})]\\&+0.289[(f_{i2}+f_{u2})-(f_{i1}+f_{u1})]\tan\varphi\\&+0.0145[(\delta_{i1}-\delta_{u1})+(\delta_{i2}-\delta_{u2})]\text{tg}\varphi\ (\%)\end{aligned}$$

式中　γ_h——三相三线制高压有功电能表计量时互感器的合成误差（%）；

f_{i1}、δ_{i1}——三相三线制有功电能表第一组测量元件所连用电流互感器的比值差（%）和相角差（′）；

f_{i2}、δ_{i2}——三相三线制有功电能表第二组测量元件所连用电流互感器的比值差（%）和相角差（′）；

f_{u1}、δ_{u1}——三相三线制有功电能表第一组测量元件所连用电压互感器的比值差（%）和相角差（′）；

f_{u2}、δ_{u2}——三相三线制有功电能表第二组测量元件所连用电压互感器的比值差（%）和相角差（′）；

φ——负载功率因数角（°）。

对于使用0.2级互感器的Ⅰ类电能计量装置，其互感器在经常运行负载（或月平均负载）下的合成误差不应大于±0.5%，其他误差均不应大于±1.0%，否则应采取改善措施。在三相三线制有功电能计量中，电压互感器二次回路电压降引起的合成误差 γ_d 按下式计算

$$\gamma_d=\frac{f_1+f_2}{2}+\frac{\delta_2-\delta_1}{119}+\left(\frac{f_2-f_1}{3.46}-\frac{\delta_1+\delta_2}{68.8}\right)\tan\varphi(\%)$$

式中　f_1、f_2——三相三线制有功电能表第一组测量元件和第二组测量元件分别与连用的电压互感器二次回路电压降引起的幅值相对误差（%）；

δ_1、δ_2——三相三线制有功电能表第一组测量元件和第二组测量元件分别与连用的电压互感器二次回路电压降引起的相角差（′）；

φ——负载功率因数角（°）。

测量三相三线制有功电能时，电能计量装置在经常运行负载（或月平均负载）下的综合误差计算公式为

$$\gamma=\gamma_b+\gamma_h+\gamma_d$$

式中　γ——三相三线制高压有功电能计量的综合误差（%）；

γ_b——三相三线制有功电能表的相对误差（%）。

电能计量装置的综合误差，在经常运行负载（或月平均负载）下，不应超过表5-3-3的规定。

表5-3-3　电能计量综合误差

电能计量装置的类别	Ⅰ	Ⅱ	Ⅲ
综合误差（%）	±0.70	±1.2	±1.2

注　对于安装1.0级有功电能表和0.5级互感器的Ⅰ类电能计量装置，其综合误差应符合Ⅱ类电能计量装置的综合误差的要求。

第四节　互感器的误接线分析

本节主要以互感器的二次线至电能表间的二次回路误接线为例进行分析。

设互感器一、二次绕组均为减极性的，电压互感器二次端子a、b、c引到电能表的进线标号为 p_1、p_2、p_3，电流互感器的二次端子a、b、c引到电能表的进线标号为 c_1、c_2、c_3。并以a—b—c正相序为正确接线。设正常情况下，电流滞后于电压的滞后功率因数 $\cos\varphi=0.5\sim1.0$。

控制屏或专设的电能表屏上，三相三线制电路测高压电

能的电能表，其电流线圈有四个接线端子分别串联在A相和C相电流互感器的二次回路，电压线圈有三个接线端子分别接到电压互感器的ab和cb线间电压上。一般出现的误接线情况，不外乎是互感器的极性接错，即电流互感器的K_1与K_2接错和电压互感器的a与x接错，或三相电压或三相电流相序接错，例如将a—b—c误接为c—b—a等。现对几种接错二次线的电能表现象分析如下。

(1) 电能表c相电流互感器二次端子K_1与K_2接颠倒，或电压互感器c相二次端子a与x接颠倒，则电能表电能的计量为

$$W=UI\cos(30°+\varphi)+UI\cos(210°-\varphi)=-UI\sin\varphi$$

或
$$W=UI\cos(30°+\varphi)+UI\cos(150°+\varphi)=-UI\sin\varphi$$

为简化公式，上二式中省略了应乘以的时间符号h，以下公式同。

其现象是：$\cos\varphi=1$时，表的转盘不动（以下表的转盘简称为表）；$\cos\varphi<1$时，表反方向转动；$\cos\varphi=0$时，表反转最快。

若相序为反相序c—b—a，则电能表电能的计量为

$$W=UI\cos(30°-\varphi)+UI\cos(210°+\varphi)=UI\sin\varphi$$

或
$$W=UI\cos(30°-\varphi)+UI\cos(150°-\varphi)=UI\sin\varphi$$

其现象是：$\cos\varphi=1$时，表不动；$\cos\varphi>0.7$时，表转慢；$\cos\varphi<0.7$时，表转快。其误接线相量关系参看图5-4-1。

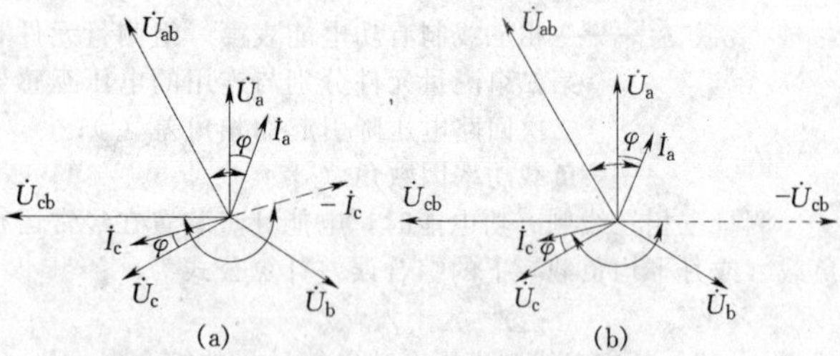

图5-4-1 互感器误接线的相量图
(a) C相电流互感器接线颠倒；(b) C相电压互感器接线颠倒

(2) 电能表A相电流互感器二次端子K_1与K_2接颠倒，或A相电压互感器二次端子a与x接颠倒，则电能表计量

$$W=UI\cos(210°+\varphi)+UI\cos(30°-\varphi)=UI\sin\varphi$$

或
$$W=UI\cos(150°-\varphi)+UI\cos(30°-\varphi)=UI\sin\varphi$$

其现象是：$\cos\varphi=1$时，表不动；$\cos\varphi>0.7$时，表转慢；$\cos\varphi<0.7$时，表转快。

若相序为反相序c—a—b，则电能表计量

$$W=UI\cos(210°-\varphi)+UI\cos(30°+\varphi)=-UI\sin\varphi$$

或
$$W=UI\cos(150°+\varphi)+UI\cos(30°+\varphi)=-UI\sin\varphi$$

其现象是：$\cos\varphi=1$时，表不动；$\cos\varphi<1$时，表反转；$\cos\varphi=0$时，表反转最快。

(3) 电流、电压端子错误互换的四种情况如下：

1) 电能表电压接线端子p_1与p_3互换，A相电流互感器极性接错，即电流端子K_1与K_2颠倒或电能表A相电流线圈接反，这时

$$W=UI[\cos(90°-\varphi)+\cos(90°-\varphi)]=2UI\sin\varphi$$

2) 接线端子p_1与p_3互换，C相电压互感器极性错误，即a与x颠倒，或电能表C相电压线圈接反，这时

$$W=UI[\cos(90°-\varphi)+\cos(90°-\varphi)]=2UI\sin\varphi$$

3) 接线端子c_1与c_3互换，A相电压互感器极性错误，a与x颠倒，或电能表C相电压线圈接反，这时情况与第二种相同。

4) 接线端子c_1与c_3互换，A相电流互感器K_1与K_2颠倒或极性错误，或电能表A相电流线圈接反，这时情况与第一种相同。

出现这四种误接线的现象，根据电能表电能的计量$W=2UI\sin\varphi$：当功率因数$\cos\varphi=1$时，表不动；$\cos\varphi=0.71$时，误差接近为零，误差随功率因数而变化，表的转速随功率因数的降低而加快。

(4) 三相电压端子p_1、p_2、p_3正规对应电压互感器二次侧a、b、c端子。若三相误以b、c、a对应接线，即对三相电压端子来看，所接电压相位移后了120°，这时电能表电能的计量

$$W=UI\cos(90°-\varphi)+UI\cos(210°+\varphi)=\sqrt{3}UI\left(-\frac{1}{2}\cos\varphi+\frac{\sqrt{3}}{2}\sin\varphi\right)$$

或者电流端子c_1、c_2、c_3误以c、a、b接上，即对三相电流端子来说，所接电流相位移前了120°，这时电能表电能的计量

$$W=\sqrt{3}UI\left(\frac{\sqrt{3}}{2}\sin\varphi-\frac{1}{2}\cos\varphi\right)$$

其现象是：$\cos\varphi=0.5$时，表误差为零；$\cos\varphi<0.5$时，表转快；$\cos\varphi>0.5\sim0.86$时，表转慢；$\cos\varphi=0.866$时，表不动；$\cos\varphi>0.866\sim1.0$时，表反转。故对功率因数较低的负载，此种误接线不易发现。

(5) 电压端子p_1、p_2、p_3对应电压互感器的二次c、a、b接线，对电压端子来说，所接的电压相位移前了120°；或者电流端子c_1、c_2、c_3误以电流互感器二次b、c、a接线，对电流端子来说，所接电流相位后移了120°，则电能表电能的计量为

$$W=-\sqrt{3}UI\left(\frac{1}{2}\cos\varphi+\frac{\sqrt{3}}{2}\sin\varphi\right)$$

其现象是在任何滞后功率因数下表都反转。

(6) 与第(3)项误接线情况相对应的四种情况如下：

1) 电能表接线端子p_1与p_2互换，C相电流互感器极性接错，即K_1与K_2颠倒，或电能表C相电流线圈接反；

2) 接线端子p_1与p_2互换，A相电压互感器极性错误，即a与x颠倒，或电能表A相电压线圈接反；

3) 接线端子c_1与c_3互换，A相电压互感器极性错误，即a与x颠倒，或电能表A相电流线圈接反；

4) 接线端子c_1与c_3互换，C相电流互感器极性错误，即K_1与K_2颠倒，或电能表C相电流线圈接反。

出现这四种误接线时，电能表电能的计量

$$W=-2UI\sin\varphi$$

其现象是：$\cos\varphi=1$时，表不动；$\cos\varphi<1$时，反转，反转速度随功率因数的降低而加快。

(7) A相和C相两电压互感器的一次接头A与X或二次端子a与x接颠倒。或者A相和C相两电流互感器一次接头L_1与L_2或二次端子K_1与K_2接颠倒，则电能表电能的计量

$$W=-\sqrt{3}UI\cos\varphi$$

其现象是：$\cos\varphi=0$ 时，表不动；$\cos\varphi>0$ 时，表反转。

(8) 电压端子 p_1、p_2、p_3 中任意两相互换接线，或电流端子 c_1、c_2、c_3 任意两相互换接线，则电能表电能的计量

$$W=0$$

其现象是：任何功率因数和负载下电能表都不动。

在控制屏或专设的电能表屏上，如电能表的转盘不动或反方向转动，则电能表不走字或减数字，运行人员很容易发现，经过检查测验可立即纠正。所以，(5)、(6)、(7)、(8) 各项的情况是不允许存在的。对于 (1)、(2)、(3)、(4) 项内各种情况，电能表能获得正方向转动，但误差随负载功率因数变化。如在功率因数对误接线影响较小的情况下运行，不注意或不仔细分析是不易发现的。必须在定期或非定期检验时，检查二次回路接线或测定二次回路中电压与电流的相位关系才能发现（并加以改正）。

参考此误接线分析也可对无功电能表的二次回路进行分析处理。同样，对有功功率表和无功功率表也可参考此分析。其中，电能表的转盘转得快或转得慢，即说明其指示过大或过小；表转盘不动，即说明其指示为零；表转盘反方向转，即说明其指示反方向（零位的左向）。

第六章　自动记录仪表及遥测仪表

第一节　自动记录仪表的结构与分类

自动记录仪是随时间记录电参量（或经过变换器把非电参量变换为电参量）的仪表，它主要由测量元件（指示机构）、画笔（光线磁头）、记录纸（记录膜片）、驱动元件（钟表元件）等组成，常用自动记录仪表按工作原理分类及其性能和用途见表 6-1-1。

发电厂、变电所控制屏安装式或携带式的自动记录仪表，有直流电流表、直流电压表、交流电流表、交流电压表、有功功率表、无功功率表及频率表等，其测量元件及记录方式主要采用直动笔式及自动平衡式。交流自动记录仪表的内部接线见图 6-1-1。

表 6-1-1　　自动记录仪表的分类、性能及用途

类型	自动平衡式记录仪表	笔式记录仪表			光线示波器	磁带记录仪
		表头式	反馈式	喷射式		
工作频率范围 (Hz)　1, 10, 10^2, 10^3, 10^4, 10^5, 10^6						
灵敏度 (cm/mV)	2～5	决定于放大器			0.04～65000	—
最高记录速度 (m/s)	1				1000	—
精度或线性度 (%)	1～0.3				3～5	1
输入阻抗 (Ω)	3×10^4～3×10^6（不平衡时）	决定于放大器			10～150	50kΩ
测量道数	1～10	1～12	1～4	1～4	4～60	1～42
测量函数类型	$y=f(x)$，$y=f(t)$	$y=f(t)$				
记录方式	墨水记录（少数用电火花或热敏记录）	墨水记录、电火花记录 热敏记录、刻划记录		墨水记录	感光记录	磁记录
应用范围	用来记录变化缓慢的电量及可以转换成电量的各种非电量	直接记录电力部门电网的各种参数，记录其他参数时，一般配用放大器，用以提高仪表灵敏度、工作频率、输入阻抗等	与自动平衡式记录仪表相似。工作频率较高，可记录被测量变化较快的一些过程	主要用于医疗诊断方面的记录	与自动平衡记录仪表同。工作频率较高，主要用来记录各种瞬变过程	主要用于勘探、故障（或监视）及高频参数记录方面。磁带可多次反复或循环使用。对记录结果进行分析时，在重放磁带时，需用其他记录仪表将其内容记录下来

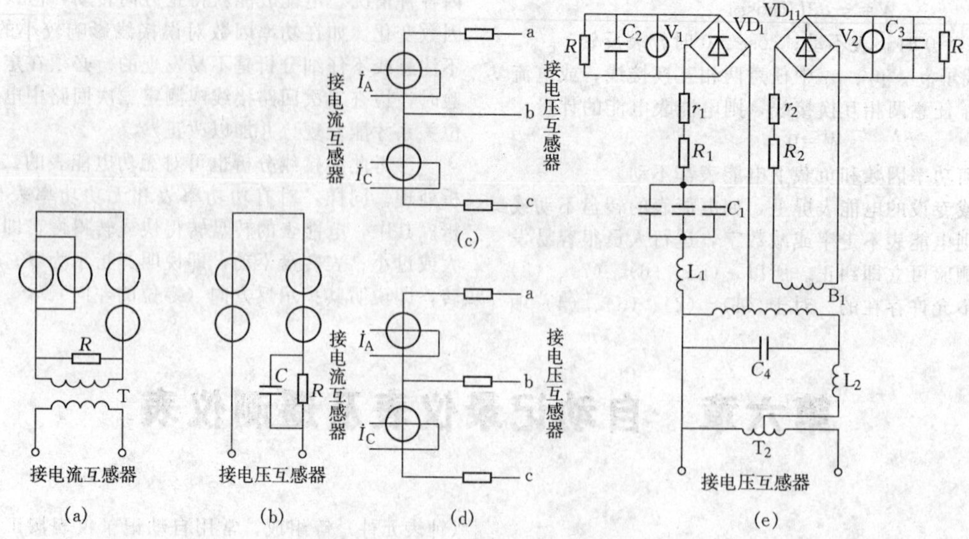

图6-1-1　自动记录仪表内部接线图

(a) LD5—A、(LD7—A) 电流表；(b) LD5—V、(LD7—V) 电压表；(c) LD6—W、(LD8—W) 功率表；(d) LD6—var、(LD8—var) 无功功率表；(e) LL1—Hz、(LL5—Hz) 频率表

第二节　自动记录仪表的元件

一、测量元件

(1) 直动式自动记录仪表。采用指示仪表的测量元件直接拖动画笔做记录，结构比较简单，但因笔与记录纸有摩擦，其准确度较低。故也有将画线式改为打点方式的，准确度只能提高到1.0～2.5级，打点周期分15s、20s、30s等几种。直动式自动记录仪表的工作原理见图6-2-1。

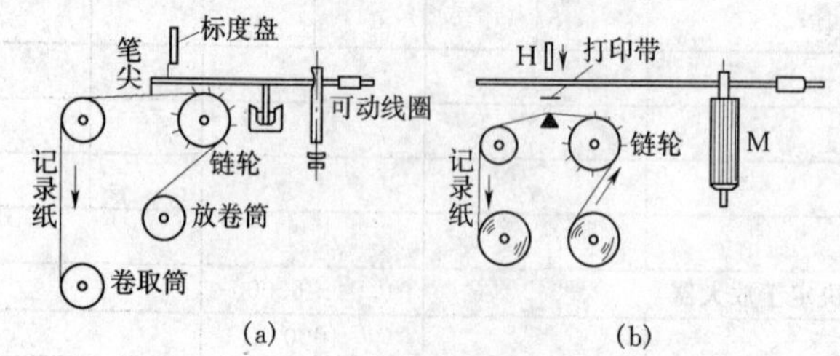

图6-2-1　直动式自动记录仪表工作原理图

(a) 画线式；(b) 打点式

(2) 自动平衡式自动测量仪表。由于采用了自动平衡测量方法，并配置了高增益的伺服放大器，所以测量准确度和灵敏度都比较高，其工作原理接线如图6-2-2所示。被测信号U_{sr}输入后，在仪表的测量回路进行比较（测量回路由基准稳压电源U_n和平衡电位器R_W组成），比较后的差值电压ΔU_{sr}送到放大器，放大后的电压U_{sc}可控制伺服电机S旋

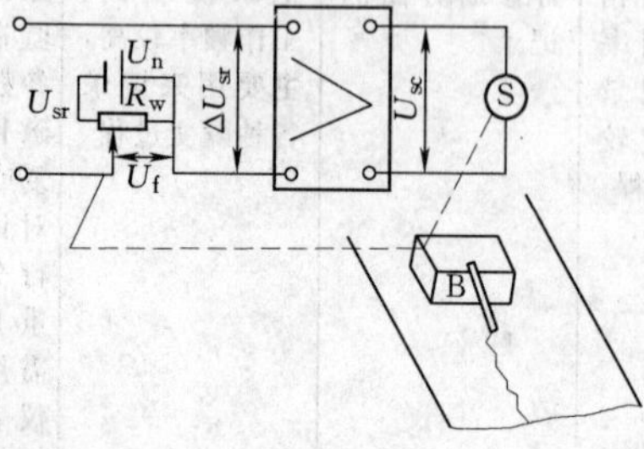

图6-2-2　自动平衡式记录仪表工作原理接线

转。伺服电机一方面拖动记录笔B描绘曲线，另一方面拖动平衡电位器的电刷产生一平衡信号U_f对被测信号U_{sr}进行平衡。当$U_f=U_{sr}$（即$\Delta U_{sr}=0$）时，电路达到平衡，伺服电机停止了转动，记录笔停止在某一相应的位置上。U_f是和R_W上的电刷连在一起的，所以记录笔每一瞬时的位置都反映了被测信号U_{sr}的相应数值，所记录的曲线就是U_{sr}连续变化的过程。其原理框图如图6-2-3所示。

二、墨水与笔尖

墨水有水性的和油性的两种。油性的不易干，但粘度大，主要用于打点式记录。一般画线记录主要使用水性墨水，但水性墨水易受温度、湿度影响，如长期高温低湿度，则水分蒸发墨水干枯或产生气泡时，易断画线。笔尖的形式很多，如图6-2-4所示，常用的有墨水壶式和虹吸式两种，其分类及特点见表6-2-1。

表6-2-1　墨水记录用的记录笔尖及特点

记录笔尖	结构形式	特　点
不锈钢笔尖	用细的不锈钢针管制成。一般直接与记录笔笔杆连接	(1) 制造方便、成本低、笔尖尺寸短小、适用于多道记录 (2) 笔尖与记录纸之间摩擦力较大，有可能将记录纸划破
宝石笔尖	材料一般采用刚玉。制成空心圆柱体形，笔尖端倒有一定的角度，大多数外面包有金属套，通过金属套和记录笔笔杆连接	(1) 光洁耐磨、寿命长、与记录纸的摩擦力小 (2) 记录速度比较高时，容易断水，制造工艺复杂、尺寸较大
塑料笔尖	采用具有一定刚性、耐磨、与记录纸摩擦系数小的塑料制成。有两种基本结构：一种和上述笔尖基本相似，直接套在笔杆上；另一种呈圆柱状（笔尖端倒有一定的角度），沿柱体轴线方向有许多细孔，墨水即沿着细孔流到记录纸上	(1) 成本低、更换方便。发生阻塞时，方便调换。采用多孔式塑料笔尖，在一定程度上能解决记录笔的断线和漏水问题 (2) 寿命短

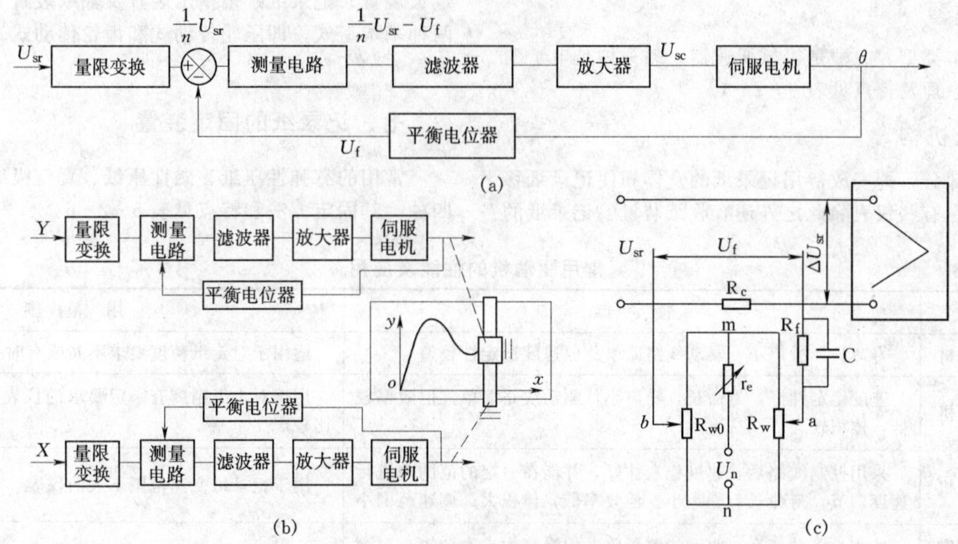

图 6-2-3 记录仪表原理框图

(a) 自动平衡原理框图；(b) $x—y$ 函数记录仪表原理框图；(c) 测量电路

R_w—平衡电位器；R_{w0}—调零电位器；R_c—测量电阻；R_f—U_n 的平衡信号分压电阻；

r_e—U_n 微调电位器；U_n—基准源电压

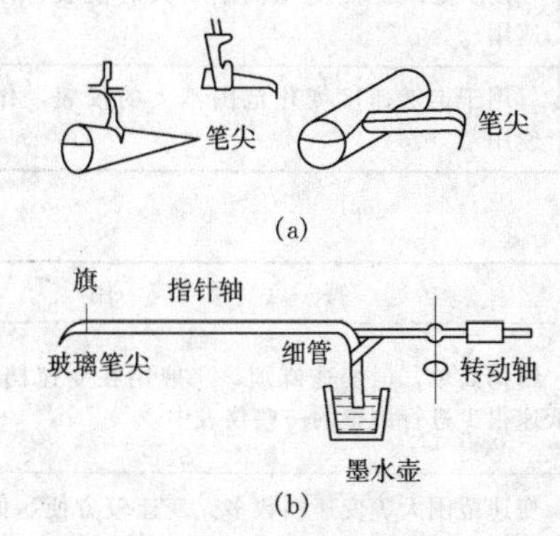

图 6-2-4 笔尖形式

(a) 墨水壶式；(b) 虹吸式

三、记录纸

记录纸的形式如图 6-2-5 所示，有圆形和带形两种。圆形为单张式，做短时记录用；一般多采用带形记录纸，宽度为 70～250mm，长度有 15m、20m 等数种。记录纸种类及其特点见表 6-2-2。

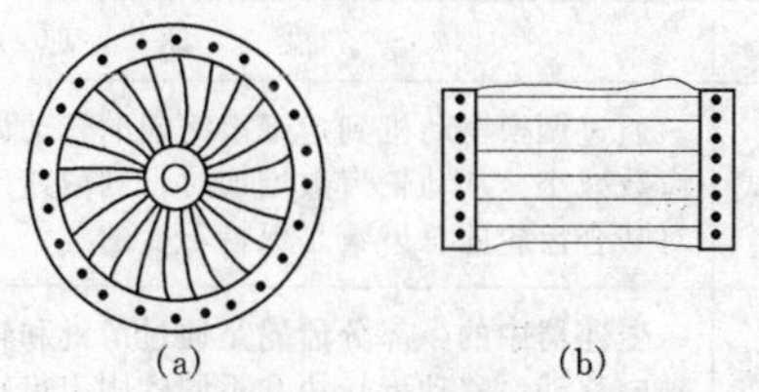

图 6-2-5 记录纸形式种类

(a) 圆形；(b) 带形

表 6-2-2 墨水记录用的记录纸及其特点

记录纸	结构形式	适用的仪表	特点
卷筒式	中间有一纸芯，卷成圆筒形。记录纸横向两侧一般有作传动用的齿孔。记录纸表面印有坐标网格	(1) 时间函数记录仪 (2) $x—y$ 函数记录仪	(1) 由于采用两侧齿孔传动，无压轮，故记录线条不致弄模糊，传动精度高。记录表面可根据仪表使用的要求印坐标网格 (2) 惯量大，启动时间大，查阅曲线不方便
折叠式	依次来回按一定尺寸折成一叠。横向两侧一般有传动用的齿孔。记录表面印有坐标网格	时间函数记录仪	除具有卷筒式特点外还有： (1) 查阅曲线方便，走纸起动时阻力小，可使走纸和收纸机构简化 (2) 速度慢时墨水容易沿折缝渗透，折缝容易将记录笔卡住
单张式	按仪表记录幅面裁成单页形式，表面印有坐标网格	(1) $x—y$ 函数记录仪 (2) 其他记录仪	(1) 记录和查阅较方便 (2) 记录纸需要经常更换，给使用带来麻烦

四、记录纸的驱动机构

记录纸的驱动机构由驱动机、变速器和走纸机构组成，其工作原理框图如图 6-2-6 所示。变速器将驱动机的速度 n 变成与走纸速度相对应的转速 n'，走纸机构根据转速 n' 使记录纸以直线速度 v 移动。记录纸的移动速度有 20、60、180、600、1800、5400mm/h 六种。驱动机绝大多数是由电动机作驱动机构，有的采用钟表机构或重锤作驱动机构。常用驱动机的性能及应用见表 6-2-3。

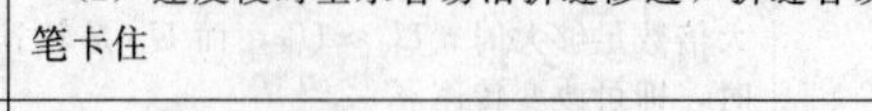

驱动机 —n→ 变速器 —n'→ 走纸机构 —v→

图 6-2-6 记录纸的驱动机构框图

五、变速器

有两种基本类型，一种是机械变速器，另一种是电子变速器。其变速原理及特点见表 6-2-4。

六、走纸机构

包括两个部分，即安放待用记录纸的盒体和使记录纸移动的传动机构。有些仪表除此之外还有收纸装置、记录纸的定长装置、记录纸贮量指示装置及裁纸装置等。走纸机构有两种基本型式，即压轮传动式和齿轮传动式。其原理和特点见表 6-2-5。

七、记录纸的固定装置

常用的有弹性压纸、磁性压纸、真空吸纸和静电吸纸等四种。其固定方法和特点见表 6-2-6。

表 6-2-3　　常用驱动机的性能及应用

驱动机	特　点	应 用 范 围
交流异步电动机	寿命长，噪声小，驱动线路简单。但速度稳定性较差	适用于对走纸精度要求不高或有时标装置的仪表
交流同步电动机	速度稳定性好，寿命长，噪声小，驱动线路简单。但效率较低，体积较大	用于对走纸精度有一定要求的仪表。在仪表中应用比较广
交流伺服电动机	采用控制线路后，速度稳定性好，并能在一定的范围内进行速度调节，寿命长，噪声小。但效率低，体积大，调速范围小	用于记录纸变速范围不大的仪表，作驱纸兼调速用
直流并励（永磁）电动机	体积小，效率高，驱动线路简单。但噪声大，寿命短，对测量线路干扰大	用于野外及无交流电的一些场所进行工作的仪表中
直流稳速电动机	体积小，效率高，驱动线路简单，速度稳定性较好	用于野外及无交流电的一些场所
直流伺服电动机	采用控制线路后，速度稳定性较好，并能在一定范围内进行速度调节。但寿命短	用于走纸速度变化范围不大的仪表，作驱纸兼调速用
步进电机	速度可在较大的范围内进行调节，速度稳定性由电路振荡器的精度所决定，寿命长。但控制线路复杂，效率低	用于走纸速度变化范围不大的仪表，作驱纸兼调速用

表 6-2-4　　变速器的变速原理及特点

变速器		变　速　原　理	特 点 及 应 用
机械变速器	挂齿式	通过调换驱动机到走纸滚筒间的转动齿轮来进行变速。当主动轮齿数减小，从动轮齿数增加时，则减速比增大，反之减小。一般一对啮合齿轮的总齿数是保持不变的	结构简单，但变速麻烦，一般用在变速档数比较少，纸速很少进行调整的一些仪表中
	滑移齿轮式	变速器中的一部分齿轮是通过滑键和轴连接，故这部分齿轮可沿轴向移动，移动齿轮块和不同的固定齿轮进行啮合，从而改变传动链中的主动轮和从动轮齿数比，因此，也就改变了转速比	变速范围大、变速档数多、变速较方便、但结构较复杂、体积大。适用纸速变化范围大，而经常需要调速的一些仪表
	弹簧离合器式	变速器中的一部分齿轮是通过弹簧离合器和轴连接，即弹簧离合器起作用时，齿轮和轴连接在一起，反之齿轮是空套在轴上。故只要分别控制弹簧离合器的状态，即可改变变速器输入轴到输出轴之间的传动链，从而改变传动速比	由于弹簧离合器是用电磁铁来控制，故变速方便，能在运转时变速，并能实现纸速遥控。其余的与滑移齿轮式相似
电子变速器	伺服电机变速	U_R　放大器　U　伺服电机　n　U_c　测速发电机 伺服电机变速原理是，电压 U_R 经电子放大器放大后驱动伺服电机旋转。测速发电机和伺服电机是同轴的，故伺服电机旋转后，测速发电机输出一测速电压 U_c。U_c 对 U_R 进行平衡，当放大器的放大倍数足够大时，$U_c \approx U_R$，而 U_c 是转速 n 的函数，故改变 U_R 时，即可改变转速 n	控制线路比较简单，但调速范围比较小，速度稳定性也较差。一般用在纸速调整范围不大、精度要求不高的一些场合
	步进电机变速	振荡器　分频器　K　分配器　功放　步进电机　n 振荡器发出一固定频率脉冲输送给分频器，分频器将送来的脉冲分成仪表所需要的各档频率，转换开关 K 按照纸速把分频器输出的相应频率接入分配器，分配器将输入的脉冲按一定的先后次序通过功放分配给步进电机各组绕组，步进电机将电脉冲转变成机械角位移	调速范围比较大，走纸精度取决振荡器的精度，但走纸速度不能过高。一般用在走纸速度比较低的、走纸精度要求比较高的一些仪表中

表 6-2-5　走纸机构的原理及特点

走纸机构	压轮传动式	齿传动式
传动原理	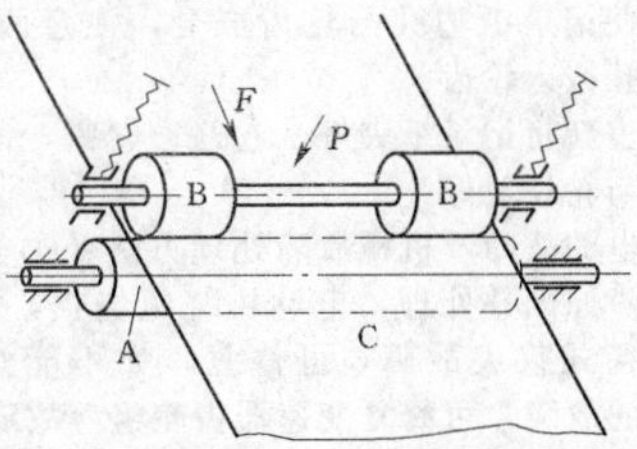 记录纸C压在传动轮A、压轮B两轮之间，力P由压簧提供 当传动轮A以转速n旋转时，记录纸C由A、C表面之间的摩擦力F推向前进	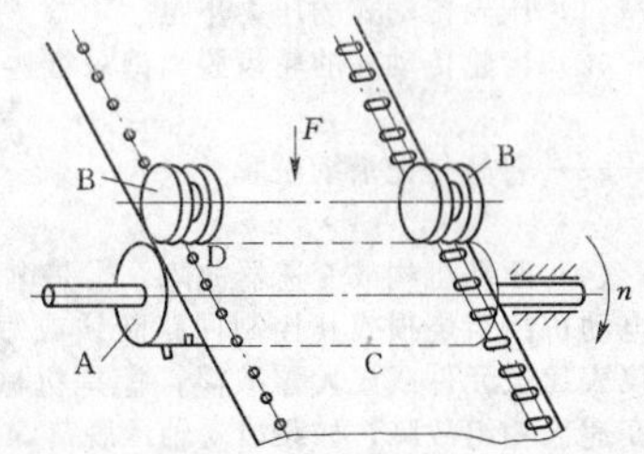 采用两端带有齿孔的记录纸。A是传动轮，两端有圆柱形或棱柱形的齿，齿的顶端倒有一定的角度，B是压轮，中间开有凹槽，避免和传动轮的齿接触（有时用片，若有收纸装置，轮或片均可省去），走纸时，传动轮的齿嵌入记录纸两侧的齿孔中，齿通过孔带动记录纸前进
特点和应用	由于传动轮和记录纸接触面积大，故传动时记录纸不易拉破，能承受较大的拉力。但压轮易将墨水记录的曲线弄模糊。一般用于走纸速度较高的一些记录仪，对采用墨水记录的仪表不太适合	走纸精度高，由于利用记录纸两侧齿孔传动，避免了传动零件与记录曲线接触。适用于采用墨水记录的一些仪表

表 6-2-6　记录纸的固定方法及特点

固定方法	固定原理	特点
弹性压纸	利用扭簧或片簧通过压板将记录纸压紧在工作台面上	结构简单，但使用麻烦
磁性压纸	利用永磁性橡皮条对记录台面的磁性吸力，将记录纸压紧在记录台面上	结构简单、使用灵活，但橡皮条易折断
真空吸纸	记录台板上（在记录纸幅面内）钻若干小孔（有些台板孔与孔间由凹槽沟通），记录台反面装一密封罩和排气风扇，当排气风扇开动时，使密封罩内气压降低，利用负压，通过小孔将上面的记录纸吸住	记录纸与记录平面贴得很平、使用方便，但结构复杂、有噪声、笔尖易落入小孔中
静电吸纸	在记录台面上布有条状或网状电极，电极表面敷有绝缘层。当电极加电压后，电极间形成电场。电场强度足够时，就将铺在上面的记录纸吸住	使用方便、记录纸贴得平，但结构较复杂。电源切断后，在一定时间内仍有剩余电荷将记录纸吸住

第三节　自动记录仪表的故障与处理

自动记录仪表的故障与处理方法见表 6-3-1。

表 6-3-1　自动记录仪表的故障与处理方法

故障现象	故障原因	处理方法
画不出线或点	(1) 墨水用完 (2) 笔尖有脏物堵塞 (3) 墨水粘度过稠或干涸 (4) 笔尖离开记录纸	(1) 定期检查墨水壶，及时补充墨水 (2) 用酒精洗洁笔尖、笔管、墨水壶，清除杂物 (3) 清洗笔尖、笔管、墨水壶，换用合格墨水 (4) 细致调整笔尖位置使其与记录纸适当接触
画线不好不正	(1) 画线粗、有三种原因：①记录纸受潮；②墨水水分过大；③笔尖不洁粘有杂物 (2) 画线中断，墨水粘度大或发生气泡；笔尖、笔管有脏物半堵塞 (3) 画线在记录纸上一边不清不齐，画笔的运动与记录纸面不平行	(1) 记录纸受潮应干燥，使用环境湿度最好低于95%；温度为0～+50℃。墨水水分过大，要换合格墨水。要清除笔尖中不洁杂物并清洗笔尖、笔管 (2) 更换合格墨水，更新墨水前要清洗笔尖、笔管、墨水壶 (3) 调整仪表骨架和记录纸传动轴的中心线，使画笔对记录纸的两边距离相等且平行
画笔不动	(1) 测量仪表元件故障 (2) 画笔对记录纸压力过大 (3) 自动平衡式仪表的比较元件或放大器故障	(1) 检验仪表元件及其接线，先检查二次回路接线，如无故障及错误，则检修并调试好仪表 (2) 调整画笔的笔管，使画笔压力适当 (3) 检验并修复比较元件及放大元件（更换损坏元件），恢复画笔工作

续表

故障现象	故 障 原 因	处 理 方 法
记录纸不动	(1) 压轮传动式的压力不足	(1) 调整压轮的压力，检验记录纸走行速度
	(2) 齿轮传动式的轮齿脱离记录纸边孔	(2) 使记录纸边孔与轮齿嵌合，注意两边孔的记录纸要平整对齐，边孔嵌入轮齿
	(3) 卷筒与记录纸松脱	(3) 重新将记录纸夹好、卷好、卷紧，记录纸边要与卷筒成直角或边孔与轮齿对好
	(4) 驱动机构或变速器故障：①是电的故障，可能是：电动机绕组烧损或其控制回路断线或短路；自动平衡的仪表比较元件或放大器故障；②是机械的故障，可能是变速齿轮组故障，如某齿轮轴承脱落，齿轮啮合不良等	(4) 电的故障及机械故障处理方法：①电的故障，检查二次控制回路故障原因并处理，电动机绕组烧损，需重绕或更换新电动机；自动平衡式仪表故障，可修复，如不能修复，则更换良好元件。②机械的故障，可修复变速器齿轮组等故障，并做好联动试验

第四节 遥 测 仪 表

一、直送式遥测仪表

这是一种把被测量经传感器变换成与其成比例的电压、电流、位移等信号，直接传送给接受器指示或记录的方式。整个装置简单，但传送距离有限。其应用实例见图 6-4-1。图 (a) 为电压变换方式，由霍尔变换器变换与负荷功率成比例的直流电压而传送。图 (b) 为电流变换方式，被测电流流过变流器和整流器变换成直流而传送。图 (c) 为电压平衡方式，被测电压 U_x 通过放大器形成传送电流 I，并有负反馈电压 U_f，当 $U_x = U_f$ 时平衡。图 (d) 为位置平衡方式，是自动同步传感器用于水位仪的实例。图 (e) 为扭矩平衡方式，被测量变化使驱动元件叶片角度变化，通过高频振荡放大后，使电流变化指示，而负反馈信号到控制元件，使平衡叶片角度变化。

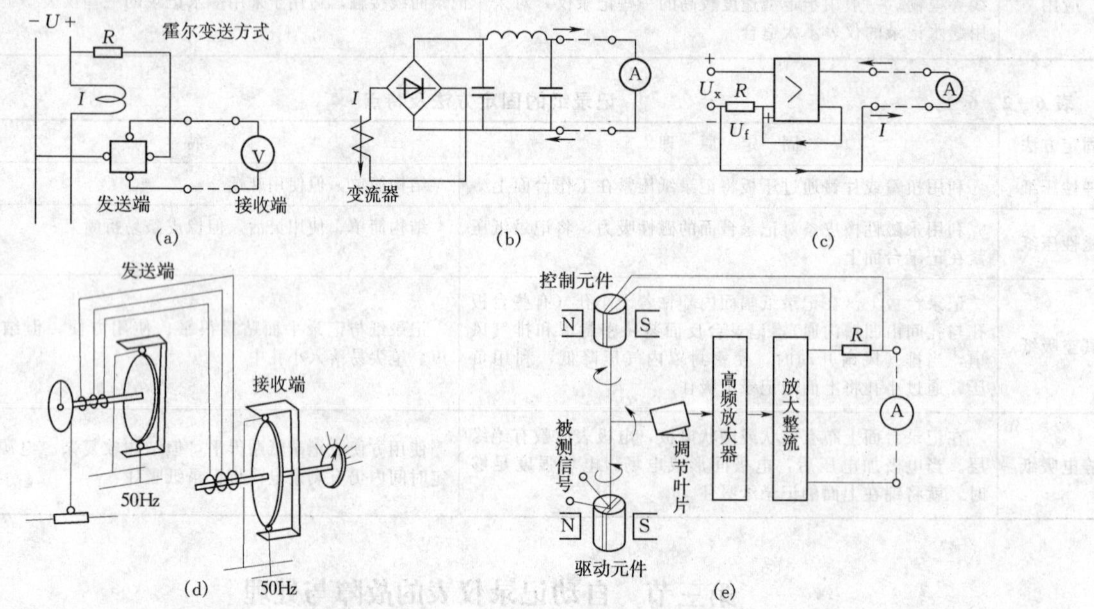

图 6-4-1 直送式遥测仪表应用实例

(a) 电压变换方式；(b) 电流变换方式；(c) 电压平衡方式；(d) 位置平衡方式；(e) 扭矩平衡方式

二、载波式遥测仪表

这是一种变换成与被测量成比例的频率数和各种脉冲而传送的方式。长距离传送和多路传送比较容易，所用的脉冲频率的变化幅度在 12～14Hz。其应用实例见图 6-4-2。

(1) 脉冲频率方式。见图 (a)。在普通电能表的转轴上装一只断续器，以产生与转盘转数成比例的脉冲数。在接收端得到脉冲信号，使极化继电器上下动作，电容器 C 发生充放电，因此在电流表上就可读出与转盘转数成比例的量。

(2) 脉冲宽度方式。见图 (b)。同步电机带动圆盘以一

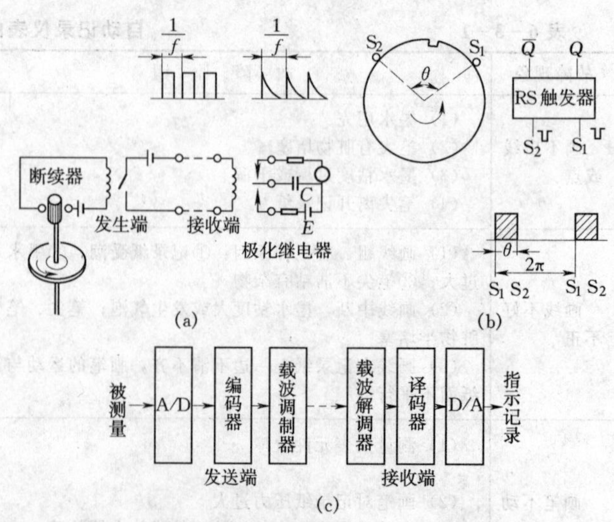

图 6-4-2 载波式遥测仪表应用实例

(a) 脉冲频率方式；(b) 脉冲宽度方式；(c) 脉冲编码方式

定速度旋转。在圆盘上装有固定触头 S_1 和活动触头 S_2（可改变 θ 大小）。S_1 和 S_2 平时接高电平，当 S_1 和 S_2 触头落到圆片缺口时就接通低电平，则在 θ 圆弧内使 RS 触发器 Q 端为高电平，其余时间为低电平，不同的脉冲宽度反映转角 θ 的大小。

(3) 脉冲编码方式。见图 (c)。被测信号经 A/D 转换，编码载波调制后发送。在接收端能直接读出或记录这个信号。

第七章　试验用可携式电工仪表

第一节　可携式电工仪表用途和使用注意事项

可携式电工仪表是指用来校验现场控制屏（台）、继电保护屏、开关柜等安装的仪表、保护继电器、自动装置及其他电器、电机等的仪表。其准确度一般要求为 0.5～1.0 级（也有少数 0.2 级的）。使用可携式仪表的注意事项如下：

(1) 将仪表搬运至现场时，应注意勿使其受到剧烈震动。有锁扣表针按钮的要预先将表针锁住。到现场后还应检查其内外部有无损伤。

(2) 对于多量限仪表，要预先估计好被测量的数值（用计算法或参考过去测试记录及被测试的同类仪器数据），再选定试验仪表端子，既要防止表针超过仪表最大量限，又不要使表针偏转过小，最好使表针指示在标度尺的 1/2 到 3/4 间。

(3) 使用单一量限的仪表，若测量数值超过量限时，应选用精密级（0.5 级以上）互感器配合使用，并选用适当变比使互感器二次的电流不大于 5A，二次电压不大于 100V，仪表量限端子也应选用此量限。

(4) 要注意仔细检查接线，至少要经过二人反复检查。勿以电流表短路电源电压或电压表串联负载。

(5) 借助仪用互感器实施测量时，要特别注意在串联电流表时勿将电流回路断开，并联电压表时勿将电压回路短路。

(6) 测定仪表、仪器的误差时，也要考虑标准仪表的误差，要计算综合误差。要避免受环境温度、电场磁场等外部影响及电源频率、波形等内部影响，根据情况应采取措施或修正误差值。

(7) 做测试记录时，应同时注明使用的标准仪表型式、编号，以便以后核对。

(8) 应按规程规定定期送实验室以 0.2 级准确度的精密仪表校验调整，以保证其准确度。

第二节　低功率因数功率表

一般功率表多是电动系仪表且可交直流两用。但在测量功率因数很低的功率时（例如测量电动机、变压器、电抗器、交流电磁铁等的空载损耗，及铁磁材料损耗、绝缘介质损耗等），如采用普通功率表，其准确度将很低。原因是：①在电压和电流不超过仪表额定值条件下，指针的偏转很小，误差将较大；②由于功率因数低，测量功率很小，而普通功率表本身损耗较大，因之造成测量误差较大；③普通电动系功率表用在功率因数很低的电路中，其角误差也很大。所以在测量低功率因数电路的功率时，必须采用低功率因数表，这种功率表是在额定功率因数较低（通常在 $\cos\varphi=0.1\sim0.2$）的条件下定标度盘的。

使用低功率因数功率表的注意事项与普通功率表的相同，一般电压和电流都有几个量限，要注意选用，接线时要注意接线端子的极性。特别是其分格常数 c，比普通功率表的分格常数要小得多，可参照说明书或表盖上所附的“分格常数表”使用。

有的精密级低功率因数功率表不设指针而设光标指示器，利用活动线圈上附带的反光镜将反映被测对象大小的光线反射到标度盘上，直接读取测量数值。携带这些仪表到现场使用时要特别注意，以防损坏。

第三节　万　用　表

万用表是一种能测量多种电参量的仪表，它可用来测量电阻、直流电流、直流电压、交流电流、交流电压等，有的还能测量电感、电容、音频衰减等。

一、结构和测量原理

万用表主要由表头、测量电路和转换开关组成。

(1) 表头。实际上是一块高灵敏度的磁电系电流表，它的满标度偏转电流一般只有几至几百微安。满标度偏转电流越小，表头灵敏度也越高。作为电压表时灵敏度可用 Ω/V（满偏转电流的倒数）值表示。Ω/V 值越大，灵敏度越高，一般为 1000～3000Ω/V。

(2) 测量电路。万用表的测量线路由多量限直流电流、电压表，多量限整流式交流电流、电压表和多量限欧姆表等线路组合而成。

(3) 转换开关。万用表各种测量功能及量限的选择是靠转换开关实现的，即由改变活动接触点与不同固定接触点的连接不同的测量电路。

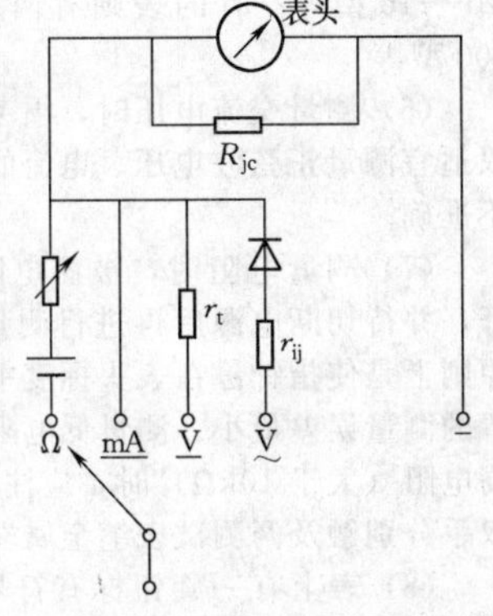

图 7-3-1　万用表测量原理接线图

万用表的测量原理接线见图 7-3-1。根据使用目的和使用条件，万用表的型式很多，图 7-3-2 所示为一种电力部门实际应用较多的、量限较广的 MF—14 型万用表的原理接线图。

二、使用注意事项

(1) 在未接入电路进行测量时，需检查转换开关是否在所测对象功能档的位置上，不能放错。如果被测的量是电压，而转换开关置于电流或电阻档，则会将仪表损坏。

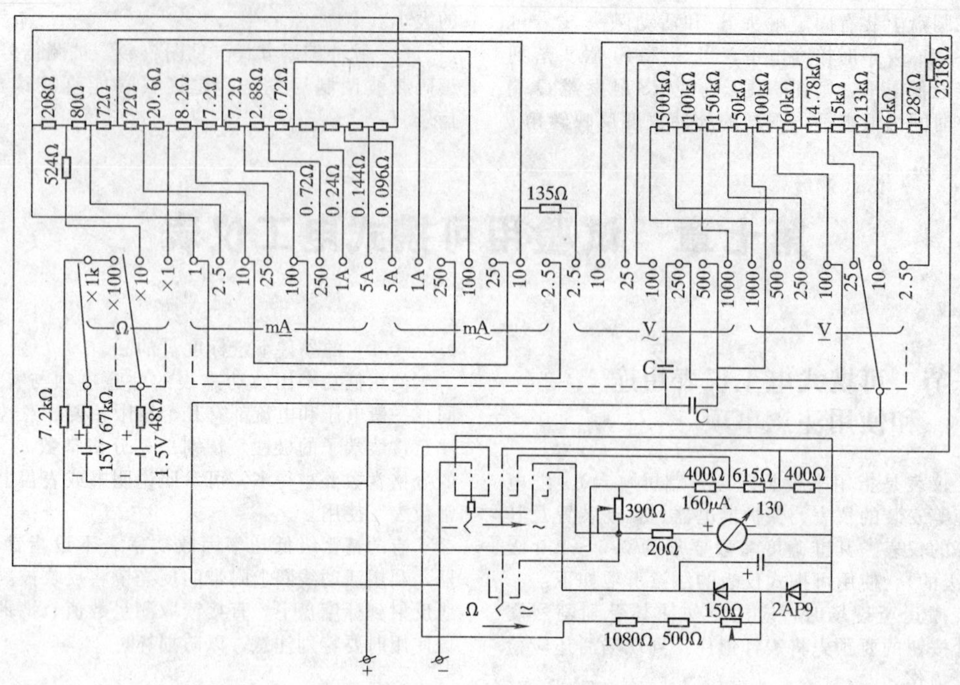

图 7-3-2　MF—14 型万用表原理接线图

(2) 在测量电流或电压时，如果被测电压、电流大小不清楚，应先将量限置于最高档上，以防指针打坏。然后，逐渐转换到合适的量限上测量，以减小测量误差。转换量限时，须注意不可带电转换。

(3) 测量直流电压或直流电流时，需要注意被测量电路的极性。仪表正负端子应与被测电路正负极相对应。测量电流时，仪表必须串联在电路里；测量电压时，必须将仪表并联于电路上。

(4) 测量 2500V 交流或直流高压时，必须注意安全，防止触电。电路中有固定大电容时，应事先放电。

(5) 测量时，必须注意表笔的插孔是否是所测的项目。有的表所有测量项目共用一对表笔插孔，如 MF—14 型、MF—16 型等；有的表则有两对表笔插孔，如 MF—7 型、500 型等。

(6) 测量交流电压时，须考虑被测电压的波形。万用表只适宜测量正弦波电压、电流的有效值，而测量非正弦量则不准确。

(7) 测量电阻时，被测电阻至少有一端与电路完全断开，并待切断电源后再进行测量。电阻的量限应选得合适，原则上是使指针停在表头标度中心位置附近为宜，因为此位置的测量误差最小。测量低电阻时，要注意接触电阻；测量高电阻（大于 10kΩ）时，应注意不要形成并联电路（如将双手分别触及两测试表笔金属端或触及电阻两端引线）。

(8) 表上有一旋钮标有符号“↙Ω↘”，此钮供测量电阻时调整零位用。测量电阻时，选好所需量限档，然后将表笔短路，此时表头指针应指示零值，若不指零可转动电阻调零旋钮使指针指零。若无法调节至零，则说明电池电压不足、能量已耗尽或者接触不良，此时可打开后盖更换电池或检查线路，排除故障后再进行测量，否则测量误差将很大或无法测量。每换一次电阻的量限档，均须先调零位，然后再进行测量。

(9) 每次测量完毕后，应将转换开关拨到交流电压最高档，以免误用而损坏仪表。另外，还要避免转换开关常置在电阻档，因此状态下只要两测试表笔碰在一起，便形成短路而耗费电池储能。

三、常见故障及其原因

万用表常见故障及其原因，见表 7-3-1。

表 7-3-1　万用表常见故障及其原因

序号	故障位置	故障现象	可能原因
1	表头	摇动表头，指针摆动不正常	(1) 支撑部位卡住 (2) 游丝绞住 (3) 机械平衡不好 (4) 表头线断开或分流电阻断开
2	直流电流档	无指示	(1) 表头被短路 (2) 表头线圈脱焊或动圈断路 (3) 表头串联电阻损坏或脱焊 (4) 分档开关未接通
		各档测量值偏高	(1) 与表头串联的电阻值变小 (2) 分流电阻值偏高或断开
		各档测量值偏低	(1) 表头灵敏度降低 (2) 与表头串联的电阻值变大
3	直流电压档	无指示	(1) 电压部分开关公用触点脱焊 (2) 最小量程档附加电阻断线或损坏
		某量程档不通，其他档通	转换开关接触不好，或接触点与该档附加电阻脱焊
		小量程误差大，随量程增大误差变小	小量程的附加电阻有故障
		某量程显著不准确，该档前各档正常，该档后随量程增大，误差变小	该档附加电阻有故障

续表

序号	故障位置	故障现象	可能原因
4	交流电压档	指针轻微摆动或指示极小	整流器可能被击穿
		读数小一半左右	部分整流元件损坏，全波整流变成半波整流
5	电阻档	无指示	(1) 转换开关公共点引线断开 (2) 调零电位器中心焊点引线断焊 (3) 电池无电压输出
		正负表笔短路，指针调不到零	(1) 电池储能不足 (2) 串联电阻值变大 (3) 转换开关接触电阻增大
		调零时，指针跳跃不稳	调零电位器接触不良
		某量程不通或误差很大	(1) 转换开关接触点接触不良 (2) 串联电阻断开 (3) 该档分流电阻有故障 (4) 该档电池或其串联电阻有故障

第四节　兆　欧　表

一、兆欧表结构和工作原理

兆欧表又称摇表、高阻表或绝缘电阻测定器。常用的兆欧表是由磁电系流比计和一台手摇直流发电机组成。其原理结构见图 7-4-1。

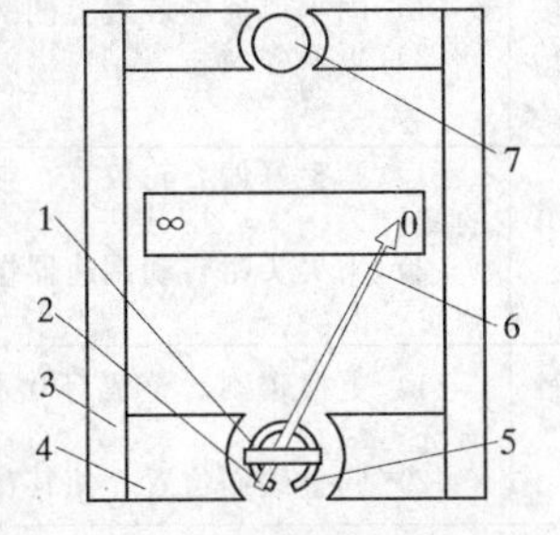

图 7-4-1　兆欧表原理结构图
1、2—动圈；3—永久磁铁；4—极掌；5—有缺口圆环铁芯；6—指针；7—手摇发电机

兆欧表的工作原理接线如图 7-4-2 所示。由图可知，动圈 1 回路的电流 I_1 与被测绝缘电阻 R_x 的大小有关。R_x 越小，I_1 就越大，磁场与 I_1 互相作用产生的转矩 M_1 也就越大，使指针向右偏转，离标度尺"0"就越近。动圈 2 与手摇发电机电压 U_F 及兆欧表附加电阻 R_V 有关。两动圈的电流 I_1 及 I_2 是这样选择的，使得它们与磁场相互作用所产生的转矩 M_1 和 M_2 方向相反，M_1 为转矩，M_2 为反作用力矩。

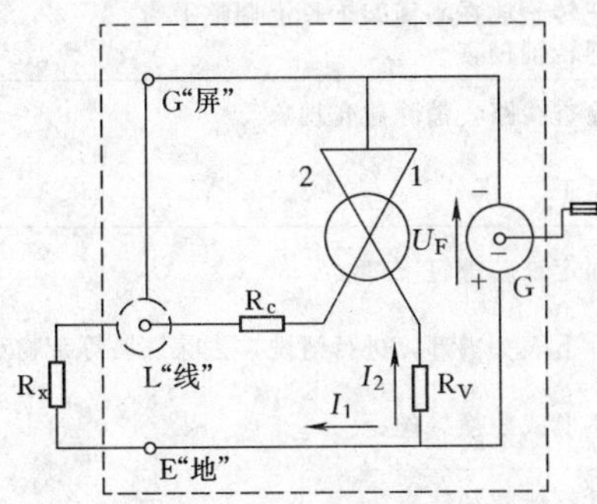

图 7-4-2　兆欧表工作原理接线图
1、2—动圈；G—发电机；R_c、R_V—附加电阻；R_x—被测绝缘电阻

当被测电阻 R_x 很小时，设 $R_x=0$，则 I_1 最大，指针偏转到最大位置，即"0"位置。当被测电阻 R_x 很大时，设 $R_x=\infty$，则 I_1 为零，此时转动力矩为零。而 I_2 产生的反作用力矩 M_2 使指针向左偏转至∞处。手摇发电机容量小、电压高，电压随手摇速度快慢而异，但兆欧表的指针指示的 R_x 不受它的影响，因兆欧表的读数是由两动圈电流 I_1 和 I_2 的比率确定的。当手摇速度低时，I_1 减小，I_2 也同时按比例减小，I_1/I_2 的比值不变，也就保持偏转角 α 值不变。

二、兆欧表使用注意事项

(1) 选用原则。对高压电力设备，选用电压高的兆欧表来测试；而对电压低的设备，因绝缘所能承受的电压不高，只能用电压比较低的兆欧表来测试。表 7-4-1 列举了为测量一些电力设备绝缘电阻而应选择的兆欧表电压规格。

表 7-4-1　兆欧表的选择举例

被测对象	被测设备的额定电压（V）	所选兆欧表的电压（V）
线圈的绝缘电阻	500 以下	500
线圈的绝缘电阻	500 以上	1000
发电机线圈的绝缘电阻	380 以下	1000
电力变压器、发电机、电动机线圈的绝缘电阻	500 以上	1000～2500
电气设备绝缘	500 以下	500～1000
电气设备绝缘	500 以上	2500
瓷瓶母线刀闸		2500～5000

(2) 测量前，为防止发生人身和设备事故，并希望得到精确的测量结果，要切实断开被测设备的电源，并接地进行一次放电，然后才能用兆欧表实施测量。

(3) 对有可能感应出高电压的设备，在未消除这种可能性之前，不得进行测量。例如测量线圈绝缘时，应将该线圈所有端子用导线短路连接后再测量。

(4) 要将被测设备表面擦拭干净，以免造成测量误差。

(5) 仪表接线端子与被测设备间连接的导线，不能用双股绝缘线或绞线，而应使用单股线分开单独连接，以避免因线的绝缘不良而引起误差。

(6) 测量时手摇发电机应保持匀速，不要时快时慢，一般规定为 120r/min，允许有 20%的差值。

(7) 测试前，要先对兆欧表进行一次检验。开路时指针不指"∞"，短路时指针不指在"0"处，说明此表不准，需要调换良好的兆欧表测量或检修后再使用。

(8) 测量时，以 1min 后的读数为准。遇电容量很大的被测物时，则应以指针稳定后的指示为准。对于电机，规定要测取 15s 和 60s 时的绝缘电阻值，其中后者对前者之比叫做吸收比。吸收比的值越大，说明绝缘越良好，并以此数值判断绝缘是否合格。绝缘正常的发电机、高压电动机、变压器的吸收比都大于 1.3。

(9) 用兆欧表测量绝缘电阻的正确接线方式如图 7-4-3所示。

对于兆欧表上分别标有接地（E）、电路（L）和保护环（G）的接线端子，要正确使用。

测量绝缘电阻时，将被测端接于"电路"端子，而以良

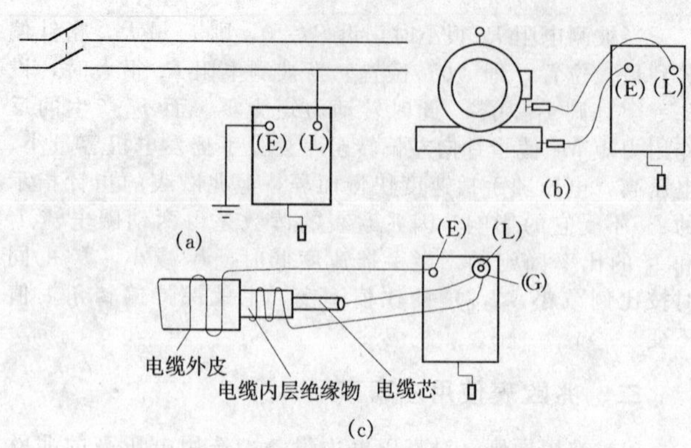

图 7-4-3 兆欧表测量绝缘电阻的正确接线法
(a) 测量电路的绝缘电阻；(b) 测量电机的绝缘电阻；(c) 测量电缆的绝缘电阻

好的接地线接于“接地”端子，如图 7-4-3 (a) 所示。测电机绝缘电阻时，电机绕组接“电路”端子，机壳接“接地”端子，如图 7-4-3 (b) 所示。测量电缆缆芯对缆套的绝缘电阻时，除应将缆芯和缆套分别接于“电路”和“接地”接线端子外，再将电缆套与芯之间的内层绝缘物接在“保护环”上，以消除因表面漏电而引起的误差，如图 7-4-3 (c)所示。

(10) 测量完毕，须待兆欧表停止转动和被测物放电后方可拆线，以免触电。如被测物电容量很大时，不待兆欧表停转就应利用绝缘工具拆下试验导线，之后再放电，以防兆欧表被打坏。

三、兆欧表常见故障及排除方法

见表 7-4-2。

表 7-4-2 兆欧表常见故障及排除方法

序号	常见故障	可能原因	排除方法
1	发电机发不出电或电压很低	(1) 绕组断线或其中一个绕组断线 (2) 线路接头断线 (3) 碳刷接触不好，没有接触或碳刷磨损	(1) 重新绕线圈 (2) 检查线路，把断头重新焊牢 (3) 更换碳刷，或调整碳刷与整流环的接触面
2	发电机电压比额定电压低（但相差不大）	(1) 碳刷接触不好 (2) 调节器触点松动引起转速降低 (3) 磁钢失磁	(1) 调整碳刷位置，并使碳刷接触好 (2) 调整调速螺钉使弹簧拉紧 (3) 磁钢充磁
3	发电机电压低，摇动摇柄很重	(1) 发电机整流环片间有污物，有磨损碳粒或铜屑形成短路 (2) 整流环击穿短路 (3) 转子线圈短路 (4) 发电机并联电容击穿 (5) 内部线路短路	(1) 把转子拆下，用竹片在片间清扫并用汽油清洗 (2) 修理或更换整流环 (3) 重绕转子线圈 (4) 更换电容 (5) 清除线路短路处
4	发电机电压不稳	(1) 调速器装置上螺钉松弛，调速轮摩擦点接触不紧 (2) 调速器上螺钉失灵	(1) 固牢调速器装置上的螺钉，使调速器接点接触好摩擦轮 (2) 更换弹簧
5	摇发电机打滑，发不出电压	(1) 偏心轮固定螺钉松动 (2) 调速器弹簧或弹性失灵	(1) 调整好偏心轮位置，与各齿轮啮合好，再固紧偏心轮上的螺钉 (2) 用尖头钳转动调速器螺母，拉紧弹簧，使摩擦点压紧摩擦轮
6	摇发电机时，碳刷声音响，有火花发生	(1) 碳刷与整流环磨损；表面不光滑，接触不好 (2) 碳刷位置偏移与整流环接触不在正中	(1) 更换碳刷，整流环磨损，可用细砂纸磨光，并用汽油清洗 (2) 调整碳刷位置，使其在整流环正中，并使之接触好
7	摇发电机摇不动，有卡碰现象或摇时很重	(1) 发电机转子与磁轭相碰 (2) 各增速齿轮啮合不好或损坏 (3) 滚珠轴承脏、油干涸，轴承偏斜 (4) 小机盖固定螺钉松动，使转子滚珠轴承上位置不正 (5) 转轴在轴承中间隙距离过小 (6) 转轴弯曲	(1) 拆下发电机进行检查，重新装配 (2) 调整齿轮位置，啮合好，尤其是偏心轮位置，损坏的应更换 (3) 拆下转轴，在轴承中用汽油清洗重新上润滑油 (4) 调整小机盖位置，固紧螺钉 (5) 在小机盖固定螺钉，垫上一些胶木垫 (6) 整直
8	摇发电机产生抖动	(1) 发电机转子不平衡 (2) 发电机转轴不直	(1) 把转子放在平衡架工具上调整平衡 (2) 把转轴校直
9	漏电	(1) 由于内部布线碰表壳（尤其是发电机弹簧引出线碰壳） (2) 受潮后，造成绝缘不好	(1) 检查线路，消除碰壳现象 (2) 烘干
10	指针不能转动或转动时有卡住现象（或有轻微卡住现象）	(1) 仪表可动线圈框架内部铁芯松动，造成铁芯与线圈相碰 (2) 线圈内部的铁芯与极掌之间有铁屑、灰尘等杂物 (3) 由于导丝变形，在线圈转动时，导丝与某些固定部分相碰 (4) 线圈本身变形，或上下轴尖位置有变动，造成线圈与铁芯、极掌相碰 (5) 支撑线圈的上、下轴尖松动或脱落 (6) 表盘有细毛和指针相碰，线圈和铁芯极掌间有细毛	(1) 固定铁芯螺钉 (2) 拆下表头内部，进行清洗，去除铁屑等杂物 (3) 整形或配换导丝 (4) 重整线圈和线框 (5) 调整上、下轴尖，固紧宝石螺钉 (6) 拆下表头、去除掉铁芯间和表盘上的细毛

续表

序号	常见故障	可　能　原　因	排　除　方　法
11	测量开路或短路时，指针位置不能指一定值，例如短路应该指"0"，但有时指"0"，有时指"0"左或"0"右	(1) 轴尖磨损 (2) 轴承碎裂	修理方法可参阅磁电系仪表轴承、轴尖修理一节
12	指针指不到"∞"位置	(1) 导丝变质、变形、残余力矩变大 (2) 发电机电压不足 (3) 电压回路的电阻变质、数值增高 (4) 电压线圈间短路或断线	(1) 修理或配换导丝 (2) 修理发电机 (3) 更换回路电阻 (4) 重绕电压线圈
13	指针超过"∞"位置	(1) 有无穷大平衡线圈的摇表的该线圈可能短路或断路 (2) 电压回路电阻变小 (3) 导丝变形，残余力矩比原来减小	(1) 重绕无穷大平衡线圈 (2) 更换电压回路电阻 (3) 修理或更换导流丝
14	指针不指零位	(1) 电流回路电阻变化，即电阻增大后，指针不到零位，阻值减小，指针超过零位 (2) 电压回路电阻变化，即阻值大，指针超过零位，阻值小，指针不到零位 (3) 导丝变质或变形 (4) 电流线圈或零点平衡线圈有短路或断路	(1) 更换电流回路电阻 (2) 更换电压回路电阻 (3) 修理或配换导丝 (4) 重绕电流线圈或零点平衡线圈
15	当"∞"与"0"调好之后，其余各刻度点的误差较大	(1) 轴尖、轴座偏斜，造成动圈在磁极间的相对位置改变 (2) 两线圈间的夹角改变 (3) 指针与线圈间的夹角改变 (4) 机械平衡不好 (5) 导流丝形状改变 (6) 电压或电流回路电阻值变化	(1) 重新装正轴尖 (2) 调整两组线圈，应有角度，如5050型为50°（以两线圈框中心线计算） (3) 调整指针与两线圈角度（如5050型指针与小线框夹角30°，指针与大线框夹角20°） (4) 调整可动部分平衡 (5) 修理或配换导流丝 (6) 更换两回路电阻
16	可动部分平衡不好	(1) 指针不直 (2) 指针位置与线框夹角改变 (3) 平衡锤夹角改变 (4) 平衡锤上螺钉松动，位置改变 (5) 仪表在湿空气下，平衡锤吸湿后增加重量 (6) 宝石轴承松动，造成轴尖距离大，中心位置偏移	(1) 校正指针 (2) 纠正指针与线框夹角 (3) 纠正平衡锤原有夹角 (4) 重调平衡，固紧螺钉 (5) 烘干、重调平衡 (6) 调整宝石轴承螺钉，减少间隙距离

第五节　直流电桥

一、直流电桥分类测量范围及准确度等级

直流电桥主要用来测量电阻，根据结构特点，可分为单比电桥、双比电桥和单双比两用电桥。单比电桥一般适用于测量中值电阻（$1\sim10^6$）Ω，双比电桥适用于测量低值电阻（1Ω以下）。直流电桥的测量范围及准确度等级见表7-5-1。

二、直流单比电桥

直流单比电桥，又称惠斯登电桥，其工作原理接线如图7-5-1所示。图中：ac、cb、bd、da四支路称为电桥的四个臂，其中一个臂是被测电阻 R_x，其余三个臂则由标准电阻或可调的标准电阻充当。在电桥的一条对角线上，如cd上接一检流计，另一对角线上，如ab上连接直流电源。

表7-5-1　直流电桥的测量范围及准确度等级（Ω）

类型		单臂电桥 ≥10^6	单臂电桥 <10^6	双臂电桥	单双电桥
测量范围		$10^6\sim10^{12}$		$10^{-5}\sim10^6$	
基本量限	实验室型	$10^6\sim10^8$	$10^2\sim10^5$	$10^{-3}\sim10^2$	$10^{-3}\sim10^5$
基本量限	便携型	—	$10\sim10^4$	$10^{-2}\sim10$	$10^{-2}\sim10^4$
准确度等级a	实验室型	0.02；0.05；0.1 0.2；0.5	0.01；0.02；0.05		
准确度等级a	便携型	—	0.05；0.1；0.2；0.5；1；2		

测量时，调节一个臂或几个臂的电阻，使检流计的指针指零，这时表示电桥达到平衡，即

$$U_{ac}=U_{ad}, U_{cb}=U_{db}$$

也就是

$$I_xR_x=I_4R_4, I_2R_2=I_3R_3$$

电桥达到平衡时

$$I_x=I_2, I_3=I_4$$

由上两式得

$$R_x=\frac{R_2}{R_3}R_4$$

由上式可知，知道了电桥两臂电阻比 R_2/R_3 和 R_4，就能知道 R_x 的数值。R_2、R_3 叫做比率臂，R_4 叫做比较臂。

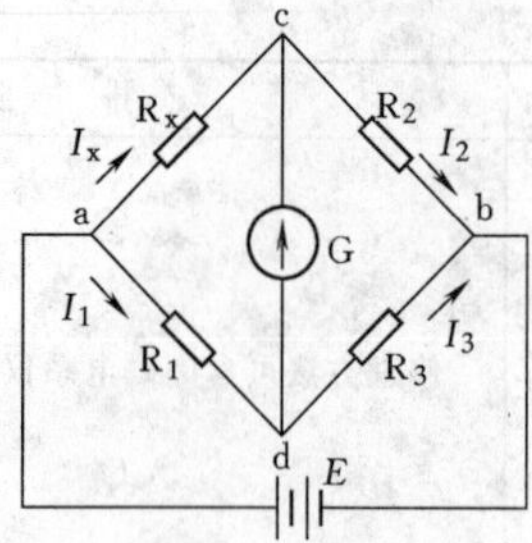

图 7-5-1　直流单比电桥原理接线图
G—检流计；R_x—被测电阻；E—直流电源；R_2、R_3、R_4—标准电阻

三、直流双比电桥

直流双比电桥（又称凯尔文电桥）是测量小电阻（一般在 $1\sim10^{-5}\Omega$ 之间）的常用仪器，测量准确度高。双比电桥与单比电桥相比，其优点在于它能消除用单比电桥测量时没有办法消除的、由接线电阻和接触电阻造成的测量误差，由于接线电阻和接触电阻往往与被测量的小电阻具有同一数量级。

图 7-5-2 是直流双比电桥的工作原理接线图。R_b 为标准电阻，作为电桥的比较臂，R_x 为被测电阻。标准电阻和被测电阻各有一对电流端子（$c_{n1}\sim c_{n2}$、$c_{x1}\sim c_{x2}$）和一对电压端子（$p_{n1}\sim p_{n2}$、$p_{x1}\sim p_{x2}$）。接线时，电流端子要在电压端子外侧。标准电阻与被测电阻用一粗导线连接，并和电源组成一闭合回路，其电阻为 R，R_1、R_2、R_3、R_4 为桥臂电阻，阻值很小，一般不超过 10Ω。先定好 $R_1/R_2=R_3/R_4$，细调电阻 R_b，当电桥达到平衡时，$I_0=0$，c、d 两点电位相等。此时被测电阻为

$$R_x=\frac{R_2}{R_1}R_n$$

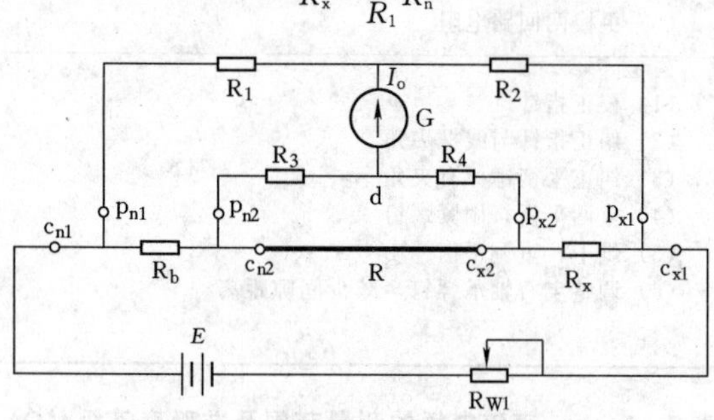

图 7-5-2　直流双比电桥工作原理接线图
G—检流计；E—直流电源；R_b—标准电阻；$R_1\sim R_4$—桥路电阻；R_x—被测电阻；R_{W1}—调节电阻；c_{n1}、c_{n2}、c_{x1}、c_{x2}—电流接头；$p_{n1}\sim p_{n2}$、$p_{x1}\sim p_{x2}$—电压接头

四、直流电桥的使用步骤及注意事项

（一）单比电桥

（1）使用时，首先大致估计一下被测电阻值和所要求的精度，根据估计数来选择电桥，所选用电桥的准确度等级应略高于被测电阻的容许误差。

（2）如果需要外接检流计时，检流计的灵敏度要合适，不必要求过高，否则调节电桥的平衡将很困难。一般在调节电桥最低一档时，检流计有明显变化就行。

（3）如果需要外接电源，则应根据电桥要求来选取，一般电压为 2～4V（即用两节 1 号电池）。为了保护检流计，在电源电路中串一可调电阻，进行测量时逐渐减小此电阻，以提高电桥的灵敏度。

（4）使用电桥时，须先将检流计锁扣打开，检查指针或光点是否指在零位，否则应先调零。

（5）将被测电阻 R_x 接到电桥面板上标有 R_x 的两个接线端子上。若外接电源，则电源正极接在面板（+）号端子上，负极接在面板（−）号端子上。

（6）根据被测电阻的估计值选择适当的桥臂比率，使“比较臂”可调电阻各档充分被利用，以提高读数的精度。

例如有一个待测电阻，估计其阻值为几欧，则电桥的比率臂应选为 $R_2/R_3=0.001$ 档。这样，R_4 臂上的示数可调至 4 位数，例如测得数值为 2312，则

$$R_x=\frac{R_2}{R_3}R_4=0.001\times2312=2.312\ (\Omega)$$

若比例臂在 1 档，这时 R_4 只能读到一位数 2，则

$$R_x=\frac{R_2}{R_3}R_4=1\times2=2\ (\Omega)$$

这样测出来的数值精度不高，不能令人满意。

（7）测量时，按下“电源按钮”并锁住，然后按下检流计按钮。若此时指针向正方向偏转，则说明比较臂 R_4 数值不够，应加大；反之，应减小。这样反复调节，直至指针停留在零位。在调节过程中，需调一次比较臂时，应松开一次检流计按钮，使其被短路而退出工作状态。因为电桥远离平衡时，检流计通过的电流较大，如果长时间按下按钮，检流计易损坏。

（8）测量完毕，先松开检流计按钮，再放松电源按钮。

（9）测量完毕进行读数时，注意应将比较臂读数乘上倍率。

（10）使用完毕后，检流计锁扣应该锁住。

使用电桥测量电阻除按上述步骤及注意事项进行外，还需注意下面几点：

（1）接线不仅要注意极性的正确，而且要接牢靠，以免脱落致使电桥不平衡，甚至烧坏检流计。

（2）测量前，先将被测电阻的任一端与原所在线路断开。

（3）测量时，需考虑周围环境的影响，如湿度、温度等。

（4）测量具有电感的电阻时，应先接通电源，等一会儿再接通检流计的按钮，断开时，应先断开检流计的按钮，再断开电源，以免线圈的自感电动势使检流计受损。

（二）双比电桥

除了上述的单比电桥注意事项之外，还需注意：

（1）被测电阻电压端子 $P_1\sim P_2$ 所引出的接线应比电流端子 $C_1\sim C_2$ 所引出的接线更靠近被测电阻。为减少接线电阻，连接线应采用粗导线。

（2）选用标准电阻时，应尽量使其阻值与被测电阻在同一数量级。最好能满足如下关系，即

$$\frac{1}{10}R_x<R_n<10R_x$$

（3）电源最好采用容量大一点的蓄电池，电压为 2～4V。为了避免电流过大而损坏标准电阻和被测电阻，在回路中串联一可调电阻和直流电流表。对应不同的被测电阻，可通过调电源电压的方式，保证电桥有足够高的灵敏度。

五、利用直流电桥测定电缆故障点

利用直流电桥可迅速找出电缆接地或混线故障。这里介绍两种接地故障点电桥测出法。对于混线故障，可利用一线

作为大地进行测量。

（1）莫氏环法。利用本法时需要一条完好电缆线，如图 7-5-3 所示。在电缆的远端，将故障电缆芯与一完好的电缆芯连接起来，设连接点为 Q；在电缆近端，利用比例臂 R、R_W，检流计 G 及一极接地的电池 E 组成电桥电路。设电缆长度为 L、接地故障点 0 至电桥 P 的电缆的长度为 l，调节 R/R_W 使电桥平衡，则

$$\frac{R}{R_W}=\frac{2L-l}{l}$$

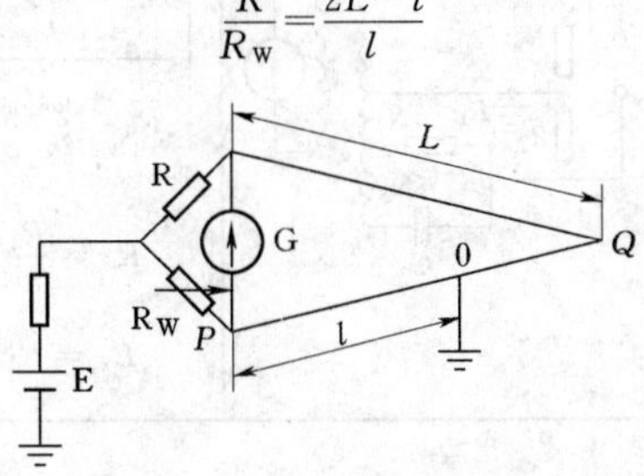

图 7-5-3　莫氏环法测量

由此得出

$$l=\frac{2R_W}{R+R_W}L$$

（2）瓦氏环法。如图 7-5-4 所示，在故障电缆芯线上串联一可变电阻 R（可利用电桥比较臂），与莫氏环法同样组成电桥电路。设电缆线单位长的电阻为 r，令 $r_1/r_2=1$，调节 R_W 使电桥平衡，则

$$(2L-l)r=lr+R_W$$

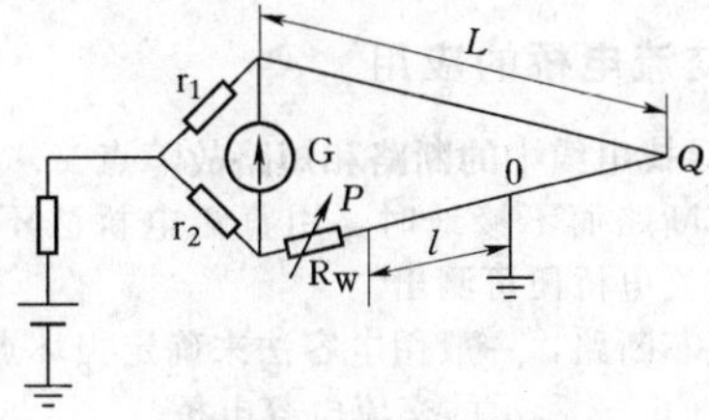

图 7-5-4　瓦氏环法

由此得出

$$l=L-\frac{R_W}{2r}$$

第六节　交 流 电 桥

一、交流电桥的组成和工作原理

交流电桥是主要用于精密测量电感（自感、互感）、电容、介质损耗、交流电阻及其时间常数等参数的仪器，主要由桥体（标准的电感、电容、交流电阻和感应分压器及被测对象等组成）、信号源（正弦交流电源）和指示器三部分组成。

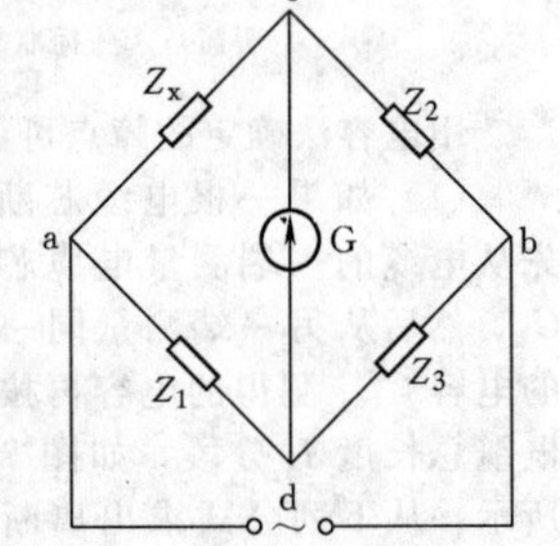

图 7-6-1　交流电桥工作原理接线图

交流电桥的工作原理接线图如图 7-6-1 所示，它和直流电桥的工作原理很相似，只是要用交流电源（多为晶体管或电子管振荡器），指零仪 G 也是交流的（如谐振式检流计、耳机或晶体管毫伏表等）。平衡条件也与直流电桥的相似，可写成

$$Z_xZ_3=Z_2Z_4$$

当电源是正弦交流电源时，则桥臂阻抗可写成

$$Z=R+jX=Ze^{j\varphi}$$

平衡条件可写成

$$Z_xZ_3e^{j(\varphi_x+\varphi_3)}=Z_2Z_4e^{j(\varphi_2+\varphi_4)}$$

要上面的复数等式成立，必须有模和角对应相等，即

$$Z_xZ_3=Z_2Z_4$$

$$\varphi_x+\varphi_3=\varphi_2+\varphi_4$$

可见交流电桥平衡条件是：相对桥臂上阻抗的模的乘积要相等，同时相对两桥臂上阻抗的幅角之和也要相等。

在一般情况下，为使电桥结构简单、调节方便，常把两个桥臂设计为纯电阻。当 Z_2 和 Z_3 为纯电阻时，若 Z_x 为电容，Z_4 也必为电容，或两者均为电感。当 Z_2、Z_4 均为纯电阻时：若 Z_x 是电感，Z_3 就必须是电容；反之，如 Z_x 是电容，Z_3 就必为电感。由以上公式可知，交流电桥平衡条件有两个，所以调节平衡时要反复进行，比起直流电桥来较难些。一般常用的交流电桥有 QS 型万能电桥。

二、常用交流电桥线路及其特点

交流电桥根据测量目的分类很多，目前常用的可分为阻抗比电桥和以感应分压器作为比率臂的电感耦合比率臂电桥两大类。现介绍几种常用交流电桥线路及其特点，如表 7-6-1、表 7-6-2 和表 7-6-3 所示。

表 7-6-1　　几种常用的阻抗比电桥

应用特点	原理线路及平衡条件
适宜测量较大损耗的电容。能分别读数（C_4、R_{W4} 为可调阻抗）	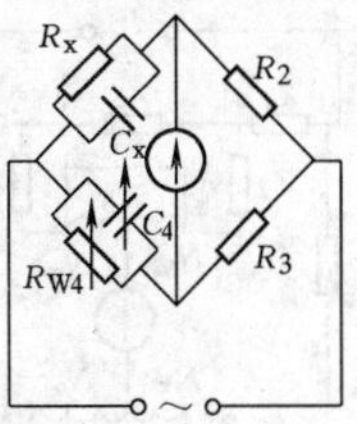 $C_x=C_4\frac{R_3}{R_2}$ $R_x=R_{W4}\frac{R_2}{R_3}$ $\tan\delta_x=\omega C_4R_{W4}$
研究绝缘材料或电瓷在高电压下的特性时，常用这种电桥来测量介质损耗。便于分别读数，调节 R_{W2} 及 C_3 则能直读 C_x 和 $tg\delta_x$ 值	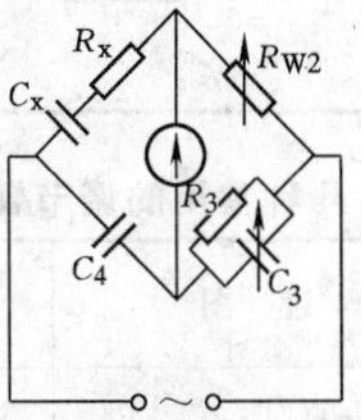 $C_x=C_4\frac{R_3}{R_{W2}}$ $R_x=R_{W2}\frac{C_3}{C_4}$ $\tan\delta_x=\omega C_3R_3$
适宜测量 Q 值较低的电感。电阻 R_W 通过开关 K 与 L_x 串联或与 L_4 串联，由两电感 Q 值而定，便于平衡 Q 值。但收敛性较差，两电感之间的影响较大	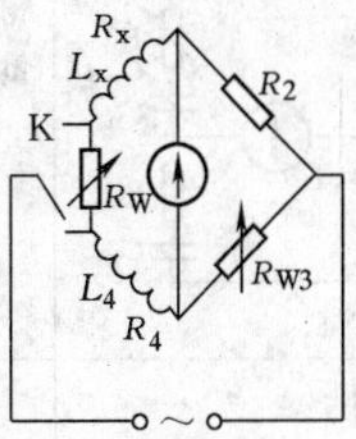 $L_x=L_4\frac{R_2}{R_{W3}}$ $R_x=R_4\frac{R_2}{R_{W3}}-R_W$ $Q_x=\frac{\omega L_4R_2}{R_2R_4-R_WR_{W3}}$
适宜测量 Q 值较大的电感。Q 值小于 0.5 时，收敛性很差。选择 R_{W3} 及 R_{W4} 为可调元件，则可直读 L_x 和 Q_x 值。用标准电容测电感，精度较高	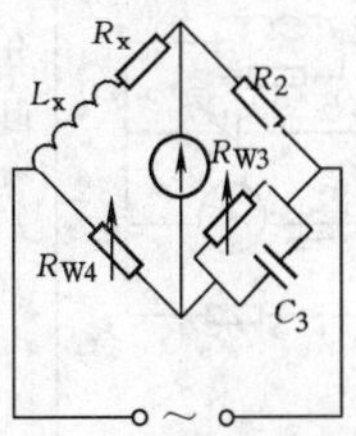 $L_x=R_2R_{W4}C_3$ $R_x=\frac{R_2R_{W4}}{R_{W3}}$ $Q_x=\omega C_3R_{W3}$

表 7-6-2　　几种常用的电感耦合比率臂电桥

形式与特点	原理线路
隔离式（三绕组） 励磁电流通过变压器源边对变比影响较小，变比准确度高。但负载对变比影响较大。适宜测大阻抗	$Z_x = \dfrac{N_x}{N_n} Z_n$
二绕组部分跨接法 是自耦式的一种特殊形式。适宜测量中值阻抗，尤其是测量一端对地导纳很大的负载或作替代法测量	$Z_x = \dfrac{N_x}{N_n} Z_n$
复合式 为变压式和变流式的复合式。由于有两组匝比，故能产生很高的比率，测量范围较广	$Z_x = \dfrac{N_x}{N_n} \times \dfrac{n_x}{n_n} Z_n$
低阻抗测定用的双桥 适宜测量低阻抗，尤其对装置引线较长的情况，此方法十分有效	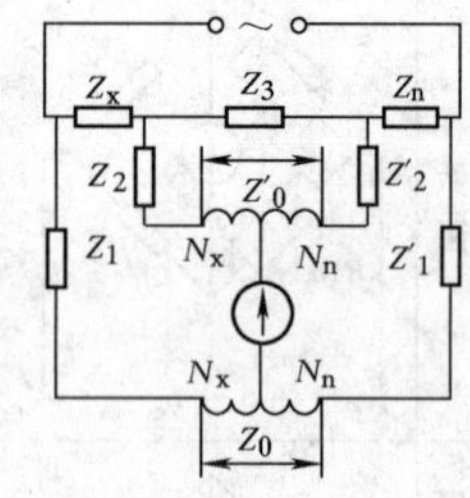 Z_1、Z_2、Z'_1、Z'_2、Z_3 为被测及标准阻抗电位端的引线阻抗 Z_0、Z'_0 为变压器输入阻抗当 $Z_0 \gg Z_1$、Z'_1，$Z'_0 \gg Z_2$、Z'_2、Z_3 时 $\dfrac{Z_n}{Z_x} = \dfrac{N_n}{N_x}$

表 7-6-3　　几种常用的调节臂形式

名称	原理图	特点及表达式
固定比率可变标准		变压器结构简单，变比精确度高，但需多档标准量具，测量范围较窄 适于比较法测量 $C_x = \dfrac{N_n}{N_x} C_n$ $\tan\delta = \omega C_n R_{W_n}$
变压式电感电桥		调节 N_2（或 C_n）和 N_n（或 R_n）使电桥平衡。可分别读数，收敛性较好，但不能直读 L_x，只能以电容表示 L_x 值 $R_x = \dfrac{N_1}{N_n} R_n$， $L_x = \dfrac{N_1}{N_2} \times \dfrac{1}{\omega^2 C_n}$
变流式电感电桥		调节 N_2 和 N_3 至平衡。能分别读数，收敛性较好，适宜测小电感 当 $\lvert R_x + j\omega L_x \rvert \ll R_1, R_2 \ll \left\lvert \dfrac{1}{\dfrac{1}{R_n} + j\omega C_n} \right\rvert$ 时 则 $R_x = \dfrac{R_1 R_2}{R_n} \times \dfrac{N_2}{N_1}$， $L_x = R_1 R_2 C_n \dfrac{N_3}{N_1}$

三、使用交流电桥的注意事项

（1）电桥的电源要按说明书规定的电压频率和波形要求去选择。

（2）合理地布置仪器和连接线，以减小外界磁场的影响，掌握干扰的消除方法。

（3）屏蔽和接地应严格满足说明书中的要求。

（4）指零仪或与其所接的放大器应随电桥的平衡逐渐提高其灵敏度，直至完全平衡为止。

（5）换接元件时要断开电桥电源后再进行。

四、交流电桥的应用

（一）寻找电缆中的断路和短路故障点

电缆芯断路而不接地时，用直流电桥法不能测出故障点，而用交流电桥便可测出。

如电缆芯断路，一般用电容法来确定损坏点，所用仪器设备为图 7-6-2 所示的交流电容电桥。

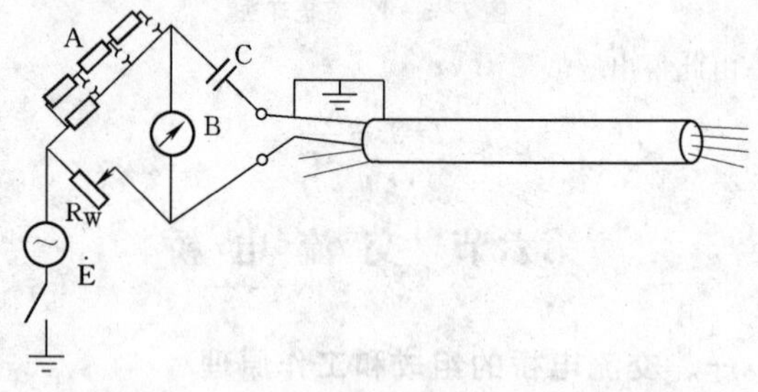

图 7-6-2　交流电容电桥测量电缆断路接线图
A—标准电阻箱；R_W—滑动电阻；B—音频毫伏表（或听筒）；C—标准电容；E—音频发生器

用电容法确定故障点可能遇到下面三种情形：

（1）如果一根电缆芯断离，就先从电缆的一端测量电缆芯的电容 C_1，然后从另一端测量同一电缆芯的电容 C_2。测得的电容再按比例把电缆总长度 L 分段，如图 7-6-3 所示，从下列公式求出离断路点的距离 l_x，即

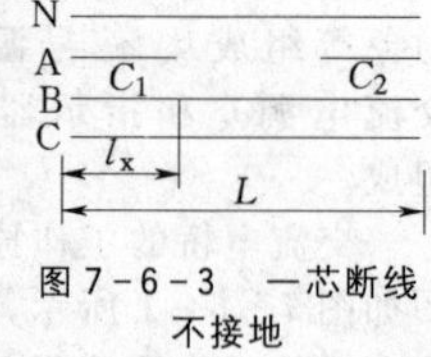

图 7-6-3　一芯断线不接地

$$l_x = \frac{LC_1}{C_1 + C_2}$$

（2）电缆芯断开处的一端完全接地，如图 7-6-4 所

示。这时，可测量没有接地的那段电缆芯的电容 C_1 和完整电缆芯的电容 C，在这种情况下，可按下式算出起始端至坏点的 l_x

$$l_x=\frac{LC_1}{C}$$

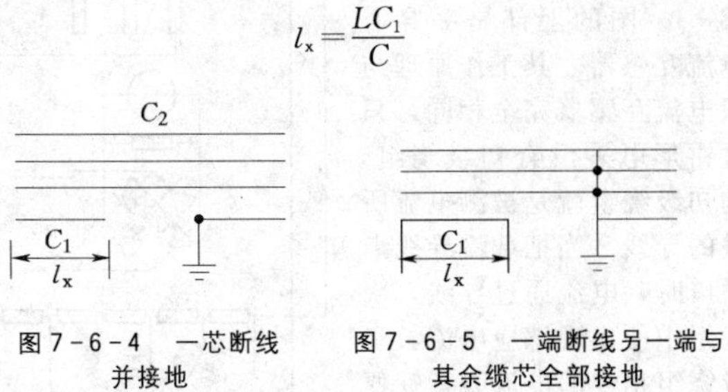

图 7-6-4 一芯断线并接地　　图 7-6-5 一端断线另一端与其余缆芯全部接地

(3) 如果断离电缆芯的电容只能在没有接地的一段上测量，设为 C_1，而另一段电缆芯和其余的电缆芯都接地，如图 7-6-5 所示，确定到损坏点的距离 l_x 按下式计算

$$l_x=\frac{C_1 1000}{C_0}$$

式中 C_0——该电缆芯单位长度的电容，可从未发生故障的好电缆中测量出来，或查找原制造厂供给的数据。C_0 是一根电缆芯对其余 3 根电缆芯和铅包皮的电容，以 μF/km 计。

(4) 电缆芯间短路。寻找电缆芯间的短路点采用感应法。感应法的原理是用一个音频发生器 F（即以 800～1000Hz 的交流电）给故障电缆供电，并用一环型天线 P、扩大机 Y 和听筒 T，在电缆上部的地面上走过去听测音响，在损坏点之前电流由一根电缆芯流到另一根电缆芯，因有交变磁场，听筒中有音响。走过损坏处 1m 以外的地方，音响就消失了。能听度曲线及测量接线如图 7-6-6 所示。这个方法比较准确，但采用的设备多而复杂，而且因铅皮和钢铠的屏蔽，灵敏度较低，且受周围磁场的干扰较大。

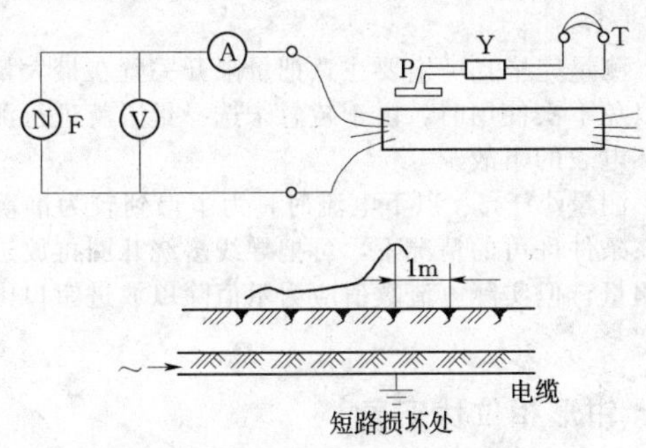

图 7-6-6 感应法测量电缆短路接线图

(二) 高压电桥

高压电桥是在工频电压数千至数万伏下测量绝缘物的介质损耗 tanδ（1×10^{-4}～1）和电容量 C（40～2×10^4pF）的仪器，其具体的工作原理有很多种，现举例见图 7-6-7。

高压电桥具有完整的屏蔽及辅助支路，使测量 tanδ 的准确度达 1.5%；测量电容的准确度达±0.5%。

主桥由下述各部分组成：C_X 为被测绝缘试样；C_n 为 10kV 100pF 标准电容器；R_3 为读取被测电容值的十进电阻箱，10×（$10^3+10^2+10+0.1$）Ω+0～0.13Ω；C_4 为读取被测 tanδ 的十进电容箱，10×（$10^{-1}+10^{-2}+10^{-3}+10^{-4}$）μF+100pF；$R_4$ 为固定电阻。当电桥平衡时

$$C_X=C_n\frac{R_4}{R_3},\quad \tan\delta_x=\omega R_4 C_4$$

为了使 C_4 能在工频下直读 $\tan\delta_x$ 值，取 $R_4=3183\Omega$、

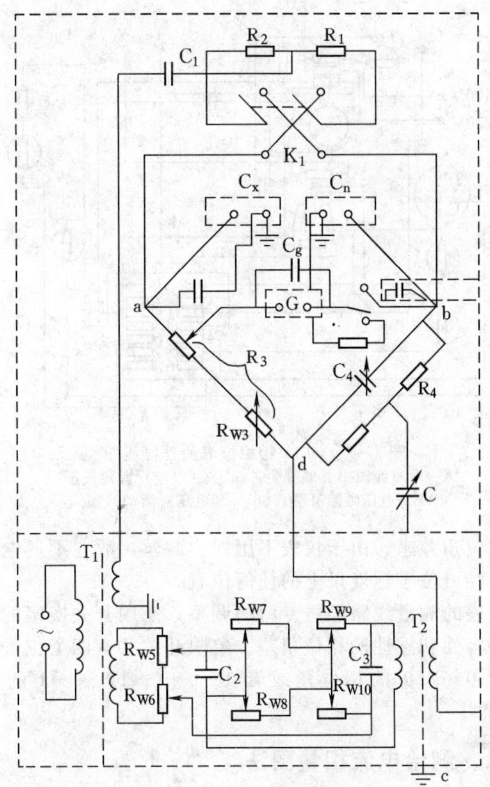

图 7-6-7 高压电桥原理接线图

取 C_4 为微法值。于是电桥平衡时，C_4 的示值直接反应 $\tan\delta_x$ 的弧度值。

辅助支路是由阻容式无源四端网络构成。调节电位器 R_{W5}、R_{W6} 可使输出电压的幅值在 0～2.5V 范围内变动。调节双联电位器 R_{W7}、R_{W8} 和 R_{W9}、R_{W10}，可使输出电压的相位在 130°范围内改动。在 d 点与地点 c 之间加一与桥臂 R_3 上的电压降幅值相等而相位相反的电势 E 做辅助支路。在调节辅桥平衡时，使 a、b、c 三点等电位，来消除主桥 a、b 二结点对地耦合电容的影响。

电桥在高压测试前通过开关 K_1 将两个 3183Ω 的等值电阻 R_1 及 R_2 分别接入被测臂及标准臂，调节接在 R_4 中点对地之间的可变电容 C（100pF），平衡后可得 $C=(C_{40}-C_{30})$，从而将第四臂和第三臂的残余电容（C_{40} 及 C_{30}）消除，可提高测量的准确度。

第七节 相 位 表

一、相位表的工作原理

这里所介绍的相位表是携带式单相表，主要用来测量交流电路中电压与电流间的相位差角。当然，由此角也可计算出单相和平衡三相电路的有功和无功功率因数。常用的 D3-Φ型相位表的工作原理如图 7-7-1 所示。

相位表是电动系流比计，固定线圈串接入被测的电流回路。电流流经固定线圈，产生磁场。可动部分的转轴上有两个互相交叉成 60°角的无框架动圈。一个动圈串接电感，一个动圈串接电阻，两者均和被测的电压回路并联。两个动圈流过电流，各自与流过固定线圈的电流所产生的磁场相互作用，产生转动力矩，两个动圈转动力矩的方向相反。对于不同的被测相位角，可动部分偏转到一定的角度时，两个转动力矩即达到相互平衡，固定在可动部分上的指针即指示出被

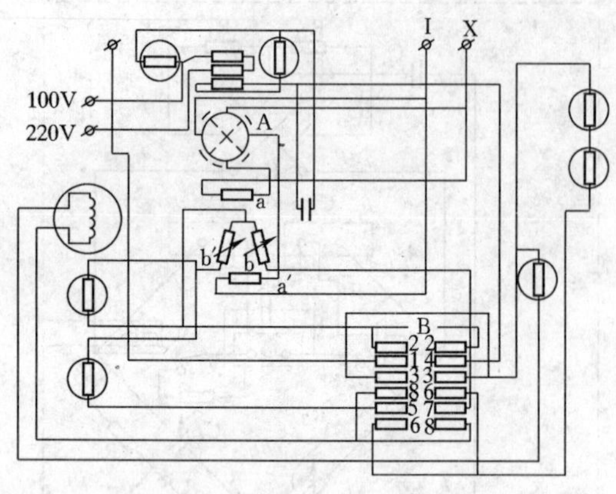

图 7-7-1 单相相位表原理接线图

A—电流线圈串并联开关；aa′—（电流）固定线圈；
B—电压象限开关；bb′—（电压）活动线圈

测的相位角差来。由于仪表不用弹力游丝，故在不通电状态下，指针可位于标度尺上的任何位置。

仪表的测量线路经过专门的调整，使用开关换接的方法来测量容性和感性的相位角差。象限开关共有四个位置，能够测量 0～360°的相位角或者 1—0—(—1)—0—1 的功率因数。

二、测绘电流相量图法

测绘电流相量图时，应首先测定三相电压是否正常平衡，然后测定相序，并进一步确定电压的各相名称。如电压互感器的二次侧 B 相接地，可用电压表测量各相对地的电压，对地电压为零的那相便是 B 相，从而按相序便可较容易地确定出 A、C 相电压。如电压互感器一次侧为星形接线，二次侧也是星形接线，并中性点接地，则可将电压互感器 B 相的一次高压熔断器或引接线断开，再用测量端子电压的方法找出 b 相 $(U_{ab}=U_{bc}=\frac{1}{2}U_{ac})$，从而定出 a、c 相电压。

用相位表测绘电流相量图时，应将被检验的电流按 $\dot{I}_a$、$\dot{I}_b$、$\dot{I}_c$ 相顺序地连接到相位表的电流回路（注意，每次连接的极性应一致，一般以 K_1 为电源侧，K_2 为负载侧），而将与被检验电流同一电路的任一相间电压（例如取 a、b 相间电压 $\dot{U}_{ab}$）接至相位表的电压回路，这样在相位表上即可读出各相电流与接入电压间的相角关系。以接入的电压 $\dot{U}_{ab}$ 为基准即可绘出电流的相量图，如图 7-7-2 所示。如发现电流相序不对或电流方向不对应，即应按正确的改正。

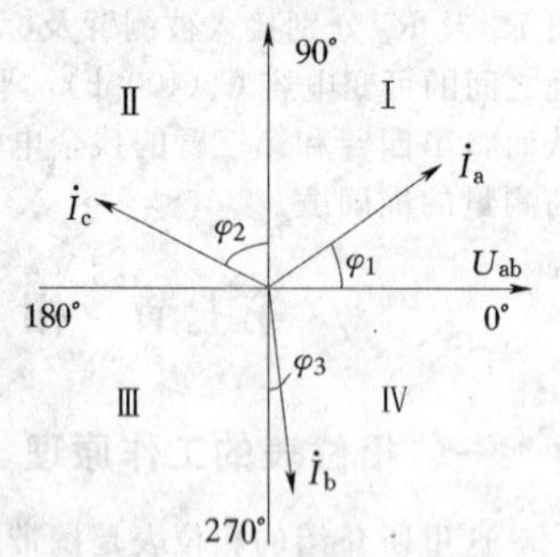

图 7-7-2 电流相量图法

第八节 钳形电表

一、一般钳形电表

（一）组成和工作原理

钳形表是在不拆断电路的情况下进行电流测量的一种仪表。钳形电表由电流互感器和电流表组成，例如 MG4—AV 型钳形电表原理接线，见图 7-8-1。图的上部是一穿心式电流互感器。其工作原理与一般电流互感器完全相同，只不过钳形电表没有初级绕组，它的初级绕组就是被测电流所通过的导线。当把载流导线卡入钳口时，电流通过导线，次级绕组中便出现感应电流，和次级绕组相连的电流表指针便发生偏转，从而指示出被测电流的数值。此钳形电表不仅能测量 10～1000A 的交流电流，还能测量 150～600V 的交流电压。

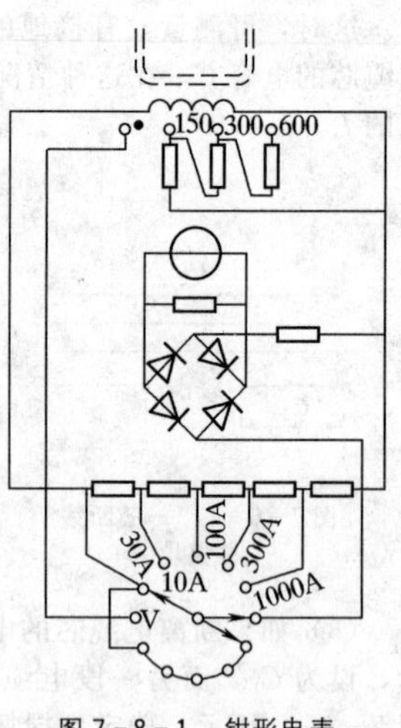

图 7-8-1 钳形电表原理接线图

（二）适用范围

钳形电表使用很方便，不用拆断电线、切断电源、重新连接电线，就能测出设备电流和电压，但准确度不高，只适用于对设备或电路运行情况进行粗略测量，不能用作精确测量。

（三）钳形电表使用注意事项

(1) 测量时，被测载流导线的位置应放在钳形口内的中央里部，以免产生的误差过大。

(2) 测量前应估计被测电流的大小、电压的大小，以选择合适的量限，或者先放在最大量限档上进行测量，然后根据测量值的大小再改用到合适的量限。

(3) 钳口应该紧密接触，如有杂声可重新开合一次，或检查钳口有无污垢存在，如有污垢，则应清除后再行测量。

(4) 测量完毕，一定要注意把量限开关置在最大量限位置上，以免下次使用时，由于疏忽未选择量限就进行测量而造成损坏电表的事故。

(5) 测量小于 5A 以下电流时，为了得到较为准确的测量值，在条件许可的情况下，可把导线多绕几圈再放进钳口内进行测量，但实际电流数值应为示值除以放进钳口内的导线匝数。

二、钳形相位伏安表

（一）用途和适用范围

下面介绍一种 MG29 型钳形相位伏安表。

MG29 型钳形相位伏安表是测量工频交流电量的幅值和相位的仪表，它可以测量幅值为 1～10A 的电流、15～450V 的电压，以及两电压之间、两电流之间或电压与电流之间的相角，还可以测定相序和功率因数（特点是电流信号的取得采用卡钳方式）。

本表具有一表多用、输入阻抗高、体积小、重量轻、准确度较高、维修简单、使用方便等优点，适用于电力系统设备二次回路检查、继电保护、高压设备和自动装置的调试。

（二）工作原理

幅值测量采用半波整流，电压以 150V 为基本量限，电流以 5A 为基本量限。相角测量采用晶体管脉冲电路，其原理方框图和各功能块处的信号波形见图 7-8-2。

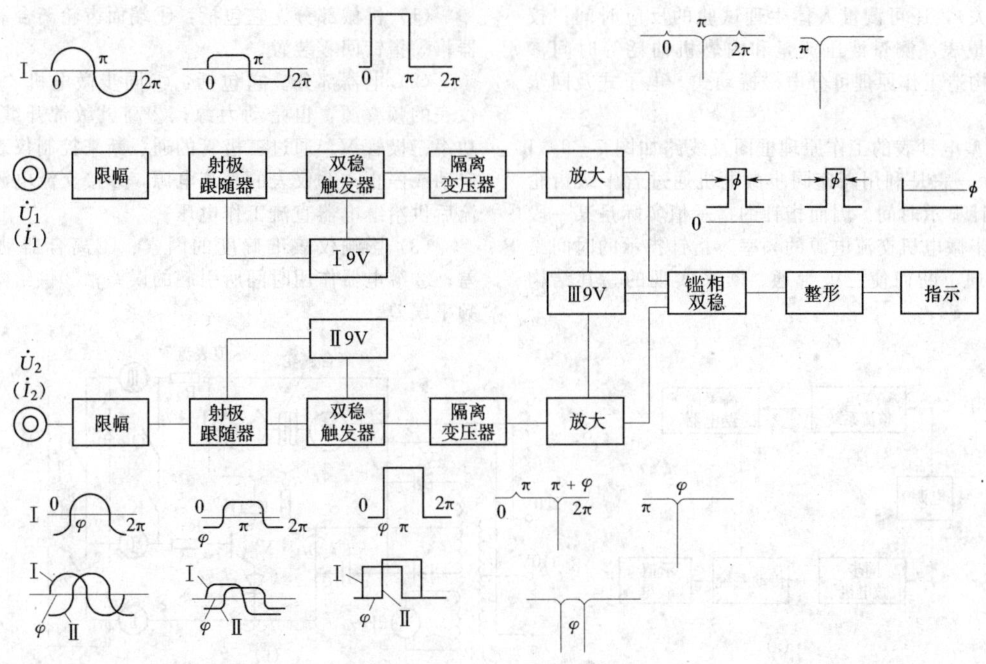

图7-8-2　相角测量原理

(三) 使用方法

(1) 信号接入。由 $\dot{U}_1$（或 $\dot{I}_1$）及 $\dot{U}_2$（或 $\dot{I}_2$）分别组成第一和第二两个回路。测量相角时，一个回路中，只能接入一个信号。如果接入电压，应将同一回路上的电流插头从表上拔去，红色电压端子 * 号接进线端。测电流卡钳进线前，必须将二芯插头接在表上，卡钳进线，应注意方向，* 号表示进线一侧。

(2) 幅值测量。根据被测信号，先转动转换开关，如果不知道信号大小，应先放在电压最大位置档450V和电流最大位置档10A，在测量过程中，再逐渐减小，然后按下测量选择开关中对应的 $\dot{U}_1$、$\dot{I}_1$、$\dot{U}_2$、$\dot{I}_2$、φ。测量幅值时，如需从 $\dot{U}_1$（或 $\dot{U}_2$）切换到 $\dot{U}_2$（或 $\dot{U}_1$）时，应将电键开关 $\dot{U}_1$ 先切换到0位置，再从0位切换到 $\dot{U}_2$ 的位置。测量完毕以及平时存放或运输过程中，测量选择开关均应放置在0位，以保护表头。

(3) 相角测量。将测量选择开关切换到 φ 位置。转换开关的位置与相角测量无关。将相角测量电键开关放在“校”的位置，按下电池开关，指针应指示满标度。如不指示满标度，可用螺丝刀调整面板上的电位器W，再将相角测量电键开关切换到360°位置，表针指示读数 $\varphi\times4$ 即为被测相角值。如果小于180°，可将电键开关从360°切换到180°指示，读数为 $\varphi\times2$。如果小于90°，可将开关从180°切换到90°，直接指示读数 φ。读数完毕，放开电池开关，相角测量开关放回360°位置。相角测量指示的角度，为第二路信号对第一路信号的滞后角。电流信号较小时，可把被测电线在卡钳铁芯上多绕几匝，卡钳输出也成倍增长，但不保证测量准确度。

(4) 功率因数 $\cos\varphi$ 的测量。将被测电压接在 $\dot{U}_1$ 上，电流接在 $\dot{I}_2$ 上。如相角读数 $\varphi<90°$，表示电路是感性的，将相角测量开关倒到90°量限，表针指示的 φ 角度，与表盘上的功率因数 $\cos\varphi$ 标度是对应的；如果相角读数 $\varphi>270°$，表示电路是容性的。切换 $360°-\varphi$ 后对照 $\cos\varphi$ 标度读数，或将被测电压换到 $\dot{U}_2$ 上，被测电流换接到 $\dot{I}_1$ 上，再读数。

(5) 相序的测量。以传统标示的对称三相电路为例，$\dot{U}_{ab}$（或 $\dot{U}_{a0}$）接1路 $\dot{U}_1$，$\dot{U}_{bc}$（或 $\dot{U}_{b0}$）接2路 $\dot{U}_2$。如表指示为120°，则为正相序；若指示为240°，则为负相序。

(四) 校验与调整

(1) 相角的自校。①两电压之间相角的校准。将15～50V电压信号同相加到 $\dot{U}_1$ 和 $\dot{U}_2$ 的端子上，相位表应指示在0°或360°。将电压信号之一反相加到 $\dot{U}_1$ 或 $\dot{U}_2$ 的端子上，相位表应指示180°。②两电流之间相角的校准。用两把钳型表同时测一根导线，进线方向相同，变化电流从1A变到10A，然后将 $\dot{I}_1$ 和 $\dot{I}_2$ 二路进线对换位置，二次测得的相角数应为0°或360°。再将两把卡钳的进线方向相反卡进，应指示在180°。③电压和电流之间相角的校准，可用 $D_3-\varphi$ 标准表进行校准。

(2) 相角的调整。在上述自校过程中，发现误差超过±4°时，应重新进行调整。将交流电压加到表上，从电流插孔上引出 TP_1、TP_2 两个测试信号，调整电位器 R_{W1}、R_{W2}，使二路反馈尖脉冲的位置处于限幅波的中间位置。调整时，信号源输出应是50Hz正弦波，波形失真尽量小。

(3) 电池。仪表内附三节叠层电池6F22、9V，当电池电压下降到7.5V时，应打开电池盖板更换。

(4) 卡钳的保养。卡钳是仪表的主要附件，出厂前，在转动部分、钳口都涂上仪表油脂，以保持润滑不锈。使用时，擦去钳口仪表油脂。注意干燥存放，定期对钳口加仪表油脂或防锈油，以保证卡钳的幅值和相角特性不变。

第九节　电　秒　表

一、工作原理及结构

电秒表用于测量任何动态的动作时间，如测量各种继电器、自动装置、断路器、接触器等的动作时间；另外，对其他变量加上附加装置，将被测信息转换为开关动作（机械触点或无触点开关），还可测量人体生理试验的反应时间；校对和测量各种量表，测量液压流量和内燃机油耗等时间参数。电秒表按构造工作原理可分电磁振动式、电子式及同步电机式。

401、405型电秒表的工作原理框图及线路如图7-9-1(a)、(b)所示。它是利用高速同步微电机通过若干级齿轮减速后，由指针显示时间。因而指针的指示值实际是某一段时间内供给同步微电机交流电源的频率。指针指示的时间是由外部触点的通、断而使三极管通、断来实现的。其结构如下：

(1) 机械部分。它包括：①端面齿轮离合器；②减速轮器；③指针回零装置。

(2) 电器部分。它包括：①同步微电机"M"，它是本仪表的频率源，也是动力源；②高灵敏常开继电器K和大功率三极管V，通过三极管的通、断来控制仪表计时机构的启动或停止；③仪表的直流电源，外接交流电源经降压、整流后供给继电器直流工作电压。

(3) 影响仪表准确度的因素：①离合器动作造成的误差；②继电器作用时间所引起的误差；③供给微电机的电源频率误差。

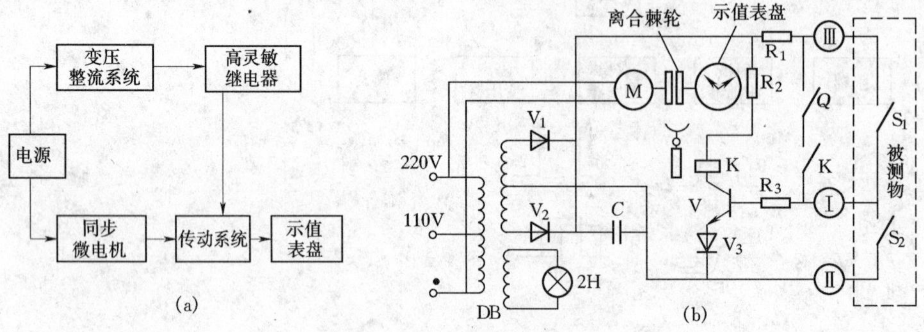

图7-9-1　电秒表工作原理图
(a) 框图；(b) 线路图

当仪表出厂后，仪表的测量准确度就依赖于外接电源频率的稳定性。如要求测量准确度较高时，可选用频率稳定度较高的电源，或用频率计将电秒表在使用时的频率记录后进行计算，以修正测量误差。

二、使用方法

(1) 电秒表应在规定的工作环境下（20±10℃、相对湿度小于80%）使用，并按测量分类选择相应的电路进行连接。

其测量方法见表7-9-1。

表7-9-1　　电秒表测量方法表

使用方法 \ 测量分类	Q的位置	外接开关	动作状态及说明		
			准确状态	测量状态	结束状态
1个闭合时间	连续性	S_1	断	通	断
		S_2	断	断	断
2个闭合的间隔时间	连续性	S_1	断	通	通
		S_2	断	断	通
1个断续接触时间	连续性	S_1	通	通	通
		S_2	通	断	通
2个断开之间的间隔时间	连续性	S_1	通	通	断
		S_2	通	断	断
2个触动时间的间隔	触动性	S_1	断	瞬时通	断
		S_2	断	断	瞬时通

(2) 用电秒表进行测量时应接上额定电压，先使同步微电机空转数秒到达同步转速，同时，根据所测对象，将工作选择开关Q定于"连续性"或"触动性"位置上，然后手按回零按钮使指针回到"0"位，至此电秒表即可开始工作。

使用之后，在作下一次测量时，仍应将指针调回"0"位。

(3) 电秒表能在字盘上直接读出指示值。401型电秒表容量为60s，字盘上有二圈标度，外圈100格，每格1/100s，以长针指示；内圈60格，每格1s，以短针指示。405型电秒表容量为600s，字盘上有三圈标度：外圈100格，每格1/100s，以长针指示；内圈60格，每格1s，以短针指示；小圈刻度10大格，每大格60s，以小针指示。

(4) 开始测量时，电秒表的指针应对准"0"位，在规定使用条件和额定测量范围内，任何量程运行一次的误差值为±6/1000s，如果测量不止一次，须乘上运行次数，即总误差是

$$\delta=\delta_1 n$$

式中　δ_1——规定误差；

n——运行次数。

以上误差是指在输入电源频率为50Hz时的示值。如果电源频率有变化，应乘50/f（更正系数），准确时值应为

$$t=t_1\times\frac{50}{f}$$

式中　t_1——秒表示值；

f——电源频率。

必要时，亦可测量超过该表容量的时间（但不得超过大继电器连续工作的允许时间）。

三、注意事项

(1) 电秒表可以连续工作8h，但端子Ⅰ、Ⅱ或Ⅰ、Ⅲ连续接通时间不能超过15min，以免损坏高灵敏继电器。为了缩短Ⅰ、Ⅱ或Ⅰ、Ⅲ连续接通的时间，测量前应作好准备工作。

(2) 电秒表在正常使用和保管的情况下，应定期检查、校对，并测量晶体管工作情况。

(3) 电秒表如不经常使用，长期放置仓库时间不应超过一年，一年之后，应通电检查，如发现问题，应进行校对、维修。

第十节　接地电阻测量仪

一、测量接地电阻的方法和仪器

发电厂和变电所的接地网、各种电气设备的保护接地或工作接地，都需定期测量其接地电阻的阻值，以掌握接地电阻的变化情况，及时处理不合格的接地装置，以保证人身和设备的安全。

测量接地电阻的方法和仪器有许多种，例如：用电压降法、补偿法、流比计式单臂电桥法等，现举例介绍一种专用的 ZC—8 型接地电阻测量仪。该仪器具有四个端子，除测量接地电阻外，还可用来测量土壤电阻率（是设计计算接地装置的基本资料）、导体电阻等。

二、ZC—8 型接地电阻测量仪结构和工作原理

（一）结构

ZC—8 型接地电阻测量仪由手摇发电机、电流互感器、滑线电阻及检流计等组成。全部机构装于铝合金铸造的携带式外壳内。附件有接地探测针及连接导线等，装于附件袋内。整个仪器体积小、重量轻、携带及使用便利。

（二）工作原理

这种接地电阻测量仪的工作原理接线如图 7-10-1 所示，利用的是补偿测量原理。当仪表发电机的摇把以 120r/min 的速度转动时，便产生约 110～115Hz 的交流电压。

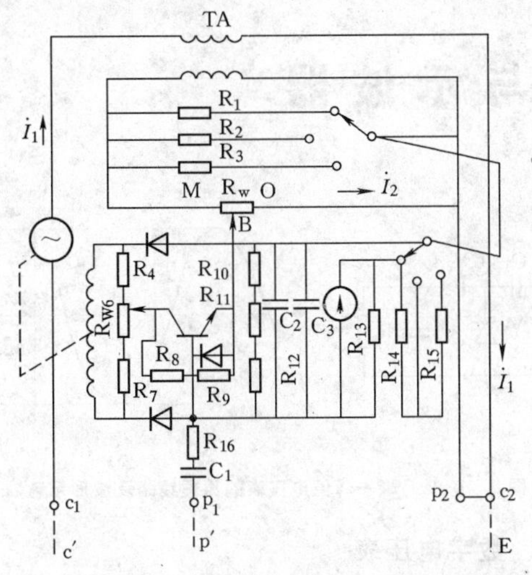

图 7-10-1　接地电阻测量仪的工作原理接线图

仪表的接线端子 c_2、p_2 连接于接地极 E，另外两端子 p_1 和 c_1 各连接于相应的接地探测针，即电位的 p′和电流的 c′。这两个接地探测针沿接地极 E 按适当的距离插入土壤中。

电流 $\dot{I}_1$ 从发电机经过电流互感器 TA 的一次绕组、接地极 E、大地和电流探测针 c′而回到发电机。由电流互感器二次绕组产生的电流 $\dot{I}_2$ 接于电位器 R_w。

当检流计指针偏转时，借助调节电位器 R_w 接触点 B 以使其达到平衡，则 c_2 和 p_1 之间的电位差便与电位器 R_w 的 O、B 间的电位差相等。设接地装置的接地电阻为 r_x。

因此，如果标度盘满刻度为 10，读数为 N，即有下列关系式

$$I_1 r_x = I_2 R_w \frac{N}{10} \quad 或 \quad r_x = \frac{I_2}{I_1} \times \frac{R_w N}{10}$$

由此可知，如 $I_2 = I_1$，则

$$r_x = R_w \frac{N}{10}$$

如 $I_2 = \frac{I_1}{10}$，则

$$r_x = R_w \frac{N}{100}$$

如 $I_2 = \frac{I_1}{100}$，则

$$r_x = R_w \frac{N}{1000}$$

也就是量限按 1/10 的比率递减，借助开关 S 改变 I_2，可得到三个不同的量限，即：

0～1000Ω，0～100Ω，0～10Ω；

或　0～100Ω，0～10Ω，0～1Ω。

三、ZC—8 型接地电阻测量仪使用方法

（一）接地电阻的测量（见图 7-10-2）

（1）以被测接地极 E 为起始点，使电位探测针 p′和电流探测针 c′沿直线依次彼此相距 20m 插入地下。

（2）用导线将 E、p′和 c′连于仪表相应的端子。

（3）将仪表水平放置，检查检流计的指针是否指在中心线上，否则可用零位调整器将其调整得指中心线。

（4）将“倍率标度”置最大倍数，慢慢转动发电机的摇把，同时旋动“测量标度盘”使检流计的指针指于中心线。

（5）当检流计的指针接近平衡时，加快发电机的摇把的转速，使其达到 120r/min 以上，调整“测量标度盘”使指针指在中心线上。

（6）如“测量标度盘”的读数小于 1，应将倍率标度置于较小的倍数，再重新调整“测量标度盘”，以得到正确读数。

（7）用“测量标度盘”的读数乘以倍率标度的倍数即为所测的接地电阻值。

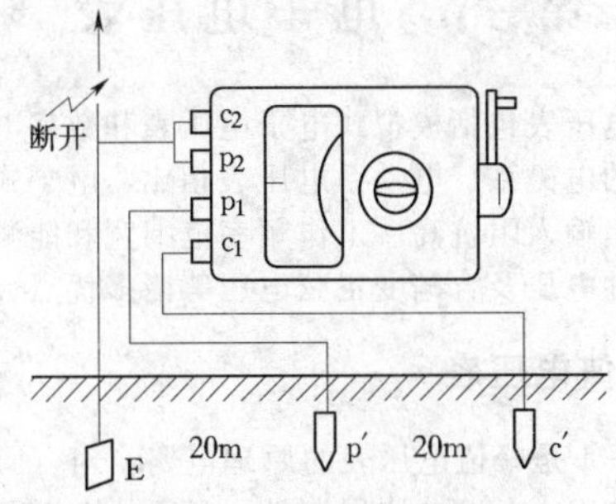

图 7-10-2　测量接地电阻的接线

（二）注意事项

（1）当检流计的灵敏度过高时，可将电位计探针插入土壤中浅一些的位置；当检流计灵敏度不够时，可沿电位探测针和电流探测针注水，使其湿润。

（2）若接地极 E 和电流探测针 c′之间的距离大于 20 m，当电位探测针 p′插在离开 E、c′之间的直线几米以内的位置时，其测量时的误差可以不计，但 E、c′间的距离小于 20 m 时，则需将电位探测针 p′正确地插于 E 和 c′之间的直线中间。

（3）当用 0～1/10/100Ω 规格的仪表测量小于 1Ω 的接地电阻时，应将 c_2、p_2 间的连接片打开，分别用导线连接到被测接地体上，以消除测量时连接导线电阻附加的误差，如图 7-10-3 所示。

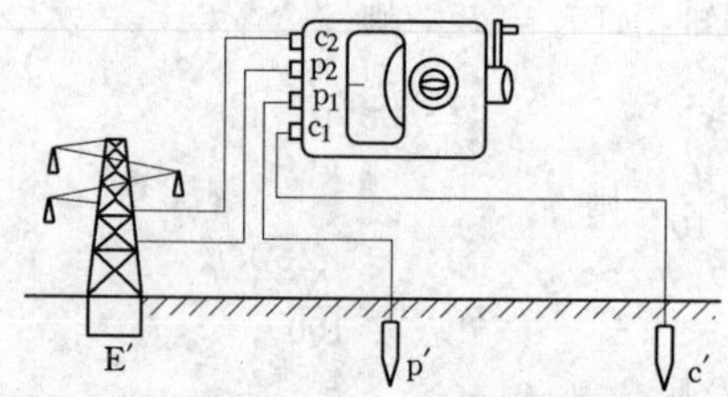

图 7－10－3　测小接地电阻的接线

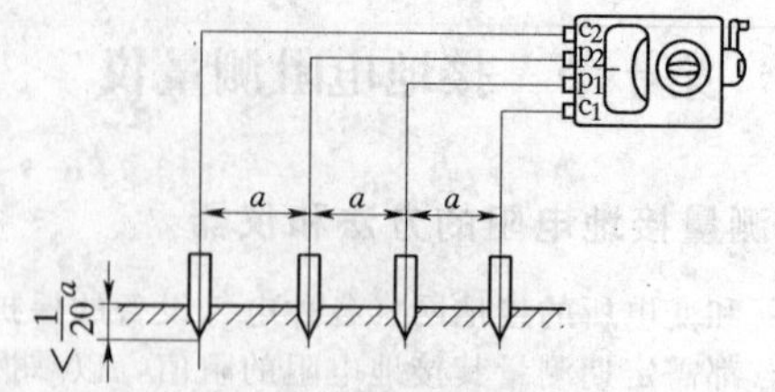

图 7－10－4　测量土壤电阻率的接线

(4) 测量工作接地或保护接地时，都必须将引线与设备断开。

(三) 土壤电阻率的测量

具有四个端子的接地电阻测量仪（0～1/10/100Ω）也可用于测量土壤电阻率。在被测区沿直线埋入地下 4 根金属棒，彼此相距为 acm，金属棒的埋入深度不应超过距离 a 的 $\frac{1}{20}$，如图 7－10－4 所示。打开 c_2 和 p_2 间的连接片，用 4 根导线按图 7－10－4 所示连到相应的探测金属棒上，测量方法与测量接地电阻的方法相同。所测的土壤电阻率为

$$\rho=2\pi aR$$

式中　ρ——该地区的土壤电阻率（Ω·cm）；

R——接地电阻测量仪的读数（Ω）；

a——棒与棒间的距离（cm）。

以上方法所得到的电阻率可近似地认为是在被埋入棒之间区域内的平均土壤电阻率。

(四) 导体电阻的测量

按图 7－10－5 所示将 c_1、p_1 短接，c_2、p_2 短接，然后将被测电阻置于 c_1、p_1 和 c_2、p_2 间测量，用与测土壤电阻率相同的方法测量，即可测得导体的电阻值。

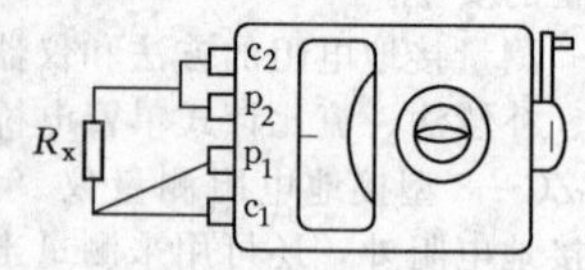

图 7－10－5　测量导体电阻的接线

四、保管注意事项

(1) 搬运仪表时须小心轻放，避免剧烈震动，以防轴尖宝石受损而影响指示；存放时，倍率标度要放在最大倍数档。

(2) 应存放在温度为 0～40℃、相对湿度不超过 85%的地方，且空气中不含有腐蚀性气体。

(3) 要定期检验，如利用标准电阻测试仪表，以校正误差。

第八章　电子仪器与示波器

第一节　电子电压表

电子式电压表包括模拟式电子电压表和数字电压表。与前面介绍过的电磁系、电动系电压表相比，电子式电压表具有灵敏度高、输入阻抗高、工作频率范围宽和能测量多种典型波形周期性电压及含畸变正弦电压等诸多优点。

一、峰值电压表

图 8－1－1 是峰值电压表的原理电路。对 (a) 图而言，只要时间常数 RC 大于被测周期性电压 U_x 基波成分的周期 T，R 上的电压的平均值或流过它的电流的平均值就正比于 U_x 的峰值。

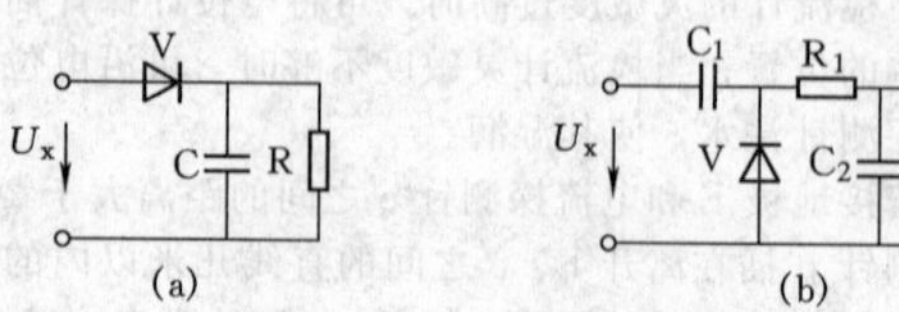

图 8－1－1　峰值电压表原理线路

二、峰—峰值电压表

它的原理电路如图 8－1－2 所示。可以证明，此电路输出电流（指示值）正比于被测输入电压的峰—峰值 $U_{x+1}+|U_{x-1}|$。

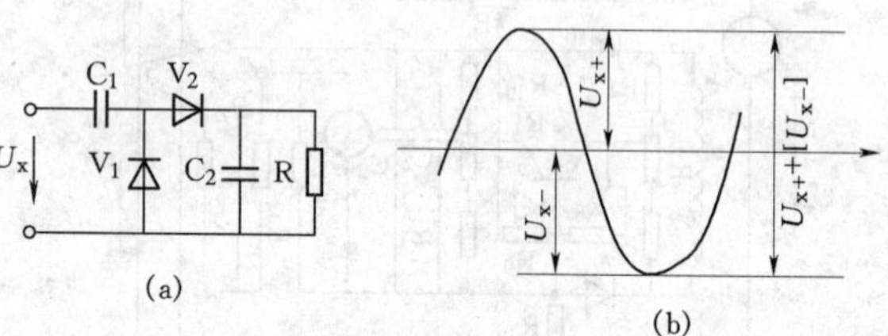

图 8－1－2　峰—峰值电压表的原理线路及波形示意

三、数字电压表

传统的电机械式电压表（包括电磁系、磁电系和电动系电压表等）和模拟电子式电压表都是将被测模拟（电压）量以机械指针的偏转来表示。而将模拟电压量经 A/D 转换器数字化并加以表示的，便是数字电压表。

数字电压表与其他数字式仪表一样，均具有无读数误差、准确度高、灵敏度高、输入阻抗高、测量速度快等特长。下面介绍两种常用数字电压表的工作原理。

(一) 逐位逼近比较式数字电压表

它的工作原理相仿于天平。其原理性框图和比较工作过程见图 8－1－3。标准源产生一组由大到小互为二进制关系的标准电压，相当于不同大小的砝码，故被称为“电压砝码”。测量时，在控制电路操纵下，最大电压砝码首先与被测电压 U_x 进行比较，若大于 U_x，就换以较小砝码再比；反之，则保留此电压砝码，并增加较小电压砝码再进行比较。如此逐位比较下去，直至最小的电压砝码参与比较后为止。

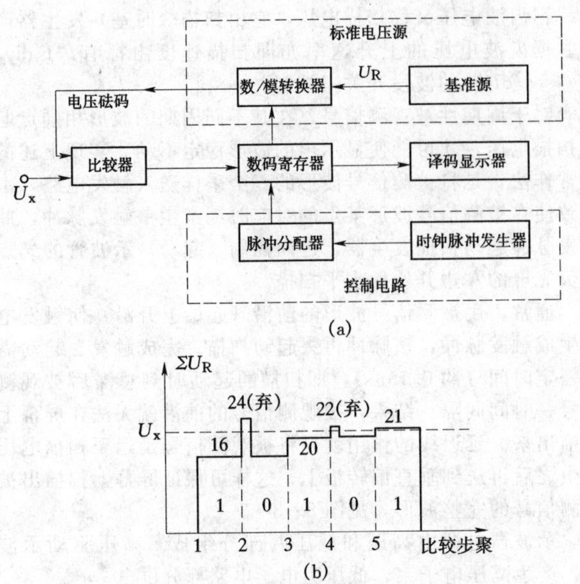

图 8-1-3　逐位逼近比较式数字电压表的工作原理

如此保留下来的所有电压砝码值的总和（被数码寄存器送至译码显示器输出），便是被测电压 U_x。设最小的电压砝码值为 1 mV，则被测电压 U 等于 10101（二进制）＝21（十进制）mV。

（二）双斜率积分式数字电压表

它的原理说明电路及波形示意见图 8-1-4。逻辑控制电路使被测电压 U_i（假设 $U_i<0$）通过电子开关并加到积分器上，在给定的时间 T_1 内，积分器输出电压，即积分电容 C 上的电压 U_C 充电增加；与此同时，逻辑控制电路也打开脉冲控制门，让标准时钟脉冲进入计数器计数。积分器输出电压的最大值与被测电压的平均值成正比。计数器在 T_1 时间里记录的脉冲数 $N_1 = T/T_0$ 也是确定的。将数（N_1-1）设为计数器的计数上限。于是，逻辑控制电路可据到来的第 N_1 个脉冲去断开被测电压信号，并获得时间间隔 T_1。随即，逻辑电路将正的基准电压 $+U_N$ 经电子开关接通给积分

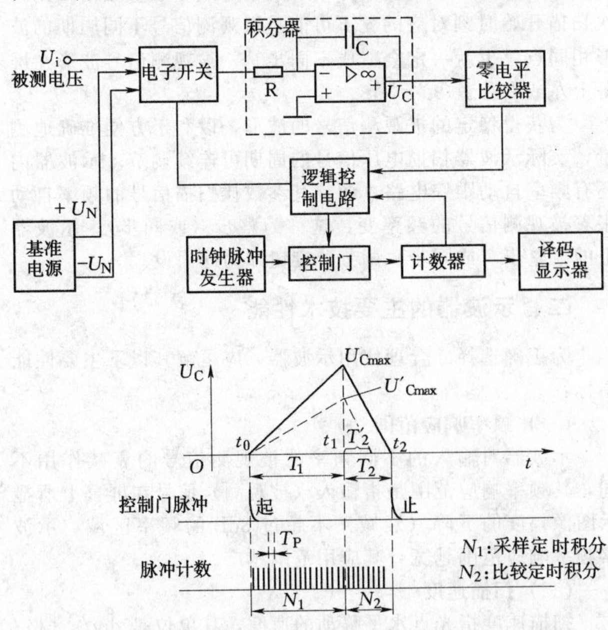

图 8-1-4　U—T 变换型双斜率积分式数字电压表原理

器。从 t_1 时刻起，积分器进行反向积分，积分电容开始反向放电，且计数器清零重新计数。经过时间间隔 T_2 后，积分器输出电压从 U_{cmax} 降到零电平。可以证明，被测电压 U_i 的平均值正比于反向积分的时间间隔 T_2。可见，这种数字电压表是通过在一个测量周期内的两次积分，把被测电压转换为与它平均值成正比的时间间隔，计数器在此时间间隔内做脉冲计数，以此来反映被测电压的值。

第二节　电子计数器

图 8-2-1 是电子计数器的原理方框简图。电子计数器一般由五大部分组成，其功能为：整形、放大部分把不同波形、幅值的被测信号转换成与其基波频率相同的标准信号。石英晶体振荡器输出标准频率的脉冲序列，它经分频后，可得到周期已知的一系列（不同周期）标准脉冲信号序列，它们或被用作计数器的标准计数脉冲（也称填充脉冲）；或用来作标准时间，用以控制计数器的门电路，控制进入计数器被测脉冲的个数。计数器在控制门的控制下工作，记录体现被测对象的脉冲数，并将测得结果以数字形式显示出来。

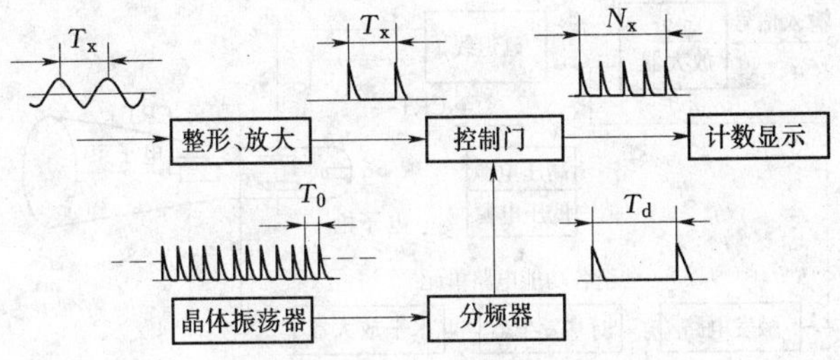

图 8-2-1　电子计数器原理框图

电子计数器是一种多用途的仪表，它的各功能部分间不同的相关连接组合，可用于测量频率、周期、时间间隔、两同频正弦量的相位差和两周期性信号的频率比等参数。图 8-2-2和图 8-2-3 分别是计数式周期测量仪和数字式相位计原理框图。

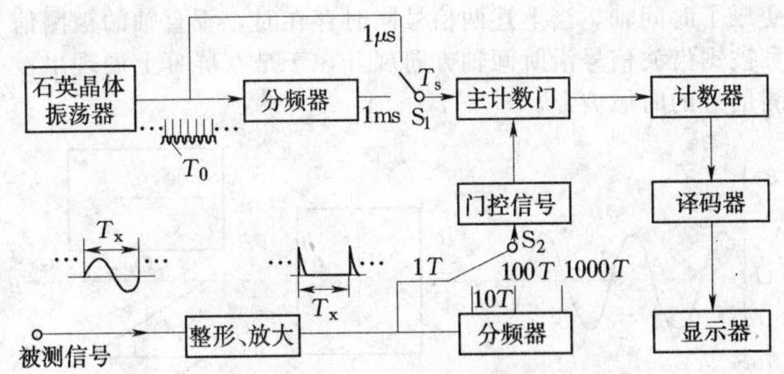

图 8-2-2　计数式周期测量仪的原理框图

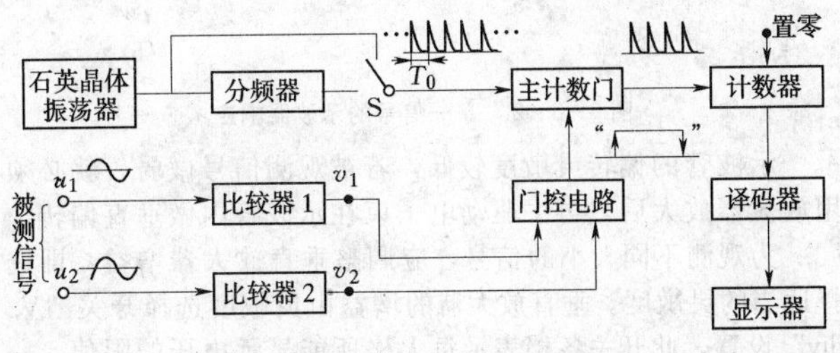

图 8-2-3　数字式相位计原理框图

第三节 电子示波器

一、示波器的基本原理

电子示波器简称示波器，是可观测时域电压信号波形或某两时域电压信号间函数关系的快速显示仪器。示波器的基本量测量是电压。在配以辅助设备、测量电路等条件下，用它还可以观测其他电信号、电参数和非电的物理量。示波器的应用范围很广，几乎所有电工测量都可用它显示结果。

（一）各基本工作单元及相互协调的工作原理

尽管示波器有很多种，但它们都包括有示波管、垂直放大器（简称Y放大）、水平放大器（X放大）、延迟线、扫描（时基）发生器、触发电路和电源等功能电路单元。图8-3-1为通用示波器的原理框图。

示波管的基本结构也示意在图8-3-1中，它的电子枪、偏转系统和荧光屏等全部被密封在抽成真空的玻璃外壳内。电子枪在电源驱动下产生一精确聚焦的电子束，并加速其达很高速度射向涂覆有荧光物质的屏幕，结果在荧光屏上产生一小亮（光）点。

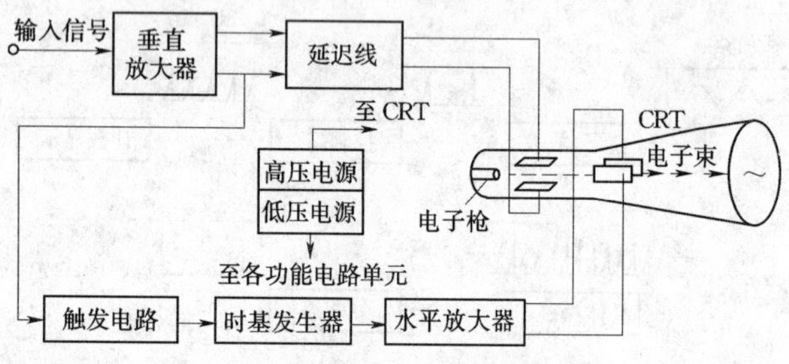

图8-3-1 通用示波器原理框图

电子束射向荧光屏时，穿过一组垂直偏转板和一组水平偏转板。当只有交变的被测信号经垂直放大器加到垂直偏转板上时，仅在屏幕上形成一条垂直线，其长短反映被测信号的强弱，见图8-3-2（a）；而仅有锯齿波经水平放大器加至水平偏转板时，屏幕上则仅有一水平直线，见图8-3-2（b）。锯齿波信号的幅值正比于时间，故屏幕上的水平轴就变成了时间轴。当上述两信号同时存在时，垂直轴的被测信号被锯齿波信号沿时间轴方向展开，于是在屏幕上展现出被测信号的时域波形。

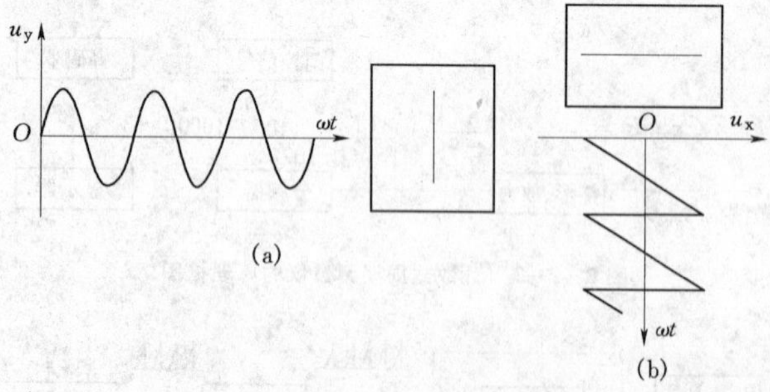

图8-3-2 单一信号的示波器响应

示波管的偏转灵敏度较低，若被观测信号微弱，就必须用放大器放大后，再去驱动电子束在示波管内做垂直偏转。

为观测不同大小的信号，应调整垂直放大器增益，即选择适当的灵敏度。垂直放大器的增益由灵敏度选择开关“V/div”设置。此开关各档表示每大格所能显示电压的限值。一般每大格边长为1cm，所以灵敏度单位也写成“V/cm”。

锯齿波电压又称扫描电压，它由扫描（时基）发生器产生。锯齿波电压的上升速率亦即扫描速度由标有“t/div”或“sec/div”的波段开关来控制。

对于周期性被观测信号，在其不同周期的波形相同点起动扫描电压，才可能使显示出的波形稳定不动。实现上述的通常作法，是将被测信号波形的一个采样送入触发电路，由此致使在被测信号波形某点的对应时刻产生一触发脉冲，此触发脉冲起动扫描发生器，进而控制（起动）示波管的光点从荧光屏的左边开始做水平扫描。

通常，用被测信号波形的前沿（起始上升沿）使触发电路生成触发脉冲，该脉冲再去起动扫描。完成触发、起动需要一定时间（约0.15μs），即扫描的起动时刻总滞后被观测信号一时间间隔。结果，被观测信号的前沿就无法在屏幕上扫描出来。延迟线的作用就是将被观测信号延迟至扫描电压产生之后再送到垂直偏转板上，这样可保证屏幕上扫描出被观测信号的完整波形，见图8-3-3。

示波器电源由高压和低压两部分组成。高压驱动示波管，产生高压电子束，低压为电子电路部分供电。

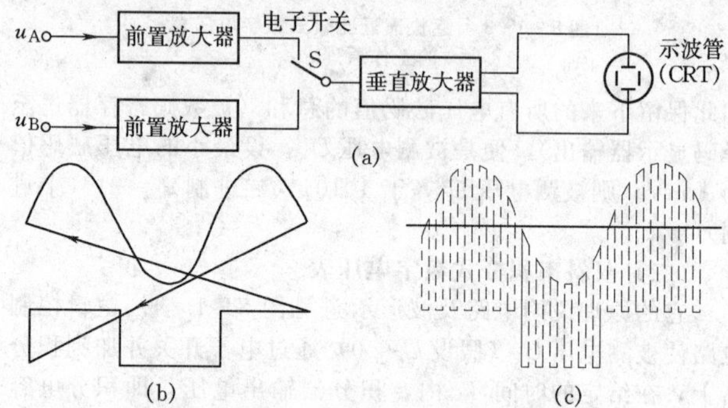

图8-3-3 双踪示流器Y通道简化框图和显示方式波形示意

（二）同步及其实现

为使被观测周期信号在荧光屏的确定位置上重复出现，就要求扫描信号与被观测信号同步，即每水平扫描信号的出现，都必须是在被观测信号不同周期的波形相同点。只要扫描电压的周期与被观测信号的周期不等或不成整数倍，则每次扫描开始时刻对应的就不可能是被观测信号不同周期的波形相同点，也就一定会造成不同步——被观测信号波形在屏幕上左或右移。

为获得稳定的被观测信号的波形，以利于方便准确地测量，实际示波器扫描电压信号的周期可连续调节。示波器内还有频率自动跟踪电路，调整其参数让扫描信号的频率自动跟着被观测信号的频率变，这称为整步（或同步）。示波器上的“整步（或同步）调节”旋钮即为此而设。

二、示波器的主要技术性能

为正确选择、合理使用示波器，应了解其以下主要性能指标：

（一）频率响应范围

示波器对输入的不同频率的被观测信号的衰减作用不同，其频率响应范围是指输入（被观测）信号在屏幕上所显示图像幅度的下降（衰减）不超过3dB的频率区域。示波器频率响应范围越宽，其应用范围越广。

（二）扫描速度

扫描速度指光点水平移动的速度，其单位是div/s（格/秒）或cm/s。为观测不同频率的信号，必须以相应速度扫描。扫描速度越高，示波器能展开高频信号或窄脉冲信号波形的能力越强；反之，对缓慢变化的信号，则要求以相应的低速扫描。故示波器扫描速度范围越宽越好。

（三）输入阻抗

输入阻抗用示波器输入端口测得的直流电阻 R_i 和与之并联的电容值 C_i 表示。显然，R_i 越大，C_i 越小，示波器的输入阻抗越大，它对被观测信号电路的影响越小。

（四）偏转灵敏度

偏转灵敏度是指光点在屏幕上偏转单位长度所对应无衰减被观测信号峰—峰值的大小。它体现着示波器观测微弱信号的能力；其值越小，即偏转灵敏度越高，表明示波器能观测微弱信号的能力越强。一般示波器的偏转灵敏度为每厘米几毫伏。

三、示波器的种类

根据用途与特点，电子示波器可分为以下六类：

（一）通用示波器

通用示波器为如图 8-3-1 所示由单束示波管按一般原理组成的常见示波器。早期的通用示波器是单束单踪式的，即只能观测一路信号，现在通用示波器已为单束（线）多踪（迹）式的，且更多见的是单束双踪式示波器，简称双踪示波器。双踪示波器采用单束（线）示波管并利用电子开关，能以交替或断续方式同时显示两路被观测信号的波形，见图 8-3-3。

（二）多束示波器

常见的多束示波器是双束示波器，它具有两套独立的垂直系统与一套水平系统，使两束电子射在同一荧屏上，形成两条光迹，见图 8-3-4。可观测同时出现的多个快速单次瞬变信号是多束示波器的特长。

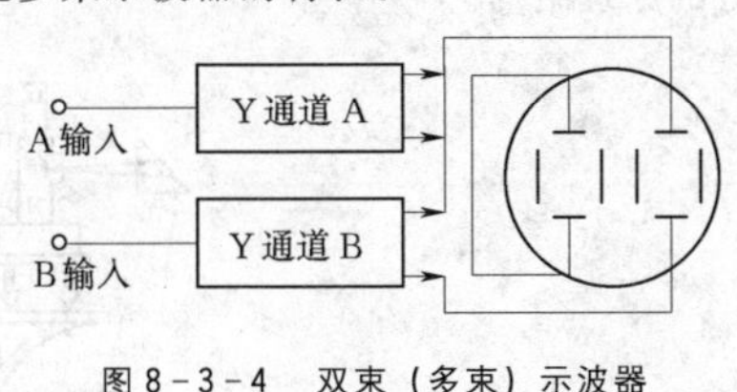

图 8-3-4　双束（多束）示波器简化原理框图

（三）取样示波器

取样示波器的工作原理是先将被测高频信号经取样变换成保持原有信号特征的低频信号，然后再以类似通用示波器的方式进行显示。取样示波器常用于观测 300MHz 以上的高频周期信号及脉宽为纳秒级的窄脉冲信号。

（四）记忆和存储示波器

记忆和存储示波器是具有记忆、存储功能——可将周期信号或慢变信号足够长时间地保留在屏幕上或储存起来的示波器。采用记忆示波管记忆信号的称为记忆示波器；利用数字存储器存储波形信息的叫数字存储示波器。它们特别适用于观测单次瞬变过程和非周期信号。

（五）特殊示波器

特殊示波器是带特殊功能部件用于特殊场合的专用示波器，例如高压示波器、矢量示波器及电视示波器等。

（六）智能示波器

智能示波器是随微处理器、微计算机技术的发展而出现并仍在迅速更新的一类新型示波器。微处理器植入普通示波器使其具有控制操作和计算功能，是最初的智能示波表的特征；人们很快又研制出了能自动操作、自动校准、数字化处理被观测信号、数字存储并可将测量结果同时以字符和波形形式示出的智能化程度较高的示波器。最新型、更高级智能示波器的构成特点则是示波器电路装入微型计算机，即采用模/数转换和数字处理技术制成的示波卡（示波器电路板）插入微型计算机，使微型计算机所具有的强大功能成功地应用于波形测试领域。与普通示波器相比，这种微机型智能示波器功能齐全、性能先进，可以：①自动测量，数字存储；②菜单界面，键盘操作；③大屏幕彩色显示；④支持外存读写，大容量存储；⑤锁存波形与硬拷贝；⑥编辑且直读波形及其参数（包括波形的平移、放大、缩小和游标读数等）；⑦压缩、滚动显示与延时触发；⑧观测无闪烁慢变信号；⑨支持快速傅里叶变换、相关分析、卷积和传递函数等数字处理功能。

示波器的基本量测量是电压。若希望用示波器观测其他量，都必须设法先将其转换成电压。

第九章　检　流　计

第一节　检流计的用途

在科学研究与工程实际中经常测量如 10^{-9}A 数量级的电流或 10^{-6}V 数量级的电压等。能有效地测量这些微小电学量的仪器是检流计。检流计更多的是用于检测流过电路某支路的电流是否为零或电路中某两点间的电位差（电压）是否为零，即主要在电桥和电位差计中作指零仪表。专用于测量短暂脉冲电量的检冲计称为冲击检流计。

第二节　直流检流计

一、可动磁针型直流检流计（正切检流计）

图 9-2-1 是它的原理图。其固定线圈 M 内设有磁针，

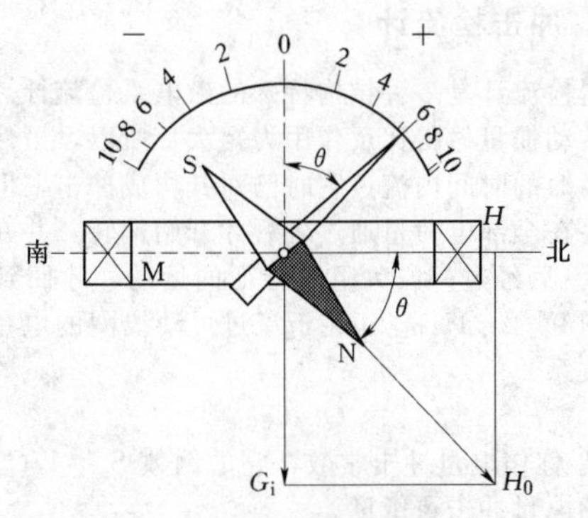

图 9-2-1　正切检流计

借助地磁起制动作用。设单位电流流经 M 产生的磁场为 G（A/m），地磁场的水平分量为 H（约 24A/m），则被测电流 I 经过 M 形成的磁场 G_i 与 H 合成的磁场为 H_0，其方向便

为磁针停止的方向。由于磁针偏转了角 θ，所以被测电流就表示为

$$I=\frac{H}{G}\tan\theta$$

二、磁电系检流计

将磁电系仪表测量机构的反抗力矩减弱（例如使用悬丝或弱张丝）和采用光标指示等措施，便构成了磁电系检流计，见图 9-2-2。它的刻度零点处在中间，两边各有 50 个宽为 1 mm 的小格。它的性能表示方法与一般电流表不同，不是用满偏值，而是用 A/小格表示，称作电流系数 C_I，例如 $C_I=10^{-9}$ A/格，表示每小格代表 10^{-9} A。C_I 的倒数 $S_I=1/C_I$ 即为电流灵敏度。设偏转格数为 α，则 α 与电流的关系为 $\alpha=S_I I$，或 $I=C_I\alpha$。

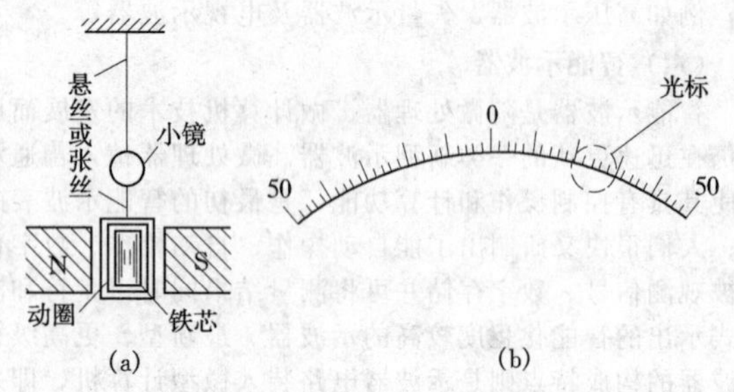

图 9-2-2　磁电系检流计
(a) 原理性结构图；(b) 刻度分析

三、检流计的制动

检流计通以电流 i，可动线圈发生转动，切割气隙中的磁力线，产生与转动速度 $d\alpha/dt$ 成正比的电动势。此感应电动势将引起一个与 i 方向相反的电流 i_p 流向外电路。i_p 的大小与检流计的内阻 R_i 和外部等效电阻 R 有关。i_p 与气隙中的磁通相互作用，产生阻碍可动部分运动的阻尼力矩 M_p。不同的外电路电阻 R，决定了检流计可动部分的运动有 R 阻尼、临界阻尼和过阻尼三种形式，它们分别对应于图 9-2-3 中的曲线 a、b 和 c。从理论上讲，临界阻尼对应的可动部分的运动过程最短，有利于尽快读取测量结果。

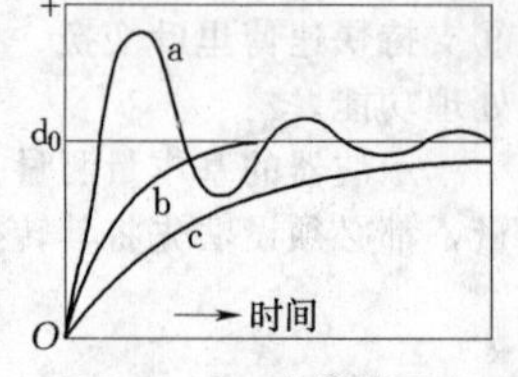

图 9-2-3　检流计可动部分的运动特性

四、冲击检流计

冲击检流计是一种结构特殊的磁电系检流计。它的可动部分的转动惯量做得比反作用力矩大，所以，虽然当变化的电流在极短的时间内流过它时已对其构成冲击，但其可动部分迟迟要在全部电荷量通过之后才开始偏转，并在到达最大偏转角 α_{m1} 后经过一段欠阻尼特征的运动，才回到原来的位置，见图 9-2-4。α_{m1} 正比于流过可动线圈的电量 Q。它们间满足关系

$$Q=C_q\alpha_{m1}$$

其中，C_q 称作电量冲击常数，它的倒数 $S_q=1/C_q$ 即为冲击检流计的电量冲击灵敏度。

冲击检流计主要用于测量短暂的脉冲电量，例如对电容经小电阻放电的脉冲电量（或电流）的测量；对以冲击法研究磁性材料的磁特性时的感应电动势的测量等，都是用它完成的。

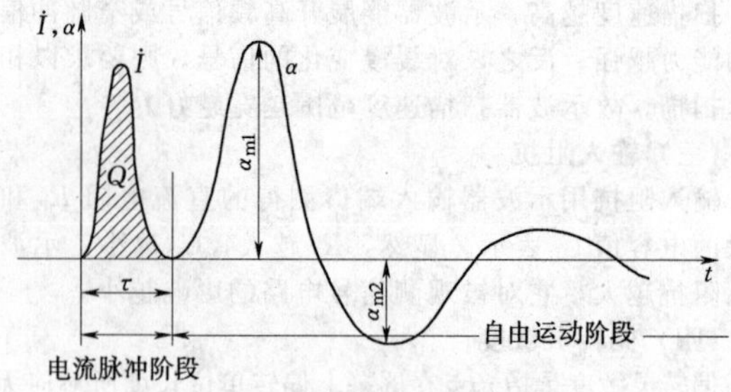

图 9-2-4　检流计测电量

五、检流计示数光学读取法

在微小电流情况下，仪表可动部分的偏转很小（约为 3°～5°的小角度），难以靠指针来显示。为此，在可动部分上固定一面小镜，把可动部分偏转角的光迹反射投影在标度尺上进行读数，见图 9-2-5。设标度尺 S 与小镜 m 的距离为 D，检流计通电流使小镜偏转 θ 角，则光迹偏转量 d 便为

$$d=\tan 2\theta$$

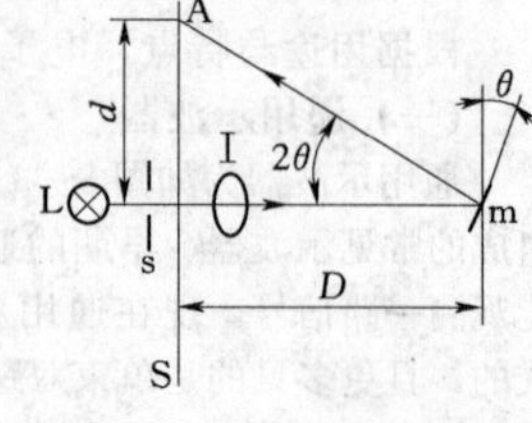

图 9-2-5　检流计示数装置的光反射结构

在 θ 非常小条件下有 $d\approx 2\theta$。可见，检流计不仅可采用反射光迹读数的方法使灵敏度增大一倍，必要的话，还可通过加长标度尺与小镜间的距离 D 使灵敏度进一步提高。图 9-2-6 中给出了两种靠光在几个平面镜上的反射来增加 D 的检流计示数部分的原理结构。

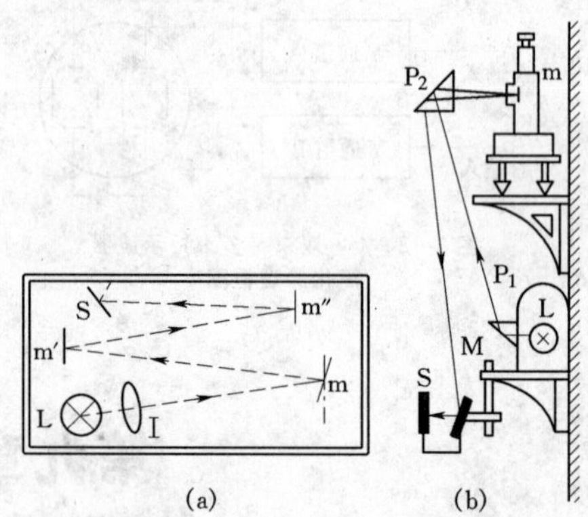

图 9-2-6　检流计多次光反射示数结构
(a) 光指针形；(b) 竖直读取形

六、电子式直流检流计

图 9-2-7 中示意出了一种由电子式直流放大器与指示仪表组合而成的高灵敏度装置。其工作原理为：先调节半导体三极管集电极侧补偿电路的电阻 R_0，使指示仪表指零；随即被测电流 i 到三极管的基极，它流入电阻 R_g，在 R_g 上产生的压降 $R_g i$ 被直流放大器放大，指示仪表 A 便指示出

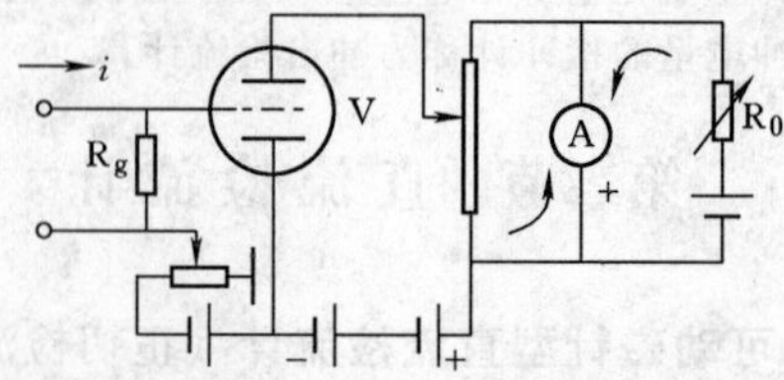

图 9-2-7　电子式直流检流计

被测电流 i。受放大器特性和电源电压变动等因素的制约，此种装置的测量准确度不高。

图 9－2－8 是一种称为断续式直流放大器的能检测微小电流的装置。被测电流流经输入电阻 R_g，在其上形成的输入电压 $R_g i$ 由继电器对电容充放电变换为交流电压 e_1。e_1 放大 μ 倍后又被整流变换成直流电压 e_2，并负反馈至输入侧；其结果，$R_g i$ 与 $\beta R_f I$ 平衡。

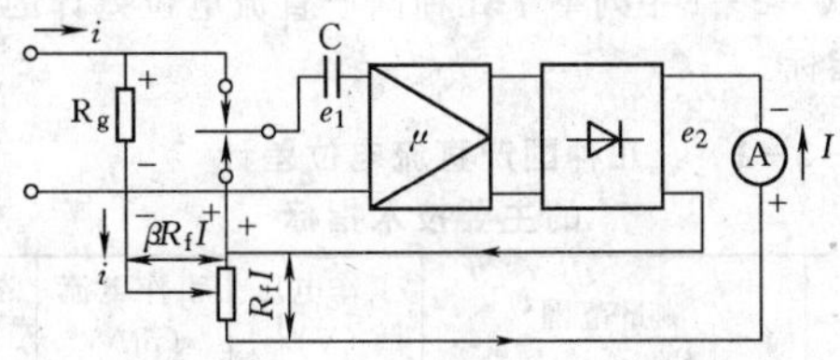

图 9－2－8　断续直流放大器式检流计

即有

$$I=\frac{R_g}{\beta R_f}i$$

被测电流 i 可由指示仪表 A 直读。

此装置不仅可测微小电流，利用功能转换开关还能测量电压、电阻。它的灵敏度分别是电流 10^{-4} μA/格、电压 10^{-1} μV/格和电阻 10^8 MΩ/格。

第三节　交流用检流计

一、振动检流计

图 9－3－1 是它的原理结构。它的可动部分由小永久磁铁和小镜构成，其上下被张丝拉紧。小磁铁处于绕上线圈的磁极间，被检测小电流 i 通入此线圈后，质量与惯性都很小的可动部分便跟随 i 引起的交变磁场的瞬时值的变化动作。小镜左右摆动中，将光线反射在标度尺上形成幅度正比于 i 的光带。这种检流计主要用于工频，用作指零仪表。

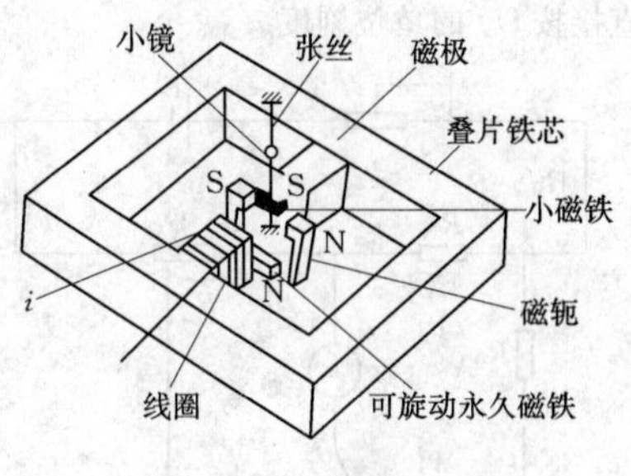

图 9－3－1　振动检流计

二、振子

振子是一种可动部分的质量和惯量都很小的磁电系检流计测量机构。由张丝支承的可动部分被固定在圆柱形框架内，加罩外套管，内充硅油以实现阻尼。外套管开有一透镜窗，光线穿过它聚在可动部分的反射小镜上。它能时实地跟随快速变化量动作，可反映 10^4 Hz 以下交变量的变化情况。主要用于光线示波器中。

三、交流电桥指零仪

目前使用最多的交流电桥指零仪是检幅式选频指零仪。但这种指零仪仅指示不平衡信号的幅值，而不能指示它与参考相量间的相角差。可是交流电桥的调节装置却是按照分别调节的原则，即对应称测器件参数的同相分量与正交分量来设计的，因此，用检幅式选频指零仪，增加了平衡调节时间。

另一类平衡式交流电桥用指零仪是相敏指零仪。尤其在新型电桥中采用相敏指零仪，可实现分别平衡和分别直接读数。原则上各分量只需调节一次就可达到平衡，实际上由于 90°相敏检波有误差，所以仍需反复调节数次。但这种指零仪的收敛速度及抑制干扰的能力都明显优于普通的检幅指零仪。

对于平衡电桥，指零仪示值的准确度并不重要，更重要的零值附近的灵敏度及对干扰的抑制能力。为了使指零仪在电桥严重偏离平衡点时不至于损坏，应有保护措施。故一般将指示表头制成对数刻度，即在零位附近最灵敏，而信号大时，灵敏度下降。

第十章　电　位　差　计

第一节　直流电位差计的原理

直流电位差计是精确测量直流电压（包括直流电动势）的比较式仪器，又称直流补偿器。

直流电位差计能提供可变、准确的直流电压 U_s，用以与被测电压 U_x 比较。一般的直流电位差计都按零值法（实现测量时其指示表头指零）制成，用磁电系检流计（也称指零仪）作检测仪表。按原理的不同，分为定电流式和定电阻式两类。

一、定电流式电位差计原理

如图 10－1－1 所示，图中 E 是电池或直流稳压电源，调节 r 使回路电流为某一固定标准值 I_0。于是，可从变值标准电阻器 R 的滑动端 B 与固定端 A 之间，得到所需标准电压值 U_s。为确保 I_0 为一准确的标定值，一般是利用一标准电池 E_N，监测该电流流过一标准电阻 R_N 时产生的电压值 I_0R_N，其原理电路如图 10－1－2所示。假定标准电池电动势 $E_N=1.01865$V，若欲使 I_0 保持为 1mA，则应有 $R_N=1018.65\Omega$。使用时，要先校准 I_0。具体做法是先将开关 S 拨在位置 1，调 r 使检流计 G 指零，这就保证了 I_0 恰好为 1mA。之后，拨 S 到位置 2，接着调 R 的滑动端，以改变标准电压 U_s 的大小，直调到检流计再次指零为止，这时必有 U_x（或 E_x）$=U_s$。由于 I_0 是确定不变的，所以此次使 G 指零的 R' 的值就代表了被测电压 U_x（或 E_x）的大小，于

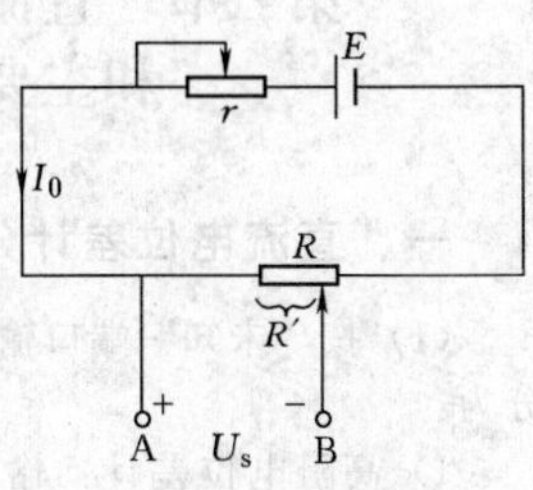

图 10－1－1　提供可变标准电动势的定电流方式

是，R'可直接按U_x的单位刻度。

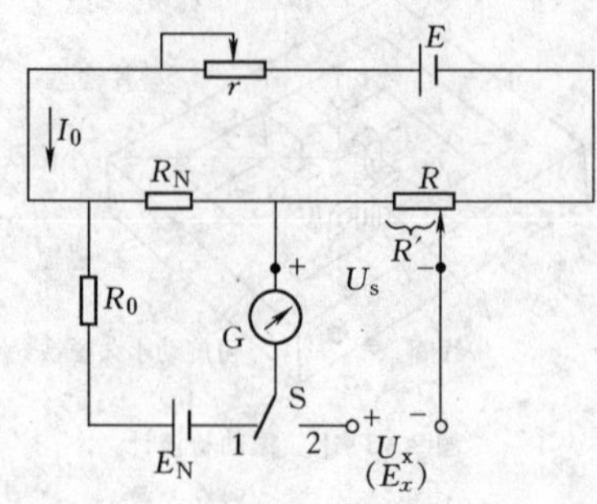

图 10-1-2 定电流式电位差计原理电路

这种电位差计的总误差很容易做到10^{-3}以下，经周密设计可低于10^{-5}。

二、定电阻式电位差计原理

图 10-1-3 是这种电位差计的原理电路。其中，R 也是标准电阻，标准电压U_s取自 R 的两端，即$U_s=I_0R$。可见，变流过 R 的电流I_0，就可调节标准电压U_s；再配合使用检流计，便可实现对未知电压的测量。具体地说，工作电流I_0的改变，是靠切换与标准电压源E串联的并联高值电阻网络中的电阻来完成的。因r_1、r_2、⋯、r_n的阻值分别都大于R的阻值，故流过它们的电流$I_1\approx E/r_1$、$I_2\approx E/r_2$、⋯、$I_n\approx E/r_n$，即并联高值电阻网络的每一支路与E一起对 R 而言，都相当于一个电流源。这些工作电流源的启用与否，靠投切开关S_1、S_2、⋯、S_n执行。

与定电流方式相比，定电阻方式的测量误差要大一些。

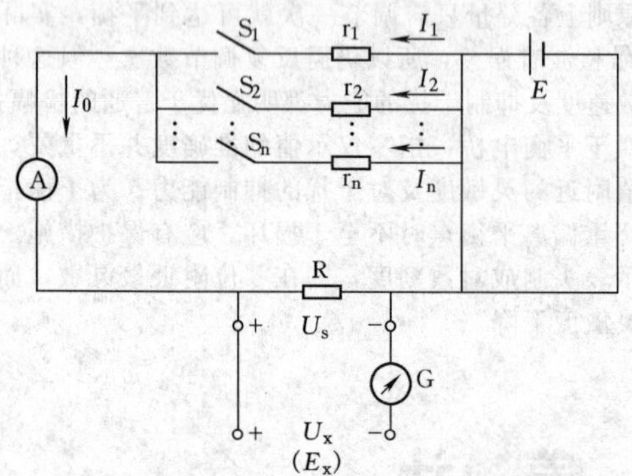

图 10-1-3 定电阻式电位差计原理电路

第二节 直流电位差计的分类和主要技术特性

一、直流电位差计分类

(1) 按“未知”端口输出电阻的高低，直流电位差计可分为：

1) 高阻电位差计：输出电阻大于 10kΩ/V，适用于测量大电阻上的电压及高内阻电源的电动势；其工作电流小，不需大容量电源供电。

2) 低阻电位差计：输出电阻小于 100Ω/V，用于测量较小电阻的电压及低内阻电源电动势；工作电流大，为保持工作电流稳定，应由大容量电源供电。

(2) 按量程限可分为：

1) 高电压电位差计：测量上限在 2V 左右；输出电阻最高可达$2\times10^4\Omega$；工作电流I_0为 1 mA 左右。

2) 低电压电位差计：测量上限约为 20 mV；输出电阻为 20Ω 左右；工作电流为 1 mA。

(3) 还可按使用条件分为：

1) 实验室型：在实验室条件下做精密测量用。

2) 便携型：用于生产现场的一般测试。

二、直流电位差计主要技术特性

表 10-2-1 中列举了几种国产直流电位差计的主要技术性能指标。

表 10-2-1 几种国产直流电位差计的主要技术指标

型号	测量范围	工作电压(V)	工作电流(mA)	准确度级别
UJ1	100μV～1.1605V 10μV～0.1160V 1μV～0.0116V	1.9～3.5	32	0.05
UJ9/1	10μV～1.21110V	1.3～2.2	0.1	0.02
UJ23	10μV～24.05 mV 50μV～120.25 mV			0.1
UJ25	1μV～1.91111V	1.95～2.2	0.1	0.01
UJ26	0.1μV～2.21110mV 0.5μV～110.555mV	5.8～6.4	10	0.02

实际直流电位差计的电路远比原理性电路复杂得多。然而识别它们也不难，从其中找出工作电流回路、测量回路和工作电流校准回路后，所剩的不外乎是进位盘线路部分和其他辅助电路。

第三节 交流电位差计

交流电位差计是根据补偿原理制成的能较准确测量交流电压的仪器，又称交流补偿器。

用交流电位差计进行比较测量，是两正弦周期电压的相互补偿问题。要使两正弦交流电压完全相等，则两者的频率、幅值和初相角必须分别相等。

交流电位差计分直角坐标型和极坐标型两种。

一、直角坐标型交流电位差计

图 10-3-1 是直角坐标型电位差计的原理电路。电流$\dot{I}_1$流过电阻 R，在它上产生与$\dot{I}_1$同相的电压$R'\dot{I}_1$；$\dot{I}_1$还流过互感为M的空心变压器的原边，并在其副边感应出与$R'\dot{I}_1$正交的电压$j\omega M\dot{I}_1$。调节变值电阻R'和可变互感M，便可获得可变标准电压$\dot{U}_S=R'\dot{I}_1+j\omega M\dot{I}_1$。

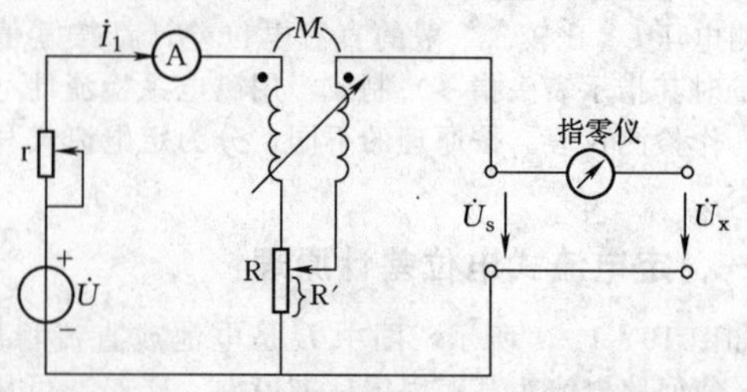

图 10-3-1 直角坐标型交流电位差计

二、极坐标型交流电位差计

它的原理电路如图 10－3－2 所示。图中虚线框内是移相电路部分，它的两相同的固定不动的绕组 N_A、N_B 在空间彼此正交。利用变值电阻 R_1 与电容 C 串联环节，可使 N_A 和 N_B 中电流的数值相等，而在相位上相差 90°。由此两互为正交的电流产生的两磁场也互为正交。两强度相等互为正交磁场的合成磁场是一圆形旋转磁场。在此合成磁场作用下，可旋绕组 N_C 中会感应出电压 $\dot{U}_{NC}$。调节 N_C 的位置，可获得幅值不变但相角改变的 $\dot{U}_{NC}$。作为补偿被测电压 $\dot{U}_x$ 用的标准电压 $\dot{U}_s$，它的幅值取决于测量电阻 R 上的 R' 部分的大小；而相角则由工作电流 I 的相角决定，也就是由移相器来调节（并可直接从移相器刻度盘上读数）。

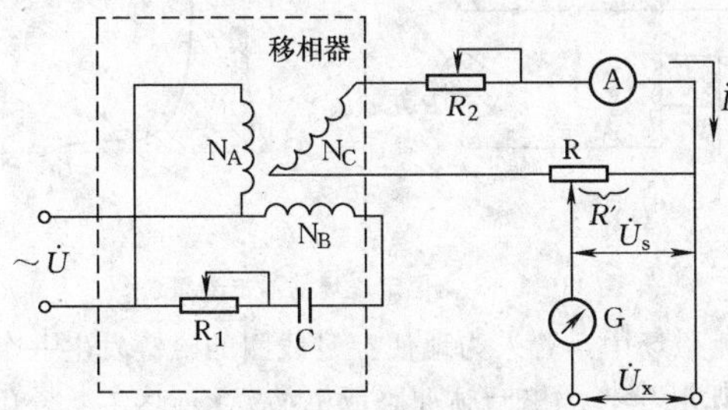

图 10－3－2 极坐标型交流电位差计

交流电位差计的量程一般只有几伏；且受所用电流表 A 的准确度的限制，测量准确度不会超过 0.2 级；而且易受干扰，故应采取良好的屏蔽措施。其次，它的电源电压必须是频率稳定的正弦交流电压。

第四节 电位差计的应用

电位差计的基本量测量是有限大小的电压或电动势。按零值法用它测量电压，达到全补偿时标准电压等于被测电压，即它的使用不改变被测电路的工作状态。这使测得结果能够如实地反映被测电路的实际情况，故直接测量电压的准确度只取决于电位差计的准确度。

电位差计还能用来对高电压、其他电参量、电参数和一些非电量等做间接测量。其方法都是先将被测对象转换成电压的有限值，而这往往要改变被测电路的原状态。

一、高电压的测量

图 10－4－1 是使用电位差计测高电压的原理电路。图中电阻 R_1 和 R_2 构成分压器。不难见，以这种方式测量高电压读取结果时，虽然电位差计不从被测电路吸取电流，但接入的分压器无疑对被测电路有影响。

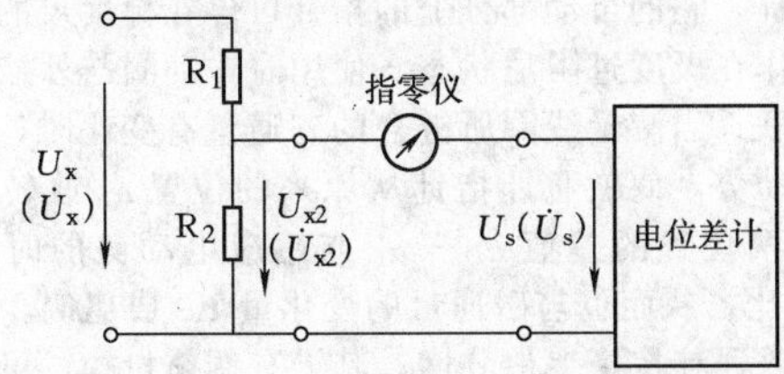

图 10－4－1 利用电位差计测量高电压

借助交流电位差计测交流高电压时，也采用图 10－4－1 所示测量线路。具体地，以极坐标型电位差计测得的结果为 $U\angle\varphi$ 形式；而使用直角坐标型电位差计测出结果的表示形式则是 U_A+jU_B。

二、电流的测量

测量原理电路如图 10－4－2 所示。为将被测电流 I_x（或 $\dot{I}_x$）转换为与它成正比的电压，只要让其流经一标准电阻 R_N 就能实现。测得电压后，按欧姆定律即可算出被测电流。测直流电流时，只要求 R_N 阻值准确；但测交流电流时仍不然，除 R_N 应准确外，R_N 的时间常数 τ 也要小，且在接线安排上也应注意尽可能减小外部交变磁场在电压引线回路中产生的感应电动势。由于标准电阻 R_N 是专为测电流而串入被测电路的，故在选取它时，应考虑如何使其对被测电流电路的影响最小。

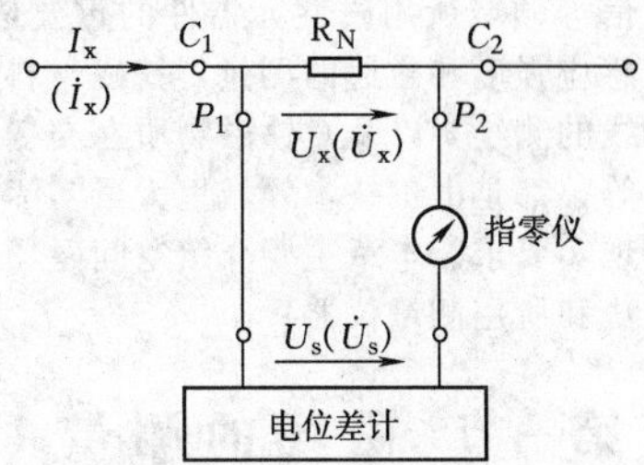

图 10－4－2 用电位差计测电流

三、功率的测量

无论是直流功率还是交流功率，只要按上述以电位差计测电压、电流的方法测得 U_x 与 I_x（或 $\dot{U}_x$ 与 $\dot{I}_x$），即可计算出功率值。

四、阻抗的测量

图 10－4－3 为测量的原理线路。方法是测出电压、电流后按如下公式计算。对直流，有

$$R_x=U_x/I$$

而在交流情况下

$$Z=R+jX=\dot{U}_x/\dot{I}$$

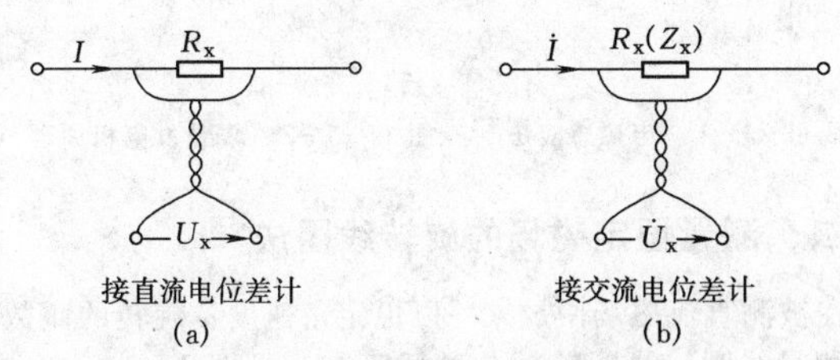

图 10－4－3 用电位差计测量电阻、阻抗

(a) 直流；(b) 交流

对电流的测量同前所述电流测量的方法。具体地说，直流下 $I=U/R_N$，所以 $R_x=\dfrac{U_x}{U}\times R_N$。对交流则表示成 $\dot{I}=\dot{U}/R_N$。假定阻抗 Z_x 呈感性且可用串联电路模型表征，它两端的电压 $\dot{U}_x$ 便可由相量图（见图 10－4－4）分解为电抗电压与电阻电压分量，具体为

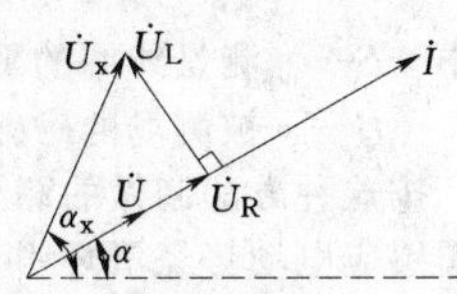

图 10－4－4 阻抗电压分解

$$U_L=U_x\sin(\alpha_x-\alpha)$$

$$U_R = U_x \cos(\alpha_x - \alpha)$$

式中 α_x、α——电压相量 $\dot{U}_x$ 与 $\dot{U}$ 的初相角。利用上两式可得

$$\omega L = \frac{U_L}{I} = \frac{U_x}{U} R_N \sin(\alpha_x - \alpha)$$

$$R = \frac{U_R}{I} = \frac{U_x}{U} R_N \cos(\alpha_x - \alpha)$$

式中 U_x、I、U——$\dot{U}_x$、$\dot{I}$ 及 $\dot{U}$ 的模。

不难看出，用电位差计测量电阻或阻抗的过程中，实际无需算出电流的数值。

第十一章 磁 测 量

铁磁材料的磁特性是设计和制造电机、电器、仪表以及自动控制和电信等领域所用磁性元器件的重要依据。因此，磁场强度、磁感应强度和磁通的测量，铁磁材料的基本磁化曲线、磁滞回线的测绘，以及对铁磁物质在交变磁化条件下铁损耗的测量等，都是电工技术领域里大量实际工作对磁测量技术提出的现实要求。本章主要介绍空间磁场与磁性材料性能的测量方法和所用测量仪器。

第一节 磁场的测量

一、测量交变磁场的电磁感应法

将匝数为N的探测线圈置于被测空间交变磁场中，线圈平面与磁场垂直（见图11-1-1），线圈内将产生感应电动势。在探测线圈无漏磁假设下，且若磁场在整个线圈面积S上处处均匀，则有 $B_m = \frac{\varphi_m}{S} = \frac{E_{av}}{4NSf}$，其中 f 为交变磁场的频率。可见，用平均值电压表测出感应电动势的平均值E_{av}，就可确定交变磁场磁感应强度和磁通的最大值。

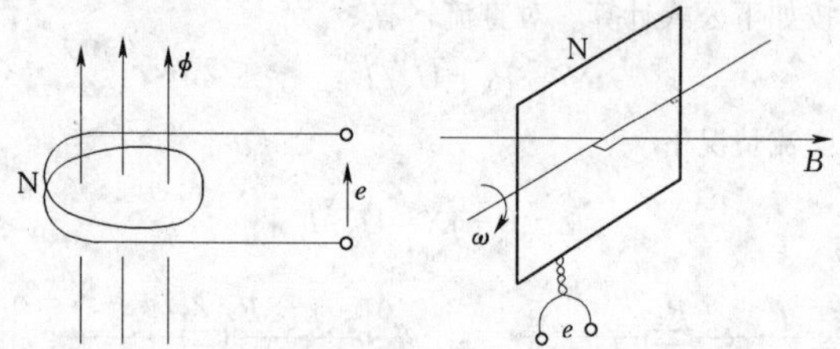

图11-1-1 电磁感应法　　图11-1-2 测量发电机原理

二、测量恒定磁场的旋转线圈法

在被测直流磁场中放入一以恒定角速度 ω 旋转的匝数为 N 的测量线圈，线圈转轴与磁场正交，见图11-1-2。由于不断切割磁力线，N 中便感应出正弦形的电动势，其有效值可写成

$$E = \omega BSN$$

式中 S——测量线圈的平均面积；

B——被测场的磁感应强度。

按这种方法制做的测量装置称为测量发电机或磁强计。线圈感应电动势经滑环引出，并通过整流器接到毫伏表上，测出 E 后，就能计算出 B。

三、测量恒定磁场的冲击法

（一）测量原理

此法亦称脉冲感应法，是测量直流磁场的传统方法。此法的原理示意见图11-1-3。设匝数为 N 的测量线圈置于被测直流磁场中，若人为地使穿过线圈的磁链发生一个突变 $N\Delta\phi$，则 N 中将产生一脉冲感应电动势 e，这个 e 将在测量回路中引起脉冲电流 i［见图11-1-3（b）］，它们间的关系为

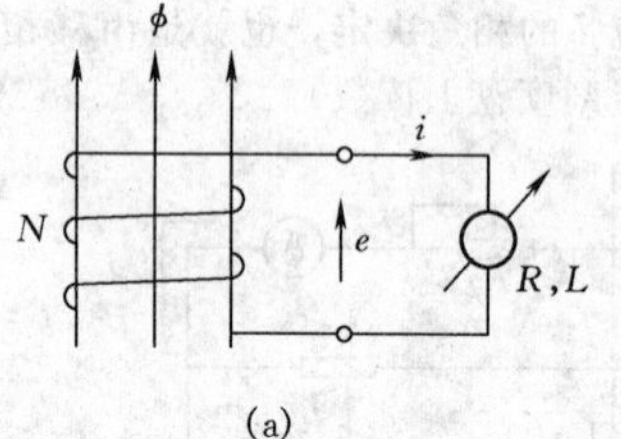

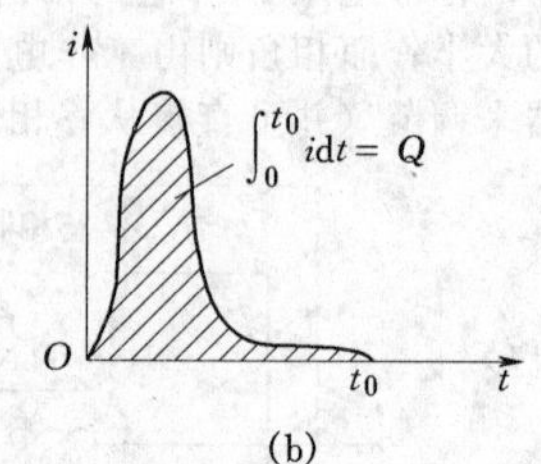

图11-1-3 恒定磁场的冲击测量法

$$e = Ri + L\frac{\mathrm{d}i}{\mathrm{d}t}$$

式中 R——测量回路的总电阻；

L——回路的自感。

经对上式在 $0 < t < t_0$ 内做积分得到有

$$N\Delta\phi = \int_0^{t_0} e\mathrm{d}t = RQ$$

式中 Q——磁通变化期间流过回路的总电量。

可见，只要能测出 Q 或 $\int_0^{t_0} e\mathrm{d}t$，就可确定磁通变化量 $\Delta\phi$。至于被测磁通 ϕ 与它的变化量 $\Delta\phi$ 间的关系，则要视 $\Delta\phi$ 是按哪种方式产生的来定。例如，将测量线圈从被测磁场中移出或由场外引入；或相反，测量线圈不动，而将磁场移开或引入。上述四种方式对应的 $|\Delta\phi|$ 都等于 ϕ。$\Delta\phi$ 与 ϕ 的关系还有其他多种可能性。

（二）测量仪器

1. 冲击检流计

冲击检流计是测量脉冲电量的直读式仪表，其工作原理见本篇第九章。

2. 磁通计

（1）磁电式磁通计。这种磁通计是一种无反抗力矩的磁电系检流计。它的可动部分上的指针可停在标度尺的任意位置，且工作在极度过阻尼状态。使用时，动圈与外接磁通测量线圈相联。当测量线圈所链合的磁通量有变化时，它上产生感应电动势，使磁通计指针从原来的位置 α_1 改转到新的位置 α_2，两位置的差值 $\alpha_2 - \alpha_1$ 与感应电动势的时间积分 $\int e\mathrm{d}t$成正比，从而也与磁通量的变化量 $\Delta\varphi$ 成比例。

这种磁通计按毫韦伯分度；其上有调整机构，可预先将 α_1 调到刻度零点处或其他便于读数的位置；但它的灵敏度较低，每分度为0.1mWb。

（2）电子式磁通计。这种磁通计由电子式积分器与指示电表组成见图11-1-4。当探测线圈所链的磁通变化 $\Delta\phi$ 时，线圈

上感应出电动势 e，积分器相应的输出电压 $e_0=-n\Delta\phi/RC$，从指示电表上便可读出被测磁通的变化量 $\Delta\phi$。这种磁通计的灵敏度高于磁电式磁通计的，约为 10^{-3}mWb/分度。

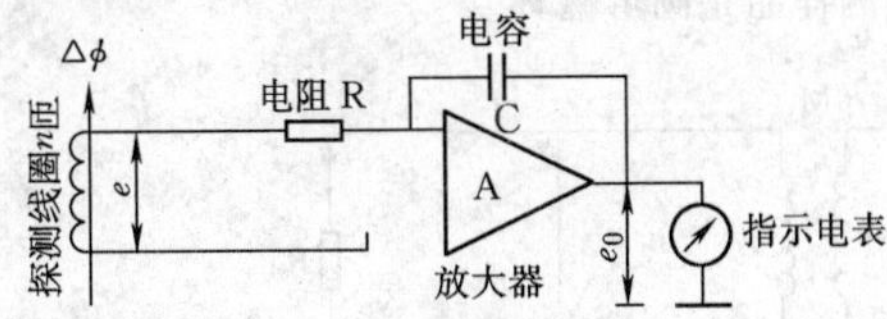

图 11-1-4 电子式磁通计

(3) 数字积分式磁通计。这种磁通计由电压—频率变换器（记为“V/FC”）与电子计数器组成。体现 $\Delta\phi$ 的感生电动势 e 由 V/FC 转换为脉冲序列，其重复频率与 e 成正比。计数器对脉冲序列累计计数，计得的总脉冲数 N 与 $\Delta\phi$ 成正比。

四、磁性材料内磁场的测量

为测量铁磁材料的磁特性，通常将它们先制备成形状和大小尺寸一定的所谓“材料样品”。测量磁性材料内部的磁场，即要测定磁性材料样品内部的磁感应强度 B 和磁场强度 H。

(一) B 的测量

毫无例外地都使用测量线圈 N_B（见图 11-1-5），它紧贴样品表面，密绕在样品被均匀磁化的部分上。按电磁感应法（交变场）或冲击法（恒定场）测出样品中的总磁通 ϕ，利用沿截面 S 均匀磁化的条件，即可算出 $B=\phi/S$。

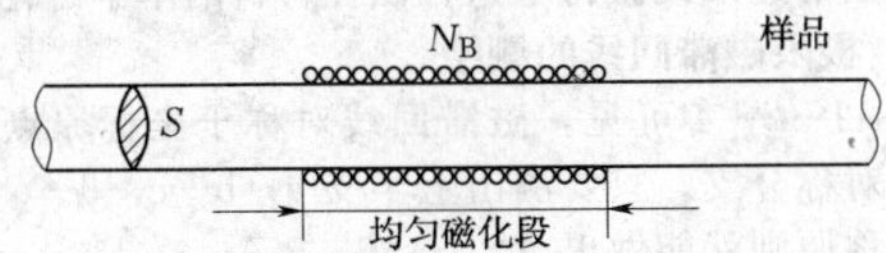

图 11-1-5 样品内 B 的测量方法

(二) H 的测量

对沿长度方向均匀磁化的闭合样品内磁场强度 H 的测量，大都是通过测量磁化电流 I 后利用式 $H=NI/l$ 计算得到的。其中，N 为磁化样品线圈的匝数；l 是样品的平均长度。而对于开路样品而言，再利用上式计算可能造成很大的误差。这时通常使用磁位计直接来测量。

磁位计是用于测量空间 a、b 两点间磁位差的仪器。如果被测区域的场均匀，便可折算出该处的磁场强度。由于磁性材料界面处的磁场强度的切线分量相等，因此沿样品表面以磁位计测得的磁场强度，就是样品内部磁场强度的切线分量。磁位计的原理结构是用细绝缘导线均匀缠在非磁性软质或硬质带状物上，即形成有软或硬式磁位计。测量指示借助冲击检流计或磁通计。图 11-1-6 为平板磁位计测样品内 H 的原理示意。对于恒定磁场，测量时须使磁位计所链合的磁通改变。

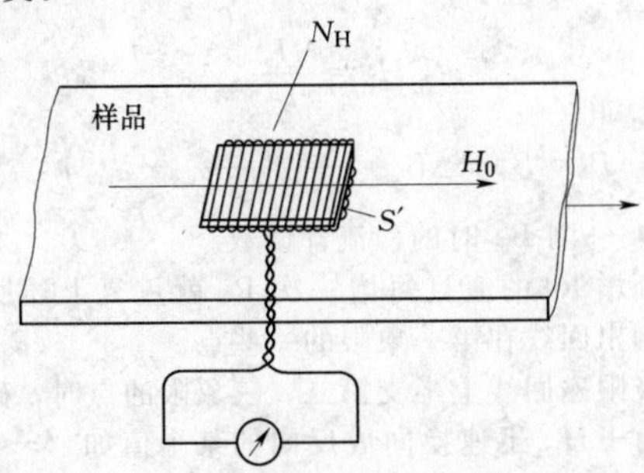

图 11-1-6 平板磁位计测样品内 H 的原理

第二节 铁磁材料静态磁特性的测量

磁性材料在直流磁场磁化下表现出的磁特性叫做静态磁特性。包括直流基本磁化曲线、磁滞回线和由这些曲线所定义出的磁参数，如剩磁 B_r、矫顽力 H_C、磁导率 μ、μ_m 和最大磁能积 $(BH)_{max}$ 等。

一、静态磁特性测量预备工作

(一) 测试样品的制备

制成闭合式（如圆环、方框）的还是开路式（如截面为方形或圆形的长条）的，应据材料性质和磁化设备条件来定。软磁材料的样品多制成环状的。因测试硬磁材料的特性需要很强的磁化场，故硬磁材料测试样品都制成开路式的。测试样品的尺寸，要以使截面积满足测量仪器的灵敏度要求及磁化的均匀性好为原则来确定。对于环形样品，采用平均半径与径向宽度之比约等于 10 为宜，即外径与内径之比等于 1.1～1.2 为最好。对开路样品，在磁化装置的有效磁化场区域大小的允许下，样品更长为宜。

(二) 磁化及其装置

磁特性是磁化状态下磁性材料的性质，固为测量样品的磁特性，必须将其磁化。

磁导计是一种开路形样品的磁化装置。图 11-2-1 是磁导计的原理结构。1、6 为磁导计和励磁线圈；2、5 为磁导计的磁轭；3 为样品内磁感应强度 B 的测量线圈；4 为棒状被测样品，它与磁轭共同形成闭合磁路。给励磁线圈通电流，样品被磁化。样品中的磁场强度 H 由紧贴其表面的扁线圈 7 测出。

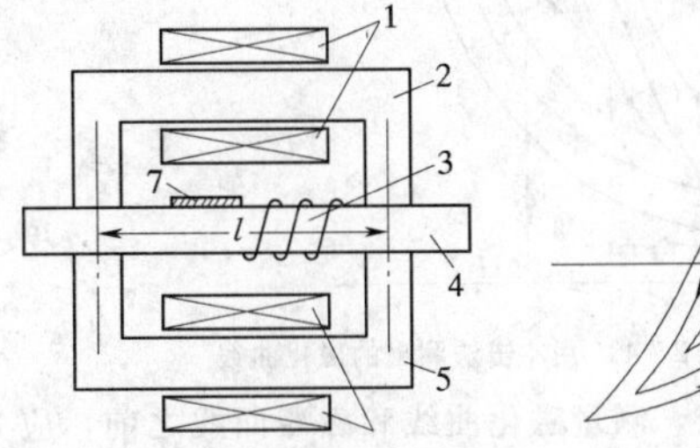

图 11-2-1 双轭型磁导计

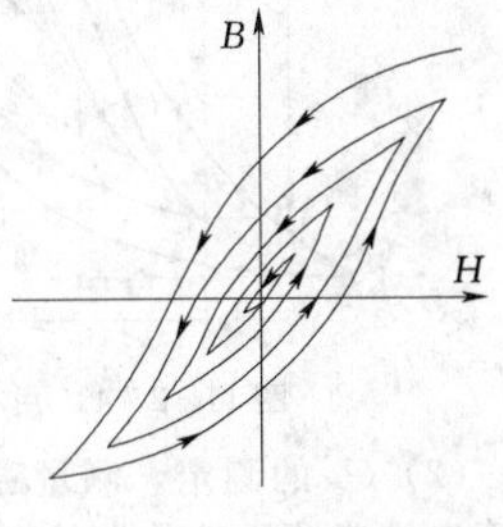

B
H

图 11-2-2 电流磁场退磁

(三) 样品的退磁

测量磁性材料的磁特性，要从中性状态即样品内部 $H=0$、$B=0$ 的状态开始。但一般情况下，样品的状态是任意的，通常 $H\neq0$、$B\neq0$，故测试前应先将样品退磁。

退磁的方法有电流磁场退磁和热退磁两种。实际多采用前法。它是利用磁化线圈给样品加一幅值递减至零、方向不断变化的退磁磁场，则样品相应的磁状态经多次非闭合磁滞回路将逐渐回归到 $H=0$、$B=0$ 的中性状态，见图 11-2-2。样品退磁后，还要搁置一段时间才能达到磁性稳定状态。

二、静态磁特性测量的冲击法

测量直流磁性的基本方法是冲击法，所用仪器是冲击检流计，主要测定磁性材料的基本磁化曲线和磁滞回线。

(一) 基本磁化曲线的测绘

(1) 测量线路及任务。测量线路见图 11-2-3，包括测量回路和磁化电路两部分。测量回路由测量线圈 N_B、互感器 M 的二次线圈、冲击检流计 BG、电阻器 R_3 和 R_4 以及短路开关 S_5、S_6 组成。其中，M 用于测定检流计的磁通冲击常数 C_φ；S_6 是阻尼开关；R_3、R_4 为调节检流计工作状态与测量回路灵敏度而设。磁化电路部分由磁化线圈 N，换向开关 S_1、S_2 和 S_3，电流表 A_1，直流电压源 E 及可变电阻 R_1 构成。图 11-2-3 中由虚线连接的由电流表 A_2、开关 S_4 和变阻器 R_2 形成的回路，是为测磁滞回线用的辅助电路。设被测样品是圆形磁环。

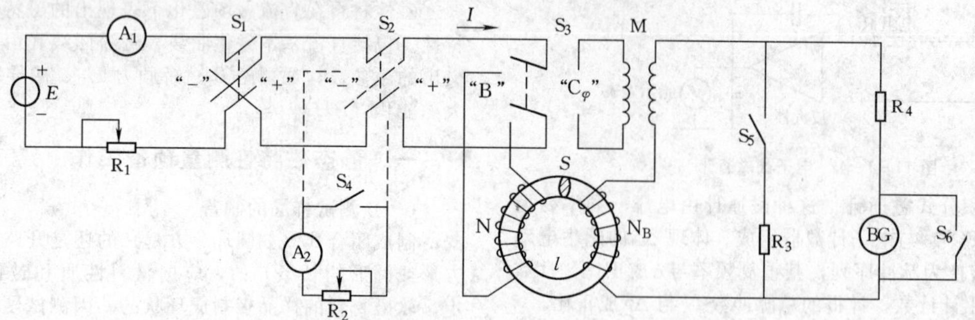

图 11-2-3　冲击法测绘基本磁化曲线和磁滞回线的原理线路

样品的不同磁化强度下对应的磁滞回线顶点的连线称为基本磁化曲线，即图 11-2-4 中坐标原点至点 a 的虚线。这些磁滞回线顶点的横坐标即磁场强度值 H_i ($i=1$, 2, …)可由测得的磁化电流算出；而相应的纵坐标即磁感应强度值 B_i，则必须以下述的换向法进行测量，这时有 $\Delta B_i=2B_i$（见图 11-2-4）。

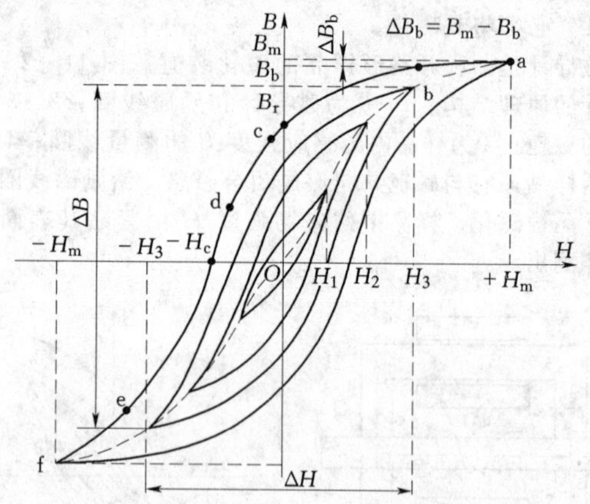

图 11-2-4　用冲击法测出的磁化曲线

（2）C_φ 的测定。测量磁化曲线和磁滞回线之前，应先测算出检流计的磁通冲击常数 C_φ。为测 C_φ，将图 11-2-3 中的开关 S_3 合向"C_φ"一侧，并调定流经标准互感 M 一次侧的电流 I 为某一值。随后，将 S_1 倒向另一边，使电流突然换向，并从检流计上读取最大偏转 α_{m1}，C_φ 便表示为

$$C_\varphi=\frac{N\Delta\varphi}{\alpha_{m1}}=\frac{M\Delta I}{\alpha_{m1}}$$

因为电流是从 $+I$ 变为 $-I$，所以

$$C_\varphi=\frac{2MI}{\alpha_{m1}}$$

即 C_φ 便可由已知的 M、A_1 的示值及 α_{m1} 算出。

（3）测量步骤。首先合下阻尼开关 S_6，并调 R_1 至最大；然后将 S_3 合向"B"一侧、S_2 和 S_1 合在"+"位置接通磁化回路；随后单方向递减 R_1，使磁化电流 I 为测量所需的最小值 I_1，对应的最小磁场强度值便为 $H_1=NI_1/l$。这里 l 为样品的平均长度。为使样品磁性达稳定状态，必须操作 S_1 将 I_1 反复换向多次，这称为"磁锻炼"。对一般的磁性材料而言，进行约十次磁锻炼，就能获得如图 11-2-4 所示的稳定的回线了。

磁锻炼毕，打开 S_6（只有在读表时才打开，而读表后要立即合上，以保护检流计）；然后将 S_1 由位置"+"迅速投合到"−"。结果，样品中的磁场强度由 H_1 变到 $-H_1$，磁感应强度由 B_1 变到 $-B_1$；读取 BG 的最大冲掷偏转 α_{m1}，样品中磁通的改变量可表示为 $\Delta\varphi_1=2B_1S=\frac{C_\varphi}{N_B}\alpha_{m1}$。因此，$B_1=\frac{C_\Psi}{2N_BS}\alpha_{m1}$。随后，依次单方向地增加磁化电流至 I_2、I_3、…，并重复上述步骤，就测出了图 11-2-4 中各磁滞回线的顶点 (H_2, B_2)、(H_3, B_3)、…、(H_m, B_m)；做连接这些顶点的连线便获得了这种磁性材料的基本磁化曲线。

（二）极限磁滞回线的测绘

由图 11-2-4 可见，磁滞回线对称于坐标原点，可分为上下两对称分支。只要测出上半支 a—b—c—d—e—f，下半支按对称原则就能做出。

由于冲击法测量的是 ΔB（即 $\Delta\varphi$），故对极限磁滞回线上分支的测量，可归结为测量相对于最大磁感应强度 B_m 的减小值。这样，必须先测出 B_m（与测基本磁化曲线时完全一样）。

测极限磁滞回线第一象限部分的各点如测 b 点（见图 11-2-4）时，为使磁化电流可调，应将 S_2 合至位置"−"，以使辅助电路串入磁化回路。此时，为使磁化电流 I 不改变方向，S_1 应处在"−"位置。调节 R_2 使磁化电流减至 I_b（从 A_2 读数），之后再合上 S_4（去掉 R_2），磁化电流又回升到 I_m。经上述操作确定了对应于曲线 b 点的磁化电流 I_b。具体测量时，利用 S_1 磁锻炼后将其合在"−"位置，这时，样品的磁化状态相当于曲线上的 a 点。然后打开 S_6，并在拉开 S_4 的同时从 A_2 上读取冲掷偏转 α_{mb}。断开 S_4 使 I 从 I_m 突然减至 I_b，相应的场强由 H_m 减到 H_b，由此引起的 $\Delta B_b=B_m-B_b=\frac{C_\varphi}{N_BS}\alpha_{mb}$。于是，得到 b 点磁性状态 ($H_b$, B_b) 有

$$H_b=\frac{NI_b}{l}$$

$$B_b=B_m-\Delta B_b=\frac{C_\varphi}{N_BS}\left(\frac{1}{2}\alpha_{m1}-\alpha_{mb}\right)$$

式中　α_{m1}——测 B_m 时的检流计读数。

通过渐增 R_2 的值且每增一次 R_2 就重复上述所有操作步骤，便测出回线在第一象限的一些点。

测取极限磁回线上半支第二、三象限的点时，磁场强度必须能够由 $+H_m$ 迅速换向成反向的某个值如"$-H_d$"，这就要求 I 不仅能改值还成换向。这可以借助辅助电路来实现

(S_4 此时已不再必要)。在 S_1 处在位置"+"下将 S_2 合至位置"-",调 R_2 使 A_2 的示值为 $-I_d$,再将 S_2 扳回"+"处,从而确定了 $-I_d$。开始测量时,用 S_1 完成磁锻炼后并将其放在位置"+",使样品回复到 a 点磁状态;打开 S_6,并迅速使 S_2 至位置"-",且从 A_2 读取相应的偏转 α_{md};对应的 $\Delta B_d = B_m - B_d = \frac{C_\varphi}{N_B S}\alpha_{md}$。仿上就得了 d 点的磁状态 $(-H_d, B_d)$,且重复上述步骤即可测定出极限磁滞回线在第二、三象限的其他各点。

由所测绘出的极限磁滞回线上不难确定这种材料的 B_r、H_C 等性能参数。

第三节　铁磁材料动态特性的测量

动态磁特性主要指磁性材料在工频、音频或射频交流磁化下表现出的磁性能。对于在低频下使用的磁性材料,需要测量它的交流磁化曲线,动态磁滞回线以及铁损。

一、低频下软磁材料动态磁化曲线的测量——平均值电压表法

常用的是平均值电压表法,测量电路如图 11-3-1 所示。在某个磁化电流 I_m 下,测量线圈 N_2 中感应出的电压经平均值电压表进行积分,得到平均值电压 $\overline{U}_2$,它与相应磁感应强度的峰值满足关系 $B_m = \frac{\overline{U}_2}{4fN_2S}$。式中的 f 为磁化电流的频率,S 为被测磁性材料样品的平均截面积。为测磁场强度峰值 H_m,磁化回路中接入一系数为 M 的标准电感,其二次线圈的感应电压 $M\frac{di}{dt}$ 的平均值 $\overline{U}_1$ 由 $\overline{V}_1$ 测出。$\overline{U}_1$ 正比于 I_m,于是有 $H_m = \frac{N_1 I_m}{l} = \frac{N_1}{l}\times\frac{\overline{U}_1}{4fM}$。式中的 N_1 为励磁线圈的匝数,而 l 为样品的平均周长。

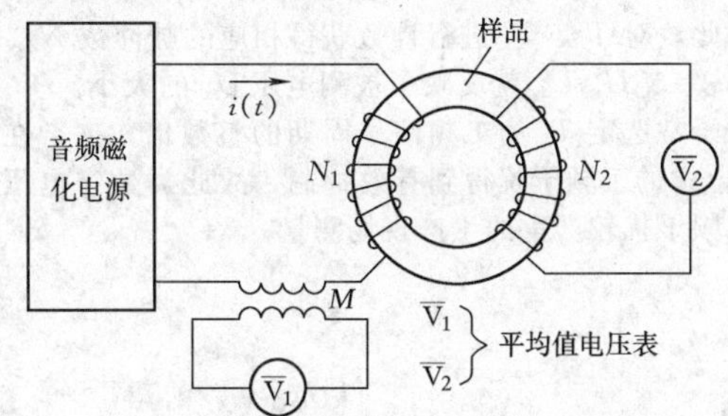

图 11-3-1　平均值电压表法的测量电路

选用一系列磁化电流值 I_{m1}、I_{m2}、…,就可依次测算出一组相应的材料的磁化状态数据点 (H_{m1}, B_{m1})、(H_{m2}, B_{m2})、…,连接它们便为此材料的交流磁化曲线。

二、动态磁滞回线及一些磁性参数的测量——铁磁示波器法

原理性线路见图 11-3-2。测量时,从励磁回路电阻 R_1 上取得与样品中 $H(t)$ 成正比的电压,经放大、移相后送至示波器作 X 轴输入。N_2 中的感应电压 $u_2(t)$ 经 R_2C 积分,得到正比于 $B(t)$ 的电压 $u_C(t)$;此电压经放大后作为示波器的 Y 轴输入。结果,示波器上就显示出被测样品的动态磁滞回线。磁化样品到饱和状态,便可由观察到的磁滞回线测算出此磁化频率下的 B_r、H_C 等磁性参数值。

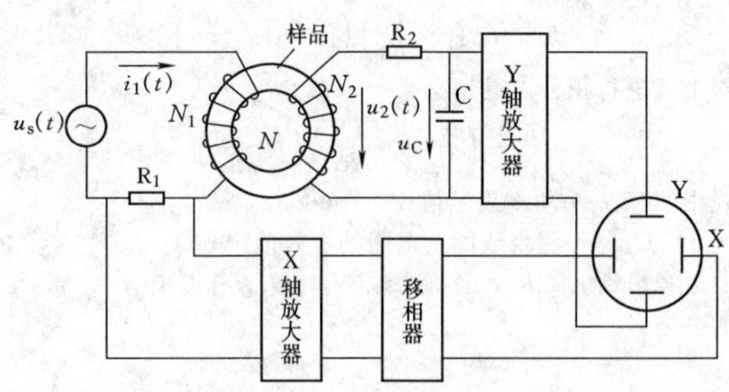

图 11-3-2　铁磁示波器法的原理性线路

三、铁损的测量

(1) 艾泼斯坦方圈。在测量铁磁材料铁损时,绕制磁化、测量线圈以及组成被测样品闭合磁路均有统一规定,按此规定制出的用于测量铁损的装置,就称艾泼斯坦方圈。

国产艾泼斯坦方圈(简称方圈)有 50cm 的 CF5 型大方圈和 25cmCF4 型小方圈两种。在结构上,它们都是由四个完全相同的绕在方框胶木架上的螺线管串联组成的,见图 11-3-3,每个螺线管都有初、次级两个绕组,分别串联形成磁化线圈 N_1 和测量线圈 N_2。大方圈用样品材料 10kg,裁成 50×3cm² 的片条并分成四组,按搭接方式插入螺线管内。若被测材料性能很均匀,就可减少试样重量,将 1kg 样品裁成 25×3cm² 的片条,制成与大方圈结构完全一样的小方圈。

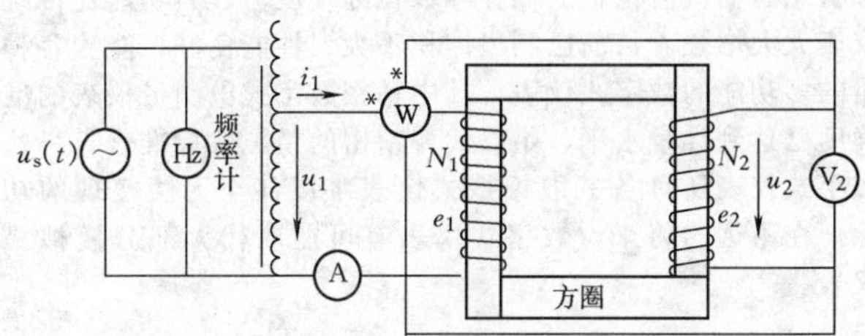

图 11-3-3　艾泼斯坦方圈法的接表方式

根据规定,硅钢片的铁损试验应在频率为 50Hz、磁感应强度峰值为 1.0、1.5、1.7T 或 f 为 400Hz、B_m 为 0.75、1.0、1.5T 以及样品中的 $B(t)$ 按正弦规律变化等条件下进行测量。

(2) 功率表——艾泼斯坦方圈法。实现这种测量铁磁材料铁损方法的原理性电路如图 11-3-3 所示。N_1、N_2 的均匀绕制,使它们中的电动势与匝数之间满足关系:$e_1/e_2 = N_1/N_2$。在这样的接表方式下,功率表所测瞬时功率为

$$u_2 i_1 = \frac{R_v e_2}{R_v + r_2} i_1 = \frac{R_v}{R_v + r_2}\frac{N_2}{N_1} e_1 i_1$$

式中　r_2——N_2 的直流电阻;

R_v——跨接在 N_2 上所有仪表的总等效内阻。

$$e_1 i_1 = p_e(t) + r_2\left(\frac{u_2}{R_v}\right)^2 + \frac{u_2^2}{R_v}$$

式中　$p_e(t)$——被测材料样品损耗的瞬时功率;

$r_2\left(\frac{u_2}{R_v}\right)^2$——$r_2$ 消耗的功率;

$\frac{u_2^2}{R_v}$——跨在 N_2 上所有仪表的功率消耗。

将以上两式简化、整理得出

$$p_e(t)=\left(1+\frac{r_2}{R_v}\right)\left(\frac{N_1}{N_2}u_2 i_2-\frac{u_2^2}{R_v}\right)$$

对上式进行积分，得到

$$P_e=\left(\frac{N_1}{N_2}P_w-\frac{U_2^2}{R_v}\right)\left(1+\frac{r_2}{R_v}\right)$$

式中 P_w——功率表示值；

U_2——测量线圈上电压的有效值。

考虑到 $r_2 \ll R_v$，且通常取 $N_2=N_1$，于是有

$$P_e=P_w-\frac{U_2^2}{R_v}$$

这表明，从按图 11-3-4 的接表方式的功率表示值中扣除测量回路仪表的功率消耗，就得到了被测材料样品的铁损。

用此法测铁损的量测误差一般为±（3～4)%。这里应使用低功率因数功率表，否则会因读数偏低而造成更大的测量误差。

第十二章 数字式仪表

第一节 数字式仪表的原理和优势

这类仪表的工作原理不同于模拟式仪表。对于幅值稳定的被测量，数字式仪表是通过模/数转换将该量的幅值量化为离散形式的数据，再将其进行必要的处理后以数字方式显示；对于随时间变化的量，或先将其转化为幅值稳定的量，或利用采样—保持环节先将该量沿时间轴离散化为不同幅值的量，再对每一离散幅值量进行量化，经综合处理后，以数字形式显示。

数字式仪表的测量准确度高、速度快，且由于便于与计算机结合而具有记忆、储存和数据处理能力，其功能比传统仪表大大增强。目前已制出体积不大、性能良好、能测各种量的多功能的数字式仪表，其中精密数字式电测量仪表的准确度已达到计量水平，足以代替精密的模拟式标准表。一些数字式仪表还具备一般模拟式仪表难以甚至无法实现的功能。在不远的将来，数字式仪表有可能取代大部分模拟式仪表。

第二节 数字电压表

一、直流数字电压表

直流数字电压表是应用模/数转换技术测量直流电压并直接以数字显示的仪表，常简称数字电压表。这种表的两个最基本功能部件是模/数转换器（A/D 转换器）和数字显示器。被测直流电压经 A/D 转换器变成等值的数码值，再由数字显示器显示。模/数转换器是数字电压表的核心。利用大规模集成 A/D 转换器芯片制成的数字电压表已得到广泛应用。

数字电压表按其 A/D 转换原理的不同可分为逐位比较逼近式和积分式两大类。积分式数字电压表最为常用，其基本特点是对被测电压 U_x 进行积分。积分式数字电压表又有 U-T 型与 U-F 型之分。U-T 型双斜率积分式数字电压表的原理框图如图 12-2-1（a）所示。

在这类仪表中，U-T 转换分为两个阶段：首先对被测电压 U_x（这里假定 $U_x<0$）进行定时积分，积分时间为 T_1，积分器输出电压 U_C 沿斜线变化，见图 12-2-1（b）。经时间 T_1 后，切换积分器输入电压，改为对基准电压 $+U_n$ 进行定值积分，U_C 按给定斜率做反向斜线变化直至为零，定值积分的时间为 T_x。按一次定时、定值积分实现 U-T 转换过程中积分电容充、放电电荷守恒的原理，可导出关系 $T_x=T_1U_x/U_n$。由于 T_1、U_n 是已知的，则 T_x 与 U_x 成正比。因此，对 T_1、T_x 进行计数获得相应的脉冲数 N_1、N_x，其中 $N_x=N_1U_x/U_n$ 就反映了被测电压 U_x 的大小。

由于常选定 T_1 为工频信号周期的整数倍，夹杂在被测电压 U_x 中的工频干扰得到有效抑制，故此类数字电压表适用于工频干扰较严重的生产现场测量。

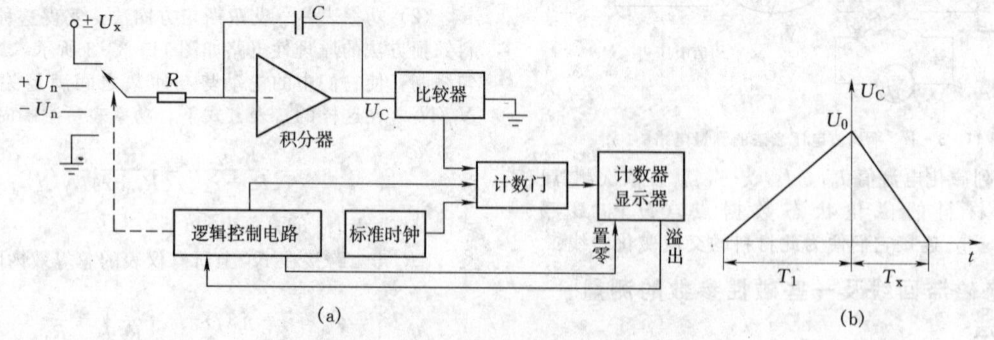

图 12-2-1 双斜率积分式数字电压表

(a) 原理框图；(b) 积分器输出电压定时、定值变化曲线

直流数字电压表应用广泛，许多电参量、电参数和非电量均可通过转换成直流电压后，由它来测定。

数字电压表种类很多，其共同的优点是测量准确度高，输入阻抗大，灵敏度高，测量速度快，便于提供数码形式输出，且多具有超量限指示、自动极性选择和过载保护等功能。

二、交流数字电压表

交流数字电压表是由直流数字电压表及交—直流转换器构成的测量交流电压并直接以数字显示的电表。其中的转换

器按转换原理的不同，有平均值转换、有效值转换和峰值转换之分。广泛使用的交流数字电压表，多采用平均值或全周期内绝对值的平均值转换方式将交流电压转换成直流电压进行测量，然后再按交流有效值进行标度。按这种原理制成的仪表有局限性，因为它要求被测量必须为正弦波，否则将引起原理性测量误差。

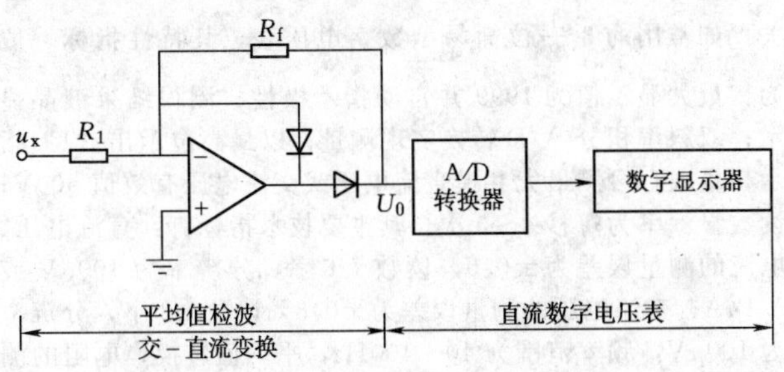

图 12-2-2 交流数字电压表框图

采用线性检波进行平均值转换的交流数字电压表的原理框图，见图 12-2-2。其中的交—直流变换器线性度好，变换准确度高，工作频率范围宽且动态特性好。现已有误差小于±0.01%的变换器，有的变换器的频率上限已达几十兆赫。

实现有效值转换的方法有热电法、模拟运算法和采样计算法等。用有效值转换器构成的这类仪表被称为真有效值数字电压表。由于它的测量准确度受输入正弦信号波形畸变的影响很小，因而更具有实用意义。

第三节 数字频率计

数字频率计是应用模/数转换技术测量频率并直接以数字形式显示的仪表。对频率以及周期、时间间隔的数字化测量，通常均采用在一定时间或单位时间内对电脉冲进行计数的方法。测量它们的仪表的共同部分是电子计数器。通过适当的组合接线，数字频率计可扩展为测量频率、周期、时间间隔和频率比等的多用途仪表。

交流电信号或电脉冲信号的频率 f 可表示为 $f=N/t$，其中，t 是 N 个交流电信号周期或电脉冲所经过的时间。

数字频率计电路按功能可划分为输入通道和计数器、时间基准电路、控制电路三大部分。图 12-3-1 是数字频率计的原理框图。输入通道将被测交变电信号放大整形为矩形脉冲信号，经主控门并在其开通时段内进入计数器作计数，计得数被译码后由显示器显示。时间基准电路的核心是石英晶体振荡器，其输出经整形后形成矩形时钟脉冲序列，再由分频电路分频，得到一系列不同频率的时间基准，通过时基选择开关进行选择。控制电路将主控门在所选基准时间段内打开，允许整形后的被测信号脉冲通过作计数。

由于周期 T 与频率 f 互为倒数，故可通过将时基信号与被测交变周期信号对调位置的方法（见图 12-3-1）测量周期 T，即改以时基信号作计数脉冲序列，让其在被测信号的一个周期时间 T 内进入计数器作计数。设时基信号的周期为 T_0，计数器计得的脉冲数是 N，则被测信号的周期 $T=NT_0$。

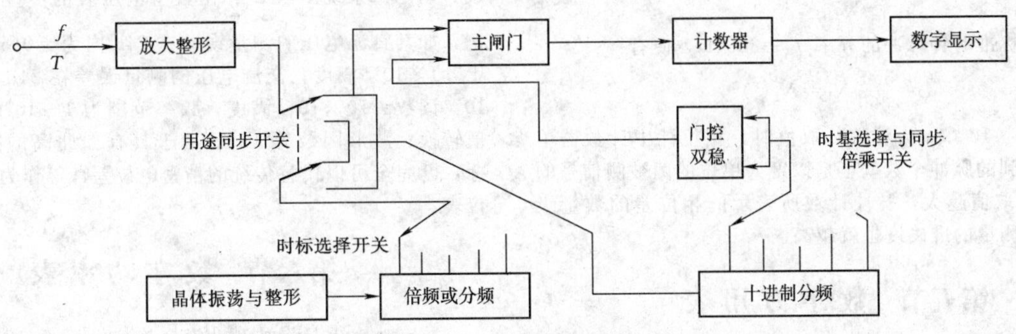

图 12-3-1 数字频率计原理框图

第四节 数字相位计

数字相位计是应用模/数转换技术测量两同频率信号相位差亦即相位并直接以数字形式显示的仪表。图 12-4-1 所示为一种数字相位计的原理框图。

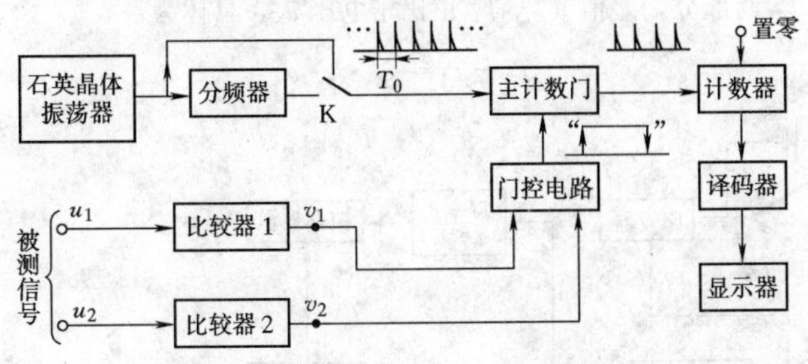

图 12-4-1 数字相位计原理框图

设被测信号 u_1 在相位上领先被测信号 u_2，它们分别被送至零电平比较器 1 和 2。当它们由负变正通过零时，被比较器检测出并发出脉冲 v_1、v_2 给门控电路。v_1 作为开启信号使门控电路打开主计数门，让标准频率的时钟脉冲序列进入计数器计数；v_2 担任关门信号，使计数停止。其结果是计数器显示出的脉冲计数值便对应于两被测信号的相位差。图 12-4-2 给出了这种数字相位计中各处的信号波形。

若以 T 表示被测信号的周期，N 代表对应于相位差的脉冲数，T_0 为计数脉冲的周期，T_φ 代表相位差 φ 对应的时间间隔，则有

$$T_\varphi=NT_0$$

由于

$$\varphi=\frac{T_\varphi}{T}360°$$

于是

$$\varphi=\frac{NT_0}{T}360°=\frac{f}{f_0}N\times360°$$

其中，$f=1/T$；$f_0=1/T_0$。

假设总测量时间为 1s（秒），若 1s 内有 f 个闸门信号（门控信号），则 1s 内将累计计数 $N_1=fN$。利用上述的 f

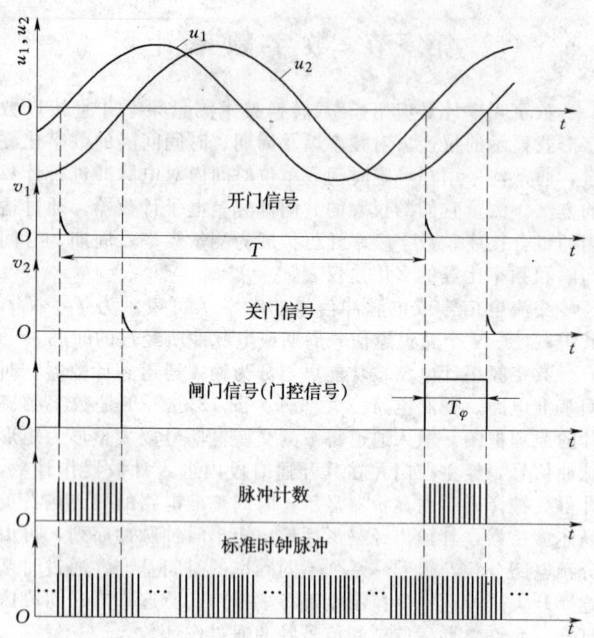

图 12-4-2 数字式相位计中各信号的波形

与 φ 的关系，可导出

$$N_1=fN=f\frac{f_0\varphi}{f\times360^\circ}=\frac{f_0\varphi}{360^\circ}$$

于是

$$\varphi=\frac{360^\circ}{f_0}N_1$$

可见，若取标准时钟脉冲的频率 $f_0=360\text{Hz}$，便有

$$\varphi=\frac{360^\circ}{360}N_1=N_1(^\circ)$$

即 f_0 按 360×10^n（n 为整数）取值时，相位计中计数器单位时间记录到的脉冲个数就正是以度为单位的两被测信号的相位差。f_0 取值越大，脉冲计数所表示的相位差的数量级就越小，其测量的准确度也就越高。

第五节 数字万用表

数字万用表是应用模/数转换技术可测量多种电参量和电参数并直接以数字形式显示测得结果的仪表，也称数字多用表，并常写为 DMM。数字万用表可分为简易型（通常也是便携式的）和精密型（台式）两大类。

(1) 简易型数字万用表可测量直流与交流的电压和电流，电路中的电阻、电容、电感等电参数，电路中信号的频率，晶体管的电流放大系数，且还可用于检查二极管及电路的通、断状态等。

常用的 $3\frac{1}{2}$位或 $4\frac{1}{2}$位简易型数字万用表是基于直流数字电压表扩充功能和量程形成的。其主要部件是一片大规模集成 A/D 转换芯片。转换原理多为双斜积分型或 $U-f$ 转换型。这些芯片具有自动调零、自动极性转换、超量限指示和过载保护等功能。

常用简易型数字万用表以干电池供电，由液晶显示器显示测得结果，功能及量程选择多采用旋转式或按键式多档开关。如常用的 $3\frac{1}{2}$位简易型数字电压表，其特性指标一般为：最大显示值为 1999 并自动指示极性；测得结果液晶显示；双斜率积分 A/D 转换实现测量；以最高位示出"1"指示超量限；可测最大共模直流电压或交流电压有效值 500V；读数显示率为每秒 2～3 次。其主要技术指标有：直流电压、电流的测量误差为±0.5%读数±1 字，分辨率为 100μV 或 0.1μA；交流电压的测量误差为±0.8%读数±3 字，分辨率为 100μV，频率范围为 40～400Hz，平均值转换；电阻的测量误差为±0.5%读数±1 字，分辨率为 0.1Ω；电容的测量误差为±2.5%读数±3 字，分辨率为 1pF。

常用简易型万用表由于其功能齐全、准确度高且使用携带方便等，已有取代模拟指针式万用表的趋势。

(2) 精密型数字万用表是带微处理器的多功能、多量程且自动化程度很高的智能仪表。它不仅能精确地测量电压、电流、电阻、电容和电感等电参量与电参数，而且还能对测得结果进行数据处理。计算机技术与复合型 A/D 转换技术的融入，使这类电表具有了自诊断、自校正与自检验等功能，从而可实现高准确度测量，且还方便与其他仪器一起组成自动测试系统。以 $8\frac{1}{2}$位数字电压表的一些技术指标为例，如其直流电压的测量误差在 24h 内为 $\pm0.5\times10^{-6}$ 读数 $\pm0.1\times10^{-6}$ 满度；交流电压的测量误差在 24h 内为 $\pm30\times10^{-6}$ 读数 $\pm10\times10^{-6}$ 满度；频率范围为 $1\sim10^6$Hz，真有效值转换；波形因数等于 5。由于具有如此高的技术性能指标，已完全可以代替传统的精密电位差计等作为计量用标准仪表。

第六节 数字功率表

数字功率表是将被测功率变换成电压再经模/数转换并直接以数字显示的仪表。将 $u(t)$、$i(t)$ 送至时分割乘法器进行相乘，得到与瞬时功率 $p(t)=u(t)i(t)$ 成正比的模拟直流电压 E_0，此电压再经 $U—f$ 转换器变为频率，被频率计在一段时间 Δt 内计得数值 N，亦即测得了这段时间内的平均功率。若 Δt 足够短，所得的即相当于瞬时功率。图 12-6-1是由时分割乘法器形成的数字功率表的原理框图。节拍方波电压 $\pm E_C$ 的周期 T，被时分割乘法器分割为 T_1、T_2 两部分，差值 T_2-T_1 正比于电压 u_x，具体为

$$T_2-T_1=\frac{R_2}{R_1}\cdot\frac{T}{U_n}u_x$$

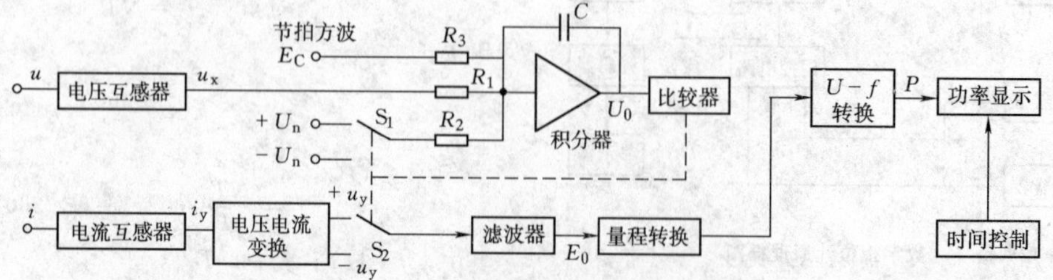

图 12-6-1 一种数字功率表的原理框图

其中，U_n 为基准电压。比较器输出同时控制开关 S_1 和 S_2，S_1 换接基准电压 $\pm U_n$，S_2 则换接正比于被测电流的方向相反、大小相等的电压 $\pm u_y$。当积分器输出 $U_o>0$ 时，即对应于 T_1 时段，S_1 接通 $+U_n$，S_2 接通 $+u_y$；而当 $U_o<0$ 即 T_2 时间段，S_1 接通 $-U_n$，S_2 接通 $-u_y$，即 $\pm u_y$ 被开关 S_2 所调制。于是，在节拍方波电压 $\pm E_C$ 的一个周期 T 内，被调制输出的 $\pm u_y$ 经滤波后得到平均值 $E_0=u_yT_1/(T_1+T_2)-u_yT_2/(T_1+T_2)=-u_y(T_2-T_1)/T$，即

$$E_0=-\frac{R_2Tu_xu_y}{R_1U_nT}=K'_pu_xu_y$$

由于 u_y 为 i_y 流经 R_y 得到的电压，则 $E_0=K'_pu_xR_yi_y=K_pu_xi_y$。可见，时分割乘法器是在一个节拍周期 T 内作瞬间相乘。若 T 很短，则 E_0 便反映了瞬时功率。设 $u_x=K_xU_m\sin(\omega t+\varphi)$，$i_y=K_yI_m\sin\omega t$，其中 K_x 为电压互感器或分压器的变换系数，K_y 是电流互感器或分流器的变换系数，则

$$\begin{aligned}E_0&=K_pK_xK_yU_m\sin(\omega t+\varphi)I_m\sin\omega t\\&=KUI\cos\varphi-KUI\cos(2\omega t+\varphi)\end{aligned}$$

上式中的第二项被滤波器滤除掉，则 E_0 便正比于被测的有功功率 $UI\cos\varphi$。

第七节　数字电能表

数字电能表是应用模/数转换技术计量电能并直接以数字显示的仪表。其一般工作原理为先进行交流电压与交流电流相乘，并求得表征信号周期 T 内平均功率，随后对其做积分（累计）运算，得到积分时间（t_2-t_1）内的电能，即实现了如下计算

$$P=\frac{1}{T}\int_0^T ui\,\mathrm{d}t$$

$$W=\int_{t_1}^{t_2}P\mathrm{d}t$$

式中　t_1、t_2——计量电能的起始时刻和终止时刻。

实现上述原理的多种方法，可归结划分为模拟相乘法与采样计算法两类。

(1) 模拟相乘法。图 12-7-1 是其原理框图，输入量 u 与 i 经互感器进入由模拟器件构成的瞬时值乘法器实现相乘，其输出中包含了表征周期 T 内平均功率 $UI\cos\varphi$ 的直流分量 A 和一个交变分量 B。U/f 或 I/f 转换器将 A、B 同时转换成频率信号 f。由于 B 的交变性质，其对时间的积分甚小或等于零，则在较长时间段内累计频率信号的脉冲数 N 便只反映 A 的积分值，即此时段内所计量的电能值。在工频电能计量中，时分割式模拟乘法器的应用最广泛。因为它的转换误差极小，价格低廉，而且可靠性高。

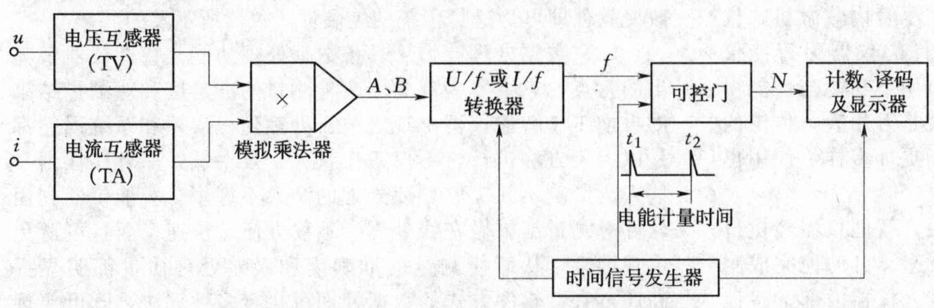

图 12-7-1　模拟相乘法数字式电能表框图

(2) 采样计算法。应用快速 A/D 转换技术，在周期 T 内对电压和电流进行 n 次采样，然后将相应瞬时值由微机进行相乘，获得 n 个乘积 p_1、p_2、…、p_n，再进行运算，则 $P=\frac{1}{n}\sum_{i=1}^{n}pi$ 获得平均功率 P，最后按要求计量能量的时段将其间各周期的 P 求和即得到电能值。

数字式电能表的准确度、线性度、频率特性和温度特性等均远优于感应式电能表；且还适用于测量谐波成分较大的信号。其缺点是可靠性及长期稳定性尚不够理想。

利用模拟相乘法器制成的数字式电能表已被制成计量用标准表，也有工业现场用的产品。

据采样计算原理实现的数字式电能表一般具有可同时测量电压、电流、功率因数、无功功率、电能需量等电参量的多种功能，用于对工矿企业电能使用状况的综合记录与分析。

第八节　数字电桥

数字电桥是采用数字技术测量阻抗参数的电桥。按测量原理分，又可分为实现比较测量法的完全平衡式数字电桥和依据欧姆定律实现伏安法的数字电桥，后者又有数字式 LCR 测量仪之称。

(1) 完全平衡式数字电桥。这类电桥一般内附有微处理器或直接与通用微型计算机连接（故这类电桥也称微机型自动交流电桥），利用 CPU 的数据处理功能，将被测的量进行模/数转换，在数字域对（体现电参数的）电参量作处理，或在数字域直接进行电参量的相互比较，然后由比较结果直接或通过某种处理（如数/模转换等）去控制使电桥趋于平衡，并且在调节平衡过程中实现测量结果的检出。图 12-8-1是采用最小均方算法的单电压源双分量控制方式的完全平衡式数字电桥的原理框图和等效原理图。

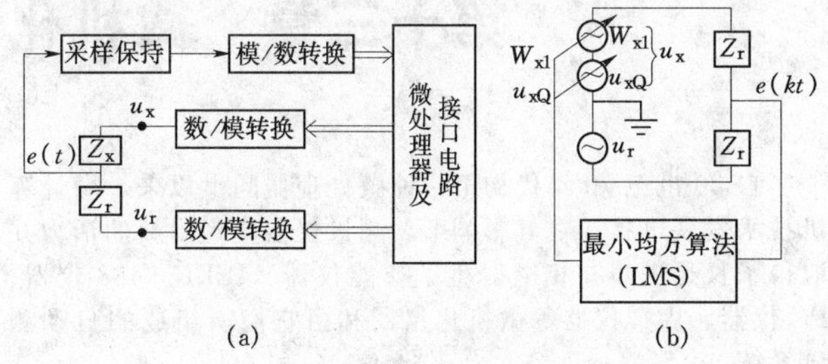

图 12-8-1　一种典型的带微处理器型完全平衡式数字电桥

(a) 原理框图；(b) 等效原理图

图中的 u_r 和 u_x 均为数字合成的模拟电压源，其中 u_r 是幅值恒定、初相角为零的正弦电压，即 $u_r=A\sin\omega_0t$；而 u_x 则是与 u_r 同角频率的幅值、初相角均可调的正弦电压，具体可表示为 $u_x=B\sin(\omega_0t+\varphi)=W_1A\sin\omega_0t+W_2A\cos\omega_0t$，其中 W_1、W_2 分别代表同相分量与正交分量的控制权重。为调节简单起见，取 Z_r 为纯电阻，即 $Z_r=R_r$，则当电桥达到完全平衡时 $e(t)=0$，此时有 $Z_x=W_1R_r+\mathrm{j}W_2R_r$，即由完全平衡时的权重 W_1 和 W_2 可得出被测的 Z_x。电桥的完全平衡状态是经执行最小均方算法迭代得到的，迭代的目标函数是使 e^2（kt）最小（为零）；在选 W_1、W_2 作迭代变量条件下，以周期 T 对失衡电压 e（kt）进行采样；在每个采样周期按平衡方向对 W_1、

W_2 进行修正，经修正的 W_1、W_2 用于合成新的 u_x；新的 u_x 又被反馈给模拟电桥主体，如此反复迭代，以使电桥逐步趋于并最终达到完全平衡。

(2) 数字式 LCR 测量仪。这类数字电桥的原理电路见图 12-8-2。图中 Z_x 是被测阻抗，R_s 为标准电阻器，置切换开关 K 在不同位置，测出相应两者的电压 U_x 和 U_s，根据放大器输入端不取电流的特性便得到

$$Z_x = R_s \frac{U_x}{U_s} = \frac{U_x}{I_s}$$

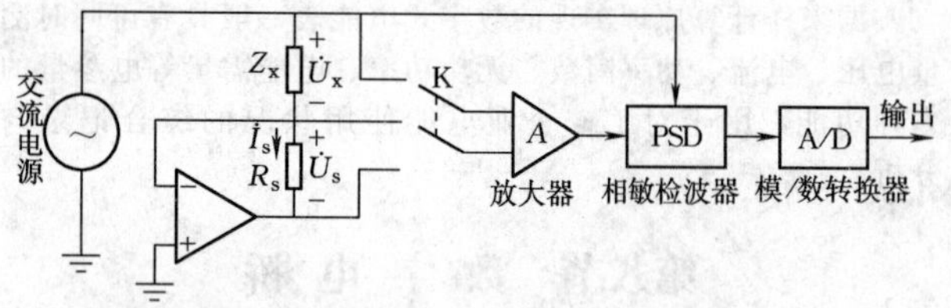

图 12-8-2 实现欧姆定律型数字电桥的原理线路

用相敏检波器（PSD）分别测出 U_x、U_s 对应于某一参考相量的正交分量和同相分量，然后经模/数转换器将其变为数字量，再由微处理器或微型计算机进行复数计算，即可测算出被测阻抗 $Z_x = R_x \pm jX_x$。

由图可见，这类数字电桥仪继承了电桥传统的名称，其测量电路实际上是体现欧姆定律的测量阻抗的电压表、电流表二表法的电路，而不再是经电四臂交流电桥的线路结构。

数字电桥可用于阻抗量具检定、阻抗量值传递以及对阻抗元器件的常规测量。很多数字电桥带有标准接口，可根据被测值的准确度对被测元件进行自动分档；也可与其他仪器连接组成自动测试系统，作为元器件自动生产线上测定产品质量的自动测量仪器仪表。

第九节 数字式谐波分析仪

测量非正弦电压、电流波中各次谐波的幅值、相角等的仪器称为谐波分析仪。采用模/数转换并经数字计算给出结果的谐波分析仪即为数字式谐波分析仪，见图 12-9-1。这种测量仪器的工作原理为：先将被测信号模拟采样值通过模/数转换变成数字化采样数据，如在被测信号的一个周期时间内均匀地采得 N 个数据，且满足 $N > 2M$（M 代表被测信号中最高次谐波的次数），则由这 N 个采样数据能准确地计算出被测信号中各次谐波含量的幅值和相角。在数字式谐波分析仪中，各功能单元的谐调工作和数字计算等都是利用微型计算机完成的。高级的数字式谐波分析仪还带有各种接口，便于与其他多种仪器设备组合成更大的多功能测试系统。由于按快速傅里叶算法实施计算，这种仪器可同时快速分析计算出各次谐波分量的幅值、相角以及谐波有功功率和谐波无功功率。数字式谐波分析仪具有功能较全面、测量速度快、准确度高、自动化程度高和使用方便等优点，在许多工程技术领域得到非常广泛的应用。

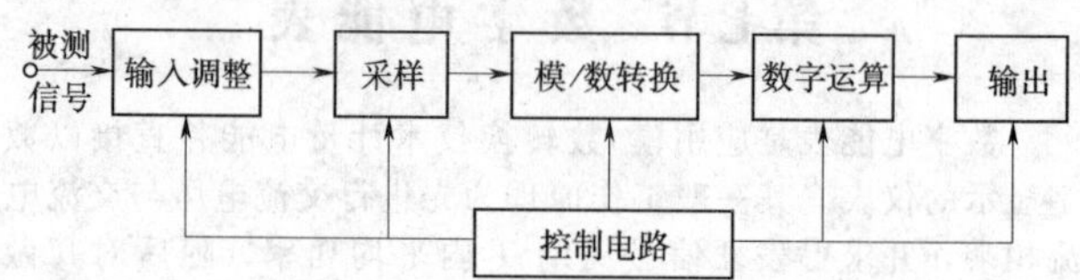

图 12-9-1 数字式谐波分析仪的原理框图

第十三章 微机化仪器与自动测试系统

自 20 世纪 70 年代初第一种微处理器问世以来，微计算机技术发展迅猛。在其影响下，测量仪器呈现出新的活力并取得了长足进步，相继诞生了智能仪器、IEEE—488 仪器、PC 仪器、虚拟仪器等微机化仪器和由它们所组成的自动测试系统。

第一节 智 能 仪 器

微处理器或微机的植入，使仪器具有了控制、存储、运算、逻辑判断及自动操作等智能型能力。尽管内藏微机式仪器的智能水平仍较低。但人们还是称这样的仪器为智能仪器。传统仪器在内藏微机或微处理器的作用下功能与性能得到了实质性增强。这方面最典型的例子就是万用表。传统的便携式万用表采用单片微机控制后，功能更加多样，使用也更为方便、可靠，而且准确度大为提高。

相对于过去传统的纯硬件式仪器来说，智能仪器经执行体现人的要求、意图的软件，能无误、快速、自动地完成测量任务，这无疑是突破性的进步。微机进入仪器内部，将计算机技术移植、渗透入仪器仪表技术领域，使形成的智能仪器具有如下特点：

(1) 测量过程控制的软件化。以软件方式控制测量过程始于 20 世纪 60 年代末。当时，数字化仪器由硬件实现的自动化程度已很高，例如已能做到自稳零放大、自动极性判断、自动量程切换、自动报警、过载自动保护、非线性补偿、多功能测试、多至数百点的巡回检测等。但随测量功能的不断增加，仪器硬件的负担越来越重，仪器的结构日益复杂，致使其体积和重量都增大、成本上升，进一步的发展也就越来越困难。但引入微机或微处理器使测量过程改由软件控制后，仪器的硬件结构变得简单，体积与功耗均减小，可靠性提高、灵活性增加，而且自动化程度更高，如实现了简单人机对话、自检、自诊断、自校准、CRT 显示、输出打印及绘图等。而且在软件控制方式下，改换仪器功能并不需要更换硬件，仅改变软件即可。这是传统的纯硬件式仪器所不及的。

(2) 数据处理能力。具备数据处理功能是智能仪器最突出的特点，它主要表现为能改善测量的准确度和对测量结果的再加工。智能仪器出现之前，处理随机误差和系统误差都是以人工方法进行，不仅工作量大、效率低，而且往往因一些人为影响不易克服，使处理的结果不理想。智能仪器利用软件对测量结果做在线处理，不仅方便、快速，而且可避免主观因素，从而使测量的准确度和误差处理质量都明显提高。再有，软件方式的数据处理可执行多种算法，既可实现各种误差的计算及补偿，且能校准测量仪器的非线性。

智能仪器可对测量结果进行再加工，从而又提供出若干表征被测对象各种特性的信息参数。例如，一些在模式识别、语音分析、故障诊断、生物医学信号检测等方面广泛应用的带微机的信号分析仪器，不仅可实时采集时域信号波形

及在CRT上复现，且能将其在CRT上做时间轴方向的展开或压缩；还可计算出被测信号的有效值、平均值，并找出峰—峰值、最大值和最小值等特征量；还能对所采集的信号进行数字滤波，提取出真正有用的信号；而且还可对被测信号进行时域和频域的数值分析。

(3) 多功能化。测量过程控制的软件化特点及很强的数据处理能力，使智能仪器的测量功能大大增加。例如，一种用于电力系统电能管理的智能电力需量分析仪，不仅可以测量单相或三相负荷的有功功率、无功功率、视在功率、有功电能、无功电能、电网电压频率、相电压、相电流和功率因数，还能测量出耗用电能的峰值、峰时、谷值、谷时及各项超界时间，并且可以预置计划用电需量；又自备时钟和日历，且还具有自动记录、结果打印、越限报警等能力。如此多的功能，是难以用一台纯硬件式仪器实现的。

图13-1-1是智能仪器的原理结构框图。由图可见，中央处理单元CPU是智能仪器的核心，它经内部总线和接口电路与输入通道、输出部分（包括模拟输出通道和数字输出通道）、仪器板面及仪器内存相连。其外部通信接口与外部总线一起，用于与其他仪器设备的相互联系。

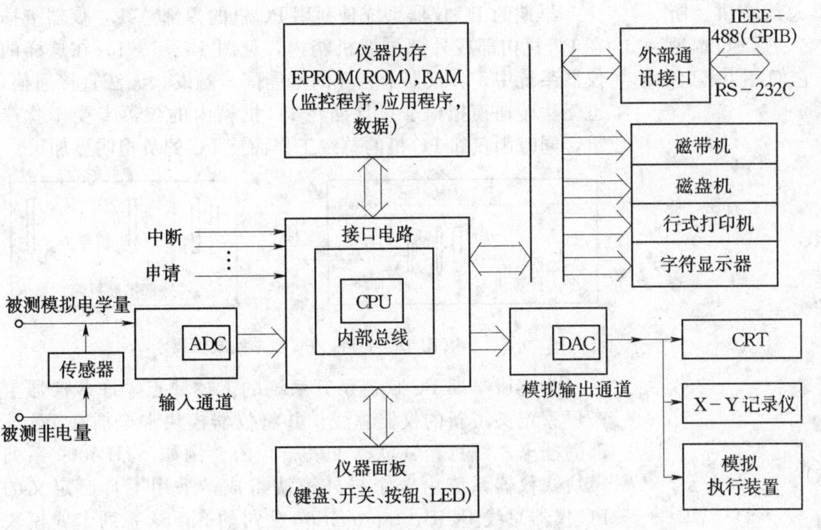

图13-1-1　智能仪器的原理结构框图

第二节　自动测试系统

人工最少参与情况下能自动进行测量、处理数据并以所需方式输出测得结果的系统称为自动测试系统。上面所介绍的带微处理器或微机的各种测量装置即智能仪器均具有自动测试系统的基本特征，故它们都属于自动测试系统的范畴。

自动测试系统主要由微机或微处理器、测量功能电路块和接口母线三大部分组成，如图13-2-1所示。其构成特点是各组成部分均配有标准化的接口功能电路，并都与统一的母线相联。使用者无需自己设计接口电路，为更改、增加测试内容的系统改建也很灵活，且使用完毕后拆散也容易，拆散后的各功能部件、设备还可移作他用。

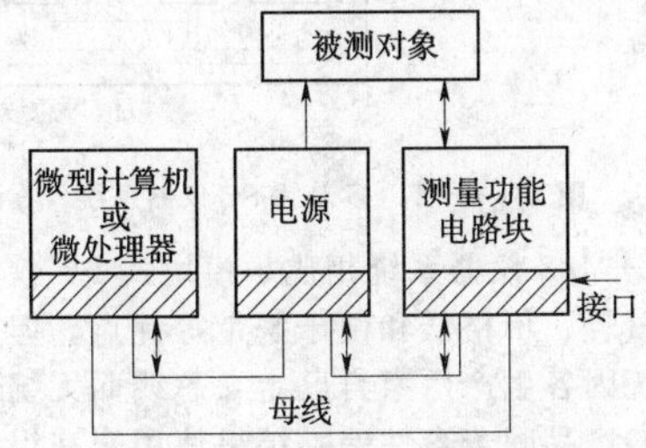

图13-2-1　自动测试系统原理框图

在自动测试系统中，微机或微处理器（也称系统的中央控制器）控制对被测对象进行测量的全过程。测量功能电路块主要完成微机与被测对象间的联系、传递信息或A/D转换等。接口和母线系统就像一个多功能的神经网路，把各种仪器设备有机地连接起来，完成自动测试系统内各种信息的交换和传输任务。它具备极强的通用性和多功能性，对于不同的测试任务，只需增减或更换“挂”在它上的仪器设备，而它本身则不变。它的出现，使由一台微机或一个微处理器实现对若干不同测试任务的执行与控制成为现实。

利用自动测试系统不仅能解决大量重复测试中因人体疲劳造成的容易出错问题，而且能替代人去完成远距离或恶劣环境的测试任务。它适用于被测相关信号瞬间出现难以捕捉的测量场合，在测量时间极短而数据处理工作量极大的测试任务中，能最大限度地提高工作效率。特别是在高度自动化的计算机集成制造产业中，自动测试是关键技术，它不仅能保证产品质量，而且能通过对某些特征量的监测与分析来判断整个生产系统中的设备运行工况和发生故障的原因及部位。

第三节　IEEE—488仪器系统

在智能仪器阶段，为完成一些更复杂的测量任务，常采用由RS—232C通信接口总线或IEEE—488接口总线将多台不同智能仪器连在一起形成的自动测试系统。

(1) RS—232C通信接口总线。RS—232C是一种当今常用的串行通信接口总线标准。它实质上是一个具有25个连脚的标准连接器，其所有连脚的规定和对各种信号的电平规定都是标准的，因而便于与微机或其他外部仪器设备连接。RS—232C最基本、最常用的信号规定如图13-3-1所示。

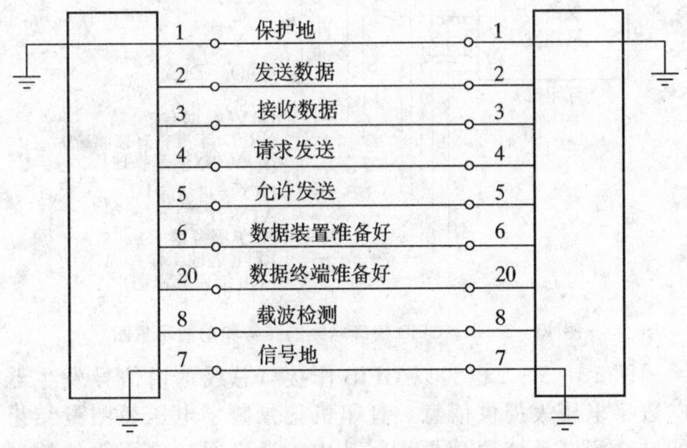

图13-3-1　RS—232C的连脚图

RS—232C是一种数据的ASCII码串行通信接口总线。串行数据传输只需要一对信号线和少量控制线，结构最为简单；适用于两台仪器设备间做一对一的双向或单向、同步或异步的串行通信。一般的微机化仪器均带有RS—232C接口或IEEE—488接口。

(2) IEEE—488接口总线。GPIB（General Purpose Interface Bus）是为可程控数字式仪器、微机及其他装置相互间联系提供的一种公共接口总线。因1975年被电气与电子工程师协会（IEEE）承认并定为国际通用的外部接口总线标准（IEEE—488），而又被称为IEEE—488接口总线（IEEE—488后又有IEEE—488.1和IEEE—488.2等新版本）。GPIB（IEEE—488）的应用十分广泛，一个GPIB接口可挂接15台仪器（包括中央控制器在内），智能仪器多由它连接在一起形成自动测试系统。图13-3-2的右半部分示意出了GPIB接口总线的结构和功能。它一共有16根信号线，其中数据总线8根，用于双向传送数据或总线命令；数据传输控制总线有数据有效（DAV）、未准备好接收数据（NRFD）和未收到数据（NDAC）等3根，它们用于协调不同工作速度的仪器间的信息传输；管理总线共5根，分别用于传送接口消除（IFC）、注意（ATN）、服务请求（SRQ）、远地工作（REN）、结束或识别（EOI）等管理信息，以完成对连接在外部总线上的仪器的控制。GPIB总线有讲、听、控、源握手、受者握手、服务请求、并行点名、远地/本地、仪器触发和仪器清除等共10种接口功能，它们相互配合，用以完成总线系统内各种信息的传送。

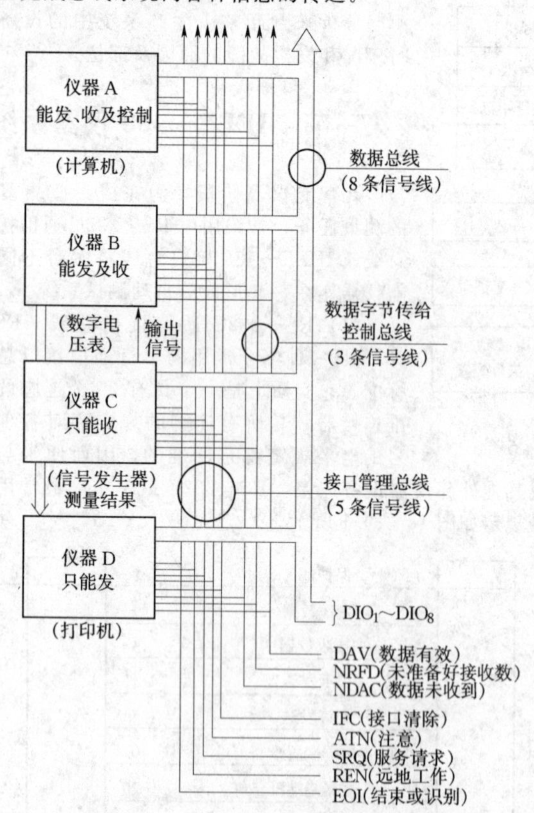

图13-3-2 GPIB接口总线的结构和功能示意图

图13-3-2也为以GPIB作接口总线的由信号发生器向数字电压表提供信息、打印机记录数字电压表测量结果的自动测试系统原理框图。其中，微机通过应用软件控制信号发生器、数字电压表和打印机按GPIB的规范协调工作。图13-3-2中标出的各仪器设备的听、说和控制等功能是相对GPIB总线而言的。GPIB接口总线标准要求可程控仪器间只能采用专用的总线互连，这样使自动测试系统构成灵活、方便、兼容性好，且费用较低；再则可进行双向、异步、互锁式数据传输，并广泛兼容不同速度的仪器设备。

但是，在复杂的IEEE—488（或RS—232C）仪器系统中，往往有多个相重的部件或功能电路单元。例如，在一个IEEE—488仪器系统中可能包含微机、逻辑分析仪、数字示波器、智能数字多用表、频谱分析仪和网络分析仪等多台带GPIB接口的独立式智能仪器或可程控数字式仪器，显然，它们都有CRT、键盘和存储器等部件。

第四节 PC仪器系统

将传统式独立仪器（即由厂家定义、生产的而用户一般无法改变的仪器）的测量电路部分与接口部分集合在一起制成仪器卡，而仪器所需的键盘、CRT和存储器等均借助PC机的资源，就构成了PC仪器，又称模块式仪器。而PC仪器自动测试系统则是多块不同功能的仪器卡、插卡机箱和一台微机的有机组合。显然，与IEEE—488仪器系统相比，PC仪器系统的硬件大为减少。

早期的PC仪器系统是利用PC机的内部总线，仪器卡插在PC机内部或外部扩展机箱内，见图13-4-1。在这样的仪器系统中，各仪器卡相互间不能同步触发，无法直接通信，也无法传递模拟信号；且插在PC机箱内的仪器卡受干扰严重，同时因仅靠PC机的总线工作而使PC的负担明显加重。

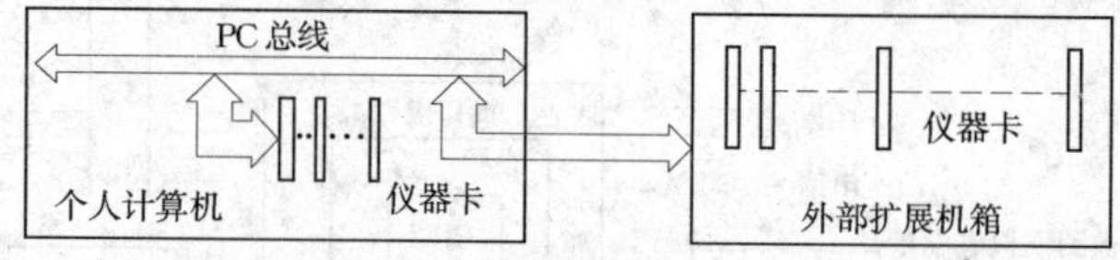

图13-4-1 PC机总线式仪器

为克服早期PC仪器及其系统的上述缺点，许多仪器生产厂家定义了新的仪器总线，并将仪器模块卡全插在PC外部的插卡总线机箱（也称主机箱）内。例如，HP6000系列模块式仪器系统由8个机外模块组成，采用了自己定义的PC仪器总线PCIB；Summation公司的Sigma系列卡式模块测距系统采用了外设主机箱，箱内设有带触发时基控制器（该控制器用于管理各模块间的同步）的VME总线、模拟信号总线和交互触发总线。插卡总线机箱与PC间的通信，可利用RS—232C、IEEE—488（GPIB）接口总线或以太网电缆进行。至此，PC仪器系统由原来的单一PC总线式发展成了多总线式，见图13-4-2。

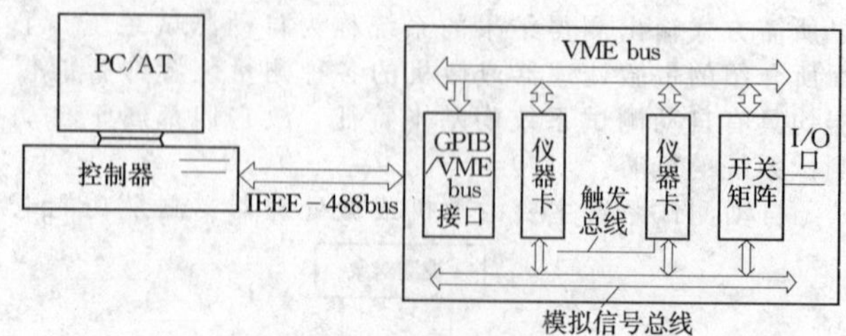

图13-4-2 多总线PC仪器系统

与IEEE—488仪器系统相比，模块式PC仪器系统具有体积小、重量轻、价格低和便于携带等优点。但是，这种模块式仪器系统因各生产厂家自己定义总线而无统一标准，因此不同厂家的产品间兼容性差，结果使用户在组建测试系统时难以在不同厂家产品中进行配套选择。

第五节　VXIbus 仪器系统——虚拟仪器系统

一、适于模块化仪器标准化的接口总线标准 VXIbus

VXIbus——VMEbus Extention for Instrumentation 是微机总线 VMEbus 的扩展。VMEbus 是一种标准的工业微机总线，是专为微机和某些数字系统而设计的。针对测量仪器及其测试系统应有多种电源、需要触发、模拟信号并应具备良好的屏蔽等特殊要求，人们以 VMEbus 为基础并将其加以扩展，研制开发出了 VXIbus——仪器标准接口总线。VXIbus 是面向模块式结构仪器的总线，可适应 16 位、32 位字长及大容量存储器、多级中断响应、分级组合、多微机兼容、数据传送速度快等计算机技术发展的要求（这些均是 GPIB 总线所不及的），它对所有仪器生产厂家和用户都是公开的，即允许用户将不同厂家生产的仪器模块用于一个仪器系统的同一主机箱内，从而使仪器系统硬件的组建更为灵活。

二、VXIbus 仪器系统——虚拟仪器系统

VXIbus 仪器系统是一种标准总线式模块仪器系统，一般由微机、VXIbus 模块和 VXIbus 机箱组成。若干仪器模块插入 VXIbus 机箱（或称仪器主机架），便构成了 VXIbus 仪器系统。图 13-5-1 所示为几种典型的 VXUbus 仪器系统构成形式。由图可见，VXIbus 仪器系统可以是单 CPU 模块集中控制式的［图 13-5-1（a）］、多 CPU 模块分布控制式的［每个仪器的 CPU 仅受主控微机控制，见图 13-5-1（b）、（c）、（d）］、分层结构式的［图 13-5-1（c）］和主控微机在主机箱内部的独立式的［图 13-5-1（d）］。

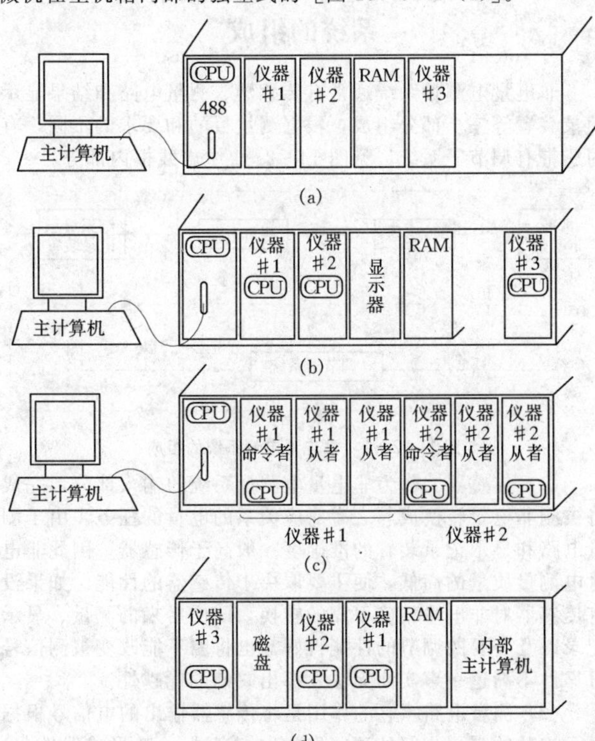

图 13-5-1　VXIbus 仪器系统的典型构成形式
（a）单 CPU 模块集中控制式；（b）多 CPU 模块分布控制式；（c）多 CPU 模块分层结构式；（d）多 CPU 模块主控微机在主机箱内独立式

VXIbus 仪器系统是微机、软件技术和测量系统紧密、有机结合的整体。在 VXIbus 仪器系统中，高性能的微机处于核心地位，传统仪器的某些硬件乃至整个仪器都被计算机软件所代替。为了指挥微机化仪器及其系统工作，最终都要使用机器语言。但是从为开发和使用仪器而编程的角度看，即便使用 C、C^{++} 及 BASIC 等高级语言编写程序代码，也会感到程序的编制、调试过程已极不适应高度自动化测试对缩短仪器系统开发时间的要求，而且使用者总希望对所选用（购）的仪器系统的关注最少，最好就像使用家用电器那样，简单地操作几个键即可，而不必了解仪器系统本身的技术问题，从而将更多的精力与注意力转向测试对象。出于这种考虑，微机化仪器开发者将现代计算技术中的清单、窗口方式的图形技术、数据库技术、鼠标触动技术、触敏式 CRT 技术、接口驱动技术和数据处理（DSP）技术等引入测量与仪器制造领域，形成了以 CRT 操作为中心的人机友好图形用户接口的开发软件包。使用这种软件包可在 CRT 上生成仪器软板面、多层式清单和窗口，并通过鼠标直观控制仪器；测试条件和测量结果均以字符或（和）图形显示在 CRT 上，且具有多种引导、提示和帮助功能。此外，仪器软板面的各种操作是以程序代码形式存储的，故利用这种工具时无需了解仪器语言，只要会操作仪器的主控微机，仪器本身就会快速、自动地形成测试程序。

利用图形软件包建立虚拟式的仪器来完成仪器控制、数据采集、数据分析、数据管理和数据生成等任务，这是 VXIbus 自动测试系统的一个显著特点。美国的惠普公司（HP）、国家仪器公司（NI）、吉时利公司（Keithely）和艾欧泰克公司（Iotech）等研制开发出许多适于 VXIbus 仪器系统的图形软件，其中最受用户欢迎并已被确定为开发仪器驱动标准的是美国国家仪器公司（NI）1992 年 4 月推出的两大软件——LabVIEW for Windows 和 LabVIEW forSun，简称 LabWindows 和 LabVIEW。LabVIEW 采用全新的图形化编程概念，通过简单的图形模块连接即可完成数据采集、数据分析和图形显示等功能。任何一位只要掌握一点计算机基础知识的工程师，就可以轻而易举地将自己的测试方案设计思路转化为一台合适的仪器——虚拟仪器。

虚拟仪器的出现，彻底突破了过去仪器由生产厂家定义、制造而用户无法按自己意愿改变的传统模式。依靠日新月异的计算机技术，虚拟仪器（系统）给用户一个充分发挥自己才能与想象力的空间。用户可以完全根据自己的需求设计仪器系统，以满足多种多样的应用需求。更本质地讲，有测试与测量需求的用户需要的只是一些必要的硬件加上通用微机。借助利用微机资源形成的虚拟仪器，可大大突破传统仪器在数据的处理、表达、传送、存储等方面的限制，获得传统仪器无法比拟的效果。

现在，许多 PC 仪器的插卡、VXIbus 仪器系统的模块都已有配套的驱动软件、图形显示软面板和鼠标控制器。用虚拟的东西来模拟仪器的面板乃至所有现代仪器的功能已被越来越多的用户认同和采纳。

由于 VXIbus 是继 GPIB 之后为适应测量仪器从分立的台式或机架叠层式结构发展成更为紧凑的模块式结构的需要而研制开发的。因此利用它形成的仪器系统无疑具有优于智能仪器、IEEE—488 总线测试系统和 PC 仪器及系统等的特点——数据传送速度高、信息吞吐量大、易于与其他仪器兼容、体积小、重量轻、升级容易等。VXIbus 仪器系统在技术上与经济上的效益都很高，并展现出更广阔的发展与应用前景。

VXIbus仪器及其系统、PC仪器和IEEE—488仪器及测试系统一起，已在超大规模集成电路测试、通信机测试、模拟电路/数字电路测试、现代家用电器测试、印制板电路/混合信号电路测试、电子元件/电力电子器件测试以及军事、航天、生物医学、工厂测试、电工技术领域等的可移动式现场测试工作中得到越来越广泛的应用。

三、集成仪器

仪器与计算机技术的深层次结合将产生全新的仪器结构概念。在现有的智能仪器、PC仪器、VXIbus仪器和虚拟仪器等模块化仪器的基础上，将出现集成仪器的概念。集成仪器基于的结构模式为“信息的数据采集（A/D转换）—信号的分析与处理（DSP）—输出及显示（D/A转换）”。利用这种集成仪器的通用硬件平台调用不同的测试软件，就可以构成不同功能的仪器。在这样的仪器中，改用软件就形成新的仪器，故称如此的软件就是仪器决不夸张。显然，由于集成仪器的硬件平台是通用的，因此可十分方便地将多种测试功能集于一体，形成多功能的集成仪器。

第十四章 非电量的电测量

第一节 非电量的电测量技术本质和特点

一、非电量的电测量技术本质

从电工测量技术的角度出发，电学量和磁学量以外的物理量被称为非电量。非电量的电测量就是用传感技术和电测量的技术手段与方法去完成对非电物理量的测量。在现代化大生产、国防、生物医学工程、科学研究和空间技术等众多领域所遇到的（进行的）测量问题，大量的是测量非电的物理量。例如，发电厂锅炉的进水量、蒸汽耗用量、压力和温度等都必须随时测量监视；为保证飞行安全，对飞机的飞行高度、速度、转弯方向、发动机转速、排气温度以及储油量等也要进行实时测量。机械工程中常测的位移、振动加速度、力、力矩、应变和应力等，输油、泄洪、排水和天然气管道中液体或气体的流速、流量及压力，化工生产中不断反复测试的浓度、成分、温度和pH值等都是非电量。显然，还可以列举出许许多多被测的非电量。

在早期，对一些非电量的测量多采用反映当时科学技术及生产水平的非电的测量方法，例如，用尺子测量长度、用秤称重量等。这些方法中的许多只能做结果性测量，而监测不了非电量快速的变化过程与趋势；不但在动态测量方面非电的测量方法显得力不从心，而且它们受准确度低、所用工具笨重等多种因素的制约，对实际中应测的许多非电量都测不了，或达不到测量要求。随着科学技术的发展，用单一的非电的测量方法去测量非电量，已不能满足科学研究和生产实践的需求。非电量的电测技术，就是人们在解决科研和生产实际中所遇到的各种各样测量问题的过程中不断创新、充实、完善而发展起来的测量技术。具体地说，非电量的电测量技术，就是把待测的非电量通过传感器变成确定地反映着它的电信号，然后利用电测量方法对该电信号进行测量，从而间接实现对非电量的测量的技术手段和方法。

二、非电量电测量技术的特点

由于非电量电测量技术是在测量非电量方面对非电的测量技术手段和方法的充实与发展，因此它具有不同于非电测量技术的一些特点和长处。概括起来，非电量电测量技术主要有以下特点：

(1) 应用了已较为成熟和完善的电磁参数、参量测量的理论和技术手段。因而，非电量电测量技术的关键是研究如何将非电量变换成电量的技术——传感技术。

(2) 便于实现连续测量。

(3) 非电量经传感器转换成电信号后，变得容易被传输（通过有线或无线方式）、转换（放大、衰减、调幅、调频、调相、模/数及数/模转换等）、记录、存储和处理，因而便于实现遥测、巡回检测和自动测量。

(4) 能在很宽的范围内以较快的速度对被测非电量进行准确的测量。

(5) 可完成非电测量方法无法实现的测量任务（如测量电机内部的温度场等）。

(6) 易于利用计算机实现对传感器输出非线性的校正、误差的计算与补偿，进而使仪器达到智能化；同时，也可对某些参数进行自动控制。

第二节 非电量电测量系统的组成

非电量电测量系统通常有传感器、测量电路和结果显示记录装置等三个部分组成，根据测量目的和要求的不同，有的还带有调节子系统，见图14-2-1中虚线框内部分。

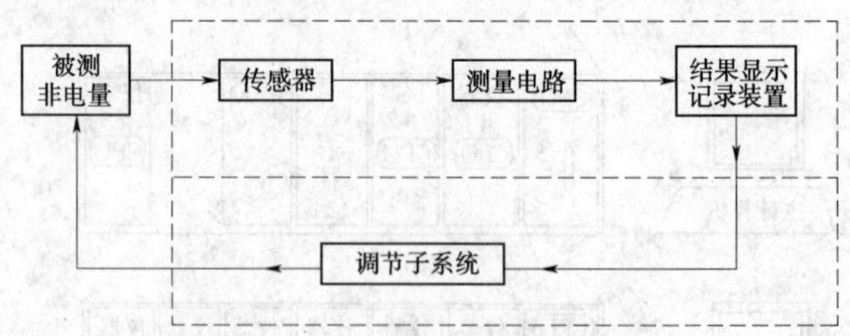

图14-2-1 非电量电测系统的组成

(1) 传感器。作为非电量电测量系统的输入部分，完成将被测非电量转换成与之有对应关系的电量的任务。由于测量电路和显示记录装置的准确度一般高于传感器，因此非电量电测量质量的高低，便主要取决于传感器的性能。如果没有传感器对非电量精确可靠的转换，即使后来的测量、显示记录以及必要的调节的性能再好，也将因不能改变被测信号可靠性不高这一事实而无法发挥出它们的优越性。

(2) 测量电路。它的作用是将传感器输出的电信号根据显示记录的需要进行处理（如放大、衰减、整形或线性化）和变换（如整流、A/D转换或D/A转换）。电信号在上述处理与变换过程中，其能量形式始终为电能形式。典型的测量电路有直、交流电桥电路和交流放大器电路等；还有一些常用的功能电路，如变阻抗输入电路、脉冲调宽电路及维持振荡的激振电路等，也是测量电路中不可少的部分。

（3）显示记录装置。测量结果的显示记录有模拟和数字两种方式。具体采用直读型指示仪表、示波记录仪还是数字式仪表的哪一种，应根据实际测量任务的需要与条件而定。

（4）调节子系统。它将测量电路处理、变换后的电信号通过某种形式反馈回测量系统的输入端，以便调节、控制被测非电量的大小。

第三节　传　感　器

一、传感器的构成

传感器一般由敏感元件和传感元件构成，有的还将测量电路也包括进来成为一个整体。敏感元件直接感受被测量，并将这一感受按确定的关系以某种量（非电量或电量）的形式输出。敏感元件输出的若已是电量，就意味着它同时也兼作传感元件。许多新型传感器的敏感元件和传感元件都具有这种一体结构。传感元件又称变换元件，它是传感器的重要组成元件。一些传感元件不直接感受被测量，只接受来自敏感元件的非电量，并将其转换成电量输出；而有些传感元件则可直接感受被测量，输出与被测量满足某种关系的电量，如热电偶和热敏电阻。将非电量变换成电信号的特点，使传感器又有变换器之称。

二、传感器的分类

传感器的种类很多，按用途可分为测量热工量、机械量、声学量、光学量、化学量等的传感器。按工作原理可划分成如下两大类：

（1）参数变换类：凡将被测非电量转换为电阻、电容或电感（包括自感和互感）的传感器都属于此类。

（2）电源类：将被测非电量转换成电压或电流等量的传感器均属此类。

三、传感器工作原理和测量用途

表 14－3－1 中示出了一些传感器的工作原理及典型测量用途。

表 14－3－1　传感器的工作原理及典型测量用途

传感器	传感器敏感元件的工作原理	典型测量用途
（一）参量变换类传感器（需外附电源）		
1. 电阻型		
电位器	在外力作用下移动滑动接触点位置以改变电位器或电桥电路中的电阻数值	位移、压力
电阻应变片	金属电阻或半导体电阻的阻值在外加压力或拉力作用下发生变化	力、力矩、位移、变形、加速度
电阻温度计	具有高值负温度系数的某些纯金属丝的电阻值随温度的变化而改变	温度、热辐射
热敏电阻	具有高值负温度系数的某些金属氧化物的电阻值在温度改变时随之变化	温度
光导管	光敏电阻在光照射下发生变化	光强
电阻湿度计	栅型导电条的电阻值在湿度作用下发生变化	相对湿度

续表

传感器	传感器敏感元件的工作原理	典型测量用途
2. 电容型		
可变电容压力计	在外力作用下平板电容的电容量发生改变	位移、压力
电容式微音器	由声压的变化改变可动与固定极板间的电容值	噪声、演说、音乐录制
介质仪	利用介质的变化改变电容量	液位、厚度
3. 电感型		
磁路变换器	磁路磁阻随线圈中铁芯位置的改变而发生变化，从而致使交流供电线圈的自感或互感改变	压力、位移、振动
差动变压器	变压器的两个二次线圈的差动电压因公共铁芯在外力作用下的变化而改变	压力、位移
涡流计	线圈的电感因涡流板的靠近而发生变化	位移、厚度
磁压计	压力或应力的作用使磁力改变	力、声压
4. 其他型		
霍尔片	在磁通与外加电流的相互作用下霍尔片两侧产生出电位差	磁通、电流
电离室	在辐射线作用下气体电离产生电子流	离子束、放射性
光发射管	光发射管表面在放射线照射下产生电子发射	光及放射性
光电倍增管	光敏管阴极受放射线照射产生二次电子发射	光及放射性光敏继电器
（二）电源变换类传感器		
热电偶及热电堆	两不同金属或半导体连接处在受热时产生电动势（热电动势）	温度、热流辐射
热电探测器	热敏元件吸收热辐射温度发生变化，从而引起材料电性能相应改变	各种热辐射
感应式变换器	磁场中线圈的相对运动产生电动势	速度、振动
压电式变换器	石英或压电陶瓷元件因受力产生电荷	声压、振动、压力、加速度
光电池	辐射能激励光电池产生电动势	光强、太阳能
光伏探测器	利用光电效应，即当半导体受到光照时，在其某一部分产生电位差	粒子辐射、紫外辐射、可见光、红外辐射和亚毫米波

四、传感器的静态和动态特征

非电量电测量质量的好坏主要取决于传感器质量的优劣。传感器的静态特性和动态特性是传感器质量的表征。

（一）静态特性

描述传感器静态特性的主要指标有线性度、灵敏度、迟滞和重复性等。

（1）线性度。理想的传感器应具有线性的输入—输出特性。线性的输入—输出性质使测量过程中的理论分析与计算都十分简单，且有利于被测的量的直接读数。许多实际的传感器远非是理想的——输入—输出特性存在有一定程度的非线性。实际应用中，有多种对传感器输入—输出变换的非理想线性度进行补偿的方法。

(2) 灵敏度。常以字母 s 代表，被定义为

$$s=\frac{\Delta y}{\Delta x}$$

式中　Δy——传感器输出电量的增量；

Δx——传感器输入非电量的增量。

容易证明，具有线性变换关系的传感器，其灵敏度是常数，与被测非电量的大小无关；但不具有线性关系的传感器的灵敏度则不然，它将随输入量的不同而改变。

(3) 迟滞。是对传感器加载（输入量增大）和卸载（输入量减小）情况下输入—输出特性曲线不重合性质的描述，见图 14-3-1。产生迟滞现象的主要原因是传感器机械部分存在不可避免的缺陷。从提高传感器质量的角度出发，迟滞程度越轻微越好。

(4) 重复性。用以表征传感器在整个量程内连续进行反复测试时，所得到的同一方向的输入—输出特性曲线的重合程度，见图 14-3-2。重合的越好，即表明重复行越好，误差越小。

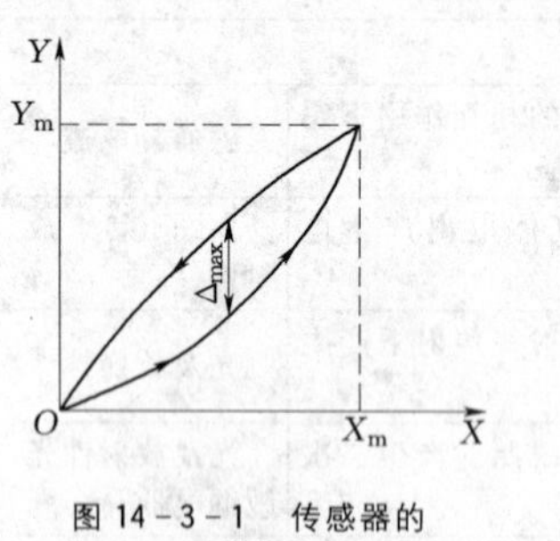

图 14-3-1　传感器的迟滞特性

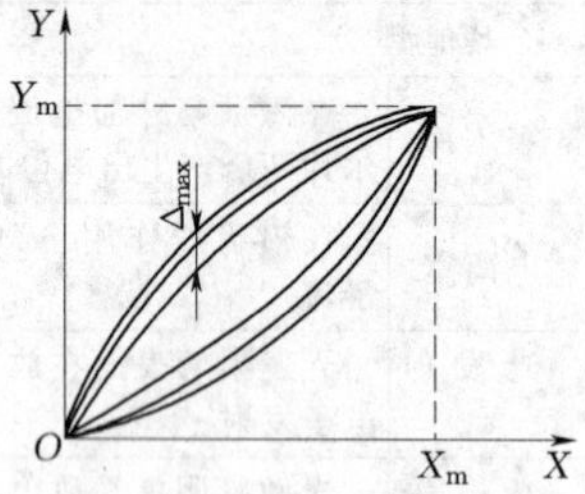

图 14-3-2　传感器输入—输出特性的重复性

(二) 动态特性

传感器的动态特性是指传感器输入典型信号时的时域或频域输出特性。动态特性通常作为按具体测量任务选择合适传感器的理论依据。值得注意的是，由于传感器动态特性的非理想性，会致使在测量动态信号时产生动态误差；有时甚至在动态测量中不能利用传感器。

第四节　几种常见传感器及其工作原理

一、电阻型传感器

(1) 电位器式传感器。俗称电位器，广泛应用于各种电气和电子设备与仪表中。它把机械位移输入转换为电阻或电压输出。因此，电位器式传感器可作为变阻器，也可作为分压器使用。图 14-4-1 是电位器式传感器的原理图和等效电路。由图可见，当有被测机械位移时，电刷在电阻元件上滑动，从而改变了触点（电刷）相对于参考点（O 点）的电阻 R_x 或电压 U_x，也就实现了非电量至电量的变换。

(2) 电阻应变式传感器。将被测的力学量通过金属弹性变形转换成电阻值的变化，随后，电阻的这一改变再转为电压或电流的变化并被指示出来；结果，显示出的电量的大小就反映了被测应力的大小。常用的电阻应变式传感器有电阻应变片和半导体应变片两种。

电阻应变片是由高电阻率的电阻丝或片粘附固定于绝缘基片上构成的，见图 14-4-2。

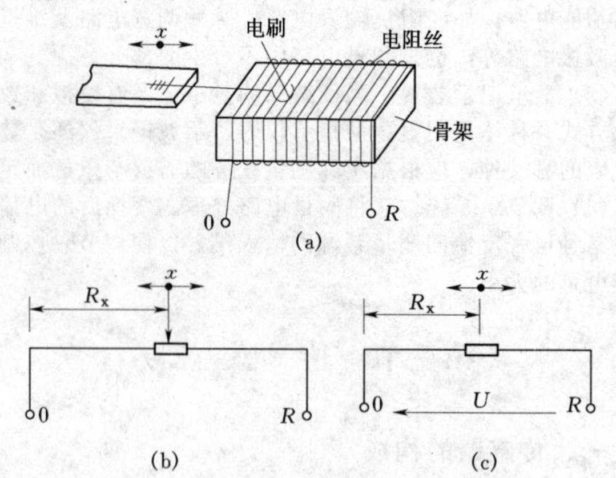

图 14-4-1　电位器式传感器及其等效电路

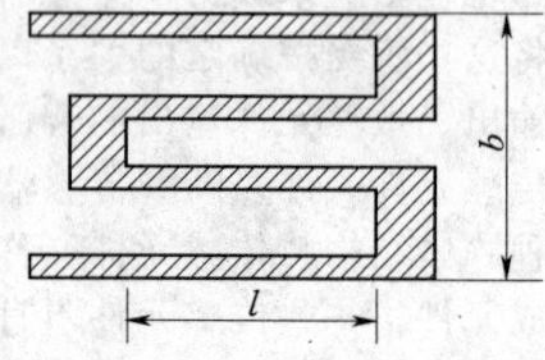

图 14-4-2　箔式电阻应变片

测量时，电阻应变片贴在被测件表面，被测的量通过基片的传递作用使电阻片变形，引起其电阻值变化，其相对变化量可表示为

$$\frac{\Delta R}{R}=K'\frac{\Delta l}{l}=K\varepsilon$$

式中　$\Delta l/l$——电阻片长度的相对变化量；

ε——应变量；

K——应变灵敏度，由电阻片的几何尺寸及电阻率的改变量等决定，是常数。

通常 $\Delta l/l$ 很小，$\Delta R/R$ 也很小，故使用应变片时多采用电桥式测量电路。应变片可作为一桥臂电阻，指示仪表需用高灵敏度的检流计。

金属电阻应变片的弱点是灵敏度较低。

半导体应变片的一大特点就是灵敏度比金属的高约 50 倍。半导体应变片目前多用硅单晶制成，其电阻变化率为

$$\frac{\Delta R}{R}=(1+2\mu+K)\varepsilon$$

式中　ε——沿半导体纵向的应变；

μ——表示半导体几何尺寸的常数。

半导体应变片虽有灵敏度高、体积小等优点，但其温度稳定性差、非线性严重，使用时需加温度和非线性补偿。

(3) 热电阻和热敏电阻。利用电阻随温度变化的特性制成的传感器有金属热电阻和半导体热电阻，后者又称热敏电阻。

常用的热电阻有铂电阻、铜电阻和镍电阻等。例如，铂电阻在 0～360℃温度范围内可表示成

$$R_t=R_o(1+\alpha t+\beta t^2)$$

它由很细的铂丝绕在骨架上、装入绝缘套管制成。WZP 型铂电阻温度计是铂电阻的一个实例，它用的铂丝的直径为 0.03～0.07 mm，在 0℃时的电阻值 R_o 为几十欧。

常用热敏电阻是直热式的，多由金属氧化物制成。最典型的热敏电阻的外形如图 14-4-3 所示。

热敏电阻是非线性的，其阻值随温度变化呈指数关系。它多用于温度的测量、控制和补偿以及过流保护和火灾报警等。

(4) 湿敏电阻。是一种阻值随环境相对湿度变化而改变

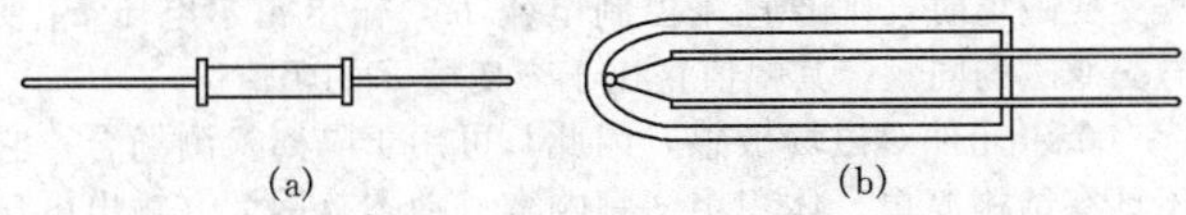

图 14-4-3　热敏电阻外形
(a) 杆状；(b) 珠状

的传感元件。湿敏电阻由感湿层、电极和绝缘基片组成，其原理结构如图 14-4-4 所示。感湿层吸收环境中的水分，引起两电极间电阻值的变化，且此变化呈线性关系。制作湿敏电阻的材料有多种，常用的有氧化锂和碳氢化合物等。

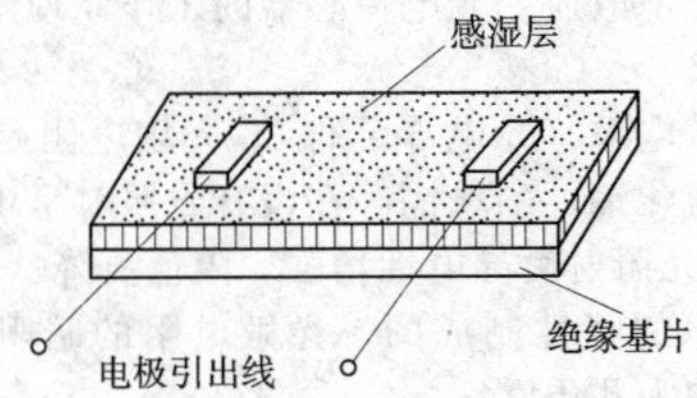

图 14-4-4　湿敏电阻的原理结构

二、电感型传感器

图 14-4-5 是典型可变磁阻式自感传感器的原理结构图。根据电磁感应定律，当匝数为 N 的线圈流有电流 i 时，在磁路中将形成磁通链 ψ。设 L 代表线圈的自感，Φ 是磁通，则磁通链表示为

$$\psi=N\Phi=Li$$

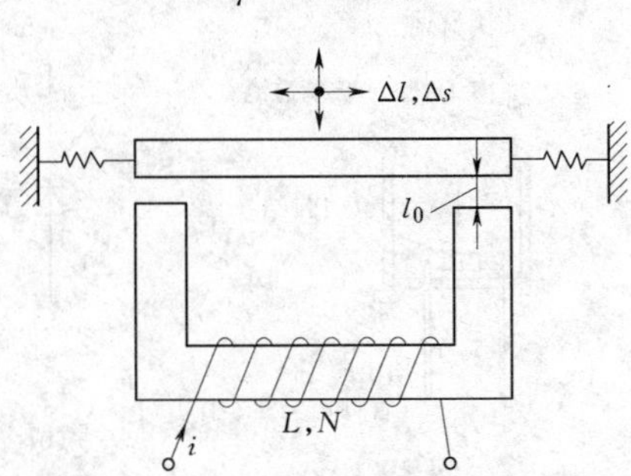

图 14-4-5　可变磁阻式传感器的原理结构

又由磁路定律，有

$$\Phi=\frac{Ni}{R_m}$$

式中　Ni——磁动势（A）；

R_m——是磁路的总磁阻。

由上两式得到

$$L=\frac{N^2}{R_m}$$

在气隙 l_o 很小且不考虑磁路损失的条件下，有

$$R_m=\frac{l}{\mu S}+\frac{2l_o}{\mu_o S_o}$$

式中　l——铁芯的平均长度；

μ——铁芯材料的磁导率；

S——铁芯截面积；

μ_o——真空磁导率；

S_o——磁路中空气隙部分的截面积。

考虑到铁芯磁阻要比气隙磁阻小得多，于是上式可近似为

$$R_m=\frac{2l_o}{\mu_o S_o}$$

按此式，得到

$$L=\frac{N^2}{R_m}=\frac{N^2\mu_o S_o}{2l_o}$$

从这个结果可见，横条铁芯沿竖直或水平方向移动，都将使磁路磁阻亦即自感 L 改变。但沿竖直方向移动铁芯时，自感 L 与位移 Δl 呈非线性变换关系；而铁芯作水平移动时，L 与面积的改变量 ΔS_o 间的关系则是线性的。

除自感式传感器外，还有互感式和涡流式等多种电感型传感器。

三、电容型传感器

已知平板电容器的电容量 C 与真空介电常数 ε_0、电介质的相对介电常数 ε_r、平行极板的面积 S 以及两极板间的距离 d，则

$$C=\frac{\varepsilon_0\varepsilon_r S}{d}$$

这表明，无论是 ε_r、S 或 d 中的哪一个发生变化，都将引起电容器容量的变化。电容型传感器就是按照这个原理制成的。具体地说，被测对象的改变量引起介电常数、极板面积或极板间距的变化，从而使电容量改变，再利用测量电路将其转变成电压或频率的变化，以便于输出显示。

与电阻型和电感型传感器相比，电容型传感器需要的动作能量低、灵敏度高（相对变化量大）、本身发热小、动态响应快且可在恶劣环境工作，所以应用十分广泛。

电容型传感器的缺点是线性度不够理想，以及由构造和连接电缆形成的附加电容将引起测量误差等。

四、热电偶

由不同材料的两导体 A、B 构成如图 14-4-6 所示的回路，若它的两连接点处在不同的温度场（环境）中（其温度分别以 t 和 T_0 表示），回路中就有电流存在，即回路中产生有热电动势，这种效应称为热效应。利用热效应制成的测温传感器就称为热电偶。

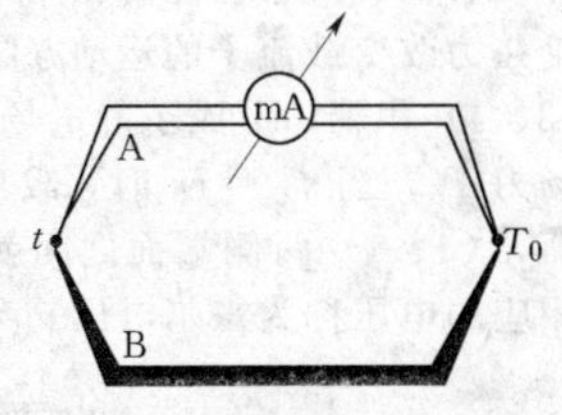

图 14-4-6　热电效应示意图

设热电偶回路中产生的总电动势为 E_{AB}，则

$$E_{AB}=\frac{k}{e}\int_{T_0}^{t}\ln\frac{N_A}{N_B}dt$$

式中　k——玻尔兹曼常数，$k=1.38\times10^{-28}$ J/K；

e——电子电荷量，$e=4.802\times10^{-10}$ 个静电单位；

N_A、N_B——导体 A、B 的自由电子密度；

t、T_0——热电偶热、冷端的温度。

上式也可表示成

$$E_{AB}=E(t,T_0)=f(t)-f(T_0)$$

在实际应用时，为了测量某一温度（假定热端置于被测温度场中，温度为 t）应使另一温度（即冷端温度 T_0）为恒定值，就是应取 $f(T_0)=C$(常数)，于是有

$$E(t,T_0)=f(t)-C$$

此结果表明，热电偶的热电动势仅为被测温度 t 的函数，因此通过定标便可测量温度。表 14-4-1 中示出了几种常用热电偶的组成及温度测量范围。

表 14-4-1 几种常用热电偶的测温特性

热电偶	热端（正极）	冷端（负极）	温度测量范围	特点
铂铑—铂	铂铑	铂	1300℃以下	适用于精密温度测量
镍铬—镍硅	镍铬	镍硅	1100℃以下	化学稳定性高、线性度好、便宜
镍铬—考铜	镍铬	考铜	600℃以下	灵敏度高、便宜、测温范围窄
铂铑$_{30}$—铂铑$_6$①	铂铑$_{30}$	铂铑$_6$	可长期测1600℃的高温	稳定性好、准确度高、昂贵

① 下标数字代表合金中含铑的百分比。

五、压电传感器

某些电介质材料如石英、酒石酸钾钠等，当受到来自一定方向的压力或拉力作用发生变形时，其内部会出现极化现象：在与施力方向相垂直的两表面产生异性电荷，形成电位差；外力去掉后，又恢复中性状态。这被称为顺压电效应，利用这种特性可以制成测量动态压力的传感器，也可制成扬声器（话筒）。

压电效应是可逆的。当对这类材料施加电压信号时，又能激励起它作机械振动，这叫作逆压电效应。应用逆压电效应的典型例子是俗称喇叭的扬声器。

六、霍尔传感器

霍尔传感器是基于霍尔效应进行工作的传感器。根据霍尔效应原理制成的元件称为霍尔元件，它是霍尔传感器的核心部件。如图 14-4-7 所示，给半导体薄片加垂直磁场 B，并在半导体的两端（1、2）通以电流 I_C，结果，半导体中移动着的载流子在磁场作用下受到洛伦兹力 f_B 的作用。洛伦兹力改变载流子的运动方向，使它们向半导体的另外两侧（3、4）积聚，形成了静电场。此静电场对载流子施加一电场力 f_E，当 $f_E=f_B$ 时，载流子向两侧面的积聚达到动平衡，（3、4）两侧端面之间就建立了一个稳定的霍尔电场，相应的电压称为霍尔电压 u_H，它可表示为

$$u_H=R_H\frac{I_C B}{\delta}$$

式中 R_H——霍尔系数；

δ——半导体薄片的厚度。

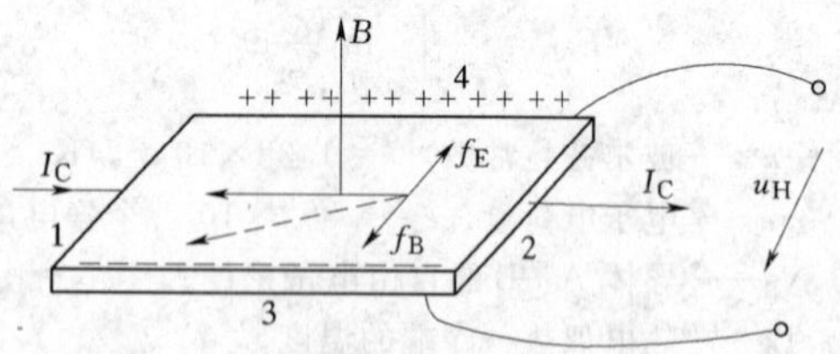

图 14-4-7 霍尔传感器的工作原理

利用霍尔效应，只要输入控制电流 I_C，并保持其为恒定值，测量出霍尔电压的大小，也就相当于测出了磁感应强度 B。

由上式不难见，若控制电流反向，霍尔电压 u_H 也就改变方向；改变磁场 B 的方向，u_H 也会改变方向。因此，利用霍尔效应不但能测恒定磁场，也可测量交流磁场。由于交流电压易于放大和传递，故实际使用霍尔传感器测量磁场时，总希望输出信号是交流电压。因此测量恒定磁场时，不是加直流电流 I_C，而是通以交变电流 i_C，此条件下，霍尔电压 u_H 即为与 i_C 同频率的交流电压，其幅值与恒定磁场 B 成正比；测交变磁场时，则通直流控制电流 I_C，输出霍尔电压 u_H 便与交变磁场同频，其幅值正比于交变场 B 的幅值。

霍尔元件对磁场敏感，因此，可用于隔离检测场合；它还具有结构简单、体积小、频响宽、动态范围大（输出电压的变化大）和使用寿命长等特点。由于凡是能改变磁场强度 B 的物理量均可利用霍尔传感器进行测量，故在测量技术、自动化技术和信息处理等领域霍尔传感器得到了广泛应用。

七、光电传感器

在光的照射下，某些物质的电学特性将发生变化。这种现象被称为光电效应。光电传感器的工作原理是对光电效应的应用。

（1）光敏电阻（光电导元件）。光敏电阻是利用有些半导体材料如硫化镉、硒化镉等在没有光照时呈现高阻值（也称暗阻），受光照射后导电性增强、阻值显降（称亮阻），去除光照则复原的特性制成的。光敏电阻的暗阻一般为兆欧级，而亮阻约为几千欧。

由于光电流与光通量间的关系即光照特性的非线性，光敏电阻不适于做测量元件；但灵敏度较高、光谱响应范围宽及体积小等诸优点，使它很适合作为一些自动控制系统中的开关元件。

（2）光敏二极管。光敏二极管在电路中一般处于反向工作状态。无光照射时，反向电阻很大；有光照射时，PN 结上将激发出电子—空穴对，从而导电性增强，电阻减小，反向电流增大形成光电流，使二极管导通，见图 14-4-8。

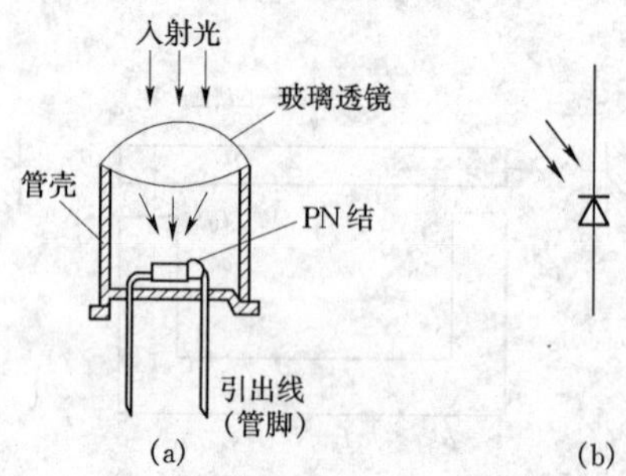

图 14-4-8 光敏二极管原理结构及电路符号

(a) 结构；(b) 符号

（3）光电池。多种光电池中被使用较多的是硅光电池，见图 14-4-9。硅光电池是在一块 N 型硅片上扩散一层 P 型杂质，形成较大面积的 PN 结。光入射照到 P 型材料的表面，由此产生的电子向 PN 结内部移动（扩散），且电子在结电场作用下被推向 N 型区，从而致使 P 区带正电，N 区带负电，形成“光生电动势”。

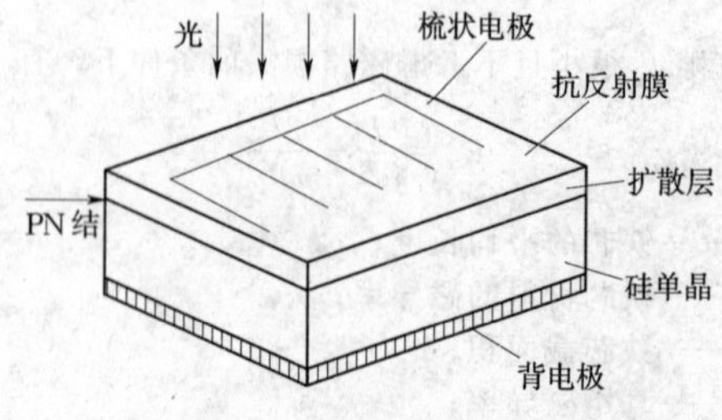

图 14-4-9 一种光电池的结构

光电池是把太阳能转换成电能的有效器件。它适于转换可见光，在光电自动控制、光电显示、摄影摄像（曝光）、比色测温等技术领域得到了广泛应用。

第十五章　电气试验及其方法

第一节　概　　述

一、电气试验的意义

任何电力设备和电工产品其技术特性和绝缘强度是否能满足相关规程、规范或标准的要求，在运行或使用中是否会发生事故，必须通过电气试验来进行鉴定。由于被试验对象大都是高压电气设备，即使是低压电气设备也要用高于设备额定电压几倍或几十倍的高压对其进行试验，因此习惯上统称高电压电气试验，简称高压试验。

高压电气设备在制造过程中，或运行中，或检修过程中，由于制造工艺和选用材质存在的问题，或运行中操作人员的违章作业等都会在电气设备内部潜伏下设备缺陷或事故隐患。如果将具有隐患的电气设备投入运行，或许立刻发生事故，或许在运行一段时间后，由于受湿度、温度、电动力等的作用，缺陷进一步发展扩大，最后导致事故发生，造成设备损坏，供电中断。

为了防止电气设备在投入运行时或在运行中发生事故，必须对电气产品出厂前、安装移交运行单位及运行中都要进行高压试验，以便及时发现隐藏在设备内部的缺陷，采取相应措施。因此，高压试验是防止电气事故的重要手段，对电力系统安全运行具有十分重要的意义。

二、高压试验的分类

宏观上讲高压试验可分为两大类，即研究性试验和工业性试验。应用于高能物理（加速器）、脉冲功率技术、电力和电工技术等领域。

电工产品制造领域的试验可分为常规试验和型式试验。

电力系统方面的试验可分为电气装置安装工程电气设备交接试验、电力设备预防性试验以及输变电设备状态检修试验等。

从施加电压的波形性质可分为交流高电压试验、直流高电压试验和冲击高电压试验等。还有冲击大电流试验、人工污秽试验等。

根据试验项目内容不同，高压试验又可分为绝缘试验和特性试验。

三、高压试验的要求

1. 大气条件

（1）规定的标准参考大气条件如下：

1）温度：$t_0=20$℃。

2）压力：$P_0=101.3$kPa。

3）绝对湿度：$h_0=11\text{g/m}^3$。

（2）大气校正因数 K_t

$$K_t=K_1K_2 \tag{15-1-1}$$

式中　K_1——大气密度校正因数；

K_2——湿度校正因数。

可从GB/T 16927.1—1997《高电压试验技术第一部分：一般试验要求》中查到校正因数 K_1 和 K_2。

外绝缘破坏性放电电压与试验时的大气条件有关，利用大气校正因数 K_t 可将测得的闪络电压值换算到标准参考大气条件的电压值。测量到的破坏性放电电压值 U 校正到标准参考大气条件下的电压值

$$U_0=U/K_t \tag{15-1-2}$$

2. 试品

（1）试品或部件（如套管、绝缘子等）的电场尽可能和运行情况相似。

（2）试品与接地体或临近物体的距离，一般应不小于试品高压部分与接地部分间最小距离的1.5倍。

（3）在交流和正极性操作冲击电压高于750kV（峰值）的情况下，当常电电极对临近物体的距离不小于其对地距离时，则临近物体的影响可以忽略不计。在交流和正极性操作冲击试验时最高试验电压 U（峰值）为750kV时，试品高压电极对接地体或带电体间最小距离要求为3m。

（4）在进行直流高压试验时，应采用负极性接线。

3. 试验顺序

在电力系统各种事故中，电气设备的绝缘击穿占很大比例，因此必须对电气设备进行绝缘检查试验。绝缘试验可分为非破坏性试验和破坏性试验。应先进行非破坏性试验，最后进行破坏性试验。当非破坏性试验未能通过时，就不必再往下进行破坏性试验。

4. 单独试验规定

进行绝缘试验时，除制造厂装配的成套设备外，宜将连接在一起的各种设备分离开来单独试验。在单独试验有困难时，也可以连在一起进行试验，试验标准应采用连接的各种设备中的最低标准。同一试验标准的设备可以连在一起试验。

5. 试验电压确定

（1）当采用额定电压较高的设备以加强绝缘时，应按照设备的额定电压的试验标准确定试验电压。

（2）当采用额定电压较高的设备作为代用设备时，应按照实际使用的额定工作电压确定试验电压。

（3）为满足高海拔地区的要求而采用较高电压等级的设备时，应在安装地点按实际使用的额定工作电压确定其试验电压。

（4）对于非标准电压等级的电气设备，当没有规定其交流耐压试验电压值时，可根据试验规程中规定的相邻电压等级的同类设备按比例采用插入法计算出试验电压。

6. 充油设备静止时间的规定

油浸式变压器及电抗器的绝缘试验应在充满合格油，并注意静止一定时间，待气泡消除后方可进行。静置时间按制造厂要求执行，当制造厂无规定时，则应依据设备的额定电压满足以下要求：

（1）500kV：＞72h。

（2）220及330kV：＞48h。

（3）110kV及以下：＞24h。

四、电气试验的组织

1. 电气试验的计划安排

（1）交接试验的计划安排必须与安装施工密切配合进行。

在一般情况下，只有在电气设备安装竣工，并经检查具备试验条件后，方可安排交接试验。对于有些设备还必须在初步具备投入运行的外部条件后，才安排交接试验。这样做的目的是为了防止在电气设备试验合格后由于外部环境不具备投运条件而长期搁置。对于长期搁置的电气设备在投运前有时需要重新进行必要的试验。为了尽量避免这类重复试验，一般将交接试验安排在电气设备安装竣工后，即将投入运行之前。

但也有些交接试验项目必须在安装施工过程中进行。例如对于电力变压器，需要测量与铁芯绝缘的各紧固件的绝缘电阻，这项试验必须在变压器运到现场后进行器身检查时进行。

(2) 预防性试验的计划安排应和试品试验周期配合。

电气设备的预防性试验严格按照《电力设备预防性试验规程》规定的各类电气设备的试验周期安排试验计划。对于有些电气设备，根据运行状况及历次试验数据经过综合分析判断，按照具体需要，也可以在规程允许的范围内缩短或延长试验周期。

为了便于对历年试验数据进行比较，通常将同一设备的预防性试验尽量安排在相同季节。有些试验还要考虑土壤潮湿性的影响。例如接地电阻测量尽量安排在土壤水分较少的时候。

2. 电气试验与设备运行部门的配合

在进行高压试验时，应与设备运行部门密切配合。例如在变电所进行电气设备试验时，应与变电所负责人密切配合，试验中发现问题及时通知变电所负责人。如果试验时发现被试设备不合格，应立即通知变电所负责人，以便采取应急措施。试验结束后，试验负责人在撤离现场前，应向变电所负责人详细交代试验结果是否合格，避免将试验中已发现的不合格设备投入运行引起事故。

五、电气试验的质量保证

1. 三防一定

(1) 防止误试验。防止误试验就是要防止搞错试验项目和试验标准执行错误。为此，试验人员必须了解被试设备的技术要求和熟悉试验标准的有关规定。

(2) 防止误接线。防止误接线就是要做到试验接线正确。只有采取正确的试验接线才能获得真实的试验数据，才能防止因试验数据不真实而引起误判断。为了防止误接线，试验人员必须熟练掌握试验接线，并在一定程度上了解试验方法的原理。同时要求试验人员要具有敬业精神。

(3) 防止误判断。防止误判断就是要做到对试验结果进行综合分析，并作出正确判断。既不能把不合格的设备误判为合格；也不能把合格的设备误判为不合格。要做到这一点不仅需要试验接线正确、试验操作正确、试验读数准确，而且需要试验人员具备一定的综合分析判断能力。

(4) 定期校验试验仪器。为了能获得真实的试验数据，试验所用的仪器仪表必须有足够的精度，为此应定期对这些仪器仪表经专业部门进行精确度检验。

2. 做好现场试验记录

在进行电气试验时应由专人负责作好现场原始试验记录，其内容包括：

(1) 试验日期、天气状况、温度、湿度。

(2) 被试设备所属单位、被试设备名称、型号、制造厂名称、编号、出厂日期、主要技术数据。

(3) 试验种类、参加试验人员、使用的仪器仪表名称和型号。

(4) 详细地记录试验项目、测量数据、试验过程中是否出现异常现象、有无缺陷存在、处理经过。

(5) 注明试验结论是否合格。

3. 出版试验报告

在试验结束后，应由专人整理出试验成绩报告，并由专人进行审阅，再经领导批准，盖上试验单位试验专用章。试验报告上应详细列出试验负责人、参加试验人员、试验报告编写、审阅和批准人员的姓名。试验成绩报告除交付被试设备所属单位收存外，试验单位也应留档备查。

六、电气试验中的人身和设备安全

高压试验要接触被试高压电气设备，因此必须注意试验时的人身安全。电气设备停电试验应完成保证安全的组织措施和技术措施，严格执行电业安全工作规程的有关规定。不仅如此，在高压试验时有时要对被试品施加很高的试验电压，例如交、直流耐压试验、泄漏电流测试和介质损失角测量时都要施加很高的试验电压，这时既要注意试验人员的人身安全，也要防止非试验人员误碰试验电压出现人身触电。

除了人身安全外，还要注意防止被试电气设备和试验时使用的仪器仪表因操作不当造成损坏。

第二节 绝缘电阻和吸收比试验

一、绝缘电阻和吸收比试验能发现的缺陷

绝缘电阻和吸收比试验是高压试验中最基本、最简单、用得最多的试验项目。通过绝缘电阻和吸收比试验可以初步了解电气设备的绝缘状况。通常用兆欧表进行测量。根据测得的试品在 1min 时的绝缘电阻的大小，可以判断出试品绝缘是否有贯通的集中性缺陷、整体受潮或贯通性受潮。应当指出的是，只有当绝缘缺陷贯通于两极之间时，测量其绝缘电阻时才会有明显的变化，试验才能灵敏地检出缺陷。若缺陷只是局部性的，两极间仍保持有部分良好绝缘时，则绝缘电阻降低很少，甚至不发生变化，故检测不出这种局部缺陷。

二、测试原理

直流电压加到电力设备的绝缘介质上时，就会有一个随时间逐渐减小，最后趋于稳定的极微小的电流通过。这个电流可视作是由电容充电电流、吸收电流和泄漏电流三部分构成，如图 15-2-1 所示。

1. 电容充电电流

直流电压作用到电力设备的绝缘介质上，加压瞬间相当于电容充电，产生一个随时间迅速衰减的充电电流，如图 15-2-1 中的 i_1 所示。电容充电电流 i_1 与电容量和外加电压有关，而电容量与绝缘材料的几何尺寸有关，因此也称几何电流。电容充电电流实际是由于在电场作用下介质分子的快速极化（电子极化或离子极化）过程形成的位移电流，由于这一极化过程瞬时快速完成，因而电流 i_1 瞬间即逝。

2. 吸收电流

在加直流电压时，由于介质的偶极子在直流电压电场的作用下发生缓慢转动而引起的偶极子极化电流，以及由不同介质或介质的不均匀引起的夹层式极化电流，由于不同介质电性能的差异产生吸收现象而引起的电流，总称为吸收电流，如图 15-2-1 中的 i_2 所示。

吸收电流 i_2 和电容充电电流 i_1 的区别是：电容充电电流 i_1 是无损耗极化电流，衰减特别迅速。而吸收电流 i_2 是

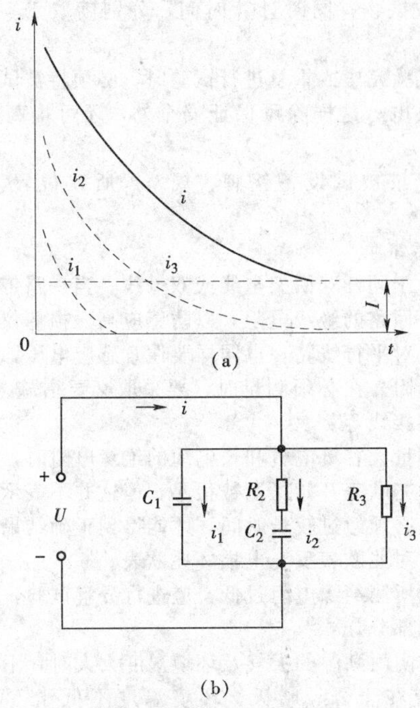

图 15-2-1　直流电压作用下电力设备绝缘介质中流过的电流

(a) 电流随时间变化曲线（吸收曲线）；(b) 等效电路图

i—总电流；i_1—电容充电电流；i_2—吸收电流；i_3—泄漏电流；C_1—绝缘体等值电容；C_2、R_2—吸收电流等值电路；R_3—绝缘介质电阻

衰减缓慢的有损耗极化电流。吸收电流在其流动路径上会引起电阻热损耗，在图 15-2-1（b）中用电阻 R_2 表示。吸收电流 i_2 的大小及衰减时间与绝缘介质的性质、不均匀程度及构成情况有关。

3. 泄漏电流

当直流电压加到被试品上时，绝缘介质内部或表面会有带电粒子，例如离子和自由电子作定向移动形成电流，称为传导电流或泄漏电流，图 3-1 中以 i_3 表示。泄漏电流的大小与时间无关，不衰减，它的大小与绝缘内部是否受潮、表面是否清洁等因素有关，其数值等于总电流 i 趋于稳定后的数值 I。

图 15-2-1（b）是等效电路图，图中电容充电电流用等值几何电容 C_1 和电路中流过的电流 i_1 表示。吸收电流则用电阻 R_2 和电容 C_2 串联的电路中流动的电流 i_2 表示，泄漏电流则用电阻 R_3 中流动的电流 i_3 表示。总电流 $i=i_1+i_2+i_3$，电流稳定后用 I 表示。

三、测试指标

1. 绝缘电阻

绝缘电阻是电气设备绝缘层在直流电压作用下呈现的电阻值。

根据直流电路的欧姆定律 $I=U/R$，或 $R=U/I$，当直流电压 U 不变时，电路中电流 I 与电阻阻值 R 互成反比。从图 15-2-1（a）直流电压作用下绝缘介质中流过的电流随时间变化曲线可知，总电流 i 随时间衰减最后趋于稳定，因此，如图 15-2-2 所示，绝缘电阻 R 的读数在加压初期是随时间变化的。最初总电流 i 具有最大数值，这时电阻 R 最小。由于电容充电电流 i_1 很快衰减，吸收电流也随时间衰减，因此总电流 i 随加压时间 t 的延长而逐渐衰减，电阻与电流成反比，因此测得的绝缘电阻 R 是随加压时间的延长而逐渐上升的。最后，当充电电容电流 i_1 和吸收电流 i_2 都衰减到趋近零，总电流 i 趋于稳定，等于泄漏电流 i_3，即在充电完毕时，绝缘电阻为

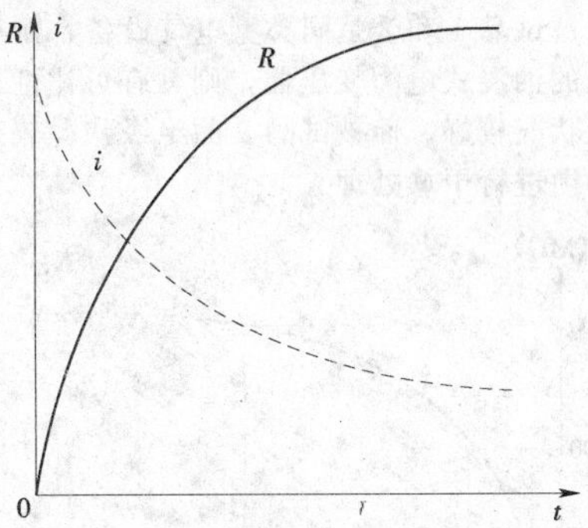

图 15-2-2　绝缘电阻 R 与时间曲线

i—直流电压 U 作用下绝缘介质中流过的电流；

R—由电压 U 和电流 i 计算所得电阻值

$$R=\frac{U}{i}=\frac{U}{i_3}=\frac{U}{I} \qquad (15-2-1)$$

$$i=i_1+i_2+i_3$$

式中　R——当充电电容电流 i_1 和吸收电流 i_2 都衰减到可以忽略的很小数值时的绝缘电阻阻值；

i——电力设备绝缘上施加直流电压 U 后流过的总电流，当电流 i 随时间衰减，趋于稳定后用 I 表示；

i_3——泄漏电流，不随时间变化，因此可以用大写字母 I 表示；

U——测试绝缘电阻时施加的直流电压。

绝缘电阻阻值的单位是 MΩ（兆欧）。$1\text{M}\Omega=10^6\Omega$。

2. 吸收比

用绝缘电阻表测量设备的绝缘电阻，由于受介质吸收电流的影响，绝缘电阻表的指示值随时间由小逐步增大，要读取稳定值需要等待一定时间。吸收电流衰减时间与被试品的电压高低、容量大小以及绝缘结构等多种因素有关。一般高电压大容量的电力变压器、大功率的发电机、电动机以及高压长电缆的衰减时间较长。高电压大容量的油浸式电力变压器在测量绝缘电阻时，绝缘电阻表的读数有时需要几分钟甚至几十分钟指针才能指示稳定值。为了统一起见，一般规定读取施加电压后 60s（即 1min）时绝缘电阻表指针的指示值为绝缘电阻测试值。

所谓吸收比（也称绝缘吸收比）是指 60s 时的绝缘电阻值（R_{60s}）与 15s 时的绝缘电阻值（R_{15s}）之比值，即

$$K_1=\frac{R_{60s}}{R_{15s}} \qquad (15-2-2)$$

式中　K_1——吸收比；

R_{60s}——60s 时绝缘电阻表的读数；

R_{15s}——15s 时绝缘电阻表的读数。

在测试绝缘吸收比时，从向被试品上施加绝缘电阻表试验电压时起开始计时，到 15s 时读取绝缘电阻表指示值 R_{15s}，接着在 60s 时再读取绝缘电阻表指示值 R_{60s}，读完 R_{60s} 后测试完毕。

当电气设备绝缘受潮、脏污或存在其他缺陷时，泄漏电流明显增大。泄漏电流在总电流的中的分量增加，而吸收电流在总电流中所占的比重相对减少，绝缘电阻随时间的变化变得平滑。如图 15-2-3 所示，图中有两个被试品的绝缘电阻吸收曲线。被试品 1 绝缘电阻吸收明显，$R_{60s}=820\text{M}\Omega$，$R_{15s}=600\text{M}\Omega$，吸收比 $K'_1=R_{60s}/R_{15s}=820/600=$

1.37。被试品 2 的绝缘电阻吸收曲线较为平滑，R_{60s} = 320MΩ，R_{15s} = 300MΩ，吸收比 $K''_1 = R_{60s}/R_{15s} = 320/300 = 1.07$。如果被试品 1 和 2 是同类型电气设备，例如都属于同一电压等级的油浸式电力变压器，则具有可比性。显然被试品 1 的绝缘状况较好。而被试品 2 的绝缘状况较差，受潮较为严重，必须进行干燥处理。

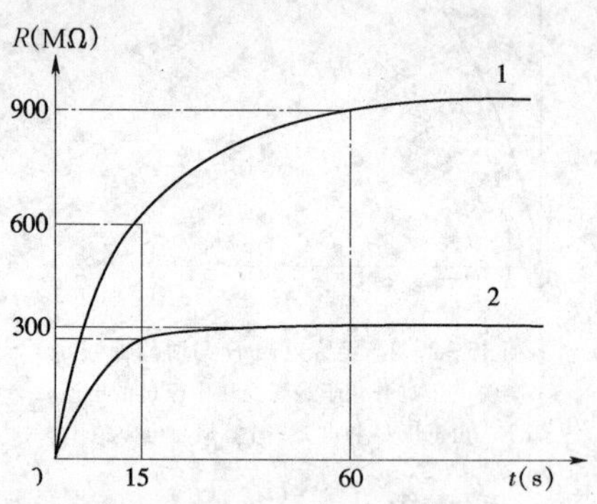

图 15-2-3 绝缘电阻吸收曲线

一般情况下 35kV 及以上且容量在 4000kVA 及以上的电力变压器，在常温下（即温度为 10～40℃范围内）吸收比应不小于 1.3。对于同步发电机，其吸收比与所用绝缘材料有关：环氧粉云母绝缘的发电机吸收比不应小于 1.6；而沥青浸胶及烘卷云母绝缘的发电机吸收比不应小于 1.3。1000V 及以上的交流电动机吸收比不应低于 1.2。如果吸收比低于上述要求，则被试品可能存在绝缘受潮等缺陷。

3. 极化指数

对于大容量吸收过程较长的变压器、发电机、电缆等，有时 R_{60s}/R_{15s} 吸收比值尚不足以反映吸收的全过程，这时需要延长绝缘电阻测试时读取数值的时间。例如 220kV 及以上大容量变压器绝缘电阻阻值高，泄漏电流小，绝缘材料和变压器油的极化缓慢，测试绝缘电阻时读取稳定值所需时间很长，因而 R_{60s}/R_{15s} 不能准确地说明问题，为此引入了极化指数的测量方法。

对被试品进行绝缘电阻测试，读取 10min 时的绝缘电阻（R_{10min}）和 1min 时的绝缘电阻，计算出比值 R_{10min}/R_{1min}，称为极化指数，即

$$K_2 = \frac{R_{10min}}{R_{1min}} \tag{15-2-3}$$

式中 K_2——极化指数；

R_{10min}——测试绝缘电阻在 10min 时的指示值；

R_{1min}——测试绝缘电阻在 1min 时的指示值。

四、测试方法和注意事项

1. 测试方法

（1）测试前拆除试品电源及一切对外连线，将试品短接后接地放电 1min，电容量较大的试品，至少放电 2min。

（2）校验兆欧表指针是否指零或无穷大。

（3）用干燥清洁的柔软布擦去被试物的表面污垢，必要时可先用汽油洗净套管的表面积垢，以消除表面的影响。

（4）接好线，如用手摇式兆欧表时，应以恒定转速转动摇柄，兆欧表指针逐渐上升，待 1min 后读取其绝缘电阻值。

（5）在测量吸收比时，为了在开始计算时间时就能在被试物上加上全部试验电压，应在兆欧表达到额定转速时再将表笔接于被试物，同时计算时间，分别读取 15s 和 60s 的读数。

（6）试验完毕或重复进行试验时，必须将被试物短接后对地充分放电。这样除可保证安全外，还可提高测试的准确性。

（7）记录被试设备铭牌、规范、所在位置及气象条件等。

2. 注意事项

（1）对于同杆双回架空线或双母线，当一路带电时，不得测量另一回路的绝缘电阻，以防感应高压损坏仪表和危及人身安全。对平行线路，也同样要注意感应电压，一般不应测其绝缘电阻。在必须测量时，要采取必要措施才能进行，如用绝缘棒接线等。

（2）测量大容量电机和长电缆的绝缘电阻时，充电电流很大，因而兆欧表开始指示数很小，但这并不表示被试设备绝缘不良，必须经过较长时间，才能得到正确结果。并要防止被试设备对兆欧表反充电损坏兆欧表。

（3）如所测绝缘电阻过低，应进行分解试验，找出绝缘电阻最低的部分。

（4）在阴雨潮湿的天气及环境湿度太大时，不应进行测量。一般应在干燥、晴天、环境温度不低于 5℃ 时进行测量。

（5）测量绝缘的吸收比时，应避免记录时间带来的误差。

（6）屏蔽环装设位置。

（7）兆欧表上的 L 与 E 端子接线不能对调。

（8）兆欧表与试品间的连线不能绞接或拖地。

（9）设法消除外界电磁场干扰引起的误差。

（10）为便于比较，对同一设备进行试验时应采用同样的兆欧表和同样的接线。

（11）对晶体管兆欧表要注意检查电源电池，若其能量不足会使测得的绝缘电阻较真实值增大。

五、影响绝缘电阻的因素和对测量结果的分析判断

1. 影响绝缘电阻的因素

（1）温度的影响。

（2）湿度的影响。

（3）试品表面脏污和受潮的影响。

（4）试品自身剩余电荷的影响。

（5）兆欧表容量的影响。

2. 对测量结果的分析判断

（1）所测得的绝缘电阻值应大于规定的允许值。

（2）将所测得的结果与有关数据比较，这是对试验结果进行分析判断的重要方法。用作比较的数据有同一设备的各相间的数据、同类设备间的数据、出厂试验数据、耐压前后数据等。如有异常，应立即查明原因或辅以其他测试结果进行综合分析判断。

第三节 测量直流泄漏电流

一、测量原理及其特点

1. 测量原理

测量泄漏电流的原理和测量绝缘电阻的原理本质上是完全相同的，而且能检出缺陷的性质也大致相同。但泄漏电流

测量中所用的电源一般均由高压整流设备供给，并用微安表直接读取泄漏电流。当直流电压加于被试设备时，其充电电流（几何电流和吸收电流）随时间的增长而逐渐衰减至零，而漏导电流则保持不变。故微安表在加压一定时间后其指示数值趋于恒定，此时读取的数值则等于或近似等于漏导电流即泄漏电流。

对于良好的绝缘，其漏导电流与外加电压的关系曲线应为一直线。但是实际上的漏导电流与外加电压的关系曲线仅在一定的电压范围内才是近似直线，如图 15-3-1 中的 OA

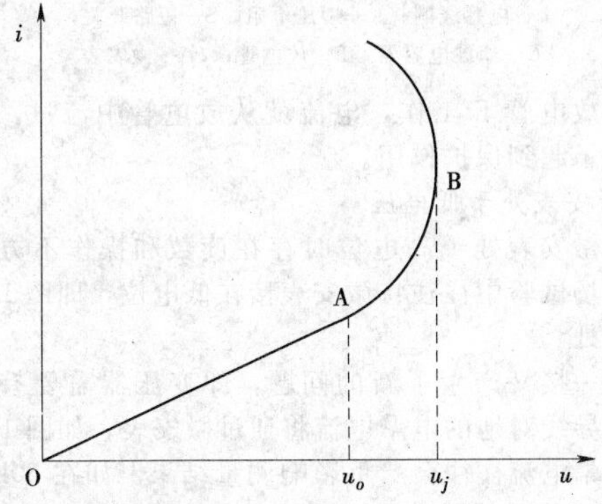

图 15-3-1　绝缘的伏安特性

段。若超过此范围后，离子活动加剧，此时电流的增加要比电压增长快得多，如 AB 段，到 B 点后，如果电压继续再增加，则电流将急剧增长，产生更多的损耗，以至绝缘被破坏，发生击穿。

在预防性试验中，测量泄漏电流时所加的电压大都在 A 点以下，故对良好的绝缘，其伏安特性 $i=f(u)$ 应近似于直线。当绝缘有缺陷（局部或全部）或受潮的现象存在时，则漏导电流急剧增长，使其伏安特性曲线就不是直线了。因此可以通过测量泄漏电流来分析绝缘是否有缺陷或是否受潮。在揭示局部缺陷上，测量泄漏电流更有其特殊意义。

2. 测试特点

(1) 试验电压高，并且可随意调节。测量泄漏电流时是对一定电压等级的被试设备施以相应的试验电压，这个试验电压比兆欧表额定电压高得多，所以容易使绝缘本身的弱点暴露出来。因为绝缘中的某些缺陷或弱点，只有在较高电场强度下才能暴露出来。

(2) 泄漏电流可由微安表随时监视，灵敏度高，测量重复性也较好。

(3) 根据泄漏电流测量值可以换算出绝缘电阻值，而用兆欧表测出的绝缘电阻值则不可换算出泄漏电流值。

(4) 可以用 $i=f(u)$ 或 $i=f(t)$ 的关系曲线并测量吸收比来判断绝缘缺陷。泄漏电流与加压时间的关系曲线如图 15-3-2 所示。在直流电压作用下，当绝缘受潮或有缺陷时，电流随加压时间下降得比较慢，最终达到的稳态值也较大，即绝缘电阻较小。

二、测量接线

测量泄漏电流的接线多采用半波整流电路，近些年来，出现了一批轻便型的直流泄漏电流试验装置。为了缩小设备体积，整流电路常采用倍压整流电路或直流串级电路。这些装置在电力系统中获得了愈来愈广泛的应用。

(一) 半波整流电路及其测量接线

测量泄漏电流的半波整流电路及其接线，根据微安表和

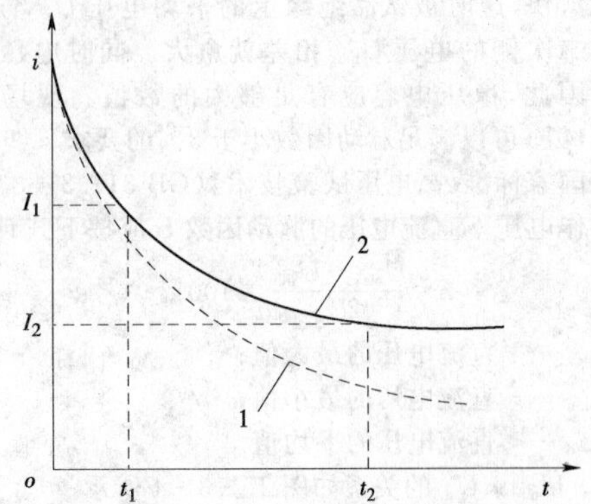

图 15-3-2　泄漏电流与加压时间的关系曲线

1—良好；2—受潮或有缺陷

高压硅堆所处的位置的不同，可有六种接线方式，但归纳起来，只有以下两种。

1. 微安表处于高电位

微安表处于不同位置的接线如图 15-3-3 所示。

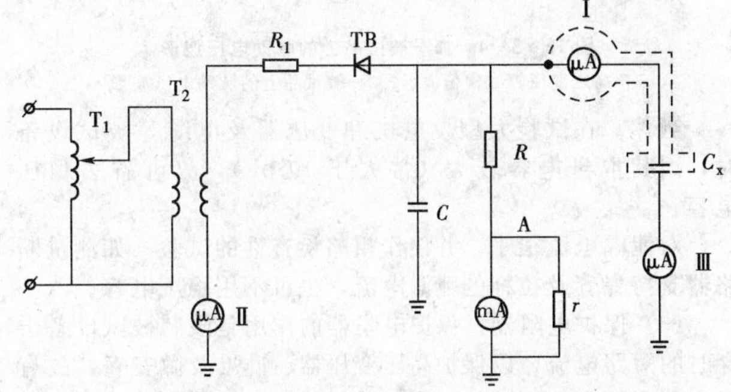

图 15-3-3　微安表处于不同位置时半波整流电路的原理接线

T_1—自耦调压器；T_2—升压变压器；TB—高压整流硅堆；R_1—保护电阻；μA—微安表；C—稳压电容器；mA—测压用毫安表；R—测压用电阻；C_x—被试品；r—保护电阻

微安表Ⅰ处于高电位，由图 15-3-3 可见，此电路由下列几部分组成。

(1) 交流高压电源。这部分包括升压变压器和自耦调压器。升压变压器用来供给整流前的交流高压，其电压值的大小必须满足试验的需要。由于试验所需的电流甚小，一般不超过 1mA，故升压变压器的容量问题可不予考虑，现场试验时，可用互感器或油试验器代替。

自耦调压器是用来调节电压的。其容量只要满足升压变压器励磁容量的要求即可。

(2) 整流装置。整流装置包括高压整流硅堆和稳压电容器。高压硅堆是由多个硅二极管串联而成，并用环氧树脂浇注成棒形，环氧树脂起绝缘和固定作用。高压硅堆具有良好的单向导电性，所以它能把交流变成直流。由于它具有体积小、重量轻、机械强度高，使用简便、无辐射等优点，故被广泛地应用于高压直流设备中。

稳压电容器也叫滤波电容器，其作用是减小输出整流电压的脉动。滤波电容愈大，加于被试设备上的电压愈平稳，而且电压的数值愈接近于交流电压的峰值。在图 15-3-3 中，当接有 C 后，开始时，由电源向 $C+C_x$ 充电到最大值，在整流管不导电的半周内，电容 $C+C_x$ 上的电荷通过被试品的绝缘电阻 R_x 放电，其波形如图 15-3-4 所示。放电的快慢决定于时间常数 $\tau=(C+C_x)R_x$。对于某一试品而言，C_x 和 R_x 是个常数，所以 τ 的大小仅决定于 C，C 愈小，则 τ 愈小，

即放电就愈快，这时被试品绝缘上的平均电压 U_p 与高压试验变压器二次侧的电压 U_{max} 相差就愈大。同时电压的脉动就愈大。因此，稳压电容应有足够大的数值。现场一般取 0.01～0.1μF，可以满足脉动因数小于 3% 的要求。

根据国家标准《高电压试验技术》（GB 311.3—83）规定，在输出工作电压下直流电压的脉动因数 S 应按下式计算

$$S=\frac{U_{max}-U_{min}}{2U_d}\times 100\%$$

式中　U_{max}——直流电压的最大值；

U_{min}——直流电压的最小值；

U_d——直流电压的平均值。

U_{max}、U_{min}、U_d 的关系如图 15-3-4 所示。

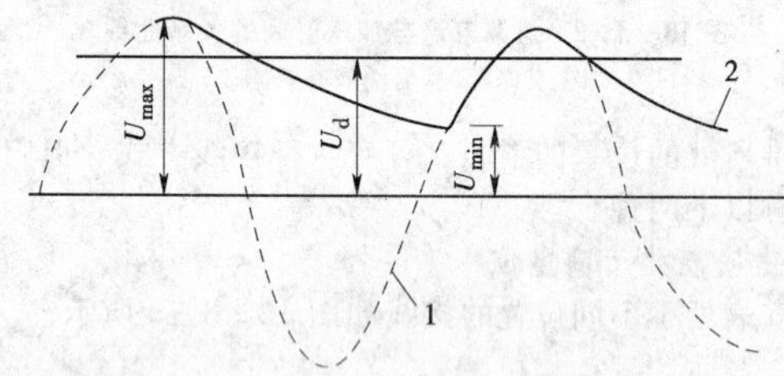

图 15-3-4　加于被试品上的脉动电压波形

1—高压变压器二次侧波形；2—被试品上的脉动电压波形

当然。在试验大型发电机和变压器及电缆等被试设备时，因其本身电容较大（常大于 10^4pF），故可省去稳压电容。

对泄漏电流很小，并仅作粗略检查性的试验，如测量断路器支持瓷套及拉杆的泄漏电流，也可不用稳压电容。

（3）保护电阻器。保护电阻器的作用是限制被试设备击穿时的短路电流，以保护高压变压器、硅堆及微安表，故有时也叫限流电阻。其值可按下式计算

$$R=(0.001\sim0.01)\frac{U_d}{I_d}(\Omega)\qquad(15-3-1)$$

式中　U_d——直流试验电压值（V）；

I_d——被试品中流过的电流（A）。

表 15-3-1　　高压保护电阻器的参数

直流试验电压（kV）	电阻值（MΩ）	电阻器表面绝缘长度不小于（mm）
≤60	0.3～0.5	200
140～160	0.9～1.5	500～600
500	0.9～1.5	2000

当 I_d 较大时，为减少 R 发热，可取式中较小的系数。R 的绝缘管长度应能耐受幅值为 U_d 的冲击电压，并留有适当裕度。表 15-3-1 列出不同试验电压下，电阻器表面绝缘长度的最小值。

高压保护电阻器通常采用水电阻器，水电阻管内径一般不小于 12mm。采用其他电阻材料时应注意防止匝间放电短路。

（4）微安表。微安表的作用是测量泄漏电流，它的量程可根据被试设备的种类，绝缘情况等适当选择，误差应小于 2.5%。由于微安表是精密、贵重的仪器，因此在使用中必须十分爱护，一般都设有专门的保护装置，其接线图如图 15-3-5 所示。

在微安表的回路中串联一个阻值较大的电阻 R，当有电流通过回路时，就在 AB 两端产生一个电压降，电压降的大小为通过 R 的电流和电阻的乘积，当这个乘积能使放电管

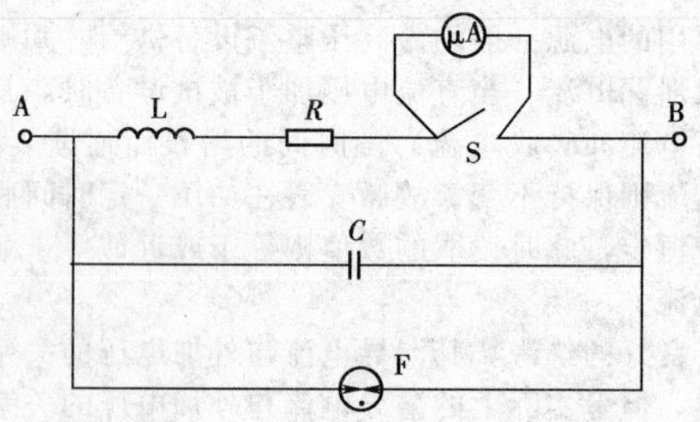

图 15-3-5　微安表的保护接线图

L—电感线圈；R—增压电阻；S—短路开关；C—滤波电容器；F—放电管；μA—微安表

放电时，放电管 F 工作，电流就从放电管中流过，而不通过微安表，起到保护作用。

2. 微安表处于低电压

由于微安表处于高电位时存在读数和操作不方便等问题，故现场试验中往往将微安表接在低电位，即图 15-3-3 的位置Ⅱ处。

这样一接又产生了新的问题，即变压器需要有两个套管；高压导线对地的电晕电流将通过微安表，如图 15-3-6 所示，电晕电流往往会严重影响测量结果。如在 50kV 及潮湿天气下，电晕引起的电流可高达数百微安，以致比被试设备的泄漏电流还大。若将微安表接至图 15-3-3 中的位置Ⅲ，则可克服这一缺点。但被试设备的下端若是接地的，就要采用位置Ⅰ或位置Ⅱ的接线了。

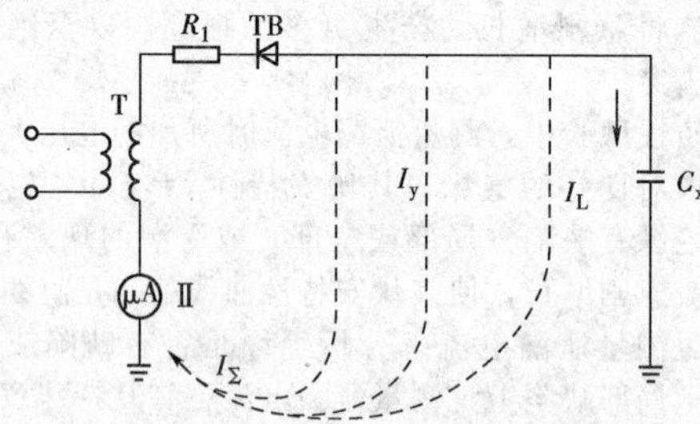

图 15-3-6　电晕电流流动路径示意图

应指出，在有条件的地方宜尽量采用图 13-3-3 中位置Ⅲ的接线，它既可以获得相当准确的测量结果，操作也很简便。而尽量不采用位置Ⅱ的接线，以减小测量误差。

（二）倍压整流电路及其测量接线

在简单的半波整流电路中，直流输出电压至多只能接近试验变压器高压侧电压的幅值。实际上，由于负载电流流过回路电阻，包括整流硅堆的正向电阻，输出电压总要比幅值低一些。当要求产生较高的直流电压，又希望试验装置体积小、重量轻时，常常采用倍压整流电路。

1. 两倍压整流电流

图 15-3-7 所示为一种全波两倍压整流电路及其测量接线。当电源电压在正半周时，硅堆 TB_1 导通，使下方的电

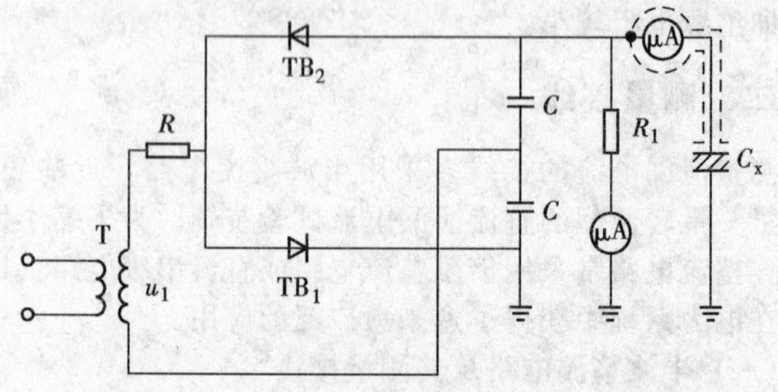

图 15-3-7　全波两倍压整流电路及测量接线

容器充电到电源电压的幅值；相反，在负半周时，硅堆 TB_2 导通，使上方的电容器也充电到电源电压的幅值。这样，加在被试设备上的电压为两倍电源电压的幅值。而且输出电压是对地而言的，所以这种电路适用于一极接地的被试设备。但这种电路要求高压电源变压器高压绕组的两个引出端都要对地绝缘，一个端子对地直流电压为电源电压幅值，另一个端子对地电压是脉动电压，其最大值可达两倍电源电压的幅值。

2. 三倍压整流电路

图 15-3-8 所示为三倍压整流电路及其测量接线。

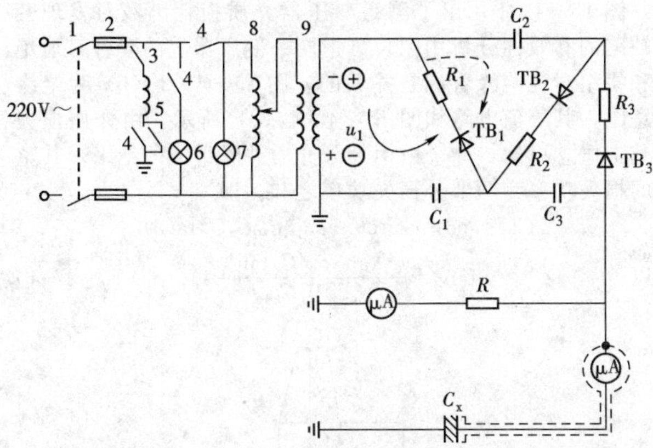

图 15-3-8 三倍压整流电路及测量接线图

1—总电源开关；2—铅丝；3—高压开关；4—接地继电器触点；5—调压器零位联动触点；6—绿灯；7—红灯；8—调压器；9—升压变压器；V_1、V_2、V_3—高压硅堆；C_1、C_2、C_3—主电容器；R_1、R_2、R_3—限流电阻；R—测压电阻

由图可见，它由五部分组成，即：

(1) 控制部分。包括开关1、3，继电器4，指示灯6、7等。

(2) 高压电源部分。包括调压器8和升压变压器9。

(3) 三倍压整流电路。包括主电容 C_1、C_2、C_3，高压硅堆 TB_1、TB_2、TB_3，保护电阻 R_1、R_2、R_3。

(4) 测压、测流部分。包括测压电阻 R、串接微安表及测流微安表。

(5) 被试设备。用 C_x 表示。

当升压变压器高压侧电压 u_1 的上端头为负半波时，通过 TB_1 向 C_1 充电至 $-u_1$；当 u_1 为正半周时，升压变压器高压侧电压 u_1 与 C_1 上的两端电压 u_1 串联起来通过 TB_2 向 C_2 充电至 $2u_1$。当升压变压器高压侧电压 u_1 在第二个负半波时，升压变压器高压侧电压 u_1 又与 C_2 两端的电压 $2u_1$ 及 C_1 两端的电压 $-u_1$ 串联，通过 TB_3 对 C_3 充电至 $-2u_1$，故输出到负载上的电压为 $-3u_1$。实际上，充电至 $-3u_1$ 是经过几个周期后才完成的。

(三) 直流串级电路及其测量接线

由于三倍压整流电路存在一定的缺点，如输出电压不够高、输出功率较小、带电容性试品的能力差、可连续运行的时间短，对潮湿气候的适应性差、整流元件易损坏等。因此人们开始研究新的电路，在研究的过程中，紧紧抓住小型、轻便、实用这一核心，提出由直流串级整流电路构成的直流高压发生器。已由 20 世纪 60 年代末的 JGS 型系列、20 世纪 70 年代末的 KGS 系列发展到当今的 ZGF、Z—Ⅶ系列。它们的共同特点如下。

1. 采用串级整流电路

图 15-3-9 所示为三级串级整流电路。在空载时，当升压变压器的高压绕组电压为 u_1 时，直流高压端输出的电压可达 $-6u_1$。下排每台电容器 C_2 上的电压分别达 $-2u_1$，1、2、3 点对地电压分别为 $-2u_1$、$-4u_1$、$-6u_1$。上排电容器串中最左一台电容器 C_0 上的电压为 u_1，其余两台电容器 C_1 上的电压均为 $2u_1$。由于升压变压器 a 端的对地电压在 u_1 ～ u_1 间周期性变化，因此上排 1′、2′、3′各点的对地电压均是脉动性的，1′点的对地电压为 0～$2u_1$，2′点对地电压为 $2u_1$～$4u_1$，3′点对地电压为 $4u_1$～$6u_1$。

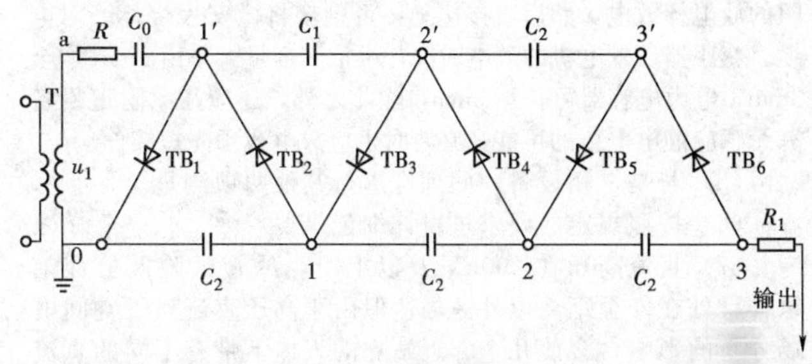

图 15-3-9 三级串级整流电路

2. 采用中高频电源

由于输出电压的脉动因数是直流高压发生器的重要技术指标之一。所以在 GB 311.3—83 中对加于试品上电压的脉动系数作了明确规定，一般情况下，$s \leqslant 3\%$；对于阀式避雷器及金属氧化物避雷器，要求 $s \leqslant 1.5\%$。减小脉动因数的三种方法如下：

(1) 减少串级级数。为保证输出电压不变，在减少串级级数的条件下，只能提高高压变压器的输出电压及单台高压电容器的工作电压，这将增加高压直流电源的体积与重量。

(2) 增大电容器的电容量。这会受到电容器额定容量的限制，此方法同样会使直流高压发生器的体积与重量增加。

(3) 提高串级回路工作频率。这是最有效的方法。提高工作频率 f 将使电压降、电压脉动及脉动因数均减小，所以通常采用这种办法。

Z—Ⅶ型直流高压发生器的工作原理如图 15-3-10 所示。

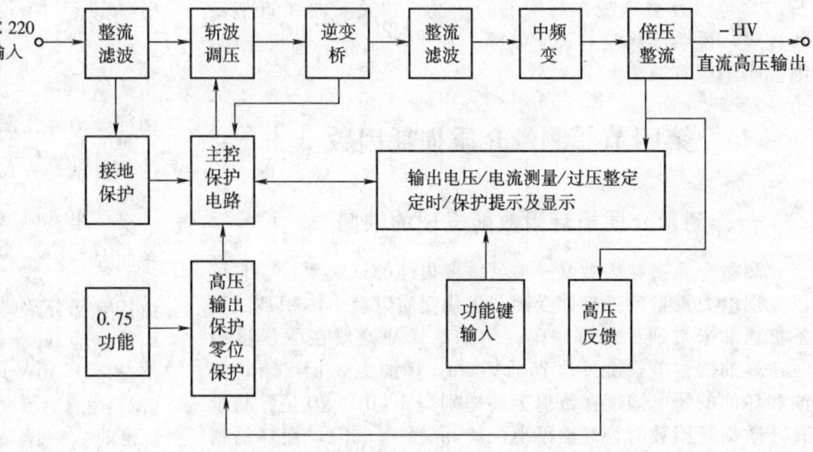

图 15-3-10 Z—Ⅶ型直流高压发生器工作原理框图

三、测量时的操作要点和影响测量结果的因素

1. 测量时的操作要点

(1) 按接线图接好线，并由专人认真检查接线和仪器设备，当确认无误时，方可通电及升压。

(2) 在升压过程中，应密切监视被试设备、试验回路及有关表计。微安表的读数应在升压过程中，按规定分阶段进行，且需要有一定的停留时间，以避开吸收电流。

(3) 在测量过程中，若有击穿、闪络等异常现象发生，应马上降压，以断开电源，并查明原因，详细记录，待妥善处理后，再继续测量。

(4) 试验完毕，降压、断开电源后，均应对被试设备进行充分放电。放电前先将微安表短接，并先通过有高阻值电阻的放电棒放电，然后直接接地，否则会将微安表烧坏。对电缆、变压器、发电机的放电时间，可依其容量大小由1min增至3min，电力电容器可长至5min，除此之外，还应注意附近设备有无感应静电电压的可能，必要时也应放电或预先短接。

(5) 若是三相设备，同理应进行其他两项测量。

(6) 按照规定的要求进行详细记录。

(7) 直流高压在200kV及以上时，尽管试验人员穿绝缘鞋且处在安全距离以外区域，但由于高压直流离子空间电场分布的影响，会使几个邻近站立的人体上带有不同的直流电位。试验人员不要互相握手或用手接触接地体等，否则会有轻微电击现象，此现象在干燥地区和冬季较为明显，但由于能量较小，一般不会对人体造成伤害。

2. 影响测量结果的因素

(1) 高压连接导线对地泄漏电流的影响。

(2) 表面泄漏电流的影响。

(3) 温度的影响。

(4) 电源电压的非正弦波形的影响。

(5) 加压速度的影响。

(6) 微安表接在不同位置对测量结果的影响。

(7) 电渗现象对不同极性试验电压下油纸绝缘电气设备的泄漏电流测量值的影响。

(8) 试验电压极性效应对引线电晕电流的影响。

3. 测量结果的分析判断方法

(1) 与规定值比较法。

(2) 采用不对称系数（即三相之中的最大值和最小值的比）进行分析、判断。一般来说不对称系数不大于2。

(3) 利用泄漏电流和外加电压的关系曲线，即 $i_L=f(u)$，可以说明绝缘在高压下的状况。如关系曲线近似一条直线，说明绝缘没有严重缺陷；如果呈曲线、形状陡峭，则说明绝缘有缺陷。

第四节　测量介质损耗因数

一、测量介质损耗因数能发现的缺陷

测量介质损耗因数是一项灵敏度很高的试验项目，它可以发现电力设备绝缘整体受潮、劣化变质以及小体积被试设备贯通和未贯通的局部缺陷。例如绝缘油一般在耐压试验时，好油的耐电强度可达250kV/cm，坏油为25kV/cm，好油和坏油的耐电强度在数值上的差别是1∶10。但是，测量其介质损耗因数时，好油很小，其 $\tan\delta=0.0001$，而坏油则大到 $\tan\delta=0.1$，二者之间的差别是1∶1000。也就是说，后一试验的灵敏度较前者提高了100倍。又如某变电所35kV电流互感器，测得的 $\tan\delta$ 值显著增大，而交流耐压试验却仍然通过。然而投入运行不久就发生了绝缘击穿事故。再如某台变压器的套管，正常的 $\tan\delta$ 值为0.5%，当受潮后，测得其 $\tan\delta$ 值变为3.5%，而用测量绝缘电阻及油耐压的方法进行检测，则受潮前后的测量值差别不大。

由于测量介质损耗因数对反映上述缺陷具有较高的灵敏度，所以在电工制造及电力设备交接和预防性试验中都得到广泛的应用。但是，当被试设备体积较大，而缺陷所占的体积较小时，用这种方法就难以发现了。因为缺陷的损耗相对整个被试设备的损耗又太小了。

图15-4-1示出了测量变压器介质损耗因数对发现套管缺陷的有效性分析用图。可把同一变压器上的套管对地绝缘和绕组对地绝缘看成是并联的，图15-4-1（b）为绝缘示意图，其等值电路如图15-4-1（c）所示。由介质损失的基本概念可知，一个由两部分介质并联组成的绝缘，其整体的损失功率为两部分损失功率之和，即

$$\omega CU^2\tan\delta=\omega C_1U^2\tan\delta_1+\omega C_2U^2\tan\delta_2$$

所以

$$\tan\delta=\frac{C_1\tan\delta_1+C_2\tan\delta_2}{C_1+C_2}\qquad(15-4-1)$$

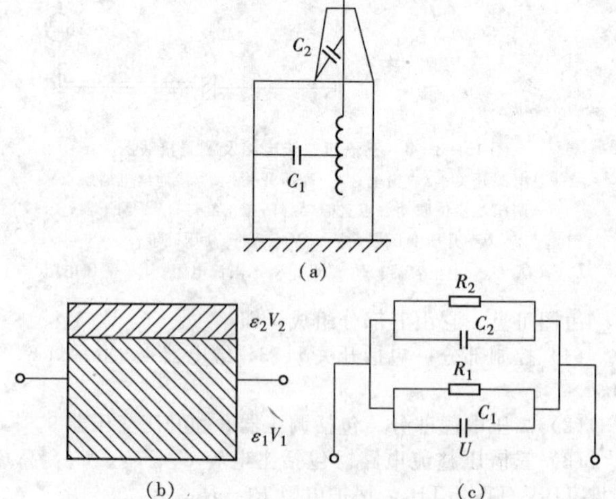

图15-4-1　测量变压器介质损耗因数时对发现套管缺陷的有效性分析用图

(a) 变压器；(b) 绝缘示意图；(c) 等值电路

若整体绝缘中仅有一小部分绝缘（如套管 C_2）有缺陷，则 $\tan\delta_2$ 应增加。设有缺陷部分体积为 V_2，良好部分的体积为 V_1。因为 $V_2\ll V_1$，则 $C_2\ll C_1$，于是式(15-4-1)可简化为

$$\tan\delta=\tan\delta_1+\frac{C_2}{C_1}\tan\delta_2\qquad(15-4-2)$$

由式（15-4-2）可见，当绝缘良好时，$\tan\delta$ 应等于 $\tan\delta_1$，当部分绝缘受潮或老化使得整体的 $\tan\delta$ 增加时，显然增加的部分就是 $\frac{C_2}{C_1}\tan\delta_2$ 项。绝缘有缺陷的部分越大，缺陷的程度越严重（即 $\tan\delta_2$ 大），其测得的整体的 $\tan\delta$ 才会反映得越明显。假如有缺陷部分的体积为总体积的 $\frac{1}{10}$，则 $\frac{C_2}{C_1}=0.1$，由于有部分缺陷而使介质损失增加五倍，即 $\tan\delta_2=5\tan\delta_1$，而整体的 $\tan\delta=\tan\delta_1+0.1\times5\tan\delta_1=1.5\tan\delta_1$，即只比正常情况增大50%，变化并不大。例如有一支110kV的套管，$\tan\delta=3.4\%$，装到120MVA的变压器上后，测得总的 $\tan\delta=0.4\%$，与一般产品差别不大，所以对大型变压器，测量总体的 $\tan\delta$ 往往不易发现套管的绝缘缺陷。

由上述分析可知，绝缘老化的体积愈大，测量 $\tan\delta$ 的

方法就越灵敏。换言之，tanδ测量的灵敏度高是对绝缘整体劣化而言的。对大容量的变压器、整个发电机绕组以及较长的电缆进行 tanδ 试验，只能检查出它们普遍的绝缘状况，而不容易发现可能存在的局部缺陷；对电容量较小的设备以及可以分解成部件进行分解试验的设备进行 tanδ 测量时，易于发现局部缺陷。因此，对大型电力设备，在有可能的情况下应进行分解试验，以便准确检出缺陷。

二、介质损耗因数测量方法

电力系统中测量介质损耗因数常用的设备有高压西林电桥和2500V介质损失角试验器（简称M型试验器）。前者已被普遍使用，而后者仅在东北电力系统中较多使用。

1. 高压西林电桥测试介质损耗因数接线图

西林电桥的原理接线如图 15-4-2 所示。

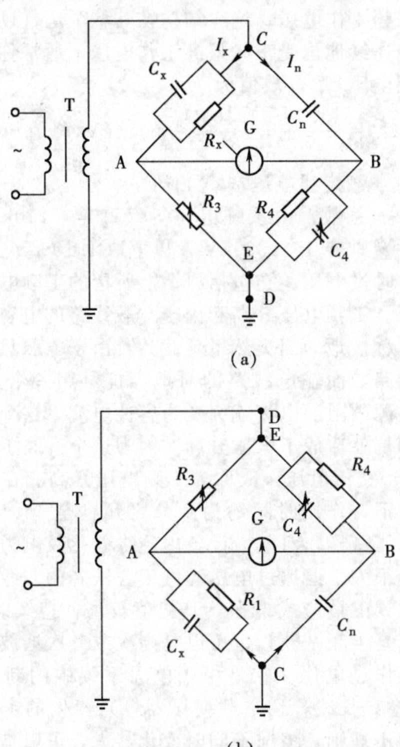

图 15-4-2　西林电桥测试介质损耗因数原理接线图

(a) 正接线；(b) 反接线

C_x、R_x—被试品等值电容和电阻；C_n—标准电容；R_3—可调标准电阻；C_4—可变电容；R_4—无感电阻；G—检流计；T—试验变压器

西林电桥属于交流平衡电桥，测试时通过调节桥臂的可变电阻和可变电容达到节点电位平衡，使流过检流计的电流为零，再根据各桥臂的电阻和电容值计算出 tanδ 值。

图 15-4-2 (a) 所示为西林电桥测试 tanδ 正接线，适用于被试品整体可以与地面隔离；图 15-4-2 (b) 为反接线，当被试品不能与地隔离时只能按反接线测试。例如，测试变压器整体 tanδ，就只能采用图 15-4-2 (b) 所示的反接线。因为若想要把变压器整体用绝缘物垫起来是十分麻烦的，因此只有采取反接线才能测试 tanδ。

无论是正接线或反接线，其测试原理是相同的。西林电桥能同时测试被试品的介质损耗角正切值 tanδ 和电容值 C_x。

图 15-4-2 中 T 是升压试验变压器，一般采用高压为 10kV 的电压互感器即可。C_x、R_x 代表被试品，用其等值电容和等值电阻表示。C_n 是标准电容器，其电容值是已知的。其余 R_3、R_4 和 C_4 是西林电桥桥体内部固定安装的设备，其中 R_3、C_4 都是可调的，在桥体盘面上安装有电阻 R_3 和电容 C_4 的手动调节转盘。

2. 测量 tanδ 的方法

试验时，升压变压器升到所需的电压值，对于额定电压为 35kV 及以上的设备，一般升压至 10kV。试验电压不允许超过被试品的正常工作电压。在测试过程中，通过调节 R_3 和 C_4，使检流计 G 指示中间零位，这时可以求得被试品的 tanδ 值，即

$$\tan\delta=\omega C_4 R_4 \tag{15-4-3}$$

式中　tanδ——被试品的介质损耗角正切值；

ω——电源角频率，$\omega=2\pi f$；

C_4——西林电桥内的可变电容调节后的实际值（在盘面上指示读数）；

R_4——西林电桥内的无感电阻，数值固定。

为了读数的方便，西林电桥内的电阻 R_4 取 3184Ω，因为 $3184\approx\frac{10^4}{\pi}$，而且频率 $f=50$Hz，因此有

$$\tan\delta=\omega C_4 R_4=2\pi f\times C_4\times\frac{10^4}{\pi}$$

$$=100\pi\times\frac{10^4}{\pi}\times C_4=10^6 C_4\ (C_4 \text{单位为 F})$$

因此有

$$\tan\delta=C_4 \tag{15-4-4}$$

式中　C_4——可变电容，μF。

由此可见，在测量介质损耗角正切值时，通过调节 R_3 和 C_4，使检流计指零，电桥平衡，这时可变电容 C_4 指示的电容量（单位取 μF）读数就是被试设备的 tanδ 值。

3. 测量试品的电容值 C_x

在测量 tanδ 的同时，可按式（15-4-5）计算出被试品的电容，即

$$C_x\approx C_n\frac{R_4}{R_3} \tag{15-4-5}$$

式中　C_x——被试品电容值；

C_n——标准电容器的电容量；

R_3——可调标准电阻。

4. 用 M 型介质试验器测试 tanδ

绝缘介质在交流电压作用下的电流电压之间的关系可用图 15-4-3 所示的等值电路图和相量来表示。

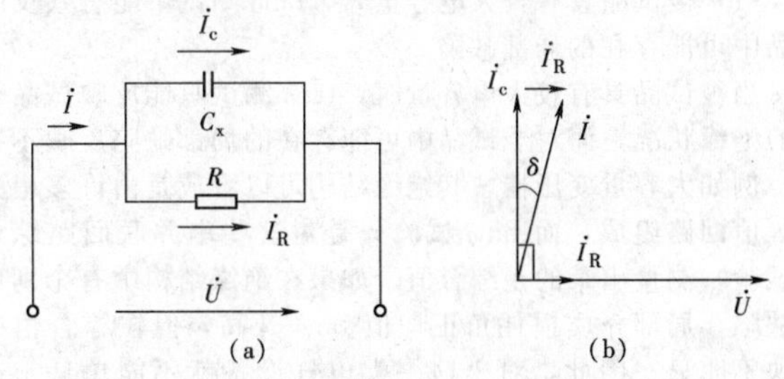

图 15-4-3　在交流电压作用下绝缘介质损耗角 δ 分析图

(a) 等值电路图；(b) 相量图

图 15-4-3 (a) 把电气设备的主绝缘看作是一个电阻 R 和一个理想的纯电容 C_x 并联而成。纯电容 C_x 流过的电流 $\dot{I}_c$ 超前电压 $\dot{U}$ 90°；纯电阻 R 流过电流 $\dot{I}_R$ 与电压 $\dot{U}$ 同相位，它代表绝缘介质在交流电压作用下由于存在电导电流和吸收电流引起的有功损耗。由图 15-4-3 (b) 可见，有功损耗愈大，电流 $\dot{I}_R$ 也愈大，角度 δ 也愈大。因此可用角度 δ 的大小

来表征交流电压作用下绝缘介质内部有功损耗的严重程度，称 δ 为介质损耗角。由图 15-4-3（b）可见，δ 的正切值为

$$\tan\delta=\frac{I_R}{I_C}=\frac{\frac{U}{R}}{U\omega C_x}=\frac{1}{\omega C_x R} \qquad (15-4-6)$$

介质损耗 P 为

$$P=\frac{U^2}{R}=U^2\omega C_x\tan\delta \qquad (15-4-7)$$

可见，当试验电压 U 及电源频率 ω 一定、被试品的电容值 C_x 也一定时，介质损耗 P 与 $\tan\delta$ 成正比。

由图 15-4-3（b）可见，$\tan\delta=\frac{I_R}{I_C}$，由于损耗角 δ 很小，因此 I 的长度和直角边 I_C 的长度十分接近，即

$$\tan\delta=\frac{I_R}{I_C}\approx\frac{I_R}{I} \qquad (15-4-8)$$

将式（15-4-8）分子、分母同乘电压 U，于是有

$$\tan\delta=\frac{I_R}{I_C}\approx\frac{I_R}{I}=\frac{I_R U}{IU}=\frac{P}{S} \qquad (15-4-9)$$

式中　P——介质损耗功率，(mW)；

S——试验时，介质中流过的电流和电压乘积，视在容量（mVA）。

因此，只要给被试品的绝缘上施加一个交流试验电压，测量介质损耗功率 P 的毫瓦数和视在容量毫伏安数，即可近似计算出介质损耗角正切值 $\tan\delta$。

M 型介质试验器就是利用这一原理制造的。考虑到试验操作时的人身设备安全，M 型介质试验器的最高测试电压为交流 2500V。

目前，随着电子信息技术在自动化测试仪器中的广泛应用，全自动智能化的介质损耗测试仪种类也很多，并已获得普遍采用。

三、影响测试结果的因素和判断试验结果的注意事项

1. 影响测试结果的因素

（1）温度和湿度的影响。

（2）电场干扰影响。

（3）外界磁场干扰影响。

（4）试品表面泄漏的影响。

2. 判断试验结果注意事项

（1）被试品具有较大电容量时，$\tan\delta$ 测试不能有效反映试品中可能存在的局部缺陷。

当被试品具有较大电容量时，$\tan\delta$ 测试只能反映试品整体的绝缘状况，而对于试品中可能存在的局部缺陷反映不灵敏。例如大容量变压器，其绝缘结构可以看成是由许多串并联等值回路组成，而 $\tan\delta$ 试验只是对这些串并联回路综合性试验，测量出来的是综合值。如果在绝缘结构中有个别局部缺陷，局部介质损耗角正切值 $\tan\delta$ 升高，但在综合值中反映不明显。因此，对于这一类电气设备就不能单凭 $\tan\delta$ 试验一个项目来下结论，而应该结合其他试验项目进行综合判断，以便更透彻地了解被试品的绝缘状况。

（2）要注意温度对 $\tan\delta$ 测试结果的影响。温度对 $\tan\delta$ 测试结果的影响较大。一般来说，对于同一被试设备，$\tan\delta$ 随温度的升高而升高。但是其变化的程度不仅与设备的绝缘结构有关，而且与设备的绝缘状况有关。因此，若按某一固定的温度换算系数进行 $\tan\delta$ 温度换算，会产生较大的温度换算误差。而且在电力变压器进行预防性试验时，一般是在停运后不太长的时间内就进行试验，这时变压器绕组内部的温度尚未完全冷却，与顶层油温之间尚存在温差，这时的温度测量和温度换算都会使换算结果并不精确。因此对于电力变压器 $\tan\delta$ 试验应尽量在油温低于 50℃时进行，而且尽量使每次试验时变压器的顶层油温相近。这样便于将历年 $\tan\delta$ 的测试数据进行比较，比便发现绝缘中可能出现的问题。

（3）试验电压变化对 $\tan\delta$ 测试结果的影响。

第五节　交流耐压试验

一、电力设备绝缘结构在运行中受到的作用

电力设备的绝缘结构在运行中可能受到以下四种电压作用：

（1）工频工作电压。绝缘结构在其整个运行过程中，必须能够长期连续地承受工频最高工作电压，通常称之为系统最高运行相电压 U_{xg}，数值为

$$U_{xg}=\frac{(1.15\sim1.10)U_n}{\sqrt{3}}\times\sqrt{2}(\text{kV,峰值})$$

式中　U_n——额定线电压（kV）；

1.15～1.10——系数，由系统电压等级确定，220kV 及以下取 1.15，330kV 及以上取 1.10。

（2）暂时过电压。它包括习惯上所指的工频电压升高和谐振过电压。工频电压升高起因于空载线路的电容效应、甩负载和不对称接地。当突然甩负载后，由于电源只带一条空载的输电线路，而输电线路的对地容抗可用一个 X_C 表示，这样流过电源内阻的电流就突变为容性电流，这个电流流过系统中的感抗就造成了电压升高。因为这个升高了的电压仍接近于 50Hz 交流电压，故称为工频电压升高。在近代的继电保护条件下，作用时间约为十分之几秒至 1s。与长期施加的交流电压一样，对电力设备内绝缘老化及电力系统的绝缘结构影响很大。谐振过电压起因于含铁芯的非线性电感元件所引起的铁磁效应或谐振，其幅值较高，持续时间较长，其频率可以是工频基波，也可以是高次或分次谐波。

（3）操作过电压。它是由于电力系统中的断路器动作（如切、合空载长线，切空载变压器等）产生的。这种过电压的波形很不规则，情况不同时变化甚大，可以是衰减振荡波，或是非周期性电压的冲击波，作用时间约为 10^{-2}s，一般在 1ms 之内电压达最大值。我国电力系统中操作过电压的大致倍数如下：35kV 为 4.0 倍；110～220kV 为 3.0 倍；330kV 为 2.75 倍；500kV 为 2.0 倍。目前，对于操作过电压的试验电压波形，GB 311.1—83 规定采用非周期电压冲击波，标准波形为 250/2500μs。

（4）雷电过电压（或外部过电压、大气过电压）。它是由于雷云放电产生的，幅值很高，作用时间约几到几十微秒。目前，我国对于雷电过电压的试验标准电压波规定为 1.2/50μs 的全波。雷电过电压往往造成电力设备的绝缘破坏，为保证电力系统的安全运行，对雷电过电压必须采取积极的预防措施。

二、交流耐压试验的目的和意义

为了保证绝缘结构能够耐受上述四种电压的作用，绝缘结构必须经受冲击波耐压试验以及工频耐压试验的考验，并要求有足够的裕度。

交流耐压试验是鉴定电力设备绝缘强度的最严格、最有效和最直接的试验方法，它对判断电力设备能否继续参加运

行具有决定性的意义，也是保证设备绝缘水平，避免发生绝缘事故的重要手段。所以《规格》规定，对110kV以下的电力设备应进行耐压试验（有特殊规定者除外）。110kV及以上的电力设备，在必要时应进行耐压试验。

大量的试验研究表明，电压等级在220kV以下的电力设备，其冲击电压、操作波电压和工频电压之间有一定的等效关系，一般直接用工频电压去试验电力设备承受电力系统工频运行电压、工频电压升高的能力，并且习惯上用等效的工频电压试验其绝缘耐受操作波电压的能力。但对电压等级为300kV及以上的电力设备和绝缘结构，则趋向于直接用冲击电压、操作波电压和工频电压分别试验电力设备的绝缘结构特性，不再用等效的工频电压代替操作波电压对绝缘进行试验。

三、工频耐压试验

1. 工频耐压试验的含义

工频耐压试验就是利用工频电源和升压设备产生工频高压对被试品进行的耐压试验。一般电气设备的主绝缘耐压试验，以及开关设备的断口耐压试验都采用工频耐压试验。我们平常所说的交流耐压，如不加特别说明，一般指的也是工频耐压。工频耐压也称作外施电压耐压试验，因为在试验时利用外部升压设备产生高压试验电压对被试设备进行耐压试验。而不像感应耐压是利用设备本身电磁感应产生高电压对自身进行耐压试验。

对于具有绕组的电气设备，例如电力变压器和电压互感器，工频耐压试验只能考核绕组对地或互相绝缘的各个绕组之间的绝缘强度，而不能考核绕组匝层间以及有电气连接的各个绕组在运行中存在电位差的不同部位之间的绝缘强度。

2. 工频耐压试验原理接线图

工频耐压试验原理接线图如图15-5-1所示。

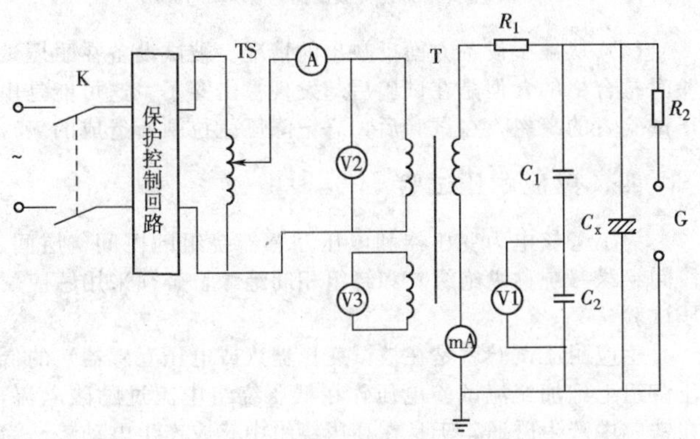

图15-5-1　工频耐压试验原理接线图

TS—调压器；T—升压试验变压器；C_1、C_2—电容分压器高、低压臂；G—球隙；R_1、R_2—限流电阻；K—电源隔离刀闸；V1—高压测量电压表；V2—低压测量电压表；mA—高压侧测量试验电流用毫安表；A—低压侧电流表；C_x—被试品；V3—第3绕组测量电压表，可以部分解决容升问题，测量数据更接近高压实际电压值

图15-5-1中被试品用一个等值电容C_x表示。升压试验变压器T用来获得高压试验电压，具体电压数值由调压器TS可以从零电压逐渐升高到所需要的数值。试验时必须测量在耐压时流过被试品的电流，这个电流一般为mA级，因此在升压试验变压器高压线圈接地端串入一个毫安表。在图15-5-1中，还接入了保护球隙G、高压测量用电容分压器（图中的C_1、C_2和V1）、限流电阻R_1和R_2。

（1）试验变压器保护电阻R_1。图15-5-1中的限流电阻R_1串接在试验变压器的高压输出端，用来降低试品闪络或击穿时变压器高压绕组出口端的过电压，并能限制短路电流。该电阻阻值不宜太大，否则会引起正常工作时回路产生较大的压降和功耗，限值一般为0.1～0.5Ω/V。保护电阻可采用水电阻或线绕电阻器。

（2）球隙保护电阻R_2。在高压试验接线中有时要采用球间隙，其作用可以作为保护用，称为保护球隙；也可以作为测量校准用，称为测量球隙。

当作为保护球隙使用时，与球隙串联的保护电阻器，其阻值通常取1Ω/V。保护球隙串保护电阻的作用是防止球隙放电时烧伤球极表面，同时也为了抑制可能出现的球隙放电与被试品电容间产生振荡。

当作为测量球隙使用时，保护电阻的阻值与试验电压的频率有关。工频试验电压时测量球隙的保护电阻也按1Ω/V选取；如试验电压的频率为150～200Hz（通常在感应耐压时使用），这时的测量球隙保护电阻宜按0.5Ω/V选取。这主要是考虑到测量球隙的保护电阻一方面是为了限制球隙击穿时的电流，防止球极表面灼伤；另一方面是为了当球隙放电时对可能出现的振荡起到阻尼作用。在限制电流和抑制振荡的同时，又要防止球隙充电电流在保护电阻上的压降引起测量误差。因此，对保护电阻的阻值要求较为严格。对于测量高频试验电压，特别是在冲击试验时测量冲击电压，过大的保护电阻阻值会引起明显的测量误差。这时要求测量回路的电感尽可能小，首先要求保护电阻本身的电感尽可能小，一般应不超过30μH，同时对于电阻阻值也有严格限制，不能过大。

3. 工频耐压试验时的“容升”现象

（1）“容升”现象。所谓“容升”现象，是指工频耐压试验时，施加在试品上的实际试验电压要大于由试验变压器低压侧（电源侧）电压乘以变压器变压比算得的电压。即

$$U_1 > KU_2 \tag{15-5-1}$$

式中　U_1——试验变压器高压侧实际输出电压；

U_2——试验变压器低压侧施加的电源电压；

K——试验变压器的变压比。

（2）工频耐压试验时影响“容升”数值的各种因素。产生容升现象的原因，是试验时的容性电流流经试验变压器一、二次绕组时在漏抗上的压降所致。因此，“容升”数值的大小与下列因素有关。

1）试验电流I_1数值愈大，“容升”数值愈大。

2）试验变压器一、二次漏抗愈大，“容升”数值也愈大。试验变压器的漏抗大小用阻抗电压表示，这个数据还与试验变压器的额定电压比和额定容量有关，因此，在同样试验电流时，有如下关系：

a. 试验变压器阻抗电压愈大，“容升”数值愈大。

b. 试验变压器额定电压比愈大，“容升”数值愈大。

c. 试验变压器的额定容量愈小，“容升”数值愈大。

4. 测量方法

由于工频耐压试验时，高压输出端存在“容升”现象，为了能准确测量被试品上承受的试验电压，要求在高压输出端直接在被试品附近测量实际承受的试验电压，即所谓采取高压测量。其测量方法一般有：①采用电容分压器或电阻分压器配低压电压表；②高压电压互感器配低压电压表；③静电电压表；④在高压侧接测量球隙比对校正低压侧电压表；⑤通过试验变压器的测量绕组测量电压（见图15-5-1中的V3）。

试验电压的测量一般应在高压侧直接测量，但对一些小电容的被试品，如绝缘子、单独的开关设备、绝缘工具等，由于电容量很小，试验电流不大，引起的容升很微小，这时可以在低压侧测量试验电压，根据试验变压器的变压比换算到高压侧的耐压值。

一般来说，工频耐压试验时的试验电压测量可归纳为高压直接测量和低压间接测量。

5. 操作要点

(1) 试验前应了解被试设备的非破坏性试验是否合格，若有缺陷或异常，应在排除缺陷或异常后再进行耐压试验。

(2) 试验现场应围好遮栏，挂好标志牌，并派专人监视。

(3) 试验前应将被试设备的绝缘表面擦拭干净。对充油电力设备应按有关规定使油静置一定时间才能进行耐压试验。静置时间如无制造厂规定，则应依据设备的额定电压满足以下要求：500kV 者，应大于 72h；220 及 330kV 者，应大于 48h；110kV 及以下者，应大于 24h。

(4) 调整保护球隙，使其放电电压为试验电压的 110%～120%，连续试验三次，应无明显差别，并检查过流保护装置动作的可靠性。

(5) 根据试验接线图接好线后，应由专人检查，确认无误（包括引线对地距离、安全距离等）后方可准备加压。

(6) 加压前要检查调压器是否在“零位”，若在“零位”方可加压，而且要在高呼“加高压”后才能实施操作。

(7) 升压过程中应监视电压表及其他表计的变化，当升至 0.5 倍额定试验电压时，读取被试设备的电容电流；当升至额定电压时，开始计算时间，时间到后缓慢降下电压。

(8) 对于升压速度，在$\frac{1}{3}$试验电压以下可以稍快一些，其后升压应均匀，约按 3%试验电压/s 升压，或升至额定试验电压的时间为 10～15s。

(9) 试验中若发现表针摆动或被试设备、试验设备发出异常响声、冒烟、冒火等，应立即降下电压，在高压侧挂上地线后，查明原因。

(10) 被试设备的耐压时间，凡无特殊说明者，均为 1min，对绝缘棒等用具，耐压时间为 5min，试验后应在挂上接地棒后触摸有关部位，应无发热现象。

(11) 试验前后应测量被试设备的绝缘电阻及吸收比，两次测量结果不应有明显差别。

6. 交流耐压试验中的异常及其分析

(1) 从调压器方面反映出的情况。当接通电源，合上电磁开关，接通调压器后，调压器便发出沉重的声响，这可能是将 220V 的调压器错接到 380V 的电源上了，若此时电流出现异常读数，则又可能是调压器不在零位，并且其输出侧有短路或类似短路的情况，最常见的是接地棒忘记摘除。

(2) 从电压表上反映出的情况：

1) 电压表有指示。接通电源后，电压表马上就有指示，这说明调压器不在零位，若电压表指示甚大，且伴有声响，则可能马上嗅出味来。

2) 电压表无指示，接通电源后，调节调压器，电压表无指示，这可能是由于自耦变压器炭刷接触不良，或电压表回路不通，或变压器测量线圈（或变压器输入线圈）有断线的地方所致。

(3) 在升压过程中出现的情况：

1) 在升压或持续试验的过程中，出现限流电阻内部放电，这可能是由于管内没有水或水不够所致。有时出现管外表面闪络，这可能是由于水阻过大、管子短或表面脏污所致。

2) 在升压过程中，电压缓慢上升，而电流急剧上升，这可能是由于被试设备存在短路或类似短路的情况所致，也可能是被试设备容量过大或接近于谐振所致。

3) 若随着调压器往上调节，电流下降，电压基本不变或有下降趋势，这可能是由于试验负荷过大、电源容量不够所致。在这种情况下，可改用大容量电源进行尝试。否则可能是由于波形畸变的影响所致。

4) 在升压过程中，随着移卷调压器调节把手的移动，输出电压不均匀地上升，而出现一个马鞍形，即通常所说的“N 形曲线”如图 15－5－2 所示。这是由于移卷调压器的漏抗与负载电容的容抗相匹配而发生串联谐振造成的，遇到这种情况可采用增大限流电阻或改变回路参数的办法来解决。

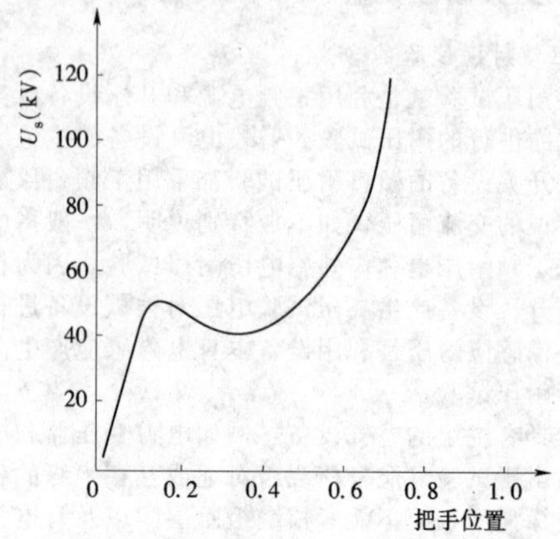

图 15－5－2　移卷调压器（12.5kVA）调压的试验变压器（150kV、25kVA）在工频耐压试验过程中的电压变化曲线（被试品电容为 6410pF）

(4) 从被试设备方面反映出的情况。被试设备在耐压试验时是合格的，但是在试验后却发现被击穿了。这可能是由于试验者的疏忽，在试验后，忘记降压就拉闸所造成的。

四、感应耐压试验

为了考核电力变压器和电压互感器绕组的匝间、层间、段间绝缘（统称纵绝缘）和绕组相间绝缘，必须采用感应耐压试验。

感应耐压试验就是在被试变压器（或电压互感器）的低压绕组上施加交流试验电压，在低压绕组中流过励磁电流，在铁芯中产生磁通，于是在高压绕组中感应产生电动势。为了考核绝缘裕度是否满足规程要求，在低压绕组上施加的试验电压一般为绕组额定电压的 2 倍，即绕组上的匝电压为额定匝电压的 2 倍。根据电磁感应定律，在高压绕组上感应的电动势也是额定电压的两倍，高压绕组的匝电压也是额定匝电压的两倍。如果试验时所采用的电源是工频电源，则铁芯中的磁通也是额定磁通的两倍，这就会引起铁芯严重饱和，励磁电流急增而将被试变压器烧坏。为了不使铁芯磁通超过额定磁通，必须将试验电源的频率增加一倍或更多。变压器的电动势方程式是

$$U \approx E = 4.44 N f \Phi_m \qquad (15-5-2)$$

式中　U——变压器绕组电压（有效值），近似等于绕组上的感应电动势；

E——线圈感应电动势（有效值），其大小与线圈匝数，铁芯中的主磁通最大值，以及主磁通的变化频率成正比；

N——线圈匝数；

f——磁通变化频率，等于试验电源频率；

Φ_m——铁芯中主磁通的幅值。

从式(15-5-2)可见，对于一台成品变压器，如要使电压增加一倍，必须使频率 f 增加一倍。因为绕组已固定，匝数不能改变。铁芯已做成，截面不能改变，允许磁通量也不能改变。剩下只有一个办法，就是增高试验电源的频率。频率增高一倍后，电压增高一倍时铁芯中的磁通可以保持不变。

在进行感应耐压试验时，由于试验电压一般为额定电压的两倍，因此要求试验电源频率不低于额定频率（即工频）的两倍。由于这个缘故，感应耐压试验习惯上也称作倍频试验，要求试验电源频率 $f \geqslant 100$Hz。

在实际试验时，感应耐压试验使用的电源频率通常采用100Hz或150Hz，也有采用250Hz，但不宜高于400Hz。其中150Hz试验电源比较容易获得，因此用得较多，习惯上称为三倍频试验电源。感应耐压试验时间 $t=60\times100/f$，这里 f 是感应耐压试验电源频率。采用150Hz作感应耐压试验时，耐压时间为40s。

五、交流耐压试验结果分析判断

1. 被试设备合格与否的分析判断

被试设备经过交流耐压试验，在规定的持续时间内不发生击穿为合格，反之为不合格。被试设备是否击穿，可按下述情况分析：

(1) 根据试验时接入的表计进行分析。一般情况下，若电流表突然上升，则表明被试设备击穿。但当被试设备的容抗 X_C 与试验变压器的漏抗 X_L 之比等于2时，虽然被试设备击穿，电流表的指示也不会发生变化，因为此时回路电抗没有变化；而当 X_C 与 X_L 的比值小于2时，虽然被试设备被击穿，电流表的指示反而下降，这是由于此时回路电抗增大所致。上述现象可用图15-5-3进行分析，图中 X_C 为被试品的容抗，X_L 为试验变压器的漏抗。

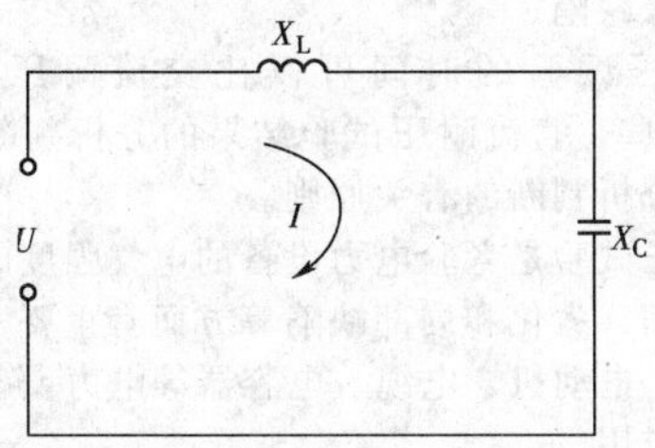

图15-5-3 交流耐压试验的等值电路

当 $X_C/X_L=2$，即 $X_L=\frac{1}{2}X_C$ 时，被试品击穿前，回路电抗 $X=X_L-X_C=-\frac{1}{2}X_C$，被试品击穿后，$X_C=0$，回路电抗 $X'=X_L-X_C=\frac{1}{2}X_C$。因此击穿前后，回路电抗的绝对值不变，故试验回路电流不变。

当 $X_C/X_L>2$，即 $X_L<\frac{1}{2}X_C$ 时，被试品击穿前，设 $X_L=\frac{1}{4}X_C$，则回路电抗 $X=X_L-X_C=-\frac{3}{4}X_C$，被试品击穿后，$X_C=0$，回路电抗 $X'=X_L-X_C=\frac{1}{4}X_C$。由于被试品击穿后，回路电抗（绝对值）减小，所以试验回路电流增大，即电流表指示将上升。

当 $X_C/X_L<2$，即 $X_L>\frac{1}{2}X_C$ 时，被试品击穿前，设 $X_L=\frac{3}{4}X_C$，则回路电抗 $X=X_L-X_C=-\frac{1}{4}X_C$，被试品击穿后，$X_C=0$，回路电抗 $X'=X_L-X_C=\frac{3}{4}X_C$。由于被试品击穿后，回路电抗的（绝对值）增大，故试验回路电流减小，即电流表指示将下降。

当采用串并联补偿法或被试设备容量较大、试验变压器容量不够时，就有可能出现上述异常现象。当采用电压互感器或电容分压器等方法实测高压端部电压，被试设备击穿时，其表针指示会突然下降，低压侧的电压表也能反映出来。

(2) 根据试验控制回路的状况进行分析。若过流继电器整定值（一般按试验变压器额定电流的1.3～1.5倍整定）适当，则被试设备击穿时，过电流继电器要动作，电磁开关跟着就要跳开；若整定值过小，可能在升压过程中，并非被试设备击穿，而是由于被试品电流较大，造成电磁开关跳开；若整定值过大，即使被试设备放电或发生小电流击穿，也不会有反映。

(3) 根据被试设备状况进行分析。在试验过程中，如被试设备发出击穿声响，发出断续放电声响、冒烟、出气、焦臭、跳火以及燃烧等，一般都是不允许的，当查明这种情况确实来自被试设备绝缘部分（如在绝缘中发现贯穿性小孔、开裂等现象）时，则认为被试设备存在问题或早已被击穿。

除此之外，若在试验过程中，出现局部放电，则应按各种不同的被试设备，就其有关规定，进行处理或判断。

2. 其他分析判断方法

(1) 当被试设备为有机绝缘材料，经试验后，立刻进行触摸，如出现普遍或局部发热，都认为绝缘不良，需要处理（如烘烤），然后再行试验。

(2) 对组合绝缘设备或有机绝缘材料，耐压前后其绝缘电阻不应下降30%，否则就认为不合格。对于纯瓷绝缘或表面以瓷绝缘为主的设备，易受当时气候条件的影响，可酌情处理。

(3) 在试验过程中，若空气湿度、温度、或表面脏污等的影响，仅引起表面滑闪放电或空气放电，则不应认为不合格。在经过清洁、干燥等处理后，再进行试验；若并非由于外界因素影响，而是由于瓷件表面釉层绝缘损伤、老化等引起的（如加压后表面出现局部红火），则应认为不合格。

3. 进行综合分析与判断

有的设备即使通过了耐压试验，也不一定说明设备毫无问题，特别是像变压器那样有绕组的设备，即使进行了交流耐压试验，也往往不能检出匝间、层间等缺陷，所以必须汇同其他试验项目所得的结果进行综合判断。除上述测量方法外，还可进行色谱分析、微小分析、局部放电测量等。

第六节 直流耐压试验

一、直流耐压试验的特点

直流耐压试验和直流泄漏试验的原理、接线及方法完全相同，差别在于直流耐压试验的试验电压较高，所以它除能发现设备受潮、劣化外，对发现绝缘的某些局部缺陷具有特殊的作用，往往这些局部缺陷在交流耐压试验中是不能被发现的。

直流耐压试验与交流耐压试验相比有以下几个特点：

(1) 设备较轻便。在对大容量的电力设备（如发电机）进行试验，特别是在试验电压较高时，交流耐压试验需要容量较大的试验变压器，而当进行直流耐压试验时，试验变压器的容量可不必考虑。

(2) 绝缘无介质极化损失。在进行直流耐压试验时，绝缘没有极化损失，因此，不致使绝缘发热，从而避免因热击穿而损坏绝缘。进行交流耐压试验时，既有介质损失，还有局部放电，致使绝缘发热，对绝缘的损伤比较严重，而直流下绝缘内的局部放电要比交流下的轻得多。基于这些原因，直流耐压试验还有些非破坏性试验的特性。

(3) 可制作伏安特性曲线。进行直流耐压试验时，可制作伏安特性曲线，可根据伏安特性曲线的变化来发现绝缘缺陷。并可由此来预测击穿电压，如图 15-6-1 所示。预测击穿电压的方法是将泄漏电流与电压关系曲线延长，泄漏电流急剧增长的地方，表示即将击穿，此时即停止试验，如图 15-6-1 中的 U_0 即为近似的击穿电压。

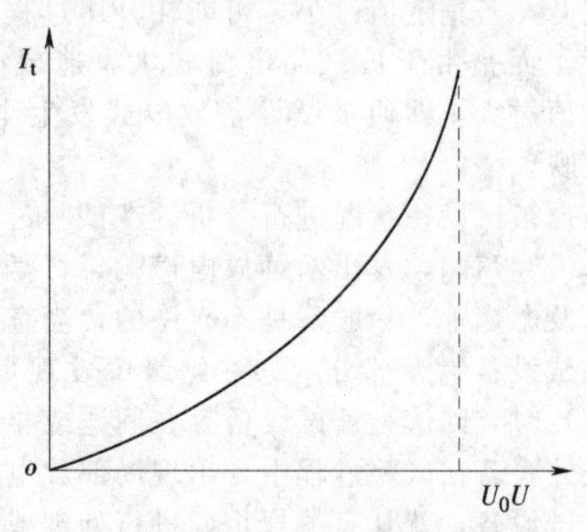

图 15-6-1 延长伏安特性曲线预测击穿电压

根据预测的直流击穿电压，有人认为可以估算出交流击穿电压的幅值，换算公式为

$$交流击穿电压幅值=\frac{1}{K}\times直流击穿电压 \tag{15-6-1}$$

式中 K——巩固系数，与设备的绝缘材料和结构有关，可用直流击穿电压与交流击穿电压的幅值来表示，其值一般在 1.0～4.2 范围内。

可根据所算出的交流击穿电压来判断设备今后安全运行的可靠性。

(4) 在进行直流耐压试验时，一般都兼做泄漏电流测量，由于直流耐压试验时所加电压较高，故容易发现缺陷。

(5) 易于发现某些设备的局部缺陷。

综上所述，直流耐压试验能够发现某些交流耐压试验所不能发现的缺陷。但交流耐压试验更近于实际运行工况，因而能检出绝缘在正常运行时的最弱点。故两种耐压试验不能互相代替。

二、试验电压的确定

进行直流耐压试验时，外施电压的数值通常应参考该绝缘的交流耐压试验电压和交、直流下击穿电压之比，但主要是根据运行经验来确定。例如，原规程规定发电机在小修时或大修结束后试验电压的标准为 $2.0\sim2.5U_n$，但华北的一些电厂反映 $2.5U_n$ 值偏高，况且小修时目前采用 $2.0U_n$ 的试验电压要求后也未出现问题，所以根据现场经验《规程》将 $2.5U_n$ 改为 $2.0U_n$。

三、试验电压的极性

规程规定，在进行直流高压试验时，应采用负极性接线。

电力设备的绝缘分为内绝缘和外绝缘，外绝缘对地电场可以近似用棒—板构成的电场来等效。

研究表明，在棒—板电极构成的不对称、极不均匀电场中，气体间隙相同时，由于极性效应，负棒—正板的火花放电电压是正棒—负板的火花放电电压的 2 倍多，如图 15-6-2 所示。

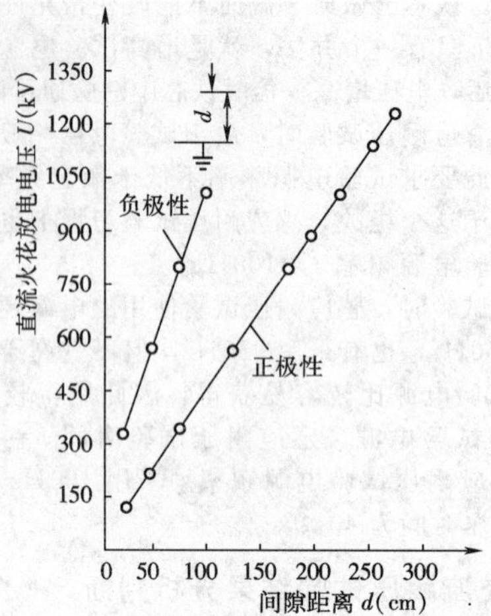

图 15-6-2 棒—板空气间隙的直流火花放电电压与间隙距离的关系

由图 15-6-2 可见，当间隙距离为 100cm 时，正、负极性的火花放电电压分别为 450kV 和 1000kV，即 1000/450＝2.2 倍。这种极性效应是由于电晕空间电荷对电场畸变造成的。

通常，电力设备的外绝缘水平比其内绝缘水平高，显然，施加负极性试验电压外绝缘更不容易发生闪络，这有利于实现直流耐压试验检查内绝缘缺陷的目的。另外，对电缆等油浸纸绝缘的电力设备，由于电渗现象，其内绝缘施加负极性试验电压时的击穿电压较正极性低 10%左右，也就是说，电缆心接负极性试验电压检出缺陷的灵敏度更高，即更容易发现绝缘缺陷。

直流耐压试验的时间可以比交流耐压试验的时间(1min) 稍长些。直流耐压试验结果的分析判断，可参阅交流耐压试验分析判断的有关原则。

直流耐压试验是考验电力设备的电气强度的，它在反映电力设备受潮、劣化和局部缺陷等方面有重要实际意义。目前在发电机、电动机、电缆、电容器等电力设备预防性试验中得到广泛应用。

第七节 局部放电试验

一、电气设备的局部放电及其测量

1. 电气设备的局部放电现象

运行中的电气设备各部位的电场强度往往是不相等的。在设备的绝缘结构中，电场强度局部过高的区域可能会出现局部放电现象。虽然发生局部放电时，整个绝缘系统并没有形成贯穿性击穿，电气设备仍保持正常运行，但是局部放电会逐渐腐蚀、损坏绝缘材料，使放电区域逐渐扩大，最终导致电气设备击穿事故。因此对于某些电气设备需要进行局部放电测量，以便及时发现绝缘结构中的局部缺陷。

电气设备在制造过程中，绝缘内部可能存在微小气泡。例如，由于浸漆、干燥和真空处理不彻底，在绝缘纸板内、绝缘纸层间、固体塑胶绝缘内都可能形成小的空腔，如绝缘油不能注入这些空腔，则会形成气隙或气泡。另外，如果绝缘油本身质量有问题，或者注油时不慎有气体混入，那么电气设备的绝缘油中也会有气泡。由于气体的介电系数比油、纸、固体绝缘材料的介电系数小，所以，气隙上承受的电场强度比油、纸、固体绝缘上的电场强度高，形成气隙上局部场强增高。当外施电压升高到某一数值时，气隙会首先发生局部放电。

此外，电气设备绝缘结构中的油隙，特别是“楔形”油隙，以及金属部件或导线等存在尖角、毛刺时，出现局部电场增强，也容易发生局部放电。

电气设备绝缘结构中的局部放电会伤害绝缘，严重时会引起绝缘击穿；而且由局部放电产生的热量、臭氧等气体会产生电化学作用，引起绝缘材料腐蚀损坏。

2. 电气设备的局部放电测量

国家标准《电气装置安装工程　电气设备交接试验标准》（GB 50150—2006）规定，互感器的试验项目中包括对电压等级为35～110kV互感器进行局部放电抽测，抽测数量约为10%；对于110kV的变压器，当对绝缘有怀疑时，应进行局部放电试验。

电力行业标准《电力设备预防性试验规程》（DL/T 596—1996）规定，对20～35kV固体绝缘互感器每1～3年也要进行局部放电测量。

局部放电试验的目的，主要是在规定的试验电压下检测局部放电量是否超过规程允许的数值。如果放电量超过规程规定允许的数值，则要通过测试手段判别局部放电发生的部位和引起局部放电的原因，以便设法消除局部放电。

局部放电试验方法很多，可分为电气法和非电气法两大类。

电气法中有脉冲电流法、介质损耗法和电磁辐射法。非电气法中有声波法、测光法、测热法和物理化学法。电气法的灵敏度较非电气法高，所以，局部放电试验一般多采用电气法。在电气法中用得最多的是脉冲电流法。

二、脉冲电流法检测局部放电原理

电气设备施加电压后，如果绝缘结构中出现局部放电，不仅发生局部放电的气隙上电压发生突然变化，而且这种电压变化会通过耦合传递到电气设备的出线端产生脉冲电压信号。

在被试品内部某处发生局部放电时，在被试品的两端会出现瞬时电压变化。如果接入检测仪器，就会有脉冲电流流过，从而判断是否出现局部放电，并根据脉冲电流的强弱和波形测量出局部放电的电荷量。

由于局部放电的信号十分微弱，因此局部放电的检测仪器都配有放大器。在实际使用时根据不同的试品、不同的要求和不同的外部干扰情况选择不同的测量系统和不同的测量频率范围。根据测量频率范围放大器分为宽频带和窄频带。宽频带局放仪不仅能测试发生局部放电时的脉冲电压和视在放电量，而且能区分脉冲波形和极性。但是宽频带局放仪易受外部干扰，适用于干扰小的场合。窄频带局放仪抗外部干扰能力强，能测试脉冲电压和视在放电量，但所测量的脉冲波形易发生畸变，不能区分脉冲波形和极性。对于变压器应采用宽频带局放仪。

三、局部放电试验基本接线

根据被试设备的实际状况，局部放电试验的基本接线有并联测试回路、串联测试回路和桥式测试回路，如图15-7-1所示。

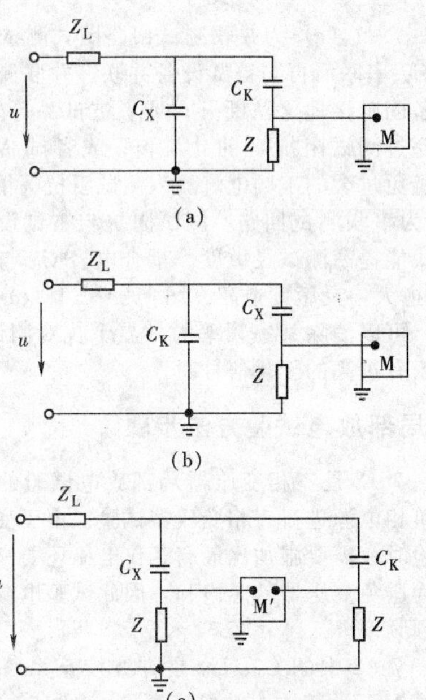

图15-7-1　局部放电基本测试回路

（a）并联测试回路；（b）串联测试回路；（c）桥式测试回路

Z_L—高压滤波阻抗；C_X—被试设备等效电容；C_K—耦合电容器；Z—测试阻抗；M—局部放电检测仪；M′—桥式局部放电检测仪

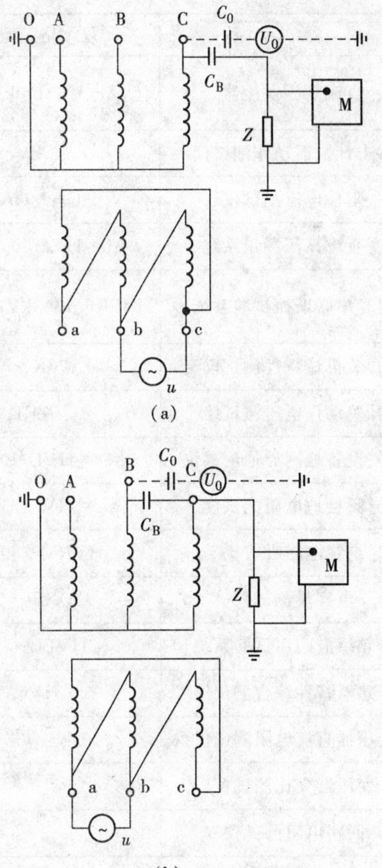

图15-7-2　YNd11联结组三相变压器局部放电试验接线图

（a）C相试验线路；（b）B相试验线路

M—局部放电检测仪；u—试验电源（100～250Hz）；Z—测试阻抗；

C_B—被试相套管电容（代替耦合电容器C_K）；

U_0、C_0—方波校准系统（加压试验时去掉）

图 15-7-1（a）为并联测试回路图，测试阻抗 Z 与耦合电容器 C_K 串联后再与被试设备并联。并联测试回路适用于被试设备固定接地无法断开；或者被试品等效电容较大，充电电流超过测试阻抗 Z 的允许值；或者试品有可能被击穿，为了避免过大的工频电流流入测试阻抗等情况。图 15-7-1（b）为串联测试回路，测试阻抗与被试设备串联。这种接线方式能提高测试灵敏度。耦合电容 C_K 与被试品电容 C_X 的比值愈大，灵敏度愈高。图 15-7-1（c）所示为桥式测试回路，可以消除某一频率的外界干扰对测试回的影响。因此适用于有过高的干扰信号时。

四、局部放电试验方法步骤

图 15-7-2 是三相变压器局部放电试验的接线图，该图是利用单相电源进行三相变压器试验。由于变压器进行局部放电试验时，需要施加比最高工作电压还要高出很多的试验电压，为避免变压器铁芯饱和，因此试验电源的频率应大于 2 倍工频频率。

图 15-7-2 中的 C_0、U_0 是方波校正系统。在被试品不带电的情况下，接入方波校正系统（图 15-7-2 中的虚线所示）。用晶体管做成小型电池开关式方波发生器，称为标准电源。方波电压 U_0 通常为 2～50V，耦合电容 C_0 的选择原则为 $10pF<C_0\leqslant 0.1C_X$（pF），以便获得合适的方波陡度。对局部放电测试系统进行方波校准的目的是校准局部放电量的读数刻度标尺，同时校验试验回路和局部放电检测仪是否能够测量有关设备标准规定的最大允许局部放电量。这是整体试验回路和局部放电检测仪在试验前的例行校准。

在进行局部放电试验时，根据规程规定的试验电压和升压方式进行升压。首先，在电压上升和下降的过程中分别测量起始放电电压和终止（熄灭）放电电压。试验时，由最低值开始（从零开始），均匀缓慢地升高电压，至出现局部放电为止，记录此时的起始放电电压和放电量。继续再升高 10%试验电压，然后均匀缓慢地再将电压下降到局部放电熄灭为止，记录此时的终止放电电压。按照上述方式重复三次取其平均值，即为试品的起始和终止局部放电电压。然后，在规程规定的试验电压下测量局部放电量。根据规程规定的加压程序和持续时间进行加压测试。

第八节 电气试验仪器设备配置及选型

一、变电站常用高压试验仪器配置

见表 15-8-1 和表 15-8-2。

表 15-8-1　10～35kV 变电站常用高压试验仪器配置

序号	仪器名称	规格型号	用途
1	直流高压发生器	Z－Ⅶ－100kV/3mA	电力变压器、电缆等设备的直流耐压试验，氧化锌避雷器的直流特性试验
2	雷击计数器动作测试仪	ZV	用于测量雷击计数器是否动作及归零
3	阻性电流测试仪	HC－MOA－Ⅱ	氧化锌避雷器阻性电流、容性电流等电气参数测量
4	交直流高压测量系统	HV－100kV	用于试验时测量高压侧交直流电压
5	调频串联谐振试验系统	HVFRF－108kVA/27kV×4	8.7/10kV/300mm² 橡塑电缆 2km 及 26/35kV/300mm² 橡塑电缆 1km 交流耐压试验，35kV 变压器、开关、互感器等设备交流耐压试验
6	开关机械特性测试仪	HVKC－Ⅱ	测量开关动作电压、时间、速度、同步等
7	开关动作电压测试仪	ZKD	测量开关分合闸电压值
8	电气设备地网导通测试仪	HVD/10A	检查电力设备接地引下线与地网连接状况
9	异频接地电阻测试仪	HVJE/5A	接地网接地电阻、接地阻抗测量
10	绝缘电阻吸收比	HVRM－5000 型	用于测量被试品的绝缘电阻、吸收比及极化指数测量
11	电容量测试仪	HVCB－500	电容器组不拆头准确测量每相或每只电容器的电容量
12	倍频感应耐压试验系统	HVFP－5kW	用于电磁式电压互感器的感应耐压试验
13	互感器特性综合测试仪	HVCV	电流/电压互感器变比、极性、伏安特性等参数试验
14	变压器直流电阻测试仪	—	用于变压器线圈直流电阻测量
15	变压器变比测试仪	—	用于变压器变比的测量
16	回路电阻测试仪	—	开关、刀闸等回路电阻测量
17	高压介质损耗测试仪	—	用于电气设备的高压介损测量
18	绝缘油耐压试验装置	—	用于变压器油的耐压试验
19	变压器有载分节开关特性测试仪	—	用于测量有载分节开关的过渡电阻和过渡时间

表 15-8-2 110～220kV 变电站常用高压试验仪器配置

序号	仪器名称	规格型号	用途
1	直流高压发生器	Z-Ⅶ-100/200kV/3mA	电力变压器、电缆等设备的直流耐压试验，氧化锌避雷器的直流特性试验
2	雷击计数器动作测试仪	ZV	用于测量雷击计数器是否动作及归零
3	阻性电流测试仪	HV-MOA-Ⅱ	氧化锌避雷器阻性电流、容性电流等电气参数测量
4	交直流高压测量系统	HV-200kV	用于试验时测量高压侧交直流电压
5	调频串联谐振试验系统	HVFRF-216kVA/27kV×8	8.7/10kV/300mm² 橡塑电缆 2km、26/35kV/300mm² 橡塑电缆 1km 及 64/110kV/500mm² 橡塑电缆 0.25km 交流耐压试验，110kV 变压器、GIS、开关、互感器等设备交流耐压试验
6	调频串联谐振试验系统	HVFRF-1995kVA/133kV×3	64/110kV/500mm² 橡塑电缆 3km 及 127/220kV/500mm² 橡塑电缆 0.8km 交流耐压试验，220kV 及以下变压器、GIS、开关、互感器等设备交流耐压试验
7	开关机械特性测试仪	HVKC-Ⅲ	测量开关动作电压、时间、速度、同步等，可测量西门子石墨触头
8	开关动作电压测试仪	ZKD	测量开关分合闸电压值
9	电气设备地网导通测试仪	HVD/10A	检查电力设备接地引下线与地网连接状况
10	异频接地电阻测试仪	HVJE/5A	接地网接地电阻、接地阻抗测量
11	绝缘电阻吸收比	HVRM-5000 型	用于测量被试品的绝缘电阻、吸收比及极化指数测量
12	电容量测试仪	HVCB-500	电容器组不拆头准确测量每相或每只电容器的电容量
13	倍频感应耐压试验系统	HVFP-15kW	用于电磁式电压互感器的感应耐压试验
14	互感器特性综合测试仪	HVCV	电流/电压互感器变比、极性、伏安特性等参数试验
15	220kV 局部放电、感应耐压试验系统	HVFP-200kV	用于 220kV 变压器局部放电、感应耐压试验
16	三相变压器局部放电、感应耐压试验系统	HVTP-100kW	用于 110kV 变压器三相同时进行局部放电、感应耐压试验
17	数字式局部放电检测仪	XD2102	测量局部放电量
18	SF_6 密度继电器校验仪	HMD	校验 SF_6 密度继电器
19	变压器绕组变形测试仪	HV-RZBX	用于变压器绕组变形的测量（频率响应法）
20	SF_6 微水测试仪	HVP	用于测量 SF_6 气体的微水含量
21	变压器直流电阻测试仪	—	用于变压器线圈直流电阻测量
22	变压器变比测试仪	—	用于变压器变比的测量
23	回路电阻测试仪	—	开关、刀闸等回路电阻测量
24	高压介质损耗测试仪	—	用于电气设备的高压介损测量
25	绝缘油耐压试验装置	—	用于变压器油的耐压试验
26	变压器有载分节开关特性测试仪	—	用于测量有载分节开关的过渡电阻和过渡时间

二、10～35kV 变电站常用高压试验仪器

1. Z-Ⅶ型直流高压发生器

Z-Ⅶ型直流高压发生器适用于电力部门、企业动力部门现场对氧化锌避雷器、电力电缆、发电机、变压器、断路器等高压电气设备进行直流耐压试验和泄漏电流测试。

Z-Ⅶ型直流高压发生器的主要特点如下：

(1) 首家采用计算机控制技术，控制 PWM 脉宽调制、测量、保护及显示，在大屏幕 LCD 显示屏上显示输出高压电压、电流、过压整定、计时时间及保护信息。

(2) 可自动实现氧化锌避雷器直流 1mA 参考电压功能及 0.75%的 1mA 参考电压下的泄漏电流测量功能，在按下自动升压键后，电流自动升至 1mA，同时自动记录数据，按下 0.75 功能键后，电压自动降 75%，准确度 1.0%，同时自动记录数据。对电缆、发电机设备试验时，设定试验电压值后，可自动分段升压，自动计时，并记录结果。

(3) 首创智能接地不良保护及报警功能（接地不良不能升压），测压回路断线保护（高压测量回路断线仪器不能升压），有紧急停机按钮，大大提高了操作人员在作业过程中的安全性。在特殊情况下还可解除接地不良保护报警功能（如采用发电机作为电源或现场接地不良但仍可试验的情况下）。

(4) Z-Ⅶ型直流高压发生器具有多种保护功能，如：低压过流、低压过压、高压过流（在额定电压输出带容性负载状态下，发生器输出高压端突然接地，试验装置立即出现高压过流保护，输出高压立即切断保证仪器设备安全）、高压过压、零位保护、不接地保护、内部测压回路断路保护等，保护动作时在大屏幕 LCD 显示屏上有中文提示。

(5) Z-Ⅶ型直流高压发生器所配的 Z-B 型全屏蔽自动换挡高压微安表采用椭圆形金属外壳，液晶显示外采用导电玻璃与外壳连接，表外壳无任何按钮，测试线与屏蔽线同轴引出，从而实现了真正的全屏蔽；显示为四位半数显表，精度 1%，可 0～200～2000μA 或 0～2000～20000μA 自动

换挡，大大提高了泄漏电流的测量精度。

（6）Z－Ⅶ型直流高压发生器可选配 HV－B 型红外线遥测多功能直流高压微安表，该表由高压侧微安表及微型接收器组成。高压微安表可测量、显示高压侧泄漏电流，并将测量结果由红外发射传输至微型接收器上，微型接收器安装在 Z－Ⅶ型直流高压发生器控制箱上，可将接收结果直接显示在控制箱的 LCD 显示屏上。高压侧微安表也可直接读数，高压显示与微型接收器完全实时同步。配套的 Z－Ⅶ型直流高压发生器控制箱还有测量避雷器底部电流功能，可在 LCD 显示屏上直接显示底部电流值，可自动计算总电流与高压侧泄漏电流及避雷器底部电流的差值。因而 HV－B 型红外线遥测多功能直流高压微安表配套 Z－Ⅶ型直流高压发生器后可用于多节避雷器不拆导线完成每节避雷器的试验任务。量程 0～5mA，精度 1.0%，接收角度≤60°，接收距离≤10m。

（7）Z－Ⅶ型直流高压发生器可采用分节式结构，且在行业内率先采用分节式结构，既可用于高电压等级，又能用于较低电压等级，并保持其精度不变。以 100/200kV/3mA 分两节为例，单节时可做 100kV/3mA 使用，可用于 35kV 及以下系统电气设备直流高压试验，此时可保证测量的准确性避免大马拉小车；两节使用时可做 200kV/3mA 使用，可用于 220kV 分节、110kV 及以下氧化锌避雷器直流试验及交联电缆的直流耐压试验。真正做到一机两用，大大方便了现场用户的使用。

Z－Ⅶ型 100kV/3mA 直流高压发生器的主要技术参数如下：

（1）高压输出额定电压：0～100kV。

（2）高压输出额定电流：3mA。

（3）高压输出额定功率：300W。

（4）高压输出最高电压：1.1 倍额定电压，10min。

（5）电压测量精度：1.0%（满度）±1 字。

（6）高压输出充电电流：4.5mA（对电缆、发电机等大电容试品升压时，可用此电流充电）；电流测量精度：低压侧采用自动换挡方式，总电流 1.0%（满度）±2 个字；高压侧为全屏蔽自动换挡高精度微安表，采用 41/2 数显表，微安表显示屏采用导电玻璃与金属外壳相连，屏蔽性极好，量程范围 0～2000～20000μA；精度 1.0%±2 个字。

（7）波纹系数：≤1%。

（8）0.75 功能：可自动实现氧化锌避雷器直流 1mA 参考电压功能及 0.75%的 1mA 参考电压下的泄漏电流测量功能，在按下自动升压键后，电流自动升至 1mA，同时自动记录数据，按下 0.75 功能键后，电压自动降 75%，准确度 1.0%，同时自动记录数据。对电缆、发电机设备试验时，设定试验电压值后，可自动分段升压，自动计时，并记录结果。

（9）过压整定误差：≤1.0%，采用软件整定，过压整定值在液晶大屏幕上显示。

（10）电压调整率：电源电压在 220V±10%范围内变化时，输出电压波动范围不超过 1.0%。

（11）工作电源：AC220V，50Hz。

（12）工作方式：间断使用，额定负载 30min。

2. Z－Ⅵ系列高频直流高压发生器技术参数

技术参数＼型号	Z－Ⅵ 60/2	Z－Ⅵ 60/5	Z－Ⅵ 60/10	Z－Ⅵ 80/2	Z－Ⅵ 60/120 4/2	Z－Ⅵ 100/200 4/2	Z－Ⅵ 100/200 6/3	Z－Ⅵ 100/200 10/5	Z－Ⅵ 200/300	Z－Ⅵ 200/400 6/3 (4/2)	Z－Ⅵ 200/400 /600 10/6/4	Z－Ⅵ 800/5
输出直流电压（kV）	60	60	60	80	60/120	100/200	100/200	200	200/300	200/400	200/400 /600	800
输出直流电流（mA）	2	5	10	2	4/2	4/2	6/3	5	4.5/3	6/3 (4/2)	10/6/4	5
输出功率（W）	120	300	600	160	240	400	600	1000	900	1200 (800)	2400	4000
最大充电电流（mA）	3	7.5	12	3	5	4.4	6.6	10	6	6.6 (4.0)	10	5
机箱重量（kg）	3.5	3.8	4.4	3.5	3.8	4.4	4.4	4.6	6	8	8	18
倍压重量（kg）	4.5	4.5	5.5	4.8	5.2	5/2	5/2	5.5/2	8.5/3.5	10/6 (8.5/6)	20/6/6	56
倍压总高度（m）	0.4	0.4	0.55	0.5	0.77	0.82	0.82	0.82	1.4	1.9 (1.8)	2.9	3.8
电压测量误差	1%（满度）±1 个字											
电流测量误差	1%（满度）±1 个字											
波纹系数	≤0.5%											
电压稳定度	随机波动，电源电压变化±10%时，≤1%											
工作方式	间断使用：额定负载 30min；10%额定电压使用：10min											
环境温度	－15～50℃											
相对湿度	当温度为 25℃，不大于 90%（无凝露）											
海拔	2000m 以下											

3. Z—Ⅵ系列高频直流高压发生器选用参考

型　号	适　用　对　象
Z—Ⅵ40/5	1. 机箱、被压一体化设计，高压引出电缆带接地安全屏蔽，使用安全方便； 2. 特别适用于场地狭小的母线室、开关柜、发电机、电动机及10kV配网中的氧化锌避雷器实验
Z—Ⅵ60/2	1. 6kV、10kV系统电气设备直流高压试验 2. 各种电压等级FZ型避雷器及35kV磁吹避雷器电导电流试验 3. 35kV及以上少油断路器泄漏电流试验 4. 各种电压等级变压器绕组泄漏电流试验 5. 一般发电机泄漏电流和直流耐压试验
Z—Ⅵ60/10	1. 10kV长电缆直流耐压试验 2. 大容量发电机泄漏电流和直流耐压试验
Z—Ⅵ80/2	1. 同Z—Ⅵ60/2 2. 35kV氧化锌避雷器实验
Z—Ⅵ60/120 4/2	1. 倍压分二节组成，可一机两用 2. 同Z—Ⅵ60/2 3. 35kV交联电缆直流耐压试验、35kV氧化锌避雷器直流实验 4. 110kV～220kV磁吹避雷器电导电流试验
Z—Ⅵ100/200 4/2	1. 倍压分二节组成，可分节使用，灵活方便 2. 35kV交联、油浸电缆、110kV交流电缆直流耐压试验 3. 110kV～500kV磁吹避雷器电导电流试验
Z—Ⅵ100/200 6/3（10/5）	1. 同Z—Ⅵ60/2，输出电流更大，使用范围更广 2. 35kV（交联、油浸）、110kV（交联）长电缆直流耐压试验 3. 适合于不拆引线110kV、220kV分节氧化锌避雷器实验
Z—Ⅵ100/200/300 6/3/2（9/4.5/3）	1. 同Z—Ⅵ60/2 2. 倍压由三节组成，可分节使用灵活方便 3. 110kV油浸电缆直流耐压试验 4. 500kV（三节）330kV（二节）氧化锌避雷器实验
Z—Ⅵ200/400 6/3	1. 同Z—Ⅵ60/2，输出电流更大，使用范围更广 2. 500kV（二节）氧化锌避雷器直流实验 3. 110kV油浸长电缆直流耐压试验 4. 220kV交联长电缆直流耐压试验
Z—Ⅵ200/400/600 10/6/4	1. 同Z—Ⅵ60/2 2. 220kV油浸长电缆直流耐压试验 3. 330kV油浸长电缆直流耐压试验
Z—Ⅵ±800kV/10mA Z—Ⅵ±1200kV/10mA	1. 330kV油浸绝缘电缆直流耐压试验 2. 500kV油浸绝缘电缆直流耐压试验 3. 800kV换流站多柱直流避雷器 4. 800kV换流站直流耐压试验及500kV海底电缆试验
ZV/T60kV/200mA	水内冷发电机直流泄漏电流专用测试仪，它特别设计了各种干扰电流的补偿回路，试验时可完全排除杂散电流和汇水管的极化电势干扰的影响，能够准确测量水内冷发电机绕组的泄漏电流

第十六章　电气设备交接试验

第一节　概　述

一、电气装置安装工程电气设备交接试验标准

为适应电气装置安装工程电气设备交接试验的需要，促进电气设备交接试验新技术的推广和应用，在GB 50150—91的基础上，于2006年颁发了《电气装置安装工程电气设备交接试验标准》GB 50150—2006。

1. 交接试验标准的重要内容

该标准共分27章和7个附录，主要内容包括：总则；术语；同步发电机及调相机；直流电机；中频发电机；交流

电动机；电力变压器；电抗器及消弧线圈；互感器；油断路器；空气及磁吹断路器；真空断路器；六氟化硫断路器；六氟化硫封闭式组合电器；隔离开关、负荷开关及高压熔断器；套管；悬式绝缘子和支柱绝缘子；电力电缆线路；电容器；绝缘油和 SF_6 气体；避雷器；电除尘器；二次回路；1kV 及以下电压等级配电装置和馈电线路；1kV 以上架空电力线路；接地装置；低压电器。

2. 交接试验标准的适用范围

(1) 该标准适用于 500kV 及以下电压等级新安装的、按照国家相关出厂试验标准试验合格的电气设备交接试验。本标准不适用于安装在煤矿井下或其他有爆炸危险场所的电气设备。

(2) 继电保护、自动、远动、通信、测量、整流装置以及电气设备的机械部分等的交接试验，应分别按有关标准或规范的规定进行。

(3) 该标准的高压试验方法，应按国家现行标准《高电压试验技术　第一部分　一般试验要求》GB/T 16927.1、《高电压试验技术　第二部分　测量系统》GB/T 16927.2、《现场绝缘试验实施导则》DL/T 474.1～5 及相关设备标准的规定进行。

(4) 对进口设备的交接试验，应按合同规定的标准执行。但在签订设备合同时应注意，其相同试验项目的试验标准，不得低于该标准的规定。

(5) 对技术难度大、需要特殊的试验设备、应由具备相应资质和试验能力的单位进行的试验项目，被列为特殊试验项目。特殊试验项目见表 16-1-1。

表 16-1-1　　特殊试验项目表

序号	标准条款	内　　容
1	3.0.14	测量转子绕组的交流阻抗和功率损耗
2	3.0.15	测量三相短路特性曲线
3	3.0.16	测量空载特性曲线
4	3.0.17	在发电机空载额定电压下测录发电机定子开路时的灭磁时间常数
5	3.0.18	发电机在空载额定电压下自动灭磁装置分闸后测量定子残压
6	3.0.20	测量轴电压
7	3.0.21	定子绕组端部固有振动频率测试及模态分析
8	3.0.22	定子绕组端部现包绝缘施加直流电压测量
9	4.0.11	测录直流发电机的空载特性和以转子绕组为负载的励磁机负载特性曲线
10	5.0.5	测录空载特性曲线
11	7.0.12	变压器绕组变形试验
12	7.0.14	绕组连同套管的长时感应电压试验带局部放电测量
13	9.0.4	互感器的局部放电测量
14	9.0.9	互感器误差测量 1. 用于关口计算的互感器（包括电流互感器、电压互感器和组合互感器）必须进行误差测量，且进行误差检测的机构（实验室）必须是国家授权的法定计量检定机构； 2. 用于非关口计量，电压等级 35kV 及以上的互感器，宜进行误差测量
15	9.0.12	电容式电压互感器（CVT）检测 1. CVT 电磁单元因结构原因不能将中压联线引出时，必须进行误差试验，若对电容分压器绝缘有怀疑时，应打开电磁单元引出中压联线进行额定电压下的电容量和介质损耗角 $\tan\delta$ 的测量
16	18.0.5	电力电缆交流耐压试验（35kV 及以上电压等级）
17	F.0.3	交叉互联性能检验
18	19.0.4	耦合电容器的局部放电试验
19	25.0.3	测量 35kV 以上线路的工频参数
20	26.0.3	接地阻抗值测量（接地网）
21	全规范中	110kV 及以上电压等级电气设备的交、直流耐压试验（或高电压测试）
22	全规范中	各种电气设备的局部放电试验
23	全规范中	SF_6 气体和绝缘油（除击穿电压试验外）试验

二、电气设备交接试验标准的一般规定

1. 温度与湿度

在进行与温度及湿度有关的各种试验时，应同时测量被试物周围的温度及湿度。绝缘试验应在良好天气且被试物及仪器周围温度不宜低于 5℃，空气相对湿度不宜高于 80％的条件下进行。对不满足上述温度、湿度条件情况下测得的试验数据，应进行综合分析，以判断电气设备是否可以投入运行。

试验时，应注意环境温度的影响，对油浸式变压器、电抗器及消弧线圈，应以被试物上层油温作为测试温度。

本标准中规定的常温范围为 10～40℃。

2. 试验电压的标准确定

当电气设备的额定电压与实际使用的额定工作电压不同时，应按下列规定确定试验电压的标准：

(1) 采用额定电压较高的电气设备在于加强绝缘时，应按照设备的额定电压的试验标准进行。

(2) 采用较高电压等级的电气设备在于满足产品通用性及机械强度的要求时，可以按照设备实际使用的额定工作电压的试验标准进行。

(3) 采用较高电压等级的电气设备在于满足高海拔地区要求时，应在安装地点按实际使用的额定工作电压的试验标准进行。

3. 绝缘电阻测量

(1) 本标准中所列的绝缘电阻测量，应使用 60s 的绝缘电阻值；吸收比的测量应使用 60s 与 15s 绝缘电阻值的比值；极化指数应为 10min 与 1min 的绝缘电阻值的比值。

(2) 多绕组设备进行绝缘试验时，非被试绕组应予短路接地。

(3) 测量绝缘电阻时，采用兆欧表的电压等级，在本标准未作特殊规定时，应按下列规定执行：

1) 100V 以下的电气设备或回路，采用 250V 50MΩ 及以上兆欧表。

2) 500V 以下至 100V 的电气设备或回路，采用 500V100MΩ 及以上兆欧表。

3) 3000V 以下至 500V 的电气设备或回路，采用

1000V2000MΩ 及以上兆欧表。

4）10000V 以下至 3000V 的电气设备或回路，采用 2500V10000MΩ 及以上兆欧表。

5）10000V 及以上的电气设备或回路，采用 2500V 或 5000V10000MΩ 及以上兆欧表。

6）用于极化指数测量时，兆欧表短路电流不应低于 2mA。

4. 电气绝缘的测量和试验

(1) 进行绝缘试验时，除制造厂装配的成套设备外，宜将连接在一起的各种设备分离开来单独试验。同一试验标准的设备可以连在一起试验。为便于现场试验工作，已有出厂试验记录的同一电压等级不同试验标准的电气设备，在单独试验有困难时，也可以连在一起进行试验。试验标准应采用连接的各种设备中的最低标准。

(2) 油浸式变压器及电抗器的绝缘试验应在充满合格油，静置一定时间，待气泡消除后方可进行。静置时间按制造厂要求执行，当制造厂无规定时，电压等级为 500kV 的，须静置 72h 以上；220～330kV 的，须 48h 以上；110kV 及以下的，须 24h 以上。

(3) 进行电气绝缘的测量和试验时，当只有个别项目达不到本标准的规定时，则应根据全面的试验记录进行综合判断，经综合判断认为可以投入运行者，可以投入运行。

5. 交流耐压试验

(1) 电气设备应按照本标准进行交流耐压试验，但对 110kV 及以上电压等级的电气设备，当本标准条款没有规定时，可不进行交流耐压试验。

(2) 交流耐压试验时加至试验标准电压后的持续时间，无特殊说明时，应为 1min。

(3) 耐压试验电压值以额定电压的倍数计算时，发电机和电动机应按铭牌额定电压计算，电缆可按本标准第 18 章规定的方法计算。

(4) 非标准电压等级的电气设备，其交流耐压试验电压值，当没有规定时，可根据本标准规定的相邻电压等级按比例采用插入法计算。

6. 术语和定义

电气设备交接试验标准中涉及的术语和定义如表 16-1-2 所示。

表 16-1-2　电气设备交接试验标准中涉及的术语和定义

术　语	定义及说明
电力变压器 power transformer	具有两个或多个绕组的静止设备，为了传输电能，在同一频率下，通过电磁感应将一个系统的交流电压和电流转换为另一系统的电压和电流，通常这些电流和电压的值是不同的
油浸式变压器 oil — immersed type transformer	铁芯和绕组都浸入油中的变压器
干式变压器 dry — type transformer	铁芯和绕组都不浸入绝缘液体中的变压器
中性点端子 neutral terminal	对三相变压器或由单相变压器组成的三相组，指连接星形联结或曲折型联结公共点（中性点）的端子，对单相变压器指连接网络中性点的端子
绕组 winding	构成与变压器标注的某一电压值相对应的电气线路的一组线匝
分接 tapping	在带分接绕组的变压器中，该绕组的每一个分接连接，均表示该分接的绕组，有一确定值的有效匝数，也表示该分接绕组与任何其他匝数不变的绕组间有一确定值的匝数比
变压器绕组的分级绝缘 non — uniform insulation of a transformer winding	变压器绕组的中性点端子直接或间接接地时，其中性点端子的绝缘水平比线路端子所规定的要低
变压器绕组的全绝缘 uniform insulation of a transformer winding	所有变压器绕组与端子相连接的出线端都具有相同的额定绝缘水平
并联电抗器 shunt inductor	并联连接在系统上的电沆器，主要用于补偿电容电流
消弧线圈 arc-suppression coil	接于系统中性点和大地之间的单相电抗器，用以补偿因系统发生单相接地故障引起的接地电容电流
互感器 instrument transformer	是指电流互感器、电磁电压互感器、电容式电压互感器和组合互感器（包括单相组合互感器和三相组合互感器）的统称。由于组合互感器是以电流互感器和电磁式电压互感器组合而成，相关试验参照电流互感器和电压互感器项目
电压互感器 voltage transformer	包括电磁式电压互感器和电容式电压互感器，如果不特别说明，电压互感器通常指电磁式电压互感器
接地极 grounding electrode	埋入地中并直接与大地接触的金属导体
接地线 grounding conductor	电气装置、设施的接地端子与接地极连接用的金属导电部分
接地装置 grounding connection	接地线和接地极的总和
接地网 grounding grid	由垂直和水平接地极组成的供发电厂、变电站使用的兼有泄流和均压作用的较大型的水平网状接地装置
大型接地装置 large — scale grounding connection	110kV 及以上电压等级变电所、装机容量在 200MW 及以上火电厂和水电厂或者等效平面面积在 $5000m^2$ 及以上的接地装置

第二节　同步发电机及调相机

容量 6000kW 及以上的同步发电机及调相机的试验项目，应包括的内容和试验规定，如表 16-2-1 所示。

表 16-2-1 同步发电机及调相机的试验项目和试验规定

<table>
<tr><th>序号</th><th>试验项目</th><th>试验规定</th></tr>
<tr><td>1</td><td>测量定子绕组的绝缘电阻和吸收比或极化指数</td><td>(1) 各相绝缘电阻的不平衡系数不应大于2;
(2) 吸收比：对沥青浸胶及烘卷云母绝缘不应小于1.3；对环氧粉云母绝缘不应小于1.6。对于容量200MW及以上机组应测量极化指数，极化指数不应小于2.0。
注：1. 进行交流耐压试验前，电机绕组的绝缘应满足本条的要求；
2. 测量水内冷发电机定子绕组绝缘电阻，应在消除剩水影响的情况下进行；
3. 对于汇水管死接地的电机应在无水情况下进行；对汇水管非死接地的电机，应分别测量绕组及汇水管绝缘电阻，绕组绝缘电阻测量时应采用屏蔽法消除水的影响。测量结果应符合制造厂的规定；
4. 交流耐压试验合格的电机，当其绝缘电阻折算至运行温度后（环氧粉云母绝缘的电机在常温下）不低于其额定电压1MΩ/kV时，可不经干燥投入运行。但在投运前不应再拆开端盖进行内部作业</td></tr>
<tr><td>2</td><td>测量定子绕组的直流电阻</td><td>(1) 直流电阻应在冷状态下测量，测量时绕组表面温度与周围空气温度之差应在±3℃的范围内；
(2) 各相或各分支绕组的直流电阻，在校正了由于引线长度不同而引起的误差后，相互间差别不应超过其最小值的2%；与产品出厂时测得的数值换算至同温度下的数值比较，其相对变化也不应大于2%</td></tr>
<tr><td>3</td><td>定子绕组直流耐压试验和泄漏电流测量</td><td>(1) 试验电压为电机额定电压的3倍。
(2) 试验电压按每级0.5倍额定电压分阶段升高，每阶段停留1min，并记录泄漏电流；在规定的试验电压下，泄漏电流应符合下列规定：
1) 各相泄漏电流的差别不应大于最小值的100%，当最大泄漏电流在20μA以下，根据绝缘电阻值和交流耐压试验结果综合判断为良好时，各相间差值可不考虑；
2) 泄漏电流不应随时间延长而增大；
当不符合上述1)、2) 规定之一时，应找出原因，并将其消除。
3) 泄漏电流随电压不成比例地显著增长时，应及时分析。
(3) 氢冷电机必须在充氢前或排氢后且含氢量在3%以下时进行试验，严禁在置换氢过程中进行试验。
(4) 水内冷电机试验时，宜采用低压屏蔽法；对于汇水管死接地的电机，现场可不进行该项试验</td></tr>
<tr><td>4</td><td>定子绕组交流耐压试验</td><td>

表 16-2-2 定子绕组交流耐压试验电压

<table>
<tr><th>容量（kW）</th><th>额定电压（V）</th><th>试验电压（V）</th></tr>
<tr><td>10000以下</td><td>36以上</td><td>$(1000+2U_n)\times0.8$</td></tr>
<tr><td>10000及以上</td><td>24000以下</td><td>$(1000+2U_n)\times0.8$</td></tr>
<tr><td>10000及以上</td><td>24000及以上</td><td>与厂家协商</td></tr>
</table>

注 U_n 为发电机额定电压。

定子绕组交流耐压试验所采用的电压，应符合表16-2-2的规定。现场组装的水轮发电机定子绕组工艺过程中的绝缘交流耐压试验，应按现行国家标准《水轮发电机组安装技术规范》GB/T 8564的有关规定进行。水内冷电机在通水情况下进行试验，水质应合格；氢冷电机必须在充氢前或排氢后且含氢量在3%以下时进行试验，严禁在置换氢过程中进行。大容量发电机交流耐压试验，当工频交流耐压试验设备不能满足要求时，可采用谐振耐压代替</td></tr>
<tr><td>5</td><td>测量转子绕组的绝缘电阻</td><td>(1) 转子绕组的绝缘电阻值不宜低于0.5MΩ;
(2) 水内冷转子绕组使用500V及以下兆欧表或其他仪器测量，绝缘电阻值不应低于5000Ω;
(3) 当发电机定子绕组绝缘电阻已符合起动要求，而转子绕组的绝缘电阻值不低于2000Ω时，可允许投入运行；
(4) 在电机额定转速时超速试验前、后测量转子绕组的绝缘电阻；
(5) 测量绝缘电阻时采用兆欧表的电压等级：当转子绕组额定电压为200V以上，采用2500V兆欧表；200V及以下，采用1000V兆欧表</td></tr>
<tr><td>6</td><td>测量转子绕组的直流电阻</td><td>(1) 应在冷状态下进行，测量时绕组表面温度与周围空气温度之差应在±3℃的范围内。测量数值与产品出厂数值换算至同温度下的数值比较，其差值不应超过2%；
(2) 显极式转子绕组，应对各磁极绕组进行测量；当误差超过规定时，还应对各磁极绕组间的连接点电阻进行测量</td></tr>
<tr><td>7</td><td>转子绕组交流耐压试验</td><td>(1) 整体到货的显极式转子，试验电压应为额定电压的7.5倍，且不应低于1200V。
(2) 工地组装的显极式转子，其单个磁极耐压试验应按制造厂规定进行。组装后的交流耐压试验，应符合下列规定：
1) 额定励磁电压为500V及以下电压等级，为额定励磁电压的10倍，并不应低于1500V;
2) 额定励磁电压为500V以上，为额定励磁电压的2倍加4000V。
(3) 隐极式转子绕组可以不进行交流耐压试验，可采用2500V兆欧表测量绝缘电阻来代替</td></tr>
<tr><td>8</td><td>测量发电机或励磁机的励磁回路连同所连接设备的绝缘电阻，不包括发电机转子和励磁机电枢</td><td>测量发电机和励磁机的励磁回路连同所连接设备的绝缘电阻值，不应低于0.5MΩ。回路中有电子元器件设备的，试验时应将插件拔出或将其两端短接
注：不包括发电机转子和励磁机电枢的绝缘电阻测量</td></tr>
</table>

续表

序号	试验项目	试验规定
9	发电机或励磁机的励磁回路连同所连接设备的交流耐压试验，不包括发电机转子和励磁机电枢	发电机和励磁机的励磁回路连同所连接设备的交流耐压试验，其试验电压应为1000V，或用2500V兆欧表测量绝缘电阻方式代替。水轮发电机的静止可控硅励磁的试验电压，应按序号7第2款的规定进行；回路中有电子元器件设备的，试验时应将插件拔出或将其两端短接 注：不包括发电机转子和励磁机电枢的交流耐压试验
10	测量发电机、励磁机的绝缘轴承和转子进水支座的绝缘电阻	(1) 应在装好油管后，采用1000V兆欧表测量，绝缘电阻值不应低于0.5MΩ； (2) 对氢冷发电机应测量内、外挡油盖的绝缘电阻，其值应符合制造厂的规定
11	埋入式测温计的检查	(1) 用250V兆欧表测量埋入式测温计的绝缘电阻是否良好； (2) 核对测温计指示值，应无异常
12	测量灭磁电阻器、自同步电阻器的直流电阻	测量灭磁电阻器、自同步电阻器的直流电阻，应与铭牌数值比较，其差值不应超过10%
13	测量转子绕组的交流阻抗和功率损耗(无刷励磁机组，无测量条件时，可以不测量)	(1) 应在静止状态下的定子膛内、膛外和在超速试验前后的额定转速下分别测量； (2) 对于显极式电机，可在膛外对每一磁极绕组进行测量。测量数值相互比较应无明显差别； (3) 试验时施加电压的峰值不应超过额定励磁电压值 注：无刷励磁机组，当无测量条件时，可以不测
14	测录三相短路特性曲线	(1) 测量的数值与产品出厂试验数值比较，应在测量误差范围以内； (2) 对于发电机变压器组，当发电机本身的短路特性有制造厂出厂试验报告时，可只录取发电机变压器组的短路特性，其短路点应设在变压器高压侧
15	测录空载特性曲线	(1) 测量的数值与产品出厂试验数值比较，应在测量误差范围以内； (2) 在额定转速下试验电压的最高值，对于汽轮发电机及调相机应为定子额定电压值的120%，对于水轮发电机应为定子额定电压值的130%，但均不应超过额定励磁电流； (3) 当电机有匝间绝缘时，应进行匝间耐压试验，在定子额定电压值的130%（不超过定子最高电压）下持续5min； (4) 对于发电机变压器组，当发电机本身的空载特性及匝间耐压有制造厂出厂试验报告时，可不将发电机从机组拆开做发电机的空载特性，而只做发电机变压器组的整组空载特性，电压加至定子额定电压值的105%
16	测量发电机定子开路时的灭磁时间常数和转子过电压倍数	在发电机空载额定电压下测录发电机定子开路时的灭磁时间常数。对发电机变压器组，可带空载变压器同时进行
17	测量发电机自动灭磁装置分闸后的定子残压	发电机在空载额定电压下自动灭磁装置分闸后测量定子残压
18	测量相序	测量发电机的相序，必须与电网相序一致
19	测量轴电压	(1) 分别在空载额定电压时及带负荷后测定； (2) 汽轮发电机的轴承油膜被短路时，轴承与机座间的电压值，应接近于转子两端轴上的电压值； (3) 水轮发电机应测量轴对机座的电压
20	定子绕组端部固有振动频率测试及模态分析	(1) 对200MW及以上汽轮发电机进行； (2) 发电机冷态下定子绕组端部自振频率及振型：如存在椭圆形振型且自振频率在94～115Hz范围内为不合格； (3) 当制造厂已进行过试验，且有出厂试验报告时，可不进行试验
21	定子绕组端部现包绝缘施加直流电压测量	(1) 现场进行发电机端部引线组装的，应在绝缘包扎材料干燥后，施加直流电压测量； (2) 定子绕组施加直流电压为发电机额定电压U_n； (3) 所测表面直流电位不应大于制造厂的规定值

注 1. 电压1kV及以下电压等级的同步发电机不论其容量大小，均应按本表序号第1、2、4、5、6、7、8、9、11、12、13、18、19进行试验。

2. 无起动电动机的同步调相机或调相机的起动电动机只允许短时运行者，可不进行本表序号第14、15的试验。

第三节 直流电机和中频发电机

直流电机的试验项目和试验规定见表16-3-1。中频发电机的试验项目和试验规定见表16-3-2。

表16-3-1 直流电机的试验项目和试验规定

序号	试验项目	试验规定
1	测量励磁绕组和电枢的绝缘电阻	测量励磁绕组和电枢的绝缘电阻值，不应低于0.5MΩ
2	测量励磁绕组的直流电阻	测量励磁绕组的直流电阻值，与制造厂数值比较，其差值不应大于2%
3	测量电枢整流片间的直流电阻	(1) 对于叠绕组，可在整流片间测量；对于波绕组，测量时两整流片间的距离等于换向器节距；对于蛙式绕组，要根据其接线的实际情况来测量其叠绕组和波绕组的片间直流电阻； (2) 相互间的差值不应超过最小值的10%，由于均压线或绕组结构而产生的有规律的变化时，可对各相应的片间进行比较判断
4	励磁绕组和电枢的交流耐压试验	励磁绕组对外壳和电枢绕组对轴的交流耐压试验电压，应为额定电压的1.5倍加750V，并不应小于1200V
5	测量励磁可变电阻器的直流电阻	测量励磁可变电阻器的直流电阻值，与产品出厂数值比较，其差值不应超过10%。调节过程中应接触良好，无开路现象，电阻值变化应有规律性
6	测量励磁回路连同所有连接设备的绝缘电阻	测量励磁回路连同所有连接设备的绝缘电阻值不应低于0.5MΩ 注：不包括励磁调节装置回路的绝缘电阻测量
7	励磁回路连同所有连接设备的交流耐压试验	励磁回路连同所有连接设备的交流耐压试验电压值，应为1000V。或用2500V兆欧表测量绝缘电阻方式代替 注：不包括励磁调节装置回路的交流耐压试验
8	检查电机绕组的极性及其连接的正确性	检查电机绕组的极性及其连接，应正确
9	测量并调整电机电刷，使其处在磁场中性位置	调整电机电刷的中性位置，应正确，并满足良好换向要求
10	测录直流发电机的空载特性和以转子绕组为负载的励磁机负载特性曲线	测录直流发电机的空载特性和以转子绕组为负载的励磁机负载特性曲线，与产品的出厂试验资料比较，应无明显差别。励磁机负载特性宜在同步发电机空载和短路试验时同时测录
11	直流电动机的空转检查和空载电流测量	(1) 空载运转时间一般不小于30min，电刷与换向器接触面应无明显火花； (2) 记录直流电机的空转电流

注 6000kW以上同步发电机及调相机的励磁机，应按本条全部项目进行试验。其余直流电机按本表序号第1、2、5、6、8、9、11款进行试验。

表16-3-2 中频发电机的试验项目和试验规定

序号	试验项目	试验规定
1	测量绕组的绝缘电阻	测量绕组的绝缘电阻值，不应低于0.5MΩ
2	测量绕组的直流电阻	(1) 各相或各分支的绕组直流电阻值，与出厂数值比较，相互差别不应超过2%； (2) 励磁绕组直流电阻值与出厂数值比较，应无明显差别
3	绕组的交流耐压试验	绕组的交流耐压试验电压值，应为出厂试验电压值的75%
4	测录空载特性曲线	(1) 试验电压最高升至产品出厂试验数值为止，所测得的数值与出厂数值比较，应无明显差别； (2) 永磁式中频发电机只测录发电机电压与转速的关系曲线，所测得的曲线与制造厂出厂数值比较，应无明显差别
5	测量相序	测量相序。电机出线端子标号应与相序一致
6	测量检温计绝缘电阻，并检查是否完好	(1) 采用250V兆欧表测量检温计绝缘电阻； (2) 检温计误差应不超过制造厂的规定

第四节　交流电动机

交流电动机的试验项目和应符合的规定，如表 16-4-1 所示。

表 16-4-1　交流电动机的试验项目和试验规定

<table>
<tr><th>序号</th><th>试验项目</th><th>试验规定</th></tr>
<tr><td>1</td><td>测量绕组的绝缘电阻和吸收比</td><td>
（1）额定电压为 1000V 以下，常温下绝缘电阻值不应低于 0.5MΩ；额定电压为 1000V 及以上，折算至运行温度时的绝缘电阻值，定子绕组不应低于 1MΩ/kV，转子绕组不应低于 0.5MΩ/kV。绝缘电阻温度换算可按以下的规定进行：
1）电机定子绕组绝缘电阻值换算至运行温度时的换算系数见表 16-4-2。
表 16-4-2　电机定子绕组绝缘电阻值换算至运行温度时的换算系数
<table>
<tr><td colspan="2">定子绕组温度（℃）</td><td>70</td><td>60</td><td>50</td><td>40</td><td>30</td><td>20</td><td>10</td><td>5</td></tr>
<tr><td rowspan="2">换算系数
K</td><td>热塑性绝缘</td><td>1.4</td><td>2.8</td><td>5.7</td><td>11.3</td><td>22.6</td><td>45.3</td><td>90.5</td><td>128</td></tr>
<tr><td>B 级热固性绝缘</td><td>4.1</td><td>6.6</td><td>10.5</td><td>16.8</td><td>26.8</td><td>43</td><td>68.7</td><td>87</td></tr>
</table>
表 16-4-2 的运行温度，对于热塑性绝缘为 75℃，对于 B 级热固性绝缘为 100℃。
2）当在不同温度测量时，可按表 16-4-2 中所列温度换算系数进行换算。例如某热塑性绝缘发电机在 $t=10$℃时测得绝缘电阻值为 100MΩ，则换算到 $t=75$℃时的绝缘电阻值为 $100/K=100/90.5=1.1$MΩ。
也可按下列公式进行换算：
对于热塑性绝缘：
$$R_t=R\times 2^{(75-t)/10}(\mathrm{M\Omega}) \qquad (16-4-1)$$
对于 B 级热固性绝缘：
$$R_t=R\times 1.6^{(100-t)/10}(\mathrm{M\Omega}) \qquad (16-4-2)$$
式中　R—绕组热状态的绝缘电阻值；
R_t—当温度为 t℃时的绕组绝缘电阻值；
t—测量时的温度。
（2）1000V 及以上的电动机应测量吸收比。吸收比不应低于 1.2，中性点可拆开的应分相测量。
注：1. 进行交流耐压试验时，绕组的绝缘应满足本条的要求；
2. 交流耐压试验合格的电动机，当其绝缘电阻折算至运行温度后（环氧粉云母绝缘的电动机在常温下）不低于其额定电压 1MΩ/kV 时，可不经干燥投入运行。但在投运前不应再拆开端盖进行内部作业
</td></tr>
<tr><td>2</td><td>测量绕组的直流电阻</td><td>1000V 以上或容量 100kW 以上的电动机各相绕组直流电阻值相互差别不应超过其最小值的 2%，中性点未引出的电动机可测量线间直流电阻，其相互差别不应超过其最小值的 1%</td></tr>
<tr><td>3</td><td>定子绕组的直流耐压试验和泄漏电流测量</td><td>1000V 以上及 1000kW 以上、中性点连线已引出至出线端子板的定子绕组应分相进行直流耐压试验。试验电压为定子绕组额定电压的 3 倍。在规定的试验电压下，各相泄漏电流的差值不应大于最小值的 100%；当最大泄漏电流在 20μA 以下时，各相间应无明显差别。试验时的注意事项，应符合表 16-2-1 序号 3 的有关规定；中性点连线未引出的不进行此项试验</td></tr>
<tr><td>4</td><td>定子绕组的交流耐压试验</td><td>
表 16-4-3　电动机定子绕组交流耐压试验电压规定
<table>
<tr><td>额定电压（kV）</td><td>3</td><td>6</td><td>10</td></tr>
<tr><td>试验电压（kV）</td><td>5</td><td>10</td><td>16</td></tr>
</table>
</td></tr>
<tr><td>5</td><td>绕线式电动机转子绕组的交流耐压试验</td><td>
表 16-4-4　绕线式电动机转子绕组交流耐压试验电压规定
<table>
<tr><td>转子工况</td><td>不可逆的</td><td>可逆的</td></tr>
<tr><td>试验电压（V）</td><td>$1.5U_k+750$</td><td>$3.0U_k+750$</td></tr>
</table>
注　U_k 为转子静止时，在定子绕组上施加额定电压，转子绕组开路时测得的电压。
</td></tr>
<tr><td>6</td><td>同步电动机转子绕组的交流耐压试验</td><td>同步电动机转子绕组的交流耐压试验电压值为额定励磁电压的 7.5 倍，且不应低于 1200V，但不应高于出厂试验电压值的 75%</td></tr>
<tr><td>7</td><td>测量可变电阻器、起动电阻器、灭磁电阻器的绝缘电阻</td><td>当与回路一起测量时，绝缘电阻值不应低于 0.5MΩ</td></tr>
<tr><td>8</td><td>测量可变电阻器、起动电阻器、灭磁电阻器的直流电阻</td><td>与产品出厂数值比较，其差值不应超过 10%；调节过程中应接触良好，无开路现象，电阻值的变化应有规律性</td></tr>
<tr><td>9</td><td>测量电动机轴承的绝缘电阻</td><td>当有油管路连接时，应在油管安装后，采用 1000V 兆欧表测量，绝缘电阻值不应低于 0.5MΩ</td></tr>
<tr><td>10</td><td>检查定子绕组极性及其连接的正确性</td><td>检查定子绕组的极性及其连接应正确。中性点未引出者可不检查极性</td></tr>
<tr><td>11</td><td>电动机空载转动检查和空载电流测量</td><td>电动机空载转动检查的运行时间为 2h，并记录电动机的空载电流。当电动机与其机械部分的连接不易拆开时，可连在一起进行空载转动检查试验</td></tr>
</table>

注　电压 1000V 以下且容量为 100kW 以下的电动机，可按本表序号第 1、7、10、11 款进行试验。

第五节　电力变压器

一、电力变压器的试验项目和应符合的规定

见表 16-5-1。

表 16-5-1　　电力变压器试验项目和试验规定

序号	试验项目	试验规定
1	油浸式变压器中绝缘油及 SF_6 气体绝缘变压器中 SF_6 气体的试验	(1) 绝缘油的试验类别应符合本章表 16-11-2 的规定；试验项目及标准应符合本章表 16-11-1 的规定。 (2) 油中溶解气体的色谱分析，应符合下述规定：电压等级在 66kV 及以上的变压器，应在注油静置后、耐压和局部放电试验 24h 后、冲击合闸及额定电压下运行 24h 后，各进行一次变压器器身内绝缘油的油中溶解气体的色谱分析。试验应按现行国家标准《变压器油中溶解气体分析和判断导则》GB/T 7252 进行。各次测得的氢、乙炔、总烃含量，应无明显差别。新装变压器油中 H_2 与烃类气体含量（μL/L）任一项不宜超过下列数值： 总烃：20，　H_2：10，　C_2H_2：0。 (3) 油中微量水分的测量，应符合下述规定：变压器油中的微量水分含量，对电压等级为 110kV 的，不应大于 20mg/L；220kV 的，不应大于 15mg/L；330～500kV 的，不应大于 10mg/L。 (4) 油中含气量的测量，应符合下述规定：电压等级为 330～500kV 的变压器，按照规定时间静置后取样测量油中的含气量，其值不应大于 1%（体积分数）。 (5) 对 SF_6 气体绝缘的变压器应进行 SF_6 气体含水量检验及检漏：SF_6 气体含水量（20℃的体积分数）一般不大于 250μL/L。变压器应无明显泄漏点
2	测量绕组连同套管的直流电阻	(1) 测量应在各分接头的所有位置上进行； (2) 1600kV·A 及以下容量等级三相变压器，各相测得值的相互差值应小于平均值的 4%，线间测得值的相互差值应小于平均值的 2%；1600kV·A 以上三相变压器，各相测得值的相互差值应小于平均值的 2%，线间测得值的相互差值应小于平均值的 1%； (3) 变压器的直流电阻，与同温下产品出厂实测数值比较，相应变化不应大于 2%；不同温度下电阻值按照公式（16-5-1）换算。 $$R_2=R_1\frac{T+t_2}{T+t_1} \tag{16-5-1}$$ 式中　R_1、R_2—温度在 t_1、t_2（℃）时的电阻值（Ω）； T—计算用常数，铜导线取 235，铝导线取 225。 (4) 由于变压器结构等原因，差值超过本条第 2 款时，可只按本条第 3 款进行比较，但应说明原因
3	检查所有分接头的电压比	检查所有分接头的电压比，与制造厂铭牌数据相比应无明显差别，且应符合电压比的规律；电压等级在 220kV 及以上的电力变压器，其电压比的允许误差在额定分接头位置时为±0.5%。 注："无明显差别"可按如下考虑： 1　电压等级在 35kV 以下，电压比小于 3 的变压器电压比允许偏差为±1%； 2　其他所有变压器额定分接下电压比允许偏差为±0.5%； 3　其他分接的电压比应在变压器阻抗电压值（%）的 1/10 以内，但不得超过±1%
4	检查变压器的三相接线组别和单相变压器引出线的极性	必须与设计要求及铭牌上的标记和外壳上的符号相符
5	测量与铁芯绝缘的各紧固件（连接片可拆开者）及铁芯（有外引接地线的）绝缘电阻	(1) 进行器身检查的变压器，应测量可接触到的穿芯螺栓、轭铁夹件及绑扎钢带对铁轭、铁芯、油箱及绕组压环的绝缘电阻。当轭铁梁及穿芯螺栓一端与铁芯连接时，应将连接片断开后进行试验； (2) 不进行器身检查的变压器或进行器身检查的变压器，所有安装工作结束后应进行铁芯和夹件（有外引接地线的）的绝缘电阻测量； (3) 铁芯必须为一点接地；对变压器上有专用的铁芯接地线引出套管时，应在注油前测量其对外壳的绝缘电阻； (4) 采用 2500V 兆欧表测量，持续时间为 1min，应无闪络及击穿现象
6	非纯瓷套管的试验	非纯瓷套管的试验，应按本章第八节的规定进行。
7	有载调压切换装置的检查和试验	(1) 变压器带电前应进行有载调压切换装置切换过程试验，检查切换开关切换触头的全部动作顺序，测量过渡电阻阻值和切换时间。测得的过渡电阻阻值、三相同步偏差、切换时间的数值、正反向切换时间偏差均符合制造厂技术要求。由于变压器结构及接线原因无法测量的，不进行该项试验； (2) 在变压器无电压下，手动操作不少于 2 个循环、电动操作不少于 5 个循环。其中电动操作时电源电压为额定电压的 85%及以上。操作无卡涩、连动程序，电气和机械限位正常； (3) 循环操作后进行绕组连同套管在所有分接下直流电阻和电压比测量，试验结果应符合本表序号 2、3 条的要求； (4) 在变压器带电条件下进行有载调压开关电动操作，动作应正常。操作过程中，各侧电压应在系统电压允许范围内； (5) 绝缘油注入切换开关油箱前，其击穿电压应符合本章表 16-11-1 的规定

续表

序号	试验项目	试验规定
8	测量绕组连同套管的绝缘电阻、吸收比或极化指数	（见下）

(1) 绝缘电阻值不低于产品出厂试验值的70%。

(2) 当测量温度与产品出厂试验时的温度不符合时，可按表16-5-2换算到同一温度时的数值进行比较。

表16-5-2　油浸式电力变压器绝缘电阻的温度换算系数

温度差 K	5	10	15	20	25	30	35	40	45	50	55	60
换算系数 A	1.2	1.5	1.8	2.3	2.8	3.4	4.1	5.1	6.2	7.5	9.2	11.2

注　1. 表中 K 为实测温度减去20℃的绝对值。

2. 测量温度以上层油温为准。

当测量绝缘电阻的温度差不是表中所列数值时，其换算系数 A 可用线性插入法确定，也可按下述公式计算：

$$A=1.5^{K/10} \tag{16-5-2}$$

校正到20℃时的绝缘电阻值可用下述公式计算：

当实测温度为20℃以上时：

$$R_{20}=AR_t \tag{16-5-3}$$

当实测温度为20℃以下时：

$$R_{20}=R_t/A \tag{16-5-4}$$

式中　R_{20}—校正到20℃时的绝缘电阻值（MΩ）；

R_t—在测量温度下的绝缘电阻值（MΩ）。

(3) 变压器电压等级为35kV及以上且容量在4000kV·A及以上时，应测量吸收比。吸收比与产品出厂值相比应无明显差别，在常温下不应小于1.3；当R60s大于3000MΩ时，吸收比可不作考核要求。

(4) 变压器电压等级为220kV及以上且容量为120MV·A及以上时，宜用5000V兆欧表测量极化指数。测得值与产品出厂值相比应无明显差别，在常温下不小于1.3；当R60s大于10000MΩ时，极化指数可不作考核要求

序号	试验项目	试验规定
9	测量绕组连同套管的介质损耗角正切值 $\tan\delta$	（见下）

(1) 当变压器电压等级为35kV及以上且容量在8000kV·A及以上时，应测量介质损耗角正切值 $\tan\delta$；

(2) 被测绕组的 $\tan\delta$ 值不应大于产品出厂试验值的130%；

(3) 当测量时的温度与产品出厂试验温度不符合时，可按表16-5-3换算到同一温度时的数值进行比较。

表16-5-3　介质损耗角正切值 $\tan\delta$（%）温度换算系数

温度差 K	5	10	15	20	25	30	35	40	45	50
换算系数 A	1.15	1.3	1.5	1.7	1.9	2.2	2.5	2.9	3.3	3.7

注　1. 表中 K 为实测温度减去20℃的绝对值。

2. 测量温度以上层油温为准。

3. 进行较大的温度换算且试验结果超过本条第2款规定时，应进行综合分析判断。

当测量时的温度差不是表中所列数值时，其换算系数 A 可用线性插入法确定，也可按下述公式计算：

$$A=1.3^{K/10} \tag{16-5-5}$$

校正到20℃时的介质损耗角正切值可用下述公式计算：

当测量温度在20℃以上时：

$$\tan\delta_{20}=\tan\delta_t/A \tag{16-5-6}$$

当测量温度在20℃以下时：

$$\tan\delta_{20}=A\tan\delta_t \tag{16-5-7}$$

式中　$\tan\delta_{20}$—校正到20℃时的介质损耗角正切值；

$\tan\delta_t$—在测量温度下的介质损耗角正切值

序号	试验项目	试验规定
10	测量绕组连同套管的直流泄漏电流	（见下）

(1) 当变压器电压等级为35kV及以上且容量在8000kV·A及以上时，应测量直流泄漏电流；

(2) 试验电压标准应符合表16-5-4的规定。当施加试验电压达1min时，在高压端读取泄漏电流。泄漏电流值不宜超过表16-5-5的规定。

表16-5-4　油浸式电力变压器直流泄漏试验电压标准

绕组额定电压（kV）	6～10	20～35	63～330	500
直流试验电压（kV）	10	20	40	60

注　1. 绕组额定电压为13.8kV及15.75kV时，按10kV级标准；18kV时，按20kV级标准。

2. 分级绝缘变压器仍按被试绕组电压等级的标准。

表16-5-5　油浸电力变压器绕组直流泄漏电流参考值

额定电压（kV）	试验电压峰值（kV）	在下列温度时的绕组直流泄漏电流值（μA）							
		10℃	20℃	30℃	40℃	50℃	60℃	70℃	80℃
2～3	5	11	17	25	39	55	83	125	178
6～15	10	22	33	50	77	112	166	250	356
20～35	20	33	50	74	111	167	250	400	570
63～330	40	33	50	74	111	167	250	400	570
500	60	20	30	45	67	100	150	235	330

续表

序号	试验项目	试验规定
11	变压器绕组变形试验	(1) 对于35kV及以下电压等级变压器，宜采用低电压短路阻抗法； (2) 对于66kV及以上电压等级变压器，宜采用频率响应法测量绕组特征图谱
12	绕组连同套管的交流耐压试验	见下文

(1) 容量为8000kV·A以下、绕组额定电压在110kV以下的变压器，线端试验应按表16-5-6进行交流耐压试验。

表16-5-6　电力变压器和电抗器交流耐压试验电压标准（kV）

系统标称电压	设备最高电压	交流耐受电压		系统标称电压	设备最高电压	交流耐受电压	
		油浸式电力变压器和电抗器	干式电力变压器和电抗器			油浸式电力变压器和电抗器	干式电力变压器和电抗器
<1	≤1.1	—	2.5	3.5	40.5	68	60
3	3.6	14	8.5	66	72.5	112	—
6	7.2	20	17	110	126	160	—
10	12	28	24	220	252	(288) 316	—
15	17.5	36	32	330	363	(368) 408	—
20	24	44	43	500	550	(504) 544	—

注　1. 上表中，变压器试验电压是根据现行国家标准《电力变压器　第3部分：绝缘水平和绝缘试验和外绝缘空气间隙》GB 1094.3规定的出厂试验电压乘以0.8制定的。

2. 干式变压器出厂试验电压是根据现行国家标准《干式电力变压器》GB 6450规定的出厂试验电压乘以0.8制定的。

(2) 容量为8000kV·A及以上、绕组额定电压在110kV以下的变压器，在有试验设备时，可按表7.0.13-1试验电压标准，进行线端交流耐压试验。

(3) 绕组额定电压为110kV及以上的变压器，其中性点应进行交流耐压试验，试验耐受电压标准为出厂试验电压值的80%（见表16-5-7）。

表16-5-7　额定电压110kV及以上的电力变压器中性点交流耐压试验电压标准（kV）

系统标称电压	设备最高电压	中性点接地方式	出厂交流耐受电压	交接交流耐受电压
110	126	不直接接地	95	76
220	252	直接接地	85	68
		不直接接地	200	160
330	363	直接接地	85	68
		不直接接地	230	184
500	550	直接接地	85	68
		经小阻抗接地	140	112

(4) 交流耐压试验可以采用外施工频电压试验的方法，也可采用感应电压试验的方法。

试验电压波形尽可能接近正弦，试验电压值为测量电压的峰值除以$\sqrt{2}$，试验时应在高压端监测。

外施交流电压试验电压的频率应为45～65Hz，全电压下耐受时间为60s。

感应电压试验时，为防止铁芯饱和及励磁电流过大，试验电压的频率应适当大于额定频率。除另有规定，当试验电压频率等于或小于2倍额定频率时，全电压下试验时间为60s；当试验电压频率大于2倍额定频率时，全电压下试验时间为

$$120\times\frac{\text{额定频率}}{\text{试验频率}}(\text{s})\text{，但不少于}15\text{s} \qquad (16-5-8)$$

续表

序号	试验项目	试验规定
13	绕组连同套管的长时感应电压试验带局部放电试验	绕组连同套管的长时感应电压试验带局部放电测量（ACLD）：电压等级 220kV 及以上，在新安装时，必须进行现场局部放电试验。对于电压等级为 110kV 的变压器，当对绝缘有怀疑时，应进行局部放电试验。 局部放电试验方法及判断方法，均按现行国家标准《电力变压器　第 3 部分：绝缘水平、绝缘试验和外绝缘空气间隙》GB 1094.3 中的有关规定进行（见“二”）
14	额定电压下的冲击合闸试验	在额定电压下对变压器的冲击合闸试验，应进行 5 次，每次间隔时间宜为 5min，应无异常现象；冲击合闸宜在变压器高压侧进行；对中性点接地的电力系统，试验时变压器中性点必须接地；发电机变压器组中间连接无操作断开点的变压器，可不进行冲击合闸试验。无电流差动保护的干式变压器可冲击 3 次
15	检查相位	检查变压器的相位，必须与电网相位一致
16	测量噪音	电压等级为 500kV 的变压器的噪音，应在额定电压及额定频率下测量，噪音值不应大于 80dB（A），其测量方法和要求应按现行国家标准《变压器和电抗器的声级测定》GB/T 7328 的规定进行

注　除条文内规定的原因外，各类变压器试验项目应按下列规定进行：

（1）容量为 1600kVA 及以下油浸式电力变压器的试验，可按本表序号第 1、2、3、4、5、6、7、8、12、14、15 的规定进行。

（2）干式变压器的试验，可按本表序号第 2、3、4、5、7、8、12、14、15 的规定进行。

（3）变流、整流变压器的试验，可按本条第 1、2、3、4、5、7、8、12、14、15 的规定进行。

（4）电炉变压器的试验，可按本表序号第 1、2、3、4、5、6、7、8、12、14、15 的规定进行。

（5）穿芯式电流互感器、电容型套管应分别按本章第六节、第八节的试验项目进行试验。

（6）分体运输、现场组装的变压器应由订货方见证所有出厂试验项目，现场试验按电气设备交接试验标准执行。

二、变压器局部放电试验方法

电压等级为 110kV 及以上的变压器应进行长时感应电压及局部放电测量试验，所加电压、加压时间及局部放电视在电荷量应符合下列规定：

（1）三相变压器推荐采用单相连接的方式逐相地将电压加在线路端子上进行试验。

（2）施加电压应按图 16-5-1 所示的程序进行。

（3）在不大于 $U_2/3$ 的电压下接通电源。

（4）电压上升到 $1.1U_m/\sqrt{3}$，保持 5min，其中 U_m 为设备最高运行线电压。

（5）电压上升到 U_2，保持 5min。

（6）电压上升到 U_1，其持续时间按表 16-5-1 序号第 12 条第 4 款的规定执行。

（7）试验后立刻不间断地将电压降到 U_2，并至少保持 60min（对于 $U_m \geqslant 300$kV）或 30min（对于 $U_m < 300$kV），以测量局部放电。

（8）电压降低到 $1.1U_m/\sqrt{3}$，保持 5min。

（9）当电压降低到 $U_2/3$ 以下时，方可切断电源。

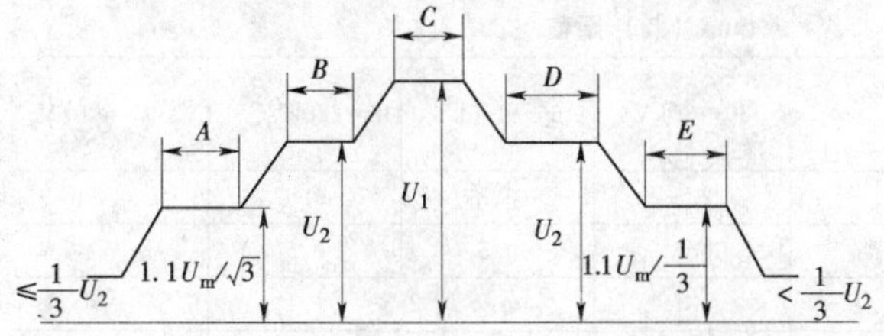

图 16-5-1　变压器长时感应电压及局部放电测量试验的加压程序

注：A=5min；B=5min；C=试验时间；$D \geqslant 60$min（对于 $U_m \geqslant 300$kV）或 30min（对于 $U_m < 300$kV）；E=5min

除 U_1 的持续时间以外，其余试验持续时间与试验频率无关。在施加试验电压的整个期间，应监测局部放电量。对地电压值应为

$$U_1 = 1.7U_m/\sqrt{3} \qquad (16-5-9)$$

$U_2 = 1.5U_m/\sqrt{3}$ 或 $1.3U_m/\sqrt{3}$，视试验条件定。

在施加试验电压的前后，应测量所有测量通道上的背景噪声水平；在电压上升到 U_2 及由 U_2 下降的过程中，应记录可能出现的局部放电起始电压和熄灭电压。应在 $1.1U_m/\sqrt{3}$ 下测量局部放电视在电荷量；在电压 U_2 的第一阶段中应读取并记录一个读数。对该阶段不规定其视在电荷量值；在施加 U_1 期间内不要求给出视在电荷量值；在电压 U_2 的第二个阶段的整个期间，应连续地观察局部放电水平，并每隔 5min 记录一次。

如果满足下列要求，则试验合格：

（1）试验电压不产生忽然下降。

（2）在 $U_2 = 1.5U_m/\sqrt{3}$ 或 $1.3U_m/\sqrt{3}$ 下的长时试验期间，局部放电量的连续水平不大于 500pC 或 300pC。

（3）在 U_2 下，局部放电不呈现持续增加的趋势，偶然出现的较高幅值的脉冲可以不计入。

（4）在 $1.1U_m/\sqrt{3}$ 下，视在电荷量的连续水平不大于 100pC。

注意：U_m 为设备的最高电压有效值。

试验方法及在放电量超出上述规定时的判断方法，均按现行国家标准《电力变压器　第 3 部分：绝缘水平、绝缘试验和外绝缘空气间隙》GB 1094.3 中的有关规定进行。

第六节　电抗器及消弧线圈和互感器

一、电抗器及消弧线圈

电抗器及消弧线圈试验项目和试验规定见表 16-6-1。

表 16-6-1　　电抗器及消弧线圈试验项目和试验规定

序号	试验项目	试验规定
1	测量绕组连同套管的直流电阻	(1) 测量应在各分接头的所有位置上进行； (2) 实测值与出厂值的变化规律应一致； (3) 三相电抗器绕组直流电阻值相互间差值不应大于三相平均值的 2%； (4) 电抗器和消弧线圈的直流电阻，与同温下产品出厂值比较相应变化不应大于 2%
2	测量绕组连同套管的绝缘电阻、吸收比或极化指数	应符合表 16-5-1 序号 8 的规定
3	测量绕组连同套管的介质损耗角正切值 $\tan\delta$	应符合表 16-5-1 序号 9 的规定
4	测量绕组连同套管的直流泄漏电流	应符合表 16-5-1 序号 10 的规定
5	绕组连同套管的交流耐压试验	(1) 额定电压在 110kV 以下的消弧线圈、干式或油浸式电抗器均应进行交流耐压试验，试验电压应符合表 16-5-1 序号 12 (1) 表 16-5-6 的规定； (2) 对分级绝缘的耐压试验电压标准，应按接地端或其末端绝缘的电压等级来进行
6	测量与铁芯绝缘的各紧固件的绝缘电阻	应符合表 16-5-1 序号 5 的规定
7	绝缘油的试验	应符合表 16-11-1 和表 16-11-2 的规定
8	非纯瓷套管的试验	应符合表 16-8-1 的规定
9	额定电压下冲击合闸试验	在额定电压下，对变电所及线路的并联电抗器连同线路的冲击合闸试验，应进行 5 次，每次间隔时间为 5min，应无异常现象
10	测量噪音	应符合表 16-5-17 序号 16 的规定
11	测量箱壳的振动	电压等级为 500kV 的电抗器，在额定工况下测得的箱壳振动振幅双峰值不应大于 100μm
12	测量箱壳表面的温度	电压等级为 330～500kV 的电抗器，应测量箱壳表面的温度，温升不应大于 65℃

注　(1) 干式电抗器的试验项目可按本序号第 1、2、5、9 规定进行；
(2) 消弧线圈的试验项目可按本表序号第 1、2、5、6 规定进行；对 35kV 及以上油浸式消弧线圈应增加第 3、4、7、8 款；
(3) 油浸式电抗器的试验项目可按本表序号第 1、2、5、6、7、9 规定进行；对 35kV 及以上电抗器应增加本表序号第 3、4、8、10、11、12。

二、互感器

互感器试验项目和试验规定见表 16-6-2。

表 16-6-2　　互感器试验项目和试验规定

<table>
<tr><th>序号</th><th>试验项目</th><th>试验规定</th></tr>
<tr><td>1</td><td>测量绕组的绝缘电阻</td><td>(1) 测量一次绕组对二次绕组及外壳、各二次绕组间及其对外壳的绝缘电阻；绝缘电阻值不宜低于 1000MΩ；
(2) 测量电流互感器一次绕组段间的绝缘电阻，绝缘电阻值不宜低于 1000MΩ，但由于结构原因而无法测量时可不进行；
(3) 测量电容式电流互感器的末屏及电压互感器接地端 (N) 对外壳 (地) 的绝缘电阻，绝缘电阻值不宜小于 1000MΩ。若末屏对地绝缘电阻小于 1000MΩ 时，应测量其 $\tan\delta$；
(4) 绝缘电阻测量应使用 2500V 兆欧表</td></tr>
<tr><td>2</td><td>测量 35kV 及以上电压等互感器的介质损耗角正切值 $\tan\delta$</td><td>(1) 互感器的绕组 $\tan\delta$ 测量电压应在 10kV 测量，$\tan\delta$ 不应大于表 16-6-3 中数据。当对绝缘性能有怀疑时，可采用高压法进行试验，在 (0.5～1) $U_m\sqrt{3}$范围内进行，$\tan\delta$ 变化量不应大于 0.2%，电容变化量不应大于 0.5%；
表 16-6-3　　$\tan\delta$ (%) 限值
<table>
<tr><th>额定电压
种类</th><th>20～35kV</th><th>66～110kV</th><th>220kV</th><th>330～500kV</th></tr>
<tr><td>油浸式电流互感器</td><td>2.5</td><td>0.8</td><td>0.6</td><td>0.5</td></tr>
<tr><td>充硅脂及其他干式电流互感器</td><td>0.5</td><td>0.5</td><td>0.5</td><td>—</td></tr>
<tr><td>油浸式电压互感器绕组</td><td>3</td><td colspan="2">2.5</td><td>—</td></tr>
<tr><td>串级式电压互感器支架</td><td>—</td><td colspan="2">6</td><td>—</td></tr>
<tr><td>油浸式电流互感器末屏</td><td>—</td><td colspan="3">2</td></tr>
</table>
注　电压互感器整体及支架介损受环境条件 (特别是相对湿度) 影响较大，测量时要加以考虑。
(2) 末屏 $\tan\delta$ 测量电压为 2kV。
注：本条主要适用于油浸式互感器。SF_6 气体绝缘和环氧树脂绝缘结构互感器不适用，注硅脂等干式互感器可以参照执行</td></tr>
</table>

续表

<table>
<tr><th>序号</th><th>试验项目</th><th>试验规定</th></tr>
<tr><td>3</td><td>局部放电试验</td><td>
（1）局部放电测量宜与交流耐压试验同时进行；
（2）电压等级为35～110kV互感器的局部放电测量可按10%进行抽测，若局部放电量达不到规定要求应增大抽测比例；
（3）电压等级220kV及以上互感器在绝缘性能有怀疑时宜进行局部放电测量；
（4）局部放电测量时，应在高压侧（包括电压互感器感应电压）监测施加的一次电压；
（5）局部放电测量的测量电压及视在放电量应满足表16-6-4中的规定
表16-6-4　允许的视在放电量水平
<table>
<tr><th colspan="3" rowspan="2">种　类</th><th rowspan="2">测量电压
（kV）</th><th colspan="2">允许的视在放电量水平
（pC）</th></tr>
<tr><th>环氧树脂及其他干式</th><th>油浸式和气体式</th></tr>
<tr><td colspan="3" rowspan="2">电流互感器</td><td>$1.2U_m\sqrt{3}$</td><td>50</td><td>20</td></tr>
<tr><td>$1.2U_m$（必要时）</td><td>100</td><td>50</td></tr>
<tr><td rowspan="6">电压互感器</td><td colspan="2" rowspan="2">≥66kV</td><td>$1.2U_m/\sqrt{3}$</td><td>50</td><td>20</td></tr>
<tr><td>$1.2U_m$（必要时）</td><td>100</td><td>50</td></tr>
<tr><td rowspan="4">35kV</td><td rowspan="2">全绝缘结构</td><td>$1.2U_m$</td><td>100</td><td>50</td></tr>
<tr><td>$1.2U_m/\sqrt{3}$</td><td>50</td><td>20</td></tr>
<tr><td rowspan="2">半绝缘结构（一次绕组一端直接接地）</td><td>$1.2U_m/\sqrt{3}$</td><td>50</td><td>20</td></tr>
<tr><td>$1.2U_m$（必要时）</td><td>100</td><td>50</td></tr>
</table>
</td></tr>
<tr><td>4</td><td>交流耐压试验</td><td>
（1）应按出厂试验电压的80%进行；
（2）电磁式电压互感器（包括电容式电压互感器的电磁单元）在遇到铁芯磁密较高的情况下，宜按下列规定进行感应耐压试验：
1）感应耐压试验电压应为出厂试验电压的80%；
2）试验电源频率和试验电压时间参照表16-5-1序号12第4款的规定执行；
3）感应耐压试验前后，应各进行一次额定电压时的空载电流测量，两次测得值相比不应有明显差别；
4）电压等级66kV及以上的油浸式互感器，感应耐压试验前后，应各进行一次绝缘油的色谱分析，两次测得值相比不应有明显差别；
5）感应耐压试验时，应在高压端测量电压值；
6）对电容式电压互感器的中间电压变压器进行感应耐压试验时，应将分压电容拆开。由于产品结构原因现场无条件拆开时，可不进行感应耐压试验。
（3）电压等级220kV以上的SF_6气体绝缘互感器（特别是电压等级为500kV的互感器）宜在安装完毕的情况下进行交流耐压试验；
（4）二次绕组之间及其对外壳的工频耐压试验电压标准应为2kV；
（5）电压等级110kV及以上的电流互感器末屏及电压互感器接地端（N）对地的工频耐压试验电压标准，应为3kV
</td></tr>
<tr><td>5</td><td>绝缘介质性能试验</td><td>
对绝缘性能有怀疑的互感器，应检测绝缘介质性能，并符合下列规定：
（1）绝缘油的性能应符合本标准表16-11-1、表16-11-2的要求；
（2）SF_6气体的性能应符合如下要求：SF_6气体充入设备24h后取样，SF_6气体水分含量不得大于250μL/L（20℃体积分数）；
（3）电压等级在66kV以上的油浸式互感器，应进行油中溶解气体的色谱分析。油中溶解气体组分含量（μL/L）不宜超过下列任一值，总烃：10，H_2：50，C_2H_2：0
</td></tr>
<tr><td>6</td><td>测量绕组的直流电阻</td><td>
（1）电压互感器：一次绕组直流电阻测量值，与换算到同一温度下的出厂值比较，相差不宜大于10%。二次绕组直流电阻测量值，与换算到同一温度下的出厂值比较，相差不宜大于15%；
（2）电流互感器：同型号、同规格、同批次电流互感器一、二次绕组的直流电阻和平均值的差异不宜大于10%。当有怀疑时，应提高施加的测量电流，测量电流（直流值）一般不宜超过额定电流（方均根值）的50%
</td></tr>
<tr><td>7</td><td>检查接线组别和极性</td><td>检查互感器的接线组别和极性，必须符合设计要求，并应与铭牌和标志相符</td></tr>
<tr><td>8</td><td>误差测量</td><td>
（1）用于关口计量的互感器（包括电流互感器、电压互感器和组合互感器）必须进行误差测量，且进行误差检测的机构（实验室）必须是国家授权的法定计量检定机构；
（2）用于非关口计量，电压等级35kV及以上的互感器，宜进行误差测量；
（3）用于非关口计量，电压等级35kV以下的互感器，检查互感器变比，应与制造厂铭牌值相符。对多抽头的互感器，可只检查使用分接头的变比；
（4）非计量用绕组应进行变比检查
</td></tr>
</table>

续表

序号	试验项目	试验规定
9	测量电流互感器的励磁特性曲线	当继电保护对电流互感器的励磁特性有要求时，应进行励磁特性曲线试验。当电流互感器为多抽头时，可在使用抽头或最大抽头测量。测量后核对是否符合产品要求，核对方法见“三”
10	测量电磁式电压互感器的励磁特性	(1) 用于励磁曲线测量的仪表为方均根值表，若发生测量结果与出厂试验报告和型式试验报告有较大出入（>30%）时，应核对使用的仪表种类是否正确； (2) 一般情况下，励磁曲线测量点为额定电压的20%、50%、80%、100%和120%。对于中性点直接接地的电压互感器（N端接地），电压等级35kV及以下电压等级的电压互感器最高测量点为190%；电压等级66kV及以上的电压互感器最高测量点为150%； (3) 对于额定电压测量点（100%），励磁电流不宜大于其出厂试验报告和型式试验报告的测量值的30%，同批次、同型号、同规格电压互感器此点的励磁电流不宜相差30%
11	电容式电压互感器（CVT）的检测	(1) CVT电容分压器电容量和介质损耗角tanδ的测量结果：电容量与出厂值比较其变化量超过−5%或10%时要引起注意，tanδ不应大于0.5%；条件许可时测量单节电容器在10kV至额定电压范围内，电容量的变化量大于1%时判为不合格； (2) CVT电磁单元因结构原因不能将中压连线引出时，必须进行误差试验，若对电容分压器绝缘有怀疑时，应打开电磁单元引出中压连线进行额定电压下的电容量和介质损耗角tanδ的测量； (3) CVT误差试验应在支架（柱）上进行； (4) 如果电磁单元结构许可，电磁单元检查包括中间变压器的励磁曲线测量、补偿电抗器感抗测量、阻尼器和限幅器的性能检查，交流耐压试验参照电磁式电压互感器，施加电压按出厂试验的80%执行
12	密封性能检查	(1) 油浸式互感器外表应无可见油渍现象； (2) SF_6气体绝缘互感器定性检漏无泄漏点，有怀疑时进行定量检漏，年泄漏率应小于1%。
13	测量铁芯夹紧螺栓的绝缘电阻	(1) 在做器身检查时，应对外露的或可接触到的铁芯夹紧螺栓进行测量； (2) 采用2500V兆欧表测量，试验时间为1min，应无闪络及击穿现象； (3) 穿芯螺栓一端与铁芯连接者，测量时应将连接片断开，不能断开的可不进行测量

注　SF_6封闭式组合电器中的电流互感器和套管式电流互感器的试验，应按本表序号第1、6、7、8、9的规定进行。

三、电流互感器保护级励磁曲线测量方法

（一）P级励磁曲线的测量与检查

P级励磁曲线的测量与检查应满足下列要求。

核查电流互感器保护级（P级）准确限值系数是否满足要求有两种间接的方法，励磁曲线测量法和模拟二次负荷法。

1. 励磁曲线测量法

P级绕组的V－I（励磁）曲线应根据电流互感器铭牌参数确定施加电压，二次电阻r_2可用二次直流电阻$\bar{r}_2$替代，漏抗x_2可估算，电压与电流的测量用方均根值仪表。x_2估算值见表16-6-5。

表16-6-5　x_2估算值

电流互感器额定电压	独立结构			GIS及套管结构
	≤35kV	66～110kV	220～500kV	
x_2估算值（Ω）	0.1	0.15	0.2	0.1

例如，参数：电流互感器额定电压220kV，被检绕组变化1000/5A，二次额定负荷50VA，cosϕ＝0.8，10P20，则：额定二次负荷阻抗 $Z_L=\left(\frac{50VA}{5A}\div 5A\right)\times(0.8+j0.6)=1.6+j1.2\Omega$

二次阻抗 $Z_2\approx\bar{r}_2+jx_2=0.1+j0.2$

其中$\bar{r}_2$为直流电阻实测值。

那么，根据已知铭牌参数“10P20”，在20倍额定电流情况下线圈感应电势为

$$E|_{20In}=20\times5|(Z_2+Z_L)|=100|1.7+j1.4|$$
$$=100\sqrt{1.7^2+1.4^2}=220(V)$$

如果在二次绕组端施加励磁电压220V时测量的励磁电流$I_0>0.1\times20\times5A=10A$时，则判该绕组准确限值系数不合格。

2. 模拟二次负荷法

进行基本误差试验时，如果配置相应的模拟二次负荷可间接核对准确限值系数是否满足要求，例如，电流互感器铭牌参数同上，在正常的差值法检测电流互感器基本误差线路上，将二次负荷Z'_L取值改为（20－1）Z_2+20_L即可，即

$$Z'_L=(20-1)Z_2+20Z_L$$
$$=19\times(0.1+j0.2)+20\times(1.6+j1.2)$$
$$=33.9+j27.8(\Omega)\qquad(16-6-1)$$

在接入Z'_L时测量额定电流（这里为1000A）时的复合误差（$\sqrt{f^2+\delta^2}\%$）大于10%，则判为不合格，其中δ单位取厘弧。

注意：(1) 由于间接法测量没有考虑一次导体及返回导体电流产生的磁场干扰影响，通常间接法测量合格的互感器再用直接法核查，其结果不一定合格；间接法测量不合格的互感器直接法测量其结果基本上不合格，但是间接法测量方法简单易行；

(2) 有怀疑时，宜用直接法测量复合误差，根据测量结果判定是否合格。

（二）电流互感器暂态特性的核查

电流互感器暂态特性的核查应满足下列要求。

额定电压为330kV及以上电压等级独立式、GIS和套管式电流互感器，线路容量为30×10^4kW及以上容量的母线电流互感器及容量超过120×10^4kW的变电站带暂态性能的各种电压等级的电流互感器，其具有暂态特性要求的绕组应根据铭牌参数，采用低频法或直流法测量其相关参数，核查是否满足相关要求。

1. 交流法

在二次端子上施加实际正弦波交流电压，如图 16-6-1 所示，测量相应的励磁电流，试验可以在降低的频率下进行，以避免绕组和二次端子承受不能容许的电压。

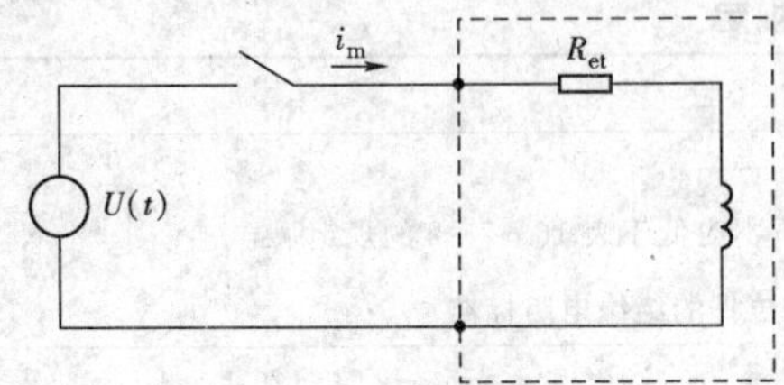

图 16-6-1　基本电路

测量励磁电流应采用峰值读数仪表，以能与峰值磁通值相对应。测量励磁电压应采用平均值仪表，但刻度为方均根值。二次匝链磁通道 Φ，可由频率 f'下的实测所加电压的方均根值 U'按下式得出

$$\Phi=\frac{\sqrt{2}}{2\pi f'}U' \text{ (Wb)} \qquad (16-6-2)$$

额定频率 f 下的等效电压方均根值 U 为

$$U=\frac{2\pi f}{\sqrt{2}}\Phi \text{ (V,r.m.s)} \qquad (16-6-3)$$

所得励磁特性曲线为峰值励磁电流 i_m 与代表峰值通道 Φ 的额定频率等效电压方均根值 U 的关系曲线。

励磁电感由上述曲线在饱和磁通 Φ_s 的 20%～90%范围内的平均斜率确定

$$L_m=\frac{\Phi_s}{i_m}=\frac{\sqrt{2}U}{2\pi f i_m} \text{ (H)} \qquad (16-6-4)$$

当忽略二次侧漏抗时，相应于电阻性总负荷（$R_{er}+R_b$）的二次时间常数 T_s 可按下式计算

$$T_s=\frac{L_s}{R_s}\approx\frac{L_m}{R_{et}+R_b} \text{ (S)} \qquad (16-6-5)$$

当交流法确定剩磁系数 K_r 时，需对励磁电压积分，见图 16-6-2，积分的电压和相应的电流在 X—Y 示波器上显示出磁滞回环。如果励磁电流已是饱和磁通 Φ_s 达到的值时，则认为电流过零时的磁通值是剩磁 Φ_r。按定义 $\Phi_r/\Phi_s=\psi_r/\psi_s$，由比率便可求出剩磁系数 K_r。

2. 直流法

直流饱和法是采用某一直流电压，它能使磁通达到持续为同一值。励磁电流缓慢上升，意味着受绕组电阻电压的影响，磁通测量值是在对励磁的绕组端电压减去与 $R_e i_m$ 对应的附加电压后，再进行积分得出的。典型试验电路见图 16-6-3。

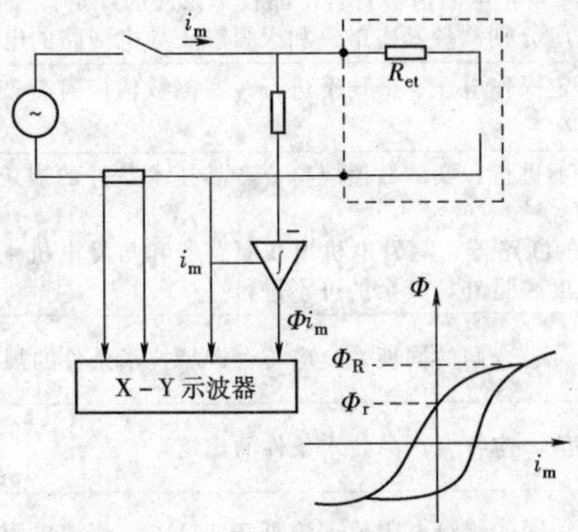

图 16-6-2　用磁滞回环确定剩磁系数 K_1

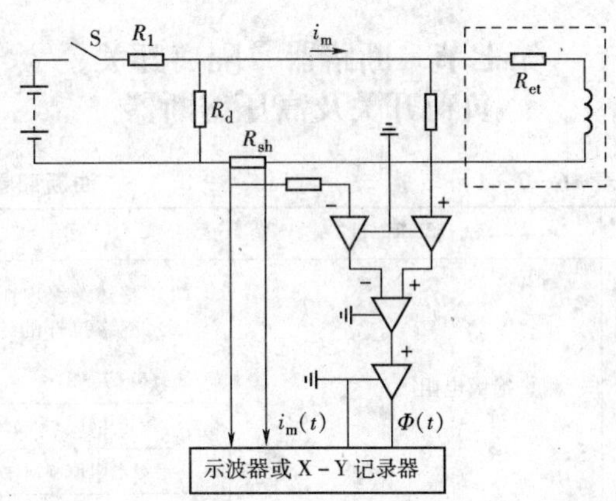

图 16-6-3　直流法基本电路

测定励磁特性时，应在积分器复位后立即闭合开关 S。记录励磁电流和磁通的上升值，直到皆达到恒定时，然后切断开关 S。

磁通 $\Phi(t)$ 和励磁电流 $i_m(t)$ 与时间（t）的函数关系的典型试验记录见图 16-6-4，其中磁通可以用 Wb 表示，或按公式（16-6-3）额定频率等效电压方均根值 $U(t)$ 表示。

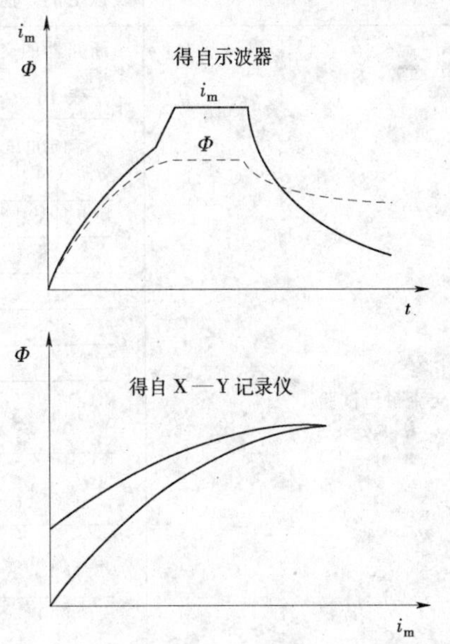

图 16-6-4　典型记录曲线

励磁电感（L_m），可取励磁曲线上一些适当点的 $\Phi(t)$ 除以相应的 $i_m(t)$ 得出，或者当磁通值用等效电压方均根值 $U(t)$ 表示时，使用公式（16-6-4）。

因为 TPS 和 TPX 级电流互感器要求确定 $\Phi(i_m)$ 特性的平均斜率，故推荐采用 X—Y 记录仪。

一旦开关 S 断开，衰减的励磁电流流过二次绕组和放电电阻 R_d。随之磁通值下降，但它在电流为零时，不会降为零。如选取的励磁电流 i_m 使磁通达到饱和值时，则在电流为零时剩余的磁面值认为是剩磁 Φ_r。

TPS 和 TPX 级电流互感器的铁芯必须事先退磁，退磁的 TPY 级电流互感器的剩磁系数（K_r）用比率 Φ_r/Φ_s 确定。

对于铁芯未事先退磁的 TPY 级电流互感器，其剩磁系数（K_r）可用交换二次端子的补充试验确定。这时的剩磁系数（K_r）计算方法同上，但假定 Φ_r 为第二次试验测得的剩磁值的一半。

第七节 断路器、隔离开关、负荷开关及高压熔断器

一、油断路器

油断路器试验项目和试验规定见表 16-7-1。

表 16-7-1　油断路器试验项目和试验规定

<table>
<tr><th>序号</th><th>试验项目</th><th>试验规定</th></tr>
<tr><td>1</td><td>测量绝缘电阻</td><td>(1) 整体绝缘电阻值测量，应参照制造厂规定；
(2) 绝缘拉杆的绝缘电阻值，在常温下不应低于表 16-7-2 的规定

表 16-7-2　绝缘拉杆的绝缘电阻标准
<table>
<tr><td>额定电压（kV）</td><td>3～15</td><td>20～35</td><td>63～220</td><td>330～500</td></tr>
<tr><td>绝缘电阻值（MΩ）</td><td>1200</td><td>3000</td><td>6000</td><td>10000</td></tr>
</table></td></tr>
<tr><td>2</td><td>测量 35kV 多油断路器的介质损耗角正切值 tanδ</td><td>(1) 在 20℃时测得的 tanδ 值，对 DW2、DW8 型油断路器，不应大于本标准表 16.0.3 中相应套管的 tanδ（%）值增加 2 后的数值；对 DW1 型油断路器，不应大于本标准表 16.0.3 中相应套管的 tanδ（%）值增加 3 后的数值；
(2) 应在分闸状态下测量每只套管的 tanδ。当测得值超过标准时，应卸下油箱后进行分解试验，此时测得的套管的 tanδ（%）值，应符合本章表 16-8-2 的规定</td></tr>
<tr><td>3</td><td>测量 35kV 以上少油断路器的直流泄漏电流</td><td>35kV 以上少油断路器的支柱瓷套连同绝缘拉杆，以及灭弧室每个断口的直流泄漏电流试验电压应为 40kV，并在高压侧读取 1min 时的泄漏电流值，测得的泄漏电流值不应大于 10μA；220kV 及以上的，泄漏电流值不宜大于 5μA</td></tr>
<tr><td>4</td><td>交流耐压试验</td><td>断路器的交流耐压试验应在分、合闸状态下分别进行，试验电压按照表 16-7-3 的规定执行

表 16-7-3　断路器的交流耐压试验标准
<table>
<tr><th rowspan="2">额定电压（kV）</th><th rowspan="2">最高工作电压（kV）</th><th colspan="4">1min 工频耐受电压（kV）峰值</th></tr>
<tr><th>相对地</th><th>相间</th><th>断路器断口</th><th>隔离断口</th></tr>
<tr><td>3</td><td>3.6</td><td>25</td><td>25</td><td>25</td><td>27</td></tr>
<tr><td>6</td><td>7.2</td><td>32</td><td>32</td><td>32</td><td>36</td></tr>
<tr><td>10</td><td>12</td><td>42</td><td>42</td><td>42</td><td>49</td></tr>
<tr><td>35</td><td>40.5</td><td>95</td><td>95</td><td>95</td><td>118</td></tr>
<tr><td>66</td><td>72.5</td><td>155</td><td>155</td><td>155</td><td>118</td></tr>
<tr><td rowspan="2">110</td><td rowspan="2">126</td><td>200</td><td>200</td><td>200</td><td>225</td></tr>
<tr><td>230</td><td>230</td><td>230</td><td>265</td></tr>
<tr><td rowspan="2">220</td><td rowspan="2">252</td><td>360</td><td>360</td><td>360</td><td>415</td></tr>
<tr><td>395</td><td>395</td><td>395</td><td>460</td></tr>
<tr><td rowspan="2">330</td><td rowspan="2">363</td><td>460</td><td>460</td><td>520</td><td>520</td></tr>
<tr><td>510</td><td>510</td><td>580</td><td>580</td></tr>
<tr><td rowspan="3">500</td><td rowspan="3">550</td><td>630</td><td>630</td><td>790</td><td>790</td></tr>
<tr><td>680</td><td>680</td><td>790</td><td>790</td></tr>
<tr><td>740</td><td>740</td><td>790</td><td>790</td></tr>
</table>
注 (1) 本表数据引自《高压开关设备的共用订货技术导则》DL/T 593。
(2) 设备无特殊规定时，采用最高一级试验电压。</td></tr>
<tr><td>5</td><td>测量每相导电回路的电阻</td><td>(1) 用电流不小于 100A 的直流压降法测量，电阻值应符合产品技术条件的规定；
(2) 主触头与灭弧触头并联的断路器，应分别测量其主触头和灭弧触头导电回路的电阻值</td></tr>
<tr><td>6</td><td>测量油断路器的分、合闸时间</td><td>测量断路器的分、合闸时间应在产品额定操作电压、液压下进行。实测数值应符合产品技术条件的规定</td></tr>
<tr><td>7</td><td>测量油断路器的分、合闸速度</td><td>(1) 测量应在产品额定操作电压、液压下进行，实测数值应符合产品技术条件的规定；产品无要求时，可不进行；
(2) 电压等级在 15kV 及以下电压等级的断路器，除发电机出线断路器和与发电机主母线相连的断路器、主变压器出线断路器应进行速度测量外，其余的可不进行</td></tr>
<tr><td>8</td><td>测量油断路器主触头分、合闸的同期性</td><td>测量断路器主触头的三相或同相各断口分、合闸的同期性，应符合产品技术条件的规定</td></tr>
<tr><td>9</td><td>测量油断路器合闸电阻的投入时间及电阻值</td><td>测量断路器合闸电阻的投入时间及电阻值，应符合产品技术条件的规定</td></tr>
<tr><td>10</td><td>测量油断路器分、合闸线圈及合闸接触器线圈的绝缘电阻及直流电阻</td><td>测量断路器分、合闸线圈及合闸接触器线圈的绝缘电阻值不应低于 10MΩ，直流电阻值与产品出厂试验值相比应无明显差别</td></tr>
</table>

续表

<table>
<tr><th>序号</th><th>试验项目</th><th>试验规定</th></tr>
<tr><td>11</td><td>油断路器操动机构的试验</td><td>
(1) 合闸操作。
1) 当操作电压、液压在表 16-7-4 范围内时，操动机构应可靠动作；
2) 弹簧、液压操动机构的合闸线圈以及电磁操动机构的合闸接触器的动作要求，均应符合上项的规定。
(2) 脱扣操作。
1) 直流或交流的分闸电磁铁，在其线圈端钮处测得的电压大于额定值的 65%时，应可靠地分闸；当此电压小于额定值的 30%时，不应分闸；
2) 附装失压脱扣器的，其动作特性应符合表 16-7-5 的规定；

表 16-7-4　断路器操动机构合闸操作试验电压、液压范围
<table>
<tr><td colspan="2">电压</td><td rowspan="2">液压</td></tr>
<tr><td>直流</td><td>交流</td></tr>
<tr><td>(85%～110%) U_n</td><td>(85%～110%) U_n</td><td>按产品规定的最低及最高值</td></tr>
</table>
注　对电磁机构，当断路器关合电流峰值小于 50kA 时，直流操作电压范围为 (80%～110%) U_n。U_n 为额定电源电压。

表 16-7-5　附装失压脱扣器的脱扣试验
<table>
<tr><td>电源电压与额定电源电压的比值</td><td>小于 35%</td><td>大于 65%</td><td>大于 85%</td></tr>
<tr><td>失压脱扣器的工作状态</td><td>铁芯应可靠地释放</td><td>铁芯不得释放</td><td>铁芯应可靠地吸合</td></tr>
</table>
当电压缓慢下降至规定比值时，铁芯应可靠地释放。

3) 附装过流脱扣器的，其额定电流规定不小于 2.5A，脱扣电流的等级范围及其准确度，应符合表 16-7-6 的规定。
(3) 模拟操动试验。
1) 当具有可调电源时，可在不同电压、液压条件下，对断路器进行就地或远控操作，每次操作断路器均应正确，可靠地动作，其联锁及闭锁装置回路的动作应符合产品及设计要求；当无可调电源时，只在额定电压下进行试验。
2) 直流电磁或弹簧机构的操动试验，应按表 16-7-7 的规定进行；流压机构的操动试验，应按表 16-7-8 的规定进行。
3) 对于具有双分闸线圈的回路，应分别进行模拟操动试验。
4) 对于断路器操动机构本身具有三相位置不一致自动分闸功能的，应根据需要做投入或退出处理

表 16-7-6　附装过流脱扣器的脱扣试验
<table>
<tr><td>过流脱扣器的种类</td><td>延时动作的</td><td>瞬时动作的</td></tr>
<tr><td>脱扣电流等级范围 (A)</td><td>2.5～10</td><td>2.5～15</td></tr>
<tr><td>每级脱扣电流的准确度</td><td colspan="2">±10%</td></tr>
<tr><td>同一脱扣器各级脱扣电流准确度</td><td colspan="2">±5%</td></tr>
</table>
注　对于延时动作的过流脱扣器，应按制造厂提供的脱扣电流与动作时延的关系曲线进行核对。另外，还应检查在预定时延终了前主回路电流降至返回值时，脱扣器不应动作。

表 16-7-7　直流电磁或弹簧机构的操动试验
<table>
<tr><td>操作类别</td><td>操作线圈端钮电压与额定电源电压的比值 (%)</td><td>操作次数</td></tr>
<tr><td>合、分</td><td>110</td><td>3</td></tr>
<tr><td>合</td><td>85 (80)</td><td>3</td></tr>
<tr><td>分</td><td>65</td><td>3</td></tr>
<tr><td>合、分、重合</td><td>100</td><td>3</td></tr>
</table>
注　括号内数字适用于装有自动重合闸装置的断路器及表 16-7-4“注”的情况。

表 16-7-8　液压机构的操动试验
<table>
<tr><td>操作类别</td><td>操作线圈端钮电压与额定电源电压的比值 (%)</td><td>操作液压</td><td>操作次数</td></tr>
<tr><td>合、分</td><td>110</td><td>产品规定的最高操作压力</td><td>3</td></tr>
<tr><td>合、分</td><td>100</td><td>额定操作压力</td><td>3</td></tr>
<tr><td>合</td><td>85 (80)</td><td>产品规定的最低操作压力</td><td>3</td></tr>
<tr><td>分</td><td>65</td><td>产品规定的最低操作压力</td><td>3</td></tr>
<tr><td>合、分、重合</td><td>100</td><td>产品规定的最低操作压力</td><td>3</td></tr>
</table>
注　1. 括号内数字适用于装有自动重合闸装置的断路器。
2. 模拟操动试验应在液压的自动控制回路能准确、可靠动作状态下进行。
3. 操动时，液压的压降允许值应符合产品技术条件的规定。
</td></tr>
</table>

续表

序号	试验项目	试验规定
12	断路器均压电容器试验	断路器均压电容器试验，应按本章表16-10-1的有关规定进行
13	绝缘油试验	绝缘油试验，应按本章表16-11-1、表16-11-2的规定进行。对灭弧室、支柱瓷套等油路相互隔绝的断路器，应自各部件中分别取油样试验
14	压力表及压力动作阀的检查	压力动作阀的动作值，应符合产品技术条件的规定；压力表指示值的误差及其变差，均应在产品相应等级的允许误差范围内

二、空气及磁吹断路器

空气及磁吹断路器的试验项目和试验规定见表16-7-9。

表16-7-9　　空气及磁吹断路器的试验项目和试验规定

序号	试验项目	试验规定
1	测量绝缘拉杆的绝缘电阻	测量绝缘拉杆的绝缘电阻值，不应低于表16-7-2的规定。
2	测量每相导电回路的电阻	测量每相导电回路的电阻值及测试方法，应符合产品技术条件的规定。
3	测量支柱瓷套和灭弧室每个断口的直流泄漏电流	支柱瓷套和灭弧室每个断口的直流泄漏电流的试验，应按表16-7-1序号3的规定进行。
4	交流耐压试验	空气断路器应在分闸时各断口间及合闸状态下进行交流耐压试验；磁吹断路器应在分闸状态下进行断口交流耐压试验；试验电压应符合表16-7-3的规定。
5	测量断路器主、辅触头分、合闸的配合时间	断路器主、辅触头分、合闸动作程序及配合时间，应符合产品技术条件的规定。
6	测量断路器的分、合闸时间	断路器分、合闸时间的测量，应在产品额定操作电压及气压下进行，实测数值应符合产品技术条件的规定。
7	测量断路器主触头分、合闸的同期性	测量断路器主触头三相或同相各断口分、合闸的同期性，应符合产品技术条件的规定
8	测量分、合闸线圈的绝缘电阻和直流电阻	测量分、合闸线圈的绝缘电阻值，不应低于10MΩ；直流电阻值与产品出厂试验值相比应无明显差别
9	断路器操动机构的试验	断路器操动机构的试验，应按表16-7-1序号11的有关规定进行。 注：对应于表16-7-8中的“液压”应为“气压”
10	测量断路器的并联电阻值	测量断路器的并联电阻值，与产品出厂试验值相比应无明显差别
11	断路器电容器的试验	断路器电容器的试验，应按本章表16-10-1的有关规定进行
12	压力表及压力动作阀的检查	压力动作阀的动作值，应符合产品技术条件的规定。压力表指示值的误差及其变差，均应在产品相应等级的允许误差范围内

注　(1) 发电机励磁回路的自动灭磁开关，除应进行本表序号第8、9试验外，还应做以下检查和试验：常开、常闭触头分、合切换顺序；主触头和灭弧触头的动作配合；灭弧栅的片数及其并联电阻值；在同步发电机空载额定电压下进行灭磁试验。
(2) 磁吹断路器试验，应按本表序号第2、4、6、8、9规定进行。

三、真空断路器

真空断路器试验项目和试验规定见表16-7-10。

表16-7-10

序号	试验项目	试验规定
1	测量绝缘电阻	(1) 整体绝缘电阻值测量，应参照制造厂的规定； (2) 绝缘拉杆的绝缘电阻值，在常温下不应低于表16-7-2的规定
2	测量每相导电回路的电阻	每相导电回路的电阻值测量，宜采用电流不小于100A的直流压降法。测试结果应符合产品技术条件的规定
3	交流耐压试验	应在断路器合闸及分闸状态下进行交流耐压试验。当在合闸状态下进行时，试验电压应符合表16-7-3的规定。当在分闸状态下进行时，真空灭弧室断口间的试验电压应按产品技术条件的规定，试验中不应发生贯穿性放电
4	测量断路器主触头的分、合闸时间，测量分、合闸的同期性，测量合闸时触头的弹跳时间	(1) 合闸过程中触头接触后的弹跳时间，40.5kV以下断路器不应大于2ms；40.5kV及以上断路器不应大于3ms； (2) 测量应在断路器额定操作电压及液压条件下进行； (3) 实测数值应符合产品技术条件的规定
5	测量分、合闸线圈及合闸接触器线圈的绝缘电阻和直流电阻	测量分、合闸线圈及合闸接触器线圈的绝缘电阻值，不应低于10MΩ；直流电阻值与产品出厂试验值相比应无明显差别
6	断路器操动机构的试验	断路器操动机构的试验，应按表16-7-1序号11的有关规定进行

四、六氟化硫断路器

六氟化硫断路器试验项目和试验规定见表 16-7-12。

表 16-7-12　　六氟化硫断路器试验项目和试验规定

序号	试验项目	试验规定
1	测量绝缘电阻	测量断路器的绝缘电阻值：整体绝缘电阻值测量，应参照制造厂的规定
2	测量每相导电回路的电阻	每相导电回路的电阻值测量，宜采用电流不小于 100A 的直流压降法。测试结果应符合产品技术条件的规定
3	交流耐压试验	(1) 在 SF_6 气压为额定值时进行。试验电压按出厂试验电压的 80%； (2) 110kV 以下电压等级应进行合闸对地和断口间耐压试验； (3) 罐式断路器应进行合闸对地和断口间耐压试验； (4) 500kV 定开距瓷柱式断路器只进行断口耐压试验
4	断路器均压电容器的试验	断路器均压电容器的试验，应符合本章表 16-10-1 的有关规定。罐式断路器的均压电容器试验可按制造厂的规定进行
5	测量断路器的分、合闸时间	测量断路器的分、合闸时间，应在断路器的额定操作电压、气压或液压下进行。实测数值应符合产品技术条件的规定
6	测量断路器的分、合闸速度	测量断路器的分、合闸速度，应在断路器的额定操作电压、气压或液压下进行。实测数值应符合产品技术条件的规定。现场无条件安装采样装置的断路器，可不进行本试验
7	测量断路器主、辅触头分、合闸的同期性及配合时间	测量断路器主、辅触头三相及同相各断口分、合闸的同期性及配合时间，应符合产品技术条件的规定
8	测量断路器合闸电阻的投入时间及电阻值	测量断路器合闸电阻的投入时间及电阻值，应符合产品技术条件的规定
9	测量断路器分、合闸线圈绝缘电阻及直流电阻	测量断路器分、合闸线圈的绝缘电阻值，不应低于 10MΩ；直流电阻值与产品出厂试验值相比应无明显差别
10	断路器操动机构的试验	断路器操动机构的试验，应按表 16-7-1 序号 11 的有关规定进行
11	套管式电流互感器的试验	套管式电流互感器的试验，应按本章第六节的有关规定进行
12	测量断路器内 SF_6 气体的含水量	测量断路器内 SF_6 气体含水量（20℃的体积分数），应符合下列规定： (1) 与灭弧室相通的气室，应小于 150μL/L； (2) 不与灭弧室相通的气室，应小于 250μL/L； (3) SF_6 气体含水量的测定应在断路器充气 48h 后进行
13	室封性试验	密封试验可采用下列方法进行： (1) 采用灵敏度不低于 1×10^{-6}（体积比）的检漏仪对断路器各密封部位、管道接头等处进行检测时，检漏仪不应报警； (2) 必要时可采用局部包扎法进行气体泄漏测量。以 24h 的漏气量换算，每一个气室年漏气率不应大于 1%； (3) 泄漏值的测量应在断路器充气 24h 后进行
14	气体密度继电器、压力表和压力动作阀的检查	在充气过程中检查气体密度继电器及压力动作阀的动作值，应符合产品技术条件的规定。对单独运到现场的设备，应进行校验

五、六氟化硫封闭式组合电器

六氟化硫封闭式组合电器的试验项目和试验规定见表 16-7-12。

表 16-7-12　　六氟化硫封闭式组合电器的试验项目和试验规定

序号	试验项目	试验规定
1	测量主回路的导电电阻	测量主回路的导电电阻值，宜采用电流不小于 100A 的直流压降法。测试结果，不应超过产品技术条件规定值的 1.2 倍
2	主回路的交流耐压试验	主回路的交流耐压试验程序和方法，应按产品技术条件或国家现行标准《气体绝缘金属封闭电器现场耐压试验导则》DL/T 555 的有关规定进行，试验电压值为出厂试验电压的 80%
3	密封性试验	密封性试验可采用下列方法进行： (1) 采用灵敏度不低于 1×10^{-6}（体积比）的检漏仪对各气室密封部位、管道接头等处进行检测时，检漏仪不应报警； (2) 必要时可采用局部包扎法进行气体泄漏测量。以 24h 的漏气量换算，每一个气室年漏气率不应大于 1%； (3) 泄漏值的测量应在封闭式组合电器充气 24h 后进行

续表

序号	试验项目	试验规定
4	测量六氟化硫气体含水量	测量六氟化硫气体含水量（20℃的体积分数），应符合下列规定： （1）有电弧分解的隔室，应小于150μL/L； （2）无电弧分解的隔室，应小于250μL/L； （3）气体含水量的测量应在封闭式组合电器充气48h后进行
5	封闭式组合电器内各元件的试验	封闭式组合电器内各元件的试验，应按本章各节的有关规定进行，但对无法分开的设备可不单独进行。 注：本条中的“元件”是指装在封闭式组合电器内的断路器、隔离开关、负荷开关、接地开关、避雷器、互感器、套管、母线等
6	组合电器的操动试验	当进行组合电器的操动试验时，联锁与闭锁装置动作应准确可靠。电动、气动或液压装置的操动试验，应按产品技术条件的规定进行
7	气体密度继电器、压力表和压力动作阀的检查	在充气过程中检查气体密度继电器及压力动作阀的动作值，应符合产品技术条件的规定。对单独运到现场的设备，应进行校验

六、隔离开关、负荷开关及高压熔断器

隔离开关、负荷开关及高压熔断器的试验项目和试验规定见表16-7-13。

表16-7-13 隔离开关、负荷开关及高压熔断器的试验项目和试验规定

序号	试验项目	试验规定
1	测量绝缘电阻	隔离开关与负荷开关的有机材料传动杆的绝缘电阻值，不应低于表16-7-2的规定
2	测量高压限流熔丝管熔丝的直流电阻	测量高压限流熔丝管熔丝的直流电阻值，与同型号产品相比不应有明显差别
3	测量负荷开关导电回路的电阻	测量负荷开关导电回路的电阻值，宜采用电流不小于100A的直流压降法。测试结果，不应超过产品技术条件规定
4	交流耐压试验	交流耐压试验，应符合下述规定：三相同一箱体的负荷开关，应按相间及相对地进行耐压试验，其余均按相对地或外壳进行。试验电压应符合表16-7-3的规定。对负荷开关还应按产品技术条件规定进行每个断口的交流耐压试验
5	检查操动机构线圈的最低动作电压	检查操动机构线圈的最低动作电压，应符合制造厂的规定
6	操动机构的试验	（1）动力式操动机构的分、合闸操作，当其电压或气压在下列范围时，应保证隔离开关的主闸刀或接地闸刀可靠地分闸和合闸。 1）电动机操动机构：当电动机接线端子的电压在其额定电压的80%～110%范围内时； 2）压缩空气操动机构：当气压在其额定气压的85%～110%范围内时； 3）二次控制线圈和电磁闭锁装置：当其线圈接线端子的电压在其额定电压的80%～110%范围内时。 （2）隔离开关、负荷开关的机械或电气闭锁装置应准确可靠

注 1. 本条第1款第2项所规定的气压范围为操动机构的储气筒的气压数值。
2. 具有可调电源时，可进行高于或低于额定电压的操动试验。

第八节 套管、悬式绝缘子和支柱绝缘子

一、套管

套管的试验项目和试验规定见表16-8-1。

表16-8-1 套管的试验项目和试验规定

序号	试验项目	试验规定
1	测量绝缘电阻	（1）测量套管主绝缘的绝缘电阻； （2）66kV及以上的电容型套管，应测量“抽压小套管”对法兰或“测量小套管”对法兰的绝缘电阻。采用2500V兆欧表测量，绝缘电阻值不应低于1000MΩ

续表

<table>
<tr><th>序号</th><th>试验项目</th><th>试验规定</th></tr>
<tr><td>2</td><td>测量 20kV 及以上非纯瓷套管的介质损耗角正切值 $\tan\delta$ 和电容值</td><td>
(1) 在室温不低于 10℃的条件下，套管的介质损耗角正切值 $\tan\delta$ 不应大于表 16-8-2 的规定：
表 16-8-2　套管主绝缘介质损耗角正切值 $\tan\delta$ (%) 的标准
<table>
<tr><th colspan="2">套管主绝缘类型</th><th>$\tan\delta$ (%) 最大值</th></tr>
<tr><td rowspan="3">电容式</td><td>油浸纸</td><td>0.7 (500kV 套管 0.5)①</td></tr>
<tr><td>胶浸纸</td><td>0.7①</td></tr>
<tr><td>胶粘纸</td><td>1.0 (66kV 及以下电压等级套管 1.5)①②</td></tr>
<tr><td rowspan="3">电容式</td><td>浇铸树脂</td><td>1.5</td></tr>
<tr><td>气体</td><td>1.5</td></tr>
<tr><td>有机复合绝缘③</td><td>0.7</td></tr>
<tr><td rowspan="2">非电容式</td><td>浇注树脂</td><td>2.0</td></tr>
<tr><td>复合绝缘</td><td>由供需双方商定</td></tr>
<tr><td colspan="2">其他套管</td><td>由供需双方商定</td></tr>
</table>
① 所列的电压为系统标称电压。
② 对 20kV 及以上电容式充胶或胶纸套管的老产品，其 $\tan\delta$ (%) 值可为 2 或 2.5。
③ 有机复合绝缘套管的介损试验，宜在干燥环境下进行。
(2) 电容型套管的实测电容量值与产品铭牌数值或出厂试验值相比，其差值应在±5%范围内
</td></tr>
<tr><td>3</td><td>交流耐压试验</td><td>
(1) 试验电压应符合表 16-8-3 的规定；
表 16-8-3　高压电气设备绝缘的工频耐压试验电压标准
<table>
<tr><th rowspan="4">额定电压 (kV)</th><th rowspan="4">最高工作电压 (kV)</th><th colspan="12">1min 工频耐受电压 (kV) 有效值</th></tr>
<tr><th colspan="2" rowspan="2">电压互感器</th><th colspan="2" rowspan="2">电流互感器</th><th colspan="4">穿墙套管</th><th colspan="4">支柱绝缘子、隔离开关</th></tr>
<tr><th colspan="2">纯瓷和纯瓷充油绝缘</th><th colspan="2">固体有机绝缘、油浸电容式、干式、SF_6 式</th><th colspan="2">纯瓷</th><th colspan="2">固体有机绝缘</th></tr>
<tr><th>出厂</th><th>交接</th><th>出厂</th><th>交接</th><th>出厂</th><th>交接</th><th>出厂</th><th>交接</th><th>出厂</th><th>交接</th><th>出厂</th><th>交接</th></tr>
<tr><td>3</td><td>3.6</td><td>25 (18)</td><td>20 (14)</td><td>25</td><td>20</td><td>25 (18)</td><td>25 (18)</td><td>25 (18)</td><td>20 (14)</td><td>25</td><td>25</td><td>25</td><td>22</td></tr>
<tr><td>6</td><td>7.2</td><td>30 (23)</td><td>24 (18)</td><td>30</td><td>24</td><td>30 (23)</td><td>30 (23)</td><td>30 (23)</td><td>24 (18)</td><td>32</td><td>32</td><td>32</td><td>26</td></tr>
<tr><td>10</td><td>12</td><td>42 (28)</td><td>33 (22)</td><td>42</td><td>33</td><td>42 (28)</td><td>42 (28)</td><td>42 (28)</td><td>33 (22)</td><td>42</td><td>42</td><td>42</td><td>38</td></tr>
<tr><td>15</td><td>17.5</td><td>55 (40)</td><td>44 (32)</td><td>55</td><td>44</td><td>55 (40)</td><td>55 (40)</td><td>55 (40)</td><td>44 (32)</td><td>57</td><td>57</td><td>57</td><td>50</td></tr>
<tr><td>20</td><td>24.0</td><td>65 (50)</td><td>52 (40)</td><td>65</td><td>52</td><td>65 (50)</td><td>65 (50)</td><td>65 (60)</td><td>52 (40)</td><td>68</td><td>68</td><td>68</td><td>59</td></tr>
<tr><td>35</td><td>40.5</td><td>95 (80)</td><td>76 (64)</td><td>95</td><td>76</td><td>95 (80)</td><td>95 (80)</td><td>95 (80)</td><td>76 (54)</td><td>100</td><td>100</td><td>100</td><td>90</td></tr>
<tr><td>66</td><td>69.0</td><td>140/185</td><td>112/148</td><td>140/185</td><td>112/148</td><td>140/185</td><td>140/185</td><td>140/185</td><td>112/148</td><td>165</td><td>165</td><td>165</td><td>148</td></tr>
<tr><td>110</td><td>126.0</td><td>200/230</td><td>160/184</td><td>200/230</td><td>160/184</td><td>200/230</td><td>200/230</td><td>200/230</td><td>160/184</td><td>265</td><td>265</td><td>265</td><td>240</td></tr>
<tr><td>220</td><td>252.0</td><td>395/460</td><td>316/368</td><td>395/460</td><td>316/368</td><td>395/460</td><td>395/460</td><td>395/460</td><td>316/368</td><td>495</td><td>495</td><td>495</td><td>440</td></tr>
<tr><td>330</td><td>363.0</td><td>510/630</td><td>408/504</td><td>510/630</td><td>408/504</td><td>510/630</td><td>510/630</td><td>510/630</td><td>408/504</td><td></td><td></td><td></td><td></td></tr>
<tr><td>500</td><td>550.0</td><td>680/740</td><td>544/592</td><td>680/740</td><td>544/592</td><td>680/740</td><td>680/470</td><td>680/470</td><td>544/592</td><td></td><td></td><td></td><td></td></tr>
</table>
注　1. 表中电气设备出厂试验电压参照现行国家标准《高压输变电设备的绝缘配合》GB 311.1；
2. 括号内的数据为全绝缘结构电压互感器的匝间绝缘水平；
3. 斜杠上下为不同绝缘水平取值，以出厂（铭牌）值为准。
(2) 穿墙套管、断路器套管、变压器套管、电抗器及消弧线圈套管，均可随母线或设备一起进行交流耐压试验
</td></tr>
<tr><td>4</td><td>绝缘油的试验（有机复合绝缘套管除外）</td><td>
(1) 套管中的绝缘油应有出厂试验报告，现场可不进行试验。但当有下列情况之一者，应取油样进行水分、击穿电压、色谱试验：
1) 套管主绝缘的介质损耗角正切值超过表 16-8-2 中的规定值；
2) 套管密封损坏，抽压或测量小套管的绝缘电阻不符合要求；
3) 套管由于渗漏等原因需要重新补油时。
(2) 套管绝缘油的补充或更换时进行的试验，应符合下列规定：
1) 换油时应按本章表 16-11-1 的规定进行；
2) 电压等级为 500kV 的套管绝缘油，宜进行油中溶解气体的色谱分析；油中溶解气体组分含量 (μL/L) 不宜超过下列任一值，总烃：10，H_2：150，C_2H_2：0；
3) 补充绝缘油时，除按上述规定外，尚应按本章第十一节有关油混合的规定进行；
4) 充电缆油的套管需进行油的试验时，可按表 16-9-5 的规定进行
</td></tr>
<tr><td>5</td><td>SF_6 套管气体试验</td><td>应符合表 16-6-2 序号 5 和序号 12 的有关规定</td></tr>
</table>

注　整体组装于 35kV 油断路器上的套管，可不单独进行 $\tan\delta$ 的试验。

二、悬式绝缘子和支柱绝缘子

悬式绝缘子和支柱绝缘子的试验项目和试验规定见表16-8-4。

表16-8-4 悬式绝缘子和支柱绝缘子试验项目和试验规定

序号	试验项目	试验规定
1	测量绝缘电阻	(1) 用于330kV及以下电压等级的悬式绝缘子的绝缘电阻值，不应低于300MΩ；用于500kV电压等级的悬式绝缘子，不应低于500MΩ； (2) 35kV及以下电压等级的支柱绝缘子的绝缘电阻值，不应低于500MΩ； (3) 采用2500V兆欧表测量绝缘子绝缘电阻值，可按同批产品数量的10%抽查； (4) 棒式绝缘子不进行此项试验； (5) 半导体釉绝缘子的绝缘电阻，应符合产品技术条件的规定
2	交流耐压试验	(1) 35kV及以下电压等级的支柱绝缘子，可在母线安装完毕后一起进行，试验电压应符合表16-8-3的规定； (2) 35kV多元件支柱绝缘子的交流耐压试验值，应符合下列规定： 1) 两个胶合元件者，每元件50kV； 2) 三个胶合元件者，每元件34kV； (3) 悬式绝缘子的交流耐压试验电压均取60kV

第九节 电力电缆线路和架空电力线路

一、电力电缆线路

电力电缆线路的试验项目和试验规定见表16-9-1。

表16-9-1 电力电缆线路试验项目和试验规定

序号	试验项目	试验规定
1	电力电缆线路的试验	(1) 对电缆的主绝缘做耐压试验或测量绝缘电阻时，应分别在每一相上进行。对一相进行试验或测量时，其他两相导体、金属屏蔽或金属套和铠装层一起接地； (2) 对金属屏蔽或金属套一端接地，另一端装有护层过电压保护器的单芯电缆主绝缘做耐压试验时，必须将护层过电压保护器短接，使这一端的电缆金属屏蔽或金属套临时接地； (3) 对额定电压为0.6/1kV的电缆线路应用2500V兆欧表测量导体对地绝缘电阻代替耐压试验，试验时间1min
2	测量绝缘电阻	测量各电缆导体对地或对金属屏蔽层间和各导体间的绝缘电阻，应符合下列规定： (1) 耐压试验前后，绝缘电阻测量应无明显变化； (2) 橡塑电缆外护套、内衬层的绝缘电阻不应低于0.5MΩ/km； (3) 测量绝缘用兆欧表的额定电压，宜采用如下等级： 1) 0.6/1kV电缆用1000V兆欧表； 2) 0.6/1kV以上电缆用2500V兆欧表；6/6kV及以上电缆也可用5000V兆欧表； 3) 橡塑电缆外护套、内衬层的测量用500V兆欧表
3	直流耐压试验及泄漏电流测量	(1) 直流耐压试验电压： 1) 纸绝缘电缆直流耐压试验电压 U_t 可采用下式计算： 对于统包绝缘（带绝缘） $U_t=5\times\frac{U_0+U}{2}$ (16-9-1) 对于分相屏蔽绝缘 $U_t=5\times U_0$ (16-9-2) 试验电压见表16-9-2的规定。 表16-9-2 纸绝缘电缆直流耐压试验电压（kV） 电缆额定电压 U_0/U：1.8/3、2.6/3、3.6/6、6/6、6/10、8.7/10、21/35、26/35 直流试验电压：12、17、24、30、40、47、105、130 2) 18/30kV及以下电压等级的橡塑绝缘电缆直流耐压试验电压，应按下式计算 $U_t=4\times U_0$ (16-9-3) 3) 充油绝缘电缆直流耐压试验电压，应符合表16-9-3的规定

表16-9-2 纸绝缘电缆直流耐压试验电压（kV）

电缆额定电压 U_0/U	1.8/3	2.6/3	3.6/6	6/6	6/10	8.7/10	21/35	26/35
直流试验电压	12	17	24	30	40	47	105	130

续表

<table>
<tr><th>序号</th><th>试验项目</th><th>试验规定</th></tr>
<tr><td>3</td><td>直流耐压试验及泄漏电流测量</td><td>
表 16-9-3　充油绝缘电缆直流耐压试验电压（kV）
<table>
<tr><th>电缆额定电压
U_0/U</th><th>雷电冲击
耐受电压</th><th>直流试验
电压</th><th>电缆额定电压
U_0/U</th><th>雷电冲击
耐受电压</th><th>直流试验
电压</th></tr>
<tr><td rowspan="2">48/66</td><td>325</td><td>165</td><td rowspan="2">190/330</td><td>1175</td><td>585</td></tr>
<tr><td>350</td><td>175</td><td>1300</td><td>650</td></tr>
<tr><td rowspan="2">64/110</td><td>450</td><td>225</td><td rowspan="5">290/500</td><td>1425</td><td>710</td></tr>
<tr><td>550</td><td>275</td><td>1550</td><td>775</td></tr>
<tr><td rowspan="3">127/220</td><td>850</td><td>425</td><td rowspan="3">1675</td><td rowspan="3">835</td></tr>
<tr><td>950</td><td>475</td></tr>
<tr><td>1050</td><td>510</td></tr>
</table>
注　1. 上列各表中的 U 为电缆额定线电压；U_0 为电缆导体对地或对金属屏蔽层间的额定电压。
2. 雷电冲击电压依据现行国家标准《高压输变电设备的绝缘配合》GB 311.1 的规定。
4）交流单芯电缆的护层绝缘直流耐压试验，可依据本表序号 8 条的规定。
（2）试验时，试验电压可分 4～6 阶段均匀升压，每阶段停留 1min，并读取泄漏电流值。试验电压升至规定值后维持 15min，其间读取 1min 和 15min 时泄漏电流。测量时应消除杂散电流的影响。
（3）纸绝缘电缆泄漏电流的三相不平衡系数（最大值与最小值之比）不应大于 2；当 6/10kV 及以上电缆的泄漏电流小于 20μA 和 6kV 及以下电压等级电缆泄漏电流小于 10μA 时，其不平衡系数不作规定。泄漏电流值和不平衡系数只作为判断绝缘状况的参考，不作为是否能投入运行的判据。其他电缆泄漏电流值不作规定。
（4）电缆的泄漏电流具有下列情况之一，电缆绝缘可能有缺陷，应找出缺陷部位，并予以处理：
1）泄漏电流很不稳定；
2）泄漏电流随试验电压升高急剧上升；
3）泄漏电流随试验时间延长有上升现象
</td></tr>
<tr><td>4</td><td>交流耐压试验</td><td>
（1）橡塑电缆优先采用 20～30Hz 交流耐压试验。20～300Hz 交流耐压试验电压和时间见表 16-9-4。
表 16-9-4　橡胶电缆 20～300Hz 交流耐压试验电压和时间
<table>
<tr><th>额定电压 U_0/U（kV）</th><th>试验电压</th><th>时间（min）</th></tr>
<tr><td>18/30 及以下</td><td>2.5U_0（或 2U_0）</td><td>5（或 60）</td></tr>
<tr><td>21/35～64/110</td><td>2U_0</td><td>60</td></tr>
<tr><td>127/220</td><td>1.7U_0（或 1.4U_0）</td><td>60</td></tr>
<tr><td>190/330</td><td>1.7U_0（或 1.3U_0）</td><td>60</td></tr>
<tr><td>290/500</td><td>1.7U_0（或 1.1U_0）</td><td>60</td></tr>
</table>
（2）不具备上述试验条件或有特殊规定时，可采用施加正常系统相对地电压 24h 方法代替交流耐压
</td></tr>
<tr><td>5</td><td>测量金属屏蔽层电阻和导体电阻比</td><td>测量在相同温度下的金属屏蔽层和导体的直流电阻</td></tr>
<tr><td>6</td><td>检查电缆线路两端的相位</td><td>检查电缆线路的两端相位应一致，并与电网相位相符合</td></tr>
<tr><td>7</td><td>充油电缆的绝缘油试验</td><td>
充油电缆的绝缘油试验，应符合表 16-9-5 的规定
表 16-9-5　充油电缆及附件内和压力箱中的绝缘油试验项目和要求
<table>
<tr><th>项目</th><th colspan="2">要求</th><th>试验方法</th></tr>
<tr><td rowspan="2">击穿电压</td><td>电缆及附件内</td><td>对于 64/110～190/330kV，不低于 50kV
对于 290/500kV，不低于 60kV</td><td rowspan="2">按《绝缘油击穿电压测定法》GB/T 507 中的有关要求进行试验</td></tr>
<tr><td>压力箱中</td><td>不低于 50kV</td></tr>
<tr><td rowspan="2">介质损耗因数</td><td>电缆及附件内</td><td>对于 64/110～127/220kV 的不大于 0.005
对于 190/330～290/500kV 的不大于 0.003</td><td rowspan="2">按《电力设备预防性试验规程》DL/T 596 中的有关要求进行试验</td></tr>
<tr><td>压力箱中</td><td>不大于 0.003</td></tr>
</table>
</td></tr>
</table>

续表

序号	试验项目	试验规定
8	交叉互联系统试验	(1) 交叉互联系统的对地绝缘的直流耐压试验：试验时必须将护层过电压保护器断开。在互联箱中将另一侧的三段电缆金属套都接地，使绝缘接头的绝缘环也能结合在一起进行试验，然后在每段电缆金属屏蔽或金属套与地之间施加直流电压 10kV，加压时间 1min，不应击穿。 (2) 非线性电阻型护层过电压保护器。 1) 氧化锌电阻片：对电阻片施加直流参考电流后测量其压降，即直流参考电压，其值应在产品标准规定的范围之内； 2) 非线性电阻片及其引线的对地绝缘电阻：将非线性电阻片的全部引线并联在一起与接地的外壳绝缘后，用 1000V 兆欧表测量引线与外壳之间的绝缘电阻，其值不应小于 10MΩ。 (3) 交叉互联性能检验：本方法为推荐采用的方式，如采用本方法时，应作为特殊试验项目。 使所有互联箱连接片处于正常工作位置，在每相电缆导体中通以大约 100A 的三相平衡试验电流。在保持试验电流不变的情况下，测量最靠近交叉互联箱处的金属套电流和对地电压。测量完后将试验电流降至零，切断电源。然后将最靠近的交叉互联箱内的连接片重新连接成模拟错误连接的情况，再次将试验电流升至 100A，并再测量该交叉互联箱处的金属套电流和对地电压。测量完后将试验电量降至零，切断电源，将该交叉互联箱中的连接片复原至正确的连接位置。最后再将试验电流升至 100A，测量电缆线路上所有其他交叉互联箱处的金属套电流和对地电压。 试验结果符合下述要求则认为交叉互联系统的性能是满意的： 1) 在连接片做错误连接时，试验能表明存在异乎寻常大的金属套电流； 2) 在连接片正确连接时，将测得的任何一个金属套电流乘以一个系数（它等于电缆的额定电流除以上述的试验电流）后所得的电流值不会使电缆额定电流的降低量超过 3%； 3) 将测得的金属套对地电压乘以上述 2) 项中的系数后不超过电缆在负载额定电流时规定的感应电压的最大值。 (4) 互联箱： 1) 接触电阻：本试验在做完护层过电压保护器的上述试验后进行。将刀闸（或连接片）恢复到正常工作位置后，用双臂电桥测量闸刀（或连接片）的接触电阻，其值不应大于 20μΩ； 2) 闸刀（或连接片）连接位置：本试验在以上交叉互联系统的试验合格后密封互联箱之前进行。连接位置应正确。如发现连接错误而重新连接后，则必须重测闸刀（连接片）的接触电阻

注 (1) 橡塑绝缘电力电缆试验项目应按本表序号 2、4、5、6 和 8 进行。当不具备条件时，额定电压 U_0/U 为 18/30kV 及以下电缆，允许用直流耐压试验及泄漏电流测量代替交流耐压试验。
(2) 纸绝缘电缆试验项目应按本表序号第 2、3 和 6 进行。
(3) 自容式充油电缆试验项目应按本表序号第 2、3、6、7 和 8 进行。

二、1kV 以上架空电力线路

1kV 以上架空电力线路的试验项目和试验规定见表 16-9-6。

表 16-9-6　1kV 以上架空电力线路的试验项目和试验规定

序号	试验项目	试验规定
1	测量绝缘子和线路的绝缘电阻	(1) 绝缘子绝缘电阻的试验应按本章第八节的规定进行； (2) 测量并记录线路的绝缘电阻值
2	测量 35kV 以上线路的工频参数	测量 35kV 以上线路的工频参数可根据继电保护、过电压等专业的要求进行
3	检查相位	检查各相两侧的相位应一致
4	冲击合闸试验	在额定电压下对空载线路的冲击合闸试验，应进行 3 次，合闸过程中线路绝缘不应有损坏
5	测量杆塔的接地电阻	测量杆塔的接地电阻值，应符合设计的规定

第十节　电容器、避雷器和接地装置

一、电容器

电容器的试验项目和试验规定见表 16-10-1。

表 16-10-1　电容器的试验项目和试验规定

序号	试验项目	试验规定
1	测量绝缘电阻	测量耦合电容器、断路器电容器的绝缘电阻应在二极间进行，并联电容器应在电极对外壳之间进行，并采用 1000V 兆欧表测量小套管对地绝缘电阻
2	测量耦合电容器、断路器电容器的介质损耗角正切值 $\tan\delta$ 及电容值	(1) 测得的介质损耗角正切值 $\tan\delta$ 应符合产品技术条件的规定； (2) 耦合电容器电容值的偏差应在额定电容值的 −5%～10% 范围内，电容器叠柱中任何两单元的实测电容之比值与这两单元的额定电压之比值的倒数之差不应大于 5%；断路器电容器电容值的偏差应在额定电容值的 ±5% 范围内。对电容器组，还应测量各相、各臂及总的电容值

续表

<table>
<tr><th>序号</th><th>试验项目</th><th>试验规定</th></tr>
<tr><td>3</td><td>耦合电容器的局部放电试验</td><td>(1) 对500kV的耦合电容器，当对其绝缘性能或密封有怀疑又有试验设备时，可进行局部放电试验。多节组合的耦合电容器可分节试验；
(2) 局部放电试验的预加电压值为 $0.8U_{m}\times 1.3U_{m}$，停留时间大于10s；降至测量电压值为 $1.1U_{m}\sqrt{3}$，维持1min后，测量局部放电量，放电量不宜大于10pC</td></tr>
<tr><td>4</td><td>并联电容器交流耐压试验</td><td>(1) 并联电容器电极对外壳交流耐压试验电压值，应符合表16-10-2的规定；
(2) 当产品出厂试验电压值不符合表16-10-2的规定时，交接试验电压应按产品出厂试验电压值的75%进行

表16-10-2　并联电容器交流耐压试验电压标准
<table>
<tr><td>额定电压(kV)</td><td><1</td><td>1</td><td>3</td><td>6</td><td>10</td><td>15</td><td>20</td><td>35</td></tr>
<tr><td>出厂试验电压(kV)</td><td>3</td><td>6</td><td>18/25</td><td>23/30</td><td>30/42</td><td>40/55</td><td>50/65</td><td>80/95</td></tr>
<tr><td>交接试验电压(kV)</td><td>2.25</td><td>4.5</td><td>18.76</td><td>22.5</td><td>31.5</td><td>41.25</td><td>48.75</td><td>71.25</td></tr>
</table>
注　斜线下的数据为外绝缘的干耐受电压</td></tr>
<tr><td>5</td><td>冲击合闸试验</td><td>在电网额定电压下，对电力电容器组的冲击合闸试验应进行3次，熔断器不应熔断；电容器组中各相电容的最大值和最小值之比，不应超过1.08</td></tr>
</table>

二、避雷器

金属氧化物避雷器的试验项目和试验规定见表16-10-3。

表16-10-3　金属氧化物避雷器的试验项目和试验规定

序号	试验项目	试验规定
1	测量金属氧化物避雷器及基座绝缘电阻	(1) 35kV以上电压：用5000V兆欧表，绝缘电阻不小于2500MΩ； (2) 35kV及以下电压：用2500V兆欧表，绝缘电阻不小于1000MΩ； (3) 低压(1kV以下)：用500V兆欧表，绝缘电阻不小于2MΩ。 基座绝缘电阻不低于5MΩ
2	测量金属氧化物避雷器的工频参考电压和持续电流	(1) 金属氧化物避雷器对应于工频参考电流下的工频参考电压，整支或分节进行的测试值，应符合现行国家标准《交流无间隙金属氧化物避雷器》GB 11032或产品技术条件的规定； (2) 测量金属氧化物避雷器在避雷器持续运行电压下的持续电流，其阻性电流或总电流值应符合产品技术条件的规定。 注：金属氧化物避雷器持续运行电压值参见现行国家标准《交流无间隙金属氧化物避雷器》GB 11032
3	测量金属氧化物避雷器直流参考电压和0.75倍直流参考电压下的泄漏电流	(1) 金属氧化物避雷器对应于直流参考电流下的直流参考电压，整支或分节进行的测试值，不应低于现行国家标准《交流无间隙金属氧化物避雷器》GB 11032的规定，并符合产品技术条件的规定。实测值与制造厂规定值比较，变化不应大于±5%； (2) 0.75倍直流参考电压下的泄漏电流值不应大于50μA，或符合产品技术条件的规定； (3) 试验时若整流回路中的波纹系数大于1.5%时，应加装滤波电容器，可为0.01～0.1μF，试验电压应在高压侧测量
4	检查放电计数器动作情况及监视电流表指示	检查放电计数器的动作应可靠，避雷器监视电流表指示应良好
5	工频放电电压试验	(1) 工频放电电压，应符合产品技术条件的规定； (2) 工频放电电压试验时，放电后应快速切除电源，切断电源时间不大于0.5s，过流保护动作电流控制在0.2～0.7A

注　1. 无间隙金属氧化物避雷器的试验项目应包括本表序号第1、第2、第3、第4的内容，其中第2、第3可选做一。
2. 有间隙金属氧化物避雷器的试验项目应包括本表序号第1、第5的内容。

三、接地装置

接地装置的试验项目和试验规定见表16-10-4。

表 16-10-4　　接地装置的试验项目和试验规定

序号	试验项目	试　验　规　定
1	接地装置	电气设备和防雷设施的接地装置的试验项目应包括下列内容 (1) 接地网电气完整性测试； (2) 接地阻抗
2	直流电阻	测试连接与同一接地网的各相邻设备接地线之间的电气导通情况，以直流电阻值表示。直流电阻值不应大于 0.2Ω
3	接地阻抗	接地阻抗值应符合设计要求，当设计没有规定时应符合表 16-10-5 的要求。试验方法可参照国家现行标准《接地装置工频特性参数测试导则》DL 475 的规定，试验时必须排除与接地网连接的架空地线、电缆的影响（见表 16-10-5）

表 16-10-5　　接地阻抗规定值

接地网类型	要　　求
有效接地系统	$Z \leqslant 2600I$ 或 $Z \leqslant 0.5\Omega$（当 $I > 4000$A 时） 式中　I—经接地装置流入地中的短路电流（A）； Z—考虑季节变化的最大接地阻抗（Ω）。 注：当接地阻抗不符合以上要求时，可通过技术经济比较增大接地阻抗，但不得大于 5Ω。同时应结合地面电位测量对接地装置综合分析。为防止转移电位引起的危害，应采取隔离措施
非有效接地系统	1. 当接地网与 1kV 及以下电压等级设备共同接地时，接地阻抗 $Z \leqslant 120/I$； 2. 当接地网仅用于 1kV 以上设备时，接地阻抗 $Z \leqslant 250/I$； 3. 上述两种情况下，接地阻抗一般不得大于 10Ω
1kV 以下电力设备	使用同一接地装置的所有这类电力设备，当总容量≥100kV·A 时，接地阻抗不宜大于 4Ω；如总容量<100kV·A 时，则接地阻抗允许大于 4Ω，但不大于 10Ω
独立微波站	接地阻抗不宜大于 5Ω
独立避雷针	接地阻抗不宜大于 10Ω 注：当与接地网连在一起时可不单独测量
发电厂烟囱附近的吸风机及该处装设的集中接地装置	接地阻抗不宜大于 10Ω 注：当与接地网连在一起时可不单独测量
独立的燃油、易爆气体储罐及其管道	接地阻抗不宜大于 30Ω（无独立避雷针保护的露天储罐不应超过 10Ω）
露天配电装置的集中接地装置及独立避雷针（线）	接地阻抗不宜大于 10Ω
有架空地线的线路杆塔	当杆塔高度在 40m 以下时，按下列要求；当杆塔高度≥40m 时，则取下列值的 50%；但当土壤电阻率大于 2000Ω·m 时，接地阻抗难以达到 15Ω 时，可放宽至 20Ω。 土壤电阻率≤5000Ω·m 时，接地阻抗 10Ω； 土壤电阻率 500～1000Ω·m 时，接地阻抗 20Ω； 土壤电阻率 1000～2000Ω·m 时，接地阻抗 25Ω； 土壤电阻率>2000Ω·m 时，接地阻抗 30Ω
与架空线直接连接的旋转电机进线段上避雷器	接地阻抗不宜大于 3Ω
无架空地线的线路杆塔	1. 非有效接地系统的钢筋混凝土杆、金属杆：接地阻抗不宜大于 30Ω； 2. 中性点不接地的低压电力网线路的钢筋混凝土杆、金属杆：接地阻抗不宜大于 50Ω； 3. 低压进户线绝缘子铁脚的接地阻抗：接地阻抗不宜大于 30Ω

注　扩建接地网应在与原接地网连接后进行测试。

第十一节　绝缘油和六氟化硫气体

一、绝缘油

1. 绝缘油的试验项目及标准

见表 16-11-1。

表 16-11-1　　绝缘油的试验项目及标准

序号	项　目	标　准	说　明
1	外状	透明，无杂质或悬浮物	外观目视
2	水溶性酸（pH 值）	>5.4	按《运行中变压器油、汽轮机油水溶性酸测定法（比色法）》GB/T 7598 中的有关要求进行试验
3	酸值，mgKOH/g	≤0.03	按《运行中变压器油、汽轮机油酸值测定法（BTB 法）》GB/T 7599 中的有关要求进行试验

续表

序号	项　目	标　准				说　明
4	闪点（闭口）（℃）	不低于	DB－10	DB－25	DB－45	按《石油产品闪点测定法（闭口杯法）》GB 261 中的有关要求进行试验
			140	140	135	
5	水分（mg/L）	500kV：≤10 220～30kV：≤15 110kV 及以下电压等级：≤20				按《运行中变压器油水分含量测定法（库仑法）》GB/T 7600 或《运行中变压器油水分测定法（气相色谱法）》GB/T 7601 中的有关要求进行试验
6	界面张力（25℃）（mN/m）	≥35				按《石油产品油对水界面张力测定法（圆环法）》GB/T 6541 中的有关要求进行试验
7	介质损耗因素 $\tan\delta$（%）	90℃时， 注入电气设备前≤0.5 注入电气设备后≤0.7				按《液体绝缘材料工频相对介电常数、介质损耗因数和体积电阻率的测量》GB/T 5654 中的有关要求进行试验
8	击穿电压	500kV：≥60kV 330kV：≥50kV 60～220kV：≥40kV 35kV 及以下电压等级：≥35kV				1. 按《绝缘油　击穿电压测定法》GB/T 507 或《电力系统油质试验方法　绝缘油介电强度测定法》DL/T 429.9 中的有关要求进行试验； 2. 油样应取自被试设备； 3. 该指标为平板电极测定值，其他电极可按《运行中变压器油质量标准》GB/T 7595 及《绝缘油　击穿电压测定法》GB/T 507 中的有关要求进行试验； 4. 注入设备的新油均不应低于本标准
9	体积电阻率（90℃）（Ω·m）	$\geq 6\times 10^{10}$				按《液体绝缘材料工频相对介电常数、介质损耗因数和体积电阻率的测量》GB/T 5654 或《绝缘油体积电阻率测定法》DL/T 421 中的有关要求进行试验
10	油中含气量（%）（体积分数）	330～500kV：≤1				按《绝缘油中含气量测定　真空压差法》DL/T 423 或《绝缘油中含气量的测定方法（二氧化碳洗脱法）》DL/T 450 中的有关要求进行试验
11	油泥与沉淀物（%）（质量分数）	≤0.02				按《石油产品和添加剂机械杂质测定法（重量法）》GB/T 511 中的有关要求进行试验
12	油中溶解气体组分含量色谱分析	见本章的有关节条				按《绝缘油中溶解气体组分含量的气相色谱测定法》GB/T 17623、《变压器油中溶解气体分析和判断导则》GB/T 7252 及《变压器油中溶解气体分析和判断导则》DL/T 722 中的有关要求进行试验

2. 新油验收及充油电气设备的绝缘油试验分类

见表 16－11－2。

表 16－11－2　电气设备绝缘油试验分类

试验类别	适　用　范　围
击穿电压	1. 6kV 以上电气设备内的绝缘油或新注入上述设备前、后的绝缘油； 2. 对下列情况之一者，可不进行击穿电压试验： （1）35kV 以下互感器，其主绝缘试验已合格的； （2）15kV 以下油断路器，其注入新油的击穿电压已在 35kV 及以上的； （3）按本标准有关规定不需取油的
简化分析	1. 准备注入变压器、电抗器、互感器、套管的新油，应按表 16－11－1 中的第 2～9 项规定进行； 2. 准备注入油断路器的新油，应按表 16－11－1 中的第 2、3、4、5、8 项规定进行
全分析	对油的性能有怀疑时，应按表 16－11－1 中的全部项目进行

3. 绝缘油混合规定

绝缘油当需要进行混合时，在混合前，应按混油的实际使用比例先取混油样进行分析，其结果应符合表 16－11－1 中第 8、11 项的规定。混油后还应按表 16－11－2 中的规定进行绝缘油的试验。

二、六氟化硫气体

（1）SF_6 新气到货后，充入设备前应按现行国家标准《工业六氟化硫》GB 12022 验收，对气瓶的抽检率为 10%，其他每瓶只测定含水量。

（2）SF_6 气体在充入电气设备 24h 后方可进行试验。

第十二节　二次回路、低压线路和低压电器

一、二次回路

二次回路的试验项目和试验规定见表 16－12－1。

表 16-12-1 二次回路的试验项目和试验规定

序号	试验项目	试验规定
1	测量绝缘电阻	(1) 小母线在断开所有其他并联支路时，不应小于 10MΩ； (2) 二次回路的每一支路和断路器、隔离开关的操动机构的电源回路等，均不应小于 1MΩ。在比较潮湿的地方，可不小于 0.5MΩ
2	交流耐压试验	(1) 试验电压为 1000V。当回路绝缘电阻值在 10MΩ 以上时，可采用 2500V 兆欧表代替，试验持续时间 1min，或符合产品技术规定； (2) 48V 及以下电压等级回路可不做交流耐压试验； (3) 回路中有电子元器件设备的，试验时应将插件拔出或将其两端短接

注 二次回路是指电气设备的操作、保护、测量、信号等回路及其回路中的操动机构的线圈、接触器、继电器、仪表、互感器二次绕组等。

二、1kV 以下电压等级配电装置和馈电线路

1kV 以下电压等级配电装置和馈电线路试验项目和试验规定见表 16-12-2。

表 16-12-2 1kV 以下电压等级配电装置和馈电线路试验项目和试验规定

序号	试验项目	试验规定
1	测量绝缘电阻	(1) 配电装置及馈电线路的绝缘电阻值不应小于 0.5MΩ； (2) 测量馈电线路绝缘电阻时，应将断路器(或熔断器)、用电设备、电器和仪表等断开
2	动力配电装置的交流耐压试验	(1) 试验电压为 1000V。当回路绝缘电阻值在 10MΩ 以上时，可采用 2500V 兆欧表代替，试验持续时间为 1min，或符合产品技术规定； (2) 交流耐压试验为各相对地，48V 及以下电压等级配电装置不做耐压试验
3	检查相位	检查配电装置内不同电源的馈线间或馈线两侧的相位应一致

三、低压电器

低压电器的试验项目和试验规定见表 16-12-3。

表 16-12-3 低压电器的试验项目和试验规定

序号	试验项目	试验规定
1	绝缘电阻测量	测量低压电器连同所连接电缆及二次回路的绝缘电阻值，不应小于 1MΩ；在比较潮湿的地方，可不小于 0.5MΩ
2	电压线圈动作值校验	电压线圈动作值的校验，应符合下述规定：线圈的吸合电压不应大于额定电压的 85%，释放电压不应小于额定电压的 5%；短时工作的合闸线圈应在额定电压的 85%～110%范围内，分励线圈应在额定电压的 75%～110%的范围内均能可靠工作
3	低压电器动作情况检查	低压电器动作情况的检查，应符合下述规定：对采用电动机或液压、气压传动方式操作的电器，除产品另有规定外，当电压、液压或气压在额定值的 85%～110%范围内，电器应可靠工作
4	低压电器采用的脱扣器的整定	低压电器采用的脱扣器的整定，各类过电流脱扣器、失压和分励脱扣器、延时装置等，应按使用要求进行整定
5	直流电阻测量	测量电阻器和变阻器的直流电阻值，其差值应分别符合产品技术条件的规定。电阻值应满足回路使用的要求
6	交流耐压试验	低压电器连同所连接电缆及二次回路的交流耐压试验，应符合下述规定：试验电压为 1000V。当回路的绝缘电阻值在 10MΩ 以上时，可采用 2500V 兆欧表代替，试验持续时间为 1min

注 (1) 低压电器包括电压为 60～1200V 的刀开关、转换开关、熔断器、自动开关、接触器、控制器、主令电器、起动器、电阻器、变阻器及电磁铁等；
(2) 对安装在一、二级负荷场所的低压电器，应按本条序号第 2、3、4 的规定进行。

第十三节 电除尘器

电除尘器的试验项目和试验规定见表 16-13-1。

表 16-13-1 电除尘器的试验项目和试验规定

序号	试验项目	试验规定
1	测量整流变压器及直流电抗器铁芯穿芯螺栓的绝缘电阻	应按本章表 16-5-1 序号 5 规定在器身检查时进行
2	测量整流变压器高压绕组及其直流电抗器绕组的绝缘电阻及直流电阻	在器身检查时测量整流变压器高压绕组及直流电抗器绕组的绝缘电阻和直流电阻，其直流电阻值应与同温度下产品出厂试验值比较，变化不应大于 2%
3	测量整流变压器低压绕组的绝缘电阻及其直流电阻	其直流电阻值应与同温度下产品出厂试验值比较，变化不应大于 2%
4	测量硅整流元件及高压套管对地绝缘电阻	(1) 在器身检查时进行，硅整流元件两端短路； (2) 采用 2500V 兆欧表测量绝缘电阻； (3) 绝缘电阻值不应低于产品出厂试验值的 70%
5	测量取样电阻、阻尼电阻的电阻值	其电阻值应符合产品技术条件的规定，检查取样电阻、阻尼电阻的连接情况应良好
6	油箱中绝缘油的试验	应按本章第十一节的规定进行

续表

序号	试验项目	试验规定
7	绝缘子、隔离开关及瓷套管的绝缘电阻测量和耐压试验	(1) 采用2500V兆欧表测量绝缘电阻，绝缘电阻值不应低于1000MΩ； (2) 对用于同极距在300～400mm电场的耐压采用直流耐压100kV或交流耐压72kV，持续时间为1min无闪络； (3) 对用于其他极距电场的，耐压试验标准应符合产品技术条件的规定
8	测量电场的绝缘电阻	测量电场的绝缘电阻，采用2500V兆欧表，绝缘电阻值不应低于1000MΩ。
9	空载升压试验	空载升压试验，应符合厂家标准。当厂家无明确规定时，应符合下列规定： (1) 同极距为300mm的电场，电场电压应上升至55kV以上，无闪络。同极距每增加20mm，电场电压递增不应少于2.5kV； (2) 当海拔高于1000m但不超过4000m时，海拔每升高100m，电场电压值允许降低1%
10	电除尘器振打及加热装置的电气设备试验	(1) 测量振打电机、加热器的绝缘电阻，振打电机绝缘电阻值不应小于0.5MΩ，加热器绝缘电阻不应小于5MΩ； (2) 交流电机、二次回路、配电装置和馈电线路及低压电器的试验，应按本章第四节、第十二节的规定进行
11	测量接地电阻	测量电除尘器本体的接地电阻，不应大于1Ω

第十七章　电力设备预防性试验

第一节　概　　述

一、电力设备预防性试验的意义

1. 预防性试验的定义

为了发现运行中设备的隐患，预防发生事故或设备损坏，对电力设备进行的检查、试验或监测，也包括取油样或气样进行的试验，统称为预防性试验。

由此定义不难看出，电气设备交接试验是对新安装电气设备的交接试验，电力设备预防性试验是对运行中电力设备的检查、试验或监测。

2. 预防性试验的意义

预防性试验是电力设备运行与维护工作中的一个重要环节，是保证电力系统安全运行的有效手段之一。电力设备预防性试验是指对已投入运行的设备按规定的试验条件（如规定的试验设备、环境条件、试验方法和试验电压等）、试验项目和试验周期所进行的检查、试验或监测。它是判断设备能否继续投入运行，预防发生事故或设备损坏以及保证设备安全运行的重要措施。因此，我国规定，凡电力系统运行中的设备，应根据《电力设备预防性试验规程》（DL/T 596—1996）（以下简称《预试规程》）的要求进行预防性试验，防患于未然。

二、电力设备缺陷产生原因和绝缘缺陷分类

1. 电力设备缺陷产生原因

电力设备在制造、运输和检修过程中，有可能因发生意外事故而残留有潜伏性缺陷；在长期运行过程中，又会受到电场的作用、导体发热的作用、机械力损伤与化学腐蚀作用以及大气条件的影响等，在这些外界因素的影响下，可能逐渐产生缺陷，使其绝缘性能变坏，这就是通常所说的劣化。劣化的绝缘有的是可逆的，有的是不可逆的。例如，绝缘受潮后，其性能下降，但进行干燥后，又恢复其原有的绝缘性能，显然它是可逆的。再如，某些工程塑料在湿度、温度不同的条件下，其机械性能呈可逆的起伏变化，这类可逆的变化，实质上是一种物理变化，是一种没有触及化学结构的变化。若绝缘在各种因素的长期作用下发生一系列的化学、物理变化，导致绝缘性能和机械性能等不断下降，称这种劣化为老化，它是不可逆的劣化。例如局部放电时会产生臭氧，很容易使绝缘材料发生臭氧裂变，导致材料性能老化；油在电弧的高温作用下，能分解出碳粒，油被氧化而生成水和酸，都会使油逐渐老化。正确区分绝缘的可逆劣化和不可逆劣化，在预防性试验中具有重要意义。

2. 绝缘缺陷分类

(1) 集中性缺陷。指缺陷集中于绝缘的某个或某几个部分。例如局部受潮、局部机械损伤、绝缘内部气泡、瓷介质裂纹等，它又分为贯穿性缺陷和非贯穿性缺陷，这类缺陷的发展速度较快，因而具有较大的危险性。

(2) 分布性缺陷。指由于受潮、过热、动力负荷及长时间过电压的作用导致的电力设备整体绝缘性能下降，例如绝缘整体受潮、充油设备的油变质等，它是一种普遍性的劣化，是缓慢演变而发展的。

三、电力设备预防性试验分类

1. 按对被试绝缘是否产生破坏分类

(1) 非破坏性试验。在较低电压（低于或接近额定电压）下进行的试验称为非破坏性试验。主要指测量绝缘电阻、泄漏电流和介质损耗因数等电气试验项目。由于这类试验施加的电压较低，故不会损伤设备的绝缘性能，其目的是判断绝缘状态，及时发现可能的劣化现象。

(2) 破坏性试验。在高于工作电压下所进行的试验称为

破坏性试验。试验时在设备绝缘上加上规定的试验电压，考验绝缘对此电压的耐受能力，因此也叫耐压试验。它主要指交流耐压和直流耐压试验。由于这类试验所加电压较高，考验比较直接和严格，但也有可能在试验过程中给绝缘造成一定的损伤和破坏，故而得名。

这两类试验的顺序是应首先进行非破坏性试验，然后再进行破坏性试验，其目的是避免不应有的击穿事件。例如进行变压器预防性试验时，当用非破坏性试验检测出其受潮后，应当先进行干燥，然后再进行破坏性试验，这样可以避免变压器一开始试验就被打坏，造成修复困难。

2. 按停电与否分类

（1）常规停电预防性试验。即通常意义上的预防性试验。

（2）在线监测。是指在不影响电力设备运行的前提下，即不停电对电力设备的运行工况和（或）健康状况连续或定时进行的监测，通常是自动进行的。为了便于区别，在《预试规程》中将对运行电压下的设备，采用专门仪器，由人员参与进行的测量称为带电测量。在线监测是预防性试验的重要组成部分，是预试的最高形式。

电力设备虽然都按规定、按时做了常规预防性试验，但事故往往仍然时有发生，其主要原因之一是由于现有的试验项目和方法往往难以保证在这一个周期内不发生故障。由于绝大多数故障在事故前都有先兆，这就要求发展一种连续或选时的监视技术，在线监测就是在这种情况下产生的。由于现在不少设备的运行电压已远高于停电后的试验电压，如能利用运行电压本身对高压电力设备绝缘情况进行试验，这样就可以大大提高试验的真实性和灵敏度，以便及时发现绝缘缺陷，这是在线监测的一个重要出发点。

近年来，随着传感器技术、光纤技术、计算机技术等的发展和应用，为在线监测技术揭开了新的篇章。图 17-1-1 示出了在线监测中一个最基本的流程示意图。由各种传感器系统所获得的各种信号（采集到的可能是电气参量，也可能是温度、压力、超声等非电气参量），经过必要的转换后，统一送进数据处理、分析系统。为了采集及处理不同的参量，还需要相应的硬件与软件来支持。在综合分析判断后给出结果，既可以用微型打印机打印，也可以直接存盘或屏幕显示；如有“超标”，可立刻发出警报；也可与上一级检测中心相连，即形成多级监控系统的一部分。这时，为轻便起见，在设备旁边的在线监测仪一般可用单片（或单板）机来完成；而在变电站里另用个人计算机即可对各设备、各参量统一进行分析处理，实现存储、分析、对比、诊断等功能。

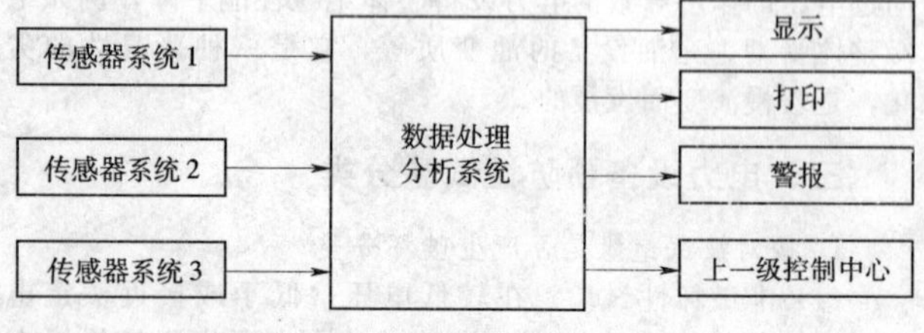

图 17-1-1　在线监测流程示意图

可以预见在不久的将来，在线监测有可能逐步取代常规停电后进行的预防性试验。

3. 按测量的信息对象分类

（1）电气信息。指测量各种电气信息的方法，如测量泄漏电流、介质损耗因数 $\tan\delta$ 等，见图 17-1-2。

（2）非电气信息。是指测量各种非电气信息的方法，如变压器油中溶解气体色谱分析和油中含水量测量等，见图 17-1-3。

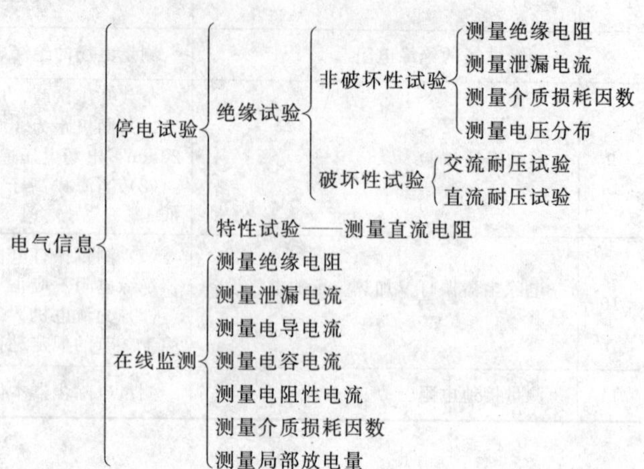

图 17-1-2　电气信息预防性试验分类

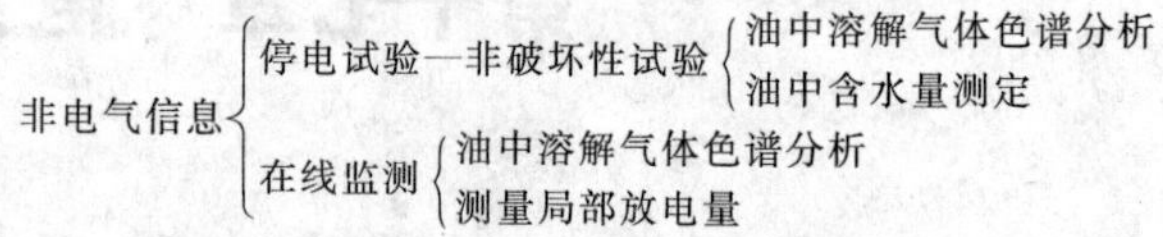

图 17-1-3　非电气信息预防性试验分类

四、电力设备预防性试验规程

1. 预试规程的制订历程

预防性试验是电力设备运行和维护工作中的一个重要环节，是保证电力系统安全运行的有效手段之一。预防性试验规程是电力系统绝缘监督工作的主要依据，在我国已有 50 多年的使用经验。1985 年由原水利电力部颁发的《电气设备预防性试验规程》，适用于 330kV 及以下的设备，该规程在生产中发挥了重要作用，并积累了丰富的经验。随着电力生产规模的扩大和技术水平的提高，电力设备品种、参数和技术性能有较大的发展，需要对 1985 年颁布的规程进行补充和修改。1991 年电力工业部组织有关人员在广泛征求意见的基础上，对该规程进行了修订，同时把电压等级扩大到 500kV，并更名为《电力设备预防性试验规程》（DL/T 596—1996）。

新《预试规程》从 1997 年 1 月 1 日起实施。从生效之日起代替 1985 年原水利电力部颁发的《电气设备预防性试验规程》，凡其他规程、规定涉及电力设备预防性试验的项目、内容、要求等与该预试规程有抵触的，以该标准为准。

2. 预试规程的适用范围

（1）该规程规定了各种电力设备预防性试验的项目、周期和要求，用以判断设备是否符合运行条件，预防设备损坏、保证安全运行。

（2）该规程适用于 500kV 及以下的交流电力设备。

（3）该规程不适用于高压直流输电设备、矿用及其他特殊条件下使用的电力设备，也不适用于电力系统的继电保护装置、自动装置、测量装置等电气设备和安全用具。带电作业工具、装置和设备的预防性试验执行《带电作业工具、装置和设备预防性试验规程》(DL/T 976—2005)。

(4) 从国外进口的设备应以该设备的产品标准为基础，参照该规定执行。

3.《预试规程》规定的主要应试设备

(1) 旋转电机。包括同步发电机、调相机、直流电机、中频发电机、交流电动机等。

(2) 电力变压器、电抗器、消弧线圈、电流互感器、电压互感器等。

(3) 开关设备。包括 SF_6 断路器、GIS、多油（少油）断路器、磁吹断路器、低压断路器、自动灭磁开关、空气断路器、真空断路器、重合器、分段器、隔离开关、高压开关柜、镉镍蓄电池直流屏等。

(4) 套管、支柱绝缘子、悬式绝缘子等。

(5) 电力电缆线路。包括纸绝缘电力电缆线路、橡塑绝缘电力电缆线路、自容式充油电缆线路等。

(6) 电容器。包括高压并联电容器、串联电容器、交流滤波电容器、耦合电容器、电容式电压互感器的电容分压器、断路器电容器、集合式电容器、高压并联电容器装置等。

(7) 绝缘油和六氟化硫气体。包括变压器油、断路器油、SF_6 气体等。

(8) 避雷器和接地装置。

(9) 母线。包括一般母线、封闭母线等。

(10) 二次回路。

(11) 1kV 以上的架空电力线路和 1kV 及以下的配电装置和电力布线。

(12) 电除尘器。

4.《预试规程》执行中的一般规定

(1) 试验结果应与该设备历次试验结果相比较，与同类设备试验结果相比较，参照相关的试验结果，根据变化规律和趋势，进行全面分析后做出判断。

(2) 遇到特殊情况需要改变试验项目、周期或要求时，对主要设备需经上一级主管部门审查批准后执行；对其他设备可由本单位总工程师审查批准后执行。

(3) 110kV 以下的电力设备，应按本规程进行耐压试验（有特殊规定者除外）。110kV 及以上的电力设备，在必要时应进行耐压试验。

1) 50Hz 交流耐压试验，加至试验电压后的持续时间，凡无特殊说明者，均为 1min；其他耐压试验的试验电压施加时间在有关设备的试验要求中规定。

2) 非标准电压等级的电力设备的交流耐压试验值，可根据本规程规定的相邻电压等级按插入法计算。

3) 充油电力设备在注油后应有足够的静置时间才可进行耐压试验。静置时间如无制造厂规定，则应依据设备的额定电压满足以下要求：

500kV	＞72h
220 及 300kV	＞48h
110kV 及以下	＞24h

(4) 进行耐压试验时，应尽量将连在一起的各种设备分离开来单独试验（制造厂装配的成套设备不在此限），但同一试验电压的设备可以连在一起进行试验。已有单独试验记录的若干不同试验电压的电力设备，在单独试验有困难时，也可以连在一起进行试验，此时，试验电压应采用所连接设备中的最低试验电压。

(5) 当电力设备的额定电压与实际使用的额定工作电压不同时，应根据下列原则确定试验电压：

1) 当采用额定电压较高的设备以加强绝缘时，应按照设备的额定电压确定其试验电压；

2) 当采用额定电压较高的设备作为代用设备时，应按照实际使用的额定工作电压确定其试验电压；

3) 为满足高海拔地区的要求而采用较高电压等级的设备时，应在安装地点按实际使用的额定工作电压确定其试验电压。

(6) 在进行与温度和湿度有关的各种试验时（如测量直流电阻、绝缘电阻、$\tan\delta$、泄漏电流等），应同时测量被试品的温度和周围空气的温度和湿度。

进行绝缘试验时，被试品温度不应低于＋5℃，户外试验应在良好的天气进行，且空气相对湿度一般不高于 80%。

(7) 在进行直流高压试验时，应采用负极性接线。

(8) 如产品的国家标准或行业标准有变动，执行本规程时应作相应调整。

(9) 如经实用考核证明利用带电测量和在线监测技术能达到停电试验的效果，经批准可以不做停电试验或适当延长周期。

(10) 执行本规程时，可根据具体情况制定本地区或本单位的实施规程。

第二节　旋转电机

一、同步发电机和调相机

1. 试验项目、周期和要求

容量为 6000kW 及以上的同步发电机的试验项目、周期和要求见表 17-2-1。6000kW 以下者可参照执行。

同步发电机的试验项目共有 25 项，可分为四大类，即定期试验、大修前试验、大修时试验、大修后试验。四大类试验项目如下：

(1) 定期试验项目见表 17-2-1 中序号 1、3。

(2) 大修前试验项目见表 17-2-1 中序号 1、3、4。

(3) 大修时试验项目见表 17-2-1 中序号 2、5、6、8、9、11、12、13、14、15、18。

(4) 大修后试验项目见表 17-2-1 中序号 1、3、19、21。

2. 定子绕组干燥的有关规定

(1) 发电机和同步调相机大修中更换绕组时，容量为 10MW (MVA) 以上的定子绕组绝缘状况应满足下列条件，而容量为 10MW (MVA) 及以下时满足下列条件之一者，可以不经干燥投入运行：

1) 沥青浸胶及烘卷云母绝缘分相测量的吸收比不小于 1.3 或极化指数不小于 1.5，对于环氧粉云母绝缘吸收比不小于 1.6 或极化指数不小于 2.0。水内冷发电机的吸收比和极化指数自行规定。

2) 在 40℃时三相绕组并联对地绝缘电阻值不小于 (U_n+1) MΩ（取 U_n 的千伏数，下同），分相试验时，不小于 $2(U_n+1)$ MΩ。若定子绕组温度不是 40℃，绝缘电阻值应进行换算。

(2) 运行中的发电机和同步调相机，在大修中未更换绕组时，除在绕组中有明显进水或严重油污（特别是含水的油）外，满足上述条件时，一般可不经干燥投入运行。

表 17-2-1 容量为 6000kW 及以上的同步发电机的试验项目、周期和要求

<table>
<tr><th>序号</th><th>项 目</th><th>周 期</th><th>要 求</th><th>说 明</th></tr>
<tr><td>1</td><td>定子绕组的绝缘电阻、吸收比或极化指数</td><td>1）1 年或小修时
2）大修前、后</td><td>1）绝缘电阻值自行规定。若在相近试验条件（温度、湿度）下，绝缘电阻值降低到历年正常值的 1/3 以下时，应查明原因
2）各相或各分支绝缘电阻值的差值不应大于最小值的 100%
3）吸收比或极化指数：沥青浸胶及烘卷云母绝缘吸收比不应小于 1.3 或极化指数不应小于 1.5；环氧粉云母绝缘吸收比不应小于 1.6 或极化指数不应小于 2.0；水内冷定子绕组自行规定</td><td>1）额定电压为 1000V 以上者，采用 2500V 兆欧表，量程一般不低于 10000MΩ
2）水内冷定子绕组用专用兆欧表
3）200MW 及以上机组推荐测量极化指数</td></tr>
<tr><td>2</td><td>定子绕组的直流电阻</td><td>1）大修时
2）出口短路后</td><td>汽轮发电机各相或各分支的直流电阻值，在校正了由于引线长度不同而引起的误差后相互间差别以及与初次（出厂或交接时）测量值比较，相差不得大于最小值的 1.5%（水轮发电机为 1%）。超出要求者，应查明原因</td><td>1）在冷态下测量，绕组表面温度与周围空气温度之差不应大于±3℃
2）汽轮发电机相间（或分支间）差别及其历年的相对变化大于 1%时，应引起注意</td></tr>
<tr><td>3</td><td>定子绕组泄漏电流和直流耐压试验</td><td>1）1 年或小修时
2）大修前、后
3）更换绕组后</td><td>1）试验电压如下：
<table>
<tr><td colspan="2">全部更换定子绕组并修好后</td><td>$3.0U_n$</td></tr>
<tr><td colspan="2">局部更换定子绕组并修好后</td><td>$2.5U_n$</td></tr>
<tr><td rowspan="3">大修前</td><td>运行 20 年及以下者</td><td>$2.5U_n$</td></tr>
<tr><td>运行 20 年以上与架空线直接连接者</td><td>$2.5U_n$</td></tr>
<tr><td>运行 20 年以上不与架空线直接连接者</td><td>$(2.0\sim2.5)U_n$</td></tr>
<tr><td colspan="2">小修时和大修后</td><td>$2.0U_n$</td></tr>
</table>
2）在规定试验电压下，各相泄漏电流的差别不应大于最小值的 100%；最大泄漏电流在 20μA 以下者，相间差值与历次试验结果比较，不应有显著的变化
3）泄漏电流不随时间的延长而增大</td><td>1）应在停机后清除污秽前热状态下进行。处于备用状态时，可在冷态下进行。氢冷发电机应在充氢后氢纯度为 96%以上或排氢后含氢量在 3%以下时进行，严禁在置换过程中进行试验
2）试验电压按每级 $0.5U_n$ 分阶段升高，每阶段停留 1min
3）不符合 2）、3）要求之一者，应尽可能找出原因并消除，但并非不能运行
4）泄漏电流随电压不成比例显著增长时，应注意分析
5）试验时，微安表应接在高压侧，并对出线套管表面加以屏蔽。水内冷发电机汇水管有绝缘者，应采用低压屏蔽法接线；汇水管直接接地者，应在不通水和引水管吹净条件下进行试验。冷却水质应透明纯净，无机械混杂物，导电率在水温 20℃时要求：对于开启式水系统不大于 $5.0\times10^2\mu S/m$；对于独立的密闭循环水系统为 $1.5\times10^2\mu S/m$</td></tr>
<tr><td>4</td><td>定子绕组交流耐压试验</td><td>1）大修前
2）更换绕组后</td><td>1）全部更换定子绕组并修好后的试验电压如下：
<table>
<tr><th>容量 kW 或 kVA</th><th>额定电压 U_n V</th><th>试验电压 V</th></tr>
<tr><td>小于 10000</td><td>36 以上</td><td>$2U_n+1000$ 但最低为 1500</td></tr>
<tr><td rowspan="3">10000 及以上</td><td>6000 以下</td><td>$2.5U_n$</td></tr>
<tr><td>6000～18000</td><td>$2U_n+3000$</td></tr>
<tr><td>18000 以上</td><td>按专门协议</td></tr>
</table>
2）大修前或局部更换定子绕组并修好后试验电压为：
<table>
<tr><td>运行 20 年及以下者</td><td>$1.5U_n$</td></tr>
<tr><td>运行 20 年以上与架空线路直接连接者</td><td>$1.5U_n$</td></tr>
<tr><td>运行 20 年以上不与架空线路直接连接者</td><td>$(1.3\sim1.5)U_n$</td></tr>
</table></td><td>1）应在停机后清除污秽前热状态下进行。处于备用状态时，可在冷状态下进行。氢冷发电机试验条件同本表序号 3 的说明 1）
2）水内冷电机一般应在通水的情况下进行试验，进口机组按厂家规定，水质要求同本表序号 3 说明 5）
3）有条件时，可采用超低频（0.1Hz）耐压，试验电压峰值为工频试验电压峰值的 1.2 倍
4）全部或局部更换定子绕组的工艺过程中的试验电压见附录 A</td></tr>
</table>

续表

序号	项　目	周　期	要　求	说　明
5	转子绕组的绝缘电阻	1）小修时 2）大修中转子清扫前、后	1）绝缘电阻值在室温时一般不小于0.5MΩ 2）水内冷转子绕组绝缘电阻值在室温时一般不应小于5kΩ	1）采用1000V兆欧表测量。水内冷发电机用500V及以下兆欧表或其他测量仪器 2）对于300MW以下的隐极式电机，当定子绕组已干燥完毕而转子绕组未干燥完毕，如果转子绕组的绝缘电阻值在75℃时不小于2kΩ，或在20℃时不小于20kΩ，允许投入运行 3）对于300MW及以上的隐极式电机，转子绕组的绝缘电阻值在10～30℃时不小于0.5MΩ
6	转子绕组的直流电阻	大修时	与初次（交接或大修）所测结果比较，其差别一般不超过2%	1）在冷态下进行测量 2）显极式转子绕组还应对各磁极线圈间的连接点进行测量
7	转子绕组交流耐压试验	1）显极式转子大修时和更换绕组后 2）隐极式转子拆卸套箍后，局部修理槽内绝缘和更换绕组后	试验电压如下： 显极式和隐极式转子全部更换绕组并修好后：额定励磁电压500V及以下者为$10U_n$，但不低于1500V；500V以上者为$2U_0+4000V$ 显极式转子大修时及局部更换绕组并修好后：$5U_n$，但不低于1000V，不大于2000V 隐极式转子局部修理槽内绝缘后及局部更换绕组并修好后：$5U_n$，但不低于1000V，不大于2000V	1）隐极式转子拆卸套箍只修理端部绝缘时，可用2500V兆欧表测绝缘电阻代替 2）隐极式转子若在端部有铝鞍，则在拆卸套箍后作绕组对铝鞍的耐压试验。试验时将转子绕组与轴连接，在铝鞍上加电压2000V 3）全部更换转子绕组工艺过程中的试验电压值按制造厂规定
8	发电机和励磁机的励磁回路所连接的设备（不包括发电机转子和励磁机电枢）的绝缘电阻	1）小修时 2）大修时	绝缘电阻值不应低于0.5MΩ，否则应查明原因并消除	1）小修时用1000V兆欧表 2）大修时用2500V兆欧表
9	发电机和励磁机的励磁回路所连接的设备（不包括发电机转子和励磁机电枢）的交流耐压试验	大修时	试验电压为1kV	可用2500V兆欧表测绝缘电阻代替
10	定子铁芯试验	1）重新组装或更换、修理硅钢片后 2）必要时	1）磁密在1T下齿的最高温升不大于25K，齿的最大温差不大于15K，单位损耗不大于1.3倍参考值，在1.4T下自行规定 2）单位损耗参考值见附录A 3）对运行年久的电机自行规定	1）在磁密为1T下持续试验时间为90min，在磁密为1.4T下持续时间为45min。对直径较大的水轮发电机试验时应注意校正由于磁通密度分布不均匀所引起的误差 2）用红外热像仪测温
11	发电机组和励磁机轴承的绝缘电阻	大修时	1）汽轮发电机组的轴承不得低于0.5MΩ 2）立式水轮发电机组的推力轴承每一轴瓦不得低于100MΩ；油槽充油并顶起转子时，不得低于0.3MΩ 3）所有类型的水轮发电机，凡有绝缘的导轴承，油槽充油前，每一轴瓦不得低于100MΩ	汽轮发电机组的轴承绝缘，用1000V兆欧表在安装好油管后进行测量

续表

序号	项　目	周　期	要　求	说　明
12	灭磁电阻器（或自同期电阻器）的直流电阻	大修时	与铭牌或最初测得的数据比较，其差别不应超过10%	
13	灭磁开关的并联电阻	大修时	与初始值比较应无显著差别	电阻值应分段测量
14	转子绕组的交流阻抗和功率损耗	大修时	阻抗和功率损耗值自行规定。在相同试验条件下与历年数值比较，不应有显著变化	1）隐极式转子在膛外或膛内以及不同转速下测量。显极式转子对每一个转子绕组测量 2）每次试验应在相同条件、相同电压下进行，试验电压峰值不超过额定励磁电压（显极式转子自行规定） 3）本试验可用动态匝间短路监测法代替
15	检温计绝缘电阻和温度误差检验	大修时	1）绝缘电阻值自行规定 2）检温计指示值误差不应超过制造厂规定	1）用250V及以下的兆欧表 2）检温计除埋入式外还包括水内冷定子绕组引水管出水温度计
16	定子槽部线圈防晕层对地电位	必要时	不大于10V	1）运行中检温元件电位升高、槽楔松动或防晕层损坏时测量 2）试验时对定子绕组施加额定交流相电压值，用高内阻电压表测量绕组表面对地电压值 3）有条件时可采用超声法探测槽放电
17	汽轮发电机定子绕组引线的自振频率	必要时	自振频率不得介于基频或倍频的±10%范围内	
18	定子绕组端部手包绝缘施加直流电压测量	1）投产后 2）第一次大修时 3）必要时	1）直流试验电压值为U_n 2）测试结果一般不大于下表中的值 手包绝缘引线接头，汽机侧隔相接头：20μA；1000MΩ电阻上的电压降值为2000V 端部接头（包括引水管锥体绝缘）和过渡引线并联块：30μA；100MΩ电阻上的电压降值为3000V	1）本项试验适用于200MW及以上的国产水氢氢汽轮发电机 2）可在通水条件下进行试验，以发现定子接头漏水缺陷 3）尽量在投产前进行，若未进行则投产后应尽快安排试验
19	轴电压	大修后	1）汽轮发电机的轴承油膜被短路时，转子两端轴上的电压一般应等于轴承与机座间的电压 2）汽轮发电机大轴对地电压一般小于10V 3）水轮发电机不作规定	测量时采用高内阻（不小于100kΩ/V）的交流电压表
20	定子绕组绝缘老化鉴定	累计运行时间20年以上且运行或预防性试验中绝缘频繁击穿时	见附录A	新机投产后第一次大修有条件时可对定子绕组做试验，取得初始值
21	空载特性曲线	1）大修后 2）更换绕组后	1）与制造厂（或以前测得的）数据比较，应在测量误差的范围以内 2）在额定转速下的定子电压最高值： a）水轮发电机为$1.5U_n$（以不超过额定励磁电流为限） b）汽轮发电机为$1.3U_n$（带变压器时为$1.1U_n$） 3）对于有匝间绝缘的电机最高电压时持续时间为5min	1）无起动电动机的同步调相机不作此项试验 2）新机交接未进行本项试验时，应在1年内做不带变压器的$1.3U_n$空载特性曲线试验；一般性大修时可以带主变压器试验

续表

序号	项　目	周　期	要　求	说　明
22	三相稳定短路特性曲线	1）更换绕组后 2）必要时	与制造厂出厂（或以前测得的）数据比较，其差别应在测量误差的范围以内	1）无起动电动机的同步调相机不作此项试验 2）新机交接未进行本项试验时应在1年内做不带变压器的三相稳定短路特性曲线试验
23	发电机定子开路时的灭磁时间常数	更换灭磁开关后	时间常数与出厂试验或更换前相比较应无明显差异	
24	检查相序	改动接线时	应与电网的相序一致	
25	温升试验	1）定、转子绕组更换后 2）冷却系统改进后 3）第一次大修前 4）必要时	应符合制造厂规定	如对埋入式温度计测量值有怀疑时，用带电测平均温度的方法进行校核

二、直流电机

直流电机的试验项目、周期和要求见表17-2-2。各试验项目共有11项。可分为定期试验、大修时试验和大修后试验，三大类试验项目如下：

（1）定期试验项目见表17-2-2中序号1。

（2）大修时试验项目见表17-2-2中序号1、2、3、4、5、6、7、9。

（3）大修后试验项目见表17-2-2中序号11。

表17-2-2　　直流电机的试验项目、周期和要求

序号	项　目	周　期	要　求	说　明
1	绕组的绝缘电阻	1）小修时 2）大修时	绝缘电阻值一般不低于0.5MΩ	1）用1000V兆欧表 2）对励磁机应测量电枢绕组对轴和金属绑线的绝缘电阻
2	绕组的直流电阻	大修时	1）与制造厂试验数据或以前测得值比较，相差一般不大于2%；补偿绕组自行规定 2）100kW以下的不重要的电机自行规定	
3	电枢绕组片间的直流电阻	大修时	相互间的差值不应超过正常最小值的10%	1）由于均压线产生的有规律变化，应在各相应的片间进行比较判断 2）对波绕组或蛙绕组应根据在整流子上实际节距测量电阻值
4	绕组的交流耐压试验	大修时	磁场绕组对机壳和电枢对轴的试验电压为1000V	100kW以下不重要的直流电机电枢绕组对轴的交流耐压可用2500V兆欧表试验代替
5	磁场可变电阻器的直流电阻	大修时	与铭牌数据或最初测量值比较相差不应大于10%	应在不同分接头位置测量，电阻值变化应有规律性
6	磁场可变电阻器的绝缘电阻	大修时	绝缘电阻值一般不低于0.5MΩ	1）磁场可变电阻器可随同励磁回路进行 2）用2500V兆欧表
7	调整碳刷的中心位置	大修时	核对位置是否正确，应满足良好换向要求	必要时可做无火花换向试验
8	检查绕组的极性及其连接的正确性	拉线变动时	极性和连接均应正确	
9	测量电枢及磁极间的空气间隙	大修时	各点气隙与平均值的相对偏差应在下列范围： 3mm以下气隙±10% 3mm及以上气隙±5%	

续表

序号	项　目	周　期	要　求	说　明
10	直流发电机的特性试验	1）更换绕组后 2）必要时	与制造厂试验数据比较，应在测量误差范围内	1）空载特性：测录至最大励磁电压值 2）负载特性：仅测录励磁机负载特性；测量时，以同步发电机的励磁绕组作为负载 3）外特性：必要时进行 4）励磁电压的增长速度：在励磁机空载额定电压下进行
11	直流电动机的空转检查	1）大修后 2）更换绕组后	1）转动正常 2）调速范围合乎要求	空转检查的时间一般不小于 1h

三、中频发电机

中频发电机的试验项目、周期和要求见表 17-2-3。共有试验项目 6 项，各类试验项目如下：

（1）定期试验项目见表 17-2-3 中序号 1。

（2）大修时试验项目见表 17-2-3 中序号 1、2、3、4。

表 17-2-3　　中频发电机的试验项目、周期和要求

序号	项　目	周　期	要　求	说　明
1	绕组的绝缘电阻	1）小修时 2）大修时	绝缘电阻值不应低于 0.5MΩ	1000V 以下的中频发电机使用 1000V 兆欧表测量；1000V 及以上者使用 2500V 兆欧表测量
2	绕组的直流电阻	大修时	1）各相绕组直流电阻值的相互间差别不超过最小值的 2% 2）励磁绕组直流电阻值与出厂值比较不应有显著差别	
3	绕组的交流耐压试验	大修时	试验电压为出厂试验电压的 75%	副励磁机的交流耐压试验可用 1000V 兆欧表测绝缘电阻代替
4	可变电阻器或起动电阻器的直流电阻	大修时	与制造厂数值或最初测得值比较相差不得超过 10%	1000V 及以上中频发电机应在所有分接头上测量
5	中频发电机的特性试验	1）更换绕组后 2）必要时	与制造厂试验数据比较应在测量误差范围内	1）空载特性：测录至最大励磁电压值 2）负载特性：仅测录励磁机的负载特性；测录时，以同步发电机的励磁绕组为负载 3）外特性：必要时进行
6	温升	必要时	按制造厂规定	新机投运后创造条件进行

四、交流电动机

交流电动机的试验项目、周期和要求见表 17-2-4。共有试验项目 14 项。各类试验项目如下：

(1) 定期试验项目见表 17-2-4 中序号 1、2。

(2) 大修时试验项目见表 17-2-4 中序号 1、2、3、6、7、8、9、10。

（3）大修后试验项目见表 17-2-4 中序号 4、5。

（4）容量在 100kW 以下的电动机一般只进行序号 1、4、13 项试验。

（5）对于特殊电动机的试验项目按制造厂规定。

表 17-2-4　　交流电动机的试验项目、周期和要求

序号	项　目	周　期	要　求	说　明
1	绕组的绝缘电阻和吸收比	1）小修时 2）大修时	1）绝缘电阻值： a）额定电压 3000V 以下者，室温下不应低于 0.5MΩ b）额定电压 3000V 及以上者，交流耐压前，定子绕组在接近运行温度时的绝缘电阻值不应低于 U_nMΩ（取 U_n 的千伏数，下同）；投运前室温下（包括电缆）不应低于 U_nMΩ c）转子绕组不应低于 0.5MΩ 2）吸收比自行规定	1）500kW 及以上的电动机，应测量吸收比（或极化指数），参照表 17-2-1 序号 1 2）3kV 以下的电动机使用 1000V 兆欧表；3kV 及以上者使用 2500V 兆欧表 3）小修时定子绕组可与其所连接的电缆一起测量，转子绕组可与起动设备一起测量 4）有条件时可分相测量

续表

<table>
<tr><th>序号</th><th>项　目</th><th>周　期</th><th>要　求</th><th>说　明</th></tr>
<tr><td>2</td><td>绕组的直流电阻</td><td>1）1年（3kV及以上或100kW及以上）
2）大修时
3）必要时</td><td>1）3kV及以上或100kW及以上的电动机各相绕组直流电阻值的相互差别不应超过最小值的2%；中性点未引出者，可测量线间电阻，其相互差别不应超过1%
2）其余电动机自行规定
3）应注意相互间差别的历年相对变化</td><td></td></tr>
<tr><td>3</td><td>定子绕组泄漏电流和直流耐压试验</td><td>1）大修时
2）更换绕组后</td><td>1）试验电压：全部更换绕组时为$3U_n$；大修或局部更换绕组时为$2.5U_n$
2）泄漏电流相间差别一般不大于最小值的100%，泄漏电流为20μA以下者不作规定
3）500kW以下的电动机自行规定</td><td>有条件时可分相进行</td></tr>
<tr><td>4</td><td>定子绕组的交流耐压试验</td><td>1）大修后
2）更换绕组后</td><td>1）大修时不更换或局部更换定子绕组后试验电压为$1.5U_n$，但不低于1000V
2）全部更换定子绕组后试验电压为（$2U_n$＋1000）V，但不低于1500V</td><td>1）低压和100kW以下不重要的电动机，交流耐压试验可用2500V兆欧表测量代替
2）更换定子绕组时工艺过程中的交流耐压试验按制造厂规定</td></tr>
<tr><td>5</td><td>绕线式电动机转子绕组的交流耐压试验</td><td>1）大修后
2）更换绕组后</td><td>试验电压如下：<table><tr><th></th><th>不可逆式</th><th>可逆式</th></tr><tr><td>大修不更换转子绕组或局部更换转子绕组后</td><td>$1.5U_k$，但不小于1000V</td><td>$3.0U_k$，但不小于2000V</td></tr><tr><td>全部更换转子绕组后</td><td>$2U_k$＋1000V</td><td>$4U_k$＋1000V</td></tr></table></td><td>1）绕线式电机已改为直接短路起动者，可不做交流耐压试验
2）U_k为转子静止时在定子绕组上加额定电压于滑环上测得的电压</td></tr>
<tr><td>6</td><td>同步电动机转子绕组交流耐压试验</td><td>大修时</td><td>试验电压为1000V</td><td>可用2500V兆欧表测量代替</td></tr>
<tr><td>7</td><td>可变电阻器或起动电阻器的直流电阻</td><td>大修时</td><td>与制造厂数值或最初测得结果比较，相差不应超过10%</td><td>3kV及以上的电动机应在所有分接头上测量</td></tr>
<tr><td>8</td><td>可变电阻器与同步电动机灭磁电阻器的交流耐压试验</td><td>大修时</td><td>试验电压为1000V</td><td>可用2500V兆欧表测量代替</td></tr>
<tr><td>9</td><td>同步电动机及其励磁机轴承的绝缘电阻</td><td>大修时</td><td>绝缘电阻不应低于0.5MΩ</td><td>在油管安装完毕后，用1000V兆欧表测量</td></tr>
<tr><td>10</td><td>转子金属绑线的交流耐压</td><td>大修时</td><td>试验电压为1000V</td><td>可用2500V兆欧表测量代替</td></tr>
<tr><td>11</td><td>检查定子绕组的极性</td><td>接线变动时</td><td>定子绕组的极性与连接应正确</td><td>1）对双绕组的电动机，应检查两分支间连接的正确性
2）中性点无引出者可不检查极性</td></tr>
<tr><td>12</td><td>定子铁芯试验</td><td>1）全部更换绕组时或修理铁芯后
2）必要时</td><td>参照表17-2-1中序号10</td><td>1）3kV或500kW及以上电动机应做此项试验
2）如果电动机定子铁芯没有局部缺陷，只为检查整体叠片状况，可仅测量空载损耗值</td></tr>
<tr><td>13</td><td>电动机空转并测空载电流和空载损耗</td><td>必要时</td><td>1）转动正常，空载电流自行规定
2）额定电压下的空载损耗值不得超过原来值的50%</td><td>1）空转检查的时间一般不小于1h
2）测定空载电流仅在对电动机有怀疑时进行
3）3kV以下电动机仅测空载电流不测空载损耗</td></tr>
</table>

续表

序号	项目	周期	要求	说明
14	双电动机拖动时测量转矩—转速特性	必要进	两台电动机的转矩—转速特性曲线上各点相差不得大于10%	1）应使用同型号、同制造厂、同期出厂的电动机 2）更换时，应选择两台转矩—转速特性相近似的电动机

第三节 电力变压器、电抗器及互感器

一、电力变压器及电抗器

(1) 电力变压器及电抗器的试验项目、周期和要求见表17-3-1。共有32次试验项目。

(2) 电力变压器交流试验电压值及操作波试验电压值见表17-3-2。

(3) 各类电力变压器及电抗器的试验项目见表17-3-3。

(4) 判断故障时可供选用的试验项目见表17-3-4。

表17-3-1 电力变压器及电抗器的试验项目、周期和要求

序号	项目	周期	要求	说明
1	油中溶解气体色谱分析	1）220kV及以上的所有变压器、容量120MVA及以上的发电厂主变压器和330kV及以上的电抗器在投运后的4、10、30天（500kV设备还应增加1次在投运后1天） 2）运行中：a）330kV及以上变压器和电抗器为3个月；b）220kV变压器为6个月；c）120MVA及以上的发电厂主变压器为6个月；d）其余8MVA及以上的变压器为1年；e）8MVA以下的油浸式变压器自行规定 3）大修后 4）必要时	1）运行设备的油中H_2与烃类气体含量（体积分数）超过下列任何一项值时应引起注意：总烃含量大于150×10^{-6} H_2含量大于150×10^{-6} C_2H_2含量大于5×10^{-6}（500kV变压器为1×10^{-6}） 2）烃类气体总和的产气速率大于0.25ml/h（开放式）和0.5ml/h（密封式），或相对产气速率大于10%/月则认为设备有异常 3）对330kV及以上的电抗器，当出现痕量（小于5×10^{-6}）乙炔时也应引起注意；如气体分析虽已出现异常，但判断不至于危及绕组和铁芯安全时，可在超过注意值较大的情况下运行	1）总烃包括：CH_4、C_2H_6、C_2H_4和C_2H_2四种气体 2）溶解气体组分含量有增长趋势时，可结合产气速率判断，必要时缩短周期进行追踪分析 3）总烃含量低的设备不宜采用相对产气速率进行判断 4）新投运的变压器应有投运前的测试数据 5）测试周期中1）项的规定适用于大修后的变压器
2	绕组直流电阻	1）1～3年或自行规定 2）无励磁调压变压器变换分接位置后 3）有载调压变压器的分接开关检修后（在所有分接侧） 4）大修后 5）必要时	1）1.6MVA以上变压器，各相绕组电阻相互间的差别不应大于三相平均值的2%，无中性点引出的绕组，线间差别不应大于三相平均值的1% 2）1.6MVA及以下的变压器，相间差别一般不大于三相平均值的4%，线间差别一般不大于三相平均值的2% 3）与以前相同部位测得值比较，其变化不应大于2% 4）电抗器参照执行	1）如电阻相间差在出厂时超过规定，制造厂已说明了这种偏差的原因，按要求中3）项执行 2）不同温度下的电阻值按下式换算 $$R_2=R_1\left(\frac{T+t_2}{T+t_1}\right)$$ 式中R_1、R_2分别为在温度t_1、t_2时的电阻值；T为计算用常数，铜导线取235，铝导线取225 3）无励磁调压变压器应在使用的分接锁定后测量
3	绕组绝缘电阻、吸收比或（和）极化指数	1）1～3年或自行规定 2）大修后 3）必要时	1）绝缘电阻换算至同一温度下，与前一次测试结果相比应无明显变化 2）吸收比（10～30℃范围）不低于1.3或极化指数不低于1.5	1）采用2500V或5000V兆欧表 2）测量前被试绕组应充分放电 3）测量温度以顶层油温为准，尽量使每次测量温度相近 4）尽量在油温低于50℃时测量，不同温度下的绝缘电阻值一般可按下式换算 $$R_2=R_1\times1.5^{(t_1-t_2)/10}$$ 式中R_1、R_2分别为温度t_1、t_2时的绝缘电阻值 5）吸收比和极化指数不进行温度换算

续表

<table>
<tr><th>序号</th><th>项　目</th><th>周　期</th><th>要　求</th><th>说　明</th></tr>
<tr><td>4</td><td>绕组的 $\tan\delta$</td><td>1）1～3年或自行规定
2）大修后
3）必要时</td><td>1）20℃时 $\tan\delta$ 不大于下列数值：
330～500kV0.6%
66～220kV0.8%
35kV及以下 1.5%
2）$\tan\delta$ 值与历年的数值比较不应有显著变化（一般不大于30%）
3）试验电压如下：<table><tr><td>绕组电压10kV及以上</td><td>10kV</td></tr><tr><td>绕组电压10kV以下</td><td>U_n</td></tr></table>4）用M型试验器时试验电压自行规定</td><td>1）非被试绕组应接地或屏蔽
2）同一变压器各绕组 $\tan\delta$ 的要求值相同
3）测量温度以顶层油温为准，尽量使每次测量的温度相近
4）尽量在油温低于50℃时测量，不同温度下的 $\tan\delta$ 值一般可按下式换算
$\tan\delta_2=\tan\delta_1\times1.3^{(t_2-t_1)/10}$
式中 $\tan\delta_1$、$\tan\delta_2$ 分别为温度 t_1、t_2 时的 $\tan\delta$ 值</td></tr>
<tr><td>5</td><td>电容型套管的 $\tan\delta$ 和电容值</td><td>1）1～3年或自行规定
2）大修后
3）必要时</td><td>见本章第五节</td><td>1）用正接法测量
2）测量时记录环境温度及变压器（电抗器）顶层油温</td></tr>
<tr><td>6</td><td>绝缘油试验</td><td>1）1～3年或自行规定
2）大修后
3）必要时</td><td colspan="2">见本章第九节</td></tr>
<tr><td>7</td><td>交流耐压试验</td><td>1）1～5年（10kV及以下）
2）大修后（66kV及以下）
3）更换绕组后
4）必要时</td><td>1）油浸变压器（电抗器）试验电压值按表17-2-6（定期试验按部分更换绕组电压值）
2）干式变压器全部更换绕组时，按出厂试验电压值；部分更换绕组和定期试验时，按出厂试验电压值的0.85倍</td><td>1）可采用倍频感应或操作波感应法
2）66kV及以下全绝缘变压器，现场条件不具备时，可只进行外施工频耐压试验
3）电抗器进行外施工频耐压试验</td></tr>
<tr><td>8</td><td>铁芯（有外引接地线的）绝缘电阻</td><td>1）1～3年或自行规定
2）大修后
3）必要时</td><td>1）与以前测试结果相比无显著差别
2）运行中铁芯接地电流一般不大于0.1A</td><td>1）采用2500V兆欧表（对运行年久的变压器可用1000V兆欧表）
2）夹件引出接地的可单独对夹件进行测量</td></tr>
<tr><td>9</td><td>穿心螺栓、铁轭夹件、绑扎钢带、铁芯、线圈压环及屏蔽等的绝缘电阻</td><td>1）大修后
2）必要时</td><td>220kV及以上者绝缘电阻一般不低于500MΩ，其他自行规定</td><td>1）采用2500V兆欧表（对运行年久的变压器可用1000V兆欧表）
2）连接片不能拆开者可不进行</td></tr>
<tr><td>10</td><td>油中含水量</td><td colspan="3">见本章第九节</td></tr>
<tr><td>11</td><td>油中含气量</td><td colspan="3">见本章第九节</td></tr>
<tr><td>12</td><td>绕组泄漏电流</td><td>1）1～3年或自行规定
2）必要时</td><td>1）试验电压一般如下：<table><tr><td>绕组额定电压 kV</td><td>3</td><td>6～10</td><td>20～35</td><td>66～330</td><td>500</td></tr><tr><td>直流试验电压 kV</td><td>5</td><td>10</td><td>20</td><td>40</td><td>60</td></tr></table>2）与前一次测试结果相比应无明显变化</td><td>读取1min时的泄漏电流值</td></tr>
<tr><td>13</td><td>绕组所有分接的电压比</td><td>1）分接开关引线拆装后
2）更换绕组后
3）必要时</td><td>1）各相应接头的电压比与铭牌值相比，不应有显著差别，且符合规律
2）电压35kV以下，电压比小于3的变压器电压比允许偏差为±1%；其他所有变压器：额定分接电压比允许偏差为±0.5%，其他分接的电压比应在变压器阻抗电压值（%）的1/10以内，但不得超过±1%</td><td></td></tr>
</table>

续表

序号	项　目	周　期	要　求	说　明
14	校核三相变压器的组别或单相变压器极性	更换绕组后	必须与变压器铭牌和顶盖上的端子标志相一致	
15	空载电流和空载损耗	1）更换绕组后 2）必要时	与前次试验值相比，无明显变化	试验电源可用三相或单相；试验电压可用额定电压或较低电压值（如制造厂提供了较低电压下的值，可在相同电压下进行比较）
16	短路阻抗和负载损耗	1）更换绕组后 2）必要时	与前次试验值相比，无明显变化	试验电源可用三相或单相；试验电流可用额定值或较低电流值（如制造厂提供了较低电流下的测量值，可在相同电流下进行比较）
17	局部放电测量	1）大修后（220kV及以上） 2）更换绕组后（220kV及以上、120MVA及以上） 3）必要时	1）在线端电压为$1.5U_m\sqrt{3}$时，放电量一般不大于500pC；在线端电压为$1.3U_m/\sqrt{3}$时，放电量一般不大于300pC 2）干式变压器按GB 6450规定执行	1）试验方法符合GB 1094.3的规定 2）周期中“大修后”系指消缺性大修后，一般性大修后的试验可自行规定 3）电抗器可进行运行电压下局部放电监测
18	有载调压装置的试验和检查	1）1年或按制造厂要求 2）大修后 3）必要时		
	1）检查动作顺序，动作角度		范围开关、选择开关、切换开关的动作顺序应符合制造厂的技术要求，其动作角度应与出厂试验记录相符	
	2）操作试验：变压器带电时手动操作、电动操作、远方操作各2个循环		手动操作应轻松，必要时用力矩表测量，其值不超过制造厂的规定，电动操作应无卡涩，没有连动现象，电气和机械限位动作正常	
	3）检查和切换测试： a）测量过渡电阻的阻值		与出厂值相符	
	b）测量切换时间		三相同步的偏差，切换时间的数值及正反向切换时间的偏差均与制造厂的技术要求相符	有条件时进行
	c）检查插入触头、动静触头的接触情况，电气回路的连接情况		动、静触头平整光滑，触头烧损厚度不超过制造厂的规定值，回路连接良好	
	d）单、双数触头间非线性电阻的试验		按制造厂的技术要求	
	e）检查单、双数触头间放电间隙		无烧伤或变动	
	4）检查操作箱		接触器、电动机、传动齿轮、辅助接点、位置指示器、计数器等工作正常	
	5）切换开关室绝缘油试验		符合制造厂的技术要求，击穿电压一般不低于25kV	
	6）二次回路绝缘试验		绝缘电阻一般不低于1MΩ	采用2500V兆欧表

续表

<table>
<tr><th>序号</th><th>项　目</th><th>周　期</th><th>要　求</th><th>说　明</th></tr>
<tr><td>19</td><td>测温装置及其二次回路试验</td><td>1）1～3年
2）大修后
3）必要时</td><td>密封良好，指示正确，测温电阻值应和出厂值相符
绝缘电阻一般不低于1MΩ</td><td>测量绝缘电阻采用2500V兆欧表</td></tr>
<tr><td>20</td><td>气体继电器及其二次回路试验</td><td>1）1～3年（二次回路）
2）大修后
3）必要时</td><td>整定值符合运行规程要求，动作正确
绝缘电阻一般不低于1MΩ</td><td>测量绝缘电阻采用2500V兆欧表</td></tr>
<tr><td>21</td><td>压力释放器校验</td><td>必要时</td><td>动作值与铭牌值相差应在±10%范围内或按制造厂规定</td><td></td></tr>
<tr><td>22</td><td>整体密封检查</td><td>大修后</td><td>1）35kV及以下管状和平面油箱变压器采用超过油枕顶部0.6m油柱试验（约5kPa压力），对于波纹油箱和有散热器的油箱采用超过油枕顶部0.3m油柱试验（约2.5kPa压力），试验时间12h无渗漏
2）110kV及以上变压器，在油枕顶部施加0.035MPa压力，试验持续时间24h无渗漏</td><td>试验时带冷却器，不带压力释放装置</td></tr>
<tr><td>23</td><td>冷却装置及其二次回路检查试验</td><td>1）自行规定
2）大修后
3）必要时</td><td>1）投运后，流向、温升和声响正常，无渗漏
2）强油水冷装置的检查和试验，按制造厂规定
3）绝缘电阻一般不低于1MΩ</td><td>测量绝缘电阻采用2500V兆欧表</td></tr>
<tr><td>24</td><td>套管中的电流互感器绝缘试验</td><td>1）大修后
2）必要时</td><td>绝缘电阻一般不低于1MΩ</td><td>采用2500V兆欧表</td></tr>
<tr><td>25</td><td>全电压下空载合闸</td><td>更换绕组后</td><td>1）全部更换绕组，空载合闸5次，每次间隔5min
2）部分更换绕组，空载合闸3次，每次间隔5min</td><td>1）在使用分接上进行
2）由变压器高压或中压侧加压
3）110kV及以上的变压器中性点接地
4）发电机变压器组的中间连接无断开点的变压器，可不进行</td></tr>
<tr><td>26</td><td>油中糠醛含量</td><td>必要时</td><td>1）含量超过下表值时，一般为非正常老化需跟踪检测：
<table>
<tr><td>运行年限</td><td>1～5</td><td>5～10</td><td>10～15</td><td>15～20</td></tr>
<tr><td>糠醛量（mg/L）</td><td>0.1</td><td>0.2</td><td>0.4</td><td>0.75</td></tr>
</table>
2）跟踪检测时，注意增长率
3）测试值大于4mg/L时，认为绝缘老化已比较严重</td><td>建议在以下情况进行：
1）油中气体总烃超标或CO、CO_2过高
2）500kV变压器和电抗器及150MVA以上升压变压器投运3～5年后
3）需了解绝缘老化情况</td></tr>
<tr><td>27</td><td>绝缘纸（板）聚合度</td><td>必要时</td><td>当聚合度小于250时，应引起注意</td><td>1）试样可取引线上绝缘纸、垫块、绝缘纸板等数克
2）对运行时间较长的变压器尽量利用吊检的机会取样</td></tr>
<tr><td>28</td><td>绝缘纸（板）含水量</td><td>必要时</td><td>含水量（质量分数）一般不大于下值：
<table>
<tr><td>500kV</td><td>1%</td></tr>
<tr><td>330kV</td><td>2%</td></tr>
<tr><td>220kV</td><td>3%</td></tr>
</table></td><td>可用所测绕组的tanδ值推算或取纸样直接测量。有条件时，可按部颁DL/T 580—96《用露点法测定变压器绝缘纸中平均含水量的方法》标准进行测量</td></tr>
<tr><td>29</td><td>阻抗测量</td><td>必要时</td><td>与出厂值相差在±5%，与三相或三相组平均值相差在±2%范围内</td><td>适用于电抗器，如受试验条件限制可在运行电压下测量</td></tr>
<tr><td>30</td><td>振动</td><td>必要时</td><td>与出厂值比不应有明显差别</td><td></td></tr>
<tr><td>31</td><td>噪声</td><td>必要时</td><td>与出厂值比不应有明显差别</td><td>按GB 7328要求进行</td></tr>
<tr><td>32</td><td>油箱表面温度分布</td><td>必要时</td><td>局部热点温升不超过80K</td><td></td></tr>
</table>

表 17-3-2 电力变压器交流试验电压值及操作波试验电压值

额定电压 kV	最高工作电压 kV	线端交流试验电压值 (kV)		中性点交流试验电压值 (kV)		线端操作波试验电压值 (kV)	
		全部更换绕组	部分更换绕组	全部更换绕组	部分更换绕组	全部更换绕组	部分更换绕组
<1	≤1	3	2.5	3	2.5	—	—
3	3.5	18	15	18	15	35	30
6	6.9	25	21	25	21	50	40
10	11.5	35	30	35	30	60	50
15	17.5	45	38	45	38	90	75
20	23.0	55	47	55	47	105	90
35	40.5	85	72	85	72	170	145
66	72.5	140	120	140	120	270	230
110	126.0	200	170 (195)	95	80	375	319
220	252.0	360 395	306 336	85 (200)	72 (170)	750	638
330	363.0	460 510	391 434	85 (230)	72 (195)	850 950	722 808
500	550.0	630 680	536 578	85 140	72 120	1050 1175	892 999

注 1. 括号内数值适用于不固定接地或经小电抗接地系统。

2. 操作波的波形为：波头大于 20μs，90%以上幅值持续时间大于 200μs，波长大于 500μs；负极性三次。

表 17-3-3 各类电力变压器及电抗器的试验项目

类型	试验项目
油浸式电力变压器 (1.6MVA 以上)	(1) 定期试验项目 见表 17-3-1 中序号 1、2、3、4、5、6、7、8、10、11、12、18、19、20、23，其中 10、11 项适用于 330kV 及以上变压器。 (2) 大修试验项目 1) 一般性大修见表 17-3-1 中序号 1、2、3、4、5、6、7、8、9、10、11、17、18、19、20、22、23、24，其中 10、11 项适用于 330kV 及以上变压器。 2) 更换绕组的大修见表 17-3-1 中序号 1、2、3、4、5、6、7、8、9、10、11、13、14、15、16、17、18、19、20、22、23、24、25，其中 10、11 项适用于 330kV 及以上变压器
油浸式电力变压器 (1.6MVA 及以下)	(1) 定期试验项目见表 17-3-1 中序号 2、3、4、5、6、7、8、19、20，其中 4、5 项适用于 35kV 及以上变电所用变压器。 (2) 大修试验项目见表 17-3-1 中序号 2、3、4、5、6、7、8、9、13、14、15、16、19、20、22，其中 13、14、15、16 适用于更换绕组时，4、5 项适用于 35kV 及以上变电所用变压器
干式变压器	(1) 定期试验项目见表 17-3-1 中序号 2、3、7、19。 (2) 更换绕组的大修试验项目见表 17-3-1 中序号 2、3、7、9、13、14、15、16、17、19，其中 17 项适用于浇注型干式变压器
气体绝缘变压器	(1) 定期试验项目见表 17-3-1 中序号 2、3、7 和表 17-9-3 中序号 1。 (2) 大修试验项目见表 17-3-1 中序号 2、3、7、19，表 17-9-3 中序号 1 和参照表 17-4-1 中序号 2
接地变压器	(1) 定期试验项目见表 17-3-1 中序号 3、6、7。 (2) 大修试验项目见表 17-3-1 中序号 2、3、6、7、9、15、16、22，其中 15、16 项适用于更换绕组时进行
油浸式电抗器	(1) 定期试验项目见表 17-3-1 中序号 1、2、3、4、5、6、8、19、20（10kV 及以下只作 2、3、6、7）。 (2) 大修试验项目见表 17-2-1 中序号 1、2、3、4、5、6、8、9、10、11、19、20、22、23、24，其中 10、11 项适用于 330kV 及以上电抗器（10kV 及以下只作 2、3、6、7、9、22）
消弧线圈	(1) 定期试验项目见表 17-3-1 中序号 1、2、3、4、6。 (2) 大修试验项目见表 17-3-1 中序号 1、2、3、4、6、7、9、22，装在消弧线圈内的电压、电流互感器的二次绕组应测绝缘电阻（参照表 17-3-1 中序号 24）
干式电抗器	在所连接的系统设备大修时作交流耐压试验见表 17-3-1 中序号 7

表 17-3-4 判断故障时可供选用的试验项目

故障现象及分析判断	选用的试验项目
当油中气体分析判断有异常时	(1) 绕组直流电阻 (2) 铁芯绝缘电阻和接地电流 (3) 空载损耗和空载电流测量或长时间空载（或轻负载下）运行，用油中气体分析及局部放电检测仪监视 (4) 长时间负载（或用短路法）试验，用油中气体色谱分析监视 (5) 油泵及水冷却器检查试验 (6) 有载调压开关油箱渗漏检查试验 (7) 绝缘特性（绝缘电阻、吸收比、极化指数、tanδ、泄漏电流） (8) 绝缘油的击穿电压、tanδ (9) 绝缘油含水量 (10) 绝缘油含气量（500kV） (11) 局部放电（可在变压器停运或运行中测量） (12) 绝缘油中糠醛含量 (13) 耐压试验 (14) 油箱表面温度分布和套管端部接头温度
气体继电器报警后	(1) 变压器油中溶解气体分析 (2) 继电器中的气体分析
变压器出口短路后	(1) 油中溶解气体分析 (2) 绕组直流电阻 (3) 短路阻抗 (4) 绕组的频率响应 (5) 空载电流和损耗
判断绝缘受潮	(1) 绝缘特性（绝缘电阻、吸收比、极化指数、tanδ、泄漏电流） (2) 绝缘油的击穿电压、tanδ、含水量、含气量（500kV） (3) 绝缘纸的含水量
判断绝缘老化	(1) 油中溶解气体分析（特别是CO、CO_2含量及变化） (2) 绝缘油酸值 (3) 油中糠醛含量 (4) 油中含水量 (5) 绝缘纸或纸板的聚合度
振动、噪音异常时	(1) 振动测量 (2) 噪声测量 (3) 油中溶解气体分析 (4) 阻抗测量

注 本表主要针对容量为1.6MVA以上变压器和330、500kV电抗器，其他设备可作参考。

二、电流互感器

电流互感器的试验项目、周期和要求，见表17-3-5。共有11项试验项目。

各类试验项目如下：

(1) 定期试验项目见表17-3-5中序号1、2、3、4、5。

(2) 大修后试验项目见表17-3-5中序号1、2、3、4、5、6、7、9、10、11（不更换绕组，可不进行6、7、8项）。

表 17-3-5 电流互感器的试验项目、周期和要求

序号	项目	周期	要求	说明
1	绕组及末屏的绝缘电阻	1）投运前 2）1～3年 3）大修后 4）必要时	1）绕组绝缘电阻与初始值及历次数据比较，不应有显著变化 2）电容型电流互感器末屏对地绝缘电阻一般不低于1000MΩ	采用2500V兆欧表

续表

<table>
<tr><th>序号</th><th>项　目</th><th>周　期</th><th>要　求</th><th>说　明</th></tr>
<tr><td>2</td><td>tanδ 及电容量</td><td>1）投运前
2）1～3 年
3）大修后
4）必要时</td><td>1）主绝缘 tanδ（%）不应大于下表中的数值，且与历年数据比较，不应有显著变化：
<table>
<tr><td colspan="2">电压等级 kV</td><td>20～35</td><td>66～110</td><td>220</td><td>330～500</td></tr>
<tr><td rowspan="3">大修后</td><td>油纸电容型</td><td>—</td><td>1.0</td><td>0.7</td><td>0.6</td></tr>
<tr><td>充油型</td><td>3.0</td><td>2.0</td><td>—</td><td>—</td></tr>
<tr><td>胶纸电容型</td><td>2.5</td><td>2.0</td><td>—</td><td>—</td></tr>
<tr><td rowspan="3">运行中</td><td>油纸电容型</td><td>—</td><td>1.0</td><td>0.8</td><td>0.7</td></tr>
<tr><td>充油型</td><td>3.5</td><td>2.5</td><td>—</td><td>—</td></tr>
<tr><td>胶纸电容型</td><td>3.0</td><td>2.5</td><td>—</td><td>—</td></tr>
</table>
2）电容型电流互感器主绝缘电容量与初始值或出厂值差别超出±5%范围时应查明原因
3）当电容型电流互感器末屏对地绝缘电阻小于 1000MΩ 时，应测量末屏对地 tanδ，其值不大于 2%</td><td>1）主绝缘 tanδ 试验电压为 10kV，末屏对地 tanδ 试验电压为 2kV
2）油纸电容型 tanδ 一般不进行温度换算，当 tanδ 值与出厂值或上一次试验值比较有明显增长时，应综合分析 tanδ 与温度、电压的关系，当 tanδ 随温度明显变化或试验电压由 10kV 升到 $U_m\sqrt{3}$ 时，tanδ 增量超过±0.3%，不应继续运行
3）固体绝缘互感器可不进行 tanδ 测量</td></tr>
<tr><td>3</td><td>油中溶解气体色谱分析</td><td>1）投运前
2）1～3 年（66kV 及以上）
3）大修后
4）必要时</td><td>油中溶解气体组分含量（体积分数）超过下列任一值时应引起注意：
总烃 100×10^{-6}
H_2 150×10^{-6}
C_2H_2 2×10^{-6}（110kV 及以下）
1×10^{-6}（220～500kV）</td><td>1）新投运互感器的油中不应含有 C_2H_2
2）全密封互感器按制造厂要求（如果有）进行</td></tr>
<tr><td>4</td><td>交流耐压试验</td><td>1）1～3 年（20kV 及以下）
2）大修后
3）必要时</td><td>1）一次绕组按出厂值的 85%进行。出厂值不明的按下列电压进行试验：
<table>
<tr><td>电压等级 kV</td><td>3</td><td>6</td><td>10</td><td>15</td><td>20</td><td>35</td><td>66</td></tr>
<tr><td>试验电压 kV</td><td>15</td><td>21</td><td>30</td><td>38</td><td>47</td><td>72</td><td>120</td></tr>
</table>
2）二次绕组之间及末屏对地为 2kV
3）全部更换绕组绝缘后，应按出厂值进行</td><td></td></tr>
<tr><td>5</td><td>局部放电测量</td><td>1）1～3 年（20～35kV 固体绝缘互感器）
2）大修后
3）必要时</td><td>1）固体绝缘互感器在电压为 $1.1U_m\sqrt{3}$ 时，放电量不大于 100pC，在电压为 $1.1U_m$ 时（必要时），放电量不大于 500pC
2）110kV 及以上油浸式互感器在电压为 $1.1U_m/\sqrt{3}$ 时，放电量不大于 20pC</td><td>试验按 GB 5583 进行</td></tr>
<tr><td>6</td><td>极性检查</td><td>1）大修后
2）必要时</td><td>与铭牌标志相符</td><td></td></tr>
<tr><td>7</td><td>各分接头的变比检查</td><td>1）大修后
2）必要时</td><td>与铭牌标志相符</td><td>更换绕组后应测量比值差和相位差</td></tr>
<tr><td>8</td><td>校核励磁特性曲线</td><td>必要时</td><td>与同类型互感器特性曲线或制造厂提供的特性曲线相比较，应无明显差别</td><td>继电保护有要求时进行</td></tr>
<tr><td>9</td><td>密封检查</td><td>1）大修后
2）必要时</td><td>应无渗漏油现象</td><td>试验方法按制造厂规定</td></tr>
<tr><td>10</td><td>一次绕组直流电阻测量</td><td>1）大修后
2）必要时</td><td>与初始值或出厂值比较，应无明显差别</td><td></td></tr>
<tr><td>11</td><td>绝缘油击穿电压</td><td>1）大修后
2）必要时</td><td colspan="2">见本章第九节</td></tr>
</table>

注　投运前是指交接后长时间未投运而准备投运之前，及库存的新设备投运之前。

三、电压互感器

电磁式和电容式电压互感器的试验项目、周期和要求分别见表 17－3－6 和表 17－3－7。

各类试验项目如下：

（1）定期试验项目见表 17－3－6 中序号 1、2、3、4、5。

（2）大修时或大修后试验项目见表 17－3－6 中序号 1、2、3、4、5、6、7、8、9、10、11（不更换绕组可不进行 9、10 项）和表 17－3－7 中序号 1、2、3。

表 17－3－6　　电磁式电压互感器的试验项目、周期和要求

<table>
<tr><th>序号</th><th>项　目</th><th>周　期</th><th>要　求</th><th>说　明</th></tr>
<tr><td>1</td><td>绝缘电阻</td><td>1）1～3 年
2）大修后
3）必要时</td><td>自行规定</td><td>一次绕组用 2500V 兆欧表，二次绕组用 1000V 或 2500V 兆欧表</td></tr>
<tr><td>2</td><td>tanδ（20kV 及以上）</td><td>1）绕组绝缘：
a）1～3 年
b）大修后
c）必要时
2）66～220kV 串级式电压互感器支架：
a）投运前
b）大修后
c）必要时</td><td>1）绕组绝缘 tanδ（%）不应大于下表中数值：<table><tr><td colspan="2">温度℃</td><td>5</td><td>10</td><td>20</td><td>30</td><td>40</td></tr><tr><td rowspan="2">35kV 及以下</td><td>大修后</td><td>1.5</td><td>2.5</td><td>3.0</td><td>5.0</td><td>7.0</td></tr><tr><td>运行中</td><td>2.0</td><td>2.5</td><td>3.5</td><td>5.5</td><td>8.0</td></tr><tr><td rowspan="2">35kV 以上</td><td>大修后</td><td>1.0</td><td>1.5</td><td>2.0</td><td>3.5</td><td>5.0</td></tr><tr><td>运行中</td><td>1.5</td><td>2.0</td><td>2.5</td><td>4.0</td><td>5.5</td></tr></table>2）支架绝缘 tanδ 一般不大于 6%</td><td>串级式电压互感器的 tanδ 试验方法建议采用末端屏蔽法，其他试验方法与要求自行规定</td></tr>
<tr><td>3</td><td>油中溶解气体的色谱分析</td><td>1）投运前
2）1～3 年（66kV 及以上）
3）大修后
4）必要时</td><td>油中溶解气体组分含量（体积分数）超过下列任一值时应引起注意：
总烃 100×10^{-6}
H_2 150×10^{-6}
C_2H_2 2×10^{-6}</td><td>1）新投运互感器的油中不应含有 C_2H_2
2）全密封互感器按制造厂要求（如果有）进行</td></tr>
<tr><td>4</td><td>交流耐压试验</td><td>1）3 年（20kV 及以下）
2）大修后
3）必要时</td><td>1）一次绕组按出厂值的 85% 进行，出厂值不明的，按下列电压进行试验：<table><tr><td>电压等级 kV</td><td>3</td><td>6</td><td>10</td><td>15</td><td>20</td><td>35</td><td>66</td></tr><tr><td>试验电压 kV</td><td>15</td><td>21</td><td>30</td><td>38</td><td>47</td><td>72</td><td>120</td></tr></table>2）二次绕组之间及末屏对地为 2kV
3）全部更换绕组绝缘后按出厂值进行</td><td>1）串级式或分级绝缘式的互感器用倍频感应耐压试验
2）进行倍频感应耐压试验时应考虑互感器的容升电压
3）倍频耐压试验前后，应检查有否绝缘损伤</td></tr>
<tr><td>5</td><td>局部放电测量</td><td>1）投运前
2）1～3 年（20～35kV 固体绝缘互感器）
3）大修后
4）必要时</td><td>1）固体绝缘相对地电压互感器在电压为 $1.1U_m/\sqrt{3}$ 时，放电量不大于 100pC，在电压为 $1.1U_m$ 时（必要时），放电量不大于 500pC。固体绝缘相对相电压互感器，在电压为 $1.1U_m$ 时，放电量不大于 100pC
2）110kV 及以上油浸式电压互感器在电压为 $1.1U_m/\sqrt{3}$ 时，放电量不大于 20pC</td><td>1）试验按 GB 5583 进行
2）出厂时有试验报告者投运前可不进行试验或只进行抽查试验</td></tr>
<tr><td>6</td><td>空载电流测量</td><td>1）大修后
2）必要时</td><td>1）在额定电压下，空载电流与出厂数值比较无明显差别
2）在下列试验电压下，空载电流不应大于最大允许电流
中性点非有效接地系统 $1.9U_n/\sqrt{3}$
中性点接地系统 $1.5U_n/\sqrt{3}$</td><td></td></tr>
<tr><td>7</td><td>密封检查</td><td>1）大修后
2）必要时</td><td>应无渗漏油现象</td><td>试验方法按制造厂规定</td></tr>
</table>

续表

序号	项　目	周　期	要　求	说　明
8	铁芯夹紧螺栓（可接触到的）绝缘电阻	大修时	自行规定	采用2500V兆欧表
9	连接组别和极性	1）更换绕组后 2）接线变动后	与铭牌和端子标志相符	
10	电压比	1）更换绕组后 2）接线变动后	与铭牌标志相符	更换绕组后应测量比值差和相位差
11	绝缘油击穿电压	1）大修后 2）必要时	见本章第九节	

注　投运前指交接后长时间未投运而准备投运之前，及库存的新设备投运之前。

表 17－3－7　　　　电容式电压互感器的试验项目、周期和要求

序号	项　目	周　期	要　求	说　明
1	电压比	1）大修后 2）必要时	与铭牌标志相符	
2	中间变压器的绝缘电阻	1）大修后 2）必要时	自行规定	采用2500V兆欧表
3	中间变压器的tgδ	1）大修后 2）必要时	与初始值相比不应有显著变化	

注　电容式电压互感器的电容分压器部分的试验项目、周期和要求见本章第七节。

第四节　开关设备

一、六氟化硫断路器和气体绝缘金属封闭开关设备（GIS）

SF_6断路器和GIS的试验项目、周期和要求见表17－4－1，共有20项试验项目。

各类试验项目如下：

（1）定期试验项目见表17－4－1中序号1、3、6、7、10、11、13、14、16、17。

（2）大修后试验项目见表17－4－1中序号1、2、3、4、5、6、7、8、9、10、11、12、13、14、15、16、17、18、19、20。

表 17－4－1　　　　SF_6断路器和GIS的试验项目、周期和要求

序号	项　目	周　期	要　求	说　明
1	断路器和GIS内SF_6气体的湿度以及气体的其他检测项目	见本章第九节		
2	SF_6气体泄漏试验	1）大修后 2）必要时	年漏气率不大于1%或按制造厂要求	1）按GB 11023方法进行 2）对电压等级较高的断路器以及GIS，因体积大可用局部包扎法检漏，每个密封部位包扎后历时5h，测得的SF_6气体含量（体积分数）不大于30×10^{-6}
3	辅助回路和控制回路绝缘电阻	1）1～3年 2）大修后	绝缘电阻不低于2MΩ	采用500V或1000V兆欧表
4	耐压试验	1）大修后 2）必要时	交流耐压或操作冲击耐压的试验电压为出厂试验电压值的80%	1）试验在SF_6气体额定压力下进行 2）对GIS试验时不包括其中的电磁式电压互感器及避雷器，但在投运前应对它们进行试验电压值为U_m的5min耐压试验 3）罐式断路器的耐压试验方式：合闸对地；分闸状态两端轮流加压，另一端接地。建议在交流耐压试验的同时测量局部放电 4）对瓷柱式定开距型断路器只作断口间耐压

续表

序号	项　目	周　期	要　求	说　明
5	辅助回路和控制回路交流耐压试验	大修后	试验电压为2kV	耐压试验后的绝缘电阻值不应降低
6	断口间并联电容器的绝缘电阻、电容量和 tanδ	1）1～3年 2）大修后 3）必要时	1）对瓷柱式断路器和断口同时测量，测得的电容值和 tanδ 与原始值比较，应无明显变化 2）罐式断路器（包括 GIS 中的 SF_6 断路器）按制造厂规定 3）单节电容器按本章第七节规定	1）大修时，对瓷柱式断路器应测量电容器和断口并联后整体的电容值和 tanδ，作为该设备的原始数据 2）对罐式断路器（包括 GIS 中的 SF_6 断路器）必要时进行试验，试验方法按制造厂规定
7	合闸电阻值和合闸电阻的投入时间	1）1～3年（罐式断路器除外） 2）大修后	1）除制造厂另有规定外，阻值变化允许范围不得大于±5% 2）合闸电阻的有效接入时间按制造厂规定校核	罐式断路器的合闸电阻布置在罐体内部，只有解体大修时才能测定
8	断路器的速度特性	大修后	测量方法和测量结果应符合制造厂规定	制造厂无要求时不测
9	断路器的时间参量	1）大修后 2）机构大修后	除制造厂另有规定外，断路器的分、合闸同期性应满足下列要求： 相间合闸不同期不大于5ms 相间分闸不同期不大于3ms 同相各断口间合闸不同期不大于3ms 同相各断口间分闸不同期不大于2ms	
10	分、合闸电磁铁的动作电压	1）1～3年 2）大修后 3）机构大修后	1）操动机构分、合闸电磁铁或合闸接触器端子上的最低动作电压应在操作电压额定值的30%～65%之间 2）在使用电磁机构时，合闸电磁铁线圈通流时的端电压为操作电压额定值的80%（关合电流峰值等于及大于50kA时为85%）时应可靠动作 3）进口设备按制造厂规定	
11	导电回路电阻	1）1～3年 2）在修后	1）敞开式断路器的测量值不大于制造厂规定值的120% 2）对 GIS 中的断路器按制造厂规定	用直流压降法测量，电流不小于100A
12	分、合闸线圈直流电阻	1）大修后 2）机构大修后	应符合制造厂规定	
13	SF_6 气体密度监视器（包括整定值）检验	1）1～3年 2）大修后 3）必要时	按制造厂规定	
14	压力表检验（或调整），机构操作压力（气压、液压）整定值校验，机械安全阀校验	1）1～3年 2）大修后	按制造厂规定	对气动机构应校验各级气压的整定值（减压阀及机械安全阀）

续表

序号	项目	周期	要求	说明
15	操动机构在分闸、合闸、重合闸下的操作压力（气压、液压）下降值	1）大修后 2）机构大修后	应符合制造厂规定	
16	液（气）压操动机构的泄漏试验	1）1～3年 2）大修后 3）必要时	按制造厂规定	应在分、合闸位置下分别试验
17	油（气）泵补压及零起打压的运转时间	1）1～3年 2）大修后 3）必要时	应符合制造厂规定	
18	液压机构及采用差压原理的气动机构的防失压慢分试验	1）大修后 2）机构大修时	按制造厂规定	
19	闭锁、防跳跃及防止非全相合闸等辅助控制装置的动作性能	1）大修后 2）必要时	按制造厂规定	
20	GIS中的电流互感器、电压互感器和避雷器	1）大修后 2）必要时	按制造厂规定，或分别按本章第三节、第八节进行	

二、多油断路器和少油断路器

多油断路器和少油断路器的试验项目、周期和要求见表17-4-2。共有15次试验项目。

各类试验项目如下：

（1）定期试验项目见表17-4-2中序号1、2、3、4、6、7、13、14。

（2）大修后试验项目见表17-4-2中序号1、2、3、4、5、6、7、8、9、10、11、12、13、14、15。

表17-4-2　多油断路器和少油断路器的试验项目、周期和要求

序号	项目	周期	要求	说明
1	绝缘电阻	1）1～3年 2）大修后	1）整体绝缘电阻自行规定 2）断口和有机物制成的提升杆的绝缘电阻不应低于下表数值： MΩ 试验类别 \ 额定电压 kV：<24；24～40.5；72.5～252；363 大修后：1000；2500；5000；10000 运行中：300；1000；3000；5000	使用2500V兆欧表
2	40.5kV及以上非纯瓷套管和多油断路器的tanδ	1）1～3年 2）大修后	1）20℃时多油断路器的非纯瓷套管的tanδ（%）值见表17-5-1 2）20℃时非纯瓷套管断路器的tanδ（%）值，可比表17-5-1中相应的tanδ（%）值增加下列数值： 额定电压 kV：≥126；<126；40.5（DW1—35、DW1—35D） tanδ（%）值的增加数：1；2；3	1）在分闸状态下按每支套管进行测量。测量的tanδ超过规定值或有显著增大时，必须落下油箱进行分解试验。对不能落下油箱的断路器，则应将油放出，使套管下部及灭弧室露出油面，然后进行分解试验 2）断路器大修而套管不大修时，应按套管运行中规定的相应数值增加 3）带并联电阻断路器的整体tanδ（%）可相应增加1

续表

序号	项 目	周 期	要 求	说 明
3	40.5kV 及以上少油断路器的泄漏电流	1）1～3 年 2）大修后	1）每一元件的试验电压如下： 额定电压 kV：40.5；72.5～252；≥363 直流试验电压 kV：20；40；60 2）泄漏电流一般不大于 $10\mu A$	252kV 及以上少油断路器提升杆（包括支持瓷套）的泄漏电流大于 $5\mu A$ 时，应引起注意
4	断路器对地、断口及相间交流耐压试验	1）1～3 年（12kV 及以下） 2）大修后 3）必要时（72.5kV 及以上）	断路器在分、合闸状态下分别进行，试验电压值如下： 12～40.5kV 断路器对地及相间按 DL/T 593 规定值； 72.5kV 及以上者按 DL/T 593 规定值的 80%	对于三相共箱式的油断路器应作相间耐压，其试验电压值与对地耐压值相同
5	126kV 及以上油断路器提升杆的交流耐压试验	1）大修后 2）必要时	试验电压按 DL/T 593 规定值的 80%	1）耐压设备不能满足要求时可分段进行，分段数不应超过 6 段（252kV），或 3 段（126kV），加压时间为 5min 2）每段试验电压可取整段试验电压值除以分段数所得值的 1.2 倍或自行规定
6	辅助回路和控制回路交流耐压试验	1）1～3 年 2）大修后	试验电压为 2kV	
7	导电回路电阻	1）1～3 年 2）大修后	1）大修后应符合制造厂规定 2）运行中自行规定	用直流压降法测量，电流不小于 100A
8	灭弧室的并联电阻值，并联电容器的电容量和 $\tan\delta$	1）大修后 2）必要时	1）并联电阻值应符合制定厂规定 2）并联电容器按本章第七节规定	
9	断路器的合闸时间和分闸时间	大修后	应符合制造厂规定	在额定操作电压（气压、液压）下进行
10	断路器分闸和合闸的速度	大修后	应符合制造厂规定	在额定操作电压（气压、液压）下进行
11	断路器触头分、合闸的同期性	1）大修后 2）必要时	应符合制造厂规定	
12	操动机构合闸接触器和分、合闸电磁铁的最低动作电压	1）大修后 2）操动机构大修后	1）操动机构分、合闸电磁铁或合闸接触器端子上的最低动作电压应在操作电压额定值的 30%～65%间 2）在使用电磁机构时，合闸电磁铁线圈通流时的端电压为操作电压额定值的 80%（关合电流峰值等于及大于 50kA 时为 85%）时应可靠动作	
13	合闸接触器和分、合闸电磁铁线圈的绝缘电阻和直流电阻，辅助回路和控制回路绝缘电阻	1）1～3 年 2）大修后	1）绝缘电阻不应小于 $2M\Omega$ 2）直流电阻应符合制造厂规定	采用 500V 或 1000V 兆欧表
14	断路器本体和套管中绝缘油试验	见本章第九节		
15	断路器的电流互感器	1）大修后 2）必要时	见本章第三节	

三、磁吹断路器

磁吹断路器的试验项目、周期、要求见表 17-4-2 中的序号 1、4、5、6、8、10、11、12、13。

各类试验项目如下：

(1) 定期试验项目见表 17-4-2 中序号 1、4、6、13。

(2) 大修后试验项目见表 17-4-2 中序号 1、4、5、6、8、10、11、12、13。

四、低压断路器和自动灭磁开关

低压断路器和自动灭磁开关的试验项目、周期和要求见表 17-4-2 中序号 12 和 13。

各类试验项目如下：

(1) 定期试验项目见表 17-4-2 中序号 13。

(2) 大修后试验项目见表 17-4-2 中序号 12 和 13。

对自动灭磁开关尚应作常开、常闭触点分合切换顺序，主触头、灭弧触头表面情况和动作配合情况以及灭弧栅是否完整等检查。对新换的 DM 型灭磁开关尚应检查灭弧栅片数。

五、空气断路器

空气断路器的试验项目、周期和要求见表 17-4-3。共有 14 项试验项目。

各类试验项目如下：

(1) 定期试验项目见表 17-4-3 中序号 1、3、4。

(2) 大修后试验项目见表 17-4-3 中序号 1、2、3、4、5、6、7、8、9、10、11、12、13、14。

表 17-4-3　　空气断路器的试验项目、周期和要求

序号	项　目	周　期	要　求	说　明
1	40.5kV 及以上的支持瓷套管及提升杆的泄漏电流	1) 1～3 年 2) 大修后	1) 试验电压如下： 额定电压 kV：40.5 / 72.5～252 / ≥363 直流试验电压 kV：20 / 40 / 60 2) 泄漏电流一般不大于 10μA，252kV 及以上者不大于 5μA	
2	耐压试验	大修后	12～40.5kV 断路器对地及相间试验电压值按 DL/T 593 规定值；72.5kV 及以上者按 DL/T 593 规定值的 80%	126kV 及以上有条件时进行
3	辅助回路和控制回路交流耐压试验	1) 1～3 年 2) 大修后	试验电压为 2kV	
4	导电回路电阻	1) 1～3 年 2) 大修后	1) 大修后应符合制造厂规定 2) 运行中的电阻值允许比制造厂规定值提高 1 倍	用直流压降法测量，电流不小于 100A
5	灭弧室的并联电阻，均压电容器的电容量和 tanδ	大修后	1) 并联电阻值符合制造厂规定 2) 均压电容器按本章规定	
6	主、辅触头分、合闸配合时间	大修后	应符合制造厂规定	
7	断路器的分、合闸时间及合分时间	大修后	连续测量 3 次均应符合制造厂规定	
8	同相各断口及三相间的分、合闸同期性	大修后	应符合制造厂规定，制造厂无规定时，则相间合闸不同期不大于 5ms；分闸不同期不大于 3ms；同相断口间合闸不同期不大于 3ms；分闸不同期不大于 2ms	
9	分、合闸电磁铁线圈的最低动作电压	大修后	操动机构分、合闸电磁铁的最低动作电压应在操作电压额定值的 30%～65%间	在额定气压下测量
10	分闸和合闸电磁铁线圈的绝缘电阻和直流电阻	大修后	1) 绝缘电阻不应小于 2MΩ 2) 直流电阻应符合制造厂规定	采用 1000V 兆欧表

续表

序号	项　目	周　期	要　求	说　明
11	分闸、合闸和重合闸的气压降	大修后	应符合制造厂规定	
12	断路器操作时的最低动作气压	大修后	应符合制造厂规定	
13	压缩空气系统、阀门及断路器本体严密性	大修后	应符合制造厂规定	
14	低气压下不能合闸的自卫能力试验	大修后	应符合制造厂规定	

六、真空断路器

真空断路器的试验项目、周期和要求见表 17-4-4。共有 9 项试验项目。

各类试验项目如下：

(1) 定期试验项目见表 17-4-4 中序号 1、2、3、4、7。

(2) 大修时或大修后试验项目见表 17-4-4 中序号 1、2、3、4、5、6、7、8、9。

表 17-4-4　　真空断路器的试验项目、周期、要求

<table>
<tr><th>序号</th><th>项　目</th><th>周　期</th><th>要　求</th><th>说　明</th></tr>
<tr><td>1</td><td>绝缘电阻</td><td>1) 1～3 年
2) 大修后</td><td>1) 整体绝缘电阻参照制造厂规定或自行规定
2) 断口和用有机物制成的提升杆的绝缘电阻不应低于下表中的数值：
MΩ
<table>
<tr><td rowspan="2">试验类别</td><td colspan="3">额定电压 (kV)</td></tr>
<tr><td><24</td><td>24～40.5</td><td>72.5</td></tr>
<tr><td>大修后</td><td>1000</td><td>2500</td><td>5000</td></tr>
<tr><td>运行中</td><td>300</td><td>1000</td><td>3000</td></tr>
</table></td><td></td></tr>
<tr><td>2</td><td>交流耐压试验（断路器主回路对地、相间及断口）</td><td>1) 1～3 年 (12kV 及以下)
2) 大修后
3) 必要时
(40.5、72.5kV)</td><td>断路器在分、合闸状态下分别进行，试验电压值按 DL/T 593 规定值</td><td>1) 更换或干燥后的绝缘提升杆必须进行耐压试验，耐压设备不能满足时可分段进行
2) 相间、相对地及断口的耐压值相同</td></tr>
<tr><td>3</td><td>辅助回路和控制回路交流耐压试验</td><td>1) 1～3 年
2) 大修后</td><td>试验电压为 2kV</td><td></td></tr>
<tr><td>4</td><td>导电回路电阻</td><td>1) 1～3 年
2) 大修后</td><td>1) 大修后应符合制造厂规定
2) 运行中自行规定，建议不大于 1.2 倍出厂值</td><td>用直流压降法测量，电流不小于 100A</td></tr>
<tr><td>5</td><td>断路器的合闸时间和分闸时间，分、合闸的同期性，触头开距，合闸时的弹跳过程</td><td>大修后</td><td>应符合制造厂规定</td><td>在额定操作电压下进行</td></tr>
</table>

续表

序号	项目	周期	要求	说明
6	操动机构合闸接触器和分、合闸电磁铁的最低动作电压	大修后	1）操动机构分、合闸电磁铁或合闸接触器端子上的最低动作电压应在操作电压额定值的30%～65%间 在使用电磁机构时，合闸电磁铁线圈通流时的端电压为操作电压额定值的80%（关合峰值电流等于或大于50kA时为85%）时应可靠动作 2）进口设备按制造厂规定	
7	合闸接触器和分、合闸电磁铁线圈的绝缘电阻和直流电阻	1）1～3年 2）大修后	1）绝缘电阻不应小于2MΩ 2）直流电阻应符合制造厂规定	采用1000V兆欧表
8	真空灭弧室真空度的测量	大、小修时	自行规定	有条件时进行
9	检查动触头上的软联结夹片有无松动	大修后	应无松动	

七、重合器

重合器（包括以油、真空及SF_6气体为绝缘介质的各种12kV重合器）

重合器的试验项目、周期和要求见表17-4-5。共有18项试验项目。

表17-4-5 重合器的试验项目、周期和要求

序号	项目	周期	要求	说明
1	绝缘电阻	1）1～3年 2）大修后	1）整体绝缘电阻自行规定 2）用有机物制成的拉杆的绝缘电阻不应低于下列数值： 大修后 1000MΩ 运行中 300MΩ	采用2500V兆欧表测量
2	SF_6重合器内气体的湿度	1）大修后 2）必要时	见本章第九节	
3	SF_6气体泄漏	1）大修后 2）必要时	年漏气率不大于1%或按制造厂规定	
4	控制回路的绝缘电阻	1）1～3年 2）大修后	绝缘电阻不应低于2MΩ	采用1000V兆欧表
5	交流耐压试验	1）1～3年 2）大修后	试验电压为42kV	试验在主回路对地及断口间进行
6	辅助和控制回路的交流耐压试验	大修后	试验电压为2kV	
7	合闸时间，分闸时间，三相触头分、合闸同期性，触头弹跳	大修后	应符合制造厂的规定	在额定操作电压（液压、气压）下进行
8	油重合器分、合闸速度	大修后	应符合制造厂的规定	在额定操作电压（液压、气压）下进行，或按制造厂规定
9	合闸电磁铁线圈的操作电压	1）大修后 2）必要时	在额定电压的85%～115%范围内应可靠动作	
10	导电回路电阻	1）大修后 2）必要时	1）大修后应符合制造厂规定 2）运行中自行规定	用直流压降法测量，电流值不得小于100A
11	分闸线圈直流电阻	大修后	应符合制造厂规定	

续表

序号	项　目	周　期	要　求	说　明
12	分闸起动器的动作电压	大修后	应符合制造厂规定	
13	合闸电磁铁线圈直流电阻	大修后	应符合制造厂规定	
14	最小分闸电流	大修后	应符合制造厂规定	
15	额定操作顺序	大修后	操作顺序应符合制造厂要求	
16	利用远方操作装置检查重合器的动作情况	大修后	按规定操作顺序在试验回路中操作3次，动作应正确	
17	检查单分功能可靠性	大修后	将操作顺序调至单分，操作2次，动作应正确	
18	绝缘油试验	大修后	见本章第九节	

各类试验项目如下：

(1) 定期试验项目见表17-4-5中序号1、4、5。

(2) 大修后试验项目见表17-4-5中序号1、2、3、4、5、6、7、8、9、10、11、12、13、14、15、16、17、18。

八、分段器（仅限于12kV级）

1. SF_6 分段器

SF_6 分段器的试验项目、周期和要求见表17-4-6。共有9项试验项目。

各类试验项目如下：

(1) 定期试验项目见表17-4-6中序号1、2。

(2) 大修后试验项目见表17-4-6中序号1、2、3、4、5、6、7、8、9。

2. 油分段器

油分段器的试验项目、周期和要求除按表17-4-6中序号1、2、3、4、5、6、7进行外，还应按表17-4-7进行。

表17-4-6　　SF_6 分段器的试验项目、周期和要求

序号	项　目	周　期	要　求	说　明
1	绝缘电阻	1）1～3年 2）大修后	1）整体绝缘电阻值自行规定 2）用有机物制成的拉杆的绝缘电阻值不应低于下列数值： 大修后　1000MΩ 运行中　300MΩ 3）控制回路绝缘电阻值不小于2MΩ	一次回路用2500V兆欧表 控制回路用1000V兆欧表
2	交流耐压试验	1）1～3年 2）大修后	试验电压为42kV	试验在主回路对地及断口间进行
3	导电回路电阻	1）大修后 2）必要时	1）大修后应符合制造厂规定 2）运行中自行规定	用直流压降法测量，电流值不小于100A
4	合闸电磁铁线圈的操作电压	1）大修后 2）必要时	在制造厂规定的电压范围内应可靠动作	
5	合闸时间、分闸时间两相触头分、合闸的同期性	大修后	应符合制造厂的规定	在额定操作电压（液压、气压）下进行
6	分、合闸线圈的直流电阻	大修后	应符合制造厂的规定	
7	利用远方操作装置检查分段器的动作情况	大修后	在额定操作电压下分、合各3次，动作应正确	
8	SF_6 气体泄漏	1）大修后 2）必要时	年漏气率不大于1%或按制造厂规定	
9	SF_6 气体湿度	1）大修后 2）必要时	见本章第九节	

表 17-4-7　　油分段器的试验项目、周期和要求

序号	项　目	周　期	要　求	说　明
1	绝缘油试验	1）大修后 2）必要时	见本章第九节	
2	自动计数操作	大修后	按制造厂的规定完成计数操作	

各类试验项目如下：

（1）定期试验项目见表 17-4-6 中序号 1、2。

（2）大修后试验项目见表 17-4-6 中序号 1、2、3、4、5、6、7 及表 17-4-7 中序号 1、2。

3. 真空分段器

真空分段器的试验项目、周期和要求按表 17-4-6 中序号 1、2、3、4、5、6、7 和表 17-4-7 中序号 1、2、进行。

各类试验项目如下：

（1）定期试验项目见表 17-4-6 中序号 1、2。

（2）大修后试验项目见表 17-4-6 中序号 1、2、3、4、5、6、7 和表 17-4-7 中序号 1、2。

九、隔离开关

隔离开关的试验项目、周期和要求见表 17-4-8 共有 7 项试验项目。

表 17-4-8　　隔离开关的试验项目、周期和要求

<table>
<tr><th>序号</th><th>项　目</th><th>周　期</th><th>要　求</th><th>说　明</th></tr>
<tr><td>1</td><td>有机材料支持绝缘子及提升杆的绝缘电阻</td><td>1）1～3 年
2）大修后</td><td>1）用兆欧表测量胶合元件分层电阻
2）有机材料传动提升杆的绝缘电阻值不得低于下表数值：
MΩ<table><tr><td rowspan="2">试验类别</td><td colspan="2">额定电压（kV）</td></tr><tr><td><24</td><td>24～40.5</td></tr><tr><td>大修后</td><td>1000</td><td>2500</td></tr><tr><td>运行中</td><td>300</td><td>1000</td></tr></table></td><td>采用 2500V 兆欧表</td></tr>
<tr><td>2</td><td>二次回路的绝缘电阻</td><td>1）1～3 年
2）大修后
3）必要时</td><td>绝缘电阻不低于 2MΩ</td><td>采用 1000V 兆欧表</td></tr>
<tr><td>3</td><td>交流耐压试验</td><td>大修后</td><td>1）试验电压值按 DL/T 593 规定
2）用单个或多个元件支柱绝缘子组成的隔离开关进行整体耐压试验有困难时，可对各胶合元件分别做耐压试验，其试验周期和要求按本章第五节的规定进行</td><td>在交流耐压试验前、后应测量绝缘电阻；耐压后的阻值不得降低</td></tr>
<tr><td>4</td><td>二次回路交流耐压试验</td><td>大修后</td><td>试验电压为 2kV</td><td></td></tr>
<tr><td>5</td><td>电动、气动或液压操动机构线圈的最低动作电压</td><td>大修后</td><td>最低动作电压一般在操作电源额定电压的 30%～80%范围内</td><td>气动或液压应在额定压力下进行</td></tr>
<tr><td>6</td><td>导电回路电阻测量</td><td>大修后</td><td>不大于制造厂规定值的 1.5 倍</td><td>用直流压降法测量，电流值不小于 100A</td></tr>
<tr><td>7</td><td>操动机构的动作情况</td><td>大修后</td><td>1）电动、气动或液压操动机构在额定的操作电压（气压、液压）下分、合闸 5 次，动作正常
2）手动操动机构操作时灵活，无卡涩
3）闭锁装置应可靠</td><td></td></tr>
</table>

各类试验项目如下：

（1）定期试验项目见表 17-4-8 中序号 1、2。

（2）大修后试验项目见表 17-4-8 中 1、2、3、4、5、6、7。

十、高压开关柜

高压开关柜的试验项目、周期和要求见表 17-4-9。

1. 配少油断路器和真空断路器的高压开关柜的各类试验项目

（1）定期试验项目见表 17-4-9 中序号 1、5、8、9、10、13。

（2）大修后试验项目见表 17-4-9 中序号 1、2、3、4、5、6、7、8、9、10、13、15。

表 17-4-9 高压开关柜的试验项目、周期和要求

序号	项目	周期	要求	说明
1	辅助回路和控制回路绝缘电阻	1）1～3年 2）大修后	绝缘电阻不应低于 2MΩ	采用 1000V 兆欧表
2	辅助回路和控制回路交流耐压试验	大修后	试验电压为 2kV	
3	断路器速度特性	大修后	应符合制造厂规定	如制造厂无规定可不进行
4	断路器的合闸时间、分闸时间和三相分、合闸同期性	大修后	应符合制造厂规定	
5	断路器、隔离开关及隔离插头的导电回路电阻	1）1～3年 2）大修后	1）大修后应符合制造厂规定 2）运行中应不大于制造厂规定值的 1.5 倍	隔离开关和隔离插头回路电阻的测量在有条件时进行
6	操动机构合闸接触器和分、合闸电磁铁的最低动作电压	1）大修后 2）机构大修后	参照表 17-4-2 中序号 12	
7	合闸接触器和分合闸电磁铁线圈的绝缘电阻和直流电阻	大修后	1）绝缘电阻应大于 2MΩ 2）直流电阻应符合制造厂规定	采用 1000V 兆欧表
8	绝缘电阻试验	1）1～3 年（12kV 及以上） 2）大修后	应符合制造厂规定	在交流耐压试验前、后分别进行
9	交流耐压试验	1）1～3 年（12kV 及以上） 2）大修后	试验电压值按 DL/T 593 规定	1）试验电压施加方式：合闸时各相对地及相间；分闸时各相断口 2）相间、相对地及断口的试验电压值相同
10	检查电压抽取（带电显示）装置	1）1年 2）大修后	应符合制造厂规定	
11	SF_6 气体泄漏试验	1）大修后 2）必要时	应符合制造厂规定	
12	压力表及密度继电器校验	1～3年	应符合制造厂规定	
13	五防性能检查	1）1～3年 2）大修后	应符合制造厂规定	五防是：①防止误分、误合断路器；②防止带负荷拉、合隔离开关；③防止带电（挂）合接地（线）开关；④防止带接地线（开关）合断路器；⑤防止误入带电间隔
14	对断路器的其他要求	1）大修后 2）必要时	根据断路器型式，应符合预试规程中的 8.1、8.2、8.6 条中的有关规定	
15	高压开关柜的电流互感器	1）大修后 2）必要时	见本章第三节	

2. 配 SF_6 断路器的高压开关柜的各类试验项目

(1) 定期试验项目见表 17-4-9 中序号 1、5、8、9、10、12、13。

(2) 大修后试验项目见表 17-4-9 中 1、2、3、4、5、6、7、8、9、10、11、13、14、15。

3. 其他型式高压开关柜的各类试验项目

其他型式，如计量柜，电压互感器柜和电容器柜等的试验项目、周期和要求可参照表 17-4-9 中有关序号进行。柜内主要元件（如互感器、电容器、避雷器等）的试验项目按本规程有关章节规定。

十一、镉镍蓄电池直流屏

镉镍蓄电池直流屏（柜）的试验项目、周期和要求见表 17-4-10。只有 3 个试验项目，必要时测绝缘电阻。

表 17-4-10 镉镍蓄电池直流屏（柜）的试验项目、周期和要求

序号	项 目	周 期	要 求	说 明
1	镉镍蓄电池组容量测试	1）1年 2）必要时	按 DL/T 459 规定	
2	蓄电池放电终止电压测试	1）1年 2）必要时		
3	各项保护检查	1年	各项功能均应正常	检查项目有： a）闪光系统 b）绝缘监察系统 c）电压监视系统 d）光字牌 e）声响
4	镉镍屏（柜）中控制母线和动力母线的绝缘电阻	必要时	绝缘电阻不应低于 10MΩ	采用 1000V 兆欧表。有两组电池时轮流测量

第五节 套管、支柱绝缘子和悬式绝缘子

一、套管

套管的试验项目、周期和要求见表 17-5-1。共有 5 项试验项目。

各类试验项目如下：

（1）定期试验项目见表 17-5-1 中序号 1、2。

（2）大修后试验项目见表 17-5-1 中序号 1、2、3、4、5。

表 17-5-1 套管的试验项目、周期和要求

序号	项 目	周 期	要 求	说 明
1	主绝缘及电容型套管末屏对地绝缘电阻	1）1～3年 2）大修（包括主设备大修）后 3）必要时	1）主绝缘的绝缘电阻值不应低于 10000MΩ 2）末屏对地的绝缘电阻不应低于 1000MΩ	采用 2500V 兆欧表
2	主绝缘及电容型套管对地末屏 tanδ 与电容量	1）1～3年 2）大修（包括主设备大修）后 3）必要时	1）20℃时的 tanδ（%）值应不大于下表中数值： 电压等级 kV：20～35 / 66～100 / 220～500 大修后 充油型：3.0 / 1.5 / — 大修后 油纸电容型：1.0 / 1.0 / 0.8 大修后 充胶型：3.0 / 2.0 / — 大修后 胶纸电容型：2.0 / 1.5 / 1.0 大修后 胶纸型：2.5 / 2.0 / — 运行中 充油型：3.5 / 1.5 / — 运行中 油纸电容型：1.0 / 1.0 / 0.8 运行中 充胶型：3.5 / 2.0 / — 运行中 胶纸电容型：3.0 / 1.5 / 1.0 运行中 胶纸型：3.5 / 2.0 / — 2）当电容型套管末屏对地绝缘电阻小于 1000MΩ 时，应测量末屏对地 tanδ，其值不大于 2% 3）电容型套管的电容值与出厂值或上一次试验值的差别超出±5%时，应查明原因	1）油纸电容型套管的 tanδ 一般不进行温度换算，当 tanδ 与出厂值或上一次测试值比较有明显增长或接近左表数值时，应综合分析 tanδ 与温度、电压的关系。当 tanδ 随温度增加明显增大或试验电压由 10kV 升到 $U_m/\sqrt{3}$ 时，tanδ 增量超过±0.3%，不应继续运行 2）20kV 以下纯瓷套管及与变压器油连通的油压式套管不测 tanδ 3）测量变压器套管 tanδ 时，与被试套管相连的所有绕组端子连在一起加压，其余绕组端子均接地，末屏接电桥，正接线测量
3	油中溶解气体色谱分析	1）投运前 2）大修后 3）必要时	油中溶解气体组分含量（体积分数）超过下列任一值时应引起注意： H_2 500×10^{-6} CH_4 100×10^{-6} C_2H_2 2×10^{-6}（110kV 及以下） 1×10^{-6}（220～500kV）	

续表

序号	项　目	周　期	要　求	说　明
4	交流耐压试验	1）大修后 2）必要时	试验电压值为出厂值的85%	35kV及以下纯瓷穿墙套管可随母线绝缘子一起耐压
5	66kV及以上电容型套管的局部放电测量	1）大修后 2）必要时	1）变压器及电抗器套管的试验电压为$1.5U_m/\sqrt{3}$ 2）其他套管的试验电压为$1.05U_m/\sqrt{3}$ 3）在试验电压下局部放电值（pC）不大于： （空白）／油纸电容型／胶纸电容型 大修后／10／250（100） 运行中／20／自行规定	1）垂直安装的套管水平存放1年以上投运前宜进行本项目试验 2）括号内的局部放电值适用于非变压器、电抗器的套管

注　（1）充油套管指以油作为主绝缘的套管。

（2）油纸电容型套管指以油纸电容芯为主绝缘的套管。

（3）充胶套管指以胶为主绝缘的套管。

（4）胶纸电容型套管指以胶纸电容芯为主绝缘的套管。

（5）胶纸型套管指以胶纸为主绝缘与外绝缘的套管（如一般室内无瓷套胶纸套管）。

二、支柱绝缘子和悬式绝缘子

发电厂和变电所的支柱绝缘子和悬式绝缘子的试验项目、周期和要求见表17-5-2。共有4项试验项目。

表17-5-2　　发电厂和变电所的支柱绝缘子和悬式绝缘子的试验项目、周期和要求

序号	项　目	周　期	要　求	说　明
1	零值绝缘子检测（66kV及以上）	1～5年	在运行电压下检测	1）可根据绝缘子的劣化率调整检测周期 2）对多元件针式绝缘子应检测每一元件
2	绝缘电阻	1）悬式绝缘子1～5年 2）针式支柱绝缘子1～5年	1）针式支柱绝缘子的每一元件和每片悬式绝缘子的绝缘电阻不应低于300MΩ，500kV悬式绝缘子不低于500MΩ 2）半导体釉绝缘子的绝缘电阻自行规定	1）采用2500V及以上兆欧表 2）棒式支柱绝缘子不进行此项试验
3	交流耐压试验	1）单元件支柱绝缘子1～5年 2）悬式绝缘子1～5年 3）针式支柱绝缘子1～5年 4）随主设备 5）更换绝缘子时	1）支柱绝缘子的交流耐压试验电压值见附录B 2）35kV针式支柱绝缘子交流耐压试验电压值如下： 两个胶合元件者，每元件50kV；三个胶合元件者，每元件34kV 3）机械破坏负荷为60～300kN的盘形悬式绝缘子交流耐压试验电压值均取60kV	1）35kV针式支柱绝缘子可根据具体情况按左栏要求1）或2）进行 2）棒式绝缘子不进行此项试验
4	绝缘子表面污秽物的等值盐密	1年	参照表17-5-3和表17-5-4污秽等级与对应附盐密度值检查所测盐密值与当地污秽等级是否一致。结合运行经验，将测量值作为调整耐污绝缘水平和监督绝缘安全运行的依据。盐密值超过规定时，应根据情况采取调爬、清扫、涂料等措施	应分别在户外能代表当地污染程度的至少一串悬垂绝缘子和一根棒式支柱上取样，测量在当地积污最重的时期进行

注　运行中针式支柱绝缘子和悬式绝缘子的试验项目可在检查零值、绝缘电阻及交流耐压试验中任选一项。玻璃悬式绝缘子不进行序号1、2、3项中的试验，运行中自破的绝缘子应及时更换。

表 17-5-3 普通悬式绝缘子（X-4.5，XP-70，XP-160）附盐密度与对应的污秽等级 mg/cm²

污秽等级	0	1	2	3	4
线路盐密	≤0.03	>0.03～0.06	>0.06～0.10	>0.10～0.25	>0.25～0.35
发电厂、变电所盐密	—	≤0.06	>0.06～0.10	>0.10～0.25	>0.25～0.35

表 17-5-4 普通支柱绝缘子附盐密度与对应的发电厂、变电所污秽等级 mg/cm²

污秽等级	1	2	3	4
盐密	≤0.02	>0.02～0.05	>0.05～0.1	>0.1～0.2

第六节 母　线

一、封闭母线

封闭母线的试验项目、周期和要求见表 17-6-1。

表 17-6-1 封闭母线的试验项目、周期和要求

<table>
<tr><th>序号</th><th>项目</th><th>周期</th><th>要求</th><th>说明</th></tr>
<tr><td>1</td><td>绝缘电阻</td><td>大修时</td><td>1）额定电压为 15kV 及以上全连式离相封闭母线在常温下分相绝缘电阻值不小于 50MΩ
2）6kV 共箱封闭母线在常温下分相绝缘电阻值不小于 6MΩ</td><td>采用 2500V 兆欧表</td></tr>
<tr><td>2</td><td>交流耐压试验</td><td>大修时</td><td><table><tr><th rowspan="2">额定电压
kV</th><th colspan="2">试验电压 kV</th></tr><tr><th>出厂</th><th>现场</th></tr><tr><td>≤1</td><td>4.2</td><td>3.2</td></tr><tr><td>6</td><td>42</td><td>32</td></tr><tr><td>15</td><td>57</td><td>43</td></tr><tr><td>20</td><td>68</td><td>51</td></tr><tr><td>24</td><td>70</td><td>53</td></tr></table></td><td></td></tr>
</table>

各类试验项目如下：

大修时试验项目见表 17-6-1 中序号 1、2。

二、一般母线

一般母线的试验项目、周期和要求见表 17-6-2。

各类试验项目如下：

(1) 定期试验项目见表 17-6-2 中序号 1、2。

(2) 大修时试验项目见表 17-6-2 中序号 1、2。

表 17-6-2 一般母线的试验项目、周期和要求

序号	项目	周期	要求	说明
1	绝缘电阻	1）1～3 年 2）大修时	不应低于 1MΩ/kV	
2	交流耐压试验	1）1～3 年 2）大修时	额定电压在 1kV 以上时，试验电压参照表 17-5-2 中序号 3；额定电压在 1kV 及以下时，试验电压参照表 17-11-2 中序号 2	

第七节 电 容 器

一、高压并联电容器、串联电容器和交流滤波电容器

高压并联电容器、串联电容器和交流滤波电容器的试验项目、周期和要求见表 17-7-1。

定期试验项目见表 17-7-1 中全部项目。

交流滤波电容器组的总电容值应满足交流滤波器调谐的要求。

二、耦合电容器和电容式电压互感器的电容分压器

耦合电容器和电容式电压互感器的电容分压器的试验项

目、周期和要求见表 17-7-2。定期试验项目见表 17-7-2 中序号 1、2、3、4、5。

表 17-7-1　高压并联电容器、串联电容器和交流滤波电容器的试验项目、周期和要求

序号	项目	周期	要求	说明
1	极对壳绝缘电阻	1）投运后 1 年内 2）1～5 年	不低于 2000MΩ	1）串联电容器用 1000V 兆欧表，其他用 2500V 兆欧表 2）单套管电容器不测
2	电容值	1）投运后 1 年内 2）1～5 年	1）电容值偏差不超出额定值的 −5%～+10% 范围 2）电容值不应小于出厂值的 95%	用电桥法或电流电压法测量
3	并联电阻值测量	1）投运后 1 年内 2）1～5 年	电阻值与出厂值的偏差应在 ±10% 范围内	用自放电法测量
4	渗漏油检查	6 个月	漏油时停止使用	观察法

表 17-7-2　耦合电容器和电容式电压互感器的电容分压器的试验项目、周期和要求

序号	项目	周期	要求	说明
1	极间绝缘电阻	1）投运后 1 年内 2）1～3 年	一般不低于 5000MΩ	用 2500V 兆欧表
2	电容值	1）投运后 1 年内 2）1～3 年	1）每节电容值偏差不超出额定值的 −5%～+10% 范围 2）电容值大于出厂值的 102% 时应缩短试验周期 3）一相中任两节实测电容值相差不超过 5%	1）用电桥法 2）带电测量耦合电容器的电容值能够判断设备的绝缘状况，可以在运行中随时进行测量 3）电容式电压互感器的电容分压器的电容值与出厂值相差超出 ±2% 范围时，或电容分压比与出厂试验实测分压比相差超过 2% 时，准确度 0.5 级及 0.2 级的互感器应进行准确度试验
3	$\tan\delta$	1）投运后 1 年内 2）1～3 年	10kV 下的 $\tan\delta$ 值不大于下列数值： 油纸绝缘 0.005 膜纸复合绝缘 0.002	1）当 $\tan\delta$ 值不符合要求时，可在额定电压下复测，复测值如符合 10kV 下的要求，可继续投运 2）电容式电压互感器低压电容的试验电压值自定
4	渗漏油检查	6 个月	漏油时停止使用	用观察法
5	低压端对地绝缘电阻	1～3 年	一般不低于 100MΩ	采用 1000V 兆欧表
6	局部放电试验	必要时	预加电压 $0.8\times1.3U_m$，持续时间不小于 10s，然后在测量电压 $1.1U_m/\sqrt{3}$ 下保持 1min，局部放电量一般不大于 10pC	1）如受试验设备限制预加电压可以适当降低 2）局部放电试验仅在其他试验项目判断电容器绝缘有疑问时进行。放电量超过规定时，应综合判断。局部放电量无明显增长时一般仍可用，但应加强监视
7	交流耐压试验	必要时	试验电压为出厂试验电压的 75%	

1. 带电测量耦合电容器的电容值的测量方法

在运行电压下，用电流表或电流变换器测量流过耦合电容器接地线上的工作电流，并同时记录运行电压，然后计算其电容值。

2. 带电测量耦合电容器的电容值的判断方法

（1）计算得到的电容值的偏差超出额定值的 −5%～+10% 范围时，应停电进行试验。

（2）与上次测量相比，电容值变化超过 ±10% 时，应停电进行试验。

(3) 电容值与出厂试验值相差超出±5%时，应增加带电测量次数，若测量数据基本稳定，可以继续运行。

3. 带电测量耦合电容器的电容值注意事项

对每台由两节组成的耦合电容器，仅对整台进行测量，判断方法中的偏差限值均除以2。本方法不适用于每台由三节及四节组成的耦合电容器。

三、断路器电容器和集合式电容器

断路器电容器的试验项目、周期和要求见表17-7-3。

集合式电容器的试验项目、周期和要求见表17-7-4。

表17-7-3 断路器电容器的试验项目、周期和要求

序号	项目	周期	要求	说明
1	极间绝缘电阻	1) 1～3年 2) 断路器大修后	一般不低于5000MΩ	采用2500V兆欧表
2	电容值	1) 1～3年 2) 断路器大修后	电容值偏差应在额定值的±5%范围内	用电桥法
3	$\tan\delta$	1) 1～3年 2) 断路器大修后	10kV下的$\tan\delta$值不大于下列数值： 油纸绝缘0.005 膜纸复合绝缘0.0025	
4	渗漏油检查	6个月	漏油时停止使用	

表17-7-4 集合式电容器的试验项目、周期和要求

序号	项目	周期	要求	说明
1	相间和极对壳绝缘电阻	1) 1～5年 2) 吊芯修理后	自行规定	1) 采用2500V兆欧表 2) 仅对有六个套管的三相电容器测量相间绝缘电阻
2	电容值	1) 投运后1年内 2) 1～5年 3) 吊芯修理后	1) 每相电容值偏差应在额定值的-5%～+10%的范围内，且电容值不小于出厂值的96% 2) 三相中每两线路端子间测得的电容值的最大值与最小值之比不大于1.06 3) 每相用三个套管引出的电容器组，应测量每两个套管之间的电容量，其值与出厂值相差在±5%范围内	
3	相间和极对壳交流耐压试验	1) 必要时 2) 吊芯修理后	试验电压为出厂试验值的75%	仅对有六个套管的三相电容器进行相间耐压
4	绝缘油击穿电压	1) 1～5年 2) 吊芯修理后	参照表17-9-1中序号6	
5	渗漏油检查	1年	漏油应修复	观察法

四、高压并联电容器装置

1. 单台保护用熔断器

单台保护用熔断器的试验项目、周期和要求见表17-7-5。

表17-7-5 单台保护用熔断器的试验项目、周期和要求

序号	项目	周期	要求	说明
1	直流电阻	必要时	与出厂值相差不大于20%	
2	检查外壳及弹簧情况	1年	无明显锈蚀现象，弹簧拉力无明显变化，工作位置正确，指示装置无卡死等现象	

2. 串联电抗器

串联电抗器的试验项目、周期和要求见表 17-7-6。各类试验项目如下：

（1）定期试验项目见表 17-7-6 中序号 1、3、4。

（2）大修时或大修后试验项目见表 17-7-6 中序号 1、2、3、4、5、6、7。

表 17-7-6　串联电抗器的试验项目、周期和要求

序号	项　目	周　期	要　求	说　明
1	绕组绝缘电阻	1）1～5 年 2）大修后	一般不低于 1000MΩ（20℃）	采用 2500V 兆欧表
2	绕组直流电阻	1）必要时 2）大修后	1）三相绕组间的差别不应大于三相平均值的 4% 2）与上次测量值相差不大于 2%	
3	电抗（或电感）值	1）1～5 年 2）大修后	自行规定	
4	绝缘油击穿电压	1）1～5 年 2）大修后	参照表 17-9-1 中序号 6	
5	绕组 tanδ	1）大修后 2）必要时	20℃下的 tanδ（%）值不大于： 35kV 及以下 3.5 66kV2.5	仅对 800kvar 以上的油浸铁芯电抗器进行
6	绕组对铁芯和外壳交流耐压及相间交流耐压	1）大修后 2）必要时	1）油浸铁芯电抗器，试验电压为出厂试验电压的 85% 2）干式空心电抗器只需对绝缘支架进行试验，试验电压同支柱绝缘子	
7	轭铁梁和穿芯螺栓（可接触到）的绝缘电阻	大修时	自行规定	

3. 放电线圈

放电线圈的试验项目、周期和要求见表 17-7-7。各类试验项目如下：

（1）定期试验项目见表 17-7-7 中序号 1。

（2）大修后试验项目见表 17-7-7 中序号 1、2、3、4、5。

表 17-7-7　放电线圈的试验项目、周期和要求

序号	项　目	周　期	要　求	说　明
1	绝缘电阻	1）1～5 年 2）大修后	不低于 1000MΩ	一次绕组用 2500V 兆欧表，二次绕组用 1000V 兆欧表
2	绕组的 tgδ	1）大修后 2）必要时	参照表 17-3-6 中序号 2	
3	交流耐压试验	1）大修后 2）必要时	试验电压为出厂试验电压的 85%	用感应耐压法
4	绝缘油击穿电压	1）大修后 2）必要时	参照表 17-9-1 中序号 6	
5	一次绕组直流电阻	1）大修后 2）必要时	与上次测量值相比无明显差异	
6	电压比	必要时	符合制造厂规定	

4. 其他

高压并联电容器装置中的开关、并联电容器、电压互感器、电流互感器、母线支架、避雷器及二次回路按本规程的有关规定。

第八节 避雷器和接地装置

一、避雷器

阀式避雷器的试验项目、周期和要求见表17-8-1。

金属氧化物避雷器的试验项目、周期和要求见表17-8-2。

表17-8-1 阀式避雷器的试验项目、周期和要求

<table>
<tr><th>序号</th><th>项目</th><th>周期</th><th>要求</th><th>说明</th></tr>
<tr><td>1</td><td>绝缘电阻</td><td>1）发电厂、变电所避雷器每年雷雨季前
2）线路上避雷器1～3年
3）大修后
4）必要时</td><td>1）FZ（PBC、LD）、FCZ和FCD型避雷器的绝缘电阻自行规定，但与前一次或同类型的测量数据进行比较，不应有显著变化
2）FS型避雷器绝缘电阻应不低于2500MΩ</td><td>1）采用2500V及以上兆欧表
2）FZ、FCZ和FCD型主要检查并联电阻通断和接触情况</td></tr>
<tr><td>2</td><td>电导电流及串联组合元件的非线性因数差值</td><td>1）每年雷雨季前
2）大修后
3）必要时</td><td>1）FZ、FCZ、FCD型避雷器的电导电流参考值见附录F或制造厂规定值，还应与历年数据比较，不应有显著变化
2）同一相内串联组合元件的非线性因数差值，不应大于0.05；电导电流相差值（%）不应大于30%
3）试验电压如下：
<table>
<tr><td>元件额定电压（kV）</td><td>3</td><td>6</td><td>10</td><td>15</td><td>20</td><td>30</td></tr>
<tr><td>试验电压U_1（kV）</td><td>—</td><td>—</td><td>—</td><td>8</td><td>10</td><td>12</td></tr>
<tr><td>试验电压U_2（kV）</td><td>4</td><td>6</td><td>10</td><td>16</td><td>20</td><td>24</td></tr>
</table></td><td>1）整流回路中应加滤波电容器，其电容值一般为0.01～0.1μF，并应在高压侧测量电流
2）由两个及以上元件组成的避雷器应对每个元件进行试验
3）非线性因数差值及电导电流相差值计算见附录F
4）可用带电测量方法进行测量，如对测量结果有疑问时，应根据停电测量的结果作出判断
5）如FZ型避雷器的非线性因数差值大于0.05，但电导电流合格，允许作换节处理，换节后的非线性因数差值不应大于0.05
6）运行中PBC型避雷器的电导电流一般应在300～400μA范围内</td></tr>
<tr><td>3</td><td>工频放电电压</td><td>1）1～3年
2）大修后
3）必要时</td><td>1）FS型避雷器的工频放电电压在下列范围内：
<table>
<tr><td colspan="2">额定电压（kV）</td><td>3</td><td>6</td><td>10</td></tr>
<tr><td rowspan="2">放电电压（kV）</td><td>大修后</td><td>9～11</td><td>16～19</td><td>26～31</td></tr>
<tr><td>运行中</td><td>8～12</td><td>15～21</td><td>23～33</td></tr>
</table>
2）FZ、FCZ和FCD型避雷器的电导电流值及FZ、FCZ型避雷器的工频放电电压参考值见附录F</td><td>带有非线性并联电阻的阀型避雷器只在解体大修后进行</td></tr>
<tr><td>4</td><td>底座绝缘电阻</td><td>1）发电厂、变电所避雷器每年雷雨季前
2）线路上避雷器1～3年
3）大修后
4）必要时</td><td>自行规定</td><td>采用2500V及以上的兆欧表</td></tr>
<tr><td>5</td><td>检查放电计数器的动作情况</td><td>1）发电厂、变电所内避雷器每年雷雨季前
2）线路上避雷器1～3年
3）大修后
4）必要时</td><td>测试3～5次，均应正常动作，测试后计数器指示应调到“0”</td><td></td></tr>
<tr><td>6</td><td>检查密封情况</td><td>1）大修后
2）必要时</td><td>避雷器内腔抽真空至（300～400）×133Pa后，在5min内其内部气压的增加不应超过100Pa</td><td></td></tr>
</table>

表 17-8-2　金属氧化物避雷器的试验项目、周期和要求

序号	项　目	周　期	要　求	说　明
1	绝缘电阻	1）发电厂、变电所避雷器每年雷雨季节前 2）必要时	1）35kV 以上，不低于 2500MΩ 2）35kV 及以下，不低于 1000MΩ	采用 2500V 及以上兆欧表
2	直流 1mA 电压（U_{1mA}）及 $0.75U_{1mA}$ 下的泄漏电流	1）发电厂、变电所避雷器每年雷雨季前 2）必要时	1）不得低于 GB 11032 规定值 2）U_{1mA}实测值与初始值或制造厂规定值比较，变化不应大于±5% 3）$0.75U_{1mA}$ 下的泄漏电流不应大于 50μA	1）要记录试验时的环境温度和相对湿度 2）测量电流的导线应使用屏蔽线 3）初始值系指交接试验或投产试验时的测量值
3	运行电压下的交流泄漏电流	1）新投运的 110kV 及以上者投运 3 个月后测量 1 次；以后每半年 1 次；运行 1 年后，每年雷雨季节前 1 次 2）必要时	测量运行电压下的全电流、阻性电流或功率损耗，测量值与初始值比较，有明显变化时应加强监测，当阻性电流增加 1 倍时，应停电检查	应记录测量时的环境温度，相对湿度和运行电压。测量宜在瓷套表面干燥时进行。应注意相间干扰的影响
4	工频参考电流下的工频参考电压	必要时	应符合 GB 11032 或制造厂规定	1）测量环境温度 20±15℃ 2）测量应每节单独进行，整相避雷器有一节不合格，应更换该节避雷器（或整相更换），使该相避雷器为合格
5	底座绝缘电阻	1）发电厂、变电所避雷器每年雷雨季前 2）必要时	自行规定	采用 2500V 及以上兆欧表
6	检查放电计数器动作情况	1）发电厂、变电所避雷器每年雷雨季前 2）必要时	测试 3～5 次，均应正常动作，测试后计数器指示应调到“0”	

GIS 用金属氧化物避雷器的试验项目、周期和要求如下：

（1）避雷器大修时，其 SF_6 气体按表 17-9-3 的规定；

（2）避雷器运行中的密封检查按表 17-4-1 的规定；

（3）其他有关项目按表 17-8-2 中序号 3、4、6 规定。

二、接地装置

接地装置的试验项目、周期和要求见表 17-8-3。

接地装置的检查项目、周期和要求见表 17-8-4。

表 17-8-3　接地装置的试验项目、周期和要求

序号	项　目	周　期	要　求	说　明
1	有效接地系统的电力设备的接地电阻	1）不超过 6 年 2）可以根据该接地网挖开检查的结果斟酌延长或缩短周期	$R \leqslant 2000/I$ 或 $R \leqslant 0.5\Omega$，（当 $I > 4000A$ 时） 式中　I—经接地网流入地中的短路电流，A； R—考虑到季节变化的最大接地电阻，Ω	1）测量接地电阻时，如在必须的最小布极范围内土壤电阻率基本均匀，可采用各种补偿法，否则，应采用远离法 2）在高土壤电阻率地区，接地电阻如按规定值要求，在技术经济上极不合理时，允许有较大的数值。但必须采取措施以保证发生接地短路时，在该接地网上： a）接触电压和跨步电压均不超过允许的数值 b）不发生高电位引外和低电位引内 c）3～10kV 阀式避雷器不动作 3）在预防性试验前或每 3 年以及必要时验算一次 I 值，并校验设备接地引下线的热稳定
2	非有效接地系统的电力设备的接地电阻	1）不超过 6 年 2）可以根据该接地网挖开检查的结果斟酌延长或缩短周期	1）当接地网与 1kV 及以下设备共用接地时，接地电阻 $R \leqslant 120/I$ 2）当接地网仅用于 1kV 以上设备时，接地电阻 $R \leqslant 250/I$ 3）在上述任一情况下，接地电阻一般不得大于 10Ω 式中　I—经接地网流入地中的短路电流，A； R—考虑到季节变化最大接地电阻，Ω	

续表

<table>
<tr><th>序号</th><th>项　目</th><th>周　期</th><th>要　求</th><th>说　明</th></tr>
<tr><td>3</td><td>利用大地作导体的电力设备的接地电阻</td><td>1年</td><td>1）长久利用时，接地电阻为
$R \leqslant \frac{50}{I}$
2）临时利用时，接地电阻为
$R \leqslant \frac{100}{I}$
式中　I—接地装置流入地中的电流，A；
R—考虑到季节变化的最大接地电阻，Ω</td><td></td></tr>
<tr><td>4</td><td>1kV 以下电力设备的接地电阻</td><td>不超过 6 年</td><td>使用同一接地装置的所有这类电力设备，当总容量达到或超过 100kVA 时，其接地电阻不宜大于 4Ω。如总容量小于 100kVA 时，则接地电阻允许大于 4Ω，但不超过 10Ω</td><td>对于在电源处接地的低压电力网（包括孤立运行的低压电力网）中的用电设备，只进行接零，不作接地。所用零线的接地电阻就是电源设备的接地电阻，其要求按序号 2 确定，但不得大于相同容量的低压设备的接地电阻</td></tr>
<tr><td>5</td><td>独立微波站的接地电阻</td><td>不超过 6 年</td><td>不宜大于 5Ω</td><td></td></tr>
<tr><td>6</td><td>独立的燃油、易爆气体贮罐及其管道的接地电阻</td><td>不超过 6 年</td><td>不宜大于 30Ω</td><td></td></tr>
<tr><td>7</td><td>露天配电装置避雷针的集中接地装置的接地电阻</td><td>不超过 6 年</td><td>不宜大于 10Ω</td><td>与接地网连在一起的可不测量，但按表 17-8-4 序号 1 的要求检查与接地网的连接情况</td></tr>
<tr><td>8</td><td>发电厂烟囱附近的吸风机及引风机处装设的集中接地装置的接地电阻</td><td>不超过 6 年</td><td>不宜大于 10Ω</td><td>与接地网连在一起的可不测量，但按表 17-8-4 序号 1 的要求检查与接地网的连接情况</td></tr>
<tr><td>9</td><td>独立避雷针（线）的接地电阻</td><td>不超过 6 年</td><td>不宜大于 10Ω</td><td>在高土壤电阻率地区难以将接地电阻降到 10Ω 时，允许有较大的数值，但应符合防止避雷针（线）对罐体及管、阀等反击的要求</td></tr>
<tr><td>10</td><td>与架空线直接连接的旋转电机进线段上排气式和阀式避雷器的接地电阻</td><td>与所在进线段上杆塔接地电阻的测量周期相同</td><td>排气式和阀式避雷器的接地电阻，分别不大于 5Ω 和 3Ω，但对于 300～1500kW 的小型直配电机，如不采用 SDJ 7《电力设备过电压保护设计技术规程》中相应接线时，此值可酌情放宽</td><td></td></tr>
<tr><td>11</td><td>有架空地线的线路杆塔的接地电阻</td><td>1）发电厂或变电所进出线 1～2km 内的杆塔 1～2 年
2）其他线路杆塔不超过 5 年</td><td>当杆塔高度在 40m 以下时，按下列要求，如杆塔高度达到或超过 40m 时，则取下表值的 50%，但当土壤电阻率大于 2000Ω·m，接地电阻难以达到 15Ω 时可增加至 20Ω
<table><tr><th>土壤电阻率 Ω·m</th><th>接地电阻 Ω</th></tr><tr><td>100 及以下</td><td>10</td></tr><tr><td>100～500</td><td>15</td></tr><tr><td>500～1000</td><td>20</td></tr><tr><td>1000～2000</td><td>25</td></tr><tr><td>2000 以上</td><td>30</td></tr></table></td><td>对于高度在 40m 以下的杆塔，如土壤电阻率很高，接地电阻难以降到 30Ω 时，可采用 6～8 根总长不超过 500m 的放射形接地体或连续伸长接地体，其接地电阻可不受限制。但对于高度达到或超过 40m 的杆塔，其接地电阻也不宜超过 20Ω</td></tr>
<tr><td>12</td><td>无架空地线的线路杆塔接地电阻</td><td>1）发电厂或变电所进出线 1～2km 内的杆塔 1～2 年
2）其他线路杆塔不超过 5 年</td><td><table><tr><th>种　类</th><th>接地电阻 Ω</th></tr><tr><td>非有效接地系统的钢筋混凝土杆、金属杆</td><td>30</td></tr><tr><td>中性点不接地的低压电力网的线路钢筋混凝土杆、金属杆</td><td>50</td></tr><tr><td>低压进户线绝缘子铁脚</td><td>30</td></tr></table></td><td></td></tr>
</table>

注　进行序号 1、2 项试验时，应断开线路的架空地线。

表 17-8-4　接地装置的检查项目、周期和要求

序号	项　目	周　期	要　求	说　明
1	检查有效接地系统的电力设备接地引下线与接地网的连接情况	不超过3年	不得有开断、松脱或严重腐蚀等现象	如采用测量接地引下线与接地网（或与相邻设备）之间的电阻值来检查其连接情况，可将所测的数据与历次数据比较和相互比较，通过分析决定是否进行挖开检查
2	抽样开挖检查发电厂、变电所地中接地网的腐蚀情况	1）本项目只限于已经运行10年以上（包括改造后重新运行达到这个年限）的接地网 2）以后的检查年限可根据前次开挖检查的结果自行决定	不得有开断、松脱或严重腐蚀等现象	可根据电气设备的重要性和施工的安全性，选择5～8个点沿接地引下线进行开挖检查，如有疑问还应扩大开挖的范围

第九节　绝缘油和六氟化硫气体

一、变压器油

新变压器油的验收，应按GB 2536或SH 0040的规定。运行中变压器油的试验项目和要求见表17-9-1。

表 17-9-1　变压器油的试验项目和要求

序号	项　目	要求：投入运行前的油	要求：运行油	说　明
1	外观	透明、无杂质或悬浮物		将油样注入试管中冷却至5℃在光线充足的地方观察
2	水溶性酸pH值	≥5.4	≥4.2	按GB 7598进行试验
3	酸值　mg KOH/g	≤0.03	≤0.1	按GB 264或GB 7599进行试验
4	闪点（闭口）　℃	≥140（10号、25号油） ≥135（45号油）	1）不应比左栏要求低5℃ 2）不应比上次测定值低5℃	按GB 261进行试验
5	水分　mg/L	66～110kV≤20 220kV≤15 330～500kV≤10	66～110kV≤35 220kV≤25 330～500kV≤15	运行中设备，测量时应注意温度的影响，尽量在顶层油温高于50℃时采样，按GB 7600或GB 7601进行试验
6	击穿电压　kV	15kV以下≥30 15～35kV≥35 66～220kV≥40 330kV≥50 500kV≥60	15kV以下≥25 15～35kV≥30 66～220kV≥35 330kV≥45 500kV≥50	按GB/T 507和DL/T 429.9方法进行试验
7	界面张力（25℃）mN/m	≥35	≥19	按GB/T 6541进行试验
8	tanδ（90℃）　%	330kV及以下≤1 500kV　≤0.7	300kV及以下≤4 500kV　≤2	按GB 5654进行试验
9	体积电阻率（90℃）Ω·m	$\geqslant 6\times10^{10}$	500kV$\geqslant 1\times10^{10}$ 330kV及以下$\geqslant 3\times10^{9}$	按DL/T 421或GB 5654进行试验
10	油中含气量（体积分数）%	330kV、500kV≤1	一般不大于3	按DL/T 423或DL/T 450进行试验
11	油泥与沉淀物（质量分数）%		一般不大于0.02	按GB/T 511试验，若只测定油泥含量，试验最后采用乙醇一苯（1:4）将油泥洗于恒重容器中，称重
12	油中溶解气体色谱分析	变压器、电抗器 互感器 套管 电力电缆	见本章第三节 见本章第三节 见本章第五节 见本章第十节	取样、试验和判断方法分别按GB 7597、SD 304和GB 7252的规定进行

注　1. 对全密封式设备如互感器，不易取样或补充油，应根据具体情况决定是否采样。
2. 有载调压开关用的变压器油的试验项目、周期和要求按制造厂规定。

1. 运行中变压器油的试验周期

(1) 330kV 和 500kV 变压器、电抗器油，试验周期为 1 年的项目有表 17-9-1 中序号 1、2、3、5、6、7、8、9、10；

(2) 66～220kV 变压器、电抗器和 1000kVA 及以上所、厂用变压器油，试验周期为 1 年的项目有表 17-9-1 序号 1、2、3、6，必要时试验的项目有 5、8、9；

(3) 35kV 及以下变压器油试验周期为 3 年的项目有序号 6；

(4) 新变压器、电抗器投运前、大修后油试验项目有表 17-9-1 序号 1、2、3、4、5、6、7、8、9（对 330、500kV 的设备增加序号 10）；

(5) 互感器、套管油的试验结合油中溶解气体色谱分析试验进行，项目按本章第三节、五节有关规定；

(6) 表 17-9-1 中序号 11 项目在必要时进行。

(7) 设备和运行条件的不同，会导致油质老化速度不同，当主要设备用油的 pH 值接近 4.4 或颜色骤然变深，其他指标接近允许值或不合格时，应缩短试验周期，增加试验项目，必要时采取处理措施。

2. 关于补油或不同牌号油混合使用的规定

(1) 补加油品的各项特性指标不应低于设备内的油。如果补加到已接近运行油质量要求下限的设备油中，有时会导致油中迅速析出油泥，故应预先进行混油样品的油泥析出和 $\tan\delta$ 试验。试验结果无沉淀物产生且 $\tan\delta$ 不大于原设备内油的 $\tan\delta$ 值时，才可混合。

(2) 不同牌号新油或相同质量的运行中油，原则上不宜混合使用。如必须混合时应按混合油实测的凝点决定是否可用。

(3) 对于国外进口油、来源不明以及所含添加剂的类型并不完全相同的油，如需要与不同牌号油混合时，应预先进行参加混合的油及混合后油样的老化试验。

(4) 油样的混合比应与实际使用的混合比一致，如实际使用比不详，则采用 1∶1 比例混合。

二、断路器油

断路器专用油的新油应按 SH 0351 进行验收。

运行中断路器油的试验项目、周期和要求见表 17-9-2。

表 17-9-2　　运行中断路器油的试验项目、周期和要求

序号	项　目	要　求	周　期	说　明
1	水溶性酸 pH 值	≥4.2	1) 110kV 及以上新设备投运前或大修后检验项目为序号 1～7，运行中为 1 年，检验项目序号 4 2) 110kV 以下新设备投运前或大修后检验项目为序号 1～7。运行中不大于 3 年，检验项目为序号 4 3) 少油断路器（油量为 60kg 以下）小于 3 年或以换油代替	按 GB 7598 进行试验
2	机械杂质	无		外观目测
3	游离碳	无较多碳悬浮于油中		外观目测
4	击穿电压　kV	110kV 以上： 投运前或大修后≥40 运行中≥35 110kV 及以下： 投运前或大修后≥35 运行中≥30		按 GB/T 507 和 DL/T 429.9 方法进行试验
5	水分　mg/L	110kV 以上： 投运前或大修后≤15 运行中≤25 110kV 及以下： 投运前或大修后≤20 运行中≤35		见表 17-9-1 序号 5
6	酸值　mgKOH/g	≤0.1		按 GB 264 或 GB 7599 进行试验
7	闪点（闭口）℃	不应比新油低 5		按 GB 261 进行试验

三、六氟化硫气体

运行中 SF_6 气体的试验项目、周期和要求见表 17-9-3。

表 17-9-3　　运行中 SF_6 气体的试验项目、周期和要求

序号	项　目	周　期	要　求	说　明
1	湿度（20℃体积分数）10^{-6}	1) 1～3 年（35kV 以上） 2) 大修后 3) 必要时	1) 断路器灭弧室气室 大修后不大于 150 运行中不大于 300 2) 其他气室 大修后不大于 250 运行中不大于 500	1) 按 GB 12022、SD 306［六氟化硫气体中水分含量测定法（电解法）］和 DL 506—92《现场 SF_6 气体水分测定方法》进行 2) 新装及大修后 1 年内复测 1 次，如湿度符合要求，则正常运行中 1～3 年 1 次 3) 周期中的“必要时”是指新装及大修后 1 年内复测湿度不符合要求或漏气超过表 17-4-1 中序号 2 的要求和设备异常时，按实际情况增加的检测
2	密度（标准状态下）　kg/m^3	必要时	6.16	按 SD 308《六氟化硫新气中密度测定法》进行

续表

序号	项目	周期	要求	说明
3	毒性	必要时	无毒	按SD 312《六氟化硫气体毒性生物试验方法》进行
4	酸度 μg/g	1）大修后 2）必要时	≤0.3	按SD 307《六氟化硫新气中酸度测定法》或用检测管进行测量
5	四氟化碳（质量分数） %	1）大修后 2）必要时	1）大修后≤0.05 2）运行中≤0.1	按SD 311《六氟化硫新气中空气—四氟化碳的气相色谱测定法》进行
6	空气（质量分数） %	1）大修后 2）必要时	1）大修后≤0.05 2）运行中≤0.2	见序号5
7	可水解氟化物 μg/g	1）大修后 2）必要时	≤1.0	按SD 309《六氟化碳气体中可水解氟化物含量测定法》进行
8	矿物油 μg/g	1）大修后 2）必要时	≤10	按SD 310《六氟化硫气体中矿物油含量测定法（红外光谱法）》进行

1. 新气试验规定

（1）SF_6 新气到货后，充入设备前应按GB 12022验收。抽检率为十分之三。同一批相同出厂日期的，只测定含水量和纯度。

（2）SF_6 气体在充入电气设备24h后，方可进行试验。

2. 关于补气和气体混合使用的规定

（1）所补气体必须符合新气质量标准，补气时应注意接头及管路的干燥；

（2）符合新气质量标准的气体均可混合使用。

第十节 电力电缆线路

一、电力电缆线路预防性试验的一般规定

（1）对电缆的主绝缘作直流耐压试验或测量绝缘电阻时，应分别在每一相上进行。对一相进行试验或测量时，其他两相导体、金属屏蔽或金属套和铠装层一起接地。

（2）新敷设的电缆线路投入运行3～12个月，一般应作1次直流耐压试验，以后再按正常周期试验。

（3）试验结果异常，但根据综合判断允许在监视条件下继续运行的电缆线路，其试验周期应缩短，如在不少于6个月时间内，经连续3次以上试验，试验结果不变坏，则以后可以按正常周期试验。

（4）对金属屏蔽或金属套一端接地，另一端装有护层过电压保护器的单芯电缆主绝缘作直流耐压试验时，必须将护层过电压保护器短接，使这一端的电缆金属屏蔽或金属套临时接地。

（5）耐压试验后，使导体放电时，必须通过每千伏约80kΩ的限流电阻反复几次放电直至无火花后，才允许直接接地放电。

（6）除自容式充油电缆线路外，其他电缆线路在停电后投运之前，必须确认电缆的绝缘状况良好。凡停电超过一星期但不满一个月的电缆线路，应用兆欧表测量该电缆导体对地绝缘电阻，如有疑问时，必须用低于常规直流耐压试验电压的直流电压进行试验，加压时间1min；停电超过一个月但不满一年的电缆线路，必须作50%规定试验电压值的直流耐压试验，加压时间1min；停电超过一年的电缆线路必须作常规的直流耐压试验。

（7）对额定电压为0.6/1kV的电缆线路可用1000V或2500V兆欧表测量导体对地绝缘电阻代替直流耐压试验。

（8）直流耐压试验时，应在试验电压升至规定值后1min以及加压时间达到规定时测量泄漏电流。泄漏电流值和不平衡系数（最大值与最小值之比）只作为判断绝缘状况的参考，不作为是否能投入运行的判据。但如发现泄漏电流与上次试验值相比有很大变化，或泄漏电流不稳定，随试验电压的升高或加压时间的增加而急剧上升时，应查明原因。如系终端头表面泄漏电流或对地杂散电流等因素的影响，则应加以消除；如怀疑电缆线路绝缘不良，则可提高试验电压（以不超过产品标准规定的出厂试验直流电压为宜）或延长试验时间，确定能否继续运行。

（9）运行部门根据电缆线路的运行情况、以往的经验和试验成绩，可以适当延长试验周期。

二、纸绝缘电力电缆线路

纸绝缘电力电缆线路包括粘性油纸绝缘电力电缆和不滴流油纸绝缘电力电缆线路。

纸绝缘电力电缆线路的试验项目、周期和要求见表17-10-1。

表17-10-1 纸绝缘电力电缆线路的试验项目、周期和要求

序号	项目	周期	要求	说明
1	绝缘电阻	在直流耐压试验之前进行	自行规定	额定电压0.6/1kV电缆用1000V兆欧表；0.6/1kV以上电缆用2500V兆欧表（6/6kV及以上电缆也可用5000V兆欧表）
2	直流耐压试验	1）1～3年 2）新作终端或接头后进行	1）试验电压值按表17-10-2规定，加压时间5min，不击穿 2）耐压5min时的泄漏电流值不应大于耐压1min时的泄漏电流值 3）三相之间的泄漏电流不平衡系数不应大于2	6/6kV及以下电缆的泄漏电流小于10μA，8.7/10kV电缆的泄漏电流小于20μA时，对不平衡系数不作规定

表 17-10-2　　纸绝缘电力电缆的直流耐压试验电压　　kV

电缆额定电压 U_0/U	直流试验电压	电缆额定电压 U_0/U	直流试验电压	电缆额定电压 U_0/U	直流试验电压
1.0/3	12	6/6	30	21/35	105
3.6/6	17	6/10	40	26/35	130
3.6/6	24	8.7/10	47		

三、橡塑绝缘电力电缆线路

橡塑绝缘电力电缆是指聚氯乙烯绝缘、交联聚乙烯绝缘和乙丙橡皮绝缘电力电缆。

橡塑绝缘电力电缆线路的试验项目、周期和要求见表 17-10-3。

表 17-10-3　　橡塑绝缘电力电缆线路的试验项目、周期和要求

序号	项　目	周　期	要　求	说　明
1	电缆主绝缘绝缘电阻	1）重要电缆：1年 2）一般电缆： a）3.6/6kV 及以上 3 年 b）3.6/6kV 以下 5 年	自行规定	0.6/1kV 电缆用 1000V 兆欧表；0.6/1kV 以上电缆用 2500V 兆欧表（6/6kV 及以上电缆也可用 5000V 兆欧表）
2	电缆外护套绝缘电阻	1）重要电缆：1年 2）一般电缆： a）3.6/6kV 及以上 3 年 b）3.6/6kV 以下 5 年	每千米绝缘电阻值不应低于 0.5MΩ	采用 500V 兆欧表。当每千米的绝缘电阻低于 0.5MΩ 时应采用下述的方法判断外护套是否进水 本项试验只适用于三芯电缆的外护套，单芯电缆外护套试验按本表第 6 项
3	电缆内衬层绝缘电阻	1）重要电缆：1年 2）一般电缆： a）3.6/6kV 及以上 3 年 b）3.6/6kV 以下 5 年	每千米绝缘电阻值不应低于 0.5MΩ	采用 500V 兆欧表。当每千米的绝缘电阻低于 0.5MΩ 时应采用下述的方法判断内衬层是否进水
4	铜屏蔽层电阻和导体电阻比	1）投运前 2）重作终端或接头后 3）内衬层破损进水后	对照投运前测量数据自行规定	
5	电缆主绝缘直流耐压试验	新作终端或接头后	1）试验电压值按表 17-10-4 规定，加压时间 5min，不击穿 2）耐压 5min 时的泄漏电流不应大于耐压 1min 时的泄漏电流	
6	交叉互联系统	2～3年	见“交叉互联系统试验方法和要求”	

注　为了实现序号 2、3 和 4 项的测量，必须对橡塑电缆附件安装工艺中金属层的传统接地方法加以改变。

表 17-10-4　　橡塑绝缘电力电缆的直流耐压试验电压　　kV

电缆额定电压 U_0/U	直流试验电压	电缆额定电压 U_0/U	直流试验电压	电缆额定电压 U_0/U	直流试验电压
1.8/3	11	8.7/10	37	64/110	192
3.6/6	18	21/35	63	127/220	305
6/6	25	26/35	78		
6/10	25	48/66	144		

1. 橡塑电缆内衬层和外护套破坏进水的确定方法

直埋橡塑电缆的外护套，特别是聚氯乙烯外护套，受地下水的长期浸泡吸水后，或者受到外力破坏而又未完全破损时，其绝缘电阻均有可能下降至规定值以外，因此不能仅根据绝缘电阻值降低来判断外护套破损进水。为此，提出了根据不同金属在电解质中形成原电池的原理进行判断的方法。

橡塑电缆的金属层、铠装层及其涂层用的材料有铜、铅、铁、锌和铝等。这些金属的电极电位如表 17-10-5 所示。

表 17-10-5　　金属电极电位

金属种类	铜 Cu	铅 Pb	铁 Fe	锌 Zn	铝 Al
电位 V	+0.334	−0.122	−0.44	−0.76	−1.33

当橡塑电缆的外护套破损并进水后，由于地下水是电解质，在铠装层的镀锌钢带上会产生对地−0.76V的电位，如内衬层也破损进水后，在镀锌钢带与铜屏蔽层之间形成原电池，会产生0.334−(−0.76)≈1.1V的电位差，当进水很多时，测到的电位差会变小。在原电池中铜为“正”极，镀锌钢带为“负”极。

当外护套或内衬层破损进水后，用兆欧表测量时，每千米绝缘电阻值低于0.5MΩ时，用万用表的“正”、“负”表笔轮换测量铠装层对地或铠装层对铜屏蔽层的绝缘电阻，此时在测量回路内由于形成的原电池与万用表内干电池相串联，当极性组合使电压相加时，测得的电阻值较小；反之，测得的电阻值较大。因此上述两次测得的绝缘电阻值相差较大时，表明已形成原电池，就可判断外护套和内衬层已破损进水。

外护套破损不一定要立即修理，但内衬层破损进水后，水分直接与电缆芯接触并可能会腐蚀铜屏蔽层，一般应尽快检修。

2. 铜屏蔽层电阻和导体电阻比的试验方法

(1) 用双臂电桥测量在相同温度下的铜屏蔽层和导体的直流电阻。

(2) 当前者与后者之比与投运前相比增加时，表明铜屏蔽层的直流电阻增大，铜屏蔽层有可能被腐蚀；当该比值与投运前相比减少时，表明附件中的导体连接点的接触电阻有增大的可能。

3. 橡塑电缆附件中金属层的接地方法

(1) 终端。终端的铠装层和铜屏蔽层应分别用带绝缘的绞合导线单独接地。铜屏蔽层接地线的截面不得小于$25mm^2$；铠装层接地线的截面不应小于$10mm^2$。

(2) 中间接头。中间接头内铜屏蔽层的接地线不得和铠装层连在一起，对接头两侧的铠装层必须用另一根接地线相连，而且还必须与铜屏蔽层绝缘。如接头的原结构中无内衬层时，应在铜屏蔽层外部增加内衬层，而且与电缆本体的内衬层搭接处的密封必须良好，即必须保证电缆的完整性和延续性。连接铠装层的地线外部必须有外护套而且具有与电缆外护套相同的绝缘和密封性能，即必须确保电缆外护套的完整性和延续性。

四、自容式充油电力电缆线路

自容式充油电力电缆线路的试验项目、周期和要求见表17-10-6。

表17-10-6　自容式充油电力电缆线路的试验项目、周期和要求

序号	项　目	周　期	要　求	说　明
1	电缆主绝缘直流耐压试验	1) 电缆失去油压并导致受潮或进气经修复后 2) 新作终端或接头后	试验电压值按表17-10-7规定，加压时间5min，不击穿	
2	电缆外护套和接头外护套的直流耐压试验	2～3年	试验电压6kV，试验时间1min，不击穿	1) 根据以往的试验成绩，积累经验后，可以用测量绝缘电阻代替，有疑问时再作直流耐压试验 2) 本试验可与交叉互联系统中绝缘接头外护套的直流耐压试验结合在一起进行
3	压力箱 a) 供油特性 b) 电缆油击穿电压 c) 电缆油的tanδ	与其直接连接的终端或塞止接头发生故障后	a) 试验按GB 9326.5中6.3进行。压力箱的供油量不应小于压力箱供油特性曲线所代表的标称供油量的90% b) 不低于50kV c) 不大于0.005(100℃时)	1) 击穿电压：试验按GB/T 507规定进行。在室温下测量油的击穿电压。 2) tanδ：采用电桥以及带有加热套能自动控温的专用油杯进行测量。电桥的灵敏度不得低于1×10^{-5}，准确度不得低于1.5%，油杯的固有tanδ不得大于5×10^{-5}，在100℃及以下的电容变化率不得大于2%。加热套控温的控温灵敏度为0.5℃或更小，升温至试验温度100℃的时间不得超过1h。 电缆油在温度100±1℃和场强1MV/m下的tanδ不应大于下列数值： 53/66～127/220kV　0.03 190/330kV　0.01
4	油压示警系统 a) 信号指示 b) 控制电缆线芯对地绝缘	6个月 1～2年	能正确发出相应的示警信号 每千米绝缘电阻不小于1MΩ	合上示警信号装置的试验开关应能正确发出相应的声、光示警信号。 采用100V或250V兆欧表测量
5	交叉互联系统	2～3年		
6	电缆及附件内的电缆油 a) 击穿电压 b) tanδ c) 油中溶解气体	2～3年 2～3年 怀疑电缆绝缘过热老化或终端或塞止接头存在严重局部放电时	a) 不低于45kV b) 见序号3的说明c) c) 见表17-10-8	油中溶解气体分析的试验方法和要求按GB 7252规定。电缆油中溶解的各气体组分含量的注意值见表17-10-8，但注意值不是判断充油电缆有无故障的唯一指标，当气体含量达到注意值时，应进行追踪分析查明原因，试验和判断方法参照GB 7252进行。

表 17-10-7　　自容式充油电力电缆线路主绝缘直流耐压试验电压　　kV

电缆额定电压 U_0/U	GB 311.1 规定的雷电冲击耐受电压	直流试验电压	电缆额定电压 U_0/U	GB 311.1 规定的雷电冲击耐受电压	直流试验电压
48/66	325 350	163 175	190/330	1050 1175 1300	525 590 650
64/110	450 550	225 275			
127/220	850 950 1050	425 475 510	290/500	1425 1550 1675	715 775 840

表 17-10-8　电缆油中溶解气体组分含量的注意值

电缆油中溶解气体的组分	注意值$\times10^{-6}$（体积分数）	电缆油中溶解气体的组分	注意值$\times10^{-6}$（体积分数）
可燃气体总量	1500	CO_2	1000
H_2	500	CH_4	200
C_2H_2	痕量	C_2H_6	200
CO	100	C_2H_4	200

五、交叉互联系统试验方法和要求

交叉互联系统试验方法和要求如下：

交叉互联系统除进行下列定期试验外，如在交叉互联大段内发生故障，则也应对该大段进行试验。如交叉互联系统内直接接地的接头发生故障时，则与该接头连接的相邻两个大段都应进行试验。

(1) 电缆外护套、绝缘接头外护套与绝缘夹板的直流耐压试验：试验时必须将护层过电压保护器断开。在互联箱中将另一侧的三段电缆金属套都接地，使绝缘接头的绝缘夹板也能结合在一起试验，然后在每段电缆金属屏蔽或金属套与地之间施加直流电压 5kV，加压时间 1min，不应击穿。

(2) 非线性电阻型护层过电压保护器。

1) 碳化硅电阻片：将连接线拆开后，分别对三组电阻片施加产品标准规定的直流电压后测量流过电阻片的电流值。这三组电阻片的直流电流值应在产品标准规定的最小和最大值之间。如试验时的温度不是 20℃，则被测电流值应乘以修正系数（$120-t$）/100（t 为电阻片的温度，℃）。

2) 氧化锌电阻片：对电阻片施加直流参考电流后测量其压降，即直流参考电压，其值应在产品标准规定的范围之内。

3) 非线性电阻片及其引线的对地绝缘电阻：将非线性电阻片的全部引线并联在一起与接地的外壳绝缘后，用 1000V 兆欧计测量引线与外壳之间的绝缘电阻，其值不应小于 10MΩ。

(3) 互联箱。

1) 接触电阻：本试验在作完护层过电压保护器的上述试验后进行。将闸刀（或连接片）恢复到正常工作位置后，用双臂电桥测量闸刀（或连接片）的接触电阻，其值不应大于 20μΩ。

2) 闸刀（或连接片）连接位置：本试验在以上交叉互联系统的试验合格后密封互联箱之前进行。连接位置应正确。如发现连接错误而重新连接后，则必须重测闸刀（或连接片）的接触电阻。

第十一节　架空电力线路和电力布线

一、1kV 以上的架空电力线路

1kV 以上的架空电力线路的试验项目、周期和要求见表 17-11-1。

表 17-11-1　　1kV 以上的架空电力线路的试验项目、周期和要求

序号	项　目	周　期	要　求	说　明
1	检查导线连接管的连接情况	1) 2 年 2) 线路检修时	1) 外观检查无异常 2) 连接管压接后的尺寸及外形应符合要求	铜线的连接管检查周期可延长至 5 年
2	悬式绝缘子串的零值绝缘子检测（66kV 及以上）	必要时	在运行电压下检测	玻璃绝缘子不进行此项试验，自破后应及时更换
3	线路的绝缘电阻（有带电的平行线路时不测）	线路检修后	自行规定	采用 2500V 及以上的兆欧表
4	检查相位	线路连接有变动时	线路两端相位应一致	
5	间隔棒检查	1) 3 年 2) 线路检修时	状态完好，无松动无胶垫脱落等情况	
6	阻尼设施的检查	1) 1～3 年 2) 线路检修时	无磨损松动等情况	

续表

序号	项　目	周　期	要　求	说　明
7	绝缘子表面等值附盐密度	1年	参照附录C污秽等级与对应附盐密度值检验所测盐密值与当地污秽等级是否一致。结合运行经验，将测量值作为调整耐污绝缘水平和监督绝缘安全运行的依据。盐密值超过规定时，应根据情况采取调整爬距、清扫、涂料等措施	在污秽地区积污最重的时期进行测量。根据沿线路污染状况，每5～10km选一串悬垂绝缘子测试

注　关于架空电力线路离地距离、离建筑物距离、空气间隙、交叉距离和跨越距离的检查，杆塔和过电压保护装置的接地电阻测量、杆塔和地下金属部分的检查，导线断股检查等项目，应按架空电力线路和电气设备接地装置有关规程的规定进行。

二、1kV及以下的配电装置和电力布线

1kV及以下的配电装置和电力布线的试验项目、周期和要求见表17-11-2。

表17-11-2　1kV及以下的配电装置和电力布线的试验项目、周期和要求

序号	项　目	周　期	要　求	说　明
1	绝缘电阻	设备大修时	1）配电装置每一段的绝缘电阻不应小于0.5MΩ 2）电力布线绝缘电阻一般不小于0.5MΩ	1）采用1000V兆欧表 2）测量电力布线的绝缘电阻时应将熔断器、用电设备、电器和仪表等断开
2	配电装置的交流耐压试验	设备大修时	试验电压为1000V	1）配电装置耐压为各相对地，48V及以下的配电装置不做交流耐压试验 2）可用2500V兆欧表试验代替
3	检查相位	更动设备或接线时	各相两端及其连接回路的相位应一致	

注　1. 配电装置指配电盘、配电台、配电柜、操作盘及载流部分。
2. 电力布线不进行交流耐压试验。

第十二节　二次回路

二次回路的试验项目、周期和要求见表17-12-1。大修时试验项目见表17-12-1中序号1、2。

表17-12-1　二次回路的试验项目、周期和要求

序号	项　目	周　期	要　求	说　明
1	绝缘电阻	1）大修时 2）更换二次线时	1）直流小母线和控制盘的电压小母线，在断开所有其他并联支路时不应小于10MΩ 2）二次回路的每一支路和断路器、隔离开关、操作机构的电源回路不小于1MΩ；在比较潮湿的地方，允许降到0.5MΩ	采用500V或1000V兆欧表
2	交流耐压试验	1）大修时 2）更换二次线时	试验电压为1000V	1）不重要回路可用2500V兆欧表试验代替 2）48V及以下回路不做交流耐压试验 3）带有电子元件的回路，试验时应将其取出或两端短接

第十三节　电除尘器

（1）高压硅整流变压器的试验项目、周期和要求见表17-13-1。

（2）低压电抗器的试验项目、周期和要求见表17-13-2。

（3）绝缘支撑及连接元件的试验项目、周期和要求见表17-13-3。

（4）高压直流电缆的试验项目、周期和要求见表17-13-4。

（5）电除尘器本体壳体对地网的连接电阻一般小于1Ω。

（6）高、低压开关柜及通用电气部分按有关章节执行。

表 17-13-1 高压硅整流变压器的试验项目、周期和要求

序号	项目	周期	要求	说明
1	高压绕组对低压绕组及对地的绝缘电阻	1）大修后 2）必要时	>500MΩ	采用 2500V 兆欧表
2	低压绕组的绝缘电阻	1）大修后 2）必要时	>300MΩ	采用 1000V 兆欧表
3	硅整流元件及高压套管对地的绝缘电阻	1）大修后 2）必要时	>2000MΩ	
4	穿芯螺杆对地的绝缘电阻	1）大修后 2）必要时	不作规定	
5	高、低压绕组的直流电阻	1）大修后 2）必要时	与出厂值相差不超出±2%范围	换算到 75℃
6	电流、电压取样电阻	1）大修后 2）必要时	偏差不超出规定值的±5%	
7	各桥臂正、反向电阻值	1）大修后 2）必要时	桥臂间阻值相差小于 10%	
8	变压器油试验	1）1 年 2）大修后	参照表 17-9-1 中序号 1、2、3、6	
9	油中溶解气体色谱分析	1）1 年 2）大修后	参照表 17-3-1 中序号 1，注意值自行规定	
10	空载升压	1）大修时 2）更换绕组后 3）必要时	输出 $1.5U_n$，保持 1min，应无闪络，无击穿现象，并记录空载电流	不带电除尘器电场

表 17-13-2 低压电抗器的试验项目、周期和要求

序号	项目	周期	要求	说明
1	穿心螺杆对地的绝缘电阻	大修时	不作规定	
2	绕组对地的绝缘电阻	大修后	>300MΩ	
3	绕组各抽头的直流电阻	必要时	与出厂值相差不超出±2%范围	换算到 75℃
4	变压器油击穿电压	大修后	>20kV	参照表 17-9-1 序号 6

表 17-13-3 绝缘支撑及连接元件的试验项目、周期和要求

序号	项目	周期	要求	说明
1	绝缘电阻	更换后	>500MΩ	采用 2500V 兆欧表
2	耐压试验	更换后	直流 100kV 或交流 72kV，保持 1min 无闪络	

表 17-13-4 高压直流电缆的试验项目、周期和要求

序号	项目	周期	要求	说明
1	绝缘电阻	大修后	>1500MΩ	采用 2500V 兆欧表
2	直流耐压并测量泄漏电流	1）大修后 2）重做电缆头时	电缆工作电压的 1.7 倍，10min，当电缆长度小于 100m 时，泄漏电流一般小于 30μA	

第十八章　输变电设备状态检修试验

第一节　概　述

一、输变电设备状态检修试验的有关术语

见表 18-1-1。

表 18-1-1　输变电设备状态检修试验有关术语

术　语	定　义
状态检修 condition-based maintenance	基于设备状态，综合考虑安全、可靠性、环境、成本等要素，合理安排检修的一种检修策略
设备状态量 equipment condition indicators	直接或间接表征设备状态的各类信息，如数据、声音、图像、现象等
例行检查 routine maintenance	定期在现场对设备进行的状态检查，含各种简单保养和维修，如污秽清扫、螺丝紧固、防腐处理、自备表计校验、易损件更换、功能确认等
巡检 routine inspection	为掌握设备状态对设备进行的巡视和检查
例行试验 routine test	为获取设备状态量，评估设备状态，及时发现事故隐患，定期进行的各种带电检测和停电试验。需要设备退出运行才能进行的例行试验称为停电例行试验
诊断性试验 diagnostic test	巡检、在线监测、例行试验等发现设备状态不良，或经受了不良工况，或受家族缺陷警示，或连续运行了较长时间，为进一步评估设备状态进行的试验
带电检测 energized test	在运行状态下对设备状态量进行的现场检测
初值 initial value	指能够代表状态量原始值的试验值。初值可以是出厂值、交接试验值、早期试验值、设备核心部件或主体进行解体性检修之后的首次试验值等。初值差定义为：（当前测量值－初值）/初值×100%
注意值 attention value	状态量达到该数值时，设备可能存在或可能发展为缺陷
警示值 warning value	状态量达到该数值时，设备已存在缺陷并有可能发展为故障
家族缺陷 family defect	经确认由设计、和/或材质、和/或工艺共性因素导致的设备缺陷称为家族缺陷。如出现这类缺陷，具有同一设计、和/或材质、和/或工艺的其他设备，不论其当前是否可检出同类缺陷，在这种缺陷隐患被消除之前，都称为有家族缺陷设置
不良工况 undesirable service condition	设备在运行中经受的、可能对设备状态造成不良影响的各种特别工况
基准周期 benchmark interval	本标准规定的巡检周期和例行试验周期
轮试 in turn testing	对于数量较多的同厂同型设备，若例行试验项目的周期为 2 年及以上，宜在周期内逐年分批进行，这一方式称为轮试

二、设备巡检

在设备运行期间，应按规定的巡检内容和巡检周期对各类设备进行巡检。巡检内容还应包括设备技术文件特别提示的其他巡检要求。巡检情况应有书面或电子文档记录。

在雷雨季节前，大风、降雨（雪、冰雹）、沙尘暴及有明显震感（烈度 4 度及以上）的地震之后，应对相应设备加强巡检；新投运的设备、对核心部件或主体进行解体性检修后重新投运的设备，宜加强巡检；日最高气温 35℃以上或大负荷期间，宜加强红外测温。

三、试验分类

试验分为例行试验和诊断性试验。例行试验通常按周期进行，诊断性试验只在诊断设备状态时根据情况有选择地进行。

新设备投运满 1 年（220kV 及以上）或满 1～2 年（110kV/66kV），以及停运 6 个月以上重新投运前的设备，应进行例行试验。对核心部件或主体进行解体性检修后重新投运的设备，可参照新设备要求执行。

现场备用设备应视同运行设备进行例行试验；备用设备投运前应对其进行例行试验；若更换的是新设备，投运前应按交接试验要求进行试验。

除特别说明，所有电容和介质损耗因数一并测量的试验，试验电压均为 10kV。

在进行与环境温度、湿度有关的试验时，除专门规定的情形之外，环境相对湿度不宜大于 80%，环境温度不宜低于 5℃，绝缘表面应清洁、干燥。若前述环境条件无法满足时，可采用易受环境影响状态量的纵横比分析法进行分析。

四、设备状态量的评价原则和处置原则

1. 设备状态评价原则

设备状态的评价应基于巡检及例行试验、诊断性试验、在线监测、带电检测、家族缺陷、不良工况等状态信息，包括其现象强度、量值大小以及发展趋势，结合与同类设备的比较，做出综合判断。

2. 设备状态处置原则

（1）注意值处置原则。有注意值要求的状态量，若当前试验值超过注意值或接近注意值的趋势明显，对于正在运行的设备，应加强跟踪监测；对于停电设备，如怀疑属于严重缺陷，则不宜投入运行。

（2）警示值处置原则。有警示值要求的状态量，若当前试验值超过警示值或接近警示值的趋势明显，对于运行设备应尽快安排停电试验；对于停电设备，消除此隐患之前一般

不应投入运行。

五、状态量的显著性差异分析

在相近的运行和检测条件下，同一家族设备的同一状态量不应有明显差异，否则应进行显著性差异分析。

在相近的运行和检测条件下，相同设计、材质和工艺的一批设备，其状态量不应有显著差异，若某台设备某个状态量与其他设备有显著性差异，即使满足注意值或警示值要求，也应引起注意。对于没有注意值或警示值要求的状态量，也可以应用显著性差异分析，作为对部分状态量要求“没有明显变化”或类似要求的判断依据。

状态量显著性差异分析方法如下：设 n（$n\geqslant5$）台同一家族设备（如同制造商同批次设备），某个状态量 X 的当前试验值的平均值为 $\overline{X}$，样本偏差为 S（不含被诊断设备）；被诊断设备的当前试验值为 x，则有显著性差异的条件为：

劣化表现为状态量值减少时（如绝缘油击穿电压）：$x<\overline{X}-kS$。

劣化表现为状态量值增加时（如介质损耗因数）：$x>\overline{X}+kS$。

劣化表现为偏离初值时（如绕组电阻）：$x\notin(\overline{X}-kS,\overline{X}+kS)$。

上列各式中 k 值根据 n 的大小按表 18-1-2 选取。

表 18-1-2　　k 值与 n 的关系

n	5	6	7	8	9	10	11	13	15	20	25	35	≥45
k	2.57	2.45	2.36	2.31	2.26	2.23	2.20	2.16	2.13	2.09	2.06	2.03	2.01

易受环境影响的状态量，本方法仅供参考；设备台数 $n<5$ 时不适宜应用本方法。若不受试验条件影响，显著性差异分析法也适用于同一设备同一状态量历年试验结果的分析。该方法应用于绝缘电阻时应取绝缘电阻的对数值进行判断。

六、易受环境影响状态量的纵横比分析

设 A、B、C 3 台设备的上次试验值和当前试验值分别为 a_1、b_1、c_1、a_2、b_2、c_2，在分析设备 A 当前试验值 a_2 是否正常时，根据 $a_2/(b_2+c_2)$ 与 $a_1/(b_1+c_1)$ 相比有无明显差异进行判断，一般不超过±30%可作为判断正常与否的参考。

七、解体性检修的适用原则

存在下列情形之一的设备，需要对设备核心部件或主体进行解体性检修，不适宜解体性检修的，应予以更换：

(1) 例行或诊断性试验表明存在重大缺陷的设备。

(2) 受重大家族缺陷警示，需要解体消除隐患的设备。

(3) 依据设备技术文件之推荐或运行经验，达到解体性检修条件的设备。

八、设备状态量化评价法

(一) 适用范围

本方法适用于对不存在明显缺陷的设备进行状态评估。该方法根据设备状态量及其发展趋势、经历的不良工况以及家族缺陷等信息，对设备状态进行量化分级。本方法是初步的，仅以此作为调整检修和试验周期的参考。

(二) 术语和定义

1. 设备状态评分（简称状态评分）

以百分制对设备状态进行表述的一种方法。100 分表示最佳设备状态，0 分则表示需要尽快维修的设备。其他情形的状态评分介于 100 分～0 分之间。

2. 正劣化

状态量劣化表现为状态量值的增加，如介质损耗因数等。

3. 负劣化

状态量劣化表现为状态量值的减少，如绝缘电阻等。

4. 偏差性劣化

状态量劣化表现为状态量与初始值之间的不一致，如变压器绕组电阻等。

5. 设备岗位权重（简称岗位权重）

根据电压等级、传输容量、用户性质以及网络冗余等因素，对设备重要性的一种划分方法。分 1～10 级，10 级对应重要性最高设备，1 级对应重要性最低设备，其他介于 10 级～1 级之间。

6. 基础评分

交接试验合格，具备投运条件的新设备，或检修之后验收试验合格可重新投运的设备，对其状态进行一次评分，作为之后评分的基础。这一评分称为基础评分。

(三) 设备状态评分法

设备状态评分 G 为

$$G=BTEF \tag{18-1-1}$$

式中　B——基础评分；

T——试验评分；

E——不良工况评分；

F——家族缺陷评分。

1. 基础评分（B）

基础评分可参照表 18-1-3 和式（18-1-2）进行。

$$B=60+\sum_{i=1}^{n}B_i \tag{18-1-2}$$

表 18-1-3　　设备基础评分参考

项　目	依 据 及 评 分
制造和工厂试验	a) 制造商质量信誉良好（$B_1\leqslant5$ 分） b) 关键工序无返工（$B_2\leqslant5$ 分） c) 全部工厂试验顺利，且符合相关标准要求（$B_3\leqslant5$ 分） d) 反映设备状态的试验值远没有接近注意值（$B_4\leqslant5$ 分）
运输、安装和交接试验	e) 运输、安装顺利，且完全符合制造商要求（$B_5\leqslant4$ 分） f) 交接试验全部合格、且不受环境因素影响的交接试验与出厂试验基本一致（$B_6\leqslant6$ 分）
家族设备安全运行记录	g) 已运行同型设备的可靠性记录良好（$B_7\leqslant10$ 分）
运行时间	h) $B_8=-$运行年数

2. 试验评分（T）

试验评分是单个试验项目评分的加权几何平均值。单个项目的评分介于 100%～0% 之间，100% 对应于项目中各状态量远低于注意值或警示值，且没有明显劣化趋势。设一个设备进行了 m 个单项试验，第 i 项试验的评分为 G_i，权重为 W_i（没有给出时取 1），则试验评分 T 为

$$T=\sum_{i=1}^{m}w_i\sqrt{\prod_{i=1}^{m}G_i^{W_i}} \tag{18-1-3}$$

对核心部件或主体进行了解体性检修的设备，试验评分从检查或/和修复之后重新开始。式（18-1-3）中仅考虑与设备主体直接相关的那部分项目。

（1）单项试验项目评分法（1）。本方法适用于有注意值或警示值要求的正劣化及负劣化状态量的分析。

设注意值为 x_z，警示值为 x_j，最近 3 次试验值分别为 x、x_1、x_2，其中 x 为当前试验值，x_1 为 t_1 年前（相对于 x）的试验值，x_2 为 t_2 年前（相对于 x）的试验值，且 $t_2>t_1$。下列各式中，若状态量给出警示值，则 $x'=x_j$；若状态量给出注意值，则 $x'=1.3x_z$（正劣化）或 $x'=x_z/1.3$（负劣化）。单项试验评分法见式（C.4）～式（C.10），式中 x_f 为该状态量在同类新设备中的平均值，若没有此值，以该设备出厂或交接试验值代之。

1）仅有一次试验记录时（即 x_1、x_2 不存在）

$$G=G_1(x)=\frac{x'-x}{x'-x_f}\times 100\% \qquad (18-1-4)$$

式中，当 $G<0$，令 $G=0$；当 $G>100$，令 $G=100$。

2）有两次试验记录（即 x_2 不存在）

正劣化

$$G=G_1[x+\max(0,x-x_1)] \qquad (18-1-5)$$

负劣化

$$G=G[x+\min(0,x-x_1)] \qquad (18-1-6)$$

3）有 3 次或 3 次以上试验，选最近三次试验值

正劣化

$$G=G_1\left[x+\max\left(0,\frac{3x-2x_1-x_2}{2t_1+t_2}\right)\right] \qquad (18-1-7)$$

负劣化

$$G=G_1\left[x+\min\left(0,\frac{3x-2x_1-x_2}{2t_1+t_2}\right)\right] \qquad (18-1-8)$$

（2）单项试验项目评分法（2）。本方法适用于有+/-偏差要求的状态量的分析。

设某个状态量的当前试验值为 x，零偏差值（通常为初值或额定值）为 x_0，则 x 的偏差（E）为

$$E=\frac{x-x_0}{x_0}\times 100\% \qquad (18-1-9)$$

设允许的正偏差为 k_+，允许的负偏差为 k_-，评分方法为

$$G=\min\left(\frac{k_--E}{k_-},\frac{k_+-E}{k_+}\right)\times 100\% \qquad (18-1-10)$$

当 $G\leqslant 0$ 时，令 $G=0$。

3. 不良工况评分（E）

不良工况评分在 100%～0%之间，其中 0%对应于对设备状态影响最严重的不良工况（包括其累积效应）。对于断路器，主要是开断短路电流；对于变压器主要是侵入波、近区（出口）短路等。其他设备的不良工况由用户自行定义、处理。

对于断路器暂考虑开断短路电流一种不良工况，即

$$E=\left(1-\sum_{j=1}^{n}I_j^{1.8}/L\right)\times 100\% \qquad (18-1-11)$$

式中　I_j——第 j 次开断大电流的峰值（kA）；

L——设备技术文件给出的累积开断寿命的 80%。

累积开断寿命则可根据该型断路器在型式试验中所成功承受的开断电流及次数，按 $\sum I^{1.8}$ 计算，如成功开断 60kA 3 次，则累积开断寿命不小于 $60^{1.8}+60^{1.8}+60^{1.8}=4762$。累积开断寿命也可依据运行经验自定。$E$ 小于 0 时按 0 计。

对于变压器近区或出口短路，可按下式估算

$$E_d=\frac{I^2-i^2}{0.65I^2}\times 100\% \qquad (18-1-12)$$

式中　I——表示允许的最大短路电流的幅值（kA）；

i——表示实际短路电流幅值（kA），只有 i 达到 I 的 60%以上才考虑作为不良工况。

E_d 小于 0 时按 0 计。多于 1 次，取最大 i 值的对应的计算结果。

保护变压器的避雷器每动作 1 次，算 1 次不良工况，取 $E_{Lj}=98.5\%$，暂不计侵入波陡度和幅值。经历 n 次时按下式计算：

$$E_L=E_{Lj}^{n}\times 100\% \qquad (18-1-13)$$

变压器每经历 1 次短时急救负荷（设计允许的），算 1 次不良工况，取 $E_{oj}=99.0\%$，暂不计过负荷的大小和持续时间。经历 n 次时按下式计算

$$E_o=E_{oj}^{n}\times 100\% \qquad (18-1-14)$$

变压器总的不良工况评分为

$$E=E_dE_LE_o\times 100\% \qquad (18-1-15)$$

4. 家族缺陷评分（F）

有家族缺陷时，那些尚未发生或检出家族缺陷的设备，在隐患消除之前，其状态评分应通过下式评估家族缺陷的影响。计算家族缺陷评分时，f 是依据缺陷发生的部位和性质（参考表 18-1-4）确定的：

$$F=1-\frac{1-f}{\sqrt[n]{N}} \qquad (18-1-16)$$

式中　N——家族设备总台数；

n——发生该家族缺陷的设备台数（$N>n\geqslant 1$）。

如果涉及家族缺陷的隐患已消除，就不再考虑其影响。

表 18-1-4　f 取值原则

缺陷	对设备安全运行无大的影响，突发恶化风险很小	暂不危及设备安全运行，突发恶化风险不大	对设备安全运行有一定威胁，可监控	对设备安全运行有一定威胁，不易连续监控	对设备安全运行有现实威胁
评分	86%～100%	61%～85%	31%～60%	16%～30%	0～15%

（四）状态评分处理原则

80 分及以上等效符合“可延迟试验的条件”所列条件，30 分及以下等效符合“需提前试验的情形”所列条件。等级设备由各单位自行规定。

九、输变电设备状态检修试验规程

1. 设备状态检试规程适用范围

国家电网公司于 2008 年以 Q/GDW 168 颁发企业标准《国家电网公司输变电设备状态检修试验规程》，于 2010 年升格为电力行业标准，由国家发改委颁布，标准号为 DL/T 393。

《输变电设备状态检修试验规程》（DL/T 393—2010）规定了交流、直流电网中各类高压电气设备巡检、检查和试验的项目、周期和技术要求。适用于电压等级为 66kV～

750kV 的交流和直流输变电设备，对于 35kV 及以下电力设备可借鉴该标准或参考其他相关标准。

2. 设备状态检试规程的主要内容

(1) 范围。

(2) 总则。

(3) 交流设备。

(4) 直流设备。

(5) 绝缘油试验。

(6) SF_6 气体湿度和成分检测。

(7) 附录 A：状态量显著性差异分析法。

(8) 附录 B：变压器线间电阻到相绕组电阻的换算方法。

(9) 附录 C：设备状态量化评价法。

3. 基于设备状态的周期调整

(1) 周期的调整。该标准给出的基准周期适用于一般情况。对于停电例行试验，各单位可依据自身设备状态、地域环境、电网结构等，酌情延长或缩短基准周期，调整后的基准周期一般不小于 1 年，也不大于本标准所列基准周期的 1.5 倍。

(2) 可延迟试验的条件。符合以下各项条件的设备，需停电进行的例行试验可以在上述周期调整后的基础上延迟 1 个年度：

1) 巡检中未见可能危及该设备安全运行的任何异常。

2) 带电检测（如有）显示设备状态良好。

3) 上次例行试验与其前次例行（或交接）试验结果相比无明显差异。

4) 没有任何可能危及设备安全运行的家族缺陷。

5) 上次例行试验以来，没有经受严重的不良工况。

(3) 需提前试验的情形。有下列情形之一的设备，需提前或尽快安排例行或/和诊断性试验：

1) 巡检中发现有异常，此异常可能是重大质量隐患所致。

2) 带电检测（如有）显示设备状态不良。

3) 之前的例行试验数据有朝着注意值或警示值方向发展的明显趋势，或者接近注意值或警示值。

4) 存在重大家族缺陷。

5) 经受了较为严重不良工况。

如初步判定设备继续运行有风险，则不论是否到期，都应列入最近的年度试验计划，期间应根据具体情况加强巡检或跟踪监测。情况严重时，应尽快退出运行，进行试验。

第二节　交流设备

一、油浸式电力变压器和电抗器

1. 巡检项目

见表 18－2－1。

表 18－2－1　油浸式电力变压器和电抗器巡检项目

序号	巡检项目	基准周期	要　求
1	外观	330kV 及以上：2 周 220kV：1 月 110kV/66kV：3 月	无异常
2	油温和绕组温度		符合设备技术文件之要求
3	呼吸器干燥剂（硅胶）		1/3 以上处于干燥状态
4	冷却系统		无异常
5	声响及振动		无异常

注　巡检说明如下：

(1) 外观无异常，油位正常，无油渗漏。

(2) 记录油温、绕组温度、环境温度、负荷和冷却器开启组数。

(3) 呼吸器呼吸正常；当 2/3 干燥剂受潮时应予更换；若干燥剂受潮速度异常，应检查密封，并取油样分析油中水分（仅对开放式）。

(4) 冷却系统的风扇运行正常，出风口和散热器无异物附着或严重积污；潜油泵无异常声响、振动，油流指示器指示正确。

(5) 变压器声响和振动无异常，必要时按 GB/T 1094.10 测量变压器声级；如振动异常，可定量测量。

2. 例行试验和检查项目

见表 18－2－2 和表 18－2－3。

表 18－2－2　油浸式电力变压器和电抗器例行试验和检查项目

例行试验和检查项目	基准周期	要　求
红外热像检测	330kV 及以上：1 月 220kV：3 月 110kV/66kV：半年	无异常
油中溶解气体分析	330kV 及以上：3 月 220kV：半年 110kV/66kV：1 年	1. 溶解气体： 乙炔≤1μL/L（330kV 及以上） ≤5μL/L（其他）（注意值） 氢气≤150μL/L（注意值） 总烃≤150μL/L（注意值） 2. 绝对产气速率： ≤12mL/d（隔膜式）（注意值） 或≤6mL/d（开放式）（注意值） 3. 相对产气速率： ≤10%/月（注意值）
绕组电阻	3 年	1. 相间互差不大于 2%（警示值） 2. 同相初值差不超过±2%（警示值）

续表

例行试验和检查项目	基准周期	要　求
绝缘油例行试验	330kV 及以上：1 年 220kV 及以下：3 年	见 7.1
套管试验	3 年	见 5.6
铁芯绝缘电阻	3 年	≥100MΩ（新投运 1000MΩ）（注意值）
绕组绝缘电阻	3 年	1. 绝缘电阻无显著下降 2. 吸收比≥1.3 或极化指数≥1.5 或绝缘电阻≥10000MΩ（注意值）
绕组绝缘介质损耗因数（20℃）	3 年	330kV 及以上：≤0.005（注意值） 220kV 及以下：≤0.008（注意值）
有载分接开关检查（变压器）	见表 18-2-3	见表 18-2-3
测温装置检查	3 年	无异常
气体继电器检查	3 年	无异常
冷却装置检查	3 年	无异常
压力释放装置检查	解体性检修时	无异常

表 18-2-3　油浸式电力变压器和电抗器例行试验和检查项目说明

<table>
<tr><th>例行试验和检查项目</th><th>说　明</th></tr>
<tr><td>红外热像检测</td><td>检测变压器箱体、储油柜、套管、引线接头及电缆等，红外热像图显示应无异常温升、温差和/或相对温差。检测和分析方法参考 DL/T 664</td></tr>
<tr><td>油中溶解气体分析</td><td>除例行试验外，新投运、对核心部件或主体进行解体性检修后重新投运的变压器，在投运后的第 1、4、10、30 天各进行一次本项试验。若有增长趋势，即使小于注意值，也应缩短试验周期。烃类气体含量较高时，应计算总烃的产气速率。取样及测量程序参考 GB/T 7252，同时注意设备技术文件的特别提示
当怀疑有内部缺陷（如听到异常声响）、气体继电器有信号、经历了过励磁、过负荷运行以及发生了出口或近区短路故障时，应进行额外的取样分析</td></tr>
<tr><td>绕组电阻</td><td>有中性点引出线时，应测量各相绕组的电阻；若无中性点引出线，可测量各线间电阻，然后换算到相绕组，换算方法如下：
对于星形连接，应测量各相绕组电阻，无中性点引出线的星形连接，可测量各线间电阻，按式（B.1）计算各绕组电阻；对于三角形联结，可测量各线间的电阻，然后按式（B.2）计算各相绕组电阻：
$$\left.\begin{aligned}R_A&=\frac{R_{AB}+R_{CA}-R_{BC}}{2}\\R_B&=\frac{R_{BC}+R_{AB}-R_{CA}}{2}\\R_C&=\frac{R_{BC}+R_{CA}-R_{AB}}{2}\end{aligned}\right\}\quad(18-2-1)$$
$$\left.\begin{aligned}R_A&=\frac{R_{AB}^2+R_{BC}^2+R_{CA}^2-(R_{AB}-R_{BC})^2-(R_{BC}-R_{CA})^2-(R_{CA}-R_{AB})^2}{2(R_{BC}+R_{CA}-R_{AB})}\\R_B&=\frac{R_{AB}^2+R_{BC}^2+R_{CA}^2-(R_{AB}-R_{BC})^2-(R_{BC}-R_{CA})^2-(R_{CA}-R_{AB})^2}{2(R_{AB}+R_{CA}-R_{BC})}\\R_C&=\frac{R_{AB}^2+R_{BC}^2+R_{CA}^2-(R_{AB}-R_{BC})^2-(R_{BC}-R_{CA})^2-(R_{CA}-R_{AB})^2}{2(R_{BC}+R_{AB}-R_{CA})}\end{aligned}\right\}\quad(18-2-2)$$
式中　R_{AB}、R_{BC}、R_{CA}—线间电阻；
R_A、R_B、R_C—相绕组电阻。
具体应用时，注意实际接线方式，与图 18-2-1 不一致时，式（18-2-1）、式（18-2-2）中各电阻要按实际接线方式进行替换。
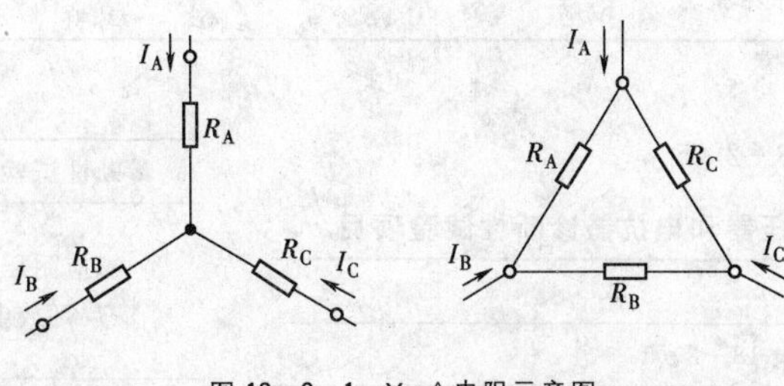

图 18-2-1　Y-△电阻示意图</td></tr>
</table>

续表

例行试验和检查项目	说　明
绕组电阻	测量时铁芯的磁化极性应保持一致。要求在扣除原始差异之后，同一温度下各相绕组电阻的相互差异应在2%之内。此外，还要求同一温度下，各相电阻的初值差不超过±2%。电阻温度修正按下式： $$R_2=R_1\left(\frac{T_k+t_2}{T_k+t_1}\right) \quad (18-2-3)$$ 式中　R_1、R_2—温度为 t_1、t_2 时的电阻； T_k—常数，铜绕组 T_k 为235，铝绕组 T_k 为225。 无励磁调压变压器改变分接位置后、有载调压变压器分接开关检修后及更换套管后，也应测量一次。 电抗器参照执行
铁芯绝缘电阻	绝缘电阻测量采用2500V（老旧变压器1000V）绝缘电阻表。除注意绝缘电阻的大小外，要特别注意绝缘电阻的变化趋势。夹件引出接地的，应分别测量铁芯对夹件及夹件对地绝缘电阻。 除例行试验之外，当油中溶解气体分析异常，在诊断时也应进行本项目
绕组绝缘电阻	测量时，铁芯、外壳及非测量绕组应接地，测量绕组应短路，套管表面应清洁、干燥。采用5000V绝缘电阻表测量。测量宜在顶层油温低于50℃时进行，并记录顶层油温。绝缘电阻受温度的影响可按式（18-2-4）进行近似修正。绝缘电阻下降显著时，应结合介质损耗因数及油质试验进行综合判断。测试方法参考DL/T 474.1 $$R_2=R_1\times1.5^{(t_1-t_2)/10} \quad (18-2-4)$$ 式中　R_1、R_2—温度为 t_1、t_2 时的绝缘电阻。 除例行试验之外，当绝缘油例行试验中水分偏高，或者怀疑箱体密封被破坏，也应进行本项试验
绕组绝缘介质损耗因数	测量宜在顶层油温低于50℃且高于0℃时进行，测量时记录顶层油温和空气相对湿度，非测量绕组及外壳接地。必要时分别测量被测绕组对地、被测绕组对其他绕组的绝缘介质损耗因数。测量方法可参考DL/T 474.3。 测量绕组绝缘介质损耗因数时，应同时测量电容值，若此电容值发生明显变化，应予以注意。 分析时应注意温度对介质损耗因数的影响
有载分接开关检查	以下步骤可能会因制造商或型号的不同有所差异，必要时参考设备技术文件。 （1）每年检查一次的项目包括： 1）储油柜、呼吸器和油位指示器，应按其技术文件要求检查。 2）在线滤油器，应按其技术文件要求检查滤芯。 3）打开电动机构箱，检查是否有任何松动、生锈；检查加热器是否正常。 4）记录动作次数。 5）如有可能，通过操作1步再返回的方法，检查电机和计数器的功能。 （2）每3年检查一次的项目： 1）在手摇操作正常的情况下，就地电动和远方各进行一个循环的操作，无异常。 2）检查紧急停止功能以及限位装置。 3）在绕组电阻测试之前检查动作特性，测量切换时间；有条件时测量过渡电阻，电阻值的初值差不超过±10%。 4）油质试验：要求油耐受电压≥30kV；如果装备有在线滤油器，要求油耐受电压≥40kV。不满足要求时，需要对油进行过滤处理，或者换新油
测温装置检查	测温装置检查 每3年检查一次，要求外观良好，运行中温度数据合理，相互比对无异常。 每6年校验一次，可与标准温度计比对，或按制造商推荐方法进行，结果应符合设备技术文件要求。同时采用1000V绝缘电阻表测量二次回路的绝缘电阻，一般不低于1MΩ
气体继电器检查	每3年检查一次气体继电器整定值，应符合运行规程和设备技术文件要求，动作正确。 每6年测量一次气体继电器二次回路的绝缘电阻，应不低于1MΩ，采用1000V绝缘电阻表测量
冷却装置检查	运行中，流向、温升和声响正常，无渗漏。强油水冷装置的检查和试验，按设备技术文件要求进行
压力释放装置检查	按设备技术文件要求进行检查，应符合要求。一般要求开启压力与出厂值的标准偏差在±10%之内或符合设备技术文件要求

3. 诊断性试验项目

见表18-2-4和表18-2-5。

表18-2-4　油浸式变压器和电抗器诊断性试验项目

诊断性试验项目	要　求
空载电流和空载损耗	见表18-2-5
短路阻抗	初值差不超过±3%（注意值）

续表

诊断性试验项目	要　求
感应耐压和局部放电	1. 感应耐压：出厂试验值的80% 2. 局部放电：$1.3U_m/\sqrt{3}$ 下：≤300pC（注意值）
绕组频率响应分析	见表18-2-5

续表

诊断性试验项目	要　求
绕组各分接位置电压比	初值差不超过±0.5%（额定分接位置）；±1.0%（其他）（警示值）
直流偏磁水平检测（变压器）	见表18-2-5
电抗器电抗值	初值差不超过±5%（注意值）
纸绝缘聚合度	聚合度≥250（注意值）
绝缘油诊断性试验	见第四节
整体密封性能检查	无油渗漏
铁芯接地电流	≤100mA（注意值）
声级及振动	符合设备技术文件要求
绕组直流泄漏电流	见表18-2-5
外施耐压试验	出厂试验值的80%

表18-2-5　油浸式变压器和电抗器诊断性试验项目说明

诊断性试验项目	说　明
空载电流和空载损耗	诊断铁芯结构缺陷、匝间绝缘损坏等可进行本项目。试验电压尽可能接近额定值。试验电压值和接线应与上次试验保持一致。测量结果与上次相比不应有明显差异。对单相变压器相间或三相变压器两个边相，空载电流差异不应超过10%。分析时一并注意空载损耗的变化
短路阻抗	诊断绕组是否发生变形时进行本项目。应在最大分接位置和相同电流下测量。试验电流可用额定电流，亦可低于额定值，但不应小于5A
感应耐压和局部放电	验证绝缘强度或诊断是否存在局部放电缺陷时进行本项目。感应电压的频率应在100～400Hz。电压为出厂试验值的80%，时间按式(18-2-5)确定，但应在15s～60s之间。试验方法参考GB/T 1094.3。 $t\text{（s）}=\dfrac{120\times\text{额定频率}}{\text{试验频率}}$　(18-2-5) 在进行感应耐压试验之前，应先进行低电压下的相关试验以评估感应耐压试验的风险
绕组频率响应分析	诊断是否发生绕组变形时进行本项目。当绕组扫频响应曲线与原始记录基本一致时，即绕组频响曲线的各个波峰、波谷点所对应的幅值及频率基本一致时，可以判定被测绕组没有变形。测量和分析方法参考DL/T 911
绕组各分接位置电压比	对核心部件或主体进行解体性检修之后或怀疑绕组存在缺陷时进行本项目。结果应与铭牌标识一致
直流偏磁水平检测	当变压器声响、振动异常时进行本项目
电抗器电抗值	怀疑线圈或铁芯（如有）存在缺陷时进行本项目。测量方法参考GB 10229
纸绝缘聚合度	诊断绝缘老化程度时进行本项目。测量方法参考DL/T 984

续表

诊断性试验项目	说　明
整体密封性能检查	对核心部件或主体进行解体性检修之后或重新进行密封处理之后进行本项目。采用储油柜油面加压法，在0.03MPa压力下持续24h，应无油渗漏。检查前应采取措施防止压力释放装置动作
铁芯接地电流	在运行条件下测量流经接地线的电流，大于100mA时应予注意
声级及振动	当噪声异常时可定量测量变压器声级，具体要求参考GB/T 1094.10。如果振动异常，可定量测量振动水平，振动波主波峰的高度应不超过规定值，且与同型设备无明显差异
绕组直流泄漏电流	怀疑绝缘存在受潮等缺陷时进行本项目，测量绕组短路加压，其他绕组短路接地，施加直流电压值为40kV（330kV及以下绕组）、60kV（500kV及以上绕组），加压60s时的泄漏电流与初值比应没有明显增加，与同型设备比没有明显差异
外施耐压试验	仅对中性点和低压绕组进行，耐受电压为出厂试验值的80%，时间为60s

4. 干式电抗器

巡检项目包括表18-2-1所列外观、声响及振动；例行试验包括表18-2-2所列红外热像检测、绕组电阻、绕组绝缘电阻；诊断性试验包括表18-2-4中电抗器电抗值测量、声级及振动、空载电流和空载损耗测量。

二、六氟化硫气体绝缘电力变压器

1. 巡检项目

见表18-2-6。

表18-2-6　SF_6气体绝缘电力变压器巡检项目

巡检项目	基准周期	要　求
外观及气体压力	220kV及以上：1月 110kV/66kV：3月	无异常
气体和绕组温度		符合设备技术文件之要求
声响及振动		无异常

注　巡检说明如下：

(1) 外观无异常，气体压力指示值正常。

(2) 记录气体、绕组温度、环境温度、负荷和冷却器开启组数，冷却器工作状态正常。

(3) 变压器声响无异常；如果振动异常，可定量测量。

2. 例行试验和检查项目

见表18-2-7。

表18-2-7　SF_6气体绝缘电力变压器例行试验和检查项目

例行试验和检查项目	基准周期	要　求
红外热像检测	半年	无异常
绕组电阻	3年	1. 相间互差不大于2%（警示值） 2. 同相初值差不超过±2%（警示值）
铁芯（有外引接地线）绝缘电阻	3年	≥100MΩ（新投运1000MΩ）（注意值）

续表

例行试验和检查项目	基准周期	要求
绕组绝缘电阻	3年	1. 绝缘电阻无显著下降 2. 吸收比≥1.3或极化指数≥1.5或绝缘电阻≥10000MΩ（注意值）
绕组绝缘介质损耗因数（20℃）	3年	<0.008（注意值）
SF_6气体湿度	1年	见第五节
有载分接开关检测	220kV：1年 110kV/66kV：3年	见表18-2-3
测温装置检查		无异常
压力释放装置检查	解体性检修时	无异常

注 检测变压器箱体、套管、引线接头及电缆等，红外热像图显示应无异常温升、温差和/或相对温差。检测及分析方法参考DL/T 664。

3. 诊断性试验项目

见表18-2-8。

表18-2-8 SF_6气体绝缘电力变压器诊断性试验项目

诊断性试验项目	要求
空载电流	见表18-2-5
短路阻抗	初值差不超过±3%（注意值）
感应耐压和局部放电	1. 感应耐压：出厂试验值的80% 2. 局部放电：$1.3U_m/\sqrt{3}$下：≤300pC（注意值）或符合制造商要求
绕组频率响应分析	见表18-2-5
绕组各分接位置电压比	初值差不超过±0.5%（额定分接位置）；±1.0%（其他）（警示值）

续表

诊断性试验项目	要求
气体密度表（继电器）校验	符合设备技术条件要求
SF_6气体成分分析	见表18-5-2
SF_6气体密封性检测	≤0.1%/年或符合设备技术文件要求（注意值）

注 (1) 气体密度表（继电器）校验。数据显示异常或达到制造商推荐的校验周期时进行本项目。校验按设备技术文件要求进行。

(2) SF_6气体密封性检测。当气体密度（压力）显示有所降低或定性检测发现气体泄漏时进行本项目。检测方法可参考GB/T 11023。

三、电流互感器

1. 巡检项目

见表18-2-9。

表18-2-9 电流互感器巡检项目

巡检项目	基准周期	要求
外观检查	330kV及以上：2周 220kV：1月 110kV/66kV：3月	外观无异常
二次电流检查		二次电流无异常

注 巡检说明如下：

(1) 高压引线、接地线等连接正常；本体无异常声响或放电声；瓷套无裂纹；复合绝缘外磁无电蚀痕迹或破损；无影响设备运行的异物。

(2) 充油的电流互感器；无油渗漏，油位正常，膨胀器无异常升高；充气的电流互感器；气体密度值正常，气体密度表（继电器）无异常。

2. 例行试验项目

见表18-2-10。

表18-2-10 电流互感器例行试验项目

例行试验项目	基准周期	要求	说明
红外热像检测	330kV及以上：1月 220kV：3月 110kV/66kV：半年	无异常	检测高压引线连接处、电流互感器本体等，红外热像图显示应无异常温升、温差和/或相对温差。检测和分析方法参考DL/T 664
油中溶解气体分析（油纸绝缘）	正立式≤3年 倒置式≤6年	乙炔≤2μL/L（110kV/66kV） ≤1μL/L（220kV及以上）（注意值） 氢气≤150μL/L（注意值） 总烃≤100μL/L（注意值）	取样时，需注意设备技术文件的特别指示（如有），并检查油位应符合设备技术文件之要求。制造商明确禁止取油样时，宜作为诊断性试验
绝缘电阻	3年	1. 绕组：初值差不超过-50%（注意值） 2. 末屏对地（电容型）：>1000MΩ（注意值）	采用2500V绝缘电阻表测量。当有两个一次绕组时，还应测量一次绕组间的绝缘电阻。绕组的绝缘电阻应大于3000MΩ，或与上次测量值相比无显著变化。有末屏端子的，测量末屏对地绝缘电阻，一般不低于1000MΩ，或与上次测量值相比无显著变化
电容量和介质损耗因数（固体或油纸绝缘）	3年	1. 电容量初值差不超过±5%（警示值） 2. 介质损耗因数满足下表要求（注意值） <table><tr><td>U_m（kV）</td><td>126/72.5</td><td>252/363</td><td>≥550</td></tr><tr><td>tanδ</td><td>≤0.008</td><td>≤0.007</td><td>≤0.006</td></tr></table>聚四氟乙烯缠绕绝缘：≤0.005 超过注意值时，参考右列说明判断	测量前应确认外绝缘表面清洁、干燥。如果测量值异常（测量值偏大或增量偏大），可测量介质损耗因数与测量电压之间的关系曲线，测量电压从10kV到$U_m/\sqrt{3}$，介质损耗因数的变化量应在±0.0015之内，且介质损耗因数不超过0.007(U_m≥550kV)、0.008(U_m为363kV/252kV)、0.01(U_m为126kV/72.5kV)。 当末屏绝缘电阻不能满足要求时，可通过测量末屏介质损耗因数作进一步判断，测量电压为2kV，通常要求小于0.015
SF_6气体湿度（SF_6绝缘）	3年	≤500μL/L（注意值）	见表18-5-1

3. 诊断性试验项目

见表 18-2-11。

18-2-11　电流互感器诊断性试验项目

诊断性试验项目	要　求	说　明
绝缘油试验（油纸绝缘）	见本章第四节	
交流耐压试验	1. 一次绕组：试验电压为出厂试验值的 80%； 2. 二次绕组之间及末屏对地：2kV	需要确认设备绝缘介质强度时进行本项目。一次绕组的试验电压为出厂试验值的 80%、二次绕组之间及末屏对地的试验电压为 2kV，时间为 60s。 如 SF_6 电流互感器压力下降到 0.2MPa 以下，补气后应做老练和交流耐压试验。试验方法参考 GB 1208
局部放电	1. $2U_m/\sqrt{3}$下： ≤20pC（气体）； ≤20pC（油纸绝缘及聚四氟乙烯缠绕绝缘）； ≤50pC（固体）（注意值）	检验是否存在严重局部放电时进行本项目。测量方法参考 GB 1208
电流比较核	符合设备技术文件要求	对核心部件或主体进行解体性检修之后或需要确认电流比时进行本项目。在 5%～100%额定电流范围内，从一次侧注入任一电流值，测量二次侧电流，校核电流比
绕组电阻	与初值比较，应无明显差别	红外检测温升异常，或怀疑一次绕组存在接触不良时，应测量一次绕组电阻。要求测量结果与初值比没有明显增加，并符合设备技术文件要求。 二次电流异常，或有二次绕组方面的家族缺陷时，应测量二次绕组电阻。要求测量结果与初值比没有明显增加，并符合设备技术文件要求。 分析时应考虑测量时绕组温度不同带来的影响
气体密封性检测（SF_6 绝缘）	≤1%/年或符合设备技术文件要求（注意值）	当气体密度表显示密度下降或定性检测发现气体泄漏时进行本项试验。方法可参考 GB/T 11023
气体密度表（继电器）校验	数据显示异常或达到制造商推荐的校验周期时进行本项目。校验按设备技术文件要求进行	

四、电磁式电压互感器

1. 巡检项目

见表 18-2-12。

表 18-2-12　电磁式电压互感器巡检项目

巡检项目	基准周期	要　求
外观检查	330kV 及以上：2 周 220kV：1 月 110kV/66kV：3 月	外观无异常
二次电压检查		二次电压无异常

注　巡检说明如下：

(1) 高压引线、接地线等连接正常；无异常声响或放电声；瓷套无裂纹；复合绝缘外套无电蚀痕迹或破损；无影响设备运行的异物。

(2) 油位正常（油纸绝缘），气体密度值正常（SF_6 绝缘）。

(3) 二次电压无异常，必要时带电测量二次电压。

2. 例行试验项目

见表 18-2-13。

表 18-2-13　电磁式电压互感器例行试验项目

例行试验项目	基准周期	要　求	说　明
红外热像检测	330kV 及以上：1 月 220kV：3 月 110kV/66kV：半年	无异常	红外热像检测高压引线连接处、本体等，红外热像图显示应无异常温升、温差和/或相对温差。测量和分析方法参考 DL/T 664
绕组绝缘电阻	3 年	初值差不超过 −50%（注意值）	一次绕组用 2500V 绝缘电阻表，二次绕组采用 1000V 绝缘电阻表。测量时非被测绕组应接地。同等或相近测量条件下，绝缘电阻应无显著降低
绕组绝缘介质损耗因数	3 年	≤0.02（串级式）（注意值） ≤0.005（非串级式）（注意值）	测量一次绕组的介质损耗因数，一次测量电容量，作为综合分析的参考。测量方法参考 DL/T 474.3

续表

例行试验项目	基准周期	要　求	说　明
油中溶解气体分析（油纸绝缘）	3年	乙炔≤2μL/L（注意值） 氢气≤150μL/L（注意值） 总烃≤100μL/L（注意值）	取样时，需注意设备技术文件的特别提示（如有），并确认油位符合设备技术文件之要求。制造商明确禁止取油样时，宜作为诊断性试验
SF_6 气体湿度（SF_6 绝缘）	3年	≤500μL/L（注意值）	见本章第五节

3. 诊断性试验项目

见表 18-2-14。

表 18-2-14　电磁式电压互感器诊断性试验项目

诊断性试验项目	要　求	说　明
交流耐压试验	1. 一次绕组耐受80%出厂试验电压； 2. 二次绕组之间及对地 2kV	需要确认设备绝缘介质强度时进行本项目。试验电压为出厂试验值的 80%，时间为 60s。一次绕组采用感应耐压，二次绕组采用外施耐压。对于感应耐压试验。当频率在 100～400Hz 时，持续时间应按式（18-2-5）确定，但不少于 15s。进行感应耐压试验时应考虑容升现象。试验方法参考 GB 1207
局部放电	$1.2U_m/\sqrt{3}$下（注意值）： ≤20pC（气体）； ≤20pC（液体浸渍）； ≤50pC（固体）	检验是否存在严重局部放电时进行本项目。在电压幅值为 $1.2U_m/\sqrt{3}$下测量，测量结果符合技术要求。测量方法参考 GB 1207
绝缘油试验（油纸绝缘）	见本章第四节	见本章第四节
SF_6 气体成分分析（SF_6 绝缘）	见本章第五节	见本章第五节
支架介质损耗因数	≤0.05	—
电压比校核	符合设备技术文件要求	对核心部件或主体进行解体性检修之后或需要确认电压比时进行本项目。在 80%～100% 的额定电压范围内，在一次侧施加任一电压值，测量二次侧电压，验证电压比。简单检查可取更低电压
励磁特性	对核心部件或主体进行解体性检修之后或计量要求时进行本项目。试验时电压施加在二次端子上，电压波形为标准正弦波。测量点至少包括额定电压的 0.2、0.5、0.8、1.0、1.2 倍，测量出对应的励磁电流，与出厂值相比应无显著改变；与同一批次、同一型号的其他电磁式电压互感器相比，彼此差异不应大于 30%	

续表

诊断性试验项目	要　求	说　明
绕组电阻	与初值比较，应无明显差别	怀疑绕组存在缺陷或排查相关缺陷原因时可进行绕组电阻测量。要求测量结果与初值比没有明显变化，并符合设备技术文件要求。分析时应考虑绕组温度的影响。
气体密封性检测（SF_6 绝缘）	≤1%/年或符合设备技术文件要求（注意值）	见表 18-2-11
气体密度表（继电器）校验（SF_6 绝缘）	符合设备技术文件要求	见表 18-2-11

五、电容式电压互感器

1. 巡检项目

见表 18-2-15。

表 18-2-15　电容式电压互感器巡检项目

巡检项目	基准周期	要　求
外观检查	330kV 及以上：2 周 220kV：1 月 110kV/66kV：3 月	外观无异常
二次电压检查		二次电压无异常

注　巡检说明如下：

(1) 高压引线、接地线等连接正常；无异常声响或放电声；瓷套无裂纹；无影响设备运行的异物。

(2) 油位正常。

(3) 二次电压无异常，必要时带电测量二次电压。

2. 例行试验项目

见表 18-2-16。

表 18-2-16　电容式电压互感器例行试验项目

例行试验项目	基准周期	要　求	说　明
红外热像检测	330kV 及以上：1 月 220kV：3 月 110kV/66kV：半年	无异常	红外热像检测高压引线连接处、本体等，红外热像图显示应无异常温升、温差和/或相对温差。检测和分析方法参考 DL/T 664
分压电容器试验	3年	1. 极间绝缘电阻≥5000MΩ（注意值） 2. 电容量初值差不超过±2%（警示值） 3. 介质损耗因数： ≤0.005（油纸绝缘）（注意值） ≤0.0025（膜纸复合）（注意值）	在测量电容量时宜同时测量介质损耗因数，多节串联的应分节独立测量。试验时应按设备技术文件要求并参考 DL/T 474 进行。 除例行试验外，当二次电压异常时也应进行本项目

续表

例行试验项目	基准周期	要　求	说　明
二次绕组绝缘电阻	3年	初值差不超过－50%（注意值）	二次绕组绝缘电阻可用1000V绝缘电阻表测量。在相近测量条件下，要求绝缘电阻不应有显著降低或符合设备技术文件要求

3. 诊断性试验项目

见表18－2－17。

表18－2－17　电容式电压互感器诊断性试验项目

诊断性试验项目	要　求	说　明
局部放电	$1.2U_m/\sqrt{3}$ 下：≤10pC	诊断是否存在严重局部放电缺陷时进行本项目。试验在完整的电容式电压互感器上进行。在电压值为 $1.2U_m/\sqrt{3}$ 下测量，测量结果应符合技术要求。试验电压不能满足要求时，可将分压电容按单节进行
电磁单元感应耐压试验	试验电压为出厂试验值的80%或按设备技术文件要求	试验前把电磁单元与电容分压器分开，若因产品结构在现场无法拆开的可不进行耐压试验。试验电压为出厂试验值的80%或按设备技术文件要求进行，时间为60s。进行感应耐压试验时，耐压时间按式（18－2－5）进行折算，但应在15～60s之间。试验方法参考GB/T 4703

续表

诊断性试验项目	要　求	说　明
电磁单元绝缘油击穿电压和水分	见本章第四节	当二次绕组绝缘电阻不能满足要求或存在密封缺陷时进行本项目
阻尼装置检查	符合设备技术文件要求	—

六、高压套管

套管包括各类设备套管和穿墙套管，"充油"包括纯油绝缘套管、油浸纸绝缘套管和油气混合绝缘套管；"充气"包括 SF_6 绝缘套管和油气混合绝缘套管；"电容型"包括所有采用电容屏均压的套管。

1. 巡检项目

见表18－2－18。

表18－2－18　高压套管巡检项目

巡检项目	基准周期	要　求
外观检查	330kV及以上：2周 220kV：1月 110kV/66kV：3月	无异常
油位及渗漏油检查（充油）		无异常
气体密度值检查（充气）		符合设备技术文件要求

注　巡检说明如下：

(1) 高压引线、末屏接地线等连接正常；无异常声响或放电声；瓷套无裂纹；复合绝缘外套无电蚀痕迹或破损；无影响设备运行的异物。

(2) 充油套管油位正常、无油渗漏；充气套管气体密度值正常。

2. 例行试验项目

见表18－2－19。

表18－2－19　高压套管例行试验项目

例行试验项目	基准周期	要　求	说　明
红外热像检测	330kV及以上：1月 220kV：3月 110kV/66kV：半年	无异常	检测套管本体、引线接头等，红外热像图显示应无异常温升、温差和/或相对温差。检测和分析方法参考DL/T 664
绝缘电阻	3年	1. 主绝缘：≥10000MΩ（注意值） 2. 末屏对地：≥1000MΩ（注意值）	包括套管主绝缘和末屏对地绝缘的绝缘电阻。采用2500V绝缘电阻表测量
电容量和介质损耗因数（20℃）（电容型）	3年	1. 电容量初值应不超过±5%（警示值） 2. 介质损耗因数符合下表要求： 500kV及以上≤0.006（注意值） 其他（注意值）： 油浸纸：≤0.007 聚四氟乙烯缠绕绝缘：≤0.005 树脂浸纸：≤0.007 树脂粘纸（胶纸绝缘）：≤0.015	对于变压器套管，被测套管所属绕组短路加压，其他绕组短路接地。如果试验电压加在套管末屏的试验端子，则必须严格控制在设备技术文件许可值以下（通常为2000V），否则可能导致套管损坏。 测量前应确认外绝缘表面清洁、干燥。如果测量值异常（测量值偏大或增量偏大），可测量介质损耗因数与测量电压之间的关系曲线，测量电压从10kV到 $U_m/\sqrt{3}$，介质损耗因数的变化量应在±0.0015之内，且介质损耗因数不超过0.007（U_m≥550kV）、0.008（U_m 为363kV/252kV）、0.01（U_m 为126kV/72.5kV）。分析时应考虑测量温度影响。 不便断开高压引线且测量仪器负载能力不足时，试验电压可加在套管末屏的试验端子，套管高压引线接地，把高压接地电流接入测量系统。此时试验电压必须严格控制在设备技术文件许可值以下（通常为2000V）。要求与上次同一方法的测量结果相比无明显变化。出现异常时，需采用常规测量方法验证
SF_6 气体湿度（充气）	3年	符合设备技术文件要求	见本章第五节

3. 诊断性试验

见表 18-2-20。

表 18-2-20 高压套管诊断性试验项目

诊断性试验项目	要求	说明
油中溶解气体分析（充油）	乙炔≤1μL/L（220kV 及以上）； ≤2μL/L（其他）（注意值） 氢气≤500μL/L（注意值） 甲烷≤100μL/L（注意值）	在怀疑绝缘受潮、劣化或者怀疑内部可能存在过热、局部放电等缺陷时进行本项目。取样时，务必注意设备技术文件的特别提示（如有），并检查油位，油位应符合设备技术文件的要求
末屏（如有）介质损耗因数	≤0.015（注意值）	当套管末屏绝缘电阻不能满足要求时，可通过测量末屏介质损耗因数作进一步判断。试验电压应控制在设备技术文件许可值以下（通常为 2000V）
交流耐压和局部放电	1. 交流耐压：出厂试验值的 80% 2. 局部放电（$1.05U_m/\sqrt{3}$）： 油浸纸、复合绝缘、树脂浸渍、充气≤10pC； 树脂粘纸（胶纸绝缘）≤100pC（注意值）	需要验证绝缘强度或诊断是否存在局部放电缺陷时进行本项目。如有条件应同时测量局部放电。交流耐压为出厂试验值的 80%，时间为 60s。 对于变压器（电抗器）套管，应拆下并安装在专门的油箱中单独进行。试验方法参考 GB/T 4109
气体密封性检测（充气）	≤1%/年或符合设备技术文件要求（注意值）	见表 18-2-11
气体密度表（继电器）校验（充气）	符合设备技术文件要求	见表 18-2-11
SF_6 气体成分分析（充气）	见表 18-5-2	见表 18-5-2

七、六氟化硫断路器

1. 巡检项目

见表 18-2-21。

表 18-2-21 SF_6 断路器巡检项目

巡检项目	基准周期	要求
外观检查	500kV 及以上：2 周 220kV/330kV：1 月 110kV/66kV：3 月	外观无异常
气体密度值检查		密度符合设备技术文件要求
操动机构状态检查		操动机构状态无异常

注 巡检说明如下：

(1) 外观无异常；无异常声响；高压引线、接地线连接正常；瓷件无破损、无异物附着；并联电容器无渗漏。

(2) 气体密度值正常。

(3) 加热器功能正常（每半年检查 1 次）。

(4) 操动机构状态正常（液压机构油压正常；气动机构气压正常；弹簧机构弹簧位置正确）。

(5) 记录开断短路电流值及发生日期，记录开关设备的操作次数。

2. 例行试验项目

见表 18-2-22 和表 18-2-23。

表 18-2-22 SF_6 断路器例行试验项目

例行试验项目	基准周期	要求
红外热像检测	500kV 及以上：1 月 330kV/220kV：3 月 110kV/66kV：半年	无异常
主回路电阻	3 年	≤制造商规定值（注意值）
断口间并联电容器电容量和介质损耗因数	3 年	1. 电容量初值差不超过±5%（警示值） 2. 介质损耗因数： 油浸纸≤0.005 膜纸复合≤0.0025（注意值）
合闸电阻阻值及合闸电阻预接入时间	3 年	1. 初值差不超过±5%（注意值） 2. 预接入时间符合设备技术文件要求
例行检查和测试	3 年	见表 18-2-23
SF_6 气体湿度	3 年	见表 18-5-1

表 18-2-23 SF_6 断路器例行试验项目说明

例行试验项目	说明
红外热像检测	检测断口及断口并联元件、引线接头、绝缘子等，红外热像图显示应无异常温升、温差和/或相对温差。判断时应该考虑测量时及前 3h 负荷电流的变化情况。测量和分析方法可参考 DL/T 664
主回路电阻	在合闸状态下，测量进、出线之间的主回路电阻。测量电流可取 100A 到额定电流之间的任一值。测量方法和要求参考 DL/T 593。 当红外热像显示断口温度异常、相间温差异常，或自上次试验之后又有 100 次以上分、合闸操作，也应进行本项目

续表

例行试验项目	说　明
断口间并联电容器电容量和介质损耗因数	在分闸状态下测量。对于瓷柱式断路器，与断口一起测量；对于罐式断路器（包括GIS中的断路器），按设备技术文件规定进行。测试结果不符合要求时，应对电容器独立进行测量
合闸电阻阻值及合闸电阻预接入时间	同等测量条件下，合闸电阻的初值差应满足要求。合闸电阻的预接入时间按设备技术文件规定校核。对于不解体无法测量的情况，只在解体性检修时进行
例行检查和测试	（1）轴、销、锁扣和机械传动部件检查，如有变形或损坏应予更换。 （2）瓷绝缘件清洁和裂纹检查。 （3）操动机构外观检查，如按力矩要求抽查螺栓、螺母是否有松动，检查是否有渗漏等。 （4）检查操动机构内、外积污情况，必要时需进行清洁。 （5）检查是否存在锈迹，如有需要应进行防腐处理。 （6）按设备技术文件要求对操动机构机械轴承等活动部件进行润滑。 （7）分、合闸线圈电阻检测，检测结果应符合设备技术文件要求，没有明确要求时，以线圈电阻初值差不超过±5%作为判据。 （8）储能电动机工作电流及储能时间检测，检测结果应符合设备技术文件要求。储能电动机应能在85%～110%的额定电压下可靠工作。 （9）检查辅助回路和控制回路电缆、接地线是否完好；用1000V绝缘电阻表测量电缆的绝缘电阻，应无显著下降。 （10）缓冲器检查，按设备技术文件要求进行。 （11）防跳跃装置检查，按设备技术文件要求进行。 （12）联锁和闭锁装置检查，按设备技术文件要求进行。 （13）在合闸装置额定电源电压的85%～110%范围内，并联合闸脱扣器应可靠动作；在分闸装置额定电源电压的65%～110%（直流）或85%～110%（交流）范围内，并联分闸脱扣器应可靠动作；当电源电压低于额定电压的30%时，脱扣器不应脱扣。 （14）在额定操作电压下测试时间特性，要求：合、分指示正确；辅助开关动作正确；合、分闸时间，合、分闸不同期，合—分时间均满足技术文件要求且没有明显变化；必要时，测量行程特性曲线做进一步分析。除有特别要求的之外，相间合闸不同期不大于5ms，相间分闸不同期不大于3ms；同相各断口合闸不同期不大于3ms，同相分闸不同期不大于2ms。 （15）对于液（气）压操动机构，还应进行下列各项检查或试验，结果均应符合设备技术文件要求： 1）机构压力表、机构操作压力（气压、液压）整定值和机械安全阀校验。 2）分闸、合闸及重合闸操作时的压力（气压、液压）下降值。 3）在分闸和合闸位置分别进行液（气）压操动机构的泄漏试验。 4）液压机构及气动机构，进行防失压慢分试验和非全相合闸试验

3. 诊断性试验项目

见表18-2-24。

表18-2-24　SF_6断路器诊断性试验项目

诊断性试验项目	要　求	说　明
气体密封性检测	≤1%/年或符合设备技术文件要求（注意值）	见表18-2-11
气体密度表（继电器）校验	符合设备技术文件要求	见表18-2-11
交流耐压试验	交流耐压试验，对核心部件或主体进行解体性检修之后或必要时进行本项试验。包括相对地（合闸状态）和断口间（罐式、瓷柱式定开距断路器，分闸状态）两种方式。试验在额定充气压力下进行，试验电压为出厂试验值的80%，频率不超过300Hz，耐压时间为60s。试验方法参考DL/T 593	
SF_6气体成分分析	见表18-5-2	见表18-5-2

八、气体绝缘金属封闭开关设备（GIS）

1. GIS巡检项目

见表18-2-25。

表18-2-25　GIS巡检项目

巡检项目	基准周期	要　求
外观检查	500kV及以上：2周 220kV/330kV：1月 110kV/66kV：3月	外观无异常
气体密度值检查		密度符合设备技术文件要求
操动机构状态检查		操动机构状态无异常

注　巡检说明如下：

（1）外观无异常；声音无异常；高压引线、接地线连接正常；瓷件无破损、无异物附着。

（2）气体密度值正常。

（3）操动机构状态正常（液压机构油压正常；气动机构气压正常；弹簧机构弹簧位置正确）。

（4）记录开断短路电流值及发生日期；记录开关设备的操作次数。

2. GIS例行试验项目

见表18-2-26和表18-2-27。

表18-2-26　GIS例行试验项目

例行试验项目	基准周期	要　求
红外热像检测	500kV及以上：1月 330kV/220kV：3月 110kV/66kV：半年	无异常
主回路电阻	按制造商规定或自定	≤制造商规定值（注意值）
元件试验	见表18-2-27	见表18-2-27
SF_6气体湿度	3年	见本章第五节

表 18-2-27 GIS 例行试验项目说明

例行试验项目	说明
红外热像检测	检测各单元及进、出线电气连接处，红外热像图显示应无异常温升、温差和/或相对温差。分析时，应该考虑测量时及前 3h 负荷电流的变化情况。测量和分析方法可参考 DL/T 664
主回路电阻	在合闸状态下测量。当接地开关导电杆与外壳绝缘时，可临时解开接地连接线，利用回路上两组接地开关的导电杆直接测量主回路电阻；若接地开关导电杆与外壳的电气连接不能分开，可先测量导体和外壳的关联电阻 R_0 和外壳电阻 R_1，然后按式（18-2-6）进行计算主回路电阻 R。若 GIS 母线较长、间隔较多，宜分段测量。 $R=\frac{R_0R_1}{R_1-R_0}$ （18-2-6） 测量电流可取 100A 到额定电流之间的任一值。测量方法可参考 DL/T 593。 自上次试验之后又有 100 次以上分、合闸操作，也应进行本项目
元件试验	各元件试验项目和周期按设备技术文件规定或根据状态评价结果确定。试验项目的要求参考设备技术文件或本标准有关章节

3. GIS 诊断性试验项目

见表 18-2-28。

表 18-2-28 GIS 诊断性试验项目

诊断性试验项目	要求	说明
主回路绝缘电阻	初值差不超过 −50%或符合设备技术文件要求（注意值）	交流耐压试验前进行本项目。用 2500V 绝缘电阻表测量。相同测量条件下，绝缘电阻不应有明显下降
主回路交流耐压试验	试验电压为出厂试验值的 80%	对核心部件或主体进行解体性检修之后或检验主回路绝缘时进行本项试验。试验电压为出厂试验值的 80%，时间为 60s。有条件时可同时测量局部放电量。试验时，电磁式电压互感器和金属氧化物避雷器应与主回路断开。耐压结束后恢复连接，并应进行电压为 U_m、时间为 5min 的试验
局部放电	可带电测量或结合耐压试验同时进行	
气体密封性检测	≤1%/年或符合设备技术文件要求（注意值）	见表 18-2-11
气体密度表（继电器）校验	符合设备技术文件要求	见表 18-2-11
SF_6 气体成分分析	见表 18-5-2	见表 18-5-2

九、少油断路器

1. 巡检项目

见表 18-2-29。

表 18-2-29 少油断路器巡检项目

巡检项目	基准周期	要求
外观检查	220kV：1 月 110kV/66kV：3 月	外观无异常
操动机构状态检查		操动机构状态无异常

注 巡检说明如下：

（1）外观无异常；声音无异常；高压引线、接地线连接正常；瓷件无破损、无异物附着；无渗漏油。

（2）操动机构状态正常（液压机构油压正常；气压机构气压正常；弹簧机构弹簧位置正确）。

（4）记录开断短路电流值及发生日期（如有）；记录开关设备的操作次数。

2. 例行试验项目

见表 18-2-30。

表 18-2-30 少油断路器例行试验项目

例行试验项目	基准周期	要求	说明
红外热像检测	220kV：3 月 110kV/66kV：半年	无异常	见 DL/T 393—2010 的 5.7.1.2
绝缘电阻	3 年	≥3000MΩ	采用 2500V 绝缘电阻表测量，分别在分、合闸状态下进行。要求绝缘电阻大于 3000MΩ，且与之前测量结果相比没有显著下降。测量时，注意外绝缘表面泄漏的影响
主回路电阻	3 年	≤制造商规定值（注意值）	每一元件的试验电压均为 40kV。试验时应避免高压引线及连接处电晕的干扰，并注意外绝缘表面泄漏的影响
直流泄漏电流	3 年	≤ 10μA（66kV～220kV）（注意值）	
断口间并联电容器的电容量和介质损耗因数	3 年	1. 电容量初值差不超过±5%（警示值） 2. 介质损耗因数： 膜纸复合绝缘≤0.0025 油纸绝缘≤0.005（注意值）	在分闸状态下测量。测量结果不符合要求时，可以对电容器独立进行测量
例行检查和测试	3 年	见表 18-2-23	见表 18-2-23

3. 诊断性试验项目

见表 18-2-31。

表 18-2-31 少油断路器诊断性试验项目

诊断性试验项目	要求	说明
交流耐压试验	交流耐压试验，对核心部件或主体进行解体性检修之后或必要时进行本项试验。包括相对地（合闸状态）和断口间（分闸状态）两种方式。试验电压为出厂试验值的 80%，频率不超过 400Hz，耐压时间为 60s。试验方法参考 DL/T 593	

十、真空断路器

1. 巡检项目

见表 18-2-32。

表 18-2-32　真空断路器巡检项目

巡检项目	基准周期	要　求
外观检查	3 月	外观无异常
操动机构状态检查		操动机构状态无异常

注　巡检说明如下：

(1) 外观无异常；高压引线、接地线连接正常；瓷件无破损、无异物附着。

(2) 操动机构状态检查正常（液压机构油压正常、气压机构气压正常、弹簧机构弹簧位置正确）。

(3) 记录开断短路电流值及发生日期；记录开关设备的操作次数。

2. 例行试验项目

见表 18-2-33。

表 18-2-33　真空断路器例行试验项目

例行试验项目	基准周期	要　求	说　明
红外热像检测	半年	无异常	见 DL/T 393—2010 的 5.7.1.2
绝缘电阻	3 年	≥3000MΩ	见 DL/T 393—2010 的 5.9.1.2
主回路电阻	3 年	初值差<30%	见 DL/T 393—2010 的 5.7.1.3
例行检查和测试	3 年	检查动触头上的软连接夹片，应无松动；其他项目参见表 18-2-23	

3. 诊断性试验项目

见表 18-2-34。

表 18-2-34　真空断路器的诊断性试验项目

诊断性试验项目	要　求	说　明
灭弧室真空度	符合设备技术文件要求	按设备技术文件要求或受家族缺陷警示进行真空灭弧室真空度的测量，测量结果应符合设备技术文件要求
交流耐压试验	试验电压为出厂试验值的 100%	对核心部件或主体进行解体性检修之后或必要时进行本项试验。包括相对地（合闸状态）、断口间（分闸状态）和相邻相间 3 种方式。试验电压为出厂试验值的 100%，频率不超过 400Hz，耐压时间为 60s。试验方法参考 DL/T 593

十一、隔离开关和接地开关

1. 巡检项目

见表 18-2-35。

表 18-2-35　隔离开关和接地开关巡检项目

巡检项目	基准周期	要　求
外观检查	500kV 及以上：2 周 220kV/330kV：1 月 110kV/66kV：3 月	外观无异常

注　巡检说明如下：检查是否有影响设备安全运行的异物；检查支柱绝缘子是否有破损、裂纹；检查传动部件、触头、高压引线、接地线等外观是否有异常。检查分、合闸位置及指示是否正确。

2. 例行试验项目

见表 18-2-36。

表 18-2-36　隔离开关和接地开关例行试验项目

例行试验项目	基准周期	要求	说　明
红外热像检测	500kV 及以上：1 月 220kV/330kV：3 月 110kV/66kV：半年	无异常	用红外热像仪检测开关触头等电气连接部位，红外热像图显示应无异常温升、温差和/或相对温差。判断时应考虑检测前 3h 内的负荷电流及其变化情况。测量和分析方法可参考 DL/T 664
例行检查	3 年		1) 就地和远方各进行 2 次操作，检查传动部件是否灵活。 2) 接地开关的接地连接良好。 3) 检查操动机构内、外积污情况，必要时需进行清洁。 4) 抽查螺栓、螺母是否有松动，是否有部件磨损或腐蚀。 5) 检查支柱绝缘子表面和胶合面是否有破损、裂纹。 6) 检查动、静触头的损伤、烧损和脏污情况，情况严重时应予更换。 7) 检查触指弹簧压紧力是否符合技术要求，不符合要求的应予更换。 8) 检查联锁装置功能是否正常。 9) 检查辅助回路和控制回路电缆、接地线是否完好；用 1000V 绝缘电阻表测量电缆的绝缘电阻，应无显著下降。 10) 检查加热器功能是否正常。 11) 按设备技术文件要求对轴承等活动部件进行润滑

3. 诊断性试验项目

见表 18-2-37。

表 18-2-37　隔离开关和接地开关诊断性试验项目

诊断性试验项目	要　求	说　明
主回路电阻	≤制造商规定值（注意值）	下列情形之一，测量主回路电阻： (1) 红外热像检测发现异常。 (2) 上一次测量结果偏大或呈明显增长趋势，且又有 2 年未进行测量。 (3) 自上次测量之后又进行了 100 次以上分、合闸操作。 (4) 对核心部件或主体进行解体性检修之后。 测量电流可取 100A 到额定电流之间的任一值。测量方法参考 DL/T 593

续表

诊断性试验项目	要　求	说　明
支柱绝缘子探伤	无缺陷	下列情形之一，对支柱绝缘子进行超声探伤抽检： (1) 有此类家族缺陷，隐患尚未消除。 (2) 经历了有明显震感（烈度4级及以上）的地震。 (3) 出现基础沉降

十二、耦合电容

1. 巡检项目

见表18-2-38。

表18-2-38　耦合电容器巡检项目

巡检项目	基准周期	要求
外观检查	330kV及以上：2周 220kV：1月 110kV/66kV：3月	外观无异常

注　巡检说明如下：电容器无油渗漏；瓷件无裂纹；无异物附着；高压引线、接地线连接正常。

2. 例行试验项目

见表18-2-39。

表18-2-39　耦合电容器的例行试验

例行试验项目	基准周期	要　求	说　明
红外热像检测	330kV及以下：1月 220kV：3月 110kV/66kV：半年	无异常	检测电容器及其所有电气连接部位，红外热像图显示应无异常温升、温差和/或相对温差。检测和分析方法参考DL/T 664
极间绝缘电阻	3年	≥5000MΩ	极间绝缘电阻采用2500V绝缘电阻表测量，低压端对地绝缘电阻采用1000V绝缘电阻表测量
低压端对地绝缘电阻	3年	≥100MΩ	
电容量和介质损耗因数	3年	1. 电容量初值差不超过±5%（警示值） 2. 介质损耗因数：膜纸复合≤0.0025 油浸纸≤0.005（注意值）	多节串联的应分节测量。测量前应确认外绝缘表面清洁、干燥，分析时应注意温度影响

3. 诊断性试验项目

见表18-2-40。

表18-2-40　耦合电容器诊断性试验项目

诊断性试验项目	要　求	说　明
交流耐压试验	试验电压为出厂试验值的80%，时间为60s	需要验证绝缘强度时进行本项目。试验电压为出厂试验值的80%，耐受时间为60s
局部放电	在 $1.1U_m/\sqrt{3}$ 下：≤10pC	诊断是否存在严重局部放电缺陷时进行本项目。测量方法参见DL/T 417

十三、高压并联电容器和集合式电容器

1. 巡检项目

见表18-2-41。

表18-2-41　高压并联电容器和集合式电容器巡检项目

巡检项目	基准周期	要　求	说　明
外观检查	1年或自定	外观无异常，无渗油现象	电容器无油渗漏、无鼓起；高压引线、接地线连接正常

2. 例行试验项目

见表18-2-42。

表18-2-42　高压并联电容器和集合式电容器例行试验项目

例行试验项目	基准周期	要求	说　明
红外热像检测	1年或自定	无异常	检测电容器及其所有电气连接部位，红外热像图显示应无异常温升、温差和/或相对温差。测量和分析方法参考DL/T 664
绝缘电阻	自定（≤6年） 新投运1年内	≥2000MΩ	绝缘电阻的例行试验采用2500V绝缘电阻表测量，应符合下列要求： a) 高压并联电容器极对壳绝缘电阻。 b) 集合式电容器极对壳绝缘电阻；有6支套管的三相集合式电容器，应同时测量其相间绝缘电阻。采用2500V绝缘电阻表测量

续表

例行试验项目	基准周期	要求	说　明
电容量	自定（≤6年） 新投运1年内	见 DL/T 393—2010 的 5.13.5	电容器组的电容量与额定值的标准偏差应符合下列要求： （1）3Mvar 以下电容器组：−5%～+10%。 （2）从 3Mvar 到 30Mvar 电容器组：0%～10%。 （3）30Mvar 以上电容器组：0～5%。 且任意两线端的最大电容量与最小电容量之比值应不超过 1.05。 当测量结果不满足上述要求时，应逐台测量。单台电容器电容量与额定值的标准偏差应在−5%～10%之间，且初值差小于±5%

十四、金属氧化物避雷器

1. 巡检项目

见表 18-2-43。

表 18-2-43　金属氧化物避雷器巡检项目

巡检项目	基准周期	要　求
外观检查	500kV 及以上：2周 220kV/330kV：1月 110kV/66kV：3月	外观无异常
持续电流值		电流值无异常
计数器		记录计数器指示数

注　巡检说明如下：

（1）瓷套无裂纹；复合外套无电蚀痕迹；无异物附着；均压环无错位；高压引线、接地线连接正常。

（2）若计数器装有电流表，应记录当前持续电流值，并与同等运行条件下其他避雷器的持续电流值进行比较，要求无明显差异。

（3）记录计数器的指示数。

2. 例行试验项目

见表 18-2-44。

表 18-2-44　金属氧化物避雷器例行试验项目

例行试验项目	基准周期	要　求	说　明
红外热像检测	500kV 及以上：1月 220kV/330kV：3月 110kV/66kV：半年	无异常	用红外热像仪检测避雷器本体及电气连接部位，红外热像图显示应无异常温升、温差和/或相对温差。测量和分析方法参考 DL/T 664
运行中持续电流	1年		具备带电检测条件时，宜在每年雷雨季节前进行本项目。 通过与同组间其他金属氧化物避雷器的测量结果相比较做出判断，彼此应无显著差异
直流 1mA 电压（U_{1mA}）及 $0.75U_{1mA}$ 下的漏电流	3年 （无持续电流检测） 6年 （有持续电流检测）	1. U_{1mA} 初值差不超过±5%且不低于 GB 11032 规定值（注意值） 2. $0.75U_{1mA}$ 下漏电流初值差≤30%或≤50μA（注意值）	对于单相多节串联结构，应逐节进行。U_{1mA} 偏低或 $0.75U_{1mA}$ 下的漏电流偏大时，应先排除电晕和外绝缘表面漏电流的影响。除例行试验之外，有下列情形之一的金属氧化物避雷器也应进行本项目： （1）红外热像检测时，温度同比异常。 （2）运行电压下持续电流偏大。 （3）有电阻片老化或者内部受潮的家族缺陷，隐患尚未消除
底座绝缘电阻		≥100MΩ	用 2500V 的绝缘电阻表测量
放电计数器功能检查	3年	功能正常	如果已有3年以上未检查，有停电机会时进行本项目。检查完毕应记录当前基数。若装有电流表，应同时校验电流表，校验结果应符合设备技术文件要求

3. 诊断性试验项目

见表 18-2-45。

表 18-2-45　金属氧化物避雷器诊断性试验

诊断性试验项目	要　求	说　明
工频参考电流下的工频参考电压	应符合 GB 11032 或制造商规定	诊断内部电阻片是否存在老化、检查均压电容缺陷时进行本项目。对于单相多节串联结构应逐节进行。方法和要求参考 GB 11032
均压电容的电容量	电容量初值差不超过±5%或满足制造商的技术要求	如果金属氧化物避雷器装备有均压电容，为诊断其缺陷可进行本项目。对于单相多节串联结构应逐节进行

十五、电力电缆

1. 巡检项目

见表 18-2-46。

表 18-2-46 电力电缆巡检项目

巡检项目	基准周期	要求
外观检查	330kV 及以上：2 周 220kV：1 月 110kV/66kV：3 月	电缆终端及可见部分外观无异常
橡塑绝缘电力电缆带电测试外护层接地电流（适用时）		1. 电流值符合设计要求 2. 三相不平衡度不应有明显变化

注 巡检说明如下：

(1) 检查电缆终端外绝缘是否有破损和异物，是否有明显的放电痕迹；是否有异味和异常声响。

(2) 充油电缆油压正常，油压表完好。

(3) 引入室内的电缆入口应该封堵完好，电缆支架牢固，接地良好。

(4) 橡塑绝缘电力电缆带电测试外护层接地电流（适用时），测量结果应符合设计要求，且与前次测量结果相比应无明显改变。

2. 例行试验项目

见表 18-2-47 和表 18-2-48。

表 18-2-47 橡塑绝缘电缆例行试验项目

例行试验项目	基准周期	要求	说明
红外热像检测	330kV 及以上：1 月 220kV：3 月 110kV/66kV：半年	电缆终端及接头无异常（若可测）	红外热像检测电缆终端、中间接头、电缆分支处及接地线（如可测），红外热像图显示应无异常温升、温差和/或相对温差。测量和分析方法参考 DL/T 664
运行检查	220kV 及以上：1 年 110kV/66kV：3 年		通过人孔或者类似入口，检查电缆是否存在过度弯曲、过度拉伸、外部损伤、敷设路径塌陷、雨水浸泡、接地连接不良、终端（含中间接头）电气连接松动、金属附件腐蚀等危及电缆安全运行的现象，特别注意电缆各支撑点绝缘是否出现磨损
主绝缘绝缘电阻	3 年	无显著变化（注意值）	用 5000V 绝缘电阻表测量。绝缘电阻与上次相比不应有显著下降，否则应做进一步分析，必要时进行诊断性试验
外护套及内衬层绝缘电阻	3 年	采用 1000V 绝缘电阻表测量。当外护套或内衬层的绝缘电阻（MΩ）与被测电缆长度（km）的乘积值小于 0.5 时，应判断其是否已破损进水。用万用表测量绝缘电阻，然后调换表笔重复测量，如果调换前后的绝缘电阻差异明显，可初步判断已破损进水。对于 110kV 及以上电缆，测量外护套绝缘电阻	
交叉互联系统	3 年	(1) 电缆外护套、绝缘接头外护套、绝缘夹板对地直流耐压试验。试验时应将护层过电压保护器断开，在互联箱中将另一侧的所有电缆金属套都接地，然后每段电缆金属屏蔽或金属护套与地之间加 5kV 直流电压，加压时间为 60s，不应击穿。 (2) 护层过电压保护器检测。护层过电压保护器的直流参考电压应符合设备技术要求；护层过电压保护器及其引线对地的绝缘电阻用 1000V 绝缘电阻表测量，应大于 10MΩ。 (3) 检查互联箱闸刀（或连接片）连接位置，应正确无误；在密封互联箱之前测量闸刀（或连接片）的接触电阻，要求不大于 20μΩ，或符合设备技术文件要求。 (4) 除例行试验外，如在互联系统大段内发生故障，应对该大段进行试验；如互联系统内直接接地的接头发生故障，与该接头连接的相邻两个大段都应进行试验。试验方法参考 GB 50150	
电缆主绝缘交流耐压试验	220kV 及以上：3 年 110kV/66kV：6 年	220kV 及以上：电压为 $1.36U_0$，时间为 5min 110kV/66kV：电压为 $1.6U_0$，时间为 5min	采用谐振电路，谐振频率应在 300Hz 以下。220kV 及以上，试验电压为 $1.36U_0$；110kV/66kV，试验电压为 $1.6U_0$，时间 5min。如试验条件许可，宜同时测量介质损耗因数和局部放电。 新做终端、接头或受其他试验项目警示，需要检验主绝缘强度时也应进行本项目

表 18-2-48　**充油电缆例行试验项目**

例行试验项目	基准周期	要　求	说　明
红外热像检测	220kV/330kV：3 月 110kV/66kV：半年	电缆终端及其接头无异常（若可测）	见表 18-2-47
运行检查	220kV/330kV：1 年 110kV/66kV：3 年	见表 18-2-47	见表 18-2-47
交叉互联系统	3 年	见表 18-2-47	见表 18-2-47
油压示警系统	3 年		每半年检查一次油压示警系统信号装置。合上试验开关时，应能正确发出相应的示警信号。每 3 年测量一次控制电缆线芯对地绝缘电阻。采用 250V 绝缘电阻表测量，要求所测绝缘电阻（MΩ）与被测电缆长度（km）的乘积值不小于 1
压力箱	3 年		（1）供油特性：压力箱的供油量不应小于供油特性曲线所代表的标称供油量的 90%。 （2）电缆油击穿电压：≥50kV，测量方法参考 GB/T 507。 （3）电缆油介质损耗因数：<0.005，在油温（100±1）℃和场强 1MV/m 的测试条件下测量，测量方法参考 GB/T 5654

3. 诊断性试验项目

见表 18-2-49 和表 18-2-50。

表 18-2-49　**橡塑绝缘电缆诊断性试验项目**

诊断性试验项目	要求	说　明
铜屏蔽层电阻和导体电阻比		需要判断屏蔽层是否出现腐蚀时或者重做终端或接头后进行本项目。在相同温度下测量铜屏蔽层和导体的电阻，屏蔽层电阻和导体电阻之比应无明显改变。比值增大，可能是屏蔽层出现腐蚀；比值减少，可能是附件中的导体连接点的电阻增大
介质损耗因数		未老化的交联聚乙烯电缆（XLPE），其介质损耗因数通常不大于 0.001。介质损耗因数可以在工频电压下测量，也可以在 0.1Hz 低频电压下测量，测量电压为 U_0。同等测量条件下，如介质损耗因数较初值有明显增加，或者大于 0.002 时（XLPE），需进一步试验

表 18-2-50　**自容式充油电缆诊断性试验项目**

<table>
<tr><th>诊断性试验项目</th><th colspan="4">要　求</th><th>说　明</th></tr>
<tr><td>电缆及附件内的电缆油</td><td colspan="5">（1）击穿电压：≥45kV。
（2）介质损耗因数：在油温（100±1）℃和场强 1MV/m 的测试条件下，对于 $U_0=190$kV 的电缆，应不大于 0.01，对于 $U_0 \leq 127$kV 的电缆，应不大于 0.03。
（3）油中溶解气体分析，各气体含量满足下列注意值要求（μL/L）：可燃气体总量<1500；H_2<500；C_2H_2 痕量；CO<100；CO_2<1000；CH_4<200；C_2H_4<200；C_2H_6<200。试验方法按 GB 7252</td></tr>
<tr><td rowspan="11">主绝缘直流耐压试验</td><td rowspan="11">直流试验电压</td><td>电缆 U_0（kV）</td><td>雷电冲击耐受电压（kV）</td><td>直流试验电压（kV）</td><td rowspan="11">失去油压导致受潮、进气修复后或新做终端、接头后进行本项目。直流试验电压值根据电缆电压并结合其雷电冲击耐受电压值选取，耐压时间为 5min</td></tr>
<tr><td rowspan="2">48</td><td>325</td><td>165</td></tr>
<tr><td>350</td><td>175</td></tr>
<tr><td rowspan="2">64</td><td>450</td><td>225</td></tr>
<tr><td>550</td><td>275</td></tr>
<tr><td rowspan="3">127</td><td>850</td><td>425</td></tr>
<tr><td>950</td><td>475</td></tr>
<tr><td>1050</td><td>510</td></tr>
<tr><td rowspan="3">190</td><td>1050</td><td>525</td></tr>
<tr><td>1175</td><td>585</td></tr>
<tr><td>1300</td><td>650</td></tr>
</table>

十六、接地装置

1. 巡检项目

见表18-2-51。

2. 例行试验项目

见表18-2-52。

表18-2-51 接地装置巡检项目

巡检项目	基准周期	要求	说明
接地引下线检查	1月	无异常	变电站设备接地引下线连接正常，无松脱、位移、断裂及严重腐蚀情况

表18-2-52 接地装置例行试验项目

例行试验项目	基准周期	要求	说明
设备接地引下线导通检查	220kV及以上：1年 110kV/66kV：3年	1. 变压器、避雷器、避雷针等：≤200mΩ且导通电阻初值差≤50%（注意值） 2. 一般设备：导通情况良好	检查设备接地线之间的导通情况，要求导通良好；变压器及避雷器、避雷针等设备应测量接地引下线导通电阻。测量条件应与上次相同。测量方法参考DL/T 475
接地网接地阻抗	6年	符合运行要求，且不大于初值的1.3倍	按DL/T 475推荐方法测量，测量结果应符合设计要求。当接地网结构发生改变时也应进行本项目

3. 诊断性试验项目

见表18-2-53。

表18-2-53 接地装置诊断性试验项目

诊断性试验项目	要求	说明
接触电压、跨步电压	符合设计要求	接地阻抗明显增加或者接地网开挖检查或/和修复之后进行本项目。测量方法参见DL/T 475
开挖检查	—	若接地网接地阻抗或接触电压和跨步电压测量不符合设计要求，怀疑接地网被严重腐蚀时，应进行开挖检查。修复或恢复之后，应进行接地阻抗、接触电压和跨步电压测量，测量结果应符合设计要求

十七、串联补偿装置

1. 巡检项目

见表18-2-54。

表18-2-54 串联补偿装置巡检项目

巡检项目	基准周期	要求
外观检查	330kV及以上：2周 220kV：1月	外观无异常

注 巡检说明如下：

(1) 串联补偿装置无异常声响；各电气设备绝缘表面无异物附着；瓷件无裂纹；复合绝缘外套无电蚀和破损。

(2) 阻尼电抗器线圈表面无电蚀和放电痕迹。

(3) 各电气连接处、高压引线、均压罩等无残损、错位、松动和异常放电。

(4) 测量电缆、控制电缆、光纤外观及位置无异常。

(5) 自备监测系统运行正常。

2. 例行试验项目

见表18-2-55。

表18-2-55 串联补偿装置例行试验项目

例行试验项目	基准周期	要求	说明
红外热像检测	330kV及以上：1月 220kV：3月	检测平台上各设备（可视部分）、电气连接处等，红外热像图显示应无异常温升、温差和/或相对温差。测量和分析方法参考DL/T 664	
例行检查	3年	(1) 按力矩要求抽检平台的部分螺丝，如有两个以上出现松动，按力矩要求紧固所有螺丝；检查平台上各设备的电气连接是否牢固，必要时进行紧固处理。 (2) 检查平台支柱绝缘子是否存在裂纹，必要时可以采用超声探伤仪检测。 (3) 检查电容器是否发生渗漏和铁壳鼓起，发生渗漏或鼓起的电容器应予更换。 (4) 检查平台各金属部件是否有锈蚀，若有应进行防腐处理。 (5) 检查火花间隙护网是否完整，如有破损应进行修复；检查火花间隙表面是否有严重积尘或者飞虫，如有应清理；检查火花间隙的间距是否符合设备技术文件要求，必要时进行调整；火花间隙触发功能检查正常。 (6) 检查各测量、控制电缆、光纤，是否连接良好，外观正常。 (7) 测控系统按设备技术文件要求进行功能检查	
金属氧化物限压器	见本节“十四”	见本节“十四”	见本节“十四”
串联电容器	3年	要求逐台进行测量，极对壳绝缘电阻不低于2500MΩ。电容量与出厂值的差异不超过±5%，否则应予更换。更换的新电容器的电容量以及更换后整组的电容量应符合设计要求	

续表

例行试验项目	基准周期	要　求	说　明
阻尼电抗器	3年	在相同测量条件下，线圈电阻的初值差不超过±3%；在额定频率下，电感量的初值差不超过±3%。电感量测量方法参考表18-3-6。 除例行试验外，出现下列情形也应进行本项目： (1) 经历了短路电流冲击。 (2) 红外热像检测异常。 (3) 电抗器表面存在异常放电。 (4) 电抗器线圈的内、外表面存在碳化、电弧痕迹等异常现象	
分压器分压比较核及参数	3年	初值差不超过±2%	校核分压器的分压比。测量高压臂、低压臂参数。结果应符合设备技术文件要求
旁路断路器	见本节"七"	见本节"七"	本节"七"
测量及控制系统	3年	符合设备技术文件要求	—

十八、变电站设备外绝缘及绝缘子

1. 巡检项目

见表18-2-56。

表18-2-56　变电站设备外绝缘及绝缘子巡检项目

巡检项目	基准周期	要　求	说　明
外观检查	330kV及以上：2周 220kV：1月 110kV/66kV：3月	外观无异常	(1) 支柱绝缘子、悬式绝缘子、合成绝缘子及设备瓷套或复合绝缘护套无裂纹、破损和电蚀；无异物附着。 (2) 在雾、雨等潮湿天气下，设备外绝缘及绝缘子表面无异常放电

2. 例行试验项目

见表18-2-57。

表18-2-57　变电站设备外绝缘及绝缘子例行试验项目

例行试验项目	基准周期	要　求	说　明
红外热像检测	330kV及以上：1月 220kV：3月 110kV/66kV：半年	无异常	检查设备外绝缘、支柱绝缘子、悬式绝缘子等可见部分，红外热像图显示应无异常温升、温差和/或相对温差。测量和分析方法参考DL/T 664
例行检查	3年	(1) 清扫变电站设备外绝缘及绝缘子（复合绝缘除外）。 (2) 仔细检查支柱绝缘子及瓷护套的外表面及法兰封装处，若有裂纹应及时处理或更换；必要时进行超声探伤检查。 (3) 检查法兰及固定螺栓等金属件是否出现锈蚀，必要时进行防腐处理或更换；抽查固定螺栓，必要时按力矩要求进行紧固。 (4) 检查室温硫化硅橡胶涂层是否存在剥离、破损，必要时进行复涂或补涂；抽查复合绝缘和室温硫化硅橡胶涂层的憎水性，应符合技术要求。 (5) 检查增爬伞裙，应无塌陷变形，表面无击穿，粘接界面牢固。 (6) 检查复合绝缘的蚀损情况	
金属氧化物限压器	每3年或有下列情形之一进行一次现场污秽度评估： (1) 附近10km范围内发生了污闪事故。 (2) 附近10km范围内增加了新的污染源（同时也需要关注远方大、中城市的工业污染）。 (3) 降雨量显著减少的年份。 (4) 出现大气污染与恶劣天气相互作用所带来的湿沉降（城市和工业区及周边地区尤其要注意）。 如果现场污秽度等级接近变电站内设备外绝缘及绝缘子（串）的最大许可现场污秽度，应采取增加爬电距离或采用复合绝缘等技术措施		
串联电容器	3年	见表18-2-55	见表18-2-55

3. 诊断性试验项目

见表18-2-58。

表 18-2-58 变电站外绝缘及绝缘子诊断性试验项目

诊断性试验项目	要求	说明
超声探伤检查	无裂纹和材质缺陷	有下列情形之一，对瓷质支柱绝缘子及瓷护套进行超声探伤检查： (1) 若有断裂、材质或机械强度方面的家庭缺陷，对该家族瓷件进行一次超声探伤抽查。 (2) 经历了有明显震感（烈度4级及以上）的地震后要对所有瓷件进行超声探伤
复合绝缘子和室温硫化硅橡胶涂层的状态评估	符合相关技术标准	见表 18-2-65、表 18-2-66

十九、输电线路

1. 巡检项目

见表 18-2-59 和表 18-2-60。

表 18-2-59 输电线路巡检项目

巡检项目	基准周期	要求
导线与架空地线	1月	无异常
金具		
绝缘子串		
杆塔与接地、拉线与基础		
通道和防护区		
辅助设施		
线路避雷器		

表 18-2-60 输电线路巡检项目说明

巡检项目	说明
导线与架空地线(含 OPGW 光纤复合地线)	(1) 导线和地线无腐蚀、抛股、断股、损伤和闪络烧伤。 (2) 导线和地线无异常振动、舞动、覆冰、分裂导线无鞭击和扭绞。 (3) 压接管耐张引流板无过热；压接管无严重变形、裂纹和受拔位移。 (4) 导线和地线在线夹内无滑移。 (5) 导线和地线各种电气距离无异常。 (6) 导线上无异物悬挂。 (7) OPGW 引下线金具、线盘及接线盒无松动、变形、损坏和丢失。 (8) OPGW 接地引流线无松动、损坏
金具	均压环、屏蔽环、联板、间隔棒、阻尼装置、重锤等设备无缺件、松动、错位、烧坏、锈蚀和损坏等现象
绝缘子串	(1) 绝缘子串无异物附着。 (2) 绝缘子钢帽、钢脚无腐蚀；锁紧销无锈蚀、脱位或脱落。 (3) 绝缘子串无移位或非正常偏斜。 (4) 绝缘子无破损。 (5) 绝缘子串无严重局部放电现象、无明显闪络或电蚀痕迹。 (6) 室温硫化硅橡胶涂层无龟裂、粉化、脱落。 (7) 复合绝缘子无撕裂、鸟啄、变形；端部金具无裂纹和滑移；扩套完整

续表

巡检项目	说明
杆塔与接地、拉线与基础	(1) 杆塔结构无倾斜，横担无弯扭。 (2) 杆塔部件无松动、锈蚀、损坏和缺件。 (3) 拉线及金具无松弛、断股和缺件；张力分配应均匀。 (4) 杆塔和拉线基础无下沉及上拔，基础无裂纹损伤，防洪设施无坍塌和损坏，接地良好。 (5) 塔上无危及完全运行的鸟巢和异物
通道和防护区	(1) 无可燃易爆物和腐蚀性气体。 (2) 树木与输电线路间绝缘距离的观测。 (3) 无土方挖掘、地下采矿、施工爆破。 (4) 无架设或敷设影响输电线路安全运行的电力线路、通信线路、架空索道、各种管道等。 (5) 未修建鱼塘、采石场及射击场等。 (6) 无高大机械及可移动式的设备。 (7) 无其他不正常情况，如山洪暴发、森林起火等
辅助设施	(1) 各种在线监测装置无移位、损坏或丢失。 (2) 线路杆号牌及路标、警示标志、防护桩等无损坏或丢失。 (3) 线路的其他辅助设施无损坏或丢失
线路避雷器	(1) 线路避雷器本体及间隙无异物附着。 (2) 法兰、均压环、连接金具无腐蚀；锁紧销无锈蚀、脱位或脱落。 (3) 线路避雷器本体及间隙无移位或非正常偏斜。 (4) 线路避雷器本体及支撑绝缘子的外绝缘无破损和明显电蚀痕迹。 (5) 线路避雷器本体及支撑绝缘子无弯曲变形。

2. 例行试验项目

见表 18-2-61 和表 18-2-62。

表 18-2-61 输电线路例行试验项目

例行试验项目	基准周期	要求
盘形瓷绝缘子零值检测	330kV 及以上：6 年 220kV 及以下：10 年	见表 18-2-62
导线接点温度	330kV 及以上：1 年 220kV 及以下：3 年	见表 18-2-62
杆塔接地阻抗	见表 18-2-62	符合设计要求
线路避雷器检查及试验	见表 18-2-62	见表 18-2-62
现场污秽度评估	3 年	见表 18-2-57

表 18-2-62 **输电线路例行试验项目说明**

<table>
<tr><th>例行试验项目</th><th>说 明</th></tr>
<tr><td>盘形瓷绝缘子零值检测</td><td>采用轮试的方法，即每年检测一部分，一个周期内完成全部普测。如某批次的盘形瓷绝缘子零值检出率明显高于运行经验值，则对于该批次绝缘子应酌情缩短零值检测周期。
应用绝缘电阻检测零值时，宜用 5000V 绝缘电表。绝缘电阻应不低于 500MΩ，达不到 500MΩ 时，在绝缘子表面加屏蔽环并接绝缘电阻表屏蔽端子后重新测量，若仍小于 500MΩ 时，可判定为零值绝缘子。
自上次检测以来又发生了新的闪络或有新的闪络痕迹的，也应列入最近的检测计划</td></tr>
<tr><td>导线接点温度</td><td>500kV 及以上直线连接管、耐张引流夹 1 年测量一次，其他 3 年测量一次。接点温度可略高于导线温度，但不应超过 10℃，且不高于导线允许运行温度。在分析时，要综合考虑当时及前 1h 的负荷变化以及大气环境条件</td></tr>
<tr><td>杆塔接地阻抗</td><td>检测周期见表 18-2-63。除 2km 进线保护段和大跨越外，一般采用每隔 3 基（500kV 及以上）或每隔 7 基（其他）检测 1 基的轮试方式。对于地形复杂、难以到达的区段，轮式方式可酌情自行掌握。如某基杆塔的测量值超过设计值时，补测与此相邻的 2 基杆塔。如果连续 2 次检测的结果低于设计值（或要求值）的 50%，则轮式周期可延长 50%～100%。检测宜在雷暴季节之前进行。方法参考 DL/T 887
表 18-2-63 杆塔接地阻抗检测周期
<table>
<tr><th>位 置</th><th>基 准 周 期</th></tr>
<tr><td>2km 进线保护段</td><td rowspan="2">1. 500kV 及以上：1 年；
2. 其他：2 年</td></tr>
<tr><td>大跨越</td></tr>
<tr><td>其他</td><td>1. 首次：投运后 3 年；
2. 500kV 及以上：4 年；
3. 其他：8 年</td></tr>
</table></td></tr>
<tr><td>线路避雷器检查及试验</td><td>检测及试验的周期和要求见表 18-2-64。其中，红外热像检测包括线路避雷器本体、支撑绝缘子、电气连接处及金具等，要求无异常温升、温差和/或相对温差。测量和分析方法参考 DL/T 664</td></tr>
<tr><td>现场污秽度评估</td><td>见表 18-2-57</td></tr>
</table>

表 18-2-64 **线路避雷器检查及试验项目**

线路避雷器检查及试验项目	要 求	基 准 周 期
红外热像检测	无异常	1 年
纯空气间隙距离复核及连接金具检查	符合设计要求	3 年
线路避雷器本体及支撑绝缘子绝缘电阻	＞1000MΩ（5000V 绝缘电阻表）（注意值）	停电时且 3 年未测

3. 诊断性试验项目

见表 18-2-65。

表 18-2-65 **输电线路诊断性试验项目**

<table>
<tr><th>诊断性试验项目</th><th>要 求</th><th>说 明</th></tr>
<tr><td>复合绝缘子和室温硫化硅橡胶涂层的状态评估</td><td>符合相关技术标准</td><td>表 18-2-66 复合绝缘子和室温硫化硅橡胶涂层的状态评估周期
<table>
<tr><th>状态评估项目</th><th>首次评估基准周期</th><th>后继评估基准周期</th></tr>
<tr><td>复合绝缘子</td><td>6 年</td><td>根据历次评估结果自定（≤4 年）</td></tr>
<tr><td>室温硫化硅橡胶涂层</td><td>3 年</td><td>根据历次评估结果自定（≤2 年）</td></tr>
</table>
评估周期见表 18-2-66，重点对复合绝缘子的机械破坏负荷、界面以及复合绝缘子和室温硫化硅橡胶涂层的憎水性进行评估。
按家族（制造商、型号和投运年数），从输电线路上随机抽取 6～9 只，依次进行下列 3 项试验，试验结果应符合要求。此外，用户还应根据多次评估试验结果的稳定性，调整评估周期。
（1）憎水性、憎水性迁移特性、憎水性丧失特性和憎水性恢复时间测定。检测方法和判据可参见 DL/T 864。
（2）界面试验。包括水煮试验和陡波前冲击电压试验两项。试验程序和判据 GB/T 19519。
（3）机械破坏负荷试验。要求：$M_{av}-2.05S_n$ 应大于 $0.5SML$，且 $M_{av}\geqslant 0.65SML$。其中，SML 为额定机械负荷，M_{av} 为破坏负荷的平均值，S_n 为破坏负荷的标准偏差。试验方法可参考 GB/T 19519。
按涂敷材料、涂敷时间和涂敷地点，抽样检查涂层的附着性能，要求无龟裂、粉化、脱落和剥离等现象。抽样检查憎水性，检测方法和判据可参见 DL/T 864，不符合要求时应进行复涂</td></tr>
</table>

续表

诊断性试验项目	要　求	说　明
导地线（含大跨越）振动	符合相关技术标准	怀疑导地线存在异常振动时进行本项目。测量结果应符合设计要求
地线机械强度试验	符合相关技术标准	需要检验地线的机械强度，或存在此类家族缺陷时进行本项目。取样进行机械拉力试验，要求不低于额定机械强度的80%
导线弧垂	符合相关技术标准	根据线路巡检结果，实时安排导线弧垂测量。方法和要求见 GB 50233
杆塔接地开挖检查	接地导体截面不小于设计值的80%	杆塔接地阻抗显著增加或者显著超过规定值，怀疑严重腐蚀时进行本项目。开挖检查并修复之后，应进行杆塔接地阻抗测量
线路避雷器本体试验	见本节“十四”	当巡检、绝缘电阻测量或红外热像检测显示线路避雷器本体异常时进行本项目；当巡检、绝缘电阻测量或红外热像检测显示支撑绝缘子异常时，应予更换

第三节　直 流 设 备

一、换流变压器

1. 巡检项目

见表 18-3-1。

2. 例行检查和试验项目

见表 18-3-2。

表 18-3-1　　换流变压器巡检项目

巡检项目	基准周期	要　求	说明
外观	2周	无异常	见表 18-2-1
油温和绕组温度		符合设备技术文件之要求	见表 18-2-1
呼吸器干燥剂（硅胶）		1/3 以上处于干燥状态	见表 18-2-1
冷却系统		无异常	见表 18-2-1
声响及振动		无异常	见表 18-2-1

表 18-3-2　　换流变压器例行检查和试验项目

例行检查和试验项目	基准周期	要　求	说　明
红外热像检测	1月	无异常	见表 18-2-3
本体油中溶解气体分析	3月	1. 溶解气体： 乙炔≤1μL/L（注意值） 氢气≤150μL/L（注意值） 总烃≤150μL/L（注意值） 2. 绝对产气速率： ≤12mL/d（隔膜式）（注意值） 或≤6mL/d（开放式）（注意值） 3. 相对产气速率： ≤10%/月（注意值）	见表 18-2-3
网侧绕组电阻	3年	1. 相间互差不大于2%（警示值） 2. 同相初值差不超过±2%（警示值）	见表 18-2-3
绝缘油例行试验	见本章第四节	见本章第四节	见本章第四节
套管试验	3年	见本章第二节“六”	见本章第二节“六”
铁芯绝缘电阻	3年	≥100MΩ（新投运 1000MΩ）（注意值）	见表 18-2-3
有载分接开关检查	见表 18-2-3	见表 18-2-3	见表 18-2-3
测温装置检查	3年	无异常	见表 18-2-3
气体继电器检查		无异常	见表 18-2-3
冷却装置检查		无异常	见表 18-2-3
压力释放阀检查	解体性检修时	无异常	见表 18-2-3

3. 诊断性试验项目

见表 18-3-3。

表 18-3-3　换流变压器诊断性试验项目

诊断性试验项目	要　求	说　明
阀侧绕组电阻	1. 相间互差不大于 2%（警示值） 2. 同相初值差不超过 ±2%（警示值）	当油中溶解气体分析异常或者怀疑存在绕组方面的缺陷时进行本项目。要求见表 18-2-3
绕组绝缘电阻	1. 绝缘电阻无显著下降 2. 吸收比≥1.3 或极化指数≥1.5 或绝缘电阻≥10000MΩ（注意值）	见表 18-2-3
绕组绝缘介质损耗因数（20℃）	≤0.005（注意值）	见表 18-2-3
短路阻抗	初值差不超过±3%（注意值）	见表 18-2-3
感应耐压和局部放电	验证主绝缘强度或诊断是否存在局部放电缺陷时进行本项目。感应电压的频率应在 100～400Hz。电压为出厂试验值的 80%，时间按式（18-2-5）确定，但应在 15～60s 之间。耐压幅值应依据变压器状态审慎确定。如同时测量局部放电，应控制各种外部电晕和放电干扰，使整个试验回路的背景干扰低于许可的局部放电水平。具体试验程序参考下列方法。 （1）国家标准或行业标准推荐的试验方法。 （2）IEC 等国际标准推荐的试验方法。 （3）设备技术文件推荐的试验方法或出厂试验方法。 （4）适宜于现场条件的其他等效试验方法。 首次使用非标准试验方法时，应咨询制造商的意见，或由设备管理者组织专家做出决定	
绕组频率响应分析	见表 18-2-3	见表 18-2-3
绕组各分接位置电压比	初值差不超过±0.5%（额定档）；±1%（其他）（警示值）	见表 18-2-3
纸绝缘聚合度	聚合度≥250（注意值）	见表 18-2-3
绝缘油诊断性试验	见本章第四节	见本章第四节
声级和振动测定	符合设备技术文件要求	见表 18-2-3

二、平波电抗器

1. 巡检项目

见表 18-3-4。

表 18-3-4　油浸式平波电抗器巡检项目

巡检项目	基准周期	要　求	说明
外观	2 周	无异常	见表 18-2-1
油温和绕组温度		符合设备技术文件之要求	见表 18-2-1
呼吸器干燥剂（硅胶）		1/3 以上处于干燥状态	见表 18-2-1
冷却系统		无异常	见表 18-2-1
声响及振动		无异常	见表 18-2-1

2. 例行试验和检查项目

见表 18-3-5。

表 18-3-5　油浸式平波电抗器例行试验和检查项目

例行试验和检查项目	基准周期	技术要求	说　明
红外热像检测	1 月	无异常	见表 18-2-3
油中溶解气体分析	3 月	乙炔≤1μL/L(注意值) 氢气≤150μL/L(注意值) 总烃≤150μL/L(注意值)	见表 18-2-3
绝缘油例行试验	见本章第四节	见本章第四节	见本章第四节
套管试验	3 年	见本章第二节之“六”	见本章第二节之“六”
铁芯绝缘电阻	3 年	≥100MΩ（新投运 1000MΩ）(注意值)	见表 18-2-3
测温装置检查	3 年	无异常	见表 18-2-3
气体继电器检查	3 年	无异常	见表 18-2-3
压力释放装置检查	3 年	无异常	见表 18-2-3

3. 诊断性试验项目

见表 18-3-6。

表 18-3-6　　　　　　　　油浸式平波电抗器诊断性试验项目

诊断性试验项目	要　求	说　明
绕组电阻	初值差不超过±2%（警示值）	见表 18-2-3
绕组绝缘电阻	1. 绝缘电阻无显著下降 2. 吸收比≥1.3 或极化指数≥1.5 或绝缘电阻≥10000MΩ（注意值）	见表 18-2-3
绕组绝缘介质损耗因数（20℃）	≤0.005（注意值）	见表 18-2-3
电感量	初值差不超过±3%（注意值）	可采用施加工频电压、测量工频电流来计算电感量的方法。可在额定电流之下取任意电流进行测量，但测量电流不宜太小，以提高信噪比。历次测量宜在相同电流下进行，以便比较。测量时，通过调压器将工频电压施加到电抗器的引线端子上，用电压表和电流表监视电压和电流，逐步升高电压 U，直至电流 I 达到测量要求的预期值（如 1A），读取电压值 U，电感量 $L=U/$（$314.16I$），其中 I、U 均为有效值，单位分别为 A、V；电感单位为 H。测量仪表的不确定度应小于 0.5%
纸绝缘聚合度	聚合度≥250（注意值）	见表 18-2-3
绝缘油诊断性试验	见本章第四节	见本章第四节
声级	同等测量条件下声级没有明显变化	在运行中出现声响异常，可视情况进行声级测量。测量干式电抗器声级时，必须保证与绕组有足够的安全距离。测量方法参考 GB 10229
振动	≤200μm（注意值）	在运行中出现异常振动，可视情况进行振动测量。如果之前进行过振动测量，宜在同等条件下进行，以便比较。测量方法参考 GB 10229

三、直流系统中的交流设备

直流系统中的“油浸式电力变压器和电抗器”、“SF_6 气体绝缘电力变压器”、“电流互感器”、“电磁式电压互感器”、“电容式电压互感器”“高压套管”、“SF_6 断路器”、“气体绝缘金属封闭开关设备”、“隔离开关和接地开关”、“耦合电容器”、“电力电缆”、“接地装置”等，同本章第二节交流设备有关内容。

四、直流电流互感器

1. 巡检项目

见表 18-3-7。

2. 例行试验项目

见表 18-3-8。

表 18-3-7　　　直流电流互感器巡检项目

巡检项目	基准周期	要求	说　明
外观检查	2 周	无异常	（1）高压引线、接地线等连接正常；本体无异常声响或放电声；瓷套无裂纹；复合绝缘外套无电蚀痕迹或破损；无影响设备运行的异物附着。 （2）充油的电流互感器，无油渗漏，油位正常，膨胀器无异常升高；充气的电流互感器，气体密度值正常，气体密度表（继电器）无异常
二次电流检查	2 周	二次电流无异常	

表 18-3-8　　　　　　　　直流电流互感器例行试验项目

例行试验项目	基准周期	要　求	说　明
红外热像检测	1月	无异常温升	检测高压引线连接处、电流互感器本体等，红外热像图显示应无异常温升、温差和/或相对温差。检测和分析方法参考 DL/T 664
一次绕组绝缘电阻	3年	初值差不超过－50%（注意值）	见本章第二节之“三”
电容量及介质损耗因数	3年	1. 电容量初值差不超过±5%（警示值） 2. 介质损耗因数≤0.006（注意值）	见本章第二节之“三”

3. 诊断性试验项目

见表 18-3-9。

表 18-3-9　直流电流互感器诊断性试验项目

诊断性试验项目	要　求	说明
绝缘油试验	见本章第四节	见本章第四节
交流耐压试验	1. 一次绕组：试验电压为出厂试验值的80% 2. 二次绕组之间及末屏对地：2kV	见本章第二节之“三”
局部放电	1.2$U_m/\sqrt{3}$下： ≤20pC（气体）； ≤20pC（油纸绝缘及聚四氟乙烯缠绕绝缘）； ≤50pC（固体）（注意值）	见本章第二节之“三”
电流比校核	符合设备技术文件要求	见本章第二节之“三”
绕组电阻	与初值比较，应无明显差别	见本章第二节之“三”

五、光电式电流互感器

1. 巡检项目

见表 18-3-10。

表 18-3-10　光电式电流互感器巡检项目

巡检项目	基准周期	要求	说　明
外观检查	500kV：2周 220kV：1月 110kV：3月	无异常	(1) 高压引线、接地线等连接正常；本体无异常声响或放电声；瓷套无裂纹；复合绝缘外套无电蚀痕迹或破损；无影响设备运行的异物附着。 (2) 每月对传输通道的光电流、功率、奇偶校验值等参数进行监视，应无异常
二次电流检查		二次电流无异常	

2. 例行试验项目

见表 18-3-11。

表 18-3-11　光电式电流互感器例行试验项目

例行试验项目	基准周期	要求	说　明
红外热像检测	500kV：1月 220kV：3月 110kV：半年	无异常温升	检测高压引线连接处、电流互感器本体等，红外热像图显示应无异常温升、温差和/或相对温差。检测和分析方法参考 DL/T 664
火花间隙检查（如有）	1年	符合设备技术文件要求	若电流传感器装备了火花间隙，应清洁间隙表面积尘，并确认间隙距离符合设备技术文件要求

3. 诊断性试验项目

见表 18-3-12。

表 18-3-12　光电式电流互感器诊断性试验项目

诊断性试验项目	要求	说　明
电流比校核	符合设备技术条件要求	见本章第二节之“三”
激光功率	符合设备技术条件要求	激光功率，在线监测系统显示光功率不正常时，进行本项目。用光通量计测量到达受端的激光功率，并与要求值和上次对应位置的测量值进行比较，偏差不大于±5%或符合设备技术文件要求。必要时可测量光纤系统的衰减值，测量结果应符合设备技术文件要求

六、直流分压器

1. 巡检项目

见表 18-3-13。

表 18-3-13　直流分压器巡检项目

巡检项目	基准周期	要求	说　明
外观检查	2周	无异常	(1) 高压引线、接地线等连接正常；本体无异常声响或放电声；瓷套无裂纹；复合绝缘外套无电蚀痕迹或破损；无影响设备运行的异物。 (2) 油位（充油）、气体密度（充气）符合设备技术条件要求；气体密度表（继电器）无异常
二次电压检查		二次电压无异常	二次电压无异常

2. 例行试验项目

见表 18-3-14。

表 18-3-14　直流分压器例行试验项目

例行试验项目	基准周期	要求	说　明
红外热像检测	1月	无异常温升	检测高压引线连接处、分压器本体等，红外热像图显示应无异常温升、温差和/或相对温差。检测和分析方法参考 DL/T 664
电压限制装置功能验证	3年	符合设备技术条件要求	每3年或有短路事故时，进行本项目。试验方法和要求参见设备技术文件。一般是用不超过1000V绝缘电阻表施加于电压限制装置的两个端子上，应能识别出电压限制装置内部放电
分压电阻、电容值	3年		定期或二次侧电压值异常时测量高压臂和低压臂电阻阻值，同等测量条件下，初值差不应超过±2%；如属阻容式分压器，应同时测量高压臂和低压臂的等值电阻和电容值，同等测量条件下，初值差不超过±3%，或符合设备技术文件要求
SF_6气体湿度（SF_6绝缘）	3年	≤500μL/L（警示值）	见表 18-5-1

3. 诊断性试验项目

见表 18-3-15。

表 18-3-15　　　　直流分压器诊断性试验项目

诊断性试验项目	要　求	说　明
分压比较核	符合设备技术条件要求	低压侧电压值异常时进行此项目。在 80%～100%的额定电压范围内，在高压侧加任一电压值，测量低压侧电压，校核分压比。简单检查可取更低电压。分压比应与铭牌相符。当计量要求时，应测量电压误差，测量结果符合设备计量准确级要求。具体要求参考设备技术文件的规定
油中溶解气体分析（油纸绝缘）	乙炔≤2μL/L（注意值） 氢气≤150μL/L（注意值） 总烃≤150μL/L（注意值）	怀疑油质受潮、劣化或者怀疑内部可能存在局部放电缺陷时进行本项试验。取样时，务必注意设备技术文件的特别提示（如果有的话），并检查油位。全密封或设备技术文件明确禁止取油样时，不宜进行此项试验
绝缘油试验（油纸绝缘）	—	
SF_6 气体成分分析（SF_6 绝缘）	见表 18-5-2	见表 18-5-2

七、直流断路器

1. 巡检项目

见表 18-3-16。

表 18-3-16　　　　直流断路器巡检项目

巡 检 项 目	基准周期	要　求
外观检查	1月	外观无异常
气体密度值检查（SF_6 型）		密度符合设备技术文件要求
操动机构状态检查		操动机构状态无异常

注　巡检说明如下：

(1) 外观无异常，高压引线、二次控制电缆、接地线连接正常；瓷套、支柱绝缘子无残损、无异物挂接；加热单元功能无异常；分合闸位置及指示正确。

(2) SF_6 绝缘断路器，气体密度（压力）正常。

(3) 操动机构状态检查正常（液压机构油压正常、气压机构气压正常、弹簧机构弹簧位置正确）。

2. 例行试验项目

见表 18-3-17。

表 18-3-17　　　　直流断路器例行试验项目

例行试验项目	基准周期	要　求	说　明
红外热像检测	1月	无异常温升	检测断口及断口并联元件、引线接头、绝缘子等，红外热像图显示应无异常温升、温差和/或相对温差。检测和分析方法参考 DL/T 664。判断时应该考虑测量时及前 3h 负荷电流的变化情况
主回路电阻测量	3年	初值差≤50%或≤制造商规定值(注意值)	见本章第二节之“七”
SF_6 气体湿度检测	3年	见表 18-5-1	见表 18-5-1
例行检查和测试	3年	无异常	(1) 轴、销、锁扣和机械传动部件检查，如有变形或损坏应予更换。 (2) 瓷绝缘件清洁和裂纹检查。 (3) 操动机构外观检查，如按力矩要求抽查螺栓、螺母是否有松动，检查是否有渗漏等。 (4) 检查操动机构内、外积污情况，必要时需进行清洁。 (5) 检查是否存在锈迹，如有需要应进行防腐处理。 (6) 按设备技术文件要求对操动机构机械轴承等活动部件进行润滑。 (7) 检查辅助回路和控制回路电缆、接地线是否完好。 (8) 检查振荡回路各元件是否存在电蚀、碳化或机械松动等。 (9) 在额定操作电压下分、合操作两次，要求操作应灵活，合、分指示及切换开关转换正确
非线性（放电）电阻	6年	1. U_{1mA} 初值差不超过±5%（注意值） 2. 0.75U_{1mA} 下的漏电流： 初值差≤30%或≤50μA（注意值）	测试其绝缘电阻和直流 1mA 电压（U_{1mA}）及 0.75U_{1mA} 下泄漏电流。试验方法及要求参见 DL/T 393—2010 的 5.14.1.4

续表

例行试验项目	基准周期	要　求	说　明
空气断路器直流泄漏	3年	≤10μA（注意值）	试验电压为直流40kV。泄漏电流大于10μA时，应引起注意。注意排除瓷护套的影响
振荡回路电容、电感及电阻值	6年	1. 电容、电感的初值差不超过±5%（注意值） 2. 电阻的初值差不超过±5%（注意值）	每6年或巡检、红外检测有异常时进行本项目。要求在同等测量条件下，各元件的初值差不超过设备技术文件要求之规定。其中电容的测量可以采用电桥或数字式电容表，电感量的测量方法可参考DL/T 393—2010的6.2.2.1，电阻的测量可以采用电桥或数字式欧姆表

3. 诊断性试验项目

见表18-3-18。

表18-3-18　　直流断路器诊断性试验项目

诊断性试验项目	要　求	说　明
操动机构检查和测试	符合设备技术文件要求	投运9年或达到机械寿命的50%，之后每6年，进行一次如下各项检查或测试： (1) 机械操作试验，符合设备技术文件要求。 (2) 分、合闸线圈电阻值和动作电压检查，符合设备技术条件要求。 (3) 操动机构储能过程检查及压力触点检查，符合设备技术文件要求。 (4) 二次控制电缆的绝缘检查。 (5) 阻尼器功能检查，符合设备技术文件要求。 (6) 联锁装置功能检查，符合设备技术文件要求
气体密封试验（SF_6型）	≤1%/年，或符合设备技术文件要求（注意值）	见本章第二节之“二”
气体密度监视器校验（SF_6型）	符合设备技术文件要求	见本章第二节之“二”
交流耐压试验	对核心部件或主体进行解体性检修之后或必要时进行本项试验。包括高压对地（合闸状态）和断口间（分闸状态）两种方式。试验在额定充气压力下进行，试验电压为出厂试验值的80%，频率不超过300Hz，耐压时间为60s。试验方法参考DL/T 593	
SF_6气体成分分析	见表18-5-2	见表18-5-2

八、交、直流滤波器及并联电容器组、中性线母线电容器

1. 巡检项目

见表18-3-19。

表18-3-19　　交、直流滤波器及并联电容器组、中性线母线电容器巡检项目

巡检项目	基准周期	要　求
外观检查	2周	外观无异常

注　检查电容器是否有渗漏油、鼓起，若有要及时更换（可临时退出运行的）；注意电抗器线圈可视部位是否存在裂纹、碳化、电弧痕迹或颜色改变，线圈顶部是否有鸟巢等异物；注意电阻器的空气进、出口是否被堵塞；注意电流互感器油位是否正常。注意高压引线、接地线连接是否完好。

2. 例行试验项目

见表18-3-20和表18-3-21。

表18-3-20　　交、直流滤波器及并联电容器组、中性线母线电容器例行试验项目

例行试验项目	基准周期	要　求
红外热像检测	1月	无异常温升
例行检查	1年	见DL/T 393—2010的6.17.1.3
并联电容器组电容量	1年	初值差不超过±2%

表18-3-21　　直流滤波器及并联电容器组、中性母线电容器例行试验项目说明

例行试验项目	说　明
红外热像检测	检测（如有）电容器、电抗器、电阻器、电流互感器和金属氧化物避雷器等各部件及其所有电气连接部位等，红外热像图显示应无异常温升、温差和/或相对温差。检测和分析方法参考DL/T 664。

续表

例行试验项目	说　明
例行检查	(1) 电容器例行检查。 发生渗漏的电容器应予更换，但若渗漏轻微，可根据制造商指导予以修复。出现鼓肚、外壳变色，或者运行中红外热像检测显示有温度异常升高的电容器应予更换。 (2) 电阻器例行检查。 1) 检查并清洁内部绝缘子、套管，发现有破损的绝缘子或套管应予更换。 2) 清洁空气进、出口。 3) 检查电气连接的焊点和螺栓，松动的螺栓要按设备技术文件之力矩要求予以紧固。 4) 检查所有户外瓷绝缘子与连接金具的固定螺栓，并按设备技术文件之力矩要求予以紧固。 (3) 电抗器例行检查。 1) 全面检查线圈顶部、底部以及电抗器线圈的内、外表面是否存在碳化、电弧痕迹等异常，发现异常时，重新投运之前应查明原因（必要时咨询制造商）、排除隐患。 2) 检查线圈顶部等是否有异物，如有，予以清除。 3) 随机抽查若干支撑构架螺栓的紧固力矩，如果有一个以上松动，按设备技术文件之提供的力矩要求紧固所有螺栓。 4) 检查接地引下线，若存在松动、腐蚀等应予修复。 5) 保护漆局部不完整或漆剥落应予修复
并联电容器组电容量	电容器组电容量的初值差应不超过±2%。如超过±2%，或者退出运行前不平衡电流超过运行保护值的50%，应逐一测量每只电容器的电容量，方法和要求参见 DL/T 393—2010 的 6.17.2.1

3. 诊断性试验项目

见表 18-3-22。

表 18-3-22　交、直流滤波器及并联电容器组、中性线母线电容器诊断性试验项目

诊断性试验项目	要　求	说明
单台电容器电容量	与额定值的差异在－5%～＋10%之间（注意值）	见注 1
电阻器电阻值	初值差不超过±3%（注意值）	见注 2
电抗器电感量及线圈电阻值	电感量初值差不超过±3%（注意值） 线圈电阻值初值差不超过±3%（注意值）	见注 3

续表

诊断性试验项目	要　求	说明
金属氧化物避雷器	见本章本节之“九”	见本章本节之“九”
电流互感器	见本章第二节之“三”	见本章第二节之“三”

注　1. 单台电容器电容量。

(1) 电容器组（臂）的电容量测试结果不能满足表 80 的要求。

(2) 有维修试验机会，且退出运行前不平衡电流超过了 50%的运行保护值。

(3) 运行中不平衡电流超过设定值，保护跳闸使滤波器退出运行。

单台电容器电容量的初值差应不超过 10%，否则应予更换。新的电容器与被更换的电容器的电容量差别应在 1%之内（参考铭牌值或例行试验值）。更换电容器之后，不平衡电流应小于 20%的运行保护值。

2. 电阻器电阻值。

外观检查、红外热像检测等发现异常，应测量电阻器的电阻值。测量需待电阻器恢复到常温后进行。同等温度下，初值差不超过±3%。温度差异较大时，应修正到同一温度下进行比较。

3. 电抗器电感量及线圈电阻值。

下列情形需要测量电抗器电感量及线圈电阻值：

(1) 经历了严重的短路电流。

(2) 红外热像检测时同比温度异常。

(3) 外观检查或紫外巡检时电抗器表面存在异常放电。

(4) 电抗器线圈的内、外表面存在碳化、电弧痕迹等异常。

电感量测量方法可参考表 18-3-6。

九、金属氧化物避雷器

1. 巡检项目

见表 18-3-23。

表 18-3-23　金属氧化物避雷器巡检项目

巡检项目	基准周期	要　求	说　明
外观检查	500kV 及以上：2 周 220kV：1 月 110kV：3 月	外观无异常	阀厅内的金属氧化物避雷器巡检结合阀检查进行。其他参照本章第二节之“十四”
持续电流值		电流值无异常	
计数器		记录计数器指示数	

2. 例行试验项目

见表 18-3-24。

表 18-3-24　金属氧化物避雷器例行试验项目

例行试验项目	基准周期	要　求	说　明
红外热像检测	500kV 及以上：1 月 220kV：3 月 110kV：半年	无异常	用红外热像仪检测避雷器本体及电气连接部位，红外热像图显示应无异常温升、温差和/或相对温差。测量和分析方法参考 DL/T 664。阀厅内的金属氧化物避雷器有条件时进行
运行中持续电流检测	1 年	见 DL/T 393—2010 的 15.14.1.3	见本章第二节之“十四”

续表

例行试验项目	基准周期	要　求	说　明
直流 1mA 电压（U_{1mA}）及 $0.75U_{1mA}$ 下漏电流测量	3年（无持续电流检测） 6年（有持续电流检测） 9年（安装于阀厅内的）	1. U_{1mA} 初值差不超过±5%且不低于 GB 11032 规定值（注意值） 2. $0.75U_{1mA}$ 下的漏电流初值差≤30%或≤50μA（注意值）	见本章第二节之“十四”
底座绝缘电阻		≥100MΩ	见本章第二节之“十四”
放电计数器功以检查	见第二节之“十四”	功能正常	见本章第二节之“十四”

3. 诊断试验项目

见表 18-3-25。

表 18-3-25　金属氧化物避雷器诊断性试验

诊断性试验项目	要　求	说　明
工频参考电流下的工频参考电压	应符合 GB 11032 或制造商规定	见本章第二节之“十四”
均压电容的电容量	电容量初值差不超过±5%或满足制造商的技术要求	见本章第二节之“十四”

十、直流接地极及线路

1. 巡检项目

见表 18-3-26。

表 18-3-26　接地极及线路巡检项目

巡检项目	基准周期	要　求
接地极及线路巡检	1月	无异常

注　巡检说明如下：

(1) 杆塔结构完好无盗损、无严重锈蚀，杆号牌、警示牌等附属设施齐全完好。

(2) 导地线无断股、烧伤，无异物挂接，接头连接完好；与树木等跨越物净空距离满足要求。

(3) 绝缘子串外观结构完好，无残伞，间隔棒、防振锤、招弧角等状态完好，无松动错位；连接金具完好、无松动变形和严重锈蚀。

(4) 杆塔接地装置、极址接地引下线连接良好，无盗损。

(5) 检查检测装置和渗水孔防止淤泥堵塞。

(6) 杆塔基础及极址周围无冲刷、塌陷。

2. 例行试验项目

见表 18-3-27。

表 18-3-27　接地极及线路例行试验项目

例行试验项目	基准周期	技术要求	例行试验项目	基准周期	技术要求
测量井水位、水温	3月	符合设计要求	接地极电流分布	3年	符合设计要求
接地极接地电阻	6年	符合设计要求	极址电感、电容量	3年	符合设计要求

注 (1) 测量井水位、水温。定期检测井水位和水温，结果应符合设备技术文件要求。

(2) 接地极接地电阻。可采用电压—电流长线法测量接地电阻，即向接地极注入直流电流 I，测量电流注入点对零电位参考点的电位 U_g，接地电阻 $R_g=U_g/I$。测量时，要求直流电源的另一接地点（可以是换流站接地网）以及零电位参考点与接地极之间的最小距离大于接地极任意两点间最大距离的5倍。直流电流 I 可以是系统停运时由独立试验用直流电源产生（推荐50A），也可以是系统运行中流经接地极的不平衡电流或是单极大地回路运行时的入地电流。

(3) 接地极电流分布。运行中接地极线路和元件馈电电缆的电流分布应定期检查，采用大口径直流钳形电流表测量。设馈电电缆的电流为 I_i，N 为馈电电缆根数，则分流系数为

$$\eta_i = I_i / \sum_{j=1}^{N} I_i \qquad (18-3-1)$$

与初值比，η_i 不应有明显变化，或符合设计要求。

(4) 极址电感、电容量。电感量的测量方法参考表 18-3-6；电容采用数值式电容表测量。测量结果应符合设备技术文件要求。

3. 诊断性试验项目

见表 18-3-28 和表 18-3-29。

表 18-3-28　接地极及线路诊断性试验项目

诊断性试验项目	要　求
接触电势和电压	符合设计要求
跨步电势和电压	符合设计要求
开挖检查	—

表 18-3-29　接地极及线路诊断性试验项目说明

诊断性试验项目	说　明
接触电压和跨步电压	(1) 下列情形进行本项试验。 1) 电流分布发生明显变化或者接地电阻明显增加。 2) 接地极寿命（通常以安时数计数）损失达到60%、80%和90%时。 3) 开挖检查之后。 (2) 接触电动势和电压。 向接地极注入直流电流，测量极址内和附近各金属物件如终端塔、中心塔和分支塔等的接触电势。测量时，

续表

诊断性试验项目	说　明
接触电压和跨步电压	在与金属物件相距1m的地面布置电极，测量金属物件上离地面1.8m高的点与电极之间的电位差。在测量接触电动势时，直接利用电压表测量；在测量接触电压时，电压表要并联1000Ω模拟人体电阻。直流电流 I 可以是系统停运时由独立试验用直流电源产生（推荐50A），也可以是系统运行中流经接地极的不平衡电流或是单极大地回路运行时的入地电流。测量应采用无极化电极，测量结果应折算到高压直流接地极运行时的最大电流。 （3）跨步电势和电压。 向接地极注入直流电流，根据接地极设计、施工图和接地极馈电电缆分流情况或历史测量结果，选择测量区域，通常在极环附近，特别是电流入地和极环曲率半径较小的位置。方法是在测量点放置一电极，在半径为1m的圆弧上用另一电极探测，找出电位差较大的几点，再以这几点为圆心，重复上述做法，直到找到局部最大跨步电动势和电压。在测量跨步电动势时，直接利用电压表测量；在测量跨步电压时，电压表要并联1000Ω模拟人体电阻。直流电流 I 可以是系统停运时由独立试验用直流电源产生（推荐50A），也可以是系统运行中流经接地极的不平衡电流或是单极大地回路运行时的入地电流。测量应采用无极化电极，测量结果应折算到高压直流接地极运行时的最大工作电流
开挖检查	若接地极极址的接地电阻或馈电电缆的电流分布不符合设计要求，或怀疑接地极地网被严重腐蚀时（如跨步电势和电压测量结果异常），应开挖检查。修复或恢复之后要进行接地电阻、接触电压和跨步电压测量，测量结果应符合设计要求

十一、晶闸管换流阀

1. 晶闸管换流阀维护

晶闸管换流阀厅内的相对湿度在60%以下。如果维修期间相对湿度超过60%应采取相应措施，保证维修期间相对湿度应控制在60%以下。

2. 巡检项目

见表18-3-30。

表18-3-30　　晶闸管换流阀巡检项目

巡检项目	基准周期	要　求
巡检	≤1周	无异常（包括一次关灯检查）

注　巡检说明如下：

（1）要求阀监控设备工作正常，无缺陷报告。

（2）阀体各部位无烟雾、异味、异常声响和振动。

（3）无明显漏水现象。

（4）检查冷却系统的压力、流量、温度、电导率等仪表，指示应正常。

（5）进行阀厅关灯检查，无异常。

（6）检查阀厅的温度、湿度、通风是否正常。

3. 例行检查和试验项目

见表18-3-31和表18-3-32。

表18-3-31　晶闸管换流阀例行检查和试验项目

例行试验项目	基准周期	要　求
红外热像检测	≤2周	无异常
清揩	≤3年	清洁
阀检查	3年	符合设备技术文件要求
冷却回路检查	≤6年	符合设备技术文件要求
组件电容、均压电容的电容量	6年	初值差不超过±5%（警示值）
均压电容的电容量		初值差不超过±5%（警示值）
均压电阻的电阻值		初值差不超过±3%（警示值）
晶闸管阀试验	3年	符合设备技术文件要求
漏水报警和跳闸试验	1年	符合设备技术文件要求

表18-3-32　晶闸管换流阀例行检查和试验项目说明

例行检查和试验项目	说　明
红外热像检测	条件许可时，用红外热像仪对换流阀可视部分进行检测，红外热像图显示应无异常温升、温差和/或相对温差。检测和分析方法参考DL/T 664
清揩	对阀厅的内壁、阀结构表面屏蔽罩、绝缘子、阳极电抗器等元器件进行清揩、清扫。清揩时应选择合适的工具和方法
阀检查	（1）承担绝缘的部件表面无损伤、电蚀和污秽。 （2）所有电气连接完好，无松动。 （3）检查阀电抗器，其表面颜色无异常；检查连接水管、水接头，要求无漏水、渗水现象；检查各电气元件的支撑横担，要求无积尘、积水等现象。 （4）检查晶闸管控制单元（TE、TVM和TCU）以及反向恢复器保护板（RPU），要求外观无异常，插紧到位和插座端子连接完好。 （5）检查组件电容和均压电容，要求外观无鼓起和渗漏油、金属部分无锈蚀、连接部位牢固。 （6）检查各晶闸管堆，蝶弹压紧螺栓，使晶闸管堆压装紧固螺钉与压力板在同一平面上，并用检查蝶弹弹性形变的专用工具校核（只在新安装和更换之后才进行）。 （7）利用超声波抽检长棒式绝缘子，要求无裂纹。 （8）等电位电极按不同层、不同部位抽查无异常。 （9）用力矩扳手检查半层阀间连接母线、电抗器连接母线无异常。 （10）阀避雷器及其动作的电子回路检查无异常。 （11）检查光缆连接和排列情况，要求光缆接头插入、锁扣到位，光缆排列整齐
冷却回路检查	对水冷系统施加110%～120%额定静态压力15min（如制造商有明确要求，按制造商要求），对冷却系统进行如下检查： （1）检查每个阀塔主水路的密封性，要求无渗漏。 （2）检查冷却水管路、水接头和各个通水元件，要求无渗漏。 （3）检查漏水检测功能，要求其动作正确。 （4）检查水系统的压力、流量、温度、电导率等仪表，要求外观无异常，读数合理；同时，要进行总表与分表之间的流量校核，若发现不一致，则视情况进行及时检查。 （5）检查滤网的过滤性能，符合厂家的技术文本要求。 注意：（1）只有在漏水情况下才紧固相应的连接头，要求无泄漏，不宜过紧。通风正常，泄漏指示器正常；每个塔中冷却水流量相等。 （2）加有乙二醇的冷却水，按厂家技术文件执行
组件电容、均压电容的电容量	测量组件电容和均压电容的电容量，采用专用测量仪，不必断开接线。要求初值差不超过±5%

续表

例行检查和试验项目	说　明
均压电阻的电阻值	测量均压电阻的电阻值，采用专用测量仪，不必断开接线。要求初值差不超过±3%
晶闸管阀试验	（1）如果监测系统显示在同一单阀内损坏的晶闸管数为冗余数－1时为注意值，当损坏的晶闸管数等于冗余数时为警示值。 （2）如果监测系统显示在同一单阀内晶闸管正向保护触发（BOD触发）的晶闸管数为冗余数－1时为注意值，当晶闸管正向保护触发的晶闸管数等于冗余数时为警示值。 （3）晶闸管元件的触发开通试验。采用专用试验装置，按厂家的技术文件执行。 （4）检查晶闸管阀控制单元或阀基电子设备（VCU或VBE）和晶闸管阀监测装置（THM或TM），功能正常。 （5）如果更换缺陷的晶闸管，需同时检查控制单元和均压回路
漏水报警和跳闸试验	对漏水检测装置进行检查，并作记录，结果应符合设备技术文件要求

4. 诊断性试验

见表18-3-33。

表18-3-33　晶闸管换流阀诊断性试验项目及说明

诊断性试验项目	要　求	说　明
光缆传输功率	初值差不超过±5%	确认光缆传输功率是否正常时进行。用光通量计测量到达各TCU或TE或TVM的光功率，要求初值差不超过±5%，或者符合设备技术文件要求

续表

诊断性试验项目	要　求	说　明
冷却水管内等电位电极检查		拆下冷却水管内的等电位电极，清除电极上的沉积物，检查其有效体积减小的程度，当水中部分体积减小超过20%时，需更换之，并同时更换O型密封圈
阀电抗器参数	符合设备技术文件要求	采用施加工频电流、测量电抗器两端工频电压的方法进行电抗值测量，其中施加的工频电流应不小于5A。要求电抗值的初值差不大于±5%。采用电阻电桥进行阀电抗器电阻值测量，要求电阻值的初值差不超过±3%
阀回路电阻值	符合设备技术文件要求	采用电阻电桥进行阀回路电阻值测量，互相比对，无明显差异
内冷水电导率	≤0.5μS/cm	监测冷却水的电导率，要求20℃时的电导率不大于0.5μS/cm，或符合设备技术文件要求

第四节　绝缘油试验

一、绝缘油例行试验项目

油样提取应遵循设备技术文件之规定，特别是少油设备。例行试验项目如表18-4-1所示。

表18-4-1　绝缘油例行试验项目

<table>
<tr><th>例行试验项目</th><th>要　求</th><th>说　明</th></tr>
<tr><td>视觉检查</td><td>透明，无杂质和悬浮物</td><td>凭视觉检测油的颜色，粗略判断油的状态。评估方法见表18-4-2。可参考DL/T 429.1和DL/T 429.2
表18-4-2　油质视觉检查及油质初步评估
<table>
<tr><td>视觉检测</td><td>淡黄色</td><td>黄色</td><td>深黄色</td><td>棕褐色</td></tr>
<tr><td>油质评估</td><td>好油</td><td>较好油</td><td>轻度老化的油</td><td>老化的油</td></tr>
</table></td></tr>
<tr><td>击穿电压</td><td>≥50kV（警示值），500kV及以上
≥45kV（警示值），330kV
≥40kV（警示值），220kV
≥35kV（警示值），110kV/66kV</td><td>击穿电压值达不到规定要求时，应进行处理或更换新油。测量方法参考GB/T 507</td></tr>
<tr><td>水分</td><td>≤15mg/L(注意值)，330kV及以上
≤25mg/L(注意值)，220kV及以下</td><td>测量时应注意油温，并尽量在顶层油温高于60℃时取样。测量方法参考GB/T 7600或GB/T 7601。怀疑受潮时，应随时测量油中水分</td></tr>
<tr><td>介质损耗因数（90℃）</td><td>≤0.02（注意值），550kV及以上
≤0.04（注意值），330kV及以下</td><td>介质损耗因数测量方法参考GB/T 5654</td></tr>
<tr><td>酸值</td><td>≤0.1mg（KOH）/g（注意值）</td><td>酸值大于注意值时（参见表18-4-3），应进行再生处理或更换新油。油的酸值按GB/T 264测定
表18-4-3　酸值及油质评估
<table>
<tr><td>酸值，[mg（KOH）/g]</td><td>0.03</td><td>0.1</td><td>0.2</td><td>0.5</td></tr>
<tr><td>油质评估</td><td>新油</td><td>可继续运行</td><td>下次维修时需进行再生处理</td><td>油质较差</td></tr>
</table></td></tr>
<tr><td>油中含气量（v/v）</td><td>330kV及以上变压器、电抗器：≤3%</td><td>油中含气量测量方法参考DL/T 703、DL/T 450或DL/T 423</td></tr>
</table>

二、绝缘油诊断性试验项目

新油或例行试验后怀疑油质有问题时应进行诊断试验，试验结果应符合要求，试验项目见表 18－4－4 和表 18－4－5。

表 18－4－4 绝缘油诊断性试验项目

试验项目	要 求
界面张力（25℃）	≥19（新投运 35）mN/m（注意值）
抗氧化剂含量检测	≥0.1%（注意值）
体积电阻率（90℃）	$\geq 1\times 10^{10}$（新投运 6×10^{10}）Ωm（注意值），500kV 及以上 $\geq 5\times 10^{9}$（新投运 6×10^{10}）Ωm（注意值），330kV 及以下
油泥与沉淀物（m/m）	≤0.02%（注意值）
颗粒数（个/10mL）	≤1500（330kV 及以上）
油的相容性试验	见表 18－4－5

表 18－4－5 绝缘油诊断性试验项目说明

诊断性试验项目	说 明
界面张力	油对水的界面张力测量方法参考 GB/T 6541，低于注意值时宜换新油
抗氧化剂含量	对于添加了抗氧化剂的油，当油变色或酸值偏高时应测量抗氧化剂含量。抗氧化剂含量减少，应按规定添加新的抗氧化剂；采取上述措施前，应咨询制造商的意见。测量方法参考 GB/T 7602.1
体积电阻率	体积电阻率测量方法参考 GB/T 5654 或 DL/T 421
油泥与沉淀物	当界面张力小于 25mN/m 时，进行本项目。测量方法参考 GB/T 511
颗粒数	本项试验可以用来表征油的纯净度。每 10mL 油中大于 3μm～150μm 的颗粒数一般不大于 1500 个，大于 1500 个应予注意，大于 5000 个说明油受到了污染。对于变压器，过量的金属颗粒是潜油泵磨损的一个信号，必要时应进行金属成分及含量分析
油的相容性试验	一般不宜将不同牌号的油混合使用。如混合使用，应进行本项目。测量方法和要求参考 GB/T 14542

第五节 六氟化硫气体湿度和成分检测

一、六氟化硫气体湿度检测

1. 基准周期

（1）新投运测一次，若接近注意值，半年之后应再测一次。

（2）新充（补）气 48h 之后至 2 周之内应测量一次。

（3）气体压力明显下降时应定期跟踪测量气体湿度。

2. 湿度检测结果要求

SF_6 气体可从密度监视器处取样。测量方法可参考 DL/T 506、DL/T 914 和 DL/T 915。测量完成之后，按要求恢复密度监视器，注意按力矩要求紧固。测量结果应满足表 18－5－1 要求。

表 18－5－1 SF_6 气体湿度检测结果要求

试验项目	要 求		
	气室类别	新充气后	运行中
湿度（H_2O）（20℃，0.1013MPa）	有电弧分解物隔室（GIS 开关设备）	≤150μL/L	≤300μL/L（注意值）
	无电弧分解物隔室（GIS 开关设备、电流互感器、电磁式电压互感器）	≤250μL/L	≤500μL/L（注意值）
	箱体及开关（SF_6 绝缘变压器）	≤125μL/L	≤220μL/L（注意值）
	电缆箱及其他（SF_6 绝缘变压器）	≤220μL/L	≤375μL/L（注意值）

二、六氟化硫气体成分分析

怀疑 SF_6 气体质量存在问题或者配合缺陷、事故分析时，可选择性地进行 SF_6 气体成分分析，项目和要求见表 18－5－2。测量方法参考 DL/T 916、DL/T 917、DL/T 918、DL/T 919、DL/T 920 和 DL/T 921。

对于运行中的 SF_6 设备，当检出 SO_2、SOF_2 等杂质组分并持续增加时，通常说明相关气室内存在着活动的局部放电故障。

表 18－5－2 SF_6 气体成分分析项目及要求

试 验 项 目	要 求
CF_4	增量≤0.1%（新投运≤0.05%）（注意值）
空气（O_2+N_2）	≤0.2%（新投运 0.05%）（注意值）
可水解氟化物	≤1.0μg/g（注意值）
矿物油	≤10μg/g（注意值）
毒性（生物试验）	无毒（注意值）
密度（20℃，0.1013MPa）	6.17g/L
SF_6 气体纯度	≥99.8%（质量分数）
酸度	≤0.3μg/g（注意值）
杂质组分（CO、CO_2、HF、SO_2、SF_4、SOF_2、SO_2F_2）	（监督增长情况，μg/g）

第七篇

电 源 工 程

第一章　水　力　发　电

第一节　水能规划

一、概述

（一）中国水电百年发展

一百年前1910年，我国兴建了第一座水电站，到2010年8月25日，我国水电装机容量2亿kW，居世界第一。一百年间，中国水电从无到有，从小到大，从弱到强。

人类利用水能已有几千年的历史，由于电气技术发明较晚，直到1878年才在法国建成世界上第一座水电站。一些水轮机和发电机的制造企业在欧美也相继建立。我国最早的水电站是1904年在台湾建成的龟山水电站和1912年在云南昆明投产的石龙坝水电站，安装2台德国西门子伏伊特240kW的水轮发电机组。不久在云南腾冲滴水河水电站也建成。巧合的是随着云南小湾水电站的投产，我国装机容量突破2亿kW。到2011年底还要高于这个数字。从百年前的几百kW到新中国成立时的36万kW发展到2004年突破1亿kW又到现在的2亿kW，足以说明中国水电建设发展迅猛。

我国是世界上水能资源最丰富的国家，水能资源技术可开发装机容量为5.42亿kW；经济可开发装机容量4.02亿kW，开发潜力还很大。在水电开发过程中，要努力做到"建好一座电站，带动一方经济，保护一片环境，造福一方百姓，共建一方和谐。"

世界在建最高拱坝——小湾电站300m级双曲拱形大坝，位于云南省南涧县与凤庆县交界的澜沧江中游河段上的小湾水电站，单机容量70万kW，共6台，总装机容量420万kW已全部投产。小湾电站是国家重点工程和云南省实施国家西部大开发"西电东送"战略的标志性工程，总库容149亿m^3，年保证发电量190亿kWh，以发电为主，兼有防洪、灌溉、拦沙及航运等综合效益。2010年8月25日随着最后一台机组4号机组并网发电，标志着我国水电装机容量突破2亿kW大关，再向更高的目标前进。

我国向国际社会承诺，到2020年非化石能源占我国一次能源的比重将提高到15%。在这15%中的非化石能源中，目前人类能运用、技术水平成熟的主要是水电、核电、风能、太阳能、地热能、潮汐能、生物质能等，水电在中国还得唱主角。

目前占到我国一次能源1%的核电有2000万kW，即使达到7000万～8000万kW，也只能占到4%，还有11%的比重需要由其他非化石能源完成。

近年来风电和太阳能发电发展很快，但发电小时数有限。风力发电一年3000h就很不错了。到2020年，核电占到4%，风电、太阳能占到2%，那么要完成15%，至少有9%要靠水电来完成。因为水电对我国来说是可开发程度最高、技术相对成熟的清洁可再生能源。到2020年我国水电装机容量达到3.8亿kW。水电在调整现有能源结构中发挥的作用越来越突出。

（二）水力发电的优缺点

利用水的能量为人类生产、生活服务，已有几千年的历史，如很早就为人类所利用的水车、水磨、水碓等。即使在现代，在没有电力的偏远山区，也仍在继续发挥它们的作用。但是，只有当水能被转换成电能并远距离输送时，水流的能量才得到充分而广泛的利用。

1. 水力发电优点

（1）水能是取之不尽的、可再生的能源。江河湖水川流不息，汇入大海，水面受到太阳能的辐射而产生蒸汽，升入天空，转成雨雪，复又降至大地。如此周而复始，循环再生，取之不尽用之不竭。而火电的能源是煤炭、石油或天然气。在大自然中，这些资源的存储量是有限的，用一点就会少一点。大力发展水电，就可以节约这些不可再生的能源，并转而用于生产其他价值更高的产品。

（2）水电成本低廉。水力发电的"燃料"是廉价的水，而火电站发电的燃料则是煤或石油等。很明显水电的发电成本低。换句话说，水力发电是把一次能源（水）与二次能源（电）的开发同时完成的，而火力发电则是把一次能源（煤、石油等）的开发和二次能源（电）的开发分别完成的。同时，水电是常温常压下进行能量转换的，火电则是在高温高压下进行的，因此水电设备比较简单，易于维修，管理费用低，成本也低廉。

（3）水电机组起停迅速，操作方便，运行灵活，易于调整出力，所以水电是系统中最理想的调峰、调频和事故备用电源。随着经济的发展，电力系统日益扩大，机组的单机容量迅速增加，为了保证系统的供电质量和避免严重停电事故，水电是系统中不可缺少的组成部分。在缺乏水资源的地区，如我国东南沿海一带，还特意兴建不但不增加能源，反而消耗少部分能源的抽水蓄能电站，就是为了充分利用水电的这一特点，以提高系统总的经济效益。

（4）水电能源无污染。在水电站附近由于新的建筑群体和人工湖的出现，会使人感到空气清新、环境优美，是很好的疗养场所和旅游景点。新安江水电站的建成，造就了千岛湖旅游风景区。

2. 水力发电的缺点

当然水电也有其缺点。例如，一般说来，水电站的投资较大，施工期较长，输电距离较远，出力受自然条件影响很大，以及土地淹没、环境影响，等等。因此，在选择能源时，应作全面的技术经济比较，不能单纯强调某个侧面而使全局不利。

3. 我国的水力资源

我国河流众多，水力资源丰富。根据1977～1980年对水力资源的普查，总蕴藏量达6.76亿kW，可开发部分有3.78亿kW，年发电量达19233亿kWh，均居世界第一位。我国水力资源的分布不均匀，主要集中在西南地区，占67.8%，而华东、东北、华北三地区仅占6.8%，但这正好与我国煤矿资源的分布互相补充。

4. 衡量水电站经济效益的两个指标

通常用来衡量水电站经济效益的动能指标主要有两个，

即装机容量与多年平均年发电量。

(1) 水电站的装机容量是电站中全部机组的铭牌容量的总和，也就是水电站的最大发电功率。水电站在运行过程中实际送出的功率称为水电站的出力。出力、容量和装机容量常用 N 表示，其单位是千瓦（kW）计算出力的公式是

$$N=9.81QH\eta \quad (1-1-1)$$

式中 Q——通过水电站的流量（m^3/s）；

H——水头，即输出端与输入端的单位水流能量差（m）；

η——效率，即输出端的功率与输入端的功率之比。

(2) 多年平均年发电量是很多年的发电量按年的平均值，常用符号 E 表示，单位是千瓦·时（kWh），又叫做度。应该指出，在应用中，为了简便，常常省去“多年平均”四个字。例如，我们说，某电站的年发电量是多少，就是指该电站的多年平均年发电量是多少。

（三）水能开发方式

水能开发主要有两种方式，即沿河梯级开发与跨流域开发。

(1) 沿河梯级开发就是根据水文、地质、地形、社会经济等各种条件，将河流分成若干段，分段筑坝引水发电。此时，沿河形成大坝阶梯（图1-1-1），故称梯级开发。一般说来，梯级之间应互相衔接，以达到充分利用河道全部落差的目的。但有时为了避免淹没重要城市、特大矿藏、特殊古迹等，个别梯级也有不相衔接的。

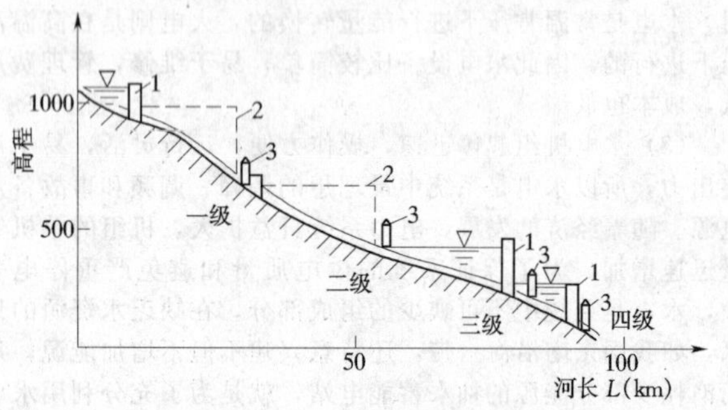

图1-1-1　沿河梯级开发

1—坝；2—引水道；3—水电站厂房

梯级开发是最常见的开发方式。在我国，大如长江、黄河，中如乌江、红水河，小如龙溪河、百丈溪等都采用梯级开发。

(2) 跨流域开发是在不同河道之间开凿引水道，利用两河之高差而引水发电（图1-1-2）。当河道之间的水位高差较大、间距较小时，跨流域开发就具有很大的经济效益。我国云南以礼河就是跨流域开发的典型例子。以礼河位于我国云南省东北部东川市境内。若沿河开发，则因工程量大而落差小，效益不明显，但与之相邻的小江的水位与以礼河水位相差竟达1300～1400m，而两河相距仅20～30km。因而采取跨流域开发。在以礼河上游修建毛家村一级电站，最大水头77m，装机容量1.6万kW。在其下游修建水槽子二级电站，最大水头79m，装机容量1.75万kW。以上两级都位于以礼河上。在水槽子附近凿隧洞，将以礼河之水引向西至盐水沟，修建第三级电站，最大水头高达629m，装机容量14.4万kW。自盐水沟继续引水向西至小江口汇入金沙江，在小江口修建第四级电站，最大水头628.2m，装机容量14.4万kW。

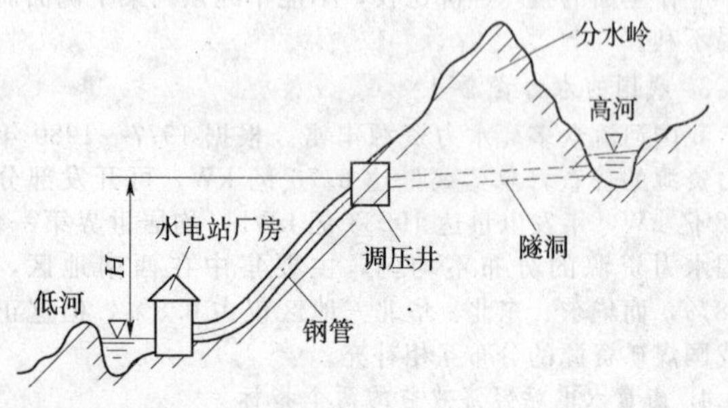

图1-1-2　跨流域开发

（四）水电站类型

按集中水头的方式不同，水电站可分为坝式、引水式和混合式三种基本类型。

1. 坝式水电站

利用大坝抬高上游水位，形成水头，紧靠大坝引水发电，这就是坝式水电站。按照厂房位置的不同，坝式水电站又可分为河床式与坝后式。

(1) 如果厂房位于河床之中，与大坝并列，起挡水的作用，这就是河床式水电站，如图1-1-3所示。显然，这种布置方式多适用于低水头、平原河道的情况。我国葛洲坝（湖北）、富春江（浙江）、西津（广西）等都是河床式水电站的实例。

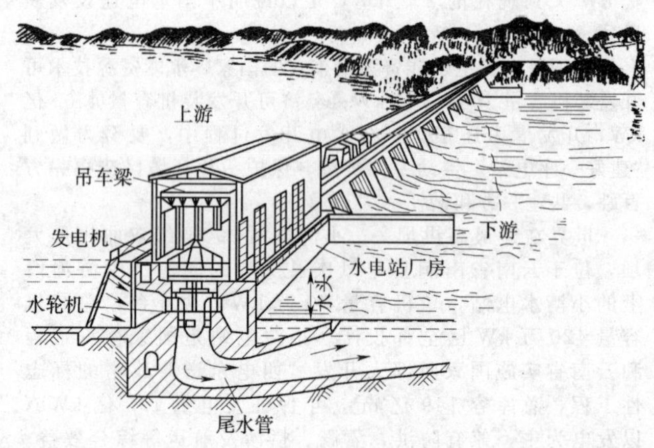

图1-1-3　河床式水电站

(2) 如果厂房位于坝后，或位于河岸一侧，厂房本身不起挡水作用，这就是坝后式水电站，如图1-1-4所示。显然，这种布置方式可用于中高水头的情况，但也很少超过200m。我国已建的丹江口（湖北）、小丰满（吉林）、刘家峡（甘肃）等，都是坝后式水电站的实例。

2. 引水式水电站

主要利用引水道（渠道或隧洞）将河水平缓地引至与取水口有一定距离的河道下游，使引水道中的水位远高于河道下游的水位，在引水道与河道之间形成水头。电站厂房则修建在河道下游的岸边。

引水式水电站按引水的方式可分为无压引水与有压引水。

如果引水道中的水流是无压的，这种电站就是无压引水式水电站（图1-1-5）；反之，如果引水道中的水流是有压

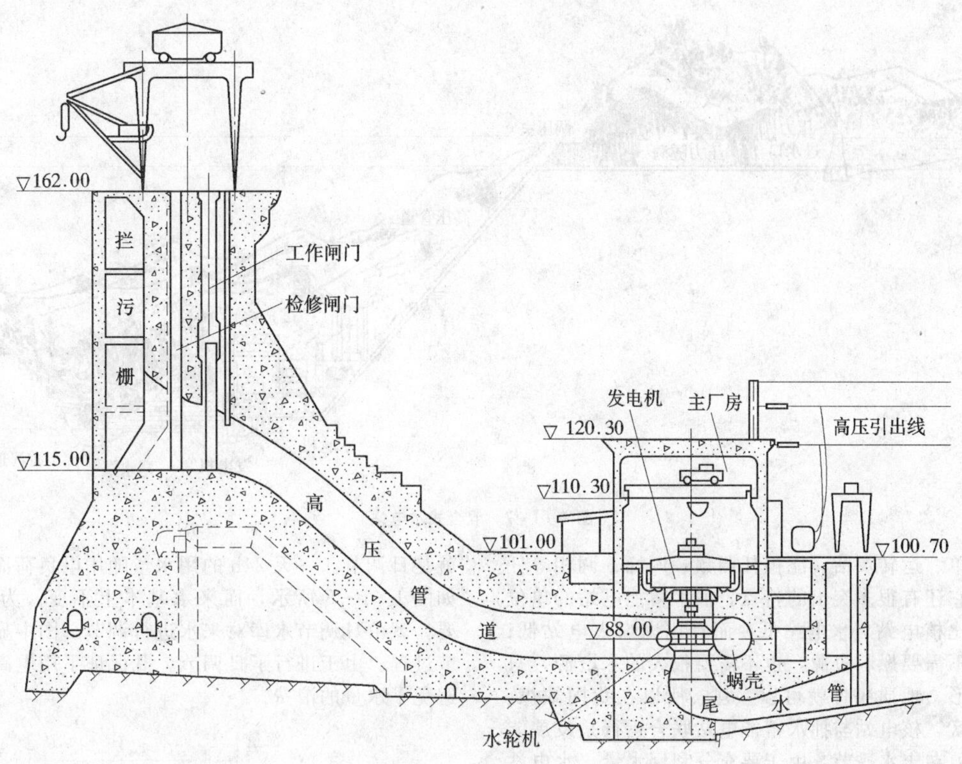

图 1-1-4　坝后式水电站

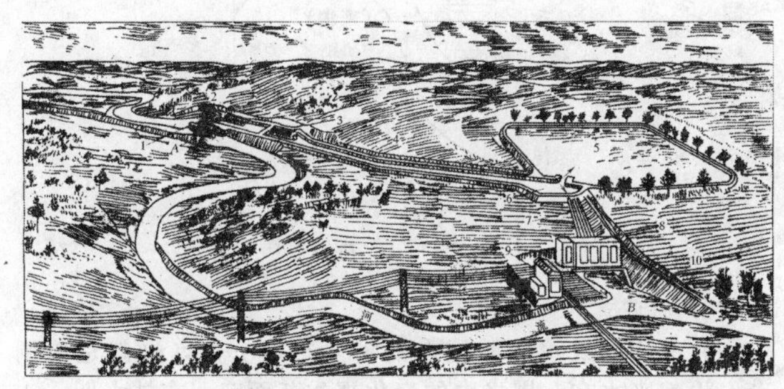

图 1-1-5　无压引水式水电站

1—坝；2—进水口；3—沉沙池；4—引水渠道；
5—日调节池；6—压力池；7—高压管道；
8—厂房；9—开关站；10—泄水道

的，则为有压引水式水电站（图 1-1-6）。

在工程实际中，无压引水式水电站多见于小型水电站。如我国位于北京附近的模式口水电站就是一例。只有当上游水位变幅较小时才适合采用无压引水；当上游水位变幅较大时，无压引水就必须让位于有压引水。我国西藏羊卓雍湖水电站就是典型的有压引水式水电站。该电站引羊卓雍湖之水发电，尾水流入雅鲁藏布江，水头高达 800 余米，有压隧洞长达 6000 余米。

3. 混合式水电站

顾名思义，混合式水电站就是兼有坝式与引水式特点的水电站。电站水头部分由筑坝取得，另一部分由引水道取得。所以，混合式水电站既利用了自然有利条件（弯道、陡坡、跌水等），又有水库可以调节流量，如图 1-1-7 所示。我国流溪河（广东）、古田溪一级（福建）等都是混合式水电站的实例。

显然，只有原河道的坡降比较陡，或者有天然瀑布，或者存在着很突出弯道，修建引水式水电站才是有利的。引水式水电站的取水口往往建有低坝，低坝的作用主要不是集中水头，也不能形成水库调节流量，而是拦截水流便于取水。

4. 抽水蓄能水电站

这种电站既能抽水又能发电，当系统负荷处于低谷时，利用系统中的多余电能将水从下库抽到上库存储起来，然后在负荷高峰时期，水流自上库流向下库而发电。

纯抽水蓄能电站不但不能生产电能，并且还消耗部分电能，但它却带来巨大经济效益。抽水蓄能电站除具有普通水

图 1-1-6　有压引水式水电站

1—水库；2—闸门室；3—进水口；4—坝；5—泄水道；
6—调压室；7—有压隧洞；8—压力水管；9—厂房

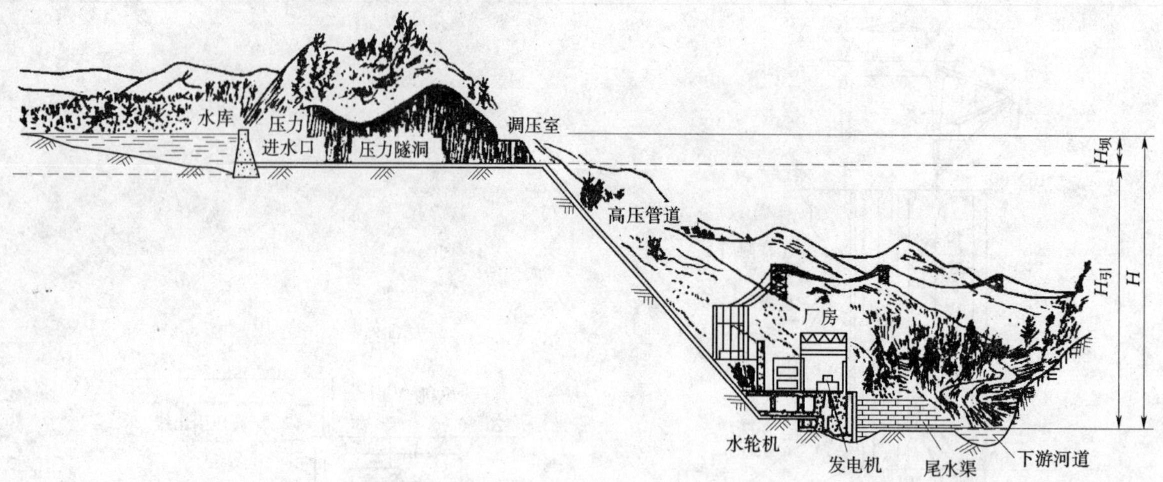

图 1-1-7 混合式水电站

电站的设备简单、运转灵活、能担任调频、调峰、调相等任务的优点外，它还有很多突出的特点。抽水蓄能电站的单位千瓦投资不但比核电站、水电站低，而且比燃煤火电站低；抽水蓄能电站不需要燃料资源，也不需要很大的水资源，只要有适当的地形、地质条件就可以兴建。所以在我国缺煤、缺水的华东地区，核电站与抽水蓄能电站联合运行是发展能源的最优措施。在丰水季节，由于要充分利用水量，水电站需在基荷工作，而抽水蓄能电站就不受这种限制，一年四季，不分季节都可担任调峰、调频工作。

5. 潮汐水电站

潮汐水电站是利用内库与外海的水位差而发电的。潮汐涨落一般每日两次。涨潮时，外海水位高，海水流向内库而发电，而内库将逐步抬高库水位。退潮时，海水逐步退落，当海水位低于库水位后，库水流向外海而发电。潮汐水电站的机组容量虽不很大，但我国海岸线曲折漫长，可开发的潮汐电力达 2157 万 kW，发电量达 619 亿 kW·h，是很大的水力资源。

潮汐水电站虽具有一般水电站的许多特点，但它的发电规律取决于潮水涨落，因而在一昼夜是很不均匀的，因此，它只有与其他电站共同工作才能保证正常供电，并且不能取代火电站的工作容量，只能作为重复容量使用。潮汐电站在负荷图上的工作位置，决定于与其他电站的配合。一般情况下，潮汐电站多在基荷或腰荷工作。

二、径流调节

(一) 径流调节的分类

水电站是利用水力来发电的，但是，来水与用电往往有矛盾。例如，在一年之中，天然来水是冬季少而夏季多，我国很多河道的夏季洪水是量大峰高，其总水量可能达到冬季枯水期的几十倍，而电量的需求则相差有限，并且冬季用电量比夏季大。又如，在一天之内，天然来水的变化是很小的，而供电的差异则很大，白天有供电的尖峰，半夜又出现低谷。为了缓解供水送电的矛盾，常常利用水库来调节流量，将多余的来水存蓄在水库里，等到缺水或供电高峰时再用，这就是径流调节。

按调节周期的长短，径流调节可分为日调节、周调节、年调节和多年调节。

1. 日调节

将一昼夜的天然来水按照用电的要求重新进行分配，这就是日调节。一天 24h 的用水量随用电负荷而变化，其过程如图 1-1-8 所示，而来水基本上不变。为了满足用电需要，就由日调节水库对来水进行调节。图中显示出了这个调节过程。由于进行了日调节，既保证了用电高峰的需要，又避免了水量的浪费。

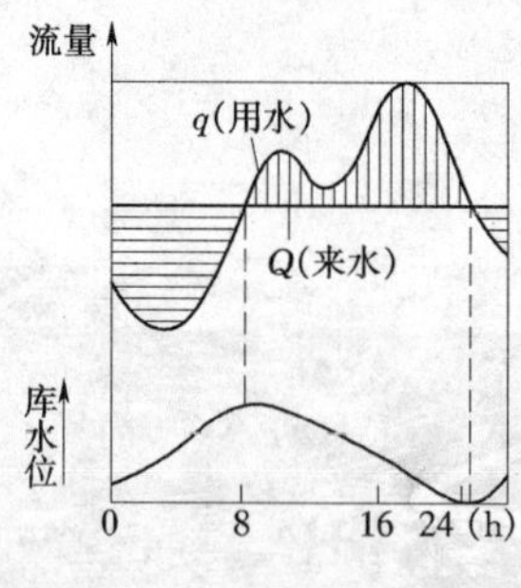

图 1-1-8 日调节

2. 周调节

将一周的来水按照用电的需要重新分配，这就是周调节。天然来水在一周之内的变化视季节而定：在枯水期，一般变化不大；在洪水期，可能有很大变动。一周之内的用电量则因工作日和休假日而异。工作日用电多，休假日用电少，利用周调节即可缓解这一矛盾。

周调节水库也可以进行日调节。

3. 年调节

将一年的来水按照用电需要重新分配，具体地说，将丰水期的水存储下来，供枯水期使用，这就是年调节。年调节的蓄放情况如图 1-1-9 所示。

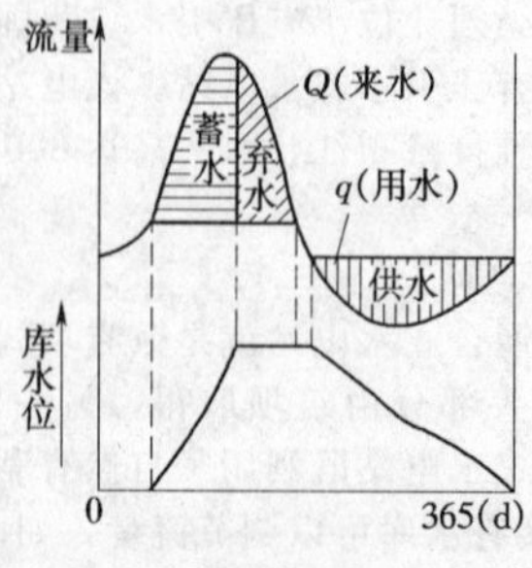

图 1-1-9 年调节

年调节水库可以同时进行周调节和日调节。

4. 多年调节

一年之内有丰水期和枯水期，在很多年内，也有丰水年和枯水年的区别。如果把丰水年多余的水存储下来，留在枯水年使用，这就是多年调节。

多年调节的水库，也可以进行年调节、周调节和日调节。

很显然，调节周期愈长，所需库容愈大。

通常，把无调节或仅能进行日调节的水电站称为径流式水电站。

(二) 设计保证率和设计枯水年

在水能规划中，我们常常用到保证率的概念。

在评价用水部门的正常工作的可靠程度时，我们要使用“用水保证率”一词。某个用水部门的用水保证率就是该用水部门的正常工作能够得到保证的几率。

由于天然来水变化很大，用水保证率通常不能采用100%。因为要想达到100%的保证率，也就是在极其罕见的枯水年份也要保证用水部门的正常工作，势必要采取规模很大、技术复杂的措施，这在经济上往往是不合理的。用水保证率究竟应取多大，需通过经济计算与全面分析而后确定。通过经济计算与全面分析所确定的用水保证率称为设计保证率。水电站的设计保证率约在75%～95%（按年数计）之间。

在评价天然来水或调节性能时，常常用到流量、出力或一段时间内的总径流的保证率的概念。某一年枯水期总径流的保证率就是指在长系列枯水期总径流的资料中，大于或等于该年的枯水期总径流出现的几率。如果把各年枯水期总径流的保证率都计算出来，就可以给出枯水期总径流保证率曲线。类似地即可作出流量保证率曲线、出力保证率曲线等。

如果某年的枯水期总径流的保证率等于设计保证率，那么该年就叫做设计枯水年。有了设计枯水年，可以简化计算工作，近似地确定某些参数。

(三) 水库调节能力的判断

在工程实际中，常需对水库调节能力作出初步判断。判断的依据有三种，即调节系数 α、库容系数 β 和设计枯水年的完全年调节库容 V_p。

(1) 调节系数 α。调节系数 α 是相当于设计保证率的调节流量 Q_p 与多年平均流量 Q_0 的比值，即

$$\alpha = \frac{Q_p}{Q_0} \qquad (1-1-2)$$

当 $\alpha=0.6\sim0.8$ 时，一般认为是多年调节。

(2) 库容系数 β。库容系数 β 是有效库容 V 与多年平均年水量 W 的比值，即

$$\beta = \frac{V}{W} \qquad (1-1-3)$$

当 $\beta<2\%\sim3\%$ 时为日调节；当 $3\%\sim5\%<\beta<20\%\sim25\%$ 时为年调节；当 $\beta\geqslant30\%\sim50\%$ 时为多年调节。

上述数字均系经验统计值。只能作初步分析估计之用。

(3) 设计枯水年的完全年调节库容 V_p。所谓完全年调节就是保证该年不发生弃水的年调节，否则，称为不完全年调节，又称季调节。

如果水库的有效库容 V 大于 V_p，就是多年调节，否则就是年调节。

(四) 水库特征水位与相应库容

见图 1-1-10。

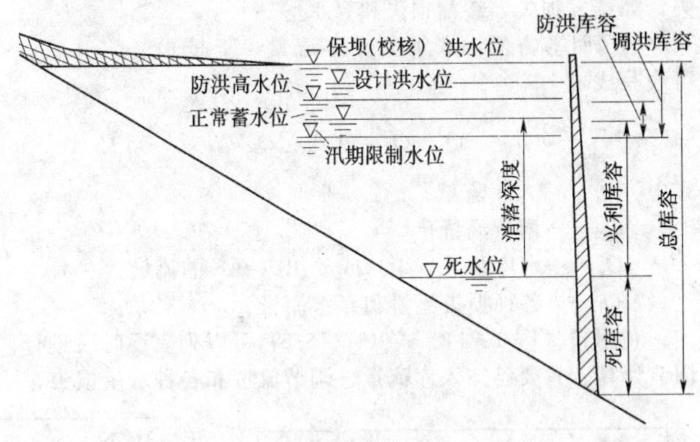

图 1-1-10 水库特征水位与相应库容

(1) 死水位 Z_s 与死库容 V_s。死水位 Z_s 是水库在正常运用的情况下允许的最低水位，在此水位以下的库容为死库容 V_s。

(2) 正常蓄水位 Z_z 与兴利库容 V。正常蓄水位 Z_z 是水库在正常运用下，不考虑防洪要求所允许达到的最高水位。正常蓄水位又称正常高水位，或兴利水位。Z_s 与 Z_z 之间的库容称为兴利库容，或称有效库容，也叫作调节库容。正常蓄水位与死水位之高差即为消落深度，也称工作深度。

(3) 汛期限制水位 Z_x。汛期限制水位 Z_x 是汛前和汛期中允许达到的最高水位。为了兼顾防洪和发电的要求，汛期限制水位一般比正常蓄水位略低。根据洪水预报，汛期限制水位还可以分时段拟定。

(4) 设计洪水位 Z_{sh} 与拦洪库容 V_1。设计洪水位 Z_{sh} 是大坝遇到设计洪水时允许达到的最高水位。Z_{sh} 与 Z_x 之间的库容即为拦洪库容 V_1。

(5) 防洪高水位 Z_f 和防洪库容 V_f。当水库担负有防护下游免受洪水泛滥的任务时，如果遇到防护对象的设计标准洪水，水库中允许达到的最高水位即为防洪高水位 Z_f。Z_f 与 Z_x 之间的库容即为防洪库容 V_f。

(6) 校核洪水位 Z_{zh} 与调洪库容 V_t。当遇到大坝校核标准的洪水时水库中达到的最高水位即为校核洪水位 Z_{zh}，Z_{zh} 与 Z_x 之间的库容即为调洪库容 V_t。

(五) 径流调节计算

径流调节计算的目的就是在已知天然来水的情况下，根据确定的库容计算调节流量，或者根据确定的调节流量计算所需的库容。

径流调节计算的方法有时历法和数理统计法。时历法是以日历年的水文历时资料为依据，按时序分时段进行计算，这种方法原理简单，方法直观，当资料历时较长而且完整时，计算精度较高。数理统计法是根据水文资料的统计特性，运用数理统计学的理论进行计算，甚至还可用几种水文水库参数为变量制成图表，大大简化计算过程。

时历法的基本公式就是水量平衡的表达式，即在某一时段内（例如半个月或一个月）的入库水量 ΔW_r 与出库水量 ΔW_c 之差应等于该时段内水库的蓄放水量 ΔV，即

$$\Delta W_r - \Delta W_c = \Delta V \qquad (1-1-4)$$

若 ΔV 为正，表示水库蓄水，否则表示放水。入库水量显然

就是天然来水量，在计算中总是看作已知值，出库水量ΔW。主要是调节用水量，但一般说来还应包括各种水量损失，如蒸发损失、渗漏损失和弃水等。

为了计算方便，水量宜改作流量，于是式（1-1-4）可改写成

$$Q_r - Q_p = Q_v + \sum Q_l \qquad (1-1-5)$$

式中　Q_r——入库流量；

Q_p——调节流量；

Q_v——水库蓄入（正）或放出（负）的流量；

$\sum Q_l$——各种损失流量和弃水流量。

利用式（1-1-4）、式（1-1-5）可以列表逐时段进行调节计算。只要已知入库流量、调节流量和各种水量损失，就可以算出无弃水时所需库容；如果库容一定，也可以算出调节流量和相应的弃水。

时历法也可以用图解法进行。即按水文系列作出水量累积曲线或差积曲线，然后在该曲线上进行图解计算，既方便又直观，常为工程人员采用。

时历法虽然简便易行，但当水文资料系列较短而又要进行较长周期的调节计算（如多年调节计算）时，则精度很差，所得结果毫无实际意义。在此种情况下常采用数理统计法。

最简便易行的数理统计法是利用普列什科夫线图（图1-1-11）。使用该图所需参数主要是设计保证率P，径流变差系数C_v。根据库容系数β即可查得调节系数α，或者相反。

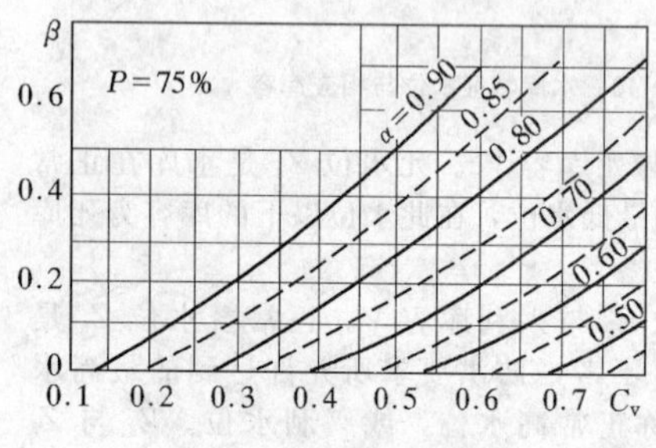

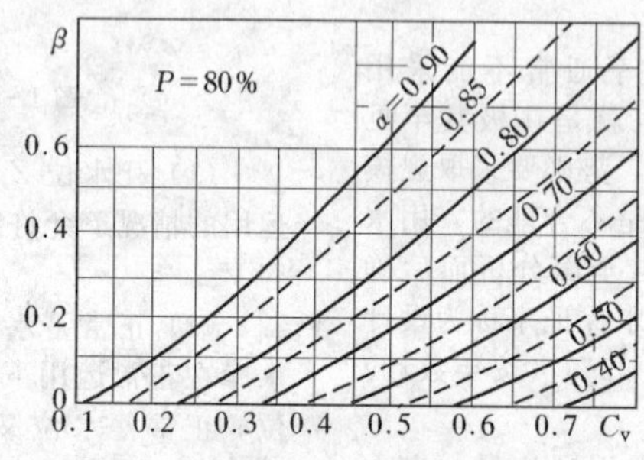

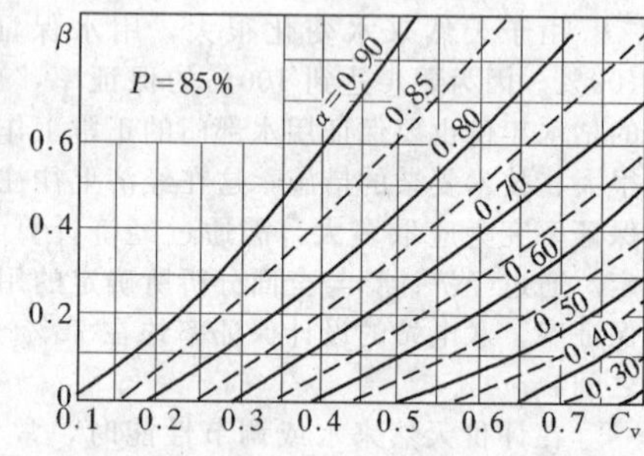

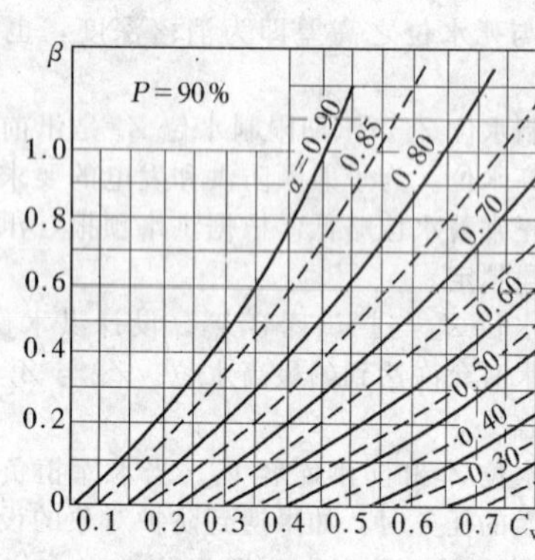

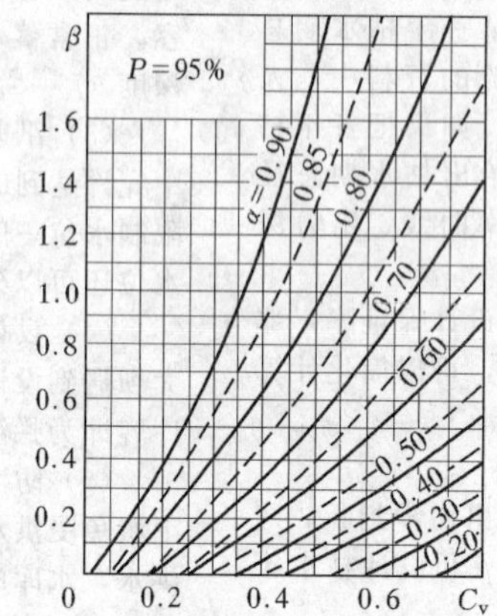

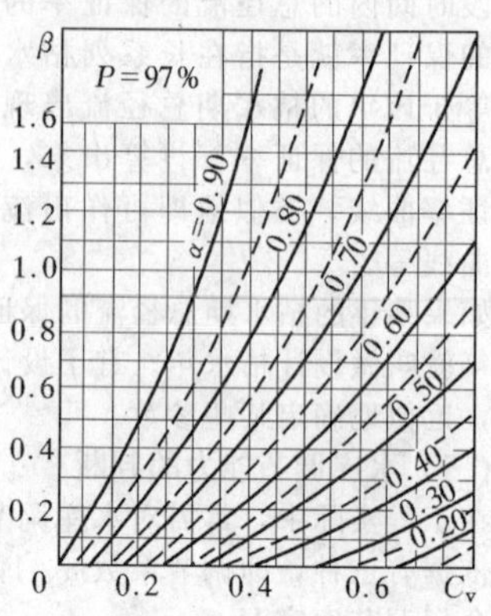

图1-1-11　普列什科夫线图

变差系数C_v可按下式计算

$$C_v = \sqrt{\frac{\sum (K_i - 1)^2}{n-1}} \qquad (1-1-6)$$

式中　n——资料的个数；

K_i——某个流量与平均流量之比（$Q_i/\overline{Q}$），又称模比系数。

在利用普列什科夫线图查得α或β之后，即可根据式（1-1-2）或式（1-1-3）求得调节流量或有效库容。

利用数理统计法求得的库容只是多年调节总库容的多年库容部分，其年库容部分还需采用另外的方法，例如选择计算年用公式或时历法进行计算。

三、水能计算

（一）水能计算的内容和方法

前面所介绍的径流调节计算，只是计算调节流量，或者给定调节流量计算库容。但是，对于水电站来说，单纯的径流调节计算是不够的，还应该计算出力和发电量，特别是对应于设计保证率的保证出力的计算。保证出力和年发电量的计算就是水能计算的主要内容。与径流调节计算类似，水能计算也可以是在给定保证出力的条件下计算所需的有效库容。

出力可按式（1-1-1）计算，而发电量的计算公式是

$$E = \sum_{i=1}^{n} N_i \Delta t_i \qquad (1-1-7)$$

式中　E——发电量；

N_i——时段Δt_i内的平均出力；

n——时段个数。

与径流调节计算类似，水能计算的方法也分时历法和数理统计法。年调节多采用时历法，多年调节多采用数理统计法。时历法也可分为列表法（连续的数值运算）和图解法。

由于出力的计算涉及到流量、水头和效率等诸多因素，它们之间还互相影响，特别是效率一项，由于水轮机尚未选定，实际上是一个未知量，所以，完全精确的水能计算是很难办到的。好在现代大中型水轮机的效率都很高，水轮机大多在高效率区运行，效率虽有变化但不显著。所以，工程实

际中在作水能计算时常把水电站效率一项（包括水轮机效率、发电机效率等）看作常数，并将 9.81η 一项取值在 7～8 之间，这样就使得水能计算简化了很多。

水头与流量的相互影响是很明显的。当流量增加时，下游水位将上升，水头必将减小；反之，水头又将增大。这种影响在低头水电站很突出，但是在中高水头水电站，流量变化对水头变化的影响并不很大，因此，中高水头水电站的水能计算还可以进一步简化，即忽略流量与水头之间的相互影响，先按径流调节的方法求出调节流量，根据流量确定下游水位（利用下游水位流量关系曲线），然后根据上下游水位差确定水头并计算出力。

（二）年调节水电站的水能计算

1. 保证出力计算

具体的计算方法和步骤如下：

（1）确定设计枯水年。

（2）计算该年各月的平均径流量，即根据该年各个时期的流量记录乘以相应的时间，累加至一个月即得该月的径流量；另一种简易办法，就是把某月的平均流量（按时间加权平均）看作该月的径流量，不过其单位是 $m^3/(s\cdot 月)$［立方米/（秒·月）］。

（3）确定水库各运用期的调节流量。首先要根据各月平均径流量初步确定水库的蓄水期、放水期和天然供水期，然后确定各个时期的调节流量 Q_p。

蓄水期为

$$Q_{px}=\frac{蓄水期各月径流量之和-有效库容}{蓄水期月数}$$

放水期为

$$Q_{pf}=\frac{放水期各月径流之和+有效库容}{放水期月数}$$

天然供水期为

$$Q_{pt}=天然来水各月平均流量$$

以上计算结果应该满足 $Q_{px}>Q_{pt}>Q_{pf}$。如果不满足，应重新拟定蓄、放水期，直至达到要求为止。

（4）计算各月的库容及库水位。蓄水期的第一个月月初库容为死库容，根据下式即可确定该月末的库容为

$$V_m=V_c+(Q-Q_p)\Delta t$$

式中　V_m——月末库容；

V_c——月初库容；

Q——天然流量；

Q_p——调节流量；

Δt——一个月。

按此方法逐月计算，即可得出各月初、末的库容，相应地利用水库水位容积关系曲线，即可得出各月初、末的库水位，取其平均即得相应各月的平均库水位，亦即水电站的上游水位 Z_{sh}。

（5）计算各月的下游水位。根据第（3）项计算结果查电站处的水位流量关系曲线即得相应的下游水位 Z_x。

（6）计算电站的水头 H 为

$$H=Z_{sh}-Z_x$$

（7）计算电站的月平均出力及保证出力为

$$N=(7\sim8)HQ_p$$

式中　Q_p——第（3）项计算的结果；

H——第（6）项计算的结果。

放水期的平均出力即为水电站的保证出力。

以上的计算过程是在已知库容的情况下计算保证出力。但在工程实际中，有时也需作这样的计算：即给定某个保证出力反求所需有效库容。这种计算的直接方法比较复杂，通常都是采取试算法（相当于数学中的叠代法），即凭经验预先估定一个库容，然后作如上的计算，直到计算所得的保证出力与给定值为止。此项工作在计算机上作业是不难完成的。

2. 多年平均年发电量计算

计算出各年各月的平均出力后，利用式（1-1-7）即可求得年发电量。但是，我们所需要的是能够反映水电站经济效益的动能指标，即多年平均的年发电量。为此，必须把很多年的年发电量都算出来，然后取其平均。但是这种方法一是工作量大；二是不一定很精确，因为使用的水文资料虽然较长，例如 10 余年或 20 年，但不一定有代表性，可能遇上连续的枯水年，而丰水年极少，也可能与之相反。所以，有时也采用选取丰、中、枯三个代表年的方法，甚至还有只选用一个有代表性的中水年进行计算的。代表年的方法，工作量小，但“代表”的选取，需要具有一定经验和令人信服的分析，否则，可能出现更大的误差。

（三）多年调节水电站的水能计算

1. 保证出力的计算

具体的计算方法和步骤如下：

（1）根据上述关于用数理统计法进行多年调节的径流调节计算方法，利用已定的多年调节库容，算出库容系数 β，再通过普列什科夫线图求得调节系数 α，从而便可得出调节流量 Q_p。

（2）确定上游平均水位 Z_{sh}。上游平均有效库容可取有效库容的一半代之，然后加上死库容，即得平均总库容，其相应的水位即为上游平均水位 Z_{sh}。

（3）确定下游平均水位 Z_x。根据调节流量 Q_p，利用水位流量关系曲线，即得下游平均水位 Z_x。

（4）计算水头 H

$$H=Z_{sh}-Z_x$$

（5）计算保证出力 N

$$N=(7\sim8)Q_pH$$

2. 多年平均年发电量的计算

其计算方法与年调节水电站相似，只是对于多年调节，多采用长系列水文资料计算多年平均的年发电量，而不采用典型设计年或典型设计系列。

四、水电站的经济指标和经济分析

（一）总指标及单位指标

1. 总投资及单位投资

水电站的总投资是指勘测、设计、科学研究和建设施工中所花费的总资金。其中应包括水库淹没和移民所补偿的费用。总投资中有一部分与装机容量的大小没有直接的关系，例如大坝及其附属建筑物，水库淹没移民补偿费等，另一部分则与装机容量有直接关系，例如机电设备、输水道及厂房等。

单位千瓦投资就是总投资 K 除以装机容量 N_z，常用单位是元/kW 表示。

单位电能投资就是总投资 K 除以多年平均年发电量 E_N，单位是元/（kW·h）。

2. 年运行费及单位电能成本

水电站的年运行费包括大修费、经常维修费、工资等，不包括折旧费。

年运行费 U 除以多年平均年发电量 E_N 即为单位电能成本，单位是分/（kW·h）。

3. 发电成本及单位发电成本

水电站的发电成本等于年运行费加年基本折旧费。

发电成本除以多年平均年发电量即为单位发电成本，单位以分/（kW·h）计。

（二）经济分析

规划设计一座水电站必须进行经济分析比较才能确定一些重要参数，如正常蓄水位、水库消落深度（或死水位）、输水道尺寸、装机容量等。现在工程设计中常用的分析比较方法有静态法与动态法。

1. 静态经济分析法

不考虑资金使用的时间因素，把总投资和年运行费看作一次完成的分析方法称为静态法。

常用的静态经济分析法是计算支出最小法或称抵偿年限法。

在作经济比较时，常常出现这样的情况，即甲方案的总投资 $K_甲$ 比乙方案的 $K_乙$ 大，但其年运行费则相反。究竟哪个方案有利呢？显然不能只考虑投资，或者只考虑年运行费。为此就采用一个综合指标，叫做计算支出 J。计算支出 J 的表达式是

$$J = K + T_d U \qquad (1-1-8)$$

式中 K——总投资；

U——年运行费；

T_d——反映国民经济状况的年数，称为抵偿年限，其值由国家规定，现在我国采用 $T_d=8\sim10$ 年。

计算支出最小的方案被认为是最经济的方案，即

$$J = K + T_d U = \min \qquad (1-1-9)$$

对式（1-1-9）作微分运算即得

$$dK + T_d \, du = 0$$

写成差值就是

$$-\frac{\Delta K}{\Delta U} = T_d \qquad (1-1-10)$$

或

$$\frac{K_甲 - K_乙}{U_乙 - U_甲} = T_d \qquad (1-1-11)$$

在作方案比较时，计算所得的 $(K_甲-K_乙)/(U_甲-U_乙)$ 很难恰好等于 T_d，此比值可记作 t。若 $t<T_d$，表明多增加的投资不到或刚好 T_d 年就由所节约的年运行费抵偿回来了，故投资大的方案有利；反之，若 $t>T_d$，则投资小的方案有利。

2. 动态经济分析法

动态经济分析法是一种考虑了投资和收益的时间因素的方法。由于水电站的建设从勘测设计到施工运行是一个很长的时间过程，动态经济分析法在一定程度上能反映资金投入和收益迟早的经济效果，因而比静态经济分析法更为合理。目前，常采用的动态法有年费用最小法、内部经济回收率法、现值法等等。下面简要介绍现值法。

现值法的基本概念就是选择一个基准年，将勘测设计期、施工期、机组安装期和运行期各年的支出和收益的资金按一定的利率折算成基准年的现值，然后进行比较。若各方案的支出总现值相同，收益总现值最大的方案即为选定方案；如果收益总现值均相同，支出总现值最小者即为选定方案；如果各方案支出总现值和收益总现值均不相同，则纯收益现值（即收益总现值与支出总现值之差）最大者为选定方案。

对于水电站建设来说，常常以第一台机组发电的那一年为基准年。在此之前的勘测设计期和施工期，只有支出，没有收益；在此之后的机组安装期和运行期，既有支出又有收益，但支出在逐渐减少，最后稳定在年运行费上，收益在逐渐增加，最后稳定在年发电收益上。各个时期的收益及支出均在设计时按实际情况分析计算确定。应该指出，用来进行分析比较的运行期，对于大中型电站常定为40～50年。

五、水电站参数选择

（一）选择方法

需要通过经济分析比较而选定的水电站的参数很多，下面仅介绍正常蓄水位、死水位和装机容量等几个主要参数的选择。

应该指出，在选择这些主要参数时，常常需要拟定多种方案，然后对每一方案进行粗线条的设计，以便算出该方案的投资、年运行费和收益。因此，在选择某一参数时，其他有关参数也要用到。例如，在选择死水位时，必然要用到正常蓄水位、装机容量、机组台数，水工建筑物尺寸等。其中正常蓄水位在选择死水位时是已经确定了的，自然就采用已定值。至于装机容量等其他参数，此时都是未知数。为了进行方案比较，这些尚未选定的参数也须用简便的方法初步求出，待死水位选定后，再作进一步的选择。

（二）正常蓄水位的选择

正常蓄水位的选择一般要经过以下几个步骤。

1. 方案拟定

正常蓄水位对于水电站的规模有决定性的影响。正常蓄水位太低，可能不满足用水、用电的基本要求；太高，又会使大坝造价过高，库区淹没损失太大。所以正常蓄水位应在估计的上下限内分级拟定不同的方案，然后进行经济比较。

正常蓄水位的下限一般可根据以下几方面来考虑：

（1）流域规划时所拟定的梯级衔接水位。正常蓄水位如果低于此水位，将与上游梯级不能衔接，白白丢掉一部分落差，因而是不可取的。

（2）用水部门的基本要求，包括发电、灌溉、都市给水、防洪、航运等。

（3）泥沙淤积。

正常蓄水位上限的影响因素比较多而且复杂。在分析时可从以下几方面来考虑：

（1）淹没问题。例如库区的主要城市、骨干铁路、重要矿藏，农业基地、国防工业等是否被淹，常常是拟定正常蓄水位上限应考虑的主要因素。

（2）地形条件。正常蓄水位太高时，坝址处水面突然增宽，坝线过长；或者库区有大的凹口，需修筑很长很高的副坝。

（3）地质条件。水位太高时，是否产生较大漏水，或者诱发大的滑坡。

（4）梯级开发问题。正常蓄水位太高，是否影响上游电站正常发电。

（5）工程规模问题。如正常蓄水位太高时，大坝的高度

是否过高；地基以及坝身应力是否过大；电站机组是否过大等。

2. 技术经济计算

对每一方案均作如下的技术经济计算。

(1) 确定有效库容。有效库容决定于水库消落深度 h_x，消落深度可大致估计如下：

坝式年调节 $h_x=25\%\sim30\%H_{max}$

坝式多年调节 $h_x=30\%\sim35\%H_{max}$

混合式年调节或多年调节 $h_x=40\%H_{max \cdot b}$

式中 H_{max}——最大水头；

$H_{max \cdot b}$——混合式水电站中由大坝集中的最大水头。

(2) 进行水能计算。按第4节中所介绍的方法，在已知有效库容的条件下计算各方案的保证出力和多年平均年发电量。

(3) 确定装机容量。利用以下简便公式粗略估定装机容量 N_{zh}

$$N_{zh}=kN_p \tag{1-1-12}$$

或

$$N_{zh}=\frac{E_n}{T} \tag{1-1-13}$$

式中 N_p——保证出力；

k——与调节性能、水电站在系统中比重等有关的系数，其值约在2～5之间，调节性能愈好，比重愈大，k 值愈小；

E_n——多年平均年发电量；

T——装机容量利用小时数，其值与调节性能、水电站在系统中的比重等有关，T 值约在2500～6000h之间，调节性能愈好，比重愈大，T 值愈大。

(4) 选择机组台数、形式及主要尺寸。

(5) 进行枢纽布置、设计厂房及其他水工建筑物。

(6) 计算经济指标。

(7) 选择替代电站并计算其经济指标。所谓替代电站就是为了满足系统用电要求与本电站联合运行的其他电站。

3. 经济比较与综合分析

利用第六节所介绍的经济分析方法，进行经济比较，然后再结合政治、社会、技术等诸多因素进行综合分析，以确定最优的正常蓄水位。

(三) 死水位的选择

很明显，死水位决定于水库消落深度 h_x。随着水库消落深度的增加，由于有效库容增加而使调节流量增加，但平均水头将减小。因此，保证出力开始时将随着库容的增大而增加。不过增加的幅度是愈来愈小，之后将反而减小，如图1-1-12所示。也就是说，从保证出力 N_p 最大的原则考虑，存在一个最优消落深度。至于水库消落深度 h_x 与多年平均年发电量 E_n 的关系，也与保证出力类似。当消落深度达到某个数值时，E_n 将达到最大值，此后 h_x 增加，E_n 反而减小。但是，由发电量最大的条件得出的最优消落深度与由保证出力最大的原则得出的结果不一定相同。最后应根据水电站在系统中究竟是以担负容量为主还是提供电能为主并结合具体情况拟定不同的死水位方案，进行经济计算及分析最后选定死水位。

在确定死水位时，还必须考虑泥沙淤积、进水口高程（包括各个用水部门的取水要求）等因素。这里不再赘述。

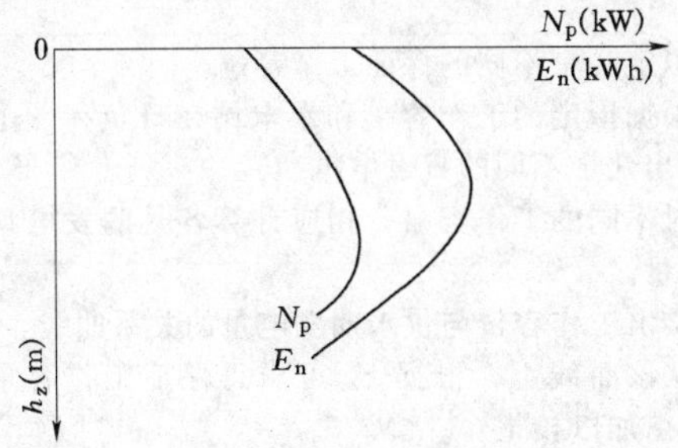

图1-1-12 水库消落深度与电能指标的关系

(四) 装机容量的选择

水电站的装机容量由保证工作容量、备用容量和重复容量三部分组成。其中最关键的部分是保证工作容量。

1. 保证工作容量

保证工作容量 N_b（又称最大工作容量）主要决定于保证出力，同时也与电站的调节性能有关。保证出力的计算在第四节已经说明，下面针对不同调节情况分别介绍根据保证出力确定保证工作容量 N_b 的方法。

(1) 无调节水电站。保证工作容量等于保证出力，即 $N_b=N_p$。

(2) 日调节水电站：

1) 根据保证出力 N_p 算出日保证电能 E_{br}

$$E_{br}=24N_p$$

2) 找出设计水平年枯水期系统的最大日负荷图。所谓设计水平年是指这样一个年份：该年的用电负荷作为设计（主要是装机容量选择）的标准。因此设计水平年绝不是进行设计的那一年，一般是预计电站投产后的第一年。

3) 分析确定本电站在该负荷图上的位置。在无特殊要求和有其他水电站时，本电站应担任峰荷；有固定供水要求时，可部分担任基荷，部分担任腰荷或峰荷；等等。

4) 根据 E_{br} 利用电量累积曲线确定保证工作容量（见图1-1-13）。对于完全担任峰荷的电站，可在电量累积曲线的上端点a水平量出等于 E_{br} 的距离得点b，然后自b点平行于纵坐标向下交电量累积曲线于c点。bc即代表所求的保证工作容量 N_b。

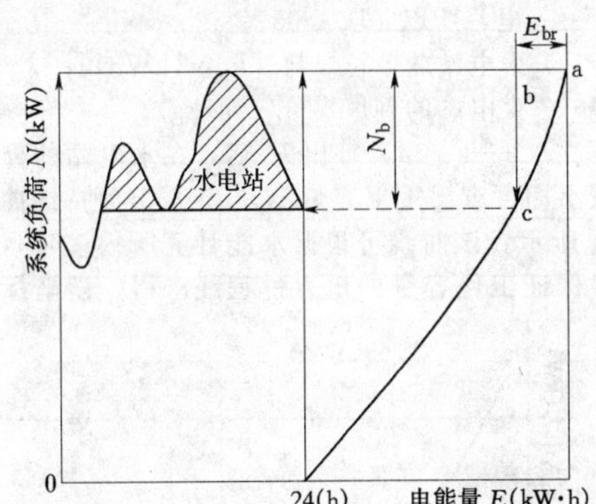

图1-1-13 日调节水电站保证工作容量的确立

(3) 年调节水电站：

1) 计算供水期的保证电能 E_{bg}

$$E_{bg}=N_pT_g$$

式中 T_g——供水期的月数。

2) 找出设计水平年的日最大负荷年变化图（图1-1-

14)。

3) 拟定几个不同的保证工作容量。

4) 根据拟定的工作容量和水电站在日负荷图上的工作位置，求出几个不同的日发电量。

5) 对不同的工作容量，相应计算各月的发电量及供水期总发电量。

6) 绘出工作容量与供水期发电量的关系曲线。

7) 从该曲线上，根据 E_{bg} 可求得保证工作容量。并通过电量平衡加以校正。

(4) 多年调节水电站。其方法基本与年调节相同，只是保证电能不是供水期而是一年。年保证电能需通过由多年组成的设计枯水系列求得。

2. 备用容量

电力系统内设置备用容量的必要性已在前面作了说明。这里主要说明所设计的水电站怎样分担系统备用容量。

一般说来，水电站担任负荷备用是有利的，但也应考虑电站离中心负荷的距离。水电站担任负荷备用的数量可按水电站保证工作容量占系统最大负荷的比例分配。负荷备用总是放在运转的机组上。

水电站与火电站分担事故备用容量的比例通常也是按其容量分配的。对调节性能良好并靠近负荷中心的水电站可担负较大的事故备用容量。在水电站上设置事故备用容量时，应有事故备用库容作保证。

在一般情况下，水电站不为检修备用而增设容量。

3. 重复容量

重复容量的确定是一个经济计算的问题。如果按静态法，即抵偿年限法计算，可以导出如下的公式

$$h_c = \frac{\Delta K_z + \Delta U_z T_d}{\alpha b Z T_d} \qquad (1-1-14)$$

式中 h_c——水电站重复容量的经济利用小时数 (h)；

ΔK_z——水电站每增加 1kW 容量所需增加的投资，简称增加千瓦投资 (元/kW)；

ΔU_z——水电站每增加 1kW 容量所需增加的年运行费，简称增加千瓦年运行费 [元/(kW·年)]；

T_d——抵偿年限 (年)；

α——考虑水电站与火电站的厂用电不同的系数，通常水电站发 1kWh 电可代替火电站 1.05kWh 电，所以 α 取 1.05；

b——火电站的单位煤耗 [kg/(kWh)]；

Z——火电站的到厂煤价 (元/kg)。

根据式 (1-1-14) 算出 h_c 后，在水电站的弃水出力持续曲线上即可求出重复容量 N_c。弃水出力持续曲线如图 1-1-14 所示。该曲线可根据水能计算所得多年（或典型年）超过保证工作容量的出力过程线求得，横坐标是小时数，纵坐标是出力。

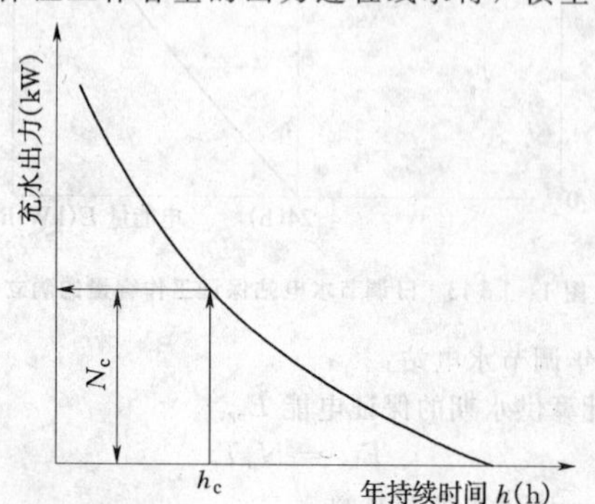

图 1-1-14　弃水出力持续曲线

4. 装机容量的最后确定

以上三部分容量确定之后，三者相加即得初步确定的装机容量。根据此装机容量选定机组台数、机型及主要尺寸，然后与系统其他电站一起作出系统容量平衡图。系统容量平衡须进行反复调整。只有当容量平衡得到满足后，才能认为所选定的装机容量是合理的，否则，还必须对所选定的装机容量进行修改。

第二节　水电站建筑物

一、水电站枢纽

水电站建筑物是保证将水能转变成电能所必需的建筑设施。由于水电站开发和布置形式的不同，各种建筑物在不同类型水电站中的组成和作用也各有不同。

水电站枢纽主要由下列建筑物组成。

(一) 挡水建筑物

挡水建筑物的主要作用是抬高河流水位，形成调节水库，集中发电水头；或拦截水流，迫使水流流向引水渠(洞)，将水引向下游，形成发电水头。挡水建筑物主要是拦河坝或拦河闸，有时水电站厂房也起挡水作用。

(二) 泄水建筑物

泄水建筑物的主要作用是宣泄汛期洪水，确保大坝安全；非常时期放空水库，以清理和维护建筑物的水下部分。泄水建筑物有溢流坝、溢洪道、泄水闸、泄洪隧洞和底孔等。

(三) 引水建筑物

引水建筑物的主要功用是将大坝集中的发电用水引至电站厂房。引水建筑物有无压引水和有压引水两大类，主要包括进水口、引水管(洞)、引水渠、压力前池、调压室等。

(四) 发电建筑物

发电建筑物的主要功用是完成水能转变成电能的全过程。发电建筑物主要由水电站厂房以及配套的副厂房、主变场、开关站等建筑物组成。这些建筑物通常集中在一起布置，统称为厂房枢纽。

(五) 其他建筑物

其他建筑物主要是为了综合利用而修建的一些辅助建筑物。例如航运需要的过船建筑物——船闸和升船机等；过木需要的筏道；过鱼所需要的鱼道；为农业灌溉而修建的取水建筑物等。

水电站枢纽因地形、地质、发电水头等条件不同，其枢纽布置和建筑物组成也不同。水电站枢纽布置，应结合各方面的因素综合考虑进行。

二、水电站厂房

水电站的自然条件（水文、气象、地形、地质）不同，建设规模和主要参数（水头、流量、装机容量、机组台数、机型等）不同，水电站的布置形式也有所不同。根据厂房所处的位置分类，常见的厂房型式有下列几种。

(一) 地面式厂房

地面式厂房独立建筑在地面上，水轮发电机组及辅助设备都布置在室内。坝后式厂房和河岸式厂房都属于这种类型。这种厂房运行管理较为方便，其结构和设备布置见图 1-2-1。

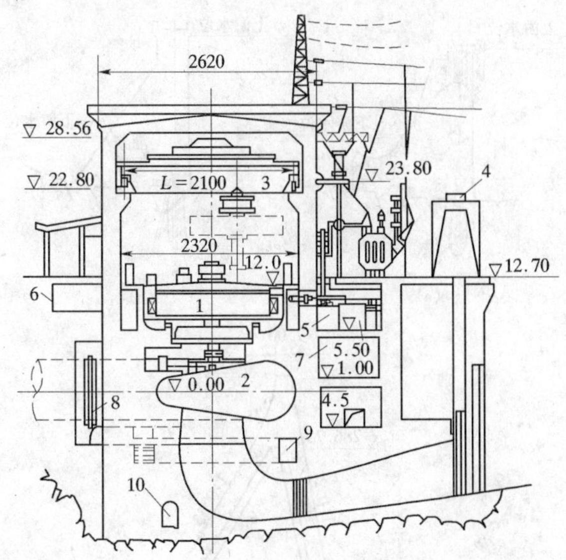

图 1-2-1 地面式厂房
(高程单位为 m，尺寸单位为 cm)
1—发电机；2—水轮机；3—桥式吊车；4—门式吊车；5—配电室；6—技术供水室；7—电缆道；8—伸缩节；9—操作廊道；10—排水廊道

(二) 河床式厂房

河床式厂房位于河床中间，厂房本身是挡水建筑物的一部分，如图 1-2-2 所示。由于厂房本身受侧向水压力，故一般适用低水头电站。

(三) 地下式厂房

根据厂房和引水道的相对位置可分为首部式、中部式和尾部式三种布置形式如图 1-2-3 所示。地下厂房在枢纽布置上比较灵活，与其他建筑物干扰较少，但在设计中应重视通风防潮问题。

(四) 坝内式厂房

厂房布置在坝体空腔内，厂房和大坝合为一体如图 1-2-4 所示，一般坝顶较高，坝的体积较大。这种布置形式工程量较省，但设计复杂，厂房和大坝施工干扰较大。

(五) 溢流式厂房

溢流式厂房是坝后式厂房的一种特殊形式，其特点是厂房顶溢流，具有坝内式厂房的特点，但厂坝结构分离，坝体应力条件较好，如图 1-2-5 所示。溢流式厂房由于其顶部受水流动荷载作用，对结构强度要求较高。

三、挡水建筑物和泄水建筑物

挡水和泄水建筑物是水电站枢纽不可缺少的建筑物。常用的挡水建筑物是拦河坝，按照材料性质又可分为混凝土坝和土石坝两大类。泄水建筑物根据布置位置可分为河岸式泄洪和河床式泄洪两大类。拦河闸一般列入泄水建筑物，但也是挡水建筑物。

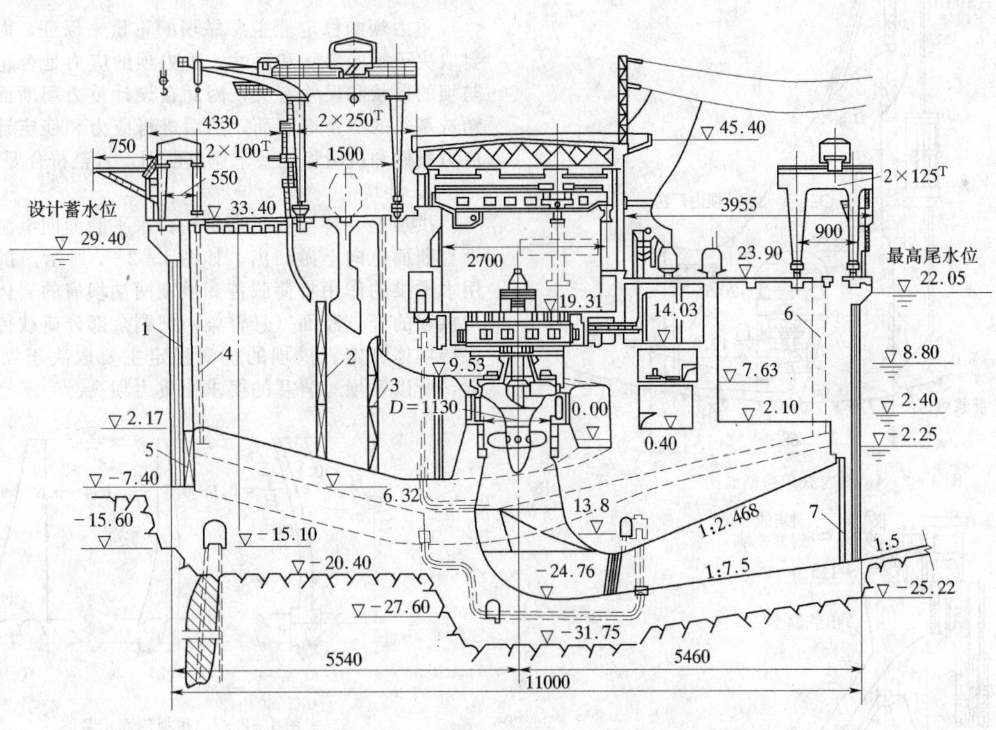

图 1-2-2 带泄水底孔河床式厂房剖面图（高程单位为 m，尺寸单位为 cm）
1—拦污栅槽；2—检修门；3—工作门；4—通气孔；5—底孔检修门；6—底孔工作门槽；7—尾水闸门

(一) 混凝土挡水建筑物

混凝土材料抗渗性能好，结构强度高，耐冲刷，在挡水建筑物中运用较为广泛。根据结构受力特征可分为以下几种。

1. 重力坝

重力坝主要依靠坝体自重与基础间产生的摩擦力或粘结力来承受水的推力而维持稳定。重力坝结构形式简单，如图 1-2-6 所示，施工较容易，但要求地基有足够的强度，所以一般修建在岩基上。为了节省混凝土工程量，减小坝基的扬压力，有时把重力坝的横缝部分加宽，就成为宽缝重力坝，见图 1-2-6 (c)。

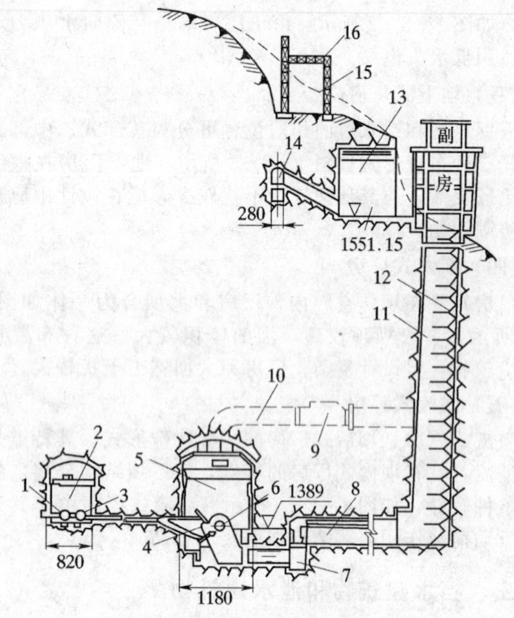

图 1-2-3 地下式厂房剖面图

1—事故球阀；2—球阀室；3—工作球阀；4—调速器；5—主厂房；6—水轮机；7—尾水洞；8—出线洞；9—排风机室；10—排风洞；11—出线井；12—电梯与楼梯；13—变压器室；14—母线道；15—升压站；16—出线架

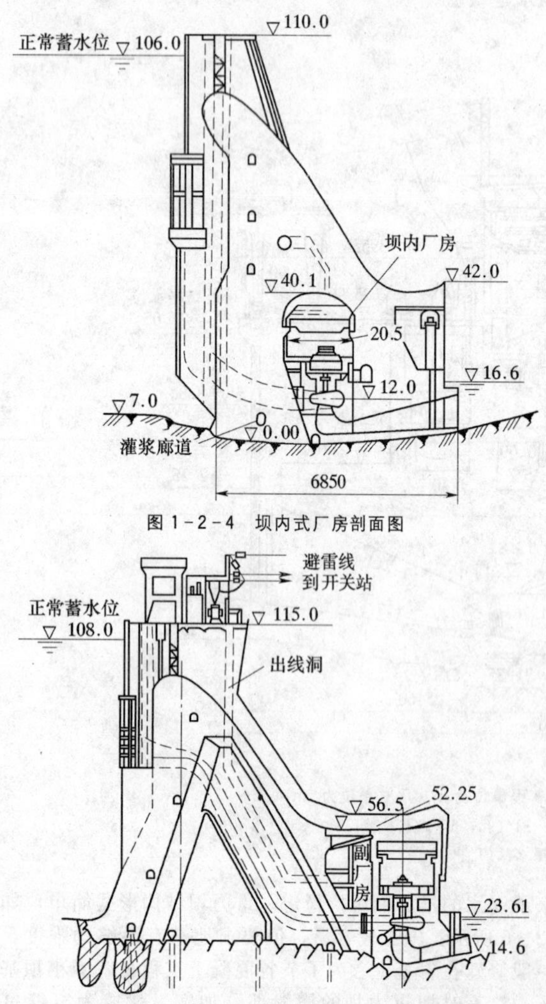

图 1-2-4 坝内式厂房剖面图

图 1-2-5 坝后溢流式厂房剖面图

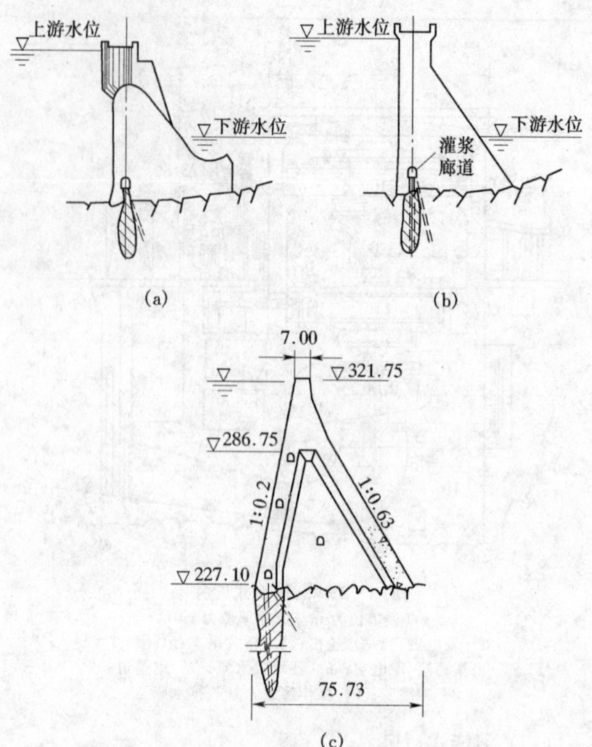

图 1-2-6 混凝土重力坝

(a) 溢流重力坝；(b) 非溢流重力坝；(c) 宽缝重力坝

重力坝的稳定性主要靠坝的重量来保证，而坝的重量主要取决于坝的形状和尺寸，重力坝的应力是否超过其强度也与坝的形状和尺寸有关，因此在设计重力坝断面时，可以先初选基本的三角形断面，然后进行应力和稳定计算，再根据应力条件和抗滑稳定要求调整断面，直至符合要求。

2. 拱坝

拱坝是一种空间拱形结构，水平断面向上游凸出，有的垂直断面也向上游凸出，如图 1-2-7 所示。拱坝主要是利用水平拱的作用将荷载传到拱坝两端坝肩的岩体上，同时利用拱坝的竖直断面（悬臂梁）把剩余部分荷载传至坝基，以保持坝体稳定。拱坝的抗滑稳定主要取决于坝肩岩体的稳定，所以拱坝对岩基的要求比重力坝高。

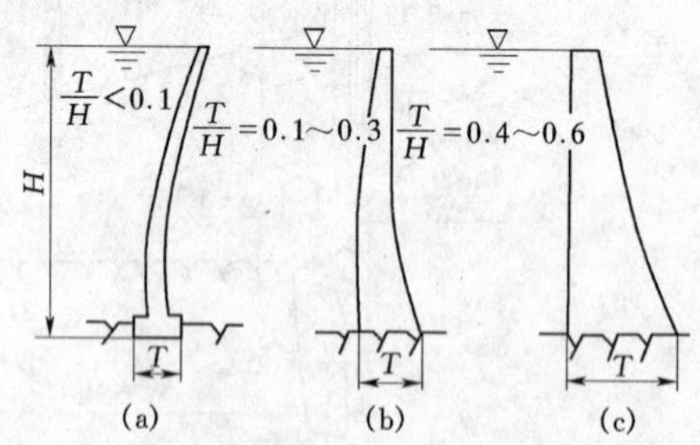

图 1-2-7 拱坝剖面示意图

(a) 薄拱坝；(b) 拱坝；(c) 重力拱坝

根据拱坝在最大坝高处断面的坝底厚度 T_B 与坝高 H 的比值 β（$=T_B/H$），拱坝可分为：薄拱坝，$\beta<0.2$；一般拱坝，$\beta=0.2\sim0.35$；重力拱坝，$\beta>0.35$。薄拱坝应力较高，设计和施工的要求也较高；重力拱坝拱的作用较小，接近重力坝。

3. 支墩坝

支墩坝是由一系列支墩和挡水面板组成。挡水面板将水压力传给支墩，支墩再将荷载传给地基。支墩坝的本身重量比重力坝轻，为了保持稳定，支墩坝的上游坝面必须倾斜，以利用挡水面板上的水重，提高抗滑稳定能力。根据挡水面板的形式不同，支墩坝可分为以下几种：

（1）大头坝。挡水面板由支墩上游端加厚的大头形成，如图 1-2-8（a）所示。

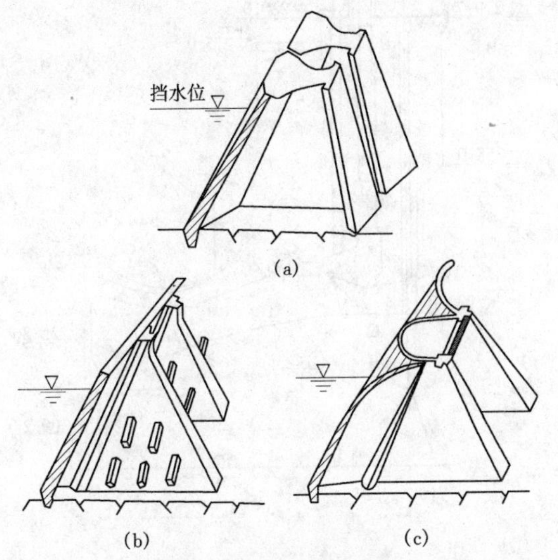

图 1-2-8 各种支墩坝形式

（a）大头坝；（b）平板坝；（c）连拱坝

（2）平板坝。挡水面板由钢筋混凝土平面板组成，如图 1-2-8（b）所示。

（3）连拱坝。挡水面板由钢筋混凝土连续拱面板组成，如图 1-2-8（c）所示。

支墩坝结构单薄，所受扬压力较小，坝体应力较均匀，可以充分发挥材料的强度。但支墩坝侧向刚度小，设计时应进行抗震的工作条件验算，所要求的地基条件比重力坝高，使用的钢材也较多。

（二）土石材料挡水建筑物

由土料和石料填筑而成的挡水建筑物，统称为当地材料坝，或称为土石坝。根据土料和石料所占比例，土石坝可分为如下两大类。

1. 土坝

当坝体主要由土料构成，坝体强度和稳定由填土控制时，称为土坝。根据土坝构造不同，土坝可分为均质坝、心墙坝和斜墙坝（见图 1-2-9）。土坝的心墙和斜墙材料可采用透水性小的土料、钢筋混凝土或沥青混凝土等。非均质坝的坝壳可以是均质的，也可以是多种土质的。土坝结构一般由坝体、防渗体、排水体、护坡等四部分组成。

2. 堆石坝

当坝体主要由石料构成，坝体强度和稳定由堆石控制时，称为堆石坝。由于堆石体的孔隙率大，渗透系数大，故较之土坝更需要设置专门的防渗体。根据防渗体的构造不同，堆石坝可分为：心墙堆石坝［图 1-2-10（a）］，斜墙堆石坝［图 1-2-10（b）］，面板堆石坝［图 1-2-10（c）］。堆石坝的心墙、斜墙一般采用粘性土材料；面板一般采用钢筋混凝土材料。堆石材料的质量与粒径级配需根据施工方法综合考虑。

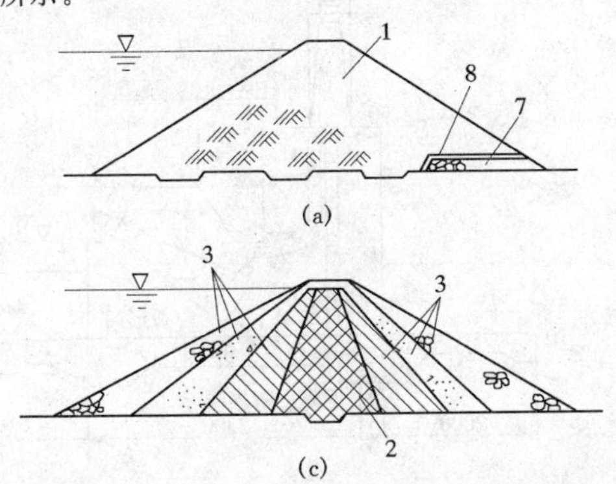

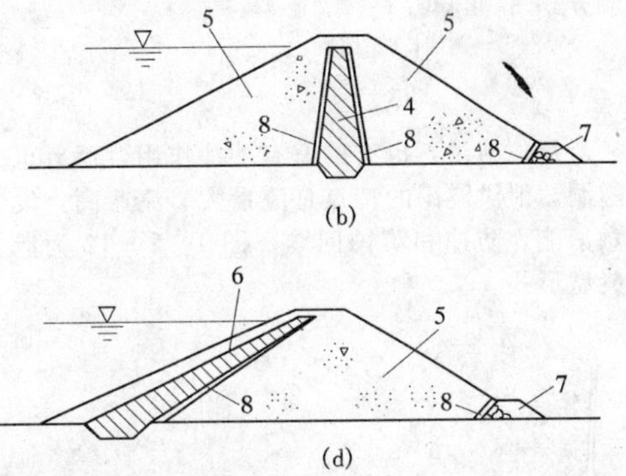

图 1-2-9 土坝的类型

（a）均质坝；（b）心墙坝；（c）非均质坝；（d）斜墙坝

1—均质土料；2—较不透水土料；3—透水性逐层增强的土料；4—土料心墙；5—坝壳（体）较透水土料；6—土料斜墙；7—排水体；8—反滤层

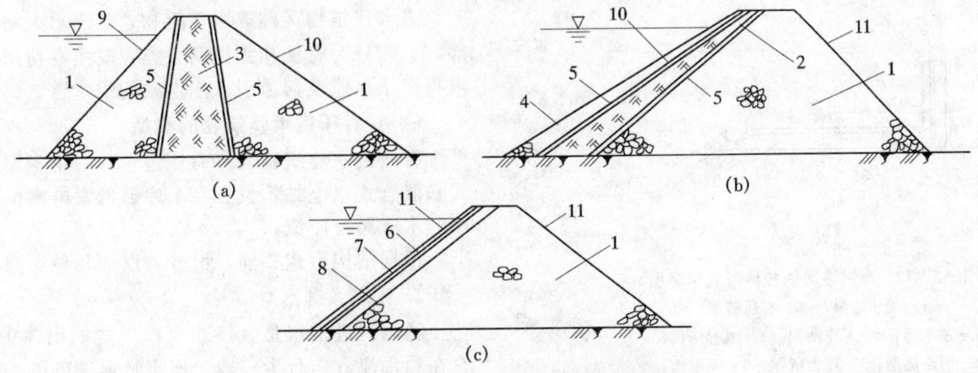

图 1-2-10 堆石坝类型

（a）心墙堆石坝；（b）斜墙堆石坝；（c）面板堆石坝

1—坝体；2—斜心墙；3—心墙；4—保护层；5—反滤层；6—沥青防渗层；7—平整垫层；8—过渡层；9—稍缓于自然坡；10—缓于自然坡；11—接近自然坡

（三）河岸式泄洪建筑物

土坝和堆石坝坝体不宜布置泄洪建筑物，一般采用河岸式泄洪。根据结构形式不同，可分为溢洪道和泄洪隧洞两类。

1. 溢洪道

河岸式溢洪道按溢流堰下游所接的泄水形式不同分为正槽式和侧槽式两种。溢洪道结构较简单，主要组成部分有：进水渠、节制闸、泄洪槽、消能设施和尾水渠等，见图1-2-11。

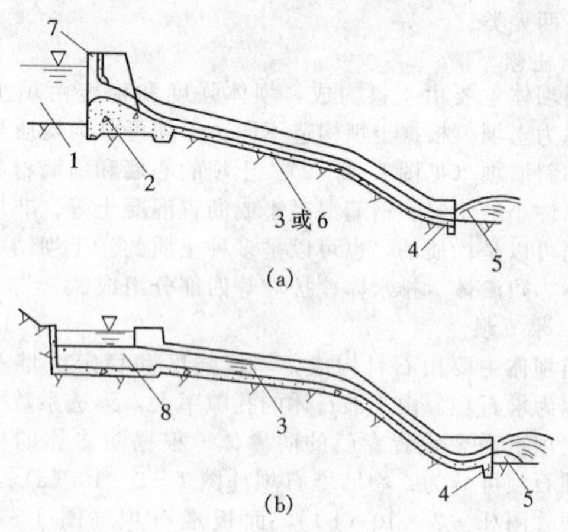

图1-2-11 河岸溢洪道的各种形式示意图

(a) 正槽式；(b) 侧槽式

1—进水渠；2—溢流堰；3—泄洪槽；4—挑流坎或消力池；5—尾水渠；6—明流泄洪隧洞；7—胸墙；8—侧槽

2. 泄洪隧洞

泄洪隧洞一般用以泄洪，也有的兼有冲沙作用，后者也称为泄洪排沙隧洞。泄洪隧洞的特点是流量大、流速高，设计时应特别注意消能、防冲和防蚀问题。图1-2-12为泄洪隧洞的两种典型形式。

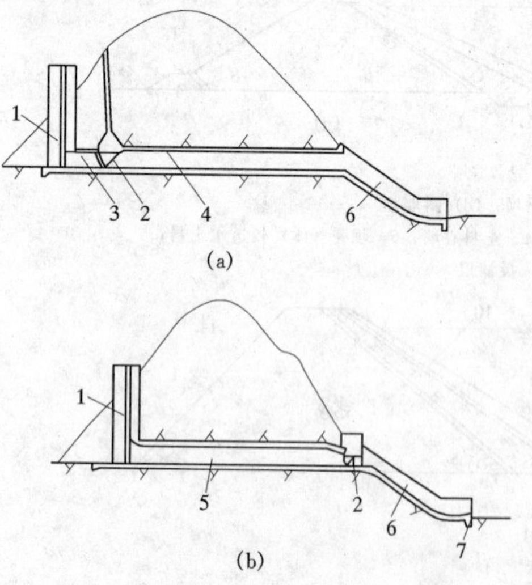

图1-2-12 泄洪隧洞的各种形式示意图

(a) 无压隧洞；(b) 有压隧洞

1—进水闸；2—工作闸门；3—短有压段；4—明流隧洞；5—压力隧洞；6—泄洪槽；7—挑流坎或消力池

（四）河床式泄洪建筑物

河床式泄洪有溢流坝、泄水底孔（图1-2-13）和泄水闸（图1-2-14）几种。河床上的泄水闸也起挡水作用，仅用于低水头水利枢纽。由于泄洪对下游冲刷影响较大，故不论采用何种泄洪方式，对下游消能防冲问题均应给予高度重视。

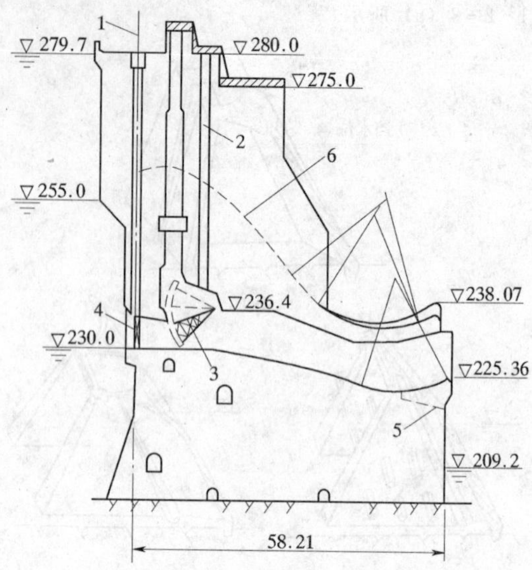

图1-2-13 重力坝泄水底孔坝段断面（单位：m）

1—坝轴线；2—通气孔；3—工作闸门；4—事故检修闸门；5—排水管；6—溢流坝段

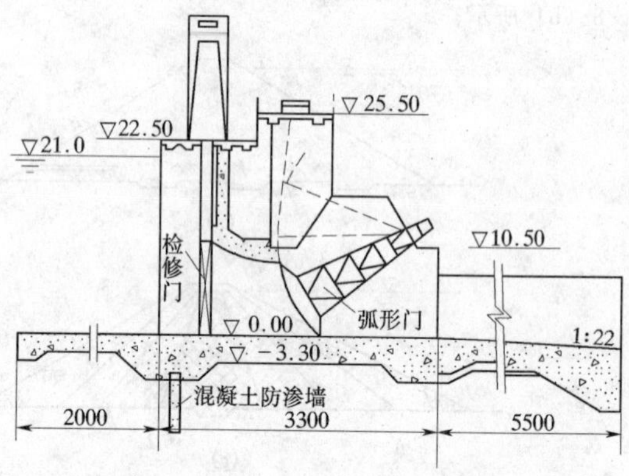

图1-2-14 泄水闸（高程单位为m，尺寸单位为cm）

四、进水建筑物

进水建筑物又称取水建筑物，位于水电站引水系统的首部，一般分为有压和无压两大类。其主要功用是按照发电要求将水从水库或河道引入水电站的引水道。

（一）有压进水建筑物的类型

有压进水建筑物又称有压进水口，用于坝式、有压引水式和混合式水电站，设置在水库最低发电水位以下，流经其中的水流属有压流。

根据结构形式不同，可分为以下几种类型。

1. 隧洞式进水口

隧洞式进水口是直接在水库岸边的山体中开挖出来的，它在顺水流方向分为三段，即喇叭形进口段、闸门竖井段和渐变段，如图1-2-15所示。这种形式用于岩体较好、岸坡较稳定的地区，能够充分利用岩体作用，节省混凝土工程量，降低造价。

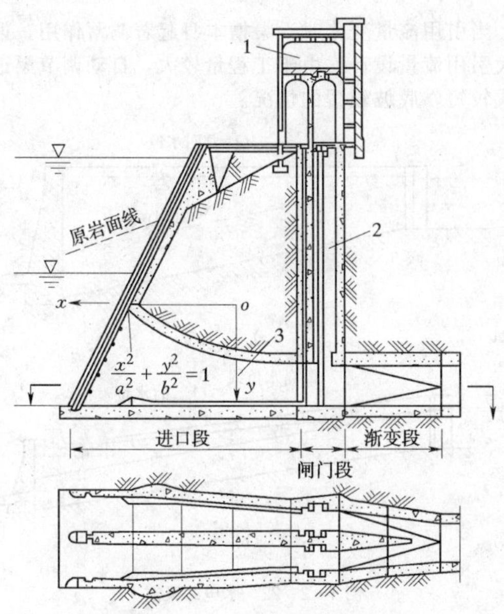

图 1-2-15 隧洞式进水口

1—启闭机间；2—闸门井；3—伸缩缝

2. 墙式进水口

当岩体条件较差，岸坡较陡，不宜采用隧洞式进水口时，可以采用如图1-2-16所示的墙式进水口。这种形式进口段和闸门均布置在山体之外，形成独立的钢筋混凝土结构。

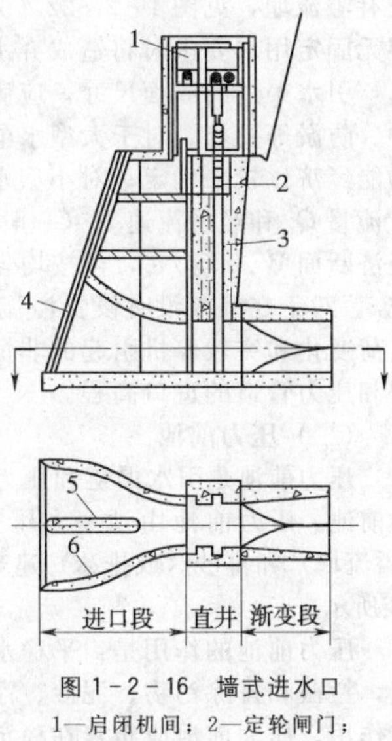

图 1-2-16 墙式进水口

1—启闭机间；2—定轮闸门；3—通气孔；4—拦污栅；5—支墩；6—侧墙

3. 塔式进水口

塔式进水口又称立式进水口，是由进口段、闸门段及其上部框架组成的一个耸立在水库中的塔式结构，通过工作桥与岸边相接。这种结构主要用于山岩较差、岸坡较平缓的地区，见图1-2-17。

4. 坝式进水口

坝式进水口是直接依附在坝体上，并与坝内高压管道相衔接，如图1-2-18所示。这种形式一般为坝后式水电站采用。

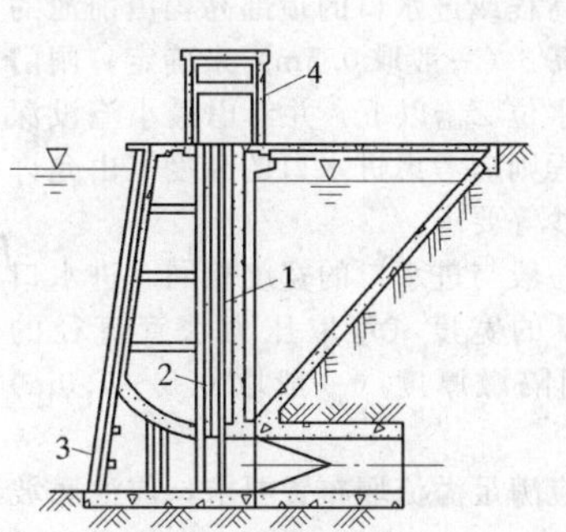

图 1-2-17 塔式进水口

1—工作门槽；2—检修门槽；3—拦污栅；4—启闭机间

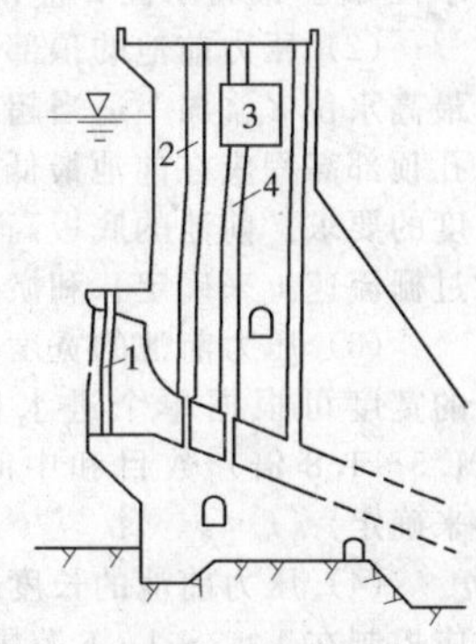

图 1-2-18 坝式进水口

1—拦污栅；2—检修闸门槽；3—闸门检修室；4—工作闸门槽

（二）有压进水口的主要设备

1. 闸门和启闭设备

有压进水口一般设有工作闸门和检修闸门。工作闸门主要是当引水道或机组发生事故时进行紧急关闭，故又称事故闸门。工作闸门要求动水关闭，静水开启。工作闸门有平板闸门和弧形闸门两种，大多数工作闸门采用钢或钢筋混凝土的平板闸门，少数隧洞式进水口采用弧形闸门。平板闸门适应性较广，结构简单，工作可靠；弧形闸门操作简单，启闭力小，但布置上占较大的空间。

检修闸门设置在工作闸门的上游侧，主要是在检修工作闸门或其门槽时堵水用的。检修闸门要求在静水中启闭。

对于每一扇工作闸门，应配备一套固定的启闭设备，如卷扬式或油压式启闭机。对于检修闸门，由于使用次数不多，可以几个进水口合用一套检修闸门，并采用移动式启闭设备进行启闭。

2. 拦污栅

拦污栅设在进水口检修闸门前，用来阻拦污物进入引水道，以防护水轮机、阀门、管道不受损坏。

拦污栅通常支承在钢筋混凝土框架上，框架结构由垂直立柱和水平横梁组成，在平面上框架可布置成直线的、多边形的或半圆形的，如图1-2-19所示。拦污栅布置应使水流平顺，以减少水流过栅时的水头损失。过栅流速一般为0.8～1.2m/s。过栅流速增大，不但增加水头损失，而且会增加清污困难。

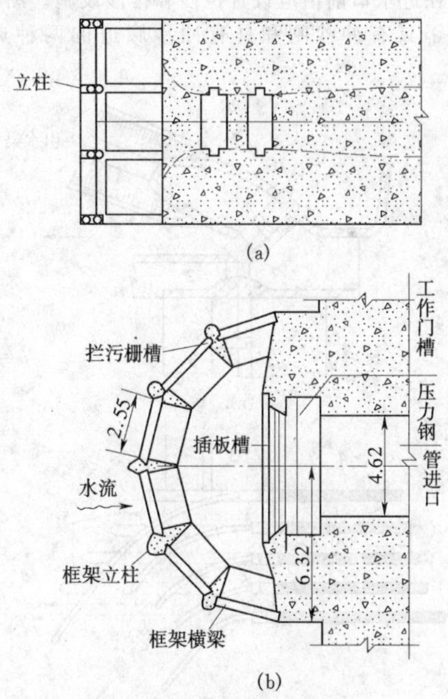

图 1-2-19 拦污栅框架的布置形式

(a) 直线形；(b) 多边形

3. 通气孔和旁通管

通气孔主要作用是闸门关闭时向引水道补气，在引水道充水时向外排气。通气孔的面积可按闸门孔口面积的1%～6%采用，通气孔的顶端应伸出上游最高水位以上。

旁通管的作用是在工作闸门开启前向引水道充水，使工作闸门平压后开启。

（三）有压进水口轮廓尺寸

有压进水口的高程应布置在水库可能出现的最低工作水位以下，并应有一定的淹没深度。

有压进水口的进口段为喇叭口，见图1-2-20。其高度c一般取闸孔高度的1.5倍左右，喇叭口顶板长度a可取闸孔高度的1.0～1.5倍，b可取闸孔高度的1/3。喇叭口收缩曲线一般采用椭圆曲线，底部一般是水平的。闸门段长度根据布置要求确定，断面为矩形。渐变段由方到圆，长度可取隧洞直径的1.5～2.0倍，收缩率不大于1∶5～1∶8。

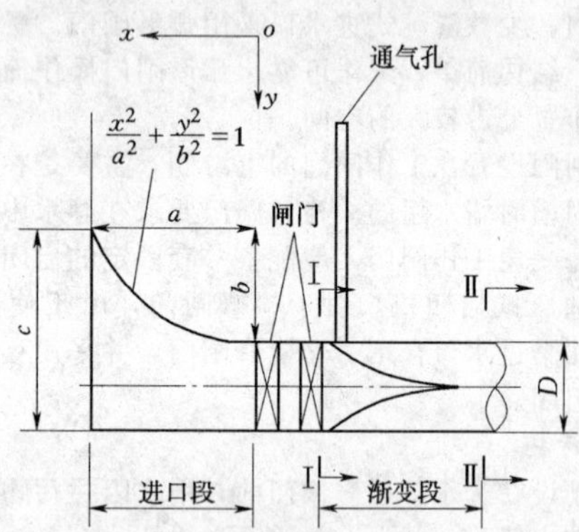

图1-2-20　有压进水口轮廓尺寸的拟定

（四）无压进水建筑物

无压进水建筑物用于无压引水式电站，其主体建筑物就是进水闸，流经其中的水流属无压流动。无压进水闸上设有拦污栅、检修闸门和工作闸门。为了防止底沙进入进水口和引水道，在进水口前沿应设置拦沙和排沙设施。图1-2-21中，示出了具有冲沙闸和具有冲沙廊道的两种典型布置方式。

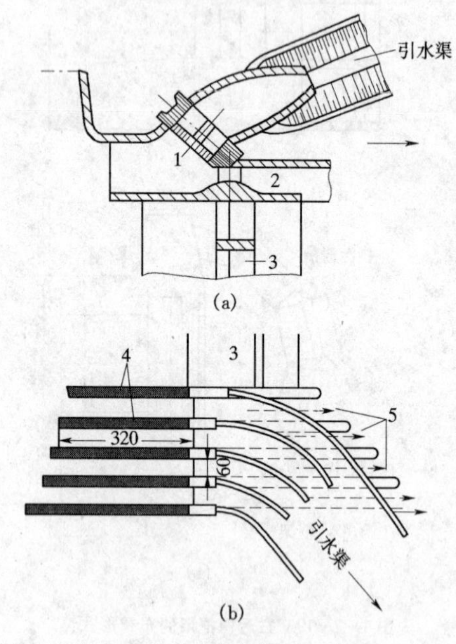

图1-2-21　无压进水口的组成

(a) 具有冲沙闸的进水口；(b) 具有冲沙廊道的进水口

1—进水口；2—冲沙闸；3—坝；4—隔墙；5—底部冲沙廊道

五、引水建筑物

（一）引水渠道

引水渠道为无压引水式电站用以集中水头和输送流量的引水建筑物。引水渠道有自动调节和非自动调节两种。自动调节渠道，从渠首至渠末，引水渠道的堤顶高程不变，渠道断面越向下游越深，见图1-2-22（a）。这种渠道断面变化较大，当引用流量变化时，渠槽本身起着调蓄作用，渠底应按最大引用流量设计。由于工程量较大，自动调节渠道只用于渠线较短，底坡较缓的情况。

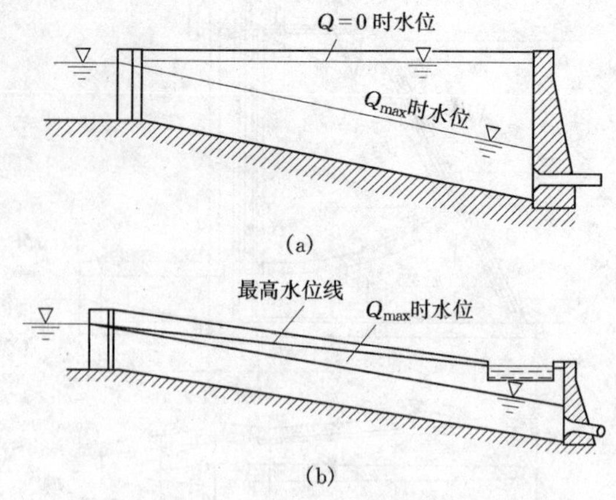

图1-2-22　水电站渠道

(a) 自动调节渠道；(b) 非自动调节渠道

非自动调节渠道，渠道堤顶基本平行于渠底，渠道末端设有溢流堰，见图1-2-22（b）。这种渠道工程量小，但下游无固定用水要求时将造成弃水。

引水渠道的断面尺寸，应满足输送最大引用流量以及防冲、防淤等要求。对于大型水电站，断面尺寸及底坡应根据动能经济比较来确定；对小型水电站，通常可以根据引用设计流量Q_r和经济流速v_e（一般v_e可取1.5～2.0m/s）计算经济断面$W_e=Q_r/v_e$，再按均匀流的条件求出相应的渠道底坡i。对于在渠末没有设置溢流堰的渠道，还应考虑因机组负荷变化和突然停机引起的非恒定流，以确定渠堤的堤顶高程和压力管道的进口高程。

（二）压力前池

压力前池是引水渠道和压力水管之间的连接建筑物，简称前池。压力前池由池身、压力管道进水口、泄水建筑物（溢流堰）和排沙（或排冰）建筑物四部分组成，如图1-2-23所示。

压力前池的作用是：平稳水头，分配流量，宣泄多余水量，拦截和排除污物、泥沙、浮冰等，同时也能起一定的调节作用。压力前池应布置在稳定的地基上。在保证稳定的前提下，应尽可能靠近厂房，以缩短压力水管的长度。

压力前池的轮廓尺寸可按下列几个原则来拟定：

(1) 通过水力学计算，确定压力前池的特征水位：正常水位Z_n，最高水位Z_{max}和最低水位Z_{min}。

(2) 压力前池的顶部高程或进水口的顶部高程由前池的最高水位Z_{max}加上适当超高δ（一般取0.5m）来确定；闸门孔顶部高程应在前池最低水位Z_{min}以下，并考虑最小淹没深度的要求。前池的底板高程则应考虑进水口的高度（由允许过栅流速v来确定）和淤沙等要求。

(3) 压力前池的宽度一般与进水口的宽度相同。进水口的宽度可根据单个进水口的宽度（可取压力水管直径的1.5～1.8倍）数目和中间隔墩厚度（一般取0.5～1.0m）来确定。

(4) 压力前池的长度应满足溢流堰布置要求，前池底坡应控制在1∶3～1∶5范围内。

（三）引水隧洞

引水隧洞可分有压和无压两种。有压引水隧洞一般采用圆形断面；无压引水隧洞，或者当内压较小时，多采用马蹄

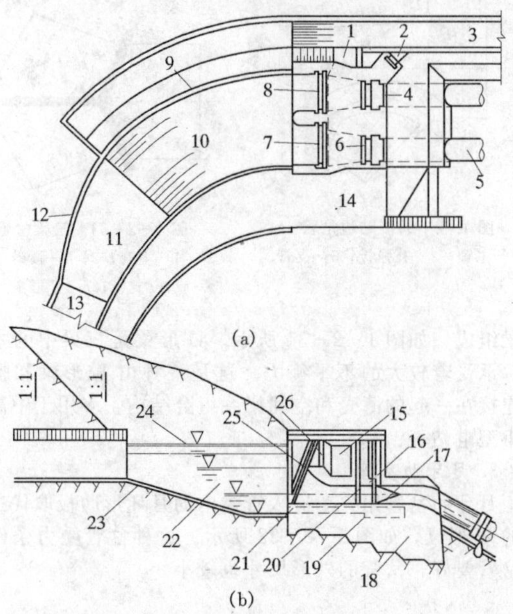

图 1-2-23 某无压引水式电站压力前池图

1—排冰道出口；2—排沙道出口；3—陡槽；4—工作门槽；5—钢管；6—检修门槽；7—拦污栅槽；8—排冰道叠梁槽；9—溢流堰；10—压力前池；11—扩散段；12—混凝土衬砌；13—渠道；14—检修平台；15—排冰道；16—工作门槽；17—渐变段；18—上镇墩；19—排沙廊道；20—检修门槽；21—排沙廊道进口；22—压力前池；23—钢筋混凝土衬砌；24—溢流堰；25—拦污栅槽；26—排冰道叠梁

形断面。引水隧洞的断面尺寸由动能经济计算确定，一般水电站压力引水隧洞的经济流速为 3～5m/s。

引水隧洞是在山岩中开凿出来的，可以利用岩石的承载能力分担一部分水压力。隧洞衬砌的结构形式与山岩条件好坏、内水压力、洞径大小和岩体渗流等因素有关。常见的衬砌形式有：不衬砌、平整性减糙衬砌（包括喷锚支护）、素混凝土衬砌、钢筋混凝土衬砌、钢衬钢筋混凝土衬砌、预应力灌浆衬砌、预应力张拉式衬砌。常见的隧洞断面形状见图 1-2-24。其中以圆形断面用得最为广泛。

（四）压力管道

压力管道是指从水库或水电站平压建筑物（压力前池或调压室）向水轮机输送水量的管道。大型水电站一般采用钢管或钢衬钢筋混凝土管，中、低水头水电站则多采用钢筋混凝土管。

1. 压力管道的供水方式

压力管道的供水方式主要有下列三种：

（1）单独供水。由一个管道向一个机组供水，即单管单机供水，见图 1-2-25（a）。当管道直径较大、压力管线较短时，采用这种方式供水，结构简单，工作可靠，运行灵活。

（2）分组供水。由一个管道向几个机组供水，即多管多机分组供水，见图 1-2-25（b）。这种供水方式结构较为复杂，管道检修时影响几台机组运行，在运行上也不如单独供水灵活可靠，但较经济。

（3）联合供水。由一根总管向电站所有机组供水。这种供水方式常用于管道很长、水头较高、流量较小的水电站，可节省工程量，节约投资。布置形式见图 1-2-25（c）。

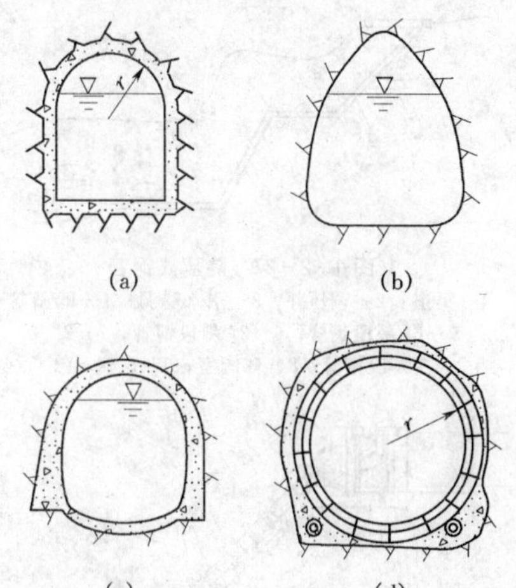

图 1-2-24 隧洞断面形式

（a）圆拱直墙型，整体素混凝土衬砌无压隧洞；（b）高壁拱型无衬砌无压隧洞；（c）马蹄型整体素混凝土衬砌无压隧洞；（d）圆形钢筋混凝土衬砌有压隧洞

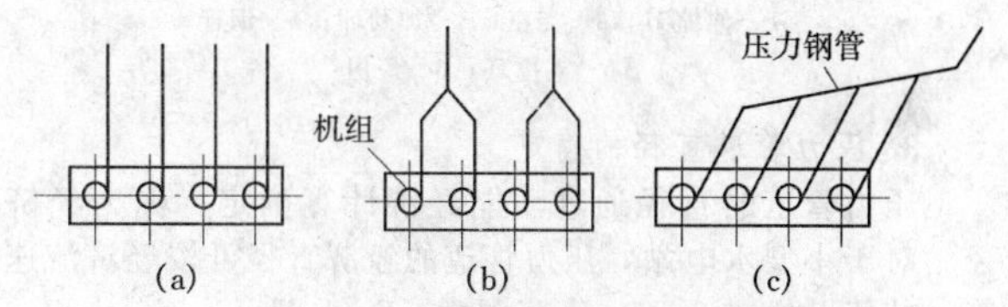

图 1-2-25 压力管道供水方式

（a）单独供水；（b）分组供水；（c）联合供水

2. 压力钢管类型

压力钢管具有强度高、结构轻、不易漏水、糙率小和经久耐用等优点，运用极为广泛。常见的压力钢管有下列三种类型：

（1）坝内式钢管。压力钢管埋设在坝体内，管轴线基本与坝下游坡平行，见图 1-2-26。为减少管道与坝体施工干扰，可以把钢管布置在坝外下游斜坡上，可以保证坝体的完整性，这样的布置方式称为坝后背管。

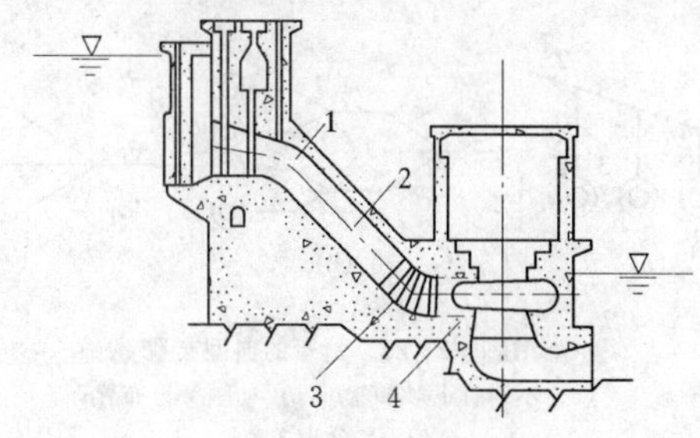

图 1-2-26 坝内式钢管

1—上弯段；2—斜段；3—下弯段；4—水平段

（2）隧洞式钢管。压力钢管埋设在隧洞混凝土内。常用于水头高、内压大的引水式或地下式水电站，见图 1-2-27。这种形式应尽量布置在坚固、完整、地下水位较低的山岩中，管线应避开地质构造、岩层走向、节理、裂隙等。

（3）露天式钢管。露天式钢管是直接暴露在大气中的明管，见图 1-2-28。这种管道受温度变化影响较大，质量要求较高，但安装较为方便。

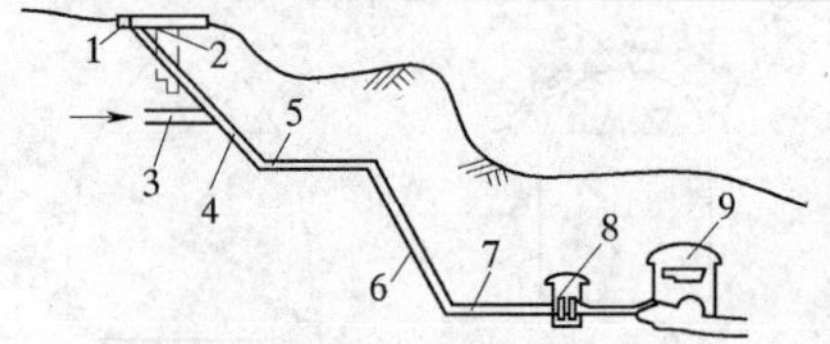

图 1-2-27 隧洞式钢管

1—渠道；2—调压井；3—引水隧洞；4—1# 斜管；5—1# 平段钢管；6—2# 斜段钢管；7—2# 平段钢管；8—球阀室；9—厂房

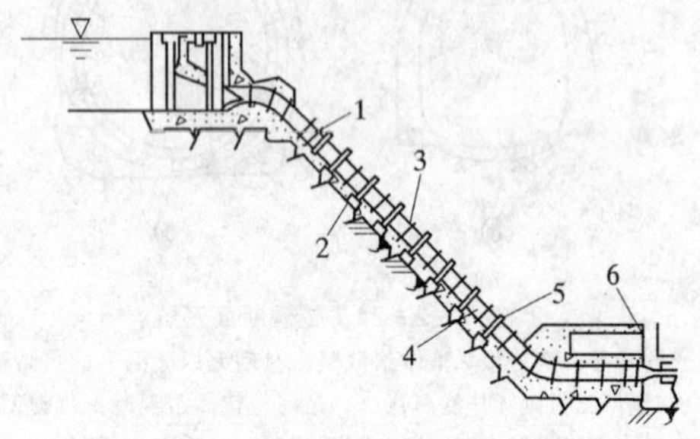

图 1-2-28 露天式钢管

1—伸缩节；2—支座；3—加劲环；4—钢管；5—支撑环；6—厂房

3. 压力管道直径的确定

压力管道的直径通过动能经济计算确定，称为经济直径。对于小型水电站，压力管道的经济直径可按经济流速估算，其值一般在 2～5m/s 范围内。

压力管道的管壁厚度，应根据所承受的荷载，按强度要求确定。除了满足强度要求外，还应满足施工、抗渗、抗裂和抗外压稳定的要求。

（五）岔管

当水电站采用分组供水或联合供水时，必须设置岔管。由于岔管的主、支管管壁被切割，管壁受有很大的不平衡力，使岔管的结构和受力条件比较复杂，水头损失也较大，制造、安装和施工要求也较高。

岔管可采用不对称的卜形布置、对称 Y 形布置和三岔布置三种形式，见图 1-2-29。常用的岔管结构形式有下列四种。

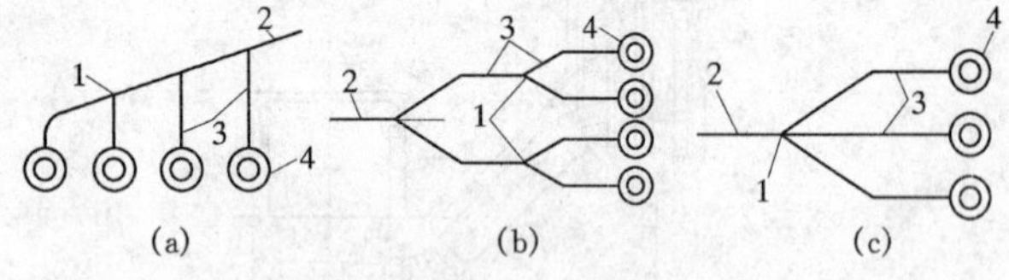

图 1-2-29 岔管的典型布置

(a) 不对称卜形布置；(b) 对称 Y 形布置；(c) 三岔形布置

1—岔管；2—主管；3—支管；4—水轮机

1. 贴边岔管

贴边岔管由主、支管和补强板组成，如图 1-2-30 所示。贴边岔管的应力状态比较复杂，目前对补强板的结构参数大多凭经验确定。补强板的宽度一般不小于 0.12～0.18 倍主管直径，厚度一般取圆管计算厚度的 1.25～1.50 倍。补强板可用普通钢板制造，工艺比较简单，一般用于低水头、小管径的水电站。

2. 三梁岔管

三梁岔管由主、支管和设置在相贯线外侧的 U 形梁、

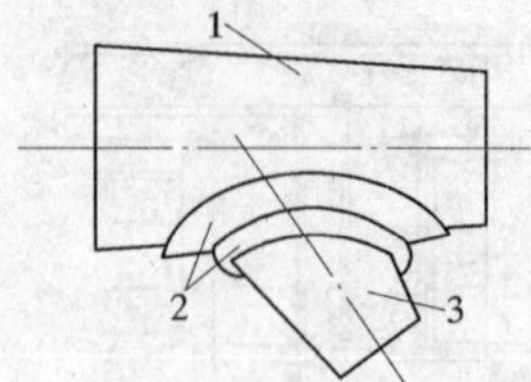

图 1-2-30 贴边岔管

1—主管；2—补强板；3—支管

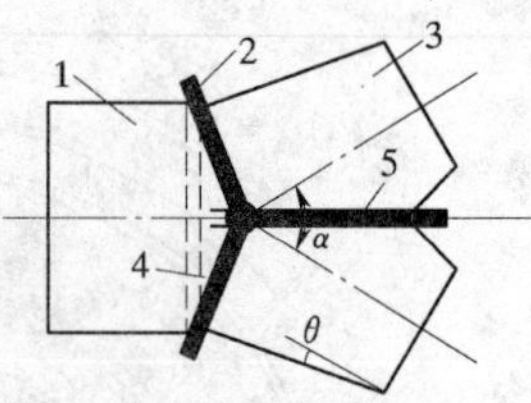

图 1-2-31 三梁岔管

1—主管；2、4—腰梁；3—支管；5—U 形梁

腰梁组成，如图 1-2-31 所示。U 形梁是三梁中的主要构件，承受着较大的不平衡力。这是一种由 U 形梁和腰梁端部连接在一起的薄壳和空间梁系组合结构，多用于中高水头的小型电站。

3. 月牙肋岔管

月牙肋岔管用一个嵌入管体内的月牙形肋板取代三梁岔管的 U 形梁，如图 1-2-32 所示。这种岔管受力条件比三梁岔管要好，岔管的外形尺寸也较小。

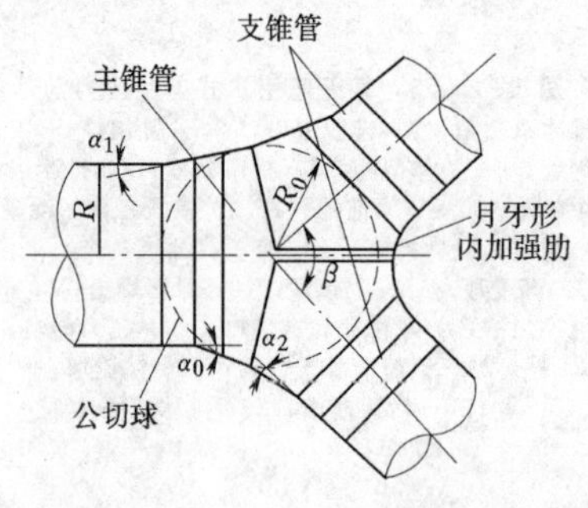

图 1-2-32 月牙肋岔管

4. 球形岔管

球形岔管通过一个球面体进行分岔，主要由球壳和圆柱形主、支管以及补强环、导流板等组成，见图 1-2-33。球形岔管受力条件较好，适应于高水头电站。但在球壳与主、支管圆柱壳的衔接处存在着结构的不连续性。为了消除这些不连续性，可以利用圆柱形管壳逐渐过渡的办法使球壳与主、支管圆柱形管壳连接，形成无梁球形壳体岔管，改善岔管的工作条件。

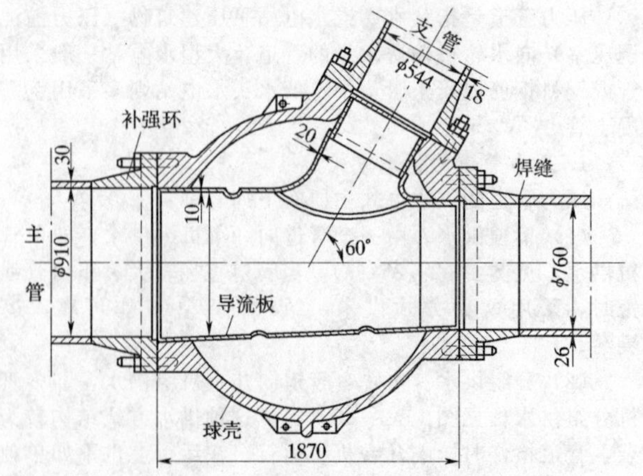

图 1-2-33 球形岔管（H_p=650 m）（单位：cm）

六、调压室

调压室是连接有压引水管道与高压管道之间的平水建筑

物。调压室实际上是一个具有自由水面的圆筒，设置在进水口和厂房之间。

（一）调压室的作用和设置条件

调压室的主要功用归纳起来有下列三条：

（1）防止和尽量减小水击压力进入有压引水管道。

（2）缩短压力管道长度，减小压力管道中的水击压力。

（3）改善机组在负荷变化时的运行条件。

设置调压室可以解决水电站运行过程中的调节保证问题，但增加工程投资。是否设置调压室应由技术经济比较决定。在一般情况下可用下式初步判断是否需要设置调压室

$$T_W = \sum Lv/gH$$

式中 L——压力管道长度，包括蜗壳及尾水管（m）；

v——上述各管段相应流速（m/s）；

g——9.81（m/s^2）；

H——电站设计水头（m）；

T_W——压力管道的惯性时间常数（s）。

当 $T_W<1.5\sim4.0$ s 时，可不设调压室。对于在电力系统中占重要地位的电站，T_W 宜取较小值，但最终 T_W 值的采用应根据机组调节保证计算决定。

（二）调压室的类型

按结构特征，调压室可分为以下六种。

1. 圆筒式调压室

圆筒式调压室自下而上具有相同的断面，如图 1-2-34（a）所示。这种形式结构简单，水击波反射条件好，但正常运行时，底部水头损失大。为了减少水头损失，可以用连接管来连接隧洞和调压室，见图 1-2-34（b）。连接管的直径一般不小于隧洞直径。圆筒式调压室一般用于中、低水头电站。

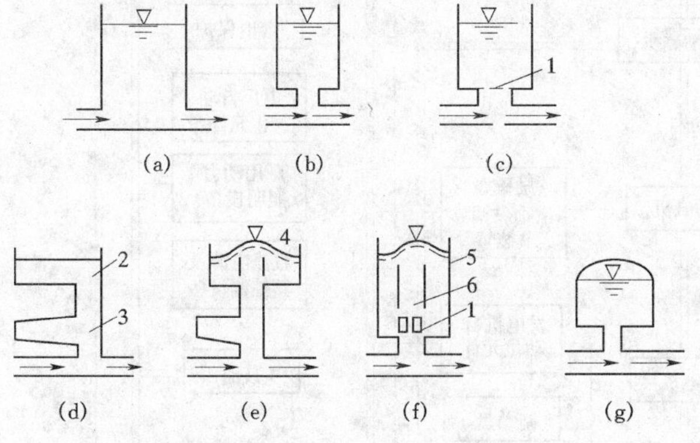

图 1-2-34 调压室基本结构形式

1—阻力孔；2—上室；3—下室；4—溢流堰；5—大井；6—升管

2. 阻抗式调压室

阻抗式调压室是在圆筒式调压室底部附加阻抗而形成的，如图 1-2-34（c）所示。由于阻抗的作用，减少了调压室中水位的涌浪值，并可使波动衰减加快，稳定运行时水头损失也不大，但反射水击波较差。

3. 双室式调压室

双室式调压室由一个断面较小的竖井和上下两个断面扩大的储水室组成，如图 1-2-34（d）所示。上室供甩负荷时蓄水，下室供增加负荷时补充水量，正常运行时水面位于竖井中。适用于高水头、水库水位变化大的水电站。

4. 溢流式调压室

溢流式调压室顶部设有溢流堰，如图 1-2-34（e）所示。当丢弃负荷时，调压室中水位迅速上升，升至堰顶开始溢流，溢出的水量可储存在上室，也可排往下游，待竖井水位下降时，上室水量经底部泄水孔返回竖井。这种形式可有效控制最高涌浪值。

5. 差动式调压室

差动式调压室由两个直径不同的同心圆组成，如图 1-2-34（f）所示。这种结构所需容积较小，水位波动衰减快，综合了各类调压室的优点，但结构较复杂，适用于中、低水头大中型电站。

6. 气压式调压室

气压式调压室的顶部完全封闭，内部充以压缩空气，如图 1-2-34（g）所示。这种调压室不受地形条件限制，可以减小调压室高度，并紧靠厂房布置，以减小水击压力。但水位波动稳定条件较差，需配置压缩空气系统，定期进行补气，对山岩要求较高。目前国内尚很少采用。

（三）调压室基本尺寸的确定

当水电站的负荷发生变化时，将引起调压室内的水位波动，其波动过程如图 1-2-35 所示。调压室的基本尺寸必须满足水位波动变化的要求。一般通过水位波动计算来确定调压室的顶部及底部高程，并通过调压室波动稳定计算来确定调压室的断面积。

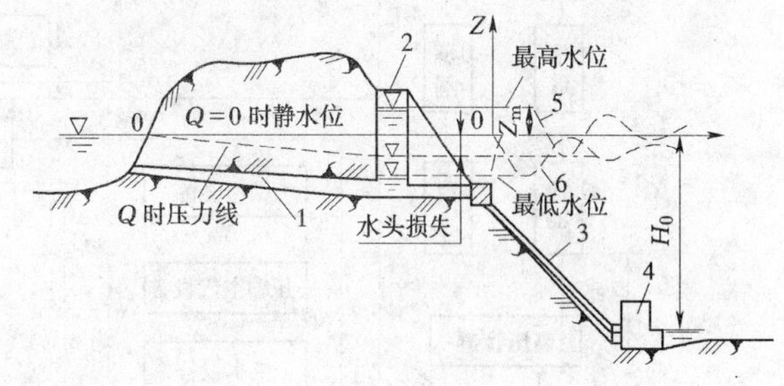

图 1-2-35 调压室水位波动过程

1—隧洞；2—调压井；3—高压管道；4—厂房；5—甩负荷时水位波动曲线；6—增加负荷时水位波动曲线

1. 调压室水位波动计算

计算目的是确定调压室的最高、最低涌波水位，从而确定调压室的顶部高程和底部及压力水管的高程。计算最高涌波水位时，上游水库应取最高运行水位及丢弃全部负荷的工况，引水道的糙率应取可能的最小值。计算调压室的最低涌波水位，应按下列情况考虑：

（1）上游水库取可能出现的最低运行水位，且电站最后一台机组增荷时出现的最低涌波水位，这时引水道糙率应取可能的最大值。

（2）上游水库取可能出现的最低运行水位、电站丢弃的负荷为可能的最大负荷、出现水位波动的第二振幅时的最低涌波水位。

调压室最低水位应取上述两种计算工况的较小值。对于承担系统事故的电站，应对电站关机后于水位低峰时又开机的情况进行分析，针对其可能出现的情况进行最低水位计算。

2. 调压室波动稳定计算

调压室波动稳定计算的主要目的是确定调压室最小的临界断面。

对于单独运行的圆筒式调压室，最小的稳定断面 F_K 可按下式计算

$$F_K = \frac{Lf}{2g\alpha(H_0 - h_{w0} - 3h_{wm0})}$$

式中 L——引水隧洞长度；

f——引水隧洞断面面积；

H_0——水电站静水头；

h_{w0}——引水隧洞水头损失；

h_{wm0}——高压管道水头损失；

α——引水管道的水头损失系数（包括局部损失和沿程损失）。

实际调压室的断面可根据最小临界断面 F_K，再乘以 1.05～1.10 的安全系数确定。

七、地面厂房

水电站厂房是水力发电的建筑中心，它的主要作用是布置水轮发电机组及水机、电气辅助设备，并为上述设备的安全运行和操作管理提供必要的条件。厂房布置要求运行维护方便、紧凑、合理、节约投资。

（一）厂房的组成及设备布置

水电站厂房主要由主厂房和副厂房两大部分组成。二者的相互关系以及各自的组成内容参见图 1-2-36。

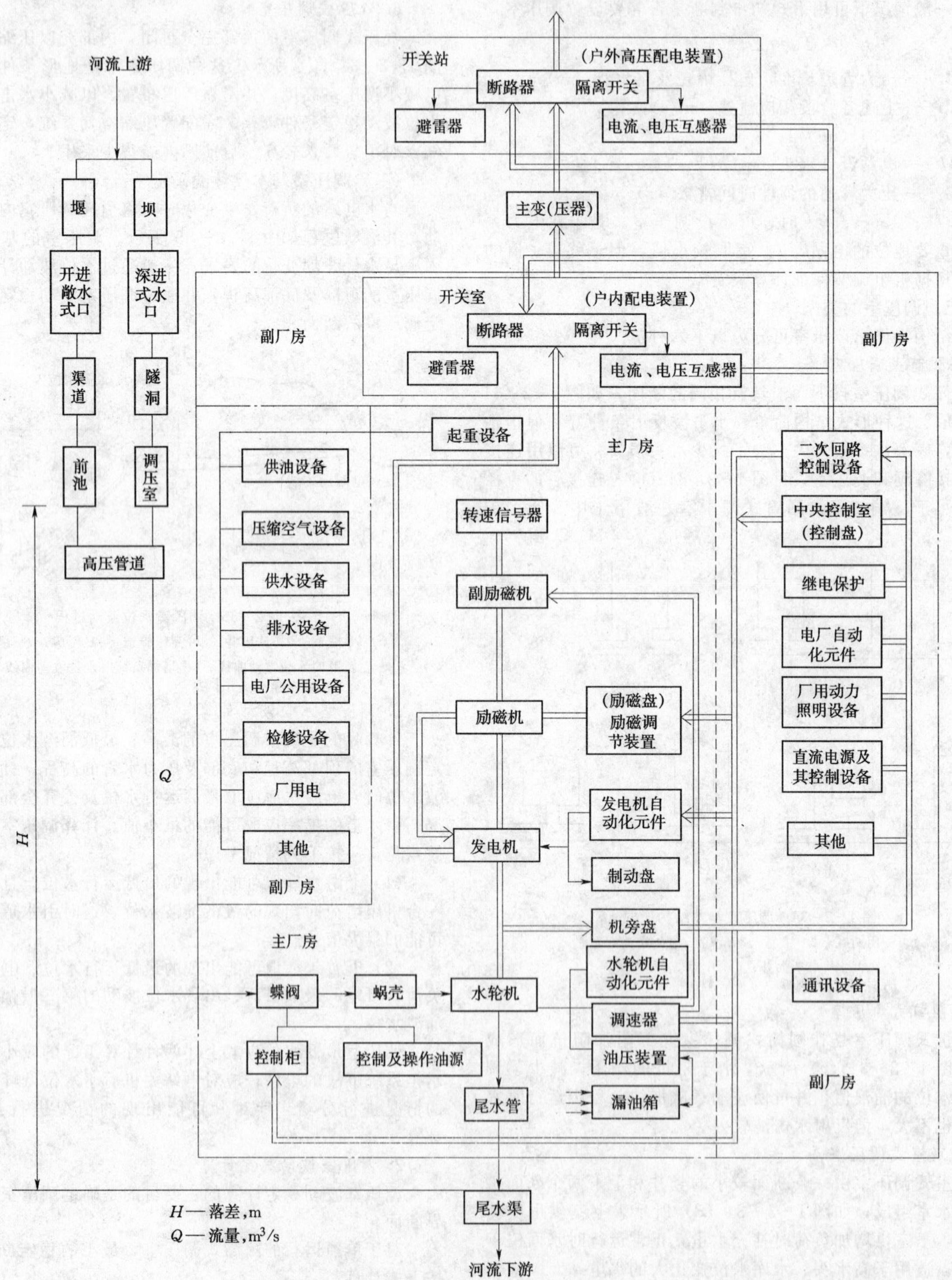

图 1-2-36 水电站厂房的组成框图

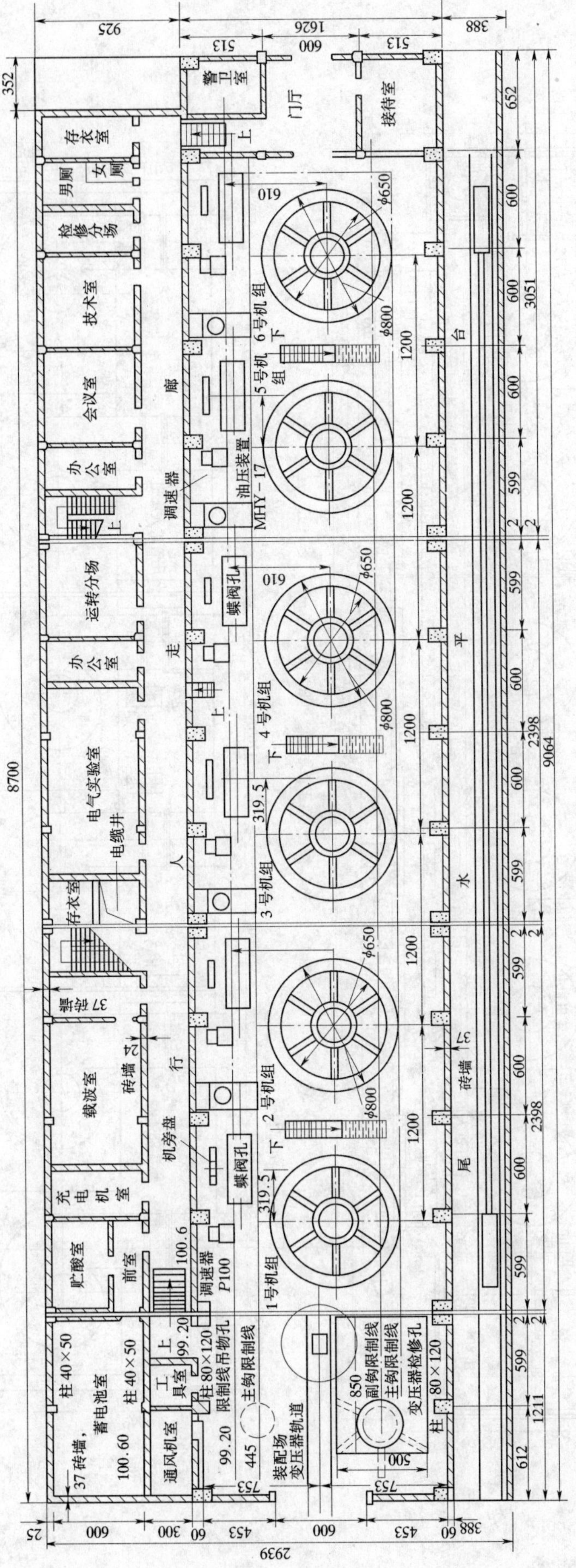

图 1-2-37 发电层平面布置图（尺寸单位：cm）

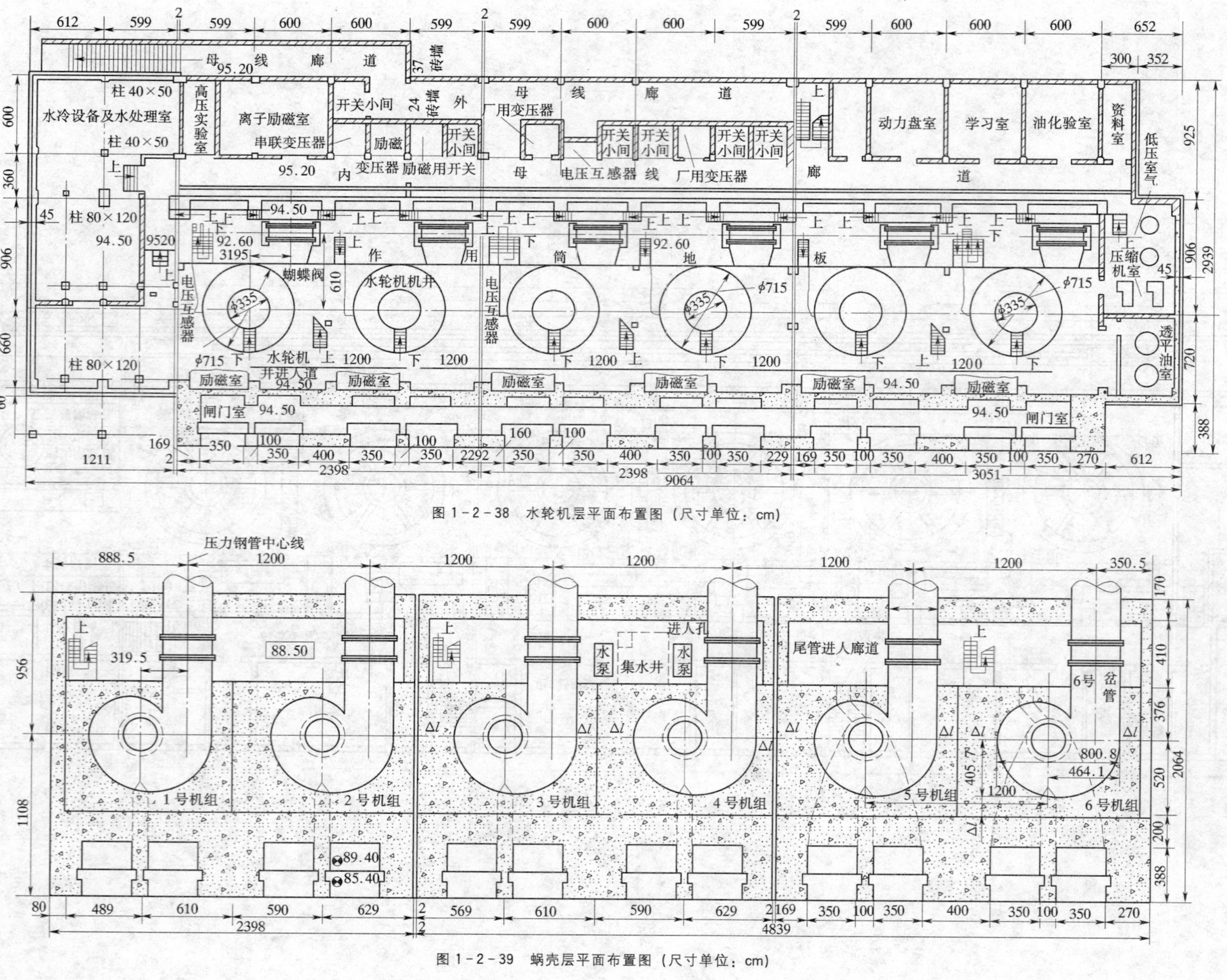

图 1-2-38 水轮机层平面布置图（尺寸单位：cm）

图 1-2-39 蜗壳层平面布置图（尺寸单位：cm）

1. 主厂房

主厂房是水轮发电机组及其主要辅助设备的布置场所。在立面上可分为上部结构和下部结构。发电机层以上部分称为上部结构，其结构特征为板、梁、柱体系，与一般工业厂房类似。发电机层以下部分称为下部结构，其结构特征为混凝土块体结构，与一般水工建筑物类似。下部结构的主要构件是蜗壳、外围混凝土和尾水管，构成主厂房的基础。

在平面上，主厂房可分为机组段和安装场两部分。机组段主要布置水轮发电机组及其主要辅助设备（机旁盘、油压装置、调速器等）。装配场主要用于安装、检修机组和临时存放部件。装配场一般布置在厂房的端部，与对外交通相联系。

2. 副厂房

副厂房是为了布置各种电气、水机辅助设备及工作、办公用房而在主厂房邻近所建造的用房。其规模应按电站在电力系统中的作用、电站的自动化程度、装机容量、机组台数等因素来确定。布置副厂房要求运行、管理方便，充分利用空间。按生产性质副厂房可分为下列几种类型：

(1) 直接生产副厂房。包括：中控室，开关室，电缆室，继电保护室，厂用配电室，直流系统室，计算机和通讯室，水、油、气系统等。

(2) 辅助生产副厂房。包括：电气、仪表、通讯、电工、高压等试验和检修室，油处理、油化验室，机修、加工生产室等。

(3) 间接生产副厂房。包括：生活、生产管理及资料、行政等用房。

3. 设备布置

主、副厂房各层的设备布置参见图 1－2－37～图 1－2－39。

(二) 影响主厂房平面尺寸的主要构件

蜗壳和尾水管是反击式水轮机的主要构件。对于中、低水头的大、中型电站来说，厂房的平面尺寸往往由蜗壳和尾水管控制。对于高水头电站，其平面尺寸则往往由发电机定子控制，这里不进行介绍。

1. 蜗壳

蜗壳按材料可分为金属蜗壳和混凝土蜗壳两大类。对于大中型电站，水头大于 40m 时，一般采用金属蜗壳。而对于低水头大流量的电站则多采用钢筋混凝土蜗壳。

金属蜗壳平面形状见图 1－2－40 (a)，其断面呈圆形，蜗壳的末端通常和座环的一个固定导叶连接在一起，称为蜗壳的鼻端。从鼻端到蜗壳进口断面之间的中心角称为蜗壳的包角，一般多采用 345°。从水轮机中心线到任意断面蜗壳外边缘的半径 $R_1=R'D_1$。其中 D_1 为水轮机直径，R' 决定于蜗壳的形式。进口断面及包角等参数，可查水轮机设计手册来确定。

钢筋混凝土蜗壳的包角在 135°～225°之间，常用的为 180°，这时蜗壳的宽度最小。蜗壳的形状及断面形式可参见图 1－2－40 (b)、(c)。其断面形状采用梯形，对减小厂房平面尺寸有利，施工也较方便，但由于包角较小，水力条件不如金属蜗壳。采用 $n=0$ 的平顶蜗壳对布置接力器较为方便，故应用较多。

2. 尾水管

尾水管的形状主要根据水轮机的模型试验确定。大中型水轮机为了减少水下开挖量，一般都采用弯肘形尾水管，如图 1－2－41 所示。弯肘形尾水管由锥管段、肘管段和扩散段三部分组成。

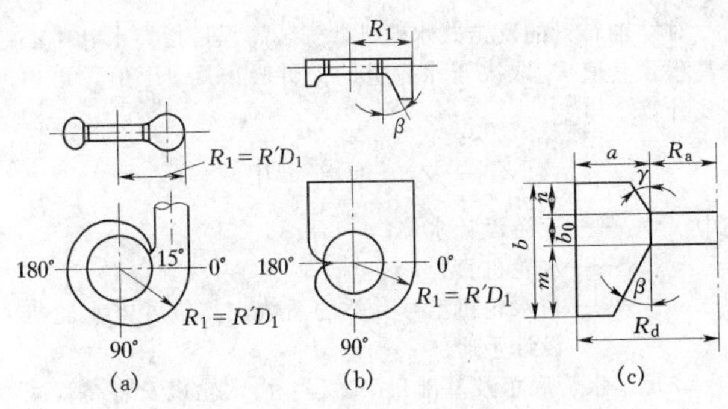

图 1－2－40　蜗壳形状图

(a) 金属蜗壳；(b) 混凝土蜗壳；(c) 混凝土蜗壳断面

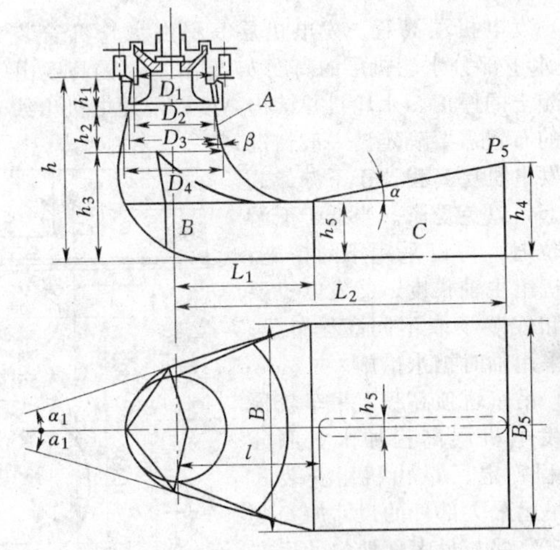

图 1－2－41　尾水管尺寸

尾水管的尺寸由厂家提供。在缺乏厂家资料时，可查水轮机设计手册选定相应型号和尺寸。对地下式厂房，为减少机组间，一般采用窄高型的尾水管。

(三) 主厂房尺寸的确定

1. 主厂房各主要高程的确定

(1) 水轮机安装高程。在确定主厂房各高程时，首先应确定水轮机的安装高程。安装高程是由防止水轮机出现气蚀的条件确定的。主厂房其他高程，在确定水轮机安装高程后，都可依此而定。见图 1－2－42。

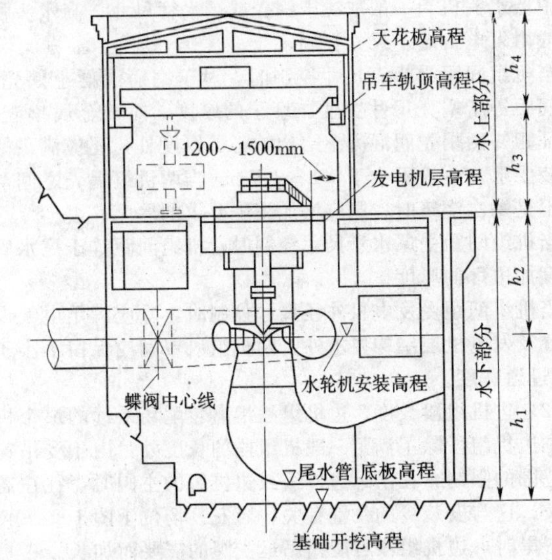

图 1－2－42　厂房横剖面各高程图

对立轴布置的反击式水轮机，安装高程是指导水叶中心线高程，其值 Z_a 取决于水轮机的允许吸出高 H_s 值，可由下式计算

$$Z_a = \nabla_w + H_s + xD_1$$

式中 ∇_w——下游设计水位；

D_1——水轮机直径；

x——与水轮机型号有关的系数，其值可查水轮机设计手册。

(2) 尾水管底板及基础开挖高程。由水轮机安装高程减去1/2导叶高度和尾水管高度即可得尾水管底板高程。然后再通过结构计算定出底板厚度，即可得基础开挖高程，见图1-2-42。

(3) 发电机层高程。发电机层高程由水轮机安装高程 Z_a 加上水下部分水轮机层的高度 h_2 定出。h_2 的高度由蜗壳外围混凝土的厚度、水轮机井结构高度以及发电机出线和各种设备的布置需要确定。一般情况下要求发电机层高程位于下游最高尾水以上，以免受淹。当低于下游最高水位时，可以采用下列措施：①加长机组主轴长度；②发电机层机组段和安装场取不同高程布置；③汛期采用临时挡水措施。

(4) 吊车轨顶高程。吊车轨顶高程由发电机层高程加水上部分 h_3 的高程确定。h_3 由机组安装和检修时吊运最大部件的尺寸加安全吊距确定，并与最大部件的吊运方式和吊运线路有关，应综合各方面因素来考虑，见图1-2-42。

(5) 屋顶高程。屋顶高程由吊车轨顶高程加上吊车尺寸和屋架高度确定。在吊车顶部与屋面大梁之间应留有0.2m的安全距离。

2. 主厂房长度的确定

主厂房长度取决于机组间距、边机组段长度和安装场的长度。

(1) 机组间距。机组间距指水轮发电机中心线之间距离。中低水头机组一般取决于蜗壳或尾水管尺寸，高水头机组一般由发电机定子尺寸控制。

当机组间距受蜗壳尺寸控制时，对于钢筋混凝土蜗壳，机组间距等于蜗壳尺寸宽度加圬子的厚度；对于金属蜗壳，除保证相邻两蜗壳间混凝土结构的必需厚度外，还应满足蜗壳安装要求，一般不少于0.8～1.2m。当两机组蜗壳之间混凝土不是一次浇筑时，则应增加施工要求的厚度。

当机组间距受尾水管尺寸控制时，机组间距等于尾水管的宽度加边圬的厚度。

当机组间距受发电机外径尺寸控制时，除应满足电气设备布置及发电机层结构要求外，两机组风罩间应保留不小于2m的过道宽度。

(2) 边机组段长度。边机组是指离装配场最远的那个机组段。边机组段除了满足一般机组段的长度外，由于受吊钩工作范围的限制，在吊运边机组或边机组的主阀时，往往需要加长，这与安装场的位置有关，当安装场位于图1-2-43所示右岸时，边机组段可能因吊运主阀的需要而加长。

(3) 安装场长度。安装场的面积一般按一台水轮发电机组进行扩大性检修的要求确定。通常要求能放置发电机转子、上支架、水轮机转轮和顶盖四大件。对轴流式水轮机还要求放置水轮机支持盖，见图1-2-44。安装场的宽度与主厂房的宽度相同，其长度则取决于四大件的布置。一般情况下安装场与发电机层的机组段同高程，当安装场高于机组段的高程时，其长度将有所增加。

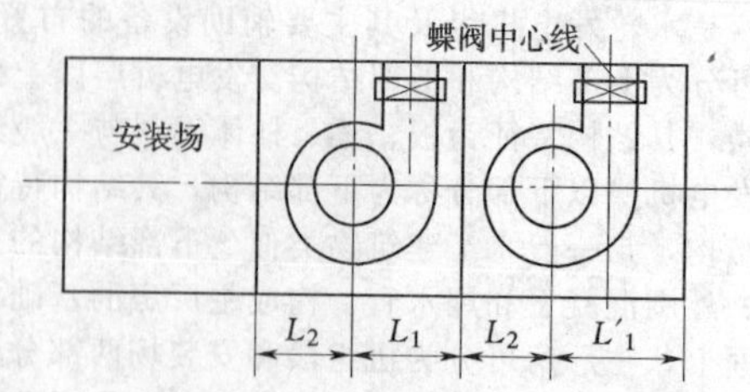

图1-2-43 边机组长度示意图

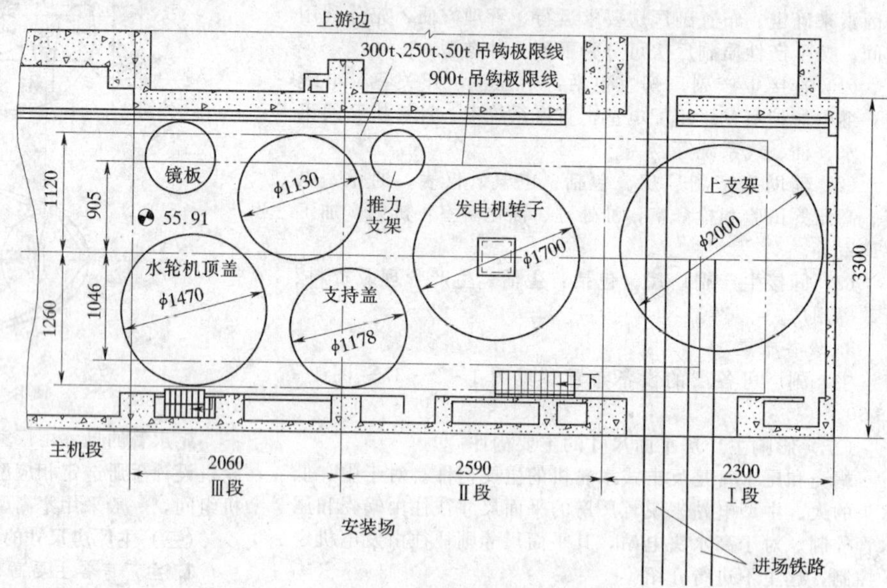

图1-2-44 水电站安装场布置示例图

3. 主厂房宽度的确定

主厂房的宽度由蜗壳尺寸、主阀位置、发电机尺寸、机电设备的布置和最大部件的吊运方式等要求决定。高水头电站，一般由发电机层布置要求控制；低水头电站，则由蜗壳尺寸控制。厂房宽度除满足上述要求外，还应考虑一定的交通道宽度，并与桥吊的标准跨度相适应。

(四) 机电设备布置

1. 水轮发电机布置

水轮发电机的布置方式对主厂房布置的影响较大。在立面上根据它与发电机楼板的关系有以下几种布置方式。

(1) 外露式。发电机全部外露在地板上，如图1-2-45(a)所示。这种布置方式适合于机组容量较小、开敞式通风冷却的机组。

(2) 半岛式。布置方式如图1-2-45(b)所示。发电机层楼板一侧与发电机层同高，一侧与水轮机层同高。高侧楼板下可作发电机出线层；低侧楼板上可布置调速器及油压装置，以便与接力器连接，使回复机构和油管路较短，同时使水轮机层具有较好的自然采光，但主机室设备布置往往较挤。

(3) 埋入式。布置方式如图1-2-45(c)所示。发电机定子埋在楼板以下，楼板与风罩盖板齐平。这种布置主机

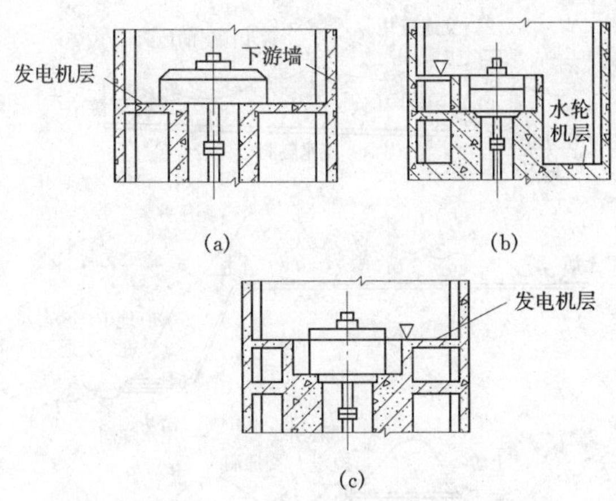

图 1-2-45 水轮发电机布置方式
(a) 外露式；(b) 半岛式；(c) 埋入式

房宽敞明亮，便于布置电气和主机附属设备。大中型机组多采用此种布置方式。

2. 主变压器布置要求

主变压器是连接厂内外电气设备的纽带。主变器位置选择应满足以下基本要求：

(1) 发电机与主变压器间距离应尽可能短，以缩短母线长度，减少有色金属消耗和电能损失，同时也能减少母线故障的可能性。

(2) 应方便主变压器的检修、运输，并能利用主厂房内桥吊作为起吊设备。

(3) 高压出线方便，其布置方位应与开关站位置相协调。

(4) 通风散热条件良好。

3. 主变压器布置方式

根据主变压器布置要求，以及电站形式、地形条件、机组容量、台数和电气主接线方式等因素，一般有以下几种布置方式：

(1) 放在厂房一端。引水式地面厂房，当主变压器台数不多，且处于山区河谷、陡峭山坡时，为了减少厂房开挖可采用此种布置方式。

(2) 位于主厂房上游侧的厂坝平台上。中高水头的坝后式厂房，厂坝之间有足够的空间，可采用这种布置方式。

(3) 位于尾水平台上。低水头河床式厂房，尾水管相对较长，有宽敞的尾水平台可考虑布置主变压器。这种布置方式出线及进厂检修方便，通风散热条件较好。

图 1-2-46 是国内一些已建电站的主变压器布置方式。

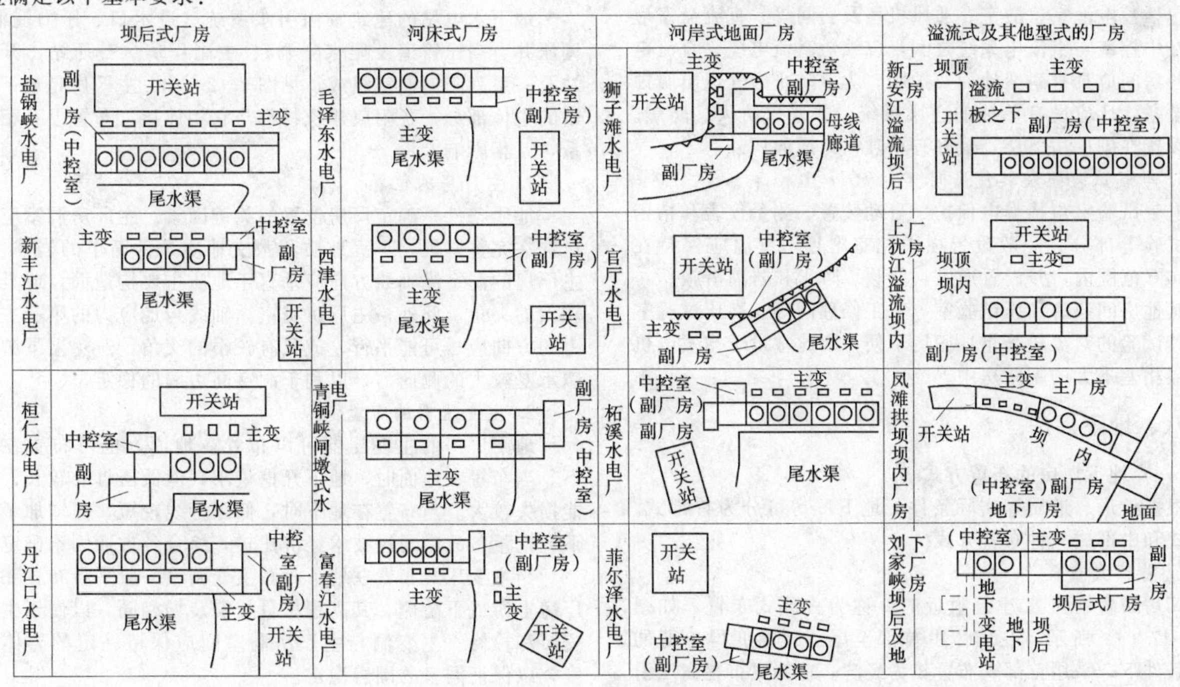

图 1-2-46 主变压器布置示意图

4. 水轮机辅助设备布置

(1) 调速器和油压装置。调速器和油压装置在平面上应靠近接力器布置，以缩短油管路和方便回复机构的连接，其位置一般布置在发电机层。

(2) 油系统。透平油系统一般可放在安装场下层，以缩短管路；绝缘油系统因用油量大，主要用油设备又在户外，故多布置在厂外。

(3) 技术供水系统。采用水泵供水时，大型水电站尾水管上部有较大的副厂房可布置水泵房，中小型电站可布置在厂房一端的安装场下部。消防供水水泵一般也布置在水泵房内，以便于管理。

(4) 排水系统。多采用立式深井水泵排水。一般布置在安装场下层或边机组段水轮机层上。若采用卧式离心水泵，其水泵室可布置在机组之间的蜗壳下层处。但需防止水泵室被淹。

(5) 压缩空气系统。供厂内用气的空压机和贮气罐，一般布置在厂房端部或安装场下层；供开关站用的空压机和贮气罐，则布置在开关站附近的专用空压机室内。

(6) 机械修配设备。为了便于加工零件，一般需设备机修间，其位置布置在安装场附近。对于大型电站，当机修数量较多、厂内面积有限时，可移至厂外布置，但应靠近安装场。

(7) 主阀。一般采用蝶阀或球阀，可布置在厂房上游侧的阀室内。当利用厂内吊车安装或检修时，要增加厂房的跨度。高水头有主阀的电站，为了安全，可将主阀布置在主厂房外面的专门闸室中。

（五）副厂房布置

1. 中央控制室

中央控制室是全厂监视、控制的中心，要求宽敞、明亮、干燥、安静，以利于各种仪表正常工作，并给值班人员创造良好的工作环境。中控室最好靠近发电机层，以便于与主厂房联系，迅速处理故障。它最好位于主厂房与高压开关站之间。中央控制室下层要设一电缆层，全厂各处的各种表计、继电器、控制操作设备，都用电缆通至电缆层，再分别通至中控室，连接各表盘。

2. 发电机电压配电装置

发电机电压的配电装置，尤其是发电机电压开关，应尽可能地使它对正该发电机的间隔，以避免母线的交叉和长距离连接。应尽量采用成套配电装置，并布置在发电机与主变压器之间的适当位置，以缩短发电机电压母线，减少事故。

3. 继电保护室

各种继电保护盘一般靠近中控室布置。对于开关站远离中控室的情况，也可将线路继电保护盘布置在开关站附近以节省控制电缆。

4. 直流电系统

包括蓄电池室、酸室、通风机室及套间等。直流盘室应布置在中控室与直流电系统之间，以缩短直流电缆。直流电系统各房间应具有耐酸地面及护墙。为了防止酸气逸出腐蚀机电设备，还应设有单独的通风系统，并要求防火、防爆。一般设置在副厂房下层，最好有单独出口通向厂外。

5. 电气试验室及其他房间

电气试验室包括继电保护、自动装置、测量仪表和精密仪表试验等部分。一般设置在中控室附近，室温应保持在15～30℃范围内，并设置通风、取暖、防尘和防潮措施。

其他房间还有高压试验室、电工修理间等。高压试验室由于其试验的对象较笨重，搬运不便，因此常设于与发电机层高层相差不大的副厂房中。

八、地下厂房

（一）地下厂房的布置方式

根据地形、地质等实际条件，地下厂房可分为首部式、尾部式和中部式三种布置方式。

1. 首部式布置

厂房布置在进水建筑附近时，称为首部式布置，如图1-2-47（a）所示。在山体由首部至尾部逐渐变得单薄的地形条件下，采用首部式布置较为经济。首部式布置高压引水道较短，可节省造价较高的上游调压室，但尾水隧洞较长，需设置较长的交通洞、通风洞和出线洞。由于这种布置的厂房靠近水库，故需做好防渗、防潮措施，一般要求厂区的地质条件较好一些。

2. 尾部式布置

厂房靠近尾水出口，如图1-2-47（b）所示。当地形起伏不大，引水隧洞线路能较平顺且大致成直线布置时，采用尾部式较为合理。这种布置引水隧洞较长，一般需设上游调压室，但附属隧洞线路较短。尾部式布置多为高水头电站。

3. 中部式布置

中部式是介于首部和尾部之间的一种布置方式。这种布置多用于引水系统前半段山体较高，而后半段山体又较低的情况，如图1-2-47（c）所示。

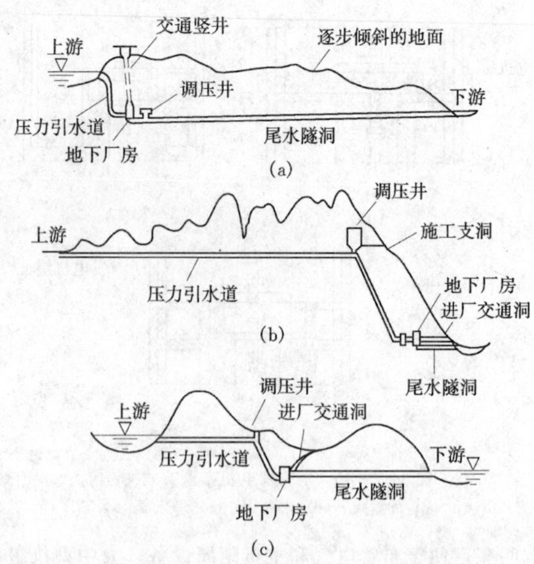

图1-2-47 地下电站的三种布置方式
（a）首部式布置；（b）尾部式布置；（c）中部式布置

（二）地下水电站的枢纽布置

地下水电站的建筑物由引水系统（进水口、压力隧洞、调压井、高压管道及尾水隧洞）、主副厂房、升压站、开关站及一系列附属洞室组成，见图1-2-48。主厂房是地下电站的主体部分，各附属建筑物都与它相连接，布置上互相联系，互相影响。

1. 主厂房的位置

地质条件是确定厂房位置的关键因素。主厂房洞室应尽量选在完整坚硬、工程地质和水文地质条件简单的岩体内。主厂房的洞室纵轴线方向应垂直于地质主要构造面，或具有较大的夹角。此外，主厂房洞室纵轴线与地应力的第一主应力的方向应尽可能平行，或只有较小的交角，避免上下游边墙承受较大的侧向力，以利于洞室高边墙的稳定。

2. 主变压器的布置

地下厂房的主变压器可以布置在地面，也可布置在地下。当布置在地面时，地下开挖量小，但低压母线较长，电能损失较大。当布置在地下时，低压母线较短，但增加了地下开挖量。故应通过技术经济比较，综合各方面因素确定。

当主变压器布置在地下时，主变洞室一般平行布置在主厂房上游或下游侧，其高程尽量与安装场相同，以便于主变安装和检修。主变洞与主厂房洞室间应保持一定的岩体厚度，以保证洞室的围岩稳定。

3. 副厂房布置

副厂房一般布置在主厂房的一端，以减小主厂房的跨度，改善主厂房洞室的岩体应力条件，保证洞室围岩稳定。当机组容量较大时，为避免增加平面尺寸，可充分利用母线洞室及主变洞室空间布置低压电器及厂用变压器。

4. 附属洞室的布置

地下电站的附属洞室较多，如交通洞、出线洞、通风洞、出渣洞等。在满足运行、施工条件下，附属洞室尽量一洞多用，以减少投资加快施工进度。洞口前的地形应相对开阔、平坦，无低洼处，以便于布置对外交通和施工场地。

（1）交通洞。交通洞的断面尺寸应满足设备运输要求，当兼作它用时，还应考虑其他要求。交通洞的高程，与厂房相接一端应与安装场同高，出口应高于最高尾水位，洞内的坡度不宜大于9%。

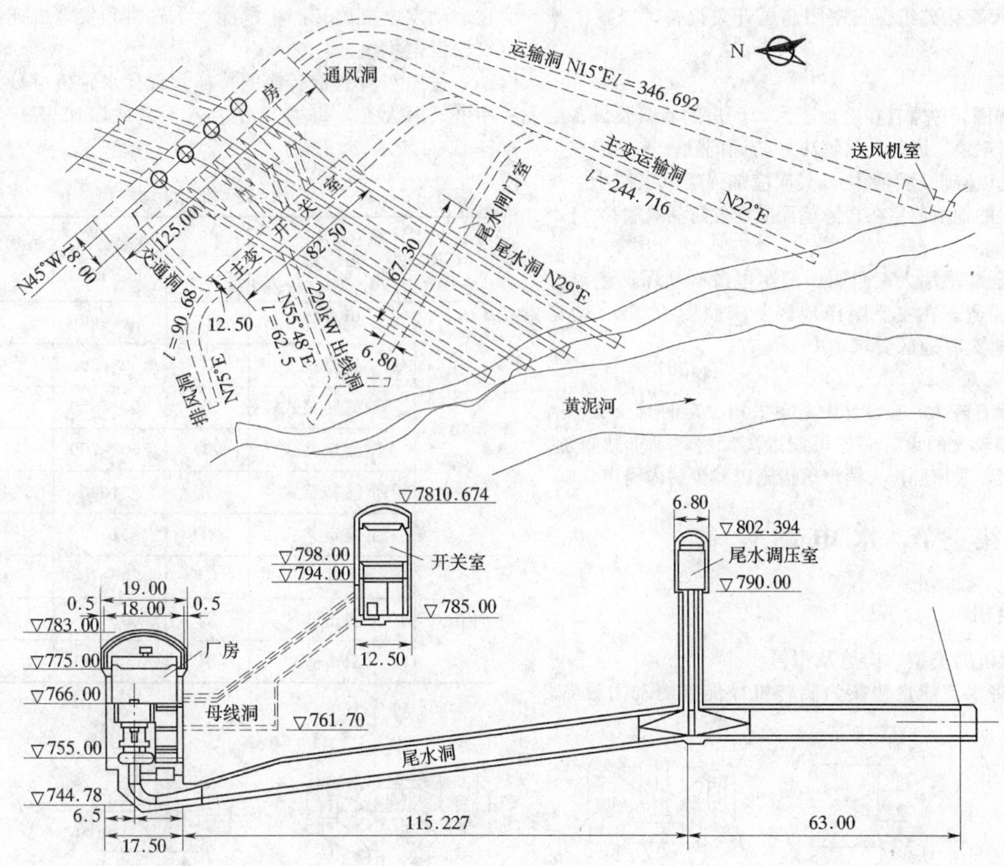

图 1-2-48 地下厂房枢纽布置图（单位：m）

（2）通风洞。通风洞应尽量与其他洞室兼用，但应保证厂内通风循环。通风机室应尽可能远离主、副厂房，以防噪声干扰。当从厂外吸进的空气达不到通风标准（湿度不大于70%，室温不高于25℃）时，应设空调室，对空气进行处理，达到标准要求后再分送到厂房各处。

（3）出线洞。出线洞可布置为平洞、斜洞或竖井，应尽量缩短高差或距离，以缩短母线长度，减少事故。

（4）安全通道。地下厂房安全出口数应不少于两个，一个应直通地面，另一个可为间接通道。一般可结合地下交通的布置统一考虑。

（三）地下厂房布置

地下厂房厂内布置的原则和要求与地面厂房基本一致。但对下列特殊问题应认真考虑。

1. 地下厂房尺寸

地下厂房洞室的围岩稳定是地下厂房的关键。减少地下厂房的尺寸不仅有利于洞室的围岩稳定，而且可以减少工程投资。所以在满足机电设备布置的条件下，应尽可能减小厂房的跨度，使得厂内布置紧凑、合理，如图 1-2-49 所示。

减小地下厂房的尺寸有以下几种措施：

（1）采用岩锚吊车梁以减小厂房的宽度。

（2）采用双吊车以减小顶拱尺寸。

（3）采用高而窄的尾水管以减小厂房的下部尺寸并加大机组间的岩柱厚度。

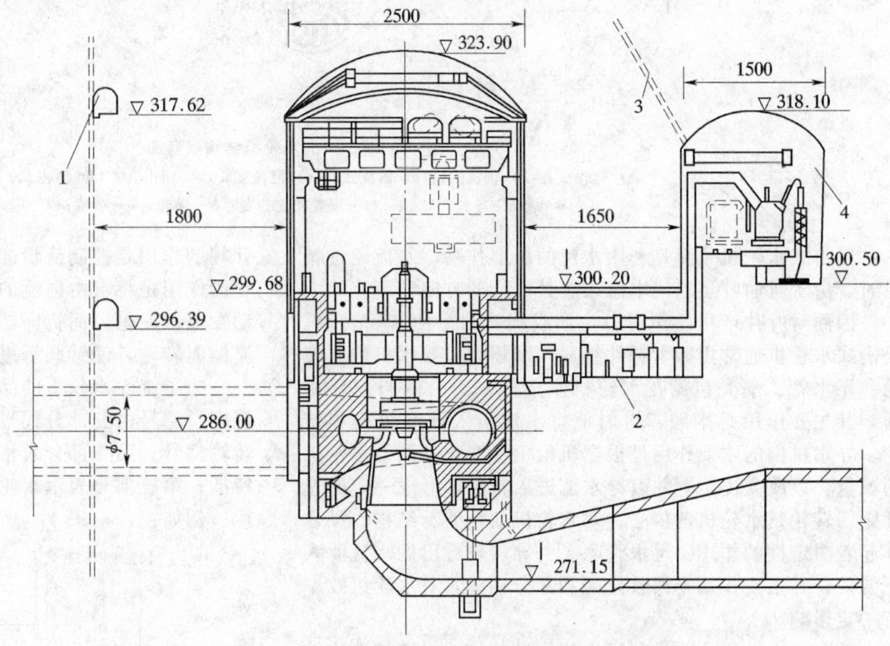

图 1-2-49 某地下水电站厂房横剖面（尺寸单位：cm）

1—排水廊道；2—低压母线洞；3—主变事故排烟洞；4—主变室

(4) 采用六氟化硫组合式密闭高压开关设备，以减小开关室的尺寸。

2. 防潮问题

地下厂房周围岩体常存在着地下水，厂房的墙壁及设备经常有潮湿、结露现象，因此必须解决好防潮问题。首先应在厂房周围设排水孔以降低地下水位，其次应加强通风以减小空气湿度。对较潮湿的地下洞室在岩体墙面应设置防潮隔墙。

3. 照明问题

地下厂房全部采用人工照明。照明电源必须保证绝对可靠，亮度均匀合适。在主要操作地区要求照度400lx（勒克斯）以上，其他次要地区要求100lx左右。

4. 防噪音问题

地下厂房噪音较大，在设计中常须采用一定的减少噪音措施。例如，噪音较大的设备应尽可能远离厂房，或单独布置。也可设置吸音层，采取隔声、消声等措施以减少洞内噪声。

第三节 水电站设备

一、水轮机

（一）水轮机的类型、构造及型号

水轮机是将水流能量转换为旋转机械能量的动力设备，它带动发电机旋转产生电能。水轮机和发电机连在一起称为水轮发电机组。

按照水流能量转换的特征，现代水轮机可分为反击式和冲击式两大类，每类又分为若干型式，如表1-3-1及图1-3-1所示。

表1-3-1 水轮机的类型

类型名称		代号	比转速 n_s (m·kW)	适用水头范围 H (m)
反击式	混流式	HL	50～300	30～700
	斜流式	XL	100～350	40～120
	轴流转桨式	ZZ	200～850	3～80
	轴流定桨式	ZD	250～700	3～50
	贯流转桨式	GZ	＜1000	＜20
	贯流定桨式	GD	＜1000	＜20
冲击式	水斗式	CJ	20～70	100～2000
	斜击式	XJ	30～70	25～300
	双击式	SJ	35～150	5～80

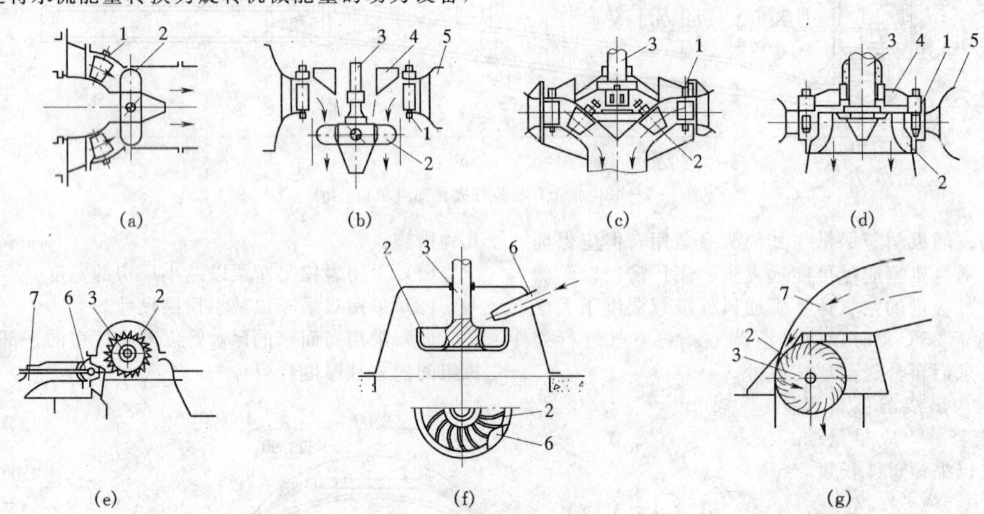

图1-3-1 水轮机结构示意图

(a) 贯流式；(b) 轴流式；(c) 斜流式；(d) 混流式；(e) 切击式；(f) 斜击式；(g) 双击式

1—导叶；2—转轮；3—轴；4—顶盖和支持盖；5—蜗壳；6—喷嘴；7—压力水管

反击式水轮机主要是利用水流的压能作功。水流通过转轮时，由于弯曲叶道迫使水流改变其流动的方向和流速的大小，因而对叶片产生反作用力，形成旋转力矩使转轮转动。反击式水轮机通常由四大部件组成，即蜗壳、导水机构、转轮和尾水管。蜗壳包围在水轮机座环外围，内侧与座环相通，其主要作用是平顺、均匀地将水流引入导水机构和转轮。导水机构的主要作用是根据机组负荷变化来调节水轮机的流量，以改变出力，并引导水流进入转轮，形成一定的速度矩。转轮是水轮机的核心，对水轮机的性能、结构、尺寸等起着决定性的作用。尾水管除了引导转轮流出的水流泄入下游外，其主要作用是回收位能和部分动能，对水轮机效率有一定影响。

冲击式水轮机主要是利用水流的动能作功。其构造比较简单，主要由喷管、针阀、转轮和折向器组成。喷管的作用是引导压力水流均匀流动，并在喷嘴处收缩形成自由射流。针阀的作用是控制流量的大小，以适应机组出力的变化。转轮的作用是将自由射流的冲击动能转换成旋转的机械能，带动发电机发电。而折向器的作用是在机组丢弃负荷时，将射流偏离转轮，使针阀缓慢关闭，减小水击压力。

为了统一水轮机的品种规格，我国对水轮机的型号作了规定。型号由三部分代号组成：第一部分代表水轮机形式和转轮型号；第二部分表示水轮机主轴的布置形式及水轮机室特征；第三部分表示水轮机转轮的标称直径和其他必要的指标。例如：

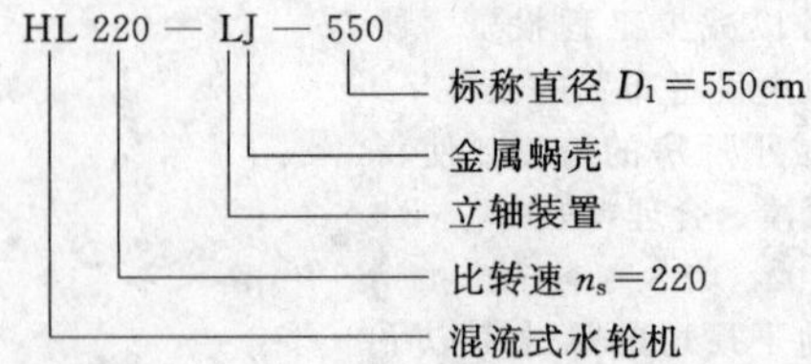

(二) **水轮机基本工作参数和工作原理**

水轮机在不同工况下的性能，可以由水轮机的工作水头、流量、出力、效率、工作力矩及转速等基本参数以及这些参数之间的关系来表示。

(1) 工作水头 H

$$H = H_0 - h_{AB} \quad (m)$$

式中 H_0——上游水库和下游水位之差；

h_{AB}——引水系统的水头损失（见图 1-3-2）。

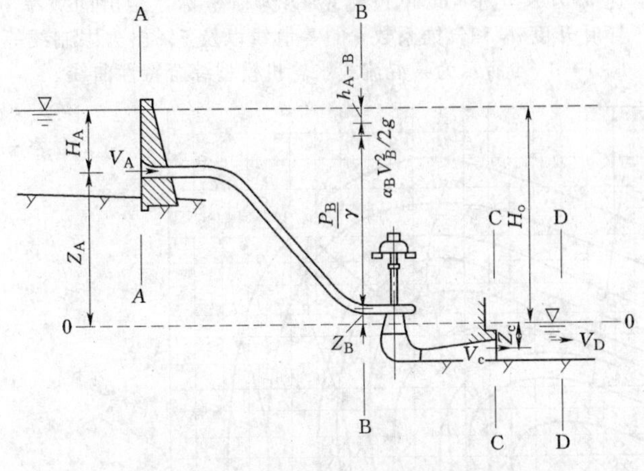

图 1-3-2 水电站和小轮机水头示意图

(2) 流量 Q。水流在单位时间内通过水轮机的体积称为水轮机的过水流量，以 m^3/s 表示。

(3) 出力 N 和效率 η。水流给予水轮机的输入功率可用 N_s 表示，其值为

$$N_s = 9.81QH \quad (kW)$$

水轮机轴端的输出功率，又称水轮机出力 N，表示为

$$N = N_s\eta = 9.81QH\eta \quad (kW)$$

式中 η——水轮机的效率，数值小于 1。

其原因是水流通过水轮机进行能量转换时，存在着水力损失、容积损失和机械损失，所以水轮机的效率等于水力效率 η_h、容积效率 η 和机械效率 η 的乘积。现代大型水轮机的最高效率可达 90%～95%。

(4) 工作力矩 M 和转速 n。

$$M = \frac{N}{\omega} = \frac{30N}{\pi n} \quad (N \cdot m)$$

式中 ω——水轮机旋转角速度 (rad/s)；

n——转速 (r/min)。

对于大中型水轮发电机组，水轮机的主轴上发电机轴直接相连，两者转速相同，并需满足周波为 50Hz 的要求，即

$$n = \frac{3000}{p}$$

式中 p——发电机的磁极对数。

水轮机的运动状态可由水轮机进出口的速度三角形来描述。水流在水轮机中的流动是复杂的三维空间运动，水流质点在转轮中一方面沿着叶道而流动，称为相对运动，另一方面随转轮一起旋转，称为牵连运动，而这两种运动的合成称为绝对运动。若用速度关系表示，则相应的绝对速度 V 应是其相对速度 W 与牵连速度 U 的矢量和，即

$$\vec{V} = \vec{W} + \vec{U}$$

对于转轮中任意一点的水流运动均可用该点的速度三角形来表示。相应于转轮进口的称为进口速度三角形，出口的称为出口速度三角形。通常用下标“1”和“2”分别表示（图 1-3-3）。

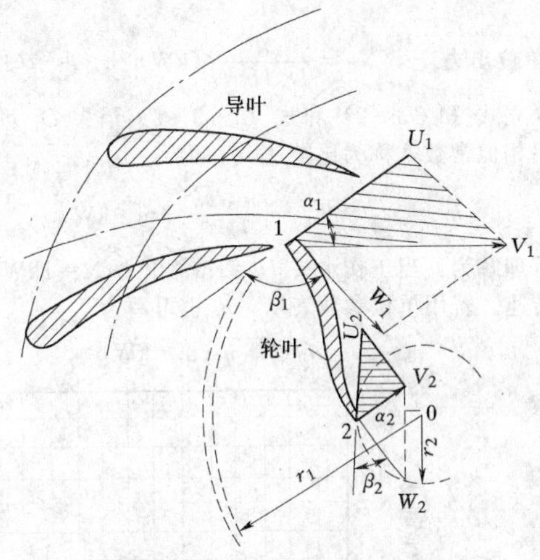

图 1-3-3 进、出口速度三角形

利用进出口速度三角形和动量矩定律，即可得出水轮机基本方程

$$H\eta_h = \frac{1}{g}(U_1V_1\cos\alpha_1 - U_2V_2\cos\alpha_2)$$

式中 η_h——水轮机的水力效率。

该方程给出了水轮机能量参数与运动参数之间的关系，表明了水轮机中能量转换的基本关系。

(三) **水轮机相似律、单位参数和比转速**

水轮机运行工况和水流现象十分复杂，至今尚不可能从理论上提供水轮机完整的运行特性。因此，目前多采用试验研究和理论分析计算相结合的方法来进行。

通过模型试验和水轮机相似律，可将模型水轮机试验结果应用到原型水轮机中去。水轮机相似律包括几何相似、运动相似和动力相似。几何相似是指水轮机过流通道各对应的尺寸成比例。同一型号且几何相似的一套水轮机称为同一轮系，只有同系水轮机之间才能建立运动相似和动力相似。运动相似和动力相似分别是指同系水轮机，水流在过流通道中对应点的速度三角形相似和作用力相似。满足上述相似条件（即处在相似工况下）的两个水轮机，其水头、流量、转速、出力和效率必然满足下列各个关系式，即相似律。

(1) 流量相似律

$$\left(\frac{Q\eta_r}{D_1^2\sqrt{H\eta_h}}\right)_M = \left(\frac{Q\eta_r}{D_1^2\sqrt{H\eta_h}}\right)_P$$

式中 η_r——水轮机的容积效率；

下标“M”和“P”——模型和原型。

(2) 转速相似律

$$\left(\frac{nD_1}{\sqrt{H\eta_h}}\right)_M = \left(\frac{nD_1}{\sqrt{H\eta_h}}\right)_P$$

(3) 出力相似律

$$\left(\frac{N}{D_1^2(H\eta_h)^{3/2}\eta_j}\right)_M = \left(\frac{N}{D_1^2(H\eta_h)^{3/2}\eta_j}\right)_P$$

式中 η_j——水轮机的机械效率。

为了便于比较，通常将模型试验结果化引为 $D_{1M}=1m$、$H_M=1m$ 标准情况下的参数，并假定原型和模型水轮机各项效率分别相等（实际上原型效率总是大于模型效率）将上述化引条件和假定代入前三式，便得出相应的单位参数计算公式。在相似条件下，下列各参数应为常数：

单位流量 $$Q'_1 = \frac{Q}{D_1^2\sqrt{H}} \quad (m^3/s) \qquad (1-3-1)$$

单位转速 $n_1' = \frac{nD_1}{\sqrt{H}}$ (r/min) (1-3-2)

单位出力 $N_1' = \frac{N}{D_1^2 H^{3/2}}$ (kW) (1-3-3)

联立式(1-3-2)和式(1-3-3)消去 D_1 可得水轮机另一相似常数，称为比转速 n_s，为

$$n_s = n'_1 \sqrt{N'_1} = \frac{n\sqrt{N}}{H^{5/4}} \quad (\mathrm{m \cdot kW})$$

其值可理解为：当工作水头 $H=1\mathrm{m}$、出力 $N=1\mathrm{kW}$ 时所具有的转速。若用单位参数表示，n_s 也可写为

$$n_s = 3.13 n_1' \sqrt{Q_1' \eta} \quad (\mathrm{m \cdot kW})$$

比转速 n_s 是一个与水轮机直径无关的参数。显然，当满足相似条件时，n_s 为一常数，由于它集中反映了水轮机的转速、水头和出力之间的关系，因此可用它来代表同系水轮机的特征，并用最优工况下的比转速来表示不同轮系水轮机的特性，以便比较。

（四）水轮机的特性曲线

水轮机各参数之间的关系曲线称为水轮机特性曲线。根据模型试验资料绘制的水轮机模型综合特性曲线是以单位转速 n_1' 为纵坐标，以单位流量 Q_1' 为横坐标，绘出的效率 η、导叶开度 a_0 和气蚀系数 σ 的等值线以及5%出力限制线等。图1-3-4所示为某混流式水轮机模型综合特性曲线。

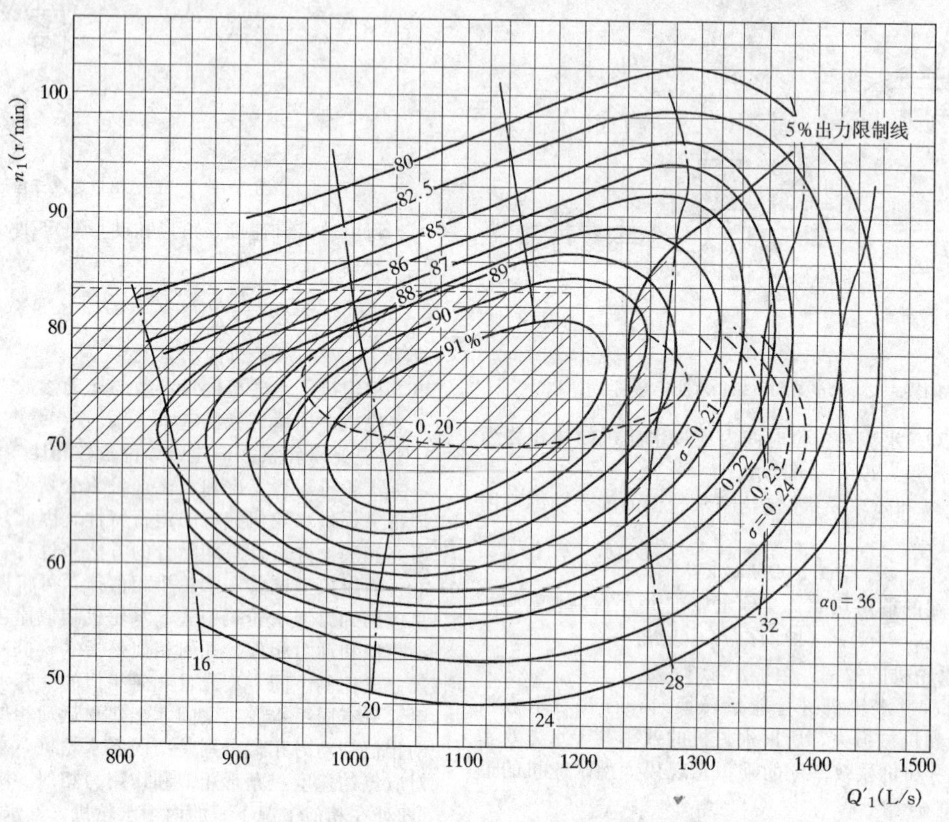

图 1-3-4 HL240 型水轮机模型综合特性曲线

所谓气蚀是由于转轮出口所形成的压力降低造成的。当压力低于汽化压力时，水就汽化放出汽泡，这种汽泡在溃灭过程中对水轮机过流金属表面产生破坏作用的现象，称为水轮机的气蚀。其特性常用无因次量气蚀系数 σ 来表示。

所谓5%出力限制线，其作用是限制水轮机的工作范围，使水轮机能够稳定可靠地运行。

坐标场中每一对坐标点即代表一种运行工况，所以模型水轮机的综合特性曲线给出了该系列水轮机在所有运行工况下 η、a_0、σ 等的变化规律，亦即表示了该系列水轮机的能量特性和气蚀特性。

运用水轮机的相似律可将模型水轮机综合特性曲线转换成原型水轮机的运转综合特性曲线。转换中要进行效率修正，其原因是模型的效率 η_M 不等于原型的效率 η，效率修正按下式进行

$$\eta = \eta_M + \Delta\eta$$

其中，$\Delta\eta$ 为效率修正值，而 $\Delta\eta$ 近似等于原型水轮机最高效率 η_{max} 和模型水轮机最高效率 η_{Mmax} 之差。η_{Mmax} 可在模型水轮机的综合特性曲线上直接查出，η_{max} 按下式计算：

对于混流式水轮机，有

$$\eta_{max} = 1 - (1 - \eta_{Mmax}) \sqrt[5]{\frac{D_{1M}}{D_1}} \quad (1-3-4)$$

对于轴流式水轮机，有

$$\eta_{max} = 1 - (1 - \eta_{Mmax}) \left(0.3 + 0.7 \sqrt[5]{\frac{D_{1M}}{D_1}} \sqrt[10]{\frac{H_M}{H}}\right) \quad (1-3-5)$$

而转桨式水轮机，每一个叶片转角 φ 都有一个最优工况，因此其效率修正值应对每个不同的叶片转角 φ 采用相应的效率修正值 $\Delta\eta_\varphi$。$\Delta\eta_\varphi$ 可由下式求得

$$\Delta\eta_\varphi = \eta_{\varphi max} - \eta_{\varphi Mmax} \quad (1-3-6)$$

其中，$\eta_{\varphi max}$、$\eta_{\varphi Mmax}$ 分别是原型和模型在叶片转角为 φ 时最高效率，$\eta_{\varphi Mmax}$ 由曲线查得，$\eta_{\varphi max}$ 仍由式(1-3-5)求得。

运转综合特性曲线是以出力 N 为横坐标、水头 H 为纵坐标绘制的等效率 η 线、等吸出高 H_s、水轮机5%出力限制线以及发电机出力限制线。它可综合表示原型水轮机的能

量特性、气蚀特性和运行限制范围（图 1－3－5 为某混流式水轮机的运转综合特性曲线）。

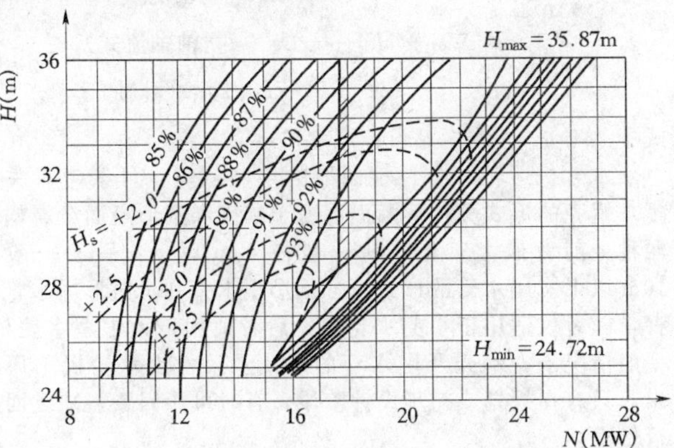

图 1－3－5 HL240（$D_1=3.3$m，$n=125$r/min）型水轮机运转综合特性曲线

原型水轮机吸出高 H_s 与模型水轮机气蚀系数 σ_M 的关系如下

$$H_s = 10.0 - \frac{\nabla}{900} - K\sigma_M H \qquad (1-3-7)$$

式中 ▽——海拔高程，一般可用水电站下游平均水位的海拔高程；

K——安全系数，一般可取 1.1～1.2。

吸出高 H_s 的本质是限制水轮机出口至下游水位的高差，减小气蚀现象的危害。

在水轮机综合运转特性曲线上的发出额定出力的最小水头称为设计水头 H_r，此时机组引用的流量最大。水电站的加权平均水头 H_a 通常大于设计水头 H_r，对应于水轮机运行的高效率区。

（五）水轮机的选择

水轮机是水电站的主要动力设备。它的合理选择关系到水电站的工程投资、安全运行、动能指标及经济效益等重大问题，是水电站设计中的主要任务之一。

水轮机选择的主要内容有：确定机组台数和单机容量；选择水轮机的型号及装置方式；确定水轮机转轮的直径及转速；确定水轮机的吸出高度及安装高程；绘制水轮机的运转特性曲线；确定蜗壳及尾水管的形式及主要尺寸等。

机组台数与机电设备制造、水电站投资、运行效率和维护管理等方面有关，需通过技术经济比较确定。我国已建成的中型水电站一般选用 4～6 台机组，大型水电站 6～8 台机组，而巨型水电站，由于单机容量的限制可选用较多的机组台数。

水轮机型号的选择是在已知单机容量和各种特征水头 H_{max}、H_{min}、H_a 及 H_p 的情况下进行的。一般可根据水轮机系列型谱选择。表 1－3－2 和表 1－3－3 分别给出了大中型轴流式水轮机和大中型混流式水轮机的暂行系列型谱，每种型号的水轮机都有其适用的水头范围。由水电站的水头情况，可直接从型谱表中选出适宜的水轮机型号。有时两种型号都能适用，则应进行技术经济比较。

表 1－3－2 大中型轴流式转轮参数（暂行系列型谱）

适用水头范围 H (m)	转轮型号		转轮叶片数 c_1	轮毂比 $\bar{d}_D$	导叶相对高度 $\bar{b}_0$	最优单位转速 n'_{10}(r/min)	推荐使用的单位最大流量 Q'_1 (L/s)	模型气蚀系数 σ_m
	使用型号	普用旧型号						
3～8	ZZ600	ZZ55，4K	4	0.33	0.488	142	2000	0.7
10～22	ZZ560	ZZA30，ZZ005	4	0.40	0.400	130	2000	0.59～0.77
15～28	ZZ480	ZZ105，5K	8	0.50	0.382	116	1750	0.60
20～36（40）	ZZ440	ZZ587	8	0.50	0.375	116	1650	0.38～0.65
30～55	ZZ360	ZZA79	8	0.55	0.350	107	1300	0.23～0.40

表 1－3－3 大中型混流式转轮参数（暂行系列型谱）

适用水头范围 H (m)	转轮型号		导叶相对高度 $\bar{b}_0$	最优单位转速 n'_{10} (r/min)	推荐使用单位最大流量 Q'_1 (L/s)	模型气蚀系数 σ_M
	使用型号	曾用旧型号				
<30	HL310	HL365，Q	0.391	88.3	1400	0.360①
25～45	HL240	HL123	0.365	72.0	1320	0.200
35～65	HL230	HL263，H_2	0.315	71.0	1110	0.170①
50～85	HL220	HL702	0.250	70.0	1150	0.133
90～125	HL200	HL741	0.200	68.0	950	0.100
	HL180	HL602（改型）	0.200	67.0	860	0.085
110～150	HL160	HL638	0.224	67.0	670	0.065
140～200	HL110	HL120，E_2	0.118	61.5	380	0.055①
180～250	HL120	HLA41	0.120	62.5	380	0.060
230～320	HL100	HLA45	0.100	61.5	280	0.045

① 为装置气蚀系数 σ_Z。

水轮机直径 D_1、转速 n、吸出高 H_s 和安装高程 $\nabla_{安}$ 可按照水轮机的模型综合特性曲线计算确定，即

$$D_1=\sqrt{\frac{N_r}{9.81Q_1'H_p^{3/2}\eta}}$$

式中 N_r——水轮机的额定出力，它等于发电机额定出力（即机组容量）N_f 除以发电机效率 η_f，对大中型水轮发电机，$\eta_f=0.95\sim0.98$；

Q_1'——取型谱表上推荐使用的单位最大流量；

H_p——水轮机的设计水头。

由型谱表中还可查出该工况下的 η_M，则 $\eta=\eta_M+\Delta\eta$。计算所得的 D_1 应与表 1-3-4 所示的标称直径系列对照选取。通常选用相近而偏大的标称直径，以便使水轮机有一定的富裕容量。

转速可按下式计算

$$n=\frac{n'_{10}\sqrt{H_a}}{D_1}$$

表 1-3-4 反击式水轮机转轮标称直径系列（cm）

25	30	35	(40)	42	50	60	71	(80)	84
100	120	140	160	180	200	225	250	275	300
330	380	410	450	600	550	600	650	700	750
800	850	900	950	1000					

注 括弧中的数字仅适用于轴流式水轮机。

$$n'_{10}=n'_{10M}+\Delta n'_1$$

式中 n'_{10M}——模型水轮机最优单位转速，也可由型谱表得出；

H_a——加权平均水头。

同样，也须按规定选用与计算得出的转速相近而偏大的同步转速（见表 1-3-5），以便使发电机具有较小的尺寸和重量。

表 1-3-5 磁极对数与同步转速系列

磁极对数 P	3	4	5	6	7	8	9	10	12
同步转速 n（r/min）	1000	750	600	500	428.6	375	333.3	300	250
磁极对数 P	14	16	18	20	22	24	26	28	30
同步转速 n（r/min）	214.3	187.5	166.7	150	136.4	125	115.4	107.1	100
磁极对数 P	32	34	36	38	40	42	44	48	50
同步转速 n（r/min）	93.8	88.2	83.3	79	75	71.4	68.2	62.5	60

确定了水轮机标称直径和额定转速之后，需按下式在模型综合特征曲线上作三条直线，校核水轮机的工作范围

$$Q'_{1max}=\frac{N_r}{9.81D_1^2H_r^{3/2}\eta}$$

$$n'_{1max}=\frac{nD_1}{\sqrt{H_{min}}}$$

$$n'_{1min}=\frac{nD_1}{\sqrt{H_{max}}}$$

若此范围包含在高效率区内，则认为选定的 D_1 和 n 是合理的，否则可适当调整 D_1 或 n 的数值，使工作范围移向高效率区。

吸出高 H_s 仍按式（1-3-7）计算，其中 σ_M 可由型谱表查得。有了吸出高便可按下式计算水轮机的安装高程

$$\nabla_{安}=\nabla\omega+H_s+\begin{cases}b_0/2 & (立轴混流式)\\ xD_1 & (立轴轴流式)\\ (-D_1/2) & (卧轴)\end{cases}$$

式中 $\nabla\omega$——水电站设计尾水位。

水轮机运转综合特性曲线的绘制从略，可参考有关文献。蜗壳的形式分梯形断面混凝土蜗壳和圆形断面金属蜗壳两种，前者最大工作水头一般在 40m 以下，后者一般在 40m 以上。尾水管的形式也分锥形尾水管和弯肘形尾水管两种，前者仅适用于小型水轮机，后者适用于大中型水轮机。一般情况下，蜗壳及尾水管的形式及尺寸由水轮机工厂给出，只有在规划或初步设计阶段，有时可能因资料缺乏而自行估算。

二、水轮发电机

（一）水轮发电机的形式

水轮发电机按其轴线位置分为立式和卧式两种，大中型机组一般采用立式，小型机组及贯流式机组常采用卧式。在立式结构中由于推力轴承位置不同，又可分悬式和伞式两种。

悬式，其推力轴承位于转子上方；

伞式，其推力轴承位于转子下方，有以下三种形式：

（1）普通伞式，有上导轴承及下导轴承。

（2）半伞式，有上导轴承，无下导轴承。

（3）全伞式，无上导轴承，有下导轴承。

水轮发电机的结构型式主要取决于水轮机的形式和转速，同时要兼顾厂房布置的要求。悬式和伞式水轮发电机的优缺点比较见表 1-3-6。通常可用下述条件作为选型的判据

$$\frac{D_i}{l_t n}\begin{cases}\leqslant 0.035 & 采用悬式\\ >0.035 & 采用伞式\\ >0.06 & 可采用全伞式\end{cases}$$

式中 D_i——定子铁芯内径（m）；

l_t——定子铁芯长度（m）；

n——额定转速（r/min）。

表 1-3-6 悬式和伞式水轮发电机的比较

型式	悬式	伞式
适用条件	一般适用于 $n>150$r/min	适用于 $n<150$r/min
结构特征	水轮机机坑及发电机定子直径较小，推力轴承支架布置在定子上部的上机架内	水轮机机坑及发电机定子直径较大，推力轴承支架布置在定子下部的下机架内或水轮机顶盖上
传力方式	轴向推力通过定子机座传至基础	轴向推力通过发电机机墩或顶盖传至基础
优点	推力轴承直径较小，损耗小，安装维修方便；上机架刚度大；运行稳定性好	机组高度较小；重量较轻，材料消耗较少；造价较低
缺点	机组高度较大；材料消耗较多；造价较高	运行稳定性较差；推力轴承损耗较大；安装维修较困难

（二）水轮发电机主要参数选择

发电机的主要参数包括型号、容量、额定电压、功率因数、效率、飞轮力矩等。

水轮发电机的型号有TS和SF两种系列表示方法，前者为旧标准型号，后者为现行使用标准型号。

旧型号为：

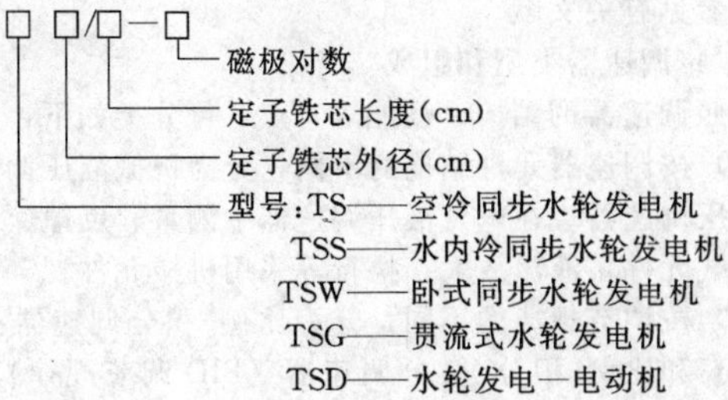

新型号为：

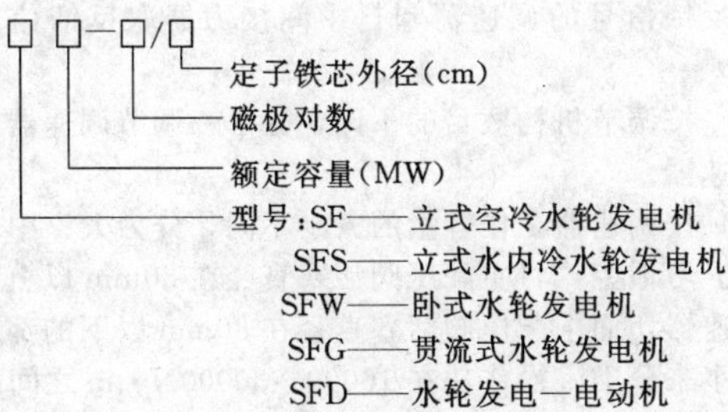

发电机容量有有功功率 N_f 和视在功率 S_f 两种表示方法。有功功率即为机组的额定出力，它与水轮机轴端出力 N_r 的关系式为

$$N_f = N_r \eta_f$$

式中　η_f——发电机效率。

发电机视在功率 S_f 的单位为kVA，与有功功率 N_f 的关系为

$$N_f = S_f \cos\varphi = \sqrt{3} UI \cos\varphi$$

式中　$\cos\varphi$——功率因数；

U、I——额定电压（kV）和额定电流（A）。

在 M_f 一定的条件下，功率因数的减小，增加了发电机的kVA数，因而要增加发电机的尺寸和材料消耗，增加投资；但另一方面提高了电力系统稳定运行的功率极限。所以选择发电机额定功率因数时，既要考虑发电机的造价，对水电站设备和电力系统无功补偿装置的影响和投资，也要计及由电站输送无功功率造成的功率损失。常用的功率因数为0.8、0.85、0.875。

发电机额定电压是一个综合性参数。它的选取要考虑：机组的技术经济指标，对发电机断路器遮断容量的影响，对母线、变压器低压线圈的影响，以及相应的配电装置的造价和运行条件等。一般说，在合理范围内，电压取低值，电机的经济指标要好些。此外，发电机额定电压与机组容量有关。表1-3-7列出了不同机组容量时选取发电机电压的参考值。

表1-3-7　不同机组容量时发电机电压的参考值

机组容量（MVA）	20及以下	20～80	70～150	130～300	300以上
线电压（kV）	6.3	10.5	13.8	15.75	18.0及以上

飞轮力矩是发电机转动部分的重量 G 与惯性直径 D 平方的乘积。它不仅对电力系统的暂态过程和动态稳定有很大影响，而且对水轮机调节保证计算也有很大影响。飞轮力矩加大，可降低机组甩负荷后转速上升率，但将增加发电机的重量和造价。飞轮力矩 GD^2 值可按下列经验公式计算

$$GD^2 = KD_i^{3.5} l_t$$

$$K = \begin{cases} 4.5 & \text{当 } n < 100\text{r/min 时} \\ 5.2 & \text{当 } n = 100 \sim 375\text{r/min 时} \\ 4 \sim 4.5 & \text{当 } n > 375\text{r/min(高转速取下限) 时} \end{cases}$$

（三）水轮发电机主要尺寸和重量的估算

水轮发电机的主要尺寸包括极距 τ，定子铁芯内径 D_i、外径 D_a 以及定子铁芯长度 l_t。在水电站初步设计阶段，可按下列方法进行估算

$$\tau = K_j \sqrt[4]{\frac{S_f}{2p}} \quad (\text{cm})$$

式中　K_j——系数，一般为8～10，容量大、线速度高的取上限。

在求出 τ 后，应校核发电机在飞逸状态下，转子的飞逸线速度 V_f 是否在转子材料的允许范围内，即

$$V_f = K_f V$$

式中　K_f——飞逸系数，与水轮机型式有关，或按机组的飞逸转速 n_f 与额定转速 n_0 的比值确定；

V——转子额定线速度，当频率 $f=50\text{Hz}$ 时在数值上等于极距 τ。

V_f 的允许值与转子磁轭的材料及结构有关，对于A3钢叠片磁轭可取110～120m/s，对低含金高强度钢可取155m/s，对整圆叠片磁轭可用到160m/s。

$$D_i = \frac{2p}{\pi}\tau \quad (\text{cm})$$

$$D_a = \begin{cases} D_i + 1.2\tau & n_0 \leqslant 166.7\text{r/min} \\ D_i + \tau & n_0 > 166.7\text{r/min} \end{cases} \quad (\text{cm})$$

$$l_t = \frac{S_f}{CD_i^2 n_0} \quad (\text{cm})$$

式中　C——系数，见表1-3-8。

表1-3-8　系数 C 取值

冷却方式	空冷			水冷
额定容量（kVA）	10000以下	10000～100000	110000～350000	85000～350000
C	2×10^{-6}～4×10^{-6}	4×10^{-6}～6.5×10^{-6}	6×10^{-6}～8×10^{-6}	10×10^{-6}～13×10^{-6}

有了上述主要参数值，水轮发电机的外形尺寸（参见图1-3-6）就可确定了。外形尺寸包括平面尺寸，主要有定子机座外径 D_1、风罩内径 D_2、转子外径 D_3、下机架最大跨径 D_4、水轮机机坑直径 D_5，推力轴承外径 D_6 和励磁机外径 D_7 等；以及轴向尺寸，主要有定子机座高度 h_1、上机架高度 h_2、推力轴承高度 h_3、励磁机高度 h_4、副励磁高度 h_5、永磁机高度 h_6、下机架高度 h_7 等。其尺寸的估算请参见有关文献。

发电机总重量 G_f（t）可按下式估算。

$$G_f = K_1 \left(\frac{S_f}{n_0}\right)^{2/3}$$

式中　K_1——系数，对悬式发电机取8～10，对伞式取7～9，对水内冷式发电机取6～7。

发电机转子重量一般可按发电机总重量的1/2估算。

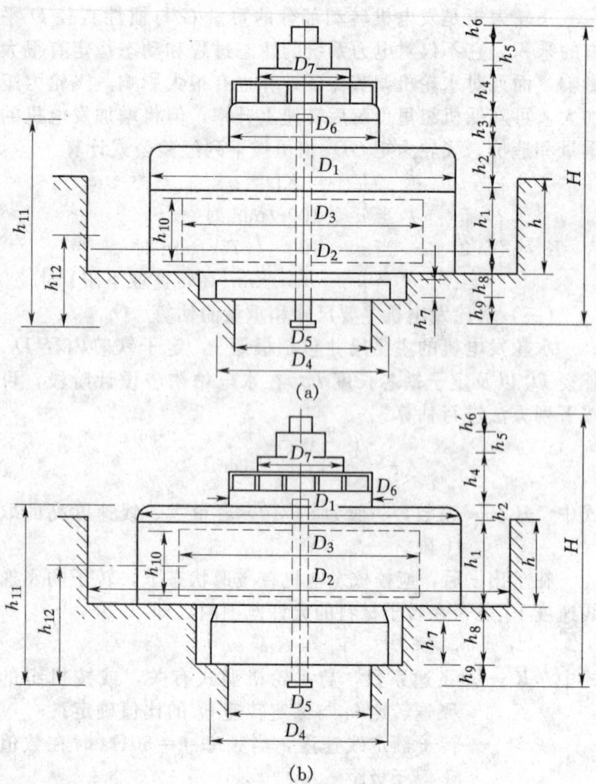

图 1-3-6 水轮发电机外形尺寸示意图

三、调速系统

（一）调速系统的作用

水轮发电机组在发电的过程中，受负荷变化或其他因素的干扰，其输出的电压和频率也随之变化。电压的变化由发电机电压调整系统自动调节使其电压恢复到额定值或保持在许可范围以内；而频率的变化则由水轮机调速系统自动调节使其频率满足我国的规定，即频率应保持 50Hz，其偏差值应不超过±0.5Hz，对大电力系统，应不超过±0.2Hz。发电机输出电流的频率是与其磁极对数和转速有关，对一定的发电机，其磁极对数量不变的，因此调节发电机电流频率就需要调节水轮机的转速。所以，水轮机调速系统的作用是根据机组转速的变化，迅速地改变水轮机导叶开度和流量，从而调整出力，使之适应于负荷的变化，以保证机组转速在允许范围之内。

此外，调速系统还具有对机组进行正常操作（开、停机，增减负荷）和保证机组安全运行（事故停机操作）等作用。

水轮机调速系统除具有一般自动调节系统的特征外，还具有以下特点：

(1) 在水轮机运行中，流量的变化必须通过导叶开度的改变来实现，为此必须对导水机构施加强大的操作功，即水轮机调速器必须有多级的放大元件和外加能源。

(2) 由于引水管道内水流惯性的作用，在调节过程中管道系统将出现不同程度的水击压力，从而恶化了调节过程。为此，调速系统须引入暂态反馈环节来保证调速系统的稳定。

(3) 对于转桨式水轮机，要求调速器具有两个按特定协联关系动作的调节机构来调节导叶开度和轮叶的转角。同样，对水斗式水轮机，在调节针阀行程的过程中，必须同时调节折向器的转动。

(4) 水轮发电机组具有起动快和迅速适应负荷变化的特点，因此要求调速器具有越来越多的自动控制和操作的功能。

为了满足上述要求，调速器必须具有测量、放大、执行及反馈等机构。关于这些机构的实现方式以及调速器的工作原理请参见有关文献。

（二）调速器类型和组成

按照调速器的结构、性能等特点，可分类如下：

(1) 按调速器元件结构的不同，分为机械液压调速器和电气液压调速器。在电气液压调速器中测量、反馈、调差等采用电气元件，液压放大、执行等采用机械元件。

(2) 按调节规律的不同，分为比例-积分调速器（PI 调节规律）和比例-积分-微分调速器（PID 调节规律）。增加微分环节，可减小动态过程的超调量，并缩短调节时间。

(3) 按永态反馈和暂态反馈取出的位置不同，分自主接力器取反馈信号的调速器和自中间接力器取反馈信号的调速器。

(4) 按调节机构数目的不同，分单一调节调速器和双重调节调速器。

(5) 按调速器工作容量的大小不同，分为大、中、小型调速器。习惯上，将主配压阀活塞直径在 80mm 以上的称为大型调速器，而主配压阀活塞直径在 80mm 以下的都按操作功的大小来分类。操作功在 10000～30000N·m 之间的称为中型调速器；操作功在 10000N·m 以下的称为小型调速器，其中操作功在 3000N·m 以下的又称为特小型调速器，见表 1-3-9。

表 1-3-9 调速器系列型谱

类型 \ 系列 形式		压力油箱式 大型	压力油箱式 中型	压力油箱式 小型	通流式 特小型
单调节调速器	机械液压式	T—100	YT—1800 YT—3000	YT—300 YT—600 YT—1000	TT—35 TT—75 TT—150 TT—300
	电气液压式	DT—80 DT—100 DT—150	YDT—1800 YDT—3000		
双调节调速器	机械液压式	ST—100 ST—150			
	电气液压式	DST—80 DST—100 DST—150 DST—200			

表 1-3-9 中型号由三部分组成，各部分用短横线分开。

第一部分为调速器的基本特性和类型，采用汉语拼音的第一个字母表示：大型（无代号），中、小型带油压装置(Y)，特小型（T）；机械液压型（无代号），电气液压型(D)；单调（无代号），双调（S）；调速器（T），通流式(T)。

第二部分为调速器工作容量，用数字表示：对中小型是指主接力器的工作容量（9.81N·m），对大型是指主配压阀直径（mm）；字母 A、B、C、…表示改型次数的表记。

第三部分为调速器的额定油压，也用数字表示：对额定油压为 25×10^5Pa 及其以下者不加表示，而对额定油压较高者则用其油压数值表示。

油压装置是供给调速器压力油能源的设备，是水轮机调速系统的一部分。通常每台机组都具有单独的调速器和与之配合的油压装置，它们中间以油管道相通。中小型调速器的油压装置与调速柜组成整体，在布置安装和运行上都比较方便。而大型调速器的油压装置，因体积较大，是单独设置的。

油压装置是由压力油罐、回油箱、油泵及其附件组成的。压力油罐储存、供应压力油，为调速系统提供强大的外加能源；回油箱用来收集调速器的回油和漏油；油泵向压力油罐输送压力油。目前我国生产的油压装置根据结构形式的不同分为分离式和组合式两类，见表 1-3-10。分离式是将压力油罐和回油箱分开制造和布置，中间用油管连接；组合式是将两者组合为一个整体。

表 1-3-10　油压装置系列型谱

油压装置型式	分 离 式	组 合 式
油压装置系列	YZ—1 YZ—1.6 YZ—2.5 YZ—4 YZ—6 YZ—8 YZ—10 YZ—12.5 YZ—16/2 YZ—20/2	HYZ—0.3 HYZ—0.6 HYZ—1 HYZ—1.6 HYZ—2.5 HYZ—4

（三）调速设备的选择

水轮机调速系统一般由调速器操作柜、主接力器和油压装置三部分组成。中小型调速器是将这三部分组合一起形成整体设备，并以主接力器的工作容量（也称为调速功）为指标形成标准系列，因此可根据计算所得的调速功直接在调速器系列型谱（见表 1-3-9）上选出所需的调速器。而大型调速器是以主配压阀直径来表征其工作容量的，目前已形成系列，有 80mm、100mm、150mm、200mm、250mm 等规格，并且其调速器操作柜、主接力器和油压装置是分开的，设有固定配套，因此须先求得主接力器的容积，然后计算主配压阀直径，选择相应的调速器和油压装置。下面仅介绍中、小型调速器的选择，大型调速器的选择请参见有关文献。

中、小型调速器的调速功是指接力器活塞上的油压作用力与其行程的乘积。对反击式水轮机一般采用以下经验公式计算

$$A=(200\sim250)Q\sqrt{H_{\max}D_1}$$

式中　A——调速功（N·m）；

$H_{\max}$——最大水头（m）；

Q——最大水头下额定出力时的流量（m^3/s）；

D_1——水轮机标称直径（m）。

四、辅助设备

（一）进水阀

水轮机进水阀又称主阀，常装置在蜗壳的进口处。其主要作用是：当调速系统或导水机构发生故障时，在动水中快速截断水流，防止机组飞逸事故；当机组检修或长期停机时，在静水中关闭阀门截断水流，避免导叶缝隙漏水造成气蚀损坏。

设置进水阀的条件是：由一根引水总管向几台机组供水时，每台水轮机前均应装设进水阀；水头高于 120m 或在引水管道较长的单元供水的水轮机前，经技术经济比较后也可装设进水阀。

大中型水轮机多采用蝴蝶阀和球阀，其特点和适用范围见表 1-3-11。其操作装置通常采用液压操作机构。为了提高进水阀事故关闭的可靠性，有的在轴端设置重锤机构。在进水阀上游侧或下游侧装有伸缩节，以便于安装和检修。

表 1-3-11　进水阀的类型及适用范围

项　目	蝴蝶阀	球　阀
应用水头范围（m）	≤200	≥200
阀门直径	大于进水管直径	等于进水管直径
水头损失	较小	接近于零
漏水量	较小	很小
结构尺寸	结构较简单，外形尺寸较小	结构较复杂，外形尺寸较大
配套设备	安装伸缩节、空气阀、旁通阀	安装伸缩节、空气阀、旁通阀、卸荷阀

注　1. 应用水头不包括水锤升压。

2. 球阀的应用水头国外已达 950m，最大直径为 3.4m，蝴蝶阀的最大直径已达 8.23m。

进水阀布置在主厂房内，需增大主厂房跨度；若布置在厂外，需另设阀室和专用起重设备。故应按电站水头、引水系统的布置和长度、进水阀的价格和附加的土建投资，一并进行技术经济比较，决定进水阀的选型和布置方式。

（二）技术供排水系统

水电站厂房技术供水系统的作用是解决用水设备的冷却或润滑。供水对象主要有：

（1）机组。包括发电机空气冷却器、推力轴承及上下导轴承冷却器、水轮机导轴承油冷却器，以及油压装置回油槽冷却用水等。对于水内冷发电机还有定、转子绕组内冷却水和带走定、转子内冷却水热量的二次冷却水。

（2）水冷变压器。

（3）水冷式空气压缩机。

各种用水设备对水量、水压及水质等都有其相应的要求，详见有关文献，应根据这些要求并结合电站的具体条件来设计技术供水系统。

取水的方式有上游坝前取水、厂内引水钢管取水、下游水泵取水及地下水源取水四种。技术供水方式则有自流供水、自流减压供水、水泵供水及水泵、自流混合供水等。技术供水系统要求安全可靠，各机组的主供水管应相互联通，互为备用；管网应简单可靠，设备管件应连接合理，并应按电站自动化程度配置相应的自动化元件和监测仪表。

除了技术供水之外，还应提供消防用水和生活用水。消防用水要求水流能喷射到建筑物的最高部位，用水量能保证有 15L/s 左右。生活卫生用水可根据工作人员多少确定。

排水系统可分为渗漏排水系统和仅在检修时用的检修排

水系统。厂房内的生活用水、技术用水、各种部件及伸缩缝与沉陷缝的渗漏水均需排除。凡能自流排到下游的，如发电机冷却用水等均自流排走，不能自流排除的则集中到集水井内，再以水泵排往下游。机组检修时常需放空蜗壳及尾水管，为此需设置检修排水系统。检修排水常采用集水井或排水廊道的方式，用立式深井泵将水抽至下游。

检修排水的集水井或廊道与渗漏水集水井需分开单独布置，以免水泵房受淹。另每个排水系统至少要设置两台水泵，一台工作，一台备用。

（三）油系统

油系统按其用油对象和油质的不同，可分为透平油系统和绝缘油系统。

透平油系统供给机组轴承润滑和操作用的压力油。以调速系统用油量最大，机组本身轴承润滑用油约为调速系统的25%～35%，此外还需一定数量的备用油补充漏油。透平油系统由油泵、油罐、油净化设备（如离心分离机、压滤机和真空滤油机）、吸附装置、管网和控制元件等组成，用来完成接受新油、贮备净油、设备充排油、添油、油的净化处理及化验等工作。因此，在厂房内须设置油库及油处理室。

绝缘油系统供给各种电气设备中的绝缘用油，如变压器、油断路器等。由于用油量大的设备多在户外，因此大中型水电站的绝缘油系统多布置于厂外，靠近主变和开关站。绝缘油系统的组成和需完成的工作与透平油系统相同，两者的油处理设备可以合用，其余的不能共用。

（四）压缩空气系统

空压系统提供水力动力设备和电气设备所需的压缩空气，可分为：

(1) 高压压气系统。用来充填油在装置中压力油桶约2/3体积，作为调速系统的外加能源。这部分压缩空气常需补充，其额定压力多为 25kg/cm^2（目前已生产有额定压力为 40kg/cm^2 的油压装置）。高压开关站上的空气开关要用压缩空气灭弧，其额定压力为 20～25kg/cm^2。

(2) 低压压气系统。用于机组制动、调相运行压水、风动工具及密封围带用气，额定压力为 5～8kg/cm^2。

压缩空气系统由空气压缩机（至少两台或更多，互为备用）、贮气罐、管路、阀门及自动化元件组成。空气压缩机工作时噪音很大，故应远离中央控制室，一般布置在装配场下层、水轮机层或副厂房中。

（五）起重设备、启闭机械及机修设备

为了安装检修水轮发电机组和其他机电设备，水电站主厂房内一般装有桥式起重机（桥吊）。桥吊的形式和台数，直接影响设备投资、厂房上部结构的尺寸以及机组安装、检修的进度，应经技术经济比较确定。

桥吊的起重量取决于最重的起吊部件，一般是发电机转子或水轮机转轮（带轴）。在少数情况下，取决于主变压器的重量。

主厂房内通常采用一台单小车桥吊或双小车桥吊，当机组较大而且台数多于 6 台时，也可以采用两台桥吊。两台桥吊的优点是运用灵活，但缺点是投资多，而且主厂房的长度要略有增加。

桥吊的跨度是指起重机大车轨道中心线的间距，可根据厂房的宽度（在吊钩活动极限范围内可吊运主要设备）确定，并尽可能采用起重机制造厂家所规定的标准跨度。

此外，为了启闭水电站进口、尾水等各种闸门以及清理拦污栅，常分别设置启闭机械。大中型水电站常见的启闭机械是螺杆式启闭机、固定式卷扬机、门式启闭机及油压启闭机等。

为了机组和辅助设备的维修和零部件更换、设备技术改造等，水电站需配置机械修配设备。其品种、数量按水电站装机容量、台数、水轮机直径、交通情况、邻近地区机械加工能力等因素决定。

（六）水力监视测量系统

水电站水力监视测量系统的任务是经常地或定期地监测、采集和分析水轮机的有关水力参数，以保证水电站安全、经济运行。具体的监测项目常包括：上下游水位及毛水头，水轮机的净水头，水轮机的过流量，拦污栅前后水位差，水轮机过流部分的压力和真空，机组的冷却水水量和水库水温，以及机组冷却水水温等。

对于某些具体情况，还可监测水轮机的气蚀与振动、机组的效率和耗水率，以及压力钢管爆破保护等。

图 1－3－7 为水电站水力测量监视系统图。

五、水电站电气主接线

（一）电气主接线

水电站的电气主接线是把水轮发电机所发出的电能进行汇集和分配的电气系统，它向电力网供电或直接向用户供电。电气主接线的主要设备有发电机、变压器、断路器等一次设备，它们通过裸母线或电力电缆有机地连接起来。此外，还有避雷器、互感器等保护和测量电器。发电机电压侧接线，通常采用成套高压配电装置（也称高压开关柜），它的内部装有断路器、隔离开关、避雷器、熔断器、互感器等设备。

1. 电气主接线的基本要求

(1) 满足电力系统或用户供电可靠性和电能质量的要求。

(2) 接线简单、清晰，操作、维护方便。

(3) 接线应具有一定灵活性。

(4) 考虑便于分期过渡。

(5) 经济合理，技术先进。

2. 大机组、超高压出线对主接线的特殊要求

大机组（单机容量 200～300MW 及以上）、超高压（330kV 及以上）对可靠性提出了更高的要求：任一设备检修不能影响供电，任何元件故障不允许出现全厂停电。为了满足上述要求，可考虑采用一台半断路器、双联多角形、双母线分段或双母线分段带旁路等接线方式。

3. 电气主接线的设计依据

(1) 电站的总装机容量、台数，单机容量和电压，水库调节性能，利用小时数和保证出力等。

(2) 电站在系统中的地位及其运行方式，接入系统的地理位置图、阻抗图。

(3) 根据接入系统的设计确定电压等级、回路数及其投入顺序，最大最小运行方式下的潮流分布和穿越功率的大小等。

(4) 厂用电源电压等级、容量及其引线方式，以及有无发电机电压直接配电的要求。

4. 主接线设计应考虑的因素

(1) 电站自动化、远动化和调度管理方式的要求。对自动化要求很高的电站，在事故切换或运行方式改变时，尽可能不用隔离开关进行倒闸操作。

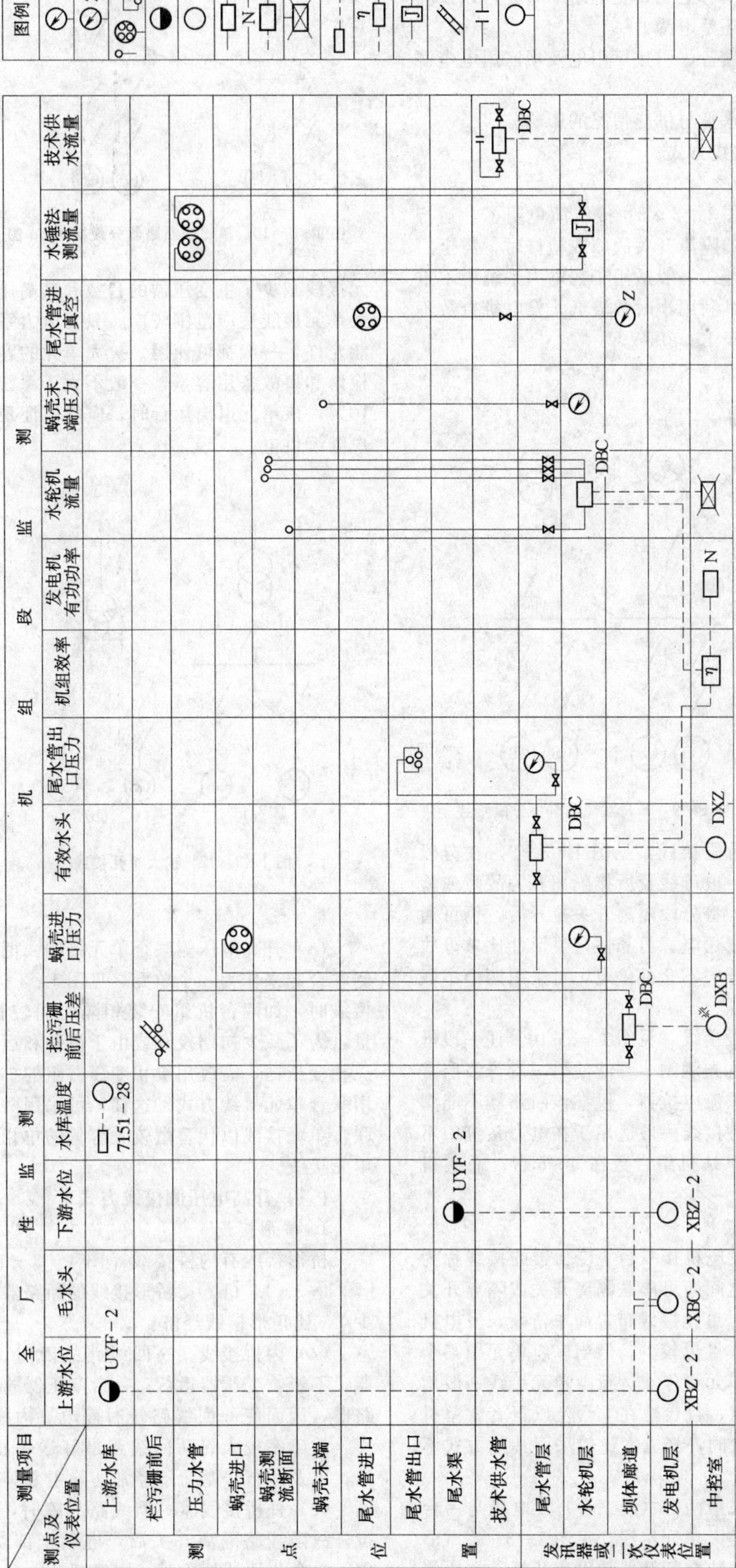

图 1-3-7　水电站水力监测系统图

(2) 电力系统对电站调相、调压和进相运行的要求。

(3) 系统稳定和限制内过电压对电站主接线的要求。

(4) 短路容量和线路溶冰的影响。

(5) 电站枢纽布置和交通运输的影响。

(6) 发电机电压开关室、主变、变电站的布置，以及其设备之间的连接采用裸线还是电缆。

(7) 装机顺序对配置设备、引接厂用电及坝区用电电源的影响。

(8) 设备选型及制造水平与供应情况的影响。

(二) 发电机电压侧接线方式

1. 有汇流母线的接线

(1) 单母线接线，见图 1-3-8。接线简单明了，运行方便。母线或母线所连接的隔离开关故障或检修时，需全厂停电，可靠性及灵活性较差。一般适用于在电力系统中不重要的中小型水电站，通常其利用小时数较低，发电机台数不多于 4 台，单机容量不大于 15000kW。

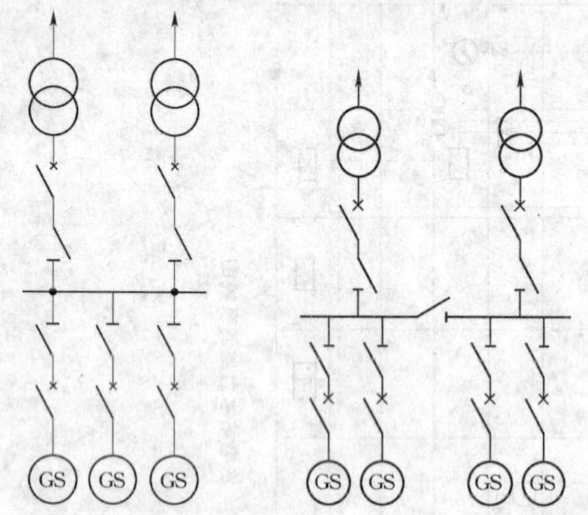

图 1-3-8　单母线接线　图 1-3-9　单母线隔离开关分段接线

(2) 单母线隔离开关分段接线，见图 1-3-9。在分段隔离开关闭合运行下，当一段母线及所接隔离开关故障或检修时，只需短时全部停电，将分段隔离开关拉开后，仍可通过非故障段或非检修段母线送电。可靠性与灵活性比单母线稍高。为了检修分段隔离开关不全部停电，可采用两个串联的隔离开关来分段。

(3) 单母线断路器分段接线，见图 1-3-10。任一段母线故障，由于分段断路器首先跳闸，都能使另一段母线照常供电。分段断路器串联有限流电抗器，仅在该断路器不能满足短路要求时才设置。此种接线一般适用于在电力系统中不十分重要的中型水电站，电站机组台数在 3～6 台，总装机容量 100000kW 及以下。

2. 发电机—变压器组接线

(1) 单元接线。一台发电机接一台主变压器的接线称为单元接线。发电机与主变之间还可串联隔离开关或隔离开关和断路器，见图 1-3-11。单元接线布置简单清晰，发电机电压侧的设备少，维护工作量也较少。但当一组单元中某个元件故障或检修时，整个单元将停止运行。单元接线一般用在 100000kW 及以上的机组，且台数在 6 台及以下者。单机容量在 45000～80000kW 之间，经方案比较采用其他方式不合适时也可采用。

(2) 扩大单元接线。采用两台（或三台）发电机与一台变压器相连接的接线称为扩大单元接线，见图 1-3-12 (a) 和 (b)。每台发电机回路都装有断路器和隔离开关。它比单

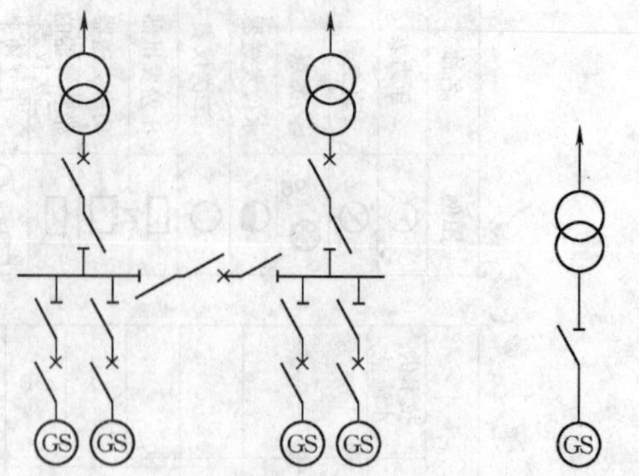

图 1-3-10　单母线断路器分段接线　图 1-3-11　单元接线

元接线减少了主变压器的台数和其高压侧的出线及设备。扩大单元接线适应范围较广，只要电力系统运行和水库调度性能允许，一般都可使用。扩大单元的容量，不能大于系统的检修和事故备用容量，一般不大于系统总装机容量的 8%～10%，该单元退出运行时，应能保证系统的稳定和对重要用户继续供电。

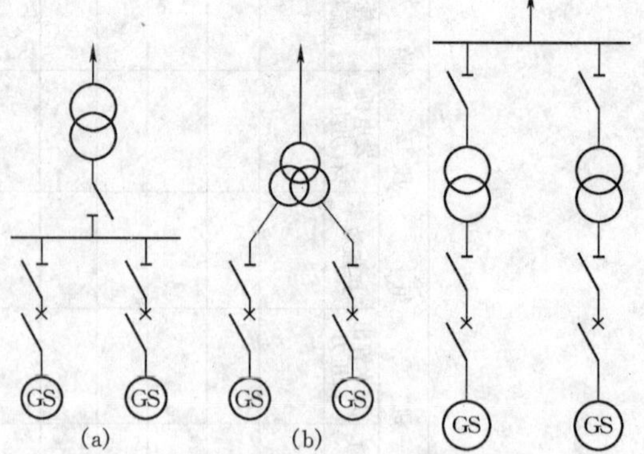

图 1-3-12　扩大单元接线　图 1-3-13　升高电压侧联合单元接线

(3) 升高电压侧联合单元接线。把两个单元接线在高压侧联合起来作为一个单元，见图 1-3-13。当采用扩大单元接线时，如两台机组安装相隔时间较长则将积压变压器容量，为了减少初期投资或由于设备和运输条件不能采用一台三相变压器，需改用单相变压器组的扩大单元接线时，可采用联合单元接线方式。这样，可采用两台三相变压器组成的联合单元接线以代替由较大容量的单相变压器组构成的扩大单元接线。

(三) 升高电压侧接线方式

1. 桥形接线

桥形接线有内桥接线 [图 1-3-14 (a)] 和外桥接线 [图 1-3-14 (b)]。桥形接线的断路器数量少，比进出线数少 1，比角形接线经济。

(1) 内桥接线。一回线路故障时，只需开断一台断路器，不影响变压器运行；一台变压器故障时，须切断两台断路器，因而使一回线路暂时停电。内桥接线适用于线路较长、故障率较大、两回线路最好送去相同地方的终端发电站，以及运行于基荷不经常切除主变等线路。

(2) 外桥接线。一回线路故障时，要断开两台断路器，拉开故障线路隔离开关后，电站全部功率可由一回线路送出；一台变压器故障时，则只断开一台断路器。外桥接线适

用于线路较短、故障几率较小、电站运行于峰荷、利用小时数不高、需要经常切除主变、有穿越功率等线路。

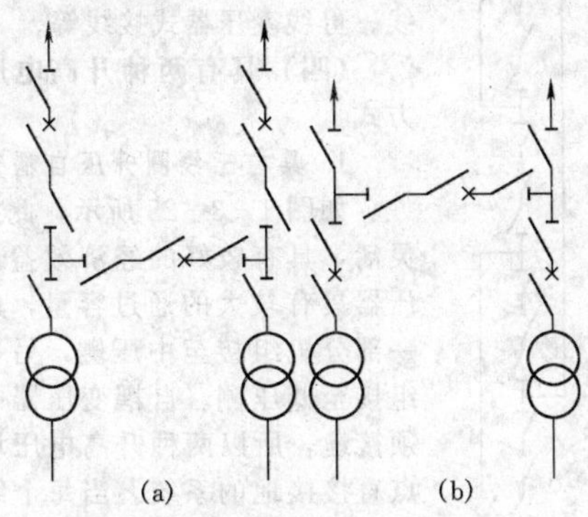

图 1-3-14 桥形接线

(a) 内桥接线；(b) 外桥接线

2. 变压器—线路组接线

如图 1-3-15 所示，此方式接线简单，设备最少，占地面积小。大容量机组，要求限制短路电流与简化接线时或小容量机组，台数很少（1～2 台）时，可采用图 1-3-15（a）或图 1-3-15（b）接线。电站容量不大时，可采用图 1-3-15（c）或图 1-3-15（d）接线。图 1-3-15（b）中的旁路开关，是为当断路器检修时继续送电而设的。但在继电保护上要考虑主变内部故障时能迅速断开对侧断路器。

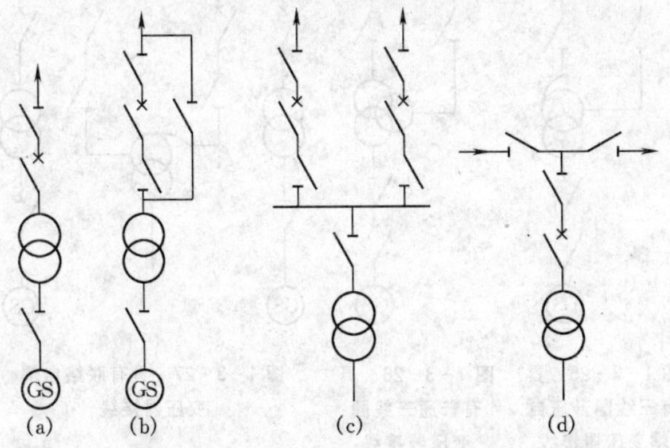

图 1-3-15 变压器—线路组接线

(a)、(b) 变压器—线路单元接线；(c) 变压器—母线接线；(d) 线路经过式接线

3. 角形接线

如图 1-3-16 所示，角形接线成闭合环形，没有母线，充分利用一回路双断路器的特点，当任一台断路器检修时，

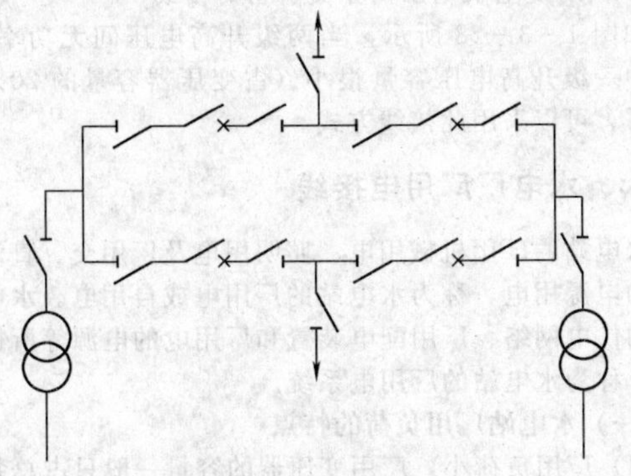

图 1-3-16 四角形接线

不影响连续供电。它可靠性高，操作方便、灵活。但当任一断路器检修时，都将形成开环运行，从而降低接线的可靠性。进出线回路较多时，根据需要可发展成单联或双联多角形接线。角形接线一般适用于出线电压为 110kV 及以上的大、中型水电站。一般采用三角形或四角形为宜，最多不超过六角形。

4. 单母线、单母线分段及单母线分段带旁路的接线

如图 1-3-17～图 1-3-19 所示，这些接线方式正常运行操作由断路器进行，隔离开关只在断路器、线路及母线检修时起隔离作用。旁路母线的作用是在检修出线断路器时，利用旁路断路来代替，而不间断该回路供电。单母线及单母线分段接线一般用于在电力系统中不重要或不十分重要的中型水电站。单母线分段带旁路接线，一般用于出线电压为 110～220kV 的大、中型水电站；当采用六氟化硫全封闭组合电器时，可使用于比较重要的大型水电站。

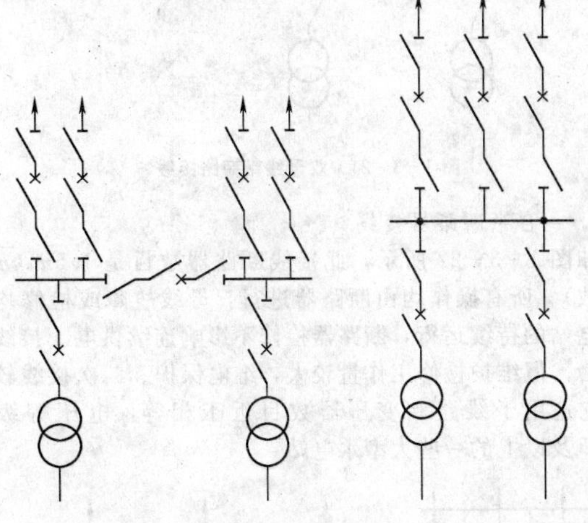

图 1-3-17 单母线分段接线　　图 1-3-18 单母线接线

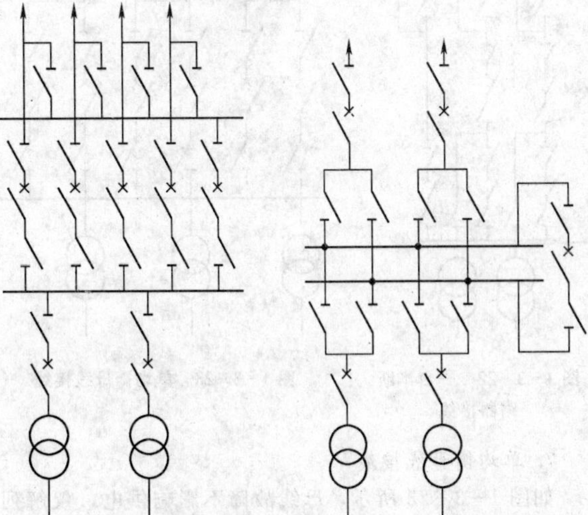

图 1-3-19 单母线带旁路的接线　　图 1-3-20 双母线接线

5. 双母线、双母线带旁路接线

如图 1-3-20 和图 1-3-21 所示，当一组母线及所连接设备故障时，不影响另一组母线供电；将故障母线所接回路切换到另一组母线后，即可恢复供电，运行灵活可靠。但隔离开关数量多，切换母线操作比较复杂，容易造成误操作。对双母线接线，当检修任一条线路的断路器时，为了不使这一条线路在检修时间中长时间停止工作，

可以用母联断路器代替线路断路器送电（但需设置检修断路器的临时跨条）。双母线接线一般适用于电力系统中地位比较重要的大、中型水电站。双母线带旁路接线的可靠性和灵活性高，一般适用于出线回路较多的，且重要的大、中型水电站。

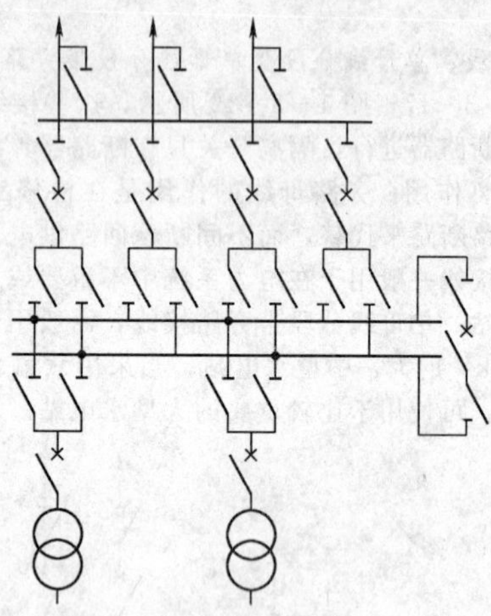

图 1-3-21 双母线带旁路接线

6. 一台半断路器接线

如图 1-3-22 所示，此接线断路器数目是 1.5n（n 为回路数）。所有操作均由断路器进行，母线故障或检修均不影响电站的持续运行，断路器检修不影响连续供电。接线可靠灵活，但维护检修工作量较大，继电保护、二次接线较复杂。它适用于线路和变压器数目近于相等，电压等级在 220kV 及以上的一些大型水电站。

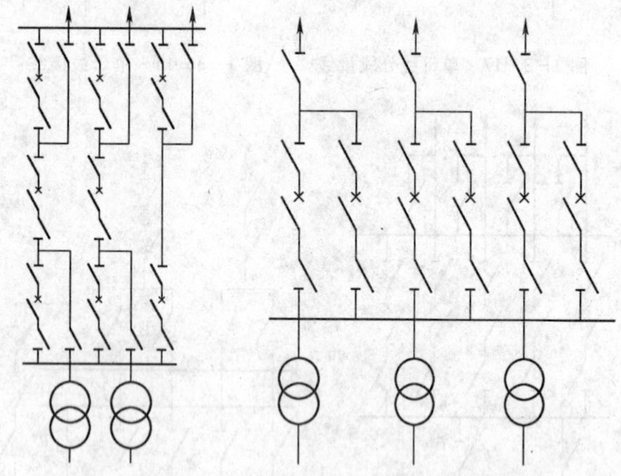

图 1-3-22 一台半断路器接线　　图 1-3-23 单均衡母线接线

7. 单均衡母线接线

如图 1-3-23 所示，母线故障不影响供电，仅解列运行；线路故障仅使一台机组停止供电。检修线路断路器影响该机组运行，检修母线或均衡断路器时，机组解列。适用于进出线数目及传输容量均相当的情况。

8. 一又三分之一台断路器接线

如图 1-3-24 所示。此种接线与一台半断路器接线相类似，但设备少、投资省，继电保护和二次接线复杂，布置也较复杂。适用于进出线回路数大体成 2∶1 的电站。

9. 其他接线方式

此外，还有单（或双）母线分段带旁路接线、双母线双断路器接线、出线通过双断路器连接的变压器—母线接线、母线线路式接线、母线变压器式接线等。

（四）具有两种升高电压的接线方式

1. 具有三线圈升压自耦变压器接线

如图 1-3-25 所示，此接线供电灵活，具有较好的经济效益。自耦变压器具有较大的通过容量，这样可将一部分机组接至中压侧，另一部分机组接至低压侧。自耦变压器中性点必须接地，所以两种升高电压均系中性点直接接地的系统。当每个线圈的通过功率为该变压器容量的 20% 及以上时，可以采用此方式接线。

2. 具有普通三线圈变压器接线

如图 1-3-26 所示，此种接线能适应电力系统对变压器中性点不同方式的要求。每个线圈的通过功率要求与上一种接线相同。

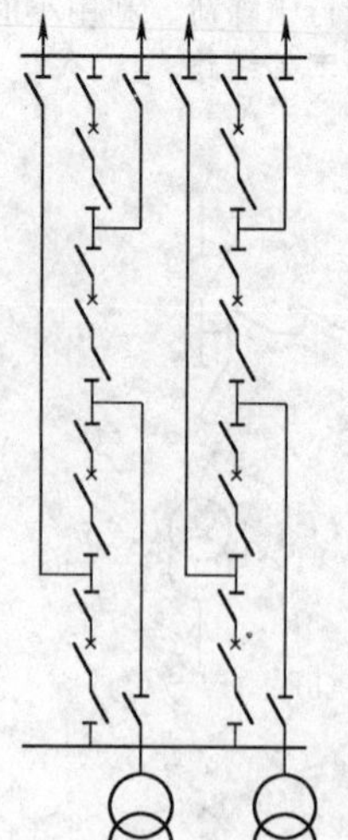

图 1-3-24 一又三分之一台断路器接线

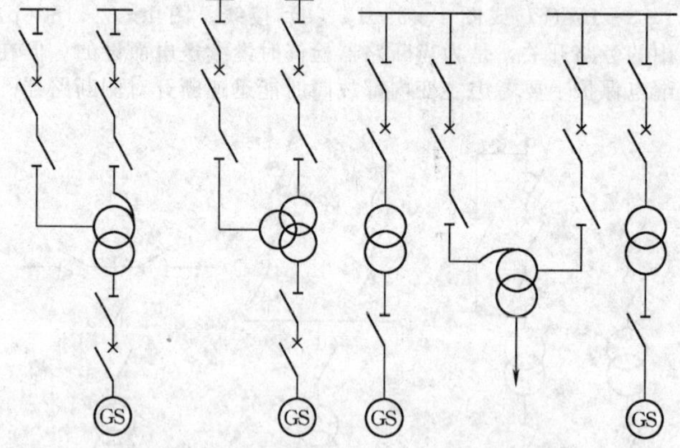

图 1-3-25 具有三线圈升压自耦变压器接线　　图 1-3-26 具有普通三线圈变压器接线　　图 1-3-27 具有联络自耦变压器接线

3. 具有联络自耦变压器接线

如图 1-3-27 所示，当高、中压间功率交换较大或不明确，潮流方向不定时，都可采用此方式。带负荷调压比升压自耦变压器容易解决。但增加高压断路器等设备，增加主变压器的重复容量和电能损耗。第三线圈可作为厂用电备用电源。

4. 具有发电机电压侧分支引出的接线

如图 1-3-28 所示，当两级升高电压间无功率交换，且其中一级升高电压容量很小（占变压器容量的 20% 及以下）时，可以采用此接线方式。

六、水电厂厂用电接线

水电站的厂用机械用电、照明用电及厂用交、直流配电装置的电源用电，称为水电站的厂用电或自用电。水电站厂用电的供电网络、厂用配电装置和厂用电的电源等所构成的总体，称为水电站的厂用电系统。

（一）水电站厂用负荷的特点

（1）厂用负荷小，厂用变压器的容量一般只占总装机容量的 0.4%～1.5%。

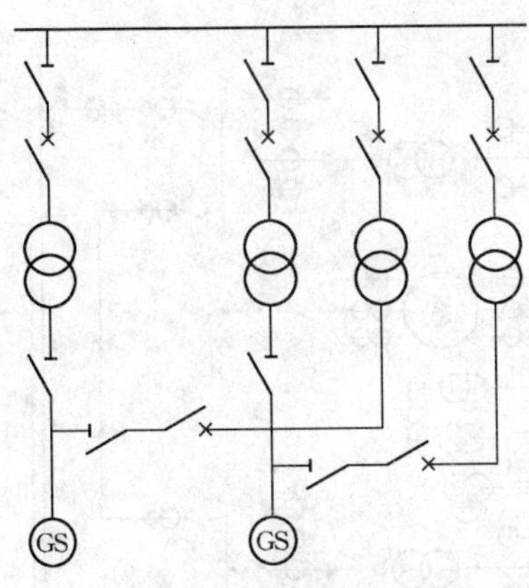

图1-3-28 具有发电机电压侧分支引出的接线

(2) 一般无大容量的厂用电动机，只需用380/220V电压供电。当大坝、主厂房、引水建筑物及辅助生产建筑物彼此相距较远时，除380/220V外，通常还需用6～10kV供电。

(3) 厂用负荷的同时率及负荷率很低，一般约为50%～70%。除机组轴承润滑系统冷却用泵、水内冷机组冷却水泵、主变压器及可控硅冷却风扇等外，其余设备短时停止工作不影响电站的正常运行。

(4) 水电站常担任调峰或调频任务，机组起停频繁，在洪水期又都担任基荷，运行方式多变。为保证厂用电供电可靠，可考虑从电力系统经主变压器反馈，供电给厂用电负荷。

(5) 水电站运行的自动化水平较高，厂用设备运行的自动化水平也高。

(6) 水电站厂用负荷的大小不但与电站容量和单机容量有关，而且与电站布置形式、机组形式、水头大小及自动化程度等有关。有时为了需要向近区供电，把高压厂用电与近区供电一并加以考虑。

(7) 厂用电要考虑电站分期建设的要求。

(二) 厂用负荷分类

厂用负荷可按用途、重要性程度、运行方式、布置地点、是否需要自起动及是否计人最大负荷等分类。这里仅介绍前两种分类。

1. 厂用负荷按用途分类

(1) 机组自用电。如油压装置、水轮机上盖排水、水轮机漏油泵、机组润滑系统油泵、单元主变压器冷却水泵、机组自动装置电源、励磁系统可控硅冷却风扇以及水冷机组的循环水泵、加热器等机组自用电负荷。

(2) 全厂公用电。如压缩空气装置、油处理系统、水系统、充电系统、通风系统、电热、照明、起重运输机械、机修厂、试验室、检修负荷以及非单元接线的主变压器冷却系统用电等。

2. 厂用负荷按重要性程度分类

(1) Ⅰ类负荷。仅允许电源切换的瞬间停电和停电少于10min的负荷。此类负荷除机组轴承润滑系统用电及水内冷系统冷却水泵的允许中断时间仅为电源切换操作时间外，其余负荷允许中断电源时间可稍长，但一般不超过10min，如变压器冷却系统用电动机、压油装置用油泵、空气断路器用气系统、技术供水泵等。

(2) Ⅱ类负荷。允许短时停电数十分钟的负荷。如充电及浮充电装置、压油装置的空压机、厂房吊车、渗漏排水泵以及照明等。

(3) Ⅲ类负荷。允许长时间停电。如电气试验室、机修厂、油处理室、电热等负荷。

(三) 厂用电源

厂用电源通常首先考虑由发电机电压母线或单元接线的分支线供给。需要外来厂用电源时，一般电站均可以由系统通过主变压器倒送厂用电，也可引自地区电网、近区变电所或联络自耦变压器第三线圈。厂用电源大多采用互为备用方式（暗备用），或虽为明备用，但在不同运行方式下，工作与备用电源互相切换。厂用电源引线方式示例参见图1-3-29。

低压厂用电压采用380/220V，高压厂用电压一般采用6～10kV。在一些大型水电站中，如有较大容量的电动机，可采用380V或3～6kV时，一般还是采用380V为宜。

七、电气主接线及厂用电引接示例

图1-3-29的电气主接线，发电机电压侧采用单元接线，两种升高电压均采用双母线带旁路接线。有两台自耦变压器的高压侧（220kV）、中压侧（110kV）分别接到两组母线上。这样，通过自耦变压器构成了这两种升高电压的联络。另外还有三台双线圈变压器的高压侧接在110kV或220kV母线上。厂用电的引接，分别从各单元的发电机侧引出。厂用电压两种，高压厂用电压6kV或10kV，低压厂用电压0.4kV。低压厂用电分为全厂公用电和机组自用电。

八、水电站主要电气设备

(一) 概述

1. 电气一次设备的种类

水电站的电气设备可分为一次设备和二次设备，一次设备又分为高压设备和低压设备。一次设备从用途来分，又可分为如下几种：

(1) 进行能量转换的设备，例如发电机、变压器和电动机等。

(2) 接通和开断电路或隔离电源的开关设备，例如断路器、隔离开关、低压闸刀和低压空气开关等。

(3) 限制电流和防止过电压的设备，例如限流电抗器、避雷器和熔断器等。

(4) 接在一次线路上，用来给二次设备提供电压或电流信号的设备，例如电压互感器、电流互感器、阻波器和耦合电容等。

(5) 用以连接电路中各设备的载流导体，例如母线和电力电缆等。

2. 水电站主变压器的选择

(1) 水电站一般远离负荷中心，且水电站本身所需的厂用电不多，地区负荷也不大，因此，选择主变压器的容量大致等于与其连接的发电机容量。如发电机—变压器为单元接线，则主变容量应不小于或等于一台发电机的视在功率；如发电机—变压器为扩大单元接线，则主变压器容量应不小于或等于扩大单元的发电机视在功率。

(2) 有些水电站地处偏僻山区，铁路交通不能到达，又受公路运输条件限制，其主变压器不得不选用单相式，或两台较小容量的三相变压器并联运行。

(3) 对于地下式和坝内式水电站，应尽量选用强迫油循环水冷却变压器。

(4) 大多数水电站担任峰荷，发电利用小时数较低，为了操作运行方便，其主变压器经常不从电网切开，因此，要求变压器空载损耗尽量小。

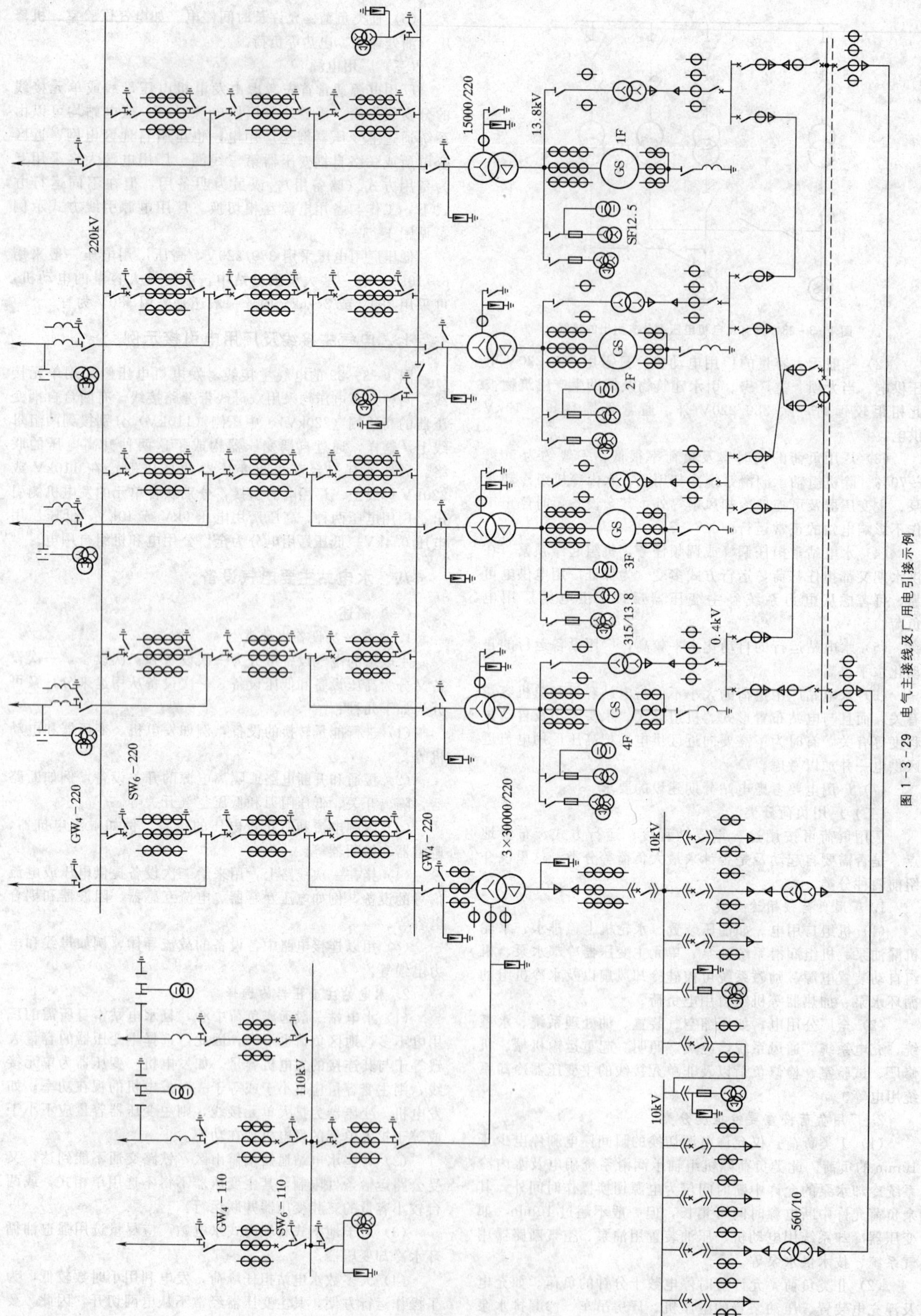

图 1－3－29 电气主接线及厂用电引接示例

3. 厂用变压器的选择

厂用变压器可采用干式变压器和油浸式变压器。水电站因厂用负荷较小且环境清洁，多采用不易着火的干式变压器。油浸式变压器的优点是价格比干式变压器便宜。油浸或变压器由于防爆防火的要求必须布置在单独的屋内（采用屋内布置时），并要设置防爆、通风散热及事故排油等设施。干式变压器不必单独的防爆、防火间隔，可布置在开关柜附近，但不宜布置在潮湿或灰尘多的场所。

当厂用变压器有两台或两台以上时，其厂用变压器容量应满足其中任一台变压器停止运行时，其余变压器能供给全部机组正常运行所必需的最大厂用负荷，此时应考虑厂用负荷的同时系数与网络损失系数。厂用变压器的容量还应满足一台机组检修、其余机组全部运转时的最大负荷。在一般情况下，后一种容量大于前一种容量。当厂用电源取自单元或扩大单元机组时，还应考虑在最小运行方式下，厂用电的可靠性和厂用变压器能满足该运行方式下的最大负荷。

计算厂用电负荷时，应合理选取厂用电负荷的负荷系数和网络损失系数，还应校验电动机自起动负荷，保证需要自起动的电动机在故障消除后电动机端电压不低于额定电压的65%～70%。

机组自用电变压器的容量较小，为了满足电动机起动的要求，自用电电动机的单机容量应尽量选得小一些。

4. 其他电气设备的选择

其他电气设备的选择首先应满足长期工作的电压和电流条件，然后按短路电流进行校验。

(1) 设备选择应考虑的项目。一般应考虑表 1-3-12 所列的项目进行选择，并注意以下几点：

1) 电压等级和使用条件相同时，宜选用同一型式的设备，便于运行维护及减少备品备件的品种。

2) 结合水电站具体条件，在设备参数、性能满足使用条件的前提下，尽可能选用体积小、重量轻的设备，以节省占地面积。

3) 对高海拔、湿热带、污秽地区以及具有特殊使用条件者（如温度、日照、风速、冰雪、地震等），应选用与此相应的产品。

表 1-3-12　设备选择应考虑的项目

序号	项目	额定电压 (kV)	额定电流 (A)	额定容量 (kVA)	额定开断电流 (kA)	短路电流稳定性	
						热稳定	动稳定
1	断路器	V	V		V	V	V
2	隔离开关	V	V			V	V
3	电流互感器	V	V			V	V
4	电压互感器	V					
5	熔断器	V	V		V		
6	负荷开关	V	V			V	V
7	限流电抗器	V	V			V	V
8	消弧线圈	V	V	V			
9	支柱绝缘子	V					V
10	穿墙套管	V	V			V	V

(2) 设备的选择与校验：

1) 按工作电压选择。选用的电器允许最高工作电压不得低于该电器所接回路的最高运行电压。一般可采用电器的额定电压等于（或大于）该电器所接回路的额定电压。但对充石英砂有限流作用的熔断器，其额定电压应与回路工作电压相等，否则会产生过大的过电压或不能切断。

2) 按工作电流选择。电器的额定电流 I_e 应大于或等于电器通过的最大长期工作电流 I_g。发电机的 I_g 一般为额定电流的 1.05 倍。一般电器环境温度为 40℃时允许按额定电流长期工作。当电器安装点的环境温度高于 40℃（但不高于 60℃）时，每增高 1℃，建议额定电流减少 1.8%；当低于 40℃时，每降低 1℃，建议额定电流增加 0.5%，但总增加值不得超过额定电流的 20%。

3) 按断流容量选择。设备的额定断流量 S_{dn} 应大于或等于设备安装点最大短路容量 S''，或设备的额定断流量 I_{dn} 应大于或等于设备安装点最大短路电流 I''。

4) 热稳定校验。短路热稳定就是在短路电流通过电器时，其最高温度不超过制造厂规定的短时发热最高允许温度。为此，应根据制造厂提供的热稳定电流（kA），乘以热稳定电流的作用时间（s），得到电气设备允许的热效应 Q_{xu} ($kA^2 \cdot s$)。再根据短路电流及其作用时间计算出短路电流热效应 Q_d ($kA^2 \cdot s$)。Q_d 应等于或小于 Q_{xu}。

5) 短路动稳定校验。电气设备的动稳定是指短路冲击电流通过时，设备机件在电动力作用下不发生永久性变形。即设备允许通过的极限电流峰值 i_{gf} 应大于或等于设备可能通过的三相短路时最大冲击电流 i_{ch}。

(二) 高压配电装置

高压配电装置是指电压在 1kV 及以上时，主要设备和母线、进出线及其构架组成的配电装置。高压配电装置分为屋外配电装置和屋内配电装置。屋内配电装置一般尽可能采用成套配电装置。

1. 高压配电装置布置的一般原则

(1) 布置紧凑、清晰，结构简单，运行、检修方便，占地面积小，开挖量小。

(2) 开关站布置应适合于该地区的环境条件。

(3) 开关站布置在坝内、屋内或洞内时，宜采用封闭式或开敞式组合电器。

(4) 出线和扩建要方便，尽量避免交叉跨越。

(5) 在配电装置内应有防火措施，当有多油电气设备时应考虑蓄油措施。

(6) 配电装置相邻带电部分的额定电压不同时，应按较高额定电压确定安全净距。

(7) 屋外配电装置带电部分的上面或下面不应有照明、通信和信号线路架空跨越和通过；屋内配电装置带电部分的上面不应有明敷的照明或动力线路跨越。

(8) 屋外电气设备外绝缘体最低部位小于 2.5m 时，应装设固定遮栏；屋内电气设备外绝缘体最低部位距地小于 2.3m 时，也应装设固定遮栏。

(9) 屋外配电装置使用软导线时，带电部分至接地部分和不同相带电部分之间最小电气距离应根据外过电压和风偏、内过电压和风偏、最大工作电压及短路摇摆和风偏三个条件进行校验，并采用其中最大数值。

2. 高压配电装置的最小安全净距

屋外配电装置的安全净距不应小于表 1-3-13 所列数值。屋内配电装置的安全净距不应小于表 1-3-14 所列数值。

3. 高压配电装置的布置

高压配电装置除按需要布置在屋内、洞内情况外，一般均布置在屋外。

表 1-3-13 屋外配电装置的最小安全净距 单位：mm

名 称	额定电压(kV)										
	1～10	15～20	35	60	110J	110	154J	154	220J	330J	500J
带电部分至接地部分 A_1	200	300	400	650	900	1000	1300	1450	1800	2600	3800
不同相的带电部分之间 A_2	200	300	400	650	1000	1100	1450	1600	2000	2800	4300
带电部分至栅栏 B_1	950	1050	1150	1350	1650	1750	2050	2150	2550	3350	4550
带电部分至网状遮栏 B_2	300	400	500	700	1000	1100	1400	1500	1900	2700	3900
无遮栏裸导体至地面 C	2700	2800	2900	3100	3400	3500	3800	3900	4300	5100	7500
不同时停电检修的无遮栏裸导体之间的水平净距 D	2200	2300	2400	2600	2900	3000	3300	3400	3800	4600	5800

注 1. 110J、154J、220J、330J、500J 系指中性点直接接地电力网。

2. 海拔超过 1000m 时，本表所列 A_1、A_2 值应进行修正，可以按每升高 100m 增大 1% 进行。B_1、B_2、C、D 值应分别增加 A_1 值的修正差值。但对 35kV 及以下的 A_1、A_2 值可在海拔超过 2000m 时进行修正。

3. 本表所列各值因考虑到误差等因素，对制造厂生产的成套配电装置的尺寸不起控制作用。

表 1-3-14 屋内配电装置的安全净距 单位：mm

适用范围	额定电压(kV)									
	3	6	10	15	20	35	63	110J	110	220J
带电部分至接地部分之间 A_1	75	100	125	150	180	300	550	850	950	1800
不同相的带电部分之间 A_2	75	100	125	150	180	300	550	900	1000	2000
栅状遮栏至带电部分之间 B_1	825	850	875	900	930	1050	1300	1600	1700	2550
网状遮栏至带电部分之间 B_2	175	200	225	250	280	400	650	950	1050	1900
无遮栏导体至地（楼）面之间 C	2375	2400	2425	2450	2480	2600	2850	3150	3250	4100
平行的不同时停电检修的无遮栏裸导体之间 D	1875	1900	1925	1950	1980	2100	2350	2650	2750	3600
通向屋外的出线套管至屋外通道的路面 E	4000	4000	4000	4000	4000	4000	4500	5000	5000	5500

注 1. 110J、220J 系指中性点直接接地电网。

2. 采用板状遮栏时，B_2 值可取 A_1+30mm。

3. 海拔超过 1000 m 时，A_1、A_2 值应按表 1-3-13 注 2 进行修正。

屋外配电装置按高度情况有低式、中式、半高式、高式、阶梯式布置等：

(1) 低式布置是指电气设备全为落地式布置。

(2) 中式布置是指电气设备均放在设备支架上。中式布置是常采用的一种布置形式。

(3) 半高式布置的特点是将母线及母线隔离开关升高，将断路器、电流互感器等电气设备直接布置在升高母线的下面以节省用地。布置在高架上的隔离开关为了操作方便最好把拉杆延长使运行人员能在地面操作。半高式布置的开关站示例见图 1-3-30。

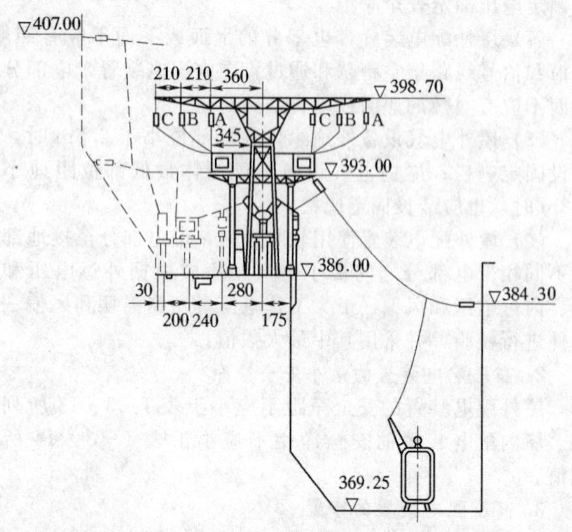

图 1-3-30 110kV 双母线结线半高式布置剖面图
（高程以 m 计，其余尺寸以 cm 计，虚线是出线间隔）

(4) 高式布置是将双母线接线的两组母线及其母线隔离开关重叠布置。为了巡视检修上层母线和隔离开关等设备，构架上宜设通道和必要的围栏，此时上层隔离开关的手动操作可以在高层通道进行。高式布置的开关站示例见图 1-3-31。

(5) 阶梯式布置是将电气设备分别布置在顺山坡开挖出来的两级或三级台阶上，以节省土石方开挖量。阶梯式布置的开关站示例见图 1-3-32。

洞内布置是将开关站放进已建成的施工隧洞、水工建筑物空腔或专门开挖的隧洞内。开敞式高压电气设备布置在洞内，其对地放电电压比露天布置约降低 6%。此外，洞内湿度大、温度低，容易结露受潮，设备爆炸失火的后果尤为严重，因此，电气设备应加强防潮、防火措施和适当加强绝缘。

九、操作电源系统

大中型水电站操作电源一般采用由蓄电池供电的直流电源系统。水电站的操作电源用于操作、控制、继电保护及信号系统、事故照明、远动和通信系统等的备用电源。

（一）操作电源的基本要求

(1) 在电站正常和事故运行情况下，保证向所有重要的直流用电设备可靠且不间断供电。

(2) 在任何情况下，保证直流系统各负荷电压在允许范围内。

(3) 在蓄电池充电或核对性放电时，保证不破坏用户的供电。

(4) 保证能迅速而可靠地找到本系统的设备及线路绝缘损坏地点，并尽量做到能加以隔离。

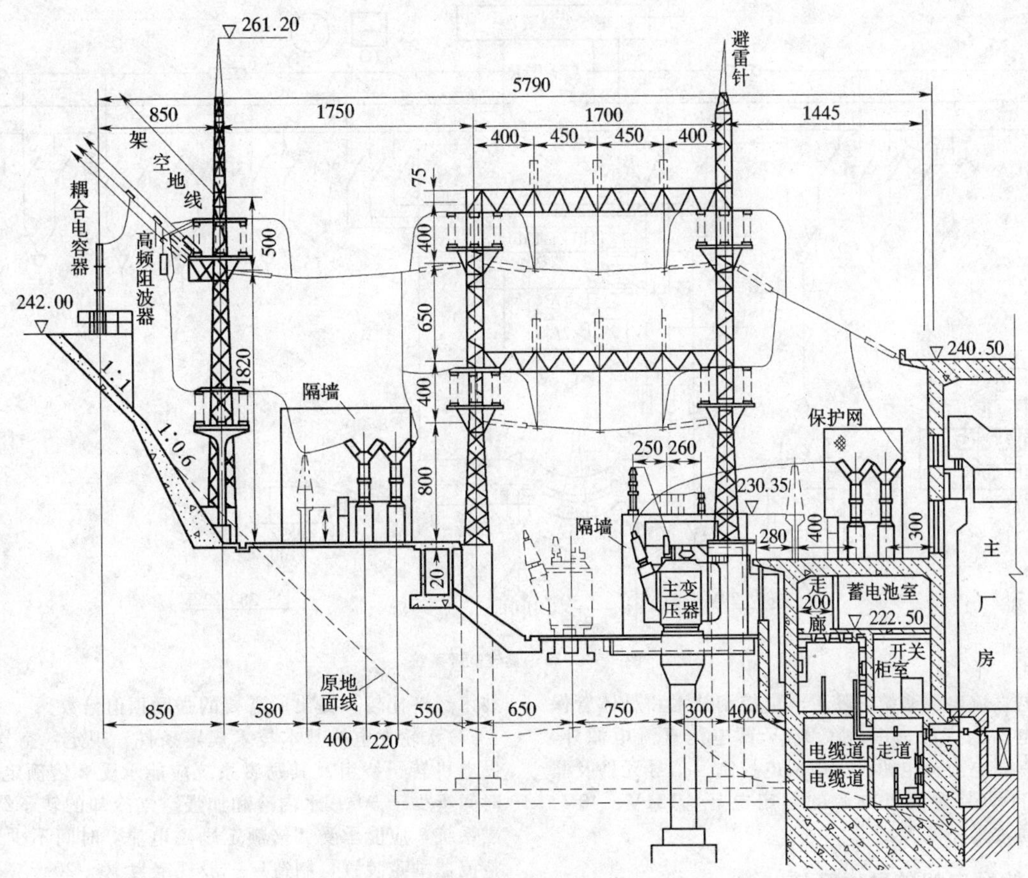

图 1-3-31 220kV 双母线结线高式布置剖面图

（高程单位为 m，尺寸单位为 cm）

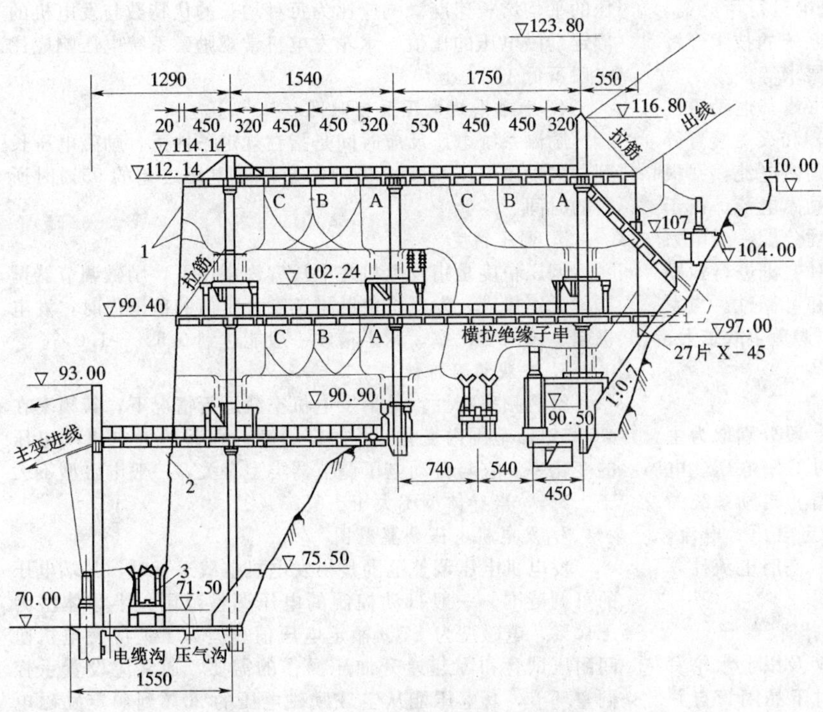

图 1-3-32 220kV 双母线带旁路结线阶梯式布置剖面图

（高程单位为 m，尺寸单位为 cm）

1—横拉绝缘子串，相对地 14 片 X-4.5，相对相 24 片 X-4.5；2—检修隔离用耐张绝缘子串，14 片 X-4.5；3—22 片 X-4.5 耐张绝缘子串

（二）直流电源系统

直流电源系统由蓄电池组、充电及浮充电装置、直流配电盘、端电池调节装置及辅助设施组成，见图 1-3-33。直流电源系统的额定电压，对大型水电站为 220V，中型水电站为 220V 或 110V。

（1）蓄电池。一般采用防酸隔爆式蓄电池（GGF 型）、密闭防爆式蓄电池（GGM 型）。当容量较小时也可采用碱性蓄电池。

（2）充电设备。用于对蓄电池定期充电及经常浮充电，以补充蓄电池自放电和供给经常直流负荷。目前广泛采用硅整流装置作为充电及浮充电设备。在 220V 系统中，充电设备的调压范围 230～260V；浮充电设备调压范围 230～330V。

（3）直流配电盘。用以分配直流负荷，对蓄电池进行充放电，监视测量直流设备的运行情况并对直流系统故障进行保护。碱性蓄电池还可装在直流配电盘内。

（4）蓄电池调节器。用来增减投入运行蓄电池数量，维持直流母线电压在规定的范围内。利用调节器改变蓄电池数量时需满足直流供电不间断，在切换过程中被切换的电池不能短路。

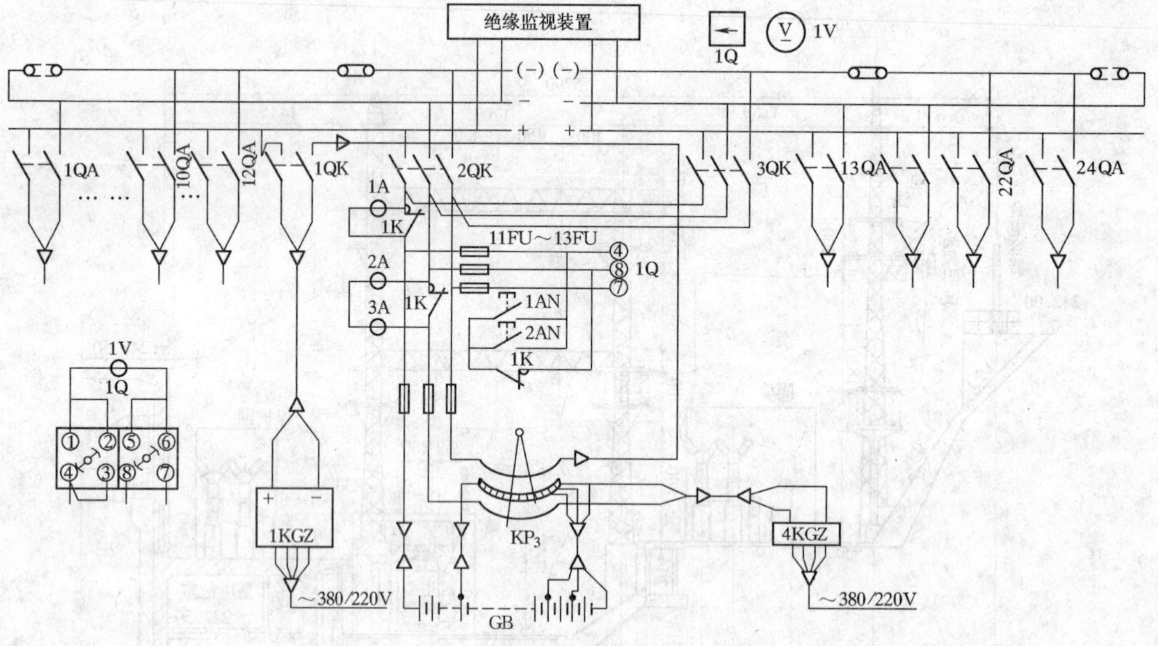

图 1-3-33 直流电源系统

(5) 弱电直流电源系统。随着弱电控制技术和晶体管保护装置在水电站的广泛采用，除 220V 蓄电池直流电源外，往往还需要有弱电直流电源。一般弱电控制、信号元件及晶体管保护与自动装置要求电源的额定电压有 24V、48V、60V 几种，通常采用 48V。

十、水轮发电机的励磁系统

（一）励磁系统的作用和组成

励磁系统是同步发电机的重要组成部分。一个良好的励磁系统不仅为发电机在电力系统中可靠和稳定运行所必需，而且可以有效地提高发电机及其相联的电力系统的技术经济指标，如提高稳定极限水平、降低电机参数要求等。

水轮发电机的励磁系统通常包括励磁机（或其他励磁供电装置）、手动励磁调整装置、自动励磁调节器和灭磁装置等设备。在正常运行条件下，供给同步发电机励磁电流，并根据发电机电压和负荷情况，按给定规律调整励磁电流。由于励磁的调节，能使发电机的无功功率得到合理分配。当电力系统发生突然短路或突加负荷、甩负荷时，对电机进行强励或强行减磁，以提高电力系统的运行稳定性和可靠性。当发电机内部出现短路时，对发电机进行灭磁，以避免事故扩大。

（二）励磁系统的一般技术参数

1. 励磁额定功率

对直流励磁机的额定电压、额定电流，一般分别取为主发电机额定励磁电压、电流（或称励磁机的工作电压、电流）的 1.1 倍；对他励系统的交流励磁机或静止自励系统的励磁变压器、励磁变流器及串联变压器的额定电压、电流，则一般取为强励状态时的电压计算值和额定状态时电流计算值的 1.1～1.3 倍。

2. 励磁系统强励的顶值电压倍数及持续时间

励磁系统的强励顶值电压倍数对 5 万 kW 及以上水轮发电机一般不低于 2，其他一般不低于 1.6。对于晶闸管自并励系统，一般可按发电机端电压下降到额定电压的 80%～90%时仍达到上述强励顶值倍数的要求确定。但是，对于长距离输电的大型水轮发电机或重要的水电站，为了提高输电的稳定极限水平和供电质量，应根据系统稳定计算的要求及技术经济比较，提出所需要的强励顶值倍数。

《水轮发电机基本技术规定条件》规定：空气冷却水轮发电机转子绕组及其励磁系统应能承受 2 倍额定励磁电流，时间不少于 50s；水内冷和加强空气冷却的转子绕组及其励磁系统，应能承受 2 倍额定励磁电流，时间不少于 20s。但整流器励磁装置，制造厂一般规定为 10～20s。

3. 励磁系统电压增长速度及响应比

励磁电压增长速度是指强励时，励磁电压从发电机的额定励磁电压增长到强励顶值过程中，第一个 0.5s 时间内电压的平均增长速度。响应比为每秒增长的伏特数与发电机的额定励磁电压的比值。水轮发电机常规励磁系统电压响应比一般不低于 2s。

4. 励磁系统电压反应时间

励磁系统电压反应时间是指在规定条件下，励磁电压长到最大励磁电压与发电机的额定励磁电压之差的 95%时所需的时间。

5. 调压精度

调压精度是指发电机在电压容许条件下，励磁调节器调差单元不投入，发电机负载增长到额定值的范围内时，发电机端电压的变化率。调压精度一般能达到 0.5%～1.0%。

6. 空载频率特性

空载频率特性，是指发电机空载运行情况下，其频率在 48～52Hz 范围内变化 1%额定频率时引起的发电机端电压的变化率。它与自动电压调节器类型有关，一般电磁型不大于±2%，半导体型不大于±0.25%。

7. 发电机电压调整范围

发电机电压调整范围是指发电机空载运行时，其端电压的可调范围。一般自动控制的电压调整范围：半导体型为±10%，电磁型为±5%额定电压值。但为了适应发电机匝间耐压试验和零起递升加压操作的需要，通常应设置手控调整环节，其电压能从空载励磁电压的 20%到额定励磁电压的 110%范围内稳定地平滑调节。

8. 电压调差率

电压调差率又称无功补偿度，是指励磁调节器调差单元投入，发电机从空载状态变化到无功电流等于定子额定电流状态时，其端电压变化率。调差范围一般取±（5～10）%。一般对机端直接并列（如扩大单元接线）的发电机应采用正调差（即发电机外特性的斜率为负值），当并列机组之间调差性能不一样时，应增大调压性能较好的机组的正调差率，使其无功调节变得迟钝一些；对经过升压变压器变压后在高压侧并列的发电机，为了补偿升压变压器的压降，可采用负调差。

（三）励磁系统的类型和特点

直流电机励磁系统的主要类型有自并励、他励、复励和他励—自并励。整流器励磁系统的主要类型有他励（励磁机为交流励磁机）、自并励、直流侧并联自复励、交流侧串联自复励。

选用发电机的励磁系统类型时，首先要求它具有较高的运行可靠性，其次应能满足线路和结构简单、调试和维护方便、价格低廉以及占地面积小等要求。水轮发电机常用励磁系统的特点比较，可参见表1-3-15。励磁系统原理接线，见图1-3-34。其中图（a）、（b）、（c）为直流电机励磁系统，图（d）至图（i）为整流器励磁系统。简述如下。

表1-3-15 各种励磁系统的特点比较

性能及特点	同轴直流电机励磁系统	整流器励磁系统				
		他励式		自励式		
		静止整流器	旋转整流器	自并励	自复励	
		可控	可控		并联式	串联式
顶值电压倍数	1.5～2.0	2～4	1.5～2.0	1.5～2.0	1.5～2.0	1.5～2.0
电压响应比（倍/s）	1.3～1.5	≥2	≥2	≥2	≥2	≥2
有无旋转机械	有	有	有	无	无	无
有无电刷	有	有	无	有	有	有
快速灭磁可能性	能	能	能	能	能	能
快速减磁可能性	不能	能	能	能	不能	能
运行独立性①	高	高	高	低	较高	较高
接线及结构	较简单	复杂	复杂	简单	较简单	较复杂
维护工作量	大	较小	小	小	小	小
占地面积	小	较小	小	较大	大	大
机组总长度	较长	长	长	短	短	短

① 指电力系统或主机发生短路故障时励磁系统仍能维持其应用性能的能力。

直流电机励磁系统，多用于中小型机组。它可分为连续调节型和开关调节型两种。前一种能连续调节直流励磁机的励磁电流，从而改变励磁机的输出电压，致使发电机转子绕组电流也跟着改变。其中图1-3-34（a）的直流励磁机为自并励接线，励磁机的励磁电流由本身的自励回路和自动励磁调节器（AVR）共同供给。图1-3-34（b）的励磁机为他励接线，励磁机的励磁电流由同轴交流副励磁机经过受AVR控制的晶闸管整流器供给。后一种，如图1-3-34（c），在励磁机励磁回路中，串接工作于直流开关状态的晶闸管整流器，通过AVR调节该直流开导通时间的长短（脉冲宽度）或导通次数的多少（脉冲频率）来控制励磁电流。图1-3-34（c）中的二极管，对励磁机的励磁电流起续流作用。

整流器励磁系统，适用于所有水轮发电机。根据供给整流器交流电源的不同，分为下列几种：

（1）他励晶闸管整流器励磁系统，其原理接线如图1-3-34（d）所示。发电机的励磁电流由同轴交流励磁机9

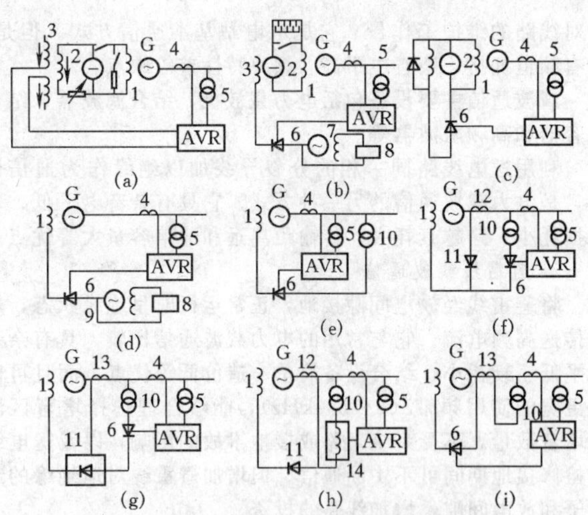

图1-3-34 励磁系统原理接线

（a）连续调节型直流电机励磁系统；（b）带交流副励磁机直流电机励磁系统；（c）开关调节型直流电机励磁系统；（d）他励晶闸管整流器励磁系统；（e）自（并）励晶闸管整流器励磁系统；（f）直流侧并联自复励整流器励磁系统；（g）直流侧串联自复励整流器励磁系统；（h）交流侧并联自复励整流器励磁系统；（i）交流侧串联自复励整流器励磁系统

1—转子绕组（励磁绕组）；2—直流励磁机；3—直流励磁机励磁绕组；4—电流互感器；5—电压互感器；6—晶闸管整流器；7—交流副励磁机；8—自励恒压装置；9—交流励磁机；10—励磁变压器；11—二极管整流器；12—功率变流器；13—电流-电压变换器；14—电抗器；AVR—自动励磁调节器

（亦称辅助发电机）的交流经晶闸管整流器6变换成直流后供给。同轴交流励磁机的励磁电流由接于本身机端的自励恒压装置供给。

（2）自（并）励晶闸管整流励磁系统，如图1-3-34（e）所示。发电机的励磁电流由接于机端的励磁变压器10经晶闸管整流器6供给，并由AVR进行调节。

（3）自复励整流器励磁系统的励磁功率取自两部分，一是取自与发电机电压有关的自（并）励部分，一是取自与定子电流有关的自（串）励部分。依照接线方式的不同，分为直流侧并联、直流侧串联、交流侧并联、交流侧串联四种，分别见图1-3-34（f）、（g）、（h）和（i）。

十一、通信系统

通过水电站通信系统可把水电站与电力系统调度所及其他有关单位有机地联系起来，以保证水电站安全经济运行。鉴于电力生产的特点，要求通信系统在任何情况下都能畅通无阻。水电站通信的分类可按其功能或通信方式来划分。

（一）按通信功能分类及其基本内容

（1）厂内通信。指水电站内部供生产管理及生产调度用的行政通信与调度通信。

（2）系统通信。指水电站接入系统后与电网调度所、变电所或其他电站之间的通信。

（3）对外通信。包括：水电站到当地邮电局的中继联络通信；梯级水电站之间的通信；水电站与附近有重要业务联系的单位通信。

（4）施工通信。指施工期间工地内部和外部的通信，以及施工期间的防汛通信。

（二）按通信方式分类及其基本内容

1. 电力载波通信

电力载波通信是利用电力架空送电线路同时传输工频电流及载波电话的高频（40～500kHz）信号。电力载波通信安全可靠、性能较好。它能节约通信线路投资，减少通信人员对线路的维护工作量。它是水电站基本通信方式。但是，它有频道拥挤、杂音电平高、频率特性差等缺点。

载波通信主要设备包括电力载波机、结合滤波器、结合电容器和高频阻波器等。

利用送电线路同一相的分裂导线加以绝缘作为通信回路，是电力载波通信的另一种方式。它具有杂音电平低、辐射损耗小、跨越衰耗大、传输距离远和通信容量大等优点。

2. 避雷线载波通信

将避雷线经放电间隙接地，正常运行时呈绝缘状态，用以传送高频电流。它与常用的电力载波通信比较，具有杂音电平低、衰耗小、结合设备简单、造价低等优点，而且可以有更宽的使用频带（8～500kHz），能够合理选择增音区段和增音数量，不受系统短路或接地事故的影响，以及送电线路检修接地期间可不中断通信。但增加避雷线对地绝缘的绝缘子和放电间隙，增加线路的投资。

3. 音频电缆与架空明线通信

它是联系调度所与电力载波终端站的中间环节，也是调度所与近距离发电厂、变电所之间的主要通信方式。

4. 无线电通信

主要有微波中继通信与特高频通信。微波通信是直线传播，传输距离较近，一般为 30～50km。远距离通信需要增设中继站。微波通信比较稳定、可靠、通信容量大、杂音干扰少，已逐渐发展成为主要通信干线。特高频通信主要用于通道不多（10 个以内）而又无电力载波的短距离通信及电力线流动检修的通信。

此外，某些山峦重叠不宜设微波中继站的地区，可以采用对流层散射通信。对流层为离地球表面约 10～16km 高的大气层。电磁波经对流层折射后，部分能量就被散射到地面上来，接收天线就可收到散射的电磁波。

5. 高频电缆通信

这是另一种容量大、质量高的通信方式，但中间转接站比微波通信更多，投资费用更大，一般在调度所和系统通信枢纽站之间采用。

6. 其他通信

包括光导纤维通信和卫星通信等。

光纤通信系统主要由光发送机、光接收机及光纤（光缆）、连接器、耦合器等组成。光发送机能把输入的电信号转换成光信号。光信号经连接器耦合至光纤，并由光纤传输至光接收机。光接收机把传来的光信号转换成电信号。光纤通信是现代信息传输的重要方式之一，具有通信容量大、频带宽、衰耗低、重量轻、耐腐蚀、抗电磁干扰、不怕雷击、保密性好、误码率低等优点，在我国正迅速地发展。

卫星通信是利用人造地球卫星作为中继站转发无线电信号。现代实用通信卫星主要使用地球静止卫星，它的理论轨道是与地球自转同步的轨道。卫星通信是一种传输质量好、接续灵活和价廉的通信方式。它能在大面积范围内提供电话、电报、电视、数据、传真等通信服务。

第四节　水电站的自动化

一、自动化的主要内容和控制方式

水电站自动化的主要内容包括：机组及其附属机械设备和全厂共用机械设备的自动控制和监视；机组的安全运行和自动调速；发电机的自动调整励磁；发电机的自动同期及自动重合闸装置等。

水电站的控制方式可分为三种：分散控制、中央集中控制和综合自动控制：

（1）分散控制，就是各主要设备的测量仪表和控制设备分散在各主要设备旁边或按各机组分开布置。其缺点是运行人员多、操作效率低，一般仅用于小型机组的控制。

（2）中央集中控制，是将中央值班人员集中在一处地方控制和监视全厂机组及主要电气设备，且主机及辅助设备配备有较完善的自动化装置。

（3）综合自动控制，是应用电子计算机把水电站作为一个整体进行控制和监视，可以实现自动检测运行参数、自动计算最佳运行工况、自动控制机组的运行方式、自动调节机组的有功无功负荷、自动处理事故等。

二、水电站的操作、控制、调整和信号

水电站的操作对象主要有水轮发电机组、升压变压器、厂用变压器、高压输电线路、近区馈电线路及重要的水工闸门等。大中型水电站设备的操作电源一般采用具有蓄电池供电的直流电源系统，直流电压为 110V 或 220V。水电站的操作由值班人员（或通过自动装置和保护装置）根据运行或事故处理要求决定发电机运行方式，以及变压器的投入或切除。例如，由值班人员控制各设备的断路器操作机构的控制开关，使断路器合闸或跳闸，以达到设备的投入或切除。

水电站的控制，目前依控制电源的种类来分，有“强电”和“弱电”两种方式。大中型水电站通常采用强电集中控制方式，其控制电源电压采用 220V 或 110V（通常与操作电源共用一个系统）。强电系统的互感器副边采用交流 100V 及 5A 作为被测量的基本标准。弱电控制系统着重于缩小控制、仪表和信号器具的尺寸并减少其数量。为此，采用 6～48V 的控制电源，并采用经过电量变换器配以弱电仪表的测量系统。弱电控制有选线与不选线之分。

水电站的被调整量为发电机频率、有功功率、电压和无功功率。执行元件为机组的调速器和励磁调节器。

水电站的测量装置主要用于电气设备及水工设备运行参数（电压、频率、电功率、电量、上下游水位及水头等）的监视和记录。

水电站的信号装置用以反映各主要设备的运行状态和不正常状态（事故或故障的报警）。运行信号有：水轮发电机的运行方式（发电、调相、停机）；断路器位置（合闸或跳闸）；自动装置投入及退出信号；电源监视信号等。不正常状态信号分事故信号及故障信号两种。中央音响信号装置属于全厂共用信号装置，在事故跳闸时发出蜂鸣器音响，故障时发出警铃音响，同时由光字牌显示出事故或故障的种类和位置的文字。

三、水轮发电机组及附属设备、公用设备的自动化

（一）水轮发电机组的自动化

水轮发电机组的自动化就是使机组能够按照预先编好的逻辑程序依次进行机组的发电、调相、停机三种运行方式及其互相转换。在机组运行过程中发生事故时能自动停机，当发生故障时能发出警告信号。

机组自动控制装置用以把机组的润滑系统、冷却系统、附属设备、调速器、励磁调节器、断路器等组成一个有机的整体，能按照逻辑程序实现自动操作。

水轮发电机实现自动化控制的基础条件是：装有自动调速器，可靠的自动化元件，以及油、水、气系统的自动控制。水轮发电机自动化系统图，见图 1－4－1。

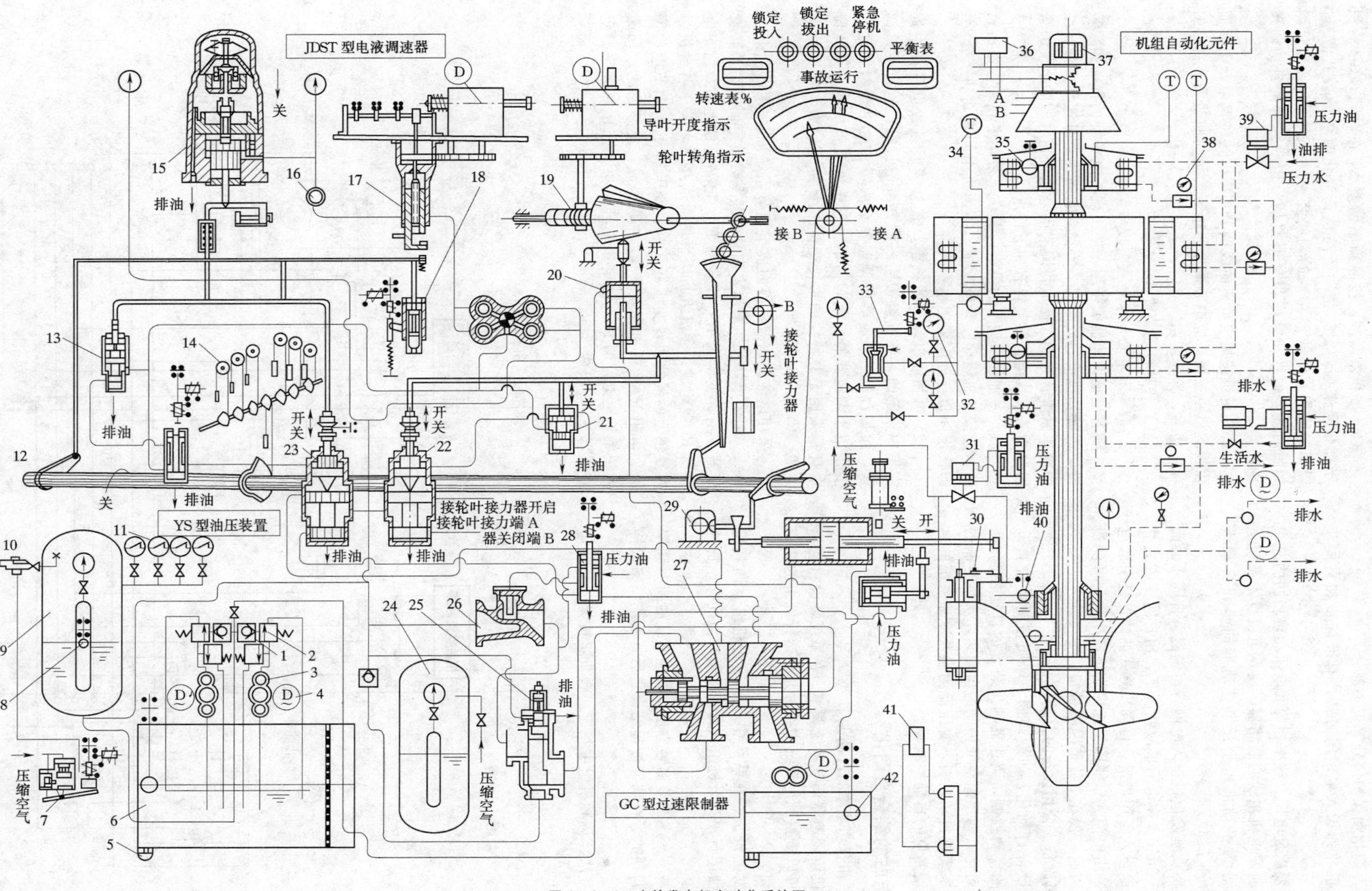

图 1-4-1 水轮发电机自动化系统图

1—止回阀；2—安全阀；3—螺杆泵；4—电动机；5—油混水信号装置；6—回油箱；7—电磁空气阀；8—油位信号装置；9—压力油罐；10—空气阀；11、32—压力信号器；12—回复轴；13—油阀；14—送讯器；15—电液转换器；16—手、自动切换阀；17—开度限制机构；18—锁锭；19—协联机构；20—起动阀；21—引导阀；22—轮叶主配压阀；23—导叶主配压阀；24—备用油源压力油罐；25—差压阀；26—油阀；27—事故配压阀；28—电磁配压阀；29—主令开关；30—剪断销信号器；31—SF 型液压操作阀；33—电磁空气阀；34—温度信号器；35、40、42—液位信号器；36—电气传速信号器；37—转速信号器；38—示流信号器；39—液压闸阀；41—水位信号器机组自动操作接线，就其内容来分，包括：开机、停机、调整操作、调相和保护信号等五个部分。

水轮发电机并列投入电网的方法，有准同步和自同步两种。

准同步必须满足电压、频率相等和电压相位相同的三个条件，才能接通发电机出线的断路器，使发电机投入系统运行。准同步又分为手动准同步、半自动准同步和自动准同步。

自同步的特点是发电机投入电网后再励磁。自同步时间一般不超过1～2min。在电网事故情况下，用自同步方式并列，可以较快地投入备用机组。自同步方式的缺点是引起电网电压下降，冲击电流大，线圈绝缘损伤逐次积累，可能造成绝缘事故。因此，仅在事故情况下进行。

（二）附属设备、公用设备的自动化

机组附属设备自动化，如蝴蝶阀、球阀控制系统自动化，快速闸门的自动控制，调速器油压装置的自动控制等。公用设备的自动化，如压缩空气控制的自动化，水泵控制的自动化，油压系统的自动控制，变压器测温及冷却系统的自动控制，非电量测量的自动控制等。

四、水电站的综合自动化

（一）频率和有功功率的自动调节

（1）利用机组调速器调节系统频率。在系统装设自动调频装置之前，可以直接利用系统中每台并列运行机组的调速器进行有差调频。

（2）主导发电机法。在系统中指定一台机组（调频机组）以无差特性运行，其余机组（荷载机组）均按有差特性运行。

（3）虚有差法。虚有差调频方法是按照系统的瞬时频率偏差信号进行调频的。在调节过程结束之后，系统频率保持不变。

（4）虚无差法。调频机组中指定一台机组按无差特性运行，其余调频机组仍按虚有差方式运行。

（5）按积差调频。按照频率偏差 Δf 在时间 $t_0 \sim t$ 的积分 δ_t 信号来调频。δ_t 是一个与负荷变化有关的公共信号。以单独的积分信号 δ_t 构成的调频装置很少采用，通常是调频瞬时偏差信号和频率积分偏差信号构成综合的自动调频装置。

（6）机组按规定负荷曲线调节功率。这种调节是不参加调频的机组按照系统中心调度所给定的负荷曲线调节自己的有功功率，称为调功。

（二）各种自动装置

1. 频率和有功功率的成组调节装置

随着电液调速器的采用，便出现了电子型的自动调频装置，这就是机组的成组调节装置。它的优点是速动性好，结构简单紧凑，并能方便地将调节信号输入到电调的电气综合回路中去。成组调节装置有如下特点：

（1）参加成组调节的机组，其功率是集中在中控室给定的，并按各机组导叶开度反馈，实现机组间有功功率分配，即机组间负荷分配采用均衡回路。

（2）参加成组调节的机组，其总调差系数也是在中控室集中给定的，各机组按同一调差系数进行，也可无差调频，而每台机组调速器的调差系数为零。由于调频装置直接作用于调速器的配压阀而不经过速度调整机构，调速器本身是采用无差特性的，机组间的负荷分配靠均衡回路来完成。

采用电液调速器机组的成组调节系统原理图，见图1-4-2。图中电站总功率给定和总调差系数给定回路由回转变压器 T_{XZ2}、变压器 T_5、电位器 R_1、电站总调差系数给定电位器 R_5 等组成；各机组间功率均衡回路，由装于各台机组回复轴上的线性回转变压器 T_{XZ1}、变压器 T_3、调节电位器 R_9、电阻 R_8 和输出变压器 T_4 并联组成；总频率给定回路由频率给定电位器 R_3、额定频率给定电位器 R_4、频率给定变压器 T_1 等组成。

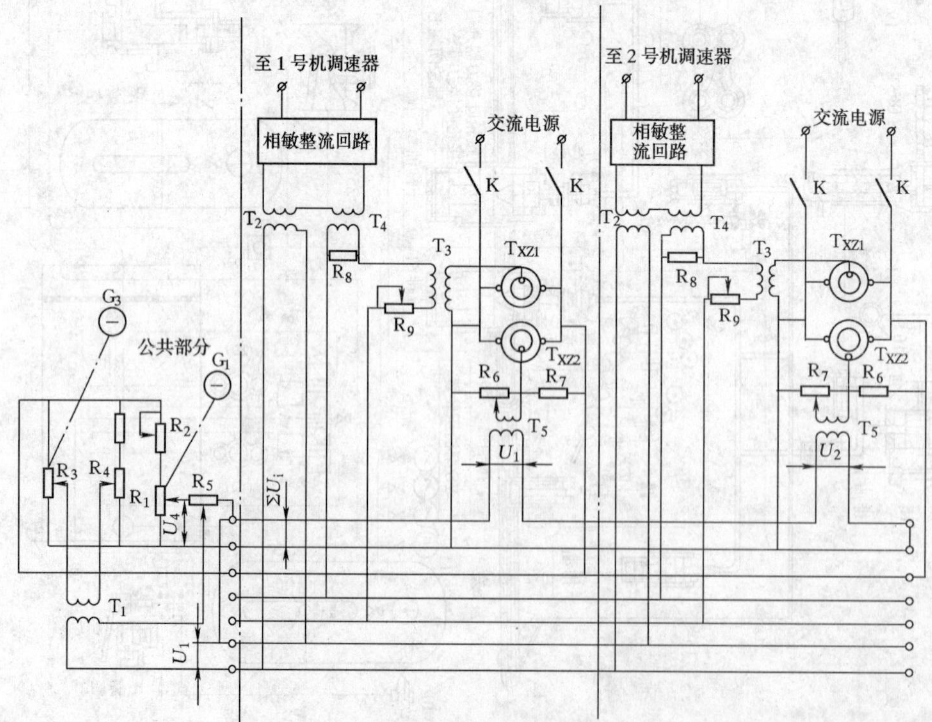

图1-4-2 采用电液调速器机组的成组调节系统原理图

2. 自动巡回检测装置

这是一种用来实现对电站各测点的运行参数（包括电量和非电量）进行自动巡回测量的一种测量装置。它除了能巡回（周期性）测量各测点的运行参数外，还能将测量的结果与该点的规定值进行比较，实现越限报警，并同时打印记录。此外，它还能代替人工定期将全部测点的测量结果，打印成报表。

3. 无功功率成组调节装置

无功功率成组调节装置能自动均衡参与成组调节各发电机的无功负荷，共同维持水电站高压母线的电压。

4. 低频自动起动装置

低频自动起动装置能在电网有功缺额使频率下降时将备用的机组自动起动，自同期投入系统，并带上满负荷，或将调相运行的机组自动转为发电机运行，并带满负荷，也可将正在运行的机组带满负荷。

（三）电子计算机在水电站中的应用

数字电子计算机具有高速数据处理和运算能力、极大的存储容量、多变量处理和协调控制能力、以及极强的计算机间通信能力等特点。电子计算机在水电站中的应用可达到如下目的：提高信息吞吐量，迅速采集、识别和处理正常及事故信息，有利于提高安全运行水平；提高电能质量和综合管理水平，提高设备的可利用率；提高长、中、短期经济运行水平，充分利用水力资源。

1. 计算机控制的主要任务

（1）水库的经济运行。计算机对库区的雨量和水文资料进行计算和预报，给出流量过程线和负荷运行建议，供调度人员选用。

（2）最优发电控制。保证机组间负荷的最优分配及无功功率的合理分配，并可根据电力系统对水电站有功功率的需要，合理调节水轮机。

（3）安全监视。安全监视包括大坝的安全监测、水库防洪监测和对运行设备的监视等。

（4）自动控制。水轮发电机的开机、停机、发电和调相状态的转换，发电机的并列运行，机组有功功率及无功功率的调节，进水闸门的开闭及水轮机导叶开度调节等，都可以通过计算机发出有关命令而自动执行。此外，计算机还可以对梯级电站实现经济运行控制，对电力系统进行稳定运行控制，以及对机组最佳励磁控制等。

（5）自动处理事故。计算机对水电站的设备进行在线监视，记录、存储和比较有关参数，一旦发生事故，便对事故进行分析和处理。

2. 水电厂计算机监控系统的分类

用于水电厂监控的计算机监控系统分类，见表1-4-1。

表1-4-1 用于水电厂监控的计算机监控系统分类

分类原则	Ⅰ	Ⅱ	Ⅲ
按计算机作用分	计算机辅助监控系统	计算机为基础的监控系统	
按计算机系统结构分	集中式计算机监控系统	分散式计算机监控系统	分布处理式计算机监控系统
按计算机配置分	单计算机系统	双计算机系统	多计算机系统
按系统的构成方式分	计算直接构成监控系统	专用计算机监控系统	
按控制的层次分	直接控制	分层（级）控制	
按控制的方式分	经典控制	现代控制	
按操作方式分	按键、开关等传统方式	键盘、屏幕的计算机方式	

第五节 水电站运行

一、概述

水电站运行应在经济合理利用水力资源、满足电力系统供电质量的基础上，全面实现安全、满发、经济的要求。

水电站的运行与河川径流密切相关。河川径流的多变性和不重复性给水电站的经济运行带来很大困难。尤其是对于具有长期调节水库的水电站，由于缺乏准确可靠的长期水文预报，在水库的运行管理上极易造成人为的失误，从而对水电站的安全经济运行和水库综合效益带来不利的影响。为了解决水电站工作的可靠性和经济性的矛盾以及防洪与兴利之间的矛盾，实现水电站的最优运行，如何合理地调度水库是水电站运行时必须研究的重要课题。

水电站由于机组起动快、操作简单、效益高、成本低等优点，在电力系统中常担任调频、调峰、调相、备用等任务。机组的正常开停机、带负荷运行，以及调相、进相等特殊运行等，也属于水电站运行所应讨论的问题。

水电站的出力受水文条件和调节能力的制约，对于综合利用的水库，水电站还必须考虑其他用水的要求，其发电能力不能完全人为控制。但是，水电站设备比较简单，易于管理，开停机灵活迅速，从停机到满负荷运行仅需1～2min。因此，水电机组最适合调频、调峰、调相以及事故备用之用。

由于水电站不消耗燃料，只要有充分的水量，应该按计划让水电站充分发电，以节约燃料。所谓按计划是指水电站运行时应按照调配曲线决定发电出力，以免在枯水季节到来时不能发出保证出力。所谓让水电站充分发电就是根据不同时期的来水量及库存水量，按照充分用水的原则决定水电站在日负荷图上的工作位置。例如，在洪水期，为了充分用水，只好舍弃水电站调峰的优点而让水电站在基荷工作。又如对于无调节的水电站，库存水量等于零，为了充分用水，也只能在基荷工作。当然，在保证充分用水的前提下，应尽可能提高水电站在日负荷图上的位置，直到担任峰荷，以便发挥水电站调峰的优点。

二、水库调度

（一）水库调度的任务和内容

水库调度就是运用水库的调蓄能力，通过水电站的泄水建筑物和水轮机过流设备调节河川天然径流，在确保工程安全的前提下，最大限度地发挥水库的综合利用效益。

1. 水库调度的基本任务

（1）确保水电站水库大坝安全，并承担其上、下游的防洪任务。

（2）保证满足电力系统和水利系统各有关部门的正常用电用水要求。

(3) 力争充分利用河川水流能量，使整个水、电系统工作最经济。

2. 水库调度的基本任务的完成必须符合水库调度的以下基本原则

(1) 在确保水电站所在水利枢纽安全的前提下，分清发电与防洪及其他综合利用任务之间的主次关系，统一调度，使整个水利水电系统的综合效益最大。

(2) 当工程安全与满足供电、防洪与其他综合用水要求有矛盾时，应首先服从工程安全。

(3) 当供电的可靠性与经济性有矛盾时，应首先满足可靠性要求。

3. 水库调度的主要内容

编制水库的运行调度方案和年度计划，结合来水、用水的实际情况，灵活机动地进行实时调度操作，以达到水电站水库的最优运行。

(二) 水库调度图

水库调度可分为防洪调度与兴利调度两部分，水电站兴利调度就是发电调度。

水库调度是按预先编制好的水库调度图进行工作的。调度图是根据径流的时历特性资料或统计资料，按照某一最优准则（如在满足一定保证率的前提下，某一运行时期的发电量最大或电力系统耗煤量最小等准则），运用某一种数学处理方法（如微分法、变分法或动态规划法等），编制出来的。它是以时间为横坐标，以水库蓄水量或水位为纵坐标，由一些控制水库蓄水和供水的指示线所组成的曲线图。它是水电站及其水库运行控制函数的一种特殊形式，是实现水电站近似最优运行方式的有效工具。

由于水库所承担的任务及绘制的方法不同，水库调度图的具体组成和形状可能有所不同。对于有发电和防洪任务的水库来说，其调度图的一般形式如图 1-5-1 所示。

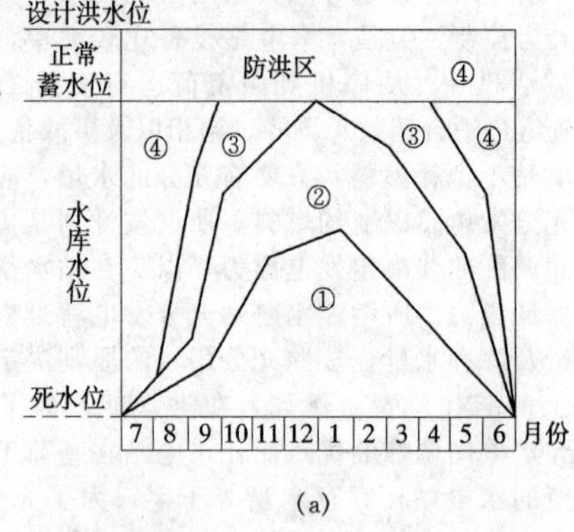

(a)

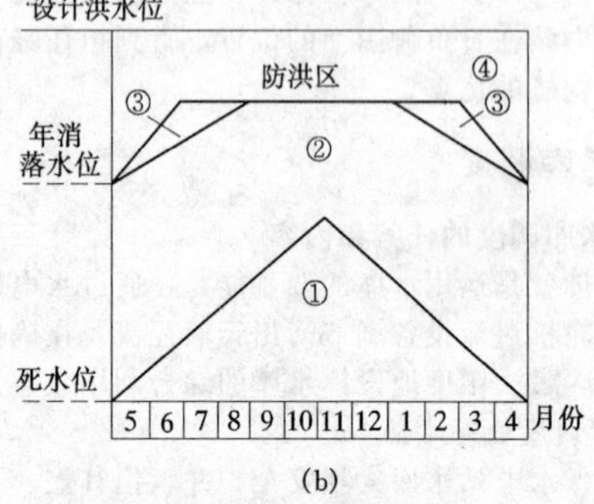

(b)

图 1-5-1 水库调度图例

(a) 年调节水库调度图；(b) 多年调节水库调度图

①—降低出力区；②—保证出力区；③—加大出力区；④—全出力区

水库调度图中的调度线可分为基本调度线和辅助调度线。基本调度线又分为上基本调度线和下基本调度线（即限制出力线）。辅助调度线由加大出力线和降低出力线组成。

各调度线又将调度图分为若干调度区：上、下基本调度线之间为保证出力区（②区）；上基本调度线与防弃水线之间为加大出力区（③区）；防弃水线以上为全出力区（④区）；下基本调度线以下为降低出力区（①区）。

在调度过程中，视水库水位落于哪一区就按该区域要求进行调度运行。例如，发电水库的调度原则是：

(1) 当水库水位落于保证出力区，水电站按保证出力工作。

(2) 当水库水位落于加大出力区，水电站按加大出力进行工作；如果加大出力区分得比较细，按相应的出力进行工作。

(3) 当库水位落于降低出力区，水电站按降低出力运行。

(4) 当库水位升至防洪限制水位与防洪蓄水位之间的防洪区时，水库按 $q_{泄}+q_{电}\leqslant q_{安}$ 工作，即溢洪道下泄流量＋发电流量不能超过下游安全泄洪流量。

(5) 当库水位处于防洪高水位与大坝安全设计洪水位之间拦洪区时，水库按设计洪水调洪规则下泄，电站按满出力运行。

(6) 当库水位处于设计洪水水位与校核洪水水位之间的调洪区，水库按校核洪水调洪规则下泄。

水库调度图根据不同的阶段进行编制，并且有不同的深度要求。设计阶段制定水库调度图为的是核定水电站的动能指标和分析水电站多年运行情况，为将来水库管理提供基本依据。运行阶段，对调度图的要求则更为细致、严格，并且要经常按照实际情况进行修订。

(三) 利用预报兼顾发电、防洪的调度

发电与防洪的水库调度是相互矛盾的。其矛盾在于：防洪要求汛期应腾空水库，以防可能出现的洪水；而发电则要求汛期水库尽可能多蓄水、早蓄水。矛盾就集中表现在两者争占蓄水库容上。对于防洪而言，腾空库容是准备拦蓄随时可能来的大洪水，如果实际来的洪水不大，那么汛期过后水库就不能蓄满。这就是说，满足了防洪要求，而减小了发电蓄水容积，不能充分利用水能发电。相反，为了充分发电，水库过早蓄水，而当大洪水到来时，由于预留库容不足，就可能危及大坝或下游安全，不能完成防洪任务。为充分发挥水库的效益，使防洪与发电尽可能地结合起来，应充分利用具有一定精度的水文气象预报成果进行水库预报调度。

水库预报调度不仅要考虑当时水库水位的高低，而且要考虑面临的短、中、长期预报的来水大小进行调度。在汛期前提前进行洪水调节，充分利用水能，尽量减少弃水，适时地留出防洪库容；抓住汛期末蓄水时机，使水库蓄水到正常蓄水位以上，把一部分或全部分防洪库容用于发电。这样才能既保证充分发电，又满足防洪要求，合理地解决了防洪与发电之间的矛盾，使水库发挥其最大的综合效益。

进行水库预报调度的有效程度主要取决于预报洪峰与洪量的可靠度与精确度。

三、调节保证计算

(一) 调节保证计算的任务和标准

水电站在实际运行中往往会遇到负荷突然变化的情况，如因事故突然丢弃负荷或在较短的时间内起动机组，致使导叶自动关闭或开启，随之引起机组转速发生较大变化和引水系统中产生水击压力。显然，转速与压力的变化值同导叶的启闭时间有关。启闭时间越短，转速变化越小，但水击压力越大；相反，启闭时间越长，转速变化越大，而水击压力越小。所以正确处理这三者之间的关系，使机组和引水系统既安全可靠又经济合理，是调节保证计算的基本任务。具体而言，有如下几方面的计算内容：

(1) 计算引水系统中最大动水压力，作为设计或校核高压管道、蜗壳和水轮机强度的依据。

(2) 计算引水系统中最小动水压力，作为布置压力水管线路、防止管道内产生真空和检验尾水管内真空度的依据。

(3) 计算机组转速的变化值，并检验是否在允许范围内。

(4) 选择合理的调节时间及启闭规律，正确解决水击压力和转速变化之间的矛盾。

(5) 若上述的计算得不出满意结果，则需研究其他的工程措施加以解决，如修改布置方案、设置调压室、降低机组安装高程等。

调节保证计算标准如下：

(1) 压力变化计算标准。机组甩去全负荷时蜗壳允许的最大压力升高为 $\xi_{max}=\dfrac{H_{max}-H_0}{H_0}$ （H_0 为水电站的静水头），按表 1-5-1 考虑。

表 1-5-1　　最大压力升高的允许值

电站设计水头 H_r（m）	<40	40～100	>100
蜗壳允许最大压力升高 ξ_{max}（%）	70～50	50～30	<30

从表 1-5-1 所列数值可看出，电站设计水头愈高，水主压力相对值控制愈严。甩全负荷时，尾水管进口允许的最大真空度为 8m 水柱，以防止水柱中断，形成反水锤。机组突增负荷时，压力引水系统内任何断面均不允许发生负压，至少要求有 2m 裕压。

(2) 转速变化计算标准。机组甩全负荷时，转速升高的允许值 $\beta_{max}=\dfrac{n_{max}-n_0}{n_0}$ （n_0 为额定转速）按以下情况考虑：当机组容量占电力系统运行总容量的比重较大，且担负调频任务时，宜小于 45%；当比重不大或担负基荷时，宜小于 55%；对水斗式水轮机，宜小于 30%。

（二）调节保证主要参数计算

有压管道系统的动水压力等于静水压力和水击压力之和，可用下述的连续性方程和动量方程（即水击基本方程）描述

$$\frac{\partial H}{\partial t}=\frac{c^2}{g}\frac{\partial V}{\partial x}+V\frac{\partial H}{\partial x}$$

$$\frac{\partial V}{\partial t}=g\frac{\partial H}{\partial x}+V\frac{\partial V}{\partial x}+\frac{f}{2D}V|V|$$

$$c=\frac{\sqrt{E_w\dfrac{g}{\gamma}}}{\sqrt{1+\dfrac{4E_w}{DK}}}$$

式中　H——测压管水头；

V——流速；

D——管道内径；

f——水流摩阻系数；

c——水击波的传播速度；

E_w、γ——水的体积弹性模量和容重；

K——抗力系数，根据不同的情况取不同的数值，详见有关文献。

一般说，水电站明钢管的水击波速可近似地取为 1000m/s，埋藏式钢管可近似地取为 1200m/s。

描述机组转速变化的基本方程是机组的运动方程，为

$$\frac{1000GD^2}{4g}\frac{\pi}{30}\frac{dn}{dt}=M_t-M_g \qquad (1-5-1)$$

式中　M_t、M_g——发电机的动力矩和阻力矩，动力矩即为发电机出力除以机组旋转角速度，而阻力矩即为机组的负荷，当甩全负荷时 $M_g=0$。

根据上述的基本方程以及水电站引水系统的边界条件（包括水库、岔管、水轮机、调压室等）、初始条件和事先给定的调节时间和启闭规律，就可以建立数学模型，通过数值计算的方法求得调节保证的各种参数，详见有关文献。目前用计算机进行调节保证计算已经较为成熟，是工程设计中最常用的方法。

调节保证计算的解析法，物理概念清晰，公式简单明了，在粗估水电站的调保参数时仍具有一定的作用。下面简述水击压力和机组转速升高计算的解析法。

水击压力计算的解析法是在简单管（管道的材料、壁厚和直径沿管长不变）和水击基本方程忽略了对流项和摩阻损失项的前提下进行的。为了便于计算，先引入相长的概念、水击常数 ρ 和管道特性系数 σ。

水击波从水轮机传至水库或调压室的往返时间 t_r 称为水击的相长，即

$$t_r=\frac{2L}{c}$$

式中　L——管长（m）；

c——水击波速（m/s）。

两个相长 $2t_r$ 为一个周期。

水击常数和管道特性系数分别是

$$\rho=\frac{cV_0}{2gH_0}$$

$$\sigma=\frac{LV_0}{gH_0T_s}$$

式中　V_0——管道中初始稳定流速；

T_s——导叶的有效调节时间。

当 $T_s\leqslant t_r$ 时产生直接水击，其 ζ 值为

$$\zeta=\frac{c}{gH_0}(V_0-V)$$

式中　V——导叶调节后的管道流速，当导叶关死时 $V=0$。

显然，直接水击压力仅与流速变化和波速有关，而与导叶开度的变化速度、变化规律无关。直接水击压力值是巨大的，在水电站中绝对不允许出现直接水击。

当 $T_s>t_r$ 时，产生间接水击。通常间接水击压力值可按连锁方程计算

$$\zeta_{i+1}+\zeta_i=2\rho[\tau_i\sqrt{1+\zeta_i}-\tau_{i+1}\sqrt{1+\zeta_{i+1}}]$$

上式是一个递推公式，只要给出了每相末的相对开度 τ_1、τ_2、…、τ_n，就可逐相求出阀门处各相末的 ζ_1、ζ_2、…、ζ_n。

如果阀门开度按直接规律随时间变化，则可根据最大水击压力出现的时间归纳为两类：

当 $\rho\tau_0<1$ 时，最大水击压力出现在一相末，称为一相水击，有

$$\zeta_1=\frac{2\sigma}{1+\rho\tau_0-\sigma}$$

当 $\rho\tau_0>1$ 时，最大水击压力出现在末相，称为末相水击，有

$$\zeta_m=\frac{2\sigma}{2-\sigma}$$

一相水击随管长呈二次曲线分布（见图 1-5-2），其 x 断面处最大水击压力值可按下式近似计算

$$\zeta_{\max}^{x}=\zeta_{\max}^{A}-\frac{2\sigma_x}{1+\rho\tau_0-\sigma_x}$$

其中

$$\sigma_x=\frac{xV_0}{gH_0T_S}$$

而末相水击随管长呈直线分布（见图 1-5-2），所以

$$\zeta_{\max}^{x}=\frac{L-x}{L}\zeta_{\max}^{A}$$

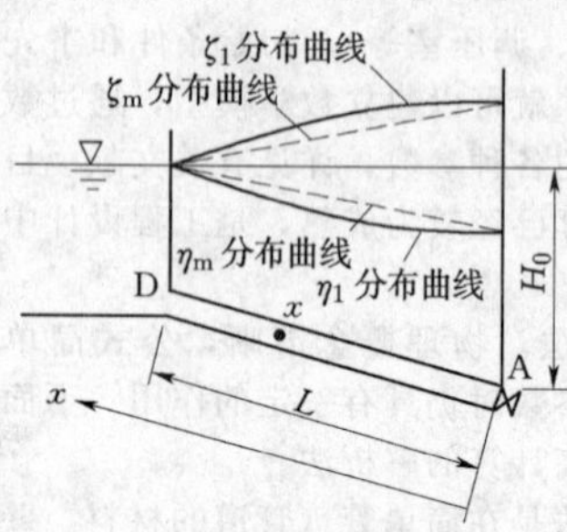

图 1-5-2　水击压力沿管长的分布

水电站的引水管道系统比起上述的简单管要复杂得多，因此在计算水击压力之前，要将实际的复杂管道通过截支或合支的方法简化为串联管，然后将串联管简化为等价的简单管，并将水轮机移到尾水管之后。

所谓的截支法是截去暂不计算的支管（见图 1-5-3），支管段的长度 L，断面积 f，波速 c 和流量 Q 按其自身的实际值计算。而合支法是取最长支管为计算支管，引用流量为各台机组流量之和，计算支管的断面积也用各实际支管的断面积之和来代替，于是复杂管道转换成串联管。

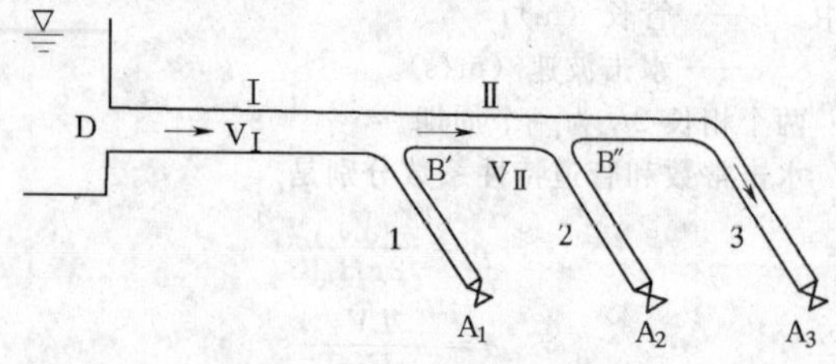

图 1-5-3　复杂管道系统示意图

串联管（见图 1-5-4）简化为等价的简单管的原则是：

（1）总管长不变

$$L_m=\sum L_i$$

（2）总的水击波传播时间不变

$$c_m=\frac{L_m}{\sum\frac{L_i}{C_i}}$$

（3）水体动能保持不变

$$V_m=\frac{\sum L_iV_i}{V_m}$$

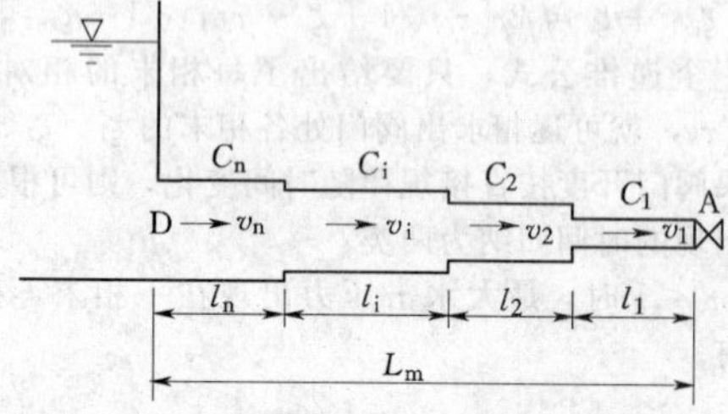

图 1-5-4　串联管示意图

上三式中，下标“m”代表简单管，“i”代表各段串联管。于是等价简单管的水击常数 ρ_m 和管道特性系数 σ_m 分别为

$$\rho_m=\frac{C_mV_m}{2gH_0}$$

$$\sigma_m=\frac{L_mV_m}{gH_0T_s}$$

利用 ρ_m 和 σ_m，即可将串联管作为简单管用前面介绍的解析法进行计算，求得 $\zeta_{\max}$ 后，再按下面两式分别求得蜗壳及尾水管处水击压力

$$\zeta_Z=\frac{L_TV_T+L_ZV_Z}{L_TV_T+L_ZV_Z+L_BV_B}\zeta_{\max}$$

$$\zeta_B=-\frac{L_BV_B}{L_TV_T+L_ZV_Z+L_BV_B}\zeta_{\max}$$

上两式中，下标 T、Z、B 分别表示引水管、蜗壳和尾水管。

机组转速最大相对升高值 β 可由机组的运动方程式（1-5-1）直接积分求得，具体的表达式为

$$\beta=\sqrt{1+\frac{365N_0T_{s1}f}{n_0^2GD^2}}-1 \qquad (1-5-2)$$

式中　N_0、n_0——机组的额定出力（kW）及额定转速（r/min）；

GD^2——转动惯量（t·m²）。

对于混流式和水斗式水轮机 $T_{s1}=0.8\sim0.9T_s$，对于轴流式水轮机 $T_{s1}=0.6\sim0.7T_s$；修正系数 f 可按图 1-5-5 查用。

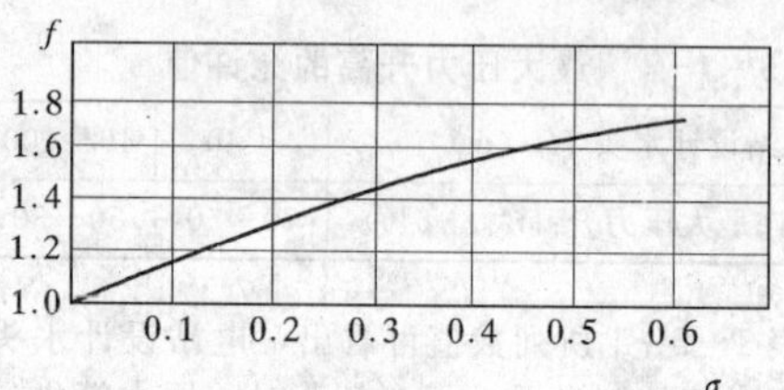

图 1-5-5　修正系数 f 与管道特性系数 σ 的关系曲线

β 值其他计算公式，可供参考有关文献。

（三）调节保证计算条件的选择，减小水击压力和转速升高的工程措施

水击压力计算是为了求得管道中最大和最小动水压力。动水压力为静水压力和水击压力之和，前者取决于水电站的上下游水位与引水系统的纵剖面布置，后者则取决于初始水头、流量、调节时间和启闭规律等。

管道中的最大内水压力一般由以下两种情况控制：

（1）上游最高水位时甩全负荷，此时水击压力往往不是最大值，但静水压最大，两者之和可能是控制工况。

（2）设计水头时甩全负荷，此时静水压并不最大，但水轮机引用流量最大，水击压力较大，故两者之和也可能是控制工况，机组转速最大相对升高 β 值一般也由该工况控制。

管道中的最小动水压力则一般控制在以下两种情况：

（1）上游最低水位，甩负荷。

（2）上游最低水位，电站最后一台机组投入运行。

从水击压力的计算公式可知，$\zeta_{\max}$ 取决于水击常数 ρ 和 σ，即取决于水头 H、波速 c、管长 L、流速 V 和调节时间。H 和 C 一般不能改变，所以减小水击压力的工程措施主要有：

（1）减小引水系统的长度，即根据地质地形条件，管线尽可能减短。

（2）减小流速，加大管径。为此必须进行动能经济比较方可决定。

（3）设置调压室，在比较长的引水系统中，往往需设置调压室，其实质是缩短压力水管的长度，所以其位置应尽可能靠近厂房。

(4) 采用合理的调节时间和启闭规律。合理的启闭规律不仅能使最大水击压力接近调节时间内的平均值，而且有可能减小机组转速升高。

从式 (1-5-2) 计算转速最大相对升高值 β 可看出，GD^2 愈大或 T_s 愈小都可降低 β 值。但选择 T_s 要兼顾机组转速升高和水击压力两方面的要求，而增加 GD^2，将提高机组的造价，会增大投资。

四、水轮发电机的正常运行

(一) 开停机与带负荷

由于水轮发电机组开停机灵活、方便，故水电机组常作为系统的调频、调峰和备用机组。机组的开停机操作可自动或手动进行。正常情况下，电站都是由自动控制系统来完成其操作过程的，只有在电站进行试验和试运行时，才由值班人员手动操作。

开机前，值班人员应检查机械和电气设备是否满足下列条件：

(1) 压力钢管进口闸门全开。

(2) 机组无事故，事故继电器未动作。

(3) 接力器锁定已提起。

(4) 制动闸内无气压且全部落下。

(5) 发电机主油开关在跳闸位置。

在满足以上条件后，中控室内亮开机准备起动信号灯，值班长通知机械值班人员做好起动准备，中控室电气值班员操作开停机控制开关，发出开机命令，开机继电器动作并自保持，打开冷却水电磁配压阀，通入机组冷却水，主轴围带密封自动排气，发电机灭磁开关自动合上，调速器开度限制机构自动开至起动开度，机组开始转动。调整机组周波、电压，电调自动投入开始工作。在机组转速达到 90%额定转速时自动接入同期装置，机组与系统并列。机组并列调速器自动接带负荷后，开机继电器复归，运行继电器动作，发电运行指示灯亮。至此机组起动、并列、带负荷操作完成。

水电站一般采用自动准同期方式使机组并列运行，以手动准同期作为备用。至于自动自同期并列方式，一般用于系统中发生事故、急需将机组迅速并入电网承担事故负荷时采用。操作中如果同期回路发生故障，可采用手动。

水轮发电机组是通过调速器中的功率给定装置来实现机组的带负荷。机组的有功负荷，是通过改变进入水轮机的动力矩来实现的，而无功负荷则是靠调节机组的励磁电流来进行的。

停机分为正常解列与事故解列两种。正常解列是值班人员将机组负荷调至零后，由停机操作过程来实现停机的。事故停机则是通过继电保护系统，发出停机脉冲信号，由停机操作程序自动完成停机。

(二) 发电机运行中的监视与调节、处理

运行中的发电机应按照表计的运行数值对其运行情况不断地监视，并且应定期对其各部分进行系统巡回检查，以便及时发现不正常现象，找出原因，予以消除，使发电机能长期安全运行。

1. 发电机冷却气体温度的监视与调节

发电机运行时各部分有一定的最高允许温度。额定容量较大的发电机采用 B 级绝缘时，它的绕组最高允许温度为 130℃。发电机冷却气体的温度，对发电机运行时的温度有很大影响。按我国具体气候条件，规定空冷发电机的进口风温的标准值为 40℃。空冷发电机在规定的冷却空气温度下，可连续按额定容量运行。如果冷却空气温度高于规定值，定子和转子的电流应较额定值减小，直至定、转子绕组和定子铁芯的温度不超过最高允许监视温度为止。当冷却空气的温度低于规定值时，定子和转子的电流可以较额定值增大，直至转、定子绕组和定子铁芯的温度达到最大允许监视温度为止。一般情况下，冷却风温在额定值的±5℃范围内变化时，转子允许电流变动的范围约为额定值的∓ (2%～3%)，定子允许电流变动范围约为额定值的∓ (3%～7%)。当冷却风温高于额定值时，所应降低的定子电流百分数比转子电流多，应按定子电流的限制来减小出力，转子绕组温度不会超过允许值。当冷却风温低于额定值时，应按转子电流的容许增大百分数来提高出力，定子绕组温度不会超过其允许值。一般来说，对于外冷发电机，当冷却风温低于额定值时，每低 1℃所能增加的电流百分数，比冷却风温高于额定值时，每高 1℃所应降低的电流百分数小。

采用开敞式通风的发电机，冷却空气进口温度不得低于 5℃，温度过低会使线圈端部绝缘变脆，易损坏。密闭式通风冷却的发电机其进风温度一般不低于 15～20℃，以免在空气冷却器上凝结水珠。

冷却气体进口风温不应超过 50℃，出口温度不应超过 75℃，一般冷却气体的温升为 25～30℃左右。

2. 发电机电压的监视与调节

发电机定子电压在其额定电压的±5%范围内运行时，则定子电流相应地在其额定电流的∓5%范围内运行，而使其出力保持不变。当电压低于额定值的 95%时，定子电流仍不能超过额定值的 5%。发电机连续运行的最高电压，应遵守制造厂规定，但不得大于额定值的 110%。发电机电压过高会产生下列危害：

(1) 由于转子电流相应增加，会使转子温度升高。

(2) 由于铁芯饱和会使磁通增加较多，致使铁芯过热。

(3) 由于漏磁通增加，发电机端部结构及定子机座某些结构部件出现局部过热的危险。

(4) 定子绕组的绝缘有击穿危险。

发电机最低运行电压应根据稳定运行来确定，一般不得低于额定值的 90%。发电机电压过低，还会使厂用电电压降低，而使厂用电动机运行情况恶化。

3. 发电机的频率监视与调节

发电机在运行中，应保持额定频率。当电网的频率在允许变动范围±0.2Hz 内时，发电机仍可按额定容量运行。

发电机频率过高，转速增加，转子离心力增大，对安全运行是不利的。

当频率过低时，发电机出力就有可能要减少。频率降低时转子转速也降低，发电机两端风扇鼓风的压力将按与转速平方成正比的关系下降，使通风量减少，定子、转子绕组和铁芯的温度升高；因频率降低，发电机的端电压也降低，要维持正常的电压就必须增大转子的电流，这就会使转子绕组及励磁回路温度升高。因此，在频率降低时，运行人员必须密切监视发电机定子、转子和铁芯温度，不可超过允许值，否则将减少发电机出力。

4. 发电机功率因数的监视与调节

在发电机运行中，若功率因数与额定值或控制的数值有出入，为了调整功率因数，可调整发电机的无功（调节励磁电流）或调整有功（调节水轮机进水量）。但与此同时发电机的负荷应调整到使定子和转子电流不超过该冷却风温下所允许的数值。功率因数一般不应超过迟相 0.95。如有自动励磁调节器，必要时可以在功率因数等于 1.0 的条件下运行，并容许短时间功率因数在进相 1～0.95 的范围内运行。

在迟相运行时，增加励磁电流，功率因数减小，功角减小，对稳定运行有利。在迟相时，减少励磁电流，功率因数提高，功角增大，对稳定运行是不利的。当功率因数提到1时，开始进入进相运行。

5. 发电机绝缘电阻监视及处理

发电机每次起动前及停机后，都要用1000～2500V摇表测量并记录定子绕组的绝缘电阻。起动频繁的机组可以适当减少测量次数，但至少每月测量一次。

定子绕组的安全绝缘电阻的数值，在规程上一般不作具体规定。如果所测的绝缘电阻值较上一次测得数值降低1/3～1/5时，则认为绝缘不良，应查明原因并消除。此外，还应测量发电机绝缘吸收比（R''_{60}/R''_{15}），其数值应大于或等于1.3；若低于1.3，则说明发电机绝缘受潮，应予以干燥。

发电机转子绕组及励磁回路的绝缘电阻用500～1000V摇表进行测量。在解列停机后的热状态，全部励磁回路的绝缘电阻应不小于0.5MΩ。

轴承对地的绝缘电阻（用1000V摇表测量）不应小于1MΩ。轴承油管和水管全部装好后，轴承对地绝缘电阻不应小于0.3MΩ。

6. 水轮发电机允许不对称度及处理

水轮发电机允许不平衡电流，不得超过额定值的20%，其中任一相电流不得大于额定值。在作短时间不平衡短路实验时，一般不得大于额定值的25%。否则要切除电流较大一相的部分负载或增加电流较小一相的负载。

五、水轮发电机的特殊运行

（一）调相运行

为了保持电力系统无功功率平衡，改善电压质量，常要求系统中某些水轮发电机组作调相运行，发电机发出无功功率，消耗少量的有功功率。水轮发电机组作调相运行，所需增加的设备很少，操作简单、方便，调相和发电运行状态的转换迅速。

水轮发电机作调相运行时，其定子电流应降至相当于转子电流等于额定值时的对应数值，此时额定功率因数为0.8的水轮发电机，其定子电流大约降低20%，调相容量约为其额定容量的65%～80%。

在调相运行中，为保证机组的额定转速，需消耗系统的有功功率，因此应尽量减小它在调相状态下所受的阻力。为此，必须使尾水管中的水位低于水轮机转轮的下缘。通常采用的办法是用压缩空气将转轮室内水位压低，使转轮离开水在空气中旋转，通过装设在尾水管内的水位信号器控制压水供气阀门的开关。当然，在水轮机结构工艺等能适应调相运转而在水中旋转所消耗的功率很小时，不压水调相更为方便。

在机组由调相转为发电运行时，应操作开停机控制开关，发出开机令，将调速器开度限制机构置于空载开度，待调相运行继电器复归后，关闭调相供气阀，调速器开度限制机构自动打开，开启导叶至所需开度。最后操作转速调整机构，机组接带负荷。

如果发电机组由停机备用状态转为调相运行，则可按正常开机程序，使机组先并网空载运行，然后再操作励磁调节开关，使机组调相运行。

机组由发电转调相时，一般先将有功负荷减至零，然后将导水叶全关，机组不与系统解列，由电网带动机组旋转，转子继续励磁，从而向系统发出无功功率。

机组由调相运行转为直接停机，其操作过程与正常停机操作基本相同。

（二）进相运行

进相运行是指发电机吸收无功的运行状态。随着高压线路和电缆长度增加，系统产生的容性无功相应增大。此外，为弥补高峰负荷时无功不足而装设静电电容器。在系统低负荷时，系统的容性无功可能会超过感性无功，在电网某些点上出现电压超过上限的情况，这就需要发电机进相运行以吸收多余的无功来调压。

进相运行就是将励磁电流减少到空载励磁电流以下，但这样对发电机稳定运行不利，发电机的端电压也会下降。为了保证进相运行的安全，千伏安出力应经过试验确定。除考虑原动机出力和定子电流的限制外，应着重注意静态稳定、定子端部发热（进相运行时电机铁芯端部的漏磁加大，引起端部温升升高）、厂用电压下降等。要加大进相容量就要降低励磁电压。因此，进相运行也可能受到励磁系统最低稳定电压的限制，自并励晶闸管励磁系统的最低手动稳定电压约为空载电压的20%。

六、水轮发电机组的事故

水轮发电机组在运行中受水力、机械、电磁等外界因素的影响以及自身设计等原因，可能导致机组事故。

（一）水轮机的事故及处理

1. 水轮机气蚀

过流部件，特别是转轮被气蚀破坏，是我国水轮机运行中最突出的问题之一。水轮机设计制造不合理或长期偏离设计工况运行，均可能造成气蚀。水轮机发生气蚀时，其过流部件表面失去原设计的流线形状，效率下降，发电量减少。气蚀严重时将危及机组安全运行。为延长转轮使用年限，通常采用对局部气蚀区进行修补的方法。修复工作量有时是相当大的，它常构成机组检修的主要作业内容。

改善水轮机气蚀性能，提高水轮机抗气蚀能力，无疑对水电站运行有重大意义。但至今还缺乏有效解决气蚀破坏的措施。对已建水电站，为防止气蚀破坏，实用中主要采取运行区域控制法和向气蚀区通入空气以及在过流部件表面涂上抗气蚀稳定性高的保护层等方法。

2. 水轮机振动

水力机组在运行中常由于机械和水力等方面的原因引起机组和某些部件的振动。强烈的振动影响水轮机的正常运行，降低机组和某些部件的使用寿命。一旦厂房、压力管道、机组和电力系统发生共振时，机组则无法运行。强烈的振动是水力机组运行中最常见的事故现象。

引起机组振动的原因很多，主要有：由于机组转动部分不平衡，水力机组轴线不直，转动部分与静止部分相撞，导轴承间隙过大或润滑不良等机械原因引起的振动；由于强烈气蚀的发生，蜗壳供水不均匀，旋转的转轮叶片对水流的干扰引起的振动；由于尾水管内水流的低频压力脉动，转轮出口卡门涡列的形成等水力原因引起的振动等。由水力原因引起的振动常与水轮机运行的工况有关。当机组偏离最优工况，例如在低水头带部分负荷运行时，常引起尾水管水流的低频压力脉动与尾水管的振动。

3. 抬机事故

抬机事故一般多发生在轴流式水轮机。它是由于负的轴向水推力超过旋转体重量所产生的。在过渡过程中，反水泵工况和反水锤都出现负的轴向水推力，两者都可能造成抬机事故。反水锤所产生的负的轴向水推力具有高强度和冲击性两大特征，因此其破坏性更大，以致造成严重的足以肢解转轮的事故。

在水电站的设计和运行中，以下几种措施可以减轻和防止水轮机的抬机事故：

(1) 合理选择导叶关闭的时间。

(2) 合理选择调节规律。

(3) 适当限制机组的运行范围。

(4) 适当增大补气阀尺寸。

4. 调速器失灵

调速器失灵主要是由调速器中的油路或电气部分元件的事故造成的：①油路中油质不良，含有杂质和水分，易造成电液转换器滑套和其他阀体被卡；②电气元件质量不高；③线圈绝缘老化以及油的腐蚀，易造成电调电液转换器线圈烧坏或断线；④装配质量不合要求（如虚焊、假焊等），均可造成调速器失灵。为防止调速器失灵，除对设备质量进行严格检查外，运行过程中应确保调速器用油质量，以防杂质进入油路系统。

5. 剪断销折断

剪断销是导水机构的保护装置。当某一导水叶动作过程中受到阻碍而承受较大的应力，其剪断销作为受应力最大的部件而被剪断时，导水叶本身可能不受损坏而导水机构仍能正常工作。若剪断销有3个或3个以上被剪断，机组还不停机进行检修时，则相应导叶将失去控制，引起转轮上的水力不平衡，从而导致机组摆度增大，可能使水轮机导轴承严重磨损以至烧毁。因此规程规定，剪断销折断3个或3个以上时均须停机处理。

(二) 水轮发电机的事故及处理

1. 发电机过负荷

水轮发电机组在正常运行时不允许过负荷。但在事故情况下，允许发电机定子和转子线圈在短时间内过负荷运行。

发电机短时过负荷的电流允许值按制造厂规定执行。对空气冷却的发电机，可参照表1-5-2执行。

表1-5-2 空气冷却的发电机短时过负荷电流允许值

定子线圈短时过负荷电流（A）/额定电流（A）	1.1	1.12	1.15	1.25	1.5
过负荷持续时间（min）	60	30	15	5	2

当发电机定子电流超过允许值时，应先检查发电机的功率和电压，注意电流超过允许值所经历的时间。一般用降低励磁电流的办法，以减小过负荷电流，使定子电流下降到最大允许值（同时要求电压不过低，功率因数在允许范围内）。若此法不奏效，则必须降低发电机的有功负荷或切断一部分负荷，使定子电流降到许可值。

2. 发电机振荡

当系统中发生短路现象时，系统的静态或动态稳定被破坏，从而造成机组剧烈振荡，发电机发出呜呜声，定子电流、电压、有功功率表、转子电流表都会发生不同程度的摆动。这时中央控制室内电气值班人员应采取紧急措施。如对投入自动调整励磁的发电机，应降低发电机的有功负荷，使机组恢复同期。如果经调整无效，仍在振荡，可将机组解列。

3. 发电机强行励磁动作

当系统内事故使发电机电压大幅度下降时，将对发电机进行强行励磁。这样加强发电机并列运行的稳定性和在事故电压下降时尽可能保留用户的负荷。

4. 发电机母线单相接地和发电机转子绕组接地

一般发电机中性点不接地或经消弧线圈接地。这样，当发电机母线单相接地时，中央信号系统会发出故障信号。运行人员应立即查明发生接地的地点，降低发电机负荷，采取措施消除故障或隔离故障点。在故障点未消除之前可短时运行，但不宜超过2h。

当发电机转子发生一点接地时，其保护信号装置动作，值班人员应立即进行检查。如果是稳定的金属性接地，就应投入两点接地保护装置，以防发展成两点接地，使事故扩大。若未发现明显接地现象，可用吹风机或压缩空气吹扫励磁系统的滑环和整流子。如吹扫后接地现象未消失或金属性接地难以消除，则要向调度报告，申请解列停机。当转子两点接地时，转子两点接地保护继电器动作，应立即停机灭磁。

5. 发电机非同期并列

发电机进行准同期投入断路器后，如不满足准同期条件而非同期并列，则发电机定子电流突然升高，母线电压大量降低，发电机将发出吼叫声等不正常现象。这时应立即停机检查。经检查发电机确实未受损害（如定子绕组末变形，线圈无折断，绝缘无损伤等）后，方可开机并网运行。

6. 发电机失去励磁

发电机失励时，定子电流表指示升高，功率因数表指示进相，无功功率表指针偏负，发电机向系统摄取无功。值班人员应将发电机解列。

7. 因系统中甩负荷造成发电机过电压

因系统中甩负荷使发电机转速突然升高，机组声音异常，发电机过电压保护动作，断路器及灭磁开关跳闸，并将磁场电阻加入，进行灭磁。此时，机械值班员应使机组转速恢复到额定值。经查明确是系统甩负荷而引起过电压时，可将发电机重新升压，并网运行。

8. 发电机内部主绝缘损坏

发电机内部主绝缘损坏，差动保护动作，断路器、灭磁开关跳闸，发电机停机灭磁，信号继电器掉牌，发电机有关表计指示为零，中央音响发出事故信号，光字牌灯亮，示出主机电气事故。这时发电机可能发出胶臭味，下机架内有烟、火星可见。

运行人员应立即将励磁回路电阻置于最大值位置。若灭磁开关未动作，则立即手动断开，将灭磁电阻加入。若发电机起火，则按发电机灭火规程处理。

9. 发电机断路器自动跳闸

发电机断路器自动跳闸原因是多方面的。当发电机断路器自动跳闸时，值班人员应立即进行下列工作：

(1) 切除励磁自动调整装置，将励磁电阻放在最大值位置。

(2) 检查自动灭磁开关是否跳开，如没有断开，应立即进行远方操作使其断开，以防电机内部故障扩大。

(3) 根据掉牌查明何种保护装置动作。

(4) 查明是否由于人为误操作，分析和检查事故的原因，消除事故，做好记录和上报，根据要求，尽快恢复发电机正常运行。

第六节 计算机在水力发电厂自动化中的应用

一、水电厂计算机管控系统的目标和分类

(一) 目标及基本要求

大多数水电厂也是综合利用的水利枢纽，它们除发电以外，还承担防洪、灌溉、航运、供水以及养殖等任务。一个

机电厂常要实现二至三种以上的综合利用项目，而这些项目对水电厂提出的要求通常是不一样的，有时甚至是互相矛盾的。这是水电厂生产过程的复杂性。因此，计算机应用监控的对象很多，监控系统规模比较大，分布地区较广，包含着一些子监控系统；并且每个对象（如大容量机组）需要的测点多，控制时必须考虑的因素复杂，而且被控设备分散在较大的面积上，这给集中监控、参数采集和设计布置提出较高的要求。

现代化的大型水电厂自动监控系统的目标，是全面改善与提高电厂的运行性能，以保证水电厂具有高的经济运行性能，高的安全运行性能，良好的供电质量以及良好的操作性能和调度上的灵活性。因此，对计算机监控系统的基本要求是：实时响应性、可靠性、分散的控制对象与综合的控制功能、灵活的人机联系功能以及良好的抗干扰和防振等功能。

（二）集中式计算机监控系统

水电厂的监控方式经历了单机就地操作、中控室集中监控和计算机监控三个阶段。当前水电厂采用的计算机监控系统，大体上可分为集中控制和分散控制两大类。

集中式监控系统一般有三种配置方式：单台计算机系统、双计算机系统和带有前置机的单、双计算机系统。

1. 单计算机监控系统

单计算机系统实现比较简单，能够保证较高的可用率和较长的无故障连续运行时间；当电厂规模不很大、机组台数不很多、自动监控系统的功能不太复杂时，单计算机系统可以很好地完成水电厂的自动监控任务。其典型结构如图1-6-1所示。

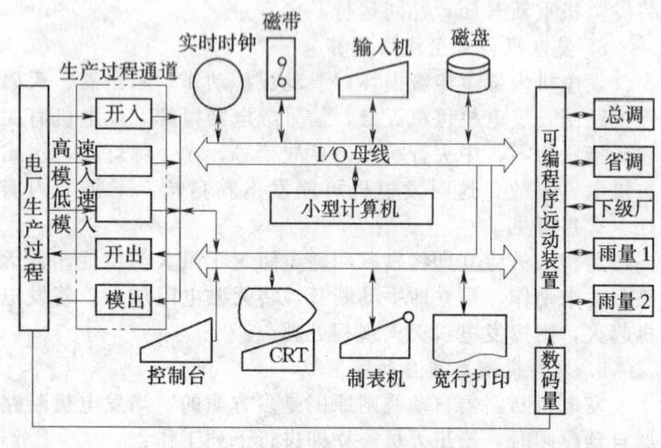

图1-6-1　水电厂单计算机监控系统结构图

单计算机监控系统以一台数字计算机为主体，配以相应的输入输出设备，将全厂各种信号与参数集中起来进行测量、监视和处理。该系统主要包括：

(1) 主机：通用小型计算机或工业控制机。

(2) 外部设备：通常包括输入终端机、控制台打印机、宽行打印机、制表机、软盘和硬盘装置以及彩色屏幕显示器等。

(3) 生产过程通道：主要包括开关量输入通道、开关量输出通道、模拟量输入通道、模拟量输出通道、脉冲量输入通道和数码量输出通道等。

(4) 人机对话设备：一般配置有运行控制台，具有键盘、光笔、轨迹球等输入手段和屏幕显示和打印记录等输出手段。

(5) 通讯接口：常用串行接口，直接传送，或经过调制解调器传送，以实现与下级计算机或其他系统通讯。

2. 双计算机监控系统

为了提高计算机系统的可靠性和可用率，加速实时响应特性，扩大系统功能以及实现计算机系统的可维护性，可采用双计算机系统来实现水电厂的监控功能。

双计算机系统的配置如图1-6-2所示。图中的双机监控系统共分为三部分，即：双计算机系统；操作和监视系统和输入输出接口系统。双机监控系统通常有以下几种工作方式。

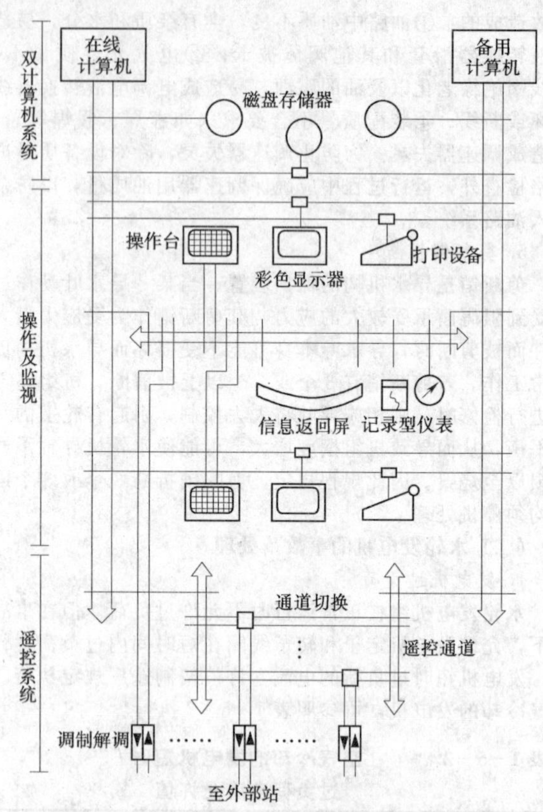

图1-6-2　水电厂双计算机监控系统图

(1) 一机工作一机备用。采用此种方式时，计算机系统正常工作的全部功能由一台主机承担，包括实时处理、计算和后台处理等任务。另一台计算机热备用，即程序在操作系统中空转，可以收集与刷新实时数据，但不进行处理。在工作主机故障时即迅速切换，备用机投入按主机方式工作。这种方式可以提高系统的可靠性和可用率，但双机的响应速度仍与单机一样，基本上没有扩大系统的功能。

(2) 一机工作、一机辅助。在此方式下，一台计算机完成水电厂实时监控的主要功能；另一台计算机完成主机交给的某些任务，并进行离线计算和后台处理任务。前者称为主机，后者称为辅机。由于在功能上的合理分工，两台计算机都能发挥较充分的作用。这样的双机系统，既可适当地提高可用率和可靠性，又加快了响应速度。

(3) 其他方式。双机系统中，两台计算机配合工作还有多种方式，如一台工作一台停机检修；一台工作一台调试程序；一台工作一台作为学习训练机以及各种方式的组合等。

在现有的水电厂计算机监控系统中，双机配置主要用于分级控制系统的最高级，多为一机工作一机备用方式。为了保证双机工作协调，必须对双机运行情况进行监视，不断判断双机运行是否正常，主机故障后能否及时实现自恢复，并判断自恢复是否有效以及是否须进行双机切换等。一种常用的方法是监视任务执行的时间段，特别是那些频繁执行的任务模块的时间段不超过规定值。如在规定的时间段终了，这些任务模块不能执行完成，则判定计算机工作异常。这种监视部件常称作“看门狗”（Watch dog）。运行监视一般按两级整定，即自恢复级和自动切换级。前者整定时间较短，反映故障不很严重，仅作用于自恢复。后者整定时间较长，反映主机出了不可恢复的故障，即作用于切换备用机或辅机代替主机的工作方式。双机间的通讯常采用并行通道、半双工方式。双计算机的操作系统均常驻内存，备用机的应用程序基本上存在外存储器磁盘内，必要时再调入内存。

3. 带前置机的双计算机监控系统

在水电厂监控的对象很多，引入处理的信号数量很大时，常在双计算机与生产过程控制设备之间设置所谓“前置机”。带前置机的双机系统如图 1-6-3 所示。

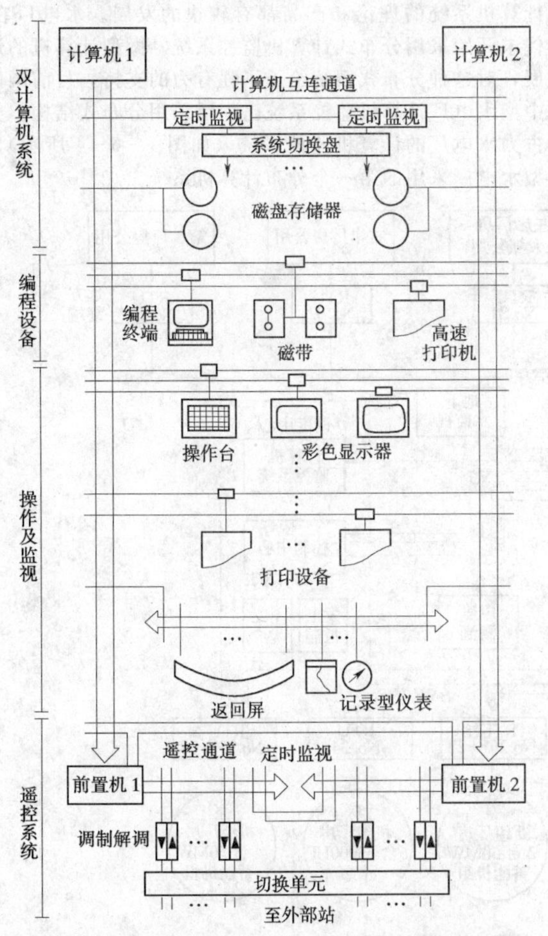

图 1-6-3 带前置机的双计算机监控系统图

由图可以看出，带有前置机的双机系统与一般双机系统不同，前者是前置机将主机与生产过程联系起来的。其目的是：①改善主机的响应特性，提高处理的实时性；②易于满足各种适配要求；③完成紧急事故处理功能，提高主机系统冗余度。

前置机的主要功能是：①各子站的数据交换和处理；②监视发送通道工作状况；③主计算机系统内部与各子站的地址转换；④变化的和越限的测量值的校验；⑤应用简单的输入输出设备的紧急控制。前置机完成上述功能有利于减少主机用于输入输出的时间。前置机的规模比主机小，主机将前置机作为一个外围设备来处理。当前置机和主机为同一系列计算机时，可使用兼容的软件。

（三）分散式计算机监控系统

分散式监控系统是在计算机的功能不断增强而价格却迅速下降、微型计算机逐步升级而水电厂的规模越大的情况下，逐渐发展起来的。

1. 分级控制和分散控制

在分散式的多机监控系统中，根据各计算机分工的不同，有不同的系统结构型式。大体上可分为分级控制和分散控制两类型式，或称垂直式和水平式的总体结构以及其混合的结构型式。

水电厂计算机系统采用分级控制是提高控制系统性能的一个有效方法。一般可按控制对象的物理结构分级，或按不同的控制功能和控制目的来分级。不论以何种方式分级，从整个控制系统来看，总的目的是由此而形成的子控制系统的功能，应达到最好的控制效果，并可以将这些子控制系统的工作协调起来。如在一种分级结构中，直接的控制任务由规模较小而又很可靠的计算机承担，综合的管理和较复杂的处理则由上一级计算机进行，根据整个系统的功能的复杂程度，可以构成两级或多级的分级结构。分级结构使多机系统更便于管理，各计算机的容量和规模的配置更为合理，整个系统有较高的工作效率。分级系统有如下特点：

（1）与水电厂的设备配置相适应，计算机用控制系统可分为全厂管理级、机组监控级、辅助驱动检测级等。

（2）保证整个水电厂监控系统有较高的可靠性，局部设备退出工作不影响全系统其余部分的正常工作。

（3）监控系统易于扩展和实现局部的改变。

（4）整个监控系统的设备可以分散分批投入，这在电厂发电初期和监控系统的试验阶段特别有用。

（5）在研制工作上，硬件及软件开发易于平行进行。

分散控制也是提高系统工作效率和可靠性的有效方法。分散的方式，可以按照控制功能分散，也可以按控制对象分散。前者常用在控制对象的地理位置较为集中的场合，可用于分级控制系统的各级中。后者适于在控制对象在地理上分散在较大面积时采用，通常多用在分级控制系统的终端级。

2. 按功能分散和按被控对象分散的水电厂监控系统

（1）按功能分散的监控系统。在这类监控系统中，将水电厂的各种监控功能分为若干个各有一定独立性的子项目。例如：机组的开停机和有功功率分配为一个子项目，全厂调压与各机组的无功功率分配为一个子项目，全厂模拟量收集与处理为一个子项目，全厂事件顺序记录为一个子项目等等。设置专门的微型机去执行一个或几个子项目的功能，这时微机终端不是负责一台机组（或一个开关站）的全部监控功能，而是负责全厂某一类监控功能。这种分类的优点是：计算机功能专业化，对软硬件的并行开发比较方便。但是，对于多机组水电厂，其通讯电缆需要量大；而且重要功能部件不能运行时，全厂监控功能受到影响较大。因此，一般用于容量较小的电厂，或者在按物理对象分散的控制系统中局部采用这类系统。

（2）按被控对象分散的监控系统。当被控对象较多、每个对象需监控的参数较多、且各个对象在地理上分布在较大的面积上时，宜采用按被控对象分散的计算机系统。小型或微型计算机可就近配置在被控对象附近，完成数据的部分处理功能和进行直接的设备控制，向上一级传送经过处理的信息。那些要求响应速度极快的处理则就地实现。这样的系统结构，有利于加快系统的实时响应特性，避免大量信息的长距离传输，并减少信号电缆。由于大规模和超大规模集成电路制造工艺的迅速发展，集成电路产品的价格以每2～4年降低1/2的速度下跌，而电缆价格却多年下跌很少，甚至还时有上涨的趋势，因此，采用按被控对象分散的系统在经济上也是合算的。随着计算技术的发展，按对象分散的监控系统，还可以采用分布计算技术的许多新成就。所以，水电厂按对象分散的监控系统具有很强的生命力。

3. 分布计算机控制系统

分布计算机系统是分散式监控系统在80年代发展起来的新型系统。其发展的指导思想是：在产生数据的地方就近处理数据，使计算机及智能终端的设置与生产体系的结构相适应。这既有利于提高信息的处理效率，又可以节省计算机系统的费用，越来越显示其优越性。

由于分布系统发展起来的体系结构有多种多样，从不同的角度分析系统的特点，往往有不同的分类方法。根据美国电工电子学会计算机学会的分布计算技术委员会和英国国家科学研究委员会的计算机委员会对分布计算机系统的特征的基本描述，归纳其共同的内容，有以下三个方面：

(1) 具有多个分布的资源。所谓分布是指物理上的分布，不一定是地理上的分布。资源包括计算机硬件、外部设备、程序和数据库等。

(2) 具有统一的高级操作系统。高级操作系统对整个分布计算机系统进行统一的控制，指导各分布的资源完成共同的任务。

(3) 分布的资源独立而又相互作用，各分布资源能独立完成一定功能，相互之间又能以一定方式相互配合、协调工作。整个系统在统一的高级操作系统管理下，以尽可能少使用系统集中资源的方式工作。

水电厂分布式计算机监控系统主要的配置方式有：

(1) 多台小型或微型计算机按分布式结构组成的计算机系统，各计算机以同等的地位工作。

(2) 主计算机系统加各种方式构成的分布式子系统。

在这种分布式计算机系统中，每台计算机承担特定的任务，若干台计算机同时工作，具有速度快，功能强、容错能力较高的特点。由于这种新系统结构具有很大的优越性，分布计算机系统的理论和产品都有较快的发展。水电厂在70年代末开始采用分布式计算机监控系统。微型计算机的迅速发展，对这种分布式系统给予了强有力的支持，目前国内外大中型水电厂计算机监控系统已广泛采用分布式结构。美国大古力水电厂的计算机监控系统（如图1-6-4所示），是大型水电厂采用的第一个分布计算机系统。

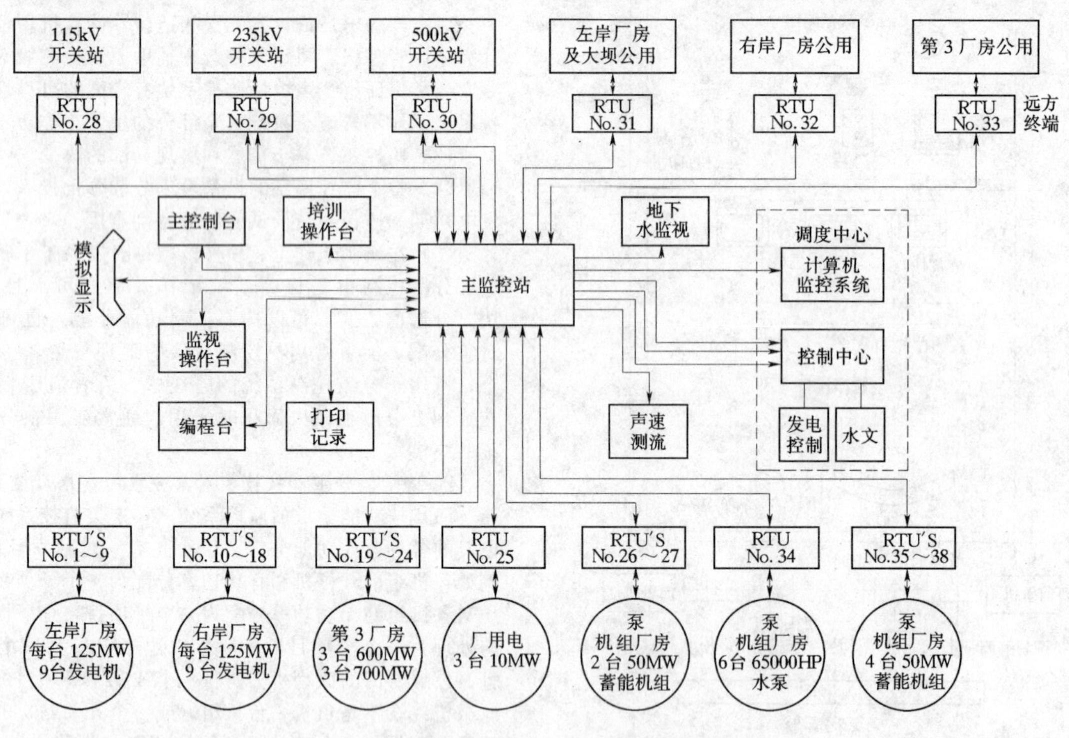

图1-6-4　美国大古力水电厂分布计算机控制系统框图

二、计算机控制在水电厂的主要应用

计算机控制在水电厂的应用显著地提高了电厂的运行水平，增加了许多新的功能，完成了若干过去无法实现或不易实现的功能，取代了许多传统的人工操作，扩展了操作范围和内容；使运行安全可靠性提高了，调峰、调频和调压的响应速度加快了，发电耗水率降低了。水电厂的计算机监控主要包括厂内监控、大坝监测与管理和水库、水文信息自动监测系统等方面。

（一）厂内设备运行安全监控

大型和超大型水电厂的规模宏大，大容量的机组台数多，各种电压等级的开关站多，全厂需监测的运行参数和状态繁多，模拟量达数千个，开关量上万个，传统的监控设备和方法已无力承担这样繁重复杂的监视和控制任务，只有一个强大的计算机系统才能有效地承担起统一监控全厂的任务。其主要任务就是：运行状态的监视、机组与开关的自动控制以及事故的自动记录。

1. 运行状态监视

(1) 模拟量的收集和处理。计算机系统以定时扫测方式，收集全厂水轮发电机组和开关站的电气量和非电量。这些量通常包括：机组的有功功率、无功功率、电压、定子电流、转子电流、定子绕组及铁芯温度、冷热风温度、推力轴瓦及导轴瓦的瓦温与油温、导叶开度、转桨式水轮机轮叶角度、蜗壳流量、机组转速、摆度等，变压器的油温、开关站母线电压、各送电线路的电流、有功功率及无功功率等。为满足水电厂实时监控需要，扫测周期应在 0.5～2s 范围内。这些模拟量采集后经过转换和纠错处理，存储于实时数据库中，供运行方式计算、对外数据通讯、屏幕显示和打印制表使用。计算机对模拟量可以提供越限报警、趋势分析或相关量同步记录。

（2）脉冲量的收集和处理。水电厂的发电机、输电线路及变压器等的有功电量和无功电量，常以脉冲量形式送入计算机监控系统，通过脉冲量累加电路对脉冲量进行计数，并转为二进制的信息，然后进行计算。累计结果可以进行实时显示，并可定时打印，按规定格式自动记录在运行日志报表中。

（3）开关量的收集和处理。开关量的收集通常有计算机定时扫测方式和开关量变位申请中断服务方式两种。前者是由计算机主动以扫描方式、周期性地将各接点状态顺序收集进来，一般供进行操作记录用的。高速的扫测方式可以收集继电保护动作和断路器跳闸等快速开关变化讯号。后者是当断路器和一部分继电器接点状态一旦发生变化后，立即通过硬件中断逻辑，要求计算机响应并给予中断服务。由中断方式进入计算机系统的开关量，一般是电厂事故动作引起继电器和断路器的接点变化。这类开关量由计算机监控系统中的事件记录子系统来处理。

（4）屏幕显示与自动打印制表。水电厂屏幕显示装置一般具有以下功能：

1）显示水电厂正常运行状态和实时参数，如全厂电气主接线图，发电机、送电线路的运行参数等。

2）显示全厂运行调度命令、运行统计表、操作记录等。

3）自动报警。当厂内断路器自动跳开，模拟量越限时，屏幕显示器自动推出报警画面，报警项目的关键字符与数字并闪光，同时伴有音响，提醒值班人员注意。

4）显示规定格式的报表。按照值班人员要求的格式，显示全厂实时的和分时段的数据。例如向上级调度上报的一系列数据。

5）人机联系功能。这里主要指输入功能。值班人员向计算机输入各种运行参数的限值，设定系统的工作条件，给入运行方式命令等。值班人员还可以通过显示器终端与计算机的操作系统进行一定的对话，对计算机系统进行检查和作必要的维护工作。

计算机监控系统提供的自动打印制表功能，代替了人工统计和记录工作，并提高了记录的准确性。繁杂的数据经过分门别类进行整理、统计和必要的计算分析后，按照运行工作的要求，打印成各种类型的表格。水电厂通常有两大类打印任务：定时打印和报警打印。定时打印也称为正常打印，定时打印全厂运行参数、运行统计数据、全厂操作记录等报表。报警打印也称事故打印，当厂内出现任一事故或故障以及参数越限等不正常情况时，即自动打印出报警时刻、报警对象、报警内容等。在故障消除时作类似的复归记录。除上述两类打印任务外，还可以在值班人员召唤下，对指定的报表进行随机打印。

2. 机组与开关的自动控制

计算机监控系统在执行优化运行计算程序和电压与无功功率调整程序后，将给出全厂运行方式的命令，包括机组的起停和功率的调整，这些命令通过计算机输出接口，以电平形式、模拟量形式或脉冲量形式，送给水轮发电机组的开停机操作回路、励磁调节器和调速器，执行以下的自动操作：

（1）发电机组和调相机组的自动起停，包括和电网的并列、解列。

（2）运行机组运行方式的改变，如发电和调相方式的互换，抽水蓄能机组工作方式的转换。

（3）有功功率的增减。

（4）无功功率的增减。

计算机监控系统还执行水电厂高压母线和线路断路器的操作，值班人员将操作命令输入计算机系统。计算机监控系统按照收到的命令执行操作，计算机可以增加一定的校核手续，以保证操作的正确性。

3. 事故记录

在水电厂中，事故记录可分为两大类：事件顺序记录和故障录波。前者是为了分辨在很短的时间段内，发生的一系列事件的先后顺序；后者则是以离散量的形式记录一次事故发生前后，有关电气参数变化过程的瞬时值。计算机在电厂得到日益广泛应用的情况下，这两项技术有很快的发展。

（1）全厂继电保护与断路器动作顺序记录。计算技术可以提供对一系列事件动作顺序的高分辨能力，可以用来判断引起继电保护动作的真实事故原因。在一般水电厂内，为准确判断继电保护动作的先后顺序，通常以 5ms 左右的分辨能力，对数百点的接点动作顺序进行判断已能满足要求。目前，水电厂事件记录分辨能力最高指标为 1ms。分辨的时间间隔并不是越短越好，应该取决于实际的需要；不适当地提高分辨能力，在实际运行中也不一定能充分发挥作用。

（2）故障录波。水电厂应用故障录波装置分析输电线路等事故，对于提高电厂安全运行水平有重要的作用。传统的电磁式录波装置，往往不能从故障开始的瞬间开始记录，要在故障发生后延迟几个毫秒才能进行记录，这样一个不完整的参数变化记录是不能充分满足事故分析需要的。计算机的应用为电厂故障录波提供了新途径。计算机可以完整地记录事故发生前后一段时间间隔内有关参数的瞬时值。计算机还可以快速对故障录波值进行分析计算，判断事故性质、类型、地点等；通过显示器和打印机通知值班人员。这样，事故处理对值班人员的经验和熟练程度的依赖成分减少了，判断失误、处理不当的可能性也就减少了；因此，对水电厂和电力系统的安全运行有重要意义。

（二）稳定监视与控制

大型水电厂一般均远离负荷中心，需通过长距离超高压输电线，将大量的功率送入电网。这些输电线上的输送功率往往接近线路的稳定极限功率，在系统运行方式发生变化时，极易出现系统稳定破坏事故。所以，对于水电厂长距离输电线的运行，特别是对于那些具有系统联络线作用的输电线路的运行，必须采取措施，避免稳定破坏事故。在水电厂装设稳定监视和控制装置，是防止稳定破坏的有效措施之一。

利用计算机进行稳定监视，对于装有计算机的水电厂是方便易行的。它并不需要增加复杂的设备，仅需将输电线运行稳定性有关的参数送入计算机，主要依靠软件功能即可实现自动监视；而且能够以需要的图形或表格形式将自动监视结果在 CRT 上显示。在计算机由预先存储输电线路的许可极限功率值，一旦实际输送功率接近极限功率的预定报警值，计算机即自动在 CRT 上推出报警画面，将线路名称、实际运行参数值、极限值以及其他有关信息显示出来。值班人员可视运行情况决定采取必要的措施，代替了连续紧张的监视工作，并且不易出错。

稳定控制与稳定监视不同，它不仅要判断稳定状况，还要在必要时采取提高稳定的措施。当电力系统运行状态出现某种变化时，如电厂一回输电线，或系统中其他较重要的负荷或线路连接情况发生变化，可能导致水电厂远距离输电线上的输送功率超过线路稳定极限功率，此时必须进行稳定控制。水电厂稳定控制的常用方法主要是切机和电气制动，也可以采用关闭水轮机导叶限制负荷的方法。

利用计算机进行水电厂稳定监视和控制，同电磁元件或硬线逻辑装置相比较，具有经济、可靠、功能强的优点，列举如下：

(1) 可以节省大量电磁元件和模拟式部件，简化了监视和控制装置。元器件少，可靠性高。对于稳定监视的判别式运算，在计算机中执行一段相应的程序即可实现。

(2) 计算机可以提供更强的功能。电磁元件型和硬线逻辑型监控装置的功能是固定的，不能轻易地改变和增加。计算机监控系统则有很大的灵活性，只要软件有更多的功能，就可以实现更多的要求。计算机可对正在出现的稳定问题进行监控，也可以对未来可能出现的若干种运行状况下的稳定性进行预测。在计算机中事先存储离线计算得到的多项计算结果，针对不同运行条件，以查表方法求得相应的计算结果，就可以实现系统未来运行条件变化时的稳定预测。在进行稳定监视时，计算机也能比传统的装置考虑更多的因素。例如系统出现异常运行状态时，计算机可以快速计算电力系统振荡中心点电压值变化率，以尽快判断异常状态是系统短路还是系统振荡。

(3) 计算机系统可以提供及时、直观地显示画面。使值班人员可以立即全面掌握稳定状况。这靠一般仪表指示是无法做到的。

(三) 高压母线电压与无功功率调节

大型水电厂的超高压母线，常常是电力系统中的重要枢纽点，维持高压母线的给定电压值和供给电网以足够的无功功率，对于保持电力系统稳定运行和保证供电质量以及对于电力系统运行的经济性都具有重要意义；特别是当电力系统处于事故状态时，足够的无功功率和适当的电压水平，往往是使系统事故不致扩大、避免造成电网崩溃的关键因素。

由于负荷的波动和运行方式上的变化，水电厂的电压值经常在变化。电力系统的要求是在任意的时间段内，水电厂高压母线电压值的波动不超出该时段所规定的上、下限值范围。一个运行日的不同时段、负荷轻重不同、因而有不同的允许限值。一个运行日可能分为十个以上的时段，在一年的不同季节中，上下限范围也是不同的。电厂值班人员要根据预先规定的电压允许运行范围，随时监视高压母线电压值并及时进行必要的调整，这种调整工作一天往往要进行一、二十次以上。在某些时候，值班人员还要按照电力系统要求，将机组作调相运行，以保证电力系统所需的无功功率。在满足电力系统对水电厂高压母线电压值与无功功率的要求时，水电厂值班人员还要将全厂总无功功率合理地分配给运行中的各台机组。因此，电厂值班人员调节电压和无功功率的任务也是较重的。

为了减少值班人员的频繁手工操作，并使高压母线值保持在更精确的范围内，有些水电厂采用了无功功率成组调节装置，由中央电压给定器给出高压母线电压整定值，运行中的机组同时按预定的准则调整无功功率，以保持高压母线电压值。由于机组间无功功率最优分配（以有功损耗最小为最优）与等无功分配方法在经济效益上并无明显差别，所以，通常在机组间采用等无功功率的分配准则。

在计算机控制的水电厂中，电压与无功功率成组调节装置可以大大简化，只需保留电压测量部件和动作于发电机励磁系统的执行部件，其余的任务主要靠计算机软件完成。

水电厂高压母线电压偏差值与全厂无功功率的关系，受电力系统及电厂运行方式的影响极大，在计算机控制系统中，一般不采用按函数关系的数学表达式进行控制。一种简单易行的控制方法，是采用将电压调节和无功功率均衡分为两个阶段执行的脉冲调节系统。这类计算机控制的电压和无功功率自动调节的程序，见图1-6-5。

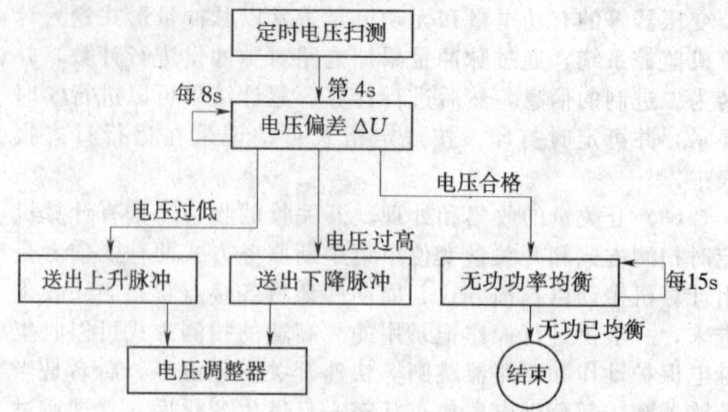

图1-6-5 水电厂电压和无功功率调节计算机程序流程示意图

一天各时段的高压母线电压的给定值和允许上、下限值预先存储在计算机中，电压控制程序按当时的时间决定高压母线电压整定点。每隔4s对母线电压值测量一次，当电压偏差值超过规定的不动作带时，则送出上升/下降脉冲至电压调整器。为配合调整器和转子电流的过渡时间，此程序约每4～10s左右执行一次，至电压偏差值在不动作带内为止。然后开始调用无功功率分配程序，它将全厂总无功功率平均分配给运行中的各台机组。此程序以更长的周期（例如12～20s）执行，直至各机组无功功率差值在一个狭窄的不动作带内为止。

应用计算机控制水电厂高压母线电压和分配机组无功功率，可以较精确地保持电压值接近于给定值，免除了值班人员的频繁操作，并且不需要专设一套硬件装置，是一种可靠性高、精确度高并且经济的控制方法。

(四) 水轮发电机组优化运行

水电厂的运行除了保证安全和供电质量外，须要保证高的经济运行性能。但是，水电厂各个时期在电力系统中承担不同的任务，各有其不同的特点。如在非洪水期一般承担系统的调峰、调频和事故备用的任务；在洪水期，则常担任基荷运行。根据这些任务的不同特点，归纳起来，水轮发电机组优化运行的基本方式是：按给定全厂总有功功率实现经济运行，同时也可以在给定总有功功率和限定全厂开机总台数条件下，实现经济运行。

水电厂在总有功功率为一定值时，全厂发电耗水量和以下4个因素有关：

(1) 水轮机的净运行水头。它是上游水位、机组段水头损失和下游水位的函数。多数的水电厂多开一两台机组不会很快影响上游水位，但却会很快影响下游水位。对中低水头的水电厂，这个影响是很大的，在计算水头时，必须考虑到发电引用流量变化对下游水位的影响。

(2) 开机的机组数。

(3) 开机的机组号。

(4) 机组间负荷分配。

水轮发电机组的耗水量与其有功功率呈非线性关系，而且难于用简单的函数形式表达。因此，多机组水电厂机组经济运行的数学处理工作十分困难和复杂；而一个实际的电厂的机组经济运行的实现，还要考虑更复杂的约束条件，如电厂的运行方式、设备的状态以及当时的机组运行状态等。所以，在机组负荷分配中必须对各方面的因素给予全面考虑只有满足了规定的条件，才能得到一个现实可行的经济负荷分配方案。很明显，要在很短时间内，考虑多方面的因素，快速求得最优运行方案，只有使用现代计算机，才是强有力的手段。计算机应用的结果表明：采用计算机实现机组优化运行，在相同的耗水量条件下，比传统的人工分配负荷方法大约可增加发电量 1.5%～6%。

多机组水电厂机组经济运行，有许多种计算方法，已进入实用阶段的方法有等耗量微增率法、等负荷法和等（导水叶）开度法、高效率区运行法以及动态规划法等 4 种。

1. 等耗水量微增率法分配机组间负荷

这是水电厂机组负荷经济分配的经典方法。它要求水电厂运行的各台机组保持相等的耗水量微增率，即

$$\frac{\partial Q_i}{\partial P_i} = \lambda \quad (i = 1, 2, \cdots, n)$$

式中　P_i——第 i 台机组所发有功功率；

Q_i——第 i 台机组发电耗水量；

λ——耗水量微增率；

n——运行中的机组数。

使用这种方法，在给定全厂总有功功率和确定开机组合条件下，分配各机组间负荷时，可以保证全厂总耗水量为最小。

对机组耗水量特性求导数，即可得到耗量微增率特性；但须注意耗量特性必须是凸函数，否则不能求得正确解答。对于不同的水头，耗量微增率特性也不相同。在应用这种方法前，必须编制各水头（如间隔 0.1～0.2m）大量的耗量微增率特性，才能保持一定的计算精度。因此，等微增率法用于机组较多的水电厂求解最优负荷分配，必须依靠计算机的处理能力。

2. 等负荷法和等（导水叶）开度法

以等负荷法作为机组优化运行方法的根据是：如水电厂内各机组具有相同的耗水量特性，各机组也就具有相同的微增率特性；当各机组在相同的有功功率值下运行时，其耗水量相等，耗量微增率也相等。所以，一般水电厂装有相同型号的机组时，采用等负荷法在机组间分配负荷，即认为是最优负荷分配方法。实际上，同型号的水轮机组的耗量特性往往小有差异；有时也采用按相等的导水叶开度来分配负荷，这种分配方法，将使效率较高的机组可多发一些有功功率；比采用等负荷法更接近于最优。等负荷法可由人工操作，而等开度法一般是由自动装置实现。

但是，等负荷法和等开度法只解决了机组间负荷分配问题，最优机组组合问题尚需在分配负荷之前计算解决，否则还不是一个完整的机组优化运行方法，只能获得机组优化运行的潜在经济效益中的一小部分。

3. 高效率区运行法

转桨式水轮机组的效率曲线在高负荷区域呈平直形状，如图 1-6-6 所示。当有功功率在相当大范围变动时，转桨水轮机的效率下降不多。转桨式水轮机组的这种特性，提供了一种十分方便的经济运行方法。在图中，最高效率点为 η_{max}，对应的功率为 $P_{\eta max}$，最高效率值一般为 85%～92%。将最高效率减一个小的固定值，例如 1%，在图中纵坐标上可得到（$\eta_{max}-1$）%的点，对应于（$\eta_{max}-1$）%的功率有 P_{min} 和 P_{max} 这两个值。如果机组运行使有功功率 P 保持在 P_{min} 和 P_{max} 之间，即

$$P_{min} < P < P_{max}$$

则运行中机组效率始终高于（$\eta_{max}-1$）%，就实现了高效率区运行。如果将当时调度所给定的全厂总有功负荷分配给运行中的各机组时，有的机组超出这个范围，可以多开或少开一台机组，以使运行中的机组功率满足上式的规定，从而保证全厂机组在高效率区运行。

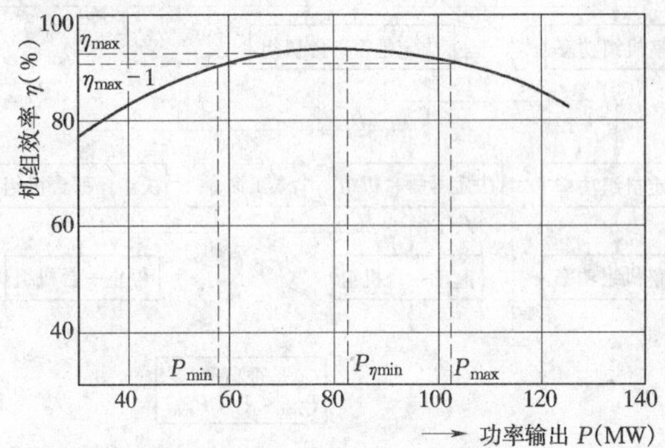

图 1-6-6　转桨式水轮机效率曲线

定桨式水轮机，其高效率区的负荷调节余地极小，如图 1-6-7 所示。高效率区运行法对其不太适合。为保持这类机组高效率运行，机组在一定水头下，只能带固定负荷运行，此固定负荷对应最高效率点。但是，如在水电厂中装设部分定桨式机组带固定负荷运行，另一部分转桨式机组带变动负荷运行，两种机组适当配合，可使电厂在高效率下向电网供电，取得经济的运行效果。这种经济运行方式，数学处理简单，占用计算机内存容量不大，所需计算时间很短，对于安装转桨式机组的水电厂，是一种简便易行的方法。这种方法只是在计算机支持下才能简便易行。高效率区运行法计算机程序流程图见图 1-6-8。

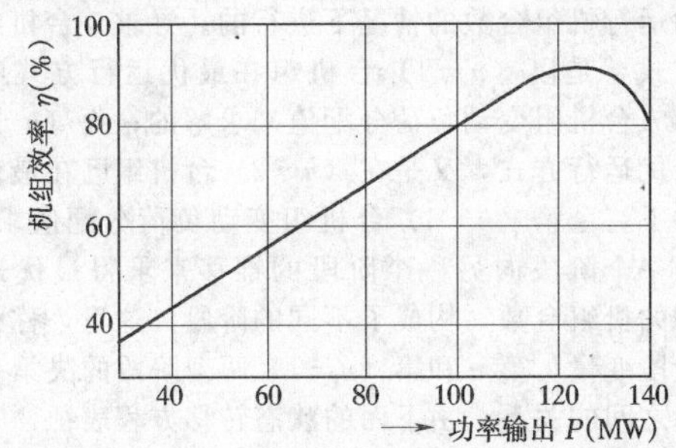

图 1-6-7　定桨式水轮机效率曲线

4. 动态规划法

以上三种方法有各自的优点，但也各有一定的局限性。等微增率法要求耗量特性的二阶导数为正值，等负荷要求各机组的耗量特性基本相同，且这两种方法都需要解决机组组合问题。高效率区运行法仅适用于具有转桨式机组的电厂。动态规划法没有上述局限性，它是一个通用的实现机组优化运行的方法。动态规划法是解决多阶段决策过程最优化的一种方法，用于水电厂机组运行寻优时，它的优点是：对机组耗量特性曲线的形状没有限制，任意形状都可处理，也不要求以函数形式表达，可以引入各种类型的约束条件，将运行中多种复杂的要求和因素协调起来统一处理；可以对机组组合和负荷分配的综合问题得到全局最优解；这是目前其他方法无法完全做到的。动态规划法的主要缺点在于其计算工作

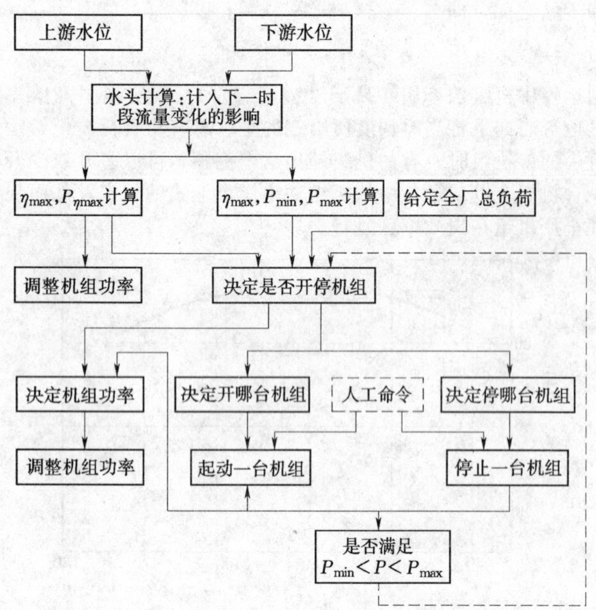

图 1-6-8　转桨式水轮机高效率区运行法计算机程序流程示意图

量庞大，当机组较多时，甚至低档小型机也难以进行计算。要满足大型电厂运行实时性要求，必须采取特殊措施。利用动态规划法求解水电厂机组最优运行方式的一般过程如下：

规定水电厂几台运行机组总耗水量 F_n（P_c）最小为目标函数

$$F_n(P_c) = \sum_{i=1}^{n} Q_i(P_i) = \min$$

每台机组确定一个有功功率值 P_i，就有一个相应的耗水量 Q_i。P_i 称为决策变量，Q_i 称为状态变量。给定一组决策 $\{P_i\}$，就有一组状态 $\{Q_i\}$。研究机组最优运行方式，是在一定的运行机组台数的情况下进行的。寻求 n 台机组的最优运行方式，是以（$n-1$）台机组在最优运行方式的条件下，令第 n 台机组变动负荷分配值来求解的；而（$n-1$）台机组的最优运行方式，又是在（$n-2$）台机组已在最优运行方式条件下，令第（$n-1$）台机组变动负荷分配值求解的。这样，以一个阶段向另一个阶段的推移来求得最优运行方式。不同的机组台数，构成了不同的阶段。这里，称机组台数 n 为阶段变量。第 n 和第（$n-1$）两个阶段的决策变量和状态变量之间的关系，由下面的状态转移方程表征

$$F_n^*(P_c) = \min_{P_i}\{Q_i(P_i) + F_{n-1}^*(P_c - P_i)\}$$

式中，F_n^*（P_c）和 F_{n-1}^*（P_c）为从第 n 级和第（$n-1$）级直到第 1 级均取得最优决策时的目标函数。

上述的变量要在一定范围内取值才是可行的，限定这些范围的条件就是约束条件。

水电厂机组在实际运行中，除了运行功率值的限制条件外，还有一系列运行方式上的限制条件。如累计停机时间达规定值的机组必须立即开机；为了避免频繁起停，运行中的机组（包括调相运行的机组）必须优先分配给新增加的负荷；某些机组在某些区域不允许运行等。这些条件在多数情况下，使得电厂不能实现以全厂发电耗水量最小为目标的最优运行，而只能按照满足附加限制条件的"最优"方式运行。虽然这样的优化运行方式较之最小耗水量的运行方式要稍稍多耗点水，但从全厂和长期的观点看来，这无疑是合理的；可以认为这是一种"全局最优"。

这个寻优计算可以给出：最优开机组数，实用的机组组合，各机组的有功功率分配值，调相与发电方式的转换命令等；还可以给出各机组和全厂的耗水量、耗水率以及其他有关统计数据和运行指标。

在水电厂内，为满足调峰时负荷快速增减的要求，从接受新的全厂总负荷给定值开始，到给出新的开停机命令和新的负荷调整值，宜在以秒计的时段内完成。当机组较多时，执行动态规划算法的程序占用内存甚多，所需的计算时间也相对较多，低档的小型机也常常难于满足实时性要求。为了克服动态规划法所具有的所谓"维数障碍"，必须采取一些专门措施，如逐步增加寻优网格密度（变步长）法，黄金分割寻优法等。这些方法运用得当时，可以显著减少内存占用量并大大加快计算速度，满足水电厂运行实时性要求，另一方面，在选择计算机时，应充分考虑快速完成最优运行方式计算的需求。

（五）水电厂大坝自动监测

水电厂大坝的安全运行，不仅是水电厂正常发电的最基本条件。而且在综合利用情况下，对于保证灌溉用水、向居民区及工业地区供水、保持河道水位以维持正常航运和控制供水都起着决定性作用。大坝下游流域，有大小城市、村镇、公交设施和农田，大坝的安全运行和下游广大地区的人民生命财产、国家的工农业建设息息相关，大坝必须在任何工作条件下确保安全运行。

为确保大坝在各种正常工作条件和异常工作条件下安全运行，需要对大坝运行参数如位移、沉陷、应力、变形和渗漏水量等进行全面监视。根据所测得的参数，判断大坝的工作状态和性能是否符合设计要求，并确定相应的管理维修措施。长期以来，各种类型的大坝场装有观测系统，这些系统所测得的大量数据，要依靠人工进行整理，制成表格或曲线图形，和这些测点的设计极限值进行比较。对某些异常工作情况，如地震过程，有时要记录大量数据进行仔细分析。有些分析工作要求很长时期的记录资料，如分析温度变化的影响，需要将不同月份和不同年度大量测点的数据整理后，进行对比分析。记录的整理和分析工作量庞大，费时费力，在某些紧急情况下，常不能满足工作的急需。

十几年来，许多大坝监测工程采用了计算机系统。计算机不仅提高了大坝监测数据的处理速度，并且能够选择那些最重要最敏感的参数，给出各种容易进行直观判断的图表曲线，在参数值超过限值时，可以自动报警，以便值班人员能及时查知大坝何处发生何种异常情况，及时采取必要的措施，从而提高大坝的安全运行水平。

大坝监测系统一般具有以下的测量装置：坝体水平变位计、垂直沉陷计、岩石接触部位变位计、坝内水位计、渗漏水量计以及为土石坝专设的孔隙水压计和土压计等；还有在地震情况下用于记录的坝体加速度和变位计等。一般的大型水电厂的大坝测点常达数百点至数千点。

计算机系统对大坝全部监测参数以周期扫描方式收集数据，扫描周期通常以分钟计。采集的数据送入计算机内存储器供数据处理用。在辅助存储器中，保留着最近几个工作日的数据。对某些指定项目，按指定时间间隔取值，存入磁带中长期保留，以供处理不同月份、不同年度数据时使用，并作为档案资料，供以后的大坝科研设计工作参考和使用。

监测数据处理后，有几种常用的输出方式：

（1）定时记录。按固定时段将测得数据和分析结果在行式打印机上打印，或在 X—Y 绘图仪上制图。

（2）随机显示。有关的参数可在值班人员召唤下，在显

示器上显示其随时间变化的过程，从而对大坝最近的运行情况一目了然。

(3) 越限报警。某项参数越限时，可自动在显示器上显此参数在过去一段时期的变化曲线，并给出声、光报警信号。对于某些参数，还可给出相关量记录。如渗漏水量变化曲线可伴随给出相应时段的降雨量曲线等有关数据，便于值班人员分析。报警值同时在打印机或绘图仪上作记录。

(4) 异常运行情况报警。大坝的安危受到地震影响很大，在一定震级以上的地震过程中和震后，必须严密监视大坝。在地震时，给出报警信号，并记录地震过程中各项监测参数的变化过程。

大坝自动监测系统的构成，一般有两种方式。一种为独立的监测系统，有专用的计算机，自成一个完整的数据收集处理系统，如图1-6-9所示。另一种方式，大坝自动监测系统与水电厂其他监测（监控）系统共用多用户分时工作的计算机系统，大坝监测室内仅设置各种输入输出设备。

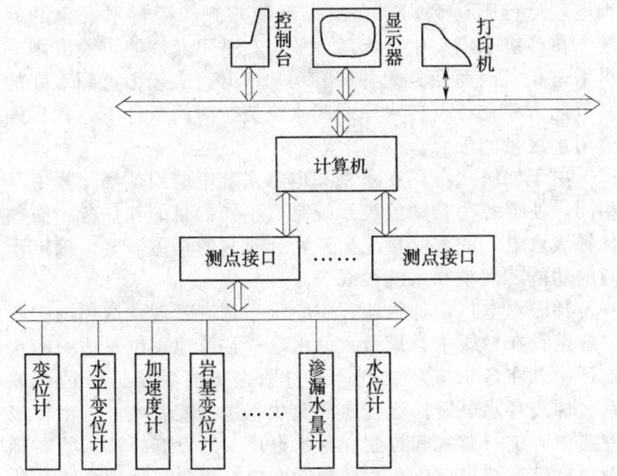

图1-6-9 水电厂大坝自动监测系统

计算机将大坝安全监测提高到一个新的水平；有些国家还研究利用计算机进行大坝的运行维护指导。计算机可根据那些对大坝安全运行具有最重要意义的参数进行快速分析，指出大坝当前的安全状态，提出应采取的操作维护工作。这些操作维护项目常常是通过专家系统的方法拟定的，预先存在计算机中。在出现异常情况时，计算机调用适当的方案显示给值班人员参考，判断应采取何种措施。这种判断工作，对当时值班人员的经验较少，能在较高水平上实现大坝的监视和管理。

(六) 水电厂水库水文信息自动监测系统

大型水电厂上游水库区流域控制面积常为数万平方公里以上，为取得这个广大地区的实时水文信息，大型水电厂一般均建有库区水文信息测报系统，以便按照长期的和短期的水文情况，制定电厂的运行计划。水文信息测报系统定时收集全流域的水文实时数据，经统一处理和计算后，可得到未来时段水库的入库流量变化过程，这种基于实时数据基础上的预报，可以达到很高的精度；它所提供的信息，可用来指导水电厂的洪水控制和利用。

1. 水文信息自动监测系统的构成

在水电厂广大的上游地区和河道上，分布着许多水文信息收集站。收集站内装设有自计式雨量计、水位计等仪器，收集降雨量、水位，有时还有流速等数据，通过无线电通道，将数据送往上一级的水文信息观测站。观测站对数据进行适当处理后，又将信息传送给水电厂的监控中心。当上游控制面积不大，收集站距离不远时，也可以直接从收集站将信息送到水电厂监控中心。当上游地区地形复杂、通讯困难，或是流域控制面积很大，在有使用卫星通讯的便利条件时，各水文信息收集、观测站也可使用卫星通讯，下行信息直接送入水电厂中。收集站、观测站（或中继站）、电厂水文信息监控中心和无线电通道，组成了水电厂库区水文信息自动监测系统。系统构成示意图见图1-6-10。

2. 水文信息自动监测系统的主要功能

(1) 数据收集。各收集站一般为无人值班，由上级站发送命令，起动收集站执行收集任务，收集雨量、水位信息，实时数据经过检错纠错编码和调制后，通过无线电通道送往观测站，收集任务执行完毕后，自动关机。收集站的这些任务可由一台单板计算机完成。收集站的设备由太阳能蓄电池组供电。观测站的主要作用是中继转送，对收到的数据进行简单的处理后，转送水电厂。通道多采用特高频传输，例如150MHz无线电通信。观测站至水电厂水文信息监控中心之间可以采用400MHz无线电通道。

(2) 计算处理。水电厂水文信息监控中心的计算机对于收集到的信息进行实时处理，计算出时段（0.5h、1h、3h、6h）雨量、累加雨量、日雨量和全流域时段平均雨量，连同各有关水文站的水位数据一起，按照一定的数学模型求得入库流量，包括时段流量、最大最小流量、日平均流量等，可以得到一定时段的入库流量的变化过程。当水库容量不大时，基本上要按照这个流量变化过程来制定水库调度和发电计划。在洪水期，必要时要制定大坝溢洪的计划。

(3) 水文信息的显示和记录。在水文信息监控中心，通

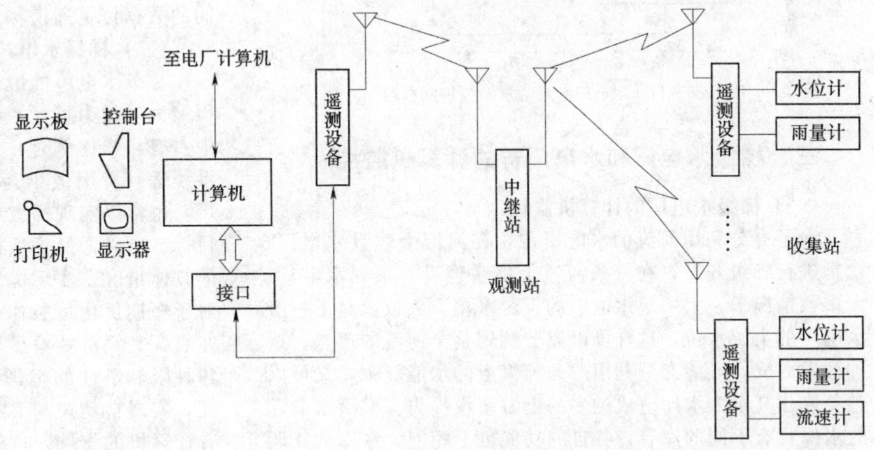

图1-6-10 水电厂库区水文信息自动监测系统

常采用两种显示手段：屏幕显示器和显示盘。屏幕显示器可以显示过去的、现在的和将来的状况。当某些水文参数超过预定限值时，可以执行报警任务，并承担人机联系功能。显示盘按流域控制面积缩小比例制成，显示各站的雨量、水位、入库流量等，可以显示各种时段值和累加值，并可与基准值作比较。

水文信息的记录，分为正常记录和异常记录。正常记录一般为定时工作方式，按预定时间段，将水情数据及计算结

果自动记录；也可以按值班人员要求，随时将当时前一时间段的结果打印出来。异常记录为记录发生异常状态的内容、发生时刻及恢复时刻，一般是在屏幕显示器报警时进行此项记录。记录设备可采用打印机或硬拷贝装置。

3. 水库洪水控制

根据入库流量变化过程，可以求得库水位的变化过程。当水库调节容量不大时，为充分利用洪水所挟带的巨大能量，可在洪水到来之前，预先安排多发电，这时水电厂常常全部机组满发，电厂带基荷运行，使发电耗水量大于入库流量，将库水位降低，迎接洪水到来。这种运行方式，在绝大多数情况下，可充分利用一次降雨过程的洪水，不需溢洪，可以获得很大的经济效益。

当上游流域降雨量很大，水库调节容量不足，预先满发也不能完全拦蓄洪水时，则需进行溢洪，按照预计的流量和库水位的变化过程，控制闸门放流。

闸门控制，在洪水期是计算机系统的一项重要职能。闸门控制的准则，有保持库水位为一定值、保持放流量为一定值和保持放流量与入库流量成一定关系等不同的方式。根据计算求得的放流量范围，选定放流的闸门组，经过人工认可，由计算机控制闸门开度进行溢洪。一种定水位放流的计算机控制方式的框图示于图 1-6-11 中。

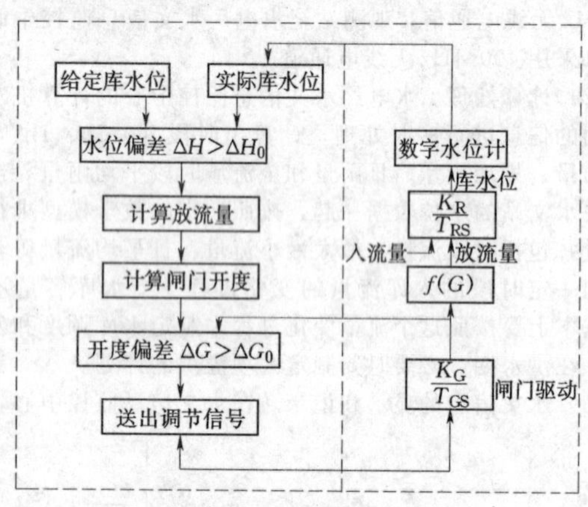

图 1-6-11 水电厂水库溢洪闸门控制框图

三、梯级水电厂和水电厂群的计算机监控

(一) 梯级水电厂的计算机监控

为了充分利用河流的水能资源，在河流上建设水电厂，常常进行梯级开发，在一条河流上串联建设一系列水电厂。大多数情况下，上一级水电厂的下游水位，大致就是下一级水电厂的上游水位，这样可以充分利用整个河流的落差。这种开发方式，既能充分利用一条河流上的水能资源，又可以避免修建高坝大水库造成过多的上游淹没损失。梯级水电厂的水库具有不同的库容，各自的功能也不相同。水库从其调节能力上可分为：日或周调节水库；季或不完全年调节水库；年调节或多年调节水库。

多数梯级水电厂的构成是：最上一级为年调节水库，以下各级为日或周调节水库。这一类梯级水电厂的典型运行方式是：年调节水库按照水库长期调度图运行，规定日（几日）水库水位变化限值，或日（几日）总用水量；日或周调节水库以日（几日）为周期实现梯级各电厂流量平衡。前者实际上规定了运行一日（几日）后，年调节水库净放出多少水量，以实现长期调度计划；后者则保证在运行一日（几日）的周期后，各日调节水库恢复到原始状态的水位，从而使各日调节水库保持良好的调节能力。在全部运行过程中，还要满足各水电厂流量、各电厂机组功率值和各水库上游或上、下游水位均保持在规定限值范围内的限制条件。有一些由一个监控中心控制的梯级水电厂，全部为日或周调节水库，它们的运行方式更多地受到水系统的制约。还有一些修建在重要的通航河流上的梯级水电厂，它们主要由径流流量决定各电厂的发电功率。还有一些梯级包括抽水蓄能电厂，其运行方式比上述的梯级更复杂些。

在水电厂自动监控系统中，一般是处理以实时数据和短期水文预报数据为基础的短期水库调度问题，水库的中、长期调度不属于自动监控系统功能范围之内。不过短期调度是中、长期调度计划的一个组成部分。

梯级中各水电厂不仅在电力系统上相联系，而且在水系统上也是互相联系的。梯级中的各个水电厂不能仅从一个水电厂本身的需要和可能条件来决定其运行方式，必须考虑整个梯级水电厂的协调配合，决定各电厂的运行方式。梯级各水电厂运行不协调，就会出现浪费能源和运行不安全的问题。在梯级水电厂中，水库“放空”是不允许的，溢流则应尽量避免。因而在分配各厂有功功率时，必须考虑到水库的调节能力和在计及各水库之间水流流达时间条件下，各厂发电用水流量的配合。

由于梯级水电厂在水系和电力系统中的地位和作用不尽相同，使得各个自动监控系统具有不同的目的和任务，必须从梯级水电厂的实际情况出发，针对它的具体需要，确定不同的功能、规模和系统接线等。

梯级水电厂由梯级监控中心统一调度管理。这控制中心一般是设在梯级中容量最大的水电厂，或地理位置适中的水电厂中。在各水电厂之间，通过数据传输系统进行通讯联系。梯级各水电厂的运行参数和状态送到控制中心，由梯级控制中心统一监视和控制。各水电厂一般设有终端装置与梯级计算机系统接口，负责数据的发送、接收与处理，终端装置通常由功能强的微型机构成。各电厂的终端装置与各厂之间的数据传输通道构成了梯级水电厂的远动系统。

(二) 梯级水电厂的优化运行

梯级水电厂的最优运行，可以采用全梯级水电厂运行获得最大效益为目标；当梯级水电厂总容量在电力系统总容量中占有相当比例时，一般要以水火电厂配合，取得整个电力系统运行费用最小为目标。在某些计算机监控的梯级水电厂，也常以实现梯级各水电厂流量配合或控制各水库水位为目标。所以，最优运行的目标，最终取决于梯级水电厂本身的具体情况。实现优化运行，可以增加全梯级的经济效益，对于短期优化运行来说，一般可以增加年发电量 1%～3% 左右，其经济效益显著。但是，由于各种因素、各类要求和各种限制条件的考虑，求优化运行方式的计算工作非常繁冗，实现自动控制下的优化运行则比离线计算更加复杂，没有计算机的支持，这种优化运行是无法实现的。

梯级水电厂的经济运行和洪水控制的方法主要有：水位控制法、流量平衡控制法、约束非线性规划方法和动态规划法等。

1. 水位控制法

在重要的河流上，梯级水电厂必须保持稳定的水位。在基本上以径流流量决定运行方式的梯级中，通过控制各水电厂的流量，可以有效地保持各水电厂上游水位值稳定在一个狭窄的限值区域内。梯级水电厂控制流量的方法为：改变开机台数和机组所带的负荷；控制放流的溢洪闸门的组数和开度。它的计算方法大致是：梯级水电厂上游水位与入流量、放流量的关系，多采用二次函数式近似表示。根据要求保持的上游水位和已知的上游来水量，可求得本厂应保持的放流量。当无溢洪流量时，全厂放流量的控制是由分配水电厂以不同的功率来实现的，通过指定几台水轮发电机的组合及机组间一定的负荷分配，来保持全厂放流量为给定值。

2. 流量平衡控制法

梯级水电厂按照调度中心给定的梯级总负荷以各厂流量大致平衡的原则，分配各厂的负荷，是在小库容梯级水电厂应用较多的一种方式。调度中心给定梯级全日各时段负荷，同时给出各水电厂必须保证的放流量，按照梯级各厂流量基本平衡的原则，决定各水电厂的有功功率分配值。各厂按水轮机运行在高效率区和避开气蚀区的限制，决定厂内开机组合及负荷分配。在给定放流量超过全厂水轮机最大耗水量时，则电厂进行溢洪放流。一般情况下，这种运行方式可以保证梯级合理用水，取得实际效益。梯级水电厂监控中心的任务是：收集各水电厂的电气与水系统运行参数及机组状态；根据机组保持在高效率区运行等经济运行原则，按各水电厂的负荷决定开机组合与负荷分配；决定溢洪闸门必需的工作组数和闸门开度；控制机组的有功功率及溢洪闸门开度，保证全厂放流量为规定值。

3. 约束非线性规划方法

梯级水电厂的发电耗水量为其有功负荷及运行水头的非线性函数。从运筹学上看，梯级水电厂优化运行问题，是一类等式约束和不等式约束非线性规划问题。这类问题的求解比较复杂，一般是采用一些简化方法，将约束极值问题代为无约束极值问题。目前，在梯级水电厂优化运行计算中采用的罚函数法，就是这样一种简化方法。应用罚函数法求解约束非线性规划方法，便于计算多种约束条件，使原来不易考虑的许多要求和限制条件得以统筹安排，是求解梯级水电厂优化运行较有效的方法之一。对于水电厂数目和机组总数不太多的梯级水电厂是适用的。

4. 动态规划法

在梯级水电厂优化运行问题中，水电厂负荷分配方案是每一个小时确定一次。在一个确定的时段内，发电厂负荷、流量等保持不变。因此，将这些时段作为阶段考虑时，梯级水电厂以日为周期的运行方式问题，就成为一类典型的多阶段决策问题。应用动态规划法，就是在各个阶段都作出决策，确定在某一个时段中，梯级各水电厂负荷如何分配才可以达到预期的目标，选择最优分配方案。

动态规划法既能处理连续变量问题，又能处理离散变量问题。它可以方便地处理阵列数组，不需要严格精确的函数关系式。由于这些特点，在处理某些问题时，动态规划法常比线性规划或非线性规划更有效。但线性规划及网络流法在国内外梯级水电厂日调度计划中也有应用。

(三) 水电厂群的计算机监控

为实现电力系统的经济安全运行和流域的防洪控制，对于一个地区内不同河流上的多个水电厂也需要实行统一的监控。这多个水电厂被称之为水电厂群，它们彼此之间以及它们与梯级水电厂之间在水系统上可能并无直接联系，即独立水电厂和梯级水电厂共同组成了水电厂群。

在水火电联合系统，采用动态规划法计算梯级水电厂最优运行方式时，求得了火电厂和梯级水电厂的优化运行方式，也求得了各个独立水电厂的优化运行方式。火电厂和梯级水电厂的优化运行方式之所以能够实现，是以系统中全部独立水电厂，以电力系统煤耗量最小为目标决定其运行方式为条件的。没有独立水电厂的配合，火电厂和梯级水电厂也无法实现最好的优化运行方式。同样，火电厂与梯级水电厂的配合，也为独立水电厂实行优化运行创造了条件。全系统的优化运行计算，为独立水电厂制定了优化运行计划，这个计划使独立水电厂对电力系统作出可能的最大贡献，并使其本身的水库在一个调度周期后恢复原始的或达到预定的状态和水库调节能力。

从洪水控制功能来看，多个独立水电厂也需要统一监控。在一个流域地区内，多个水电厂在水系上虽无直接联系，但在水情预报和洪水调度上，它们却有着密切的关系。它们共享接壤地区水文站的降雨量等水情信息，在计算未来时段的天然来水量时，它们要使用一部分共同的数据。它们汇流到同一条干流中时，各水电厂的流量是干流上总流量的一部分；同时，各水电厂的溢洪过程，显然是一次总的洪水过程的组成部分。各水电厂的溢洪流量需要在总的防洪控制过程中实行统一的监视和控制。水电厂群的监控方式同梯级水电厂监控方式类似。计算机监控系统可以保证水电厂群实现优化运行和有效的洪水控制。

水电厂群的计算机监控系统，一般情况下具有以下的功能：

(1) 收集流域地区的水文信息，进行短期水情预报；确定各水电厂和水库的短期入库流量，对一部分水电厂进行控制水位、流量计算。

(2) 进行洪水预报，确定洪水过程的调度计划，进行溢洪闸门控制计算，实行溢洪闸门放流控制。

(3) 收集水电厂群的各种运行参数和发电机组等主设备的状态，进行统一的安全监视。

(4) 进行优化运行计算，按优化方式，确定各水电厂各时段的负荷分配，各厂的开机机组组合与机组间负荷分配，并控制机组的起停和负荷调整。

(5) 监控各电厂高压母线电压，在各水电厂之间及机组分配无功功率。

(6) 对各水电厂做事件动作顺序记录。

(7) 在监控中心集中显示全部水电厂群的主要运行状态、自动打印运行日志和报表。

(8) 与电力系统调度及水系统调度进行数据通讯。

水电厂群的计算机监控系统，通常采用分级结构。在被控的水电厂中，装设小型的计算机系统和与生产过程量接口的过程通道，一般称为远方终端装置；在监控中心装设容量较大、功能较强、外部设备较全的计算机系统，一般是双机系统。监控中心与各远方终端装置，通过各种形式的通讯通道联系起来，组成一个全区的监控系统。监控中心设有水系统和电系统的运行状态显示板。

(四) 梯级水电厂和水电厂群的远动系统

1. 水电厂远动装置

梯级水电厂和水电厂群的监控中心和各被控电厂之间，需要通过适当的通讯通道，互相传送各种信息。其中包括：信号量、测量量、控制量和调整量。这四种远方信息量的产生、发送、传输、接收和执行即所谓“四遥”：遥信、遥测、遥控和遥调。

为了完成上述四类信息的传送，采用了各种类型的远动装置。通常是在控制端采用遥测、遥信的接收设备和遥控、遥调的发送设备，在被控端采用遥测、遥信的发送设备和遥控、遥调的接收设备。当从一个监控中心控制 N 个水电厂时，集中控制方式有以下几种：

(1) (1 对 1) N 集合型：在控制端每个远动装置通过通讯线路与每个被控端的远动装置相联。

(2) 1对N通用型：控制端的远动装置通过N条通信通道与N个被控端的远动装置相联。

(3) 控制1对N、信号1对1混合型。

控制方式的选用，根据被控厂数量、可靠性要求及经济性等决定。

监控中心与各水电厂之间的通信，大多数的系统采用低传送率，为数十至数百波特，也有的采用上百千波特的高速传送率。所采用的通道有以下几种：

(1) 有线通信线路：采用电话线路，经济，但可靠性差。

(2) 电力线载波：水电厂之间常用的通信通道。

(3) 电缆线路：价格高，特殊情况下使用。

(4) 超高频通信：频率为数百兆赫，是水电厂采用较多的无线电通道。

(5) 微波通信：可靠性高、容量大，特别是构成环形通道时，可靠性极高；但建设费用昂贵。目前在电力系统调度和大型电厂之间，越来越多地采用微波通信。

2. 微型计算机远动装置

传统的远动装置的功能，大体上可以满足容量不大和电厂数量不多的梯级水电厂和水电厂群的一般监控需要。随着水电厂容量的不断增大，需要监视的运行参数增多；梯级水电厂和水电厂群的运行要求日益提高，经济运行和安全监视的功能增加，实现这些功能，要求监控更多的项目。因此，随着计算机监控系统在水电厂的应用，计算机化的远动装置也随之得到应用。以微型计算机为核心，配置各种信息量的输入通道，即组成了水电厂的远动系统。

微机远动设备一般采用标准系列的单板计算机，配置以适当的开关量输入/输出板和模拟量/数字量转换板等构成。例如在一个被控厂的接收端，微型机配备以开关量输入模块、模/数转换模块和信息发送模块，即可构成遥信、遥测发送装置；配备以同步数据接收模块和开关量输出模块，即可组成遥控、遥调接收装置。

一种由微型计算机实现的被控水电厂的远动装置示于图1-6-12中。由图可以看出，微机远动装置仅是在不同信息量的转换上需要专用的模块各种信息量的运算和处理，统一由单板计算机执行，许多原来由布线逻辑执行的功能，都由计算机的软件实现。例如，依靠软件功能可以方便地实现遥测编码、同步字组码、保护码形成和校验、标度运算、越限检查等功能，因而原来执行这些功能的电路都可以省去，大大减少了装置的部件，简化了装置结构。计算机可以快速执行各种算术和逻辑运算，实现多优先级中断管理，比传统的远动装置增加新的功能。它可以对数据进行处理，减少了主机数据处理的任务；它可以实现远方信息的数据制式、数据宽度、电平、传送速度的变换，使之完全符合主计算机的要求；它可以对各种远方信息规定优先等级，对优先级高的任务先申请主计算机服务，将优先级低的任务暂时存储起来，等待随后的服务。

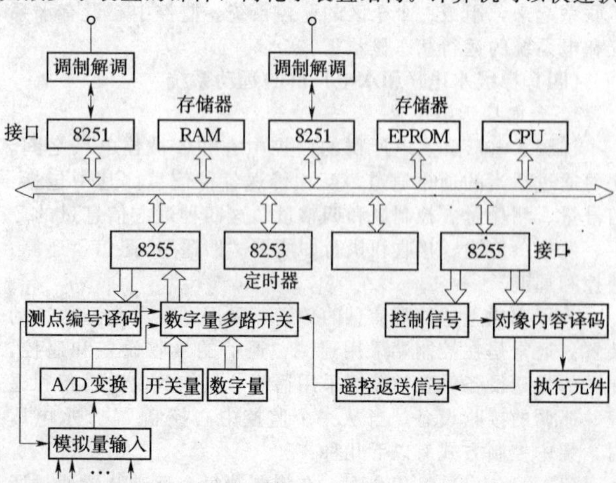

图1-6-12 水电厂使用的微型计算机远动装置

微机远动装置除了有很强的功能之外，还具有以下优点：

(1) 可靠性高：由于省去了大量元件，导线、焊点，装置可靠性提高。

(2) 构成设备方便灵活：由于可以采用各种系列产品模件，易于根据不同需要组成设备。

(3) 可实现数据的高速传送：数据通信传送率可高达10万bit/s以上。

(4) 可扩展性能好：增加模件和增改软件即可扩展。

第七节 抽水蓄能电站

一、电力负荷图

电力负荷随时间变化的图形称为电力负荷图，简称负荷图。以24h为横坐标的负荷图叫做日负荷图，若以12个月为横坐标则为年负荷图。

1. 日负荷图

日负荷图如图1-7-1所示。由图可以看出，负荷在一昼夜之内起伏很大，在深夜负荷出现低谷，在白天常出现两次高峰。按照最大负荷N_{max}、平均负荷N_{av}与最小负荷N_{min}可将日负荷图分为三部分：N_{min}以下的部分为基荷，很明显，基荷部分的出力是不变的；介于N_{min}与N_{av}之间的部分为腰荷；N_{av}以上为峰荷，是变动最大的一部分。

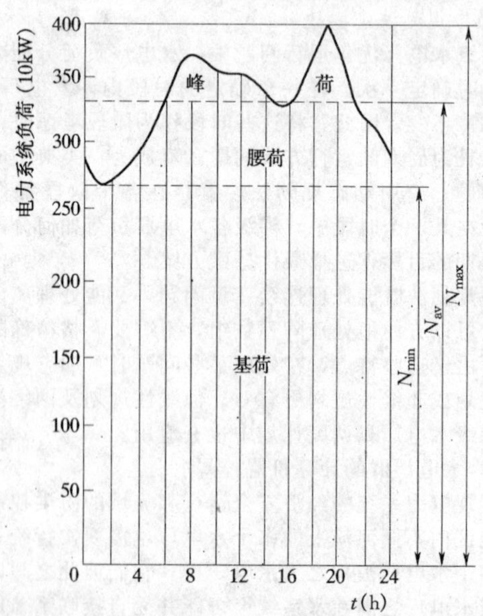

图1-7-1 日负荷图

为了便于分析与应用，常在日负荷的右侧作出电量累积曲线（见图1-7-2）。该图仍以出力为纵坐标，但以电量为横坐标。其与日负荷图的关系是这样的：对于某一出力，其在电量累积曲线对应的横坐标等于日负荷图中在该出力横线所覆盖的面积。所以，绘制电量累积曲线的方法很简单：在

N_{min}以下，电量累积曲线为一直线；在N_{min}以上，给出一个出力，在日负荷上量出该出力以下的负荷图的面积，折算成kW·h，即得电量，于是即可在坐标内得出一点；适当给出不同出力，算出相应的电量，得出相应的点，然后连成曲线，再与直线部分衔接，即得日负荷图的电量累积曲线。

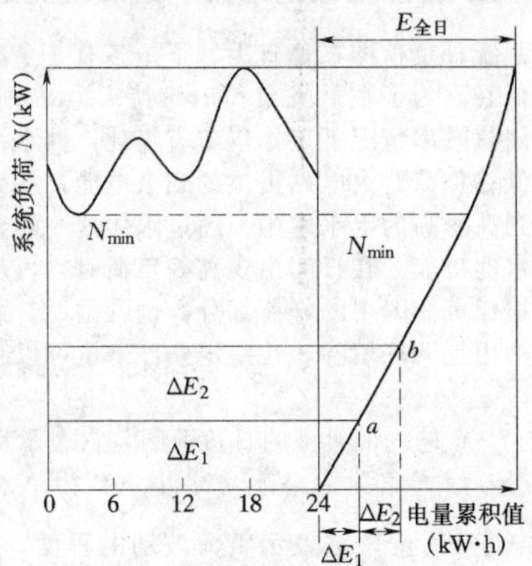

图1-7-2 日电量累积曲线

为了简便说明日负荷图的特点，常常使用以下几个特性指标：

(1) 基荷指数$\alpha=N_{min}/N_{av}$。它的大小表明基荷占负荷图的比重。

(2) 日最小负荷率$\beta=N_{min}/N_{max}$，它的大小表明负荷图的均匀程度，其值愈小，负荷图愈不均匀。

有时也用日平均负荷率$\gamma=N_{av}/N_{max}$表示负荷图的均匀程度，γ愈小，表明负荷愈不均匀。

2. 年负荷图

年负荷图通常使用的有两种图形。一种是以每日最大负荷表示的曲线，称为最大日负荷年负荷图，如图1-7-3所示。该图表示一年之中电力系统每日所需的最大出力；另一种是用按月平均的日平均负荷所表示的阶梯状图形，如图1-7-4所示，称为平均负荷年负荷图，该图的面积表明了电力系统在一年之中所需电能总量。由于用电量总是冬季高于夏季，所以年负荷曲线总是呈现为向下凹的形状。

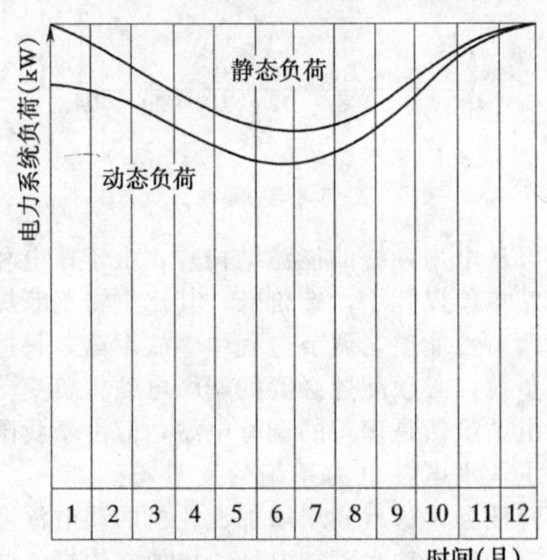

图1-7-3 最大日负荷年负荷图

衡量年负荷图性质的指标有：

(1) 月负荷率σ

$$\sigma=\frac{\text{某月平均负荷}}{\text{该月最大负荷日的平均负荷}}$$

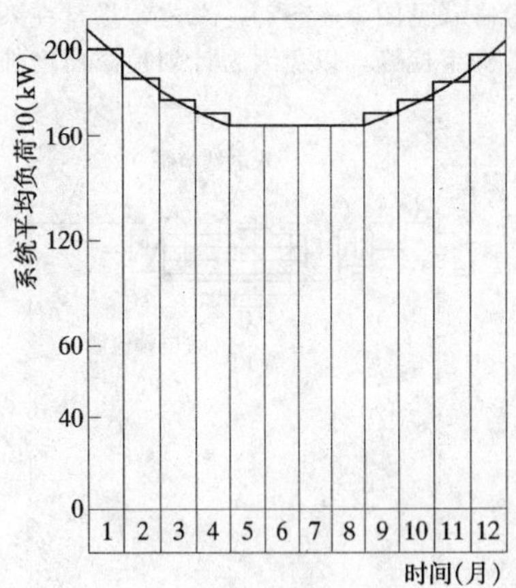

图1-7-4 平均负荷年负荷图

它反映月内负荷的变化程度，其值愈小，月内负荷愈不均匀。

(2) 季负荷率ρ

$$\rho=\frac{\text{全年每季最大负荷的平均值}}{\text{年最大负荷}}$$

它反映年内最大负荷按季变化的均匀程度，其值愈小，年内最大负荷愈不均匀。

由于经济的发展，年末的负荷往往高于年初的负荷，后一年的负荷高于前一年的负荷。所以年负荷图的实际情况应该是动态的。

二、电力系统及水电站的装机容量

1. 电力系统的容量

电力系统的装机容量自然等于系统内各类电站装机容量的总和。

在运行时，电力系统所需的容量包括工作容量和备用容量。工作容量就是负荷图中的负荷。除工作容量之外，系统中还应该有备用容量。所以，系统的总装机容量总是大于负荷图中的最大负荷。

备用容量又有三种，即负荷备用容量、事故备用容量和检修备用容量。

负荷备用容量是由于系统中有冲击负荷而必需的。用电设备在启动和停止的过程中，常伴有短时的负荷增减，所以，系统中必须有足够的容量并且能够灵活地适应这种瞬变负荷，以免影响系统的频率，这部分容量就叫做负荷备用容量。由于水电站和抽水蓄能电站能灵活地调整出力，所以，负荷备用容量总是由它们承担。根据经验，负荷备用容量约为系统最大负荷的5%。担任负荷备用容量的电站叫做调频电站。

事故备用容量的含义很明显。系统中在运行中难免发生事故，为了避免长时间的停电事故，应该有足够的备用容量及时起动保证供电。规范规定：系统的事故备用容量应占系统最大负荷的10%，并不小于系统中一台最大机组的容量。事故备用容量由水电站或火电站的备用机组承担。

检修备用容量是留作机组检修时使用的。机组检修有两种情况：一种是因发生事故而被迫检修，这时有事故备用机组替代；另一种是计划检修，多在系统负荷较小时进行。由于夏季正值洪水期，水量丰沛，为节约燃煤，这时应让水电站全部容量投入运行，因而，可安排火电机组检修；丰水期过后或未到来之前，并当系统负荷还未达到最大时，可安排水电机组检修（见图1-7-5）。总之，尽量在系统中有空闲容量时安排机组检修，以免因为计划检修而增加系统的装机容量。

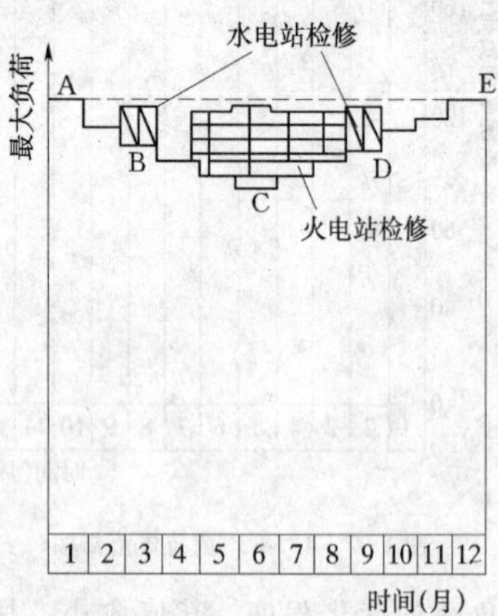

图1-7-5　水、火电机组检修安排

综上所述，系统的总容量应比负荷图中的最大出力为大，根据经验，其值约为15%。

2. 水电站的装机容量

水电站的装机容量由三部分组成，即保证工作容量（或称最大工作容量），备用容量和重复容量。

所谓保证工作容量就是水电站根据水文资料按设计保证率及调节性能所能提供的最大出力。水电站的保证工作容量与火电站的工作容量之和就是系统的工作容量，并等于系统的最大负荷。

备用容量，主要包括负荷备用和事故备用，一般不增设检修备用。

以上两部分合称水电站的必需容量。为了满足系统负荷及备用的要求，水电站的必需容量大多少，火电站的装机容量就可以小多少；反之亦然。因此，二者可相互替代，故必需容量又称替代容量。

重复容量是水电站为了利用洪水期的丰富水量以减少弃水节约煤耗所增设的容量。水电站重复容量的多少决定于动能经济分析计算。它不能替代系统中其他类型电站的装机容量。

3. 火电站

从理论上讲，只要计划得当，考虑周密，火电站是能够保证满发额定出力的。但是，火电站设备复杂，开停机过程较长，一般从停机到满负荷运行要经过2～3h，所以，火电站在运行时应尽量避免一日之内时开时停。在某些情况下(例如在洪水期)，火电站机组必须承担系统的事故备用任务，这时，火电机组应处于热备用状态，以备随时增至满负荷。所谓热备用状态是指锅炉在稳定燃烧、汽水在稳定循环、汽轮机在稳定旋转而出力最小的运行状态。这个最小出力称为技术最小出力。对于供热式火电站（简称热电站），其技术最小出力还应考虑供热的要求。

火电站运行时要消耗燃料（煤、石油或天然气），所以，运行时应尽可能节约燃料消耗。

4. 核电站

核电站是用核反应堆及蒸汽发生器取代了火电站的锅炉系统。其设备更为复杂，管理更需十分严格，运行必须非常稳定，要求持续不断地以额定出力工作，所以，核电站在系统中总是担任基荷。

核电站的单机容量都比较大，最大的目前已超过100万kW，所以当系统中有核电联合工作时，备用容量将增加。

为了适应核电站运行的特点，系统中常需增设容量较大的抽水蓄能电站或水电站，以便适应调峰、调频等方面的需要。

三、抽水蓄能电站的功用、组成及类型

电力系统日负荷图在每日上、下午各有一个高峰，午夜则有一个低谷。为了在低谷负荷时维持火电站的出力稳定，使之在最高热效率情况下工作以节省煤耗，抽水蓄能电站可利用夜间低谷负荷时火电站提供的剩余电能，从高程低的下水库抽水到高程高的上水库中，通过水体这一能量载体将电能转换为水的位能。在日间出现高峰负荷时，再从上水库放水发电，担任负荷图中的峰荷部分。也就是说，抽水蓄能电站的主要功用是调峰填谷，在一定条件下也可以起到调丰补枯的作用。

图1-7-6是一个典型的日负荷图，它表示负荷一天内的变化情况，最大负荷为 N_{max}，最小负荷为 N_{min}，平均负荷为 N_{av}，通常用负荷率表示负荷波动的程度，$\beta=\frac{N_{min}}{N_{max}}$ 表示最小负荷率，$\gamma=\frac{N_{av}}{N_{max}}$ 表示平均负荷率。负荷率的大小取决于负荷的组成。我国过去生活用电比重不大，限电情况比较严重，负荷率一般比较高，但随着国民经济的飞速发展，工矿企业电气化程度的不断提高，日常生活用电和农业负荷的急剧增长，使电力系统负荷的绝对值增长，同时引起尖峰负荷显著升高，峰谷差拉大，平均及最小负荷率下降。根据国外先进国家的资料，最小负荷率大致在0.35～0.6之间。

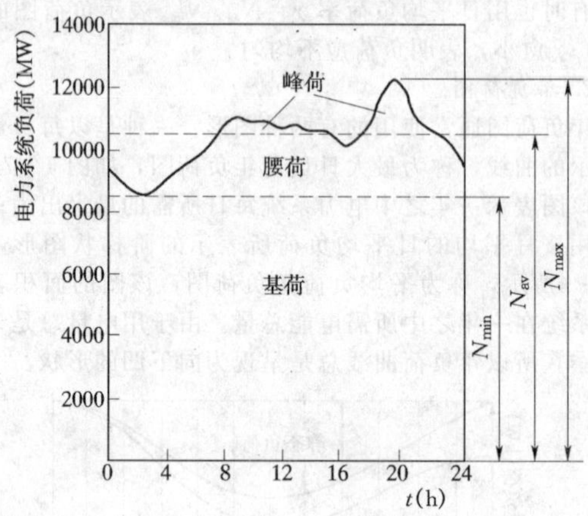

图1-7-6　电力系统日负荷图

此外，从电力系统的能源结构看，由于核电和高温高压巨型热电站单位煤耗小，造价低，其比重将不断提高。但这种机组的调节性能差，调节过程中事故率高，只适宜担负固定不变的负荷，必须配置必要的调峰电站担负变动负荷。有调节的水电站虽然是理想的调峰电站，但由于我国不少地区以热电为主，水电在电力系统的比重不到20%，不足以承担全部调峰任务，这就要求增加汽轮机的调节深度，装设燃汽轮机，或者采用抽水蓄能电站。增加汽轮机的调节深度必将增加煤耗，恶化汽轮机的工作条件，缩短其寿命。燃汽轮机的主要优点是投资低、施工快；缺点是需要消耗优质燃料，效率低，带负荷速度也较慢，而抽水蓄能电站1.5～2min即可带到满负荷。抽水蓄能电站不仅能担负峰荷，而且还因填谷而提高了基荷电站的负荷率。特别当核电和巨型煤电的比重很大时，其技术最小出力往往大于系统最小负

荷，这时“镇谷”就必不可少，否则将产生严重后果。

抽水蓄能电站的组成情况大致如图1-7-7所示，它的站址选择较一般小电站灵活，通常为了减少投资费用和电能损失，要求如下：

(1) 尽量选择能取得较高水头和较短引水管道的地点，这样可降低每千瓦的建设费用和减少水头损失以提高抽水发电的总效率。

(2) 尽量修建在负荷中心和火力、核电站的附近，以减少输电线路投资和输电损失，并提高供电的可靠性。

抽水蓄能电站根据它的调节性能、性质和机组装置方式可分类如下。

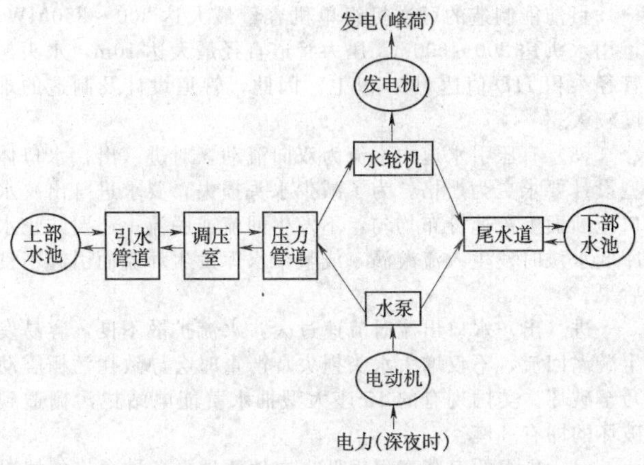

图1-7-7 抽水蓄能电站的组成

1. 按调节性能分类

抽水蓄能电站按蓄能周期的长短可分为日、周和季调节三种。

(1) 季调节。即利用洪水期多余的水电或火电将下游水库中的水抽至上游水库，并于枯水期加以利用，以增加季节电能的调节方式。当上游水库高程较高，下游又有梯级水电站时，就更为有利。

(2) 周调节。即利用周负荷图低谷（星期日或节假日的低负荷）时抽水蓄能，然后在其他工作日放水发电的方式。显然，如能利用天然湖泊或与一般水电站相结合，将更为经济。

(3) 日调节。即利用每日夜间的剩余电能抽水蓄能，然后在白天高负荷时放水发电的方式。在以火电或核电站为主的地区修建这种形式的抽水蓄能电站是非常必要的。

2. 按电站性质分类

(1) 混合式抽水蓄能电站。抽水蓄能与普通的水电站相结合时，称为混合式抽水蓄能电站。在适合修建一般水电站的场所修建混合式抽水蓄能电站，经济上必然有利，因为它不仅能充分利用天然河道的水量，而且能在不增加很多投资情况下起到抽水蓄能的作用。此外，由于它一般均有一定库容，多能进行周调节或季调节。

(2) 纯抽水蓄能电站。纯抽水蓄能电站指的是不依靠天然河道水流，而完全利用抽水发电的电站。它一般在深夜低负荷时利用其他电站多余电能抽水，然后在白天高负荷时放水发电。由于一般只起日调节作用，故所需上、下库容较小。抽水发电的水量每日在上下库间不断循环，只要能不断补充因蒸发渗漏损失而减少的水量即可。

3. 按机组装置方式分类

(1) 四机式或分置式。这种方式的水泵和水轮机是分开的，并各自配有电动机和发电机。抽水与发电的操作完全分离，运行比较方便，机械的效率也较高，但土建及机电设备投资较大，不够经济，现已很少采用。

(2) 三机式。这时电动机和发电机合并成一个机器，称发电电动机，但水泵和水轮机仍各自独立，且不论横轴或立轴布置，三者均直接连接在一根轴上。由于三机式可采用多级水泵，抽水的扬程较高，故在很高的水头下也能应用。

(3) 二机式。当水泵与水轮机也合二为一成为可逆式水泵水轮机时，即形成所谓二机式。当机组顺时针转动时，可作为发电运行；逆时针转动时则作为抽水运行工况。由于二机式的机组价格较三机式为低，厂房尺寸也较小，可节省土建投资，故可逆式机组得到了很大的发展。

根据水头的不同，这种可逆式水泵水轮机可分为轴流式、斜流式和混流式三种。经验表明，当水头在100～600m之间时，采用混流式水泵水轮机最为经济。

抽水蓄能电站的效率由水泵、水轮机、发电机、变压器和引水系统等部分的效率构成，见图1-7-8。图中引水道效率η_5取决于引水道长度、断面积和局部阻力等参数。水流在正反向运动时，水头损失是不一样的。一般来说，抽水蓄能电站的总效率为0.7～0.75左右。

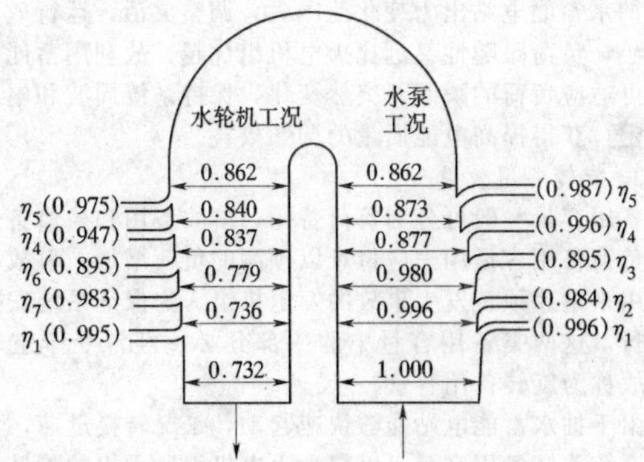

图1-7-8 抽水蓄能电站效率构成

η_1—变压器效率；η_2—电动机效率；η_3—水泵效率；η_4—辅助设备效率；η_5—水道效率；η_6—水轮机效率；η_7—发电机效率

四、抽水蓄能电站的经济效益

抽水蓄能电站的经济效益常可用静态和动态效益来反映。由抽水蓄能电站的调峰填谷作用而产生的经济效益，可称为静态效益；而由于抽水蓄能电站具有运行灵活的优点，常可担负系统的调峰、调频、调相、负荷和事故备用等任务而为电力系统取得的经济效益，可称为动态效益。

(一) 静态效益

抽水蓄能是将电能转换为水能，然后再转换为电能的一种能量转换方式。在能量转换过程中必然有损失，其总效益大致为0.7～0.75，通俗地说就是3kW·h电换2kW·h电或4kW·h电换3kW·h电。其效益主要表现在电能质量上或能量转换的效益上。具体来说，可从以下三方面分析：

(1) 降低电力系统燃料消耗。抽水蓄能电站投入电力系统后，小火电联合运行，在调峰和填谷时均将产生节煤效益。根据国外资料，由凝汽式火电站供应抽水用电时标准煤耗为250～300g/(kW·h)，由供热式火电站供应抽水用电，标准煤耗为100～150g/(kW·h)。若抽水蓄能电站总效率为0.7，即调峰时每发1kW·h电相当于夜间负荷低谷时消耗1.4kW·h电。这样，若以凝汽式火电站供应抽水用电，则调峰电能的标准煤耗为250～300g/(kW·h)×1.4＝350～420g/(kW·h)。若以燃汽轮机作为替代方案进行调峰，其标准煤耗为460～500g/(kW·h)，即可使电力系统平均节省煤耗 100g/(kW·h) 左右，其经济效益是相当可观的。若采用其他类型的电站供应抽水，其煤耗将节省更多。

(2)"填谷"以后，还可以提高火电设备的利用率，降低运行消耗，延长使用寿命，其经济效益也必须加以考虑。

(3) 电费差价带来的效益。当全面实行峰谷电差价后，即利用低价电力抽水（低谷电），发电后以高价电（峰荷电）售出，可以获得很大效益。

(二) 动态效益

抽水蓄能电站的动态效益，主要体现在以下几个方面。

1. 调峰效益

随着电力系统的不断发展和扩大，系统负荷的变化也愈来愈大。抽水蓄能电站具有快速起动的特点，能适应负荷的急剧变化，即负荷的跟随性较好；它还能满足日负荷曲线陡坡部分的变化要求，即具有快速增荷、爬坡的能力；在这些方面，只有燃气轮机可以与之相比。当用抽水蓄能机组代替系统中的燃气轮机承担调峰任务时，可节约大量燃油消耗，减少运行费用。

2. 调频效益

抽水蓄能电站出力变化范围大，调整灵活，运行效率变化较小，负荷跟随性又远比火电机组优越，故利用蓄能机组调频可适应负荷的瞬间及突然变化，保持系统周波和电网运行稳定，获得提高电能质量的调频效益。

3. 旋转备用效益

备用容量一般可分为负荷备用、事故备用和检修备用三类。负荷备用容量用来应付难以预测的负荷增加；事故备用容量用来迅速顶替发生事故的发电机组。为保证系统安全可靠运行，这两类备用容量中的一部分必须经常处于空转状态，故称为旋转备用容量。

由于抽水蓄能电站能够快速起动，工况转换迅速，由它承担系统旋转备用容量可以减少火电机组所承担的旋转备用容量，改善火电机组的运行方式，减少系统的燃料消耗，从而取得旋转备用效益。

4. 调相效益

抽水蓄能电站的机组是同步电机，不单在空闲时可供调相用，在发电及抽水的同时也可以供给电力系统无功电力，从而取得减少设备专门的无功补偿设备的调相效益。

5. 增加系统运行可靠性

由于抽水蓄能机组的发电及控制设备较火电机组简单，自动化水平也较高，故抽水蓄能电站的运行事故率大大低于火电站。利用抽水蓄能电站作为电力系统的功率调整手段，可减少系统中火电机组强迫停运的次数和时间，减少电力系统的停电损失，提高供电的可靠性，从而取得经济效益。

如何估价动态效益，目前世界各国均无成熟的计算方法，很难用具体的货币指标来表示。美国对新建抽水蓄能电站动态效益估算办法是将抽水蓄能机组的动态功能分成六个方面，并将各项功能折合成每千瓦容量投资的节约值。其中，同步旋转备用 45 美元/kW，调频 10 美元/kW，调荷（负荷跟随）10 美元/kW，快速增荷（爬坡能力）10 美元/kW，调相 5 美元/kW，增加系统可靠性 5 美元/kW，共计节约投资 85 美元/kW。意大利、英、法等国也有类似的考虑方法，其动态效益也在 80 美元/kW 左右。

五、抽水蓄能电站的特点

抽水蓄能电站与常规水电站相比较，具有以下几方面的特点。认识和掌握这些特点，对抽水蓄能电站的设计和运行具有很大的裨益。

(1) 具有上下两水库，库水位变幅大而且频繁。一般的日调节或周调节抽水蓄能电站上、下两个水库的库容都较小。由于水量可以反复利用，只需少量的水源补充渗漏和蒸发损失。随着电站运行工况的转换，上、下水库的水位都有较大幅度的急剧变化，一般日变幅达 10～20m，有的甚至达 30～40m，水位变化率在 5m/h 以上。

(2) 站址选择比较灵活，容易取得较高的水头。抽水蓄能电站站址选择受到的限制较少，容易选到水头比较高、引水道比较短、靠近负荷中心和大型火、核电站的地方，从而减少水头损失和输电损失，提高抽水发电的总效率和供电的可靠性。

目前能制造的可逆机组单机容量最大达 300～350MW，运用水头达 200～600m，压力管道直径最大达 10m，水头与管径乘积 HD 值达 5000 以上。因此，管道设计及制造的难度较大。

(3) 有压引水道中水流为双向流动，对进（出）水口体型设计要求更为严格。为了减少水头损失，要求进（出）水口全断面上流速分布均匀，不发生回流或脱流；还要防止水库低水位时发生入流漩涡，或整个水库发生环流而引起不良后果。

进（出）水口出流时流速过大，水流扩散不良，容易发生漩涡回流，不仅增大水头损失，严重时会导致拦污栅震动乃至破坏。美国现有的 15 座大型抽水蓄能电站拦污栅遭到破坏的即有 8 座。

(4) 机组的安装高程很低，在地质地形条件允许的情况下，电站厂房常布置在地下。可逆机组在抽水工况下气蚀系数比发电工况时大得多，允许的吸出高度常是很大的负值，因而要求机组安装在下库最低水位以下几十米的深处。根据日本的资料，下库最高与最低水位差有的达 15～40m，因而机组安装高程常位于下库满水位以下 60～100m。

大型抽水蓄能电站的引水道系统及厂房尺寸均很大，布置在地面往往受地形、地质条件限制，较难处理诸如滑坡、山崩等难题，而布置在地下则较方便安全。厂房深埋在地下，尾水道往往长达数百米。交通洞因要满足小于 7%～8%的坡度限制，长度也常达 600～700m，施工洞也相应增长。厂房深埋，岩体地应力可能较大，确定洞室长轴方位不仅要考虑它与岩层弱面的夹角，还应考虑与地层主应力的关系，防止洞壁发生崩坍、岩爆。此外，深埋洞室要求的排水能力也比常规水电站要大。

(5) 引水道内流速较大。适当加大抽水蓄能电站引水道中的设计流速，可以减小引水管道直径，在经济上是有利的。这是因为：

1) 当采用单转速水泵水轮机时，为了使机组发电工况的效率高于抽水工况的效率（因峰荷电价比低谷电价高几倍），常要求水泵工况的转轮直径大于水轮机工况的直径。也就是说，可逆机组的直径比同样出力的常规水轮机的直径要大 30%～40%左右。此外，由于它的转轮叶片形状特殊，其飞逸系数相对较小，因而其导叶关闭时间也比常规机组加长，而不致使机组转速升高过大。

2) 抽水蓄能电站每日仅在系统尖峰负荷的短时期内全出力运行，适当加大设计流速，水头损失增加不多，这当然应以不设置调压井为前提。

(6) 抽水蓄能机组运行工况多样，转换频繁。可逆机组正常运行时，有 4 种稳定运行工况，即：水轮机工况、水泵工况、同步调相工况和旋转备用工况。当可逆机组起动，从一种稳定工况转变到另一种稳定工况时，以及正常停机或事故停机时，可能出现 20 多种过渡过程。工况变化的范围遍布水泵水轮机全特性的 5 个运行工况区，其水力-机械过渡过程远较常规机组的复杂。

运行经验表明，水力机械事故多发生在过渡过程中，原因是，这种情况的水力-机械系统中所产生的动荷载最大，水轮机进入飞逸和制动工况，水流极不稳定，容易出现强烈的水力脉动、振动和水锤现象。

采用一洞多机供水方式时，发电尾水并入共用尾水隧洞，其水流在机组的前后形成环流，一台机组的水力过渡过程会影响到其他正常运行的机组，称为水力干扰。

有时会因工况频繁转换而出现不利的工况叠加，有时还出现因尾水道较长、断面平均流速较高、负压过大而造成水柱分离和压力脉动。

六、抽水蓄能电站的主要动力设备

抽水蓄能电站的主要动力设备即为抽水蓄能机组。蓄能机组根据其装置方式的不同可分为四机式、三机式和二机式三种机组。四机式由于机组投资大，占地面积大，除了综合利用的枢纽工程以外，已很少使用。

(一) 三机式机组

三机式就是利用电机的可逆性，将发电机和电动机合二为一，水轮机、水泵和发电电动机装在同一轴上。由于水泵和水轮机要求的安装高程不同，卧式机组在厂房布置上会出现困难，故通常均采用立式机组，以适应水泵和水轮机两种工况对安装高度的不同要求。将泵安装在水轮机的下面，还可减少电站厂房的平面尺寸，但对水泵工况的运行维护会带来一些不便。图 1-7-9 所示为典型的三机式机组的立式布置形式。

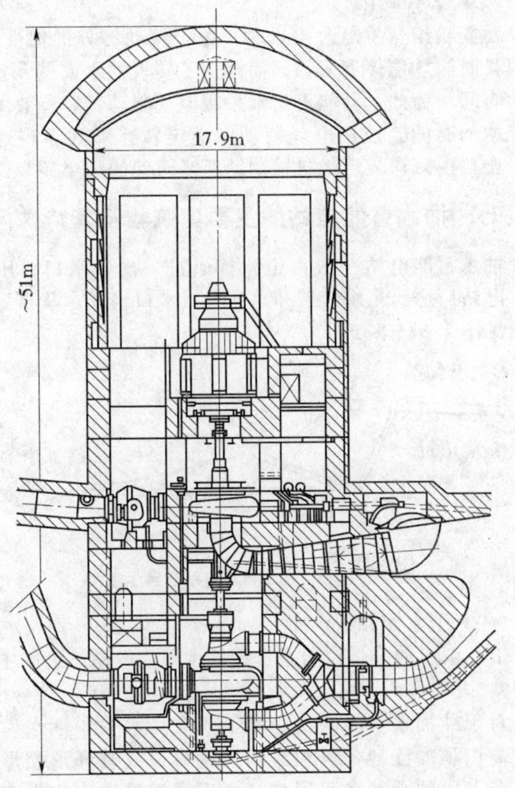

图 1-7-9 立式布置的三机式机组（瑞士 E.W 公司）
水轮机工况：$H=400$m，$N=67$MW，$n=600$r/min；
水泵工况：$H=417$m，$Q=14m^3/s$，$n=600$r/min

三机式的主要优点是：水泵和水轮机可分别按电站要求进行设计，因而可保证在各自的运行条件下保持较高效率工作；由于泵和水轮机的旋转方向一致，故两种工况之间的切换操作可以缩短时间；机组由静止启动抽水时，可以用水轮机启动水泵，不需其他启动设备。主要缺点是：泵和水轮机需要单独的蜗壳，机组尺寸大，故机电投资和土建投资都相应增大；在泵上面要装一个联轴器，泵下面还要装一个止推轴承，进一步增加了机组尺寸；空转的水轮机转轮（抽水工况）将消耗一定的功率，降低了效率。一般来说，三机式机组的电站投资较二机式高 8%，运行费用高 7%，其投资差额随电站水头的减小而增加。目前三机式机组主要用于水头高于 600m 的冲击式水轮机。

(二) 二机式机组

二机式机组也可称可逆机组。它利用水力机械的可逆性，将水泵和水轮机合为一体，具有相反方向运行的功能，即顺时针方向旋转为水轮机，反时针方向旋转为水泵，因此机组尺寸大为减小，机电和土建投资得以降低。

可逆式机组与常规机组一样，随应用水头的不同可以做成混流式、斜流式或轴流式，其中以混流式应用最广泛。图 1-7-10 为典型的混流式可逆式机组，其外型与常规机组几乎没有什么区别。

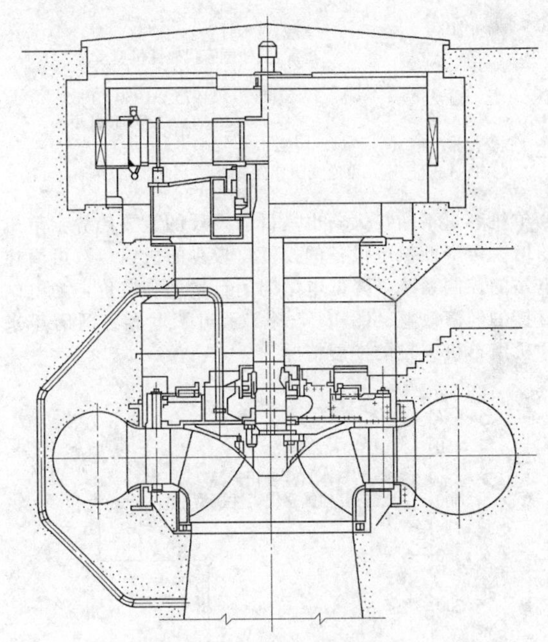

图 1-7-10 可逆式水泵水轮机组
水轮机工况：$H=45.7$m，$N=62$MW，$n=150$r/min；
水泵工况：$H=52.7$m，$Q=136m^3/s$，$n=150$r/min

可逆式机组得到广泛应用，除了因为投资少以外，还因为转轮设计上有了重大突破。目前大型可逆式水泵水轮机两种工况时的最高效率均可达 93%或以上，中型机组亦可以达到 90%以上。

(三) 水泵水轮机的发展趋势

水泵水轮机，包括可逆式的和三机式的，都在向高水头、大容量和高速化发展。

采用高水头有如下的优点：

(1) 可以使用较高的机组转速，减小水泵水轮机和发电机的尺寸。

(2) 对于同样装机容量来说，可以减小引用流量，使上、下库的库容减小，压力管道的直径也可相应缩小，从而降低水工建筑物的造价。

(3) 水头相对变幅减小，使水泵水轮机可以经常在高效率区工作，提高蓄能机组的效率。

当然，向高水头方向发展也存在不少困难，如水头增高必然降低水力效率，并使高效率区变窄；过流部件承受水压必将加大，要求使用强度更高的钢材；过渡工况时的不稳定性增加，可能需要增设调压室；水泵水轮机的气蚀性能必将下降，要求机组有更大的淹没深度。这些困难将随着水电技术的进步而不断被克服。图 1-7-11 给出了可逆式机组使用水头历年发展的情况。

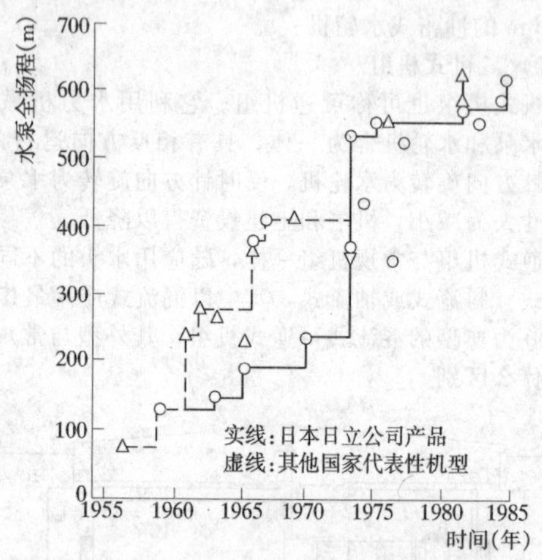

图 1-7-11 可逆式机组使用水头历年发展情况

单机容量不断扩大，也是目前发展的重要趋势。单机容量的增大可降低机电设备的投资；较少的机组台数可简化蓄能电站的控制系统，降低电站的运行费用和造价，为电站带来直接的经济效益。图 1-7-12 示出了世界各国历年来可逆式机组单机容量的发展情况。

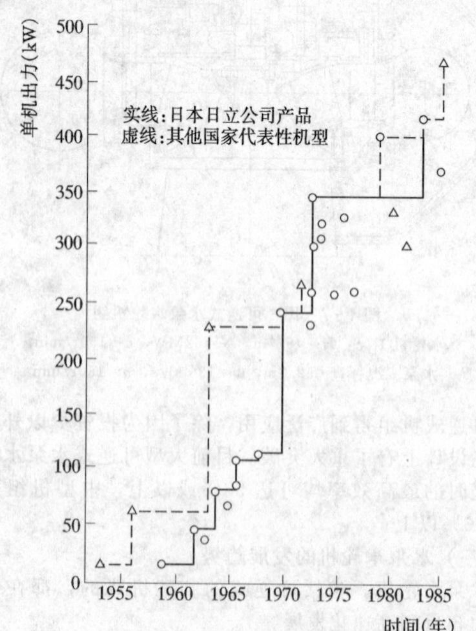

图 1-7-12 可逆式机组单机容量历年发展情况

使转轮直径保持在一定范围内同时尽量提高机组的转速，可以减小机组的尺寸。为此，应采用尽量高的比转速。根据目前的制造水平，水泵水轮机泵工况的比转速选在 110～180 范围内可以得到最高的水力效率，比转速过小，意味着转轮流道相对加长，宽度相对减小，而使水力效率下降。不断提高各级水头的比转速是水力机械制造厂家的努力方向。目前 500m 级的可逆式水泵水轮机的比转速已用到 100 左右。

提高比转速会引起水泵水轮机的气蚀特性恶化，而使电站的淹没深度增大。因此，利用地下电站易于挖深的特点可以增大机组淹没深度，以此来换取更高的比转速。有不少高水头蓄能机组的淹没深度达 50～60m，最大的已达 70m 左右。

(四) 发电电动机

发电电动机与常规发电机的主要区别在于发电电动机运行方式多，工况转换频繁和双向转动。为此，电机的转动及固定部分所承受的磁电作用力、机械作用力及温度应力都较大，故发电电动机在结构设计上要求比同样参数的水轮发电机具有更高的强度。为适应双向转动，推力轴承轴瓦的支撑是对称的，润滑油的供应和循环也应考虑双向工作的需要。

如果蓄能电站的水头变化幅度很大，或者蓄能机组有特殊运行要求，使用双转速电机可以改善水泵水轮机的性能。泵工况时，在高扬程区用高转速，在低扬程区用低转速；水轮机工况时，其性能受转速影响不大，一般用低转速。现在比较成熟的变速方法是改变磁极数目，即切除一个或几个磁极，并改变另一些磁极的极性。磁极数目减少后，电机转速即可增高。如果水泵水轮机所要求的高低两个转速相差很大，用换极的方法不易实现双转速，则只有使用两个转子的发电电动机。虽然这种双转速电机的性能比换极结构的双转速电机好，但设备投资大大增加，技术困难也较多，故只有在特殊场合才应用。

蓄能机组从发电改停机时，由于转动部分的惯性很大，要很长时间才能停下来，因而延迟了转入抽水或进入备用状态的时间。为此，蓄能机组常采用电气制动，以有效缩短机组减速的时间。使用电气制动由额定转速降到零转速的时间，比自由减速最后加机械制动所需时间的一半还少。

七、抽水蓄能电站的主要建筑物及其特殊问题

抽水蓄能电站一般由上水库、进（出）水口、压力管道、电站厂房、尾水管道和出（进）水口组成。其布置的示意图见图 1-7-13。

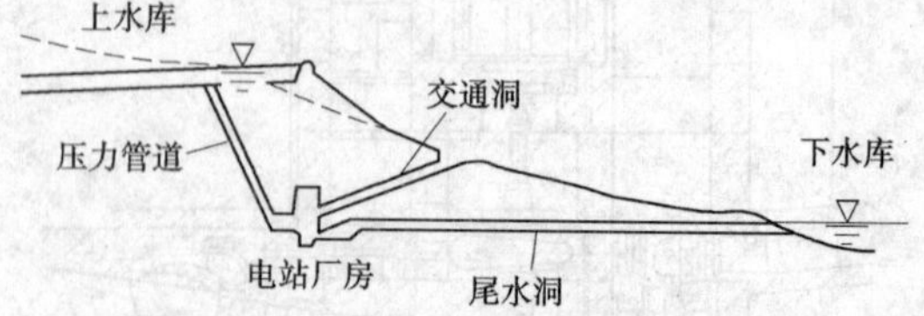

图 1-7-13 抽水蓄能电站布置示意图

(一) 上水库和下水库

上、下库的合适位置是选择抽水蓄能电站站址的主要考虑因素。

对于纯抽水蓄能电站，为了获取高水头，上水库常布置在高山顶的洼地，筑坝封闭山垭口，或筑环形坝形成水库。若上库的天然来水不多，可不设溢洪道。如果有合适的天然湖泊或已建水库，可考虑利用作为上库或下库以节省投资。

上、下库之间的距离要近，距离愈近引水系统的投资就

愈小。通常以管道长度和水头之比 L/H 来表示站址的优劣，一般认为 $L/H<4$ 是一个好站址，$L/H>10$ 则不宜选用。

上库位于高山上，交通运输不便，坝型选择应首先考虑用当地材料坝，并应尽可能利用电站进（出）水口开挖的土石方或为扩大库容而开挖的土石方筑坝。这不仅减少投资，也可减少弃渣对环境的破坏。坝建成后用草皮护坡，以恢复自然环境的本色。

上库的容积根据发电所需的水量决定，并应考虑必需的备用水量。建造上库的关键是防渗。上库渗漏损失过大，不仅损失电量，还可能导致坝坡或库岸滑坡，或附近的低洼地浸没，应加重视。

库盆防渗多采用粘土淤垫或帷幕灌浆；坝体防渗视坝型而定，土坝用心墙防渗比斜墙更合适。若库岸也有防渗要求，则宜用沥青混凝土斜墙坝，或钢筋混凝土面板堆石坝。斜墙可与库岸的沥青混凝土护面连成一体，防渗效果好。沥青混凝土斜墙或钢筋混凝土面板还能较好地适应库水位的急剧变化。图 1-7-14 示出了复式断面沥青混凝土防渗墙结构图。

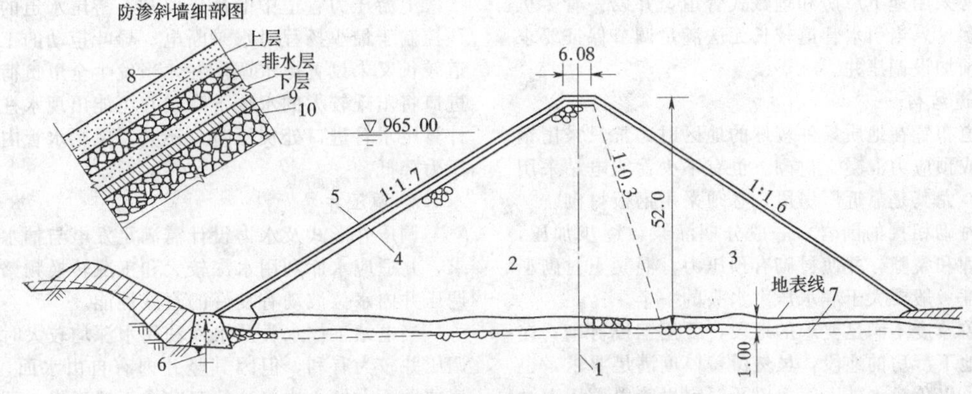

图 1-7-14 沥青混凝土斜墙复式结构断面

1—坝轴线；2—碾压堆石；3—不碾压堆石；4—过渡区；5—沥青混凝土斜墙；6—灌浆帷幕；7—排水沟；8—沥青玛蹄脂；9—整平层；10—碎石层

水库蓄水后，库盆边坡下部受水淹没，岩土体饱和而软化，抗剪强度降低，特别是由于库水位周期性的大波动，库岸时干时湿，更加快了岩土体的软化过程，尤其是水位骤降过程中，下拽力及岩土体内的高孔隙水压力极易引起岸坡失稳。

防止大坝及库岸渗流破坏尚需采取护坡及排水反滤措施。近几年来土工织物正被推广应用，它的透水性好，强度高，耐腐蚀，且整体性好。

(二) 进（出）水口

上库的进水口在发电时是进水口，抽水时就成为出水口；下库的出水口在发电时是出水口，抽水时就成为进水口。为满足双向水流的要求，进（出）水口应按两种工况最不利的条件设计。发电工况时不得有旋涡，以防止吸入空气，影响机组的运行；抽水工况时出水口处流速分布应尽可能均匀，并且水力损失最小。出口处的底流速不能过高，以防止冲刷底板，破坏邻近的建筑物。

进（出）水口常用的形式是岸边式，可根据岩体情况做成隧洞式或墙式。为保证不产生旋涡，要求进水口有足够的淹没深度。研究表明，在紧靠拦污栅的上游设置一排防涡梁，以遮断旋涡的流心，是防止旋涡的有效措施。

立式进（出）水口，水流从开口的四周进入，进水条件较好，但必须设置在离岸坡相当远的位置。如果离岸坡较近，则因岸坡一侧储水量较小，库中央部分的水流将向岸坡侧迂回而成为涡流的源头。立式进水口防止产生旋涡的措施是在进（出）水口前设置回流防止壁。图 1-7-15 为设置防涡梁及回流防止壁的示意图。

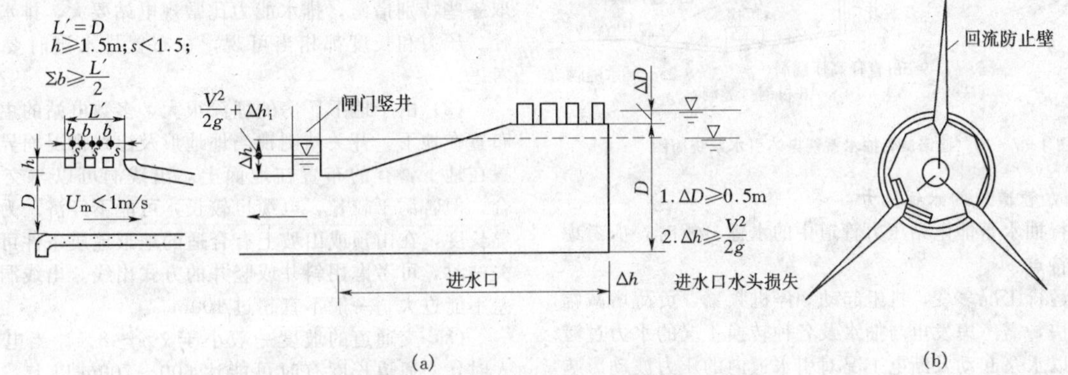

图 1-7-15 防止入流旋涡的措施

(a) 有防涡梁的进（出）水口；(b) 有回流防止壁的进（出）水口

为了减少水头损失，防止拦污栅发生振动破坏，要求进（出）水口出流均匀扩散，并使流速降至较低的数值。

进（出）水口在平面上一定要有扩散段，使过栅流速不大于 0.8～1.0m/s，但扩散角不宜过大，以免水流脱离边壁。为缩短扩散段长度，可在扩散段内设置分流墩，强迫水流扩散。

进（出）水口流速过大会产生水流激振。激振的振源为拦污栅栅条尾部旋涡脱落时产生的干扰振动和发电工况水轮机的干扰振动。激振干扰振动频率若与栅条横向或顺水流向的固有频率耦合，或与整扇栅条固有频率耦合，将导致共振，使拦污栅遭受破坏。防止共振的措施是减小过栅流速以减小干扰频率，或加厚栅条以提高整个栅条的固有频率，使其远离干扰频率。潘家口电站在尾水水流高速区加密栅条，加强栅条与构架的连接，既提高了其固有频率，也使尾水水流均匀而提高了机组效率。

(三) 压力管道和调压井

由于抽水蓄能电站的水头一般较高，安装高程较低，管线较长，因此常采用地下厂房和埋藏式管道，并以一管多机供水方式比较多见。当引水管道较长无法满足调节保证要求时，又往往必须加设调压井。

1. 压力管道结构

当压力管道布置在地质条件较好的地区时，常只采用钢筋混凝土衬砌或预应力混凝土衬砌。也有不少蓄能电站采用钢板衬砌隧洞，尤其是靠近厂房段，必须采用钢板衬砌。

与混凝土衬砌相接的围岩，一般分期灌浆，逐步加压，以封闭岩石节理和裂隙，并使衬砌有预压力。混凝土衬砌上面岩石覆盖厚度一般要大于静水压力水头的一半。

在山岩覆盖厚度不满足要求的地段，要用钢板衬砌；在压力管道靠近地下厂房的地段，虽然覆盖厚度满足要求，也要用钢板衬砌，以免渗水进入厂房以及洞室岩壁岩石压力过大。这一段钢衬的长度，对较好的岩体，一般用 0.1～0.15 倍水头。这一段钢衬可以考虑与山岩共同承担内水压力，但在压力管道进入离厂房上游墙约为其开挖直径 1～2 倍的范围内，不论覆盖厚度是多少，钢衬要承担全部内水压力。

图 1-7-16 为英国迪诺威克抽水蓄能电站的简图。它的压力管道有一段竖井，竖井与调压井在同一垂线上，用钢筋混凝土衬砌，竖井下面有一长段高压下平段，下接分岔段，分成 6 个支管。钢衬段长 145m。厂房下游 110m 范围内的尾水洞段亦用钢板衬砌。该电站压力水道采用了钢筋混凝土衬砌，其大型分岔管也采用钢筋混凝土结构，使大部分的内水压力由围岩承担，设计是较先进的。

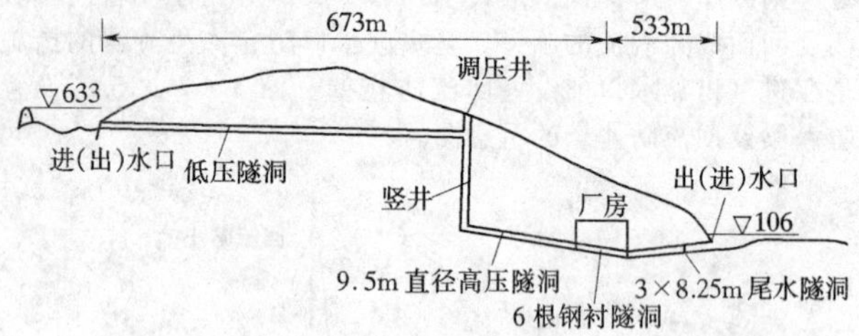

图 1-7-16 迪诺威克抽水蓄能电站引水系统简图

2. 压力管道中的水锤压力

在进行抽水蓄能电站压力管道中的水锤分析时，应考虑以下几个特点：

(1) 运行工况多变，机组起动、停机频繁，负荷增减幅度既大且快，需考虑发电与抽水及各种转换工况的水力过渡过程，尤以水泵起动及断电工况对引水道内的压力波动影响较大，工况频繁转换有时会出现不利情况叠加。

(2) 对一洞多机的供水方式，必须考虑部分机组事故对仍在正常运行机组的水力干扰。这时正常运行机组不能按出力不变的假定进行计算，而须考虑调速器的作用，进行水力一机械联合过渡过程的分析。

(3) 因为有调频要求，应当以负荷周期变化运行方式进行水力过渡过程分析及调压井水位波动计算。

(4) 水泵水轮机的流量特性直接影响压力管道内的水锤，而转轮力矩特性则对甩负荷时的转速变化起决定作用，力矩特性又决定着有功功率的变化速度以及机组投入发电工况或水泵工况所需的起动时间。

计算压力管道中的水锤压力主要应考虑丢弃全负荷和水泵中断两种事故工况。水泵水轮机甩负荷后转速上升时，将产生较大的流量变化，压力脉动也明显增加，水锤压力与该脉动压力叠加，将使管内水压变得更大。为此，对水泵水轮机采用导叶分段关闭方式以减小水锤压力显得特别有意义。

上游压力管道中的负压值和下游尾水道的最高压力值往往控制于最小扬程时水泵断电、导叶拒动的工况。如果尾水道较长又未设置尾水调压井，当发生全甩负荷时，其尾水管进口将出现较大的水压下降，并可能出现水柱分离现象。在计算尾水管进口处负压时，还应考虑尾水管内的漩流引起的压力降低。

3. 调压井

调压井形式及水力设计需满足发电与抽水两种工况的要求，并适应水库利用水深较大和工况转换频繁的特点，要求调压井内水位波动有良好的衰减性能。

当电站工作水头及水库利用水深均较大时，采用双室式调压井较为有利，但因其竖井内有自由水面，水位波动大，衰减性不太好，故单纯的双室式不够理想，可考虑采用附加阻抗的形式。

为了防止在抽水运行时空气进入尾水道，又不使调压井水位下降过低，尾水道常布置为反坡。此外，可能会发生水泵起动引起调压井水位瞬时降低而不能抽水，或者起动时产生过大的振动，因而有必要充分研究水泵起动时间与调压井水位波动的关系，防止出现上述现象。

上游调压井在抽水工况中因水泵工作中断而引起的水位骤降，较发电工况中因负荷突然增加而造成的水位骤降要大，因此，调压井的容积往往由水泵断电工况控制。

(四) 电站厂房

抽水蓄能电站由于安装高程较低，在地质条件允许的情况下，多采用地下厂房。与常规的地下厂房相比，结构上并无显著区别，但也有一些特殊问题必须加以考虑：

(1) 由于安装高程比较低，厂房最低点往往在下游最高水位以下几十米，各地下洞室均不可能自流排水，而必须采取一些特别措施。排水能力比常规电站要大，排水管道的直径、压力和长度都相当可观，在布置排水洞时要仔细比较考虑。

(2) 由于地下厂房的埋深很大，多数电站的主变压器均布置在地下。开关站则视当地地形及出线情况而异，有的布置在地下，有的布置在地面上。出线洞可以与交通洞相结合，但若洞子较长，电缆也较长，可能不经济。为了缩短电缆长度，在山顶或山坡上有合适的地形地质条件可供布置开关站时，可考虑用斜井或竖井的方式出线。出线洞的垂直高差不能过大，一般不宜超过 100m。

(3) 交通道的坡度一般小于 7%～8%。当电站埋深较大时，交通道长度有时可能达 600～700m 以上。这样施工洞长度也就相应增加。

(4) 调相排气也必须慎重考虑。直接排到厂内往往引起很大噪声；直接排到尾水洞，又增加尾水洞内流态的复杂性，尾水洞出口冒泡往往造成拦污栅的剧烈振动。

(5) 抽水蓄能电站由于水头高，单机流量小，多采用联合供水方式。各机组进水管上均设有阀门，一般为球阀。近代的电站，由于球阀设计质量可靠，多半布置在主厂房内。

尾水道常多机一洞布置，在各机组后面设尾水闸门或阀门。当有尾水洞压井时，尾水闸门井常与调压井相结合。

八、抽水蓄能机组的起动及运行

电动发电机在水泵工况的起动方法，组合式机组和可逆机组有比较大的区别。

对于三机式机组，由于抽水工况和发电工况的旋转方向是一致的，故抽水工况启动方式比较简单。一般由主水轮机或附加的小的起动水轮机将机组起动到额定转速，并入系统，然后关闭水轮机的进水水路，开启水泵的出水阀，机组即进入抽水工况。

对于可逆式机组，由于发电和抽水的运转方向不同，其抽水工况的起动方式要复杂得多。其关键是要防止发电电动机的起动电流过大。一般采用的措施有两类：一类是水力方法，可用专门设置的小水轮机来起动主机，或用压缩空气将转轮室的水位压下，使转轮在空气中起动，降低起动力矩；另一类是电气方法，可用几种不同的电气方法来减小电机的起动电流。水力方法和电气方法一般是结合使用的。

蓄能机组比常规水电机组的运行方式要复杂得多。电力系统要求蓄能机组快速起动、快速停机，并快速由一个工况转换到另一工况。不同工况之间的转换是抽水蓄能机组的特殊功能，如何对机组进行自动程序控制是一项比常规水电站控制要求更高的新技术。

（一）水力起动方法

在蓄能机组上使用小水轮机起动的主要优点是操作简单，可以省去繁琐的压气设备和电气控制设备，对中小型机组这种方式显得有利。但是小水轮机本身，包括上下游管道及阀门，会使机械设备的造价提高 20%～25%。另外，起动水轮机除增加机组的布置尺寸外，还将在主机运行时随着空转而产生附加损耗，所以对大型机组这种起动方式不宜采用，而广泛采用的是压水方法，即先向转轮室打入压缩空气，转轮在空气中起动后与电机并网，然后把空气排出，待转轮室形成水压后再把导叶打开使泵正常抽水。

压水起动方法主要在混流立式水泵水轮机上应用。其起动过程包括压水起动（机组加速）、排气充水和抽水三个主要阶段，如图 1-7-17 所示。

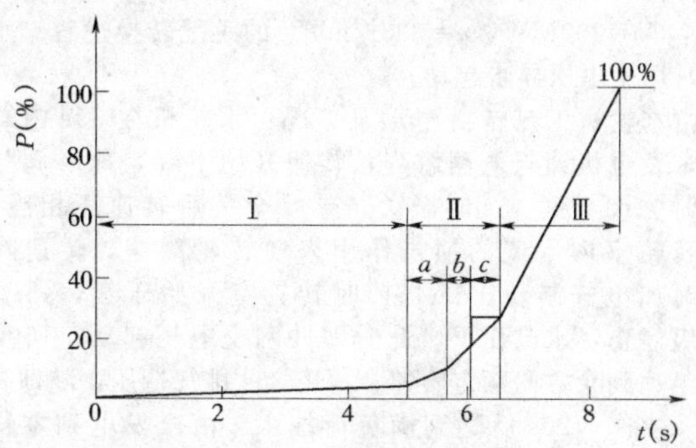

图 1-7-17 压水起动的三个阶段

第一阶段压水起动时，尾水管水面压下，转轮在空气中旋转加速，此时所消耗的功率一般只有额定功率的 3%～5%，最多不超过 6%～8%。

第二阶段为排气充水过程。转轮室的压缩空气由主轴的中心孔或顶盖上的排气管放出，尾水管水面随空气的排出逐渐上升。当尾水管水面全部接触转轮后，所耗功率约升到 17%左右。当空气基本排尽时，转轮内的水流突然连成一体，瞬间产生了关闭扬程，由于导叶是关闭的，在尾水管中形成强烈的回流。这一过程虽很剧烈，但很迅速，所耗功率由 17%增加到 27%。

第三阶段即在转轮室充水完成后，可以先开导叶到所需的开度，再打开主阀使泵扬水。这种操作快一些，但是在开启过程中导叶上所承受的力矩波动振幅很大。如果充水后先开主阀至全开位置再开导叶，操作要慢一些，但导叶力矩振幅小得多。实际应用中，多数情况是先开主阀再开导叶，或者主阀开启一部分随即开导叶。

（二）电气起动方法

用水力的方法可以降低可逆式水泵水轮机做泵起动时所需的力矩并缩短加速时间，但为了使发电电动机的起动电流不要过大，并对电网不产生过大的扰动，必须采用专门的电气设备及操作方法。电气起动的方法大致有五种，即异步起动、同步起动、半同步起动、同轴小电机起动和静止变频起动。除全电压异步起动方法外，其他的起动方法都需要水泵水轮机同时充气压水。

1. 异步起动

异步起动是在机组励磁绕组短接情况下，直接将发电电动机并入电网，利用转子磁极内阻尼绕组所产生的异步力矩使机组起动并加速，在接近同步转速时加上励磁拉入同步。

异步起动加电压的方式可以有全压起动、降压起动和部分绕组起动三种。

全电压起动的优点是起动力矩大，起动时间短，接线简单。缺点是起动电流大，约为额定电流的 2.5～4 倍，在起动瞬间使电网受到较大的冲击，产生明显的电压降。由于上述各种不利因素，全电压起动方法只能成功地应用于中小型蓄能机组。降压起动是利用主变压器抽头或接入电抗器的异步起动方法，降低电源电压将机组起动，在转速升到接近额定转速时改成全电压，然后投入励磁，拉入同步。降压起动对电网的冲击减小了，但起动力矩也将降低，故起动时间要长些。如发电电动机的定子绕组是分段多支的，起动时可只使用其中部分的绕组，以减小起动电流，起动完成后再接入其他部分的绕组。

2. 同步起动

同步起动又称背靠背起动，是用本电站或邻近电站的一台机组作为起动电源，先将起动机组与被起动机组通过起动母线互相连接，并分别加上励磁。起动时开启起动机组的导水叶，其定子出口产生低频电流，经起动母线施于被起动机组端部，使被起动机组在同步转矩作用下随起动机组同步旋转。随着起动机组导水叶渐渐开启，同步旋转速度不断上升。当加速到额定转速的 80%时，投入各自的励磁调节器继续同步升速至额定值，同期并网，完成起动过程。

同步起动方式对发电电动机本身没有特殊要求，起动时对电网也没有冲击。同步起动的关键在于起动初期被起动机组的转速小于同步转速的 3%时能否接受同步，它与两机励磁电流及其比值、电机回路的阻抗，导叶开启速度等因素有关。

在常蓄结合的蓄能电站内或者在蓄能电站附近有常规水电站的场合，可用常规水轮发电机来起动蓄能机抽水，此时同步起动方式的优越性是明显的。

3. 半同步起动

半同步起动又称异步-同步起动或低频起动，是由一台做发电运行机组先与被起动机组在电气上连接，在不加励磁状态下起动发电机，到转速为额定值的 80%时加励磁，发电机就产生大约 60%～70%的额定电压，这个电压施加到电动机上，产生异步转矩，使之起动加速，而发电机因消耗了能量而转速下降。与两台电机的转速接近时给电动机加励磁，并使之与发电机同步。电动机在发电机的驱动下同步加速到额定转速。

半同步起动方式不从系统受电，故对系统无干扰，也不需要独立的励磁电源，适用于各种容量机组的起动，所需增加的附加费用与同步起动方式相同。但由于半同步起动过程分别操作两台机组，控制回路较复杂，因此只在少量电站上获得应用。

4. 同轴小电机起动

这是一种用一台专用的电动机装在主电机的顶上来进行起动的方法。起动电动机是一台小容量绕线式感应电动机，它比主机一般少一对或几对磁极，相应的同步转速比主机高一些。起动电动机的容量一般为主机的6%～8%。

用电动机起动不需要装起动母线，各台机组的起动装置互不影响，起动电动机不工作时的功耗很小。

起动电动机适用于单机容量大、机组台数少的情况。对机组台数多的电站通常与同步起动方法混合使用，起动电动机负责起动最后一台机组。

5. 变频起动

变频起动是利用可控硅变频器产生频率可变的交流电源对发电电动机进行起动。这是近年发展的新方法，在蓄能电站得到了广泛应用。

变频起动的优点是设备静止、维修方便；多台机组可以合用一台变频装置；主机正常工作时起动装置无附加损耗；变频装置可兼做主机的电气制动，能缩短由发电转为抽水的切换时间。其缺点是基本设备价格高，占地面积大，因此变频起动方式主要应用于单机容量大、机组台数多的蓄能电站。

（三）各种起动方式的比较

应根据系统和电站的具体条件，选用简单而可靠的起动方式。中、小容量机组应优先考虑采用全压异步或降压异步起动；大、中容量电站应优先考虑利用邻近常规机组进行同步起动的可能性；大容量机组台数不多时可采用同轴小电机起动或小电机加同步起动方式；大容量机组台数较多时可采用2台同轴小电机加同步或1～2套变频装置加同步起动方式。

各种电气起动方式的综合比较见表1-7-1。

表1-7-1　　　　　　　　　**各种起动方式的综合比较**

起动方式		异步起动	同步起动	半同步起动	同轴小电机起动	变频起动
适用范围	单机容量	中、小	大、中、小	大、中、小	大	大
	机组台数	不限	多	多	少	多
起动设备相对单机容量（%）		60～120	15～20	约大于80	6～8	6～8
起动时间（min）		1～3	2～4	2～4	3～7	3～7
对系统的影响		大	无	无	小	小
所需起动设备		降压起动时需降压设备	起动发电机；起动用励磁设备；起动母线及开关设备	起动发电机；起动母线及开关设备	起动小电机；液体变阻器；起动用配电装置	变频装置；起动用励磁设备；起动母线及开关设备
起动设备相对单台电机的投资（%）		1～3（全压） 7～19（半压）	取决于具体情况		11～23	23～38
占用空间		小			中	大
控制特征		简单	复杂	复杂	较复杂	复杂

（四）蓄能机组的运行

由于抽水蓄能机组起动、工况转换快速灵活，近年来主要不是用来平衡负荷，而是更多地被安排来做调频运行；或者在系统中空转，在需要时快速地发出所需的出力（旋转备用）；或者由调度指示或由自动仪表指示，按负荷需要随时调整出力（负荷跟随）。这样的操作方式通称为动力负荷运行方式，其主要特点是机组操作速度快，并能极快地进行各种工况的转换。

作为旋转备用，一般要求转轮在空气中旋转以节省动力；在电网有需要时即可快速地带上负荷或投入抽水。旋转备用实际上可以和调相运行结合起来。

在蓄能机组抽水时，如需快速发电，可以不通过正常抽水停机而直接转换到发电，即在电机和电网解列后利用水流的反冲作用使转轮减速并使之反转，待到达水轮机方向同步转速时快速并网发电。目前相当大容量的机组可以用这种方式在60～90s时间内由全抽水转换至全发电。

快速负荷变换和工况切换将给蓄能机组的电气及机械部件带来很大的荷载和冲击。因此，要求蓄能机组比常规水电机组有更高的强度和耐磨损性，这是蓄能机组造价较高的原因之一。

作为实例，图1-7-18示出了某立式可逆机组（H=286m，N=200MW，n=333r/min）的工况转换过程。水泵起动时用全电压异步起动。

由水轮机工况转换至水泵工况：水轮机在35s内卸完负荷，发电机即与电网解列，转速开始下降，球形阀与导叶同时关闭，到45s时全关。导叶全关后转速还相当高，依靠转轮室内水流的撞击作用来使转轮减速，转速降为30%时加电气制动，到15%时转轮室开始压气，到165s时机组停止，水已压下。此时即并网全电压起动，100s后使机组达到泵方向额定转速，再用25s排气造压，随即打开导叶及主阀，20s后达到满负荷抽水。由全发电到零转速共用了165s，由零转速到全抽水用了145s，总共310s（5.2min）。

由泵工况转换至水轮机工况：主阀保持开度不变。在电机与电网解列后6s内水流反向，向转轮冲击产生减速作用，到18s时转速到达零值随即转入水轮机方向。在35～50s时间内调整同步并倒闸换相，至50s时和电网再并列，至90s时带满全负荷。增加负荷分为两种速度进行，平均增荷速率为4000kW/s。由全抽水至换相点为42s，由此点至全发电为48s，总共历时90s。

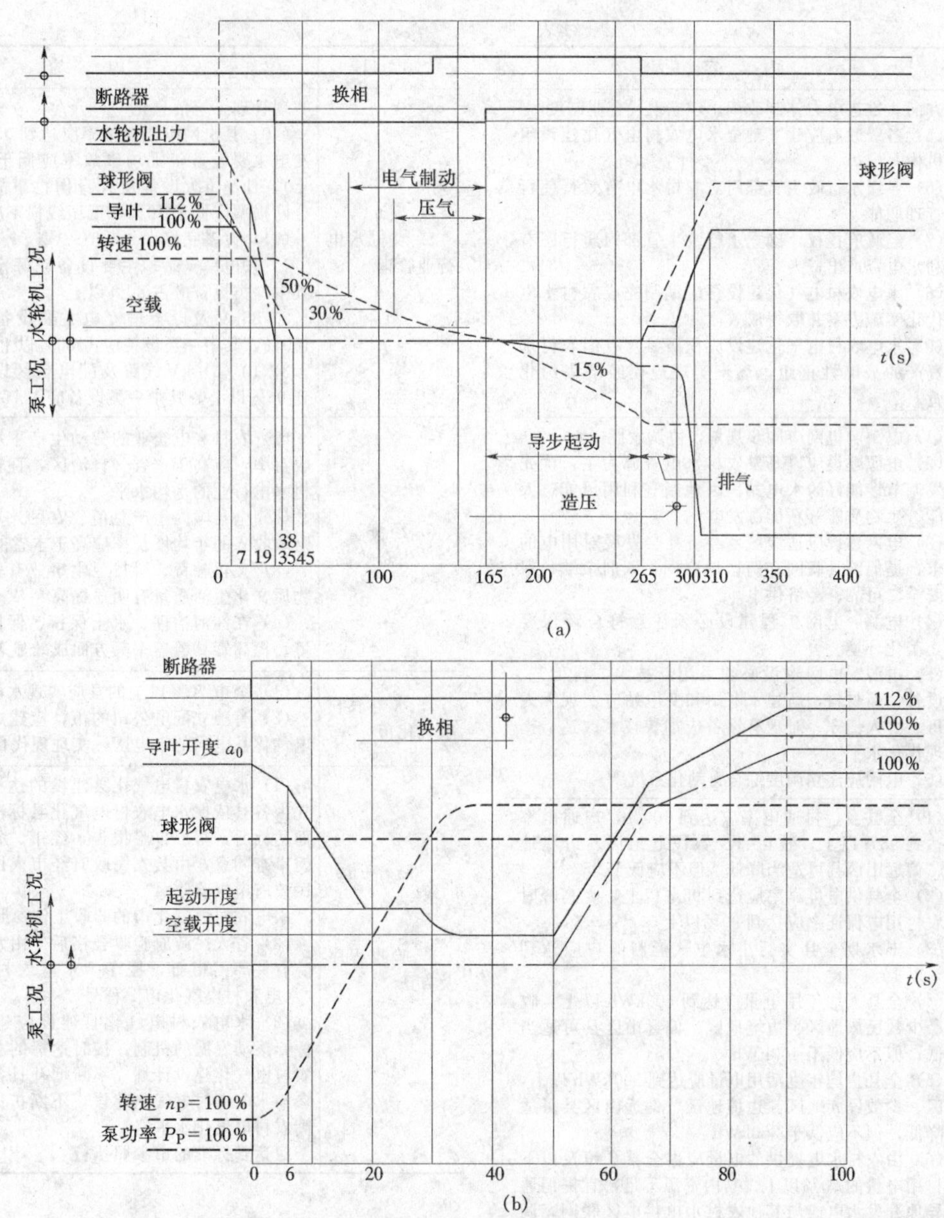

图 1-7-18　可逆式蓄能机组工况转换过程

(a) 水轮机工况转换至泵工况；(b) 泵工况转换至水轮机工况

第八节　农村小水电

一、水电农村电气化标准

水电农村电气化标准（SL 30—2003）见表 1-8-1。

表 1-8-1　水电农村电气化标准（SL 30—2003）

项　目	内　容
1. 水电农村电气化县建设的任务、目标和实施范围	（1）为适应全面建设小康社会，加快推进社会主义现代化的需要，按照新时期国家对发展农村水电、建设水电农村电气化的要求，制定了《水电农村电气化标准》（SL 30—2003）。该标准于 2003 年 7 月 8 日由中华人民共和国水利部发布，从 2003 年 12 月 1 日起实施 （2）本标准适用于县（市、区、旗，下同）及市（地、州、盟、下同）水电农村电气化的规划、实施及验收 （3）水电农村电气化的规划、实施及验收除应符合本标准外，尚应符合国家现行有关标准的规定
2. 基本条件	（1）水电农村电气化建设应符合水资源（水量、水能、水质，水域）统一管理与河流综合开发治理的要求，坚持为农业、农村、农民服务的方向，与经济建设、江河治理、扶贫开发、生态建设相结合，推进农村现代化进程和经济社会可持续发展 （2）水电农村电气化建设县应编制完成水电农村电气化规划，并纳入水利规划和当地经济社会发展总体规划 （3）水电农村电气化建设应坚持分散开发、就地成网、就近供电、自发自供、联网运行的原则 （4）水电农村电气化电网建设应坚持独立配电公

续表

项 目	内 容
2. 基本条件	司方向，推进电力体制改革。建立现代企业制度 (5) 各级政府应建立健全水电农村电气化建设组织机构 (6) 各级水行政主管部门对农村水电有效行使行业管理职能 (7) 经政府授权，确立水行政主管部门履行国有水利水电资产出资人职责 (8) 水电农村电气化建设县应编制完成农村水电现代化实施方案并取得成效 (9) 水电农村电气化建设应积极参与省内农村水电资产的战略性重组，逐步实现规模经济集约化经营
3. 电源和电网建设的原则和标准	(1) 电源、电网应同步规划，协调发展 (2) 电源建设应以开发农村水电资源为主，优先开发调节性能好的水电站。因地制宜利用风能、太阳能、生物质能等新能源发电 (3) 电网建设应适应城乡经济社会发展对用电的需求，提倡跨县联网和跨区域联网，调剂余缺，保证安全、可靠、经济供电 (4) 电源、电网工程建设必须注意符合环保要求，美化环境 (5) 电源、电网建设必须采用新技术、新工艺、新设备、新材料，新建水电站和变电站应实现无人值班、少人值守。对现有设备应加快技术改造，提高现代化水平 (6) 电网应建立调度综合自动化系统
4. 用电水平	(1) 全县乡、村通电率应达到100%，户通电率应达到98%以上，牧区、少数民族地区、边境地区、偏远山区县可适当降低，但不应低于95% (2) 全县供电可靠率应达到95%以上，晚高峰时段农村用电保证率应达到90%以上 (3) 丰水期全县实行小水电代燃料的户应达到20%以上 (4) 全县人均年用电量应达到500kWh以上，牧区、少数民族地区、边境地区、偏远山区县可适当降低，但不应低于400kWh (5) 全县户均年生活用电量应达到500kWh以上，牧区、少数民族地区、边境地区、偏远山区县可适当降低，但不应低于350kWh (6) 由农村水电提供的电量应占全县乡镇及以下农村用电量的50%以上。县内资源不足，宜提倡通过异地开发水电或与其他农村水电供电区联网，调剂解决
5. 农村水电行业管理	(1) 各级水行政主管部门农村水电管理机构应健全、职责明确、工作到位 (2) 应完成农村水能资源规划，建立水能资源开发许可、有偿使用和市场交易制度 (3) 农村水电设计市场、设备市场、建设市场应规范、透明、公开，监督管理有力 (4) 农村水电企业职工须经职业技能培训，取得资格证书后持证上岗 (5) 农村水电企业应加强科学管理，电站应开展以"两票三制"(操作票、工作票、交接班制、巡回检查制、设备定期试验轮换制) 为中心的安全、文明生产，电网企业应开展以提高服务质量为中心的创建文明示范窗口活动 (6) 农村水电企业法人治理机构完善，决策、执行、监督职责明确，形成制衡、约束和激励机制 (7) 农村水电企业规章制度健全，职工人数、技能和知识结构应符合农村水电行业规定 (8) 农村用电管理应做到"五统一"(统一电价、统一发票、统一抄表、统一核算、统一考核)、"四到户"(收费到户、销售到户、抄表到户、服务到户)、"三公开"(电量公开、电价公开、电费公开) (9) 农村水电企业应加强管理现代化建设，初步

续表

项 目	内 容
5. 农村水电行业管理	实现管理系统信息化 (10) 县电网电压合格率应达到95%以上，发电、变电主要设备年平均事故率应低于0.5次/(台·年)，杜绝重大设备及人身伤亡事故，高压电网综合网损率应低于10%，低压线损率应低于12% (11) 设备完好率 1) 发电厂(站) 主要设备完好率应达到100%，其中一类设备应占80%以上 2) 35kV及以上输变电主要设备完好率应达列100%，其中一类设备应占80%以上 3) 10 (6) kV线路及配电台区设备完好率应达到95%以上。其中一类设备应占75%以上
6. 经济、社会、生态效益	(1) 农村水电企业的劳动生产率增长率、净资产收益率，应高于本省(自治区，直辖市，下同) 农村水电行业的平均水平 (2) 全县国内生产总值、农民人均纯收入、地方财政收入的年均增长率应高于本省的平均水平 (3) 文化教育、科技卫生事业有较大发展，人民物质文化生活质量有明显提高 (4) 在江河治理、水土保持、保护生态、改善环境、提高森林覆盖率等方面成效显著
7. 水电农村电气化市	(1) 全市70%以上的县应实现水电农村电气化 (2) 有独立配电公司的市，应建成连接水电农村电气化县电网的市电网，实现现代化调度
8. 验收程序及方法	(1) 水电农村电气化县建设的达标验收工作，应先由各县依据水电农村电气化县标准进行自验，全面达标后，写出自验报告，经市、省水行政主管部门审查同意，由县人民政府经市人民政府报请省人民政府申报验收 水电农村电气化市的验收工作参照执行 (2) 省人民政府验收合格后，由水利部会同国务院有关部门审批，授予"水电农村电气化县"或"水电农村电气化市"称号 (3) 水电农村电气化县建设应建立五年一个目标，滚动发展的机制。按时达标的县继续纳入水电农村电气化建设计划，不断增补具备建设条件的县参与水电农村电气化建设，不断扩大建设范围，提高农村电气化水平 对达到标准的市参照执行

二、新时期农村水电发展的措施

农村水电建设在提高农村电气化水平、改善农民生活质量、促进农民增收、促进农村基础设施建设、促进县域经济发展、促进生态环境保护等方面成效显著，同时也存在与农民利益结合不够、对生态环境保护重视不够、政策支持不够、国家投入不够等主要问题。

1. 从战略高度认识加快农村水电发展的重要性

农村水能资源是山区人民群众赖以生存发展的宝贵资源，对山区经济社会发展和生态环境保护具有重要意义。据最新普查成果，我国农村水能资源技术可开发量为1.28亿kW，到2009年年底已经开发5512万kW，开发率为43%。总体上来说仍有较大开发潜力，但发展不平衡，中东部地区发展程度较高，如广东、福建、浙江等省和部分地区农村水电开发程度已达80%左右。西部地区开发程度相对较低，如新疆、西藏的开发程度只有12.5%和2%。开发利用农村水能资源不仅对解决边远山区无电缺电问题，改善贫困山区农民生产生活条件，繁荣农村经济具有重要作用，而且对保障国家能源安全，促进节能减排，实现可持续发展意义重大，把加快农村水电发展落实到水利"十二五"规划和水利中长期发展规划中，落实到具体的行动中。

2. 扎实搞好三项重点惠农工程建设

小水电代燃料、水电新农村电气化和农村水电增效扩容改造工程是农村水能资源开发利用中的三项重点惠农工程，对加快农村水电发展，提高山区农民生活水平，增加农民收入，改善农村人居环境，促进农村经济社会发展具有显著效果，应扎实搞好建设，把利国利民的好事办好。

加快实施小水电代燃料工程。小水电代燃料工程符合时代发展潮流和农村水能资源开发利用方向，目标任务明确，群众一致欢迎和支持。小水电代燃料建设既可增加清洁可再生能源的开发，促进节能减排，保护生态环境，又可改善农民生活条件，改变农民精神面貌，还可扩大建材、机械、家用电器等的消费，拉动内需。近几年的中央一号文件都要求扩大小水电代燃料建设规模。重点在农村水能资源开发程度较低的西部地区，按照规划要求，扩大小水电代燃料建设规模，加快实施小水电代燃料工程，让更多的农民早日受益。

不断推进水电新农村电气化建设。在总结水电农村电气化县建设经验的基础上，按照社会主义新农村建设的要求和农村水能资源不同开发程度地区的工作重点，建立与农民利益紧密结合的体制和机制，不断推进水电新农村电气化建设，积极引导和带动农村水能资源科学有序开发，解决贫困山区无电缺电问题。进一步提高农村电气化水平，促进山区农村生产发展。

尽快启动农村水电增效扩容改造工程。上世纪 90 年代以前兴建的农村水电站大都严重老化失修，水能资源利用效率低，普遍存在安全隐患，在农村水能资源开发程度较高的中东部地区，按照全面规划、统筹兼顾、综合改造、注重实效的要求，明确目标任务，规范建设和补助标准，建立农民受益的农村水电挖潜改造体制和机制，在试点基础上，尽快启动农村水电增效扩容改造工程，大力开展农村水电挖潜改造，提高水能资源利用效率和效益，消除安全隐患，保障山区人民生命财产安全。

3. 建立农民增收的长效机制

探索建立农民投工投劳投资入股增加收入的机制，鼓励项目所在地农民参与农村水电工程建设，通过提供劳务、增加就业和提供原材料等方式增加收入；鼓励农民利用征地补偿金入股或利用土地使用权合作经营，参与电站建设，还可鼓励和引导当地农民投资和小额信贷入股，直接享受收益分红增加收入。在小水电开发难度越来越大、社会投资热情越来越低、与农民利益结合越来越弱的情况下，探索建立由国家投资开发一些农村水能资源，国家投资收益直接分配给当地农民的机制，探索建立水能资源开发使用权入股用于农民增收的机制，拓宽农民增收渠道，在增加清洁可再生资源开发的同时，促进山区农民稳定增收和脱贫致富。

4. 制定和完善农村水电法规政策

农村水电发展迫切需要法律保障和国家政策扶持。加快“农村水电条例”立法工作，把农村水电工作纳入法制轨道，为农村水电健康稳定发展提供法律保障；落实可再生能源法相关规定，全额收购农村水电上网电量，上网电价按可再生能源法合理定价，或与火电实行同网同价；出台信贷支持政策，加大对贫困山区农村水能资源开发的信贷支持，降低贷款门槛，安排政策性专项贷款支持农村水电建设，解决贷款难问题；进一步明确小水电企业增值税执行 6% 税率的政策，对电网企业因此增加的税负明确解决办法，增强政策的可操作性；对农村水电供电地区农网改造给予大力支持，不允许借农网改造无偿划拨农村电力资产的行为，切实保护群众利益。

5. 增加农村水电投入

“十二五”期间加大对小水电开发建设的支持力度，大幅增加小水电代燃料中央财政投入，在水电新农村电气化建设中争取把中央投资占项目总投资的比例提高到 10%～20%。小水电代燃料工程和水电农村电气化工程是中央补助投资的地方项目，在加大中央投入的同时，应足额落实电气化、代燃料省级配套资金，加大省级地方财政投入，加快小水电代燃料和新农村电气化建设，让更多的贫困山区农民受益。

6. 加强农村水电生态环境保护

针对一些农村水电站影响生态环境的情况，始终坚持在保护生态的基础上有序开发农村水电的方针，从源头上加强中小河流水能资源开发规划和管理，统筹协调好发电与防洪、供水、灌溉、生态和环境保护等的关系，明确重点开发、优化开发、限制开发和禁止开发区，科学合理确定开发程度和开发方案，把生态环境保护切实落实到规划理念和规划方案中；加强建设期间的生态环境保护，认真落实农村水电建设项目环境影响评价制度，严格实行水土保持方案审批制度，做到环境保护设施、水土保持设施与主体工程同时设计、同时施工、同时投产使用；加强运行期间的生态环境保护，对已建成电站推行有利于生态保护的工程调度方式和运行方式，服从水资源统一调度和管理，建立政府主导、行业自律、舆论监督、社会参与的生态环境保护监管体制，探索建立生态补偿机制和环境恢复治理责任制；加强对生态环境影响的宣传引导，大力宣传农村水电在整体上、宏观上对节能减排和保护生态环境的有利影响，客观地分析可能带来的负面影响；大力正面宣传农村水电保护生态环境的典型，争取社会各界的理解和支持，为农村水电发展营造良好舆论氛围。

第二章 火 力 发 电

第一节 火力发电概述

一、我国火力发电发展历程

(一) 火力发电概述

能源在国民经济中的地位与作用已越来越为人们所重视。我国是世界上少数几个以煤炭为主要能源的国家之一，煤炭在我国的经济与社会发展中占有极为重要的地位，而且，在相当一段时间内，我国以煤为主的能源资源结构将不会改变，这就决定了火力发电在电源结构中的主导地位。2007 年，我国电力的总装机容量已达 7.1329 亿 kW，总发电量 32559 亿万 kWh，发电量和装机容量均居世界第二位。其中，火电装机 5.5442 亿 kW，占 77.73%，火电发电量 26980 亿 kWh，占 82.86%。在全部总装机容量中，我国制造的机组占 85% 以上。

我国火力发电工程从无到有，由小到大，经历了一个不断奋进的过程。参数上，从中压、高压、超高压、亚临界发展到超临界、超超临界；容量上，从 6MW、50MW、100MW、125MW、200MW、300MW、600MW 发展到批量生产 1000MW。特别是最近几年，超临界、超超临界火电机组、燃气—蒸汽联合循环机组、整体煤气化燃气—蒸汽联合循环机组、大型循环流化床锅炉、大型空冷电站机组、大容量热电联产机组等大型清洁高效发电装备技术的广泛应用，大大提高了我国火力发电工程在国内外两个市场上的竞争力。2005～2007 年的三年中，我国发电设备的年生产能力和年电力装机容量均已达到 1 亿 kW 左右。我国 2010 年在建的百万千瓦火电机组达到 68 台，百万千瓦火电机组总装机容量高达 9200 万 kW，我国投运的百万千瓦超超临界火电机组已有 24 台，总装机容量为 2400 万 kW，占火电装机总容量的 3.37%，平均供电煤耗为 290g/kWh。目前无论是已经投运还是在建、拟建的百万千瓦超超临界机组，我国均居世界首位。

2010 年在建 68 台 2011 年、2012 年将是投产高峰期突破 1 亿 kW 指日可待。

（二）在建百万千瓦火电项目简介

大唐广东三百门电厂：位于广东省潮州市饶平县东南部的柘林镇大埕湾畔，规划装机容量为 2×60 万 kW、6×100 万 kW 燃煤发电机组。整个项目投产后，年发电量将达到 72 亿 kWh。

大唐克什克腾电厂（空冷）：位于内蒙古自治区赤峰市克什克腾旗三义乡和浩来呼热乡境内，总装机容量 200 万 kW，其所发电力直接送入京津唐电网，未来将形成煤、电、路一体化发展格局。

大唐山西定襄电厂（空冷）：位于山西省忻州市定襄县东王村，建设规模为 200 万 kW，电厂所发电力电量拟全部送入京津唐电网。

大唐山东东营电厂：位于山东省东营市河口区临港工业园之内，建设规模为 4×100 万 kW，一期工程建设 2 台机组。

大唐浙江乌沙山电厂：位于浙江省宁波市象山县西周镇东北约 2.5km 的乌沙山西侧的山前平原上，该项目为二期工程，建设 2 台 100 万 kW 机组，同步配套日产 10 万 t 海水淡化项目。

大唐江西抚州电厂：位于江西省抚州市临川区，规划建设 4×100 万 kW 燃煤发电机组，该项目为一期工程，建设 2 台 100 万 kW 机组。

国电江苏谏壁电厂：位于江苏省镇江市东郊 15km 处的谏壁镇，“上大压小”扩建工程项目 2×100 万 kW 机组，处于江苏省电力负荷中心。

国电安徽铜陵电厂：位于安徽省铜陵市东北铜陵县东联乡境内，一期工程 2×60 万 kW，已投产发电，二期工程 2×100 万 kW，该电厂是中国国电集团公司在安徽投资兴建的首个电源点。

国电山东博兴电厂：位于山东省滨州市博兴县境内，建设 2×100 万 kW 发电机组。近期规划 4×100 万 kW 发电机组，远景规划 8×100 万 kW 发电机组，该项目是滨州市第一个大型公用发电厂，靠近山东省中部负荷中心，将成为山东电网 500kV 北通道的重要电源支撑点。

国电湖北汉川电厂：位于湖北省武汉市西面，一、二期总装机容量 4×30 万 kW 火电机组，三期工程 2×100 万 kW，处于湖北电网鄂东负荷中心，是湖北省境内重要的电源支撑点。

国电广西钦州电厂：位于广西壮族自治区钦州市南部的钦州港经济开发区鹰岭作业区钦州电厂的二期工程场地内，建设 2×100 万 kW 燃煤发电机组，将成为广西乃至西南地区最大的火电基地之一，可为南方电网“西电东送”主网架提供电源支撑。

华电宁夏灵武电厂（空冷）：位于宁夏回族自治区银川市灵武境内的宁东能源化工基地，煤炭资源丰富，是典型的坑口电厂，该项目是灵武电厂三期工程，建设 2 台 100 万 kW 空冷火电机组，建成后将是世界上首个 100 万 kW 空冷机组，同时也是国内最大的、装机规模 520 万 kW 的空冷发电厂，是宁夏区域“西电东送”的重要电源支撑点。

华电宁夏灵武电厂：是灵武电厂二期工程，建设 2 台 100 万 kW 火电机组。

华电安徽芜湖电厂：位于长江南岸长三角经济带边缘、安徽省东南部的芜湖市境内。规划装机容量 332 万 kW，一期工程建设 2×66 万 kW 机组，二期建设 2×100 万 kW 机组，建成后将成为华东地区特大型骨干电厂。

华电江苏句容电厂：位于江苏省镇江市境内句容市下蜀镇桥头农场，规划容量 4×100 万 kW 机组，一期建设 2 台 100 万 kW 机组。该电厂为苏南区域性电厂，电力将主要送苏锡地区。

华能江苏金陵电厂：位于江苏省南京市栖霞经济开发区，一期 2×39 万 kW 燃气—蒸汽联合循环发电机组已建成投产，二期工程建设 2×100 万 kW 燃煤发电机组。

华能河南沁北电厂：位于河南省济源市五龙口镇境内，规划装机容量 440 万 kW。一、二期工程 4×60 万 kW 机组已投运，三期工程 2×100 万 kW，该电厂紧靠晋东南和晋南煤炭基地，位于华中、华北、西北电网的交汇处。

华能广东海门电厂：位于广东省汕头市潮阳区海门镇洪洞村，规划建设 6×100 万 kW 燃煤机组，首期建设 4 台 100 万 kW 机组，1、2 号机组已于去年投产，华能海门电厂是华能国际继玉环电厂后的又一个百万千瓦机组电厂。

中电投贵州六枝电厂：位于贵州省六盘水市六枝特区岩脚镇老坡底村，安装 2 台 100 万 kW 燃煤机组，新建工程位于煤炭产区中心。

中电投江苏常熟电厂：位于江苏省常熟市东北郊 24km 的扬子江畔，扩建工程 2×100 万 kW，是华东电网中的主力电厂。

中电投河南鲁阳电厂：位于河南省鲁山县境内，距平顶山市新城区 20 余 km，是河南省豫南煤电基地规划的核心企业，规划装机容量 6×100 万 kW。一期 2×100 万 kW 机组工程是我国第一个以“上大压小”方式核准的百万千瓦机组项目，该项目位居平顶山矿区边缘，建成后将是华中区域骨干电厂。

粤电广东虎门电厂：处于珠江三角洲中心地带、广东省东莞市虎门镇沙角村。三期扩建工程项目规划容量 400 万 kW，首期建设 2 台 100 万 kW 机组。

粤电广东惠来电厂：位于广东省揭阳市惠来县东端靖海湾岸边，项目总体规划建设 2×60 万 kW 和 6×100 万 kW 机组，工程分两期建设，一期工程 3、4 号机组装机容量为 2×100 万 kW。

粤电广东珠海电厂：位于广东省珠海市临港工业区，东距珠海市区 50km，是中外合作兴建的大型火力发电厂，通过推进“上大压小”项目，建设 2 台 100 万 kW 机组，中长期将积极筹划 2 个 100 万 kW 机组、两个 30 万 kW 热电联产机组和 6 个 40 万 kW 级的洁净煤发电技术整体煤气化联合循环发电机组（IGCC）的规划建设，该电厂也是广东省电网西部重要的电源支撑点。

国华江苏徐州电厂：位于江苏省徐州市北郊铜山县茅村镇境内，通过“上大压小”建设2台100万kW火电机组。

国华广东台山电厂：位于广东省台山市铜鼓湾，二期建设4×100万kW火电机组，目前台山电厂设计总装机容量达900万kW，或将成为全国最大的火电厂。

华润广西贺州电厂：位于广西壮族自治区东部的贺州市，规划建设4×100万kW燃煤发电机组，一期工程拟建设2×100万kW机组，二期工程拟建设2×100万kW机组，是国家“西电东送”广西境内北部重要的电源支撑。

华润湖北蒲圻电厂：位于湖北省赤壁市境内，二期工程项目新增2×100万kW机组，建成投产后年发电量将达120亿kWh。

国投河南新密电厂：位于河南省郑州市西南的新密市曲梁乡境内，距郑州市区约20km，西紧邻新密矿区，属坑口电厂，二期扩建工程项目为2×100万kW机组。

广州控股珠江电厂：位于广东省珠江口西岸的广州市南沙区，地处珠江三角洲经济区几何中心和电力负荷中心，三期扩建工程项目为2×100万kW机组。

广东惠州平海电厂：位于广东省惠州市惠东县，整个项目规划装机规模为6台100kW发电机组，分两期建设，一期1号、2号机组建设规模为2台100万kW机组，投产后电力主要供向广东省的负荷中心珠江三角洲地区。

江苏连云港新海电厂：位于江苏省连云港市古海州城北，通过“上大压小”建设2台100万kW火电机组。

江苏南通天生港电厂：位于江苏省南通市西郊天生港镇，在拆除5号、6号机组的基础上，实施“上大压小”建设2×100万kW燃煤发电机组。

浙能浙江嘉兴电厂：位于浙江省嘉兴市平湖市黄山乡的六里湾，三期扩建工程建设2台100万kW机组，建成后年发电量将达110亿kWh，奠定嘉兴作为华东地区能源基地的地位。

虽然，我国在火力发电工程的科研开发、工程设计、设备制造、机组运行等方面都积累了十分丰富的经验，但是，火力发电工程的节能减排任务还十分艰巨，我们必须要瞄准更高的目标，在确保火力发电安全、经济运行的基础上，继续发展高参数、高效率、高可靠性的清洁高效火电机组，同时发展先进的火力发电环保技术装备，最大限度地降低因火电引起的环境污染。

我国百万千瓦机组投运、在建情况如表2-1-1、表2-1-2所示。百万千瓦机组汽轮机编号如表2-1-3所示。

表2-1-1　我国100万kW超超临界火电机组投运情况（截至2010年3月16日）

序号	电厂名称	机组编号	装机容量（万kW）	汽轮机编号	锅炉厂家	投产日期	厂址
1	华能浙江玉环电厂	1、2、3、4号	4×100	196	哈锅	2006、2007年各投产两台	浙江台州市
2	华能广东海门电厂	1、2号	2×100	D1000A	东锅	2009年	广东汕头市
3	国电江苏泰州电厂	1、2号	2×100	CCH02	哈锅	2007年	江苏泰州市
4	国电浙江北仑电厂	6、7号	2×100	196	东锅	2009年	浙江宁波市
5	国华辽宁绥中电厂	3、4号	2×100	D1000A	东锅	2010年	辽宁葫芦岛市
6	国华浙江宁海电厂	5、6号	2×100	196	塔式炉	2009年	浙江宁波市
7	华电山东邹县电厂	7、8号	2×100	D1000A	东锅	2006、2007年各投产一台	山东邹城市
8	中电投上海漕泾电厂	1、2号	2×100	196	塔式炉	2010年	上海金山区
9	华润徐州彭城电厂	5、6号	2×100	196	塔式炉	2009年	江苏徐州市
10	上海外高桥第三发电厂	7、8号	2×100	196	塔式炉	2008年	上海浦东新区
11	国投天津北疆电厂	1、2号	2×100	196	上锅Ⅱ	2009年	天津滨海新区
总计：2400万kW							

表2-1-2　2010年我国100万kW超超临界火电机组在建情况

序号	电厂名称	机组编号	装机容量（万kW）	汽轮机编号	锅炉厂家	厂址
1	大唐广东三百门电厂	3、4号	2×100	CCH02		广东潮州市
2	大唐克什克腾电厂（空冷）	1、2号	2×100	CCHK02	哈锅	内蒙古赤峰市
3	大唐山西定襄电厂（空冷）	1、2号	2×100	CCHK02	哈锅	山西忻州市
4	大唐山东东营电厂	1、2号	2×100	196	塔式炉	山东东营市
5	大唐浙江乌沙山电厂	1、2号	2×100	D1000B	东锅	浙江宁波市
6	大唐江西抚州电厂	1、2号	2×100	D1000B		江西抚州市
7	国电江苏谏壁电厂	1、2号	2×100	196	塔式炉	江苏镇江市
8	国电安徽铜陵电厂	1、2号	2×100	196	塔式炉	安徽铜陵市
9	国电山东博兴电厂	1、2号	2×100	196		山东滨州市
10	国电湖北汉川电厂	1、2号	2×100	196	东锅	湖北汉川市
11	国电广西钦州电厂	1、2号	2×100		塔式炉	广西钦州市
12	华电宁夏灵武电厂（空冷）	1、2号	2×100	D1000C		宁夏银川市

续表

序号	电厂名称	机组编号	装机容量（万 kW）	汽轮机编号	锅炉厂家	厂址
13	华电山东莱州电厂	1、2号	2×100	D1000A		山东莱州市
14	华电安徽芜湖电厂	1、2号	2×100	D1000A		安徽芜湖市
15	华电江苏句容电厂	1、2号	2×100	196		江苏镇江市
16	华能江苏金陵电厂	1、2号	2×100	196		江苏南京市
17	华能河南沁北电厂	5、6号	2×100	CCH02	东锅	河南济源市
18	华能广东海门电厂	3、4号	2×100	D1000A	东锅	广东汕头市
19	中电投贵州六枝电厂	1、2号	2×100	D1000B		贵州六盘水市
20	中电投江苏常熟电厂	1、2号	2×100	196	塔式炉	江苏常熟市
21	中电投河南鲁阳电厂	1、2号	2×100	CCH02	东锅	河南平顶山市
22	粤电广东虎门电厂	6、7号	2×100	196	塔式炉	广东东莞市
23	粤电广东惠来电厂	3、4号	2×100	D1000A	东锅	广东揭阳市
24	粤电广东珠海电厂	1、2号	2×100		塔式锅	广东珠海市
25	国华江苏徐州电厂	1、2号	2×100	196	塔式炉	江苏徐州市
26	国华广东台山电厂	6、7号	2×100	196	塔式炉	广东台山市
27	华润广西贺州电厂	1、2号	2×100	D1000A	东锅	广西贺州市
28	华润湖北蒲圻电厂	1、2号	2×100		塔式炉	湖北赤壁市
29	国投河南新密电厂	1、2号	2×100		塔式炉	河南新密市
30	广州控股珠江电厂	5、6号	2×100	CCH02	塔式炉	广东广州市
31	广东惠州平海电厂	1、2号	2×100	196	上锅Ⅱ	广东惠州市
32	江苏连云港新海电厂	1、2号	2×100	196	塔式炉	江苏连云港市
33	江苏南通天生港电厂	1、2号	2×100	196	塔式炉	江苏南通市
34	浙能浙江嘉兴电厂	1、2号	2×100	196	塔式炉	浙江嘉兴市
总计：6800 万 kW						

表 2-1-3　百万千瓦机组汽轮机编号说明

生产厂家	汽轮机编号	说明
哈尔滨汽轮机厂	CCH02	100万 kW 超超临界、凝汽式汽轮机
	CCHK02	100万 kW 超超临界、空冷、凝汽式汽轮机
上海汽轮机厂	196、A196、C196	100万 kW 超超临界、凝汽式汽轮机
	B196	100万 kW 超超临界、抽汽凝汽式汽轮机
东方汽轮机厂	D1000A	100万 kW 超超临界、凝汽式汽轮机
	D1000C	100万 kW 超超临界、直接空冷、凝汽式汽轮机

按国家规定，从 2006 年起今后一个时期，火力发电设备产业结构将按以下原则进行调整。

（1）鼓励类：

1）单机 600MW 及以上超临界、超超临界机组。

2）300MW 及以上的热电联产及热电冷多联产机组。

3）缺水地区单机 600MW 等级大型空冷机组电站建设。

4）燃气—蒸汽联合循环发电机组。

5）300MW 及以上循环流化床、增压流化床、整体煤气化联合循环发电等洁净煤发电机组。

6）投运发电机组增加脱硫脱硝装置。

（2）限制类：

1）除西藏、新疆、海南等小电网外，单机容量在 300MW 及以下的常规燃煤火电机组。

2）除西藏、新疆、海南等小电网外，发电煤耗高于 300g（标准煤）/kWh 的发电机组，空冷机组发电煤耗高于 305g（标准煤）/kWh 的发电机组。

（3）淘汰类：

1）火电网覆盖范围内，服役期满的单机容量在 100MW 以下的常规燃煤凝汽机组。

2）以发电为主的燃油锅炉及发电机组（50MW 及以下）。

二、我国发电装机容量预测

根据科学发展观和建设和谐社会的要求，我国电力工业发展方针主要是：提高能源利用效率，保护生态环境，节水节地，加强电网建设。具体要点是：大力发展水电，优化发展煤电，推进核电建设，适度发展天然气发电，加快新能源发电，促进装备工业发展，深化电力工业体制改革，实现电力、经济、社会、环境统筹协调发展。

由于我国一次能源以煤为主，在 2020 年以前，燃煤机组装机容量仍将占电力装机总装机容量的 70%左右，燃煤发电是我国新增电源的主要部分。各种电源的装机容量预测见表 2-1-4。

表 2-1-4 各种电源的装机容量及其预测

年 份	2001 年	2005 年	2010 年	2020 年
装机总容量（MW）	338487	508410	860000	1340000
其中：水电（MW/%）	83006/24.5	116520/22.92	196940/22.9	300000/22.3
煤电（MW/%）	253012/74.75	384130/75.56	610600/71.0	878200/65.5
天然气发电（MW/%）	包括在煤电内	包括在煤电内	36120/4.2	60000/4.4
核电（MW/%）	2268/0.67	7014/1.38	10840/1.2	40000/3.0
其他（MW/%）	201/0.06	746/0.14	5500/0.6	61800/4.6
发电量（亿 kWh）	14839	24747	37640	60700
其中：水电（亿 kWh/%）	2611/17.60	4010/16.20	6250/16.6	10000/16.4
煤电（亿 kWh/%）	12045/81.17	20180/81.55	28800/76.5	43300/71.3
天然气发电（亿 kWh/%）	在煤电中	在煤电中	1310/3.4	2600/4.2
核电（亿 kWh/%）	175/1.18	523/2.11	780/2.0	3000/4.9
其他（亿 kWh/%）	8/0.05	34/0.14	500/1.3	1800/2.9

2020 年我国装机总量上将超过美国 2001 年水平（发电量为 37600kWh，装机容量为 910000MW），也超过美国 2020 年预测水平（发电量为 55000 亿 kWh，装机容量为 1340000MW），但人均发电量及装机容量只有美国的 22%，差距仍然很大。

三、火电厂生产过程及生产系统

（1）火力发电厂的分类见表 2-1-5。

（2）火力发电厂的生产过程如图 2-1-1 所示。

（3）火力发电厂的主要生产系统见表 2-1-6。

四、火电厂的技术现状

（一）超临界、超超临界火电机组

从 2002 年起，为提高机组的效率和降低煤耗，我国开始建设超临界火电机组，国内发电设备各制造企业开始生产 600MW 超临界火电机组，参数为 24.2MPa、538℃/566℃和 24.2MPa、566℃/566℃。开始，国内企业都各自寻找了国外合作伙伴，以中方的名义参与招投标，由外方负责机组性能保证。生产了几台机组后，600MW 超临界火电机组已完全国产化，由国内企业自主设计制造了。截至 2007 年底，国内制造企业共接有 600MW 超临界机组订单 203 台，完成生产交货 104 台，在电网中已运行 70 余台。经对投运机组的热力性能测试，供电煤耗达到 295g/kWh，说明我国生产的 600MW 超临界火电机组的性能已达到国际先进水平。

表 2-1-5 火力发电厂分类

分 类	型 式	简 要 说 明
按功能性质	自备电厂	企业单位的自备车间，一般规模较小
	公用事业电厂	五大发电公司投资运营的上网销售电能
按终端产品	发电厂	纯发电
	热电厂	热电联产或热电冷联产
	多联产发电厂	电、化工产品等多联产发电
按冷却方式	湿冷电厂	湿冷发电系统中又分为一次循环冷却、二次循环冷却两种
	空冷电厂	空冷（干冷）系统又分成直接空气冷却、间接空气冷却两种方式
	湿冷空冷电厂	湿冷与空冷联合循环方式。不同冷却方式有不同的设计背压和全年背压运行范围。在设备选型时必须充分考虑这些要求
按使用性质	基本负荷电厂	担任电网中基本电力负荷的电厂
	尖峰负荷电厂	担任电网中尖峰电力负荷的电厂
	紧急备用电厂	经常处于停用状态，当运行电厂发生事故停用时立即投入
按供电方式	孤立电厂	不与大电网相联而独立供电的电厂
	联网电厂	接入大电网联合供电的电厂
按使用燃料	燃煤电厂	根据地区燃煤特性，大致分为无烟煤、烟煤、褐煤和劣质煤四类。按照我国的燃煤政策，应优先采用当地劣质煤
	燃油电厂	除国家批准的燃油电厂以外，应严格控制在电厂内使用燃油。在油源地区可掺烧一部分渣油
	燃气电厂	在产气地区可充分收集天然气使用。当企业有副产品煤气时应尽量使用
	地热电厂	在有地热地区可充分利用地热发电
	太阳能电厂	在缺乏燃料的地区可利用太阳能发电
	废料电厂	充分利用工业企业的废料发电，例如甘蔗渣、锯屑、树皮、城市垃圾等。有工业废热时可采用废热锅炉
按蒸汽压力	低压电厂	蒸汽初压为 0.12～1.5MPa
	中压电厂	蒸汽初压为 2.0～4.0MPa
	高压电厂	蒸汽初压为 6.0～10.0MPa
	超高压电厂	蒸汽初压为 12.0～14.0MPa
	亚临界电厂	蒸汽初压为 16.0～18.0MPa
	超临界电厂	蒸汽初压大于 22.6MPa

续表

分 类	型 式	简 要 说 明
按热力循环	郎肯循环	蒸汽动力装置的基本热力循环
	回热循环	从汽轮机的某些中间级后抽出作过功的部分蒸汽，用以加热给水，其热效率比郎肯循环有显著提高。现代大型机组都无例外地采用给水回热循环
	再热循环	将作过一段功的蒸汽从汽轮机的某一中间级全部引出，送到锅炉的再热器中再加热后，又引入汽轮机的以后级组中继续膨胀作功。通常是在10万kW以上的超高压机组才采用再热循环
	热电循环	汽轮机除了供应电能以外，还利用其抽汽或排汽满足生产和生活上的供热需要。提高燃料的热量利用率
按原动机	汽轮机发电厂	凝汽式——汽轮机的排汽在低于大气压力的真空状态下进入凝汽器凝结成水 背压式——汽轮机的背压大于大气压力，其排汽供热用户使用。当排汽供低压汽轮机工作时，称为前置式汽轮机 抽汽式——利用调整抽汽供热的汽轮机，一般有单级和双级两种。生产抽汽压力一般为0.8～1.6MPa，取暖抽汽压力一般为0.07～0.25MPa
	内燃机发电厂	柴油机——一般作工矿企业自备电源和在缺煤、缺水地区及小城镇作为独立电源 汽油机——容量较小，便于移动 煤气机——利用煤气发生器的煤气推动煤气机发电，一般容量小于50kW
	燃气轮机发电厂	燃气轮机——一般作为事故紧急备用电源，或临时供电的移动式电源。特别适用于缺水地区 自由活塞机——一般是配合燃气透平发电
按厂房型式	封闭方式	室内——主厂房全部为室内式 露天（半露天）——锅炉房露天或半露天居多 地下——战备需要
	安装方式	快装式——设备成组运往现场，很快组装发电

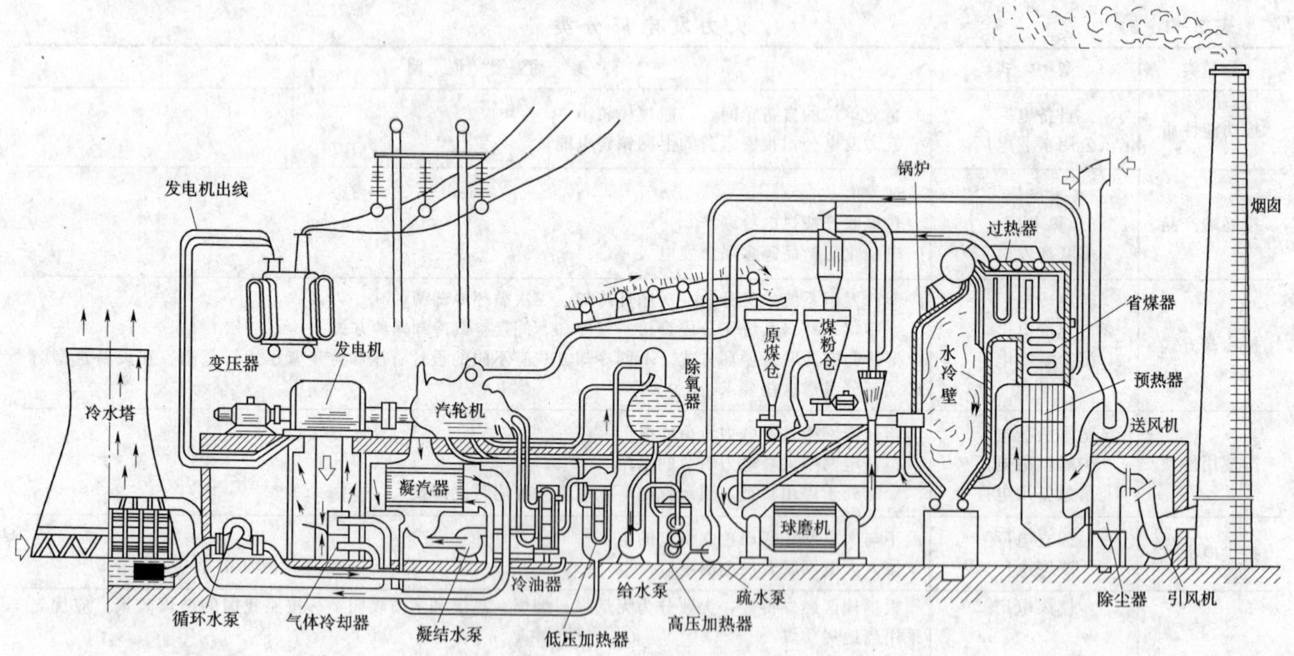

图2-1-1 火力发电厂生产过程示意图

表2-1-6 火力发电厂的主要生产系统

系统名称	任 务	主 要 流 程	基 本 要 求
燃烧系统	用煤将炉水烧成蒸汽（化学能转化为热能）	（1）烟气流程：煤在炉内燃烧后产生的热烟气经过锅炉的各部受热面传递热量后，流过除尘器及烟囱排入大气 （2）通风流程：用通风机供给煤粉燃烧时所需要的空气，用吸风机吸出煤粉燃烧后的烟气并排入大气 （3）排灰流程：炉底排出的灰渣以及除尘器下部排出的细灰用机械或水力排往贮灰场	（1）力求达到完全燃烧，使锅炉效率≥90% （2）磨煤及通风的电耗较小 （3）排烟符合国家卫生标准

续表

系统名称	任 务	主 要 流 程	基 本 要 求
汽水系统	蒸汽推动汽轮机作功（热能转化为机械能）	（1）汽水流程：蒸汽引入汽轮机推动转子旋转后排入凝汽器中冷凝成水，再经升压、除氧、加热后送回炉内，形成闭合的汽水循环 （2）补给水流程：由于汽水循环中有损失，必须经常补充以维持额定出力，补给水要处理合格后送入汽水系统 （3）冷却水流程：在汽轮机排汽的凝结过程中，放出的大量潜热由冷却水带走。冷却水的吸取以及冷却设施等构成冷却水流程	（1）汽水循环中汽水损失量较低 （2）尽可能地利用汽轮机的抽汽回热凝结水，提高锅炉的给水温度
电气系统	汽轮机带动发电机发电（机械能转化为电能）	（1）向外供电流程：发电机发出的电能由变压器升压后经升压配电装置向外供电，以减少电能在线路上的损失 （2）厂用电流程：发电厂内的自用电由变压器降压后经厂用配电装置向厂内各种辅机供电	（1）发供电安全可靠 （2）切除事故迅速 （3）调度灵活 （4）电能质量符合国家标准
控制系统	操作机械化自动化	（1）燃料的装卸、入仓、制粉机械化、自动化 （2）锅炉给水、汽温、燃烧自动调节 （3）锅炉排灰机械化 （4）汽机进汽参数自动调节 （5）回热系统除氧加温自动调节 （6）汽机转速自动调节 （7）电气故障自动切除	（1）降低劳动强度 （2）提高劳动生产率 （3）处理故障迅速 （4）运行指标先进

2003年下半年，我国开始了超超临界机组的建设。经过充分分析论证，一起步就建造1000MW级机组，我国三大制造集团分别从三菱、日立、阿尔斯通、西门子引进了1000MW超超临界技术，依靠国外公司的性能保证和质量保证等合作方式制造了1000MW超超临界机组。2006年底前已投入运行的超超临界机组有华能玉环一期2×1000MW（26.25MPa、600℃/600℃）、邹县四期2×1000MW（25MPa、600℃/600℃），发电效率基本稳定在45%左右，供电标煤耗约为285g/kWh。这4台机组的国产化率约60%，随着制造台数的增加，国产化率将很快提高到85%以上。

目前，我国超超临界机组按容量通常可分为600MW等级和1000MW等级，2007年底前国内制造厂接到的600MW等级超超临界机组订单已有30多套，1000MW等级超超临界机组订单有70余套。

国家发展和改革委员会明确，今后规划新建火电项目都要尽可能采用能源利用效率高的600MW及以上功率的超临界、超超临界火电机组。

（二）燃气轮机及燃气—蒸汽联合循环机组

随着西气东输和进口液化天然气项目的实施，从2003年起，国家实行“以市场换技术”方针，对燃气轮机通过三次“打捆招标”，先后引进GE、MHI、Siemens三家公司9F级和9E级的燃机制造技术，在生产一定台套后可以实现制造全部本地化。2007年底前，国内已制造了4台E级、28台F级（其中四大核心部件全部进口）设备，正面临着天然气供应不足和上网电价偏高两个问题。

我国燃气轮机从装机容量看，F级燃气轮机占70.7%。燃料以天然气为主、液体燃料为辅。机组形式以联合循环机组为主，电厂运行以调峰为主。

燃气—蒸汽联合循环发电技术的特点是：

（1）净热效率高。联合循环机组的热效率已达50%～58%。

（2）单位容量大。燃气—蒸汽联合循环机组的单机容量已达400MW以上。

（3）建设周期短。从订货合同生效开始，1～2年可以建成投产。

（4）单位造价低。约为同容量燃煤机组的70%～80%。

（5）占地和用水少。

（6）启动快，运行维护人员少，调峰幅度大。

（7）污染物排放少。当使用天然气为燃料时，粉尘和SO_2基本为零，标准状况下NO_x排放量低于$25mg/m^3$。

现阶段，我国燃气—蒸汽联合循环机组主要以E级和F级燃气轮机为主，F级燃气—蒸汽联合循环机组的效率可以达到57%左右，发、供电气耗约为127、130g/kWh，折合发、供电标准煤耗为215、220g/kWh左右。

CO_2减排量与常规的亚临界燃煤机组相比可降低30%左右。以天然气为燃料的燃机电厂，标准状况下SO_x的排放约$45mg/m^3$；以液体为燃料的燃机电厂，SO_x的排放控制主要靠燃料的处理控制在较低的水平。燃气轮机可以采用先进的低NO_x燃烧技术，使标准状况下NO_x的排放在燃用天然气时控制在$51mg/m^3$，燃用液体燃料时控制在$90mg/m^3$。

（三）整体煤气化燃气—蒸汽联合循环机组（IGCC）

目前，国际上IGCC已进入商业应用示范电站阶段，其供电效率已达到43%，经示范投运的IGCC电厂有20座，约有6500MW机组在运行，包括规划及在建机组，全世界共有近38座IGCC电站，总装机容量约为18000MW。由于IGCC电站的效率不够高（与超超临界机组比）和建设成本高，还没有进入商业化运行。

2005年我国在山东兖州矿务局建设了80MW的IGCC项目，采用由华东理工大学自主开发，哈尔滨锅炉厂有限责任公司制造的1150t/d水煤浆气化炉，6B低热值燃气轮机由南京汽轮机厂有限公司生产，共计已运行2000多小时。

现阶段我国IGCC工作基本处于可行性研究阶段，目前我国开展前期工作的IGCC项目有10多个。

IGCC是清洁燃烧发电最具发展前景的技术，其特点主要有：

（1）发电效率高，可达43%～45%。

（2）环保性能好，可与天然气电厂媲美。

（3）燃料适应性强，可用高硫煤、石油焦、劣质煤、生物废料等。

（4）在发电同时，可以联产多种化工原料，以及清洁能源，如氢气。

（5）为今后经济收集 CO_2 创造条件。

（6）可用以改造老的燃煤电厂。

（四）循环流化床锅炉（CFB）。

我国 CFB 技术已有相当长的发展历程，截至 2007 年，已形成直到亚临界参数容量达 300MW 的系列，正在自主开发 600MW 超临界 CFB 锅炉。在 100MW 和 300MW 等级中，有自主开发的，也有引进技术的。CFB 技术的特点主要有：

（1）燃烧过程加入石灰石，在适当的钙硫比时可以达到 80%～90%的脱硫率。

（2）流化床属低温燃烧，标准状况下 NO_x 排放量可降到 200mg/m^3 以下。

（3）煤种适应性广，可燃烧低质煤、煤矸石、极低挥发分的无烟煤。

（4）优良的低负荷运行能力，适合调峰运行。

（5）灰渣是较好的建筑材料。

（五）热电联产机组

截至 2007 年，全国已建成 6MW 及以上热电联产机组约 2300 台，总装机容量约占全国火电装机容量的 15%，承担了全国工业供热量的 80.5%，民用采暖供热量的 26%，供热机组供热标准煤耗率为 40.22kg/GJ。热电联产机组的可靠性基本与同容量纯凝汽式机组一致。

国内已投入运行的抽汽凝汽式机组最大为 142MW；背压式机组最大为 50MW；凝汽采暖两用机组最大为 300MW，正在规划 600MW 级超临界凝汽采暖两用机组的建设。

我国北方采暖地区 300MW 热电联产机组发电煤耗基本与超超临界机组相当（约为 275g/kWh 或更低），供热煤耗优于集中锅炉。

为了促进热电站的发展，国家正在制定措施：从技术上扩大供热半径，使热负荷相对增加，不片面强调“热电比”和“以热定电”，条件适当时可采取“以电带热”的方针，鼓励建设 300MW 及以上的两用机组；鼓励发展“热、电、冷”三联产；改革热价的定价方法，采取热价与煤价联动机制等。

（六）大型空冷机组

我国的水资源不丰富，特别是富煤缺水的三北（西北、东北、华北）地区更需要建设空冷发电机组，空冷机组的平均耗水指标为 0.15m^3/(s·GW)，仅为常规燃煤凝汽循环供水机组平均耗水 0.71m^3/(s·GW) 的 21%。而其烟尘、SO_2、NO_x 的排放与同参数的湿冷机组相当。

我国发电装备制造企业已掌握了亚临界参数的 300MW 和 600MW 直接空冷机组设计制造技术，正在建设和投运 600MW 级超临界直接空冷机组。

直接空冷机组供电平均标准煤耗比湿冷机组增加约10～16g/kWh；间接空冷机组的供电标准煤耗较直接空冷系统低，两者相差 5～8g/kWh。因此还需要花大力气开发 600MW 间接空冷机组。

虽然空冷机组运行受环境风速、风向等因素的影响较大，在极端情况下会对机组正常运行产生不利影响，但这种不利影响可以通过设计、运行采取措施尽量避免。因此，空冷机组的可靠性基本与同类机组相似。

（七）内燃机电站

由于内燃机电站占地少、建设快，目前主要用于特殊需要（孤立电源）和应急备用电源，因此功率都不大。20 世纪 80 年代前后，我国南方地区采用过功率较大的低速柴油机发电，按照能源政策和我国电力工业的发展，这些燃油的低速柴油机发电厂都将关停。近来在利用煤层气时，已开始建设采用燃气式内燃机的工程。

内燃机发电厂的优点为占地、用水少，建设快、启动快、投资较少；缺点为燃料油价格高、单机容量小、维修工作量大。

五、火力发电厂的主要技术经济指标

（一）可靠性指标

根据中国电力企业联合会电力可靠性管理中心资料，亚临界 300MW 及 600MW 机组的可靠性指标见表 2-1-7。

表 2-1-7　　亚临界 300MW 及 600MW 机组的可靠性指标

年份	当年在役台数	统计台数	指标平均值			
			等效可用系数 EAF（%）	等效强迫停运率 EFOR（%）	平均无故障可用小时 MTBF [h/(台·年)]	机组年利用小时 UTH [h/（台·年）]
2001	191/22	176/18	91.43/88.75	1.77/2.21	3161/2040	4997/5288
2002	196/25	192/20	91.18/86.39	1.09/2.04	3200/2711	5350/5276
2003	196/30	181/22	90.42/91.41	1.40/1.13	3162/3406	5908/6114
2004	220/42	197/30	91.42/91.07	1.17/1.10	3932/4375	6273/6342
2005	266/59	213/37	92.66/91.04	0.81/1.07	4699/4348	6244/6298

表 2-1-7 中

$$\text{等效可用系数}(\%)=\frac{\text{可用小时}-\text{降低出力等效停运小时}}{\text{统计期间小时}}\times100\%$$

$$\text{等效强迫停运率}(\%)=\frac{\text{强迫停运小时}+\text{第1、2、3类非计划降低出力等效停运小时之和}}{\text{运行小时}+\text{强迫停运小时}+\text{第1、2、3类非计划降低出力备用等效停运小时之和}}\times100\%$$

$$\text{平均无故障可用小时}[h/(台·年)]=\frac{\text{可用小时}}{\text{强迫停运次数}}$$

$$\text{机组年利用小时}[h/(台·年)]=\frac{\text{机组发电量(MWh)}}{\text{机组额定容量(MW)}}$$

由表 2-1-7 可见：

(1)机组的可靠性每年都有所提高，特别在 2003 年以后，600MW 机组的等效可用系数大幅提高，说明我国大容量机组已趋成熟。

(2)2003 年以后电力日趋紧缺，机组的年利用小时和平均无故障可用小时不断攀升，从另一方面说明国产机组的质量和电厂运行管理水平是好的。

(二)煤耗指标和厂用电率指标

全国6000kW及以上机组的煤耗指标平均值见表2-1-8。

表2-1-8 6000kW及以上机组的煤耗指标平均值和厂用电率

年份	标准煤耗(g/kWh)		厂用电率(%)
	发电	供电	
2001	357	385	7.25
2002	356	383	7.10
2003	355	380	
2004	349	376	
2005	350	374	

由表2-1-8可见，自2001年以来每年供电煤耗下降很少。2001～2005年的5年内仅减少11g/kWh，这可能由于小火电数量过多，在缺电期间煤耗很高的小火电仍在全力发电的缘故。

国家发展和改革委员会（简称国家发改委）“节能中长期专项规划”对火力发电厂提出的节能目标是：2010年供电煤耗降到360g/kWh，2020年降到320g/kWh。降低煤耗的主要途径，除多建高效节能的大容量机组外，还要大力淘汰落后的低效浪费能源的小机组。为了降低厂用电率，必须采用高效节能的辅机设备，优化运行方式。

（三）经济性指标

自1997年开始，电力规划设计总院受国家发改委的委托，每年编制一次“火电、送电、变电工程限额设计参考造价指标”。造价指标的主要作用是：

(1) 作为动态管理的依据。

(2) 作为设计部门编制可行性研究报告投资估算、初步设计概算及进行对比分析的参考。当工程技术条件与指标中基本条件不同时，应计入地区调整因素，并根据调整指标、厂址条件等进行修正。

(3) 作为主管机关核准项目时对申请核准报告的投资估算和编报设计任务书投资估算的参考尺度。

(4) 作为各发电公司编制宏观规划的参考资料。

(5) 作为项目法人控制工程投资的参考。

1. 燃煤火电厂参考造价指标

静态燃煤火电厂参考造价指标见表2-1-9。

表2-1-9 静态燃煤火电厂参考造价指标 元/kW

机组容量			2003年	2004年	2005年
300MW亚临界（含脱硫）	2台	新建	4739	4853	4596
	2台	扩建	4081	4176	3682
	4台		4410	4515	4139
600MW亚临界（含脱硫）	2台	新建	3602	3658	
	2台	扩建	3314	3365	
	4台		3458	3512	
600MW超临界（含脱硫）	2台	新建		4074	3919
	2台	扩建		3770	3556
	4台			3922	3638
1000MW超超临界（含脱硫）	2台	新建		4128	3924
	2台	扩建		3878	
	4台			3974	

2. 燃气—蒸汽联合循环电厂参考造价

燃气—蒸汽联合循环电厂参考造价见表2-1-10。

表2-1-10 燃气—蒸汽联合循环电厂参考造价 元/kW

机组容量			2003年	2004年	2005年
9E级（180MW）进口燃气轮机	一拖一	新建		3137	2946
		扩建		3043	2858
9E级（300MW）进口燃气轮机	二拖一	新建	3229		
		扩建	3132		
9F级（400MW）（GE机型）	一拖一	新建	3289	3106	3060
		扩建	3190	3013	2968

3. 燃煤火电厂上网参考电价

燃煤火电厂上网参考电价（2004年水平）见表2-1-11。该参考电价的基本条件是：资本金内部收益率（FIRR）为8%；标准煤价为400元/t；利用小时数为5000h。

表2-1-11 燃煤火电厂上网参考电价

机组容量	台数	性质	基本上网电价（元/MWh）	修正上网电价（元/MWh） 标准煤价（元/t）			
				200	300	500	600
300MW亚临界（含脱硫）	2	新建	358.4	286.1	322.5	394.8	430.7
	2	扩建	332.3	260.0	296.4	368.7	404.6
	4	连续	350.3	277.9	314.2	386.5	422.5
600MW超临界（含脱硫）	2	新建	318.3	251.4	285.0	351.9	385.1
	2	扩建	302.9	236.1	269.7	336.5	369.7
	4	连续	315.1	248.2	281.8	348.7	381.9
1000MW超超临界（含脱硫）	2	新建	318.5	253.4	286.2	351.3	383.7
	2	扩建	308.4	243.3	276.1	341.2	373.5
	4	连续	320.3	255.1	287.9	353.0	385.4

由表1-2-5可见，300MW亚临界机组的上网电价始终高于600MW超临界机组，因为前者的发电煤耗高，单位造价又高。因此，即使是坑口电站，从上网竞争力来看，也以建设600MW超临界机组为合理。1000MW超超临界机组，则在标准煤价超过450元/t时，其上网电价开始低于600MW超临界机组。

4. 燃气—蒸汽联合循环电厂上网参考电价

燃气—蒸汽联合循环电厂上网参考电价（2004年水平）见表2-1-12该参考电价的基本条件是：资本金内部收益率（FIRR）为8%；标准状况下含税气价为1.1元/m^3，利用小时数为3500h。

表2-1-12 燃气—蒸汽联合循环电厂上网参考电价

机组	台数	性质	基本上网电价（元/MWh）	修正上网电价（元/MWh） 标准状况下气价（元/m^3）	
				0.9	1.3
9F	2	新	393.0	353.8	432.1
	2	扩	388.6	349.4	427.7
9E	2	新	409.0	369.3	448.7
	2	扩	404.0	365.1	444.5

由表1-2-6可见，当标准状况下气价为1.3元/m^3时，联合循环电厂的上网电价高出燃煤电厂（含脱硫）40%左右。如燃煤电厂增设脱硝装置，则联合循环电厂上网电价

高30%左右。这样的电价有可能作为电网高峰电价收购。如气价进一步上涨，则联合循环电厂的经济性就需进一步研究，或需出台相应的政策扶持。

（四）大气污染物排放指标

我国燃煤电厂的大气污染物排放实际数量，迄今没有建立以监测技术为支撑的数据库，因此缺少比较精确的数据。根据测算，到2005年末燃煤电厂SO_2年排放总量约为1300万～1400万t，占工业总排放量2000万t的60%～70%；烟尘年排放总量约为300万t，占工业总排放量930万t的30%左右。

"十一五"规划纲要中规定全国主要污染物（指SO_2）在"十一五"时期内排放减少10%，即SO_2的排放量到2010年应控制在1200万～1300万t。这就要求在这5年内将有3亿kW煤电机组需装脱硫装置，届时烟气脱硫机组容量将占煤机总量60%左右。

对于烟尘排放量，要求"十一五"期内仍为300万t左右。这就要求新增煤电全部配备除尘效率99.5%以上的高效除尘器。同时，还要对已有的煤电机组除尘器进行改造，大力提高除尘效率。

对于新建燃煤电厂，大气污染物排放限额目前执行GB 13223—2003《火电厂大气污染物排放标准》，即烟尘量为50mg/m³，SO_2为400mg/m³，NO_x为450mg/m³（煤的挥发分$V_{daf}>20\%$时），并要求预留烟气脱硝装置空间。

对于NO_x排放，虽然排放浓度限值为450mg/m³，锅炉采用分级燃烧技术即可满足上述要求。但随着经济的发展，在位于NO_x污染严重的中心城市和地区，已经陆续出台了更为严格的NO_x排放标准。自2005年开始已有若干大型新建燃煤电厂同时建设烟气脱硝装置。今后新建项目中，要求同时上脱硝装置的将会越来越多。

到目前为止，我国火电厂已有2.5亿kW机组安装了烟气脱硫装置，600kW机组安装了烟气脱硝装置。

（五）耗水指标

根据国家规定，火电企业生产过程中单位发电量取水定额见表2-1-13。

表2-1-13 火电企业生产过程中单位发电量取水定额

m³/MWh

机组冷却形式	单机容量<300MW	单机容量≥300MW
循环冷却供水系统	≤4.80	≤3.84
直流冷却供水系统	≤1.20	≤0.72

设计火电厂时使用的装机取水量定额见表2-1-14。

表2-1-14 设计火电厂时使用的装机取水量定额

m³/(s·GW)

机组冷却形式	单机容量<300MW	单机容量≥300MW
循环冷却供水系统	≤1.0	≤0.8
直流冷却供水系统	≤0.2	≤0.12

为此，火电厂建设必须重视节约用水。在北方缺水地区，新建、扩建电厂禁止取用地下水，严格控制使用地表水，鼓励利用城市污水处理厂的中水或其他废水。原则上应建设大型空冷机组，机组耗水指标控制在0.18m³/(s·GW)以下。这些地区建设的火电厂要与城市污水处理厂统一规划，配套同步建设。坑口电站项目首先考虑使用矿井疏干水。鼓励沿海缺水地区火电厂余热进行海水淡化。

"十一五"规划纲要中提出："十一五"时期单位工业增加值用水量降低30%。中国电力企业联合会提出在"十一五"期间，每千瓦装机耗水量降低10%的指标。由此可见，火电厂的节水任务是十分繁重的。在北方缺水地区采用空冷机组，在沿海缺水地区采用海水淡化技术，将是必然的趋势。

（六）占地指标

节约耕地是我国的一项基本国策。在电站建设时必须严格控制占地规模，节约用地，原则上不得占用基本农田；尽量不占农田，或少占农田，利用非可耕地和劣地。经批准占用耕地的，建设单位必须补充数量、质量相当的耕地。不能自行补充的，必须按规定缴纳耕地开垦费。

"十一五"规划纲要中规定："十一五"期间耕地保有量，在2005年时为1.22亿hm²，2010年时保持1.2亿hm²，以增强可持续发展能力。与国民经济发展需要占地相比，节约耕地的任务是很紧迫的。根据现行国家规定，火电厂的基本占地指标见表2-1-15。

表2-1-15 火电厂的基本占地指标

序 号	建设规模（MW）	单位容量用地（m²/kW）	厂区占地面积（hm²）
1	4×300	0.32	38.4
2	6×300	0.28	50.4
3	4×300+2×600	0.26	62.4
4	4×600	0.23	55.2
5	6×600	0.21	75.6

注 以上数字只是一个基本占地指标，实际上需根据采用的基本工艺系统加以调整，进一步减少用地。

第二节 火电厂的能源转换和效率

一、火力发电厂全厂总效率η_{cp}的计算方法

（1）热量效率方法。凝汽式发电厂的全厂总效率为发电机输出功率N_{el}（以热量计）与燃料所供给的热量之比。即

$$\eta_{cp}=\frac{3600N_{el}}{BQ_L} \tag{2-2-1}$$

$$\eta_{cp}=\prod_{j=1}^{n}\eta=\eta_t\eta_{ri}\eta_m\eta_g\eta_b\eta_p=\eta_{el}\eta_b\eta_p \tag{2-2-2}$$

以1kW·h=3600 kJ做基准来计算q_{cp}，则

$$q_{cp}=\Delta q_b+\Delta q_p+\Delta q_c+\Delta q_m+\Delta q_g+3600\ [\text{kJ/(kW·h)}] \tag{2-2-3}$$

以每产生1kg蒸汽需由燃料提供的执量做基准来计算η_{cp}

$$\eta_{cp}=1-\sum_{j=1}^{n}\frac{\Delta q_j}{q_b}=1-(\Delta q'_b+\Delta q'_p+\Delta q'_c+\Delta q'_m+\Delta q'_g) \tag{2-2-4}$$

根据式（2-2-4）的计算结果，可绘制相应的热流图，图2-2-1为凝汽式发电厂的热流图，该机组有三级回热抽汽。

（2）熵方法。实际电厂的循环总是有些不可逆过程，不可逆过程引起熵增导致作功能力损失。即

$$\sum_{j=1}^{n}\Delta L=T_{en}\sum_{j=1}^{n}\Delta S\quad(\text{kJ/kg}) \tag{2-2-5}$$

（3）㶲方法。由㶲平衡式可求得热力设备的㶲损通式为

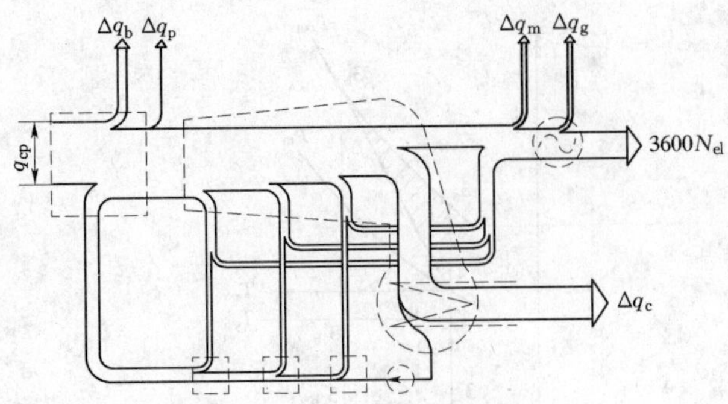

图 2-2-1 凝汽式发电厂的热流图

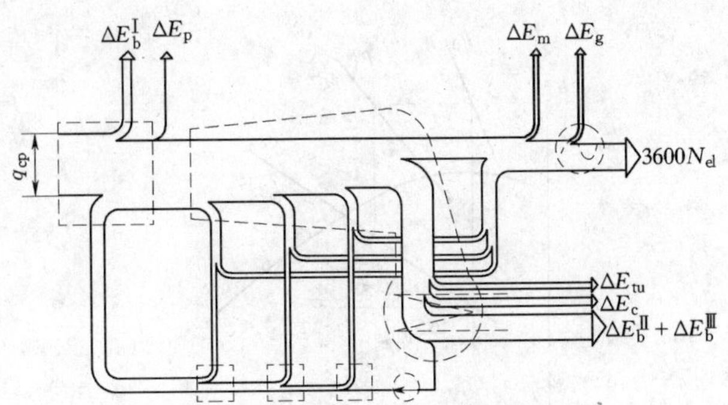

图 2-2-2 凝汽式发电厂的㶲流图

$$\Delta E=(e_{in}+e_q)-(e_{out}+L) \quad (\mathrm{kJ/kg}) \qquad (2-2-6)$$

实际电厂的总㶲损为

$$\sum\Delta E=\Delta E_b+\Delta E_p+\Delta E_{tu}+\Delta E_c+\Delta E_{pu}+\Delta E_m+\Delta E_g \quad (\mathrm{kJ/kg}) \qquad (2-2-7)$$

热源的平均放热温度为 T 时，它供给热流的可用能 L_{max} 为

$$L_{max}=q_b\eta_c=q_b\left(1-\frac{T_{en}}{T}\right) \quad (\mathrm{kJ/kg}) \qquad (2-2-8)$$

电厂各热力设备的㶲损及㶲效率如表 2-2-1 所示。

表 2-2-1 电厂热力设备的㶲损及㶲效率

设 备	特点	㶲 损 (kJ/kg)	㶲效率 (%)
汽轮机	$e_q=0$	$\Delta E_{tu}=e_{in}-e_{out}-L$	$\eta_{ex}^{tu}=\dfrac{L}{e_{in}-e_{out}}$
锅炉、换热器	$L=0$	$\Delta E=e_{in}+e_q-e_{out}+(e_{in}^{rh}-e_{out}^{rh})$	$\eta_{ex}^{b}=\dfrac{e_{out}}{e_{in}+e_q}$
管道	$e_q=0$ $L=0$	$\Delta E_p=e_{in}-e_{out}$	$\eta_{ex}^{p}=\dfrac{e_{out}}{e_{in}}$

显然，全厂㶲效率为

$$\eta_{ex}^{cp}=1-\frac{\sum\Delta E}{L_{max}} \qquad (2-2-9)$$

上述三种评价电厂热经济性的方法，其热功理论基础，平衡式的内容，分析的角度及应用是各不相同的。

效率法以热力学第一定律为依据，其实质是能量的平衡，从数量上计算各设备乃至全厂的热效率。其缺点是只表明热功间的等价能量转换，没有揭示热功转换的可能性、方向性和条件性。熵方法和㶲方法均以热力学第一、第二定律为基础，其实质是㶲平衡，都揭示了热功转换过程中的不可逆性引起的损失，熵方法只计算作功能力损失，㶲方法则计算作功能力，是热功转换过程的不同的两个方面（同一个热功过程的两面)，并表明了热功转换过程的可能性、方向性和条件性。效率法的冷源损失最大，锅炉的热损失却最小，如图 2-2-1 所示。图 2-2-2 所示为凝汽式发电厂的㶲流图，该机组也系三级回热抽汽，它的冷源热损失数量虽大，但其品位低，㶲损很小；相反，锅炉的热损失因品位高，㶲损却最大。

目前，效率法仍广泛用于评价发电厂的热经济性。但是，随着节能深入开展的需要，熵方法和㶲方法正被逐渐用于动力工程的热工计算。

二、典型不可逆过程的作功能力损失

发电厂的热功能量转换过程中的不可逆过程，均导致作功能力损失。它们主要是下列几种：

(1) 有温差的换热过程，如图 2-2-3 所示。工质 A 经过 1-2 过程被冷却，其平均放热温度为 $\overline{T}_a$，放热量为 dq，其作功能力减少了 $(1-T_{en}/\overline{T}_a)$ dq；工质 B 经过 3-4 过程被加热，其平均吸热温度为 $\overline{T}_b$，吸热量为 dq，其作功能力增加了 $(1-T_{en}/\overline{T}_b)$ dq。它们的平均换热温差为 ΔT，于是该有温差换热不可逆过程的㶲损（作功能力损失）为

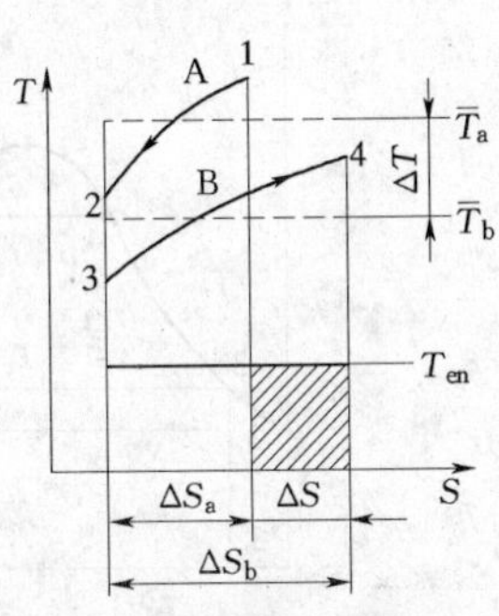

图 2-2-3 有温差的换热过程

$$\begin{aligned}\Delta E&=\left(1-\frac{T_{en}}{\overline{T}_a}\right)\mathrm{d}q-\left(1-\frac{T_{en}}{\overline{T}_b}\right)\mathrm{d}q\\&=T_{en}\left(\frac{\overline{T}_a-\overline{T}_b}{\overline{T}_a\overline{T}_b}\mathrm{d}q\right)\\&=T_{en}\left(\frac{\Delta T}{\overline{T}_b+\Delta T}\right)\left(\frac{\mathrm{d}q}{\overline{T}_b}\right)\\&=T_{en}\Delta S \quad (\mathrm{kJ/kg})\end{aligned} \qquad (2-2-10)$$

由式 (7-1-30) 可知：环境温度 T_{en} 一定时，换热温差 ΔT 愈大，熵增 ΔS 和㶲损 ΔE 也愈大。dq 愈大，因 ΔT 引起的㶲损也愈大。若 ΔT 一定，工质 B 的平均温度 $\overline{T}_b$ 愈高，㶲损愈小，即高温换热的㶲损较低温换热时为小。

(2) 有压降的绝热节流过程，如图 2-2-4 所示。发电厂的汽水介质流经绝热良好的管道或管件时产生有压降的绝热节流过程，其温度变化视绝热的良好程度而定。由锅炉来的新蒸汽经主蒸汽管道进入汽轮机即系有压降的绝热节流过程，其作功能力损失 ΔE_p^{I} 如图 2-2-4 中面积 $0'-1_a'-1_a''-0''-0'$ 所示，即

$$\Delta E_p^{\mathrm{I}}=T_{en}\Delta S_p=T_{en}(S_1-S_0) \quad (\mathrm{kJ/kg}) \qquad (2-2-11)$$

(3) 有摩阻的绝热压缩（膨胀）过程，如图 2-2-5、图 2-2-6 所示。蒸汽在汽轮机中不可逆绝热膨胀，水在水泵中被不可逆绝热压缩等都属于有摩阻的绝热过程，其㶲损分别为 $\Delta E_{tu}^{\mathrm{I}}$、$\Delta E_{pu}$，即

$$\Delta E_{tu}^{\mathrm{I}}=T_{en}\Delta S_{tu}$$

$$\Delta E_{pu}=T_{en}\Delta S_{pu}$$

超高参数以上电厂的给水泵乃至凝结水泵的泵功是不能忽略的。泵功转变为热量使给水焓升增加 $\Delta\tau_{fw}$，并可近似地按下式计算

$$\Delta\tau_{fw}=\frac{10^3(p_{out}v_{out}-p_{in}v_{in})}{\eta_{pu}}\approx\frac{10^3v_{cp}(p_{out}-p_{in})}{\eta_{pu}} \quad (\mathrm{kJ/kg}) \qquad (2-2-12)$$

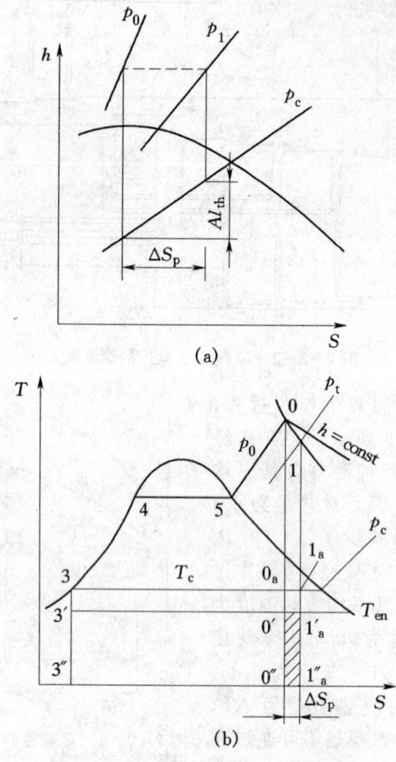

图 2-2-4　有压降的绝热节流过程

(a) h—S 图；(b) T—S 图

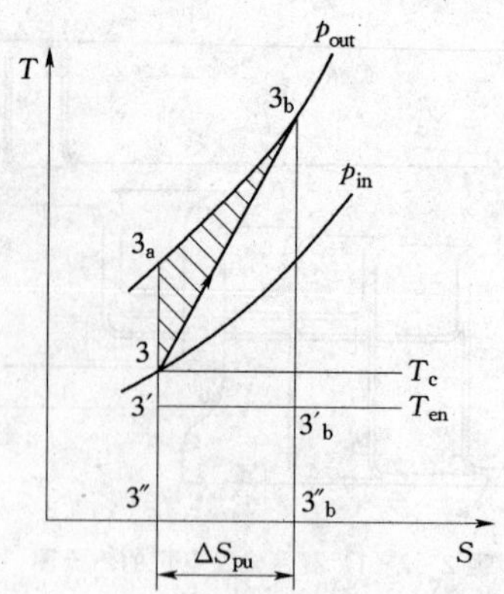

图 2-2-5　有摩阻的绝热压缩（膨胀）过程

(4) 两种介质混合。两种不同状态参数的工质相混合而不引起化学变化时，其混合焓 h_{mix}、作功能力损失 ΔE_{mix} 为

$$h_{mix}=\frac{m_1h_1+m_2h_2}{m_1+m_2}\quad(\text{kJ/kg})\tag{2-2-13}$$

$$\begin{aligned}\Delta E_{mix}&=m_1e_1+m_2e_2-(m_1+m_2)e_{mix}\\&=T_{en}[(m_1+m_2)S_{mix}-m_1S_1\\&\quad-m_2S_2]\quad(\text{kJ/kg})\end{aligned}\tag{2-2-14}$$

实际发电厂的能量转换过程较为复杂，它是若干不可逆过程的组合，若忽略泵功，其 T—S 图如图 2-2-6 所示。

表 2-2-2 列出以 1kg 煤的发热量为基准的各项㶲损计算式及在图 2-2-6（b）的对应面积，G 为 1kg 煤的产汽量 $\left(G=\frac{Q_L\eta_b}{h_0-h_3}\right)$。

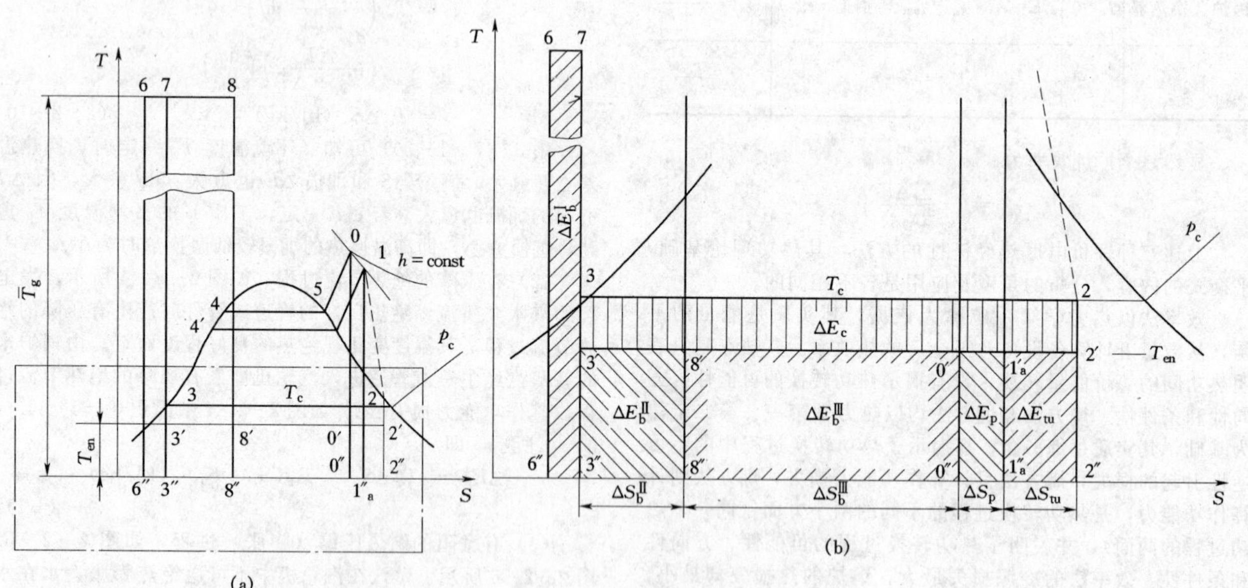

图 2-2-6　凝汽式发电厂的㶲损分布

(a) 全图；(b) 局部详图

由表 2-2-2 可见，由于锅炉的换热温差很大，其㶲损 ΔE_b^{III} 为最大，而凝汽器的换热温差很小，㶲损也不大。

公式图形中的符号说明见表 2-2-3。

三、提高发电厂热经济性的途径

减小电厂的不可逆性损失，即可提高发电厂的热经济性，其主要途径是提高工质的吸热过程平均温度，降低排汽过程的平均放热温度。

(1) 提高蒸汽初参数以提高循环的平均吸热温度。提高蒸汽初温总是可以提高循环热效率，在一般常用压力下提高蒸汽初压也可以提高循环热效率。两者对汽轮机相对内效率的影响各不相同，因而汽轮机的绝对内效率会有不同方向变化。它与蒸汽容积流量有关，还要根据金属材料所能承受的最高允许温度，以及允许的最大排汽湿度来配合选择蒸汽初参数。

表 2-2-2　凝汽式发电厂的㶲损

项　目	㶲损计算式 (kJ/kg)	在图 2-2-5 中所示面积
锅炉的散热损失	$\Delta E_b^{I}=Q_L\ (1-\eta_b)$	6—7—3″—6″—6
化学能变为热能的㶲损	$\Delta E_b^{II}=T_{en}\left(\frac{h_0-h_3}{\overline{T}_g}\right)G$	3′—8′—8″—3″—3′
锅炉中有温差换热的㶲损	$\Delta E_b^{III}=T_{en}\left[(S_0-S_3)-\left(\frac{h_0-h_3}{\overline{T}_g}\right)\right]G$	8′—0′—0″—8″—8′
主汽管中散热和节流损失	$\Delta E_p=[(h_0-h_1)+T_{en}(S_1-S_0)]G$	其中管道节流损失 0′—1′ₐ—1″ₐ—0″—0′
汽轮机的不可逆膨胀㶲损	$\Delta E_{tu}=T_{en}(S_2-S_1)G$	1′ₐ—2′—2″—1″ₐ—1′ₐ
凝汽器有温差换热㶲损	$\Delta E_c=T_{en}\left[\left(\frac{h_2-h_3}{T_{en}}\right)-(S_2-S_3)\right]G$	2—3—3′—2′—2
汽轮机机械热损失	$\Delta E_m=(h_1-h_2)(1-\eta_m)G$	
发电机热损失	$\Delta E_g=(h_1-h_2)\eta_m(1-\eta_g)G$	

表 2-2-3　公式图形中的符号说明

符　号	说　明
主要符号：η	功率，%
N	功率，kW
B	燃料量，kg/h
Q	燃料发热量，kJ/kg
T	热力学温度，K
S	熵，kJ/（kg·K）
E	㶲，kJ/kg
e	比㶲，kJ/kg
L	功量（以热量计），kJ/kg
上角标：rh，	再热循环的
上、下角标：b	锅炉的
p	管道的
tu	汽轮机内不可逆膨胀损失的
pu	管道内损的
下角标：t	热的
r_i	相对内部的
m	机械的
g	发电机的
el	电功率的
c	凝汽气流的
f	摩擦的
en	环境的
in	输入的
out	输出的
ex	展开长度的
cp	凝汽式发电厂的
fw	给水的
mix	混合的

一般碳素钢或低合金钢的允许蒸汽温度在 450℃以下，中合金钢为 510～520℃，高级合金钢如珠光体钢为 560～570℃，奥氏体钢则更高，但价格颇为昂贵。各国耐热合金钢体系，视其资源而定。

采用高的蒸汽初参数的热经济效益为：由中参数提高至高参数可节省燃料 12%～16%；再提高至超高参数并采用中间再热，又可节省燃料 8%～8.5%；若再提高至超临界参数采用一次中间再热，还可节省燃料 8%～10%。

提高蒸汽初参数，不仅要考虑热经济性的提高，还应考虑技术经济效益，它与主、辅热力设备的投资等有关，并应考虑安全可靠性，冶金、制造水平、资金支付能力、运行费用以及产品系列等方面情况，通过全面的技术经济论证后才能确定。

高参数必然是大容量的机组，容量大一倍的火电机组，每千瓦投资节省 10%～15%，制造所需材料节省 20%～25%，建筑安装材料节省 25%～30%，建设工作量减少 30%～35%；但是其平均可用率降低了。表 2-2-4 为机组单位容量与单位造价、平均可用率的关系。机组单位容量的确定还与电力系统的构成，系统备用容量，以及电厂在系统中的地位有关。如该电机组带基本负荷，火电大机组却要承担调峰负荷。

表 2-2-4　机组单位容量与单位造价、平均可用率

机组容量 (MW)	单位造价 (%)	平均可用率 (%)
200	100	86.8
300	90	85.2
600	80	77.9
800	77	74
1000	74	73.5
1300	72	

技术经济比较的实质是煤钢比价，不同国家、或同一国家的不同时期是各有不同的。世界上能源紧张，特别是西方国家有石油危机，为了节能，趋向于采用更高的超临界蒸汽初参数，甚至两次中间再热、1000MW 的大机组。

我国采用的发电厂蒸汽初参数如表 2-2-5 所示。

（2）降低蒸汽终参数以降低循环的平均放热温度。降低蒸汽终参数，其平均放热温度明显下降，总是使循环热效率显著提高。凝汽式汽轮机的蒸汽终参数取决于凝汽器的真空度，而凝汽器的真空度又与冷却水的温度和流量、凝汽器的

表 2-2-5　　我国发电厂的蒸汽初参数

级别 \ 设备参数	锅炉出口			汽轮机进汽			机组额定容量
	p_b		t_b	p_0		t_0	N
	MPa	ata	℃	MPa	ata	℃	MW
次中参数	2.55	26	400	2.35	24	390	0.75，1.5，3
中参数	4.02	41	450	3.43	35	435	6，12，25
高参数	9.9	101	540	8.83	90	535	50，100
超高参数	13.83	141	555/540	12.75 13.24	130 135	535/535 550/550*	200 125
亚临界参数	16.77	171	555	16.18	165	535/535 550/550*	300，600 300

注　N125、N300 型机组曾采用。

结构、汽轮机末级的通流面积、余速损失、湿汽损失、汽轮机的负荷和真空系统的严密性、清洁度等因素有关。其中影响冷却水温的自然条件和影响汽轮机末级通流面积的技术条件是决定凝汽器极限真空的两个主要因素。由于我国的幅员辽阔，不同地区的排汽压力也应有所不同，北方地区的冷却水温、排汽压力较南方低。合理的排汽压力仍应通过技术经济比较来确定。

保持凝汽器的最佳真空是运行电厂节能的有效措施之一。在蒸汽负荷、冷却水进水温度一定的条件下，汽轮机功率随着循环水量的增大而提高，相应循环水泵的耗电量随之增加。所谓凝汽器的最佳真空是指净功率为最大时的真空度，如图 2-2-7 所示。不同蒸汽负荷不同冷却水温时的最佳真空，需通过试验来确定。

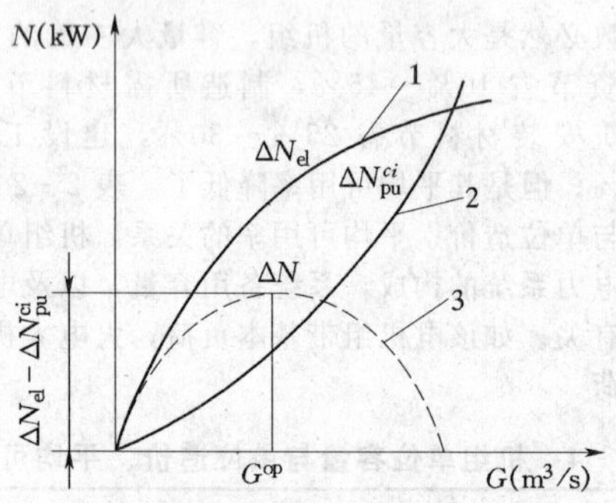

图 2-2-7　凝汽器的最佳真空的图解法

1—汽轮机功率增加 ΔN_{el}；2—循环水泵耗功率增加 ΔN_{pu}^{ci}；3—汽轮机增加的净功 $\Delta N=\Delta N_{el}-\Delta N_{pu}^{ci}$

(3) 采用蒸汽中间再过热以提高循环的平均吸热温度。再热参数选得合理，可提高整个再热循环的平均吸热温度，相应增加循环热效率，并使得排汽压力下的蒸汽湿度降低至允许范围。通常再热温度每提高 10℃，循环热效率可提高 0.2%～0.3%。

蒸汽初、终参数，再热温度一定时，再热压力有一最佳值。若再热前的高压缸有回热抽汽时，取为初压的 18%～20%，若再热前无回热抽汽时，取为初压的 22%～26%。经济上的合理再热参数，应通过综合的技术经济比较来确定。由于能源紧张和石油危机的关系，以及冶金科学技术水平的提高，工业发达国家的发电厂蒸汽初参数和再热参数均有回升提高的趋热，有的再热蒸汽温度略高于新汽温度 3～5℃，并采用两次中间再热。

采用一次中间再热，可使机组的热经济性约提高 5%；采用两次中间再热，可再提高 2%左右。一般 100MW 以上的高参数机组采用一次再热，超临界参数机组才考虑两次中间再热。再过热方法中以烟气再过热的方法，应用得最为广泛。

我国 N125、N200、N300 型机组均为一次烟气再过热。

(4) 其他技术措施：

1) 采用给水回热以提高循环的平均吸热温度。

2) 尽可能地合理减少能量转换过程中的各项不可逆损失。

3) 有合适的热用户时，尽可能合理地采用热电联合能量生产，或联片集中供热，以提高热能有效利用程度。

4) 充分利用低位热能，以提高热利用率。

显然，不能孤立地追求热经济性的提高，必须综合考虑技术经济等各方面因素，全面论证后才能确定上列某项技术措施的可行性。

(5) 改善煤电行业高排放现状的 CCS 技术和 CCUS 技术。提高能效、发展替代能源和把二氧化碳封存起来是减排的三大主要手段。根据国际能源署（International Energy Ageney，简称 IEA）的研究，在 2℃升温的情景下，2020 年，2030 年和 2050 年由提高能效带来的减排量将分别占当年能源相关减排量的 65%、57%和 54%。但随着高能效技术的“天花板效应”逐渐显现，替代能源资源由易开发逐渐转为难开发等原因，最后一种方式，即封存二氧化碳，将对总减排量的贡献逐年上升。2020 年占 3%，2030 年为 10%，到了 2050 年可能达到 19%，成为减排份额最大的单个技术。

把二氧化碳封存起来的技术全称是：碳捕获与封存技术（Carbon Capture and Storage，CCS），指的是将大型发电厂、钢铁厂、化工厂等排放源产生的二氧化碳收集起来，注入地下——通常是盐碱含水层或开采完的油田、矿井。科学家形象的比喻 CCS 技术是把向天空喷烟吐雾的烟囱倒过来伸向地底下。这项技术可令全球发电厂的二氧化碳排放量减少 90%。

CCS 技术产生于 20 世纪 70 年代，为了提高石油开采效率，美国德克萨斯州的油田曾尝试将二氧化碳注入地下。CCS 技术有三个环节：捕获、运输和隔离，现在都已有了成熟技术。只要小心选址，对速度有更精准的把握，二氧化碳的泄漏率控制在每千年泄漏 1%，透水岩层可以将二氧化碳储存百万年以上。

中国 75%的电力来自燃煤火力发电厂，因此 CCS 技术在中国具有特殊意义。2008 年夏天，华能北京热电厂启动了中国首个 CCS 项目，每年可捕捉 3000t 碳。他们不是把捕获后的二氧化碳封存起来，而是循环后用到可乐等碳酸饮料和干冰的制作。2009年华能又在上海启动了类似的年搜集能力为12万t的示范项目。神华集团也在内蒙古的鄂尔多斯煤制油示范工程配套项目上展开了CCS示范项目。中石油从2002年开始就在大庆油田开始推广二氧化碳驱油提高石油采收率的实验。

清华大学热能工程系、CCS研究专家姚强教授认为，CCS技术不是单个技术，而是将系列技术串联后的技术系统，考虑到CCS技术的成本因素，还需进一步加强科学研究和技术开发，而非一下子大规模推广，可作为示范项目启动。科技部21世纪议程管理中心副主任彭斯震强调，对中国来说用CCUS（碳捕集再利用与封存）代替CCS（碳捕集与封存）更现实。

(6) 提取黄金的技术。日本《每日新闻》2010年8月25日报道，俄罗斯中部城市叶兴捷琳堡一人研究机构正在开发从煤炭火力发电站排出的烟气中提取黄金的技术。煤炭燃烧产生的烟气中含有微量的黄金。开发的目的是在不花费开采经费的情况下提取出贵重金属。煤炭中除了金元素外，还含有镍、铁、铜等重金属，从燃烧煤炭产生的烟气中提取这些金属的技术已经取得实验阶段的成功，目前，除了黄金以外，其他金属尚没有实用化的计划。预定2010年12月前完成的进入实用阶段所需的提取装置，如果实现实用化，俄罗斯将成为第一个掌握该技术的国家。

第三节　火电厂的建设规划

一、火电厂规划应遵循的基本原则

(1) 发电厂的机组容量，应根据电力系统规划容量、负荷增长速度和电网结构等因素进行选择。最大机组的容量以占系统总容量的8%～10%为宜。对大型电力系统中的主力发电厂，应选用大容量机组。

为便利生产管理，加快建设速度，新建发电厂应一次做好规划。一个厂房内的机组其台数以不超过6台，容量等级以不超过两种为宜。同容量机炉宜采用同一制造厂的同一型式，其配套设备的型式也应尽量一致。

(2) 发电厂的总体规划，应根据发电厂的生产、施工和生活需要，结合厂址及其附近地区的自然条件和建设计划，按批准的发电厂规划容量，对厂区、施工区、生活区、水源地、供排水设施、灰管线、贮灰场、厂外交通、出线走廊等，从近期出发，考虑远景，统筹规划。

(3) 发电厂的厂区规划包括生产区和厂前区两部分。

生产区应以工艺流程合理为原则，以主厂房为中心，结合各生产辅助设施及系统的功能，分区集中，紧密配合，因地制宜地进行布置。

厂前区规划应以方便生产管理为原则，合理布置生产管理和生活福利等建筑，做到与生产区联系方便、环境清净、生活便利、厂容美观。

(4) 发电厂厂外部分设施，包括交通运输、供水和排水、灰渣处理、输电线和供热管线、生活区和施工区等，应在确定厂址和落实各个主要系统的基础上，根据发电厂的规划容量、初期建设规模、建设速度和厂址的自然条件，全面考虑，综合规划。

(5) 发电厂主厂房布置应适应电力生产工艺流程的要求，并做到：设备布局和空间利用合理；管线连接短捷整齐；厂房布置恰当、简洁明快；为安全运行和操作维护创造良好的工作环境；巡回检查的通道畅通；设备的布置符合防火、防爆、防潮、防冻等有关要求；厂房内的空气质量、通风、采光、照明和噪声等符合现行有关标准的规定。

主厂房内应设置必要的检修设施、适当的检修场地，以及检修设备和部件的运输通道。

(6) 汽机房内100～200MW机组4台及以上时，300MW及以上机组2台及以上时，可装设2台起重量相同的桥式起重机。桥式起重机的起重量应根据检修时起吊的最重件（不包括发电机静子）选择。桥式起重机的安装标高应按所需起吊设备的起吊高度确定。

(7) 锅炉房内对220t/h锅炉，每4～6台可设1台电梯；对400～410t/h锅炉，每2台锅炉可设1台电梯；670t/h锅炉，当相邻两台锅炉相隔较远时，每台锅炉可装设1台电梯，相隔较近时，每2台锅炉可装设1台电梯；对1000t/h及以上锅炉，每台锅炉可装设1台电梯。

电梯型式宜为客货两用，起重量1～2t。电梯应能在锅炉本体各主要平台层停靠。

(8) 除桥式起重机和电梯外，在主厂房内还应设置必要的检修起吊装置：

1) 在锅炉房内应有将物件从零米提升到炉顶平台的电动起吊装置和起吊孔，其重量一般为1～3t。

2) 送风机、吸风机、一次风机、排粉机和磨煤机等设备及其电动机的上方应设置起吊装置。

3) 在煤仓间固定端应有自底层至煤仓层的起吊孔，并装置起吊装置。

4) 布置在除氧间内的给水泵及卧式加热器的上方，以及虽布置在汽机房内，但在桥式起重机起吊范围以外的给水泵、凝结水泵、射水泵、工业水泵、轴承冷却水泵和轴承冷却器等设备及其电动机上方，也应装设必要的起吊设施。

对起重量较大及检修较频繁的设备，宜采用电动起吊设施。

二、厂址选择

(1) 发电厂的厂址选择应根据中长期电力规划、燃料资源、运输条件、地区自然条件和建设计划等因素全面考虑；应从全局出发，正确处理与农业、其他工业、国防设施和人民生活等方面的关系。有条件时，宜靠近城镇。

(2) 大型燃褐煤或其他低热值煤的凝汽式发电厂宜在煤矿区建厂。

(3) 选择厂址时，应注意节约用地，尽量利用荒地和劣地，还应注意少拆迁房屋，减少人口搬移，尽量减少土石方量。

(4) 厂址标高应高于频率为1%的高水位。如厂址标高低于上述高水位时，厂区应有防洪围堤或其他可靠的防洪措施。

对位于江、河旁的发电厂、其防洪堤的堤顶标高应高于频率为1%的高水位0.5～1.0m；对位于海滨的发电厂其防洪堤的堤顶标高应按频率为1%的高水位（或潮位）加频率为2%的风浪高和0.5m的安全超高确定。

在有内涝的地区建厂时，防涝围堤堤顶标高应按历史上出现的最高内涝水位加0.5m的安全超高确定。当有排涝设施时，则按设计内涝水位加0.5m的安全超高确定。围堤应在初期工程中一次建成。对位于山区的发电厂，应考虑防、排山洪的措施，防排设施应按频率为1%的山洪设计。

(5) 供水水源必须落实可靠，并应考虑水利规划对水源变化的影响。直流供水的发电厂应靠近水源，并应考虑进排水对水域的影响。

(6) 选择厂址时，应落实运输条件。对采用铁路运输的发电厂，应考虑发电厂的铁路专用线便于同国家铁路线或其他工业企业的专用线相连接，其连接距离宜短捷，并应避免建造大型桥梁、隧道或与国家铁路线交叉；对采用水路运输的发电厂，应根据船舶的吨位和泊位，在厂址范围内或其附近选择河道稳定、水流平缓、水域开阔、地质良好的地段作为码头的位置。当燃料、设备和材料采用水路运输时，发电厂不宜设铁路专用线。

(7) 选择燃煤发电厂的厂址时，必须选择合适的贮灰场。贮灰场应不占或少占农田，能满足环境保护的有关要求。贮灰场的总容量应能存放 20 年左右规划容量计算的灰渣量。贮灰场可分期分块建设，初期容量以能存放 10 年左右按本期容量计算的灰渣量为宜。

贮灰场宜靠近发电厂，利用附近的山谷、洼地、海涂、滩地、塌陷区等建造贮灰场，并宜避免多级输送。

贮灰场应选择筑堤工程量小，布置防排洪构筑物有利的地形；坝址附近应注意有足够的筑坝材料，并尽量考虑利用灰渣分期筑坝的条件。

(8) 选择厂址时，应充分考虑出线条件，按发电厂接入系统的规划要求，留有足够的出线走廊，力求避免交叉。

(9) 发电厂的厂址应考虑选在大气扩散稀释能力较强的地区。

(10) 发电厂厂外供热管线的母管走廊，宜布置在汽机房外侧的适当地位，当条件受限制时，也可布置在厂区围墙以外。供热母管宜采用多管共架建设。当跨越铁路时，轨顶至管底（或管架底）的净高不宜少于 5.5m；当跨越公路或交通要道时，不宜少于 4.5m。

(11) 选厂外部条件的若干技术原则如表 2-3-1 所示。（表中参考造价为 1988 年数，下同）。

(12) 施工用地参考指标如表 2-3-2 所示。

(13) 规划选厂的主要技术数据如表 2-3-3 所示。

(14) 冷却倍数一般取值如表 2-3-4 所示。

(15) 实际采用冷却倍数（夏季）如表 2-3-5 所示。

表 2-3-1　选厂外部条件若干技术原则

项　目	内　容
厂址位置的选择	(1) 应根据燃料资源的开发、生产、运输、用电需要、电力系统规划和地区建厂的自然条件等方面要求，选择厂址位置 (2) 应对建厂的煤、灰、水、运、防洪、地质地震、环境保护、土石方量、征地拆迁等方面的条件，进行周密分析研究，并按可行性研究内容深度规定的要求，多选几个厂址，全面比较，选出最优方案
厂址用地	(1) 选择厂址时，应注意节约用地，尽量利用荒地、空地或劣地；非用好耕地不可时，应精打细算，尽量少占 (2) 应尽量避免或减少拆迁房屋和人口搬迁 (3) 按规划容量确定用地多少。当分期建设时，应根据建设需要，分期使用
厂址土石方量	(1) 选择厂址时，应尽量选择比较有利的地形，总平面布置要因地制宜，合理布置，避免大量开挖和回填 (2) 2×200MW 及 2×300MW 机组的厂区（不包括灰坝）总土石方挖填量，一般为 60～80 万 m^3
供水系统	(1) 直流供水系统的厂址尽量靠近水源，其取排水管长度，一般约 1km，补充水管长度一般约 10km，循环水泵总扬程，一般约 25m (2) 应采取严格的节水措施，如冷却塔内装除水器、回收工业水和除灰水等 (3) 当供水系统为冷却塔冷却方式，补给水采用深井方案，补给水管长在 10km 以下时，200MW 机组供水系统参考造价为 40～50 元/kW，300MW 机组为 35～45 元/kW
水力除灰系统	(1) 贮灰场的容量，应满足设计规范所规定的要求，根据具体情况，考虑分期建设、分批贮灰和覆土造地还田等切实措施 (2) 要精心设计，力求技术先进，经济合理，尽量考虑利用灰渣分期筑坝的可能条件 (3) 2×200MW 及 2×300MW 机组的灰坝土石方量，约 50～70 万 m^3，围海筑坝，约 80～100 万 m^3，除灰管线由贮灰场至厂房的长度约 5～10km。200MW 机组水力除灰系统参考造价为 30～45 元/kW，300MW 机组为 35～50 元/kW
交通运输系统	(1) 厂外铁路专用线应力求短捷，尽量避免修建大中型桥梁及隧道等人工构筑物，尽量避免与人流货流频繁的道路交叉。其长度一般为 5～10km (2) 电厂的可行性研究与厂外铁路专用线接轨点和码头等方案的可行性研究，应同步进行，防止厂外铁路和码头投资过大和失控 (3) 200MW 及 300MW 机组的厂外铁路、公路交通运输系统参考造价为：新建工程为 30～40 元/kW，扩建工程为 10～15 元/kW。海运时，增加 50～70 元/kW，江运时，增加 15～20 元/kW
水、灰、运三者参考造价	200MW 及 300MW 机组的供水、水力除灰、厂外铁路公路运输三者的总单位参考造价为：新建工程，100～135 元/kW；扩建工程，80～110 元/kW

表 2-3-2　施工用地参考指标

汽机容量 (MW)	锅炉容量 (t/h)	施工场地面积 (hm^2)			生活区用地 (hm^2)	施工用地合计 (hm^2)
		土建	安装	合计		
2×200	2×670	10～12	7～8	17～20	8.5～11.5	25.5～31.5
2×300	2×1000	11～14	8～9	19～23	10～13	29～36
2×600	2×1857～2×2000	14～19	9～11	23～30	12～15	34～45

注　本指标按两台机组新建连续施工考虑，包括永久围墙内外的全面施工用地，不包括厂外水工建筑物的施工用地。

表 2-3-3 **规划选厂的主要技术数据**

机组机型	装机台数（台）	总容量（MW）	最大利用小时数（h）	耗煤量（万 t/a）	厂区用地（hm^2）	电厂最大耗水量		灰渣量（万 m^3/a）	
						直流供水（t/s）	循环供水（t/h）	多管式除尘器（$\eta=70\%$）	水膜式或电除尘器（$\eta=95\%$）
31—6	4	24	4000	7.6	5～8	1.21—1.62 / 1.75—2.02	304—388 / 370—464	—	—
	6	36	4000	11.5	8～10	1.81—2.42 / 2.62—3.02	456—562 / 555—681	1.78	2.2
31—12	4	48	4500	15.7	8～10	2.13—2.86 / 3.12—3.6	420—600 / 640—720	2.44	3.01
	6	72	4500	23.6	10～12	3.2—4.3 / 4.67—5.4	780—900 / 960—1080	3.66	4.51
31—25	4	100	5000	31.3	10～13	4.2—5.58 / 6.06—7.0	968—1120 / 1196—1352	5.35	6.56
	6	150	5000	51.4	12～16	6.24—8.37 / 9.09—10.5	1452—1680 / 1794—2028	7.98	9.83
31—50	4	200	5500	64.6	15～20	8.5—11.4 / 12.4—14.4	1864—2180 / 2340—2656	10.02	12.34
	6	300	5500	97.0	20～25	12.7—17.1 / 18.6—21.5	2796—3270 / 3510—3984	15.04	18.54
51—25	4	100	6000	36.9	10～13	3.8—5.02 / 5.4—6.2	886—1016 / 1084—1216	5.72	7.05
	6	150	6000	55.4	12～16	5.7—7.5 / 8.2—9.4	1329—1524 / 1628—1824	8.61	10.59
51—50	4	200	6000	70.6	15～20	6.46—8.7 / 9.44—10.9	1460—1702 / 1824—2064	10.95	13.51
	6	300	6000	106	20～25	9.7—13 / 14.2—16.4	2190—2553 / 2736—3096	16.42	20.22
51—100	4	400	6500	140	20～25	12.4—16.8 / 18.2—21.2	2738—3208 / 3448—3912	21.7	26.7
	6	600	6500	210	25～30	18.6—25.1 / 27.3—31.7	4107—4812 / 5172—5868	32.6	40.2
61—200	2	400	7000	137	20～25	10.5—14.3 / 15.5—18.1	2282—2690 / 2900—3310	—	—
	4	800	7000	274	28～40	20.9—28.5 / 31—36.1	4564—5380 / 5800—6620		
61—300	2	600	7000		23～28	22.5	3300		
	4	1200	7000		36～48				
61—600	2	1200	7000		30～35				
	4	2400	7000		60～84				

注 1. 耗水量一栏表示：$\frac{\text{冬季我国北部地区—南部地区}}{\text{夏季我国北部地区—南部地区}}$。

2. 循环供水量，在缺水地区可按减少 10% 考虑。

3. 灰份按 $A_p=20\%$ 计算。

表 2-3-4 **冷却倍数一般取值**

地 区	直 流 供 水		循环供水	直流供水夏季平均水温（℃）
	夏 季	冬 季		
北方（东北、华北、西北）	50～55	30～40	60～75	18～20
中部	60～65	40～50	65～75	20～25
南部	65～75	50～55		25～30

表 2-3-5 实际采用冷却倍数（夏季）

项目＼地区	大连	吉林	佳木斯	大庆二厂	前旗	鞍山	元宝山	望亭	闵行	淮南	南京
采用冷却倍数	60	50	50	60	60	65	65	68	65	60	60
冷却方式	直流	直流	直流	冷却池	冷却池	水塔	水塔	直流	直流	直流	直流
项目＼地区	南昌	半山	辛店	合肥	韶关	南宁	柳州	株洲	黄石	青山	洛阳
采用冷却倍数	65～70	70	70	65	65	65	65	65	65	65	70
冷却方式	直流	直流	水塔	水塔	直流	直流	直流	直流	直流	混合	再循环

三、火电厂防震与防火

(1) 在确定厂址时，应按国家的有关规定，取得专业部门对厂址地区地震基本烈度的鉴定意见。

(2) 发电厂的建设，对地震必须贯彻以预防为主的方针，根据地震基本烈度需要设防的发电厂，对工艺和土建设施，必须采取有效的抗震和减少震害的措施。

(3) 地震设计为7度及以上的建筑物，应作抗震设防。发电厂主要建筑物设计烈度按基本烈度采用，次要建筑物的设计烈度可比基本烈度降低采用，但基本烈度为7度时，不应降低。基本烈度6度地区的发电厂建筑物，除有特殊规定者外，不设防。

发电厂建筑物的地震设计烈度可按表 2-3-6 采用。

表 2-3-6 发电厂建筑物的地震设计烈度

序号	建筑物名称	设计烈度（度）当基本烈度为 7	8	9
	（一）主要生产厂房的构筑物			
1	主厂房（包括汽轮发电机基础）	7	8	9
2	吸风机室	7	8	9
3	除尘构筑物	7	8	9
4	烟囱、烟道	7	8	9
5	屋内卸煤装置主要卸煤装置构筑物	7	8	9
6	碎煤机室及转运站	7	8	9
7	运煤栈桥、运煤隧道	7	8	9
8	解冻室	7	7	8
9	贮煤场内卸煤站台	7	7	8
10	干煤棚	7	7	8
11	有上下煤设施的干煤棚	7	8	9
12	油库及油泵房	7	8	9
13	管道支架	7	8	9
14	控制楼	7	8	9
15	通信室①	7	8	9
16	继电器室	7	8	9
17	变压器室	7	8	9
18	屋内配电装置建筑物	7	8	9
19	屋外配电装置构筑物	7	8	9
20	灰浆、灰渣泵房	7	8	9
21	沉灰池	7	7	8
22	化学水处理室	7	8	9
23	供热建筑	7	8	9
24	厂房内外沟道	7	7	8
25	厂房内外隧道	7	8	9
26	水泵房	7	8	9
27	冷却塔	7	8	9
28	循环水管沟	7	8	9
29	外部水力除灰管支架	7	7	8
30	外部水力除灰高支架及跨越结构	7	8	9
31	贮灰场堤坝	7	8	9
	（二）辅助生产厂房和构筑物			
1	油处理室和露天油库	7	7	8
2	乙炔站	7	8	9
3	制氢站	7	8	9
4	空气压缩机室	7	8	9
5	修配场	7	8	9
6	分场检修楼	7	8	9
7	污水泵房	7	8	9
	（三）附属房屋和构筑物			
1	精密器材和危险品库	7	8	9
2	一般材料库	7	7	8
3	机车库	7	7	8
4	推煤机库	7	7	8
5	汽车库和消防车库、消防站	7	8	9
6	办公楼	7	8	9
7	天桥	7	8	9
8	警卫传达室	7	8	9
9	围墙及自行车棚	6	6	9

① 必要时，通信室及其所在建筑物的地震设计烈度可比基本烈度提高一度采用。

(4) 发电厂厂区和生活区的建筑物布置应符合防火要求。各生产建筑物在生产过程中的火灾危险性及其最低耐火等级见表 2-3-7。

(5) 发电厂的制氢站、乙炔站、危险品库、供油和卸油泵房以及点火油罐，宜单独布置。

表 2-3-7　建筑物在生产过程中的火灾危险性及其耐火等级

序号	建 筑 物 名 称	生产过程中的火灾危险性	最低耐火等级
（一）主要生产建筑物			
1	主厂房	丁	二级
2	吸风机室	丁	二级
3	除尘构筑物	丁	二级
4	烟囱	丁	二级
5	屋内卸煤装置	丙	二级
6	碎煤机室及转运站	丙	二级
7	封闭式运煤栈桥、运煤隧道	丙	二级
8	干煤棚、解冻室	丙	二级
9	点火油罐和供、卸油泵房及栈台（柴油、重油、渣油）	丙	二级
10	单元控制室（集中控制楼）、电气控制楼（主控制楼、网络控制楼）继电器室[①]	戊	二级
11	屋内配电装置楼（内有每台充油量>60kg 的设备	丙	二级
12	屋内配电装置楼（内有每台充油量≤60kg 的设备	丁	二级
13	屋外配电装置	丙	二级
14	变压器室、冷油器室	丙	一级
15	总事故贮油池	—	二级
16	岸边水泵房、中央水泵房	戊	二级
17	灰浆、灰渣泵房、沉灰池	戊	二级
18	生活、消防水泵房	戊	二级
19	稳定剂室、加药设备室	戊	二级
20	进水建筑物	戊	二级
21	冷却塔	戊	三级
22	化学水处理室	戊	二级
23	翻车机室	丙	二级
（二）辅助厂房和构筑物			
1	油处理室、露天油库	丙	二级
2	乙炔站、制氢站、贮氢罐	甲	二级
3	制氧站、贮氧罐	乙	二级
4	空气压缩机室（无油润滑或不喷油螺杆式）、贮气罐	戊	三级
5	空气压缩机室（有油润滑）	丁	三级
6	修配场（锻工、铸工、铆焊车间）	丁	二级
7	修配场（金工车间）	戊	三级
8	热工、电气、金属试验室	丁	二级
9	天桥	戊	二级
10	天桥（下面设置电缆夹层时）	丙	二级
11	变压器检修间	丙	二级
12	排水、污水泵房	戊	二级
13	各分场维修间	戊	二级
14	污水处理构筑物	戊	三级
15	电缆隧道、电缆竖井	丙	二级
（三）附属建筑物			
1	办公楼	—	三级
2	材料库	丙	三级
3	材料库棚	戊	三级
4	危险品库	甲	二级
5	机车库	丁	二级
6	汽车库、推煤机库	丁	二级
7	消防站	戊	二级
8	警卫传达室	—	三级
9	自行车棚	—	四级

① 戊类系考虑采用阻燃电缆。

（6）发电厂厂区应有两个不同方向的出入口，其位置应使厂内外联系方便，避免生产与施工相互干扰，而且便于消防。

（7）厂区内主要干道行车部分的宽度，应同与其相连的进厂公路一致，采用 7～9m；主厂房周围的环行道路行车部分宽度，宜采用 6～7m；其余道路的行车部分宽度为 35～4m；人行道的宽度应不小于 1.5m。

（8）发电厂各建筑物、构筑物的最小间距按表 2-3-8 执行。

（9）主厂房应设置完整的消防系统及防火报警装置。

（10）发电厂应设置电气用的总事故贮油池，其容量应大于按最大一台变压器的油量确定。总事故贮油池应有油水分离设备。

油量为 600kg 及以上的屋外充油电气设备下面应设有贮油坑。贮油坑的尺寸应较设备外廓尺寸相应大 1m；其内应铺设厚度不小于 250mm 的卵石层。贮油坑还应有将油排到总事故贮油池的设施。

四、发电厂厂房的温湿条件

发电厂厂房的温湿条件确定见表 2-3-9。

五、火电厂建设应遵循的程序和投资比重

发电厂的建设必须按国家规定的基本建设程序进行。一般是：初步可行性研究、项目建议书编制、可行性研究、设计任务书编制、初步设计、施工图设计。研究报告和设计文件应按规定的内容完成报批和批准手续。

新建发电厂各系统投资比重（按二机二炉计算）如表 2-3-10 所示，仅供参考。

建设火力发电厂的主要检测项目如表 2-3-11 所示。

表 2-3-8　　发电厂各建筑物、构筑物的最小间距（m）

<table>
<tr><th rowspan="2">序号</th><th rowspan="2" colspan="2">建筑物名称</th><th colspan="2">丙丁戊类建筑耐火等级</th><th rowspan="2">屋外配电装置</th><th rowspan="2">自然通风冷却塔</th><th rowspan="2">机力通风冷却塔</th><th rowspan="2" colspan="2">露天卸煤装置或贮煤场</th><th rowspan="2">锻工、铸工、铆焊车间</th><th rowspan="2">制氢站、乙炔站</th><th rowspan="2">贮氢罐</th><th rowspan="2">危险品库</th><th rowspan="2">点火油罐</th><th rowspan="2">露天油库</th><th colspan="2">行政生活福利建筑</th><th colspan="2">铁路中心线</th><th rowspan="2">厂外道路（路边）</th><th colspan="2">厂内道路（路边）</th><th rowspan="2">围墙</th></tr>
<tr><th>一、二级</th><th>三级</th><th>一、二级</th><th>三级</th><th>厂外</th><th>厂内</th><th>主要</th><th>次要</th></tr>
<tr><td>1</td><td rowspan="2">丙、丁、戊类建筑耐火等级</td><td>一、二级</td><td>10</td><td>12</td><td>10</td><td rowspan="2">30</td><td rowspan="2">35</td><td rowspan="2" colspan="2">15</td><td>10</td><td>12.</td><td>12</td><td>15</td><td>20</td><td>12</td><td>10</td><td>12</td><td rowspan="2" colspan="2">有出口时 6
无出口时 3</td><td rowspan="2" colspan="3">无出口时 1.5
有出口无引道时 3
有引道时 6～8</td><td rowspan="2">5</td></tr>
<tr><td>2</td><td>三　级</td><td>12</td><td>14</td><td>12</td><td>12</td><td>14</td><td>15</td><td>20</td><td>25</td><td>15</td><td>12</td><td>14</td></tr>
<tr><td>3</td><td colspan="2">屋外配电装置</td><td>10</td><td>12</td><td>—</td><td rowspan="4">40</td><td rowspan="4">60</td><td rowspan="4" colspan="2">50</td><td>10</td><td rowspan="4">25</td><td rowspan="4">25</td><td rowspan="4">30</td><td colspan="2">25</td><td>10</td><td>12</td><td>—</td><td>—</td><td colspan="3">1.5</td><td>—</td></tr>
<tr><td>4</td><td rowspan="3">主变压器或屋外厂用变压器油量（t/台）</td><td>≤10</td><td>12</td><td>15</td><td rowspan="3">—</td><td>12</td><td rowspan="3">40</td><td rowspan="3">30</td><td>15</td><td>20</td><td>—</td><td>—</td><td>—</td><td>—</td><td>—</td><td>—</td></tr>
<tr><td>5</td><td>>10～50</td><td>15</td><td>20</td><td>15</td><td>20</td><td>25</td><td>—</td><td>—</td><td>—</td><td>—</td><td>—</td><td>—</td></tr>
<tr><td>6</td><td>>50</td><td>20</td><td>25</td><td>20</td><td>25</td><td>30</td><td>—</td><td>—</td><td>—</td><td>—</td><td>—</td><td>—</td></tr>
<tr><td>7</td><td colspan="2">自然通风冷却塔</td><td colspan="2">30</td><td>40</td><td>$\frac{24}{36}$</td><td>$\frac{40}{50}$</td><td colspan="2">30</td><td colspan="6">20</td><td colspan="2">30</td><td>25</td><td>15</td><td>25</td><td colspan="2">10</td><td>10</td></tr>
<tr><td>8</td><td colspan="2">机力通风冷却塔</td><td colspan="2">35</td><td>60</td><td>$\frac{40}{50}$</td><td>①</td><td colspan="2">45</td><td colspan="6">25</td><td colspan="2">35</td><td>35</td><td>20</td><td>35</td><td colspan="2">15</td><td>15</td></tr>
<tr><td rowspan="2">9</td><td rowspan="2" colspan="2">露天卸煤装置或贮煤场</td><td rowspan="2" colspan="2">15</td><td rowspan="2">50</td><td rowspan="2">30</td><td rowspan="2">45</td><td rowspan="2" colspan="2">—</td><td rowspan="2">15</td><td colspan="7">15</td><td rowspan="2">—</td><td rowspan="2">—</td><td rowspan="2">10</td><td rowspan="2">5</td><td rowspan="2">1.5</td><td rowspan="2">5</td></tr>
<tr><td colspan="2">贮存褐煤时 25</td><td>30</td><td>25</td><td colspan="3">25</td></tr>
<tr><td>10</td><td colspan="2">制氢站、乙炔站</td><td>12</td><td>14</td><td>25</td><td rowspan="5">20</td><td rowspan="5">25</td><td rowspan="5">15</td><td rowspan="2">贮存褐煤时 25</td><td rowspan="2">25</td><td>12</td><td>12</td><td>15</td><td>25</td><td>15</td><td colspan="2">25</td><td>30</td><td>20</td><td>15</td><td>10</td><td>5</td><td>5</td></tr>
<tr><td>11</td><td colspan="2">贮氢罐</td><td>12</td><td>15</td><td>25</td><td>12</td><td>②</td><td colspan="5">25</td><td>25</td><td>20</td><td>15</td><td>10</td><td>5</td><td>5</td></tr>
<tr><td>12</td><td colspan="2">危险品库</td><td>15</td><td>20</td><td>30</td><td>30</td><td>30</td><td>15</td><td rowspan="3">25</td><td>20</td><td>25</td><td>15</td><td colspan="2">30</td><td>40</td><td>30</td><td>20</td><td>10</td><td>5</td><td>5</td></tr>
<tr><td>13</td><td colspan="2">点火油罐</td><td>20</td><td>25</td><td rowspan="2">25</td><td rowspan="2">25</td><td colspan="2">25</td><td>25</td><td>③</td><td>—</td><td>25</td><td>32</td><td rowspan="2">30</td><td rowspan="2">20</td><td rowspan="2">15</td><td rowspan="2">10</td><td rowspan="2">5</td><td rowspan="2">5</td></tr>
<tr><td>14</td><td colspan="2">露天油库</td><td>12</td><td>15</td><td colspan="2">15</td><td>15</td><td>—</td><td>④</td><td>15</td><td>20</td></tr>
</table>

续表

序号	建筑物名称		丙丁戊类建筑耐火等级		屋外配电装置	自然通风冷却塔	机力通风冷却塔	露天卸煤装置或贮煤场		锻工、铸工、铆焊车间	制氢站、乙炔站	贮氢罐	危险品库	点火油罐	露天油库	行政生活福利建筑		铁路中心线		厂外道路（路边）	厂内道路（路边）		围墙
			一、二级	三级												一、二级	三级	厂外	厂内		主要	次要	
15	行政生活福利建筑	一、二级	10	12	10	30	35	15	25	30	25	25	30	25	15	6	7	有出口时6 无出口时3		有出口时3 无出口时1.5			5
16		三级	12	14	12									32	20	7	8						
17	围墙		5	5	—	10	15	5		5	5	5	5	5	5	5		5	5	2	1.5		—

注 1. 最小间距应按相邻两建筑物外墙的最近距离计算，如外墙有凸出的燃烧构件，则应从其凸出部分外缘算起。

2. 两座建筑物，如相邻较高的一面外墙为防火墙时，其最小间距不限，但甲类建筑物不应小于4m。

3. 高层厂房（高度超过24m的厂房、库房）之间及与其他建筑物之间的最小间距，应按本表增加3m。

4. 两座丙、丁、戊类建筑物相邻两面的外墙均为非燃烧体且无外露的燃烧体屋檐，当每面外墙上的门窗洞口面积之和各不超过该外墙面积的5%时，其最小间距可减少25%。

5. 甲、乙类生产厂房和危险品库与重要公共建筑的最小间距不宜小于50m。

6. 数座耐火等级不低于二级的辅助和附属建筑，其火灾危险性为丙类，占地面积总和不超过7000m²（单层）或4000m²（多层），或丁、戊类不超过10000m²（单、多层）的建筑物可成组布置，组内建筑物之间的距离：当高度不超过7m时，不应小于4m；当高度超过7m时，不小于6m。

7. 房屋外布置油浸变压器时，其最小间距不宜小于10m；当房屋外墙上在变压器外廓两侧各3m、变压器总高度以上3m的水平线以下的范围内设有防火门和非燃烧性固定窗时，与变压器外廓之间的距离可为5～10m；当在上述范围内的外墙上无门窗或通风洞时，与变压器外廓之间的距离可在5m以内。

8. 与屋外配电装置的最小间距应从构架算起；屋外油浸变压器之间的间距由工艺确定。

9. 自然通风冷却塔之间及其与机力通风冷却塔之间的距离，当冷却面积大于3000m时，用大值，一般宜采用净距0.5D（D为冷却塔的零米直径）；当小于或等于3000m²时，用小值。

10. 冷却塔与主厂房之间的距离，不应小于50m。

11. 当冷却塔不设除水器时，与建筑物（不包括冷却设备）的距离可根据具体情况适当增大。

12. 点火油罐与卸油泵房和铁路装卸设备之间的防火间距，分别不小于10m和12m。

13. 厂内铁路与卸油设备之间的间距，不应小于20m。

14. 卸油泵房与其鹤管间的距离不应小于8m。

① 机力通风塔之间的间距：当盛行风向平行于塔群长边方向时，根据塔群前后错开的情况，可取0.5～1.0倍塔长；当盛行风向垂直于塔群长边方向且两列塔呈一字形，塔端净距不得小于9m。

② 相邻较大贮氢罐直径。

③ 相邻较大点火油罐直径的0.75，且一个油罐区的总贮油量不大于5000m³。

④ 一组露天油库区的总贮油量不大于1000m³，且可按数个贮油罐分两行成组布置，其贮油罐之间的间距不宜小于1.5m。

表 2-3-9 **发电厂各房间的温湿条件**

序号	车间名称	作业地带的温度（℃）		作业地带相对湿度（%）		计算换气量的有害物	备注
		冬季	夏季允许超过通风室外计算温度的限度	冬季	夏季		
1	2	3	4	5	6	7	8
1	汽机房	16	5	不超过 70	不规定	余热、余湿	
2	锅炉房	16	5	不规定	不规定	余热	
3	除灰室	10	3	不规定	不规定	余热	
4	吸风机室	10	不规定	不规定	不规定	余热	
5	运煤皮带层、运煤栈桥、碎煤机室	10	不规定	不规定	不规定	煤粉	
6	运煤转运站	10	不规定	不规定	不规定	煤粉	地下转运站还应考虑余湿
7	屋内卸煤装置						
	（1）地下部分	16	不规定	不规定	不规定	煤粉、余湿	
	（2）地上部分	10	不规定	不规定	不规定	煤粉	在采暖室外计算温度等于及低于－15℃的地区设计采暖
8	磨煤机室	10	3	不规定	不规定	煤粉、余热	
9	灰渣沉淀池室	10	3	不规定	不规定	余热、余湿	
10	灰浆（渣）泵房	16	3	不规定	不规定	余热	
11	循环水泵房及岸边水泵房	16	3	不规定	不规定	余热	
12	油处理室	16	3	不规定	不规定	油气	
13	供、卸油泵房	16	3	不规定	不规定	油气、余热	
14	化学试验室	18	不规定	不规定	不规定		
15	化学水处理室	16	3	不规定	不规定	余热	新鲜空气量不少于15%
16	加氯间	16	不规定	不规定	不规定	氯气	
17	主控制室、网络控制室、载波机室、自动机键室、微波机室及转接台室	18	见规程第 15.3.1 条	见规程第 15.3.1 条	见规程第 15.3.1 条	余热	
18	电动直流发电机室	16	不规定	不规定	不规定	余热	
19	蓄电池室	16	不规定	不规定	不规定	氢气、硫酸雾气	
20	空气压缩机室	16	3	不规定	不规定	余热	无人值班者冬季 5℃
21	屋内配电装置						
	（1）电抗器间	—	见规程第 15.3.10 条	不规定	不规定	余热	
	（2）母线室	—	见规程第 15.3.14 条	不规定	不规定	余热	
	（3）油断路器室	—	见规程第 15.3.12 条	不规定	不规定	油燃烧时的产物	
22	厂用配电装置	—	见规程第 15.3.9 条	不规定	不规定	余热	
23	厂用变压器室	—	见规程第 15.3.8 条	不规定	不规定	余热	
24	继电器室及变送器室	10	3	不规定	不规定	余热	
25	单元控制室机炉控制室	18	见规程第 15.2.6 条	不超过 75	不超过 75	余热	
26	电子计算机室	18	见规程第 15.2.6 条	50±10	50±10	余热	
27	热工及电气试验室	18	不规定	不规定	不规定		
28	制氢站	16	3	不规定	不规定	余热、氯气	
29	材料库（暖库）	10	不规定	不规定	不规定		存放热工、电气等设备的库房宜考虑通风
30	推煤机库、汽车库及机车库	10	不规定	不规定	不规定		

注 1. 表中所列冬季温度系指设计采暖时的室内采暖计算温度；夏季温度系指在通风室外计算温度时的室内温度。

2. 工艺设备对室内温湿度若有特殊要求，应按实际需要确定室内温湿度。

表 2-3-10　　新建电厂各系统投资比重（%）

项目 \ 机炉型号	31－6/35T/H	31－12/75T/H	31－25/120T/H	31－50/240T/H	51－25/120T/H	51－50/230T/H	51－100/2×230T/H	34－6/65T/H	34－12/120T/H	54－25/230T/H	54－50/2×230T/H
锅炉系统	33.5	33	23	33	33	32	31.5	32.5	33	34.2	35.5
汽机系统	29.5	29	29	28.5	29	29	29	28.5	29	30.8	31.5
输煤系统	3.5	4.5	4	4.5	4	5	5.5	4	3.5	2.5	2
水处理系统	2	2.5	3	4	3	4	4.5	3	3.5	4.5	5
供水系统	9	9	9	9	9	9	8	9	8	7.5	7
除灰系统	1	1	1	1	1	1	1	1	1	1	1
电气系统	7	7	7	7	7	7	7.5	6	7	7.5	8
公用系统	6.8	6	6	5	6	5	5	8	7	5	4
其他	8	8	8	8	8	8	8	8	8	7	6

表 2-3-11　　建设火力发电厂的主要检测项目

系统名称	测量类别	检　测　项　目
锅炉本体	温度	各段过热器、再热器进出口汽温，主汽温，炉体各部金属温度，省煤器进出口水温，喷水温
	压力	给水压力，锅筒压力，各段过热器、再热器进出口汽压，喷水压力，锅炉出口汽压
	流量	给水流量，喷水流量，蒸汽流量
	水位	锅筒水位，直流炉分离器水位
燃烧系统	温度	燃料油温，气粉混合物温度
	压力	燃料油压，回油压，气粉混合物压力
	流量	燃料油流量，煤量
	料位	煤仓煤位，粉煤仓粉位，燃料油箱油位
烟风系统	温度	送风机出入口风温，空气预热器出入口风温，炉膛出口各段烟气温度，排烟温，暖风器汽温
	压力	送风机、一次风机出口风压，空气预热器出入口压差，一、二次风风压，炉膛负压，吸风机入口风压，暖风器汽压
	流量	空气量，暖风器汽量
	分析	烟气含氧量
汽轮机	温度	汽机入口主汽温，高、中、低压缸排汽温，再热汽温，润滑油温，各轴承排油温，冷油器进出水温，支持及推力轴承温度，金属监督温度（主汽门，调速汽门，缸体，法兰及螺栓等）
	压力	汽机入口主汽压，再热汽压，调速汽门各段汽压，凝汽器真空，速度级后压力，高、中、低压缸排汽压，各段抽汽压，润滑油压，调速油压，轴封汽压力
	本体监视	轴向位移，转子挠度，胀差，振动，转速
	流量	凝结水流量

系统名称	测量类别	检　测　项　目
主要辅机	温度	凝汽器热井凝水温，凝汽器进出口循环水温，高压加热器水温，汽动给水泵进汽温，汽动给水泵油温，除氧器气、水侧温度
	压力	凝结器真空，高低压加热器水压、汽压，除氧器压力，汽动给水泵汽压、排汽压，给水泵进出口水压
	水位	凝汽器水位，除氧器水箱水位
水质监督	导电度	锅筒水（盐、净段），饱和汽，过热汽，排污水，主凝结水，再热汽，除氧器出口给水，补给水
	溶氧	除氧器出口给水含氧
	SiO_2	锅筒水，排污水，饱和汽
发电机	温度	定子线圈及铁芯温度，进出口氢气温，空气温，冷却水温，水内冷定子、转子出入口水温，集电环温度，轴承温度
	压力	氢气压力，密封油压，冷却水压
	电气量	发电机有功、无功功率，发电机电压、电流，功率因数，频率，励磁电压、电流
	分析	氢纯度，水内冷冷却水导电度
	其他	发电机检漏（水内冷）
有关辅机	温度	大型辅机（送引风机、水泵等）轴承金属温度，电动机线圈与铁芯温度
	其他	大容量辅机的电流、功率及重要小型辅机的电流，汽动给水泵振动、转速等
有关厂内电气	温度	主变压器、厂用变压器等线圈温升，油温，冷却水温
	电气量	厂用电功率，各段母线电压，蓄电池直流电压，系统频率

第四节　火电厂燃料与尘灰

一、燃料选择

(1) 国家燃料政策要求火电厂一般应采用煤炭发电，特殊情况才允许用燃油发电。所以火电厂一般应采用固体燃料煤炭发电，只有在起动点火或低负荷时，为稳定燃烧才用极少量的液体燃料、燃油。在缺煤地区，个别有条件地区，或采用内燃机发电时，才采用燃油或气体燃料天然气发电。

(2) 固体燃料主要是煤炭，大致可分为无烟煤、烟煤、褐煤和油页岩等，目前发电燃用最多的是烟煤。

发电用煤的粉碎性能是一个重要特性指标，称为可磨系数，一般用哈氏（Hardgrove）指数 K_{KM} 表示，也有用前苏联的 $K_{KM}^{BTИ}$（BTИ 法可磨系数）的，两者的换算关系为

$$K_{KM}^{BTИ}=0.0034(K_{KM}^{K})^{1.25}+0.61$$

煤的另一个特性指标为磨损指数，用以表明煤在破碎时对金属的磨损特性，按下式计算

$$K_e=\frac{K_1K_2(\ln R_{90}^0-\ln R_{90})}{10(R_{90}^0-R_{90})} \qquad (2-4-1)$$

式中 R_{90}^0——煤样在初始状态下仿实际的细度，即在 90μm 筛上的余量；

R_{90}——煤样在经时间 $t$min 的冲刷试验后在 90μm 筛上的余量；

K_1、K_2——试验系数，按试验条件确定。

(3) 中国煤炭分类。我国现行煤炭分类是以炼焦用煤为主的方案。以煤的可燃基挥发分产率（V^r）和胶质层的最大厚度（Y）为参数，把从褐煤到无烟煤之间的所有煤种，划分为 10 大类和 24 小类，如表 2-4-1 所示。

(4) 国家的发电用煤分类，如表 2-4-2 所示。

(5) 液体燃料。主要为石油（原油）及由其精炼分馏出来的汽油、煤油、柴油以及重油等。重油是很好的燃料油，但为防止结灰和灰腐蚀，要注意钠、钒、钙、铅等的含量。国家规定的燃料油特性见表 2-4-3。

(6) 气体燃料。主要为天然气、高炉煤气、焦炉煤气，其特性见表 2-4-4。

(7) 燃料选用原则。主要有：

1）合理利用能源，应尽量采用当地的劣质燃料，例如褐煤、矸石、油页岩、重油、油渣等，并充分利用工矿企业的副产品。

2）要有足够长期使用的燃料资源，定点供应的煤矿、油气田的开量至少能保证供应电厂100年以上的用量。

3）电厂应尽可能靠近燃料基地，以缩短运输距离，降低成本，并降低铁路干线运输量。

表 2-4-1 中国煤的分类

大类别名称	小类别名称	分类指标	
		V^r（%）	Y（mm）
无烟煤		0～10	
贫煤		>10～20	0（粉状）
瘦煤	1号瘦煤	>14～20	0（成块）～8
	2号瘦煤	>14～20	>8～12
焦煤	瘦焦煤	>14～18	>12～25
	主焦煤	>18～26	>12～25
	焦瘦煤	>20～26	>8～12
	1号肥焦煤	>26～30	>9～14
	2号肥焦煤	>26～30	>14～25
肥煤	1号肥煤	>26～37	>25～30
	2号肥煤	>26～37	>30
	1号焦肥煤	⩽26	>25～30
	2号焦肥煤	⩽26	>30
	气肥煤	>37	>25
气煤	1号肥气煤	>30～37	>9～14
	2号肥气煤	>30～37	>14～25
	1号气煤	>37	>5～9
	2号气煤	>37	>9～14
	3号气煤	>37	>14～25
弱黏煤	1号弱黏煤	>20～26	0（成块）～8
	2号弱黏煤	>26～37	0（成块）～9
不黏煤		>20～37	0（粉状）
长焰煤		>37	0～5
褐煤		>40	—

注 本方案所采用的分类指标为可燃基挥发分（V^r%）及胶质层最大厚度（Y）。做分类研究的煤样为未受氧化的，并经 1∶4 比重液洗选后的精煤。分类指标的鉴定方法按 1963～1965 年中华人民共和国科学技术委员会批准颁布的国家标准进行。

4）有多种燃料可供选择时，应选用最佳燃料以及进行运送燃料和输送电力的经济性的论证比较。

表 2-4-2 发电用煤国家分类标准

分类指标	煤种名称	等级	代号	分级界限	辅助分类指标界限值	鉴定方法[①]
挥发分 V^{r*}	超低挥发分无烟煤	特	V_0	⩽6.5%	Q_{DW}^y>23000kJ/kg	煤的工业分析方法（GB 212—77）煤中发热量测定方法（GB 213—79）
	低挥发分无烟煤	1	V_1	>6.5%～10%	Q_{DW}^y>20900kJ/kg	
	低中挥发分贫瘦煤	2	V_2	>10%～19%	Q_{DW}^y>18400kJ/kg	
	中挥发分烟煤	3	V_3	>19%～27%	Q_{DW}^y>16300kJ/kg	
	中高挥发分烟煤	4	V_4	>27%～40%	Q_{DW}^y>15500kJ/kg	
	高挥发分烟、褐煤	5	V_5	>40%	Q_{DW}^y>11700kJ/kg	
灰分 A^{y**}（A^z）	低灰分煤	1	A_1	⩽24%（⩽5%）		煤的工业分析方法（GB 212—77）煤中发热量测定方法（GB 213—79）
	常灰分煤	2	A_2	>24%～34%（>5%～7%）		
	高灰分煤	3	A_3	>34%～46%（>7%～13%）		
	超高灰分煤	4	A_4	>46%（>13%）		
外在水分 W_{wz}	常水分煤	1	W_1	⩽8%	V^r⩽40%	煤中全水分测定方法（GB 211—79）
	高水分煤	2	W_2	>8%～12%		
	超高水分煤	3	W_3	>12%		
全水分 W_Q	常水分煤	1	W_1	⩽22%	V^r>40%	煤中全水分测定方法（GB 211—79）
	高水分煤	2	W_2	>22%～40%		
	超高水分煤	3	W_3	>40%		

续表

分类指标	煤种名称	等级	代号	分级界限	辅助分类指标界限值	鉴定方法①
硫分 S_Q^{g***} (S_Q^z)	低硫煤 中硫煤 高硫煤	1 2 3	S_1 S_2 S_3	≤1%(≤0.2%) >1%～3%(>0.2%～0.55%) >3% (>0.55%)		烟中全硫测定方法(GB 214—83)
煤灰熔融性 T_2	不结渣煤 易结渣煤	1 2	T_{2-1} T_{2-2}	>1350℃ 不限 ≤1350℃	Q_{DW}^y>12600kJ/kg Q_{DW}^y≤12600kJ/kg Q_{DW}^y>12600kJ/kg	煤灰熔融性测定方法(GB 219—74)

① 按商品煤采样方法(GB 475—83)及煤样缩制方法(GB 474—83)进行。

* Q_{DW}^y低于界限值时应划归V^r数值较低的一级。

** $A^z=1000A^y/Q_{DW}^y$ (%)。

*** $S_Q^z=1000S^y/Q_{DW}^y$ (%)。

表 2-4-3 **燃料油特性**

品种 \ 指标		黏度(°E) 80℃[100℃] (50℃)〈20℃〉	开口闪点(闭口)(℃) 大于	凝固点(℃) 大于	灰分(%) 小于	水分(%) 小于	硫分(%) 小于	机械杂质(%) 小于	标准代号
燃料油	20	5.0	80	15	0.3	1.0	1.0	1.5	SYB 1091—60
	60	11.0	100	20	0.3	1.5	1.5	2.0	
	100	15.5	120	25	0.3	2.0	2.0	2.5	
	200	[5.5～9.5]	130	36	0.3	3.0	3.0	2.5	
专用燃料油		(5～9)	90	−8	0.3	10	0.8	0.25	SYB 1092—59
重柴油	10	(3.0)	(65)	10	0.04	0.5	0.5	0.1	GB 445—64
	20	(4.0)	(65)	20	0.06	1.0	0.5	0.1	
	30	(5.0)	(65)	30	0.08	1.5	1.5	0.5	
重柴油页岩	1	(2.2)	(65)	10	0.04	0.5	0.6	0.1	SYB 1074—62S
	2	(2.2)	(65)	20	0.04	0.5	0.6	0.1	
	3	(3.0)	(65)	20	0.08	1.0	1.0	0.2	
轻柴油	10	〈1.2～1.67〉	(65)	10	0.025	痕迹	0.2	无	GB 252—64
	0	〈1.2～1.67〉	(65)	0	0.025	痕迹	0.2	无	
	−10	〈1.2～1.67〉	(65)	−10	0.025	痕迹	0.2	无	
	−20	〈1.15～1.67〉	(65)	−20	0.025	痕迹	0.2	无	
	−35	〈1.15～1.67〉	(60)	−35	0.025	无	0.2	无	
轻柴油页岩	0	〈1.15～1.48〉	(65)	0	0.025	痕迹	0.5	无	SYB 1073—62S
	−10	〈1.15～1.48〉	(65)	−10	0.025	痕迹	0.5	无	

表 2-4-4 **气体燃料气质特性**

气体燃料品种	应用基组成(%)								H_2S^* (mg/m³)	Q_{GIV}^y ① (kJ/m³)
	CO_2	CO	H_2	N_2	O_2	CH_4	C_2H_6	C_4H_{10}		
高炉煤气	11	27	2	60	—	—	—	—	—	3700
发生炉煤气	5.3	26.3	10.0	57.3	0.2	0.9	—	—	—	4980
水煤气	10.5	30.5	52.5	5.5	—	1.0	—	—	—	10960
纳溪天然气	0.5	0.1	1.0	—	—	95.0	—	2.4	400	35600
泸州天然气	—	0.2	0.5	0.2	—	97.8	1.1	0.2	—	36150

① 表中的 m³ 为标准状态下的体积,即以前的 Nm³。

二、燃料的贮运装卸

(1) 火电厂燃料贮运的具体过程,以煤炭为例,一般可参照图 2-4-1。

(2) 贮煤场容量可按表 2-4-5 原则考虑确定。

(3) 燃料的贮运设施,如表 2-4-6 所示。

(4) 发电厂卸煤机械的能力,当由铁路来煤时,在正常情况下,由车辆进厂就位到卸煤完毕的时间,可按不超过 4h 考虑,严寒地区可适当延长。建在矿区的发电厂可用长皮带机或自卸式底开车运煤。当由水路来煤时,应装设码头卸煤机械,卸煤能力不应小于全厂锅炉最大连续蒸发量时总耗煤量的 300%,卸煤机台数不宜少于 2 台。

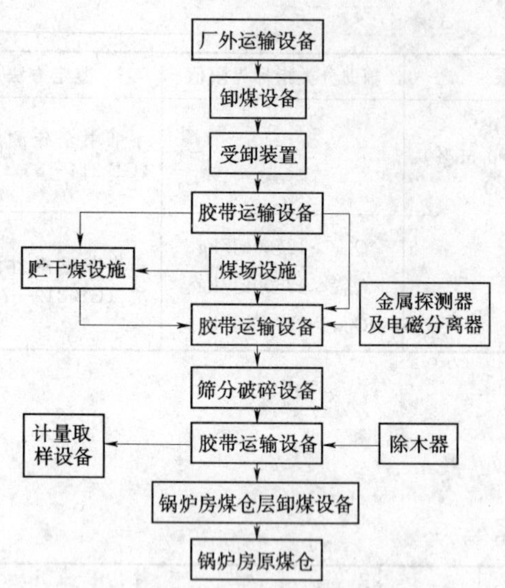

图 2-4-1　卸、贮、供煤工艺流程框图

表 2-4-5　　　　贮 煤 场 容 量

发 电 厂 情 况	贮煤场容量为全厂耗煤量的天数
不经过国家铁路干线和采用单路长皮带来煤的	5～10
经过国家铁路干线的	10～15
水路来煤的	10～15
多雨地区发电厂的干煤场	2～4

(5) 耗煤量不大于 350t/h，容量不超过 600MW 的发电厂宜采用螺旋卸煤机械和缝式煤槽卸煤。当耗煤量大于 250t/h 及以上或发电厂容量在 400MW 及以上时，可考虑翻车机卸煤。耗煤量在 350～800t/h 或发电厂容量在 600MW 及以上时，宜设置两台翻车机。当发电厂燃用大块煤，耗煤量在 200t/h 以上时，也可采用翻车机卸煤。

表 2-4-6　　　　燃 料 的 贮 运 设 施

燃料类别	厂外输送方式	卸 载 设 备	受 卸 装 置					贮 存 构 筑 物			
			扒煤沟	叶轮沟	卸料槽	高站台	料斗	煤场	干煤棚	料仓	筒仓
气体燃料	管道输运		→					无			
液体燃料	水路运输	泵站	码头构筑物					贮油罐			
	铁路运输		→								
	汽车运输										
固体燃料	铁路运输	(底开车)	△	△	—	△	—	△	—	△	△
		(自翻矿车)	—	—	△	△	—	△	—	△	△
		螺旋卸车机	—	△	—	△	—	△	—	△	△
		链斗卸车机	—	—	—	△	—	△	—	△	△
		翻车机	—	—	—	—	△	△	—	△	△
		装卸桥	—	—	—	△	—	△	—	—	—
		锤式抓斗起重机	—	—	—	△	—	△	△	—	—
	水路运输	(自卸船)	码头构筑物					△	△	△	△
		翻船机									
		气力卸船机									
		锤式抓斗起重机									
		门式抓斗起重机									
		门座式抓斗起重机									
	汽车运输	(自卸)	—	—	—	—	△	△	△	—	—
	长距离胶带输送机							△	—	△	△
	架空索道	卸载站	—	—	△	—	—	(利用卸载站贮存物料)			
	窄轨运输	翻车机	—	—	—	—	△	△	△	△	△
		(料车自翻输送)	—	—	△	—	—				
	液力管道输送	脱水装置	(利用脱水装置作卸载站)					△	△	—	—

注　1. 有△的表示可以选用。
2. (　) 内的卸载设备表示非电厂自备专用。

(6) 进入锅炉房的皮带机应采用双路皮带机系统，并考虑双路同时运行的条件。每路皮带机的出力不应小于全厂锅炉最大连续蒸发量时总耗煤量的 135%，一般取 150% 左右。运煤皮带的斜升倾角宜采用 16°，不应大于 18°。皮带机应采用难燃皮带，并备有淋水设备。

三、燃烧计算

(一) 每千克可燃元素燃烧的基本数据

可燃元素燃烧的基本数据如表 2-4-7 所示。

表 2-4-7 可燃元素燃烧的基本数据

可燃元素	燃烧生成物	单位	每千克可燃元素					
			消费氧气量 A	消费空气量 B	空气中氮气量 C	燃烧生成物量 D	燃烧烟气 $C+D$ 组成	量
C	CO_2	kg	2.66	11.56	8.90	3.67	CO_2+N_2	12.57
		Nm^3	1.87	8.89	7.02	1.87		8.89
	CO	kg	1.33	5.78	4.45	2.33	$CO+N_2$	6.78
		Nm^3	0.93	4.45	3.52	1.87		5.39
H_2	H_2O	kg	8.00	34.78	26.78	9.00	H_2O+N_2	35.78
		Nm^3	5.60	26.66	21.06	11.20		32.26
S	SO_2	kg	1.00	4.35	3.35	2.00	SO_2+N_2	5.35
		Nm^3	0.70	3.33	2.63	0.70		3.33

(二)固体或液体燃料燃烧所需理论空气量(氧浓度按21%体积计算)

(1)按可燃基成分计算的燃烧理论干空气量

$$(V_{gh}^{o})^{r}=0.089(C^{r}+0.375S^{r})+0.265H^{r}-0.0333O^{r}\quad (Nm^3/kg) \qquad (2-4-2)$$

或按应用基成分计算的燃料理论干空气量

$$V_{gk}^{o}=(V_{gk}^{o})^{r}\frac{100-(W^{y}+A^{y})}{100}\quad (Nm^3/kg) \qquad (2-4-3)$$

式中 W^y、A^y——燃料应用基的水分与灰分(%)。

(2)考虑到空气中经常含有一定量的水蒸气,故燃料燃烧所需的理论湿空气量应为

$$V_{k}^{o}=V_{gk}^{o}\left(1+1.24\times1.29\times\frac{d}{100}\right)=(1+0.0016d)V_{gk}^{o}\quad (Nm^3/kg) \qquad (2-4-4)$$

式中的 d 为空气的绝对湿度,通常可按 $d=10g/kg$ 计算,则

$$V_{k}^{o}=1.016V_{gk}^{o}\quad (Nm^3/kg) \qquad (2-4-5)$$

(三)燃烧干烟气的成分及特性

(1)不完全燃烧时,干烟气的成分组成为

$$RO_2+O_2+CO+H_2+CH_4+\sum C_mH_n+N_2=100\% \qquad (2-4-6)$$

式中,$RO_2=CO_2+SO_2$ 为干烟气所含的二氧化碳及二氧化硫气体的体积百分率之和(%);O_2、CO、H_2、CH_4、$\sum C_mH_n$、N_2分别为干烟气中的氧、一氧化碳、氢、甲烷、其他烃类化合物及氮等成分的体积百分率(%)。

干烟气中的 RO_2、O_2、CO、H_2、CH_4 及$\sum C_mH_n$ 应用气体分析器直接测定($\sum C_mH_n$ 亦可并入 CH_4 项内);N_2 可按平衡式(2-4-6)求出。

(2)在正常燃烧工况下,干烟气中可燃气体成分甚微,如略去 H_2、CH_4 及$\sum C_mH_n$,则可按下式估算 CO 含量

$$CO=\frac{\left(21-\frac{\beta}{K_{q4}}RO_2\right)-(RO_2+O_2)}{0.605+\frac{\beta}{K_{q4}}}(\%) \qquad (2-4-7)$$

$$\beta=2.35\frac{H^{r}-0.126O^{r}+0.04N^{r}}{C^{r}+0.375S^{r}} \qquad (2-4-8)$$

$$K_{q4}=\frac{100-q_4}{100} \qquad (2-4-9)$$

式中 β——燃料特性系数(按燃料的元素分析成分计算);

K_{q4}——考虑灰渣未完全燃烧的修正系数。

(3)可燃气体得到完全燃烧时,干烟气的组成为

$$RO_2+O_2+N_2=100\% \qquad (2-4-10)$$

而当燃料以理论干空气量进行完全燃烧时,干烟气产物中不存在氧

$$RO_2+N_2=100\% \qquad (2-4-11)$$

此时的 RO_2 体积百分率是理论上可能达到的最大值,称为理论最大 RO_2 百分率,用符号 RO_2^{max} 表示。对于各种燃料都可按下式计算其理论最大 RO_2 值

$$RO_2^{max}=\frac{21}{1+\beta}(\%) \qquad (2-4-12)$$

(四)燃烧烟气的体积

(1)燃料燃烧生成的烟气总体积

$$V_y=V_{gy}+V_{H_2O}\quad (Nm^3/kg) \qquad (2-4-13)$$

式中 V_y——烟气的总体积(Nm^3/kg);

V_{gy}——干烟气的体积(Nm^3/kg);

V_{H_2O}——水蒸气的体积(Nm^3/kg)。

(2)干烟气的体积为下列各项的总和

$$V_{gy}=V_{RO_2}+V_{O_2}+V_{CO}+V_{H_2}+V_{CH_4}+\sum V_{C_mH_n}+V_{N_2}\quad (Nm^3/kg) \qquad (2-4-14)$$

式中,V_{RO_2}、V_{O_2}、V_{CO}、V_{H_2}、V_{CH_4}、$\sum V_{C_mH_n}$、V_{N_2} 分别为 RO_2、O_2、CO、H_2、CH_4、$\sum C_mH_n$ 及 N_2 在烟气中所占的体积(Nm^3/kg)。

干烟气的体积可依干烟气成分分析数值按下式计算

$$V_{gy}=\frac{K_{q4}(C^{r}+0.375S^{r})\frac{100-(W^{y}+A^{y})}{100}}{0.54(RO_2+CO+CH_4+\sum C_mH_n)}\quad (Nm^3/kg) \qquad (2-4-15)$$

在正常燃烧情况下,烟气中残存的各种可燃气体组分可以忽略不计,则

$$V_{gy}=\frac{K_{q_4}(C^{r}+0.375S^{r})\frac{100-(W^{y}+A^{y})}{100}}{0.54RO_2}\quad (Nm^3/kg) \qquad (2-4-16)$$

干烟气的体积也可采取以下方法计算

$$V_{gy}=[(V_{gy}^{o})^{r}+(\alpha-1)(V_{gk}^{o})^{r}]\times\frac{100-(W^{y}+A^{y})}{100}\quad (Nm^3/kg) \qquad (2-4-17)$$

$$(V_{gy}^{o})^{r}=\frac{C^{r}+0.375S^{r}}{0.54RO_2^{max}}\quad (Nm^3/kg) \qquad (2-4-18)$$

或

$$(V_{gy}^{o})^{r}=V_{RO_2}+V_{N_2}^{o}=1.866\frac{C^{r}+0.375S^{r}}{100}+0.79(V_{gk}^{o})^{r}\quad (Nm^3/kg) \qquad (2-4-19)$$

式中 $(V_{gk}^{o})^{r}$——按可燃基组分计算的理论燃烧干空气量;

$(V_{gy}^{o})^{r}$——按可燃基组分计算的理论燃烧干烟气量;

α——过剩空气系数。

烟气中水蒸气的来源主要是燃料成分中氢元素燃烧生成的;其次是燃料所含水分的汽化以及送风含有的水蒸气。对于每公斤燃料燃烧生成烟气中的水蒸气体积可按下式计算

$$V_{H_2O}=1.24\left(\frac{9H^{y}+W^{y}}{100}+W_{k}\right)\quad (Nm^3/kg) \qquad (2-4-20)$$

式中 W_k——1kg 燃料所需空气的含湿量。

设空气的绝对湿度 $d=10g/kg$,则

$$W_{k}=1.29\alpha V_{gk}^{o}\left(\frac{d}{1000}\right)\approx0.013\alpha V_{gk}^{o}\quad (kg/kg) \qquad (2-4-21)$$

式中 α——计算截面的过剩空气系数。

在式（2-4-20）内，假设燃料含氢 H^y 全部燃烬，这对一般燃烧工况的计算已足够准确。

按可燃基氢的平均含量 H^r 计算的水蒸气体积 $(V_{H_2O})^r$ 如下

$$(V_{H_2O})^r=0.112H^r \quad (Nm^3/kg) \qquad (2-4-22)$$

（五）过剩空气系数

过剩空气系数

$$\alpha=\frac{V_{gk}}{V_{gk}^o} \qquad (2-4-23)$$

式中 V_{gk}——按燃烧产物计算的实际干空气量（Nm^3/kg）；

V_{gk}^o——燃料完全燃烧所需的理论干空气量（Nm^3/kg）。

对过剩空气系数的计算，根据烟气成分分析结果可有三种方法：

（1）"氮"公式

$$\alpha=\frac{N_2}{N_2-\frac{79}{21}\left[O_2-\left(\frac{q_4}{100-q_4}\right)RO_2\right]} \qquad (2-4-24)$$

当烟气中有明显的可燃气体存在时改用

$$\alpha=N_2\Big/\left\{N_2-\frac{79}{21}\times\left[O_2-\left(\frac{q_4}{100-q_4}\right)RO_2-(0.5CO+0.5H_2+2CH_4)\right]\right\} \qquad (2-4-25)$$

公式中各气体成分的代表符号参见式（2-4-6）的说明。N_2 含量可分别依平衡式（2-4-26）或式（2-4-6）求得。

（2）"RO_2"公式

$$\alpha=\frac{RO_2^{max}}{RO_2}\left(\frac{100-q_4}{100}\right) \qquad (2-4-26)$$

式中 RO_2^{max}——计算按式（2-4-12）。

（3）"氧"公式

$$\alpha=\frac{21}{21-O_2}\left(\frac{100-q_4}{100}\right) \qquad (2-4-27)$$

式（2-4-24）、（2-4-26）及式（2-4-27）都是按烟气中不存在可燃气体残存组分的燃烧工况导出的，因此只能使用于正常燃烧条件下烟道系统各部位的 α 计算。此时，灰渣未完全燃烧热损失 q_4 可以利用锅炉在该燃烧工况条件下的日常平均值；或在进行 α 测定的同时，采灰样分析计算以求得当时的 q_4 损失。当 $q_4<2\%$ 时可以略不计。

采用烟气再循环的锅炉，在再循环区段内，各部位的实测过剩空气系数 α_s 可按下式折算成相当于无烟气再循环时该部位的当量过剩空气系数 α

$$\alpha=\alpha_s-r(\alpha_c-\alpha_s) \qquad (2-4-28)$$

式中 α_c——再循环烟气抽出点的过剩空气系数；

r——烟气再循环率，即再循环烟气体积与无烟气再循环时该部位流过的烟气体积之比。

（六）锅炉烟气量的近似计算

锅炉烟气量计算：一般说来，可根据燃料低位发热量，按经验公式近似计算燃料燃烧时需要的理论空气量，从而求得锅炉烟气量。目前，有两种计算方法。

（1）第一种理论空气量的算法如下：

对挥发分 $V_r>15\%$ 的烟煤，有

$$V_o=1.05\frac{Q_W}{1000}+0.278 \qquad (2-4-29)$$

对挥发分 $V_r<15\%$ 的贫煤与无烟煤，有

$$V_o=\frac{Q_W+600}{990} \qquad (2-4-30)$$

对于劣质煤，当 $Q_W<3000\times4.187J/kg$ 时，有

$$V_o=\frac{Q_W+450}{990} \qquad (2-4-31)$$

式中 V_o——理论空气需要量（m^3/kg）；

Q_W——燃料的低位发热量（J/kg）。

因此，对烟煤、无烟煤与贫煤，锅炉烟气量计算式为

$$V_y=1.04\frac{Q_W}{1000}+0.77+(\alpha-1)V_o \qquad (2-4-32)$$

对于劣质煤（$Q_W<3000\times4.187J/kg$），计算式为

$$V_y=1.04\frac{Q_W}{1000}+0.54+(\alpha-1)V_o \qquad (2-4-33)$$

式中 V_y——实际烟气量（m^3/kg）；

α——炉膛过剩空气系数，见表 2-4-8。

表 2-4-8 炉堂过剩空气系数

炉子型式	手烧炉	链条炉、振动炉排、往复炉排	沸腾炉	煤粉炉	油 炉
α	1.4	1.3	1.05～1.1	1.2～1.25	1.15～1.2

注 其他炉窑过剩空气系数 α 值取 1.3～1.7。对于机械燃烧方式，α 取小值；对于手烧炉 α 可取大些。

（2）第二种是烟气量的简化计算法如下：

通常，理论空气量的简化计算式为

$$V_o=\frac{K_oQ_W}{1000} \qquad (2-4-34)$$

式中 K_o——与燃料有关的系数，见表 2-4-9。

表 2-4-9 系数 K_o 值表

燃料	烟煤	无烟煤	油	褐煤，$W_r\leqslant30\%$	褐煤，$30\%<W_r<40\%$
K_o	1.1	1.11	1.1	1.14	1.18

注 W_r—燃料含水分的百分率。

除含水分很高的劣质煤外，一般情况 $K_o=1.1$，于是上式可简化为

$$V_o=\frac{1.1Q_W}{1000} \qquad (2-4-35)$$

因此，实际烟气量计算式为

$$V_y=(\alpha+b)V_o \qquad (2-4-36)$$

式中 b——燃料系数，不同燃料的 b 值不同，烟煤 $b=0.08$；无烟煤 $b=0.04$；褐煤 $b=0.16$；油 $b=0.08$。

四、除尘装置

（1）火电厂的除尘装置主要应用重力、惯性力、离心力、扩散附着力、声波、静电等作用构成。除尘设备的选择应符合《大气环境质量标准》、《工业企业设计卫生标准》，并应考虑煤炭特性、工艺及灰渣综合利用的要求。

300MW 及以上机组宜采用静电除尘器。

不同品种的除尘器的主要使用情况，如表 2-4-10 所示。

表 2-4-10 除尘器主要使用情况

型 式	可捕集粒度 μ	压力损失 (Pa)	除尘效率 (%)	设备费用	运行费用
重力沉降式	1000～50	98～147	40～60	低	低
百叶窗式	100～10	196～491	50～70	低	低
双蜗壳式	100～5	491～981	60～90	低	低
多管式	100～5	687～981	60～90	中	中
C 型旋风式	100～3	687～1177	70～90	中	中
小型湿栅式	100～3	196～392	80～90	低	中
离心水膜式	100～1	587～981	80～92	中	高
斜棒栅式	100～0.5	687～1275	90～96	中	高
喷管式	100～0.5	785～1472	90～98.5	中	高
泡沫式	100～0.1	981～1962	90～98	中	较高
声波式	100～0.1	587～1177	80～95	较高	中
布袋式	20～0.1	981～1962	90～99	高	高
电气式	20～0.05	98～245	80～99.9	高	较高

(2) 当采用干式除尘器时，如采用高浓度或较高浓度的水力除灰系统，可采用干灰集中后再加水的方式。

当采用座式除尘器时，应根据技术经济比较，选用高浓度或较高浓度或低浓度的水力除灰系统。

对大容量机组，当锅炉静电除尘器集灰斗较多，宜采用气力除灰系统集中到干灰仓时，宜采用单元制除灰系统。

(3) 干式除尘器，品种较多，常用的有旋风式、多管式、布袋式等。多管式易堵、易磨损，检修不便，不推荐采用。布袋式效率较高，有发展前途，下面分别介绍。

1) 目前最常用的是带螺旋槽的 C 型单管旋风式除尘器，直径一般为 400～1400mm，如图 2-4-2 所示。

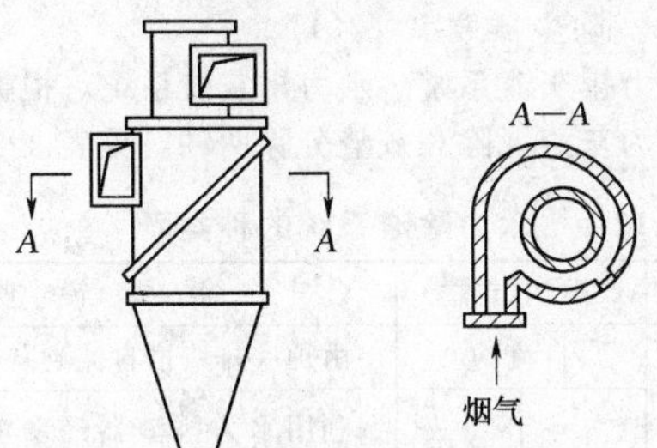

图 2-4-2 带螺旋槽的 C 型旋风式除尘器

该种除尘器允许处理烟气中的飞灰含量为 $400g/Nm^3$；可处理灰粒度为 3～100μ；除尘器效率为 70%～90%；阻力降约 0.8kPa；入口烟速为 12～20m/s。

按除尘器内烟气流速选择圆筒直径，其公式为

$$D_2=\sqrt{\frac{Q_y}{3830\omega S}}\ (m) \tag{2-4-37}$$

式中 Q_y——除尘器入口的烟气总量 (m^3/h)；

ω——旋风式除尘器内烟气流速 (m^3/s)，一般取 3～3.5m/s；

S——组装的旋风子个数。

目前最常用的是带螺旋槽的 C 型旋风式除尘器，直径一般为 400～1400mm。

2) 多管式除尘器。它由小直径的旋风子组装成多管式除尘器，如图 2-4-3 所示。每个旋风子内装有导向叶片，以加强旋涡，增大离心力。导向叶片常用的有涡旋式和螺旋式两种。常用的旋风子直径为 250mm，单个旋风子处理烟气量为 $630～735m^3/h$（叶片倾角为 25°）。

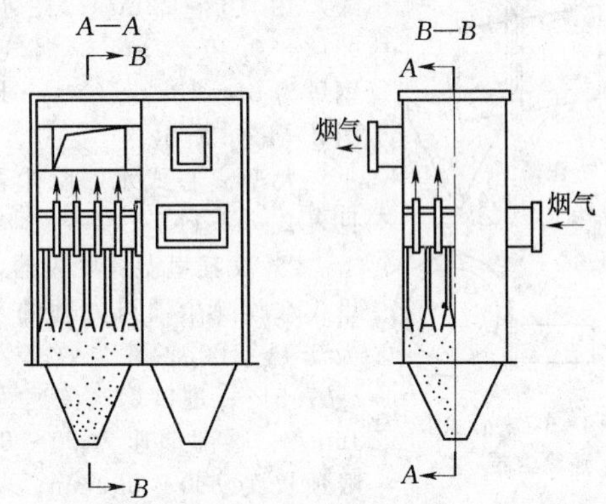

图 2-4-3 多管旋风式除尘器

多管旋风式除尘器可处理的灰粒度为 3～100μ；除尘器效率为 60%～80%；阻力为 0.7～1.0kPa；进口烟气流速为 15～20m/s。

多管式旋风子的个数按下式计算

$$S=80\frac{Q_y}{d_2^2}\sqrt{\frac{f\gamma}{\Delta h_0}} \tag{2-4-38}$$

式中 Q_y——除尘器入口烟气量 (m^3/h)；

d_2——旋风子内径 (mm)；

f——旋风子阻力系数，涡旋式叶片 25°，$f=85$；花瓣形叶片 30°，$f=65$；螺旋式，$f=90$；

γ——除尘器进口烟气比重 (kgf/m^3)；

Δh_0——旋风子阻力 (kPa)，一般按经验公式得 $\Delta h_0=72\gamma$。

3) 常用的布袋式除尘器，如图 2-4-4 所示。布袋直径为 ϕ300mm 或 ϕ150mm，直径与长度的比一般取 1∶30～1∶33。由一定数量的袋组成袋室，一定数量的袋室组成除尘器。布袋的通流面积按锅炉计算烟气量、过滤速度和常用袋数、袋室确定；袋室一般要考虑轮流清扫时的备用。清灰方式有脉冲、振摇、反吹风等，可采用外过滤或内过滤；烟气通过布袋的速度有高比率 1.8m/min 和低比率 0.6m/min 之分。

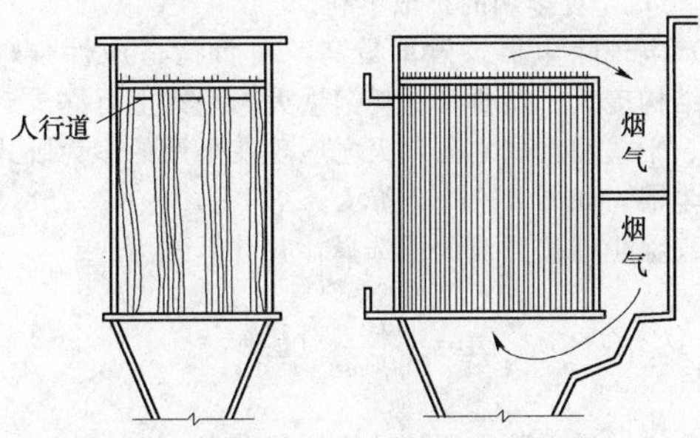

图 2-4-4 布袋式除尘器

(4) 湿式除尘器。火力发电厂常用的湿式除尘器有离心式和带湿栅式两种。近年来在离心式中又派生出文丘里式。

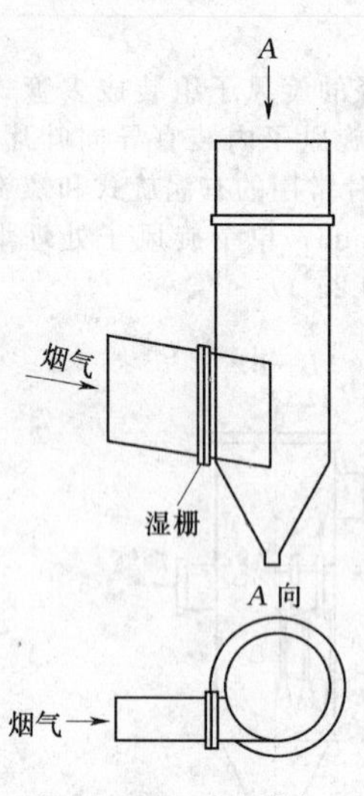

图 2-4-5 离心式水膜除尘器

1）离心式水膜除尘器。这种除尘器是按筒体内的烟气流速选择，一般取 4～5m/s，除尘器效率为 80%～92%；阻力为 0.6～1.0kPa；可处理的灰粒度为 1～100μ；进口烟气流速（不带湿栅式）为 16～22m/s；耗水量为 0.12～0.35m³/km³（烟气）；耗钢量为 80～108kg/(km³·h)，如图 2-4-5 所示。

大型离心式水膜除尘器规格见表 2-4-11。

2）文丘里湿式除尘器。文丘里式水膜除尘器可处理的灰粒度为 0.1～100μ；除尘效率为 90%～97.5%；进口烟气流速为 12～16m/s；喉部烟速为 50～60m/s；喉颈长为 300～350mm；收缩角为 23°～30°；扩散角为 6°～8°；耗水量为 0.15～0.25m³/km³（烟气），如图 2-4-6 所示。

表 2-4-11 大型离心式水膜除尘器规格表

内径（m）	2.5	3	4	5
烟气流量（m³/s）	22.09	31.81	56.55	88.36
筒体高度（m）	7.5	9	11.2	12.5
耗水量（t/h）	12.04	14.92	26.34	35.71

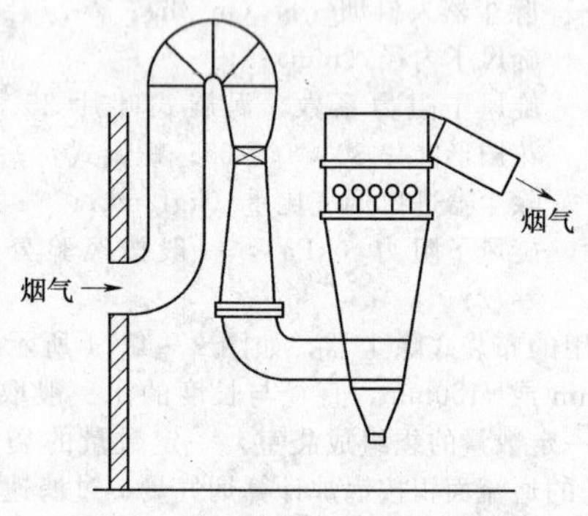

图 2-4-6 圆形立式文丘里湿式除尘器

这种除尘器的除尘效率虽高，但喉部磨损剧烈，烟气带水严重，造成引风机及烟道大量积灰或加快腐蚀，烟温下降达 65～80℃，对排烟的扩散不利。

(5) 电气除尘器。效率最高，对负荷适应性强，阻力小；但结构庞大、造价贵、耗钢量大。型式上有立式、管式和板式、干式和湿式之分，火电厂现在采用的多为卧式板型电气除尘器，如图 2-4-7 所示。

电气除尘器按通流面积选择，其计算式为

$$A=\frac{Q_j}{3600\omega}\quad (m^2) \qquad (2-4-39)$$

式中 Q_j——进入除尘器的计算烟气量（m³/h）；

ω——除尘器内烟气流速，一般板式取 0.5～1.5m/s，管式取 1～2m/s。

电气除尘器内尘粒漂移速度为 8～12.2cm/s，电能消耗率为 0.1～0.8kW/(1000m³·h)。

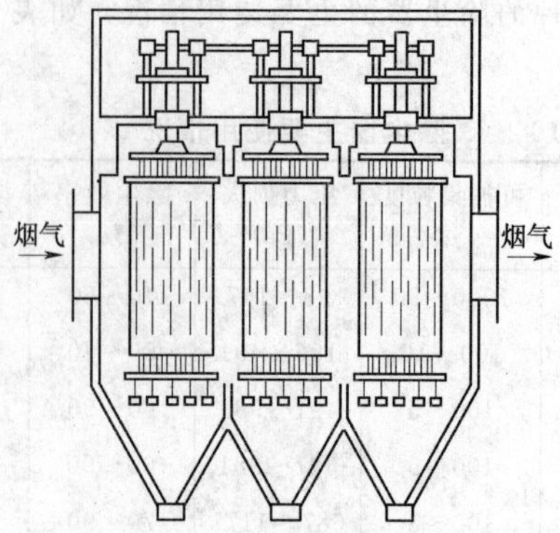

图 2-4-7 卧式板型电气除尘器

五、排灰系统

(1) 燃煤锅炉的灰渣量按下式计算

$$G_{hz}=B_k\left(\frac{A^y}{100}+\frac{q_4Q_{Dw}^y}{1935\times100}\right)\quad (t/h)$$

式中 B_k——锅炉耗煤量（t/h）；

A^y——燃料应用基灰分（%）；

q_4——机械未完全燃烧损失（%）；

Q_{Dw}^y——燃料的低位发热量（kJ/kg）。

炉底排渣槽内的渣量，随燃烧方式不同，有各种不同量的排渣率（即按炉底排渣量占上列计算的总灰渣量的百分比），其值如下

火室燃烧：固态排渣 10%～15%

液态排渣 20%～45%

旋风燃烧：立　式 50%～85%

卧　式 80%～85%

除尘器捕获的灰量 G_h 的计算式为

$$G_h=(G_{hz}-G_z)\eta_{ch}\quad (t/h) \qquad (2-4-40)$$

式中 G_{hz}——灰渣总量（t/h）；

G_z——炉底排渣量（t/h）；

η_{ch}——除尘器效率（%）。

(2) 水力排灰渣系统。水力排灰渣系统，根据灰渣的排除方式可分为灰渣混除和灰渣分除两种，见表 2-4-12。

表 2-4-12 水力除渣系统的种类表

排除方式	运送方式		简 要 说 明
灰渣混除	自流沟		由炉底排渣槽自流到灰渣场
	泵压	高压	利用水力排渣器经灰渣管排到灰渣场
		低压	利用灰渣泵经灰渣管排到灰渣场
灰渣分除	泵压	排渣	利用排渣泵，罐式喂料机或水力排渣器经渣管排到储渣场
		排灰	利用灰浆泵或油隔离泵经灰管排到储灰场

根据运行试验，自流排灰沟的坡度宜为 1%～1.5%；自流排渣沟的坡度宜为 1.5%～2.5%。当输送液态渣时，由于颗粒比重大，渣沟坡度应取上限值。

水力泵压式灰渣泵混除系统的水灰比为（10～15）：1，输送距离一般都在 2km 左右。如果一级灰渣泵的扬程不能满足输送距离时，可以采用两级灰渣泵串联方式。

油隔离泵是利用油压输送细灰，它能输送较高浓度的灰

浆，水灰比可达到（1～2）：1，输送距离较长。

罐式喂料机的排渣系统比较复杂，通常只在输送液态渣时选用。

自流沟水力排灰渣系统运行安全可靠，排灰沟坡度宜为1%～1.5%，排渣沟坡度宜为1.5%～2.5%。液态排渣时，颗粒的比重较大，渣沟的坡度宜采上限值。灰渣泵混除系统的水灰比一般为10～15。灰渣泵扬程如不能满足提升高度和输送距离的要求时，可采用几级串联或中继泵输送方式。油隔离泥浆泵和柱塞式泥浆泵能输送高浓度灰浆，水灰比可达1.5：1，输送距离也较长。罐式喂料机仅用于液态渣。

(3) 气力排灰渣系统。在严重缺水地区，特别是在灰渣综合利用需要干灰或干渣时，宜采用以空气为工作介质输送干灰渣的气力排灰渣系统。但采用气力方式输送干灰渣经济上不尽合理，因此气力排干渣的方式已很少采用，一般仅用在气力排灰方式。

气力排灰系统，根据管内空气压力不同分为负压式和正压式两种。其运行方式见表2-4-13。

表2-4-13 气力排灰系统分类表

气力排灰型式	简 要 说 明
负压式	利用蒸汽抽气器经输灰管抽吸，输灰管内为负压
	利用真空泵经输灰管抽吸，输灰管内为负压
	利用罗茨风机经输灰管抽吸，输灰管内为负压
正压式	利用空压机和仓式泵将排灰经输灰管送出，输灰管内为正压
	利用空压机（或罗茨风机）和螺旋泵将排灰经输灰管送出，输灰管内为正压

1) 负压罗茨风机气力排灰系统。负压气力排灰系统的气灰浓度，为每千克空气可以输送细灰8～15kg。在输送细灰的始端空气速度为5～6m/s，并要求管内的气流速度应大于灰的悬浮速度，如图2-4-8所示。

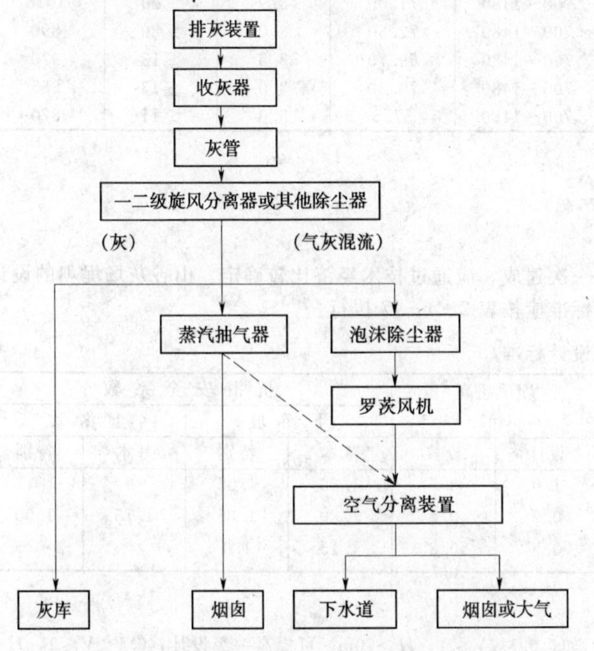

图2-4-8 负压罗茨风机气力排灰系统流程图

这种系统由于总阻力不超过25kPa，输送距离一般为200m以内，因此在使用上受到较大的限制。

2) 正压仓泵或正压螺旋灰泵气力排灰系统。正压仓泵排灰系统采用的较多，输送细灰的距离一般可达1500m。正压螺旋排灰系统由于系统密封性能较差，仅在输灰距离为600m以内时才具有一定的优越性如图2-4-9所示。

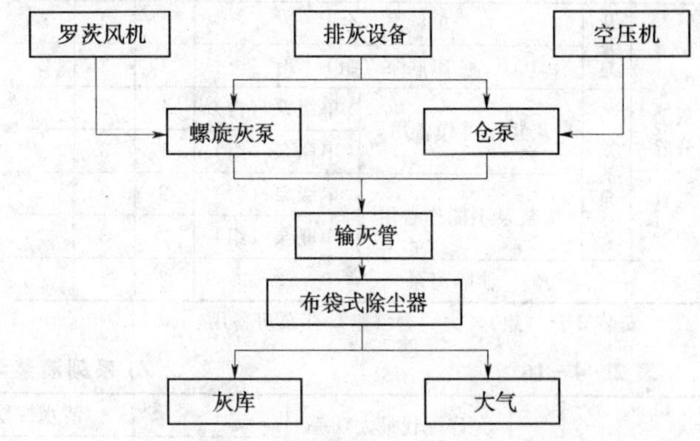

图2-4-9 正压泵气力排灰系统流程图

正压仓泵排灰系统的气灰比一般与输送距离成正比，详见表2-4-14。

表2-4-14 不同输送距离的输灰量

输送距离 (m)	每一公斤空气的输灰量 (kg)
＜600	15～30
600～1000	10～20
＞1000	7～15

正压排灰系统管道的输送速度，在每段的始端取10～12m/s，最大可达15m/s。

(4) 联合排灰渣系统。近来最常用的联合系统是采用气力排灰（给以综合利用）和水力排渣（包括液态渣）两种方式的联合。

在完成气力排灰至灰库，水力排渣至沉渣池以后，可以采用联合方式输出电厂，其流程见图2-4-10。

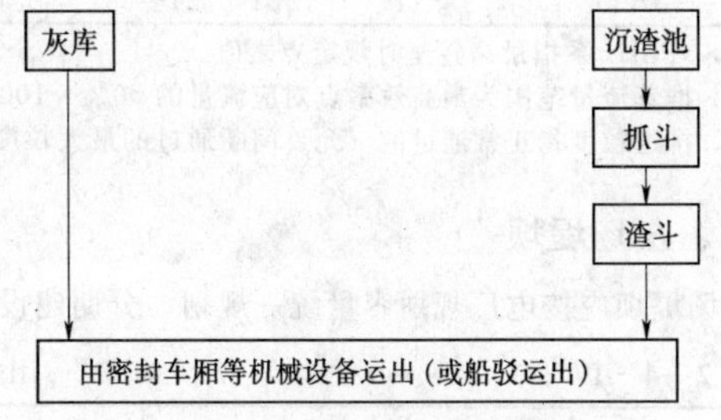

图2-4-10 联合排灰系统流程图

六、排灰设备

(1) 在一套水力除灰渣系统中，主要设备的备用台数如下：

1) 经常工作的清水泵，应有1台备用。

2) 在一个泵房内，灰渣（浆）泵和油隔离泵的备用台数，按表2-4-15决定。

表 2-4-15　**灰渣（浆）泵备用台数**

除灰渣系统及设备				备用台数 当同时运行泵的台（组）数为 1	2	3
灰渣混除	单级泵（台）			2	3	4①
	串联泵（组）			2	3	4①
灰渣分除	灰浆泵	单级泵（台）		1	2	2
		串联泵（组）		1	2	2
	灰渣泵	灰浆泵可作备用	单级泵（台）	1	2	
			串联泵（组）	1	3	
		灰浆泵不能作备用	单级泵（台）	2	3	
			串联泵（组）	2	3	
油隔离泵				2	2	

①　安装 3 台（组），另一台（组）存泵房备用。

（2）渣浆泵型号意义示例：

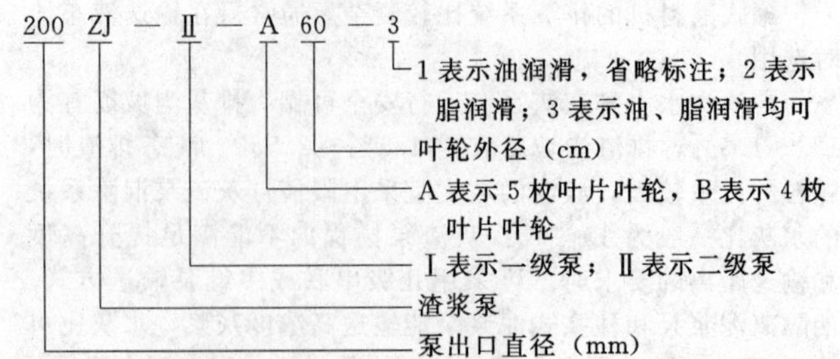

（3）渣浆泵性能举例，如表 2-4-16 所示。

（4）排灰管道。当运行的灰渣（浆）管为 1～3 条时，应设一条备用管。当运行的灰渣（浆）管为 3 条时，如灰渣（浆）管结垢严重，可设两条管备用。

当灰渣分除时，在满足灰渣输送的情况下，可设一条公共的备用管。

表 2-4-16　**ZJ 系列渣浆泵主要技术参数**

型号 TYPE	允许配代最大功率 Allowable MatingMAX. Power（kW）	清水性能 Clear Water Performance 流量 Q Capacity（m^3/h）	扬程 H Head（m）	转速 Speed（r/min）	最高效率 MAX. Eff（n%）	汽蚀余量 NPSHr（m）	排送粒度 Particle Size（mm）	重量 Weight of the Pump（kg）
300ZJ—1—A56	250	410～1600	10.6～48.0	500～980	84.30	5.5	≦54	2950
250ZJ—1—A96	560	505～1470	39.9～91.0	500～730	74.00	5.3	≦38	5200
250ZJ—1—A85	710	380～1500	31.2～128.5	500～980	71.60	5.1	≦42	4686
250ZJ—1—A80	630	360～1410	27.3～113.8	500～980	71.60	5.0	≦42	4630
250ZJ—1—A75	460	310～1480	22.3～98.4	500～980	78.20	4.9	≦40	3600
250ZJ—1—A70	400	285～1380	19.4～85.7	500～980	78.2	4.8	≦40	3570
250ZJ—1—A65	310	310～1250	16.7～72.0	500～980	78.20	4.7	≦40	3550
200ZJ—1—A75	355	230～900	23.9～103.7	500～980	69.50	4.5	≦31	3210
200ZJ—1—A70	310	240～950	19.9～85.8	500～980	77.50	4.4	≦31	3160
200ZJ—1—A65	280	240～950	17.2～74.0	500～980	77.30	4.3	≦35	2450
200ZJ—1—A60	200	220～870	14.7～64.0	500～980	79.40	4.1	≦35	2400
150ZJ—1—A65	200	155～600	18.9～78.5	500～980	72.00	3.9	≦27	2100
150ZJ—1—A60	160	140～550	15.4～64.5	500～980	72.50	3.8	≦27	1800
150ZJ—1—A50	75	120～460	10.4～45.5	500～980	78.00	3.2	≦27	1630
100ZJ—1—A50	160	85～360	20.2～101.6	700～1480	69.30	4.1	≦19	1444
100ZJ—1—A42	90	65～275	14.6～71.0	700～1480	71.00	3.9	≦20	1078
100ZJ—1—A36	45	60～245	9.1～48.6	700～1480	72.60	3.0	≦20	890
80ZJ—1—A42	75	60～260	13.3～70.6	700～1480	69.70	3.5	≦13	970
80ZJ—1—A36	45	45～190	10.0～51.5	700～1480	70.80	3.0	≦13	885
65ZJ—1—A30	11	24～68	6.9～34.5	700～1480	57.5	3.0	≦11	820

注　1. NPSHr 系指最高转速时规定点之值。
2. 推荐流量范围为最高效率点对应流量的 50%～100%。
3. 排送粒度指正常通过值（允许间断通过的最大粒度为该值的 1.75 倍）。

七、灰场堤坝

灰场堤坝应按电厂规划容量统一规划，分期建设，如需一次建成，应通过技术经济比较确定。山谷灰场堤坝的设计标准应按表 2-4-17 执行。

表 2-4-17　**山谷灰场灰坝设计标准**

等级	分等指标 总库容（10^8m^3）	分等指标 最终坝高（m）	洪水频率（%） 设计	洪水频率（%） 校核	坝顶超高（m） 设计	坝顶超高（m） 校核	抗滑安全系数 下游坡 基本	下游坡 特别	上游坡 基本	上游坡 特别
一	$V>1$	$H>70$	1	0.2	1.0	0.5	1.25	1.05		
二	$0.1<V\leqslant1$	$50<H\leqslant70$	2	0.5	0.7	0.4	1.20	1.05	1.15	1.00
三	$0.01<V\leqslant0.1$	$30<H\leqslant50$	5	1	0.5	0.3	1.15	1.0		

注　1. 用灰渣筑坝时，坝顶超高及抗滑安全系数应提高一级。
2. 当采用灰渣坝时，应采用坝前放灰的运行方式。
3. 当坝高与总库容不相应时，可视情况降低或提高一级标准设计，如，$0.1<V\leqslant1$，$H>70$m，可提高一级设计；$0.1<V\leqslant1$，$H<50$m，可降低一级设计。

第五节 锅 炉

一、锅炉参数

(1) 凝汽式发电厂宜一机配一炉，不设备用炉。炉的最大连续蒸发量宜为汽轮机额定进汽量的108%～110%。供热发电厂，当一台最大容量的锅炉停用时，其余锅炉应满足热力用户连续生产时所需的生产用汽，满足冬季采暖、通风和生活用热量的60%～75%。

(2) 大容量机组锅炉过热器出口额定蒸汽压力宜为汽轮机额定进汽压力的105%，过热器出口额定蒸汽温度，宜比汽轮机额定进汽温度高3℃。冷段再热蒸汽管道、再热器、热段再热器管道额定工况下的压力降宜分别为汽轮机额定工况高压缸排汽压力的1.5%～2.0%、5%、3.5%～3.0%。再热器出口额定蒸汽温度宜比汽轮机中压缸额定进汽温度高3℃。

(3) 我国国产蒸汽锅炉参数值如表2-5-1所示。

为降低火电厂基建投资和运行费用，在可能条件下，应广泛采用高参数大容量蒸汽锅炉。

(4) 国内主要电站锅炉制造厂制造的大型电站锅炉技术参数如表2-5-2所示。

表2-5-1　蒸汽锅炉参数（摘自GB 753—65）

蒸汽压力 (at)		蒸汽温度 (℃)	额定蒸发量 (t/h)	给水温度 (℃)
低压	5	饱和	0.05，0.1，0.2	20
	8	饱和	0.4，0.7，1，1.5，2	20
	13	饱和	1，2，3，4，6，10，20，35	20 60
		300	2，3，4，6，10，20，35	105
	25	饱和	1，2，4，6，10，20，35	60
		400	1，2，4，6，10，20，35	105
中压	39	450	20，35，65，130	150 172
高压	100	540	220，410	215
超高压	140	540/540	400，670	235
亚临界	170	540.6/540.6 (548)	1000，2050	278
		555/555	1000，2050 (2000)	260～263

(5) 锅炉生产工艺的流程及有关部件的名称，如图2-5-1所示。

表2-5-2　国产主要大型电站锅炉技术参数简表

参数 \ 制造厂	哈尔滨锅炉厂	哈尔滨锅炉厂	哈尔滨锅炉厂	上海锅炉厂	上海锅炉厂	东方锅炉厂	北京巴威锅炉厂	武汉锅炉厂
额定蒸发量 (t/h)		969	1815.3	1025	931.8	971	1025	670
最大连续蒸发量 (t/h)	1025	1025	2008	1025	1025	1025	1025	670
主蒸汽压力/温度 (MPa/℃)	18.2/540	17.46/540	19.1/540	16.8/540	17.3/540	17.25/540	16.8/540	13.7/540
再热蒸汽流量 (t/h)	835		1634	874.8			875	
再热蒸汽压力/温度 (MPa/℃)	3.72/540	3.46/540	4.27/540	3.45/540	3.31/540	3.29/540	3.36/540	2.3/540
给水温度 (℃)	281	275.4	278.3	262.4	276	273	262	245
排烟温度 (℃)	136.7	128	128	155	132	127	136	137.8
总高 (m)	73.25		73.3	70			66.7	
锅筒中心高 (m)	65.34	61.73		62.5	62.5	65	68.7	
炉膛截面热负荷 (kJ/m^2h)	14.5×10^6	19.1×10^6	70.2×10^6	17.7×10^6	17.1×10^6	17.2×10^6	17.4×10^6	15.59×10^6
炉膛容积热负荷 (kJ/m^3h)	321.4×10^3	409.8×10^3	355.7×10^3	432.63×10^3	440.6×10^3	339.6×10^3	411.4×10^3	497.4×10^3
制粉系统型式	中速磨直吹	钢球磨中贮式	中速磨直吹	钢球磨中贮式	钢球磨中贮式	钢球磨中贮式	中速磨直吹	钢球磨中贮式
燃料	烟煤	贫煤	洗中贫	贫煤	贫煤	贫烟	烟煤	混烟煤
燃烧方式	四角切圆燃烧	四角切圆燃烧	四角切圆燃烧	四角切圆燃烧	四角切圆燃烧	四角切圆燃烧	前后端双调圆形燃烧器	四角切圆燃烧
水循环		自然循环	控制循环	控制循环	自然循环	自然循环	自然循环	自然循环
效率 (%)	91.7	≥91	92.3	90.9	91.2	≥91.21	91.2	92

注　锅炉须按指定煤种设计，同制造厂同容量锅炉的数据略有差异。

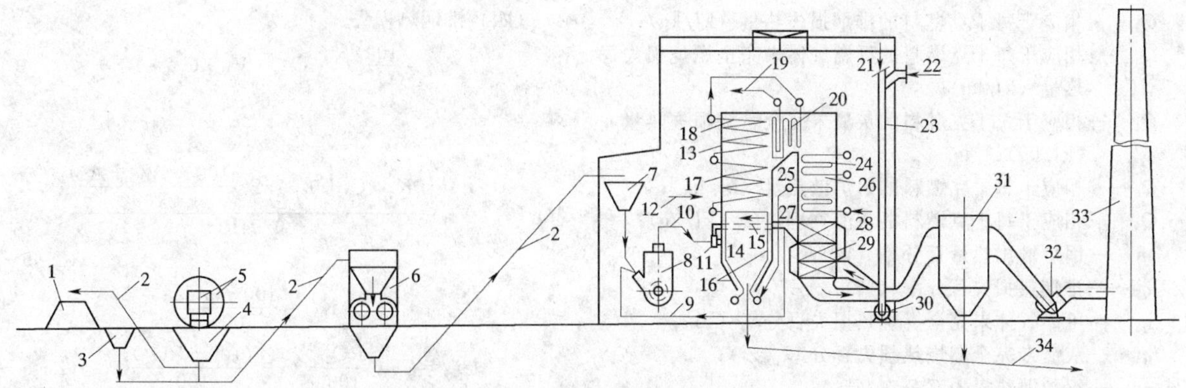

图2-5-1　生产蒸汽的工艺流程

1—煤堆；2—皮带运输机；3、4—煤斗；5—翻车机和火车车厢；6—碎煤机间；7—碎煤煤斗；8—磨煤机；9——次风；10—煤粉空气混合物；11—燃烧器；12—炉前；13—蒸汽锅炉；14—炉膛；15—二次风；16—下辐射区；17—中辐射区；18—上辐射区；19—过热蒸汽；20—对流过热器；21—从车间吸入空气；22—室外吸入空气；23—冷风器；24—再热器；25—水平烟道；26—对流片（竖直烟道）；27—省煤器；28—给水；29—空气预热器；30—送风机；31—除尘器；32—引风机；33—烟囱；34—灰渣沟

(6) 汽包锅炉的汽水系统，如图 2-5-2 所示。

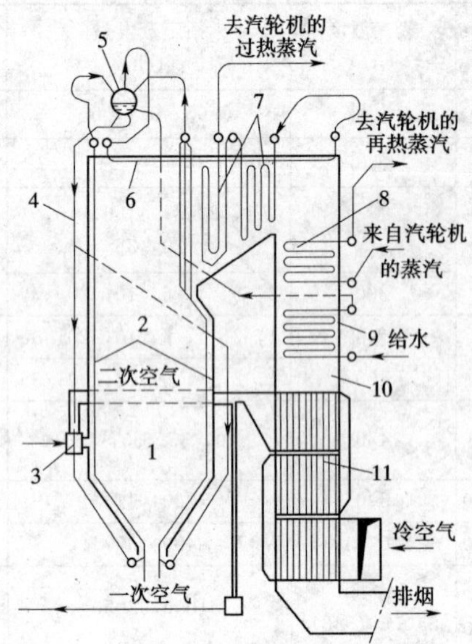

图 2-5-2　自然循环汽包锅炉的系统图

1—炉膛；2—炉膛水冷壁；3—燃烧器；4—下降管；5—汽包；6—辐射式过热器；7—对流式过热器；8—中间再热器；9—省煤器；10—对流烟道；11—空气预热器

二、锅炉的热效率计算及燃料消耗量计算

(一) 锅炉的热平衡及热效率

锅炉的热平衡一般是指锅炉设备的输入热量与输出热量及各项损失的平衡。对于固体或液体燃料，它们通常以每千克燃料量为基础来计算；对于气体燃料以每立方米燃料量为基础较方便。

锅炉的热平衡式如下

$$Q_r = Q_1 + Q_2 + Q_3 + Q_4 + Q_5 + Q_6 \quad (\text{kJ/kg}) \tag{2-5-1}$$

或用入炉热量的百分率表示

$$q_1 + q_2 + q_3 + q_4 + q_5 + q_6 = 100\% \tag{2-5-2}$$

而

$$q_1 = \frac{Q_1}{Q_r} \times 100\%, q_2 = \frac{Q_2}{Q_r} \times 100\%, \cdots$$

式中　Q_r——相应于每千克燃料的输入热量（kJ/kg）；

Q_1——相应于每千克燃料的锅炉输出热量（kJ/kg）；

Q_2——相应于每千克燃料的排烟损失热量（kJ/kg）；

Q_3——相应于每千克燃料的可燃气体未完全燃烧损失热量（kJ/kg）；

Q_4——相应于每千克燃料的灰渣未完全燃烧损失热量（kJ/kg）；

Q_5——相应于每千克燃料的锅炉散热量（kJ/kg）；

Q_6——相应于每千克燃料的灰渣物理热量（kJ/kg）；

q_1——锅炉输出热量百分率（%）；

q_2——排烟热损失百分率（%）；

q_3——可燃气体未完全燃烧热损失百分率（%）；

q_4——灰渣未完全燃烧热损失百分率（%）；

q_5——锅炉散热损失百分率（%）；

q_6——灰渣物理热损失百分率（%）。

锅炉热效率是锅炉的输出热量占输入热量的百分率，即

$$\eta = q_1 = \frac{Q_1}{Q_r} \times 100\% \tag{2-5-3}$$

在锅炉试验中，按此式计算热效率需通过测量求得输出热量 Q_1，此为正平衡法。利用此法求得的热效率称为正平衡热效率。

根据式（2-5-2），热效率可由下式求得

$$\eta = q_1 = 100 - q_2 - q_3 - q_4 - q_5 - q_6 (\%) \tag{2-5-4}$$

即为反平衡法，热损失法。利用此法求得的热效率称为反平衡热效率。

(二) 输入热量 Q_r

$$Q_r = Q_D^y + I_{rx} + Q_{wl} + Q_{fr} \quad (\text{kJ/kg}) \tag{2-5-5}$$

式中　Q_D^y——固体或液体燃料的低位发热量（kJ/kg）或气体燃料低位发热量（kJ/m³）；

I_{rx}——燃料的物理显热（kcal/kg）；

Q_{wl}——用外来燃烧产物加热燃料或空气时，相应于每千克燃料所给入热量（kJ/kg）；

Q_{fr}——进入锅炉的废热相应于每千克燃料所给入的热量。

Q_{wl} 及 Q_{fr} 对于一般锅炉并不存在。如果存在也要根据具体情况计算，这里不可能给出统一的计算方法；I_{rx} 在一般情况下因燃料温度与送风温度相差无几，也可忽略不计，则式（2-5-5）可简化为

$$Q_r = Q_D^y \quad (\text{kJ/kg}) \tag{2-5-6}$$

(三) 输出热量

$$Q_1^z = \frac{1}{B_k}[D_{gq}(i_{gq} - i_{gs}) + D_{zq}'(i_{zq}'' - i_{zq}') + D_{zj}(i_{zq}'' - i_{gs}) + D_{bq}(i_{bq} - i_{gs}) + D_{ps}(i_{bs} - i_{gs}) \quad (\text{kJ/kg}) \tag{2-5-7}$$

$$Q_1 = Q_1^z - \frac{Q_{zy}}{B_k \times 10^3} \quad (\text{kJ/kg}) \tag{2-5-8}$$

式中　D_{gq}——过热蒸汽流量（t/h）；

i_{gq}——过热蒸汽焓（kJ/kg）；

i_{gs}——给水焓（kJ/kg）；

D_{zq}'——再热器入口蒸汽流量（t/h）；

i_{zq}'、i_{zq}''——再热器进、出口蒸汽焓（kJ/kg）；

D_{zj}——再热器减温水流量（t/h）；

D_{bq}——饱和蒸汽抽出量（t/h）；

i_{bs}、i_{bq}——饱和水及饱和蒸汽的焓（kJ/kg）；

D_{ps}——排污水流量（t/h）；

B_k——燃料消耗量（t/h）；

Q_{zy}——外来的自用蒸汽给入锅炉设备的热量（kJ/kg）。

(四) 排烟热损失

$$q_2 = \frac{100}{Q_r}[(V_{gy}C_{pgy} + V_{H_2O}C_{pH_2O}) \times (\upsilon_{py} - t_{sf}) + \frac{D_{wh}}{B_k} \times 570](\%) \tag{2-5-9}$$

$$V_{gy} = \frac{K_{q_4}(C^r + 0.375S^r)\dfrac{100 - (W^y + A^y)}{100}}{0.54RO_2} \tag{2-5-10}$$

$$K_{q_4} = \frac{100 - q_4}{100}$$

$$C_{pgy} = C_{pCO_2}\frac{RO_2}{100} + C_{pN_2}\frac{(100 - RO_2)}{100} \tag{2-5-11}$$

$$V_{H_2O} = 1.24\left(\frac{9H^y + W^y}{100} + W_k + \frac{D_{wh}}{B_k}\right) \tag{2-5-12}$$

式中　V_{gy}——每千克燃料产生的干烟气体积（m³/kg）；

K_{q_4}——考虑灰渣未完全燃烧的修正系数；

C^r——燃料成分中可燃基碳含量（%）；

S^r——燃料成分中可燃基硫含量（%）；

W^y——燃料成分中应用基水分含量（%）；

A^y——燃料成分中应用基灰分含量（%）；

RO_2——干烟气所含的二氧化碳及二氧化硫气体的体积百分率之和（%）；

C_{pgy}——干烟气从 t_{sf} 至 v_{py} 温度区间的平均定压比热，一般情况下可代之以干烟气从0℃至 v_{py} 的平均定压比热［kcal/(m³·℃)，4.186kJ/(m³·℃)］；

C_{pCO_2}、C_{pN_2}——CO_2、N_2 的平均定压比热，可从表2-5-3、表2-5-4查得；

V_{H_2O}——烟气中水蒸气的体积（m³/kg）；

W_k——每千克燃料所需空气的含湿量（kg/kg）；

D_{wh}——燃油雾化用蒸汽量（t/h）。

表2-5-3　常用气体的平均定压比热

C_p［kcal/(cm³·℃)，4.186kJ/(m³·℃)］

温度(℃)	CO_2	N_2	O_2	H_2O	干空气	湿空气(d=10g/kg)
0	0.3821	0.3092	0.3119	0.3569	0.3098	0.3150
100	0.4061	0.3095	0.3147	0.3595	0.3106	0.3163
200	0.4269	0.3104	0.3189	0.3636	0.3122	0.3181
300	0.4449	0.3121	0.3239	0.3684	0.3146	0.3206
400	0.4609	0.3144	0.3290	0.3739	0.3174	0.3235
500	0.4750	0.3171	0.3339	0.3797	0.3207	0.3268
600	0.4875	0.3201	0.3384	0.3857	0.3210	0.3303
700	0.4988	0.3233	0.3426	0.3920	0.3274	0.3338
800	0.5090	0.3265	0.3463	0.3984	0.3306	0.3371
900	0.5181	0.3295	0.3498	0.4050	0.3338	0.3403
1000	0.5263	0.3324	0.3529	0.4115	0.3367	0.3433
1100	0.5338	0.3352	0.3557	0.4180	0.3395	0.3463
1200	0.5407	0.3378	0.3584	0.4244	0.3422	0.3490
1300	0.5469	0.3404	0.3608	0.4306	0.3447	0.3517
1400	0.5526	0.3427	0.3631	0.4366	0.3470	0.3542
1500	0.5578	0.3449	0.3653	0.4425	0.3492	0.3565
1600	0.5626	0.3470	0.3673	0.4481	0.3513	0.3587
1700	0.5671	0.3490	0.3693	0.4537	0.3532	0.3607
1800	0.5712	0.3508	0.3712	0.4589	0.3551	0.3625
1900	0.5750	0.3525	0.3730	0.4639	0.3568	0.3644
2000	0.5785	0.3541	0.3748	0.4688	0.3585	0.3661
2100	0.5818	0.3557	0.3764	0.4735	0.3600	0.3678
2200	0.5848	0.3571	0.3781	0.4779	0.3615	0.3693
2300	0.5876	0.3585	0.3797	0.4822	0.3629	0.3708
2400	0.5902	0.3598	0.3813	0.4864	0.3643	0.3722
2500	0.5926	0.3610	0.3828	0.4903	0.3655	0.3735

表2-5-4　根据ISO/R889—1968(E)，烟气组分的平均定压比热与温度的乘积 C_pt(kcal/m³，4.186kJ/m³)

温度(℃)	CO_2	其他组分	温度(℃)	CO_2	其他组分	温度(℃)	CO_2	其他组分
0	0.00	0.00	60	24.24	18.78	140	58.56	43.82
10	4.02	3.13	70	28.38	21.91	160	67.66	50.08
20	8.04	6.26	80	32.52	25.04	180	76.98	56.36
30	12.06	9.39	90	36.66	28.17	200	86.30	62.60
40	16.08	12.52	100	40.80	31.30			
50	20.10	15.65	120	49.68	37.56			

设空气的绝对湿度 d=10g/kg，则

$$W_k=1.29\alpha V_{gk}^{\circ}\left(\frac{d}{1000}\right)\approx 0.013\alpha V_{gk}^{\circ} \qquad (2-5-13)$$

$$V_{gk}^{\circ}=(V_{gk}^{\circ})^r\frac{100-(W^y+A^y)}{100} \qquad (2-5-14)$$

$$(V_{gk}^{\circ})^r=0.089(C^r+0.375S^r)+0.265H^r-0.0333O^r \qquad (2-5-15)$$

式中　α——计算截面的空气过剩系数；

V_{gk}°——每千克燃料完全燃烧时，理论上需要的化学当量干空气量（m³/kg）；

$(V_{gk}^{\circ})^r$——按可燃基成分计算的燃料理论干空气量（m³/kg）。

（五）可燃气体未完全燃烧热损失

$$q_3=\frac{100}{Q_r}V_{gy}(30.18CO+25.79H_2+85.55CH_4)(\%) \qquad (2-5-16)$$

式中　CO、H_2、CH_4——干烟气中 CO、H_2、CH_4 含量的体积百分率（%）。

（六）灰渣未完全燃烧热损失

燃煤锅炉的灰渣热损失就是灰渣（飞灰、炉渣和漏煤）未燃尽残碳造成的热损失，此项损失亦称机械未完全燃烧热损失。

$$q_4=q_4^{fh}+q_4^{lz}+q_4^{lm}(\%) \qquad (2-5-17)$$

$$q_4^{fh}=\frac{78.5A^y}{Q_r}\alpha_{fh}\frac{C_{fh}}{100-C_{fh}}$$

$$q_4^{lz}=\frac{78.5A^y}{Q_r}\alpha_{lz}\frac{C_{lz}}{100-C_{lz}}$$

$$q_4^{lm}=\frac{78.5A^y}{Q_r}\alpha_{lm}\frac{C_{lm}}{100-C_{lm}}$$

式中　q_4^{fh}——飞灰未完全燃烧热损失（%）；

q_4^{lz}——炉渣未完全燃烧热损失（%）；

q_4^{lm}——对于炉排炉的漏煤未完全燃烧热损失（%）；

C_{fh}、C_{lz}、C_{lm}——飞灰、炉渣、漏煤中可燃物含量百分率（%）；

α_{fh}、α_{lz}、α_{lm}——飞灰、炉渣、漏煤的灰量占入炉煤总灰量的质量百分率（%）。

（七）灰渣物理热损失

$$q_6=\frac{A^y}{100Q_r}[\alpha_{lz}(t_{lz}-t_{sf})C_{lz}+\alpha_{fh}(v_{py}-t_{sf})C_{fh}](\%) \qquad (2-5-18)$$

式中　t_{lz}——从炉膛排出的炉渣温度（℃），若不能直接测量时，固态排渣的煤粉炉和炉排炉可采用800℃；液态排渣煤粉炉采用 $t_{lz}=t_3+100$℃（t_3 为燃料灰分的熔化温度，℃）；

v_{py}——排烟温度（℃）；

t_{sf}——作为参比温度的进风温度（℃）；

C_{lz}、C_{fh}——炉渣及飞灰的比热，见表2-5-5；

α_{lz}、α_{fh}——意义同前。

表 2-5-5　　固体燃料灰分的比热
[kcal/(kg·℃), 4.186kJ/(kg·℃)]

温度(℃)	100	200	300	400	500	600	700
比热	0.190	0.200	0.207	0.213	0.220	0.225	0.227
温度(℃)	800	900	1000	1200	1400	1600	1800
比热	0.230	0.234	0.240	0.250	0.270	0.304*	0.320*

*　已计入熔解热。

当燃煤的折算灰分小于 10% $\left(A_{zs}=\frac{1000A^y}{Q_D^y}<10\%\right)$时，固态排渣的煤粉炉可忽略炉渣的物理热损失，而炉排炉及液态排渣煤粉炉可忽略飞灰的物理热损失。

(八) 锅炉散热损失

锅炉散热损失见图 2-5-3。

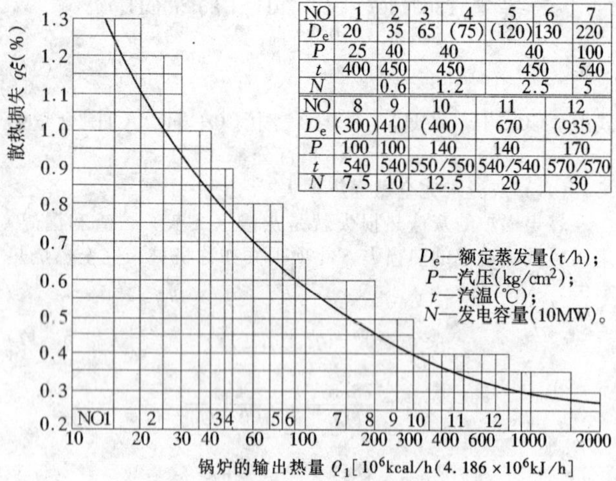

图 2-5-3　锅炉在额定出力下的散热损失近似值

$$q_5=q_s^e\frac{D_e}{D}\qquad(2-5-19)$$

式中　D_e——锅炉的额定蒸发量（t/h）;

D——锅炉的实际蒸发量（t/h）。

(九) 锅炉的燃料消耗量计算

每小时消耗量为

$$B=D_B(i_{01}-i_{fW})+D_R(i_{02}-i_{02}')+D_d(i_{os}-i_{fW})/\eta_B Q_B\quad(t/h)\qquad(2-5-20)$$

$$Q_B=Q_{DW}^y+Q_1+Q_2+Q_3\quad(kJ/kg)$$

式中　D_B——锅炉额定过热蒸汽蒸发量（t/h）;

i_{01}——过热蒸汽出口蒸汽焓（kJ/kg）;

i_{fW}——锅炉给水焓（kJ/kg）;

D_R——再热蒸汽流量（t/h）;

i_{02}——再热蒸汽出口蒸汽焓（kJ/kg）;

i_{02}'——再热蒸汽进口蒸汽焓（kJ/kg）;

D_d——锅炉排污水量（t/h）;

i_{os}——锅炉炉水焓（kJ/kg）;

η_B——锅炉效率;

Q_B——相当于每千克燃料送入锅炉的热量;

Q_{DW}^y——燃料应用基低位发热量（kJ/kg）;

Q_1——燃料的物理显热（kJ/kg）;

Q_2——由外热源加热空气带入锅炉的热量（kJ/kg）;

Q_3——由外热流吹送或雾化燃料带入锅炉的热量（kJ/kg）。

三、磨煤机

(1) 发电厂磨煤机的型式应根据煤种选择。当煤种适宜时，应优先选用高、中速磨煤机，并采用直吹式制粉系统。燃用褐煤时，应优先选用风扇磨煤机。对钢球磨煤机，宜采用贮仓式制粉系统。当采用中速磨煤机，且空气预热器能满足一、二次风分流条件时，宜采用正压冷一次风机系统。

(2) 发电厂常用磨煤机的型式，如表 2-5-6 所示。

表 2-5-6　　磨煤机分类表

常用型式	低速磨煤机	中速磨煤机	高速磨煤机
结构型式	钢球滚筒式	辊与盘式 辊与碗式	锤击式、竖井式
	钢球锥筒式	辊与环式 球与环式	风扇式
转速(r/min)	15～25	50～100	600～1500
特点	结构简单，维护方便，但体积大，用钢多，耗电多，一般用于储仓式制粉系统	体积小，用钢少，用电省，但结构较复杂，一般用于直吹式制粉系统	结构简单、轻巧，用电最省，但出的煤粉较粗，部件易磨损，大部分用于直吹式制粉系统
适用煤种	各种煤都能用，特别适用于较硬并要求磨得较细的煤（如无烟煤）	除很硬和水分很高的煤种外，其他都能适用	主要用于松软、水分较多、挥发分较高的煤种（如褐煤和混煤）

(3) 滚筒式磨煤机出力的计算。对无烟煤及 K_{KM}^{BTH}（可磨系数）<1.2、S^f（分析基硫分）>6%、A^f（分析基灰分）>30%的煤，一般推荐选用滚筒式钢球磨煤机，其出力可计算如下

$$B_m=AK_{KM}K_{GJ}K_{MS}/C\quad(t/h)\qquad(2-5-21)$$

$$A=0.11D^{2.4}Ln^{0.8}\psi^{0.6}$$

$$C=\sqrt{\ln(100/R_{90})}$$

式中　A——出力系数;

D——滚筒内径（m）;

L——滚筒长度（m）;

n——滚筒转速（r/min）;

ψ——充球系数;

K_{KM}——工作燃料可磨系数;

K_{GJ}——钢甲形状修正系数，波纹形钢甲取 1，阶梯形钢甲取 0.9;

K_{MS}——运行磨损修正系数，一般取 0.9;

C——细度系数;

R_{90}——煤粉细度（%）。

(4) 选用贮仓式制粉系统的钢球磨煤机时，每台炉装设的磨煤机台数，不宜少于 2 台，合计计算出力（均在最大钢球装载量下），按设计煤种，不应小于锅炉最大连续蒸发量时所需耗煤量的 115%。当一台磨煤机停运时，其余磨煤机按设计煤种的计算出力应能满足锅炉不投油情况下安全稳定运行的要求；否则，应通过螺旋输粉机由邻炉来粉，或相应增大磨煤机的出力。

(5) 选用直吹式制粉系统的磨煤机时，机组容量在 200MW 以下时，每台锅炉装设的磨煤机应不少于 3 台，其

中1台为备用；机组容量为200MW及以上时，每台锅炉装设的磨煤机应不少于4台，其中1台为备用，当每台锅炉正常运行的磨煤机为6台及以上时，可有1台运行备用和1台检修备用；磨煤机的计算出力应有备用容量；在磨制设计煤种时，除备用外的磨煤机总出力应不小于锅炉最大连续蒸发量时燃煤消耗量的105%～115%。

（6）中速磨煤机和风扇磨煤机出力的计算。对 $K_{KM}^{BTH} \geqslant 1.2$ 的贫煤、烟煤和洗中煤，一般推荐选用中速磨煤机，但当 V^r（可燃基挥发分）>30%时，则宜选用风扇磨煤机。它们的出力可分别计算如下：

中速磨煤机出力：

辊与盘式　$$B_m = \frac{AD^3 K_{KM} K_{MS}}{C} \text{ (t/h)} \quad (2-5-22)$$

辊与碗式　$$B_m = \frac{A' K_{KM}}{C^2} \text{ (t/h)} \quad (2-5-23)$$

球与环式　$$B_m = \frac{5.6 D'^{1.5} K_{KM}}{C} \text{ (t/h)} \quad (2-5-24)$$

式中　A——出力系数，一般取5.9，烟煤取7.5，贫煤取6.5；

D——磨盘直径（m）；

A'——出力系数，151型磨煤机为12.6；

D'——磨环滚道中心直径（m）；

K_{KM}、K_{MS}、C——同钢球磨煤机。

风扇磨煤机出力

$$B_m = \frac{ABK_{KM} K_{MS}}{1000C} \text{ (t/h)} \quad (2-5-25)$$

$$B = abzu^2$$

$$a = \frac{1}{2}(D_2 - D_1)$$

$$u = \pi D_2 n$$

式中　A——出力系数，一般取0.798；

B——几何系数；

a——叶片长度（m）；

D_1、D_2——叶片内、外径（m）；

b——叶片宽度（m）；

z——叶片数；

u——叶轮圆周速度（m/s）；

n——叶轮转速（r/min）；

K_{MS}——磨损修正系数，一般取0.85；

K_{KM}、C——同钢球磨煤机。

（7）竖井磨煤机出力的计算。对褐煤和油页岩，建议采用竖井磨煤机，其出力可计算如下

$$B_m = \frac{ABK_{KM} K_{MS} \sqrt{1.43 N_i - 1}}{1000C^2} \text{ (t/h)}$$

$$B = K^3 L z^{0.25}$$

$$N_i = \frac{N}{N_K}$$

$$N = N_0 DL$$

$$N_K = 7DL\beta u^3 \sqrt{z} R \times 10^{-5}$$

$$\beta = 1 - 0.7\left(1 - 2\frac{h}{D}\right)^4$$

式中　A——出力系数，褐煤取1.0，页岩取1.2；

B——几何系数；

u——锤子圆周速度（m/s）；

L——转子长度（m）；

z——沿转子圆周的锤子数；

N_i——相对功率系数；

N——磨煤机轴功率（kW）；

N_0——磨煤机转子单位断面功率（kW/m²），可从表2-5-7查出；

D——转子直径（m）；

N_K——空载功率（kW）；

β——锤子相对高度系数；

h——锤子总高度（m）；

R——迎面阻力系数，敞开式转子 $R=1$，遮角大于250°的转子 $R=0.7$；

K_{KM}、C——同钢球磨煤机。

表2-5-7　不同直径的单位断面功率

转子直径（m）	转子转速（r/min）	单位断面功率（kW/m²）
1.00	960	30
1.30	730	40
1.50	730	50
1.67	730	60

四、给煤机和制粉系统

（1）给煤机的台数宜与磨煤机的台数相同，对大容量机组，也可1台磨煤机配2台给煤机。给煤机的计算出力，振动式的不应小于磨煤机计算出力的120%；其他型式的不小于110%。

排粉机的台数应与磨煤机的台数相同。每台给粉机的出力，不小于与其连接的燃烧器最大设计出力的130%。

制粉系统必须有防爆措施。

（2）常用制粉系统型式的示意图，如图2-5-4～图2-5-8所示。

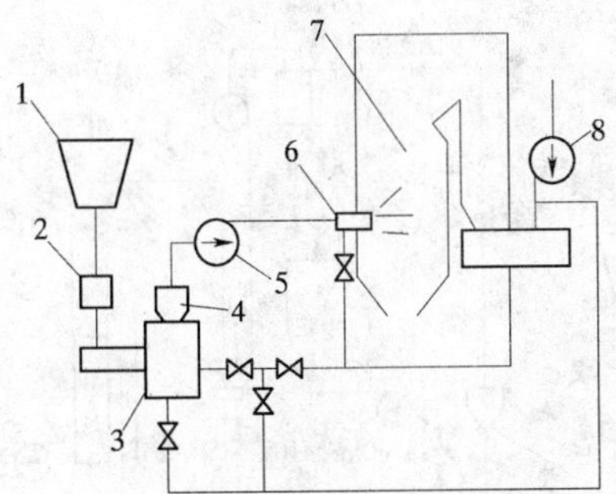

图2-5-4　单元直吹式负压制粉系统

1—原煤仓；2—给煤机；3—磨煤机；4—粗粉分离器；5—排粉风机；6—燃烧器；7—炉膛；8—送风机

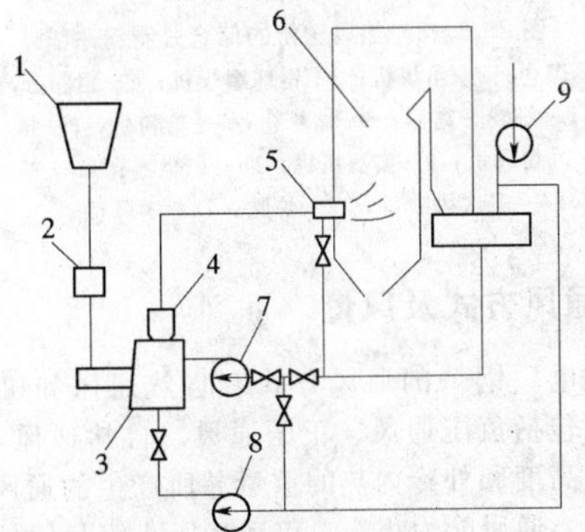

图2-5-5　单元直吹式正压制粉系统（带高温风机）

1—原煤仓；2—给煤机；3—磨煤机；4—粗粉分离器；5—燃烧器；6—炉膛；7—高温风机；8—轴封风机；9—送风机

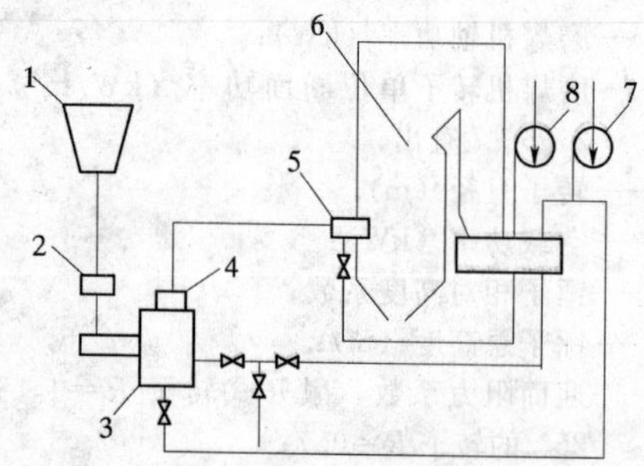

图 2-5-6 单元直吹式正压制粉系统（带高压风机）

1—原煤仓；2—给煤机；3—磨煤机；4—粗粉分离器；5—燃烧器；6—炉膛；7—高压送风机；8—送风机

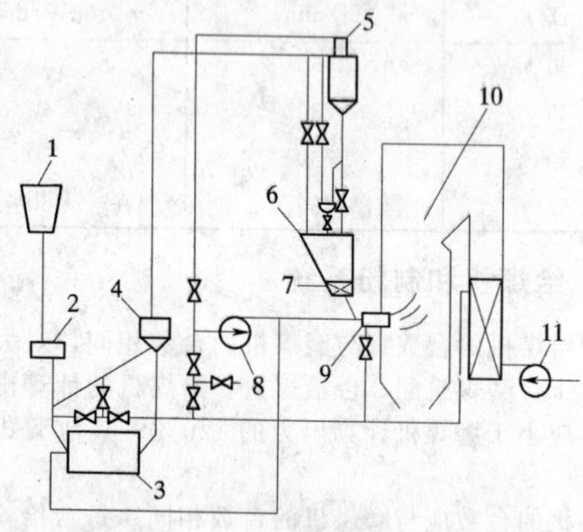

图 2-5-7 干燥剂送粉的储仓式制粉系统

1—原煤仓；2—给煤机；3—钢球磨煤机；4—粗粉分离器；5—细粉分离器；6—储粉仓；7—给粉机；8—排粉风机；9—燃烧器；10—炉膛；11—送风机

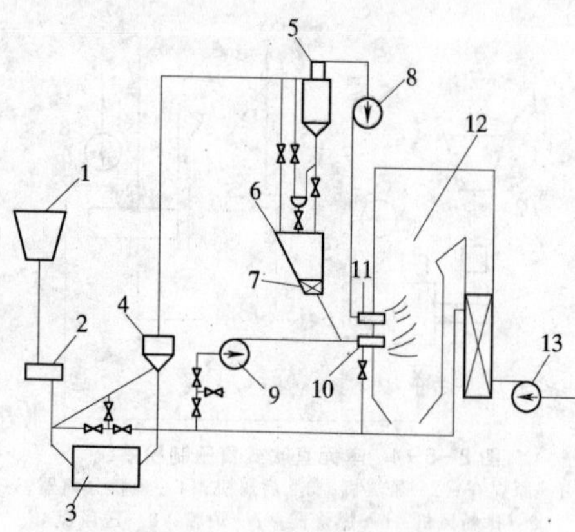

图 2-5-8 热风送粉的储仓式制粉系统

1—原煤仓；2—给煤机；3—钢球磨煤机；4—粗粉分离器；5—细粉分离器；6—储粉仓；7—给粉机；8—排粉风机；9—高温风机；10—燃烧器；11—三次风喷口；12—炉膛；13—送风机

五、通风方式及风量

(1) 发电厂锅炉的通风方式有自然通风和机械通风两种，后者中包括负压通风、正压通风。自然通风不设风机，仅利用烟囱高度和外冷内热的重量差所产生的通风能力来克服各种阻力，通风能力很小，仅适用于小容量锅炉。负压通风同时利用烟囱和引风机，通风能力有限，也只用于小型锅炉。正压通风同时利用送风机和烟囱，已在微正压燃烧的锅炉上应用。火电厂最广泛应用的是平衡通风方式，同时装设送风机和引风机，其示意图见图 2-5-9。

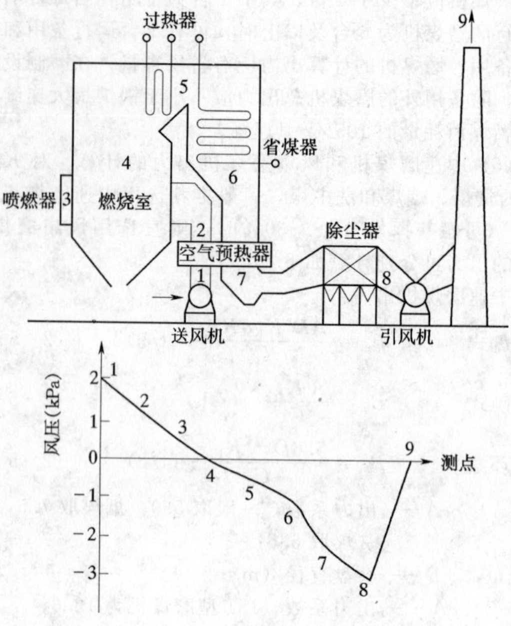

图 2-5-9 锅炉平衡通风示意图

(2) 平衡通风的计算。烟囱的自然通风压头为

$$H=9.81H_{yz}\left(\gamma_k-\gamma_0\frac{273}{273+t_{yz}}\right)\times\frac{b}{101.325}\quad(\mathrm{Pa})\tag{2-5-26}$$

式中 H_{yz}——烟囱高度（m）；

γ_k——外界空气密度（kg/m^3）；

γ_0——标准状态下烟气密度（kg/m^3）；

t_{yz}——烟囱内烟气平均温度（℃）；

b——当地大气压力（kPa）。

送风机的风量 Q_s 与压头 H_s 计算如下

$$Q_s=\beta_{1s}\alpha_l BV^\circ\frac{273+t_R}{273}\times\frac{101.325}{b}\times\frac{1}{z_s}\quad(\mathrm{m^3/h})\tag{2-5-27}$$

式中 β_{1s}——风量储备系数，一般取 1.05；

α_l——炉膛过剩空气系数；

B——锅炉的计算耗煤量（kg/h）；

V°——理论燃烧空气量（m^3/kg）；

t_R——进入送风机的冷空气温度（℃）；

z_s——送风机台数。

其中应当计及采用热风再循环所需风量为

$$H_s=\beta_{2s}\sum\Delta h_F\quad(\mathrm{Pa})\tag{2-5-28}$$

式中 β_{2s}——风压储备系数，一般取 1.10；

$\sum\Delta h_F$——风道的总阻力（Pa）。

引风机的风量 Q_y 与压头 H_y 计算如下

$$Q_y=\beta_{1y}(BV_y+V_{sq})\frac{273+t_y}{273}\times\frac{101.325}{b}\times\frac{1}{Z_y}\quad(\mathrm{m^3/h})\tag{2-5-29}$$

式中 β_{1y}——风量储备系数，取 1.05～1.10；

V_y——计及漏风后引风机前烟气比容（m^3/kg）；

t_y——引风机前烟气温度（℃）；

Z_y——引风机台数；

V_{sq}——当采用湿式除尘器时除尘器内蒸发的水蒸气体积（m^3/h）。

$$V_{sq}=\frac{\Delta G}{0.804}\times\frac{273+t_c''}{273}\times3600$$

式中　ΔG——除尘器进出口增加的烟气湿分量（kg/s）；

t_c''——除尘器出口烟温（℃）。

$$H_y=\beta_{2y}(\sum\Delta h_y-H)\ (\text{Pa})\qquad(2-5-30)$$

式中　β_{2y}——风压储备系数，取 1.10～1.15；

$\sum\Delta h_y$——烟道的计算总阻力（Pa）。

送、引风机的电动机功率 N 计算如下

$$N=\frac{\beta_3 Q_j H_j}{3600\eta}\ (\text{kW})\qquad(2-5-31)$$

式中　β_3——功率储备系数，一般取 1.15～1.30；

Q_j——计算的使用风量（m^3/h）；

H_j——计算的使用压头（Pa）；

η——送、引风机运行效率。

（3）采用平衡通风的中小型锅炉，一般每台炉装设送、引风机各 1 台，但容量在 130t/h 以上的，每台锅炉可装设 2 台送风机，220t/h 以上的，每台锅炉可装设送、引风机各 2 台，大于 1000t/h 以上时，每台锅炉一次风机的台数应不少于 2 台，不设备用。

风机的风量裕量及压头裕量，如表 2-5-8 所示。

表 2-5-8　　风量和压头裕量

风　　机	风量裕量（%）	压头裕量（%）
冷一次风机	5	10
热一次风机	5～10	10～20
排粉机	5～10	10～20
送风机	5	10
吸风机	5～10	10～20

对燃烧低热量或低挥发分煤的锅炉，每台锅炉装有送吸风机各 2 台时，应验算单台送吸风机运行工况下能满足锅炉不投油最低稳燃负荷的需要。

（4）风机容量的计算。按计算容量参数选择风机时，由于制造厂是按 101.325kPa 标准大气压下的空气作工作介质设计的，并规定风机的介质温度为 20℃，须将计算值折算成制造厂的风机设计参数，折算方法是乘以工作介质的密度修正系数 K_r。

$$K_r=\frac{1.293}{\gamma_0}\times\frac{T}{T_K}\times\frac{101.325}{b}\qquad(2-5-32)$$

式中　γ_0——空气或烟气在标准状态下的密度（kg/m^3）；

T、T_K——工作介质在额定运行工况和制造厂设计条件下的绝对温度（K）；

b——当地额定运行工况下的大气压力（kPa）。

风机的类型可按比转速法进行选择。比转速的意义是几何尺寸相似的系列化风机，在相同的效率下比转速相同，任何一种尺寸的风机可按比例由单位参数求得全参数。比转速 n_s 为

$$n_s=n\frac{(Q_j)^{1/2}}{(H_0)^{3/4}}\qquad(2-5-33)$$

式中　Q_j——计算的使用风量（m^3/s），对于双吸风的风机取计算值的 1/2；

H_0——标准大气压力下的全风压（Pa）；

n——风机转速（r/min）。

所以根据计算所得的风量和全压头，可直接从制造厂提供的特性曲线和性能表上查出效率和功率值，经过比较后选用具体风机型号。

（5）厂用空压机容量，如表 2-5-9 所示。

表 2-5-9　　厂用空压机容量

用途＼项目	出口压力（$\times10^5$Pa）	容量（m^3/min）	电动机功率（kW）
厂内动力用空压机	7.0	1.08	5.5
	7.0	1.45	7.5
	7.0	2.18	11
	7.0	3.08	15
	7.0	4.62	22
	7.0	7.92	37
	7.0	11.89	55
	7.0	15.84	75
	7.0	34.6	150
	7.0	43.1	190
	7.0	52.5	220
	7.0	69.2	300
	7.0	86.2	370
	7.0	105	440
控制用无油空压机	7.0	4.06	18.5
	7.0	6.5	30
	7.0	10.0	45
	7.0	16.9	75
吹灰用空压机	35	25	265
	35	28	310
	35	31.5	330
	35	35	365
	35	40	415
	35	45	465
	35	50	520

六、风机型号与规格

（一）离心风机

1. 离心风机型号含义

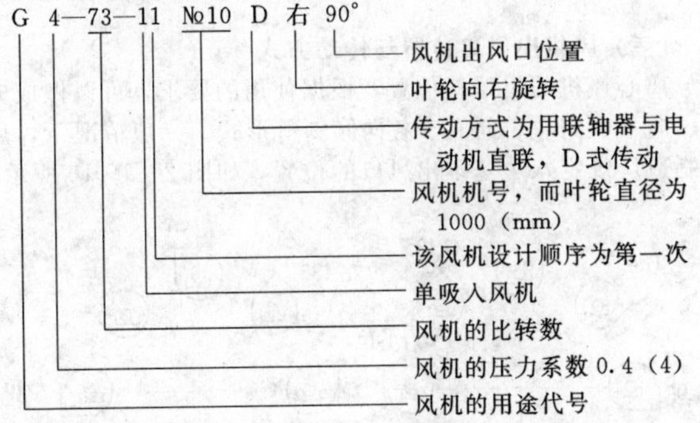

2. 离心风机规格组成

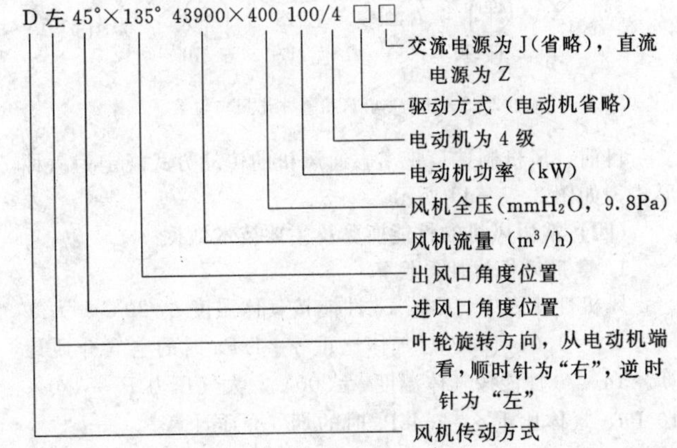

(二) 轴流风机

1. 轴流风机型号含义

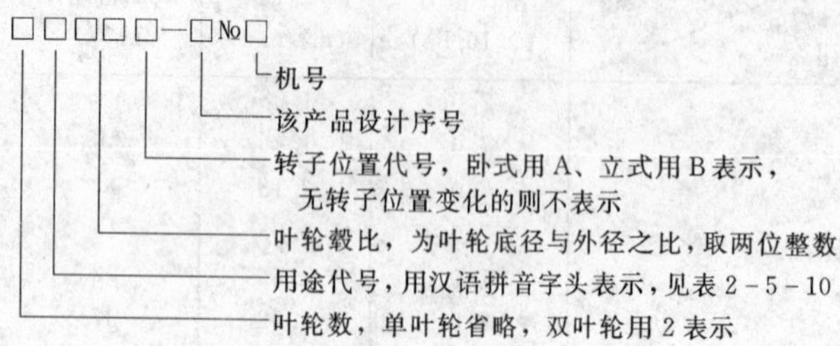

2. 轴流风机规格组成

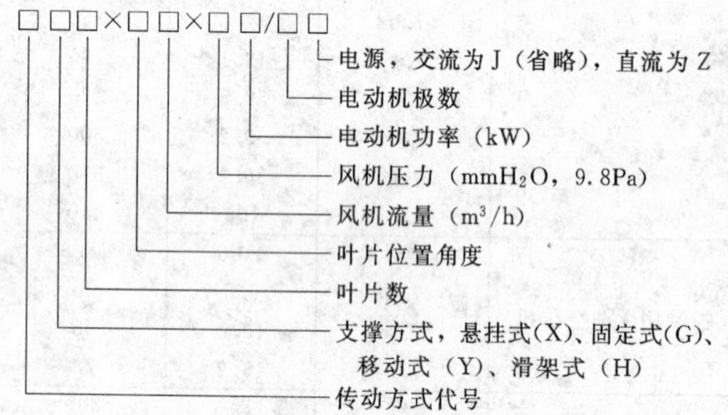

表 2-5-10 轴流风机用途代号

代 号	用 途	代 号	用 途
C	排尘除灰	K	矿井通风
M	输送煤粉	Y	电厂锅炉引风
F	防腐蚀	L	冷却塔风机
L	工业锅炉吹风	G	电站锅炉送风
W	耐高温	T	一般通风换气
B	防爆炸	E	特殊用途

(三) 风机出风口位置与传动方式

离心风机的出风口位置，根据使用的要求，可以做成向上、向下、向左、向右、各向倾斜等形式。一般情况下，风机制造厂规定八个基本出风口的位置，如图2-5-10所示。

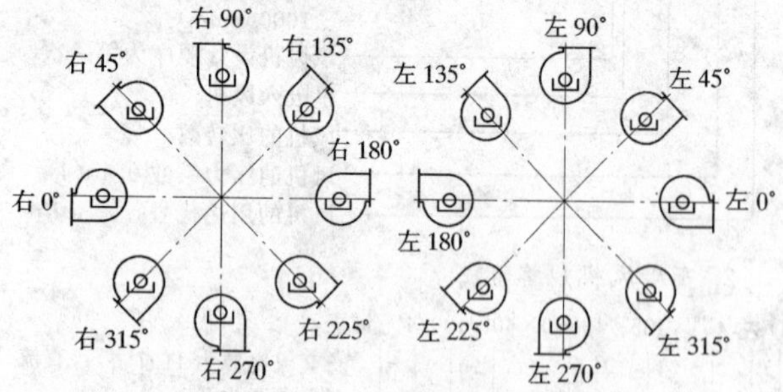

图2-5-10 离心风机基本出风口位置

目前，风机制造厂把离心通风机的传动方式规定为六种形式，如图2-5-11所示。

(四) 常用风机的性能换算及主要技术数据

1. 常用风机的性能换算

风机性能表中，G4—73性能按气体温度 $t=20$℃、大气压力 $P_0=1.0\times10^5$Pa、气体比重 $\gamma=12$Pa 时的空气介质计算。Y4-73性能按气体温度 $t=200$℃、大气压力 $P_0=1.0\times10^5$Pa、气体比重 $\gamma=7.45$Pa 时的烟气介质计算。

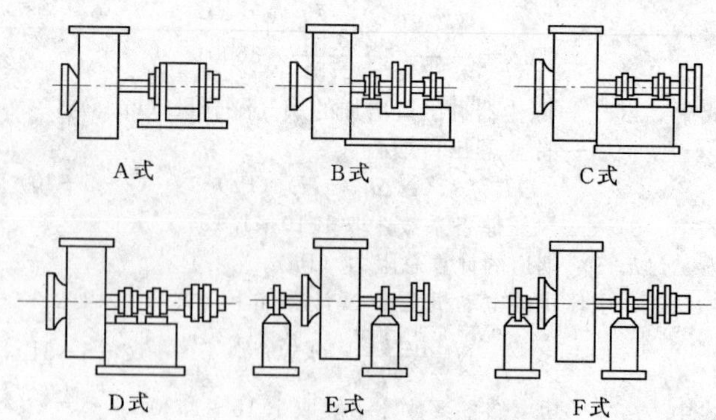

图2-5-11 离心风机的传动方式

A式—无轴承箱，以电动机直接传动；B式、C式—悬臂支承，皮带传动（B式的皮带轮在轴承之间）；D式—悬臂支承，以联轴器传动；E式—双支承装置，皮带传动；F式—双支承装置，联轴器传动

如风机使用条件与上述条件不符时，性能应按下列公式进行换算。

送风机：

全压 $$H=H_1\frac{\gamma}{1.2}=H_1\frac{B}{760}\times\frac{273+20}{273+t}$$

流量 $$Q=Q_1$$

轴功率 $$N=N_1\frac{\gamma}{1.2}=N_1\frac{B}{760}\times\frac{273+20}{273+t}$$

引风机：

全压 $$H=H_1\frac{\gamma}{0.745}=H_1\frac{B}{760}\times\frac{273+200}{273+t}$$

流量 $$Q=Q_1$$

轴功率 $$N=N_1\frac{\gamma}{0.745}=N_1\frac{B}{760}\times\frac{273+200}{273+t}$$

式中 H_1——表中查出的全压（mmH_2O，10Pa）；

Q_1——表中查出的流量（m^3/h）；

γ——输送气体的比重（kgf/m^3，$10N/m^3$）；

N_1——表中查出的轴功率（kW）；

H——使用条件下风机所产生的全压（mmH_2O，10Pa）；

B——使用地方的大气压力（mmHg，1.33×10^2Pa）；

Q——使用条件下风机所产生的流量（m^3/h）；

t——输送气体的温度（℃）；

N——使用条件下风机所需之轴功率（kW）。

在性能表中轴功率换算到所需功率的公式为

$$所需功率=\frac{QH}{102\times\eta\times3600\times0.98}K\ (kW)$$

式中 Q、H、η——风机的流量、全压和效率；

0.98——风机的机械效率；

K——电动机容量储备系数，对送风机取1.15，对引风机取1.3。

2. $\frac{G4—73—11}{Y4—73—11}$型风机主要技术数据

风机的主要技术数据见表2-5-11。

表 2-5-11 **风机主要技术数据**

项目 \ 机号		№8	№9	№10	№11	№12	№14	№16	№18	№20	№22	№25	№28
叶轮直径（mm）		800	900	1000	1100	1200	1400	1600	1800	2000	2200	2500	2800
主轴转数（r/min）		1450	1450 960	1450 960 730	1450 960 730	1450 960 730	1450 960 730	960 730 580	960 730 580	960 730 580	960 730 580 480	730 580 480	730 580 480 375G 型
叶轮最大圆周切线速度（m/s）		60.6	68.2	76	83.5	91	106	90.5	90.5	100	110.5	96	108
转子转动惯量（kg·m^2）		46	55	90	145	212	360	820	1330	2270	4240	10160	13630
风机重量（kg）（不包括电机）	G	815	908	1000	1370	1500	2570	3260	4380	4940	7580	9210	13040
	Y	902	1018	1132	1535	1793	2810	3610	4966	5724	8789	10460	14855
其中叶轮重量（kg）		120	134	160	225	270	460	590	764	1000	1600	2100	3100
风机外形尺寸（不包括电机）长×宽×高（mm×mm×mm）		1756 ×1318 ×1699	1874 ×1482 ×1881	1948 ×1648 ×2093	2272 ×1810 ×2290	2383 ×1974 ×2487	2940 ×2357 ×2912	3133 ×2683 ×3300	3591 ×3094 ×3736	3789 ×3380 ×4120	4401 ×3692 ×4471	4689 ×4209 ×5109	5366 ×4700 ×5700
滚动轴承型号		3615	3616	3616	3620	3620	3626	3626	3626	3626	3638	3638	3644

3. 离心式风机主要性能表

（1）G4—73—11 型锅炉送风机主要性能见表 2-5-12。

（2）G4—73—11№17D 型微正压锅炉送风机主要性能见表 2-5-13。

（3）G6—30—11 型微正压锅炉送风机主要性能见表 2-5-14。

（4）G6—26—11№19D 型烟气再循环风机主要性能见表 2-5-15。

（5）Y4—73—11№15 型锅炉引风机主要性能见表 2-5-16。

4. 轴流式风机主要性能表

（1）07—11 型轴流送、引风机性能见表 2-5-17。

（2）30A9 型轴流风机性能见表 2-5-18。

（3）50A11—12 型轴流风机性能见表 2-5-19。

（4）30E1—11 型、30E2—11 型轴流风机性能见表 2-5-20。

（5）03—13、14 No.47 型轴流通风机性能见表 2-5-21。

（6）防爆轴流通风机性能见表 2-5-22。

表 2-5-12 **G4—73—11 型锅炉送风机主要性能表**

型号	转速（r/min）	序号	全风压（Pa）	风量（m^3/h）	轴功率（kW）	一般选配电机 型号	一般选配电机 功率（kW）	传动方式	风机重量（kg）
G4—73—11№8	1450	1～5 6～8	2110～1960 1830～1490	16900～25200 27400～31500	11.5～14.4 14.8～15.3	JO_2—62—4 JO_2—71—4	17 22	D	815
G4—73—11№9	1450	1～4 5～8	2670～2520 2480～1890	24000～32900 35900～44800	20.8～25.2 26.2～27.6	JO_2—72—4 JO_2—82—4	30 40	D	908
	960	1～8	1170～830	15900～29700	6.1～8.0	JO_2—61—6	10		
G4—73—11№10	1450 960 730	1～8 1～8 1～8	3300～2340 1450～1030 840～590	33100～61600 21800～40700 16600～31000	35.3～46.8 10.3～13.6 4.5～5.96	JO_2—91—4 JO_2—71—6 JO_2—62—8	55 17 10	D	1000
G4—73—11№11	1450	1～2 3～8	4000 3950～2830	43900～49300 54700～81800	56.9～61.5 65.5～75.4	JO_2—92—4 JS—114—4	75 90	D	1370
	960	1～3 4～8	1750～1730 1690～1240	29100～36100 39800～54200	16.5～19 19.9～21.8	JO_2—72—6 JO_2—81—6	22 30		
	730	1～4 5～8	1010～980 940～720	22200～30400 33100～41300	7.3～8.8 9.1～9.6	JO_2—62—8 JO_2—71—8	10 13		

续表

型 号	转速 (r/min)	序号	全风压 (Pa)	风量 (m^3/h)	轴功率 (kW)	一般选配电机 型 号	功率 (kW)	传动方式	风机重量 (kg)
G4—73—11№12	1450	1～2	4750	57200～64200	87.6～94.9	JS—114—4	115	D	1500
		3～8	4700～3360	71200～107000	101～116	JS—115—4	135		
	960	1～8	2080～1470	37800～70300	25.4～33.6	JO_2—82—6	40		
	730	1～8	1200～850	28700～53500	11.2～14.8	JO_2—72—8	17		
G4—73—11№14	1450	1～3	6490～6410	90500～113000	190～219	JS—137—4	260	D	2570
		4～8	6270～4600	124000～169000	230～252	JS—138—4	300		
	960	1～3	2840～2810	60000～74600	55～63.4	JS—116—6	75		
		4～8	2740～2010	82000～113000	66.5～73	JS—117—6	95		
	730	1	1640	45500	24.2	JO_2—82—8	30		
		2～8	1640～1160	51700～84800	26.2～32.1	JO_2—91—8	40		
G4—73—11№16	960	1～2	3700	90000～101000	107.5～116	JS—126—6	135	D	3260
		3～8	3680～2700	112000～168000	124～143	JS—127—6	165		
	730	1～5	2140～1990	68200～102000	47.2～59.2	JS—116—8	70		
		6～8	1860～1520	110000～127000	61～62.5	JS—117—8	80		
	580	1～2	1350	54200～61000	23.6～25.6	JO_2—91—10	30		
		3～8	1340～960	67600～101000	27.2～31.3	JO_2—92—10	40		
G4—73—11№18	960	1～2	4690	127000～143000	194～209	JS—137—6	250	D	4380
		2～4	4640～4520	159000～175000	223～234	JS—138—6	280		
		5～8	4360～3320	190000～238000	243～257	JSQ—148—6	310		
	730	1～2	2710	97000～109000	84.7～91.6	JS—127—8	110		
		3～5	3680～2520	121000～145000	97.5～106	JS—128—8	125		
		6～8	2350～1920	157000～181000	109～112	JS—138—8	145		
	580	1～2	1710	77000～86500	42.6～46.1	JS—116—10	55		
		3～8	1690～1210	96000～144000	49.1～56.5	JS—117—10	65		
G4—73—11№20	960	1～2	5800	175000～197000	328～354	JSQ—148—6	430	D	1900
		3～8	5720～4120	218000～326000	378～435	JSQ—1410—6	520		
	730	1～3	3340～3300	133000～166000	144～165	JS—138—8	200		
		4～8	3220～2370	182000～248000	174～190	JSQ—148—8	240		
	580	1～4	2100～2040	105000～145000	72～87	JS—128—10	100		
		5～8	1960～1490	157000～196000	90～95	JS—136—10	125		
G4—73—11№22	960	1	7000	233000	527	JSQ—1510—6	650	D	7600
		2	7000	261000	575	JSQ—158—6	680		
		3～5	6930～6500	290000～348000	606～662	JSQ—1512—6	780		
		6～8	6080～4960	376000～434000	680～698	JSQ—1510—6	850		
	730	1～3	4050～4000	177000～220000	232～266	JSQ—148—8	310		
		4～8	3920～2870	242000～332000	280～307	JSQ—1410—8	370		
	580	1～4	2550～2470	141000～193000	116～140	JS—138—10	165		
		5～8	2380～1810	210000～263000	146～154	JS—138—10	180		
	480	1～8	1750～1240	116000～217000	66～87	JSQ—147—12	140		
G4—73—11№25	730	1～2	5240	260000～292000	440～475	JSQ—1512—8	570	D	9200
		3～4	5180～5050	324000～356000	505～531	JSQ—1510—8	625		
		5～8	4870～3720	388000～484000	552～583	JSQ—1512—8	700		
	580	1～2	3300	206000～232000	220～238	JSQ—1410—10	280		
		3～8	3260～2340	257000～384000	254～292	JSQ—158—10	350		
	480	1～2	2260	171000～192000	125～135	JSQ—148—12	165		
		3～8	2240～1610	213000～318000	144～165	JSQ—1410—12	210		

续表

型 号	转速 (r/min)	序号	全风压 (Pa)	风量 (m³/h)	轴功率 (kW)	一般选配电机 型 号	一般选配电机 功率 (kW)	传动方式	风机重量 (kg)
G4—73—11№28	730	1～8	6530～4630	365000～680000	780～1032	YL18/69—8 或 YL118/74—8	1250	D	13100
	580	1～8	4120～2920	289000～540000	386～511	YL118/41—10 或 YL118/46—10	630		
	480	1～8	2830～2010	239000～446000	220～292	YL118/36—12 或 YL118/44—12	400		
	375	1～8	1730～1230	187000～352000	105～139	YL43/26—16 或 YL143/29—16	320		
G4—73—11№29.5	745	1	7360	435000	1063	YLB—173 /41—8/10	1250 /630	D	15990
		2	7360	487000	1125	YL143/56—8	1600		
		3	7200	541000	1200				
		4	7100	595000	1265				
		5	6830	649000	1325				
		6	6400	702000	1360				
		7	5820	756000	1400				
		8	5200	810000	1390				
	596	1	4700	348000	545	YL118/51—10	800		
		2	4700	386000	576				
		3	4650	432000	615				
		4	4550	476000	647				
		5	4400	520000	677				
		6	4100	562000	695				
		7	3700	605000	717	YL143/46—10	1000		
		8	3300	648000	712				

表 2-5-13　G4—73—11№17D 型微正压锅炉送风机主要性能表

型 号	转速 (r/min)	序号	全风压 (Pa)	风量 (m³/h)	风口方向	轴功率 (kW)	一般选配电机 型 号	一般选配电机 功率 (kW)	传动方式	风机重 (kg)
G4—73—11№17D	1450	1	9550	162000	左右 0°、45°、90°、135°、180°、225°、270°	503	JSQ—1510—4	850	D	4172
		2	9550	181500		534	JSQ—1510—4	850		
		3	9450	202000		570	JSQ—1510—4	850		
		4	9250	222000		605	JSQ—1510—4	850		
		5	8900	242000		631	JSQ—1510—4	850		
		6	8300	262000		655	JSQ—1510—4	850		
		7	7560	282000		665	JSQ—1510—4	850		
		8	6780	302000		680	JSQ—1510—4	850		

表 2-5-14　G6—30—11 型微正压锅炉送风机主要性能表

型 号	转速 (r/min)	序号	全风压 (Pa)	风量 (m³/h)	风口方向	轴功率 (kW)	一般选配电机 型 号	一般选配电机 功率 (kW)	传动方式	风机重 (kg)
G6—30—11№25.5	985		11500	125000	左、右 135°		JSQ1510—6	650	D	

注　G6—30—11№25.5 型风机是专为火力发电厂 5 万 kW 机组的微正压锅炉配套设计、制造的送风机。

表 2－5－15　G6—26—11№19D 型烟气再循环风机主要性能表

传速（r/min）	序号	标准状况（20℃）时性能					300℃时性能				370℃时性能			
		风量（m^3/h）	风压（Pa）	轴功率（kW）	电机型号	功率（kW）	风压（Pa）	轴功率（kW）	电机型号	功率（kW）	风压（Pa）	轴功率（kW）	电机型号	功率（kW）
980	1	38930	7700	144.86	JS—126—6	155	3940	74	JS—115—6	75	3510	66	JS—115—6	75
	2	51790	7450	175.95	JS—127—6	185	3810	90	JS—116—6	95	3390	80	JS—116—6	95
	3	64650	7050	213	JS—128—6	215	3600	109	JS—117—6	115	3210	97	JS—117—6	115
	4	71080	6750	232.25	JS—136—6	240	3450	119	JS—125—6	130	3080	106	JS—117—6	115
	5	77510	6450	253	JS—137—6	280	3300	129	JS—125—6	130	2940	115	JS—117—6	115

注　上述风机的传动方式均为 D 式，出风口方向为左右 90°。

表 2－5－16　Y4—73—11№15 型锅炉引风机主要性能表

型号	转速（r/min）	序号	全风压（Pa）	风量（m^3/h）	轴功率（kW）	一般选配电机 型号	一般选配电机 功率（kW）	传动方式	风机重量（kg）
Y4—73—11№15	1450	1	3820	108000	135	JSQ—136—4/6	300/150	D	3263
		2	3820	122000	143	JSQ—136—4/6	300/150		
		3	3800	135000	154	JSQ—136—4/6	300/150		
		4	3700	149000	162	JSQ—136—4/6	300/150		
Y4—73—11№15	1450	5	3560	162000	169	JSQ—136—4/6	300/150	D	3263
		6	3300	175000	175	JSQ—136—4/6	300/150		
		7	3020	189000	180	JSQ—136—4/6	300/150		
		8	2720	202000	177	JSQ—136—4/6	300/150		
	960	1	1680	72000	40	JO_2—91—6	55	D	3263
		2	1680	80500	42	JO_2—91—6	55		
		3	1660	89500	45	JO_2—92—6	75		
		4	1620	98500	47	JO_2—92—6	75		
		5	1560	107000	48	JO_2—92—6	75		
		6	1460	116000	51	JO_2—92—6	75		
		7	1330	125000	52	JO_2—92—6	75		
		8	1190	134000	51	JO_2—92—6	75		

表 2－5－17　07—11 型轴流送、引风机性能表

项目＼型号		07—11№29		07—11№25 1/2	07—11№23
用途		935t/h 煤粉炉引风机	1000t/h 燃油炉引风机	935t/h 煤粉炉送风机	1000t/h 燃油炉送风机
正常工况	流量（m^3/h）	950000	920000	620000	630000
	全压（Pa）	3700	4200	3800	7400
最大工况	流量（m^3/h）	1330000	1200000	868000	840000
	全压（Pa）	3700	2500	3800	5600
介质		烟气	烟气	空气	空气
介质温度（℃）		87	150	30	30
介质比重（N/m^3）		9.5	8.32	11.6	11.6
叶轮直径（m）		2.9	2.9	2.55	2.3
叶轮转向		顺时针	顺时针	顺时针	顺时针
风机总重（t）		约 10	约 40	约 35	约 26
电动机	型号	JSZ2500—6	JSZ2500—6	JSZ1600—6	JSZ2000—4
	功率（kW）	2500	2500	1600	2000
	转速（r/min）	990	990	993	1429
	电压（kV）	6	6	6	6

表 2-5-18 **30A9 型轴流风机性能表**

型　　号	转速 (r/min)	叶片数	全压 (Pa)	风量 (m^3/h)	叶片安装角度 (°)	轴功率 (kW)	一般选配电机		传动方式	风机重量 (kg)
							型　　号	功率 (kW)		
30A9—11№20	610	4	170～110	80000～115000	14	4.7～4	JO$_2$—51—6	5.5		750
	610	4	200～140	90000～130000	17	6.2～5.7	JO$_2$—52—6	7.5		750
	610	4	250～180	90000～145000	21	7.8～8.1	JO$_2$—61—6	10		750
30A9—12№50	245	4	180～100	400000～670000	12		JO$_2$—81—6	30		
	245	4	200～130	470000～750000	15		JO$_2$—82—6	40		
	245	4	230～170	570000～850000	19		JO$_2$—91—6	55		
	245	4	270～210	650000～950000	24		JO$_2$—92—6	75		
30A9—12№80	153	4	180～120	1380000～2000000	15	80～75	JOL 型 6 级	155		3300
	153	4	210～160	1500000～2150000	18	108～106	JOL 型 6 级	155		3300
	153	4	240～180	1600000～2300000	21	134～128	JOL 型 6 级	155		3300
30A9—11№125	93	4	180～110	3000000～4600000	15	190～158	JSL15—10	400		20600
	93	4	200～140	3400000～5200000	18	236～225	JSL15—10	400		
	93	4	230～190	4400000～5800000	24	352～348	JSL15—10	400		
30A9—11№200	60	4	180～120	8200000～1200000	15	513～450	JSL 型 10 级	1000		70000
	60	4	250～150	9400000～1300000	18	645～605	JSL 型 10 级	1000		
	60	4	240～180	10000000～14500000	22	845～826	JSL 型 10 级	1000		

表 2-5-19 **50A11—12 型轴流风机性能表**

型　　号	转速 (r/min)	叶片数	全压 (Pa)	风量 (m^3/h)	叶片角度 (°)	轴功率 (kW)	一般选配电机		传动方式	风机重量 (kg)
							型　　号	功率 (kW)		
50A11—12№12	1250	12	549～275	39700～56300	15	7.87～5.25	JO$_2$—52—4	10	C	500
	1250	12	632～384	49300～65900	20	10.5～7.87	JO$_2$—61—4	13	C	500
	1250	12	771～575	59500～80000	25	15.75～13.45	JO$_2$—71—4	22	C	500
	1250	12	839～684	67800～88300	30	19.5～17.70	JO$_2$—71—4	22	C	500
	1250	12	914～835	78700～97800	35	24.3～23.9	JO$_2$—72—4	30	C	500
50A11—12№16	940	12	553～277	70700～100500	15	14.15～9.44	JO$_2$—62—4	17	C	1000
	940	12	637～387	87900～117700	20	18.9～14.15	JO$_2$—71—4	22	C	1000
	940	12	777～585	106000～142800	25	28.3～24.2	JO$_2$—82—4	40	C	1000
	940	12	845～69	121000～157500	30	35～31.8	JO$_2$—82—4	40	C	1000
	940	12	922～841	140500～174700	35	43.6～43	JO$_2$—91—4	55	C	1000
50A11—12№20	750	12	55～275	110000～156500	15	21.9～14.6	JO$_2$—72—4	30	C	2000
	750	12	633～384	137000～183000	20	29.2～21.9	JO$_2$—82—4	40	C	2000
	750	12	772～576	165300～222000	25	43.8～37.4	JO$_2$—91—4	55	C	2000
	750	12	866～686	188500～245000	30	54.2～49.3	JO$_2$—92—4	75	C	2000
	750	12	915～836	219000～272000	35	67.5～66.5	JO$_2$—93—4	100	C	2000

表 2-5-20 **30E1—11 型、30E2—11 型轴流风机性能表**

型　　号	转速 (r/min)	叶片数	全压 (Pa)	风量 (m^3/h)	叶片安装角度 (°)	轴功率 (kW)	一般选配电机		传动方式	风机重量 (kg)
							型　　号	功率 (kW)		
30E1—11№30.5	220	6	140	221000	20		JO$_2$—72—6	22	联轴器	1914
	220	6	170	330000	27		JO$_2$—81—6	30	联轴器	1914
30E2—11№47	190	4	100	468000	11		JO$_2$—81—6	30	皮带轮	1380
	190		100	468000	11		JO$_2$—81—6	30	联轴器	1400

表 2-5-21 **03—13、14№47 型轴流通风机性能表**

型号	转速 (r/min)	叶片数	全压 (Pa)	风量 (m^3/h)	叶片安装角度 (°)	轴功率 (kW)	一般选配电机		传动方式	风机重量 (kg)
							型号	功率 (kW)		
03—13№17	300	4	250	800000	21.5		JS—125—8	95		18000
03—14№47	208		100	468000			JO_3—250S—10	30		

表 2-5-22 **防爆轴流通风机性能表**

机号	叶片		转速 (r/min)	全风压 (Pa)	风量 (m^3/h)	选配电动机		传动方式	风机重量 (kg)
	数量	角度 (°)				型号	功率 (kW)		
4	4	15 20 25 30	1450	38 43 43 45	1820 2200 2600 3000	BJO_2—11—4	0.6	A	18
5	4	15 20 25 30	1450	80 85 90 90	4000 4900 5850 6250	BJO_2—11—4	0.6	A	24
6	4	15 20 25 30	1450	150 150 155 160	7250 9500 11300 13150	BJO_2—12—4 BJO_2—22—4	0.8 1.5	A	36
6	4	15 20 25 30	960	55 55 59 61	4200 5500 6600 7700	BJO_2—22—6	0.8	A	36
7	4	15 20 25 30	1450	180 180 200 205	11500 15100 17000 19000	BJO_2—22—4 BJO_2—31—4 BJO_2—32—4	1.5 2.2 3	A	55
7	4	15 20 25 30	960	75 75 78 82	6650 8900 10500 12200	BJO_2—21—6	0.8	A	55

七、点火及助燃

(1) 锅炉点火及助燃用油可在下列三种中选用一种：

1) 轻油点火和重油起动与低负荷助燃。

2) 重油点火、起动和低负荷助燃。

3) 轻油点火和起动。

全厂起动油系统的出力宜按最大一台锅炉在最大连续蒸发量时所需燃料的20%～30%考虑。在燃用低负荷需用油助燃的煤种时，可加上助燃油的油量。

(2) 供油泵宜为2～3台，其中最大一台停用时，其余供油泵的总容量不应小于全厂起动油系统供油量及其回油量之和的110%。重油加热器宜设2台，其中1台备用。

八、锅炉的密封和热力设备的隔热保温

(1) 发电厂锅炉“三漏”（漏风、漏烟、漏灰）危害很大。对于670t/h及以上的，原设计为金属密封的大型锅炉，必须按制造厂设计，在建设施工中和运行维护中做好金属密封（热胀冷缩时各缝隙由有弹性的金属来密封，金属所受热量由介质水或蒸汽带走）；中小型锅炉则必须按制造厂原设计，做好以耐火混凝土为主的密封（留有热胀冷缩时能移动的缝隙）。在密封的基础上，再以保温混凝土层作为辅助密封；然后再加主保温层和抹面层。

(2) 除了做好锅炉的密封外，发电厂的各种热力设备和管道，必须做好隔热保温，以减少热损失。

在火力发电厂中，采取良好的保温与未采取保温相比，前者可使热损失降低96%～97%。热网管道保温不良，可使实际的热损失由设计允许的全年供热量的5%，上升到10%～12%；保温结构损坏部分的热损失甚至可达25%～30%。裸管与保温管的散热量比较如表2-5-23所示，表中内径50mm的管道采用玻璃棉管套保温，其他内径的管道均采用微孔硅酸钙管壳保温。由表2-5-23可见，保温后的热损失减少90%左右。

表 2-5-23　裸管与保温管散热量比较

散热量比较 / 介质温度（℃）	管道内径（mm） 50 裸管［kcal/(m·h)］	50 保温管 厚度(mm)	50 保温管 散热量［kcal/(m·h)］	100 裸管［kcal/(m·h)］	100 保温管 厚度(mm)	100 保温管 散热量［kcal/(m·h)］	150 裸管［kcal/(m·h)］	150 保温管 厚度(mm)	150 保温管 散热量［kcal/(m·h)］
120	249	40	28	437	40	58	604	50	66
140	321	40	33	563	50	61	779	50	80
160	399	40	40	704	50	73	975	50	95

注　1kcal=4.18kJ。

九、耐火材料及制品

(1) 耐火度高于1580℃以上的材料可作耐火材料，其最高使用温度视各种材料而异。发电厂锅炉上用的耐火材料的最高使用温度，要求在1300℃以上，如耐火砖、耐火混凝土、高温胶泥、耐火可塑料等。

(2) 耐火材料的导热系数对耐火层的易否破裂有重大影响。锅炉在运行中，各部位接触火焰、接触炉烟、接触高温的情况是不一样的，各部位的温度也不一样。耐火材料的导热系数愈高，则耐火层上各部位的温度分布愈均匀，温差也愈小，热应力也愈小，耐火层就不容易破裂。反之，导热系数愈低，耐火层各部位的温度愈不均匀，温差愈大，热应力也愈大，耐火层就愈容易破裂。为保证在锅炉运行中，温度升降时耐火层的稳定性，要求耐火材料的导热系数不要太低，一般要求在2.93kJ/(m·h·℃)［0.7kcal/(m·h·℃)］左右。

(3) 常用耐火材料的分类、特性及用途，如表2-5-24所示。

(4) 耐火砖的品种及理化指标，如表2-5-25所示。

(5) 几种耐火制品的物理、机械性能和膨胀系数，如表2-5-26及表2-5-27所示。

(6) 几种耐火混凝土的组成和用途，如表2-5-28～表2-5-34所示。

表 2-5-24　常用耐火材料的分类、特性及用途

分类	名称	说明	特性 优点	特性 缺点	用途
硅酸铝质耐火材料	黏土质耐火砖	由耐火黏土和熟料（煅烧和粉碎后的黏土）经成型、干燥、煅烧而成。呈黄棕色。属于中性耐火材料	(1) 温度急变抵抗性优良 (2) 对酸、碱性渣的作用均较稳定	荷重软化温度（1250～1450℃）远较耐火度低	耐火材料以黏土质耐火砖用途最广，可用于：蒸汽锅炉、煤气发生炉、高炉、各种热处理炉和加热炉
	轻质黏土耐火砖	由耐火黏土和熟料配制的砖料中加入木屑、焦炭或泡沫剂制成。呈棕黄色	导热性小，为良好的耐火和绝热材料	在高温下，体积固定性、温度急变抵抗性、抗渣性、耐压强度都非常差	砌筑炉子设备，但不能用作直接与火焰或熔渣接触的炉衬
	高铝质耐火砖（高铝砖）	由天然或人造高铝原料（硅线石、水铝石、刚玉等）制成	(1) 耐火度、荷重软化温度均较黏土砖高 (2) 抗渣性、耐压强度较大	价格较昂贵	砌筑炼钢炉、盛钢桶、电阻炉等
硅质耐火材料	硅质耐火砖（硅砖）	由石英岩加入石灰或其他结合剂制成。呈黄色，并带有棕色斑点	(1) 荷重软化温度较高，因此冶金方面使用很广 (2) 硅砖为典型的酸性耐火材料，对于酸性渣有良好的抗渣性	(1) 不能耐碱性渣、金属氧化物和燃料灰烬的侵蚀 (2) 温度急变抵抗性很小，高温下体积固定性很差，加热时体积膨胀	砌筑炼钢炉。多用于砌筑平炉、电炉炉顶及炼焦炉室
	半硅质耐火砖（半硅砖）	由耐火黏土与石英砂、石英岩和沉淀高岭土废物的掺和物按不同比例混合而成	(1) 高温下容积固定不变 (2) 用低烧结耐火黏土和细碎石英砂制成的半硅砖能抵抗溶渣，特别是酸性溶渣的侵蚀	用高烧黏土和粗粒石英制成的耐火砖对熔渣稳定性较低	用于炼焦炉底及平炉熔渣室的墙体和填料以及冲天化铁炉、热风炉的填料等
混凝土耐火材料	水硬性耐火混凝土	以硅酸盐水泥或矾土水泥或耐火水泥为胶结材料，以烧焦宝石或矾土为骨材制成的混凝土	水泥来源丰富，掺合料及骨材均可就地取材，施工简便，生产周期短，上马快，维修方便，使用寿命长，热稳定性好	气孔率和加热后的收缩较大，荷载软化温度较低，以水泥为胶结材的耐火混凝土在使用中常有剥落现象发生	
	火硬性耐火混凝土	以磷酸为胶结材料，以烧焦宝石或矾土为骨料制成的混凝土			
	气硬性耐火混凝土	以水玻璃为胶结材料，以烧焦宝石或矾土为骨料制成的混凝土			

续表

分类	名 称	说 明	特性		用 途
			优 点	缺 点	
耐火泥	黏土质耐火泥	—	—	—	适用于砌筑黏土质制品
	高铝质耐火泥	—	—	—	适用于砌筑高铝质耐火制品
	硅质耐火泥	—	—	—	适用于砌筑各种工业炉硅砖砌体
	镁质耐火泥	—	—	—	适用于用硬烧镁砂制成的砌筑镁砖和贴补平炉前后墙用
硅藻土耐火保温材料	硅藻土耐火保温砖、板、管	系用天然硅藻土加工制成	具有气孔率高、耐高温及保温性能好、体积密度小等特点		
	泡沫硅藻土耐火保温砖	采用优良硅藻土加工制成	具有体积密度小、隔热效率很高等特点		
	硅藻土粉（即硅藻土泥）	系用天然硅藻土加工制成	具有耐高温、保温、绝热性能好等特点		
	硅藻土石棉粉（即鸡毛灰）	系用硅藻土及石棉纤维加工而成	具有导热系数低、保温效力高、耐高温等特点		适于900℃以下各种热体表面保温之用

表 2-5-25　　一般常用耐火砖的品种及理化指标

名 称		黏土耐火砖（YB395—63）			轻质黏土耐火砖（YB399—63）				
主要组成成分及牌号	化学成分	Al_2O_3			SiO_2				
	牌号	(NZ)-30	(NZ)-35	(NZ)-40	(QN)-1.3a	(QN)-1.3b	(QN)-1.0	(QN)-0.8	(QN)-0.4
	含量（%）不小于	30	35	40	—	—	—	—	—
耐火度（℃）不低于		1610	1670	1730	1710	1670	1670	1670	1670
2kgf/cm² 荷重软化开始温度（℃）不低于		—	1250	1300	—	—	—	—	—
显气孔率（%）不大于		28	26	26	—	—	—	—	—
常温耐压强度（kgf/cm²）不小于		125	150	150	45	35	30	20	6
重烧线收缩	测定温度（℃）	1300	1350	1400	1400	1350	1350	1250	1250
	收缩不大于（%）	0.5	0.5	0.7	1.0	1.0	1.0	1.0	1.0
体积密度		1.80～2.00			1.3	1.3	1.0	0.8	0.4
导热系数［kcal/(m·h·℃)］		0.6+0.00055t			0.25+0.00022t				
200～1000℃平均线膨胀系数		$(4.5\sim6)\times10^{-6}$			—				
最高使用温度（℃）		1300～1400			1250～1350				
名 称		高铝砖（YB398—63）			硅砖（YB382—63）		半硅砖（YB397—63）		
主要组成成分及牌号	化学成分	Al_2O_3			SiO_2		Al_2O_3		SiO_2
	牌号	(LZ)-48	(LZ)-55	(LZ)-65	(GZ)-94	(GZ)-93	(HN)-35	(HN)-30	(HB)-65
	含量（%）不小于	48～55	55～65	65～75	94.5	93	35	30	65
耐火度（℃）不低于		1750	1770	1790	1710	1690	1690	1670	1670
2kgf/cm² 荷重软化开始温度（℃）不低于		1420	1470	1500	1640	1620	1320	1250	1250
显气孔率（%）不大于		23	23	23	23	25	24	24	22
常温耐压强度（kgf/cm²）不小于		400	400	400	200	175	250	200	200

续表

名 称		高铝砖（YB398—63）			硅砖（YB382—63）		半硅砖（YB397—63）		
重烧线收缩	测定温度（℃）	1450	1500	1500	—	—	1400	1400	1400
	收缩不大于（%）	0.7	0.7	0.7	—	—	0.3	0.5	0.5
体积密度		2.35～2.55			1.80～1.95		1.80～2.00		
导热系数［kcal/(m·h·℃)］		1.8＋0.0016t			0.9＋0.0008t		0.6＋0.00055t		
200～1000℃平均线膨胀系数		—			(11.5～13)×10^{-6}		(7.0～9.0)×10^{-6}		
最高使用温度（℃）		1600～1700			1600～1700		—		

注 1. 不同品种的耐火砖不能混用。砌筑耐火制品时，应用与耐火制品相同品种的耐火泥。

2. 1kcal＝4.1868kJ；1kgf/cm²＝0.1MPa。

表 2-5-26　耐火制品的物理、机械性能

名 称	耐火度（℃）	在0.2MPa下的荷重软化开始温度（℃）	显气孔率（%）	常温耐压强度（MPa）	体积密度（g/cm³）	重烧线收缩 温度（℃）	重烧线收缩（%）	导热系数［kcal/(m·h·℃)］
硅砖	1690～1710	1620～1650	16～25	17.5～50.0	1.9			$0.9+0.8\times\frac{t}{1000}$
半硅砖	1670	1250～1320	22～25	15.0～20.0	2.0	1400	0.5	$0.6+0.55\times\frac{t}{1000}$
黏土砖	1610～1730	1250～1400	18～26	12.5～55.0	2.1～2.2	1350	0.5	$0.6+0.55\times\frac{t}{1000}$
高铝砖	1750～1790	1400～1530	18～23	25.0～60.0	2.3～2.75	1550	0.5	$1.8+1.6\times\frac{t}{1000}$
刚玉砖		1840～1850	18.6～22.8	140.0	2.96～3.10			300℃时，2.3 1000℃时，1.8
镁砖	2000	1500	20	400	2.6			$3.7-0.41\times\frac{t}{1000}$
镁铬砖	1850	1420～1520	23～25	15.0～20.0	2.8			1.7
镁铝砖		1520～1580	19～21	25.0～35.0	3.0			
镁硅砖		1550	20	400	2.6			
稳定白云石砖	1950	1710	7.8	1920	2.96	1650	1.0	1000℃时，2.8
炭块			15～18	250～500	1.55～1.65			5～15
石墨砖			30	250	1.42			
碳化硅砖	1900	1650	18.2		2.40			400℃时，14.2 600℃时，12.2 800℃时，10.3 1000℃时，9.2 1200℃时，8.0

注 1kcal＝4.18kJ。

表 2-5-27　耐火制品的主要膨胀系数

名 称	温 度（℃）	平均线膨胀系数	名 称	温 度（℃）	平均线膨胀系数
耐火黏土砖	200～1000	4.5～6.0×10^{-6}	镁硅砖	20～700	11.0×10^{-5}
莫来石砖（含 $Al_2O_3$70%）	200～1000	5.5～5.8×10^{-6}	镁铝砖	20～1000	10.6×10^{-6}
刚玉砖（含 $Al_2O_3$99%）	200～1000	8.0～8.5×10^{-6}	炭块	0～700	3.7×10^{-6}
半硅砖	200～1000	7.0～9.0×10^{-6}	碳化硅砖	800～900	4.7×10^{-6}
硅砖	200～1000	11.5～13.0×10^{-6}	轻质黏土砖	1450	0.1%～0.2%
镁砖	200～1000	14.0～15.0×10^{-6}	稳定白云石砖	25～1400	12.5×10^{-6}

表 2-5-28 **硅酸盐水泥耐火混凝土的组成与用途**

组成材料			最高使用温度（℃）	用途
胶结料	掺和料	骨料		
硅酸盐水泥	水渣粉，粉煤灰，红砖粉	高炉矿渣，红砖，安山岩，玄武岩，辉绿岩	700	适用于温度变化不剧烈、无酸碱侵蚀的部位，如热工设备的基础、烟道等
矿渣硅酸盐水泥		高炉矿渣，红砖，安山岩，玄武岩，辉绿岩		
硅酸盐水泥	黏土熟料粉，废耐火黏土砖粉	黏土熟料，废耐火黏土砖	1000～1200	适用于加热炉的预热段、罩式退火炉底座、均热炉烟道、煤气发生炉炉顶等

表 2-5-29 **铝酸盐水泥混凝土的组成和用途**

组成材料			最高使用温度（℃）	用途
胶结料	掺和料	骨料		
矾土水泥	高铝矾土熟料粉	高铝矾土熟料	1300～1400	强度高，有良好的热稳定性，适用于加热炉墙、退火炉炉门、电加热退火炉炉衬、均热炉换热室管砖等部位
矾土水泥	铝铬渣粉	铝铬渣	1600	耐急冷急热性和热态强度好，适用于单侧上烧嘴均热炉陶土换热器吊挂顶入口部位、炉墙热电偶孔和窥视孔预制块、烟道闸板梁等
低钙铝酸盐水泥	高铝矾土熟料粉，废高铝砖	高铝矾土熟料，废高铝砖	1400～1500	有良好的热稳定性，可用于各种加热炉、热处理炉、轧辊反射炉、均热炉、流渣嘴及围墙、电炉出钢槽等
铝—60 水泥	高铝矾土熟料，焦宝石等	高铝矾土熟料，焦宝石等	1300～1500	有良好的热稳定性，可用于各种加热炉、热处理炉、轧辊反射炉、均热炉、流渣嘴及围墙、电炉出钢槽等

表 2-5-30 **水玻璃耐火混凝土的组成和用途**

组成材料			最高使用温度（℃）	用途
胶结料	掺和料	骨料		
水玻璃（加促凝剂）	废黏土砖及矾土熟料粉	焦宝石熟料	—	用于硅钢片退火炉台等
水玻璃（加促凝剂）	石英石，黏土熟料或耐火黏土砖	安山岩，辉绿岩或玄武岩	600	适用于受酸液（除氢氟酸外）或酸性气体侵蚀的结构，但不得使用于经常有水及水蒸气作用的部位
水玻璃（加促凝剂）	石英石，黏土熟料或耐火黏土砖	黏土熟料，耐火黏土砖	900	适用于受酸液（除氢氟酸外）或酸性气体侵蚀的结构，但不得使用于经常有水及水蒸气作用的部位，且适用于受热时温度波动范围大而急剧的部位
水玻璃（加促凝剂）	耐火黏土砖，黏土熟料粉	高铝砖，矾土熟料	900	适用于受酸液（除氢氟酸外）或酸性气体侵蚀的结构，但不得使用于经常有水及水蒸气作用的部位，且适用于受热时同时又有严重的摩擦、冲刷作用的部位
水玻璃（加促凝剂）	镁砂粉	镁砂	1200	—

表 2-5-31 **磷酸盐耐火混凝土的组成和用途**

组成材料			最高使用温度（℃）	用途
胶结料	掺和料	骨料		
磷酸溶液	锆英石	锆英石	1600～1700	可用于要求温度较高和强度高的部位，具有抗渣性能
磷酸溶液	矾土熟料或高铝砖	矾土熟料或高铝砖	1400～1500	可用于温度变化频繁和要求耐磨冲刷的部位，如加热炉基墙、旋风分离器、均热炉烧嘴围墙、炉墙凸出带、单侧上烧嘴均热炉导向砖等
磷酸铝溶液	矾土熟料或高铝砖	矾土熟料或高铝砖		
磷酸溶液（以矾土水泥作促凝剂）	二级矾土熟料	二级矾土熟料	1400～1500	均热炉炉膛

表 2-5-32 镁质耐火混凝土的组成和用途

组成材料			最高使用温度（℃）	用途
胶结料	掺和料	骨料		
硫酸镁或氯化镁溶液	镁砂	镁砂，废镁砖	1400～1600	适用于受碱性渣侵蚀的部位，但不宜用在冷热变化频繁部位
硫酸镁或氯化镁溶液	镁砂	废镁铝砖		
硫酸镁或氯化镁溶液	镁砂	电熔镁砂	1500～1800	

表 2-5-33 轻质耐火混凝土的组成和用途

组成材料			最高使用温度（℃）	用途
胶结料	掺和料	骨料		
硅酸盐水泥	陶粒粉	膨胀蛭石	900	适用于单侧上烧嘴均热炉炉盖上部覆面层及下降烟道拱顶覆面层
硅酸盐水泥	耐火黏土砖粉，耐火黏土熟料粉	陶粒	900	适用于隔热或轻质承重部位
水玻璃（加促凝剂）	耐火黏土砖粉，耐火黏土熟料粉	膨胀蛭石	700	适用于隔热或轻质承重部位
矾土水泥	耐火黏土砖粉，耐火黏土熟料粉	陶粒	900	轻质承重部位
矾土水泥	耐火黏土砖粉，耐火黏土熟料粉	轻质黏土砖	1300	适用于隔热或轻质承重部位
矾土水泥	轻质高铝砖粉	轻质高铝砖	1300	适用于单侧上烧嘴均热炉、陶土换热器上升道拱顶板、热风管内衬、陶土换热器吊挂顶出口部分、炉膛墙和烟道墙、出渣口底
磷酸铝溶液，硫酸铝溶液，纸浆废液	—	膨胀珍珠岩	1000	适用于隔热部位

表 2-5-34 机压的耐火混凝土的组成和用途

组成材料			最高使用温度（℃）	用途
胶结料	掺和料	骨料		
水玻璃（加促凝剂）	矾土熟料粉，耐火黏土熟料粉	矾土熟料块	1800	可用在炼钢炉的浇注系统、电炉炉盖及热处理炉炉膛等部位
水玻璃（加促凝剂）	生黏土，焦宝石粉	焦宝石砂	1750	
低钙铝酸盐水泥	矾土熟料粉	低铝矾土熟料	1730	
工业磷酸	一级矾土熟料粉	一级矾土熟料		

第六节 汽 轮 机

一、汽轮机的分类和选用

（1）根据电力网的需要，宜优先选用大容量、中间再热式汽轮机组。对兼有热力负荷的地区，经过技术经济比较，应采用供热式机组。

（2）汽轮机的主要类型，如表 2-6-1 所示。

（3）国产汽轮机的型号组成。

1）型号组成。

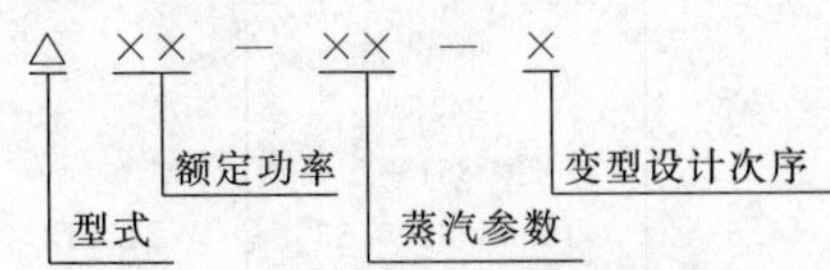

表 2-6-1 汽轮机的分类

分类	型式	简要说明
按工作原理	冲动式	蒸汽主要在喷嘴（或静叶栅）中进行膨胀
	反动式	蒸汽在喷嘴（或静叶栅）和动叶栅中都进行膨胀
按热力特性	凝汽式	排汽在低于大气压力的真空状态下进入凝汽器凝结成水
	背压式	排汽压力大于大气压力，供热用户或低压汽轮机使用
	抽汽式	利用调整抽汽供热，有一级和二级调整抽汽
	抽汽背压式	具有调整抽汽的背压式
	乏汽式	利用工业低压排汽或废汽，进汽压力较低
	多压式	利用其他汽源引入相应的中间级，与原有蒸汽共同工作

续表

分类	型式	简 要 说 明
按汽流方向	轴流式	汽轮机内蒸汽基本上沿轴向流动
	辐流式	汽轮机内蒸汽基本上沿辐向（径向）流动
	周流（回流）式	蒸汽大致沿轮周方向流动，功率较小
按蒸汽初压	低压	进汽压力为0.12～0.15MPa
	中压	进汽压力为2.0～4.0MPa
	高压	进汽压力为6.0～10.0MPa
	超高压	进汽压力为12.0～14.0MPa
	亚临界	进汽压力为16.0～18.0MPa
	超临界	进汽压力大于22.6MPa
按用途	电站	包括发电、热电联供用的各种汽轮机
	工业用	作工业设备驱动动力用的汽轮机
	船用	用于船舶推进动力，驱动螺旋桨

2）型式代号：N—凝汽式；B—背压式；C—一次调整抽汽式；CC—二次调整抽汽式；CB—抽汽背压式；H—船用；Y—移动式。

3）蒸汽参数表示法见表2-6-2。

(4) 国产主要大型汽轮机技术参数如表2-6-3所示。

表2-6-2 蒸汽参数表示法

型 式	参数表示方法	示 例
凝汽式	蒸汽初压	N50—90
凝汽式（具有中间再热）	蒸汽初压/蒸汽初温/再热温度	N200—130/535/535
抽汽式	蒸汽初压/高压抽汽压力/低压抽汽压力	CC12—35/10/1.2
背压式	蒸汽初压/背压	B25—90/10
抽汽背压式	蒸汽初压/抽汽压力/背压	CB25—90/15/5

注 压力为kgf/cm²，1kgf/cm²＝0.1MPa。

表2-6-3 国产主要大型汽轮机技术参数简表

制 造 厂	哈尔滨汽轮机厂	哈尔滨汽轮机厂	哈尔滨汽轮机厂	上海汽轮机厂
型 式	冲动 单轴 三缸 两排汽	反动 单轴 两缸 两排汽	反动 单轴 四缸 四排汽	冲动 单轴 两缸 两排汽
额定功率（MW）	210	300	600	125
最大功率（MW）	223.3	330	654	125
主蒸汽压力/温度（MPa/℃）	12.7/535	14.7/537	16.7/537	13.2/535
主蒸汽流量（额定/最大）（t/h）	629.1/680	910/1021	1772/1990	400
再热蒸汽压力/温度（MPa/℃）	2.22/535	3.23/537	3.17/537	2.3/535
再热蒸汽流量（t/h）				334.2
通流级数（高＋中＋低）	12＋10＋10	13＋9＋2×7	11＋2×9＋2×2×7	
内效率（%）	88.7			
回热级数（高＋除＋低）	3＋1＋4	3＋1＋4	3＋1＋4	2＋1＋4
给水温度（℃）	244.9	271.5	271.2	240
冷却水温度（℃）	27	20	20	
排汽压力（kPa）	7.11	5.4	4.9	4.9
允许最高背压（kPa）	11.77	18.6	18.6	
末级叶片长度（mm）	710	900	1000	
外形尺寸（m）（长×宽×高）	18.3×7.0×5.85	17.3×7.6×6.8	32×7.6×6.9	13.5×7.4×5.4
热耗率［kJ/(kW·h)，kcal/(kW·h)］	8415，2008.38	7961，1900	7891，1883.4	8505，2030

制 造 厂	上海汽轮机厂	东方汽轮机厂	东方汽轮机厂	北京重型电机厂
型 式	反动 单轴 两缸 两排汽	冲动 单轴 三缸 三排汽	冲动 单轴 两缸 两排汽	冲动 单轴 三缸 三排汽
额定功率（MW）	300	200	300	200
最大功率（MW）	326	200	332	220
主蒸汽压力/温度（MPa/℃）	16.7/538	12.7/535	16.67/537	12.8/535
主蒸汽流量（额定/最大）（t/h）	926/1017	610	935/1025	610
再热蒸汽压力/温度（MPa/℃）	3.23/538	2.07/535	3.01/537	2.07/535
再热蒸汽流量（t/h）	752.3	534.2	780.1	529.12
通流级数（高＋中＋低）	12＋9＋2×7		10＋6＋2×6	
内效率（%）			89.34	
回热级数（高＋除＋低）	3＋1＋4	3＋1＋4	3＋1＋4	3＋1＋2
给水温度（℃）	278	240	268.9	241.2
冷却水温度（℃）	20		20	20
排汽压力（kPa）	4.9	5.1	5.39	5.2
允许最高背压（kPa）	18.6		24.5	
末级叶片长度（mm）	869		851	
外形尺寸（m）（长×宽×高）	17.3×7.98×7.54	21×6.9×4.8	18.3×8×5.53	21×13×2.54
热耗率［kJ/(kW·h)，kcal/(kW·h)］	8007，1911.1	8350，1993	8005，1911.4	1986.9

(5) 选择汽轮机时，初参数越高，效率越高；通常在某个蒸汽初温下，有一个最佳的初压值，此时，热经济性最高。蒸汽初温主要受耐热钢性能限制，初压值则主要受汽轮机末级叶片的允许最大湿度的限制。

(6) 在蒸汽初参数相同的条件下，降低汽轮机的终参数，可提高机组的热效率。但终参数过低，会影响汽轮机后部叶片的寿命，会降低内效率，并影响汽轮机的结构。我国凝汽式汽轮机的蒸汽终参数，如表2-6-4所示。

背压式汽轮机的背压值和抽汽式汽轮机的调整抽汽压力、抽汽量，主要根据用户需要而确定，常用的如表2-6-5所示。

表2-6-4　　我国凝汽式汽轮机的蒸汽终参数

冷却水温	℃	10	15	20	25	27	30
排汽压力	kPa	2.94～3.9	3.9～4.9	4.9～5.9	5.9～6.9	6.9～7.8	7.8～9.8
	ata	0.03～0.04	0.04～0.05	0.05～0.06	0.06～0.07	0.07～0.08	0.08～0.10

表2-6-5　　汽轮机背压和调整抽气压力

机组型式	背压式汽轮机背压（$\times10^5$Pa）						抽汽式汽轮机抽气压力（$\times10^5$Pa）			
额定压力	3	5	10	13	25	37	1.2	5	10	13
调整范围	2～4	4～7	8～13	10～16	22～26	35～39	0.7～2.5	4～7	8～13	10～16

(7) 功率大于100MW的机组，普遍采用中间再热。采用一次中间再热可使机组热经济性提高5%左右。再热温度每提高10℃，大约可提高热效率0.2%～0.3%。再热温度等于蒸汽初温时，最佳的蒸汽压力约为蒸汽初压的18%～26%。再热系统的总压力损失，一般取再热压力值的10%。

二、汽轮机的汽耗率、热耗率与热效率

(一) 汽耗率

在发电机端产生1kWh的电量，汽轮机所需要的蒸汽量称汽耗率。

设汽耗率为d

$$d=\frac{G_1}{P_g}\quad[\mathrm{kg/(kWh)}]\tag{2-6-1}$$

式中　G_1——通入汽轮机的总蒸汽量（kg/h）；

P_g——发电机输出的功率（kW）。

若已知汽轮机内的绝热焓降（H_{ad}，kJ/kg）、汽轮机热效率（η_t）和发电机效率（η_q），则汽耗率亦可由下式求得

$$d=\frac{860}{(H_{ad}\times\eta_t\times\eta_g)}\quad[\mathrm{kg/(kWh)}]\tag{2-6-2}$$

$$H_{ad}=h_1-h_2$$

式中　h_1——入口蒸汽在压力P_1、温度t_1时的焓（kJ/kg）；

h_2——入口蒸汽从压力P_1、温度t_1膨胀到压力P_2时的焓（kJ/kg）。

在无抽汽式汽轮机或背压式汽轮机中，可以用d做为其性能值。一般把η_t和η_g分别取为100%时的d，称作汽轮机的理论汽耗率（d_{th}）。

(二) 热耗率

在发电机端产生1kWh电量所需的热量称热耗率。汽轮机的热耗率不仅受汽轮机本身效率的影响，还受入口蒸汽参数、真空度、汽轮机抽汽级数以及最终给水温度和再热程度等影响。

设回热式汽轮机的热耗率为q，则

$$q=\frac{G_1h_1-G_Wh_W-gh_g}{P_g}\quad[\mathrm{kJ/(kWh)}]\tag{2-6-3}$$

式中　G_1——进入汽轮机的蒸汽量（kg/h）；

h_1——进入汽轮机的蒸汽焓（kJ/kg）；

G_W——送往锅炉的给水量（kg/h）；

h_W——锅炉给水的焓（kJ/kg）；

g——向汽轮机设备以外送出的蒸汽量（kg/h）；

h_g——向汽轮机设备以外送出的蒸汽的焓（kJ/kg）。

设再热回热式汽轮机的热耗率为q_r，则

$$q_r=\frac{G_1h_1+G_R(h_R-h_r)-G_Wh_W-gh_g}{P_g}\quad[\mathrm{kJ/(kWh)}]\tag{2-6-4}$$

式中　G_R——送入再热器的蒸汽量（kg/h）；

h_R——从再热器出来的蒸汽的焓（kJ/kg）；

h_r——送入再热器的蒸汽的焓（kJ/kg）。

(三) 热效率

发电厂的性能值常用送电端的热耗率和热效率来表示。它是用送电端输出功率代替发电端输出功率计算的。为了明确区别，特将用发电端输出功率计算的值，称做发电端的热耗率和热效率。

$$汽轮机内效率\ \eta_i=\frac{理论上所做的功-内部损失}{理论上所作的功}=\frac{有效焓降}{等熵焓降}\times100\%\tag{2-6-5}$$

汽轮机热效率η_t用下式表示

$$\eta_t=\frac{(理论上作的功)-(内部损失+外部损失)}{(理论上所做的功)}=\frac{汽轮机功率}{送给汽轮机的热量}\times100\%\tag{2-6-6}$$

内部损失中包括喷嘴损失、叶片损失、余速损失、旋转损失、湿度损失以及内部漏泄等损失。

外部损失包括排汽损失和机械损失（轴承损失、油泵传动损失、调速机械传动损失及减速齿轮损失）等。

热效率还可用下式计算

$$\eta_t=\frac{860}{q}\times100\%\tag{2-6-7}$$

式中　q——热耗率。

(四) 汽轮机效率及热经济性指标

如表2-6-6所示。

表 2-6-6 汽轮机效率

额定功率 (MW)	η_i	η_m	η_g	η_{el}^{*}	d [kg/(kWh)]	q [kJ/(kWh)]
0.75～6	0.76～0.82	0.965～0.985	0.93～0.96	<0.28	>4.9	>12979
12～25	0.82～0.85	0.985～0.99	0.965～0.975	0.30～0.33	4.7～4.1	12142～10886
50～100	0.85～0.87	～0.99	0.98～0.985	0.37～0.39	3.7～3.5	9630～11723
≥125	>0.87	>0.99	>0.985	>0.41	<3.2	<8792

* η_{el}为发电机组绝对电效率，对纯凝汽式机组 $\eta_{el}=\eta_i\eta_t\eta_m\eta_g$。

三、中、小型汽轮机的实际效率

(1) 比较中小型汽轮机效率的特征数 Φ

$$\Phi=\frac{P_1-P_2}{G_1 n H_{ad}} \qquad (2-6-8)$$

式中 P_1——汽轮机入口蒸汽压力 (kgf/cm², 10^5Pa)；

P_2——汽轮机出口蒸汽压力 (kgf/cm², 10^5Pa)；

G_1——汽轮机入口蒸汽流量 (t/h)；

n——转速 (r/min)；

H_{ad}——绝热焓降 (kcal/kg, 4.186kJ/kg)。

(2) 特征数 Φ 与汽轮机效率的关系，如图 2-6-1 所示。

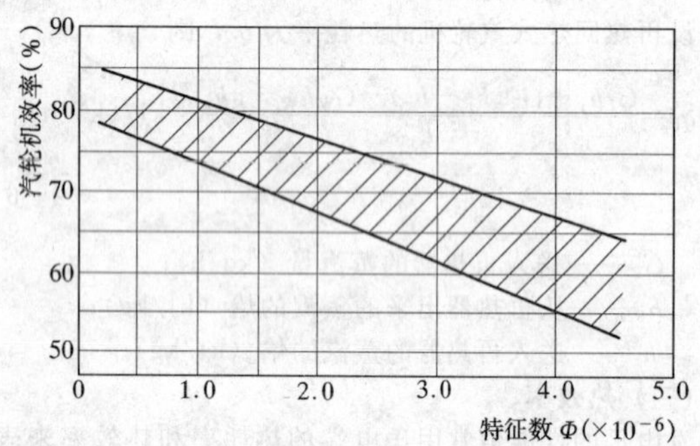

图 2-6-1 特征数 Φ 与汽轮机效率的关系

图 2-6-1 表示功率为 600～75000kW，蒸汽参数为 12×10^5Pa(300℃)～115×10^5Pa(510℃) 的各种凝汽式、背压式汽轮机和尖峰汽轮机实际达到的效率值。

(3) 汽轮机容量、蒸汽参数与热效率的关系，如图 2-6-2所示。

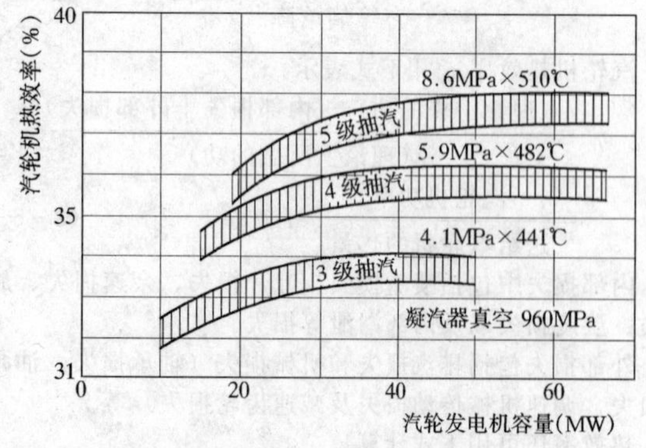

图 2-6-2 汽轮机容量、蒸汽参数与热效率的关系

(4) 中、小型工业汽轮机效率估算曲线，如图 2-6-3 所示。

(5) 汽轮发电机组的各项损失，如表 2-6-7 所示。

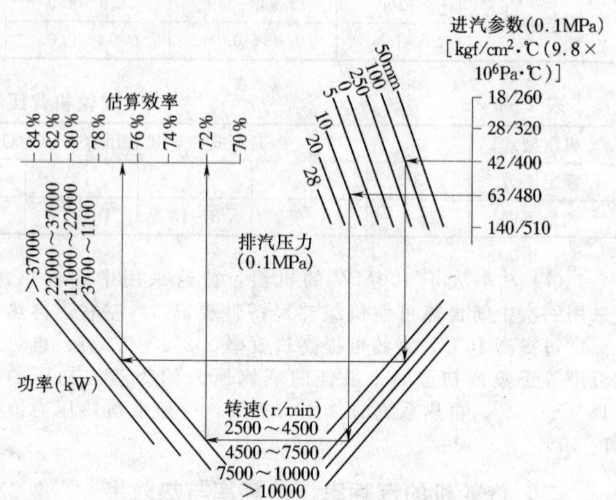

图 2-6-3 中、小型工业汽轮机效率估算曲线

表 2-6-7 汽轮发电机组的各项损失

比较项目 \ 新蒸汽参数 (GPa,℃)	3.5	9.0	13.6 (一级中间再热)	16.6 (一级中间再热)
锅炉损失 (%)	11	10	9	8
汽轮机机械损失 (%)	1	0.5	0.5	0.5
发电机损失 (%)	1	0.5	0.5	0.5
管道系统损失 (%)	1	1.0	0.5	0.5
汽轮机排汽热损失 (%)	61.5	57.5	52.5	50.5
总损失 (%)	75.5	69.5	63	60
发电效率 (%)	24.5	30.5	37	40

四、给水系统

(1) 对装有高压供热式机组的发电厂应采用母管制给水系统，对装有高压凝汽式机组的发电厂可采用单元制、扩大单元制或母管制给水系统，对装有中间再热式机组的发电厂应采用单元制系统。

(2) 在每一给水系统中，给水泵出口的总容量（不包括备用给水泵）均应保证供给其所连接的系统的全部锅炉在最大连续蒸发量时所需的给水量。对最大蒸发量而言，于汽包炉为110%，于直流炉为105%，于中间再热机组，还应加上供再热蒸汽调温用的从泵的中间级抽出的流量以及漏出的注入给水泵轴封的流量差。

(3) 125～200MW 机组宜装设电动给水泵，300～600MW 机组宜装设汽动给水泵作为运行给水泵，其起动备用给水泵，可采用电动调速给水泵。每一给水系统应设备用给水泵 1 台。

(4) 给水泵的扬程应为下列各项之和：

1）从除氧给水箱出口到省煤器进口，在锅炉最大连续蒸发量的介质流动总阻力，汽包炉另加20%裕量，直流炉另加10%裕量。

2）水柱静压差。对汽包炉为锅炉正常水位与除氧器给水箱正常水位间的，对直流炉为锅炉水冷壁炉水汽化始终点标高的平均值与除氧器给水箱正常水位间的；如制造厂提供的锅炉本体总阻力中包括静压差，则应为省煤器出口与除氧器给水箱正常水位间的。

3）锅炉最大连续蒸发量时，省煤器入口的进水压力。

4）除氧器额定工作压力（取负值）。

（5）前置给水泵。大容量机组通常采用高速给水泵，转速可高达6000r/min。水泵转速愈高，要求的净正吸水头也愈高，以免水泵汽蚀，必须将除氧器高位布置，增加了土建结构的复杂性。为此，可在高速给水泵前设置低速前置给水泵，转速一般为1450r/min。前置给水泵与高速给水泵的容量相同，串联运行。前置泵自除氧器吸水，向高压泵供水。

可以用高速双轴伸电动机传动，一端直接驱动高速给水泵，另一端通过减速齿轮箱拖动前置泵。这种方式目前广泛用于液力联轴器变速调节的给水泵。也可以用单独的低速电动机拖动前置给水泵，这种方式通常用于配合汽动给水泵。

（6）国产锅炉各种型号的给水泵性能如下所述：

1）DG型泵可作为火力发电厂高、中、低压锅炉给水泵使用。中、低压给水泵的输送液体最高温度为110℃；高压给水泵的最高温度为162℃。DG型锅炉给水泵性能见表2-6-8。

2）CHTA/HDSr型高压锅炉给水泵。CHTA/HDSr型高压锅炉给水泵，是引进联邦德国KSB公司的先进技术生产的，为火力发电十万千瓦机组到百万千瓦机组配套之用。它具有寿命长，效率高，刚性轴，轴向推力可自动补偿，短期出现汽蚀不敏感等特点。随机配有齐全的指示仪表，能够适应电厂安全运行及自动化程度日益增加的要求，对机组可进行不间断的监测，可保证机组不发生重大的损坏。

CHTA为双壳体，HDSr为单壳体，除壳体外其余零件均相同。二泵的性能见表2-6-9。

表2-6-8 **DG型锅炉给水泵性能表**

泵型号	流量		总扬程	转速	功率（kW）		泵效率	允许汽蚀余量	叶轮直径	泵重
	m^3/h	L/s	(m)	(r/min)	轴功率	电机功率	(%)	(m)	(mm)	(kg)
DG36—50×7	28.8	8	370	2950	54.8	75	53	6.3	195	298
	32.4	9	367		60.0		54			
	36	10	363		64.7		55			
DG36—50×8	28.8	8	423	2950	62.6	100	53	6.3	195	319
	32.4	9	419		68.5		54			
	36	10	415		74		55			
DG36—50×9	28.8	8	476	2950	70.4	100	53	6.3	195	340
	32.4	9	472		77.1		54			
	36	10	467		83.2		55			
DG36—50×10	28.8	8	529	2950	78.2	100	53	6.3	195	361
	32.4	9	524		85.6		54			
	36	10	519		92.5		55			
DG45—59	36	10	645	2950	123	160	51.5	7	234	1122
	45	12.5	618		141.5		53.5			
	50	13.9	600		154		53			
DG72—59	50.4	14	629	2950	191.5	290	45	5.9	246	1400
	64.8	18	605		226		47.3	7.8		
	72	20	585		239		48	8.8		
DG150—59	90	25	655	2950	287	440	56	6.1	271	1600
	140.4	39	605		395		58.5	6.7		
	162	45	565		422		59	7		
DG270—140B	270	75	1570	2985	1560	2000	74	5	335	4500
	320	89	1500		1722		76			
	360	100	1422		1788		78			
DG270—140C	270	75	1750	2985	1704	2300	75.5	5		4500
	360	100	1610		1998		79			
	440	122	1460		2239		78			
DG400—180B	375	104	2000	2985	2683	3200	76	12	380	7000
	400	111	1975		2773		77.5			
	450	125	1900		2947		79			
	500	139	1815		3131		79			
DG450—180	400	111	1920	4600	2785	3200	75	23.5	285	3200
	450	125	1825		2867		78			
	500	139	1700		2932		79			

续表

泵型号	流量		总扬程 (m)	转速 (r/min)	功率(kW)		泵效率 (%)	允许汽蚀余量 (m)	叶轮直径 (mm)	泵重 (kg)
	m^3/h	L/s			轴功率	电机功率				
	400	111	1650		2590		69.5		300(Ⅰ)	
DG500—140	450	125	1575	2980	2720	3200	71	5	350(Ⅱ)	7000
	500	139	1500		2840		72			
	400	111	1980		3098		69.5		330(Ⅰ)	
DG500—180	450	125	1895	2980	3277	3500	71	5	350(Ⅱ)	8000
	500	139	1800		3410		72			
	450	125	2800	5239	4900	5500	70		300	
				(电动机)		(电动机)			(电动机)	
DG520—230	515	143	2680	5050	5200	6000	72.5	21	310	5500
				(汽轮机)		(汽轮机)			(汽轮机)	
	575	160	2520		5400		73.5			
DG500—240(汽动)	545	8	2560	调速 4000～5246		6000				
DG500—240(电动)	507		2560	5100		6300 或 5500				
DG500—200(电动)	500		2200	2970		5000				
DG520—230(电动)	467.5		2420	5239		5500 或 6300	72.5			
DG500—200II	500		2200	2970	4120	5000	72			
DG500—180II	500		1970	2970	3710	4000	72			
DG500—165II	500		1720	2970	3300	4000	72			
调速给水泵 TDG480—180										
主泵 DG480—180	440		1800	2985～4640	2730	3200	78.5			
前置泵 QG500—80	460		76	2985	121		79			

表 2-6-9　CHTA/HDSr 型高压锅炉给水泵性能表

泵型号	流量 (m^3/h)	扬程 (m)	转速 (r/min)	轴功率 (kW)	效率 (%)	允许气蚀余量 (m)	配带电动机			泵口径(mm)		泵外形尺寸(mm)			泵重 (kg)	备注
							型号	电压 (V)	功率 (kW)	吸入	吐出	长	宽	高		
40CHTA/6	350 400 450	2059 1965 1862	5290	2527 2707 2852	77.5 79 80	23 25 28	可根据 用户要求 配用电机		3200	DN 200	DN 150	2266	1390	2015	4400	
50CHTA/6	515 575 675	2700 2560 2370	5900	4853 5020 5378	79 80 81	24 28 35			5500	253	200	2586	1300	1590	7500	
50CHTA/7	520 565 675	2750 2650 2400	5600	4869 5003 5446	80 81.5 81	27 29 35			5500	253	200	2725	1300	1590	8700	
50CHTA/8	540 683 810	2530 2170 1860	5150	4620 5100 5460	80.5 79.5 74	28 34 38			6300	253	200	2864	1300	1919	10039	
80CHTA/4	1198	2192	5731	8344.9	82.5	117			9800	300	250	2618	1800	2295	13737	
95CHTA/4	2370	2560	5500	19670	84	90			20000							
HDSr5—4	724	1511	5900	3700	80.5	399	燃汽轮机									
YNKn300/200—18	400	48	1450		80.5	3.5			100							
YNKn300/200—20	600	49	1450		85	3.0			114							
YNKn400/300	750	81	1450		80	5.3			250							

注　YNKn 型泵为前置泵。

五、除氧器

(1) 除氧装置的主要作用是除去锅炉给水中的氧气以保证给水品质，防止设备腐蚀。除氧器本身又是给水回热装置中的一个混合加热器，有淋水盘式、喷雾式和填料式三个类型，按压力又分为真空式、大气式和高压三种。

除氧器的总容量应根据最大给水消耗量来选择，原则上每台机组宜配一台除氧器。中压和低压机组一般采用大气式除氧器。高压及中间再热凝汽式机组宜采用一级高压除氧器。高压供热式机组或中间再热供热式机组，在保证给水含氧量合格的条件下，可采用一级高压除氧器。否则，补给水应采用凝汽器除氧或另设低压除氧器。单元机组的除氧器应有可靠的起动和备用汽源。

(2) 给水箱的有效总容量即给水箱正常水位至水箱出水管顶部水位之间的贮水量，宜按下列要求选择：

小于 200MW 的机组，10～15min 锅炉最大连续蒸发量时的给水消耗量；

200MW 以上机组，5～10min 锅炉最大连续蒸发量时的给水消耗量。

中间再热机组的除氧器宜采用滑压运行，其工作压力随机组的负荷和抽汽压力而变化，称为滑压除氧器。滑压运行的优点为避免了调节除氧器汽源的节流损失，改进了汽轮机抽汽点的合理分配，提高了机组的热效率。提高热效率的程度随机组的不同而异，有关资料表明，100～150MW 中间再热机组采用除氧器滑压运行后在额定出力时可提高 0.1%～0.15%；在 70%以下低负荷时可提高 0.3%～0.5%；年平均热效率提高 0.13%～0.18%。

(3) 除氧器及其有关系统的设计，应有可靠的防止除氧器过压爆炸的措施。

六、凝结水泵

(1) 每台凝汽式机组宜装设 2 台凝结水泵，每台容量为最大凝结水量的 110%；大容量机组也可装设 3 台凝结水泵，每台容量为最大凝结水量的 55%。最大凝结水量应为下列各项之和：

1) 汽轮机最大进汽工况时的凝汽量。

2) 进入凝汽器的经常疏水量。

3) 当低压加热器疏水泵无备用时，可能进入凝汽器的事故疏水量。

(2) 每台工业抽汽供热式汽轮机或工业采暖双抽汽供热式汽轮机宜装设 2 台凝结水泵。每台容量为最大凝结水量的 55%或 100%。采暖抽汽供热式汽轮机可装设 3 台凝结水泵，每台容量为最大凝结水量的 55%。最大凝结水量应为：

1) 当补给水正常不补入凝汽器时，按纯凝汽工况计算，其方法与纯凝汽式汽轮机相同。

2) 当补给水正常补入凝汽器时，还应按最大抽汽工况计算，计入补给水量后与按纯凝汽工况计算值比较，取较大值。

(3) 凝结水泵的扬程为下列各项之和：

1) 从凝汽器热井到除氧器凝结水入口按最大凝结水流量计算的介质流动阻力，另加 10%～20%裕量。

2) 除氧器凝结水入口与凝汽器热井最低水位间的水柱静压差。

3) 除氧器最大工作压力，另加 15%裕量。

4) 凝汽器的最高真空。

5) 有凝结水除盐设备时，除盐设备的阻力。

(4) 常用的凝结水泵技术性能如下。

1) N 型凝结水泵。N 型凝结水泵用于输送温度在 80℃以下的凝结水，也可输送介质与凝结水相似的其他液体。N 型凝结水泵性能见表 2-6-10。

2) NB 型水泵。NB 型凝结水泵型号含义：如 100NB—45。其中，100——吸入管直径（mm）；N——凝结水泵；L——悬架式；45——扬程（m）。

NB 型水泵性能见表 2-6-11。

表 2-6-10　N 型凝结水泵性能表

泵型号	流量		总扬程	转速	功率（kW）		泵效率	允许汽蚀余量	叶轮直径	泵重
	m^3/h	L/s	(m)	(r/min)	轴功率	电机功率	(%)	(m)	(mm)	(kg)
2.5N3×2	10	2.78	51.5	2950	3.42	5.5	41	2	145	50
	12	3.33	50.5		3.74		44	2.2		
	15	4.16	48.5		4.16		47.5	2.6		
3N6	20	5.55	61.5	2950	7.1	13	47	1.7	215	80
	30	8.34	58		8.8		54	1.9		
	40	11.1	52		10.2		54.5	2.2		
3N6×2	22	6.12	130	2950	16.7	22	46.5	1.9	211（Ⅰ） 225（Ⅱ）	100
	34	9.45	120		19.6		56.8	2.4		
	46	12.8	93		21.6		54	2.8		
4N6	48	13.3	59.5	2950	14	22	57	1.8	225	94
	60	16.6	57		15.3		61	1.85		
	68	18.9	54		16.2		63	1.9		
4N6A	30	8.33	40	2950	6.3	10	49	1.6	175	92
	40	11.1	38		7.3		55.5	1.8		
	50	13.9	37.7		8.25		58.5	2.0		
4N6×2	25	6.95	130	2950	21.1	40	42	2.0	220（Ⅰ） 215（Ⅱ）	170
	50	13.9	120		27.3		60	2.4		
	65	18.0	110		29.9		65	2.75		
6N6	60	16.7	70	2950	22.9	40	50	1.4	232	120
	90	25	66		25.3		64	1.45		
	120	33.3	60		27.7		71	1.5		

续表

泵 型 号	流 量		总扬程	转速	功率（kW）		泵效率	允许汽蚀余量	叶轮直径	泵重
	m³/h	L/s	(m)	(r/min)	轴功率	电机功率	(%)	(m)	(mm)	(kg)
	42	11.7	143		36.0		44	1.3		
100N130	52.5	14.6	141	2950	40.0	55	49	1.5	325	166
	70	19.45	135		46.8		55	2.0		
	50	13.9	128		39.6		44	1.3		
	80	22.2	122		48.3		55	1.35		
150N110	100	27.8	116	2950	52.6	75	60	1.4	300	188
	110	30.5	112		55		61	1.5		
	80	22.2	140		62.2		49	0.8		
8NL12	120	33.4	133	2950	73.3	100	59	0.9	322	520
	160	44.5	122		83.3		64	1.15		
	220	61	135		124		65	1.4		
12NL125	270	75	130	1480	138	180	69	1.5	450（Ⅰ）	
	320	89	125		153		71	1.6	460（Ⅱ）	
	357	99	152		246		60	1.4		
14NL14	433	120.5	147	1480	263	300	66	1.7	490（Ⅰ）	1950
	510	141.5	140		278		70	2.0	505（Ⅱ）	
	420	120	186		365		60	2.2		
16NS165	560	160	176	980	418	550	66	2.4	580（Ⅰ）	
	720	200	165		477		68	2.5	730（Ⅱ）	
	420	120	129		257		59	2.2		
16NS165A	560	160	118	980	285	380	65	2.4	576（Ⅰ）	
	720	200	105		308		67	2,5	620（Ⅱ）	

表 2-6-11　NB 型水泵性能表

泵 型 号	流量 (m³/h)	扬程 (m)	转速 (r/min)	一般所配电动机			允许汽蚀余量 (m)	效率 (%)	泵重 (kg)
				型 号	轴功率 (kW)	电机功率 (kW)			
	14.4	54			4.8		0.65	44	
100NB—45	24	50	2950	JO_2—42—2	6.2	7.5	0.84	54	40
	31	42			7.0		0.95	52	
	21.6	69			9.0		0.90	45	
100NB—50	36	52	2950	JO_2—61—2	11.5	17	0.90	53	50
	50.4	44			14.0		1.00	43.2	
150NB—60	120	60	2950	JO_2—82—2	27.7	40	1.5	71	
6NB—6	95	88	2930	JO_3—200M—2	34	40	1.2	65	
8NB—12	180	60	2950	JO_3—225S—2		55	1.5	74	

七、凝汽冷却系统

(1) 凝汽冷却装置。为降低汽轮机排汽压力，提高热效率，必须使排汽凝结，将压力降到比较高的真空度，同时把凝结水作为给水送回锅炉重复使用。这套装置包括凝汽器、抽汽器、循环水泵以及冷却池或冷却塔等设备，如图 2-6-4 所示。

(2) 冷却水量 W(kg/h) 对进入凝汽器的蒸汽量 D_k(kg/h) 的比值 m 称为冷却倍率，一般取 50～75，需通过技术经济比较确定，参考数值如表 2-6-12 所示。

(3) 冷却水系统。火电厂的冷却水系统主要保证供给凝汽器的冷却，同时也供给一部分其他辅机的冷却用水。在水源条件允许时，可采用直流或混流供水系统；当水源条件受限制时，则采用循环供水或混合供水系统。单机容量 200MW 以上的火电厂宜采用单元制供水系统。

当从天然河流取水时，宜按频率为 97% 的最小流量考虑。若河道受水库调节，宜按水库频率为 97% 的最小放流

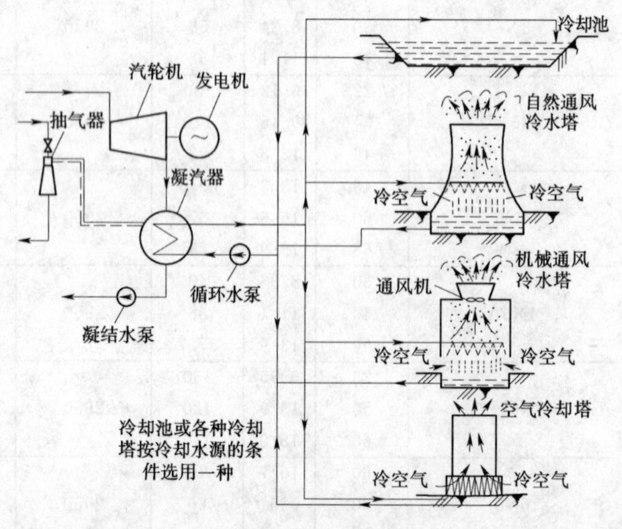

图 2-6-4　凝汽冷却系统

表 2-6-12 冷却倍数参考数值

地区	直流供水		循环供水	直流供水夏季平均水温（℃）
	夏季	冬季		
北方	50～60	30～40	60～75	18～20
中部	60～65	40～50	65～75	20～25
南方	65～75	50～55	—	25～30

量考虑。直接从水库取水时，则宜按频率为97%枯水年考虑。采用地下水作补给水源时，应按枯水年或连续枯水年考虑，取水量应不大于允许开采量。

应当根据历年月平均水位、水温及气象条件，结合系统布置进行优化计算，以确定最佳凝汽器面积、冷却水量、水泵、进排水沟管以及冷却塔等经济合理的配置。进排水口、冷却池等的位置与型式，可通过模拟试验进行设计。

(4) 采用循环供水系统时，需设循环水泵。其工作扬程的示意图如图 2-6-5 所示。

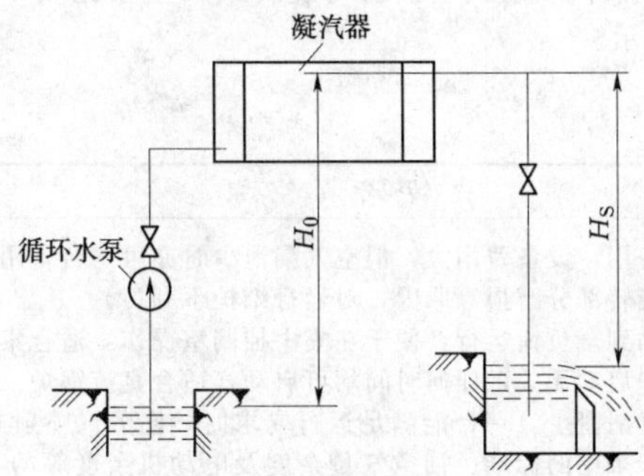

图 2-6-5 循环水泵工作扬程

计算循环水泵的扬程，有下列两种情况：

不具有虹吸作用时水泵所需的工作扬程

$$P=H_0+h_{w1}\ (m) \qquad (2-6-9)$$

具有虹吸作用时水泵所需的工作扬程

$$P=H_0+h_{w1}-B+P_0\ (m) \qquad (2-6-10)$$

$$P=H_0-H_S\frac{\gamma_2}{\gamma_1}+h_{w1}+h_{w2}\ (m) \qquad (2-6-11)$$

式中 H_0——吸水井水位至凝汽器排水管最高的高度（m）；

h_{w1}——从吸水口至凝汽器排水管最高点的管道阻力水头（m）；

B——折算成水头的当地大气压力（m）；

P_0——凝汽器排水管最高点处的剩余水头（m）；

h_{w2}——从凝汽器排水管最高点至排水口的管道阻力水头（m）；

γ_2——排水管中水（含有游离空气）的平均密度（kg/m^3）；

γ_1——水的密度（kg/m^3）；

H_S——从凝汽器排水管最高点至排水虹吸井水位高度，称为虹吸高度（m）。

从式（2-6-10）及式（2-6-11）中消去 P、H_0、h_{w1}，可得

$$H_S=(B+h_{w2}-P_0)\frac{\gamma_1}{\gamma_2}\ (m) \qquad (2-6-12)$$

$$P_0=B+h_{w2}-H_S\frac{\gamma_2}{\gamma_1}\ (m) \qquad (2-6-13)$$

在排水落差较大的情况下，一般可设水轮机以回收电能。

(5) 冷却装置。采用循环供水方式时，为降低循环水温，一般要设冷却池、机械通风冷水塔、自然通风冷水塔或空气冷却塔等，应结合当地气象和水文条件确定。

应尽量利用水库、天然湖泊或河网作为冷却池，但应充分考虑水温、水质和水量的变化对工农业、渔业和航运等的影响。

冷却塔的选型应根据当地气象条件、使用要求、运行经济性、设备材料供应情况以及场地布置和施工条件等因素确定。一般宜采用自然通风冷水塔。在高温高湿地区或采用混合供水系统时，以及在其他特殊情况下，可采用机械通风冷水塔。

冷却塔的布置应考虑空气动力干扰、通风、检修和管沟布置等因素，在山区和丘陵地带还应考虑避免湿热空气回流的影响。

冷却塔的淋水装置，应根据热力特性、通风阻力以及施工、检修等条件选择，条件许可时宜采用轻型淋水装置。在严重缺水地区，可以利用空冷代替水冷。空气冷却方式有直接空冷和间接空冷两种。

每台大容量汽轮机组，宜配备一座自然通风冷却塔，并装设除水器。

(6) 冷却水温度与凝汽器最佳真空度。除本篇第一章第七节第（2）条所述的在电厂运行中保持凝汽器的最佳真空外，还有一种最佳真空的设计。冷却水的设计温度，是由所利用的水源年平均温度和在该温度下的运行时间来确定的。最佳真空度，一般认为相当于比该冷却水年平均温度高9～15℃的饱和蒸汽压对应的真空度。从凝汽器来看最好根据年平均标准冷却水温度、冷却水量、循环水泵功率等来选择最经济的真空度和冷却面积。但实用上多先确定凝汽器的设计真空度，然后用加减凝汽器的冷却水量或冷却面积的方法，来进行相应的经济性设计。

图 2-6-6 为日本凝汽器真空度情况。它大体上在图中打竖线的范围内，中心线AB可看作为一个设计目标值，一般多采用21℃，96kPa。

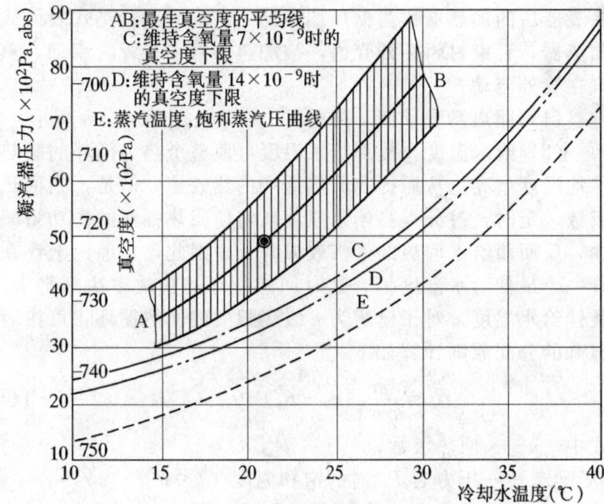

图 2-6-6 凝汽器真空与冷却水温度的关系

八、空气抽出器的容量与型式

(1) 蒸汽喷射式空抽器采用蒸汽喷射式空抽器的系统，为了在机组启动前用大约30min时间把凝汽器内的压力从大气压减压到67.3kPa的真空，还必须装设启动空抽器。

HEI规定的蒸汽喷射式空抽器容量标准，见表 2-6-13。

表 2-6-13 空抽器容量标准

总凝结水量 (t/h)	抽出干空气量（真空 67.3kPa 时）	
	m^3/h	kg/h
0～45.4	85	102
45.5～113.4	170	204
113.5～226.8	340	408
226.9～453.6	595	714
453.7～907.2	1190	1428
907.3～1360.8	1785	2142
1360.9～1814.4	2380	2856
1814.5～2268.0	2975	3570
2268.1～2721.5	3565	4278
2721.6～3175.1	4160	4992
3175.2～3628.7	4755	5706
3628.8～4082.3	5350	6420
4082.4～4535.9	5945	7134

注 凝结水量在 226.9t/h 以上时，所规定的凝汽器与低压汽轮机内的空气抽出量，是按每 1t/h 凝结水量相当于凝汽器与低压汽轮机的容积 1.623m^3 计算的。

（2）艾尔摩尔型真空泵，如表 2-6-14 所示。

表 2-6-14 艾尔摩尔型真空泵

型号	抽出空气量① (kg/h)	启动时空气量② (kg/h)	旋转速度 (r/min)	常用轴功率 (kW)	最大轴功率 (kW)	标准电动机额定出力③ (kW)
2BA763	47.7	2.458	420	102	130	150
2BA723	33.6	1.750	485	72	93	110
2BA663	25.0	1.292	585	55	68	75
2BA553	16.8	0.950	735	42.5	54	55
2BA333	10.1	0.517	970	26	32	37

① 在吸入真空度为 97.8kPa（饱和温度 25.8℃）的空气与蒸汽混合气体中温度为 21.6℃（过冷度为 4.2℃）的干空气量。
② 在吸入真空度 50.5kPa，温度 21.1℃时的干空气量。
③ 有关电动机额定功率的标准按照 JEM1188—69。

（3）蒸汽喷射式空抽器与旋转式真空泵比较，如表 2-6-15 所示。

表 2-6-15 空抽器与真空泵比较

蒸汽喷射式空抽器	旋转式真空泵
（1）用两列喷嘴及扩散器（一列备用），冷却器无备用，设备费用少 （2）没有旋转部分，故障少、运行维护简单 （3）启动时需另设启动抽气器、配管及阀门等，不利于集中控制 （4）未启动锅炉时没有蒸汽，故空抽器也不能启动 （5）运行费用比两台旋转式真空泵的少，但在一台旋转式泵能满足运行时则不如旋转式泵有利	（1）两台备用，设备费用大，但空气漏泄少时亦可一台备用 （2）由于旋转部分磨损等原因，对运行维护不利 （3）从启动到全负荷运行，便于在集中控制室操作，适合集中控制 （4）与锅炉启动无关，任何时间均可启动，适合直流锅炉 （5）若空气漏泄少，一台能满足运行要求时，比蒸汽喷射式运行费用低，但由于采用的标准、抽空气量余度及电动机余度等的不同，可能出现时高时低的情况，二者经济性差别不太明显

九、回热系统

通常采用一个混合式加热器作为锅炉给水的除氧器。一般按抽汽的先后，在除氧器前的加热器称为高压加热器，在除氧器后的加热器称为低压加热器。广泛采用管壳式表面式加热器，管束封闭在外壳内，被加热的给水在管内流动，蒸汽在管外流动。

（1）回热系统示例，如图 2-6-7 及图 2-6-8 所示。

（2）给水温度。提高给水温度可使整个热力循环的吸热平均温度增高，从而提高回热循环的热效率。但是，当回热级数一定时，过分提高给水温度，将使回热抽汽的作功量减少，反而使给水回热的经济效果降低。因此，在理论上存在着一个最佳给水温度值，这时回热循环的热效率达到最大。最佳给水温度，对于已定为 n 级无损失的回热循环，可按等温升的分配原则计算如下

$$t_{fw}=\frac{n}{n+1}(t_{os}-t_{ks})+t_{ks}\ (℃) \qquad (2-6-14)$$

式中 n——回热级数；

t_{os}——压力为 P_0 时的饱和温度（℃）；

t_{ks}——压力为 P_k 时的饱和温度（℃）。

但是，给水温度还与整个装置的综合技术经济性有关。给水温度越高，会使锅炉排烟温度增高而降低锅炉效率。因此，实际采用的给水温度值往往低于理论上的最佳值，通常可取

$$t_{fw}=(0.65\sim0.75)t_{os}\ (℃) \qquad (2-6-15)$$

再热式汽轮机的热耗率受再热蒸汽压力和最终给水温度的影响较大，图 2-6-9 表示热耗率与再热蒸汽压力及最终给水温度的关系。

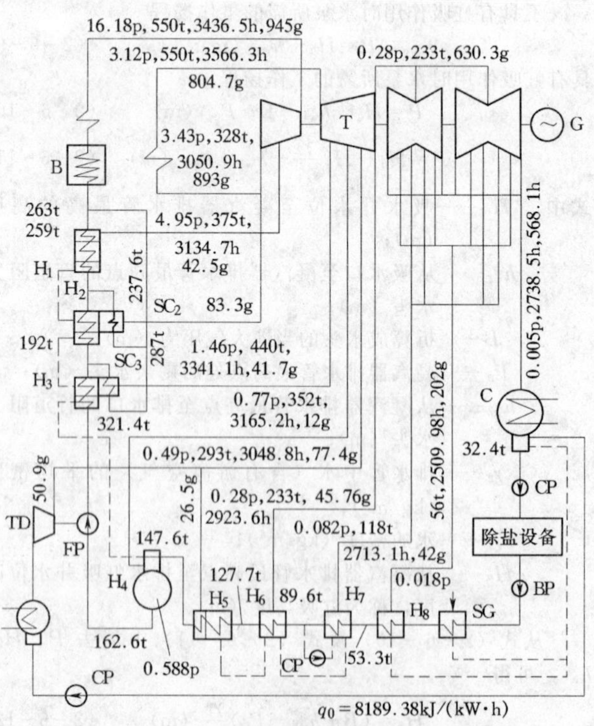

图 2-6-7 国产一次再热凝汽式机组的发电厂原则性热力系统［N300—16.18(105)/550/550 型机组］

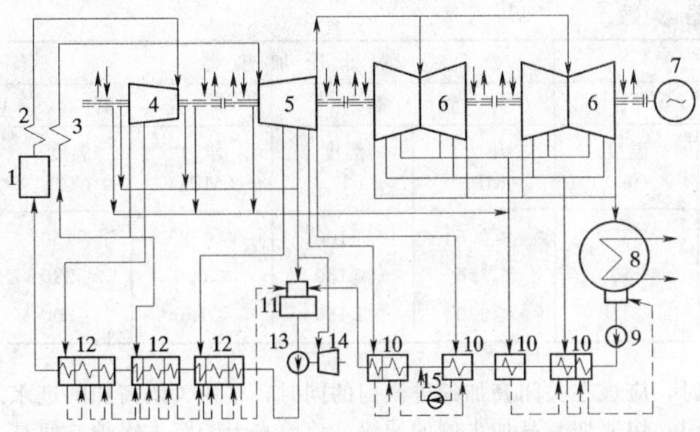

图 2-6-8 给水回热系统

1—锅炉；2—过热器；3—再热器；4—高压缸；5—中压缸；6—低压缸；7—发电机；8—凝汽器；9—凝结水泵；10—低压加热器；11—除氧器；12—高压加热器；13—给水泵；14—驱动用小汽轮机；15—疏水泵

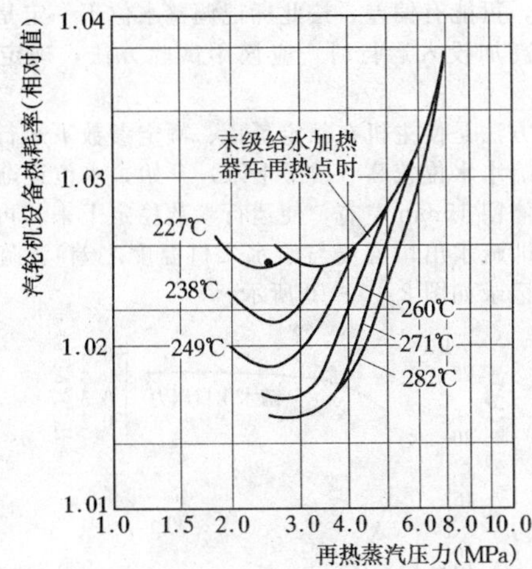

图 2-6-9 热耗率与再热蒸汽压力及给水温度的关系

注：图中蒸汽参数为 16.9MPa，538/538℃；图中的数字表示最终给水温度

(3) 回热级数。为了回热到给定的给水温度，一般采用若干级压力不同抽汽逐级加热。一般级数愈多，热效率愈高，但级数不能无限制地增多。给水温度一定时，回热级数的增多将使热效率的相对增益逐渐减少，而设备投资及维护费用却随之增加。

在回热系统中，当给水温度和回热级数一定时，对每一级的加热程度往往是要求给水的加热焓升或温升达到合理分配，使回热抽汽的作功量最大，整套回热装置的热经济性最高。对于非中间再热机组，给水回热系统大多采用等焓升的分配原则。对于中间再热机组，给水的焓升分配应该考虑中间再热后蒸汽焓值的提高对给水回热的影响。通常一个加热器的回热抽汽来自再热“冷段”(即进入再热器之前)，并使该给水焓升约为其后一级(再热后的一级)加热器给水焓升的 1.5～1.8 倍，以降低再热后的回热抽汽压力，增加抽汽作功量。再热以后的各级给水加热仍采用等焓升分配原则。如果在再热压力之前还有一级高压加热器时，则该级的给水焓升由给水温度和再热压力决定。

汽轮机的各级回热抽汽压力，根据各级加热器出口水温和汽轮机通流部分的分级情况，并考虑加热器的温度端差和抽汽管的压力损失之后确定。加热器温度端差越小，热经济性越高，但加热器面积相应增大。通常在无过热蒸汽冷却段时端差取 $\Delta t=3\sim6$℃，有过热蒸汽冷却段时取 $\Delta t=-1\sim2$℃。抽汽管压力损失取决于管道中的流速、管道尺寸与形状以及汽轮机结构和系统布置等因素，通常取各级抽汽压力的 4%～8%。

各种机组的回热级数、给水温度和经济效益见表 2-6-16。

表 2-6-16 给水回热循环的热经济性

蒸汽初参数 P_0 (10^5Pa)	蒸汽初参数 t_0 (℃)	回热级数 n	给水温度 t_{fw} (℃)	相对效益 (%)
24	390	1～3	105～150	6～7
35	435	3～5	150～170	8～9
90	535	6～7	210～230	11～13
130/135	535/535	7～8	220～250	14～15
165	535/535	7～8	245～275	15～16
240	565/565	8～9	270～300	17～18

(4) 给水加热器的型式和参数。

1) 给水加热器的分类，如表 2-6-17 所示。

2) 不同压力给水加热器的参数范围，如表 2-6-18 所示。

3) 给水加热器的管径和壁厚，如表 2-6-19 所示。

4) 给水加热器管材最高允许温度，如表 2-6-20 所示。

表 2-6-17 给水加热器分类

型式	水室结构：法兰螺钉连接	水室结构：自密封	联箱结构
适用范围	低压加热器	低压加热器和小型机组高压加热器	大型机组高压加热器
传热面	浮头式(直管)	U形管	螺旋管
特点	(1) 可用小管径薄壁传热管，外形尺寸小，材料消耗少 (2) 管子损坏后容易堵漏 (3) 管束水阻小 (4) 管板和水室均是大锻件，加工工艺复杂，钻孔工作量大 (5) 传热管胀接和焊接在管板上		(1) 外形尺寸大，材料消耗多 (2) 管子损坏后堵漏困难，但能换管 (3) 管束水阻大 (4) 不要管板，钻孔工作量小，但外壳大法兰不易密封 (5) 传热管焊接在联箱上

表 2-6-18　　给水加热器参数

机组类别	高压加热器				低压加热器			
	管侧		壳侧		管侧		壳侧	
	压力（MPa）	温度（℃）	压力（MPa）	温度（℃）	压力（MPa）	温度（℃）	压力（MPa）	温度（℃）
中压	≤6.0	≤170	≤1.0	≤350	≤0.6	≤100	≤0.25	≤150
高压	≤18.0	≤230	≤3.0	≤400	≤1.6	≤150	≤0.6	≤280
超高压及亚临界	≤31.0	≤290	≤7.0	≤450	≤3.0	≤150	≤1.0	≤300

表 2-6-19　　给水加热器管径和壁厚

管径（mm）	壁厚（mm）	材料	适用范围	材料标准
14～25	1～1.5	黄铜	低压加热器和中压机组小型高压加热器	YB—448—71 YB—716—70
16～19	1.5～3	钢	U形管高压加热器	
16～32	2～5	钢	螺旋管高压加热器	

表 2-6-20　　管材最高允许温度

管子材料	最高金属温度（℃）
HSn70—1	230
B10	320
B30（退火）	370
B30（除应力）	430
20	430

十、高压给水加热器的运行监控

发电厂在运行中常有进入锅炉的给水温度达不到设计值的问题，也就是存有高压给水加热器（高加）故障多、投运率低、传热效率低、高加运行寿命短等问题。除了设计、制造、安装方面的原因外，在运行中主要有两方面要重视。

(1) 要正确操作高加的起停，防止高加的温度率超过限额值。

1) 主机正常起停时，高加宜随主机滑起滑停。起动时，主机冲动前，已向高加注给水检漏，合格后，通给水进高加，随给水温度的升高而使高加升温，随主机的升速、增加负荷，进入高加的抽汽压力、抽汽量、抽汽温度上升而高加逐渐升高温度。停机时，使高加的温度，随主机的负荷、转速下降，随抽汽和给水温度逐渐下降而下降。为了能滑起滑停，要解决主机负荷低时疏水进不到除氧器的问题，可以加装疏水扩容器以排出疏水。

2) 主机运行中，要停用高加时，对高加不能只关进汽门而不关进水门；要将进汽门和进水门同时关闭，使高加不是由给水来冷却而是自然冷却。主机运行中，高加检修后要投入运行时，要对高加进行逐渐升温的暖器过程。可以用逐渐开抽汽门来暖汽，也可以用先逐渐注给水，后逐渐开抽汽门来暖器，以后一种操作为宜；这个过程要慢，时间要长，要严格控制升温速率不超过规定值。

3) 主机故障，要立即停运高加或主机及高加同时停运时，应该在关闭高加的进汽门的同时，尽快关闭高加的进水门，快速切断高加水侧的通流，使给水走旁路去锅炉，使高加的降温速率不超过规定值。

(2) 要正确控制高加壳侧的疏水水位，防止水位过高或过低。

制造厂在加热器壳体上画的正常水位线（0值线）由于种种原因，可能有偏差，按此标记调整水位不一定是最佳水位。在新高加投入运行时，应该用试验方法，确定最佳水位线。

试验方法是使主机在额定负荷、额定参数下运行，从加热器壳侧疏水水位较高（或最上限）开始，水位逐渐分段下降；每段停留 15min 左右，使运行参数稳定下来，再测量疏水端差（即疏水出口温度与给水入口温度之差）、疏水压力等参数，记录如图 2-6-10 所示。

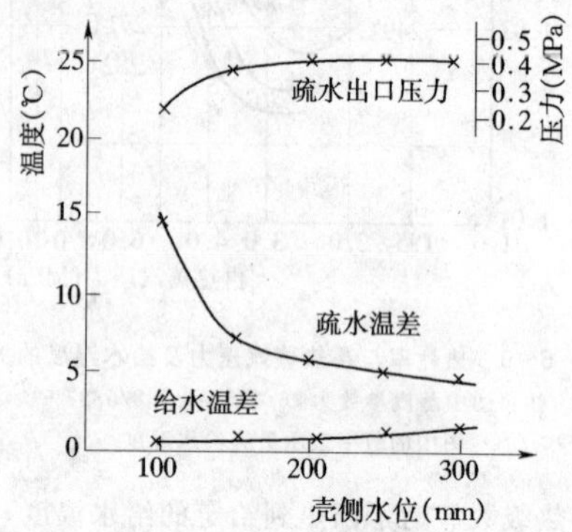

图 2-6-10　疏水冷却段性能与水位的关系

水位开始降低时，疏水端差缓慢升高，疏水压力基本保持不变。当疏水水位降到某一临界值时，就会出现一个转折点，以后疏水端差急剧上升，疏水压力明显下降；这说明疏水冷却段的压降增加，表明壳侧水位已不能淹没疏水冷却段的入口，而有蒸汽进入疏水冷却段，使流速大大增加。

根据图 2-6-10 中的疏水端差曲线，以对应于设计疏水端差值的一点的壳侧水位，作为正常水位（0水位）。

新的正常水位线确定后，再根据制造厂提供的最高水位、高水位、低水位、最低水位和制造提供的 0 水位的差值，分别确定新的最高水位、高水位、低水位、最低水位。而在运行中，通过水位自动调节装置等，经常控制监督在正常水位上。

第七节　汽水质量标准及其处理

一、汽水标准

(1) 火力发电厂的蒸汽、给水、炉水、凝结水要达到表 2-7-1 的质量标准，以防止汽水系统结垢或腐蚀。

表 2-7-1 **蒸汽、给水、炉水、凝结水标准（摘自SD163—85）**

类别	项目 名称	单位	锅筒锅炉 MPa(at) 3.8～5.78 (39～59)	5.88～12.65 (60～129)	12.74～15.58 (130～159)	15.68～18.62 (160～190)	直流锅炉 MPa(at) 5.88～15.58 (60～159)	15.68～18.62 (160～190)
蒸汽	钠：磷酸盐处理	μg/L	≤15	≤10	≤10	≤10	≤10⑤	≤10⑤
	挥发性处理	μg/L	≤15	≤10⑤	≤10⑤	≤10⑤	≤10⑤	≤10⑤
	二氧化硅	μg/L	≤20	≤20	≤20	≤20	≤20	≤20
	电导率（处理后，25℃）	μS/cm	—	≤0.3	≤0.3	≤0.3	≤0.3	≤0.3
	铜	μg/L	—	—	—	≤5⑥	—	≤5⑥
	铁	μg/L	—	—	—	≤20	—	≤10
给水	硬度①	μeq/L④	≤3	≤2	≤2⑦	0	0	0
	溶氧	μg/L	≤15	≤7	≤7	≤7	≤7	≤7
	铁①	μg/L	≤50	≤30	≤20	≤20	≤10	≤10
	铜①	μg/L	≤10	≤5	≤5	≤5	≤5⑥	≤5⑥
	钠	μg/L					≤10⑤	≤10⑤
	pH值②（25℃）	—	8.5～9.2	8.8～9.4	8.8～9.4	8.8～9.4	8.8～9.4	8.8～9.4
	总碳酸盐（以 CO_2 计）	mg/L	—	—	≤1	≤1	≤1	≤1
	联氨	μg/L		10～50	10～50	10～50	10～50	10～50
	油	mg/L	<1.0	≤0.3	≤0.3	≤0.3	≤0.3	≤0.3
	二氧化硅	μg/L	—	—	—	—	≤20	≤20
炉水	磷酸根 单级蒸发	mg/L	2～15	2～10	2～8	0.5～3	—	—
	磷酸根 分段蒸发 净段	mg/L	5～12	2～10	2～8	—	—	—
	磷酸根 分段蒸发 盐段	mg/L	≤75	≤50	≤40	—	—	—
	pH值（25℃）	—	>9	9～10	9～10	9～10⑧	9～10	9～10⑧
	氯离子	mg/L	—	≤4	≤4	≤1⑧	≤4	≤1⑧
	含盐量	mg/L	—	≤100	≤50	≤20⑧	≤100，50⑨	≤20⑧
	二氧化硅	mg/L	—	≤2.0	≤1.5	≤0.25⑧	≤2.0，1.5⑨	≤0.25⑧
凝结水	硬度	μeq/L④	≤3	≤2	≤2	—	≤2	—
	溶氧	μg/L	≤50	≤50	≤40	≤30	≤50，40⑨	≤30
	电导率（处理后，25℃）	μS/cm	—	—	≤0.3	≤0.3	≤0.3	≤0.3
	二氧化硅③	μg/L	—	—	—	—	—	—

① 液态排渣炉和原设计为燃油的锅炉，给水硬度、铜铁含量应符合高一级压力的锅炉的规定。
② 以钠离子交换处理补给水的电厂，应改为控制凝结水的pH值最大不超过9.0。
③ 凝结水经氢型混床处理后，硬度≈0，电导率≤0.2，二氧化硅≤15，钠≤5，铁≤8，铜≤3。
④ μeq/L为微克—当量/升，即epb。
⑤ 争取标准为≤5μg/L。
⑥ 争取标准为≤3μg/L。
⑦ 有凝结处理的电厂硬度应为0。
⑧ 亚临界锅筒炉用挥发性处理时，其炉水按pH8.5～9.5，总含盐量≤2.0，二氧化硅≤0.2，氯离子≤0.5。
⑨ 5.88～12.64MPa时取大值，12.74～15.58MPa时取小值。

(2) 二次蒸汽、蒸发器给水要达到表2-7-2的质量标准。

表2-7-2 **蒸发器和蒸汽发生器的水、汽质量标准**

水 汽	项 目	控 制 标 准
二次蒸汽	钠 二氧化硅 游离二氧化碳	不大于500μg/L 不大于100μg/L 不影响给水质量为标准
蒸发器给水	硬度 溶解氧（经除氧后）	不大于20μg当量/L 不大于50μg/L
蒸发器给汽	磷酸根	一般为5～20mg/L（采用锅炉水作补充水的蒸发器不受此限）

(3) 锅炉水及蒸汽中的二氧化硅与压力的关系，如图2-7-1所示。

二、原水处理

(1) 原水是以地面水作水源者，应根据水中悬浮物含量分别采用接触混凝、过滤、或混凝澄清、过滤预处理。澄清池、过滤池的台数（格数）不能少于2台（格）。

(2) 原水是以地下水作水源者，若水中含有砂或较多的胶体硅，不能满足锅炉蒸汽质量要求时，应采取相当措施。例如：

1) 沉淀处理。将水中悬浮物质等转化为沉淀物而析出，包括依靠水中悬浮物重力自然沉淀和加入凝聚剂使悬浮物变成大颗粒下沉的混凝澄清，一般可采用沉淀池和澄清池来处理。

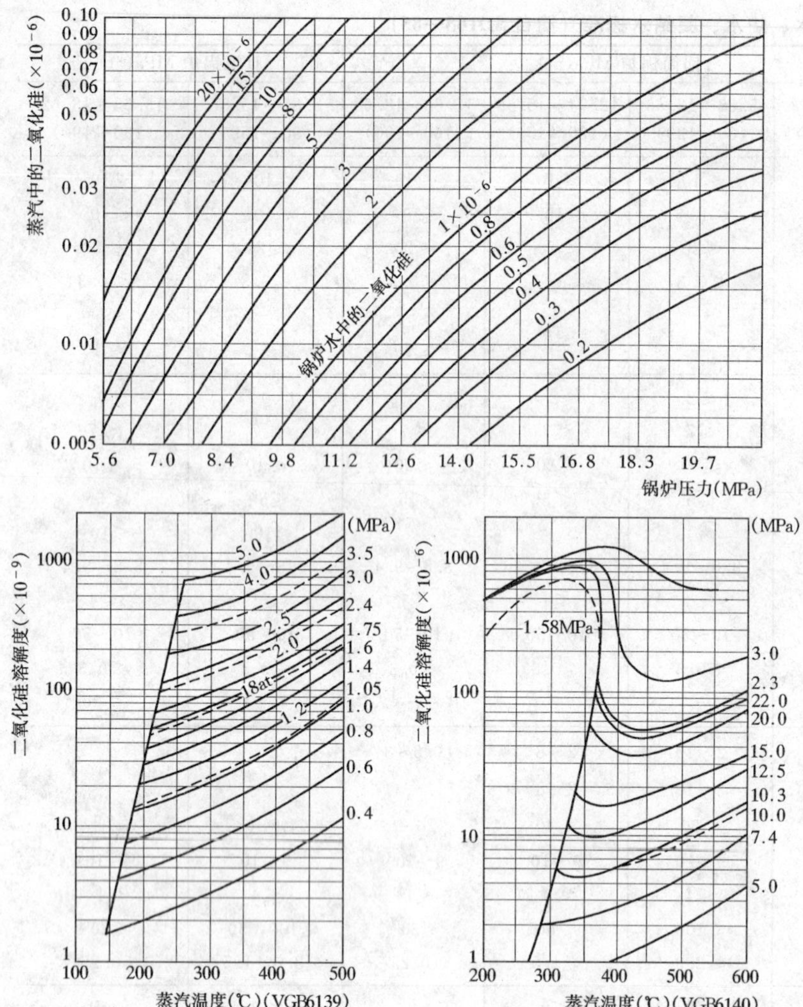

图2-7-1　锅炉水及蒸汽中的二氧化硅与压力的关系

沉淀池用于使水中悬浮物沉降分离，结构简单，有平流式、辐射式或斜板式等，通常在悬浮物含量大于3000mg/L时作预沉淀用。

澄清池的使用效果较好，一般有水力式和脉冲式，允许进水中最大悬浮物含量为2000mg/L；加机械搅拌加速，允许进水中最大悬浮含量可达3000mg/L。

2）混凝澄清。在水中加入硫酸铝、硫酸亚铁、三氯化铁、碱性氯化铝等凝聚剂，使细小颗粒和胶体物吸附其上而变成大颗粒沉淀，一般配合澄清池使用。

3）过滤。混凝澄清后水中仍会含有残留的小颗粒悬浮物（一般浓度为20～50mg/L），过滤就是使水再通过颗粒状滤料，使悬浮物质含量降低到5mg/L以下。过滤设备为过滤器，有单流、双流、无阀、单阀及双阀等型式。滤料一般用无烟煤、石英砂、大理石等。

三、锅炉排污

(1) 汽包锅炉的连续排污扩容系统，对于一般发电厂宜采用一级；对于热电厂，根据扩容蒸汽的利用条件可设两级。

100MW及以下机组宜2台锅炉设一套排污扩容系统，对125MW及以上机组，宜每台锅炉设一套。

定期排污扩容器的容量，应考虑锅炉事故放水的需要。

(2) 锅炉正常排污，对于以化学除盐水为补给水凝汽式发电厂者，不宜超过1%；对于以化学除盐水或蒸馏水为补给水的供热式发电厂，不宜超过2%；对于以化学软水为补给水的供热电厂不宜超过5%。

(3) 发电厂各项正常水汽损失及考虑机组起动或事故而增加的水处理设备能力，按表2-7-3设计。

表2-7-3　　发电厂各项正常水汽损失及考虑机组起动或事故而增加的水处理设备出力

序号	损失类别		正常损失	考虑机组起动或事故而增加的水处理设备出力
1	厂内水汽循环损失	200000kW以上机组	为锅炉最大连续蒸发量的1.5%	为全厂最大一台锅炉最大连续蒸发量的6%
		100000～200000kW机组	为锅炉最大连续蒸发量的2.0%	
		100000kW以下机组	为锅炉最大连续蒸发量的3.0%	为全厂最大一台锅炉最大连续蒸发量的10%
2	对外供汽损失		根据资料	
3	发电厂其他用汽损失		根据资料	
4	汽包锅炉排污损失		根据计算，但不少于0.3%	
5	闭式热水网损失		热水网水量的1%或根据资料	热水网水量的1%，但与正常损失之和不少于20t/h
6	厂外其他用水量		根据资料	

注　1. 锅炉正常排污率按表中1、2、3项正常损失量计算。
2. 发电厂其他用汽、用水及闭式热水网补充水，应经技术经济比较，确定合适的供汽方式和补充水处理方式。
3. 采用蒸馏补给时，应考虑蒸发器的防腐、防垢及机组起动供水措施。

四、化学水处理

(1) 火电厂水处理普遍采用离子交换化学除盐方式，常用的化学除盐系统见表2-7-4。

选择何种系统应根据生水水质及除盐水纯度要求而定。离子交换剂常用有机质，按交联度分为低、一般、高三类。交联度大，交换容量高，但再生效率低。

(2) 电渗析是一种利用离子交换膜的选择透过性除去水中盐分的方法，其级和段的数目可按出水质量及制水量选择，工作原理如图2-7-2所示。

表 2-7-4 **常用化学除盐系统**

序 号	除 盐 系 统	出水质量标准 电导率 (μs/cm)	出水质量标准 SiO_2 (mg/L)	适 用 范 围
1	H—D—OH	<10 对流再生时<5	<0.1	强酸阴离子小于 2mgeq/L 碱度小于 4mgeq/L
2	H—D—OH—H/OH	0.1～0.5	<0.02	强酸阴离子小于 2mgeq/L 碱度小于 4mgeg/L
3	H_W—H—D—OH 或 H_W/H—D—OH	<10 对流再生时<5	<0.1	强酸阴离子小于 2mgeq/L 碳酸盐硬度大于 4mgeq/L
4	H_W--H—D—OH—H/OH 或 H_W/H—D—OH—H/OH	0.1～0.5	<0.02	强酸阴离子小于 2mgeq/L 碳酸盐硬度大于 4mgeq/L
5	H—D—OH_W—OH 或 H—OH_W—D—OH	<10 对流再生时<5	<0.1	强酸阴离子大于 2mgeq/L
6	H—OH_W—D—OH—H/OH	0.1～0.5	<0.02	强酸阴离子大于 2mgeq/L
7	H_W—H—D—OH_W—OH	<10	<0.1	强酸阴离子大于 2mgeq/L 碱度大于 4mgeq/L
8	H_W—H—D—OH_W—OH—H/OH	0.1～0.5	<0.02	
9	H—D—OH—H—OH	0.2～1	<0.02	强酸阴离子大于 2mgeq/L 碱度大于 4mgeq/L
10	H—D—OH—H—OH—H/OH	<0.1	<0.02	
11	H—OH_W—D—H/OH	0.1～0.5	<0.1	强酸阴离子大于 2mgeq/L 硅根很小

注 H—强酸阳离子交换器；OH—强碱阴离子交换器；H/OH—阴阳混合离子交换器；H_W—弱酸阳离子交换器；OH_W—弱碱阴离子交换器；H_W/H—阳离子交换双层床；D—除二氧化碳器；mgeq/L—毫克当量/升。

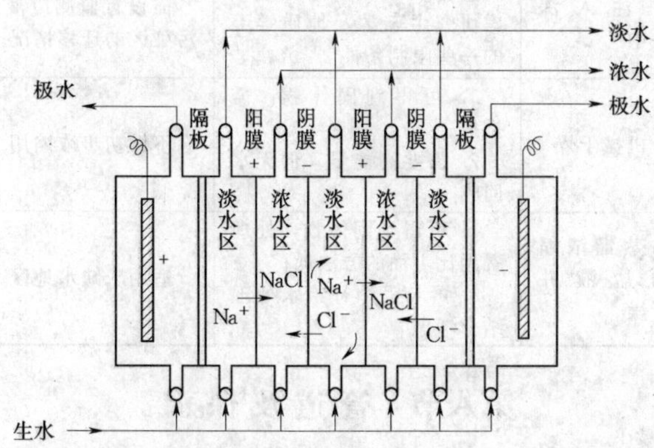

图 2-7-2 电渗析工作原理

电渗析耗水量、耗电量均较大，一般用于处理含盐量较高（如 1000～5000mg/L）的水。由于电渗析脱盐率只能达到 90%左右，故多与离子交换除盐法联合使用。

此外，火电厂也有用蒸馏法和扩容蒸发等制取纯水，达到除盐目的的。

(3) 火电厂的软化脱碱。有药剂软化脱碱和离子交换软化脱碱两大类。对碳酸盐硬度高、非碳酸盐硬度低的生水，可用石灰软化脱碱法，处理水温为 20～40℃。此法有时作为离子交换法的预处理。对总硬度大于总碱度的水，一般用石灰苏打软化，处理水温为 80～90℃。药剂软化脱碱一般在澄清池内完成。

离子交换也可用于软化脱碱，常用的系统见表 2-7-5。

表 2-7-5 **常用离子交换软化脱碱系统**

序号	软 化 水 系 统	出 水 质 量 标 准	适 用 范 围
1	H → Na → D	碱度不小于 0.35mgeq/L 硬度不小于 0.04mgeq/L 溶固物：58、45 (Cl^-) +71 (SO_4^{2-}) +40 (AC) AC—残留硬度 mgeq/L	生水暂硬与总硬的比值较大 出水碱度要求不小于 0.35mgeq/L 生水中 SO_4^{2-} +Cl^- 总含量≤6mgeq/L 磺化煤作交换剂时，进水强酸阴离子小于 3～4mgeq/L
2	H → D → Na	碱度不小于 0.5mgeq/L 硬度不小于 0.04mgeq/L 溶固物同上	生水暂硬与总硬的比值较小 生水中 SO_4^{2-} +Cl^- 总含量<6mgeq/L 生水总硬度小而重碳酸钠碱度高时最理想
3	Na 1 → Na 2	硬度小于 0.003mgeq/L 碱度不变	生水碱度小，对软化水残余硬度要求

注 H—强酸交换器；Na—钠离子交换器；D—除二氧化碳器。

五、凝结水精处理

（1）汽轮机凝结水的精处理，宜按水质、凝结器结构等因素而定。一般由高压汽包炉供汽轮机汽，以海水冷却以及由超高压汽包炉供汽轮机汽，以海水或苦咸水冷却时，可设置部分凝结水精处理装置或每两台机组合设一套能满足其中1台机组全部凝结水的精处理装置。由亚临界汽包炉供汽的汽轮机全部凝结水宜进行精处理。由直流炉供汽的汽轮机组全部凝结水应进行精处理；必要时可设置供机组起动时用的专门除铁装置。由钛材制造的凝汽器，由汽包炉供汽的汽轮机，可不设凝结水精处理装置。

（2）凝结水的处理方法及设备，见表2-7-6。

表2-7-6 凝结水处理方法

凝结水别	主要污染杂质	处理方法	处理设备
热用户凝结回水	油，硬度，水温高达69～110℃	过滤除油软化	分离除油池 硅藻土覆盖过滤器 粒状活性碳过滤器
汽轮机凝结水	冷却水中的盐类、管道、加热器等设备的铜、铁腐蚀产物	精密过滤混床 除盐电磁过滤除铁	覆盖或精密过滤器 电磁过滤器体外再生混床体内再生混床

（3）凝结水处理后的凝结水质量标准，见表2-7-7。

表2-7-7 处理后凝结水质量标准

项　目	单　位	数　值
硬度	mgeq/L	≈0
电导率	μS/cm	≤0.2
二氧化硅	μg/L	≤15
钠	mg/L	≤5
铁	mg/L	≤8
铜	mg/L	≤3

（4）在凝结水精处理系统中，当过滤器只作为机组起动除铁用，每两台机组可合用一组过滤器，且不设备用。对于采用体外再生的离子交换器，由直流锅炉供汽的汽轮机，每单元可设1台备用设备；由亚临界汽包炉供汽的汽轮机，当混合离子交换器采用H/OH型运行方式时，可不装备用设备。由超高压汽包炉供汽的汽轮机，离子交换器可每两台机组设1台备用设备；由高压汽包炉供汽的汽轮机，离子交换器不装备用设备。

六、循环水处理

（1）对循环冷却水，当供水系统和凝汽器内有生物生长、腐蚀或结垢可能时，应经技术经济比较，采取防止措施。

（2）为防止供水系统和凝汽器内生物生长、腐蚀或结垢，循环冷却水和补充水应加以处理。对水藻和细菌等微生物可采用间断加氯或投加其他杀微生物的药剂处理，但宜使用低毒、低剂量、易降解并与阻垢剂、缓蚀剂不相互干扰的药剂。对受菌藻污染严重的补充水，可进行连续加氯处理，过剩氯量约为0.2～0.4mg/L。

（3）为防止重碳酸盐在冷却水循环过程中受热分解，蒸发浓缩，形成结垢，可采用：酸中和，通常用硫酸；炉烟处理，利用炉烟中的二氧化碳稳定或二氧化硫中和，适用于中、小电厂；阻垢剂处理，加入六偏磷酸钠（$(NaPO_3)_6$）、磷酸三钠（Na_3PO_4）、三原磷酸钠（$Na_5P_3O_{10}$），维持水中过剩PO_4^{3-}量在1.5～3mg/L；石灰软化、除碱，投药量与药剂软化法相同，大型电厂用此法提高浓缩倍率，可将排污量降至最小；弱酸氢离子交换，软化、除碱。

（4）对于腐蚀，水的pH值在大于9时，可采用缓蚀剂；或控制运行水pH值在8～9之间，并维持流速在2～3m/s。安装时要消除铜管的应力，并用硫酸亚铁造膜，使$FeSO_4$的浓度达到250～500mg/L或Fe^{2+}的浓度达到50～100mg/L。

七、废水处理

发电厂直流供水系统的排水和循环供水系统的排污水的水量很大，当火电厂总容量在1000～2000MW或更大时，排水量可达4000～8000t/h或更多。除在不影响电厂经济运行并符合使用要求的条件时可供其他工业或农业使用外，为防止环境污染，须加以处置。现已采用的处置方法见表2-7-8。

表2-7-8 废水处置方法

处置方法	优　缺　点	适用范围
排入江、河、湖、海	1. 处置费用低； 2. 对水源有污染	含有害药品的排水禁用
露天蒸发水池	1. 简单可靠，但受季节、地区的限制； 2. 长时间运行后，有处置结晶沉淀的问题	适用于年蒸发量为500mm以上的地区
注入深井中	资金耗费大，需仔细考虑研究生态学及地质学上的一些限制条件	需设置监测废液污染区的迁移情况
机械干燥	1. 可得到固体物，需排掉； 2. 需要高能量，但无水回收	不做初步浓缩用
蒸馏浓缩的盐液并干燥	1. 可得到固体物，处理费用比上面的方法低； 2. 可与锅炉补给水处理结合考虑	适用于缺水地区

第八节 管道及保温

一、管道设置

（1）管道组成。发电厂汽水管道一般由下列主要部分组成：管子、管子连接件（弯头、三通、大小头、堵头、法兰等）、阀门、管道支吊架、热补偿装置、测量装置和保温材料等。上述部分构成的汽水管道，必须满足运行安全可靠、灵活方便、投资及运行费少的基本要求。

（2）主蒸汽和再热蒸汽管道。火电厂主蒸汽管道系统宜按汽轮机组的类型采用不同的型式。

1）高压供热式机组应采用切换母管制。

2）高压凝汽式机组可采用单元制或母管制。

3）中间再热凝汽式机组或中间再热供热式机组均应采用单元制。

单元制是一台汽机和一台锅炉相配合的联结系统，各机组之间不设蒸汽连通管路。与切换母管制相比，可大量减少阀门和连通管路，但有运行调度不够灵活等缺点，故在大型机组特别是中间再热机组，才有明显的优越性。

再热蒸汽管由“冷段”（高压缸排汽到锅炉再热器）和“热段”（再热器到中压汽缸）组成，两段管道的总压力损失一般取再热压力的5%。由于“热段”必须采用耐热合金钢管，两段的压降分配通常取“热段”2/3，“冷段”1/3，以便减少“热段”管径，节约合金钢材。

(3) 再热机组旁路系统。设置旁路的目的是协调锅炉供汽与汽轮机耗汽量之间的不平衡，提高对负荷变化的适应性。旁路系统的主要功能有以下几方面：

1）使锅炉和汽轮机可独立运行。承担中间负荷，特别是两班制运行或需要热备用运行的机组，不仅要适应频繁起停和快速升降负荷，而且还要控制热应力。所以，在机组设计上应考虑到运行的灵活性。

2）改善机组的起动性能，缩短冷、热态起动时间，减少汽轮机寿命损耗。

3）在机组起动和甩负荷时，可以保证再热器的通汽冷却，不致引起超温。

4）当机组起、停或运行发生瞬变工况时，旁路系统可以排除剩余蒸汽，防止锅炉超压和安全阀动作，同时回收工质。100%容量的旁路系统可以取代锅炉安全阀，减少噪声。

5）可以实现机组的特殊运行方式，如汽轮机发生瞬时故障时，旁路系统可维持锅炉最低稳定负荷运行，故障消除后可很快恢复汽轮机运行；电网发生瞬时故障时，汽轮机可维持空转或带厂用电运行，故障消除后可很快恢复向电网供电。

中间再热机组旁路系统的设置和选型，应根据机炉的结构型式、性能以及对运行方式的要求确定，其容量一般宜为锅炉最大连续蒸发量的30%。但如设备条件具备，要求机组具有带中间负荷、甩负荷或停机不停炉等运行方式时，旁路容量可加大到锅炉最大连续蒸发量的40%～50%。旁路系统的类型有：

1）一级大旁路系统。从主蒸汽管道接出，经旁路减压、减温装置后，直接排入凝汽器。可以回收起、停炉时的工质和减少噪声。系统结构简单，操作方便，但再热器必须布置在烟温较低的区域，中压缸热态起动也比较困难。因此，仅适用于再热器不需通流冷却或其他非再热的机组。

2）两级串联旁路系统。由高压旁路和低压旁路串联组成。高压旁路从主蒸汽管道接出，经高压旁路减压、减温装置后，排入再热“冷段”管道。低压旁路从再热“热段”管道接出，经低压旁路减压、减温装置后，排入凝汽器。这种方式既能保护锅炉再热器，又能使机组在冷态、热态和温态工况下，以滑参数快速安全起动。

3）三用阀旁路系统。具有起动、溢流、安全三种功能。有这种旁路系统的机组可带中间负荷和变压运行，三用阀还可代替过热器的安全门，并适用于配合直流锅炉。

(4) 凝结水和给水管道。大容量机组的凝结水和给水系统一般采用单元制联接方式。补给水引入凝汽器，进行真空除氧。凝结水需经过滤和除盐处理，除去系统中的铁、铜离子以及凝汽器泄漏带入的盐分。处理的凝结水量约为25%～100%，视机、炉型式和凝结水污染程度而定，对亚临界机组必须全部处理。

给水管道系统按机组型式而采用不同的方式：高压供热式机组采用母管制；高压凝汽式机组采用单元制、扩大单元制或母管制；中间再热凝汽式或供热式机组采用单元制。给水操作台的路数、容量根据锅炉进水路数及调节阀性能确定，采用调速给水泵时，给水操作台可根据锅炉和给水泵的性能适当简化。

高压加热器的管路，为防止破裂时发生严重事故，应设旁路装置。一般有每台高压加热器设单独旁路装置的小旁路方式，用一套旁路装置将全部高压加热器隔离的大旁路方式。

二、管道技术规范

为实现管道制造和使用上的标准化，国家对管子及其附件（成型连接件和阀门）制定了如下两个技术规范——公称压力和公称通径，以此作为它们的承压等级和计算直径等级。

(1) 公称压力 p_g(p_{n0})。为保证安全运行，规定各类管子及其附件的允许承压等级是必须的。

但管道所能承受的最大工作内压，不仅决定于管道材料，还与管内流通介质的工作温度有关。当管材一定时，介质工作温度升高，其基本许用应力 $[\sigma]_a^t$ 变小，允许的承压能力就会降低。管道的这一特性，对规定工作在不同温度下，电厂汽水管道的承压等级带来很大的不便。为此，对同一材料，不同温度下管道允许的工作压力 $[p_t]$，都折算至一固定温度级别下，以此来表示管道的承压等级。

规定：管道和附件在200℃及以下允许的工作压力叫公称压力 p_g(p_{n0})（我国现在管道规格采用的汉语拼音脚注，因此这里同时标注两种表示法：汉语拼音的 p_g，和英文脚注的 p_{n0}）。公称压力与 t 温度下允许的工作压力 $[p]$ 关系如下

$$p_g=[p]\frac{[\sigma]_a^{200}}{[\sigma]_a^t} \tag{2-8-1}$$

显然，已知管材和介质的设计温度 t 时，可由管道的公称压力求出实际允许的工作压力

$$[p]=p_g\frac{[\sigma]_a^t}{[\sigma]_a^{200}} \tag{2-8-2}$$

因此，不论是公称压力或允许的工作压力，都是对应管道介质压力和温度的一个组合参数。有时用标注有压力和温度的方法来表示管道的参数，如 P_{54} 140，指的是设计温度为540℃，设计压力为13.73MPa（140kgf/cm²）。

为便于使用，将一定材料的上述换算关系，一般都列成表格——管道压力规范表。表2-8-1为20号钢的公称压力表。

表2-8-1　20号钢的公称压力表

公称压力 p_g (p_{n0})		试验压力 p_s^g (p_{te})		设计温度													
				≤200		250		300		350		400		425		450	
				允许工作压力													
				p_{20}		p_{25}		p_{30}		p_{35}		p_{40}		$p_{42.5}$		p_{45}	
MPa	kgf/cm²	MPa	kgf/cm²	MPa	kgf/cm²	MPa	kgf/cm²	MPa	kgf/cm²	MPa	kgf/cm²	MPa	kgf/cm²	MPa	kgf/cm²	MPa	kgf/cm²
0.0981	1	0.1961	2	0.0981	1.0	0.0883	0.9	0.0785	0.8	0.0686	0.7	0.0588	0.6	0.0490	0.5	0.0392	0.4
0.2452	2.5	0.3040	3.1	0.2452	2.5	0.2354	2.4	0.2059	2.1	0.1863	1.9	0.1667	1.7	0.1373	1.4	0.0981	1.0

续表

公称压力 p_g (p_{n0})		试验压力 p_s^q (p_{te})		设计温度													
				≤200		250		300		350		400		425		450	
				允许工作压力													
				p_{20}		p_{25}		p_{30}		p_{35}		p_{40}		$p_{42.5}$		p_{45}	
MPa	kgf/cm²	MPa	kgf/cm²	MPa	kgf/cm²	MPa	kgf/cm²	MPa	kgf/cm²	MPa	kgf/cm²	MPa	kgf/cm²	MPa	kgf/cm²	MPa	kgf/cm²
0.3923	4	0.4903	5	0.3923	4.0	0.3825	3.9	0.3433	3.5	0.3040	3.1	0.2648	2.7	0.2158	2.2	0.1569	1.6
0.5884	6	0.7355	7.5	0.5884	6.0	5.6879	5.8	0.5099	5.2	0.4511	4.6	0.3923	4.0	0.3334	3.4	0.2354	2.4
0.9807	10	1.2258	12.5	0.9807	10	0.9512	9.7	0.8532	8.7	0.7649	7.8	0.6669	6.8	0.5590	5.7	0.4021	4.1
1.5691	16	1.9613	20	1.5691	16	1.5298	15.6	1.3729	14.0	1.2258	12.5	1.0591	10.8	0.8924	9.1	0.6472	6.6
2.4517	25	3.0401	31	2.4517	25	2.3536	24	2.1575	22	1.8633	19	1.6671	17	1.3925	14.2	1.0101	10.3
3.9227	40	4.903	50	3.9227	40	3.8246	39	3.4323	35	3.0401	31	2.6478	27	2.1575	22	1.6181	16.5
6.2763	64	7.845	80	6.2763	64	6.0801	62	5.4917	56	4.9033	50	4.2169	43	3.5304	36	2.5497	26
9.8067	100	12.258	125	9.8067	100	9.5125	97	8.5318	87	7.6492	78	6.6685	68	5.5898	57	4.0207	41
15.691	160	19.613	200	15.691	160	15.298	156	13.729	140	12.258	125	10.591	108	8.9241	91	6.4724	66
19.613	200	24.517	250	19.613	200	19.123	195	17.162	175	15.298	156	13.337	136	11.180	114	8.0415	82
24.517	250	30.695	313	24.517	250	23.830	243	21.477	219	19.123	195	16.671	170	13.925	142	10.101	103
31.381	320	39.227	400	31.381	320	30.597	312	27.459	280	24.517	250	21.280	217	17.848	182	12.945	132
39.227	400	49.033	500	39.227	400	38.246	390	34.323	350	30.597	312	26.674	272	22.359	228	16.181	165
49.033	509	61.292	625	49.003	500	47.758	487	42.953	438	38.246	390	33.343	340	27.949	285	20.360	207

(2) 公称通径 D_g (D_{n0})。在允许流速下，管道的通流能力由管子内径决定。所以公称通径是划分管道元件内径的等级。但这只是管道名义上的计算内径。我国管道公称通径的范围为 1～4000mm，将其划分为 53 级。

值得指出的是，由于公称通径是名义的计算内径，所以一般并不等于实际内径。而同一材料、同一公称通径的管道，由于公称压力的不同，一般壁厚亦不同。显然，随公称压力的增高，壁厚应加大。

三、管子的选择

管子计算的主要内容（管子内径、壁厚和管道压降的计算）又称管子的技术计算。

在已知介质的种类，工作参数及流量，管道的布置和允许压降时，管子选择的主要步骤如下：

(1) 选管材。由表 2-8-2 根据介质工作参数选择之。

表 2-8-2 常用的管材钢号及其推荐使用温度

钢 种	钢 号	推荐使用温度 (℃)	允许的上限温度 (℃)
普通碳素钢	A3F	0～200	250
	A3, A3g	−20～300	350
优质碳素钢	10	−20～440	450
	20	−20～450	450
普通低合金钢	16Mn	−40～450	475
	15MnV	−20～450	500
耐热合金钢	15CrMo	～510	540
	12Cr1MoV	540～555	570
	12MoVWBSiRe（无铬 8 号）	540～555	580
	12Cr2MoWVB（钢 102）	540～555	600
	12Cr3MoVSiTiB（Ⅱ11）	540～555	600

(2) 确定管材的公称压力。根据选定的管材和介质工作参数查公称压力表。

(3) 选定管内介质的允许流速。汽水管道内介质的允许流速推荐值，依据各国的国情，经过复杂的技术经济比较确定。允许流速大，管子内径可小些，钢材耗量及投资减少。但管内流阻增大运行费增加，水阀门密封面磨损加剧，管道易振动，泵容易气蚀等。当允许流速小，就会有相反的结果。

根据我国当前的技术和运行水平，钢煤比价等实际情况，现行的管道允许流速推荐值，如表 2-8-3 所示。根据允许的最大压降选择管径时，介质流速不应超过表中的上限值。

表 2-8-3 管道介质流速

管道部位		推荐流速 (m/s)
由锅炉至汽机的主蒸汽管道		40～60
中间再热蒸汽	高温再热蒸汽管道	50～70
	低温再热蒸汽管道	30～50
其他蒸汽	抽汽管道	30～50
	饱和蒸汽管道	30～50
	至减温减压器蒸汽管道	60～90
给水	超高压机组主给水管道	3～5
	高、中压机组主给水管道	2～3
	低压给水管道	
凝结水	凝结水泵出口管道	1～3
	凝结水泵进口管道	0.5～1
化学净水、生水	离心泵出水管道和其他压力水管道	2～3
	离心泵进水管道	0.5～1.5
工业用水	压力管道	2～3
	无压排水管道	<1

1）推荐的管道介质流速，如表 2-8-3 所示。

2）不同粘度的燃油输送速度，如表 2-8-4 所示。

3）室外管网热水允许流速，如表 2-8-5 所示。

4）室外管网蒸汽允许流速，如表 2-8-6 所示。

5）工业企业生产和辅助建筑物管网中流体最大允许流速，如表 2-8-7 所示。

6）压缩空气管道允许流速，如表 2-8-8 所示。

7）NH_3、F-12、F-22 在管道中的流速和允许压力降，如表 2-8-9 所示。

表 2-8-4　燃油输送速度

条件粘度（恩氏，°E）	运动粘度（厘斯，cSt）	平均流速（m/s）	
		吸入管	出口管
1～2	1～12	1.5	2.5
2～4	12～28	1.3	2.0
4～10	28～72	1.2	1.5
10～20	72～146	1.1	1.2
20～60	146～438	1.0	1.1
60～120	438～977	0.8	1.0

表 2-8-5　管网热水允许流速

允许流速（m/s）	单位压降（mmH_2O/m）	备　注
一般 1～2 最高 2.5 不超过	一般 3～5 最高 15 可达	长度超过 10km 的输热干管单位压降应根据技术经济比较决定

表 2-8-6　管网蒸汽允许流速

管道直径（mm）	允许流速（m/s）		单位压降（MPa·km）
	过热蒸汽	饱和蒸汽	
<200	50	35	一般可取 0.1～0.12，最高可达 0.15。在满足用户供汽压力要求的情况下，可适当提高单位压降
>200	80	60	

表 2-8-7　建筑物管网中流体最大允许流速

管道直径（mm）	热水最大允许流速（m/s）	低压蒸汽最大允许流速（m/s）蒸汽及凝水同向流动时		高压蒸汽最大允许流速（m/s）
		在横管内	在竖管内	
15	0.50	14	20	25
20	0.65	18	22	40
25	0.80	22	25	50
32	1.00	25	30	55
40	1.00	30	35	60
50	1.50	35	40	70
75	1.50	40	50	80

表 2-8-8　压缩空气管道允许流速

管 道 种 类	厂　区	用 气 车 间
允许流速（m/s）	8～10	8～15

注　1. 表中较大的流速，适用于通径较大的管路，通径大于 100mm 时，可以比表中所列的流速更大一些（一般可加大 25%～30%）。
2. 在吸入端的管路应选用较小的流速，对于离饱和状态较远的液体，则应选择较大的流速。

表 2-8-9　NH_3、F—12、F—22 的流速和允许压力降

管路名称	制 冷 剂	流速（m/s）	允许压力降（0.1MPa）
吸入管 $t=-30\sim10$℃ $t<-30$℃	氟利昂 F—12，F—22	8～15	0.2～0.07 <0.07
	NH_3	10～20	0.2～0.05 <0.05
出口管	F—12，F—22	10～18	0.14～0.28
	NH_3	12～25	0.14～0.28
冷凝器到贮液器的液体管	NH_3	0.5～1.0	
贮液器到调节阀的液体管	F—12，F—22，NH_3	0.5～1.25	不允许有气体

注　1. 表中较大的流速，适用于通径较大的管路，通径大于 100mm 时，可以比表中所列的流速更大一些（一般可加大 25%～30%）。
2. 在吸入端的管路应选用较小的流速，对于离饱和状态较远的液体，则应选择较大的流速。

四、管子的计算

（1）计算内径 D_i。对单相的流体管道，由选定的流速和已知流量，根据连续方程式可求出内径 D_i

$$D_i=\sqrt{\frac{4}{\pi}\left(\frac{1000^3}{3600}\right)\frac{Gv}{W}}$$

$$\approx 594.5\sqrt{\frac{Gv}{W}}\quad(\text{mm})\qquad(2-8-3)$$

$$D_i=\sqrt{\frac{4}{\pi}\left(\frac{1000^2}{3600}\right)\frac{Q}{W}}$$

$$\approx 18.8\sqrt{\frac{Q}{W}}\quad(\text{mm})\qquad(2-8-3\text{a})$$

由于管径和壁厚的偏差，计算时应考虑 10% 的裕量。

对汽水两相流体的管道（如锅炉排污管道），应按我国《火力发电厂汽水管道设计技术规定》DLGJ 23—81（试行）中有关两相流体管道的计算方法核算管道的通流能力。

（2）计算管壁厚度 s。对于 $\frac{D_0}{D_i}\leqslant 1.7$、承受内压的汽水管道，根据第三强度理论计算其理论壁厚 s_{th}。

按管子内径 D_i 确定时

$$s_{th}=\frac{PD_i}{200[\sigma]_a^t\eta-P}\quad(\text{mm})\qquad(2-8-4)$$

按管子外径 D_0 确定时

$$s_{th}=\frac{PD_0}{200[\sigma]_a^t\eta+P}\quad(\text{mm})\qquad(2-8-4\text{a})$$

式中　η——基本许用应力的修正系数，对于无缝钢管 $\eta=1.0$。

管子的计算壁厚 s 还应考虑壁厚制造负偏差 C_1 及腐蚀裕度 C_2，即

$$s=s_{th}+C_1+C_2\quad(\text{mm})\qquad(2-8-5)$$

由选定的管材、公称压力、计算内径和计算壁厚，在产品目录中选取符合规格的管子。选择时，实际的壁厚不得小于计算的壁厚。实际内径决定的流速不应大于表 2-8-3 中的上限值，否则须重新选流速。

（3）计算管道压降和管道通流能力。管道水力计算指在已知管道直径和布置，已知介质的工作参数和流量下计算管道的压降；或根据给定的压降验算管道的通流能力。

由管子管径和壁厚的允许偏差，管子和附件阻力系数的偏差，计算管道压降时应考虑 10%的富裕系数。即管道的压降损失 $\Delta p=1.1(p_1-p_2)$。

1）未沸腾的水管道按伯努利方程计算

$$p_1-p_2=p_{d1}\xi_{t0}+\frac{1}{v}(H_2-H_1)\ (\text{Pa}) \qquad (2-8-6)$$

$$\xi_{t0}=\frac{\lambda}{D_i}L+\sum\xi$$

式中 p_{d1}——管道始端的水动力压力，$p_{d1}=\frac{W_1^2}{2v}$；

ξ_{t0}——总阻力系数；

λ——摩擦系数；

L——包括附件长度的管道展开总长度。

2）蒸汽管道按可压缩流体等截面管的稳定绝热流动过程来考虑。稳定绝热流动的能量方程为

$$-v\mathrm{d}p=\frac{W^2}{2}\mathrm{d}\xi_{t0}+W\mathrm{d}W+g\mathrm{d}H\ (\text{J/kg}) \qquad (2-8-7)$$

即 1kg 质量流体的技术功等于流体流动时摩擦损耗，介质动能和位能增加所耗功之总和。

等截面管稳定流动的连续方程式可写成单位面积的质量流速

$$m=\frac{W}{v}=\text{常数}\ [\text{kg/(m}^2\cdot\text{s)}] \qquad (2-8-8)$$

将式（2-8-8）代入式（2-8-7）得

$$-v\mathrm{d}p=\frac{m^2v^2}{2}\mathrm{d}\xi_{t0}+m^2v\mathrm{d}v+g\mathrm{d}H$$

积分上式得

$$\frac{m^2}{2}\left(\xi_{t0}+2\ln\frac{v_2}{v_1}\right)=-\int_1^2\frac{\mathrm{d}p}{v}-g\int_1^2\frac{\mathrm{d}H}{v^2}\ \ (\text{kg}\cdot\text{N/m}^5) \qquad (2-8-9)$$

对于水蒸气，因密度小，式（2-8-9）的末项可以不计。按实际热力过程线对式（2-8-9）右边进行积分，但在计算中应当考虑由于速度增加而引起的热焓和比容的变化。

对于管道终端与始端介质比容比 $\beta=\frac{v_2}{v_1}\leqslant 1.6$ 和 $W\leqslant 100$m/s 的蒸汽管道，进行了一系列的简化，得到的实用计算公式为

$$p_2=p_1\sqrt{1-2\frac{p_{d1}}{p_1}\xi_{t0}\left(1+2.5\frac{p_{d1}}{p_1}\right)}\ (\text{Pa}) \qquad (2-8-10)$$

对于 $\beta>1.6$，或压降大于初压 40%的蒸汽管道、沸水和高压饱和蒸汽管道的压降损失计算，可参考《火力发电厂汽水管道设计技术规定》DLGJ 23—81（试行）。

蒸汽管道的压降将直接带来作功能力的损失，水管道的压降会增加水泵能耗甚至引起水泵汽蚀。因此对一些有压降限制的管道，当计算出的压降大于允许值时，需重新布置管道或改变管径。

五、保温设计

（一）保温设计的基本原则（GB 8175—87 第 3 条）

保温设计应符合减少散热损失、节约能源、满足工艺要求、保持生产能力、提高经济效益、改善工作环境、防止烫伤等基本原则。具有下列情况之一的设备、管道、管件、阀门等（以下对管道、管件、阀门等统称为管道）必需保温。

（1）外表面温度［指环境温度为 298K(25℃）时的表面温度］大于 323K(50℃）以及根据需要要求外表面温度小于或等于 323K(50℃）的设备和管道；

（2）介质凝固点高于环境温度的设备和管道。

除防烫伤要求保温的部位外，具有下列情况之一的设备和管道可不保温：

（1）要求散热或必需裸露的设备和管道；

（2）要求及时发现泄漏的设备和管道上的连接法兰；

（3）要求经常监测，防止发生损坏的部位；

（4）工艺生产中排气、放空等不需要保温的设备和管道。

表面温度超过 333K(60℃）的不保温设备和管道，需要经常维护又无法采用其他措施防止烫伤的部位应在下列范围内设置防烫伤保温：

（1）距离地面或工作平台的高度小于 2.1m；

（2）靠近操作平台距离小于 0.75m。

（二）允许最大散热损失（GB 4272—92）

允许最大散热损失如表 2-8-10、表 2-8-11 所示。

表 2-8-10 季节运行工况允许最大散热损失

设备、管道及附件外表面温度［K(℃)］	323 (50)	373 (100)	423 (150)	473 (200)	523 (250)	573 (300)
允许最大散热损失（W/m²）	116	163	203	244	279	308

表 2-8-11 常年运行工况允许最大散热损失

设备、管道及附件外表面温度［K(℃)］	323 (50)	373 (100)	423 (150)	473 (200)	523 (250)	573 (300)	623 (350)	673 (400)	723 (450)	773 (500)	823 (550)	873 (600)	923 (650)
允许最大散热损失（W/m²）	58	93	116	140	163	186	209	227	244	262	279	296	314

（三）保温层厚度的计算和结构确定（GB 8175—87 第 5~7 条）

管道和圆筒设备外径大于 1020mm 者，可按平面计算保温层厚度；其余均按圆筒面计算保温层厚度。为减少散热损失的保温层其厚度应按经济厚度方法计算。

对于热价低廉，保温材料制品或施工费用较高，根据公式计算得出的经济厚度偏小以致散热损失超过 GB 4272 中表 2-8-10、表 2-8-11 内规定的最大允许散热损失时，应重新按表内最大允许散热损失的 80%～90%计算其保温层厚度；

对于热价偏高、保温材料制品或施工费用低廉、并排敷设的管道，尚应考虑支撑结构、占地面积等综合经济效益，其厚度可小于经济厚度。

保温层厚度和散热损失的计算如下：

（1）保温层经济厚度的计算公式。平面的计算公式见式（2-8-11）

$$\delta=A_1\sqrt{\frac{f_n\lambda t(T-T_a)}{P_iS}}-\frac{\lambda}{\alpha} \qquad (2-8-11)$$

式中 δ——保温层厚度（m）；

A_1——常数，按中华人民共和国法定计量单位计算，$A_1=1.8975\times10^{-3}$（按公制计量单位计算 $A_1=10^{-3}$）；

f_n——热价（元/10^6kJ）；

λ——保温材料制品导热系数，对于软质材料应取安装密度下的导热系数［W/(m·K)，kcal/(m·h·℃)］；

t——年运行时间（h）；

T——设备和管道的外表面温度［K(℃)］；

T_a——环境温度［K(℃)］；

P_i——保温结构单位造价（元/m^3）；

S——保温工程投资贷款年分摊率，按复利计息：$S=\dfrac{i(1+i)^n}{(1+i)^n-1}$（%）；

i——年利率（复利率）（%）；

n——计息年数（年）；

α——保温层外表面向大气的放热系数［W/(m^2·K)，kcal/(m^2·h·℃)］。

圆筒面的计算公式见式（2-8-12）

$$\left.\begin{aligned}D_0L_n\frac{D_0}{D_i}&=A_2\sqrt{\frac{f_n\lambda t(T-T_a)}{P_iS}}-\frac{2\lambda}{\alpha}\\ \delta&=\frac{D_0-D_i}{2}\end{aligned}\right\}\quad(2-8-12)$$

式中 A_2——常数，按中华人民共和国法定计量单位计算，$A_2=3.795\times10^{-3}$（按公制计量单位计算，$A_2=2\times10^{-3}$）；

D_0——保温层外径（m）；

D_i——保温层内径（m）；

其余符号说明与式（2-8-11）相同。

（2）保温层表面散热损失计算公式。平面的计算公式见式（2-8-13）

$$q=\frac{T-T_a}{R_i+R_s}=\frac{T-T_a}{\dfrac{\delta}{\lambda}+\dfrac{1}{\alpha}}\qquad(2-8-13)$$

圆筒面的计算公式见式（2-8-14）

$$q=\frac{T-T_a}{R_i+R_s}=\frac{2\pi(T-T_a)}{\dfrac{1}{\lambda}L_n\dfrac{D_0}{D_i}+\dfrac{2}{\alpha D_0}}\qquad(2-8-14)$$

式中 q——单位表面散热损失［平面：W/m^2，kcal/(m^2·h)；管道：W/m，kcal/(m·h)］；

R_i——保温层热阻［平面：(m^2·K)/W，(m^2·h·℃)/kcal；管道：(m·K)/W，(m·h·℃)/kcal］；

R_s——保温层表面热阻［平面：(m^2·K)/W，(m^2·h·℃)/kcal；管道：(m·K)/W，(m·h·℃)/kcal］；

其余符号说明与式（2-8-11）、（2-8-12）相同。

（3）保温层外表面温度的计算公式。平面的计算公式见式（2-8-15）

$$T_s=qR_s+T_a=\frac{q}{\alpha}+T_a\qquad(2-8-15)$$

圆筒面的计算公式见式（2-8-16）

$$T_s=qR_s+T_a=\frac{q}{\pi D_0\alpha}+T_a\qquad(2-8-16)$$

式中 T_s——保温层外表面温度［K（℃）］；

其余符号说明与式（2-8-11）～式（2-8-14）相同。

（四）保温计算主要数据选取原则

1. 表面温度 T

（1）无衬里的金属设备和管道的表面温度 T，取介质的正常运行温度。

（2）有内衬的金属设备和管道应进行传热计算确定外表面温度。

2. 环境温度 T_a

（1）设置在室外的设备和管道在经济保温厚度和散热损失计算中，环境温度 T_a 常年运行的取历年之年平均温度的平均值；季节性运行的取历年运行期日平均温度的平均值。

（2）设置在室内的设备和管道在经济保温厚度及散热损失计算中环境温度 T_a 均取293K(20℃)。

（3）设置在地沟中的管道，当介质温度 $T=352$K(80℃）时，环境温度 T_a 取293K(20℃)；当介质温度 $T=354\sim383$K(81～110℃）时，环境温度 T_a 取303K(30℃)；当介质温度 $T\geqslant383$K(110℃）时，环境温度 T_a 取313K(40℃)。

（4）在校核有工艺要求的各保温层计算中环境温度 T_a 应按最不利的条件取值。

3. 表面放热系数 α

（1）在经济厚度及热损失计算中，设备和管道的保温结构外表面放热系数 α 一般取11.63W/(m^2·K)［10kcal/(m·h·℃)］。

（2）在校核保温结构表面温度计算中，一般情况按 $\alpha=1.163(6+3\sqrt{\omega})$(W/$m^2$）计算，式中 ω 为风速，单位m/s。

（3）如要求计算值更接近于真值，则应按不同外表面材料的热发射率与环境风速对 α 值的影响，将辐射与对流放热系数分别计算，然后取其和。

4. 导热系数 λ

保温材料制品的导热系数或导热系数方程应由制造厂提供并应符合本标准6.3的要求。

一般试验室均将材料烘干至恒重后再行测试，所得 λ 值常与实际有差别。为使设计计算更接近于实际，可采用经环境因素影响而校正后的导热系 λ_p 代替试验室测出的 λ 值。

5. 保温结构的单位造价 P_i

单位造价应包括主材费、包装费、运输费、损耗、安装（包括辅助材料费）及保护结构费等。

6. 计息年数 n

计息年数是指计算期年数。根据不同情况取5～10年。

7. 年利率 i

取6%～10%（复利）。

8. 热价格 f^n

应按各地区、各部门的具体情况确定，一般在3.6～6元/10^6kJ(15～25元/10^6kcal）之间取值。

9. 年运行时间 t

常年运行一般按8000h计；采暖运行中的采暖期按3000h计；采暖期较长地区得按实际采暖期（小时）计；其他按实际情况选取年运行时间。

（五）保温结构

保温结构一般由保温层和保护层组成。保温结构的设计应符合保温效果好、施工方便、防火、耐久、美观等。

1. 保温层

(1) 设备、直管道、管件等无需检修处宜采用固定式保温结构；法兰、阀门、人孔等处宜采用可拆卸式的保温结构。

(2) 保温厚度宜按 10mm 为分级单位。

(3) 保温层设计厚度大于 100mm 时，保温结构宜按双层考虑；双层的内外层缝隙应彼此错开。

(4) 使用软质和半硬质保温材料时，设计应根据材料的最佳保温密度或保证其在长期运行中不致塌陷的密度而规定其施工压缩量。

2. 保温层的支撑及紧固

(1) 高于 3m 的立式设备、垂直管道以及与水平夹角大于 45°，长度超过 3m 的管道应设支撑圈，其间距一般为 3～6m。

(2) 硬质材料施工中应预留伸缩缝。设置支撑圈者应在支撑圈下预留伸缩缝。缝宽应按金属壁和保温材料的伸缩量之间的差值考虑。伸缩缝间应填塞与硬质材料厚度相同的软质材料，该材料使用温度应大于设备和管道的表面温度。

(3) 保温层应采取适当措施进行紧固。

3. 保护层

(1) 保护层应具有保护保温层和防水的性能。

(2) 一般金属保护层应采用 0.3～0.8mm 厚的镀锌薄钢板、或防锈铝板制成外壳，壳的接缝必搭接以防雨水进入。

(3) 玻璃布保护层一般在室内使用。石棉水泥类抹面保护层不得在室外使用。

(4) 可采用其他已被确认可靠的新型外保护层材料。

(六) 抹面层、外壳、涂色

抹面层厚度如下：

对平壁保温，抹面层厚度为 25mm；当主保温层外径为 ϕ200mm 及以上时，抹面层厚度为 20mm；当主保温层外径为 ϕ200mm 以下时，抹面层厚度为 15mm。

金属保温外壳的使用范围为：

(1) 管子外径 ϕ89mm 及以上的主蒸汽、中间再热蒸汽和高压给水管道，送粉管道，高、低压加热器，除氧器等；

(2) 露天布置的其他主要汽水管道、烟风道及相连的设备；

(3) 可拆卸式保温结构；

(4) 其他有特殊要求的场合（如蒸汽管与油管交叉处）。

保温层外部不整体涂抹油漆，只在保温面层本色上加色环或文字标志。

(七) 涂抹法保温

采用不定形保温材料（如膨胀珍珠岩、膨胀蛭石、石棉白云石粉、石棉纤维、硅藻土熟料等）加入粘结剂（如水泥、水玻璃、耐火粘土等）或再加入促凝剂（氟硅酸钠或霞石安基比林等）或近年来出现的复合硅酸盐涂料（胶体料），徒手或用工具涂抹到形状不规正部件、设备或设备的部分部位，这种施工方法称为涂抹法保温。

涂抹法保温是一种传统的保温结构和工艺，它便于接岔施工和填灌孔洞，不需支模，整体性好，故至今仍然获得应用。

(1) 蒸汽锅炉加热面组件吊装缝涂抹保温。水冷壁或包墙管保温层组合施工，其垂直接岔缝往往采用“泥饼”涂抹保温。事先应在接岔部位焊上 ϕ6～8mm 把钉。对于墙角等面积较大的部位尚需安装 40mm×40mm×3.5mm 镀锌铁丝网或 100mm×100mm×4mm 钢筋骨架，而后将保温“泥饼”分层甩涂。墙角等厚大部位更需分次分层涂抹，以防里层未凝固而塌落。涂抹法保温接岔需将相邻保温层按照原来配料要求用水或水玻璃（相对密度 1.25～1.3）润湿（见图 2-8-1）。

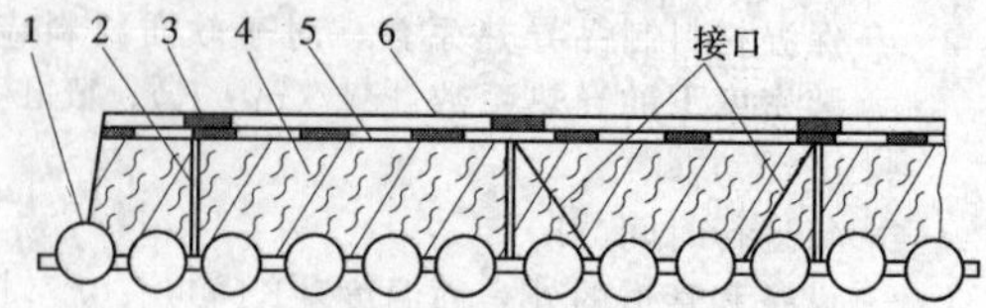

图 2-8-1 膜式水冷壁接岔涂抹保温

1—膜式水冷壁管；2—把钉（ϕ8 圆钢）；3—垫圈（压铁丝网）；4—组合浇制或喷涂轻质保温混凝土；5—铁丝网；6—抹面

(2) 汽轮机本体涂抹保温。为了消除汽机上下缸过大的温差，必须防止成型保温材料与下汽缸之间形成空气袋，设计上采用复合的保温结构。即在下汽缸里层做上厚约 30～60mm 的涂抹保温，大致弥平壁面。外层采用成型保温制品（矿纤板或微孔硅酸钙板等）。施工程序先在下汽缸壁面钻孔套丝（M12）或焊上 M12 螺帽。有的制造厂已在汽缸壁上焊有螺帽或扁钢，并经热处理。按照 200mm×400mm 左右间距拧上螺杆或将螺杆焊在扁钢上，高度应符合保温总厚度设计。配制粘性较大的保温泥团，仔细涂抹上去，稍干，即可敷设镀锌铁丝网（或铝合金网），用螺帽垫圈或用 ϕ6mm 长度约 100mm 的短钢筋点焊在螺杆上，使铁丝网紧贴在涂抹层上，而后再用泥团将铁丝网盖住找平，务必消除铁丝网与里层“泥饼”之间的空隙。铁丝网外层继续敷设成型制品，直到设计的总厚度（见图 2-8-2）。涂抹法保温配料及比例见表 2-8-12。

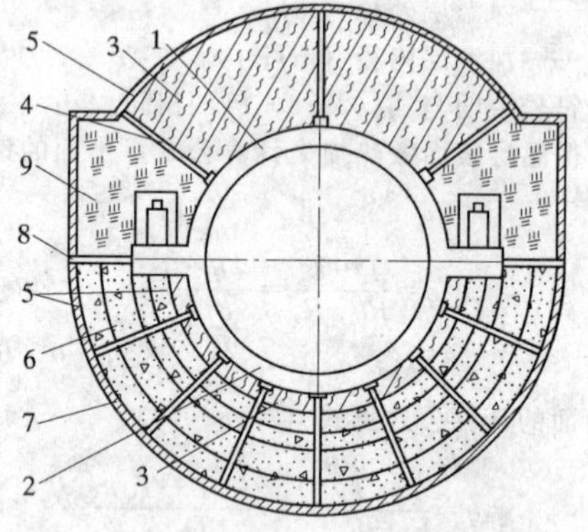

图 2-8-2 汽轮机本体涂抹法保温

1—上汽缸；2—下汽缸；3—涂抹层；4—螺杆及螺帽；5—镀锌铁丝网；6—多孔材料制品；7—抹面层；8—石棉布；9—矿棉缝合（无碱玻璃丝布包覆）制品

至于汽机上缸也可全采用“泥饼”涂抹材料填灌。但接合面螺栓部位应用石棉布隔离，并改用矿纤制品做成可拆卸的保温结构。

(3) 其他可通入热介质进行烘烤的设备和管道，涂抹一层泥料后接着进行烘烤，方可继续下一层涂抹，并分层包扎镀锌铁丝网。这种保温结构不但容重大，而且劳动强度大，工效低。但在管道或设备需要检修的小部位，也往往采用涂抹法。此外管束之间，联箱容器引出的排管空隙，均可采用保温泥料涂抹填充，以弥补板型或弧型保温制品的缺口，并形成防止热对流的阻尼。涂抹法保温除另采取防水措施者外，不适用于露天或潮湿地点。

表 2-8-12 涂抹法保温配料及比例

配料名称	规格	配方Ⅰ(kg)	配方Ⅱ(kg)	配方Ⅲ(kg)
硅酸盐水泥	425号	150		200
水玻璃	相对密度 1.25～1.3		300	
石棉纤维	3～5级		50	
膨胀珍珠岩	容重≤100 kg/m³	100		
膨胀蛭石	3.5～7mm		2m³	1.6～1.7m³
石棉灰或石棉硅藻土		50		50
耐火粘土			50	
氟硅酸钠			30	

(4) 管套式保温。管套式保温结构又称保温筒。它的生产方法，有的是将粘接剂（酚醛树脂、糊精等）喷在矿质纤维上制成棉毡，再在管套状模具内加压、烘干，即成管套式半硬质或硬质制品；有的是将矿质纤维（连续纤维）在管道上缠绕成圆筒形，并同时喷粘接剂；或将矿质纤维均匀送入制管机，使其滚压成圆筒形，再经打磨机按照设计要求修正外圆和厚度，而后沿管套轴向切开一条缝。安装保温时可拨开切口，借矿纤材料的弹性而均匀套在管道上，即成管套式保温结构（图 2-8-3）。弯头部位应按照大样将管套切成虾腰形组装。每一管套及弯头对缝处宜用镀锌铁皮箍带（0.15×15～20）借助打包钳将其拉紧锁住。管套上箍带间距约为300mm。外表可用玻璃丝布包缠或用金属护壳。

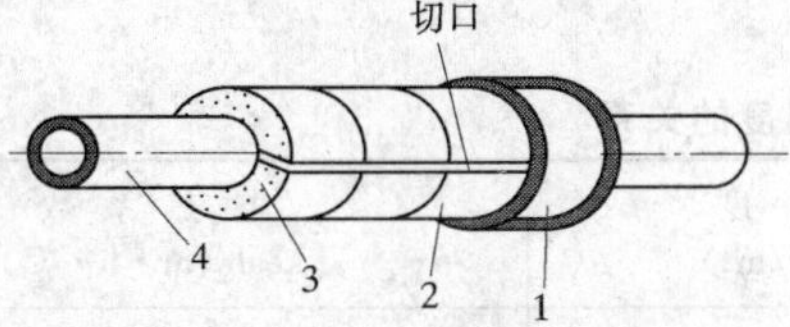

图 2-8-3 管套式保温结构
1—镀锌铁皮护壳；2—镀锌铁丝箍环（ϕ14）或铁皮箍带；3—矿物棉管套；4—管道

管套式保温结构的优点是工序大量简化，施工速度快，绝热效果好。在20世纪60年代中期我国化工和电力部门曾一度广泛采用。但因当时采用中级玻璃纤维制成的管套（纤维直径为15～27μm），对皮肤有刺激性，同时使用糊精作粘接剂，耐热性低，抗水防潮性差，经常在运输和保管过程中发生变形，以致后来为其他保温材料所取代。今后若改为生产纤维直径不超过7～8μm的矿纤保温筒，并选用耐热性高的粘接剂，则在工业保温上仍将会广泛采用。

六、保温材料

(1) 发电厂保温材料及抹面材料的容重和导热系数，应符合表 2-8-13 的规定。

表 2-8-13 保温及抹面材料的容重和导热系数

类别	工质温度(℃)	容重(N/m³)	导热系数[×4.19kJ/(m·h·℃)]
主保温层	≥500	≤3000	≤0.08
	<500	≤5000	≤0.1
抹面层	—	≤10000	≤0.2

(2) 选用保温材料的原则（GB 8175—87 第4条）。保温材料制品应具有的主要技术性能：

1) 平均温度等于或小于623K(350℃)时，导热系数值不得大于0.12W/(m·K)[0.103kcal/(m·h·℃)]，并有明确的随温度变化的导热系数方程式或图表。

2) 密度不大于400kg/m³。

3) 除软质、半硬质（用软质材料成型的制品）及散状材料外，硬质成型制品的抗压强度不应小于0.294MPa(3kgf/cm²)。

保温材料制品应具有下列性能资料：

1) 允许最高使用温度。

2) 必要时尚需注明耐火性、吸水率、吸湿率、热膨胀系数、收缩率、抗折强度、腐蚀性及耐蚀性等。

应由生产厂按用户提出的要求提供符合上述各项性能指标的产品，必要时应委托国家指定的检测机构按国家标准测定。

保温材料的选择原则：

1) 保温材料制品的允许使用温度应高于正常操作时的介质最高温度。

2) 相同温度范围内有不同材料可供选择时，应选用导热系数小、密度小、造价低、易于施工的材料制品，同时应进行综合比较，其经济效益高者应优先选用。

3) 在高温条件下经综合经济比较后可选用复合材料。

(3) 几种常用保温材料的性能数据如表 2-8-14～表 2-8-16所示。

表 2-8-14 保温、建筑、绝缘材料的密度和导热系数

材料名称	温度(℃)	密度(kg/m³)	导热系数[kcal/(m·h·℃)]	材料名称	温度(℃)	密度(kg/m³)	导热系数[kcal/(m·h·℃)]
超细玻璃棉	36	33.4～50	0.026	沥青蛭石板管	20	350～400	0.07～0.09
特种超细玻璃棉板		40～60	0.028～0.03	石棉粉	22	744～1400	0.085～0.16
珍珠岩散料	20	44～288	0.036～0.067	石棉砖	21	384	0.085
沥青膨胀珍珠岩	31	233～282	0.059～0.065	石棉绳		590～730	0.09～0.18
水泥珍珠岩制品	25	255～435	0.06～0.097	碏糠	30	155～170	0.036～0.072
膨胀珍珠岩水玻璃制品	31	298	0.089	硬泡沫塑料	30	29.5～56.3	0.035～0.041
水玻璃珍珠岩制品	31	317～462	0.11～0.17	软泡沫塑料	30	41～162	0.037～0.048
蛭石	20	395～467	0.09～0.11	铝箔间隔层（五层）	21		0.036
膨胀蛭石	20	100～130	0.045～0.06	红砖（营造状态）	25	1860	0.75

续表

材料名称	温度(℃)	密度(kg/m³)	导热系数[kcal/(m·h·℃)]	材料名称	温度(℃)	密度(kg/m³)	导热系数[kcal/(m·h·℃)]
红砖	35	1560	0.42	葵芯板	20	95.5	0.043
松树（垂直木纹）	15	496	0.129	玉米梗板	22	25.2	0.056
松树（平行木纹）	21	527	0.298	棉花	20	117	0.042
麻栗树（垂直木纹）	15	580	0.149	锯木屑	20	179	0.071
黄沙	30	1580～1700	0.24～0.29	泥土（干燥地区）	20		0.43～0.54
混凝土板	35	1930	0.68	泥土（普通地区）	20		0.71
耐酸混凝土板	30	2250	1.28～1.37	瓦楞纸板	21	180～218	0.049～0.054
泥土（潮湿地区）	20		1.08～1.42	瓷砖	37	2090	0.94
石棉绒		35～230	0.047～0.066	玻璃			0.45～0.91
石棉板	80	770～1045	0.095～0.12	聚苯乙烯	30	24.7～37.8	0.034～0.037
碳酸镁石棉灰		240～490	0.066～0.074	聚四氟乙烯	20	2240	0.16
硅藻土石棉灰		280～380	0.073～0.098	有机硅泡沫橡胶	31	200	0.049
硅藻土砖	20	580～670	0.11～0.13	聚氯乙烯	30		0.12～0.13
粉煤灰砖	27	458～589	0.10～0.19	丁腈聚氯乙烯	30		0.21
矿渣棉	30	207	0.05	氯丁胶	30		0.24
玻璃丝	35	120～492	0.05～0.06	丁基胶	30		0.22
玻璃棉毡	28	18.4～38.3	0.037	乙丙胶	30		0.30
软木板	20	105～437	0.038～0.068	油浸绝缘纸	30		0.12～0.20
木丝纤维板	25	245	0.041	聚氨酯人造橡胶	30	1064	0.14
麻杆板	25	108～147	0.048～0.098	橡胶混凝土	30	1377	0.28
稻草浆板	20	325～365	0.058～0.072	水垢	65		1.13～2.70
甘蔗板	20	282	0.059～0.062				

注　1kcal=4.18kJ。

表 2-8-15　　几种保温、耐火材料导热系数与温度的关系

材料名称	材料最高允许温度(℃)	密度(kg/m³)	导热系数[kcal/(m·h·℃)]
超细玻璃棉毡	400	18～20	0.028+0.0002t
超细玻璃棉管	400	18～20	0.028+0.0002t
水泥蛭石板管	800	420～450	0.05+0.00012t
水泥珍珠岩制品	600	350	0.064+0.00011t
粉煤灰泡沫砖	300	500	0.085+0.00017t
水泥泡沫砖	250	450	0.086+0.00017t
A级硅藻土砖	900	500	0.062+0.00017t
B级硅藻土砖	900	550	0.073+0.00018t
硅藻土粉	900	350～770	(0.085～0.11)+0.00025t
微孔硅酸钙制品	650	≤250	0.035+0.00017t
耐火粘土砖	1350～1450	1800～2000	(0.6～0.72)+0.0005t
轻质耐火粘土砖	1250～1300	800～1300	(0.25～0.35)+0.00022t
超轻质耐火粘土砖	1150～1300	540～610	0.08+0.00014t
超轻质耐火粘土砖	1100	270～330	0.05+0.00015t
硅砖	1700	1900～1950	0.8+0.0006t
镁砖	1600～1700	2300～2600	1.8+0.00016t
铬砖	1600～1700	2600～2800	4.0+0.00015t

注　1. t表示材料的平均温度。
2. 1kcal=4.18kJ。

表 2-8-16　硅酸铝耐火纤维及其制品的理化性能

生产单位	品名 \ 指标	化学成分(%) Al₂O₃	SiO₂	Fe₂O₃	Cr₂O₃	纤维直径(μm)	容重(t/m^3)	渣球含量 0.2mm 以上(%)	弹性(%)	加热收缩(6h)	导热系数[kcal/(m·h·℃)]	耐火度(℃)	最高使用温度(℃)
山东耐火材料厂	普通硅酸铝耐火纤维毡	45～50	48～53	≤1.2	—	1～4	0.15～0.25	≤4	≥80	1150℃ ≤4	0.12～0.15	≥1770	1250
	优质硅酸铝耐火纤维毡	50～54	44～48	≤1.0	—	1～4	0.15～0.25	≤4	≥80	1250℃ ≤4	0.12～0.15	≥1790	1300
	合成硅酸铝耐火纤维毡	49～51	49～51	≤0.5	—	1～4	0.15～0.25	≤4	≥80	1250℃ ≤4	0.12～0.15	≥1790	1300
	高纯硅酸铝耐火纤维毡	60～64	34～38	≤1.5	—	1～4	0.20～0.30	≤4	≥80	1300℃ ≤4	0.12～0.15	≥1790	1350
	含铬硅酸铝耐火纤维毡	45～50	45～50	≤0.5	3～5	1～4	0.15～0.25	≤4	≥80	1400℃ ≤4	0.12～0.15	≥1790	1400
江苏泰兴县城北耐火纤维厂	普通硅酸铝耐火纤维	—	—	—	—	2～5	—	—	—	—	0.1078	1790	1260
	高铝硅酸铝耐火纤维	—	—	—	—	—	—	—	—	—	—	—	—
	含铬硅酸铝耐火纤维	—	—	—	—	—	—	—	—	—	—	—	—
江苏省东台县耐火器材厂	JX—1000	44～48	48～50	0.8～1.2	—	2～10	—	—	—	—	—	1250～1790	—
	YHx—1300	58.8	38.8	0.47	—	2.5	0.105～0.210	—	—	—	0.110～0.205(1200℃)	1250～1790	—
	GJx—1250	44～46	46～50	1.0	5	2～10	0.105～0.210	—	—	—	0.110～0.205(1200℃)	1250～1790	—
	GYx—1400	58.8	38.8	0.33	5	2.5	0.105～0.210	—	—	—	0.110～0.205(1200℃)	1250～1790	—
上海耐火材料厂	硅酸铝纤维	48	—	1.3	—	—	—	0.5	—	1050℃ 1.8	0.19(1000℃)	>1790	1200
	高铝纤维	55	—	1.5	—	—	—	1.4	—	1200℃ 2.2	—	>1790	1350
	含铬纤维	45	—	0.9	4.9	—	—	1.0	—	1300℃ 4.0	—	>1790	1460
山西省阳泉市耐火材料厂	硅酸铝纤维	49.4	—	0.71	—	<5	0.156	0.6～4	61.5	2.9	0.0826	—	—
浙江省象山耐火材料厂	硅酸铝耐火纤维毡	40～50	—	<1.5	—	≤5	0.14～0.20	<5	—	1150℃ <4	<0.1(700℃)	—	—
大连耐火材料厂	硅酸铝纤维	43～49	48～54	0.9	—	2～5	—	<5	—	—	—	—	—
	硅酸铝纤维毡	44.22	47.78	1.13	—	—	0.14～0.20	<5	—	—	0.355～0.368	≥1730	1000±20
	硅酸铝纤维棉	—	—	—	—	—	<0.40	—	—	—	<0.368	—	1000±2
成都耐火材料厂	硅酸铝耐火纤维制品	≥45	≥51	≤1.2	—	—	0.15～0.20	≤5	—	1150℃ ≤4	—	—	—
重庆耐火材料厂	硅酸铝纤维毡	45～52	>44～51	>1.2	—	3～5	0.12～0.20	≤5	—	1150℃ ≤4	0.460～0.543	—	1000
	硅酸铝纤维板	—	—	—	—	—	—	—	—	—	—	—	—
	硅酸铝纤维棉	—	—	—	—	—	—	—	—	—	—	—	—
景德镇市耐火器材厂	硅酸铝纤维棉	—	—	—	—	—	—	—	—	—	—	—	—
	纤维制品	—	—	—	—	—	—	—	—	—	—	—	—
焦作耐火材料厂	硅酸铝纤维毡	45～52	>44～51	<1.2	—	3～5	—	5	—	≤4	0.460～0.543	—	—

第九节　热工仪表检测和控制

一、热工检测

（一）热工检测的用途和主要检测项目

热工检测应能显示机组在起动、停机和运行时的主要工况。供运行工况分析和经济核算用的仪表，如部分记录仪表和流量积算器等，应布置在控制室辅盘上。厂房内现场还应装设供现场检查和操作用的就地检测仪表。

发电厂各系统主要检测项目见表2-9-1。

（二）仪表配置

在有监控计算机时，除保证安全经济运行的必要项目仍需装设指示、记录仪表外，其他项目均可由计算机处理。只要求控制在限额内而无需测量具体数值的项目如：①高、低压加热器液位；②各种疏水箱液位；③定期排污、连续排污扩容器液位；④其他水箱、容器液位；⑤润滑油压；⑥冷却水压等。可只设报警信号而不装设模拟仪表。

仪表指示误差应小于被测参数的允许偏差范围。对影响安全经济运行的参数，要求选用0.5级或1.0级，其他一般参数可选用1.5级或2.5级。应当根据使用环境条件，选用防爆、化工、湿热带、防腐或隔离式仪表。

热电偶、热电阻、节流装置、分析取样装置等直接接触介质的仪表或元件，必须能承受所测介质在额定工况下的温度与压力等。

（三）温度仪表的分类及性能

见表2-9-2。

（四）热电偶的分类与使用条件

见表2-9-3。

表2-9-1　　电厂各系统主要检测项目

系统名称	测量类别	检　测　项　目
锅炉本体	温度	各段过热器、再热器进出口汽温，主蒸汽温，炉体各部金属温度，省煤器进出口水温，喷水温
	压力	给水压力，锅筒压力，各段过热器、再热器进出汽压，喷水压力，锅炉出口汽压
	流量	给水流量，喷水流量，蒸汽流量
	水位	锅筒水位，直流炉分离器水位
燃烧系统	温度	燃料油温，气粉混合物温度
	压力	燃料油压，回油压，气粉混合物压力
	流量	燃料油流量，煤量
	料位	煤仓煤位，粉煤仓粉位，油箱油位
烟风系统	温度	送风机出入口风温，空气预热器出入口风温，炉膛出口各段烟气温度，排烟温，暖风器汽温
	压力	送风机、一次风机出口风压，空气预热器出入口压差，一、二次风风压，炉膛负压，吸风机入口风压，暖风器汽压
	流量	空气量，暖风器汽量
	分析	烟气含氧量，NO_x、SO_2、CO、CO_2及浊度
汽轮机	温度	入口主汽温，高、中、低压缸排汽温，再热汽温，润滑油温，轴承排油温，冷油器进出水温，支持、推力轴承温度，主汽门、调速汽门、缸体、法兰、螺栓等金属监督温度
	压力	入口主蒸汽压，再热汽压，调速汽门各段汽压，凝汽器真空，速度级后压力，高、中、低缸排汽压，各段抽汽压，润滑油压，调速油压，轴封汽压
	本体监视	轴向位移，转子挠度，胀差，振动，转速
	流量	凝结水流量
主要辅机	温度	凝汽器热井凝水温，凝汽器进出口循环水温，高压加热器水温，汽动给水泵进汽温、油温，除氧器水侧温度
	压力	凝汽器真空，高、低压加热器水压，除氧器压力，汽动给水泵汽压，排汽压，给水泵进出口水压
	水位	凝汽器水位，除氧器水箱水位
水质监督	电导	锅筒水（盐，净段），饱和汽，过热器，排污水，主凝结水，再热汽，除氧器出口给水，补给水
	溶氧	除氧器出口给水含氧
	二氧化硅	锅筒水，排污水，饱和汽
发电机	温度	定子线圈及铁芯温度，进出口氢温，空气温度，冷却水温，水内冷定、转子出入口水温，集电环温度，轴承温度
	压力	氢气压力，密封油压，冷却水压
	电气量	有功功率，无功功率，电压，电流，功率因数，频率，励磁电压、电流
	分析	氢纯度，水内冷冷却水电导
	其他	检漏（水内冷）
有关辅机	温度	送、引风机及水泵等轴承金属温度，电动机线圈与铁芯温度
	其他	大容量辅机电动机的电流、功率，重要的小型辅机电动机的电流，汽动给水泵振动、转速
有关厂内电气	温度	主变压器、厂用变压器等线圈温升，油温，冷却水温
	电气量	厂用电功率，各段母线电压，蓄电池直流电压，系统频率

表 2-9-2 温度仪表的分类与性能

测温方式	仪表名称	测温原理		精度等级	主要特点	应用范围
接触式	双金属温度计	体积变化	固体热膨胀	1，1.5，2.5	结构简单、坚固、可小型化、指示清晰、容易维护、读数方便。精度比玻璃液体温度计低，不能远距离测量	为无汞仪表，可部分代替水银温度计测量介质温度
	压力式温度计		气体、液体热膨胀	1，1.5，2.5	结构简单、防爆、防腐蚀、显示仪表可安装在远达20m处，输出信号可用于自动记录、报警和控温。密封系统不易修理，易产生附加误差。如温包高度不当，可引起附加压力，毛细管受环境温度影响可引起误差	防爆、防腐蚀性能良好，特别适用于生产过程中测量各种管道、容器、介质温度
	玻璃液体温度计		液体热膨胀	0.5～2.5	结构简单、使用方便、价格便宜、精度较高。玻璃管易损坏，水银温度计可能引起汞害，测量结果不能远传和记录，热惯性较大	一般用在实验室或现场管路上测量和控制蒸汽和空气的温度
	热电阻	电阻变化	金属热电阻	0.5～3	较容易实现准确的测量，输出信号可以远传。配二次仪表可自动记录、报警和控温。需外接电源	测量各种液体、气体和蒸汽介质温度，低温热电阻的测温下限为1K左右，可用于超导发电装置中测量极低温
			半导体热敏电阻			
	热电偶	热电效应	普通金属热电偶	0.5～1	测温范围较宽，测量精度较高，输出信号可以远传。配二次仪表可自动记录、报警和控温。灵敏度比热电阻低	测温范围为－269～2800℃，除了用于一般介质测温外，适用于测量难熔金属的高温和超导装置的极低温
			贵金属热电偶			
			难熔金属热电偶			
			非金属热电偶			
非接触式	光学高温计	辐射测温	亮度法	1～1.5	结构简单、轻巧便携、精度比较高，光路上介质吸收及对象发射率的影响比辐射温度计小。人眼进行比较和判断容易有主观误差，不能实现自动记录和控制温度	用于炉膛温度、金属熔炼、浇铸、热处理、锻压、玻璃熔融等方面
	辐射温度计		全辐射法	1.5	结构简单、性能稳定、不需外接电源，输出信号可自动记录、报警和控制温度。示值受光路上的介质吸收及对象表面发射率的影响较大，刻度不均匀，下限灵敏度较低	测量运动物体或不宜安装热电偶的高、中温对象的表面温度，如炉膛温度、钢包预热温度、机械零件、热处理温度及高温熔炉温度
	部分辐射温度计		利用某一波段辐射能量法	1～1.5	精度较高，稳定性较好，测温下限低，输出信号可自动记录和控制温度。结构较复杂，光路上介质吸收及对象表面发射率的影响比光学高温计大	测量快速运动物体，或温度瞬变的对象表面温度，例如，热轧钢板、镀锌铁板锻件、流动钢水铁水等
	比色温度计		比色法	1	测非黑体时，发射率影响很小，测得的温度接近真实温度。结构比较复杂，在光路上若介质对波长有明显的吸收峰时，反射光对示值影响较大	测量在发射率较低、精度要求较高，或粉尘、烟雾较大的场所中各种对象表面温度

表 2-9-3　　　　　　　　　　　　热电偶的分类与使用条件

热电偶名称	分度号		热电极材料			电阻率 20℃时 ($\Omega \cdot mm^2/m$)	100℃时电势 (参比端 0℃) (mV)
	新	旧	极性	识别	化学成分		
铂铑—铂	S	LB—3	正	较硬	90%Pt，10%Rh	0.24	0.645
			负	较软	100%Pt	0.16	
铂铑30—铂铑 6	B	LL—2	正	较硬	70%Pt，30%Rh	0.245	0.033
			负	稍软	94%Pt，6%Rh	0.215	
镍铬—镍硅 (镍铬—镍铝)	K	EU—2	正	不亲磁	9%～10%Cr，0.4%Si，其余 Ni	0.7±0.05	4.095
			负	稍亲磁	2.5%～3%Si，Co≤0.6%，其余 Ni	0.23±0.05	
镍铬—考铜	E	EA—2	正	色较暗	9%～10%Cr，0.4%Si，其余 Ni	0.7±0.01	6.317
			负	银白色	56%Cu，44%Ni	0.49±0.05	
铜—康铜	T	CK	正	红色	100%Cu	0.017	4.277
			负	银白色	60%Cu，40%Ni	0.49±0.01	

热电偶名称	使用温度（℃）		允许误差				
	长期	短期	等级	温度（℃）	允许误差	温度（℃）	允许误差
铂铑—铂	1300	1600	Ⅰ Ⅱ	0～1100 0～600	±1℃ ±1.5℃	1100～1600 600～1600	±[1+(t−1000)×0.003]℃ ±0.25%t
铂铑30—铂铑 6	1600	1800	Ⅰ Ⅱ	600～1700 600～800	±0.25%t ±4℃	800～1700	+0.5%t
镍铬—镍硅 (镍铬—镍铝)	1000	1300	Ⅰ Ⅱ Ⅲ	−40～+1100 −40～+1300 −200～+40	+1.5℃或±0.4%t +2.5℃或±0.75%t ±2.5℃或±1.5%t		
镍铬—考铜	600	900	Ⅰ Ⅱ Ⅲ	−40～+800 −40～+900 −200～+40	±1.5℃或±0.4%t ±2.5℃或±0.75%t ±2.5℃或±1.5%t		
铜—康铜	200	400	Ⅰ Ⅱ Ⅲ	−40～+350 −40～+350 −200～+40	±0.5℃或±0.4%t ±1℃或±0.75%t ±1℃或±1.5%t		

注　化学成分均指名义成分。

（五）常用热电阻的技术性能

（1）常用热电阻的电阻与温度的关系曲线如图 2-9-1 所示。

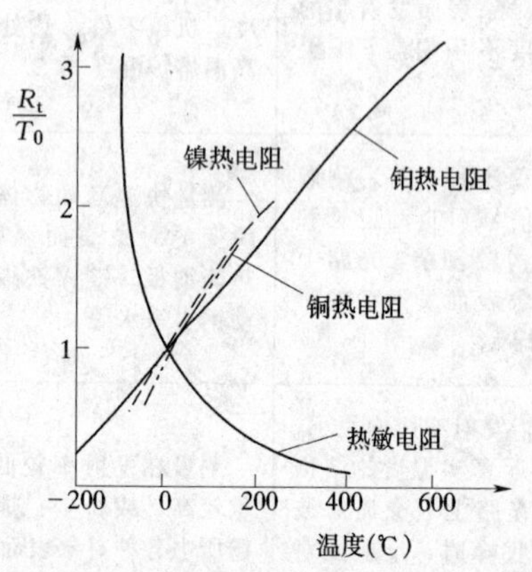

图 2-9-1　热电阻的电阻与温度的关系曲线

（2）常用热电阻的测温范围和基本误差如表 2-9-4 所示。

表 2-9-4　　常用热电阻的测温范围和基本误差

名　称	温度测量范围（℃）	基本误差（℃）	
		温度范围（℃）	误差值 Δt
铜热电阻	−50～+150	−50～+150	$\Delta t=\pm(0.3+6\times10^{-3}t)$
铂热电阻	−200～+650	−200～0	$\Delta t=\pm(0.3+6\times10^{-3}t)$
		0～650	$\Delta t=\pm(0.3+4.5\times10^{-3}t)$
镍热电阻	−60～+180	−60～0	$\Delta t=2.0\%t$
		0～180	$\Delta t=1.0\%t$
热敏电阻	−40～+150	−40～+150	$\Delta t=\pm2\%t$

注　表中 t 为被测温度的绝对值。

(3) 常用热电阻电阻值（R_0）和电阻比（R_{100}/R_0）误差如表 2-9-5 所示。

表 2-9-5　　常用热电阻电阻值（R_0）和电阻比（R_{100}/R_0）误差

名　称	代号	温度为 0℃时电阻值 R_0(Ω)		电阻比 R_{100}/R_0	
		名义值	允许误差	名义值	允许误差
铜热电阻	WZC	50 100	±0.05 ±0.10	1.428	±0.002
铂热电阻	WZP	46 100	±0.046 ±0.10	1.3910	±0.0010
镍热电阻	WZN	100 250 500 1000	±0.10 ±0.25 ±0.50 ±1.00	1.617	±0.007

（六）玻璃管液体温度计的读数与修正公式

玻璃管液体温度计的感温液体是水银时，测温时读液面凸出部的读数。其他的感温液体时，读液面凹下部的读数。

全浸式玻璃管温度计露出液柱的修正公式为（见图 2-9-2）

$$\Delta T = h(T-t)K \qquad (2-9-1)$$

式中　h——露出液柱部分的"度数"；

T——被测真实温度；

t——露出液柱部分的平均温度，通常是由悬于距介质 100mm 处的辅助温度计测得；

K——感温液体的视膨胀系数，它近似等于液体实际膨胀系数 α 与玻璃材料实际膨胀系数 β 之差，即 $K=\alpha-\beta$。对于水银温度计，$K=1/6300$；其他液体温度计，$K=1/1440$。

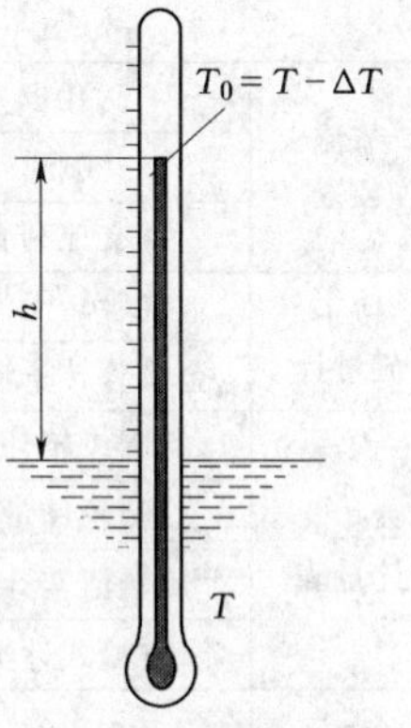

$T_0=T-\Delta T$

h

T

图 2-9-2　露出液柱修正示意图

（七）流量计的分类与性能

见表 2-9-6。

表 2-9-6　　流量计的分类与技术参数

仪表类别		被测介质	口径或管径 (mm)	流量范围 (m^3/h)	工作压力 (MPa)	工作温度 (℃)	精度 (%)
节流装置	孔板	液体 气体 蒸汽	50～1000	1.5～9000 16～100000 —	20	500	±1～2
	喷嘴	液体 气体 蒸汽	50～400	5～2500 50～26000 —	20	500	±1～2
	文丘利管	液体 气体 蒸汽	150～400	30～1800 240～18000 —	2.5	500	±1～2
转子流量计	玻璃管转子流量计	液体 气体	4～100	0.001～40 0.016～1000	1.6	120	±1～2.5
	金属管转子流量计	液体 气体	15～150	0.012～100 0.4～3000	6.4	150	±2
容积式计量表	椭圆齿轮计量表	液体	10～250	0.005～500	6.4	120	±0.2～0.5
	腰轮计量表	液体 气体	15～300 —	0.4～1000 —	6.4 —	120 —	±0.2～0.5
	旋转活塞计量表	液体	15～100	0.2～90	6.4	120	±0.5～1
	皮囊式计量表	气体	15～25	0.2～10	0.4	40	±2
速度式叶轮计量表	水表	液体	15～600	0.045～3000	1.0	40～100	±2
	涡轮流量计	液体 气体	4～500 10～50	0.04～6000 1.5～200	6.4	120	±0.5～1
靶式流量计		液体 气体 蒸汽	15～200 — —	0.8～400 — —	6.4	200	±1～4
电磁流量计		导电液体	6～1200	0.1～12500	1.6	100	±1～1.5
旋涡流量计	旋进旋涡流量计	气体	50～150	10～5000	1.6	60	±1
	涡列流量计	气体	150～1000	1～30m/s	6.4	150	±1

续表

仪表类别		最低雷诺数或粘度界限	量程比	压力损失(kPa)	安装要求	体积和重量	价格	使用寿命
节流装置	孔板	$>5\times10^3\sim8\times10^3$	3：1	<20	需装直管段	小	低	中等
	喷嘴	$>2\times10^4$	3：1	<20	需装直管段	中等	较低	长
	文丘利管	$>8\times10^4$	3：1	<5	需装直管段	重	中等	长
转子流量计	玻璃管转子流量计	>10000	10：1	1～7	需垂直安装	轻	低	中等
	金属管转子流量计	>100	10：1	3～6	需垂直安装	中等	中等	长
容积式计量表	椭圆齿轮计量表	500cSt	10：1	<20	要装过滤器	重	中等	中等
	腰轮计量表	500cSt	10：1	<20	要装过滤器	重	高	中等
	旋转活塞计量表	500cSt	10：1	<20	要装过滤器	小	低	中等
	皮囊式计量表	—	10：1	1.3	—	小	低	长
速度式叶轮计量表	水表	—	>10：1	<20	水平安装	中等	较低	中等
	涡轮流量计	20cSt	6：1～10：1	<25	有直管段要求且装过滤器	小	中等	较低
靶式流量计		>2000	3：1	<25	需装直管段	中等	较低	长
电磁流量计		无一定限制	10：1	极小	对直管段的要求不高	大	高	长
旋涡流量计	旋进旋涡流量计	—	30：1～100：1	$0.11\frac{v^2r}{2g}$	要较短的直管段	中等	中等	长
	涡列流量计	—	30：1～100：1	极小	需要直管段并不准倾斜	轻	中等	长

注　1. 液体流量范围以20℃水计算。
2. 气体流量范围以20℃及101kPa时空气计算，但旋涡流量计测得为真实流量。
3. 节流装置流量范围及压力损失是以液体压差选25kPa，气体压差选1.6kPa计算的。
4. 上述表内温度和压力是指基型产品允许的最大值。
5. 旋进旋涡流量计的压力损失按 $0.11\frac{v^2r}{2g}$ 计算，式中 v 为收缩口的流速。

(八) 压力测量仪表的分类与性能

(1) 压力测量仪表的分类如表2-9-7所示。

表2-9-7　压力测量仪表的分类

分类原则	工作原理	显示方式	被测压力的种类	精度等级②
1	液柱式压力计	指示式	压力	一般压力表
2	活塞式压力计	指示式	真空（吸力）	精密压力表
3	弹性式压力表	远传式	压力、真空	
4	压力传感器	控制报警式	压力	
5		混合式①	绝对压力	

① 混合式即指示式与记录式或远传式或与控制报警式的混合。
② 一般压力表的精度为1、1.5、2.5、4级，精密压力表的精度为0.4、0.25、0.16、0.1级。

(2) 各类压力仪表的比较如表2-9-8所示。

(3) 水银压力表的修正系数 α 的计算式为

$$\alpha=\frac{\rho}{\rho_0}\approx1-0.00018t \qquad (2-9-2)$$

式中　ρ_0——0℃时水银的密度，$\rho_0=13.596\text{g/cm}^3$；

ρ——t℃时水银的密度（g/cm^3）。

不同温度下的水银密度见表2-9-9。

(4) 液柱式压力计的性能与使用注意事项。

1) 液柱式压力计的性能如表2-9-10所示。

液柱式压力计可分为U形管式，单管式和斜管式三种见图2-9-3。

表2-9-8　各类压力仪表的比较

仪表类别	液柱式压力计	活塞式压力计	弹性式压力表	压力传感器
主要特征及优缺点	(1) 按其工作原理和结构形式，可分为U形管式、倾斜式、杯式和补偿式等 (2) 结构简单，使用方便 (3) 测量精度受工作液的毛细作用、重度及视差等因素影响 (4) 若工作液灌充的是水银，则容易引起水银中毒 (5) 测量范围较窄，只能测量低压和微压	(1) 按其活塞的形式，可分为单活塞式和双活塞式两种 (2) 测量精度很高，可达0.05%～0.02% (3) 测量精度受浮力、温度和重力加速度的影响，故使用时需作修正 (4) 结构较复杂，价格较贵	(1) 按其弹性元件的形式，可分为弹簧管式（包括单圈和多圈弹簧管）、膜片式、膜盒式、波纹管式和板簧式等 (2) 使用范围广，测量范围宽（可以测量真空度、微压、低压、中压和高压） (3) 结构简单，使用方便，价格低廉 (4) 若增设附加机构（如记录机构、控制元件或电气转换装置）则可制成压力记录仪、电接点压力表、压力控制报警器和远传压力表	(1) 按其作用原理，可分为电位器式、应变式、电感式、霍尔式、振频式、压阻式、压电式和电容式等 (2) 输出信号根据不同的原理，可以是电阻、电流、电压或频率等 (3) 输出信号需要通过测量线路或信号处理装置配合使用 (4) 适用范围广，发展迅速，但品种系列及质量尚需进一步完善和提高

续表

仪表类别	液柱式压力计	活塞式压力计			弹性式压力表		压力传感器
主要用途	用来测量低压力及真空度，或作标准计量仪器	用来检定低一级的活塞式压力计或检验精密压力表。是一种主要的压力标准计量仪器			用来测量压力及真空度，可以就地指示，也可以远传、集中控制、记录或报警发信 若采取膜片式或隔膜式结构，尚可测量易结晶及腐蚀性介质的压力或真空度		多用于压力信号的远传、发信或集中控制。若和显示、调节、记录仪表联用，则可组成自动调节系统，广泛用于工业自动化和航空工业中
精度	1.5%、1%、0.5%、0.2%、0.05%、0.02%	一等	二等	三等	一般压力表	精密压力表	0.2%～1.5%
		0.02%	0.05%	0.2%	2.5%、1.5%、1%	0.4%、0.25%、0.16%、0.1%	
测量范围	0～2kPa至0～266kPa 0～0.15kPa至0～20kPa ±3.3～±106kPa ±0.25～±8kPa	−0.1～0.25MPa 至 5～250MPa			−0.1～0MPa ±0.08～±40kPa 0～60kPa 0～1000MPa		$7\times10^{-11}\sim5\times10^{-4}$MPa

表 2-9-9　水银密度表

温度（℃）	−10	−5	0	5	10	15	20	25	30	35	40	45
密度（g/cm³）	13.620	13.608	13.596	13.583	13.571	13.558	13.546	13.534	13.522	13.509	13.497	13.485

表 2-9-10　液柱式压力计性能

种类	U形管式	单管式	斜管式
性能	需进行二次读数，读数误差较大，测量低压时更显著。可采用光学读数装置和补偿式结构。若U形管的高度受限制时，可采用多管式	读数误差较小，常用作标准仪器；被测压力值除了应考虑液柱高度外，还与管子和杯形容器的直径有关；标尺的刻度已考虑了管与杯面积比$\left(\frac{d}{D}\right)$的修正	测量微小压力如几十毫米水柱。被测压力值除了应考虑液柱高度和管子及杯形容器的直径外，还与管子的倾斜角度（α）有关。α一般不得小于15°
计算公式	$P=\gamma h\times10^{-4}$	$P=\gamma h_1\left(1+\frac{d^2}{D^2}\right)\times10^{-4}$	$P=n\gamma\left(\sin\alpha+\frac{d_2}{D^2}\right)\times10^{-4}$
	P—被测压力值（10^5Pa）； α—倾斜角度； γ—工作液重度（$10N/m^3$）；	h、h_1—液柱高度（mm）； d、D—玻璃管及杯形容器的直径（mm）； n—标尺上液面位置（mm）	

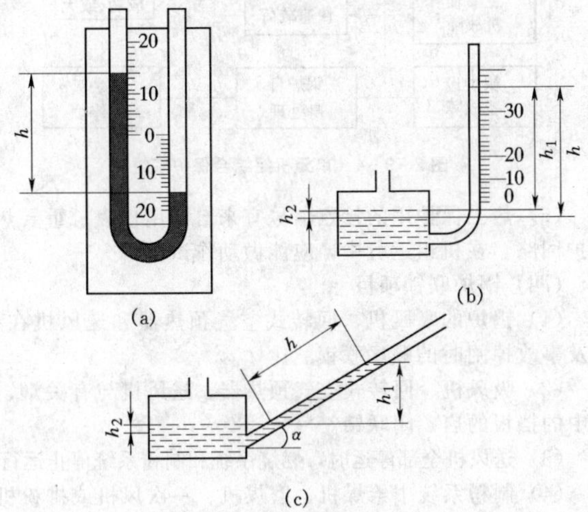

图 2-9-3　液柱式压力计的型式

(a) U形管压力计；(b) 单管压力计；(c) 斜管压力计

2）压力计的使用注意事项：①工作介质为水银等非浸润液体时，须读液面凸面的最高点；反之，如用水、酒精等浸润液体时，须读液面凹面的最低点；②根据被测压力的大小，选择不同重度的工作介质；③从测压点到压力计之间的连接管应尽量短，一般在3～20m之间。U形管压力计一般使用的液柱高度不超过2m。

二、热工信号

（1）控制室内应有显示下列内容的热工报警信号：

1）重要热工参数偏离正常范围。

2）控制室不设仪表的次要运行参数偏离正常范围。

3）热工保护与重要联锁项目动作、自动调节和程序控制系统故障等。

4）热控用电源或气源故障。

（2）发电厂的主要报警项目见表 2-9-11。

表 2-9-11　发电厂主要报警项目

序号	项目名称
1	各层喷燃器启动不成功
2	点火枪退出失败
3	燃油压力低
4	雾化蒸汽压力低
5	火焰检测器故障
6	磨煤机起动不成功
7	磨煤机出口温度高过设定值
8	断煤
9	炉膛吹扫中断
10	紧急停炉

续表

序号	项目名称
11	风箱炉膛压差高
12	炉膛压力高、低
13	磨煤机、各种风机润滑油温高，油箱油位低
14	引、送风机跳闸
15	给水泵跳闸
16	燃料/空气偏差大
17	凝汽器真空低
18	凝汽器水位高、低
19	汽推力轴瓦温度高
20	汽机振动大
21	汽机超速
22	转子挠度大
23	转子轴向位移大
24	汽机润滑油位低，油温高、油压低
25	汽机调速油压低
26	凝结水压力低
27	高低压加热器水位高，高高
28	除氧水箱水位高，低，高高，低低
29	锅筒水位高，低
30	控制系统电源故障
31	主蒸汽温度高、低
32	发电机氧压低
33	发电机漏氧
34	锅炉安全门动作
35	过热蒸汽温度高、低
36	送吸风机轴承温度高
37	除氧器压力高
38	锅炉保护 MFT 动作
39	汽机保护动作

三、热工保护

(一) 锅炉保护

(1) 自动紧急切除燃料，灭火停炉。其条件有：①全部引风机切除；②全部送风机切除；③全部排粉机或一次风机切除；④汽机跳闸（无旁路或旁路投入不成功）；⑤强制循环炉水循环泵全停；⑥全部再生式空气预热器切除；⑦炉膛压力大于规定值；⑧燃烧异常，投油失效灭火；⑨炉膛或烟道爆炸；⑩炉管爆管；⑪锅筒水位低于或高于不允许值；⑫直流炉给水中断超过一定时间；⑬燃烧器前燃油压力降至不允许值；⑭锅炉灭火；⑮安全保护电源中断；⑯其他炉型系统要求的保护条件。

(2) 锅炉防爆炸保护一般防外爆的措施有：①炉膛燃烧前吹扫；②确定点火及燃油的合适条件；③确定带负荷点燃主燃料的合适条件；④监视燃烧器层火焰，保证 3/4 检测器测得火焰；⑤炉膛燃烧后吹扫；⑥设防爆门压力释放装置。

对于 300MW 以上的大机组还应考虑炉膛和尾部烟道的内爆，其措施有：①提高炉膛及烟道结构设计强度，增强内在抗爆能力；②减少引风机吸压头。

(3) 轴流式风机防喘振保护。其措施是对风机入口调节挡板做超越动作，限制风量，以防喘振引起叶片损坏。

控制系统自动防爆措施可分三级，首先是正常炉膛模拟控制系统及联锁保护；而以模拟控制系统的超越功能作后备，以防炉膛及烟道压头摆动太大；最后是开关动作的超越保护，在炉膛压力越限时动作。模拟超越信号及开关动作都是作用于引风机入口叶片的执行器上，关小挡板以瞬时减少吸压头，防止内爆。应注意任何防内爆保护，均不应增加外爆的可能性。

(二) 汽轮机保护

(1) 停机动作停机的条件有：①汽机超速；②转子轴向位移超过规定值；③转子相对膨胀超过规定值；④调速油压降低；⑤润滑油压降低；⑥推力及支持轴承温度超过规定值；⑦凝汽器真空降低；⑧发电机氢冷系统缓冲箱油位降低；⑨水内冷发电机断水；⑩发电机差动保护动作；⑪单元机组锅炉事故停炉。

汽轮机还应有下列的停机保护：①抽汽防逆流；②低压排汽缸防超温。

(2) 防进水保护其措施有：①主汽管、抽汽管、再热汽管加装自动疏水器；②在起动和紧急情况下排出汽机内疏水；③监视轴封系统蒸汽的过热度，在小于 4℃时报警并疏水；④过热器、再热器出口温度低于计算饱和汽温加 5～6℃时，闭锁减温水隔离门以防进水；⑤装设热电偶监视抽汽管、再热汽管顶部及底部温差，温差大表示进水。

(三) 其他热工保护项目

(1) 水内冷发电机防冷却水断流保护。

(2) 除氧器水位高和压力高保护。

(3) 高压给水加热器水位高保护。

(4) 汽轮机旁路系统的减温水压力低和出口温度高保护。

(5) 单元机组综合保护。炉机电的分别保护与单元的整个保护系统统一考虑，相互协调，形成综合保护，如图 2-9-4 所示。

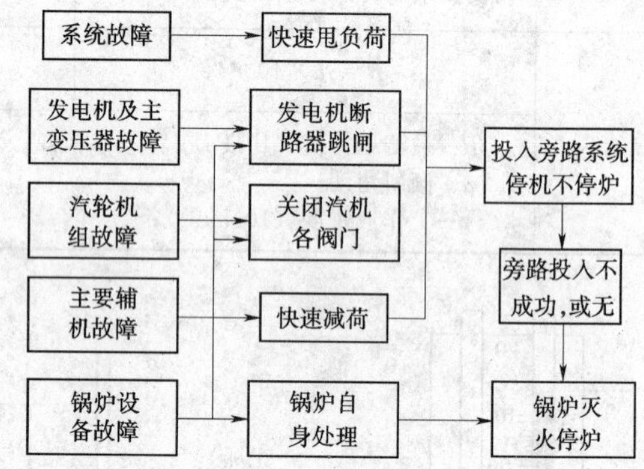

图 2-9-4　单元机组综合保护系统

(6) 热工保护用的接点信号宜来自专用仪表；重要热工保护回路，在机组运行中，应能做动作试验。

(四) 锅炉联锁项目

(1) 锅炉的吸风机、回转式空气预热器和送风机在起、停及事故掉闸时的顺序联锁。

(2) 吸风机、回转式空气预热器、送风机与有关烟、风道中的挡板的启、闭联锁。

(3) 送风机全部停运时，燃烧系统和制粉系统停止运行。

(4) 制粉系统中给煤机、磨煤机、一次风机或排粉机的起、停及事故掉闸时的顺序联锁。

(5) 排粉机送粉系统的排粉机与给粉机之间的联锁。

(6) 停磨煤机或磨煤机出口温度高与冷风门的联锁。

(7) 烟气再循环风机停机时与出口风门、冷风门的联锁。

(8) 大型辅机润滑油系统、冷却或密封用风机系统的备用设备自起动联锁。

(五) 汽轮机应有下列联锁项目：

(1) 润滑油系统中的交、直流润滑油泵、顶轴油泵和盘车装置与润滑油压之间的联锁。

(2) 给水泵、凝结水泵、凝结水升压泵、疏水泵及各种冷却水泵与各有关压力之间的联锁，以及工作泵掉闸、备用泵自起动联锁。

四、热工控制

(一) 控制项目

大容量锅炉的吹灰、锅炉定期排污应采用程序控制。再生次数2次以上的化学水处理一级除盐及再生系统、直流炉供汽的汽轮机凝结水处理及其再生系统宜采用程序控制。

凡符合下列各项条件的控制对象，也可采用程序控制：

1) 工艺成熟，能制订出明确的运行程序控制图。

2) 被控对象的设备可靠，其正常运行系统可简化为单元制。

3) 有该程序控制项目的测量、控制设备。

4) 该程序控制项目能提高运行水平和安全经济性。

为简化运行操作，对某些具有固定动作规律的阀门、挡板以及大型辅机设备配套的小辅机控制，宜采用联动操作。

(二) 局部操作系统程序控制

(1) 生产过程大量分散的操作，可按辅机与热力系统的工艺流程，结合保护、联锁条件，划分为有规律的局部操作系统，并采用程序控制。可采用局部操作系统的工艺流程大致如表2-9-12所示。

表2-9-12 局部操作系统项目表

项目	工艺流程
1	炉膛吹扫
2	锅炉点火投油
3	磨煤、给煤设备投切
4	燃烧器管理
5	吹灰
6	排污
7	燃料油供应
8	引风机及其润滑系统投切
9	送风机及其润滑系统投切
10	再生式空气预热器投切
11	暖风器投切
12	集尘器及输灰系统投切
13	排渣
14	汽机起动准备
15	汽机升速、升荷
16	汽机润滑、调速油系统投入
17	凝结水系统投切
18	给水泵起停
19	给水加热系统投切
20	抽汽系统投切
21	抽真空系统投切
22	轴封蒸汽系统投切
23	疏水及放汽系统控制
24	循环水系统投切
25	补给水处理
26	凝结水除盐
27	发电机冷却系统控制
28	发电机自动调压
29	发电机并列运行
30	压缩空气控制系统投切

(2) 程控装置。其类型和特点如表2-9-13所示。

表2-9-13 程控装置类型和特点

比较项目	装置类型		
	继电器式	固体逻辑式	可编程序式
程序编制	不可编	易编	有一定要求
程序改变	需改变接线，不方便	需改变接线，较方便	方便
经济性 简单系统 较复杂系统 复杂系统	 合算 不合算 不合算	 不合算 合算 合算	 不合算 不合算 合算
输入输出接口	可直接	须有转换接口	须有专用接口
维修	容易	较易	较难
通用性	不通用	较通用	通用
环境条件	要求不严	有要求	要求高
可靠性	回路简单可靠，但有可动接点，对复杂系统可靠性差	无可动接点，稳定运行后可靠性较高	无可动接点，但提高可靠性需多种措施

(三) 发电厂集中控制

集中控制方式指将炉机放在集中控制室控制，而将所有发电机集中在中央控制室控制，全厂的电气设备和经济调度均由中央控制室进行综合控制，称为母管制集中控制方式。将炉机电均放在单元集中控制室控制，称为单元机组制集中控制方式。单元机组制须另设网路控制室，或将网路控制设在第一单元控制室。

100～200MW以上机组应尽量采用单元机组制集中控制方式，全厂的公用支持系统一般可采取就地控制或车间集中控制。不是单元结线的机组，则宜采用炉机集中控制的母管制。

第十节 汽轮发电机和升压主变压器

一、汽轮发电机设备

(1) 大型（200MW及以上）发电机的容量不应限制汽轮机的出力，具有功出力应与汽轮机的额定出力相匹配；最大可能出力应与汽轮机的最大连续出力（一般比额定出力大10%）相匹配，此时的功率因数须与额定功率因数相同，但效率可适当降低。

(2) 为保证安全、稳定和经济运行，要合理选择发电机的参数。为远距离送电，还要求大型发电机具有合理的静、动态稳定极限和较高的承受突然短路和非同期合闸的能力。

大型发电机同步电抗 X_d 较大，短路比 K_c 较小，因而静过载能力低，所需励磁容量相对增加。我国规定静过载能力不超过1.7，并要求采用快速励磁和自动调压以减少对静稳定极限的影响。瞬态电抗 X'_d 随单机容量提高而增加，降低了运行的动稳定。减少 X'_d 比较困难，要求采用快速灵敏的励磁调节以及较高顶值电压倍数和电压增长速度的励磁系统，使 X'_d 不超过选定的最大允许值。超瞬态电抗 X''_d 的增加，则可以提高发电机承受突然短路与非同期重合闸能力。

(3) 容量在60MW及以下的高压供热式机组的发电机

电压，当有发电机电压的直配线时，应根据地区网络的需要，采用6.3kV或10.5kV；当发电机与变压器为单元连接，且有厂用分支线引出时，宜采用6.3kV。

（4）汽轮发电机及励磁机的型号含义：T（位于第一个字）—同步；T（位于第二个字）—调相；Q（位于第一或第二个字）—汽轮；F—发电机；Q—（位于第三个字）—氢外冷；N—氢内冷；S或SS—双水内冷；K—快装；G—改进；TH—湿热带。

（5）汽轮发电机主要参数如表2-10-1所示。

（6）我国进口的几种大容量汽轮发电机技术数据如表2-10-2所示。

（7）标准型同步发电机技术参数如表2-10-3所示。

表2-10-1 汽轮发电机主要参数

型 号	TQ 25—2	TQQ 50—2	QFQ 50—5	QFSS 60—2	QFN 100—2	QFS 125—2	QFSS 200—2	QFQS 200—2	QFS 300—2	QFQS 300—2	— 300—2	— 600—2
有功功率（kW）	25000	50000	50000	60000	100000	125000	200000	200000	300000	300000	300000/414000	600000/765000
视在功率（kVA）	31250	62500	62500	75000	112600	147000	235000	235000	353000	353000	352900/460000	666700/850000
额定电压U_N（V）	6300	10500	10500	6300	10500	13800	15750	15750	18000	18000	20000	20000
预定电流I_N（A）	2860	3440	3440	6873	6475	6150	8625	8625	11320	11320		—
转速（r/min）	3000	3000	3000	3600	3000	3000	3000	3000	3000	3000	3000/3600	3000/3600
频率f_N（Hz）	50	50	50	60	50	50	50	50	50	50	50/60	50/60
同步电抗X_d	1.941	1.832	1.860	1.787	1.806	1.867	1.9033	1.9454	2.264	2.36	—	—
瞬态电抗X'_d	0.197	0.195	0.200	0.224	0.286	0.257	0.222	0.236	0.269	0.319	<0.35	<0.35
超瞬态电抗X''_d	0.126	0.135	0.124	0.154	0.183	0.180	0.1423	0.1416	0.167	0.19	—	—
短路比K_c	0.611	0.622	0.620	0.600	0.614	—	0.563	0.547	0.47	0.46	0.5/0.58	0.5/0.58
静过载能力s	1.93	1.93	1.90	1.93	1.785	—	1.700	1.690	1.62	1.66	—	—
功率因数$\cos\varphi_N$	0.8	0.8	0.8	0.8	0.85	0.85	0.85	0.85	0.85	0.85	0.85	0.9
效率η（%）	97.6	98.56	98.50	98.07	98.705	98.35	98.32	98.67	98.60	98.65	98.6	98.8

注 1. 当有发电机电压直配线时，根据地区电网要求，60MW以下高压供热机组可采用6.3kV或10.5kV的电压。当发电机与变压器为单元结线且有厂用分支线时，则采用6.3kV。

2. X_d、X'_d、X''_d均为标么值（不饱和值）。

表2-10-2 我国进口的几种大容量汽轮发电机的主要技术数据

数据 型式 名称	捷克 D6590/2	苏联 ТГВ—200	法国CEM WT23S—083AF$_3$	法国A—A T$_2$64/640	日本日立 TFLQQ—KD	意大利 ASGEN THAR
额定容量（万kVA）	13.75	23.53	36.8	68.89	29.412	38.6/37.647
额定功率因素	0.8	0.85	0.85	0.9	0.85	0.85
额定电压（kV）	13.8	15.75	15	20	15	20
额定电流（kA）	5.75	8.63	14.17	19.887	11.321	11.143/10.868
额定频率（Hz）	50	50	50	50	50	50
额定转速（r/min）	3000	3000	3000	3000	3000	3000
冷却方式	全氢	全氢	水、氢、氢	水、氢、氢	全氢	水、氢、氢

续表

名称 \ 数据 \ 型式	捷克 D6590/2	苏联 TΓB—200	法国 CEM WT23S—083AF$_3$	法国 A—A T$_2$64/640	日本日立 TFLQQ—KD	意大利 ASGEN THAR
额定氢压（mgf/cm^2）	1	4 表压	3 表压	4	2	3.26/3
额定励磁电压（V）	320	420	304	582	440	387/379
额定励磁电流（A）	1200	1880	3790	2958	2420	3064/3005
额定励磁功率（kW）	384	789	1152	1721	1064	1185/1138
瞬变电抗 X'_d（标么值）	0.235	0.295	0.27	0.282	0.25	0.215/0.24
超瞬变电抗 X''_d（标么值）	0.167	0.19	0.22	0.189	0.182	0.145/0.18
效率（%）	98.63	98.6	98.48	98.93	98.86	98.79
安装地点	鞍山电厂等	清河电厂	元宝山电厂	元宝山电厂	陡河电厂	大港电厂

表 2-10-3　标准型同步发电机技术参数

参数名称	汽轮发电机	水轮发电机 有阻尼绕组	水轮发电机 无阻尼绕组
纵轴次暂态电抗 X''_d	0.125	0.20	0.27
横轴次暂态电抗 X''_q	0.175	0.30	0.65
纵轴暂态电抗 X'_d	0.21	0.30	0.30
纵轴同步电抗 X_d	1.72	1.0	1.0
横轴同步电抗 X_q	1.72	0.65	0.65
定子漏抗 $X_σ$	0.11	0.17	0.17
时间常数 T''_d(s)	0.11	0.05	0.05
短路比	0.7	1.06	1.06
额定负载时励磁电流倍数	2.26	1.8	1.8
顶值励磁电流倍数	3.96	3.15	3.15
励磁机的时间常数	0.57	0.57	0.57

注　1. 全部电抗为额定状况下的标么值。
2. 励磁电流是空载额定励磁电流的倍数。

二、发电机的中性点

（1）发电机电压回路电容电流不超过表 2-10-4 的允许值时，中性点不接地；一点接地时允许运行一段时间而不立即停机。

（2）发电机电压回路单相接地电流超过表 2-10-4 允许值时，中性点经消弧线圈接地，以补偿瞬间接地时的电容电流，电弧接地过电压较不接地时低。消弧线圈的容量 Q_{pc} 为

$$Q_{pc}=KI_c\frac{U_N}{\sqrt{3}}\ (\text{kVA}) \qquad (2-10-1)$$

式中　I_c——计算电容电流（A）；

U_N——发电机额定电压（kV）；

K——系数，过补偿取 1.35，欠补偿按脱谐度确定。

表 2-10-4　接地电流允许值

发电机额定电压（kV）	发电机额定容量（MW）	单相接地电流允许值（A）
6.3	≤50	4
10.5	50～100	3
13.8～15.75	125～200	2①
18～20	300	1

①　我国 200MW 以上发电机对地电容电流均超过 2A，中性点要装设接地消弧线圈。氢冷发电机的接地电流允许值为 2.5A。

（3）中性点经配电变压器接地，在电容、电抗回路中加入适当的阻尼，可限制单相接地时健全相瞬时过电压不超过 2.6 倍额定电压，故障电流在 5～10A 之内。接线方式如图2-10-1所示。中性点接地变压器及其二次侧电阻数据见表 2-10-5。

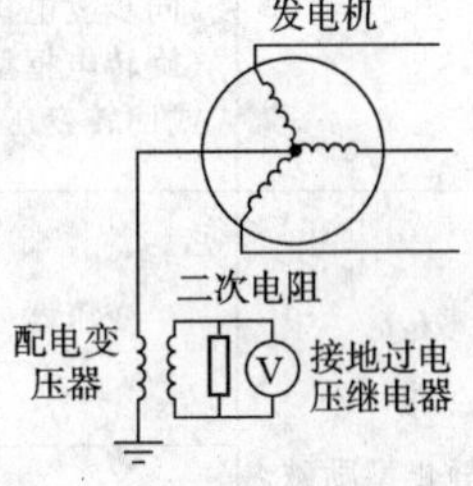

图 2-10-1　发电机经变压器接地

三、汽轮发电机励磁

（1）发电机励磁方式分类如表 2-10-6 所示。

表 2-10-5　发电机经变压器接地技术数据

发电机容量（MVA/MW）	变压器 容量（kVA）	变压器 变比（kV）	电阻 阻值（Ω）	电阻 热容量
235/200	20	15.75/0.23	0.705	25kW　10s
412/350	105	21/0.19	0.202	553A　30min

（2）发电机励磁回路。

1）直流励磁方式，代表例如图 2-10-2 所示。

2）静止型励磁方式，代表例如图 2-10-3 所示。

3）交流励磁方式，代表例如图 2-10-4 所示。

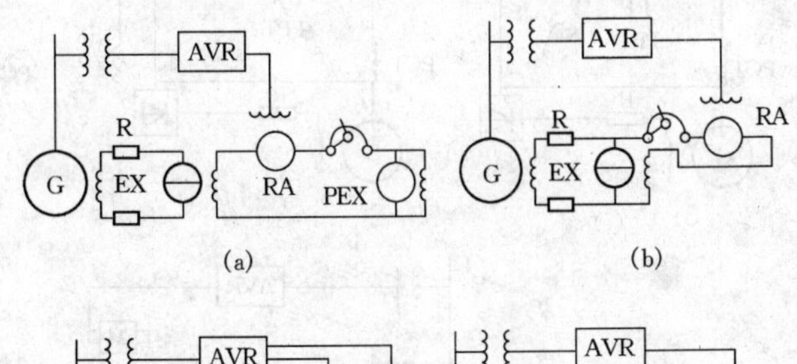

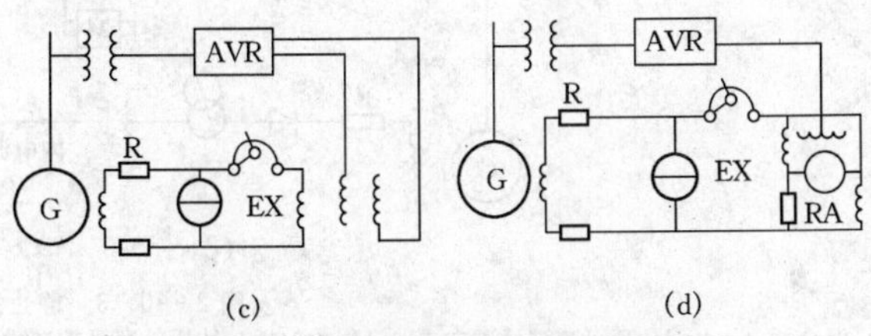

图 2-10-2　直流励磁方式励磁回路代表例

(a) 他励直流励磁机方式；(b) 并励直流励磁机方式；(c) 三励磁绕组并励直流励磁机方式；(d) 桥式磁场型并励直流励磁机方式

RA—旋转放大器；PEX—副励磁机；R—滑环

表 2-10-6 发电机励磁方式分类

励磁方式	励磁机 电源机器		励磁机 整流器种类	副励磁机	同步电机励磁电流的调节方法	代表回路简图	注
直流励磁机方式	直流发电机	并励	—	无	调节直流励磁机的励磁电流	图 2-10-2（b）	直流励磁机有与主机直接连接和另设电动机驱动两种
						图 2-10-2（c）	
						图 2-10-2（d）	
		他励	—	直流发电机	调节直流励磁机的励磁电流	图 2-10-2（a）	
交流励磁机方式	同步发电机（回转励磁型）	并励	二极管	无	调节交流励磁机的励磁电流	图 2-10-3（a）	交流励磁机与主机直接连接
		他励	二极管	同步发电机		图 2-10-3（b）	
				无		图 2-10-3（c）	
		自励	可控硅	无		图 2-10-3（d）	
	同步发电机（旋转电枢型）或回转变压器		二极管	同步发电机	调节整流器输出电压 调节交流励磁机的励磁电流	图 2-10-3（e）	交流励磁机与主机直接连接，可控硅有混合和均匀电桥两种
				无		图 2-10-3（f）	
			可控硅	同步发电机	调节整流器的输出电压	图 2-10-3（g）	
静止型励磁方式	变压器		可控硅	—	调节整流器输出电压	图 2-10-4（a）	交流励磁机、整流器都与主机直接连接
						图 2-10-4（b）	
			二极管	—	调节整流器输入电压	图 2-10-4（i）	
					调节整流器输出电流	图 2-10-4（j）	
	变压器和整流器相组合		二极管	—	调节整流器输入电压	图 2-10-4（c）	励磁电源由同步电机电枢电压和电枢电流取得（复励励磁方式）
						图 2-10-4（d）	
						图 2-10-4（e）	
						图 2-10-4（f）	
						图 2-10-4（g）	
			可控硅	—	调节整流器输入电压	图 2-10-4（h）	

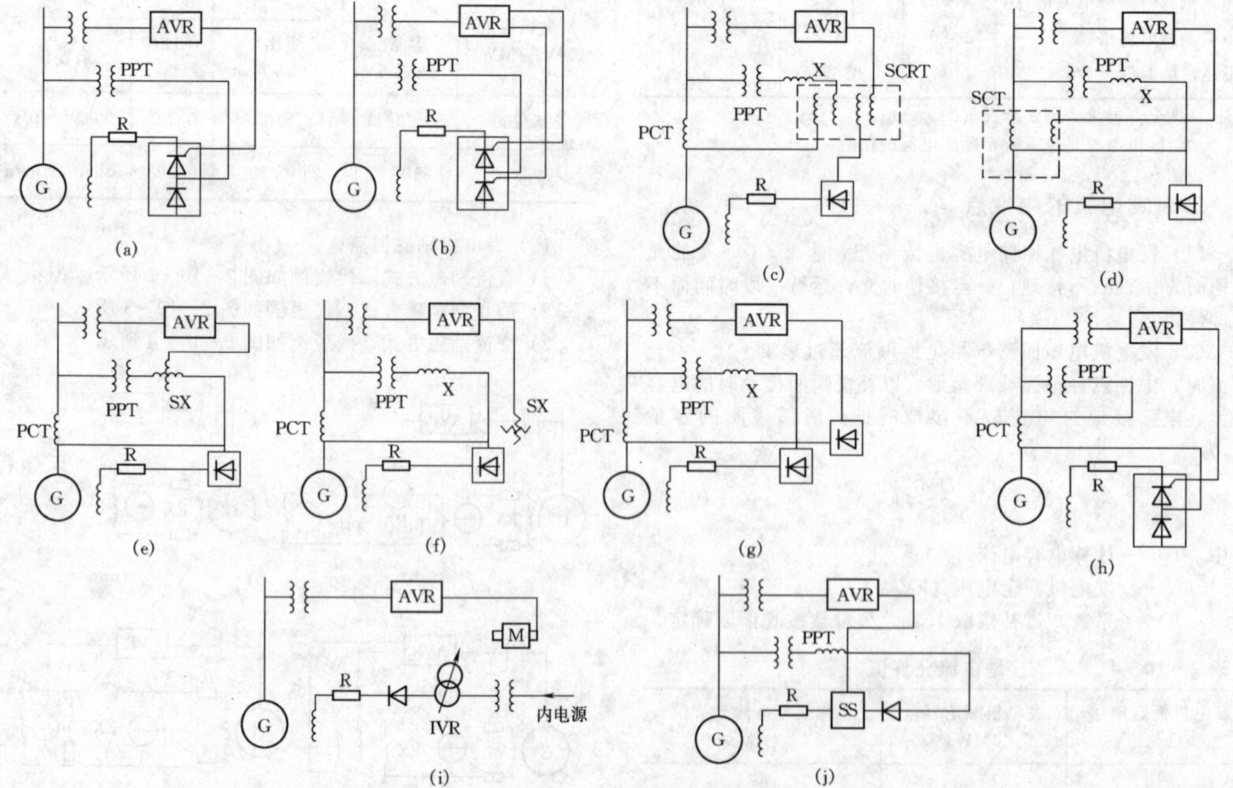

图 2-10-3 静止型励磁方式励磁回路代表例

(a) 混合桥（hybrid）型可控硅励磁方式；(b) 均匀桥（纯桥）型可控硅励磁方式；(c) 可饱和合成变压器型复励励磁方式；(d) 可饱和变压器复励励磁方式；(e) 串联可饱和电抗器型复励励磁方式；(f) 并联可饱和电抗器型复励励磁方式；(g) 串联可控硅型复励励磁方式；(h) 复励可控励磁方式；(i) 变压器型励磁方式；(j) 断路器（chopper）型励磁方式

PPT—励磁用变压器；SX—可饱和电抗器；PCT—励磁用变流器；X—电抗器；AVR—感应电压调节器；SS—半导体开关；SCRT—可饱和合成变压器；R—滑环；SCT—可饱和变流器

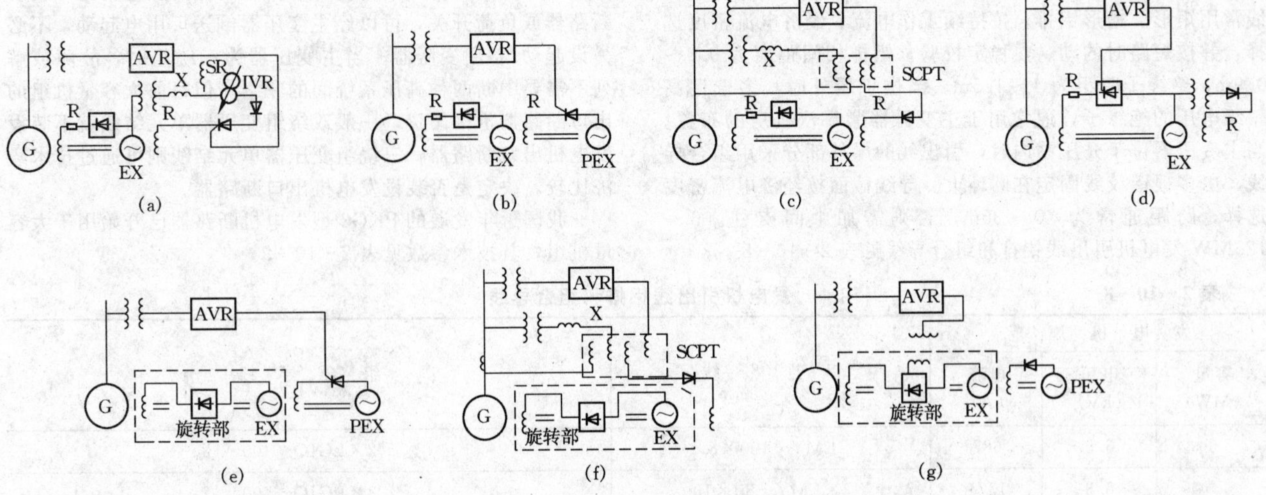

图 2-10-4　交流励磁方式励磁回路代表例

(a) 并励支流励磁机方式；(b) 他励交流励磁机方式；(c) 他励交流励磁机方式（无副励磁机）；(d) 可控硅型交流励磁机方式；(e) 无刷励磁方式；(f) 无刷励磁方式（无副励磁机）；(g) 可控硅型无刷励磁方式

PEX—副励磁机；SCPT—可饱和合成变压器；X—电抗器；SR—饱和电抗器；R—滑环；IVR—感应电压调节器

四、发电机引出线

(1) 大发电机引出线——200MW 以上发电机引出线以及厂用变压器、电压互感器等分支线多采用全连式分相封闭导线。封闭导线与发电机和变压器的连接。封闭导线应满足正常最大工作电压、最大持续工作电流、最高环境温度等要求，导体和外壳的尺寸以及结构、布置方式须按热平衡和机械强度计算确定。一般可选用定型产品，其技术数据见表 2-10-7。封闭导线可采用自然冷却或机械通风冷却。为防止外壳内结露，自冷式封闭导线最好安装微正压充气装置，气源压力约 0.1MPa。为减少外壳损耗，可经饱和电抗器接地。

表 2-10-7　封闭导线技术数据（环境温度 40℃）

<table>
<tr><td colspan="2" rowspan="2">机组容量（MW）
项目</td><td colspan="2">200</td><td colspan="2">300</td><td colspan="3">600</td></tr>
<tr><td>主回路</td><td>厂用分支</td><td>主回路</td><td>厂用分支</td><td>主回路</td><td colspan="2">厂用分支</td></tr>
<tr><td rowspan="11">发电机</td><td>额定电压（kV）</td><td>15.75</td><td>15.75</td><td>18</td><td>18</td><td>20</td><td colspan="2">20</td></tr>
<tr><td>额定电流（A）</td><td>8625</td><td>1200</td><td>11320</td><td>—</td><td>20380</td><td colspan="2">2500</td></tr>
<tr><td>功率因数</td><td>0.85</td><td>—</td><td>0.85</td><td>—</td><td>0.85</td><td colspan="2">—</td></tr>
<tr><td>起始短路电流（kA）</td><td></td><td>209</td><td></td><td>232</td><td></td><td colspan="2">257</td></tr>
<tr><td>由发电机（kA）</td><td>60</td><td>—</td><td>80</td><td>—</td><td>100</td><td colspan="2"></td></tr>
<tr><td>由系统（kA）</td><td>149</td><td>—</td><td>152</td><td>—</td><td>157</td><td colspan="2">—</td></tr>
<tr><td>最大短路电流（kA）</td><td></td><td>340</td><td></td><td>380</td><td></td><td colspan="2">410</td></tr>
<tr><td>由发电机（kA）</td><td>100</td><td></td><td>130</td><td></td><td>160</td><td colspan="2"></td></tr>
<tr><td>由系统（kA）</td><td>240</td><td>—</td><td>250</td><td>—</td><td>250</td><td colspan="2">—</td></tr>
<tr><td>短路冲击（kA）</td><td>400</td><td>560</td><td>410</td><td>590</td><td>400</td><td colspan="2">600</td></tr>
<tr><td>热稳定电流（有效）（kA）</td><td>149（2s）</td><td>209（2s）</td><td>145（1s）</td><td>160（1s）</td><td>160（2s）</td><td colspan="2">250（2s）</td></tr>
<tr><td rowspan="12">封闭导线</td><td>额定电流（A）</td><td>10000</td><td>1200</td><td>13000</td><td>1200</td><td>23000</td><td colspan="2">3000</td></tr>
<tr><td>绝缘子电压（kV）</td><td colspan="2">20</td><td colspan="2">20</td><td colspan="3">24</td></tr>
<tr><td>绝缘子数，安装方式</td><td colspan="2">3个，Y</td><td colspan="2">3个，Y</td><td>3个，Y</td><td colspan="2">1个</td></tr>
<tr><td>导线温度/外壳温度</td><td colspan="2"><90℃/<65℃</td><td colspan="2"><90℃/<65℃</td><td><85℃/<70℃</td><td colspan="2"><90℃/<65℃</td></tr>
<tr><td>导线螺接镀银温度</td><td colspan="2"><105℃</td><td colspan="2"><105℃</td><td colspan="3"><105℃</td></tr>
<tr><td>导线直径（mm）</td><td>400</td><td>130</td><td>500</td><td>150</td><td>风冷 500</td><td>自冷 850</td><td>175</td></tr>
<tr><td>厚度（mm）</td><td>11</td><td>10</td><td>12</td><td>10</td><td>14</td><td>15</td><td>10</td></tr>
<tr><td>外壳直径（mm）</td><td>850</td><td>600</td><td>1000/1050</td><td>650/700</td><td>1100</td><td>1450</td><td>750</td></tr>
<tr><td>厚度（mm）</td><td>7</td><td>5</td><td>7/8</td><td>5</td><td>6</td><td>8</td><td>5</td></tr>
<tr><td>相间中心距离（mm）</td><td>1200</td><td>850</td><td>1500/1400</td><td>850/1000</td><td>1400</td><td>1700</td><td>1000</td></tr>
<tr><td>铝材消耗（kg/3ϕ_m）</td><td>259</td><td>—</td><td>326</td><td>—</td><td>340</td><td>612.27</td><td>—</td></tr>
</table>

（2）中小容量发电机引出线。中、小容量发电机的引出线常用矩形、槽形铝排，按持续工作电流、经济电流密度选择，并按短路时的动、热稳定校验。铝排相间距离为 0.6～0.9m，绝缘子跨距为 1～1.5m。当位于屋外时，多选用高一级电压的绝缘子，通常用于主变压器紧靠汽机房的布置。当主变压器位于升压站内时，引出线的屋外部分采用组合导线，由多根铝绞线固定在圆环上。导线截面按经济电流密度选择，跨距通常为 30～35m，否则需加中间支柱。6～125MW 发电机引出线铝排和组合导线见表 2-10-8。

（3）发电机出口断路器。单元制结线的发电机出口装设断路器或负荷开关，可以经主变压器倒送厂用电起动，不必另设起动/备用变压器。当主变压器为三绕组时，故障或解列不需要中断两种高压系统间的联络。但目前大容量机组的出口断路器价格昂贵，一般双绕组变压器单元结线就不装设发电机出口断路器，三绕组变压器单元结线则可通过技术经济比较，决定是否装设发电机出口断路器。

我国近年发展的 PKG2 型发电机断路器已开始用于大容量机组，其技术参数见表 2-10-9。

表 2-10-8　　发电机引出线铝排和组合导线

发电机规范			铝排出线	组合导线
容量（MW）	电压（kV）	电流（A）		
6	6.3	687	LMY－100×8	2×LGJQ－400
12	6.3	1374	2×LMY－80×10	3×LGJQ－500
	10.5	825	LMY－100×10	2×LGJQ－500
25	6.3	2870	3×LMY－120×10	2×LGJQ－300＋14×LJ－185，2×LGJ－185＋16×LJ－185，2×LGJ－240＋16LJ－185
	10.5	1720	2×LMY－100×10	2×LGJ－185＋10×LJ－185，3×LGJQ－600，2×LGJ－240＋8×LJ－185
50	6.3	5740	2×LMY－（200×90×10）	2×LGJQ－400＋24×LJ－240，2×LGJQ－500＋22×LJ－240
	10.5	3440	4×LMY－120×10	2×LGJQ－300＋18×LJ－185，2×LGJQ－240＋18×LJ－185
60	6.3	6870	2×LMY－（200×90×12）	2×LGJQ－700＋24×LJ－240
	10.5	5150	2×LMY－（200×90×10）	2×LGJQ－400＋22×LJ－240
100	10.5	6480	2×LMY－（200×90×12）	2×LGJQ－600＋24×LJ－240
125	13.8	6150	2×LMY－（200×90×12）	2×LGJQ－600＋24×LJ－240

注　1. LMY，LGJQ，LGJ，LJ 均为标准型号，详见专业手册。

2. 经济电流密度按 0.9A/mm^2（最大负荷利用小时 5000h 以上）。

表 2-10-9　　PKG2 型空气断路器技术参数

断路器型号	额定电压（kV）	工作电压（kV）	额定电流（kA）	额定短路开断电流（kA）		额定短路关合电流（峰值）（kA）	额定短时耐受电流（有效值）（kA）		额定气压（MPa）
				对称开断	非对称开断		1s	2s	
S 型（a）	36	24	11	135	180	700	250	150	3.36
S 型（b）				180	240				
S 型（c）				—	—				
R_0 型（a）			14	135	180				
R_0 型（b）				180	240				
R_0 型（c）				—	—				
R 型（a）			18	135	180				
R 型（b）				180	240				
R 型（c）				225	300				
V 型（a）			22	135	180				
V 型（b）				180	240				
V 型（c）				225	300				
V_G 型（a）			25	135	180				
V_G 型（b）				180	240				
V_G 型（c）				225	300				

注　S 型—无冷却装置；R_0 型—有简单管形散热器；R 型—有空冷散热器；V 型—有空冷散热器和外风扇；V_G 型—有空冷散热器、外风扇及母线强迫通风；（a）—并联电阻 3.1Ω；（b）—并联电阻 1.6Ω；（c）—并联电阻 1Ω。

五、汽轮发电机运行

(1) 汽轮发电机功率运行图如图 2-10-5 所示。

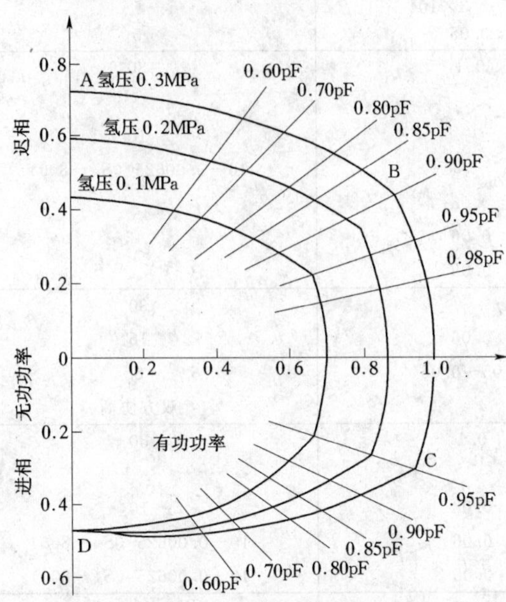

图 2-10-5 汽轮发电机功率运行图

曲线 AB—由转子绕组允许温升所决定；曲线 BC—由定子绕组允许温升所决定；曲线 CD—由定子边端铁芯和端部结构件的允许温升及稳定极限所决定

(2) 汽轮发电机短时允许过电流值。我国水电部规程规定短时过负荷的允许值应遵守制造厂规定，制造厂无规定时（对于空冷和氢表面冷却的发电机），可参照表 2-10-10 规定确定。

表 2-10-10 表面冷却的发电机定子绕组短时允许过电流值

$\frac{\text{定子绕组短时过电流}}{\text{额定电流}}$ (%)	110	112	115	125	150
允许持续时间 (min)	60	30	15	5	2

(3) 氢冷发电机的氢压与功率的关系。

1) 日本三菱公司氢冷发电机氢压与功率的关系如表 2-10-11所示。

2) 日本东芝公司氢冷发电机氢压与功率的关系如表 2-10-12所示。

表 2-10-11 三菱公司发电机氢压与功率关系

运行氢压 (MPa)	各运行氢压下的发电机功率（%）		
	额定氢压 2.0MPa	额定氢压 3.0MPa	额定氢压 4.0MPa
0.4	—	—	100
0.3	—	100	91
0.2	100	87	79
0.1	92	—	—
0.005	80	—	—

表 2-10-12 东芝公司发电机氢压与功率关系

运行氢压 (MPa)	各氢压下的发电机功率（%）					
	额定值 5.3MPa		额定值 4.2MPa		额定值 3.2MPa	
	定子	转子	定子	转子	定子	转子
0.53	100	100	—	—	—	—
0.42	92	91	100	100	—	—
0.32	83	80	90	88	100	100
0.20	73	67	79	74	87	85
0.10	—	63	56	—	70	65
0.035	—	—	—	—	47	35

3) 前苏联及欧洲氢冷发电机氢压与功率的关系如图 2-10-6所示。

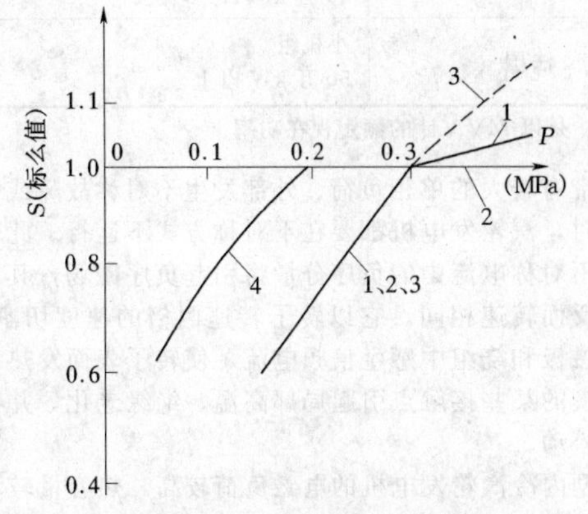

图 2-10-6 前苏联及欧洲氢冷发电机氢压与功率的关系

1—TTB；2—TBB；3—欧洲公司的直接全氢冷汽轮发电机；4—TBϕ

(4) 汽轮发电机不平衡电流允许值。

我国和国外几个型号的汽轮发电机不平衡电流允许值，列表如表 2-10-13 所示。

表 2-10-13 不平衡电流允许值

国 别	电 机 结 构 型 式	连续运行的最大 I_2/I_N	短时运行的最大 $(I_2/I_N)^2t$
中国原水电部规程	空冷及氢表面冷却 内部冷却发电机	三相电流之差<0.1 按制造厂规定或试验确定	≤30 按制造厂规定或按试验确定
IEC 34—1 1979 年修订	转子表面冷却		
	空冷	0.1	15
	氢冷	0.1	10
	转子内部冷却		
	≤350MVA	0.08	8
	350～900MVA	$0.08-\frac{S_N-350}{3\times104}$	$8-0.00545\ (S_N-350)$

续表

国别	电机结构型式	连续运行的最大 I_2/I_N	短时运行的最大 $(I_2/I_N)^2t$
IEC 34—1 1979年修订	900～1250MVA	$0.08-\frac{S_N-350}{3\times 10^4}$	5
	1250～1600MVA	0.05	5
美国 ANSI C50—13—1977	表面冷却	0.1	30
	内部冷却		
	到800MVA		10
	800～1600MVA		$10-0.00625\ (S_N-800)$
	到960MVA	0.08	
	961～1200MVA	0.06	
	1201～1500MVA	0.05	
前苏联 ГОСТ 533—1976	表面冷却		30
	定子表面冷却，转子内部冷却	0.06	15
	内部冷却（到180万kW）	0.05～0.06	8
	内部冷却（到120万kW）		双方协商
日本 JEC 114—1979	空冷或氢气表面冷却	0.1	30
	氢气内部冷却		
	到960MVA	0.08	10
	961～1200MVA	0.06	$10-0.00625\ (S_N-800)$
	1201～1500MVA	0.05	$10-0.00625\ (S_N-800)$
联邦德国	10万kVA以下，有阻尼绕组	0.08	5
	30万～40万kVA，无阻尼绕组	0.06～0.08	4
	40万kVA	0.04～0.06	4
法国	小机组	0.08～0.12	10
	50万kW以上	0.06～0.08	6

注 S_N 是以MVA计的额定视在功率。

当带有较大的单相负荷、外部发生不对称故障或系统分相检修时，汽轮发电机都要在不对称方式下运行。此时，定子三相不对称电流中的负序分量将引起负序磁场，其方向与转子相反而转速相同。它以转子转速两倍的速度切割转子，在转子磁极和绕组中感生倍频电流，使转子表面发热，在小齿与槽楔的某些接触点引起局部高温、绝缘老化，并导致护环嵌装松动。

大型内冷汽轮发电机的电磁负荷较高，热容量较小，允许承受负序电流能力明显减少，故多配有阻尼绕组以削弱负序磁场的作用，减少转子表面损耗，提高承受负序电流能力，保证在最严重的不对称故障状态下有足够的切除故障时间，避免发电机转子损伤。

发电机承受负序电流的容许值分为长期（稳态）和瞬时两种。长期容许值表示持续存在的负序电流 I_2，一般以额定电流为基准的标么值表示。瞬时容许值是指在120s内的负序电流容许值，它与转子各部件的允许温度密切相关。转子表面各结构件的允许最高温度见表2-10-14，隐极同步电机负序电流容许值见表2-10-15。

表2-10-14 转子表面各部位最高温度限值

材料	部位	允许最高温度（℃）	
		长期值	瞬时值
转子钢	转子大、小齿	130	450
护环钢	护环	130	420
硬铝	槽楔	115	200
铝青铜	槽楔	130	—
紫铜	阻尼条	130	200
	阻尼端环	130	300

表2-10-15 隐极同步电机负序电流容许值

电机冷却方式		I_2（标么值）	I_2^2t
转子间接冷却（空冷或氢冷）		0.1	在各类型电机的标准中规定，一般为： 间接冷却≤30 直接冷却≤10
转子直接冷却（内冷）	125MW以下	0.8	
	大于125MW	在该类型电机的标准中规定	

(5) 汽轮发电机进相运行。进相运行是在轻负荷时调整系统无功功率维持系统电压水平的有效方法，但会引起定子端部过热。

当功率角 φ 从 $+90°\rightarrow 0\rightarrow -90°$ 变化时，发电机从迟相（过励磁）运行向进相（欠励磁）运行过渡，定子和转子绕组端部漏磁场相加，电机端部合成磁密增高，并相对于定子以同步转速旋转，引起定子铁芯端部过热，限制了进相运行深度。最高发热区在定子边段铁芯的齿部、槽部和端部压圈上。应在这些预计高温区增设检测装置进行监视，确保安全运行。边段铁芯及端部结构件的容许温度极限见表2-10-16。

(6) 失磁和异步运行。运行中汽轮发电机失磁后应能带一定负荷短时作异步运行，允许异步运行的时间是一项重要技术指标。限制异步运行的因素主要是定子电流不超出过负荷规定的时间和数值，例如时间不超过30s、电流不超过1.05～1.1倍额定电流，定子端部和转子表面温度不超过表2-10-16的容许值，并特别注意转子不均匀发热。是否允许无励磁运行还取决于系统能否供给当时所需的无功功率以及厂用电电压降不超过允许值。

表 2-10-16 端部各部位容许温度限值

部 位	容 许 温 度
定子边段铁芯及压指	1. 有制造厂预埋测温元件者以制造厂的规定为准 2 自埋热电偶测温元件者最高点容许温度为 130℃ 3. 使用的绝缘漆容许温度低于 130℃者，以该绝缘漆的容许温度为准
电屏蔽	以不危及绝缘及结构件为准
磁屏蔽	以制造厂规定温度为准
压圈	200℃
转子表面温度	130℃（暂定值）

在异步运行状态下，发电机向系统输送的有功功率和汽轮机调速特性以及发电机的异步力矩特性有关，而异步运行容许时间又与发电机负荷大小有关，应通过试验确定。大部分发电机可带 40%～50%（外冷式 60%）额定出力运行 10～30min。

(7) 发电机稳定度当原动机或电网受到小干扰，发电机功角发生变化，电磁功率增量小于零时，将发生静态稳定失步。由于电磁功率增量为 $\frac{dP_m}{d\delta}=m\frac{E_0U}{X_d}\cos\delta$（$P_m$ 为最大输送功率，m 为常数，E_0 为发电机电势，U 为末端母线电压，X_d 为同步电抗，δ 为功角），当 $\delta=90°$时 $\frac{dP_m}{d\delta}=0$，即为稳定极限。通常发电机额定功角约 30°～40°，具有一定的稳定能力。可以看出，提高电压、减少同步电抗可以提高静稳定，失步时尽量不要切除自动调压，最好的办法是减少有功出力和增加转子电流。

动态稳定是发电机遭受大干扰后能否保持同步运行的问题，不仅和功角有关，而且和故障状态、时间以及事故后运行方式有关。凡是提高静稳定的因素和措施，都对提高动稳定有利。采用快速保护、高速开关、强励和快速励磁调节，都能减少系统振荡和失步，提高发电机的动态稳定。

六、发电厂与电网的连接

(1) 发电厂最小机组容量为 100MW 及以下时，出线电压不应超过两种，发电厂附近地区少量负荷的供电，宜由当地供电部门解决。

容量为 200MW 及以上的机组，只要条件允许，宜采用发电机、变压器、线路组的单元接线。此时发电机引出线和厂用电支线采用分相封闭导线，尽量采用双绕组主变压器，发电机与变压器之间不装设断路器和隔离开关，仅装可拆连接点。

如单机容量仅占电力系统容量的 1%～2%或更小，而机组与电网的连接电压又较多（例如 100MW 机组升压到 330kV，200MW 机组升压到 500kV 时）可将两台发电机与一台主变压器作扩大单元连接。为使一台发电机起动、停运不影响另一台发电机的运行，可在发电机与变压器之间装设断路器和隔离开关。

(2) 发电机电压母线可采用单母线分段、双母线、或双母线分段的接线方式。为了限制短路电流，可在母线分段回路中安装电抗器，如不满足要求，也可在直配线上装设电抗器。

母线分段电抗器的额定电流应按母线上因事故切除最大一台发电机时可能通过电抗器的电流进行选择，宜为该发电机额定电流的 50%～80%。

(3) 按发电机在电网中的条件和需要，发电厂与电网的连接方式，可参考表 2-10-17 选择。

(4) 火电厂有两种升高电压与电网连接时，可参考表 2-10-18选择连接方式。

表 2-10-17 火电厂与系统的连接方式

升压站电压（kV）	母 线 接 线 方 式	设备特点和适用范围
35～60	单母线分段带旁路母线（不设专用旁路断路器）	断路器无条件停电检修时
	双母线（有条件时可设旁路隔离开关）	出线多为双回线，有可能停电检修断路器，检修时间短，可用母联断路器带线路
110～220	单母线、双母线，均带旁路母线（断路器有条件停电检修时除外）	少油或空气断路器，220kV 出线 4 回以上、110kV 出线 6 回以上设旁路断路器
220	$1\frac{1}{2}$断路器	当有条件时
330～500	$1\frac{1}{2}$断路器	进出线 6 回以上，在系统中地位重要，有条件时
	$1\frac{1}{2}$断路器，母线分段	进出线超过 12 回时
	双母线分段，带旁路母线	进出线少于 6 回，可满足系统稳定性、可靠性的要求

注 发电机变压器组的高压侧断路器一般不接入旁路母线。

表 2-10-18 升压站两种升高电压之间的接线方式

接 线 方 式	接 线 图	使 用 条 件 及 特 点
采用普通三绕组变压器连接	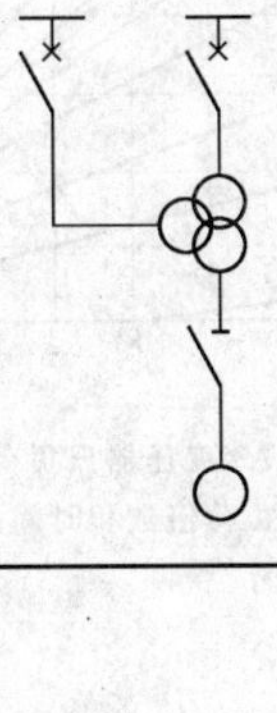	1. 适用于发电机容量为 125MW 以下的发电厂； 2. 在建设初期每种电压侧的通过功率达到该变压器任何一个绕组容量的 15%以上； 3. 两种升高电压之间阻抗大，且中性点可不直接接地，有利于限制系统短路电流及解决继电保护、通信干扰等问题； 4. 损耗、尺寸、重量及投资均较自耦变压器大，其容量易受运输和制造条件限制

续表

接线方式	接线图	使用条件及特点
采用自耦升压变压器连接	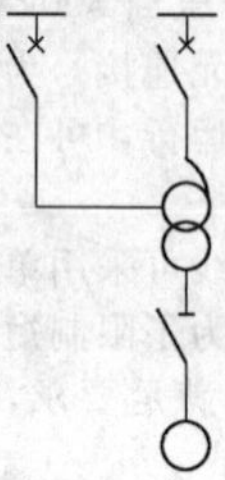	1. 建设初期每种电压侧的通过功率可达到该变压器任何一个绕组容量的15%以上； 2. 两种升高电压均为中性点直接接地，主要潮流方向由低压和中压向高压送电； 3. 部分机组可接至中压侧，充分利用变压器的通过容量向高压送电，节省变压器和开关设备的投资； 4. 阻抗小，中性点必须直接接地，从而增大系统单相接地短路电流，对断路器、继电保护及通信干扰都有影响； 5. 中压侧无抽头，运行时调压困难；中压侧负荷变化大时，为保证高压系统电压水平，中压侧电压偏移会过大； 6. 损耗、重量和价格均低于普通三绕组变压器
采用自耦联络变压器连接	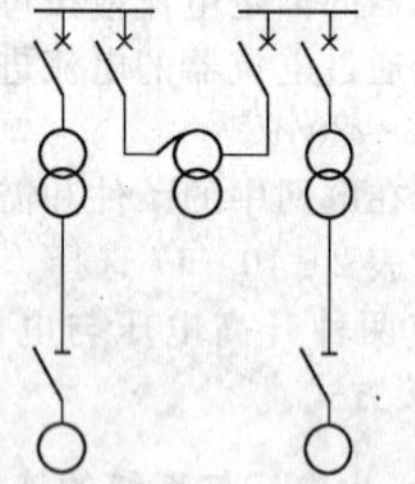	1. 当发电机容量不大而升高电压很高（如200MW和500kV）时，可将发电机经双绕组变压器接到次高一级电压母线（如220kV）上，两种升高电压间用自耦连接变压器联系； 2. 在两种升高电压间交换功率难以确定或潮流方向不定时，采用此方式最为有利； 3. 第3绕组可以用作厂用电的起动/备用电源； 4. 带负荷调压较易解决； 5. 增加了主变压器的重复容量和电能损耗，增加了高压断路器等设备

（5）旁路母线。35～220kV配电装置若在电力网中居重要地位、负荷大、潮流变化大、且出线回路较多时，宜采用双母线或双母线分段的接线。

采用单母线或双母线的110～220kV配电装置，当断路器为少油型或压缩空气型时，除断路器有条件检修者外，应设置旁路设施。当220kV出线在4回及以上，110kV出线在6回及以上时宜采用带专用旁路断路器的旁路母线。

当35～60kV配电装置采用单母线分段接线且断路器无条件停电检修时，可设置不带专用旁路断路器的旁路母线。

330～550kV配电装置，当进出线回路为6回及以上，配电装置在电网中具有重要地位，宜采用一个半断路器接线；进出线回路少于6回，也可采用双母线分段带旁路母线的接线。

七、升压主变压器

（1）主变压器电压。一次侧电压通常取发电机电压的100%；有为补偿变压本身压降而采用95%的。发电机电压可利用调节励磁得到±5%的变化，故不必采用有载调压。

二次侧电压通常取受电设备额定电压的105%～110%。当取110%时，通常有±2×2.5%，±3×2.5%或－4×2.5%无载分接头。

阻抗电压一般取12%～16%，阻抗电压大些可减少发电机的短路电流，提高欠励磁时从系统取得无功电力的能力，但可能损害向系统提高无功的能力。

（2）主变压器的容量。单机容量为60MW及以下高压供热式发电厂中，接在发电机电压母线上的主变压器台数不应少于2台，其总容量应考虑逐年负荷发展的需要，当发电机电压母线上的负荷为最小时，能将剩余功率送入电力网；当最大一台发电机停运或因供热负荷变动而需限制本厂出力时，能从电网受电满足发电机电压母线上的最大负荷。

容量在200MW及以上，发电机为单元接线时，主变压器的容量可按发电机的额定容量扣除本机组的厂用电负荷，留有10%的裕度，或按发电机的最大连续输出容量扣除本机组的厂用电负荷。

（3）主变压器型式。发电厂与电力系统连接的电压为330kV及以下时，若不受运输条件的限制，应选用三相变压器；连接电压为500kV时，应根据制造厂条件、可靠性要求及运输条件等，选用三相变压、2台半容量三相变压器或单相变压器。选用单相变压器时，可考虑是否装设备用相。

最大机组容量为125MW及以下的发电厂，当有两种升高电压时，宜采用三绕组变压器，但每个绕组通过功率应达到该变压器额定容量的15%以上。三绕组变压器比同容量双绕组变压器价格高出40%～50%；台数过多还会造成中压侧短路容量过大，一般不宜超过2台。也可选用自耦变压器，制造比较简单，成本约为同容量双绕组变压器的70%，损耗低35%左右，但主要潮流应为低压和中压向高压送电，否则，容量不能充分发挥。

单机容量为200MW以上的机组不宜采用三绕组变压器，如高压和中压间需要联系时，可采用联络变压器。如电力潮流变化大，电压偏移大，可采用有载调压的联络变压器。

八、变压器的性能

（1）允许过负荷的一般规定。

1）允许过负荷倍数和时间关系曲线，如图2－10－7所示。

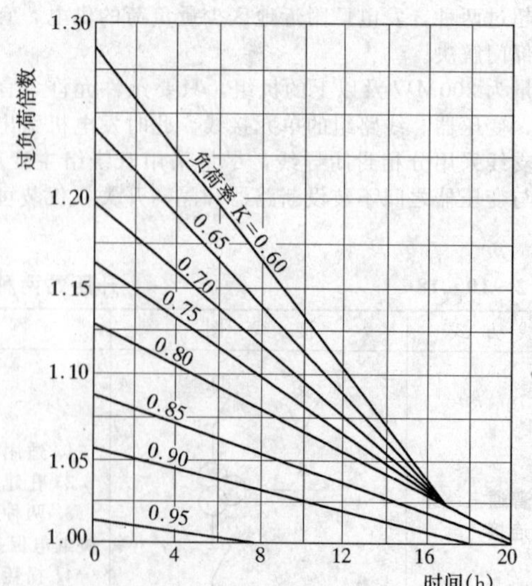

图2－10－7 变压器日负荷率小于1时允许过负荷倍数和时间关系曲线

2）油浸变压器的允许温升如表 2-10-19 所示。

表 2-10-19　油浸式变压器的允许温升

变压器各部分		温度测定方法	温升极限（℃）
线圈	油自然循环方式	电阻法	55
	油强制循环方式	电阻法	60
油	油箱内的油直接与大气接触	温度计法	50
	油箱内的油不与大气直接接触	温度计法	55
与铁及其他金属部分的绝缘物邻近的表面		温度计法	不损坏接近之绝缘物的温度

3）变压器允许过负荷时间（h，min）（仅适用于油浸风冷变压器）如表 2-10-20 所示。

表 2-10-20　变压器允许过负荷时间

过负荷倍数	过负荷前上层油温（℃）						
	17	22	28	33	39	44	50
1	连续运行						
1.05	5：50	5：25	4：50	4：00	3：00	1：30	—
1.10	3：50	3：25	2：50	2：10	1：25	0：10	—
1.15	2：50	2：25	1：50	1：20	0：35	—	—
1.20	2：05	1：40	1：15	0：45	—	—	—
1.25	1：35	1：15	0：50	0：25	—	—	—
1.30	1：10	0：50	0：30	—	—	—	—
1.35	0：55	0：35	0：55	—	—	—	—
1.40	0：40	0：25	—	—	—	—	—
1.45	0：25	0：10	—	—	—	—	—
1.50	0：15	—	—	—	—	—	—

注　本表指变压器在正常运行下的过负荷时间。

4）干式变压器（空气冷却）事故允许过负荷如表 2-10-21 所示。

表 2-10-21　干式变压器（空气冷却）事故允许过负荷

过负荷倍数	1.2	1.3	1.4	1.5	1.6
允许时间（min）	60	45	32	18	5

5）风扇切除时，变压器额定负荷下允许时间如表 2-10-22 所示。

表 2-10-22　风扇切除时变压器额定负荷下允许时间

空气温度（℃）	−15	−10	0	+10	+20	+30
额定负荷下允许的最长时间（h）	60	40	16	10	6	4

（2）过负荷运行实例。

1）自然循环变压器过负荷运行一例如图 2-10-8 所示。

2）强迫油循环变压器过负荷运行示例如图 2-10-9 所示。

（3）变压器的绝缘标准。下列绝缘标准为运行中电力变压器绝缘性能的一般控制指标，不作为变压器制造厂绝缘性能判断的规定。

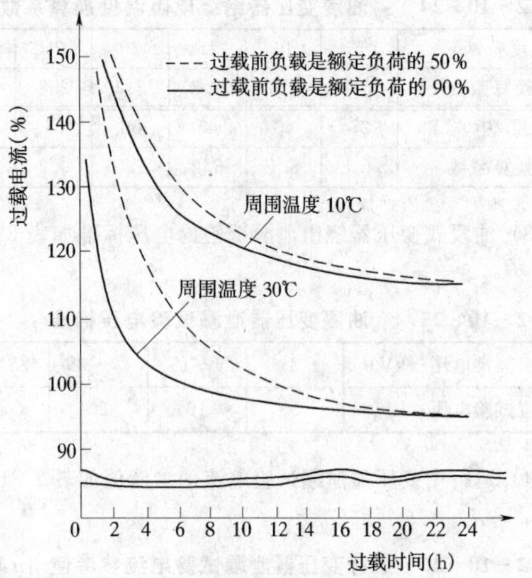

图 2-10-8　自然循环变压器过负荷运行一例

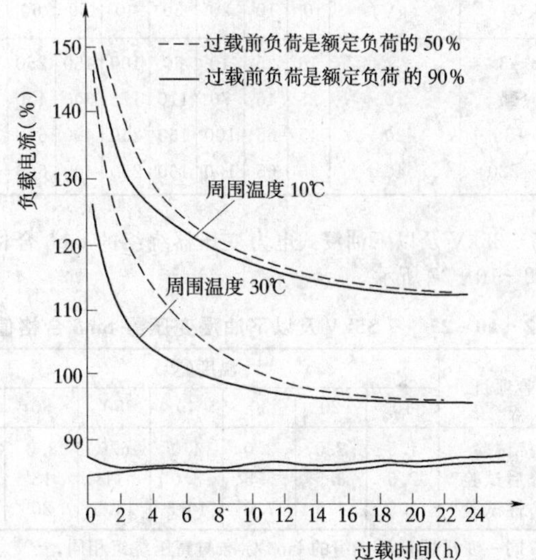

图 2-10-9　强迫循环变压器过负荷运行示例

1）油浸式电力变压器绕组绝缘电阻的允许值如表 2-10-23 所示。

表 2-10-23　油浸变压器绝缘电阻允许值（MΩ）

高压绕组电压等级	温度（℃）							
	10	20	30	40	50	60	70	80
3～10kV	450	300	200	130	90	60	40	25
20～35kV	600	400	270	180	120	80	50	35
60～220kV	1200	800	540	360	240	160	100	70

注　1. 同一变压器中压和低压绕组的绝缘电阻标准高压绕组相同。
2. 高压绕组的额定电压为 13.8kV 和 15.7kV 的，按 3～10kV 级标准；额定电压为 18kV、44kV 的，按 20～35kV 级标准。

2）油浸式电力变压器绝缘电阻的温度换算系数如表 2-10-24 所示。

表 2-10-24 油浸变压器绝缘电阻温度换算系数

温度差（℃）	5	10	15	20	25	30
换算系数	1.2	1.5	1.8	2.3	2.8	3.4
温度差（℃）	35	40	45	50	55	60
换算系数	4.1	5.1	6.2	7.5	9.2	11.2

3）油浸式变压器绕组泄漏试验的电压标准如表 2-10-25 所示。

表 2-10-25 油浸变压器泄漏试验电压标准

绕组额定电压（kV）	3	6～15	20～35	35 以上
直流试验电压（kV）	5	10	20	40

4）运行中变压器泄漏试验电流的参考值如表 2-10-26 所示。

表 2-10-26 运行变压器泄漏试验电流参考值（μA）

绕组额定电压（kV）	直流试验电压（kV）	变压器的温度（℃）							
		0	10	20	30	40	50	60	70
2～3	5	16	25	40	60	100	150	250	400
6～15	10	25	45	70	110	175	300	450	700
20～35	20	45	65	100	160	250	400	650	1000
44～220	40	45	65	100	160	250	400	650	1000

5）35kV 及以下油浸式电力变压器绕组的 tanδ 合格值，如表 2-10-27 所示。

表 2-10-27 35kV 及以下油浸变压器 tanδ 合格值

试验项目	温度（℃）						
	10	20	30	40	50	60	70
交接试验	1.5	2.0	3.0	4.0	6.0	8.0	11
大修后试验	2.5	3.5	5.5	8.0	11	15	20
预防性试验	3.5	4.5	7.0	10.5	14.5	20	26

注 同一变压器低压绕组的 tanδ 标准与高压绕组相同。

（4）变压器的短路阻抗标准。

1）变压器短路电压的控制范围如表 2-10-28 所示。

表 2-10-28 变压器短路阻抗电压控制范围

额定电压（kV）	短路阻抗电压（%）
330*（275）	10～15.5（14）
220	12～14.2（13）
（187）	（12）
（154）	（11）
110	10.5（10）
（77）	（7.5）
（66）	（7.5）
35（33）	6.5～8（5.5）
（22）	（5.0）
10（11）	4～5.5（4.5）
6	4～5.5

注 （ ）为日本电工手册数据。

* 330kV 为自耦型。

2）具有两个独立绕组的变压器的典型阻抗电压值（IEC 的规定）如表 2-10-29 所示。

表 2-10-29 具有两个独立绕组的变压器的典型阻抗电压值（IEC 的规定值）

额定容量（kVA）	阻抗电压（%）
630	4.0
631～1250	5.0
1251～3150	6.25
3151～6300	7.15
6301～12500	8.35
12501～25000	10.0
25001～200000	12.5

注 额定电流下的阻抗电压，以施加电压绕组的额定电压百分数表示。

九、电力变压器故障分析及用色谱法检测内部故障的方法

（1）变压器常见故障及其原因如表 2-10-30 所示。

表 2-10-30 变压器常见故障及其原因

部位	故障	故障现象	产生原因	备注
铁芯部分	铁芯片间绝缘损坏	（1）空载损失增大 （2）油温升高 （3）油色变深	（1）受剧烈震动，铁芯片间摩擦引起 （2）铁芯片间绝缘老化，或有局部损坏	硅钢片常两面涂漆，对 1611 号漆，用松节油稀释。涂漆后在炉温 200℃下，干燥 10～12min。对 1030 号漆，用苯或纯净汽油稀释，在炉温 105±2℃下，干燥 2h。两面漆膜总厚为 0.01～0.015mm
	铁芯片间局部熔毁	（1）高压熔丝熔断 （2）油色变黑，并有特殊气味，温度升高	（1）铁芯的穿芯螺栓的绝缘损坏。螺栓与铁芯片短路引起绝缘损坏 （2）铁芯两点接地	
	接地片断裂或与铁芯接触不良	铁芯与油箱间有放电声	（1）安装时螺丝没有拧紧 （2）接地片没有插紧	
	铁芯松动	有不正常震动声或噪音	（1）铁芯叠片中缺片 （2）铁芯油道内或夹片下面有未夹紧的自由端 （3）铁芯的紧固件松动 （4）铁芯间有杂物	

续表

部位	故 障	故 障 现 象	产 生 原 因	备 注
绕组部分	匝间短路	(1) 一次电流略增大 (2) 油温增高 (3) 油有时发生“咕嘟”声 (4) 三相直流电阻不平衡 (5) 高压熔丝熔断，跌开保险脱落 (6) 油枕盖有黑烟 (7) 二次线电压不稳，忽高忽低	(1) 由于变压器进水，水浸入绕组内 (2) 由于自然损坏，散热不良，或长期过载使匝间绝缘老化 (3) 绕制时没有发现导线毛刺，焊接处不平滑，使匝间绝缘受到破坏 (4) 油道内掉入杂物	重绕绕组
	线圈断线	(1) 断线处发生电弧，有放电声 (2) 断线的相没有电压和电流	(1) 导线焊接不良 (2) 匝间、层间或相间短路，造成断线 (3) 雷击造成断线 (4) 搬运时强裂震动使引线断开	
	对地击穿	(1) 高压熔丝熔断 (2) 匝间短路	(1) 因主绝缘老化或有剧烈折断等缺陷 (2) 绝缘油受潮 (3) 缘组内有杂物落入 (4) 过电压引起 (5) 由于短路时缘组变形引起 (6) 由于渗漏油，引起严重缺油 (7) 二次引线转动造成接地	
	绕组相间短路	(1) 高压熔丝熔断 (2) 油枕往外喷油，油温剧增	原因与对地击穿相同	
分接开关部分	触头表面熔化与灼伤	(1) 油温增高 (2) 高压熔丝熔断 (3) 触头表面产生放电声	(1) 装配不当，如手轮指示位置晃量大，上、下错位，造成表面接触不良 (2) 弹簧压力不够	为使触头接触良好，可以定期（如每年一、二次）将运行中的分接开关转动几周，再放在需要的位置上。操作时应停电
	相间触头放电或各分接头放电	(1) 高压熔丝熔断 (2) 油枕盖冒烟 (3) 有“咕嘟”声	(1) 过电压引起 (2) 变压器油内有水 (3) 螺丝松动，触头接触不良，产生爬电，烧坏绝缘	
油	油质变坏	变压器油的颜色变暗	(1) 变压器发生故障时，产生气体所引起 (2) 变压器油长期受热恶化	应定期（如每一年一次）对变压器油进行检查、试验，决定是否要过滤或换油
套管部分	对地击穿	高压熔丝熔断	瓷件表面较脏或有裂纹	瓷件应经常检查、清理。若有裂纹，应更换套管
	套管间放电	低压熔丝熔断	(1) 套管间有杂物 (2) 套管间有小动物	

(2) 油中溶解气体的正常值。设备内部油中氢和烃类气体正常含量，一般不应大于表 2-10-31 所列数值。

表 2-10-31 油中溶解气体的正常值

气 体 组 分	含量 (10^{-6})
总烃	150
乙炔	5
氢	100

注 1. 上述数值按一般统计得出，应估计到有特殊例外的可能。
2. 上述数值不适用于气体继电器放气嘴取出的气样。
3. 在本导则范围内，总烃指的是甲烷（简写为 C_1），乙烷，乙烯，乙炔（以上三者统称为 C_2）四种气体的总和，可简写为 C_1+C_2。

(3) 判断故障性质的“特征气体”法。当一种或几种溶解气体的含量超过表 2-10-32 中所列正常值时，一般可利用表 2-10-32 判断故障性质。

表 2-10-32 判断故障性质的特征气体法

序号	故障性质	特 征 气 体 的 特 点
1	一般过热性故障	总烃较高，$C_2H_2>5\times10^{-6}$
2	严重过热性故障	总烃较高，$C_2H_2>5\times10^{-6}$，但 C_2H_2 未构成总烃的主要成分，H_2 含量较高
3	局部放电	总烃不高，$H_2>100\times10^{-6}$，CH_4 占总烃中的主要成分

续表

序号	故障性质	特征气体的特点
4	火花放电	总烃不高，$C_2H_2 > 100 \times 10^{-6}$，$H_2$ 较高
5	电弧放电	总烃高，C_2H_2 高并构成总烃中的主要成分，H_2 含量高

注 当 H_2 含量增大，而其他组分不增加时，有可能是由于设备进水或有气泡引起水和铁的化学反应，或在高电场强度作用下，水或气体分子的分解或电晕作用而产生的。

(4) 判断故障性质的三比值法。用四种特征气体的三对比值，来判断变压器的故障性质称为三比值法。在三比值法中，相同的比值范围，三对比值以不同的编码表示，见表 2-10-33、表 2-10-34。

(5) 色谱流程图举例，如表 2-10-35 所示。

表 2-10-33 三比值法的编码规则

特征气体的比值	比值范围编码			说明
	$\frac{C_2H_2}{C_2H_4}$	$\frac{CH_4}{H_2}$	$\frac{C_2H_4}{C_2H_6}$	
<0.1	0	1	0	例如：$\frac{C_2H_2}{C_2H_4}=1\sim3h$，编码为 1；$\frac{CH_4}{H_2}=1\sim3h$，编码为 2；$\frac{C_2H_4}{C_2H_6}=1\sim3h$，编码为 1
0.1～1	1	0	0	
1～3	1	2	1	
>3	2	2	2	

表 2-10-34 判断故障性质的三比值法

序号	故障性质	比值范围编码			典型例子
		$\frac{C_2H_2}{C_2H_4}$	$\frac{CH_4}{H_2}$	$\frac{C_2H_4}{C_2H_6}$	
0	无故障	0	0	0	正常老化
1	低能量密度的局部放电	0 但无意义	1	0	由于不完全浸渍引起气孔穴中的放电或过分饱和或高湿度引起的孔穴中的放电
2	高能量密度的局部放电	1	1	0	同上，但已导致固体绝缘的放电痕迹或穿孔
3	低能量的放电①	1→2	0	1→2	不同电位之间的油的连续火花放电或对悬浮电位连接不良的连续火花放电。固体材料之间油的击穿
4	高能量放电	1	0	2	有工频续流的放电。绕组之间或线圈之间，或线圈对地之间的油的电弧击穿。选择开关切断电流
5	低于 150℃的热故障②	0	0	1	一般性的绝缘导线过热
6	150～300℃低温范围的过热故障③	0	2	0	由于磁通集中引起的铁芯局部过热，热点温度增加，使铁芯中的小热点短路
7	300～700℃中等温度范围的热故障	0	2	1	由于涡流引起的铜过热，接头或接触不良（形成焦炭）以及铁芯和外壳的环流
8	高于 700℃高温范围的热故障④	0	2	2	

① 随着火花放电强度的增长，特征气体的比值有如下增长的趋势：乙炔/乙烯从 0.1～3 增加到 3 以上；乙烯/乙烷从 0.1～3 增加到 3 以上。

② 在这一情况中，说明了乙烯/乙烷比值的变化。气体主要来自固体绝缘的分解。

③ 这种故障情况通常由气体浓度的不断增加来反映。甲烷/氢的值通常大约为 1。实际值大于或小于 1 与很多因素有关，如油保护系统的方式，实际的温度水平和油的质量等。

④ 乙炔含量的增加表明热点温度可能高于 1000℃。

表 2-10-35 色谱流程图举例

序号	流程图	检测气体	说明
1	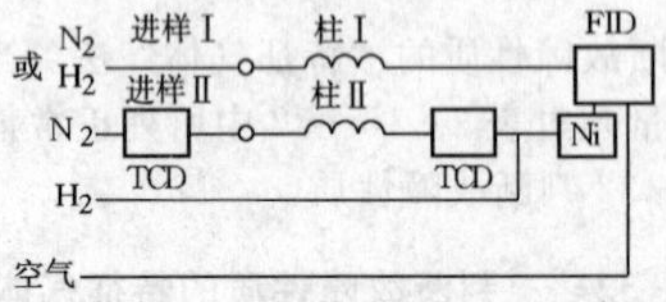 N_2 或 H_2；进样Ⅰ；柱Ⅰ；进样Ⅱ；柱Ⅱ；N_2；TCD；TCD；Ni；FID；H_2；空气	进样Ⅰ FID上测烃类气体 进样Ⅱ FID上测 CO、CO_2 TCD上测 H_2、O_2	需测定的几种气体都能做到比较满意的分离
2	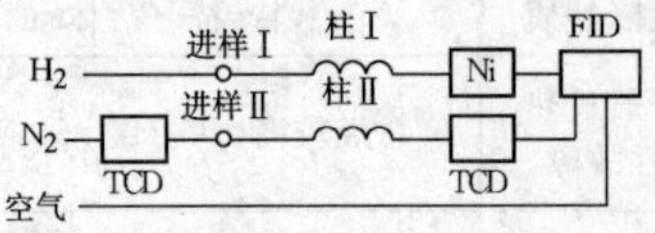 H_2；进样Ⅰ；柱Ⅰ；进样Ⅱ；柱Ⅱ；Ni；FID；N_2；TCD；TCD；空气	进样Ⅰ FID上测 CO、CC_2 进样Ⅱ FID上测烃类气体 TCD上测 H_2、O_2	用分离烃类的柱Ⅱ同时分离 H_2 有时不够满意
3	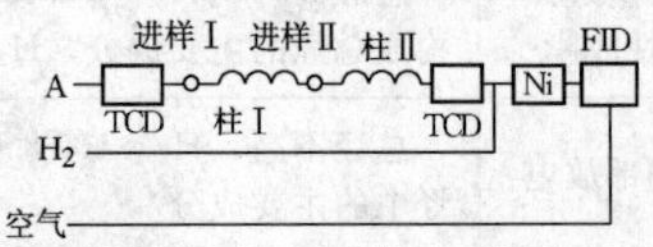 进样Ⅰ；进样Ⅱ；柱Ⅱ；A；TCD；柱Ⅰ；TCD；Ni；FID；H_2；空气	进样Ⅰ FID上测 CO、CO_2 TCD上测 H_2、C_2、N_2 进样Ⅱ FID上测烃类气体	实际样品中 CO_2 含量较高，有时拖尾要影响后面的峰 串联流程柱前压较高，能测 C_2 和 N_2

续表

序号	流程图	检测气体	说明
4	N_2—TCD—进样—柱—TCD—Ni—FID；H_2；空气	一次进样 FID上测CO、CC_2及烃类气体 TCD上测H_2、O_2	H_2的分离，CO和空气的分离，CC_2和它后面的微量烃类气体的分离不易达到满意效果。一次进样操作简单
5	N_2—TCD—进样Ⅰ—柱Ⅰ—TCD；进样Ⅱ—柱Ⅱ—TCD；H_2—进样Ⅲ—柱Ⅲ—TCD	进样Ⅰ 测H_2 进样Ⅱ 测C_2、N_2、CO、CH_4 进样Ⅲ 测CC_2及烃类气体	仪器简单，灵敏度不及有FID的高

注 TCD—热导鉴定器；FID—氢火焰离子化鉴定器；Ni—甲烷转化炉。

第十一节 厂 用 电

一、厂用电系统

(1) 厂用电源及接线。高压厂用工作电源，当有发电机电压母线时，可由各段发电机电压母线引接，供给接在该段母线上的机组的厂用负荷。当机组为单元接线时，可由主变压器低压侧引接，供给该机组的厂用负荷。低压厂用工作变压器可由发电机电压母线或对应的高压厂用母线段引接；备用低压变压器应尽量避免与工作变压器接在同一高压厂用母线段上。

厂用电系统采用单母线接线。接有Ⅰ类负荷的高压和低压厂用母线应设置备用厂用电源。还应装设备用电源自动投入装置。运煤系统等接有Ⅱ类负荷的低压厂用母线，应设置手动切换的备用电源。

高压厂用备用或起动/备用电源，当无发电机电压母线时，由高压母线中电源可靠的最低一级电压母线或由联络变压器的第三（低压）绕组引接，并应保证在全厂停电的情况下，能从外部电力系统取得足够的电源。当有发电机电压母线时，由该母线引接1个备用电源。当技术经济合理时，可由外部电网引接专用线路供给。全厂有2个及以上高压厂用备用或起动/备用电源时，应引自两个相对独立的电源。

厂用电母线的分段，可参考表2-11-1。

表2-11-1 厂 用 母 线 分 段

锅炉容量 (t/h)	高压母线	低压母线
≤65	两台锅炉台用一段母线	接Ⅰ类负荷电动机，按炉机对应分段
130～220	每台锅炉一段母线	
400～670	每台锅炉二段母线	每台锅炉2段或1段母线①
≥1000	每一种高压母线应为二段	每台锅炉2段母线②

① 2段母线可由1台变压器供电。
② 每段母线由1台变压器供电。

(2) 厂用电电压及中性点。高压厂用电采用3、6或10kV，低压厂用电均采用380V。实用示例如表2-11-2所示。

表2-11-2 厂 用 电 压 示 例

发电机容量 (MW)	发电机电压 (kV)	厂用电压 高压/低压 (kV)	电动机容量 高压/低压 (kW)
60以下	10.5	3/0.33	大于100/100以下
	6.3	6/0.38	200以上/小于200①
100～200	10.5～15.75	6/0.38	
300以上	18～20	6/0.38	
		10/3/0.38	大于1800/200～1800/小于200

① 200～245kW电动机在不增加低压厂用变压器台数且起动没有困难时，可采用0.38kV。

高压厂用电系统可采用中性点不接地或经变压器接地。前者在单相接地电流达10A以上时保护装置动作跳闸，小于10A时可动作于跳闸或信号。后者在单相接地时不中断供电，二次侧接地电阻按以下要求选择：单相接地时健全相过电压不大于2.6倍额定电压；电阻消耗功率不小于正常三相对地电容充电功率的1.5倍；单相接地电流不小于10A；继电保护能迅速可靠地动作，限制故障电流在15A以下。低压厂用电系统可采用中性点直接接地或不接地（或经高阻接地）。前者用于125MW以下机组，动力和照明网络可以共用，但设备单相接地时要跳闸，熔断器一相熔断时会造成电动机两相运行。后者用于200MW以上机组，可提高低压供电的可靠性，但需另设照明和其他单相负荷的供电变压器。

(3) 厂用电源切换。为保证电动机不受冲击，对机组正常运行扰动最小，并能很快恢复稳定运行，大机组多采用快速切换装置，并以慢速断电切换作后备的厂用电源自动快速切换方式。要求断路器固有分闸时间和固有合闸时间均不大于0.1s。切换装置须具有同期检查功能，在工作电源与备用电源相位差不超过20°时允许自动切换。若快速切换不成功，能自动转换成慢速切换，在母线电压下降到整定值（如20%额定电压）时，允许备用电源自动投入。必要时需预先切除部分电动机负荷，以保证母线电压和重要电动机起动。

采用由电子式相位比较继电器构成的快速切换系统，可以连续比较工作电源和备用电源的电压、相位差和频率差，当满足整定的条件时实现快速切换，时间约70～80ms。如快速切换不成功，则转为慢速切换，时间为700～900ms。

当断路器不具备快速分合闸性能时，可采用低电压闭锁延时切换，在备用电源合闸回路中串入母线残压检查继电器的闭锁接点，限制合闸时的冲击电流。残压整定值为25%

～40%母线额定电压，切换时间不大于2s。

二、厂用变压器

厂用变压器选择。高压厂用工作变压器的容量应按高压厂用电动机计算负荷的110%与低压厂用计算负荷之和选择。一般不应采用有载调压。

其容量可用换算系数法求得厂用母线段上的计算负荷S_{JS}后确定。

$$S_{JS}=1.1\sum KP+\sum S_d \text{ (kVA)} \qquad (2-11-1)$$

式中 1.1——裕度系数；

K——换算系数按表2-11-3选取；

P——电动机等负荷的计算负荷（kW），可按表2-11-4计算；

S_d——由该母线供电的低压厂用母线的计算负荷（kVA）。

表2-11-3 换算系数表

机组容量 (kW)	≤125000	≥200000
给水泵及循环水泵电动机	1.0	1.0
凝结水泵电动机	0.8	1.0
其他高压电动机及低压厂用变压器	0.8	0.85
其他低压电动机	0.8	0.8

表2-11-4 电动机等计算功率表

负 荷 特 点	计算功率 (kW)
连续运行的电动机	$P=P_{ed}$ P_{ed}为电动机的额定功率
经常短时或断续运行的电动机	$P=\frac{1}{2}P_{ed}$
不经常连续运行的设备（如备用励磁机、备用电动给水泵等）	$P=P_{ed}$
不经常短时及不经常断续运行的设备	不计
中央修配厂	$P=0.14P_{\Sigma}+0.4P_{\Sigma5}$ 式中 P_{Σ}—全部电动机额定功率总和； $P_{\Sigma5}$—5台最大电动机额定功率之和
煤场机械	$P=0.35P_{\Sigma}+0.6P_{\Sigma3}$ 式中 $P_{\Sigma3}$—3台最大电动机额定功率之和
照明	$P=K_xP_A$ 式中 K_x—需要系数，取0.8～1.0； P_A—安装容量

低压厂用计算负荷也采用换算系数法，变压器（或电抗器）的额定容量应大于计算负荷。由于电抗器几乎没有过负荷能力，其容量应留有适当裕度或增大一级。

变压器阻抗应限制二次侧（电抗器后）短路容量在所用断路器的容许值，并满足电动机正常起动和成组自起动或最大一台电动机起动的要求。还应考虑到调压方式以及对设备动、热稳定等的影响。

高压厂用变压器一般不需有载调压，合理选择分接头可控制高压厂用母线电压偏移在±5%额定电压以内。但如高压厂用备用/起动变压器电压偏移超过±5%时，则可采用有载调压。

厂用变压器规范示例于表2-11-5。

表2-11-5 高压厂用变压器规范

发电机容量 (MW)	电抗器或工作变压器	备 用 变 压 器
12	6kV，300A—4%电抗器	—
25	6kV，600A—5%电抗器	10000kVA/110kV
50	10000kVA/10kV	10000kVA/35kV
100	12500kVA/10kV	16000kVA/35kV
125	16000kVA/13.8kV	16000kVA/110kV
200	31500/20000—20000kVA 15/6.3—6.3kV	31500/20000—20000kVA 220/6.3—6.3kV
300	40000/20000—20000kVA 20/6.3—6.3kV	40000/20000—20000kVA 220/6.3—6.3kV
600	2×40000/25000/15000kVA 20/10.5/3.15kV	2×40000/25000/15000kVA 220/10.5/3.15kV

大型机组的厂用电可采用分裂绕组变压器以增加变压器阻抗，限制厂用系统的短路电流保证二次侧电气设备的短路稳定性，改善厂用母线电压质量及电动机起动和自起动条件。当一段母线发生短路时，仍能维持另一段母线以最低电压水平继续运行。

分裂绕组变压器的计算电抗X_{JS}为

$$X_{JS}=\left(1+\frac{K_P}{4}\right)X_D \qquad (2-11-2)$$

式中 X_D——穿越电抗（相当于普通变压器的短路电抗）；

K_P——分裂系数，通常在3～4之间。

当$K_P=4$时，通过分裂绕组变压器的短路电流可比普通变压器减少一半。

高压厂用备用变压器或起动/备用变压器的容量应与最大一台（组）高压厂用工作变压器的容量相同。

低压厂用备用变压器的容量应与最大一台低压工作变压器的容量相同。

三、厂用电动机

（1）厂用电母线分段和电动机在分段母线上的分配。高低压厂用电系统均按机组采用单母线接线，母线分段及厂用电动机在母线上的分配，如表2-11-6所示。

表2-11-6 厂用电母线分段及电动机分配

锅炉容量 (t/h)	每台机组供电的厂用母线段数		电动机在母线上的分配
	高压厂用电	低压厂用电	
≤220	1	母线上有Ⅰ类负荷时，按机或炉对应分配	
400～670	2	可用1台变压器供电	机炉双套辅机分接在不同段母线上
≥1000	2	每段由1台变压器供电	机炉双套辅机分接在不同段母线上

(2) 厂用电动机选型。厂用电动机一般采用交流异步电动机，很少采用同步电动机。只有在失去交流电源时仍要求工作或要求大范围调速时，才采用直流电动机。应当按机械设备的运行要求和特点、厂用电压以及使用环境条件，合理选择电动机的容量、规格和防护型式。表2-11-7列出按环境条件的电动机选型。电动机多为系列定型产品，通常与机械设备配套供应。

(3) 不同机组选用电动机的实例示于表2-11-8中。

表2-11-7 不同环境条件的电动机类型

序号	环境特点	场所名称	电动机类型
1	干燥、清洁	汽机房运转层、配电装置室、主控制室、空压机室、试验室、燃油（气）锅炉房底层、金工车间	防滴式
2	潮湿	汽机房底层、水泵房、水处理室	防滴式、防护式、封闭循环冷却式
3	特别潮湿	灰浆泵房、地下排水泵房、地下输煤皮带、立式水泵房底层	封闭扇冷式、管道进风式
4	多灰尘	锅炉房运转层及制粉间、引风机室、铸工车间	封闭扇冷式、管道进风式
5	多灰尘、特别热	锅炉出灰间	封闭扇冷式、管道进风式
6	有火灾危险	输煤皮带、碎煤机室、木工车间、油处理室、油泵房	封闭扇冷式、管道进风式
7	有爆炸危险	蓄电池室、制氢式、油泵房	防爆式
8	屋外	屋外设备	户外式

表2-11-8 火电厂主要厂用电动机示例

机组容量(MW)	50	100	125	200	300
机械设备	电动机容量(kW×台数)				
给水泵	2000×1	2000×2	4000×2	3200×2	6000×(2+1)
引风机	460×2	475×2	700×2	1250×2	2200×2
送风机	310×2	650×2	650×2	1250×2	1500×2
排粉机	500×2	310×4	220×2	360×4	—
磨煤机	570×2	475×4	650×2	550×4	950×2
凝结水泵	100×1	180×2	180×2	300×2	360×2
射水泵	135×1	—	—	300×2	300×2
起动油泵	185×1	—	—	—	—
循环水泵	320×1+200×2	1000×2	1000×2	1150×2	1900×2
灰渣泵	115×1	—	—	550×2	550×3
冲渣水泵	100×1	550×1	—	300×2	240×3
除灰水泵	—	—	220×1	—	260×2
碎煤机	200×1	220	—	570	900(kVA)×4
炉再循环泵	—	—	—	—	524×2
备用励磁机	—	630	—	850	—

(4) 厂用电自起动容量的确定。厂用变压器允许自起动的电动机容量可按下式计算

$$P_{zq}=\left(\frac{U\%-U_{mx}\%}{U_{mx}\%Z_b}-\frac{S_1}{S_{eb}}\right)\frac{\eta_{dp}\cos\varphi_{dp}S_{eb}}{K_{dp}} \qquad (2-11-3)$$

电动机经限流电抗器时，允许自起动的电动机容量可按下式计算

$$P_{zq}=\left(\frac{U\%-U_{mx}\%}{U_{mx}\%Z_k}-\frac{S_1}{S_{ek}}\right)\frac{\eta_{dp}\cos\varphi_{dp}S_{ek}}{K_{dp}} \qquad (2-11-4)$$

$$S_{ek}=\sqrt{3}U_{ek}I_{ek}$$

上两式中 P_{zq}——允许自起动的电动机容量（kW）；

S_{eb}——变压器的额定容量（kVA）；

S_{ek}——电抗器的额定容量（kVA）；

$U\%$——电源电压与厂用电压比值的百分数。当用普通变压器时为100，当用调压变压器时为105；

$U_{mx}\%$——自起动要求的母线电压百分数如表2-11-9所列；

Z_b——变压器的阻抗（%）；

Z_k——电抗器的阻抗（%）；

K_{dp}——自起动电动机的平均起动电流倍数；

η_{dp}——自起动电动机的平均效率；

$\cos\varphi_{dp}$——自起动电动机的平均功率因数；

S_1——电动机自起动前母线上已运行的负荷与母线有连接的额定负荷之比值（对于工作电源一般取 $S_1=0$）。

(5) 自起动要求的母线电压如表2-11-9所示。

表2-11-9 自起动要求的母线电压百分数

电压	类型	U_{mx} (%)
3～6(kV)	高温高压电厂	65～70
	中压电厂	60～65
380/220(V)	低压母线单独自起动	60
	与高压串接同时自起动	55

(6) 允许自起动的高压电动机容量的相对值如表2-11-10所示。

(7) 当变压器已带有负荷时，容许自起动电动机容量相对值如表2-11-11所列。

表2-11-10 高压厂用变压器容许自起动3～6kV电动机容量的相对值（P_{zq}/S_{eb}）

类型		14	12.5	10	8	5.5
		变压器阻抗 Z_b（%）→ P_{zq}/S_{eb}				
高温高压电厂	普通厂用变压器	0.62	0.70	0.87	1.08	1.58
	调压厂用变压器	0.71	0.79	—	—	—
中压电厂	普通厂用变压器	0.77	0.75	1.07	1.35	1.96
	调压厂用变压器	0.86	0.97	—	—	—

注 P_{zq}/S_{eb}=允许自起动的电动机容量（kW）/变压器的额定容量（kVA）。

表 2-11-11　　高压厂用变压器带负荷后容许自起动电动机容量的相对值（P_{zq}/S_{eb}）

电厂类型	变压器阻抗 Z_b（%）	S_1（相对值）***					电厂类型	变压器阻抗 Z_b（%）	S_1（相对值）***				
		0.3	0.5	0.7	0.85	1.0			0.3	0.5	0.7	0.85	1.0
		P_{zq}/S_{eb}****							P_{zq}/S_{eb}****				
高温高压电厂（U_{zq}%**=65）	14*	0.66	0.63	0.6	0.57	0.55	中压电厂（U_{zq}%=60）	14*	0.81	0.78	0.75	0.73	0.70
	12.5*	0.74	0.71	0.68	0.66	0.63		12.5*	0.92	0.89	0.86	0.83	0.81
	10	0.82	0.79	0.76	0.73	0.71		10	1.03	0.99	0.96	0.94	0.91
	8	1.03	1.0	0.97	0.95	0.93		8	1.3	1.26	1.23	1.21	1.18
	5.5	1.53	1.5	1.47	1.44	1.41		5.5	1.9	1.87	1.84	1.81	1.79

*　系带负荷调压的变压器阻抗值，是按母线电压的105%计算得到的。

**　U_{zq}%＝电动机自起动电压值/电动机额定电压值×100%。

***　S_1＝电动机自起动前母线已运行的负荷/与母线有连接的额定负荷。

****　P_{zq}/S_{eb}含义见表 2-12-10 注。

四、电动机的技术参数

（1）三相异步电动机基本系列产品主要技术数据如表 2-11-12 所示。

（2）Y 系列三相同步电动机主要技术数据如表 2-11-13 所示。

（3）Y 系列电动机技术数据如表 2-11-14 所示。

表 2-11-12　　基本系列异步电动机技术数据

系列型号	功率（kW）	电压（V）	η（%）	$\cos\varphi$	$\frac{I_{st}}{I_N}$	$\frac{T_{st}}{T_N}$	$\frac{T_{max}}{T_N}$	极　数
YR	400～3200	6000	89.5～94.0	0.68～0.86			1.8	6～24
Y	400～2000	6000	90.5～94.0	0.72～0.86	6.5	0.7	1.8	6～16
YK	1000～3000	6000	93.0～95.0	0.84～0.86	7.0	0.7	1.8	2
JS2、JSL2	60～320	380	89.5～93.5	0.80～0.91	5.5～6.5	1.0	1.8～2.0	4～10
JR2、JRL2	60～320	380	87.5～93.5	0.79～0.91			1.8～2.0	4～10
JS	45～280	380	89～94.5	0.80～0.91	5.5～6.5	0.9	1.6	4～12
	200～780	6000						
JR	45～300	380	88.0～94.5	0.76～0.90			1.8	4～12
	200～1050	6000						
J2、JO2	0.6～125	380	74～92.5	0.68～0.90	5.5～6.5	1.0～2.2	1.8～2.2	2～10

注　I_{st}—启动电流；I_N—额定电流；T_{max}—最大转矩；T_{st}—起动转矩；T_N—额定转矩。

表 2-11-13　　Y 系列同步电动机技术数据

功率（kW）	同步转速（r/min）							
	3000	1500	1000	750	3000	1500	1000	750
	效率（%）				功率因数			
0.55	—	73.0	—	—	—	0.76	—	—
0.75	75.0	74.5	72.5	—	0.84	0.76	0.70	—
1.1	77.0	78.0	73.5	—	0.86	0.78	0.72	—
1.5	78.0	79.0	77.5	—	0.85	0.79	0.74	—
2.2	82.0	81.0	80.5	81.0	0.86	0.82	0.74	0.71
3	82.0	82.5	83.0	82.0	0.87	0.81	0.76	0.72
4	85.5	84.5	84.0	84.0	0.87	0.82	0.77	0.73
5.5	85.5	85.5	85.3	85.0	0.88	0.84	0.78	0.74
7.5	86.2	87.8	86.0	86.0	0.88	0.85	0.78	0.75
11	87.2	88.8	87.0	86.5	0.88	0.84	0.78	0.77
15	88.2	88.5	89.5	88.0	0.88	0.85	0.81	0.76
18.5	89.0	91.0	89.8	89.5	0.89	0.86	0.83	0.76
22	89.0	91.5	90.2	90.0	0.89	0.86	0.83	0.78
30	90.0	92.2	90.2	90.5	0.89	0.87	0.85	0.80
37	90.5	91.8	90.8	91.0	0.89	0.87	0.86	0.79
45	91.5	92.3	92.0	91.7	0.89	0.87	0.87	0.80
55	91.5	92.6	92.0	—	0.89	0.88	0.87	—
75	91.5	92.7	—	—	0.89	0.88	—	—
90	92.0	93.5	—	—	0.89	0.89	—	—

注　效率用实测杂散损耗的损耗分析法确定。

表 2-11-14　　Y 系列电动机技术数据

型 号	额定功率 (kW)	满载时				堵转电流/额定电流	堵转转矩/额定转矩	最大转矩/额定转矩
		电流 (A)	转速 (r/min)	效率 (%)	功率因数			
Y132S1—2	5.5	11.1	2900	85.2	0.88	7.0	2.0	2.2
Y132S2—2	7.5	15.0	2900	86.2	0.88	7.0	2.0	2.2
Y160M1—2	11	21.8	2930	87.2	0.88	7.0	2.0	2.2
Y160M2—2	15	29.4	2930	88.2	0.88	7.0	2.0	2.2
Y160L—2	18.5	35.5	2930	89.0	0.89	7.0	2.0	2.2
Y180M—2	22	42.2	2940	89.0	0.89	7.0	2.0	2.2
Y200L1—2	30	56.9	2950	90.0	0.89	7.0	2.0	2.2
Y132S—4	5.5	11.6	1440	85.5	0.84	7.0	2.2	2.2
Y132M—4	7.5	15.4	1440	87.0	0.85	7.0	2.2	2.2
Y160M—4	11	22.6	1460	88.0	0.84	7.0	2.2	2.2
Y160L—4	15	30.3	1460	88.5	0.85	7.0	2.2	2.2
Y180M—4	18.5	35.9	1470	91.0	0.86	7.0	2.0	2.2
Y180L—4	22	42.5	1470	91.5	0.86	7.0	2.0	2.2
Y200L—4	30	56.8	1470	92.2	0.87	7.0	2.0	2.2
Y132M2—6	5.5	12.6	960	85.3	0.78	6.5	2.0	2.0
Y160M—6	7.5	17.0	970	86.0	0.78	6.5	2.0	2.0
Y160L—6	11	24.6	970	87.0	0.78	6.5	2.0	2.0
Y180L—6	15	31.6	970	89.5	0.81	6.5	1.8	2.0
Y200L1—6	18.5	37.7	970	89.8	0.83	6.5	1.8	2.0
Y200L2—6	22	44.6	970	90.2	0.83	6.5	1.8	2.0
Y225M—6	30	59.5	980	90.2	0.85	6.5	1.7	2.0
Y160M2—8	5.5	13.3	720	85.0	0.74	6.0	2.0	2.0
Y160L—8	7.5	17.7	720	86.0	0.75	5.5	2.0	2.0
Y180L—8	11	25.1	730	86.5	0.77	6.0	1.7	2.0
Y200L—8	15	34.1	730	88.0	0.76	6.0	1.8	2.0
Y225S—8	18.5	41.3	730	89.5	0.76	6.0	1.7	2.0
Y225M—8	22	47.6	730	90.0	0.78	6.0	1.8	2.0
Y250M—8	30	63.0	730	90.5	0.80	6.0	1.8	2.0

注 1. 型号中 Y 后面数字表示机座中心高（mm），字符 L 为长机座，M 为中机座，S 为短机座。
2. 短划线后面的数字代表电机的极数。

五、保安电源

（1）保安电源配置。容量为 200MW 及以上的机组，应设置交流事故保安电源，供机组在厂用电事故停电时安全停机和在厂用电恢复供电后快速起动并网发电之用。其电压应采用 380V，其中性点接地方式应与低压厂用电系统一致。

交流事故保安电源宜采用快速起动的柴油发电机组，不应再设备用。

交流事故保安电源需要保证对汽轮机盘车电动机、顶轴油泵、氢密封油泵以及重要辅机润滑油泵等负荷供电。柴油发电机的容量可参考表 2-11-15。

表 2-11-15　　柴 油 发 电 机 容 量

机组容量（MW）	柴油发电机容量（kW）
200	200～250
300	400；500
600	950（kVA）；1200

柴油机起动时间要求 10s 内达到额定转速和带负荷条件，过负荷能力为 110%额定出力 2h。柴油发电机端电压要按所带负荷中最大电动机的起动条件校验，可不考虑与工作电源并列运行，但应设闭锁装置。保安电源的接线如图 2-11-1 所示。

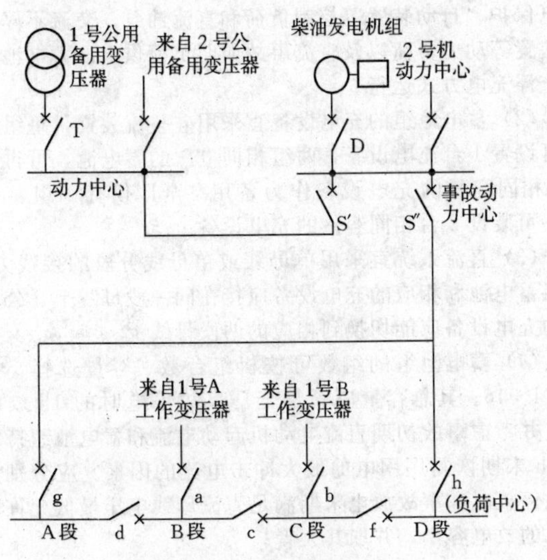

图 2-11-1　保安电源接线

正常运行时有两种情况：①D开，T、S′、S″合，事故动力中心由1号公用备用变压器供电；②c、g、h开，a、b、d、f合，A、B、C、D段由1号A、1号B工作变压器供电。厂用电源故障时，低电压启动，0.22s后S′跳开，起动柴油发电机组，15s后自动合上D。事故运行时，设1号A工作变压器故障，B段低电压起动，d断开，g合上（其电源侧有电）。厂用电源恢复时，在单元控制室手动操作，打开D，合上S′，180s后柴油发电机自动停机。

(2) 交流不停电电源。容量为200MW及以上机组，除了采用柴油发电机作为保安电源外，还应设置交流不停电电源。交流不停电电源宜采用接于直流母线上的电动发电机组或静态逆变装置。常用的有：

1) 静态逆变装置。由晶闸管逆变器将直流电逆变为110V或220V50Hz交流电。输出电压和频率变化范围很小，工作可靠，使用寿命长。装置本身还配备独立的备用电源，用无触点开关自动切换，断电时间极短，一般为5～30ms。见图2-11-2 (a)。

2) 电动发电机组，一般由一台电动发电机组和一回可靠的交流低压厂用电源组成，用接触器或自动开关切换，断电时间稍长，一般在200ms以下。其稳压、稳频性能不如静态逆变装置，但能满足热工负荷的供电要求。见图2-11-2 (b)。

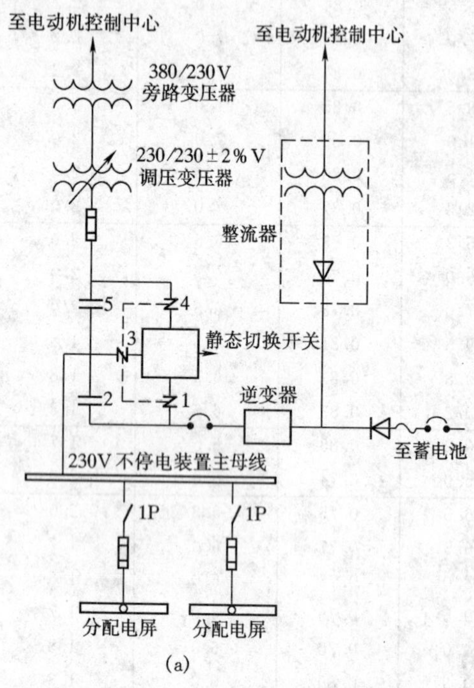

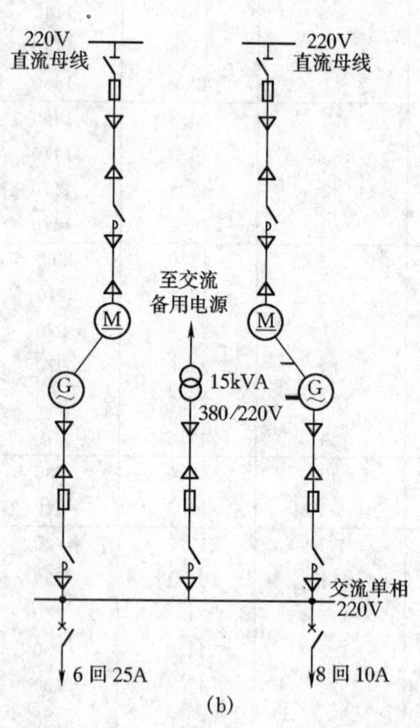

图2-11-2　不停电供电装置

(a) 静态逆变装置；(b) 电动发电机组

六、直流电系统

(1) 发电厂内应装设蓄电池组，向机组的控制、信号、继电保护、自动装置等控制负荷和直流油泵、交流不停电电源装置等动力负荷以及直流事故照明负荷供电。蓄电池组应以全浮充电方式运行。

(2) 蓄电池组的充电设备宜采用硅整流装置，每组蓄电池可设置1台充电设备，两组相同电压的蓄电池，可再设置1台相同容量的充电设备作为备用。全厂仅有1组蓄电池时，可装设2台相同容量的充电设备。

(3) 直流系统宜采用单母线或单母线分段的接线方式，每组蓄电池和相应的充电设备应接在同一段母线上，公共备用的充电设备应能切换到相应的两段母线上。

(4) 蓄电池组的组数可按机组台数、容量选择，如表2-11-16。其总容量应满足全厂事故停电时的1h放电容量，并考虑事故初期直流电动机起动电流和蓄电池组持续放电1h末期恢复厂用电的最大冲击电流的因素。应分别计算事故停机时和事故放电末期满足直流母线电压最低允许值所要求的放电容量，并取其大者。

(5) 不同容量机组的直流系统示例如表2-11-17所示。

表2-11-16　蓄电池组数选择表

控制方式	机组台数	电厂总容量或单机容量(MW)	蓄电池组数
主控制室	>3	>100	2
	其他情况		1
单元控制室	1	100～125	1
	1	200～300	控制负荷1，动力负荷1（扩建厂可合用1组）
	1	600	控制负荷2，动力负荷1（扩建厂可合用2组）
网控室或单元控制室	有500kV设备时		控制负荷2
	其他情况		控制负荷1

注　控制用蓄电池组电压110V，动力用蓄电池组电压用220V，合用时可用110V或220V。

表 2-11-17 **火电厂直流系统实例**

机组容量（台×MW）	控制方式	蓄电池容量（组×Ah，V）	充电设备容量（台×A）	接线方式	备 注
2×50	主控制室	1×800，220	1×150+1×50	双母线	有端电池
4×100	主控制室	2×800，220	1×200+2×100	双母线	
2×125	主控制室	1×800，220	1×150+1×50+1×15	双母线	有端电池
4×200	集控+网控	2×1400+2×1200+1×300，220	6×150+2×50	单母线分段	
4×300	集控+网控	4×1400+2×300，220+110	6×250+3×75	单母线分段	有硅降压二极管

（6）当发电机的励磁由同轴励磁机供给时，对于地区重要发电厂或发电机台数为3台及以上的发电厂，可装设1套备用励磁系统。

容量为300MW及以下的机组，当采用交流励磁机静态整流器的励磁系统，发电机的台数为4台及以上时，全厂可装设1套备用励磁装置。

七、厂用电电缆

（1）电缆选择。电缆包括电力电缆和控制电缆。厂用电系统中，为减少相间短路几率，宜采用单芯电力电缆。为了防止运行人员遭受电击，高压电缆最好有屏蔽护层。控制电缆宜采用全塑料铜芯电缆，并有屏蔽层以防高频干扰。

电力电缆的导线截面积可按表2-11-18选择。

表 2-11-18 **电力电缆截面选择**

选择条件	计 算 公 式
按持续电流	$KI_S \geqslant I_{SM}$ 式中 I_S—标准敷设条件下的持续电流（A）； I_{SM}—最大持续负荷电流（A）； K—不同敷设条件的校正系数
按短路时的热稳定	$S=\frac{I\sqrt{t}}{c}$ 式中 S—导体截面（mm^2）； I—三相短路全电流有效值（A）； t—故障持续时间（s）； c—常数
按电压降（对低压电缆）	$S=\frac{\sqrt{3}I\rho L\times 100}{U_N\Delta U\%}$（三相）； $S=\frac{2I\rho L\times 100}{U_N\Delta U\%}$（单相） 式中 S—导体截面（mm^2）； I—负荷电流（A）； ρ—电阻率； L—电缆长度（m）； $\Delta U\%$—电压降； U_N—额定电压（V）

（2）电缆敷设。主厂房内的电缆宜敷设在专用的架空托架、电缆隧道或排管内，如表2-11-19所示。

电力电缆和控制电缆一般宜分开排列。有条件时，动力电缆宜穿管或采用阻燃电缆。采用架空托盘和电缆隧道敷设时，还应采取防止电缆积粉和火灾蔓延的措施。在电缆穿过楼板或隔墙处均应填实，不让空气或液体流通。

架空托架走廊应与主厂房内主要设备和管道的布置统一考虑，并宜避开易遭受火灾的地段。架空托架的布置应使电缆的用量最少，且便于施工和正常维护，并应整齐美观。

表 2-11-19 **电缆敷设方式**

敷设方式	场 所	要 求
托架	各车间（火灾危险、高温地段除外）以及车间之间的联络	高低压动力、控制电缆分别敷设在单独托架内，同一线路按由上到下的顺序
排管及穿管	车间至车间多用排管，托架至设备多用穿管	不同用途的电缆敷设在不同管道内；双套以及工作和备用设备的电缆不放在同管道内；排管不与高压架空线平行；金属管应连续可靠接地
电缆沟	敷设控制和小截面低压电力电缆，特别在升压站等屋外场所	避免与高压架空线平行或在沟的两侧各放一条接地线

电缆隧道严禁作为其他管沟的排水通路，当电缆隧道与其他管沟交叉时，应有良好的防水措施。

（3）电力电缆型号字母及数字所代表的意义。

第一个字母：表示绝缘兼小类代号

Z——纸绝缘

X——橡皮绝缘

V——塑料绝缘及护套

C——船用

Y——移动式

第二个字母：表示导体的材料

L——铝芯

T——铜芯（一般省略）

第三个字母：表示内护层性质

Q——铅包

L——铝包

H——橡套

HF——非燃性橡套

V——聚氯乙烯护套

第四个字母：

P——干绝缘

F——分相铅包

C——滤尘器用

数字部分：表示外护层性质

1——纤维被复

2——钢带铠装

20——裸钢带铠装

3——细钢丝铠装

30——裸细钢丝铠装

5——粗圆钢丝铠装

31——钢丝编织

32——铜丝编织

11——防腐护层

12——钢带铠装，有防腐护层

120——裸钢带铠装，有防腐护层

(4) 正常运行时电缆最高允许温度如表 2-11-20 所示。

(5) 电缆允许载流量。

1) 在空气中敷设时允许载流量（A）如表 2-11-21 所示。

2) 埋地敷设时允许载流量（A）如表 2-11-22 所示。

(6) 电缆埋地多根并列时的电流校正系数如表 2-11-23所示。

表 2-11-20　　电缆最高允许温度（℃）

电缆种类 \ 额定电压（kV）	≤3	6	10	20～35	110～330
天然橡皮绝缘	65	65			
粘性纸绝缘	80	65	60	50	
聚氯乙烯绝缘	65	65			
聚乙烯绝缘		70	70		
交联聚乙烯绝缘	90	90	90	80	
充油纸绝缘				75	75

表 2-11-21　　ZLQ，ZLQ_1，ZLL 型油浸纸绝缘铝芯电力电缆在空气中敷设时允许载流量（A）

芯数×截面（mm^2）	1～3kV，$t_1=+80$℃				6kV，$t_1=+65$℃				10kV，$t_1=+60$℃			
	25℃	30℃	35℃	40℃	25℃	30℃	35℃	40℃	25℃	30℃	35℃	40℃
3×2.5	22	21	20	19								
3×4	28	26	25	24								
3×6	35	33	31	30								
3×10	48	46	43	41	43	40	37	34				
3×16	65	62	58	55	55	51	48	43	55	51	46	41
3×25	85	81	76	72	75	70	65	59	70	65	59	53
3×35	105	100	95	90	90	84	78	71	85	79	72	64
3×50	130	124	117	111	115	107	99	91	105	98	89	79
3×70	160	152	145	136	135	126	117	106	130	120	110	98
3×95	195	185	176	166	170	159	148	134	160	148	135	121
3×120	225	214	203	192	195	182	169	154	185	171	156	140
3×150	265	252	239	226	225	210	196	178	210	194	177	158
3×180	305	290	276	260	260	243	225	205	245	227	207	185
3×240	365	348	330	311	310	290	268	244	290	268	245	219

注　ZLQ—油浸纸绝缘铝芯铅包电力电缆，适于敷设在室内沟道中，不能承受机械外力。

ZLQ_1—油浸纸绝缘铝芯铅包带黄麻外层电力电缆。适于地沟敷设，不能承受机械外力。

ZLL—纸绝缘铝芯裸铅包电力电缆，适于架空敷设在户内地沟、管道中，不能承受机械外力。

表 2-11-22　　ZLQ_2，ZLQ_3，ZLQ_5 型油浸纸绝缘电力电缆埋地敷设时允许载流量（A）

芯数×截面（mm^2）	1kV，$t_1=+80$℃			6kV，$t_1=+65$℃			10kV，$t_1=+60$℃		
	15℃	20℃	25℃	15℃	20℃	25℃	15℃	20℃	25℃
3×2.5	30	29	28						
3×4	39	37	36						
3×6	50	48	46						
3×10	67	65	62	61	57	54			
3×16	88	84	81	78	74	70	73	70	65
3×25	114	109	105	104	99	93	100	95	89
3×35	141	135	130	123	116	110	118	112	105
3×50	174	166	160	151	143	135	147	139	130
3×70	212	203	195	186	175	165	170	160	150
3×95	256	244	235	230	217	205	209	198	185
3×120	289	276	265	257	244	230	243	230	215
3×150	332	318	305	291	276	260	277	262	245
3×185	376	360	345	330	312	295	310	294	275
3×240	440	423	405	386	366	345	367	348	325

注　ZLQ_2—纸绝缘铝芯铅包钢带铠装电力电缆，可埋设在土壤中，能承受机械外力，但不能承受大的拉力。

ZLQ_3—纸绝缘铝芯铅包细钢丝铠装电力电缆，可埋设在土壤中，能承受机械外力及相当的拉力。

ZLQ_5—纸绝缘铝芯铅包粗钢丝铠装电力电缆，可敷设在水中，能承受较大的拉力。

表 2-11-23　电缆埋地多根并列时的电流校正系数

电缆根数	1	2	3	4	5	6	7	8
电缆外皮间距 100mm	1	0.9	0.85	0.8	0.78	0.75	0.73	0.72
200mm	1	0.92	0.87	0.84	0.82	0.81	0.80	0.79
300mm	1	0.93	0.9	0.87	0.86	0.85	0.85	0.84

八、照明系统

(1) 发电厂应有正常照明和事故照明分开的供电网络。

(2) 正常照明：

1) 当低压厂用电为中性点直接接地系统时，由动力和照明网络共用的低压厂用变压器供电；如电源电压质量不足，可采用照明变压器供电。

2）当低压厂用电为中性点不接地或经高电阻接地时，正常照明由高压或低压厂用电系统引接的二次侧为380V，中性点直接接地的照明变压器供电。

（3）事故照明：

1）单机容量为125MW及以下的发电厂，由蓄电池组供电。

2）单机容量为200MW及以上的发电厂，其单元控制室、网络控制室和事故保安电源用的柴油发电机房等的事故照明由蓄电池供电；其他事故照明由交流事故保安电源供电。

3）主厂房的主要出入口、通道、楼梯间以及远离主厂房的重要工作场所的事故照明，采用应急灯。

（4）火电厂照明设计实例，如表2-11-24所示。

表2-11-24　火电厂照明设计实例

工作场所	照度 (lx)	灯具
主控室、集控室	670～1000	荧光灯、白炽灯
汽机运转平台	175～300	白炽灯、高压汞灯
锅炉炉前操作走廊	44～200	白炽灯
通道	30～40	白炽灯
辅机周围	50～62	白炽灯
开关室	66～200	荧光灯、白炽灯
电缆室	75	白炽灯
办公室	200～300	荧光灯

九、厂内通信和远动通信

（1）交换机。包括行政通信和生产调度通信。行政通信用电话交换机容量如表2-11-25所示。

表2-11-25　不同机组容量的行政通信电话交换机容量

机组容量 (MW)	机组台数	电话交换机容量（门）
≥100	2～3	180～200
	≥4	270～400
其他容量的发电厂		90～120

（2）总机容量。多功能调度通信设备可用于全厂事故报警，其调度总机容量取决于电厂的控制方式，如表2-11-26所示。输煤系统值班岗位较多时，可单独设置20门总机或采用对讲广播通信设备等通信设备。

表2-11-26　不同控制方式的调度总机容量

控制方式	调度总机容量（门）
单元控制或网控室	20
有值长的单元控制或网控室	40
主控制室	20（机组较少时）， 40（机组较多时）

（3）发电厂通信设备所需的直流电源，可选下列方式之一：

1）由2组直供式整流器供电。其交流电源可由1回可靠的厂用电源和1回厂用蓄电池组经逆变器或变流机组供给。两回电源之间应能自动切换。

2）由1组通信用蓄电池和1组整流器供电，并设置1组备用整流器。两组整流器的交流电源应由2回厂用电源供给。通信用蓄电池的容量应按1h放电选择。

（4）输煤系统通信设备的交流电源，可由1回厂用电源供给。

（5）重要发电厂宜有2个远动通道。当1个通道故障或检修时，能进行自动或人工切换。

（6）发电厂应有1个可靠的调度通道，重要发电厂应有两个调度通道。

第十二节　发电厂几种常用材料

一、发电厂常用金属材料

（1）锅炉钢管的化学成分和应用范围如表2-12-1所示。

（2）锅炉钢管的机械性能如表2-12-2所示。

（3）过热器管和蒸汽管道材料如表2-12-3所示。

（4）凝汽器管材料（黄铜、白铜和钛）如表2-12-4所示。

表2-12-1　锅炉钢管的化学成分和应用范围

钢号	化学成分（%） C	Si	Mn	Mo	W	Cr	V	其他	用途
20（及s145.8）	0.17～0.22	0.17～0.37	0.35～0.65						壁温＜450℃导汽管、联箱 壁温＜500℃受热面管
15CrMo，(HT5)[2]	0.12～0.18	0.17～0.37	0.40～0.70	0.40～0.55		0.80～1.10			壁温＜510℃导汽管、联箱 壁温＜550℃受热面管
12MnMoV	0.08～0.15	0.50～0.80	0.80～1.20	0.40～0.65					15CrMo的代用钢
10CrMo910[1] (HT8)[2]	＜0.15	0.15～0.50	0.40～0.60	0.90～1.10		2.00～2.50			介质温度＜540℃过热器联箱，蒸汽管道
12CrMoV	0.08～0.15	0.17～0.37	0.40～0.70	0.25～0.35		0.90～1.20	0.15～0.30		壁温＜540℃导汽管、联箱 壁温＜580℃过热器、再热器

续表

钢　号	化学成分(%)								用　途
	C	Si	Mn	Mo	W	Cr	V	其他	
12MoVWBSiRe(无铬8号)	0.08~0.15	0.60~0.90	0.40~0.70	0.45~0.65	0.15~0.40		0.30~0.50	0.003~0.007B 0.15Re	壁温<580℃过热器、再热器
12Cr2MoWVB(钢102)	0.08~0.15	0.45~0.75	0.45~0.65	0.50~0.65	0.30~0.55	1.60~2.10	0.28~0.42	<0.008B	壁温600~620℃过热器
12Cr3MoVSiTiB(Ⅱ11)	0.09~0.15	0.60~0.90	0.50~0.80	1.00~1.20		2.50~3.00	0.25~0.35	0.22~0.38Ti 0.005~0.011BZr	壁温600~620℃过热器、导汽管 壁温600~650℃再热器
10CrSiMoV7①	<0.12	0.90~1.20	0.35~0.75	0.25~0.35		1.60~2.00	0.25~0.35		壁温<600℃过热器
X20CrMoWV121①(F11)	0.17~0.23	0.15~0.50	0.40~0.70	0.80~1.20	0.40~0.60	11.0~12.5	0.25~0.35	0.30~0.80Ni	壁温<650℃过热器,600℃主汽管
X20CrMoV121①(F12)	0.17~0.23	0.15~0.50	0.40~0.70	0.80~1.20		11.0~12.5	0.25~0.35	0.30~0.80Ni	
HT9②	0.20	0.30	0.55	1.00	0.50	12.0	0.30	0.50Ni	

①　联邦德国钢号。
②　瑞典钢号。

表 2-12-2　　锅炉钢管的机械性能

钢　号	热处理状态	取样位置	σ_2	σ_b	σ_3	σ_k	持久强度 $\sigma_{10^5}^{T}$ (MN/m²)	蠕变极限 $\sigma_{10^{-5}}^{T}$ (MN/m²)
			不小于					
20	正火 900~930℃	纵向 横向	250 220	410 410	24 22	50 40	$\sigma_{10^5}^{500℃}=33$ $\sigma_{10^5}^{450℃}=65$	$\sigma_{1\times10^{-5}}^{500℃}=21$ $\sigma_{1\times10^{-5}}^{450℃}=45$
15CrMo	正火 930~960℃ 回火 680~730℃	纵向 横向	240 230	450 450	21 20	60 50	$\sigma_{10^5}^{550℃}=50\sim70$ $\sigma_{10^5}^{500℃}=110\sim140$	$\sigma_{1\times10^{-5}}^{550℃}=45$ $\sigma_{1\times10^{-5}}^{500℃}=80$
12MnMoV			400	540	17		$\sigma_{10^5}^{500℃}=143$	
10CrMo910	正火 高温回火		270	450~600	20	HB170	$\sigma_{10^5}^{540℃}=92$	$\sigma_{10^{-5}}^{540℃}=63$
12CrlMov	正火 970~1020℃ 回火 720~780℃	纵向 横向	260 260	480 450	21 19	60 50	$\sigma_{10^5}^{560℃}=80$	$\sigma_{1\times10^{-5}}^{560℃}=60$
12MoVWBSiRe	正火 970~1010℃ 回火 760~780℃		320	550	18		$\sigma_{10^5}^{500℃}=120$ $\sigma_{10^5}^{500℃}=130\sim147$	$\sigma_{1\times10^{-5}}^{550℃}=95$
12Cr2MoWVB	正火 1000~1035℃ 回火 760~780℃	350	550	18			$\sigma_{10^5}^{620℃}=65\sim95$ $\sigma_{10^5}^{540℃}=120$	$\sigma_{1\times10^{-5}}^{550℃}=36\sim50$ $\sigma_{1\times10^{-5}}^{560℃}=120\sim140$
12Cr3MoVSiTiB	正火 1040~1090℃ 回火 720~770		450	640	18		$\sigma_{10^5}^{550℃}=65\sim85$ $\sigma_{10^5}^{500℃}=90\sim100$ $\sigma_{10^5}^{540℃}=110\sim118$	$\sigma_{1\times10^{-5}}^{620℃}=41\sim44$ $\sigma_{1\times10^{-5}}^{500℃}=60\sim64$ $\sigma_{10^{-5}}^{560℃}=78\sim82$
10CrSiMoV7			300	500~650	20		$\sigma_{10^5}^{540℃}=45$	
X20CrMoWV121	调质 1020~1070℃ 30min 空冷或油冷	纵向 横向	500	700~800	17 15	60 40	$\sigma_{10^5}^{550℃}=150$	$\sigma_{1\times10^{-5}}^{550℃}=114$
X20CrMoV121	740~780 2h 回火	纵向 横向	500	700~800	17 15	50~80	$\sigma_{10^5}^{550℃}=114$ $\sigma_{10^5}^{500℃}=60$	$\sigma_{1\times10^{-5}}^{550℃}=88$ $\sigma_{1\times10^{-5}}^{500℃}=45$
HT9			500	700~850	16	50	$\sigma_{10^5}^{550℃}=70$	$\sigma_{1\times10^{-5}}^{6000℃}=55$

表 2-12-3 **过热器管和蒸汽管道材料**

国别和标准	钢号	热处理	室温机械性能							蠕变极限		持久强度	
			截面厚度(mm)或试样方向	抗拉强度(MPa)	屈服强度(MPa)	延伸率(%)	收缩率(%)	冲击值(MPa·m)	布氏硬度HB	温度(℃)	$\sigma_1/10^5$(MPa)	温度(℃)	σ_{10^5}(MPa)
金属温度≤500℃的过热器管、金属温度≤450℃的蒸汽管道													
中国(YB 529—70)	20	900～930℃正火	纵向 横向	≥410 ≥410	≥250 ≥220	≥24 ≥22		≥0.5 ≥0.4		400 450 470 500	90 45 33 21	400 450 470 500	125 65 50 33
日本(JIS G3456—73)	STPT42			≥420	≥250								
联邦德国(DIN 17175—59)	St45.8			450～550	≥260					450 470 500	70 54 (34)	450 470 500	100 76 (50)
美国(ASTM A106—72a)	Gr. B			≥420	≥250							427 454	117 88
前苏联(ГОСТ 8731—66)	20			≥420	≥250								
金属温度≤540℃的过热器管、金属温度≤510℃的蒸汽管道													
中国(YB 529—70)	15MnV		纵向	≥500	≥360	≥19		≥0.6				400	187
美国(ASTM A213—73)	Gr. T2			≥420	≥210							482 510 538	152 112 70
美国(ASTM A335—72)	Gr. P2			≥380	≥210							482 510 538	152 112 70
前苏联(ЧМТу 2579—54)	12MX		纵向	420～570		≥21							
前苏联(ЧМТу 2580—54)	12MX		纵向 横向	420～570 420～570	≥5 σ_b	≥21 ≥19	≥50 ≥45	≥0.7 ≥0.5					
金属温度≤550℃的过热器管、金属温度≤510℃的蒸汽管道													
中国(YB 529—70)	15CrMo	930～960℃正火,680～730℃回火	纵向 横向	≥450 ≥450	≥240 ≥230	≥21 ≥20		≥0.6 ≥0.5		475 500 550	100 80 45	450 500 550	240 110～140 50～70
中国(YB 529—70)	12MnMoV		纵向	≥540	≥400	≥17							
日本(JIS G3462—73)	STBA22,STBA23	退火或正火后加回火,回火≥650℃		≥420	≥210	≥30							

续表

国别和标准	钢号	热处理	室温机械性能							蠕变极限		持久强度	
			截面厚度(mm)或试样方向	抗拉强度(MPa)	屈服强度(MPa)	延伸率(%)	收缩率(%)	冲击值(MPa·m)	布氏硬度HB	温度(℃)	$\sigma_1/10^5$(MPa)	温度(℃)	σ_{10^5}(MPa)
日本(JIS G3458—73)	STPA22,STPA23			≥420	≥210								
联邦德国(DIN 17175—59)	13CrMo44	900～950℃正火或油淬,650～720℃回火		450～580	≥300	≥22		～0.6	～145				
美国(ASTM A213—73)	Gr. T11,Gr. T12			≥420	≥210							482 510 538	198 143 76
美国(ASTM A335—72)	Gr. P11,Gr. P12			≥420	≥210							482 510 538	198 143 76
法国(NF)	12CD4	875℃水冷,550℃回火		750～950	>600	>12		纵向>1.4 横向>1.0					
法国(NF)	18CD4	850℃水冷,550℃回火		850～1100	>700	>11		纵向>1.3 横向>0.9					
前苏联(ГОСТ 10802—64)	15XM	900～920℃正火,630～650℃回火		≥450	≥240								
金属温度≤580℃的过热器管、金属温度≤540℃的蒸汽管道													
中国(YB 529—70)	12Cr1MoV	980～1020℃正火,保温时间按壁厚每毫米分钟,但不少于20min。720～760℃回火,保温3h	纵向 横向	≥480 ≥450	≥260 ≥260	≥21 ≥19		≥0.6 ≥0.5		520 560 580	130 80 60	520 560 580	160 100 80
中国(YB 529—70)	12MoVWBSiRE	970～1010℃正火,保温时间按壁厚每mm1.5min。但不少于30min。760～780℃回火,保温3h	纵向	≥550	≥320	≥18				580	95	580	130～174
日本(JIS 3462—73) 日本(JIS 3458—73)	STBA24 STPA24	940～960℃正火,730～750℃回火		≥420	≥210	≥30							
联邦德国(DIN 17175—59)	10CrMo910	940～960℃正火,730～750℃回火	纵向 横向	450～600 450～600	≥270 ≥270	≥20 ≥18		≥0.8 ≥0.5		520 560 580 600	80 42 31 (23)	520 560 580 600	110 57 42 (30)

续表

国别和标准	钢号	热处理	室温机械性能							蠕变极限		持久强度	
			截面厚度(mm)或试样方向	抗拉强度(MPa)	屈服强度(MPa)	延伸率(%)	收缩率(%)	冲击值(MPa·m)	布氏硬度HB	温度(℃)	$σ_{1/10^5}$(MPa)	温度(℃)	$σ_{10^5}$(MPa)
美国(ASTM A213—73) 美国(ASTM A335—72)	T22 P22	940～960℃正火,730～750℃回火		≥420	≥210	≥30						510 538 566 593	131 89 62 44
捷克(CSN)	15225	960～1000℃正火,650～730℃回火	<60	480～650	≥360	22～16			135～185	525 550 580 600	110 75 40 24	525 550 580 600	125 90 62 46
瑞典(SANDVIK)	HT8	940～960℃正火,730～750℃回火	45～60	≥270	≥200				HV≤170	520 560 580 600	87 48 37 (28)	520 560 580 600	118 69 51 (40)
前苏联(ГОСТ10802—64)	12Х1МФ	过热器管:960～980℃正火,740～760℃回火 蒸汽管道:1000～1020℃正火,740～760℃回火	纵向 横向	450～590 450～590	≥5 $σ_b$ ≥5 $δ_b$	≥21 ≥19	≥55 ≥50	≥0.6 ≥0.5					
金属温度≤620℃的过热器管													
中国(YB 529—70)	12Cr2MoWVB (钢102)	1000～1035℃正火,保温时间按壁厚每毫米1.5min,但不少于30min。760～780℃回火,保温3h	纵向	≥550	≥350	≥18				600 620	54～68 36～50	580 600 620	125 111 65～95
中国(YB 529—70)	12Cr3MoVSiTiB (Ⅱ11)	1040～1090℃正火,保温时间按壁厚每毫米1.5min,但不少于30min。720～770℃回火,保温3h	纵向	≥640	≥450	≥18				580 600 620	78～82 60～64 41～44	580 600 620	110～118 94～100 73～85
联邦德国(DIN)	10CrSiMoV7	970～1000℃正火,730～780℃回火		500～650	≥300	≥20				550 580 600 620	50 32 25 27	550 580 600 620	70 45 35 26
前苏联(ГОСТ10802—64)	12Х2МФБ(ЭИ531)	用于过热器:480～860℃高温回火然后空冷(不允许慢冷),用于蒸汽管道:1060～1080℃淬火(水冷),840～860℃回火	纵向	≥400		≥24	≥55	1.0				580 620	62 46

续表

国别和标准	钢号	热处理	截面厚度(mm)或试样方向	室温机械性能 抗拉强度(MPa)	屈服强度(MPa)	延伸率(%)	收缩率(%)	冲击值(MPa·m)	布氏硬度HB	蠕变极限 温度(℃)	$\sigma_1/10^5$(MPa)	持久强度 温度(℃)	σ_{10^5}(MPa)
前苏联(ГОСТ 10802—64)	12X2MФCP	960～980℃正火,750～780℃回火 2h	纵向	≥480	≥250	≥22	≥50	≥0.6		580 600	55 40	580 600 620	90 80～70 70～60
管壁温度≤600～650℃的过热器管和蒸汽管道													
日本(JIS G3462—73)	STBA26			≥420	≥210	≥30							
日本(JIS G3458—73)	STPA26			≥420	≥210	≥30							
联邦德国(DIN)	X12CrMo91	940～1000℃加热(时间为15～30min,按管壁厚度决定),空冷或油冷,730～780℃回火,空冷	纵向 横向	60～750	≥400	≥20 ≥17		≥0.8 ≥0.5		550 580 600 620 650	60 36 23 15 10	550 580 600 620 650	90 54 35 22 15
美国(ASTM A213—73)	T9			≥420	≥210	≥30							
美国(ASTM A335—72)	P9												
瑞典(SANDVIK)	HT7			55～700	≥320	≥24			HV ≤175	550 580 600 620 650	60 36 25 18 12	550 580 600 620 650	90 55 38 27 16
联邦德国(DIN)	X20CrMoWV 121(F11) X20CrMoV 121(F12)	1020～1070℃加热,空冷或油冷,730～780℃回火,空冷	纵向	70～800	≥550	≥17		≥0.8		550 580 600	100 65 45	550 580 600	130 84 60
			横向			≥14		≥0.4					
瑞典(SANDVIK)	HT9			70～850	≥500	≥16			HV ≤215	550 580 600	120 75 55	550 580 600	150 100 70
前苏联(ГОСТ 5632—61)	1X12B2MФ (ЭИ756)	1050℃油淬,680℃回火 3h	纵向	≥700	≥500	≥20	≥50	≥0.6					
前苏联(ГОСТ 5632—61)	2X12MBФБP (ЭИ993)	1050℃油淬,650℃回火,空冷	纵向	≥750	≥500	≥14	≥50	≥0.4					

表 2-12-4 凝汽器管材料

名称	状态	抗拉强度(MPa)(不小于)	屈服强度(MPa)	延伸率(%)(不小于)	弹性模量(MPa)	密度(g/cm^3)(20℃)	导热系数(J/cm·s·℃)	线膨胀系数($\times10^{-6}$)/℃	洛氏硬度(HR)	比热[kJ/(kg·℃)]
H68A	半硬软	350 300	430 120	30 38	105000	8.60	1.21	19.9	B83 B15	0.38
HSn70—1A	半硬软	350 300	150	30 38	110000	8.63	1.09	20.2	F75	0.38
HAl77—2A	半硬软	400 350	420 140	40 50	110000	8.43	1.00	18	B88 B45	0.38
B10	半硬软	280	200 140	28	120000	8.94	0.46	17.1	F80 F70	0.38
B30	半硬软	500 380	170	6 23	140000	8.94	0.29	16.2	F85	0.38
钛			258		110000	4.54	0.17	9.0		0.54

二、发电厂常用油的技术性能

(1) 运行中变压器油的质量标准如表 2-12-5 所示。

(2) 运行中汽轮机油的质量标准如表 2-12-6 所示。

(3) 矿物油的性能如表 2-12-7 所示。

(4) 合成油的性能如表 2-12-8 所示。

表 2-12-5 运行中变压器油的质量标准

项目	单位	允许指标	检验方法	备注
水溶性酸	pH	≥4.2	YS—14—1—78	
酸值	mgKOH/g	≤0.1	YS—12—1—78	
闪点	℃	不比新油标准低 5℃，不比前次测定值低 5℃	YS—7—1—78	
机械杂质		无	外观目视	
游离碳		无	外观目视	
水分		无	YS—5—1—78	
绝缘强度	kV	≤15kV 设备≥20 20～35kV 设备≥30 44～220kV 设备≥35	YS—27—1—78	
介质损失 (70℃)	%	≤2	YS—28—1—78	暂定标准
羰基	mg/g	≤0.28	YS—C—4—78	参考标准
界面张力	dyn/cm	≥15	YS—26—1—78	参考标准

注 1. 当主变压器的油质逐渐老化，pH 值接近 4.4 或颜色骤然变深时，应加强监督。如羰基、界面张力已接近允许指标或不合格时，即应采取措施。
2. 发现闪点下降时，应分析油气组成以查明原因。
3. 外用开关油，应增加凝点试验，其凝点不可高于当地最低气温。

表 2-12-6 运行中汽轮机油的质量标准

项目	单位	允许指标	检验方法	检验周期
酸值	mgKOH/g	≤0.2	YS—12—1—78	每季一次
闪点	℃	不比新油标准低 8℃，不比前次测定值低 8℃	YS—8—1—78	每季一次
粘度	恩氏°E_{50}	≤1.2×新油标准值	YS—9—1—78③	每季一次
液相锈蚀		无	YS—20—1—78	半年一次①
机械杂质		无	外观目视	每周一次②
水分		透明	外观目视	每周一次②

① 仅当油中混入水分，并添加防锈剂时按此规定进行；如油中无水不需做此项检验。
② 发现油中混入水分时，应增加检验次数。
③ 亦可按 YS—9—2—78 测定运动粘度。

表 2-12-7　　矿物油的性能

性能名称	变压器油		开关油（45号变压器油）	电容器油	电缆油		试验方法
	10号	25号			低压电缆油①（DL-1 DL-1H）	高压电缆油（DL-Z）	
运动粘度(cSt)0℃	—	—	—	—	—	20～50	GB 265—64
20℃	<30	20～30	<30	37～45	—	8～18	
50℃	7.5～9.6	8.5～9.6	6～9.6	9～12	25～27(100℃)	3.5～6	
闪点 ℃(闭口)	135～160	135～155	135～145	135～175	250～265②	>125	GB 261—64
凝固点 ℃	−12～−10	−28～−25	−47～−45	−48～−45	−13～−12	<−45	GB 510—65
酸值(mgKOH/g)	0.006～0.05	0.004～0.05	0.003～0.05	0.003～0.02	0.003～0.1	<0.008～0.01 (115℃,96h)	GB 264—64
灰分(%)	0.001～0.005	0.002～0.005	0.003～0.005	0.0015	—	—	GB 508—65
残碳(%)	—	—	—	—	0.5～0.6	—	SYB 1355—65S
苛性钠抽出 级	1～2	<2	2	<1	—	—	SYB 2651—59
透明度(5℃时)	透明	透明	透明	透明	—	—	把油样注入直径 30～40 mm 的玻璃量筒内，冷却至 5 ℃时应当透明
抗氧化安定性，氧化后沉淀物(%)	0.01～0.1	0.06～0.1	0.02～0.10	—	—	—	SY 2652—66
氧化后酸值(mgKOH/g)	0.02～0.35	0.04～0.35	0.048～0.35	—	—	—	
电阻率(Ω·cm) 20℃	—	—	—	10^{14}～10^{15}	—	—	
100℃	—	—	—	>10^{13}	—	—	
介质损耗角正切 20℃	<0.005	0.0005～0.005	—	—	—	—	SY 2654—66
70℃	0.0025～0.025	0.001～0.025	—	—	—	—	
100℃,50Hz	—	—	—	<0.005	0.01～0.03③	<0.0015④	
100℃,10^3Hz	—	—	—	<0.002	—	—	
老化后	—	—	—	—	0.03～0.12③ (150℃,48h)	<0.004④ (115℃,96h)	
相对介电系数 20℃,50Hz	—	—	—	2.1～2.3	—	—	
10^3Hz	—	—	—	2.1～2.3	—	—	
击穿强度(kV/cm)	160～180	180～210	—	200～230	140～160③	<200	GB 507—65

① DL—1 为自石油分馏精制而得的油，DL—1H 为重合油，重合油残碳允许不大于 0.8%。
② 开口法闪点。
③ 测试前油样允许在 100℃真空干燥 2h。
④ 测试前油样允许用真空干燥或过滤法处理。

表 2-12-8　　合成油的主要性能

性能名称	十二烷基苯	硅油			聚异丁烯（电容器用）	三氯联苯	试验方法
		甲基硅油	苯甲基硅油	乙基硅油			
比重 20℃	0.8627～0.8647	0.930～0.975①	1.01～1.08①	0.95～1.06	0.86	1.370②	
折光率 n_D^{20}	1.480～1.495	1.390～1.410①	1.460～1.495①	—	—	1.6272	
运动粘度（cSt）20℃	6.5～8.5	9～1050①	100～200①	8～550	13820	—	GB 265—64
50℃	3.0～4.0	—	—	—	97（100℃）	—	
恩氏粘度（°E）90℃	—	—	—	—	—	1.145	GB 266—64
闪点（开口）（℃）	125～133②	155～300	280～300	110～250	165～175	173	GB 267—64
凝固点（℃）	−69～−65	−65～−50	−45～−40	<−60	−10	−23	GB 510—65
酸值（mgKOH/g）	0.004～0.008			<0.01	0.3	0.0025	GB 264—64
115℃96h 老化后	0.004～0.008						
电阻率（Ω·cm）常态		>10^{14}	>10^{14}	>2.5×10^{13}	10^{17}		
100℃				>1.0×10^{13}	10^{14}（125℃）	8×10^{12}	
介质损耗角正切　常态		<3.0×10^{-4}	<3.0×10^{-4}	<3.0×10^{-4}	$(1\sim9)\times10^{-5}$		SY 2654—66
100℃	5×10^{-4}～1×10^{-3}			<8.0×10^{-4}	10^{-4}（125℃）	3×10^{-3}～8×10^{-3}（90℃）	
115℃96h 老化后	7×10^{-4}～1×10^{-3}						
相对介电系数　常态		>2.6	2.6～2.8	2.35～2.65	2.15～2.3	5.6	
125℃				—	2.0～2.1	5.0（89℃）	
击穿强度（kV/cm）	240	150～180	>180	150～180		59.3③	GB 507—65

① 25℃时测得。
② 闭口法。
③ 在 60℃测得。

第十三节　火力发电新技术

一、大型排烟脱硫技术

华能珞璜电厂一期工程装备两台 360MW 法国 GEC—ALSTHOM 凝汽式发电机组。单元匹配日本三菱重工湿式石灰石/石膏排烟脱硫装置 FLUE GASDESULFURIZATION（简称 FGD）。锅炉燃用重庆松藻煤矿高硫分无烟煤，原煤含硫量 3.5%～5%。

FGD 工艺系统主要由原料运输系统、吸收剂浆液配制系统、烟气系统、SO_2 吸收系统、石膏脱水、贮存与抛弃系统组成。烟气由锅炉引风机出口进入脱硫系统，首先通过气—气热交换器放热降温到 100℃左右，然后自上而下，以流速 4.3m/s 通过吸收塔；脱硫后的洁净烟气经两级除雾，并通过气—气交换器吸热侧，重新加热到 88℃以上。烟气中 SO_2 的脱除是在吸收塔内与吸收剂浆液接触发生化学反应而完成的。从吸收塔连续排出的石膏浆液，经水力旋流器增稠进入真空皮带脱水机，脱水后的石膏颗粒由皮带输送机转送到石膏仓储存。

华能珞璜电厂投运的两台 FGD 装置具有以下主要特点：①装置能适应大容量机组，中、高浓度烟气条件；②脱硫效率高、技术成熟，性能可靠、运行维护方便；③装置结构紧凑，工艺流程合理；④吸收剂价廉易得；⑤副产品脱硫石膏具有综合利用价值；⑥采用单回路就地氧化工艺，简化系统，使造价明显降低。FGD 主要技术经济指标：脱硫率 96.5%，保证值>95%；出口烟温>90℃；电力消耗单台 6400kWh/h；石膏纯度>90%。两套 FGD 全年需用石灰石细粉 22 万～26 万 t。

华能珞璜电厂烟气脱硫装置的建成投运，不但有效控制了电厂 SO_2 排放，而且通过装置引进、设计、安装、调试、运行以及“技术转让”的全过程，逐步吸收消化技术，为装置的“国产化”作了技术储备。

二、清洁煤燃烧技术

清洁煤燃烧技术又称煤炭清洁利用技术，源于美国的清洁煤技术（Clean Coal Technology）计划。20 世纪 70 年代石油价格暴涨，使世界各国认识到煤炭利用的重要性，但燃用煤炭产生的烟气中含有硫和氮的氧化物以及飞灰会严重影响环境。清洁煤技术便是旨在降低煤炭利用对环境的影响和提高利用效率的，新近研究开发的有关煤炭加工、燃烧、转换和烟气净化新技术。包括煤炭气化、液化、洗选，流化床燃烧、炉内喷钙、低 NO_X 燃烧，烟气脱硫、脱氮和高温除尘以及由此组合形成的新型热功转换方式。对于电力工业，清洁煤燃烧技术的重点是燃煤低污染而又高效率的新型发电技术，其中循环流化床、流化床联合循环、整体煤气化联合循环以及最新构想的增湿燃气轮机循环为世人所瞩目。现对这几项新技术简介如下：

（1）循环流化床燃烧（CFBC）。流化床锅炉燃烧的煤粒被炉床底部送入的高速空气托起形成流化状，当空气流速进一步提高后有一部分煤粒被烟气携出燃烧室，用分离器将逸出的煤粒捕集返回流化床循环燃烧。这种燃烧方式具有燃烧效率高和煤种适应性广以及在流化床中掺入石灰石可以高效脱硫，且因燃烧温度低，生成氧化氮少等优点。

（2）流化床燃烧联合循环。主要有两种方式：一种是采用常压流化床燃烧锅炉，一部分受热面产生蒸汽送入汽轮机作功，流化床埋管中加热压缩机送来的空气进入燃气轮机作功，称为 AFBC—CC；另一种采用加压流化床燃烧锅炉，受热面产生蒸汽送入汽轮机作功，锅炉的高压排气经净化后进入燃气轮机作功，称为 PFBC—CC。还有一种方式是在 PFBC—CC 的基础上，在煤炭燃烧过程中有一部分煤炭产生煤气用于锅炉排气补燃，提高排气温度以增进整个联合循环的热效率。这几种方式因采用流化床燃烧，故都有较好的环保效果。

(3) 煤气化联合循环。其全称为整体煤气联合循环（IGCC）采用新型煤气化器，产生的煤气经净化后送入燃气轮机作功；燃气轮机的排气进入余热锅炉产生水蒸汽送至汽轮机作功。IGCC 具有很好的环保效果，并期望有较高的热效率。

(4) 增湿燃气轮机（HAT）循环。在燃气轮机组中利用空气压缩过程产生的热量和燃气轮机排气的热量使水加热产生的饱和蒸汽，与压缩空气一同进入燃烧室，燃烧形成的过热蒸汽和高温燃气一同进入动力透平作功。HAT 不需余热锅炉和汽轮机，如配合煤气化组成整体装置可能比前述的 IGCC 更为优越。

几种清洁煤燃烧技术与常规煤粉炉的环保效果对比，见表 2-13-1。

表 2-13-1 几种清洁煤燃烧技术与常规煤粉炉的环保效果对比表

燃 烧 方 式	污染物相对排放量	
	SO_2	NO_X
常规煤粉炉（固态排渣）		
CFBC	1	1
PFBC	0.1	0.1～0.2
IGCC	0.1	0.1～0.2
HAT	0.05	0.1～0.2

三、我国的热电联产事业

从第一个五年计划开始，我国在一些工业区兴建了一批热电厂，所投产的 6000kW 及以上的供热机组占火电总装机容量的 20%。1971～1980 年，由于工业布局分散、城市建设不发达，热电联产只偏重于发展工厂自备热电站，投产的供热机组仅占新建火电厂容量的 5%。“六五”期间，国家制定了“节约和开发并重”的能源政策，积极鼓励发展热电联产。1988 年以后，供热机组容量约占火电总容量的 10% 以上。

1992 年底，我国热电联产的年供热量为 75 万亿 J，热电厂平均供热厂用电率为 0.646kW/亿 J，供热煤耗为 4.034kg/亿 J；单机 6000kW 及以上的供热机组共有 671 台，总容量 1340 万 kW，占同容量火电装机容量的 12.05%，其中高压机组 204 台、887.5 万 kW，中压机组 467 台、452.5 万 kW。

热电联产的优点是：

(1) 节能效益显著。背压机组的供电煤耗仅为 200g/kWh，背压机和抽汽机联合运行的热电厂的供电煤耗约在 360g/kWh 以下。

(2) 改善环境质量，大大减少城市分散供热的小锅炉烟囱排放物对空气的污染。

(3) 提高供热质量，改善人民生活。热电厂供热质量稳定，使有关用热工业产品质量提高；城市居民采暖连续可靠，且有可能享受生活用热水。

(4) 与分散供热相比，可减轻工人劳动强度，节省城市建设用地和资金，热电厂的灰渣还可综合利用。

发展热电联产事业需要增加对热电厂建设资金的投入和确定其合理的电价及热价，更需尽早制定《供热法规》促使热电联产事业健康发展。许多国家都订有适合自己国情的供热法规，例如丹麦的《供热法》，日本有《热供给事业法》，美国有《全国节能法》，原联邦德国就制定了《建筑物节能法》，我国台湾省也于 1988 年发布了《汽、电共生系统推广办法》等，值得我们参考。

四、大型火电机组运行人员模拟培训

大型火电机组运行人员模拟培训装置是利用计算机技术、数字仿真技术、自动控制技术的一种新型的、综合性的高科技大型装置。可以模拟火电机组启动、正常运行及各种事故工况，从而训练运行人员操作火电机组的能力及处理各种异常事故的能力，为上岗操作实际机组打下良好基础。因此这种训练改变了过去师傅带徒弟及小机组代大机组的培训方式，使运行人员的操作培训更加理论化、科学化、实用化。

我国目前研制模拟培训装置的单位和生产厂家有清华大学、华北电力学院、西安热工研究所、亚洲仿真工程公司和华电仿真技术公司等。其中华北电力学院、清华大学、宁夏电力局、华电计算机仿真与控制技术公司研制的 200MW、300MW 机组运行人员模拟培训装置被评选为 1992 年全国十大科技成果。另外，清华大学的技术人员还曾荣获国家科技进步二等奖。

已经投入运行的模拟培训装置例举如下：

清华大学、华电仿真技术公司的产品：安装在江苏省南京电力专科学校、沈阳电力专科学校、兰州电力专科学校的 200MW 机组和武汉电力专科学校的 300MW 机组以及★沈阳电力专学校的 600MW 机组。

华北电力学院生产的产品：如宁夏大坝电厂与西安电力专科学校的 300MW 机组。

亚洲仿真工程公司的产品：如郑州电校 200MW 机组和江油电厂与★华鲁电厂的 300MW。

西安热工研究所生产的产品：如太原电力专科学校 500MW 机组与★阳逻发电厂的 300MW 机组。

注：★为正调试或正在开发中。

大型火电机组运行人员模拟培训装置的技术水平已达到国际先进水平，所采用的计算机已为先进高档机，并具有相当高的可靠性，目前该装置在我国已进入推广应用阶段。

五、火电厂自动化

随着单机容量的增加和过程的复杂化（如火电厂高温、高压、中间过热大型单元机组），采取计算机控制已是必不可少的手段，在现代大型火电厂中已普遍采用以计算机为核心的安全监控和自动控制技术，功能从参数监视发展到机组自启停控制，机炉协调控制，全厂经济运行等。

在火电厂自动化方面“七五”期间所建的 100 多台 200MW 及其以上的机组都配有计算机监控，其中一半以上是引进的，国内开发的系统目前大部分是数据采集系统。在部组织下，南京自动化所与西安热工所等单位联合开发的分散型控制系统正在进行工业化试点，已通过现场验收，这是第一个国内自行研制的火电厂闭环分散控制系统，当然在技术成熟性及可靠性方面与国外还有差距，还需进一步吸收国外先进技术。

第十四节　计算机在火力发电厂自动化中的应用

火力发电厂是一个复杂的控制对象，随着火电厂的规模的不断扩大和电子技术以及计算机技术的快速发展，火电厂的自动化在国内外都先后经历了几代的发展过程。从单元式自动调节器到组合式自动调节系统，从开环监视到闭环控制、从集中控制到分散控制、直至现代火电厂的分布控制系统，控制技术日新月异，自动化产品频繁更新换代。

一、火电厂计算机监控系统的分类

(一) 从监控方式来分类

1. 开环监视系统

采用计算机系统对大容量发电机组进行开环监视，是确保机组安全、经济运行的有效措施。开环监视系统的基本职能有：

(1) 输入信号的扫描。计算机按预定的采样周期，对全部模拟量、开关量、脉冲量等输入信号进行巡回检测。对有中断功能的开关量采取随机输入的方式，利用中断服务程序处理。

(2) 数据处理。对输入信号进行数据处理，主要包括以下几个方面：

1) 输入信号的线性化处理（如热电势、热电阻、流量等）。对输入信号的正确性予以判断（如极值、变化率、相关比较等）；还有工程量变换，数字滤波等。

2) 利用一次参数进行计算，给出二次参数的计算值（如差值、均值、累计、端差、过热度、热耗、汽耗、热效率、各种流量、各种电气量、设备的性能、各种变化率等）。

(3) 显示。计算机利用数字显示装置和CRT，对各类运行参数和开关状态进行显示。这些被显示量可有单个或成组参数、相关参数、报警参数、开关变态等。显示方式可采用数值、图形、曲线、各种模拟图等形式。

(4) 打印。对运行参数、开关变态及数据处理的结果进行打印记录，包括定时及人工召唤制表、CRT 画面硬拷贝、事故追忆记录、掉闸顺序记录等。

(5) 人—机联系功能。人机联系功能主要包括：应用程序的组态；CRT 画面编辑；数据的修改、删除、增加以及各种 CRT 画面的调用和打印制表的请求等。

根据上述开环监控系统的基本职能，其一般配置情况如图 2-14-1 所示。

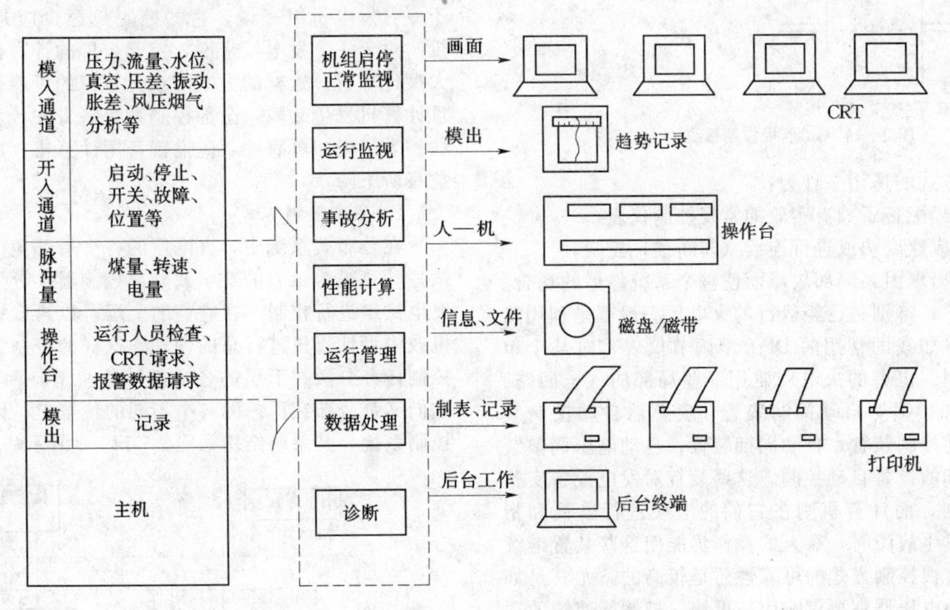

图 2-14-1　开环监控系统的一般职能与设备配置

2. 闭环控制系统

在闭环控制系统中，计算机直接参与发电过程控制。这些控制系统在实施控制时，需要得到控制对象的反馈信息并形成闭环系统。

计算机对火力发电机组的控制可以划分为三种方式：直接数字控制方式、监视控制方式和触发控制方式。

(1) 直接数字控制（DDC）。在直接数字控制下，计算机本身就是控制装置，计算机由被控的设备上取出参数数据进行运算后再直接将控制量发给被控对象，其系统结构如图 2-14-2 所示。

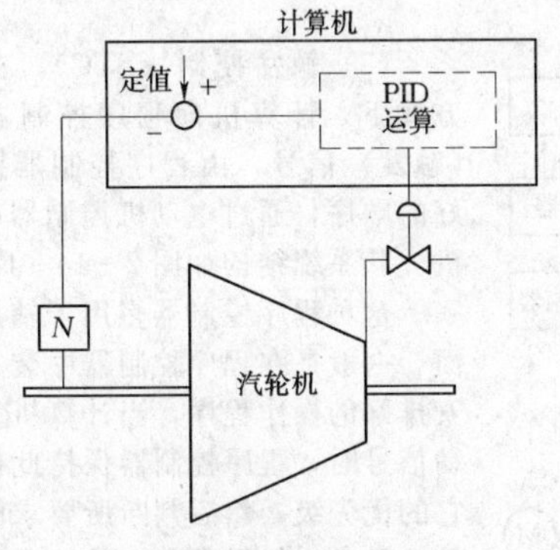

图 2-14-2　直接数字控制系统

这种控制方式适用于线性或非线性以及运算规律较复杂的控制，适用于变化较慢的过程控制和进行前馈控制、最佳控制、自适应和自学习控制等场合。具体来说，在火电厂中诸如：锅炉的点火灭火、锅炉的升温升压、给水泵的切换、磨煤机的起停、汽轮机的升速和加载、汽机的阀门切换、油温控制以及正常运行的汽温、汽压、负荷、给水控制等，几乎所有的项目均可采用DDC方式。

直接数字控制方式虽然有其优点，但也有它的不足之处。计算机控制是一种断续的控制，各种调节轮流进行，如果控制的项目多而调节周期又短时，则计算机的负担太重，就要影响处理的速度。另外，如果计算机出故障时，则全部控制将无法进行，因此，DDC方式最好考虑双机系统控制。

(2) 监视控制 (SCC)。监视控制是指计算机不直接操作发电设备而是通过常规的调节仪表或子回路控制器等去控制发电设备。计算机只给常规的控制器发出起停或定值等信号，同时也对现场测量采集被控的参数或状态进行监视。这种监视控制的系统结构如图2-14-3所示。

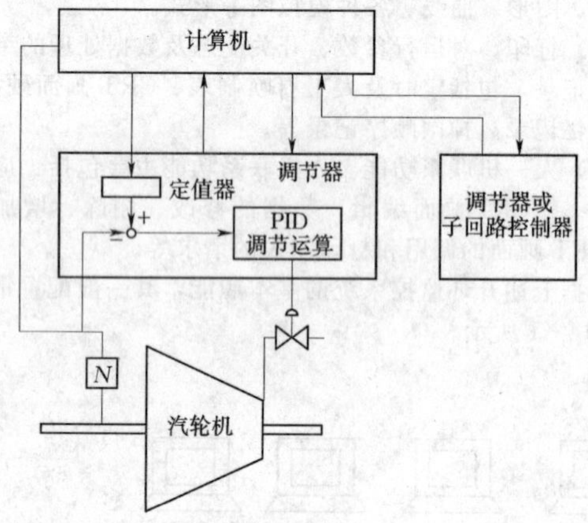

图2-14-3　监视控制系统

监视控制方式的适用条件为：

1) 过去已经配备了颇有实效的常规控制仪表；

2) 希望响应速度快或进行连续（非断续）控制；

3) 不希望出现因某局部故障而使整个系统停运的场合。

许多火电厂，特别是已经运行的火电厂一般都是利用常规的调节仪表（如我国常用的DDZ型调节仪表）对某个单项参数进行控制。也有的火电厂兼用一些局部的（子回路）自动控制装置如：锅炉自动控制装置、喷燃器自动控制装置、汽轮机自动控制装置、自动同期装置、自动电压调整装置等来完成局部的设备自动控制。这些装置对发电设备实行实际的闭环控制，而计算机则在它们的上层进行监视和指挥。在计算机发生故障时，靠人的操作仍能使这些装置继续工作。因此，监视控制方式的可靠性还是较高的。尤其是如自动同期和自动电压调整要求响应速度快、控制要连续的项目，数字直接控制的效果不如监控模拟式自动控制装置的方式好。

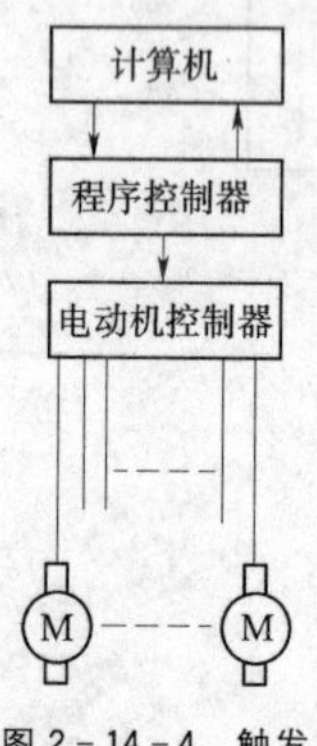

图2-14-4　触发控制系统

(3) 触发控制 (STC)。在触发控制方式下，计算机向程序控制器发出起动（触发）信号，由程序控制器按事先规定好的顺序，通过电动机控制器起停各电动机。其系统结构如图2-14-4所示。

这种程序控制器多用于辅机的起停方面。一般是在程序控制器中装入几组事先安排好的操作程序，当计算机发出某项起动信号时，程序控制器保持此信号并判断它的优先级，然后判断所要求的操作条件是否具备，如果具备，就按顺序操作电动机控制器里的各电动机开关。在计算机方面，也是对操作条件进行监视，在具备条件时，就向程序控制器发出起动信号。信号发出后，计算机则转为对操作结果的查核，如果发现异常，则可发出报警信号或采取某项补充的处理。

在这种控制方式下，因各操作顺序已定型，且有专门设备来完成，故计算机负担很轻，还可以用于其他的数据处理或数据记录等方面。

在电厂中，适于这种程序控制的操作项目有很多。例如，点火油系统的起停、辅助蒸汽系统的起停、蒸化器的起停、重油系统的起停、复水系统的起停、给水泵的起停、轴封蒸汽操作、脱氧器疏水阀操作、汽轮机暖机的起停、抽汽系统操作、励磁系统的起停、厂用电源的切换操作等。

（二）从系统结构来分类

1. 集中控制方式

集中控制是指一台发电机组或全厂的各台发电机组的监视、控制以及管理全集中在一台或两台（大型或中型）计算机上，其系统结构示意于图2-14-5。

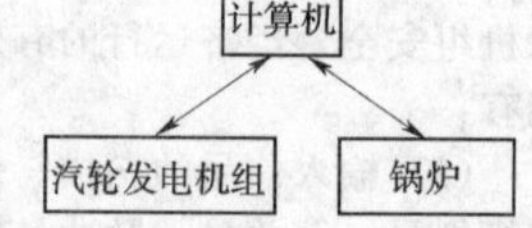

图2-14-5　集中控制方式

这样的集中控制系统中，有时设置两台计算机，一台完成控制任务，另一台完成管理工作。这样的集中控制，导致计算机的工作负担较重，因此计算机的容量就须大一些。对于一台发电机组来说，它的控制机至少应是一台小型计算机。对于一个发电厂来说，控制全厂的计算机须是中型的或大型计算机。这样的方案要求计算机的可靠性很高，否则一旦计算机发生故障，全部控制系统将失去计算机控制的优越性。为了增加可靠性，应设置备用计算机，而这又使经济效益有所下降。

2. 分布控制方式

在分布式系统中，火电厂的各个局部范围内配置多个以微型计算机为核心的数字式局部控制器，分别对锅炉和汽轮发电机组进行控制。在它们的上层可以再设置一台小型计算机或中型计算机进行总的管理。这样的控制系统的特点是将控制任务分散在下层的各微型计算机上，而且从地理上讲，它们又都分布在厂内的各个不同的位置上，因而称为分布式控制系统，其系统结构如图2-14-6所示。

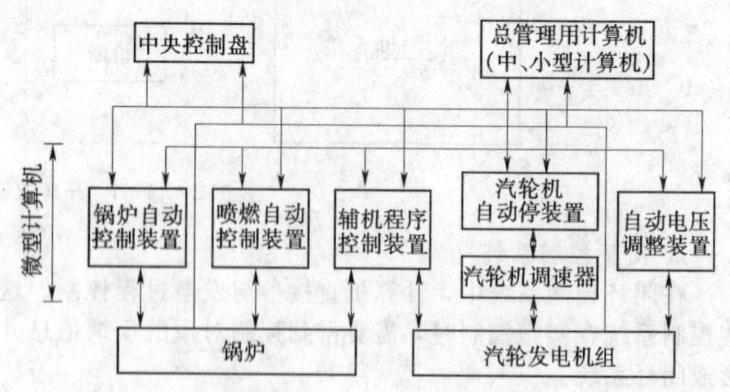

图2-14-6　分布式控制系统

分布式控制系统实际上是前述的计算机监视控制系统在当前计算机技术高速发展条件下的一种新的演变。它体现了工业过程控制技术的发展潮流，这是一种最有前途的控制方式。

由于微型计算机的迅速发展，目前已经使微型机与小型机之间的界线变得模糊，微型机的功能与存储容量均已达到小型机规模，而且价格在不断下降。在这种条件下，采用微型机对火力发电机组进行局部控制可以使前述的DDC方式和 SCC 方式各自独有的优点都能在此一并显露出来。这种分布式控制系统的技术经济效益将愈益明显。

(三) 从应用范围来分类

1. 安全监视

在火电厂中使用控制机进行安全监视，是计算机监控的一种最初级的和最基本的方式。实现在线控制时，运行人员即依靠计算机的安全监视功能对全厂进行集中监视。控制机的安全监视功能包括：

(1) 巡回检测。巡回检测是指利用计算机对发电机组的各种参数和各类运行设备的状态进行巡回和周期的测量和检查，也叫做数据收集。对其中重要的点，还可以按事先计划或随机指定进行专门的检测，即所谓选点检测。

按照运行工况的不同，巡回检测可以分成：正常运行时的巡回检测、异常工况下的巡回检测、起停过程的巡回检测、事故状况下的巡回检测等。各工况下的巡回检测由于其任务不同，各自的检测范围和执行周期也各不相同。对于正常工况，巡测的周期不必过短，但所检测的范围要宽一些，以便全面掌握设备的运行情况；在异常工况下，如机组超负荷运行时，设备处于不利的状态，必须对机组加强监视，因此对一些重要参数和异常参数必须快速巡回检测，及时报告运行人员，以便掌握设备情况，采取适当措施。在起停过程中，各控制点的参数往往处于变化状态，此时，应着重监视一些影响安全的参数（如汽压、汽温、水位、胀差、振动等)。在事故工况下，控制机应着重检测对分析和处理事故有关的参数；同时，还应对一些重要的监控参数快速巡测并存贮其数据，以供运行人员当时或事后分析其变化规律。

(2) 参数处理。计算机监控中收集的数据须进行必要的处理以保证其正确性。数据处理可分为：一次参数处理和二次参数处理。

一次参数处理主要指模拟量巡回检测、开关量巡回检测以及运行控制台输入数据的处理。常用的处理有：

1) 进行正确性判断。由于各种因素均可能造成输入参数的错误，如热电偶开线、变送器损坏、现场干扰、采样开关故障等。判断数据正确性可以采用：预定最大可能变化范围的判断；相关参数互相校核的判断；同一参数前后周期测量值的比较和“三中取二”（对极重要的个别参数设用三个变送器的）等方法。

2) 参数的修正计算。某些测量元件或系统具有非线性特性，对它所测得的参数需要进行修正计算。例如，利用节流孔板或喷嘴测量蒸汽流量时，由于工质比重（压力与温度的影响）产生的误差，应当按照压力与温度进行修正计算。又如热电偶测量端与参比端温差不恒定时，对热电偶所测得的温度，要考虑冷端温度补偿的有关计算。

3) 数字滤波。对于波动较大的参数，可以通过一定的算法对输入数据进行数字滤波计算。

二次参数处理是指在一次参数处理的数据基础上，按照安全监控的各种功能要求而进行的进一步的计算。如参数的每时、每值、每日累积值和平均值的计算；差值、变化率的计算；专题计算（包括各类工况计算）以及可变报警值计算等。总之，二次处理所得数据为派生数据。

这些参数处理的功能，在实际运行软件中，有的可以靠专门的子程序来完成，有的则分散在安全监视的其他功能模块中。

经过一次和二次处理所得的数据均以统一规定的数据结构和格式存放在实时数据库中，以供安全监视的各种功能程序在运行中使用。这种实时数据库与安全监视各功能程序之间的关系如图 2-14-7 所示。

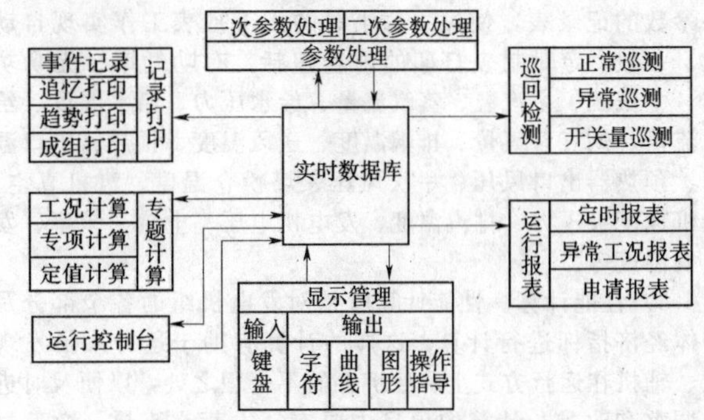

图 2-14-7 实时数据库与功能软件的关系

(3) 越限报警。经控制机巡回检测收集来的各种参数值，还须进一步与给定的上、下限值进行比较，检查它们是否偏离规定的范围，如果发生偏离，则要进行越限报警。

根据机组安全运行的要求，按极限值进行监督（报警）计有三种形式：上限监督、下限监督和上下限监督。在火电厂中，超过上限必须报警的参数有：锅炉烟道各点的温度、排烟温度、烟气含氧量、汽轮机速度级压力、汽轮机低压缸排汽温度、轴瓦温度等。越下限值必须报警的参数有：炉膛温度、总风压、给水压力、给水温度、汽轮机调速油压、凝汽器真空等。另外，一些参数则具有越上、下限报警的要求，如过热器压力、汽包水位主蒸汽温度、润滑油压、除氧器压力、除氧器水位、轴封压力等。

按照运行工况的不同，各种参数的报警极限值可分为两类：一类是固定的极限值，这类参数的报警极限值不随工况的变化而改变，即无论是在正常运行或在起停过程中，其报警极限值都不需改变，如轴承温度、润滑油压力等。这类极限值可事先定好送入计算机中存贮起来。另一类是变动的极限值。这类参数的极值随发电机组运行工况的不同而变化，如主蒸汽压力和温度、再热蒸汽温度、高压缸排汽压力等。尤其是在起停过程中，这些参数的极限值应不断地改变。为此，必须由程序事先安排好，或者由运行人员根据运行情况，将这些变化的极限值随时送入计算机内。

各参数按照规定的监督方式与极限值比较之后，如发现越限时，可通过下列手段向运行人员报警。

1) 声光报警。经过程序的控制，由外围开关量输出使指定的光字牌明亮，并接通报警器发出声音，引起运行人员的注意。

2) 显示器报警。由数码显示器或屏幕显示器将越限的测点号（或名称）和参数值用十进制数码显示出来。由于现代屏幕显示器中都装有音响电路，因而由屏幕显示器的报警也可以同时产生声响。随着汉字显示技术的发展，越限报警的测点名称也可以汉字显示，以便于运行人员工作。

3) 打印记录。由控制机系统中的打印机打出越限参数的测点号（或测点名称)、参数值、越限时间以及规定的极限值等，供运行人员分析参考。

(4) 其他监视功能。在线控制的电子计算机尚可完成其他一些安全监视功能，具体如下：

1) 参数显示。通过专门的程序，将发电机组运行中最主要的参数按测点号轮流地在数码显示器上以十进制数码和注有计量单位的参数值显示出来；也可以在屏幕显示器上以重要参数表的形式定时地显示出来，让运行人员及时掌握运行状况。

2) 制表打印。为了将机组运行状况记录下来，可由计算机控制并通过制表打印或宽行打印机，每小时打印一次重要参数的记录表，使过去每小时的人工抄表工作实现自动化。一般，定时制表打印的内容包括：有功功率、无功功率、主汽压、主汽温、蒸汽流量、给水压力、给水温度、给水流量、烟气含氧量、排烟温度、送风温度、预热器出口温度、预热器出口风压、一次风压、煤粉仓温度、汽机真空、汽机速度级压力、排汽温度、发电机电压、电流、频率、发电机温度等。

3）性能计算。性能计算就是对发电机组的各个部分及整体经济指标进行计算，这样的计算有助于运行人员发现主、辅机在运行方式上和经济上的不合理之处，以便及时进行调整和改进。计算的项目主要有：主蒸汽流量、净发电量、汽轮机效率、锅炉效率、厂用电率、电厂总热效率、电厂净热效率、补给水率、最大负荷利用小时数等。根据指标性质的不同，可以每小时、每值或每日计算，有的可计算其累计值或平均值。

2. 顺序控制

火电厂中制粉系统的启停、水处理设备的运行、输煤设备的启停、某些辅机的启停、排污和吹灰设备的工作以及生产过程中各设备间的联锁、事故处理、备用设备的投入等，日常运行中的计算机应用都具有顺序控制的性质。

顺序控制系统的配置有以下几种：

(1) 开出通道。它用来输出和执行开关动作，并以开出接点去控制现场的阀门、磁力开关、电磁阀等，从而达到生产过程要求的状态。

(2) 开入通道。它用来接收某生产过程中各步反映出来的开关信号，以判断生产过程进行的情况和要求。

(3) 模入通道。它用来检测与某一步骤有关的过程参数，以判断其阀值，即判断生产过程进行的条件。

(4) 实时钟。它为计算机提供精确的计时时基。

(5) 显示屏。一般设置以模拟图为基础的声光显示屏。在模拟图的各标志点设有状态灯，它可由开出和现场接点来驱动。现代顺序控制系统有采用CRT显示器来替代显示屏，还有场致发光、液晶显示等新型显示器，可以组装成各种形式的显示屏。

(6) 操作盘。其上设置扳键、按钮，可进行人—机联系和直接操作现场设备。上述系统可以使用一台微型机或单片机、一位机等作为主机；也可纳入相关的控制系统，作为其中的一部分。

3. 自动调节

火力发电厂生产过程中使用的自动调节系统比较多。例如汽包锅炉的给水自动调节和全行程给水自动控制等。这些调节系统皆是运用PID控制规律。PID调节规律是连续系统动态品质校正的一种有效方法。它的参数整定方式简便、结构改变灵活，长期以来被火电厂自动化，积累了大量的经验。过去PID的调节规律完全是由DDZ单元组合仪表完成的。现在这些调节规律可以由程序在微型计算机上实现，一台简单的单板计算机即能同时控制多个回路，还可以完成数据采集、打印、显示等多种功能。

原来的PID控制调节的设计是属于模拟化的方法，采用拉氏变换、运用传递函数求解微分方程。但是，计算机内的运算与数字中的运算过程有着不同的方法；适合计算机解算的方法称做数值计算。过程分析中建立的各种数学模型采用的各种函数运算，都要转化为数值计算方法后才能被计算机解算。因此，PID数字调节器的设计要使用离散化方法，采用Z变换而得到的Z传递函数。

计算机控制系统是线性的离散系统或者近似当作线性的离散系统。线性连续系统的输入和输出之间的关系用常微分方程描述

$$a_0\frac{d^n y(t)}{dt^n}+a_1\frac{d^{n-1}y(t)}{dt^{n-1}}+\cdots+a_{n-1}\frac{dy(t)}{dt}+a_n y(t)=b_0\frac{d^m r(t)}{dt^m}+b_1\frac{d^{m-1}r(t)}{dt^{m-1}}+\cdots+b_{m-1}\frac{dr(t)}{dt}+b_m r(t)$$

即如图2-14-8（a）所示。

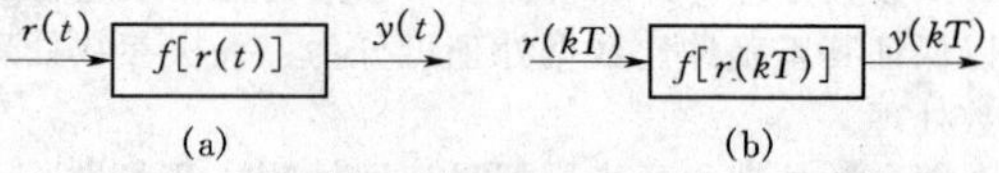

$r(t)$ → $f[r(t)]$ → $y(t)$　　$r(kT)$ → $f[r(kT)]$ → $y(kT)$

(a)　　(b)

图2-14-8 线性系统

（a）线性连续系统；（b）线性离散系统

线性离散系统的输入和输出之间的关系则用线性常系数差分方程描述

$$y(kT)+a_1 y(kT-T)+a_2 y(kT-2T)+\cdots+a_{n-1}y(kT-nT+T)+a_n y(kT-nT)=b_0 r(kT)+b_1 r(kT-T)-b_2 r(kT-2T)+\cdots+b_{m-1}r(kT-mT+T)+b_m r(kT-mT)$$

即如图2-14-8（b）所示。

线性连续系统与线性离散系统的分析方法比较，见表2-14-1。

表2-14-1 线性连续系统与线性离散系统分析方法的比较

系统分析			线性连续系统	线性离散系统
数字描述			线性微分方程 解法：古典法、变换法、状态空间法	线性差分方程 解法：古典法、变换法、状态空间法
变换法	变换		拉普拉斯变换	离散拉普拉斯变换（无变换）
	过渡函数		脉冲过渡函数 $h(t)$ 输入 $r(t)$ 输出 $Y(t)=h(t)r(t)$	单位脉冲响应 $h(kT)$ 输入 $r(kT)$ 输出 $Y(kT)=h(kT)r(kT)$
	传递函数		传递函数 $G_c(s)=Y(s)/R(s)$	z 传递函数 $G_c(z)=Y^*(s)/R^*(s)=Y(z)/R(z)$
	频率法	频率特性	$G_0(s)\mid_{s=j\omega}\to G_0(j\omega)$	$G_0(z)\mid_{z=e^{j\omega T}}\to G_0(e^{j\omega T})$
		对数频率特性	$20\lg\mid G_0(j\omega)\mid\sim\lg\omega$ $\phi(\omega)\sim\lg\omega$	$G_0(z)\mid_{z=\frac{1+jV}{1-jV}}\to G_0(jV)$ $20\lg\mid G_0(jV)\mid\sim\lg V$ $\phi(V)\sim\lg V$

续表

系统分析			线性连续系统	线性离散系统
变换法	根轨迹法	幅值条件	$\mid G_0(s)\mid=1$	$\mid G_0(z)\mid=1$
		相角条件	$\angle G_0(s)=\pm180^\circ+i\times360^\circ$，$i=0，1，\cdots$	$\angle G_0(z)=\pm180^\circ+i\times360^\circ$，$i=0，1，\cdots$
		绘制法则	在 s 平面上作根轨迹	在 z 平面上作根轨迹，绘制法则与连续系统类似
	系统稳定的充分必要条件		系统的闭环极点分布在 s 平面的左半平面	系统的闭环极点分布在无平面上以原点为圆心的单位圆（半径为1）内
	系统的瞬态响应		与闭环极点和零点在 s 平面上的分布有关	与闭环极点和零点在 z 平面上的分布有关
状态空间法	状态空间表达式		$X(t)=AX(t)+Bu(t)$ $Y(t)=CX(t)+Du(t)$	$X(kT+T)=FX(kT)+Gu(kT)$ $Y(kT)=CX(kT)+Du(kT)$
	传递矩阵		$G(s)=H(s)=C[s1-A]^{-1}B+D$	$G(z)=H(z)=C[z1-F]^{-1}G+D$
	特征方程		$\mid s1-A\mid=0$	$\mid z1-F\mid=0$
	状态空间方程解		$x(t)=e^{\lambda}\times(o)+\int_0^t e^{A(t-E)}\times Bu(\tau)\,d\tau$	$X(kT)=F^k\times(o)+\sum_{j=0}^{k-1}F^{k-f-1}\times Gu(jT)$
		变换法	$x(t)=\mathcal{L}^{-1}[(s-A)^{-1}]\times(o)+\mathcal{L}^{-1}[(s-A^{-1})Bu(s)]$	$x(kT)=z^{-1}[(z1-F)^{-1}z]\times(o)+z^{-1}[(z1-F)^{-1}Gu(z)]$
	系统稳定的充分必要条件		特征根 s_i 的实部小于零，即 $\mathrm{Re}(s_i)<0$	特征根的模 $\mid z_i\mid<1$，即在 z 平面单位圆内

4. 局部的综合控制

在发电厂生产过程中有许多局部的生产过程，这些生产过程虽属于一个局部，但又是一个比较完整的体系，例如化学水处理系统、制粉系统、煤场的运输和管理等。这些日常运行的局部控制也可以用计算机控制系统来实现。

图 2-14-9 表示一种简化的化学水处理固定床系统；图 2-14-10 表示水处理生产过程框图和阀位图；图 2-14-11 表示该系统的硬、软件配置。

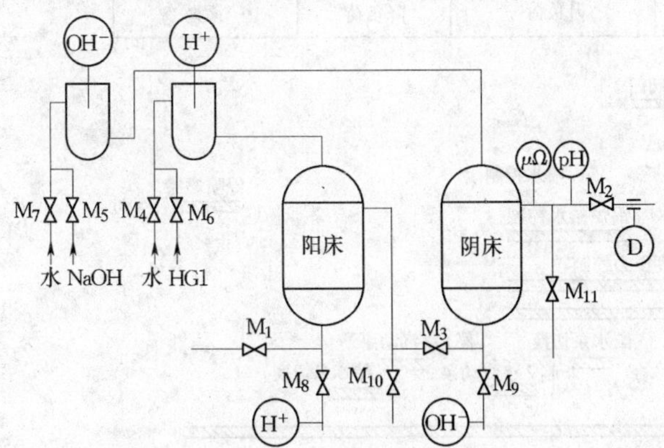

图 2-14-9 简化的化学水处理固定床系统

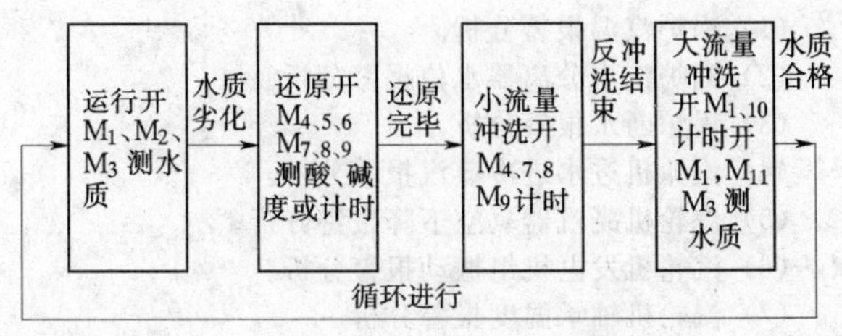

图 2-14-10 水处理生产过程框图和阀位图

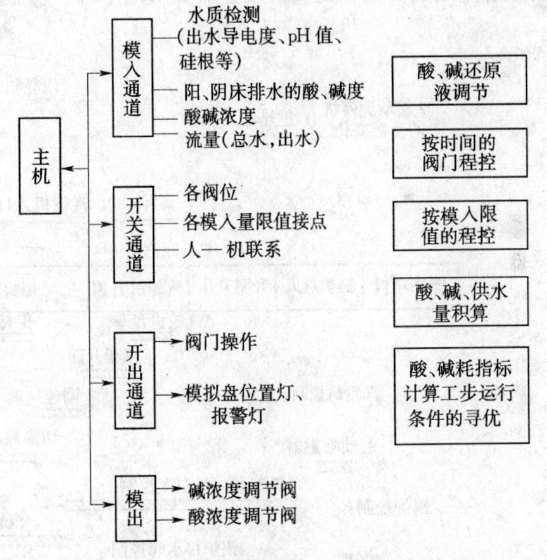

图 2-14-11 水处理过程计算机控制的硬件和软件

图 2-14-12 表示一般制粉系统的流程；图 2-14-13 表示制粉控制系统的硬件和软件配置。

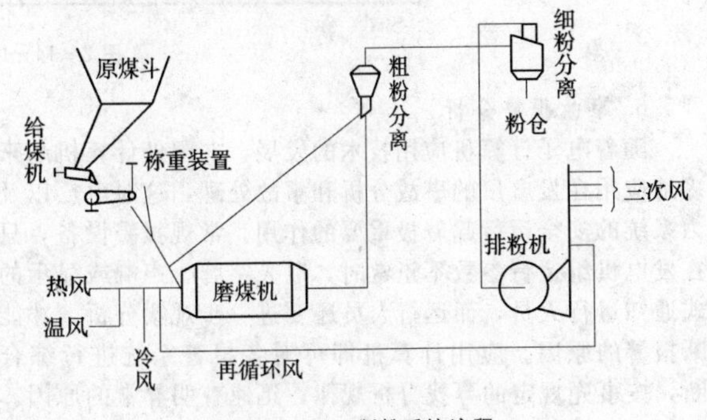

图 2-14-12 制粉系统流程

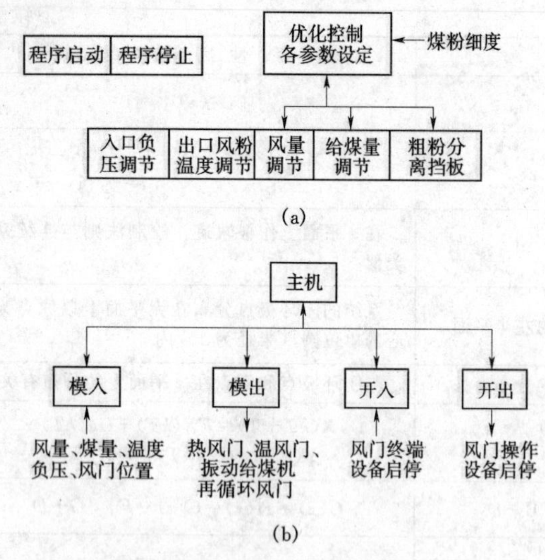

图 2-14-13 制粉系统硬件和软件配置

(a) 软件配置；(b) 硬件配置

5. 自动起停

高参数和大容量的火电机组的锅炉越来越大，阀门和风门数量越来越多，同时汽水系统、燃烧系统、辅助系统、除氧给水系统也越来越复杂和庞大。这样，不仅使正常运行时的监控要繁杂，而且使机组起停时的控制更加困难。大型机组从冷态起动到带满额定负荷往往需要十几小时。在整个起动过程中，工况在不断变化，为了保证设备的安全，减轻运行人员的劳动强度，300MW 以上容量的机组必须采用计算机控制，实现机组起停自动化。

控制机对发电机组自起停的控制有两种方式：一种是监视控制方式，即计算机对机组起停中的各种参数和设备状态进行监视判断和计算，然后发出指令给常规的调节器和程序控制回路，再由后者调节和操作发电机组；另一种是直接控制方式，即计算机除对起停过程中各参数与设备的状态进行检测、判断与计算外，并通过控制机的外围设备去直接调节和操作发电机组，即 DDC 方式。

实现发电机组自起停必须具备以下一些条件：

(1) 机组设备的基础自动化应当完备。首先，主机和辅机设备都要完好，各种调节阀门、挡板、快关阀门及保护系统应满足自动化的要求完好无缺，特别是各种阀门和挡板须是电动操作，并操作灵活；阀门严密和漏流量微小，阀门的线性度也应良好。为了适应起动过程中控制的需要，应较正常运行时多设一些测点和变送器，以便更全面地监视各种系统，特别是对锅炉水位和汽轮机转速的测量要求尽量准确。

(2) 控制机的硬件容量须能满足起停过程中检测和控制的要求。控制机要有足够的过程外围通道容量和存贮容量；模拟量输入和输出和开关量输入和输出均较正常运行控制要多得多。

(3) 要精确安排起动与停机的工作流程，以便编制一系列控制程序，配备相应的软件。机组起停的一般工作流程、状态变化及时间安排如图 2-14-14 所示。

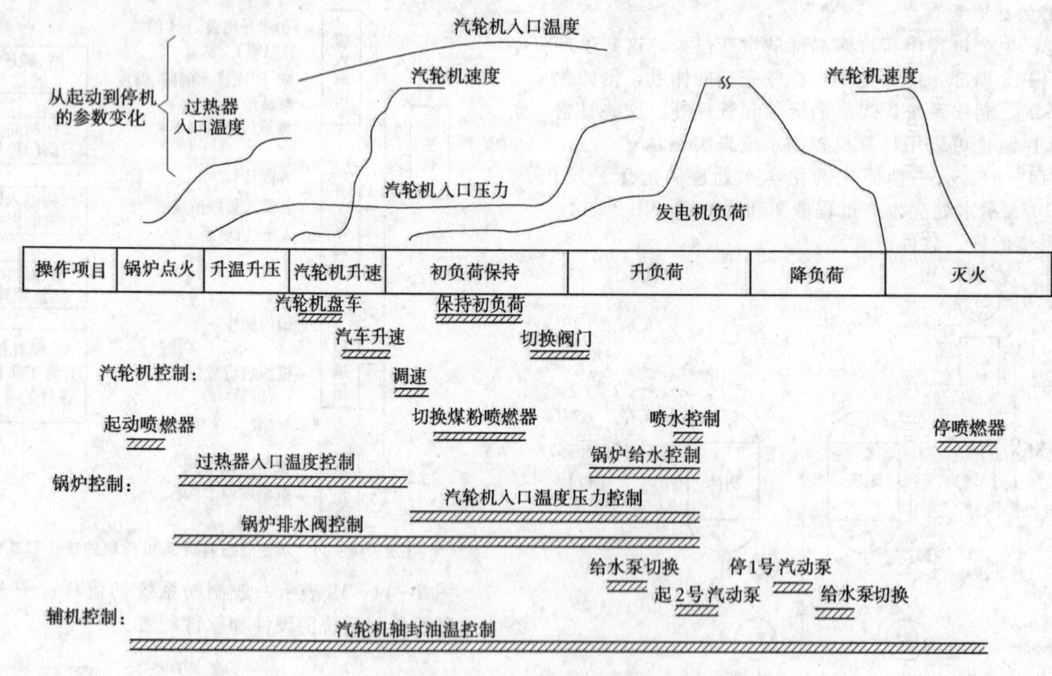

图 2-14-14 机组起停的时间安排

6. 事故报警分析

随着电子计算机应用技术的发展，在国外计算机越来越多地应用在发电厂的事故分析和事故处理，这对电厂以及电力系统的安全运行起着极重要的作用。常规报警设备，只能在发电机组运行参数不正常时，以光字牌、声响或显示的方式通知运行人员，而运行人员还要进一步观察分析，才能判断报警的原因。应用计算机即可对各报警系统进行综合判断，按事先规定的寻找分析规律，迅速查明异常的原因。

300MW 以上的大型发电机组的计算机在线控制可以考虑的报警分析项目如下：

(1) 锅炉汽温报警分析。

(2) 锅炉汽水分离器水位报警分析。

(3) 锅炉断水报警分析。

(4) 汽轮机进水进冷蒸汽报警分析。

(5) 汽轮机凝汽器真空下降报警分析。

(6) 汽轮机发电机组振动报警分析。

(7) 汽轮机轴承温度报警分析。

(8) 发电机静子绕组温度报警分析。

(9) 辅机轴承温度报警分析。

(10) 汽动给水泵汽轮机的凝汽器真空下降报警分析。

报警分析方法最简单的是查表法，即根据特定的运行条件，建立一系列的报警分析模型，列成表格存贮在计算机内存中，当实际报警情况与表中所列的标准符合时，计算机可通过程序确定故障原因，通知运行人员。以我国某 300MW 双水内冷发电机的定子绕组温度高的报警分析为例，说明查表法的应用。图 2-14-15 是发电机的水冷系统简图。

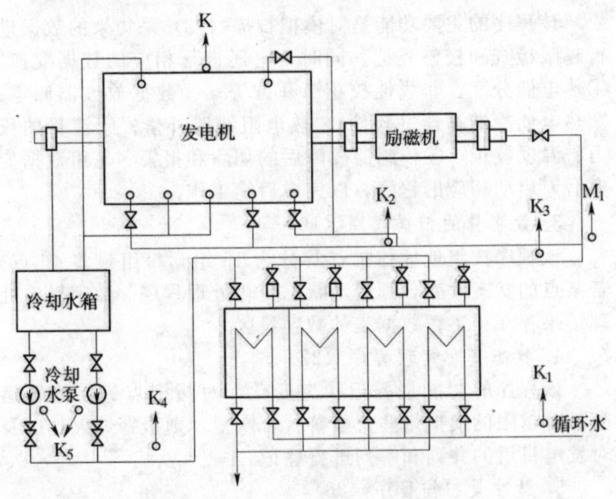

图 2-14-15 发电机水冷系统简图

发电机定子绕组温度高的原因分析，如图 2-14-16 所示。据此可建立报警分析信息表，见表 2-14-2。

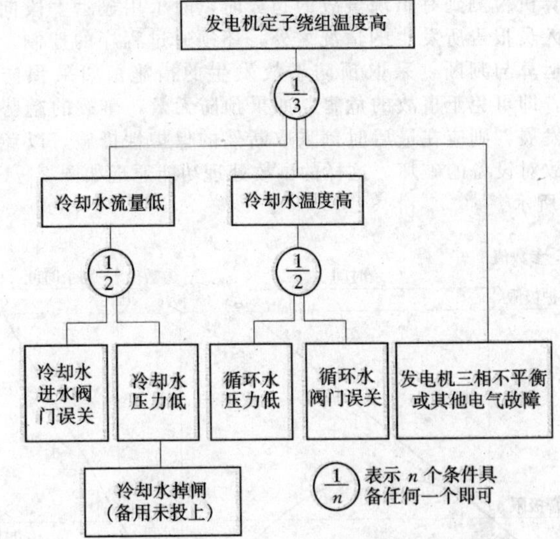

图 2-14-16 发电机定子绕组温度高的因果关系

7. 事故处理

事故处理与事故报警分析的区别主要在于：后者是开环控制，而前者是闭环控制。事故处理是计算机应用的一种较高级形式。

表 2-14-2 报警分析信息表

K_5	K_4	K_3	K_2	K_1	M_1	K	输入信号	报警分析项目	
冷却水泵故障	冷却水源出口压力低	入口冷却水压力低	入口冷却水流量低	循环水压力低	入口冷却水温度高	定子绕组温度高	输入名称	"发电机定子温度高"报警分析	
								逻辑分析/显示（打印）内容	
							故障原因	波及范围	建议措施
0	0	0	0	0	0	1			检查发电机参数
0	0	0	0	0	1	0	循环水阀门误关	定子绕组温度高	检查循环水阀门
0	0	0	0	1	0	0	循环水失压	入口冷却水温度高	检查循环水系统
0	0	0	1	0	0	0	冷却水门误关	定子绕组温度高	开冷却水门
0	0	1	0	0	0	0	冷却水滤网堵塞	入口冷却水流量低	检查滤网
⋮	⋮	⋮	⋮				⋮		

为了进行事故处理，必须在总结运行经验和科学分析的基础上仔细编制事故处理方案，事先置入计算机中，一旦发生事故，计算机即按规定好的处理方案进行处理。

事故处理须按下述原则进行：

(1) 贯彻以预防为主的指导思想，切实保证计算机正常执行平时数据处理功能，这些功能是预防事故的良好措施。

(2) 生产过程的自动调节设备（或计算机的直接数字调节功能）应能正常投入和运行，这也是预防事故的重要方面。

(3) 生产过程中某些参数严重偏离正常值时，便进入事故工况，当计算机检查到事故工况后，立即转入事故分析与处理。

(4) 首先应通过事故识别程序，查明事故性质及事故原因，然后，转至相应的事故处理程序入口，进行事故处理，尽量限制事故的发展，并使越限的参数逐步返回正常值。如果事故继续发展，无法控制以至危及机组安全运行时，应采取紧急措施，减掉负荷甚至停机。

(5) 在事故处理过程中，须投入巡测程序，密切监视其他一些最主要的参数是否越限。如发生严重越限时，也要进行紧急处理，因为往往会由于发生一种事故而又引起其他事故。

事故处理及预防须与前述趋势报警密切结合起来。当计算机检测到有出现事故的趋势时，除了用显示手段向运行人员报告所发生的情况之外，还须通过程序的控制，进行运算与判断，采取预防事故发生的措施。如果预防成功，即可免于事故的危害。如果预防无效，事故的趋势继续发展，则应在最后时刻采取断然的保护性措施，以免除事故对设备的破坏。这样的事故处理功能原理如图 2-14-17 所示。

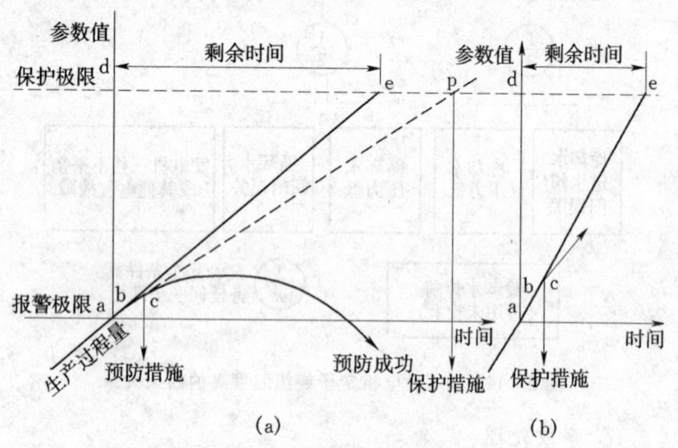

图 2-14-17 事故防护处理原理

(a) 剩余时间较多的情况；(b) 剩余时间较少的情况

从图 2-14-17 可以看出，一般的生产过程参数可以设定两个极限值：①报警极限；②保护极限。在参数达到和超过报警极限之后，说明已进入了异常的工况，但是参数可能还未达到必须立即采取断然措施（如切断某回路，关闭某闸门……）的保护极限值。从报警极限值达到保护极限值，中间要经历一段剩余的时间，允许运行人员或计算机进行某些处理。根据剩余时间的长短，可做不同的处理。

剩余时间要由计算机进行估算。图 2-14-17 中参数变化曲线上 a 点是达到报警极限值的时刻，b 点是计算机再次检测时该参数值上升所达到的点，计算机要根据 a、b 两点参数值的上升率（曲线斜率）才能预测出剩余时间 d、e。

图 2-14-17 (a) 所示是剩余时间较长的情况。计算机通过程序控制，在参数到达 c 点时采取预防措施。参数变化曲线 c 点以后的实线部分表示预防措施有效，参数重新下降到正常值范围内，曲线的虚线部分表示预防措施效果不显，终于使参数值达到了保护极限值（p 点），这时须立即采取保护措施以免事故损坏设备。

图 2-14-17 (b) 所示是曲线上升率很高，剩余时间很短的情况。这时，计算机在估算出时间太短已不容采取预防措施时，在 c 点时刻采取了保护措施。

在发电厂事故处理的软件结构中，事故处理程序一般包括事故识别程序和事故处理程序两个部分。事故识别程序须包括：根据事故状态字识别发生什么事故，请求投入事故巡测程序，发出警报，关闭部分不重要程序，按事故的性质起动相应的事故处理程序等内容。事故处理程序须具有“模块式”结构，每个处理程序相当于一个子程序，可以任意组合，起动和退出均很方便。

二、计算机控制在火电厂的主要应用

（一）开环监视系统

图 2-14-18 和图 2-14-19 是某开环监控系统的部分软件连接图，其中包括 30 多个功能模块。程序的功能如下：

1. 模拟量扫描程序〈12〉

该程序每秒扫描两组，每组为 2s 点，共七种扫描周期（1s、5s、10s、20s、30s、60s、120s）。每扫描一组，进行一次数据变换，并将变换结果送入工程数据表的模拟量区。为使用户安排方便，给出了用户登记表，如点处理职能表、扫描顺序表等。这些表格全由用户填写。

2. 数据变换程序〈20〉

该程序的主要功能是对模拟扫描〈12〉采集来的数据进行越限检查和报警登记。同时，它还进行相应的数据变换：①热电偶分度、非线性校正、开方等；②数据放大器调零；③热电偶冷端补偿（软件）、热电阻线路补偿；④流量的压力、温度校正；⑤传感器故障后的切除和报警。每组数据变换后，启动相应的程序，以完成后续工作。

3. 数字量的扫描程序〈16〉

该程序按组地址扫描，共分为 15 组，每组最多 16 点。若某点的状态改变，则启动状态变化处理程序。数字量的处理结果存在于工程数据表的数字量区。

4. 状态变化处理程序〈22〉

该程序的功能是登记状态变化，对指定点进行逻辑运算、对越限的模拟量登记报警（若恢复，则报警灯灭）以及对发电机组的并列和解列进行登记。

5. 脉冲量扫描程序〈26〉

该程序对供电量、厂用电量、总发电量等进行累积并求差值。

6. 差值、平均值计算〈24〉

该程序计算差值和平均值时，从工程量数据表中取数据，其结果作报警检查。

7. 变化率计算〈23〉

该程序计算变化率的数据是从工程量数据中取得的，其计算公式为

$$变化率=\frac{3x_i+x_{i-1}-x_{i-2}-3x_{i-3}}{10T_i}$$

式中 T_i——周期；

x_{i-1}、x_{i-2}、x_{i-3}——前三个采样周期的数据。

8. 偏心度计算程序〈25〉

每扫描一次汽轮机的偏心度就启动一次本程序。该程序只在汽轮机盘车期间检查主轴情况时启动。其计算公式为

$$G_{39}=D_{11\max}+D_{11\min}$$

式中 G_{39}——大轴偏心度；

$D_{11\max}$——在 1min 内，大轴挠度信号 D_{11} 的 12 个数中最大的数；

$D_{11\min}$——在 1min 内，大轴挠度信号 D_{11} 的 12 个数中最小的数。

9. 平均值计算程序〈29〉

在发电机运行时，每隔 2s，对 24 个参数累加一次；为 8h 平均计算程序运行时准备数据。

10. 专用计算程序〈27〉

计算给煤量 8 点，汽包饱和汽温 1 点，连续排污量 1 点，汽包与导汽管管壁温差 1 点，汽包下壁与下降管管壁温差 1 点，一、二次过热器和再热器管壁温度最大值。这些参数是控制的锅炉设备要求监视的安全性参数。

11. 可变报警值计算程序〈40〉

对汽包上壁与饱和蒸汽导汽管温差报警限、汽包下壁与下降管管壁温差报警限、汽轮机高压缸排汽温度下限报警

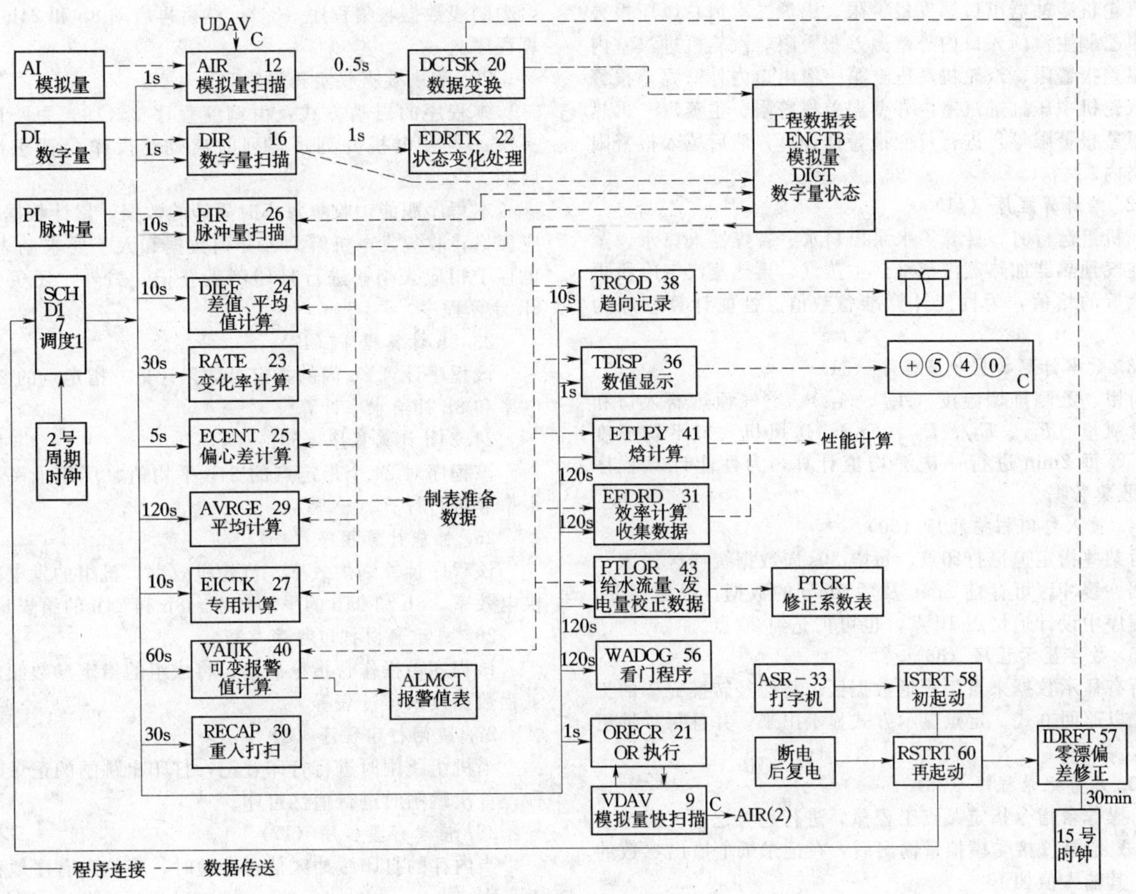

图 2-14-18 程序连接图（一）

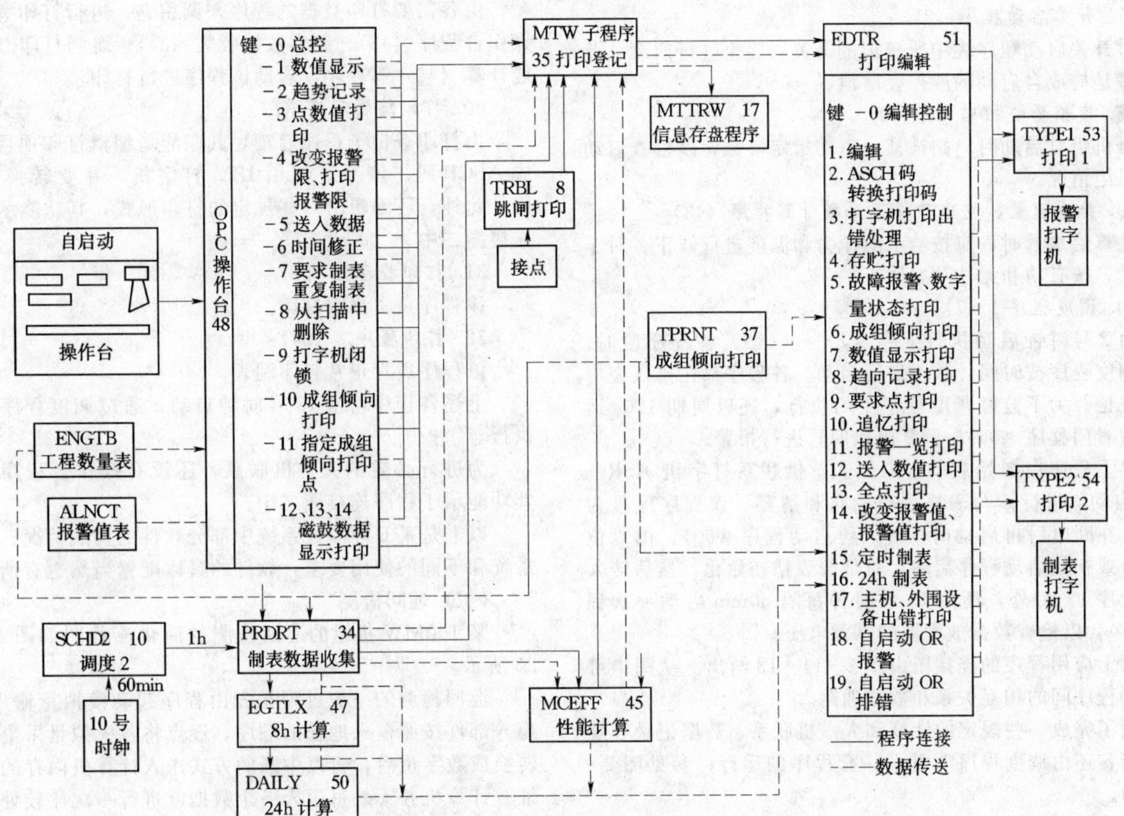

图 2-14-19 程序连接图（二）

限、汽轮机冷油器出口温度报警限、锅炉二次风总风压报警限、甲乙侧主汽门入口内外壁温差报警限、汽轮机进汽室内外壁温差报警限、汽轮机高压缸第一级出口内外壁温差报警限、汽轮机中压缸进汽室内外壁温差报警限、主蒸汽一再热蒸汽温差报警限等，进行可变报警值计算，然后填入报警限值表格内。

12. 焓计算程序〈41〉

当机组运行时，计算给水泵出口水、省煤器入口水、蒸汽和空气预热器加热蒸汽疏水、主蒸汽、再热蒸汽、冷段再热蒸汽等的焓值，为性能计算准备数值。性能计算程序为〈45〉。

13. 效率计算数据收集程序〈31〉

对甲、乙侧排烟温度（A_{28}、A_{29}）、空气预热器入口和出口含氧量（E_{08}、E_{09}、E_{10}、E_{11}）、送风机入口平均温度（G_{40}）等每 2min 进行一次平均值计算，为性能计算程序〈45〉收集数据。

14. 重入打印扫描程序〈30〉

对某些指定追忆打印点，每隔 30s 向数据缓冲区送入一次数据。缓冲区可存前 2min 及后 5min 的数据。根据需要，应用程序中设计追忆点 10 点，也可扩充到 20 点。

15. 数字显示程序〈36〉

所有显示数据来自工程量数据区。将已经转换完毕的工程量，以巡回方式、定点显示方式显示出来，并且每秒钟更换一次。

16. 趋势记录程序〈38〉

由操作台指令指定某点工程量，进行趋势记录。通过多笔 $X—Y$ 记录仪接受模拟量输出后，在记录纸上描出参数的轨迹。其输入值如下

$$X=\frac{\text{工程量数据}-\text{下限刻度值}}{\text{上限刻度值}-\text{下限刻度值}}\times 800+200$$

17. 开关启动程序〈21〉

对开关启动顺序表中所登记的开关，逐个进行启动。此段程序是构成自启动的顺控程序段。

18. 模拟量快扫描程序〈9〉

当机组自启动时，扫描某一点的指定参数，以检查启动中的机组情况。

19. 给水流量、发电量修正系数计算程序〈43〉

计算给水量时，应按给水的压力和温度进行修正。对于发电量，按有功和无功功率修正。

20. 调度程序 1〈7〉

由 2 号时钟启动执行上列（1）～（19）各程序段时，均由调度程序按时间计数器进行启动。各程序都在排认表中进行登记。为了监督调度程序 1 的执行，还以周期 120s 运行一道看门程序〈56〉。调度出错时，进行报警。

以上程序在初始启动时，由人—机联系打字机 ASR—33 键启动，进行读写表格、初始化和清零。该程序序号为〈58〉。在断电后再启动时，转入再启动程序〈60〉，由复位电信号或初始启动程序启动，对部分表格初始化，然后转入调度程序 1。另外，还由 15 号时钟每隔 30min 启动一次程序〈57〉，以检查数据放大器的零漂电压。

以上应用程序的连接图由图 2-14-18 给出。从图中可以看到程序间的相互关系和数据通路。

为了完成一些规定的计算和人—机联系、数据记录等规定功能，还由调度程序 2 引入一套程序的运行；参见图 2-14-19。

21. 调度程序 2〈19〉

由 19 号时钟每隔 60min 周期性地启动该程序。它负责启动制表数据收集程序〈34〉。然后再启动 8h 和 24h 正点计算程序。

22. 制表数据收集程序〈34〉

本程序的启动方式：由调度程序 2〈19〉每小时启动一次；当发电机并列、解列时启动；操作台请求制表时启动。

本程序职能：收集每小时累计的数据，累计数据存于相应表格；收集发电机解列、并列数据和人工要求制表数据，也存于相应表格；进行打印制表登记。另外，还负责启动 8h 计算程序。

23. 8h 计算程序〈47〉

该程序计算 8h 内的指定参数累计量、指定点的 8h 厂用电率和 8h 补给水率计算。

24. 24h 计算程序〈50〉

该程序对 24 个指定点的 24h 平均值、厂用电率、补给水率等进行计算。

25. 性能计算程序〈45〉

该程序计算锅炉效率、汽轮机效率、机组的发电效率和供电效率，8h 和 24h 的平均效率，8h 和 24h 的给煤量。

26. 成组倾向打印程序〈37〉

该程序由操作台指令启动；将成组的指定参数倾向打印工程数据读入缓冲表等。

27. 跳闸打印程序〈8〉

当机组跳闸时进行打印登记，打印出跳闸的记录时间为秒；首次跳闸时进行追忆打印。

28. 信息存盘程序〈17〉

当内存的打印缓冲区信息存满时，将信息有序地存放到磁盘中去。

29. 打印登记子程序〈35〉

由各需要打印数据的程序来调用它，进行打印登记。由操作台程序〈48〉、制表数据收集〈34〉、跳闸打印〈8〉、性能计算〈45〉等程序，启动该程序进行打印。

30. 打印编辑程序〈51〉

由打印登记子程序启动，其职能是编辑打印项目并转换成 ASCII 码。该系统使用 IBM 打字机，并要转换成 CRC 码。此外，还编辑出一些规定的打印形式，其功能示于程序连接图二中。

31. 打印程序 1〈53〉

该程序负责报警打印。

32. 打印程序 2〈54〉

该程序负责正常打印制表。

上述各程序均由 19 号时钟启动，通过调度程序 2 调度执行。

为进行必要的人—机联系，还设有操作台程序〈48〉，其功能示于程序连接图二中。

以上是某开环监控系统中部分软件的构成情况；对不同系统和不同的使用要求，软件的具体配置当然也有所不同。

（二）巡回检测

某 100MW 机组的巡回检测的简化流程图如图 2-14-20 所示。

巡回检测的一般过程是先由程序起动模拟量输入装置，模入部件按照模入地址的顺序，逐点将各模拟量采集进来并转换成数字量后，再以中断的方式送入计算机内存的指定地址。计算机并不是每送入一个数据就进行一次比较处理，而是等待一组（或者全部）模入数据进入内存后，由外围模入装置向 CPU 发出中断请求，也就是外围通道向 CPU 报告已

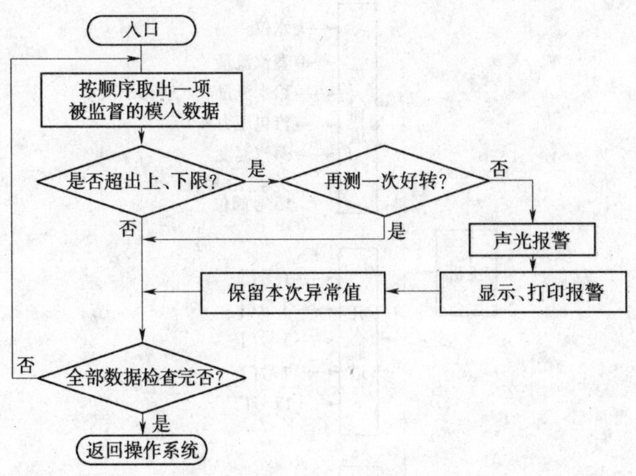

图 2-14-20　巡回检测程序框图

经收集完一批数据。然后，计算机启动一个对成批模入数据进行比较处理的程序（即巡回检测程序），对收集来的数据逐个与其极限值进行比较，如发现某参数越限时，即发出报警的指令进行报警，直到规定的一组（或全部）数据都处理完毕为止。

火电机组的数百个模拟量输入数据中，并非每个都要进行比较和越限报警，一般只是选择其中较为重要且必须及时报告运行人员的那些参数即可。其余的模入数据则留作定时制表、显示、平时调节等使用。

（三）给水自动调节

汽包锅炉给水自动调节的任务是调节给水流量，使之与当时的负荷相适应，以维持汽包水位在给定值。图 2-14-21 示出三冲量（水位、蒸汽流量和给水流量）给水调节的计算机硬件配置。

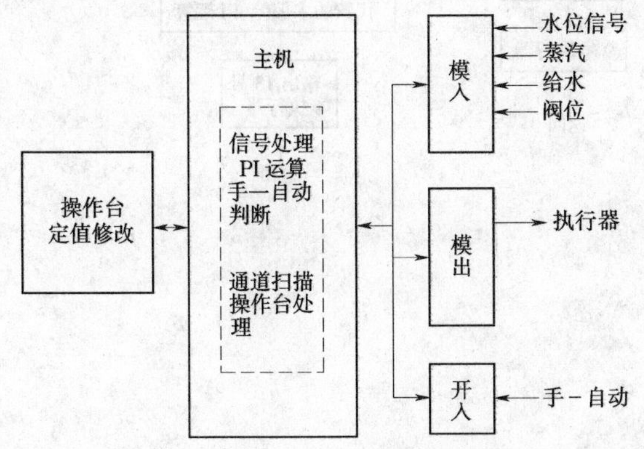

图 2-14-21　三冲量给水调节的硬件配置

模入通道接收汽包水位、蒸汽流量、给水流量、给水阀门的阀位信号；模出通道的一个输出驱动给水调节阀门的电动执行器；开入通道的一个开入点接收操作器处于手动还是自动的位置。蒸汽信号是前馈信号，只取它的静态特性，在蒸汽流量和给水流量之间求得质量平衡。PI_2 的调节回路应是快速动作回路，以适应给水流量调节的快速性；PI_1 的调节回路是主信号水位的校正回路，水位信号响应较慢。因此，须采用两个 PI 运算的调节周期；主回路 PI 运算的周期可以长些；给水调节回路的 PI 运算周期可以短些（一般可考虑 1s）。

根据上述配置和分析，给水调节系统的程序可按图 2-14-22 所示流程框图编写。

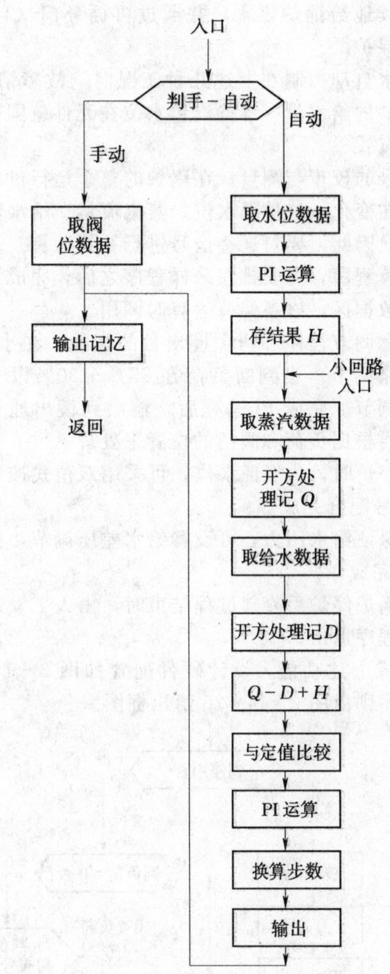

图 2-14-22　三冲量给水调节框图

（四）全行程给水自动控制

利用计算机控制系统的优点，可以方便地实现全行程给水自动控制。它能减少许多常规给水系统中的切换部件和判断部件。

图 2-14-23 是某锅炉给水系统。其中，ϕ377 给水管路能带 100% 负荷，ϕ133 管路能带 25%～30% 负荷。

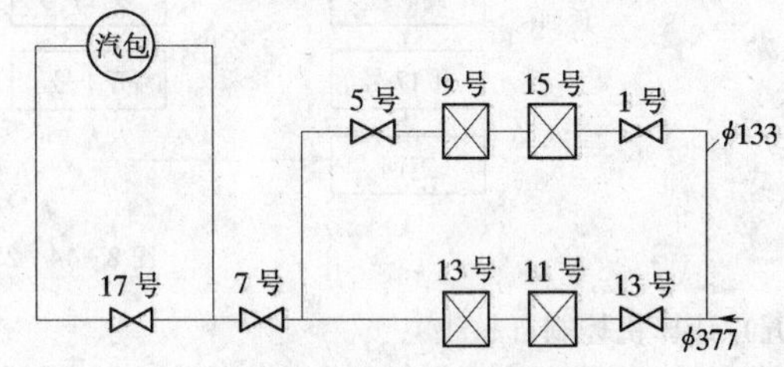

图 2-14-23　锅炉给水系统

在锅炉启动、运行、停炉的全过程中可有以下工况：

（1）由零负荷带至正常负荷，首先启闭 ϕ133 给水管。当负荷增长到超过 25%～30% 时，给水管路由 ϕ133 切换到 ϕ377 上。ϕ377 是主给水管，在锅炉正常运行时主要使用 ϕ377 管。

（2）减负荷及停炉过程。随着负荷的降低，给水管路又由主给水管 ϕ377 切换到 ϕ133 管路。当负荷减到零时，停用 ϕ133 给水管。

（3）停炉过程末期，随着锅炉的冷却，汽包水位逐渐下降，故应断续地给锅炉供水，并通过再循环门（17号）对省煤器进行保护。

全程给水自动控制在上述几种工况时（故障情况除外）都能控制锅炉的给水量，维持汽包水位在元件范围内。需要考虑的问题有：

(1) 信号的校正与测量。在锅炉的整个运行过程中，汽压、温度都在变化，这使得水位、蒸汽流量、给水流量都难以测量准确；因此，要对这些信号进行补偿运算。对上述信号的校正计算程序，可安排在采样程序之后，完成计算后再存入相应的数据区，以备调节运算时调用。

(2) 两套调节程序和两个模出量的切换。在小负荷时，可采用单回路调节。当判断负荷在25%～30%以上时，可采用三冲量调节。完成PI运算后，输出到模出通道时，数据的去向也要根据负荷和阀门的位置来处理。

(3) 在停炉时，为保证水位，可采用双位式控制，由阀门1号、17号配合完成。

(4) 为保证给水压力，可设置给水差压调节，由11号、15号阀门来完成。

(5) 当锅炉停炉后冷却过程结束时，由人工发来停止程序命令，则程序退出。

为了完成上述功能，设计硬件配置如图2-14-24所示，而其程序则由图2-14-25给出框图。

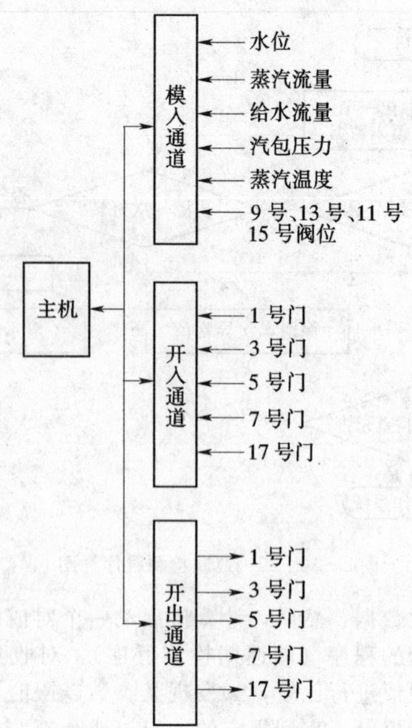

图2-14-24 全程给水的硬件配置

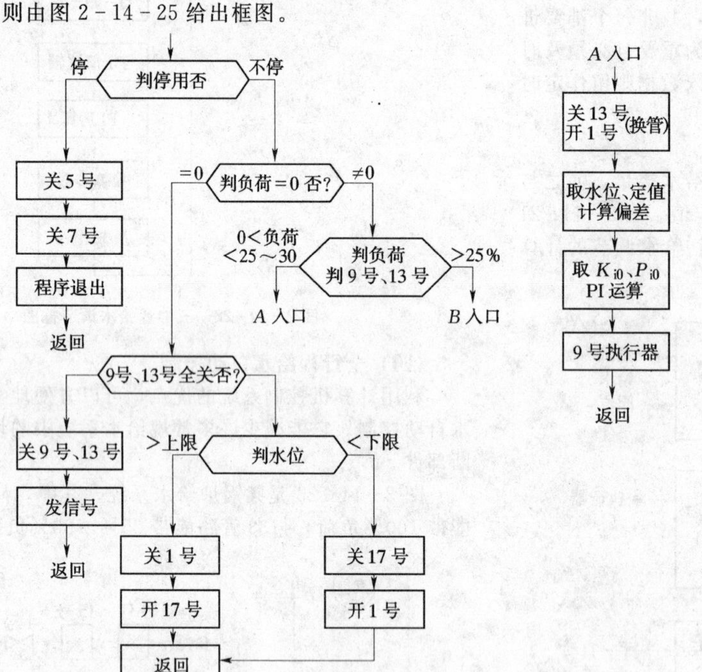

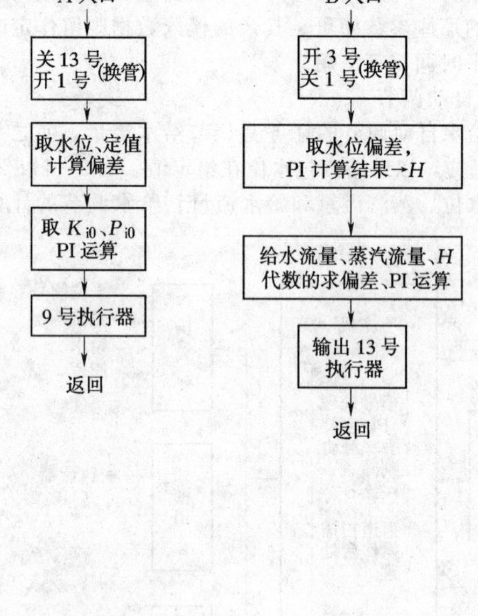

图2-14-25 全程给水调节程序框图

（五）计算机控制自起动

如前所述，控制机对发电机组自动起停的控制有两种方式：监视控制方式和直接控制方式。下面以某100MW发电机组的自起动为例，说明后者的程序原理。

在整个自起动过程中，共有6项大的操作程序和若干全程调节程序交错地执行。每项大的操作中又分成若干小的操作，其中各大项操作程序的投入、退出和操作故障的处理等，都由起动管理程序来控制和安排。全程调节程序就是指在起动过程中被调参数从初始值开始到额定值为止的全过程调节。在此过程中，被调参数的给定值需不断进行修正。这项修正的任务由专门的程序来完成。

在计算机运行控制台上，运行人员按下“总起”按钮后，计算机接受起动命令，自动点亮起动指示灯，然后，便在管理程序支配下按下列顺序自动进行操作：

1. 投入起动状态下巡回检测程序

锅炉汽包初始水位调节程序和起动过程中各项参数的定值管理程序。

2. 投入锅炉点火操作程序

这是第一项大的操作程序，包括大约30个小程序段。它的总任务是使锅炉由灭火状态点火起动，并使锅炉汽压达到39.2×10^4Pa以上，或使汽轮机真空达300×133Pa (300mmHg)。这一任务完成后，表示锅炉点火操作结束，再自动转入下一项大的操作程序。锅炉点火程序的简化框图如图2-14-26所示。

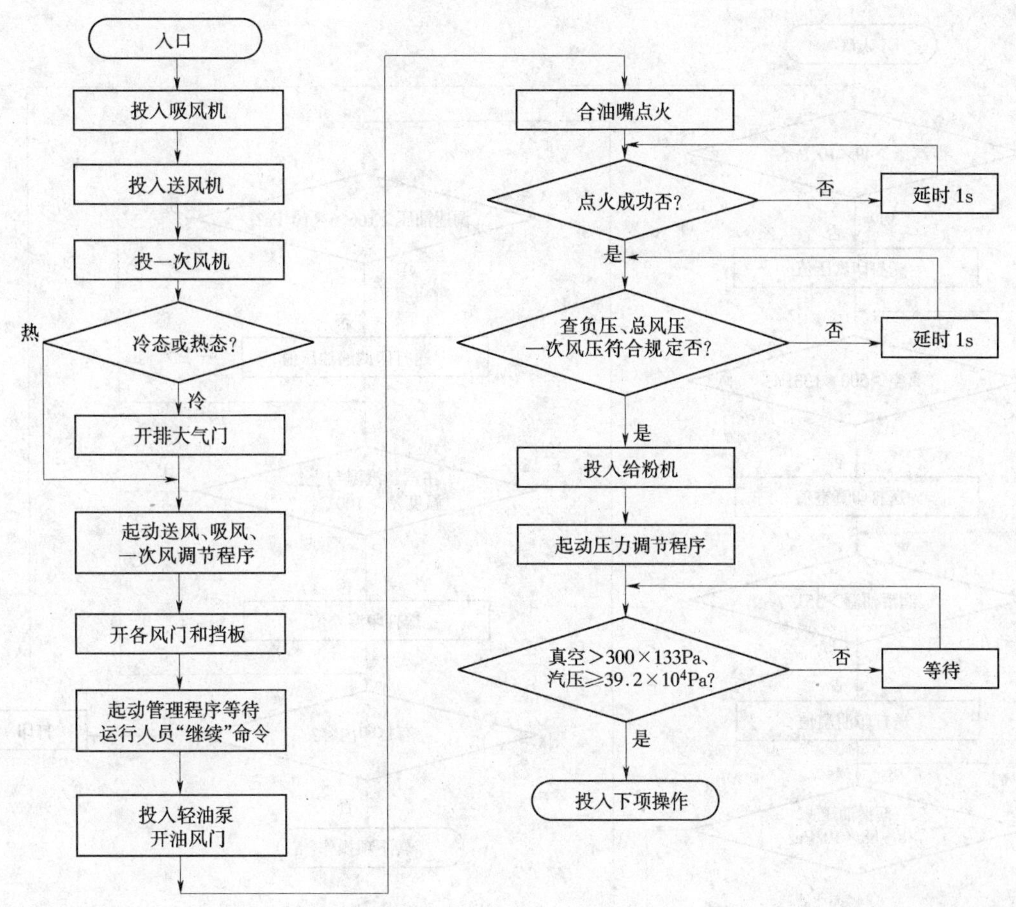

图 2-14-26　锅炉点火程序框图

3. 投入汽轮机凝汽器抽真空操作程序

这是一项较繁琐的操作程序；大约由 60 个小的操作程序段组成。它的总任务是从开启加热器及凝汽器的疏水门开始操作，直至使凝汽器真空大于 400×133Pa（400mmHg），再自动转入下一项操作。

在此操作程序中，主要有以下顺序的内容：

(1) 判断凝汽器水位高于 3/5 后，全关真空破坏门、防腐门、复水总门，全关加热器出口放水门，全关复水泵出口水门，起动复水泵。

(2) 上一项完成后，继续开、关复水泵出口水门，再全开该门。

(3) 判定复水管压力大于 49×10^4Pa 后，便投入凝汽器水位调节程序。

(4) 起动射水泵，全开射水泵出口水门，断续开闭射水泵空气门。

(5) 凝汽器真空大于 200×133Pa（200mmHg）后，投入轴封压力调节程序。

(6) 当凝汽器真空大于 400×133Pa（400mmHg）时，关闭锅炉排大气门。

至此，汽机凝汽器抽真空操作便告结束。

4. 投入汽轮机冲转条件检查程序

本程序的功能是检查汽轮机冲转条件是否具备，其程序框图示于图 2-14-27 中。汽轮机冲转的条件有如下六项：

(1) 汽包压力大于 49×10^4Pa。

(2) 凝汽器真空大于 500×133Pa。

(3) 润滑油温大于 35℃。

(4) 润滑油压大于 5.88×10^4Pa。

(5) 调速油压大于 166.6×10^4Pa。

(6) 二级减温器左、右侧出口温度与上缸温度之差大于 100℃。

以上六项条件中有任一项不符要求时，打印机印出有关的数值；如全部符合要求，便自动转入下一项操作程序。

5. 投入汽轮机冲转升速程序

冲转升速程序的功能是开启主汽门使汽轮机起动，冲过临界转速直至转速大于 2900rev/min。然后，自动转入下一项大的操作程序。冲转升速程序的简化框图如图 2-14-28 所示。

6. 投入发电机并列程序

并列程序的功能是完成从投入电压调节程序开始，经捕捉同期、并列，直到发电机有功负荷升至 70MW 为止的操作。完成后，自动转入下一项操作程序。并列程序的简化框图见图 2-14-29。

7. 投入升有功负荷时汽轮机设备的操作程序

本程序也是较繁杂的操作程序，大约由 40 个小的操作程序段组成。它的任务是妥善处理整个热力系统中的参数调节和阀门位置，以便从起动状态过渡到正常运行状态。本程序的主要操作内容有：

(1) 判断有功负荷大于 30MW 时，全关凝疏门、导管疏水门。

(2) 完成上项后，开轴封及门杆漏汽门，开排水泵，投入加热器水位调节程序。

(3) 查下缸温度大于 350℃时，全关高、中、低压各联箱疏水门。

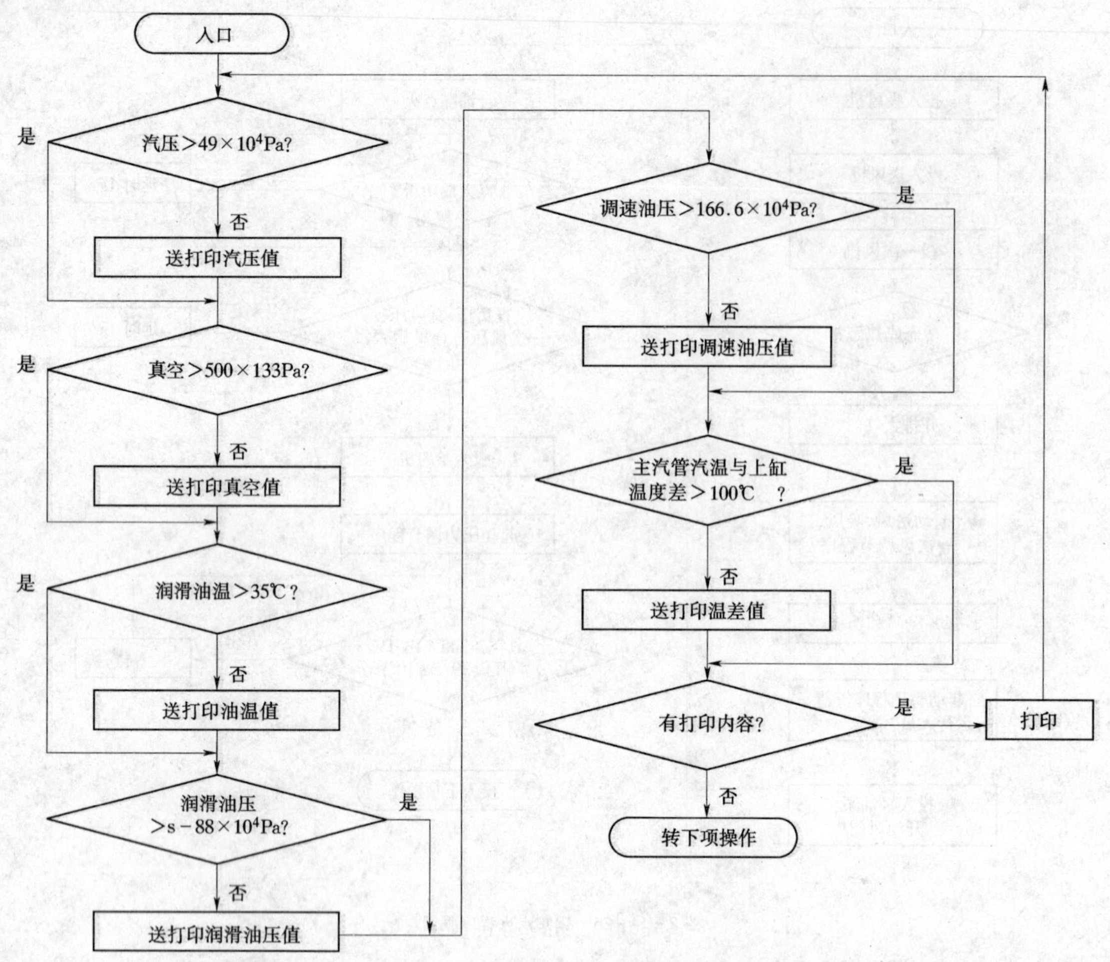

图 2－14－27 汽轮机冲转条件检查程序框图

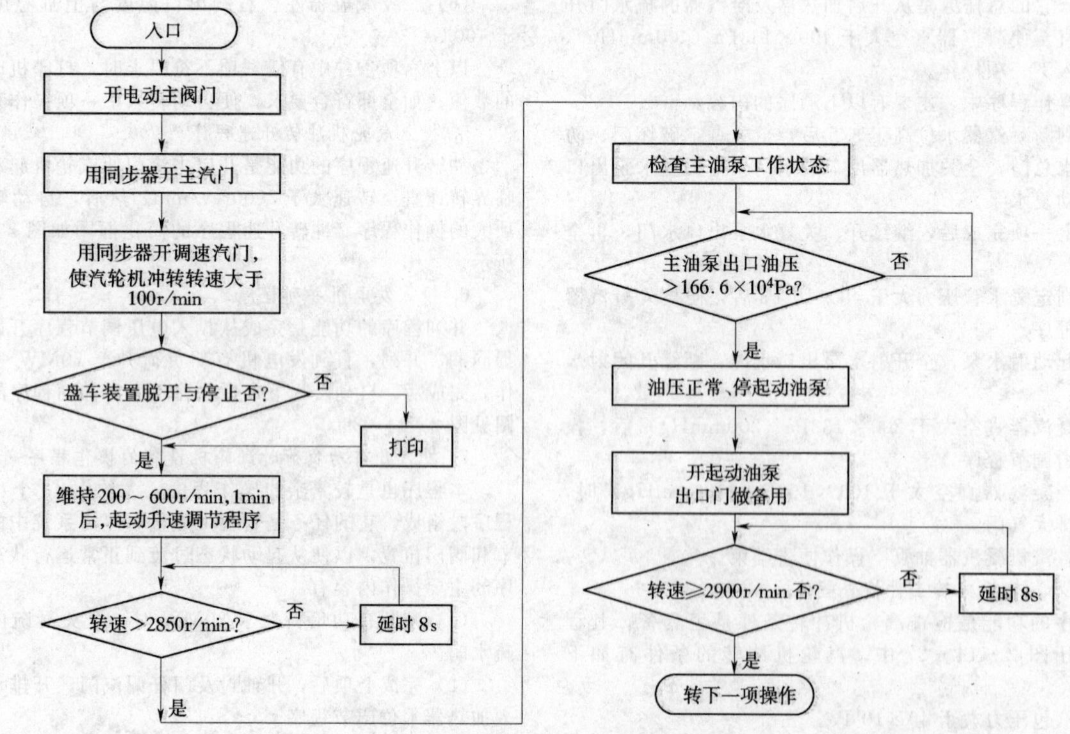

图 2－14－28 汽轮机冲转升速程序框图

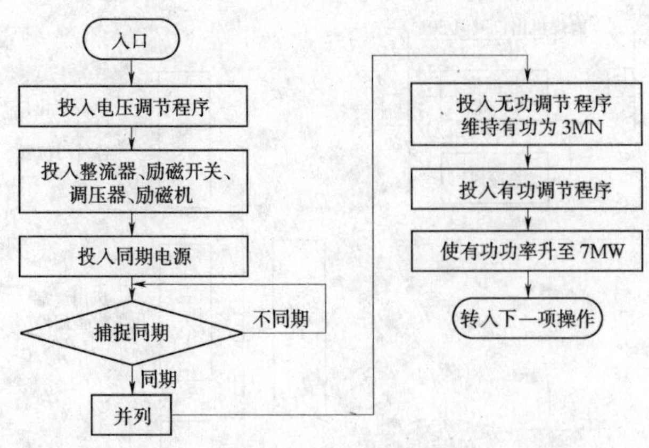

图 2-14-29 发电机并列程序框图

（4）查有功负荷大于 55MW 时，开加热器至高压除氧器疏水门，关加热器之间的疏水门等。

从以上各项操作程序的内容可以看出，在起动过程中，相继投入一些调节程序，才能完成全程调节任务。

为了使全程调节顺利进行，还要设置专门的定值管理程序。它管理的定值有汽压、有功功率、汽温、一次风压、总风压等的定值。定值管理程序负责根据起动过程中各阶段的条件来规定不同的定值，并提供给各调节程序。实际上机组的起动就是按定值管理规定的曲线来升温、升压、升有功负荷以及维持各风压值。

完成上述各项操作和全程调节之后，发电机组的自起动过程即告结束，即可转入机组正常运行控制。

（六）锅炉定期排污的顺控

大容量发电机组的锅炉定期排污门较多，人工操作费力又费时，工作环境也差。因此，目前较多采用电动阀门和顺序控制器。图 2-14-30（a）是一个工艺流程例图。其中 1 号～16 号门从锅炉联箱接到排污疏水管路上；0 号门接通疏水扩容器，以回收热量。这一流程的控制框图，如图 2-14-30（b）所示。电动门开关电路如图 2-14-31（a）所示，采用“按钮方式”启停电磁开关，由开出触点驱动控制。每个阀门的位置信号由开入接收。另外，开入还负责接收其他一些程序条件。硬件配置如图 2-14-31（b）所示。

（七）中贮仓式钢球磨煤机的启停

火电厂带有中贮仓式的钢球磨煤机系统亦多采用计算机顺序控制。其启动过程如图 2-14-32（a）所示；其停止过程如图 2-14-32（b）所示。这里除需要开入、开出通道外，还需要检测一些模入量，投入一些调节器。调节器是由常规仪表组成的，在顺控中的适当步骤上投入运行，其硬件配置如图 2-14-32（c）所示。

（八）电子皮带秤的二次表

火电厂的电子皮带秤能在皮带机输送锅炉用煤的过程中，对煤实现动态称量和煤量积算，并且给出瞬时流量和总累计量。电子皮带秤的二次仪表将称重装置得到的重力，用数字传感器变成脉冲量，将皮带速度用光电器件或磁头测速装置变成脉冲量，再将这两个脉冲量在一定的时间内的计数相乘并按时间累加，即可得到锅炉用煤的计量。这个测量原理示于图 2-14-33 中。

由图 2-14-34 可以看出，使用微型机的串行计数接口，接收重量脉冲 f_1（f_1 可以用 u—f 转换装置或振弦传感器得到）和速度脉冲 f_2，在微机中编出一道程序，

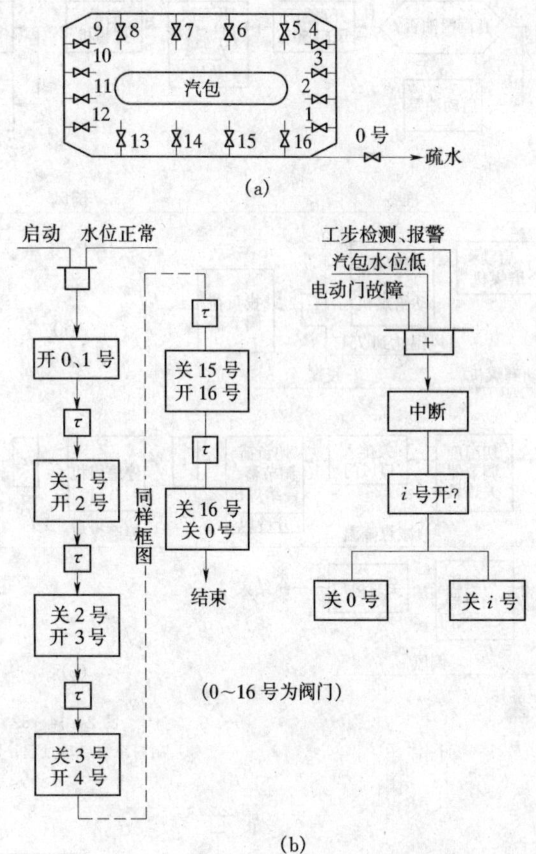

图 2-14-30 锅炉定期排污工艺过程控制

（a）工艺流程；（b）控制框图

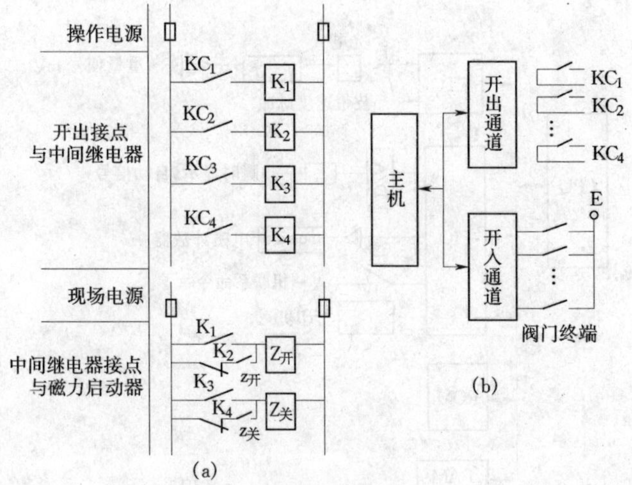

图 2-14-31 锅炉定期排污控制

（a）电动门开关回路；（b）硬件配置

进行 $f_1 \times f_2$ 运算，即可得到瞬时煤量 Q（kg/s）。再由一道程序进行 ΣQ 的累加计算，用微机的一个驱动口驱动电磁计数器计数，即可得到累计量。图 2-14-35 示出了这个二次表所采用的微机系统，其中使用了 CPC 和 ROM2～4KB、RAM1KA、CTC 一块和 PIO 一块。D/A 一块和一个电磁计数器由 PIO 口驱动。PIO 的其他口可用于命令键，这个系统若由单片机来实现，可以得到更廉价的二次表。

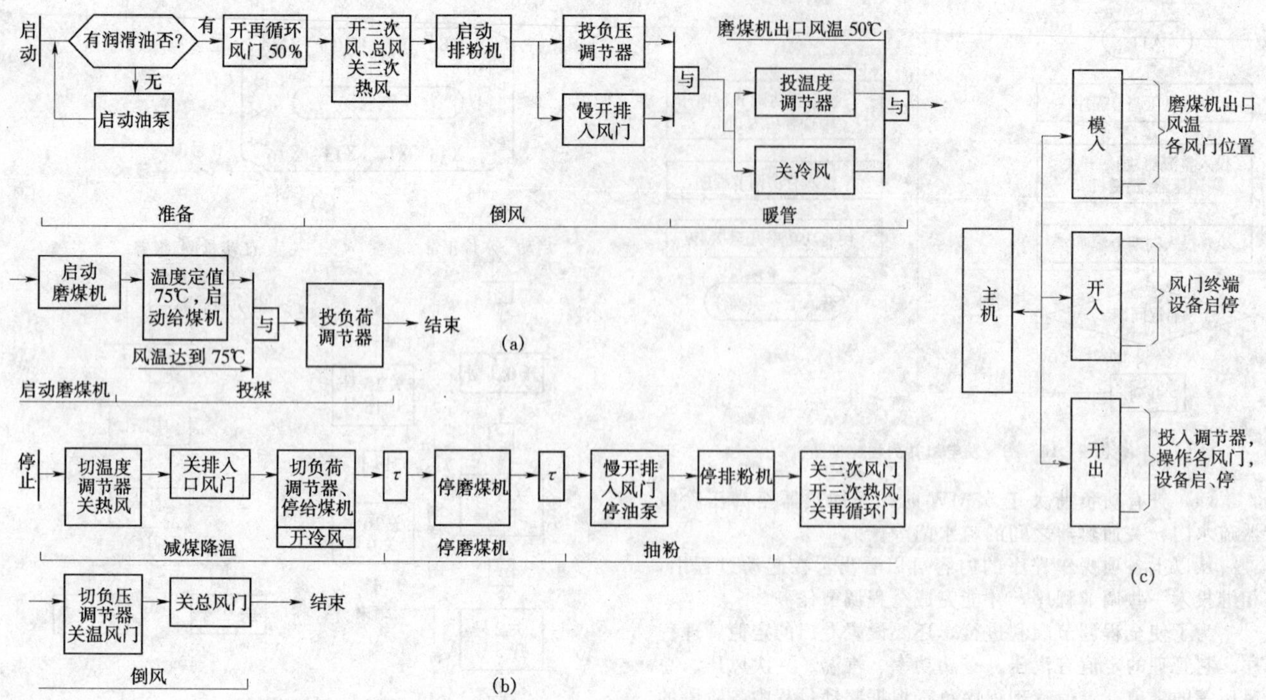

图 2-14-32 制粉系统的启停操作框图

(a) 制粉系统启动过程;(b) 制粉系统停机过程;(c) 系统配置

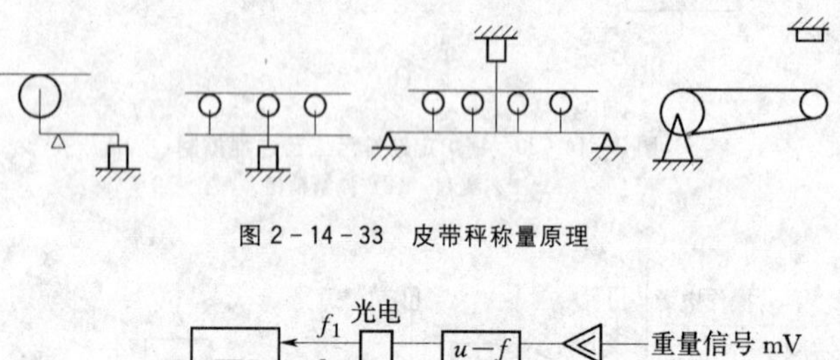

图 2-14-33 皮带秤称量原理

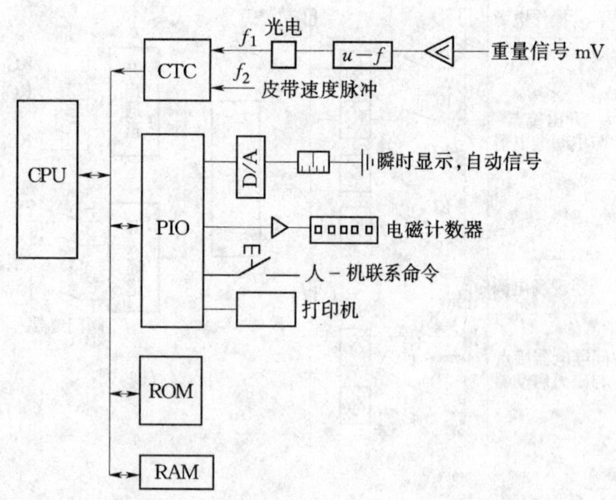

图 2-14-34 微机皮带秤二次表工作原理

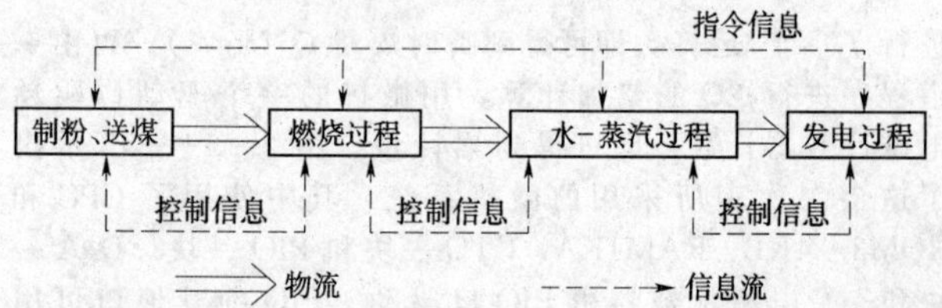

图 2-14-35 燃煤发电厂主要物流和信息流框图

在算法中,可以安排系统自动调零算法。在皮带空载时,计数得到 $\sum_0^I f_1$,然后求得 $\bar{f}_1=\frac{\sum_0^I f_1}{T}$,以后只要每次进行 $f_1-\bar{f}_1=\Delta f_1$,再进行 $\Delta f_1\times f_2$ 的运算,即可求得精确的瞬时煤量。

这种二次仪表在电厂中的应用表明,其精度可长期稳定在优于0.5%之上。

三、火电厂自动化的总体结构

火电厂生产过程的自动化必须首先确定其总体结构,从而能使自动化系统达到对生产过程进行全面有效的检测和综合协调控制的目标。

由常规模拟仪表组成的监控系统虽然具有可靠性高、成本低、易于维护操作等优点,但是,随着电厂规模的发展,它的局限性越来越明显,主要表现在对多变量相关对象和复杂控制规律的实现都比较困难,难以实现集中显示和操作,不便于通信联系,难以组成分级控制系统,对系统组成的变更比较困难。分布式计算机控制系统是20世纪70年代发展起来的新型计算机控制系统,具有操作管理集中、功能和控制分散的特点和安全可靠、运行操作方便等一系列优点,是实现火电厂自动化的理想方案。因此,以下内容皆以分布式计算机控制系统为基础。

(一)计算机系统的总体结构

火电厂生产过程的结构可以分解成几个子过程,即燃烧过程、水—蒸汽过程和发电过程。同时,其控制任务亦可分解成相应的几个子任务。图 2-14-35 为燃煤发电厂主要物流和信息流的框图。

由图可以看出,受控系统分为几个不同的生产过程,每个过程又可分为若干子系统。如燃烧过程可分为:点火子系统、送风子系统(包括一、二次风系统)、引风子系统和循环风子系统等。这些子系统之间有很强的内部联系以及众多的内部信息交换，可以划分为一个相对完整的控制系统。同理，水—蒸汽过程、发电过程都具有局部完整性和相对独立性，分别由一个局部控制系统进行控制是合理的。

火电厂自动化系统的总体结构须使全系统负荷分配均衡，对部件的技术指标要求较低，总体效率高，扩展灵活，维修方便，从结构上看无危险集中点，可靠性好。

图 2-14-36 给出的总体结构图是一种分级分布式总体结构方案。系统基本上划分为三级，即管理级、控制级和执行级。管理级又称协调级，它由运行人员操作台、工程师操作台和管理计算机组成，完成系统间的协调控制、人—机联系和工厂管理等任务。控制级由三个控制单元组成，每个单元除完成内部的协调控制外，还与管理级进行信息交换，各单元由若干个控制子系统组成，每个子系统形成一个控制回路。执行级是各个被控对象的直接控制手段，它包括执行机构和控制执行机构的控制电路。执行级接受控制级指挥而工作，控制级通过执行级去控制若干个关系密切的被控对象。各个子系统的任务和规模须根据电厂生产过程的地理位置、具体任务的分量和特点以及系统硬件和软件能力的限制，进行合理的划分。

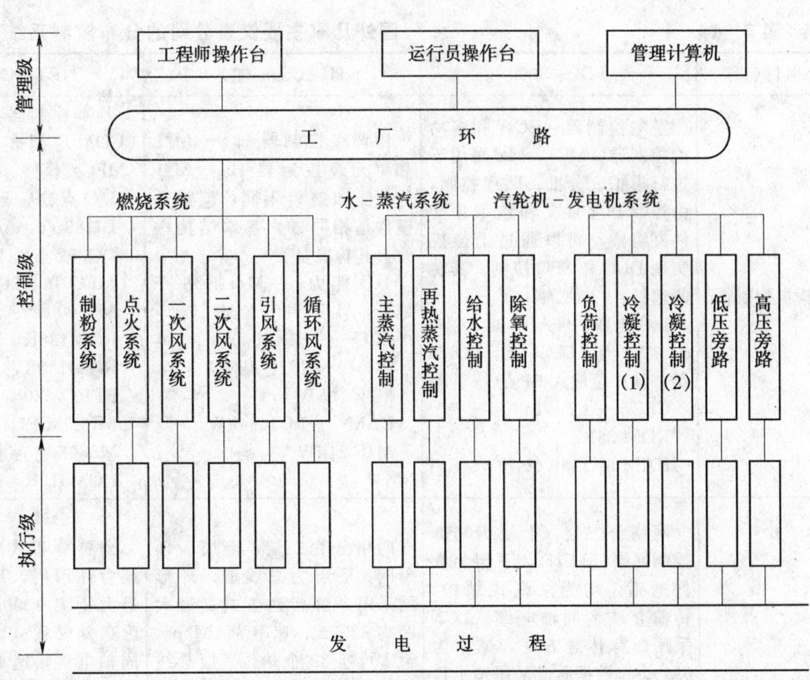

图 2-14-36　总体结构图

（二）分布控制系统产品特点

计算机过程控制系统克服了模拟仪表控制系统的局限性，而大规模集成电路制造技术的成熟和各种各样以大规模集成电路芯片构成的微型计算机相继问世，为构成新型的可靠性高、体积小、价格适中的控制系统创造了物质基础。20世纪70年代中期出现的以微机为基础的分布控制系统（DCS）是一种能对生产过程集中进行监视、管理、分散进行控制、用数据通信将微机连在一起的新型自动控制系统。它是高度发展的“4C”（Computer，Communication，Control，Cathode-ray tube）技术相结合的产物。这种新型系统采用单元组合组装方式（积木式）构成，为火电厂综合自动化创造了条件。

表 2-14-3 列示部分国家的分布控制系统产品。表 2-14-4 列示国外几家主要仪表公司的分布控制系统的特点。表 2-14-5 列示国外引进的分布控制系统在火电厂已应用的功能。

表 2-14-3　部分国家的分布控制系统

国别	公司名称	系统名称	国别	公司名称	系统名称
美国	Honeywell	TDC—2000，TDC—3000	美国	Rexnord	D/3
	Foxboro	SPECTRUM，I/A Series		Rosemount	S_3
	Bell & H owell	System 200，PMS—500		Fisher	PROVOX
	Taylor	MODⅢ，MOD30，MOD300	日本	日立公司	UNITROL Σ，HIACS—3000
	Forney Engineering	ECS—1200		东芝公司	TOSDIC—MS，TOSDIC—AS
	EMC Controls	EMCON—D		横河公司	CENTUM，YEWPACK MARKⅡ
	Bristol	UCS—3000		富氏电机公司	MICREX—P
	Process System	MICON—Ⅳ		三菱电机公司	MACTUS 620，MACTUS 700
	Bailey	NETWORK—90，INFI—90		日本触煤化学工业公司	CATOX
	Westinghouse	WDPF		三菱事务机械公司	MDDC
	Robertshaw Controls	DCS—1500	德国	Siemens	TELEPERM M
	Fischer & Portor	DCI—4000		Hartmann & Braun	CONTRONIC P
	Leeds & Northrup	MAX—1		Eckardt	PLS—80
	Powell	MICON MDC—200		BBC	PROCONTROL P

表 2-14-4 国外几家主要仪表公司的分布控制系统

项目名称	TDC—3000	HIACS—3000	NETWORK—90	WDPF
基本控制器	基本控制器（BC）和多功能控制器（MC），MC可用于进行模拟、分批、顺序控制，由控制器文件夹和点卡片文件夹组成，可以通过上位机实现DDC和SPC控制。其功能包括： I/O点数——AI32点，AO72点，DI256点，DO128点，脉冲量输入64点 CPU——CP—1600， ROM 36K， RAM 8K/16K/24K	协调级控制器 H_{04}－M/L和单元级控制器 H_{04}—M/F的功能和规模不同，但部分模件是相同的，基本结构一致。其功能是： I/O能力——M/L2048个地址，M/F256个地址 CPU——HD68000 ROM——M/L 8kW，M/F 16kW RAM——M/L 64kW，M/F 24kW	基本控制器为控制器模件（COM）和多功能控制器（MFC）模件。MFC功能为： I/O点数——AI252点，DI189点，AO126点，DO252点 MFC01，02CPU——M68000，字长16位，ROM128K，RAM128K，EPROM20K MFC03CPU——M68020，字长32位，ROM512K，RAM512K	分散处理单元作为基本的局部控制器，通过内部I/O总线访问过程I/O板 DPU功能： I/O点数——每个DPU可插入如下能力的I/O板，AI360点，DI544点，AO144点，DO544点，脉冲量输入144点，事件顺序记录544点 CPU——Intel 8086＋8087，字长16位，ROM128K，RAM146K
网络及通信	网络分二层，上层为局部控制网络（LCN），下层为数据通道，均为总线式结构，传输介质为同轴电缆。LCN采用令牌传送方式，速率为5Mbps；数据通道采用请示传送方式，速率为0.25Mbps，最大距离达3000m LCN可连接64个模件、门路，可连接10条数据通道，每条通道可挂63个站，由通信指挥器指挥通信	网络分为二层，上层为环形网，下层为总线型。环形网采用令牌传送方式，最大距离3200m，速率为1Mbps，最多可挂32个站；下层总线网的传送方式为时间片广播式，最大距离50m，速率为0.5Mbps。环网的传输介质为双绞线，也可使用光纤，速率将上升到15Mbps，通信距离可达32km	分层分布式网络结构。上层为环形网，可挂63个站，最大距离2000m，通信方式为存储转发式，传输介质为同轴电缆，速率为0.5Mbps。模件总线是令牌传送方式，速率为85～100Kbps。模件级以下的扩展总线为以太网，速率为0.8Mbps 上层环形网采用例外报告传输方式，以减少总线负荷	网络结构为总线形，通信方式为广播式（采用了令牌与时间片相结合的方式）。通信速率为2Mbps，传输介质为同轴电缆，可挂254个站，最大距离6000m。网络无通信指挥器，各站在规定的时间片范围内发送信息，当一个站发完信息后，把令牌传给下一个站
软件及算法	CB：标准算法28种 MC：标准算法24种 有支持顺序控制的高级面向问题的语言Sopl 任务模块顺序排队，循环执行 工程师台支持在线、离线组态和修改，有作图软件 有在线、离线诊断程序，故障显示画面	有62种标准模块，并且有一些高级的控制算法 使用 $HISEC_{04}$ MPOL语言，编程方便，执行速度快 任务排队，循环执行 工程师台生成组态程序，可灵活进行软件调试和维护 自诊断程序定时对CPU、I/O、控制模块诊断	MFC有140多种功能算法，并具有一些高级控制算法 可使用BASIC、FORTR－AN和"C"语言编程 任务管理使用操作系统 工程师台有专用语言STXT、SCAD、SLAR支持用户组态和生成 有自诊断软件和故障显示	有90多种SAMA算法，25种ISA算法和15种逻辑算法 有面向问题的语言POL、支持过程控制、图形生成、制表打印 使用专用任务模块结构 工程台支持用户进行系统生成、开发、调试和维护 自诊断程序定时对CPU、I/O、控制模块诊断
人—机联系	508mm（20in）CRT（彩色、触摸式屏幕、高分辨率），带汉字显示 模拟图：330幅 画面响应时间：主要画面小于1s，一般画面小于2s 平面薄膜式键盘，有85个自定义功能键，同一操作台上的CRT互为备用，可实现信息画面的传递 有用于在线修改参数、改变控制方式以及画面生成的工程师站	508mm(20in)CRT（彩色、高分辨率），有汉字显示 模拟图：100幅 画面响应时间小于1s 键盘：按钮式，有8个手操按钮和工作方式选择按钮，32个系统选择按钮和8个子系统选择按钮，用分层方式调出任一被控对象 有专用于控制编程、调整的工程师站	483mm(19in)CRT（彩色、触摸式屏幕、高分辨率） 模拟图：60幅 画面响应时间：一般为2s，少数为4～6s 平面薄膜式键盘，有音响反馈。盘上有显示、字母、数字、光标、站操作等7个键区 有用于系统组态和调整的工程师站	483mm（19in）CRT（彩色、高分辨率） 模拟图：200幅 画面响应时间：1s 多层薄膜式键盘，带音响反馈。有50个用户定义功能键，操作方便 有用于系统编程和调整的工程师站

表 2-14-5 国外引进的分布控制系统在火电厂应用的功能

序　号	系 统 型 号	制　造　厂	应用功能					
			DAS	CCS	SCS	BMS	DEH	BPC
1	Network—90	美国贝利	√	√	√	√		
2	Network—90	日本贝利	√	√		√	√	
3	Network—90	意大利贝利	√	√		√		√
4	Network—90	加拿大贝利	√	√	√			√

续表

序　号	系　统　型　号	制　造　厂	应　用　功　能					
			DAS	CCS	SCS	BMS	DEH	BPC
5	Network—90	北京贝利（合资）		✓		✓		
6	WDPF	美国西屋	✓	✓	✓		✓	✓
7	MOD300	美国泰勒	✓	✓	✓	✓		
8	TDC3000	美国霍乃韦尔	✓					
9	TDC3000	日本山武—霍乃韦尔	✓	✓				
10	MIDAS—8000 LSI—11/73	日本三菱	✓	✓	✓	✓	✓	
11	MIDAS—8000 LSI—11/7	日本三菱	✓	✓	✓	✓	✓	
12	MIDAS—3000	日本三菱	✓	✓	✓	✓		
13	HIACS—3000	日本日立	✓	✓	✓			
14	YEWPACK	日本横河	✓	✓				
15	CENTUM	西仪横河（合资）	✓	✓				
16	T20	法国阿尔斯通	✓	✓	✓			
17	CENTRONIC—3	法国 H&B	✓					
18	TELEPERM—M8	法国西门子	✓	✓				
19	PROCONTROL P	瑞士 BBC			✓	✓		

注　DAS—数据采集和处理；CCS—协调控制系统；SCS—顺序逻辑控制系统；BMS—燃烧器管理系统；DEH—数字电液汽轮机控制系统；BPC—汽轮机旁路控制。

（三）TDCS—2000 分布控制系统产品简介

TDCS—2000 是日本山武—霍乃韦尔公司在 1975 年 11 月发表的产品，至今仍在若干单位正常运行；美国霍乃韦尔公司在 1983 年 10 月发表的改进型系统——TDC—3000 也在一些火电厂运行。

TDCS—2000 的构成如图 2-14-37 所示。

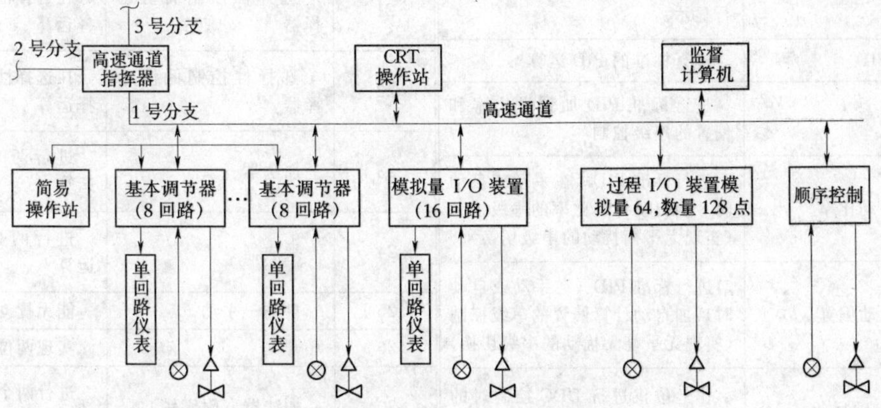

图 2-14-37　TDCS—2000 系统构成框图

由图可见，TDCS—2000 是由基本调节器（BC）、模拟输入输出装置（AU）、过程输入输出装置（PIU）、高速通道指挥器（HTD）、高速通道（DHW）、CRT 操作站和监督计算机等构成。

TDCS—2000 的构成充分考虑了系统的灵活性。系统中的基本调节器可以单独使用，适用于中、小规模对象进行回路控制（最多有 8 个回路）；也可以用高速通道将若干个基本调节器和 CRT 操作站连接起来，适用于中、大规模对象；还可以和监督计算机连接构成大规模综合控制系统，适用于大规模对象。所以可以根据不同对象的要求构成经济适用的系统。图 2-14-38 反映了三种类型系统及其构成。

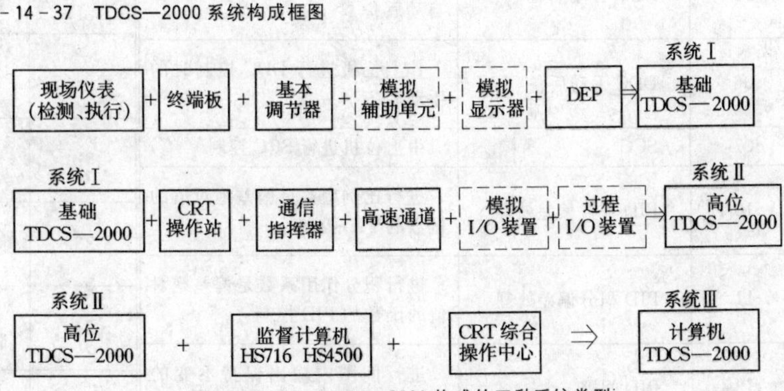

图 2-14-38　TDCS—2000 构成的三种系统类型

TDCS—2000 的各组成部件简介如下：

1. 基本调节器（BC）

基本调节器的构成如图 2-14-39 所示。基本调节器是以微处理机 CP—1600 为核心的一个部件。它有 16 个模拟量输入和 8 个模拟量输出，并且有 28 种标准算法。在 1/3s 内，可以进行 8 个回路的数据处理和控制。根据需要附加数据输入板（DEP），可以对 128 个回路的各种变量、控制参数等进行数字显示和设定。

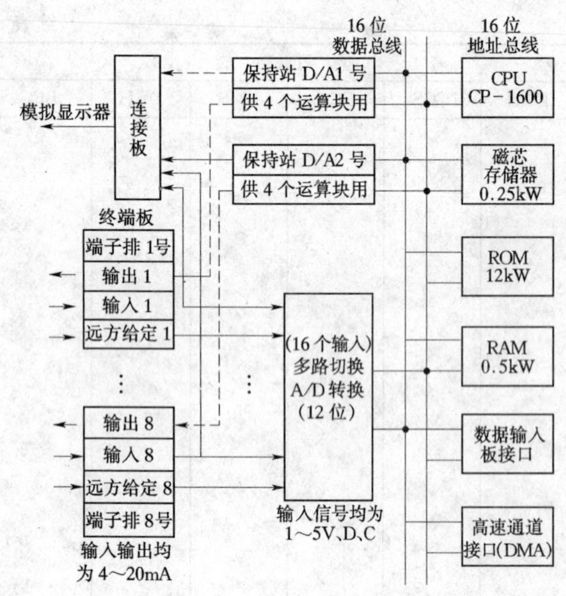

图2-14-39 基本调节器的框图

微处理机CP—1600字长是16位，存取速度800ns，加法运算3.2μs。设有备用存储器，保证在断电时不使信息消失，对信息起到保护作用。

基本调节器最主要的功能是控制功能，由不同的组态，可以实现多种控制方案。基本控制器的28种算法已经预先编成28个程序组存放在ROM中。选择算法就是从ROM中调用所需要的算法程序。

RAM中有8个存储块，用作存储组态数据和传输数据。过程变量经过离散化后存储在RAM相应的存储块中。8个存储块构成的运算组合，即所谓的"运算块"。由运算块产生过程控制输出信号，送到现场执行器，控制生产过程。每个运算块相当于一台常规单回路调节器。如运算块都选用PID，则一台基本调节器可控制8个PID控制回路；也可以用几个运算块组成一个复杂的控制系统。例如用2～3个运算块，组成一个串级控制系统；用4个运算块组成一个前馈控制系统。

基本调节器的28种标准算法如表2-14-6所示。这些算法大致分为数据采集、控制算法和辅助算法三类。

表2-14-6 TDCS—2000基本调节器的算法（功能）一览表

算法组态编码	算法（功能）	说　明	算法组态编码	算法（功能）	说　明
00	数据采集	对PV、RV信号进行模/数转换后存入存储器，在DEP上进行显示。	20	超前/滞后补偿	进行超前/滞后补偿运算
			21	选择性控制高值选择器	在选择性控制中进行高值选择运算
01	标准PID	进行标准的PID运算			
02	PID比率	进行标准PID加预设比率和偏置的串级控制	22	选择性控制低值选择器	在选择性控制中进行低值选择运算
03	PID自动比率	进行标准PID（在手动或自动时）加自动计算比率的串级控制（实现无平衡扰动的串级切换）	23	加法器	进行两个输入信号的加法运算
			24	乘法器	进行两个输入信号的乘法运算
04	PID自动偏置	进行标准PID（在手动或自动时）加自动计算偏置的串级控制（实现无平衡无扰动的串级切换）	25	自动—手动	能无扰动地从手动切向自动
			26	开关	实现两位开关
05	DDC自动后备	作上位机进行DDC控制时的自动后备	30	加法器（附键锁）	进行两个输入信号的加法运算（附键锁）
06	DDC手动后备	作上位机进行DDC控制时的手动后备	31	乘法器（附键锁）	进行两个输入信号的乘法运算（附键锁）
07	SCC	由上位机进行SCC控制	32	除法器（附键锁）	进行两个输入信号的除法运算（附键锁）
10	PID增益偏差处理	进行比例增益是偏差绝对值的函数的PID控制	33	开方器（附键锁）	进行一个输入信号的开方运算（附键锁）
11	PID积分偏差处理	进行积分作用系数是偏差绝对值的函数的PID控制	34	XY乘积的平方根（附键锁）	进行两个输入信号乘积平方根的运算（附键锁）
12	PID间隙	进行间隙内输出保持不变的PID控制	35	平方根的代数和（附键锁）	进行各个输入信号平方根代数和的运算（附键锁）
13	PD+偏置	进行带50%固定偏置输出的PD控制	36	高值选择器（附键锁）	选择两个输入信号中的较高者（附键锁）
14	DDC自动后备（PD+偏置型）	对上位机作DDC控制，实行带50%固定偏置的PD自动后备	37	低值选择器（附键锁）	选择两个输入信号中的较低者（附键锁）

基本调节器的信号流程图如图 2-14-40 所示。

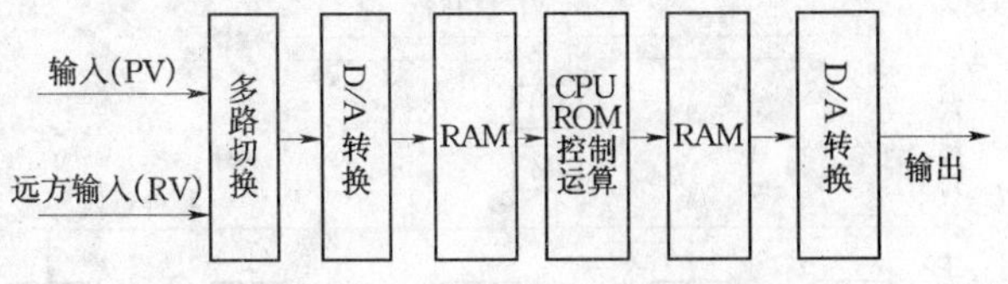

图 2-14-40 基本调节器的信号流程框图

2. 模拟输入输出装置（AU）

它有 16 个模拟量输入和 16 个模拟量输出，可以作为模拟信号的专用输入输出装置。当监督计算机作 DDC 控制时，它可以作为输入输出装置，也可以附加模拟显示器。

3. 过程输入输出装置（PIU）

它是以微处理机为核心构成的输入输出装置，有“智能”作用，能对输入输出信号进行采集与处理，通过高速通道能与监督计算机和 CRT 操作站连接；可以分散安装在现场。它的功能比模拟输入输出装置（AU）更齐全，更优越。

过程输入输出装置有多种产品，可以根据用户要求和使用场合配置分为：高电平 PIU、低电平 PIU 和卫星型 PIU。其结构基本相同，但又各有特点。图 2-14-41 是高电平 PIU 的框图。

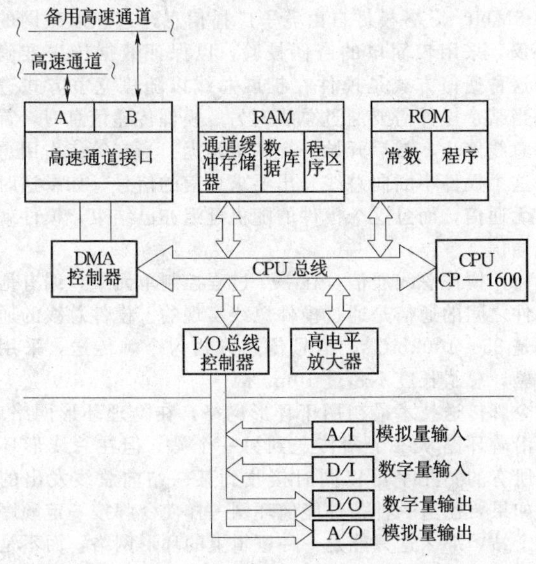

图 2-14-41 高电平 PIU 的框图

从框图可以看出 CPU（CP—1600）是 PIU 的核心部件，ROM 用来存放常数和程序，RAM 存放可变数据。微处理机通过 I/O 总线控制器处理模拟量或数字量的输入、输出。对于模拟量还要作模/数转换，模/数转换的增益由程序来确定。它有 256 个模拟量输入（4～20mA），512 个数字量输入，256 个数字量输出，96 个脉冲输入。通信缓冲存储器用来增加输入输出总线的传输能力。输入输出总线控制器是 I/O 总线与 CPU 总线的接口。DMA 控制器用于监督计算机和 PIU 存储器之间直接存取数据。高速通道接口是 PIU 与高速通道的接口。

4. 高速通道指挥器（HTD）

高速通道的通信指挥装置负责指挥高速通道上的数据传输。它能中转各支路来的信息，给请求使用串行数据通道通信的单元安排优先顺序；并向定时询问单元发出询问字，看其有无通信申请。但是 HTD 不负责检查信息的正确性，检查由接口单元来完成。

5. 高速通道（DHW）

监督控制计算机或 CRT 操作站和 TDCS—2000 各单元之间的通信是由一条同轴电缆来实现的。为了提高可靠性，可采用敷设两条同轴电缆的双重化结构，一条工作、另一条备用。与高速通道连接的各种设备，各自占用高速通道地址。按照所在高速通道的地址来区分设备，同时决定设备的优先顺序。连接通道的设备，按其功能可分为三类：优先设备、查询设备、和非查询设备。数据传送顺序大多数属于优先形式和查询形式，根据各自的顺序执行高速通道的使用权。

6. CRT 操作站

CRT 操作站是一个“智能”的 CRT 终端，它是以微处理机和存储器为核心构成的。设有键盘操作台，能将分散的回路信息通过高速通道集中编辑后，以组合模拟显示和字符显示的形式在 CRT 上显示出来，代替传统的模拟仪表屏，并能进行各种操作，实现对过程的集中监视和控制的功能。

7. 监督计算机

监督计算机通过高速通道和各个具有微处理机的部件通信，存取和改变各分散的基本调节器的数据库。对于数据采集，其目的是控制各回路的给定值或直接输出至调节阀。这样，优化程序就可以用于基本调节器所控制的装置或工艺流程。

监督计算机能够作出所需要的报告和按照设计者要求作出决策。运行人员通过 CRT 操作中心操作台来观察、监视和干预。图 2-14-42 是 TDCS—2000 监督计算机软件结构。

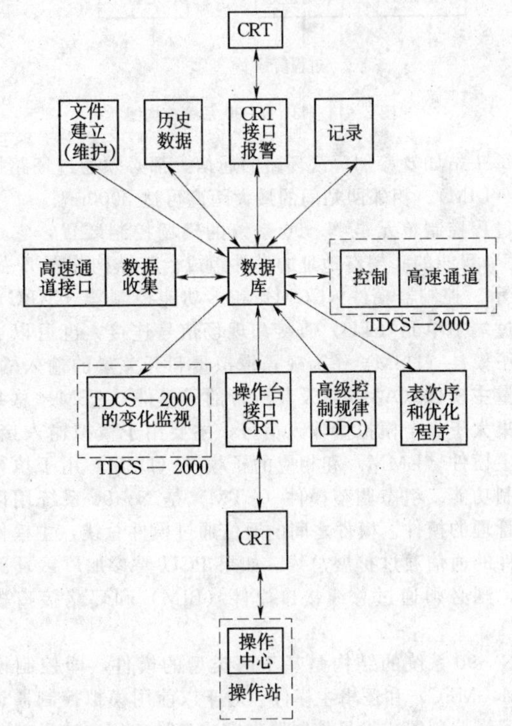

图 2-14-42 TDCS—2000 监督计算机的软件结构

这个系统的任务范围包括：数据采集；数据库的建立和维护；从操作台进行高速通道和基本调节器的组态和再组态；监督控制和 DDC 控制；数字顺序控制；优化模型计算；全貌、组、细目 CRT 显示；维护和状态显示；装置图表和流程显示；从操作台进行控制方式的切换和手动控制；监视人为的系统参数变化；报警（CRT 的、蜂鸣的、示号的）；

程序记录；历史数据（报警和记录）显示；特殊规格记录；后台计算；利用在线数据来获得实验数据；程序开发；工程师接口。

这种形式的系统能将各个分散的微处理机与监督计算机结合起来，促使整个系统协调工作，以较低的费用获得较大的控制、运算和数据处理的效能。

（四）NETWORK—90 系统（简称 N—90）介绍

N—90 是美国贝利公司在 1980 年 10 月发表的产品。它是以微处理机为基础、高度模块化的分布控制系统。在火电厂有较多的使用经验。分布控制系统的技术特性可以从三个方面来描述即系统结构、通信系统和操作接口。

1. 系统结构

N—90 的系统结构如图 2-14-43 所示。厂区环路将 63 个站连接成一个环形。在厂区环路上的站可以是过程控制单元（PCU）操作接口单元（OIU）或计算机接口单元（CIU）。

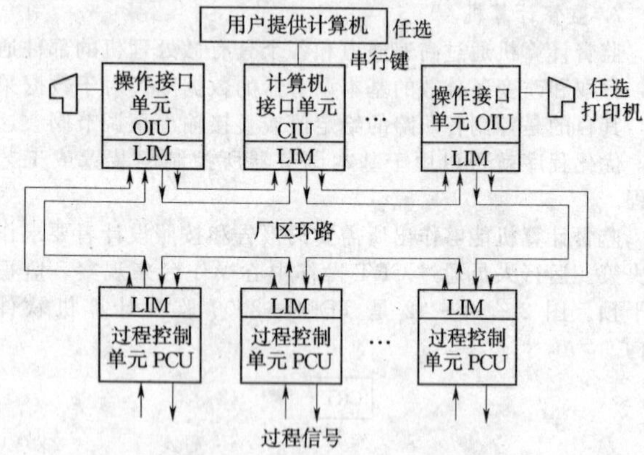

图 2-14-43 N—90 系统结构图

每一站如要参加厂区环路的通信，都必须通过环路接口模件（LIM）。相邻两站间的最大距离可达 2000m。

过程控制单元是 N—90 系统的现场控制装置，它可以由 32 个智能的、编有地址的模件组成，其结构如图 2-14-44 所示。控制器模件（COM）和多功能控制器（MFC）模件通过端子单元（TU）直接和现场信号连接，也可以通过数字子模件（DSM）作为现场模拟量和开关量的输入输出。模拟量主模件（AMM）及其所带的子模件（ASM）总共可以采集大于 2 个模拟量输入信号，主要用于模拟输入接口。逻辑主模件（LMM）和相应的子模件（DSM）用于执行顺序控制功能。组态调整模件（CTM）是 N—90 系统用以操作和管理的模件。模件之间的通信通过模件总线，主模件和子模件的通信通过扩展总线。如果 PCU 要参加厂区环路的通信，则必须通过总线接口模件（BIM）和环路接口模件（LIM）。

N—90 系统的结构是基于两类型的模件，即控制模件（COM，MFC）和逻辑主模件。对于以前用模拟控制器、可编程逻辑控制器或批量控制器来完成各种应用，这里就可以用控制模件和逻辑主模件进行连续控制和顺序控制来加以实现。控制模件可以实现模拟控制器的单回路控制，又能与其他控制模件和逻辑主模件通信，很容易实现更复杂的控制。逻辑主模件在顺序逻辑控制方面有更强的功能。

2. 通信系统

在 N—90 系统中有两级通信。图 2-14-44 中的模件总线和扩展总线是二线串行连接线，总线上每个模件与其他模件的通信是 PCU 级的通信，厂区环路为高一级通信网络。

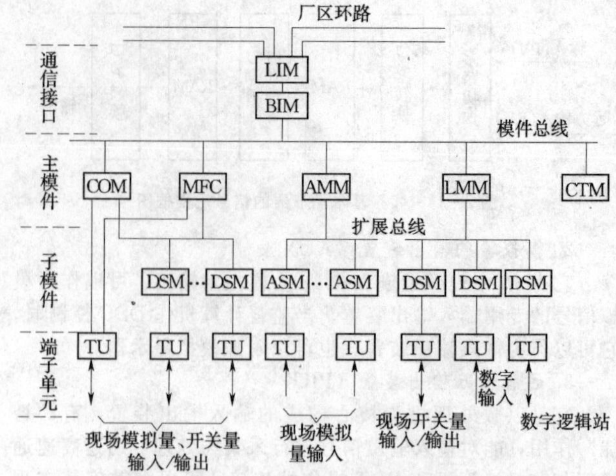

图 2-14-44 N—90 过程控制单元（PCU）结构图

（1）扩展总线通信。主模件与子模件之间的通信是通过扩展总线实现的，即多功能控制器和它相应的子模件、逻辑主模件和相应的子模件、模拟量主模件和它相应的子模件的通信，都是通过扩展总线进行信息交换和传输的。传输速率为 0.8Mbit/s，各模件自由竞争广播信息，遵守以太网的通信协议，采用较简单的奇偶校验，以保证数据传送准确可靠。这种通信方式是模件在扩展总线以随机竞争方式进行的，当某个模件需要通过总线向另一模件传递信息时，首先要待总线停止，然后开始一个随机延迟。当在等待占用总线时，这个模件不断向总线发出要求通信的信号，如果这时总线已无通信，而且这个模件的随机延迟亦已结束，模件就可占线通信。

（2）模件总线通信。在一个过程控制单元中，编有地址的模件之间的通信是通过模件总线实现的。模件总线的通信速率是 85～100kbit/s，信号传递方式为令牌传送，采用奇偶校验，总线长度不超过 10m。

令牌传送技术最初用于环形网络，在物理环形网络中，令牌沿着环路从一个站传送到另一个站。但在总线形环境下，所有的站几乎可以同时接收到某一站向总线发出的信息。如果要创造一种条件能像环网一样使令牌按一定顺序送给每个站，那么这只能是一种逻辑上的环形网络，而不是物理上的环形网络。

在令牌总线网中，令牌沿着逻辑环的顺序从一个站传送到下一个站，令牌本身携带有逻辑环站顺序的信息，而这种站的顺序是在网络工作时形成的，所以它不要求各站的顺序在物理上互相邻近，只要求每个站在接收到令牌之后，按逻辑顺序的地址，将其送到下一个站。这种存取控制方法，不再产生冲突。当每个令牌传送所带的信息长度固定时，响应时间随站数而变。

（3）厂区环路通信。厂区环路的通信是顺时针存储转发方式。环路的信息传送以报文为基础，不同长度的报文以位串行同步方式在环路上传送，速率为 0.5Mbit/s。站在环路上形成“全主站”系统，任何一个站，在任何时间都可向厂区环路发送或接收报文，各站地位平等，信息发送是随机的，若阻塞可再发，128 次后报警。当一个站发出信息后，环路上的每一个站都接收和传递。目的站接收到自己所需的信息后，在信息上加一个确认码，然后将信息放回环路，信息继续在环路上传送，直至该信息回到源站。当源站接到确认码以后，便将该信息取消，准备发下一个信息。如果源站收到的是否认码，源站启动重发逻辑，重发该信息，重发的次数超过规定值后，就标志目的站离线。信息在环路中的每个站都要存储检查，这一技术称为存储转发，它是通过一个模式中的缓冲器来实现的。环路接口模件如有故障，旁路自动接通，不影响整个厂区环路的工作。

每一条信息包括源站地址、目的站地址、安全码和信息数据本身。将该信息分成两帧，头帧是标题帧，第二帧才是数据，中间有间隔称为 Y 间隔。每个被传送的报文有五级安全码，以保证数据传送的可靠性和完整性。基本的一级是16 位循环码 CRC，附加在二帧环路报文的每一帧上，这种编码由源站产生并在发送时，由环路的每个站核对，其误码率每 30 年少于 1 个，其他各级安全码可使误码率每百年少于 1 个。

3. 操作接口（人—机联系）

操作接口分为两级：现场一级是由盘装式的数字控制站、数字逻辑站、数字指示站以及组态调整模件组成的地区层操作接口；高一级是以彩色 CRT 为基础的配备有全厂系统操作功能的高层操作接口。

（1）地区操作接口。数字控制站（DCS）提供控制模件的操作接口，它是一个通用的、装在常规仪表盘上的自动/手动操作站，能对一个独立的控制回路进行监视和操作，如果控制模件有故障，DCS 能自动切换至旁路手动控制。数字指示站（DIS）起模拟量指示作用。数字逻辑站（DLS）可以与 LMM 或 MFC 连接使用。组态调整模件（CTM）是一种插件式的就地接口，能对模件进行系统组态、参数调整和系统测试，当 CTM 插入某一个 PCU 机柜，就能访问这个 PCU 的各个模件，CTM 面板上带有数码显示器和 16 个键，用户可通过键盘和显示器与 PCU 的模件交换信息。

（2）高层操作接口。高层操作接口为操作接口单元（OIU）。OIU 在厂区环路中作为一个站，通过标准的环路接口模件与环路相连。在环路中，操作接口单元的数目是没有限制的，唯一需考虑的是在环路中总站数不要超过 63 个。每一个操作接口单元都是独立组态，显示和标签总数等都是组态的内容。

4. N—90 系统在某电厂 350MW 机组上的应用举例

该机组锅炉部分的主要调节系统采用 N—90 分布控制系统，汽轮发电机部分用另外的调节设备，除氧器压力、水位以及轴承油温的调节设备用单回路调节器，给水泵调速系统用电动调节设备，其余均用基地式调节器，并全部采用气动执行机构。每台机组装设一台单元计算机，以实现对机组从点火开始至带满负荷为止，或从满负荷开始至停炉止整个启停过程的自动控制。在正常运行时，计算机主要作数据处理，除控制给水泵的启停外，不参与任何控制工作。

（1）机组自动调节系统。机组自动调节系统称为 APC（Automatic Power Plant Control）系统，它包括机炉协调控制以及汽压、燃烧、给水、汽温及锅炉辅助设备的调节。

1）机组负荷管理系统。该系统具有如下功能：可由中调直接调整负荷；由运行人员手动调整机组负荷；负荷的变化率及负荷的上下限值，可由运行人员或计算机设定；系统可接受电网的频率信号或不接受此信号；系统可根据机炉的故障情况选择“锅炉跟随方式”或“汽轮机跟随方式”运行；系统产生机组负荷指令信号，并送至机炉主控系统。

2）机炉主控系统。汽轮机主控系统的作用，是根据负荷管理系统的机组负荷指令信号改变调速汽阀开度，从而调整机组出力。当主汽压力偏差超出允许范围时，利用超驰控制调整调速汽阀开度，使主汽压力恢复至允许范围内。

锅炉主控系统的作用是维护主汽压力稳定在给定值。负荷指令信号（或主汽流量信号）作为前馈信号加至主汽压力调节器的输出中，这个合成信号称为锅炉主控信号，它是燃料和风量的要求指令。

3）燃料量调节系统。燃料量调节系统包括轻油量调节和煤量调节，前者用于机组启停阶段，后者用于正常运行。为确保轻油燃烧的安全，设定了最低压力。煤量通过改变给煤机转速来调节；通过调整各给煤机转速值，可使各磨煤机负荷一致。

4）送风量及炉膛负压调节系统。送风调节系统采用氧量校正以实现锅炉的经济燃烧。最小风量的限制是使锅炉在低负荷时能稳定燃烧。

炉膛负压调节系统以调整引风机入口门开度作为调节手段，引入送风量作为前馈信号。

5）给水调节系统。该系统采用调节给水泵出口门开度维持汽包水位在规定范围内。两台水位变送器装在汽包两端，运行人员可根据需要选取甲侧或乙侧，或者是两者的平均值，经汽包压力校正后作调节信号。低负荷时采用单冲量，正常运行时采用三冲量。系统中考虑了当循环门打开或关闭时，对给水流量影响的补偿回路，并可通过两台泵的偏置器消除各泵间流量不平衡的现象。

6）过热汽温和再热汽温调节系统。过热汽温的调节是采用两级喷水减温调节方式，以维持正常负荷下过热器出口汽温的稳定。系统引入了负荷指令作前馈信号，并设有当锅炉停炉时自动关闭各喷水调节门的联锁回路。

再热汽温调节是利用同时调整过热器侧和再热器平衡烟道中的烟气挡板开度实现的，其给定值由负荷指令信号给定，运行人员加入偏置值。低负荷时，烟气挡板仅由负荷指令控制。再热器喷水减温仅在异常情况下或负荷急剧变化情况下使用。

除此之外，机组还设置了磨煤机出口风温调节、一次风量调节、空气预热器冷端金属温度调节等。

（2）N—90 系统分布情况。该厂的 N—90 硬件设备及系统结构如图 2-14-45 所示。由图可见，该系统由三部分组成：过程控制单元（PCU）、工程师操作台（EC）及先进控制系统（ADV）。它们通过厂区环路连接，其中 PCU 通过环路/总线接口模件（LIM/BIM）与厂区环路相连，EC 及 ADV 通过计算机接口单元（CIU）与环路相连。

1）过程控制单元（PCU）。这是 N—90 系统的核心部件。整个 APC 调节系统及其逻辑控制系统的硬件设备，装成 8 个机柜，分成 3 个 PCU 接入厂区环路。

1 号 PCU 包括 3 个机柜：机组负荷管理及机炉主控柜（UM/TM/BM）；送、引风柜（AF）；给水调节柜（FWF）。

2 号 PCU 包括 3 个机柜：燃料量、A 磨柜［M1LL$^{(1)}$］，B、C 磨柜［M1LL$^{(2)}$］；D、E 磨柜［M1LL$^{(3)}$］。

3 号 PCU 包括 2 个机柜：过热汽温柜（SHC）；再热汽温及空预器冷端金属温度柜（RHC、OAP）。

各机柜及模件间通过模件总线连接。所有与 APC 系统有关的模拟量及开关量的输入和输出，均采用普通电缆通过机柜内的输入/输出子模件（I/O，SHAVE）与机柜连接，包括与上位计算机的通信信号在内。

机柜内布置的模件种类有：多功能控制器（MFC）模件；模拟量主模件（AMM）；模拟量子模件（ASM）；模拟量输出模件（AOM）；模拟量及数字量输入/输出子模件（I/O SHAVE）。

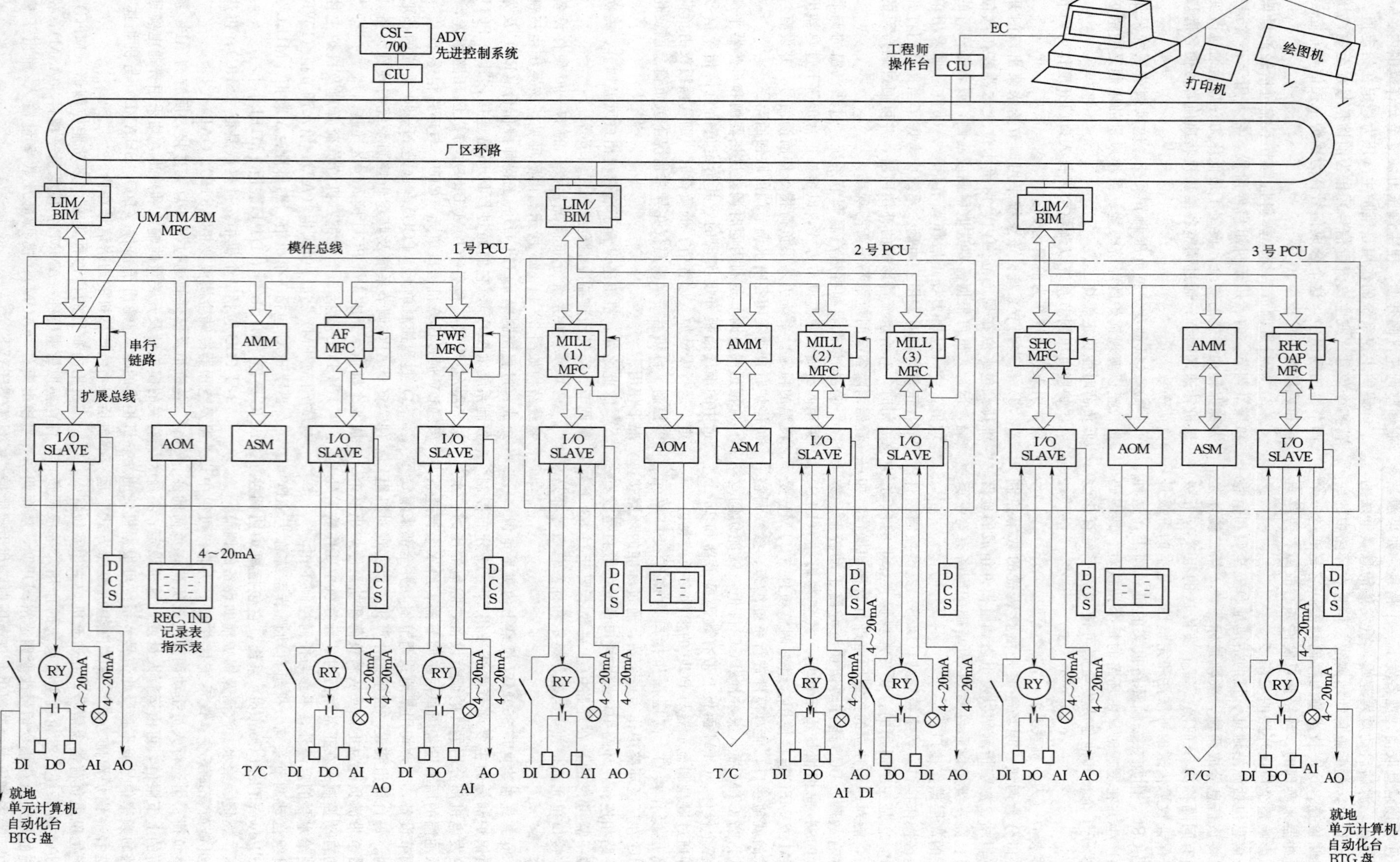

图2-14-45 N—90系统配置图

DI—数字量输入终端；DO—数字量输出终端；AI—模拟量输入终端；AO—模拟量输出终端

MFC 型号为 MFC_{01}，其功能是作模拟量及数字逻辑运算，并可与 ADV 系统连接，每个 MFC_{01}，占机箱两格标准空间。AMM 型号为 AMM_{02}，其功能是对高/低电平模拟量输入信号进行处理，它必须与模拟量子模件配合使用，才能接受现场来的模拟量信号。ASM 型号为 ASM_{01} 和 ASM_{02}，其中 ASM_{01} 接受来自现场的 4～20mA/1～5VDC 信号，最多 16 个，ASM_{02} 用于接受热电偶来的信号，共 8 个输入回路。AOM 型号为 AOM_{01}，它能输出最多达 8 个回路的 4～20mA/1～5VDC 信号给指示表和记录表等使用。数字量输入/输出子模件 I/O SLAVE 型号为 DSM_{03} 和 DSM_{05}，其中 DSM_{03} 有 16 个 24、125VDC 输入，DSM_{05} 具有 16 个 24VDC 输入，同时还有 16 个隔离输出通道。

系统中除多功能控制器模件和环路/总线接口模件（LIM_{02}/BIM_{01}）采取一用一备冗余布置外，其余均采用单个模件。

采用常规的数字式控制站（DCS）共 42 台，布置在集控室的 BTG 盘上，并设有以 CRT 为核心的操作台。由于只有软手操，一旦机柜失电，锅炉就难以继续运行，所以在锅炉的保护系统中设有当 APC 机柜失电即停炉的保护措施。

2）工程师操作台（EC）。这是一套功能较为完善的设备。其主要功能有：利用专用计算机及绘图机进行编制程序或修改程序，调整系统中的各种整定参数，监视系统中各部位的运行情况，对系统中的功能块或模件的所有参数值进行制表以及诊断故障模件的位置等。其设备包括：贝利公司制造的专用计算机一台以及相应的外围设备。

3）先进控制系统（ADV）。这是一个较先进的系统，采用了现代控制理论中的最佳控制论等观点，以改善汽温调节的性能，并获得较大的负荷变化率。它主要对机组负荷管理系统、过热汽温及再热汽温调节系统产生影响。它的输入通过厂区环路取自 APC 系统，经运算后的输出也通过厂区环路对 APC 系统的输出进行修正。加入了 ADV 系统，与只采用常规调节系统比较，汽温偏差可减少 30%～50%。

ADV 系统的设备与锅炉寿命管理系统的设备一起提供，包括机柜 2 个、CRT 显示器 1 台、打印机 1 台以及软盘、硬盘和操作台等。

（3）N—90 与单元计算机的关系。每台机组装备了一台单元计算机，称为上位计算机。它分成三种工况运行，即启动、正常和停机。运行人员根据需要，通过装在操作台上的按钮来选择不同的运行工况。在启动及停机工况下，计算机对整台机组进行自启停，并对 APC 系统进行必要的控制；在正常运行时，计算机基本上只在数据处理用，对 APC 也不起控制作用。

计算机所控制的设备，共分成五个功能群：锅炉自动调节系统、磨煤及燃烧系统、锅炉铺机程控系统、汽轮发电机组及汽轮机辅机程控系统。这五个功能群可通过五个按钮进行选择，只有当 APC 功能群按钮选中，计算机才对 APC 系统起控制作用。计算机对 APC 的控制共分成 9 个组成部分，各部分又分别设有切投按钮供各自选用。这些控制逻辑关系都在逻辑系统图中考虑。

计算机主要是在机组启停过程中，对 APC 系统进行负荷增减控制，调整负荷变化率及负荷的高低限值；对汽压进行设定，并调整汽压变动率；对过热汽温和再热汽温给定值进行整定等。同时也从 APC 系统中获得部分所需信息，它们是通过普通电缆及 I/O 接口实现通信的。

第三章　供　热　发　电

第一节　供热发电的作用和方式

一、供热发电在国民经济中的作用

在以供热为主要目的的热电厂中，使高参数蒸汽先进入汽轮机发电机中做功，产生电能。再用做过功的低参数蒸汽（抽汽或排汽）的热量供给热用户，这种同时生产电能和热能的生产过程称为供热发电，这样的发电厂叫做热电厂。热电厂比一般的发电厂冷源热损失少，因而热效率提高许多。设计热电厂要遵循“以热定电”的原则。

热能是发展国民经济、提高人民生活水平必不可少的能量，须消耗大量的一次能源获得。我国目前主要是以煤为燃料供热的国家，而这一燃料的资源是有限的，因此合理地利用和节约燃料是一个需要深入研究的问题。发展供热发电系统对节约一次能源起着重要作用，与电力、机械等工业的发展以及整个国民经济的发展有着密切关系。

供热发电与热电分产相比可节约燃料 20%～25%左右，除了节约燃料提高经济效益之外，供热发电在保证供热质量、合理利用能量、提高劳动生产率、改善劳动条件、提高文明生产水平以及改善环境等社会效益方面有着重要意义。

二、供热发电的方式

（一）采用背压式汽轮机

当热电厂采用背压式汽轮机时，汽轮机排出来的乏汽全部供给热用户，这时汽轮机的排汽压力必须大于 0.1MPa。为使乏汽的温度在 100℃以上，背压式汽轮机排汽压力的设计值一般在 0.12MPa 以上。图 3-1-1（a）为采用背压式汽轮机组供热发电原理图。由于汽轮机背压的提高，使汽轮

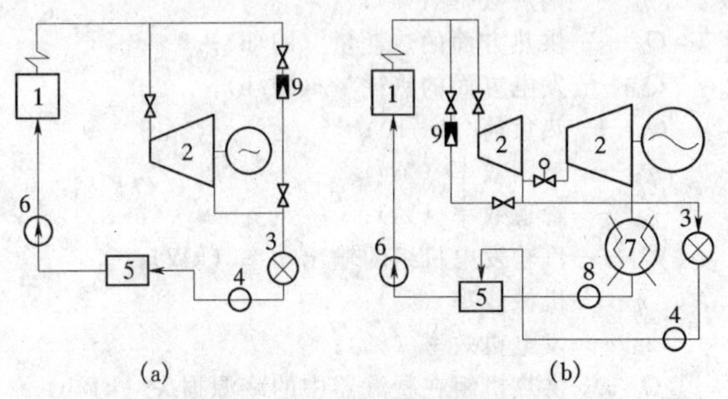

图 3-1-1　供热发电原理图

（a）背压式汽轮机组；（b）调节抽气式汽轮机组

1—锅炉；2—背压或抽气式汽轮机；3—热用户；4—回水泵；5—除氧器；6—给水泵；7—凝汽器；8—凝结水泵；9—减温减压器

机输出功率有所下降，热能转变为电能的部分减少了，但是乏汽的热能全部供给了热用户，所以总的来看热能利用系数 K 提高了。

$$K=\frac{\text{转化为电能的热量}+\text{供给热用户的热量}}{\text{工质从热源吸收的热量}}$$

热能利用系数 K 是衡量热电厂经济效益的一项指标，另一项指标是热效率，供热发电的经济效益必须同时考虑这两项指标。背压式汽轮机组的热能利用系数可达 80%～85%。

采用背压式汽轮机最主要的优点是热能利用系数较高、投资费用低；它的主要缺点是不能单独按用户需要来调节电负荷或热负荷，供电和供热相互牵制。当热负荷增加时，发电量也随着增加，当热负荷减少时，发电量也随着减少，而发电量增加时，热负荷也应随着增加，减少发电量时，热负荷也应随着减少。

（二）采用调节抽汽式汽轮机

采用调节抽汽式汽轮机组的供热发电原理，如图 3－1－1（b）所示，高参数工质经汽轮机高压缸做功后分成两部分，一部分供给热用户，另一部分通过调节阀进入汽轮机低压缸继续做功，排出的乏汽进入凝汽器。当热负荷增加时，需要增加汽轮机的新蒸汽量以满足热负荷的需要。这会引起汽轮机高压缸出力的增加，此时可同时调节调节阀的开度减少进入汽轮机低压缸的蒸汽量，使低压缸的出力减少，这样可以保持总发电量一定。

由于抽汽式汽轮机可以调节供热量和发电量，能同时满足热负荷和电负荷的不同需要，所以在热电厂中得到广泛应用。但是在这种系统中，有一部分蒸汽进入了凝汽器，其热量被冷却水带走。所以它的热能利用系数较背压式汽轮机低。

第二节 热电厂的热经济指标

一、总热耗量及其分配、燃料消耗量

热电厂的总热耗量 Q_{rd}

$$Q_{rd}=\frac{D_{rd}(h_{gr}-h'_{gs})}{\eta_{gl}}=Q_{gr}+Q_{fd}$$

$$=\frac{Q_{rh}}{\eta_{gl}\eta_{gd}\eta_{rw}}+\left(\frac{3600N_d}{\eta_{gl}\eta_{gd}\eta_j\eta_d}+\frac{Q_n}{\eta_{gl}\eta_{gd}}\right)\ (\text{kJ/h})$$

式中 D_{rd}——热电厂的总汽耗量（kg/h）；

h_{gr}——过热器出口蒸汽焓（kJ/kg）；

h'_{gs}——锅炉给水焓（kJ/kg）；

η_{gl}——锅炉效率（%）；

Q_{gr}——供热方面的热耗量（kJ/h）；

Q_{fd}——发电方面的热耗量（kJ/h）；

Q_{rh}——热负荷（kJ/h）；

η_{rw}——热网效率（%）；

η_{gd}——管道效率（%）；

N_d——汽轮发电机组的输出功率（kW）；

η_j——机械效率（%）；

η_d——发电机效率（%）；

Q_n——供热机组在凝汽器中的冷源损失（kJ/h）。

热电厂总燃料消耗量 B_{rd}

$$B_{rd}=\frac{Q_{rd}}{Q_{DW}\times10^3}\ (\text{t/h})$$

供热方面的燃料消耗量 B_{gr}

$$B_{gr}=\frac{Q_{gr}}{Q_{DW}\times10^3}\ (\text{t/h})$$

发电方面的燃料消耗量 B_{fd}

$$B_{fd}=\frac{Q_{fd}}{Q_{DW}\times10^3}\ (\text{t/h})$$

式中 Q_{DW}——燃料的低位发热量（kJ/kg）。

二、生产电能方面的热经济指标

热效率 η^d_{ndc}

$$\eta^d_{ndc}=\frac{3600N_d}{Q_{fd}}$$

热耗率 q_{fd}

$$q_{fd}=\frac{Q_{fd}}{N_d}\ [\text{kJ/(kW·h)}]$$

标准煤耗率 b^b_{fd}

$$b^b_{fd}=\frac{B_{fd}}{N_d}=\frac{Q_{fd}}{Q_{DW}N_d}$$

$$=\frac{3600}{29310\eta^d_{ndc}}=\frac{0.123}{\eta^d_{ndc}}\ [\text{kg/(kW·h)}]$$

三、生产热能方面的经济指标

热效率 η_{rdc}

$$\eta^r_{rdc}=\frac{Q_{rh}}{Q_{gr}}=\eta_{gl}\eta_{gd}\eta_{rw}$$

标准煤耗率 b^b_{gr}

$$b^b_{gr}=\frac{B_{gr}}{Q_{rh}}=\frac{Q_{gr}}{Q_{DW}Q_{rh}}$$

$$=\frac{10^6}{29310\eta^r_{rdc}}=\frac{34.12}{\eta^r_{rdc}}\ (\text{kg/GJ})$$

四、热电厂的总效率（数量指标）

$$\eta_{rdc}=\frac{3600N_d+Q_{rh}/\eta_{rw}}{Q_{DW}B_{rd}}$$

五、热电供热循环的电能生产率（质量指标）

供热循环电能生产率 ω

$$\omega=\frac{W_c}{Q_{gr}}\times10^6\ (\text{kW·h/GJ})$$

$$W_c=\frac{D_c\ (h_0-h_c)}{3600}\eta_j\eta_d\ \ (\text{kW·h})$$

式中 W_c——供热汽流在机内的发电量（kW·h）；

D_c——供热抽汽量（kg/h）。

$$D_c=\frac{Q_{gr}}{(h_c-h'_c)\eta_{rw}}\ (\text{kg/h})$$

式中 h_c——供热蒸汽焓（kJ/kg）；

h'_c——对外供热蒸汽返回凝结水焓（kJ/kg）。

由上所述可知

$$\omega=\frac{10^6(h_0-h_c)}{3600(h_c-h'_c)\eta_{rw}}\eta_j\eta_d$$

$$=278\frac{h_0-h_c}{(h_c-h'_c)\eta_{rw}}\eta_j\eta_d$$

第三节 供热发电的其他应用

在节能和环境保护方面有巨大效益的供热发电方式，除广泛用于燃用化石燃料的汽轮发电机的热电厂外，亦可用于核热电站及蒸汽燃气联合循环的电站。此外供热发电还被用于其他方面，如将高参数的背压式汽轮机叠置在需改造的低

参数汽轮机上，在扩建的同时以提高旧电站的热经济性。将城市的中、小型凝汽机组改造成供热机组；利用工业锅炉的压差进行发电；采用与热泵联合供热的热泵发电厂等。这些都是投资少、见效快的方法。现简述几种应用实例。

一、高参数背压式汽轮机叠置设备改造电厂

结合电厂扩建，把低参数的电厂改造成为高参数电厂的方法有高参数叠置设备和高参数并置设备两种，简单热力系统如图3-3-1所示。高参数叠置设备如图3-3-1（a）所示，它是把高参数的背压式汽轮机叠置在旧有的低参数汽轮机上，其进汽由新建的高参数锅炉供给，原有低参数锅炉拆除或留作备用。该背压式汽轮机的排汽并不对外供热，而是供给旧有的低参数机组，可看成是“内部热化”。因为背压式汽轮机没有冷源损失，绝对内效率为1，从而提高了整个叠置后设备的绝对内效率。若同时采用效率高的新锅炉，整个电厂的热经济性便可提高12%～18.5%。

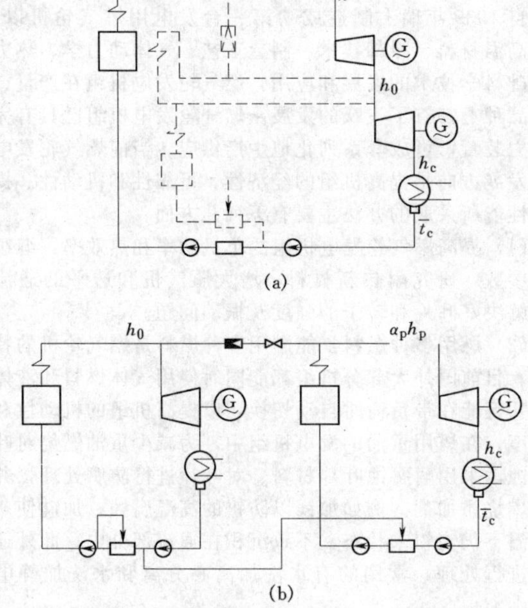

图3-3-1 高参数叠置与并置设备发电厂的热力系统
(a) 叠置设备方法；(b) 并置设备方法

图3-3-1（b）所示的是并置设备法，因为只有部分设备采用了高参数，所以其热经济性的提高较叠置设备方法低，仅有6%～7%。

用高参数叠置设备来改造旧电厂，由于保留了原有的经济性较差的汽轮机，其热经济性不及新建的高参数电厂好，但它利用了原有的供水系统，部分配电装置、厂房建筑，以及铁路支线等，所以比新建同容量电厂的建设工期短、投资省（技术经济计算的偿还年限一般为2～4年）。叠置法较并置法有如下的不利之处。

（1）扩建电厂的容量和参数受限制。因为前置的背压机必须与旧有汽轮机配合，它的排汽参数和流量都受到旧有汽轮机的进汽参数和容量的限制，从而影响了整个电厂的扩建容量和参数的选择。

（2）新旧设备的参数不易协调，使设计工作复杂化，并带来一定的困难。如前置的背压机的排汽温度低于原有汽轮机所需进汽温度，为保证原有汽轮机的可靠运行和整个设备的热经济性，必须对原有汽轮机进行新条件下的热力计算和强度校核，以得出在较低初温下增加的汽耗量、终湿度增大值，以及工作的可靠性。如不能保证正常运行，应考虑把前置背压式汽轮机的排汽经过中间再热［图3-1-2（a）中虚线所示］。当前置背压机排汽温度比要求的低得不多时，在强度允许的条件下可考虑提高背压式汽轮机初温运行的可能性。

二、改造中、小型凝汽式机组为供热式机组

为满足不断增长的工业和民用热负荷的需要，结合当前的城市现代化建设和改造中、小型凝汽式电厂为热电厂的机会，因地制宜地把位于热负荷附近的中、小型凝汽式机组改造成供热式机组，变凝汽式电厂为热电厂，比采用叠置方式改造这些电厂更现实并具有更大的吸引力。现行的改造方法一般有以下几种。

（1）凝汽式机组在采暖期以低真空运行（0.049MPa左右），用循环水对外供热。

（2）将凝汽式机组改为抽汽供热式机组（可在调节级后开孔、扩大原有非调节抽汽口或在高压凝汽式机组的分缸导汽管上抽汽等）。

（3）改为背压式汽轮机等。

因为是在原有机组上进行改造，所以存在如下的一些问题：①被改造的供热式机组受原有锅炉容量和原有机组设计限制，其对外供热是以减少发电为代价的；②采暖期机组相对内效率降低；③循环水供热，供、回水温差小［$\Delta t \leqslant 75-60=15$(℃)］，致使热网水流量大，管子加粗，热网效率降低和投资增大。

研究改造可行性方案时，必须注意以下的问题：①节能效果需以整个动力系统来考虑，它的“代替凝汽式机组”宜用所在电网的平均水平机组，出力降低所减少的电量，一般由电网中调峰机组—即发电煤耗较高的凝汽式机组补偿；②必须结合动力系统的长远发展规划（包括新建热电厂）、市政建设规划，以及低效率凝汽式机组改造、更新的规划来统一考虑。

第四章 燃气轮机发电

第一节 燃气轮机发电的应用与发展

燃气轮机是以连续流动的高温气体为介质推动透平旋转的内燃式热力机械，它是由压气机、燃烧室和透平三大部分及相应的辅助设备组成的动力装置。

燃气轮机与蒸汽轮机工作原理相似，所不同的是蒸汽轮机用高温高压蒸汽在透平中做功，而燃气轮机用高温燃气在透平中做功。

燃气轮机是一种新型的动力装置，它与其他动力设备比较具有体积小、重量轻、起动快、运行维护简便、用水量很少、机动灵活、造价低等优点。燃气轮机作为动力机械已在

航空、发电、石油、交通运输、冶金、化工等部门得到了广泛应用。

一、燃气轮机发电的应用

在电力工业中，由于它的优点使它发展较快应用较广，燃气轮发电机组广泛用于担任紧急备用、负荷调峰、列车移动发电、船舶电站、空气蓄能发电和基本负荷发电等领域。

1. 紧急备用发电机组

这类发电机组是备用机组，平时一般不运行，当电网中其他机组发生故障或有的机组检修时，要求立即起动则能迅速投入运行。它的主要特点是起动快、运行稳，自动化水平高、热力循环系统简单。

2. 尖峰负荷发电机组

这类发电机组运行特性和备用机组非常接近。由于尖峰负荷每天都会出现，所以机组起停比较频繁，要求起停时热损失小、运行效率稍高。它的快速起动要求不如备用机组那样严格。在电网中，燃气轮机发电机组最佳容量是占电网总功率的15%～20%，以提高基本负荷经济性。

3. 列车移动发电机组

这类机组一般装在铁路列车上或汽车拖车上，也常用在无电源地区、新开发区、油田、边远地区等。它要求发电机组小巧灵活、结构尺寸小、安装紧凑、符合铁路公路运输的要求，还要求系统简单，发电成本低。列车电站一般采用2000～6000kW的燃气轮发电机组。列车电站用途很广，小的有2000kW的卡车电站，大的有1.7万kW的拖车电站。

4. 船舶电站

这类发电机组要求燃气轮机发电机组安装在船舶上，运行稳定、抗颠簸和耐振动。目前船舶电站应用广泛，发展较快，并在向大容量多驳船方向发展。现在已有几个大驳船组成的海上电站，装机总容量达60万kW。

5. 空气蓄能发电机组

这种机组的工作是当电网电能有富余时利用电动机做功，拖动压气机产生压缩空气送入储气室；在电能不足时，把压缩空气送入燃烧室，燃烧后进入燃气轮机发电，补充电网不足。空气蓄能机组容量大，可代替尖峰负荷机组。如5万kW燃气轮机组，不带压气机时全发电，可发14万kW。空气蓄能机组的蓄气库可以利用废矿井，也可以新建。由于有蓄气库的建设，所以比燃气轮机组单位功率投资比稍高一些，但这种机组比水力蓄能机组投资要少得多。

6. 基本负荷发电机组

这种机组大部分采用燃气轮机组与蒸汽机组联合循环。随着电力发展需要和能源资源结构的不同，这种联合循环电站效率高达38%～45%，其工作稳定可靠等优点也得到了大力发展。

二、燃气轮机发电的主要特点

由于燃气轮发电机组在设计、技术上的发展和电源构成上的需要，近年来在电力工业中的应用发展很快，每年增长率达14%～21%。当前燃气轮发电机组有以下技术特点：

(1) 单机组容量逐渐增大，一般为5万～10万kW，并已发展成系列化产品。

(2) 燃气初参数高，初温可达850～1100℃，压比为8～11。

(3) 经济性好。体积小、重量轻，基建投资省、运行费用低、热效率为24%～36%（简单循环），联合循环的热效率可达34%～45%。对调峰机组占电网总容量的15%～20%就能满足电网中尖峰负荷的调峰要求，使基本负荷机组长期处于经济工况下运行。

(4) 机组起动快、机动灵活、运行可靠。燃气轮机组由冷态起动到满负荷运行只需3～15min，小型机组在15s到2min之内便可达到满负荷运行。它的运行可靠系数达95.5%以上。

(5) 企业可节省水、电和润滑油的用量。用水少、甚至可以不用水；用电极少，甚至无电源起动；润滑油消耗也较汽轮机或内燃机省。

(6) 燃料适应性强。可用多种燃料和廉价燃料，如重油、原油、煤气和核燃料等。一般可燃用液体、气体等几种燃料，且设备不需大的变动。

(7) 自动化程度高。燃气轮发电机组结构比较简单，辅助设备少，可实现遥控和计算机系统自动控制。

三、燃气轮机电站的发展态势

自1939年瑞士制造成功第一台发电用燃气轮机以来，随着高温材料、冷却技术、制造工艺、气体动力学、热力学等基础科学技术的发展和应用，燃气轮发电机组在产量、质量和品种上都有了飞跃的发展。燃气轮发电机组已具有完整的动力装置，可成套系列化地生产供应。当前燃气轮发电机组的发展方向是提高机组的经济性、可靠性和机动性。提高机组性能所采取的办法主要有下列几方面：

(1) 提高燃气轮发电机组的单机功率和热效率：继续提高初参数，研究耐热新材料，增大压气机和透平的通流尺寸，解决好叶片和转子的强度及振动问题。

(2) 燃用多种燃料：能燃用多种燃料是燃气轮机的特有性能。目前国外大部分机组都能同时使用气体燃料和液体燃料，并且能在带负荷时自动切换，以提高机组的机动性和工作效率。在燃用重油的发电机组中，为减少重油燃烧对叶片的腐蚀，采用耐腐蚀叶片材料、对叶片进行防腐处理，并采用了燃烧添加剂。例如加镁以防钒的高温腐蚀；加硅使灰分在高温下仍为粉末状态，不致沉积在通流部分中；此外还对重油进行处理，常用的有水洗加离心分离和水洗加静电分离等。

除了积极研究解决重油燃烧上存在的技术问题以外，还正在研究液体乳化燃料和固体乳化燃料的应用。

(3) 采用快装机组：除了小容量机组采用快装式外，大容量的快装式燃气轮机电站也有了很快的发展。5万～10万kW大容量单机也在制造厂条件下安装，可以整台或几个大件的形式提供给用户，大大地缩短安装时间，降低电站造价并提高机组的运行可靠性。如国外一台5.8万kW的燃气轮机电站共分成六大件，即燃气轮机、辅助设备控制组件、发电机组、起动机件及进、排气部分，可分部分运到现场再进行组装。这些大件都罩在全天候的保温、防潮外壳里，而组件的重量和尺寸均不超过铁路运输规定的要求。

(4) 采用新型的调节系统：普遍采用新型的电液调节与程序自动起动、停机、并与超温、熄火、振动、喘振等保护回路组成完善的控制系统。有的采用起动、转速、温度三个主回路的最小量控制系统；有的采用起动、转速、温度、压气机出口压力等回路的最小量控制系统；有的采用类似汽轮机的功率—频率控制系统。采用最小量控制系统，能保证最小燃料量时不间断熄火，有些回路都有两套，其中一套故障时报警，但不影响运行。在起动、运行中采用自动检测、自动控制、计算机控制等先进技术。

第二节 燃气轮机发电原理、系统和类型

一、燃气轮机发电原理

燃气轮机是由压气机、燃烧室和透平三大部件组成。它是一种能拖动发电机发电的最简单的动力装置之一。

燃气轮机发电的工作流程是大气中的空气被吹入压气机中压缩到某一压力（0.3MPa 以上），由于空气被压缩，它的温度也相应地升高到100℃以上，然后被送入燃烧室与喷入的燃料（油或天然气）在一定压力下混合燃烧后产生高温燃气（温度通常高于 600℃），再流入透平膨胀做功，直接带动发电机发电，废气排入大气。一般压气机是由透平直接带动的，燃气轮机的总功率也就是透平功率减去压气机功率，它一般只占透平功率的1/3～1/4。

燃气轮机发电原理与蒸汽轮机发电原理基本相同，其不同就是燃气轮机在透平中做功的工质是高温燃气，蒸汽轮机在透平中做功的工质是高温高压蒸汽。下面从燃气轮机组的热力循环看燃气轮机的效率情况。

(一) 理想热力循环

理想热力循环是假定工质在工作中既没有摩擦损失，也没有对外界的热交换和泄漏损失。图 4-2-1 是这种理想循环的压力—比容（P—ν）和温—熵（T—S）图。

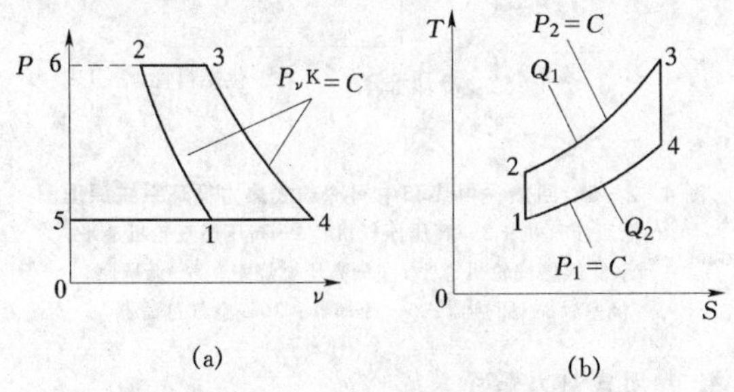

图 4-2-1 燃气轮机理想循环热力图

(a) 压力—比容图；(b) 温—熵图

图中点 1 是工质进入压气机的状态，曲线 1～2 是工质在压气机中的绝热（等熵）压缩过程；点 2 是压气机出口工质的状态（压力达到最高点），曲线 2～3 是工质在燃烧室中等压加热过程；点 3 是工质在燃烧室出口的状态（温度最高），曲线 3～4 是工质在透平中绝热（等熵）膨胀到大气压的过程；点 4 是透平出口的状态，曲线 4～1 是燃气轮机的废气排入大气的等压放热过程。

理想气体的绝热过程，一般是以 $P\nu^K=C$（常数）为特征的，其循环效率 η_0 可由下式计算

$$\eta_0=1-\frac{1}{\Phi^{\frac{K-1}{K}}} \tag{4-2-1}$$

式中 Φ——压缩比（即 P_2/P_1）；

K——工质绝热指数（空气的 $K=1.40$，一般燃气的 $K=1.33$）。

从式（4-2-1）可以看出，理想气体的循环效率主要与压缩比有关，压缩比愈大，效率愈高。图 4-2-2 是理想循环效率与压缩比的关系曲线。由于压缩比和温度是密切相关的，压缩比增大，压缩终点 2 的温度 T_2 值也就相应增高；温度 T_2 增高到 T_3 时，这时压缩不能再提高，循环效率达到最高值。因此，工质的最高温度 T_3 值是限制理想循环达到最高效率的主要因素。

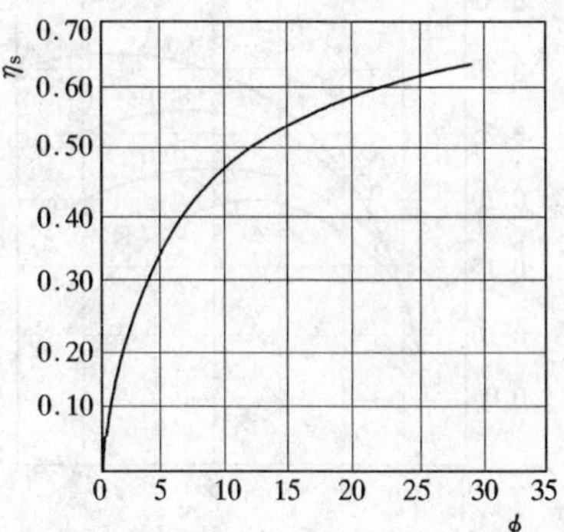

图 4-2-2 燃气轮机理想循环的热力特性

(二) 实际的热力循环

在实际的热力循环装置中，由于压气机和燃气轮机都不可避免地有摩擦、散热和泄漏损失，它们的内效率一般只能达到 92%左右。由上述原因，燃气轮机的实际功率比在没有损失的理想循环时小得多。

实际热力循环发电机的功率为

$$N_g'=N_t\eta_t-\frac{N_c}{\eta_c}$$

$$N_g=N_t-N_c \quad \text{（理想循环）}$$

式中 N_g'——发电机功率；

η_t——燃气轮机透平内效率；

N_t——燃气轮机透平功率；

N_c——压气机功率；

η_c——压气机内效率。

实际热力循环的热效率为

$$\eta_s=\frac{N_g'}{N_g}\left(1-\frac{1}{\Phi^{\frac{K-1}{K}}}\right)$$

$$=\frac{N_t\eta_t-\dfrac{N_c}{\eta_c}}{N_t-N_c}\left(1-\frac{1}{\Phi^{\frac{K-1}{K}}}\right)$$

$$=\frac{N_t\eta_t\eta_c-N_c}{(N_t-N_c)\eta_c}\left(1-\frac{1}{\Phi^{\frac{K-1}{K}}}\right)$$

设 $R=\dfrac{N_t}{N_c}$（功率比）

则

$$\eta_s=\frac{R\eta_t\eta_c-1}{(R-1)\eta_c}\left(1-\frac{1}{\Phi^{\frac{K-1}{K}}}\right) \tag{4-2-2}$$

由式（4-2-2）可以看出，实际热力循环中燃气轮机组的热效率不仅与压缩比 Φ 有关，而且与功率比也有很大关系。由于功率比相当于燃气轮透平的进口燃气温度（T_3）和压气机出口空气温度（T_2）之比，所以燃气轮机组的热效率与工质初温（T_3）有直接关系。

如果压缩比不变，初温（T_3）愈高，效率（η_s）也愈高。如果初参数（T_3）不变，则效率 η_s 随压缩比（Φ）增大而升高。当效率值达到某一最高值后，如果继续增大压缩比（Φ），则效率（η_s）反而下降。这是由于压气机压缩比增大到一定程度后功耗迅速增加，超过了燃气轮机功率的增长率。实际燃气轮机的热力特性，见图 4-2-3。

二、燃气轮机发电的系统和类型

燃气轮机发电的系统比较简单，主要有热力循环系统，燃料供应系统，润滑和调节油系统，冷却水系统，起动系

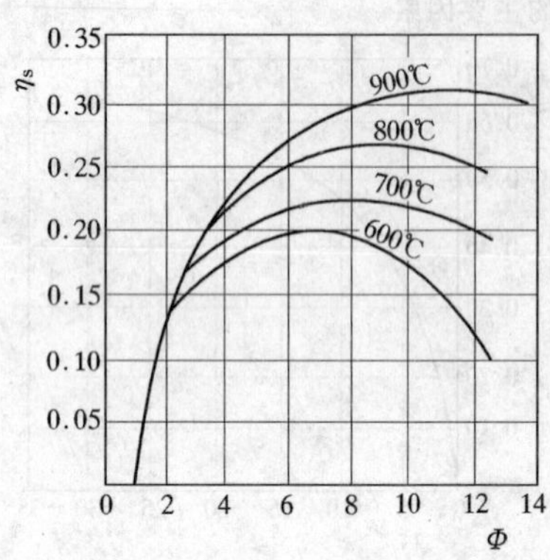

图 4-2-3　燃气轮机实际循环的热力特性

统，电气及自动控制系统等。热力循环系统有开放式、封闭式和联合式三种。开放式又分简单式、回热式和回热、再热、冷却式。

1. 开放式简单热力循环系统

开放式简单热力循环系统是空气经过过滤器过滤除尘后被吸入压气机进行压缩升压，再进入燃烧室与燃料均匀混合，在燃烧室内等压燃烧产生高温气体后进入透平膨胀做功，做功后的气体直接排入大气。这种简单热力循环系统运行灵活可靠，虽然效率比较低（20%～25%），仍被广泛用于各类场合中。热力循环系统见图 4-2-4。

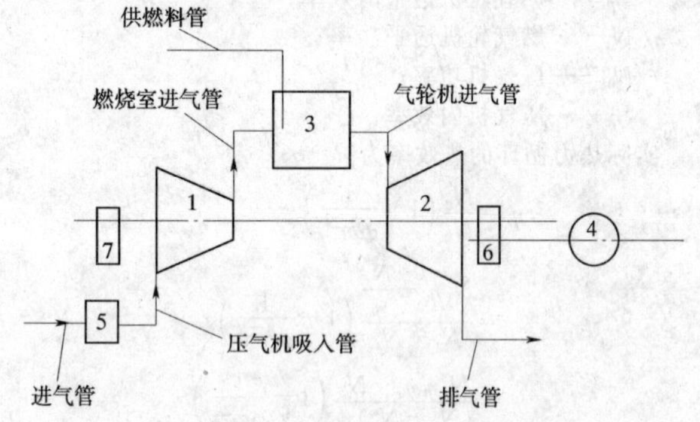

图 4-2-4　开放式简单热力循环系统原理图

1—压气机；2—燃气轮机透平；3—燃烧室；4—发电机；5—空气过滤器；6—变速箱；7—起动设备

2. 回热式热力循环系统

见图 4-2-5。为了充分回收燃气轮机排出废气的热量，引入一台回热器，用以加热压缩机出口的空气。利用剩余废气的余热提高燃烧空气的初温，达到节省燃料的目的。应用回热式热力循环系统一般可节省燃料 25%～40%。由于压气机出口压缩气要先引入回热器后再进入燃烧室，要求管道尽量短以减少压力损失，回热机组效率一般为 28%～32%。

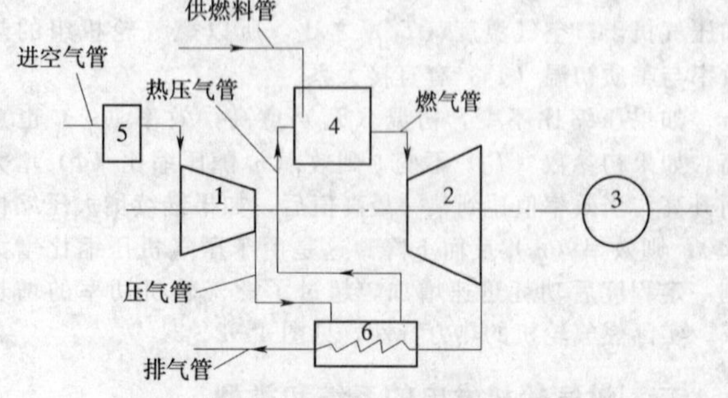

图 4-2-5　回热式热力循环系统原理图

1—压气机；2—燃气轮机透平；3—发电机；4—燃烧室；5—空气过滤器；6—回热器

3. 回热、再热和中间冷却式热力循环系统

为了进一步提高回热燃气轮发电机组的功率和热效率，采用回热后，还可以再热和中间冷却。采用再热的方式，可提高工质的平均温度，增加工质可利用的热焓降。即将高压燃气轮机的排气引入一台低压燃烧室重新加到新的高温，然后引入另一台低压燃气轮机中再膨胀做功。中间冷却是将一台低压压气机出口的空气引入一台表面式中间冷却器，用冷却水将空气冷却到较低的温度，再进入一台高压压气机内继续压缩，以提高压气机的效率和压缩比。再热和中间冷却循环通常是同回热循环一起采用，这样机组的热效率能有效地提高 34%～38%（图 4-2-6）。

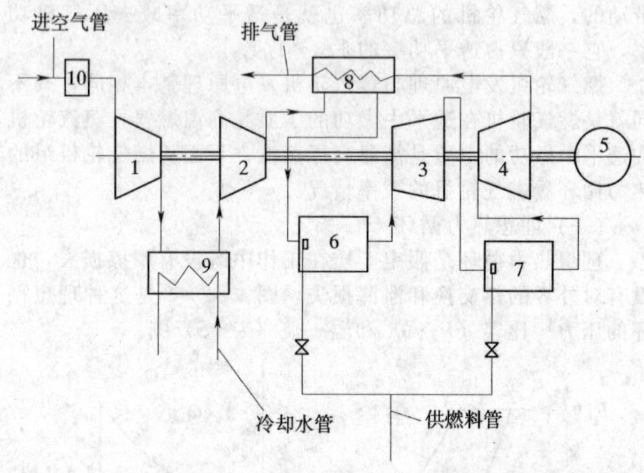

图 4-2-6　回热、再热和中间冷却式热力循环系统原理图

1—低压压气机；2—高压压气机；3—高压燃气轮机透平；4—低压燃气轮机透平；6—高压燃烧室；7—低压燃烧室；8—回热器；9—冷却器；10—空气过滤器

4. 封闭式热力循环系统

封闭式热力循环的主要特点是工作介质与大气隔离，使工作参数不受大气条件的影响。此系统燃料的种类不受限制，有可能燃用固体燃料、核燃料等。它的单机容量可以扩大，但设备比较复杂，一般不适于担任负荷调峰。燃气轮发电机组封闭式热力循环系统原理图，见图 4-2-7。

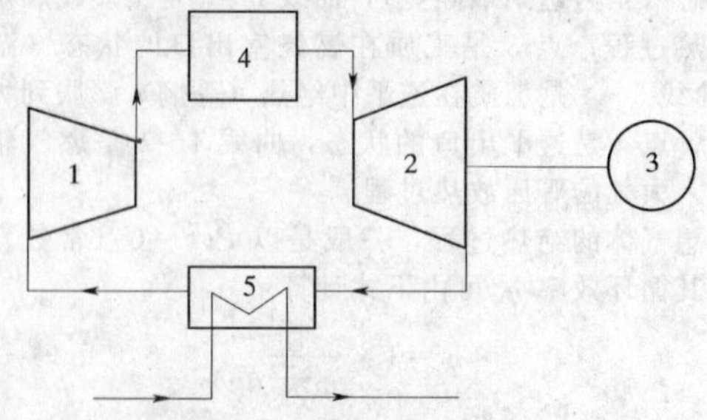

图 4-2-7　封闭式热力循环系统原理图

1—压气机；2—燃气轮机透平；3—发电机；4—锅炉；5—冷却器

5. 联合式热力循环系统

联合式热力循环是指燃气轮发电机组与蒸汽轮发电机组联合的热力循环系统。采用一台增压锅炉代替燃气轮机的燃烧室，这台增压锅炉产生的燃气到燃气轮机做功，产生的蒸汽到汽轮机做功。由于燃烧是在高压下进行的，燃烧和传热效果都比较好，锅炉的体积可以大大缩小，为单

蒸汽锅炉体积的1/5左右。这样能节省大量的金属材料，并能提高热效率。达40%～45%。联合式热力循环原理图，见图4-2-8。

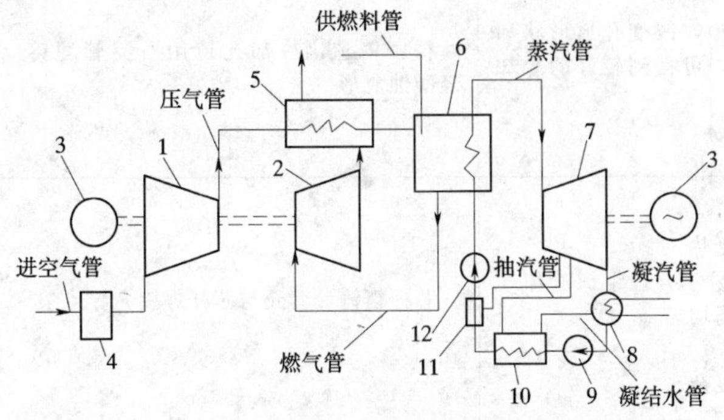

图4-2-8　联合式热力循环系统原理图

1—压气机；2—燃气轮机透平；3—发电机；4—空气过滤器；5—回热器；6—增压锅炉；7—蒸汽轮机；8—凝汽器；9—凝结水泵；10—加热器；11—除氧器；12—给水泵

第三节　燃气轮机电站主要设备及性能参数

燃气轮机的主要设备有压气机、透平和燃烧室。这些设备一般都在燃气轮机制造厂配套生产，作为燃气轮发电机组的设备成套供应。

一、压气机

1. 压气机的类型

压气机的类型有轴流式压气机和离心式压气机两种。压气机的结构简图见图4-3-1。

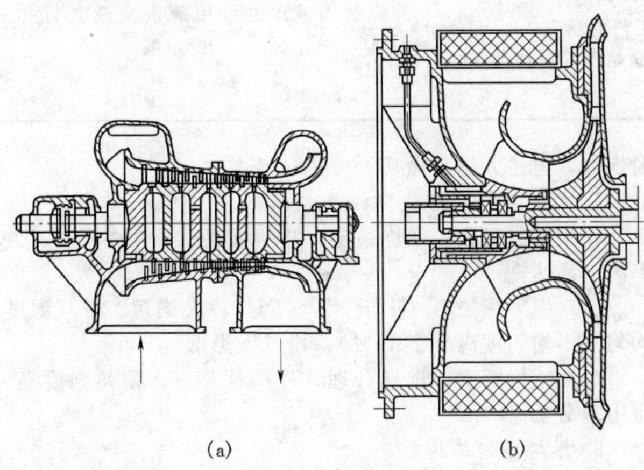

图4-3-1　压气机简图

(a) 轴流式；(b) 离心式

轴流式压气机适用于大、中功率燃气轮机组，其工艺要求高、轴向尺寸比径向尺寸大、单级压缩比较低（1.05～1.28）、绝热效率比较高（0.84～0.89），但稳定工况区域较窄，等转速特性线较陡。在确保性能条件下，应力求减少叶片型线种类，提高叶片通用性。离心式压气机适用于小功率燃气轮机（小于1000kW），其工艺要求较低、径向尺寸比轴向尺寸大、单级压缩比较高（3～8）、绝热效率较低（0.75～0.82）、稳定工况区域较广、等转速特性线平坦。

2. 压气机的性能

压气机一般是由透平直接驱动，因此它的性能好坏对整个燃气轮机有很大的影响。压气机的设计参数按燃气轮机整体热力循环的要求确定，并要求压气机与透平严格匹配；要求流量、功率、压缩比和转速与透平机特性保持一致。为了扩大燃气轮机运行范围，对轴流式压气机采取改善匹配性能的措施，通常采用设置放气装置和可调导叶，以防燃气轮机“喘振”。

3. 压气机的效率

压气机的效率对燃气轮机效率影响显著，实践表明压气机的效率增加1%，燃气轮机组效率增加2%～3%，所以提高压气机效率就可以增加燃气轮机组的功率和效率。

4. 压气机的压缩比

压气机的压缩比对燃气轮机组的性能也有很大影响。设计中整个压缩比确定后应尽量提高单级压缩比，以减少压气机级数，但是单级压缩比有一定限度，选择不当会引起叶栅工作性能恶化、脱流。

5. 压气机的比流量

压气机比流量加大可以缩短压气机进口叶片的高度，降低燃气轮机的重量比，这对大功率燃气轮机组尤为重要。如果过于增大压气机的比流量，会引起叶栅工作性能恶化。

二、透平

燃气轮机组透平有轴流式和向心式两种，向心式只用于小功率燃气轮机，轴流式用于大、中功率燃气轮机。

轴流式燃气轮机透平与轴流式汽轮机透平有很多相似的特性，其不同点是工质不同。燃气轮机的工质是燃气，温度高、含腐蚀成分、流量大、焓降小、级数小、对材料强度要求高，其透平机效率对整个机组效率影响较大，需要良好的排气扩压器，以利用排气余速提高透平效率，并使转速和通流能力与压气机匹配。轴流式燃气轮机透平包括叶片、气缸和转子，现分别简述如下。

1. 叶片

燃气轮机透平叶片包括静叶片和动叶片两部分。动静叶片的设计计算是根据功率大小、初参数高低、焓降分级等，用速度三角法和模拟法进行计算。其计算方法与汽轮机类似，只是燃气轮机叶片要考虑冷却。叶片冷却方式最简单的是空气吹风冷却，因此叶片结构都要求采用空心冷却叶片，这就是燃气轮机叶片的特点，详见表4-3-1。

为了适应高温高速带来的问题，叶片在结构和材料上还得采取以下措施：

(1) 动叶片根部采用载荷均匀强度好的树枝型叶根结构，并考虑热膨胀和增加对振动起阻压作用的叶根齿与轮缘槽为松配合。

(2) 为了提高抗高温腐蚀和抗氧化的性能，除采用冷却措施和耐热合金外，还要在叶片表面渗铝或喷涂抗腐蚀保护层。

(3) 为了减少高温燃气流对叶根和轮缘区域的影响，动叶片常采用长颈叶根，借以增加热阻，并将高温燃气与轮缘隔开。动叶片设计成中部腰鼓状，以适应应力分布规律，顶部做成空心状以减小离心力。

(4) 为改善动叶片的振动性能，采用“Z”形围带结构，这样既对叶片振动起阻尼作用，又可以让叶片自由膨胀。

2. 气缸

燃气轮机组的气缸大部分成多段，借垂直法兰刚性连接组成整体。为便于安装和检修，常设有水平中分面。气缸多数采用铸造结构，通常压气机为铸铁气缸，透平气缸为低合

表 4-3-1 **轴流式燃气轮机叶片冷却方式的比较**

序号	结构简图	特点	制造方法
1		(1) 纵向对流冷却 (2) 合理布置冷却孔道，改变孔道形状和大小，增加热交换面积，可得到较好的冷却效果和较均匀的温度场 (3) 结构简单	精密铸造，冷却孔道用石英管埋铸，经酸蚀成形
2	芯杆 套壳	(1) 纵向对流冷却 (2) 芯杆承载，套壳受热 (3) 热交换面积大。易于合理组织冷却气流，冷却效果好，温度场均匀 (4) 适用于动叶片 (5) 结构及制造工艺复杂	芯杆精铸，套壳与芯杆焊接
3	导流套 本体	(1) 综合冷却：横向对流，进气边撞击冷却，出气边气膜冷却 (2) 热交换面积大。进出气边可得较好冷却，冷却效果显著。一般可降低温度 100～200℃，而且温度场均匀 (3) 结构及制造工艺复杂	本体精铸，导流套与本体焊接。出气边射流小孔激光或电脉冲打孔
4		(1) 综合冷却：纵向对流，进气边撞击和气膜冷却，出气边气膜冷却 (2) 热交换面积大。进气边采用了强冷措施，内背弧又增加气膜冷却，效果十分显著。一般可降温 200℃以上，而且温度场均匀 (3) 制造工艺较复杂	精密铸造，冷却孔道用石英管埋铸，经酸蚀成形。射流孔用激光或电脉冲打孔
5	芯杆 多孔性蒙皮	(1) 发散-对流综合冷却 (2) 冷却空气分布在整个周长上，冷却效果最好，要求的相对冷却空气量也少。可降温 300℃以上，并且温度场均匀 (3) 结构设计和制造工艺更复杂 (4) 蒙皮上发散气孔易堵塞，对冷却空气质量要求高	本体精铸。蒙皮为多孔性结构，可用经纬线编组成网，将两层网叠置后冷轧并烧结而成；也可用薄板材激光打孔而成

金铸钢。气缸设计制造应符合压力容器的设计制造规范，满足强度、刚度、气密性、热胀、振动等要求，保证转子与静子的热对中和动静部件的间隙。内缸外缸连接定位的好坏会影响转子和静子的热对中和运行性能，为此常采用榫头槽定位，再由圆柱销固定，也可以采用与汽轮机相同的定位方式。

3. 转子

燃气轮机组的转子，不管单轴机组还是多轴机组，一般都把压气机和透平转子设计成一体，即单轴双支结构。这种结构体积小，重量轻，结构紧凑。

(1) 结构：目前广泛采用的是盘鼓式转子结构，这种转子有刚度大、强度高、结构紧凑，加工制造工艺简便等优点。

(2) 性能：转子应满足强度高、刚度好、振动小、耐高温、适应高转速，以及机组快起、快停的要求。

(3) 支承：燃气轮机一般采用单轴双支结构，轴承采用滑动轴承。推力轴承常用摆块式，径向支持轴承则根据转子载荷转速和轴承的承载能力进行选择。

三、燃烧室

燃气轮机燃烧室的任务是将喷嘴喷进的燃料（油或燃气）与由压气机来的空气均匀混合，经过等压燃烧，产生高温燃气，再进入透平做功。

1. 燃气轮机对燃烧室的基本要求

(1) 点火可靠、燃烧稳定、脉动幅度小、燃烧完全、效率高（高达 97%）。

(2) 压力损失小（小于 3%～5%）、火焰短、排气温度均匀（不均匀度应小于 15%）、排气无黑烟。

(3) 结构紧凑、选材合理、冷却性能好、耐热强度高、使用寿命长。

2. 燃烧室的结构

燃气轮机的燃烧室有单管燃烧室和多管燃烧室。多管燃烧室是由单管燃烧室组成的。

(1) 单管燃烧室的结构见图 4-3-2。单管燃烧室是由外壳、火焰管、喷油嘴和旋流器等组成。由于火焰管的冷却结构形式多样，再加上喷嘴、旋流器的结构形式也多种多样，因此构成的单管燃烧室的结构形式更是种类繁多。

(2) 火焰管的性能和冷却结构。火焰管是燃烧室内最关键的部件，燃料和空气混合、点火、等压燃烧、调温等都在这里进行。它的冷却好坏对它的性能、使用寿命有很大的影响。目前火焰管的冷却都是采用气膜冷却，其结构形式、特点与用途见表 4-3-2。燃烧室的火焰温度保持在 1500～2000℃，为了使火焰管壁温维持在要求的范围内，采用空气冷却使火焰管内外壁形成流动的气膜进行冷却。为此把进入

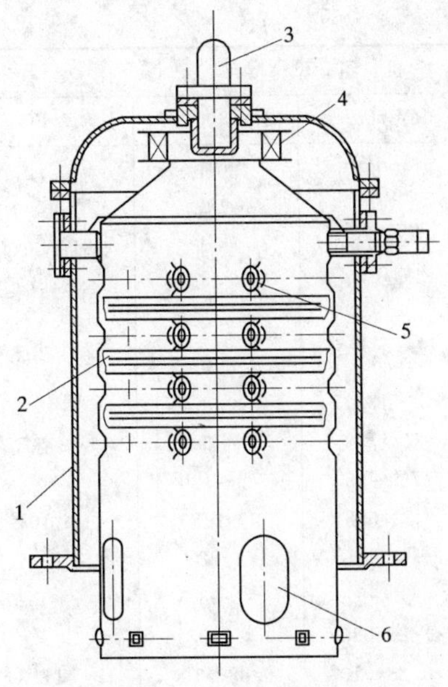

图 4-3-2　单管燃烧室结构示意图
1—外壳；2—火焰管；3—喷油嘴；4—旋流器；
5—一次空气射流孔；6—混合孔

燃烧室的空气分成三部分进入火焰管，一部分经旋流器和一次空气射流孔进入火焰管与燃料混合燃烧；第二部分空气由混合孔进入火焰管混合段与火焰混合掺冷，冷却火焰管内壁；第三部分空气流过火焰管的外侧经冷却通道进入火焰管冷却火焰管管壁。空气量的要求应满足火焰管壁温不小于500℃，以防过冷引起积炭；又不能过高，超过材料温度要求。壁温一般应小于 700～750℃，对高耐热强度材料也不大于 800～850℃。

(3) 多管燃烧室的结构。多管燃烧室是由几个单管燃烧室组成，有双管、三管、四管、…、十管等多种类型。管的多少是由机组功率大小及结构要求选择决定的，结构形式见图 4-3-3 和图 4-3-4。

3. 燃烧室的参数

由于燃烧室的形式和结构多种多样，下面仅列举几种燃烧室的性能参数，见表 4-3-3。

四、燃气轮发电机组的参数

随着科学技术的发展和高温材料的研制成功，燃气轮发电机组的参数也在很快地提高和发展。燃气参数已由 700℃升高到 900℃，有的已达 1100～1300℃，压缩比已由 7 提高至 10，有的已高达 12～16，效率也在逐渐提高。

表 4-3-2　火焰管冷却结构形式示意表

结构形式	分段气膜冷却	双层多孔壁气膜冷却	挂片气膜冷却	鱼鳞孔气膜冷却
示意图				
特点与用途	为使冷却气膜连续，各段长度与隙缝比 $l/\delta<25$。多用于尺寸较小的火焰管	火焰管由两层组成，管壁开有小孔，外层孔控制冷却空气流量，内层孔形成气膜，内外层孔数比 3～7。 冷却效果好，可用于大型燃烧室	火焰管由带肋挂片组成，冷却空气流过肋片，以对流换热方式冷却挂片，并在下一级内壁形成气膜。 冷却效果好，不易产生变形。维修方便，但结构笨重，金属耗量大，仅用于大型燃烧室	空气流经鱼鳞孔，形成气膜，冷却均匀，效果好，但鱼鳞孔易开裂，用于小型燃烧室

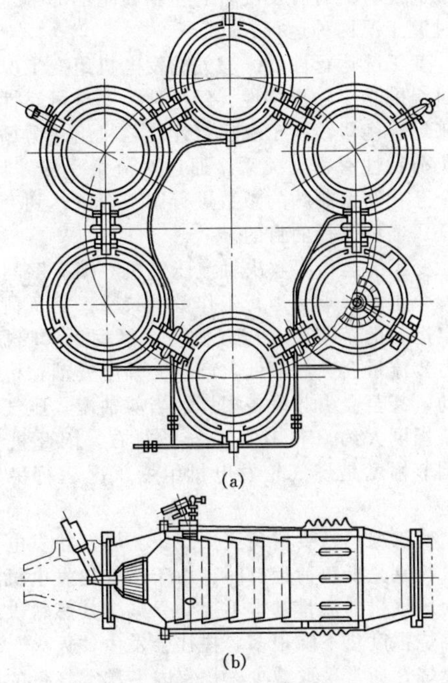

图 4-3-3　分段气膜冷却多管燃烧室
(a) 燃烧室分布；(b) 单个燃烧室剖面

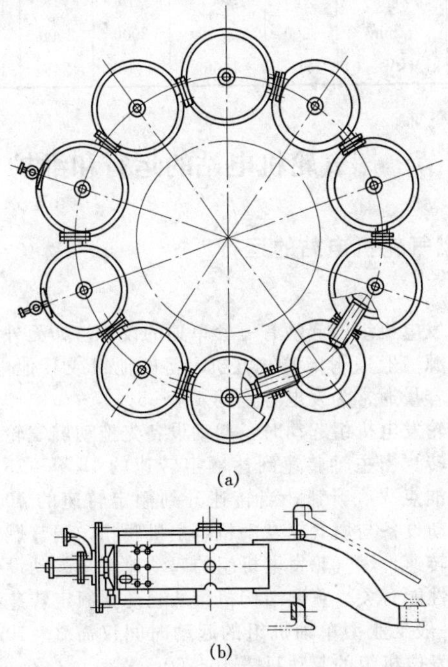

图 4-3-4　鱼鳞孔式气膜冷却多管燃烧室
(a) 燃烧室分布；(b) 单个燃烧室剖面

表 4-3-3 **燃烧室性能参数表**

名 称	符号	单 位	机组型号				
			R 700-1	RY650-2	RY 760-4	RY 800-6	PG 5301
机组功率	N_e	kW	1000	3000PS	4000PS	6000	21700
燃烧室类型			单管	6个分管	双管	双管	10个分管
燃料			柴油	柴油、重油	柴油、重油	柴油	柴油、重油、天然气
压比	π		4.7	4.7	6.0	5.8	10
空气进口温度	t_2	℃	210	196	242	228	340
燃气出口温度	t_3	℃	700	650	760	800	899
空气流量	G_a	kg/s	11.9	6×4.75	2×13.07	2×23.7	10×11.6
喷油嘴型式			进回油双调节	双级离心	双级离心	回油	空气雾化
喷嘴雾化锥角	γ		80°～120°	55°～70°	75°～95°	70°～120°	70°～100°
燃料量	B	kg/h	560	6×230	2×698	2×1250	10×685
总过量空气系数	α_0		5.2	5.5	4.94	4.82	4.2
燃烧效率	η_B	%	>98	>98	>98	>98	98
压损系数	ε_B		<0.04	<0.043	<0.035	<0.03	0.04
面积热强度	q_F	kcal/(m²·h·ata)	6.6×10^6	8.8×10^6	6.23×10^6	6.88×10^6	11.3×10^6
容积热强度	q_u	kcal/(m³·h·ata)	10.3×10^6	9.7×10^6	6.35×10^6	6.14×10^6	11×10^6

我国燃气轮发电机组也在迅速地发展，改革开放以来引进了一些先进的燃气轮发电机组的生产设备和生产工艺。现已能生产多种成套的发电机组，并向单机大容量5万～10万kW发展。下面列举几种燃气轮发电机组的参数，见表4-3-4。

表 4-3-4 **燃气轮发电机组的参数**

名 称	单 位	TB5000	TORNADO	RF—900—20	MS5001	MS6001
额定功率	MW	3.65	5.697	20	26.3	36
透平进气温度	℃	900	1000	900	900	1104
透平排气温度	℃	492	457	450	483	543
透平转速	r/min	7950	11085	5100	5100	5100
压缩比		7	12	9.6	10.2	11.7
空气流量	kg/s	20.9	26.7	116	125	136.4
电机转速	r/min	3000	3000	3000	3000	3000
热 耗	kJ/(kW·h)	14118	11659	14403	12451	11576

第四节 燃气轮机电站的运行和维护

一、燃气轮机电站的运行

1. 起动

燃气轮发电机组的起动有一套单独的设备。如无外电源时，起动电源一般采用柴油发电机、蓄电池组或其他电源，起动设备的容量通常为发电容量的4%～5%。

在燃气轮发电机组起动时，起动设备先拖动燃气轮发电机组主轴旋转。当主轴转速到达额定转速的15%～25%时向燃烧室喷油点火、升速；当转速升到额定转速的40%～60%时，起动设备与燃气轮发动机组主机脱扣，调节燃料量升速到额定转速。燃气轮发电机组的起动速度与起动设备的性能和机组性能有关。重型结构机组从起动到额定转速约需10min，而一般工业型单轴机组的起动时间仅需3～10min，航空退役型发电机组的起动只需10～60s。

2. 定速运行

燃气轮发电机组要求发电机尽可能地维持定速运行，使发出的电能具有稳定的电压和频率特性，这就要求燃气轮机主轴转速在任何负荷情况下都要保持转速基本不变，这是通过一套调速机构调整燃烧室中的喷油量实现的。速度调整频率按下式计算：

$$n=\frac{F_0-F_N}{F_N}\times100\%$$

式中 F_0——发电机空载时的频率；

F_N——发电机满载时的频率。

燃气轮发电机组的速度调整率通常为4%～5%，调速系统的迟缓率一般不大于5%。即使是从满负荷突然减到空载时，转速的变化率也不得超过5%～7%。

3. 变工况运行

燃气轮发电机组的变工况运行是指机组离开设计工作点额定工况而运转的各种工况，它包括稳定的非额定工况和不稳定的过渡工况两种运行方式。

(1) 变工况运行性能。燃气轮发电机组变工况性能的优劣需从机组的功率输出特性、经济性、安全可靠性和加速性等方面来综合衡量。变工况运行性能与机组热力循环、轴系型式及负荷特性有密切关系。通过对流量、压缩比、转速、功率四个互相联系制约的参数进行调节，以达到变工况的稳定、安全、经济运行的目的。

(2) 变工况运行要解决轴流压气机“喘振”问题。轴流压气机一个重要缺点是运行工作范围狭窄。当负荷降低幅度超过稳定运行的范围时，压气机会突然发生“喘振”现象，这时压力、流量会突然降低，产生大幅度波动，机械将发生强烈振动，甚至会引起设备损坏。当前轴流式压气机稳定运行的调节幅度大约只有15%～25%左右，因此扩大轴流压气机的调节幅度是燃气轮发电机组变工况运行稳定的关键问题。

(3) 变工况运行要避免灭火现象。燃气轮发电机组变工况运行，特别是低负荷运行时，由于燃气轮发电机组属于定速运行，压气机的流量基本不变，只减少其燃料供给量，燃烧室的燃烧强度将下降很多，往往会发生“灭火”现象。为了稳定燃烧，通常采取减少燃烧室内一次空气量的比例，使燃烧区保持较高的温度水平，控制最小燃料量，以避免灭火现象。

(4) 变工况运行如何提高效率问题。燃气轮发电机组效率随负荷减小而急剧下降。为了改善这种情况，通常采用多轴结构的方法来提高变工况运行时的热效率。根据经验，燃气轮发电机组宜采用双轴式结构，将发电机配置在一个轴上定速运行，而另一个轴的转速可以随负荷调节。这样就可以改善机组的负荷性能，基本上可达到75%额定负荷运行时的热效率接近满负荷时热效率，带半负荷时热效率仅比满负荷低4%左右。

4. 燃气轮发电机组运行调节、保安和自动控制

燃气轮发电机组要充分发挥其起动快、运行灵活可靠、经济性能好的优点，就必须配备一套自动化水平高、性能优良、可靠性高的调节、保安和控制系统。

(1) 燃气轮发电机组的调节。开式热力循环的燃气轮发电机组是比较简单的热力发电装置，系统参数有压力、流量、转速、功率、燃料压力、流量等。参数比较少、调节系统简单，可实现自动化调节控制。

(2) 保安系统。由于工况变化和各种因素的影响，往往导致机组偏离正常运行范围，处于不利的运行状态，严重的会使机组遭到损坏，所以必须设置保安系统来确保机组的运行安全。保护控制方式分为紧急停机保护和限值调整保护。紧急停机保护是防止机组免遭严重损坏。一般有透平超速保护、透平超温保护、润滑油温过高保护、振动保护、熄火保护等。当上述参数某项超过极限值时，一般输出开关量发出停机指令，所以这类保护又称极限保护。限值调整保护是当某个参数超过正常值范围达到其限值时，发出警告信号，采用调节手段对该项参数加以控制不致继续恶化，以改善机组运行的不利条件。如果参数继续恶化达到极限值，则紧急停机确保机组的安全。

(3) 自动化系统。燃气轮发电机组的自动化控制系统，除调节保安系统外，还包括检测仪表、程序控制和联锁保护等。随着电子计算机的应用和发展，对燃气轮发电机组的集中控制和调度均可以利用计算机来完成。

二、燃气轮机电站的维护

燃气轮发电机组的维护、检修与其他动力装置一样，主要是保证电站的设备系统安全、可靠，长期运行；保证备用设备的完好；保证出现事故和问题时能及时解决。在燃气轮发电机组的运行中，要特别严格注意机组本身压气机、透平和燃烧室等重要设备运行正常；注意其他发电系统、供燃料系统、回热系统、油系统等的正常运行。

烧油燃气轮发电机组常见问题及处理措施如下：

1. 防止“喘振”、振动和爆燃

(1) “喘振”是燃气轮发电机组，在负荷变化幅度大时易发生断流，而引起强烈振动，运行中要特别注意。

(2) 振动是由于机组安装调试时，转子和静子不对中、动平衡出现偏差、间隙热胀有问题，或运行中超速、燃烧不稳、波动幅度大等引起的。

(3) 爆燃是由于气体燃料阀漏气或多次起动点火失败，使燃烧室内积气，起动点火时已成爆明气引起爆燃，所以要检查燃料密封性，点火前必须吹除燃烧室中的积气。

2. 火焰管过热、变形、裂纹

喷油嘴雾化不良或雾锥偏斜、火焰管冷却不均匀、负荷变动剧烈、燃气温度场不均匀，都会产生火焰管过热变形或烧毁，导致透平叶片过热、腐蚀等严重故障。

为了预防上述情况发生，就要定期检查喷油嘴雾化质量及安装状况；定期检查火焰管的工作状况。如出现火焰管局部温度过高，就在过高处加开冷却小孔，以使温度保持均匀。

3. 点火困难、不能着火或联焰

点火困难、不能着火或联焰是由于火花塞积炭过多、电路故障、点火喷嘴阻塞、雾化不良、联焰管积炭阻塞、掉叶片或漏气等原因。预防和排除方法是检查火花塞、电路系统及燃料系统；检查点火喷嘴和主喷嘴雾化质量；监视点火转速；检查油品及油质；检查联焰管及旋流器等。

4. 点火排气温度过高

点火排气温度过高是由于点火喷油量过大，燃烧室有积油，点火转速太低，这样就会产生叶片及高温管道过热或烧毁。预防与排除方法是调整点火喷油量，起动前排清机内积油，检查放油孔位置是否已经放清积油、有无堵塞。

5. 燃油加不上

燃油加不上的原因是油路堵塞、油含杂质过多、滤网破裂、油析碳或调节系统故障，结果就会发生点火后转速上不去、负荷带不足或强迫停机等现象。

第五章　燃气—蒸汽联合发电

第一节　燃气—蒸汽联合发电意义

一、煤的直接燃烧问题

如何使有限的能源，特别是在电能的生产和利用上发挥更大的效益，已成为每一个电力技术工作者和经济工作者必须考虑的重大课题。

煤炭不仅是重要的能源，而且是高级的化工原料。作为动力煤，供蒸汽锅炉直接燃烧，热效率虽有大幅提高（现代锅炉已达90%～92%），但可用能源损失仍占1/3以上，而且对环境的污染和生态平衡的破坏是十分严重的。因此，煤的直接燃烧不是好办法。

近几十年来，国内外火力发电厂采用了超高参数，中间再热、大型化、自动化等措施，使供电效率由30%提高到40%。再要进一步提高蒸汽发电的热效率在技术上极其困难，经济上也不合算。这就意味着要用其他新原理的动力机械发电来代替原有的发电方式。

为了解决上述矛盾，发达国家已先后开发将常规电厂组成各种联合循环发电方式，其中前途最大并已投入实用阶段的是燃煤（煤气化）/燃气—蒸汽联合循环发电。

二、燃煤（煤气化）/燃气—蒸汽联合发电意义

1. 提高电站热经济性

采用燃气—蒸汽联合循环可以提高整个循环热效率。正确地匹配燃气部分与蒸汽部分功率；合理拟定热力系统；正

确选择各项参数；采取超高参数和先进冷却技术等；这些发电方式具有很高的经济性。目前国际上燃油和天然气的联合发电循环净效率为48%～49%。如ABB目前商品化“KA”系列联合循环电厂，KABE-2供电效率已达47.9%～49.8%，燃煤机组可达40%以上，这比常规的高参数、大容量机组效率还高，经济效益更好。

2. 解决环保问题

燃煤的联合循环分两类：即煤气燃气—蒸汽联合循环和沸腾的燃气—蒸汽联合循环。它们可将高硫、高灰分、低热值的劣质煤气化（或沸腾燃烧），经硫化、除尘净化成“清洁燃料”，供联合循环发电用。它是一种对环境污染小，公害极小的发电装置。

3. 充分利用储量丰富的煤炭资源

具有高效的联合循环发电技术，只有立足于煤炭能源的基础上，才能更长远地发挥其节能作用。我国煤炭资源极其丰富，在相当长一段时期内，它是我国能源的重要组成部分。发展燃煤联合循环发电技术，不仅符合当今世界能源发展方向，也很符合国情和能源政策。

4. 投资与运行费用比常规电厂低

对一个发电装置的评价，除取决于装置本身的热效率外，还决定于装置本身的投资及运行费用。

从表5-1-1和图5-1-1可见，作为尖峰负荷的燃机发电站投资费最小，投入运行后考虑燃料和维修的总运行费用，如年运行1500h的尖峰电厂仍以燃机电站为经济，若年运行4000h以上的中间负荷及基本负荷电厂，则煤气化/燃气—蒸汽联合循环具有最佳的经济性。

表5-1-1　1980年工业运行的各类电厂年运行费用

费用 \ 电厂类别	有脱硫装置非核蒸汽电厂	有气化炉的联合循环电厂	合成液体燃料联合循环电厂	尖峰负荷燃机电厂
投资（美元/kW）	550	490	240	170
热耗（BTU/kWh）	9400	8100	7300	10500
燃料价（美元/10^8BTU）	0.9	0.9	2.60	2.60
折旧（占投资18%/kW）	99	89	43	31
燃料费用（美分/kW）	8.5	7.3	19.0	27.3
维护和大修费（美分/kW）	2.5	3.0	1.4	1.5
总运行费用（美分/kW）	11.0	10.3	20.4	28.8

从总运行费和图5-1-2中可见，燃料费对电厂动力成本具有很大影响。对燃机发电在相同燃料费用时，当有8%的燃机效率变化，引起动力成本变化只有10%～20%，而在相同燃机效率下若燃料费增加一倍则动力成本将提高40%～50%。由此可见，采用廉价燃料对动力成本的经济性是极为明显的。

当前我国燃料比价情况如下（相同热值为基准）：块煤1.0，煤粉1.4，低热值煤气2.1，石油（原油）3.5，轻柴油11.0。由此可见煤、煤粉及低热值煤气的比价远比原油及轻柴油低得多。因此，发展燃煤/燃气—蒸汽联合循环不仅符合我国的能源政策，而且对发电成本的经济性也是有利的。

5. 适用于少水缺水地区

由于燃机不需要大量冷却水，所以这种发电方式与同容量火电厂相比，可节省大量冷却水（甚至可省一半），对于缺水地区，如坑口电厂有极大的适用性。

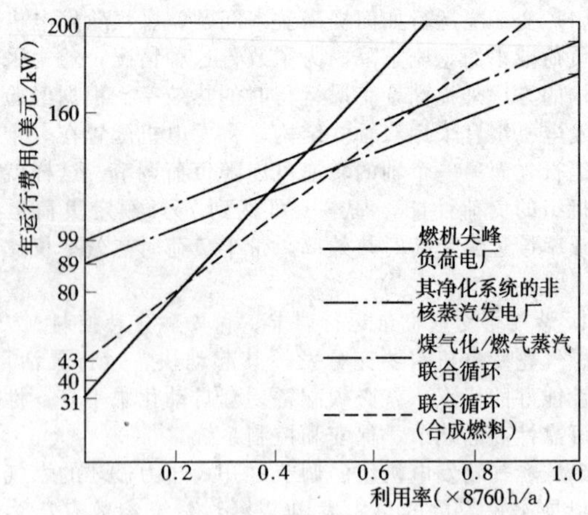

图5-1-1　1980年运行的燃煤发电厂年成本经济性比较

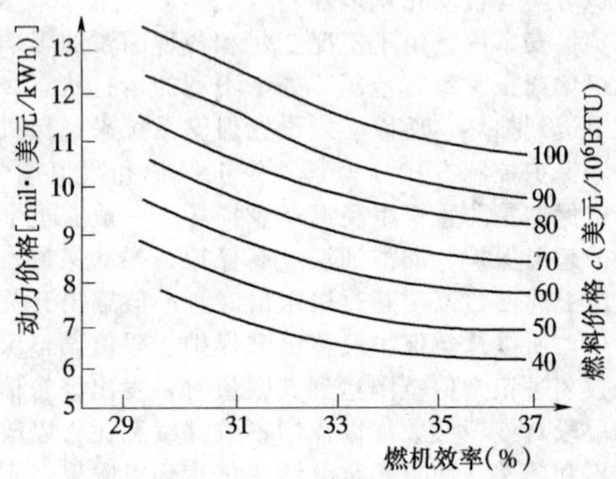

图5-1-2　动力成本与燃机效率及燃料价格的关系

6. 其他优点

燃煤（煤气化）/燃气—蒸汽联合循环发电装置除了发电以外，亦可热电联产供生产用热和生活用热，有时还可从气化过程和净化过程得到化工副产品，如硫、酚、轻油涂料、溶剂等。如在系统中保留燃油系统作为后备，及其他相应措施（如旁通烟道口），则联合循环装置可实行快速起动、停机及加载和切换运行方式。

综上所述，火电厂供电效率要突破40%，必须走燃煤（煤气化）/燃气—蒸汽联合发电的途径。燃煤（煤气化）/燃气—蒸汽联合循环发电是当今世界近30年才发展起来的一种能源高效利用的转换技术。它能突破现今燃煤电厂40%的供电效率，提高到45%以上，而且可将高硫、高灰分、低热劣煤燃烧或气化，经脱硫，除尘转化为“清洁燃料”，它是一种对环境污染极小、公害极小的发电装置，是一种比常规火电厂耗水少、厂用电低、运行灵活、建厂周期短、占地面积小、单位投资少的发电装置。

第二节　燃气—蒸汽联合循环发电的原理及系统

一、燃气轮机的工作原理

图5-2-1所示为压气机从大气中吸入空气，经压缩后的空气具有一定的压力并进入燃烧室与喷入的燃料进行燃烧，形成了具有一定压力的高温燃气，最后进入燃气透平并通过喷嘴和动叶片进行膨胀做功，使透平转子具有足够的机

械能带动压气机和电机一起高速旋转，从而完成燃料从热能转变为动能、机械能和电能的过程，达到向外输出功率的目的。由透平产生的功率，相当部分用来驱动压气机，一般约占燃气轮机总功率的50%以上，用于消耗在空气的压缩功上；剩余部分功率，由机组向外输出。燃气在透平中膨胀做功以后，其压力与温度都逐渐下降，最后具有一定温度的烟气通过烟窗排入大气或进行余热回收利用。这种由压气机吸气和压缩过程、燃烧室中燃料的燃烧过程、透平中燃气的膨胀做功过程以及高温烟气的排气过程等，形成为简单循环燃气轮机的工作原理。

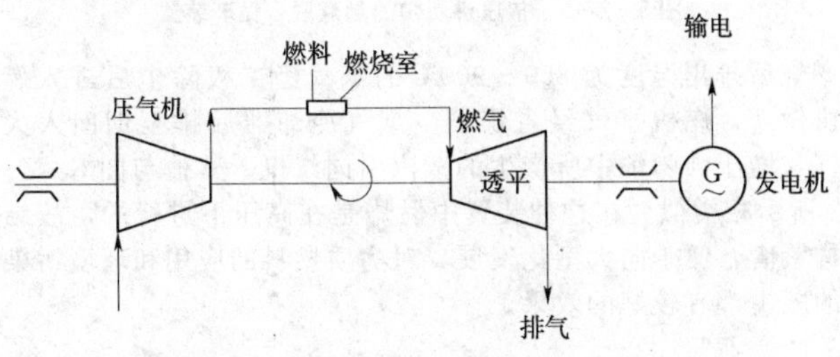

图5-2-1　简单燃机循环

二、燃气—蒸汽联合循环的工作原理

简单循环的燃气轮机机组，由于具有较高排气温度（一般为500～600℃），以致简单循环燃气轮机热效率不高，一般仅为30%～35%。鉴于上述原因，为充分利用热能，引出了燃气—蒸汽联合循环发电的措施。

燃气—蒸汽联合循环的工作原理见图5-2-2。由燃气轮机透平排出的高温烟气，通过余热锅炉进一步加热锅炉管来回收热量，产生具有一定压力和温度的蒸汽，将蒸汽送入汽轮发电机组发电，从而形成燃气—蒸汽联合循环发电装置。由于这种机组使排气余热得到了充分利用，所以燃气—蒸汽联合循环电厂的热效率很高，一般可达45%～50%。根据国外最新投产的联合循环发电机组的数据显示，其热效率已达55%。在有条件的地方，如果能同热电联产相结合，系统采用供热汽轮发电机组，即利用汽轮机抽汽供工业和民用热负荷，同时又可向工厂和区域电网供电时，其热效率将大大提高，甚至可高达80%。

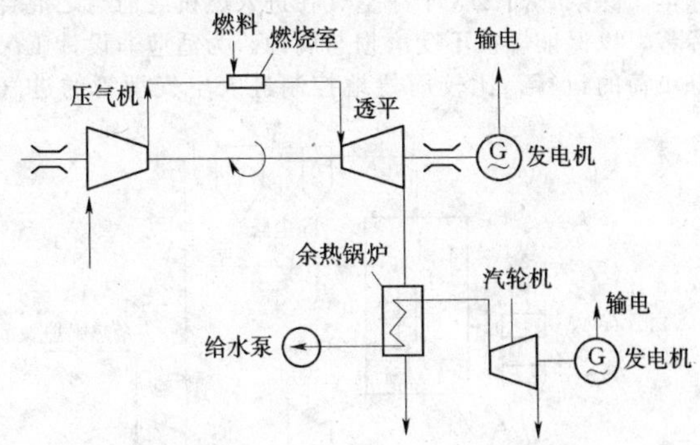

图5-2-2　燃气—蒸汽联合循环工作原理

三、常规燃气—蒸汽联合循环发电的系统

(1) 余热锅炉联合循环系统。这是最简单的、早已成熟且用得最多的方案［见图5-2-3 (a)］。燃气轮机约500℃的排气引入余热锅炉，余热锅炉产生的蒸汽进入汽轮机，这种方案电功率以燃机为主、汽轮机为副，一般总的输出功率约为原燃机功率的1.3～1.5倍。汽轮机容量、新汽参数由燃机容量、排气温度决定。如设旁通烟囱，燃机可单独运行，且汽轮机负荷随燃机变动而变动。随着燃气初温的提高，热效率已达85%。余热锅炉无辐射受热面，结构简单、造价低，它除了与汽轮机组成大功率联合循环外，还可用于改造已有的中低压汽轮发电厂，亦可改成热电联供，提高其热效率。

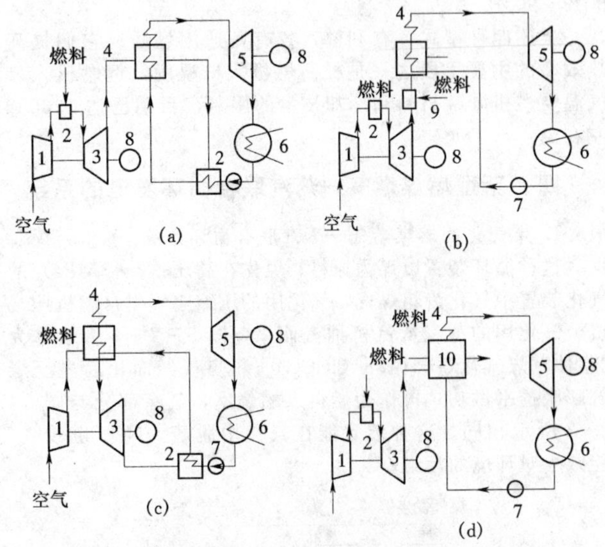

图5-2-3　联合循环的基本型式

(a) 余热锅炉型；(b) 余热补燃锅炉型；(c) 增压锅炉型；(d) 助燃锅炉型
1—空压机；2—燃烧室；3—燃机；4—锅炉；5—汽机；6—凝汽器；
7—水泵；8—发电机；9—补燃室

(2) 余热补燃锅炉联合循环系统针对余热锅炉蒸汽参数低、蒸发量受限制的缺点，在燃机和锅炉间的排气通道中（或锅炉中），加装补燃室，利用燃机排气中还有16%～18%的氧以助燃烧，增加输入热量［图5-2-3 (b)］。一般当进入余热锅炉的燃气温度在650～700℃以下时，仍可保持余热锅炉无辐射受热面简单的结构型式，而蒸汽参数可适当提高，增大蒸发量，以提高汽机功率和热效率，使联合循环效率亦提高。补燃量多少对联合循环效率是有影响的，通常补燃量占燃料量20%～30%为佳。补燃时可采用价格较低的燃料，控制补燃量能变更汽机负荷，调节机动性好。

(3) 增压余热锅炉联合循环系统。蒸汽发生器（锅炉）和燃气轮机的燃烧室合二为一。燃气轮机的压气机取代了锅炉的送风机，在锅炉中水和蒸汽吸收燃烧室中热烟气的部分热量后，排出高温约900℃、高压约0.8～1.0MPa的燃气进入燃机做功［图5-2-3 (c)］。燃机排出的气体，可用于省煤器和给水加热，这种方案主要由汽机发电，燃机除了拖动压气机外还可发部分电力。燃机发电量的比例，随燃机进气温度增加而增加，热效率较高。因锅炉增压燃烧，燃烧迅猛，使传热系数大为增加，从而大大减少受热面，缩小锅炉尺寸和占地面积，减少设备造价和安装投资，但需耐热耐压结构材料，燃机和气机不能单独运行，锅炉使用燃料受燃机制约，需气体或液体燃料。

(4) 排气助燃锅炉联合循环系统。以燃机排汽为锅炉助燃空气，这样不仅回收燃机排气余热，同时充分利用排气中的余氧［图5-2-3 (d)］。补燃余热锅炉受锅炉结构限制，补燃量也有一定限制，而助燃锅炉没有这种限制，它的结构与普通锅炉相似，炉膛温度不受限制。助燃锅炉采用高蒸汽参数，配置大型高参数汽机，只需添置备用风机和备用空气预热器，燃机和汽机就可分开运行，锅炉中所用燃料可任意选择。由于燃机目前进汽温度在1100℃左右，用空气做助燃气，液燃料在燃烧室中能达到2000℃以上。为了设备安全，增大过剩空气系数3～4倍，这样在锅炉中可燃烧比燃机多3～4倍的燃料，此时蒸汽部分发电量占总发电量的80%～90%。

上述四种型式各有利弊，各有其适用场所。它们提高热效率的主要手段之一是提高燃机入口温度，但燃机入口气温受燃机叶片材料和冷却技术的限制，目前已达1200℃左右。

四、新型燃煤燃气—蒸汽联合循环发电的系统

1. 煤气化的燃煤燃气—蒸汽联合循环系统

这种循环装置以煤为原料。煤先在高压（2～3MPa）的气化装置中气化为粗煤气，气化用的压缩空气引自燃机压气机，气化用的蒸汽从汽机抽汽而来，图5-2-4所示称为“整体”煤气化联合循环（IGCC）。粗煤气经净化后先至煤气膨胀透平做功，再作为燃料入燃烧室，其余部分与图5-2-2所示相同。这种装置能在气化中脱硫，NO_x 也较少，能减少对环境的污染。

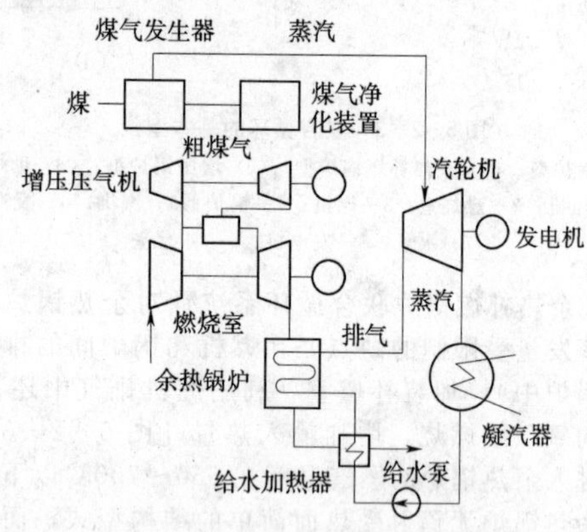

图5-2-4 煤气化的燃煤联合循环装置

2. 沸腾燃烧的燃煤燃气—蒸汽联合循环系统

这种联合循环装置分为增压沸腾炉（PFBC）和常压沸腾炉（AFBC）两类，分别如图5-2-5和图5-2-6所示。

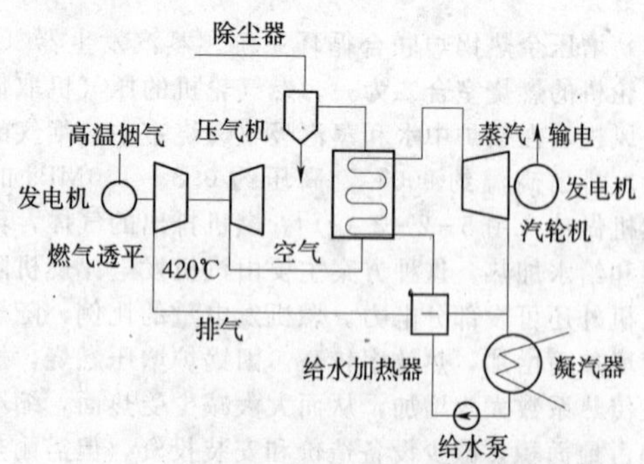

图5-2-5 用增压沸腾炉的燃煤联合循环装置

（1）增压沸腾炉联合循环系统。它的基本型式分空气埋管和水蒸汽埋管冷却系统，冷却的目的在于保持炉温在850～900℃范围内，使锅炉内脱硫处于最佳工况，并使灰渣不会溶化而破坏沸腾工况。图5-2-7为水蒸汽埋管增压沸腾炉系统示意图，从压气机出来的压缩空气通向增压沸腾炉，

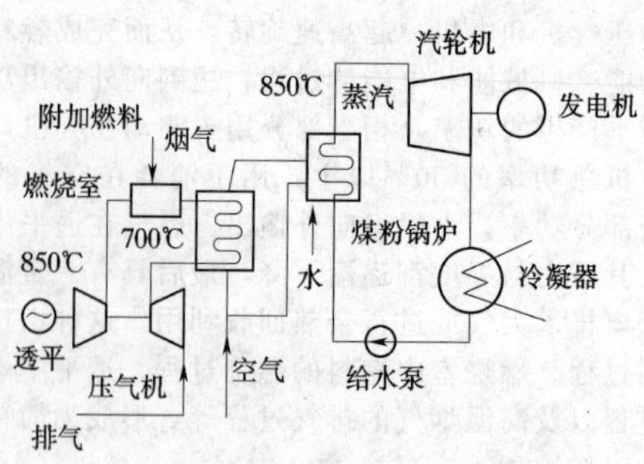

图5-2-6 常压沸腾炉的燃煤联合循环装置

燃烧后排出温度为850～900℃的烟气经二级除尘后进入燃机做功，燃机排气经省煤器、烟气冷却器后排至烟囱入大气，增压沸腾炉中所产生的蒸汽引向汽机，其他与图5-2-2所示相类似。在这种装置中燃烧是在高压下进行的，故结构紧凑，便于向大型化发展，对劣质燃料的应用和环境污染的减少都有较好的效果。

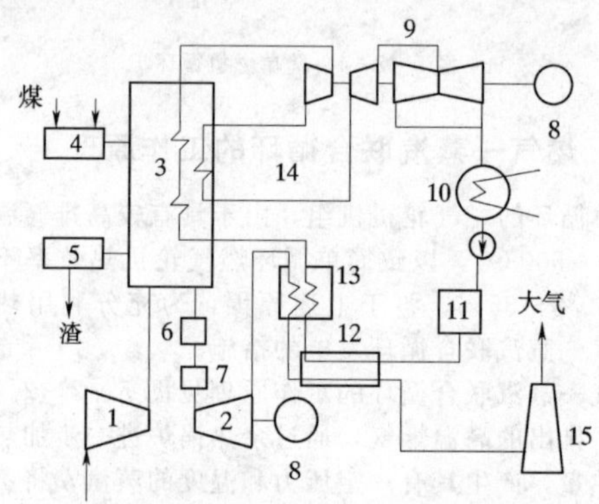

图5-2-7 水蒸汽埋管增压沸腾炉系统

1—空压机；2—燃机；3—增压沸腾炉；4—加煤与白云石装置；5—出渣装置；6—粗除尘装置；7—精除尘装置；8—发电机；9—汽轮机；10—凝汽器；11—回热加热器；12、13—省煤器；14—再热汽管；15—烟囱

图5-2-8为燃煤空气埋管沸腾炉联合循环系统。它的特点是高温的除尘、除杂任务减轻，只有压缩空气量的1/3要除尘、除杂，而2/3干净空气在进入燃机之前与之混合得到稀释，以保证燃机不受磨损与腐蚀。为适应非设计工况或部分负荷的运行，比较简便地控制进入空气埋管的进气流

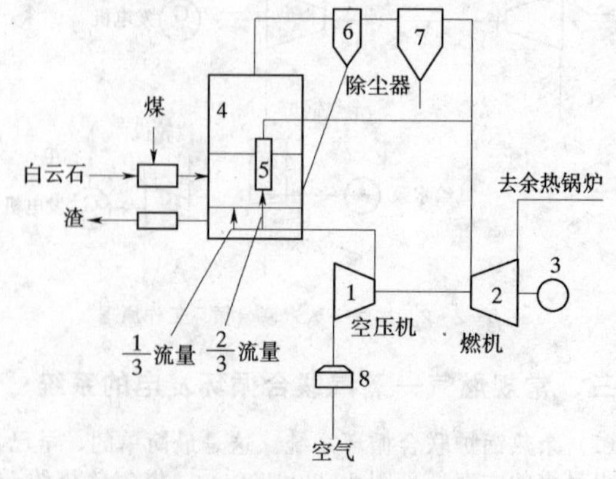

图5-2-8 空气埋管增压沸腾炉系统

3—发电机；4—增压沸腾炉；5—空气埋管；8—空气过滤器；其他与图5-2-7中各符号相同

量，以调节燃机的总进气量和入口汽温，可灵活地调节负荷，但空气埋管管材要求耐热（850～900℃）、耐磨、抗腐蚀、高强度的合金钢，目前尚未解决。

（2）常压沸腾炉燃煤燃气—蒸汽联合循环系统。为了避开采用增压沸腾炉联合循环的一些技术困难，20 世纪 70 年代中期以来，一些国家建设常压沸腾炉联合循环（AFBC）（图 5-2-6）。从压气机出来的压缩空气入沸腾炉空气埋管，且被加热到 700～800℃送入辅助燃烧室与喷入的附加燃料燃烧，把温度进一步提高。高温、高压燃气（绝大部分是空气）引入燃机做功发电，燃机排气中的一部分通入沸腾炉作为沸腾风，一部分入常规煤粉锅炉作助燃风。由于进入燃机的基本上是干净空气，技术难度小，易于实现商业化，热效率一般小于 40%，但它可燃用高硫煤和高灰分劣质煤，较易脱硫，以满足环保要求。

五、水处理系统

水处理系统同一般汽轮机电站的水处理系统相同（图 5-2-9）。锅炉补给水必须用除盐水，其原理是经过生水过滤沉淀后，经阳离子交换器、除二氧化碳器，进入中间水箱；再经过弱、强阴离子交换器二级除盐，作锅炉用水及重油处理水洗用水。

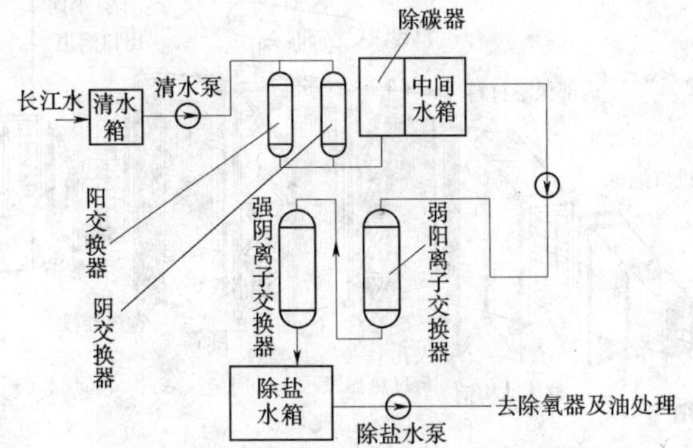

图 5-2-9　水处理系统简图

六、控制系统

燃气—蒸汽联合循环的控制包括燃机控制及保护、汽机控制及保护、锅炉的控制及保护、辅机的控制及保护、油处理的控制及各种控制模块之间的互相联系与制约等，其控制框图见图 5-2-10。

控制系统除了上述框图之外，还有更先进的全自动集散控制系统，其中包括分功率分配、最佳运行参数选择、自动起、停、减、增负荷、故障显示、数字显示等。除了上述系统之外，还有油处理系统、水工系统、电力系统等。

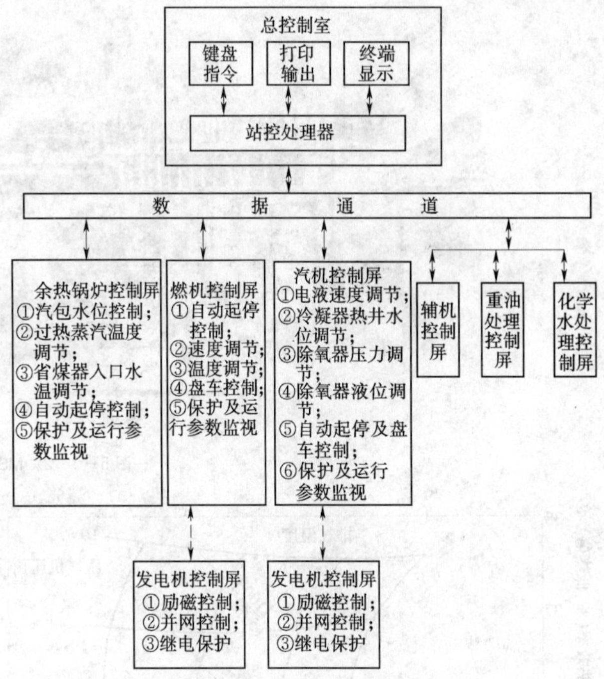

图 5-2-10　控制系统框图

第三节　燃气—蒸汽联合发电站的主要设备

一、燃气轮机

图 5-3-1 为透平初温 1100℃的 GE 典型燃气轮机 MS7001EA 的剖面图。MS9001FA 燃气轮机的剖面图表示于图 5-3-2，其透平初温为 1288℃。这些燃气轮机很适用联合循环应用。

影响联合循环性能的燃气轮机关键特性是比功。比功是指每单位空气流量燃气轮机输出的功率。联合循环的热效率随燃机的比功增大而增加（图 5-3-3），从图中可以看出燃气轮机的透平初温是比功的决定因素。联合循环热效率的提高主要通过提高燃气轮机透平初温来达到，后者依赖于高温和高强度材料，抗腐涂层和冷却技术的改进。

采用 MS7001FA 和 MS9001 FA 燃气轮机的燃气—蒸汽联合循环系统可以获得高于 54%（低热值）的净热效率。这类燃机额定透平初温是 1288℃，压比为 14.0。该设计提供这种透平初温下的最高燃气轮机比功（图 5-3-4）。高比功提供简单的循环装置、低费用以及联合循环的高效率。538～566℃的排烟温度最适合高效率联合循环，因为它能以最小温差把热量从排气传给蒸汽。

图 5-3-1　MS7001EA 重型燃气轮机

图 5-3-2 MS9001FA 重型燃气轮机

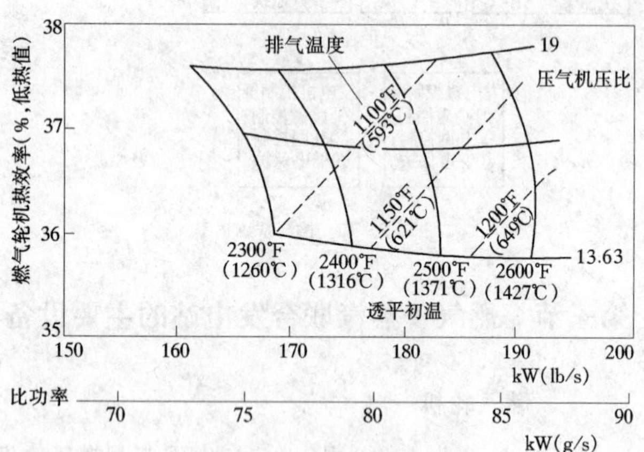

图 5-3-3 燃气轮机性能特性

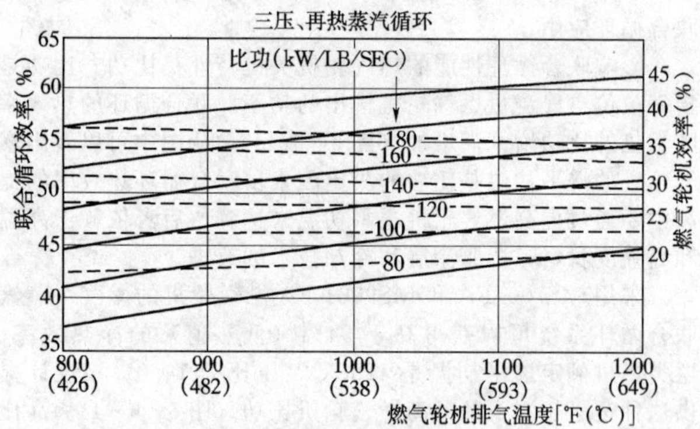

图 5-3-4 影响联合循环性能的燃气轮机特性

燃气轮机的特点如下：

(1) 具有膜式和浸没冷却的多个单管燃烧器符合环保要求，为天然气到残渣油的各种燃料提供可靠的高温燃烧。

(2) 透平材料、涂层和冷却系统保证在高透平初温下可靠运行，从而获得联合循环系统的高比功和高效率。

(3) 通过制造厂内组装和小部件的集装箱运输，降低安装费用，缩短安装周期。

(4) 辅助系统、燃烧系统和透平单元为燃机产品系列提供了液体和气体燃料的广泛使用范围。

二、余热锅炉

GE 公司的燃气—蒸汽联合循环中的余热锅炉采用无补燃、模块结构、鳍片管传热面和自然或强制循环蒸发器，图 5-3-5 表示模块式结构的自然循环余热锅炉，图 5-3-6 表示模块结构的强制循环余热锅炉。余热锅炉及其辅机根据燃气—蒸汽联合循环系统具体运行要求设计，设计特征如下：

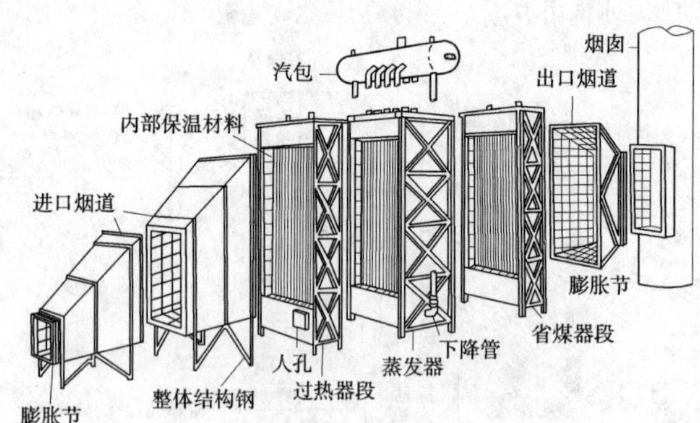

图 5-3-5 自然循环余热锅炉的模块式结构

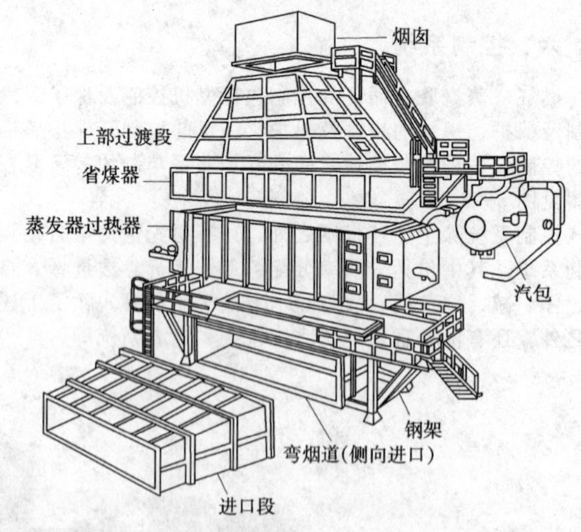

图 5-3-6 强制循环余热锅炉的模块式结构

(1) 排气旁路系统为多轴燃气—蒸汽联合循环系统提供快速起停和运行的灵活性。单轴燃气—蒸汽联合循环机组或只有一台燃气轮机和一台蒸汽轮机的多轴组不需要排气旁路系统。

(2) 弹性管支持系统具有快速起动和负荷跟踪能力。

（3）气侧压降很小，提供最佳燃气轮机效率。

（4）试验过的易于运输的大型模块保证安装周期短、装置费用低。

（5）燃料适应性广，运行可靠，可高效利用燃气轮机的排气能量。

三、汽轮机

专门为燃气—蒸汽联合循环设计的汽轮机有下列特征：

（1）装配好的易于运输的模块和较小的外廓降低了安装周期和费用，较小的外廓尺寸设计也可降低室内安装建筑成本。

（2）不必打开汽轮机上缸，就可通过窥镜检查叶片和喷嘴。

（3）第一级附近采用最小直径的轴，叶轮和转子间用较大的围角，采用较长的联轴器跨距。在中心线附近用垂直弹性板支持，以键保证同心，并采用全周进汽的分离阀壳保证了快速起动和负荷跟踪能力。

第四节　燃气—蒸汽联合发电站的发展前景

从热力学原理而言，联合循环的设想早已经提出来了。1929 年 ABB 公司已实现燃气轮机增压锅炉，20 世纪 40 年代有了实验装置，60 年代燃油燃气的联合循环才比较成熟而普遍地在工业上应用。在此期间，蒸汽电站效率有较大提高，而燃机本身的效率不高，联合循环的优越性未完全体现，所以在 60 年代前发展缓慢。自 1973 年石油危机以来，为了节能，联合循环在建厂数目和装机上都急剧上升，得到了广泛应用。以美国的电力发展规划为例，在 90 年代计划新增 1 亿 kW 发电设备中，燃气—蒸汽联合循环发电机组为 4500 万 kW，占 90 年代新增容量的 45%。据分析显示，从 2000 年以后，燃气—蒸汽联合循环发电装置将超过常规火电站，占电力发展的主导地位。

当今工业发达国家对燃煤电厂如何提高供电效率和满足环保要求展开了开发研究，因此，以煤为燃料的 IGCC 和 PFBC 的开发研究成为当前比较活跃的大有前途的重大课题。

第六章　柴　油　发　电

第一节　柴油发电机组成和分类

一、柴油发电机组的优缺点

柴油发电机组是一种电源设备，它以柴油发动机为动力，拖动同步发电机发电。即将柴油机的机械能通过发电机转变为电能。

作为一种发电装置，柴油发电机组具有机动、灵活、体积小、重量轻、投资较少、使用操作方便，以及对环境的适应性较强等特点。

1. 柴油发电机组的优点

（1）起动操作简单可靠。柴油发电机组从起动到发电通常只用 30～60s，紧急需要时能缩短到 5～10s，因此，常用于承担尖峰负荷，或作事故备用发电装置。

（2）设备费低廉，建设周期短。

（3）热效率高。

（4）用燃点较高的重油做燃料，易于储藏、输送，对防火有利。

（5）多台机组联网供电，能适应负荷的变化，运转效率较高。在其中一台维修或发生事故时，其他备用机组可分别承担，能保证电力稳定供应。

2. 柴油发电机组的缺点

（1）噪声很大。柴油机发出的噪声有吸气声、排气声、机械声、爆发声等。吸气声可以由适当的过滤器吸收；排气声由消音器吸收；但机械声和爆发声不能除去。在离机身 1m 处，噪声达 100～110dB。

（2）振动较大。柴油机燃烧、爆发使活塞的往复运动变为飞轮不等速的圆周运动，由于存在不平衡力而产生振动；另外机器的曲轴也是弹性体，会因力矩变动而发生扭转振动。为了防止这些振动产生其他影响，可设置适当大的飞轮，加大基础重量，或考虑防振台、床等。

（3）冷却水需用量较多。柴油机需要的冷却水量一般为 30～40L/(马力·h)，例如 400kW(500kVA) 的发电装置每小时需 20t 左右的冷却水。长期运行，应设冷却塔，使冷却水循环使用，以节约用水。

二、柴油发电机组的组成

柴油发电机的组成根据其输出功率、使用条件、燃料条件的变化而不同，主要是由以下装置组成：

（1）柴油机。它包括本体、调速装置、过给机、起动装置、监测装置、台板等。

（2）交流发电机。它包括本体、激磁装置。

（3）配电盘。它包括发电机控制盘、激磁机控制盘、变压器盘、自动起动盘、远方监测控制盘。

（4）燃料油系统。它包括燃料油储存罐、输送油泵、燃料油存油筒等。

（5）润滑油系统。它包括润滑油罐、润滑油冷却器、喷油泵、加热器等。

（6）冷却水系统。它包括冷却油罐、冷却塔、散热器等。

（7）起动装置系统。电动式的有起动用蓄电池、充电装置；空气式的有空气槽、空气压缩机、控制屏等。

（8）排气系统。包括消音器、排气管。

（9）过给机。它是对柴油过给空气，由此增强燃料的燃烧，提高机器的输出功率。

（10）附属装置。包括换气装置、起吊装置。

（11）联轴器和底架。

（12）检修用工具、备品备件。

三、柴油发电机组的分类

柴油发电机组按工作方式（设置形态）可分为固定式和移动式两种，通常所说的柴油发电机组一般都属于移动式。根据使用目的分为常用型和备用型两大类。根据控制方式分为基本型发电机组（手动式）、“三保”型发电机组（半自动式）和自动化发电机组。

第二节 柴油发电机组的用途和主要技术参数

一、柴油发电机组的用途

柴油发电机组作为一种中小型独立电源设备，适合于广大农村、边远地区，以及要求独立供电系统的工地、矿山和大电网不能输送到的林区、牧区等。它可作为照明、动力或通信电源，还可作为企、事业单位的备用电源和船舶用电源。

柴油发电机组的优点较多，因此在国民经济的各个部门得到广泛应用，尤其是那些对电功率要求不太大，具有一定机动性，或者需要独立供电的单位。工业电力网满足不了的广大农村、边远地区和小型城镇，在这些地区也能得到较广泛的采用。

世界首套为停泊在码头的大型集装箱船提供移动式岸基电源的供电系统，2010 年 8 月在上海港投入使用。一般 10 万 t 级的集装箱船，使用码头电网供电每天可节省 10t 柴油。

为了抢险救灾的需要，供电公司也准备了柴油发电车，一旦因自然灾害、突发事件使公用供电设施瘫痪，发电车即可立刻开往出事地点，为重要用户和抢险救灾提供电源。

二、柴油发电机的主要技术性能指标

技术性能指标是衡量发电机质量水平的重要依据，发电机的主要技术性能包括：

(1) 电压调整范围。

(2) 稳态电压调整率。

$$\delta_u=\frac{u_1-u_2}{u}\times100\%$$

(3) 瞬态电压调整率。

$$\delta_{us}=\frac{u_s-u}{u}\times100\%$$

(4) 电压稳定时间。

(5) 稳态频率调整率 $=\dfrac{f_1-f_0}{f}\times100\%$。

(6) 瞬态频率调整率 $=\dfrac{f_s-f_0}{f}\times100\%$。

(7) 频率稳定时间。

(8) 电压波动率 $=\dfrac{u_{Bmax}-u_{Bmin}}{u_{Bmax}+u_{Bmin}}\times100\%$。

(9) 频率波动率 $=\dfrac{f_{Bmax}-f_{Bmin}}{f_{Bmax}+f_{Bmin}}\times100\%$。

(10) 线电压波形正弦性畸变率。

$$K_u=\frac{1}{u_1}\sqrt{u_2^2+u_3^2+\cdots+u_n^2}\times100\%$$

(11) 温升。

$$\theta=\frac{R_2-R_1}{R_1}(235+t_1)+t_1-t_2$$

(12) 三相不对称负载时电压偏差。

$$\Delta u=\frac{u_{max}(u_{min})-u_{cp}}{u_{cp}}\times100\%$$

(13) 冷热态电压变化。

(14) 噪声。

(15) 振动。

三、发电机的主要技术规格

发电机的主要技术规格是指规定条件下正常使用时，能够达到的主要额定技术参数。它们一般打印在机组的铭牌上，主要技术规格内容如下：

(1) 型号与名称。

(2) 额定功率，单位为 kW 或 kVA。根据国家标准规定发电机在下列条件下应能输出额定功率，即大气压力 100kPa，空气相对湿度 30%，环境温度 25℃。

(3) 电源种类，一般为三相交流或单相交流。

(4) 额定电压，单位为 V，一般为 400V（三相）和 230V（单相）两种。

(5) 额定电流，单位为 A。

(6) 额定频率，单位为 Hz，一般为 50Hz。

(7) 额定功率因数，一般为 0.8（滞后）。

第三节 柴油发电机组的匹配与选型

为了保证机组各项技术要求的实现，在机组选型时，必须使柴油机和发电机良好地配合。这在技术上简称为“匹配”，它包括功率和转速两个方面的问题。

一、功率匹配

柴油机的功率是指曲轴输出的机械功率。据 GB 1105—74 规定，电站用柴油机的功率标定为 12h 功率，即在标准工况（大气压力为 101325Pa、环境空气温度为 20℃，相对空气湿度为 50%）下，柴油机以额定转速连续 12h 正常运转时，可以达到的有效功率，用符号 N_e 表示。

同步发电机的额定功率是指在额定转速下长期连续运转时由输出端子上得到的额定电功率，用符号 P_N 表示。

根据机组的使用环境，发电机的额定功率按下面的公式计算：

$$P_N=K_1\eta(K_2K_3N_e-N_p)$$

式中 P_N——发电机的额定功率（kW）；

N_e——柴油机的额定功率（kW）；

K_1——单位变换系数（即 kW/马力），$K_1=0.736$；

K_2——柴油机的功率修正系数；

K_3——环境条件修正系数；

η——发电机的效率；

N_p——柴油机风扇、联轴器等消耗的功率（马力）。

通常把柴油机功率（马力）与发电机的功率（马力）之比叫匹配比。在工厂生产中是根据匹配比计算结果来选配柴油机或发电机，并且使它们的功率数值圆整到标准规定的功率等级。

二、转速匹配

柴油机的功率和发电机的功率、电压都与转速有密切的关系。为了保证机组主要技术要求的实现，要求与发电机配套的柴油机必须具有性能较好而又可靠的调速器，以便保证把发电机的转速拖到它的额定转速并稳定运行，满足负载变化时的调速要求。

同步发电机的额定转速是不变的，目前发电机和柴油机都已自成系列，在设计时经过适当的选择或辅以其他措施，可使柴油机的额定转速（或经过传动机传输的转速）等于发电机的额定转速。在柴油机和发电机的转速匹配时，它们的

旋转方向也应一致。

工厂生产的标准机组一般都采用直接连接方式组装，因此有关技术条件的文件或铭牌上标出“当柴油机降低转速与发电机配套时，其输出功率值应按外特性来确定”，以满足功率和转速都匹配的要求。

用户自行组装机组可通过变速器等装置，使柴油机仍在额定工况下运行，变速器可以是齿轮变速箱或皮带传动装置。

三、发电机组的选型

发电机组的选型包括两个方面。

1. 电源类型的选择

如果用电量较少、集中在一处用电又不需要三相电源时，应选择单相发电机组；用电量较大，且用电地点分布在相邻几个地方，则应选三相发电机组。

2. 发电机组结构型式的选择

(1) 无刷和有刷发电机组。无刷机组无线电干扰极小，发电机维护工作量小；有刷机组的发电机结构简单，维修方便。

(2) 低噪声与一般型机组。低噪声机组（80dB 以下）适用于地处城市及其他对环境噪声污染有较高要求的部门。一般型机组由于结构相对简单、价格相对低廉，适用于对噪声污染无特殊要求的部门。

(3) 罩式和开启式机组。前者适用于室外、有沙尘、有风雪的场所；后者适用于室内及无污染的场所。

(4) 湿热型和普通型机组。前者适用于化工、轻工、医药、冶炼、海上作业等对防潮、防霉、防盐雾有要求的部门；后者则适用于其他场所和部门。

第四节 柴油机的工作原理与结构

一、柴油机的工作原理

内燃机有四循环机和二循环机。四循环机有四个行程，即曲轴在二回转间完成吸入、压缩、爆发（燃烧）、排气四个动作。二循环机有两个行程，即曲轴在一回转间完成上述四个动作。一般二循环机的一回转燃烧次数为四循环机的二倍，功率也接近二倍，但二循环机需要扫气等附属装置。

1. 四循环机的工作原理（图 6-4-1）

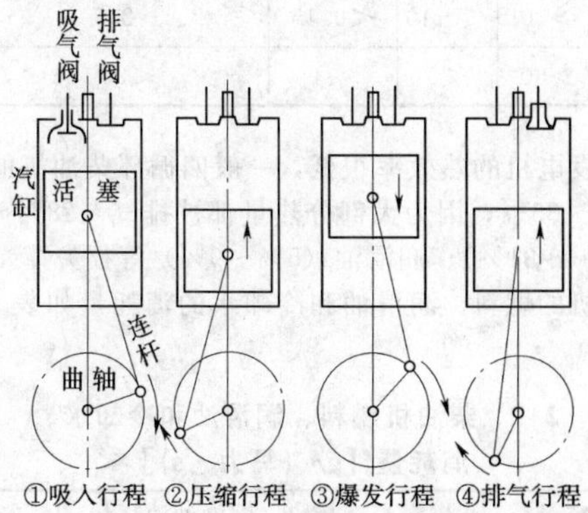

图 6-4-1 四循环机工作原理图

(1) 吸入行程。活塞在上死点附近时，打开吸气阀，活塞运动到下死点时，气缸内压力低于大气压，通过吸气口将空气吸入气缸内，直到活塞达到下死点，这个动作叫吸入行程。

(2) 压缩行程。活塞继续向上死点运动，这时吸气阀和排气阀全部关闭，气缸内的空气被压缩，在上死点时的压力上升到 3～4.5MPa，温度达 450～600℃（重油在 200℃附近就自燃发火），到达上死点前（由喷油嘴向气缸内喷射燃料）的行程叫压缩行程。

(3) 爆发行程。由于燃料爆发燃烧、压力急剧上升（无过给机可达 5～6MPa，有过给机则可达 8～10MPa），活塞向下死点推下。燃料喷射终了后，由于气体膨胀，活塞一面推下，压力也下降，活塞运动到下死点附近，曲轴得到旋转的动力，这个行程叫爆发行程（膨胀行程）。

(4) 排气行程。到下死点附近排气阀打开，膨胀气体排到外部。活塞由下死点向上死点运动期间，气缸内的残留气体也向外部排出，直到活塞到达上死点，这个行程叫作排气行程。

四行程二回转的工作压力曲线图，如图 6-4-2 所示。由此工作压力曲线图表示的压力平均值，叫平均有效压力，常作为柴油机的性能比较值使用。

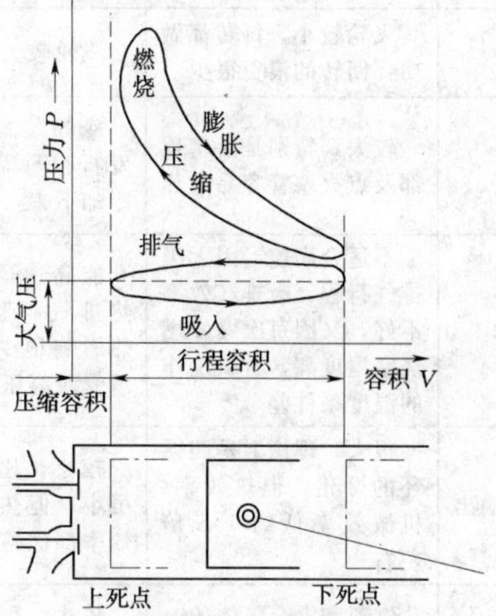

图 6-4-2 工作压力曲线图

2. 二循环机的工作原理（图 6-4-3）

(1) 第一行程。在活塞上升行程进行排气、扫除及压缩动作，排气口、扫气口都开放，继前行程进行排气和清扫工作。上升到某一程度后，扫气口、排气口都关闭进行压缩，活塞到上死点附近喷射燃料。

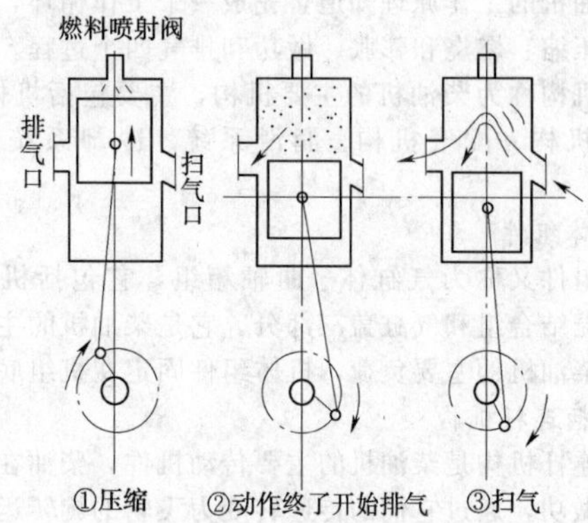

图 6-4-3 二循环机工作原理图

(2) 第二行程。燃料接触到高温的压缩空气就爆发燃烧，活塞由于气体膨胀向下运动推动曲轴做功，随之排气口打开排气，接着扫气口打开，预先压缩的空气从扫气口进入气缸内，进行扫气和排气。

简单来说，在第一行程进行排气、空气进入、空气压缩、燃料喷射；在第二行程进行爆发、膨胀，排气吐出。为了尽量提高燃烧效率，另外设扫气泵（风机）强制扫气和充气。

3. 二循环机与四循环机的区别

二循环机与四循环机的比较如表 6-4-1 所示。

表 6-4-1 二循环机与四循环机比较

项目＼机器	二 循 环 机	四 循 环 机
行程	曲轴一回转间压缩爆发出现二行程，排气、吸气和扫气过程同时实现	曲轴二回转间吸入—压缩—爆发—排气四行程全实现
构造	较简单，因无吸、排气阀（也有带排气阀的），阀系简单	热效率、机械效率都优越
飞轮	飞轮较小，每转都做功，回转的浪费很少	飞轮较大
冷却装置	较大，特别是活塞顶部及点火塞管容易过热	冷却装置较小，爆发行程每隔一回转就冷却下来
回转速度	不适合高速，因无吸排气行程，吸排气效率不好，又因每次爆发燃烧室温度高，材料工作的温度条件差	能高速运转，因在热排气行程被冷却，热影响很少，材料能承受较高压缩压力
每立方米的输出	很大，理论上是四循环的 2 倍，但热效率、机械效率低约 1.5 倍左右	较小，比二循环机虽小，但热效率机械效率都优越
燃料消耗率	燃料和混合气体的一部分与排气一同被排出，燃料消耗率较大	较少，因吸排气行程是独立的，故燃料损失较少
润滑油消费量	较多，排气有消耗	较少

二、柴油机的结构

由柴油机的工作原理知道，完成一个工作循环，需要进行进气、压缩、燃烧和膨胀、做功和排气四个过程。实现这些过程的机构称为柴油机的主要机构，主要包括机体组件、曲柄连杆机构、配气机构、润滑系统、冷却系统和排气系统。

1. 机体组件

机体组件又称为气缸体—曲轴箱组，它包括机体结合组、油底壳结合组和气缸盖三部分。它是柴油机的主体和骨架，承受柴油机的主要负荷，机体组件固定在机组底盘上。

2. 曲柄连杆机构

曲柄连杆机构是柴油机的主要传动机件，柴油在气缸中燃烧膨胀做功，通过它们的传递转变为飞轮的旋转运动，并输出机械能。它主要包括活塞连杆结合组和曲轴飞轮结合组两部分。

3. 配气机构和进排气系统

该部分是实现柴油机进气和排气过程自动控制的机构。对配气机构的总要求是保证进气充分、排气干净、气门开与闭时刻准确以及气门关闭严密可靠。目前广泛地采用顶置气门式配气机构。

4. 润滑系统

该系统主要组件有机油泵、机油滤清器、机油冷却器。机油泵多用单级齿轮式，它安装在机体底面第一道横梁上面。机油滤清器包括精滤器和粗滤器两种。机油冷却器有风冷式和水冷式两种。

5. 冷却系统

柴油机的冷却方式有空气冷却（即风冷方式）和水冷却两类。水冷却方式有开式和闭式两种。在闭式冷却系统中，冷却水冷却缸体和缸盖，机油散热器一般配用风冷式，由风扇吹风冷却。开式强制水冷系统一般配用水冷式机油散热器和一个水桶，设有水箱和风扇。

第五节 燃油的特性、使用及存放

一、燃油的特性

燃油的物理、化学性质主要有十六烷值、粘度、凝点、馏程、自燃点等。

(1) 十六烷值。十六烷值越高，着火性能越好。

(2) 粘度。表示燃油的流动性，粘度过高，燃油流动阻力大；粘度过低，燃油系统内的精密配件润滑条件恶化，并增加漏油量。

(3) 凝点指燃油失去流动性的温度，柴油的牌号就是根据凝点来定的。

(4) 馏程表示燃油的蒸发性。馏程越快，轻质成分越多，蒸发性越好。

(5) 自燃点指在没有火源作用的情况下，燃油自行着火燃烧的最低温度。柴油的自燃点一般为 300～400℃。

对燃油的要求是具有良好的着火点、适当的蒸发性、较低的凝点、一定的粘度，以及少含（或不含）机械杂质和水分。表 6-5-1 为轻油和重油的各项性能值。

表 6-5-1 轻油和重油特性分析

种类＼项目	引火点（℃）	流动点（℃）	残留灰炭分重量（%）	动粘度（30℃）（cst）（$1cst=1\times10^{-6}m^2/s$）	硫分量（%）
轻油	>50	<−10	<0.15	>2.5	<1.2
重油	>60	<5	<4	<20	<2.0

柴油发电机的热效率很低，一般四循环柴油机的热效率不过 30%～35%，因为大部分热量都被排气（28%～39%）、冷却（21%～31%）、润滑油（5%～9%）等损失掉。

柴油机的燃料、润滑油和冷却水的消耗量如表 6-5-2 所示。

表 6-5-2 柴油机燃料、润滑油和冷却水消耗量 [g/（马力·s）]

柴油机容量	燃料消耗量	润滑油消耗量	冷却水量
高速小容量	170～180	2～3	30～40
中速中容量	160～170	1.5～2	30～40
中速大容量	150～160	1.2～1.5	40～50
低速大容量	146～160	1.2～1.5	40～50

二、柴油的牌号

柴油机用柴油有轻柴油、页岩轻柴油、农用柴油、重柴油、页岩重柴油及重油等。轻柴油和页岩轻柴油适用于高速柴油机，重柴油适用于大型低速柴油机。

柴油的牌号是根据它的凝点来划分的，例如10号轻柴油在10℃时就凝固了。

三、柴油使用注意事项

各种柴油机根据结构和性能不同，应使用不同的柴油牌号，高速机多用轻柴油，中低速机则用重柴油。

柴油是易燃品，在使用和存放过程中，应严格遵守下列规定，以免发生火灾、爆炸及人身事故。

(1) 使用小型发电机组的用户，油箱容量足以满足6h以上的用油量，因此只要装足油箱即可。

(2) 存放燃油的油罐如有渗漏绝对不能继续使用。向油罐装油时，不要装得太满，且油罐口盖须加胶垫并锁紧，以保证密封。

(3) 备用燃油应放于阴凉处，不得露天存放。要离开易燃物、烟火和热源10m以外。

(4) 发电机组油箱的口盖应有通气孔，如发电机组偶尔使用，应在每次使用后，将机组油箱内的余油放入密封的油罐中存放。

(5) 夜间倒装和加注燃油时，应使用电灯或手电筒照明，绝对禁止使用油灯、蜡烛等明火。

(6) 柴油机漏油时应及时排除，并将漏油抹干后方可使用。沾油物品不要乱丢乱放。

(7) 存放燃油的地方，应配备小型灭火器和细砂土。一旦着火，用砂土、灭火器或湿的棉被、棉毯、麻袋等将火压灭，绝对不能用水来扑灭燃油。

第六节 柴油发电机组的运行、安装与维护

一、柴油发电机组的运行操作

1. 空载运行的调节

(1) 起动发动机并调节转速至额定值，在此过程中发电机应能自励建压，且符合铭牌上的额定电压值。对于小型发电机组转速的高低一般均以控制箱上频率表的指示值为依据。

(2) 频率达到额定值时，调节电位器或磁场变阻器，使电压调节范围不小于95%～105%额定电压。若电压达不到1.05倍额定电压，说明机组电压（太低）故障，应予以排除。

(3) 空载时应观察一下三相电压是否平衡，若发现不正常现象，应停机检查。

2. 负载运行的调节

(1) 合上机组控制箱上的负荷开关，分别调节负载，使功率因数为1和0.8（滞后），逐渐增加负载至满载，再逐渐减少负载至空载。在上述过程中观察控制箱上的电压表指示值是否都在电压调整率范围内。

(2) 在上述负载增加至满载时，应调节发动机转速至额定值；在其他负载至空载，发动机转速不得人为调节。

3. 三相负载的合理分配

对于三相发电机组，若三相负载严重不平衡，将导致三相电压不对称。由上述原因，机组技术标准规定：三相电流的任何两相电流之差不得大于额定电流的25%，且最大一相电流不得超过额定值。

(1) 在三相发电机组的供电线路设计和安装时，必须把所有单相负载平均分配在三相线路上。

(2) 机组运行时，必须及时调节负载，使三相电流之差不超过25%。

4. 运行时应注意的事项

(1) 经常观察电气仪表（电流表、电压表、频率表、功率表等）和发动机仪表（油压表、油温表、冷却水温度表、转速表等）的指示值。一般情况下，机油压力为0.25～0.4MPa，机油温度为75～90℃，出水温度为75～90℃。

(2) 观察发电机及励磁装置、电气线路接头等处的工作情况。

(3) 注意燃油、机油、冷却水的消耗情况。

(4) 随时监听运转声音是否正常，观察发动机排烟情况是否良好。

(5) 注意轴承、管路等处有无渗漏现象。

(6) 察看发电机组各种保护和监控装置是否正常。

总之，运行使用中应严格按照使用说明书的要求操作和带负载运行。避免慢车重载和超速运行；避免低速下长时间运行；不许长期超载运行或三相负载不对称运行；避免突然增加负载和突然减少负载。

二、柴油发电机组的安装

由于运转产生不均衡力，并伴随产生振动，柴油发电机的基础必须考虑本体的重量，但不应影响室内设置的配电盘、附属设备或建筑物。

1. 直接安装

大容量机组是将柴油机和发电机分别安装在各自混凝土基础上，安装时两机中心轴对准在一条线上。小容量机组是将柴油机和发电机组装在共用台板上。这种方式下，机器中心调正容易，润滑油桶的台板装配和辅机类的台板装配简便。

基础的重量可参考下列实验公式确定。

$$W_f = CW\sqrt{n}$$

式中 W_f——基础的重量（t）；

W——装置的重量（t）；

n——机器的转数；

C——实验系数（约为0.2）。

混凝土基础的重量一般是装置总重的4～6倍，各处尺寸的数值可参照下列数值：

基础的宽度≥2.5～4×（机器台床的宽度）；

基础的长度≥1.2～1.3×（机器安装长度）；

基础的深度≥5×机器的气缸直径。

打基础时地盘的地耐力通常是按6～8t/m² 考虑的，如地耐力在此数值以下时，可扩大平面尺寸或在平面下打管子以增加地耐力。

2. 防振安装

防振安装主要是在怕振动场所或大厦的底板上设置时采用。在柴油机和发电机装配的共用台板下加一层橡胶或弹簧上面再打混凝土的安装方式，有防振装置的柴油发电机组传到基础的振动荷重，是前述直接安装的1/10以下。基础尺寸不宜较小，其尺寸条件可参照下列数值：

基础的宽度≥共用台床的宽+0.5（m）；

基础的长度≥共用台床的长+0.5（m）；

床面到基础面的高度≥0.1（m）。

3. 移动式发电机组的安装

(1) 工作场地应选择在干燥、坚实、平坦的地点，一般不必采取固定措施。

(2) 认真按规定要求埋好接地线，牢固地连接接地线，保证接地电阻不大于50Ω。

(3) 在露天使用时，应采取必要的防雨、防雪、防风沙、防潮和防曝晒措施。

4. 固定式发电机组的安装

(1) 机房应当紧固、安全、清洁、通风良好、地基坚实、平坦、有防火措施。

(2) 容量较大的发电机组和采用间接连接方式的发电机组，应当牢固地安装在水泥基础上，基础的深度一般取500～1000mm。

(3) 发电机组在固定时，应当在保持底盘平整状态下灌浆。

(4) 发电机组的排气管应根据实际需要自行加长，使废气通向室外。

(5) 对于采用分开式联轴器的发电机组，安装固定时，一定要认真检查和调整发动机与发电机两轴线的同轴度。

(6) 发电机组的振动会影响机房设备及整座建筑物，甚至会引起共振。因此，基座周围最好设置隔振沟，宽度为100～300mm，中间填充隔振材料，如煤渣、鹅卵石等。

(7) 地基上应设置放水、排油沟槽，并能很好地回收。

(8) 为了保证人身安全，发电机组负载电缆及控制线路最好布置在电缆沟槽内，用活动盖板盖好。

三、柴油发电机组的维护

1. 发电机的维护

发电机的维护主要是保持清洁。发电机各接触部分（如换向器、电刷、滑环与轴承等）要经常保持它们处于良好的接触状态。发电机工作时，不可超过允许温升（55℃），不能有异常的杂音，不能有振动。

(1) 换向器和滑环的维护。发电机正常运行时，换向器和滑环不应发生震动或出现火花，表面应十分光滑均匀。

(2) 电刷和刷握的维护。正常运行的电刷应具有光滑的表面，整个面积与滑环或换向器密切接触。电刷在刷握内应易于移动，并且以一定的压力压在换向器或滑环上。铜和石墨制的电刷所需压力为150～250g/cm^2；电化石墨制的电刷，所需压力约为150～400g/cm^2。

装用新电刷时，要将电刷对着滑环或换向器进行研磨，磨好后吹净砂屑和炭末，以保证有良好的接触。磨好的电刷不可以从一个刷握移到另一个刷握。通常电刷只许磨损到镀铜部位就应更换相同牌号的新电刷，一般镀铜部位的高度约为电刷总高度的2/3。

(3) 轴承的维护。滚珠和滚柱轴承的润滑脂每年至少两次清除旧油、调换新油；不同类型的润滑脂勿掺杂使用。运行中的轴承温度不宜超过75℃。

轴承的工作情况，可用一小金属杆或螺丝刀一端抵向轴承盒，一端抵在耳朵上，如听到轻微的嘶声，就可能是轴承的润滑油不足。杂质会使轴承发出杂声。如果轴承工作不正常，用手摸轴承盒处会感到烫手，则应打开轴承检查，及时排除故障。

(4) 发电机的绝缘电阻。发电机受潮主要表现在绝缘电阻下降，可用500V兆欧表测定之。电枢绕组的绝缘电阻，热态下不应低于下列数值

$$\text{绝缘电阻(M}\Omega) = \frac{\text{额定电压(V)}}{1000 + \dfrac{\text{额定输出功率(kVA)}}{100}}$$

冷态下的绝缘电阻不小于2MΩ。磁场绕组的绝缘电阻用500V兆欧表测定应不小于1MΩ。如绝缘电阻低于上述数值，可采用烘焙方法处理。

2. 柴油机的维护

(1) 日常维护（每班工作后）工作主要有：①检查曲轴箱内机油平面，不足时添加到油尺规定标记；②消除柴油机漏油、漏水及漏气现象；③检查柴油机上各附件的稳固程度；④检查喷油泵传动联接器上分度线的相关位置有无变动（即喷油提前角有无变化）；⑤保持柴油机各部件的整洁。

(2) 一级技术保养（累计工作100h后检修一次），工作主要有：①检查蓄电池的电压及电液比重。电液比重一般不应低于1.27，电解液水平面应在极板以上10～15mm处；②检查风扇及充电发电机传动皮带的松紧程度，并进行调整；③每隔200h清洗一次机油滤清器（粗滤器和精滤器）；④检查喷油泵机油存量；⑤清洗空气滤清器和通气管内的滤芯，清洗柴油滤清器。

(3) 二级技术保养（累计工作500h后检修一次）工作主要有：①检查喷油嘴的喷油压力及喷油情况；②检查喷油泵调整情况；③检查配气定时及喷油提前角；④检查进排气门的密封情况，不合要求时应进行研磨修正，检查水泵溢出孔的滴水情况；⑤检查气缸套密封橡胶圈有否漏水现象，检查传动机构盖板上的喷油塞是否堵塞，检查机油冷却器及水箱有无漏水漏油现象；⑥检查螺钉、螺栓、螺母的紧固及保险情况；⑦检查电器设备上各电线接头是否松动；⑧清洗油底壳，并拆开机油冷却器，清洗芯子使油道畅通；⑨清洗柴油箱及其管道；⑩清洗冷却系统，清洗液由150g苛性钠加1L水构成，清洗溶液灌入后停留8～12h再运转柴油机，在水温达到工作温度后停车，立即放出清洗溶液，用干净水再清洗冷却系统；⑪累计1000h后，更换充电发电机及起动机轴承的黄油，检查起动机的齿轮传动装置；⑫普遍检查柴油机各个机件。

第八篇

新能源发电工程

第一章　我国新能源发电政策和发展概况

第一节　名 词 解 释

一、清洁能源和绿色能源

清洁能源也称绿色能源，绿色是环境保护和良好生态系统的代名词。

绿色能源可分为狭义和广义两种概念。狭义的绿色能源是指可再生能源，如水能、生物质能、太阳能、风能、地热能、海洋能等，这些能源消耗之后可以恢复补充，很少产生污染。广义的绿色能源则包括在能源的生产及消费过程中，选用对生态环境低污染或无污染的能源，如天然气、清洁煤、核能等。

二、新能源

新能源（new energy resources）是指在新技术基础上，传统地开发利用的可再生能源。如核能、太阳能、风能、生物质能、地热能、氢能等。新能源又称非常规能源，指传统能源之外的各种能源形式，指刚开始开发利用或正在积极研究、有待推广的能源，如太阳能、地热能、风能、海洋能、生物质能和核聚变能等。

新能源的各种形式都是直接或间接地来自于太阳或地球内部所产生的热能，包括了太阳能、风能、生物质能、地热能、核聚变能、水能和海洋能以及由可再生能源衍生出来的生物燃料和氢所产生的能量，也就是说新能源包括各种可再生能源和核能。相对于传统能源，新能源普遍具有污染少、储量大的特点。对于解决当今世界严重的环境污染问题和资源（特别是化石能源）枯竭问题具有重要意义。由于新能源大多分布均匀，这对由能源引发的战争也有着重要意义。

三、能源作物、生物质能和生物液体燃料

能源作物是指经专门种植，用以提供能源原料的草本和木本植物。属于光合作用能源。

生物质能是指利用自然界的植物、粪便以及城乡有机废物转化成的能源。

生物液体燃料是指利用生物质资源生产的甲醇、乙醇和生物柴油等液体燃料。

四、可再生能源独立电力系统

可再生能源独立电力系统，是指不与电网连接的单独运行的可再生能源电力系统。如有独立供电区的小水电站系统，独立运行的风电场系统，独立运行的光伏电场、独立运行的太阳热发电系统、独立运行的海洋能发电系统，独立运行的地热发电系统。国家财政设立可再生能源发展专项资金，支持偏远地区和海岛可再生能源独立电力系统建设。国家扶持在电网未覆盖的地区建设可再生能源独立电力系统，为当地生产和生活提供电力服务。

第二节　我国新能源发电政策

一、中华人民共和国可再生能源法

2005 年 2 月 28 日，以中华人民共和国主席令第 33 号公布了由中华人民共和国第十届全国人民代表大会常务委员会第十四次会议于 2005 年 2 月 28 日通过的《中华人民共和国可再生能源法》，自 2006 年 1 月 1 日起施行。

可再生能源法共八章 33 条。第一章总则，5 条。第二章资源调查与发展规划，4 条。第三章产业指导与技术支持，3 条。第四章推广与应用，6 条。第五章价格管理与费用分摊，5 条。第六章经济激励与监督措施，4 条。第七章法律责任，4 条。第八章附则，2 条。

早在 20 世纪 60、70 年代，我国就开始了可再生能源的开发试点工作，如地热电站、牧区风力发电机组、海洋能发电试验、沼气发电、太阳能发电等。只是由于当时的形势没有发展的紧迫感和形成规模效应。进入 21 世纪，在全球积极发展清洁能源的今天，我国政府为了促进可再生能源的开发利用，增加能源供应，改善能源结构，保障能源安全，保护环境，实现经济社会的可持续发展，不失时机地出台了中国的《可再生能源法》。国家将可再生能源的开发利用列为能源发展的优先领域，通过制定可再生能源开发利用总量目标和采取相应措施推动可再生能源市场的建立和发展。国家鼓励各种所有制经济主体参与可再生能源的开发利用，依法保护可再生能源开发利用者的合法权益。国家鼓励和支持可再生能源并网发电，电网企业应当全额收购其电网覆盖范围内的可再生能源并网发电项目的上网电量，并为可再生能源发电提供上网服务。

二、可再生能源发电价格和费用分摊管理试行办法

为促进可再生能源发电产业的发展，国家发展和改革委员会依据《中华人民共和国可再生能源法》和《价格法》制订了《可再生能源发电价格和费用分摊管理试行办法》，于 2006 年 1 月 1 日起与《可再生能源法》同时施行。

《可再生能源发电价格和费用分摊管理试行办法》（以下简称《试行办法》）共四章 23 条。第一章总则，5 条。第二章电价制定，6 条，第三章费用支付和分摊，8 条。第四章附则，4 条。《试行办法》适用风力发电、生物质发电（包括农林废弃物直接燃烧和气化发电、垃圾焚烧发电和垃圾填埋气发电、沼气发电）、太阳能发电、海洋能发电和地热能发电。水力发电价格暂按现行规定执行。可再生能源发电价格和费用分摊标准是本着促进发展、提高效率、规范管理、公平负担的原则制定的。可再生能源发电价格实行政府定价和政府指导价两种形式，政府指导价即通过招标确定的中标价格。可再生能源发电价格高于当地脱硫燃煤机组杆杆上网电价的差额部分，在全国省级及以上电网销售电量中分摊。

三、中华人民共和国可再生能源法（修正案）

中国是世界上新能源和可再生能源增长速度最快的国家之一，水电装机容量、太阳能热水器集热面积、光伏发电容量均居世界第一位。修正后的八章，33 条的《可再生能源法》，从法律上确定了国家实行可再生能源发电全额保障性收购制度，建立了电网企业收购可再生能源电量费用补偿机制，设立了国家可再生能源发展基金，要求电网企业提高吸纳可再生能源电力的能力等，将有力地推动我国可再生能源产业的健康快速发展，促进能源结构调整，加速环境友好型

和资源节约型社会建设。

可再生能源发展基金的来源包括国家财政的专项资金和可再生能源电价附加收入两大部分。设立之后，包括中国农村、牧区生活用能的可再生能源利用项目、偏远地区和海岛可再生能源独立电力系统建设等将获得这一基金的支持。2010 年，中央财政已安排可再生能源发展专项资金 109 亿元人民币，比 2009 年增加 30 亿元。

修改后的《可再生能源法》明确提出，要确定可再生能源发电量占全部发电量的比重，制定电网企业优先调度和全额收购可再生能源发电的具体办法，同时还明确了监管机构。进一步加大调度信息公开力度，制定节能发电调度信息公开办法。国家电网公司和中国南方电网公司，正在就提高电网优化配置资源的能力，全面提高电网智能化水平进行紧锣密鼓的工作，以满足可再生能源发电规模化、多样化发展的要求。加强可再生能源技术开发和推广应用，发展产业体系也是今后工作的重点，建设具有国际竞争力的产业体系，把可再生能源作为战略性新产业，采取扶持性政策，使其成为新的经济增长点。

四、国务院办公厅关于进一步支持甘肃经济社会发展的若干意见

《国务院办公厅关于进一步支持甘肃经济社会发展的若干意见》（国办发〔2010〕29 号　2010 年 5 月 2 日）中将甘肃定位为全国重要的新能源基地，积极打造陇东、河西两大能源基地，积极推进煤电化工一体化发展，构建以平凉、庆阳为中心、辐射天水、陇南的传统能源利用示范区，加快酒泉、嘉峪关一体化进程，积极发展风能、太阳能等新能源及装备制造产业。

1. 加快陇东煤电化建设

高起点、高水平地建设国家大型煤炭生产基地，延伸煤炭产业链，实施煤电联营，建设大型电站，有序发展煤化工产业，规模化利用煤层气。

2. 大力发展河西新能源

加快建设以酒（泉）嘉（峪关）为中心的风电、以敦煌为重点的太阳能发电示范基地，力争到 2020 年建成千万千瓦级以上风电基地，百万千瓦级以上太阳能发电基地，配套建设稳定风能送出的电源项目。支持大型风电制造企业在酒泉建设风电装备生产基地，支持建设数字风机设备和太阳能光伏、光热产品研发制造基地。积极研究当地用电补贴政策。适时发展核电，实现风电、太阳能发电、核电互补。加快与我国核能发展相适应的核电配套工程建设，加大核电乏燃料后处理技术的研究开发力度，稳妥推进商用核乏燃料后处理项目。加快太阳能光伏和光热技术、浅层地能热泵技术在建筑中应用。

3. 加强电网建设

完善省内 330kV 电网。配合能源基地建设，加快主网架规划，拓展区外市场，形成西北电网中心枢纽。加强甘肃省内及省际 750kV 网架建设，优先建设河西和陇东南 750kV 输变电线路，实现与新疆联网。研究论证 2020 年外送能力和电力市场，完善风电和太阳能发电的外送方案。

4. 做大做强装备制造业

积极实施技术创新工程，加快调整产品结构，重点发展数控和专用机床、集成电路、中高压电气、石油钻采炼化设备等优势产品，形成以兰州石化通用设备、电机制造，天水电工电器、机床制造、电子信息为主的装备产业集群。

五、国务院关于加快培育和发展战略性新兴产业的决定

战略性新兴产业是引导未来经济社会发展的重要力量。发展战略性新兴产业已成为世界主要国家抢占新一轮经济和科技发展的重大战略。我国正处在全面建设小康社会的关键时刻，为了抓住机遇、明确方向、突出重点，国务院于 2010 年 10 月 10 日以国发〔2010〕32 号文件作出关于加快培育和发展战略性新兴产业的决定。

（一）加快培育和发展战略性新兴产业对推进我国现代化建设具有重要战略意义

（1）全面建设小康社会、实现可持续发展的必然选择。

（2）推进产业结构升级、加快经济发展方式转变的重大举措。

（3）构建国际竞争新优势、掌握发展主动权的迫切需要。

（二）将战略性新兴产业加快培育成为支柱产业和先导产业

现阶段，我国重点培育和发展的新兴产业有：

（1）节能环保产业。

（2）新一代信息技术产业。

（3）生物产业。

（4）高端装备制造产业。

（5）新能源产业。

（6）新能源材料产业。

（7）新能源汽车产业。

（三）发展目标

（1）到 2015 年，战略性新兴产业形成健康发展、协调推进的基本格局，对产业结构升级的推动作用显著增强，增加值占国内生产总值的比重力争达 8%左右。

（2）到 2020 年，战略性新兴产业增加值占国内生产总值的比重力争达到 15%左右，吸纳、带动就业能力显著提高。

1）节能环保、新一代信息技术、生物、高端装备制造产业成为国民经济的支柱产业。

2）新能源、新材料、新能源汽车产业成为国民经济的先导产业。

3）创业能力大幅提升，掌握一批关键核心技术，在局部领域达到世界领先水平。

4）形成一批具有国际影响力的大企业和一批创新活力旺盛的中小企业。

5）建成一批产业链完善、创新能力强，特色鲜明的战略性新兴产业集聚区。

（3）到 2030 年，战略性新兴产业的整体创新能力和产业发展水平达到世界先进水平，为经济社会可持续发展提供强有力的支撑。

（四）战略性新兴产业发展的重点方向和主要任务

（1）节能环保产业。重点开发推广高效节能技术装备及产品，实现重点领域关键技术突破，带动能效整体水平的提高。加快资源循环利用关键共性技术研发和产业化示范，提高资源综合利用水平和再制造产业化水平。示范推广先进环保技术装备及产品，提升污染防治水平。推进市场化节能环保服务体系建设。加快建立以先进技术为支撑的废旧商品回收利用体系，积极推进煤炭清洁利用、海水综合利用。

（2）新一代信息技术产业。加快建设宽带、泛在、融合、安全的信息网络基础设施，推动新一代移动通信、下一代互联网核心设备和智能终端的研发及产业化，加快推进三网融合，促进物联网、云计算的研发和示范应用。着力发展

集成电路、新型显示、高端软件、高端服务器等核心基础产业。提升软件服务、网络增值服务等信息服务能力，加快重要基础设施智能化改造。大力发展数字虚拟等技术，促进文化创意产业发展。

(3) 生物产业。大力发展用于重大疾病防治的生物技术药物、新型疫苗和诊断试剂、化学药物、现代中药等创新药物大品种，提升生物医药产业水平。加快先进医疗设备、医用材料等生物医学工程产品的研发和产业化，促进规模化发展。着力培育生物育种产业，积极推广绿色农用生物产品，促进生物农业加快发展。推进生物制造关键技术开发、示范与应用。加快海洋生物技术及产品的研发和产业化。

(4) 高端装备制造产业。重点发展以干支线飞机和通用飞机为主的航空装备，做大做强航空产业。积极推进空间基础设施建设，促进卫星及其应用产业发展。依托客运专线和城市轨道交通等重点工程建设，大力发展轨道交通装备。面向海洋资源开发，大力发展海洋工程装备。强化基础配套能力，积极发展以数字化、柔性化及系统集成技术为核心的智能制造装备。

(5) 新能源产业。积极研发新一代核能技术和先进反应堆，发展核能产业。加快太阳能热利用技术推广应用，开拓多元化的太阳能光伏光热发电市场。提高风电技术装备水平，有序推进风电规模化发展，加快适应新能源发展的智能电网及运行体系建设。因地制宜开发利用生物质能。

(6) 新材料产业。大力发展稀土功能材料、高性能膜材料、特种玻璃、功能陶瓷、半导体照明材料等新型功能材料。积极发展高品质特殊钢、新型合金材料、工程塑料等先进结构材料。提升碳纤维、芳纶、超高分子量聚乙烯纤维等高性能纤维及其复合材料发展水平。开展纳米、超导、智能等共性基础材料研究。

(7) 新能源汽车产业。着力突破动力电池、驱动电机和电子控制领域关键核心技术，推进插电式混合动力汽车、纯电动汽车推广应用和产业化。同时，开展燃料电池汽车相关前沿技术研发，大力推进高能效、低排放节能汽车发展。

(五) 积极培育市场，营造良好市场环境

要充分发挥市场的基础性作用，充分调动企业积极性，加强基础设施建设，积极培育市场，规范市场秩序，为各类企业健康发展创造公平、良好的环境。

(1) 组织实施重大应用示范工程。坚持以应用促发展，围绕提高人民群众健康水平、缓解环境资源制约等紧迫需求，选择处于产业化初期、社会效益显著、市场机制难以有效发挥作用的重大技术和产品，统筹衔接现有试验示范工程，组织实施全民健康、绿色发展、智能制造、材料换代、信息惠民等重大应用示范工程，引导消费模式转变，培育市场，拉动产业发展。

(2) 支持市场拓展和商业模式创新。鼓励绿色消费、循环消费、信息消费，创新消费模式，促进消费结构升级。扩大终端用能产品能效标识实施范围。加强新能源并网及储能、支线航空与通用航空、新能源汽车等领域的市场配套基础设施建设。在物联网、节能环保服务、新能源应用、信息服务、新能源汽车推广等领域，支持企业大力发展有利于扩大市场需求的专业服务、增值服务等新业态。积极推行合同能源管理、现代废旧商品回收利用等新型商业模式。

(3) 完善标准体系和市场准入制度。加快建立有利于战略性新兴产业发展的行业标准和重要产品技术标准体系，优化市场准入的审批管理程序。进一步健全药品注册管理的体制机制，完善药品集中采购制度，支持临床必需、疗效确切、安全性高、价格合理的创新药物优先进入医保目录。完善新能源汽车的项目和产品准入标准。改善转基因农产品的管理。完善并严格执行节能环保法规标准。

(六) 推进体制机制创新，加强组织领导

加快培育和发展战略性新兴产业是我国新时期经济社会发展的重大战略任务，必须大力推进改革创新，加强组织领导和统筹协调，为战略性新兴产业发展提供动力和条件。

(1) 深化重点领域改革。建立健全创新药物、新能源、资源性产品价格形成机制和税费调节机制。实施新能源配额制，落实新能源发电全额保障性收购制度。加快建立生产者责任延伸制度，建立和完善主要污染物和碳排放交易制度。建立促进三网融合高效有序开展的政策和机制，深化电力体制改革，加快推进区域管理体制改革。

(2) 加强宏观规划引导。组织编制国家战略性新兴产业发展规划和相关专项规划，制定战略性新兴产业发展指导目录，开展战略性新兴产业统计监测调查，加强与相关规划和政策的衔接。加强对各地发展战略性新兴产业的引导，优化区域布局、发挥比较优势，形成各具特色、优势互补、结构合理的战略性新兴产业协调发展格局。各地区要根据国家总体部署，从当地实际出发，突出发展重点，避免盲目发展和重复建设。

(3) 加强组织协调。成立由发展改革委牵头的战略性新兴产业发展部际协调机制，形成合力，统筹推进。

国务院各有关部门、各省（区、市）人民政府要根据国务院关于加快培育和发展战略性新兴产业的决定的要求，抓紧制定实施方案和具体落实措施，加大支持力度，加快将战略性新兴产业培育成为先导产业和支柱产业，为我国现代化建设作出新的贡献。

第三节　我国新能源发电发展概况

2008 年，我国一次能源消费合计 20.03 亿 t 油当量，占世界 17.73%，仅次于美国的 22.99 亿 t。2008 年，全球一次能源消费合计 112.95 亿 t 油当量，其中煤炭占 29%，我国占到将近 70%。我国 2009 年全年能源消费总量是 31 亿 t 标准煤，即 21.32 亿 t 油当量。煤炭消费增长 9.2%，其中一半是用于火力发电。当今世界对全球化石能源资源短缺和枯竭的预期是：截止 2008 年底，全球按 2008 年的开采速度计算，原油探明可采储量为 1.258 万亿桶，可开采 42 年；天然气探明可采储量为 185.02 万亿 m^3，能满足 60 年开采；煤炭探明可采储量为 8260 亿 t，可生产 122 年。

人类的化石能源短缺和枯竭的预期以及全球气候变化的现实威胁，成为新能源革命的主要驱动力。发展利用清洁能源和可再生能源便成为世界各国的必然选择。我国政府提出了到 2020 年非化石能源在一次能源消费中占 15% 的目标，这个目标是一定要实现的。那么从现在起就停止建设以化石能源为动力的发电厂，提高现有化石能源的清洁高效利用水平，以可再生能源逐渐代替石化能源，实现可再生能源（水能、风能、太阳能、地热能、生物质能等）和核能利用在一次能源消耗占更大的份额，是我国新能源革命的重要目标。

一、核电

自 2009 年 4 月全国电力装机容量突破 8 亿 kW，到 2009 年底达到 8.6 亿 kW，仅次于美国，成为全球第二电力大国。无论在量和质上均以跻身国际先进水平，位于世界第一方队。我国电力装机容量 2010 年再次迈上新台阶。2010 年中期，我国电力装机容量突破了9亿kW，并确定以中国广东核电集团有限公司岭澳核电站二期工程一号机组为突破9亿kW标志性机组，中国电力工业特别是清洁能源及其相适应的电网建设发展又翻开了光辉的一页。我国电网规模已超过美国跃居世界第一位，并向特高压、智能化等高端输电网络发展，电源结构正趋向合理，核电、风电等清洁能源发展迅速。

(一) 标志性机组

2010年9月20日上午，岭澳核电站二期工程一号机组投产庆祝大会暨核电发展高层论坛在北京人民大会堂举行。在庆祝大会上，有关领导向岭澳核电站二期工程一号机组颁发了我国电力装机容量9亿kW标志性机组牌匾，与会领导为岭澳核电站二期工程一号机组建成投产剪彩。

当日下午，中国电力企业联合会召开"全国电力装机容量突破9亿kW暨第十三届国际电力设备及技术展览会"新闻通气会，新华社、中新社、中国电力报、国家电网报、中国贸易报等近40家媒体与会。中电联有关领导在会上通报了全国电力装机容量突破9亿kW的相关情况及近年来中国电力工业发展取得的巨大成就。

我国发电装机突破9亿kW，是中国电力发展史上的一个重要里程碑，标志着我国电力工业发展实现了新跨越，是我国综合国力不断增强的集中体现。新中国建立初期，我国发电装机仅185万kW。改革开放以来，我国电力工业与国家宏观经济的发展规律呈现了一个相互促进的过程，发电装机规模从1978年的5712万kW，增加到2009年的87410万kW，31年累计增长了14倍。我国发电装机容量已连续14年位居世界第二位。电力工业的稳步发展，为我国国民经济持续、快速增长和人民生活水平的不断提高提供了强有力的能源支撑。在电力装机稳步发展的同时，电网建设也取得了巨大成就。据统计，截至2009年底，全国220kV及以上输电线路回路长度达39.94万km，比上年增长11.29%；220kV及以上变电设备容量17.62亿kVA，比上年增长19.40%。其中500kVA以上交、直流电压等级的跨区、跨省、省内骨干电网规模增长较快，其回路长度和变电容量分别比上年增长了16.64%和25.97%。目前，我国电网规模已超过美国，跃居世界首位。特别是随着晋东南—南阳—荆门1000kV特高压交流试验示范工程正式投产，±800kV向家坝—上海特高压直流示范工程投入运行，±800kV云南—广东特高压直流工程投产运行，使我国直流、交流最高电压等级分别由±500kV和750kV提高到±800kV和1000kV，远距离大容量输电能力增强，为全国资源优化配置提供了更高等级的网络平台。今年7月青藏联网工程全线开工以及新疆与西北电网联网工程拟于11月投运，标志着我国深入实施西部大开发战略、加强西部地区电网基础设施建设，加大"西电东送"通道规模又迈出重要的一步。

新世纪特别是"十一五"规划以来，我国电力工业在坚持科学发展观、建设节约型社会的总体要求下，在高效、环保、安全、节能、经济、可持续发展的道路上取得了可喜的成绩。电源结构持续优化，清洁能源发电比例持续提高。火电机组继续向大容量、高参数、环保型方向发展。截至2010年8月底，全国已投运百万千瓦超超临界机组27台，是世界上拥有百万千瓦超超临界机组最多的国家；30万kW及以上火电机组占全部火电机组的比重已经从2000年的42.67%提高到2009年的69.43%。今年全国水电装机容量已突破2亿kW，我国已成为世界上水电装机规模最大的国家。2009年底，全国核电装机容量908万kW，位列世界第九位，核电在建施工规模2192万kW，在建施工规模居世界首位。截至2010年8月底，全国并网风电装机容量2294万kW，并网风电装机和发电量连续四年翻倍增长。非化石能源发电装机容量所占比重在逐年提高。

此次核电机组成为9亿kW的标志性机组，其重要意义在于表明我国清洁可再生能源呈健康发展态势，体现出电力全行业落实科学发展观的积极性和巨大成就。

能源和电力在国民经济中具有十分重要的战略地位。现阶段，我国正处于全面建设小康社会的关键时期，对能源需求仍然很大。而我国人口总量大、人均用电水平低，电力需求增长空间较大。但我国能源资源与消费布局呈逆向分布，能源大范围优化配置的能力不足。客观上要求必须加快转变电力发展方式；充分发挥现代电网在大范围、大规模、高效率优化配置能源资源，服务国家宏观调控，促进可再生能源开发利用等方面的重要作用，优化能源结构和布局，满足经济社会发展的需要。要加快特高压交直流后续工程建设，构建坚强主网架，促进大型能源基地集约化开发和清洁能源高效利用，推动电源与电网、电源基地与输电通道、各电压等级电网协调发展。加快推进电力系统智能化发展。

我国电力工业正处于较快的发展阶段。电力装机容量突破9亿kW，既是一个里程碑，也将是一个全新的起点。它将为我国的电力工业进一步贯彻落实科学发展观，转变电力发展方式，加快结构调整奠定更加坚实的基础。

(二) 中国今后核电发展态势

国家发展和改革委员会有关领导于2010年9月20日表示，近年来中国核电事业呈现良好发展态势，截至目前，国务院已核准34台核电机组，装机容量3692万kW，其中已开工在建机组达25台、2773万kW，是全球核电在建规模最大的国家。也同时强调要坚决防止核电发展"过热"趋势，强调核电规划的严肃性。

1. 中国核电正逐步进入收获季节

岭澳核电站二期工程一号机组顺利投产，结束了连续几年核电装机徘徊不前的局面，今后每年都将有一定数量的核电站投入商业运行，国家核电中长期发展规划确定的4000万kW规划目标有望提前四到五年实现。

岭澳核电站二期工程一号机组顺利投产，秦山二期扩建工程三号机组一次并网成功，标志着中国核电正逐步进入收获季节。

中国技术装备水平显著提高，通过艰苦的努力，特别是核电自主化重大依托工程的实施，中国百万千万级压水堆核电站关键设备的设计制造已基本立足国内。通过大规模的技术改造，中国形成了世界一流的核电装备研发制造基地，可为未来二十年中国核电发展，提供可靠的设备保障。

2. 核电技术研发平台

在核电技术方面，国家能源局积极打造国家级研发平台，分两批设置了十个国家级核电研发中心，目前中国已全面掌握二代改进型压水堆核电技术，并实现了批量化、系列化发展，AP1000三代压水堆技术引进，消化吸收和示范工程建设稳步推进。以核电重大科技专项为抓手，具有中国自主知识产权的高温气冷堆CPR1400等先进核电技术研发工作正在紧张进行，并取得重要的阶段性成果。

3. 按照核电规划发展

要坚决防止核电发展"过热"趋势，当前中国许多地区和企业发展核电的积极性很高，跑马圈场址、抢购核电设备、过早过快地开展前期工作等问题比较突出，这种状况如不及时改变，将极大地干扰国家关于核电发展的总体部署，并给核电事业健康发展留下隐患。

此外，必须强调核电规划的严肃性，未列入规划的项目不能擅自开展前期工作，列入规划的项目也要严格按照规划明确的进度，有序开展各项准备工作。经过50多年的发展核电已成为技术成熟、经济可靠的清洁能源。核电已占全世界电力的16%左右，在世界能源供应体系中发挥着至关重要的作用。特别在美国、法国、日本、俄罗斯等发达国家，核电的比重还要更高些。我国核电起步于20世纪80年代，经过了近30年的努力，先后建成了浙江秦山、广东大亚湾和江苏田湾三大基地，逐步培养建设百万千瓦级核电站的能力。在未来十几年内，中国至少要新建30座核电站，以满足经济发展对能源的渴求。按照规划，到2020年，核电的总装机容量将达到4000万kW，届时，这个缺油少气的国家每100kWh电中大约就有5kWh来自核能。

积极发展核电，既有助于保障能源安全、优化能源结构，也能帮助中国应对当前面临的温室气体排放压力，“作为一种清洁、安全、经济的能源，核电发展是中国未来一段时期的必然选择”。

2010年7月，中国最大的核能发电项目——山东海阳核电站已获准建设。这项采用全球最先进核电技术的工程全部建成后，容量将空前地达到600万kW。与此同时，浙江三门、广东阳江、福建惠安等东南沿海地区也正在积极筹建大型核电站。如果这些工程都能陆续开工建设，将保证2020年前4000万kW核电投入运行。

(三) 铀矿勘测与寻找

常规电力生产所产生的很多污染，在核电这里是没有的。只要能保证核电的安全，控制住核辐射的影响，核电就是安全、清洁的能源。但中国已探明的铀矿资源并不丰富，为了确保核燃料的供应，我国政府已经成立了一个专门的研究小组，对铀矿资源进行分析和预测。已经勘测了430万km^2的国土面积，从现在的结果看，中国铀矿的年采集量基本上能够满足到2020年的需求，也就是说，满足目前的核电发展规划。

但出于更长期的打算，中国仍需在全球寻找铀矿资源。2006年4月中国与澳大利亚两国签署了《中澳和平利用核能协议》和《中澳关于在铀矿领域开展合作协议》两个协议。根据协议，中国每年将从澳大利亚进口1万t铀矿，价值约6亿～7亿澳元。

澳大利亚拥有世界最丰富的铀矿资源，占全球铀矿储量的40%。这些协议的签署不仅满足了中国的需求，也为澳大利亚的铀矿资源找到了稳定的市场。对中国的出口规模将使澳大利亚的年出口铀总量增加一倍。

另一个铀储量大国南非也与中国保持着密切的接触。中国核电要持续发展离不开国际市场，铀矿资源的开发有一个长期发展的过程，必须充分利用国内、国际两个市场。

(四) 核废料处理仍是难题

对中国大力推进核电发展，其间依然夹杂着质疑和担忧。最主要的是核能存在的安全隐患。

2006年，北京香山科学会议召开了一个主题为“核与辐射安全控制：工程技术与人文科学的结合”的学术研讨会。会上，中国核工业集团公司有关专家提出，中国核与辐射安全面临着严重挑战，急需解决核电和核工业潜在的危害，对于具有现实核风险的核电站的安全问题，需要给予充分的重视。

核能利用的安全性，主要来自两方面：一是保证核反应堆安全运行不发生事故；二是核废料的处理。切尔诺贝利核事故所造成的阴影在很多人心中一直都难以抹去。当时，一些欧美国家，甚至出于安全及环保的需要，停止了核电站的建设并提前关闭了运行中的核电站。

另一方面，到现在为止，还没有一个国家找到安全、永久处理高放射性核废料的办法。中国政府一贯重视核安全问题，迄今为止没有出现过任何重大的核事故，但针对核废料的处理手段依旧有待完善。王中堂介绍说，西北、华南已建好的处置场，主要用于存放低、中放射性核废料，高放射性核废料暂时还没有处置场，只能玻璃固化后，深埋在地下暂时存放，目前“位于西北的高放射性核废料处置场仍在建设中”。

专家则呼吁，为了加强核安全研究，应建立一个国家级的核安全研究机构，在此基础上，推进核工业健康、有序地发展。专家们同时强调，关于核与辐射安全的公众可接受性，是一个不容回避的问题，只有公众接受了核与辐射安全要求，才能接受核能和核技术应用。

二、太阳能光伏、光热发电

(一) 太阳能光伏发电

中国太阳能资源非常丰富，经过30多年的努力，中国光伏发电产业已迎来了快速发展的新阶段。2009年可谓是太阳能产业在中国高速发展的时期，国家的补贴扶持政策陆续推出。3月，财政部、住房和城乡建设部印发《关于加快推进太阳能光电建筑应用的实施意见》及《太阳能光电建筑应用财政补助资金管理暂行办法》，确定对光电建筑2009年的补助标准为20元/W。7月，财政部、科技部、国家能源局发出《关于实施金太阳示范工程的通知》，提出对光伏并网项目和无电地区离网光伏发电项目分别给予50%及70%的财政补贴。11月，财政部、科技部、国家能源局下发了《关于做好“金太阳”示范工程实施工作的通知》，要求加快实施“金太阳”示范工程。

随着这些政策的陆续出台，中国光伏产业将进入第二个阶段，即政策扶持阶段，借鉴国外经验，在这一阶段，国内光伏市场容量将急剧扩张，一些具备优势的龙头企业将脱颖而出。长期来看，预计随着产业规模的扩大和技术进步，国内光伏发电成本有望在2015～2020年期间实现平价上网，中国光伏产业将进入一个市场化发展阶段。

中投顾问发布的《2010～2015年中国太阳能光伏发电产业投资分析及前景预测报告》共十章。首先介绍了太阳能及太阳能光伏发电的原理、分类、部件构成等，接着分析了国内外光伏发电产业的现状及光伏发电市场的情况。然后具体介绍了江苏、青海、江西、河北、宁夏、云南、上海、甘肃、山东、浙江、湖北等地区光伏发电产业的发展。随后，报告对光伏发电产业做了技术动向分析、关联产业分析、上市公司经营状况分析和投资分析，最后预测了太阳能光伏发电产业的未来前景。

1. 麓谷科技园12.82MW光伏并网发电示范工程

由中国电子科技集团公司第四十八研究所承建的国家金太阳示范工程——麓谷科技园12.82MW光伏并网发电示范工程正式落户长沙，该项目获得国家1.6亿元扶助资金，是目前中国“金太阳示范工程”294个项目中最大单体项目。

麓谷科技园光伏并网发电示范工程项目位于长沙市大河西先导区，采用由该所自主开发、光电转化率为17.6%～17.8%的太阳电池片制作组件。该电站总安装面积约11.4万m^2，相当于17个足球场大小；总装机容量12.82MW，年发电量1196.4万kWh，以一个家庭月用电300kWh电计算，相当于为3400个家庭提供一年用电量。项目预计2011年上半年竣工投产。投产后，年可节约标准煤4613.3t，减排二氧化碳17743.5t，具有显著的环境和社会效益。

2. 济宁华瀚光伏电站一期 18MW 并网发电示范工程

亚洲最大的薄膜太阳能光伏电站——济宁华瀚光伏电站一期 18MW 于 2010 年 10 月正式并网发电。该电站的并网发电，标志着山东省对可再生能源的利用进入一个崭新阶段，同时为提升山东太阳能光伏发电开发利用水平，促进太阳能产业发展提供了一个大型实验示范平台。

济宁华瀚光伏电站是国际最先进、亚洲规模最大的非晶硅薄膜太阳能电站，项目总投资 9 亿元，总规模 30MW，年发电量 3833 万 kWh，每年可减排二氧化碳约 3.35 万 t，减排二氧化硫约 420t。其中，一期规模 18MW，占地 946 亩，每年发电量可达 2224 万 kWh，每年可节约 7584t 标准煤，减排二氧化硫 244t。其中 8MW 被财政部列入首批“金太阳示范工程”。

与普通晶硅技术相比，薄膜太阳能发电技术科技含量最高、生产运营成本低，采光面积大，弱光发电效果好，代表了当今世界能源利用的方向。电站项目全部采用煤炭塌陷废弃地建设，集约利用土地，建设模式科学，符合可持续发展的要求。

济宁华瀚薄膜太阳能光伏电站的并网，将极大提升山东省的太阳能利用水平，并为规模开发利用太阳能资源探索积累了经验。

济宁市的太阳辐射资源十分丰富，市域内常年平均日照时数 2300h 以上，属于国内太阳能利用条件较好的地区。由台湾联华电子集团投资、济宁华瀚光伏能源有限公司兴建的台联电邹城 30MW 光伏发电项目也同时开工建设。

3. 光电建筑一体化

太阳能光伏发电系统可分为集中式大型光伏电站和分散式中小型光伏系统两大类型。大型光伏电站的主要特点是所发电能被直接输送到电网上，由电网统一调配向用户供电。建设这种大型光伏电站，投资巨大、建设期长，需要复杂的控制和配电设备，并且要占用大片土地。

太阳能光伏与建筑相结合是通过将太阳能光伏发电方阵安装在建筑的维护结构外表面或集成于结构内来提供电力的应用方式，属于分散式中小型光伏系统。光电建筑一体化有着明显的优势。首先是可以发电后就近自用，减少电力输送过程的能耗和输电建设费用。其次是节省空间、节约成本。光伏发电系统安装在闲置的屋顶和墙面上，不用额外使用土地和增建其他设施。这对于人口密集、土地昂贵的城市建筑特别重要。第三，光伏阵列安装在屋顶和墙壁等外围护结构上，吸收太阳能转化为电能。能够有效降低室内温度和室内空调冷负荷，节省了能源。成功的减少了一般化石燃料发电所导致的空气污染和废渣污染。第四，白天是电网用电高峰期，光伏发电系统恰恰是在白天阳光照射时发电，从而可以缓解高峰时段电力需求。第五，如果使用新型建材型光伏组件，替代现有的外装饰材料（玻璃幕墙等），能够减少建筑物的整体造价，并且能够为建筑设计融入新的元素，使建筑外观更有魅力。由于光伏电池的组件化，因此可以任选发电容量。

光伏发电系统可应用于商业大楼、学校、医院、机场、地铁站站台、个人住宅、公交车站以及大型工厂车间等场所，安装在大楼帷幕墙或外墙，大楼、停车场的遮阳棚，斜顶式屋顶建筑、大型建筑物屋顶或隔音墙。起到发电、隔音隔热、美观等功能。除了通常的用电外，光伏发电系统还可以驱动环境通风系统和热水循环集热系统等。

随着世界人口的持续增长和经济的不断发展，煤炭、石油和天然气等化石燃料的供应正在面临严重短缺的危机局面，可再生能源将是未来人类的主要能源来源，因此世界上多数发达国家和部分发展中国家都十分重视可再生能源对未来能源供应的重要作用。

我国建筑行业能耗巨大，据统计，建筑的能耗（包括建造能耗、生活能耗、采暖空调等）约占全社会总能耗的 30%，如果再加上建材生产过程中耗掉的能源（占全社会总能耗的 16.7%），和建筑相关的能耗将占到社会总能耗的 46.7%。而光电建筑技术使建筑物自身利用绿色、环保的太阳能资源产生电力，可以说是一场建筑理念的进步和革命，使三大“耗能大户”之一的建筑由消耗能源转变为生产能源。据粗略的估算，仅我国房屋建筑的屋顶可利用面积其发电资源就相当于 40 个三峡电站，因此，光电建筑的推广应用将对改变我国的能源消耗结构产生深远影响。

“十一五”以来我国太阳能光伏产业进入快速发展期，据统计数据显示，在 2007 年，我国的太阳能电池产量就已经位居世界首位。最近，住房和城乡建设部下发了《关于印发住房和城乡建设部建筑节能与科技司 2011 年重点工作的通知》。住房和城乡建设部建筑节能与科技司 2011 年的工作重点将以“十一五”工作为基础，突出抓好建筑节能工作，积极发展绿色建筑，力争在“十二五”期间使建筑节能取得新进展。光电建筑一体化将引领建筑节能，为顺利实现 2020 年单位 GDP 二氧化碳排放比 2005 年下降 40%～45% 的目标贡献力量。尽管我国光伏产业的发展目前处于良好时机，但城市光伏建筑应用的发展却相对缓慢，存在一些制约因素，主要体现在以下、制约光电建筑一体化发展的主要因素是价格问题，因其增量成本较大，不管是投资方还是建设方普遍认为，光伏发电系统较贵，因而不愿意增加这部分成本。其次是还没有大批量的、很好的建材型光伏组件研发出来，没有真正的完全实现光伏建筑一体化。三是基本标准、规范和技术要求不健全、不配套。四是缺少中高级光伏发电专业技术人才和管理人才。

要把我国光伏建筑一体化顺利推广，首先要加强新型建材型光伏组件的研发和生产，开发一批适于光电建筑一体化安装使用的产品。要求具有光伏发电功能、并且符合建筑安装使用的建材型光伏组件。第二，要光电建筑设计一体化。从设计开始就将光伏发电系统融入建筑当中，根据光伏组件的特点做建筑设计，发展光伏建筑集成技术，使其真正成为一体化。第三，要尽快出台电费补贴政策。第四，要进一步降低光伏系统价格。在建筑围护结构上安装光伏系统，可以促进 PV 部件的大规模生产，从而能够进一步降低 PV 部件的市场价格，这对于 BIPV 系统的广泛应用有着极大的推动作用。

在光伏建筑设计上要遵循整体性、美观性、技术性、安全性等原则。光电建筑一体化不是光伏发系统与建筑物的简单叠加，而是建筑从开始设计之时，就将太能系统作为建筑物不可或缺的设计元素融入到建筑之中。二者互相有机结合，形成多功能的建筑构件，使其成为建筑物不可分割的一部分。同时还要特别突出视觉和艺术的统一，充分发挥光伏材料的视觉特色和形式美，将光伏材料的形式和特色与建筑有机的结合，使两者在美观性上达到和谐。

在技术上要考虑光伏系统尽量避开或远离遮荫物，确定最优的太阳能电池组件朝向及倾角，保证通风良好，选择合适的逆变器，尽量减少电缆长度等。安全性方面要考虑太阳能电池组件在屋面安装时对屋顶荷载的影响，包括太阳能电池板自身荷载和抗风、抗冰雹冲击能力等，保证光伏系统与建筑安全可靠。此外，当选用光电建筑一体化组件时，除了具备发电功能外，还需考虑光伏组件的结构功能（如防水、保温等），要坚固耐用，保证光电建筑一体化系统安全可靠。

作为科技节能领域的创新型成果，新奥太阳能源集团助力同济大学改造原上海市最大的立体公交停车场——四平路停车场，使其成功变身为同济大学设计的产业办公大楼。同济大学保留了停车场原貌，避免产生大量的建筑垃圾，同时采用了许多低碳节能的环保技术，包括太阳能发电、雨水收集、立体绿化、可再生材料、智能设备等。在太阳能的利用上，新奥太阳能源集团帮助同济大学实现了光伏建筑一体化的设计。除在屋顶电站集成高效率晶硅、双结硅基薄膜电池板外，新奥太阳能源集团还创新性的将具有装饰性效果的双结硅基薄膜定制化组件替代了原外立面玻璃建材，成为建筑光伏幕墙、光伏遮阳系统。全部光伏系统应用建筑面积超过6000平方米，仅一栋建筑每年可减少二氧化碳排放近600吨，实现了建筑节能、美观与功能三者的完美结合。光电建筑是改变城市用能结构、完成节能减排目标的重要途径，是未来低碳建筑发展的大势所趋。

4. 光伏装机产业“十二五”将进入高速发展期

国家能源局正在制定的新能源“十二五”发展规划中，可能将“十二五”光伏装机目标上调至1000万kW，到2020年的光伏装机目标可能大幅上调至5000万kW。到2030年太阳能光伏的装机容量总量有望达到1亿～2亿kW。可以预测，光伏产业各个链条的企业有望长期受益，其中占据上游原料或材料资源的上市公司将率先迎来利好。促成光伏“十二五”规划目标有望大幅上调的直接原因是，受日本3月11日发生的里氏9级地震引发系列核电站泄漏事件影响，国内外对核电的发展都将采取审慎态度，大大降低核电发展的超预期可能性，寻找替代能源势在必行。出于安全考虑，我国发展核电的政策力度和规划目标可能生变，国务院日前已明确将调整完善核电发展中长期规划。

一旦光伏规划目标上调，无论是晶硅太阳能发电还是薄膜太阳能发电产业链的企业，以及光热发电方面的企业，未来都将获得超预期的发展空间。尽管行业将迎来“普惠”式利好，但还是有一部分板块将率先获益。

目前无论是走薄膜技术还是晶硅技术路线的光伏企业，原材料和设备成本都占据了企业成本的“半壁江山”。而问题的关键在于，无论是晶硅发电所需的晶硅材料，还是薄膜发电所需的超白玻璃等材料，目前都处于供不应求、价格高昂的状态。因此，可以预期，一旦国内光伏产业发展“放量”，最先受到提振的仍然是这些原材料和光伏装备板块，尤其是在原材料和装备方面率先实现了国产化的上市公司。

经过多年发展，我国太阳能热利用产品应用已非常普及，并形成了比较完整的太阳能光伏产业链，国内太阳能光伏发电市场也已开始启动，起步良好。

据统计，我国太阳能热利用产业规模已占到全球的78%，我国是世界上最大的太阳能集热器生产国和使用国之一。2010年，我国太阳能热水器保有量约达1.73亿m^2，位居世界第一。目前，我国太阳能热利用产业科技水平和产品质量较高，应用领域已涵盖热水、采暖、建材、印染、养殖等多个领域；生产装备完善，工业化生产模式基本形成，并建立了现代化企业制度和多元化营销模式，以及完善的标准化体系。

我国在“十二五”期间，将采取多项措施促进太阳能热利用产业的发展和国内光伏市场的稳步启动。一是继续推广、利用太阳能热水器，到2015年，我国太阳能热利用面积将达到4亿m^2。二是加大对太阳能发电技术研发的支持力度，建设国家级太阳能研发实验中心，增加财政和企业的研发投入。三是稳步启动国内太阳能发电市场，在太阳能资源丰富、具有荒漠和荒芜土地资源的地区，建设一批大型并网光伏示范电站；在城镇推广与建筑结合的分布式并网光伏发电系统；在偏远、无电地区推广光伏发电系统或建设小型光伏电站。四是引导我国太阳能光伏发电产业健康发展，加快光伏发电产业科技创新和进步，将其培养成为我国先进的装备制造和新兴能源支柱产业。

保守预计，我国太阳能电池产量占全球的55%，晶硅电池占其中的90%，2011年我国晶硅电池产量约11GW。

光伏玻璃是太阳能电池中成本占比最大的辅材，主要包括晶硅电池所用超白压延玻璃和薄膜电池所用TCO玻璃。光伏行业的高速发展将带动相关辅材行业的成长。

超白压延玻璃供不应求将缓解。超白压延玻璃是晶硅电池所用的盖板玻璃，其铁含量较普通浮法玻璃低很多，阳光透射率可达90%～92%。通过在玻璃原片上进行钢化和镀减反膜，还可以增加玻璃的强度和透光率，可提高电池的转换效率。

TCO玻璃技术门槛保障高利润率。TCO玻璃是在超白浮法玻璃表面通过物理或化学方法镀上透明的导电氧化物薄膜制成。预计2011年，薄膜太阳能电池占全球电池产量的18%，产量超4GW。若全部使用TCO玻璃，按每60W大约使用1m^2的TCO玻璃计算，2011年TCO玻璃的全球需求量约6700万m^2。随着国内BIPV的推广，非晶硅技术和CIGS技术的进一步成熟，国内薄膜电池将面临新一轮的高发展时期，TCO玻璃的国内市场空间也相当可观。

由汉能控股集团投资建设的我国最大薄膜太阳能电池生产基地——四川双流一期300MW薄膜太阳能电池生产基地于2011年6月15日建成投产。作为新一代太阳能电池技术，薄膜太阳能电池相比传统的晶体硅电池，具有原材料省、低能耗、低成本、便于大面积连续生产等显著优势，可广泛应用于大规模地面电站、屋顶电站、建筑光伏一体化等领域。该基地凭借我国具有知识产权的技术，生产的薄膜太阳能电池量产后转化效率可达到目前国内最高的10%，将显著降低太阳能发电成本。

敦煌具有得天独厚的太阳能和荒漠资源，是国内发展低碳经济、开发利用新能源的理想区域之一。截至目前，国家在敦煌开工建设的2个10MW光伏发电示范项目全部建成投产，并带电运营，2个9MW和1个30MW的光伏发电场也已开工，今年年底可建成投产。按照规划，到2013年，敦煌市太阳能和风能资源综合开发利用量将达到城市能源消费总量的98%。按照规划目标，2013年以后，敦煌不仅能够实现能源需求全部采用当地的太阳能、风能等可再生能源解决，而且可以向其他地区输出可再生能源。

（二）太阳能光热发电

1. 概述

太阳能光热发电是指利用大规模阵列抛物或碟形镜面收集太阳热能，通过换热装置提供蒸汽，结合传统汽轮发电机的工艺，从而达到发电的目的。采用太阳能光热发电技术，避免了昂贵的硅晶光电转换工艺，可以大大降低太阳能发电的成本。而且，这种形式的太阳能利用还有一个其他形式的太阳能转换所无法比拟的优势，即太阳能所烧热的水可以储存在巨大的容器中，在太阳落山后几个小时仍然能够带动汽轮发电。

20世纪50年代，苏联设计了世界上第一座太阳能塔式电站。根据聚热方式不同，光热发电技术路线分槽式、塔式、碟式和菲涅尔聚焦4种，其中以槽式发电应用最广泛。2009年的统计数字显示，在全世界运行的槽式太阳能热发电占整个太阳能聚热发电装置的88%，占在建项目的97.5%。

就几种形式的太阳热发电系统相比较而言，槽式热发电系统最成熟，也达到了商业化发展的技术；塔式热发电系统的成熟度目前不如抛物面槽式热发电系统，而配以斯特林发电机的抛物面盘式热发电系统虽然有比较优良的性能指标，但目前主要还是用于边远地区的小型独立供电，大规模应用成熟度则稍逊一筹。

与光伏在国内形成从多晶硅、硅片、电池、组件等高度一体化的集成不同，目前我国光热发电产业由于产业链不完善，目前仍处于规模偏小、技术路线不成熟等“小打小闹”状态，同时对技术路线方面也有所争议。

碟式发电先前处于试验状态，但现今在美国已进入商业化运营阶段，且占地面积更小，一度电只需 1.4L 水，远小于槽式和塔式发一度电需要 3785.4L 水的需求。

目前，最为成熟的槽式光热发电系统，其主要由集热管、聚热镜片、汽轮机和支架等零部件构成。与光伏发电产业基本已经实现国产化不同，光热发电的上述配套零部件产业链尚未建立，而其核心部件集热管，仍为德国肖特公司与西门子两家公司垄断。

光热发电在我国起步较晚，在西班牙、美国这些欧美国家，光热发电已具一定规模。太阳能热发电正成为世界范围内可再生能源领域的投资热点。

在各种可再生能源发电领域里，太阳能光热发电鲜为人知，但家用太阳能热水器却是家喻户晓。对太阳能光伏发电比较熟悉，对太阳能光热发电技术却很生疏。其实太阳能光热发电在国外已经有近 20 年商业运行经验，但在国内尚属空白。目前，风力发电、光伏发电都已经形成了较大的规模，其发展上已经几乎尘埃落定，在太阳能利用方面，国内至今还没有一个成功的太阳能光热发电示范项目运行。不过，太阳能光热发电技术正在进入国人的视野。2009 年 7 月 24 日，《人民日报》发表了题为《五项新能源技术特别值得关注》的报告，报告中提到五项值得特别关注的新能源技术，并将太阳能光热发电技术列在首位。2009 年 7 月，以德国企业为主的 12 家大型公司在德国慕尼黑签署备忘录，计划投资 4000 亿欧元，在撒哈拉沙漠建设世界最大的太阳能光热发电项目（2 亿 kW）。该计划将于 2020 年实行并网发电。届时将通过新型高压电网从撒哈拉沙漠向欧洲输送电力，从而满足欧洲 15%的电力需求。

2010 年 10 月 10 日，《国务院关于加快培育和发展战略性新兴产业的决定》指出：加快太阳能热利用技术推广应用，开拓多元化的太阳能光伏光热发电市场。

其实，太阳能光热发电是光伏发电技术以外的另一有着很大发展潜力的太阳能发电技术，它是利用高精度聚光器将太阳能这种低密度的稀疏能源汇聚成 300 个太阳以上的高密度热能并加热工作介质来驱动发电机发电而转换成电能的一种太阳能高品位发电方式，具有零污染物排放，可持续利用的优点。太阳能光热发电正成为世界范围内可再生能源领域的投资热点。太阳能光热发电技术必将对人类社会的可持续发展产生无法估量的巨大影响。

太阳能光热发电是将太阳能聚集起来产生高温热能，加热工作介质来驱动发电机发电，是光伏发电技术以外的另一有很大发展潜力的太阳能发电技术。到目前为止，根据太阳能聚光跟踪理论和实现方法的不同，太阳能光热发电主要有太阳能槽式聚焦系统、太阳能塔式聚焦系统、太阳能碟式聚焦系统和反射菲涅尔聚焦系统等四种方式。目前已经商业化运行的主要是槽式、塔式和碟式系统。太阳能光热发电站遍布美国、西班牙、德国、法国、阿联酋、印度、埃及、摩洛哥、阿尔及利亚、澳大利亚等国家和地区。

2. 塔式发电系统

在空旷的地面上建立一高大的中央吸收塔，塔顶上安装一个吸收器，塔的周围安装一定数量的定日镜，通过定日镜将太阳光聚集到塔顶的接收器，产生高温，再通过工质加热并产生高温蒸汽，推动汽轮机进行发电。美国在南加州建成第一座塔式太阳发电系统装置——Solar One。起初，太阳塔采用水—蒸汽系统，发电功率为 10MW。1992 年 Solar One 经过改装，用于示范熔盐接收器和储热系统。由于增加了储热系统，使太阳塔输送电能的负载因子可高达 65%。熔盐在接收器内由 288℃加热到 565℃，然后用于发电。第二座太阳塔 Solar Two 于 1996 年开始发电，计划试运行三年，然后进行评估，Solar Two 发电的实践不仅证明熔盐技术的正确性，而且将进一步加速 30～200MW 范围的塔式太阳能光热发电系统的商业化。

以色列 Weizmanm 科学研究所最近正在对塔式系统进行改进。利用一组独立跟踪太阳的定日镜，将阳光反射到固定在塔的顶部的初级反射镜—抛物镜上，然后由初级反射镜将阳光向下反射到位于它下面的次级反射镜—复合抛物聚光器(CPC)，最后由 CPC 将阳光聚集在其底部的接收器上。通过接收器的气体被加热到 1200℃，推动一台汽轮发电机组，500℃左右的排气再用于推动另一台汽轮发电机组，从而使系统的总发电效率可达到 25%～28%。由于次级反射镜接收到很强的反射辐射能，因而 CPC 必须进行水冷。目前整个实验仍处于安装、调试阶段。

3. 槽式太阳能光热发电系统

槽式太阳能光热发电系统是利用抛物线型曲面反射镜的槽式聚光系统将太阳能聚焦到管状的吸收器上，并将管内传热工质加热。在换热器内产生蒸汽，推动常规汽轮机发电。槽式系统以线聚焦代替了点聚焦，并且聚焦的吸收器管线随着柱状抛物面反射镜一起跟踪太阳而运动。

Luz 公司 1980 年开始开发此类光热发电系统，5 年后实现了商业化。1985 年起先后在美国加州的 Mojave 沙漠上建成 9 个发电装置，总容量 354MW，年发电总量 10.8 亿 kWh。9 个电站都与南加州爱迪生电力公司联网。随着技术不断发展，系统效率由起初的 11.5%提高到 13.6%。建造费用由 5976 美元/kW 降低到 3011 美元/kW，发电成本由 26.3 美分/kWh 降低到 12 美分/kWh。

4. 碟式太阳能光热发电系统

碟式太阳能光热发电系统（又称盘式太阳能光热发电系统）是世界上最早出现的太阳能动力系统，是目前太阳能发电效率最高的太阳能发电系统，最高可达到 29.4%。碟式系统的主要特征是采用碟（盘）状抛物面镜聚光集热器，该集热器是一种点聚焦集热器，可使传热工质加热到 750℃左右，驱动发动机进行发电。这种系统可以独立运行，作为无电边远地区的小型电源，一般功率为 10～25kW，聚光镜直径约 10～15m；也可用于较大的用户，把数台至十台装置并联起来，组成小型太阳能光热发电站。

美国光热发电计划还同时开发了 25kW 的碟式发电系统。25kW 是经济规模，因此成本更加低廉，而且适用于更大规模的离网和并网应用。1996 年在电力部门进行实验，1997 年开始运行。

（三）塔式太阳能光热发电技术研发

北京天羿洁源科技发展有限公司是我国目前较大的一家从事研究太阳能光热发电技术的跟踪、聚光、吸热和传热的专业公司。该公司的研究方向是塔式光热发电。

随着新能源被重视和全球性的太阳能投资热潮涌动，太阳能聚光热发电CSP慢慢浮出水面。槽式线聚焦系统，碟式点聚焦系统，菲涅尔线聚焦系统和塔式固定目标聚焦系统都展示了各自的优点。国际上塔式系统在美国Solar Two之后又出现了西班牙的PS10和PS20，2008年美国又一个新建项目esolar开始建设。但是现阶段的塔式热发电技术仍然还没有成熟，每一个系统都在不断地改变设计，采用新的设计方案。还没有一个被公认的最佳方案。

该公司早在2005年就将目标锁定在塔式热发电研究上，2007年在北京注册公司，2008年8月建造塔式测试系统，已取得了大量的研究成果。十几种反射镜方案的测试，传感器跟踪的历史性突破，定日镜结构优化的多种方案设计，经重复论证和长期测试，进一步的优化设计，放弃了追求大型化高塔设计，简化定日镜结构设计，使定日镜成本降低的同时简化了施工建设流程。

在与国际同行的交流过程中获悉，采用GPS定位跟踪和PLC控制数据库管理优化跟踪是主流，都认为传感器跟踪是不可行的。各家公司也在传感器跟踪上都作了大量实验，都以失败告终。但是不可否认的事实是采用传感器跟踪的成本最低。该公司坚持不懈的研究解决传感器跟踪的技术，一次又一次的突破技术瓶颈。长达五年的研发和无数次的测试，最终解决了传感器跟踪的技术难题，跟踪精度高于GPS跟踪，更重要的是跟踪稳定性和可靠性有了保证。该公司的跟踪技术优于国际同行，制造成本上有绝对优势。

1. 提高聚光效率

聚光式太阳能光热发电首先要解决聚光效率低的问题。提高聚光效率，跟踪技术就成为塔式热发电系统的关键核心。

该公司采用的是“相差放大”型的传感器结构，此传感器已经获得国家发明专利授权。已经申请多个国家的专利。在国际PCT检索报告中检索结果非常理想，属于原创性发明。在此传感器基础上该公司采用嵌入式微处理器对传感器数据进行分析，并构建了双环路思想，即开环和闭环自动切换功能，既好于开环的GPS及PLC的固定跟踪，又好于传统传感器闭环控制。采用GPS和PLC都是开环控制的跟踪技术，其缺点是精度不足。传统传感器的精度高，但是可靠性不好，容易受环境干扰。该公司的闭环控制跟踪精度已经达到0.005度。

2. 利用优化设计降低成本

降低成本包括制造成本和施工成本两部分。定日镜的大型化在电厂建设施工时安装成本高，要求施工设备大型化和重型化。该公司考虑的是分解定日镜，适合安装人员操作，比如反射镜小型化，考虑施工人员所能负担的重量。工厂批量化制造流程也会降低成本。小尺寸反射镜平整度更好，能降低聚光的光斑变形率。

机械传动机构的简化降低了驱动机构的成本，过去的定日镜设计追求大型化是为了分担机械部分的成本，但是系统成本却被抬高。无羿简化传动机构设计，使单位定日镜面积的制造成本降到更低。多片镜小型化的设计使抗风稳定性更好。

3. 降低定日镜驱动的能耗

定日镜独立，每一台定日镜都是一个独立的跟踪机器人，定日镜本身配备20W光伏供电系统。取消了镜场的中央控制系统，这直接减少了系统的成本。

4. 反射镜对塔式系统成本的影响

跟踪精度的提高又减小了塔上接收器的接收面积，塔的负重减轻进一步降低塔的建造成本，焦点能量密度高，散热面积减小，散热损失也减小。

5. 塔式系统综合效率分析

按照该公司新开发并取得试验成功的屏式接收器为分析依据，日照条件按照1000W/m^2 聚光面积70m^2，聚光倍数250。屏式接收器实际接收效率为74.48%。依此推算，兆瓦级的接收器的效率会提高到90%以上。

定日镜成本生产造价780元/m^2。如果年产量百兆瓦规模以上，专业化的工厂生产，成本还可以降低。发电成本低到可以在没有政府补贴的条件下实现盈利。

另外，还有一个制约风能和太阳能发展的问题就是储能技术难以解决。风电、光伏的储存从来都是其并网的最大障碍。电能的储存做到几十、几百千瓦还可以达到，很难想象可以做到大规模的。否则，其储电成本将会极高，寿命也不会很长。

但太阳能光热发电的储能的解决是其最大优势。太阳能光热发电已经拥有很成熟的储能技术解决方案。因为太阳能光热发电不是储存电，而是储存热能。采用储热技术可以实现大规模太阳能热发电站的储能问题。如西班牙的一个5万kW槽式太阳能热发电站，只用了两个高14m、直径达35m长的罐子储存了近3万t熔盐，就可以保证温度达到500℃以上，而500℃的温度就非常容易转化为电能。西班牙、美国等地在建的太阳能热电站中相当一部分均采用熔盐进行蓄热。根据国外的研究表明，采用蓄热技术后不仅可以使电站为电网输送稳定的高品质电能，而且能够显著降低单位发电量成本。任何发电方式成本都应该分发电设备成本与储能设备成本。所以光热发电与其他方式对比后，太阳能热发电成本与效率更具发展优势，也可以说是未来太阳能光热发电有望赶超其他能源方式的最大优势。

风力发电虽然基建周期短、投资少，但有能源输出不稳定性和风力不可控性，目前的发电成本仍然偏高。在中国光伏不是清洁能源，这是公认的。光热发电替代光伏发电是太阳能领域不可抗拒的必然。欧美地区已经开始快速转向了，欧美地区2010年以后的新能源规划中的光热已大大超过光伏的比例。

（四）太阳能光热、光伏发电及风电的比较

太阳能光热发电与风电、光伏发电相比较，哪个最可能是未来主导新能源发电发展的方向？从目前的发展情况来看，风电发展最为迅速，成为可再生能源发展的主力军。太阳能却因为发电成本高的制约难以推广。目前国内太阳能发电成本在2～3元左右。有可能在未来的几年中，光伏发电成本可能达到1元/kWh。但火力发电上网电价仅有区区几角，要想与传统能源发电抗衡，难度可想而知。随着投产规模的增加，太阳能光热发电成本将得到快速降低，在成本上和传统能源平起平坐，几乎达到几角1千瓦时电。在太阳能利用方式上，太阳能光热发电将与光伏发电短时间内并行发展，并将在中国迎来一个飞速发展期。在未来的几年里，太阳能光热发电发展整个行业即可实现质的飞跃，并有可能在中国新能源产业里发生一个戏剧性的转变，这个转变有可能很残酷。

光伏发电有它的特点和优势，但是它绝对不应该是人类的主要能源。一旦太阳能光热发电兴起，兆瓦以上的光伏系统就无立足之地了。千瓦以上的小系统碟式热发电又将夺走这一空间。那光伏发电还能有多大的市场？

我国对风电上网实行了风电标杆电价，光伏也有着大手笔的“金太阳”补贴，而据了解，尽管同属太阳能利用，但太阳能光热发电并不在“金太阳”补贴范围之内，这成为我国发展这个项目的最大障碍。收购性的补贴对于这个行业还是杯水车薪，必须要有更大的资金投入，才能加快这个行业的发展。由于太阳能光热发电核心技术是成熟的，中国的太阳能光热发电正在往前追。在太阳能利用发电领域上，太阳光热发电将会带动整个国内太阳能市场结构的大改变。

尽管太阳能光热发电在中国刚刚起步，发展也落后国外十几年，但可以预见，太阳能光热发电产业要真正发展起来非中国莫属。而且只有中国，才能把制造业低成本的优势发挥到极致，这些都是太阳能光热发电大发展的必要条件。一个产业的崛起，首先是成本的降低。适用于太阳能光热发电的土地成本的廉价性将直接降低这个产业的生产成本。在中国，内蒙古、甘肃等沙漠地带的土地，为太阳能光热发电的推行提供了很好的发展空间。所以，太阳能光热发电在中国是最有可能发展起来的。

传统的燃料能源正在一天天减少，对环境造成的危害日益突出，同时全球还有 20 亿人得不到正常的能源供应。这个时候，全世界都把目光投向了可再生能源，希望可再生能源能够改变人类的能源结构，维持长远的可持续发展。这之中太阳能以其独有的优势而成为人们重视的焦点。丰富的太阳辐射能是重要的能源，是取之不尽、用之不竭的、无污染、廉价、人类能够自由利用的能源。

人类的聪明使自己走上了错误的能源利用道路。造物主给了人类充足的能源，人类本来可以很简单地获得免费的永远用不完的能源，却走入了“燃烧”取能的误区里。该公司只是做了 100 年前人类就应该做的事情。太阳能光热发电用 7～8 年左右的时间就能收回一次性投资，以后人们就可以永远免费使用能源了。运行维护的成本越低，未来免费的能源就能获得越多。

（五）中国的太阳能电池制造业

中国太阳能电池制造业具有两个鲜明特点，一是高速发展，全球占有率由 2003 年的 1%飙升至 2009 年的 30%，涌现出尚德、英利、天合光能等电池制造商。二是过于依赖欧洲市场。2009 年，国内太阳能电池产能约为 240 万 kW，但国内太阳能发电装机容量仅为 12 万 kW，95%的产能出口，其中欧洲是最重要的市场。过去数年，欧洲一直是世界太阳能光伏发电的重心。2009 年，德国、西班牙、意大利等国新增装机容量超过 420 万 kW，占全球的 60%以上。从 2010 年年初开始，希腊、西班牙等欧元国家暴发债务危机，欧元汇率急转直下，欧元兑美元汇率下跌超过 12%，国内太阳能电池厂损失严重。

（六）太阳光伏发电废电池板的环保回收

有什么能比一排排屋顶上铺满闪闪发光的太阳能电池板更环保的呢？然而，随着第一代光伏电池板的使用年限将满，这些设备如若被丢入垃圾场就有可能玷污它们的环保声誉。

20 世纪 90 年代初安装的设备将在 2015 年左右陆续达到 25 年的预期使用寿命，它们把阳光转化为电的能力将减退。许多太阳能电池使用镉之类的有毒金属——或者铟之类的稀有金属，它们很快就将耗尽。因此，回收利用的工作将至关重要。

有几家太阳能公司已经提出了自己的回收办法。总部位于美国亚利桑那州坦佩市的第一太阳能设备公司提出对该公司生产的碲化镉薄膜太阳能电池进行回收再利用。而总部位于比利时布鲁塞尔、拥有工业背景的国际光伏循环利用协会正在实施一个自愿回收再利用计划，希望在 2015 年之前投入运行。

为帮助政府和企业规划大型回收网络，位于美国纽约州阿普顿市的布鲁克黑文国家实验室的崔浚基（音）及其同事设计了一个模型来计算每个国家和地区应建设多少个回收中心以及应当建在哪里。

该模型的设计意图是减少回收设施的建设成本，并尽可能缩短卡车收集和运输太阳能电池板的路程。

在计算了太阳能电池板在整个生命周期所产生的排放量后，美国亚利桑那州立大学的翟佩（音）及其同事说，运输太阳能电池板的过程中产生的碳排放在其中占据很大比重。

翟佩的计算考虑到了用来制造电池板的机器和汽油的生产，以及卡车将它们运送到最终安装地点时产生的碳排放。计算结果显示，最新的太阳能电池每产生 1kWh 的电就会排放 32g 的二氧化碳。

随着太阳能电池板生产方法的改进，这一数字在过去十年中已经下降了一半。然而，这一数字比此前的估计高出 60%，因为此前没有将运输等因素考虑在内。

三、风力发电

中国风能协会统计我国截止 2009 年的风电装机是 2580 万 kW，有的组织说是超过了 2600 万 kW。我国风电装机连续 4 年翻倍增长，2009 年年底超过 2200 万 kW。根据中国现行风电项目审批制度，5 万 kW 及以上规模需要国家发展和改革委审批，5 万 kW 以下项目由地方政府自行审批，可知有 100 多万 kW 是没有规划的风电项目，故没有统计在内。地方政府自批的风电项目都是 4.95 万 kW，大约需投资 3.7 亿元人民币，中央政府补贴企业发展新能源项目。

综合当前各方信息，到 2020 年我国将建成哈密、酒泉、蒙西、蒙东、吉林、河北、江苏七个千万千瓦级风电基地，也就是七个“风电三峡”，风电装机容量可能突破 1.5 亿 kW。因此，有关专家警告说，若不解决风电规划和电网规划脱节问题，“风电三峡”将会成为“瘸腿”工程。

就全国而言，风电整机制造企业数量已超过 70 家，风叶生产企业 50 多家，塔筒生产企业近 100 家；而在全球范围内，中国之外的风机制造商只有十来家。

“风电三峡”规模庞大的电力如何消纳，已成为业内担忧的问题，特别是 2011 年以后会更加突出。比如酒泉的“风电三峡”计划东送上海，而上海正在建设“海上风电三峡”，实现电能基本自供，节省电网输送电能的消耗。

2009 年 8 月 1 日开始实行的《关于完善风力发电上网电价政策的通知》，按照风能资源的不同，确定了 0.51 元/kWh，0.54 元/kWh，0.58 元/kWh 和 0.61 元/kWh 四类标杆上网电价。据业内权威人士证实，甘肃火电上网电价是 0.28 元/kWh，风电上网电价介于 0.51 元/kWh 和 0.54 元/kWh 之间，为 0.52 元/kWh，与火电上网电价相比较，每千瓦时风电国家需要补贴 0.24 元。内蒙古辉腾锡勒风电场早在 1996 年就开始建设，是亚洲较大型风电场。然而近两年电网限电的次数越来越多，有时候一天连 1kWh 的电也不让上网。看来在中国发展新能源不是问题，关键是如何让风力发电具有商业价值，成为“成熟”产业。

中国资源综合利用协会可再生能源专业委员会、国际环保组织绿色和平及全球风能理事会在北京共同发布《中国风电发展报告 2010》。该报告指出，中国的风能潜力巨大，但中国风电发展速度应适当放缓，以与其他配套产业和环境稳定、协调发展。

按照《中国风电发展报告 2010》的预测，到 2020 年，中国风电累计装机将达至 2.3 亿 kW，相当于 13 个三峡电站；总发电量可达 4649 亿 kWh，相当于取代 200 个火电厂。报告显示，截至 2009 年底，中国风电新增装机达到 1380 万

kW，超过美国，成为当年新增风电装机容量世界第一的国家，当年新安装风机总数达到 10129 台，平均每天 27 台，相当于每小时就竖起一台风机。与此同时，累计装机达到 2580 万 kW，位居全球第二。

过去五年，中国风电达到 100%的高速增长，使其成为可再生能源的主力军。但报告认为，为了与其他配套产业和环境稳定、协调发展，风电应该适当放慢脚步，将发展速度逐步降低。一方面协助其他相关配套产业迎头赶上；另一方面使自身从快速、规模化发展，逐步向高质量、自主创新上转变。

据介绍，中国正在对海岸线上的海上风电开发前景进行调研。2010 年，首批海上风电项目——上海东海大桥 10 万 kW 已经完成组装，安装了 34 台华锐 3MW 风机。根据沿海省份编制的规划，海上风电的装机容量预计将在 2020 年达到 3280 万 kW。

由于担心产业发展速度跟不上，以前我国规划中的风电发展目标均远小于发展速度。2008 年新增装机容量达到 624.5 万 kW，累计装机容量已经超过 1200 万 kW，提前实现了《可再生能源发展"十一五"规划》2010 年达到 1000 万 kW 的目标。发展目标落后于发展速度，又往往成为风电上网难的借口。

《中国风电发展报告 2010》认为，应当对未来风电发展提出明确的发展目标，2015 年与 2020 年的发展目标（含海上）不少于 1.1 亿 kW 和 2 亿 kW，力争实现 1.3 亿 kW 和 2.3 亿 kW，使地方政府、电网企业、发电企业和制造业都有一个努力的方向。

按照报告对风电未来发展作出的预测，中国的风电发展将在 2020 年达到 1.5 亿～2.3 亿 kW。

上网难已经成为风电发展所面临的最大问题之一。报告建议，应明确电网企业消纳风电的责任和赏罚机制、合理规划发展、梳理并网成本分配、调动价格杠杆等，同时尽快克服风电输出预测、并网、调度、储能及电网建设等技术方面的障碍。

除了上网问题，报告还提出，虽然目前实施的区域固定电价有效促进了风电开发，但从实际执行情况看，区域划分太粗，导致部分区域的电价并不符合实际预期。此外，当前风电的政策环境发生了较大变化，由此可能带来电价调整的诉求。

四、海上风电

近几年，全球风电行业发展逐渐从陆上扩展到了海上。据统计，2010 年欧盟新增海上风电装机约 90 万 kW，到 2010 年底，欧盟海上风电累计装机容量已达到约 300 万 kW，在建和已获得许可的建设规模超过 2000 万 kW。目前，英国是海上风电开发最多的国家，建成装机容量 130 万 kW，爱尔兰、荷兰、瑞典、德国、比利时和芬兰等国家，都在积极开发海上风电，这些国家已经达成合作框架，准备在该地区建设互相连接的海底输电网络，把海上风电输送到该区域的大电网系统。欧盟已制定了海上风电发展规划，提出到 2020 年达到 4000 万 kW、到 2030 年达到 1.5 亿 kW 的发展目标。美国也在积极开发建设海上风电，2010 年批准在马萨诸塞州建设百万千瓦级海上风电项目。2011 年 4 月，美国能源部和内政部共同发布了《国家海上风电战略：创建美国海上风电产业》，该计划提出，到 2020 年，美国海上风电装机将达 1000 万 kW，到 2030 年达到 5400 万千瓦。

我国大陆海岸线长 18000km，可利用海域面积 300 多万 km^2，海上风能资源十分丰富。经初步评价，近海浅水海域风能资源可开发量约 2 亿 kW。而海上风电资源潜力大，距离电力负荷中心近，随着技术进步和经济性提高，海上风电将具备大规模开发的条件，将为我国实现可再生能源发展目标、完成减排温室气体任务发挥重要作用。随着深海风电技术发展，将有更多的海上风能资源可以利用。

从全球海上风电技术发展来看，海上风电市场规模与单个项目规模均在逐步扩大。世界上最大的英国 Thanet 海上风电场装机容量达到了 30 万 kW，已批准的在建项目最大规模 100 万 kW 左右；在风电资源评价、装备技术及勘探、施工综合技术进步的支撑下，海上风电的开发范围也从过去的近海，往离岸几十千米的深海方面发展，欧盟在建的海上风电项目平均水深在 27m 左右，平均离岸距离达到了 28km。

我国在推进陆上风电快速发展的同时，也在海上风电方面积极开展了工作。2008 年，我国在上海东海大桥海域开始建设首座海上风电场，项目全部采用国产 3MW 风电机组，并于 2010 年 6 月世博会期间，全部并网发电。

2010 年，国家能源局在江苏省组织了 4 个海上风电特许权项目招标，共计 100 万 kW。招标采取打捆方式，投资企业牵头，与风电机组制造企业、施工企业组成联合体投标，最高的中标电价为每千瓦时 0.73 元，这表明海上风电已有良好的经济性，规模化开发海上风电已基本具备条件。

目前，上海、江苏、山东等地区已经完成了海上风电工程规划，进行了技术审查，正在分别征求有关部门的意见。河北、浙江、广东、大连、广西、海南、福建等沿海地区都已开展了海上风电规划编制工作。

到 2012 年全国风电总建规模将在 150 万～200 万 kW 之间。在正在制定的"十二五"能源规划和可再生能源规划中，我国海上风电的发展目标是：2015 年建成 500 万 kW，形成海上风电的成套技术并建立完整产业链；2015 年后，我国海上风电将进入规模化发展阶段，达到国际先进技术水平，到 2020 年建成海上风电 3000 万 kW。

一望无际的海洋看起来辽阔无比，实质上相比陆上，海上风电开发更为复杂，涉及的利益方更多，而且很多涉及国家战略需要，如军事、港口航运、生态保护、滩涂围垦等。因此，海上风电的发展一定要建立在长期稳定的区域发展综合规划基础之上，否则海上风电开发将受到严重影响。在编制现行海上风电发展规划的同时，应综合考虑并对原来的海洋功能区划进行更新，使得海上风电项目的开发有据可依。没有海洋规划前提下的海上风电开发，很有可能是竹篮打水一场空。海上风电不仅建设投资巨大，而且专用施工装备专业性强，投资也很大，规模化和专业化是海上风电实现效益最大化的有效途径。海上风电项目由于特殊的施工环境，需要比陆上风电项目施工更多的专业设备。这些专业设备造价高昂，折旧年限短，直接增加了风电运营商的投资成本。此时，施工经验的匮乏与相关技术人才的缺失也是专业施工能力不足的重要因素。受成本因素制约，海上风电场对单机容量的期望是越大越好。然而国外设备价格高昂，国产设备受技术限制，仅有 3MW 级风机技术相对成熟，6MW 级风机目前尚难言大规模海上应用。即便如此，3MW 级风机的可利用率依旧是风电运营商最关心的话题。

海上风电是全球风电技术发展和产业竞争的前沿，中国企业必须在海上风电发展上达到国际先进水平。要重点做好以下工作：一是加强海上风电资源测评和发展规划工作，为海上风电全面持续开发打好坚实基础；二是扎实做好海上风电项目建设前期工作，深入开展技术研究和工程准备；三是采取招标竞争与新技术示范相结合方式推动海上风电建设，同步提高海上风电的经济性和技术水平；四是进一步完善技术标准和服务体系，确保海上风电设备和施工质量及安全可靠运行；五是建立和完善海上风电产业链，打造具有较强国际竞争力的完整海上风电产业体系；六是建立合作协调的管理工作机制，为海上风电项目建设创造良好的环境。

第二章 可再生能源发电

第一节 风力发电

一、概述

风是地球表面受太阳的辐射而引起的空气流动，风能是太阳能的一种表现形式。据估计地球表面每年风能的总量约 13×10^8 MW，可利用的至少 10^6 MW。

两千多年前，人类就利用风能航运、提水，到 1890 年，欧美已经开始利用风能发电。由于经济（风力发电成本比常规火力发电高 4～5 倍）、技术上的困难，风力发电受到了限制而没有很大发展。

二、风力发电的原理

风力发电过程就是将风的动能转化成电能的能量转换过程，而完成这一过程的装置称为风力机。

首先风流经风力机的风轮，带动风轮转动，一部分风能转化成机械功。风轮上的功率为

$$P=\frac{1}{2}\rho v^2\zeta$$

式中 ζ——风能利用系数。

根据贝兹定理，对于水平轴风力机最大理论风能利用系数 $\zeta_{max}=16/27\approx0.593$；另外由于风速的变化和空气动力损失，风能转换到风力机转轴上的机械能的综合转换系数为 42%左右。然后风力机转轴带动发电机，将机械能转换成电能，该过程的效率为 75%～95%。两个过程相加，风力发电装置的效率一般为 30%～40%。

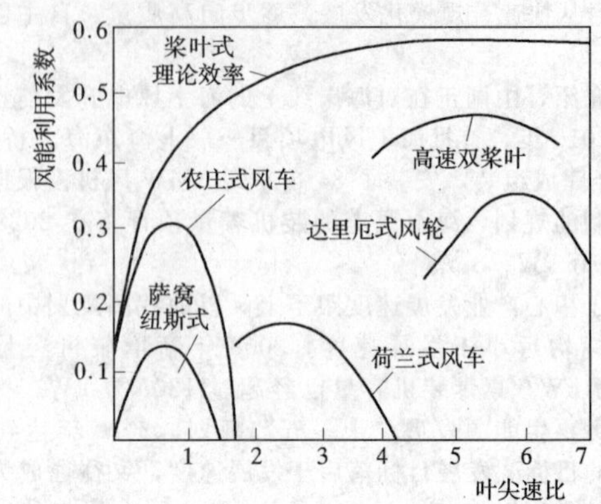

图 2-1-1 几种典型风力机的性能曲线

三、风力机的性能和类型

（一）风轮的叶尖速比

当风轮旋转时，其桨叶端部圆周速度和风速的比值称为风轮的叶尖速比。风轮的叶尖速比与风能利用系数及作用在风轮轴上的扭矩有关，若其他条件相同，则随着风轮叶尖速比增加，其扭矩降低，低叶尖速比适合于驱动活塞泵，高叶尖速比适合于驱动发电机发电。

（二）风力机的性能特点

风力机的风能利用系数与叶尖速比密切相关，这种关系可用风力机的性能曲线来表示，如图 2-1-1 所示。

设计风力机时，利用其相应的性能曲线可合理地选择风力机的某些参数。

（三）风力机的类型

1. 水平轴风力机

风力机的旋转轴与迎面的风流平行的机型通称为水平轴风力机。水平轴风力机品种较多，主要有荷兰式、农庄式、桨叶式等三类，其结构型式见图 2-1-2。其中桨叶式风力机是目前采用最多的一种风力机械，水平轴桨叶式内力机又分为升力型和阻力型两种。

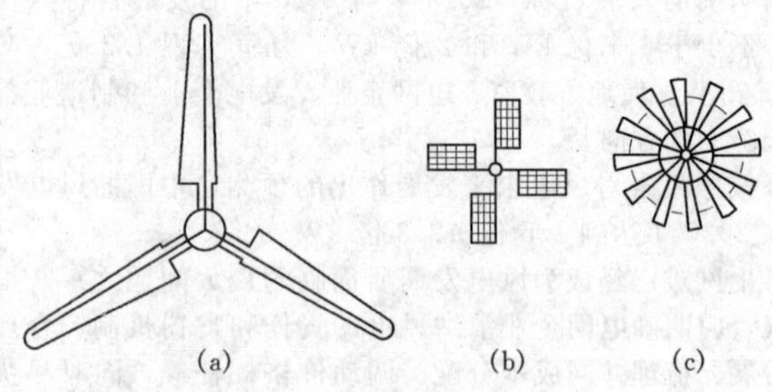

图 2-1-2 水平轴风力机结构类型

(a) 桨叶式；(b) 荷兰式；(c) 农庄式

2. 垂直轴风力机

风力机旋转轴垂直于地面的风力机通称为垂直轴风力机。垂直轴风力机比水平轴风力机有如下优点：①它不随风力而改变转子的方向，能简化风轮和塔架的设计；②降低了偏向时转子所受的陀螺力；③加强了叶片和轴承结构，省去了变桨距机构；④发电机、齿轮箱等重要部件可布置在地面上，因而这是一种很有发展前途的风力机。常用的垂直轴风力机有达里厄（Darrieus）式、萨窝纽斯（Savonious）式、旋翼式（Cyclogyro）等，其结构类型见图 2-1-3。

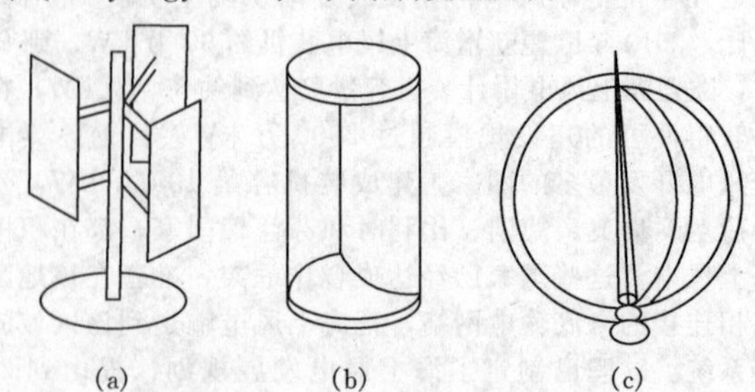

图 2-1-3 垂直轴风力机结构类型

(a) 旋翼式；(b) 萨窝纽斯式；(c) 达里厄式

四、风力发电系统

1. 风力发电系统的三个基本因素

合适的风力发电系统主要考虑了三个基本方面：

(1) 电流输出型式为：直流电、变频交流电或恒频交

流电。

(2) 风力机选择合适的转速如恒速，变桨距或接近恒速，带简易变桨距机械或变速、定桨距。

(3) 电力输出的用途是用于蓄电池充电，其他形式的储存或并入电网。

2. 恒速恒频风力发电系统的构成

发电机在风力机恒速驱动下发出固定的频率和电压，通常使用同步电机或感应式发电机。用同步发电机时，不论风速如何变化，发电机的转速均保持不变，因此需使用复杂的速度调节装置来维持风力机的转速，故增加了风力发电装置的复杂性。使用感应发电机时，其转速不需要恒定，但也只能工作在比同步转速高1%～5%的范围内，所以这也是一种近似恒速恒频系统。因感应发电机存在着无功功率，通常与同步机并联运行或者使用补偿电容器；但恒速恒频系统也存在着缺点，如在实际应用当中，风能的利用系数往往比较低，几乎不能使用高于固定转速的风能。

3. 变速恒频风力发电系统的构成

该系统中，风力发电机在变速下发出恒定的频率和电压。这种系统的发电机转速和负荷变化范围很大但输出电压和频率不变。由于频率与转速没有直接关系，因而可以取消或简化速度控制装置。同时由于发电机转速不需要固定，风力机就可以通过控制输出功率得到一个最佳的叶尖速比，从而可以保持风能利用系统为最大值。一般来说，同等情况下变速恒频系统的年发电量比恒频系统多15%～40%。

五、风力发电系统的发展前景

1. 面临重要的开发和发展期

随着能源利用的多样化，以及环境保护的需求，加上风能的固有优点（取之不尽，而且遍布世界各地、无污染），风能发电的实用性被重新估价，风能利用也将面临一个重要的开发和发展时期。

上海电气集团风电设备有限公司独立研制的风轮直径116m的海上风机“巨无霸”——3.6MW大型海上风机，2010年7月1日在上海电气临港重装备基地成功下线。这是我国目前自主研发的技术最先进、容量最大的风力发电机组。标志着中国掌握了大容量风电机组设计核心技术，体现了上海电气已经具备包括叶片、控制系统、塔架等关键部件的设计能力，可根据特定风力资源和气候条件，为业主提供个性化的优化设计和服务。

该公司贯彻落实《关于加快推进上海高新技术产业化的实施意见》，为建设海上三峡风电场，加快风电自主开发和产业化进程。3.6MW大型海上风电机组的主要性能优于或等同国外相同容量机组，单台机组每年可发电900万kWh，节约煤炭约3150t标准煤，属于零排放。机组设计开放性控制系统，能根据用户需要、不同风场修改；有先进的防腐系统、优异的电气性能，易于安装维护；具有远程监控、自动消防和视频监控系统。

2009年该公司生产的一台2MW海上风机在江苏响水离岸3.5km，平均水深4.5m的近海顺利吊装，是江苏海域上竖起的第一台风机。随后在江苏如东，2台2MW潮间带试验样机实现并网。3.6MW大型海上风电机组已顺利通过地面联调并网满载发电试验，于2010年8月正式并入上海电网运行。

该公司除在上海浦东临港建立制造基地和试验风场外，还在江苏东台投资建立了按照大型海上风机为标准的制造基地，具备3.6～5MW及以上大型风机的生产条件，并通过SAP、KOA等信息化平台建立统一高效的管控模式，实现异地管理一体化运作。

我国第一个海上风电示范项目——总装机容量为102MW的上海东海大桥海上风电场正式并网发电。这些机组每年的发电量将达2.6亿kWh，可供20多万户上海居民使用1年。

2. 风电的并网和调度

在调度运行和风电场控制方面，国家电网公司均取得了较大进步。目前，我国风电功率预测精度已达到85%，处于国际领先水平。2008年，国内首套具有自主知识产权的风电功率预测系统在吉林省电力有限公司投人运行。开发了大型集群风电有功智能控制系统，实现了大型风电场群的资源优化配置和智能调度决策，保证了各种工况下的电网可靠运行。该系统已成功运用于甘肃酒泉风电基地，实现了瓜州、玉门地区风电场出力的优化配置，提高了酒泉风电的综合利用效率。

风电并网标准体系建设始终是风电企业关注的重要课题。我国风电并网标准体系的核心，即《风电场接入电力系统技术规定》已经完成制定、修改，并报批国家电监会。国家电网公司在大力推进风电并网企业标准体系建设的同时，也积极参与了国家标准和行业标准的编制工作。

2010年12月29日，国家电网公司投资35亿元建设的国家风电技术与检测研究中心在河北省张北县投运。它的建成将进一步保证并网风电机组的技术性能，提高电网运行的安全性，同时，为设备厂商提供了一个良好的风电机组并网性能试验和技术改造平台。截至2011年1月，国家风电技术与检测研究中心已经开展了包括风电机组低电压穿越能力检测在内的风电机组及风电场检测40余项。在风电并网和运行管理方面。国家电网公司也做了大量工作。

目前华北电网和吉林省风电已实现了风电优先调度。最大限度提高风能利用水平。2010年，华北电网通过优化电网运行方式，使蒙西电网低谷时段送电容量从195万kW增加到300万kW左右，相当于帮助蒙西多消纳了105万kW的风电出力。

第二节　太阳能发电

一、概述

所有的能量来自物质，而除核能以外，所有的能量又来源于太阳。太阳能巨大而清洁，以我国为例，陆地表面每年接受的太阳辐射能总量达5.0×10^{18}kJ，全国各地太阳年辐射总量达$335\sim837kJ/(cm^2\cdot a)$。但是由于太阳能稀薄且间歇，受自然条件的影响，为人类大规模开发和利用带来技术上的困难。如何把太阳能转换为电能是个收集转换的问题；如何解决太阳能本身的间歇性，属于储存问题。我们要研究采用何种办法和技术途径，以便使太阳能利用的经济指标达到可以和常规能源的经济指标相比较的程度，这是太阳能利用的关键。

太阳能转换为电能有下面三种途径：①太阳能直接转换为电能；②太阳能通过热中间阶段转换为电能；③太阳能通过其他阶段转换为电能。

二、太阳能发电的原理和系统

（一）太阳能直接转换为电能

1. 原理

应用物理过程把太阳电磁辐射能转换为电能，完成光电转换，可用四种方法：①光生伏打功率转换；②光电子发射功率转换；③光生电流功率转换；④光磁功率转换。

四种方法中，现在广泛应用光生伏打功率转换。它是利用能量转换器件——太阳电池中的半导体P—N结光电伏打效应将太阳辐射能转换成电能，所以这种电池也叫光生伏打电池，简称光电池。

半导体硅是太阳电池最普遍的材料，它的能隙只有1.1eV。当太阳照射太阳电池，其辐射能大于硅的能隙时，就能破坏晶体内的共价键而激发产生电子——空穴。在半导体硅P—N结的势垒电场作用下，电子和空穴分别驱向两侧的电极，并产生电动势，接通外电路时就有电流产生（图2-2-1）。

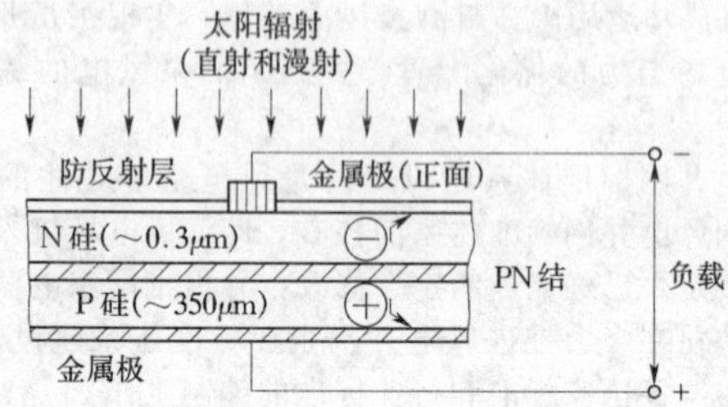

图2-2-1　太阳电池光伏打过程的示意图

太阳辐射能量E为

$$E=\frac{hc}{\lambda}=\frac{1.2396}{\lambda}\quad(\text{eV})$$

式中　h——普朗克常数［4.132×10^{-15}(eV·s)］；

c——光速3×10^{14}μm/s；

λ——光波长（μm）。

波长在0.3～1.1μm之间的阳光，其相应的能量为4.1～1.1eV，显然波长在1.1μm以上的阳光不能利用，见图2-2-2。波长较短的阳光能量，其超过用于激发电子—空穴对部分，都将转化为热。此外太阳电池还有其他损失，如阳光在电池表面的反射损失，电子和空穴重新结合的损失，电池内部损失等，这些是导致转换效率受到限制的原因。研制多层太阳电池的目的就是采用不同材料分层转换更多的能量，见表2-2-1。

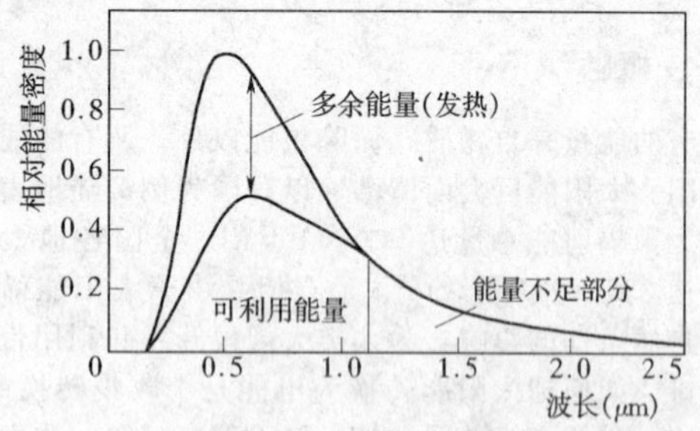

图2-2-2　硅太阳电池能量利用与波谱关系

表2-2-1　　各种类型太阳电池的能隙和效率

材　料	能隙 (eV)	理论效率 (%)	最佳效率 (%)
硅 Si	1.1	24	18
砷化镓 GaAs	1.35	24	11
碲化镉 CdTe	1.45	21	7
硫化镉 CdS	2.40	16	7

2. 系统

为了得到大功率，把若干太阳电池组件串联和并联起来组成电池阵，把一定片数的单电池进行串并联构成电池组件。用无色玻璃覆盖，四周用硅胶封装，防止大气侵蚀和恶劣环境的损伤。并联的单电池要求具有相同的电压性能，而串联的单电池则要求有一样的短路电流密度，否则将互相抵消，降低输出功率。再把这些电池组件构成电池阵，从而得到所需要的电压和功率。太阳电池发电系统如图2-2-3所示，由太阳电池方阵、防反充二极管、蓄电池组和负载等组成。图中蓄电池组采用浮动充电方式，能在一定时间内正常地连续供电，而不会对太阳电池放电。

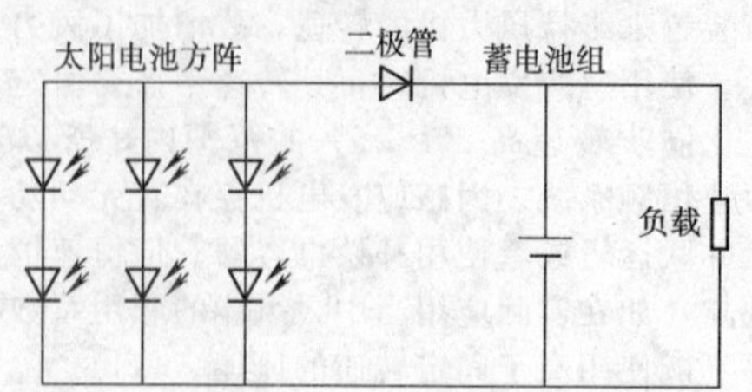

图2-2-3　太阳电池发电装置线路图

（二）太阳能通过热中间阶段转换为电能

1. 原理

当太阳的电磁能辐射到物体上时，物体吸收它的一部分而反射其余部分，结果物体温度升高。如果采取了特殊措施的材料，表面可吸收达95%的太阳能，并把它转换为电能，这种特殊材料制成的装置叫集热器。集热器收集太阳能，把它集中起来转换为足够高的热能，而后传给空气和水一类的流体。流体吸收太阳能而被加热至高温，再经释放热量到较低温度而收缩。输入热和排出热之差变为膨胀的机械能可驱动汽轮机发电机，整个过程受卡诺效率的限制。采用不同形式的集热器获得高、中、低温的热源。

2. 系统

（1）低温发电系统。一般指工作温度在100℃以下的小型发电装置，采用平板集热器和朗肯循环热力系统，工质为低沸点有机物，如氯乙烷、丁烷等。这种系统效率低于2%，造价较高，系统如图2-2-4所示。

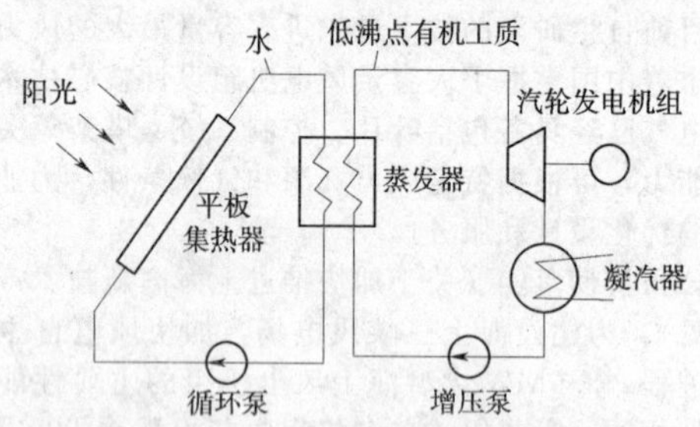

图2-2-4　低温太阳热发电系统

（2）中温发电系统。它的工作温度在200～300℃之间，由几十至几百个聚焦型集热器串并联组成镜场，见图2-2-5。其功率范围由几十至几百千瓦以上，采用朗肯循环热力系统，工质为水和三氟乙醇、甲苯等有机物质，发电热效率可达10%。左右镜场中管路输送系统长而复杂，散热损失较大。

（3）高温发电系统。它采用高聚光比的盘镜，并把热机安置在其焦点处，直接获得高温热源，见图2-2-6。其优点是热传递线路短，热损失少，但要求热机结构紧凑、重量轻，并采用空气冷却方式。可选用的热机有有机朗肯循环汽轮机、斯特林循环热气机、布赖顿循环气轮机等三种，这些热机的使用寿命和可靠性尚有待进一步完善，预计这种发电装置可以作为孤立电站，或者多台并联组成较大功率的太阳能发电站。

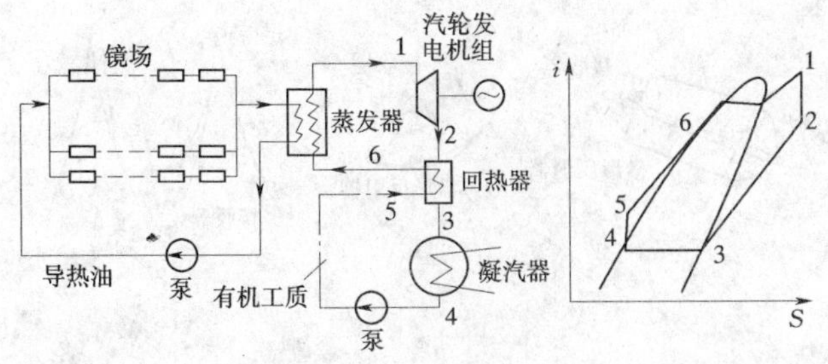

图 2-2-5　中温太阳热发电系统及有机朗肯循环过程示意焓一熵图

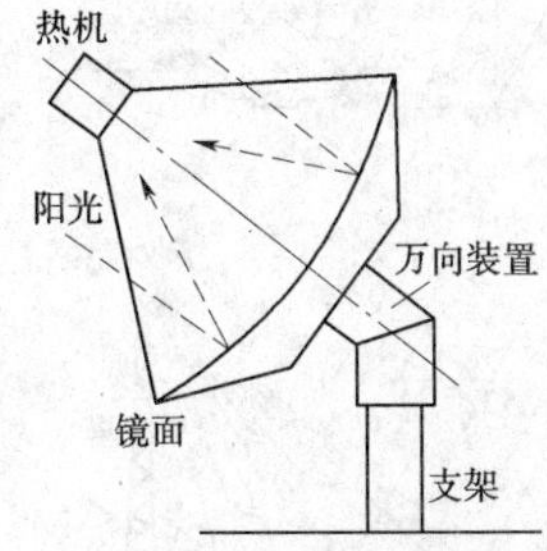

图 2-2-6　抛物面聚焦盘镜高温太阳发电装置

(4) 塔式聚化太阳能发电系统。这是一种大功率发电方式，见图 2-2-7。接收器在塔顶受到数百甚至数千台定日镜集中照射使接收器内的水蒸发成约 500℃的高温蒸汽，然后驱动常规汽轮机发电。定日镜的双轴自动跟踪机构，要求跟踪的角度误差不超过 10′，以保证反射光准确地投射到接收器上；定日镜还要有足够的机械强度和坚固的基础以抗大风。因此耗用大量钢材，水泥和玻璃。接收时有两种型式：①空腔式，适用于较高的塔，空腔本身形成黑体，吸热效率高；②外露式，结构简单，造价可降低 40%，但热对流损失大。

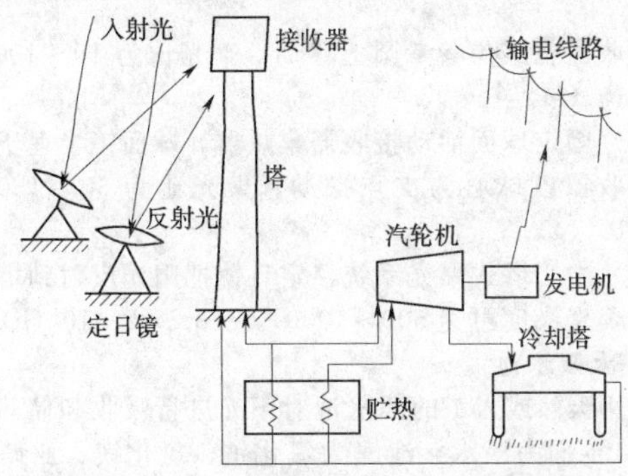

图 2-2-7　太阳塔式热发电系统原理图

在短暂没有日照时，为了避免机组反复起停和维持正常的延时发电，在系统里还需要设置相适应的储热器。1981 年在美国建成并投运一座 10MW 太阳塔式试验电站，塔高 90m，1860 台定日镜，每台的反射镜面积约为 $40m^2$，镜场占地约 40 万 m^2，每千瓦造价达 1.2 万美元。其他国家也相继建造了 1000kW 级类似电站，进行技术和经济上的探索。

(三) 通过其他阶段的转换

太阳能转换为电能，可先转变为机械能或水力能，也可先变为化学能或生物能等其他形式的能。

1. 太阳能通过机械能阶段转换电能

从理论上说，在海平面以下的水力能不会被开发出来，但是由于地球上有许多天然洼地，其平均深度在海平面以下，让海水通过水轮机进入这些洼地并且有相当的水压头时，就可发出电能。这种发电站与河流上利用水力能的发电站之间的区别在于：后一种情况的水是由重力排到海里的；而前者的水是由太阳能作用下的蒸发排出的，从根本上来说，这种电站可叫太阳能水电站。

为了得到一定水头，需要由两个水库组成：一个水库是具有恒定水位的无限大水库（大海）；另一个是蒸发用泄水池（洼地），中间系统与常规水电站相仿。

2. 太阳能通过化学能阶段转换电能

矿物燃料是几百万年前发生光合作用的结果，因此矿物燃料只是以化学能形式储存的太阳能。在高温下这一过程极易逆转而释放出原储存的能量，理论上在实验室能重演这种过程。依靠光合作用可以大规模、高效率地合成燃料，再把它以常规方法燃烧而生产电能。

自然界的光合作用并不具备能量转换的最佳条件。在实验室最佳条件下，每吸收 8 个光子就有可能产生一个碳水化合物分子。这相当于 30% 的效率，据此可在塑性管道或水池中，在最佳条件下培植，例如用培植藻类的方法，产生大量碳水化合物，再把藻类收获、干燥和燃烧产生热能，然后用常规方法转换为电能。

三、太阳能发电的装置和类型

(一) 太阳电池

太阳电池是利用半导体光生伏打效应把光能直接转换为电能的器件。

1. 片状太阳电池

采用高纯度单晶硅棒切片，经抛光清洗、扩散制结、制作电极、涂减反射等复杂工艺过程，故价格昂贵，但它是迄今最成熟并获得实际广泛应用的太阳电池，在实验室条件下最高转换效率可达 18%，但做成地面上应用的发电装置时，其转换效率仅约 10%。若用多晶硅块料制作太阳电池，则价格较低，但因晶界抑制电子的流动，其效率明显降低。目前正在研究定向凝固工艺，使晶界与电池表面垂直，以改善其性能（各类型太阳电池的能隙和效率，见表 2-2-1）。

2. 带状太阳电池

从熔融的硅中直接拉伸成带状，厚度约 50～100μm，简化了制作工艺，其最佳转换效率达 12%。目前尚待开发高效自动的拉伸工艺。

3. 薄膜太阳电池

薄膜厚度约 1～5μm，用沉积法在基底形成，半导体可用非晶硅、砷化镓、硫化镉。这种电池用料省，其操作工艺适合于做多层电池和大规模生产方式，有利于大幅度降低造价，但目前存在易衰减、寿命短、转换效率低的缺点，尚处于开发研制阶段。

(二) 集热器

1. 平板式集热器

平板集热器是把太阳辐射能转换为热能的一种热交换器，其工作温度普遍在 85℃以下，结构简单，主要由吸热板、玻璃盖板和绝热层三部分组成，见图 2-2-8。吸热板用铜或铝材制成，板中的通道有流体流过以便把热量带走。板面涂覆选择性涂层，如镍黑或铬黑等，其特点是对入射阳光的最大吸收率约为 0.96，而其辐射率最小约为 0.10，使能量多进少出。玻璃盖板的作用是减少吸热板与外界大气间的热对流和热辐射损失，有时甚至采用双层玻璃盖板。一般

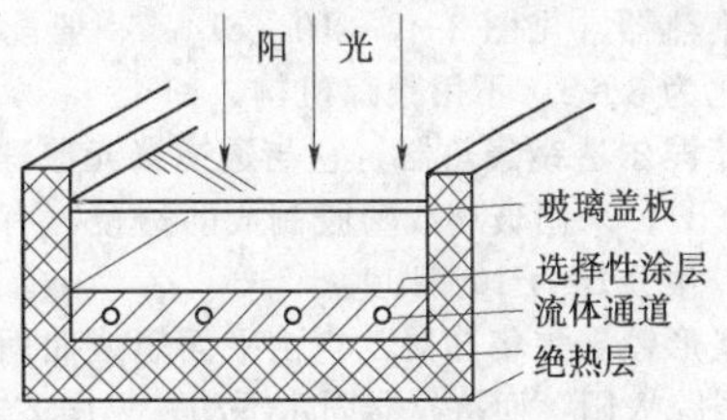

图 2-2-8　平板集热器示意图

玻璃的透光率只有85%左右，低铁玻璃可达90%以上，但价格高且易脆。集热器底部和侧面有绝热保温层，以减少热量散失，热量散失一般选用轻质聚氨酯泡沫塑料或玻璃棉。平板集热器可接收直接和散射两种阳光的能量，不需要跟踪，维修工作量少。集热器的效率是指一定时间内获得有用热量与受热面积上入射太阳能之比，图2-2-9示出平板集热器随工作温度、涂层作用及玻璃层数等的变化趋势。

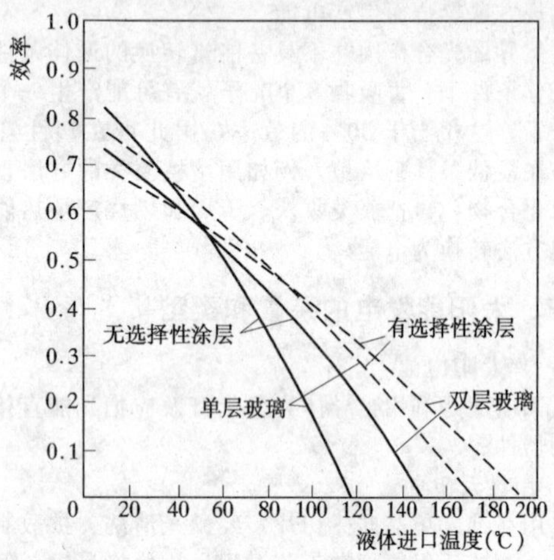

图2-2-9　平板集热器效率与温度的关系

2. 抛物面聚焦型集热器

聚焦型集热器可获得较高温度，它只能利用未经雾散的直射阳光，需要跟踪太阳，所以造价较高。按聚光型式可为线聚焦和点聚焦两种，其性能列于表2-2-2。其结构主要由接收器和反射器两个部件组成，见图2-2-10（a）、（b）。线状接收器用吸收管和玻璃罩管组成，而点状接收器用金属管盘成空腔式。反射器分块用金属板压制成型，表面贴上反光薄膜；或用反射玻璃镜胶结成型，然后拼成槽形和盘形。要求曲线形状准确，表面光滑，使它高效地把反射阳光聚焦于接收器。聚光比是接收器上能量密度高于入射阳光能量密度的倍数，大致等于反射器开口面积大于接收器上焦斑面积的倍数。通入接收器的液体可用水或各种特制的导热油，如石油基油类、硅油、氢化联二苯等。导热油的优点是在相应的工作温度下具有很低的蒸发压力，又无腐蚀性，可降低输热管线的强度、要求和造价。聚焦集热器的转变效率可达50%～70%。

表2-2-2　　抛物面聚焦集热器的性能

性能＼型式	线聚焦型	点聚焦型
工作温度（℃）	100～300	300～800
聚光比	10～50	100～500
跟踪方式	单轴	双轴
反射器形状	槽形	盘形

3. 其他形式的聚焦集热器

（1）复合抛物镜集热器，两侧由抛物面反射面对称布置组成槽形集热器［见图2-2-10（c）］。一般配用真空吸热管，聚光比为3～5，不用跟踪机构。

（2）菲涅尔透镜集热器，它与透镜聚光原理相似，见图2-2-10（d）。采用玻璃或塑胶制成的透镜，有线聚焦和点聚焦两种，聚光比为10～1000。

（3）条形镜聚焦集热器，它由平面镜或曲面镜做成的条形镜同步跟踪太阳，而接收器固定不动，见图2-2-10（e）。

（4）固定条形镜活动接收器集热器，在圆柱面上镶条形

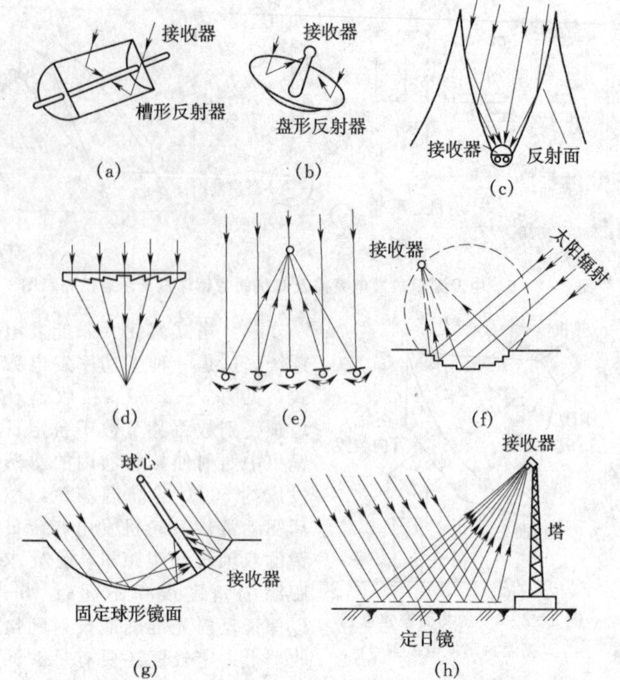

图2-2-10　各种类型聚焦集热器

（a）线聚焦抛物面槽镜；（b）点聚焦抛物面盘镜；（c）复合抛物面镜；（d）菲涅尔透镜；（e）活动条形镜；（f）固定条形镜；（g）固定球镜；（h）中心塔式聚光系统

镜，接收器在聚焦参考圆上移动，聚光比为10～100，见图2-2-10（f）。

（5）固定球面活动接收器集热器，球面镜半埋于地，圆柱形接收器以球心为支点摆动，聚光比为50～150，见图2-2-10（g）。

（6）中心塔式聚光系统，定日镜把阳光反射到塔顶上的接收器，聚光度可达500～1000，见图2-2-10（h）。

4. 太阳水池

利用天然或人工的浅水池对阳光进行吸收和储热，池深1～2m，池面为淡水，池底为氯化钠、氯化镁、亚硝酸钠等盐类的较浓或饱和溶液，池水上下形成浓度梯度。当太阳照射水池时，由黑色水底吸收后使池底水温逐渐上升到90℃以上，池水上冷下热而引起热对流恰被盐水浓度梯度所限制。池底的热水被抽出，经利用后再注回来。为了维持盐水浓度梯度的稳定和防止沾污，常在池面或池中间铺设透明薄膜、消波网格等措施；为防止盐水渗漏，在池底用塑料或橡胶覆盖。太阳水池的热效率在20%左右，其特点为储热量大，可长期昼夜连续供热，造价低，建造周期短，施工简易。不过它的应用受到地理上的限制，只有在赤道两侧南北纬度40°以内的地带入射角较大，才能最大限度的吸收太阳光，此外还要有就地提供廉价盐类的条件才能获得经济效益。

四、太阳能发电的储存

太阳能如果不储存，被接收后就必须用掉，由于太阳能具有间歇性，所以这是一很不利的条件，因此太阳能的储存是个必须很好解决的问题。

（一）热储存

太阳能转换成热能后，为了克服太阳辐射的间歇性，可设置储热措施。对于发电技术，主要解决高温热储存，可采取以下两种方法。

1. 显热储存

利用液体或固体物质本身温度的升高而储热，见表2-2-3。这种方法技术成熟，设备简单，危险少，但设备容积庞大。

表2-2-3　常用显热储存材料

材料名称	使用温度（℃）	压力（$\times10^5$Pa）	比热[kJ/(kg·K)]
压水	200～350	16～180	4.18
石油基油类	<250	无	2.08
有机导热油，硅油	<400	无	2.50
53%KNO_3，40%$NaNO_2$，7%$NaNO_3$	400～500	无	1.55
岩石，砖	不限	无	0.84

2. 潜热储存

利用一些化学物质在相变过程中吸热溶解和放热凝固的现象。例如NaCl（30%）、$NaNO_3$和KCl（4%）、$MnCl_2$共晶体的相变熔点为300℃和450℃，相应的溶解热为216kJ/kg和197kJ/kg。其优点是相变潜热大，设备容积小，相变温度恒定，储热可保持在一定范围内；其缺点材料易老化，价格贵，技术复杂。

（二）化学储存

通过高温热化学过程获得化学物质而达到储存能量，然后在其可逆反应过程中放出相应的热能。例如分解水为氢和氧等反应、分解氨为氢和氮；合成氢和一氧化碳为甲烷。其特点是反应产物便于运输，但技术难点高，只限于大规模储存，目前尚处于开发研究中。

（三）水位能的形式储存

以水力能的形式将太阳能储存起来的一种方法是通过太阳能水力发电站。很大程度上，太阳能水电站所生产的能取决于需要，而不是取决于可利用的能。见图2-2-11，在不需要太阳能水电站发电时，随着洼地水位的降低，太阳能被储存起来。

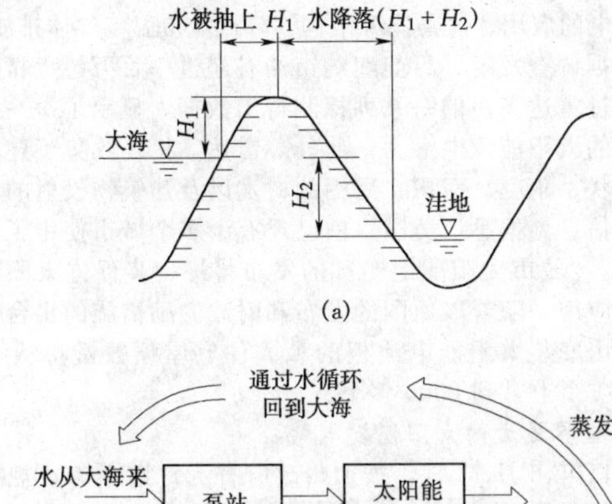

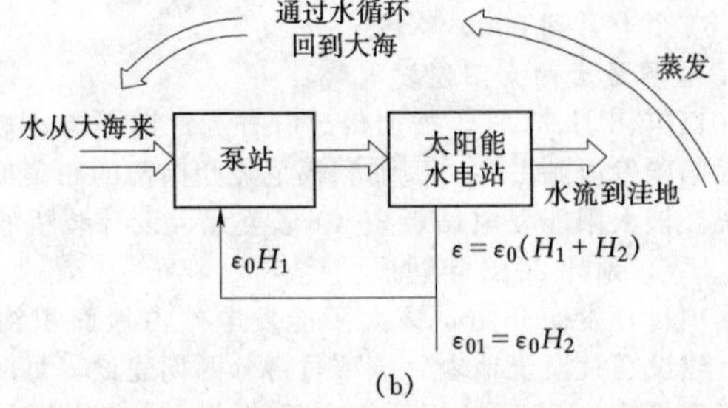

图2-2-11　在太阳能水力发电（HHE）系统中的太阳能储存
（a）系统的断面图；（b）表示抽水站的能量反馈运行的方框图，为了起动，这个反馈被做成正反馈

（四）电储存

通过蓄电池的可逆化学反应直接把电转换成化学能储存起来，其特点是操作简单，可以直接供电。酸性铅蓄电池在工业上已广泛应用，技术成熟，储存率达70%以上。镍镉蓄电池使用寿命较长，重量轻，但效率只有60%，储电量小，价格又贵，不适用于大容量储存。

五、太阳能发电的特点及发展前景

能源是人类社会活动的物质基础，人类所利用的能源如煤、石油、天然气等，归根结底都来之于太阳能。太阳能是干净、安全和免费的，但是由于太阳能具有低密度、间歇性和不稳定的特点，是低品位能量，因此如何把太阳能变成发电的强大电源，根本在于制造出经济、实用的太阳能转换器。

太阳能电池在20世纪初其效率达不到1%，到20世纪50年代达5%，今天硅光电池的运行效率为18%，有的可达20%。因此只要人类能够不断地探索和试验，提高效率是有很大潜力的。太阳电池及太阳能集热器的成本目前仍相当高。硅光电池大约为20000美元/kW；一般小型太阳能电站也为2000美元/kW；因此必须通过各种途径来降低价格。相信在不久的将来，通过工艺的改进，新材料的运用，能实现太阳能转换装置的突破性前进，那样，太阳能将成为人类社会的主要能源。在阳光充足的城市，不论工业化程度多高，由屋顶就能生产它们所需要的全部能量。

（一）太阳能光伏发电

太阳能光伏发电目前主要用于三大方面：一是为无电场合提供电源；二是用在日用电子产品上，像太阳能充电器、太阳能路灯、太阳能草地灯具等；三是并网发电，这在发达国家已经大规模推广实施。专家们预计，在21世纪末太阳能光伏发电即会成为世界能源的重要来源，不但要替代部分常规能源，而且成为世界能源供应的主体。预计到2030年，可再生能源在总能源结构中将占到30%以上，而太阳能光伏发电在世界总电力供应中的占比将达到10%以上；到2040年，可再生能源将占50%以上，光伏发电将占总电力的20%以上。到21世纪末，使用可再生能源将占80%以上，太阳能发电将占总电力的60%以上。由此可见，太阳能光伏产业占能源领域的重要战略地位。

在2010年上海世博会示范应用的太阳能光伏发电堪称历史之最。在中国馆、主题馆、世博中心、演艺中心（一轴四馆）的屋顶和玻璃幕墙上，安装了超过4.68MW的太阳能发电设备，每年能减少二氧化碳排放4000t。安装在主题馆屋面上的“太阳能电板”面积达到3万多平方米，是当今世界上最大的单体面积太阳能屋面。

（二）太阳能光伏发电发展态势

美国较早制定了光伏发电应用发展规划，早在1997年就提出了“百万屋顶”计划。日本在1992年启动“新阳光计划”，到2003年其光伏组件的生产量占了世界生产量的50%，世界上前10大生产厂商有4家在日本。德国的“新可再生能源法”规定了光伏发电上网电价，大大推动了光伏市场和产业的发展，成为继日本之后世界光伏发电发展最快的国家。瑞士、法国、意大利、西班牙、芬兰等国家也纷纷制定光伏应用发展计划，投入巨资开发技术，加速产业进程。由此，全世界的光伏组件在1990～2005年间，年平均增长率达到了15%。2006年全世界已经建成10多座兆瓦级光伏发电系统，6个兆瓦级联网光伏电站。预计从2010年开始，世界光伏产业年发展速度会保持在30%以上，年销售额将增加到100亿美金。

中国的光伏发电产业起步于20世纪70年代。1971年光伏发电成功应用在我国的第二颗人造卫星上，2年后开始在地面应用，先后引进过多条太阳能电池生产线。20世纪90年代中期进入稳步发展期。进入21世纪后迎来快速发展阶段。国家先后启动“国际项目”和“政府项目”，实施“光明工程”先导项目和“送电到乡”工程，特别是2006年的“送电到乡”工程，采用的都是太阳能光伏发电技术。2007年中国太阳能电池的年产量超过日本和欧洲。出现了前所未有的投资热潮。2009年6月，中国的两家公司和比利时的一家公司所组建的联合体，一举竞标成功我国首个光伏电站示范项目——甘肃敦煌10MW并网光伏发电场项目，当时以1.09元/kWh上网电价落定，成为国内后续并网光伏发电站的上网基准参考电价。2009年7月国家又出台“实施金太阳示范工程”政策，计划2～3年内，以财政补助方式支持不低于500MW的光伏发电示范项目。我国的光伏发电系统组件单价，也在不到一年的时间内，已从光伏发电1000W需要3万元，到2010年7月下降到1.5万元，打了对折。专家预计会逼近1.2万元。这将为我国《可再生能源中长期发展规划》的顺利实施打下良好的基础。按此规划，到2010年年底，太阳能发电总容量要达到30万kW，到2020年达到180万kW。太阳能发电在我国将会从现在的配角，逐渐变为能源供应的主要选择方式和主流方式。

（三）太阳能光伏发电在游船上的应用

2010年6月5日，中国第一艘太阳能混合动力游船在黄浦江起航。此游船首次将太阳能电力导入游船动力，将混合动力模式引入船舶建造，其“太阳翼”高10m宽5m，并且可以随阳光旋转，选择最好光照条件。按照上海标准的日照条件计算，年发电量17841kWh，相当于年节煤6.282t，减少碳排放15.705t。该游船可容纳150人，从7月起在世博园水路为游客提供观光服务。

（四）太阳能光伏发电在飞机上的应用

2010年7月8日，目前世界上最大的太阳能飞机“太阳驱动”号成功完成首次试飞，创造了26h9min的不间断的昼夜飞行记录。“太阳驱动”号由此成为目前世界上连续飞行时间最长的太阳能飞机，也是首次进行夜间飞行的太阳能飞机。“太阳驱动”号的质量为1.6t，翼展为63.4m，飞行最大高度为8500m，平均飞行速度为42.6km/h。该机表面覆盖12000块太阳能电池板，可为飞行提供昼夜飞行所需的能量。

（五）世界太阳能发电的新进展

1. 太阳热空气涡轮机发电

美国在亚利桑那州的沙漠中建造了巨大的太阳能发电塔，其高度是纽约曼哈顿帝国大厦的两倍，它将成为世界上第二大最高建筑。这个太阳能发电厂的厂址在费城西部210km处，计划成为沙漠深处创建新型电力的来源。与传统的太阳能电池、太阳热能发电不同，涡轮机是由被太阳加热的热空气穿过792m高的巨型烟囱式建筑——发电塔而驱动的。预计太阳能发电塔每小时可产生的电能，可为15万个家庭提供充足的电力。太阳能发电塔不使用水，可靠性高，生成电能成本低，更加环保。发电塔的底基直径超过3.2km，高度仅比迪拜的哈利法塔略低一些。哈利法塔高度为828m。该太阳塔已与南加州公用电力公司达成30年供电合约。太阳塔的建造提供了1500个新工作岗位，大约需要资金7亿美元。太阳能发电塔已计划有十几年了，此前曾在西班牙建造过一个小型比例的发电塔。

2. 夜间依然可以发电的太阳能电站

位于西班牙南部的吉马太阳能电站已完工并开始商业试运营。该电站由2650块镜面面板构成，占地面积约185万m^2。这种镜面面板也就是日光反射装置，它们可以将照射到该地区95%以上的太阳辐射聚焦到电站中心一个巨型接收器中。在这座电站中，日光反射装置聚焦所获得的能量可以将熔盐池加热到900多℃的高温，从而产生蒸汽为发电涡轮机提供动力。不过，与其他所有太阳能电站不同的是，存储于这些熔盐池中的热量持续释放的时间可以超过15个h，从而在整个夜间或没有阳光的情况下也可以保证电站正常发电。

3. 城市太阳能地图

美国纽约市政府于2011年6月中旬发布了一张详细的城市太阳能地图。根据该地图，纽约市三分之二的屋顶适合安装太阳能电池板，在用电高峰时期，这些太阳能电池板产生的电力能够满足纽约市近一半的用电需求。

（1）可产生584.7万kW时的电量。

据参与绘制城市太阳能地图的纽约城市大学团队透露，根据地图的图像，纽约市有66.4%的建筑屋预适合安置太阳能电池板，共可产生高达584.7万kW时的电量（数据考虑了典型的天气状况）。但目前，纽约市仅有400个建筑屋顶安装了太阳能电池板，产生的电量仅为6500kWh。

一名参与地图绘制工作的纽约市政府官员表示，如果按照上述发电能力及目前的用电需求计算，屋顶太阳能大约可以满足49.7%的白天用电高峰需求，约占纽约全年用电量的14%。但该官员同时表示，利用屋顶太阳能发电还需要考虑前期的安装成本、可行性以及接入电网的能力。

根据美国太阳能产业协会发布的数据，今年美国太阳能光伏产业的产值预计将增长到120亿美元，但仍处于起步阶段。在全美范围内，目前太阳能发电量仅为230万kWh，比纽约市屋顶太阳能发电潜力的一半还少。

（2）项目耗资数十万美元。

据了解，城市太阳能地图项目由美国能源部、纽约市政府以及纽约城市大学团队共同合作完成。该项目由美国能源部的“太阳能诚市计划”资助，耗资21万美元，纽约市政府同时为该项目提供了价值45万美元的雷达飞机测绘费用，纽约城市大学网站负责发布城市太阳能地图。

纽约市政府相关负责人表示，该地图有助于推动屋顶太阳能发电的应用、改善能源结构、降低城市温室气体排放量。

根据调查发现，目前纽约市约有超过一百万幢大楼，该地图通过雷达飞机的一系列探测得出数据，显示了每一幢大楼屋顶的太阳能发电潜力。此外，雷达飞机还收集了建筑物屋顶形状、角度、面积、周围的树木以及建筑物投射的阴影等精确信息。据悉，美国目前已经有十多个城市使用了类似的地图，“城市太阳能地图”的发布将进一步促进太阳能的推广和应用。随着该地图的发布和财政激励措施的出台，今年旧金山安装太阳能电池板的私人住宅屋顶数量将从2007年的551个上升到2300多个。

4. 世界最大的太阳能发电站

2011年6月17日，被加州政府誉为“迄今为止规模最大的太阳能发电站”在美国加利福尼亚州南部的布莱斯市破土动工。该太阳能发电站耗资40亿美元，设计装机容量为100万kW，预计2013年建成。

据项目开发商介绍，该太阳能发电站占地面积约2800公顷，建设在荒漠土地上。该项目将分两期建设，每期工程的装机容量均为50万kW，待全部建成后，其产生的电力能够满足75万个美国家庭的用电需求。

据了解，太阳能发电不仅依赖阳光，而且要占用大量土地。美国加州南部阳光充沛，又拥有很多商业价值不高的荒漠土地，特别适合建设太阳能发电站。该项目的开发商表示，该太阳能发电站的装机容量已经接近一座核电站，其通过庞大的凹面镜阵将太阳光转化成热能加热蒸汽，从而驱动涡轮机发电。

据悉，此前，加州地区已建成九座小型太阳能发电站，总装机容量达 35.4 万 kW，还有一座在建的太阳能发电站装机容量达 37 万 kW。

美国内政部长萨拉查在出席项目动工仪式时表示，该太阳能发电站将成为美国可再生能源发展历程中的一个“里程碑”，它充分表明了美国正努力在可再生能源领域争取领先地位。通过发展可再生能源，美国既能保证能源安全，又能创造就业机会。

参加项目动工仪式的加州州长布朗称，加州政府计划到 2020 年使可再生能源占加州能源总消耗量的 33%，而该太阳能发电站的建设使加州又向这一目标迈进了一步。

5. 风光气混合发电厂

土耳其的一个电厂项目采用全新的理念，将风能、太阳能、天然气联合起来发电，提供 24h 不间断的电力。

该项目由 GE 公司提供装机设备，该公司发表声明称，他们将在 2015 年前完成这个 50.8 万 kW 的发电项目。该项目将为超过 60 万户家庭提供电力。

该项目的不同寻常之处在于，将由三个不同的发电来源来提供基本负载能力，并共同构成一个发电厂，来满足该地区源源不断的电力需求。GE 表示该项目的整体效率将达到 66%，比一般的现代天然气发电厂的效率要高。

据悉，该电厂风电装机将为 2.2 万 kW，太阳能发电装机将达 5 万 kW。GE 称，他们以后将投资更多混合发电方式结合的电力项目。

第三节 潮汐能发电

一、潮汐能的原理及开发利用概况

1. 原理

潮汐是由于海水受太阳、月亮的引力而产生的一种现象，并随着地球、月亮、太阳相对位置的不同发生周期性的变化。潮汐所含的大量动能和位能之和为潮汐能。

潮汐电站是将潮汐能转变为电能的电站。根据我国潮汐以半日潮为主的特点，海水在一日内有两次涨落，其时间间隔为 12h24min，如在海湾中（或潮汐河口）建造堤坝，将海湾（河口）与海洋隔开，形成水库，利用潮汐的涨落，控制水库水位形成落差，即可进行潮汐发电。

2. 开发利用概况

据初步估计，全世界潮汐能约在 10^6 MW 以上，我国可开发的潮汐能为 580 亿 kW·h，相应装机容量为 20000MW 以上。其中，尤以福建、浙江沿海的蕴藏量最为丰富。

目前世界上已投运的潮汐电站以法国郎斯河口的电站为最大，其最大潮差为 13.5m，装有 24 台 10000kW 灯泡贯流式六工况水轮发电机组，年发电量为 5 亿 kW·h。加拿大、美国和阿根廷等国亦相继筹建潮汐电站，并有向大型化发展的趋势。

我国自 1958 年先后在广东、江苏、山东、浙江、福建等省利用有利的海岸河口，建成几十处潮汐电站，设计装机容量 5000kW 以上。

二、潮汐电站机组

1. 潮汐电站机组的特点

我国大潮汐地区最大潮差在 5～9m 之间，电站的工作水头一般较最大潮差小，而引用的潮流量大，因此潮汐机组的水头低，流量大，转速小。为便于布置，一般在水轮机与发电机之间采用增速器以提高发电机转速，避免采用低速庞大的水轮发电机。

潮汐电站机组一般在海水下运行，因此机组的防腐、防污、密封，发电机的防潮，绝缘通风，冷却，维护检修等问题均复杂。潮汐电站的机组随着潮汐的涨落发电，开机停机次数频繁。在电气方面需要选用能适应频繁操作的开关设备，如磁吹开关、真空开关等。

2. 机型

为了适应水头低、流量大的特点，潮汐电站一般选用贯流式机组。贯流式机组类型很多，按照通流特性采用全贯流式最为优越，但由于该水轮机密封十分困难，因此技术上要求较高。灯泡式机组是将水轮发电机组置于灯泡体内，流道水力性能良好，结构紧凑，用于较大型的潮汐发电站和双向发电潮汐电站。灯泡式机组灯泡体耗钢量大，对增速的要求高，机组容易振动，装拆和维修也较为不便。目前有的电站也采用竖井式机组，我国农村小型潮汐电站常选用简易的立轴定桨式机组。

三、潮汐电站类型

潮汐电站大致分三种类型。

（1）单库单向电站，见图 2-3-1，在河口湾处修坝，使口内形成水库。涨潮时海水灌入水库，落潮时利用库面和海面位差推动水轮机发电。

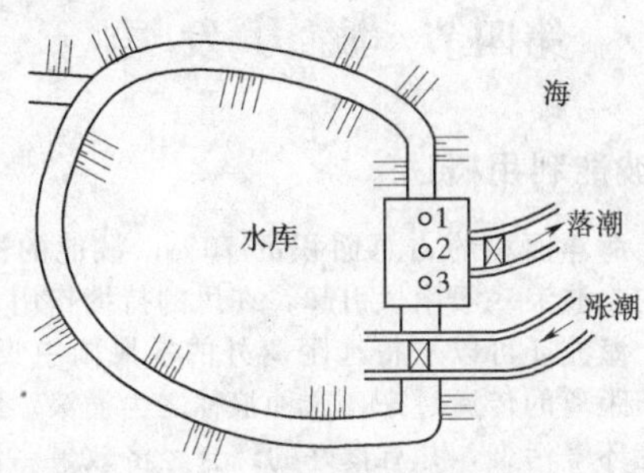

图 2-3-1 单库单向潮汐电站

（2）单库双向电站，同样也只利用一个水库，不管涨潮还是落潮均可发电，但须采用双向两工况水轮发电机组，只有平潮时（库内外无水位差）才不能发电。

（3）双库单向电站见图 2-3-2，这种电站需建造两个比邻水库，一个仅在涨潮时进水，另一个只在落潮时放水。这样形成高位和低位两个不同的水库，水轮发电机组装在两库之间的隔坝内，可以按需要发电，但是修建两个水库水工建筑量大，因此使投资额大大地增加。

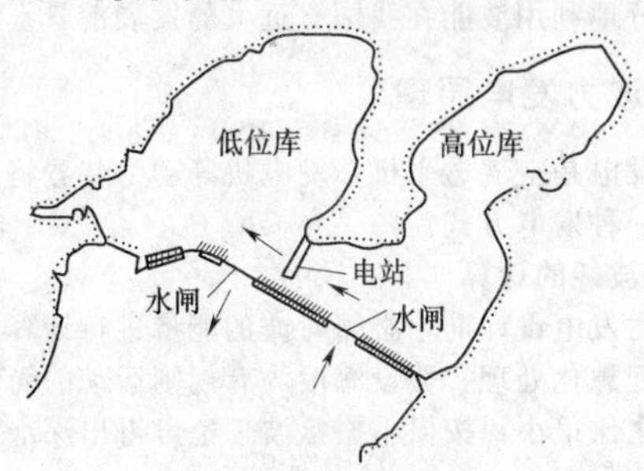

图 2-3-2 双库单向潮汐电站

四、潮汐发电的主要技术问题

（1）发电量不稳定。潮汐发电因受潮位直接影响，发电量是不稳定的。目前除在电站开发方式上，在有利条件下采用双库双向布置外，还应在电力补偿方面进一步研究。如与具有一定调节性能的水电站联合工作，就可利用水电站的启动、调度的灵活性进行补偿，弥补潮汐电站出力的不均衡。另外也可考虑潮汐电站与抽水蓄能等储能电站互为补偿，克服间歇性发电的特点。在与用户配合方面，要根据潮位变化分析，制定如何适应用户的用电需求的操作方案。

(2) 单位千瓦的投资太大。潮汐发电的特点是水头低、流量大，所以机组体积大，用钢量多，机组投资在整个电站投资中占很大比重。例如幸福洋潮汐电站计划投资为2117元/kW，比常规水电的投资还高，从分析总投资成分可以发现40%～55%用于购置机电设备，30%～35%用于水工设施的建造。因此需研究适宜的机组代用材料以提高电站建设的经济性。

(3) 泥沙淤泥问题。水库泥沙的淤积不仅减少发电水量，还损失了发电水头，严重的淤积将迅速导致电站报废。为使潮汐电站达到长期使用的目的，需进一步研究水库淤积的基本规律和泥沙运动特性，最大限度地保持有效库容不淤。

(4) 防腐防污问题。防止金属设备的腐蚀，除了关键零部件大量采用不锈钢制造外，要采用特种涂料和阴极保护等防腐蚀技术。防污即海洋附着生物的防除，目前主要有防污涂料和施氯两种。

第四节 波力发电

一、波能利用概述

地球上海洋面积约占总面积的70%，波能的蕴藏量是十分丰富的。波浪一般由风引起，在风的持续作用下产生的浪叫风浪；海波还可以从很远距离外的暴风雨中吸收能量，经由海洋长距离的传递过来，这种浪称之为涌浪。波能取之不尽，又无环境污染，并有良好的综合经济效果。目前世界上许多国家都对波能利用的研究投入了大量的力量。一些小容量的波力发电装置，如航标波力发电装置已经投入商业化生产；而中等容量的发电装置在技术上已比较成熟，但是由于成本较高，只有在技术上不断更新，降低造价，才有可能与常规能源竞争。

我国大陆海岸线长18000km，岛岸线长14000km，海域面积470万km^2，波能蕴藏量很大。据国家海洋局统计，我国沿海海域年平均波高为1～1.5m，年平均波浪周期为6s左右，波功率密度小于10kW/m，波总功率为1.5亿kW。因而，充分地利用波能在我国有远大的发展前景。

二、波力发电原理

波力发电是空气透平机，发电机等动力装置将波能转换为电能的一种发电方式。

(一) 波能的计算

在波力发电设计前，必须对波的能量进行计算。通常将海浪进行理想化处理，假设海浪为有规则运动的简谐波，波高与波长之比很小，按微小振幅波理论可得出深水区规则波的计算公式如下。

1. 波能密度

$$E=\frac{1}{8}\rho g H^2$$

式中 E——波能密度，单位面积的波能（J/m^2）；

ρ——海水密度（kg/m^3）；

g——重力加速度（m/s^2）；

H——波高（m）。

2. 波功率密度

单位时间内通过波能前进方向上单位宽度的波能，称为波功率密度。

$$P=\frac{1}{32\pi}\rho g^2 H^2 T=0.981H^2 T$$

式中 P——波功率密度（kW/m）；

T——波浪周期（s）。

3. 不规则波

实际上海浪是由不同波高，不同周期的波组成，对于发生在深水区的不规则波可按下式进行估算

$$E=\frac{1}{16}\rho g H_s^2$$

$$P=0.5H_s^2 T_s$$

式中 H_s——有效波高，波群中波高按由大到小的次序，取排在前面的1/3的大波波高的平均值（m）；

T_s——有效波高的周期（s）。

(二) 波力发电原理

波力发电是利用海洋的波浪上下浮动，从而交替压缩、吸引海浪上面空气室内的空气，使空气通过一组导向装置单向地推动空气透平机组，带动发电机发电。

三、波力发电方式

波力发电根据空气透平安置方式的不同可分为浮游方式和固定方式。

1. 浮游方式

将空气透平发电设备置于海洋中，随着波浪的上下浮动，压缩空气进入空气透平，使透平旋转从而带动发电机发电。浮游方式一般可作为航路航标灯的电源。

浮游式波力发电设备如图2-4-1所示。

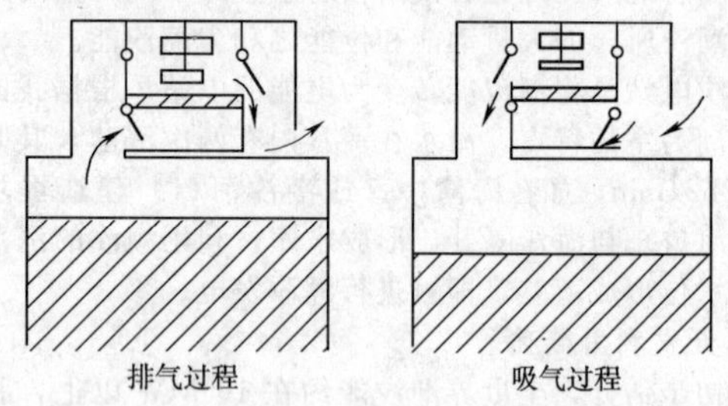

图2-4-1 浮游式波力发电设备示意图

当浮体处于浪谷时，空气活塞室的体积变小，空气受到压缩，里面的空气冲开活门，通过导向叶片，带动空气透平旋转。当浮体处于浪峰时，空气活塞室的体积增大，里面的气压低于外界气压，外界空气冲开活门，通过导向叶片，驱动空气透平机组旋转发电。

2. 固定方式

将空气透平机组固定在海岸或轮船上，利用海浪作用产生空气流动驱动空气透平机组旋转发电，其工作原理如图2-4-2所示。

当容器内的水柱表面受到外界波浪力的作用，会产生上下运动，交替压吸上方的空气，使空气通过导向装置，单向地推动空气透平机组旋转发电。其他发电方式还有点头鸭式波能转换装置，筏式波力转换装置、威尔斯透平机等。

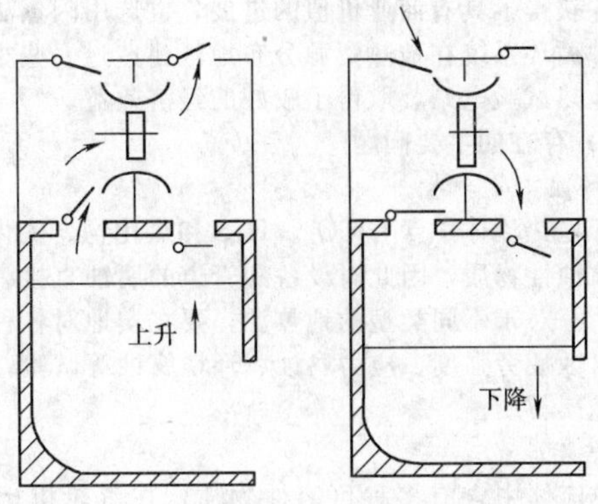

图 2-4-2 固定式波力发电装置示意图

四、波力发电主要特点

波力运动是一种力大、低速、能流密度低、做无规则的往复运动。它具有如下特点：

(1) 海浪的冲击力相当大，一般为 20～30tf/m²(1tf/m² =9.8×10³Pa)，最大的可达 60tf/m²(1tf/m²=9.8×10³Pa)以上，每平方公里的海面上波浪能的功率有 10×10⁴～20×10⁴kW，因此，用波力来发电具有很大的潜力。

(2) 波力的能流密度低，大容量的发电设备投资大、造价高，除在一些特定的场合，如一些孤立于大海中的岛屿外，目前波力发电很难与常规能源竞争。

(3) 波力发电还可以起到消波作用，有利于沿岸渔业、种植业、养殖业、沿岸防灾、海上或港湾工程安全等。

第五节 地热发电

一、地热发电原理

1. 直接蒸汽法

从地热井采集高温蒸汽，直接送入汽轮机作功发电叫做直接蒸汽法地热发电。所用的发电设备与常规火电设备基本相同。当蒸汽中不可凝性气体含量超过 10%或在地热井口安装小功率机组时，可以采用不带凝汽器和抽气系统的背压式汽轮发电机组。投资省，系统简单，技术成熟及转换效率高是这种直接供汽方式的主要优点；但是这种资源在世界范围内比较少，当今正在开发应用的只有美国盖瑟，意大利拉得瑞罗等少数地区。

2. 热水闪蒸法

利用水在低压下沸点降低的原理，将从地热井采集的热水送入闪蒸器（扩容器），在闪蒸器中热水因减压产生蒸汽，然后将蒸汽送入汽轮机发电，这种发电方式叫热水闪蒸法。汽轮机可以采用冷凝式或者背压式机组。单级闪蒸是将地热水经一次闪蒸后，剩下的热卤水不再重复利用，因此热利用效率低。多级闪蒸系统是将地热水多次闪蒸利用，将获得的更低压蒸汽送到汽轮机的相应压力级作功，从而使热效率有所提高。多级闪蒸通常为二级闪蒸，这是因为汽轮机与相关系统的复杂性都随闪蒸级数增多而增大。在同样的地热水耗量时，第二级的蒸汽压力是第一级的 1/5，二级闪蒸系统比一级闪蒸系统可提高效率 25%～30%。经闪蒸获得的蒸汽含腐蚀性和结垢成分较少，有利于汽轮机维护保养。此法也有不少缺点：闪蒸获得的饱和蒸汽在膨胀作功过程中易于增加湿度析出水滴，因而对高速旋转叶片会产生危害；由于热水焓值很低，往往导致蒸汽容积流量和其设备尺寸增大，投资较大。

3. 双工质循环法

利用蒸发器将热水的一部分热量传给低沸点工质，如氟利昂、正丁烷、氯乙烷等，使之蒸发成高压蒸汽，并推动汽轮机膨胀作功产生电力，排汽经表面式凝汽器凝结成液体，用泵送回蒸发器，形成完整的循环。这种利用低沸点有机工质循环的作功发电方式，对于中低温地热水的利用是极为适宜的。此法优点在于：地热水的压力不降低，因此地热水中的盐分与不凝性气体不会从其管道系统里分离出来，减少了设备腐蚀与维护，循环热效率高。由于低沸点工质有渗漏问题，因此对防漏技术的要求很高，并且配置的热交换设备也相当庞大，由此引起此种地热利用方式的高造价。

4. 两相全流法

将来自地热井的汽水混合物全部通过一个缩放喷嘴进行膨胀，从而形成一股夹带微小液滴的高速流体，推动两相膨胀机作功发电。此法的主要特点是避免了其他方法中由于分离器或闪蒸器等造成的不可逆损失。将蒸汽和液滴所具有的动能和热能分别作功，可获得更多的净输出功率。此法需要注意的是机器部件与地热流体直接接触，结垢和腐蚀问题不容忽视。

当前有两种被认为很有前途的两相膨胀机：

(1) 容积式螺杆膨胀机。在工作时，机器部件的旋转运动有去除盐垢的作用，因而不易结垢。这种膨胀机较适用于中低温和低膨胀比的工况。

(2) 旋转分离涡轮机。当两相流的含水量超过 80%时适用。实验证明由旋转分离器、水轮机和汽轮机三部分组成的系统，其出力比单级闪蒸系统高出约 20%。

二、地热发电系统

地热发电系统的原理示意图如图 2-5-1 所示。

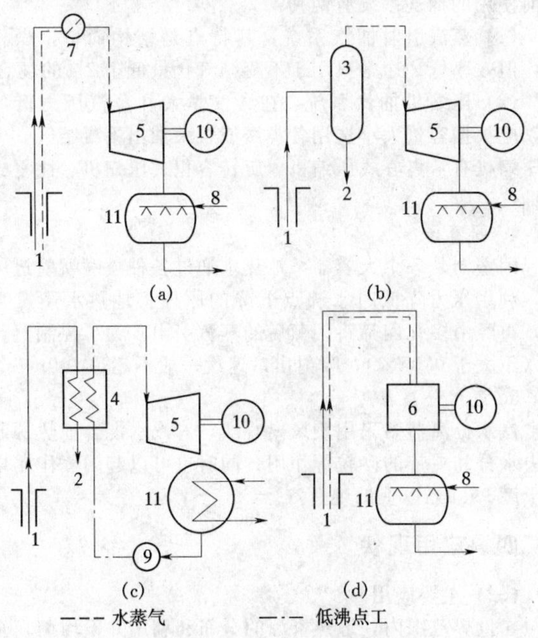

图 2-5-1 地热发电系统原理图

(a) 直接蒸汽法；(b) 闪蒸法；(c) 双工质循环法；(d) 两相全流法
1—生产井；2—回灌井；3—闪蒸器；4—蒸发器；5—汽轮机；
6—全流膨胀机；7—分离器；8—冷却水；9—循环泵；
10—发电机；11—冷凝器

三、地热发电站的主要设备

1. 汽轮机组

地热发电站所用汽轮机在结构上与火力发电站常规低压汽轮机类似，同时又有以下几点主要区别：

(1) 进口蒸汽参数低（约 150～190℃），同时还有可能有二级闪蒸的低压蒸汽进入。

(2) 由于地热汽焓值低，导致蒸汽流量大，机组尺寸大，其尺寸约为同功率常规机组的三倍。根据功率大小：100MW 以上采用多缸并列式布置；50MW 左右采用双流式布置；25MW 以下才采用单流式机组。

(3) 由于尺寸增大，叶片的长度和厚度都需加大以保证满足强度要求。低压蒸汽往往是饱和蒸汽，在汽轮机通流部分膨胀作功时，前几级易于结垢引起堵塞。因此需加宽叶片节距，增大通流面积；后几级易析出水分，冲刷叶片引起腐蚀。为此在汽缸上要设排水槽，并在动叶进汽边焊硬质合金以提高动叶抗磨能力。

2. 接触式凝汽器

对直接利用地热汽的汽轮机，它的排汽不需回收，普遍采用的是接触式凝汽器。其优点是热效率高，压力损失小，尺寸小，结构简单。其形式主要有两种：

(1) 喷射式，冷却水通过多个交错布置的喷嘴以雾状喷出，喷射压力靠冷却水塔与凝汽器内的真空压差取得，不需另设喷射泵。

(2) 淋盘式，冷却水由淋盘往下逐层流动，排汽由下而上穿过层层淋盘。

3. 抽汽系统

由于地热汽中含有很多不凝结气体，如 H_2S、CO_2 等，加之冷却水中所含的空气，都可以在凝汽器中积聚，多达 1%～10%的不凝结气对汽轮机的运行是有影响的。只有由抽气系统及时排除不凝结气，才能保持机组的效率和出力。当前使用的抽气系统有两种：

(1) 蒸汽引射抽汽系统，其特点是结构简单，操作方便，但效率低，通常只用于不凝结气含量低于 2%的场合。

(2) 压缩机抽汽系统，在含气量大和蒸汽压力低的场合，应根据容量大小选用各类压缩机来抽出不凝结气，常用的压缩机有：离心式压缩机、旋转容积式压缩机、往复式真空抽气泵等。

4. 闪蒸器

闪蒸器是一个大容器，地热水通过各种喷嘴喷射进闪蒸器，利用压力降低时水沸点下降的原理将地热水蒸发为蒸汽，再经由多孔网筛将闪蒸后的蒸汽引出。为了控制蒸汽湿度（不大于 0.05%），喷射出口速度一般不超过 100m/s。

5. 汽水分离器

汽水分离器多采用旋风离心式，对汽水混合地热源起到除去水分和夹带的砂粒等作用，同时也可以起闪蒸作用以获得干度 99.9%以上的纯蒸汽。

四、应用现状

（一）主要应用

在世界范围内，地热资源的分布和利用并不均衡，全球总装机容量的约 40%在美国，其余分布在日本、意大利、新西兰、冰岛、萨尔瓦多、印度尼西亚、肯尼亚、墨西哥等八个国家。地热发电设备的主要制造国为日本，其制造的最大机组按功率计约占全球装机容量的 75%。

我国于 20 世纪 70 年代初开始开展地热发电研究，在西藏羊八井获得了具有商业价值的进展，也选用闪蒸法和双工质法两种循环系统在地热资源分布地区建造过一些小型低温热水型地热试验电站，取得了较好的经济效益。

（二）存在的主要问题

1. 腐蚀

由于地热流体中含有 CO_2、H_2S 和氯化物、硫化物、硫酸盐等腐蚀性物质，因此对设备和管道的腐蚀直接影响设备使用寿命。对于不同类型的地热源，要在实地对各种金属材料进行腐蚀疲劳强度、应力腐蚀、环境腐蚀等试验，以确定选用的金属材质。

2. 结垢

地热流体中含有多种可溶性物质，在汽轮机运行过程中，由于压力下降和温度降低，会有固体性物质析出并在通道内壁上结垢，严重时会造成堵塞。在汽机叶片上结垢会使输出功率下降，在主汽阀或蝶式调节阀上结垢会造成卡死和关闭不严，直接影响机组运行的安全可靠性，所以地热电站需要定期停机人工除垢。

3. 环境污染

地热电站排放的地热卤水中含有硫酸盐、碳酸盐、氯化物、二氧化硅等化学物质以及钾、钙、钠、镁、铁、砷等元素，加之卤水含有大量热量，若将地热卤水排放到地面，将造成严重的化学污染和热污染。当前应用的主要方法是将地热卤水回灌地热源，这样既可补充地下热储量，又可延长地热井寿命并防止地面沉降，同时也是最有效和最经济的防止污染措施。

第六节 生物质能发电

一、生物质能资源

生物质能是由植物的光合作用固定于地球上的太阳能，每年经光合作用产生的生物质约 1700 亿 t，其能量约相当于世界主要燃料消耗的 10 倍。然而，目前作为能源利用的生物质量还不到其总量的 1%，那些未加以利用的生物质，为完成自然界的碳循环，其绝大部分由自然腐解将能量和碳素释放，回到自然界中。在可能替代化石燃料的能源中，生物质以其可再生、产量巨大、可储存、碳循环等优点而引人注目。

生物质能资源分布广泛，且可再生，可以利用多种技术把它转化为现代能源，而不会增加大气 CO_2 的积累。所以，生物质能源的开发利用早已引起世界各国政府和科学家的关注，许多国家都在积极开发生物质能源，我国开展了如户用沼气池、节柴炕灶、薪炭林、大中型沼气工程、生物质压块成型、气化与气化发电、生物质液体燃料等各类生物质能利用技术的研究与开发，从而为生物质能的利用奠定了坚实的基础。在今后几十年内，我国生物质能可开发资源将大幅增加，生物质能源将在我国能源结构中占有重要地位，在实现我国可持续发展战略中发挥重要作用。

二、生物质发电的意义和生物质发电形式

（一）生物质发电的意义

(1) 较少污染和温室气体排放。生物质的含硫量、含氮量、灰分都低于煤，燃烧产生的二氧化碳又会被等量生长的植物光合作用所吸收，实现二氧化碳零排放。

(2) 发展接近终端用户的分布式电力系统。生物质资源的分散性决定了其利用的分散性。在生物质资源相对集中的地域，选择适当的生物质发电技术类型，建立相应规模的生

物质发电厂，所生产的电力可以直接供给附近的用电户或并入大电网。这种分布式电力系统技术适宜、投资小、直接供电、运行方便可靠。

(3) 发展农业生产和农村经济。生物质发电可以在局部地区满足分散独立用户的需要，补充大电网的缺失，打破供电垄断。

随着《中华人民共和国可再生能源法》的实施，生物质能电力的市场需求将会大幅度增加。预计到2020年，我国新的可再生能源利用量（不含传统生物质）可达3亿t标准煤，约占一次能源供应的10%；可再生能源发电的装机容量达到1.2亿kW，其中生物质发电装机容量将达到2000万～3000万kW。

（二）生物质发电形式

(1) 生物质直接燃烧发电。1988年在丹麦诞生了世界上第一座秸秆燃烧发电厂，迄今在这一领域仍是世界最高水平的保持者。丹麦已建立了130多家秸秆发电厂。丹麦技术被联合国列为重点推广项目，英国坎贝斯生物质能发电厂装机容量达3.8万kW，总投资5亿丹麦克朗。

城市生活垃圾（MSW）燃烧发电是生物质直接燃烧发电的另一种形式。目前以欧、美、日最具代表性。主要焚烧炉型有机械炉排炉、流化床炉、回转窑炉、模组式炉。美国垃圾焚烧发电约占总垃圾处理量的40%，现已建立了几百座垃圾电站。日本垃圾焚烧处理的比例在20世纪90年代中期就达到了75%，填埋处理占25%。

(2) 生物质混合燃烧发电。生物质与煤等化石燃料混合燃烧发电。一种是将生物质原料直接送入燃煤锅炉；另一种是先将生物质原料在气化炉中气化生成可燃气体，再通入燃煤锅炉。这项发电技术的关键是对生物质原料的预处理。

(3) 生物质气化发电。在气化炉中将生物质原料气化，生成可燃气体，再经过净化，供给内燃机或小型燃气轮机，从而带动发电机发电。热解气化发电的关键技术包括原料预处理技术、高效热解气化技术、合适的内燃机和燃气轮机。

(4) 生物质沼气发电。利用厌氧发酵技术将屠宰厂或工业有机废水以及养殖场的畜禽粪便进行发酵，生产沼气（CH_4），供给内燃机或燃气轮机，从而带动发电机发电。同时也可供给蒸汽锅炉，生产蒸汽，带动蒸汽轮机发电。美国、英国、意大利等发达国家将沼气发电技术主要用于垃圾填埋场的沼气处理工艺中。美国在沼气发电领域有许多成熟的技术和工程，处于世界领先水平。

(5) 生物质气化燃料电池一体化发电。目前正处研究之中，还没有商业化运行的装置，中国还是空白，有必要开展这方面的研究。

三、中国生物质发电面临的主要问题

(1) 生物质供应成本较高。

(2) 自主核心技术严重缺乏。

(3) 投资渠道和投资资金缺乏。

生物质能发电在中国任重而道远。

第七节 垃圾发电

一、垃圾发电起源和发展概况

垃圾发电（municipal solid waste power generation）是指通过特殊的焚烧锅炉燃烧城市固体垃圾，再通过蒸汽轮机发电机组发电的一种发电形式。垃圾发电把各种垃圾收集后，进行分类处理。其中：一是对燃烧值较高的进行高温焚烧（也彻底消灭了病源性生物和腐蚀性有机要物），在高温焚烧（产生的烟雾经过处理）中产生的热能转化为高温蒸气，推动涡轮机转动，使发电机产生电能。二是对不能燃烧的有机物进行发酵、厌氧处理，最后干燥脱硫，产生一种气体叫甲烷，也叫沼气。再经燃烧，把热能转化为蒸气，推动涡轮机转动，带动发电机产生电能。

面对世界城市化进程越来越快，城市垃圾泛滥已成为城市的一大灾难。世界各国已不仅限于掩埋和销毁垃圾这种被动“防守”战术，而是积极采取有力措施，进行科学合理地综合处理利用垃圾。我国有丰富的垃圾资源，存在极大的潜在效益。现在，全国城市每年因垃圾造成的损失约近300亿元（运输费、处理费等）而将其综合利用却能创造2500亿元的效益。目前，上海、广州、深圳等城市已开始建造垃圾发电厂。

从20世纪70年代起，一些发达国家便着手运用焚烧垃圾产生的热量进行发电。欧美一些国家建起了垃圾发电站，美国某垃圾发电站的发电能力高达100MW，每天处理垃圾60万t。现在，德国的垃圾发电厂每年要花费巨资，从国外进口垃圾。据统计，目前全球已有各种类型的垃圾处理工厂近千家，预计3年内，各种垃圾综合利用工厂将增至3000家以上。科学家测算，垃圾中的二次能源如有机可燃物等，所含的热值高，焚烧2t垃圾产生的热量大约相当于1t煤。如果我国能将垃圾充分有效地用于发电，每年将节省煤炭5000～6000万t，其“资源效益”极为可观。资源化垃圾焚烧后，热量用于发电，做到废物综合利用。据有关统计资料称，我国当今城市垃圾清运量已达1万亿t/a，若按平均低位热值2900kJ/kg，相当于1400万t标煤。如其中有1/4用于焚烧发电，年发电量可达60亿kWh，相当于安装了1200MW火电机组的发电量。无害化垃圾焚烧发电可实现垃圾无害化，因为垃圾在高温（1000℃左右）下焚烧，可进行无菌和分解有害物质，且尾气经净化处理达标后排放，较彻底地无害化。减量化垃圾焚烧后的残渣，只有原来容积的10%～30%，从而延长了填埋场的使用寿命，缓解了土地资源紧张状态。

因此，兴建垃圾电厂十分有利于城市的环境保护，尤其是对土地资源和水资源的保护，实现可持续发展。

二、垃圾发电技术

1. 机械炉排焚烧炉

(1) 工作原理。垃圾通过进料斗进入倾斜向下的炉排（炉排分为干燥区、燃烧区、燃尽区），由于炉排之间的交错运动，将垃圾向下方推动，使垃圾依次通过炉排上的各个区域（垃圾由一个区进入到另一区时，起到一个大翻身的作用），直至燃尽排出炉膛。燃烧空气从炉排下部进入并与垃圾混合；高温烟气通过锅炉的受热面产生热蒸汽，同时烟气也得到冷却，最后烟气经烟气处理装置处理后排出。

(2) 特点。炉排的材质要求和加工精度要求高，要求炉排与炉排之间的接触面相当光滑、排与排之间的间隙相当小。另外机械结构复杂，损坏率高，维护量大。炉排炉造价及维护费用高，使其在中国的推广应用困难重重。

(3) 小结。该工艺在中国焚烧垃圾适用性不强的原因是，由于我国垃圾目前还没有严格分类，垃圾中含水分较高、成分复杂，所以热值很低，很难把垃圾焚烧透彻，炉内温度难以提高，造成二次污染的可能性就大。

2. 流化床焚烧炉

(1) 工作原理。炉体是由多孔分布板组成，在炉膛内加入大量的石英砂，将石英砂加热到600℃以上，并在炉底鼓入200℃以上的热风，使热砂沸腾起来，再投入垃圾。垃圾同热砂一起沸腾，垃圾很快被干燥、着火、燃烧。未燃尽的垃圾比重较轻，继续沸腾燃烧，燃尽的垃圾比重较大，落到炉底，经过水冷后，用分选设备将粗渣、细渣送到厂外，少量的中等炉渣和石英砂通过提升设备送回到炉中继续使用。

(2) 特点。流化床燃烧充分，炉内燃烧控制较好，但烟气中灰尘量大，操作复杂，运行费用较高，对燃料粒度均匀性要求较高，需大功率的破碎装置，石英砂对设备磨损严重，设备维护量火。

(3) 小结。该工艺比较适合我国的国情，燃烧比较复杂、水分比较多的垃圾也能够把垃圾燃烧彻底，温度也比较高，投资也比较低，是适合中国国情的工艺流程。

3. 回转式焚烧炉

(1) 工作原理。回转式焚烧炉是用冷却水管或耐火材料沿炉体排列，炉体水平放置并略为倾斜。通过炉身的不停运转，使炉体内的垃圾充分燃烧，同时向炉体倾斜的方向移动，直至燃尽并排出炉体。

(2) 特点。设备利用率高，灰渣中含碳量低，过剩空气量低，有害气体排放量低。但燃烧不易控制，垃圾热值低时燃烧困难。

(3) 小结。对于垃圾量比较少的地区可以采用该工艺。

4. CAO焚烧炉

(1) 工作原理。垃圾运至储存坑，进入生化处理罐，在微生物作用下脱水，使天然有机物（厨余、叶、草等）分解成粉状物，其他固体包括塑料橡胶一类的合成有机物和垃圾中的无机物则不能分解粉化。经筛选，未能粉化的废弃物进入焚烧炉的先进入第一燃烧室（温度为600℃），产生的可燃气体再进入第二燃烧室，不可燃和不可热解的组分呈灰渣状在第一燃烧室中排出。第二室温度控制在860℃进行燃烧，高温烟气加热锅炉产生蒸汽。烟气经处理后由烟囱排至大气，金属玻璃在第一燃烧室内不会氧化或融化，可在灰渣中分选回收。

(2) 特点。可回收垃圾中的有用物质，但单台焚烧炉的处理量小，处理时间长，目前单台炉的日处理量最大达到150t，由于烟气在850℃以上停留时间难于超过1s，烟气中二噁英的含量高，环保难以达标。

(3) 小结。对于垃圾量比较少的地区可以采用该工艺。

5. 脉冲抛式炉排焚烧炉

(1) 工作原理。垃圾经自动给料单元送入焚烧炉的干燥床干燥，然后送入第一级炉排，在炉排上经高温挥发、裂解，炉排在脉冲空气动力装置的推动下抛动，将垃圾逐级抛入下一级炉排，此时高分子物质进行裂解、其它物质进行燃烧。如此下去，直至最后燃尽后进入灰渣坑，由自动除渣装置排出。助燃空气由炉排上的气孔喷入并与垃圾混合燃烧，同时使垃圾悬浮在空中。挥发和裂解出来的物质进入第二级燃烧室，进行进一步的裂解和燃烧，未燃尽的烟气进入第三级燃烧室进行完全燃烧；高温烟气通过锅炉受热面加热蒸汽，同时烟气经冷却后排出。

(2) 优点：

1) 处理垃圾范围广泛能够处理工业垃圾、生活垃圾、医院垃圾废弃物、废弃橡胶轮胎等。

2) 燃烧热效率高正常燃烧热效率80%以上，即使水分很大的生活垃圾，燃烧热效率也在70%以上。

3) 运行维护费用低由于采用了许多特殊的设计以及较高的自动化控制水平，因此运行人员少（包括除灰渣人员在内一台炉仅需两人），维护工作量也较少。

4) 可靠性高经过近20年运行表明，此焚烧炉故障率非常低，年运行8000h以上，一般利用率可达95%以上。

5) 排放物控制水平高由于采用二级烟气再燃烧和先进的烟气处理设备，使烟气得到了充分的处理。经长期测试，烟气排放物中CO含量1～10ppm，HC含量2～3ppm，NOx含量35ppm，完全符合欧美排放标准。烟气在二、三级燃烧室燃烧时温度达1000℃，并且停留时间达2s以上，可使二噁英基本分解，烟气中二噁英的含量为0.04ng/m^3，远低于欧美标准0.1ng/m^3。

6) 炉排在压缩空气的吹扫下，有自清洁功能。

三、我国垃圾发电现状

全世界每年产生4.9亿t垃圾，仅中国每年就产生近1.5亿t城市垃圾。目前中国城市生活垃圾累积堆存量已达70亿t。我国城市垃圾焚烧发电最早投入运行始于1987年。之后，随着一大批环保产业化和环保高技术产业化项目的相继启动，垃圾焚烧发电技术得到了快速发展，实现了大型垃圾焚烧发电技术的本土化，垃圾焚烧处理能力在近5年间增长了5倍。

根据我国现行政策，城市生活垃圾焚烧发电技术将以机械炉排炉为主导，辅以煤-垃圾混烧流化床垃圾焚烧技术和其他技术。按照日处理1800t二段往复式垃圾焚烧设备计算，年发电量可达1.6亿kWh，可节约标准煤4.8万t，年减少氮氧化合物排放480t、二氧化硫排放768t。

据了解，我国年产城市生活垃圾约1.5亿t，其中填埋占70%，焚烧和堆肥等占10%，剩余20%难以回收。其中垃圾发电率还不到10%，相当于每年白白浪费2800MW的电力，被丢弃的“可再生垃圾”价值高达250亿元。

随着我国垃圾回收、处理、运输、综合利用等各环节技术不断发展，垃圾发电方式很有可能成为最经济的发电技术之一，从长远效益和综合指标看，将优于传统的电力生产。

澳门已建一座2×300t/d的垃圾电厂，1992年投人运行，实现了澳门垃圾的全部焚烧处理。深圳市市政环卫综合处理厂是我国在澳门回归前第一个垃圾电厂，已于1988年投人运行。其主要设备有3×150t/d三菱重工马丁式焚烧炉，3×13t/h双锅筒自然循环锅炉（三菱重工引进），4MW汽轮发电机组（杭州汽轮机厂及杭州发电设备厂产品）。该厂目前运行良好。值得一提的是，其中第三台焚烧炉为杭州锅炉厂引进日本三菱重工技术制造的，从而使垃圾焚烧炉这一关键设备实现了国产化，为垃圾电厂在我国的推广应用打下了良好的基础。珠海1998年基本建成，1999年投人运营，工程规模为3×200t/d，焚烧炉引进美国Tem porlla炉本体设计技术由无锡锅炉厂制造，并采用美国Detroit Stoker公司炉排，发电设备及辅机全部采用国产。顺德垃圾电厂已投运一年了，全部采用国产设备，据说目前运行不够理想。上海、北京、广州等大中城市都在做前期工作，有的可行性研究正在论证，有的在做初步设计，真正进行建设的不多。

四、我国垃圾发电前景展望

垃圾发电之所以发展较慢，主要是受一些技术或工艺问题的制约，比如发电时燃烧产生的剧毒废气长期得不到有效解决。当然，现在垃圾发电的成本仍然比传统的火力发电高。专家认为，随着垃圾回收、处理、运输、综合利用等各环节技术不断发展，工艺日益科学先进，垃圾发电方式很有可能会成为最经济的发电技术之一。从长远效益和综合指标看，将优于传统的电力生产。我国的垃圾发电刚刚起步，但前景乐观。

我国的垃圾含水量高达 60%。经过一定处理每公斤燃烧产生的热值只能达到 900～1000kcal，就是说经过处理的垃圾的发热量还不及国外的 1/3，但在计算垃圾的节煤量时，却用国外垃圾的含热量来计算，即所谓 2t 垃圾相当于 1t 煤炭。中国主要城市年产垃圾有 1～1.5 亿 t，于是可以节省 5000 万到 6000 万 t 煤炭。实际上中国的垃圾要 6t 才能顶 1t 煤炭，即使有 1 亿 t 垃圾，全部用来发电也只能顶 1600～1700 万 t 煤炭。由于中国垃圾含水 60%，减量 70%左右可以做到。但是这种减量即使不燃烧也是可以办到的。垃圾焚烧电厂的环境效益尚不确定，目前垃圾燃烧产生的 SO_2、CO 和二噁英能否清除，能否达到国家环保标准还是个问题。如果二噁英不能有效清除，那么对环境的危害不可轻视。

垃圾焚烧电厂的经济性与垃圾的发热量有很大关系。国外一般都规定垃圾的发热量达不到每公斤 1500kcal，是不宜建垃圾焚烧电厂的。我国为什么能用经过一定处理后只达到 900～1000kcal 的垃圾用于发电呢？这是因为尽管垃圾的可燃物少，垃圾发电厂只好用燃油、燃煤来助燃，致使垃圾焚烧电厂成为变相的小燃油、小燃煤电厂。国家给予垃圾电厂的种种优惠条件，高电价收购变成帮助了应当关停的小油电、小煤电。

中国城市垃圾的发热量低于国外垃圾的发热量是因为中国有节俭的美德，有良好的废弃物回收利用制度，报纸、书、本、纸箱、家具等都有回收站回收，即使有少量可燃物倒入垃圾箱，还有不少废弃物捡拾者捡拾，甚至将垃圾运抵填埋场后，还有人在那里捡拾。所以中国许多城市垃圾的可燃物极少，多为厨房垃圾，不适合用于焚烧发电。

为避免不具备垃圾焚烧发电的地方建发电厂，一是政府部门要严格把关，只有具备建垃圾焚烧电厂的地方，才批准建厂并给予各种优惠政策；二是对于垃圾电厂上网收购的发电量，要按进厂的垃圾数量及垃圾发热量进行测算，超过垃圾可发电量不予收购，电价也不予优惠。

2009 年，全国设城市生活垃圾无害化处理率为 71%，提前一年完成“十一五”规划目标。我国生活垃圾焚烧处理量进一步增加，2010 年以来，垃圾焚烧发电项目遍地开花，发展势头良好。卫生填埋场的数量和处理能力都在增长中，目前我国填埋气体利用方式主要是直接燃烧发电。截至 2010 年底，我国建成并投入使用的填埋气体发电厂有 35 座，发电装机容量超过 80MW。近年来，中央财政和各级地方政府纷纷加大固定资产投资力度，城镇垃圾处理设施建设加速，电力结构优化调整继续深入。我国垃圾发电技术逐渐成熟，设备国产化进程不断加快。发展环保节能的洁净能源已经成为大势所趋，我国垃圾发电行业迎来历史性发展机遇。垃圾焚烧发电厂的服务期限一般为 25 年左右，这意味者它的稳定收益期将长达 25 年。垃圾焚烧发电厂的收益稳定、运营成本低廉并享有一定的税收优惠政策，能给投资者带来稳定高额的回报。垃圾处理费的全面开征与上调将成趋势，垃圾发电行业广阔的投资前景已经吸引了大批民间资本和国际资本参与其中。预计“十二五”期间，我国垃圾发电行业将进一步发展壮大，有望成为清洁电力的重要组成部分。

五、国外垃圾发电概况

(1) 美国。美国从 20 世纪 80 年代起先后投资 20 亿美元兴建了 90 座，总处理能力达 3000 万 t/d 的垃圾电厂。到 1990 年已发展到 400 座焚烧厂、焚烧率达 18%，到 2000 年将提高到 40%。美国垃圾发电厂处理能力都较大，1985 年在纽约建造了当时最大的垃圾电站，日处理能力 2250t。美国的 H－Power 是市政立项最大公共事业工程之一，并无任何诸如税收等方面的优惠。在市政府看来，H－Power 尽管有功于环境及旅游，但它和任何企业一样，没有什么特殊，因此建设费高达 1.8 亿美元，它必须承担所有的经营费用，而且还要支付贷款利息，债券和其他费用。H－Power 负责人指出，到 2010 年电厂所有建设贷款还清以前，每年运营费和贷款利息为 2600 万美元。不过，运营是成功的，1997 年电力销售收入达到了 2700 万美元。电厂的能量转换效率已超过了电厂设备的保证率（25%），更主要的是它是环境治理的典型代表，将可能被埋掉并污染环境的垃圾转换成可利用的电能，至于垃圾焚烧后产生的灰渣已不会对环境构成任何威胁，负责人很自信地说：垃圾电厂能满足州政府环保局的一切环保标准。

(2) 日本。日本通产省规划到 2000 年垃圾发电装机达 2000MW，为达此目标，通产省积极组织力量，解决有关技术问题，并通过发行股票债券等方式进行融资，用以兴建垃圾电厂。迄今，日本垃圾电厂最大出力为东京都江东清扫工厂，达 15MW，最小的垃圾发电厂为广岛市的宇佐南清扫工厂，仅有 0.5MW。在 2000 年动工的福田县大年田市垃圾电厂，发电功率 13.4MW，在 2002 年投运。日本城市生活垃圾废塑料较多，焚烧后产生的 HCl。浓度过高，对锅炉产生严重腐蚀。由于日本垃圾成分中聚氯乙烯废塑料含量（即氯含量）过高，故日本垃圾电厂的蒸汽温度一般≤300℃，汽压也低为 1.3MPa，所以电效率仅有 10%～15%。目前采取改进锅炉材质及表面镀层技术，以提高耐腐蚀能力。现今蒸汽温度可达 400℃以上，汽压提高到 4.0MPa 以上，发电效率也提高到 25%以上。日本曾推广过一种超级垃圾发电技术，采用新型气熔炉，将炉温升到 500℃，发电效率也由过去的一般 10%提高为 25%左右，有毒废气排放量降为 0.5%以内，低于国际规定标准。

(3) 英国。英国于 20 世纪 70 年代初在伦敦市埃德蒙顿建立垃圾电厂，是当时世界上最大的垃圾电厂，共有 5 台滚动式炉排式锅炉，年处理垃圾 40 万 t，接着在诺丁汉等各郡都先后建起了比较大的垃圾电厂。

英国于 2011 年 6 月初开始兴建耗资数百万英镑，占地超过两个足球场大小的巨型无氧垃圾处理厂，该垃圾处理厂将把大量无用的厨余垃圾转变为有用的电力。据该项目的负责人介绍，该垃圾处理厂建成后，每天可以处理 12 万 t 垃圾，生产 6000kW 的电力，能够满足 6000 户家庭 24 小时的用电需求。尽管有批评人士指责处理厂的处理设施不美观，并且会产生难闻的气味，但是支持者们宣称这是垃圾处理的未来。英国环境保护部的统计数据显示，预计到 2020 年，全英国还将新建大约 100 座类似的商业垃圾处理厂，届时，这些垃圾处理厂发出的电量可以满足 100 万户英国家庭的用电需求。据了解，英国垃圾处理业巨头 Biffa 公司已于 6 月 15 日在斯塔福德郡坎诺克市启用了首个耗资 2400 万英镑的处理厂，该公司正计划另外再投资 8 亿英镑进行垃圾处理厂建设。

(4) 法国。法国现有垃圾焚烧炉 300 多台，可处理 40%以上的城市垃圾，在巴黎附近的 ISSY 厂，有 4×450t/d 的马丁式焚烧炉。

另外，德国在 1985 年有垃圾焚烧炉 46 台，1995 年 65 台，1998 年 75 台，发展相当快。新加坡于 1986 年建成了一座 2700t/d 的大型垃圾电厂，此后发展很快，新加坡垃圾焚烧率已达 100%。

第三章　核　能　发　电

第一节　核能发电的基础理论和基本特点

一、裂变能

1939年发现的核裂变现象是一件具有划时代意义的事件，它为一种全新的能源——核能的利用开辟了广阔的前景。

某些重元素的原子核（如^{235}U）在与中子发生相互作用用时会分裂（裂变）成两个（极少情况下为三个）质量较小的碎片，同时伴随着放出2～3个快中子以及大量的能量，这种核反应称为核裂变。核裂变中放出的能量称为裂变能。典型的裂变反应过程表示如下

$$^{235}_{92}U+^{1}_{0}n\longrightarrow^{90}_{36}Kr+^{144}_{56}Ba+2^{1}_{0}n+E$$

式中，左上标是质量数；左下标是原子序数；E是放出的能量，它来自裂变前后核粒子质量的亏损。根据爱因斯坦相对论，裂变反应释放出的能量E可以表示为

$$E(\mathrm{MeV})=931.3\times\Delta m(\mathrm{u})$$

式中，Δm是裂变反应前后核粒子质量总和之差，其单位用原子质量单位（u）表示。对^{233}U，^{235}U和^{239}Pu这几种易裂变元素，每次裂变反应释放出的能量大约都是200MeV。可算出1kg铀裂变释放出的能量约等于2700t标准煤所释放的能量。

从利用核能的观点来看，如果能使这一裂变过程自动地持续下去，也就是能产生自持的裂变链式反应，则核裂变能就会源源不断地释放出来。核反应堆就是这种能维持和控制裂变链式反应的装置。

虽然各种反应堆在设计和具体组成上有很大的区别，但还是程度不同地具有许多共同的特点。大体上说，它由堆芯、中子反射层及相应的结构组成。堆芯维持裂变链式反应，实现核能—热能的转换，它包括一定数量的核燃料元件。考虑到燃料中易裂变元素易于与能量级低的中子（热中子）发生裂变反应，故为了使堆芯中大部分裂变反应由吸收热中子产生，堆芯中还要有一种称为慢化剂的物质，其作用就是将上一代裂变反应产生的高能中子（快中子）慢化下来而变成热中子以参与下一代的裂变反应。这种慢化作用主要是通过快中子与慢化剂的弹性散射（碰撞）来实现的。最好的慢化剂应是那些质量数低而又不易俘获中子的元素所组成的物质，如轻水、重水和石墨等，这就是热中子反应堆。如果要求大部分裂变反应由高能中子引起，则堆芯中应避免含有慢化物质，这就是快中子反应堆。中子反射层是由围绕着堆芯的材料构成的，其作用是将许多已逃到堆芯外的中子散射回来，以减少中子的漏失，这样就提高了中子的利用率。目前许多商用热中子动力反应堆用轻水或重水作慢化剂和反射层。对快中子堆，反射层应由高质量数的重元素构成。

堆芯中由裂变产生的热量通过适当的流体工质循环流动带出，这种工质称为冷却剂。常用的冷却剂有轻水、重水（热中子堆）、液态钠和氦（快中子堆）。为了将堆芯释出的能量转化为电力，需要将热量通过蒸汽发生器传输给另一例的工质（通常是轻水）以产生蒸汽，驱动汽轮机—发电机组发出电力，从而实现了由核能—热能—机械能—电能的转化。这就是目前得以使核能实现和平利用的核电站。

目前核裂变能发电已在许多国家得到大规模的商业应用，法国的核电已占了主要地位。我们通常所说的核能，实际上就是指核裂变能，这是本章阐述的重点。

二、聚变能

两个或两个以上较轻原子核［如氘（D）和氚（T）］，在超高温等特定条件下能获得足够的动能克服静电斥力从而聚合成一个较重的原子核（如$^{4}_{2}He$），同时释放出大量能量，这种核反应称为聚变。由于这种反应必须在极高的温度（1亿～5亿℃）下进行，所以也称为热核反应。热核反应释放出来的能量称为聚变能，它是太阳的主要能量来源。

氘氚反应是最容易实现的一种典型聚变反应，可以表示如下

$$^{2}_{1}D+^{3}_{1}T\longrightarrow^{4}_{2}He+^{1}_{0}n+E$$

式中，E是聚变能。根据计算，1kg核聚变燃料反应释放出的能量是裂变反应的4倍。

为了实现核聚变反应，首先必须将燃料加热到反应所需的温度（通常称为点火温度）。等离子体（自由电子和带正电的原子核离子组成的混合体）是最有希望实现核聚变的介质，因为它有可能被加热到这一点火温度。除此之外，还要控制反应物的密度和维持此密度的时间，而高温和高密度有矛盾：一般温度越高的物质，要将其控制在一定范围内保持高密度就越困难，因此实现核聚变的条件以及进行人工控制是极其困难的。目前核聚变尚处于研究阶段，离商业应用还相当远。

目前主要在以下两个领域内开展工作：

（1）磁约束：它是用一定强度和几何形状的磁场将带电粒子约束在一定的空间范围内并使之保持一段时间。著名的托卡马克装置就是能产生环形磁场的典型磁约束装置。

（2）惯性约束：它是利用聚变等离子体的惯性进行约束的。氢弹的爆炸过程就是一种惯性约束过程。激光器的问世对惯性约束所提出的大功率、小范围和短时间三项要求有了实现的可能。

与核裂变相比，核聚变有以下四大优点：

（1）有实际上取之不尽、价格便宜的燃料供应，这将使发电成本大大降低。

（2）每发出单位电量产生的放射性废物较少。

（3）释放到周围环境中的热量较少，能量利用效率较高。有可能实现能量直接转换，使热效率提高到90%。

（4）高安全性。聚变反应堆不可能“失去控制”，因为在任何时候，系统内的燃料都是很少的。

由上所述，聚变能的应用远景是非常好的，但是核聚变能目前尚不具备实用价值。

三、核反应堆和核电厂的类型

目前世界上公认的技术上比较成熟、具有较高安全性且经济上有较好竞争力的商用核电厂有压水堆、沸水堆和重水堆核电厂，高温气冷堆和快中子增殖堆也是很有发展前途的堆型。

（一）压水堆

压水堆是目前核电厂最主要的堆型（见图3-1-1）。它

采用加压轻水作慢化剂和冷却剂；用低富集度的二氧化铀作燃料，锆合金作燃料的包壳。堆芯由一定数量的具有相同机械设计和水力学特性的燃料组件构成，这些组件通常有三种不同的富集度。每个燃料组件包括按正方形排列的大量燃料元件细棒和一些空心管（用作控制棒的导向管、测量管、或装可燃毒物、中子源和阻流塞）。燃料组件采用几种富集度是为了使堆芯有较好的功率分布。燃料组件外装有围板使其构成一个整体。整个堆芯外还有水与钢组成的反射层，它们都放置在一个圆筒形的吊篮中，后者又置于一个大圆柱形的压力容器内。控制棒组件从堆芯顶部插入，其驱动机构布置在压力容器的上封头上。

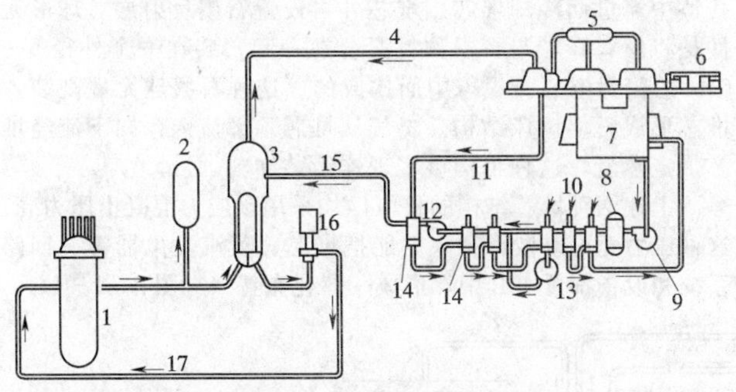

图 3-1-1 压水堆核电站布置示意图

1—反应堆容器；2—稳压器；3—蒸汽发生器；4—蒸汽管线；5—汽水分离器和再热器；6—汽轮发电机；7—汽轮发电机组；8—冷凝水除盐装置；9—冷凝水泵；10—油汽；11—抽汽；12—给水泵；13—疏水泵；14—给水加热器；15—给水管线；16—主泵；17—反应堆冷却剂管线

压水堆核电厂由两个回路组成：一回路的冷却剂将堆芯产生的热量带出，并通过蒸汽发生器将其传输给二回路；二次侧产生的饱和蒸汽驱动汽轮发电机组发出电力。

随着运行经验的不断积累和对核安全要求的提高，压水堆核电厂一直在不断进行改进，以进一步提高其安全性和经济性。有关这方面的讨论将在本篇的其他章节中进行。

（二）沸水堆

沸水堆也是目前核电厂广泛采用的一种堆型（见图3-1-2）。与压水堆一样，它也是采用加压轻水作慢化剂和冷却剂，低浓的 UO_2 作燃料，锆合金作包壳。燃料组件也有几种不均的富集度。整个堆芯置于一大型压力容器内。

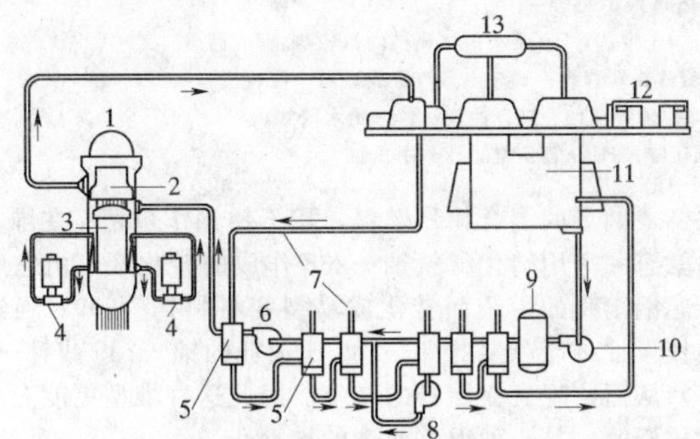

图 3-1-2 直接循环沸水堆核电站系统布置示意图

1—反应堆压力容器；2—汽水分离器和蒸汽干燥器；3—堆芯；4—再循环泵；5—加热器；6—给水泵；7—抽汽；8—疏水泵；9—除盐装置；10—冷凝水泵；11—冷凝器；12—汽轮发电机；13—汽水分离器和再热器

与压水堆核电厂最大的差别是沸水堆核电厂只有一个回路：进入堆芯的轻水很接近其饱和温度，所以它在通过堆芯时吸收热量的大部分用于产生蒸汽。流出堆芯的汽水混合物向上进入设在压力容器上部空间的汽水分离器和干燥器。分离出来的饱和蒸汽直接进入汽机，这就是直接循环。

这种工作方式的优点是可以省去主泵、蒸汽发生器及稳压器等主回路设备；同时由于压力容器出口处的冷却剂已处于饱和温度，又没有在压水堆蒸汽发生器一、二次侧流体的那种传热温压，所以沸水堆中产生的蒸汽和压力比压水堆系统要高一些。其缺点是带有微量放射性的蒸汽直接进入汽机及冷凝器等设备。在汽机厂房要采取防护措施，这对上述设备的维护和检修带来一定困难。

此外，由于在沸水堆堆芯上部空间布置上的困难，控制棒组件只能从堆芯底部插入。考虑到堆芯下部含汽量小、反应性较大，故这种插入方式有助于堆芯轴向功率分布的展平。由于堆芯内存在大量气泡，增加了中子的慢化长度，因此沸水堆燃料元件的栅距要比压水堆大，这就相应增大了堆芯的直径，另外还要在堆芯四周布置喷射泵。由上述原因，沸水堆压力容器的直径比同功率的压水堆大，但因其压力仅为压水堆的一半左右，因此压力容器的壁要比压水堆的要薄。

最后一代沸水堆（BWR6 型）压力容器外设计有一个再循环回路，它设有再循环泵和阀门等设备，可以调节通过堆芯的流量。

正常的负荷变化可以通过调节再循环流量，改变堆芯中气泡含量进行控制。

沸水堆核电厂的另一特点是采用抑压池式安全壳设计。在反应堆发生冷却剂丧失事故时，抑压水池能很快起到降压作用。因此安全壳的体积要比压水堆核电厂的小得多。

（三）重水堆

重水堆核电厂主要是指加拿大的 CANDU 型核电厂（见图 3-1-3）。这种堆采用重水作慢化剂和冷却剂，但与轻水堆不同，慢化剂和冷却剂各有独立的回路。冷却剂回路系统通常由一个或两个串联的“8”字形环路组成，每个环路的主循环泵和蒸汽发生器布置在反应堆两侧。横置的堆芯放在一个称为排管容器的大罐中。该容器有许多锆合金容器

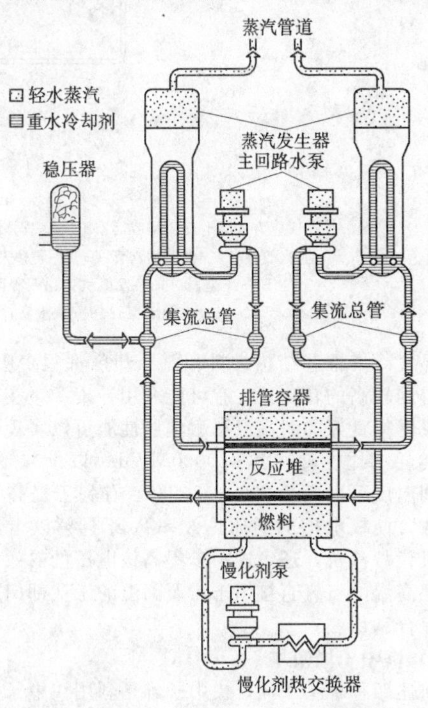

图 3-1-3 CANDU 型反应堆简化流程图

管，它们是用滚压胀接方法固定在该容器端板上的。装有燃料组件的压力管从这些容器管中穿过。容器管和压力管之间充有干燥的氮气或 CO_2 用以隔热，从而保证排管容器中的慢化剂温度不致太高。从压力管中流过的重水冷却剂要保持很高的压力的防止其沸腾。由单独的慢化剂系统进行循环冷却的重水慢化剂大约保持在 71℃左右，这一系统可以作为冷却剂系统应急注入系统的后备。

利用重水极少吸收中子这一优良特性，使 CANDU 型堆可以采用天然铀作燃料（如果要求有较高的比燃耗，则应采用稍加浓缩的铀）。UO_2 芯块装在长约 50cm 的锆合金管内，按同心圆形排列，再由锆合金端部支撑板组装成束。这种短棒束型燃料组件装在水平压力管内，可以靠支承垫来回滑动进行装卸。CANDU 型反应堆核电厂的装卸料是由设在反应堆排管容器两端的两台装卸料机在功率运行中完成的。这种不停堆装卸料有利于提高核电厂的负荷因子，有利于减少反应堆控制要求，从而简化控制棒的设计。

重水反应堆核电厂使用天然铀作燃料，可使燃料费用降低，燃料循环更经济。因重水本身昂贵，需要对回路设备采取密封防漏和漏后回收措施，使这种核电厂的基建和运行费用较高。

（四）高温气冷堆

高温气冷堆用氦气作冷却剂，石墨作慢化剂，90%的高富集度铀作燃料。这种燃料是一种颗粒燃料，即将燃料（氧化铀或碳化铀与碳化钍的混合物作成直径 200～400μm 的小颗粒，外面涂以热解碳作为包壳，再将燃料颗粒弥散在石墨基体中形成弥散体。目前应用的弥散体燃料有柱状和球形两种形式，相应地有两种堆芯结构。柱状元件是将弥散体燃料压制、烧结成直径为 10cm 左右的圆柱棒，而后安装在六角形截面的长石墨块的轴向孔道中，形成一个带有慢化剂的燃料组件，一定数量的柱体即可组成堆芯，冷却剂氦气从轴向孔道中流过而冷却堆芯，堆芯外再设置石墨反射层。球形元件是将燃料颗粒与石墨颗粒混合在一起，装在一个外径 5～6cm 的密封空心石墨球中而构成的。这种石墨球无规则装入堆芯形成石墨球床结构。氦气从堆芯顶部流入，向下流经堆芯带走热量，这种结构可实现连续装卸料。

上述两种堆芯结构的核电厂均采用预应力混凝土压力壳。这种压力壳可以做得很大，能把堆芯、蒸汽发生器等一回路系统和设备都置于其中，形成一体化布置（见图 3-1-4）。

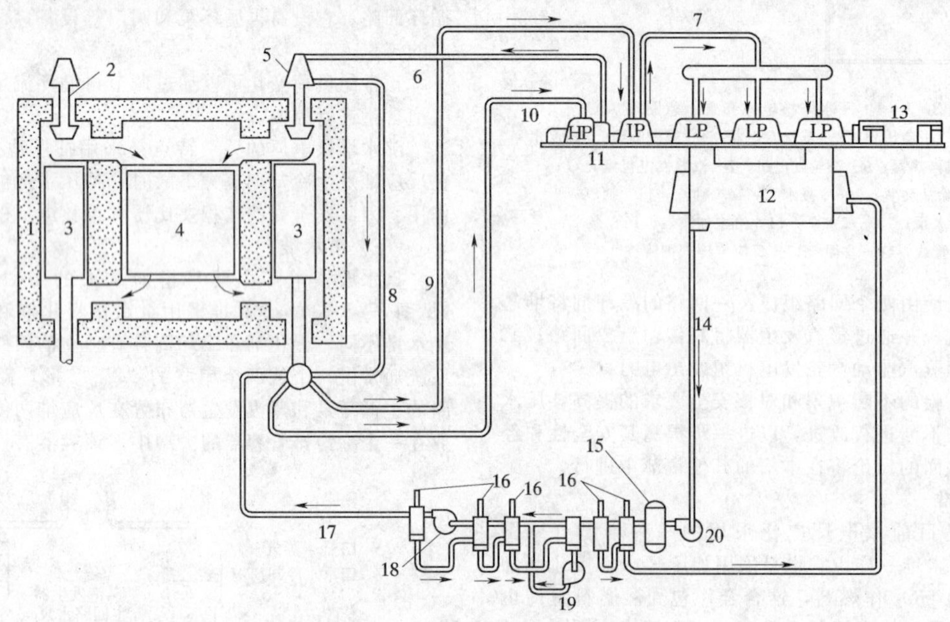

图 3-1-4 高温气冷堆核电站布置示意图

1—预应力混凝土反应堆容器；2—氦气循环风机；3—蒸汽发生器；4—堆芯；5—驱动循环风机的汽轮机；6—高压抽汽管线；7—中压抽汽管线；8—再热蒸汽冷端管线；9—再热蒸汽热端管线；10—主蒸汽管线；11—汽轮机；12—冷凝器；13—发电机；14—冷凝水管线；15—冷凝水除盐装置；16—来自抽汽；17—给水管线；18—给水泵；19—疏水泵；20—冷凝水泵；LP—低压缸；HP—高压缸；IP—中压缸

高温气冷堆堆芯结构材料和氦冷却剂都很少吸收中子，故可以得到较高的转化比，有可能利用钍资源，实现铀钍循环。颗粒燃料良好的耐高温和耐辐照性能可以实现高比功率和高比燃耗（比燃耗可达 100000MWd/t 以上）。堆芯出口的冷却剂温度可以高达 750～1200℃，有利于提高二回路的蒸汽参数，使核电厂的循环热效率达到 40%以上。如改用燃气轮机代替汽机，还可进一步提高核电厂的热效率，此外还可以把高温的氦气直接用于需要高温的工业部门，作为热源加以综合利用。

（五）快中子增殖堆

与前述四种堆型不同，快中子堆是利用快中子实现核裂变和增殖的，所以堆芯内不能有慢化剂。快堆采用氧化铀或氧化钚或两者的混合物作燃料，用不锈钢作包壳。在堆芯周围通常有一个用转化材料铀—238 作成的转化区，由它吸收从堆芯漏出来的中子而转化成易裂变材料钚—239。通过合理的核设计可使产生的钚—239 比消耗的铀—235 或钚—239 还多，从而实现裂变燃料的增殖。因此这种堆型更能充分地利用核资源，是一种很有前途的堆型。

由于快堆要求选择中子慢化能力差的流体作冷却剂，因此可供选择的材料只有液态金属和氦气。因氦气技术比较复杂，目前世界上已建成的快堆都是用液态金属钠作冷却剂的。液态金属钠的放热系数很高，可以把燃料元件的相距变得很小，燃料元件可以作得很细，从而得到很高的功率密度。

考虑到钠和水会发生强烈的化学反应，因此设置了一个中间回路，将一回路钠与动力循环回路水分开，以避免可能发生的这种反应危及堆芯（见图3-1-5）。

目前钠冷快堆有两种结构型式：池式和回路式。

池式结构（见图3-1-6）是将堆芯和中间热交换器等都放在一个不锈钢大池中，池中装有大量液态钠，所有对外的连接部件都从此钠池顶部穿过，池壁上无任何管道贯穿。这种结构的优点是发生一回路冷却剂丧失事故的可能性极小。

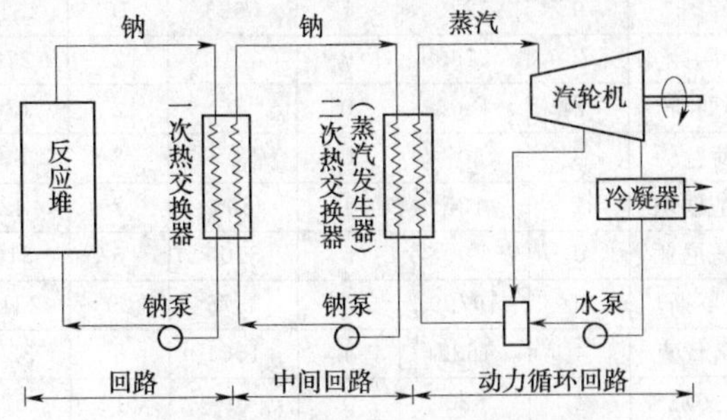

图3-1-5 钠冷快堆动力厂的流程

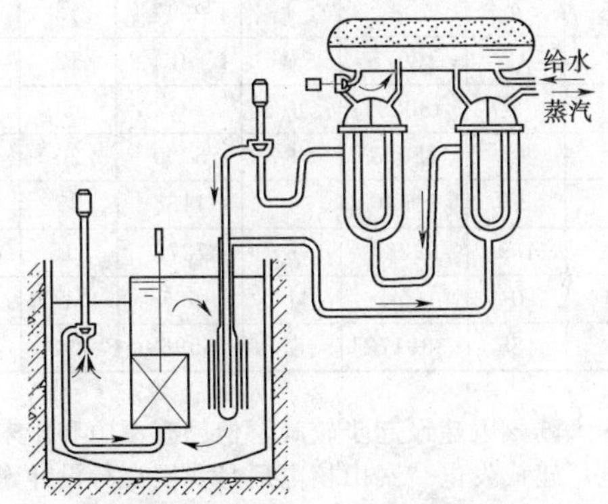

图3-1-6 池型钠冷快堆示意图

回路式结构（见图3-1-7）是将堆芯与一回路设备单独布置，其间用管道连接。这种结构的特点是布局灵活，各种设备易于维护和检修。

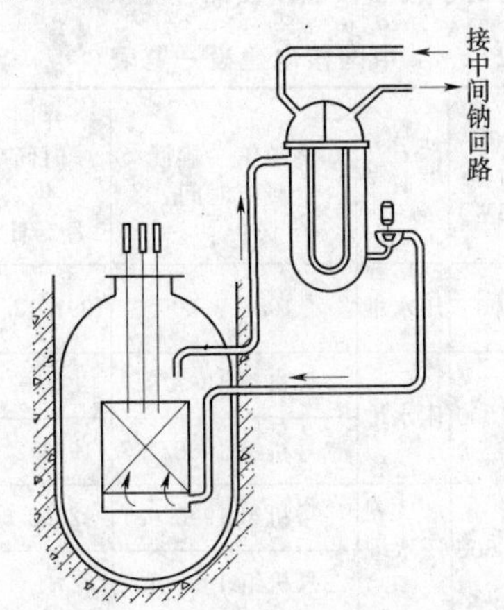

图3-1-7 回路型钠冷快堆示意图

四、核电的基本特点

核裂变能主要用于发电。核能发电的基本特点是安全、经济，它既是一种清洁能源又是人类的最终能源。

（一）安全性

核电站在发出电力的同时，也产生了大量的放射性物质。为保护核电站工作人员、公众和环境，核电站已采取了一整套有效的安全保障措施来防止这种放射性物质的外逸。

1. 确定了高要求的安全目标

对现有核电站，要求的指标是发生严重堆芯损坏的概率应小于 10^{-4}/(堆·年)；对未来的核电站要求应小于 10^{-5}/(堆·年)。严重事故的处置和缓解措施应使需要厂外短期响应的厂外大量释放放射性的概率至少还要降低一个数量级。

2. 实施纵深防御战略

纵深防御是核电安全技术的基础，核电站的设计、建造和运行都始终贯彻这一战略。为此从以下两方面着手。

(1) 从设备和措施上提供多层次的保护，用以防止事故，或在未能防止事故时提供适当的保护。这些层次（防线）是：

1）按照恰当的质量水平和工程实践正确并保守地设计、建造和运行核电厂；

2）设置专用（保护）系统和制定运行规程以防止或尽量减小预计运行事件所造成的损坏；

3）在发生设计基准事故的情况下提供专设安全设施和规程，以缓解事故的后果；

4）万一发生严重事故时采用特定的补充设施和规程，执行厂内外应急响应计划。

(2) 采用多重屏障防止放射性物质外逸，这是核电厂最重要的安全措施。这些屏障是：

1）燃料芯块，它能使核反应产生的放射性物质90%以上滞留在其中；

2）燃料包壳保持放射性物质在包壳以内；

3）反应堆冷却剂系统压力边界，它包含因燃料包壳破损而泄漏出来的和在堆芯中由于辐照活化所产生的放射性物质；

4）安全壳系统，它抑制事故工况下放射性物质向环境释放。

实施纵深防御战略可使核电厂的安全得到充分有效的保证。

（二）经济性

发电成本是衡量核电厂最重要的经济指标。它由建造投资费、燃料循环费和运行维修费三部分构成。通常核电厂的建造投资费比常规火电厂要高，但其燃料循环却比较低，只占发电成本的30%～40%；火电厂的燃料要占到60%～70%，这一特点使核电厂在经济上占有较大的优势。据统计资料显示，美国、法国和日本等一些先进核发达国家1991年的核电成本已低于火力发电的成本。随着核电厂运行经验的积累，设备制造工艺的改进和核燃料循环的最佳化，核电成本将会继续保持这种低的水平。

（三）清洁能源

在选择能源的政策中，对环境的影响是一个重要因素。为了保护环境，人类需要清洁的能源。核能发电正是适应了人类的这一需求。

世界上大量的常规火电厂（燃煤、油或气）每年不仅耗用大量的宝贵原料，同时向环境排出很多的废弃物，如废气（SO_2，CO及氮氧化物等）、废水和废渣，严重地污染了环境。核电厂的三废是在采取了必要的措施，经过严格的处理后才排放的。这种排放不仅严格遵守国家的排放限值，而且还符合“合理、可行、尽量低”的原则（ALARA原则）。核电厂的实际排放量通常比国家规定的限值要低得多。从目前国外核电厂的运行统计资料上看，这种排放产生的总剂量率约为 1.2×10^{-11} μSv/(kW·h)；而燃煤电厂排放产生的总剂量率约为 3.52×10^{-11} μSv/(kW·h)。综上所述，核电厂对环境的污染要小。

从公众所受到的辐射、照射的限值来看，我国规定核电厂周围公众成员的年有效剂量当量不超过1mSv。作为比较，可以考察下述值：

(1) 按现有技术水平，预计核电生产持续到2500年时，年人均有效剂量当量值1980年为0.1μSv，2000年为1μSv，2100年为20μSv，2500年为25μSv。这些值分别只占天然辐射源平均照射水平的0.005%、0.05%、1%和1.2%。

(2) 由宇宙射线、宇生放射性核素和原生放射性核素产生的天然本底辐射：

1) 在正常本底地区，天然辐射源对成年人造成的年平均有效剂量当量约为2mSv。

2) 在我国某些高本底地区，如广东阳江地区年平均有效剂量当量为3.7mSv。

因此与火电和天然本底辐射相比，即使从利用核裂变能的观点看，核电也是一种清洁的能源，更不用说未来核聚变能的利用了。

(四) 最终能源

世界能源随经济发展而不断替换是一种客观规律。从20世纪60年代开始发展的以核裂变能作为能源的核电厂已显示出巨大的发展潜力。随着时间的推移，核能将逐渐取代煤、石油和天然气。应特别指出的是核聚变能，由于其原料主要是氢、氘和氚，而1kg海水中含有0.034g氘，所以地球上的海洋中有23.4×10^{12}t氘。氘聚变反应释放的能量足够人类使用几十亿年。因此一旦受控的核聚变能达到商用阶段，核能将成为取之不尽的、清洁的最终能源，从而使世界能源状况发生根本性的变化。

五、核电的现状

从1954年前苏联建成世界上第一座核电厂开始到1994年12月底，全世界已有425个机组在29个国家和地区（包括中国台湾省）运行，装机容量达3.38亿kW；还有67个机组在建或计划建造，届时核能发电将达到世界总发电量的20%。表3-1-1中列出了世界各国家和地区核电的现状。

表3-1-1　全世界核电现状(截至1994年12月底)

国家或地区	运行中的机组		在建或计划建机组		总　计	
	机组数	净电功率(MWe)	机组数	净电功率(MWe)	机组数	净电功率(MWe)
阿根廷	2	935	1	692	3	1627
比利时	7	5527	0	0	7	5527
巴西	1	626	2	2458	3	3084
保加利亚	6	3420	0	0	6	3420
加拿大	22	15439	0	0	22	15439
中国大陆	3	2100	2	1200	5	3300
中国台湾省	6	4884	0	0	6	4884
古巴	0	0	2	834	2	834
捷克	4	1632	2	1780	6	3412
芬兰	4	2310	0	0	4	2310
法国	55	57373	5	6410	60	63783
德国	21	22715	0	0	21	22715
匈牙利	4	1729	0	0	4	1729
印度	9	1620	7	2040	16	3660
伊朗	0	0	2	2600	2	2600

续表

国家或地区	运行中的机组		在建或计划建机组		总　计	
	机组数	净电功率(MWe)	机组数	净电功率(MWe)	机组数	净电功率(MWe)
日本	49	38859	5	4833	54	43692
哈萨克斯坦	1	135	0	0	1	135
韩国	9	7220	7	5963	16	13183
立陶宛	2	2760	0	0	2	2760
墨西哥	2	1308	0	0	2	1308
荷兰	2	507	0	0	2	507
巴基斯坦	1	125	1	300	2	425
罗马尼亚	0	0	5	3100	5	3100
俄罗斯	25	19799	4	3375	29	23174
斯洛伐克	4	1632	4	1664	8	3296
斯洛文尼亚	1	620	0	0	1	620
南非	2	1840	0	0	2	1840
西班牙	9	7084	4	3947	13	11031
瑞典	12	10075	0	0	12	10075
瑞士	5	3025	0	0	5	3025
乌克兰	14	12095	6	5700	20	17795
英国	34	11540	1	1188	35	12728
美国	109	99238	6	7279	115	106517
菲律宾	0	0	1	605	1	605
总计	425	338172	67	55968	492	394140

我国大陆核电建设起步较晚，但已有秦山和广东大亚湾两座核电厂建成发电。秦山核电厂是我国自行设计建造的第一座核电厂。广东大亚湾核电厂核岛是从法国引进的，常规岛则由英国提供。在现有基础上，计划在2001年到2003年期间相继完成秦山核电二期、三期、广东岭澳核电站和辽宁核电站一期工程共8个机组660万kW的核电工程建设。表3-1-2中列出了我国核电建设的一览表。

表3-1-2　　　中国核电建设一览表

名　称	净电功率(MW)	堆　型	浇灌第一罐混凝土时间	并网时间(年.月.日)	商业运行时间(年.月.日)
秦山核电站	300	压水堆	1985.3.20	1991.12.15	1994.4.1
广东大亚湾核电站	2×900	压水堆	一号机组 1987.8.7	1993.8.31	1994.2.1
			二号机组 1988.4.7	1994.2.7	1994.5.6
秦山核电二期工程	2×600	压水堆	一号机组 1996.6.1	2002.6	
			二号机组 1997.4.1		
山东岭澳核电站一期工程	2×984	压水堆	一号机组 1997.5.15	2002.4.15	2002.7.15
			二号机组 1998.1.15	2002.12.15	2003.5.15
秦山核电三期工程	2×700	重水堆			
辽宁核电站一期工程	2×1000	压水堆			

注　取自中国核工业报，1996.3.25。

各国家和地区建成发电的核电厂反应堆的种类很多，但公认技术上比较成熟的是上节中介绍的压水堆、沸水堆和重水堆等几种。这几种堆型的核电厂在世界核电生产中占主导地位。表 3-1-3 列出了各种堆型核电站的类型及其所占比例。图 3-1-8 示出了各国核电占其总发电量的份额。表 3-1-4和表 3-1-5 列出了有关负荷因子的一些数据。图 3-1-9示出了世界上各种堆型核电机组负荷因子的情况。上述表 3-1-1～表 3-1-5 摘自《核电数据手册》，该手册由中国核工业总公司政策研究室和中国核工业科技情报研究所于 1995 年 12 月共同编著。

表 3-1-3　世界核电站各种反应堆的类型及其所占比例

反应堆类型	正运行的			正建和计划建的		
	机组数	净电功率（MWe）	占总机组数百分比（%）	机组数	净电功率（MWe）	占总机组数百分比（%）
压水堆（PWR）	245	215669	57.6	41	39392	61
沸水堆（BWR）	93	76515	21.8	5	5376	7
各类型气冷堆	35	11699	8.2	0	0	0
各类型重水堆	34	18576	8	16	7895	23
石墨慢化轻水堆（LGR）	15	14785	3.5	1	925	1
液态金属冷却快中子增殖堆（LMFBR）	3	928	0.7	4	2380	5.9

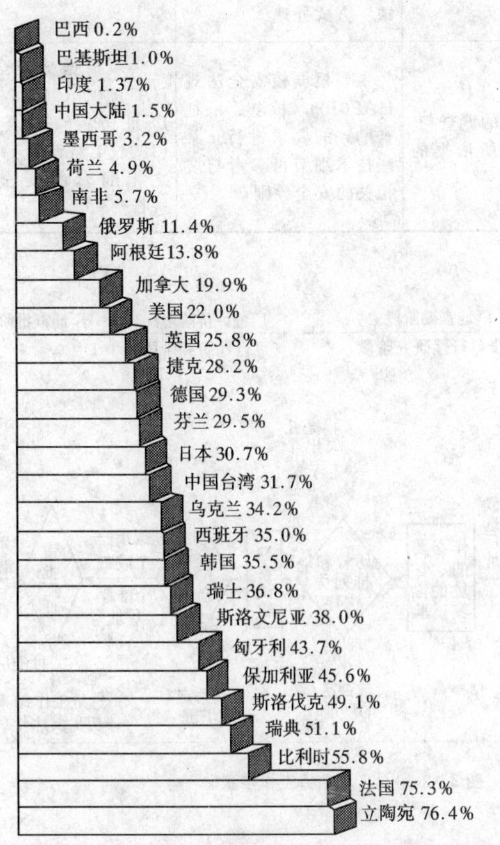

图 3-1-8　一些国家和地区核发电占其总发电量份额（1994 年 12 月底）

表 3-1-4　世界核电机组平均负荷因子情况（截至 1994 年 12 月底）

国家与地区	年平均负荷因子（%）	寿期平均负荷因子（%）	>150MWe的反应堆数	容量（MWe）	寿期发电量（TWh）	运行经验（年/月）
比利时	80.81	81.22	7	5854	556.19	103/10
保加利亚	43.94	60.05	6	3760	218.39	77/6
加拿大	76.32	73.81	22	16709	1231.19	275/10
捷克	81.47	78.82	4	1804	107.04	34/8
芬兰	90.00	83.91	4	2400	277.45	63/4
法国	66.29	64.22	56	61394	3560.47	616/7
德国	71.68	72.17	21	23953	1924.58	300/3
匈牙利	87.16	84.77	4	1840	127.75	38/2
印度	27.86	36.08	9	2035	94.30	119/3
日本	71.73	69.87	48	39784	2756.05	632/5
韩国	84.89	76.84	9	7757.7	490.57	90/1
斯洛伐克	78.71	74.97	4	1760	145.22	50/9
西班牙	77.32	76.79	9	7400	549.36	119
瑞典	76.27	71.19	12	10422	966.71	197
瑞士	90.91	82.09	5	3109	375.72	98/10
中国台湾	76.79	69.34	6	5144	402.92	80/1
英国	72.06	55.32	26	13389.6	1070.79	504/6
美国	72.68	63.54	108	106433.89	8391.34	1696/4
不足 4 座反应堆的国家：						
阿根廷	90.66	71.98	2	1015.2	95.43	32/7
巴西	0	20.11	1	657	14.76	12/9
立陶宛	29.32	54.77	2	3000	131.84	18/6
墨西哥	71.47	59.85	1	675	20.26	5/9
荷兰	83.73	79.31	1	480.9	71.39	21/6
斯洛文尼亚	79.24	70.88	1	664	54.66	13/3
南非	60.81	55.82	2	1930	95.38	20/3

表 3-1-5　截至 1994 年 12 月底寿期负荷因子最高的 10 座核电机组

反 应 堆（国家）	寿期负荷因子（%）	堆型	首次运行（年．月）
爱姆斯兰德（Emsland）（德国）	91.4	PWR	1988.4
莱泼罗角（Pt Lepresu）（加拿大）	91.4	HWR	1982.9
格罗恩德（Grohnde）（德国）	88.0	PWR	1984.9
内卡 2 号（Neckar）（德国）	88.8	PWR	1989.1
皮克灵 8 号（Pickering）（加拿大）	87.8	HWR	1986.1
蒂昂热 3 号（Tihange）（比利时）	87.7	PWR	1985.5
皮克灵 7 号（Pickering）（加拿大）	87.2	HWR	1984.11
洛维沙 2 号（Loviisa）（芬兰）	86.6	PWR	1980.11
帕克斯 2 号（Paks）（匈牙利）	86.1	PWR	1984.9
贝兹瑙 2 号（Beznau）（瑞士）	85.9	PWR	1971.10

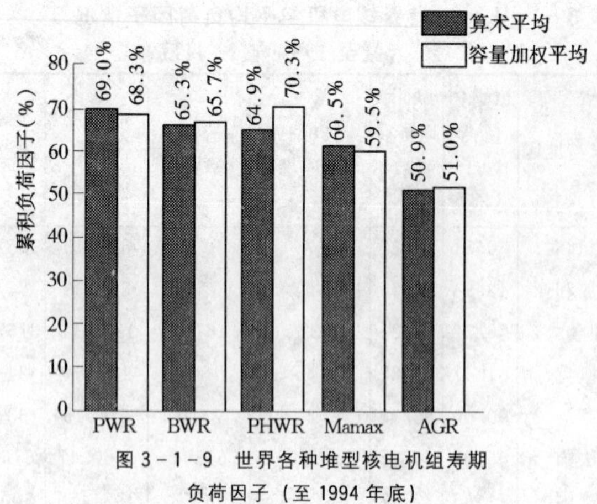

图 3-1-9 世界各种堆型核电机组寿期负荷因子（至 1994 年底）

第二节 核电厂厂址选择与总平面布置

一、核电厂厂址选择

（一）开展厂址选择工作的依据和组织

核电厂的厂址选择，是为建设核电厂选定具有确定边界、受核电厂运行管理者有效控制的适宜场地、并评定有关厂址特征的设计基准的过程和结果，是核电厂建设设计前期工作中的一项重要工作。这里的"适宜"，说的是所选择的这个场地，应满足核电厂建设、运行、事故应急，乃至退役等的技术可行、安全可靠、环境相容和经济合理等四方面的基本要求；"选择"二字，说的是根据拟建核电厂的工艺技术条件、建设规模和建造规划，在指定的该拟建核电厂的区域内，通过调查研究的工作范围由大到小、工作方法由粗到细、工作深度由浅入深的多次筛选、比较、优化，以逐步优选出在该指定区域内的最能充分满足要求的最佳厂址的渐近过程❶。

开展核电厂厂址选择工作（以下简称选址）必须具备下述基本依据：①拟建核电厂的主工艺初步设计，或拟引进的特定核电厂的主要技术条件，以作为制定选址技术条件的原始数据；②由主管部门提出的选址技术任务书，以作为开展选址工作和评价厂址的法律依据。因为这是所选厂址适宜性评价及优化选择的基础。

为较好地完成选址工作，必须组成有建设和设计单位的技术负责人参加的选址工作组，由有资格的总体设计院全面负责技术工作，提出全部技术文件，承担全部技术责任。参加选址工作的人员，必须是专业对口、并具有一定工程实践经验者。技术负责人应是对选址工作及其安全、技术、环境、经济等方面的问题才学渊博、富有工程经验者。

（二）选址工作的阶段划分

虽然选址工作是一个渐近过程，但又都是分阶段进行的。根据我国的基本建设程序和各主管部门的要求，可把选址工作划分为初步可行性研究阶段进行的厂址查勘和可行性研究阶段进行的厂址评价及可行性研究报告审批阶段的厂址审批。厂址查勘阶段与厂址评价阶段的区别见表 3-2-1。厂址审批阶段则一般只需要进行为批准厂址所需的补充和完善工作。在实践中，通常又是把这三个阶段细分为九个小阶段——或叫步骤（见图 3-2-1）进行的。

表 3-2-1 厂址查勘阶段与厂址评价阶段的调查与评价比较表

比较内容	厂址查勘阶段（初可研阶段）	厂址评价阶段（可研阶段）
调查与评价的目的	筛选出 1 个或几个优选厂址，并初步评价该优选厂址的可接受性，以作为编制初可研报告的依据	证明厂址查勘阶段确定的优选厂址的可接受性，选定推荐厂址，以作为编制可研报告的依据
调查与评价的方法	主要是在收集、整理和研究现有资料的基础上，进行现场踏勘调查，必要时可针对优选厂址进行必要的勘察和测试工作。本阶段进行的初步评价可在已有有关资料基础上通过工程判断作出	针对优选厂址在初步调查和评价的基础上，进行以勘察、试验、观测为主的现场调查。本阶段进行的详细评价，必须在有资料证据的基础上作出，以验证所选优选厂址的可接受性
调查与评价的内容	涉及厂址的技术可行性、安全可靠性、环境相容性和经济合理性的全部内容。对有些与评价厂址可接受性不太重要的内容，可采用"暂缺"方式处理	涉及厂址的技术可行性、安全可靠性、环境相容性和经济合理性的全部内容，不能漏项
涉及核安全有关的调查与评价所依据的法规	主要根据核安全法规 HAF0109《核电厂厂址查勘》的要求进行。某些技术细节可参考与之相关的安全导则	必须根据核安全法规 HAF0100（91）《核电厂厂址选择安全规定（1991 年修改版）》及与之相配套的安全导则进行

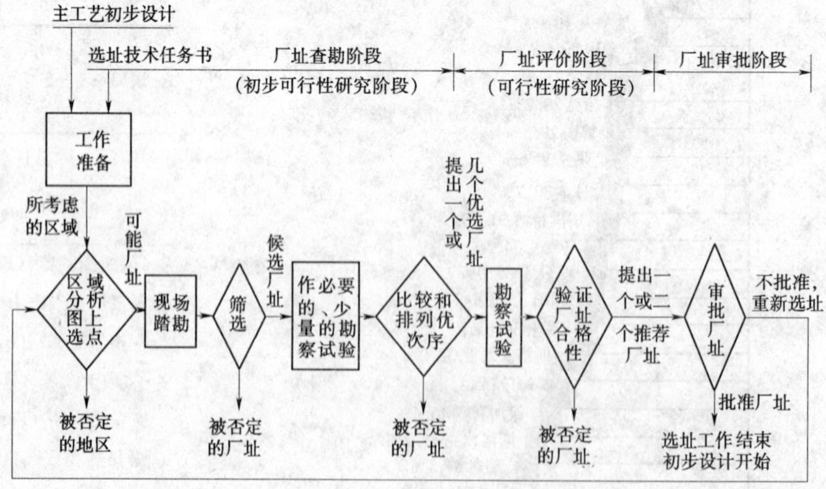

图 3-2-1 厂址选择工作步骤

❶ 本文根据田胜清、翟贵华完成的《核动力工程厂址选择专家系统》第 1、2 章缩写而成。

（三）选址工作的基本工作内容

厂址选择的工作内容不是千篇一律的，而是依据在每个选址地区的特征和已收集到的档案资料及可利用程度而定的。但基本的工作内容如图 3-2-2 所示。

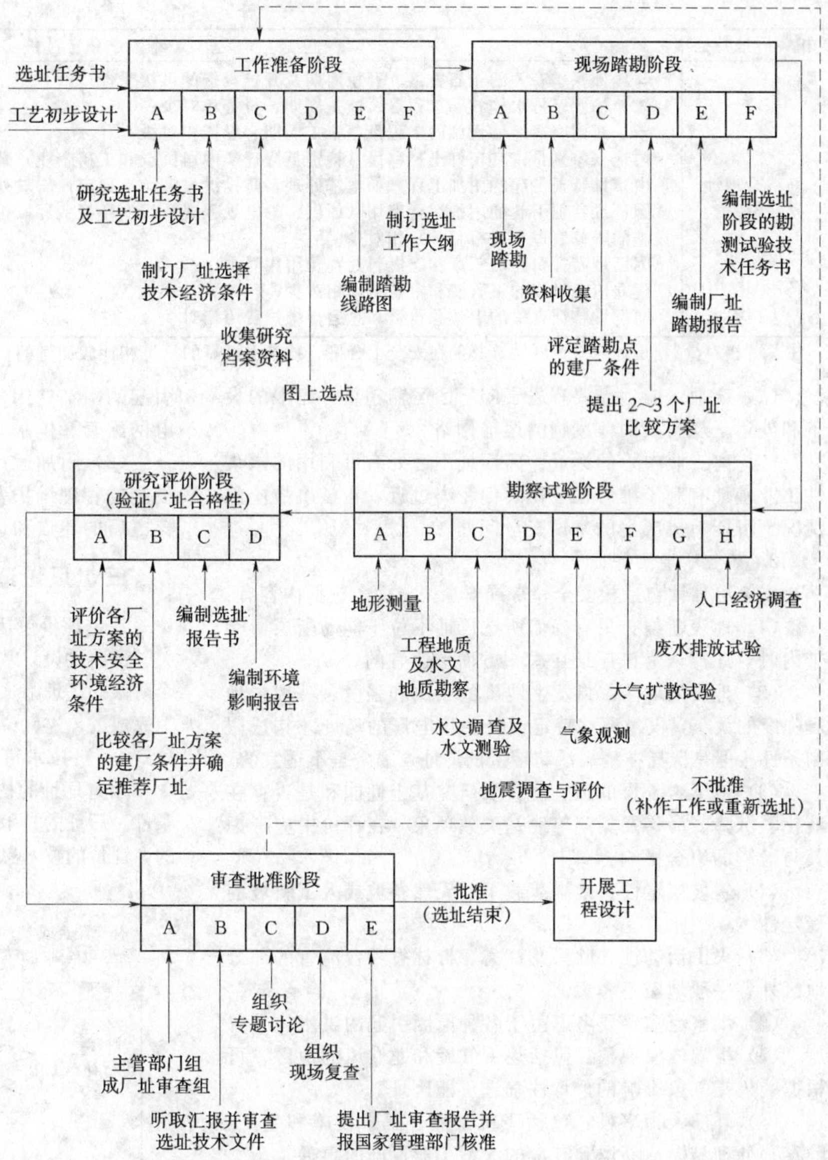

图 3-2-2 选址工作的基本工作内容

二、选址中应考虑的主要厂址特征

（一）适宜厂址应具备的基本条件

厂址选择应考虑哪些厂址特征，是以适宜性厂址应具备的基本条件为前提的。

厂址条件，是指为保证拟建核电厂能够提供安全、经济的电力，而要求所选厂址的厂址特征，必须能满足该拟建核电厂要求的基本条件（见表 3-2-2）。

（二）厂址选择中应考虑的主要厂址特征

选址中，必须考虑与所选厂址的技术、安全、环境和经济等相关的所有厂址特征。

1. 技术可行性特征

技术可行性，是指所选厂址可否满足核电厂建设、运行，乃至退役的技术要求。包括：

（1）地形：地形条件是否适宜主要取决于防、排洪条件、土石方工程量和大开挖或大填方所带来的工程技术问题和可能导致的厂址安全问题。

（2）电网：外部电网的可靠性和稳定性。配套系统由核电厂负责时，地区电网配套能力和电网对核电的需求、及核电厂需要足够、可靠的起动电源等均应考虑。

（3）冷却水：要求具备适宜的水质、足够的水量，有时还要考虑工农业争水问题。

表 3-2-2 适宜性厂址的特征应具备的基本条件

相关厂址特征	基本条件
技术可行性特征	厂址距电力负荷中心的距离应尽量近； 具有可靠的可供核电厂有效排热的冷却水源； 具有足够的用于建设的可用地面积（包括施工场地）； 具有满足特殊运输要求（重大设备部件和乏燃件运输等）的条件； 满足工农业布局（包括邻近工矿企业和城镇的关系）的合理要求
安全可靠性特征	不存在影响电厂安全风险度的下述事件： 地表断裂影响； 溶洞、采空区（包括易溶盐类加食盐、石膏等）； 液化及严重沉降危险； 影响厂址安全的其他事件（如火山活动、斜坡不稳定性、在地下大量抽取或注入液体）； 影响安全的严重人为事件（如飞机坠毁、化学品爆炸、着火）； 抗极端事件的设计基准的建立； 设计基准地震地面运动； 设计基准供水； 设计基准极端气象现象（如龙卷风、热带气旋等）； 设计基准外部人为事件
环境相容性特征	由厂址特征（人口分布、气象、水文等）而导致的潜在事故后果在可接受的限值内； 在厂区内执行应急计划是可行的； 正常和潜在事故引起的放射性释放在空气和水（地下水及地表水）中的弥散模型的建立； 用于应急计划的基准的建立

续表

相关厂址特征	基　本　条　件
经济合理性特征	与场地平整有关的土石方量、开挖周期及开挖投资的可接受性； 取、输水及排水构筑物工程量、施工周期、投资相对少； 新、改建交通运输设施的工程量、施工周期、投资相对少； 占地（特别是占良田好土）移民（特别是搬迁集中居民点和工矿企业）数量和费用相对少； 由厂址特征引起的附加工程（如地基处理、防排洪设施、不稳定性斜坡处理和抗震及抗外部人为事件等）费用相对少； 因厂址特征引起的附加运行费用（如供、输电工程费及线上耗损费、取排水运行费、防排洪设施常备维护费、交通运输设施的维修管理和运行费等）相对少； 因厂址特征引起的三废和乏燃料处置费用相对少； 建立应急设施的工程费和常备费用相对少； 与厂址特征有关的上述总投资和总运行维护费用相对少

注　“相对少”，是针对几个可供选择的在安全上合格、技术上可靠的厂址相比较而言的。

(4) 交通运输：需要有适于向厂区运输超重、超限的设备和外运乏燃料及固体废物的运输网络。

(5) 离工业中心的远近：离厂址不远处有可利用的永久性工业基地有利于维修社会化。但距离过近，在核事故应急情况下可能造成次生的常规安全问题。

2. 安全可靠性特征

安全可靠性包括核安全和常规安全两方面。包括内容有：

(1) 地表断裂：只有确信所选厂址不位于能动断层影响带内时，才能认为该厂址在这一方面是适宜的。

(2) 地震活动性：指发生地震的频次和强度。一般说地震强度的大小，仅对那些特定设计的核电厂的厂址才构成限制条件。但是选择在地震活动带上的厂址，通常是不适宜的。

(3) 地下岩土层的适宜性：要研究基土性能和是否存在液化、沉降、滑移及塌陷等地基失效现象，在评价中应考虑其与地震的组合影响。

(4) 斜坡稳定性：地震荷载下的天然斜坡或人工斜坡的稳定性。

(5) 火山活动性：除黑龙江省、吉林省和台湾省的部分地区外，一般地区不考虑。

(6) 洪水泛滥：要考虑由于各种原因引起的洪水。

(7) 极端气象现象：包括热带气旋和龙卷风的地区。可根据受极端气象影响的严重性筛选可能厂址。

(8) 外部人为事件：包括飞机碰撞、军事设施和生产、贮存、处理易燃、易爆和有毒的大型工业设施的事件。

3. 环境相容性特征

环境相容性包括核与非核两方面。包括：

(1) 大气弥散：要根据大气弥散特征、风向、大气弥散因子筛选和比较厂址。

(2) 水弥散：筛选厂址时，可将其与重大饮用水源的距离作为一个重要因素考虑。

(3) 人口分布：要根据人口分布的适宜性，筛选、比较和排列厂址的优劣次序。

(4) 土地、水源利用：要研究区域内的水源和土地利用及休养场所、旅游区等的情况。

(5) 应急计划：要考虑实施有效应急活动的可行性（如出入口、撤离和运输条件）。

(6) 非放射性影响：要考虑核电厂的建造和运行对水生物和农作物可能造成不良影响。

4. 经济合理性特征

这是指所选择的多个厂址的与厂址特征有关的附加费用相比较的经济性而言的。包括：

(1) 附加工程费用：包括征地、赔偿、移民、拆迁、场地平整土石方量、地基处理、防洪、排洪、护坡、挡墙、抗震（高于抗震设计规范规定的设计基准地震动的最低限值而引起的附加费用——在厂址比较中考虑）、厂内外交通连接、电网配套、供水、排水设施等的工程费用。

(2) 附加运行费用：包括输电、运输费用、防洪与防护设施的管理维护费用及事故应急费用，此外，还应评价由于核电厂的建设和运行，对当地居民产生的经济效益。

三、厂址适宜性评价

厂址评价包括适宜性（也称合格性）评价、优化选择及有关外部事件设计基准的确定与评价，贯穿于整个选址工作的各个阶段。厂址筛选和优化，都是基于对厂址的适宜性评价基础上完成的。这就说，厂址的适宜性评价是厂址评价的基础。

（一）技术可行性评价

所选厂址的技术可行性如何，是评价所选是否适宜的前提条件。厂址的技术可行性评价最终是通过总平面布置予以表述的，评价的技术思路见图 3-2-3，评价的内容见图 3-2-4。

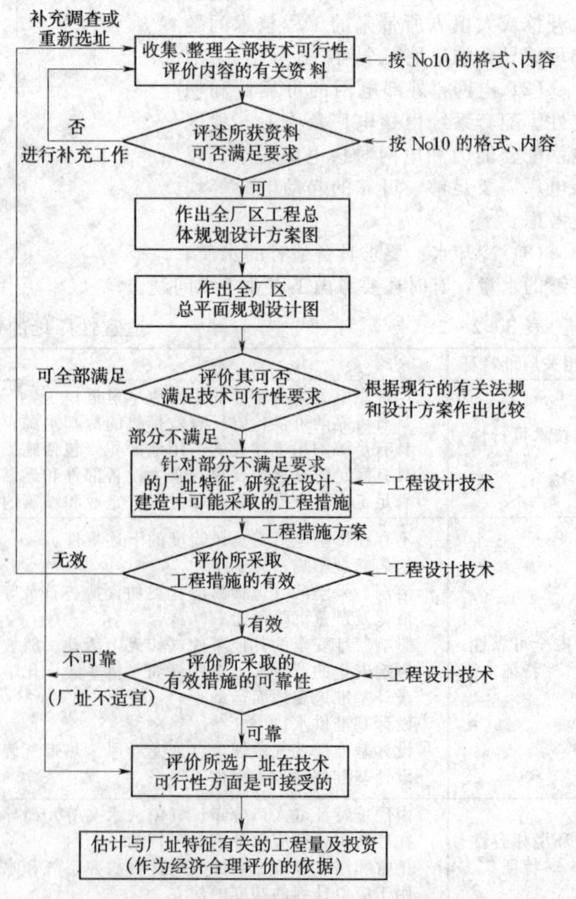

图 3-2-3　厂址选择可行性评价的技术思路

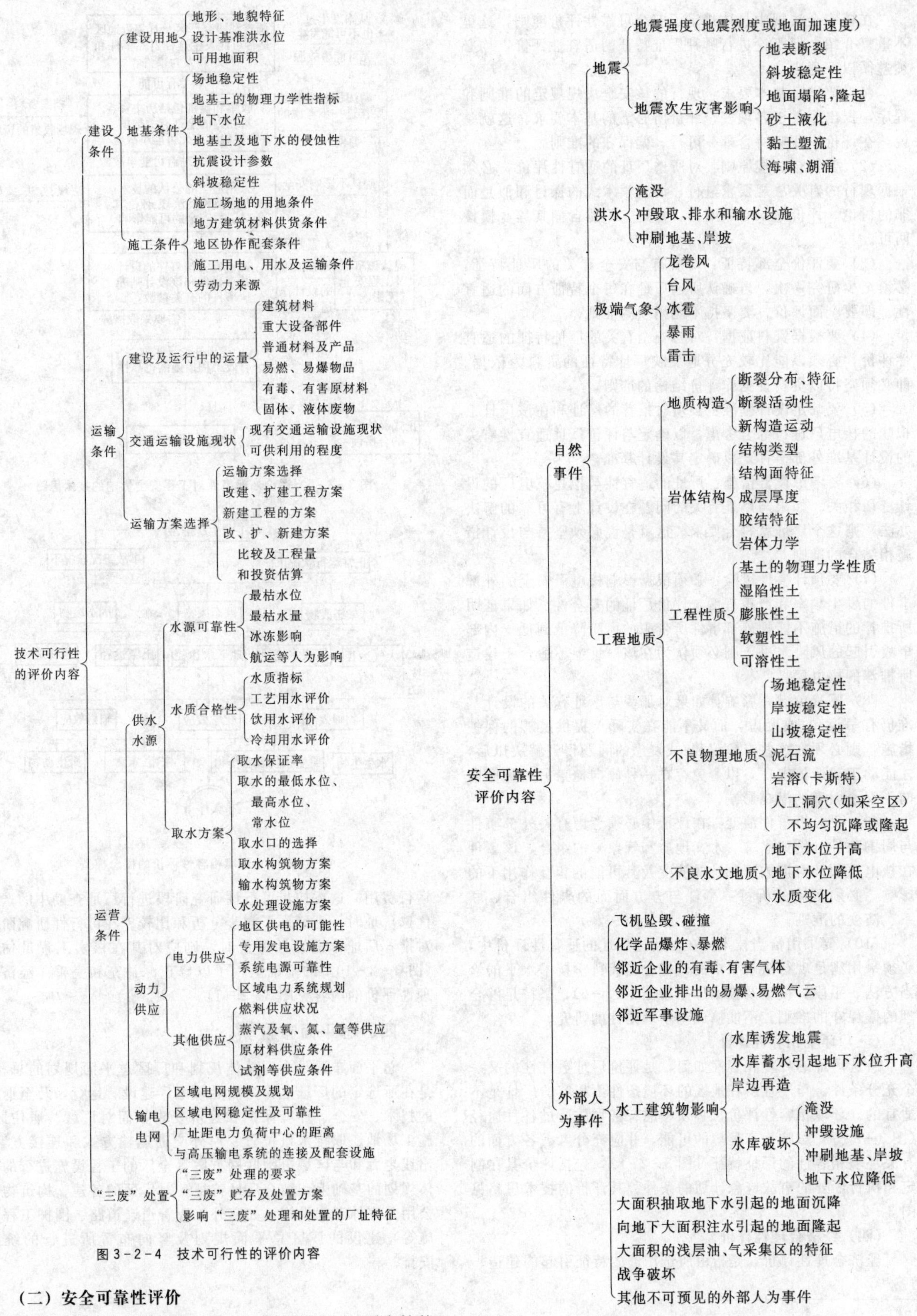

图 3-2-4　技术可行性的评价内容

图 3-2-5　厂址安全可靠性的评价内容

(二) 安全可靠性评价

所选厂址的安全可靠性如何，是评价所选厂址适宜性的首要充分条件。评价内容见图 3-2-5。

在核安全法规中具体规定了安全可靠性评价准则，这里不重复介绍。但不论进行哪种厂址特征的适宜性评价，均必须遵循以下通则：

(1) 要满足基本要求：现行的核安全法规规定的准则和程序，提出了关于各项安全评价所必需的基本要求。这就是说，在评价中要坚持合理、可行、偏保守的准则。

(2) 要符合法规原则：对所选厂址的适宜性评价，必须根据现行的有关法规要求进行，切忌学术式的探讨和似是而非的讨论。评价结果必须明确、肯定、不能含糊其辞，模棱两可。

(3) 要评价全部特征：对所有与安全有关的厂址特征，必须至少研究一次，再确认所选厂址在每个特征方面的适宜性。即要全面评价，要坚持不能漏项的准则。

(4) 要根据资料证据：对与安全有关的厂址特征的适宜性评价，必须以能比较充分地反映厂址特征的资料为依据。即必须坚持以资料证据作评价结论的准则。

(5) 要确定设计基准：必须对推荐的厂址和在该厂址上拟建的核电厂进行综合考虑，以确定与评价厂址适宜性有关的设计基准外部事件，以确定其设计基准。

(6) 要考虑设计措施：厂址的适宜性与拟建核电厂的设计密切相关。如果与厂址有关的问题在设计上有可靠的解决办法，则这个厂址就符合要求。这就是说必须坚持与设计措施相结合的准则。

(7) 要预计事件风险：必须根据影响核电厂安全的外部事件的发生频率和严重程度，评价厂址的安全性。如果证明所推荐的措施不能把外部事件所带来的风险降低到低于内部事故引起的风险水平，则必须认为在该厂址上不适合于建造所推荐的核电厂。

(8) 要避免潜在影响：如果对那些与厂址有关的设计基准仍有争议和/或疑虑，而又不能在实际上提供足够的保护措施，则必须在这些有争议和/或疑虑的问题得到解决以后，才能动工建造核电厂，以避免存在一种倾向掩盖另一种倾向的不安全因素的潜在影响。

(9) 要分析事件演变：在评价中必须考虑有关外部事件与周围条件（例如水文、水文地质和气象）的组合，该事件在核电厂预计寿期内可预计的演变及其可能的相互作用下的影响，必须坚持分析每一事件与方方面面的事件组合、联系、演变的准则。

(10) 要采用恰当技术：在对所选厂址的适宜性评价中，必须采用满足现行法规要求的、符合当代科学技术水平的恰当方法、手段、模型及技术思路（图 3-2-6），坚持足够合理的偏保守的准则，不能搞成基本理论性的研究。

(三) 环境相容性评价

所选厂址的环境相容性如何，是评价厂址适宜性的又一个充分条件。与厂址所在地区的环境条件不相容的厂址是不适宜的。环境相容性评价，必须考虑有害物质通过各种途径（图 3-2-7）影响生态环境的可能，并应充分考虑各方面的有关环境相容性的厂址特征（图 3-2-8），包括评价其在制定和执行厂外的事故应急计划的条件。其评价的技术思路见图 3-2-9。

(四) 经济合理性评价

经济合理性评价，是指由所选厂址的特征引起的建造、

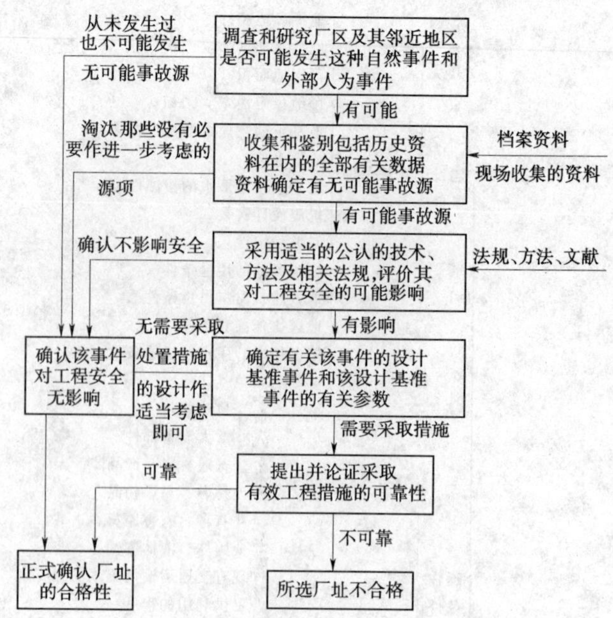

图 3-2-6 评价外部事件对工程安全影响的技术思路

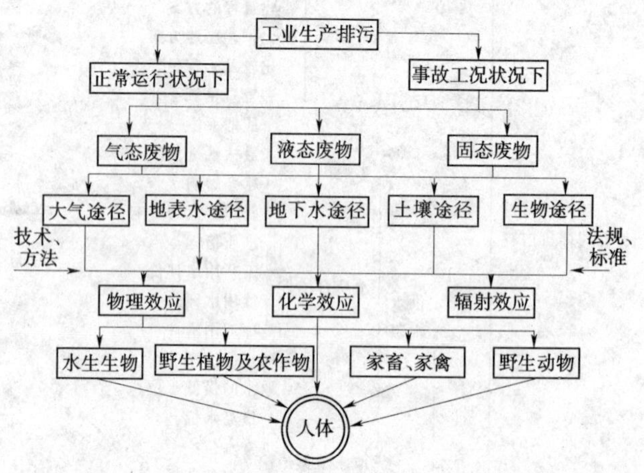

图 3-2-7 环境相容性评价的概念模型

运行费用。这在初步可行性研究阶段进行厂址查勘中的选择优选厂址时，已经作了初步分析和比较。在可行性研究阶段对推荐厂址作适宜性评价时，则应对其在核实工程量估算（图 3-2-10）的基础上，予以修正、补充和完善。经济合理性评价的内容见图 3-2-11。

四、总平面布置❶❷

总平面布置是全厂总体规划和厂区总平面规划的总称，是在所选定的厂址上，为满足核电厂建设、运行，乃至退役的技术、安全、环境保护和经济要求，而对厂区、居住区、施工场地、取排水口位置、厂外交通运输方式和连接方案、出线走廊和与区域电网联网方案等全厂的工程设施进行的总体规划的基础上，结合厂址特征，对厂区的各建、构筑物和公用及室外工程设施（如室外工程管道、道路、围护工程设施等）建设的厂区总平面规划及竖向布置所进行的统筹安排。

❶ 翟贵华：总平面布置，中国电力百科全书，核能及新能源卷，P409，中国电力出版社，1995。

❷ 翟贵华：核电厂厂址选择阶段的总图运输设计，核动力工程，P389，1995.5。

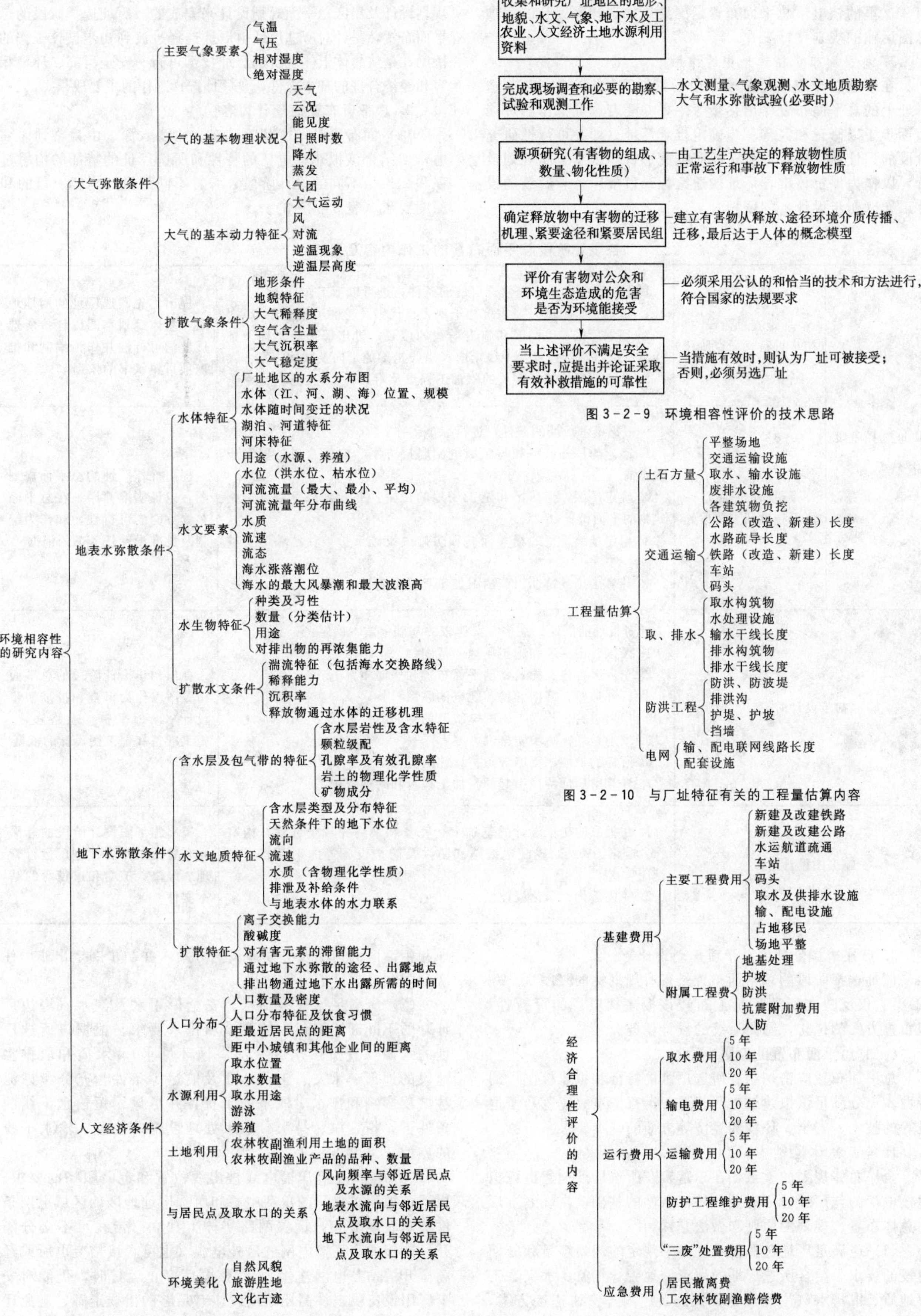

图 3-2-8　环境相容性评价应考虑的厂址特征

图 3-2-9　环境相容性评价的技术思路

图 3-2-10　与厂址特征有关的工程量估算内容

图 3-2-11　经济合理性评价的研究内容

(一) 总平面布置的设计工作

这里的核电厂总平面布置是围绕厂址选择而展开的一项总图运输的规划设计工作。

1. 总平面布置在选址中的作用

在厂址选择的最初阶段（现场踏勘开始)，就应对所选厂址上的总平面布置作出初步考虑，并随着选址工作的进展而逐步予以修正和完善。当确定推荐厂址（即在可行性研究阶段的厂址评价中）以后，便应据此进行厂区总平面规划设计，以作为评价该推荐厂址的适宜性、审批厂址和后续的设计工作（初步设计）的依据。

厂址的适宜性评价，最终是通过厂址选择阶段的全厂总体规划设计及厂区总平面规划设计来完成的。厂址选择阶段的总平面布置，是针对所选厂址由厂址选择过渡到初步设计工作的桥梁。是从总体上体现所选厂址技术可行、安全可靠、环境相容和经济合理的基本文件，是厂址选择工作的主要成果。

2. 总平面布置的设计内容

总平面布置是一个从无到有、由浅入深、由粗略到详细地密切结合该拟建核电厂的特性和所选厂址的特征的构思过程和结果。不同的设计阶段，有着不同的设计内容、目的和深度要求（表 3-2-3)。

表 3-2-3　　各设计阶段总平面布置的工作内容及目的

厂址选择阶段	厂址查勘阶段 (初步可行性研究阶段)	根据工程要求和优先候选厂址的条件，进行以下工作： 1. 拟定工厂组成（建构筑物子项表、代码及轮廓尺寸) 2. 规划厂区、生活区和施工场地的位置；进出厂道路走向及连接点；取排水口位置及干线走向；出线走廊的走向及联网方案 3. 估算与厂址特征有关的附加工程量及附加的工程投资	提出优先候选厂址的用地地点及总体规划草图以评价所选厂址的可行性并作为编制和批准项目建议书的依据
	厂址评价阶段 (可行性研究阶段)	根据推荐厂址的条件，进行以下工作： 1. 确定与厂外道路和与区域电网联接方案、取排水口位置及干线走向 2. 确定厂区、生活区和施工场地的位置，并规划厂区各建、构筑物的平面位置 3. 拟定场地平整的场坪标高和防排洪设施及护坡、挡墙等防护设施 4. 计算由厂址特征引起的附加工程量和附加工程费用	提出推荐厂址的总平面规划图，以证明推荐厂址在总平面布置方面的可行性，和作为编制及批准设计任务书的依据
初步设计阶段		针对批准的厂址，在多方案比较的基础上基本确定： 1. 厂区、生活区和施工场地的范围 2. 全厂区各建、构筑物的平面布置和竖向布置 3. 厂外道路、管网和输、配电的联系 4. 厂内道路、管网、输配电线路的走向、位置 5. 场地地坪标高及防排洪方案 6. 所需的护坡、挡墙等防护设施的方案 7. 计算由厂址特征引起的附加工程量和附加费用	提出初步设计阶段的总平面布置图以作为审查和批准初步设计、场地平整、道路修建、施工准备和施工图设计的依据
施工图设计阶段		1. 在批准的初步设计的基础上，完善和最终完成全部建、构筑物、道路、管线、输配电线路和防洪及防护设施等的平面和竖向设计 2. 完成美化、绿化设计	提出施工图设计阶段的总平面布置图以作为核电厂运行管理、维修、扩建和退役等的基本文件

3. 厂址选择阶段的总平面规划设计

厂址选择阶段的总平面布置是带有规划性的（图 3-2-12)。它仅反映在所选厂址上布置该拟建核电厂的可行性，但布置方案的优化，则是后续的设计任务。

(二) 总平面布置的原则

总平面布置应密切结合所选厂址的特征和拟建核电厂的特性，充分满足该拟建核电厂建造、运行、事故应急乃至退役等的技术、安全、环境和经济等方面的基本要求。

1. 全厂总体规划

全厂总体规划的重点，在于落实在所选厂址上建造该拟建核电厂的与厂址特征有关的外部条件的基础上，规划全厂的总体布置。规划的原则和做法是：

(1) 应满足厂址选择技术任务书规定的规划容量和分期建设的要求。结合所选厂址的地形、地貌、气象、水文、工程地质、取排水口位置及相关设施、厂内外交通连接方案、规划出厂区（尤其是主厂房区)、土石方弃方场地、施工用地和生活区的边界及分期建设的方案，并初步圈定出非居住区和限制发展区的大体边界。

(2) 应满足循环冷却水、安全厂用水及淡水（海边厂址）的不间断连续供水的取水和排水要求。根据该所选厂址的水源（直流供水或冷却塔循环供水)、水质和取排水地段的地形、水文、工程地质及航运等条件，充分考虑泥沙淤积影响和排水对取水的干扰，并尽量缩短输水干线的条件下，拟定取、排水口和水处理设施的位置、输水干线的方位。

(3) 应满足高压输电线进出线位置和走向顺畅的要求。根据该拟建核电厂的负荷中心和所选厂址地区的区域电网条件确定联网方案，设置两路实体上独立（走线可不必分隔开）连接的高压输电网的厂外电源（也可直接与变电所或经高压开关站与电网连接)，在核电厂停止运行时，仍能对安全厂用设备供电。高压输电线应有足够的出线走廊、避免迂回交叉、不跨越村庄、工厂、车站、码头等永久性建筑物。

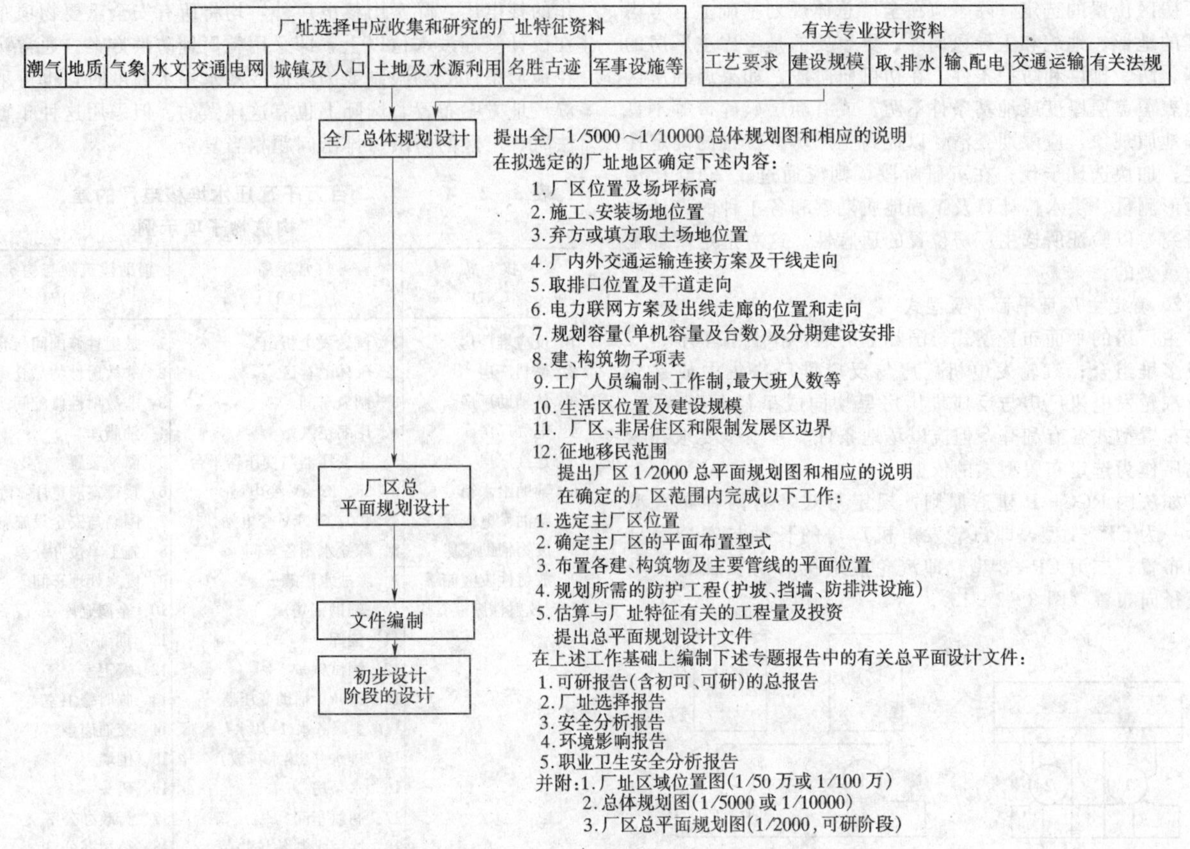

图3-2-12　厂址选择阶段总平面规划设计程序和内容示意图

开关站应尽量靠近汽轮发电机厂房，同时要便于输电线的进出。

(4) 应满足核电厂建造、运行和应急的交通运输要求。根据所选厂址的交通运输网络的现状和新、改建条件，规划厂内外交通运输连接方案。大型设备部件和新、乏燃料运输，若采用水运，其水运码头应尽量靠近厂区；若用公路或铁路运输，进厂线路应从最近干线引入，必要时还应设置中转站。为满足事故应急的要求，一般需要考虑厂内、外的交通连接有构成环行通道的可能（即给后续的设计留有这种余地）。

2. 厂区总平面规划

厂区总平面规划是根据所选厂址的特征和全厂总体布置，合理安排厂区建、构筑物、管线、交通运输、防排洪和防护设施、绿化与美化设施等建设位置的统筹规划。

厂区总平面规划设计，应结合厂址特征，遵循满足工艺生产要求、符合运行使用方便、保护厂区人员安全和做到布置经济合理的原则。即应满足：

(1) 工厂生产流程要求：在总平面布置上应满足主工艺生产从新（冷）元件运入库存→反应堆装料运行→汽轮发电机厂房→主变→开关站→入网的流程要求，和取排水系统从取水口→冷却水及安全厂用水输水管（渠）→$\left\{\begin{array}{l}\text{循环水泵房→汽轮发电机厂房}\\\text{安全厂用水泵房→核岛}\end{array}\right\}$→排水管（渠）→排水口的流程要求。汽轮发电机厂房应尽量靠近核岛厂房布置，并考虑电气出线方便。

(2) 交通运输要求：厂内外的交通运输设施应能适应核电厂建设、运行和应急要求，组织好冷元件运入、乏燃料及固体废物运出、放射性物质和非放射性物质运输的货流要求。

(3) 核安全要求：即平面布置应足以避免汽轮机飞射物危及与核安全有关厂房的安全；核岛、汽轮发电机厂房等应布置在完整、稳定、沉降小而均匀、且承载力满足要求的地层上；充分利用地形，以防在核岛及其附近出现高边坡和洪水冲刷及淹没危害；合理区划带放射性建筑物与非放射性建筑物的相互位置，明确功能分区，以做到既有利于核安全也方便运行管理。

(4) 建造和运行要求：主厂房四周的场地和建构筑物间的通道宽度，应符合运输、防火、卫生安全、施工安装、地上和地下工程管网（尤其是供排水、高压输电线路等）敷设的要求。

(5) 经济合理要求：结合厂址条件，妥善处理厂内外的联系，合理地紧凑布置厂区的建、构筑物，充分利用场地以缩短管线、节约用地；核岛的布置，在满足地形和地质条件要求的前提下，应充分考虑非居住区范围的要求，减少征地移民。

(6) 建设规划要求：考虑分期建设、远近期结合和统一规划的要求，留有可能发展的余地。

（三）总平面布置的技术要点

总平面布置是一项综合性技术很强的设计工作，要考虑的问题和需要进行的工作很多。但最基本的是应在通晓所选厂址特征和该拟建核电厂的与厂址特征有关的工艺技术条件的基础上选定主厂房区位置、确定主厂房平面布置型式和建设子项，拟定竖向布置方案。

1. 选定主厂房区布置

厂区总平面规划是围绕主厂房区的确定位置进行的。因此，主厂房区位置的选定，是进行厂区总平面规划的基础。

主厂房区位置的选定，除了应在全厂总体规划基础上，考虑厂区的地形、地貌和主导风向外，更重要的是考虑主厂房的地基、防、排洪和防护条件。在初可研阶段，如果遇到厂区的地表覆盖层厚度或地基条件不明、或有断层破碎带等不良工程地质现象，应限期查清，以提高主厂房区位置的确定性程度，加快选址步伐；在可研阶段，则应通过1/2000比例的地形测量、洪水位计算及工程地质勘察和各工种的设计方案研究，以验证所选主厂房位置的适宜性。这对选定厂址是极为重要的。

2. 确定主厂房平面布置型式

主厂房的平面布置型式，国际上的通常作法有单堆、双堆或多堆组合；汽轮发电机厂房与反应堆厂房集中或是分离；汽轮发电机厂房与反应堆厂房呈切向或呈径向布置等。这些布置型式各有利弊，但应以场地条件、核安全要求和参考电厂作为选定布置型式的依据。

如法国RCC—P建造原则，规定对双堆有两种布置型式：一为CP—1型，即汽轮发电机厂房的长轴与安全壳呈切向布置；二为CP—2型，即汽轮发电机厂房长轴与安全壳呈径向布置（图3-2-13）。

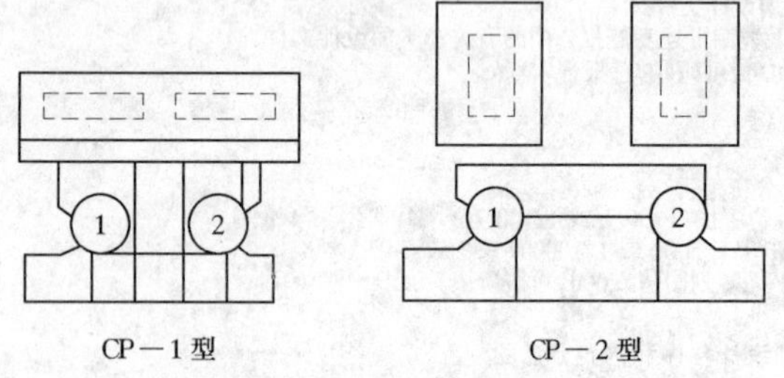

图3-2-13　主厂房平面布置型式示例

我国的大亚湾核电厂和秦山核电二期工程，均采用了法国规定的双堆CP—2布置型式。如果在同一场地上建造多台机组，每台机组的布置还应考虑各机组间的相互安全和分期施工条件的要求。

3. 拟定建设子项

组成核电厂的建设子项，一般说，核岛NI和常规岛CI是由生产工艺、规模和技术路线等决定的。而辅助建筑物BOP则是与所选厂址特征密切相关的，并因其功能划分、管理体制、检修制度、地区协作条件、仓库的社会化程度及厂址特征而有所不同，不能照搬某种模式。例如秦山核电二期工程的建设子项，不但与国外的不完全相同，而且与秦山核电厂和大亚湾核电厂的建设子项也不完全相同。一个百万千瓦级的压水堆核电厂所需的建设子项示例见表3-2-4。

4. 拟定竖向布置方案

虽然在选址阶段不作竖向布置的设计，但在进行厂区总平面规划设计时，也必须考虑竖向布置的方式和场坪标高、提水高度、挖填方边坡高度、防洪和防护方案、主厂房与辅助生产厂房之间的竖向联系、土石方量、场地排水方式和设施等，以免给后续的设计工作带来一些难以处理的问题。这些因素是相互关联、互为因果的，但对它们的合理考虑和安排，从根本上说是以确定的防设计基准洪水的方案为前提的。

按核安全法规要求，安全重要物项必须防御设计基准洪水；通常的做法是将所有安全重要物项建造在设计基准洪水位以上；或建造永久性的防洪屏障（例如防洪堤等）。但若采用这种方案时也必须认为该屏障本身也是安全重要物项。我国的已投入运行的、在建的和正在开展前期工作和设计工作的核电厂，除秦山核电厂外，均将所有安全重要物项布置在设计基准洪水位以上，即采用乾厂址防洪方案。通常认为在地形条件受到限制或为降低冷却水提水高度时，也可采用湿厂址方案布置，国际上也有这样做的。但采用这种布置方法时，厂区的防洪、排涝问题相当复杂。

表3-2-4　　百万千瓦压水堆核电厂的建、构筑物子项示例

核　岛（NI）	常规岛（CI）	辅助建筑物与构筑物（BOP）
1　反应堆厂房	1　汽轮发电机组	1　放射性修配间与仓库
2　燃料厂房	2　气体贮存区	2　非放射性物品仓库
3　核辅助厂房	3　制氢车间	3　非放射性修配间
4　电气厂房	4　压缩空气站	4　油脂库
5　连接厂房	5　主变压器与变压器平台	5　除油装置
6　辅助给水箱	6　35、220kV变电站	6　接待室展览厅
7　柴油发电机房	7　400、500kV变电站	7　围墙与安全设施
8　废物辅助厂房	8　除盐水制备车间	8　施工单位办公室
9　放射性废液储罐	9　除盐水贮罐	9　废水处理车间
10　放射性废液管廊	10　辅助锅炉房	10　金属仓库
	11　油库	11　训练中心
	12　测试锅炉	12　警卫室
	13　220kV辅助变压器	13　临时警卫室
	14　主服务水(冷却水)管廊	14　交通岗亭
	15　排水井(热水排放)	15　围墙
	16　水泵房	16　码头
	17　制氯车间	17　行政办公室
	18　饮用水制备与贮存	18　公司办公室
		19　食堂
		20　车库与消防站
		21　气象塔
		22　洗涤区
		23　生水（淡水）贮池
		24　冷却水进水口
		25　冷却水进水渠
		26　排水渠道
		27　工程管廊
		28　停车场
		29　固体废物长期贮存

第三节　核电厂反应堆堆芯设计

一、压水堆本体结构

压水堆本体结构如图3-3-1所示，组成压水堆堆芯的燃料组件及相关组件，直立排列在由堆芯上、下板和堆芯围板所围成的空间内。燃料组件下端由堆芯下板定位，上端由堆芯上板和压紧部件定位及压紧。整个堆芯由堆芯吊篮将其悬挂在反应堆压力容器筒身法兰的内突缘上，而堆芯吊篮下部的定位是靠其上的支承键与压力容器内壁下部的支承块配合来实现的。为了减少压力容器的辐照损伤，堆芯与压力容器内壁之间应保持足够的水隙以及设置局部中子屏蔽。压力容器的上封头上布置若干控制棒驱动机构，以驱动控制棒在堆内上下移动，实现反应堆起动、功率调节、正常和事故停堆等控制功能。一回路加压轻水冷却剂从反应堆压力容器上部的入口接管流入，先沿着堆芯吊篮与压力容器内壁之间的环形间隙（下降段）向下流动，经冷却吊篮和压力容器到达反应堆压力容器底部下腔室后，改变方向向上流经堆芯，冷却燃料组件及相关组件，带走核裂变反应产生的热量。然后高温冷却剂从反应堆压力容器的出口接管流出，再流经蒸汽发生器，使二回路给水加热成蒸汽，去推动汽轮机运转，进而带动发电机发电。

堆芯是核电厂压水堆的核心，其设计包括核设计、热工水力设计、燃料组件及相关组件设计等。

二、核反应的物理基础

1. 堆内的主要核反应

核反应堆是一种以可控方式产生自持链式裂变反应的装置。核反应堆内的主要核过程是中子与反应堆内各种元素的相互作用的过程。其中对反应堆核设计有意义的几种核反应是：

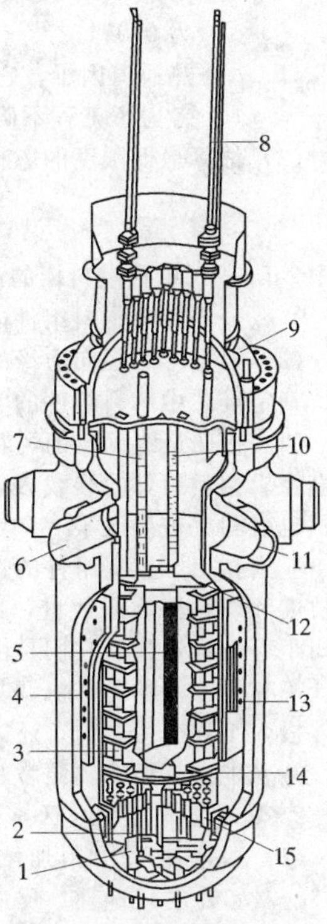

（1）裂变反应（n，f），可裂变核吸收一个中子后，分裂成两个不同质量的裂变碎片，同时释放出 2～3 个中子和约 200MeV 的能量。

（2）辐射俘获反应（n，γ），堆内的某个原子核吸收一个中子后，放出 γ 射线。

图 3-3-1　压水堆本体结构

1—连接板；2—堆芯支承件（下）；3—堆芯围板；4—压力容器；5—燃料组件及相关组件；6—冷却剂出口接管；7—控制棒导向筒；8—控制棒驱动机构；9—上封头；10—堆芯支承柱（上）；11—冷却剂入口接管；12—堆芯上板；13—堆芯吊篮；14—堆芯下板；15—下支承板

对核燃料增殖有重要意义的辐射俘获反应有

$$^{238}_{92}\mathrm{U}\,(n,\gamma)\,^{239}_{92}\mathrm{U}\xrightarrow[23\mathrm{min}]{\beta^-}\langle\,^{239}_{93}\,\rangle\mathrm{Np}\xrightarrow[2.3\text{天}]{\beta^-}\langle\,^{239}_{94}\,\rangle\mathrm{Pu}$$

和

$$^{232}_{90}\mathrm{Th}\,(n,\gamma)\,^{233}_{90}\mathrm{Th}\xrightarrow[22\mathrm{min}]{\beta^-}\,^{233}_{91}\rangle\mathrm{Pa}\xrightarrow[27\text{天}]{\beta^-}\,^{233}_{92}\rangle\mathrm{U}$$

（3）弹性散射（n，n）和非弹性散射（n，n′）反应，中子与堆内原子核发生碰撞后，中子的运动方向发生改变和（或）中子的能量降低。

2. 链式裂变反应和有效增殖系数

核反应堆的功率水平正比于堆内发生裂变反应的速率。堆内几种主要核反应中，裂变反应吸收 1 个中子后，放出 2～3个快中子，使堆内的中子数量增殖，因此它对于反应堆能够进行自持的核反应是必不可少的。辐射俘获反应吸收堆内的中子，使堆内的中子数量减少，利用它可以对堆内的核反应速率进行控制。中子的能量对于易裂变核素与中子发生裂变反应的几率影响很大，能量较低的热能中子比裂变产生的高能快中子引起裂变反应的几率大 2 个数量级。因此裂变产生的快中子通过与堆内各种核素的一次或多次的弹性散射或非弹性散射损失能量，逐渐慢化为易于引起裂变反应的热能中子。正确地利用上述几种核反应，可使核反应堆的功率水平得到控制。

在核反应堆内，由裂变产生的快中子，经历散射慢化而成热中子，在慢化的过程中伴随着被吸收和向堆芯外的泄漏损失，直至热中子在运动过程中被易裂变核素吸收而引起新的裂变反应，又放出新的裂变中子，这一过程称为中子寿命循环。相继两代中子数目的比值定义为反应堆链式核反应的有效增殖系数 K_{eff}。即

$$K_{\mathrm{eff}}=\frac{\text{本代循环开始时的中子数}}{\text{前一代循环开始时的中子数}}$$

显然，当 $K_{\mathrm{eff}}=1$ 时，反应堆能够进行自持链式裂变反应，且堆内的中子数量保持不变。这时称反应堆处于临界状态，例如反应堆处于稳定功率运行时。当 $K_{\mathrm{eff}}<1$ 时，堆内的中子数量将越来越少，直至不能进行链式裂变反应。称这时的反应堆处于次临界状态，如反应堆停堆或降功率过程。当 $K_{\mathrm{eff}}>1$ 时，称反应堆处于超临界状态，此时，堆内中子一代比一代多，如反应堆启动或功率提升过程。

增殖系数与核反应堆的栅格特性（燃料棒直径、棒间距）、^{235}U 的富集度、燃料元件的装载量、堆内结构的材料成分，以及冷却剂温度和冷却剂中硼浓度等因素密切相关。图 3-3-2 给出了典型压水反应堆中 K_∞ 与水铀比的关系曲线，其中 K_∞ 定义为不计中子泄漏损失时的 K_{eff} 值，称为无限增殖系数；水铀比是单位栅格内水与燃料芯体的体积之比。因为水中的氢是良好的中子慢化材料，因此通常用水铀体积比 $V_{\mathrm{H_2O}}/V_{\mathrm{UO_2}}$ 或者用氢与铀的核密度之比 $N_{\mathrm{H}}/N_{\mathrm{U}}$ 来表征堆芯的中子慢化特性。

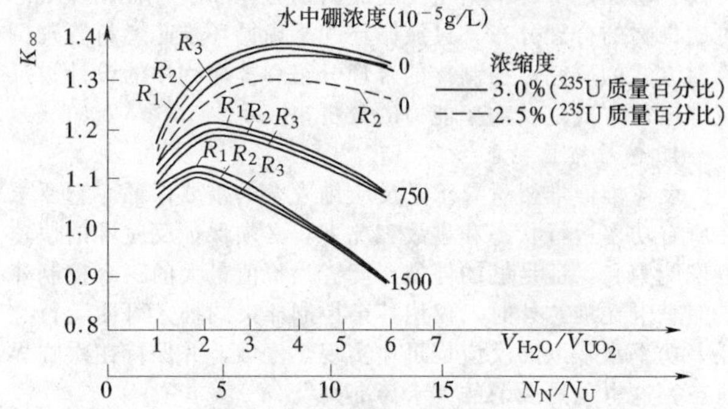

图 3-3-2　燃料棒半径和硼浓度不同时压水堆运行温度下 K_∞ 和慢化特性的关系

$V_{\mathrm{H_2O}}/V_{\mathrm{UO_2}}$—堆芯内水和二氧化铀的体积比；$N_{\mathrm{H}}/N_{\mathrm{U}}$—堆芯内氢、铀原子核密度比；$R$—燃料棒半径，$R_1=0.51$cm，$R_2=0.45$cm，$R_3=0.40$cm

图中曲线的特性反映出存在最佳的水铀比或氢铀比。当轻水中无硼酸时，最佳 $N_{\mathrm{H}}/N_{\mathrm{U}}$ 比约为 8，此时对应的 K_∞ 达到了峰值。峰值的左侧由于 $N_{\mathrm{H}}/N_{\mathrm{U}}$ 较小，从而使堆芯处于中子欠慢化的状态；峰值的右侧因 $N_{\mathrm{H}}/N_{\mathrm{U}}$ 较大，已使中子慢化能力达到饱和值，而氢会吸收中子，因此随着 $N_{\mathrm{H}}/N_{\mathrm{U}}$ 的增大，K_∞ 反而降低。此外冷却剂中的可溶硼对中子有较强的吸收能力，因此当冷却剂中硼浓度提高时，最佳的 $N_{\mathrm{H}}/N_{\mathrm{U}}$ 值将相应减小。

三、堆芯核设计原则

堆芯核设计主要包括堆芯装载和布置、反应性控制、堆芯功率能力分析和燃料管理四大部分设计内容。同时堆芯核设计必须满足设计准则所规定的限值要求，以确保反应堆的运行安全。

1. 负反馈特性

慢化剂反应性温度系数定义为慢化剂温度每改变 1℃所

引入的反应性增量。核反应堆在各种功率水平下运行时，慢化剂的反应性温度系数 $\partial \rho / \partial T$ 必须为负值或零，以保证堆芯具有温度负反馈的特性。这就要求压水堆堆芯燃料棒栅格必须设计成欠慢化的，即处在最佳 N_H/N_U 峰值的左侧。当堆芯功率提升时，冷却剂温度随之升高，冷却剂密度同时降低，使 N_H/N_U 向左侧移动，引入负的反应性，这就保证了慢化剂温度系数必须为负值或零的要求。

2. 比燃耗要求

燃料卸料比燃耗要求是反应堆堆芯核设计的主要设计指标之一。各个循环的堆芯燃料装载必须提供足够的过剩反应性，保证规定的换料周期。燃料的平均卸料比燃耗应不低于33000MWd/tU，以提高燃料利用率，降低燃料循环成本。燃料组件的局部最大燃耗一般不应超过50000MWd/tU，以确保燃料组件的结构完整性，保证反应堆的安全。

3. 堆芯功率分布

堆芯要具有合适的功率分布，最大核功率不均匀系数不得超过设计限值。在Ⅰ类工况（正常运行和正常瞬态）下，燃料元件不同高度处的最大线功率密度不得超过为满足失水事故安全准则所要求的限值。在Ⅱ类工况（中等频率故障）下，最大线功率密度不超过590W/cm。在Ⅰ类和Ⅱ类工况下，堆芯功率分布的不均匀不得导致燃料元件包壳表面发生偏离泡核沸腾（DNB）；堆芯功率分布应具有内在稳定性，功率的空间振荡应能迅速地探测和可靠地抑制。

堆芯功率分布的控制是堆芯核设计的主要研究课题之一。它将通过堆芯不同富集度燃料的分区布置；首循环堆芯可燃毒物的合理分布；过渡循环和平衡循环堆芯燃料管理倒换料方式的研究；控制棒的合理分组和提棒程序的设计；反应堆运行方式以及功率能力的分析来实现。

4. 停堆裕量要求

反应堆停堆裕量要求是反应堆安全的重要保证。它要求在所有功率运行状态和事故工况下，必须保证反应堆的快速停堆能力和保证足够的停堆深度。当价值最大的一个控制棒束完全卡在堆芯外时，仅用其余控制棒束的插入可使运行在任一功率水平下的反应堆迅速实现热停堆，并保持在次临界状态。这也就是所谓的“卡棒准则”。

5. 最大可控反应性引入速率

为了保证反应堆的反应性变化处于可控状态，必须限制反应性的引入速率。最大可控反应性引入速率取决于反应堆堆芯物理的动态特性。例如：大亚湾900MWe核电厂反应堆在正常运行时的最大可控反应性引入速率为45pcm/s。对于压水堆核电厂主要是通过限制慢化剂中可溶硼的稀释速率和限制控制棒的步进速率来实现的。

四、堆芯装载和布置

堆芯装载和布置是核设计的基本内容之一，它对堆芯的物理特性起着决定性的作用。一般来说，堆芯装载和布置的核设计将依次经历燃料组件类型和装载数量的确定；燃料富集度的选取和分区布置；可燃毒物装载量和布置方式；控制棒装载量、分组和布置；中子源和测量孔道分布等设计内容和设计过程。

1. 燃料组件类型和装载数量

（1）按照主参数中规定的堆芯额定热功率 N_{th} 输出要求，并根据为满足热工水力设计限值要求的燃料棒最大线功率密度 q_{max}，估计堆芯中的燃料棒的总长度 L_t 为

$$L_t = \frac{N_{th}\beta F_Q}{q_{max}}$$

式中　β——由燃料棒发热所占堆芯热功率份额，一般为0.974；

F_Q——热通道因子，它表征了堆芯功率不均匀系数并考虑了工程不确定性和计算误差。

（2）估算最低限度的燃料组件装载数量 N_{FA}：

$$N_{FA} = \frac{L_t}{L_F n_A}$$

式中　L_F——单根燃料棒的活性段长度；

n_A——每个燃料组件内的燃料棒数目。

（3）根据堆芯径向边缘的圆整性和堆芯布置的对称性要求，确定堆芯中燃料组件的实际装载数 $N'_{FA} \geqslant N_{FA}$。

（4）按照最终确定的燃料组件装载数量，计算堆芯的等效直径。燃料组件的装载数量一旦确定，堆芯的几何尺寸或体积也就随之被确定了。

应当指出，燃料组件的选型、燃料组件中燃料棒的活性段长度和燃料棒装载数量，以及排列方式、燃料棒的直径、棒间距等结构形式，它们是由与燃料组件结构以及热工水力设计等有关专业的总体协调基础上确定的。在一个新型燃料组件投入工程应用之前，还需进行力学、腐蚀等各项实验研究，并入堆进行长期辐照考验。

2. 燃料富集度和分区布置

（1）压水堆采用稍加浓缩铀燃料，^{235}U富集度一般在1.5%～4.0%之间选择。反应堆的循环周期（或循环长度）是总体设计规定的主参数之一，也是电厂或用户所提出的设计指标。根据规定的反应堆循环长度，在核设计中确定燃料中^{235}U的平均富集度。^{235}U的平均富集度与反应堆循环长度的关系比较复杂，它受堆芯的尺寸、燃料组件的材料成分和具体结构形式等诸多因素的影响，因此对于一个特定的反应堆堆芯、需通过计算机程序的计算来确定所需的平均富集度。

（2）在首循环堆芯中的所有燃料组件都是新的，而倒换料方案要求采用分批换料的方法。合理地采用几种不同富集度的燃料组件，有利于提高燃料的利用率，降低燃料的运行成本。

（3）堆芯不同富集度燃料组件的分区布置原则是以追求堆芯径向功率分布平坦为主要目标。以采用三种富集度燃料的首循环堆芯为例，将高富集度的燃料组件布置在堆芯的边缘，中等富集度和低富集度的燃料组件按棋盘格式或不完全棋盘格式布置在堆芯的内区。典型的首循环堆芯不同富集度燃料组件的分区布置如图3-3-3所示。

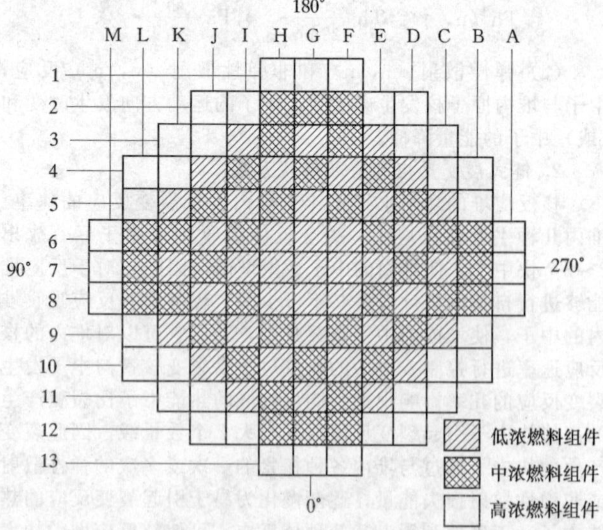

图3-3-3　600MWe压水堆首炉堆芯三区布置

3. 可燃毒物装载和布置

在反应堆正常运行时，仅允许部分控制棒的少量插入，因此堆芯的过剩反应性主要靠可溶硼来补偿。首循环堆芯的初始过剩反应性通常都比较大，需要较高硼浓度来补偿，但是过高的硼浓度将使慢化剂温度系数变为正值，这是设计准则所不允许的。因此要求在首循环堆芯中装载适量的固体可燃毒物棒，以补偿堆芯的部分过剩反应性，达到降低临界可溶硼浓度，确保慢化剂温度系数为负值或零的要求。

根据对称性要求和有利于展平堆芯功率分布的原则，设计可燃毒物在堆芯中的分布。典型的压水堆可燃毒物布置如图 3-3-4 所示。

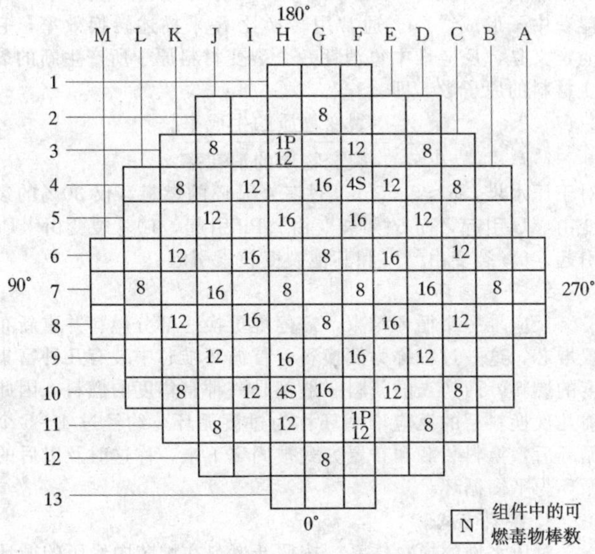

图 3-3-4 典型压水堆可燃毒物布置

P—一次中子源棒；S—二次中子源棒

4. 控制棒布置和分组

控制棒是堆芯反应性控制的关键部件，它对保证反应堆的安全起着重要作用。在设计中，首先应保证堆芯中控制棒总的装载量必须能够满足卡棒准则的要求或停堆裕量要求；然后在对称性布置要求的基础上，考虑这些控制棒所赋予的功能要求，以及在执行功能要求时尽可能降低对堆芯功率分布的扰动，不致产生较恶劣的堆芯功率分布等因素，将它们分成若干个棒组。按控制棒所执行功能，它一般可以分为功率控制棒组、冷却剂温度控制棒组和停堆棒组三大类。

五、反应性控制

反应性控制研究的目的是：①采取各种切实有效的控制方式，在确保安全的前提下，控制反应堆的过剩反应性，满足反应堆长期运行的需要；②通过控制毒物适当的空间布置和提棒程序，使反应堆在整个堆芯寿期内保持较平坦的功率分布，使功率峰因子尽可能地小；③在外负荷变化时，能调节反应堆适应外负荷的变化；④当反应堆出现事故时，能迅速安全地停堆，并保持足够的停堆裕量。

1. 反应性定义

反应性是反应堆偏离临界状态的表征或量度，通常用 ρ 表示，其值为负表示次临界，零表示临界，正值表示超临界。反应性改变量 $\Delta\rho$ 由下式计算

$$\Delta\rho=\ln\frac{K_{\mathrm{eff2}}}{K_{\mathrm{eff1}}}\times10^5 \quad (\mathrm{pcm})$$

式中 K_{eff1}、K_{eff2}——状态改变前和后的有效增殖系数；

$\Delta\rho$——反应性改变量，$1\mathrm{pcm}=1\times10^{-5}$，它是反应性单位。

2. 影响反应性的参数

使反应堆的反应性产生变化的因素很多。例如燃料的燃耗；氙、钐及其他裂变产物的积累和消耗；反应堆压力、燃料芯体温度、慢化剂温度以及气泡份额的变化等，它们都将导致反应性发生变化。

(1) 燃料燃耗。采用 ^{235}U 作为主要燃料的反应堆，由于 ^{235}U 的燃耗使反应堆的过剩反应性逐渐降低，而燃料中的 ^{238}U 吸收中子后可转换成易裂变核素钚燃料，使反应性增加，但两者总的趋势是随着燃料的燃耗，反应堆的反应性降低。

(2) 可燃毒物燃耗。堆内布置的可燃毒物控制了反应堆的部分过剩反应性，随着它的燃耗，将逐渐释放出这些反应性。

(3) 氙和钐效应。当燃料燃耗时，在燃料芯体中产生和积累各种裂变产物。它们的产生将导致反应堆的过剩反应性降低。从对影响堆芯反应性程度来看，裂变产物中最重要的是 ^{135}Xe 和 ^{149}Sm。^{135}Xe 主要来自 ^{135}I 的衰变，小部分直接产生于核裂变。^{149}Sm 是 ^{149}Pm 的衰变子体。

(4) 燃料温度效应。当燃料芯体有效温度升高时，^{238}U 的共振吸收增加，使反应性减少。燃料温度效应总是负的。

(5) 慢化剂温度效应。慢化剂温度升高时，将导致中子能谱变硬，同时慢化剂密度也减小；还导致中子慢化能力降低，使反应性减少。慢化剂中的硼浓度对慢化剂温度效应影响很大，因为随着慢化剂密度的降低，慢化剂中的硼原子数量也将相应减少，从而引起中子吸收的减少，使反应性增加。因此，当硼浓度较低时，慢化剂温度总效应是负的；当硼浓度较高时，这个效应可能是正的。

3. 反应性控制手段

在压水堆功率运行时常用的控制手段是提插控制棒、调节慢化剂中的可溶硼浓度和改变慢化剂平均温度。其中控制棒用于控制反应性的快变化，例如紧急停堆、快负荷变化以及轴向功率分布控制等；可溶硼一般用于控制反应性的慢变化，例如由于燃耗或者氙毒变化引起的反应性缓慢变化的控制；调节慢化剂入口温度可改变慢化剂的平均温度，用以控制反应性较小的变化。

六、堆芯功率能力

研究堆芯功率能力的目标是：在满足核电厂机动性和反应堆安全性的前提下，使反应堆的许可功率输出最大。堆芯功率分布控制是满足功率输出能力的保证。堆芯径向功率分布可以通过不同富集度燃料的分区装载和可燃毒物的合理布置等措施来展平，而轴向功率分布则受到堆功率水平、燃耗、瞬态氙毒分布，特别是控制棒的提升和插入的强烈影响。轴向功率分布可以通过控制棒的手动或者自动提升或插入，来控制轴向功率分布形状的变化，使轴向功率分布尽可能平坦、稳定，满足安全限值的要求。总之，在堆芯核设计中，除了考虑径向功率分布在整个循环寿期内尽可能平坦外，更多的是研究轴向功率分布的控制。

1. 常轴向偏移控制法

轴向偏移 AO 是描述压水堆轴向功率分布的特征参数，由下式表示

$$AO=\frac{P_T-P_B}{P_T+P_B}\times 100\%$$

式中 P_T、P_B——堆芯上、下半部的功率。

由堆外探测器测得的堆芯轴向功率偏差 ΔI 与轴向偏移 AO 的关系是

$$\Delta I = AOP_r$$

式中 P_r——堆芯的相对功率水平。

常轴向偏移控制法就是以满功率、平衡氙、主调节棒处于咬量位置时的轴向偏移为目标值，使反应堆在功率运行时，尽可能使堆芯的轴向偏移 AO 保持常数（目标值）。

2. 运行模式

目前压水堆常用的运行模式有两种：模式 A 和模式 G。

模式 A 称为带基本负荷的运行模式。它的特点是：仅有调节棒组的少量插入，堆芯轴向功率分布比较平坦，对反应堆运行经济性有利。在反应堆运行期间，主调节棒组主要用于轴向偏移控制，堆芯的反应性变化主要靠可溶硼来补偿。当要求的反应性引入速率较大时，在不影响轴向偏移控制的前提下，调节棒组可以配合可溶硼补偿部分反应性，然后通过继续硼化或稀释，使调节棒组归位。采用这种运行模式使反应堆的快负荷变化受到硼稀释速率的限制，特别是在接近循环末期。

模式 G 称为负荷跟踪运行模式。这种模式的特点是：堆芯轴向功率偏移控制和温度调节由效率较高的调节棒组 R 来控制；反应堆功率变化的反应性由功率补偿棒组来补偿；燃耗及氙毒变化引入的反应性慢变化由可溶硼来补偿。因此模式 G 能够满足快负荷的变化，它的负荷跟踪能力优于模式 A。但是模式 G 插入堆芯的控制棒组数多于模式 A，因此堆芯轴向功率分布不如模式 A 平坦。

3. 日负荷跟踪能力

核电厂的日负荷跟踪和快负荷变化能力是堆芯功率能力研究的主要内容。典型的日负荷跟踪类型是 12—3—6—3。即反应堆以 100%额定功率连续运行 12h，然后用 3h 将功率降至 30%额定功率，在此功率下连续运行 6h 后，再用 3h 将功率提升至 100%额定功率。

模式 A 和模式 G 的负荷跟踪能力的设计要求列于表3-3-1。

表 3-3-1 模式 A 和模式 G 的主要性能

电力网要求		模式 A	模式 G
负荷跟踪	功率范围（%额定功率）	$30<P\leqslant 100$	$30<P<100$
	变化速率（%额定功率/min）	0.3	直到 2
延迟旋转备用	功率增加的幅度和速率	15%～20%，5%/min 功率进一步增加，速率受硼稀释速率的限制	返回满功率，5%/min
频率控制	自动频率控制的功率范围（%）	±3	±3
	负荷调整（远距离频率控制）功率范围（%）	±3	±5
	速率（%/min）	1	1

七、堆芯燃料管理

1. 燃料的燃耗和转换比

随着反应堆的运行，堆内燃料不断地消耗，裂变产物不断积累，过剩反应性逐渐减少。当燃料消耗到一定程度后，反应堆因过剩反应性接近于零而不能维持正常运行，这时就必须停堆更换燃料，或者降功率作延伸运行。动力堆燃耗用一个称为比燃耗的物理量来量度。比燃耗表示每吨铀产生的总能量，用 MWd/tU 这个单位来表示。这个量是表征动力堆设计先进性和运行经济性的重要指标之一。

在主要燃料^{235}U 不断消耗的同时，反应堆中可转换核素^{238}U 和^{232}Th 通过俘获反应并经过一系列衰变，生产出新的核燃料^{239}Pu 和^{233}Th。其中^{239}Pu 吸收中子产生^{240}Pu，再俘获中子形成^{241}Pu。通常用转换比 R 来描述转换效率，它的定义是：反应堆中每消耗一个裂变材料原子所产生新的裂变材料的原子数。即

$$R=\frac{\text{裂变物质的生成率}}{\text{裂变物质的消耗率}}$$

对于压水堆，$R\approx 0.55$。经过三个循环的燃料，仅 30%的裂变由^{235}U 引起，而 54%裂变由^{239}Pu 引起，10%裂变由^{241}Pu 引起，6%裂变由^{238}U 和其他裂变核素引起。

2. 平衡循环

反应堆一个循环结束，需停堆更换一部分燃料并重新布置堆芯，这一过程称为倒换料。首循环堆芯中装有几种富集度的燃料，而换入的新料一般都是一种富集度的燃料。因此前几次换料后的反应堆循环称为过渡循环，约经过 4～5 个循环后，换料装载和布置方式被固定下来，称这时及以后的循环为平衡循环。

3. 换料方式

对压水堆的换料体系，按照新燃料在堆芯中经历的循环次数来区分，通常有 1/3 换料和 1/4 换料两种方式；按新燃料装入堆芯的位置来区分，通常有 OUT—IN 和 IN—OUT 两种。

OUT—IN 换料方式是：以 1/3 换料为例，每次换料时，新燃料组件放入堆芯边区，卸出经历 3 个循环的乏燃料组件，将经历 1 个循环和 2 个循环的燃料组件，分别放入第 2 循环和第 3 循环的位置。这种换料方式的优点是容易满足堆芯功率不均匀系数限值的要求。

IN—OUT 换料方式称为低泄漏换料方式，它是 20 世纪 70 年代末发展起来的一种堆芯燃料管理技术。将新料放入高中子价值的中心区，减少了中子的泄漏损失和对压力容器的辐照损伤，增加了反应堆的过剩反应性。在相同条件下它比传统的 OUT—IN 换料方式的堆芯燃料燃耗更深。但它的缺点是需要加可燃毒物以展平堆芯功率分布。

也有介于上述两者之间的换料方式，称为不完全低泄漏换料方式，使换料设计在不加可燃毒物的情况下，满足堆芯功率不均匀系数限值的要求。

八、反应堆热工—水力设计

反应堆释出的功率大小主要受热工方面和其他一些工程因素的限制，而不是受物理方面的限制。热工—水力设计的主要目的是提供合适的堆芯传热，使其与堆芯释热相匹配，达到安全性和经济性的统一。

（一）反应堆热工—水力设计任务

反应堆热工—水力设计任务是根据核电厂的总体技术指标的要求与有关专业工种相配合，确定反应堆的总功率和主

要参数，设计一个能安全可靠地发出额定功率的堆芯。概括起来，热工—水力设计的主要任务有：

(1) 根据核电厂电功率和总体设计要求，与系统设计配合给出反应堆发出的总热功率。

(2) 确定反应堆的主要热工参数，如冷却剂的工作压力、温度和流量等。

(3) 与堆物理，结构和燃料组件设计相配合，确定堆芯结构、燃料组件尺寸和栅格布置等。

(4) 初步确定堆芯尺寸，计算燃料组件内的温度分布，偏离泡核沸腾比（DNBR），经堆内构件的压降并确定旁通流量等。

(5) 作有关瞬态和事故分析。

(二) 堆芯热工—水力设计准则

压水堆在稳态和预期瞬态下的堆内热工—水力设计准则如下：

(1) 堆芯任何位置上的燃料元件表面都不允许发生偏离泡核沸腾（DNB）现象。临界热流密度用 W—3 公式计算时，最低 DNBR 不小于 1.3。

(2) 堆芯中燃料中心最高温度不得超过对应燃耗下的燃料熔化温度。二氧化铀的熔点约为 2800℃，但经过辐照后，其熔点会降低。在压水堆目前所达到的燃耗下，熔点可降到 2650℃左右。在设计中，燃料中心最高温度不得超过设计限值 2590℃，热点处的最大线功率密度小于 590W/cm。

(3) 堆芯中不允许出现水力学流动不稳定性。

(三) 反应堆内的热源及其分配

反应堆内的热量是燃料在裂变过程中释放出来的，裂变释放出的能量大致可分成三类。第Ⅰ类是在裂变的瞬间放出的。第Ⅱ类是在裂变之后，由裂变碎片和裂变产物的放射性衰变放出的，它们在停堆后的一段时间内继续存在。第Ⅲ类是过剩中子与堆内构件、慢化剂、冷却剂、燃料包壳等结构材料的非裂变吸收过程中放出的。每次裂变大约产生 200MeV 的能量。

裂变能在反应堆各部分的分配取决于各种粒子的射程长短，它与反应堆的类型，结构材料和堆的内部结构有关。一般说来，总裂变能在反应堆各部分的分配大致如下：燃料占 90%，慢化剂占 4%，中微子带出堆外占 5%，其他各种结构材料占 1%。如上所述，裂变能的绝大部分（90%）是在燃料内的裂变处转换成热能的，因此可以认为堆芯内的释热分布与中子流密度分布相一致。

反应堆停堆以后，由于缓发中子的存在以及燃料裂变碎片和裂变产物的放射性衰变，功率不会立即降到零，而是按照指数规律迅速衰减。所以停堆以后必须对反应堆进行冷却，以带走剩余释热。

(四) 燃料元件的传热

燃料元件内产生的裂变能经历如下过程传给冷却剂：经过燃料芯体的导热→燃料与包壳间间隙的传热→包壳的导热→从包壳表面向冷却剂的传热。

1. 燃料芯体内的导热

对压水堆常用的棒状燃料元件来说，若忽略轴向导热，并假设体释热率和热导率为常数，则燃料芯体内径向温度分布为

$$T(r)=T_f+\frac{q_V}{4K_f}(r_f-r^2)$$

式中 q_V——燃料芯体内的体释热率（W/cm^2）；

T_f——燃料芯体表面温度（℃）；

r_f——燃料芯体半径（cm）；

K_f——芯体材料的热导率［W/(cm·℃)］。

芯体中心与表面之间的温度 ΔT_f 为

$$\Delta T_f=q_V r_f^2/4K_f=q_l/4\pi K_f$$

式中 q_l——线功率密度，即燃料单位长度上的释热率（W/cm）。

若燃料热导率不为常数，而是温度的函数，则上式可化为

$$q_l=4\pi\int_{T_f}^{T_0}K_f\mathrm{d}T \qquad (3-3-1)$$

式中 T_0——燃料中心温度（℃）；

$\int_{T_f}^{T_0}K_f\mathrm{d}T$——积分热导率（W/cm）。

式（3-3-1）表明圆柱形燃料棒的线功率密度 q_l 正比于积分热导率 $\int_{T_f}^{T_0}K_f\mathrm{d}T$。

这样一来，如果得到热导率的积分值，可很容易地确定给定燃料中心温度下的线功率密度，避免了计算热导率对温度的积分。对 95%理论密度的烧结 UO_2 燃料芯块，从 0℃到熔点的平均积分热导率的实验测量值约为 93.5W/cm。目前积分热导率的设计允许值约为 50W/cm。

2. 燃料与包壳之间的传热

经燃料芯体与包壳间的间隙温差 ΔT_g 可用间隙热导 h_{gap} 求得

$$\Delta T_g=q_l/2\pi r_g h_{gap}$$

式中 r_g——间隙的平均半径（cm），可近似地认为等于燃料芯体的半径。

间隙热导值与芯体和包壳间相接触的表面条件关系极大。虽然建立了各种理论模型来计算 h_{gap}，但很少具有普遍意义。目前，在压水堆热工—水力设计中，通常采用经验值。h_{gap} 的典型经验值为 0.576W/(cm²·℃)。

3. 包壳内的导热

燃料芯块内的热量通过包壳的导热传给冷却剂。包壳本身的发热很小，可以忽略不计。这样，棒形元件包壳内外壁面温差 ΔT_c 可表示为

$$\Delta T_c=\frac{q_l}{2\pi K_c}\ln\frac{d_o}{d_i}$$

式中 K_c——包壳的热导率［W/(cm·℃)］；

d_o、d_i——包壳的外径和内径（cm）。

综上所述，燃料芯块中心与包壳外表面之间的温差 ΔT_0 由三部分组成，即

$$\Delta T_0=\Delta T_f+\Delta T_g+\Delta T_c$$

4. 包壳与冷却剂间的传热

从包壳的外表面向冷却剂的传热可用牛顿冷却定律描述

$$q_s=h(T_s-T_b)$$

式中 q_s——包壳外表面的热流密度（W/cm^2）；

T_s——包壳外表面的温度（℃）；

T_b——冷却剂的整体温度（℃）；

h——包壳与冷却剂间的传热系数［W/(cm²·℃)］。

h 的值与通道的几何形状、流体的流速、温度、压力、热物理特性及表面的热流密度等因素有关。它决定于堆芯的传热模式，一般由经验关系式求得。

5. 堆芯传热模式

堆芯传热模式如图 3-3-5 所示。

(1) 在 o～a 区，有少量的液体过热，热量靠流体的强

迫对流带走。在压水堆中，此区内的传热系数通常采用 Dittus—Boelter 公式计算，即

$$N_u = 0.023 Re^{0.8} P_r^{0.4}$$

$$N_u = \frac{hD_e}{K_w}$$

式中 N_u——努谢尔特数；

Re——雷诺数；

P_r——普朗特数；

D_e——通道的水力当量直径（cm）；

K_w——流体的热导率［W/(cm·℃)］。

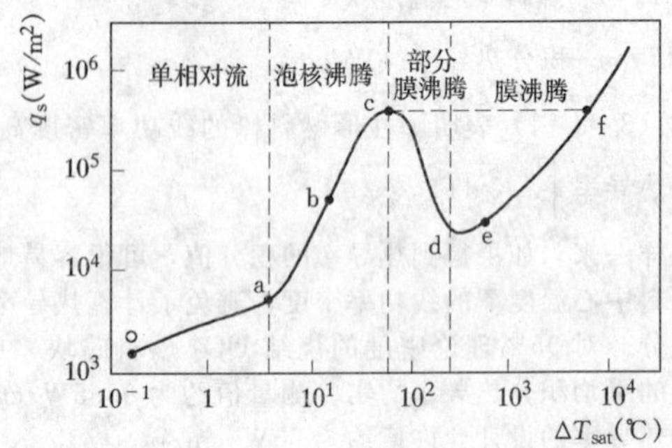

图 3-3-5 热流密度与表面过热度间的关系

（2）在 a～c 区，气泡迅速形成，称为泡核沸腾区。此区内通常采用 Jens—Lottes 经验关系式

$$\Delta T_{sat} = T_s - T_{sat} = 0.823 q_s^{0.25} e^{-P\times10^{-5}/63.3}$$

式中 P——系统的绝对压力（Pa）；

T_{sat}——对应于系统压力下的饱和温度（℃）。

（3）在 c 点的热流密度称为临界热流密度或偏离泡核沸腾（DNB）热流密度。在压水堆的热工设计中，通常采用 W—3 公式来计算临界热流密度。W—3 公式表示出临界热流密度与流体的压力，烧毁点的平衡含汽量，质量流密度以及流体焓之间的关系。近来西屋公司又研制出新的计算临界热流密度关系式 WRB—1，该公式比 W—3 更为精确。

在压水堆的热工设计中，通常把临界热流密度 $q_{DNB}(Z)$ 与堆内运行的热流密度 $q_s(Z)$ 之比定义为 DNBR（图 3-3-6）。DNBR 沿堆芯高度是变化的，其中最小一点称为最低 DNBR 点。为避免堆芯出现偏离泡核沸腾或浇毁，必须对最低 DNBR 加以限制。

$$\text{DNBR} = \frac{q_{DNB}(Z)}{q_s(Z)}$$

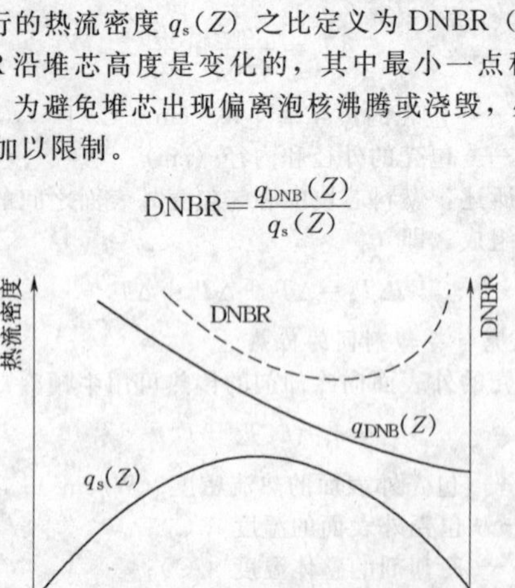

图 3-3-6 DNBR 沿堆芯高度的变化

（4）在 c～d 区，大量汽泡在加热表面云集，部分加热表面被汽膜所覆盖，此区称为部分膜沸腾区。

（5）在 e～f 区，壁温很高，辐射传热起重要作用。

压水堆在正常运行工况下，一般工作在 o～a 和 a～c 区，其余传热模式发生在瞬态和事故工况下。

（五）反应堆压力容器和堆芯水力学

反应堆容器和堆芯水力学分析的目的是确定堆芯流量、旁通流量和堆芯入口流量分布，计算经堆芯和压力容器的压降，并进行堆芯水力学稳定性分析。

1. 经压力容器和堆芯的压降

在压水堆的压降分析中，考虑冷却剂流经以下七部分的压降：①入口管嘴；②压力容器、热屏蔽与堆芯吊篮间的环形空间；③下腔室；④下支撑板；⑤堆芯（下栅板、燃料组件和上栅板）；⑥上腔室；⑦出口管嘴。

由于压力容器和堆内构件几何结构的复杂性，冷却剂的流动状态极其复杂，很难得到形阻系数的精确分析值。实践中，通常采用由水力模拟试验得到的形阻系数的经验值。压力容器和堆芯压降值是确定反应堆冷却剂系统的流量和主泵扬程的重要数据。

对三环路 900MWe 核电厂而言，上述各部分压降的典型值见表 3-3-2。

表 3-3-2 压水堆冷却系统压降一览表

区 域	压降（MPa）
入口管嘴	0.0558
反应堆容器—堆芯吊篮环形空间	0.0019
下腔室和堆芯支撑板	0.0537
17×17 组件构成的堆芯（8 格架）	0.1566
上腔室和出口管嘴	0.0396
压力容器和堆芯总压降	0.3076

2. 旁通流量和堆芯入口流量分布

冷却剂经压力容器入口管嘴进入反应堆，向下流经环形下降段、下腔室，向上流过堆芯和上腔室，从出口管嘴流出压力容器。由于堆内构件冷却的需要和结构上的原因，部分冷却剂不能用来冷却燃料元件，这部分流量称为旁通流量。在压水堆的热工—水力设计中所考虑的旁通流量有：

（1）经上顶盖的冷却流，约占 2.5%。

（2）经出口管嘴的漏流，约占 1.0%。

（3）经堆芯围板和堆芯吊篮间的环形空间的旁通流量，约占 0.5%。

（4）经控制棒导向管和堆芯外围组件与围板壁之间的间隙流量，约占 2.5%。

综合以上各旁通流量，总旁通流量约占热工水力设计流量的 6.5%。精确的旁通流量值与堆芯的具体结构有关，一般由模拟试验确定。

堆芯入口流量的分布一般由水力模拟试验确定。研究表明在堆芯高度的 1/3 处存在流量分布的再调整。在反应堆的热工—水力设计中，考虑热组件入口流量约下降 5%。

3. 堆芯水力学不稳定性

压水堆一般考虑两种水力学不稳定性，即静态不稳定性和动态不稳定性。

静态不稳定性是流量漂移型不稳定性，亦称莱丁内格（Ledinegg）不稳态性。在这种不稳定性下，从一种稳态到另一种稳态流量发生突然变化。静态稳定性的判据是系统压降对流量的变化率大于或等于主泵扬程对流量的变化率。

动态不稳定性又称密度波不稳态性。入口流量波动引起焓的扰动，这使单相区的范围和压降受到扰动，从而造成两相区的含汽量、范围和压降的变化。由于经堆芯的总压降由

堆芯外部的流体系统的特性所维持，因此，两相压降的扰动将反馈到单相区。该扰动或者衰减或者自持下去。研究表明，当系统压力小于7.0MPa、汽相和液相密度比大于20.3时，才能激起动态水力学不稳定性。在反应堆热工—水力设计中，亦可用计算机程序来研究动态水力学不稳定性。

（六）热点和热通道因子

反应堆热工—水力设计开始都是在理想条件下进行的。例如，元件的尺寸，包壳的厚度，通道的几何尺寸，燃料的富集度等都严格等于设计所规定的值，中子流密度也严格按照物理计算的结果。这些理想条件称为名义条件。在名义条件下计算出的各参数值称为名义值。

然而名义条件实际上是不存在的。例如，不可避免的制造公差和装配公差，使燃料组件的尺寸偏离名义值；运行期间的元件弯曲，使通道截面积不严格等于设计值；中子通量的分布也不会完全与物理计算值相符等。上述偏离的结果会造成温度和热流密度的实际运行值偏离名义值。为了确保反应堆安全可靠运行，必须在设计中预先考虑这种问题。热点和热通道因子就是基于这一考虑提出来的。

热点和热通道因子定义为最大可能值与名义值之比。在压水堆设计中，限制反应堆热工性能的量一般为冷却剂的最大焓升和包壳表面的最大热流密度，于是引进了相应的热通道和热点因子来考虑它们，公式为

$$F_{\Delta H}=\frac{\text{最大焓升}}{\text{名义焓升}}=\text{焓升热通道因子}$$

$$F_{q}=\frac{\text{局部最大热流密度}}{\text{名义平均热流密度}}=\text{热流密度热点因子}$$

按照造成上述热通道和热点因子的物理偏离因素，通常把它们概括地分为两类：一类是与核因素有关的，称为核因子；另一类是与非核的工程因素有关的，称为工程因子。

在近代压水堆设计中，一般取 $F_{\Delta H}=1.55$ 左右，而 $F_q=2.35$左右。

九、燃料组件及相关组件

（一）概述

燃料组件及相关组件（统称为燃料系统）是组成压水堆核电厂反应堆堆芯的核心部件，至今已有40多年的发展历史。其间燃料组件曾经历了有盒变为无盒、十字形控制棒变为束棒，燃料棒包壳和导向管材料由不锈钢变为Zr—4合金、定位格架材料由因科镍变为双金属或Zr—4合金、燃料棒预充氦压以及采用碟形芯块等六代重大改进，到1980年前后基本定型。燃料组件批评均卸料比燃耗达33000MWd/tU。近十几年来，又相继发展了Vantage5、Vantage5H、Vantage+和Performance+等类型的燃料组件，尽管其几何构形没有本质的变化，但是在选材、结构设计细节、制造工艺和燃料管理等方面均有不同程度的改进，从而使其性能和经济性有不同程度的改进和提高。如燃料棒两端加贫铀或某种^{235}U富集度铀反射段、涂或含可燃毒物的燃料芯块、包壳材料选用低锡Zr—4或ZIRLO（含铌和锡各约1%的锆合金）、燃料组件可拆以及延长换料周期至18或24个月、加深比燃耗至50000MWd/tU或更高等。

燃料组件及相关组件的设计应按照有关的法规标准和堆芯物理、热工水力等要求进行。其总的设计和安全基准是：在工况Ⅰ、Ⅱ下，保持燃料系统的完整性，可能发生的少量燃料棒随机破损，其所释放的放射性物质应在反应堆净化系统的净化能力之内；在发生工况Ⅲ后，堆芯中破损燃料棒数仅占燃料棒总数的一个小份额，反应堆能处于安全状态；在发生工况Ⅳ后，反应堆能重建一个安全状态，即保证有足够数量的控制棒插入堆芯和保持可冷却的堆芯几何形状。

目前的燃料组件及相关组件设计和运行经验证明，燃料棒的破损率低于10^{-5}。下面以第二代改进型燃料组件（即AFA 2G）及相关组件为主进行描述。

（二）燃料组件

燃料组件是组装在一起并且在堆芯装料和卸料过程中不拆开的一组燃料元件，具有为核电厂产生核裂变能和容纳相关组件的功能。AFA 2G与目前典型的燃料组件一样，由264根燃料棒和燃料组件骨架组成（见图3-3-7）。而燃料组件骨架由上、下管座、八层定位格架、24根导向管和一根仪表管（通量测量管）组成。

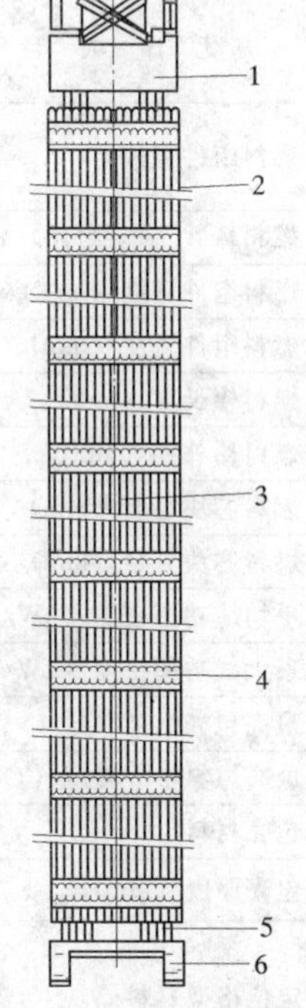

图3-3-7 燃料组件
1—上管座；2—燃料棒；3—仪表管；4—定位格架；5—导向管；6—下管座

考虑到非运行、运行和事故等载荷的作用，燃料组件设计必须满足结构完整性和相容性准则要求。表3-3-3列出了世界上几家主要公司较先进燃料组件设计的主要参数。

1. 燃料棒

燃料棒由燃料芯块、包壳、端塞和气腔压紧弹簧组成，具有产生热能并将其传递给冷却剂和包容裂变产物的功能。其设计应满足如下准则：

(1) 在工况Ⅰ、Ⅱ下，燃料最高温度低于燃料的熔点；包壳金属表面温度不超过400℃；包壳拉伸塑性应变小于1%；包壳体积平均等效应力不超过包壳材料的拉伸屈服强度；包壳在寿期初自立，在整个寿期内不发生蠕变坍塌；包壳均匀腐蚀或磨蚀深度不超过包壳壁厚的10%；包壳累积疲劳损伤因子小于1；燃料棒内压不致使包壳与芯块间隙增大和DNB（偏离泡核沸腾）扩展。

(2) 在工况Ⅲ、Ⅳ下，对LOCA（冷却剂丧失事故）计算的包壳最高温度不超过1204℃、包壳最大氧化厚度不超过包壳初始壁厚的17%；对单个控制棒组件弹出事故：在燃料棒任何轴向位置上的径向平均比焓不大于941J/g（新棒）或836J/g（辐照过的棒）、瞬态任何时刻包壳温度不超过1480℃、熔融燃料积体不超过热点处燃料总体积的10%。

(3) 在堆芯外正常操作时，燃料棒受到的轴向载荷不超过4g时的载荷等。

燃料芯块采用低^{235}U富集度的短圆柱烧结UO_2陶瓷块，两端呈浅碟形并倒角，以补偿膨胀差和减轻PCI（芯块和包壳相互作用）效应。

包壳用消除应力的低锡Zr—4合金制作。锡含量由1.2%～1.7%改为1.2%～1.5%，明显提高了包壳的抗水侧腐蚀性能。制造时，包壳内表面用酸冲洗代替喷砂处理；包壳完整性检验，除用超声检验外，增加了涡流检验；包壳与端塞的密封焊缝改用全自动检查等，提高了包壳和燃料棒的质量。

端塞有上下之分，均由退火状态的Zr—4合金制成，其中上端塞沿其轴线钻有圆孔，以备与包壳焊接后再抽气充氦加压焊接密封。

气腔压紧弹簧为螺旋形，由302不锈钢制成，其初始预紧力不得低于燃料柱重量的四倍，以防止燃料芯块轴向窜动。在燃料棒设计中，目前已实际应用的较先进设计，还有燃料芯块表面涂ZrB_2或含一定量的Gd_2O_3或Er_2O_3可燃毒物、环形燃料芯块、抗水侧腐蚀更好的ZIRLO合金包壳、长下端塞和燃料棒两端加反射段等，为加深燃耗提高经济性和可靠性提供了条件。

2. 上管座

上管座是由上孔板、围板、顶板和四组板式压紧弹簧组成的燃料组件上部结构部件，为冷却剂流出燃料组件提供出口和为吊装工具提供抓取部位，并兼有保护坐落在其内的相关组件的功能。上管座除四组板式压紧弹簧及其固定螺钉用因科镍—718制造外，其余零件均用304L不锈钢制造。

表3-3-3 世界几家公司燃料组件主要设计参数

设计项目	法杰玛公司（法国）	宜宾（中国）	ABB—CE（美国）	西屋公司（美国）	西门子公司（德国）		三菱公司（日本）	核燃料公司（韩国）
燃料组件型式	17×17—25（AFA 2G）	17×17—25（AFA 2G）	16×16—5（System80）	17×17—25（Performane+）	17×17—25	18×18—24	17×17—25	17×17—25
燃料棒数（根/组件）	264	264	236	264	264	300	264	264
燃料组件高度（mm）	4058.6	4058.6	4528	4058	4099	4827	4100	4063
燃料组件宽度（mm）	214.0	214.0	207	214	214	229.6	214	214
燃料棒长度（mm）	3851.5	3851.5	4094	3878	3861	4395	3900	3866
燃料棒外径（mm）	9.5	9.5	9.70	9.5	9.55	9.5	9.5	9.5
燃料芯块高度（mm）	13.46	13.46	9.91	9.40	9.37	11	10	9.83
燃料芯块直径（mm）	8.19	8.19	8.27	7.84	8.17	8.05	8.19	8.192
平均线功率密度（kW/m）	18.6	18.6	17.72	17.0	18.6	16.3	17.1	17.83
最大线功率密度（kW/m）	42	42	44.29	43	①	①	39.6	46.36
最高包壳温度（℃）	400	400	①	①	①	①	①	①
最高燃料中心温度（℃）	2590	2590	①	2600	①	①	①	2593
包壳材料	Zr—4	Zr—4	Zr—4	ZIRLO	Zr—4	Zr—4	Zr—4	改进的Zr—4
包壳厚度（mm）	0.57	0.57	0.635	0.57	0.61	0.64	0.57	0.572
定位格架材料	条带：Zr—4 弹簧夹：因科镍—718	条带：Zr—4 弹簧夹：因科镍—718	端部两个：因科镍中部八个：Zr—4	ZIRLO	Zr—4/因科镍	Zr—4/因科镍	因科镍	改进Zr—4/因科镍
定位格架数（个/组件）	8	8	10	2+7+4②	8	8	9	8
最高燃耗（MWd/tU）	50000	50000	60000	平均55000	60000	60000	48000	60000

① 根据核电厂运行条件而定。

② 13个定位格架中，端部两个为因科镍格架，七个为ZIRLO低压降格架，四个为ZIRLO中间流量混合格架。

3. 下管座

下管座是由下孔板、四个带支撑板的支撑柱和滤网组成的燃料组件下部结构部件，用于控制流向燃料组件冷却剂流量的合理分配。下管座除滤网外，其余零件均用304L不锈钢制造。滤网选用硬度高、韧性好的因科镍—718制造，用铆钉将其固定在下管座下孔板的下表面上，用来防止冷却剂中碎片进入燃料组件，以达到降低燃料棒破损几率的目的。另外，为达此目的的已应用的设计还有：下管座下孔板的开孔变小变多、燃料组件底部定位格架设置捕集冷却剂中碎片的结构以及加长燃料棒下端塞的长度等，其效果颇佳。

4. 导向管和仪表管

导向管由导向管和管接头组成，均由Zr—4合金制成，为控制棒上下运动提供导向，或容纳可燃毒物棒、一、二次中子源棒和阻流塞棒。导向管上部和底部管径较大，而在一、二层定位格架之间减径形成缓冲段，对控制棒的下落起阻尼作用。导向管靠其管接头与不锈钢裙边中空螺钉的螺纹连接，实现与上、下管座的可拆式连接。

仪表管管径均一，由Zr—4合金制成，位于燃料组件的中央，其上下端分别嵌入上下管座的孔中。仪表管为从燃料组件下方抽插堆内测量仪表或中子探测器提供空间和通道。

5. 定位格架

定位格架是由装有因科镍—718弹簧夹的Zr—4合金条带互插焊成17×17方形栅元的结构部件，沿燃料棒高度设置八层，用于保持燃料棒在燃料组件中的轴向和径向位置。定位格架夹持燃料的264个栅元，每个栅元都有六个支撑点。定位格架中其余的25个栅元的内条带向上延伸出焊舌，与在其内就位的导向管和仪表管点焊连成一体。定位格架的外条带上下缘都延伸出导向翼，用来防止装卸料时相邻燃料组件的钩挂。燃料组件中部的六层定位格架的内条带都有向上延伸的搅混翼，对高功率区的冷却剂起搅混作用，以改善传热条件。

由上述零部件组成的燃料组件，当装入堆芯时，靠下管座的定位孔与堆芯下板的定位销配装，使其直立于堆芯中。当堆芯上板就位时，下压四组板式压紧弹簧，提供足够的压紧力，以克服水力提升力和补偿燃料组件的轴向伸长。施于燃料组件上的轴向载荷，通过导向管和下管座传递到堆芯下板上；施于燃料组件上的横向载荷，通过堆芯上、下板的定位销传递到堆芯支撑结构上。

(三) 相关组件

相关组件包括控制棒组件、可燃毒物组件、一、二次中子源组件和阻流塞组件。按其在堆内就位方式，将控制棒组件称为可动式相关组件，而其余的均称为固定式相关组件。相关组件设计除应满足有关标准规定和物理、热工水力要求外，还应满足结构完整性和相容性准则要求。

1. 控制棒组件

控制棒组件由星形架和24根控制棒组成（图3-3-8），具有开、停堆、变更堆功率和保护反应堆的功能。

星形架由带16块径向分布翼板的圆筒和缓冲装置组成。圆筒上部加工成内环形齿槽与控制棒驱动杆连接，使控制棒组件上下运动。当快速落棒时，缓冲装置可吸收控制棒组件对燃料组件的冲击能量。星形架中除缓冲装置的弹簧用因科镍—718和弹簧座用630不锈钢制作外，其余零件都由304不锈钢制作。

控制棒由包壳、端塞、80%Ag—15%In—5%Cd吸收体或不锈钢棒（灰棒）以及302不锈钢压紧弹簧组成。其中包壳材料已由304不锈钢改用10%～15%冷变形硬化状态并经离子氮化处理的316L奥氏体不锈钢；吸收体下部750mm长的直径由8.665mm改为8.53mm。这些改进大大提高了控制棒包壳的耐磨性和有效地解决了包壳的胀裂问题。

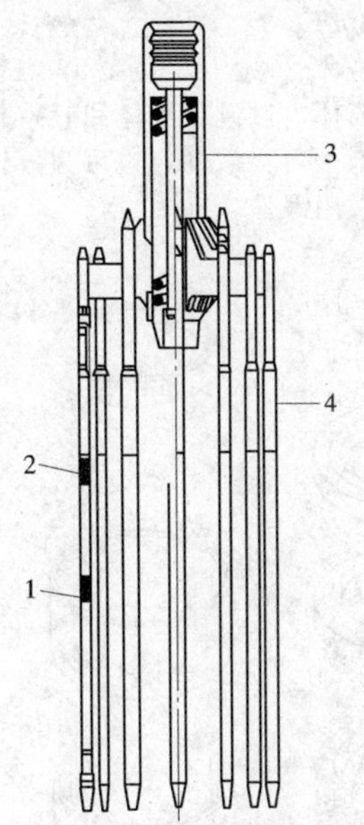

图3-3-8 控制棒组件
1—Ag—In—Cd吸收体；2—弹簧；3—星形架；4—控制棒

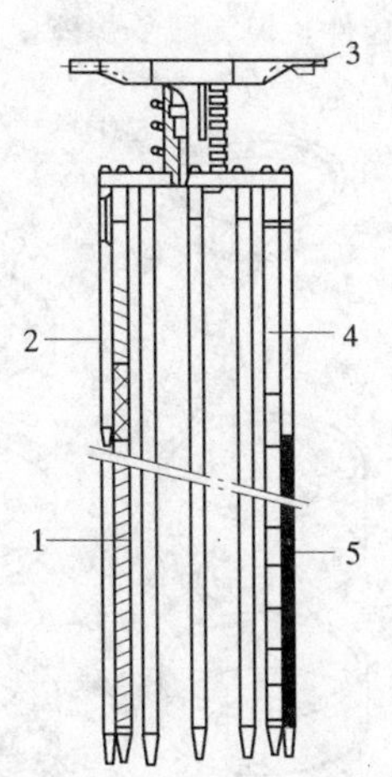

图3-3-9 固定式相关组件
1—一次中子源棒；2—阻流塞棒；3—压紧部件；4—二次中子源棒；5—可燃毒物棒

2. 可燃毒物组件

可燃毒物组件由可燃毒物棒和压紧部件组成（图3-3-9），用于补偿初始堆芯的过剩反应性和改善堆芯功率分布。如果采用燃料芯块中加可燃毒物的设计，则可不用可燃毒物组件。

压紧部件由圆筒、内外弹簧、连接孔板和压紧杆组成。除内外弹簧用因科镍—718制造外，其余零件均用304不锈钢制造。

可燃毒物棒由硼硅玻璃管和304不锈钢包壳、端塞、内衬管组成。可燃毒物棒悬挂在压紧部件的连接孔板上。当可燃毒物组件在堆芯中就位时，通过堆芯上板下压压紧杆使内外弹簧压缩、将其牢固地坐在燃料组件的上孔板上。

3. 中子源组件

中子源组件的压紧部与可燃毒物组件的压紧部件一样。由于实际应用的中子源棒数目不多，所以需要同可燃毒物棒和阻流塞棒混装成所谓的固定式相关组件（见图3-3-9）。中子源棒有一、二次中子源棒之分。一次中子源棒由^{252}Cf、Al_2O_3填块和304不锈钢包壳、端塞组成，用于初始堆芯的首次起动。二次中子源棒由Sb—Be芯块和304不锈钢包壳、端塞组成，棒内充氦加压，用于反应堆的再起动。

4. 阻流塞组件

阻流塞组件的压紧部件也与可燃毒物组件的压紧部件一样，而阻流塞棒是由304不锈钢制成的短棒（见图3-3-9）。阻流塞组件是用于不插控制棒、可燃毒物棒和中子源棒的燃料组件，以限制流经导向管冷却剂的旁通流量和平衡反应堆燃料组件流量。

第四节 核电厂反应堆及其冷却系统结构

一、反应堆一回路系统

核电厂反应堆一回路（图3-4-1）由反应堆和反应堆冷却系统组成，也构成了冷却剂压力边界。反应堆冷却剂系统依机组规模，可由几个（通常为两个、三个或四个）输热环路组成。每个环路主要由蒸汽发生器、冷却剂循环泵和连接它们的主管道组成，其中一个环路还与稳压器相联。反应堆包括反应堆压力容器、堆内构件、堆芯部件和控制棒驱动机构。

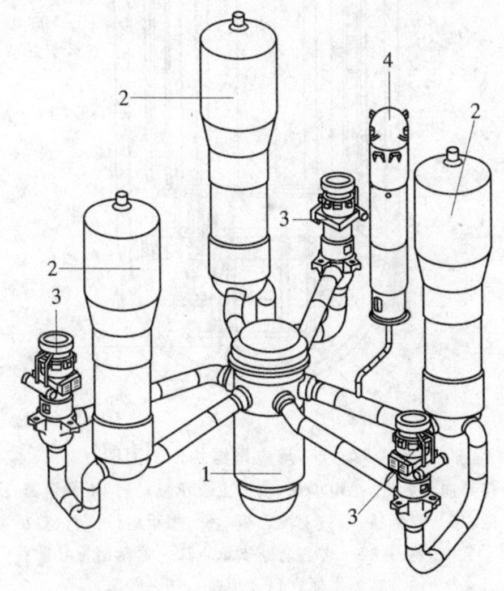

图3-4-1 反应堆一回路系统
1—反应堆；2—蒸汽发生器；3—冷却剂循环泵；4—稳压器

一回路结构与设备，同常规火电厂相比，其主要差别在于反应堆构件是处在强辐照场内，因而其结构材料应具有很高耐辐照性能。由于反应堆冷却剂具有较强放射性，为避免冷却剂泄漏，一回路设备及其与管道间的连接处都应有极高的密封性能。因腐蚀产物随冷却剂进入堆芯而活化，具有很强放射性，这样冷却剂放射性会很高，所以一回路的设备和管道，凡与冷却剂接触的表面，都应具有很高的抗腐蚀性能，同时要求有更严格的水质控制；这些设备与管道均应能承受有时发生的反应堆非稳态运行产生的热冲击。由于上述设备和管道构成了核电厂的第二道安全屏障，故对核电站的安全运行具有极重要的意义。由上所述，在设备可靠性和抗震性能方面有更严格的要求。

核电厂的核岛设备，按其对核电厂安全可能产生影响的大小，依据国家核安全局颁布的安全导则《用于沸水堆、压水堆和压力管式反应堆的安全功能和部件分级》进行安全分级，分为安全一级、安全二级和安全三级。一回路的主设备均属安全一级。安全级的设备均应按严格的质量保证程序进行设计、采购、运储、安装、调试和运行。

二、反应堆结构

反应堆结构见图 3-4-2，它主要由反应堆压力容器、堆内构件和控制棒驱动机构组成。

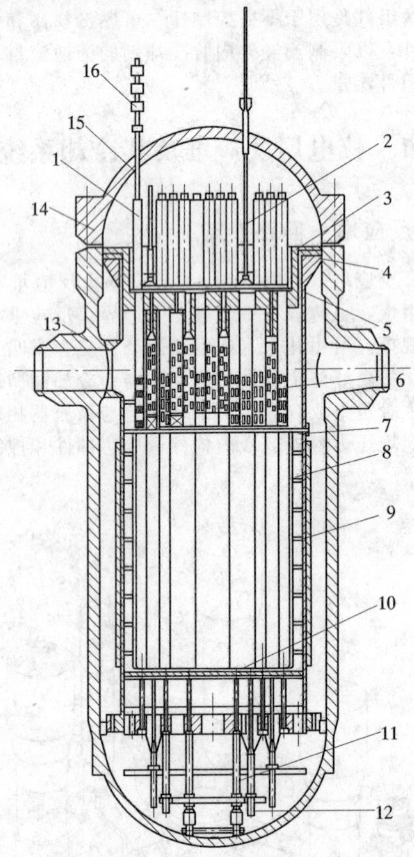

图 3-4-2 反应堆结构构件剖面图

1—控制棒导向管；2—热电偶柱；3—上支承板；4—压紧弹簧；5—吊篮组件；6—支承柱；7—上堆芯板；8—围板组件；9—热屏蔽；10—下堆芯板；11—堆芯防断支承；12—通量测量导向管；13—容器本体；14—顶盖；15—管座；16—控制棒驱动机构

（一）反应堆压力容器

反应堆压力容器由容器本体和顶盖组成，两者之间用螺栓连接，并靠两道“O”形密封环保持密封。为保持均匀的密封力，在装卸顶盖时，同时用三台液压螺栓拉伸机拉伸螺栓，然后松、紧螺母，这样可防止翘曲。为确保密封，每开启一次顶盖，都应更换一次“O”形密封环。

1. 反应堆压力容器的功能

反应堆压力容器是反应堆冷却剂压力边界的重要组成部分。其内进行着核裂变反应和将裂变产生的热能从燃料元件传给冷却剂的热交换过程。压力容器承受着各种作用力，它们有冷却剂的压力、冷却剂流动产生的荷载、辐照产生的热效应、各种部件和材料（堆芯、堆内构件、控制棒驱动机构和冷却剂等）的重量、冷却剂管道载荷、管道热胀作用力、反应堆支承的反作用力和各种工况下的冲击荷载（如安全停堆地震荷载、管道断裂产生之力）。除应对其进行稳态应力分析，还必须进行瞬态应力分析、疲劳分析和脆性断裂分析。容器在整个使用期内受中子的辐照，使其逐渐脆化，直至压力容器性能失效，所以反应堆压力容器的寿命决定着核电厂的寿期（当前世界多数核电厂设计寿期为 40 年）。

反应堆压力容器长期处在高温（约 315℃）、高压（约 15.5MPa）、强辐照环境下工作，对所用钢材要求较高。选材要求适当的强度和足够的韧性，以防脆性断裂；良好的性能和成分的均匀性；较好的可焊性和较低的再热裂纹敏感性；对中子辐照引起的脆化有较好的稳定性。世界各国反应堆压力容器用钢，基本上都采用 Mn—Mo—Ni 低合金钢。为改善低合金钢抗辐照脆化能力，限制有害元素铜和磷的含量，可添加少量钒、铝，以减少钢的辐照损伤。美国和日本多采用 SA508—Ⅲ合金钢作锻件，SA533B—Ⅰ合金钢作板材。法国与美国采用的钢相似，牌号为 16MnD5。德国采用 20MnMoNi55 作锻件，我国研制的反应堆压力容器钢材与美国的相近。

为提高反应堆压力容器抗腐蚀性能，在容器内壁堆焊奥氏体不锈钢防腐蚀层。通常堆焊两层，第一层用 Cr 含量较高的 AWS309L；第二层为 AWS308L。

2. 容器本体

容器本体由接管筒体、堆芯筒体、过渡环筒体和底封头焊接而成（见图 3-4-3）。这些部件可为锻件，也可为板材焊接件，但为减少焊缝，当今多采用锻件。

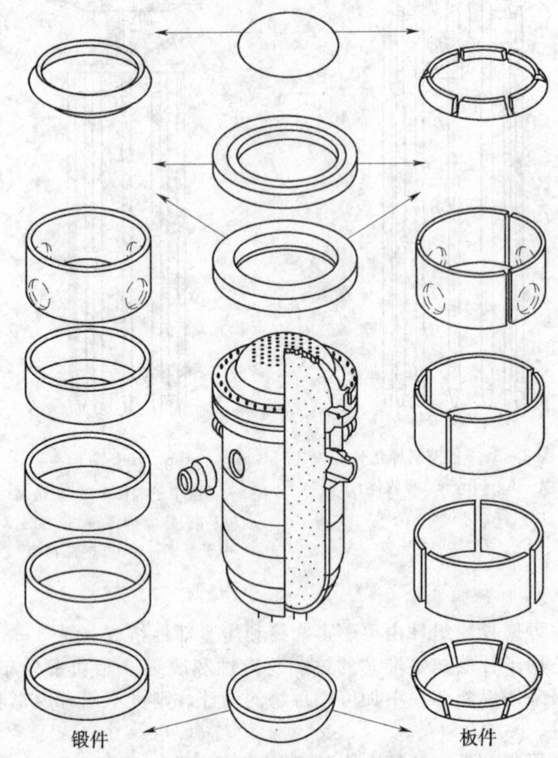

图 3-4-3 反应堆容器的制造及结构

接管筒体包括容器法兰、筒体和进出口接管，可为一个锻件或几个锻件加工后焊成。容器法兰为整体锻件，上面钻有 50 多个螺纹盲孔和几个顶盖导向杆螺纹孔。法兰端面为不锈钢堆焊层密封面，一根泄漏探测管斜穿过法兰，与密封环之间的密封面相通。法兰内侧开有环形台肩，以支承堆内构件。进出口接管按筒体轴线对称地布置在同一平面上。假若冷却剂管道材质选用不锈钢，为便于现场焊接，在接管外端焊接不锈钢过渡头（称为安全端）。进出口接管的底部各有一个与其成为一体的支承垫，用于支承反应堆压力容器。

堆芯筒体是堆芯部位的圆筒部分，它可由几节焊成，每节可为整体锻件，亦可为板材焊成。

过渡环筒体是将堆芯筒体与半球形底封头连接起来。在过渡环筒体内壁焊有几个镍基合金制造的径向支承块，以保证堆内构件的对中定位。

底封头为半球形，由钢板热压而成。中子通量探测器的镍基合金导向套管穿过底封头，从内侧用部分穿透焊固定在底封头上。有些设计，中子通量探测器由反应堆顶部进入，这时底封头则无管子穿过。

一般在冶炼和锻造能力许可的情况下，都尽可能地采用大的锻件，如将接管筒体的法兰、筒体和接管锻成一体，把堆芯筒体锻成一节，以减少焊缝，缩短制造周期，减少在役检查工作量，提高反应堆的安全性。

反应堆压力容器的环形焊缝目前多采用窄间隙金属焊丝惰性气体保护焊，间隙最小可达 9mm，此法熔敷金属少，焊接效率高，焊接时热输入量少，焊缝热影响区小，残余应力也小。不锈钢复层堆焊工艺，采用带极埋弧自动堆焊或电渣堆焊，焊带宽分别达 75mm 和 150mm。

3. 容器顶盖

容器顶盖（见图 3-4-2）由顶盖法兰、顶封头、管座焊接而成（见图 3-4-3）。

顶盖法兰上钻有 50 多个螺栓穿过的通孔和几个导向孔，后者在顶盖吊装时起导向作用。顶盖法兰的下支承面为不锈钢堆焊层，其上开有放置密封环的两个沟槽。

顶封头由钢板热压成半球形，周边均布焊有三个吊耳，中间焊有一根排气管，还开有几十个通孔，供固定控制棒驱动机构管座及堆内温度测量装置管座用。

管座是由法兰和套管组成，套管插在顶封头的开孔内，在封头内侧焊接固定。套管上端焊有带内螺纹的法兰，与控制棒驱动机构承压壳体及堆内温度测量管相连。

4. 反应堆容器支承结构

如图 3-4-4 所示，反应堆冷却剂系统的支承一般是这样设计的：热胀实际上不受限制，但限制地震载荷和管道破裂载荷造成的垂直、横向和旋转运动。

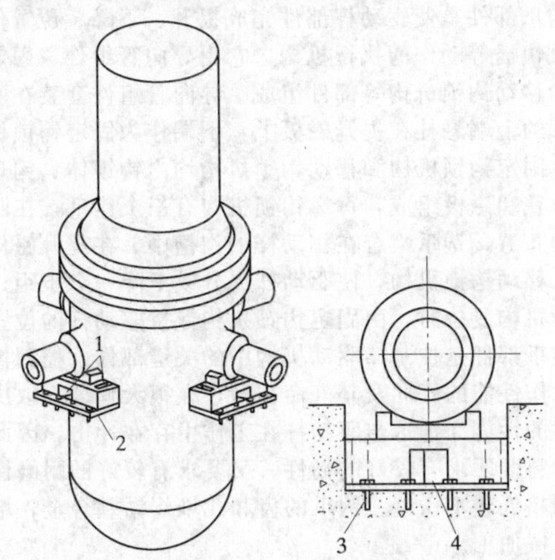

图 3-4-4　反应堆容器支承
1—排气孔；2—反应堆支承结构；3—锚固螺栓；4—排气孔

反应堆容器靠若干垫块支承，垫块焊在反应堆压力容器出入口接管上。这些垫块压在空气冷却的矩形盒结构上，后者用螺栓固定在反应堆屏蔽墙混凝土内。每个盒结构包括一块承受反应堆容器垫块载荷的水平顶板，一块由屏蔽墙混凝土支撑的水平底板，还有一些垂直连接板。为保持混凝土温度在允许值内，用空气冷却这些支承结构。

（二）堆内构件

1. 堆内构件的功能

堆内构件由下部构件、上部构件和压紧弹簧组成，其主要功能有：

(1) 为冷却剂提供流道和合理的流量分配，以便堆芯、反应堆容器及其内的各构件得到必要的冷却。

(2) 为反应堆容器提供必要的辐射屏蔽，延长其使用寿命。

(3) 支承堆芯，定位燃料组件，吸收停堆时控制棒下落的冲击能。

(4) 为控制棒组件及其驱动杆和上部下部堆内测量装置提供支承和导向。

(5) 放置辐照样品，以监督反应堆压力容器材料的辐照效应。

(6) 平衡机构荷载和水力荷载。

堆内构件工作在高温高压的冷却剂中，又受到γ射线及快中子的强辐照。设计时应考虑在各种运行工况下，包括地震和水力振动引起的疲劳载荷，保证堆芯的整体性。

堆内构件的所有零部件几乎都是由奥氏体不锈钢板材、管材、锻件或铸件制成，仅导向管销钉、径向支承键、某些紧固件及弹簧等少量零件由镍基合金制成。所用各种不锈钢的共同特点是低碳或超低碳，提高了抗晶间腐蚀能力。对含钼的奥氏体不锈钢，控制炭和氮的含量，控制钴的含量，以降低其活化水平。靠近堆芯的部件（如吊篮、围板、热屏蔽）的 Co 含量应低于 0.10%，其他部件应低于 0.20%。

美国为堆内构件选用的不锈钢牌号是 AISI304 和 304L、316 和 316L、321；法国选用的牌号是 AFNORZ：CN18—10、Z：CN19—10、Z：CND17—12 和 Z：CND18—12。

2. 下部堆内构件

下部堆内构件（见图 3-4-2）由吊篮组件 5、围板组件 8、热屏蔽 9、下堆芯板 10、堆芯防断支承 11 和通量测量导向管 12 组成。这些部件结构上构成整体，可在安装和维修时整体吊进、吊出。

吊篮组件由上法兰、吊篮筒体、吊篮底板和径向支承键焊接而成。吊篮组件通过上法兰吊挂在反应堆容器法兰内侧的台肩上，下部 4 个径向支承键与反应堆容器内的径向支承块相配，以使吊篮组件径向和轴向可以自由热膨胀，同时保证与反应堆容器对中定位。

围板组件由围板和成型板组成，安装在吊篮内部。围板形成包容堆芯的多角形轮廓，使冷却剂有效流经堆芯。成型板确保围板和吊篮间的牢固连接。

热屏蔽由四块不锈钢板组成，用螺钉固定在受辐照最大区域的吊篮筒体上，热屏蔽还支撑辐照样品监督管。为避免热屏蔽连接螺钉断裂的隐患，可采取增加吊篮筒体壁厚和加大反应堆容器和吊篮之间水层厚度来取代热屏蔽。

下堆芯板直接支承整个堆芯的重量，通过支承柱与吊篮底板相连，并沿周边与吊篮筒体相焊接或螺钉连接。下堆芯板上精确地装有定位销，每个燃料组件对应两个定位销，使燃料组件正确定位。

堆芯防断支承的结构为：四根缓冲器将一块厚板悬挂在吊篮底板下面，一旦吊篮断裂下落，缓冲反应堆容器受到的冲击力，同时限制堆芯下落量，以不影响控制棒的插入量。

通量测量导向管由两块固定板固定在吊篮底板和堆芯防断支承之间，供堆芯通量测量器套管插入堆芯。

3. 上部堆内构件

如图 3-4-2 所示，上部堆内构件的作用是燃料组件装料后的定位和控制棒的导向。它由上堆芯板 7、支承柱 6、控制棒导向管 1、上支承板 3 和热电偶柱 2 组成。这些构件构成整体，在安装、维修和换料时可整体吊进、吊出。

上堆芯板是直接压在燃料组件上的多孔圆板，孔边缘设有定位销孔和螺纹孔，用于燃料组件定位、控制棒导向管、支承柱和混流装置的固定。

支承柱为圆筒形柱体，连接上支承板和上堆芯板，形成刚性结构，作为堆芯出口处冷却剂流道。

控制棒导向管由两部分组成，上部导向驱动轴，下部导向控制棒，其间用螺钉连接并固定在上支承板上。导向管下端有两个开口销，插入上堆芯板的销孔中，使导向管定位。

上支承板由法兰、圆筒段和圆形厚板焊接而成，形如倒置礼帽。该法兰与吊篮组件上法兰间放置压紧弹簧，并一起固定在反应堆容器和顶盖之间。

热电偶柱共四根，固定在上支承板上，所有堆芯测温热电偶汇集到此管座（柱）上，通过压力容器顶盖上的插头，与测量系统相连接。

4. 压紧弹簧

压紧弹簧有多种结构形式，有采用“Z”形、碟形截面的大弹簧圈，也有采用多组小型碟形弹簧组件的。它是用来补偿吊篮和上部支承结构的加工和安装误差，补偿构件之间的热膨胀差，调节堆内构件的水平高度，以压紧燃料组件。

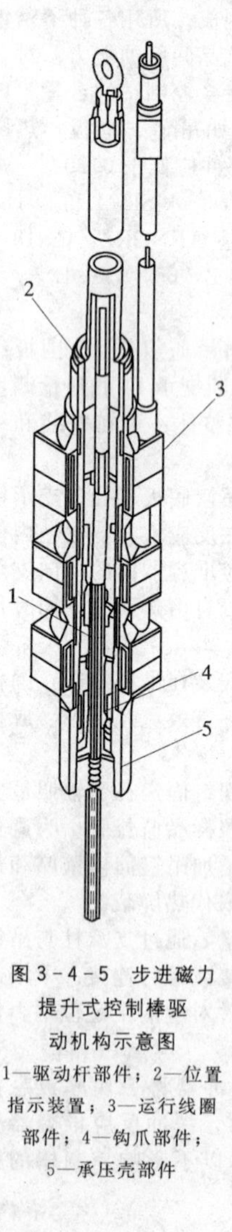

（三）控制棒驱动机构

控制棒驱动机构的作用是将控制棒组件提起、保持或插入反应堆堆芯，并能使控制棒组件快速落入堆芯，以实现反应堆起动、功率提升、功率调节、停堆及快速停堆的目的。

控制棒驱动机构的结构型式很多，如滚珠螺母丝模型、全密封磁阻马达型和磁力提升型等。商用压水堆核电厂均采用步进磁力提升式控制棒驱动机构。这种型式的驱动机构与其他型式相比，具有结构简单、加工容易、装拆维修方便、没有滚动零件等易损件的优点，且提升力大、寿命长、安全可靠。

控制棒驱动机构安装在反应堆压力容器的顶盖上，与顶盖上的管座采用可靠的、可拆密封连接。控制棒驱动机构由承压壳体、驱动杆、钩爪部件、运行线圈部件和位置指示装置 5 部分组成，图 3-4-5 为控制棒驱动机构的示意图。该机构为一细长形设备，为了减少运行时的振动及地震时的损坏，其上装有抗震结构，以限制控制棒驱动机构水平面内的位移。为了保证运行线圈的运行最高温度不超过绝缘材料的允许温度，采用强制通风冷却，故在压力容器顶部控制棒驱动机构部位设有专门的通风罩。在材料选用上，控制棒驱动机构所有部件不采用低熔点金属，外表面需耐腐蚀，所有与主冷却剂接触的表面均采用控氮不锈钢。

图 3-4-5 步进磁力提升式控制棒驱动机构示意图

1—驱动杆部件；2—位置指示装置；3—运行线圈部件；4—钩爪部件；5—承压壳部件

在承压壳体和棒行程套筒内是全压的冷却剂，所有运动部件都浸在冷却剂中，每套驱动机构都是可分别拆装的独立单元。承压壳体与压力壳顶盖上的管座靠螺纹连接，并加以密封焊接。控制棒驱动机构是反应堆上的唯一动部件，又是高安全功能设备，因而使用前必须进行严格的水压试验、功能试验、冷热态性能试验及寿命试验。国外已达到的寿命为 4.5×10^6 步。

压水堆核电厂控制棒驱动机构的设计参数一般为：压力——17.2MPa；温度——343℃。

1. 承压壳体

承压壳体由密封壳与棒行程套筒组成，密封壳是个带有环形底座的圆筒，材料为 304 奥氏体不锈钢。密封壳上端内侧装有钩爪部件。密封壳外表面上，沿着各线圈的端部有 4 道环形槽，槽中装有软磁铁环，作为磁力线通道。棒行程套筒与密封壳用螺纹连接，并进行密封焊。承压壳体的顶部设有装有阀门的排气口，供反应堆主冷却剂系统加压期间使用。需要时可拆下阀门，从棒行程套筒顶部伸进专用工具，使驱动杆与控制棒组件脱开。棒行程套筒的内腔为驱动杆的升降行程范围，其外面与位置指示装置相配。

2. 驱动杆部件

驱动杆部件由驱动杆、开锁抓具和可拆接头三部分组成。驱动杆是一个细长杆件，用导磁材料厚壁钢管制成，上、下两段为光杆，中间一段有环形沟槽，各沟槽的间距相等，以便使钩爪伸进沟槽，从而使驱动杆上、下移动或保持在所要求的步跃位置。驱动杆在高温高压和强辐射的环境下工作，要求耐冲击，并具有高的传动精度，是控制棒驱动机构中一个关键部件。可拆接头在驱动杆下端，也具有环形沟槽，它将驱动杆和控制棒组件连接在一起。开锁抓具在驱动杆下部，由推拉杆和开锁抓头等组成，利用开锁抓具可使驱动杆部件与控制棒组件脱开。

3. 钩爪部件

钩爪部件是使驱动杆部件完成提升、下降、位置保持以及事故快插等动作的执行机构。它由导向管组件、固定钩锁机构和移动钩锁机构等部件组成。导向管组件套装在驱动杆外，管的上端悬挂在提升磁极上，下端作为固定钩锁机构的限位。固定钩锁机构和移动钩锁机构均由钩锁体、钩爪、连杆、衔铁和磁极组成，每组钩锁机构有三个钩爪，在圆截面上均匀布置，钩爪啮合在驱动杆的沟槽中。在提升磁极的作用下，移动钩锁机构，使驱动杆提升或下降一个步距；当移动钩锁机构复位时，由固定钩锁机构保持驱动杆的位置。

钩爪部件是控制棒驱动机构中的关键部件，控制棒驱动机构工作性能的好坏及其寿命长短，在很大程度上取决于钩爪部件的性能。钩爪与驱动杆在工作中存在冲击，因此对钩爪的材料既要求有较好的韧性，又要求有较好的耐磨性，一般采用超低碳不锈钢。钩爪的齿和孔堆焊钴基合金，堆焊后进行机械加工。

4. 运行线圈部件

运行线圈是控制棒驱动机构的动力源，使驱动杆和控制棒组件作步进式上、下移动。运行线圈由三个装在承压壳外的线圈组成，由下而上，分别为保持线圈、传递线圈和提升线圈。通过对三个线圈通电激磁和断电去磁使抓勾动作，从而使驱动杆带动控制棒组件升降。在三个线圈同时断电时，夹持力失去，驱动杆和控制棒组件便作重力自由下落，控制棒插入堆芯。正常运行时，线圈平均最高温度为200℃；短期运行，最高平均温度可为230℃。磁极和衔铁的材料一般为0Cr13和1Cr13。

5. 位置指示装置

步进磁力提升式控制棒驱动机构的位置指示装置为差动变压器型。控制棒的实际位置以电信号发送，然后通过显示装置显示。位置指示装置由一根位置指示套管和几十个独立的棒位指示线圈等部件构成，线圈装在套管之外。该装置套装在控制棒行程套筒上，安装在耐压管部件上方。

三、反应堆冷却系统

（一）反应堆冷却系统的功能和工作流程

反应堆冷却系统的功能是：在反应堆运行时，反应堆冷却系统把堆内产生的热量输送到蒸汽发生器中，蒸汽发生器产生蒸汽，供给汽轮发电机和其他二次回路部件，从而完成能量由一次回路向二次回路的传递。

反应堆冷却系统的工作流程：热的反应堆冷却剂从反应堆压力容器流出，经热段主管道进入蒸汽发生器，在那里将热量传给二次回路水，产生蒸汽。离开蒸汽发生器，冷却剂进入冷却剂泵，并再次被泵入反应堆，完成整个循环。为保持反应堆的正常运行压力，在反应堆冷却剂系统中装有稳压器。

（二）蒸汽发生器

除前苏联外，目前世界各国压水堆核电站和重水堆核电站均采用立式、U形管束结构、自然循环型蒸汽发生器，如图3-4-6所示，其简化结构如图3-4-7所示。反应堆冷却剂通过半球形的下封头的接管进入蒸汽发生器，流经U形管束，将热量传给二次回路工质，再从下封头的出水接管流出蒸汽发生器。二次回路给水从给水接管进入蒸汽发生器，经环形给水分配管，从壳体与套管间环腔向下与再循水混合而进入自然循环。下降水流到管板后，进入U形管束的管外空间，被管束加热沸腾。汽水混合物靠自然循环上升至液面后，蒸汽离开液面进入蒸汽发生器上部空间的两级汽水分离装置，进行汽水分离。湿度≤0.25%的饱和蒸汽从蒸汽发生器上部的蒸汽接管排出，进入蒸汽管道，送往汽轮发电机组。

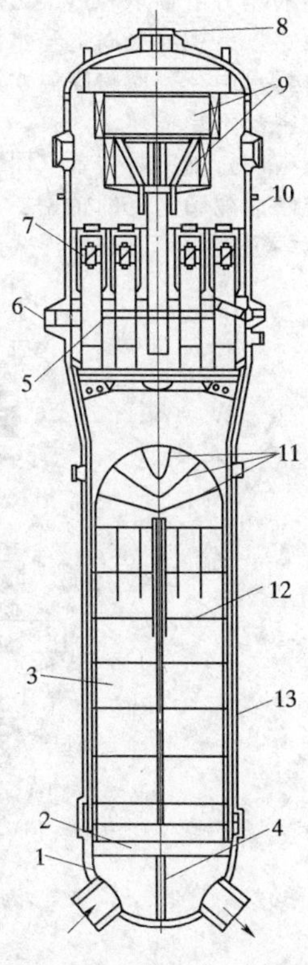

图3-4-6　蒸汽发生器简图

1—下封头；2—管板；3—U形管束；4—隔板；5—给水分配管；6—给水接管；7—旋叶汽水分离器；8—蒸汽接管；9—干燥器；10—上部壳体；11—夹条；12—支撑板；13—下部壳体

1. 蒸汽发生器的功能

蒸汽发生器的主要功能是：在其寿期内，提供保证电站满负荷所需要的一定参数（包括温度、压力、湿度）的蒸汽量，从而也保证了反应堆热量的导出；正是蒸汽发生器建立了放射性的一次回路和非放射性的二次回路之间的边界，故它有保证一次回路里的反应堆冷却剂不泄漏入二次回路的功能。

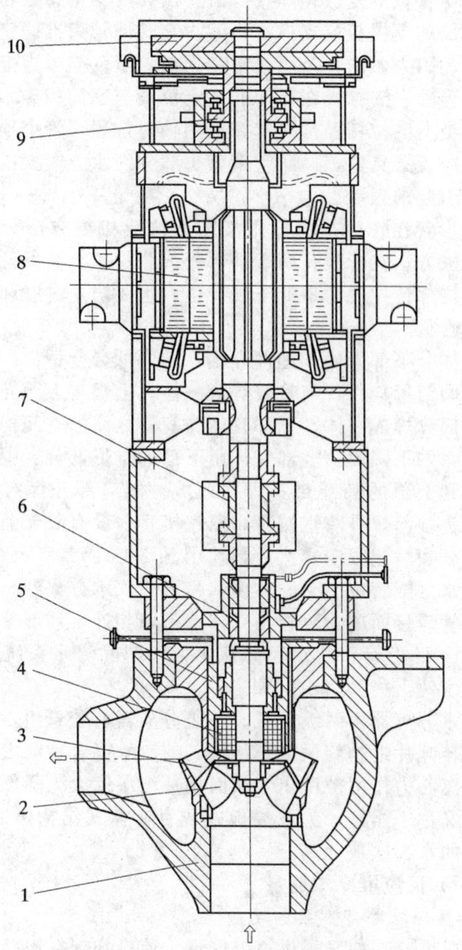

图3-4-7　主循环泵简图

1—泵壳；2—叶轮；3—导叶；4—热屏蔽；5—泵轴承；6—轴密封；7—中间套筒；8—电动机；9—推力轴承；10—飞轮

2. 蒸汽发生器的结构

蒸汽发生器由下封头、管板、U形管束、下部壳体、上部壳体、旋叶式汽水分离器、给水分配管和蒸汽干燥器组成。

下封头为半球形低合金钢锻件或铸件，与管板相焊接。在半球形封头与管板构成的空间内焊有隔板，分隔进、出口水室，每个水室上各有一接管和人孔。下封头内侧堆焊不锈钢。为便于现场与不锈钢主管道的焊接，接管外端焊有不锈钢过渡段（安全端）。

管板是由低合金钢锻件制成的圆板，为抗腐蚀和便于与U形管子端头相焊接，在与反应堆冷却剂接触的一侧堆焊与管材相同材料（通常为因科镍690）的复层。管板上钻有几千个呈三角形或正方形排列的通孔，用于与U形管相连。管板下与下封头相焊，上与下壳体焊接为一体。由于管板较厚、管孔数量多，管孔加工精度直接影响管子与管板之间的胀接质量，因而对管孔径公差、孔的表面粗糙度及直线度、垂直度、孔间距要求较高。

U形管束，材料为镍基合金，选用的有因科镍—600，因科洛伊—800和因科镍—690。目前多选用因科镍690，因为其防腐蚀性能优于前二者。管材要经过力学性能测试、外观检查、内部缺陷检查和液压试验。U形管束倒置在管板上，两端分别胀接在进、出口水室所属的管板部分的孔内，其端头与管板的复层相焊接。沿管段高度均匀布置若干个不锈钢制成的支撑板或支撑栅格架。它既使管束准确定位，又减少流动阻力，防止杂质聚集和损伤管子。支撑板上开有四叶梅花形孔。支撑板在径向通过定位销与套筒相连，轴向由拧入管板上的拉杆保持向支撑板的轴向位置。管束顶端弯管段采用防震条夹紧，以防管束弯头部分因水力激振或管束机械共振引起的振动。

U形管在管板孔内可用液压方法或机械方法全胀，也可用机械方法在管板孔两端局部胀。胀管工艺要保证管子与管板胀接部位拉脱力不低于设计值，也要防止过胀和胀管部位超出管板。

壳体分下部壳体和上部壳体，均为低合金钢件。下部壳体为一圆筒形构件，与管板焊为一体；上端与上部壳体下部的锥形部分焊成一体。下部壳体与套管之间的空间构成了自然循环水的下降段。上部壳体由下部的锥形部分、中部的圆筒部分和上部的椭圆封头焊接而成。圆筒部分焊有给水接管，封头顶部焊有蒸汽接管。蒸汽接管内设有限流器，在蒸汽管道破裂时起限制蒸汽流量作用。

给水分配管位于上壳体内，稍低于汽水分离器，由直管和环形管焊接而成，直管与壳体上接管相连，环形管上部焊有若干倒U形管，给水径此流出，以消除给水系统内可能出现的水锤。

汽水分离器由两级组成。一级分离器有若干组，每组为数个旋转叶片组的旋风分离结构，使汽水混合物的大部分水分由于离心力作用被甩出，从而使蒸汽湿度大大降低。二级分离器又称干燥器，为波纹板式或百叶窗式结构，通过它，蒸汽中的水再次被分离。

（三）反应堆冷却剂泵

1. 反应堆冷却剂泵的功能

反应堆冷却剂泵提供充分能量，使冷却剂在回路中进行受迫循环时达到一定流量，从而可靠地冷却堆芯，即保证堆芯在任何设计工况下，偏离泡核沸腾比（DNBR）不小于设计最小值。反应堆冷却剂泵的扬程应满足102%额定流量时的系统阻力损失。它应具有足够的转动惯量，以满足失电时为保证堆芯冷却对流量陡降的要求。

反应堆冷却剂泵装在主管道的冷段上，位于蒸汽发生器和反应堆入口之间。核电厂依功率不同，反应堆有2～4个冷却环路，每个环路上装有一台冷却剂泵。

反应堆冷却剂泵出厂前，要求在正常温度和压力下进行机组及密封的热态试验，并给出合格的测试性能曲线；需要进行一定时间的连续运行以及一定次数的起动和停止试验，以验证其满足设计要求。

2. 反应堆冷却剂泵的结构

反应堆冷却剂泵为单级单吸立式轴封离心泵，属核安全一级设备。冷却剂从泵下方垂直进入泵腔，从径向排出，被送入堆芯。主循环泵的基本结构由泵体、轴密封装置和电动机三部分组成，其结构见图3-4-7。

目前用于压水堆核电厂的冷却剂泵有两种型式：美国西屋公司型和德国KSB公司型。它们的主要差别在于电动机与泵的连接方式及轴密封装置的设计。西屋公司的设计，电动机轴与泵轴的连接采用刚性连接；轴封采用三级液压静密封；有三个径向轴承和一个双推力轴承。刚性连接带来了两轴严格的对中要求。KSB公司的设计是电动机轴与泵轴之间用弧形齿联轴器连接；轴密封采用三级液压动密封和停泵时密封所需的一级静密封；共有五个径向轴承和两个推力轴承，中间联轴器上安装主推力轴承，电动机轴上安装一个推力球轴承。由于采用弹性连接，因而两轴的对中精度要求较低。

30万kW功率的冷却环路中的冷却剂泵有如下主要参数：KSB泵——流量为17600m³/h，扬程为101m，电机功率为7320kW（热态）；100D泵——流量为23796m³/h，扬程为97.2m，电机功率为6680kW（热态）。

对100D型冷却剂泵作如下简要结构介绍：

（1）泵体由泵壳、叶轮和导叶以及热屏等部分组成。

1）泵壳。是反应堆冷却剂系中承压部件之一，在高温高压和强辐射环境下工作，在瞬态过程中承受交变荷载，属安全一级部件。泵壳外形近似球形结构，重约30t，由不锈钢（24CN2009M）铸造，或由低合金钢（20MnMoNi55）锻成，内壁堆焊不锈钢X6CrNiNb1810。泵支承与泵壳制成一体，将泵固定在混凝土基础上。泵的吸入口和排出口与主管道焊接在一起。

2）叶轮和导叶。叶轮为一螺旋形离心式叶轮，可靠地固定在泵轴的下端。导叶位于叶轮之外，叶轮排出的冷却剂通过其间扩大的流道，使流速下降，并使叶轮产生的介质速度头变为静压头。

3）热屏部件。为了避免高温水的热量向上传递而影响轴承和轴密封系统的性能，设置了热屏。热屏是个围绕泵轴的圆套筒形的热交换器，由奥氏体不锈钢蛇形管制成，管内通过低温低压的设备冷却水。高压密封水以比冷却剂压力稍高的压力由轴承和热屏之间注入，部分流经热屏进入冷却剂回路，另一部分向上经水润滑轴承进入轴密封装置。当高压密封水中断，回路高温水进入热屏时，热屏应能保护轴承和轴密封不受损坏。

（2）轴密封装置（图3-4-8）。反应堆冷却剂泵内设有控制泄漏和压降的轴密封装置，它由三个串联的轴封组成。第一道密封是液膜悬浮式静压密封，它由一个静环表面、一

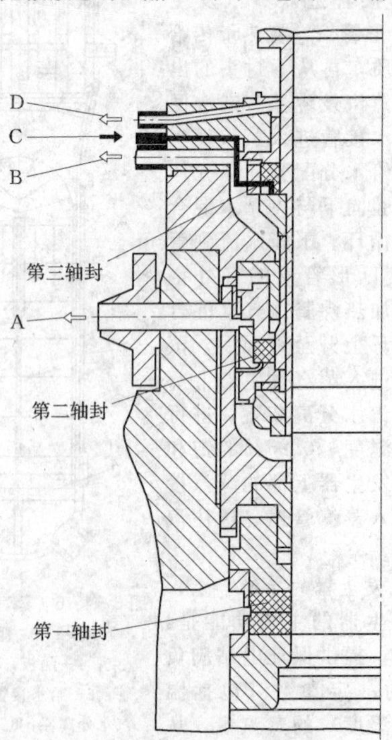

图3-4-8　轴密封示意图

A—第一轴封放泄管；B—第二轴封放泄管；C—第三轴封注入管；D—第三轴封放泄管

个动环表面构成。两环面之间有一薄液膜把它们分开，间隙是可调的。为保证轴封的正常工作温度，向其注入的是低温高压密封水。第二道密封为接触型面密封，它将第一道密封的泄漏水引入到冷却剂的排水箱中去。第三道密封也是接触型面密封，第二道密封的泄漏从这里输送走。这道密封还能阻止从冷却剂可能泄漏出来的气体。正常情况下，第一道密封基本可承受全部压降，意外情况下，第二道密封可承担全压强。

(3) 电动机为直接起动的立式笼型异步电动机，转速为1500r/min，电压为6000V或6600V。其运行条件较苛刻，温度和湿度都较高，并处于较强的辐射场内，因而其绝缘材料需经严格辐照试验和性能试验。

电动机设有专门冷却系统，为一个闭合回路，利用电动机的冷却风机，强迫空气通过电动机的转子和定子，再经过翅片冷却器，将热量传给冷却水。冷却水也是在一个闭合回路内循环。

电动机轴与泵轴通过中间套管实现刚性连接。在电动机顶部轴上装有一个重约6t的碳钢胀轮，在失电紧急停堆时，提供短时的一定惯性流量，保证堆芯停堆初始几秒钟的必要冷却，防止堆芯烧坏。还设有防反转机械装置，以防冷却剂泵在冷却剂倒流时反向转动。

(四) 稳压器

如图3-4-9所示，稳压器通过波动管与反应堆冷却系统中的一个环路主管道热段相连，是系统中一个重要设备，亦属核安全一级设备。稳压器为一承压容器，其上部为蒸汽空间，下部为水空间。用电热元件加热下部水使其汽化，以使冷却剂回路的压力升至正常值；用喷淋头向上部蒸汽空间喷洒回路冷段引来的水，使蒸汽冷凝，从而使回路压力下降止正常值。当系统超压时，设有安全阀，提供压力保护。稳压器的功能有三：保持冷却剂系统稳态运行的恒定压力；瞬态运行时控制冷却剂系统的压力于一定范围内；提供超压保护，使冷却剂系统压力不超出允许值。稳压器的容积主要取决于主冷却剂的平均温度变化和冷却剂系统内的水容积。

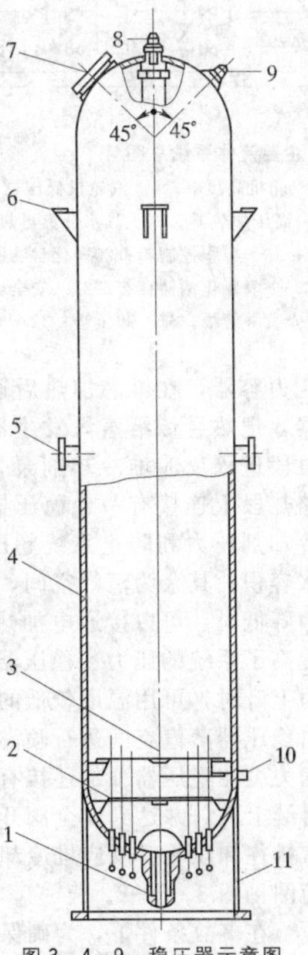

图3-4-9 稳压器示意图

1—波动管接管；2—电加热元件；3—电加热元件支承板；4—壳体；5—吊耳；6—支承；7—人孔；8—喷淋接管；9—安全阀接管；10—仪表接管；11—环形支承裙

稳压器由壳体、电加热元件和超压保护系统三个主要部分组成。图3-4-9为稳压器的结构简图。

1. 壳体

稳压器壳体是一个立式圆柱形高压容器，由筒体及上、下半球形封头焊接而成，材料为16MnD5低合金钢，与冷却剂接触的内表面堆焊奥氏体不锈钢。上封头装有一个喷淋接管、一个释放阀接管和三个安全阀接管。喷淋接管伸入容器内的下端与喷淋头相连，上端与主管道冷段引来的管子相连。筒体上焊有温度测量、压力测量及水位测量接管。下封头中间装有波动管接管，其周围装有电加热器套管。波动管与主管道热段相连接。人孔设在上封头上。

2. 电加热元件

电加热元件为直管套管式加热器，套管上、下端均密封。镍铬合金电阻丝加热元件放置在套管中心位置。电阻丝与套管之间填充压紧的氧化镁，以保绝缘。稳压器壳体内有两块水平板支撑呈三层同心圆布置的电加热元件，防止横向振动。一个百万级千瓦核电机组的稳压器有24个电加热元件，总电功率约为1440kW。

3. 超压保护系统

超压保护系统由稳压器上的三组保护管线组成。每组管线有两个相同的安全阀，串联布置在稳压器和卸压箱排放总管之间，并以水封保证阀门具有良好的密封性。三组管线中的一组用于压力调节，其他两组对冷却剂系统起超压保护作用。安全阀为弹簧加载、突开、介质压力直接开起型，它具有回座压力补偿特性。

第五节 核电厂主要系统

一、压水堆核电厂工作原理

压水堆核电厂主要的工作原理是将反应堆产生的热量通过加压封闭的冷却剂系统传输给蒸汽发生器，并在蒸汽发生器二次侧产生蒸汽后输往汽轮发电机发电。为上述功能服务的约有数百个大小不同的系统，其中最主要的有：

(1) 反应堆冷却剂系统，它是核电站的核心部分。其中压力容器、蒸汽发生器、反应堆冷却剂泵和稳压器等大型设备都属于该系统。

(2) 专设安全设施，主要包括安全注入系统、安全壳喷淋系统、蒸汽发生器辅助给水系统和安全壳隔离系统等。

(3) 核辅助系统：

1) 反应堆冷却剂辅助系统，主要有化学和容积控制系统、余热排出系统以及硼和水补给系统等。

2) 辅助冷却水系统，主要有反应堆水池和乏燃料水池冷却和处理系统、设备冷却水系统和核岛重要厂用水系统。

3) 三废处理系统，主要有废液处理系统、废气处理系统和固体废物处理系统。

4) 核岛通风空调系统，这些系统与火电厂通风空调系统基本相同。主要区别是核岛通风系统与反应堆运行工况或设备的功能有密切的联系。有的通风系统与核安全有关，在事故工况下仍需继续运行，以保护人员能安全工作以及设备能连续运行；有的通风系统能防止不符合环境要求的放射性气体排入大气或使室内人员所受到的剂量保持在允许范围以内。

5) 核燃料装卸、储存和运输系统。

(4) 常规岛主要系统。核电厂常规岛部分的组成与火电厂相应的部分基本相同。但其主蒸汽系统具有特殊要求，另外又根据核电站的特点增加了汽轮机旁路系统和汽水分离再热器系统等。

(5) 电气系统以及仪表和控制系统等。上述系统和系统中的设备需根据其所执行安全功能的重要程度进行安全分级。一般分成三个（或四个）安全等级。安全一级执行的安全功能最重要，二级次之，三级最小。不执行安全功能的设备为非安全级。对设备进行安全分级，这是核电厂与其他工业用设备的主要区别。属于安全级的设备，在设计、制造、抗震和质量保证等方面都有很严格的要求。

为方便起见，以下系统一般都以大亚湾的百万千瓦级核电厂作为例子予以说明。

压水堆核电厂主要流体系统总图见图3-5-1。

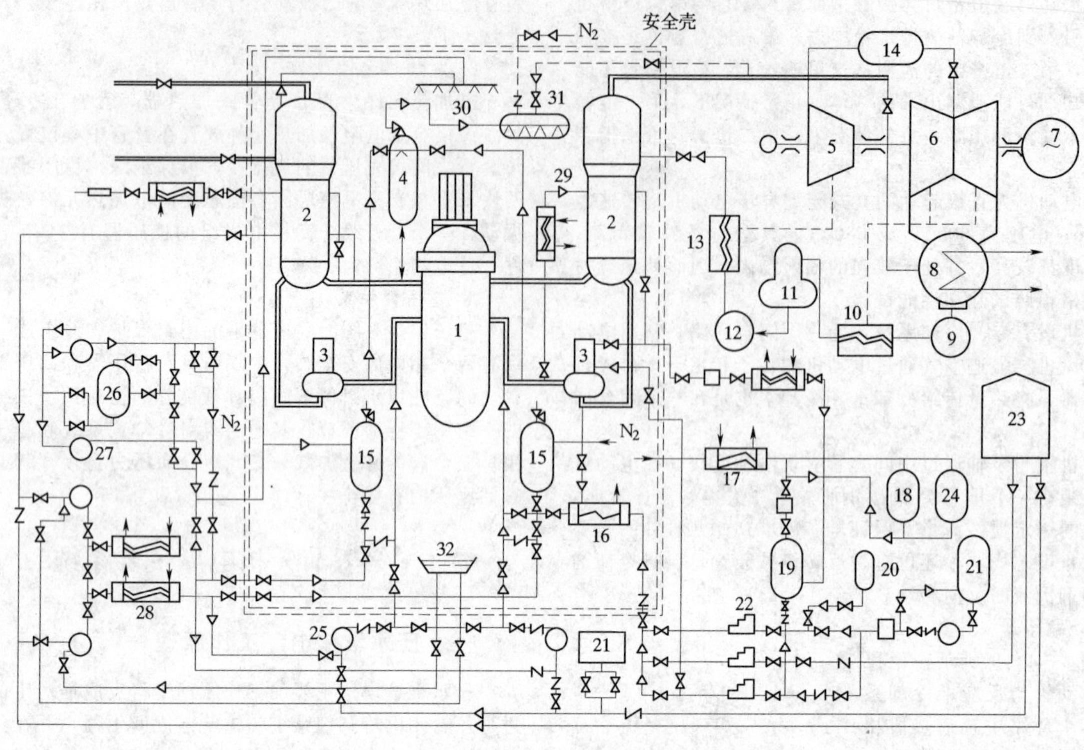

图3-5-1　压水堆核电厂主要流体系统总图

1—反应堆；2—蒸汽发生器；3—反应堆冷却剂泵；4—稳压器；5—汽轮机高压缸；6—汽轮机低压缸；7—发电机；8—凝汽器；9—凝结水泵；10—低压加热器；11—除氧器；12—给水泵；13—高压加热器；14—汽水分离再热器；15—安全注入箱；16—再生热交换器；17—下泄热交换器；18、24—离子交换器；19—容积控制箱；20—化学物添加箱；21—硼酸储存箱；22—上充泵；23—换料水箱；25—高压安全注入泵；26—氢氧化钠储存箱；27—安全壳喷淋泵；28—余热排出热交换器；29—过剩下泄热交换器；30—安全壳喷淋管线；31—卸压箱；32—安全壳地坑

二、反应堆冷却剂系统

（一）主要功能

反应堆冷却剂系统又称核蒸汽供应系统（NSSS）或一回路系统。其主要功能是把堆芯正常运行时产生的热量传输给蒸汽发生器，将蒸汽发生器二次侧的给水加热并转化为驱动汽轮发电机组转动的饱和蒸汽。此外还有如下几种功能：

(1) 反应性控制：反应堆冷却剂中加入了硼酸溶液，可通过调节冷却剂中的硼浓度与控制棒一起对反应性进行控制。

(2) 反应堆冷却剂压力控制：在正常运行工况下，可通过稳压器使冷却剂压力保持恒定，在负荷变化时能限制压力变化的范围。

(3) 可作为放射性物质向外泄漏的屏障：当燃料包壳发生破损时，反应堆冷却剂系统中的承压设备可用作防止放射性物质向外泄漏的第二道屏障。

（二）系统说明

反应堆冷却剂系统通常由2～4个环路组成。大型压水堆核电厂的环路数和每条环路的容量已经标准化。一般单个环路容量相当于电功率约300MWe左右。增减标准的环路数，可适应不同功率核电厂的要求。对于百万千瓦级的核电厂，反应堆冷却剂系统由三个并联的环路组成。每个环路有一台蒸汽发生器，一台主循环泵和一套主管道等，系统中的冷却剂由反应堆冷却剂泵经主管道冷管段输送至压力容器，在堆芯加热后通过主管道热管段进入蒸汽发生器，把热量传给蒸汽发生器二次侧，然后再经主管道过管渡段进入反应堆冷却剂泵，进行再循环。在其中的一条环路热段上连接有一台稳压器和安全阀等设备。它们是调节冷却剂压力和防止系统超压的设备。稳压器中约有60%为水容积，其余为蒸汽空间，下部装有电加热器。当冷却剂压力降低时，可以接通电加热器，使部分冷却剂转化成蒸汽，提高了系统的压力。稳压器顶部装有喷淋装置，当稳压器压力上升时，可用温度较低的冷却剂（冷管段）通过喷淋装置对稳压器蒸汽空间进行喷淋，使蒸汽凝结，从而降低了系统压力。在稳压器顶部还接有卸压阀和安全阀。当稳压器压力继续上升，并达到安全阀开启整定值时，安全阀打开，将蒸汽排往卸压箱。反应堆冷却剂系统一条环路（带稳压器）的简图见图3-5-2。

在事故条件下，为确保堆芯不失水以及必要时可以通过自然循环进行冷却，反应堆冷却剂中的主要设备一般都需按如图3-5-3所示的相对标高进行布置。

反应堆冷却剂系统正常运行压力为15.5MPa；满功率运行时冷却剂的平均温度为310℃；压力容器的出口温度为327℃。反应堆的额定热功率为2895MWt，由于系统中还包含有反应堆冷却剂泵的发热，因此系统的热功率为2905MWt，比反应堆额定功率大。冷却剂的额定流量为3×23790m³/h。

在反应堆冷却剂系统中，与冷却剂接触的设备一般都使

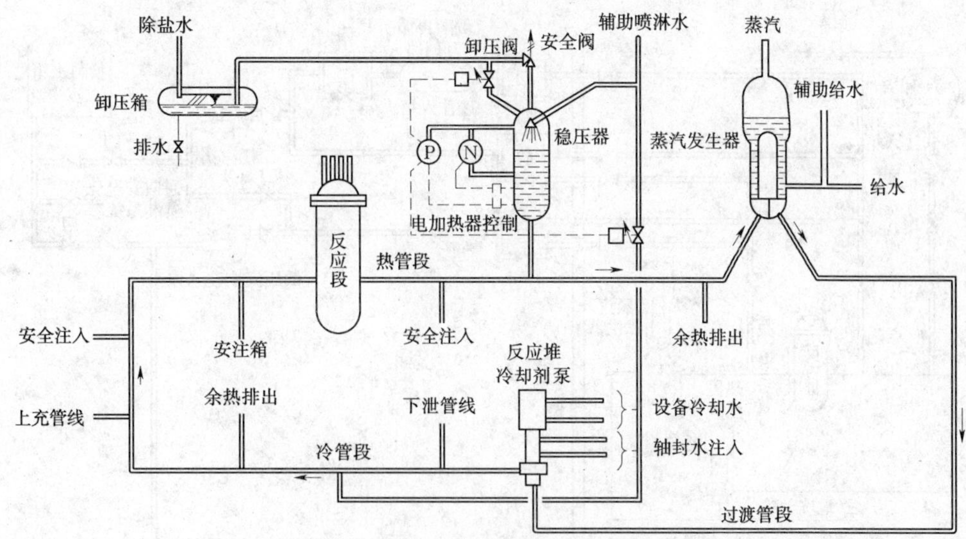

图 3-5-2　反应堆冷却剂系统简图（带稳压一条环路）

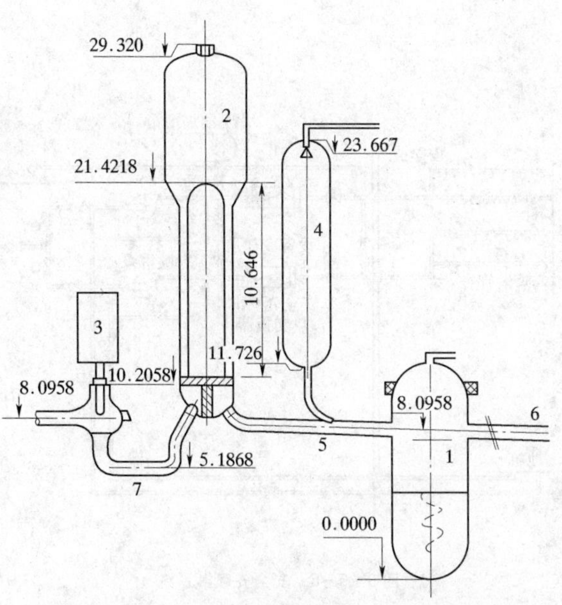

图 3-5-3　反应堆冷却剂系统主要设备相对标高示意图
1—反应堆压力容器；2—蒸汽发生器；3—反应堆冷却剂泵；4—稳压器；5—主管道热段；6—主管道冷段；7—主管道过渡段

用奥氏体不锈钢或内部堆焊奥氏体不锈钢。蒸汽发生器管材采用抗晶间腐蚀的因科镍合金。由于这些设备都是防止放射性向外泄漏的第二道屏障，因此都属于安全 1 级。

三、专设安全设施

专设安全设施主要包括安全注入系统（又称应急堆芯冷却系统）、安全壳喷淋系统、蒸汽发生器辅助给水系统和安全壳隔离系统。其功能是：在发生假想事故（例如 LOCA 事故）以后，这些系统用来确保停堆、排出堆芯余热，以便限制事故的发展和减轻事故所造成的严重后果；保护裂变产物与电厂外部环境之间的三道屏障不受损害，减少放射性物质向大气的排放，使电厂周围的放射性剂量控制在允许的水平。专设安全设施执行重要的安全功能，因而系统和设备都属于安全级。

（一）安全注入系统

1. 主要功能

（1）当反应堆冷却剂系统中出现化学和容积控制系统不能补偿的小破口泄漏事故时，安全注入系统向反应堆冷却剂系统注入含硼水，使稳压器重新达到预定水位。

（2）当反应堆冷却剂系统发生大破口事故时，安全注入系统向反应堆冷却剂系统注水，防止堆芯裸露或重新淹没并冷却堆芯，使燃料包壳免遭熔化和保持堆芯的完整。

（3）当主蒸汽管道发生大破口事故时，反应堆冷却剂温度急剧降低，稳压器水位也随之降低；同时也由于冷却剂温度降低而引入正反应性。安全注入系统向反应堆冷却剂系统注入高浓度硼酸溶液，使稳压器重新达到预定水位，防止反应堆重返临界。

2. 系统说明

安全注入系统由下列各部分组成（见流程图 3-5-4）：

（1）高压安注：高压安注泵与化学和容积控制系统中的三台上充泵共用。当反应堆冷却剂出现中等程度的泄漏而使压力降至某定值时，发出安注信号，高压安注泵自动起动，将换料水箱中浓度为 2000×10^{-6} 的含硼水注入堆芯。在进入堆芯前，高压注入水还可通过硼注入箱，把浓度为 21000×10^{-6} 的硼酸液随注入水一起进入堆芯。高压安注泵一般要用低压安注泵来增压。安注时的最大流量为 $160m^3/h$（每台）。

（2）低压安注：设置有两台并联的低压安注泵。当反应堆冷却剂系统出现大破口、压力降至低于低压安注泵出口压力时，低压安注泵直接将换料水箱中的含硼水通过主管道注入堆芯。当水箱中的水用完后，低压安注泵可从安全壳地坑取水，进行再循环。低压安注泵的额定流量每台约为 $850m^3/h$。

（3）中压安注：设有三台安注箱，分别与反应堆冷却剂系统每条环路的冷段连接。安注箱的容积每台约为 $48m^3$，其中 2/3 充满浓度为 2000×10^{-6} 的含硼水，其余为压力 4.2MPa 的氮气。安注箱出口设有两只串联的逆止阀。当反应堆冷却剂系统压力降至低于安注箱内压力时，箱内含硼水就顶开逆止阀自动进入反应堆。

（4）硼酸再循环回路：由一台装有 21000×10^{-6} 的硼酸注入罐，一台硼酸缓冲罐和两台并联的再循环泵组成。用于

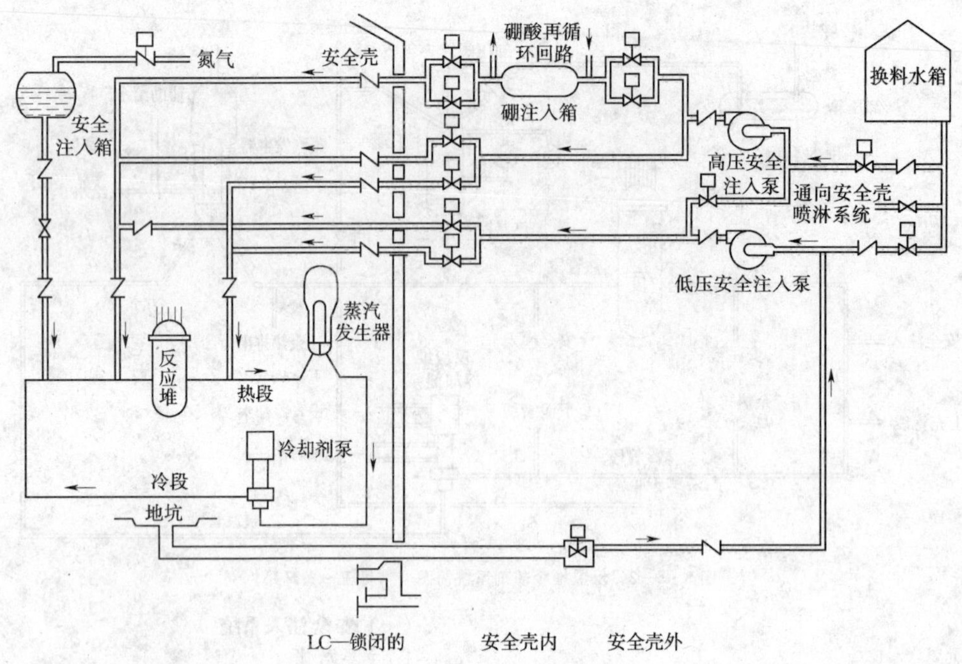

图 3-5-4　安全注入系统

将浓硼酸在缓冲罐和硼酸注入罐之间进行再循环，以防硼酸结晶。设备和管道设置有加热器加热。

(5) 水压试验泵：两个核电机组共设一台水压试验泵，对反应堆冷却剂系统进行水压试验。当发生全厂断电事故时，可由蒸汽发生器的余汽通过专设汽轮发电机发电，以供该泵为反应堆冷却剂泵的轴封注水。

电厂正常运行时，除有一台高压安注泵（作为上充泵）和一台硼酸再循环泵在运行外，其他泵都处于备用状态。

系统中的设备和管道主要采用奥氏体不锈钢。

（二）安全壳喷淋系统

1. 主要功能

(1) 当反应堆冷却剂系统发生失水事故（LOCA）或安全壳内的主蒸汽管道发生破裂事故时，安全壳内的温度和压力将会升高。这时喷淋系统可将换料水箱中的含硼水从安全壳顶部均匀地喷入安全壳的整个空间内，使温度和压力降至可接受的水平，以保持安全壳的完整性和密封性。

(2) 发生 LOCA 期间，在喷淋液中加入一定量的氢氧化钠，用来降低释放到安全壳大气中的放射性碘。氢氧化钠还可以提高水中的 pH 值，减轻硼水的酸性对安全壳内金属的腐蚀程度。

(3) 排出安全壳中的热量。

2. 系统说明

喷淋系统由两个100%容量的相互独立的系列组成（见图 3-5-5）。每个系列有一台喷淋泵和一台热交换器，它们与设在安全壳穹顶的四条环形喷淋集管（共506个喷嘴）中的两条相接。每个系列的喷淋都能覆盖安全壳的整个截面。喷淋水滴的平均直径是 0.27mm。

在直接喷淋阶段，喷淋泵从换料水箱取水，在再循环喷淋阶段则在安全壳地坑取水。该两阶段的喷淋流量分别为 $850m^3/h$ 和 $1050m^3/h$。

化学添加剂箱中储存有 $10m^3$ 的30%重量百分比的氢氧化钠溶液，喷淋时通过喷射器把氢氧化钠溶液与喷淋液混合后一起送入安全壳内。化学添加剂缸设有搅拌泵，每隔约

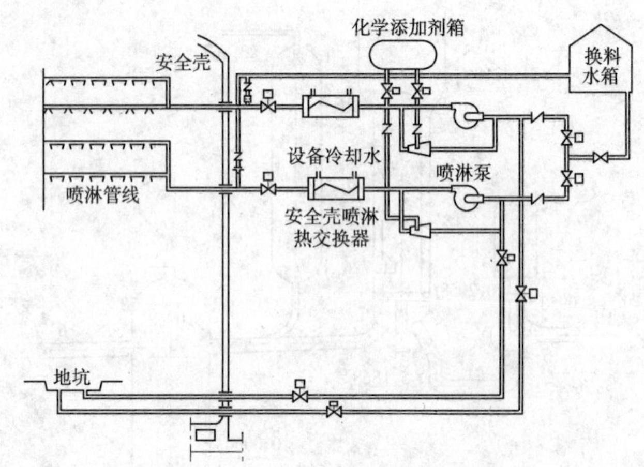

图 3-5-5　安全壳喷淋系统

7～8h需搅拌一次。安全壳喷淋系统中的设备和材料主要采用奥氏体不锈钢。

（三）蒸汽发生器辅助给水系统

1. 主要功能

蒸汽发生器辅助给水系统（简称辅助给水系统）的安全功能是：当主给水系统发生故障不能供水时，辅助给水系统立即投入运行，排出堆芯剩余热量，直到余热排出系统可以投入运行为止。

辅助给水系统的常规功能是在下述工况下，蒸汽发生器需由辅助给水系统供水。

(1) 反应堆起动及反应堆冷却剂升温。

(2) 热停堆。

(3) 使反应堆冷却剂系统冷却到余热排出系统可以投入运行的程度。

由于辅助给水系统是专设安全设施之一，为确保其安全功能在需要时能得到实施，在新设计的百万千瓦级同类型核电站中，已增加了一个起动给水系统来替代辅助给水系统的常规功能。

2. 系统说明

辅助给水系统见图 3-5-6 所示的主体部分设有两台电动给水泵（每台 100m³/h，2×50%总流量）在失去正常电源时可由应急电源供电；一台汽动给水泵（200m³/h，1×100%总流量）由蒸汽发生器产生的蒸汽驱动见图 3-5-6。辅助给水泵从辅助给水箱中取水，该水箱中储存有除氧去离子水，有效容积至少有 790m³。水上方覆盖有高于大气压的氮气，以防空气进入箱中。

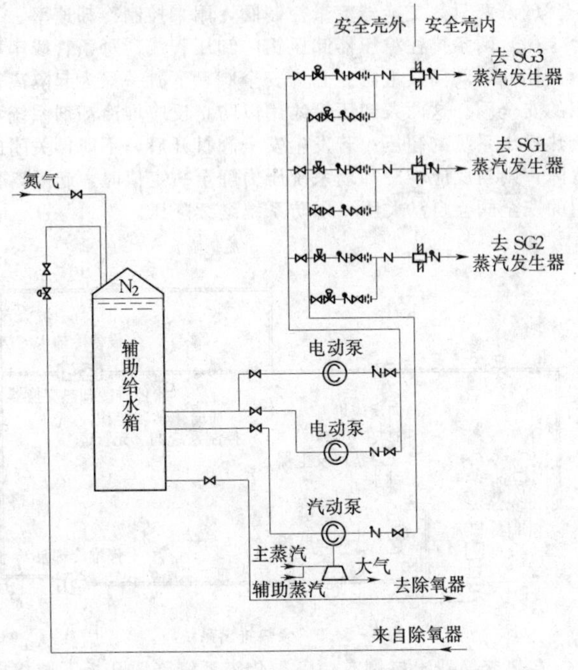

图 3-5-6 蒸汽发生器辅助给水系统（主体部分）

辅助给水系统还设有两个核电机组共用的除氧器部分，把经过除盐的水进行脱氧处理，然后供给辅助给水箱或反应堆硼和水补给系统。

核电厂正常运行时，辅助给水系统的主体部分处于备用状态。

（四）安全壳隔离系统

1. 主要功能

安全壳是防止裂变产物向环境释放的第三道屏障。安全壳隔离系统是安全壳的组成部分，其主要功能是：

（1）当反应堆冷却剂系统发生失水事故时，使穿过安全壳的管道（有专门用途的管道除外）及时隔离，防止或减少放射性物质向环境释放。

（2）在主蒸汽管道发生破裂时，及时隔离蒸汽发生器，以防反应堆冷却剂系统过冷和安全壳超压。

（3）当安全壳内燃料元件吊装出现事故时，及时把安全壳内大气与外界隔离，控制放射性逸散到环境中去。

2. 系统说明

安全壳隔离系统涉及到约 26 个系统，约有上百根管道穿过安全壳。隔离系统主要由隔离阀、贯穿件和相应的管道组成。贯穿件是管道穿过安全壳的一种密封装置，它能保证管道与安全壳之间不会产生泄漏。隔离阀需根据系统的具体情况确定，可以是闸阀、截止阀、隔膜阀、球阀和逆止阀等。

隔离阀一般应按如下规则设置：

（1）属于反应堆冷却剂系统一部分或直接与安全壳内大气相通的贯穿管路，或者在安全壳内未形成封闭系统的，一般可按下列几种形式设置隔离阀：

1）安全壳内外各设一个销闭的隔离阀。

2）在安全壳的一侧（内或外）为自动隔离阀，另一侧为销闭隔离阀。

3）安全壳内外侧各设一个自动隔离阀。

4）在事故后要运行而在安全壳内无法动作的阀门，可在安全壳外侧设置两个自动隔离阀。

5）对于系统在安全壳外是封闭的以及属于专设安全设施的贯穿管道等，只需在安全壳外设置一个自动隔离阀。

（2）不属于反应堆冷却剂系统的一部分，又不直接与安全壳大气相通的封闭系统贯穿管道，至少应在安全壳外侧设立一个隔离阀，该隔离阀可以是锁闭的、自动的或远距离手动操作的。

安全壳隔离阀典型的设置方式见图 3-5-7。

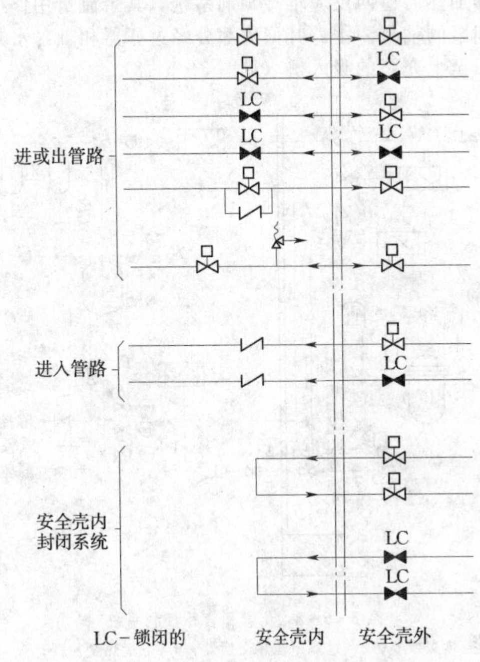

图 3-5-7 安全壳隔离系统典型设置方式

安全壳隔离系统分别属于各个有关系统。无论所属系统是否具有安全功能，安全壳隔离系统的设备和管道都属于安全 2 级。采用的主要材料与所属系统相同。

四、核辅助系统

为使反应堆冷却剂系统能正常运行，需设置核辅助系统来为其服务，其中主要有化学和容积控制系统、余热排出系统以及反应堆水池和乏燃料水池冷却和处理系统等。

（一）化学和容积控制系统

1. 主要功能

（1）在反应堆正常运行（包括瞬态运行）期间，控制反应堆冷却剂系统的水容积；补偿由于冷却剂温度发生变化或系统发生泄漏引起冷却剂容积的改变，以使稳压器水位维持不变。

（2）净化反应堆冷却剂，降低冷却剂中裂变产物和腐蚀产物的含量。

（3）给冷却剂添加联氨、氢气和氢氧化锂，使冷却剂能维持良好的水质和保持一定的 pH 值。

（4）为主循环泵提供高压轴封用水。

（5）三台上充泵可兼作安全注入系统的高压安注泵。

2. 系统说明

化学和容积控制系统简称化容系统。核电站在正常运行期间，从冷却剂主管道引出一股下泄流，经再生热交换器、降压孔板和下泄热交换器降温和降压后，再流经两台混合床除盐器中的一台，去除离子状态裂变产物和腐蚀产物；然后又进入间断运行的阳床除盐器，以进一步去除裂变产物。净化后的水通过喷头形成雾化状进入容积控制箱，使水中的裂变气体释放出来，与箱中的氢气和氮气一起排往废气处理系统，以降低冷却剂中的放射性水平。容积控制箱的水容积和气容积各为 $3.6m^3$ 和 $5.3m^3$。

系统共设置三台并联布置的上充泵，正常运行时只有一台运行，每台额定流量约为 $34m^3/h$。

上充泵从容积控制箱吸水，其中大部分流量通过再生热交换器加热后返回反应堆冷却剂系统，其余流量用作反应堆冷却剂泵的轴封注水。其回流部分经过滤器和轴封水热交换器返回至上充泵的吸入侧（见图 3－5－8）。

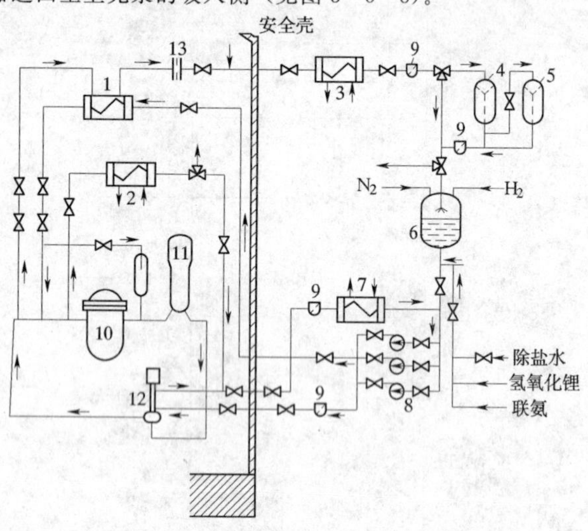

图 3－5－8　化学和容积控制系统

1—再生热交换器；2—过剩下泄热交换器；3—下泄热交换器；4—混床除盐器；5—阳床除盐器；6—容积控制箱；7—轴封回水热交换器；8—上充泵；9—过滤器；10—反应堆；11—蒸汽发生器；12—反应堆冷却剂泵；13—降压孔板

容积控制箱上部空间充有氢气和氮气。氢气可用作冷却剂中的腐蚀抑制剂，氮气则可作为覆盖气体，并稀释其中的氢，使其不会有爆炸的危险。在容积控制箱出口侧还设置有向冷却剂中添加联氨和氢氧化锂的管线，去除冷却剂中过多的氧，并控制 pH 值。

当反应堆冷却剂升温速率加快，正常下泄流已不能排出冷却剂体积的膨胀量时，可以通过过剩下泄热交换器冷却。

本系统下泄流的高温高压部分，即再生热交换器、降压孔板以及过剩下泄热交换器等设备和管道都布置在安全壳内，其余都布置在核辅助厂房。由于上充泵必要时可充作高压安注泵，因此上充泵和有关阀门、管道等都属于安全 2 级。化容系统所采用的主要材料为奥氏体不锈钢。

（二）余热排出系统

1. 主要功能

（1）核电厂正常停堆初期，反应堆冷却剂由蒸汽发生器予以冷却。当冷却剂温度冷却至 180℃、压力达 2.8MPa（绝对）以后，接着需由余热排出系统接替蒸汽发生器冷却堆芯余热，以使反应堆进入冷停堆状态。

（2）在反应堆换料操作期间，余热排出系统可使反应堆冷却剂温度保持在 60℃以下。在换料操作完成后，可用来将反应堆换料水池中的水送回换料水储存箱。

（3）在余热排出系统投入运行期间，可以利用其与化容系统的连接管线，使反应堆冷却剂能继续得到净化。

2. 系统说明

余热排出系统包括（见图 3－5－9）：

（1）两台并联的余热排出泵。

（2）两台并联的热交换器，由设备冷却水冷却。

（3）两只热交换器流量控制阀，用来控制冷却速率。

（4）两条排往稳压器卸压箱的卸压管线，每条管线串联两只相同的阀门。上游一只为安全阀，下游一只为起隔离作用的安全阀。这两条卸压管线用以防止反应堆冷却剂系统和余热排出系统的超压。若发生安全阀打开后，不能再关闭的故障，则当反应堆冷却剂系统压力降至一定值时，起隔离作用的安全阀会自动关闭，以防系统继续降压。

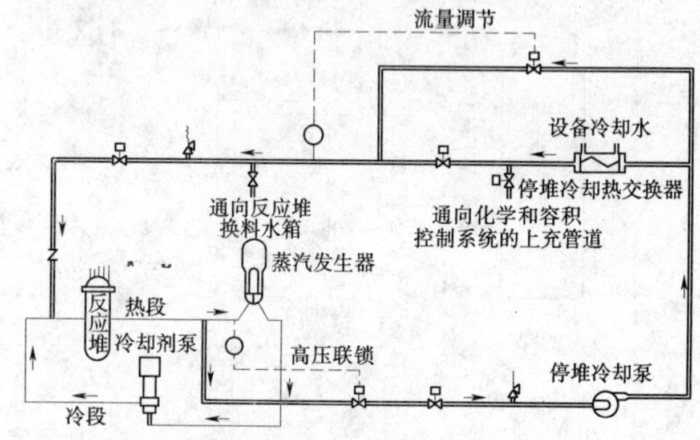

图 3－5－9　余热排出系统

在热交换器出口侧有一条与化容系统降压孔板下游相接的管线。这条管线使反应堆冷却剂能进行低压下泄和净化，也能使余热排出系统，起动时把压力升至化容系统降压孔板下游的压力。

电厂正常运行期间，系统处于隔离备用状态。在正常停堆的后期冷却阶段，系统投入运行；当系统发生故障不能运行时，反应堆冷却剂系统可以通过余热排出系统与反应堆水池和乏燃料水池冷却和处理系统的连接管线，由后者进行冷却。

余热排出系统不属于专设安全设施，不要求它在发生失水事故时起作用，设备都布置在安全壳内。除热交换器壳体由碳钢制造外，其余设备和管道主要都是奥氏体不锈钢制造。

（三）反应堆水池和乏燃料水池冷却和处理系统

1. 主要功能

反应堆水池由压力容器正上方的换料水池和与它相邻的堆内构件水池组成。在换料阶段，这两个水池都充满水，总水容积约为 $1310m^3$。乏燃料水池位于燃料厂房内，用于储存乏燃料组件。水池内总是充满着水，水容积约为 $1800m^3$。系统的主要功能是：

（1）冷却乏燃料水池中燃料元件的剩余释热。在换料停堆期间，压力容器处于开盖状态时，还可以代替余热排出系统冷却反应堆。

（2）净化乏燃料水池和反应堆水池中的含硼水，使其保持良好的水质和降低放射性水平。

（3）为乏燃料水池和反应堆水池充、排含硼水。

（4）在事故情况下可以向反应堆安全壳喷淋系统和安全注入系统提供一定量的含硼水。

2. 系统说明

反应堆乏燃料水池冷却和处理系统由三个相互独立而又相互联系的系统组成。

(1) 水池冷却系统，它由两个冷却系列组成。每个系列有一台泵和一台热交换器。循环泵从乏燃料储存水池底部取水，经热交换器冷却后送回储存水池，使水池温度保持在50℃以下。正常运行时有一台泵和一台热交换器工作，另一台泵和热交换器处于备用状态（见图3-5-10）。

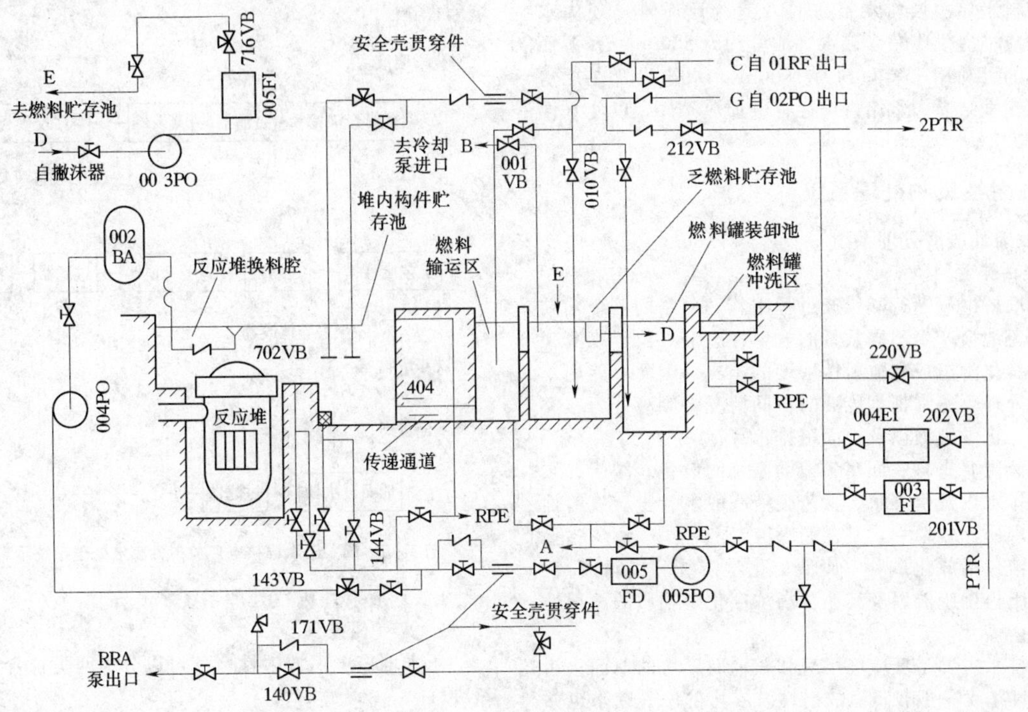

图3-5-10 反应堆水池和乏燃料水池冷却和处理系统（一）

核电站正常运行期间，反应堆水池不充水。当反应堆换料，压力容器处于开盖状态时，反应堆水池充满水。正常情况下水池由余热排出系统冷却。但当余热排出系统失效时，可由反应堆水池和乏燃料水池冷却和处理系统冷却堆芯产生的热量。

(2) 过滤和除盐系统。在冷却系统循环泵的旁路管线上设置了一台除盐器和一台过滤器，用来净化乏燃料水池中的含硼水（见图3-5-10）。过滤器能过滤掉大于5μm的悬浮颗粒，净化流量一般相当于在26h内能处理乏燃料水池中所容纳的水量。

反应堆水池中的含硼水是由循环泵（005PO）从池底吸水后送往两台并联的过滤器进行过滤的，过滤后的水又重新返回反应堆水池（见图3-5-11）。两个过滤器在14h内可以过滤相当于整个反应堆水池所容纳的水量。

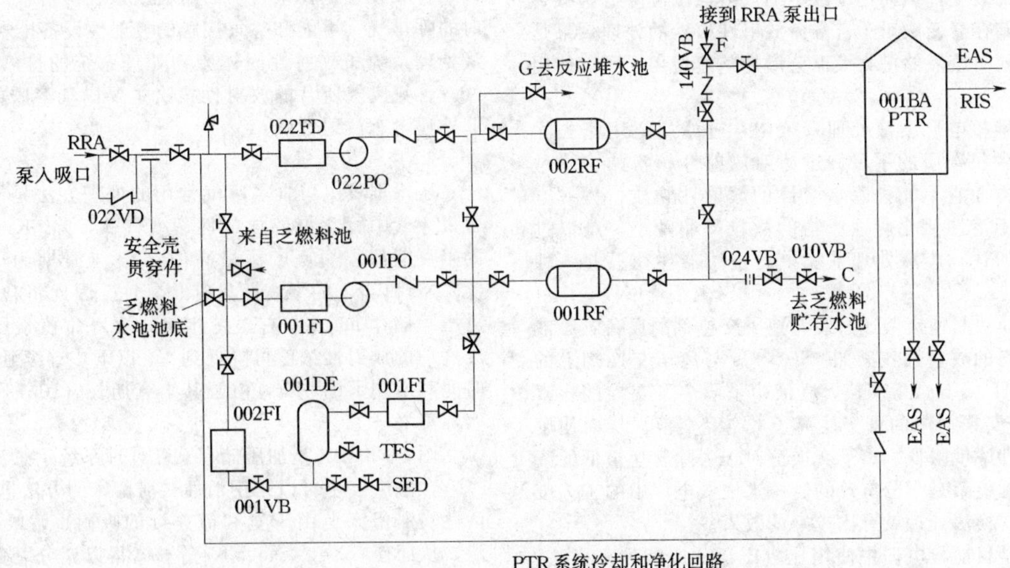

PTR系统冷却和净化回路

图3-5-11 反应堆水池和乏燃料水池冷却和处理系统（二）

PO—泵；FI—过滤器；BA—罐

乏燃料水池和反应堆水池的水平面设置有撇沫回路，前者池水通过003PO和005FI进行循环和过滤，后者池水则通过002BA由循环泵004PO增压后再由循环泵005PO送至两台过滤器过滤，然后返回反应堆水池。

(3) 换料水箱。换料水箱001BA是为反应堆出现失水事故后为反应堆提供应急含硼水（浓度约为2000ppm）源而设置的。它的可利用水容积约为1600m³。水箱设置在厂房外，为防止硼水结晶，水箱内设置有电加热元件，以使水温保持在7℃以上。

五、放射性废物处理系统

(一) 放射性废液处理系统

1. 废液的来源

在压水堆核电厂运行和维修过程中，一回路的各个辅助系统不可避免地会产生不同数量的放射性废液。由于废液来源不同，以及化学组成和放射性浓度的差异，因而不能用单一的方法来处理。通常根据废液的不同情况将废液分为三类即工艺废液、化学废液以及地面疏排水等。

工艺废液主要来自一回路各辅助系统的设备、阀门、泵和管道的疏排水以及引漏水。工艺废液一般水量少，放射性浓度较高，水质比较单一，是含硼废液。

化学废液包括放化试验室废液、化学清洗和去污废液、离子交换树脂再生废液以及其他含高浓度化学物质的放射性废液。

地面疏排水主要是反应堆厂房和核辅助厂房的地面去污排水，放射性浓度一般较低，放射性洗衣房的洗衣废水也并入这一类废液进行处理。

2. 废液的处理方法

处理放射性废液的方法很多，废液的化学特性是选择处理方法的重要依据，压水堆核电厂放射性废液的基本处理方法是储存衰变法、过滤法、蒸发法和离子交换法。储存衰变法一般是作为废液预处理的手段。不同类别的放射性废液分别收集在各自的废液储槽中，压水堆核电厂的废液储槽一般具有较大的容量。大容量的储槽不仅可以使下一步的处理单元有足够的缓冲能力，而且可以使废液中的短寿命放射性核素得到充分的衰变，从而使废液中的放射性浓度降低，减少处理费用。储存衰变法对于长寿命放射性核素的处理效果是不明显的，同时废液储槽太大也会增加基建费用，所以使用要适当。

在压水堆核电厂废液处理系统中，过滤广泛用作去除废液中悬浮颗粒杂质的手段。过滤对放射性核素的去除是有限的，一方面它不能去除水溶性的放射性物质；另一方面，大多数不溶性活化腐蚀产物的微粒又非常小，难以过滤掉。综上所述，废液处理系统中的过滤器往往只起一种辅助作用。

离子交换法是使废液通过装有离子交换剂的设备，废液中呈阳离子态的放射性核素如^{90}Sr，^{137}Cs与离子交换剂上的可交换离子H^+、Na^+等交换，废液中呈阴离子交换的核素如^{131}I与离子交换剂中的可交换离子Cl^-等交换，从而使废液中的放射性浓度降低。离子交换法对于去除含盐量低的废液中的放射性核素是十分有效的。压水堆核电厂中的工艺废液采用离子交换法处理就有比较好的效果。

蒸发法是目前核电厂中使用比较广泛的废液处理方法，对于化学组成比较复杂，放射性浓度比较高的废液一般采用蒸发法处理。在废液蒸发过程中，放射性核素和盐分不能挥发，按理论讲全部放射性核素和盐分都应存在在体积很小的蒸发残液中，但是由于雾沫夹带冷凝液中仍不免带有少量的放射性核素，蒸发法对放射性核素的去除效率一般可以达到三个数量级以上。

图3-5-12是压水堆核电厂放射性废液处理系统示意流程图。

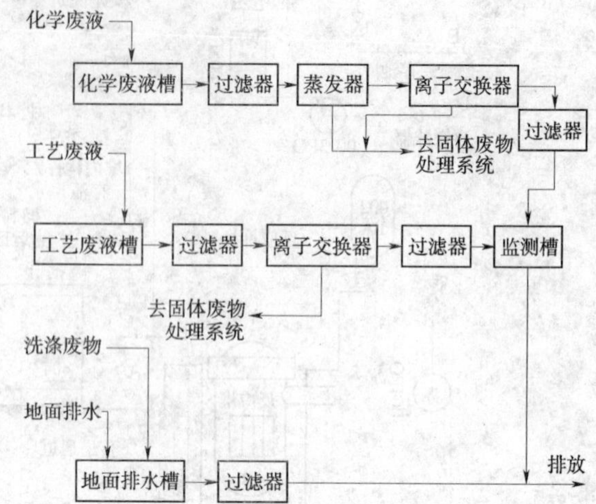

图3-5-12　压水堆核电厂放射性废液处理系统示意流程图

(二) 放射性废气处理系统

1. 废气的来源

压水堆核电厂放射性废气可以分为两类：含氢废气和含氧废气。

反应堆裂变过程产生的放射性气体主要是氪和氙的各种同位素。在燃料元件包壳破损的情况下，裂变气体进入反应堆冷却剂，高压下裂变气体溶解于冷却剂中。当系统内存在气相空间时，它们就会从冷却剂中逸出，特别在冷却剂脱气处理时，几乎所有的裂变气体都将随着溶解的氢气和氮气一齐释放出来，从而被收集到缓冲罐中成为含氢废气。

一般情况下，压水堆核电厂含氢废气主要来自下列设备：①硼回收系统的脱气塔；②化学和容积控制系统的容积控制箱；③稳压器卸压箱；④反应堆疏排水箱。

含氧废气主要来自一回路辅助系统树脂床；过滤器起动时的呼排气；可能和空气接触的放射性设备排气；放射性废液处理系统和放射性固体废物处理系统的排气也是含氧废气。含氧废气所含的放射性核素主要以气溶胶的形式存在，此外还含有放射性碘。

2. 废气的处理方法

压水堆核电厂含氢废气常用的处理方法是储存衰变法，含氢废气中所含有的放射性裂变气体，除^{85}Kr外其他核素的半衰期都很短。产额最高的^{133}Xe半衰期为5.29天，其次^{137}Xe和^{89}Kr的半衰期只有几分钟。因此将含氢废气收集后压缩储存60天左右，在此期间短寿命核素已充分衰变，废气中的放射性浓度可降低到1‰以下，继续延长储存衰变时间对所剩下的^{85}Kr，由于其半衰期长（10.73年）已没有实际意义。

图3-5-13是加压储存衰变处理系统示意流程图。

含氢废气也可以采用活性炭滞留床的方法进行处理。在活性炭滞留床上由于氪和氙连续的吸附、解吸过程而被延滞，从而使^{133}Xe、^{137}Xe、^{89}Kr等核素得以充分衰变，^{85}Kr由于半衰期长实际无效。

图3-5-14是活性炭滞留衰变处理系统示意流程图。

压水堆核电厂含氧废气可以通往排风系统净化处理，也

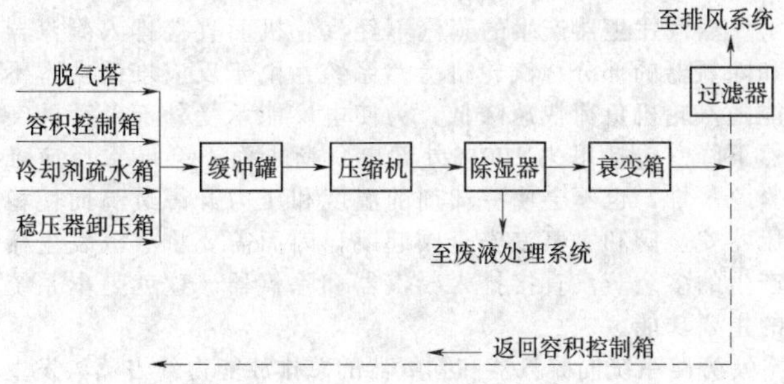

图 3-5-13　加压储存衰变处理系统示意流程图

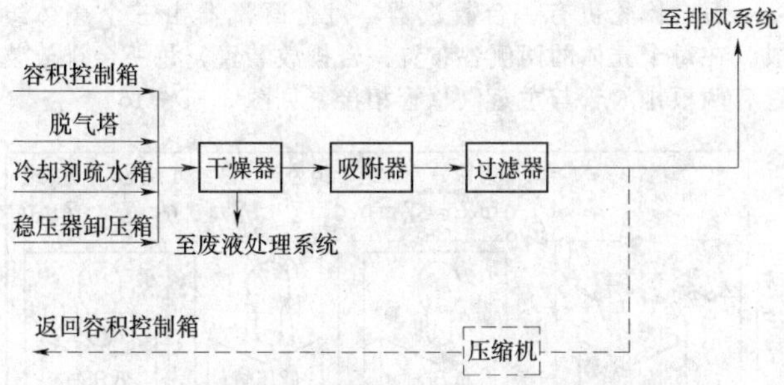

图 3-5-14　活性炭滞留衰变处理示意流程图

可以设置专门的含氧废气处理系统。一般先通过气水分离器除去气体中夹带的液滴，然后进入高效过滤器，滤去气溶胶颗粒，再进入活性炭过滤器除去元素碘和有机碘，即送往排风系统。

（三）放射性固体废物处理系统

1. 固体废物的来源

压水堆核电厂所产生的固体废物通常分为“干”废物和“湿”废物两类。“干”废物主要是指核电厂检修过程废弃的设备、工具和材料以及被放射性污染的、废弃的工作服、手套、纸张、擦拭材料等，更换下来的排风过滤器、活性炭过滤器也属于“干”废物。“湿”废物主要包括废液处理系统产生的浓缩废液，硼回收系统产生的不合格硼酸，以及化学容积控制系统、硼回收系统和废液处理系统的废离子交换树脂、废过滤器芯等。

2. 固体废物的处理方法

“干”废物中有相当一部分是可燃废物，如工作服、手套、纸张、擦拭材料等。这一类废物也都是可压缩废物，有时又叫软废物，不少核电厂对这类废物都是在桶内进行立式单向压实减容处理，压实机的压力 100～300kN，减容比为 1/6～1/3。在核电厂的运行和维修过程中还有大量不可燃但可压实减容的废物，这些废物不能用单向桶内压实机压实减容处理，这些废物如金属材料、建筑材料、电器设备、机械设备零部件、管道和阀门等在装入钢桶后可以采用超级压实的方法进行减容处理。超级压实机的压力可达 25000kN，在国外核电厂，特别是一些多机组的核电厂已开始设置超级压实机以减少最终固体废物体积。

除去压缩以外，对核电厂的可燃废物进行焚烧处理也是行之有效的方法。焚烧处理可以实现大幅度减容，同时焚烧后的灰分化学性能稳定，用水泥固定处理后对储存和处置都十分有利。核电厂所采用的焚烧炉绝大部分为气焚烧炉。过气焚烧炉的结构和运行都非常简单，但由于其燃烧不充分，从而不完全燃烧的产物，如烟点、焦油的存在使烟气净化系统比较复杂。针对过气焚烧炉的缺点，国内外正在积极研究开发热解焚烧炉。热解焚烧是先使废物在低氧的气氛中受热分解，生成挥发的热解产物，然后把这些热解产物烧掉。因此燃烧的完全程度高，燃烧过程比较平稳，所以烟气净化系统不像过气焚烧系统那么复杂。所带来的问题是炉体结构比较复杂，目前尚未广泛应用。

压水堆核电厂的“湿”废物大多来用水泥固化或固定。水泥固化（或固定）是使放射性核素包容在水泥块中，工艺过程简单易行，但是固化产物特别是废离子交换树脂的固化产物体积大、性能差。为了克服上述缺点，目前已经研究开发先进的水泥固化工艺过程和超级水泥固化工艺过程。先进的水泥固化工艺是先将“湿”废物（浓缩废液、废离子交换树脂等）和少量的水泥充分搅拌成颗粒，经适当养护后将这些颗粒再与水泥、水一齐搅拌均匀，并进行养护。超级水泥固化是采用一种特殊的活化碱性矿渣水泥与“湿”废物一齐在高剪切力混合器中混合均匀，并进行养护。这两种新水泥固化方法的固化产物都具有体积小、性能好的优点。

图 3-5-15 是压水堆核电厂放射性固体废物处理系统示意流程图。

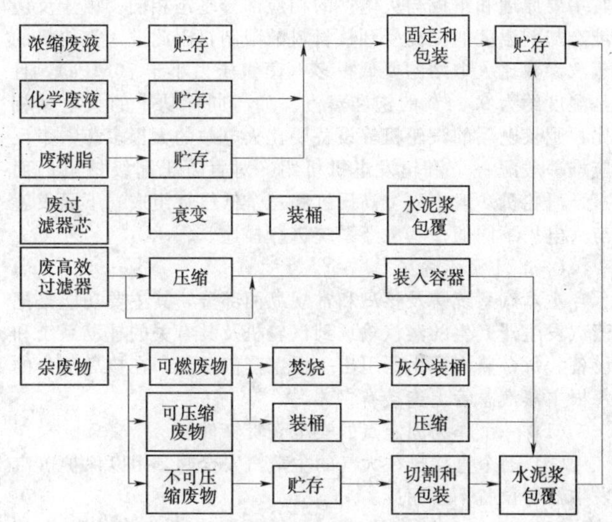

图 3-5-15　压水堆核电厂放射性固体废物处理系统流程图

3. 固体废物包装容器

固体废物包装容器的选择是固体废物处理系统的重要因素之一，同时也和废物处置方针有着密切的联系。目前核电厂的废物包装有 200L 桶和混凝土容器两种类型。大多数核电厂采用 200L 钢桶，其价格比较便宜，也易于采购，但在较长时间的储存条件下需要注意防止桶的腐蚀，对少量放射性比活度较高的废物运输时要加屏蔽。少数核电厂采用的是混凝土容器，它可以解决 200L 钢桶上述的两个问题，但是其价格远高于 200L 钢桶，同时需由专门的工厂制造，同时进一步增加了废物货包体积，从而会增加运输和处置费用。

（四）放射性废水排放系统

放射性废液经过处理后所产生的废水经过放射性废水排放系统有控制地排放。对放射性废水排放的控制和排放后对环境的影响已经受到越来越多的重视。由于不同核电厂排放废水的特征和所处的环境不同，要确定一个统一的控制排放浓度是困难的。我国国家标准“核电厂环境辐射防护规定”中明确地提出：“对于核电厂不同来源的放射性废水，营运单位应根据废水的数量、所含放射性核素的种类，分别规定排放废水放射性浓度的设计限值，经国家环境保护部门批准，作为营运单位排放废水的放射性浓度的管理限值"。该标准对每座压水堆核电厂废水排放的放射性年排放总量作出了规定：

(1) 对氚不得超过 $1.5\times10^{14}B_q$；

(2) 其余核素不得超过 $7.5\times10^{11}B_q$。

压水堆核电厂中所产生的氚，绝大部分都是通过废水排放系统排入附近的水环境中，故必须选择有较大稀释能力的江、河、海洋进行严格的有控制的排放。我国国家标准"轻水堆核电厂放射性废水排放系统技术规定"中明确提出必须采用槽式排放。通常废水排放系统设有2～3个废水排放槽。每个废水排放槽都有足够大的容量，以便废水在排放前能够中和、混合均匀，并能取样分析测量废水中放射性浓度。在废水排放系统的排放干管还要求设置连续监测装置，监测并记录排放废水的放射性浓度、流量和累积排放水量。

六、常规岛主要系统

在核电厂中把由蒸汽转换成电能的部分统称为常规岛，其主要原理和组成与火电厂的相应部分基本相同。由于反应堆冷却剂温度的提高受到核材料的限制，因此进入汽轮机的蒸汽参数比火电站的要低得多（蒸汽压力小于70MPa），且是湿度约为0.44%的饱和蒸汽。如与同样功率的火电站相比，则核电厂的汽轮机等设备要比火电站的大得多。一个反应堆一般配一个汽轮发电机机组。对百万千瓦级核电厂而言，汽轮机一般由一个高压缸和三个低压缸组成。下面仅就与火电厂不同的一些主要系统进行描述。

（一）主蒸汽系统

主蒸汽系统跨及核岛和常规岛两部分，其主要功能是把蒸汽发生器产生的蒸汽输送到汽轮机及其有关的辅助系统和设备。每台蒸汽发生器引出一根主蒸汽总管。在核岛部分的每根主蒸汽总管上连接有：

(1) 一个作为固定点的安全壳贯穿件。

(2) 七个直接排往大气的主蒸汽安全阀，用以保护蒸汽发生器等设备不会超压。

(3) 一个大气排放阀，需要时可以人为向大气排放蒸汽。

(4) 一个管道防甩限制件，设置在主蒸汽隔离阀下游，它能保护隔离阀免受其下游管道破裂后的影响。

(5) 一个主蒸汽隔离阀：当安全壳内的主蒸汽管道或管道防甩限制件下游的管道发生破裂后，把失控的蒸汽排放限制在一台蒸汽发生器的范围内。隔离阀的关闭时间一般应不超过5s。

在安全壳贯穿件与主蒸汽隔离阀下游的管道防甩限制件之间，主蒸汽管道需按照特殊要求设计。管道厚度也远远大于按设计压力和设计温度计算所得的厚度。该段管道称"超级管道"。一般假定该段管道不会发生破裂。

三台蒸汽发生器引出的三根主蒸汽管道，引至常规岛的一根主蒸汽母管上，又从母管上引出四根蒸汽管道分别与汽轮机的四个主汽门相接，然后进入汽轮机。

主蒸汽的运行压力和温度分别为6.6MPa（绝对）和283℃。输送给主汽轮机、汽水分离再热器和给水泵驱动汽轮机等的蒸汽总流量约为1600kg/s。

主蒸汽系统在核岛部分的管道和设备大部分都属于安全二级，常规岛部分为非安全级，管道和设备采用的主要材料为碳钢。

（二）汽轮机旁路系统

蒸汽发生器产生的蒸汽不经汽轮机而直接排入凝汽器和除氧器的部分称汽轮机旁路系统。由于反应堆的功率不能随汽轮机负荷快速降低，为使电厂能承受外部负荷的突然下降（包括甩去100%外部电负荷）而不会导致反应堆紧急停堆，也不会使冷却剂的温度和压力升得过高而使稳压器安全阀和主蒸汽安全阀起跳，因而需要将蒸汽发生器产生的多余蒸汽直接排入凝汽器和除氧器。这就是本系统的主要功能。

旁路系统向凝汽器和除氧器的总排放能力约占蒸汽发生器蒸汽总流量的85%，其中约有72.6%的蒸汽排入凝汽器，约有12.4%排入除氧器。

每台汽轮机有一台凝汽器，每台凝汽器由三个壳体组成。在每个壳体的两侧各布置一台排放装置，每一台排放装置有两根排放管与主蒸汽总管相接（见图3-5-16）。

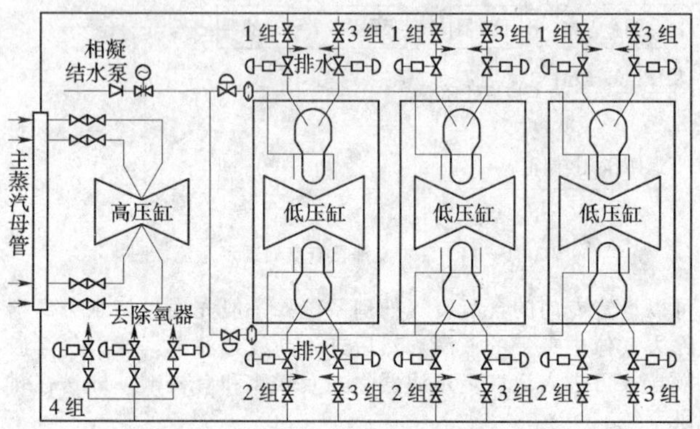

图3-5-16　汽轮机旁路系统

母管中的蒸汽先经过各个排放管中的减压阀降压后再进入排放装置。旁路系统共有6台排汽装置12个减压阀，减压阀共分三组，第一组有三个减压阀，在反应堆自热停堆进入冷停堆的过程中使用，这组阀门在收到开启信号后2.5s内达到全开。第二组和第三组减压阀分别有3个和6个，从全关至全开的时间为2s，一旦失去电源或控制用压缩空气时，这些阀门均将关闭。在每个减压阀的上游都有一个手动隔离阀，隔离阀在平时是常开的。

排放装置由两级多孔降压装置组成，第一级称扩散器，在全流量和起动工况时分别将蒸汽压力降至0.80MPa（绝对）和0.36MPa（绝对）。第二级称播散器，它再次把蒸汽压力降至凝汽器汽侧压力，并在刚逸出和进入凝汽器汽侧空间时用凝结水喷雾降温至80℃。

汽机旁路系统是属于非安全级的，采用的主要材料为碳钢，但疏水旁路控制阀及控制阀和疏水器下游的全部管阀等均为奥氏体不锈钢。

（三）汽水分离再热器系统

在汽轮机的高压缸和低压缸之间设置了汽水分离和再加热装置，这就是汽水分离再热器系统。饱和新蒸汽在高压缸内做功后，压力和温度已降得很低，一般约为0.78MPa（绝对）和169℃，湿度有14.2%左右。本系统的功能就是将此蒸汽除湿、加温，然后送入低压缸继续做功，使等量的蒸汽发出更大的功率，从而提高汽轮机的热效率。

每个汽轮机配置两台卧式汽水分离再热器，它们分别布置在汽轮机运行层的机组两侧。汽水分离再热器底部是由不锈钢波纹形分离板组成的汽水分离器。上部是由水平螺旋管组成的一、二级再热器。高压缸排汽进入汽水分离器后，可以除去约98%的湿度，然后进入一级加热器，由高压缸抽汽再加热后进入由新蒸汽加热的第二级再热器，这时温度已升至约265℃以上，过热度达96.5℃。加热后的蒸汽分三路从汽轮机顶部分别进入三只低压缸继续做功。在每条管路上装有一个截止阀和一个控制阀。由于汽水分离再热器能容纳大量的蒸汽，因此要求截止阀能快速关闭。

汽水分离再热器的疏水系统比较复杂，它由汽水分离器疏水、一级和二级再热器疏水组成。在核电厂起动和低负荷运行时，汽水分离再热器的全部疏水可排入全凝汽器。

每个汽水分离再热器长约24.3m、高7.85m、直径5.35m，净重约有342t。其壳体、封头和管板等部件由碳钢制造。其他都由奥氏体不锈钢或内衬不锈钢的碳钢制造。该设备与安全无关，属于非安全级。

七、厂用电系统

（一）核电厂厂用电特殊要求

核电厂电气系统一般包括发电机回路、电力输送系统和厂用电系统。其中发电机回路和电力输送系统与大型火电厂相应的系统基本相同。厂用电系统则有其特殊要求：为确保核电站的安全，它应具有高度的可靠性；对核安全至关重要的设备要多重配置；需要设置应急电源。根据执行安全功能的不同，要对厂用电设备进行安全分级。具有核安全功能的为安全级（1E级），其他为非核安全级。对于1E级设备在设计、制造、鉴定试验和抗震要求等方面都有严格要求。

（二）厂用电源

厂用电源一般应满足如下要求：

（1）每个核电厂应具有两条独立的、与高压电网相连接的厂外电源。

（2）每个核电机组应具有两条独立的、由两台柴油发电机组成的应急厂内电源。

根据上述要求，核电厂一般有以下几种厂用电源：

（1）厂外主电源：在主变压器的低压侧，连接有两台降压变压器作厂用主电源。其中一台为双分裂变压器，变压比为26kV/6.9kV＋6.9kV、容量为68MVA/34MVA＋34MVA；另一台为双卷变压器，变压比为26kV/6.9kV、容量为25MVA。在主发电机正常运行时，这两台降压变压器由主发电机供电；当发电机停机时则由与主变压器相连接的超高压电网经主变压器降压后供电。

（2）厂外辅助电源：由两台辅助变压器组成，他们与超高压电网相连接。当厂用负荷失去主电源供电、且汽轮发电机组带厂用负荷不成功时，对仍需继续工作的厂用负荷切换至辅助电源供电。核电站由厂用主电源正常供电期间，如果辅助电源发生故障，并在规定时间以内不能恢复，则即使在应急柴油发电机全部可用的情况下、也应考虑全厂停机和停堆，以确保核电站的安全。厂外辅助电源为两堆共用。

（3）应急电源：由两台柴油发电机组成。当厂外主电源和辅助电源都丧失时，应急电源应对能保证核电厂处于安全状态的厂用设备供电。

（4）蓄电池组：在厂外主、辅电源丧失、应急柴油发电机又不能正常起动时，则由蓄电池组给全厂紧急停堆和控制的设备提供可靠电源。

（5）水压试验泵专用汽轮发电机供电系统：当厂内外电源都丧失时，为确保反应堆冷却剂泵1号轴封注水不会中断，防止冷却剂向外泄漏。专门设置了一台由蒸汽发生器供汽的汽轮发电机组，为水压试验泵提供380V的电源。

水压试验泵和汽轮发电机是两堆共用的。

（三）厂用负荷

厂用电系统主要为以下几种厂用负荷供电：

（1）正常发电厂用设备：这些设备是核电站正常生产电能所需要的。当核电机组发生事故停运后，它们也可停止运行。例如反应堆冷却剂泵、循环冷却水泵和主给水泵等。正常发电厂用设备是由厂外主电源供电。

（2）常备厂用设备：这些设备在核电机组停运期间或以后都需要工作，在正常运行期间有的也需要工作。例如设备冷却水系统和常规岛闭路冷却系统的循环泵，压缩空气生产和分配系统等。常备厂用设备需两个厂外电源。核电站正常运行时由厂外主电源供电。当主电源发生故障时，可切换主厂外辅助电源供电。

（3）应急厂用设备：这些设备能保证反应堆安全停堆，并使反应堆保持在安全停堆状态。在发生各类事故期间，这些设备能对公众与环境实行保护。这类设备主要有：高、低压安全注入泵、安全壳喷淋泵和辅助给水泵等。应急厂用设备在两个厂外电源均丧失时，需要由应急电源供电。

（四）应急柴油发电机

每个核电机组设置两台柴油发电机组，分别作为两条应急安全母线（A和B系列）的备用电源。一个双堆机组共有四台柴油发电机组，它们分别布置在完全独立的四个柴油机厂房内。四台柴油发电机组的结构完全相同，柴油发电机的组成是两台结构完全相同但转向相反的柴油发动机带动一台发电机。柴油发电机的转速为1500r/min，额定功率为5400kW。

当主发电机组起动和投入正常运行后，厂用设备由主电源供电，柴油发电机组处于备用状态，而柴油发电机的有关辅助系统都处于运行状态。一旦接到起动信号，柴油发电机可随时起动，并在10s以内达到额定转速和额定电压，按预定的程序向重要的设备供电。

第六节　核电厂的监测和控制

一、核电厂控制和监测的特点与组成

（一）核电厂控制和监测的特点

核电厂与非核能电厂的控制和监测主要区别在于以下几点。

（1）核燃料在燃耗过程中产生的裂变产物具有很强的放射性。为防止放射性物质逸散到周围环境中去危及电厂工作人员及厂外公众的健康，对此设置了多道屏障。为保证各道屏障的完整性必须精确监测并控制它们的工作参数不超越安全限值。如控制燃料芯体温度低于熔化温度；核燃料包壳温度低于快速腐蚀温度，反应堆冷却系统边界内的温度、压力严格控制在设计限值以内等。

（2）由于燃耗后的核燃料具有很强的放射性，在核反应堆终止链式反应，即停堆（包括事故停堆）后，在较长时间内仍释放出虽是随时间衰减的但仍相当大的辐射能，因此对反应堆的状态参数仍须精确监测并严格控制在安全限值内。

（3）核反应堆的输出功率正比于堆内链式反应的速率。其速率即功率的变化与反应性（ρ）成指数函数关系。$\rho=0$时，即保持在某一稳定功率上，如引入过大的ρ值，功率倍增时间可能短到几秒甚至几毫秒。因此必须严格控制反应性值的引入（如通过控制棒），并把反应堆设计成具有功率负反应性反馈的自稳定特性。

（4）核反应堆的链式反应速率与中子注量率成正比，通过测量中子注量率测量反应堆功率，从零功率起动到满功率，中子注量变化10个数量级左右，这增加了测量系统的复杂性。

由以上特点决定了核电厂的控制测量系统较常规电厂的要复杂得多，并要求更精确、更可靠。经几千个堆年的运行经验反馈，采用纵深防御和高可靠性系统的设计思想和智能化仪表，应用现代化计算机技术基础上的信息处理和控制系统，保证了核电厂具有很高的安全性、可操作性和可利用性。

（二）核电厂的控制和监测组成

(1) 核电厂的监测系统，用以监测反应堆中子注量率（反应堆功率）及其在堆芯内的分布；监测核动力装置及汽轮发电机组的热力参数、电气参数、厂区各系统、各部位的核辐射水平，以及事故后核电厂状态参数。这样为控制、保护系统提供信号；为运行人员进行人工干预时提供必需的、正确的信息。

(2) 核电厂的控制系统，用以维持核电厂在给定的工况和参数下运行。对当今世界核电厂主流堆型压水堆，其中主要有反应堆功率调节系统、稳压器压力和水位调节系统、蒸汽发生器水位调节系统、蒸汽旁路控制系统和蒸汽排放系统、化学与容积控制系统等，汽轮发电机组的控制系统与火电机组的相类似。

(3) 反应堆保护系统用来防止核电厂状态超过规定的安全限值，或防止事故的扩大和减轻事故的后果。为此要紧急停闭反应堆，或起动专设安全设施，从而保证电厂安全。

(4) 核电厂主控制室用以对反应堆、汽轮机、发电机、输电系统等的主要系统和对与运行安全重要的系统采用集中控制，使操纵人员能及时、正确地掌握核电厂运行状态的全貌，出现事故时能正确判断并及时处理，使核电厂恢复正常运行或使之处于安全状态。

由于压水堆型核电厂为当今世界上的主流核电厂，我国发展核电也以压水堆型为主，限于篇幅，以下描述以压水堆型核电厂为主。

二、核电厂监测（系统）

一个百万级千瓦的核电厂，其监测系统具有大约8000个开关量输入和2500个模拟量输入。本文仅介绍与核电厂运行安全重要，且不同于常规电厂的监测系统。

（一）中子注量率监测系统

反应堆的热功率正比于堆芯内中子注量率。由于它对反应堆功率变化的响应速度快（毫秒级），所以普遍用来监测堆的热功率。由于堆芯内环境条件十分严酷，一般中子探测器难以长期工作，通常把中子探测器置于反应堆压力容器外以测量由堆芯泄漏出来的中子，所以也称为堆外中子测量系统，其注量率水平较堆内的要低三个数量级。

反应堆长期停闭后再起动时，从中子源水平到满功率水平，中子注量率水平一般要增长8～10个数量级，用一组探测器难以满足要求。通常把整个量程分为源量程、中间量程和功率量程三段，用三组探测器加以测量。为避免出现盲区，相邻二组探测器的测量区要求有1～2个量级的重叠。源量程相应于堆从次临界停闭状态起动到临界状态；中间量程相应于堆从临界状态到额定功率；功率量程相应于功率从1%～150%额定功率。

由于源量程内中子注量率水平很低，且有较高的子辐射场，探测器通常采用硼沉积正比计数管，测量相当于10^0～10^6/(cm^2·s) 中子注量率，中间量程用带γ补偿的电离室，测量相当于10^4～10^6/(cm^2·s) 区段的中子注量率，功率量程采用不带γ补偿的电离室。由于须测量堆芯轴向功率不平衡，功率量程探测器使用长度与堆芯高度相当的长中子电离室，且按堆芯中点对称沿轴向分成上下2节或上下各3节的6节电离室。由于三个量程的测量信号都须输入到反应堆保护系统以正确、可靠地反应堆功率，并按对反应堆运行安全所起作用的重要程度。通常源量程和中间量程探测器及相应的测量装置设置2个对称分布的独立通道，功率量程探测器及测量装置设置4个独立的测量通道，并在输入到保护系统的信号和输入到指示或显示仪表及控制系统的信号传输间采取电气隔离措施，以保证各系统的独立性。

（二）堆芯测量

为正确掌握堆芯内功率分布状况，防止在反应堆功率虽在设计额定范围内，但由于堆芯功率分布不均或燃料组件内冷却水流道发生异常而出现局部功率或热力参数超过允许值，均须设置堆芯测量系统，以保障反应堆安全。

压水堆的堆芯测量由堆芯中子注量率测量系统和燃料组件冷却剂出口温度测量系统两部分组成。设计要求约1/3的燃料组件设置有中子注量率测量通道或设置热电偶测堆芯冷却剂出口温度，或两者都有。一座百万级的核反应堆一般设有50个左右的中子注量率测量通道和40只左右的热电偶。

电堆芯温度和中子注量率分布测量系统得到的数据通过分析计算即可确定堆芯功率分布，计算出冷却剂焓的分布和燃耗分布以及估计冷却剂流量分布，判断堆芯出现局部容积沸腾的危险及程度。

堆芯中子注量率测量方法主要有利用小型裂变室进行直接测量和利用气动球活化进行间接测量等两种。利用小型裂变室的直接测量法为更多的核电厂采用。

（三）控制棒位置指示

控制棒组件是对核反应堆进行反应性控制的重要手段，对反应堆的运行和安全起着关键性的作用。除要求可靠地按设计要求动作外，控制棒在堆芯的位置对反应堆的运行安全也有重要影响，所以控制棒在堆内的位置必须按设计要求，按不同工况和运行状态设置在规定的范围内。如位置不当就可能引起局部超功率，严重时可能导致不能保证安全停堆。因此控制棒在堆芯内的位置测量和指示是安全有关的系统，控制棒位置指示器必须以直观的形式，正确、可靠地提供给核电厂运行人员。

（四）事故后监测

它主要用来监测在失水事故过程中堆芯是否有裸露的危险或出现裸露、事故后堆内和安全壳内温度、压力和放射性水平等状态参数。这样可保证运行人员能正确掌握核电厂安全状态，采取正确的干预措施以使核电厂恢复到正常状态或缓解事故后放射性物质间环境的释放，防止或缓解放射性物质对厂内人员及厂外公众的危害。用于这一目的监测装置主要有反应堆冷却剂欠热度测量、反应堆压力容器水位测量、堆芯出口温度宽量程监测、安全壳内宽量程放射性监测、氢浓度监测等。由于它们对安全非常重要，其中的大多数都是属安全级的。

反应堆压力容器水位测量有两种实用方案。一种为差压变送器方案，其工作原理与常规的密闭容器差压变送器水位测量的原理相同。由于失水事故时堆内温度及水汽空间分布复杂，各部位压力随运行工况的不同也不同。为保持必要的测量精度，系统由几组不同引压部位和不同量程的变送器组成，并对堆芯及引压管内水的密度变化进行补偿。另一方案的热电偶对。每个探测器由一对热电偶组成，其中一只用电阻丝加热，另一只不加热。当探测器处于水箱中时，因液体导热良好，热电偶间的测量值温差很小；当处于汽（气）箱中时，由于汽体导热差而所测温差明显增大。沿堆内轴向适当位置设置若干个测点，即可判断堆内失水部位。

（五）辐射监测

辐射监测主要有两类：工艺辐射监测、辐射防护监测。

1. 工艺辐射监测

它用于监测包容放射性物质的各道屏障的完整性，控制核电厂排出流的放射性强度和排出量在允许限值内。安全屏障完整性监测主要燃料元件破损监测、蒸汽发生器传热管破损监测、设备冷却水辐射监测、安全壳对无水事故时的γ辐射监测等。通过这些监测系统可估算出各屏障破损的程度，超过允许值即报警，严重时即停闭反应堆。

排出流监测主要有蒸汽发生器排污水辐射监测、冷凝器、抽气器排气辐射监测、废水处理系统排放水辐射监测、安全壳空气辐射监测、核辅助厂房排气辐射监测，废气衰变箱排气辐射监测、烟囱排气辐射监测等。它用以测定排出流中放射性核素的比活度。当有系统测量值超过允许值时发出报警，并采取相应措施停止有关系统向环境的排放。

2. 辐射防护监测

（1）辐射剂量监测，它在有放射性辐照或有潜在放射性辐照的场所设置固定式仪表。当辐射强度超过规定值发出报警，警告工作人员存在辐照危险。另外设便携式仪表，用于在高剂量区域进行维修和操作时，监护操作人员免受过量辐照。

（2）控制区出入口监测，用于对出入控制区的人员进行管理，检查进入控制区的人员受照射和玷污情况，防止把超过允许值的放射性物质带出控制区。对工作人员的个人辐照剂量进行监督，利用计算机进行数据处理，建立工作人员的剂量档案。

（3）环境监测，它在厂区周围规定范围内设置一定数量的监测点，对空气、土壤，水体中的放射性进行取样监测。设置环境监测车定期定点巡检及设置固定测点进行连续检测。

（六）其他监测系统

1. 松脱零件监测系统

它用于监测反应堆运行时松脱零件的存在；并确定其位置，及时处理防止事故扩大。探测器采用压电转换器检测，由松脱零件与结构撞击时产生的声频表面波信号。探测设置在蒸汽发生器底封头和反应堆压力容器底封头，当检测信号超过规定值时发报警。

2. 振动监测系统

它用于监测反应堆压力容器和堆内构件在役振动响应。当堆内构件的压紧弹性部件或一些部件受堆内辐照等影响，性能降低或变形时，相应的振动响应特性即发生变化。通过数据处理分析可判断堆内结构是否出现事故征兆，防止事故的发生。探测器采用多个加速度仪，设置在堆内贯穿件的套筒上及反应堆压力容器螺栓上。

3. 地震监测系统

它用以在发生地震时提供信息给运行人员作出决策，确定核电厂是否能继续运行。

三、核电厂控制

（一）反应堆控制系统作用

压水堆核电厂的动态特性主要决定于以下5个部分。

（1）反应堆中子动力学，反应堆内中子注量率与反应性的函数关系。

（2）反应堆热工水力动态特性，描述堆芯各部分的热力参数及其反应性反馈。综合反应性反馈系数必须设计成在整个运行功率范围内和反应堆运行周期内为负值，使反应堆具有自稳定特性。

（3）一回路系统的动态特性。

（4）蒸汽发生器的动态特性。

（5）汽轮发电机组的动态特性。

反应堆控制系统的作用为核电厂在设计负荷扰动情况下的瞬态过程中热力参数的波动不会导致事故停堆。一般设计时，在1%～100%功率范围内负荷阶跃变化±10%，或负荷变化率为额定负荷的±5%/min以内时，不引起事故停堆、停机、蒸汽排放或稳压器卸压阀动作。

（二）核电厂的控制方式

核电厂有带基本负荷、参与电网日负荷跟踪和参与电网调频3种控制方式。由于核电厂发电成本中，火电厂核燃料成本所占比例较低，所以带基本负荷运行可获较低的发电成本。在电网中如核电比例低时，采用这种方式较好。但核反应堆具有较好负荷跟踪能力，当核电在电网中的比例较高时可采用参与电网日负荷跟踪的控制方式。参与电网调频控制方式要求负荷频繁变化。为避免控制棒频繁动作而易于损坏，可利用反应堆的负温度系数而具有的自调特性，在功率控制系统中反应堆进出口平均温度调节中采用较大的死区，避免控制棒频繁动作。

（三）功率控制的调节特性

压水堆核电厂在功率运行过程中，反应堆及一回路系统的压力设定值是固定不变的。反应堆的冷却剂流量不加调节，一回路平均水温则可设计成多种调节特性。

（1）平调特性。负荷变化时，保持一回路平均水温不变。这种调节特性随负荷的变化仅需补偿燃料元件多普勒效应引起的、较小的反应性变化。控制棒参与的调节量最小，但蒸汽的温度和压力随负荷增大而下降较大，平均每增加1%负荷，蒸汽温度下降0.35～0.45℃，对汽机工作不利。

（2）过调特性。当负荷变化时，蒸汽参数保持不变，使汽轮机在整个功率运行范围内有较高的热效率。平均每增加1%负荷，一回路平均温度要求上升0.3～0.4℃，为此需有较大的反应性补偿，而需控制棒参与的调节量大，对反应堆工作不利。

（3）中间调节特性。为兼顾反应堆的控制和汽轮机工作，一般核电厂采用介于上述两者之间的一回路平均温度与负荷的函数关系曲线。

（四）核电厂的控制系统

1. 反应堆功率调节系统

反应堆功率调节系统通过移动控制棒来调节堆功率，有手动和自动两种控制模式。操纵员通过选择开关作切换，自动控制模式覆盖整个功率范围（0～100%FP），主要任务有几点。

（1）保持一、二回路间的热平衡；并根据所选定的调节特性要求，调整一回路的平均温度。

（2）抑制正常运行时的反应性扰动或其他原因引起的瞬态过程。

（3）通过化学与容积控制系统在硼浓度控制的辅助下，调节堆芯功率的轴向分布。

反应堆功率调节系统由两条通道组成，即主通道和辅助通道，主通道为堆平均温度调节通道，设定值根据选定的调节特性确定。为要求输出功率的函数由汽机冲动级压力信号（正比于反应堆功率输出）经程序转换而得，设定值与每个环路冷却剂平均温度的高选值之差为其输出偏差信号。辅助通道为功率失配通道，它给出汽机负荷与核功率的偏差信号，汽机负荷由汽机冲动级压力信号导出，本通道提供了对负荷扰动的快速响应，抑制负荷扰动。温度和功率失配通道偏差信号之和输给棒运动方向单元和棒速比例控制器决定控制棒的运动方向和速度，调节反应比，使按调节特性要求，保持一、二回路间热平衡。

控制棒按功能分组，如停堆棒、补偿棒、调节棒等。正常运行时各种控制棒在堆芯内都有规定的位置范围。为防止控制棒处于不正常位置，防止在运行不正常时控制棒的动作导致加重异常状态，控制棒驱动回路还设有联锁线路，闭锁控制棒的动作或报警。

在反应堆轴向功率分布不均匀超出规定目标带时，可通过化容控制系统自动或手动调节堆内硼浓度，用以调整控制棒位置使轴向功率不均匀度回到规定范围以内。

2. 稳压器压力和水位控制系统

压力控制系统的设定值一般是固定不变的，控制器通过操作稳压器、电加热器或喷雾阀，在正常运行的扰动情况下或变动工况下维持一回路冷却剂压力在规定范围内而不引起安全阀动作或事故停堆。浸入式电加热器安装在稳压器底部，由比例加热器和通断加热器两部分组成。正常运行时，比例加热器用以控制由于一回路参数扰动以及热损失引起的水量压力变化。当压力过低时投入通断式加热器，使在稳压器内产生更多蒸汽而使压力迅速恢复。喷雾器设在稳压器顶部，当压力过高时，通过控制喷雾调节阀，加大主泵出口冷段高压水的喷雾流量，使蒸汽冷凝，使压力下降。在负荷陡降的瞬态过程中，压力增幅过大超出喷雾调节阀调节能力时，设置的两个动力卸压阀依次打开，将稳压箱内蒸汽排入卸压箱，使压力迅速下降。在发生甩负荷事故而蒸汽排放系统没有动作时，即使动力卸压阀已打开，压力仍可能增高，则稳压器安全阀自动打开，以保证一回路压力不超过安全限值，从而保障第二道屏障的完整性。

稳压器水位控制系统。反应堆冷却剂系统中的水装量由化学和容积控制系统通过稳压器水位控制系统对上充流量和下泄流量的调节来保持。稳压器水位设定值为反应堆冷却剂平均温度的函数（即程序水位信号），以便尽量减少上充流量的变化，即减少调节阀动作频度。控制器由两个串联的调节器组成，测量水位信号和程序水位信号比较，得到的误差信号输入第一级比例积分（PI）调节器，调节器输出和化容系统下泄流量测量信号相加产生要求的上充流量。此信号与上充流量测量值信号比较形成第二个误差信号，此信号输入第二级 PI 调节器，其输出为上充流量调节阀的调节信号，用以控制上充流量调节阀的开度。

在起动和停堆工况时，稳压器水位实行手动控制。

3. 蒸汽发生器水位控制

系统的功能为调节进入蒸汽发生器的给水流量，使在正常运行时蒸汽发生器的水位保持在规定范围内，并在瞬态工况下补偿由于温度变化引起的二次侧水体积的收缩或膨胀，以及蒸汽出力变化导致的水位变化，防止发生水位过低或过高而引发事故停堆和汽轮机事故停机。系统由给水泵速度调节和蒸汽发生给水调节两部分组成。

给水泵速度调节用于调节给水泵的转速，使蒸汽母管和给水泵出口母管间的压差保持为规定的程序设定压差。程序设定压差值为总蒸汽流量的函数，设给水泵调速的优点是当核电厂在低功率运行时降低给水泵的功耗，并降低对给水调节阀设计的要求，延长调节阀寿命。

蒸汽发生器水位控制系统能从 0～100%满负荷全程自动调节。系统由一个三冲量（蒸汽发生器水位、蒸汽流量和给水流量）调节器和一个单冲量（蒸汽发生器水位）调节器组成，分别控制主给水调节阀和旁路给水调节阀。当负荷在 0～20%范围内，给水由旁路阀调节，负荷在 20%～100%范围内由主阀调节。蒸汽发生器水位定值是负荷的函数为程序定值，负荷在 0～20%之间时，程序水位定值随负荷线性增加，负荷大于 20%时定值为常数。蒸汽发生器的负荷基于汽轮机吸收的蒸汽流量和旁通排放到冷凝器蒸汽流量之和，分别用汽轮机冲动级压力和蒸汽旁路阀开度来确定。为提高系统的稳定性，蒸汽发生器水位误差信号的增益，随给水温度的升高而加大。

依据负荷，主或旁路调节阀自动投入运行，当主阀运行时，旁路调节阀保持全开。

在主控室控制盘上可进行主和旁路调节阀的手动控制。

4. 蒸汽旁路控制系统

用以有控制地将蒸汽不经汽轮机而直接排至冷凝器，主要功能为：

（1）允许核电厂接受突然降负荷（直至 100%外部电负荷），而不引起反应堆停堆，也不引起蒸汽发生器卸压阀或安全阀动作。

（2）允许反应堆接受大于 10%额定功率的阶跃负荷变化和大于每分钟 5%额定功率的线性负荷变化。

（3）在停堆期间防止反应堆冷却剂过分加热和蒸汽发生器卸压阀及安全阀打开，以及允许通过手动控制将核电厂由热停堆冷却到余热排出系统可以投入运行。

旁路控制系统设有比例调节阀和快开阀各若干组，其蒸汽排放容量视核电厂甩负荷适应能力而定。一般为 40%～85%额定蒸汽流量时，采用温度控制和压力控制两种模式，在负荷快变化时用温度控制模式。当发生超过 10%额定功率甩负荷或每分钟 5%额定功率线性变化时，根据环路平均温度最高值与设定温度的差值。通过阀值触发电路依次打开比例调节和快开阀，随着反应堆功率降低，冷却剂平均温度不断下降，蒸汽排放阀便依次逐渐关闭。为避免小负荷扰动时蒸汽排放阀动作，除设置相应的误差信号动作死区外，还设置负荷降低（大于 10%/min 和 5%/min）阀值联锁信号。在低负荷时采用压力控制模式，也可由主控室进行手动控制。

5. 蒸汽大气排放控制系统

系统由若干个安全阀和泄压阀组成。其主要功能为在冷凝器旁通蒸汽排放不能利用时，在零负荷时控制蒸汽发生器压力和保持反应堆冷却剂平均温度接近热停堆值，使反应堆冷却剂系统冷却到余热排出系统可以投入运行的工作点，并保障蒸汽发生器压力不超出安全限值。

每个泄压阀都可以由主控室及应急停堆盘进行手动操作，而控制器设定值可由主控室调节，其值须低于安全阀最低设定值。每个蒸汽管道的蒸汽压力都和泄压阀控制器的设定值进行比较，误差信号用于 PI 调节器，其输出即为泄压阀调节信号，控制泄压阀开度，维持蒸汽压力在规定范围内。

四、反应堆保护系统

（一）功能

反应堆保护系统包括反应堆停堆系统、专设安全设施驱动系统以及辅助核电厂安全运行系统。未能停堆的预期瞬态缓解系统属后备保护系统性质，但由于不要求按保护系统的安全准则作设计及设备鉴定，故设计中不作为与安全有关（保护）系统的组成部分来考虑。

反应堆保护系统具有下列功能：

（1）当核电厂运行状态达到安全限值时，自动动作驱动停堆系统紧急停反应堆。

（2）检测事故工况，按规定条件驱动安全系统，以缓解事故后果。

（3）在各种工况下，提供闭锁或允许信号，以抑制控制系统的不安全动作和闭锁不必要停堆动作，以提高核电厂运行安全和可利用性。

（二）设计准则

为保证反应堆保护系统在需要它动作时能可靠动作，以保障核电厂安全，同时也防止系统误动作，提高可利用性。保护系统的设计必须遵循下列准则：

（1）单一故障准则。保护系统内的单一故障或单个事件引起的多个故障不应导致系统保护功能的丧失。

（2）故障安全准则。保护系统电路必须设计成在失去能源时，系统产生安全动作。电路内部的任一故障也应尽可能设计成产生安全动作。

（3）独立性准则。保护通道从传感器直至保护系统驱动器输入与冗余通道间应通过实体分隔和电气隔离保持各自的独立性，以防止一个通道的故障影响另一通道的工作。

（4）采用符合逻辑（冗余性）性，即必须至少有两个或两个以上的冗余信号相符合才能产生安全驱动器动作，以增加系统的可靠性。常用的符合逻辑有三取二或四取二，但发展趋向为四取二，因为它有较好的可靠性和可维修性。

（5）多样性准则，包括系统设备及软件的多样性和保护参数的多样性，用防止共模故障提高系统可靠性。

（6）保护动作的完成，一经保护触发，全部保护动作必须完成。

（7）可测试性，在反应堆运行期间，能对系统除传感器以外的保护通道包括驱动器进行定期试验，而不引起保护动作。

（8）保护系统的手动驱动与所有自动信号相并行，设置一个能实现同样保护功能的手动信号，与自动信号的公共部分限于驱动区上游的通道内最后一个部件。

（三）反应堆停堆系统

反应堆停堆系统由逻辑系统及停堆执行系统（停堆驱动）两部分组成。停堆执行部分包括停堆继电器、停堆断路器和控制棒驱动机构。逻辑系统接受来自过程仪表通道和核仪表通道的逻辑输入进行符合逻辑处理，每个保护变量用2、3或4个探测器测量，将测量值或相关变量与安全分析确定的整定值比较，超过整定时即给出保护信号。经逻辑组合处理满足三取二或四取二符合逻辑时即输出停堆信号至驱动系统，使停堆断路器打开，而使全部控制棒驱动机构断电。控制棒靠重力自动快速落入堆芯，引入大的负反应性，使反应堆迅速达到次临界状态，防止反应堆状态超出安全限值，或缓解事故后果。

对压水堆核电厂一般设置20个左右的状态保护参量，参见图3-6-1。

（四）专设安全设施驱动系统

该系统接受反应堆保护系统发出的不同信号，驱动相应的能对事故类型进行防护的安全系统，用以限制稀有事故后果，缓解极限事故后果。系统能自动执行以下功能：

（1）使反应堆停堆（如尚未由其他状态保护参量引发停堆）。

（2）驱动安全注入系统。

（3）驱动辅助给水泵。

（4）第一阶段安全壳隔离，关闭已选定的各安全壳隔离阀。

（5）蒸汽管道隔离，防止一个以上蒸汽发生器连续失控排放，从而造成反应堆冷却剂温度失控下降。

（6）主给水管道隔离。

（7）起动应急柴油发电机。

（8）起动安全壳喷淋系统，并开始第二阶段安全壳隔离，关闭全部由安全壳引出的管道。

（五）ATWS缓解系统（多样化保护系统）

1. 功能

本系统在被监测变量超过整定值时驱动反应堆停堆，起动蒸汽发生器辅助给水系统和汽轮机停机，以缓解由于反应堆保护系统因共模故障而导致设有快速停堆的预计瞬态后果。

2. 设计基准

（1）独立性和实体分隔，本系统所用设备不同于反应堆保护系统所用，并与后者实行实体分隔。

（2）多样性，使用不同于反应堆保护系统的逻辑电路装置和信号形式。

（3）可测试性，高可靠。

五、核电厂的主控制室系统（综合体）

（一）主控制室系统的功能

主控制室系统具有下列功能：

（1）进行核蒸汽供应系统的预热、起动、提升功率，汽轮发电机组的起动、并网、带功率运行，以及反应堆正常停闭并保持在安全停堆状态等一系列正常运行操作。

（2）监督核电厂各工艺系统的运行工况和运行参数，对运行安全重要的数据按要求进行记录和储存。

（3）在出现异常或事故工况时，按规定的程序进行人工干预，使核电厂恢复正常工况，或进行事故处理，以使核电厂返回并保持在安全状态，或缓解事故后果。

（二）设计准则

早期建成的核电厂，由于主控制室系统的不完善，要求操纵员具有很高的知识和操作技能，从而易于导致人为错误。美国三哩岛核电厂就是由于事故处理时的人为错误而导致严重事故的。根据运行经验的反馈及计算机和通信技术的发展，主控制室系统的设计应遵循以下准则：

（1）应对控制室进行功能分析，用以恰当地确定控制室所必需的信息设施和控制设施。

（2）应符合人因工程的原则，恰当地分配人工处理与系统自动化的任务。信息处理和人机接口应组织成在减少必须由操纵员人工处理的数据量（尽可能减少激励过负荷）的同时又能使操纵员迅速理解和易于获取恰当的电厂信息。

（3）报警处理应体现出：通过减少已产生报警信号的数量，尽可能减少多余报警信号的产生，而又允许操纵员迅速地估计一个报警对电厂安全或运行的影响，以增进报警的有

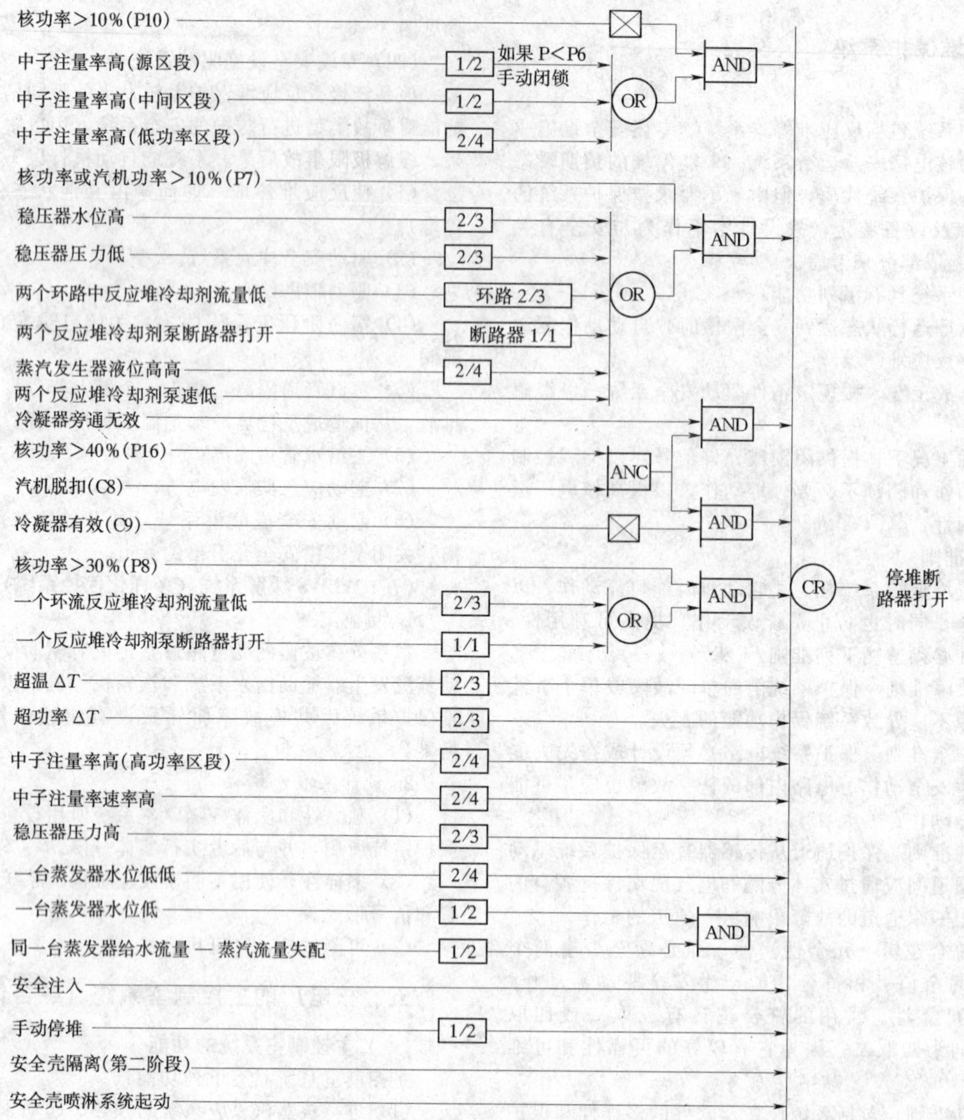

图3-6-1　压水堆核电厂状态保护参量

效性。

(4) 控制室系统的设计应使其具有可维修性，可使用性和适应性能，支持电厂整个寿期内的运行需要。

(5) 应维持控制功能和监测功能分离的原则，以避免数据通信的瓶颈，维持简单的控制系统设计，并减少潜在的操作错误。

(6) 正常情况和事故情况下可能都要使用的显示设施应提供协调的和对操纵员友好的界面。

(7) 采用分布式结构以尽可能降低设备失效的后果。

(8) 使用经验证过的、满足核电厂使用质量要求的商用产品。避免使用未经验证的技术，或使用特制的仅此一种的硬件物项，这些不利于许可证申请、培训、操作和维护。

(9) 应具有高的可利用性。

(10) 应具有较常规电厂更高的防火能力和防破坏能力，能在严重事故情况下维持人员的可居留性（72h）。

(三) 主控室系统组成

现代核电厂的控制室系统除主控制室外还必须设置一个辅助控制点，它独立于主控制室、相互间采取实体分隔（距主控制一定距离），并对具有相同功能的控制、监测系统采取电气隔离。当主控制室须撤离时，能维持反应堆处于安全停堆状态，监测核电厂主要变量，并在就地操作配合下，使反应堆达到冷停堆状态。此外还设置技术支援中心，配备必要的信息显示系统，以便在发生严重事故时召集专家对操作员进行技术咨询和指导。设计中广泛使用远地多路转换设施、数字计算机、图像显示设备和光纤数据通信设施。

(四) 主控室的布置

图3-6-2示出了新型控制室的概貌，主控制室通过设置固定位置和可选的人机接口的结合对核电厂进行监视和控制。主控制台由一个操纵员对核电厂从热备用到满功率的各种运行方式进行操作。辅助控制台和安全控制台对核电厂在正常运行工况和事故工况下进行支援操作和支持不常用运行模式的操作。所有的盘面都备有报警模块、彩色CRT、分立式指示器、过程控制器和控制开关作为一次性人机接口。主控制室配置设计成不论正常运行工况还是事故工况可容纳1～6个操作人员。在控制室内，操纵员和值班长所有工作位置都能见到，设置的大屏幕显示装置，显示全厂综合工艺过程状态模拟图，为工作人员提供快速估计全厂状态的手段，从而解除了操纵员原须经巡视许多分散在很多控制盘上显示和指示的参数才能获得的信息的繁重负担。由于采用智

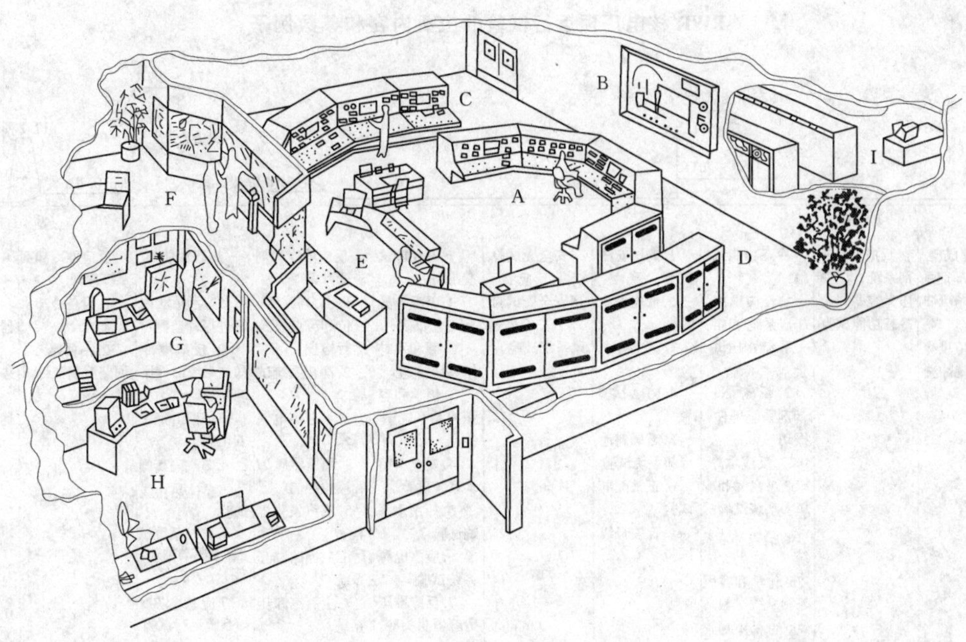

图3-6-2 控制室布置图

A—主控制台；B—综合工艺流程状态图；C—辅助系统盘；D—安全系统盘；E—控制室值长区；F—技术支援中心；G—值长办公室；H—助理操纵员工作站；I—计算机房

能化的过程显示分立式指示器和报警的预处理，以及采用远地信号多路转换器、光纤通信技术，使控制室内配置较早期核电厂的分立式指示器数量约减少80%，报警牌的数量减少60%左右，控制仪表的电缆敷设量约减少70%，从而很大程度上提高了控制室的工作性能和提高了核电厂的安全性和经济性。

第七节 核电厂调试、运行和退役

一、核电厂调试

PWR核电厂商业运行前的调试试验可分为三个阶段：

(1) 安装试验。

(2) 预运行试验。

(3) 起动试验。

(一) 安装试验

安装试验是为预运行试验用的单系统和设备做好准备。证明设备已经正确地安装，作为整个系统的一部分能完成其预定的功能。

安装试验包括各种检查、鉴定、清洗、冲洗、水压试验、测试、整体试验、初始运行和调整等。

(二) 预运行试验

预运行试验主要是部件和系统的功能试验。预运行试验可与安装试验交错进行，有时也可与起动试验交错。绝大多数系统的功能试验必须在反应堆装料之前完成。预运行试验可分为两个阶段：

(1) 冷态性能试验。

(2) 热态性能试验。

预运行试验是核电厂运行人员培训和熟习核电厂的极好机会，可有效地完成运行和管理规程的评价和改进。

PWR核电厂预运行试验的主要内容和参数举例，见表3-7-1。

(三) 起动试验

起动试验是从反应堆装料开始到满功率试验验收。起动试验包括反应堆安全装料；与电厂瞬态响应验证及反应堆堆芯性能鉴定一起的初始起动；电厂在功率下的整体运行验证；汽轮发电机组、给水和蒸汽系统控制系统的调整等。

起动试验可分为4个阶段：

(1) 装料和次临界试验。

(2) 初始临界试验。

(3) 低功率试验。

(4) 功率试验。

1. 装料和次临界试验主要项目

(1) 冷却剂系统泄漏检查试验。

(2) 主冷却系统流量测定。

(3) 主冷却剂泵惰转中流量下降试验。

(4) 控制棒驱动机构试验。

(5) 控制棒落棒时间测量。

(6) 控制棒位置指示系统试验。

(7) 安全保护系统动作试验。

(8) 电阻温度计旁路流量测定试验。

(9) 堆芯核测量仪表试验。

2. 初始临界试验主要项目

(1) 提升控制棒组件。

(2) 稀释冷却剂硼浓度，逐渐向临界接近。

(3) 次临界下控制棒首次刻度。

(4) 提棒向超临界过渡。

3. 低功率试验主要项目

(1) 控制棒价值和硼价值测定（热态零功率）。

(2) 模拟弹棒事故试验（热态零功率）。

(3) 最小停堆深度验证（热态零功率）。

(4) 慢化剂温度系数测定（热态零功率）。

(5) 功率分布测定（低功率）。

(6) 放射性水平测定。

(7) 压力系数测定。

表 3-7-1　　PWR 核电厂预运行试验的主要内容和参数例子

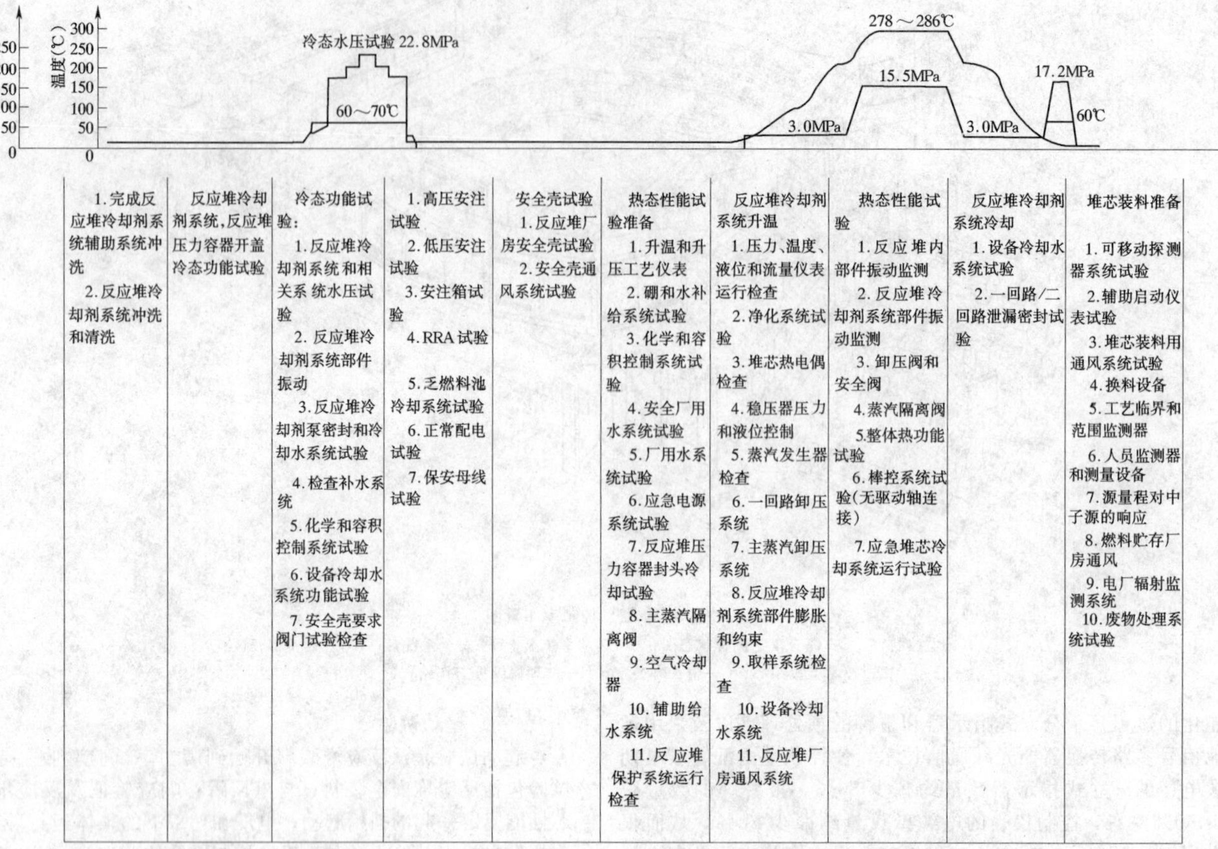

1.完成反应堆冷却剂系统辅助系统冲洗 2.反应堆冷却剂系统冲洗和清洗	反应堆冷却剂系统,反应堆压力容器开盖冷态功能试验	冷态功能试验: 1.反应堆冷却剂系统和相关系统水压试验 2.反应堆冷却剂系统部件振动 3.反应堆冷却剂泵密封和冷却水系统试验 4.检查补水系统 5.化学和容积控制系统试验 6.设备冷却水系统功能试验 7.安全壳要求阀门试验检查	1.高压安注试验 2.低压安注试验 3.安注箱试验 4.RRA 试验 5.乏燃料池冷却系统试验 6.正常配电试验 7.保安母线试验	安全壳试验 1.反应堆厂房安全壳试验 2.安全壳通风系统试验	热态性能试验准备 1.升温和升压工艺仪表 2.硼和水补给系统试验 3.化学和容积控制系统试验 4.安全厂用水系统试验 5.厂用水系统试验 6.应急电源系统试验 7.反应堆压力容器封头冷却试验 8.主蒸汽隔离阀 9.空气冷却器 10.辅助给水系统 11.反应堆保护系统运行检查	反应堆冷却剂系统升温 1.压力,温度、液位和流量仪表运行检查 2.净化系统试验 3.堆芯热电偶检查 4.稳压器压力和液位控制 5.蒸汽发生器检查 6.一回路卸压系统 7.主蒸汽卸压系统 8.反应堆冷却剂系统部件膨胀和约束 9.取样系统检查 10.设备冷却水系统 11.反应堆厂房通风系统	热态性能试验 1.反应堆内部件振动监测 2.反应堆冷却剂系统部件振动监测 3.卸压阀和安全阀 4.蒸汽隔离阀 5.整体热功能试验 6.棒控系统试验(无驱动轴连接) 7.应急堆芯冷却系统运行试验	反应堆冷却剂系统冷却 1.设备冷却水系统试验 2.一回路/二回路泄漏密封试验	堆芯装料准备 1.可移动探测器系统试验 2.辅助启动仪表试验 3.堆芯装料用通风系统试验 4.换料设备 5.工艺临界和范围监测器 6.人员监测器和测量设备 7.源量程对中子源的响应 8.燃料贮存厂房通风 9.电厂辐射监测系统 10.废物处理系统试验

4. 功率试验主要项目

功率试验主要项目见表 3-7-2。

表 3-7-2　　功率试验主要项目

序号	项　　目	试验功率水平（%，额定）			
		25	50	75	100
1	自然循环试验				
2	发电机首次同步				
3	汽轮机控制系统首次试验	V	V		
4	热功率测量和功率刻度	V	V	V	V
5	功率系数测定	V	V	V	V
6	功率分布测定	V	V	V	V
7	慢化剂温度系数测定	V	V	V	V
8	取样系统试验	V	V	V	V
9	放射性水平测定			V	V
10	废液、废气监测	V	V	V	V
11	蒸汽和给水流量仪表刻度	V	V	V	V
12	蒸汽发生器水位自动控制试验	V			
13	核测量仪表调整试验				
14	堆内、堆外核测量仪表刻度				
15	控制棒组件落棒试验		V		
16	蒸汽发生器蒸汽水分夹带试验			V	V
17	中毒曲线测量				
18	碘坑测量	V	V	V	V
19	负荷摆动试验	V		V	V
20	甩负荷试验			V	V

PWR 核电厂起动试验的程序例子见图 3-7-1 和图3-7-2。

PWR 核电厂调试起动进程例子见表 3-7-3。

表 3-7-3　　PWR 核电厂调试起动进程

试验阶段	试验项目	时　间　（月） 1 2 3 4 5 6 7 8 9 10 11 12 13 14
安装试验	系统清洗 水压试验 系统调试	
预运行试验	冷态性能试验 热态性能试验 役前检查 安全壳耐压泄漏率	
启动试验	装料 临界前试验 初次临界试验 低功率试验 功率提升试验 电站验收试验	

二、核电厂运行

（一）核电厂运行的基本特性

核电厂一般都以基本负荷运行为主，但具有一定的日负荷跟随循环的能力。随着核电厂建设的增加，核电在电力系统中所占发电比例的增大，也要求核电厂具有负荷调峰的能力。

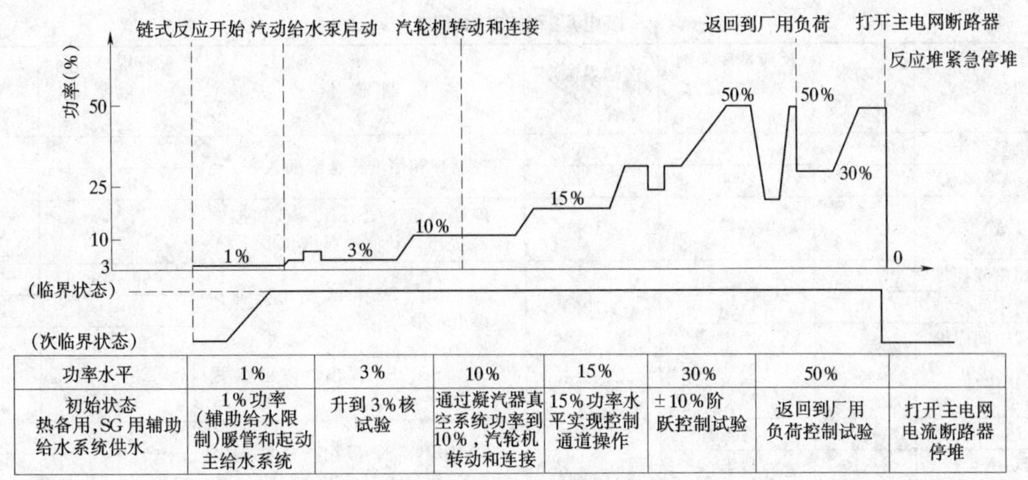

功率水平	1%	3%	10%	15%	30%	50%	
初始状态 热备用,SG用辅助给水系统供水	1%功率 (辅助给水限制)暖管和起动主给水系统	升到3%核试验	通过凝汽器真空系统功率到10%,汽轮机转动和连接	15%功率水平实现控制通道操作	±10%阶跃控制试验	返回到厂用负荷控制试验	打开主电网电流断路器停堆

图 3-7-1 PWR 核电厂临界和低功率试验程序

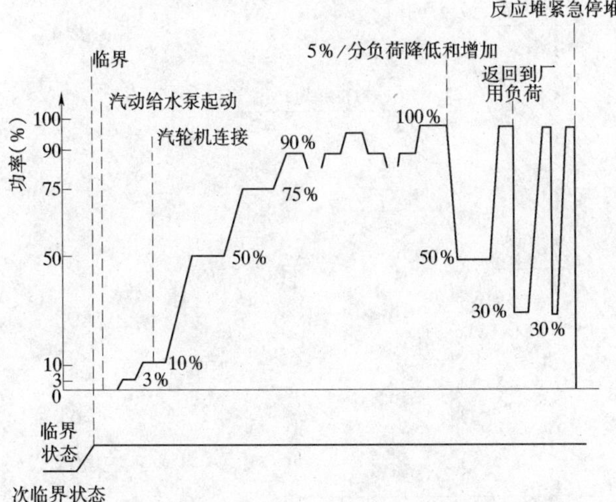

图 3-7-2 PWR 核电厂功率提升试验程序

核电厂的运行具有以下基本特性:

(1) 在整个堆芯燃料循环周期内,负荷在10%~100%的范围能自动稳定在任何负荷下连续稳定运行。在0~10%的范围内,采用手动调节,10%~100%之间自动调节。

(2) 核岛控制系统,可保证在15%~100%负荷范围内,自动跟随±10%的阶跃变化和每分钟5%的速率变化,而不致引起反应堆紧急停堆和稳压器的安全阀开启。

(3) 在燃料循环周期的80%期间,自动跟随设计的基本日负荷跟随循环。

(4) 至少在燃料循环周期的85%期间,在基本日负荷循环的任何时间内,能够以每分钟5%的速率从较低负荷回到70%的额定负荷。

(5) 二回路系统接受一定的额定蒸汽的旁通流量,维持蒸汽发生器相应的给水,从100%负荷甩到厂用电负荷或零负荷,不致引起反应堆紧急停堆,不引起稳压器的安全阀及主蒸汽管线的安全阀开起。

(二) 基本日负荷跟随循环

核电厂基本日负荷跟随循环能力与反应堆控制设计有关,普遍采用的基本日负荷跟随循环为“12—3—6—3”方式,即核电厂运行的24h内,至少在100%负荷运行12h,然后以3h从100%降到50%负荷,在50%负荷运行6h,然后再以3h返回到100%负荷(见图3-7-3)。

新的核电厂为了适应电网负荷调峰的要求,将具有更快

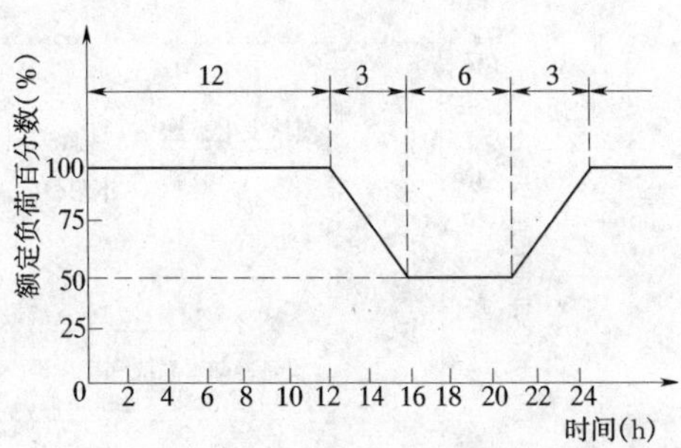

图 3-7-3 基本日负荷循环图(12—3—6—3方式)

速率的降和升负荷的能力,并可降到更低负荷。

(三) 反应堆冷却剂系统运行特性

反应堆冷却剂系统的运行特性($T—Q$图)是在反应堆设计时确定的,运行特性的选择是根据稳压器的性能、蒸汽发生器的性能和二回路系统的参数综合考虑。一般PWR核电厂反应堆冷却剂系统的运行特性,见图3-7-4。此特性是随着反应堆功率的增加,反应堆出口冷却剂温度上升,反应堆冷却剂平均温度上升,反应堆进口冷却剂温度基本不变,二回路蒸汽的饱和温度(或饱和压力)下降。

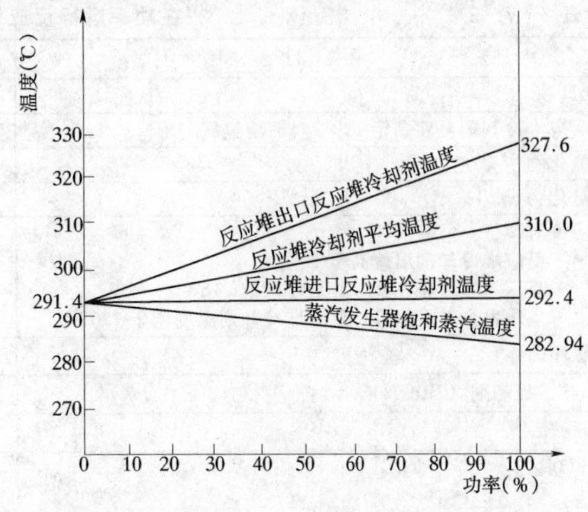

图 3-7-4 反应堆冷却剂系统运行特性($T—Q$图)

(四) 核电厂的运行状态

PWR核电厂的运行状态可分为9~10个,典型的各个初始状态的特性见表3-7-4。不同状态的运行范围见图3-7-5,图中引线部分为各状态的运行范围。

表 3-7-4 **核电厂标准初始状态**

序号	初始状态	核功率（%，Pn）	反应堆冷却剂硼浓度（$\times10^{-6}$）	次临界浓度（$\times10^{-5}$）	控制棒位置	反应堆冷却剂温度（℃）	反应堆冷却剂系统压力（MPa，绝对）
1	换料停堆	0	2100	⩾5000	控制棒和停堆棒全部插入	10～60	大气压
2	维修冷停堆	0	2100	⩾5000		10～70	大气压
3	冷停堆	0	适当	⩾1000	停堆棒组 SA、SB、SC 和控制棒 R 提出，其他棒提出 5 步	10～90	0.1～3.0
4	单相中间停堆	0	适当	⩾1000	SA、SB、SC 和 R 提出其他棒组提出 5 步	90～180	2.4～3.0
5	双槽中间停堆	0	适当			120～180	2.4～15.5
6	正常中间停堆	0	适当			180～292	2.4～15.5
7	热停堆	0	适当	1770～1000	SA、SB、SC 提出，R 和 G 提出 5 步	292	15.5
8	热备用	⩽2	适当	临 界	SA、SB、SC 提出，R 在调节带 N1、N2、G1、G2 在标定位置	289.4～294.4	15.5
9	低功率运行	2～10	适当			292～294.4	15.5
10	功率运行	10～100	适当			294.4～310	15.5

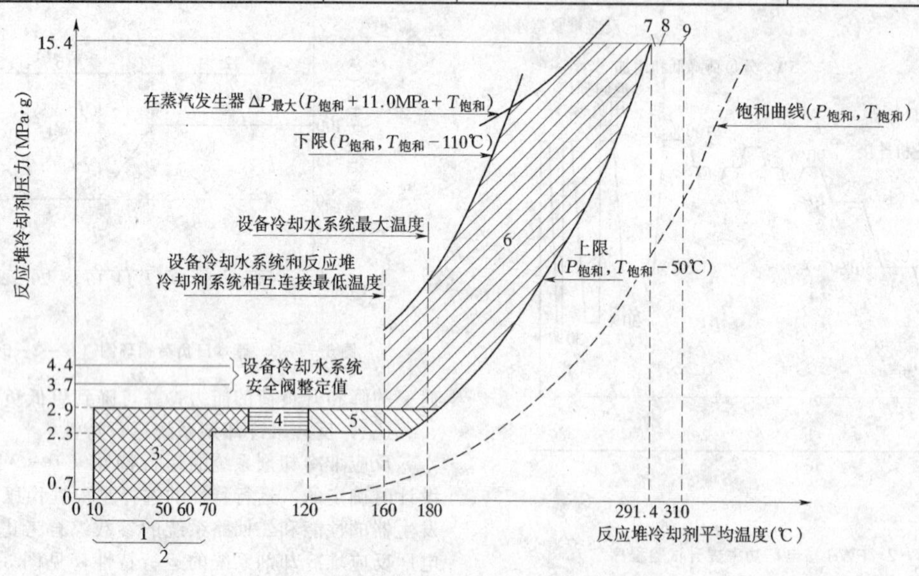

图 3-7-5 PWR 核电典型的不同状态的运行范围

1—换料冷停堆；2—维修冷停堆；3—正常冷停堆；4—单相中间停堆，设备冷却水系统状态；5—双相中间停堆，设备冷却水系统状态；6—正常中间停堆，设备冷却水系统隔离；7—热停堆；8—热备用；9—功率运行

表 3-7-5 **在功率运行反应堆冷却剂水化学主要规范**

项 目	数 值	备 注
pH 值	5.4～10.5	
反应堆冷却剂温度高于 120℃时的溶解氧	$<0.10\times10^{-6}$	
氯化物	$<0.15\times10^{-6}$	
氟化物	$<0.15\times10^{-6}$	
溶解氢： ·反应堆冷却剂温度高于 120℃ ·当压力容器需打开，计划停堆前 24h ·当压力容器需打开，反应堆冷却剂温度低于 120℃	 25～50mL（STP）/kg 水 >15mL（STP）/kg 水 <5mL（STP）/kg 水	取决于硼酸和氢氧化锂的浓度功率运行预计值，维持氢浓度 $<0.005\times10^{-6}$ 时
悬浮固体	$<1.0\times10^{-6}$	
pH 值控制剂（7LiOH）	$(0.6\sim2.2)\times10^{-6}$	推荐 25～30mL
硼酸	$(0\sim2300)\times10^{-6}$ 硼	
SiO_2 Ca Al Mg	$<0.20\times10^{-6}$ $<0.10\times10^{-6}$ $<0.10\times10^{-6}$ $<0.10\times10^{-6}$	

（五）核电厂运行的水化学

1. 反应堆冷却剂水化学规范

RWR 核电厂反应堆冷却剂，同时也是硼酸的溶剂。典型的水化学规范见表 3-7-5。

2. 二回路水化学规范

PWR 核电厂二回路给水和蒸汽发生器水的水化学处理

采用了氨或吗啉的全挥发处理（AVT）。典型的水化学规范见表 3-7-6。

表 3-7-6　　二回路水化学规范

项　目	数　值
在凝汽器出口溶解氧	
40%名义功率以上	$<0.012\times10^{-6}$
40%名义功率以下	$<0.020\times10^{-6}$
在凝汽器出口阳离子电导	
正常运行	$<0.2\mu S/cm$
异常，需进行纠正	$0.2\sim0.5\mu S/cm$
异常，要求停堆	$>0.5\mu S/cm$
在凝汽器出口钠	
预期	0.002×10^{-6}
控制	0.015×10^{-6}

运行中蒸汽发生器排污和给水的水化学规范见表 3-7-7，排污的钠—阳离子电导见图 3-7-6。

3. 其他水化学规范

PWR 核电厂典型的其他水化学规范见表 3-7-8。

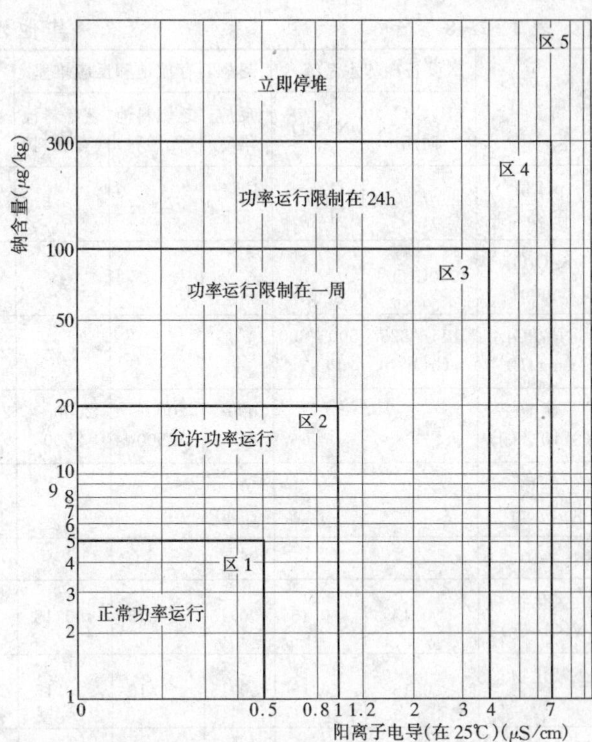

图 3-7-6　正常功率运行期间在 25℃ 排污钠—阳离子电导图

表 3-7-7　　排污和给水化学规范

名　称	水压试验湿保养	热态试验/热停堆(热备用)			从 热 备 用 起 动				正 常 功 率 运 行			
	排　污	给　水	排　污		给　水		排　污		给　水		排　污	
	控制值	控制值	控制值	期望值	控制值	期望值	控制值	期望值	控制值	期望值	控制值	期望值
pH 值(at25℃)(铜—吗啉)	10.0～10.5	9.1±0.2	8.8～9.7	8.8～9.3	8.8～10.0	8.8～10.0	8.8～10.0	8.8～10.0	9.1＋0.2	9.1＋0.2	8.9～9.3	8.9～9.3
pH 值(at25℃)(无铜—NH_3)	10.0～10.5	9.3＋0.4	9.1～9.6	9.1～9.6	8.8～10.0	8.8～10.0	8.8～10.0	8.8～10.0	9.3＋0.4	9.3＋0.4	8.9～9.6	8.9～9.6
pH 值(at25℃)(无铜—吗啉)	10.0～10.5	9.3－0.2	9.1～9.7	9.1～9.7	8.8～10.0	8.8～10.0	8.8～10.0	8.8～10.0	9.3－0.2	9.3－0.2	9.1～9.7	9.1～9.7
钠—阳离子电导												
阳离子电导($\mu S/cm$ at 25℃)		＜1	＜1	＜1			＜7	＜1			＜1.0	＜0.5
钠($\times10^{-6}$)		＜0.005	＜0.30	＜0.020			＜0.30	＜0.020			＜0.020	＜0.005
氯化物($\times10^{-6}$)	＜0.50			＜0.03				＜0.08				＜0.03
NH_3 或吗啉($\times10^{-6}$)	要求量	要求量			要求量	要求量			要求量			
肼($\times10^{-6}$)	75～200	3～5(O_2)			＞(O_2)＋0.005	＞(O_2)＋0.005			＞(O_2)＋0.005	＞(O_2)＋0.005		
溶解氧($\times10^{-6}$)	＜0.1	＜0.10		＜0.005	＜0.10	＜0.10		＜0.005	＜0.005	＜0.005		
二氧化硅($\times10^{-6}$)				＜1				＜5				＜0.005
铁($\times10^{-6}$)						＜0.10				＜0.010		＜1
铜($\times10^{-6}$)						＜0.05				＜0.005		
悬浮固体($\times10^{-6}$)		＜0.10		＜1							按要求维持各种参数	＜1
排污率			最大				最大					

表 3-7-8　　其他水化学规范

项　目	设备冷却水系统		乏燃料存放池和反应堆室			换料水箱	硼　酸　存　放　箱			余热排出系统	除盐水系统	
	K_2CrO_2 防腐	Na_3PO_4	反应堆室	乏燃料池（无燃料）	乏燃料池（有燃料）		7000×10^{-6} 硼酸箱	21000×10^{-6} 硼酸箱	安注箱		除氧和不除氧	冷却剂补水
pH 值（在 25℃）	8.0～9.0	11.5～12.5	4.7～5.5	4.7～5.5	4.7～5.5	4.7～5.5				4.7～10.5	6.0～8.0	6.0～8.0
K_2CrO_4（ppm）	1000CrO_4^{2-}①											
Na_3PO_4（mg/L）	175～225 CrO_4^{2-}②	500～600 PO_4^{3-}										
硼酸（$\times10^{-6}$硼）			2000～2500	2000～2500	2000～2500	2000～2500	7000～7700	21000～23600	2000～2500	2000～2500		
电导（μS/cm）										4～80	<1	<1
钠（$\times10^{-6}$）							<0.40			<0.15	<0.015	<0.015
氯化物（$\times10^{-6}$）	<0.15	<0.15	<0.15	<0.15	<0.15	<0.15	<0.30	<0.30	<0.15	<0.15	<0.10	<0.10
氟化物（$\times10^{-6}$）	<0.15	<0.15	<0.15	<0.15	<0.15	<0.15	<0.30	<0.30	<0.15	<0.15	<0.10	<0.10
钙（$\times10^{-6}$）			<0.10			<0.10	<0.30			<0.10		<0.020
氧（O_2）（$\times10^{-6}$）										<0.10	<0.10	<0.10
二氧化硅（$\times10^{-6}$）			<0.20			<0.20	<0.40			<0.20	<0.10	<0.10
铁												
铜												
悬浮固体（$\times10^{-6}$）	<1③ <5④	<1(8) <5(4)	<1.0			<1.0				<0.10	<0.10	<0.10
铝（$\times10^{-6}$）			<0.10			<0.10	<0.30			<0.10	过滤<25	<0.020
镁（$\times10^{-6}$）			<0.10			<0.10	<0.30			<0.10		<0.020
氢氧化钠（%重）												

①　注入 K_2CrO_4 后的第一周。
②　注入 K_2CrO_4 一周之后。
③　在正常运行期间。
④　在瞬态运行期间。

（六）核电厂的运行限值和条件

核电厂的运行限值和条件必须报国家核安全局批准。核电厂的运行规程必须与运行限值和条件一致，确保运行限值和条件的贯彻执行。

运行限值和条件根据性质可分为四类：

（1）安全限值。

（2）安全系统整定值。

（3）正常运行的限值和条件。

（4）监督要求。

基本的安全限值是：

（1）燃料温度。

（2）燃料包壳温度。

（3）反应堆冷却剂系统的压力。

需要安全系统整定值的典型参数、运行事件和保护系统装置的项目如下：

（1）中子通量密度及其分布。

（2）中子通量密度变化率。

（3）反应性保护装置。

（4）轴向功率分布因子。

（5）燃料包壳温度或燃料管道冷却剂温度。

（6）反应堆冷却剂温度。

（7）反应堆冷却剂升温速率。

（8）反应堆冷却剂系统压力。

（9）反应堆或稳压器水位。

（10）反应堆冷却剂流量。

（11）反应堆冷却剂流量变化速率。

（12）反应堆冷却剂泵跳闸。

（13）应急堆芯冷却系统注入。

(14) 蒸汽发生器水位。

(15) 主蒸汽管道隔离、汽轮机紧急停机和主给水隔离。

(16) 正常电源中断。

(17) 蒸汽管道放射性水平。

(18) 反应堆厂房的放射性水平和厂房内大气污染水平。

(19) 安全壳压力。

(20) 安全壳喷淋系统，安全壳冷却系统和安全壳隔离系统的动作。

(七) 核电厂的运行规程

PWR 核电厂的运行规程例子见表 3-7-9。

表 3-7-9 典型的 PWR 核电厂运行规程例子

类型	代号	内 容	大约数量（个）
正常运行	G	机组通用运行规程	9
	Gi	常规岛总体通用规程	8
	E	换料和维修规程	9
	F	与核安全有关系统规程	49
	S	与核安全无关的其他系统规程	265
	D	辅助规程	13
	PT	试验规程	449
设计基准事故	I	中等频率事故规程	51
	A	稀有事故和极限事故规程	8
超设计基准事故	H	特殊工况规程	6
	U	极端工况规程	2
公共规程	DEC	进入规程的通用规程	1
	SPI	使用 I、A 和 H 规程期间事故的连续监测	1
	SPU	使用 U 规程期间事故的最终监测	1
其他	CO	运行规程使用指南	1
	GC	电气贯穿件标记规程	1
	K	行政管理规程	2
合计			876

(八) 核电厂管理人员组织

一座 100 万 kW 级的双机组 PWR 核电厂的典型管理人员组织见图 3-7-7。

每个机组每个运行班组人员见表 3-7-10。

三、核电厂的维修、退役

(一) 核电厂的维修

核电厂的计划维修通常与核电厂的换料周期配合，一般每年一次。计划维修工作主要是进行在役检查。核电厂的在役检查可采取两种方式，即均匀分布方式和非均匀分布方式。两种方式每个换料周期的检查量分别见表 3-7-11 和表 3-7-12。

(二) 核电厂的退役

核电厂的退役可分为三个阶段。

1. 监护封存期

一次密封系统原封不动。所有放射性液体系统排干和密封。安全壳贯穿孔封死，安全壳保持封闭。全部设备进行监督，安全壳外的放射性监测装置保持工作状态。

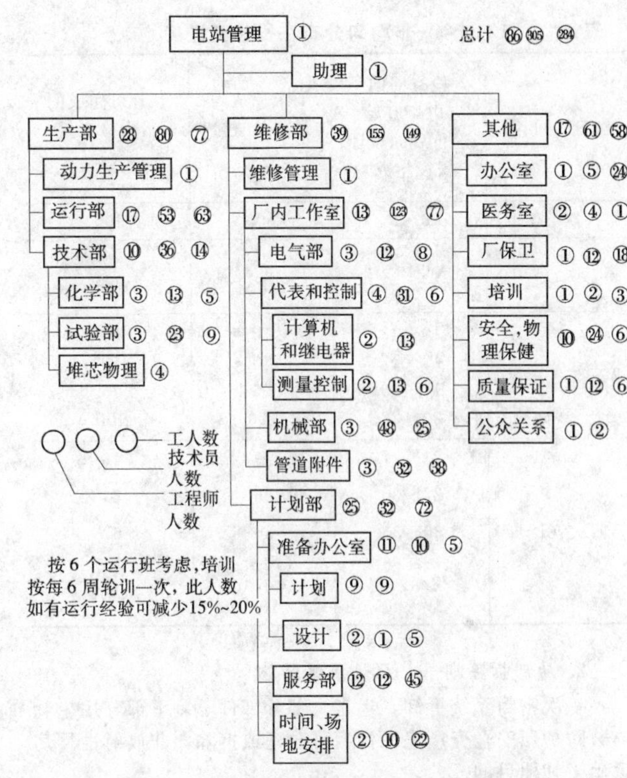

图 3-7-7 100 万 kW 级双机组 PWR 核电厂典型管理人员组织

表 3-7-10 100 万 kW 级 PWR 核电厂每个机组每个运行班组人员

岗 位 名 称	人 数
运行值长	1
运行副值长	1
控制室高级操纵员	1
控制室操纵员	1
控制室副操纵员	2
就地操纵员	8
保健物理	2

表 3-7-11 均匀分布在役检查进度

检 查 间 隔	检查周期（电厂开始运行后的累计服役年数）	要求完成的最小检查量（%）	预计可完成的最大检查量（%）
第一次（10 年）	0～3	16	34
	3～7	50	67
	7～10	100	100
第二次（10 年）	10～13	16	34
	13～17	50	67
	17～20	100	100
第三次（10 年）	20～23	16	34
	23～27	50	67
	27～30	100	100
第四次（10 年）	30～33	16	34
	33～37	50	67
	37～40	100	100

表 3-7-12 非均匀分布在役检查进度

检查间隔	检查周期（电厂开始运行后的累计服役年数）	要求完成的最小检查量（%）	预计可完成的最大检查量（%）
第一次（3年）	0～3	100	100
第二次（7年）	3～7	33	67
	7～10	100	100
第三次（13年）	10～13	16	34
	13～17	40	50
	17～20	66	75
	20～23	100	100
第四次（17年）	23～27	8	16
	27～30	25	34
	30～33	50	67
	33～37	75	100
	37～40	100	

2. 局部拆除期——厂址限制开放

一次密封系统拆卸，运走大部分部件，剩下部分用生物屏蔽防护。安全壳厂房去污后可改建或拆除，非放射性厂房可用于其他目的。

3. 最后处置期——厂址无限制使用

厂址有明显放射性水平的所有材料、设备和部件全部运走，厂址可供其他目的的无限制使用。

第八节 核燃料循环

一、压水堆核电厂核燃料循环过程

发展核电就要建立相应的核燃料循环工业过程。目前有两种核燃料循环：铀燃料循环和钍燃料循环。现以轻（重）水堆核电站低富集度铀燃料循环为例来说明这一过程。它包括铀矿石的开采和加工，铀的精制和转化，铀的浓缩和还原，核燃料元件制造，核燃料在核电厂反应堆中“燃烧”，乏燃料元件的后处理以及放射性废物的处理和处置等环节。核电厂是核燃料循环的中心环节，核电厂所使用的堆型不同相应的核燃料循环方式也不同。图 3-8-1 是压水堆核电厂核燃料循环过程图。

由于压水堆核燃料价格很高，同时核燃料在核电厂中不可能一次就完全“燃耗尽”。在核燃料元件中逐渐积累的裂变产物会妨碍链式反应的进行，因此核电厂运行一段时间以后，就要把核燃料元件从反应堆中卸出。通过后处理把未燃耗的铀和新生成的钚与裂变产物分离，回收的铀、钚可以重新加工成二氧化铀燃料元件或铀、钚混合物燃料元件返回核电厂使用。从重水堆核电厂卸出的核燃料，由于其中的铀—235 含量已低于铀同位素分离工厂尾料中的浓度，一般不再进行后处理，可以直接作为废物处置，也可以长期储存等，待快中子堆核电厂发展时从中提取工业钚作为核燃料。

二、铀矿石开采和加工

（一）铀矿石开采

铀矿石开采是生产铀的第一个环节，它的任务是把平均品位在 0.05%以上的铀矿石从地下开采出来。大多数铀矿

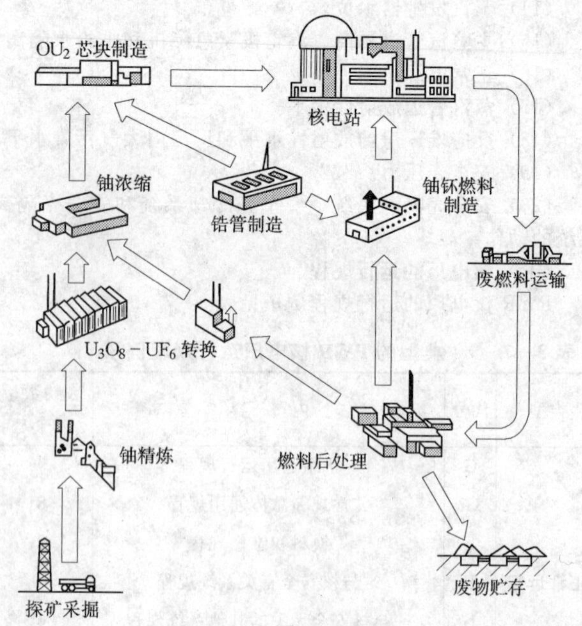

图 3-8-1 核燃料循环过程

采用地下开采法，少部分采用露天开采法，近年来原地浸出采矿法（地浸法）也在进行试验，并在一些矿山已经正式应用。

地下开采（又称井下开采）是通过掘进联系地表和矿体的一系列井巷，从矿体中采出矿石，送到地面进行处理。这种方法适用于离地表较深的矿床。露天开采是按一定的程序先剥离表土和覆盖岩石，使矿体出露，然后进行采矿，这种方法适于离地表较浅的矿床。

用地下开采法或露天开采法开采出来的铀矿石，通常掺杂有较多的废石，为了减少铀矿石的运输量、处理量和减少试剂损耗，一般需经过物理选矿以除掉大部分矿石并提高铀矿石品位。常用的物理选矿方法是放射性选矿法，它是根据铀矿石块中的放射性活度将铀矿石和废石分开。

原地浸出采矿法是把化学溶浸剂直接注入地下矿体（原生的或者经过爆破松碎的），溶浸出矿石中的铀，再收集浸出液送到地面进行下一步处理。原地浸出开采法劳动条件好，成本比较低，没有铀矿石的运输问题，也不存在大量的废石和尾矿处置问题。但为了防止化学溶浸剂和含铀浸出液在地下的流失，对矿床条件以及矿石和围岩的特性有较严格的要求。

（二）铀矿石加工

铀矿石加工是将开采出来的，具有工业品位或经过物理选矿的矿石加工成含铀量较高的铀化学浓缩物。由于铀矿石加工过程是采用湿法化学处理，所以常把铀矿石加工称为铀的水冶。

铀矿石加工一般可分为以下几个步骤：矿石准备、矿石浸出、铀的提取和沉淀出铀化学浓缩物。由于矿石含铀量很低，远距离运输矿石是不经济的，通常尽可能在矿山附近进行水冶，再将铀化学浓缩物外运。

矿石准备包括配矿、破碎和磨矿等工序。配矿是使矿石的含铀量和物理化学性质尽可能均匀。破碎、磨矿是使铀矿物充分暴露，保证浸出溶剂与矿石充分发生反应，提高铀的浸出率。

用酸或碱的水溶溶液从铀矿石中有选择性地将铀溶解下来的化学反应过程叫浸出。酸法或碱法浸出流程的选择需要

综合考虑矿石的性质、铀的浸出率、试剂的消耗量、设备费等许多因素。一般酸法应用较多，因为酸能从硅酸盐矿石中浸取铀。当矿石中含有较多的、可溶于酸的金属氧化物时则宜采用碱法。

铀矿石的浸出一般是在带有搅拌装置的浸出槽中进行，浸出的矿浆经过固液分离或分级而得到含铀的清液或稀矿浆，通常加入石灰乳调整 pH 值后送往铀的提取工序。留下的尾砂，经洗涤后送往尾矿库。

近年来投资少、运行费用低的堆浸法也得到了较好的应用。堆浸是在防腐混凝土堆浸池中进行，破碎、磨细后的矿石经拌酸、造粒和筑堆后，先熟化 10 天左右让酸与矿石充分反应，再通过微喷管网将淋浸液均匀地喷洒在矿石堆上进行淋浸。淋浸为多堆逆流方式，每堆的浸出液由上而下向堆底渗透，自流到集液池，最后一堆的浸出液即可送往铀的提取工序。淋浸结束后的尾渣加石灰拌和后送往尾渣场。

铀的提取是将上述浸出液中铀与其他杂质分离、同时使铀得到部分浓缩的工艺过程。提取的方法主要是离子交换法和溶剂萃取法。由于碱法浸出的选择性较好，一般不需再经过离子交换或溶剂萃取，只要把含铀的碳酸溶液加以过滤和固液分离即可直接进行沉淀。

离子交换法是利用树脂与溶液中离子之间的相互交换作用，将铀选择性地吸附到树脂上去，而对其他杂质较少吸附，从而达到铀与杂质分离（净化）的目的。吸附饱和的树脂经洗涤后，用淋洗剂将铀从树脂上淋洗下来，从而使铀转入溶液中，此时溶液中的铀浓度要比原始溶液高几倍至十几倍。通过离子交换树脂的吸附和淋洗，铀得到充分的浓集和净化。

溶剂萃取法是使含有铀的水溶液与有机萃取剂相接触，通过物理和化学作用，使铀转入有机相（提取铀常用的萃取剂有三脂肪胺和磷酸三丁酯的煤油溶液）。再利用反萃取剂（常用的反萃取剂为硝酸水溶液）将有机相中的铀重新转移到水相，从而达到铀的浓集和净化目的。萃取法由于是两相逆向流动，是连续生产过程，具有设备小、效率高等优点，从而比离子交换法应用较为广泛。

沉淀出铀化学浓缩物是铀矿石加工过程的最后一道工序。将铀的淋洗后或反萃取液加热到适当温度（50～60℃），加入氨水或氢氧化钠溶液，并控制反应介质的酸碱度（pH=6.7～7.0），则铀按下列反应式、以重铀酸铵或重酸钠的形式沉淀下来。

$$2UO_2(NO_3)_2+6NH_4OH \longrightarrow (NH_4)_2U_2O_7\downarrow+4NH_4NO_3+3H_2O$$

或

$$2UO_2(NO_3)_2+6NaOH \longrightarrow Na_2U_2O_7\downarrow+6Na_2CO_3+3H_2O$$

经固液分离后，通常再将沉淀物加以洗涤，使一部分杂质如铁、硅、磷等转入水相，沉淀物再经压滤、干燥后即得到铀化学浓缩物，又称黄饼。

铀矿石加工工艺尽管种类繁多，但归纳起来基本上可以分成三类，即酸法离子交换流程、酸法溶剂萃取流程和碱法流程，见图 3-8-2。

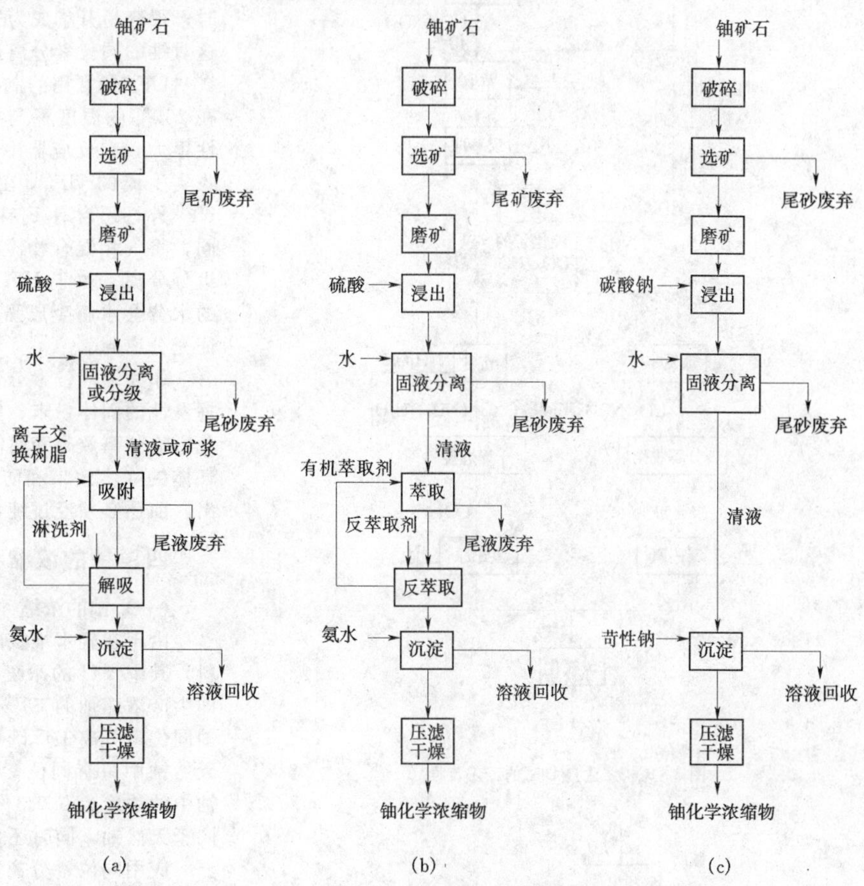

图 3-8-2　水冶工艺流程

(a) 酸法离子交换工艺流程；(b) 酸法溶剂萃取工艺流程；(c) 碱法工艺流程

三、铀的精制和转化

（一）铀的精制

将水冶厂的铀浓缩物提纯，制取核纯铀化合物的工艺过程称为精制。铀浓缩物一般含有少量但吸收中子能力强的杂质元素，为了达到核电厂对核燃料的严格要求必须纯化。例如，吸收中子较强的锂、硼、钨、稀土元素只允许含有 $10^{-5}\%\sim10^{-6}\%$，而吸收中子较弱的氮、硅、铁、铝等元素也只允许含有 $10^{-3}\%\sim10^{-4}\%$。

常规铀精制流程的第一步是用硝酸溶解铀浓缩物，溶解得到六水合硝酸铀酰的水溶液，其中含有过量的硝酸以及存在于浓缩物中的金属硝酸盐杂质。第二步是用溶剂萃取法从溶解液中将硝酸铀酰与其他金属杂质进行分离。所采用的萃取剂为用煤油稀释的磷酸三丁酯，反萃取剂为稀硝酸，反萃取后的硝酸铀酰溶液可以根据不同类型核电厂的要求加工成 UO_2 或 UF_4。可以用浓缩和热分解脱硝生成 UO_3，也可以用 NH_4OH 使生成重铀酸铵沉淀，经过滤后对重铀酸铵进行干燥和煅烧生成 UO_3，UO_3 用氢气还原生成 UO_2，再通过氢氟化反应即可转换成 UF_4（见图 3-8-3）。

为了简化铀的加工过程，也可以将水冶和精制两步合并，不经化学浓缩物阶段直接制得核纯 UF_4。从铀矿石直接

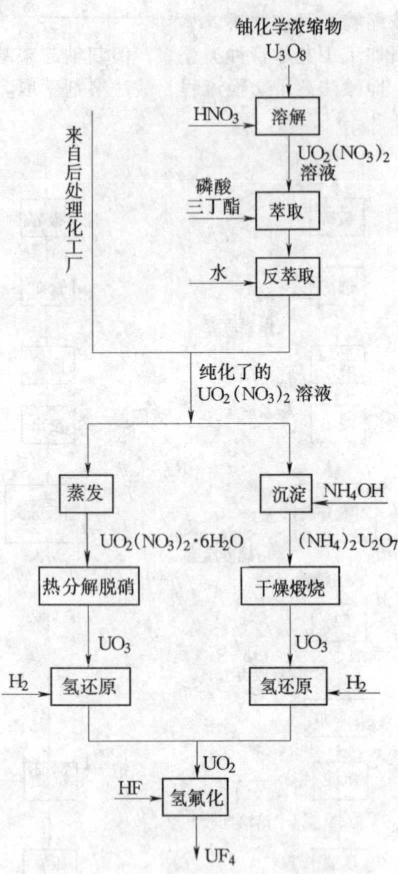

图 3-8-3　生产 UF_4 的工艺流程

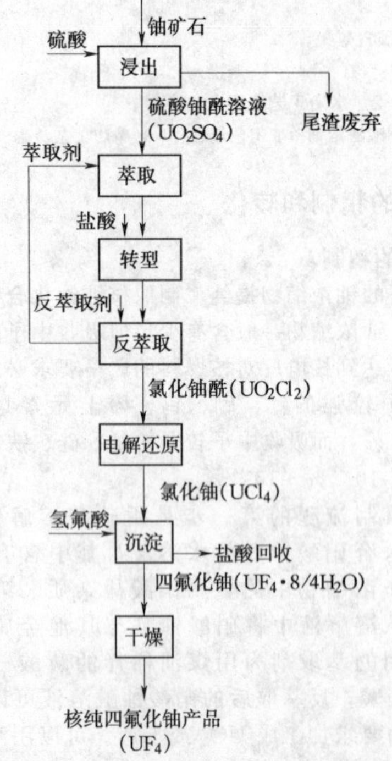

图 3-8-4　从矿石直接制取四氟化铀的流程图

制成核纯 UF_4 的工艺流程见图 3-8-4。

从乏燃料后处理厂来的三碳酸铀酰铵或硝酸铀酰溶液由于已经纯净而无需净化，可以直接进入经由 UO_3 生产 UO_2 或 UF_4 的工序。

（二）铀的转化

经过精制后的 UF_4 必须转化成 UF_6，以便进行铀的浓缩。因为在浓缩铀的生产中，UF_6 是唯一适当的工作介质，它在常温和常压条件下是固体粉末，当温度稍高或压力降低时，很容易升华成为气体，而且天然氟只有一种同位素 ^{19}F，这对铀的同位素分离过程极为有利。

UF_6 最常用的制备方法是使 UF_4 在专门的反应器中，在 250℃的温度下与氟气反应就会生成 UF_6。UF_6 的挥发性很大，在反应器中一经生成就立即蒸发，一般用冷凝法收集生成的 UF_6。在反应器中所排出的气相混合物中除 UF_6 外，还含有 F_2 和 HF，由于它们的挥发温度各不相同，将气相混合物冷却到一定温度可使 UF_6 凝固而与其他组分分离。由于 UF_6 和 F_2 的剧毒性，并且它们遇空气中的水分会水解生成强腐蚀性的氢氟酸，因此整个系统须保证充分密封。

作为铀同位素分离工厂原料的 UF_6 要求尽量不含有不挥发性的固体粉末、挥发性的金属氟化物杂质和氟化氢，以免影响分离效果和腐蚀设备。除严格控制反应器所排出混合气体的除尘效果和防止湿气进入系统外，最终 UF_6 产品在出厂前还必须经过纯化和消除 HF 的工序。

四、铀的浓缩和还原

（一）铀的浓缩

由于在轻水堆核电厂中所使用的核燃料为低加浓铀核燃料，其中 ^{235}U 的浓度约为 2%～3%。铀同位素分离工厂，即生产浓缩铀的工厂在核燃料循环中占有十分重要的地位。铀同位素分离工厂既可用天然铀供料，也可用堆后铀供料。天然铀中只有同位素 ^{234}U、^{235}U、^{238}U，一般认为 ^{235}U 在天然铀中的浓度为 0.711%。堆后铀中上述三种同位素的比例不同于天然铀，同时还含有由于 ^{235}U 俘获中子所产生的 ^{236}U。

应用同位素分离技术生产浓缩铀的方法有：气体扩散法、离心法、分离喷嘴法和激光法等。到目前为止，工业生产浓缩铀主要靠气体扩散法和离心法。

气体扩散法是利用分子泻流现象来实现分离的。在分离过程中六氟化铀气体由压缩机驱动通过多孔的分离膜，利用 $^{235}UF_6$ 和 $^{238}UF_6$ 分子质量上的差异，质量较轻的 $^{235}UF_6$ 分子运动速度较快，因而穿过分离膜的几率较大，从而在膜的一侧得到相对浓集的 $^{235}UF_6$，在膜的另一侧得到相对浓集的 $^{238}UF_6$，见图 3-8-5（a）。由于 $^{235}UF_6$ 和 $^{238}UF_6$ 的分子量相当接近，从而使每个扩散单元的分离系数（扩散单元前后 $^{235}UF_6$ 的相对浓度比）很低，一般不超过 1.002。为了达到 3%的低加浓铀，需要把 1000 多个扩散单元串联起来成为"级联"。由于分离过程中需要不断地把六氟化铀气体压缩，使它通过分离膜，扩散厂要消耗大量的电能。

离心法是利用在高速旋转的离心机中六氟化铀气体受到比重力大于几千倍的离心力来实现 $^{235}UF_6$ 和 $^{238}UF_6$ 的分离。在离心机中 $^{238}UF_6$ 靠近外周浓集，$^{235}UF_6$ 靠近轴线浓集，从离心机的外周和中心分别引出气流就可以得到 ^{235}U 被相对贫化和加浓的两股六氟化铀气流，见图 3-8-5（b）。使用外周速度 300m/s 的离心机，每个单元的分离系数可以达到 1.058，因此为达到 3%的低加浓铀所需串联的级数比扩散法要少得多，从而电能消耗低，只为扩散法的 1/10 左右。

分离喷嘴法是使被氦气或氢气充分稀释的六氟化铀气体快速通过狭缝喷嘴［见图 3-8-5（c）］，而膨胀过程中加速到超声速的气流顺着喷嘴沟的曲面壁而弯转，此时六氟化铀气体像在离心机中一样 $^{235}UF_6$ 和 $^{238}UF_6$ 分别受到不同的离

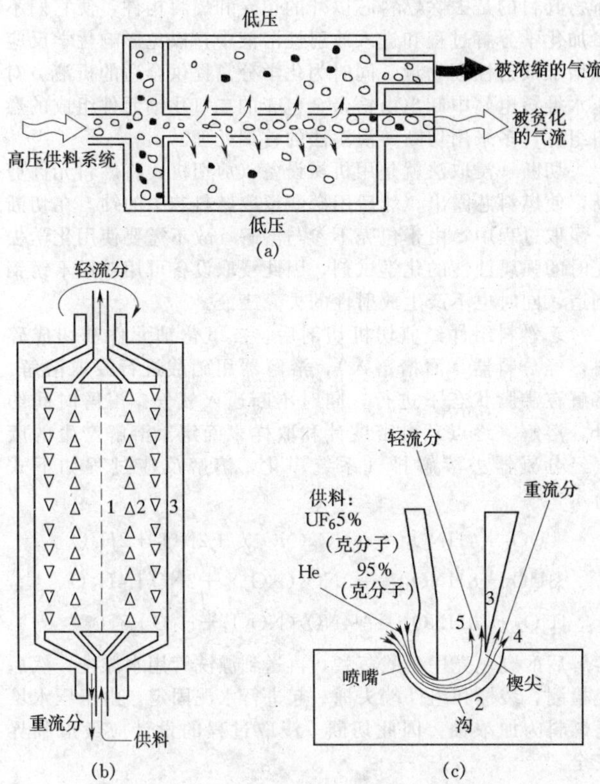

图 3-8-5　三种主要的铀同位素分离法的原理

(a) 一个扩散级；(b) 一个离心机；(c) 一个分离喷嘴

心力，利用喷嘴出口处的分离楔尖把气流分成^{235}U 被相对贫化和加浓的两股气流。这种方法每个单元的分离系数介于扩散法和离心法之间，约为 1.015，同样须将大量分离喷嘴串联起来成为"级联"。用氦气或氢气稀释六氟化铀气体的原因是为了提高流速以提高分离效果，最终可与六氟化铀分离并重复使用。由于分离喷嘴法在各级之间压缩输送，混合气体所消耗的电能远大于扩散分离法，所以至今还未在工业上应用。

多年来有些国家也在探索采用激光分离铀同位素的方法，但此方法需在超低温的条件下进行。一定频率的激光只激发$^{235}UF_6$，而不能激发$^{238}UF_6$，然后用足够能量的第二个光束把已经振动激发的$^{235}UF_6$ 解离成不挥发的低氟化合物和氟以便进行分离，在理论上可一次实现$^{235}UF_6$ 与$^{238}UF_6$ 的完全分离，但技术难度很大，目前尚无实际应用价值。

(二) 铀的还原

核电厂通常使用的核燃料是 UO_2，因此经过浓缩的 UF_6 需要进一步化学处理制成 UO_2。通常，生产 UO_2 的方法有两种，一种是重铀酸铵法，该法首先是把 UF_6 气体溶解于水中，UF_6 在水溶液中被水解为氟化铀酰（UO_2F_2），再加入氨水使生成重铀酸铵沉淀

$$2UO_2F_2+6NH_4OH \longrightarrow (NH_4)_2U_2O_7\downarrow +4NH_4F+3H_2O$$

经过过滤洗涤和干燥获得重铀酸铵粉末，将此粉末放入 500℃煅烧炉内煅烧生成 UO_3，然后在还原炉内用氢气将 UO_3 还原生成 UO_2。另一种方法是三碳酸铀酰铵法，该法是将 UF_6 气体、CO_2 和氨气逐步加入到水解沉淀反应器的软化水中生成三碳酸铀酰铵沉淀，用真空过滤器将沉淀分离出来，经过饱和碳酸铵溶液洗涤后，将沉淀物送到煅烧器中在高温条件下（400～500℃）与水蒸气和氢气接触，三碳酸铀酰铵直接还原生成 UO_2 粉末，不需要预先干燥或煅烧，见图 3-8-6。

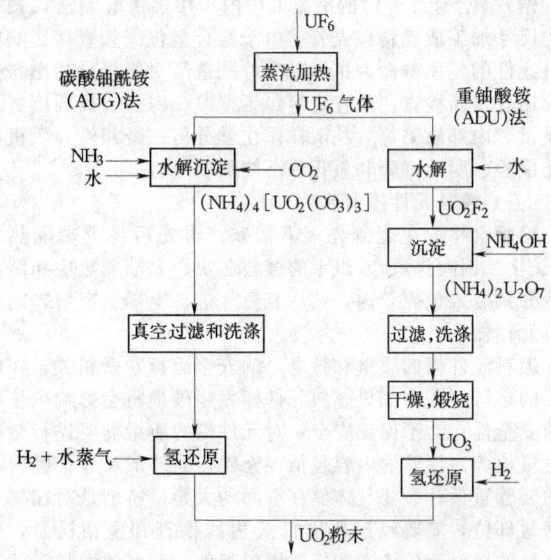

图 3-8-6　从六氟化铀制造二氧化铀的流程图

生产 UO_2 粉末的过程与下一步燃料芯块的烧结有着密切的关系，不是任何 UO_2 粉末均适于烧结。对烧结工艺、成品质量、辐照稳定性关系最大的是 UO_2 粉末的颗粒大小、氧铀比、杂质含量。这些特性与 UO_2 粉末生产过程如沉淀、洗涤、干燥和煅烧的条件、还原的介质、温度和时间有着密切的关系，因此严格控制上述工艺过程和参数，加强分析和检验工作是保证得到适于下一步烧结的 UO_2 粉末的必要条件。

五、核燃料元件制造

(一) 二氧化铀燃料芯块的制造

核电厂一般采用二氧化铀燃料芯块。二氧化铀燃料芯块的主要优点是熔点高（大约 2865℃）、具有良好的中子辐照稳定性和高温下的化学稳定性、与燃料元件包壳不发生化学反应、与水也不会发生反应。其缺点是导热系数很小。在反应堆中芯块中心最高温度可达 2000℃，芯块中心与表面温差可达 1000℃以上。同时由于是陶瓷体，裂片气体会从芯块中释放出来，从而在包壳管中聚集，这些问题在核燃料元件设计、制造过程中必须加以考虑。

二氧化铀芯块制造过程包括粉末颗粒的制备、压制、烧结和研磨等工序。为了改善二氧化铀的烧结、压制性能，将二氧化铀粉末加水调匀，压片后切碎，经球磨机研磨、烘干，得到所要求颗粒度的二氧化铀粉末，再经筛选、配料后在压块机上压制成小圆柱形的芯坯，此时芯坯密度较低，只为理论密度的 50%左右。因此需将芯坯送至真空烧结炉内烧结以提高密度，在高温约 1800℃下烧结几小时后就可以得到 95%理论密度的二氧化铀芯块。此后为了保证尺寸精度对芯块的外表面需进行研磨加工，最后对芯块清洗、干燥。

在二氧化铀燃料芯块制造过程中要注意检查芯块的完整性，对芯块的密度、外形尺寸以及杂质含量进行严格的检验和分析。

(二) 燃料包壳

锆合金的中子吸收截面小，耐腐蚀性能好，在重水堆、轻水堆的温度和压力条件下有足够的机械强度，因而被用来做为燃料包壳材料。目前压水堆核电厂一般采用锆—4 合金

作为包壳管材料。锆—4 合金从冷却剂中吸氢率比锆—2 合金低，从而减少了燃料元件使用后期包壳管破损的概率。

锆—4 合金在专门的冶金工厂内采用多道轧制法，按要求的尺寸加工成燃料包壳管。由于锆合金包壳管直接影响核燃料元件的使用寿命，核燃料元件制造厂对所接受的燃料包壳管还要重新检查。检查内容包括壁厚、内径、椭圆度、表面质量、内部缺陷等，并取样作化学分析、金相检验、机械性能试验、腐蚀试验和氢化物沉淀试验等。

（三）燃料元件棒组装

检验合格的包壳管先焊下端塞，再先后将下端隔热块（三氧化二铝陶瓷块）、烘干的燃料芯块、上端隔热块和缓冲弹簧分别装入包壳管内，然后充氦气进行上端塞密封，制成燃料元件棒。

燃料元件棒的质量和核电厂的安全运行紧密相关，在核电厂的运行过程中如果燃料元件棒发生破损将会影响到核电厂的安全性。为了保证安全，对元件棒的质量需要进行全面的质量检验。检验的内容包括：元件棒的外形尺寸；燃料芯块的装管重量；裂变气体储存空间的大小，特别是对端塞焊接密封部位，需要经过严格的 X 射线检查和金相检验，检验合格的燃料元件棒才能组装燃料组件。装好的燃料元件棒长度约为 3～4m，外径 9～11mm。

（四）燃料组件组装

压水堆燃料组件由燃料元件棒、弹簧定位格架、组件骨架等部件组成。一般元件棒按 14mm×14mm 或 15mm×15mm 或 17mm×17mm 排列成正方形的栅格，燃料元件棒的间距用弹簧定位格架保持，弹簧定位格架由冲压的锆合金片组装后钎焊而成。整个燃料棒束沿高度方向设 6～8 层定位格架，以保持燃料元件棒的准确定位和夹紧；又允许元件棒能沿着轴向可自由地膨胀伸缩，防止横向弯曲。每个组件设 16（或 20）根控制棒导向管，控制棒导向管和弹簧定位格架焊接，并与上、下管座机械结构连接构成燃料组件的钢性骨架，钢性骨架结构能承受整个燃料组件的重量，同时便于吊装和运输。

为了保证燃料组件的质量，在整个制造过程中须保持高度清洁。对每一道工序都有严格的质量检验，对燃料组件的尺寸、公差、连接牢度和焊接质量进行全面的检验和检查，检验合格后清洗、去污和包装即可送往核电厂使用。

六、乏燃料后处理

（一）乏燃料后处理是核燃料循环中的一个重要环节

辐照后的燃料从反应堆中卸出时，含有一定量的未利用的或新产生的裂变材料，需加以回收，制成新的燃料元件。此外转换材料、超铀元素和放射性同位素的提取也有很大的使用价值。后处理的特点是被处理的乏燃料具有极强的放射性和存在着临界安全问题，因而要寻取特殊的厂房设计、自动化、远距离的操作和严格的安全和辐射防护措施。后处理工艺分为湿法和干法两类。湿法是将乏燃料溶解于酸中，再经溶剂萃取、转化或沉淀，过滤或熔炼生成铀钚产品。干法分为离湿冶金法、氟化挥发法和熔盐萃取法等，均采用非水试剂在高温下分离铀和裂变产物。由于干法存在着材料腐蚀严重，铀钚分离和钚的净化差，工程问题投资等问题，因而限制其发展。目前较普遍的是以普富克斯流程为基础的湿法工艺，乏燃料组件经处理后再进行化学分离，取得符合要求的铀钚产品。现就湿法工艺过程进行介绍。

（二）首端处理

首端处理包括乏燃料的解体，元件的去壳和铀芯的溶解。其目的是去除燃料芯以外的包壳和燃料构件，使它们不参加化学分解过程和进入放射性溶液中，以免影响化学反应和增加放射性废物量，同时为化学分离提供合适的析液。对压水堆核电站中卸出由锆合金包壳的二氧化铀元件组成的燃料组件，多采用切断—浸湿法的首端处理。

切断—浸取法就是用机械设备（剪切机）将燃料元件剪断，使燃料芯露出，然后用硝酸浸取燃料芯中的铀。在切断—浸取过程中，由于包壳不参与溶解，故不需要使用化学去壳时的强腐蚀性的化学试剂，因此浸取设备可用普通不锈钢制造，同时也不产生放射性的去壳废液。

乏燃料组件经剪切机切剖后。二氧化铀元件被切成碎料，经分料器（溜槽落入），溶解器用硝酸进行浸取溶解。溶解在沸腾状态下进行，同时不断通入氧气。溶解时间约 4h，溶解（终点）由密度计和取样来确定。溶解产生的废气经分凝器去溶解排气系统净化，溶解反应过程如下式所示

$$UO_2+4HNO_3 \longrightarrow NO_2(NO_3)_2+2NO_2+2H_2O$$

$$3UO_2+8HNO_3 \longrightarrow 3NO_2(NO_3)_2+2NO+4H_2O$$

$$4UO_2+10HNO_3 \longrightarrow 4NO_2(NO_3)_2+N_2O+5H_2O$$

溶解后的废包壳用硝酸蒸煮，再送到漂洗管用水漂洗，然后经检测，装桶和组件端头桶一起进行水泥固定。由于压水堆乏燃料为加浓铀，因此切断—浸取过程的设计应考虑临界安全。

溶解液冷却后。送到沉降式离心机离心分离。除去所含的酸性不溶物及包壳的碎屑然后再送至烧结不锈钢管的脉冲过滤器进一步除渣。该过滤器具有供料和反吹的脉冲性，既强化了设备的生产能力，又防止了过滤器的堵塞。滤后的清液经硝酸和亚硝酸钠的调料，调整到适应于萃取的浓度和价态，如将钚转化为四价，铀及其他裂变元素保持在较低的价态，然后送化学分离。

在分凝器中，同时进行着一氧化氮的氧化、水蒸气的冷凝和二氧化氮被水吸收等过程。其反应过程如下

$$2NO+O_2 \longrightarrow 2NO_2$$

$$3NO_2+H_2O \longrightarrow 2HNO_3+NO$$

（三）化学分离

化学分离又称为净化或去污过程，其主要任务是把裂变产物从铀—钚燃料中清除出去，并使铀—钚互相分离。目前使用得较多的是溶剂萃取法。利用不同的溶剂对不同的物质有不同的溶解度特性，在混合物中加入适当的溶剂，使混合物的成分得到部分或完全的分离。在乏燃料后的处理中用得最广泛和最成熟的，是以普雷克斯流程为基础的溶剂萃取过程。采用 TBP 为萃取剂，煤油为稀释剂的溶剂体系，该体系具有闪点高，挥发度小，化学稳定性和辐照稳定性较好的优点。由于普雷克斯流程具有铀、钚回收率高、对裂变产物净化系数高，废液产生量较小和溶剂及硝酸可回收等特点，已为目前大部分国家所采用。

普雷克斯（Purex）流程包括去污分离循环，铀净化循环和钚净化循环。在其去污分离循环中实现铀、钚与裂变产物，铀与钚之间的分离。铀和钚的净化循环是分别对铀和钚的进一步净化和浓缩铀或钚的产品。铀和钚的净化循环的个数的确定取决于对铀、钚产品和对某些核素如镎的去除。

在进入其去污分离循环的料液中，铀和钚分别以正六价铀酸离子或正四价钚离子状态存在，它们分别与萃取剂发生如下反应：

$$UO_2^{2+}+2NO_3^-+2TBP \longrightarrow UO_2(NO_3)_2 \cdot 2TBP$$

$$PU^{4+}+4NO_3^-+2TBP \longrightarrow Pu(NO_3)_4 \cdot 2TBP$$

TBP萃取铀的能力与料液中的铀的浓度、体子硝酸浓度、TBP浓度、TBP的铀饱和度、体子中强络合离子（半草酸、硫酸根）浓度有关以及温度等因素有关。影响TBP萃取四价钚的因素主要有体子硝酸浓度、六价铀浓度、TBP浓度、湿度等。

在还原剂的作用下，四价钚被还原成三价钚，而铀的价态不变，此外三价钚被煤油溶剂体系萃取的能力很低。因此在反萃取时，只要加入某种还原剂，使钚还原成三价而不使铀还原，就能把钚单独萃取出来，这时三价铀仍留在有机相中，到下一道工序时再把反萃人水相，这样在去污分离循环中实现了裂变产物、铀、钚的分离。

为了达到所要求的净化系数对初步分离的铀和钚尚需进一步净化。钚净化循环是对初步分离出的铀和分裂产物的钚的溶液再次进行萃取分离，进一步除去裂变产物，同时将钚溶液加以浓缩。为了使去污分离循环来的钚溶液中的三价钚全部转变成四价状态，需用亚硝酸钠进行钚的价态的调整，其反应如下

$$Pu^{3+}+NO_2^-+2H^- \longrightarrow Pu^{4+}+NO+H_2O$$

在调价的同时还需对钚的溶液的硝酸浓度进行调整，有利于萃取。铀净化的目的是对初步分离出的钚和裂变产物的溶液再次萃取，进一步除去钚和裂变产物，由铀线二循环和铀线三循环组成。铀溶液在萃取前需加肼处理，使钚转化成不易被TBP萃取的化合物，加强对钚的净化。除此为了提高铀中去钚的分离系数，尚可在铀溶液中加入四价铀的还原剂使微量铀成三价状态，而不被萃取。铀线三循环的重点是去除镎。萃取过程中使用过的有机相，经溶液回收系统用碳酸钠、氢氧化钠溶液、洗涤去除溶剂中的降解产物，经过滤和硝酸洗涤后重复使用。为获得高浓度的钚产品可从钚净化循环产生的钚溶液中取出，一部分返回到钚净化循环中去，此过程称为钚的回流萃取。

用于溶液萃取分离过程的萃取设备有混合澄清槽、脉冲筛板柱和离心萃取器。其中脉冲筛板柱具有结构简单、两相流动及传质性能好，在柱中停留时间短，溶剂降解效应小，屏蔽以及气溶胶防护性能好等优点，因此在核电燃料后乏处理中应用较广。

（四）尾端处理

尾端处理是将化学分离所得的硝酸钚或硝酸铀溶液转化为产品。钚的转化包括草酸盐沉淀、过滤、焙烧和产品包装。铀的转化由硝酸铀转化及产品包装所组成。

在钚的转化过程中，先对钚净化循环的剩余钚溶液进行调价，使钚全部还原成三价。再经计量和加热后与草酸沉淀剂一起连续加入草酸钚沉淀器，使硝酸钚转化成草酸钚沉淀。沉淀过程的化学反应式为

$$Pu^{4+}+NO_3^-+2H_2C_2O_4+6H_2O$$
$$\longrightarrow Pu(C_2O_4)_2 \cdot 6H_2O \downarrow +4HNO_3$$

沉淀后的固液相经搅拌后连续地进入真空过滤机进行过滤。滤液经高锰酸钾破坏草酸后返回分离循环产生的钚溶液的调料槽，滤液经洗涤后连续进入干燥焙烧炉，在350℃下干燥，在600℃下焙烧成二氧化钚粉末。干燥和煅烧的反应过程为

$$Pu(C_2O_4)_2 \cdot 6H_2O \longrightarrow Pu(C_2O_4)_2+6H_2O$$

$$Pu(C_2O_4)_2 \longrightarrow PuO_2+2CO_2+2CO$$

在600℃下烘烧成二氧化钚粉末，粉末经电磁振动器装入二氧化钚暂存罐，然后送二氧化钚匀化器匀化。匀化后的粉末经计量罐和取样后装入产品杯，产品杯经焊封、称量、记录后，装入二氧化钚防护容器，然后将装有二氧化钚产品的防护容器放入产品鸟笼内出厂。

铀的转化过程是将铀净化循环过程产生的硝酸铀酸溶液经两次蒸发浓缩。第一次使铀浓缩到292g/L，抽出部分浓缩液去制备四价铀还原剂；剩余部分再蒸发到铀浓度约1000g/L，经添加硫酸铵后于加热的雾化空气一起喷入流化库，温度控制在300～350℃，硝酸铀酸经干燥、煅烧分解成三氧化铀颗粒，经产品容器包装出厂，流化库尾气经烧结不锈钢过滤器过滤后回收硝酸。

硝酸铀酰煅烧过程如下

$$2NO_2(NO_3)_2 \cdot 6H_2O \longrightarrow 2NO_3+4NO_2+O_2+12H_2O$$

第九节 核电的经济分析、质量保证、发展前景

一、核电工程经济分析与评价

（一）核电经济分析与评价的目的和作用

核电是核能工业和平利用的主要内容。核电经济分析与评价是一门工业技术和工业经济结合的交叉科学，即是介于自然科学和社会科学之间的边缘学科。它是将工艺参数和物理模型，通过经济模式用经济结果表达出来。由此可见，技术是它的基础，而最终落脚是经济结果，所以核电经济研究内容是很广泛的。它包括采用不同技术政策、技术方案和技术措施的经济效果和社会效果进行必要的计算和分析、比较和评价，从而选择技术上可行和经济上合理的优化方案。

由于核电厂工程是一项建设周期较长、技术复杂的系统工程，同时具有投资高的特点，所以对核电工业经济分析中要探索如何发挥投资的最大效果。为此必须建立核电工程设计概算、预算和竣工决算的完整文件和动态的投资管理方法，严格按基本建设各阶段程序的要求，实行工程建设投标制度和包干办法，以期达到核电工程建设技术经济优化和最大限度地发挥投资效果。

核电经济分析与评价的作用和目的如下：

(1) 在核电工程的初期阶段进行经济分析与评价论证，是实现项目投资决策科学化的有效方法，它可为主管部门和建设方提供科学依据，以减少和避免投资失误、提高投资的经济效益。它是一种已为世界各国采用的程序，这也是总结了两座核电厂工程建设经验的结果。

(2) 核电经济分析与评价是工程项目投资决策和编制任务书的依据，它是组成初可研及可研阶段的重要内容，可为投资决策者提供投资目标及投资方式；同时批复的经济分析报告又是编制设计任务书和项目建议书的法定性文件。由此在初可研及可研报告中的各项技术经济参数都是设计任务书的内容和要求，也是设计的准绳。

(3) 核电经济分析与评价的结论是筹集资金的依据，也是向国内外贷款的根据。它要求经济分析报告的内容和格式与联合国工发组织（UNIDO）的文件要求一致，以达到标准化，作为贷款的基本文件。

(4) 核电经济分析与评价是项目主管部门商谈合同及签订协议的依据。因为经济分析报告中有资金、设备、原材料、技术要求、各类劳务数量及报价等内容，能满足上述的需要。

(5) 核电经济分析与评价还是环境评价和申请执照的依据之一。

（二）核电经济分析与评价的特点和步骤

核电经济分析是核能经济的一个分支，它既有核能工业经济的普遍性，又有经济分析自身的特点。

1. 综合性

核电经济分析涉及核电领域所有技术专业和学科，诸如地震地质、水文气象、交通运输、核物理、核化工、核安全、核三废、核环保等。它又与工业经济学互相渗透，还需熟悉数理统计学、高等数学理论统计学、高等数学、概率论、运筹学等知识。它既要研究核技术在电力上的应用，又要具备上述基础知识，方可综合地完成核电经济分析与评价任务。

2. 实践性

核电经济分析工作是随着核能工业的科研课题逐步展开和建设项目的逐步兴起而形成的。它所研究的对象是实际科研课题或建设项目。此项工作不仅需要很多学科的基础知识，还需要熟悉和掌握国家现行的经济、财政、工业发展等各方面方针政策，以及深入调查每个具体课题或项目的外部条件和特点，从而收集有关的价格信息和经济情报。

3. 系统性

核电经济分析与评价是一项系统工程，要完成的任务是综合研究某一建设的技术经济内部和外部的效果。这必然由初步可研、可研不同阶段和许多目标构成，而这些阶段性的要求又受许多因素的影响和制约，组成一个有机的整体。在进行项目技术经济分析与评价时，就必须全面、系统地考虑，分清主次，突出重点，才能达到分析透彻和评价准确的目的。

4. 风险性

我国大陆核电建设属初级阶段，经济分析与评价中未知因素较多，要使未知因素的假设合理、推导正确，在目前状况下必须抓住以下两个环节：①充分利用已建成的大亚湾核电厂和秦山核电厂的各项建设经验及经济参数；②不断研究与分析美国、法国及德国等国家已运行（PWR）压水堆型商用核电厂的技术经济参数，并结合中国国情逐步建立自己的核电信息数据库，为核电经济分析与评价提供可靠基础数据。与此同时，由于核电厂建设周期长，还需考虑货币的时间因素，所以在预测投资费用时应考虑三个因素：

(1) 建设期间的物价浮动指数。

(2) 建设期间的利息及增殖利息。

(3) 建设期间的外汇比值变动因子。

核电工程中有三种费用，其组成如下

基础价＝建设规模工程费＋工程管理费
＋生产准备费＋预备费
＋第一炉燃料费 (2/3)

固定价＝基础价＋浮动价

建成价＝基础价＋浮动价＋所有利息

通过三项投资的预测，为核电工程建设提供全面的总投资及其中外汇额度。

核电工程的经济分析与评价，综合反映了工程项目的立项建设和投产全过程中的经济活动。从全过程看大致可划分三个阶段：第一阶段是项目的立项规划、预测性的投资与经济分析，属于项目前期分析活动；第二阶段是项目实施过程中投资效果的分析与评价，属于项目建设期的投入分析活动；第三阶段是在项目建成投产后，对建成企业经营效益的各种预测及分析，属于项目产出经济效果的评价。

为了完成上述三个不同阶段经济分析工作，必须按照基本建设的法规，遵循核电工业建设基本规律。使经济分析与评价的结论可靠和正确需经过以下程序及步骤：①初步可行性研究；②项目可行性研究；③初步设计；④施工图设计；⑤工程建设成调试运行；⑥项目商业运行与后评价。

总之，对核电工程建设应通过上述步骤与技术经济分析和评价来论述建设项目建成后企业内部收益率、地区部门经济效益和国民经济效果等。其具体步骤见图 3-9-1。

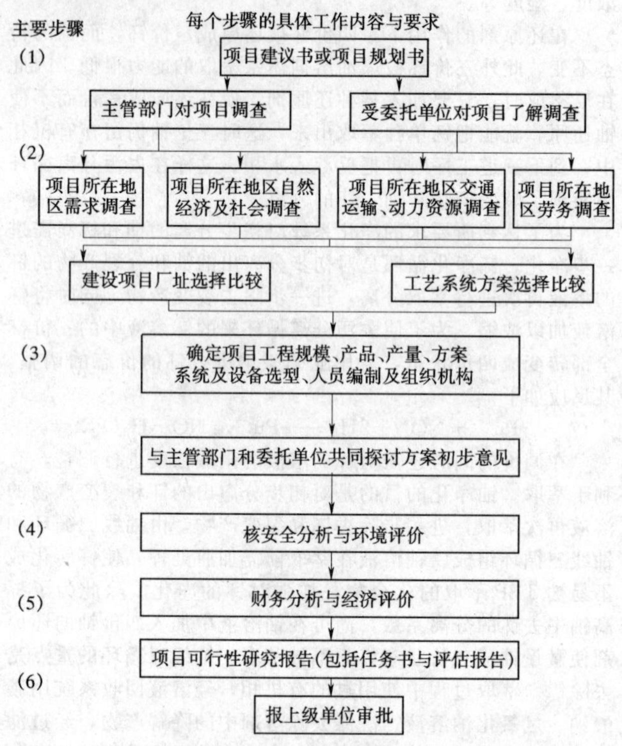

图 3-9-1　项目经济分析与评价基建程序

（三）核电经济分析与评价的范围及内容

由于核电工程专业性强、工艺复杂，故经济分析与评价在初步可研及项目可研中涉及范围广、要求高，主要涉及以下几方面：

(1) 核电经济分析与评价，要与国家能源规划相结合，不能超越国家长远规划及能源发展方针政策，在计划投资总额度控制下，积极开展核电经济业务。

(2) 核电经济分析与评价，需与地区部门工农业生产总体规划相结合，与市场需求相结合，以预测上网电价及投资回报率及内部收益率。

(3) 核电工程经济分析与评价是编制项目建设书和批复项目的核心文件之一。

(4) 由于核电工程属国家大中型项目，所以对厂址需做经济分析与比较，采集推荐厂址与备选厂址的土地、资源、水文气象及地震地质等厂址特征基础资料，加以分析与经济评价。

(5) 收集有关工程的技术经济标准和规范，其中包括核安全的各种标准。它们都涉及建造投标与造价有关，依据这些基础资料进行经济分析与评价。

(6) 应制订统一的核电工程的技术经济参数，按国家计委、核安全局、环保局有关规定，对核电工程技术经济参数进行调查研究，使编出的经济分析报告更符合实际。

核电经济分析与评价和项目建设程序息息相关。可行性研究属项目前期工作应结合国内外的经验，其阶段划分及其对投资准确性要求见表 3-9-1。

表 3-9-1 核电经济分析与评价的阶段划分

研究阶段	机会研究	初步可行性研究	详细可行性研究	评估和决策
研究的目的、内容与要求	通过机会研究寻求投资机会、鉴别投资方向与目标，提出项目建议书	通过初步可行性研究达到判断项目是否立项，决定投资目标，确定工程规模与地点	通过对项目进行深入的论证，并对多种技术方案进行比较，进而编制出可行性报告，为编制项目任务书和项目投资提供可靠依据	通过对可行性报告进行综合分析及评价，以判断其科学性、真实性、可靠性等。在此基础上提出项目评估报告。为项目投资决策提供依据，并确立投资最佳方案
估算精度	±（20～30）%	±（15～20）%	±10%	<10%
研究费用的比例（占总投资）①	0.2%～1.0%	0.25%～0.5%	大项目0.7%～1% 小项目1%～2%	—
研究时间（月）	1～3	3～6	6～12	1～3

① 大小项目的划分以国家发改委规定为准。

核电经济分析与评价主要是财务分析，财务分析可划分为静态计算与动态计算，其要点如下。

1. 静态计算特点

财务静态计算法是指在任何时间内货币的价值是相等的。该方法适用于不变的计划价格，使用某个固定价格去计算以下各项财务指标。

第一，投资收益率（*ROI*）：它是指建设项目投产后，正常生产年份的净收益与项目总投资之比，它反映建设项目在正常情况下，单位投资所获得净收益，其公式表达为

$$ROI=\frac{\sum E_{益}}{\sum C_{投}}\times 100\%$$

$$\sum E_{益}=W_{利}+D_{折}=P_{收}-C_{经}-\sum T_{税}$$

式中 $\sum C_{投}$——建设期利息及流动资金。

第二，投资利润率：在正常年工况下，建设项目年利润总额与总投资之比，它是反映投资所获利润的大小一项指标，其公式表达式为

$$R_{润}(\%)=\frac{年利润总额(\sum W_{润})}{总投资(\sum C_{投})}\times 100\%$$

$$\geqslant 行业投资利润率$$

即 $$R_{润}(\%)=\frac{\sum W_{润}}{\sum C_{投}}\times 100\%$$

第三，投资利税率：它是指建设项目达到设计能力后，正常工况下年利税总额或项目生产期内的平均利税总额与总投资之比，它是表现该项目投产后投资所获利税一项主要指标，其公式表达式为

$$R_{税}=\frac{利税总额(\sum W_{T})}{投资总额(\sum C_{投})}\times 100\%$$

$$\geqslant 行业投资利税率$$

或 $$R_{税}=\frac{\sum W_{T}}{\sum C_{投}}\times 100\%$$

第四，投资回收期（P_t）：投资回收期亦称投资返本期，是指建设项目投产后，用所获得的净收益抵偿全部投资（包括固定资产投资和流动资金）所需要的时间，也是综合反映项目财务上投资回收能力的重要指标，其公式表达式为

$$\underset{(P_t)}{投资回收期}=\frac{总投资额}{年实现利润+年基建折旧+年税金}$$

另外，根据上述用过符号，本公式简化如下

$$P_t=\frac{\sum C_{投}}{\sum C_{W_{润}}+W_{T_{税}}+D_{折旧}}$$

除此之外，投资就业率、投资增盈率等项内容依据具体项目情况酌情进行计算。

2. 财务动态计算的特点

所谓财务动态计算法就是考虑资金的时间价值，采用贴现现金流量的方法进行计算，简称“DCF”。在计算方面其特点为：①考虑资金时间价值，根据资金占用长短，按利率与浮动指数计算资金实际价值；②计算工程项目整个寿期内的总收益，能如实地反映资金实际运行过程及经济效益。

动态计算有以下几个指标。

第一，财务净现值（*FNPN*）：它是反映核电工程项目整个寿期内总的获利能力的动态指标。在计算过程中，以行业基准收益率 *iC*（或叫行业货物利率）或设定的贴现率，将各年的净现金流量（流入－流出＝净收益）全部贴现到建设开始年（或基准年）的现值总和，此现值总和可视为工程项目逐年净现金流量的现值代数和。其计算公式为

$$净现值=FNPV=\sum_{t=1}^{n}\frac{(CI-CO)_t}{(1+iC)^t}$$

$$=\sum_{t=1}^{n}\frac{CF_t}{(1+iC)^t}$$

$$=\sum_{t=1}^{n}CF_t\frac{1}{1+i}$$

$$\sum_{t=1}^{n}CF_t a_t=(CF_1a_1+CF_2a_2+CF_3a_3+\cdots+CF_ta_t)$$

式中 CI、CO——各年现金流入量和流出量；

CF_t——第 t 年的净现金流量；

n——计算周期；

iC——行业货物利率；

a_1、a_2、…、a_t——贴现系数。

通过财务现金流量表计算求得的财务净现值可能会出现以下情况：①当财务净现值大于零（即 *FNPV* 为正值）时，这种情况说明，该工程项目获利能力不仅达到国家或行业规定的基准收益率，而且还能盈利，因此该工程项目在财务上是可行的；②当财务净现值等于零（即 $FNPV=0$）时，如此情况说明，该工程项目刚好达到国家规定的盈利标准，属于边缘可行的状态。

第二，财务净现值率（*FNPVR*）：它是工程项目净现值与全部投资额现值之和的比值，即单位投资的净现值收益，也是一项动态投资收益率指标，所以是衡量不同投资方案的获利能力大小的评价指标，也是供方案选择的判据条件

之一，因此财务净现值率的计算也是十分重要的，其计算公式如下，即

$$净现值率 = FNPVR = \frac{FNPV}{I_P} \times 100\%$$

式中 I_P——工程项目总投资（包括建设期浮动、利率及流动资金），计算时，现值与净现值的计算采用同一贴现率。

第三，财务内部收益率（*FIRR*）：财务内部收益率是指在工程项目整个经济寿期内，各年净现金流量现值累计等于零时的贴现率。它是衡量工程项目在整个经济寿期内的实际收益率，也是衡量工程项目内在的最大盈利能力，被称之企业内部收益率，也称之为工程项目货物利率（*iC*）的最高临界点，其数学表达式是个高次方程的净现值函数关系式，即

$$\sum_{t=1}^{n} FNPV = \sum_{t=1}^{n} \frac{(CI - CO)_t}{(1 + FIRR)^t} = 0$$

一般情况下，此方程式很难求得解析解，因此财务内部收益率（*FIRR*）的计算，要用试差法和图解法。

（1）试差法。先按实际利率或基准收益率进行贴现，求得工程项目财务净现值，如为正值，则用更高贴现率，使计算得到的财务净现值接近于零的负值时，此时的贴现率即为财务内部收益率。净现值接近于零的负值时的财务内部收益率（*FIRR*）可用下式进行计算，即

$$FIRR = i_1 + \frac{|PV|(i_2 - i_1)}{|PV| + |NV|}$$

式中 i_1、i_2——净现值接近零时的正值与负值时的贴现率；

PV——采用低贴现率（i_1）时净现值（正值）；

NV——采用高贴现率（i_2）时净现值（负值）。

用试差法计算财务内部收益率时需要注意的是，贴现率 i_1 与 i_2 之间的差值不要大于 1%～2%，最大差值不得超过 5%，否则因贴现率与净现值（*FNPV*）之间不成线性关系，而使用此式求得的财务内部收益率（*FIRR*）就不合实际。

（2）图解法。根据定义可采用两种图解法求财务内部收益率（*FIRR*）：①通过 i_1、i_2 两个贴现率和正负净现值作图求财务内部收益率（*FIRR*）；②利用现金流入、流出现值总额相等的原理求财务内部收益率。

【例 3-9-1】 2×60 万 kW 核热、电联供站，当采用贴现率为 17%时，所得财务净现值 187 万元，而当用贴现率为 18%时，则财务净现值下降到－400 万元，求其财务内部收益率（*FIRR*）。

【解】 （1）采用试差法。将所给数据代入上述公式即可。

故有

$$\begin{aligned} FIRR &= i_1 + \frac{|PV|(i_2 - i_1)}{|PV| + |NV|} \\ &= 0.17 + \frac{187(0.18 - 0.17)}{187 + 400} \\ &= 0.17 + \frac{187 \times 0.01}{587} \\ &= 17.32\% \end{aligned}$$

（2）采用图解法。根据例题中所给数据，设计好坐标图，如图 3-9-2 所示。

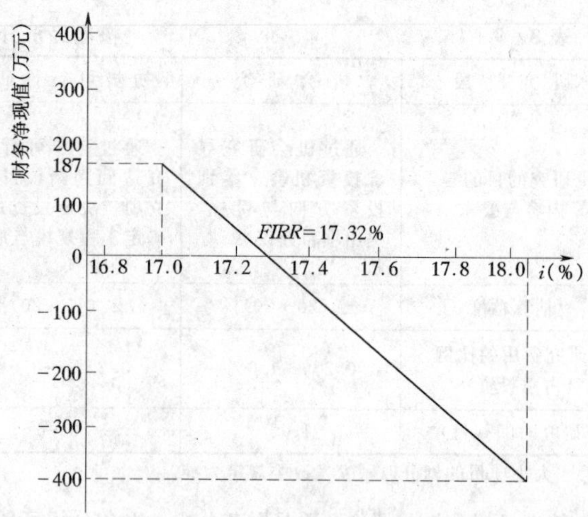

图 3-9-2 财务内部收益率坐标图

由图 3-9-2 可以看出，两个净现值连线与 i 的交叉点，即为财务内部收益率，为 17.30%，与试差法几乎一致。

第四，财务外汇净现值（$FNPV_f$）：财务外汇净现值是用以衡量工程项目创汇或消耗外汇的尺度，因此外汇净现值应包括工程项目的净外汇流量的创汇效果（直接外汇效果）或取代进口的节汇效果（间接外汇效果）。这些可以通过财务外汇量表直接求得如下的计算公式，即

$$FNPV_f = \sum_{t=1}^{n} \frac{(FI - FO)_t}{(1 + i)^t}$$

式中 FI、FO——外汇流入量和流出量；

$(FI-FO)_t$——第 t 年的净外汇流量；

i——贴现率；

n——利息周期数。

第五，贷款偿还期（P_dY）：按国家规定，所有基建贷款都应按规定政策还本付息，偿还资金的来源主要是税后利润、折旧与其他资金等。偿还时间的长短是反映工程项目偿还贷款能力和经济效益好坏的一项综合指标，特别是对利用外资或技术引进贷款更为重要，一般情况下偿还方式有：

（1）等额还款。这种偿还方式是，先确定偿还年限，从投产期算起，每年偿还相等的金额，在计划的期限内还清全部贷款及利息。每年平均还款金额的计算公式为

$$A_{i1} = \sum P_{i1} \frac{(1+i)^n i}{(1+i)^n} - 1$$

式中 A_{i1}——每年平均的还款金额；

$\sum P_{i1}$——建设贷款本金、浮动及利息之和；

i——贷款年利率；

n——还款年限。

（2）分期付款。它是指在预计的一定年限内，分期偿还货物本金和利息。这种偿还方式适用于引进设备和利用外资项目，也是外贸部门习惯使用还款方式。每年还款金额的计算公式为

$$A_{iz} = \frac{\sum P_{iz}}{nk} + \sum P_{iz}\left(1 - \frac{I}{nk}\right)\frac{i}{k}$$

式中 I——0～（$n-1$）的变量；

A_{iz}——每年不同还款金额；

$\sum P_{iz}$——建设期贷款本金、浮动与利息之和；

n——还款年限；

k——每年还款次数。

【例 3-9-2】 1990 年建成 30 万 kW 核电厂的总投资约 1550 百万元，年利率约为 6.5%，计划 15 年还清，试问每年等额还款金额是多少？

【解】 用等额还款公式进行计算，其值为

$$A_{\mathrm{i1}}=\frac{\sum P_{\mathrm{i1}}(1+i)^{n}i}{(1+i)^{n}-1}$$

$$=1500\times\frac{(1+6.5\%)^{15}\times6.5\%}{(1+6.5\%)^{15}-1}$$

$$=1500\times\frac{0.167}{1.5718}$$

$$\approx169.43\ (百万元)$$

（四）核电工程概（预）算编制特点与主要内容

1. 核电工程概（预）算特点

（1）由于核电工程从编制概（预）算到工程建成周期很长，有的项目可达 8～9 年，为此需采用动态方式编制核能工程概（预）算。如果使用材料预备费或简单价差系数编制概（预）算进行控制投资时，往往引起较大失误。因此必须选择基准年作为标准，加上浮动及利息，方可较准确地预测出这项工程的全部费用。

（2）在编制核电项目概（预）算中，应把首次能源投入计到建设费用中，如核电站的首炉燃料费用的 2/3 应计入工程费用，这是与其他工业项目的不同之处。

（3）编制核电工程概（预）算时，与其他工程项目不同之处的还有核安全的审查评价费、开工许可证、建设阶段核安审的各项技术鉴定费等。

2. 核电工程概（预）算主要内容

依据前述，结合大亚湾核电站与秦山核电站的建设情况，参照国际原子能有关规定，核电工程总概（预）算的内容有以下几个部分：

（1）前期工程费：它包括土地征购、拆迁移民、土石方开挖、地震地质、水文气象、环境保护、厂址的核安全评审等费用。

（2）建筑工程费：它由主厂房与附属物建筑、公用建筑物、运输工程、给排水工程、照明及采暖、部分通风等工程费用组成。

（3）设备工程费：这项费用约占工程总概（预）算的 45%～50%，对编制概（预）算准确性影响很大。设备工程费主要包括：设备购置费、工器具购置费、设备运杂费、备品及备件费、设备的储备金贷款利息等。但设备采保费用另行计算。

（4）安装工程费：本项工程费由以下几部分组成：①设备安装费；②核电工程所需的标准的、非标准的、专项的各类管道、阀门及电缆、电线、电动装置、传动装置等安装费；③安装系统单试及联动试车费用。

（5）其他工程费：这项费用有：①建设单位管理费；②勘探设计服务及技术咨询费；③生产准备费（四通一平）；④工程预备费等。

（6）预备费：它包括个别设备意外调整费、工程本身一些不可预见费用，但不包括方案的变更、主要设备的变动或大的材料变更等费用。这笔费用必须根据项目建设中实际发生的情况进行申报，待批准后才可使用这笔费用。

（7）首次核能源费：这项费用是核电工程特有的，按国际分类习惯，结合已建核电站等工程的计算办法，一般压水堆是把首炉燃料的 2/3 计入基建投资，另 1/3 计入成本费用。

（8）核安全费：这项费用包括：①核安全技术措施费；②核安全技术审查费；③核事故设施费。

上述各项费用在总的概（预）算中按费用组成如图 3-9-3 所示。

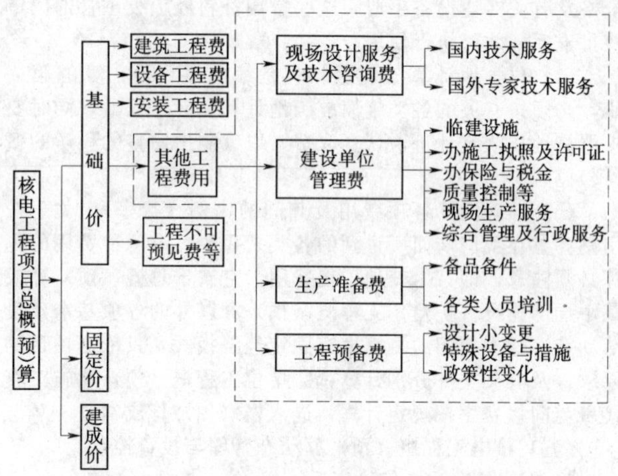

图 3-9-3　其他工程费用及其与总概（预）算系统框图

（图中虚线部分为其他工程费用粗略系统，具体情况因项目而异）

3. 核电工程编制概（预）算基本步骤

核电工程概（预）算的编制步骤，如图 3-9-4 所示。

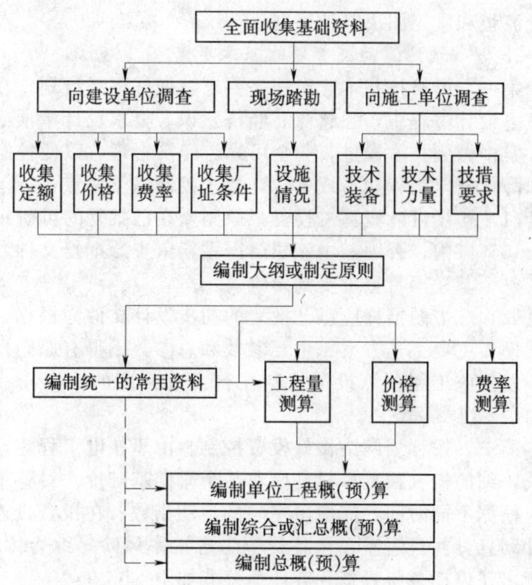

图 3-9-4　核电工程概（预）算基本步骤

（1）全面收集基础资料。要编好概（预）算，全面收集基础资料是十分重要的。为此要进行几方面的调研：①踏勘现场，深入了解现场基础设施条件，如水、电、讯及交通运输、核安全要求等；②向建设单位调查，索取有关的材料价格，概（预）算定额及基建文件等；③向施工单位调查，弄清施工措施，设施情况、具备技术力量等。

（2）制定概（预）算编制大纲。当基本设计概算或详细设计概（预）算工作全面开展时，在调查资料基础上，必须制定出编制大纲，它应包括以下几个方面：①编制概（预）算的任务及范围；②编制概（预）算的基本依据；③采用的定额等；④价格的选取，包括引进的材料、设备等的价格；⑤概（预）算文件的组成与编码；⑥概（预）算的运杂费计取原则；⑦其他特征及说明等。大纲制定好后必须履行审批手续，才可应用于编制工作。

（3）编制统一的常用资料。在建设大、中核电工程项目时，按计委规定，应编制专用的单位工程估价表、材料预算价格及有关专业设备手册，这些常用资料经上级主管部门审核批准后，才可执行使用。

(4) 科学地计算工程量。它是编制概（预）算的第一步，必须按有关的各类定额准确地计算实际工程量，同时要求严格地按规定计价，认真取费，以编制出完整的科学的概（预）算。

(5) 准确测算各项费用及其间的比例（费率）。关于费用测算，在我们前面所讲到的各类费用中，有两种费用的测算必须注意，即：①其他工程费用。它属于总概（预）算或某个局部建设（扩建）工程概（预）算以外的各项基本建设活动费，这类费用的测算没有固定经济模式，只依据项目的要求，及有关文件分别计算；②单位工程概（预）算施工直接费与间接费率按规定计算，进入概（预）算成本。

(五) 核电工程概（预）算动态管理与投资控制

1. 已批复设计概算的作用

经审批后的设计概算在基建过程中，起着投资控制核心文件的作用，同时是设备采购及材料订货的根据，也是报计划投资的依据，因此已批复的设计概算是投资控制的基础。

施工图预算应与设计概算区别开来，它是设计概算的验证，属于招、投标及评标的基础文件，也是申报年度投资、现金流量和施工图决算的根据。

2. 概（预）算动态管理的基本要点

第一，严格按基本建设程序要求，做好网络计划。在整个核电设计过程中，强化商品经济意识。要求设计单项或单体方案中做到技术先进，安全可靠，经济合理，以便控制投资和降低核电工程建造成本。这要求控制以下两点：

(1) 初步设计概算总投资，原则上在已批复的可研报告的±10%以内，否则，主管部门需重新审查原批复文件，这将使整个基建项目进度受到影响。

(2) 施工图预算应以已批复的初步设计文件为根据，工程规模、主要工艺方案、主要参数和总参数不得有原则性变更，以使施工图预算投资控制在初设总额度的±5%～7%之内。

第二，按计划网络做好投资控制。由于核电工程建设周期长，编的概（预）算只是反映某个时期基础价。对整个建设应根据不同时间，需给出不同的浮动指数；在投资投入后要计利息，并且还需在预备费中考虑汇率风险等综合因素，预测出建设期各年投资，其计算公式如下

$$固定价=基础价\times(1+e)^{t-1}$$

$$建成价=固定价\times[(1+r)^{1/2}+(1+r)^{t-1}]$$

式中 e——浮动率；

r——利率；

t——时间。

3. 影响概（预）算动态管理的因素

第一，以概（预）算工程量为基础，加强验算。科学管理工程与资金支付关系是十分重要的。一般影响工程变化的因素有以下几项：

(1) 设计变更或修改引起工程量变化，使投资增减。

(2) 设计或建造中材料代用、设备代替均影响到投资增减。

(3) 施工中由于未达定额水平，耗量超定额也会引起投资增加。

现以某一核电厂（1×320MWe）为例来加以说明。由于从建设项目批准至建成约花了9年时间，全部投资约增加63.4%，其原因见表3-9-2。

表3-9-2 概算动态分析表

项目 \ 类别	单位	原设计概算	调整后概算	备注
概算投资	百万元	826.50	1350.82	1. 设计变更包括引进设备增加量 2. 物价浮动含外汇汇率变化
概算总增调	%	100	163.40	
其中：设计变更	%	(100)	(130.40)	
物价浮动	%	(100)	125.00)	
费率增加及误差	%	(100)	(8.00)	

由于工程量变化、物价浮动、外汇汇率变化及低息的利息，其综合增加值在投资控制中产生实际支付曲线与理论曲线有一个偏离，参看图3-9-5。

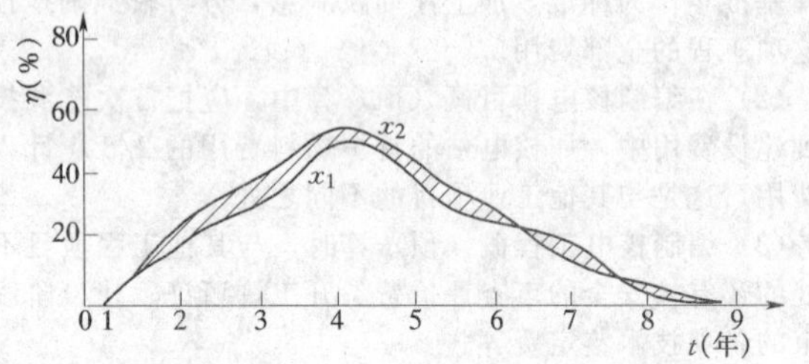

图3-9-5 每年资金支付理论与实际坐标图

x_1—理论支付线；x_2—实际支付线

第二，弄清每年各类资金的支付流量，避免下述两种情况影响投资。

(1) 若资金不到位，影响建设速度，工期必然延长，使利息额加大，势必不好控制投资。

(2) 若资金提前支付，工程量没按计划完成，则也增加利息。因此基本建设中对每年各类资金支付，各类币种计划都与投资控制息息相关。

二、核电厂的质量保证

(一) 概述

为了保证核电厂的安全，国际原子能机构在总结各成员国质量保证活动经验的基础上，于1978年发布了50—C—QA《核电厂安全质量保证实施法规》，推荐给成员国参照使用。我国以国际原子能机构此法规为蓝本，参考其他相关标准，于1986年制定并颁布了我国的核安全标准HAFO400《核电厂质量保证安全规定》。经过总结几年来的实施经验，于1991年发布了修订版，以替代1986年的版本。由于该标准的发布和实施，为核电厂质量保证体系的建立打下了坚实的基础。该标准明确规定，必须制定和有效地实施核电厂质量保证总大纲和每一种工作。例如厂址选择、设计、制造、建造、调试、运行和退役等的质量保证分大纲，而该法规为制定和实施总大纲和各个分大纲提出了原则和目标。各种质量保证大纲所遵循的原则是相同的。

1. 质量

核电厂的物项和服务均需具有按它们对安全的重要性和使用目的而规定的质量。

质量就是反映实体（即可单独描述和研究的事物）满足明确和隐含需要的能力的特性总和。每一物项和服务的质量是由可鉴别和可测量的特性决定的。物项的质量特性可通过性能、状态、条件或使用特性来规定。服务的质量特性可根据特定情况进行规定。

2. 质量保证和质量控制

质量保证的定义是：为使物项或服务与规定的质量要求相符合提供足够的置信度所必需的一系列有计划的、系统化的活动。

质量控制的定义是：按规定要求为控制和测量某一物项、工艺和装置的性能提供手段的所有质量保证活动。

从以上定义可以看出，质量控制是为达到规定的质量要求所采取的作业技术和活动。质量控制和质量保证的某些活动是相互关联的，它是为证实物项或服务的质量符合规定要求的所必需的全部有计划的、系统化的活动的一部分。因而就其功能而言，质量控制是质量保证的一部分。质量保证只有全部证实物项或服务的质量符合规定要求，才能提供足够的置信度。

3. 质量保证大纲

为保证质量而规定的和完成的全部工作综合在一起构成质量保证大纲。它应包括为使物项或服务达到相应的质量所必需的活动，验证所要求的质量已达到所必需的活动，以及为产生上述活动的客观证据所必需的活动。因而质量保证大纲是证实物项或服务质量符合规定要求所进行的全部活动。

4. 质量保证体系

核电厂质量保证体系是管理性的和技术性的两种类型工作恰当组合所构成的严密的体系，以确保有计划、有系统和有控制地开展所有对质量有影响的活动。质量保证体系一般包括组织结构、大纲文件体系和质量保证记录制度三个方面的内容。

(二)《核电厂质量保证安全规定》的适用范围及责任

HAFO400 对核电厂的厂址选择、设计、制造、建造、调试、运行和退役期间的质量保证大纲的制定和实施提出了原则和目标。这些原则和目标适用于对安全重要物项和服务的质量具有影响的各种工作。例如设计、采购、加工、制造、装卸、运输、储存、清洗、土建、施工、安装、试验、调试、运行、检查、维护、修理、换料、改进和退役。这些原则和目标适用于所有对核电厂负有责任的人员、核电厂设计人员、设备供应厂商、工程公司、建造人员、运行人员以及参与影响质量活动的其他组织。附录所列的安全导则是对 HAFO400 的说明和补充。

为了履行保证公众健康和安全的责任，对核电厂负有全面责任的营运单位（业主）必须负责制定和有效实施整个核电厂的质量保证总大纲。该大纲须报国家核安全部门审核。核电厂营运单位可以委托其他单位制定和实施大纲的全部或其中的一部分，但必须仍对总大纲的有效性负责，同时又不减轻承包者的义务或法律责任。

对每一种工作进行分包的各分包单位负责制定和有效实施自己的质量保证分大纲，这些分大纲均应经营运单位审查认可。总大纲和各种分大纲所遵循的原则是相同的。营运单位和各分包单位分别对各自的大纲的有效性负责。

质量保证是“有效管理”的一个实质性的方面。通过有效管理促进达到质量要求的途径是：对要完成的任务作透彻的分析，确定所要求的技能，选择和培训合适的人员，使用适当的设备和程序，明确承担任务者个人责任等。总之，质量保证大纲必须对所有影响质量的活动提出要求及措施，包括验证需要验证的每一种活动是否已正确地进行，是否采取了必要的纠正措施。质量保证大纲还必须规定产生可证明已达到质量要求的文件证据。

(三) 质量保证大纲

所有大纲必须确定负责计划和执行质量保证活动的组织结构，必须明确规定各有关组织和人员的责任和权力。大纲的制定必须考虑要进行的各种活动的技术方面。大纲必须包括有关规定，以保证认可的工作规范、标准、技术规格书和实践经验经过核实并得到遵守。除了管理方面的控制之外，质量保证要求还应包括阐述需达到的技术目标的条款。

必须确定质量保证大纲所适用的物项、服务和工艺。根据已确定的物项对安全的重要性，所有的大纲必须相应地制定出控制和验证影响该物项质量活动的规定及合适的控制条件。所有大纲还必须规定对从事影响质量活动的人员的培训。大纲的文件体系包括质量保证大纲概述、大纲程序、工作计划和进度以及工作细则、工作程序和图纸等，以上管理性的和技术性的规定的恰当组合构成一个完整的、层次分明的文件体系。

大纲概述用来描述本单位的质量保证大纲的活动，并对如何实施大纲提供指导。通常，它应包括下列方面：质量保证政策声明、工作范围、组织机构、大纲管理的主要方面、监察和检查工作所用方法的说明、人员培训的措施，以及列出和阐明主要的大纲程序。大纲程序是对大纲概述的补充和细化，规定了大纲活动的方法和途径，对大纲概述中提出的方针和计划作进一步的阐述。它主要涉及管理策略，对文件的编写、审批和更新、管理中的责任、进行工作应遵循的顺序等提出指导，用于各单位内部管理和同其他单位的工作协调。工作计划和进度应说明如何、何时、何地提供合同规定的物项或服务（包括所进行的检查、试验和见证）及所采用的有关技术文件。工作细则、工作程序和图纸通常指下列文件：设计标准、作业图、模板图、制造工序卡、检查核对清单、供方质量验证的规定、检查和试验细则、安装规程、验收准则、竣工图等。它对如何实施和验证质量保证大纲中规定的工作提出具体方法和要求。

所有大纲必须规定定期地进行评价和修订。参与实施大纲的单位的管理部门要对其负责的那部分质量保证大纲的状况和适用性定期进行审查。当发现大纲有问题时，必须采取纠正措施。

(四) 组织

为了管理、指导和实施质量保证大纲，必须建立一个有明文规定的组织机构，并明确规定其职责、权限等级及内外联络渠道。在考虑组织结构和职能分工时，必须明确实施质量保证大纲的人员，既包括活动的从事者，也包括验证人员，而不是单一方面的责任范围。

必须对负责实施和验证质量保证的人员和部门的权限和职能作出书面规定。这些人员和部门必须拥有足够的权力和组织独立性，以便鉴别质量问题；建议、推荐或提供解决办法；必要时，有权采取适当的行动。为此，负责质量保证职能的人员和部门，必须能向级别足够高的管理部门报告工作，以保证上述必需的权力和足够的组织独立性，包括不受经费和进度约束的权力。

参与核电厂工作的单位是多层次的结构，在纵向和横向上都有多个单位或部门，必须明确规定各单位或部门的职责和接口（包括组织接口和技术接口），做到工作责任分明，管理渠道清楚。从纵向上，参与核电厂工作的所有单位一般分为三个层次：营运单位为第一层次，全面负责与大纲责任有关的活动和大纲的管理。主要承包单位如设计、土建和安装、材料和设备供应、核燃料制造和供应等单位为第二层次，它们除负责承包合同中所规定的特定工作外，还负责大纲的部分管理工作。第三层次为分包单位，即各种物资和服务的供方，它们的责任在合同或技术规格书中加以规定。从横向上参与核电厂工作的各单位之间及各单位内部各部门之间均有一个责任、接口和协调问题。必须对单位之间、部门之间的联络作出规定，明确联络渠道，以便各单位、各部门从横向和纵向上交流信息。主要信息的交流必须形成相应的文件。必须规定联络方式和文件的要求，并控制文件的分发。各项规定应能保证接口的协调和联络渠道的畅通。

为了挑选和培训从事影响质量活动的人员，必须制定相应的计划。人员配备计划必须明确到有人员资格要求的每一个岗位和岗位类型。必须根据从事特定任务所要求的学历、经验和业务熟练程度，对人员进行资格考核，必须制定培训大纲和程序，以便确保这些人员达到并保持足够的业务熟练程序。必须对人员资格进行考核，必要时酌情颁发资格证书，以证明达到和保持的业务水平。

（五）文件控制

必须对工作的执行和验证所需的文件制定管理程序（大纲程序），规定编制、审核、批准和发放有关影响质量活动的文件的人员和单位或（部门）。这些工作文件包括设计标准、图纸、制造工序卡、检查核对清单等，以便对实施管理程序、工作计划和进度提供实用的资料。这些工作文件的类型和格式因其用途而异。工作文件叙述了需完成的任务，这些任务按一个文件或几个文件的要求来完成。文件必须适于有关人员使用，内容清楚、准确。负责审核和批准这些工作文件的单位或个人，有权了解和查阅有关背景材料。

必须按最新的分发清单建立文件的发布和分发系统。应有发文和收文登记及签字制度，以便能确保使参与影响质量活动的人员了解和使用完成该项活动所需的合适的文件。

这些工作文件的变更，必须按有关的大纲程序的要求实施控制，变更的文件必须由审核和批准原文件的同一个单位进行审核和批准，或者由其专门指定的其他单位审核和批准。审核单位必须对原文件的要求、意图和作为批准依据的背景材料有足够的了解。必须迅速适时地将变更后的文件分发给所有有关人员，并收回或予以标识原文件，以防止使用过时的或不合适的文件。

（六）设计控制

设计是指从确定设计输入开始，直到发布设计输出文件为止的技术和管理过程。

设计质量保证是为了保证在设计中充分地体现全部有关的准则、规范和标准，并保证设计达到所要求的质量，达到信得过的程度。

必须制定控制措施并形成文件，以对设计输入、设计过程、设计接口、设计验证、设计输出和设计变更等实施控制。所有设计活动必须形成文件，并按文件管理程序的要求进行编制，经授权人审核和批准后发布和受控分发。文件的变更必须按规定实施控制。

为了统一和协调设计，必须为设计阶段制订管理外部接口（设计单位之间）和内部接口（同一设计单位内各个部门之间）的程序。

必须足够详细地明文规定从事设计的各单位和各组成部门间的内部和外部接口。必须明确规定每一单位和组成部门的责任，包括涉及接口的文件编制、审核、批准、发布、分发和修订。

必须制订系统的方法，以便在各外部设计接口和各内部设计接口之间交流所需要的设计资料，包括工作进展中的变更资料。文件中应表明联络渠道上的关键人员以及他们在做出决定、解决问题、提供和审查资料及采取其他所需行动等方面的责任。程序中应明确，从一单位（或部门）向另一单位（或部门）传递的设计资料必须是具有专门标识，并由受权人员签发的技术文件、图纸或其他类似的管理的文件。为了便于管理，必须标明所提资料的状态。对于要求提供资料或采取行动的文件，必须置于管理之下，以保证要求得到响应，并做到有据可查。

设计验证是审查、确认或证实设计的过程。设计验证的目的是保证设计满足所有的设计要求，包括输入要求、设计过程的计划与实施以及接口的管理等。设计验证一般采取设计审查、其他计算方法、鉴定试验等方法中的一种或一种以上。设计验证必须由能胜任的、未参与原设计的人员或小组来完成。责任设计单位应对设计验证方法进行正确选择，并组织实施。

必须在设计文件中规定适用的质量标准。所有对这些质量标准的偏离和变更，必须进行鉴别、批准和形成文件，并加以控制。

必须把设计控制措施用于下列方面（但不限于）：辐射防护、物理、热工、水力、应力、地震和事故分析，材料相容性，在役检查的可达性和适宜性，维护和修理，检查和试验的验收准则，以及制造、检查和无损检验的要求。

设计变更（包括现场变更）必须采用与原设计相同的设计管理措施，并应仔细地考虑变更所产生的技术方面的影响。重大变更必须经论证并得到营运单位（业主）批准方可实施。如设计单位承担技术服务的工作，必须制订技术服务管理程序，明确规定设计技术服务人员的责任和权限，并将技术服务工作纳入采购、制造、土建安装、调试运行等相关质保大纲实施管理。

（七）采购控制

采购中的质量保证工作大体包括下列内容：编制采购计划、编制采购文件、选择供方、评标和签订合同、对供方工作进行评价、买方进行的验证活动、不符合项管理和纠正措施、物项和服务的验收。

在采购物项和服务的文件中，包括或引用了国家核安全部门有关要求、设计基准、标准、技术规格书等技术要求外，还必须明确工作范围、文件要求、质量保证要求、介入的要求（源地的检查、监察和监督）、不符合项管理的要求，以及对下一级分包商的要求等。

在制订采购管理措施时，买方必须对特定的物项或服务提出规定的质量标准、质保等级以及其他的质量要求。在确定质量保证工作范围或深度时，所需要考虑的最重要因素是服务中的差错或某一物项失灵对安全的影响，即对核电厂安全可靠运行的重要性。还要考虑设计的复杂性及成熟程度；制造的复杂性、工艺及材料的适用性；供方质量保证的置信度以及经济性等因素。根据上述因素、将核电厂的物项和服务划分为四个质量保证等级，即质保一级（QA1）、质保二级（QA2）、质保三级（QA3）及无质保级（QNC），并对供方的技术和管理方面提出不同的质量保证要求。对于QA1级和QA2级物项和服务要求按HAFO400的要求制定质量保证大纲，并执行全部要求，只是QA2级在部分要求方可稍许放宽而已。对QA3级和QNC级物项和服务不要求制定质量保证大纲，对QA3级物项和服务重点为检验、试验和不符合项管理。QNC级按检查表实施即可。由于物项和服务的复杂性和多样性，对质保二、三级及QNC级物项和服务在合同中具体可增减一些质量保证要求。

对供方的选择必须评价其按照采购文件的要求提供物项或服务的能力。评价的内容包括：要求供方提供在实际使用中性能优良的产品、现有的质量保证记录、供方的设施、人员和质量保证大纲实施情况，以及对供方现有生产样品的调查等，对供方提供物项和服务的能力进行评定。评定合格的供方才能参加投标，评标由买方指定的人员、部门或单位进行评定。

买方根据所采购物项和服务对安全的重要性、交货后验证其质量特性的难易程度、设计、制造或试验的复杂程度等决定物项和服务的验收方法，一般包括源地验收、收货检查验收，查看供方合格证验收、安装后的试验验收或这些验收方法的组合。

（八）物项控制

应按照制造、装配、安装、调试和运行中的实际需要，制定标识和控制物项的措施。根据要求，通过把批号、零件号、系列号或其他适用的标识方法，直接标识在物项上或记载在可以追查到物项的记录上，以保证在整个制造、装配、安装以及使用期间保持标识，防止使用不正确的或有缺陷的材料、零件和部件。在储存和运输过程中，对物项及包装箱外进行适当标识并保持标识，以防在交接和领用过程中误装误用。在调试运行过程中，应对物项所在系统进行统一标识，以确保对安全重要的所有设备和系统按恰当的技术条件和程序予以管理、维护或修改。在设备、系统交付运行时，在设备、系统、保温层的外表应作出清楚的标识，包括设备、系统号、流体的流向、阀门或开关的开起方向等作出醒目的标识，或挂上标识牌，使运行维护人员一目了然，防止误用、误开、误关。

在使用标识的情况下，标记必须清楚，不能含混和被擦掉。在标记时不得影响物项的功能；标记不得被表面处理或涂层所遮盖，否则须用其他标识方法代替。

必须制定措施并形成文件，以控制装卸、储存和运输。按要求对材料和设备进行清洗、包装和保管，以防损伤、变质和丢失。安全重要物项的维护，必须保证其质量相当于该物项原来所规定的质量。

（九）工艺、检查、试验控制

对核电厂的设计、制造、建造、试验、调试和运行中所使用的影响质量的工艺过程，例如在焊接、热处理、无损检验等使用的工艺，必须按照规定的要求予以控制，保证这些工艺过程由合格人员按认可的程序，使用合格的设备，按现有标准来完成，如超出标准，应另行作出规定。

制定检查大纲，对保证质量所必需的每一个工作步骤都进行检查；设立停工待检点和见证点。

制定试验大纲，大纲包括程序和设备的鉴定试验、样机鉴定试验、安装前的复核试验、调试试验、运行阶段的监测试验等。试验必须按书面程序进行，试验结果必须以文件形式给出并加以评定，以保证满足规定的试验要求。

必须对影响质量的活动中所使用的测试设备进行控制、标定和校准。对核电厂各物项的检查和试验状态，须使用合适的方法予以标识，并按需要保持其标识。

（十）对不符合项的控制

不符合项——性能、文件或程序方面的缺陷，使某一物项的质量变得不可接受或不能确定。为了控制不符合要求的物项和服务，以防止误用和误装，必须制定对不符合项的管理措施。按照规定的程序，对不符合项进行鉴别、分类、报告、实体分隔、审查和处理，以及通知受影响的单位和部门。其中鉴别、分类是对不符合项控制的基础。必须制定一些条款并形成文件，规定批准处理不符合项的个人或小组所具有的职责和权限；不符合物项必须同合格的（或已验收的）物项分隔开来，并加以标识，予以区别，直至不符合项处理完毕。

不符合项一般分为三类：

第一类，一般不符合项，由供方自行处置，无需通知买方。这类不符合项偏离了内部要求，但未偏离买方采购文件的要求，并可用采购文件中的方法予以纠正。

第二类，较大不符合项，由供方自行处置，必须通知买方。该类不符合项虽不足以影响物项的性能及其使用，但对与其相关的其他物项产生一定的影响。通常指对设备维修或备件采购有影响的，而又不能用采购技术文件中规定的方法予以纠正的不符合项。

第三类，重大（或严重）不符合项，必须经过买方批准才能处置。该类不符合项不仅影响物项的性能和使用，偏离采购合同规定的技术要求，而且对其他有关物项（如设备接口、零件互换性）产生较大的影响。

一般采取的管理措施是：对第一类不符合项，供方应全面负责管理，并做到有据可查；对第二类不符合项，其具体处理是供方的责任，并须将不符合项报告和有关资料提交给买方；第三类不符合项，供方完成对不符合项的各种评价后，应迅即将不符合项报告和有关资料送交买方，并对受影响的单位和部门发出停工通知及对进一步的各项工作加以控制。买方对重大不符合项报告进行审查并作出决定，交供方实施。最后供方应向买方提交一份表明决定已经实施的文件。

返工和修理的不符合项，应通过与原先检查方法相同水平的重新检查来验证。定期分析不符合项报告，以得出质量趋势，并报告上级管理部门。

（十一）纠正措施

质量保证大纲必须规定采取适当的措施，以保证鉴别和纠正有损质量的情况。所有参加核电厂工作的单位、部门和个人有权将所发现的有损于质量的缺陷和不符合项的状况使用纠正措施申请单向有关部门报告。各承包和分包单位应按照各自的质量保证分大纲，对有损于质量的缺陷应予纠正，并对不符合项及时而有效地采取纠正措施。对于那些由于设计或工艺上存在的错误和不足而造成的重复发生的系统性缺陷，必须分析起因，采取纠正措施，以防止其再次发生。

（十二）记录

记录是质量的客观证据，应对记录的编写、收集、储存、保管和处置作出规定，并实施管理。

有秩序地建立和保持质量记录制度是提供充分可信度的基础方法之一，可借以证明，对核电厂质量有影响的各项活动均已按规定要求完成，并已达到和保持所要求的质量。因此，对核电厂负有全面责任的单位必须为建立、使用和贯彻执行记录制度，包括所要建立的记录的类型和内容作出规定。

质量保证记录分为永久性记录和非永久性记录。永久性记录由营运单位（业主）或委托其他单位保存，其保存期应不短于该物项的使用寿期。对不需要全寿期保存的非永性记录，应规定保存时间，一般为5～7年。

（十三）监查

监查的目的是验证各项活动是否符合质量保证大纲的要求，以确定质量保证大纲的有效性，及早发现危害质量的问题和缺陷，并适时采取纠正措施。因而，必须根据需要组织执行有计划的和明文规定的内部和外部检查。

核安全标准和导则为在核电厂的设计、制造、建造、调试和运行期间如何组织和执行内部和外部监查提出了要求和建议。对质保监查工作的计划、执行、报告和后续活动做出了规定；提出了监查和被监查方的责任。监查可涉及大纲所覆盖的所有领域，包括参与核电厂工作影响质量的所有单位和部门以及涉及核电厂工程的所有阶段和环节。

监查人员必须经考核并颁发证书，以确认其资格。经培训达到所要求的能够胜任监查工作的水平，并通过监查实践等方法保持其业务熟练程度。

监查前，监查单位应制定监查计划，成立监查小组，发出监查通知，准备监查提问单，召开监查前会议。

在监查过程中，可使用监查提问单提问，进行对话和调查，采访有关人员；采用随机抽样检查文件，见证活动的执行情况，以及对某特定物项或特定的过程进行独立的重新检查、测量和试验等方法取得物项或活动是否符合规定的质量要求的证据。

监查结束时，监查小组应与被监查单位的管理部门召开一次监查后的总结会，以便提出监查结果和澄清误解。双方确认监查发现的问题和观察意见（被监查方亦可不签字）并签字。在此基础上，监查小组编写监查报告，用文件形式给出监查结果，并将监查报告发送给被监查单位的管理部门。被监查单位的管理部门收到监查报告后，应在规定的时间内做出书面答复，并在答复中阐明对监查发现问题所采取的纠正措施及其实施计划。监查单位收到答复后，应对其进行评价，并采取跟踪验证活动。纠正措施是按所提的要求和规定完成。检查纠正措施的效果，如是成功的，应巩固有效的纠正措施；如纠正措施效果不佳，应分析原因，重新制定纠正措施和实施计划，继续跟踪验证活动。对于发现问题已成功的予以纠正，应予关闭；对于纠正措施效果不佳，问题尚未纠正的，暂不予关闭，继续纠正措施。

三、核电厂状态分类

核电厂的状态是对整个核电厂来说的。根据核安全法规的规定，电厂状态分为运行状态、事故状态。通常将电厂状态按其预计发生的频率分成几类工况，并规定其相应的安全验收准则。

（一）运行状态

运行状态是正常运行或预计运行事件两类状态的统称，它们分属于工况Ⅰ和工况Ⅱ。

工况Ⅰ为反应堆正常运行和正常运行瞬态。本工况是指核电厂在规定运行限值和条件范围内的运行，包括停堆状态、功率运行、停堆过程、起动、维护、试验和换料，是在运行过程中经常性地出现的。正常运行瞬态引起的物理参数变化，其变化值不应达到使保护系统动作的整定值。

工况Ⅱ为预计运行事件（中等频率故障）。这是核电厂运行寿期内预计可能出现一次或数次的偏离正常运行的各种运行过程。由于设计中已采取相应措施，这类事件不至于引起安全重要物项的严重损坏，也不至导致事故工况。属于工况Ⅱ的事例对压水堆核电厂来说有控制棒失控提升或落棒、硼酸失控稀释，主冷却剂流量部分丧失或增加，汽轮机甩负荷或紧急停机，丧失主给水，丧失厂外电源，满功率时电负荷过度增加，主冷却剂短时卸压，二回路一个安全阀误开启和安注系统误起动等。在工况Ⅱ的故障中，当达到规定限值时，保护系统能够紧急停堆，在采取必要的纠正操作并在不引起任何一道实体屏障破坏的情况下，若放射性物质的释放能满足 GB 6249—86《核电厂环境辐射防护规定》的要求，电厂能恢复运行。

对于整个运行状态来说，根据 GB 6249—86 的要求，每座核电厂各个机组总的放射性释放对公众中任何个人（成人）造成的年有效剂量当量应小于 0.25mSv。

（二）事故状态

事故状态是以偏离运行状态的形式出现的事故，其放射性物质的释放可由恰当设计的设施限制在可接受限值之内。对于那些按确定的设计准则在设计中采取了针对性措施的那些事况称为设计基准事故，设计基准事故的选取要具有足够的代表性和包络性。根据它们的发生频率分列两类工况在运行安全、管理上是方便的。

事故状态是稀有事故和严重的假想事故两类状态的统称，它分属于工况Ⅲ和工况Ⅳ。

工况Ⅲ为稀有事故。本工况所属的事故是指在电厂寿期内发生频率很低的事故，一般来说，大致在 10^{-4}～10^{-2}/(堆·年)。这类事故可能导致燃料元件包壳的有限损坏，但堆芯的几何形状不变，能确保堆芯冷却以排出余热。此外，一个工况Ⅲ事故不应导致一个工况Ⅳ事故，而且不损害第三道实体屏蔽或使第二道屏蔽产生附加的损伤。属于工况Ⅲ的事故对于压水堆核电厂来说，有满功率情况下一束控制棒抽出，堆芯中一个燃料位置不为运行，主冷却剂流量大幅度减少，一回路管道小破口失去冷却剂，稳压器的一个安全阀误开启使一回路长时间降压，二回路管道小破口，蒸汽发生器一根传热管破裂，化学和容积控制系统储水箱破裂和废气处理系统的储存箱破裂等。

当工况Ⅲ的事故发生时，保护系统使反应堆紧急停堆，有关的未设安全设施可能自动或由操纵员手动起动。通常操纵员将根据预定的事故处理规程在事故发生后的 10～30min 后进行干预。一次事故的厂外放射性后果要低于 GB 6249 中关于大事故的规定要求。

工况Ⅳ为严重的假想事故（设计基准极限事故）。本工况所属的事故认为是不大可能发生的，其出现频率大致为 10^{-6}～10^{-4}/(堆·年)。考虑到这些事故可能释放出大量的放射性物质，设计上必须采取措施加以预防和缓解。这些事故代表设计的包络事故。这类事故可能导致燃料元件的严重损坏，但堆芯的几何形状不受破坏能适当地确保堆芯冷却以排出余热。工况Ⅳ事故不得导致具有限制事故后果功能的系统损坏；反应堆冷却剂系统和安全壳也不得受到额外的损伤。属于工况Ⅳ的事故对于压水堆来说，有一束控制棒弹出，一台反应堆冷却剂泵转子卡住，反应堆冷却剂丧失，一根主蒸汽管道破裂，一根主给水管道破裂，蒸汽发生器一根传热管破裂并伴随一个安全阀在开启位置卡住，燃料装卸事故和乏燃料容器装卸事故等。

当工况Ⅳ的事故发生时，反应堆紧急停堆，有关的未设安全设施自动或由操纵员手动起动。操纵员将根据预定的事故处理规程干预。通常安全工程师需临场连续监查，并在必要时决定实施按状态处理事故以终止、减轻或推迟危险的进程；同时为恢复故障系统的可用性争取时间，达到最终使电厂处于可控制的状态。一次工况Ⅳ的事故的厂外放射性后果要低于 GB 6249 中关于重大事故的规定要求。

（三）超设计基准事故

正常运行、预计运行事件和事故工况的设计基准对于防止反应堆堆芯的严重损坏以及抑制放射性物质的释放，使之在运行状态下低于规定限值并在事故工况下低于可接受限值，提供了高的可信度。历史教训告诉我们，某些低概率的事件序列有导致严重的堆芯损坏的可能。因此，从安全观点出发，还需在一定限度内计及严重事故。在核电厂的安全设计中考虑以下事项：

(1) 确定能导致严重事故的重要事件序列。

(2) 考虑电厂的已有能力，包括超越其预定功能和设计基准时利用某些系统的可能，以及利用某些暂设系统使电厂恢复到受控状态并减轻严重事故的后果。

(3) 采取能降低这些事件序列出现的概率或能减轻这些事件后果可能的设计修改。

(4) 在计及有代表性和起主导作用的严重事故的条件下，制定附加的事故处理规程。

对于压水堆核电厂来说，这些附加考虑的工况有失去最终热阱或向热阱导热的系统，失去蒸汽发生器的全部给水，失去全部交流供电，以及在失水事故后长期阶段失去全部的安全注入系统或安全壳喷淋系统等。

至于对那些概率极低的造成堆芯严重损坏（堆芯熔化）的严重事故，则需制定相应的厂内和厂外应急计划，以最经济地向电厂工作人员和厂外公众提供保护。

四、改进现行核电厂的基本考虑

世界经济在不断地发展，对能源需求日益增长。由于化石燃料资源分布不均匀，数量日益减少等原因，单靠石化燃料已不能满足能源的长期需求。

1995 年 10 月东京召开的世界能源大会在其结论中说，今后 30 年内需要有更广泛的能源，以满足全球日益增长的需求，这应包括石化燃料、公众接受的核能和可能的多种可再生能源。

在新能源未能满足经济发展的状况下，放弃选择核电，将使环境污染、温室效应日趋严重，使人类越来越多的生存条件受到威胁。

核能（电）的应用在世界范围内确实扩大了，但比早先所预期的发展速度慢得多。当前世界核电形势，在西方发达国家总体上是处于低潮，而东方亚洲国家却形成了发展核电的热区。

西方发达国家核电处于低潮的原因很多，涉及技术、经济、管理和政府政策以及公众对核电接受的程度。面对这种现实，必须通过改进技术、管理，调整政府政策，提高核电经济性，改善公众对核电厂接受程度，才能使核电重新发展起来。

改进技术的具体体现就是开发下一代先进的核电厂。下一代先进的核电厂可分为改进型和革新型两类。改进型核电厂强调在现有核电厂技术上的提高（简化、改进），或者同时又利用非能动的安全系统，不需要建造原型堆。革新型核电厂着重利用新特性，需要建造原型堆。从商业推广角度来说，应首先建造改进型核电厂。

下一代先进的核电厂的设计将吸收在核电工程建造中和正在运行核电厂积累的经验，考虑到对现行核电厂提出的问题，采纳已被验证的技术。因而下一代先进的核电厂的安全性、可靠性、经济性都会有较大的提高。

预计在 21 世纪的上半世纪，核能在商业上的应用将主要来自核裂变能，特别是热中子核裂变能。下一代先进的轻水堆（ALWR）核电厂，即先进的压水堆（APWR）核电厂、先进的沸水堆（ABWR）核电厂和先进的重水堆核电厂等，将在 21 世纪初的核能应用中占主导地位；稍后才会是快中子堆、高温气冷堆核电厂；最后才是聚变反应堆核电厂。

五、对下一代先进轻水堆（ALWR）核电厂的主要要求

为了重振核电工业，满足 20 世纪 90 年代及 2000 年后世界对能源的需求，美国率先开发下一代先进的轻水堆核电厂；加拿大则在 CANDU 基础上开发下一代先进的 CANDU 型重水堆核电厂；以法国、德国为首的欧洲、俄罗斯为了参与未来核电市场的竞争，也相继制定了开发先进压水堆核电厂计划。

美国先后开发、设计的下一代先进型的轻水堆核电厂是 ABWR、System80$^+$、APWR—1000 和 AP—600。加拿大目前主导的核电厂是 680MWe 的 CANDU6，最新型的重水堆核电厂是 450MWe 的 CANDU3 和 1000MWe 的 CANDU9。俄罗斯开发的是Ⅴ—407 或ⅤⅤER640 型压水堆核电厂。欧洲开发的先进型压水堆核电厂是 EPR—2000。

下一代先进的轻水堆核电厂应该满足什么样的要求？为此美国的电力研究所（EPRI）在核管会（NRC）的支持下，根据公用事业公司的要求制订了一套用于下一代先进轻水堆核电厂的业主要求文件（Utility Requirment Document，简称 URD）。欧洲公用事业公司也对下一代先进压水堆核电厂制订了一套业主要求（European Utility Reqirment，简称 EUR）。URD 更具代表性，它对下一代先进轻水堆核电厂的要求主要包括：

(1) 核电厂规模，对改进、简化设计，1200～1300MWe。对非能动安全设计，600MWe。

(2) 核电厂寿期，设计寿命 60 年。

(3) 核电厂设计原则是：基于成熟技术；大设计裕量；不需要原型电厂。

(4) 安全系统设计原则是：简化和改进能动安全系统；用非能动安全系统，不要求安全有关的 AC 电源。

(5) 抗事故能力，能将初始事件的发生和其严重性降至最低限度，其设计特点：①不小于 15%燃料热工裕量；②通过增加冷却剂装量等措施，增加核电厂抗干扰工况的能力；③使用现有最好性能的材料。

(6) 防止堆芯损伤：①堆芯熔化概率小于 10^{-5}/(堆·年)；②防止 LOCA，直径 15.24cm（6in）以下的管道破裂不能造成燃料损伤；③失去所有 AC 电源后的堆芯冷却能力最少是 8h（对非能动安全设计为无限期）。

(7) 严重事故后果：①大量放射性释放概率小于 10^{-6}/(堆·年)；②厂区边界处人员的全身剂量小于 0.25Sv (25rem)。

(8) 运行特性：①设计可用率 87%；②换料周期 18～24 个月；③非计划自动紧急停堆小于 1 次/年；④日负荷跟踪；⑤职业照射量小于 1men-Sv(100men-rem)。

(9) 建造时间：①规模为 1300MWe 的核电厂，应不大于 54 个月（从浇灌第一罐混凝土到商业运行）；②规模为 600MWe 的核电厂，应不大于 42 个月。

(10) 经济目标：①10 年后成本收益超过替代电厂（非核电厂）10%；②30 年后超过 20%。

六、下一代先进的轻水堆核电厂举例

如前所述，美国、欧洲、加拿大和俄罗斯都在相继开发、设计下一代先进的热中子反应堆核电厂。在轻水堆核电厂方面，美国设计的 ABWR、System80$^+$ 现已通过核管会的最终设计认可，APWR100、APWR600 即将通过核管会的最终设计认可。下面简要介绍它们的设计特性，并与现行的核电厂做一比较。

(一) System80$^+$

System80$^+$ 是由 ABB—CE 在 System80 基础上设计的，符合 URD 要求，在 1996 年获得美国核管会的最终设计认可证书。韩国正在建造的灵光（Yonggwang）和蔚珍（Ulchin）核电厂就包含了一些System80$^+$的特性，在1999年投入商业运行。

System80$^+$的主要技术特性如下。

1. 燃料和堆芯设计特性

（1）241个燃料组件，16×16燃料棒布置。

（2）68个停堆和控制组件（48个B4C，20个Ag—In—Cd）。

（3）25根灰棒（Inconel625），以增加运行机动性。

（4）61个堆内固定仪表，以监测堆芯功率。

2. 反应堆压力容器设计特性

（1）改进材料，满足60年设计寿命的要求。

（2）为控制棒、安注和水位测量增加12个管嘴。

3. 蒸汽发生器设计特性

（1）增加二次侧容积。

（2）传热管用因科镍690代替600。

（3）堵管裕量由8%增加到10%。

（4）加大维修人孔。

（5）改进干燥器。

4. 安全系统设计特性

（1）安注系统设计特性。

（2）4系列（100%）。

（3）直接从压力容器注入。

（4）换料水箱在安全壳内，避免再循环切换。

（5）25cm直径以下破口，燃料不损伤。

（6）在正常功率运行期间，可进行全流量试验。

（7）安全降压系统。

（8）排除不凝气体。

（9）在稳压器喷淋失效时，可替代稳压器喷淋。

（10）可降压到起动反应堆，按给水—排水（Feed and Bleed）方式运行。

（11）严重事故期间降压。

（12）应急给水系统：①专用安全系统；②每台蒸汽发生器有一台电动泵和一台汽动泵（每台100%容量）；③文丘利管消除隔离受损蒸汽发生器的需要；④冗余的储水箱（每台100%容量）。

5. 化容控制系统设计特性

（1）化容控制系统设计成非安全相关系统。

（2）两台多级离心上充泵。

（3）化容控制系统只用于正常运行。

6. 双层球形安全壳设计特性

（1）61m直径的球形钢安全壳（4.45cm厚）。

（2）0.91m厚的预应力混凝土外安全壳（1.52m厚的环形空间）。

（3）设计压力365kPa。

（4）允许泄漏率为0.5%/天。

（5）维修孔直径增加。

System80$^+$下部球形区放置安全系统如下。

1. 安全壳内换料水箱设计特性

（1）容量超过$1.89\times10^6L^3$。

（2）为堆芯应急冷却、安全壳喷淋和换料提供水源。

（3）为安全降压系统提供热阱。

（4）取消了从安注模式到再循环模式的切换。

（5）为淹水坑提供水源。

（6）消除来自稳压器安全阀和安全降压系统的放射性物质。

2. 严重事故保护能力

（1）大空间的干安全壳具有良好的自然循环能力。

（2）安全壳的强度设计近似地是设计压力的4倍。

（3）堆坑设计允许堆芯熔渣的扩散和保持。

（4）堆坑水淹系统。

（5）氢气控制系统。

（6）安全降压系统。

3. 先进的控制综合体—NUPLEX80$^+$

（1）集成的仪表和控制系统及控制屏。

（2）在所有方面使用基于现代软件的仪表和控制技术：①分布式的微处理机技术；②串行数据通信技术；③基于视频显示的人机接口。

（3）满足近代人因工程准则。

（4）改进人机交互作用。

（5）报警与运行模式相关。

（6）报警优选处理。

（7）先进的控制室设计。

（8）大屏幕显示。

（9）触摸式CRT和等离子平板显示器。

（10）自测试和故障自诊断。

（11）多路转换和光纤电缆通信。

（二）APWR—1000

APWR—1000也通过美国核管会的最终设计认可。为了反映它的技术特性，现将APWR—1000与西屋传统的核电厂做一对比，见表3-9-3。

表3-9-3 APWR—1000与西屋传统核电厂对比表

技术特性	西屋传统核电厂（VandelosⅡ）	APWR—1000
反应堆冷却系统	标准3环路 157个燃料组件 蒸汽发生器传热管用因科镍600	标准4环路 193个燃料组件 传热管用科镍690，增加了溢流保护系统
应急堆芯冷却系统	安注箱3台注入堆冷却环路的冷段 高压安注： ①用化溶系统上充泵执行； ②2×100%泵（加1台100%泵作维修备用）； ③注入冷却剂环路冷段； ④从位于安全壳外的换料水箱取水	安注箱2台，注入反应堆压力容器上 高压安注： ①用综合安全系统的高压安注泵执行； ②2×200%系列，每一系列有2×200%泵； ③注入压力容器； ④从位于安全壳内的应急水箱取水
低压安注	用余热排出系统泵执行 2×100%泵 从换料水箱取水	用综合安全系统的高压安注泵执行 2×100%系列，每列有2×50%泵 从应急水箱取水
再循环功能	余热排出系统泵切换到安全壳地坑	高压安注泵总是与应急水箱联结（无切换问题）
余热排出系统	2×100%系列 设计压力40×10^5Pa	2×100%系列，每一子系统有2×50%泵 设计压力60×10^5Pa 用综合安全系统低压泵执行余热排出功率

续表

技术特性	西屋传统核电厂（VandelosⅡ）	APWR—1000
安全壳喷淋	用喷淋泵执行； 2×100%系列； NaOH添加剂子系统	用综合系统低压泵执行 2×100%系列，每一系列有2×50%泵 安全壳内的非能动NaOH添加剂箱
支承和约束	标准设计	应用破裂前泄漏（Leak before break）准则，消除了安全壳内大型管道的甩动支持和约束
化容控制系统	上充泵又作高压安注泵	单一上充泵功能 附加反应堆冷却系统密封注入泵
辅助给水	3台泵（2台电动，1台汽动） 从厂房外凝结水箱取水 起动功能	4台泵（2台电动，2台汽动） 从厂房内2台专用水箱取水 起动功能用非安全级的起动给水泵执行
厂内备用电源	2台柴油发电机	2台柴油发电机加1台燃汽轮机
氢气控制	氢气复合器	氢气复合器加氢气点火器
控制室	标准设计	先进设计或紧凑工作站
保护和控制系统	模拟 3取2保护逻辑 单一控制系统	数字 4取2保护逻辑 冗余控制系统 手动起动自动试验和在线故障探测 停堆和专设安全设施的多样化触发系统
安全壳	单层，预应力混凝土	双层，钢加混凝土

（三）AP600

从1985年开始，美国西屋公司与电力研究所共同开发AP600。这是一座采用非能动安全系统，冷却剂系统简化了的压水堆核电厂。它的主要设计特性包括：

（1）非能动的安全系统。

（2）简化的反应堆冷却系统。

（3）数字化的仪表和控制。

（4）最佳化的核电厂布置和模块化的建造方法。

1. AP600核蒸汽供应系统设计特性

AP600反应堆冷却系统包括两个环路。每个环路有两台屏蔽泵与一台蒸汽发生器连接，每个环路有两个冷管段和一个热管段，如图3-9-6所示。

堆芯设计的主要特点是低功率密度和采用Gd_2O_3可燃毒物。燃料组件采用AFA—2G，首炉堆芯的燃料富集度分别为2.0%、2.5%和3.0%，平衡堆芯的燃料富集度为3.6%。可溶硼和可燃毒物用于停堆和燃耗反应性控制。低价值灰棒用于负荷跟踪和功率调节，参考的燃料更换周期为18个月。

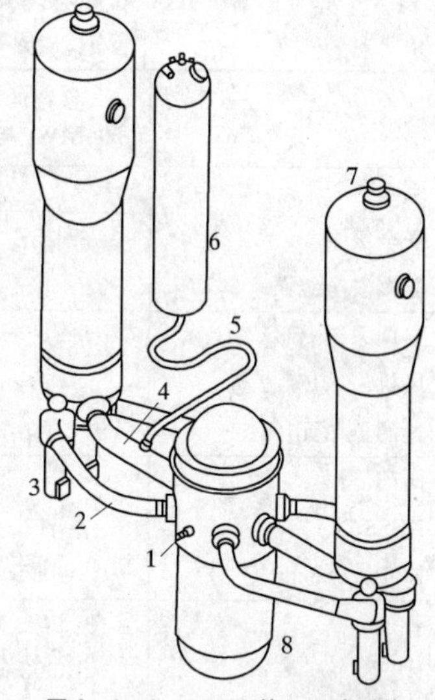

图3-9-6　AP600的一回路系统
1—安全注入口；2—冷段主管道；3—高惯性屏蔽电机泵；4—热段主管道；5—波动管；6—稳压器；7—F型蒸汽发生器；8—反应堆容器

由于采用了屏蔽电机泵，这就消除了泵轴的密封，从而消除了轴密封LOCA的可能性，大大提高了安全性。

控制和仪表系统采用以微处理机为基础的分布式控制系统，利用光纤电缆作为高速数据传送通道，采用监察数据和控制信号的多路传输技术。

综合控制系统包括：电厂保护系统，反应堆和BOP控制系统，运行显示系统，报警系统，事故监察系统，电厂计算机，控制盘等。其他设备包括辐射监察，通量图和破损元件探测等。

在控制室中考虑人因工程以加强可运行性和降低运行人员误操作的可能性。

高质量的CRT显示系统和等离子体显示为运行人员提供电厂的正常运行和事故运行必需的信息。

2. AP600非能动安全系统

AP600非能动安全系统包括：事故条件下的非能动安注系统，非能动余热排出系统，非能动安全壳冷却和喷淋系统和非能动控制室可居留性系统。

这些系统只用自然力，如重力、自然循环和压缩气体来维持系统工作，不用泵、风机、柴油机、冷冻装置或其他转动设备，因而不需要应急电源，大大减少了阀门数目，加强了电厂的安全性。

在电厂停运期间，所有非能动设施都可进行试验，以论证流动排热性能。非能动安注系统执行三个主要功能：余热排出、反应堆冷却剂装量补给和安注。非能动安注系统用三种水源，其中包括堆芯补给水箱、安注箱和安全壳内的换料水箱。堆芯补给水箱用以对付小破口失水事故或小泄漏，安注箱用在大破口失水事故情况下淹没堆芯，而安全壳内的换料水箱用于大破口失水事故情况下的长期冷却。非能动安全壳冷却系统为电厂提高安全级的最终热阱。

由于系统的改进和简化，AP600减少了阀门和泵，缩短了管道等，详见表3-9-4。

（四）ABWR

ABWR是由美国GE、日本日立和东芝三家公司在总结了世界上已有的95座BWR设计、建造经验，特别是在总结35年成功运行经验的基础上发展起来的。它在1994年7月已获得美国NRC的最终设计认可（FDA），使之成为第一个荣获NRC认可的ALWR。ABWR是世界上唯一已由美日两国政府鉴定认可的先进型核反应堆。随着在日本柏崎—刈羽两个ABWR机组（K6和K7）的建造（在1996年1月K6已并网，达到100%的功率水平；K7已完成83.6%的建造工作量），ABWR也是世界上第一个即将开始正式商业运转的先进型核电站。

表 3-9-4　　AP600 和参考电厂所用阀门、管道、泵等的对比

对 比 量	参考的 600MWe 电厂	AP600	下降率 (%)
泵			
安全级泵	25	0	100
非核安全级泵	188	139	26
空调系统（HVAC）			
风机	52	27	48
过滤器单元	16	7	56
阀门			
NSSS	512	215	58
BOP，>5cm	2041	1530	25
管道			
NSSS	13503m	3366m	75
BOP，>5cm	29566m	20422m	31
柴油发电机组	2（安全级）	1（非核级）	50
建筑物体积			
抗震（包括安全壳）	$2.7\times10^5m^3$	$1.3\times10^5m^3$	51
非抗震	$1.8\times10^5m^3$	$1.7\times10^5m^3$	2

技术上享有很高权威的美国电力研究所（EPRI）对 ABWR 的评价是：ABWR 高度符合 URD。GE 公司认为，ABWR 的设计不但完全符合 URD，而且在安全性能方面，对于堆芯损坏概率及非能动式缓解严重事故的能力远远超过了 URD 的要求。EPRI 全力支持按预定时间发给 ABWR 最终设计认可证书。

（五）ABWR 的主要特性参数

（1）热功率：3926MWt。

（2）净电功率：1350MWe。

（3）反应堆堆芯等效直径：516.4cm。

（4）反应堆堆芯活性高度：370.8cm。

（5）堆芯冷却剂流量：52.2×10^6kg/h。

（6）蒸汽流量：7.64×10^6kg/h。

（7）系统压力（堆芯名义设计）：7.23MPa。

（8）冷却剂饱和温度（在堆芯设计压力下）：288.3℃。

（9）给水温度：217℃。

（10）总功率峰值因子：2.43。

（11）设计运行最小临界功率比：1.17。

（12）平均功率密度：50.6kW/L。

（13）最大线功率密度：43.96kW/m。

（14）换料周期：18～24 个月。

（15）建造时间：48 个月。

（16）非计划紧急停堆次数：小于 1 次/年。

（17）负荷因子：90%。

（18）日负荷跟随范围：50%～100%额定功率。

（19）堆芯熔化概率：1.6×10^{-7}/（堆·年）。

（20）职业性照射：小于 1men－Sv/年。

（21）低放废物量：小于 $100m^3$/年。

（六）ABWR 的主要技术特性

1. 燃料和堆芯设计

（1）872 个燃料组件，8×8 燃料棒布置。

（2）燃料采用特殊的“屏障型”包壳。

（3）205 个十字形控制棒 B_4C。

（4）堆芯设计：①控制栅允堆芯概念；②低泄漏换料；③流量控制谱移设计；④反应堆控制，正常运行为改变堆芯流量和移动控制棒，紧急停堆为液压驱动控制棒。

（5）堆内三维功率监测。

（6）较好的热工水力稳定性。

2. 压力容器

（1）高 21m，直径 7.1m，60 年使用寿命。

（2）容器大部分为单次锻造。

（3）除去外部再循环管路，堆芯顶部以下无超过 51mm 的管嘴。

3. 微调控制棒驱动机构

（1）提供控制棒的细调。

（2）多重停堆能力。

（3）消除反应堆事故（掉棒与弹棒）。

（4）检修工作量小，每次在役检查为 2 个。

（5）净化水冲洗。

（6）技术上已得到验证。

4. 堆内再循环系统

（1）设 10 台内置泵：①使安全壳设计紧凑；②减少在役检查；③减少泵功率；④1000 泵年以上的运行经验。

（2）更大的过制流量能力，调节功率输出。

5. 简化的安全系统

（1）三个完全独立而冗余的安全系统区域：①实体分隔，电气隔离；②每个区域均有高压和低压堆内注入系统，且每个系统有其专用的热交换器；③每个区有专设的应急柴油发电机；④全厂断电时有蒸汽驱动的堆芯冷却剂隔离系统（高压系统）；⑤配置燃气轮机—发电机组。

（2）N—2 的应变能力。

（3）安全系统在任何时候均具有将堆芯淹没在水中的能力。

（4）堆芯熔化概率 1.6×10^{-7}/（堆·年）。

（5）发生 LOCA 时电厂自动处理，72h 内不需操作员干预。

6. 仪表与控制系统

（1）简化的设计与运行：①固定式起动量程探测；②起动量程中基于周期的紧急停堆逻辑；③按要求电厂自动运行。

（2）先进的过程控制和智能化多重系统：①采用当今最尖端的数字化和光纤技术；②4 个独立的安全逻辑及控制区域，其中包括 4 个独立而冗余的多重发讯网络，基于微处理器的数据传输系统，分布式数据处理和逻辑功能，自检、诊断和多重容错设计，易于更换。

（3）一体化的人机接口：控制室设计基于人因工程；触摸式控制的电视荧幕（CRT）；大型固定屏幕显示；较少的报警器。

7. 安全壳与厂房设计

（1）安全壳由钢筋混凝土和密封钢衬套组成，带抑压水池（$3350m^3$），体积小可减少 7 个月的建造时间。

（2）反应堆厂房与安全壳的结构融为具有密封性的一个整体，构成双层安全壳，其内维持负压。

8. 抗震能力 0.3g

最优化厂房布置：

（1）设计成便于维修和减小维修人员辐射照射的剂量。

（2）改进人员和设备入口。

9. 严重事故时的非能动缓解能力

（1）大量放射性释放的概率 3×10^{-10}/（堆·年）。

（2）发生严重事故的厂外公众辐射照射剂量小于 0.25Sv。

（3）事故时安全壳抑压水池安全阀（fusible Valve）熔化后，使冷却水直接注入安全壳干井。

（4）干井下部地面采用玄武岩水泥，大大减少不冷凝气体的产生。

（5）当安全壳内压力接近 2 倍设计压力时，抑压水池排气管内爆裂盘开起——超压保护。

10. 可靠性

（1）减少大修所需时间，停堆换料 43 天。

（2）负荷因子 90%。

11. 建造时间

（1）从浇第一罐混凝土到商业运行为 48 个月。

（2）先进的建造技术：①模块式的建造方法；②综合信息管理系统。

七、水上浮动核电站

承载俄罗斯首座水上浮动核电站的一艘驳船在圣彼得堡下水。这艘驳船将作为浮动核电站的基座，北上摩尔曼斯克地区装载核燃料，然后前往选定海域，开工建设。预计浮动核电站在 2012 年底前投入使用。届时，一旦某地电力短缺，驳船将载着核电站前往缺电地区附近港口，承担起临时供电任务。

第四章 新能源发电

第一节 燃料电池

一、燃料电池的发展概况和发展前景

燃料电池是一次性的由化学能转化为电能的转换装置。由于它不受卡诺循环的限制，与其他将化学能转化为电能的发电方法相比，它的转换效率是很高的。此外它是一个温度较低的转换装置，排污极少；它在尺寸大小和功率方面可以做成种种规格；它只有极少的可动部分，有希望成为安静、可靠、较少需要维护的电功率来源。燃料电池的概念已提出了一个世纪，但仅在近几年来，这个工艺才有了实际应用，这要归功于材料制造工艺的发展。

早在 1930 年，培根（F. T. Bacon）开发了用高纯氢和氧来工作的燃料电池，作为阿波罗动力厂的基础研究和应用。这种以碱性电解质的氢氧电池工艺在当时是很先进的，但因为价格昂贵以及用纯度较差的氢与空气还不能制成有效的电池，因此难以推广应用。此后为了得到更高的输出功率密度和更长的寿命，以及为了提高经济性，提高转化效率等要求，各种中温型、高温型和再生型燃料电池被相继研制出来，如 1932 年，英国的 Bacon 研制出了中温高压 $H_2—O_2$ 燃料电池。

燃料电池被广泛应用于宇航、船舶、无人科学考察站、航标灯、灯塔等需较大功率输出而又难以维护的地方。

燃料电池可以在苛刻的外部环境下进行能量转换，伴随电能的产生还可以产出热能，它是一种很有希望的未来能源。燃料电池用于城市有减少噪音和污染的作用。用于小功率发电厂，其效率相当高，对几千瓦级的甲醇燃料电池发电厂，估计热效率达 35%；300 瓦级的无水氨燃料电池发电厂也可达 30%。燃料电池与蓄电池相比，它有较高电流密度，受温度影响小。

燃料电池技术上的进展，有可能使燃料电池用于汽车驱动。加拿大 BTC 工程公司 1988 年研制的燃料电池用薄膜功率密度 $21.5kW/m^2$、电流密度 $42000A/m^2$ 足以发动电动汽车。

二、燃料电池的工作原理

与传统的化学电源不同，燃料电池的电极不起变化并有催化活性，电流由电极与电解质的接触界面上发生的反应所产生。通常燃料与氧化剂都不是电池的整体构成部分，它们是按照电流负载的需要随时由外面供应到电池中去，同时又把反应产物不断地从电池中排放出去。

（一）单电池结构

实际运用中是将单个电池串联起来获得足够的电流和电压。下面以氢—空气电池来说明燃料电池的组成元件及它们的作用。

图 4-1-1 为一个氢—空气电池，其中有一对被酸性电解质分开的多孔性催化电极。阳极（负极）上氢被氧化，生成水化质子并释出电子，阴极（正极）上氧与质子化合而生成水蒸气并获得电子。电子从阳极通过外接负载流向阴极，在电解质中则有正负离子分别向阴、阳两极迁移电流，完成整个电流循环。

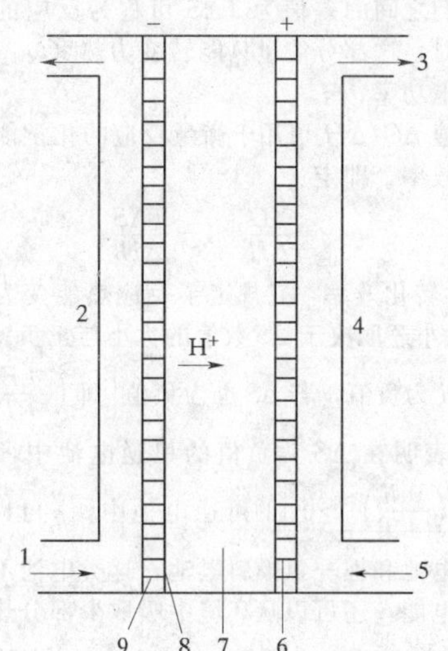

图 4-1-1 氢—空气电池示意图

1—H_2；2—$H_2 \longrightarrow 2H^+ + 2e$；3—$N_2 + H_2O$（$O_2$）；

4—$\frac{1}{2}O_2 + 2H^+ + 2e \longrightarrow H_2O$；5—$O_2 + N_2$；

6—阴极；7—电解质；8—电极催化层；9—阳极

上述电池中不需要纯反应物，氢气可以从燃料混合物中分离得到，氧气取自空气。产物水汽可由提供氧气的空气带出电池，为此要有足够的温度使生成的水蒸发为蒸汽。

电极在电池中具有重要的作用，多孔型结构和催化层大大加快反应速度；电极提供导出电流的途径，还可以容纳电解质，分隔反应物。

（二）电池的理论电压与热力学效率

电池中反应的自由焓变化与电池的理论电压的关系，可用下式表示

$$E=-\frac{\Delta G}{nF}$$

或

$$\Delta G=-nFE$$

式中　E——电池的理论电压；

ΔG——电池反应的自由焓变化；

n——电池反应中电子迁移的数目；

F——法拉第常数。

上式的意义为电池反应的自由焓变化在热力学可逆的条件下全部转化为电能，但反应的自由焓变化并不等于反应的化学能变化总值，后者与反应的焓变 ΔH 相当，它等于反应直接燃烧时放出的热量 Q_p，所以反应的焓变 ΔH 又称为反应热，它们的关系为

$$\Delta H=Q_p$$

反应的焓变 ΔH 与自由焓变 ΔG 的关系为

$$\Delta H=\Delta G+T\Delta S$$

其中 ΔS 为电池反应的熵变，它等于电池在热力学可逆条件件下工作时吸收（释放）的热量除以绝对温度 T，即

$$\Delta S=-\frac{Q_{可逆}}{T}(恒温时)$$

由热力学可知

$$\Delta S=-\left[\frac{\partial(\Delta G)}{\partial T}\right]_p$$

所以

$$\Delta S=nF\left(\frac{\partial E}{\partial T}\right)_p$$

ΔH 与 ΔG 的关系式说明：

（1）它们之间的差值为 $T\Delta S$ 可称为反应的束缚能。即当电池工作时，这部分能量只能转变为热（$Q_{可逆}=T\Delta S$）而不能转变为电功率。

（2）比值 $\Delta G/\Delta H$ 可用于衡量反应的化学能在电池中转变为电能的效率，即定义：

$$\eta=\frac{\Delta G}{\Delta H}=1-\frac{T\Delta S}{\Delta H}$$

η 称为热力学转化效率，它规定了反应热能变为电能的理论极限，η 的大小还取决于 ΔS 数值的大小与正负。因反应是放热的，即 ΔH 为负值，若 ΔS 也为负值$\left[即\left(\frac{\partial E}{\partial T}\right)_p 是负值\right]$，则 $\eta<1$，这表明在 ΔS 为负值的可逆电池中，$\eta<1$；但是 ΔS 为正值$\left[\left(\frac{\partial E}{\partial T}\right)_p>0\right]$的可逆电池中，$\eta$ 可以大于 1。如碳—氧燃料电池和锂—氯燃料电池，这类电池不仅把反应热全部转化为电能，还可以从环境中吸取少部分热量转变为电能，所以 $\eta>1$。

实际的燃料电池由于存在电阻损失和电极的极化作用，使电池的实际电压低于热力学计算的理论电压，效率也低于理论值。即使这样，相对于其他电能转化方式，燃料电池的能量转换效率仍很高，以氢—氧燃料电池为例，它的效率为50%～70%。

三、燃料电池的结构、种类和特征

燃料电池主要是由燃料、氧化剂、电极、电解液和隔膜组成，还要有自动控制、排水、排热、供给、冷却等辅助系统和设备。燃料电池的主要电化学体系组成，见表 4-1-1。

（一）燃料电池的系统构成

燃料电池除本体外还有反应物储存器、泵、减压阀、电机、热交换器、冷凝器、冷凝剂、风机及各种阀门等。以氢—氧燃料电池为例，如图 4-1-2 所示。

表 4-1-1　　燃料电池的主要电化学体系

电解质	电流输送者	工作温度（℃）	电极催化剂	反应物		发展情况
				燃料	氧化剂	
氢氧化钾水溶液	OH^-	20～90	镍 银 铂	氢 肼	氧 洗涤过的空气 H_2O_2	已研制了几千瓦的体系
硫酸水溶液（H_2SO_4）	H^+	20～80	碳化钨 铂 炭	不纯氢	空气	在实验电池中验证过寿命
浓磷酸（H_3PO_4）	H^+	70～75	铂	不纯氢	空气	研制了几千瓦的体系，更大的体系在研制中。证明有长寿命
熔融的碱金属碳酸盐	CO_3^{2-}	600～800	镍 银	不纯氢	空气	小电池证明有几个月寿命
稳定的氧化锆	O^{2-}	700～1000	碱金属氧化物	不纯氢	空气	单电池证明有 10000h 寿命，几千瓦体系在设计中

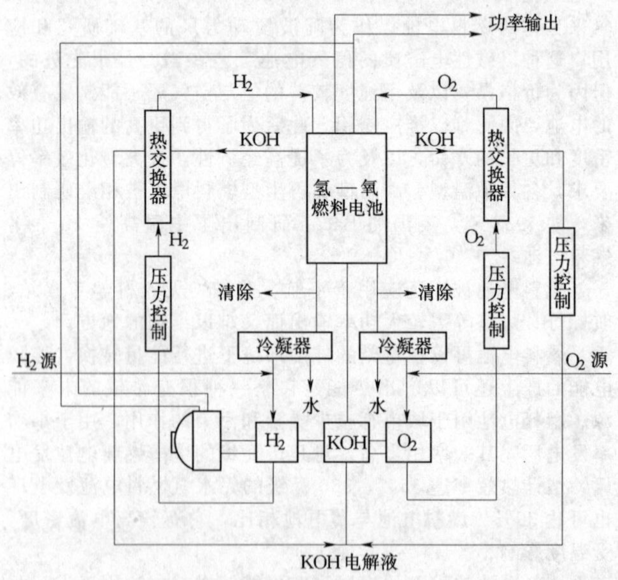

图 4-1-2　氢—氧燃料电池

（二）燃料电池的分类及特征

燃料电池大致可分为四种：常温型燃料电池、中温型燃料电池、高温型燃料电池、再生型燃料电池。

1. 常温型燃料电池

常温型燃料电池是最早出现的燃料电池，工艺上较易实

现，但燃料成本高，造价高。典型的是氢—氧燃料电池及钠汞齐—氧燃料电池。

2. 中温型燃料电池

中温型燃料电池的电解质要工作在100～300℃之间的某个温度段，通常要预热起动。目前，在175℃的工作温度下，采用电解质水溶液或电解质准水溶液电池都是很先进的，包括使用浓磷酸电解质的电池及一种用碱性水溶液的电池。

3. 高温型燃料电池

在400℃以上的温度下工作的电池称为高温燃料电池。它可以使用常温难反应的燃料，如直接利用一氧化碳、甲烷、或丙烷等廉价燃料，提高运行经济性。在600～800℃时以熔融金属碳酸盐，1000℃时以固体陶瓷为电解质的燃料电池的研制工作正在进行中，并有一定成果。固体电解质的氧浓差电池已用于测定氧在气体中浓度，如控制进入汽车发动机的空气—燃料的比例。

4. 再生型燃料电池

与其他能源联合运行的称为再生型燃料电池。氢—氧阳离子交换膜燃料电池等与太阳能电池联合使用，以太阳能充电再生产能物质并储存起来，在太阳能强度不够时，产能物质再转化为电能。这种电池已用于宇航研究中。类似的还有以热能、光化学反应、微生物氧化还原反应再生产能物质的燃料电池的研究。

第二节　磁流体发电

一、磁流体发电原理

1959年美国首次磁流体发电实验获得成功，随即在世界范围内展开了这项科研工作的实验室研究，并取得了显著进展。前苏联、日本等国相继进行了大量的实验，利用实验装置进行发电，积累了丰富的工程经验。60年代初，我国的科研部门也开始了这项工作的研究，设计、制造了磁流体发电实验装置，取得了十分可喜的成绩。

由法拉第电磁感应定律可知：当导体在磁场中做横向切割磁力线的运动时，沿着导体并与磁场相垂直的方向可产生感应电动势。磁流体发电就是利用了这个原理，与普通发电机不同的是：切割磁力线的导体不是金属固体，而是导电流体。

二、磁流体发电的方式与循环系统

磁流体发电装置包括燃烧室、发电通道和磁体三部分，如图4-2-1所示。

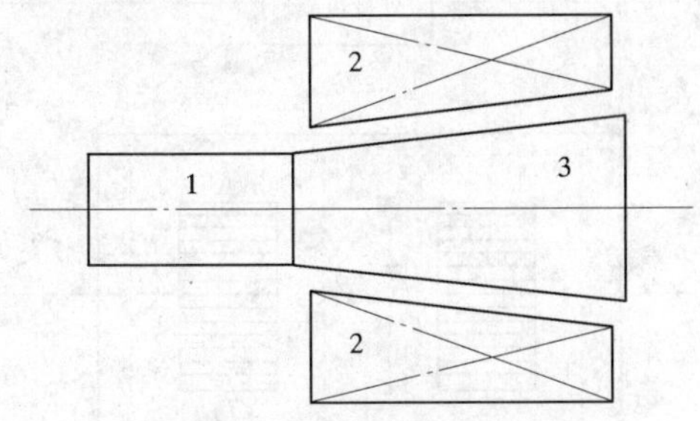

图4-2-1　磁流体发电装置示意图

1—燃烧室；2—磁体；3—发电通道

1. 燃烧室

为了产生高温等离子体，在燃烧室内燃烧可燃物质煤、天燃气、石油等，并通入充足的氧气，使其温度达到2700℃左右，加入易发生电离的铯、钾等碱金属（电离种子）。这种电离电位低的碱金属在高温下蒸发、分解、电离，使燃烧产物成为等离子体；待这种高温燃气经过燃烧室后的喷管加速后，便形成了高温高速的导电气体。

2. 发电通道

发电通道是磁流体发电的关键部件。从断面上看，它是一个矩形通道，由相对着的两块电极壁和两块绝缘壁组成。将发电通道置于强磁场中，高温高速的导流体以合理的流场通过发电通道，与磁体相互作用，产生感应电动势。若用导体将两块电极连接起来、加上负载组成回路，则回路中就有直流电产生，从而完成了将带电气流的动能转换成电能的过程。在此产生的直流电经逆变器转换成交流电，便可输入电网。

3. 磁体

磁体用于产生磁场。它有多种型式，为了获得高的磁感应强度，采用超导线圈，同时为超导线圈配以低温系统。一般采用液氦作为冷却剂，使磁体处于4k左右的温度。此时，产生的磁感应强度为6T。

4. 磁流体—蒸汽联合循环

磁流体发电通道出口的燃气温度通常在2000℃以上，若能将这样高温度的燃气送入锅炉产生蒸汽推动汽轮发电机发电、形成磁流体—蒸汽联合循环，则可获得很好的节能效益，比普通的火力发电厂效率要高10%～20%。此外，在燃烧室内加的钾盐在温度降至700℃以下时，便凝固成固体，可采用静电除尘器将其回收。这样减少了电离子消耗的费用，降低了排气对环境的污染；并且发电过程中，钾盐极易与燃气中的硫化合生成硫酸钾，从而减少了硫化物对环境的污染。

用在这种循环系统中的锅炉需特殊设计，国内有关单位正在做这方面的工作。磁流体—蒸汽联合循环系统如图4-2-2所示。

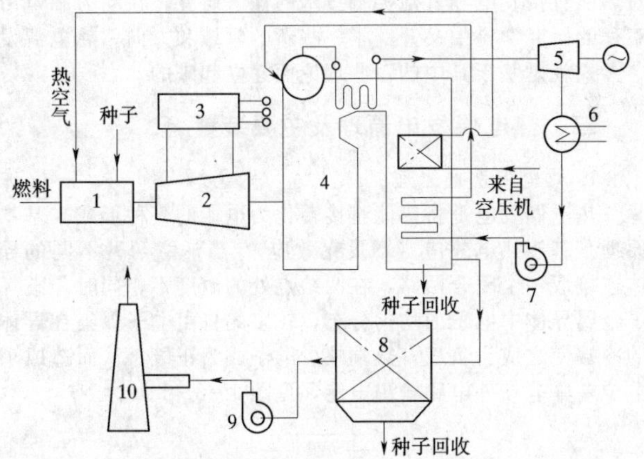

图4-2-2　磁流体—蒸汽联合循环系统

1—燃烧室；2—磁流体发电机；3—逆变器；4—锅炉；5—汽轮机；6—冷凝器；7—水泵；8—除尘器；9—引风机；10—烟囱

三、磁流体发电的优点及发展前景

1. 磁流体发电具有以下优点

（1）效率高。根据热力学基本定律可知：在相同冷源温度条件下，热源温度越高，循环的效率就越高。磁流体发电的燃气温度达到2700℃，比火力发电厂的1000℃要高出许多。在磁流体——蒸汽联合循环过程中，这种高能量热能先后被利用两次，使热效率提高到50%～60%。

（2）没有转动设备。磁流体发电是将热能直接转换为电能的发电方式。在这种发电过程中，没有高速旋转、耐高温、承受很大离心力的叶片，因此单独的磁流体发电装置结构紧凑可靠、系统简单、起动迅速，适用于大容量机组，并且适合作调峰和备用机组，以及作特殊用途的电源。

(3) 减少环境污染。火力发电厂的煤燃烧后产生的氧化硫易形成酸雨，对环境造成污染。要想除去氧化硫，电厂需投入大量的资金，增设脱硫装置，而在磁流体发电过程中加入的碱金属（钾的化合物）极易与硫化合成硫酸钾。有利于回收再利用，排气中氧化硫的含量大大降低，减少了环境污染。

2. 磁流体发电的发展前景

这种发电方式特别适用于高硫分的煤作燃料，可以充分利用我国产量高的高硫煤。此外磁流体电站所需的冷却水量比普通火电厂的所需量少2/3左右，这对水资源贫乏的地区更具有实际意义。

总之，在电力需求日趋急迫的今天，磁流体发电以其结构紧凑、循环效率高、环境污染少的特点，具有很大的竞争力。我们有理由相信，经过科研、设计人员的努力，磁流体发电站输出的电走进千家万户的日子为期不远了。

第三节 热电偶发电

一、热能直接发电尖端技术

由于人类对自然界的认识逐步深入和科学技术的不断进步，除了使传统上采用的能源得到更加合理的应用外，新的能源和新的能量转换方式也不断被开辟和使用。

热能直接发电可以说是电能生产的一个新的方向，它不需要目前电厂中使用的动力设备而将热能直接转变成电能，因此节省了大量的设备和电厂投资。这种发电方式可采用更高的温度，其效率远高于目前最现代化的火电厂。由于近来对热能直接发电和其他尖端技术的深入研究，在动力和电力工程的研究学科中又开辟了一些新的领域和方向。热电偶发电方式就是基于其中的一些理论而建立起来的。

二、热电偶发电原理及主要装置

1. 热电偶发电原理

热电偶发电是将热能直接转化为电能的一种形式。基本原理是基于热电效应（赛贝克效应）。当任意两种不同的导体连接成一个闭合回路，在两结点处的温度不相同时，破坏了金属导体中电子的均匀分布，较多的自由电子聚集在导体的冷端使之成为负极，热端缺少电子成为正极，从而造成了电位差并能在外电路输出电能，见图4-3-1。

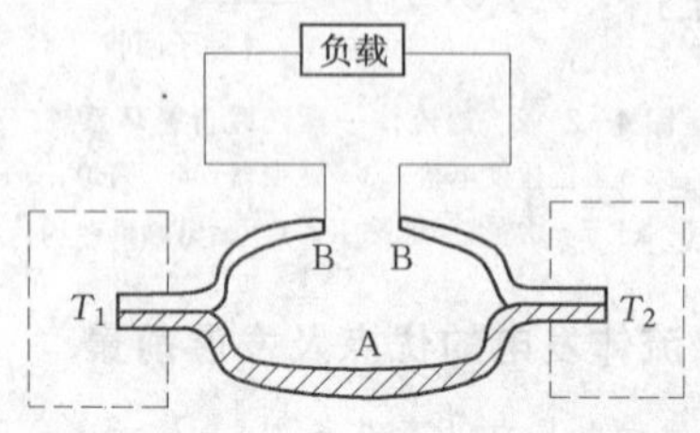

图4-3-1 温差发电的原理图
A、B—不同的热电材料；
T_1、T_2—不同的温度

2. 热电偶发电的主要装置

热电偶发电装置由一定数量的串并联的温差电偶、起连接支撑和传热作用的电极、热源、散热器和绝缘物等构成。

电偶元件的排列方式有两种，即以热源为中心的辐射形排列和压紧在热源一侧的平板形排列。

电偶元件的材料按热端承受的最高工作温度分为低温（300℃以下）、中温（300～600℃）、高温（1000℃以上）三档，相应地使用碲化铋、碲化铝、硅—锗合金等半导体。热源除了煤、石油等化石燃料外，通常使用的有同位素，最常用的同位素有钚—238和锶—90，前者价格高，但放射性弱；相反后者价格低，但需足够的屏蔽而使装置重量增加。使用化石燃料时还需配置燃烧器、燃料运送、电子控制、冷却系统等。

三、热电偶发电的特点及发展前景

以放射性同位素为燃料的装置具有结构紧凑、重量或体积比功率高、可靠性高、寿命长，不需维修和监视、不受环境影响（辐射、热冲击、机械冲击、海水静压、腐蚀等）等优点，但生产周期长、成本高、有屏蔽要求、效率低、一般为3%～6%，最高不超过10%。使用化石燃料的装置没有放射性危害和污染问题，结构简单，造价和燃料价格都低，但效率仅3%左右。

上述两类发电装置已广泛应用于空间、海洋、地面等领域，目前正通过改进工艺、改用新材料及采用分段温差电偶材料级联等方法，来降低成本、提高效率。微瓦至毫瓦级的装置正在医学上成功地用于心脏起搏器。美国和法国建造的采用化石燃料的装置较为先进。为了获得1kW至数十千瓦级的这种电装置，正研究采用核反应堆作为热源，这样热能发电的应用范围和发展前途将更为广阔。

第四节 热电子电源

一、热电子电源的原理

从能量转换的观点看，热电子发电是由热能直接转换为电能的一种发电形式。

热电子发电装置是利用被加热后的金属表面会发射出热电子的原理制成的，它由两个隔开的同心或平行的电极组成，见图4-4-1。C为发射极，A为集电极，当发射级被高温热源加热至1500℃以上时，便有大量电子从发射极挣脱出来，穿过二级间的间隙聚集到集电极上，从而在两极间形成电压，在外电路产生电流，带动负载工作。实际使用的热电子电源通常在二极间充入容易电离的铯蒸气或铯与钡的混合蒸气，可中和电极附近的空间电荷。

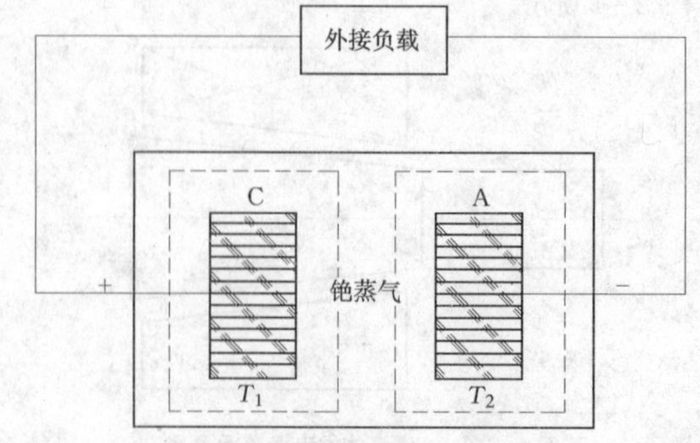

图4-4-1 热电子转换方式原理图

二、热电子电源的特性

热电子电源的热效率理论上可达到20%。它的比功率高，电流密度大，可达50～100W/cm²；热源的适用性广，普通的烃燃料、太阳能及同位素都可作为热源；另外还有体积小、重量轻、无噪声等优点。其缺点是工作温度高，对电极材料要求也高，如发射极需要采用高熔点材料，如铼、钽、铟、钨、钼、碳化锆等；发射极和集电极的距离很小（仅数微米至零点几毫米），极易在其间形成结晶体而引起短路现象，缩减电源寿命。为此，对电极材料、结构及加工精度提出了非常高的要求，从而使工艺复杂性与加工难度提高。此外若热源采用同位素，还需解决安全使用等一系列问题。

三、热电子电源的发展前景

目前，在热电子电源的研制上，有少数国家在实验室中已取得了一些进展，如美国曾研究以太阳能为热源的这种发电装置，电工率约为 40W，重量仅 320g，特别适宜于宇宙海洋开发及军事领域。由于热电子电源的工作温度高、电极材料要求高、制造工艺难度大，所以还未投入实际应用，但已经提出了把热核发电、磁流体发电等作为一级发电，利用其较高温度的余热进行热电子发电作为二级发电，再将其余热用于蒸汽发电或热电偶发电作为三级发电。这种多级联合发电方案的发电效率可望接近 50%。此外，热电子电源体积小、重量轻，可作为移动电源；它无噪声，符合环保要求。这种发电装置在未来的低电压发电领域中将有一定的竞争力。